전자용어대사전

月刊 電子技術 編輯部 編

3개 국어 동시 활용 가능

머 리 말

눈부시게 진전하는 기술과 과학의 세계에서 특히 전자 공학, 정보 통신 공학 분야의 활동은 일렉트로닉스와 컴퓨터의 급속한 발달에 힘입어 활발하게 전개되고 있으며, 산업, 교통, 의학 등을 비롯하여 일상 생활에 광범위하게 이용되고, 영향력을 더해가고 있다.

이러한 시대 속에서 우리들의 학습, 업무 활동에 필요한 기술 용어도 날로 늘어가는 추세에 있으며, 그 용어의 뜻을 올바르게 파악하고, 확실하게 사용하는 것은 기술을 다루는 사람으로서 필수적인 조건이라 하겠다. 이 사전은 바로 그러한 목적으로 편찬된 것이다.

이 사전은 전자 공학의 기초인 전기 자기학을 비롯하여 전자 회로, 전자 재료, 전자 부품, 전자 기기는 물론, 반도체 공학, 안테나 공학, 전파 전파, 전파 항법, 전자 통신, 컴퓨터, 자동 제어, 방송 기술, 반송 기술 등 용어와 인접 분야인 정보, 기계, 화학, 물리 등 관련 용어 약 16,000어에 이르는, 단일 용어 사전으로서는 가장 많은 기술 용어를 엄선 수록하였다. 특히 용어 해석에 곁들여 도면을 다수 수록하여 이해에 도움이 되도록 배려하였다.

이 밖에 영문 약어, 한영 색인 및 일본어 색인을 실었으므로 본 사전을 필요에 따라 잘 활용하면 전자 관련의 최신 국내 서적과 영문 원서는 물론 일본어 서적도 올바르게 해독하는데 크게 도임이 될 것이다. 권말에는 부록으로서 주요 전자 관련 자료를 다수 수록하여 학습 내지 실무에 도움이 되도록 배려하였다.

이 사전의 대상으로서는 학생, 교수는 물론 실무에 종사하는 전자 기술자를 포함하여 전자와 관련된 모든 분야에 종사하는 분들을 대상으로 항상 편리하게 활용할 수 있는 사전이 되도록 편집하였다.

영어 및 우리말 용어의 표기는 교육부의 외래어 표기법에 준하여 통일하였으며,

그 외의 외래어 표기에 대해서는 단음(單音)과 미식(美式)을 우선으로 하였다. 일부 체계화되지 않은 분야도 있고, 내용도 매우 광범위하여 불비한 점이 없지 않으리라 생각되나 그러한 점에 대하여는 추후 개정, 보완해 나갈 것이다.

이 사전이 전자 공학을 배우려는 학생은 물론 교수, 기술자 및 관련 분야에 종사하는 모든 분들에게 널리 활용되어 해당 분야에 다소나마 기여할 수 있게 되기를 바라는 마음 뿐이다.

1995년 3월

電子用語辭典編纂委員

工學博士 姜 萬 植 미국 NASA-L.R.C 首席엔지니어

工學博士 權 旭 鉉 서울大學校電子工學科教授

工學博士 金 炯 來 建國大學校電子工學科教授

工學博士 朴 玟 用 延世大學校電子工學科教授

工學博士 司空 石鎭 國民大學校電子工學科教授

工學博士 李 成 栢 光云大學校電子工學科教授

工學博士 李 鍾 德 서울大學校電子工學科教授

工學博士 林 寅 七 漢陽大學校電子工學科教授

〈가나다順〉

일 러 두 기

1. 이 책을 보는 법

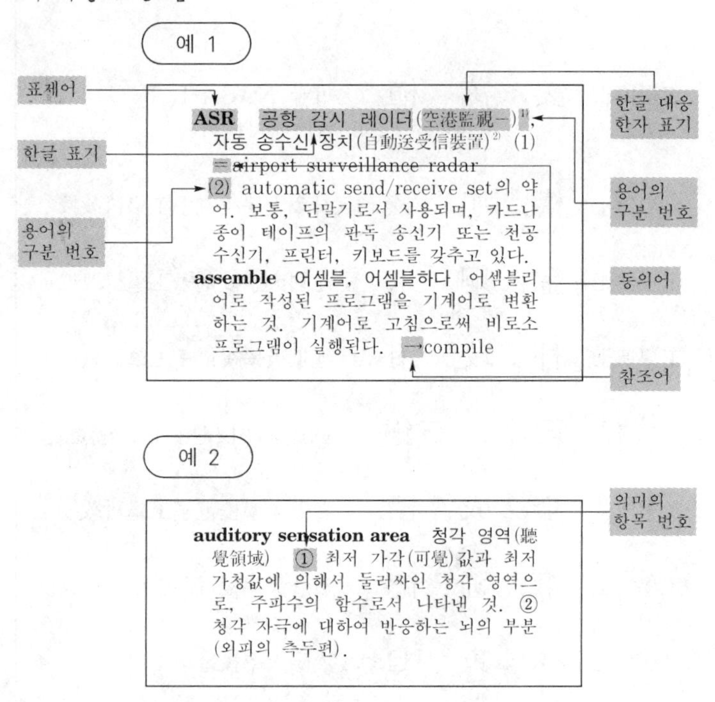

예 1
표제어
한글 표기
용어의 구분 번호
한글 대응 한자 표기
용어의 구분 번호
동의어
참조어
ASR 공항 감시 레이더(空港監視一)[1], 자동 송수신 장치(自動送受信裝置)[2] (1) = airport surveillance radar (2) automatic send/receive set의 약어. 보통, 단말기로서 사용되며, 카드나 종이 테이프의 판독 송신기 또는 천공 수신기, 프린터, 키보드를 갖추고 있다.
assemble 어셈블, 어셈블하다 어셈블리어로 작성된 프로그램을 기계어로 변환하는 것. 기계어로 고침으로써 비로소 프로그램이 실행된다. →compile
예 2
의미의 항목 번호
auditory sensation area 청각 영역(聽覺領域) ① 최저 가각(可覺)값과 최저 가청값에 의해서 둘러싸인 청각 영역으로, 주파수의 함수로서 나타낸 것. ② 청각 자극에 대하여 반응하는 뇌의 부분(외피의 측두편).

표제어

- 표제어는 영문 볼드체로 표시하였다.
- 용어의 배열은 알파벳순으로 하고, 하이픈 기타의 특수 기호는 배열상 무시하였다.
- 약어에 대한 풀 스펠링은 한글 표기나 한자 표기 다음에 두었다.

한글 표기

- 한글 표기는 고딕으로 나타내었다.
- 한 표제어에 대하여 한글 용어가 2개 이상인 경우에는 쉼표(,)로 넣어 구분

하였다.

한글 대응 한자 표기

- 한글에 대한 한자를 표기하되 한글 중 외래어는 (－)로 생략한다.
- 한글 표기가 전혀 한자에 대응하지 않는 경우는 표기되지 않는다.

용어의 구분

- 표제어가 하나라도 의미에 따라 한글 용어가 달라지는 경우는 그 한글 용어에 어깨글자 1), 2) …로 표시하고 그 번호순으로 해설하였다.

동의어

- 그 표제어와 같은 의미로 사용되는 용어는 해설 뒤에 (=)로 표시하였다.

참조어

- 표제어와 관련하여 참조할 필요가 있는 용어에 대해서는 해설 뒤에 (→)로 표시하였다.

의미의 항목 번호

- 한 표제어가 여러 의미로 사용되는 경우에는 ①, ②, …로 구분하여 해설하였다.

2. 기 타

- 영문 약자의 한글 표기는 되도록 그 용어의 원어의 뜻을 사용하거나 용어를 한글 발음으로 읽었다.
- 본문 다음에는 약어를 수록하여 약어의 원어를 쉽게 찾아볼 수 있게 하였다.
- 약어 다음에는 한글 색인을 수록하여 한영 사전으로서의 기능을 갖추도록 하였다.
- 일어 색인을 수록하여 일어 자료의 해독·번역에 도움이 되게 하였다.
- 권말에는 전자 관련 주요 자료를 모아 부록으로 수록하였다.

본 사전에는 전자 용어 사전으로는 가히 획기적이라 할 수 있는 무려 16,000용어가 수록되어 있다. 또한 영문 약어, 한영 색인 및 일본어 색인을 수록하였으므로 본 사전을 필요에 따라 잘 활용하면 전자 공학 전반의 최신 국내 서적과 영문 원서는 물론 일본어 서적도 올바르게 해독하는 데 커다란 도움이 될 것이다. 또 권말에는 부록으로서 전자 관련 자료를 수록하였으므로 수시로 필요한 데이터를 이용할 수 있도록 편집되었다.

관련 분야 종사자 여러분들의 적극적인 활용을 바란다.

본 사전 차례는 다음과 같다.

AAAI 전미 인공 지능 학회(全美人工知能學會) American Association for Artificial Intelligence 의 약어. 트리플 에이라 읽는다. 1980 년에 창립된 학회로, 미국의 AI 학회의 중심이 되고 있다. 주요 사업은 잡지「AI MAGAZINE」의 발행과 전국 대회의 개최이다.

aa-contact a-a 접점(-接點) 주 장치의 동작 기구가 기준 위치에 있을 때는 개로(開路)하고, 동작 기구가 반대 위치에 있을 때는 폐로(閉路)하는 접점.

a and R display A-R 표시기(-表示器) 레이더에서 어느 부분도 확대할 수 있는 A 표시기. →navigation

abampere 절대 암페어(絶對-) CGS 전자 단위계에서의 전류의 단위. 1 절대 암페어는 10 A 이다.

abandoned call 포기한 호출(抛棄-呼出) 전화 교환 시스템에서 응답 전에 발신측 교환국이 온훅(on-hook) 동작하는 호출.

abbreviated calling 단축 다이얼(短縮-) =abbreviated dialling

abbreviated dialling 단축 다이얼(短縮-) 특히 선택된 여러 전화 번호에 대해서는 간단한 코드에 의해 호출할 수 있도록 한 것. =abbreviated dialling

abbreviated number 단축 번호(短縮番號) 단축 다이얼 서비스를 이용하는 가입자가 상대를 호출할 때 쓰는 전화 번호로, 단축된 상대 번호 앞에 비숫자 프리픽스(non-numerical prefix), 즉 ＊나 #와 같은 기호를 사용한 번호.

ABC 자동 휘도 조절(自動輝度調節)[1], 미국 방송 회사(美國放送會社)[2], 오스트레일리아 방송 위원회(-放送委員會)[3] (1) =automatic brightness control
(2) =American Broadcasting Company
(3) =Australian Broadcasting Commission

ABCC 자동 휘도 콘트라스트 조절 회로(自動輝度-調節回路) automatic brightness and contrast control 의 약어. 황화 카드뮴(CdS) 등의 광도전체 소자를 사용하여 주위의 밝기에 따라서 브라운관의 그리드 바이어스 전압을 자동적으로 변화시킴으로써 휘도를 조절하는 동시에 자동 이득 조절(AGC) 전압도 자동적으로 변화시켜서 콘트라스트도 조절하는 것이다. →automatic brightness control, contrast control

aberration 수차(收差) ① 렌즈에서의 일종의 구면(球面) 수차이며, 물체의 어느 점에서 나온 빛이 그 영상(影像)의 대응하는 점에 집속(集束)하지 않는 것. ② 빔 전자관에서의 일종의 결함으로, 빔이 움직였을 때 빔 내의 전자가 다른 축 평면(빔에 직각인 평면)에 초점을 맺기 때문에 스크린 상의 스폿은 그 모양이 일그러지고, 또 영상이 트릿해진다.

abnormal decay 이상 감쇠(異常減衰) 전하 축적관에서 다중으로 기록된 중첩(적분된) 신호의 동적 감쇠로, 그 전출력 신호의 진폭은 단일로 기록된 등가 신호와는 명확히 다른 비율로 감쇠한다. 이상 감쇠는 보통, 정상 감쇠보다 매우 느리며, 충격 유도 도전형 전자관으로 관측된다.

abnormal E layer 이상 E 층(異常-層) →sporadic E layer

abnormal glow discharge 이상 글로 방전(異常-放電) 가스 봉입 전자관에서 방전 전압이 전압의 증가와 함께 커지는 현상에 의해 발생하는 글로 방전. →discharge

abnormalous propagation 이상 전파(異常傳播) 수평선을 넘어서 VHF 전파가 이상한 전파를 하는 것. 이것은 낮은 대기권부에서의 온도 역전층에 의한 것이다.

abort 중단하다(中斷-), 포기하다(抛棄-) 데이터 시스템에서의 처리 동작을 그 동작의 속행이 불가능하든가 또는 바람직하지 못하기 때문에 제어된 수단에 의하

여 중지하는 것. 연산 또는 운영 체제에 의해 일련의 명령이나 리턴 제어의 프로그램을 정지시키는 것.

abort sequence 어보트 시퀀스 토큰 링 접근법의 하나로, 프레임의 전송을 도중에서 완료시키는 시퀀스.

above threshold firing time 임계값 초과 방전 시간(臨界－超過放電時間) 전자관 내에서 임계값 이상에서 방전을 완료하기까지의 시간. 이 지연 시간은 출력으로 누설되는 파형의 선단 스파이크 발생의 원인이 된다.

abrupt junction 계단 접합(階段接合) 일정한 도너 불순물 농도를 갖는 n형 영역과 일정한 억셉터 불순물 농도를 갖는 p형 영역이 접하고 있는 계단상 접합(階段狀接合)을 갖는 반도체 접합. 주로 마이크로파 체배기, 분주기(分周器)나 파라메트릭 회로에 이용된다.

absent transfer 부재 전송(不在轉送) 자리를 비운 동안 내선으로 걸려온 전화를 미리 지정해 둔 내선으로 자동 전송할 수 있도록 하는 기능.

absolute accuracy 절대 정도(絶對精度) 특정한 기준에 따라서 측정한 경우의 정도.

absolute address 절대 주소(絶對住所) ① 컴퓨터 설계자에 의해서 하드웨어 상의 기억 위치에 할당되는 주소. ② 그 이상의 변경이 없는 문자 패턴이며, 하나의 기억 위치를 규정한다.

absolute altimeter 절대 고도계(絶對高度計) 바로 밑의 지표로부터의 고도를 측정하는 장치.

absolute capacitivity 절대 유전율(絶對誘電率) 균질, 등방의 절연물 또는 매질에 대해서 어느 단위계에서나 상대 유전율과 그 단위계에 적합한 전기 정수와의 곱. →electric constant

absolute code 절대 코드(絶對－) 컴퓨터 용어로, 목적 코드 중 기억 장치의 특정한 주소를 두는 것이 정해져 있는 것을 말한다. 재배치 가능 코드에 대립되는 개념이다.

absolute delay 절대 지연 시간(絶對遲延時間) ① 로란에서 주국(主局)으로부터의 신호 송신과 이에 대응하는 종국(從局)으로부터의 신호 송신과 사이의 시간 간격. ② 동일국 또는 다른 두 송신국으로부터의 동기한 신호 발사에 있어서 미리 정해진 일정한 시간 간격. →navigation

absolute dielectric constant 절대 유전율(絶對誘電率) →absolute capacitivity

absolute electrometer 절대 전위계(絶對電位計) 표준 전지 등을 쓰지 않고, 기본량을 써서 전위차를 절대 측정한다는 뜻으로 "절대"라는 접두사를 붙인 전위계. 평행 금속판간에 측정할 전압을 가하고, 두 판 사이에 작용하는 힘을 측정하는 원리의 것. →absolute measurement

absolute error 절대 오차(絶對誤差) ① 오차를 포함하고 있는 양과 같은 단위량으로 표현된 오차의 크기. 측정량의 경우에는 측정값 M에서 참값 T를 뺀 값 $E(=M-T)$이다. 공급량의 경우에는 공급량 Q에서 설정량(또는 정격값) S를 뺀 값 $E(=Q-S)$이다. 표준기의 값은 공급량으로 간주한다. ② 오차의 절대값 즉 +, －의 부호를 생각하지 않는 크기만을 의미하는 용어.

absolute gain 절대 이득(絶對利得) 모든 방향으로 고르게 전력을 방사하는 무손실, 부지향성의 가상적인 안테나를 기준 안테나로 하고, 어느 안테나에서 어느 방향을 방사되는 전력 밀도와, 같은 전력이 공급되고 있는 기준 안테나의 방사 전력 밀도와의 비를 절대 이득이라고 한다. 방사 전력 밀도 대신 전계 강도의 실효값의 제곱을 써도 된다.

absolute index of refraction 절대 굴절률(絶對屈折率) 진공 중(실제적으로는 공기 중)과 매질 중의 빛의 속도의 비 c/v를 그 매질의 절대 굴절률이라 한다.

absolute loader 절대 로더(絶對－) 컴퓨터 용어로, 실제의 기계의 주소로 쓰여진 코드(절대 코드)의 프로그램을 기억 장치에 적재하는 프로그램.

absolute maximum rating 절대 최대 정격(絶對最大定格) 그것을 초과하는 것이 허용되지 않는 최대 정격값으로, 만일 초과하면 디바이스에 손상이 생길 염려가 있는 것.

absolute measurement 절대 측정(絶對測定) 계측계에서의 기본 단위로 주어지는 양과 비교함으로써 행하여지는 측정. 절대라는 용어는 정도(精度), 확도(確度) 등은 의미하지 않는다. 예를 들면, 기본 단위인 거리(길이)와 시간의 측정에 따르는 속도의 측정은 절대 측정이지만, 기타의 물리량과의 관계를 이용하여 속도를 재는 속도계 등을 사용한 측정은 절대 측정이 아니다.

absolute permeability 절대 투자율(絶對透磁率) →magnetic constant

absolute permittivity 절대 유전율(絶對誘電率) →electric constant

absolute photocathode spectral response 광전면 절대 감도(光電面絶對感度)

다이오드형 촬상관에서 광전면을 흐르는 전류(A 의 단위로 측정된다)와 광전면에의 입력 방사속(광량자의 에너지나 주파수 또는 파장의 함수이며, W 의 단위로 측정된다)의 비를 말한다. 단위는 A/W.

absolute pressure 절대 압력(絶對壓力) 대기압을 포함한(제로 압력에 대한) 전체의 압력. 절대 압력에서 대기압을 뺀 것을 게이지 압력이라 한다.

대기업(1 atm) = 101, 325 Pa

absolute refractory state 절대 불응 상태(絶對不應狀態) 의용 전자 공학 용어. 전기적 회복 기간의 부분으로, 생체계가 전기 자극에 반응하지 않는 부분.

absolute steady-state deviation 절대 정상 상태 편차(絶對定常狀態偏差) 직접적으로 제어되는 변수(혹은 다른 지정된 변수)의 이상값과 실제의 최종값과의 수치의 차.

absolute system deviation 절대 시스템 편차(絶對−偏差) 시간 응답상의 임의의 지정된 점에서의, 직접적으로 제어되는 변수(혹은 다른 지정된 변수)의 이상값과 순시값과의 수치의 차. →deviation

absolute temperature 절대 온도(絶對溫度) 열역학적으로 생각한 최저의 온도를 0 도로 하여 재는 온도. 단위 기호 K.

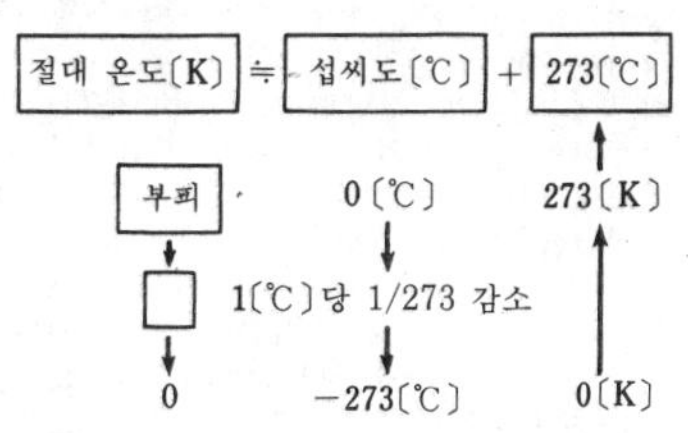

absolute thermoelectric power 절대 열전능(絶對熱電能) 열전 소자 재료의 성능을 나타내는 절대 척도로, 그 재료를 전혀 열전 효과를 나타내지 않는 재료와 조합시켜서 열전쌍(熱電雙)을 만들었을 때의 온도차 1℃당의 열기전력.

absolute threshold 절대 임계값(絶對臨界−) 눈이 완전히 암순응(暗順應)했을 때의 휘도 임계값, 즉 지각할 수 있는 최소의 휘도(측광적 밝기). →visual field

absolute transient deviation 절대 과도 편차(絶對過渡偏差) 직접적으로 제어되는 변수(혹은 다른 지정된 변수)의 순시값과 최종값과의 수치의 차. →deviation, percent transient deviation

absolute units 절대 단위(絶對單位) 기본 단위의 크기를 나타내는 데 원기(原器)를 쓰지 않고 직접 자연 현상에 결부시켜 정의한 것으로, SI(국제 단위)는 이것을 채용하고 있다. 예를 들면, 옛날의 암페어는 초산은을 전기 분해하는 장치를 써서 정하고 있었으나 현재는 무한 길이의 평행 2 도체에 전류를 흘렸을 때의 전자력의 크기에서 이론적으로 정하고 있다.

absolute value 절대값(絶對−), 절대치(絶對値) 실수 혹은 복소수인 u 의 절대값이란 다음 식으로 주어지는 양의 실수 $|u|$를 말한다.

$$|u| = +(u_1^2 + u_2^2)^{1/2}$$

여기서

$$u = u_1 + ju_2$$

로 나타내어지듯이 u_1 및 u_2 는 각각 u 의 실수부 및 허수부이며, u 가 실수이면 $u_2 = 0$ 이다.

absolute-value circuit 절대값 회로(絶對−回路), 절대치 회로(絶對値回路) 아날로그 컴퓨터에서 입력 신호와 같은 진폭으로, 그러나 단일 극성의 출력 신호를 내는 트랜스듀서 또는 회로.

absolute-value device 절대값 요소(絶對−要素), 절대치 요소(絶對値要素) 입력 신호와 진폭은 같으나 단일 극성의 진폭을 내는 트랜스듀서.

absolute velocity 대지 속도(對地速度) 항공기 등 비행체의 지면에 대한 속도.

absorber 흡수체(吸收體) 일반적으로 물질이나 에너지를 빼앗는 물질, 매질 혹은 기능 부분으로, 특히 방사원과 검출기의 중간에 있으며, 다음과 같은 목적으로 삽입된다. ① 방사의 에너지나 성질을 측정하기 위해. ② 검출기를 방사원으로부터 차폐하기 위해. ③ 방사 성분의 하나 또는 여러 개를 투과하고, 방사의 에너지 스펙트럼에 변화를 주기 위해. 이러한 흡수체는 실제의 흡수 이외에 충돌에 의한 산란이나 감속 등의 조합에 의해 기능한다.

absorbing circuit 흡수 회로(吸收回路) 전기적으로 결합한 1 차 회로의 에너지를 직렬 공진형의 2 차 회로가 흡수하는 것. 공진점에서 2 차 회로에는 최대 전류가 흐른다. 흡수형 파장계 등으로서 이용된다.

absorbing material 흡음재(吸音材) 소리의 에너지를 흡수하는 재료를 말하며, 건축 음향 재료나 스피커의 캐비닛 등에 사용된다. 흡음 기구에 따라서 다공질 재료, 판상 재료, 공명 흡음 구조체로 분류된다. 다공질 재료에는 암면, 유리 울, 텍스, 스폰지 등이 있으며, 일반적으로 중고음 흡음률은 크나 저음에서는 작다. 합판이나 경질 섬유판 등의 판상 재료는 나무 틀에 부착하여 건물의 강벽(剛壁)간에 틈을 두어 사용하여, 100~500Hz 정도의 저음을 흡수하는 데 사용한다. 공명 흡음 구조체는 단일 공명기나 구멍이 뚫린 판공명 흡음 구조체에 의해서 특정한 주파수의 소리를 제거하는 데 사용된다.

absorptance 흡수율(吸收率) 기호 α. 물체 혹은 매질이 방사를 흡수하는 능력을 주는 척도. 흡수된 방사속(放射束)을 입사 방사속으로 나눈 값으로 주어진다. 광방사의 경우는 방사속은 광속으로 치환된다. 열방사인 경우는 흡수율(진공을 기준으로 한)은 방사를 받는 물체의 열역학적 온도와 방사의 파장의 함수가 된다. 특정한 파장의 방사에 대한 흡수율은 분광 흡수율이라 한다. =absorption factor

absorption 흡수(吸收) 광 도파관에서 광 파워가 열로 변환한 결과로 생기는 감쇠 부분, 본질적인 성분은 자외선과 적외선 흡수대의 끝이 된다. 부대적인 성분은 ① 불순물, 예를 들면 off 이온이나 전이 금속과 ② 결합, 예를 들면 열 경력이나 방사선 조사의 결과를 포함한다.

absorption coefficient 흡수 계수(吸收係數)[1], 흡음률(吸音率), 흡음 계수(吸音係數)[2] (1) 방사선이 물질을 투과할 때 그 세기의 감소에 대해서 다음의 관계(람바트의 법칙)가 성립한다.

$$I=I_0\varepsilon^{-\mu x}$$

여기서 I : 투과 후의 세기, I_0 : 투과 전의 세기, x : 투과 두께, μ : 상수. 이 μ를 흡수 계수라 하고, 방사선의 종류나 물질의 밀도에 따라서 정해진다.

(2) 흡음재에 의해서 소리가 흡수되어 감쇠해 가는 율을 나타내는 것.

흡음률 $\alpha=(1-E_r/E_i)$

여기서 E_i : 흡음재에 입사하는 소리의 에너지, E_r : 반사하여 원래의 공간으로 되돌아가는 에너지. 이것은 일반적으로 소리의 주파수, 입사 조건, 입사 면적, 배후 조건, 재료의 지지 조건 등으로 달라지며, 재료에 의한 고유의 값으로는 되지 않는다. 수직 입사 흡음률, 사입사(斜入射) 흡음률, 통계 입사 흡음률, 잔향식법 흡음률의 네 가지가 있다.

absorption cross section 흡수 단면적(吸收斷面積) 흡수 반응이 일어나기 쉬운 정도를 표현하는 양으로서의 단면적. 예를 들면 중성자와 원자와의 반응에서 원자에 흡수되는 중성자량을 주는 단면적. 일단 흡수되어도 다시 방출되는 반응은 제외한다.

absorption discontinuity 흡수 단층(吸收斷層) 어떤 물질의, 특정한 형의 방사에 대한 흡수 계수의 단층(불연속 개수).

absorption factor 흡수율(吸收率) =absorptance

absorption fading 흡수형 페이딩(吸收形一) 전파는 전리층에서 반사하는 경우나 전리층 내를 통과하는 경우에는 감쇠를 받는다. 이 감쇠의 정도는 전리층 내의 이온 밀도에 따라 다르며, 이온 밀도가 변화하면 감쇠도 변화한다. 이러한 경우에 일어나는 페이딩을 흡수형 페이딩이라고 한다. 그러나, 그 변화는 비교적 작고, 주기도 수분 이상이 보통이다.

absorption frequency meter 흡수형 주파수계(吸收形周波數計) 공진시에 도파관에서 전자 에너지를 흡수하게 되어 있는 1개구 공동 공진기 주파수계.

absorption line 흡수선(吸收線) 가스 또는 증기의 흡수 스펙트럼에서 흡수의 최대 개소를 나타내는 검은 선.

absorption loss 흡수 손실(吸收損失) 통신 회선에서 인접한 회로 또는 도체로의 결합에 의해 생기는 신호 에너지의 손실.

absorption modulation 흡수 변조(吸收變調) 출력 회로에 삽입 또는 접속한 가변 임피던스(주로 저항성의) 소자에 의해 무선 송신기 출력을 진폭 변조하는 방법.

absorption type frequency meter 흡수형 주파수계(吸收形周波數計) LC 회로의 공진 현상을 이용하여 무선 주파수를 측정하는 장치. 공진 회로의 코일을 피측정 회로에 성기게 결합하고, 가변 콘덴서를 조정하여 동조시켜, 그 때의 콘덴서의 다이얼 눈금에서 주파수를 구할 수 있다. 열전형 전류계를 써서 공진점을 검지하는 것과 2차 회로를 결합하여 유도 전압을 정류하여 전압계로 측정하는 것이 있다. 전자는 장파, 중파, 단파에 사용되고, 후자는 주로 단파 초단파에 사용되고 있다.

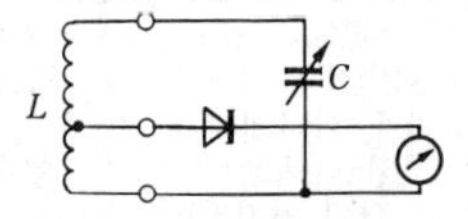

absorption wave meter 흡수 파장계(吸收波長計) 교정된 공진 회로와 공진 지시 장치로 이루어지는 파장계로, 측정할 신호원에 소결합하여 공진 상태로 조정함으로써 신호원으로부터 최대의 에너지를 흡수한다. 그리고 교정된 동조 다이얼 상에 측정할 주파수(또는 파장)가 표시된다. 공동 공진기를 사용한 도파관용의 것도 흡수 파장계라 한다. 공진 지시 장치의 일부가 전자관(또는 트랜지스터)으로 구성되어 있는 그리드 딥 미터 등도 같은 원리이다.

ABS resin ABS 수지(-樹脂) 아크릴니트릴(A), 푸타젠(B), 스틸렌(S)이 조합된 중합체(공중합체)로, 다른 플라스틱에 비해서 기계적인 강도 및 내열성이 뛰어나다.

abstract data type 추상 데이터형(抽象-型) 데이터가 취할 수 있는 값의 형에 더해서 데이터에 허용되는 조작을 아울러 정의한 데이터형. 계층화 설계를 위해 데이터에 대한 직접적 조작, 데이터의 구체적 구조를 은폐한 것.

AC 교류(交流) =alternating current

AC analog computer 교류 아날로그 컴퓨터(交流-) 전기 신호로서 진폭 변조 방식을 사용한 아날로그 컴퓨터. 컴퓨터 변수의 절대값은 변조파의 진폭에 대응하고 컴퓨터 변수의 부호는 기준 교류 신호에 대한 변조파의 위상(0 이나 180°)으로 표시한다.

ACAS 기상 충돌 방지 장치(機上衝突防止裝置) =airborne collision avoidance system

AC biased recording 교류 바이어스 녹음(交流-錄音) 자기 녹음에서 녹음 헤드를 어느 정도 자화해 두는 것을 자기 바이어스라고 한다. 이것을 주기 위해 음성 주파수보다 훨씬 높은 주파수(30~100kHz)의 교류를 사용하는 방식이 교류 바이어스 녹음이다. 이 때는 그림과 같이 음양 양방향의 자화 a, b 를 합성한 c 의 상태가 되며, 비직선 일그러짐이 없는 재생 출력이 얻어져서 충실한 녹음을 할 수 있다.

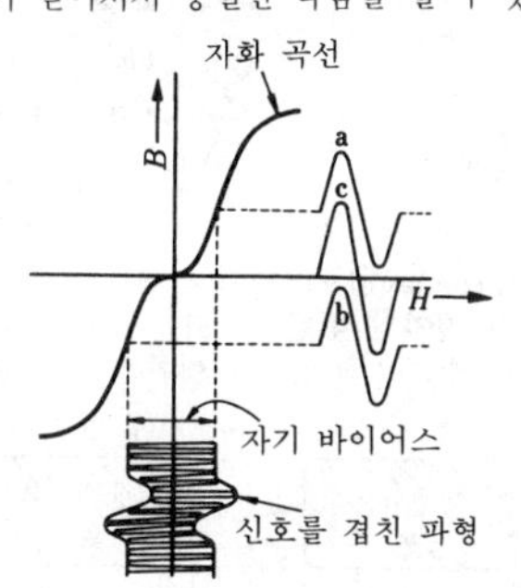

AC bridge 교류 브리지(交流-) 그림과 같이 4 변에 임피던스가 접속되고, 전원에 교류를 사용한 회로. 미지의 임피던스를 측정할 때 사용되는 회로로, 4 개의 임피던스 중 하나에 미지의 임피던스를 두고, 다른 임피던스를 조절하여 검류계의 지시가 0 으로 되었을 때 $Z_1Z_4=Z_2Z_3$이 되는 것을 이용하여 미지의 임피던스를 측정한다. 그 경우 일반적으로 임피던스는 복소수이므로 적어도 2 개의 소자를 가감하여 실수부와 허수부의 평형 조건을 만족해야 한다.

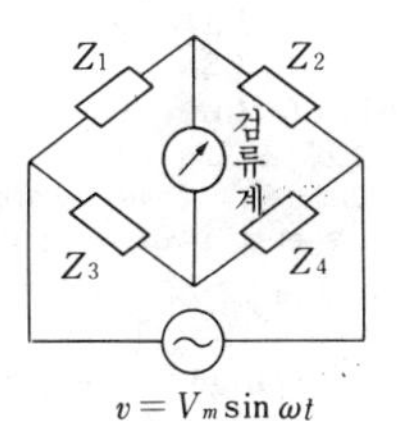

ACC 자동 컬러 제어 회로(自動-制御回路) automatic color control circuit의 약어. 컬러 TV 수상기의 반송 색신호와 휘도 신호(Y 신호)의 입력 레벨이 변동해도 재현 색의 포화도를 일정하게 유지하는 회로, 컬러 버스트의 크기에서 입력 레벨 변동을 검출하여 출력이 일정하게 되도록 대역 증폭 회로의 바이어스 전압을 바꾸어서 이득을 조정하는 피드백 제어 회로이다.

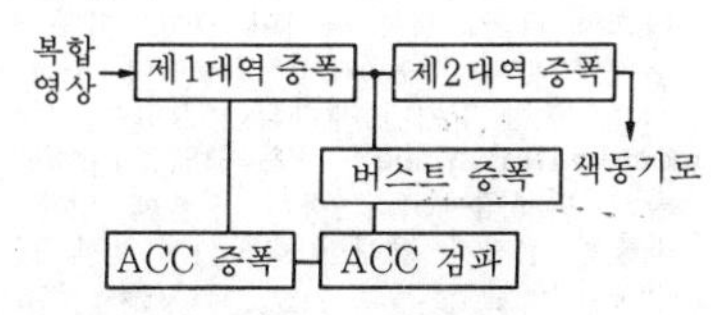

accelerated aging 가속 수명(加速壽命) 트랜지스터나 저항기 등과 같은 부품의 수명을 시험하는 데 통상의 사용 상태로 하면 매우 긴 시간을 필요로 하여 신제품 등에서는 시간에 대지 못한다. 그래서 일부러 사용 상태보다 엄격한 조건(전압을 높인다든지 온도를 높힌다든지)으로 하여 시험한 것을 가속 수명이라 하며, 보통 상태에서의 수명을 추정하는 데 도움이 된다.

accelerated test 가속 시험(加速試驗), 가속 수명 시험(加速壽命試驗) 시험 시간을 단축할 목적으로 기준보다 엄격한 조건으로 하는 시험. 그 평가가 유효하기 위해서는 가속에 의하여 고장 모드 및 그 원인이 달라지지 않는 것이 요구된다.

accelerating electrode 가속 전극(加速電極) 빔 내의 전자 또는 이온을 가속하기 위한 전압이 인가되고 있는 전극.

accelerating time 가속 시간(加速時間) 공업용 제어에 있어서 부여된 조건에 따라 가속하는 경우에 속도를 어느 지정된

값에서 다른 지정된 값 보다 높은 값까지 변화시키는 데 요하는 시간을 초로 표시한 것.

accelerating voltage 가속 전압(加速電壓) 오실로스코프에서 전자 빔을 가속할 목적으로 음극선관에 인가되고 있는 음극과 표시면간의 전압.

acceleration factor 가속 계수(加速係數) 동일한 고장 모드와 고장 메커니즘을 일으키는 것과 같은 2개의 상이한 스트레스 조건의 조합하에 놓여진 2개의 동등한 샘플(복수) 중에 고장의 비율이 같은, 미리 정해진 값에 이르는 데 필요한 시간의 비.

acceleration gauge 가속도계(加速度計) 가속도를 구하는 계측 장치. 일반적으로 〔가속도〕=〔힘〕/〔질량〕의 관계를 이용하여 힘에서 직접 구하는 방식의 것이 많다. 검출부는 진동계와 마찬가지로 질량이나 스프링을 포함하는 기계계로 구성되어 있으며 압전 소자나 차동 변압기 등의 기계-전기량 변환기를 부가하여 전기 계기로 지시하도록 한 것이 널리 사용되고 있다. 압전형 가속도계는 소형 경량이며 측정 범위가 넓은 것이 특징이나, 습기나 외부 유도의 영향을 받기 쉬운 결점이 있다. 인덕턴스형 가속도계는 출력이 크고, 외부 유도의 영향이 적은 대신 모양이나 무게가 크고, 측정 범위가 제한되는 결점이 있다.

acceleration space 가속 영역(加速領域) 속도 변조관에서 전자의 주행에 맞추어 방출된 전자가 정해진 속도까지 가속되는 전자관의 일부.

accelerator 액셀러레이터, 가속기(加速器) ① 개인용 컴퓨터의 처리 속도를 빠르게 하기 위한 장치. 중앙 처리 장치(CPU) 그 자체의 속도를 빠르게 하는 외에 그래픽 표시 부분만을 고속화하는 그래픽스 가속기도 있다. 예를 들면, 16비트 개인용 컴퓨터에 32비트 CPU를 탑재한 가속기를 추가하여 처리 속도를 향상시킨다. 보다 고속인 CPU나 전용 LSI와, 동작에 필요한 주변 회로를 세트하여 보드로 공급하고 있는 경우가 많다. 개인용 컴퓨터 본체를 재구입하기 보다 비용이 적게 드는 것이 보통이다. 주변 기기나 소프트웨어를 그대로 사용할 수 있는 것도 이점이다. 단, 종래의 주변 기기나 소프트웨어가 정상으로 동작하지 않게 되는 경우도 있다. ② 하전 입자나 이온을 가속하여 고 에너지 빔을 만들기 위해 사용되는 장치. 빔을 집속하여 방향 결정을 하기 위해 자계가 쓰인다. 입자원(粒子源)과 타깃 사이에 고전압을 가하는 구조의 것에서는 얻어지는 최고 에너지에 한도가 있으므로 비교적 작은 가속 전압을 직렬로 한 것으로 가속하도록 한 것, 원형 궤도를 따라서 가속하는 것이 많다.

acceptance criteria 수락 기준(受諾基準) 소프트웨어 제품이 테스트 단계에 합격하기 위해서 충족시키지 않으면 안 되는 기준, 또는 인도 요구에 적합하기 위한 기준.

acceptance testing 인수 시험(引受試驗) ① 기준을 시스템이 만족하고 있는지 어떤지와, 고객이 시스템을 인수해서 좋은지 나쁜지를 결정할 수 있도록 하기 위해 행해지는 정식 시험. ② 시스템이 인수 기준을 만족하고 있는가의 여부를 판단하기 위해서 고객이 시스템을 인수하는가의 여부를 판단 가능하게 하기 위해 시행되는 형식 검사.

acceptor 억셉터 p형 반도체를 만들 때 정공(正孔)을 얻기 위해 진성 반도체에 섞는 불순물. 종류로는 인듐, 붕소, 알루미늄, 갈륨 등의 Ⅲ족이 있다. 실리콘, 게르마늄 등 Ⅳ족의 진성 반도체 원자와의 공유 결합으로 최외각 궤도의 하나가 가전자(價電子)가 없는 상태, 즉 정공이 된다. 이 정공이 다른 궤도의 가전자를 받음(억셉트)으로써 대신 그곳으로 이동하는 형의 캐리어가 되기 때문에 이 명칭이 붙게 되었다. →carrier

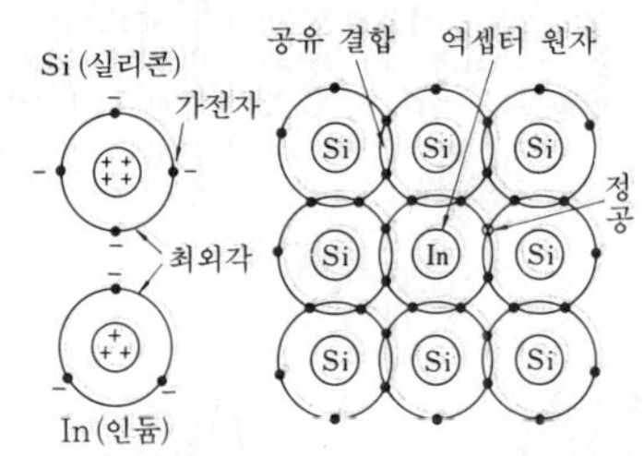

acceptor level 억셉터 준위(－準位) 물질 내의 전자가 취할 수 있는 에너지의 레벨은 일반적으로 띠(대) 이론으로 논하는데,

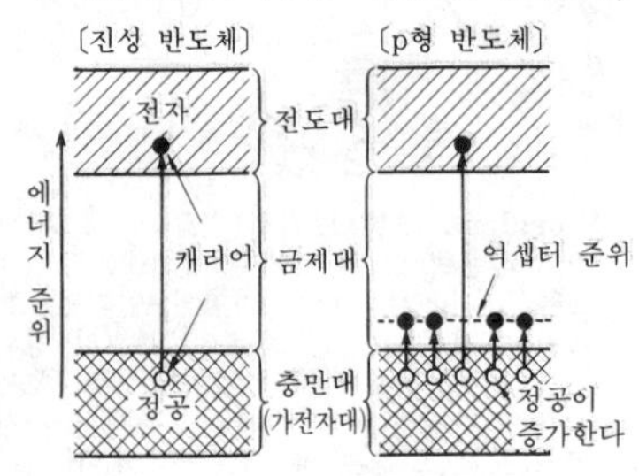

억셉터를 혼입한 p형 반도체에서는 충만대 바로 위해 새로운 레벨을 생성한다. 이 자리를 억셉터 준위라 한다. 진성 반도체에서는 충만대의 전자가 전도체로 옮기려면 금제대(禁制帶)를 뛰어넘기 위한 많은 에너지가 필요하기 때문에 캐리어는 적고, 전류는 잘 흐르지 않지만 p형 반도체서는 아주 적은 에너지로 억셉터 준위로 옮길 수 있어 충만대 중의 정공이 캐리어로서 증가하여 전류가 흐르기 쉽게 된다.

access 액세스, 접근(接近) 컴퓨터의 기억 장치에 정보를 기록한다든지 판독한다든지 하는 경우, 그것을 기억 장치의 어느 장소(주소)에 대해서 하는가라는 지령이 중앙 처리 장치(CPU)에서 주소 신호로서 보내져 온다. 이것을 해독하고 지시된 장소를 골라내어 정보의 전송로를 그 장소에 접속하는 조작을 말한다.

access arm 액세스 암, 접근 암(接近-) 자기 디스크의 자기 헤드를 소정의 디스크 트랙 상에 이동 유지하는 지지물. 각 디스크면마다 1개씩 암이 있고, 각 트랙을 선택하는 것이 보통이지만 소형의 디스크에서는 각 트랙마다 헤드를 가지고 있어 암을 이동할 필요가 없는 것도 있다.

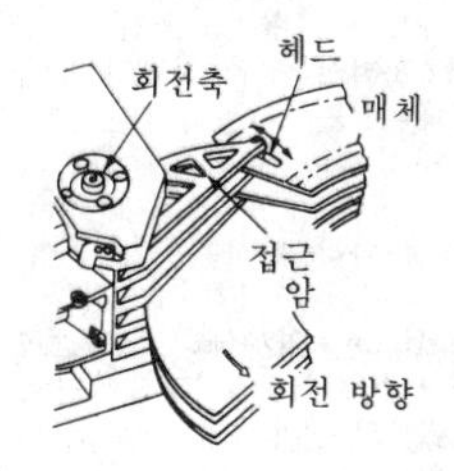

access code 액세스 코드, 접근 코드(接近-) ① 전화 교환 시스템 용어. 어떤 상황에서 지역 또는 국 코드 대신 또는 앞에 설치된 하나 이상의 숫자열(數字列). ② 컴퓨터 용어. ㉠ 사용자가 컴퓨터 시스템을 이용하기 위해 로그인(log-in)할 때 자신을 나타내기 위해 사용하는 이름. ㉡ 어떤 프로세스나 사용자 단위로 접근할 수 있는 자원의 범위에 제한을 두기 위한 코드. 즉 사용자의 코드와 그 자원의 접근 코드가 같거나 크고 작은 등 양쪽에 어떤 관계가 성립해야 접근이 가능하게 된다.

access-control mechanism 액세스 제어 기구(-制御機構) 컴퓨터 시스템으로의 정당한 접근을 허가하도록 설계된 하드웨어나 소프트웨어의 기구, 실행 절차 또는 관리 절차.

access coupler 액세스 커플러 두 도파로 단간(導波路端間)에 위치하고, 도파로에서 신호를 꺼내거나 넣거나 하기 위한 디바이스. →optical waveguide

accessibility 접근 가능성(接近可能性) ① 컴퓨터 용어. 소프트웨어가 구성하는 컴포넌트의 선택적인 사용이나 보수를 용이하게 하는 정도. ② 전화 교환 시스템에서 어느 주어진 입력이 유효한 출력단에 도달할 수 있는 가능성.

accessible terminal 접근 가능한 단자(-接近可能-端子) 회로망에서 외부 접속에 사용 가능한 회로망 절점(節点). →network analysis

access line 가입자선(加入者線) 가입자를 로컬 교환국에 접속하는 회선. 로컬 라인망에서는 보통 페어 게인 방식을 쓰고 있으므로 가입자선은 반드시 국과 가입자를 잇는 하나의 왕복선에 한정되는 것은 아니다.

access time 접근 시간(接近時間) 장치간에서 데이터를 주고 받는 경우에 걸리는 시간. 즉, 어느 데이터에 대해서 그 전송을 요구하고부터 전송이 개시되기까지의 시간이다. 보통, 이것에는 판독이나 기록할 때의 시간은 포함하지 않는다.

accidental error 우연 오차(偶然誤差) 계통적 오차 등을 보정해도 그래도 남는, 원인을 찾아 볼 수 없는 오차. 측정이 불균일해지고 완전히 제거할 수 없다. 측정 환경(온도, 기압, 전원 전압 등)의 변화 등이 원인이다. 대책으로서는 측정을 되풀이하여 통계적으로 처리한다.

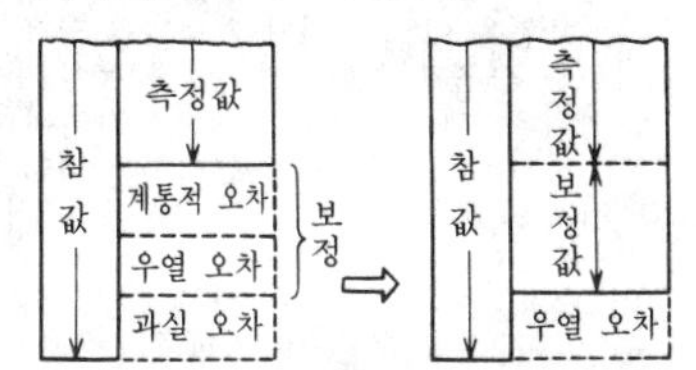

accordion wire 아코디언 전선(-電線) 색 구분된 다수의 선심(線芯)을 병렬로 접착하여 단부(端部)를 따라서 감아 붙인, 그림과 같은 전선. 소형이고 취급이 용이하며, 신축성이 풍부하고, 회로의 식별이 용

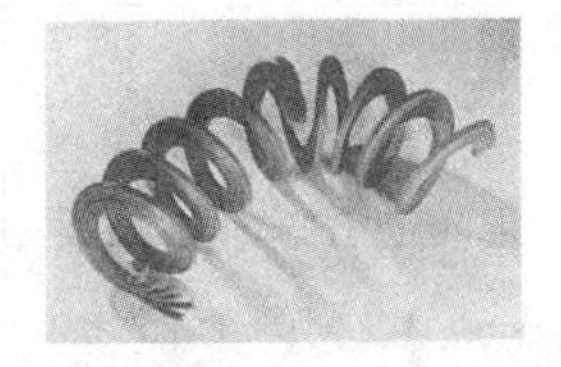

이하다는 등의 이점이 많으므로 전자 기기의 인출식 리드선 등에 사용한다.

accounting information 과금 정보(課金情報), 요금 부과 정보(料金賦課情報) 계산 센터에서 그 운영을 원활하게 할 목적으로 작업 실행 의뢰자에 대하여 센터 운영에 필요한 경비를 청구하기 위한 정보이다. 이 정보에는 작업을 실행하기 위해 소요된 중앙 처리 장치(CPU) 사용 시간, 주기억 장치 사용량, 프린터 사용량 등이 있다.

accounting machine 과금기(課金機), 요금 부과기(料金賦課機) 다수의 이용자에 대하여 시분할 방식으로 서비스하는 컴퓨터에서, 각 이용자의 컴퓨터 사용량(입력량, 사용 시간 등)을 측정 평가하고, 그 정도에 따라서 요금 부과 기록을 출력하는 기능을 갖는 요금 부과 처리 머신 시스템. 회계기라고도 한다.

AC coupling 교류 결합(交流結合) 교류적으로만 에너지의 수수가 가능한 복수 회로 혹은 복수 장치 간의 결합 상태를 말한다.

accumulation layer 축적층(蓄積層) 반도체 표면에서 다수 캐리어 농도가 결정 내부에 비해 높아져 있는 공간 전하층. 반전층과 달리 p형과 n형의 반전은 없고, 표면이나 결정 내부나 같은 형이다.

accumulator 어큐뮬레이터, 누산기(累算器)[1], 2차 전지(二次電池)[2] (1) 연산 장치에 있는 레지스터로, 4칙 연산, 논리 연산 등의 결과를 기억하기 위해 사용된다. 보통은 어느 수치가 기억되어 있을 때 새로운 수치가 들어오면, 앞에 들어 있던 수치와의 대수합이 바뀌어서 기억된다. 또, 기억되어 있는 수치에 대하여 자리 보내기, 보수(補數)를 만드는 등의 조작도 할 수 있다. →register

(2) 충방전이 가능하며 반복해서 사용할 수 있는 전지(축전지)를 말한다. 자동차 외에 거치형, 밀폐형 등 폭넓게 사용되는 납 축전지와 수명이 긴 알칼리 축전지가 있다. 알칼리 축전지에는 에디슨 축전지, 융너(Jungner) 전지, 밀폐형 알칼리 축전지, 산화은-아연 축전지 등이 있다.

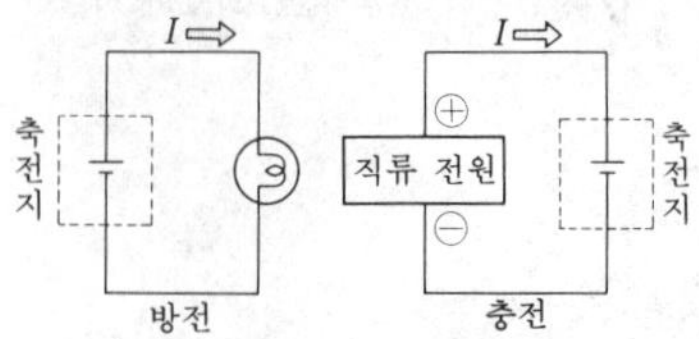

accuracy 확도(確度) 계기 등에서의 측정의 정확성을 양적으로 나타내는 것. 측정값의 평균과 참값의 차로 나타낸다.

accuracy burden rating 허용 부하 정격(許容負荷定格) 정해진 한계값을 초과하지 않고 명기된 정확도를 유지하면서 연속적으로 가해지는 부하.

ACD 자동 착신호 분배 시스템(自動着信呼分配−) automatic call distribution의 약어. 구내 교환기에 외선으로부터의 착신이 집중한 경우 특정한 접수대나 전화기에 집중하지 않도록 자동적으로 균등 배분하는 기능, 또는 그를 위한 장치.

AC dialing system 교류 다이얼식(交流−式) 시외 선로에 다이얼 펄스를 보내는 경우, 반송 선로에는 직류 임펄스는 보낼 수 없다. 이때문에 상용 주파수인 60Hz를 단속하는 임펄스로서 전송한다. 이것을 교류 다이얼 방식이라고 한다. 이 방식은 100km 정도의 선로에는 유효하나, 대역내 주파 신호 방식이 사용되고부터는 쓰이지 않게 되었다.

ACE 자동 호출 장치(自動呼出裝置) =automatic calling equipment, ACU

AC erasing 교류 소거법(交流消去法) 녹음된 자기 테이프의 녹음을 지우는 데 교류를 사용하는 방법. 소거 헤드의 코일에 교류를 흘려서 교류 자계를 만들어 그 밑에서 테이프를 이동시킨다. 테이프 중의 미소 자성체는 교번 자계로 자화되어서 히스테리시스 루프를 그리는데, 헤드에서 멀어짐에 따라 자화는 감소하여 결국에는 0으로 되어서 자기가 제거된다.

acetate disks 아세테이트 디스크 여러 가지 초산염 화합물로 만들어진 고형 또는 적층 모양의 기계적인 녹음판.

acetated paper 아세틸화 종이(−化−) 천연 섬유를 화학적으로 처리하여 분자 중의 수산기를 초산기로 대치한 아세틸 셀롤로오스로 만든 절연지. 흡습성이 적고, 난연성이 있는 것이 특징이다.

acetyleneblack 아세틸렌블랙 카본 블랙(무정형 탄소의 미분말)의 일종으로, 아세틸렌을 열분해하여 만든 것.

AC floating storage-battery system 부동 전지 방식(浮動電池方式) 교류 전원과 축전지, 정류 장치를 조합시킨 것으로, 축전지는 상시 충전되고, 동시에 부하 장치를 동작시키기 위한 전류를 공급하고 있는 것.

AC galvanometer 교류 검류계(交流檢流計) 미소한 교류 전류를 검출하는 검류계. 진동형, 열전쌍형 등이 있다.

achromatic antenna 무채색 안테나(無彩色−) 지정된 주파수 범위에서 그 특성이

고른 안테나.

ACIA 비동기형 통신용 인터페이스(非同期形通信用-) asynchronous communication interface adapter 의 약어. 컴퓨터 등에서 문자 표시 장치나 텔레타이프(인쇄 전신기)와 같은 입출력 장치와 중앙 처리 장치(CPU)간의 데이터 수수를 직렬로 전송하기 위해 사용한다. 이 직렬 데이터 전송에는 비동기의 데이터 형식이 사용되며, 스타트 비트, 스톱 비트 및 패리티 비트 등의 포맷 작성이 가능하다.

acid-resistant 내산성(耐酸性) 산성 분위기에 노출되어도 견딜 수 있도록 구성된 것.

AC magnetic biasing 교류 자기 바이어스(交流磁氣-) 자기 녹음에서 교류(보통 신호 주파수 범위에 비해 충분히 높은 주파수를 가진 것)를 써서 하는 자기 바이어스. 고주파 바이어스 자계는 보통 자성 녹음 매체의 보자력(保磁力)과 거의 같은 진폭을 가지며, 주파수는 기록 헤드의 분해능에 비해 충분히 높게 잡는다. 이렇게 하여 녹음과는 관계없이 단지 전달 함수(입력 신호와 그에 의한 기록 결과의 관계)를 직선화하는 데 도움이 된다.

a contact a 접점(-接點) 주 장치가 기준 위치에 있을 때 개방되어 있는 접점. b 접점과 대비된다.

acoustically tunable optical filter 음향 동조 광 필터(音響同調光-) 음파에 의해 작동하고, 음향 주파수를 변화함으로써 동조 가능한 광 필터.

acoustical ohm 음향 옴(音響-) 음향 임피던스의 단위. $dyn/cm^2(=1\mu bar=0.1\ Pa)$의 음압에 의해 $1\ cm^3/s$ 의 체적 속도를 발생하는 경우의 음향 임피던스. 혹은 1 Pa 의 음압에 의해 $1m^3/s$ 의 체적 속도를 발생하는 음향 임피던스.

acoustical phase constant 음향 위상 상수(音響位相常數) 주어진 주파수로 전파(傳播)하는 음향파에서 음향 전파 상수의 허수 부분을 말한다. 단위는 〔rad/m〕.

acoustical propagation constant 음향 전파 상수(音響傳播常數) 음파가 절파하는 경로의 두 점에서의 입자 속도, 체적 속도 또는 음압의 복소비의 자연 대수로, 음의 매질의 성질을 주는 양. 전자파의 전파 상수와 비슷하다.

acoustic-apparatus 음향 기기(音響器機) 라디오, 스테레오 등의 음성이나 음악을 듣기 위한 기기, 또는 음향 측심기나 어군 탐지기 등과 같이 음향을 이용하여 계측이나 탐사를 하는 기기의 총칭.

acoustic burglar alarm 음향식 도난 경보기(音響式盜難警報器) 음향에 의해 동작하는 도난 경보기로, 음향 센서와 경보 회로를 조합시켜서 구성한 것.

acoustic coupler 음향 커플러(音響-) 데이터 전송의 목적을 위해 음성 통신 시스템의 결합기로서 전화 송수화기의 사용을 가능하게 하는 음향 변환기를 가진 데이터 통신 장치의 일종.

acoustic coupling 음향 결합(音響結合) 일반 전화기를 그대로 사용하여 데이터 전송을 하는 방법. 보통의 입출력 기기의 경우와 달리 입출력 기기에 마이크로폰과 스피커를 설치하여 이것과 전화의 송수화기를 음향적으로 접속하는 방법을 취하므로 회선에 대해서 입출력 기기를 고정할 필요가 없다. 따라서, 누구라도 언제 어디에서나 컴퓨터와 통신할 수 있는 장점이 있다.

acoustic delay line 음향 지연선(音響遲延線) 그 동작이 음파의 전파 시간에 기인하는 지연선.

acoustic dispersion 음향 분산(音響分散) 복합 음파가 매질 중을 전해질 때 각 주파수 성분이 다른 전파(傳播) 속도를 갖기 때문에 점차 성분파로 나뉘어서 진행하는 현상.

acoustic echo canceller 음향 반향 캔슬러(音響反響-) →echo cancellation

acoustic efficiency 음향 효율(音響效率) 음향 기기에서의 음향 출력과 전기 입력과의 비.

acoustic emission 음향 방출(音響放出) 고체가 소성 변형하고, 또는 파괴할 때 그 때까지 축적되어 있던 일그러짐 에너지가 방출되어 탄성파로서 전파해 가는 현상. 재료의 비파괴 검사 방법의 하나로서 쓰이며, 검지를 위한 변환자로서는 PZT 소자가 일반적으로 사용된다.

acoustic feedback 음향 궤환(音響饋還) 오디오 장치에서 스피커로부터의 음파가 전단의 마이크로폰 등에 입력 신호를 증가시키도록 궤환되는 것. 궤환 효과가 너무 강하면 스피커에서 하울링음이 발생한다.

acoustic fidelity 음향적 충실도(音響的忠實度) 수신기의 성능을 나타내는 충실도의 하나로, 수신기의 스피커에서 나오는 음향적 출력의 변조 주파수에 대한 변화를 나타낸 것이다. 라디오 수신기에서는 얼마만큼 원음이 충실하게 재생되는가는 이 음향적 충실도로 나타낸다.

acoustic-gravity wave 음향 중력파(音響重力波) 대기 중에서 그 복원력이 소밀(疎密)과 중력의 양자로 구성되는 저주파

의 파.

acoustic horn 음향 혼(音響-) 지향성 패턴의 제어와 음향 임피던스의 변화를 주는 상이한 종단 면적을 갖는 단면이(서서히) 변화한 관. →horn

acoustic impedance 음향 임피던스(音響-) 발음체가 음을 전하는 매질(공기, 물 등)에 미치는 압력과 그에 의한 매질의 체적 속도(단위 시간에 이동하는 매질의 양, 즉 이동의 속도에 면적을 곱한 값)와의 복소비를 말하며, 음향 임피던스 Z_0, 압력 p, 체적 속도를 v로 나타내면 $Z_0=p/v$가 된다. 이 경우 압력과 체적 속도의 위상은 일반적으로 같지 않으므로 전기 회로의 임피던스와 마찬가지로 음향 임피던스도 일반적으로 복소수이다. 단위는 압력이 N/m^2, 체적 속도가 m^3/s이므로 음향 임피던스는 $N \cdot s/m^5$로 나타내어진다.

acoustic interferometer 음향 간섭계(音響干涉計) 음의 감쇠와 파장의 측정을 위한 장치의 하나.

acoustic mode 음향 모드(音響-) 장파장 영역에서는 연속 매체 중의 음파와 같은 구실을 하는 결정 격자 진동의 진동 모드. 단파장 영역에서는 분산 관계 중에서 위상 속도가 감소하여 진동수는 일정값에 가까워진다.

acoustic Q switching 초음파 Q스위칭(超音波-) →acousto-optic modulator

acoustic radiating element 음향 방사 소자(音響放射素子) 음파에 의해 움직여지거나 음파를 발생할 수 있는 변환기의 진동면.

acoustic radiometer 음향 방사계(音響放射計) 음향 방사 음압을 측정하기 위한 장치(기기).

acoustic reactance 음향 리액턴스(音響-) 음향 임피던스의 허수 부분으로

$$j(\omega M-1/(\omega C_A))$$

로 주어진다. ω는 음파 주파수에 2π를 곱한 값이다.

acoustic refraction 음향 굴절(音響屈折) 매질 중의 음의 속도가 공간적으로 변동함으로써 음이 전파하는 방향이 바뀌어지는 과정.

acoustic resistance 음향 저항(音響抵抗) 음향 임피던스의 실수부. 음원의 압력에 의해 기체 매질이 어느 체적 속도로 움직일 때 매질 중에 마찰 손실로서 잃게 되는 에너지와 결부된 양.

acoustics 음향학(音響學) 음의 과학 또는 그 응용.

acoustic scattering 음향 산란(音響散亂) 불규칙 반사, 굴절 또는 여러 방향으로의 음의 회절.

acoustic speed type gas analyzer 음향 속도식 가스 분석계(音響速度式-分析計) 혼합 가스의 성분비를 측정하는 장치. 혼합 가스 중을 전파하는 음의 속도가 성분비에 따라 달라지는 것을 이용하고 있다. 관의 한 쪽에 스피커를, 다른 쪽에 마이크로폰을 부착한 음향관을 증폭기의 입출력 간에 접속한 발진 회로와 주파수계로 구성되어 있다. 음향관에 피측정 가스를 통하면 그 때의 음파에 의해서 정해지는 주파수로 발진하므로 주파수를 측정함으로써 가스의 성분 농도를 측정할 수 있다. 탄산 가스, 아황산 가스, 수소 등의 분석에 이용되고 있다.

acoustic stiffness 음향 스티프니스(音響-) →acoustic reactance

acoustic storage 음향 기억 장치(音響記憶裝置), 초음파 기억 장치(超音波記憶裝置) 신호를 지연시키면 그 시간 동안 정보를 기억할 수 있다는 원리. 고체 또는 액체 중의 음파 전달 시간이 전기 신호에 비하여 느린 것을 이용하여 전기 신호를 초음파 신호로 변환하고 지연 전달로를 통하여 지연시킨 다음 다시 전기 신호로 변환한다. 이 반복에 의하여 기억시키는 것으로, 지연 기억 장치라고도 한다.

acoutic transmission system 음향 전송 시스템(音響傳送-) 음성을 전송하기 위한 요소의 집합.

acoustic units 음향의 단위(音響-單位) 음향학의 여러 분야에서는 적어도 3개의 단위계가 일반적으로 사용되고 있다. 그들은 mks, cgs, 영국 단위계이다.

acoustic wave 음파(音波) ① 매질(기체, 액체 혹은 고체) 중을 압력의 변화가 파동으로 전파(傳播)하는 현상. ② 초저음파, 소리, 초음파 등을 포함한 파의 총칭.

acoustic wave device 음향파 장치(音響波裝置) 전자 회로를 메커닉한 소자로 대치한 장치. LSI 기술을 응용하여 칩 1개로 인덕턴스나 정전 용량에 상당하는 구실을 하게 하고, 필터, 지연 회로, 증폭 회로 등의 구실을 하게 한다. 원리적으로는 압전기 효과를 응용한 재료에서 발전시킨 장치가 많다.

acoustic wave filter 음향파 필터(音響波-) 상이한 주파수의 음향파를 분리하도록 설계된 필터의 하나.

acousto-optic device 음향 광학 소자(音響光學素子) 음향적으로 발생시킨 회절 격자로, 빛의 회절 효과에 의해 빛에 진폭, 주파수, 위상, 편광 또는 공간적인 위치의 변조를 걸기 위해 사용되는 소자.

acousto-optic effect 음향 광학 효과(音響光學效果) 음향파에 의해 생기는 반사율의 주기적 변화. 음향 광학 효과는 광을 변조, 편향하는 소자에 쓰인다.

acousto-optic modulator 음향 광학 변조기(音響光學變調器) 초음파 변조기라고도 한다. 텔루르 유리, 용융 석영 등의 매질 속에 초음파 진동을 주어 굴절률의 주기 변화를 일으킨다. 이렇게 하여 얻어지는 회절 격자에 의한 빛의 회절을 이용하여 회절 광강도가 초음파 파워에 거의 비례하는 변조를 할 수 있다. 변조 대역폭은 100MHz 정도까지인데, 소광비(消光比 : 빛의 변조도)나 온도 특성이 좋아 광 정보 처리 분야에서 이용되고 있다.

acousto-optic effect 음향 광학 효과(音響光學效果) 어떤 물질에 초음파를 가하면 빛에 대한 성질이 변화하는 현상으로, 초음파에 의해서 물질 중에 소밀(疏密)의 부분이 생기고, 그곳을 통하는 빛의 통로가 2방향으로 나타난다. 일반적으로 블랙 회절이나 라만-나스 회절(Raman-Nath diffraction)이라 한다. 이 현상을 발생하는 물질로서는 $LiNbO_3$, GaAs, SiO_2, Al_2O_3, TeO_3 등이 있다. →Raman-Nath diffraction

AC potentiometer 교류 전위차계(交流電位差計) 교류 전압을 정밀하게 측정하기 위하여 사용되며, 극좌표식과 직각 좌표식의 두 종류가 있다. 전자는 절대값과 위상각을 별도로 측정하는 것이고, 후자는 기준 위상 및 그것과 직각 위상의 두 성분으로 나누어서 측정하여 그 각각의 크기에서 절대값과 위상각을 구하는 것이다.

acquisition 포착(捕捉) 레이더 용어. 하나 또는 그 이상의 좌표에서 지정된 목표물에 대하여 안정된 추미(追尾)를 달성하는 과정. 좌표 공간에 주어진 체적의 수색은, 보통은 오차 또는 지정된 불완전함에 의해 필요하게 된다.

acquisition probability 포착 확률(捕捉確率) 레이더에서 지정된 목표물에 대하여 안정된 추미를 달성하는 확률.

acquisition radar 포착 레이더(捕捉-) 이동 목표를 포착하기 위한 레이더로, 안테나의 로브(lobe) 전환에는 원뿔 주사를 쓰고 있다. 포착하면 정밀 레이더로 전환하도록 한다.

ACR 진입 관제 레이더(進入管制-) approach control radar 의 약어. 지상 관제 진입 방식(GCA)에 사용되는 레이더 세트 또는 방식. 예를 들면 공항 감시 레이더(ASR), 정밀 진입 레이더(PAR) 혹은 그들의 조합 등이다.

acrylic resin 아크릴 수지(-樹脂) 합성 수지 중의 열가소성 수지의 일종. 유연하고 강도가 높으며 무색 투명하나, 흠이 생기기 쉬운 결점을 갖는다. 아크릴 산 및 그 유도체의 중합에 의해서 만들어진다. 유기 유리, 접착제 등에 쓰인다.

AC servomotor 교류 서보모터(交流-) 교류 서보 기구에 사용하는 전동기. 일반적으로는 2상 유도 전동기이다. 고정자는 직교한 기준 계자 권선과 제어 계자 권선으로 이루어진다. 두 권선은 90°의 위상차를 가지고 있으므로 이들에 의해 생기는 회전 자계에서 회전자를 회전시킨다. 토크는 제어 신호 전압의 크기에 거의 비례하고 있다. 또 토크가 속도에 따라서 직선적으로 감소한다.

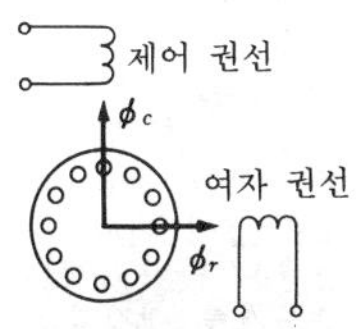

AC servo system 교류 서보 기구(交流-機構) 기준 입력과 제어량이 일정한 경우에 제어 요소에 주는 제어 동작 신호가 교류인 서보 기구.

action diagram 동작 다이어그램(動作-) 구조적 시스템 분석이나 설계를 위한 도구로, 마틴(J. Martine)이 제안하였다. 이것은 시스템의 각 활동을 계층적으로 나타내는 도표로 구성된다.

action spike 활동 스파이크(活動-) 활동 전위의 관측에서 볼 수 있는, 진폭이 최대이고 계속 시간이 최소인 특징적인 음(-)의 파형.

activated maintenance 활성 보수(活性保守) 시스템을 정지시키는 일 없이 운용하는 상태에서 부품의 교환을 포함하는 구성 장치의 진단, 수복 등을 실시하는 보수의 방식.

activation 활성화(活性化) 전자 방출을 일으키는, 또는 증가시키기 위한 음극 처리.

activation energy 활성화 에너지(活性化-) 진성 반도체의 에너지대 구조에서 가전자대의 최고값과 전도대의 최하단 사이에 존재하는 금제대(禁制帶)의 폭. Si 에서는 약 1.1eV, Ge 에서는 0.67eV 정도(모두 상온값). 가전자대의 전자에 이보다 큰 에너지가 주어지면 여기(勵起)되어서 전도대로 옮겨 전기 전도를 하게 된다.

activator 활성제(活性劑), 활성체(活性體)

어떤 종류의 물질에 어떤 물리적 작용을 시킬 때 그 구실을 돕기 위해 소량 혼입하는 불순물. 예를 들면, 희토류 형광체에서의 희토류 원소와 같은 것이다.

active 능동(能動) 일반적으로는 어떤 것이 사용 중이거나 혹은 그 사용이 보류된 상태를 말하나, 전자 공학에서는 입력 신호(또는 에너지)에 대하여 증폭, 제어, 변조 등의 처리를 하는 기능 디바이스(능동 소자)의 동작을 말한다. 이러한 (전자적, 기계적, 화학적 기타의) 디바이스는 보통 둘 또는 그 이상의 에너지원으로부터 에너지를 받아 그 중의 하나의 에너지가 다른 소스의 에너지 흐름을 제어한다. 수동 디바이스인 경우는 받아들인 에너지를 단지 축적하거나 소비하거나, 혹은 그대로 통과시키거나 할 뿐이다.

active antenna 액티브 안테나 TV 수신 안테나의 소형화를 위해 지향성에 중점을 두어 개발된 소형 TV 용 안테나. 도시 등 비교적 전계가 강한 지역에서는 잡음이나 고스트 등에 대해서는 지향성이 중요하고 능률은 낮아도 된다는 생각에서 저잡음 증폭기를 내장함으로써 *SN* 비의 허용값에서 최소의 치수를 갖는 안테나를 만들 수 있다. 이러한 조건하에서 약 3dB 의 지향성 이득을 가진 루프 안테나에 FET 를 사용한 증폭기를 조합시켜서 만든 것으로, 치수는 1/10 파장 이하로 되어 있다.

active antenna array 액티브 안테나 어레이 어레이 안테나를 구성하는 소자의 전부 또는 일부에 직접 송신기 및 수신기 또는 양쪽이 접속된 어레이 안테나. ① 송신의 경우, 각 송신기의 출력 신호의 진폭, 위상을 제어하고 이에 의해 원하는 개구 분포를 얻을 수가 있다. ② 안테나 소자부에 실제로 설치된 것은 직폭기 또는 주파수 변환기뿐이고, 송수신기의 기타 부분은 분리되어 있는 경우도 있다.

active area 활성 영역(活性領域) ① 반도체 정류기에서 순방향 전류를 효과적으로 운반하는 정류기 접합의 부분. ② 태양 전지에서 빛의 입사에 수직으로 조사(照射)된 영역으로, 일반적으로는 표면 영역에서 접촉 영역을 뺀 부분. 효율 측정을 위해서는 컬렉터 그리드로 둘러싸인 영역은 활성 영역의 일부로 볼 수 있다.

active circuit 능동 회로(能動回路) 전원이나 증폭기와 같은 전력의 공급원을 포함한 회로. 예를 들면, 트랜지스터 증폭 회로 등이 능동 회로이다.

active component 유효분(有效分) 어떤 교류 전압 V에 의해서 흐르는 전류 I 중 전압과 같은 위상을 갖는 전류 성분 $I\cos\varphi$를 말한다. 또는 전류와 같은 위상을 갖는 전압 성분 $V\cos\varphi$를 말한다. 다만, φ는 V와 I의 위상각을 말한다.

active element 능동 소자(能動素子) 회로를 만드는 부품 중에서 트랜지스터와 같이 외부에서 에너지의 공급을 받아 증폭이나 발진 등의 작용을 할 수 있는 소자를 말한다. 회로로서 완성하기 위해서는 몇 가지 수동 소자를 부속해야 한다.

active filter 능동 필터(能動－) R, L, C 등의 수동 소자를 사용하는 필터에 대하여 증폭 기능 등을 포함하는 능동 소자를 사용하는 필터. 그림은 증폭 기능을 갖는 IC 회로와 R, C를 사용한 능동 필터의 예이다. 높은 주파수와 낮은 주파수의 파는 억제되고, 1,500Hz 의 파가 통과되기 쉽도록 되어 있다.

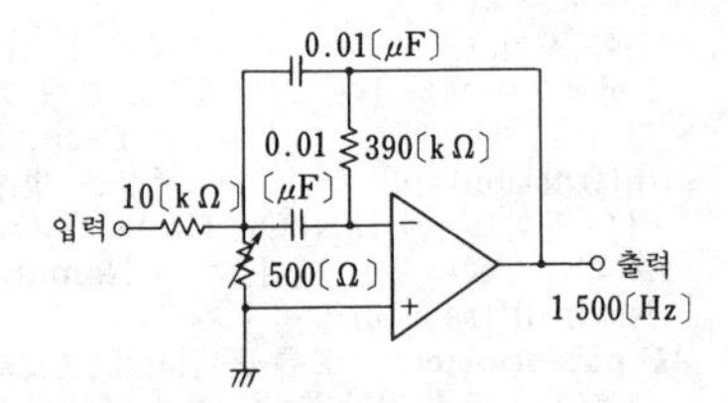

active four-terminal network 능동 4 단자망(能動四端子網) 회로망의 내부에 에너지원을 포함하고, 4 개의 단자를 갖는 회로.

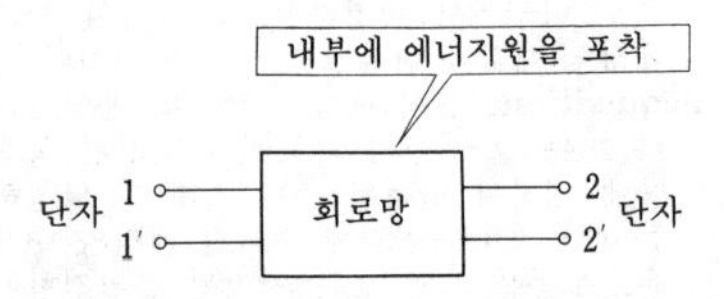

active impedance 액티브 임피던스 어레이 안테나의 모든 소자가 존재하고 또한 여자되어 있는 경우의 어느 소자 입력단에서의 전압과 전류의 비.

active laser medium 활성 레이저 매질(活性－媒質) 낮은 에너지 준위에의 전자적 또는 분자적인 유도 천이의 결과로서 코히어런트 방사를 하는(또는 이득을 표시) 결정, 가스, 유리, 액체 또는 반도체와 같은 레이저 내의 재료.

active line 능동 선로(能動線路) 분포 상수 선로는 용량, 인덕턴스, 저항을 공간적으로 분포되어 있는 선인데, 그들은 수동 소자이기 때문에 신호는 감쇠하여 전송된다. 능동 선로는 능동 소자가 공간적으로 분포되어 있기 때문에 신호는 능동 소자에서 에너지를 받아 감쇠하지 않고 전송된다. 생체의 신경 섬유는 능동 선로라고 한다.

active load 능동 부하(能動負荷) 능동 디바이스로 만들어진 부하를 말한다. 예를 들면, MOS IC 등에서는 제조 공정을 복잡화하지 않도록 부하로서 MOS 디바이스가 갖는 저항을 사용한다(이득은 부차적으로 생각한다).

active maintenance time 유효 보수 시간(有效保守時間) 보수 작업이 사람의 손 또는 자동적으로 실시되고 있는 시간.

active materials 활성 물질(活性物質) 축전지가 방전할 때 극판상에서 화학적으로 반응하여 전기 에너지를 만들어내는 물질로, 충전 전류에 의한 산화 환원 반응으로 충전 상태의 초기 조성으로 다시 되돌아간다.

active network 능동 회로망(能動回路網) 하나 또는 복수의 전원을 포함하는 회로망. 따라서 이러한 회로망의 출력은 입력 신호 뿐만 아니고 전원의 전력에도 관계한다.

active parts 능동 부품(能動部品) 회로를 구성하는 부품 중 트랜지스터나 사이리스터와 같이 전기 에너지의 제어나 변환을 할 수 있는 부품. 다만, 그것을 동작시키기 위해서는 몇 가지 수동 부품을 사용하여 조립하지 않으면 안 된다.

active pass filter 능동 필터(能動－) 특정한 주파수대의 전력은 통과시키고, 다른 주파수의 전력은 저지하는 주파수 선택성 회로. 트랜지스터나 IC 등의 능동 소자와 저항, 콘덴서의 수동 소자로 구성하고, 저역 주파수대에서 좋은 특성이 얻어지지 않는 인덕턴스는 사용하지 않는다. 각 소자의 조합으로 정류 전원의 리플을 제거하는 회로나 저역, 고역, 대역의 각 통과 특성을 갖는 필터 등을 만들 수 있다.

active power 유효 전력(有效電力) 전원에서 공급되고 부하에서 실제로 소비되는 전력. 전압의 실효값을 V, 전류의 실효값을 I로 하면 유효 전력 P는 $P=VI\cos\varphi$로 구해진다. 리액턴스뿐인 회로에서는

v, i, p
p
유효 전력
$P=VI\cos\varphi$
t
$\frac{\varphi}{\omega}$
v
i

$v=V\sin\omega t,\quad i=I\sin(\omega t-\varphi)$
$p=VI\sin\omega t\cdot\sin(\omega t-\varphi)$
전압·전류·전력의 순시값과 유효 전력

$\cos\varphi=0$으로 되어 $P=0$, 저항뿐인 회로에서는 $\cos\varphi=1$이 되어 $P=VI$가 된다.

active preventive maintenance time 유효 예방 보수 시간(有效豫防保守時間) 유효 보수 시간 가운데, 예방 보수가 행해지고 있는 시간.

active pull-down 액티브 풀다운 회로의 어느 특정한 개소를 트랜지스터 등의 능동 소자에 의해 어스 또는 －전원에 접속하는 것. 보통의 저항을 써서 풀다운하는 경우에 비해 전류 이득이나 동작 속도를 개선할 수 있는 효과가 있다. 회로의 특정한 개소를 능동 소자로 ＋전원에 접속하는 것을 액티브 풀업이라 한다. 저항 부하로 풀업하는 방법에 비해 출력 이득을 높이고, 출력 임피던스를 낮추는 효과가 있다.

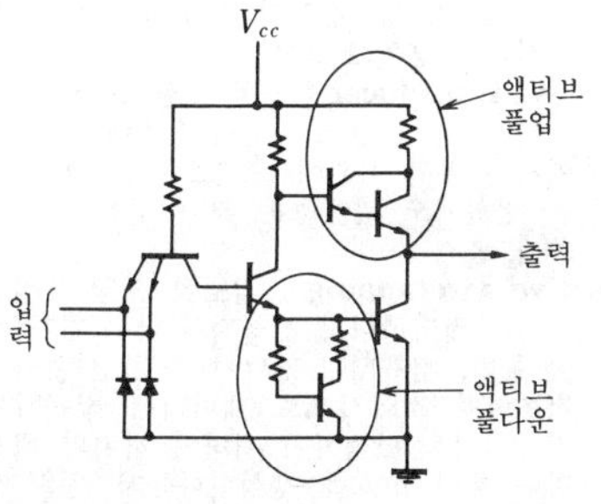

active pull-up 액티브 풀업 →active pull-down

active reflection coefficient 액티브 반사 계수(－反射係數) 어레이 안테나의 모든 소자가 존재하고 또한 여자되어 있는 경우의 어느 소자의 입력단에서의 반사 계수.

active repair time 유효 수리 시간(有效修理時間), 실수리 시간(實修理時間) 사람의 손 또는 자동적으로 수정을 위한 보수 동작이 행해지고 있는 시간.

active repeating 능동 중계(能動中繼) 중계소에 수신기, 증폭기, 송신기를 장비하고, 수신한 전파를 적당히 증폭하여 다시 송신하는 중계 방식. 이에 대하여 중계소에는 어떤 중계용 기기도 설치하지 않고, 수신 전파를 반사하여 진로를 구부린다든지 하기만 하는 것을 수동 중계 방식이라고 한다. 장거리 전화 중계에 사용하고 있는 마이크로파 통신 방식의 중계소는 거의가 능동 중계 방식이며, 위성 통신에서도 이 방식을 사용하고 있다.

active return loss 능동 반사 감쇠량(能動反射減衰量) 2 선식 증폭기를 포함하는

전화 회선에서 증폭기 이득이 변화하면 반사 감쇠량이 변화한다. 이와 같이 능동 회로에 의해 영향되는 반사 감쇠량을 말한다.

active satellite 능동 위성(能動衛星) 중계용 기기를 위성 내부에 가지고 있는 통신 위성. 지구국에서 보내온 전파를 일단 수신하고, 이를 증폭하여 다른 송신 안테나에 의해서 다시 지구상의 수신점에 보내는 기능을 가지고 있다. 현재 실용되고 있는 통신 위성은 모두 능동 위성이며, 전원으로는 태양 전지가 쓰이고 있다.

active testing 능동 시험(能動試驗) 이미 알려져 있는 일련의 조작 조건으로 실험을 하여 장치의 정적 특징 및 동적 특징을 구하는 과정. 능동 시험에서는 경우에 따라 통상의 조작을 중지할 필요가 있다. 또 능동 시험은 통상의 조작 조건 범위 밖에서의 측정을 포함한다.

active transducer 능동 트랜스듀서(能動－) 그 출력 신호가 입력 신호에 의해 주어지는 파워 이외에 트랜스듀서가 내장하는 전원에도 관계하는 것과 같은 트랜스듀서.

active wiretapping 의도적 도청(意圖的盜聽) 정당하다고 인정되지 않는 기기(예를 들면, 컴퓨터의 단말기)를 통신 회선에 접속하여 적극적으로 데이터에 접근하는 것. 이것을 달성하기 위하여 허위의 메시지나 제어 신호를 생성한다든지 혹은 정당한 이용자의 통신 내용을 바꾸는 일도 한다.

actual data transfer rate 실 데이터 전송 속도(實－轉送速度) 데이터가 전송 장치에서 전송되고 데이터 수신 장치에서 수신되는 단위 시간당의 비트 수, 문자수 또는 블록 수의 평균값을 말한다. 단위 시간이란 시간, 분 또는 초를 말한다. 보통 보(baud) 단위로 나타낸다.

actual parameter 실 파라미터(實－), 실매개 변수(實媒介變數) 절차나 함수를 호출할 때 그들 중에 있는 가 매개 변수를 치환할 실제의 상수, 변수 또는 식의 값.

actual zero 실영점(實零點) 개폐 임펄스 전압이 최초로 0값에서 분리되는 순간을 말한다.

actuating signal 동작 신호(動作信號) 자동 제어계에서의 기준 입력과 주 피드백량과의 차로, 제어 동작을 일으키는 원천이 되는 신호이다.

actuator 액추에이터 각종 제어 기기나 로봇 등에서 움직이는 부분의 힘을 발생시키는 기구를 말한다. 주로 계전기나 전동기가 이에 해당하며, 다른 에너지를 기계적인 일로 변환하는 부분을 말한다.

ACU 연산 제어 장치(演算制御裝置)[1], 자동 호출 장치(自動呼出裝置)[2] (1) ＝arithmetic and control unit
(2) automatic calling unit 의 약어. 전화 교환망을 사용하는 데이터 전송에서 사람 손에 의한 다이얼에 의하지 않고, 수신처 식별 부호를 자동적으로 전화 교환기용의 다이얼 펄스로 변환·송출하여 망의 접속 절차에 따라서 상대 단말을 호출하는 장치. 단지 자동적으로 장치 번호를 다이얼하는 장치와는 달리, 담당자가 수행하는 데이터 호출시에 필요한 기능을 모두 자동적으로 할 수 있는 점이 특징이다. ＝ACE

AD 자동 예금기(自動預金機) automatic depository 의 약어. 자기 카드 등을 써서 이용자 자신의 조작으로 현금의 예금이나 인출을 할 수 있는 장치.

adapter 어댑터 기기에 부품을 부착하여 사용하기 위해 쓰이는 중계 기구.

adapter kit 어댑터 기구(-器具) 장치의 시험 또는 지원에 사용되는 분류된 케이블 및 어댑터를 갖는 기구.

adaptive antenna array 적응성 안테나 어레이(適應性－) 안테나 어레이에서 개개의 소자가 입력 신호를 수신하여 얻은 정보에 의해 자동적으로 안테나를 최적 방향으로 조정하도록 되어 있는 것.

adaptive antenna system 적응성 안테나 시스템(適應性－) 몇 가지 안테나 특성이 수신 신호에 의해 제어될 수 있도록 회로 소자와 방사 소자를 조합한 안테나 시스템.

adaptive control 적응 제어(適應制御) 피드백 제어계에서 제어 대상의 특성이 변화한 경우, 그에 따라서 조절계의 설정 조건을 변화시켜서 언제나 제어량을 최적 상태로 유지하도록 하는 제어 방식.

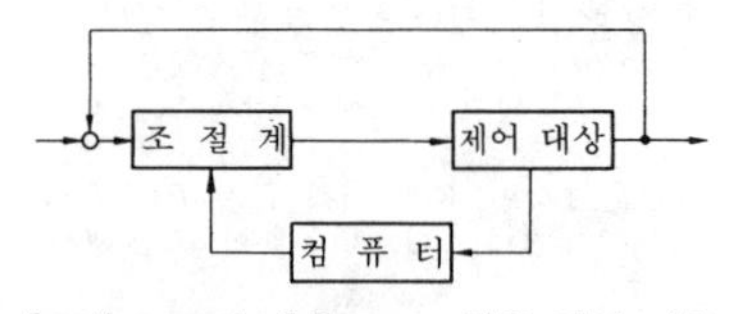

adaptive control theory 적응 제어 이론(適應制御理論) 제어 대상의 특성이 미지이거나 예측 불가능한 변동을 일으키거나 하는 경우, 그것을 어떤 수단으로 검출하고 그에 따라 제어기의 매개 변수를 바꿈으로써 대처하는 제어 방식을 적응 제어라 하고, 그 이론을 적응 제어 이론이라 한다. 현재의 적응 제어 이론은 적응 오브

저버의 연구부터 시작되었는데, 랴푸노프(Lyapunov)의 직접법, 포포푸의 초안정론이나

adaptive delta modulation 적응 델타 변조(適應－變調) 델타 변조에서 스텝 사이즈를 음성 신호의 진폭의 크기에 따라 변화시키는 방식. ＝ADM

adaptive differential pulse code modulation 적응 차분 펄스 부호 변조 방식(適應差分－符號變調方式) ＝ADPCM

adaptive filter 적응 필터(適應－) 임의로 발생하여 잡음에 매몰한 일정 파형의 신호에 대하여 정확하게 응답하도록 그 자신의 매개 변수를 조정하는 필터. 필터는 파형의 존재, 혹은 형상의 예비 지식없이도 동작한다.

adaptive routing 적응형 경로 선정 방식(適應形經路選定方式), 적응식 경로 선택(適應式經路選擇) 부하의 변화나 회선 이상과 같은 데이터망 내부의 변화에 적합시키기 위한 메시지나 패킷의 경로 선택 방법.

adaptive system 적응 시스템(適應－) 끊임없이 스스로의 동작을 감시하고, 학습하여 상태를 바꾸고, 자극에 대하여 반응하는 것으로, 변화하는 외계에 적응할 수 있는 능력을 갖는 시스템. ＝adaptive control

adaptor board 어댑터 보드 컴퓨터에서 시스템 보드(주회로 배선판)와 I/O 장치 혹은 특정한 기능 보드를 접속하기 위한 배선판.

ADC 아날로그-디지털 변환기(－變換器) ＝A-D converter

ADCCP 어드밴스드 데이터 통신 제어 절차(－通信制御節次) advanced data communication control procedures의 약어. 비트 지향 프로토콜의 하나이다. ANSI가 제정한 링크 레벨 프로토콜. HDLC 및 SDLC와 호환성이 도모되어 있다. 그 특징은 주소 필드에 문자도 사용할 수 있는 것, 임의로 정의 가능한 4개의 커맨드(동작의 지령)와 리스폰스(지령에 대한 응답)가 미리 예약되어 있는 것 등이다.

Adcock antenna 애드콕 안테나 대칭으로 배치된 4개 수직 안테나의 출력을 고니오미터에 도입하고, 고니오미터를 회전함으로써 전파의 도래 방향을 측정하려는 방향 탐지용 안테나. 8자형 지향성이 얻어진다. 루프 안테나보다 실효 높이가 크다. 애드콕(F. Adcock, 영국)이 고안한 것으로, 방향 탐지의 야간 오차를 경감하기 위해 전계의 수직 성분에만 감도를 갖도록 고안되었다.

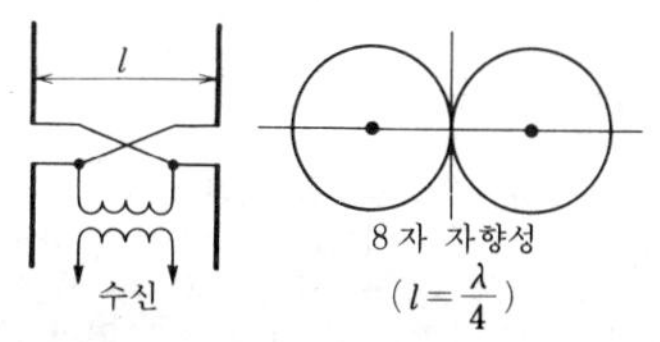

A-D converter A-D 변환기(－變換器), 아날로그-디지털 변환기(－變換器) 전압의 크기나 저항의 값과 같이 연속적인 아날로그량(A)으로 나타낸 정보를 부호의 조합으로 나타내는 디지털량(D)으로 변환하기 위한 장치. 일반의 측정은 아날로그적으로 이루어지는 경우가 많으므로 그 결과를 숫자로 표시시키려는 경우 등에 필요하다. 그 종류는 원리적으로 다음의 두 가지로 대별된다. ① 계수 방식 : 예를 들면, 입력 전압에 비례한 폭의 펄스를 만들고, 그 시간 내에 등간격의 기준 신호가 몇 번 들어오는가를 전자 회로를 써서 계수하는 것. ② 비교 방식 : 예를 들면, 미리 $2n$(n은 자연수)의 크기에 대응하는 각종 전압을 만들어 두고 큰 쪽부터 순차 비교하여 단수가 있으면 다음으로 보내면서 2진수 부호를 얻는 것.

adder 가산기(加算器) ① 컴퓨터의 기본 요소로, 논리 대수에 따라서 동작하도록 반도체로 만든 논리 소자를 사용하여 구성한 회로이다. 그림은 그 일례로, (a)는 반가산기, (b)는 반가산기를 2개 사용한 전가산기이며, 기호 C는 자리올림 신호(carry)이다.

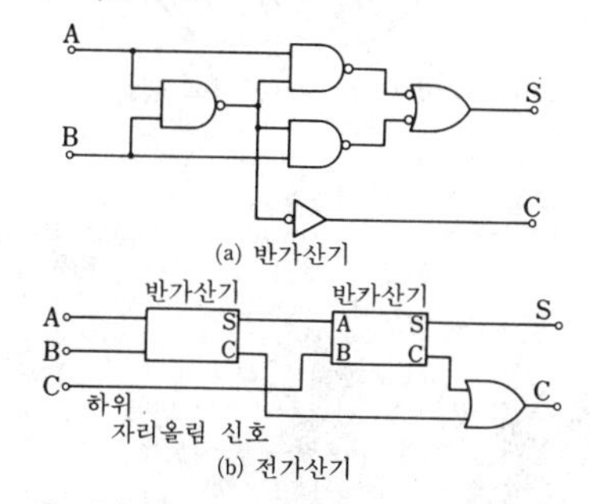

(a) 반가산기

(b) 전가산기

② 아날로그 컴퓨터의 연산부에 사용하는 회로의 일종으로, 예를 들면 가산 연산기의 항에 나타낸 회로의 전체 저항을 갖게 한 것에서는 다음의 관계가 얻어진다.

$e_0 \fallingdotseq -(e_1+e_2+\cdots+e_n)$

adder-subtracter 가감산기(加減算器) 반

A

은 제어 신호에 따라 가산기 또는 감산기로서 동작하는 기구. 가감산기는 합과 차를 동시에 출력하도록 구성할 수도 있다.

add-in 애드인 컴퓨터 본체의 기판에 마련되어 있는 슬롯에 꽂아서 사용할 수 있는 장치 또는 부품의 기판 종류를 가리킨다. 여기에는 기억 장치(메모리) 확장용, 주변 장치 연결용 또는 처리 속도를 빠르게 하는 액셀러레이터(accelerator), 비디오 어댑터 등 여러 가지가 있다.

additional mass 부가 질량(附加質量) 음향 기기에서 진동판이 진동하면 주위의 매질 입자도 운동하기 때문에 진동판의 실효적인 음향 질량이 진동파의 정지 질량보다 커진다. 양자의 질량차가 부가 질량이다.

additional secondary phase factor 부가 2차 위상 계수(附加二次位相係數) 로란 C에서 송신국과 수신국 사이의 전파 전파로가 육상 또는 육상과 해상을 포함하는 경우와 모두 해상만일 때와의 전파 시간의 차. ＝ASF

additive color mixing method 가색법(加色法) 광선 등의 혼합에 의해 다른 색을 만들어내는 방법. 적, 녹, 청의 3원색을 혼합하여 모든 색을 만들어낼 수 있다.

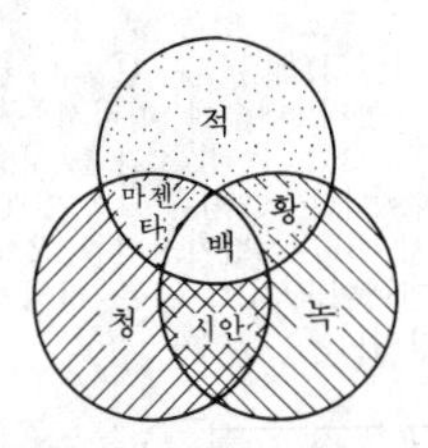

additive color process 가색 과정(加色過程), 가색 혼합법(加色混合法) 적, 녹, 청의 세 원색광을 적당한 비율로 혼합함으로써 임의의 색광을 얻는 것.

additive mixing circuit 가법 혼합 회로(加法混合回路) 컬러 텔레비전에서 비디오 신호를 스위처 등으로 혼합하는 경우에 두 신호가 가산되는 혼합법. 단, 영상 레벨이 100% 초과될 때는 115% 정도에서 클립하도록 한다. 복수의 입력 신호 중 최대 레벨의 신호만이 출력되는 혼합 회로를 NAM(남) 회로라 한다.

additive mixture 가색 혼합(加色混合), 가법 혼색(加法混色) 색채를 재현하는 방법의 하나로, 적, 청, 녹을 3원색(이것을 빛의 3원색이라 한다)으로 하여 둘 이상의 색광이 동시에 혹은 빠른 속도로 교대로, 또는 섬세한 그림 모양(圖柄)으로 사람 눈의 망막에 비쳤을 경우 그 색광이 혼합되어서 다른 색으로서 느낀다. 이것을 가색 혼합이라 한다. 컬러 TV의 3원색 수상관은 이 원리를 응용한 것이며, 3원색의 작은 도트가 발하는 빛의 색이 가색 혼합되어서 컬러 화상이 재현된다. 컬러 인쇄도 이 원리를 응용한 것이다.

additive noise 상가성 잡음(相加性雜音) 잡음이 본래의 신호에 부가되는 경우에 이것을 가산에 의해서 부가할 수 있는 성질의 잡음. 이것은 잡음과 정보 신호가 상관 관계에 있지 않는 경우이며, 페이딩과 같이 관련성이 인정될 때는 부가는 상승적(multiplicative)이 된다. 잡음의 주파수 특성 곡선에서 저주파 영역이 핑크 노이즈($1/f$성 잡음), 중주파수 영역이 백색 잡음, 그리고 고주파 영역이 특징적인 다른 성질의 잡음이라고 하면, 전 구간에서의 전체의 잡음(실효값)은

$$v_n(\text{rms}) = (v_{n1}{}^2 \Delta f_1 + \Delta f_2 + \cdots)^{1/2}$$

이라는 식으로 구해진다. 이것은 각 구간의 잡음이 전혀 다른 소스에서 발생하는 것이며, 그들 사이에 어떤 상관 관계가 없다는 것이 가정되고 있다.

add-on 애드온 메모리 용량이나 중앙 처리 장치(CPU)의 성능을 높이기 위하여 컴퓨터에 회로 또는 시스템을 부가하는 것.

ADDRES 어드레스 방식(－方式) automatic dynamic range expansion system의 약어. 테이프 리코더에서의 녹음과 재생시에 생기는 잡음을 줄이는 노이즈 리덕션(NR) 회로의 일종으로서, 일본 도시바 사가 개발한 방식이다. 이 방식은 신호의 전역에서의 압축과 신장을 동시에 함으로써 고역에서 약 30 dB, 저역과 중역에서는 약 20dB의 D 레인지 개선을 하고 있다. 그림은 그 기본 구성을 나타낸 것이다.

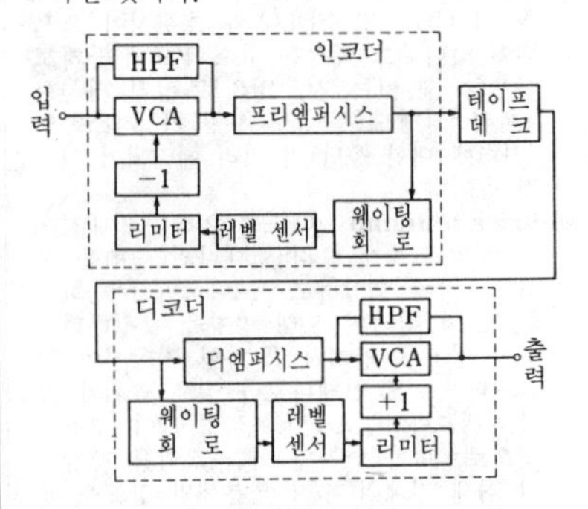

address 어드레스, 주소(住所), 번지(番地) 컴퓨터 용어로, 기억 장치 중에서 1 어가 차지하는 특정한 장소를 지정하는 주소를 말한다. 정보를 전송하는 경우의 출처 또는 행선을 나타내는 데 사용한다. 주소는 숫자로 나타내는 것이 보통이며, 예를 들면, 2,000 어의 기억 장치이면 0000~1999 까지의 주소를 가지고 있다. 또한 주소는 16 진수로 나타내는 경우가 많으며, 16 비트인 경우 0000~FFFF까지 할당할 수 있다.

address bus 주소 버스(住所—) 컴퓨터에서 중앙 처리 장치(CPU)가 기억 장치나 출력 기기의 주소를 지정할 때에 사용하는 전송로로, 16 개로 구성되는 경우가 많다. 16 개의 주소 버스는 $2^{16}=65536$ 번지까지 주소를 지정할 수 있다. 이 버스는 CPU 에서만 주소를 송출할 수 있으므로 단방향 버스(unidirectional bus)라고 한다.

address counter 주소 카운터(住所—), 주소 계수기(住所計數器), 번지 카운터(番地—), 번지 계수기(番地計數器) 컴퓨터의 중앙 처리 장치(CPU)가 하나의 명령을 실행한 다음, 다음에 실행해야 할 명령이 저장되어 있는 주소를 나타내는 카운터(계수기).

address format 주소 형식(住所形式), 번지 형식(番地形式), 명령 형식(命令形式) 명령의 분류 방식의 하나. 1 개의 명령 중에 나타내어지는 주소의 수를 나타낸다. 1 주소, 2 주소, 3 주소, 4 주소 등으로 나타낸다. 컴퓨터에 의해서 오퍼랜드의 출처, 결과의 행선 이외에 다음 명령의 출처 주소를 나타내는 명령 형식을 취하는 경우가 있으며, 이 경우는 1+1 주소, 2+1 주소 등 +1 을 써서 구별한다.

addressing 주소 지정(住所指定) 컴퓨터에서 명령에 의하여 기억 장치의 특정한 주소를 지정하여 데이터를 추출하거나 저장하는 기계어의 레벨이다.

address part 주소부(住所部) 명령의 일부분으로, 보통 주소 또는 주소의 일부분만을 포함하는 것.

address register 주소 레지스터(住所—), 번지 레지스터(番地—) 컴퓨터 제어 장치의 레지스터로, 명령 레지스터의 주소부 내용을 기억하고, 명령의 실행에 필요한 정보가 기억되어 있는 위치를 알리기 위해 사용하는 레지스터.

address space 주소 공간(住所空間), 번지 공간(番地空間) 컴퓨터의 프로그램에 개방되어 있는 주소 영역.

address stop 주소 스톱(住所—) 컴퓨터

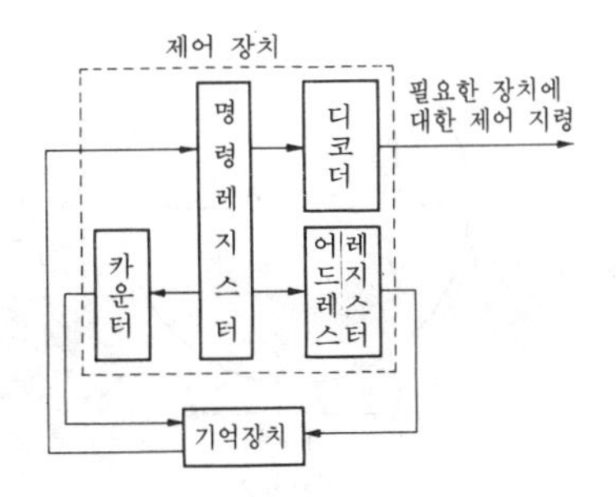

에서 계산 실행 중 어떤 장소의 상태를 택하고 싶을 때 그 주소에서 스톱시키는 것으로, 프로그램 중에서 지시하거나 하드웨어로 제어하는 방법이 있다.

address strobe signal 주소 스트로브 신호(住所—信號), 어드레스 스트로브 신호(—信號) 기억 장치에서 주소 신호를 읽어들이는 타이밍을 지정하는 제어 신호. 주소 다중화 방식을 사용하고 있는 다이내믹 RAM 의 행 주소 스트로브 신호와 열 주소 스트로브 신호는 대표적인 예이다.

ADF 자동 방위 측정기(自動方位測定器), 자동 방향 탐지기(自動方向探知機) = automatic direction finder

adhesive 접착제(接着劑) 보통은 고분자 재료로 만들어지며, 종류는 매우 많으므로 피접착물에 맞추어서 선택한다. 접착 후의 기계적 강도가 큰 것은 부품의 제작이나 부착에 사용한다. 또, 사용 개소에 따라 도전성의 것도 있다.

adiabator 단열재(斷熱材) 전기로나 항온조 등에서 열의 방사를 방지하기 위하여 사용하는 물질. 저온 장치에 열의 유입을 방지하기 위해서도 사용한다. 열전도율을 작게 하기 위하여 발포시킨 폴리우레탄 수지 등을 사용하고, 내열성을 요하는 경우에는 암면 등을 사용한다.

A-display A 표시기(—表示器) 레이더에서 시간축을 나타내는 수평 방향의 직선으로부터의 수직 편향으로서 목표물이 나타나는 표시기. 목표물의 거리는 시간축의 한 끝으로부터의 편향에 의한 수평 위치로서 표시된다. 수직 편향의 크기는 신호 강도의 함수이다.

adjacent channel 인접 채널(隣接—) 데이터 전송에서 기준 채널(통신로)의 주파수와 인접해 있는 주파수를 가진 채널을 말한다.

adjacent channel interference 인접 채

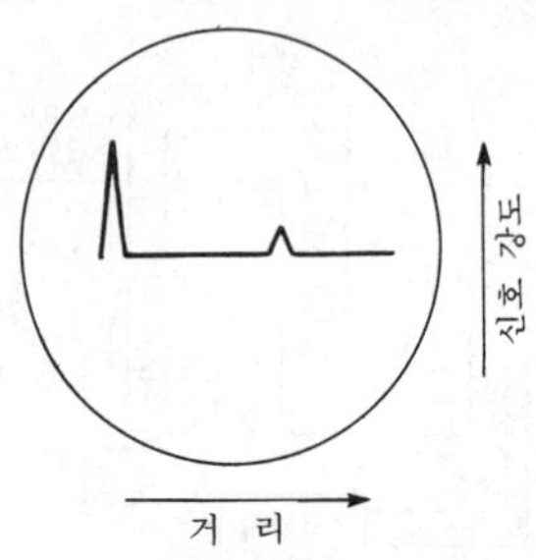

A-display

널 간섭(隣接-干涉) 데이터 전송에서 인접 채널의 동작에 의해 야기되는, 기준 채널 내의 간섭.

adjacent-channel selectivity and desensitization 인접 채널 선택도 및 감도 억압(隣接-選擇度-感度抑壓) 수신기에서 인접 채널의 주파수에 위치하는 신호를 분리하는 능력의 척도. 감도 억압은 주파수가 다른 신호의 레벨이 수신기의 고유 감도를 바꿀 정도로 큰 경우에 일어난다.

adjacent frequency selectivity 근접 주파수 선택도(近接周波數選擇度) 필요한 수신파에 대하여 극히 가까운 주파수의 방해파가 있을 때 수신기의 수신파만을 골라내는 능력의 정도.

adjoint system 수반계(隨伴系) ① 시스템을 기술하는 선형 상미분 방정식과 그 수반과의 사이의 상대 관계를 이용하는 계산법. ② $dx(t)/dt=f(x(t),\ u(t),t)$로 정의되는 계에 대하여 수반계는 상태 방정식

$dy(t)/dt=-y(t)$

로 정의된다. 단, A^*는 $i,\ j$ 요소가 $\partial f_i/\partial x_i$인 매트릭스의 공역 변환 매트릭스. → control system

adjustable capacitor 가변 콘덴서(可變-) 정전 용량값을 쉽게 변화할 수 있는 콘덴서.

adjustable inductor 가변 인덕터(可變-) 자기 인덕턴스 또는 상호 인덕턴스를 쉽게 변화시킬 수 있는 인덕턴스.

adjustable resistor 가변 저항기(可變抵抗器) 1 개 또는 복수 개의 이동 가능한 접촉자를 이동하여, 고정시켜서 그 저항값을 변화시킬 수 있는 구조로 된 저항기를 말한다.

adjustable-speed drive 조정 가능 속도 구동(可調整速度驅動) 지정된 속도 범위에서 속도 조정을 쉽게 하는 방법으로서 설계된 전기 구동.

adjusted decibel dBa 잡음 주파수 또는 잡음 주파수대의 방해 효과를 나타내기 위해 사용하는 단위로, −85dBm 의 잡음 레벨을 기준으로 하여 나타낸 것.

ADM 적응 델타 변조(適應-變調) =adaptive delta modulation

administrative data processing 관리 업무의 데이터 처리(管理業務-處理) 관리 업무에 컴퓨터를 응용하는 것. 예를 들면, 종업원 명부, 급여 지급부, 회계 등의 처리가 있다.

admissible control input set 허용 제어 입력 집합(許容制御入力集合) 제어를 위한 구속 조건을 충족시키는 제어 입력의 집합.

admittance 어드미턴스 교류 회로에서 흐르는 전류와 거기에 가해지고 있든가 또는 발생하고 있는 전압과의 비. 임피던스의 역수로, 단위는 지멘스(기호 S)이다.

admittance matrix 어드미턴스 행렬(-行列) 다단자 회로망에서 각 단자쌍에서의 전류를 같은 단자쌍 또는 다른 단자쌍에서의 전압과 결부시키는 행렬.

admittance parameter 어드미턴스 파라미터, 어드미턴스 매개 변수(-媒介變數) 선형 4 단자망의 특성을 나타내는 방법의 하나로, 임피던스 매개 변수(Z 매개 변수)와, 그 반대로 전압, 전류를 뒤바꾼 것을 어드미턴스 매개 변수(Y 매개 변수)이다. 즉

$I_1=Y_{11}V_1+Y_{12}V_2$
$I_2=Y_{21}V_1+Y_{22}V_2$

행렬을 쓰면

$$\begin{bmatrix} I_1 \\ I_2 \end{bmatrix} = \begin{bmatrix} Y_{11} & Y_{12} \\ Y_{21} & Y_{22} \end{bmatrix} \begin{bmatrix} V_1 \\ V_2 \end{bmatrix}$$

이 Y 매개 변수는 전부 어드미턴스의 차원을 가지고 있다.

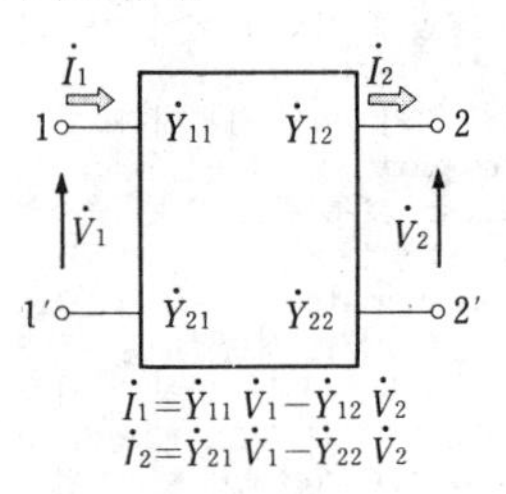

admittance vector 어드미턴스 벡터 어드미턴스를 벡터로 나타낸 것으로, $Z=R+jX$에서 양변에 I를 곱하면 $V=RI+jXI$가 얻어진다. 또 X를 일정하다고 생각하고, 양변을 jXV로 나누면

$$-j\frac{1}{X} = -j\frac{R}{X}Y + Y$$

가 된다. 이 식에서 어드미턴스 벡터 Y의 궤적은 그림 (a)와 같이 직경 $-j(1/X)$의 반원이 된다. 또, R을 일정하다고 생각하고 양변을 RV로 나누면

$$\frac{1}{R} = Y + j\frac{X}{R}Y$$

가 된다. 이 식에서 Y의 궤적은 그림 (b)와 같이 직경 $1/R$의 반원이 된다.

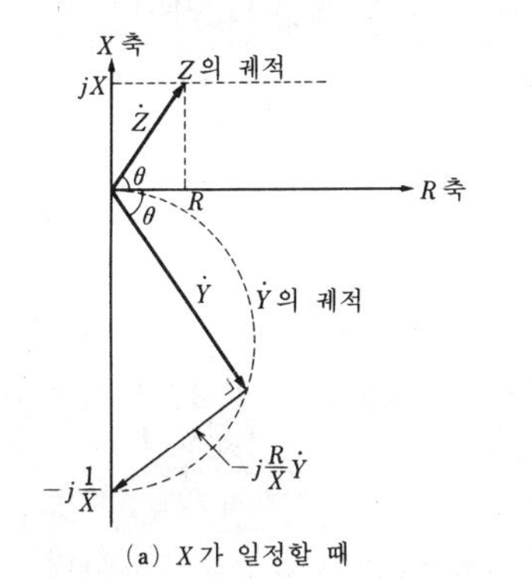

(a) X가 일정할 때

(b) R이 일정할 때

또한, 그림 (a), (b)에는 임피던스 벡터의 궤적도 그렸는데, Z의 궤적이 반직선이면 그 역수인 Y의 궤적은 반원이 된다.

ADP 제 1 인산 암모늄(第一燐酸-)[1], 자동 데이터 처리(自動-處理)[2] (1) ammonium dihydrophosphate 의 약어. $(NH_4)H_2PO_4$. 강유전성이 있으며, 커 효과(Kerr effect)가 현저하므로 고속도 셔터나 광 변조기 등에 사용된다.
(2) automatic data processing 의 약어. 데이터의 수집에서부터 파일의 갱신, 결과의 작표 등 일련의 데이터 처리를 기계화함으로써 자동적으로 처리하는 것. 기계화의 정도에 따라 인간이 개입하는 부분이 달라지는데, PCS(펀치 카드 시스템)와 같은 초보적인 것이라도 자동 데이터 처리라고 한다. 컴퓨터와 같은 전자 장치를 사용한 경우에는 EDPS 라 부르며 거의 같은 의미로 쓰인다.

ADPCM 적응 차분 펄스 부호 변조 방식(適應差分-符號變調方式) adaptive differential pulse code modulation 의 약어. 신호 파형의 과거의 진폭에 따라서 예측을 하고, 그 예측값과 실제의 값과의 차를 양자화하는 방식 중 신호의 레벨에 따라서 양자화의 폭을 바꾸는 것.

ADPS 자동 데이터 처리 시스템(自動-處理-) =automatic data processing system

Advance 어드밴스 구리나 니켈의 합금으로, 소량의 망가닌이나 철을 포함한다. 저항의 온도 계수가 매우 작고, 저항선 스트레인 게이지에 사용된다.

advanced data communication control procedures 어드밴스드 데이터 통신 제어 절차(-通信制御節次) =ADCCP

AE 음향 방출(音響放出) =acoustic emission

AEN 등가 감쇠량(等價減衰量) articulation reference equivalent 의 약어. 전화의 전송 품질을 나타내는 하나의 방법으로, 명료도 등가 감쇠량의 프랑스어에서 딴 약칭. 실제의 전화 회선과 기준의 회선을 비교하여 단음 명료도 80%를 주는 양 회선의 감쇠량의 차를 dB 로 나타낸 것을 실용 전화계 AEN 이라 한다.

aeolight 에오라이트 냉음극을 가지며 불활성 가스를 봉입한 글로 전구로, 인가한 전압에 따라 휘도가 변화한다.

aerial 안테나 =antenna

aeronautical beacon 항공 비컨(航空-) →beacon

aeronautical en-route information 항공로 정보 제공 업무(航空路情報提供業務) 항행 중인 항공기의 요구에 따라 기상 정보, 항공 보안 시설의 이상 등의 정보를 전달하는 동시에 항공기로부터 각종 정보의 보고를 받아 다른 항공기나 해당 기관에 통보하는 업무.

aeronautical ground light 항공 등대(航空燈臺) 항행 중인 항공기에 항공로상의 점이나, 또는 특히 위험이 미칠 염려가 있는 구역을 나타내는 등화(등대). 항공로 등대, 지표(地標) 등대, 위험 항공 등대가 있다.

aeronautical radar 항공용 레이더(航空用-) 항공기의 항법, 감시, 안전 유지, 경

보 등 여러 면에서 레이더는 불가결한데, 편의상 항공기의 기상에서 사용하는 것과 지상에 설치되는 것의 둘로 대별된다. 기상(機上) 레이더로는 기상(氣象) 레이더, 도플러 레이더, 전파 고도계, 거리 측정 장치가 있고, 지상 레이더로는 기상(氣象) 레이더, 공항 감시 레이더, 정측(精測) 진입 레이더, 항공로 감시 레이더, 공항면 감시 레이더, 2 차 감시 레이더가 있다.

aerophare 에어로페어 →radio beacon

aerosol 에어로졸 기체 중에 고체나 액체의 미립자가 안개 모양으로 분산하고 있는 것.

aerosol development 분무 형상(噴霧形像) 현상법(現像法)의 하나로, 영상을 형성하는 물질이 부유 가스에 의하여 정전기적 영상장(映像場)으로 운반된다.

aerospace support equipment 항공 우주 지원 장치(航空宇宙支援裝置) 항공 우주 시스템(항공기, 미사일, 기타)의 그 목적 환경에서의 운용에 필요로 하는 기상과 지상 양쪽의〔용구, 도구, 시험 장치, 장치(이동 또는 고정), 기타〕전체 장치. 항공 우주 원조 장치는 지상 원조 장치도 포함한다.

AES 오제 전자 분광법(-電子分光法) = Auger electron spectroscopy

AF 가청 주파수(可聽周波數) =audio frequency

AF amplifier 가청 주파 증폭기(可聽周波增幅器) 가청 주파수 영역 또는 그 상부 주파수의 신호를 증폭하기 위한 전자 회로. 직류 신호를 증폭하는 능력을 갖지 않는 것을 의미하며, 따라서 직류 증폭기와 대비된다. 다단 증폭하는 경우, 단간(段間) 결합은 보통 *RC* 결합이 쓰인다. 트랜스 결합도 사용되기도 하지만 넓은 주파수 대역을 가진 트랜스는 고가이다. 궤환을 걸어줌으로써 특성이 향상된다. 출력은 수 W 에서 수 100W 의 고출력의 것까지 있다. 마이크로폰, 포노그래프 픽업 등의 출력 신호를 증폭하는 것은 잡음이나 일그러짐 등이 극히 적은 것을 사용한다.

AFC 자동 주파수 제어(自動周波數制御) = automatic frequency control

affinity 친화력(親和力) 전자와 양자 등과 결합하려는 경향의 세기를 의미하는 용어.

AFT 자동 세밀 조정(自動細密調整), 자동 미조정(自動微調整) automatic fine tuning 의 약어. 텔레비전 수상기 국부 발진기의 발진 주파수를 자동적으로 일정하게 유지하는 회로. 이 회로의 구성은 그림과 같으며, 국부 발진기에 병렬로 접속한 버랙터(가변 용량 다이오드)에 제 2 음성 중간 주파수(4.5MHz)의 변화를 직류 전압으로 고쳐서 제어 전압으로서 가하여 국부 발진 주파수를 일정하게 유지한다.

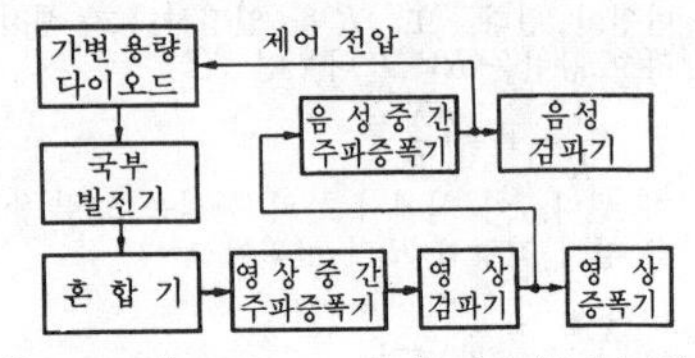

after-acceleration 후단 가속(後段加速) 정전 편향의 브라운관에서 통상의 가속 전극 외에 편향한 전자선이 형광면에 도달하기 직전에 또 하나의 가속 전극을 두는 방식. 감도를 높이는 동시에 밝은 형광면을 얻을 수 있다.

after-edge synchronization 후연 동기(後緣同期) →leading-edge synchronization

after pulse 후방 펄스(後方-) 광전자 증배관 내에서 1 차 펄스에 의해 유도된 스퓨리어스 펄스.

after recording 애프터 리코딩 영화 촬영, 비디오 녹화 등에서 일단 영상을 수록·편집 처리 등을 한 다음 영상에 맞추어서 음성·음악 등을 영화 필름, 비디오 테이프 등에 녹음하는 조작.

AGC 자동 이득 제어(自動利得制御)[1], 자동 판 두께 제어(自動板-制御)[2], 오디오 그래픽 회의(-會議)[3] (1) =automatic gain control
(2) =automatic gauge control
(3) =audiographic conference

age-based maintenance 경시 보수(經時保守), 경시 보전(經時保全) 기능 단위가 예정의 누적 동작 시간에 이른 시점에서 실시하는 예방 보수.

agent set 창구 장치(窓口裝置) 은행의 예금 창구, 항공기나 철도의 좌석 예약 시스템의 창구 등에 설치되어 있는 단말 장치와 같이 상용 실시간 컴퓨터 시스템의 영업 전선에 있는 입출력 장치를 말한다.

aging 경년 변화(經年變化), 경시 변화(經時變化) 재료 내부의 상태가 세월이 경과함에 따라 서서히 변화하여, 그 때문에 부품의 특성이 당초의 값보다 변동하는 것. 이것이 심하면 기기의 동작이 부정확해져서 지장을 초래하므로 되도록 이것을 작게 하도록 재료의 사용법을 연구하지 않으면 안 된다. 경년 변화는 금속에서는 적고, 세라믹이나 플라스틱을 사용한 것에서 많이 볼 수 있으며, 외부의 습기를 차단하는 것 등은 경년 변화를 방지하는 유력한 방법이다.

aging effect 시효 효과(時效效果) 부품을 구성하는 재료의 조직이 새로 제작된 시점에서 세월이 경과됨에 따라 안정한 자연의 상태로 서서히 이행해 가는 것. 그 때문에 부품의 성질은 점차 변화하여 일정한 상태로 안정된다.

AI 인공 지능(人工知能) =artificial intelligence

aided tracking 에이디드 트래킹 레이더에서 추미(追尾) 오차의 수동 수정이 추미 기구의 동작 속도를 자동적으로 수정하는 추미 기술.

aid to navigation 항행 원조 장치(航行援助裝置) 항공기나 선박의 교통 안전을 위해 그 위치나 위험의 유무 등을 알리는 시설 설비.

airborne collision avoidance system 기상 충돌 방지 장치(機上衝突防止裝置) 자기(自機)와 충돌 가능성이 있는 코스 상의 타기에 대한 경보를 파일럿에 주고, 또 적당한 회피 동작을 지시 또는 개시시키는 것. 각종 방식이 있으나 그 일례에 대해서 기술하면 기상에서 소정 형식의 질문 신호를 송신하고 그에 따른 타기의 트랜스폰더 응답 신호에서 상대 위치나 상대 속도, 고도차 등을 검출하여 이것을 컴퓨터에 넣어서 자기가 취해야 할 방법을 결정하여 지시하도록 되어 있다. =ACAS

airborne moving-target indicator 기상 MTI(機上－) 지상 가까이에서 동작하고 있는 기상 레이더에서 지표로부터의 반사나 레이더 자신의 이동에 의한 지표면의 변화 등에 의해 목표물이 마스크되어 확연해지지 않는 경우, 이동 목표를 정확하게 지시할 수 있도록 만들어진 레이더 지시 장치.

airborne proximity warning indicator 기상 접근 경보 지시기(機上接近警報指示器) 자기(自機) 가까이에 타기(他機)가 존재한다는 경보를 조종사에 주고, 조종사가 눈으로 타기를 탐지하는 데 필요한 타기의 상대 위치의 정보를 주는 것. 타기의 상황을 검지하는 방법은 기상 충돌 방지 장치와 같으며, 각종 방식이 있다. 어느 것이나 그 데이터를 표시 장치에 의해서 조종사에 제공하도록 되어 있다. =APWI

airborne radar 기상 레이더(機上－) 항공기 내에 설치된 자장식(自藏式) 레이더 장치. 지상의 지형, 해상의 선박, 해안선, 다른 항공기, 뇌운(雷雲), 기상 전선 등에 관한 정보를 수집하기 위한 것.

air capacitor 공기 콘덴서(空氣－) 공기를 유전체로 한 콘덴서. 동심 원통형과 평행판을 적층한 평행판형이 있다. 유전손이 없는 이상적인 콘덴서이다.

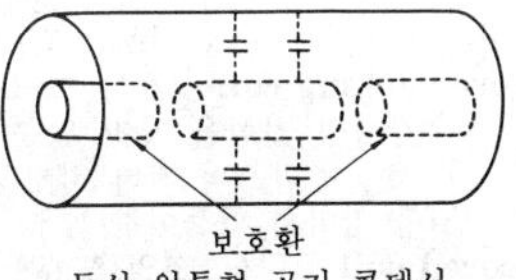

동심 원통형 공기 콘덴서

air cell 공기 전지(空氣電池) 1차 전지의 일종으로, 양극에 활성 탄소, 음극에 아연을 사용하고, 전해액에는 염화 암모늄(NH_4Cl)을 사용하는 것이라든가, 가성소다($NaOH$)를 사용하는 것이 있다. 공기 중의 산소를 감극제로서 이용하는 습전지로, 염화 암모늄을 사용하는 것에는 건전지형도 있다. 기전력은 1.1~1.45V로, 철도용이나 전화용이 있다.

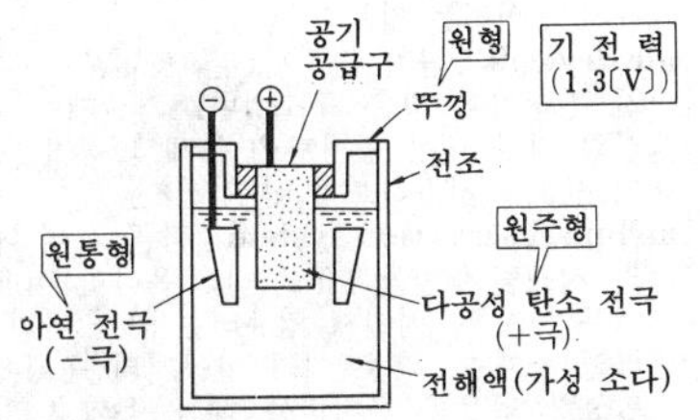

air check 에어 체크 방송되고 있는 전파를 수신하고, 청취하여 체크하는 의미이나, 현재는 일반적으로 FM 방송의 전파를 수신하여 테이프 녹음기 등에 녹음하는 것을 말한다.

air condenser 공기 콘덴서(空氣－) = air capacitor

air-conditioning or comfort-cooling equipment 공기 조화 장치 또는 냉방 장치(空氣調和裝置－冷房裝置) 공기를 처리하는 것을 목적으로 하여 설치되는 설비로, 공기 처리를 하는 대상 공간의 요구 조건에 맞추어 공기의 온도, 습도, 청정도 및 흐름의 분포 상태를 동시에 제어하는 것.

air cooling method 공랭식(空冷式) 열 설계에서의 냉각 방식의 일종으로, 냉각 매체로서 공기를 사용하는 방식. 경제성이 뛰어나므로 많은 정보 기기에서 채용되고 있다. 공기의 자연 대류를 이용한 자연 공랭, 팬(fan)으로 강제적으로 공기의 흐름을 만드는 강제 공랭으로 대별할 수 있다. 강제 공랭은 자연 공랭에 비해서 유속이 크기 때문에 방열 효과도 한 자리 정도 크고, 열전달률은 10^{-3}~10^{-2} W/cm²·K 정도이다. 정보 기기 내의 발열량이 큰 집적 회로(IC), 트랜지스터에 대해서는 방열 날개를 부착하여 국부적으로 방열 효과를 높이기도 한다. →cooling technology

aircore choking coil 공심 초크 코일(空心－) 강자성 철심을 갖지 않는 초크 코일. 파이버, 플라스틱 기타 비자성체의 틀에 코일을 감아서 만들어진다.

air-cored coil 공심 코일(空心－) 자심(磁心)을 넣지 않고 사용하는 코일로, 큰 인덕턴스는 얻어지지 않지만 손실이나 파형의 일그러짐이 매우 작다. 고주파 회로에 사용한다.

air-core inductance 공심 인덕턴스(空芯－) 자성 재료를 갖지 않는 권선의 실효 자기 인덕턴스.

aircraft radio station 항공기국(航空機局) 항공기 내에 설치된 무선국. 기상 통신 장치나 기상 레이더, DME 등 항공기에서 송신하는 장치의 총칭.

air dry cell 공기 건전지(空氣乾電池) 망간 건전지와 같은 구조이나, 감극제는 2산화 망간 대신 활성탄을 통해서 공기 중의 산소를 사용하도록 한 건전지.

airline reservation system 항공 좌석 예약 시스템(航空座席豫約－) 온라인 적용 업무의 일종. 여기서 컴퓨터는 공석 관리, 비행 스케줄, 혹은 기타 항공기의 운행에 필요한 정보를 유지하는 데 사용되고 있다. 이 예약 시스템은 최신의 데이터 파일을 유지하고, 수초 이내에 컴퓨터에서 떨어진 곳에 존재하는 발권 대리점의 문의에 대응하도록 의도되어 있다.

air navigation aids 항행 원조 장치(航行援助裝置) 항공기, 선박 등의 항행을 지원하기 위해 쓰이는 라디오 비컨, 라디어 레인지 기타의 항행 방식, 장치, 계측기 등.

airport surface detection equipment 공항 지표면 탐지기(空港地表面探知機) 비행장의 활주로나 유도로 및 비행장 내의 지표면에서 정지 또는 이동하고 있는 모든 항공기나 차량 등의 형상, 위치 및 이동 상황 등을 탐지하여 비행장 내에서의 모든 교통 관제를 하기 위하여 사용되는 레이더. 이 레이더의 성능으로서는 유효 거리는 수 km 면 되지만 고도한 거리 분해능과 방위 분해능을 필요로 하기 때문에 2.4GHz 또는 3.5GHz 의 전파가 사용된다. =ASDE

airport surveillance radar 공항 감시 레이더(空港監視－) 비행장 또는 그 부근에 설치하여 반경 약 100km, 고도 8,000m 이내에 접근해 온 항공기를 감시하여 비행장으로의 발착 관제를 위해 사용되는 레이더. 이 레이더는 3GHz 의 전파가 사용되며, 안테나의 수직면 내의 지향성은 cosec 제곱형이며, 일정한 고도로 진입해 오는 항공기에 대하여 일정한 반사가 얻어지게 되어 있다. =ASR

airport traffic control tower 공항 교통 관제탑(空港交通管制塔) =ATCT →air route traffic control center

air-route surveillance radar 항공로 감시 레이더(航空路監視－) 공항(터미널) 관제 영역 외의 항공기에 대한 관제를 하기 위한 장거리 탐지 레이더. 사용 주파수는 1,300MHz 또는 600MHz 대가 사용되며, 안테나 장치도 대형이 된다. 송신 출력은 1~5MW(피크), 펄스폭은 2~5μs 의 것이 사용되며 탐지 거리는 200~400km 정도이고 고도는 20,000m 에 이른다. =ARSR

air route traffic control center 항공 교통 관제 센터(航空交通管制－) 항공 교통 관제 업무를 하는 국가의 기관. 관제 공역 내에서 계기 비행 규칙에 따라 운항하고 있는 항공기에 대하여 주로 항공로에 관한 여러 가지 관제 서비스를 제공한다. =ARTCC

air speed 대기 속도(對氣速度) 이동체의 대기에 대한 속도. →navigation

air traffic control 항공 교통 관제(航空交通管制) 항공기를 안전하게 목적지까지 유도하여 착륙시키고, 하늘의 교통 소통을 정리하는 것을 말하며, 이러한 업무를 항공 교통 관제 업무(ATC)라고 한다. 항공기의 속도가 증대하여 항공기의 항행이 심해질수록 항공 교통 관제는 필요하게 된다. 이 관제는 관제구 관제 업무, 진입 관제 업무, 비행장 관제 업무로 구분되며, 관제 본부와 각 공항의 관제탑에서 한다. =ATC

air traffic service 항공 교통 업무(航空交通業務) 항공기가 안전하고 효율적으로 운항할 수 있도록 행하는 항공 교통 관제(ATC), 비행 정보 제공 서비스(FIS), 긴급 서비스 등의 업무이다.

airtrimmer 에어트리머 트리머 콘덴서 중 극판간에 절연물을 사용하지 않고 공기인 채로 있는 것.

alarm 알람, 경보(警報) 전화 용어로서는 교환기의 고장일 때의 경보를 의미한다. 이것에는 퓨즈 단선, 스위치의 동작 불능, 중계선(차위 스위치) 통화중 등이 있다. 고장을 알리는 램프에는 적색, 청색, 황색, 유백색 등이 있고, 또 벨을 울릴 수도 있다.

alarm checking 경보 검사(警報檢查) 전화 교환 시스템에서 경보 발생점과의 통신을 행함으로써 원격 지점으로부터 경보의 확인을 하는 것.

alarm condition 경보 조건(警報條件) 미리 정해져 있는 장치의 상태 변화, 또는 정확하게 응답하는 장치의 고장 표시는 소리, 시각 또는 양쪽이 다 사용된다.

alarm relay 경보 계전기(警報繼電器) 어떤 조작 또는 사람의 주의가 필요한 상황의 발생을 알리는 가청 신호 또는 가시 신호를 발생하는 감시 계전기. 보통, 신호의 복구 기구를 구비하고 있다.

alarm sending 경보 송신(警報送信) 기계실, 사무실 등으로부터 다른 장소로 경보를 전송하는 것.

alarm signal 경보 신호(警報信號) 이상 상태에 대해서 주의를 환기시키기 위한 신호.

alarm summary printout 경보 내용 출력(警報內容出力) 모든 경보 상태의 시계열적인 기록.

alarm system 경보 장치(警報裝置) 긴급한 주의를 요하는 위험의 존재를 알리기 위해 준비되는 기기나 장치의 집합.

alcoxysilane 알콕시실레인 규소의 유기화합물로, R_3SiOR'(R, R′는 알킬기)의 구조를 가진 것. 규소의 박막을 기상(氣相) 성장으로 만들 때의 원료로서 사용된다.

Alfenol 알페놀 고투자율 금속 재료의 일종. 철-알루미늄 합금으로, 박판으로 가공할 수 있다. 저주파 트랜스의 자심에 사용한다.

Alfer 알페르, 알퍼 철 87%, 알루미늄 13%의 합금으로, 자기 일그러짐 재료로서 초음파 진동자 등에 사용한다.

Alford loop antenna 알포드 루프 안테나 등진폭, 동상의 전류 분포를 갖는 다소자 안테나로, 각 소자상의 전류는 거의 일정하게 분포하고 있다. 이 안테나의 방사 패턴은 E면 내에서는 원형이 된다(원래 4 소자의 수평 편파 VHF 루프 안테나로서 개발되었다).

AlGaAs semiconductor laser AlGaAs 반도체 레이저(-半導體-) →semiconductor laser

ALGOL 알골 algorithmic language의 약어. 컴퓨터의 프로그램에 사용하는 컴파일러의 일종으로, 과학용에 적합한 것이다.

algon laser 알곤 레이저 저압의 알곤 가스에 의한 아크 방전을 이용한 레이저. 강력한 발진이 얻어지므로 넓은 용도에 적합하나, 발진에 필요한 전력도 또한 큰 것이 난점이다.

algorithm 알고리즘, 산법(算法) 문제를 해결할 때의 해법 절차. 프로그램을 작성할 때 해법 절차 즉 프로그램의 구성은 여러 가지가 생각되나, 전체의 처리 시간이나 기억 장치의 크기, 데이터의 양, 사용하는 컴퓨터(특히 수퍼컴퓨터)의 기종, 범용성 등을 염두에 두고 적절한 해법, 즉 알고리즘을 생각하는 것이 중요하다.

algorithm analysis 알고리즘 해석(-解析) 알고리즘의 복잡성 해석과 문제의 복잡성 해석의 두 분야로 나뉜다. 전자는 어느 문제의 어느 특정한 알고리즘에 대해서 필요한 기억 장소나 필요한 소요 시간을 해석하는 것이다. 후자는 어느 특정한 문제에 대한 모든 알고리즘에 대해서 기억 장소나 시간의 최소 필요량을 논하는 것이다.

algorithmic language 알고리즘 언어(-言語) 알고리즘을 표현하기 위해 설계된 언어. =ALGOL

alias 별명(別名)[1], 에일리어스[2] (1) 컴퓨터의 파일에 붙여진 이름. 즉, 파일 이름이라는 별도로 이름이 붙여지는 경우가 있는데, 이것은 파일의 참조를 쉽게 하기 위해서이다. 이 별명은 파일의 디렉토리에 기입된다.

(2) PCM 통신 링크에서 신호 주파수와 샘플링 주파수 사이에서 비트(beat) 작용에 의해 생기는 바람직하지 않은 스퓨리어스 신호.

aliasing 에일리어싱 ① 컴퓨터에 의한 도형 처리에 의해 작성된 이미지에서 부적정한 샘플링 때문에 생기는 바람직하지 않은 시각 효과를 말한다. 예를 들면 래스터 주사된 문자가 래스터의 눈이 거칠기 때문에 굽은 부분에서 부자연스럽게 울퉁불퉁한 현상이 나타난다. ② 입력 신호를 표본화하는 경우, 최소의 표본화 주파수

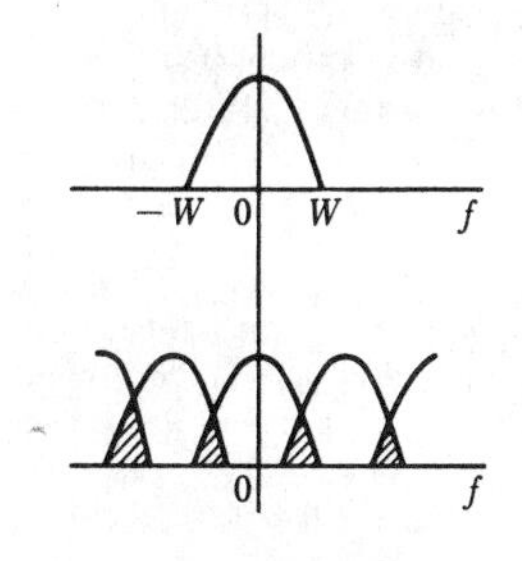

f_s는 신호에 포함되는 최고 유효 주파수 W의 2배 이상이어야 한다. 만일 $2W$ 이하의 빈도로 표본화하면 표본화된 신호의 스펙트럼은 입력 신호의 스펙트럼 상에 그 고스트(ghost)를 중첩하여 필터 기타로 고스트를 제거할 수 없다. 이것을 에일리어싱 또는 주파수의 겹침이라 한다.

aliasing components 오류 성분(誤謬成分) 텔레비전에서 나이키스트(Niquist) 속도보다 낮은 주파수로 표본화함으로써 생기는 바람직하지 않은 스펙트럼 성분. 이러한 처리에서는 원신호를 주파수 변환하도록 신호를 발생하여 그 성분이 원신호의 스펙트럼 내에 들어간다.

aliasing noise 에일리어싱 잡음(-雜音) 에일리어싱에 의해 생기는 잡음. 예를 들면, 표본화 주파수를 40kHz로 하여 음성 신호를 표본화하는 경우에는 입력 음성 신호에서 20kHz 이상의 성분을 저감 필터에 의해 제거해 두지 않으면 디지털화한 신호를 아날로그 신호로 재생할 때 그것이 음성 입력의 0~20kHz의 대역내에 잡음으로서 섞여 들게 된다.

align 얼라인 회로나 장치, 시스템을 조정하여 이들의 기능을 동조시키거나 적당한 위치에 배치하는 것. 예를 들면, 동조회로를 트리머, 패더나 가변 인덕턴스를 조정하여 고정 동조 장치에 원하는 응답성을 주거나, 가변 동조 장치가 트래킹하도록 한다.

alignment 얼라인먼트 ① 통신 업무에서 얼라인먼트란 시스템 다수의 구성 요소를 올바른 상호 관계가 되도록 조정하는 과정이다. 이 용어는 특히 ㉠ 증폭기의 동조회로를 요구하는 주파수 응답에 맞추는 것. ㉡ 시스템 구성 요소의 동기화에 대해서 사용된다. ② 관성 항법 장치가 사용되는 자표계에 관해서 관성 구성 부품의 측정축 배치를 하는 것.

alignment coil 조정 코일(調整-) 이미지 오시콘 등에서 전자 빔이 타깃에 올바르게 닿도록 빔의 진행 방향을 조정하는 자계를 발생하기 위한 전자관의(전자총에 가까운 부분에서) 바깥쪽에 둔 코일.

alkaline battery 알칼리 전지(-電池) 전해액에 수산화 칼륨(KOH) 수용액을 사용한 것으로, 양극은 수산화 제 2 니켈($Ni(OH)_3$)이다. 음극에는 철(鐵)의 분말을 사용한 것과 카드뮴의 분말을 사용한 것이 있으며, 전자를 에디슨 전지, 후자를 융그너 전지라고 한다. 기전력은 모두 상온에서 1.3~1.4V 이며 납축전지보다도 낮고, 또 내부 저항은 크다. 그러나 전해액은 충방전 반응에 관련하지 않으므로 액의 농도(따라서 비중)는 거의 변화하지 않고, 과방전이나 과충전에 잘 견딘다. 또 진동이나 충격에도 강하다. 보수에 손이 가지 않고, 수명도 길기 때문에 통신의 무인 중계소에서의 부동 전원 등으로 이용된다.

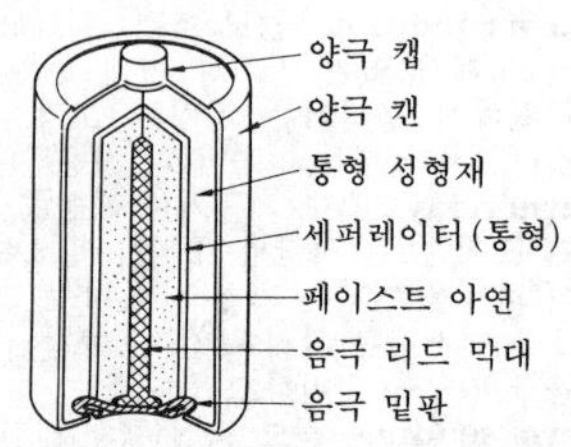

alkaline storage battery 알칼리 축전지(-蓄電池) →alkaline battery

alkyd resin 알키드 수지(-樹脂) 글리셀린 등의 다가(多價) 알코올과 무수 푸탈산 등의 다염기산으로 만든 합성 수지. 내열성이 있고, 내구성이 뛰어나므로 절연이나 도장용의 니스에 사용한다.

all call paging 일제 지령(一齊指令) 내선 전화기로부터의 다이얼 조작 등에 의해 전 전화기의 내장 스피커를 통해서 음성 호출할 수 있는 기능을 말하며, 페이징의 일종이다.

all channel television receiver 올 채널 텔레비전 수상기(-受像機) VHF 외에 UHF대의 TV 방송도 수신할 수 있도록 한 수상기로, 양쪽 전파를 선국할 수 있는 튜너를 내장하고 있다.

allocation 할당(割當) 이용할 수 있는 주파수 스펙트럼을 효과적이고, 상호 간섭이 최소가 되도록 각종 통신 서비스를 위해 할당하는 것.

allotting 할당(割當) 전화 교환 시스템에서 공회선의 공통 제어에 의거해서 사전에 선택하는 것.

allowable 허용(許容) 장치 혹은 그 동작 성능에 나쁜 영향을 주는 일 없이 허용되는 양, 수치, 혹은 기준값으로부터의 차이, 여유를 말한다.

allowable band 허용대(許容帶) 띠 논리에서 전자가 존재할 수 있는 에너지 준위가 띠 모양으로 된 범위를 말하며, 전자의 존재 상태에 따라서 가전자대, 전도대, 공대(空帶) 등으로 나뉜다.

allowable current 허용 전류(許容電流) 기기나 그 부품 혹은 전선 등은 전류가 흐르면 저항 때문에 발열하는데, 전류가 커지면 온도 상승이 사용 재료에 따라서 허용되는 한도를 넘으면 파손의 원인이 된다. 그것을 일으키지 않는 전류의 한도를 허용 전류라고 한다.

allowable surge voltage 서지 내력(一耐力) 과전압이 가해졌을 때 기능을 잃지 않는 상태를 유지할 수 있는 장치의 능력을 말한다.

allowed band 허용대(許容帶) 이온 결합을 그리는 에너지대에서 전자가 자유롭게 움직일 수 있는 범위. 전도대 내의 전자는 자유롭게 움직일 수 있어 전기 전도에 기여한다.

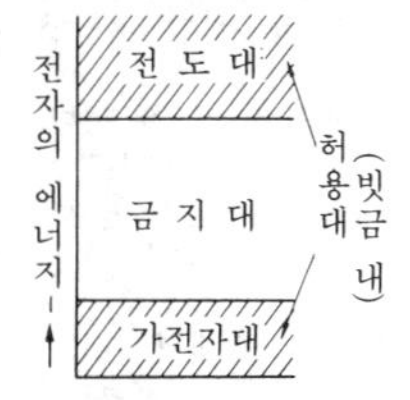

allowed energy band 허용대(許容帶) → allowed band

alloy 합금(合金) 단일의 원소로는 얻을 수 없는 특성의 금속을 얻기 위해 2종류 이상의 원소를 혼합하여 만든 금속을 말한다. 합금은 단일 금속에 비해서 일반적으로 융점은 낮아지고, 기계적으로 강해지는 등의 특징이 있다. 합금의 결정 구조는 단체 금속의 미세한 결정이 혼재하고 있는 공정형(共晶形)이라고 불리는 것과 성분 금속의 원자가 서로 혼합되어 있는 고용체(固溶體)라고 하는 것이 있다. 주석과 납의 합금 등은 전자의 경우이고, 저항률은 성분비에 따른 중간의 값을 취하나, 구리와 니켈의 합금 등은 후자의 경우이며, 어느 성분이 단독인 경우보다도 큰 저항률을 나타내고 저항 재료를 만드는 데 사용된다.

alloy diffusion type transistor 합금 확산형 트랜지스터(合金擴散形－) 합금 접합과 확산 접합의 혼합형으로, 합금형의 양산성과 확산형의 뛰어난 고주파 특성을 겸한 트랜지스터이다. 그림은 그 제조 공정으로, (a)와 같이 p형 결정의 표면을 n형으로 한 것을 기판으로 하여 2개의 납 공을 구어 붙인다. 이 때 한쪽의 공은 n형의 불순물(안티몬)만을, 다른 쪽은 n형 및 p형의 양 불순물(안티몬과 갈륨)을 포함시켜 둔다. 결정 기판을 어느 일정 시간 고온으로 유지해 두면 확산 계수가 큰 안티몬이 확산하기 시작하고, 그 밑에 얇은 n형 확산층을 형성하여 베이스 영역이 된다. 냉각 단계에 들어가면 한쪽의 공에 포함되는 편석 현상이 심한 갈륨이 재결정 중에 다량으로 주입되고 이것이 이미터 영역을 형성한다. 다음에 (b)와 같이 납 공 사이에 내부식성 물질을 끼우고, 기타 부분은 표면의 n형 확산층을 부식시켜서 제거한다. 그 후 (c)와 같이 납 공과 컬렉터 영역이 되는 p형 모체에 리드선을 접속하면 합금 확산형 트랜지스터가 만들어진다.

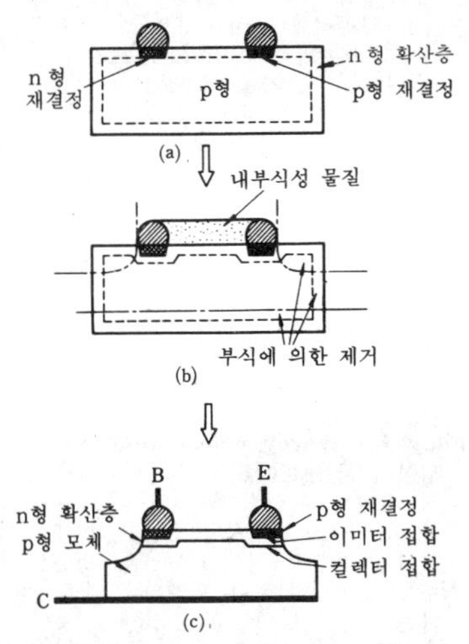

alloy diode 알로이 다이오드, 합금 다이오드(合金－) 합금 접합 다이오드의 약칭. 다이오드의 pn 접합을 만드는 제법 종별의 하나이다. 기판(p형 또는 n반도체) 위에 그 전도 형식을 역전시키는(n형 또는 p형으로 한다) 물질의 미세한 알갱이를 두고, 순간 통전에 의한 용융으로 합금화함으로써 접합층을 만드는 것.

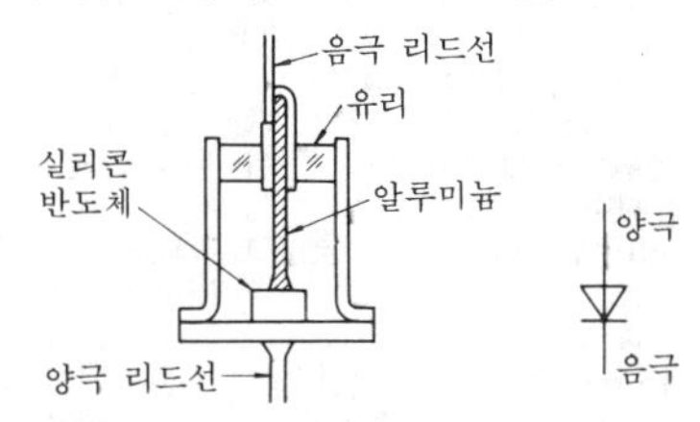

alloy junction 합금 접합(合金接合) 하나 또는 둘 이상의 성분의 액상(液相)과 그 반도체가 기판 결정상에 재결합함으로써 형성하는 접합.

alloy junction diode 합금 접합 다이오드(合金接合－) 불순물 반도체(예를 들면,

p 형)의 결정 표면에 그와 반대의 캐리어를 갖는 반도체(여기서는 n 형)를 만드는 금속을 두고 가열하여 합금화시킴으로써 pn 접합을 만들어, 다이오드로서 이용하는 것.

alloy junction transistor 합금 접합 트랜지스터(合金接合－) 저주파용으로 현재 가장 널리 사용되고 있는 형식으로, pnp 형이 일반적이나 npn 형을 만들 수도 있다. 전자는 두께 0.2mm 정도의 n 형 게르마늄(Ge) 조각을 기판으로 하여 다음과 같이 한다. 양면에서 인듐(In, 3 가 원소)의 작은 입자를 대서 온도를 높이면 In 은 Ge 속에 합금으로 되어 침투하므로 양면에서 들어온 In 이 Ge 을 관통하지 않을 정도의 곳에서 합금을 멈추고, 서서히 냉각하면 In 과 Ge의 계면(界面)에 In 을 다량으로 포함하는 Ge 이 재결정하여 이 부분의 Ge 가 p 형으로 된다. 그 후 양쪽 In 에 리드선을 붙여서 이미터 및 컬렉터로 하고, Ge 기판을 베이스로 한다.

alloys for hydrogen accumulation 수소 저장 합금(水素貯藏合金) 냉각이나 가압에 의해서 수소를 흡수(열방출도 수반한다)하여 수소 화합물을 만들고, 반대로 가열이나 감압에 의해서 수소를 방출(열흡수도 수반한다)하여 원래의 상태로 복귀하는 합금으로, Fe-Ti, La-Ni_5 등이 실용적으로 주목되고 있다. 에너지로서의 수소의 저장이나 수송용으로, 혹은 방열·흡열 효과의 냉난방용으로의 응용 등 여러 가지 용도가 생각되고 있다.

alloy spike 알로이 스파이크 단지, 스파이크라고도 한다. 알루미늄 실리콘계의 물질에 열처리를 가하면 실리콘이 알루미늄 중에 용해되고, 냉각시에 재결정층이 만들어져서 옴 접촉을 일으키는데, 이 재결정화가 국소적으로 깊게 생성하여 스파이크 모양으로 pn접합을 관통해서 단락을 일으키는 일이 있다. 폴리실리콘, W, Mo 등의 버퍼층을 두어 이것을 방지한다.

alloy transistor 알로이 트랜지스터, 합금 트랜지스터(合金－) ＝alloy junction transistor

all-pass function 전 통과 함수(全通過函數) 진폭 특성을 상수로 하고, 위상을 시프트하기만 하는 전달 함수.

all-pass network 전 통과 회로망(全通過回路網) 임의의 주파수에서 감쇠를 일으키는 일 없이 단지 위상의 벗어남, 혹은 약간의 지연만을 수반하도록 설계된 회로망.

all-pass transducer 전 통과 변환기(全通過變換器) →all-pass network

all-relay system 전 계전기식 방식(全繼電器式方式) 모든 교환 기능이 계전기에 의해서 실현되고 있는 자동 전화 교환 시스템.

all wave receiver 올 웨이브 수신기(－受信機), 전파 수신기(全波受信機) 동조 회로의 코일 또는 콘덴서를 전환함으로써 1 대의 수신 장치를 사용하여 LF 대(장파)부터 HF 대(단파), 나아가서 VHF대(초단파)의 FM 방송까지 수신할 수 있는 수신기.

all wave rectifier 전파 정류 회로(全波整流回路), 양파 정류 회로(兩波整流回路) 중간 탭이 있는 트랜스(변압기)와 정류 소자를 조합시켜 정류하는 회로 방식. 그림 (a)와 같이 2 개의 반도체를 사용하는 것과 그림 (b)와 같이 4 개의 반도체를 사용하여 브리지형으로 한 것이 있다. 이 경우는 2 차 전압이 동일 출력에 대하여 절반이면 된다. 그림 (c)와 같은 3 상 양파 방식은 단상보다 더 양호한 정류를 할 수 있다.

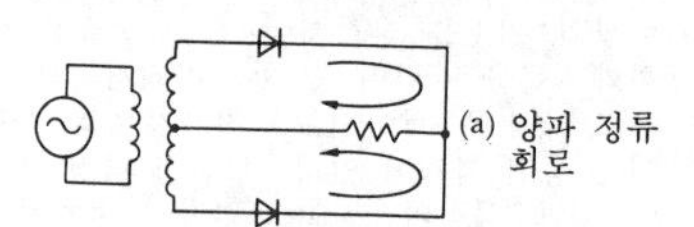
(a) 양파 정류 회로

소자의 재료는 게르마늄(Ge)이나 실리콘(si)이 많다.

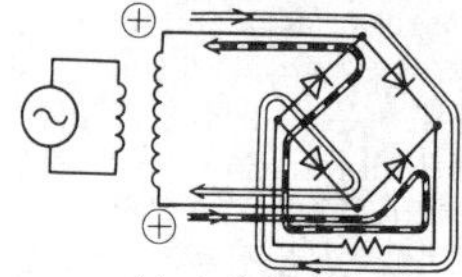
(b) 브리지 정류 회로

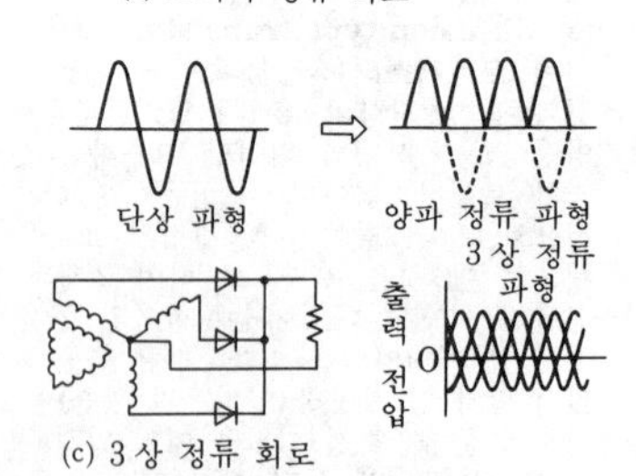

(c) 3 상 정류 회로

alnico 알니코 뛰어난 영구 자석 재료로, 철, 알루미늄, 니켈, 코발트, 구리의 합금이다. 성분비에 따라 ⅠA, ⅡA, Ⅴ 등의 종류가 있다. 석출 경화에 의해서 만드는 것과, 소결(燒結)에 의해서 만드는 것이 있으며, 자계 중에서 냉각한 것은 특히 성질이 좋다.

Alperm 알펌 알루미늄 12~15%를 포함하는 철합금으로, 급랭에 의한 열처리를 한 것. 비투자율이 크고, 히스테리시스손이 작으므로 교류 회로, 자심에 적합하다.

alpha α, 알파 베이스 접지형 트랜지스터에서의 정방향 전류 이득으로, 컬렉터 전압을 일정하게 유지해 두고 이미터 전류를 변화시켰을 때 이에 대한 컬렉터 전류의 변화분의 비(比)로서 다음과 같이 정의된다.

$\alpha = h_{fb} = \Delta i_c / \Delta i_e$

alphabet 알파벳 어떤 언어에서 쓰이는 문자의 집합으로, 일정한 순서로 배열된 것을 말한다. 일반적으로는 영어에서 쓰이는 A부터 Z까지의 문자 및 $, % 등의 기호가 일정한 순서로 배열된 것을 말한다.

alpha counter tube 알파 계수관(-計數管) 주로 알파 입자를 검출하기 위한 체임버로 구성된 전자관. 보통 비례 영역에서 동작하고, β선이나 γ선에 의한 펄스를 판별하기 위해 펄스 파고(波高)에 의한 선별을 하고 있다. 알파 전리(電離) 상자라고도 한다.

alpha cut-off 알파 컷오프 트랜지스터의 α이 그 저주파 영역에서의 값에서 3dB 만큼 저하하는 주파수값. 이 점에서 α는 α 정격 h_{fb0}의 0.707 배가 된다.

alphanumeric 영숫자(英數字) 알파벳과 숫자를 포함한 문자를 말하며, 이 중에는 +, −, /, *, $, 〈, 〉 등의 특수 문자도 포함된다.

alphanumeric display terminal 영숫자 표시용 단말 장치(英數字表示用端末裝置) 문자(영자, 숫자, 기호)는 표시할 수 있으나 그래픽은 표시할 수 없는 단말 장치를 말한다.

alphaphotographic display system 알파 포토그래픽 표시 방식(-表示方式) 문자나 도형을 텔레비전과 마찬가지로 화소로 분해하여 도트 패턴으로서 전송하여 표시하는 방식.

alternate display 교대 표시(交代表示) 2채널 또는 그 이상의 다(多) 채널을 출력으로 하여 표시하는 오실로그래프에서 최초의 소인(掃引)으로는 제 1 채널, 다음 소인으로는 제 2 채널과 같이, 각 소인마다 채널을 순차 전환하여 출력으로 표시하는 방법.

alternate mode display 교번 모드 표시(交番-表示) 오실로스코프에서 단일 음극선관(CRT)의 전자총에 의해 둘 또는 그 이상의 채널 출력 신호를 교대로 소인(掃引 : sweep)함으로써 스코프 상의 표시를 다중화하는 것.

alternate route 우회 루트(迂廻-) ① 전화 교환 시스템에서 트래픽을 최종적으로 어느 지점으로 운반하는 선택 가능한 몇 개의 루트. ② 데이터 전송에서 수신처에 연결하는 제 2 순위의 통신 경로로, 제 1 순위의 경로를 이용할 수 없을 때 사용된다.

alternate-route trunk group 우회 트렁크 군(迂廻-群) 전화 교환 시스템에서 우회 루트의 트래픽을 운반하는 회선군.

alternate routing 우회 중계(迂廻中繼), 대체 경로 지정(代替經路指定), 대체 경로 선택(代替經路選擇), 대체 중계(代替中繼) 반자동 또는 자동 교환 접속에서 주경로를 사용할 수 없을 때, 다음 경로로 우회하여 중계 접속하는 방식.

alternating current 교류(交流) 일정한 주기로 규칙적으로 크기가 양 혹은 음의 방향으로 증감하는 전류나 전압을 말한다. 보통은 그림과 같은 정현파 모양의 변화를 하는 것을 가리키는 경우가 많다.

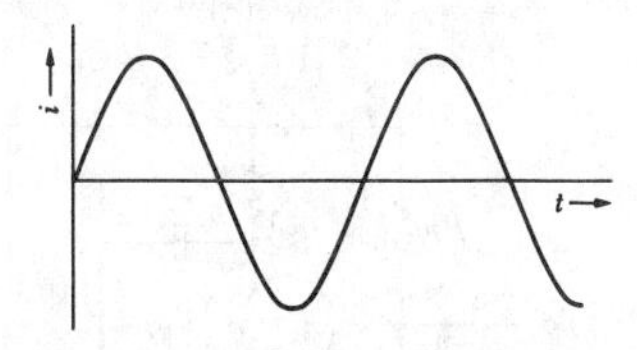

alternating-current circuit 교류 전류 회로(交流電流回路) 교류 전류에 의해 동작하는 몇 가지 소자를 포함하는 회로.

alternating-current erasing head 교류 전류 소거용 헤드(交流電流消去用-) 자기 녹음에서 자기 소거에 필요한 자계를 교류 전류에 의해 발생시키는 자기 헤드.

alternating-current floating storage-battery system 부동 충전 방식 축전지 시스템(浮動充電方式蓄電池) 축전지를 상시 충전하면서 제어, 보호 장치 등에 전력을 제공하는 교류 전원, 축전지, 정류기로 조립된 시스템.

alternating-current magnetic biasing 교류 바이어스법(交流-法) 자기 녹음에서 신호 주파수 보다 충분히 높은 주파수의 교류 자계(고주파 전류에 의해 발생)를 바이어스로서 신호에 중첩하는 자기 기록법. 바이어스용 교류 자계는 자기 매체의 항자력에 거의 같은 진폭이 필요하다.

alternating-current pulse 교류 전류 펄

스(交流電流－)　단시간 지속되는 교류 전류의 파.

alternating current root-mean-square voltage rating　교류 전류 실효 전압 정격(交流電流實效電壓定格)　반도체 정류기에서 가해진 정현파 전압의 최대 실효값으로, 제조자에 의해 규정된 조건하에서 허용되고 있는 값을 말한다.

alternating-current transmission　교류 전송(交流傳送)　텔레비전에서 밝기의 제어 손잡이를 일정하게 한 경우 신호의 순시값과 밝기값의 관계가 단시간만 대응하는 전송 형식. 보통, 이 기간은 1필드 보다 길지는 않고 1라인 정도 짧은 것이다.

alternating field　교번 자계(交番磁界)　자계의 세기가 시간과 더불어 양 혹은 음의 방향으로 증감하고, 방향을 바꾸지 않는 것. 이러한 자계는 교류에 의해서 만들어지는데, 보통은 정현파 교류에 의해서 만들어지는 정현파 교번 자계를 가리키는 경우가 많다.

alternating load line　교류 부하 직선(交流負荷直線)　증폭 회로의 동작을 분석하기 위해 컬렉터 전압과 전류의 그래프 상에 그은 선. 입력 신호를 가하면 컬렉터 전압·전류는 교류 부하선상에서 변화한다.

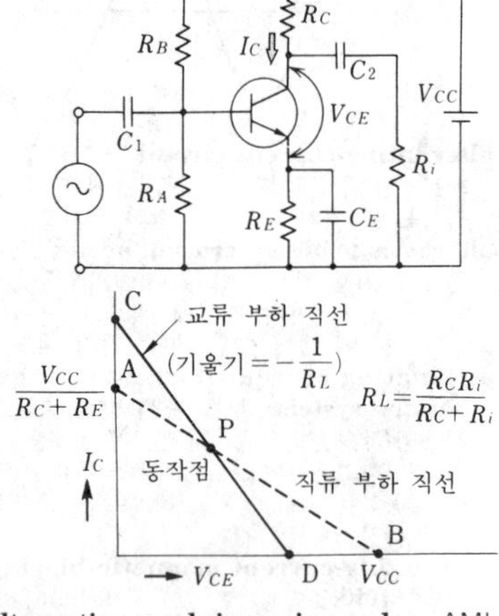

alternative mark inversion codes　AMI 부호(－符號)　바이폴러 부호라고도 한다. 직류분 억압 부호로서 가장 단순하고 기본적인 것으로, 그림과 같이 2진 부호(2진법의 부호)의 "0"에 대하여 영전위를 대응시키고, "1"에 대해서는 ＋ 또는 － 극성의 부호를 교대로 대응시키는 것이다.

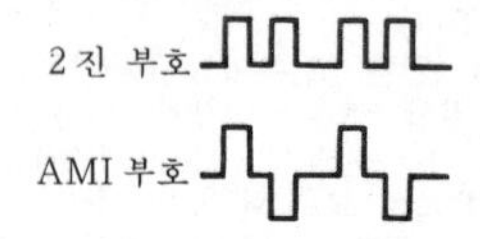

alternative trunking　우회 중계 방식(迂廻中繼方式)　전화의 자동 교환망에서는 성형(星形) 중계망을 기본으로 하여 중계를 하고 있는데, 그 순로(順路) 도중에 전회선 폭주가 발생하고 있을 때에는 순로 이외 경로의 국을 우회하여 중계한다. 이러한 중계 방식을 말한다.

alternator transmitter　교류 발전 송신기(交流發電送信機)　무선 주파수의 교류 발전기로 발생시킨 전력을 사용하는 무선 송신기.

altimeter　고도계(高度計)　항공기에 설치하여 고도를 측정하는 장치로, 기압에 의해서 해발로부터의 고도를 측정하는 것과 전파를 사용하여 바로 밑의 대지로부터의 고도를 측정하는 것이 있다. 후자는 전파 고도계라고 하며, 항공기로부터 지표면을 향해서 펄스 전파를 발사하고, 반사해서 되돌아오기까지의 시간을 측정하는 펄스형 고도계와 발사 전파의 주파수를 연속적으로 변화하여 반사 전파와 발사 전파와의 주파수차를 측정하여 고도를 구하는 FM 식 고도계가 있다.

ALU　연산 논리 장치(演算論理裝置)　arithmetic and logic unit 의 약어. 컴퓨터 용어. 중앙 처리 장치(CPU)의 중심적 구성 요소로, 산술 연산, 논리 연산을 하는 부분. 산술 연산은 가감승제, 논리 연산은 대소나 동이(同異)의 판단 등이다.

Alumel　알루멜　니켈을 주성분으로 하고, 망가닌, 철, 알루미늄, 규소를 소량 포함하는 합금. 크로멜과 조합시켜서 열전쌍을 만들어 온도 측정에 사용한다.

alumina ceramic　알루미나 자기(－瓷器)　알루미나를 주성분으로 한 자기. 고온에서 소결하므로 전기적 성질, 내열성, 기계적 성질이 뛰어나다. 고주파용 절연물, 전자관 내부 지지물, 집적 회로용 기판, 고신뢰도 고부하용 고정 저항 보빈 등으로 사용된다.

alumina porcelain　알루미나 자기(－瓷器)　융점이 높은 순수한 알루미나(Al_2O_3)의 분말을 성형 후, 약 1,800℃로 소성하여 만든 자기로, 고온에서의 절연성이 뛰어나다. 열전쌍의 보호관이나 엔진의 점화 플러그에 사용된다.

aluminium 알루미늄 기호는 Al. 비중 약 2.7 의 금속으로, 유전율은 구리 다음으로 크며, 구리의 약 60%이다. 원광석의 주성분은 알루미나(Al_2O_3)이며, 이것을 전해 환원하여 만든다. 구리보다 값이 싸나 인장 강도가 떨어지므로 합금으로 하여 전화선 등에 사용한다. 공기 콘덴서의 극판이나 전자 기기의 섀시 등의 구조재로도 사용되고, 또 고순도의 것은 산화 피막으로서 전해 콘덴서에 사용된다.

aluminium contact 알루미늄 접촉부(一接觸部) IC 제조의 최종 단계에서 전기적인 접촉부의 형성 행정이다. 접촉이라고 해도 대별하여 옴 접촉과 쇼트키 접촉의 두 가지가 있다. 후자는 접촉부가 정류성을 가지며, 이것을 적극적으로 이용하는 디바이스에서 사용된다. 옴 접촉의 경우는 접촉부의 저항이 작아(실리콘에 대하여 접촉 금속의 일의 함수가 약간 작다) 실리콘에 융합이 잘 되고, 마이그레이션이나 부식을 발생하지 않으며, 가공성이 좋고 기계 강도도 강한 금속(보통 알루미늄)이 사용된다.

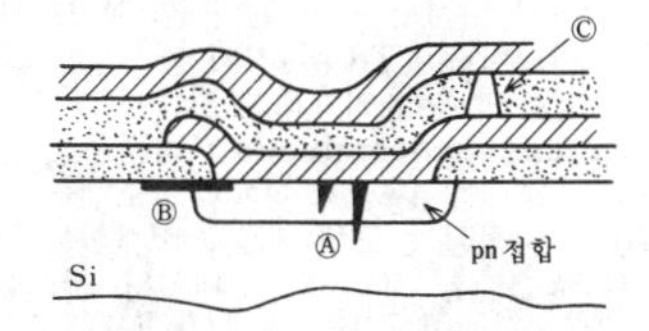

Al-Si 에서의 열처리 결함

aluminium oxide 산화 알루미늄(酸化一) 알루미늄의 산화물(Al_2O_3)로, 알루미나를 말한다. 알루미늄 원광석의 주성분이기도 하다. 이의 피막을 전해 산화에 의해서 표면에 석출시킨 것(알루마이트)은 기계적으로 강하고, 내약품성이 뛰어나므로 내부를 보호하는 데 도움이 된다.

aluminized screen 메탈백 형광면(一螢光面) 텔레비전 수상관에서 스크린 형광막층의 전자총측에 알루미늄의 박막을 증착한 것. 빔의 전자는 쉽게 알루미늄막을 관통하여 형광막을 자극해서 화상을 만든다. 알루미늄은(알루미늄막이 없으면 관내로 되돌아간다) 빛을 외부에 반사하여 화상의 휘도와 콘트라스트를 개선한다.

aluminosilicate glass 규산 알루미늄 유리(一硅酸一) 규산염 유리 중 알루미나 성분을 20% 이상 포함하는 것. 500℃ 이상에서도 사용할 수 있으므로 전자관의 관체(管體) 등에 사용된다.

alumite 알루마이트 알루미늄의 표면을 양극 산화하여 산화막을 만들고, 다시 수증기에 의해 봉공(封孔) 처리를 한 것. 내부의 알루미늄 부식을 방지하는 효과가 있다. 알루마이트는 원래 상품명이지만 일반명으로서 널리 쓰이고 있다.

AM 진폭 변조(振幅變調) =amplitude modulation

AM-AM broadcasting AM-AM 방송(一放送) 중파용의 호환성을 가진 스테레오 방송 방식의 일종으로, 엔켈(Enkel) 방식이라고도 한다. 주(主) 채널은 (L+R) 신호를 15kHz 의 대역에 넣고 부(副) 채널은 음원의 방향에 관한 신호만을 400Hz 의 대역으로 부반송파를 진폭 변조하는 방법을 쓰고 있다.

amateur bands 아마추어 밴드 아마추어 무선국의 운용이 허용되는 주파수대를 말하며, 최저는 1,907.5~1,912.5kHz, 최고는 248~250GHz 로, 양자를 포함하여 23 의 밴드가 있다.

amateur radio service 아마추어 업무(一業務) 금전상의 이익을 위하는 것이 아니고, 주로 개인적인 무선 기술의 흥미에 의해서 행하는 자기 훈련, 통신 및 기술적 연구의 업무.

amateur radio station 아마추어 무선국(一無線局) 개인적인 흥미에 의해서 무선 통신을 하기 위해 개설하는 무선국. 아마추어 업무용으로 할당된 주파수대와 전파의 형식, 안테나 전력에 의해서 운용된다. 원칙으로서 주관청(체신부)의 면허를 필요로 한다.

ambient noise 외래 잡음(外來雜音), 주위 잡음(周圍雜音) ① 하나의 방 또는 그와 비슷한 장소에 존재하는 음향 잡음으로 실내 잡음이라고도 한다. 보통 이 잡음은 음량계로 측정한다. 실내 잡음은 보통, 전화국에서의 주위 잡음을 말한다. ② 이동 통신에서 대상으로 하는 장소에서의 전파 잡음, 즉, 대기 잡음, 은하 잡음 및 인공 잡음 종합계의 평균 전력.

ambient operating-temperature range 주위 동작 온도 범위(周位動作溫度範圍) 어떤 전원을 안전하게 사용할 수 있는 환경 온도의 범위. 강제 공랭을 사용하는 장치의 경우, 온도는 공기 취입구에서 측정된다.

ambient temperature 주위 온도(周位溫度) 기기 주위의 냉각 매체(예를 들면 공기, 물, 흙)의 온도.

ambiguity 엠비규어티 항법 또는 레이더 좌표가 2개 이상인 점, 방향, 위치선 또는 위치면을 결정하는 경우에 얻어지는 상태.

American Association for Artificial Intelligence 전미 인공 지능 확회(全美人工知能學會) =AAAI

American National Standards Institute 미국 규격 협회(美國規格協會) =ANSI

American Society of Testing and Materials 미국 재료 시험 협회(美國材料試驗協會) =ASTM

American Telephone & Telegraph Company 미국 전화 전신 회사(美國電話電信會社) 1885 년 3 월에 미국 벨 전화 회사의 자회사로서 장거리 전화 시스템의 건설을 목적으로 발족. 1899 년 벨 전화 회사와 주식 교환에 의해 지주 회사가 되고, 제조 부문인 웨스턴 일렉트릭사, 연구 개발 부문인 벨 전화 연구소 등을 통괄하고, 거의 미국 전토의 전화 서비스를 해 왔다. 1984 년 1 월에 22 의 자회사를 분리하여 장거리 전화 서비스 이외의 전화 서비스에서 손을 떼는 대신 데이터 통신 분야에의 참가가 인정되었다. 시외·국제 통신 서비스 외에 통신, 정보 기기의 제조·판매를 하고 있다. 종업원수는 약 31 만 7,000 명(1987 현재)이다. =AT&T

AMI amplified MOS intelligent image 어. 포토다이오드에서 얻어진 광 정보를 같은 픽셀에 둔 MOS 트랜지스터에 의해 증폭하고, 이것을 스위칭 회로로 전환하여 판독하도록 한 증폭형 고체 카메라. 고감도이고 *SN*비가 크며 스미어(smear)나 잔상(殘像)이 적고, 비파괴 판독을 할 수 있는 등의 특징이 있다.

amine additived paper 아민 첨가지(-添加紙) 절연지를 만들 때 아민류를 첨가함으로써 내열성을 향상시키는 것. 변압기 부품의 코일 절연에 사용한다.

ammeter 전류계(電流計) 전류를 측정하기 위한 계기. 미약한 전류를 측정하는 것을 검류계라고 불러 구별하고 있다. 전류를 측정하기 위해 전류계를 회로에 접속함으로써 회로의 상태가 변화해서는 곤란하므로 전류계는 임피던스를 되도록 작게 하고 있다. 측정 전류가 흐르는 회로에 직렬로 접속해서 사용한다.

ammonia maser 암모니아 메이저 암모니아 분자에서의 두 에너지 준위의 차를 이용하여 발진시키는 마이크로파 발진기. →maser

ammonium dihydrophosphate 제 1 인산 암모늄(第一燐酸-) =ADP

amorphous 비정질(非晶質), 비결정성(非結晶性) 고온으로 녹인 금속을 급랭하면, 원자의 배열이 불규칙적으로 되어 흩어진 상태가 된다. 이러한 비결정의 상태를 말한다.

amorphous alloy 비결정성 합금(非結晶性合金), 비정질 합금(非晶質合金) 합금을 만드는 과정에서 용해한 금속을 1 초당 100 만℃의 페이스로 급랭하면 비결정성 합금이 되어 보통의 합금에는 없는 성질을 갖는 것이 얻어진다. 그 제조 기술은 이미 선진국에서 확보되고 있다.

amorphous magnetic substance 비결정성 자성체(非結晶體磁性體), 비정질 자성체(非晶質磁性體) 희토류 천이 금속계 합금과 천이 금속-메탈로이드계 합금으로, 기계적 강도가 크고, 고투자율이기 때문에 종래의 규소강이나 퍼멀로이 등을 대신하는 재료.

amorphous metal 비결정성 금속(非結晶性金屬), 비정질 금속(非晶質金屬) 비결정의 상태로 굳은 금속. 결정 금속의 결점이 없어지고, 인장 강도, 내마모성, 자기 특성 등이 뛰어난 것이 많다. 변압기, 테이프 리코더나 VTR 의 자기 헤드 등으로의 폭넓은 응용이 기대되고 있다.

amorphous semiconductor 비결정성 반도체(非結晶性半導體), 유리 반도체(-半導體), 비정질 반도체(非晶質半導體) 결정과 같은 규칙적인 원자 배치의 구조를 갖지 않은 무정형의 상태에서 반도체로서의 도전성을 나타내는 것이다. 칼코겐 유리에 의한 스위치 소자로의 이용이 생각된 것이 최초이며, 그 후 규소에 대해서 연구가 시작되었다. 단결정의 반도체에 비해 제법상의 제약이 적은 것이 이점이나, 이론적으로 불명한 점이 많으므로 트랜지스터나 집적 회로로의 사용은 금후의 과제이다.

amorphous silicon 비결정성 실리콘(非結晶性-), 비정질 실리콘(非晶質-) 규소의 비정질 반도체로, 구조에 관한 이론은 완성되지 않고 있다. 제법의 자유도가 크므로 태양 전지나 박막 트랜지스터 등 다방면의 용도로 개발되고 있다.

amorphous solar cell 비결정질 태양 전지(非結晶質太陽電池), 비정질 태양 전지(非晶質太陽電池) 단결정 실리콘을 사용한 것에 비해 광전 변환 효율은 떨어지나 저가격이고 전원으로서 유망시되고 있다.

amorphous switch 비결정성 스위치(非結晶性-), 비정질 스위치(非晶質-) 비결정성 반도체(비정질 반도체)가 그림과 같은 전압-전류 특성을 갖는 것을 이용하여 만든 스위치 소자를 말한다. 오보닉 스위치(Ovonic switch : OMS)라고도 한다. 반도체 증착막의 제법이나 치수에 의해 임계값 전압 V_t는 3~300V, 유지 전압 V_h는 0.5~3V 정도의 것이 얻어진다. =OMS, Ovonic switch

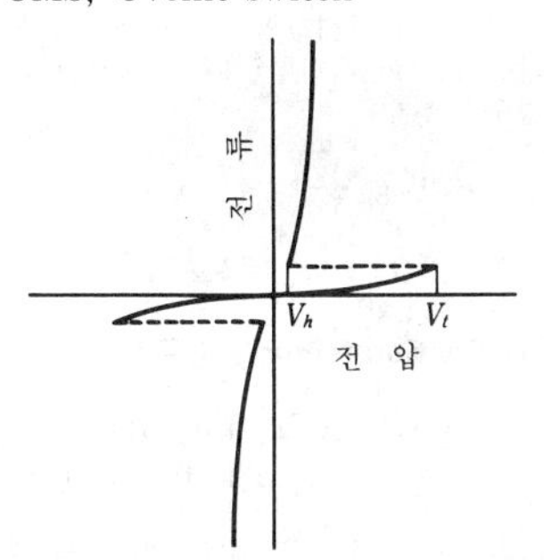

amount of information 정보량(情報量) 어느 사항의 전달이 행하여질 때 그것이 가지고 있는 내용의 가중을 양적으로 나타내는 것으로, 일반적으로 다음 식과 같이 표시해서 사용한다.

$$I = \log\frac{1}{P(x)}$$

여기서 I : 정보량〔비트〕, $P(x)$: 어느 사항 x가 발생하는 확률.

amp 암페어 =ampere

ampere 암페어 ① 전류의 단위로, SI기본 단위의 하나. 1 암페어란 진공 중에서 1m 의 간격을 두고 평행하게 두어진 무한히 작은 원형 단면을 갖는 두 줄의 무한길이의 직선상 도선에 전류를 흘렸을 경우, 길이 1m 마다 2×10^{-7}N 의 힘을 서로 미치는 크기의 전류를 말한다. 1948 년에 폐지된 구 국제 단위에서는 초산은의 소용액을 통과하여 매초 0.00111800g 의 은을 분리하는 불변 전류의 크기를 1A 로 정했었다. ② 기자력의 단위로, 기호는 A를 쓰는데, 의미는 암페어 턴과 같다. →ampere turn

ampere balance 전류 천칭(電流天秤) 전류의 절대 측정에 사용하는 것. 2 개의 가동 코일 및 고정 코일에 일정 전류를 흘렸

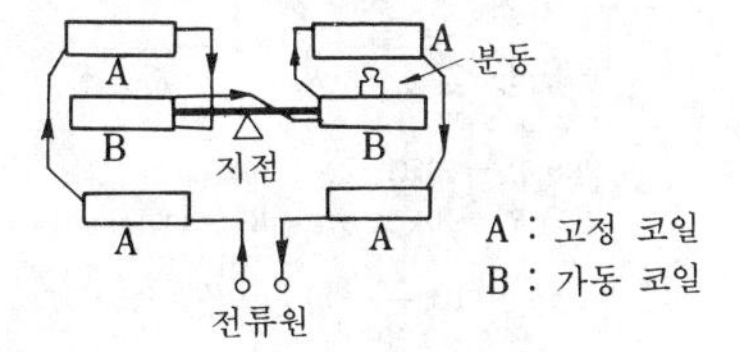

을 때 발생하는 힘을 질량 표준과 비교하여 절대 전류를 측정하는 것. 그림의 화살표와 같이 전류를 흘렸을 때 오른쪽 가동 코일은 위에 올라가려고 한다. 그 때 천칭의 오른쪽에 표준 질량(분동)을 얹어서 수평으로 평형시키면 전류가 질량으로 환산된다.

ampere capacity 암페어 용량(-容量) 지정된 열적 조건하에서 전선이나 케이블에 흘릴 수 있는 전류 용량. 암페어수로 나타낸다.

ampere-hour 암페어시(-時) 전기 분해나 전지 등에서의 전기량을 나타내는 데 사용되며, 전류에 시간을 곱하여 구한다.

1 암페어시=3600 암페어초=3600쿨롬

ampere-hour capacity 암페어시 용량(-時容量) 전지 특히 2차 전지(축전지)의 용량. 시간율에 의한 용량 표시가 일반적이며, 10 시간율, 20 시간율 등이 쓰인다. 10 시간율 20Ah, 20 시간율 50Ah 등으로 나타낸다. 용량은 방전 전류의 대소로 좌우되기 때문에 대전류 연속 방전인 경우에는 용량이 작다.

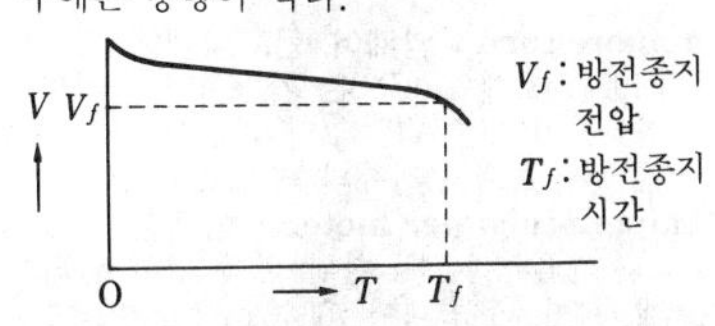

ampere-hour efficiency 암페어시 효율(-時效率) 방전 암페어시 출력과 재충전에 필요한 암페어시 입력의 비율로서 표시되는 전기 화학적 효율.

ampere-hour meter 적산 전류계(積算電流計) 회로의 전류를 시간에 대하여 적산 계량하는 전기 계량기. 단위는 A·h를 쓴다.

ampere meter 전류계(電流計) =ammeter

Ampere' s circuital law 암페어의 주회로 법칙(-周回路法則) 어떤 폐자로(閉磁路)에서 각 미소 부분의 길이 Δl_1, Δl_2, Δl_3, …에서의 자계의 세기를 H_1, H_2, H_3, …로 하면, 각 대응하는 양자의 곱을 자로를 1 주하여 더한 것은 그 자로에 작용하는 기자력과 같다. 이것을 암페어의 주회로 법칙이라 하고, 다음 식으로 나타낼 수 있다.

$$H_1\Delta l_1+H_2\Delta l_2+H_3\Delta l_3+\cdots=\Sigma H\Delta l=NI$$

여기서 N은 도선의 감은 수, I는 거기에 흐르는 전류. 이 법칙은 솔레노이드 내의 자계의 계산 등에 널리 이용된다.

Ampere' s law 암페어의 법칙(－法則) ＝ Ampere' s right-handed screw rule

Ampere' s right-handed screw rule 암페어의 오른 나사의 법칙(－法則) 전류에 의해서 생기는 자계의 방향을 찾아내기 위한 법칙. 전선에 흐르는 전류의 주위에는 동심원상(同心圓狀)의 자계가 생기고, 전류를 오른 나사의 진행 방향으로 흘리면 자계는 나사가 도는 방향으로 생긴다. 또, 원형 코일에서 전류를 오른 나사가 도는 방향으로 흘리면 자계는 나사가 진행하는 방향으로 발생한다.

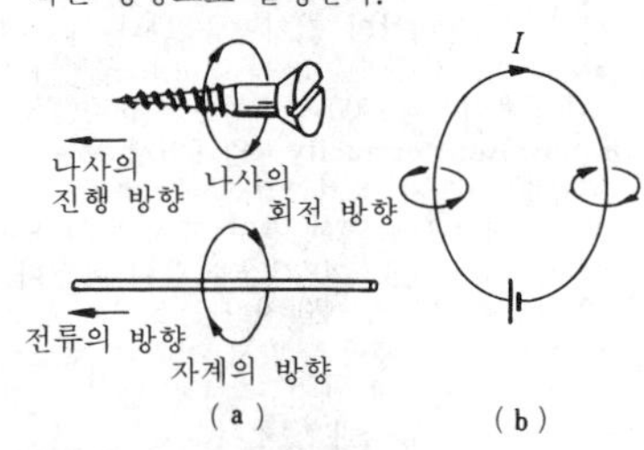

ampere turn 암페어 턴, 암페어 횟수(－回數) 자계를 만드는 기자력의 크기의 단위로, 기호는 AT. 코일의 경우 감은 수와 거기에 흐르는 전류의 곱으로 구해진다.

ampere-turn per meter 암페어 횟수/미터(－回數－) SI 단위(국제 단위계)의 자계 세기. 1 암페어 횟수/m 는 가늘고 긴 균일 권선 솔레노이드를 권선 내의 선전류 밀도가 축방향의 길이 1m 당 1A 의 전류로 여자했을 때의 솔레노이드 안쪽 자계의 세기.

amplification 증폭(增幅) 어떤 파형의 진폭 변화를 확대하는 것으로, 전압 증폭, 전류 증폭, 전력 증폭 등의 종류가 있다. 어느 것이나 출력쪽이 입력보다 큰 에너지를 갖는데, 이것은 따로 준비한 전원에서 공급되는 것으로, 입력은 전원으로부터의 에너지 공급을 제어하는 구실을 한다. 증폭에는 트랜지스터가 일반적으로 사용되며, 그 동작 상태에 따라 A 급 증폭, B 급 증폭, C 급 증폭 등으로 구별된다.

amplification constant 증폭 상수(增幅常數) 진공관의 3 상수의 하나로, 양극 전류를 일정하게 할 때의 다음 식의 값이다.

$$\mu = \frac{\Delta V_p}{\Delta V_g}$$

여기서 μ : 증폭 상수, ΔV_p : 양극 전압의 변화〔V〕, ΔV_g : 그리드 전압의 변화〔V〕.

amplification degree 증폭도(增幅度) 증폭기에서의 증폭 능력의 크기를 나타내는 것으로, 입력의 크기와 출력의 크기의 비로 구한다. 증폭 대상에 따라서 입출력의 전압비의 전압 증폭도, 전류비의 전류 증폭도, 전력비의 전력 증폭도를 쓴다. 전압, 전류에 대해서는 일반적으로는 벡터량이나, 그 절대값의 대수(對數)에 의해서 다음과 같이 데시벨(기호 dB)로 나타내는 경우가 많다.

$$G = 20 \log_{10} \frac{V_o}{V_i}$$

여기서, G : 전압 증폭도〔dB〕, V_o : 출력 전압, V_i : 입력 전압.

amplification factor 증폭률(增幅率) 부하에 일정한 전류를 공급하기 위하여 쓰이는 능동 전자 디바이스에서 전류값이 일정할 때, 입력 전압 증분에 대한 출력 전압 증분의 비.

amplifier 증폭기(增幅器) 입력 신호를 증대시켜 출력 신호로서 꺼내는 장치. 필요한 조건으로서는 증폭도가 높고, 일그러짐 · 잡음 등이 적으며, 효율이 좋고, 주파수 특성이 좋아야 한다는 등을 들 수 있다.

그림 기호

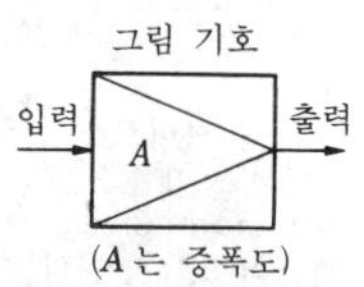

(A 는 증폭도)

amplifiers for measurement 계측용 증폭기(計測用增幅器) 브리지 출력, 일그러짐 게이지 출력, 저 레벨 전압 등을 증폭하기 위해 사용되는 융통성이 풍부한 차동 입력 싱글 엔드 출력의 증폭기. 2 개의 전압 포로어에 의해 10GΩ 정도의 고입력 임피던스를 갖게 하고 제 3 의 증폭기에 의해 적당한 전압 이득과 큰 동상분 전

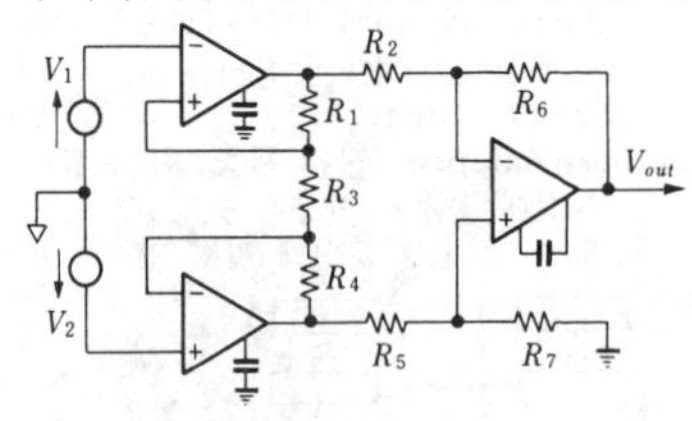

$R_1 = R_4 = 45\text{k}\Omega$, $R_3 = 10\text{k}\Omega$,

$R_2 = R_5 = 10\text{k}\Omega$, $R_6 = R_7 = 100\text{k}\Omega$

$$V_{out} = \frac{R_6}{R_2}\left(1 + \frac{2R_1}{R_3}\right)(V_2 - V_1)$$

압 배제비(同相分電壓排除比)를 주고 있다. 따라서 양측 입력원 소스 저항의 10kΩ 정도의 불평형은 문제가 되지 않는다. 이득 조정이 용이하다. 이러한 증폭기는 의용(醫用) 전자 분야에서 피검자(被檢者)와 측정 기기(오실로스코프 등)를 격리하는 간단한 아이솔레이션 증폭기로서도 사용된다(OP 전원은 모두 건전지를 사용한다).

amplifying gate structure 증폭 게이트 구조(增幅-構造) 사이리스터 구조에서 게이트 근처에 보조적인 작은 사이리스터 구조를 만들어 넣음으로써 이 보조 사이리스터 게이터 전류의 수 10 배나 되는 전류로 주 사이리스터를 턴온(turn-on)시키는 것. 주 사이리스터의 턴온 영역을 크게 할 수 있으므로 *di*/*dt* 내량(耐量)을 크게 할 수 있는 이점이 있다.

Amplitron 앰플리트론 M 형 마이크로파 전자관의 일종. 능률이 좋기 때문에 펄스 레이더 등에서 최종단 마이크로파 전력 증폭관으로서 사용되고 있다.

amplitude 진폭(振幅) 데이터 통신 분야에서 송수신되는 신호의 파형에서의 변화의 폭을 뜻한다. 특히 장거리의 데이터 통신에서는 음성 신호를 아날로그 통신 회선의 교류 신호로 바꾸어서 전송하는 방법이 채용되어 왔다. 진폭 변조는 그 중의 간단한 예이다.

amplitude/amplitude distortion 진폭/진폭 일그러짐(振幅/振幅-) 비직선 일그러짐의 일종으로, 출력 신호의 진폭과 입력 신호의 진폭에 대한 비(比)가 (입력 신호의 어느 변화 범위에 걸쳐서) 변동하는 것. 이런 종류의 일그러짐에서는 출력측에 고조파나 상호 변조곱도 나타나므로 진폭비는 기본파로 구해야 한다.

amplitude balance control 진폭 평형 제어(振幅平衡制御) 전자 항법에서 시스템의 일부를 변화시켜 관계하는 두 신호의 상대 출력 레벨을 조정하는 것. 원래 계기 착륙 시스템에서 사용되고 후에 LORAN에서 사용되었다.

amplitude-comparison monopulse 진폭-비교 모노 펄스(振幅-比較-) 상이한 진폭 대 각도 패턴을 가진 수신 빔을 사용하는 모노 펄스의 한 형식. 만약 빔이 공통의 위상 중심을 가지면 모노 펄스는 순수한 진폭 비교이며, 그렇지 않으면 진폭 비교와 위상 비교의 조합이다.

amplitude discriminator 진폭 판별 장치(振幅判別裝置) 레이더에서 2 신호의 상대적 진폭의 함수인 출력을 갖는 회로.

amplitude distorsion 진폭 일그러짐(振幅-) 비직선 일그러짐이라고도 한다. 트랜지스터의 정특성이 비직선성이기 때문에 출력 파형이 입력 파형과 일치하지 않고, 입력파에 포함되어 있지 않은 주파수 성분, 즉 고조파 등이 출력파에 포함됨으로써 발생하는 일그러짐. 이와 같은 이유에서 고조파 일그러짐이라고 하는 경우도 있다.

amplitude distortion factor 진폭 왜율(振幅歪率) 진폭 일그러짐을 발생하는 장치 혹은 회로에서 입력에 정현파를 가했을 때 출력파 중에 포함되는 고조파 성분의 비율.

amplitude-frequency characteristic 진폭-주파수 특성(振幅-周波數特性) 주파수에 관한 페이저량(phasor quantity)의 진폭(즉 절대값) 변화. 예를 들면, 주파수에 대해 플롯된 전달 어드미턴스, 전달비, 증폭 등의 크기가 있다. 이들과 같은 양의 데시벨이나 다른 단위에서의 측정값이 주파수에 대해 플롯된 경우도 포함한다.

amplitude-frequency distortion 진폭-주파수 일그러짐(振幅-周波數-) 바람직하지 않는 진폭-주파수 특성에 의한 일그러짐.

amplitude-frequency response 진폭-주파수 응답(振幅-周波數應答) 주파수의 함수로서의 이득, 손실, 증폭, 감쇠의 변화. 이 응답은 보통, 시스템 또는 변환기의 전송 특성이 본질적으로 선형의 동작 범위에서 측정된다.

amplitude limiter 진폭 제한기(振幅制限器) 어떤 일정 레벨 이상으로 된 전압 파형 또는 전류 파형의 진폭을 제한하기 위한 장치로, 주파수 변조파 등에서 입력 때의 혼신이나 잡음이 생긴 진폭 변조 성분을 제거, 제한하는 데 사용한다.

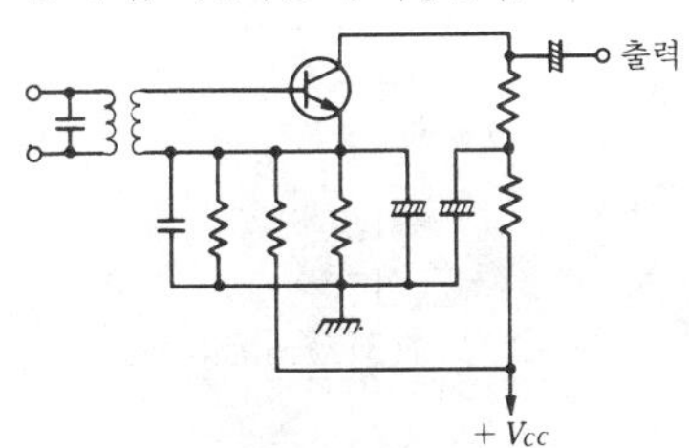

amplitude modulated transmitter 진폭 변조 송신기(振幅變調送信機) 진폭 변조된 신호를 보내는 송신기. 대부분의 진폭 변조 송신기에서는 주파수가 안정화되어 있다.

amplitude modulation 진폭 변조(振幅變

調) 그림과 같이 반송파의 진폭을 신호파의 파형에 따라서 변화시키는 변조 방식. 피변조파의 포락선은 신호파와 비슷한 파형으로 되며, 진폭만이 변화하고 주파수는 변화하지 않는다. 진폭 변조된 전파는 A 전파라 하는데, 현재 이 변조 방식은 라디오 방송과 텔레비전의 영상 신호 및 무선 전화의 일부에 쓰이고 있다. =AM

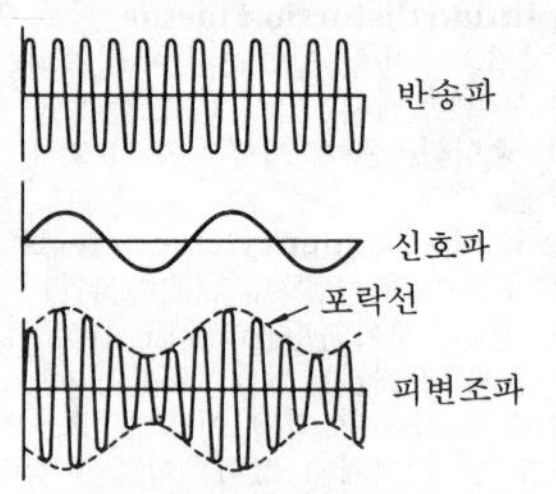

amplitude modulation circuit 진폭 변조 회로(振幅變調回路) 입력 신호에 의해 반송파의 진폭을 변조하기 위한 회로. 다이오드가 갖는 비직선성을 이용하여 신호와 반송파를 혼합하는 회로, 트랜지스터를 사용하는 회로 등이 있다. 후자에서는 예를 들면, 이미터 접지 트랜지스터를 써서 그 이미터 회로, 베이스 회로에서 다이오드의 경우와 같은 변조를 하는 이미터 변조 회로, 베이스 변조 회로, 혹은 베이스-이미터 간에 역 바이어스를 주어서 C급 동작시켜, 여기에 반송파를 입력하는 동시에 컬렉터-이미터 간에 입력 신호를 가해서 변조하는 컬렉터 변조 회로 등이 있다.

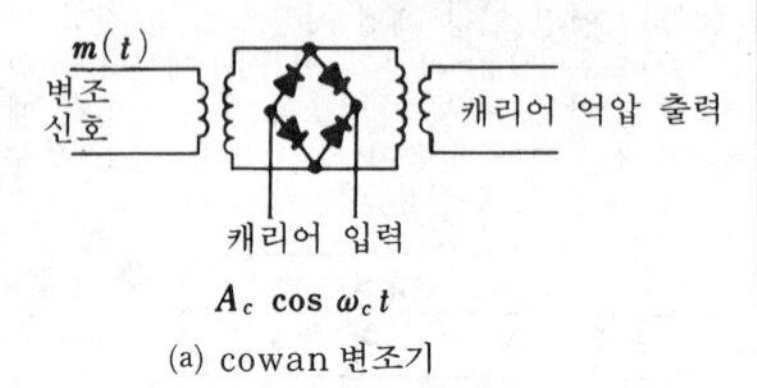

(a) cowan 변조기

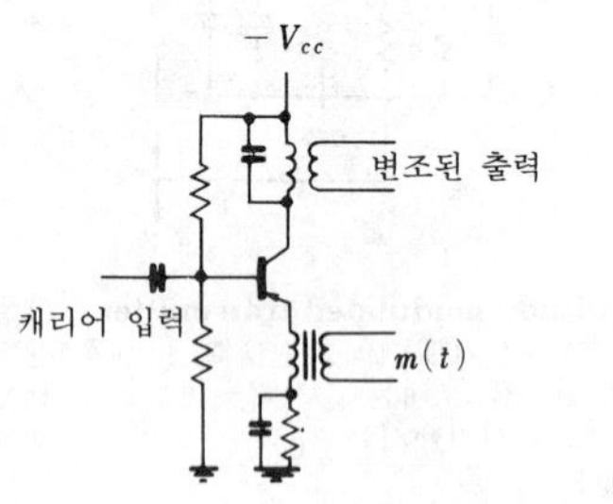

(b) 이미터 변조 회로

amplitude modulation factor 진폭 변조도(振幅變調度) 정현파 진폭 변조파에서 최대 진폭과 최소 진폭의 차의 절반과 이들 진폭의 편균값과의 비(比).

amplitude modulation noise 진폭 변조 잡음(振幅變調雜音) 무선 주파수 신호의 불필요한 진폭 변동에 기인하는 잡음.

amplitude modulation noise level 진폭 변조 잡음 레벨(振幅變調雜音−) 전송 신호를 변조하지 않은 상태에서 불필요한 진폭 변동에 기인해 생기는 무선 주파수 대역의 잡음 레벨.

amplitude-modulation rejection 진폭 변조 억압성(振幅變調抑壓性) FM 수신기가 여러 가지 방해원에 의해 발생하는, 수신파 진폭의 진폭 변조 방해를 배제(억제)할 수 있는 능력으로, 방해를 받은 출력과 받지 않은(바람직한) 출력과의 비를 진폭 억압비(amplitude suppression ratio)라 한다.

amplitude reference level 진폭 기준 레벨(振幅基準−) 모든 진폭 측정이 행해지는 임의의 기준 레벨. 일반적으로 임의의 기준 레벨은 0이라고 생각되지만 실제는 음양의 어느 수라도 좋다. 이 임의의 기준 레벨이 0이 아닌 경우에는 그 값과 부호를 표시해야 한다.

amplitude resonance 진폭 공진(振幅共振) 진폭이 주파수에 관해서 일정한 공진을 말한다.

amplitude response 진폭 응답(振幅應答) 공간적으로 주기성이 있는 테스트 패턴에 대한 촬상관의 피크-피크 출력과, 각각 테스트 패턴의 최소 및 최대가 같은 조도를 갖는 흑과 백의 넓은 평판에 대한 출력의 차와의 비. 이 진폭 응답은 정현파의 테스트 패턴이 사용된 경우에는 변조 전달(정현파 응답), 테스트 패턴이 교대로 교체되는 폭이 같은 흑과 백의 바(bar)로 형성되는 경우에는 구형파 응답이라고 한다.

amplitude response characteristic 진폭 응답 특성(振幅應答特性) 진폭 응답과 통상, 밀리미터당 선대수(線對數)로 정의되는 텔레비전의 선수(線數) (촬상관) 또는 (이미지관) 테스트 패턴의 공간 주파수와의 관계.

amplitude response modulation 진폭 응답 변화(振幅應答變化) 카메라 대상의 흑백 무늬 모양을 잘게 해 갔을 때 얻어지는 신호 전류의 피크-피크값과, 같은 조명 조건으로 기준의 흑백 무늬 모양에 대응해서 얻어지는 출력 신호의 피크-피크값과의 비.

amplitude selection 진폭 선별(振幅選別) 계산 요소의 출력에서의 율이나 레벨에서의 급격한 변화 형태로 표시되는 것과 같은 몇 가지 변수와 정수의 합.

amplitude separation 진폭 분리(振幅分離) 진폭이 다른 둘 이상의 신호가 합성된 신호를 진폭의 차이를 이용하여 분리하는 것. 텔레비전 수상기에서는 수신된 합성 영상 신호에서 동기 신호와 영상 신호를 분리할 때 이 원리를 사용하며, 진폭 분리 회로에 의해서 두 신호를 분리하여 따로 이용하고 있다.

amplitude separation circuit 진폭 분리 회로(振幅分離回路) 진폭의 차이를 이용하여 합성 신호를 분리하는 회로로, 텔레비전 수상기에서는 트랜지스터의 차단(cut-off) 특성이나 다이오드의 정류 작용을 사용하여 수직 동기 신호(60Hz)와 수평 동기 신호(15,750Hz)를 분리하는 데 사용한다. 그림은 그 회로 예이다.

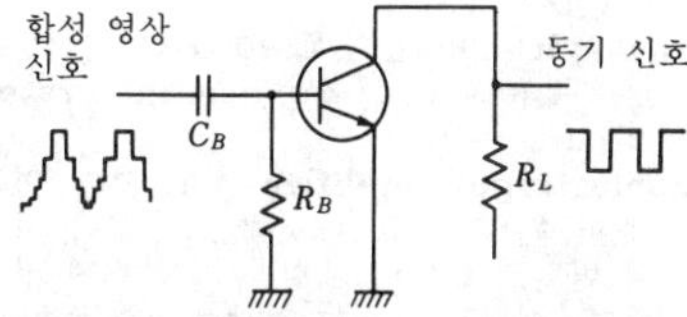

amplitude separator 진폭 분리기(振幅分離器) =amplitude separation circuit

amplitude-shift keying 진폭 위상 변조(振幅位相變調), 진폭 편이 변조(振幅偏移變調) 펄스의 유무에 따라 특정 주파수의 정현파 진폭을 다르게 대응시킴으로써 변조하는 방식. =ASK

amplitude suppression ratio 진폭 억제비(振幅抑制比) 인가 신호가 동시에 진폭 변조와 주파수 변조되어 있을 때, 수신기에서의 희망파 출력에 대한 불요파 출력의 비. 이 비는 400Hz 에서의 진폭 변조율이 30%, 그리고 1,000Hz 에서의 최대 주파수 편이가 30%인 신호로 측정된다.

AM radio broadcast band AM 라디오 방송대(-放送帶) 일반 대중의 오락 또는 계발을 목적으로 한 통신의 진폭 변조(AM) 전송에 할당된 주파수대. 535~1605kHz 이다.

analog 아날로그, 상사형(相似形) 연속적으로 변화하는 물리량으로, 데이터를 표현한다든지 측정한다든지 하는 것. 예를 들면, 전압이나 전류의 변화로 데이터를 표현, 측정하거나 시간을 시계의 바늘 각도로 표현하거나 하는 것. 이러한 방법으로 측정한 값을 아날로그값이라 한다.

analog adder 아날로그 가산기(-加算器) 둘 이상의 입력 변수와 하나의 출력 변수를 가지며, 출력값은 입력값의 합 또는 특정한 가중값을 적용한 합이 되는 장치를 말한다.

analog and digital data 아날로그-디지털 데이터 아날로그 데이터가 연속적인 값을 의미하는 데 비하여 디지털 데이터는 이산적인 값을 취한다. 각각 특징을 갖는 정보 전달의 수단으로서 아날로그 또는 디지털 형식의 많은 신호가 사용되고 있다. 아날로그 신호에 의한 정보 전송은 신호의 진폭, 위상, 전압의 주파수, 펄스의 진폭·간격, 축의 각도, 액체의 압력 등과 같은 신호의 크기나 값에 따라 행하여진다. 신호를 추출하기 위해서는 기준값과 신호의 크기나 값을 비교하여야 한다. 디지털 신호에 의한 정보 전송은 신호의 이산적 상태, 예를 들면 전압의 유무, 접점의 개폐 상태, 카드 상의 특정 위치에서의 구멍의 유무 등에 의해 행하여진다. 신호의 의미는 수치의 할당 또는 그 신호의 이산적 상태의 가능한 여러 가지 조합에 의한 정보에 의해 부여된다.

analog channel 아날로그 채널, 아날로그 통신로(-通信路) ① 전압이나 전류 등의 연속적인 물리량에 의하여 정보를 전송하는 전송로. ② 전송 정보가 그 통신로에 정해져 있는 범위 내라면 어떤 값이라도 취할 수 있는 통신로. 음성 통신로는 이에 해당한다.

analog circuit 아날로그 회로(-回路) 아날로그 컴퓨터에서 사용되고 있는 회로로, 미분 방정식과 등가한 전기 회로.

analog communication network 아날로그 통신망(-通信網) 음성이나 화상 등의 아날로그 정보를 진폭, 위상, 주파수의 모양으로 전송하는 통신망. →digital communication network

analog computer 아날로그 컴퓨터, 상사형 컴퓨터(相似形-), 상사형 계산기(相似形計算機) 어떤 연속한 물리량을 써서 처리를 하는 컴퓨터. 디지털 컴퓨터와 대비된다. 초기에는 각도 등을 물리량으로 하는 컴퓨터도 있었으나 후에는 전압을 물리량으로 하는 전자식의 아날로그 컴퓨터가 널리 사용되었다. 전자식 아날로그 컴퓨터는 시간의 경과와 더불어 변화하는 입력 전압에 가산, 감산, 적분, 함수 발생 등의 처리를 하고, 출력을 실시간으로 표시 장치 등에 표시한다. 이러한 특징 때문에 미분 방정식의 풀이를 중심으로, 자동 제어나 시뮬레이션 등에 사용되는 경우가 많았다. 프로그래밍은 고정확도의 연산 증폭기를 플러그 보드상에서 결선함으로써 한다. 디지털 컴퓨터와 같은 프로그래밍의 자유도는 없고, 또 대량의 데이터를 기억할 수도 없으며, 계산 정확도의 한계도 있기 때문에 현재는 디지털 컴퓨터가 그를 대신하고 있다.

analog data 아날로그 데이터 연속적으로 바뀔 수 있다고 생각되는 물리량(物理量)에 의해서 표현된 데이터로, 그 크기는 그 데이터 또는 그 데이터의 적당한 함수에 정비례하는 것. 즉, 연속적으로 가변하는 물리량으로 표현되는 데이터를 말하는 것으로, 전압, 전류, 저항, 회전 등의 물리적 변량을 써서 표현한다. →digital data

analog device 아날로그 소자(－素子) 아날로그량을 다루는 소자. 예를 들면, 연산 증폭기 등.

analog-digital converter A-D 변환기(－變換器), 아날로그-디지털 변환기(－變換器) ＝A-D converter

analog-digital convertion A-D 변환(－變換) 전기적인 아날로그량을 디지털량으로 변환하는 것. 전압, 전류의 아날로그 전기 신호로 변환된 압력, 온도, 액량 기타 각종 센서 신호를 컴퓨터로 처리 혹은 제어하려고 할 때 등에 채용된다. 데이터 로거, PCM 전송, 컴퓨터 제어 장치 등에 응용된다. 그림은 병렬 A-D 변환기의 일례이다.

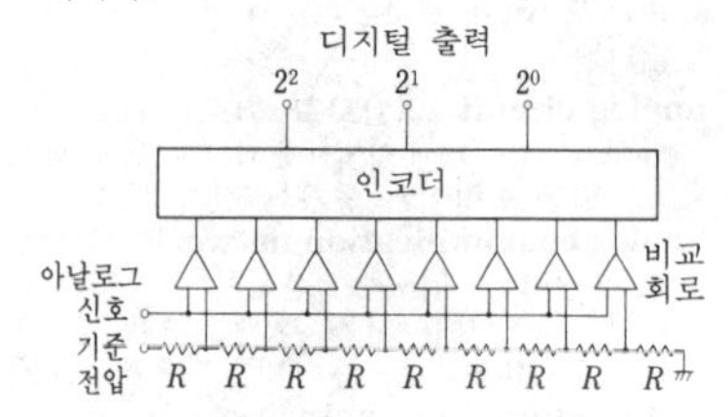

analog display 아날로그 디스플레이, 아날로그 표시(－表示) 한정된 색수(色數) 밖에는 표시할 수 없는 디지털 표시와는 달리, 연속 레인지(무한수)의 색이나 회색의 계조(階調)를 표시할 수 있는 비디오 표시. 아날로그 표시의 예로서 IBM 사의 MCGA 표시와 VGA 표시를 들 수 있다. →analog, digital display

analog divider 아날로그 제산기(－除算器) 2 개의 아날로그 변수의 몫에 비례한 출력 아날로그 변수를 얻는 연산기.

analog facsimile 아날로그 팩시밀리 저중속기의 팩시밀리로, 주사 신호를 연속량으로 잡고, 원고를 주사했을 때의 농도에 비례한 아날로그 전기 신호로 바꾸어서 전송하고, 상대방에서 재현하는 방식.

analog filter 아날로그 필터 신호 처리에 사용되는 필터 중 신호를 그대로 아날로그 회로에 의해서 필터링하는 것을 말한다. 인덕턴스와 커패시턴스를 구성 소자로 하는 *LC* 필터, 증폭기와 저항에 의한 액티브 필터, 수정 진동자에 의한 수정 필터 등이 있다. 일반적으로 필터는 아날로그 필터와 디지털 필터로 대별된다. 아날로그 필터에서는 디지털 필터에 있기 쉬운 표본화에 따르는 오차, 연산의 라운딩 오차, 높은 주파수 성분을 갖는 신호의 취급상 곤란이 없는 대신 특성의 경시(經時) 변화나 조정의 곤란성 등의 결점이 있다. 필터의 주파수 특성으로서 감쇠 특성이나 위상 특성이 사용된다. 대표적인 필터로서 버터워스 필터(Butterworth filter), 체비셰프 필터(Chebyshev filter)가 있으며, 이들의 주파수 특성을 각각 버터워스 특성, 체비셰프 특성이라고 한다. →low pass filter

analog IC 아날로그 IC, 아날로그 집적 회로(－集積回路) ＝analog integrated circuit →IC

analog input amplifier 아날로그 입력 채널 증폭기(－入力－增幅器) 하나 이상의 아날로그 입력 채널의 다음 단에 접속되고, 아날로그 신호 레벨을 아날로그-디지털 변환기의 입력 범위에 적합시키는 증폭기.

analog input channel 아날로그 입력 채널(－入力－) (프로세스 제어에서의) 아날로그 입력 서브시스템 중의 AD 변환기와 단자와의 사이의 아날로그 데이터 경로. 注 이 경로에는 필터, 아날로그 신호 멀티플렉서 및 하나 이상의 증폭기가 포함되는 일이 있다.

analog input channel amplifier 아날로그 입력 채널 증폭기(－入力－增幅器) 하나 이상의 아날로그 입력 채널의 후단에 접속되며 아날로그 신호 레벨을 AD 변환기의 입력 범위에 적합시키는 증폭기.

analog input-output 아날로그 입출력(－入出力) 계측이나 제어 분야에서는 다루는 데이터가 연속적으로 변화할 수 있는 값(아날로그 데이터)인 경우가 많다. 아날로그 입출력이란 아날로그 데이터를 컴퓨터에 입력하거나 컴퓨터에서 출력하는 회로를 말한다. 컴퓨터 내에서는 디지털 데이터 밖에는 다루지 않기 때문에 아날로그 데이터와 디지털 데이터를 변환하는 데 AD/DA 변환기가 필요하다. ＝analog I/O

analog integrated circuit 아날로그 집적 회로(-集積回路), 아날로그 IC 아날로그량을 증폭하거나 혹은 제어하는 전자 회로를 집적화한 소자. 제품면에서는 연산 증폭기의 다양화가 추진되고, 그 응용으로서 안정화 전원이 만들어졌다. 또, 민생용 분야에서도 텔레비전 수상기용을 주체로 하는 전용 회로를 비롯하여 각종의 LSI 화가 추진되고 있다.

analog I/O 아날로그 입출력(-入出力) = analog input-output

analog line 아날로그 회선(-回線) 전화 회선 등 아날로그(연속적 변화) 형태로 정보를 반송하는 통신로. 아날로그 회선에서는 일그러짐이나 노이즈의 간섭을 최소한으로 억제하기 위해 증폭기를 사용하여 전송 중에 정기적으로 신호를 강화한다. →digital line

analog memory 아날로그 기억 장치(-記憶裝置) 아날로그의 양, 즉 연속적인 수량을 기억하는 회로. 플로팅 게이트 혹은 트랩 준위에 입력 수량에 따른 전하량을 축적하거나, 축적한 전하량에 따른 전기량을 판독하는 동작을 응용한 것이다.

analog modulation 아날로그 변조(-變調) 변조 신호로서 아날로그 신호를 사용하고, 원신호에 선형의 변화를 반송파 매개 변수에 주는 변조 방식을 말한다. 반송파로서 정현파를 사용하는 경우와 반복 펄스를 사용하는 경우가 있으며, 전자를 정현파(파라미터) 변조, 후자를 아날로그 펄스 변조라 하며 구별하고 있다.

analog modulation system 아날로그 변조 방식(-變調方式) 디지털 변조 방식과 대비되는 말로서 변조 신호가 아날로그인 것. →digital modulation system

analog multiplier 아날로그 승산기(-乘算器) 2 개의 입력 아날로그 변수의 곱에 비례한 출력 아날로그 변수를 얻는 연산기. 이 용어는 서보 승산기와 같이 둘 이상의 곱셈을 할 수 있는 장치에도 적용한다.

analog operational circuit 아날로그 연산기(-演算器) 연산 증폭기에 궤환 회로를 부가함으로써 아날로그값의 적분, 가산, 정수 배 등의 연산을 실행하는 회로. 이 연산기를 이용하여 미분 방정식의 수치 해석 등을 하는 회로가 구성된다. 이와 같은 회로를 이용한 컴퓨터를 아날로그 컴퓨터라고 한다.

analog output 아날로그 출력(-出力) 어떤 값을 표시하는 연속 변수량. 예를 들면, 온도 측정에서 전압 출력 또는 전류 출력이 온도 입력을 표시한다. →signal

analog output amplifier 아날로그 출력 채널 증폭기(-出力-增幅器) 하나 이상의 아날로그 출력 채널의 다음 단에 접속되고, 디지털-아날로그 변환기의 출력 신호 범위를, 프로세스를 제어하기 위해 필요한 신호 레벨로 적합시키는 증폭기. ㊟ 서브시스템 중에 공통의 디지털-아날로그 변환기가 있는 경우는 증폭기는 샘플 홀드 장치의 기능을 수행한다.

analog quantity 아날로그량(-量) 스칼라량에 따라 표현되는 변수.

analog signal 아날로그 신호(-信號) 디지털 신호에 대응하는 것으로, 전압, 시간, 저항과 같이 수학적 관계에 따르는 물리적 변수의 신호. 예를 들면, 사진 전송이나 대화 음성의 신호 등. →digital signal

analog signal generator 아날로그 신호 생성기(-信號生成器), 아날로그 신호 발생기(-信號發生器) 아날로그(연속적 변화) 신호를 생성하는 장치로, 때로는 위치 결정 장치의 시동에 쓰인다. 판독이나 기록 동작을 위해 디스크 상의 적절한 위치에 판독/기록 헤드를 이동하는 고밀도 디스크 드라이브의 일부.

analog simulation 아날로그 시뮬레이션 아날로그량을 쓰는 시뮬레이션으로, 아날로그 컴퓨터에 의해서 실현된다. 예를 들면, 진동 현상의 시뮬레이션 등에는 유용한 방법이다.

analog summer 아날로그 가산기(-加算器) →adder

analog switch 아날로그 스위치 아날로그 신호를 외부로부터의 제어 신호에 의하여 ON/OFF 하는 회로를 말한다. 특히 전자 회로에 의하여 이것을 실현할 때에는 ON 인 경우에도 유한의 임피던스가 존재하고, OFF 인 경우에도 임피던스가 무한으로는 되지 않으므로 아날로그 신호에 일그러짐을 주지 않도록 하기 위한 연구가 필요하다. 또, 제어 신호가 출력에 불필요한 신호로 되어서 전해지는 것을 방지하지 않으면 안 된다. 각종 다이오드 게이트, 상보형의 MOS-FET 를 사용한 바이래터럴 게이트는 아날로그 스위치로서 널리 쓰이고 있다.

analog telemeter 아날로그 텔레미터 원격 측정에서 측정량을 전압, 전류, 임피던스, 변위 등의 아날로그량으로 변환하여 전송하는 방식을 말한다. 직송식과 평형식이 있다. 직송식은 피측정량을 전압이나 전류, 주파수로 변환하여 직접 전송하는 것으로, 비교적 근거리에서 정확도를 필요로 하지 않는 경우에 적합하고, 온도나 액면위(液面位) 등의 원격 측정에 사용되고 있다. 평형식은 브리지, 직류 전위차계, 차동 변압기, 셀신 등의 영위법 측정 회로를 사용한 자동 평형 기구에 의한 측정 방식으로, 비교적 원거리에서 고정확도가 요구되는 경우에 적합하며, 온도, pH, 변위, 회전각 등의 원격 측정에 쓰이고 있다.

analog-to-digital 아날로그-디지털 연속적으로 변화하는(아날로그) 입력 신호의 양에 따라 이산적으로(디지털) 표시된 출력 신호로 변환하는 것.

analog to digital conversion 아날로그-디지털 변환(－變換) →A-D converter

analog-to-frequency(A-F) converter A-F 변환기(－變換器), 아날로그-주파수 변환기(－周波數變換器) 주파수 이외의 아날로그 정보를 입력으로 하고 정보의 크기에 비례한 주파수를 출력으로 하는 회로.

analog transmission 아날로그 전송(－傳送) 음성과 같이 연속적으로 변화하는 신호를 아날로그 전송 매체를 이용하여 전송하는 것.

analog value 아날로그량(－量) 크기가 연속적으로 변화하여 얼마든지 그 중간의 값을 취할 수 있는 양을 말하며, 길이, 전류, 저항 등 일반의 물리량이 이에 해당한다.

analyser 검광자(檢光子) 편광(偏光)의 방위를 살피기 위한 소자로, 편광자 그 자체가 사용된다.

analysis 분석(分析), 해석(解析) ① 어원적으로는 「분리시키는 것」을 의미하는 희랍어 anatlyen 에서 유래된 말로, 어떤 것을 조립하고 있는 부분 또는 요소로 분해하고, 그 특성이나 다른 부분·요소와의 관련성 등에 내해서 조직적으로 명백히 해 가는 것. 이 과정을 해명 수순으로서 사용함으로써 컴퓨터에 의한 정보 처리 프로그램에 이용할 수 있다. ② 관리 방식의 하나로서, 부품표를 전개해 갈 때의 수법.

analysis by synthesis 합성에 의한 분석(合成－分析)(음성의) 음성의 포먼트(formant) 정보의 추출이나 음성의 분석·식별에서의 일반적인 방법론의 하나. 대상의 분석 결과 얻어질 모델을 가정하고 적당한 매개 변수값으로 그 모델에서 대상을 합성하여 그것이 분석의 대상과 어떻게 다른가를 살피고, 매개 변수를 반복 조정하여 최종적으로 양자의 일치를 얻음으로써 대상의 분석을 하는 방법.

analysis method 분석법(分析法), 분석식(分析式) 관리 방식의 일종으로, 부품표를 전개할 때의 한 방법이다. 이에 대응하는 방식에는 종합법(식)이 있다. 구체적으로는 부품의 구성을 보려고 할 때 제품 전체→중간 조립 단위→구성 부품과 같이 전체에서 부분의 순으로 제시하는 방식.

analysis of variance 분산 분석(分散分析) 측정값 전체의 분산을 몇 가지 요인 효율에 대응하는 분산과 그 나머지 오차 분산으로 나누어서 검정이나 추정을 하는 것. 측정 변동은 하나의 요인에 의한 효과(주효과)와 복수 요인의 복합 효과(교대 작용)와 측정 오차로 분리된다.

analysis technics 분석 기술(分析技術) ① OR(operations research), SE(system engineering), 시스템 시뮬레이션, 최적화 등의 기법을 사용하는 시스템 분석 기술의 총칭. ② 정성적, 정량적 속성을 갖는 혼합 문제를 풀기 위한 기법을 말한다.

analyzer 애널라이저 ① 전자 장치의 전압, 전류를 시험하기 위해 시험 개소를 케이블과 플러그에 의해 끌어내어 측정하도록 한 측정 장치. 세트 애널라이저라고도 한다. ② 각종 분석을 하는 장치에 대한 일반명, 예를 들면, 주파수를 분석하는 스펙트럼 애널라이저.

ancillary equipment 보조 장치(補助裝置) 자동 시험 장치에 대해 보조적 또는 부속적인 장치. 보조 장치는 오실로스코프나 왜율 분석계와 같이 표준 일람 항목 외의 것으로 이루어진다.

AND 앤드, 논리곱(論理－) P 및 Q를 두 논리 변수라 할 때, 다음 표에 의하여 정해지는 논리 함수 $P \cdot Q$를 P와 Q와의 논리곱이라 한다. $P \cdot Q$를 $P \wedge Q$, $P \& Q$ 등으로 쓰는 경우도 있다. 이는 논리 변수 P와 Q가 모두 "1"일 때만 그 논리곱이 "1"로 되고, 어느 쪽이든 "0"일 때는 논리곱이 "0"으로 된다는 것을 나타내고 있다.

&

"AND" 논리

P	Q	$P \cdot Q$
0	0	0
0	1	0
1	0	0
1	1	1

AND array AND 어레이 복수의 입력과 복수의 출력을 갖는 디코드로, 모든 입력 신호의 1, 0 의 조합에 의해 단지 하나의 출력이 선택되는 논리곱 회로군을 ROM에 의해 구성한 것. →decoder, PLA,

OR array, ROM

AND circuit AND 회로(一回路), 논리곱 회로(論理一回路) 2개 이상의 입력 단자와 1개의 출력 단자를 가지며, 모든 입력 단자에 입력 "1"이 가해진 경우에만 출력 단자에 출력 "1"이 나타나는 회로. 단 1개라도 입력 단자에 "0"이 있을 때는 출력 단자는 "0"이 되고 만다. 이 회로는 진공관이나 트랜지스터 또는 IC 등의 소자로 구성할 수 있다.

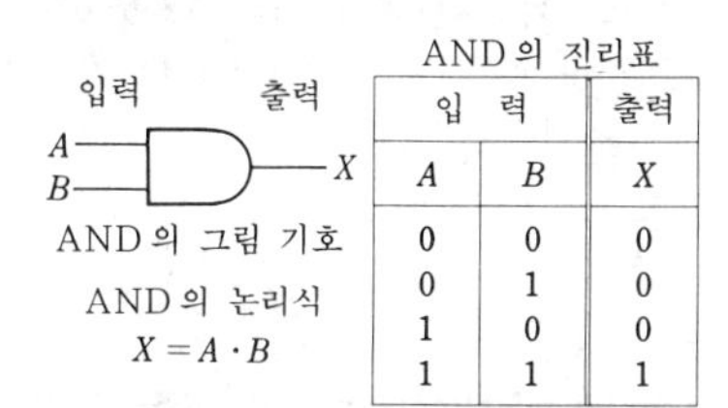

AND의 진리표

입 력		출력
A	*B*	*X*
0	0	0
0	1	0
1	0	0
1	1	1

AND element 논리곱 소자(論理一素子), AND 소자(一素子) 논리곱의 불 연산을 하는 논리 소자. 모든 입력이 논리 상태 "1"일 때만 출력이 논리 상태 "1"이 되는 소자. 회로도에서는 &기호로 나타내어진다. =AND gate

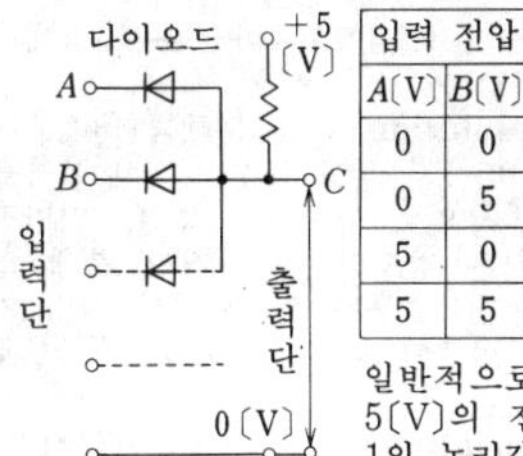

입력 전압		출력 전압
A〔V〕	*B*〔V〕	*C*〔V〕
0	0	0
0	5	0
5	0	0
5	5	5

일반적으로 0〔V〕와 5〔V〕의 전압은 0과 1의 논리값으로 대치되어 쓰인다.

AND gate AND 게이트 논리 연산에서의 논리곱을 구체화하는 전자적 스위치, 소자, 회로를 말한다. 논리 변수는 보통 레벨이 다른 두 전압에 의해 대표되며, 게이트는 이들 전압의 조합 입력에 대하여 AND 동작을 하도록 만들어져 있다.

Anderson bridge 앤더슨 브리지 자기 인덕턴스의 측정에 사용하는 브리지로, 넓은 범위의 값에 대하여 정확도가 좋은 결과가 얻어진다. 그림과 같은 회로를 사용하여 r과 r_2를 조정하여 평형시키면 다음 식에 의해 L_x를 구할 수 있다.

$$L_x = Cr_4\left\{r\left(1+\frac{r_1}{r_3}\right)+r_1\right\}$$

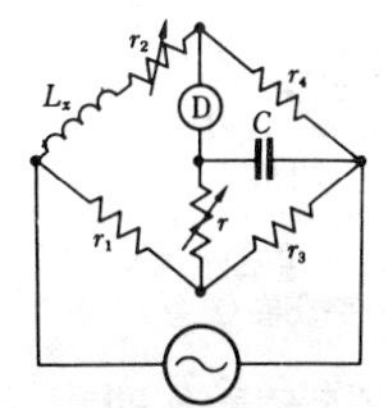

AND gate AND 게이트 →AND element

AND operation 논리곱 연산(論理一演算) 논리곱을 출력하는 연산. 두 입력이 모두 참일 때만 참을 출력하고, 다른 경우는 거짓을 출력한다. 보통은 A · B 또는 A AND B 와 같이 쓴다.

anechoic chamber 무향실(無響室) 대상으로 하는 주파수 범위에서 자유 음장이 되도록, 입사한 음파를 완전히 흡수할 수 있는 벽을 가진 특별하게 설계된 방.

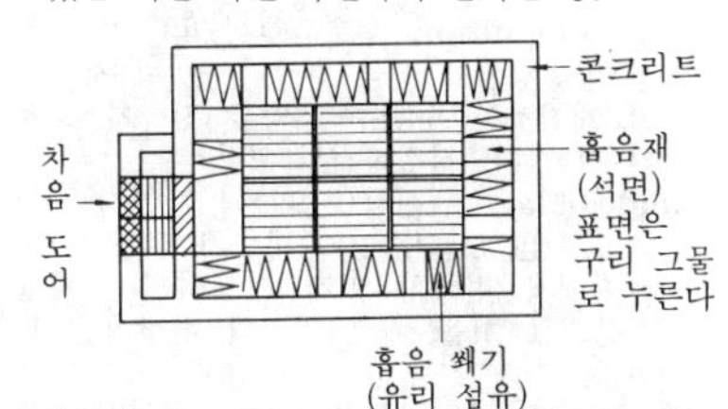

anechoic enclosure 무향실(無響室) 저반사 특성의 내벽으로 둘러싸인 방.

anechoic room 무향실(無響室) ① 바닥, 천장 및 주위의 벽이 모두 흡음재로 내장되고, 음향의 반사를 극력 작아지도록 설계된 방. 자유 음장실(自由音場室)이라고도 한다. ② 특정한 주파수, 또는 주파수 범위의 전파를 흡수하는 재료를 내장한 무반사의 방. 레이더 빔의 단면적을 측정하는 등 대체로 마이크로파 영역에서 쓰인다. =anechoic enclosure

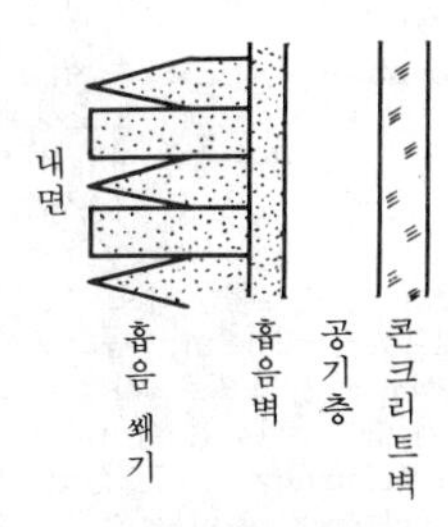

angel 에인젤 레이더에서 대기의 이질성,

대기의 굴절, 곤충, 조류 또는 미지의 현상에 의해 생기는 허위의 레이더 에코.

angel echo 에인젤 에코 =angel

angle modulation 각도 변조(角度變調) 정현 반송파의 각도가 그 기준값에서 신호에 따라 변화되도록 하는 변조법. 주파수 변조와 위상 변조는 모두 각도 변조의 일종이다. 기준값은 보통 비변조파의 각도로 한다.

angle noise 각도 잡음(角度雜音) 레이더에서 목표물에서 수신된 신호의, 겉보기의 도래 각도에서의 잡음적 변동. 목표물 산란원의 위상과 진폭의 변화에 의해 생기며, 글린트(glint)와 신틸레이션(scintilation) 양쪽의 각도 성분을 포함한다.

angle of extinction 소호각(消弧角) 가스 봉입 방전관에서 양극 전압의 + 반 사이클에 해당하는 통전 개시 시점에 대한, 양극 전류의 통전 정지(소멸)의 순간적인 위상각.

angle of ignition 점호각(點弧角) 가스 봉입 방전관에서 양극 전압의 + 반 사이클이 개시하는 순간부터 양극 전류가 흐르기 시작하는 시점까지의 위상각.

angle of lag 뒤진각(－角度), 지연각(遲延角), 지상각(遲相角) 주파수가 같은 두 정현파에서 변화가 먼저 이루어지는 쪽을 기준으로 했을 때의 양자의 위상차를 말한다.

angle of lead 앞선각(－角), 진상각(進相角) 주파수가 같은 두 정현파에서 변화가 후에 이루어지는 쪽을 기준으로 했을 때의 양자의 위상차를 말한다.

angle of reflection 반사각(反射角) 매질의 경계면에 수직인 법선과 반사광과의 빛의 각도. 동일 법선에 대하여 입사광이 갖는 각도(입사각)와 그 반대측에서 반사광이 갖는 각도(반사각)가 같은 경우는 정반사이다.

angle of refraction 굴절각(屈折角) 굴절파 또는 빔과 굴절면으로의 법선과의 사이의 각도.

angle or phase 각도 또는 위상(角度－位相) 정현파에서 파(波)가 소정 시간 또는 위치 혹은 그 양쪽에서 시간적 또는 공간적으로 진행한 정도를 나타내는 측도(測度).

angstrom 옹스트롬 기호 Å. 빛의 파장 단위로, $1\text{Å}=10^{-10}\text{m}$. 옹스트롬은 광학 분야에서 역사적으로 사용되고 있지만 SI(국제 규격) 단위는 아니다.

angular accuracy 각도 정밀도(角度精密度) 레이더에서 부여된 기준에 대한 목표물의 각도 위치의 측정이 이 기준에 대한 목표물의 참 각도 위치를 표시하는 정도.

angular deviation loss 각편이 손실(角偏移損失) 음향 변환기에서 통상, 데시벨로 표시한 주축 방향의 응답(response)에 대한 특정 방향의 응답의 비.

angular frequency 각주파수(角周波數) 정현파를, 원주상을 회전하는 점이 투영한 것이라고 생각했을 때, 이 점이 단위 시간(1〔s〕)당 몇 회전(회전각은 rad 단위)했는가를 나타내는 것이 각주파수이며 일반적으로 기호 ω를 쓴다. 단위 기호 rad/s.

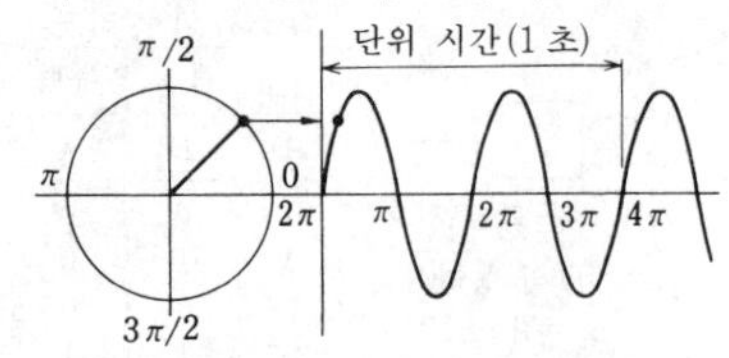

angular misalignment loss 각도 부정합 손실(角度不整合損失) 광원에서 도파로, 도파로에서 도파로, 또는 도파로에서 검출기의 최적 축맞춤으로부터의 각도가 어긋남으로써 생기는 광 파워의 손실.

angular modulation 각도 변조(角度變調) 주파수 변조와 위상 변조를 일괄하여 각도 변조라 한다. 양자는 본질적으로는 순간적인 전기적 각도를 바꾼다는 점에서 일치하고 있다.

angular resolution 각도 분해능(角度分解能) 레이더에서 각도 측정에 의해 2 목표물을 개별적으로 식별하는 능력. 일반적으로는 같은 강도의 동일 거리 분해 셀(cell) 내 2목표물이 분리되어서 식별 가능, 측정 가능하도록 분리된 최소 각도로 표현된다.

angular variation 각도 변화(角度變化), 각도 변동(角度變動) 교류 회로의 평균 주파수와 같은 일정한 주파수를 갖는 파(波)의 종좌표(縱座標)와 대응하는 전압파의 종좌표 사이의 전기각(電氣角)으로 나타낸 최대 각도 변위.

angular velocity 각속도(角速度) ① 회전 운동을 하는 물체의 속도를 알기 위해 단위 시간당 회전하는 각도를 나타내는 값. ② 정현파가 벡터의 회전에 의해 생기는 것이라고 생각할 때 그것이 단위 시간당 회전하는 각도를 말하며, 정현파의 주파수와 사이에 다음과 같은 관계가 있다.

$\omega=2\pi f$

여기서, ω는 각속도〔rad/s〕, f는 주파수〔Hz〕

angular width of current 유통각(流通角) 트랜지스터 회로에서 입력 신호의 1

주기(360°) 중에서 컬렉터 전류가 흐르고 있는 기간(각도)을 2θ로 했을 때 θ를 유통각이라고 한다. 이 유통각의 크기로 증폭의 레벨을 분류하여 A급, B급, C급으로 했을 때 각각 유통각과의 관계는 다음과 같이 된다. A급은 $\theta=180°$, B급은 $\theta=90°$, C급은 $\theta<90°$.

anhysteretic- 편 히스테리시스-(偏-) 일정한 자계 H 중에서 시료(試料)가 H보다 큰 값에서 점차 줄여가서 0에 이르는 교번 자계를 주었을 때의 시료의 자기 상태.

anilin resin 아닐린 수지(-樹脂) 열경화성 수지의 일종. 값이 싸고 베이클라이트보다는 유전 정접이 작으며, 내습성이나 내열성도 좋으므로 고주파 부품의 성형 재료로서 사용되는 경우가 있다.

anion 음 이온(陰-) (-)로 대전(帶電)된 이온으로, 전기 분해에서 애노드를 향해 이동하는 이온. 비금속 이온, 산기(酸基), 수산화 이온 등이 그 예이며, 심벌의 오른 쪽 어깨에 음 이온이 운반하는 전하의 수를 -부호를 붙여서 표시한다.

anisochronous transmission 비등시성 전송(非等時性傳送) 동일 그룹 내에서의 임의의 두 유의 순간의 간격은 언제나 단위 시간의 정수 배가 되지만, 다른 그룹에 걸치는 두 유의 순간의 간격은 반드시 단위 시간의 정수 배가 되지 않는 데이터 전송의 처리 과정. 데이터 전송에서의 그룹이란 하나의 블록 또는 문자를 말한다.

anisotropic 부등방성(不等方性) 방향에 따라서 다른 성질을 나타내는 것.

anisotropic Alnico 이방성 알니코(異方性-) 알니코(코발트 합금)에 복잡한 열처리를 하여 이방성을 강화시킨 것. 보자력(保磁力)이 크고, 강력한 자석이 얻어지므로 금속 자석의 대부분은 이 재료로 만들어진다.

anisotropy 이방성(異方性) 결정에서의 각종 물리적 성질이 방향에 따라서 다른 것. 미세한 결정의 집합인 일반의 물질에서는 겉보기로는 평균값으로 되어버리지만 결정의 방향이 고른 경우는 이방성이 확실하게 나타난다. 예를 들면 방향성 규소 강대(鋼帶)는 자성체 투자율의 이방성을 이용한 것이다.

annular ring transistor 애뉼러 링 트랜지스터 고리 모양의 가드 링을 가진 바이폴러 트랜지스터로, 과잉한 누설 전류와 출력 용량의 증가를 방지하도록 한 것.

annuniciator 경보기(警報器) 프로세스 제어 등에서 패널이나 제어 콘솔에 장치한 이상 표시기. 이상 발생시에는 램프가 점등되고 경보 벨에 의하여 관련이 있는 회선 또는 회로의 상태를 나타낸다.

anode 애노드, 양극(陽極) →plate

anode balancer 양극 밸런서(陽極-) 1조의 상호 결합한 권선을 가진 리액터로, 동일 변압기 단자에서 병렬로 동작하고 있는 각 양극에 이 권선이 접속되어 각각의 양극 전류를 평형시키도록 동작한다. 각 양극의 전류가 같을 때에는 리액터는 임피던스를 나타내지 않지만 전류가 불평형으로 되면 각 회로에는 불평형을 해소시키는 방향의 전압이 유기된다.

anode breakdown voltage 양극 방전 파괴 전압(陽極放電破壞電壓) 냉음극 글로 방전관에서 방전 파괴 이전에는 기타 진공관의 요소는 음극 전위로 유지된 상태에서, 시동 갭을 도통시키지 않고 주 갭 사이를 도통 상태로 하는 데 필요한 양극 전압.

anode circuit 양극 회로(陽極回路) 전자관의 양극 및 음극간의 경로와, 그것에 직렬로 접속되어 있는 소자를 포함한 회로.

anode dark space 양극 암부(陽極暗部) 가이슬러관(Geissler tube)의 글로 방전에서 양광주가 존재하든가 혹은 양광주가 없어도 패러데이 암부로부터의 양 이온이 부족한 경우 양극 앞에 양극 글로가 발생하는데, 이 양극 글로와 양극간의 암부를 양극 암부라 한다. →glow discharge

anode efficiency 양극 효율(陽極效率) 지정된 양극 반응에서의 전류 효율.

anode fall 양극 강하(陽極降下) 아크 방전이나 글로 방전에서 양극은 음극으로부터의 전자류를 흡수하기 때문에 그 전면에서 수 V 정도의 전위 강하가 생긴다. 이것이 양극 강하이며, 그 때문에 양극 글로가 발생하기도 한다.

anode follower 애노드 폴로어 전자관 회로에서 애노드에서 그리드로 강한 궤환이 걸려 출력 전압이 입력 전압과 거의 같고, 영극성이 되는 구성.

anode formation 양극 화성(陽極化成) 전기 분해를 이용하여 양극측이 된 금속 표면을, 발생한 산소에 의해서 산화시키는 방법을 말한다. 치밀한 피막이 얻어지며, 전해 전압에 의해서 두께를 바꿀 수 있으므로 전해 콘덴서를 만드는 경우 등에 이용된다.

anode glow 양극 글로(陽極-) 가스 봉입 전자관에서 양광주의 양극측 선단 근처에 있는 대단히 밝고 좁은 띠 모양의 부분.

anode ray 양극선(陽極線) 진공 방전에서, 양극으로부터 방출되는 양 이온의 흐름.

전자나 음 이온이 양극에 충돌함으로써 양극 물질 원자가 이온화하여 방출되는 것이다.

anode reactor 양극 리액터(陽極－) 병렬로 접속된 몇 개의 반도체 정류 소자에서 통전 전류를 평형시켜 특정한 소자에 전류가 집중하지 않도록 각 소자의 양극 회로에 삽입하는 직렬 리액터.

anode-reflected-pulse rise time 양극 반사 펄스 상승 시간(陽極反射－上昇時間) 양극에서 반사된 펄스의 상승 시간. 이 시간은 시간 영역 반사계에 의해 측정된다.

anode region 양극 영역(陽極領域) 가스 봉입 전자관에서 양광주(陽光柱), 양극 글로 및 양극 암부로 이루어지는 영역의 집합.

anode sputtering 양극 스퍼터링(陽極－) 전자관에서, 전자의 충격에 의하여 양극으로부터 미세 입자가 방출되는 것.

anode strap 균압환(均壓換) 마그네트론에서 주로 모드 분리의 목적으로 다공동(多空洞) 마그네트론의 특정한 양극편간을 연결하는 금속 커넥터.

anode supply voltage 양극 공급 전압(陽極供給電壓) 양극 회로에 직렬로 접속된 전원의 단자 전압.

anode terminal 양극 단자(陽極端子) ① 반도체 디바이스에서 전류가 소자에 들어오기 위한 단자. ② 반도체 다이오드에서는 다이오드가 순방향으로 바이어스되어 있을 때, 다른 쪽 단자에 대해 +전위에 있는 단자. ③ 반도체 정류 다이오드에서는 외부의 회로에서 순방향 전류가 들어오는 단자. 반도체 정류기 구성 부품의 분야에서는 양극 단자는 통상적으로 마이너스이다. ④ 사이리스터에서는 양극에 접속되어 있는 단자. 이 용어는 양방향성 사이리스터에는 적용하지 않는다.

anode-to-cathode voltage 양극-음극간 전압(陽極陰極間電壓) 양극 단자와 음극 단자 사이의 전압.

anode-to-cathode voltage-current characteristic 양극-음극간 전압-전류 특성(陽極陰極間電壓電流特性) 사이리스터에서 게이트 전류의 적용이 가능한 경우에는 이것을 파라미터로 하여 통상적으로 그래프로 나타내고 있는, 주전류와 양극 음극간 전압과의 관계. 이 술어는 양방향 사이리스터에는 이용되지 않는다.

anomalous absorption 이상 흡수(異常吸收) 복합 유전체에서 유전 정접 $\tan\delta$가 특정한 주파수에서 급격히 증대하여 최대가 되는 현상.

anomalous dispersion 이상 분산(異常分散) 유전체의 비유전율이 어느 주파수 이상이 되면 급격히 감소하는 현상. 이것은 주파수가 높아지면 유전 분극에 의한 전하의 이동이 전계의 변화에 따라갈 수 없게 되어 유전 분극이 소멸하기 때문이며, 그 주파수는 분극의 종류에 따라서 다음과 같이 달라진다.

이온 분극－ 가청 주파 영역
쌍극자 분극－중파 내지 마이크로파 영역
원자 분극－적외선 영역
전자 분극－가시 광선 및 자외선 영역

anomalous glow discharge 이상 글로 방전(異常－放電) 글로 방전에서 정규 글로 방전의 영역을 넘어서 보다 전류를 증가시켰을 때의 상태를 말한다. 이 때는 음극 강하부의 길이가 짧아져서 양 이온의 공간 전하가 접근하여 음극 직전에 큰 전계가 형성되고 전자 방출이 강제되는 동시에 음극 강하가 증가한다.

ANRS 자동 잡음 경감 시스템(自動雜音輕減－) automatic noise reduction system 의 약어. 테이프 녹음기의 잡음을 경감하기 위해 1972 년 일본 빅터사가 개발한 방식. 기본 원리는 돌비 방식과 같으며, 녹음시에 입력 신호를 압축하고, 재생시는 이것을 신장하여 원래로 되돌리는 방법이다. 그 후 이 방식을 개량한 수퍼 ANRS 방식을 발표하였으며, 고 레벨의 직선성을 개선하고 있다. 그림은 ANRS 의 기본 구성이다.

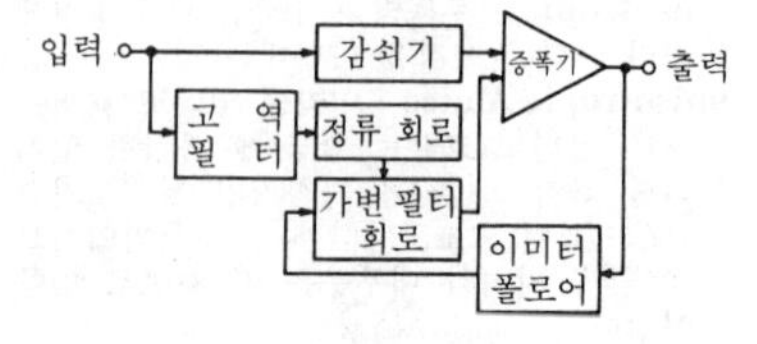

(a) 인코드 회로(녹음)

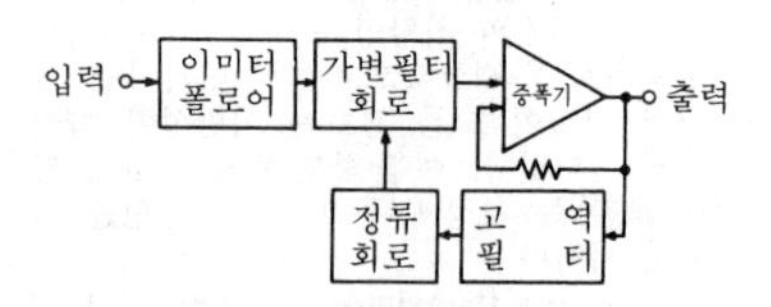

(b) 디코드 회로(재생)

ANS 응답 모드(應答－) answer mode 의 약어. 착신측의 모드. 전2중 통신일 때는 보통, 고주파수를 사용한다.

ANSCII 앤스키, 미국 정보 교환용 국가

표준 코드(美國情報交換用國家標準－) American National Standard Code for Information Interchange 의 약어. 원래는 ASCII 라고 불리던 것의 개칭이다. 8 비트(패리티 비트를 포함)로 구성되며, 영문자의 대소를 비롯하여 128 종의 문자와 기호에 대한 기계어가 정해져 있다.

ANSI 미국 규격 협회(美國規格協會) American National Standards Institute 의 약어. ① 협회를 가리키는 외에 협회가 정한 규격을 가리키기도 한다. ② ANSI 의 에스케이프 문자(16 진수로 1B)로 시작되는 문자의 배열. 이것은 에스케이프 시퀀스라고 불리며, 화면에 표시되는 문자 등의 제어용으로 사용된다.

answer back 응답 신호(應答信號) 착신 단말 장치에서 발신 단말 장치에 대하여 자동적으로 반송되는 착신 단말 식별 부호. 착신 단말로의 메시지 도착, 회선의 완성을 발신측에 알리는 것.

answering 응답(應答) 데이터 스테이션 간의 접속 확립을 완결하기 위하여 호출측의 데이터 스테이션에 응답하는 처리. 호출된 쪽의 교환 회선에 접속이 확립된 것을 나타내는 처리 순서.

answering lamp 응답 램프(應答－) ＝ answer lamp

answer lamp 응답 램프(應答－) 전화 교환대에 달려 있는 램프를 말한다. 접속 플러그를 호출 장치에 꽂으면 점등하고 호출된 전화가 응답하면 꺼지고, 통화가 끝나면 다시 켜지는 등 전화 교환에 매우 편리하다.

answer mode 응답 모드(應答－) ＝ANS

answer-only modem 수신 전용 모뎀(受信專用－) 응답은 할 수 있으나 발신은 할 수 없는 모뎀.

answer/originate modem 수신/발신 모뎀(受信/發信－) 수신과 발신 양쪽이 가능한 모뎀. 가장 일반적인 형의 모뎀으로, 이 형이 보통 마이크로컴퓨터에 접속되어 있다.

AN system range beacon AN 식 레인지 비컨(－式－) 항공용 항로 표지의 일종으로, 2 조의 애드콕 안테나 또는 루프 안테나를 직교하도록 배치하여 8 자 전계를 만들고, 각각 A, N 부호로 키잉한 전파를 교대로 발사하면 등전계 방향에서는 연속음이 되므로 이 방향을 항로에 맞추면 4 코스가 설정된다. 이들 4 코스는 두 전계의 세기를 바꾸면 임의의 각도로 할 수 있으므로 종래 항공로 표지로서 널리 사용되어 왔으나 그 후 VOR 로 대치되었다.

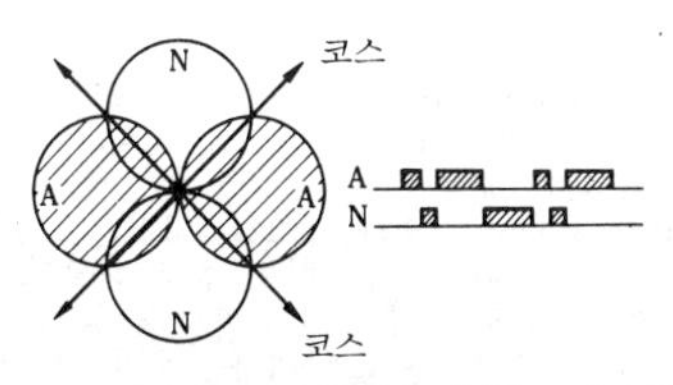

antenna 안테나, 공중선(空中線) 전파를 방사한다든지 혹은 흡수한다든지 하기 위해 공중에 설치한 도체를 말한다. 송신용과 수신용 혹은 사용하는 전파의 파장에 따라서 중파, 단파, 초단파 안테나 등으로 분류되며, 각각 동작 원리, 구조 등이 다르다. 또, 전파의 방사 특성에 따라서 지향성과 무지향성 등의 구별이 있으며, 형상에 따라서 I 형, T 형, 역 L 형 등 많은 종류가 있다.

antenna aperture 안테나 개구(－開口) 전자(電磁) 혼, 렌즈 안테나와 같은 마이크로파 안테나의 개구부 면적. 도달한 전파가 전부 안테나에서 부하로 전해지지 않는 경우에는 위의 물리적 면적에 계수 k 를 곱해서 얻어지는 실효 면적을 쓴다. k 는 파라볼라 안테나에서는 0.5~0.6, 전자 혼에서는 0.7~0.8 이다.

antenna (aperture) illumination efficiency 안테나 (개구) 조사 효율(－(開口)照射效率) 기준 지향성 이득에 대한 그 안테나의 최대 지향성 이득의 비로, 통상 백분율로 나타낸다. 평면 개구 안테나의 경우, 기준 지향성 이득은 실제의 안테나 개구 면적을 그 안테나의 최대 방사 방향으로 투영한 면적을 바탕으로 계산한다.

antenna array 안테나 어레이, 안테나열(－列) 2 개 또는 그 이상의 안테나 소자를 적당한 간격으로 배치하여 적당한 상대 위상으로 여진(勵振)함으로써 원하는 지향성 혹은 방사 특성을 갖게 한 것. 수평 및 수직의 지향 특성은 각각 소자의 수평면 내 및 수직 방향에서의 배열법으로 정해진다. 소자를 포함하는 면의 끝에서 최대의 방사가 이루어지는 것을 엔드파이어 어레이(endfire array) 또는 수직형 안테나열이라 하며, 야기 안테나나 어골형(魚骨形) 안테나(fish-bone antenna)가 그 예이다. 또 소자를 포함하는 면에서 직각 방향으로 최대 방사를 하는 것을 브로드사이드 어레이(broadside array) 또는 수평형 안테나열이라 한다.

antenna beam-width 안테나 빔폭(－幅) 안테나 빔의 최대 방사 방향을 사이에 두고 그 양측에서 출력 전력이 절반이 되는 방향 사이의 각도.

antenna bearing 안테나 방위(-方位) 안테나의 방사 전력(또는 수신 전력)이 최대가 되는 방향.

antenna coil 안테나 코일 라디오 수신기에서 안테나에 접속하는 동조 회로의 코일. 병렬로 가변 콘덴서(바리콘)를 접속하여 수신파와 동조를 취하는 1차 코일과, 동조한 목적의 파(波)의 픽업용 2차 코일을 가지며, 페라이트 코어를 삽입한 μ동조형의 것이 널리 쓰이고 있다. 휴대용 라디오에서는 바 안테나라고 해서 코일 자신이 안테나의 구실도 하는 비교적 큰 코어가 사용된다.

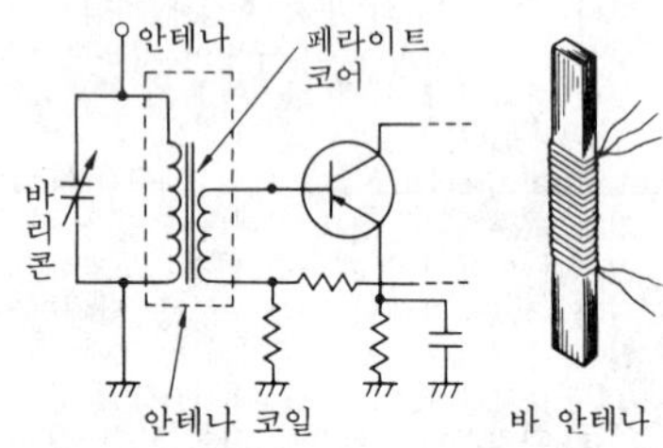

antenna constant 안테나 상수(-常數) 안테나를 고주파 전원에 의해 여진시키는 경우는 전원에 대하여 코일, 콘덴서 및 저항을 직렬로 한 1개의 폐회로와 등가인 동작을 한다. 이 등가 회로의 인덕턴스 L_e, 정전 용량 C_e, 및 저항 R_e를 각각 안테나의 실효 인덕턴스, 실요 용량 및 실효 저항이라 하고, 이들을 총칭하여 안테나(실효) 상수라고 한다. 이 상수는 사용하는 주파수에 따라 변화한다.

antenna core 안테나용 자심(-用磁心) 막대 모양 또는 판 모양의 페라이트로, 전자로의 일부분에만 사용하므로 반자계의 영향을 고려한 실효 투자율이 큰 것이 필요하다.

antenna correction factor 안테나 보정 계수(-補正係數) 전계 강도(단위 V/m), 자계 강도(단위 A/m)를 측정기로 직접 읽을 수 있게 하기 위한 보정 계수. 注 ① 이 계수는 안테나의 실효 길이, 임피던스 부정합 및 전송 선로 손실을 포함한 것이다. ② 전계 강도의 보정 계수와 자계 강도의 보정 계수는 반드시 갖지는 않다.

antennal coupler 안테나 결합기(-結合器) 고주파(RF) 트랜스, 동조 선로 기타의 장치로서 송신기로부터 전송 선로로, 혹은 그 반대 방향으로 전력을 효과적으로 주고 받기 위한 결합 장치.

antenna cross section 안테나 단면적(-斷面積) 마이크로파 수신용 안테나의 정격으로서, 안테나에 의해 수신기에 주어지는 에너지와 같은 에너지를 받을 수 있도록 입사 전파에 직각으로 두어진 받는 판의 면적으로서 표현된 것.

antenna current 안테나 전류(-電流) 안테나에 정재파 전류가 분포할 때 그 최대값 즉 파복(波腹)에서의 전류값을 가리켜서 말한다.

antenna diplexer 안테나 다이플렉서 하나의 송신 안테나를 여러 국에서 공용하기 위한 결합 장치(antenna sharing device). 홈이 있는 브리지, 하이브리드 링, 3dB 커플러 등 여러 가지 하이브리드와 반사 장치, 필터 등의 조합이 쓰인다. 텔레비전 등에서 영상 신호와 음성 신호를 같은 안테나에서 송신하는 경우는 음성 신호의 대역은 매우 좁기 때문에 곤란하기는 하지만 복수의 채널을 동시에 송신하는 경우에는 반사 장치로 6MHz 의 전 대역을 반사하여 송출하기 위한 필터가 필요하며, 콤 필터(comb filter)나 디지털 필터가 쓰인다. 정입력(定入力) 임피던스의 노치 필터형(CIN) 또는 대역 통과 필터형(CIB) 등의 다이플렉서가 있다.

antenna effect 안테나 효과(-效果) ① 전파 방향 탐지에서 신호 출력은 있지만 각도 정보가 얻어지지 않는 현상. 지향성 어레이 안테나가 무지향성 안테나와 같은 동작을 하기 때문에 일어난다. 이 효과는 ㉠ 공백점의 변화, ㉡ 공백점의 확산이 원인이다. ② 루프 안테나에서는 루프와 대지간의 용량에 의해 생기는 각종 효과를 말한다.

antenna effective height 안테나 실효 높이(-實效-) ① 접지 평면 이상의 안테나 방사 부분의 높이. ② 저주파에서 사용하는 경우는 실효 높이는 장하(裝荷)의 유무와 관계없이 수직 안테나에 대하여 쓰인다. 또, 이 값은 수직 부분의 전류의 적분값을 입력 전류로 나눈 값과 같다. ③ 수직 안테나(적어도 1/4 파장)를 설치하고 있는 차량의 접지면에서 위 부분의 안테나 높이.

antenna efficiency 안테나 효율(-效率) 안테나에 공급되는 전력의 일부는 안테나의 도체 저항이나 접지 저항, 유전체 등에 의해서 소비된다. 그리고 그 나머지가 공간에 전류로서 방사된다. 이 방사 에너지와 공급 에너지와의 비율을 안테나 효율 또는 방사 효율이라 한다.

antenna factor 안테나 계수(-係數) HF부터 UHF 대의 안테나 특성을 나타내기 위한 값으로, 다음 식으로 구해진다.

$$F_a = \frac{E}{V_0}$$

여기서 F_a : 안테나 계수, E : 수신 안테나 가까이의 전계 강도, V_0 : 수신 안테나계의 출력 전압.

antenna field gain 안테나 전계 이득(一電界利得) 1kW 의 입력 전력으로 동작하는 안테나에서 1마일(≒1.6km) 떨어진 장소의 수평면 내에 생기는 자유 공간의 전계 강도(mV/m)를 137.6mV/m 로 나눈 값. 기준으로서 선정된 137.6mV/m 는 반파 다이폴에 의한 전계 강도이다. 이것은 미국 FCC 에 의해 정의된 것이다.

antenna gain 안테나 이득(一利得) 사용 안테나로 수신(또는 송신)한 경우와 표준 안테나를 사용한 경우의 같은 전계 강도에서의 전력의 비율을 데시벨로 나타낸 것. VHF 이하에서는 표준의 반파 안테나, UHF 이상에서는 이득을 계산할 수 있는 표준형의 혼 방사기를 사용하여 비교 수신하든가, 동일한 안테나를 마주보게 하여 전송로의 손실을 측정하여 구할 수도 있다.

antenna lens 안테나 렌즈 금속판 또는 적당한 모양의 유전체를 마이크로파 안테나 전방에 설치하여, 송신 또는 수신하는 전파의 빔을 죄거나 평행으로 하여 렌즈 효과를 주는 것.

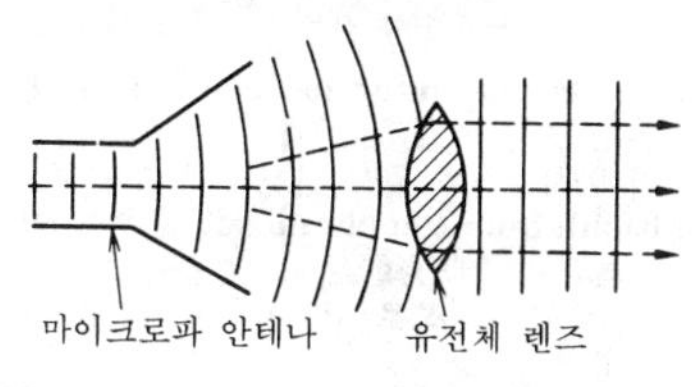

antenna power 안테나 전력(一電力) 무선국에 있어서 송신기에서 안테나로 공급되는 전력을 말한다. 그 크기는 면허시에 지정된다.

antenna resistance 안테나 저항(一抵抗) 안테나의 방사 저항에 안테나의 도체나 접지 또는 코로나 등에 의해서 생기는 손실에 상당하는 저항을 더한 것.

antenna resonant frequency 안테나 공진 주파수(一共振周波數) 특정한 하나 또는 여러 개의 주파수로, 이 주파수에서 안테나는 순저항으로 동작한다.

antenna terminal conducted interference 안테나단 전도 간섭(一端傳導干涉) 수신기, 송신기 또는 안테나 입출력단에 접속되는 전자 기기 내에서 발생하는 불필요한 전압 또는 전류.

antenna tracking 안테나 추미 방식(一追尾方式) (인공 위성계의) 지구국 안테나를 위성 방향으로 빔 폭의 10% 이내의 정도(精度)로 추미시키는 방식으로, ① 빔 중심으로부터의 벗어남을 검출하여 안테나를 연속 제어하는 모노펄스 트랙 방식, ② 일정 시간마다 안테나를 이동시켜서 최대 수신 상태에 세트하는 스텝 트랙 방식, ③ 위성 궤도의 추이를 예측하여 안테나 방향을 프로그램 제어하는 방식 등이 있다. ①의 방식은 모노펄스 레이더와 같은 원리에 의한 고정도 트래킹 방식인데, 설비가 복잡하고 고가이므로 어느 안테나에도 채용될 수는 없다. 보통은 ②의 방식으로 충분하다.

antenna tuning circuit 안테나 결합 회로(一結合回路) 안테나와 송신기 또는 수신기를 결합하기 위한 회로를 말하며, 송신기에서는 출력 결합 회로라고 하는 경우가 많다. 이것은 송수신기와 안테나 간의 임피던스의 정합을 취하여 불필요한 방사를 방지하여 손실을 적게 하는 것이 목적이다. 안테나가 송신기와 떨어져 있는 경우는 도중에 궤전선(feeder)을 사용하는데, 이 경우는 안테나에 가장 가까운 곳에 정합 회로를 설치한다.

anticlutter circuit 언티클러터 회로(一回路) 레이더에서 불필요한 반사파에 감추어져 버리는 목표물을 검지하기 위해 불필요한 반사파를 감쇠시키는 회로.

anticlutter gain control 언티클러터 이득 제어(一利得制御) 레이더에서 근거리의 클러터를 발생하는 에코를 장거리 에코보다 낮게 증폭하기 위해 각각의 송신 펄스 후 지정된 시간 내에 레이더 수신기의 이득을 낮은 레벨에서 최대까지 자동적으로 원활하게 증대하는 장치.

anticoincidence circuit 역동시 회로(逆同時回路) 어느 지정된 시간 간격 내에 두 입력 중 한쪽(때로는 미리 지정된다)이 펄스를 받아 들이고 다른 쪽이 펄스를 받아 들이지 않을 때 특정한 출력 펄스를 생성하는 회로.

antifading antenna 페이딩 방지 안테나(一防止一) 상공파의 페이딩 효과를 방지 혹은 경감하기 위해 비교적 좁은 앙각 범위로 방사를 하도록 한 안테나. 예를 들면 정부(頂部) 부하 안테나.

antiferrodielectric substance 반강유전체(反强誘電體) 자발 분극을 갖는 물질로, 전계가 가해졌을 때 크기가 같은 쌍극 모멘트가 교대로 역평행으로 배열됨으로써 외부에 분극이 나타나지 않는 것.

antiferromagnetic substance 반강자성체(反强磁性體) 자발 자화를 갖는 물질로, 자계가 가해졌을 때 크기가 같은 자기 모멘트가 교대로 역평행으로 배열됨으로써 외부에 자화가 나타나지 않는 것. 산화 망간(MnO) 등이 그 예이며, 물성적 흥미는 크지만 실용상의 의미는 없다.

antihunt circuit 헌팅 방지 회로(-防止回路) 부궤환을 걸어줌으로써 발진을 방지하여 안정화를 도모한 회로.

antimetrical filter 상반 필터(相反-) 영상 임피던스 Z_{01}, Z_{02}가 $Z_{01} \cdot Z_{02} = R^2$($R$: 상수)의 관계에 있는 필터. 상반 필터는 감쇠 영역이 제 2 감쇠 영역만이 된다.

antinode 파복(波腹) 정재파(定在波)에서 파의 어느 성질(예를 들면 진폭)이 최대값이 되는 점, 선 혹은 면. 루프라고도 한다.

antinoise microphone 잡음 방지 마이크로폰(雜音防止-) 음향적인 잡음을 감소시키는 특성(성질)을 가진 마이크로폰.

antiparallel connection 역병렬 접속(逆並列接續) =inverse-parallel connection, back-to-back connection

antiparticle 반입자(反粒子) 어떤 소립자와 전하 및 자기 모멘트의 부호가 반대인 입자. 예를 들면, 전자에 대하여 양전자, 양자에 대하여 반양자와 같은 것이다. 또한, 반입자는 전하 및 자기 모멘트만이 다른 것이 아니라 질량도 소립자와는 다르다고 한다.

antiphase amplifier 역상 증폭기(逆相增幅器) 입력과 출력의 위상이 역상으로 되는 증폭기. 그림의 회로는 가장 간단한 역상 증폭기의 예이다. 이 이미터 접지 회로의 2단 접속 증폭기는 동상 증폭이 되지만 3단에서 다시 역상으로 되돌아간다.

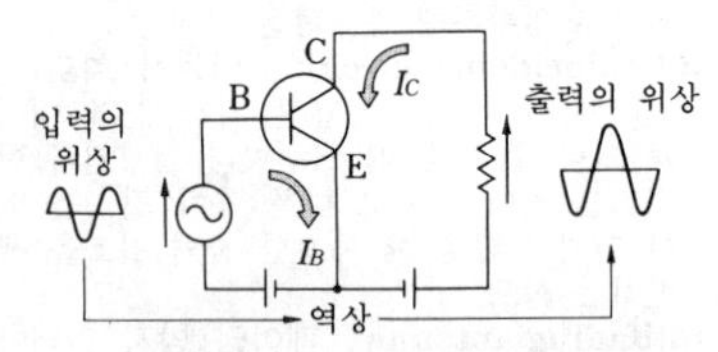

anti-reflection 무반사 처리(無反射處理) CRT 디스플레이 장치 등에서 형광등 등의 빛이 반사하여 표시가 잘 안보이게 되는 것을 방지하기 위하여 CRT 등의 표면에 행하는 가공 처리로, 다음과 같은 방법이 있다. ① 입사광을 흡수하는 코팅, ② 입사광을 난반사하기 위한 요철 가공.

antiresonance 반공진(反共振) →parallel resonance

antiresonant frequency 반공진 주파수(反共振周波數) 통상은 수정 발진기 또는 콘덴서와 인덕턴스 코일을 병렬 접속시킨 것에 대해 말한다. 전력 손실을 무시하고 생각했을 경우에 이들의 임피던스가 무한대로 되는 주파수.

antisidetone circuit 측음 방지 회로(側音防止回路) 전화로 통화하는 경우, 어느 정도는 측음이 필요하나, 너무 크면 방해가 되며, 감도가 높은 송수화기를 사용한 경우 명음(鳴音)을 발생하여 통화 품질이 나빠진다. 그래서, 측음을 방지하기 위해 사용하는 회로가 측음 방지 회로이며, 이 원리는 그림과 같이 유도 코일에 3차 코일을 감고, 송화할 때는 수화기에 송화 전류가 흐르지 않도록 하여 측음을 방지하고 있다. 이와 같은 회로는 부스터 회로라고도 한다.

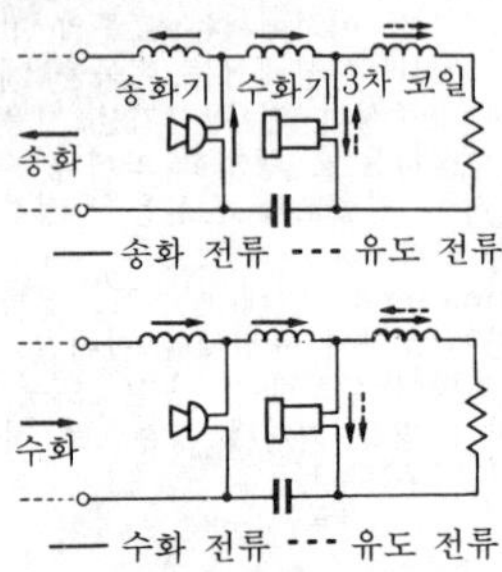

antisidetone induction coil 측음 방지 유도 코일(側音防止誘導-) 방측음 전화기에 사용하기 위해 설계된 유도 코일.

antisidetone telephone set 측음 방지 전화기(側音防止電話機) 측음을 감소시키는 것을 목적으로 한 평형 회로망을 갖는 전화기.

antistatic device 대전 방지 장치(帶電防止裝置) 컴퓨터 장치를 파괴한다든지, 데이터의 손실을 초래할 염려가 있는, 정전기의 축적에 의한 전격(電擊)을 최소한으로 억제하도록 설계된 장치. 플로어 매트를 비롯하여 워크스테이션에 전선으로 접속하고 있는 링, 스프레이나 로션, 기타의 전용 장치 등, 각종 형태의 것이 판매되고 있다.

anti-Stokes line 반 스토크스선(反-線) 여기(勵起) 방사의 주파수보다도 높은 주파수를 갖는 재방사선. 보통의 라만 효과(Raman effect)에서의 산란(2차) 광성분의 주파수, 즉 스토크스 주파수는 처음의 조사(照射) 빔의 주파수보다도 낮다.

anti-transmit-receive tube ART 관(-管) =anti-TR tube

anti-TR tube ATR 관(-管) anti-transmit-receive tube 약어. 레이더에서 사용하는 전환 방전관. 레이더에서는 안테나를 송신과 수신으로 공용하므로 송신 출력이 직접 수신 회로에 들어가면 수신기의 제 1 검파기 다이오드를 파손하거나 큰 송신 펄스 때문에 송신을 정지해도 바로 수신기가 정상 상태로 되돌아가지 않고 가까운 물체의 반사파가 수신되지 않는 일이 있다. 그래서 송신 중은 송신 펄스에 의해서 방전하고, 수신 회로를 단락하도록 동작하여 수신기를 보호하는 목적으로 사용된다.

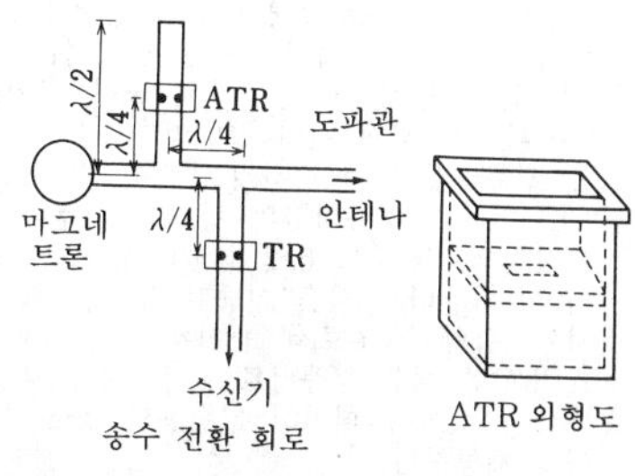

송수 전환 회로

ATR 외형도

APD 애벌란시 포토다이오드 =avalanche photodiode

aperiodic amplifier 비동조 증폭기(非同調增幅器) 증폭기의 부하 혹은 단간 결합 회로에 동조 회로를 사용하지 않는 것. 저항 결합 증폭기가 그의 대표적인 것으로, 코일이나 콘덴서가 사용되고 있지 않으므로 주파수의 영향을 받는 리액턴스분이 없고, 주파수 특성은 양호하다. 증폭하는 신호의 주파수 대역이 비교적 넓은 곳에 널리 사용된다.

aperiodic circuit 비주기 회로(非周期回路) 자유 진동을 생성시키지 않는 회로.

aperiodic feeder 비동조 궤전선(非同調饋電線) 안테나의 궤전선이 길 때 정재파가 실리면 전송 효율이 나빠지므로 진행파가 실리도록 궤전하는 방법이다. 안테나의 입력 임피던스와 궤전선의 특성 임피던스가 같아지도록 하면 반사파가 없어지고 진행파 궤전을 할 수 있다.

aperiodic function 비진동 함수(非振動函數) 주기적이 아닌 임의의 함수를 말한다.

aperture 애퍼처, 개구(開口) 일반적으로는 광학 기계에 사용되지만(iris), 전기 회로에서는 도파관에서 부하와의 정합 회로로서 쓰인다.

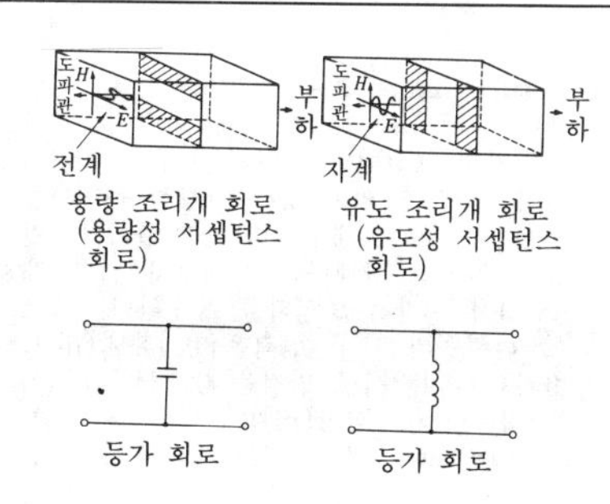

용량 조리개 회로 (용량성 서셉턴스 회로)

유도 조리개 회로 (유도성 서셉턴스 회로)

등가 회로

등가 회로

aperture admittance 개구 어드미턴스(開口-) 안테나의 개구에서 계산된 방사 전력, 개구부 전류에서 계산되는 개구부의 어드미턴스.

aperture antenna 개구 안테나(開口-) 안테나를 다이폴형과 개구형으로 분류하여 후자에 속하는 것. 안테나로부터의 방사 에너지를 어떤 모양으로 집중하고, 반사 또는 적당히 유도하여 마치 개구부에서 방사된 것과 같이 하기 위해 각종 반사기, 렌즈, 혼 등을 써서 방사한다. 파라볼라 안테나, 슬롯 안테나 등은 그 예이다.

aperture compensation 애퍼처 보정(-補正) ① (텔레비전에서 주사 애퍼처의 치수 때문에 발생하는 일그러짐의 전기적 보정. ② 주사 빔의 치수가 유한이기 때문에 일어나는 일그러짐을 신호 채널에 삽입한 회로에 의해 보정하는 것.

aperture distortion 개구 일그러짐(開口-) 촬상관의 주사 전자 빔의 스폿이 유한 크기를 가지고 있음으로써 화상의 해상도가 고역에서 저하하는 현상을 말하며, 텔레비전의 광전 변환계의 직선 일그러짐의 일종이다.

aperture effect 애퍼처 효과(-效果) 펄스 진폭 변조(PAM)의 복조에서 각주파수 P의 정현파 신호의 정주기 표본값을 τ초 유지할 때는 복조 출력 $\tau/2$ 초의 지연을 일으키고, 진폭은 〔sin $(P\tau/2)$〕/〔$P\tau/2$〕배로 되어서 P의 영향을 받는다. 이것을 애퍼처 효과라고 한다.

aperture efficiency 개구 효율(開口效率) 개구면 효율이라고도 하며, 전자 나팔이나 파라볼라 안테나 등의 개구 면적이 이용되는 정도로, 다음 식으로 나타내어진다.

$$\eta = G\lambda^2/4\pi A$$

여기서 η : 개구 효율, G : 안테나의 이득, λ : 파장, A : 안테나의 개구 면적.

aperture illumination 개구부 일루미네이션(開口部-) 안테나 개구부에서의 전자파의 진폭, 위상 및 편파 등의 분포 상태.

aperture plane 개구 면적(開口面積) 안테나가 두어진 위치의 단위 면적당 전자 에너지에 대하여 안테나에 흡수되는 에너지가 면적 A_e의 분량에 상당할 때 A_e를 실효 면적 또는 개구 면적이라 한다. 공간 중에 두어진 안테나는 실제보다 넓은 개구 면적을 가지고 전파를 흡수한다. 헤르츠 다이폴의 개구 면적은 $0.119\lambda^2$[m^2], 반파 안테나 개구 면적은 $0.13\lambda^2$[m^2](어느 경우나 λ는 파장[m])이다.

aperture time 개구 시간(開口時間) A-D변환기에서 변환기가 입력 변화를 받을 수 있는(감응할 수 있는) 시간 간격. 보통 입력 아날로그 신호의 진폭이 변환기의 최소 유효 비트량(LSB) 만큼 변화하는 시간이라고 생각되고 있다.

apex step 정보 파형(頂部波形) 스피커 콘의 중앙부에서 사용되는 파형으로, 고주파에 대한 응답을 개선하기 위한 것.

APF 능동 필터(能動－) =active pass filter

API 응용 프로그램 인터페이스(應用－) application program interface의 약어. 운영 체제(operating system :OS)의 기능을 이용자가 사용하기 위한 CALL 베이스의 함수군을 말하며, 파일 관리, 메모리 관리, 태스크 관리, 디바이스 드라이버의 작성, 프로세스간 통신 등 모든 형식의 서비스 인터페이스를 나타낸다. 각 메이커가 공통한 API를 공급함으로써 그것을 이용하는 이용자는 프로그램 개발을 효율적으로 할 수 있다.

APL 평균 화상 레벨(平均畵像－) =average picture level

apogee motor 어포지 모터 쏘아올려진 위성을 정지 궤도에 올려놓기 위하여 사용되는 소형 로켓. 다원 궤도의, 지구로부터 가장 먼 지점(원지범 : apogee)에서 점화된다. 연료에는 고체가 사용되어 왔으므로 모터라고 불리는데, 고성능, 고출력의 액체도 사용할 수 있게 되었다. → stationary satellite

apparent power 피상 전력(皮相電力) 교류의 부하 또는 전원의 용량을 나타내는데 사용하는 값으로, 다음 식으로 주어지며, 단위에는 VA 또는 kVA를 쓴다.

단상 교류인 경우 $S=VI$

3상 교류인 경우 $S=\sqrt{3}VI$

여기서 S : 피상 전력[VA], V : 전압[V], I : 전류[A]. 또한 3상인 경우의 전력은 피상 전력에 역률을 곱한 것으로서 구해진다.

APPC 어드밴스드 프로그램간 통신(－間通信) advanced program-to-program communication의 약어로, IBM사가 SNA의 일부로서 개발한 프로토콜. 이종(異種)의 컴퓨터로 동작하는 애플리케이션 프로그램이 통신하거나 데이터를 직접 전송할 수 있도록 설계되어 있다. APPC는 규칙의 세트와 하나의 공통 언어를 애플리케이션 프로그램에 제공하고, 하위의 네트워크 기능 또는 마스터/슬레이브 배열의 어느 것을 써서 처리하지 않더라도 서로 대화할 수 있게 한다. 마스터/슬레이브 배열에서는 통신 기계 자체는 지능(처리 능력)을 갖지 않기 때문에 중개역으로서 호스트 컴퓨터에 의존하지 않을 수 없다는 것을 전제로 하고 있다. APPC는 애플리케이션 프로그램의 통신 방법을 정의하고 있으며, 다른 두 SNA규격, 즉 LU(논리 장치) 6.2나 PU(물리 장치) 2.1과 밀접하게 관련하고 있다(LU 6.2는 컴퓨터간의 세션 관리 방법을 다루고, PU 2.1은 컴퓨터간의 링크를 다룬다). 본질적으로는 LU 6.2나 PU 2.1은 마이크로컴퓨터가 같은 기종간 통신을 확립하기 위한 기초로서 준비하고 있으며, APPC는 이들 컴퓨터로 동작하는 프로그램에 통신이나 데이터 전송용의 공통 언어를 제공한다.

apple gate diagram 애플 게이트도(－圖) 속도 변조관에서의 집군(集群) 작용을 설명하기 위한 그림. 예를 들면, 2공동형 클라이스트론에서 집군기 전압 사이클의 각 시점에서의 입력, 출력의 각 갭을 통과하는 전자의 위치가 시간의 함수로서 나타내어진다. 각 직선의 경사는 전자 속도를 준다. 그리고 직선이 조밀한 장소는 그 곳을 단시간에 다수의 전자가 통과하는 것을 나타내고 있다.

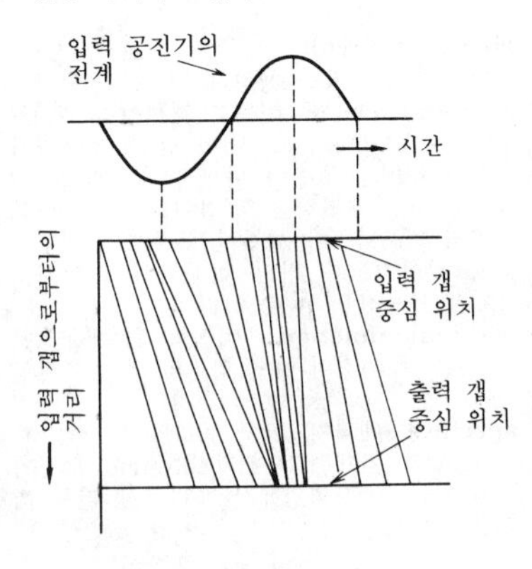

Apple tube 애플관(—管) 컬러 수상관의 일종으로, 미국의 필코사(Philco Co.)가 개발한 특수한 3색 수상관. 그림과 같이 형광면은 세로 방향으로 R, G, B 3색 형광체가 선 모양으로 칠해지고, 여기에 메탈 백을 하고, 그 위에 산화 마그네슘이 선 모양으로 칠해져 있다. 이 산화 마그네슘의 선조(線條)에서 전자 빔의 위치를 알리는 인덱스 신호를 꺼내고, 이것을 색 전환 회로에 궤환함으로써 발광색과 같은 색의 신호로 전자 빔을 변조하는 방식이다. 섀도 마스크형에 비해서 구조가 간단하고 밝지만 회로가 복잡하고 동작의 안정성에 난점이 있다.

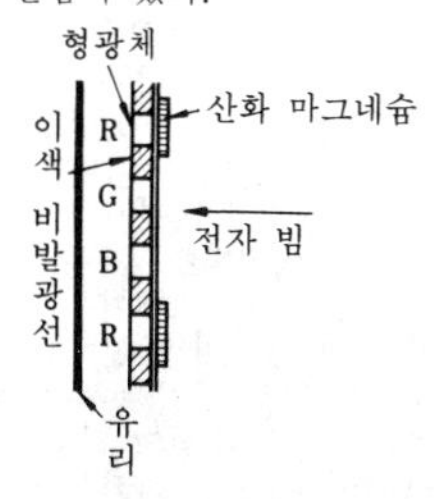

application 애플리케이션 컴퓨터를 실지로 이용하는 것. 예를 들면, 급여의 계산, 항공권의 예약, 컴퓨터 네트워크 등은 애플리케이션의 예이다.

application-oriented language 응용 중심 언어(應用中心言語) ① 통계 해석 언어나 머신 설계 언어와 같이 주로 단일 응용 분야에의 적용을 고려한 기능이나 기법(記法)을 갖는 컴퓨터 중심의 언어. ② 이용자의 업무나 전문 분야의 언어와 유사한 스테이트멘트(문)나 용어를 포함하는 문제 중심 언어.

application package 응용 패키지(應用—) 특정한 응용에서의 문제를 풀기 위해 쓰이는 컴퓨터 프로그램, 서브루틴 등의 집합으로, 디버깅 패키지, 그래픽스 패키지 등은 그러한 응용 패키지이다.

application program 응용 프로그램(應用—) 컴퓨터의 응용 프로그램. 과학 기술 계산이나 사무 계산 등 실제의 작업을 처리하는 경우에 사용하는 프로그램.

application program interface 응용 프로그램 인터페이스(應用—) =API

application softwere 응용 소프트웨어(應用—) 컴퓨터 시스템의 기계적인 용도를 위해 특별히 작성된 소프트웨어.

application-specific IC 에이직, 응용 주문형 집적 회로(應用注文形集積回路) = ASIC

application technology satellite project 응용 기술 위성(應用技術衛星) =ATS

approach and landing system 진입 착륙 유도 방식(進入着陸誘導方式) 항공기의 진입 및 착륙에서의 유도 방식으로, NDB, VOR, ILS, GCA 등의 방식이 있다. 그림은 ILS(계기 착륙 방식)의 예로, A~D의 4시설로 이루어지며, 각각 소정의 강하로에 대한 좌우의 정보, 상하의 정보 및 활주로까지의 거리 표지(標識)를 준다.

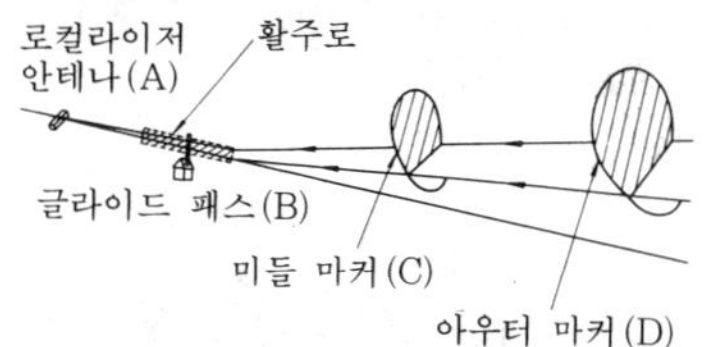

approach control radar 진입 관제 레이더(進入管制—) =ACR

approximate value 근사값(近似—) 참값에 가깝지만 정확하지 않은 값.

approximation algorithm 근사 산법(近似算法) 정확한 해를 구하는 「빠른 산법」을 찾아내지 못하든가, 또는 존재하지 않을 때 정확한 해를 구하는 대신 근사해를 구하기로 하고, 그 대신 충분히 빨리 계산할 수 있는 것으로 한다. 이러한 산법을 근사 산법이라고 한다. 예를 들면, 2의 제곱근을 구하는 데 $X^2=2$를 뉴턴법으로 푸는 것이 이에 해당한다.

APSS 자동 프로그램 검색 시스템(自動—檢索—) automatic program search system의 약어. 오디오용 카세트 테이프에서의 자동 탐색의 한 방식. 메이커에 따라 여러 가지 방식의 것이 있으며 명칭도 다르나, 보통은 검색 중의 테이프를 고속으로 주행시켜 테이프 상의 곡 사이의 무음부(3~4초 정도)를 센서(큐 헤드)로 검출하여 재생 상태로 하는 구조로 되어 있다. 마이크로컴퓨터 장비의 랜덤 선곡을 할 수 있는 것도 있으며, 이 방식은 카세트 데크보다 오히려 라디오 카세트에 널리 쓰이고 있다.

APT 자동 프로그램 도구(自動—道具), 수치 제어 공작 시스템(數值制御工作—) = automatically program tool

APWI 기상 접근 경보 지시기(機上接近警報指示器) =airborne proximity warning indicator

aquadag 애쿼대그 흑연의 미분말을 암모니아수와 타닌산의 혼합액에 분산하여 콜로이드 모양으로 한 것. 도전성의 액체로서 감마제나 절연물에 대한 측정용 전극 등에 사용한다.

Arago' s disk 아라고의 원판(-圓板) 그림에서 영구 자석을 화살표 방향으로 이동하면 원판이 이것과 같은 방향으로 회전한다. 이것은 자석의 이동에 의해 원판 상에 발생하는 와전류와 자속과의 사이의 전자력에 의해 토크를 발생하는 것으로, 발명자 아라고(Arago, 프랑스)의 이름을 따서 아라고의 원판이라고 한다. 유도 전동기는 이 원리를 이용하여, 자석을 움직이는 대신 회전 자계를 주어서 회전 토크를 얻는 것이다.

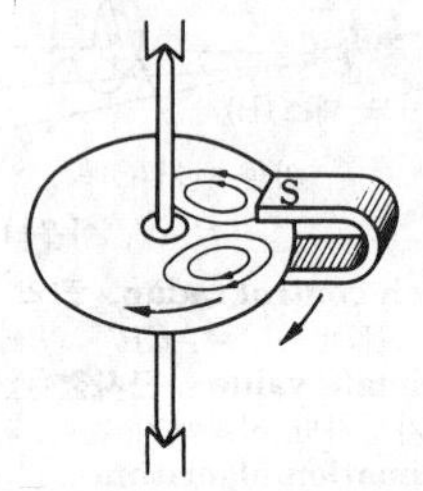

Araldite 아랄다이트 에폭시 수지의 일종으로 상품명이다.

arbiter 아비터 복수의 마이크로프로세서가 버스를 공용할 때 동시에 다른 마이크로프로세서가 버스를 사용하면 버스 상에서 데이터가 충돌한다. 이러한 장해를 방지하기 위해 버스의 사용을 조정하는 회로를 말한다.

arbitrary sequence computer 임의 순서 컴퓨터(任意順序-), 실행 순서 지정 컴퓨터(實行順序指定-) 각 명령이 그 다음에 실행될 명령의 기억 장소를 명시적으로 정하는 컴퓨터. 즉, 명령 중에 다음에 실행할 명령의 주소를 지정하는 컴퓨터. 명령 실행의 순서를 임의적으로 할 수 있는 것.

ARC 자동 해상도 제어(自動解像度制御) = automatic resolution control

arc back 역호(逆弧) 수은 증기 정류관에서 양극상에 이른바 음극 휘점(輝點)이 형성되고, 여기서 주전류가 역류하는 것. 전자관에서의 역방출에 해당하며, 정류성을 잃게 된다.

arc cathode 아크 음극(-陰極) 가스 봉입 방전관의 음극으로, 그곳으로부터의 전자 방출은 가스의 전리(電離) 전압과 거의 같은 미소한 전압 강하로 자기 유지되고 있는 것.

arc discharge 아크 방전(-放電) 기체 중 방전의 최종 단계에서 일어나는 현상으로, 방전 전류가 크고, 전압 강하가 낮다. 형광등은 아크 방전에서의 양광주(陽光柱)를 응용한 것이다. 일반적으로 전압-전류 특성은 음 특성이므로, 전원에는 안정 저항을 써서 그림과 같이 동작시킨다.

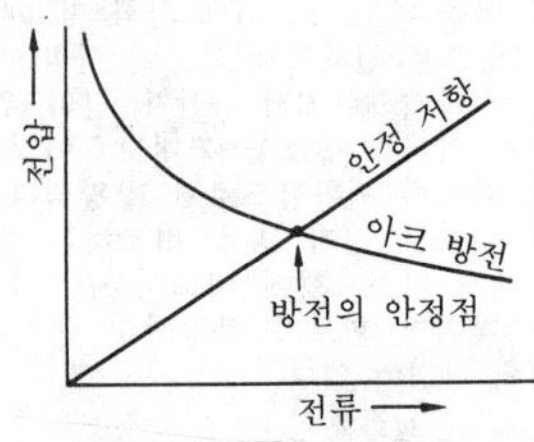

arc-drop loss 아크 강하손(-降下損) 가스 봉입 방전관에서 아크 전압 강하의 순시값과 전류를 곱하고, 이것을 동작의 완전한 1사이클 기간에 걸쳐서 평균한 값.

architecture 아키텍처 컴퓨터 시스템 전체(하드웨어와 소프트웨어를 포괄한 것)에 대한 논리적인 기능 체계와 그것을 실현하기 위한 구성 방식. 시스템의 전체적인 최적화를 목표로 하고 있다.

architecture design 아키텍처 설계(-設計) ① 컴퓨터 시스템의 개발을 위한 모체를 마련하기 위하여 하드웨어 및 소프트웨어의 구성 요소들과 그들 사이의 인터페이스를 정의하는 과정. ② 아키텍처 설계 과정의 절차.

archive attribute 아카이브 속성(-屬性) 파일의 속성 중에 아카이브 비트가 있으며, 그 속성을 말한다. 아카이브란 보존을 뜻한다. 이 아카이브 속성 비트는 통상의 파일에서는 모두 ON 으로 되어 있으나 MS-DOS 의 BACKUP 커맨드로 백업하면 자동적으로 OFF 로 된다. 이것으로 아카이브 속성 비트에서 파일의 갱신이나 비갱신을 알 수 있다.

arc-resistivity 내 아크성(耐-性) 절연 재료가 접점의 개리(開離) 등에 의한 불꽃이나 아크에 닿으면 열 때문에 손상되는데, 불꽃이나 아크가 매우 단시간으로 소멸할 때는 반복 사용할 수 있다. 그 내용(耐用)의 세기를 내 아크성이라 하고, 보통 내열성이라는 뜻과는 반드시 일치하지 않는다.

arc through 통호(通弧) 가스 봉입 방전관에서 주전류가 정류 요소를 본래의 비통전 기간 중도 순방향으로 흘러 관의 정류 기능을 잃게 되는 것.

area code 지역 번호(地域番號) 장거리 통화를 위해 물리적으로 분할된 지역을 명확하게 지정하는 번호.

area control radar 공역 관제 레이더(空域管制−) 비교적 넓은 범위에서 항공 관제를 하기 위해 쓰이는 레이더 방식으로, 진입 관제 레이더로의 트래픽을 원활하게 하기 위한 것.

area flowmeter 면적 유량계(面積流量計) 수직으로 세운 테이퍼관 내에 플로트가 들어 있으며, 유체는 그들 사이를 통과한다. 이 때 틈의 상하에 차압이 생겨서 플로트는 밀려 올라간다. 플로트가 올라가면 틈이 커져서 차압이 감소하여 밀어 올리는 힘이 줄고, 가동부의 자중과 평형하는 높이에서 안정한다. 이 플로트의 밀어올리는 높이와 유량과의 사이에는 비례 관계가 있으므로 플로트의 높이에서 유량을 측정할 수 있다. 배관의 전후에 직관부(直管部)를 필요로 하지 않고, 또 압력 손실이 적으므로 저유량, 고점도의 유량 측정에 적합하다.

area of safe operation 안전 동작 영역(安全動作領域) 트랜지스터의 안전한 사용 한계를 정한 것. 트랜지스터는 어떠한 경우라도 최대 정격 내에서 사용하지 않으면 안 되는데, 전류가 비교적 큰 파워 트랜지스터에서는 최대 정격 내에서도 2차 항복 현상에 의해서 파괴되는 일이 있다. 그러나 인가 시간이 짧으면 최대 정격을 넘어도 문제 없이 사용할 수 있다. 이와 같이 안전하게 사용할 수 있는 범위를 정한 것이 안전 동작 영역이며, 메이커에서 규정하도록 되어 있다. 이 영역은 최대 컬렉터 전류, 최대 컬렉터 전압, 최대 컬렉터 손실 및 2차 항복 현상에 의해서 정해지며, 이것이 넓은 트랜지스터일수록 튼튼한 트랜지스터라고 할 수 있다. ＝ASO

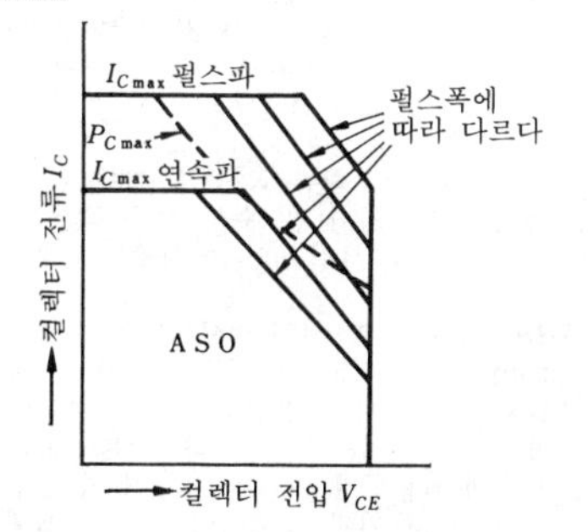

area sensor 에어리어 센서 시각 센서의 일종으로, 특히 고도한 기술을 요한다. 텔레비전 카메라로 대상물을 비쳐내고, 컴퓨터로 그 화상 처리하여 형상 인식을 한다. 화상을 2차원 처리하기 때문에 에어리어라고 한다.

argon laser 아르곤 레이저 저압 아르곤 가스의 아크 방전을 증폭 매질로서 사용한 연속 발진 레이저. 근적외에서 녹색의 가시 영역으로 매우 강한 레이저 발진이 얻어지므로 용도는 넓다. 단, 큰 입력 전력을 필요로 하는 결점이 있다.

argument 인수(引數)[1], 가수(假數)[2], 변수(變數)[3] (1) 주 프로그램에서 서브루틴으로 넘겨지는 변수.
(2) 부동 소수점 표시의 고정 수소점부.
(3) 논리값 또는 수치의 어느 쪽인가가 주어진 독립 변수.

arithmetic and control unit 연산 제어 장치(演算制御裝置) ＝ACU

arithmetic and logic unit 연산 논리 장치(演算論理裝置), 연산 논리 처리 장치(演算論理處理裝置), 연산 처리 장치(演算處理裝置) ＝ALU

arithmetic circuit 연산 회로(演算回路) 덧셈 등의 연산을 하는 회로. →adder

arithmetic element 4칙 연산기(四則演算器) 4칙 동작을 실행하는 컴퓨터의 부분.

arithmetic control unit 연산 제어 장치(演算制御裝置) ＝ACU

arithmetic operations 산수 연산(算數演算) 수치의 계산에 따른 연산.

arithmetic register 산술 레지스터(算術−) 산술 연산, 논리 연산, 자리 이송과 같은 연산의 오퍼랜드 또는 결과를 유지하는 레지스터. 연산 장치의 일부로 산술 연산이나 논리 연산을 하는 레지스터.

arithmetic shift 산술 자리 이동(算術−移動) 컴퓨터에서의 비트 처리 명령의 하나. 일반적으로 각 비트의 내용을 왼쪽 또는 오른쪽으로 이동시키는 것을 시프트라고 하는데, 2진수로 나타낸 양(陽)의 수에서는 오른쪽으로 n자리 만큼 이동하고 왼쪽의 빈 비트에 "0"을 넣으면 결과의 2진수는 원래의 수를 2^n으로 나눈 수치가 된다. 거기서 2의 보수로 음의 수를 표현했을 때도 양의 수일 때와 같은 산술 계산 결과가 되도록 오른쪽으로 이동한 왼쪽의 빈 비트에 원래의 맨 왼쪽 부호 비트의 값을 넣는 형식으로 이동하는 것을 산술 자리 이동이라고 한다.

arithmetic unit 연산 장치(演算裝置) 컴퓨터에서 모든 4칙 연산이나 논리 연산을 하는 중앙 처리 장치(CPU)의 일부이며, 어큐뮬레이터(누산기), 논리 기구, 자리 보내기 기구, 래치 등으로 구성되어 있다. 또한, 계산은 2진수로 이루어지므로 연산 처리 시간은 그 컴퓨터의 성능을 가늠하는 데 중요한 요소이다. 그 때문에 고속의 연산 장치가 여러 가지 개발되고 있다.

arm 암 브리지의 인접한 두 분기점 사이의 회로 분기. 일반 회로망의 경우에는 브랜치(분기)라 한다.

Armstrong modulation 암스트롱 변조(−變調) 간접 주파수 변조(FM)의 일종으로, 암스트롱(E. H. Armstrong)이 처음으로 FM 방식을 발명했을 때 사용한 회로로, 그림과 같은 구성으로 되어 있다. 즉 반송파와 90 도 위상이 벗어난 상하 측대파를 합성함으로써 위상 변조파가 얻어지기 때문에 미리 전치 일그러짐 회로를 통해서 변조 신호파를 가하면 FM변조파가 얻어지게 된다. 이 회로는 소정의 주파수 편이를 얻는 데 체배 단수를 많이 필요로 하므로 현재는 그다지 사용되지 않는다.

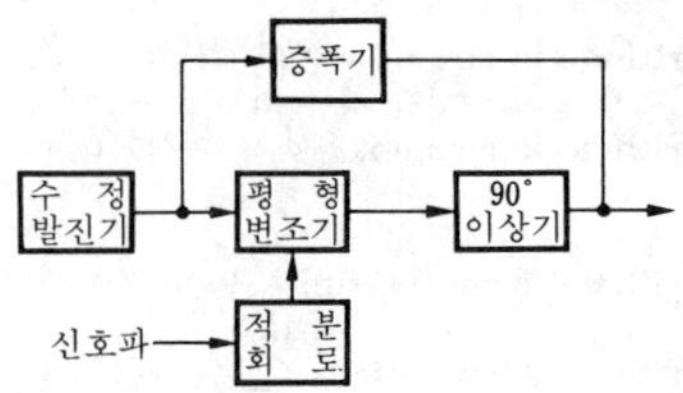

Armstrong system 암스트롱 방식(−方式) 위상 변조파 혹은 주파수 변조파를 만들어내는 방식. 안정한 크리스털 발진기와 리미터에 의해 바람직하지 않은 진폭 변화를 제거하고 있다. 평형 변조기로부터의 출력은 캐리어 저지의 진폭 변조파이다. 결합 증폭기의 출력은 위상 변조 방식으로 만들어진 주파수 변조파이다. 이것을 주파수 체배하여 출력 전력을 높여서 송신기로 보내고 있다.

ARQ 자동 오자 정정 장치(自動誤字訂正裝置) =automatic request question

array 어레이, 배열(配列) 구조나 기능에서 공통적으로 사용되는 요소나 장치 또는 패널 등을 복수 개 조합시킨 것. 예를 들면, 안테나 어레이, 어레이 트랜지스터.

array antenna 어레이 안테나, 배열 안테나(配列−) 안테나의 지향성을 날카롭게 하기 위하여 다수의 동형 단위 안테나를 일정 방향으로 배열한 다소자 안테나로, 안테나 어레이라고도 한다. 단위 안테나로는 반파 안테나를 사용한다. 각 단위 안테나는 같은 전력을 방사하고, 위상도 일치시키는 것이 보통이나, 적당한 위상차를 주어서 최대 지향성의 방향을 단위 안테나의 중심을 잇는 방향으로 한 것도 있다. 야기 안테나가 그 예이다. 어레이 안테나에는 직선형 어레이, 원형, 행렬 방식, 턴 스타일 안테나 등이 있다.

array divider 어레이 제산기(−除算器) 나눗셈의 원리를 그대로 회로화한 제산기. 같은 기본 회로를 2 차원 어레이 모양으로 규칙적으로 배열한 구조를 갖기 때문에 LSI 화에 적합하다.

array element 어레이 소자(−素子) 다수의 동일 소자를 1 차원 또는 2 차원으로 규칙적으로 배치한 것. 센서의 검출 감도를 증대하거나 주사 기능을 갖게 하거나 하는 경우에 사용한다.

array factor 어레이 팩터 어레이 안테나의 소자를 등방성 파형(等方性波形)으로 했을 때의 어레이 안테나의 방사 패턴. 어레이 안테나 각 소자의 패턴이 같은 경우 어레이 팩터와 소자 패턴의 곱이 어레이 안테나 전체의 방사 패턴이 된다.

array multiplier 어레이 승산기(−乘算器) 매트릭스 승산기라고도 한다. 곱셈의 원리를 그대로 회로화한 승산기. 같은 기본 회로를 2 차원 어레이 모양으로 규칙적으로 배열한 구조를 갖기 때문에 LSI 화에 적합하며, 승산용 LSI 나 신호 처리용 LSI 로 널리 사용되고 있다.

arrester 피뢰기(避雷器) 천둥에 의한 충격이나 기타의 이상 전압을 대지에 방전하여 기기의 단자 전압을 내전압 이하로 저감하여, 기기의 절연 파괴를 방지하기 위해 사용하는 장치. 피뢰기는 서지 전압의 저감과 방전이 끝난 다음의 속류(續流)를 작게 하는 특성 요소와 평상시는 이것을 분리해 두고 서지 전압이 침입할 때만 방전하는 직렬 갭(사용하지 않는 것도 있다)으로 구성되어 있다.

arrester discharge 피뢰기 방전 용량(避雷器放電容量) 피뢰기가 그 각부에 손상을 주는 일 없이 견딜 수 있는, 특정 파형의 최대 방전 전류의 파고값.

arrival curve 착류 곡선(着流曲線) 케이블에서 전송되어 온 수신 전류 곡선으로, 케이블 커패시턴스의 영향을 나타내는 것.

ARS 자동 경로 선택(自動經路選擇) automatic route selection 의 약어. 국내 교환기에서 외선 발신을 하는 경우에 이용자가 지정한 수신처 다이얼을 바탕으로, 대기나 단말 기기의 속도 등의 조건을 고려하면서 가장 경제적인 경로를 선택하는 기능 또는 그를 위한 장치.

arsenic 비소(砒素) 기호 As. 5 가의 원소로 원자 번호 33. n 형의 규소나 게르마늄을 만들기 위한 불순물로서 이용되는 외에 갈륨과의 금속간 화합물(GaAs)은 새로운 반도체 재료로서 주목되고 있다.

ARSR 항공로 감시 레이더(航空路監視-) =air-route surveillance radar

ARTCC 항공 교통 관제 센터(航空交通管制-) =air route traffic control center

articulation 명료도(明瞭度) 통화 품질을 나타내는 측도(測度)의 하나로, 전화에서는 올바르게 발성된 단음이나 음절을 들었을 때 단음이나 음절이 올바르게 들린 비율을 나타내는 것으로, 단음 명료도, 단어 명료도, 음절 명료도로 나뉜다. 예를 들면, 100 단음 중 80 단음을 올바르게 알아들을 수 있었다면 단음 명료도는 80%라고 한다. 팩시밀리에서는 수신한 문자가 얼마만큼 손상되지 않고 기록되었는가의 비율을 %로 나타낸 것을 명료도라고 한다. 장치 자체에 의해 정해지는 공칭 명료도와 회선을 포함한 실효 명료도가 있다.

articulation equivalent 명료도 등가 감쇠량(明聊度等價減衰量) 전화계를 통해 재생되는 통화의 명료도 측정. 전화계의 명료도 등가 감쇠량은, 기준계의 중계계선(中繼系線路)로 감쇠량을 변화시켜 전화계와 같은 명료도가 되었을 때의 표준계의 선로 감시량의 값으로 표현된다.

articulation reference equivalent 등가감쇠량(等價減衰量) =AEN

artificial antenna 인공 안테나(人工-) 필요한 임피던스 특성과 동작 전력 특성을 가지고 있지만 실제로는 전파를 방사하거나 수신하거나 하지 않는 안테나.

artificial ear 의사 귀(擬似-)[1], 인공 귀(人工-)[2] (1) 전화기 수화기의 음향 출력을 측정하기 위한 장치로, 수화기에 대한 음향 임피던스를 평균적인 사람의 귀가 나타내는 임피던스 특성에 근사시킨 것.

(2) 평균적인 인간의 귀가 주는 임피던스에 근사한 음향 임피던스를 이어폰에 주고, 이어폰에 의해서 생기는 음압의 측정을 위한 마이크로폰을 갖춘, 이어폰의 음향 출력의 측정을 위한 장치.

artificial intelligence 인공 지능(人工知能) 컴퓨터로 인간의 지적 활동과 같은 처리를 대행하는 시스템. 응용 분야로서 전문가 시스템이나 자동 번역의 시스템 등이다. =AI

artificial intelligence machine 인공 지능 머신(人工知能-), 인공 지능 컴퓨터(人工知能-) 인공 지능 응용에서의 각종 처리(추론, 학습, 지식 관리 등)의 고속화

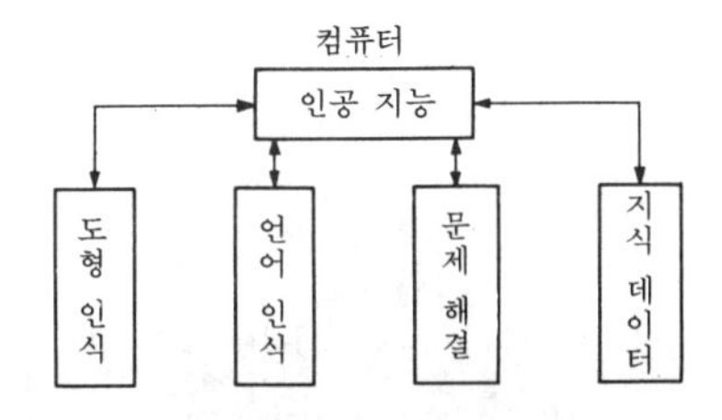

artificial intelligence

를 목적으로 하여 구성된 전용 컴퓨터. 특히 추론 기능을 중심으로 생각하는 경우 추론 기계(inference machine)라고도 불린다. 전문가 시스템 등 인공 지능의 응용 분야에서는 종래의 절차형 언어에 의한 기술이 곤란하기 때문에 LISP나 PROLOG 등의 비절차형 언어가 이용되는 일이 많고, 이들 언어를 고속 실행하는 LISP 머신이나 PROLOG 머신은 인공 지능 머신이라고 할 수 있다. 또, 의미 모델로서 프로덕션 시스템이나 의미 네트워크가 널리 사용되고 있으나 이들 모델은 높은 병렬성을 가지고 있으며, 병렬 처리를 구사한 아키텍처가 검토되고 있다. 프로덕션 시스템 머신으로서는 DADO, 의미 네트워크 머신으로서는 NETL 등을 들 수 있다.

artificial intelligence system 인공 지능 시스템(人工知能-) 지식 데이터 베이스 시스템과 추론 시스템의 두 부분으로 구성되며, 지식 데이터 베이스 시스템에 있는 전문 지식을 사용하여 추론하는 컴퓨터 시스템. 인공 지능은 1960 대 후반부터 본격적인 연구가 시작되었다. 이것은 컴퓨터의 진보로 복잡한 일을 충분히 처리할 수 있는 능력을 가진 시기에 부합된다. 그 최초의 계기가 된 것은 미국 MIT의 매카시(J. McCarthy) 등에 의한 리스트 처리 언어인 LISP 언어의 개발이었다. 수치 뿐만 아니라 기호도 다룰 수 있는 이 언어를 사용하여 다양한 인공 지능에 대한 연구가 촉진되었다. 1960 년대에는 기계 번역의 연구가 활발해져서 물체 인식이나 지능 로봇의 연구도 시작되었다. 1970 년대에는 인간이 가지고 있는 것과 같은 일상적인 지식을 비롯하여 전문적인 지식까지도 컴퓨터가 다룰 수 있게 하려면 어떤 표현식으로 할 것인가 하는 지식 표현의 연구가 활발해졌다. 인공 지능 시스템의 응용 분야로서는 번역이나 설계 분야, 고도 의료 진단 시스템, 외부 상황을 판단하는 로봇 등 각종 분야에서 이용이 예상되고 있다. 제5 세대 컴퓨터

는 추론 기능을 가진 컴퓨터라고 알려져 있는데, 그 기능적 측면에서 볼 때 이 인공 지능 시스템의 일종이라고 할 수 있다.

artificial line 의사 선로(擬似線路)[1], 인공 선로(人工線路)[2] (1) 일정한 주파수대에 걸쳐 전송 선로의 전기적 특성을 모의하기 위한 회로망.
(2) 희망하는 주파수 범위에 걸쳐 선로의 전기 특성을 모의하는 전기 회로. 이 용어는 기본적으로 실제 선로의 시뮬레이션인 경우에 적용되는 것이지만 확장해서 실제의 선로 대신 연구 목적으로 사용되나, 물리적으로는 실현이 불가능한 선로를 표시하는 모든 주기(週期) 선로에 대해 사용된다. 예를 들면, 인공 선로는 순저항으로 구성할 수가 있다.

artificial load 인공 부하(人工負荷) 열손실은 있지만 방사는 하지 않는 안테나, 전송 선로 또는 실용 회로와 같은 특성 임피던스의 부품.

artificial satellite 인공 위성(人工衛星) 지구 주위를 회전하는 인공의 위성. 구조는 전원부, 자세 제어부, 통신부, 지령부로 구성되어 있다. 통신, 자원 탐사, 기상 관측, 측량 등의 평화적 이용과 군사적 이용이 있다.

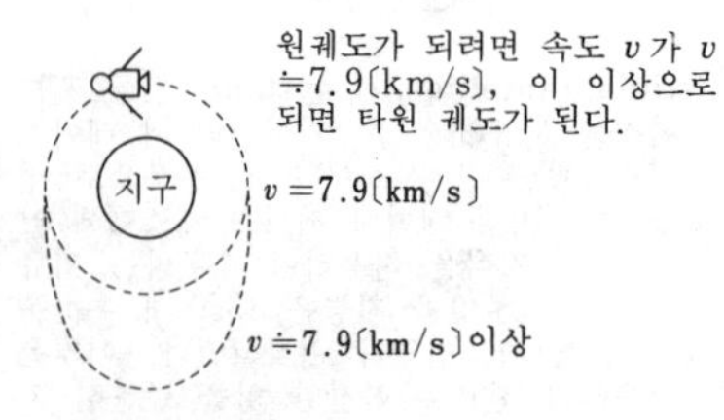
원궤도가 되려면 속도 v가 v≒7.9〔km/s〕, 이 이상으로 되면 타원 궤도가 된다.
지구
v =7.9〔km/s〕
v ≒7.9〔km/s〕이상

artificial traffic 의사 트래픽(擬似－) 호(呼)의 발생 분포와 각각의 호의 보류 시간 등을 실제의 경우에 맞추어서 인공적으로 만든 트래픽. 보류 시간이란 호에 의해 회선이나 기기가 점유되어 있는 기간을 말한다.

ARTS 터미널 레이더 정보 처리 시스템(－情報處理－) automated radar terminal system 의 약어. 2 차 감시 레이더에 의해 얻은 정보를 컴퓨터로 처리하여 항공기를 식별하는 동시에 레이더 스코프 상에 편명(便名), 고도, 속도 등의 비행 정보를 표시하고, 목표물을 자동 추미하는 기능을 가진 장치.

artwork 아트워크 집적 회로(IC) 제조 공정의 일부로, 적색의 수지를 칠한 마일러의 시트를 제도기로 절단하여 불필요한 부분의 수지를 벗겨서 집적 회로의 마스크 패턴 원도를 만드는 작업 공정, 혹은 그와 같은 원도. 이 원도를 축사(縮寫)함으로써 레티클(reticle), 즉 망상(網狀)의 마스크 패턴이 만들어진다.

ARU 음성 응답 장치(音聲應答裝置) ① audio response unit 의 약어. 컴퓨터 시스템을 전화기에 연결하여 질의에 대해서 음성으로 대답하도록 한 장치. ② 컴퓨터 등으로부터 주어진 정보에 대응하는 음성을 만들어 내어 이것을 회선에 내보내는 기능. 음성을 만들어 내는 방법으로는, 자기 드럼 등에서 먼저 녹음한 음성의 필요 부분을 읽어 내고, 이것을 편집하여 응답문을 만들어 내는 것과, 몇 가지의 기본적인 변수를 써서 음성을 기계적으로 합성하면서 응답문을 만들어내는 것 등이 있다.

asbestos 석면(石綿) 천연산의 단 하나의 섬유상 광물. 화학적으로 안정하고, 내열성이 뛰어나나, 흡습하기 쉬운 것이 결점이다. 인체에 유해하기 때문에 최근에는 사용되지 않게 되었다.

ASCII 아스키 American Standard Code for Information Interchange의 약어. ASA(American Standards Association : 미국 표준 협회)에 의해 ISO(국제 표준화 기구 : International Or-ganization for Standardization) 위원회에 미국안으로서 제안된 ASA 표준 코드. 이 코드는 데이터 비트 7비트와 패리티 체크 비트 1비트의 8비트로 나타내며, 정보 교환을 위해 사용되는 제어 문자와 도형 문자의 세트이다. 또한 US-ASCII(United Stated of American Stan-dard Code for Information Inter-change)라 하기도 한다.

ASCII code 아스키 코드 미국에서 표준화가 추진된 7비트 부호. 1963 년 당시의 ASA(American Standards Association : 미국 표준 협회)에 의해 제정되어 미국의 표준 부호가 되었다. 미니컴퓨터나 개인용 컴퓨터 등의 소형 컴퓨터를 중심으로 세계적으로 보급되고 있으며, 미국뿐만 아니라 국제적으로 널리 사용되고 있다. 이 때문에 1967 년의 ISO 부호는 ASCII 를 포함하는 형태로 정의되었다. ASCII 부호용 키보드도 널리 사용되고 있으며, 96 개의 대소 영문자, 숫자, 특수 문자와 32 개의 제어 문자를 포함하여 128 개의 문자를 입력할 수 있다(다음 면 표 참조).

A-scope A 스코프 레이더 브라운관에서의 영상 표시 방식의 일종으로, 그림과 같이 거리를 X 축(가로 방향)으로, 반사 전

행＼열	2	3	4	5	6	7
0	스페이스	0	@	P	、	p
1	!	1	A	Q	a	q
2	"	2	B	R	b	r
3	#	3	C	S	c	s
4	$	4	D	T	d	t
5	%	5	E	U	e	u
6	&	6	F	V	f	v
7	'	7	G	W	g	w
8	)	8	H	X	h	x
9	(	9	I	Y	i	y
10	*	:	J	Z	j	z
11	+	;	K	[	k	{
12	,	<	L	\	l	|
13	–	=	M	]	m	}
14	.	>	N	∧	n	~
15	/	?	O	—	o	취소

ASCII code

파의 세기를 Y축(세로 방향)으로 잡는 것이다. 거리 표시가 되어 있지 않으므로 거리를 직독할 수 없는 결점이 있다. 여기에 거리 표시를 넣은 것을 M스코프라고 한다.

ASDE 공항 지표면 탐지기(空港地表面探知機) =airport surface detection equipment

ASF 부가 2차 위상 계수(附加二次位相係數) =additional secondary phase factor

ASIC 에이직, 응용 주문형 집적 회로(應用注文形集積回路) application-specific IC 의 약어. 필요로 하는 기능의 회로를 기본적인 게이트들로 구성된 IC 들을 조합하여 만드는 것이 아니고, 그 회로를 통째로 집적하여 하나의 IC 로 만드는 것. 여기에는 사용자의 주문대로 처음부터 회로를 설계, 제조하는 주문형(custom) IC 와, 기본적인 게이트들을 여러 개 배열해 놓고 이들 사이를 배선해 주는 게이트 어레이, 그리고 카운터, 타이머, 플[illegible]롭 등 기본적인 부품을 칩에 미리 구[illegible] 놓은 반제품으로부터 이들을 칩 내에서 연결하여 원하는 회로를 만드는 표준 셀(cell) 등이 있다.

ASK 진폭 위상 변조(振幅位相變調), 진폭 편이 변조(振幅偏移變調) =amplitude shift keying

ASO 안전 동작 영역(安全動作領域) = area of safe operation

aspect ratio 종횡비(縱橫比) 텔레비전에서 전송되는 화상의 세로와 가로 길이의 비율. 현재 세계 각국에서 채용되고 있는 보통의 텔레비전의 종횡비는 3:4이며, 따라서 수상관의 형광면은 크기에 관계없이 세로와 가로의 치수비를 3:4로 하지 않으면 안 된다. 또한 종래의 보통 영화 화면도 거의 같은 3:4로 되어 있다.

ASR 공항 감시 레이더(空港監視-)[1], 자동 송수신 장치(自動送受信裝置)[2] (1) = airport surveillance radar
(2) automatic send/receive set 의 약어. 보통, 단말기로서 사용되며, 카드나 종이 테이프의 판독 송신기 또는 천공 수신기, 프린터, 키보드를 갖추고 있다.

assemble 어셈블, 어셈블하다 어셈블리어로 작성된 프로그램을 기계어로 변환하는 것. 기계어로 고침으로써 비로소 프로그램이 실행된다. →compile

assembler 어셈블러 컴퓨터에서의 언어처리를 위한 프로그램의 일종. 문자나 숫자를 써서 기계어보다 알기 쉽게 표현된다. 다만, 이 언어에서는 문제를 기계어와 같은 다수의 명령 스텝으로 분해하므로 아직 완전하게는 기계적인 성질에서 빠져나오지는 못하고 있다.

assembly language 어셈블리 언어(-言語) 컴퓨터용 언어의 일종. 그 명령은 보통 1 대 1로 대응하고 있으며, 매크로 명령의 사용과 같은 기능을 갖출 수 있는 것.

assertion 표명(表明), 가정(假定) 컴퓨터 프로그램의 어느 부분에서 거기에 나타나는 변수의 사이에 성립하고 있는 관계를 표현한 것.

assessed failure rate 추정 고장률(推定故障率) 주어진 신뢰 수준에서 추정된 신뢰 구간의 한쪽 한계값 혹은 양쪽 한계값으로서 결정된 아이템의 고장률. 이 값은 규격상 동일 아이템의 관측 고장률을 구한 것과 동일 데이터를 바탕으로 하여 구해진다. 주 ① 데이터의 출처를 명시할 것. ② 결과는 모든 조건이 유사할 때만 누적(결합)할 수 있다. ③ 가정한 고장 시간의 분포를 명시한다. ④ 한쪽 구간 추정값이나 양쪽 구간 추정값의 어느 쪽이 쓰이고 있는가를 명시해야 한다. ⑤ 단일의 한계값이 주어졌을 때에는 보통 상한값을 쓴다.

assessed reliability 추정 신뢰도(推定信賴度) 주어진 신뢰 수준에서 추정된 신뢰 구간의 한쪽 한계값 혹은 양쪽 한계값으로서 결정된 아이템의 신뢰도. 이 값은 규격상 동일 아이템의 관측 신뢰도를 구한 것과 동일 데이터를 바탕으로 하여 구해진다. ㊟ ① 데이터의 출처를 명시할 것. ② 결과는 모든 조건이 유사할 때만 누적(결합)할 수 있다. ③ 가정한 고장 시간의 분포를 명시한다. ④ 한쪽 구간 추정값이나 양쪽 구간 추정값의 어느 쪽이 쓰이고 있는가를 명시해야 한다. ⑤ 단일의 한계값이 주어졌을 때에는 보통 하한값을 쓴다.

assignment 할당(割當) =allocation

assign problems 할당 문제(割當問題) 일정한 예산을 어떻게 배분하면 목적 달성을 위해 최대의 효과를 걷을 수 있는가 하는 모양으로 과해지는 문제를 말한다. 예를 들면, 일정한 설비비로 여러 종류의 제품을 생산하는 공장을 건설하는 경우, 공작 기계의 종류와 대수를 어떻게 할당하면 생산량을 최대로 할 수 있는가라든가, 도시 계획에서 교통 시스템으로의 예산 할당을 어떻게 하면 수송력을 최대로 할 수 있는가 하는 등의 문제이다.

astable blocking oscillator 무안정 블로킹 발진기(無安定－發振器) 무안정 발진기로서 동작하는 블로킹 발진기. 발진 주파수는 이완(弛緩) 회로의 사상수로 정해진다. 트랜지스터의 통전 정지 기간에 콘덴서 C가 저항 R을 통해서 충전되는데, Q의 베이스 전위가 저하하여 Q의 통전이 시작되면 C의 전하는 방전하는 동시에 컬렉터 전류의 증가로 트랜스의 2차측에 유기되는 전압으로 앞서와 역극성으로 충전된다. 그러나 컬렉터 전류가 포화하면 트랜스의 유기 전압도 소실되어 Q의 베이스 전위가 갑자기 높아져서 트랜지스터의 통전이 멈춘다. 이러한 사이클의 반복에 의해 얻어지는 발진의 주파수는 CR 시상수와 트랜지스터의 포화 특성으로 정해진다.

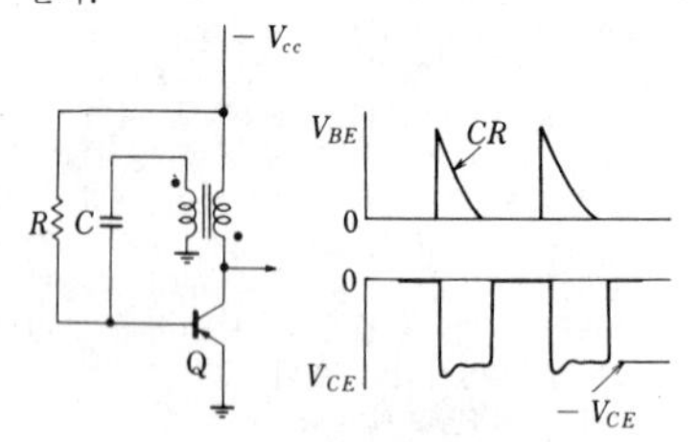

astable multivibrator 비안정 멀티바이브레이터(非安定－) 멀티바이브레이터의 일종으로, 무안정 또는 자주(自走) 멀티바이브레이터라고도 한다. 외부에서 입력을 가하지 않더라도 자동적으로 트랜지스터 Tr_1, Tr_2가 도통, 비도통의 상태를 반복하여 구형파를 발진한다. 반복 주파수는 회로의 시정수를 바꾸어서 임의로 선정할 수 있다. 결합 방법에 따라 이미터 결합형이나 컬렉터 결합형 등으로 분류된다. 그림은 이미터 결합형의 회로 예이다.

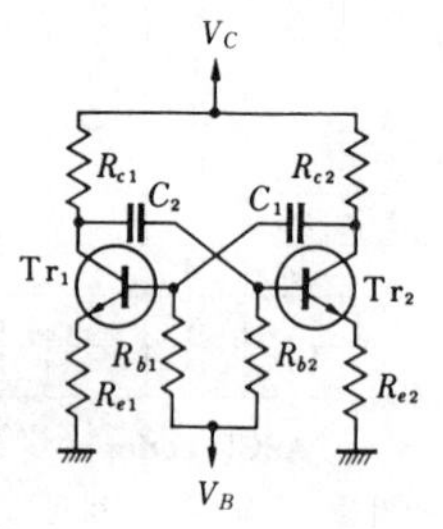

astatic 무정위(無定位) 일정한 위치, 방향을 갖지 않는 것. 따라서 스스로는 위치를 바꾸는 성질을 갖지 않는다. 자동 제어 장치에서는 무정위의 장치는 입력에 의해 출력 위치가 끊임없이 변화하고 일정한 평형 위치는 갖지 않는다. 일정한 시동 위치(home position)를 갖지 않는다는 의미로 노호밍(no-homing)이라고도 한다.

astatic galvanometer 무정위 검류계(無定位檢流計) 지구 자계와 관계없는 지시값을 주는 구조를 가진 검류계로, 2 개의 작은 자침이 검류계 코일 내부에 서로 평행하게 두어져 있다.

astigmatism 비점 수차(非點收差) 렌즈(광학 렌즈 및 전자 렌즈)가 정확하게 회전 대칭으로 되어 있지 않을 때 방향에 따라서 곡률이 다른 결과, 초점이 일치하지 않고 생기는 수차.

ASTM 미국 재료 시험 협회(美國材料試驗協會) American Society of Testing and Materials 의 약어. 또는 협회가 정한 규격을 말한다. 규격은 재료의 시험 방법을 전문으로 규정한 것으로, 시험 조건의 설정이나 제품의 성능 표시 등에 널리 이용된다.

Aston dark space 애스턴 암부(－暗部) 글로 방전에서 음극 전면에 생기는 발광하지 않는 어두운 부분. 이 부분에서는 음극에서 나온 전자가 전계에 의해서 가속되나, 아직 여기(勵起)를 일으키는 속도에 이르지 않으므로 발광하지 않는다.

asymmetrical distortion 비대칭 일그러짐(非對稱−) 2 상태 변조에 대한 일그러짐으로, 두 유의 상태 중의 하나에 상당하는 기간이, 그 전의 일그러짐을 받지 않는 기간에 대하여 길게(또는 짧게) 되어 있는 것.

asymmetrical duplex transmission 비대칭 복신(非對稱複信) 데이터 전송은 동시 양방향으로 수행되지만, 각 방향에서 같은 전송 속도로는 수행되지 않는 전송 방식.

asymmetrical input 비대칭 입력(非對稱入力) 두 입력 단자의 각각과 공통 단자간 임피던스의 공칭값이 다른 3단자 입력 회로 방식. 두 입력 단자 중 한쪽이 공통 입력인 것을 싱글 엔드 입력이라 한다.

asymmetrical sideband transmission 비대칭 측파대 전송(非對稱側波帶傳送) 진폭 변조파의 반송파를 사이에 두고 두 측파대 중의 한쪽(보통 하부 측파대)의 대부분을 제거한 비대칭형으로 수행되는 전송 방식. 텔레비전에서의 잔류 측파대 전송은 그 대표적인 예이다.

asymmetrical transmission 비대칭 통신(非對稱通信) 고속 모뎀(보통, 9600bps 이상에서 동작하는 것)이 사용하는 통신의 종류. 비대칭 통신은 전화 회선의 대역폭을 300~450bps 범위의 저속 채널과 9600bps 이상의 고속 채널의 두 채널로 분할한다. 채널을 나눔으로써 발신과 착신을 동시에 할 수 있다. 모뎀은 통신의 방향을 감시하여 적절한 채널로 전환하고, 대부분의 데이터가 흘러가는 방향으로 고속 채널을 할당하며, 이어서 저속 채널을 사용하여 관리(제어) 메시지를 송신한다.

asymptotic stability 점근 안정성(漸近安定性) 비직선계의 안정도는 상태 변수 x를 지배하는

$x/dt=f(x)$

라는 식(이것은 외력이 주어져 있지 않다)의 해에 의해 판단된다. x가 x_0라는 초기 상태에서 임펄스 외란(外亂)이 주어지고, 그 후는 위 식에 따라 변화할 때 궁극적으로 x_0를 감싸는 어느 작은 영역의 어딘가에 안정되는 경우에 계(系)는 국부적으로 안정하다고 하며, 특히 시간의 경과에 따라서 결국 당초의 x_0로 되돌아갈 때에는 계는 점근적으로 안정하다고 한다.

asynchronous 전원 비동기(電源非同期) 텔레비전 표준 방식에서의 필드 주파수를 상용 전원 주파수와 관계없이 정한 것. 우리 나라에서는 상용 전원 주파수로 60Hz가 쓰이고 있으므로 이 전원 비동기 방식에 의해 필드 주파수를 60Hz로 하고 있다. 전원 동기 방식에 비하면 수상기의 동기 회로가 복잡해지고, 험(hum)에 의한 방해를 받기 쉬운 결점이 있다.

asynchronous circuit 비동기 회선(非動期回線) 전송로의 종단에 위치한 DCE와 DTE의 상호 접속 회로에 DTE가 송수신하는 데이터 신호의 동기용 타이밍 신호 회로가 없는 회선.

asynchronous communication 비동기 통신(非同期通信) 타이밍을 생각하지 않고 데이터를 전송하는 방식의 통신을 말한다. 시작-정지(조보) 동기 방식의 통신에서는 송수신측에서 동기를 취할 필요는 없다.

asynchronous communication interface adapter 비동기형 통신용 인터페이스(非同期形通信用−) =ACIA

asynchronous computer 비동기식 컴퓨터(非同期式−) 비동기식을 채용한 계수형 컴퓨터. 기본 연산의 실행이 클록 신호에 의하여 보조를 유지해 나가는 것이 아니고 앞의 연산이 완료되었을 때 생성되는 신호에 의하거나, 또는 다음의 연산에 필요한 컴퓨터의 부분이 사용될 수 있음으로써 다음 연산이 시작되는 컴퓨터.

asynchronous control 비동기 제어(非同期制御) 복수의 프로세스가 불규칙 또는 예상할 수 없는 순간에 하나의 자원을 요구하는 경우에 데드 로크 등의 현상을 회피하여 모순 없이 이들 프로세스의 흐름을 제어하는 방식.

asynchronous data transmission 비동기 데이터 전송(非同期−傳送) 전송할 각 캐릭터가 비트(또는 펄스)에 의해 프레임화되는 데이터 전송 방식. 스타트 비트가 수신 단말의 타이밍 기구를 트리거하면 이후 보내오는 비트(복수)를 일정한 시간 간격으로 하여 계수하게 되어 있다. 스톱 비트를 수신하면 수신단의 타이밍 기구는 정지하고 다음에 보내오는 캐릭터를 대기한다. 그러므로 조보식(start-stop system)이라 불린다. 텔레프린터와 같은 비교적 저속의 디바이스를 포함하는 전송계에서 사용된다.

asynchronous device 비동기식 장치(非同期式裝置) 내부 동작이 시스템의 다른 부분의 타이밍과 동기하고 있지 않은 장치.

asynchronous operation 비동기 동작(非同期動作) 각 데이터 유닛이 비트 또는 펄스(즉 스타트 및 스톱 신호)에 의해 프레임화되는 데이터 전송 방식.

asynchronous system 비동기식 시스템

(非同期式－) 데이터 전송에서 하나의 그룹 내에서는 어떤 유의(有意) 순간에도 그 간격이 단위 간격의 정수 배이나, 두 그룹 간에서는 정수 배일 필요가 없는 동기의 한 형식.

asynchronous time division multiplex 비동기 시분할 다중(非同期時分割多重) ＝ATDM

asynchronous transfer mode 비동기 전송 모드(非同期轉送－) ＝ATM

asynchronous transfer mode switching system 비동기 전송 방식 교환 시스템(非同期傳送方式交換－) ATM 교환 시스템이라고도 한다. 광대역 정보 통신망(B-ISDN)을 지원하는 통신 방식으로, 음성이나 화상 등의 멀티미디어를 통합, 통신할 수 있게 된다. 종래의 실시간으로 정보를 보내는 회선 교환 방식과 회선의 효율화를 지향하는 패킷 교환 방식의 장점을 갖춘 시스템으로, 고속이고 동일한 인터페이스로 정보를 전송한다.

asynchronous transmission 비동기 전송(非同期傳送), 비동기식 전송(非同期式傳送)) 데이터 전송 방식의 하나. 각 문자 또는 각 블록의 선두의 발생 시점은 임의이나, 일단 전송이 개시되면 전송 문자 또는 블록 내의 비트를 나타내는 각 신호의 발생 시점은 고정한 시간 프레임의 유의(有意) 순간과 같은 관계를 갖는 방식.

AT&T 미국 전화 전신 회사(美國電話電信會社) ＝American Telephone & Telegraph Company

ATC 자동 열차 제어(自動列車制御)[1], 자동 교통 제어(自動交通制御)[2], 항공 교통 관제(航空交通管制)[3] (1) automatic train control의 약어. 열차 운전을 자동으로 하는 것으로, 전자 기기를 주체로 하는 시스템이다. 이것은 지상 장치로부터의 신호를 차내 장치로 수신하고, 진로의 조건에 따라서 열차에 허용되는 제한 속도를 운전실 내에 표시하며, 그에 따라서 자동적으로 브레이크를 조작하는 것으로, 열차 운전의 안전 확보에 매우 도움이 되고 있다.

(2) automatic traffic control의 약어. 신호기를 점멸시키거나 혼잡한 도로에서 빈 도로 쪽으로 유도하는 등 교통계의 제어를 자동적으로 하는 것. 통신로, 통신망을 정보가 움직이는 것도 교통망을 자동차가 움직이는 것과 같은 것으로 보고 통신로, 통신망의 제어를 자동적으로 하는 것을 자동 교통 제어라 하는 경우가 있다.

(3) ＝air traffic control

ATCT 공항 교통 관제탑(空港交通管制塔) ＝airport traffic control tower

AT-cut AT판(－板) 수정 공진자에 사용하는 진동판을 수정의 결정에서 잘라낼 때의 형상을 나타내는 명칭의 일종. → R-cut

ATDM 비동기 시분할 다중(非同期時分割多重) asynchronous time division multiplex의 약어. STDM 방식에서 낭비되는 많은 타임 슬롯을 활용하기 위한 방식으로, 데이터 프레임에서의 슬롯을 현재 능동 상태에 있는 이용자에게 할당함으로써 선로 이용률과 처리율을 향상시키려는 것이다. →STDM

ATLAS 아틀라스 수동 또는 자동이나 반자동 시험 장치에 의해 실행할 수 있는 시험 순서 또는 시험 프로그램의 준비나 기록에서 쓰이는 표준 생략 영어. ATLAS 언어는 ANSI/IEEE Std 416-1978 에 정의되어 있다. 이것은 이전에 별도의 2권으로 출판된 자료, 즉 일반 또는 기능의 정의 및 변형 기호로 쓰여진 공식의 정의를 포함한다.

ATLAS compiler 아틀라스 컴파일러 고급 언어인 ATLAS 명령을 실행 가능한 기계 코드로 변환하는 프로그램.

ATLAS vocabulary 아틀라스 언어(－言語) 표준 ATLAS에서 사용되는 언어나 기호의 범위.

ATM 비동기 전송 모드(非同期轉送－)[1], 자동 창구기(自動窓口機), 자동 예금 지불기(自動預金支拂機), 자동 거래 단말기(自動去來端末機)[2] (1) asynchronous transfer mode의 약어. 회선 교환 방식과 패킷 교환 방식의 장점을 따고, 단점을 제거한 새로운 교환 방식. 원리는 패킷 교환 방식에 가까우나 셀이라고 불리는 고정 길이 블록을 쓰고, 프로토콜을 간소화하여 이용자 전송 정보는 하드웨어로 처리함으로써 고속화를 실현하였다. 차세대 전기 통신망의 중심 기술이라고 할만하다.

(2) automatic teller machine의 약어. 금융 기관 점포의 로비 등에 설치하고, 예금자 자신이 장치를 조작하여 현금의 입출금 처리, 통장 기장, 잔고 조회를 하는 뱅킹 시스템용 데이터 통신 단말 장치로, 지폐 계수부, 지폐 인식부, 통장 기장부, 자기 카드 리시트부, 조작 표시부 등으로 구성되어 있다. 또 고객에의 양호한 가이던스 기능을 실현하기 위하여 CRT에 의한 표시 및 음성 가이던스 등에 의해 조작 안내를 하는 것도 있다.

atmospheric 공전(空電) 대기 중의 자연 현상에 의해서 발생하는 잡음 전파. 천둥과 같이 공중 전기의 방전에 의해서 전파를 발생하고 잡음으로 되어서 수신기에 들어온다. 여름에 많이 발생하며, 저위도 지방에 발생하는 경우가 많다.

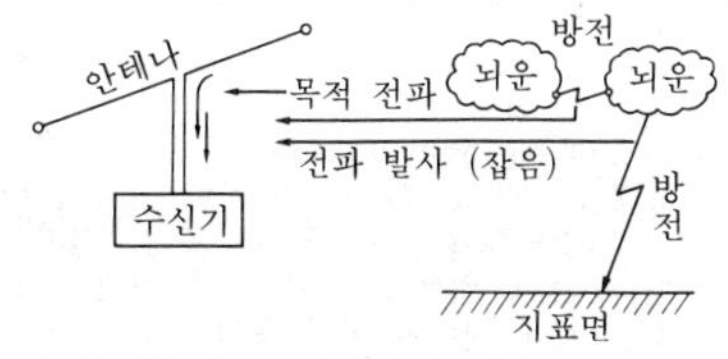

atmospheric absorption 대기 흡수(大氣吸收) 대기권 내에서 생기는 전파의 전송 시에서의 에너지의 손실.

atmospheric duct 대기 덕트(大氣－) 매우 높은 주파수의 전파가 전해질 때 거리에 관한 진폭의 감소율이 작은 대류권에 생기는 하나의 층. 덕트의 범위는 수정 굴절률이 높이의 함수로서 국소적 최소값을 취하는 고도에서 그보다 낮은 곳에서 수정 굴절률이 다시 이 최소값과 같은 값을 취하는 고도까지, 또는 고도를 낮게 해 갔을 때 다시 최소값과 같은 값이 없을 경우는 대기의 경계면까지이다.

atmospheric interference 공전(空電) 뇌방전(雷放電), 극광(極光)과 같은 자연의 전기 교란에 의해 생기는 방사 잡음. 라디오 수신기에 「끄륵끄륵」, 또는 「슈」 하는 방해음을 발생한다.

atmospheric layers 대기층(大氣層) 지구를 둘러싸는 대기는 그 물리·화학적 성질에 따라서 몇 가지 특징적인 층으로 나눌 수 있는데, 특히 고도에 대한 대기 온도의 변화에 다음과 같은 분류가 널리 알려져 있다(단위는 km).

대류권	지상	10～ 20
성층권	지상	20～ 50
중간권	지상	50～ 80
열 권	지상	30～600
외기권	지상	600～

성층권의 상한에서 볼 수 있는 비교적 고온의 층은 오존에 의한 자외선 흡수의 결과로서 생기는 것이다. 오존층, 전리층, 오로러층 등도 흔히 쓰이는 용어이다.

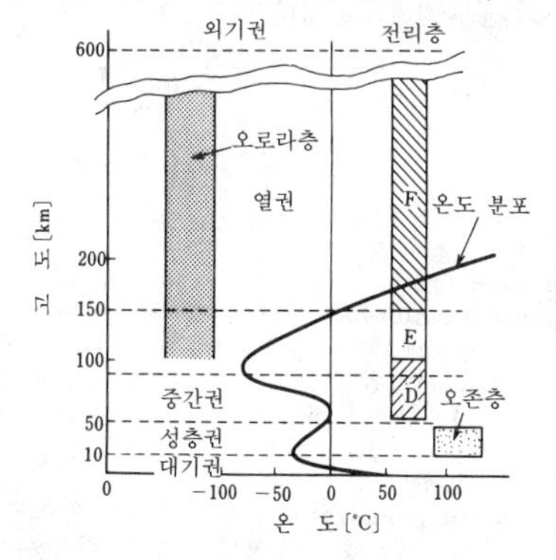

atmospheric noise 대기 잡음(大氣雜音) 대기권에서 방사되어 우주 통신 수신기 안테나에 들어오는 잡음.

atmospheric radio noise 대기 전파 잡음(大氣電波雜音) 자연의 대기 현상에 의해 발생하는 전파 잡음.

atmospheric radio wave 대기 전파(大氣電波) 대기권에서 반사에 의해 전파하는 전파. 전리권파 또는 대류권파의 어느 한 쪽, 혹은 양자를 포함한다.

atmospherics 공전(空電), 대기 잡음(大氣雜音) 뇌운(雷雲)의 방전이나 대기 중의 전리 작용, 기상 변화에 수반하는 공중 전기의 변화 등에 의해 발생하는 대기 잡음을 말한다. 수신음에 따라 그라인더(불연속음으로 원방의 뇌방전), 클릭(충격적인 끄륵 하는 소리), 및 히싱(마찰음과 비슷한 소리)의 셋으로 구별된다. 공전의 주파수 범위는 넓으나 특히 장파대에서 방해가 심하다.

atom 원자(原子) 물질의 기본적 구성 요소로, 자연계에는 92 종류의 원소가 존재한다. 구조는 그림과 같으며, 양전하를 가진 원자핵과 그것을 중심으로 하는 법칙에 따라는 궤도를 따라서 운동하고 있는 전자로 이루어져 있다. 원자 1 개의 크기는 10^{-10}m 이다.

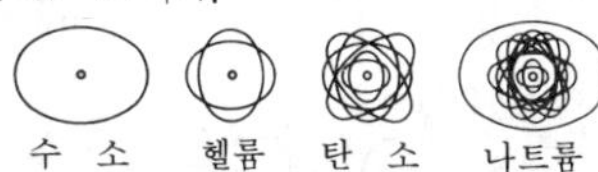

atomic battery 원자력 전지(原子力電池) 물리 전지의 일종으로, 원자핵이 붕괴할 때 방출하는 에너지를 직접 전기 에너지로 변환하는 것이다. 이것은 아이소토프(동위 원소)를 사용하기 때문에 아이소토프 전지라고도 하며, β선을 내는 스트론튬이나 플루토늄이 아이소토프를 사용하여 실리콘의 pn 접합을 조사(照射)했을 때 발생하는 열을 비스머스-텔루르의 합금 등으로 만든 열전 소자에 의해서 전기 에너지로 변환하는 것이다. 수명이 길기 때문에 인공 위성이나 인공 장기 등에 이용된다.

atomic-beam frequency standard 원자 빔 주파수 표준(原子−周波數標準) 예를 들면, 세슘과 같은 원소에 의해 정확한 주파수가 주어지도록 한 주파수 표준 장치. 이것은 공명 흡수 현상을 이용하여 원소의 핵자기 모멘트를 측정함으로써 이루어진다. 즉, 원소가 그 원자 스펙트럼선의 주파수와 같은 주파수의 방사가 주어져서 공진을 발생하면 원소는 에너지 양자를 흡수하여 인가 주파수가 원소에 의해 정해지는 고유 주파수에 일치한 것을 나타낸다. 이 주파수 또는 그 조파(調波) 주파수를 표준 주파수로서 다른 장치를 교정하기 위해 이용한다.

atomic cell 원자력 전지(原子力電池) = atomic battery

atomic clock 원자 시계(原子時計) 가스체가 흡수하는 마이크로파 영역의 주파수가 온도나 압력에 관계없이 언제나 일정하다는 성질을 이용하여 수정 시계의 오차를 보정하고, 정확한 시각을 표시하도록 한 시계 장치이다. 세슘 원자나 암모니아 가스에 의해서 10^{-8}~10^{-9} 정도의 정밀도의 것이 얻어지며, 표준 전파의 감시 등에 사용되고 있다.

atomic control 원자 제어(原子制御) 반도체 IC 제조 기술의 과정에서 나온 개념으로, 아직 실용화에는 이르지 못하고 있다. 입자 가속기로 전자를 광속 가까이까지 가속하면 강력한 전자파가 발생한다. 이 전자파(싱크로트론 방사광)는 X선이나 자외선으로, 파장 0.1nm 정도로 대체로 원자의 직경과 같은 정도가 된다. 따라서 이 방사광을 이용하면 원자 레벨의 크기의 것을 제어할 수 있다고 생각된다. → molecular control

atomic energy 원자 에너지(原子−) 양자, 중성자의 결합 상태 변화에 따라서 방출되는 핵분열 에너지나 핵융합 에너지. 질량수가 큰 원자핵에 중성자를 대면 같은 정도의 크기의 원자핵으로 분열할 때 결합 에너지의 차에 상당하는 에너지를 방출한다. 또, 2 개의 가벼운 원자핵이 충돌하여 융합하고, 하나의 무거운 원자핵으로 될 때에 에너지를 방출한다.

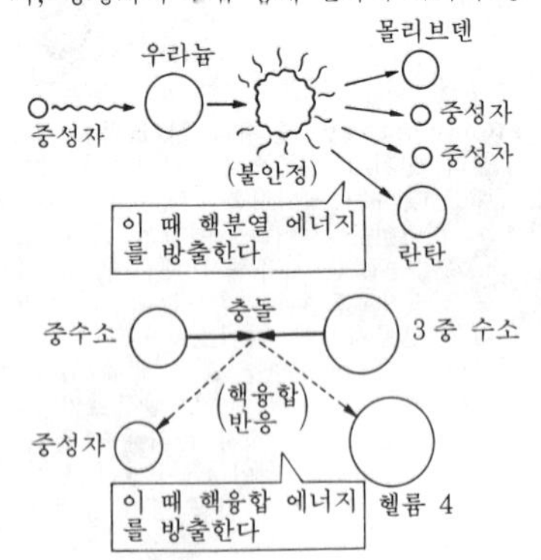

atomic frequency standard 원자 주파수 표준(原子周波數標準) 원자나 분자의 에너지 준위를 이용한 주파수 표준. 전자적인 주파수 트랜스듀서가 양자 역학적 공진 장치에 대하여 위상 동기 또는 주파수 동기가 걸린 것과 같은 구조로 되어 있다.

atomic layer epitaxy 원자층 에피택시(原子層−) Ⅱ-Ⅵ족의 ZnS 를 기판상에 성장시키는 경우, 기판상에 아연과 유황의 가스를 교대로 써서 이들의 각 박막층을 원자 레벨에서 교대로 겹쳐 쌓아 성장시키도록 한 에피택시얼 성장법. ZnS 의 평형 증기압이 Zn 및 S 각 성분의 증기압보다 작은 것을 이용하여 S, Zn 이 필요 이상으로 흡착하지 않고 S 층이 만들어지는 것을 이용하고 있다. 유기 금속(organometallic compound)을 사용한 CVD 법에서도 원료 가스의 전환으로 원자층 에피택시가 가능하며, 또 Ⅲ-Ⅴ족 화합물 반도체 등에도 응용되는 경향이 있다.

atomic nucleus 원자핵(原子核) 원자의 중핵을 이루는 것으로, 전자의 전하와 같은 크기의 양전하를 가진 양자(陽子)와 전기적으로 중성인 중성자(中性子)로 이루어져 있으며, 그 중 양자의 수는 주위에 있는 전자의 수와 같다. 원자핵의 크기는 10^{-14}~10^{-15}m 이며, 원자 자체에 비해서 매우 작으나 질량은 원자의 질량의 대부분을 차지하고 있다.

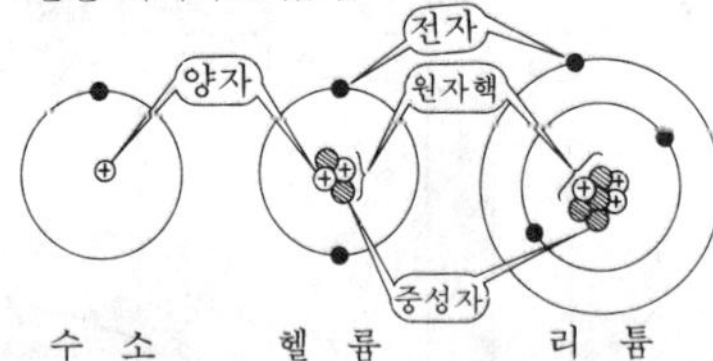

atomic number 원자 번호(原子番號) 주기율표에서의 원소의 순위를 나타내는 번호로, 그 원자 중에 존재하는 전자의 수와 같다. 원자의 화학적 성질은 가전자의 수로 정해지므로 원자 번호가 결정적인 역할을 한다.

atomic polarization 원자 분극(原子分極) 유전 분극 중 유전체의 결정을 형성하고 있는 음양의 이온의 위치가 전계 때문에 벗어남으로써 생기는 것으로, 이에 의한 이상 분산은 적외선 영역보다 높은 주파수에서 볼 수 있다.

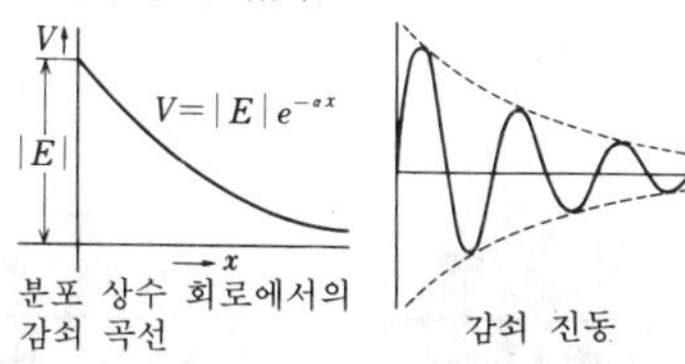

분포 상수 회로에서의 감쇠 곡선 감쇠 진동

atomic shell 원자 껍데기(原子－) 전자는 원자핵 주위를 고속으로 돌고 있다. 이 전자를 핵외 전자(核外電子)라 하고, 그 궤도를 껍데기라 한다.

A-trace a 트레이스 로란에서 스코프 상의 최초(상부)의 트레이스.

ATR tube ATR 관(－管) 펄스 수신 기간에 송신기를 분리하기 위해 사용되는 무선 주파 변환 방전관.

ATS 응용 기술 위성(應用技術衛星)[1], 열차 자동 정지 장치(列車自動停止裝置)[2] (1) application technology satellite project 의 약어. 다목적 위성이라고도 하며, 탑재하는 기기를 바꿈으로써 목적에 따른 실험이나 측정을 할 수 있다.
(2) =automatic train stop

attachment 어태치먼트, 부속 장치(附屬裝置) 다른 조립 부품, 장치, 기기와 함께 사용하기 위해 설계된 기본 부품, 보조 조립 부품, 조립 부품. 조립 부품. 장치 또는 기기의 기본 기능을 변화시키거나 확장시키거나 함으로써 유리하게 기여한다. 대표 예로서는 VHF 수신기를 위한 VHF 컨버터 등이 있다.

attachment unit interface 어태치먼트 유닛 인터페이스 물리 신호 제어(PLS)와 매체 접속 장치(MAU)를 접속하는 케이블, 커넥터, 전송 회로. =AUI

attack time 어택 시간(－時間) 전기 음향 장치 또는 트랜스듀서에서 입력 신호의 진폭이 갑자기 일정량 만큼 증가하고부터 이에 따라서 증폭(또는 감쇠)량이 그 최종 정상값의 어느 비율(보통 63%)에 이르기까지의 소요 시간.

attention device 어텐션 장치(－裝置) 새로 발생한 사상(事象)을 밝게, 또는 크게 표시하여 주의를 환기시키기 위한 장치.

attenuating circuit 감쇠 회로(減衰回路) 입력 신호의 진폭을 감쇠시키기 위한 회로로, 주파수에 관계없이 고른 감쇠량을 주기 위하여 무유도 저항의 직병렬 회로로 이루어져 있는데, 콘덴서에 의해서 고주파에서의 주파수 특성을 보상하기도 한다. 오실로스코프의 프로브 등에 사용된다.

attenuation 감쇠(減衰) ① 데이터를 어느 지점에서 다른 지점으로 전송할 때 신호 크기의 감소를 나타내는 일반적인 용어. 입력 신호와 출력 신호 크기의 스칼라비, 또는 그 데시벨로 나타낸다. ② 섬유 광학에서는 광 도파관에서의 평균적인 광 파워의 감소를 말한다. 광 도파관에서 감쇠는 흡수, 산란, 기타의 방사 결과이다. 감쇠는 일반적으로는 데시벨로 나타낸다. 그러나 감쇠는 이따금 dB/km 로서 나타내는 감쇠 계수의 동의어로서 사용된다. 여기서 감쇠 계수는 길이에 대해서 불변하다고 가정되고 있다. ③ 레이저 및 메이저에서는 방사속(放射束)의 흡수 또는 산란 매질을 통과할 때의 방사속 감쇠를 말한다. ④ 전파 전반에서는 매질 굴절률의 변화가 진공 중의 1파장 정도 범위로 균일하다고 볼 수 있는 정도로 작고 그 완만한 변화의 매질 중을 진행하는 파에 관해서 방사원으로부터의 전파(傳播) 거리가 증가하는 데 따라 전파의 진폭이 감소하는 것으로, 확산에 의한 진폭의 감소는 포함하지 않는다. ⑤ 도파관에서는 전파 방향으로의 거리에 의한 감쇠를 가리킨다. 전력의 감쇠는 보통 데시벨 또는 단위 거리당의 데시벨로 측정된다. →손실

attenuation constant 감쇠 상수(減衰常數) 분포 상수 회로를 전파하는 전압이나 전류는 전파 방향을 따라서 크기의 감소와 위상의 지연을 일으킨다. 전자에 대해서 선로의 단위 길이당의 감쇠량을 나타내는 것이 감쇠 상수로, 단위는 미터당 데시벨(기호 dB/m)을 쓴다.

attenuation curve 감쇠 곡선(減衰曲線) 물리량이 거리 혹은 시간 등에 관계하여 감쇠하는 모양을 나타낸 곡선. 그림은 그 예를 나타낸 것이다.

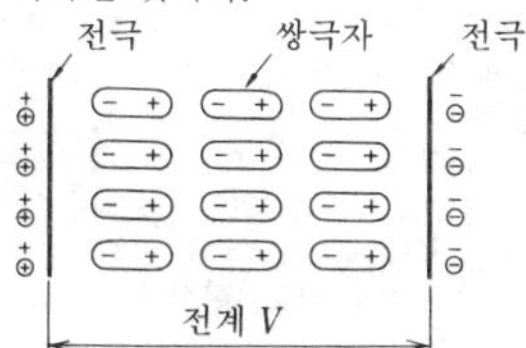

attenuation distortion 감쇠 일그러짐(減衰－) 소요 주파수 대역 내에서 데이터 전송로의 손실 또는 이득이 주파수에 대하여 일정하지 않기 때문에 일어나는 일그러짐. 전송로의 진폭 전송 특성이 균일하지 않고 주파수가 달라짐에 따라 생기는 일그러짐을 진폭 일그러짐이라 한다.

attenuation equalizer 감쇠 등화기(減衰

等化器) 반송 통신에서 선로를 전파하여 중계 증폭기에 들어가는 반송 전류는 주파수에 따라서 감쇠의 정도가 다르다. 이것은 선로의 주파수 특성 때문이며, 이대로 증폭하면 일그러짐이 커진다. 이것을 방지하기 위하여 중계 증폭기에 들어가기 직전에 선로의 주파수 특성과 반대의 특성을 가진 회로망을 두어 감쇠를 균일화한다. 이것이 감쇠 등화기이다.

attenuation factor 감쇠율(減衰率) ① 어떤 물질층을 통과하는 방사에 관하여 그 입사 강도와 투과 후의 강도와의 비. ② 전송 선로 또는 회로망에서 입력 전류와 출력 전류와의 비.

attenuation gradient 감쇠 경도(減衰傾度) 중간 주파 증폭 회로의 주파수 특성에서 특성 곡선의 경사를 나타내는 식.

감쇠 경도$=D/\Delta f$ 〔dB/kHz〕

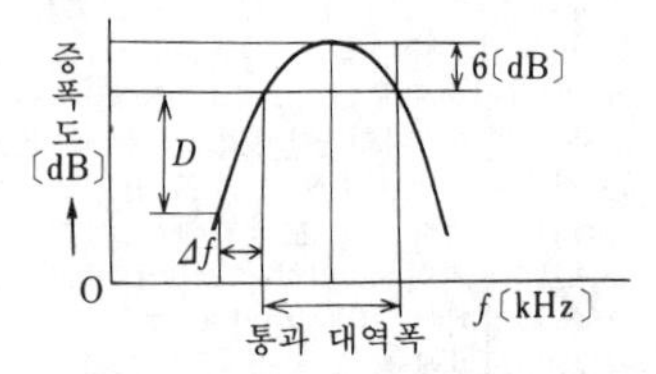

attenuation network 감쇠 회로망(減衰回路網) 어떤 주파수 범위에 걸쳐서 비교적 작은 위상 변화와 실질적인 일정 감쇠를 공급하는 회로망.

attenuation of radio wave in ionosphere 전파의 감쇠(電波-減衰) 전파는 전리층에서 반사하여 상대국으로 전파(傳播)해 가는 경우와 전리층을 관통하여 인공 위성에 의해 반사 혹은 재송신되어 상대국으로 보내지는 경우가 있다. 물론 이 두 경우에 사용 전파의 파장은 다르고, 반사되는 층도 E층, F층 등 다르며, 계절, 주야에도 변동한다. 전리층을 관통할 때 받는 감쇠를 제1종의 감쇠, 반사될 때 받는 감쇠를 제2종의 감쇠라 하여 구별하는 경우도 있다. 또한, 전리층의 곡률에 따라 집속(集束)에 의해 전파가 강해지거나 약해지거나 하는 현상도 있어, 감쇠의 실태는 복잡하다.

attenuation pad 감쇠 패드(減衰-) 도파관이나 동축 케이블 중에 삽입하는 저항체로, 관내(管內) 신호에 감쇠를 주거나 혹은 무반사 정합용 부하로서 쓰이는 것.

attenuation polar frequency 감쇠 극주파수(減衰極周波數) 유도 m형 필터에서의 병렬 소자 L_2, C_2가 직렬 공진하는 주파수 f_∞, 또는 직렬 소자 L_1, C_1이 병렬 공진하는 주파수 f_∞를 말한다. 어느 것이나 감쇠 특성은 f_∞에서 무한대가 된다.

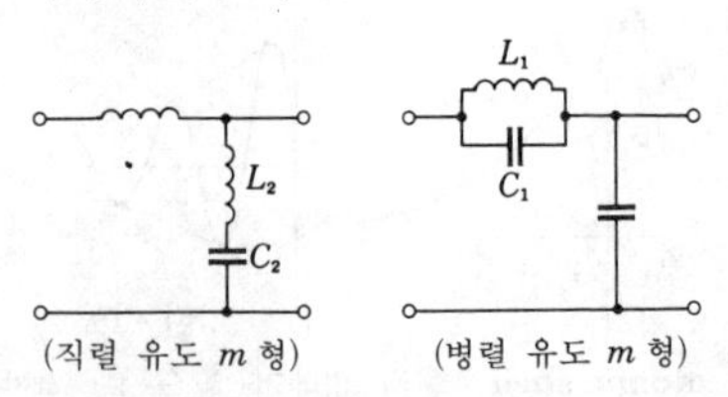

(직렬 유도 m 형) (병렬 유도 m 형)

attenuation pole frequency 감쇠 극주파수(減衰極周波數) =attenuation polar frequency

attenuation ratio 감쇠비(減衰比) 전파 전반에서 전파(傳播) 비율의 크기.

attenuation slope 감쇠 경도(減衰傾度) 근접 주파수 선택도를 나타내는 데 사용되는 성질로, 주파수를 수신 주파수 대역에서 Δf만큼 벗어나게 한 경우의 감쇠량이 몇 dB 인가, 즉 감도가 얼마만큼 저하하는 것으로 나타낸다. 예를 들면, 10 kHz 벗어나게 했을 때의 감쇠량이 25 dB 라면 (25/10) dB/kHz 라는 식으로 나타낸다.

attenuation vector 감쇠 벡터(減衰-) 진폭의 감소가 최대가 되는 방향을 표시하는 벡터로, 그 크기가 감쇠 정수이다.

attenuator 감쇠기(減衰器) 전력을 감쇠시키기 위하여 사용하는 4단자망을 말한다. 저항만으로 구성되는 저항 감쇠기와 코일과 콘덴서의 조합인 리액턴스 감쇠기가 있다.

attenuator tube 감쇠관(減衰管) 무선 주파 전력과는 독립적으로 시동·조정된 가스 방전을 사용하여 반사·흡수에 의해서 이 전력을 제어하는 무선 주파 변환 방전관을 말한다.

attitude control 자세 세어(咨勢制御) 지세를 조정 제어하고, 또는 보정하는 자동 장치 또는 시스템. 예를 들면, 우주선을 일정한 자세가 되도록 제어하는 것.

attraction type 흡입형(吸入形) 가동부의 철편이 고정 코일 중에 흡입되는 원리의 지시 계기. 가동 철편형.

A type oscillation A형 진동(-形振動) 마그네트론(자전관)에 의한 발진의 한 형식으로, 차단값에 가까운 자계를 주었을 때 발생한다. 발진 파장 λ(cm)와 자속 밀도 B〔T〕와의 관계는 대체로 다음 식으로 나타낸다.

$\lambda=1\sim1.2/B$

A형 진동의 출력은 일반적으로 미약하고 효율도 나빠 10% 이하이다.

auctioneering device 오크션 장치(-裝置) 둘 또는 그 이상의 입력 신호 중에서 최고(또는 최저) 레벨의 입력 신호를 자동적으로 골라내는 기능을 갖는 실렉터.

audibility 청도(聽度), 청도율(聽度率) 겨우 들을 수 있는 소리의 세기를 기준으로 하여 잰 특정한 음의 세기. 보통 데시벨(dB)로 나타낸다.

audibility threshold 가청 임계값(可聽臨界-) 청도(聽度)의 하한을 말한다. 특정한 신호에 대하여 여러 번 소리를 발생하여 이것을 들었을 때 특정한 율로 청각이 생기는 최소의 실효값 음압이다.

audible busy signal 가청 통화중 신호(可聽通話中信號) 상대 착신 회선이 통화 중인 것을 발신 회로에 표시하기 위한 가청 신호.

audible Doppler enhancer 가청 도플러 증강 장치(可聽-增强裝置) 수신 펄스열에 대한 제 2 의 검출기로서 동작하는 도플러 장치로, 펄스열에서 그 포락선을 분리하여 가청 신호를 꺼내고, 이것을 증폭하여 스피커에 가하는 것.

audible ringing signal 호출음(呼出音) 전화 교환에서 접속이 완료하여 상대가 호출되고 있는 것을 발신자에게 알리기 위한 신호를 말한다. 400Hz 를 16Hz 로 변조한 가청 신호로 1 초 송출, 2 초 중단을 반복한다.

audio 가청 주파의(可聽周波-) 사람의 귀로 느낄 수 있는 범위(약 15Hz~20,000Hz)의 주파수에 관한 말.

audio adjusting device 음성 조정 장치(音聲調整裝置) 방송 스튜디오에서 송신기나 녹음기 등이 각 마이크로폰으로부터의 신호를 적당한 비율로 혼합하거나 원활하게 전환할 수 있도록 조정하는 장치, 음량 조정 장치, 음색 형성 장치, 수음(收音) 보조 장치, 주조정 장치가 있으며, 출력은 모노럴, 스테레오 및 멀티 방송의 어느 것이나 가능하다.

audio amplifier 오디오 앰프, 가청 주파 증폭기(可聽周波增幅器), 저주파 증폭기(低周波增幅器) 스테레오 등에 사용되는 음성 주파 증폭기의 통칭. 음성 주파수는 약 20~20,000Hz 이며, 이 정도의 주파수를 충실하게 증폭하는 것이 필요하다. 일반적으로 주파수 특성은 수 Hz 부터 100kHz 정도까지 평탄한 특성으로 왜율이나 잡음도 극력 작아지도록 하지 않으면 안 된다.

audio cassette interface 오디오 카세트 인터페이스 오디오 카세트 장치를 마이크로컴퓨터의 간단한 외부 기억 장치로서 사용하기 위한 직렬 접근형 인터페이스. 오디오 신호/2 진 신호의 변환이 필요하며 그것은 FSK 또는 톤 버스트 변환(톤 신호를 0, 1 에 따라 온오프 키잉하는 것)에 의해서 한다.

audio cassette tape 음성 카세트 테이프(音聲-), 오디오 카세트 테이프 음향 장치로서 보급되고 있으나, 마이크로컴퓨터 등에서는 기억 매체로서 이 장치가 널리 쓰이고 있다.

audio check record 오디오 체크 레코드 오디오 기기, 즉 픽업이나 플레이어, 앰프, 스피커, 나아가서 리스닝 룸 등의 음향 특성의 양부를 체크한다든지, 조정하기 위해 만들어진 특수한 레코드. 단일 주파수의 발진음 뿐만 아니라 어느 곡의 일부 악장만이라든지, 실제로 수록된 음 등을 녹음한 것이 많다. 주파수 레코드와 겸용으로 되어 있는 것도 있다. 테스트 레코드라고도 하며, 히어링 테스트 레코드라든가 오디오 테크니컬 레코드 등의 명칭으로 레코드 회사에서 발매되고 있다. 이들 레코드에는 녹음 특성이나 측정 대상, 측정 방법 등의 기술 자료가 첨부되어 있는 것이 보통이며, 측정 목적에 맞추어서 레코드를 선택할 필요가 있다.

audio frequency 가청 주파수(可聽周波數) 인간의 귀에 소리로서 느끼는 주파수를 말하며, 음성 주파수 또는 오디오 주파수라고도 한다. 사람에 따라서 다소의 차이는 있지만 16~20,000Hz 의 범위이다.

audio frequency amplifier 가청 주파 증폭기(可聽周波增幅器) ＝AF amplifier

audio-frequency distortion 가청 주파 일그러짐(可聽周波-) 파형 일그러짐의 일종으로, 파형 주파수 성분의 상대값이 위상 내지는 진폭에 관해서 변화하는 일그러짐.

audio-frequency harmonic distortion 가청 주파수 고조파 일그러짐(可聽周波數高調波-) 단일 가청 주파수 입력 신호의 다중 적분기에서 발생하는 것.

audio-frequency oscillator 가청 주파수 발진기(可聽周波數發振器) 가청 주파수를 발생하는 장치. 주파수는 장치의 특성에 의해 정해진다.

audio-frequency peak limiter 가청 주파수 피크 리미터(可聽周波數-) 가청 주파수 시스템에서 정해진 값을 초과하는 피크를 차단하기 위해 사용되는 회로.

audio-frequency response 가청 주파수 응답(可聽周波數應答) 지정된 대역폭 내에서 가청 주파수 신호 레벨이 지정된 기준 주파수 신호 전력 레벨로부터의 상대적인 이탈량.

audio-frequency spectrum 가청 주파수 스펙트럼(可聽周波數－) 최저 가청 주파수부터 최고 가청 주파수에 걸치는 주파수의 연속적인 범위.

audio frequency transformer 가청 주파 트랜스(可聽周波－) 가청 주파수대의 전압 변환에 사용하는 트랜스로, 전력 손실이 적고, 자기 포화 등에 의한 일그러짐이 발생하기 어려우며, 또 누설 자속이 적은 것이 요구된다. 일반적으로 퍼멀로이와 같은 양질의 자심 재료를 사용하여 만든다.

audiogram 오디오그램 청력 손실, 백분율 청력 손실을 주파수의 함수로서 나타낸 그래프.

audiographic conference 오디오그래픽 회의(－會議) 음성 정보와 화상 정보를 조합시켜 ISDN 망을 이용한 전자 회의. 국제간의 회의에서도 1.5~2.0Mbps 의 전송 속도에 의한 서비스가 가능하다. 화상의 품질을 저하시키는 일 없이 중복 정보를 삭제한 부호화법을 사용할 필요가 있다. 텔레비전 신호에 대해서는 동기 신호의 생략, 서브나이키스트 레이트(신호의 최고 유의 주파수의 2배보다 낮은 주파수)에서의 표본화법의 채용 등은 그 예이다. ＝AGC

audio input power 가청 입력 전력(可聽入力電力) 변조기로의 입력 전력 레벨을 말하며, 이것은 1mW 전력의 레벨을 기준으로 해서 데시벨로 표시된다.

audio input signal 가청 입력 신호(可聽入力信號) 통상, 사람의 귀로 들을 수 있는 주파수 성분으로 된 수신기 변조기로의 입력 신호.

audio listening room 리스닝 룸 레코드나 테이프 리코더에 의한 음악 감상이나 시청(試聽)을 목적으로 한 방. 가정용의 거실 겸용의 것부터 메이커의 전시장이나 시청실까지 넓이나 규모는 각종인데, 다음과 같은 조건이 충족되어야 한다. 즉, ① 방의 잔향 시간이 적당할 것, ② 외부와 차음(遮音)되어 외부 소음이 들어오지 않을 것, ③ 쾌적한 분위기가 얻어지도록 조명이나 공기 조화 등에 대해서도 배려되어 있을 것.

audiometer 오디오미터, 청력계(聽力計) 정밀한 청력 검사에 사용하는 장치. 가청 주파 발진기, 감쇠기, 단속기 및 수화기로 구성되어 있다. 가청 주파 발진기의 발진 주파수를 순차 변화하고, 그 때마다 소리의 세기를 바꾸면서 단속하여 귀의 최소 가청값을 측정하고, 그 결과를 청력도로 나타낸다.

audio oscillator 가청 주파 발진기(可聽周波發振器) →audio-frequency oscillator

audio output power 음성 출력 전력(音聲出力電力) 출력 단자에 접속한 부하에 소비되는 음성 주파수대의 전력.

audio power output 음성 파워 출력(音聲－出力) 규정된 출력 부하에 소비되는 음성 대역 에너지의 양.

audio response device 음성 응답 장치(音聲應答裝置) 음성 출력을 발생하는 출력 장치.

audio response equipment 음성 응답 장치(音聲應答裝置) 정보 통신 서비스에서 컴퓨터 처리한 결과를 음성에 의해 전하는 장치. 음성 응답 장치에서는 응답에 사용하는 음성 출력을 위한 데이터를 미리 분석하여 기억해 두고, 서비스 요구에 따라 출력한다. 최근에 음성 합성 소자의 LSI 화에 의해 소형화, 저가격화가 실현되어 컴퓨터의 출력 단말, 학습 기기, 생산 라인에서의 작업 절차 지시, 가전 제품 등에 널리 쓰이고 있다.

audio response unit 음성 응답 장치(音聲應答裝置) ＝ARU

audio tape storage unit 음성 테이프 기억 장치(音聲－記憶裝置) 일반 음성 테이프에 컴퓨터 프로그램이나 자료들을 기억시킬 수 있는 장치로, 소리의 고저를 2진 데이터로 나타내는 데 사용한다.

audio teleconference system 음성 회의 시스템(音聲會議－) 서로 멀리 떨어진 지점에 있는 회의실 상호간을 통신 회선으로 연결하여 음성 신호를 교환하면서 회의를 하는 시스템.

audio terminal 음성 단말(音聲端末), 음성 단말 장치(音聲端末裝置) 데이터의 입력을 음성으로 한다든지, 처리한 데이터를 음성으로 출력하는 단말 장치.

audio-visual 시청각(視聽覺) 필름, 테이프, 카세트, 디스크 등 인쇄 매체를 쓰지 않고 소리와 시각에 의해서 정보를 다루는 것.

audio-visual apparatus AV 기기(－器機) 청각이나 시각을 통해서 정보를 주는 장치의 총칭. 디스플레이나 테이프 리코더를 비롯하여 종류가 많다.

audio-visual television AV 텔레비전 고품질의 소리와 영상의 재생을 하기 위해 개발된 텔레비전. 신호 입력원으로서는 통상의 텔레비전 방송 뿐만 아니라 위성 방송, VTR, LD, 개인용 컴퓨터 등에도 대응할 수 있도록 음성 신호와 영상 신호를 별도로 입력할 수 있고, 또 입력원을 전환할 수 있게 되어 있다. 또, 모니터 출력도 낼 수 있다. 중앙 처리 장치(CPU)를 적재하여 조작은 간이하고, 원격 조작도 가능하다.

audit 감사하다(監査－) 데이터의 안전 보호 및 데이터의 완전성에 대한 수준의 타당성 및 유효성을 시험하기 위하여 가동 가능한 데이터 처리 시스템의 기록 및 활동에 대하여 재검토 또는 정밀 검사를 하는 것. ① 감찰, 심사를 통틀어 감사라 하고 통상, 다른 사람이 실시한 회계 기록의 정당 여부를 검사하는 것으로, 거래의 기록, 정리 또는 표시에 관한 회계 행위의 비판을 바탕으로 감사하고 있다. 다만, 근래에 그 처리의 대부분을 컴퓨터로 실행하게 됨에 따라 오퍼레이션에서의 내부 체크 기능을 설정함으로써 데이터의 확실성, 타당성에 관한 증거 및 확증을 위한 처리도 감사의 개념에 포함하기에 이르렀다. ② 시스템 개발이나 운용에서 부정 또는 잘못이 없는가, 기업 경영 방침이나 장기 계획 등과의 정합성(整合性) 여부 등을 체크하는 일. ③ 개발된 시스템의 기능이 예정대로 발휘되고 있는가의 여부를 평가하는 것.

auditory sensation area 청각 영역(聽覺領域) ① 최저 가각(可覺)값과 최저 가청값에 의해서 둘러싸인 청각 영역으로, 주파수의 함수로서 나타낸 것. ② 청각 자극에 대하여 반응하는 뇌의 부분(외피의 측두편).

Auger effect 오제 효과(－效果) 원자가 여기(勵起)된 에너지 레벨에서 낮은 에너지 레벨로, 방사를 수반하지 않는 대신 전자를 방출하여 천이하는 것. 예를 들면 전도대의 전자가 가전자대로 옮기는 동시에 에너지를 다른 자유 전자 또는 정공(正孔)으로 주는 것. 오제 효과에서의 광양자에 의해 원자에서 방출된 전자를 오제 전자라 한다. 이 전자는 대응하는 방사성 천이에서의 X선 광양자의 운동 에너지와 방출 전자의 결합 에너지 차와 같은 에너지를 가지고 있다.

Auger electron 오제 전자(－電子) 부품이나 재료 표면에 전자를 박아 넣었을 때 그에 의해서 방사되는 전자를 말한다. 이 속도의 분포는 표면의 상태에 따라 달라지므로 그것을 측정하여 표면의 검사에 이용할 수 있다.

Auger electron spectroscopy 오제 전자 분광법(－電子分光法) 가공 중의 Si 웨이퍼나 부품 재료의 미소 영역을 분석하는 데 살피고자 하는 시료(試料)에 어느 에너지를 갖는 전자를 넣으면 그에 의해서 여기(勵起)된 원자는 X선 뿐만 아니라 오제 전자라고 불리는 전자를 방사하므로 그 속도나 분포를 측정하여 시료 표면의 상태를 아는 방법을 말한다. 이 방법은 오제 전자가 도체 표면에서 탈출하는 깊이가 3nm 이하이기 때문에 표면의 분석에 적합하다.

Auger yield 오제 수율(－收率) 방출되는 오제 전자의 수와 원자의 내부각(內部殼)에서 전자의 공백을 발생하는 사상(事象) 수의 비.

AUI 어태치먼트 유닛 인터페이스 =attachment unit interface

aural center frequency 음성 중심 주파수(音聲中心周波數) 가청 주파 신호에 의해 변조된 반송파의 평균 주파수 또는 비변조의 반송 주파수. aural 이란 귀 또는 청각에 관계한 것에 대한 용어이다.

aural harmonic 가청 배음(可聽倍音) 청각 기구에 생기는 배음.

aural null 소음점(消音點) ① 오디오 출력을 갖는 회로를 동조 또는 기타의 조정을 하여 음이 가장 작아진 상태를 말한다. ② 지향성 안테나를 사용한 수신기에서 신호를 수신했을 때 오디오 출력이 최소, 혹은 소실하게 되는 위치에서 전파의 도래 방향을 측정하는 계기가 된다. 무선 주파 방향 탐지기에서 회전 루프 안테나를 회전하여 소음점을 구함으로써 루프면은 도래 신호에 대해 직각으로 향하게 된다.

aural sound 가청음(可聽音) 사람의 귀에 들리는 범위의 소리로, 주파수와 세기의 두 조건으로 정해진다. 주파수는 보통 16~20,000Hz 사이이다.

aural transmitter 음성 송신기(音聲送信機) 텔레비전 방송에서 음성을 송신하는 데 사용하는 장치. 송신기는 일반적으로 변조 장치, 여진 장치 및 전력 증폭 장치로 구성된다. 텔레비전 방송에서는 영상 송신기와는 별도로 FM 송신기를 가지며, 안테나에 내보내기 직전에 다이플렉서로 혼합하여 송신하고 있다.

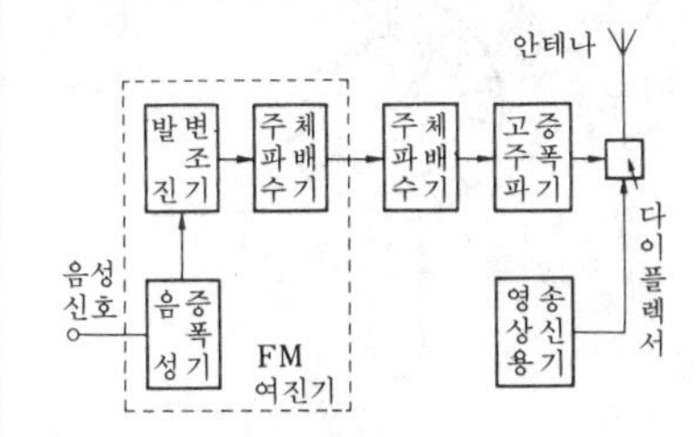

aurora 오로라 일반적으로 고위도 지역에서 에너지 입자에 의해 고공의 대기 성분이 직접 여기(勵起) 또는 이온화하여 생기는 가시적 전기적 현상.

auroral attenuation 오로라 전파 감쇠(-電波減衰) 오로라에 수반하는 부가적인 전리(電離)가 있는 대기 부분을 전파하는 전파의 감쇠.

auroral hiss 오로라 히스 오로라에 수반되는 가청 주파수의 전자 잡음.

Austin-Cohen' s formula 오스틴-코헨의 공식(-公式) 지구 표면을 따라서 전해지는 지표파의 전계 강도를 나타내는 식은 대지가 완전 도체가 아니므로 지형이나 거리에 의한 감쇠를 생각하지 않으면 안 된다. 그 대표적인 것이 다음의 오스틴-코헨의 실험식이다.

$$E = \frac{120\pi Ih}{r\lambda}\varepsilon^{-\frac{\alpha r}{\lambda^{0.6}}}$$

여기서 E : 전계 강도〔μV/m〕, I : 송신 안테나의 전류〔A〕, h : 송신 안테나의 실효 높이〔m〕, r : 송수신소간의 거리〔km〕, λ : 파장〔km〕, α : 지표의 상태에 따라 정해지는 상수로, 해상에서는 0.0015, 시가지에서는 0.04~0.08 정도. 또한, 이 공식은 대지를 평면이라고 생각하고 있으나, 실제에는 구면을 따라서 전해지므로 r이 4,000km 정도 이상일 때는 보정을 필요로 한다.

Austin transformer 오스틴 트랜스 안테나 탑의 선단에는 항공 장해등(障害燈)을 설치하지 않으면 안 된다. 수직 안테나는 탑 자체를 안테나로서 사용하므로 고주파에 대하여 절연하고 장해등으로 상용 전력을 공급하지 않으면 안 된다. 그를 위해

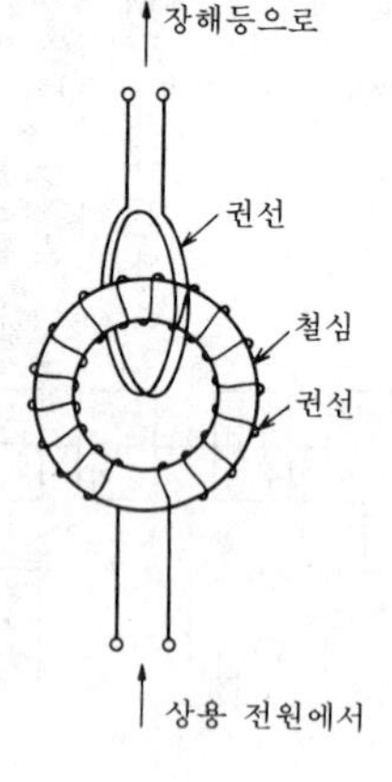

사용하는 그림과 같은 고리 모양의 고주파 절연 트랜스를 말한다.

auto alarm 오토 알람 정해진 무선 신호가 수신되면 자동적으로 가청 경보를 발생하는 무선 수신기.

auto answer 자동 응답(自動應答) 전화의 발호(發呼)에 자동적으로 응답하는 모뎀의 기능.

auto-bias 오토바이어스 →self-bias

auto-bias gun 자기 바이어스형 전자총(自己-形電子銃) 전자 현미경의 전자 빔을 히터 가열 전류가 변동하여도 일정하게 유지되도록 한 회로 방식. 전자 빔의 전류 I_b를 저항 R에 흘리고, 그 전압 강하 I_bR을 그리드에 걸면, 만일 I_b가 커지면 그리드에는 자동적으로 바이어스가 걸려서 전자 빔을 억제하도록 작용한다. 이 경우, 히터 가열 전류를 증가시키면 I_b는 처음에는 점차 커지고 어느 값이 되면 자기 바이어스에 의해 I_b가 포화하여 일정값으로 되어서 안정한다.

auto-cashier 현금 자동 거래 장치(現金自動去來裝置) 컴퓨터를 이용하여 현금의 예입이나 지불을 자동적으로 하기 위한 단말 기기. 고객이 스스로 다룰 때는 카드를 삽입하여 본인이라는 것이 확인된 다음에 처리가 행하여지도록 되어 있다.

auto-changer 오토체인저 여러 장의 레코드를 연속하여 연주하는 장치.

auto depositor 자동 예금기(自動預金機) =AD

auto dial 오토 다이얼 보존된 전화 번호를 일련의 펄스나 톤으로서 송신함으로써 전화 회선을 열고, 발호(發呼)하는 모뎀의 기능.

auto dialling 자동 호출(自動呼出) 전화망에 접속하여 자동적으로 번호를 다이얼할 수 있는 컴퓨터 모뎀. 모뎀과 통신 소프트웨어(단말 에뮬레이터)는 컴퓨터가 상대의 컴퓨터와 데이터를 교환할 수 있도록 적정한 통신 절차를 실행한다. 상대가 통화 중일 때는 접속이 이루어지기까지 재 다이얼을 한다. →auto answer

autodoping 오토도핑 트랜지스터 기판상에 할로겐 화합물을 써서 에피택시얼층을 성장시키는 트랜지스터 제조법에서 컬렉터 직렬 저항을 줄이기 위한 고농도의 기판을 사용할 때 기판 중의 불순물 원소, 특히 인, 보론 등이 생상층을 만들고 있는 과정에서 할로겐 화합물로서 기상(氣相) 중에 증발하여 이것이 환원되어서 에피택시얼층으로 되돌려지기 때문에 에피택시얼층에 소기의 성능 품질이 얻어지지 않는 것. 오토도핑은 인, 보론 대신 안티몬

을 쓰거나, 할로겐을 포함하지 않는 반응계에 의한 성장을 하거나, 혹은 저온, 저압으로 성장을 하거나, 기판 표면의 고농도층을 에치하여 제거하는 등의 대책을 강구하여 경감시킬 수 있다.

auto draft 자동 제도(自動製圖) 컴퓨터의 출력 장치로서 그림이나 선을 그릴 수 있는 기계 장치(그래픽 디스플레이, 커브 플로터)를 접속하여 미리 짠 프로그램의 컨트롤에 의하여 그래프나 제도를 자동적으로 실행하는 것.

autodyne receiver 오토다인 수신기(－受信機) 무선 수신기 회로 방식의 일종으로, A1 전파를 수신하는 경우에 수신기 내부에서 수신 전파와 1kHz 다른 주파수를 발진시켜 수신 전파와 헤테로다인 검파하면 1kHz 의 가청 주파 출력이 얻어져서 전신을 직접 수신할 수 있다. 이와 같이 하나의 트랜지스터로 검파 작용과 발진 작용을 시키는 방식의 수신기를 오토다인 수신기라고 한다.

autodyne reception 오토다인 수신(－受信) 발진기와 검파기 쌍방의 역할을 가진 회로를 사용한 헤테로다인 수신의 한 방식.

autofocus camera AF 카메라, 자동 초점 카메라(自動焦點－) 자동 초점 조절 기구를 갖는 카메라. 필름면과 피사체와의 거리를 자동적으로 측정하고, 또 렌즈를 자동적으로 움직여서 핀트를 맞춘다. 거리의 측정에는 콤팩트 카메라에서는 TTL AF 방식(이것에는 위상차 검출 방식, 콘트라스트 검출 방식 등이 있다)이 쓰인다. 렌즈의 구동에는 서보모터나 초음파 모터 등이 사용된다.

automate 자동화하다(自動化－) 처리 과정 또는 장치를 자동 조작으로 대치하는 것.

automated assembling system 자동 조립 시스템(自動組立－) 자동화 생산 시스템의 일부로, 조립의 자동화를 담당하는 시스템. 가공의 자동화에 비해서 일반적으로 기술적인 곤란이 많다. 부품 반송, 부품 공급, 조립의 요소 작업으로 이루어지며, 조립 대상 제품에 따라 전용 자동 조립기나 범용의 로봇 등 여러 종류의 장치가 사용된다. 일반적으로 가전 제품 등의 대량 생산되는 전기·전자 기기는 제품 설계시에 조립성을 고려하여 단순화를 도모하므로 전용기에 의한 고속 자동화가 가능해지는 경우가 많다. 한편, 자동차의 차체 조립 등과 같이 기능적인 관점에서 제품 설계를 변경하기 어려운 것에 대해서는 조립의 자동화율은 낮은 것이 현상이다. 다품종 소량 생산이 요구됨에 따라 어느 정도 유연성 있는 자동 조립 시스템을 소프트웨어로 제어하는 방식이 일반화되어가고 있다. 그 때문에 CAD와 결합하여 조립 대상 제품의 데이터를 얻고, 로봇 등 조립기의 제어 지령을 자동 생성하는 시스템의 연구가 진전되고 있으나 미해결의 문제도 많다.

automated design engineering 자동 설계 공학(自動設計工學) 컴퓨터를 사용하여 제품(설계와 제조 공정에 필요한 모든 정보 구성 부품의 특성과 규격, 설계 조직, 제조 수준 등)을 미리 기억시켜 둔 데이터 베이스에서 도출하여 모든 페이퍼 워크를 하는 방법. 미국의 ITE Circuit Breaker 사가 최초로 개발했다.

automated design tool 자동 설계 툴(自動設計－) 소프트웨어 설계에서의 합성, 분석, 모델화, 또는 문서화를 보조하는 소프트웨어 툴. 예를 들면, 시뮬레이터, 해석 에이드, 설계 표현 프로세서, 도큐멘테이션 제너레이터 등.

automated manufacturing system 자동화 생산 시스템(自動化生産－) 공업 제품의 설계나 생산에 컴퓨터에 의한 정보 처리를 도입하여 생산을 자동화하는 시스템. 많은 요소 시스템으로 이루어지나, 제품 설계를 대상으로 하는 CAD 시스템, 생산 준비를 대상으로 하는 CAM시스템, 생산 관리 시스템, 생산 제어 시스템, 또는 기술 관리 시스템이나 마키팅 등도 포함하여 방대한 시스템이 된다.

automated meteorogical data acquisition system 지역 기상 관측 시스템(地域氣象觀測－) 자동 기상 계측기에서 전화 회선을 거쳐 자동적으로 즉시 데이터를 수집하여 기상 관서에 배신(配信)하는 시스템. 집중 호우 등 국지적인 이상 현상의 상시 감시를 목적으로 한다.

automated office 자동화 오피스(自動化－), 자동화 사무실(自動化事務室) 컴퓨터나 통신 장치 기타의 전자 장치를 써서 업무를 하는 사무실을 가리키는 애매한 용어.

automated production system 자동화 생산 시스템(自動化生産－) ＝automated manufacturing system

automated radar terminal system 터미널 레이더 정보 처리 시스템(－情報處理－) ＝ARTS

automated system operation 무인 운전(無人運轉) 컴퓨터실 내는 적절한 방재 설비가 이루어져 있고 무인화되어 있으며, 조작원 또는 방재 관리자(경비원, 관리인 등)가 건물 내 혹은 동일 구내에 대기하고 있으면서 만일의 재해 발생시에 컴퓨터실 기타의 필요한 장소로 급행하여 적절한 조치를 취하는 컴퓨터 시스템의 운용 형태.

automated test case generator 자동 검사 데이터 생성계(自動檢査－生成系) = automated test generator

automated test generator 자동화된 검사 생성기(自動化－檢査生成器), 자동 검사 데이터 생성계(自動檢査－生成系) 특수한 언어로 기술한 검사 절차(시나리오)를 입력으로서 받아들이고, 검사 데이터를 생성하여 예상 결과를 정하는 프로그램. 프로그램의 전 세그먼트를 식별하여 세그먼트 간의 제어의 수수를 확인한다든지, 실행 경로를 해석한다든지, 지정한 경로를 통하는 데 필요한 입력 데이터를 생성한다든지 하는 기능을 갖추고 있다.

automated transportation system 자동 반송 시스템(自動搬送－) 자동화 생산 시스템의 일부로, 반송의 자동화를 담당하는 시스템.

automated verification system 자동 검증 시스템(自動檢證－) 컴퓨터 프로그램과 명세의 기술(記述)을 받아 가능하면 인간의 도움을 받으면서 프로그램의 정당성 증명 또는 반증을 하는 소프트웨어 툴을 말한다.

automated verification tools 자동 검증 툴(自動檢證－) 소프트웨어 개발 과정의 생산물을 평가하는 데 사용되는 소프트웨어 툴의 클래스. 이들 툴은 정당성, 완전성, 일관성, 추적성, 검사성 그리고 표준에 대한 충실도 등의 특성 검증을 지원한다. 예를 들면, 설계 분석기, 자동 검증 시스템, 표준 강제기 등이다.

automated warehouse 자동 창고(自動倉庫) 자동 반송 시스템을 갖추고 자재 관리 소프트웨어에 의하여 자재의 반출이나 반입을 효율화한 창고를 말한다. 생산 시스템을 비롯하여 각종 시스템이 대규모화함에 따라 자재를 축적하여 관리하는 창고의 역할은 중요해지고 있다. 창고 내에서 자재를 물리적으로 반입, 반출하기 위한 장치로서는 대상물의 중량이나 형상에 따라 다르나 컨베이어와 엘리베이터의 조합이나 궤도차, 크레인 등 각종 방식이 사용되고 있다.

automatic 자동(自動), 자동적(自動的) 지정된 조건에 따라서 조작자의 개입없이 기능을 수행하는 처리 또는 장치에 관한 용어. 조작자의 개입없이 주어진 조건하에서 일하는 장치나 처리.

automatic acceleration 자동 가속 기능(自動加速機能), 자동 가속(自動加速) 수치 제어 공작 기계의 변속시(시동시를 포함)에서의 충격 등을 피하기 위하여 원활한 가속을 자동적으로 하는 기능. →automatic deceleration

automatically programmed tool 자동 프로그램 도구(自動－道具), 수치 제어 공작 시스템(數値制御工作－) 공작 기계의 수치 제어 범용 언어의 일종. 예를 들면, 점은 좌표에 의하는 외에 2곡선의 만난점으로서도 정의할 수 있고, 직선은 2점, 1점과 기울기, 접선 조건 등으로 정의할 수 있다. 미국 일리노이 공과 대학이 중심이 되어 개발했다. =APT

automatic analyzer 자동 분석 장치(自動分析裝置) 비색계(比色計)를 사용하는 분석 방법에 대해서 시료와 시약의 취급부터 기록까지의 절차를 자동화한 것으로, 의용 전자 공학 등에 활용되고 있다.

automatic answering 자동 응답(自動應答) 호출된 데이터 단말 장치의 호출 신호에 대하여 자동적으로 행하여지는 응답. 호출된 데이터 단말 장치에 조작원이 있는가 없는가에 관계없이 호출이 확립된다.

automatic approach control 자동 진입 관제(自動進入管制) 로컬라이저 및 글라이드 패스(glide path) 수신 장치에 의해 수신한 신호를 자동 조종 장치에 입력하여 항공기를 로컬라이저와 글라이드 패스 비컨의 교차점에 따라서 강하시키도록 유도하는 것.

automatic balancing circuit 드리프트 자동 보상 회로(－自動補償回路) 저속도형 아날로그 컴퓨터의 연산 증폭기로, 직류 고이득 증폭을 하기 위해, 드리프트를 적게 하기 위해 자동적으로 드리프트를 보상하는 회로.

automatic balancing meter 자동 평형 계기(自動平衡計器) 전위차계나 브리지 등의 불평형 전압을 교류로 변환하여 증폭하고, 서보모터를 회전한다. 서보모터는 측정 회로의 미끄럼선 저항의 미끄럼판에 연결하고 있으며, 불평형 전압이 0으로 되는 방향으로 회전하고, 평형하면 멈춘다. 미끄럼판에는 지침이나 펜이 부착되어 있어 미끄럼선 저항선의 눈금에 의해서 측정값을 직독한다든지, 기록지에 기록하는 계기이다. 증폭기에는 트랜지스터를 사용한다. 이 계기는 입력 임피던스가 높고, 정도(精度)나 안정성이 좋다. 또 기계적인 강도의 점에서 특히 뛰어나므로 공업용의 온도, 압력 등의 기록 조절계로서 널리 사용되고 있다.

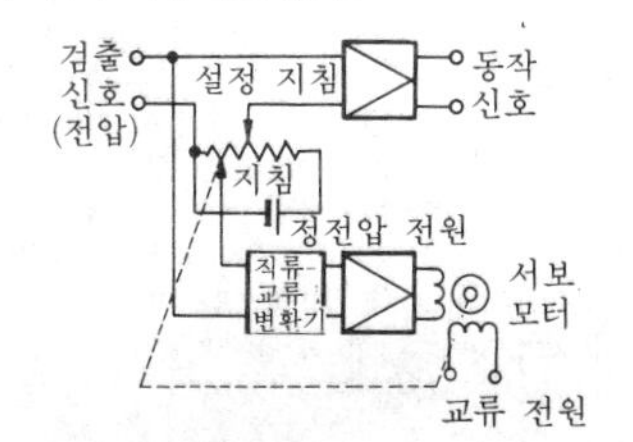

automatic brightness and contrast control 자동 휘도 콘트라스트 조절 회로(自動輝度-調節回路) =ABCC

automatic brightness control 자동 휘도 조절(自動輝度調節) 텔레비전 수상기에서 주위의 밝기에 따라 자동적으로 브라운관의 휘도를 바꾸는 것을 말하며, 이와 같은 작용을 하는 회로를 자동 휘도 조절 회로라고 한다. 보통 황화 카드뮴(CdS) 등의 광도전체를 사용하며, 주위의 밝기에 따른 전류 변화에 의해서 브라운관의 그리드 바이어스 전압을 자동적으로 변화시키도록 된 것이 많다. 또한 콘트라스트도 동시에 변화시키는 것을 자동 휘도 콘트라스트 조절(ABCC)이라고 한다. =ABC

automatic call distribution 자동 착신호 분배 시스템(自動着信呼分配-) =ACD

automatic call distributor 자동 착신호 분배기(自動着信呼分配器) 호출되어 온 트래픽을 비어 있는 교환원들에게 배분하기 위한 장치.

automatic calling 자동 호출(自動呼出) 선택 신호이 엘리먼트가 최대 데이터 신호 속도로 연속적으로 데이터망에 입력되는 호출.

automatic calling and automatic answering unit 자동 발착신 장치(自動發着信裝置) 공중 교환 회선망에 단말 장치 등을 접속하는 경우, 단말 장치 등이 부가하여 다이얼 펄스 혹은 호출 신호의 송출, 검출 등을 하는 장치.

automatic calling equipment 자동 호출 장치(自動呼出裝置) 데이터 교환 단말 장치에서 자동적으로 다이얼 발신하여 상대를 호출하기 위한 장치. =ACE

automatic calling unit 자동 호출 장치(自動呼出裝置), 자동 호출기(自動呼出機) 교환 회선을 사용하는 컴퓨터 단말이 상대방을 호출할 때 사용하는 기기 중 하나로, 기기가 자동으로 상대방을 호출할 수 있는 다이얼 신호를 만든다. 형태에 따라 다이얼식과 버튼식이 있다. =ACU

automatic carriage 자동 캐리지(自動-) 종이 또는 서식이 인쇄된 용지 등의 급지(給紙), 인자의 스페이스, 스킵 그리고 용지의 배출 등을 자동적으로 제어할 수 있는 타자기용 또는 다른 인자 장치용 제어 기구.

automatic check 자동 검사(自動檢査) 장치의 기능에 관련하는 검사로, 그 장치에 내장된 검사 기구에 의해 실행하는 것. 이것은 컴퓨터 계산 처리의 정확도를 유지하기 위한 것이며, 이에 대응하는 것은 프로그램 검사이다.

automatic coding 자동 코딩(自動-) 컴퓨터에 의해 원시 프로그램을 기계어의 프로그램으로 자동적으로 변환하는 것. 컴퓨터에 의해서 위의 변환이 자동적으로 할 수 있게 되어 있는 코드를 자동 코드라 한다.

automatic color control circuit 자동 컬러 제어 회로(自動-制御回路) =ACC

automatic component interconnection matrix 자동 접속 매트릭스 장치(自動接續-裝置) 미리 정해진 프로그램에 따라 병렬 동작 계산 요소의 입출력 접속을 사용하는 하드웨어 시스템. 이 시스템은 기계적 또는 전자적 스위치의 어느 한쪽이나 양쪽을 매트릭스로 구성하여 아날로그 컴퓨터의 수동 설정 프로그램용 패치 패널과 패치 코드를 바꾸어 놓는 것이다.

automatic computer 자동 컴퓨터(自動-) 사람 손을 거치지 않고 주어진 프로그램에 따라서 자동적으로 긴 일련의 연산을 하는 컴퓨터를 총칭하는 것.

automatic control 자동 제어(自動制御) 제어 장치에 의해서 자동적으로 행하여지는 제어. 어떤 목적에 적합하도록 대상으로 되어 있는 것에 필요한 조작을 장치 자신이 행하는 것을 자동 제어라 하고, 시퀀스 자동 제어와 피드백 자동 제어의 두 방식이 있다. 정성적인 제어에는 시퀀스 제

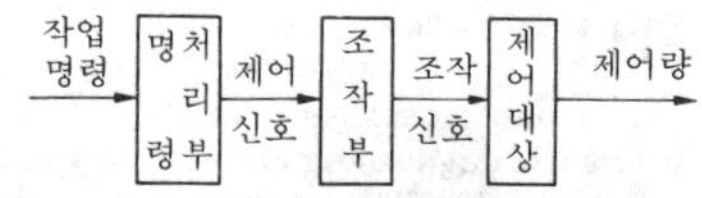

시퀀스 자동 제어계의 블록 선도

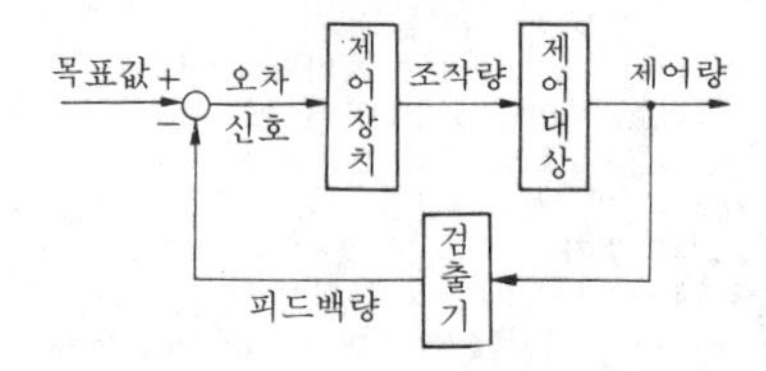

어, 정량적인 제어에는 피드백 제어가 각각 대응한다.

automatic control engineering 자동 제어 공학(自動制御工學) 자동 제어 장치 및 자동 제어 시스템의 설계와 사용에 관한 과학 및 공학 분야. 이들의 설계, 이용을 취급하는 과학 기술의 한 분야.

automatic controller 자동 제어 장치(自動制御裝置) 지시나 피드백 신호에 따라 제어 변수를 조절하여 자동적으로 운전을 하는 장치.

automatic control system 자동 제어 시스템(自動制御－) 시스템의 상태를 미리 설정된 범위 내에서 자동적으로 변화시킬 수 있는 장치. 일반적으로는 시스템에서 입력의 질과 양을 변화시키는 것으로 한다. 이 때, 제어 기능이 인간인 경우를 수동 제어(manual control)라 한다. 화력 발전, 석유 정제, 철강 생산 등 이른바 플랜트 등의 적용이 중심을 이루고 이것을 기반으로 하여 발달하고 있다.

automatic control theory 자동 제어 이론(自動制御理論) 피드백 이론을 중심으로 하는 최적 제어 이론을 말한다. 제어란 사상(事象), 기계 등의 행동량(출력)을 목표값(입력)과 근사 또는 일치시키기 위하여 행동량을 검출하고 목표값과 비교, 판단한 다음 정정을 하는 것인데, 이것을 자동적, 기계적으로 실행하는 것이 자동 제어 시스템이며, 그 이론 체계가 자동 제어 이론이다.

automatic data processing 자동 데이터 처리(自動的－處理) ＝ADP

automatic data processing system 자동 데이터 처리 시스템(自動－處理－) 자동적으로 다량의 데이터를 처리하는 시스템, EDPS 와 동의어. ＝ADPS

automatic deceleration 자동 감속 기능(自動減速機能), 자동 감속(自動減速) 수치 제어 공작 기계의 변속시(정지시를 포함)에 있어서의 충격 등을 피하기 위하여 원활한 감속을 자동적으로 실행하는 기능. →automatic acceleration

automatic degaussing circuit 자동 소자 회로(自動消磁回路) 텔레비전에서 지자기나 외부 자계 등의 영향에 의한 색순도(色純度)의 저하를 방지하기 위해 수상관의 새도 마스크나 캐비닛의 자기를 제거하는 회로. 스위치를 넣었을 때 단시간만 전류가 흐르도록, 온도 변화에 대하여 정(正)의 저항 변화를 하는 정특성 서미스터의 소자 코일을 직렬로 한 것으로, AC 100V 가 가해지도록 되어 있다.

automatic depository 자동 예금기(自動預金機) ＝AD

automatic digital computer 계수형 컴퓨터(計數形－) 주어진 프로그램에 따라 자동적으로 일련의 긴 연산을 하는 계수형 컴퓨터. 보통, 이것은 연산 장치, 제어 장치, 기억 장치, 입력 장치, 출력 장치의 5가지 부분으로 구성된다. 계수형이란 상사형(analog)에 대응하는 방식으로, 마치 계산자에 대한 주판과 같이 수에 의하여 계산 표시를 하는 것이다. →digital computer

automatic direct-control telecommunications system 자동 직접 제어식 통신 방식(自動直接制御式通信方式) 전화 교환 시스템에 있어서, 기호(起呼) 장치에서 오는 다이얼 펄스로 직접 접속 제어를 하는 방식.

automatic direction finder 자동 방위 측정기(自動方位測定器), 자동 방향 탐지기(自動方向探知機) 안테나를 회전시켜 자동적으로 전파의 도래 방위를 측정하는 장치. 두 지상국으로부터의 전파 도래 방향을 측정하는 종래의 무선 방향 탐지기를 대신해서 사용되고 있다. 항공기나 대형 선박에 설치되어 있으며, 간단히 자기가 있는 위치를 알 수 있다. ＝ADF

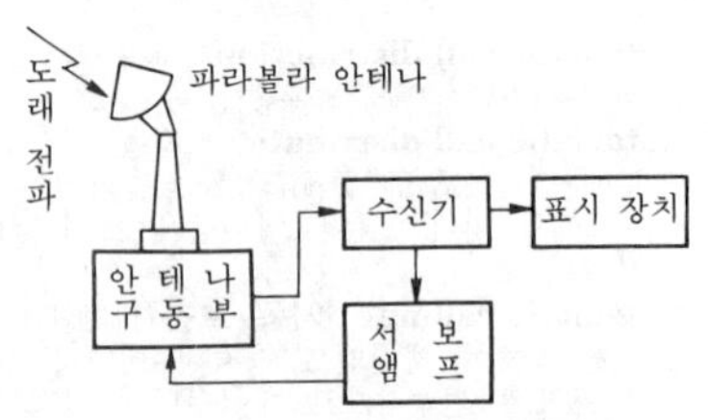

automatic drafter 자동 제도기(自動製圖機) 제도 작업에서 인력 절감을 위해 만들어진 기계. 보통 쓰이는 방식의 것은 작도에 필요한 데이터를 컴퓨터로 처리하여 제도 기계를 동작시키는 명령의 형식으로 한 프로그램을 자기 테이프나 자기 디스크에 출력하고 그것을 써서 X-Y 기록계와 같은 원리의 제도 기계를 움직여서 필요한 도면을 그리게 되어 있다.

automatic ended protection circuit 자동 종단 보호 회로(自動終段保護回路) 종단이 트랜지스터인 송신기에서는 안테나가 단락한다든지, SWR(정재파비)이 나쁘면 트랜지스터가 파손하기가 쉽다. 그래서 안테나로 보내지는 고주파 출력에서 안테나의 SWR 을 검출하여 그것이 4~5 이상일 때는 종단 증폭의 트랜지스터에 깊은 바이어스가 걸려서 고주파 출력이 자동적으로 저하하여 트랜지스터를 보호하도록 한 회로이다. 또, 오접속으로 종단 트랜지스터에 높은 전원 전압이 가해졌을 때도 같은 동작을 한다.

automatic exchange 자동 교환(自動交換) 수동 교환에 대응하는 자동적인 교환 조작. 전에는 스텝 바이 스텝식이 도입되었으나 신속한 호출, 명료한 통화의 필요로 EMD 방식으로, 다시 전자 교환 방식이 실용화되고 있다.

automatic exposure meter 자동 노출계(自動露出計) 필름 등의 감광 재료에 대는 광상(光像)의 세기를 카메라의 조리개나 셔터 속도를 자동적으로 조절함으로써 제어하는 장치. 사진을 찍을 경우는 그 장소, 일시, 기후 등에 따라 광상의 세기가 다르기 때문에 피사체와 카메라의 거리, 필름의 감도, 피사체의 반사율과 색상 등으로 카메라의 조리개나 셔터 속도를 설정할 필요가 있다. 그들을 자동적으로 하는 장치이다.

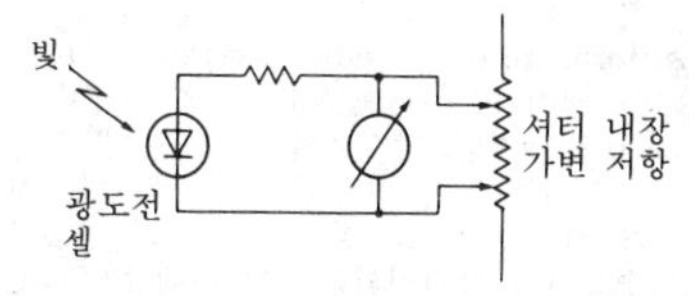

automatic fire-alarm system 자동 화재 경보 시스템(自動火災警報－) 자동적으로 화재를 감지해서 인간의 개입 없이 신호의 전송을 개시하는 화재 경보 시스템.

automatic fire detector 자동 화재 검지기(自動火災檢知器) 화재의 발생을 검지하여 동작하도록 설계된 장치.

automatic frequency control 자동 주파수 제어(自動周波數制御) 발진기의 발진 주파수를 소정의 값에 일치시키기 위해 자동 조정하는 것을 말하며, 발진기를 구성하고 있는 부품의 온도 상승이나 기타의 원인에 의한 상수 변화에 의해서 일어나는 발진 주파수의 벗어남을 검출하여 이 전압에 의해서 발진기의 발진 주파수를 제어한다. 수퍼헤테로다인 수신기의 국부 발진 회로, 텔레비전의 수평 발진 회로 등에 이용되고 있다. ＝AFC

automatic frequency control circuit 자동 주파수 제어 회로(自動周波數制御回路), AFC 회로(－回路) 텔레비전 수상기에서는 수평 발진 회로의 제어를 동기 신호로 직접 하게 되면 잡음의 영향을 받기 때문에 수평 발진 주기와 동기 신호 주기와의 차에 따른 전압으로 수평 발진 회로를 제어하는 회로. 톱니파 AFC 회로나 펄스폭 AFC 회로 등이 있다.

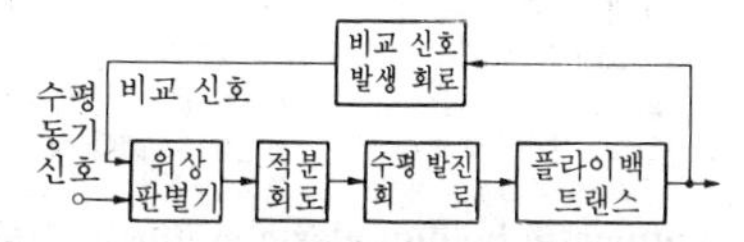

automatic-frequency-control synchronization 자동 주파수 제어 동기(自動周波數制御同期) 국부 발진기의 주파수(위상)를 상시 정정하는 비교 장치를 사용해서 국부 발진기의 주파수(위상)를 입력 동기 신호의 주파수(위상)에 고정하는 처리.

automatic gain control 자동 이득 제어(自動利得制御) 무선 수신기나 증폭기의 입력에 변동이 있는 경우라도 출력은 언제나 일정하게 되도록 이득을 자동적으로 조절하는 장치. 그 방법은 출력 중의 직류분을 제어 전압으로서 이용하여 이득이 일정하게 되도록 동작시키는 것이 많다. 라디오 수신기에서는 이것을 자동 음량 조절(AVC)라고 하는데, AGC 쪽이 의미가 더 넓다. ＝AGC

automatic gain control circuit 자동 이득 제어 회로(自動利得制御回路) 텔레비전 수상기 등에서 입력 신호가 변동해도 출력 레벨을 변동시키지 않도록 튜너나 중간 주파 증폭 회로의 이득을 자동적으로 제어하는 회로.

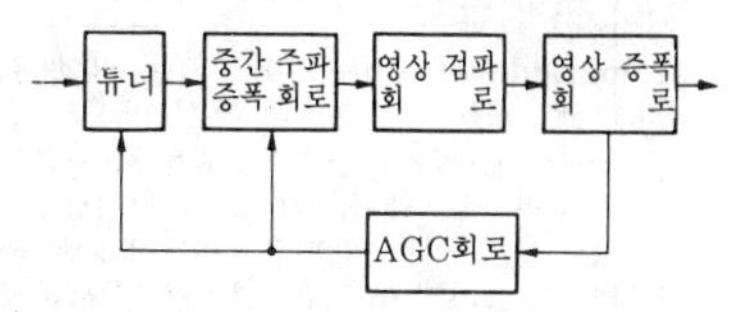

automatic gauge control 자동 판 두께 제어(自動板－制御) 강판을 연속 압연기로 압연 성형하되 목표 두께로 정확히 제품화하기 위한 자동 제어 시스템. 그 제어 시스템은 X선 두께계로 두께를 측정하고 아날로그 계산 기구에 의하여 원하는 두께가 되도록 정밀한 컨트롤에 의하여 종합적인 판 두께의 자동 제어를 하고 있으며, 더 나아가 AGC의 고급화를 위하여 디지털 컴퓨터를 사용하기에 이르렀다. ＝AGC

automatic gauge examination system 자동 검침 시스템(自動檢針－) 전력, 가스, 수도 등의 검침을 자동으로 하는 시스템. 계량 장치의 전자화가 그 실시를 가능하게 했다. 전송로는 전력 회사는 자체의 배전선 반송 방식을 사용하고 다른 업종은 공중 전화 회선을 이용한다. 수용가의 프라이버시 보호와 업자의 인건비 절감을 위해 크게 보급될 전망이다.

automatic hold 자동 유지(自動維持) 아날로그 컴퓨터에서 유지 상태가 문제 변수의 진폭 비교나 과부하 상태에 의해 자동적으로 되는 것.

automatic holdup alarm system 자동 홀드업 경보 시스템(自動－警報－) 강도 등 침입자의 동작에 의해 시동되는 경보 시스템.

automatic-identified outward dialing 자동 외부 발신 식별(自動外部發信識別) 국선 통화 요금을 각각 내선마다 자동적으로 계산하기 위해 국선 발신한 내선 번호를 구내 교환기에서 받아 자동적으로 식별하는 방식. ＝AIOD

automatic indirect-control telecommunications system 자동 간접 제어식 통신 방식(自動間接制御式通信方式) 전화 교환 시스템에 있어서, 기호(起呼) 장치에서 오는 다이얼 펄스를 일단 레지스터에 축적한 다음 호출의 접속 제어를 하는 방식을 말한다.

automatic intercept service 자동 통지 안내(自動通知案內) 가입자의 이전에 의한 번호 변경, 또는 일시 철거 등이 생겼을 경우에 구번호로 착신한 호에 대하여 발신 가입자에게 국내 장치로부터 자동적으로 구번호, 신번호, 이유 등을 안내하는 서비스.

automatic level controller 자동 레벨 회로(自動－回路) 단측파대 통신 방식의 송신기에서 종단부의 출력 일부를 추출하여 중간 주파수로 궤환시키고, 여진기에 들어가는 신호 입력 레벨을 자동적으로 조정하여 일그러짐이 적은 전파를 발사하도록 한 회로.

automatic loading 자동 로딩(自動－) 하드웨어 로더 프로그램으로, 보통 특수한 내장 ROM 에 의해서 행하여지며, 보조의 기억 장치(자기 디스크나 자기 테이프)를 적재하게 되어 있다.

automatic message accounting 자동 상세 기록(自動詳細記錄) 전화 교환 시스템에서 요금 부가를 위해 호출에 관한 정보를 자동적으로 수집, 기록, 처리하는 것. ＝AMA

automatic meter-reading 자동 검침(自動檢針) 각 수용가에서 사용한 전력량을 검침 단말기에 기억해 두고, 이것을 정기적으로 사업소의 컴퓨터에 보내 전기 요금의 산정이나 청구서의 작성 등을 자동적으로 하는 것.

automatic music selection 자동 선곡(自動選曲) 녹음된 테이프나 CD 중에서 필요한 곡을 자동적으로 골라내어 재생하거나 음이 들어 있지 않은 곳은 빨리 보내서 자동적으로 곡의 첫머리를 찾아내는 기능을 말한다.

automatic music senser 자동 음악 감지기(自動音樂感知器) →automatic music selection

automatic noise reduction system 자동 잡음 경감 시스템(自動雜音輕減－) ＝ANRS

automatic number identification 자동 번호 식별(自動番號識別) 전화 교환 시스템에서 자동 요금 부과를 위해 발신국의 위치 정보 또는 장치 번호를 자동적으로 얻는 것. ＝ANI

automatic ordering system 자동 발주 시스템(自動發注－) 주문서의 발행을 자동적으로 하는 시스템. 재고 관리 시스템으로서 정량 발주 시스템이 있는데, 그 방식의 하나로서 재고량이 발주점에 이르면 자동적으로 주문서를 출력하는 것.

automatic phase color system 자동 위상 컬러 방식(自動位相－方式) TV 수상기에서 컬러 버스트의 주파수 및 위상을 기준으로 하여 기준 부반송파를 발생시키는 색동기 회로의 한 방식. 컬러 버스트와 수상기의 발진기와의 위상차에 따른 전압을 검출하여 발진기(3.58MHz)의 발진 주파수를 언제나 컬러 버스트 신호로 동기시키도록 한다.

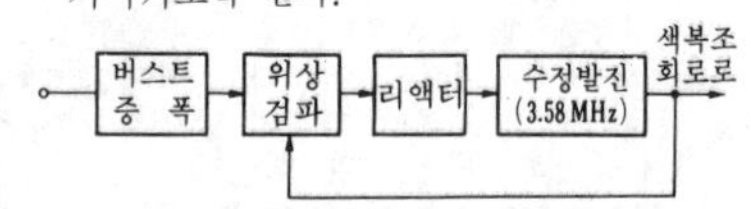

automatic phase control 자동 위상 제어(自動位相制御) 텔레비전에서 발진기의 신호 위상을 자동적으로 일정한 범위로 유지하는 프로세스 또는 수단으로, 발진기의 신호와 외부 기준 신호의 위상 비교에 의해서 얻어지는 보정 신호를 제어에 사용한다. 자동 위상 제어는 정확한 주파수 제어에 사용되는 일이 있으며, 이 경우에는 자동 주파수 제어라고 한다. ＝APC

automatic phase control circuit 자동 위상 제어 회로(－回路), APC 회로(－回路) ① 장거리 전송의 유선 TV 등에서 수신측의 동기 검파에 사용된다. 그림과 같이 VSB(잔류 측파대) 변조 신호의 수평 동기 신호에서 샘플링에 의해 위상 정보를 얻고, 전압 제어 발진기를 제어하게 되어 있다.

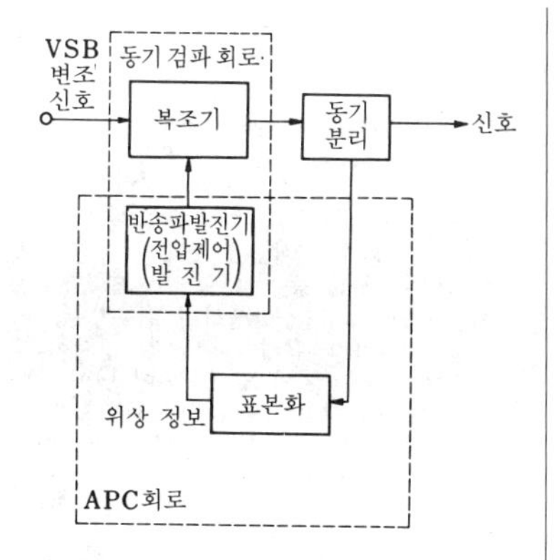

② 컬러 텔레비전 수상기 내에서 쓰이는 색부반송파를 안정하게 재생하는 회로. 수신한 컬러 텔레비전 신호는 색신호부의 반송파(색부반송파) 3.58MHz 가 억압되어 있으므로 수상기 내의 발진기에서 새로 발생시켜 가한 다음 색복조를 시킬 필요가 있는데, 송신측에서 사용한 반송파와 주파수·위상을 일치시키지 않으면 안된다. 그를 위한 방식의 하나가 이 회로이며, 송신측에서 보내오는 버스트 신호(색동기 신호)와 발진기의 출력 신호를 위상 검파기라는 회로에 가하여 위상차가 생겼을 때는 그 차에 따라서 발생하는 검출 전압을 발진기 부속의 리액턴스 회로에 가하여 리액턴스를 변화시킨다. 그 영향으로 발진기의 주파수, 따라서 위상이 변화하여 즉시 그 위상차가 상쇄된다. 이러한 동작에 의해서 자동적으로 제어된 안정한 색부반송파가 얻어진다.

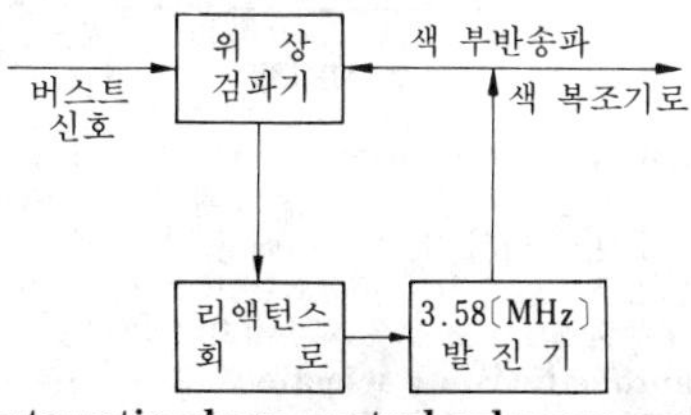

automatic phase control color process APC 컬러 프로세스 영상 신호의 휘도 신호 Y와 컬러 신호 C를 분리하여 C를 저역 변환(downward conversion)한 다음 FM 변조한 Y신호와 다중하는 저역 변환 비디오 기록에서 색신호를 재생할 때 그 재생 과정에서 지터(jitter)를 제거하기 위한 수정을 한다. 즉 컬러 버스트 신호와 3.58MHz 의 기준 주파수 발진기 출력을 위상 비교하는 PLL 루프에 의해 출력 색신호의 지터를 제거하기 위한 APC 오차 전압을 꺼내고, 이것으로 제어되는 PLL 의 VCO(전압 제어 발진기) 출력에 의해서 저역(약 700kHz) 색신호를 3.58MHz 반송 색신호로 변환하는 주파수 변환기를 제어하는 것이다.

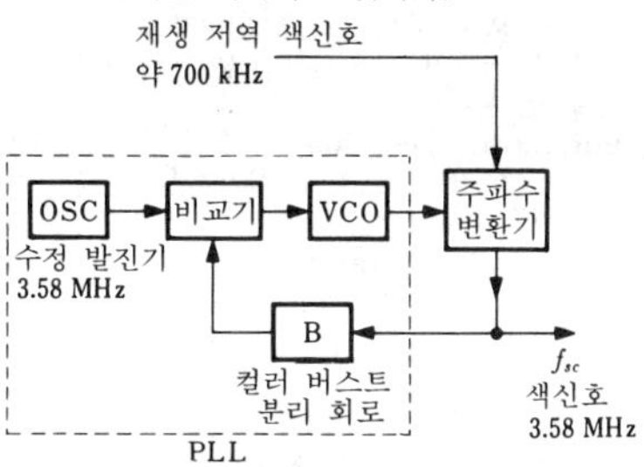

automatic picture input 도형 자동 입력(圖形自動入力) 원도를 판독하여 이것을 컴퓨터에 입력하는 것. 원도는 기하 모델, 즉 공간에서의 위치 정보에 의해서 기술되는 것과 프로세스 모델이나 전기 회로와 같이 토폴로지컬한 정보를 중시하는 것이 있다. 후자의 경우는 원도와 태블릿을 써서 대부분은 손작업으로 데이터화하여 컴퓨터에 입력한다. 기하 모델의 경우는 원도를 래스터 주사하여 그 맵(map)을 입력한 다음 다시 이 정보를 처리하여 그 특징(선분, 호, 문자, 기호 등)을 인식하고, 필요한 변환을 하여 이후의 처리에 편리한 정보를 다시 만들도록 한다.

automatic pilot 자동 조종 장치(自動操縱裝置) 전자 항행에서 항공기의 자세(적정한 축 둘레의 피치, 롤 및 동요)를 검지하여 이것을 자동적으로 수정하기 위해 자이로와 증폭기, 서보모터 등을 조합시킨 자동 제어 장치.

automatic programmed tools 수치 제어 공작 시스템(數値制御工作－) 컴퓨터에 의한 수치 제어 프로그래밍 시스템. 영어와 비슷한 표기법을 써서 부품이나 공구의 위치나 움직임의 관계를 나타낸다.

automatic programming 자동 프로그래밍(自動－) 컴퓨터의 하드웨어가 해독할 수 있는 기계어의 프로그램을 자동적으로 만들어내는 것. 실제로는 어셈블러 언어나 컴파일러 언어로 프로그래밍하는 것을 가리킨다.

automatic program search system 자동 프로그램 탐색 시스템(自動－探索－) ＝ APSS

automatic quality control 자동 품질 관

리(自動品質管理) 표준값과 대비함으로써 제품의 품질을 자동적으로 평가하는 기법. 만일, 품질이 표준값 이하로 떨어진 경우는 자동적으로 적절한 수정을 한다.

automatic ranging 오토레인지 전압계나 전류계의 레인지 전환이 자동화된 것을 말하며, 1 레인지당 50~100ms 의 시간에 최적 레인지로 전환되므로 번거로운 전환 조작이 필요 없어 신속한 측정을 할 수 있다.

automatic receiving 부재 수신(不在受信) 팩시밀리에서 수신자 부재시에도 자동적으로 수신 기록하는 것.

automatic regulation 자동 조정(自動調整) 주로 전압, 전류, 회전 속도, 회전력 등의 양을 자동 제어하는 것. 자동 조정의 계(系)는 그림과 같이 정치 제어계(정전압 제어)인 경우가 많다. 응답 속도는 일반적으로 빠르며, 제어 대상의 용량에는 상관없이 널리 쓰이고 있다. 수차나 터빈의 속도 제어, 제지의 장력 제어, 전기량의 제어에 적응된다.

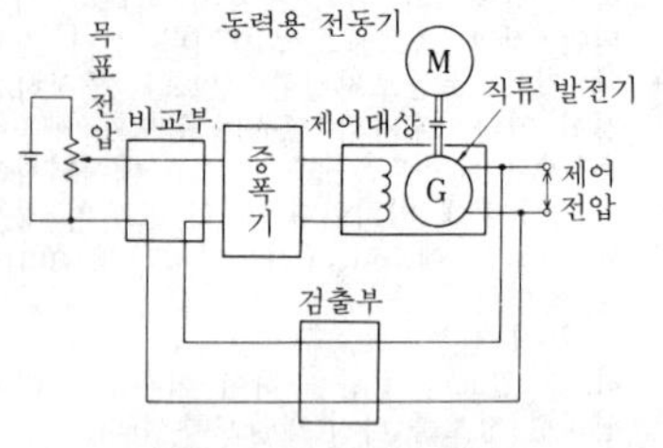

automatic repeat request 자동 재송 요구(自動再送要求), 검출후 재전송 방식(檢出後再傳送方式) 전송 구간에서 오류가 발생한 경우 수신측은 오류의 발생을 송신측에 알리고 송신측은 오류가 발생한 블록을 다시 전송한다. 이러한 것을 자동 재송 요구 또는 검출후 재전송 방식이라 하며, 대부분의 전송 시스템에서는 이 방식을 채택하고 있다. 이 방식에는 stop and wait ARQ, 연속적 ARQ, 적응적(adaptive) ARQ 등이 있다. =ARQ

automatic repetition system 자동 연송 방식(自動連送方式) 데이터를 일정 시간의 지연을 두고 2회 이상 자동적으로 전송하는 오류 검출 방식. 데이터 전송의 한 방식으로, 정보의 전달을 확실하게 하려는 시스템.

automatic request for repetition 자동 재송 요구(自動再送要求) 인쇄 전신에서 전송 오류를 검출하여 자동적으로 재송을 요구하는 방식이다. 전송 중의 오류를 검출하기 위해 각 부호는 오류 검출 가능한 모양으로 변환되지 않으면 안 된다. =ARQ

automatic request question 자동 오자 정정 장치(自動誤字訂正裝置) 국제간의 가입 전신 가입자는 단파에 의한 무선 회선에 의해서 외국의 가입자와 통신을 하고 있는데, 무선 회선은 전파의 성질상 페이딩이나 공전 등의 영향으로 전송 도중에 정보에 오류를 발생하기 쉬우므로, 이것을 제거하기 위해 사용하는 장치이다. 이것은 단국 장치와 일체화되어 있어 5단위 부호는 3개의 마크와 4개의 스페이스로 이루어지는 오류의 검출을 하기 쉬운 7단위 부호로 변환되어 상하 2채널 또는 4채널로 전송되고, 수신측에서 오류가 검출되면 자동적으로 재송 요구 부호가 송신측에 보내진다. 송신측에서는 이 부호를 받으면 일단 송신을 정지하고 잘못된 문자를 다시 한 번 송신함으로써 오류를 적게 하고 있다. =ARQ

automatic resolution control 자동 해상도 제어(自動解像度制御) TV 수상기의 영상 증폭 회로는 직류부터 4MHz 까지의 주파수 성분을 증폭하고 있는데, 휘도 신호에 반송 색신호가 포함되면 비트 방해가 화면에 나타나므로 이것을 자동적으로 감쇠시키는 동시에 2MHz 부근의 이득을 그림과 같이 증가시켜 겉보기의 해상도를 좋게 하는 것을 말한다. =ARC

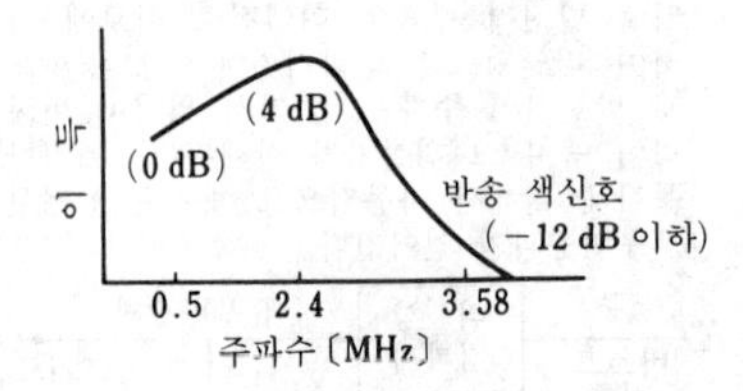

automatic retransmission 자동 재송(自動再送) 회선 교환 시스템과 그에 접속된 단말 사이의 전송 제어에서, 단말에서 시스템으로의 전송에 오류가 생겼을 경우 자동적으로 전문을 재송신하는 방법.

automatic route selection 자동 경로 선택(自動經路選擇) =ARS

automatic saturation control circuit 자동 포화도 제어 회로(自動飽和度制御回路) →ACC

automatic scanning 오토 스캔, 자동 주사(自動走査) 전자 선국 시스템의 하나로, 신호가 나오고 있는 채널을 찾을 때에 사용된다. VHF 나 FM 국이 증가하여 그 결과 수신기의 채널수가 100 이상이나 되면 선국 조작이 매우 번거러워진다. 그래서 채널을 자동적으로 순차 주사하여 신호가 나오는 채널에서 멈추어 수신할 수 있도록 하고 있다. 이것은 반대로 빈 채널을 찾는데도 사용된다.

automatic search 자동 탐색(自動探索) ① →automatic scanning. ② 등록된 다수의 데이터 중에서 필요한 데이터를 컴퓨터에 의해서 자동적으로 찾아내는 것을 말한다.

automatic send/receive set 자동 송수신 장치(自動送受信裝置) =ASR

automatic smoke alarm system 자동 연기 경보 시스템(自動煙氣警報－) 연기의 출현을 검출해서 경보를 자동적으로 전송하도록 설계된 경보 시스템.

automatic switchboard 자동 교환기(自動交換機) 원격 호출 장치에서 제어되는 장치에 의해 접속하는 교환기.

automatic system 자동 시스템(自動－) 조작자의 개재 없이 전자 제어 장치에 의해 동작이 실행되는 시스템.

automatic telecommunications exchange 자동 교환(自動交換) 발호(發呼) 장치에서 나오는 신호에 따라서 국간 접속이 자동적으로 이루어지는 교환.

automatic telecommunications system 자동 교환 방식(自動交換方式) 발호(發呼) 장치에서 나오는 신호에 의해 국간이 자동적으로 접속되는 방식.

automatic telegraphy 자동 전신 방식(自動電信方式) 신호의 송신, 수신 또는 쌍방을 자동적으로 하는 전신의 방식.

automatic telephone set 자동식 전화기(自動式電話機) 가장 일반적으로 쓰이고 있는 전화기로, 가입자 자신이 상대방의 번호에 따른 호출 조작을 함으로써 자동 전화 교환기가 동작하여 자동적으로 상대방에 접속되어 통화할 수 있도록 되어 있다. 이 전화기에서는 통화용, 신호용의 전류는 모두 전화국측에 설치된 대용량의 2차 전지에 의해서 공급된다.

automatic telephone switchboard 자동 전화 교환기(自動電話交換機) 가입자의 자동식 전화기의 호출 조작에 의해서 동작하고, 교환원의 손을 빌리지 않고 자동적으로 상대방에 접속되는 교환기.

automatic teller machine 자동 창구기(自動窓口機), 자동 예금 지불기(自動預金支拂機), 자동 거래 단말기(自動去來端末機) =ATM

automatic test equipment 자동 시험 장치(自動試驗裝置) 성능 저하의 정도를 평가하기 위해 기능이나 정적인 매개 변수의 해석을 하도록 설계된 장치로, 조화되지 않은 부분을 분리할 수 있도록 설계된다. 결정, 제어 또는 평가 기능 등은 최소의 인위적 개입에 의해 실행된다. =ATE

automatic threading 자동 송출(自動送出) 자동 테이프 장전 기구의 일부로, 공기의 분출과 흡인에 의한 공기의 흐름에 의해서 자기 테이프의 선단을 유도하는 기구.

automatic ticket-examination 자동 개찰(自動改札) 철도 등의 개찰을 자동화한 시스템. 자기(磁氣) 승차권을 투입구에 넣으면 승차할 때에는 그 유효성을 판정하여 유효할 때는 승차권을 반환구에 넣음으로써 게이트가 열려 통과를 허락하고, 무효일 때에는 게이트를 닫고 경보를 울린다. 하차할 때에도 같은 판정을 하지만, 유효한 경우에는 승차권은 개찰기에 회수된다.

automatic ticketing 자동 과금(自動課金) 전화 교환 시스템에서 과금을 위해 자동적으로 호출에 관한 정보를 기록하는 것.

automatic tracking 자동 추미(自動追尾) 레이더에서 거리, 각도, 도플러 주파수, 또는 위상과 같이, 신호 또는 목표물이 있는 특성을 자동적으로 추적하기 위해 서보 또는 컴퓨터와 같은 피드백 기구를 사용한 시스템에 의한 추미.

automatic tracking equipment 자동 추미 장치(自動追尾裝置) 위성 통신에서 통신용 안테나를 위성 방향으로 올바르게 향하게 하여 저고도 위성인 경우는 이것을 추미해 가기 위한 장치. 위성의 위치는 궤도 예보 프로그램에 의해서 예측되며, 위성을 포착한 다음, 위성에서 발사하는 비컨 전파를 받아서 이 전파의 도래 방향에 의해 위성의 위치를 정확하게 포착해서 통신용 주 안테나의 구동 장치를 구동시켜 자동적으로 추미해 가는 것이다.

automatic traffic control 자동 교통 제어(自動交通制御) =ATC

automatic train control 자동 열차 제어(自動列車制御) =ATC

automatic train stop 열차 자동 정지 장치(列車自動停止裝置) 철도의 자동 신호가 적색으로 되었을 때 운전자에게 경보의 벨을 울리고, 그에 대한 조치가 이루어지지 않았을 때 자동적으로 비상 브레이크를 거는 장치. 신호기 장소 수백m 앞의 위치에 둔 지상자(地上子)가 선행 열차의 상태에 따라 다른 주파수의 신호를 보내고, 그것을 차상자(車上子)로 수신 검지하는 방식이 쓰인다. =ATS

automatic transmitter 자동 송신기(自動送信機) 인쇄 전신에서 테이프 상에 문자에 상당하는 전신 부호를 천공해 두고, 이 테이프를 걸면 자동적으로 전신 부호를 내보내는 송신기.

automatic triggering 자동 트리거(自動－) 오실로스코프에서 1개 또는 여러 트리거 회로의 제어를 표시하고 싶은 파형에 적합하게 자동적으로 하는 트리거의 모드. 자동 트리거 모드에서는 트리거 신호가 없을 때 반복 소인(掃引)의 반복 트리거를 공급해도 된다.

automatic vehicle monitoring system 차량 위치등 자동 모니터 방식(車輛位置等自動－) =AVM

automatic voltage regulator 자동 전압 조정기(自動電壓調整器) 전원 전압의 변동을 억제하여 출력 단자에서 언제나 일정한 전압이 얻어지도록 한 장치. 사용하는 개소에 따라서 발전기용, 변압기용, 배전 선로용 등으로 나뉜다. 자동 전압 조정기로서는 감도가 좋고 응답 속도가 빠를 것, 동작이 안정하고 장시간의 사용에 견디는 튼튼한 구조를 가지고 있을 것 등이 중요하며, 유도 전압 조정기가 널리 쓰인다. =AVR

automatic volume control 자동 음량 제어(自動音量制御) 라디오 수신기 등에서 수신점의 전파 강도가 페이딩 등의 영향을 받아 불규칙하게 변화해도 음성 출력을 언제나 일정하게 하는 것. =AVC

automatic volume control circuit 자동 음량 조절 회로(自動音量調節回路), AVC 회로(－回路) 라디오 수신기 등에서 고주파 입력이 변화해도 자동적으로 증폭도를 조절하여 저주파 출력을 일정하게 유지하는 회로.

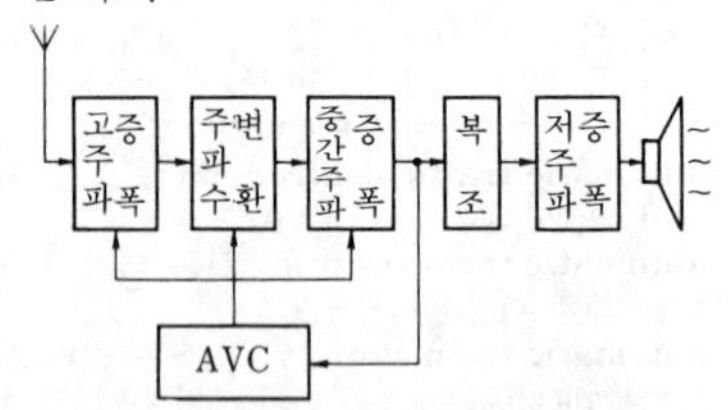

automatic warehouse control 자동 창고 제어(自動倉庫制御) 상품 등의 창고에의 입출고가 컴퓨터의 제어에 의해서 자동적으로 행하여지는 것으로, 패킷(상품 등을 수용하는 담을 것)의 선택과 이동은 컴퓨터로 제어되는 스태커(선반)와 크레인으로 행하여지고, 패킷에의 적재는 사람 손에 의하는 경우가 많으나 약품과 같은 소형의 것에 대해서는 선반에서 패킷으로의 적재도 자동적으로 행하여지는 완전 무인의 것도 있다.

automation 오토메이션, 자동화(自動化) automatic operation 의 약어. 장치의 조작이나 제어를 자동화하여 업무를 대량으로 처리하는 기술. 화학 공업에서의 프로세스의 자동화나 기계 공업에서의 가공 공정의 자동화 등이 있으며, 피드백 제어나 시퀀스 제어 등의 기술을 이용해서 행하여진다. 또, 컴퓨터의 보급에 따라 OA(office automation)를 비롯, IDP(integrated data processing)에 의해 서비스나 경영의 분야에도 자동화가 이루어지게 되었다.

automaton 오토머턴 인공 두뇌라고 번역되기도 한다. 컴퓨터가 더 발달하여 복잡한 사고나 판단 등도 할 수 있게 된 것을 말한다. 컴퓨터의 시작은 복잡한 계산을 인간이 따르지 못하는 고속도로 수행하는 것이었으나 고도한 것에서는 프로그램에 의해서 각종 게임이나 외국어의 번역 등을 시킬 수 있게 되었다. 또 컴퓨터가 스스로 학습하는 능력을 가질 수 있게 하는 방법도 연구되고 있으며, 최후에는 창작 활동과 같은 인간의 능력에까지 접근할 수 있는지 어떤지가 과제로 되어 있다. 최근에는 AI(인공 지능)라는 말이 널리 쓰이고 있는데, 오토머턴은 AI를 포함한 보다 광범한 개념이다.

autonomous system 자율 시스템(自律－) 게이트웨이와 네트워크를 묶은 것. 여기서는 「경로의 제어」나 「목적으로 하는 국으로 도달할 수 있는지 어떤지」 등의 정보를 서로 알 수 있게 협조하고 있다. 신뢰성은 높다.

autopilot 오토파일럿 선박 또는 항공기에서의 자동 조종 장치를 말한다. 자이로스코프나 자기 컴퍼스 등을 검출기로 하는 서보 기구를 사용하여 자세나 진로의 자동 제어를 하는 것이다.

autopolling 자동 폴링(自動－) 전산망의 복수 단말에 대하여 정기적으로 주사(走査)하여 정보를 송신하기 위해 대기 상태에 있는지 어떤지를 점검하는 것.

auto-ranging AC voltmeter 자동 교류 전압계(自動交流電壓計), 자동 레인지 전환 교류 전압계(自動－轉換交流電壓計) 측정하는 전압의 크기에 따라서 자동적으로 측정기의 레인지가 전환되어 미터의 지시와 램프에 의한 레인지의 표시에 의해 교류 전압의 측정을 할 수 있는 것. 따라서 측정자는 측정기와 피측정물을 접속하는 외에는 측정기 자신이 조작을 하므로 오조작이나 손상, 측정의 개인차 등이 해소되어 능률적인 측정을 할 수 있다. A-D 변환기를 사용하고 발광 다이오드에 의한 디지털 표시 방식으로 한 것이 많다.

auto-ranging DC voltmeter 자동 직류 전압계(自動直流電壓計), 자동 레인지 전환 직류 전압계(自動－轉換直流電壓計) 측정하는 전압의 크기에 따라 전체 눈금의 25~98%에서의 최적 지시가 자동적으로 이루어지는 전압계. 이 전압계에서는 프로브(탐침)를 피측정물에 대기만 하면 리드 스위치에 의한 최적 레인지로의 전환이 자동적으로 이루어지고, 램프에 의해 그 레인지가 표시된다. 이 때문에 보통의 전압계와 같은, 레인지 전환이나 극성 전환의 조작이 불필요하며, 과대 입력에 의한 손상이 없고, 빈번한 레인지 전환에서도 번거로움이 없다. 5mV~1,500V 정도의 측정 범위를 가진 것이 시판되고 있다. 전체 눈금에서 1mV 부터 300V 정도의 전압을 측정할 수 있고, 빈번히 레인지의 전환을 하는 현장에서 사용하면 편리하다. A-D 변환기를 사용하고, 발광 다이오드에 의한 디지털 표시 방식의 것이 많다.

auto reverse 오토 리버스 녹음·재생 테이프에서 테이프의 끝까지 오면 자동적으로 반전하여 동작이 계속되도록 고안된 것. 왕·복에 각각 별개의 헤드를 쓰는 것, 단일 헤드를 반전하여 왕·복 양 동작에 사용하는 것이 있다.

autosearch controller 오토서치 컨트롤러, 자동 탐색 제어기(自動探索制御器) 1개의 비디오 테이프에 여러 종류의 프로그램을 기록하여 재생할 때 목적으로 하는 프로그램까지 자동적으로 재빨리 보내는 기구. 비디오 테이프의 제어 신호는 펄스로 기록되어 있는데 이 펄스의 마이너스측을 이용하여 목적 프로그램의 신호로서 사용한다.

autotransformer 오토트랜스, 단권 변압기(單捲變壓器) 하나의 권선을 1차와 2차로 공용하는 변압기. 권선을 절약할 수 있을 뿐만 아니라 권선의 공용 부분인 분로 권선에는 1차와 2차의 차의 전류가 흐르므로 동손이 적고, 권수비가 1에 가까울수록 경제적으로 된다. 공용 권선이

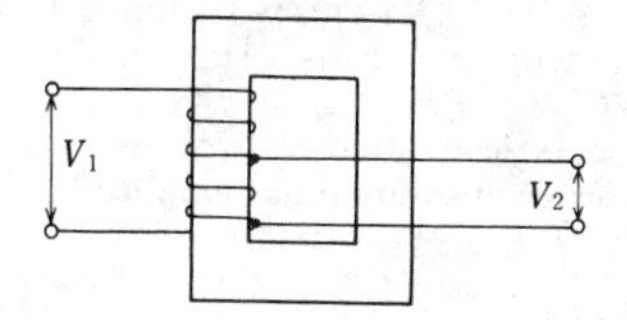

기 때문에 누설 자속이 적고, 전압 변동률이 작아서 효율도 좋으므로 전압 조정용으로서 연속적으로 전압을 조정할 수 있는 접동식 전압 조정기 등에 널리 쓰이고 있다.

auto-tuning 오토튜닝, 자동 동조(自動同調) 텔레비전 수상기의 채널 동조를 자동적으로 조정하는 것. 그 회로는 국부 발진 주파수의 변화를 음성 중간 주파 출력에서 제어 전압을 검출하여 이로써 국부 발진기를 제어할 수 있게 되어 있다.

auxiliary console 보조 콘솔(補助－) 콘솔(단말 장치)이 복수로 구성되는 경우 주 콘솔 이외의 콘솔.

auxiliary memory 보조 기억 장치(補助記憶裝置) ① 주기억 장치를 보조하는 기억 장치. 자기 테이프, 자기 드럼 등은 그 예이다. ② 주기억 장치를 보조하는 소용량의 기억 장치.

auxiliary projection drawing 보조 투영도(補助投影圖) 사면에 직각인 방향에서 필요한 부분만을 투영하는 도면. 사면을 갖는 물건의 실제 모양을 도시하는 데 적합하다.

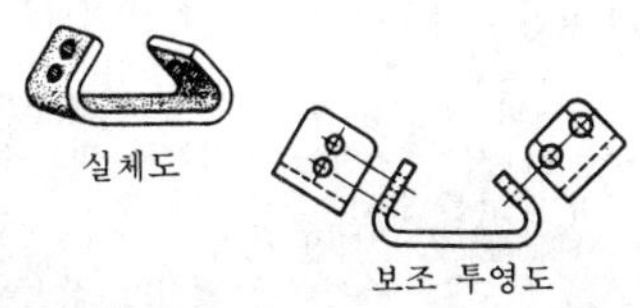

auxiliary storage 보조 기억 장치(補助記憶裝置) 데이터 처리 시스템에서의 주기억 장치 이외의 기억 장치. ① 주기억 장치의 용량 부족을 보충하기 위한 기억 장치. ② 주기억 장치와는 별도로 설치된 외부 기억 장치로, 이것에는 자기 드럼, 자기 디스크, 자기 테이프 등이 사용되고 있다. 그러나 ISO에서는 이런 의미로는 사용하지 않는 것이 좋다고 되어 있다.

AV 오디오비주얼 audio-visual 의 약어. 음향과 영상을 결합한 시스템이나 그와 관련하는 제품 등에 대한 용어. 시청각 교육 기기(CAI, CMI)의 개발에 시작되어 각종 음향 영상 제품이나 그 관련 부품이 개발되고 있다. 그리고 이들 AV 시스템이나 기기에 대하여 공통된 경향은 디지털 기술의 도입에 의한 고성능화이다. 레이저에 대표되는 옵토일렉트로닉스의 진보도 AV 분야의 급진전에 크게 기여하고 있다.

availability 사용 가능도(使用可能度), 가동률(稼動率) 기기의 가용성(어느 정도 유용하게 쓰이는가)을 수치로 나타내는

것으로, 다음 식으로 구해진다. 단, MTBF는 고장의 수리를 완료하고부터 다음의 고장이 발생하기까지의 평균 시간, MADT는 고장에 의한 정지의 평균 시간이다.

MTBF/MTBF+MADT

available power gain 유효 파워 이득(有效－利得) ① 트랜스듀서의 출력단에서 얻어지는 파워와 구동 장치에서 얻어지는 파워와의 비로, 지정된 입력단 조건에서의 것. 전기적 트랜스듀서의 최대 이용 가능 이득은 입력 성단(成端) 어드미턴스가 트랜스듀서 입력단에서의 구동점 어드미턴스의 공액 복소량일 때 얻어진다. 이것을 완전 정합 파워 이득이라 한다. ② 지정된 주파수에서, 트랜스듀서의 출력 포트에서 이용할 수 있는 신호 파워와 입력원에서 얻어지는 신호 파워의 비. 출력 포트에서의 이용 가능한 파워는 구동원 임피던스와 트랜스듀서의 입력 포트에서의 임피던스 사이의 정합도(整合度)에 의해서 변화한다.

available power response 유효 파워 응답(有效－應答) 음향 방사에 이용되는 전기-음향 변환 장치에서, 변환 장치의 실효 음원으로부터 지정된 방향의 1m 거리인 점에서의 겉보기 음압의 제곱 평균값과 구동원에서 얻어지는 전력과의 비. 겉보기의 음압은 음원으로부터의 음파가 구면파(球面波)로서 확산해 가는 것으로 생각되는 정도로, 음원에서 떨어진 장소에서 측정한 음압에 실효 음원에서 측정점까지의 거리를 곱함으로써 구해진다. 유효한 파워 응답은 변환 장치는 물론 구동원의 임피던스에 의해서도 변화하므로 조건을 명시할 필요가 있다.

available time 사용 가능 시간(使用可能時間) 컴퓨터가 사용 가능한 시간.

avalanche 애벌란시, 전자 사태(電子沙汰) 단일 입자 또는 광양자가 복수개의 이온을 발생하고, 이들 이온이 가속 전계에 의해 충분한 에너지를 얻어서 다시 많은 이온을 만들어내는 식으로 이온화가 누적적으로 진행하는 것. 타운젠트 애벌란시라고도 한다. 가이거 계수관, 애벌란시 포토다이오드, 임패트 다이오드 등에서 볼 수 있다.

avalanche breakdown 전자 사태 항복(電子沙汰降伏), 애벌란시 항복(－降伏) 반도체 속의 강한 전계에 의해 캐리어가 가속됨으로써 결정 내 원자와 충돌하여 새로운 캐리어를 발생하는 과정이 반복된다. 이 때 생기는 전류의 증폭에 의해 현저하게 전기 저항이 작아지는 상태.

avalanche diode 애벌란시 다이오드 pn 접합에 역방향의 고전압을 가했을 때 생기는 애벌란시 효과에 의해서 마이크로파를 발진시키기 위한 부품.

avalanche effect 애벌란시 효과(－效果) pn 접합에 역방향으로 가한 전압이 어느 값 이상이 되면 큰 운동 에너지를 얻은 전자가 가전자대에 있는 전자를 전도대로 끌어올리고, 이 전자가 또 같은 일을 되풀이하여 전도 전자가 급격히 증가하는 효과를 말한다. 이것을 이용한 것으로 제너 다이오드가 있다.

avalanche injection MOS 애벌란시 주입 MOS(－注入－) ＝AMOS

avalanche luminescent diode 애벌란시 발광 다이오드(－發光－) 파괴 영역에 있는 제어 역전류가 인가 전압이 원인이 되어 유출함으로써 열적이 아니고 가시광이 생성되는 반도체 접합을 포함하는 반도체 소자.

avalanche phenomena 애벌란시 현상(－現象) 반도체 중의 캐리어(자유 전자, 정공)가 강한 전계로 가속되면 그 에너지로 궤도에서 가전자를 떼어내고 새로운 캐리어를 만든다. 그 캐리어가 또 가속되어 같은 동작을 되풀이하여 전자가 사태와 같이 증가하는 현상. pn 접합 다이오드에서 역방향 전압을 가했을 때의 항복 현상이 이에 해당한다. 또한 기체 중의 불꽃 방전도 이러한 현상에 의해서 일어난다(단, 캐리어는 전자와 양 이온).

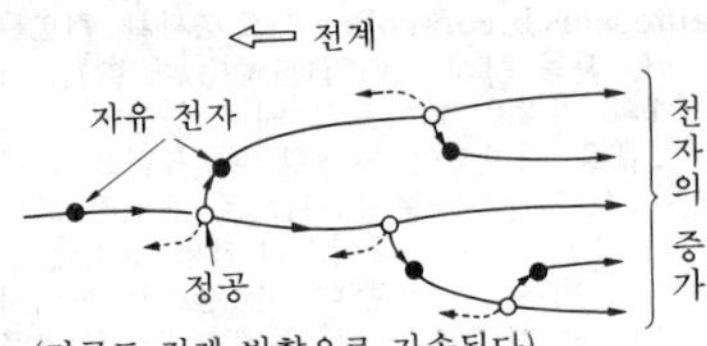

(정공도 전계 방향으로 가속된다)

avalanche photodiode 애벌란시 포토다이오드 포토다이오드에 높은 역방향 전압을 가하여 캐리어의 이동 속도를 증대시키는 동시에 애벌란시 증배에 의해서 감도를 높인 것. 광전자 증배관을 고체화한 장치라고 생각할 수 있다.

avalanche transit time diode 애벌란시 주향 다이오드(－走向－) →impact avalanche and transit time diode

AVC 자동 음량 조절(自動音量調節) ＝automatic volume control

average absolute pulse amplitude 평균 절대 펄스 진폭(平均絶對－振幅) 펄스 계속 시간 내에서의 순간 진폭의 절대값의

평균값.

average absolute value 평균 절대값(平均絶對－) 주기적인 양 x의 순간 절대값 $|x|$의 1주 기간에서의 평균값.

average detector 평균값 검출기(平均－檢出器) 주어진 신호의 포락선 평균값을 주는 출력 전압을 갖는 검출기.

average frequency of a modulated signal 변조파의 평균 주파수(變調波－平均周波數) 변조파를 대칭형의 선형·주파수 판별기에 주었을 때 얻어지는 직류 출력 전압과 같은 출력 전압을 얻도록 비변조 반송파의 주파수 f_c를 벗어나게 했을 때 f_c'가 얻어졌다고 하면 f_c'를 변조파의 평균 주파수라 한다. $f_c'-f_c$는 변조에 의한 반송 주파수의 편차이다.

average information content 평균 정보량(平均情報量) 유한의 완전 사상계(完全事象系) 중에서 어느 사상이 생겼는가를 앎으로써 전해지는 정보 측도의 평균값.

average information rate 평균 정보 속도(平均情報速度) 단위 시간당의 평균 엔트로피.

average noise figure 평균 잡음 지수(平均雜音指數) 트랜스듀서의 출력단에서의 전체 잡음 출력과 그 중에서 트랜스듀서 입력단에서의 열잡음으로 되는 부분과의 비. 잡음은 모든 주파수에 걸쳐서 적산하는 것으로 한다.

average noise temperature 평균 잡음 온도(平均雜音溫度) 지정된 주파수 대역으로 평균한 안테나의 잡음 온도.

average picture level 평균 영상 레벨(平均映像－) 유효 주사 기간 내의 블랭킹 레벨을 기준으로 한 평균 신호 레벨(블랭킹 기간을 제외하고, 1 프레임 기간으로 평균한 것)로, 기준 백 신호 레벨과 블랭킹 레벨의 차를 1.0으로 했을 때의 백분율로 나타낸다. ＝APL

average power output 평균 전력 출력(平均電力出力) 변조의 1주기에 걸쳐서 평균되어 송신 출력 단자에 송출되는 무선 주파수 전력.

average pulse amplitude 평균 펄스 진폭(平均－振幅) 펄스의 순시 진폭을 펄스 지속 기간에 걸쳐 평균한 값.

average transinformation 평균 전달 정보량(平均傳達情報量) 완전 사상계(完全事象系) 중에서 하나의 사상이 생겼다는 조건하에서 다른 완전 사상계 중에서 하나의 사상이 생긴 것을 앎으로써 전해지는 전달 정보량의 평균값.

average transinformation rate 평균 전달 정보 속도(平均傳達情報速度) 단위 시간당의 평균 전달 정보량.

averaging AGC 평균값형 AGC(平均－形－) 자동 이득 제어 회로의 일종으로, 라디오 수신기의 자동 음량 조절 회로(AVC 회로)가 이에 해당한다. 텔레비전 수상기에서는 영상 검파기의 출력을 필터를 통해서 꺼내면 평균값 AGC 전압으로 되고, 또 회로도 간단하나 AGC 작용은 그다지 듣지 않는다. 거기다 화면의 변화로 AGC의 동작이 변화하고, 동기도 흩어지기 쉽다는 등의 결점이 있으므로 그다지 쓰이지 않으나, 충격성의 잡음에는 영향을 잘 받지 않는다.

Avilyn 아빌린 산화철에 코발트 이온을 흡착시켜서 만든 자성체로, 비디오 테이프 등에 사용한다.

avionics 아비오닉스 항공에 관한 전기 및 전자 기술.

AVM 차량 위치등 자동 모니터 방식(車輛位置等自動－方式) automatic vehicle monitoring system 의 약어. 이동 차량에 대한 발·착신의 접속, 통신 품질을 확보하기 위한 이동국의 현재 위치 파악을 하는 시스템. AVM 시스템에는 ① 이동국이 스스로 현재 위치를 판단하고, 센터와 연락하는 방식, ② 분산 배치된 수신 전용국이 이동국과 접촉하여 얻은 정보를 유선으로 센터에 전하는 방식, ③ 사인 포스트라고 하는 송신 전용국에 이동국이 접촉하여 주어진 정보에 의해 이동국이 업무용 무선으로 센터와 연락하는 방식 등이 있다.

AVNIR 가시 및 근적외선 라디오미터(可視－近赤外線－) advanced visible and near infrared radiometer 의 약어. 지구 관측용으로 쏘아올리는 기술 위성에 사용하는 관측 장치의 명칭. 가시 영역과 근적외선 영역의 파장으로 관측 가능한 센서를 갖는다. 정확도는 매우 높다.

Avogadro's number 아보가드로수(－數) 기체 1몰(mol) 분자(예를 들면, 산소이면 32g) 중에 들어 있는 분자수 N을 말하며

$$N \fallingdotseq 6.03\times10^{23}$$

이다. 패러데이 상수 $F \fallingdotseq 96,500$C를 N으로 나누면 전자 1개당의 전하

$$e=F/N \fallingdotseq 1.6\times10^{-19}\,\mathrm{C}$$

으로 구해진다.

AVR 자동 전압 조정기(自動電壓調整器) ＝automatic voltage regulator

axially extended interaction tube 축 확장 상호관(軸擴張相互管) 1개 이상의 갭을 갖는 출력 회로를 사용하는 클라이스트론관.

axial mode 축 모드(軸－) 빔 가이드 또는 빔 공진기 중의 모드로, 빔의 단면적상에서 1개 이상의 횡전계 강도(橫電界强度)의 극대점을 갖는다.

axial ratio pattern 축비 패턴(軸比－) (안테나) 안테나의 방사 패턴에 축비를 겹쳐서 그래프 표시한 도표.

axial response 정면 응답(正面應答) 전기음향 변환기의 주축으로서 지정한 방향에서의 응답. 정면 감도라고도 한다. 마이크로폰의 경우는 주축 방향에서 입사하는 소리에 대한 자유 음장 감도. 주축이란 구조상의 대칭축 또는 응답의 최대가 되는 방향이다.

azimuth 방위(方位), 방위각(方位角) = bearing

azimuth loss 방위 손실(方位損失) 자기 테이프의 녹음·재생에서 테이프와 헤드 사이의 조정을 하는 것을 방위 조정이라 하고, 그 때 생기는 손실을 말한다. 테이프의 진행 방향에 대하여 헤드가 직각으로 되도록 하면 되고, 벗어나면 손실을 일으킨다.

azimuth quantum number 방위 양자수(方位量子數), 부 양자수(副量子數) 원자 내에서의 전자의 존재 상태를 나타내는 양자수의 하나. 주 양자수가 n일 때 부 양자수는 $l=0$, 1, …, $n-1$의 n개이다. 각각의 상태에 해당하는 궤도를 s, p, d, f, …로 명명하고, l이 클수록 전자 궤도가 장원화(長圓化)한다.

BA 분기 증폭기(分岐增幅器) =bridging amplifier

babble 배블 다수의 채널로부터의 간섭에 의해 발생되는 총 크로스토크의 잡음량을 말한다.

back bonding 백 본딩 반도체 칩의 회로면을 위로 하고 칩 배면을 기판에 접착하는 접착법으로, 페이스 다운 본딩(face down bonding)에 대비되는 것.

backbone routing 백본 루팅 교환망에서 기간(최종) 회선만으로 이루어지는 경로 설정(지정). 최소수 트렁크 링크를 포함하는 경로 설정은 기본 루트 지정이라 한다.

back coupling oscillator 반결합 발진기(反結合發振器) 출력의 일부를 입력에 정궤환하여 발진시키는 발진기로, 궤환 발진기(饋還發振器)라고도 한다. 출력 회로와 입력 회로와는 정전 결합이나 전자 결합에 의해서 결합되어 있으며, *LC* 발진기나 하틀리 회로, 콜피츠 회로 등 많은 종류가 있다.

back course 후방 코스(後方-) ① 계기 착륙 시스템 용어. 활주로에서 떨어진 로컬라이저 반대측에 위치하는 코스. → navigation ② 활주로에서 로컬라이저의 역순으로 만든 코스.

back current 역방향 전류(逆方向電流) 역 바이어스로 흐르는 전류

back electromotive force 역기전력(逆起電力) 시스템 내부에서 정해진 방향으로의 전류 흐름을 저지하도록 작용하는 실효 기전력. 역학계에서의 작용에 대한 반작용의 관계에 대응하고 있다.

back-end computer 백엔드 컴퓨터, 후치 컴퓨터(後置-) 호스트 컴퓨터와 보조 기억 장치 사이에 개재하는 전용 컴퓨터를 말한다.

back-end data base machine 후치형 데이터 베이스 머신(後置形-) 후치형 프로세서의 일종. 호스트 컴퓨터와 보조 기억 장치와의 사이에 두어지는 데이터 베이스 처리 전용의 컴퓨터.

back-end processor 백엔드 프로세서, 후치 프로세서(後置-) 중앙 컴퓨터와 보조 기억 장치와의 사이에 위치하는 프로세서. 주로 데이터 베이스 처리 전용일 때 이렇게 불리는 일이 많다. 통신 제어 등의 전치 프로세서와 대칭의 위치에 있다. = BEP

backfire antenna 백파이어 안테나 궤전 소자와 반사기로 구성되는 안테나로, 반사기에 의해 안테나는 마치 개방형 공진기와 같이 동작한다. 전파는 공진기의 개방단에서 방사된다.

background 백그라운드 방사선의 세기를 측정하는 경우, 측정값 중에는 선원(線源)에 의한 정미(正味)의 계수값 외에 우주선이나 천연 및 인공의 방사성 물질 등에 의한 계수값이 포함된다. 이것을 백그라운드라고 한다. =BG

background control 백그라운드 조정기(-調整器) 컬러 텔레비전의 3색 수상관 입력에서 색신호의 직류 레벨을 조정하기 위하여 사용되는 퍼텐쇼미터. 이 퍼텐쇼미터 조정 손잡이의 설정에 의해 색 형광체가 생기는 평균의(백그라운드의) 밝기가 정해진다.

background image 배경 화상(背景畫像) 개개의 화상 처리 과정에 의해서 그 때마다 변화하는 일이 없는, 예를 들면 서식 오버레이와 같은 표시 화상의 배경 부분. →screen group

background level 백그라운드 레벨 시험을 하고 있는 기계 이외로부터 측정점에 입사되는 음의 음압 레벨. 이 음에는 시험에 사용되는 장치에서 발생되는 것을 포함한다.

background music 배경 음악(背景音樂) 인간의 정신 위생면에서의 효과를 노려 공장, 사무실, 병원이나 상점, 백화점, 호텔 등에서 흘리고 있는 음악. 환경에 따라

서 곡목의 편성이나 연주 등도 배려되고 있으며, 적당한 리듬감을 주어서 피로를 적게 하는 데 효과가 있으므로 여러 분야에서 응용되고 있으나 장시간의 연주이기 때문에 거의 테이프 리코더에 의해서 흘리는 경우가 많다. 이러한 장치나 음악 소스를 전문으로 다루는 기업도 있다. 환경 음악이라고도 한다. =BGM

background noise 백그라운드 잡음(-雜音), 배경 잡음(背景雜音)[1], 암소음(暗騷音)[2] (1) 신호의 그늘에 나타나는 연속성 잡음.
(2) 듣고자 하는 음악이나 기타의 소리, 즉 대상으로 하고 있는 소리 이외의 소리는 모두 듣기 싫은 음, 불필요한 음이므로 암소음이 된다.

background processing 배경 처리(背景處理) 온라인이나 실시간 처리에서 단말로부터의 조회 등 우선 순위가 높은, 실시간을 하지 않으면 안 되는 처리가 없는 경우에 하는 우선 순위가 가장 낮은 처리. 보통, 각종 통계 업무, 급여 계산 등이 배경 처리로서 행하여진다. 이들 배경 처리는 우선 순위가 높은 처리가 발생하면 그 처리는 중단되고 우선 순위가 높은 처리가 먼저 행하여진다.

background radiation 배경 방사(背景放射) 우주선이 지구에 충돌하여 생기는 약한 방사. 암석, 토사, 공기 등에 포함되는 천연 라디오 아이소토프로부터의 방사 등 측정하려는 원천으로부터의 방사와 다른 방사로, 측정기로서는 되도록 이러한 배경 방사를 배제하도록 배려되어 있는 것이 바람직하다.

background returns 배경 반사(背景反射) →clutter

back light 백 라이트 텔레비전에서 촬상관의 광학축에 평행한 방향으로 물체의 배후에서 투사되는 조명.

backlight LCD 백라이트 액정 표시 장치(-液晶表示裝置) 배면 광원에 의한 액정 표시 장치. 배면에서 빛을 대므로 화면이 잘 보인다. 물론, 그를 위한 광원이 필요하다. 최근에는 사이드 라이트에 의한 것도 나타났다. →LCD

back load horn speaker 백 로드 혼 스피커 스피커의 배면에서 나오는 음을 굴절 혼(폴디드 혼)에서 효율적으로 방사하는 스피커 시스템. 고음과 중음은 스피커의 전면에서 직접 방사하고, 저음역은 배면의 혼에서 방사시키는 것으로, 캐비닛의 내부 구조는 좀 복잡해지나 저음역의 효율이 좋으므로 저음이 잘 나오는 스피커이다.

back lobe 백 로브 안테나에서 주 로브의 방향에 대해 약 180도 벌어진 방향의 로브. 좀 넓은 뜻으로는 최대 방사 방향인 반사측의 로브.

backoff 백오프 ① 다주파의 무선 주파 반송파를 공통 증폭할 때 반송파 상호간의 혼변조에 의해서 통신이 방해되지 않도록 증폭기 입력을 그 레벨을 낮추어서 직선 영역에서 동작시키는 것. ② 근거리 통신망(LAN)에서 사용되는 기법으로, 데이터의 충돌, 또는 최번시(最繁時)에서의 데이터 송신을 회피하기 위해 과부하 채널에서 부하를 조직적으로 줄이도록 하는 것.

back panel 백 패널, 뒷판(-板) 프린트 기판 유닛을 실장하기 위한 커넥터를 탑재하고, 또한 유닛 간의 배선 및 전원의 공급을 할 수 있는 구조를 갖는 판.

backplane 백플레인 =mother board

back plate 배면 전극(背面電極) 축적된 전하의 상(像)이 용량적으로 결합되어 있는, 아이코노스코프 또는 오시콘 촬상관 속에 있는 전극.

back porch 백 포치 ① 흑백 텔레비전에서는 수평 동기 펄스의 뒤 끝과 수평 블랭킹 펄스의 뒤 끝과의 사이에 있는 신호 파형의 일부분. ② NTSC 컬러 텔레비전에서는 컬러 버스트와 수평 블랭킹 펄스의 뒤 끝과의 사이에 있는 신호 파형의 일부분.

back porch effect 백 포치 효과(-效果) 트랜지스터에서 입력 신호가 없어도 잠시 컬렉터 전류가 지속하는 것. 이것은 베이스 영역에서의 소수 전하 축적 효과에 의한 것이며, 다이오드에서도 볼 수 있다.

back radiation 배면 방사(背面放射) 안테나가 의도한 방향과 반대 방향으로 방사되는 것.

backscatter 후방 산란(後方散亂) 레이더에서 입사파 방향의 반대 방향으로 반사된 에너지.

backscatter coefficient 후방 산란 계수(後方散亂係數) 클러터 등의 전파 산란체로부터의 전파 도래 방향에서의 레이더 반사의 강도를 나타내는 상수. 대지나 해면과 같은 확산이 있는 클러터인 경우는 단위 면적당의 후방 산란 레이더 단면적으로 정의되고, 단위는 무차원이 된다. 다만, 알기 쉽게 하기 위해 m^2/m^2으로 나타내는 경우도 있다. 비나 부유물과 같은 3차원 클러터인 경우는 단위 체적당의 후방 산란 단면적으로 정의되고, 단위는 m^2/m^3 또는 m^{-1}로 한다.

backscattering 후방 산란(後方散亂) 일

반적으로 원래의 방향과 반대 방향으로의 광의 산란.

backscattering coefficient 후방 산란 계수(後方散亂係數) =backscatter coefficient

backscattering thickness guage 후방 산란형 두께 측정기(後方散亂形－測定器) 방사원과 계측 장치가 두께를 측정하려는 대상 물질의 같은 쪽에 있는 방사선형 두께 측정기. 이것은 후방 산란 방사를 측정하는 것으로, 이동하고 있는 박판 표면의 도장 두께를 잰다든지 제어한다든지 하는 데 널리 쓰인다.

back-shunt keying 백 션트 키잉 송신기를 키잉하는 방법의 하나로, 키가 닫혀 있을 때는 전송의 에너지가 안테나에 보내지고 키가 개방되었을 때는 의사 부하에 접속된다.

backspace character 후퇴 문자(後退文字), 후진 문자(後進文字) 서식 제어 문자의 하나. 도형 기호의 인자도 표시도 하지 않고, 인자 위치 혹은 표시 위치를 동일행을 따라 1자 만큼 역방향으로 이동시키는 데 사용한다. =BS

back-to-back connection 역병렬 접속(逆竝列接續) ① 2개의 정류 소자를 한쪽 소자의 음극을 상대 소자의 양극에 상호 접속하여 만들어지는 병렬 회로 접속. 각 소자는 교류의 반 사이클씩 교대로 동작한다. ② 2조의 정류 회로가 공통 부하에 대하여 역병렬로 접속되는 것. 예를 들면, 직류 전동기의 가역 운전을 하기 위해 사이리스터 회로를 2조 역병렬 접속한 것 등이다. =antiparallel connection, inverse-parallel connection

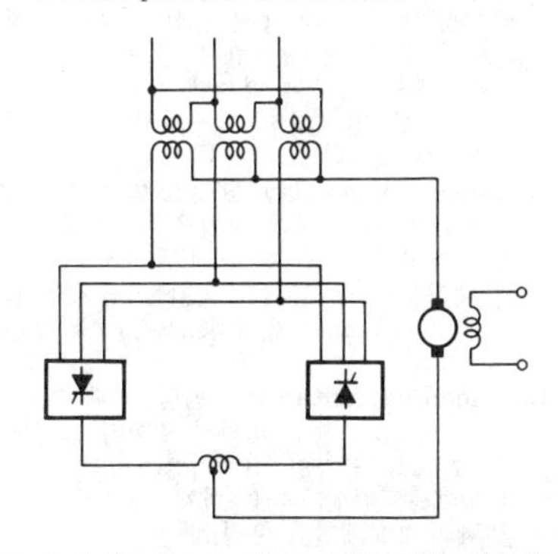

back-to-back coupling 배면 결합 감쇠량(背面結合減衰量) →back-to-back repeater

back-to-back repeater 배면 결합 중계기(背面結合中繼器) 수신기의 출력이 송신기의 입력에 직접 결합되어 있는 중계기. 마이크로파 안테나를 서로 등지게 설치했을 때에도 수신 안테나와 송신 안테나 사이에 전파가 침입함으로써 생기는 혼신 현상이 발생하는 경우가 있다. 이것을 배면 결합 감쇠량이라고 한다. 위의 경우와 달리 바람직하지 못한 배면 결합이다.

backup 백업, 예비(豫備) 회복 기능의 하나. 컴퓨터 시스템의 운용 중에 발생하는 각종 고장에 대하여 하드웨어 기기 및 파일이나 데이터 베이스의 내용 등을 언제라도 회복시킬 수 있도록 그들의 예비를 갖추어 두는 것. 백업은 2중화 대책을 채용하는 일이 많으며, 듀플렉스 구성은 그 전형적인 예이다. 또, 데이터 베이스의 고장에 대해서는 정기적으로 다른 볼륨에 내용을 복사한다든지 정(正)과 부(副)의 데이터 베이스를 준비하여 데이터를 갱신할 때 언제나 2중 기록을 한다든지, 혹은 변경 이력을 보존해 두는 등의 방법이 있다. 또한 개인용 컴퓨터나 워크스테이션에서는 하드 디스크 등의 내용을 어느 시점에서 플로피 디스크나 카트리지 테이프에 보존하는 것을 가리키며, 고장시에 파일 회복을 목적으로 하고 있다.

backup system 백업 시스템 하나의 시스템에 의한 서비스가 오버플로 상태에 빠졌을 경우에 또 하나의 시스템으로 대신케 하는 방식.

backward AGC 역방향 자동 이득 제어(逆方向自動利得制御) =reverse AGC

backward channel 후진 채널(後進－), 역방향 채널(逆方向－), 제어 통신로(制御通信路), 역방향 통신로(逆方向通信路) 데이터 통신 장치에서 데이터 수신 장치로 데이터가 전송되는 순방향 통신로와 쌍으로 이루어져 있는 데이터 회선의 통신로로, 긍정 응답 또는 그 밖의 제어 데이터가 순방향 통신로와는 반대 방향으로 전송되는 것. 전송의 감시, 오류의 제어를 위하여 사용한다.

backward counter 감산 카운터(減算－), 감산 계수기(減算計數器) 컴퓨터의 연산 장치에서 그 제어에 사용되는 카운터에는 여러 종류가 있으나 입력 신호가 들어갈 때마다 하나씩 내용이 줄어드는 방식의 카운터를 말한다. →forward counter

backward current 역전류(逆電流) 정류성을 나타내는 접합에서 전류가 잘 흐르지 않는 방향의 전류. =inverse current, reverese current

backward diode 역방향 다이오드(逆方向

B

−) pn 접합 다이오드로, 불순물 농도를 다이오드의 순방향으로 터널 효과에 의한 전류가 흐르기 직전의 값에 멈추면 확산 전류에 의한 순방향 전류의 상승은 조금 밖에는 변화하지 않는다. 즉, 순방향보다도 역방향으로 전류가 흐르기 쉬운 다이어드가 만들어진다. 이러한 동작 원리를 응용한 것을 역방향 다이오드라고 한다.

backward register signal 역방향 레지스터 신호(逆方向−信號) MFC 방식에서 착신측에서 발신측으로 송출하는 레지스터 신호로, 선택 신호의 숫자 송출, 발호자 번호, 발호자 종별 등의 각종 요구 신호 및 선택 종료, 피호자 상태, 회선 폭주 빈 레벨 등의 표시 신호가 있다.

backward voltage 역전압(逆電壓) 다이오드나 사이리스터 등에서 통전 저지 방향에 가해진 전압. 일정한 역전압에 대하여 미소한 역전류만이 흐른다.

backward wave 후진파(後進波) 전자류의 운동과 반대 방향의 군 속도를 갖는 전자파.

backward wave oscillator 후진파 발진관(後進波發振管) 전자 빔이 저속파 회로상을 전파(傳播)하는 후진파와 연속적으로 상호 작용을 하여 광대역 전자 동조 발진관으로서 동작하는 마이크로파관. 사용하는 빔의 타입에 따라 O형의 것과 카시노트론(carcinotron)과 같은 M형의 것이 있다. =BWO

backward wave tube 후진파관(後進波管) 마이크로파관의 일종. 진행파관과 비슷한 구조이나, 전자류를 따르는 에너지의 흐름과 회로를 따르는 에너지의 흐름이 역방향인 점이 다르며, 전계의 변화만으로 넓은 주파수 범위에 걸친 발진을 할 수 있다. 카시노트론(carcinotron)이라고도 한다.

back wave 후퇴파(後退波) 코드 부호의 스페이스 부분이나 코드 부호간에 무선 전신 송신기로부터 송출되는 신호.

badge reader 배지 판독기(−判讀器) 데이터 집록 장치(集錄裝置)에서 종업원을 식별하기 위한 배지 카드를 판독하는 장치. 배지는 플라스틱 등으로 만들어지고, 식별 번호가 천공되어 있으며 종업원의 사진을 붙일 수 있다. 배지 판독기에는 시계가 장치되어 있어서 종업원의 출퇴근을 자동적으로 기록할 수 있는 것도 있다.

baffle 배플 ① 예를 들면, 전기 음향 변환기 전후 등 음향 시스템 2점간의 실효적인 전달 거리를 증가시키는 데 사용되는, 차폐 구조 또는 칸막이. 스피커의 경우 배플은 진동판의 음향 부하를 증가시키는 데 사용하는 경우가 많다. ② 가스 봉입 전자관에서 아크 통로에 두어지며, 분리한 외부 접속기를 갖지 않는 보조 부재. 배플은 다음 목적으로 사용된다. ㉠ 수은 증기 혹은 수은 입자의 흐름을 제어한다. ㉡ 방사 에너지의 흐름을 제어한다. ㉢ 아크 통로 중의 전류 분포를 규제한다. ㉣ 도전 후 수은 증기를 재결합시킨다. 이것은 도체 혹은 절연체로 만들어져 있다.

baffle board 배플판(−板) 스피커를 부착하여 배면에서 오는 음을 차단하기 위한 판. 배플판이 없으면 스피커 전면에서 나오는 음과 배면에서 나오는 음이 간섭하여 음의 방사 효율이 저하하므로 이것을 방지하는 것을 목적으로 한 것이다. 따라서, 배플판은 스피커 부착 구멍의 중심에서 주변까지 최저 재생음의 1/4 파장 이상의 치수가 필요하며, 캐비닛도 이 원리에 의해서 사용하는 것이다.

baffle effect 배플 효과(−效果) 스피커의 진동판이 큰 판(배플)에 부착되어 있으면 원래 뒤로 방사되던 음이 배플에서 반사하기 때문에 스피커 전면의 음압이 상승하는 효과를 말한다.

Bakelite 베이클라이트 페놀 수지가 처음에 만들어졌을 당시의 상품명이었으나, 현재는 일반적으로 이 이름으로 불리고 있다. →phenol resin

Baker clamp 베이커 클램프 게르마늄 다이오드와 실리콘 다이오드를 사용하되 양자의 특성 차이를 이용, 컬렉터의 전위를 베이스 전위보다 낮게 하는 회로. 컴퓨터의 논리 소자로 사용되고 있었으나 현재는 트랜지스터가 일반적이다.

balanced amplifier 평형형 증폭기(平衡形增幅器) 2개의 동일 특성을 갖는 증폭 회로에 각각 신호를 반대 방향으로 증폭시켜, 대지(對地)에 평형한 입출력으로 하여 비선형 일그러짐을 상쇄하는 방식의 증폭기를 말한다.

balanced-beam relay 밸런스 빔형 계전기(−形繼電器) 지레 모양을 한 접극자를 가진 계전기. 지레 한 끝에 주어지는 입력에 대하여 다른 끝에 주어지는 제2의 입력이 억제적으로 동작하도록 되어 있는 계전기.

balanced capacitance 평형 커패시턴스(平衡−) 2 도체간 전하의 변화가 크기에서 똑같고, 음양이 반대이며, 다른 $n-2$ 개의 도체 전위가 일정하게 유지되고 있을 때의 2 도체간의 용량.

balanced circuit 평형 회로(平衡回路) 공통의 기준점(보통은 접지점)에 관해서 그 양쪽이 전기적으로 같고 대칭인 회로. 입력 신호에서의 신호의 차에 대해서는 양쪽의 등가점에서의 신호가 기준점에 대하여 극성이 반대이고, 또한 진폭이 같다고 하는 성질을 갖지 않으면 안 된다.

balanced converter 평형 변환기(平衡變換器) →balun

balanced current 평형 전류(平衡電流) 평형 선로의 두 도체를 흐르고, 선로의 어느 점에서도 전폭이 같으며, 방향이 반대인 전류.

balanced deflection 대칭 편향(對稱偏向) CRT(음극선관) 등의 마주본 두 편향 전극의 전위가 대지에 대하여 평형하고 있는 편향법을 말한다. 대향(對向) 전극의 중성점이 접지되어 있는 경우가 대칭 편향이다.

balanced demodulator 평형 복조기(平衡復調器) 반송파가 입출력 회로에 대하여 중성점에서 공급되고, 따라서 출력측에는 반송파 및 그 증배파(增倍波)는 나타나지 않는 구조로 된 복조기.

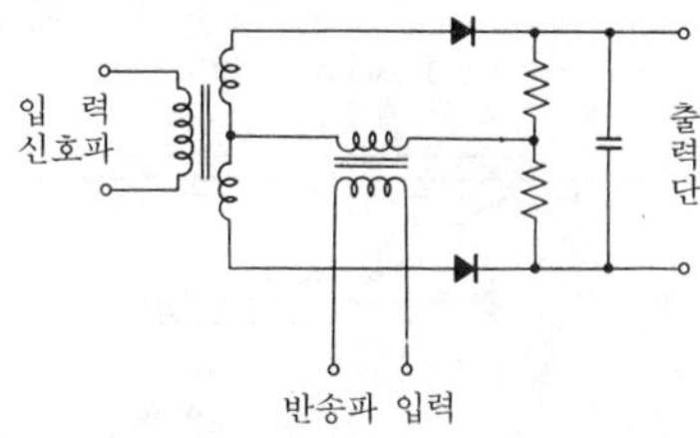

balanced differential amplifier 평형형 차동 증폭기(平衡形差動增幅器) 차동 증폭기의 일종. →differencial amplifier

balanced error 평형 오차(平衡誤差) 오차의 집합으로, 그들의 평균값이 제로가 되는 것.

balanced frequency converter 평형 주파수 변환기(平衡周波數變換器) 2 조의 비직선 소자를 푸시풀 접속하여 일그러짐을 상쇄하도록 한 주파수 변환기.

balanced line 평형선(平衡線) 2 개의 도체 및 대지로 이루어지는 전송 선로에서, 모든 횡단면에서 2 도체의 전압이 진폭이 같고, 방향이 반대가 되도록 되어 있는 것. 여기서 대지는 실드된 전송 선로를 형성하기 위한 외장 도체라도 좋다.

balanced line logic element 평형선 논리소자(平衡線論理素子) IBM 사가 발표한 에사키 다이오드 회로. 대회로(對回路)에 지연선을 통하여 직류 및 정현파 전압을 가하여 정현파가 없는 경우라도 자기 진동을 일으키게 한다. 정현파 전압은 발진의 주기를 잡고 방향성을 주기 위한 것. =BLLE →Esaki diode

balanced line system 평형선 시스템(平衡線－) 발진기, 평형선 및 부하로 이루어지며, 두 도체의 전압이 어떤 단면에서 보더라도 진폭이 같고, 대지에 대해 반대의 극성을 갖도록 조정된 시스템.

balanced mixer 평형형 혼합기(平衡形混合器) 혼합기로서 사용되는 하이브리드 접속. 한 쌍의 비결합 암(arm) 중에 크리스털 검파기가, 또 남은 한 쌍의 암은 신호원 및 국부 발진기에서 공급되고 있다. 두 검파기에서 얻어지는 중간 주파 신호는 국부 발진기로부터의 잡음 효과가 최소로 되도록 합쳐진다. 그림은 레이더 수신기의 평형형 혼합기로서 작용하는 하이브리드 접합을 나타낸 것이다.

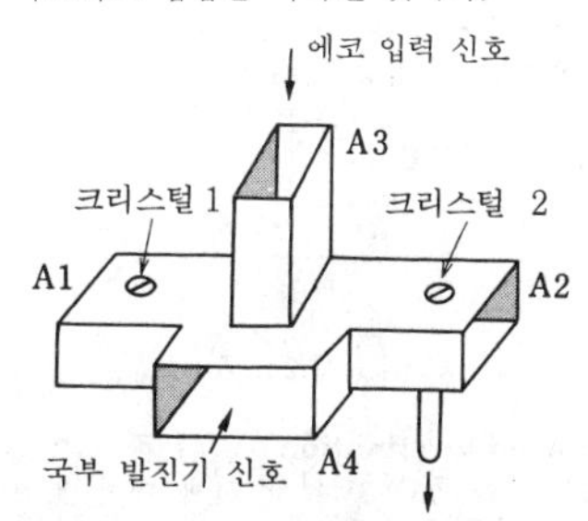

balanced modulator 평형 변조기(平衡變調器) 반송파 억압 변조기의 일종. 반송파를 변성기(트랜스)의 중간 단자와 접지간에 가하고, 신호파를 변성기 1 차측에 가하여 변조하고, 출력측에서는 반송파를 상쇄하여 측파(側波)만을 꺼내도록 한 회로. 그림은 트랜지스터를 사용한 평형 변조기의 원리를 나타낸 것이다. 다중 통신이나 단측파대 통신 방식의 변조기 등에 이용되며, 2 개의 트랜지스터를 4 개의 다이오드로 대치하면 링 변조기가 된다.

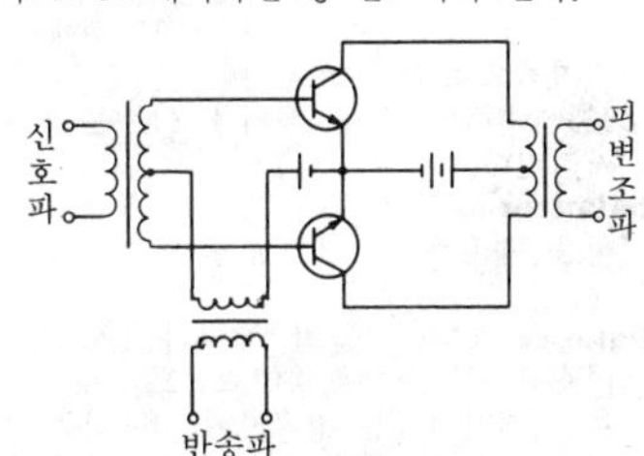

balanced oscillator 평형 발진기(平衡發振器) 탱크 회로의 임피던스 중심이 접지

전위이고, 종단과 중심간의 전압은 크기가 같으며, 위상이 반대로 되어 있는 발진기. 푸시풀 발진기 등은 그러한 타입이다. 그림은 병렬 궤전(급전) 하틀리형 평형형 발진기이다.

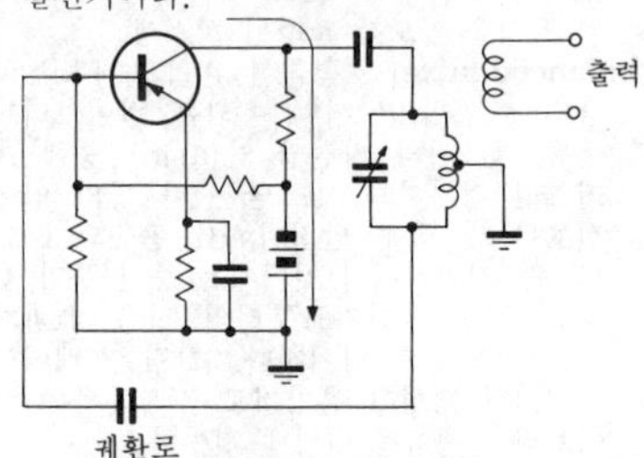

balanced resistance attenuator 평형형 저항 감쇠기(平衡形抵抗減衰器) 왕복 2선이 대칭으로 되어 있는 저항 감쇠기. 저주파에서 사용한다.

balanced termination 평형 종단(平衡終端) 두 종단에서의 접지에 대한 임피던스가 같은 부하.

balanced-to-unbalanced transformer 평형 불평형 변성기(平衡不平衡變成器) = balun

balanced transformerless 비 티 엘 = BTL

balanced value 평형값(平衡-) 제어 요소에 어떤 일정한 입력 신호가 가해졌을 때, 또는 목표값을 변화시켰을 때, 출력이 어느 시간 경과한 후에 안정한 정상 상태에 이르는 경우, 그 때의 값을 평형값이라고 한다.

balanced wire circuit 평형선 회로(平衡線回路) 어스 또는 다른 도전체에 대해 전기적으로 동등 또는 대칭인 한 쌍의 회로. 주로 동등한 페어를 이루는 회로를 가리킨다.

balancer 평형기(平衡器) 지향성의 예민성을 개량하기 위한 방향 탐지기의 일부분.

balance relay 평형 계전기(平衡繼電器) 비슷한 두 입력량을 비교함으로써 동작하는 계전기. 공통 접극자에 작용하는 전자력(電磁力)의 평형에 의하거나, 혹은 공통의 자기 회로에 작용하는 기자력의 평형에 의하거나, 혹은 스프링, 지레 등의 기계적 평형에 의해서 비교 동작이 이루어지는 계전기.

balance to unbalance transformer 평형 불평형 트랜스(平衡不平衡-), 평형 불평형 변성기(平衡不平衡變成器) =balun

balancing condition 평형 조건(平衡條件) 그림과 같은 브리지 회로에서 $I_5=0$ 으로 되기 위해 필요한 관계식을 말하며, 다음 식으로 나타내어진다.

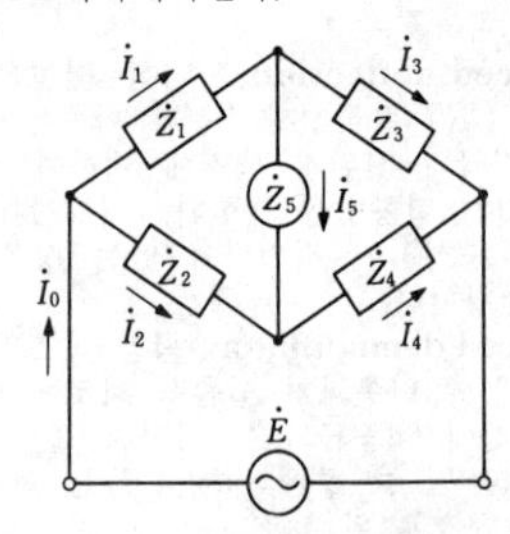

balancing feeder 평형 궤전선(平衡饋電線), 평형 급전선(平衡給電線) 왕복 2선이 대칭으로 된 궤전선.

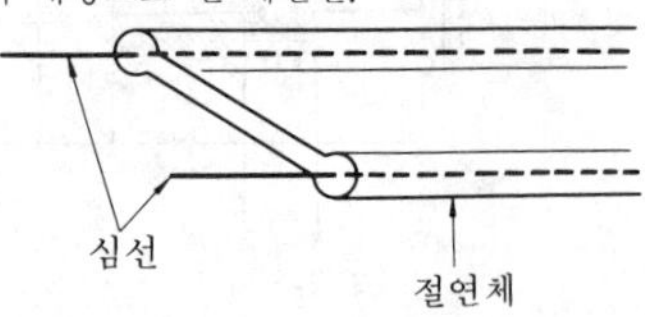

balancing network 평형 회로망(平衡回路網) 반송 통신 선로의 중계기나 단국 장치에서의 하이브리드 코일에 사용되는 회로망. 이 회로망의 임피던스를 선로 임피던스와 같게 할 때 B로부터의 유도 전력은 A와 N으로 등분되고, A로부터의 신호 전력은 그 1/2이 C쪽으로 전송된다. 그리고 N쪽으로 간 전력은 임피던스 정합을 하고 있기 때문에 반사되는 일이 없다.

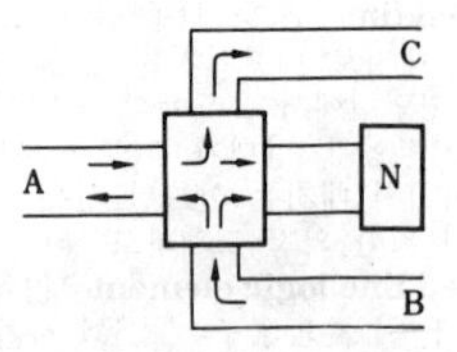

balancing of an operational amplifier 연산 증폭기의 평형(演算增幅器-平衡) 컴퓨터 제어의 평형 체크 상태에서 연산 증폭기의 출력 레벨을 입력 기준 레벨(보통, 접지 또는 0V)과 같아지도록 조정하

는 것.

balancing reactor 평형용 리액터(平衡用 —) →anode balancer

balata 발라타 수액(樹液)에서 채취한 천연 고무와 비슷한 탄수화물의 절연 재료. 비중 0.97~1.08. 49℃ 부근에서 연화하여 가소성을 나타낸다. 유전율은 3.1~34. 용도로서는 전선의 절연 피복, 특히 전화용 해저 케이블의 절연에 사용된다.

ballast 안정기(安定器) 방전관 등에서, 관내에서 이온화하여 생기는 전자가 다른 원자 또는 분자를 이온화하고, 이것이 누적적으로 진행하여 장치가 고장까지 이어지지 않도록 적당한 이온화 작용으로 억제하기 위하여 방전로를 포함하는 회로에 사용하는 저항 또는 리액턴스로 이루어지는 장치. 안정기는 단독 혹은 시동기와 조합하여 사용된다.

ballastic constance 충격 상수(衝擊常數) 충격 검류계의 감도를 주는 상수. 반사 거울과 눈금판의 거리를 1m 로 했을 때 눈금판상에서 1mm 만큼 진동하는 전하량으로 주어진다.

ballast resistor 안정 저항(安定抵抗) 전류가 증가하면 저항값이 증가하여 회로 전류를 거의 일정하게 유지하도록 동작하는 저항.

ballast tube 안정 저항관(安定抵抗管) 직렬 회로에서의 인가 전압 또는 부하가 일정한 범위에서 변화하더라도 전류값을 거의 일정하게 유지하도록 설계된 전류 제어형 저항 디바이스.

ball bonding 볼 본딩 집적 회로의 접속법의 하나로, 극세선(極細線), 리드선을 용단하여 선단을 구슬 모양으로 형성시키고 여기에 열 또는 초음파 진동을 가하면서 압착하는 것.

ball-disk integrator 볼디스크 적분기(—積分器) 기계적 적분기의 일종으로, 그림과 같은 구조이다. 입력축에 부착된 볼의 디스크 반경 방향의 위치에 따라서 롤러의 회전 속도와 디스크의 회전 속도와의 비가 달라진다. 즉, 출력축의 회전각은 롤러의 회전 속도와 입력축의 위치와의 곱을 적분한 것과 같게 된다.

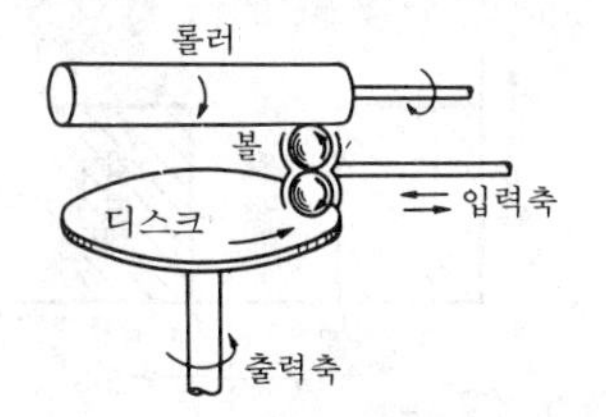

ballistic device 벌리스틱 디바이스 트랜지스터의 게이트 전극간을 전자가 충돌하지 않고 움직일 수 있는 디바이스를 말한다. 게이트 간의 거리를 어느 정도 작게 하면 이것이 가능하며, 그렇게 하면 트랜지스터의 동작이 빨라진다.

ballistic focusing 탄도 집속법(彈道集束法) 정전계에 의해서 빔에 최초의 집속 작용을 주고, 그 이후의 전자 궤적은 운동량과 공간 전하력만으로 결정되는 집속 방법.

ballistic galvanometer 충격 검류계(衝擊檢流計) 가동 코일 검류계 가동부의 관성을 크게 하고, 제동 작용을 작게 하여 진동 주기를 길게 한 검류계. 보통 진동 주기는 20초 이상으로 하고 있다. 가동 코일에 충격 전류를 흘리면 지침은 통과한 전 전기량에 비례하여 흔들리므로 충격 전류나 코일의 인덕턴스, 자속 등의 측정에 사용된다.

ballistic throw 충격 진동(衝擊振動) 충격 검류계에 짧은 시간동안 전류를 흘리면 그 전류가 완전히 통과하기까지는 검류계는 거의 운동을 시작하지 않고, 다 통과한 다음 그 충격으로 지침이 천천히 흔들린다. 그 최초의 진동을 충격 진동이라 하며, 검류계를 통과한 총 전하량(전류의 시간 적분값)에 비례한다.

ballistic transport transistor 벌리스틱 트랜스포트 트랜지스터 FET(전계 효과 트랜지스터)와 같은 구조의 트랜지스터이나, 저온에서 포논 산란을 일으킬 확률을 작게하고 있기 때문에 전자는 고속으로 이동할 수 있다. 따라서, 디바이스의 동작은 매우 빠르고, 고주파 특성이 좋다. = BTT

ball printer 볼 프린터 타이프 볼〔구면(球面)상에 문자를 완전한 모양으로 형성하고 있는 소형의 둥근 프린터 헤드〕을 사용하는 프린터. 볼을 회전시켜 문자를 정렬시키고, 이 볼로 리본을 두드려서 문자를 쳐낸다. IBM 사의 Selectric 타이프라이터가 사용하고 있는 방법.

balun 발룬, 평형 불평형 변성기(平衡不平衡變成器) balance to unbalance transformer 의 약어. 평행 2선과 같은 평형 선로와 동축선과 같은 불평형 선로를 접속할 때 사용하는 정합용 트랜스. 나선 회로망형의 것과 1/4 파장의 슈페르토프(sperrtopf)를 이용하는 것, U 형의 것 등이 있다. →sperrtoph

banana plug 바나나 플러그 스프링 금속의 칩을 가진 플러그로, 그 모양이 바나나와 비슷하기 때문에 이렇게 부른다.

banana tube 바나나관(一管) 컬러 텔레비전 수상관의 일종으로, 원통 모양의 관에 적, 녹, 청의 3개의 선 모양의 형광체가 관축 방향으로 칠해져 있어 전자 빔은 가로 방향에서 들어와 관축 방향으로 주사한다. 주위에는 회전 렌즈가 있어서 1/50 초에 120° 회전하도록 되어 있어서 쌍곡선 거울로 반사시켜 전방에서 컬러 영상을 볼 수 있게 한 것이다. 일반화되지 않고 있으나 특수한 용도에는 사용되고 있다.

band 대역(帶域)[1], 밴드[2] (1) 어느 두 정해진 주파수 사이의 범위.
(2) ① 자기 드럼 등에서 언제나 동시에 호출되는 트랙의 1조. 예를 들면, 한 자리의 수를 병렬 4비트로 나타내는 경우에는 4트랙이 1밴드이다. ② 에너지대의 약칭.

band amplifier 대역 증폭기(帶域增幅器) 텔레비전 수상기의 반송 색신호 증폭 회로와 같이 어떤 좁은 주파수 대역만을 증폭하는 회로를 대역 증폭기라고 한다. 대역 증폭 회로는 출력측에 동조 회로를 사용하는데, 이것을 여러 단 접속하면 대역폭이 좁아진다. 대역폭을 필요한 범위로 넓히는 방법으로서 동조 회로의 Q를 작게 한다든지 결합형 동조 회로를 사용한다든지, 각 동조 회로의 공진 주파수를 조금씩 벗어나게 한다든지 하여 행하여지고 있다.

band compression 대역 압축(帶域壓縮) ① 신호에 포함되는 불요 주파수 성분을 제거하여 전송에 필요한 채널 대역폭을 줄이는 것. ② 일정한 오류와 R인 정보율로 신호를 전송하고 있는 채널의 대역폭을 압축하는 것. 샤논의 채널 용량 정리에 의하면 신호와 채널 잡음의 전력비 S/N을 개선하지 않으면 대역폭의 압축에 의해 수신 오류가 증가한다. →bandwidth expansion factor

band compression coding method 대역 압축 전송 방식(帶域壓縮傳送方式) 디지털 전송에서 부호화 비트수를 되도록 적게 하여 전송 효율을 향상시키도록 하는 것.

band-edge energy 대역단 에너지(帶域端一), 대역 에지 에너지(帶域一) 고체의 전도대 또는 가전자대의 끝에서의 에너지로, 자유 전자로서의 최저 에너지 또는 가전자로서의 최고 에너지를 뜻한다.

band-elimination filter 대역 제거 필터(帶域除去一) (1) (신호 전달계) 차단 주파수가 0도 아니고, 또 무한대도 아닌 단일의 감쇠 영역을 갖는 필터. →filter
(2) (회로와 시스템) 하나의 대역 혹은 많은 대역의 주파수를 제거하도록 설계된 회로망. 그 주파수 응답은 두 감쇠 영역에 의해서 제한되는 단일의 통과 영역을 가지고 있다.

band gap 밴드 갭 전도대 맨 아래 부분의 에너지 준위와 가전자대 맨 위 부분의 에너지 준위간의 에너지 차.

band-pass amplifier circuit 대역 증폭 회로(帶域增幅回路) 텔레비전 수상기 중에서 합성 컬러 영상 신호에서 반송 색신호를 분리·증폭하는 회로. 반송 색신호 증폭 회로라고도 한다. 영상 증폭 회로에서 보내져 오는 그림 (a)와 같은 주파수 특성의 합성 컬러 영상 신호 중에서 색신호만을 분리하여 그림 (b)와 같은 특성을 갖는 출력을 만들어 내어 색복조 회로에 내보낸다. 그림 (a)의 경사 특성과 반대의 경사를 갖는 (c)와 같은 특성을 필요로 하다.

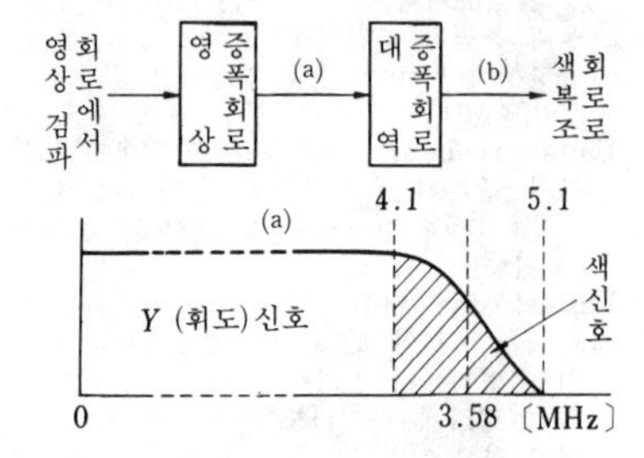

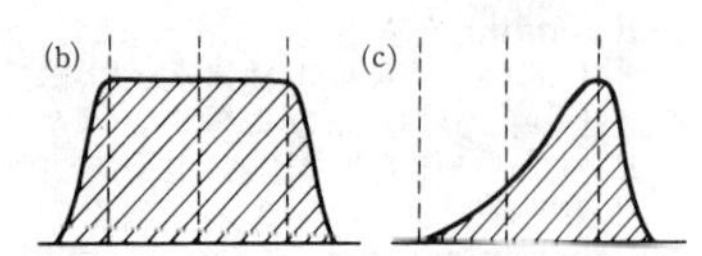

band-pass filter 대역 필터(帶域一) 저역 필터와 고역 필터를 조합시킨 필터로, $f_{c1} < f < f_{c2}$ 의 범위 내에 있는 주파수의 교류 성분만을 통과시켜서 출력을 얻는다. 대역 필터는 다중 반송 통신 등에서 주파수를 유효하게 사용하기 위해 필요하다. = BPF

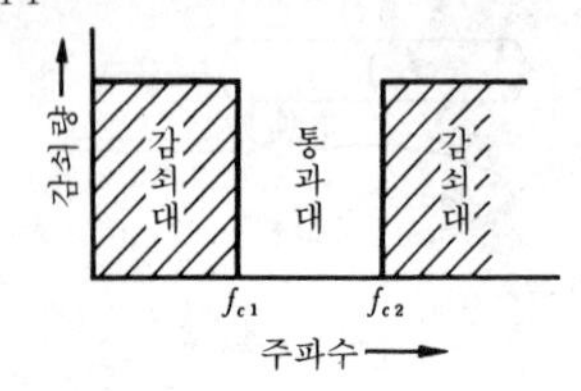

band-pass response 대역 통과 응답(帶域通過應答) 일정한 주파수 대역은 본질적으로 고른 응답으로 통과시키는 응답 특성. IF(중간 주파) 트랜스에서는 1차, 2차 공진 회로를 약간 벗어난 공진 주파수에 각각 공진시킴으로써 2개의 봉우리를 갖는 특성을 가지며, 이것을 쌍봉 공진 곡선이라고 한다.

band pressure level 밴드 프레셔 레벨 제한 대역 내에 포함되는 음의 음압 레벨을 말한다.

band printer 밴드 프린터, 밴드식 인자 장치(－式印字裝置) 인자할 수 있는 문자 집합이 유연성이 있는 밴드상에 갖추어져 있는 임팩트 프린터(충격식 인자 장치). ＝belt printer

band rejection filter 대역 소거 필터(帶域消去－) 주어진 상부 및 하부 차단 주파수 사이의 모든 주파수를 감쇠하고, 이 대역의 상하 주파수는 통과시키도록 한 특성을 갖는 필터. 소거되는 대역은 트랩과 달리 보통 매우 넓다. →notch filter

band spectrum 밴드 스팩트럼 ① 독립한 선이 아니고, 다수 모여서 띠 모양을 이룬 스펙트럼. 스핀, 동위 원소의 존재비 등을 결정하는 데 도움이 된다. ② 전자파의 주파수가 어떤 폭으로 연속하여 존재하는 경우를 말한다. 분자 발광 등의 경우가 이것이다.

band spread 밴드 스프레드 무선 수신기에서 단파 이상의 전파를 수신할 때 다이얼의 회전각에 대하여 주파수의 변화가 크기 때문에 동조를 취하기가 어렵다. 이 대책으로서 회전각에 대한 주파수의 변화를 작게 하는 장치. 기계적 방식(기어식, 벨트식, 마찰식 등), 전기적 방법(병렬 밴드 스프레드법, 코일 탭법 등) 등이 있다. 그림은 전기적 밴드 스프레드이다.

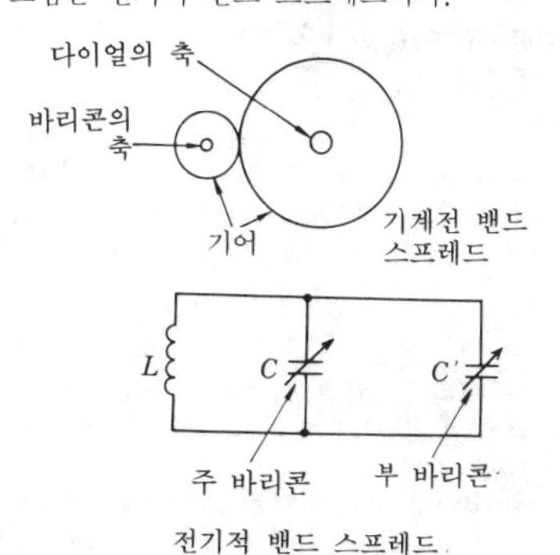

전기적 밴드 스프레드

band spreading 대역 확대(帶域擴大) ① 혼잡한 주파수대에서의 동조를 용이하게 하기 위하여 동조 표시의 범위를 확대하는 것. ② 변조파의 주파수대를 높여서 변조에 의해 발생하는 측대파가 반송파에서 본래 변조파의 대역폭과 적어도 같은 정도의 주파수 만큼 떨어지도록, 또 2차의 일그러짐을 복조기 출력에서 필터로 제거하는 것이 가능하게 되도록 하는 양측파대 송신의 방법.

band-stop filter 대역 소거 필터(帶域消去－) 대역 필터와 반대의 특성을 갖는 필터로, 그림과 같이 $f<f_{c1}$, $f_{c2}<f$ 범위의 주파수 f의 교류 성분만을 통과시킨다. 사용되는 것은 일반적으로 드물다. ＝BSF

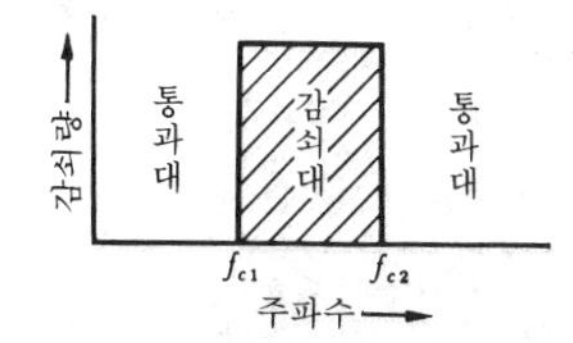

band structure 띠 구조(－構造), 대 구조(帶構造) 결정 내에서 전자의 상호 작용에 의하여 형성되는 에너지 띠의 구조. 전자의 존재가 허용되는 허용대와 존재가 허용되지 않는 금제대(forbidden band)로 구성된다. 수광·발광 소자는 이 띠 구조를 이루고 있다.

band switch 대역 스위치(帶域－) 전기 통신 장치가 동작 가능한 복수의 주파수 대역 중 하나를 선택하는 데 사용되는 스위치.

band theory 띠 이론(－理論), 대 이론(帶理論) 에너지 대 이론을 말한다. 고체의 전기적 성질을 에너지 대의 구조에 의해서 설명하는 이론이다. 에너지 대에는 전자가 존재할 수 있는 상태인 허용대와 전자가 존재하지 않는 상태인 금제대가 있으며 그림과 같은 샌드위치 구조로 되어 있다. 허용대는 거기에 가전자가 충만하고 있는 상태에 있는 가전자대, 자유롭게 움직일 수 있는 전자가 존재하는 전도대 및 전자가 전혀 존재하지 않는 공대(空帶)로 구별된다. 이 이론에 의하면 도체와 절연체의 차이는 그림과 같이 상이한 에너

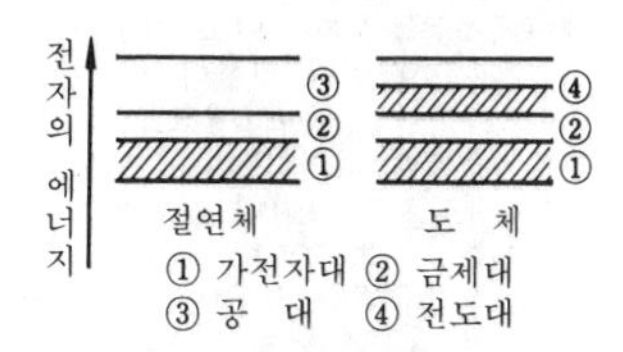

B

지대 구조를 갖기 때문이라고 설명할 수 있다.

band-translated recording 대역 이동 기록(帶域移動記錄) 가정용 VTR 등에서는 컬러 텔레비전의 복합 신호를 그대로 기록하는 것이 아니고 휘도 신호(동기 신호를 포함)를 4.0MHz 부근에 반송파를 갖는 FM 신호(주파수 편이는 ±0.5 MHz 정도)로 변환한다. 색신호는 그 반송파를 텔레비전 신호의 3.58MHz 에서 750kHz 정도의 저역으로 옮겨 휘도 신호와 중첩한다. 이렇게 하면 컬러 신호는 VTR 장치의 기계적인 지터(jitter)의 영향을 받기 어렵게 되고, 또 휘도 신호와의 혼변조에 의한 일그러짐, 혹은 휘도 신호의 레벨 변화에 의한 색조의 변동 등도 방지할 수 있다. 휘도 신호의 대역을 조금 더 고역으로 시프트하는 동시에 휘도 신호와 크로미넌스 신호의 중간 대역에 음성 신호를 4.5MHz 에서 옮겨 끼어들게 한 것도 있다. 또한 업무용의 1 인치 VTR 인 경우는 복합 신호를 그대로 FM 기록한다.

bandwidth 대역폭(帶域幅) ① 증폭기에서 고역 차단 주파수(상한 주파수)와 저역 차단 주파수(하한 주파수) 사이의 주파수 폭을 말한다. 바꾸어 말하면 주파수 특성에 있어서 이득이 그 최대값에서 3dB 저하하는 2 점간의 주파수폭이다.

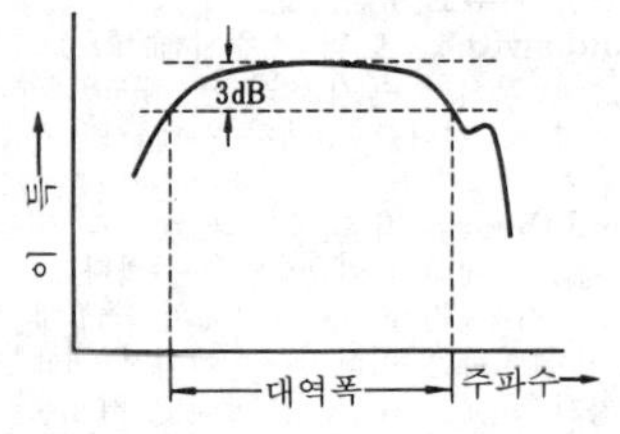

② 송신기에서 점유 주파수 대역폭을 말한다. ③ 대역 필터에서는 통과 주파수 범위를 말한다. ④ 전화 교환 시스템에서는 그 바깥쪽의 어떤 곳에서도 참조 주파수에서의 값의 비율로서 정해진 값보다도 작아지는 최소의 주파수 간격을 말한다. 특기하지 않는 경우는 참조 주파수는 스펙트럼이 최대값을 갖는 것으로 한다. ⑤ 안테나에서는 성능이 어느 기준값을 만족하는 주파수 범위를 말한다. ⑥ 팩시밀리 신호의 적절한 전송에 필요로 하는 최고 주파수 성분과 최저 주파수 성분의 주파수차를 헤르츠로 나타낸 것. ⑦ 오실로스코프에서는 기준 주파수의 대응에 대하여 그 응답이 0.707(−3dB)이 되는 상한 주파수와 하한 주파수의 차를 말한다. 통상은 주파수차보다도 오히려 상한 주파수와 하한 주파수가 사양으로 된다. ⑧ 데이터 통신에서는 어떤 특성의 주파수에 대한 응답에서 특정한 범위로 감소하기까지의 주파수 범위를 말한다. 대역폭은 일반적으로 응답이 기준값에 대하여 3dB 감소하는 점에서 정의된다.

bandwidth compression 대역 압축(帶域壓縮) 전송에 필요한 주파수 대역을 되도록 좁게 하는 것을 말하며, 데이터 압축이나 고능률 부호화와는 다르다. 신호에 포함되는 중복도를 제거하는 방법이나 푸리에 변환을 이용하는 방법이 있다.

bandwidth-distance product 대역 거리곱(帶域距離－) 정보 전송 링크(통신로)의 성능 지수로, 일정한 일그러짐으로 신호를 전송하는 경우에 링크의 대역폭 B와 전송 거리 D는 역비례한다. 즉 $B\times D$는 채널에 대해서 일정하며, 이것을 대역 거리곱이라 한다. 채널의 품질 척도이다. 링크는 유선, 무선을 불문한다. 다(多)모드 파이버 전송인 경우 등은 D가 짧을 때만 위의 관계가 성립하고, D가 길어지면 D는 B^2에 역비례한다고 한다.

bandwidth expension factor 대역폭 확대율(帶域幅擴大率) 어느 채널을 통해서 전송되는 정보의 정보율을 R, 채널 대역폭을 B`라고 할 때 R/B를 대역폭 확대율이라 하고, 주어진 채널에서의 주어진 디지털 변조법의 유효도를 아는 척도가 된다.

bandwidth-limited operation 대역 제한 동작(帶域制限動作) 신호의 강도(또는 파워)보다도 계의 대역에 의해서 성능이 제한되는 동작. 허용 한도를 넘어서 파형이 일그러질 때 일어난다. 선형의 계에서는 대역 제한 동작은 일그러짐 제한 동작과 같다.

bandwidth of FM signal(by Carson's rule) FM 대역폭(－帶域幅)(카슨 법칙에 의한) 주파수 $f_m(=\omega_m/2\pi)$의 정현파로 주파수 변조한 신호는 반송 주파수 ω_c의 성분을 사이에 두고 주파수 $(\omega_c\pm k\omega_m)$의 무한히 많은 측파대 성분을 포함하고 있다(k는 양의 정수). 그러나 실제 문제로서 신호 전력의 대부분은

$$B_c\cong 2(\beta+1)f_m$$

이라는 대역폭 내의 신호 성분에 포함되어 있다. 여기서 β는 변조 지수이고 $\beta f_m=\Delta f$는 최대 주파수 편이이다. 대역폭에 관한 위의 법칙을 카슨의 법칙이라 한다. $\beta=1$이면 FM 대역은 AM신호의 그것과 그다지 다르지 않지만(협대역 FM계), β

≫1이 되면 FM 대역은 AM 방식에서의 그것에 비해 (β+1)배나 넓은 대역을 차지하게 된다(광대역 FM 계).

bang-bang control 뱅뱅 제어(－制御) ＝ON-OFF control →two-position control

banking on-line system 뱅킹 온라인 시스템 은행 등의 금융 기관에서 본점에 중앙 연산 기능으로서의 컴퓨터를 설치하고 각 지점의 창구에 데이터 입출력 장치로서 단말기를 설치하여, 그 사이를 전신 또는 전화선으로 연결하고 발생한 데이터를 단말기에 투입하면 중앙 컴퓨터가 처리한 결과를 발생원 또는 필요 개소에 반송하는 시스템의 총칭. ＝on-line banking system

banking system 뱅킹 시스템, 은행 업무 시스템(銀行業務－) 은행의 사무 기계화를 위한 컴퓨터 처리 시스템으로, 통상의 사무 기계화와 다른 면을 많이 갖는다. 온라인의 예금 업무 시스템이나 환 교환 시스템을 통상 은행 업무 시스템 또는 뱅킹 시스템이라고 한다. 창구 기계 등 은행 업무 전용의 것이 여러 종류 개발되어 있어 예금 업무 등의 기계화에 도움이 되고 있다.

banking terminal 은행용 단말 장치(銀行用端末裝置), 금융 단말(金融端末) 금융 기관에서 사용되는 단말 장치. 자동 예금 지불기(ATM), 출납계용 온라인 텔러 머신(OTM) 등이 있다.

bank POS 뱅크 POS 은행의 계산 센터와 통신 회선으로 접속한 판매 업자(또는 서비스 제공자)가 매상 상품의 대금(또는 서비스 요금)을 은행에 의뢰하여 구매한 고객의 구좌에서 자기 예금 구좌로 옮기도록 한(은행의 캐시 카드에 의한) 자금 이동 방식, 즉 POS 에 EFTS(electronic fund transfer system : 전자식 자금 대체 방식)를 조합시킨 것.

bank winding 뱅크 감이, 뱅크 권선(－捲線) 단일 권선을 평판 모양으로 바깥쪽에 나선형으로 감아 겹친 것을 다수 겹쳐 쌓아서 다층 코일로 한 것으로, 고주파에서 사용하기 위해 분포 용량을 줄이도록 되어 있는 것.

bar antenna 바 안테나 트랜시버 등에 사용되고 있는 안테나. 소형화하기 위해 페라이트 등의 고투자율 재료를 자심으로 하여 코일을 감은 것. 이것은 코일면을 가로지르는 자계에 의해서 유기하는 전압을 이용하므로 지향성이 있다.

bar code 바 코드 굵은 선과 가는 선에 의해서 2진화하여 표시한 숫자나 문자의 코드로, 판매점의 상품 장부, 상품의 태그 카드, 혹은 상품 자신에 인쇄되어 있으며, 그 상품의 번호나 단가 등을 나타내고 있다. 매장에서 그 상품의 판매에 이 코드를 광학적으로 판독시키는 POS시스템 등에 의해서 사용된다. →POS

bar code reader 바 코드 리더, 바 코드 판독기(判讀器) 바(bar)의 중심 부근을 레이저 광선으로 횡단하면서 흑과 백의 바의 폭을 측정하여, 표시되어 있는 숫자를 읽어내는 장치. 바의 폭은 0.33mm 이며, 한 줄의 주사선(레이저 광선)만으로는 위치가 벗어나거나, 인쇄 불량, 잡음 등에 의한 바의 폭 변동에 대처할 수 없다. 따라서, 통상은 세 줄의 주사선을 써서 종합적으로 판단할 수 있도록 되어 있다. 간단한 핸드 스캐너에 의한 장치도 실용화되고 있다.

bar code sensor 바 코드 센서 프로그램이나 데이터 등을 바로 나타내고, 그 위를 라이트 펜 등으로 주사함으로써 패턴의 짙고 옅음을 0 또는 1로 변환하여 그 조합에 의해서 데이터를 읽고 전기 신호로 변환하여 입력하는 것. 즉, 굵기를 바꾼 바의 조합을 사용하는 코드로, 광학 판독 바에 의해서 판독되도록 설계되어 있다.

bare board 베어 보드, 나기판(裸基板) 칩이 없는 회로 기판. 일반적으로 메모리 칩이 드문 드문 있는 메모리 보드.

bar generator 바 발생기(－發生器) 텔레비전 화면에 정지된 바 패턴을 생성시키기 위해 시간적으로 등간격으로 동기되고 있는 펄스의 발생기.

barium ferrite 바륨 페라이트 페록스저(ferroxdure)의 일종으로, 분자식은 $BaO \cdot 6Fe_2O_3$. 자기 이방성이 크므로 보자력이 강하며, 판 모양을 비롯하여 어떤 형상의 자석도 만들 수 있다.

barium titanate 티탄산 바륨(－酸－) 분자식 $BaTiO_3$의 강유전체 물질로, 비유전율이 매우 크나, 온도나 주파수의 영향이 크기 때문에 콘덴서에는 그다지 쓰이지 않는다. 오히려 압전 효과가 큰 점을 이용하여 음향-전기 변환 소자로서 널리 사용된다.

B

barium titanate porcelain 티탄산 바륨 자기(一酸一瓷器) 티탄산 바륨($BaTiO_3$)의 다결정 소결체이다. 강유전체로서 널리 실용된 최초의 물질로, HK 계 자기 콘덴서(고유전율계)를 만드는 데 사용된다. 압전 부품으로서도 사용되지만 이것은 바륨(Ba)이나 티타늄(Ti)을 하나 또는 두 종류의 다른 원소로 치환하여 성능을 개량한 것이 일반적으로 쓰이고 있다.

barium titanate vibrator 티탄산 바륨 공진자(一酸一共振子) 티탄산 바륨 자기의 전기 일그러짐 효과를 이용하여 만든 공진자. →piezo-electric vibrator

Barkhausen effect 바르크하우젠 효과(一效果) 코일 속에 강자성체가 있을 때 여자 전류를 변화하면 코일의 양단에 잡음이 발생한다. 이것을 바르크하우젠 효과라 하고, 증폭기를 통하여 수화기로 들을 수 있다. 그 원인은 강자성체의 자화가 자구(磁區)마다 불연속적으로 이루어지기 때문이다.

Barkhausen-Kurz oscillation BK 진동(一振動) 3 극관의 그리드를 +에, 플레이트를 −에 접속하면 캐소드로부터 나온 전자가 캐소드-플레이트 간을 왕복하여 그 주행 시간에 따른 주기의 진동을 발생한다. 이것을 BK 진동이라고 하며, 초고주파 발진을 할 수 있으나 최근에는 사용되지 않는다.

bar pattern 바 패턴 텔레비전 화면상에서 반복하는 선상(線狀) 또는 무늬 모양(주름)의 패턴. 시간적으로 등간격의 펄스에 의해 만들어지는 패턴은 수평 또는 수직 편향계의 직선성을 측정하기 위해 사용된다.

bar printer 바 프린터, 바 인자 장치(一印字裝置) 인자 바에 의하여 활자가 이송되는 충격식 인자 장치. 활자가 묻혀진 바가 수평 왕복 운동하면서 인쇄되는 임팩트 라인 프린터.

barrage reception 다련 수신(多連受信) 여러 가지로 방향을 바꾸어서 배치한 다수의 지향성 안테나 어레이 장치에 의한 수신. 수신 신호는 어레이에서의 선택된 몇 개의 안테나로부터의 입력이며, 이것은 특정한 방향으로부터의 방해가 최소로 되도록 선택된다. barrage 란 탄도 발사, 집중 공격 등을 의미하는 군사 용어이다.

barrel distortion 술통형 일그러짐(一筒形一), 술통형 변형(一筒形變形), 배럴 일그러짐 텔레비전 수상관의 편향 코일에 의한 일그러짐의 일종으로, 편향 코일이 만드는 자계가 균일하지 않기 때문에 래스터가 술통 모양으로 되는 것을 말한다. 이 경우 주사선이나 스폿은 그림과 같이 일그러진 모양이 된다. 균일한 자계를 얻으려면 편향 코일을 코사인 감이로 한 것을 사용한다.

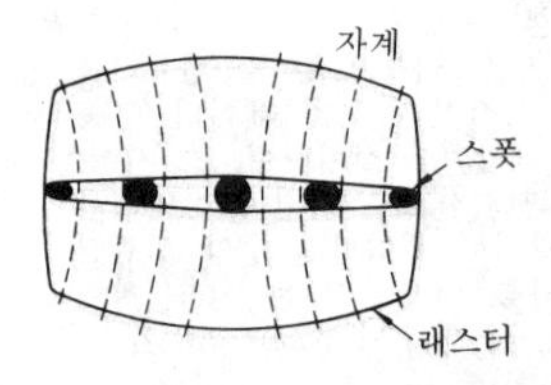

barrel stave reflector 배럴형 안테나(一形一) 포물면 상하 각 1/3 을 잘라낸 모양의 레이더 안테나 반사판. 이렇게 하면 강력한 수직 빔이 얻어지기 때문에 선박이 롤링하더라도 빔이 목표를 잃을 염려가 없다.

barretter 배러터 마이크로파의 전력을 측정하는 배러터 전력계에 사용되는 소자. 직경 2μm, 길이 수 mm 의 백금선에 고주파 전류를 흘렸을 때의 온도에 의한 저항 변화에 의해서 전압이나 전력의 측정을 하는 것이다.

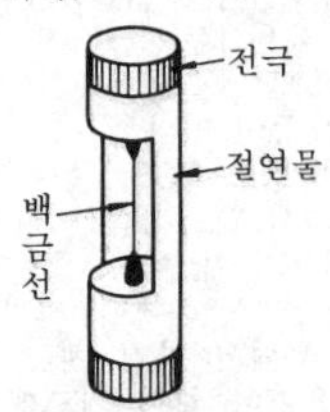

barretter wattmeter 배러터 전력계(一電力計) 볼로미터 전력계의 일종으로, 배러터가 마이크로파를 흡수하여 온도가 상승하고, 그 저항값이 변화하는 것을 이용하여 마이크로파 등의 전력을 측정하는 것이다. 배러터는 일종의 임피던스 정합 회로에 내장하여 브리지의 1 변으로서 사용하면, 공급 전류를 변화하여 브리지의 평형을 잡을 수 있다. 직류만을 가한 경우의 평형 전류를 I_1, 마이크로파도 가한 경우의 평형 전류를 I_2로 하면 마이크로파 전력 P는 다음 식으로 구해진다.

$$P=\left(\frac{R_1}{R_1+R}\right)^2 R(I_1^2-I_2^2)$$

이 전력계는 서미스터 전력계에 비해서 감도가 나쁘고, 과부하에 약하나 안정도

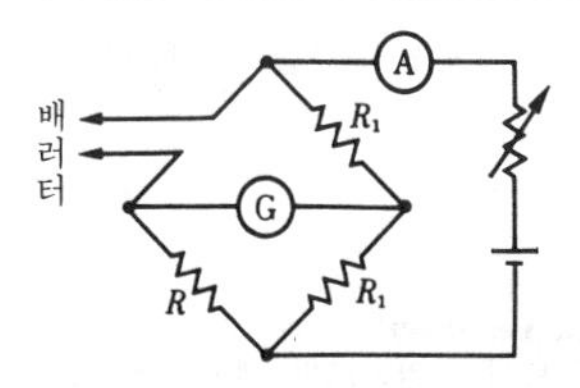

와 정확도가 높다.

barrier 배리어, 장벽(障壁) ① 방사선의 선속(線束)을 허용 선량률까지 감소시키기 위해 사용하는 장벽. ② 반도체에서의 공핍층을 뜻한다.

barrier capacity 장벽 용량(障壁容量) 반도체의 pn 접합에 역방향 전압을 가하면 접합 부분에는 그림과 같이 캐리어가 존재하지 않는 영역이 생겨서 절연물과 같은 상태가 된다. 이에 의해서 생기는 정전 용량을 말한다.

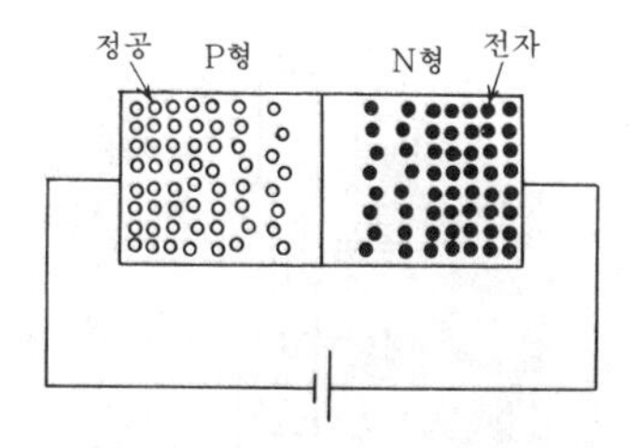

barrier electric potential 장벽 전위(障壁電位) 장벽층(공핍층)에 생기는 전위. →depletion layer

barrier injection transit time diode BARITT 다이오드 역 바이어스된 금속-반도체-금속 다이오드의 장벽을 넘어서 열적으로 주입된 소수 캐리어의 확산 및 드리프트 영역에서의 주행 시간 지연에 의해서 발진하는 주행 시간형 다이오드이다. 장벽에서의 확산은 임패트(IMPATT) 다이오드의 애벌란시 영역과 같은 위상 지연이 없기 때문에 발진의 효율도 나쁘고, 전력도 작다. 그 대신 애벌란시 잡음이 없기 때문에 저전력·저잡음의 마이크로파 디바이스로서 국부 발진기 등에 사용된다.

barrier layer 장벽층(障壁層) =depletion layer

barrier metal 배리어 메탈 →electrode contact

base 베이스 바이폴러 트랜지스터의 전극의 하나. 이미터에서 컬렉터로의 캐리어 흐름을 제어하기 위한 신호를 공급하는 구실을 한다.

base address 기준 주소(基準住所), 기저 주소(基底住所) 컴퓨터에 사용되는 상대 주소 방식에서의 기준이 되는 주소. 이 기준 주소와 상대 주소가 합성되어서 절대 주소가 되고, 컴퓨터의 기억 장치의 주소를 나타낸다.

baseband 베이스밴드 반송(혹은 부반송) 주파수를 송신되는 유선 또는 무선 신호에 싣기 위한 (변조) 신호의 주파수 대역. 베이스밴드 신호는 상대적으로 0에 가깝든가 또는 직류 성분(주파수 : 0)을 포함하고 있는 저주파 대역으로서 보통 유선 또는 무선 신호에서 구별된다. 부반송파가 변조되기 전의 팩시밀리 신호에서는 베이스밴드는 직류를 포함하고 있다.

baseband modem 베이스밴드 모뎀 → data service unit

baseband network 베이스밴드 네트워크 AppleTalk 나 Ethernet 등과 같은 근거리 통신망(LAN)의 일종으로, 동축 케이블이나 트위스트 페어선에 의해서 접속되어 있는 기기 간에서 하나의 전송 채널을 사용하여 디지털 형식으로 메시지가 보내지는 것. 베이스밴드 네트워크 상의 머신은 채널이 사용 중이 아닐 때만 전송하나, 시분할 다중화라는 기법에 의해서 채널의 공유도 할 수 있다. 베이스밴드 네트워크를 사용하여 각 메시지는 패킷으로 운반된다. 이 패킷은 소스나 수신처 기기에 관한 데이터와 정보의 양쪽을 포함한다. 베이스밴드 네트워크는 약 50Kbps(비트/초)~16Mbps 의 속도 범위에서 단거리를 커버한다. 그러나, 메시지를 수신, 확인, 변환하면, 실시간은 적지 않게 소비한다든지 처리 능력에 많은 부담이 걸린다. 이 네트워크는 최고 약 3km 까지 사용할 수 있고, 네트워크의 사용 빈도가 높은 경우에는 그보다 짧아진다. →broadband network

baseband signal 베이스밴드 신호(-信號), 기저 대역 신호(基底帶域信號) 반송파 대역 신호에 상대되는 것으로, 변조를 받고 있지 않은 신호를 말한다. 데이터 전송에서는 기저 대역 전송의 경우 복극성 펄스로 변환하여 보내진다.

baseband transmission 베이스밴드 전송(-傳送) 직류부터 고주파까지의 대역을 갖는 전송로에 적합하며, 디지털 신호를 그대로 전송로에 싣는 방식이다.

base clipper 베이스 클리퍼 클리퍼 회로의 일종으로, 입력 교류 전압의 마이너스 반 사이클의 어느 전압 이하 부분을 잘라 낸 출력 파형을 얻는 회로. 그림은 다이오드를 사용한 베이스 클리퍼의 일례이다.

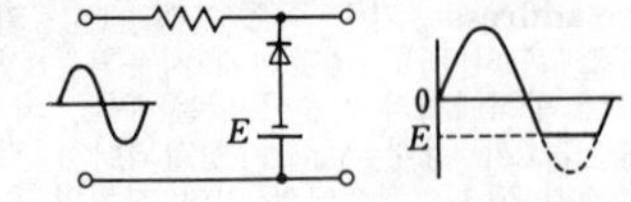

B

base diffusion 베이스 확산(－擴散) 트랜지스터의 베이스 영역을 확산 과정에 의해서 형성하는 것. 용도에 따라서 표면 농도, 접합부 깊이 등 여러 가지이나, 표면 농도는 낮고, 베이스 접합 위치를 깊게 하고 싶을 때는 웨이퍼 표면에 고농도층을 얕게 만들고 이것을 고온도로 장시간에 걸쳐 깊은 곳에 들여보낸다.

base electrode 베이스 전극(－電極) 트랜지스터의 베이스 영역으로의 옴 접촉(다수 캐리어에 의한 접촉).

base line 기선(基線) 로란(loran)의 두 송신국, 즉 주국(主局)과 종국(從局)을 이은 선을 말하며, 이 길이를 기선 길이 또는 기선장이라고 한다. 쌍곡선 항법에서는 기선 길이가 길수록 측정 정확도는 높아지나, 동기를 취하는데는 한도가 있으며, 300～600km 정도가 쓰인다.

baseline offset 기준선 오프셋(基準線－) 기준선의 진폭과 진폭의 기준 레벨 간의 대수적인 차.

base loaded antenna 베이스 부하 안테나(－負荷－) 접지된 수직 안테나로, 기저(基底) 가까이에서 안테나에 직렬 인덕턴스를 삽입하여 전기적인 높이(실효 높이)를 증가시킨 것.

base material 기판(基板), 절연 기판(絶緣基板) 표면에 도체 패턴을 형성할 수 있는 절연 재료. 프린트 배선판 및 절연 기판의 총칭.

base metal 비금속(卑金屬) 가열에 의해서 산화되기 쉽고, 이온화 경향이 비교적 큰 금속. 예를 들면, 알칼리 금속, 알칼리 토금속, 알루미늄, 아연 등. 귀금속의 대비어.

base modulation 베이스 변조(－變調) 베이스 회로에 반송파와 신호파를 넣어서 변조하는 방법. 동작은 베이스-이미터 간 전압과 컬렉터 전류 사이의 특성 중 A급 동작은 직선 부분을 이용하고, B급 동작은 이미터를 직접 접지하여 곡선 부분을 이용한다.

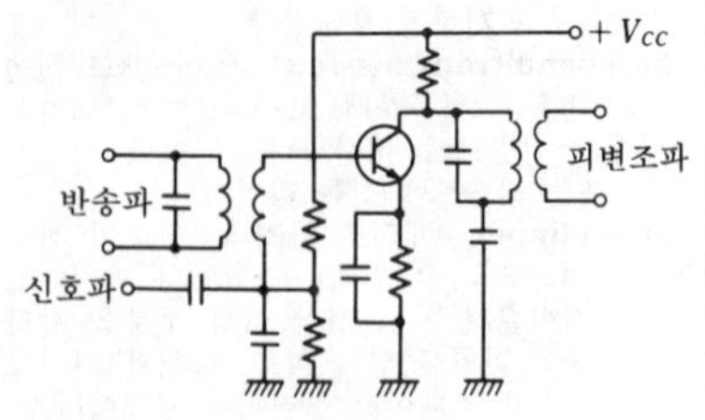

base region 베이스 영역(－領域) 트랜지스터의 전극간 영역으로, 그 영역 내에 소수 캐리어가 주입된다.

base resistivity 베이스 저항률(－抵抗率) 반도체 디바이스의 베이스를 구성하는 재료의 전기 저항률.

base spreading resistance 베이스 확산 저항(－擴散抵抗) 트랜지스터의 하이브리드 π형 등가 회로에서 $r_{bb'}$로 나타내어지는 저항을 말하며, 이것은 베이스 단자 b와, 실효적으로 트랜지스터 작용이 이루어지고 있다고 보여지는 베이스 내의 접합부 b′와의 사이에 존재하는 저항분이다. 이 값은 고주파 특성을 저하시킨다든지, 내부 궤환을 일으키는 원인이 되기도 하므로 작은 편이 좋다.

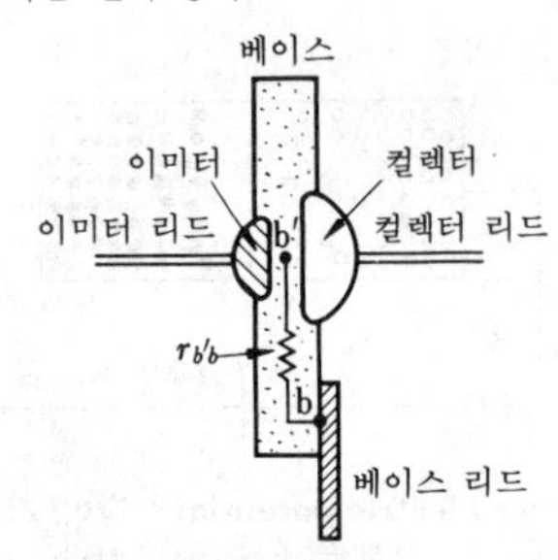

base station 기지국(基地局) 이동 및 고정 무선국에서 무선 통신 업무를 하는 육상 이동 업무에서의 육상국.

base transport efficiency 베이스 수송 효율(－輸送效率) 바이폴러 트랜지스터에 있어서서 이미터에서 주입된 전자(또는 정공) 중 베이스 내에서 재결합하지 않고 컬렉터에 도달하는 전자(또는 정공)의 비율. 단지 수송 효율 혹은 도달률이라고 하기도 한다. →emitter efficiency

base tuned oscillator 베이스 동조 발진기(－同調發振器) 베이스 입력에 동조 회로를 가진 그림과 같은 발진기. L_B와 C_C

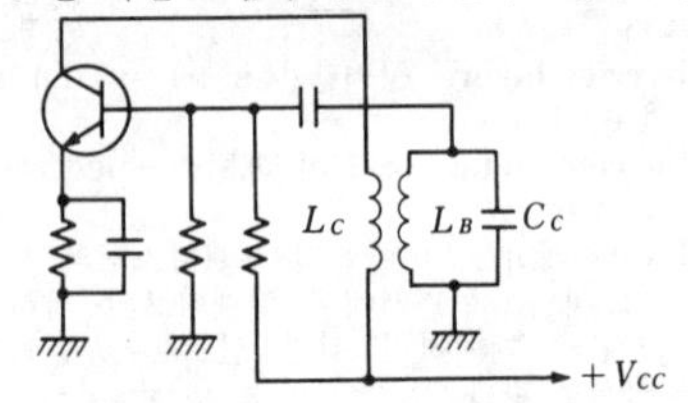

에서 발생한 진동이 증폭되어 컬렉터에서 L_C를 거쳐 궤환되어 발진한다. 이 방법에 의하면 트랜지스터를 능률적으로 사용할 수 있다.

base width modulation 베이스폭 변조(－幅變調) →Early effect

BASIC 베이식 beginner's all-purpose symbolic instruction code 의 약어. 컴퓨터 프로그래밍 언어의 일종. 수치적 문제를 다루는 데 적합한 쉬운 언어로, CRT 단말에서 중앙 처리 장치(CPU)와 대화를 쉽게 하기 위해 인터프리터 방식으로 사용된다. 마이크로컴퓨터에서 가장 널리 채용되고 있다.

basic direct access method 기본 직접 접근 방식(基本直接接近方式) ＝BDAM

basic group 기초군(基礎群) 0.3~3.4 kHz 의 음성 주파 대역을 4kHz 간격으로 같은 방향으로 12 통화로를 배열하여 얻어지는 48kHz 대역폭을 가진 다중 신호를 일반적으로 군(group)이라고 하며, 특히 4개의 기초 전군에서 각각 84, 96, 108, 120kHz 의 각 전군 반송파를 변조하여 그 하부 측대파를 60~108kHz 대역에 배열한 것을 기초군이라고 한다. 군은 같은 변환 과정을 거쳐서 초군(super-group)으로, 나아가 그 위의 주군(master-group), 초주군(super master-group)으로 변환(translate)된다. 초주군은 그림과 같이 900 채널의 통화로를 포함하는 구성으로 되어 있다. 그림은 기초라는 전치사를 붙인 통화로를 나타내고 있으나, 이 전치사가 없는 경우는 그림과는 다른 주파수 대역으로 전개된다. 각 통화로의 레벨 변동을 감시하기 위해 각각 내부의 적당한 곳에 파일럿 신호를 둔다.

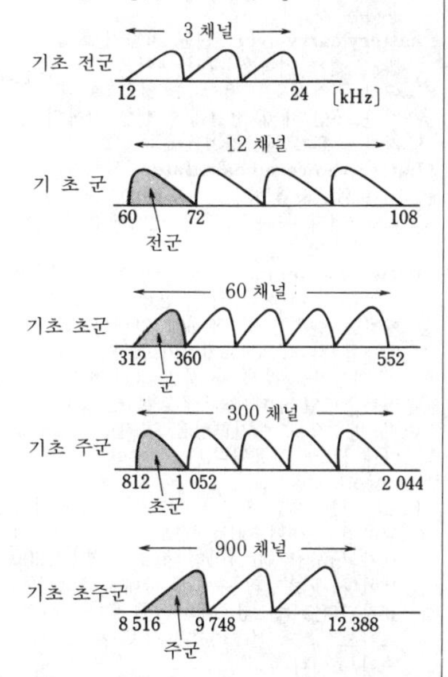

basic input-output system 기본 입출력 시스템(基本入出力－) ＝BIOS

basic master group 기초 주군(基礎主群) →basic group

basic mode 기본형(基本形), 베이식 모드 데이터 통신에서의 전송 제어 절차 중 ISO 코드를 사용한 경우의 기본이 되는 방법을 말한다.

basic mode data transmission control procedure 베이식 절차(－節次), 기본형 데이터 전송 제어 절차(基本形－傳送制御節次) 10 개의 전송 제어 문자를 써서 ISO 의 7 단위 부호를 블록 단위로 조보식(調歩式) 또는 동기식으로 전송한다. 확장 모드로서 전 2 중 방식도 있다.

basic mode link control 기본형 링크 제어(基本形－制御) ISO/CCITT 에서 규정된 정보 교환용 7 비트 문자 집합의 제어 문자를 사용한 데이터 링크 제어.

basic part 기본 부품(基本部品) 1 개 또는 그 이상을 조합한 것으로, 설계 기능을 상실하지 않고는 분해되지 않는 부품. 응용법, 치수 및 구조 등의 항목에 따라 유닛, 어셈블리, 서브어셈블리 및 기본 부품으로 분류된다. 소형 모터는 분해하면 기능을 상실하기 때문에 기본 부품으로 생각해야 한다 전형적인 예로서는 전자관, 저항, 계전기, 전력 변환기, IC등이 있다.

basic pregroup 기초 전군(基礎前群) → basic group

basic pulse 기본 펄스(基本－) 디지털 회로에서 각 회로의 동작의 기본이 되는 펄스를 말하며, 이 펄스의 상승, 하강 등의 시각에 각 회로가 동작한다. 컴퓨터 등에 사용되는 클록 펄스도 같은 것이다.

basic solution 기저해(基底解) 선형 계획법에서 제약 조건을 다원 연립 1 차 방정식으로 표현하여 풀 때, 슬랙스 변수도 포함하면 방정식의 수보다 변수의 개수 쪽이 많은 경우가 있다. 이 경우 방정식의 수만큼 변수를 남기고 다른 변수를 0으로 두었을 때의 해를 기저해라고 한다.

basic stimulus 기초 자극(基礎刺戟) 기초적인 색자극을 말한다. 텔레비전에서는 녹, 적, 청의 세 가지 원색 자극이 있는데, 그들의 상대적인 크기는 화이트 밸런

스를 취함으로써 정해진다. →white balance

basic super-group 기초 초군(基礎超群) →basic group

basic super master group 기초 초주군(基礎超主群) →basic group

basic telecommunication access method 기본 통신 접근 방식(基本通信接近方式) =BTAM

basic trunk 기간 회선(基幹回線) 전화 교환망에서 직속 상위국과의 사이 및 총괄국 상호간에 두어진 회선으로, 우회에서의 최종 경로가 되는 것. 직통 회선이 없는 호(呼)와 직통 회선에서 넘친 호가 최종적으로 이 기간 회선에 의해 운반된다.

basic units 기본 단위(基本單位) 기본으로서의 역할을 수행하도록 임의로 선정된 특별한 단위로, 그들에 입각해서 다른 단위계가 편리하게 도출된다. 기본 단위는 대부분의 경우, 단일의 원형 표준에 대한 일정한 관계에 의해 정해진다.

basic variable 기저 변수(基底變數) 선형 계획법에서 제약 조건을 나타내는 1차식의 기저해(基底解)를 구할 때 0으로 두지 않은 변수.

bass 배스 오디오 주파수의 가장 낮은 쪽 주파수에 대응하는 소리로, 약 250Hz 이하의 것.

bass boost 저음 강조(低音强調) →treble boost

bass compensation 저음 보상(低音補償) 인간의 귀가 저주파의 약한 음파에 대하여 감도가 떨어지는 것을 보상하는 회로. 음량을 낮추었을 때 높은 가청 주파에 대하여 낮은 주파수 부분을 상대적으로 강조하도록 한 것이다.

bass cut-off frequency 저역 차단 주파수(低域遮斷周波數) →lower cut-off freuency

bass-reflex cabinet 배스리플렉스 캐비닛 →phase-inverted cabinet

batch 배치, 일괄(一括) 컴퓨터로 처리하기 위한 한 단위라고 생각되는 레코드나 프로그램의 한 무리.

batch data transmission 배치 데이터 전송(一傳送) 발생한 데이터를 일정량이 되기까지, 또는 일정 시각까지 축적한 다음 일괄하여 전송하는 것.

batch file 일괄 파일(一括一) 일괄 처리 방식의 절차를 기억해 두는 파일.

batch processing 일괄 처리(一括處理) 데이터 처리의 형태의 하나로, 일단 진행하면 이용자는 더 이상 그 처리에 영향을 미칠 수 없는 수단에 의해서 미리 축적된 데이터를 처리한다든지 혹은 작업을 실시하는 방법.

batch processing system 일괄 처리 방식(一括處理方式) 컴퓨터의 사용 효율을 높이기 위한 한 방법. 카드 등과 같은 형태로 주어지는 입력은 하나로 묶어두고 상당량 모아졌을 때 연속적이고 자동적으로 처리하는 방식.

bath-tub curve 배스터브 곡선(一曲線) →failure rate curve

bath voltage 배스 전압(一電壓), 욕전압(浴電壓) 전해를 할 때 전해조의 두 전극간에 주는 전압. 이 전압은 평형 상태에서의 반응 전압, *IR* 전압 강하, 양극 및 음극에서의 분극 전압의 총합이다. 전극의 종류, 전해질, 농도, 온도, 전류 밀도 등에 따라 다르다. 전해조 전압이라고도 한다.

battery 전지(電池) 단지 전지라고만 할 때는 좁은 뜻으로 화학적 에너지를 전기 에너지로 변환하여 직류 전류를 공급하는 장치(화학 전지)를 가리키지만, 태양 전지, 원자력 전지 등 광범위하게 사용하는 경우도 있다. =cell

battery backup 전지 백업(電池一) 전원 이상일 때 보조 전원으로서 사용하는 전지식 전원. 또, 주전원이 차단되었을 때 회로의 동작을 유지하기 위해 전지를 사용하는 것.

battery carry-over 전원 이월기(電源移越器) 펄스 기록용 자기 테이프 기록 장치에서 주전원을 사용할 수 없을 때 지정된 기간 동안 예비 전원에서 간헐 기록의 실시간을 유지하는 장치.

battery-powered calculator 전지식 계산기(電池式計算器) 전원을 화학식 전지, 태양 전지 또는 충전식 전지에만 의존하는 계산기.

batwing antenna 배트윙 안테나 평면 도체판(또는 도체망)의 중앙에 1파장에 상당하는 슬롯을 둔 광대역 안테나. 2개의 날개를 직각으로 교차시키고, 여기에 90°의 위상차를 갖게 한 것을 겹쳐 쌓아서 수퍼턴스타일 안테나를 구성할 수 있다. 수평 방향으로 무지향성을 가지며, 방송용 안테나로서 사용된다. →superturnstile antenna

baud 보 변조 속도의 단위로, 1초간에 1엘리먼트를 이송하는 속도이다. 1엘리먼트가 5ms(밀리초)이면 변조 속도는 200보이다. 1초당의 불연속 상태의 펄스수로 표시된다. 2진 신호에서는 1보가 1비트/초이고 모드 신호에서는 1보가 1.5비트주기/초이다.

baud instant 보 시점(一時點) 데이터 전송에서 각 신호를 주는 유의 상태가 전환되는, 그 변환 시점. 유의 순간, 코딩 시점이라고도 한다.

Baudot code 보도 코드 데이터 전송에 사용되는 정보 코드. 전신 회선의 다중화에서 1874 년 보도(Baudot)에 의하여 한 줄의 선로로 6 명의 운용자가 통신할 수 있는 다중 방식이 만들어졌고, 이때에 사용된 전송 코드계의 5 단위 부호.

baud rate 보 레이트 데이터 통신에서 직렬 전송의 변조 속도를 1 초간에 전송되는 신호의 수로 나타낸 값을 말한다. 단말 장치와 모뎀 간의 신호는 2 치 신호이므로 신호 수와 비트 수는 일치하여 변조 속도와 전송 속도(1 초간에 전송되는 비트 수로, 단위는 b/s)는 같다. 모뎀과 모뎀간에서는 신호는 2 치 신호라고만은 할 수 없고, PSK 등에 의해서 다치화함으로써 (1 신호에 복수 비트를 싣는) 전송 효율을 높일 수 있다.

baud time 보 시간(一時間) 선로에서 인접한 각 심벌(신호 요소)이 경과해야 할 최소의 기간, 즉 유의 간격 τ를 말한다. 매초 전송되는 심벌수를 보 레이트라고 하는데, 이것은 보 시간의 역수 즉 $1/\tau$이다. 다이비트 그룹(dibit group : 00, 01, 11, 10)의 한 심벌이 1/1200초의 보 시간으로 전송되는 것이라고 하면, 보 레이트는 1,200 이지만 비트 레이트는 그 2 배인 2,400 비트/초이다.

bay 베이 전자 장치를 설치하기 위한 선반이나 개구부(開口部). 예를 들면, 일부 마이크로컴퓨터의 케이스에서 디스크 드라이브의 증설용으로 확보되어 있는 스페이스.

bazooka 바주카 →balun

bb contact bb 접점(一接點) 주장치의 동작 기구가 표준의 기준 위치에 있을 때는 폐로(閉路)하고, 동작 기구가 반대 위치에 있을 때 열리는 접점.

BBD 버킷 브리게이드 디바이스, 버킷 릴레이 소자(一素子) =bucket brigade device

BBS 전자 게시판(電子揭示板) 호스트 컴퓨터와 단말 장치를 통신망을 통해서 접속하고, 단말기 상호간에서 불특정 다수의 상대에게 정보 교환을 제공하는 메시지 기능의 하나.

BCD 2 진화 10 진법(二進化十進法), 2 진화 10 진 표기법(二進化十進標記法) binary-coded decimal notation 의 약어. 각각의 10 진 숫자가 2 진 숫자로 표현되어 있는 2 진화 표기법.

BCI 방송 방해(放送妨害) broadcast interference 의 약어. 아마추어 무선국이 송신 중 그 전파가 인근 라디오 수신기의 다이얼 전면이나 특정한 주파수에 혼신을 일으켜 반송 수신에 큰 지장을 주는 것을 말한다. 이 원인은 송신기에서의 기생 진동이나 과변조 및 키 클릭, 또는 고조파가 누설하는 것 등으로 일어난다. 수신기를 전등선 안테나로 사용한 경우에 발생하기 쉽다.

BCL 방송 청취자(放送聽取者) broadcast listner 의 약어. 고감도의 수신기에 의해서 국내 방송국은 물론, 단파대의 세계 각국 방송을 수신하여 즐기는 사람. 수신한 증거로 수신 카드를 모으며, 자기는 무선국을 갖지 않고 따라서 송신하여 교신하는 아마추어 무선국과 달리 수신 전문이므로 면허도 불필요하다. 또한 단파를 전문으로 수신하고 있는 사람을 SWL(short wave listener)이라고도 한다.

BCN 광대역 통신망(廣帶域通信網) = broadband communication network

b contact b 접점(一接點) 주장치가 기준 상태에 있을 때 닫혀 있는 접점. 주장치가 여자(勵磁)되면 b 접점은 열린다.

BCS theory BCS 이론(一理論) 바덴, 쿠퍼, 슈라이퍼에 의해서 발견된, 초전도 현상이 어떻게 해서 생기는가를 밝힌 이론.

BDAM 기본 직접 접근 방식(基本直接接近方式) basic direct access method 의 약어. 직접 접근 방식 가운데 데이터 세트를 임의로 편성할 수 있는 랜덤 액세스가 가능한 입출력 방식에서 매크로 명령으로 직접 주소나 상대 주소를 지정하는 방식을 말한다. 데이터 전송의 요구에는 매크로 명령 READ 와 WRITE를 사용하나, 그 완료는 WAIT로 확인한다.

beacon 비컨 본래는 항공로에 두어진 등대를 가리켰으나, 현재에는 라디오 비컨을 가리키는 경우가 많다. 라디오 비컨은 해상용의 것과 항공용의 것이 있으며, 위치선을 수신 안테나의 지향 특성에서 구하는 것과 송신측의 지향 안테나의 특성에서 구하는 것이 있다. 전자에는 무지향성 무선 표지가 있고, 후자에는 VOR 이나 타칸, YG 비컨이 있다.

bead 비드 ① 동축 케이블에서의 지지물, 고정물, 보강물 등의 뜻. ② 자성체의 중심에 구멍을 뚫어서 전선을 통한 것. 고주파 회로에서 인덕턴스로서 작용한다.

bead thermistor 비드 서미스터 두 줄의 리드선 사이에 작은 비드 모양의 반도체를 접속하여 만든 서미스터. 마이크로파 전력의 측정, 온도계, 보호 부품 등으로서 이용된다.

beam 빔 ① 전자나 프로톤 등의 입자가 한 방향으로 집중하여 흐르고 있는 것. ② 레이더 안테나 등에서 방사되는, 한 쪽 방향으로 가늘게 집중한 전자 방사 패턴. 안테나의 주방향을 축으로 하는 좁은 입체각의 공간에 방사되는 주방사. ③ 위 ②와 같은 패턴을 갖는 음향 방사. ④ 위 ②와 같은 패턴의 광선(ray).

beam-addressed metal-oxide semiconductor 전자 빔 기억 소자(電子－記憶素子) ＝BEMOS

beam alignment 빔 얼라이먼트 저속 주사의 촬상관에서, 빔을 타깃면상에서 타깃에 수직이 되도록 조정하는 것.

beam angle 빔각(－角) CRT(음극선관)의 크로스오버점에서 나오고 있는 원뿔 모양 전자 빔의 입체각.

beam antenna 빔 안테나 지향성 안테나의 일종으로, 주로 단파의 원거리 통신에 사용된다. 그 구조는 반파장의 더블릿 안테나를 1평면 내에 규칙적으로 배열한 것으로, 각 도체에 동 위상의 궤전(급전)을 하면 방사 전력이 합쳐져서 날카로운 지향성이 얻어진다. 배열은 상하를 단수(段數), 좌우를 열수(列數)라 하고, 단수와 열수를 많게 할수록 지향성이 날카롭게 된다. 각 도체를 안테나 소자라 하고, 소자의 조합에 따라 마르코니형, 텔레푼켄형, 스텔바형 등이 있다.

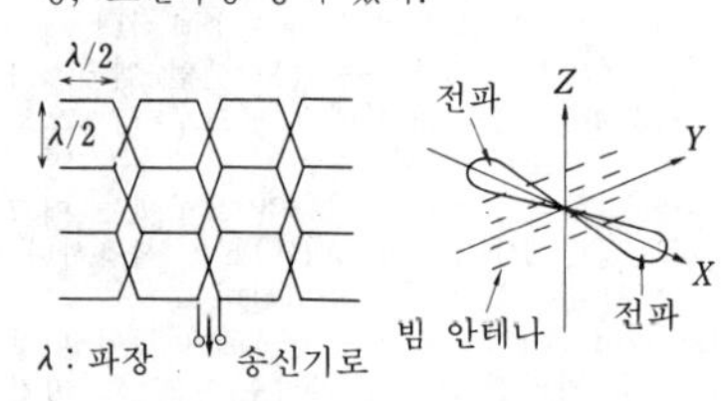

beam area 빔 에어리어 빔 반치폭이 지표면에 교차되어 만드는 영역.

beam axis 빔축(－軸) 빔의 최대값 방향.

beam bending 빔 벤딩, 빔 굽힘 촬상관에서, 목표물을 주사하는 전자 빔이 타깃상의 축적 전하 때문에 의도한 위치에서 굽혀지는 것. 이 때문에 수상관의 화상은 본래의 광학 이미지에 대하여 일치하지 않게 된다.

beam capture 빔 포착(－捕捉) 레이더의 빔 라이더 유도 방식의 빔 내에 미사일을 유도하여 미사일이 레이더에서 발사하는 코드 신호를 수신할 수 있도록 하는 것.

beam convergence 빔 집속(－集束) ① 전계 또는 자계를 조정하여 전자 빔을 집속시키는 것. ② 3전자총 컬러 텔레비전 수상관에서 3개의 빔을 섀도 마스크 구멍의 위치에서 일치시키도록 빔을 조정하는 것. →shadow mask

beam coupling coefficient 빔 결합 계수(－結合係數) 공진 공동부에서 입사하는 빔 전자류의 교류 성분에 대한 공진기 내에 발생한 교류 여자 전류의 비.

beam deflection 빔 편광(－偏光) CRT 표시 장치에서 전자 광선의 범위를 변경하는 것.

beam deflection tube 빔 편향관(－偏向管) 출력 전극으로의 전류가 빔을 가로 방향으로 움직여서 제어하도록 되어 있는 전자 빔관..

beam finder 휘선 파인더(輝線－) 오실로스코프에서 휘점의 위치가 보이지 않을 때를 위해 준비된 수단.

beam index color receiver 빔 인덱스관(－管) 애플관과 같이 단전자총을 가진 컬러 수상관의 일종이다. 이 수상관에서는 3색 형광체는 선조(線條)에 칠해져 있으며, 여기에 전자 빔이 충돌한 경우에 2차 전자류의 값에 따라 선조 형광체의 위치를 나타내는 신호를 꺼내서 이것을 색전환 회로에 넣어 각 색신호를 전환함으로써 발광색과 같은 색신호로 변조된 컬러 영상을 얻을 수 있다.

beam-indexing color tube 빔 인덱스 수상관(－受像管) 단일 빔의 컬러 수상관. 색형광 물질은 3개 1조의 가는 수직 띠 모양으로 배치되어 있다. 스크린 내부에 내장되어 있는 인덱스 장치에 의해서 수직 무늬에서의 빔의 순간 위치가 제어되도록 되어 있다. ＝Apple tube

beam landing error 빔 도달 오차(－到達誤差) 촬상관에서, 평행하고, 타깃에 대하여 공간적으로 다른 속도를 가지고 도달하는 전자에 의해서 생기는 신호의 불균일성을 말한다.

beam lead 빔 리드 미국 벨 연구소에서 개발된 페이스 본딩 기술의 대표적인 것으로, 빔 리드가 소자 기판 바깥쪽까지 연장되어 있는 것. 리드 패턴이 만들어진 패키지 기판에 열압착 또는 초음파에 의해 접속한다.

beam loading 빔 부하(－負荷) 입자 가속기에서 입자가 에너지를 획득할 때 입자에 흡수된 전력.

beam loading conductance 빔 부하 컨덕턴스(－負荷－) 클라이스트론에서, 전자 빔이 공동 공진 회로와 서로 작용할 때 회로에 등가적으로 부하되는 전자 빔의 컨덕턴스분.

beam loading impedance 빔 부하 임피던스(－負荷－) 공동 간극을 통해서 흐르는 전자류는 전자관의 외부 회로에서 보아 임피던스를 형성하는데, 여기에 공동 공진기의 임피던스가 더해져서 부하 임피던스를 형성한다.

beam modulation 빔 변조(－變調) 촬상관에서, 고휘도 조명에 의해 생기는 출력 신호 전류와 암전류(暗電流)와의 비.

beam noise 빔 잡음(－雜音) ① 전자 빔의 드리프트 에너지를 이용하는 마이크로파관 등에서 빔으로부터 전기 회로 내에 침입하는 잡음. ② 날카로운 방사 빔을 이용하는 전자 항행 방식에서, 이상적인 시스템 성능을 저해하는 외부 교란으로, 이것은 빔 굽힘, 부채꼴 확산, 라프네스 등의 종합 효과이다.

beam parametric amplifier 빔 파라메트릭 증폭기(－增幅器) 변조된 전자 빔에 의해서 가변 리액턴스를 주도록 한 파라메트릭 증폭기.

beam-plasma amplifier 빔플라스마 증폭기(－增幅器) 플라스마를 전자 빔이 관통함으로써 동작하는 증폭기. 밀리미터파 또는 그보다 짧은 파장으로 동작한다.

beam reflector 빔 반사기(－反射器) 빔 안테나에서 후방으로의 방사를 방지하고, 전방으로의 방사를 강화하기 위해 안테나 후방에 1/4 파장의 거리에 둔 반사 장치.

beam scanning 빔 주사(－走査) 안테나 빔을 주사하는 경우에 안테나 장치를 기계적으로 움직이는 경우와 빔을 전기적으로 이동시키는 경우가 있다. 특히 안테나 어레이에 의해서 만들어지는 빔을 주사하는 데 위상 주사와 주파수 주사의 두 가지 방법이 있다. ① 위상 주사 : 이것은 어레이의 인접 소자간 위상차를 θ라 하면, 어레이 정면에서 φ라는 각도를 가진 방향으로 주 빔을 향했을 때

$$\sin\phi = \left(\frac{\lambda}{2\pi d}\right)\theta$$

라는 관계가 있으므로 θ를 전기적으로 변화시킴으로써 φ를 변화시켜서 빔을 옮길 수 있게 한다(d는 인접 소자간의 간격, λ는 전파의 자유 공간에서의 파장). θ를 바꾸려면 각 소자에 궤전(급전)하는 궤전선(급전선)에 삽입한 이상기에 의해서 한다. 각 소자가 직렬로 궤전되는 경우에는 인접 소자를 연락하는 선로에 이상 효과를 갖게 하도록 하고 있다. ② 주파수 주사 : 신호의 길이 l의 궤전 선로를 진행할 때 생기는 위상 지연 θ는

$$\theta = 2\pi fl/v$$

이다. v는 선로를 진행하는 신호파의 속도. 인접 소자간의 선로 길이가 l이면 위 식에서 f를 바꿈으로써 θ를, 따라서 빔각 φ를 바꿀 수 있다. →array factor

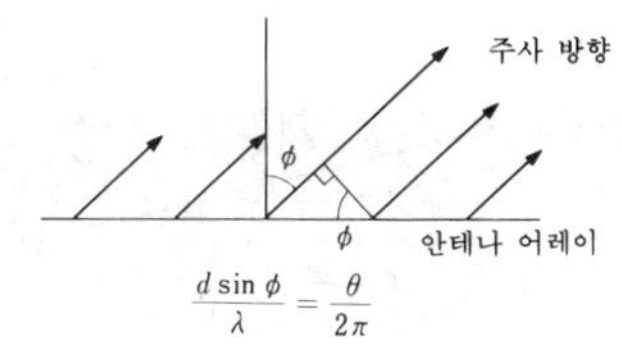

(a) 인접 소자 간의 위상차

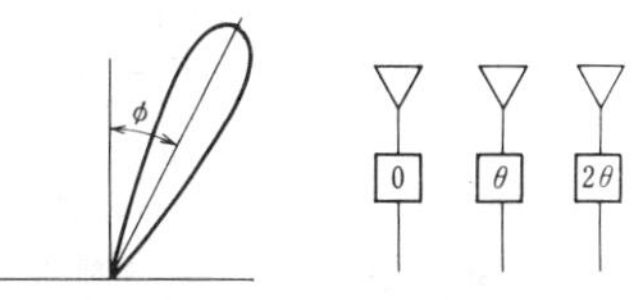

(b) 빔 주사각 ϕ　(c) 각 소자의 여진 위상차 θ

beam splitter 빔 스플리터 광선의 일부는 반사하고, 다른 부분은 투과하는 반사경 또는 기타의 광학 장치를 말하며, 간섭계 등에서 사용된다. 결정의 복굴절성을 이용하여 진동 방향이 서로 직각인 두 출사광을 얻도록 한 것도 스플리터의 일종이라고 생각해도 된다.

beam switching tube 빔 전환관(－轉換管) 중심의 음극 둘레에 10 개의 같은 양극을 배치한 전자관. 유리 외위기(外圍器)를 둘러싼 고리 모양의 영구 자석과 함께 전자 빔을 차례로(혹은 적당한 차례로) 어느 전극에서 다른 전극으로 전환하기 위해 자계와 직각으로 전계가 주어진다. 10 위치를 가진 스위치로서 사용된다. 10 진 계수관, 트로코트론(trocho-tron)이라고도 한다.

beam tilt 빔 틸트 주 빔의 방향이 수평면에 대하여 경사진 각도.

beam transadmittance 빔 전달 어드미턴스(－傳達－) 속도 변조관의 출력 갭을 통하는 전자 빔 전류의 기본파분과 입력 갭에서 전자 빔에 주어진 전압의 기본파분과의 비.

beam waist 빔 웨이스트 그림과 같이 회절 손실을 적게 하기 위해 공초점 구면(共焦點球面) 반사기를 사용한 공진기에서, 광전계의 진폭 분포는 x, y 방향으로 가우스 분포를 하고 있으며 그 벌어짐, 스폿 사이즈는 중앙부에서 가장 가늘어진다. 이것을 빔 웨이스트라 하고, 거기서의 스

폿 사이즈는 b를 구면의 곡률 반경, λ를 파장으로 하여

$$w_0 = \sqrt{\frac{\lambda b}{2\pi}}$$

로 주어진다. →spot size

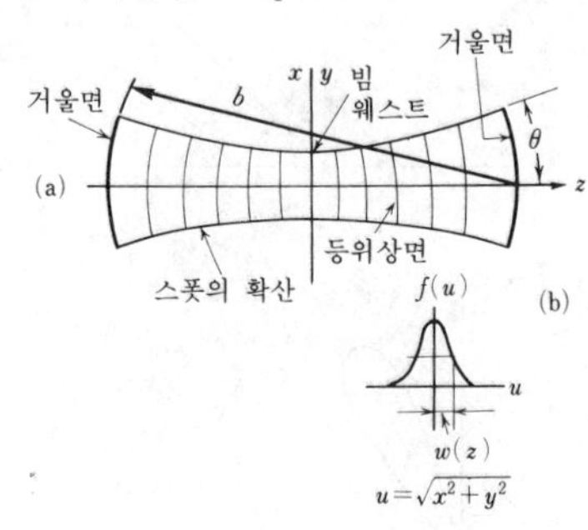

beam width 빔폭(－幅) 빔 안테나나 레이더의 안테나 등에서 빔의 지향을 나타내는 양.

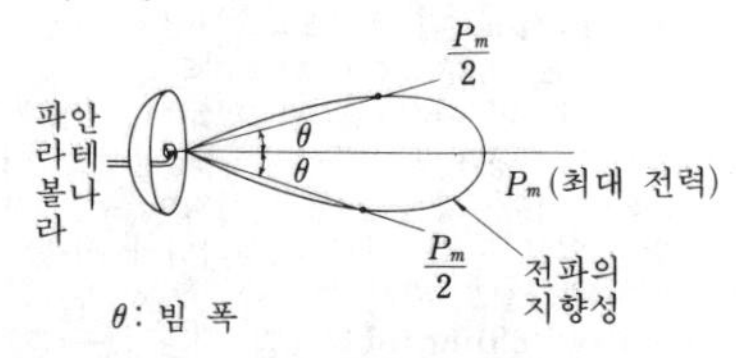

beam-width error 빔폭 오차(－幅誤差) 레이더에서 주사 빔의 폭 때문에 목표가 실제보다도 폭넓게 보이는 오차. 하나의 빔에 의해서 접근한 2개의 목표가 동시에 커버되어 스크린 상에 마치 하나의 목표와 같이 비쳐진다.

bearcr channel 베어러 채널 →information bearer channel

bearer rate 베어러 레이트, 신호 속도(信號速度) 샘플링된 데이터 신호에 소요의 제어 비트를 부가한 비트열의 속도를 말한다. 디지털 데이터망의 엔벨로프 제어에서는 표본화 펄스 6비트마다 F비트, S비트를 부가하므로 망 내의 신호 속도는 단말 속도의 8/6 배가 된다.

bearer service and tele-service 베어러 서비스와 텔레서비스 베어러 혹은 정보 베어러란 통신을 하는 데 필요한 모든 정보(이용자 데이터 뿐만 아니라 채널 제어나 동기화를 위한 신호도 포함한)를 전송할 수 있는 채널을 의미한다. 당연히 신호 속도는 단지 이용자 데이터만을 전송하는 속도보다 빠르다. 이와 같은 베어러 채널이 행하는 데이터 전송 서비스가 베어러 서비스이다. 통신 기능을 7개의 계층으로 분류하는 OSI 구조에서 베어러 기능은 하위의 1~3 계층이 담당하고 있다. 계층 1은 광섬유, 동축 케이블 등 각종 매체의 물리적·전기적 접속 기능을 정하고, 계층 2는 1에서 설정한 매체의 두 노드 간을 접속하는 링크의 접속 절차를, 또 계층 3은 통신망 내의 루트 제어를 하여 망을 거쳐서 단말 기기간에 통신로를 설정하는 절차를 규정하고 있다. 전달 기능 외에 통신망이 제공하는 각종 통신 기능을 텔레서비스라 하고, 그 중 단말 기기가 제공하는 서비스 기능을 단말 서비스, 네트워크가 제공하는 기능을 네트워크 서비스라 한다. 이들 서비스 기능은 OSI 구조의 계층 4~7 이 담당하고 있다. 계층 4는 설정된 베어러 회선을 통해서 행하여지는 단말 기기간의 데이터 전송 제어 절차를 규정하고 있다. 계층 5는 단말 기기간에 정상적인 정보 수수가 행하여지기 위한 송신권의 수수 절차(세션 제어)를 규정하고 있다. 계층 6은 송신하는 데이터의 표현 형식이나 그 변환을, 마지막 계층 7은 통신 이용자가 목적으로 하는 서비스에 관한 처리법을 정하고 있다. 베어러 서비스는 당연히 망을 운용하는 공중 전기 통신 사업자(common carrier)가 수행하는 서비스이나, 텔레서비스 기능은 네트워크가 보유하는 것과 단말 기기가 제공하는 것으로 나뉜다. 단말 기기가 제공하는 경우는 망은 단지 OSI의 계층 1~3의 기능에 전념할 뿐이다.

bearing 방위(方位), 방위각(方位角) 수평면 내에서, 진북(眞北)에서 시계 방향으로 잰 각도로 주어지는 각 위치를 말한다. bearing 과 azimuth 는 같은 뜻이나, 지측(地測) 항법에서는 bearing, 천측(天測) 항법에서는 azimuth 를 사용하는 경우가 많다.

bearing cursor 방위 커서(方位－) 레이더 장치에 쓰이는 방사상의 선을 새겨 넣은 투명한 원판. PPI 표시의 중심축 둘레에 회전할 수 있게 되어 있으며, 방위의 판독에 사용된다. →plan position indicator

bearing resolution 방위 분해능(方位分解能) 레이더의 성능을 나타내는 것의 하나로, 동일 거리에 있는 두 목표가 각기 다른 목표로서 지시기에 표시되는 방위각. →radar

bearing sensitivity 방위 감도(方位感度) 방향 탐지기에서 그 장치의 정도(精度) 범위 내에서 재현성이 있는 방위가 얻어지

기 위한 최소의 전계 강도(입력)의 값.

beat frequency 비트 주파수(－周波數) 상이한 두 주파수의 신호를 검파기에 가했을 때 얻어지는 신호의 주파수로, 원래의 두 주파수의 차와 같은 것을 말한다.

beat frequency oscillator 비트 주파 발진기(－周波發振器) 주파수가 접근한 두 진동을 혼합하면 그 주파수차에 상당하는 주파수의 비트를 발생하는 원리를 응용하여 비트 주파수를 발생시키고, 이것을 검파하여 저주파 가변 발진기로서 사용하는 것. 또 A1 전파 수신의 경우 제 2 검파기의 곳에서 중간 주파수보다 1kHz 가량 높은 주파수를 가하여 헤테로다인 검파하면 신호음을 들을 수 있다. 이러한 발진기는 비트 주파 발진기라 한다. =BFO

beat interference 비트 방해(－妨害) 수퍼헤테로다인 수신기에서 수신 주파수와 국부 발진기의 고조파의 주파수차가 가청 주파수로 되었을 때 생기는 방해. 이것을 방지하려면 국부 발진기의 고조파를 낮게 억제하는 동시에 중간 주파수의 선정에 주의해야 한다.

beat note 비트음(－音) 상이한 주파수의 두 정현파를 비선형 소자에 가했을 때 생기는 차의 주파수 파동.

beat reception 비트 수신(－受信) → heterodyne reception

beep 비프 ① 스피커나 전기 기기 등이 발하는 「삐」하는 가청음. ② 어떤 종류의 프로그래밍 언어에서의 커맨드로, 단말을 사용하고 있는 머더(mother)에 대하여 주의를 환기시키기 위해 컴퓨터의 스피커에 의해서 소리를 발생시키도록 하는 것을 말한다.

beeper 비퍼 ① 간단한 원격 제어 장치로, 무인 표적기 기타를 제어하기 위해 반송파를 다른 AF(가청 주파수)로 변조한 것을 사용한다. 각각의 변조파는 다른 ON/OFF 장치를 제어하도록 되어 있다. ② 무인의 항공기나 미사일을 원격 제어에 의해서 유도하는 조작원.

beginner' s all-purpose symbolic instruction code 베이식 =BASIC

beginning of tape 테이프의 시단(－始端) 자기 테이프의 시단(시점)을 말한다. 자기 테이프에 데이터를 기록하거나 판독하는 경우, 그 시작점을 테이프의 물리적 말단에서 얼마 떨어진 곳으로 한다. 그를 위해 마커를 그 위치에 붙인다. =BOT

begining of tape marker 테이프 시단 마커(－始端－) 컴퓨터의 기억 장치에 사용하는 자기 테이프 상에서 기록 개시 가능한 위치를 나타내기 위한 알루미늄박의 반사 마커.

bel 벨 음향 수준의 단위. 두 음향 파워량 비의, 10 을 베이스로 한 대수(對數) 값과 같다. 두 파워량 중 한 쪽은 기준값이다. 벨이라는 단위는 일반적으로 크기 때문에 보통 그 1/10 인 데시벨이 사용된다.

BEL 벨 문자(－文字) 인간의 주의를 환기하는 경우에 사용하는 제어 문자. 경보 장치 기타의 신호 장치를 시동하는 경우가 있다. =bell character

bellboy 무선 호출(無線呼出) =pocket-bell service

bell character 벨 문자(－文字) =BEL

Bell-compatible modem 벨 호환형 모뎀(－互換形－) 데이터 전송을 위하여 미국 AT&T 사가 고안한 규격에 따라서 동작하는 모뎀.

Bell communications standards 벨 통신 규격(－通信規格) 1970 년대 후반부터 1980 년대 초에 걸쳐서 AT&T 사가 고안한 일련의 데이터 전송 규격으로, 북미에서 널리 도입되고 있으며, 메이커가 모뎀을 개발할 때의 업계 표준이 되었다.

Bellini-Tosi antenna 벨리니토시 안테나 도래 전파의 방향 탐지에 사용하는 안테나. 그림과 같이 서로 직각으로 배치된 두 루프 안테나의 출력을 고니오미터에 도입하고, 탐색 코일 L_s 만을 회전시킴으로써 루프 안테나를 회전하는 일없이 전파 도래 방향을 탐지하는 것이다. 안테나가 접지되어 있거나, 대형이거나, 안테나를 회전시켜서 방향을 측정할 수 없는 경우 등에 쓰인다.

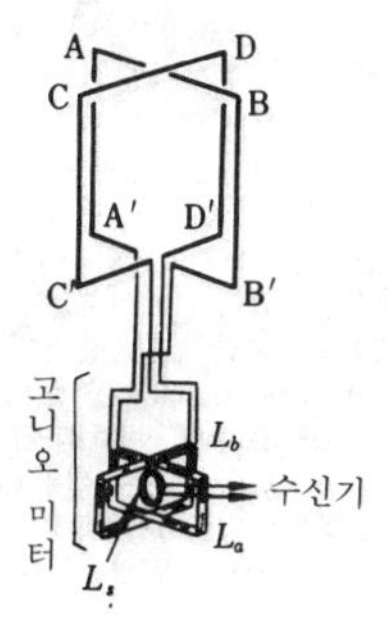

bellows 벨로 내외의 압력차로 신축함으로써 압력을 변위로 변환하는 장치. 인청동이나 스테인리스강 등의 박판을 커핑 가공에 의해서 관 모양으로 하고, 여기에 롤러 가공을 하여 파형 단면으로 마무리하여 만든다.

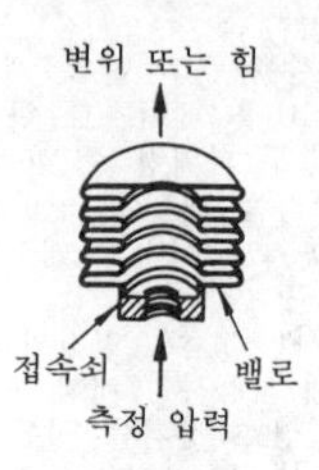

bellows

belt-bed pen plotter 벨트베드형 플로터(-形-) 펜 플로터의 일종. 용지를 스프로켓에 의해서 구동되는 루프 모양의 벨트에 장착한 방식의 플로터.

belt drive player 벨트 드라이브 플레이어 레코드 플레이어의 일종으로, 턴 테이블을 회전시키는 데 모터축과의 사이의 동력 전달 방법으로서 벨트를 사용하는 것.

belt printer 벨트식 프린터(-式-) 체인식 프린터와 같은 원리로, 금속제의 벨트상에 활자체를 고정하고 이것을 띠 모양으로 고속 회전시키면서 활자를 프린트하는 프린터. 라인 프린터를 구동하는 방식의 하나.

BEMOS 전자 빔 기억 소자(電子-記憶素子) beam-addressed metal-oxide semiconductor 의 약 CRT상의 실리콘 타깃에 전자를 대 데이터를 기억시키는 기억 장치. 정전 억관과 비슷하며, 기억 용량이 크고, 저가격이라는 특징을 갖는다.

benchmark 벤치마크, 기준점(基準點) 측량에서의 수준 기표와 같이 그곳에서부터 측정이 행하여지는 기준점을 말한다. 혹은 그에 대하여 여러 가지 제품의 비교가 이루어지는 대상물을 말한다. 예를 들면, 각종 컴퓨터의 성능, 즉 계산 속도나 처리 능력 등을 비교하기 위한 특정한 문제나 프로그램을 말한다. 이와 같은 목적에 사용되는 표준의 문제를 벤치마크 문제라 한다. →benchmark problem

benchmark problem 벤치마크 문제(-問題) 컴퓨터 분야에서는 컴퓨터 시스템이나 소프트웨어 시스템을 평가하기 위하여 사용되는 표준적인 문제를 가리키며, 단순히 벤치마크라 부르기도 한다. 어떤 전산 센터에서 미분 방정식이나 매트릭스 계산을 많이 취급할 때 이들에 사용하고 있는 프로그램을 몇 개의 컴퓨터로 실행해 보면, 이들 컴퓨터의(이 계산 센터에서의) 우열을 알 수 있는데, 이와 같은 프로그램을 벤치마크 프로그램 또는 단순히 벤치마크라 한다. 또 이 프로그램을 사용하여 능력, 성능을 조사하는 것을 벤치마크 테스트라 한다.

bend waveguide 휨 도파관(-導波管) 전송파의 방향을 바꾸는 데 사용하는 도파관의 일종. 급격하게 방향을 구부리는 것은 도파관 코너라 하고, 완만하게 구부리는 것은 만곡 도파관이라 한다. 어느 것이나 전계와 평행하게 구부리는 것과 자계와 평행하게 구부리는 것이 있다.

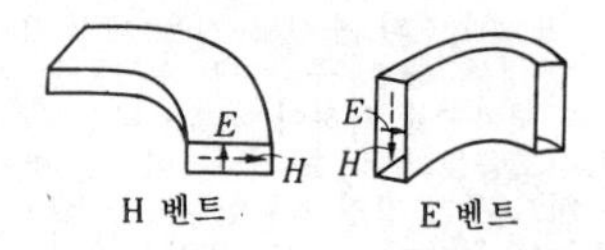

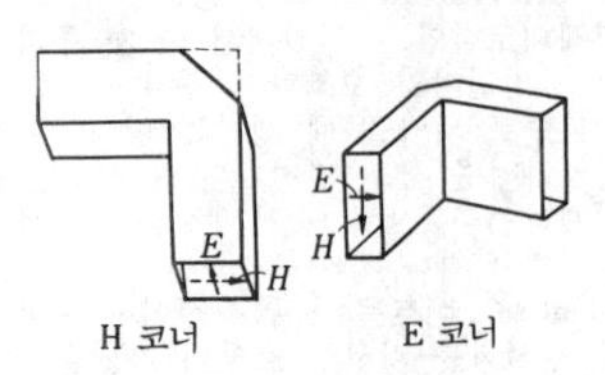

BEP 백엔드 프로세서, 후치 프로세서(後置-) =back-end processor

beryllia ceramics 베릴리아 자기(-瓷器) 베릴리아(BeO)를 주성분으로 하는 자기로, 열전도율이 매우 높아 로켓 기타에 사용된다.

beta 베타 바이폴러 트랜지스터의 베이스 전류에 대한 컬렉터 전류의 비로, 일반적으로 이미터 접지 전류 이득 또는 전류 증폭률이라고 부른다.

beta circuit β회로(-回路), 베타 회로(-回路) 증폭기 출력의 일부를 그 입력으로 궤환하는 회로.

beta cut-off 베타 컷오프 트랜지스터의 베터 값이 그 저주파 영역에서의 값에서 3dB 만큼 저하하는 주파수값. 이 점에서 전류 증폭률은 트랜지스터 베타 정격의 0.707 배가 된다($h_{fe}=0.707\ h_{fe0}$).

beta rays 베타선(-線) 방사성 물질에서 나오는 방사선의 일종으로, 투과성은 크지만 전리(電離) 작용은 작다. 음극선과 마찬가지로 전계나 자계의 작용을 받으면 그 통로가 굽어진다.

betatron 베타트론 전자나 이온과 같은 하전 입자를 높은 에너지로 가속하기 위한 입자 가속기의 하나. 전자 유도 가속기라고도 한다. 구조는 그림과 같이 변압기 2차측의 권선을 전자 빔으로 대치하는 것이라고 생각하면 되며, 기전력에 의해서 가속되고, 고 에너지의 X선 혹은 전자가 발생한다. 일렉트로싱크로트론 등 다른 입자 가속기에 비해 출력, 가속 전류가 적기 때문에 원자핵 실험용으로서는 쓰이지 않게 되었으나, 소형이고 간편하기 때문에 공업용, 의료용으로서 사용되고 있다.

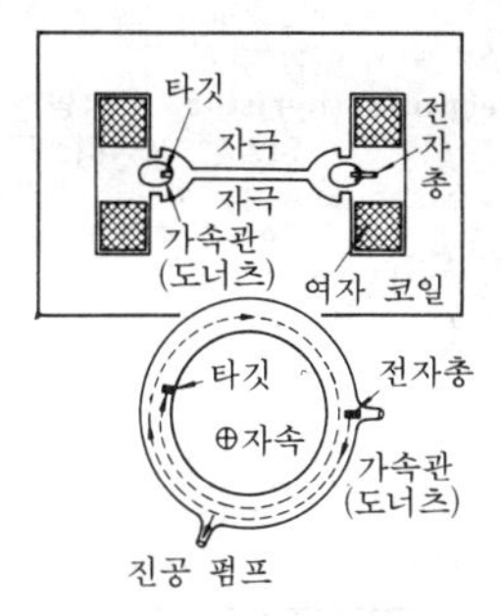

bevatron 베바트론 10억(10^9)eV 또는 그 이상의 고 에너지 이온을 발생하도록 설계된 싱크로트론. 프로톤 싱크로트론이라고도 한다.

beveled structure 베벨 구조(－構造) 반도체 표면을 pn 접합면에 대하여 적당한 각도 만큼 경사시킴으로써 역방향으로 바이어스되었을 때의 표면 전계를 접합부 내부의 전계보다 작게 하고, 애벌란시 항복이 접합부 내부가 아니고 반도체 표면에서 최초로 생기는 일이 없도록 한 것. pn 접합의 불순물 농도가 낮은 영역을 향해서 면적이 작아지도록 경사를 붙인 것을 양 베벨 구조, 그 반대의 경우를 음 베벨 구조라고 한다.

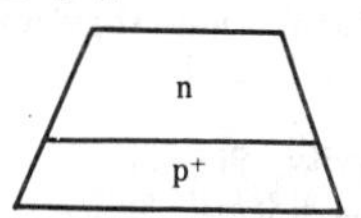

Beverage antenna 비버리지 안테나 → wave antenna

BFO 비트 주파 발진기(－周波發振器) = beat frequency oscillator

BG 백그라운드 =background

BGM 배경 음악(背景音樂) =background music

***BH* curve** *BH*곡선(－曲線) 가로축에 자계의 세기 H[A/m], 세로축에 자속 밀도 B[T]를 취하여 그린 곡선. 자성체의 자기 특성을 살피고, 자기 회로의 설계에 이용한다. 자성체의 재질에 따라서 특성이 다르며, 강자성체에서는 *BH*곡선은 그림과 같이 되고, H를 +－ 교대로 변화시키면 히스테리시스 루프가 된다.

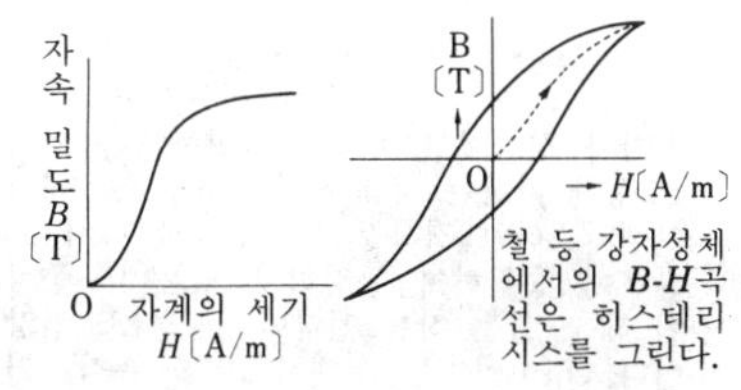

철 등 강자성체에서의 ***B-H***곡선은 히스테리시스를 그린다.

bias 바이어스 ① 측정값 또는 추정량의 분포 중심(평균값)과 참값과의 편차. ② 디바이스의 동작 특성상의 원하는 동작점을 설정하기 위해 사용되는 전압. 바이어스 전압이라고 한다.

bias distortion 바이어스 일그러짐 전송 레벨의 변동 등에 의해 두 유의 상태 중의 한 쪽에 대응하는 것의 계속 시간이 이론값보다 모두 길어지든가 또는 짧아지는 일그러짐.

bias error 바이어스 오차(－誤差) 레이더에서 ① 장치 또는 전파 조건에 따라 발생되는 계통적인 오차를 말한다. 평균값이 0이 아닌 랜덤 오차. ② 레이더, 장치 또는 전반 조건에 따라 발생되는 계통적인 오차. 랜덤 또는 잡음 오차와 대조된다.

bias magnet 바이어스용 자석(－用磁石) 펄스 기록용 자기 테이프 기록 장치에서 미리 정해진 극성의 방향으로 자기 테이프를 자화하는 자계를 발생시키기 위한 자석.

bias resistance 바이어스 저항(－抵抗) 저항에 전류를 흘려 그 양단에 나타나는 전압을 바이어스분으로서 사용하는 경우의 저항을 말한다. 자기 바이어스나 고정 바이어스는 이 방법에 의해 바이어스를 얻고 있다.

bias stabilizing circuit 바이어스 안정 회로(－安定回路) 트랜지스터 회로에서 온도에 의한 변동, 즉 드리프트를 적게 하여 안정한 바이어스를 주기 위해 사용되는 회로. 저항을 사용하는 선형 안정화법과, 서미스터나 배리스터를 사용하는 비선형 안정화법이 있다. 고정 바이어스나 자기 바이어스법은 전자에 속하는 것이다.

bias telegraph distortion 바이어스 전신 일그러짐(－電信－) 모든 마크 펄스가 신장되거나(포지티브 바이어스), 단축되거나(네거티브 바이어스) 하는 일그러짐. 이 일그러짐은 길이가 같은 마크 및 스페이스 펄스로 이루어지는 비 바이어스의 반복 구형파에 의해 측정된다. 바이어스 일그러짐 이외의 일그러짐이 무시되는 범위 내에서는 평균 신장량 또는 단축량이 바이어스 일그러짐과 일치하는 측정량이 된다.

bias voltage 바이어스 전압(－電壓) 트랜지스터 증폭 회로 등에서 트랜지스터의 소자가 정상적인 기능을 발휘하도록 베이스 등에 가하는 직류 전압. 증폭 회로에서 트랜지스터는 직류분을 중심으로 하여 교류분이 중첩하여 동작하고 있는데, 중심이 되고 있는 직류 전압이 바이어스 전압이다. 바이어스는 트랜지스터를 동작시키기 위해 중요하며, 이 바이어스가 적정하지 않을 때는 출력 파형이 일그러지는 등 정상적인 증폭 작용을 할 수 없다.

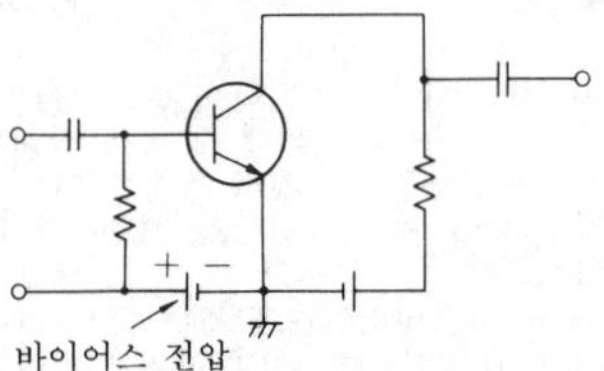

biaxial crystal 2축성 결정(二軸性結晶) 광선의 두 편파 성분이 같은 속도로 전송되는 것과 같은 두 방향(광선축)을 갖는 결정. 1축성 결정(uniaxial crystal)인 경우는 결정 주축 방향으로 전파하는 빛은 단굴절하나, 기타의 방향에서는 복굴절한다. 이 경우 결정 주축과 광선축(ray axis)은 일치하고 있다. 2축 결정에서는 광선축은 둘이며, 결정축과는 반드시 일치하지는 않는다.

biconical antenna 쌍원뿔 안테나(雙圓－) 도체판을 원뿔 모양으로 한 것을 2개 사용하든가, 도선을 원뿔 모양으로 배치한 것을 2개 사용한 안테나를 쌍원뿔 안테나라 한다. 원뿔의 각도가 클수록 또, 도체 원뿔에서는 도체수가 많을수록 입력 임피던스는 작아진다. 광대역성을 가진 안테나이다.

bid 비드 계산기나 데이터 스테이션이 데이터를 보내기 위한 회선을 포착하려고 하는 시도를 말한다(회선의 혼잡 정도에 따라 반드시 성공하는 것은 아니다).

bidirectional bus 양방향 버스(兩方向－) 어떤 장치에도 메시지를 2방향으로 전송하기 위해 사용할 수 있는, 즉 입력과 출력의 양쪽에 사용할 수 있는 버스.

bidirectional diode-thyristor 2방향성 2단자 사이리스터(二方向性二端子－) 주전압-주전류 특성의 제1 및 제3 상한에서 본질적으로 같은 스위칭 특성을 나타내는 2단자 사이리스터. 2방향성 스위치 또는 다이액이라고도 한다.

bidirectional microphone 양지향성 마이크로폰(兩指向性) 서로 약 180°의 벌어짐을 갖는 두 입사 방향에 대하여 큰 감도를 나타내는 마이크로폰.

bidirectional relay 2방향 계전기(二方向繼電器) 스텝 릴레이로, 회전 와이퍼 접점은 좌, 우 어느 방향으로도 회전할 수 있도록 되어 있는 것.

bidirectional thyristor 2방향 사이리스터(二方向－), 양방향 사이리스터(兩方向－) 규소의 5층 pn 접합을 사용한 반도체 부품으로, 제어 전극은 없다. 그림과 같은 특성을 가지므로 교류의 제어 부품으로서 사용할 수 있다.

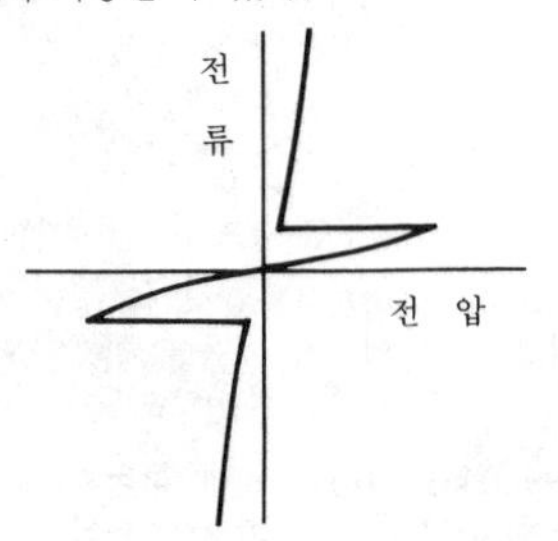

bidirectional transducer 2방향 트랜스듀서(二方向－), 양방향 트랜스듀서(兩方向－) 어느 방향으로도 같은 전달 특성을 나타내는 트랜스듀서.

bidirectional transistor 2방향 트랜지스터(二方向－), 양방향 트랜지스터(兩方向－) 이미터와 컬렉터를 바꾸어도 특성이 달라지지 않는 대칭성을 나타내는 트랜지스터. 초퍼 등에 사용하는 데 적합하다.

bidirectional triode thyristor 2방향성 3단자 사이리스터(二方向性三端子－) → triac

bidirectivity 양지향성(兩指向性) 지향성이 어느 방향으로 양쪽에 대칭적으로 있는 경우를 말한다.

bifilar coil 바이파일러 코일, 바이파일러 감이 코일 1차 코일과 2차 코일의 권선을 인접시켜서 감은 코일을 말하며, 결합 계수가 거의 1로 되어서 밀결합이 된다. 텔레비전 수상기의 영상 중간 주파 증폭기에 널리 사용된다.

bifilar resistor 바이파일러 저항(－抵抗) 저항선을 둘로 꺾은 것을 코일 모양으로 감아서 만든 저항체를 말한다. 2개의 인접한 도체에 흐르는 전류가 역방향이 되기 때문에 인덕턴스가 매우 작아져서 고주파용 저항으로서 적합하다. →non-inductive winding

bifilar transformer 바이파일러 트랜스, 바이파일러 변성기(-變成器) 변압기의 1차 2차 권선을 함께 하여 코일로 감음으로써 극도로 밀결합한 것. 텔레비전의 중간 주파(IF) 트랜스로서 스태거 동조 IF 단의 결합에 사용할 때에는 밀결합이기 때문에 직류 저지 콘덴서가 불필요하다.

bifilar winding 바이파일러 감기 2개의 코일을 밀결합하고자 할 때 사용하는 권선법으로, 1차 코일과 2차 코일의 권선을 인접시켜서 나란히 감는 방법이다. 결합 계수는 거의 1이 된다.

bifurcation 분기(分岐) 2개의 가지로 나뉘는 것. 컴퓨터 분야에서는 2개의, 그리고 단지 두 출력(즉 ON이나 OFF냐, 0이냐 1이냐, 참이냐 거짓이냐 등)만이 생기는 상황에서 쓰이는 용어.

bilateral-area track 2방향성 트랙(二方向性-), 양방향성 트랙(兩方向性-) 영화의 사운드 트랙으로, 그 양 가장자리가 신호에 의해서 변조되어 있는 것. →variable area track

bilateral CATV 2방향 CATV(二方向-), 양방향 CATV(兩方向-) CATV시청자가 송신측과 대화하여 정보 교환을 할 수 있는 양방향성 CATV 방식. 홈 쇼핑, 홈 뱅킹, 티켓 등의 가정 예약 등이 생각된다.

bilateral impedance 양방향 임피던스(兩方向-) 방향성을 갖지 않는, 즉 전류의 방향에 따라서 그 값이 달라지지 않는 임피던스.

bilateral repeater 쌍방향 중계기(雙方向中繼器) 선로에 삽입하는 중계기(증폭기)로, 보통의 증폭기와 달리 선로의 양방향에 대하여 이득을 갖는 것. 이것은 비직선적인 전압 전류 특성을 갖는 소자의 부성 저항 부분을 이용한 것으로, 선로에 직렬, 혹은 병렬로 삽입하는데, 물론 그 때문에 불연속이 생겨 신호 반사의 문제를 일으킨다. 그러나 교락 T형 회로의 병렬, 브리지 양 분기에 부성 저항을 도입함으로써 불연속을 회피할 수 있다.

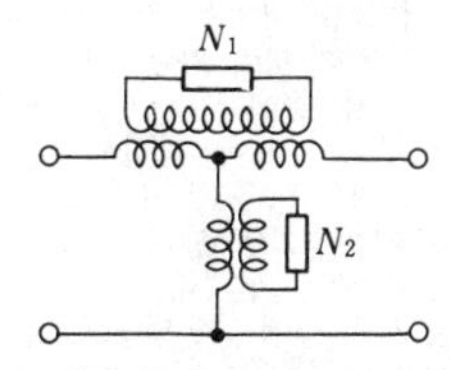

임피던스 N_1, N_2의 저항은 필요한 대역에서 부특성을 갖는다.

bilateral thyristor 양방향 사이리스터(兩方向-) 게이트 신호에 의해서 통전이 제어되나, 그 방향으로 극성을 갖지 않는 사이리스터로, 교류 회로에 사용된다. SSS나 트라이액은 그 일종이다.

Bildschilm text 빌트실므 텍스트 독일의 비디오텍스로, 1984년 5월부터 영업을 개시했다. CEPT 방식을 사용하고, 외부 컴퓨터와 접속한 게이트웨이 서비스에 중점을 두고 운영. →videotex

bilevel operation 바이레벨 동작(-動作) 출력이 허용된 2개의 레벨 가운데 어느 쪽인가에 제한되고 있는 축적관의 동작.

bilinear form 쌍1차 형식(雙一次形式) 두 변수 조의 각각에 대해 1차 동차식이며, 전체로서 2차의 동시식인 것과 같은 다항식. $\{x_i\}$, $\{y_k\}$를 2조의 변수로 하고 a_{ik}를 상수로 하여

$$\Sigma\Sigma a_{ik}x_iy_k$$

로 나타내는 다항식.

bilingual broadcasting 2개국어 방송(二個國語放送) →sound multiplex

billboard array 빌보드 안테나열(-列) 반파장의 다이폴 안테나를 평면상에 1/3~1/4 파장의 간격으로 배열하고, 동상으로 궤전하는 동시에 안테나 후방에는 판형 또는 망형의 반사기를 두어 지향성을 날카롭게 한 평면 안테나.

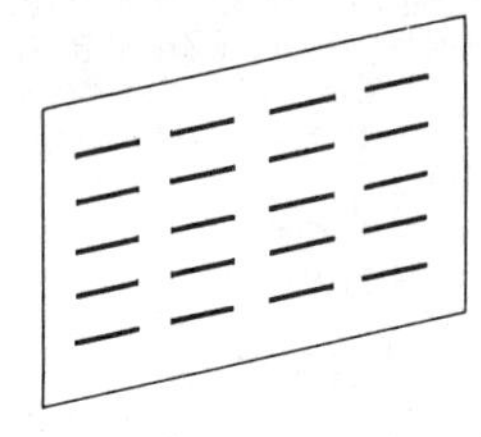

billing 빌링 ① 통신 시스템을 이용하는 이용자에 대하여 사용료를 징수하기 위한 송장이나 청구서의 작성에 관한 프로세스. 회선 사용 시간의 측정법도 포함된다. 과금의 근거로서 모은 서비스 정보를 과금 정보(billing information)라 한다. ② 어떤 제품, 장치 혹은 플랜트를 만들기 위해 필요한 부품, 재료, 서브어셈블리 등의 리스트를 만드는 것. 재료표 작성(billing of materials)이라 하며, 이것은 CAD/CAM 시스템에 의해서 자동적으로 작성된다.

billing information 과금 정보(課金情報) 통신 거리, 통신 시간, 통신 속도, 서비스 종별 등의 요금 산정에 필요한 정보를 과금 정보라 한다.

billing system 과금 방식(課金方式) 가입자가 통신계를 사용한 정도에 따라 사용료를 산정하여 청구하는 것을 과금(billing)이라고 한다. 과금 정보를 산정하기 위해서는 접속 방법의 차이 등에 따라 거리별 시간차법과 시간 적산법 등의 방법이 있다. 거리별 시간차법(periodic pulse metering method)은 일정한 요금으로 통화할 수 있는 시간을 정해 두고, 통화 거리가 멀어지면 그 시간이 짧아지는 펄스 등산 방식이고, 시간 적산법(time integration)은 거리에 따라서 정해진 요금을 단위 시간마다 적산하는 방법이다. 최초의 3분간은 기본 요금을, 그 이후는 1분마다 일정 요금을 가산해 간다.

bill of materials 자재표(資材表) 제품을 조립하는 데 필요한 모든 부품. 재료를 모아서 표로 한 것. CAD/CAM 시스템에서 자동적으로 만들어진다.

bill validator 지폐 감별기(紙幣鑒別器) 자동 판매기나 현금 자동 지불기 등에 내장하여 받아들인 지폐가 정당한 것인지 어떤지를 감별하는 장치.

bimetal 바이메탈 그림과 같이 열 팽창 계수가 다른 두 장의 금속판을 용착 또는 납땜한 것으로, 온도의 고저에 따라서 전기 접점의 개폐를 자동적으로 하기 위한 가장 간단한 수단이다. 예를 들면, 150℃ 이하에서는 황동(Cu-Zn 합금)과 인파르(36% Ni 강), 250℃부근에서는 모넬메탈(Cu-Ni 합금)과 임파르 등의 조합을 사용한다.

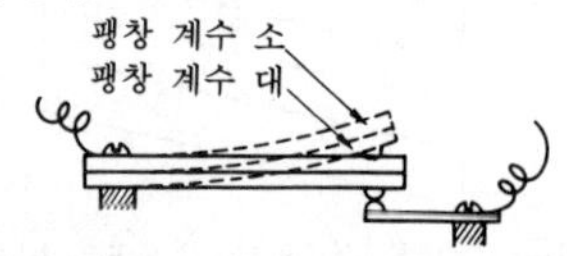

bimetallic element 바이메탈 소자(-素子) 열 팽창 계수가 다른 2매의 금속편을 맞붙인 액추에이터 소자. 온도 변화에 의한 내부 변형이 이 일체화된 된 복합 금속편을 굽힌다.

bimetallic thermometer 바이메탈 온도계(-溫度計) 보호 케이스 내에 지시침과 스케일을 갖추고, 또 온도에 감응하는 바이메탈 소자를 사용한 밸브를 갖춘 온도계. 바이메탈 소자는 열 팽창의 정도가 서로 다른 2매 이상의 금속을 기계적으로 접합시킨 소자로, 온도 변화가 소자를 작동시킨다.

bimetal thermometer 바이메탈 온도계(-溫度計) =bimetallic thermometer

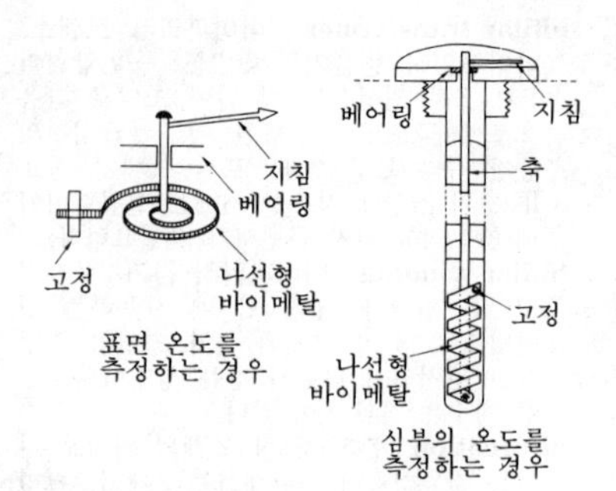

bimetallic thermometer

bimorph element 바이모르프 소자(-素子) 반대 방향으로 분극한 두 장의 압전소자를 맞붙여, 중간에 금속을 끼워서 한쪽 단자로 하고, 양면에 붙인 전극을 연결하여 다른 쪽 단자로 한 소자. 픽업이나 마이크로폰 등의 진동자로서 쓰인다.

BIMOS integrated circuit 바이모스 IC, 바이모스 집적 회로(-集積回路) MOS 집적 회로가 갖는 저소비 전력성과 양극성 집적 회로가 갖는 고속성을 하나의 집적 회로 중에 양립시킨 집적 회로. 하나의 반도체 기판 중에서 MOS 트랜지스터가 집적 회로의 소비 있는 부분의 회로를 형성하고, 양극성 트랜지스터가 집적 회로의 동작 속도를 조절하는 부분의 회로를 형성한다. 일반적으로 동일 기능이면 BIMOS 집적 회로가 MOS 집적 회로보다도 고속이나, 제조 공정이 복잡하기 때문에 코스트가 높다.

binary 바이너리, 2진(二進), 2원(二圓), 2치(二値)[1], 2진법(二進法)[2] (1) 2개의 서로 다른 값 또는 상태를 취할 수 있는 선택 또는 조건으로 특징지워지는 것을 표시하는 용어.
(2) 고정 기수 기수법(固定基數記數法)에서 기수로서 2를 취하는 것 또는 이와 같은 방식. 2를 기수로 하는 기수법 또는 두 가지 가능성 중에서 하나를 고르거나 하나의 상태로 만드는 성질에 관한 용어. 전기적으로는 +, —, 자기적으로는 S극, N극과 같이 모든 상태가 두 가지 밖에 없는 것과 같이 언제나 한쪽 상태만을 나타내는 2진 상태. 실용상으로는 그 상태를 숫자의 0과 1로 대응시켜 나타낸다.

binary cell 2치 소자(二値素子) 파라메트론이나 플립플롭 회로(2 안정 멀티바이브레이터)와 같이 두 상태 중의 어느 한쪽을 유지할 수 있는 소자로, 1 비트의 정보 기억을 할 수 있다. 컴퓨터의 연산 장치를 구성하는 데 사용된다.

binary circuit 2 진 회로(二進回路) 2 진 부호의 입력 · 출력 신호를 다루는 디지털 회로.

binary code 바이너리 코드, 2 진 코드(二進－), 2 진 부호(二進符號) 1 과 0의 조합만으로 정보, 즉 문자나 수치를 표현하는 부호.

binary-coded decimal code BCD 코드, 2 진화 10 진 코드(二進化十進－) 숫자, 영자, 특수 기호를 나타내기 위한 6 비트로 이루어지는 코드. 오류 검사용의 1 비트가 부가되어, 전체로서는 7 비트로 구성된다.

binary-coded decimal notation 2 진화 10 진법(二進化十進法) 수의 표기 방식의 일종으로, 10 진법에서의 각 자리의 수를 2 진법으로 나타내는 방식을 말하며, 8-4-2-1 코드라고도 한다. 이 표기법은 각 비트(1 자리당 4 비트)에 8-4-2-1 이라는 가중이 붙어 있어서 가중과 계수와의 곱의 합이 10 진 숫자와 같아지기 때문에 다루기 쉬우므로 널리 쓰이고 있다.

2 진화 10 진법

10 진법 \ 가중	8	4	2	1
0	0	0	0	0
1	0	0	0	1
2	0	0	1	0
3	0	0	1	1
4	0	1	0	0
5	0	1	0	1
6	0	1	1	0
7	0	1	1	1
8	1	0	0	0
9	1	0	0	1

binary count circuit 2 진 계수 회로(二進計數回路) 수를 계수하여 2 진 숫자로 표시하는 회로. 플립플롭 회로가 "0"일 때 입력이 들어오면 플립플롭 회로는 "1"

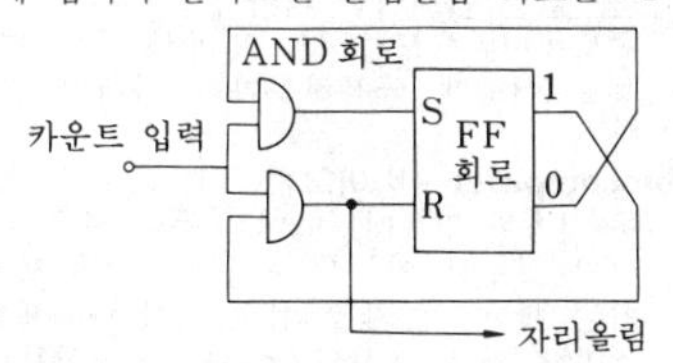

로 세트된다. 또, 하나 더 들어오면 "0"으로 리셋되어 자리올림이 생긴다. 이것을 이용하여 2 진수 1 자리를 계수한다. 10 진수를 셈하는 카운터나 링 카운터를 구성하는 요소가 된다.

binary counter 2 진 카운터(二進－), 2 진 계수기(二進計數器) ＝binary scaler →binary count circuit

binary device 바이너리 디바이스 ① 예를 들면 ON, OFF 로 표시하는 전기 스위치와 같은, 두 상태를 취할 수 있는 장치. ② 컴퓨터 과학에서의 2 진의 형태로 데이터를 기록하는 장치, 또는 그러한 코드화된 데이터를 판독하는 장치.

binary digit 2 진 숫자(二進數字) 2 진법으로 나타내어진 수를 0 과 1 의 두 종류의 숫자로 표기하기 위한 숫자.

binary field effect transistor operational amplifier Bi-FET OP 앰프 연산 증폭기(OP 앰프)의 일종으로, 특성이 같은 2 개의 FET(전계 효과 트랜지스터)를 입력단으로서 구성한 것. 보통 이온 주입 방식에 의해 바이폴러 트랜지스터(접합 트랜지스터)의 OP 앰프와 같은 칩 상에 FET 도 만들 수 있다. 이 입력의 FET에는 접합형 FET(JFET)나 MOS FET 등이 사용된다.

binary logic element 2 치 논리 소자(二値論理素子) 입력 및 출력이 2 치 변수를 나타내고, 그 출력은 입력의 논리 함수로 정의되는 소자.

binary notation 2 진법(二進法) 2 를 기수(基數)로 하는 수 표현법의 일종으로, 0 과 1 의 두 숫자에 의해서 모든 수를 표현하는 것이다. 따라서, 기계 중에서 수를 다룰 때는 가장 능률이 좋은 표현법이지만 기계의 외부에서 수를 나타낼 때는 0 과 1 의 긴 열로 되는 경우가 많으므로 다른 표현법을 쓰는 편이 편리하다. 0 부터 9 까지를 2 진법으로 나타내면 표와 같이 된다.

10진법	0	1	2	3	4	5	6	7	8	9
2진법	0	1	10	11	100	101	110	111	1000	1001

binary numeral 2 진수(二進數) 0 과 1 만으로 모든 수를 나타내는 방법을 2 진법이라 하고, 이 2 진법으로 나타낸 수를 2 진수라 한다.

binary scaler 2 진 스케일러(二進－) 2 개의 입력 펄스마다 하나의 출력이 생기는 스케일러. 이러한 2 진 스케일러를 2개 종속 접속하면, 4 개의 입력 펄스마다 하나의 출력이 생긴다. 일반적으로 n 개 종속 접속하면 2^n 개의 입력 펄스에 대해 1

개의 출력이 생기는 스케일러를 만들 수 있다. 2 진 카운터라고도 한다.

binary search 2분 탐색(二分探索), 2등분 탐색(二等分探索) 데이터의 집합을 두 부분으로 나누는 각 단계에서 2등분하는 것. 데이터가 홀수 개일 때는 적절히 조치한다.

binary synchronous adapter 2진 동기 어댑터(二進同期-) 통신 회선을 거쳐서 중앙 처리 장치와 다른 컴퓨터 시스템이나 단말 장치간에서 동기식의 데이터 전송을 할 때 데이터의 송수신을 제어하는 프로그램 제어 모드의 장치. =BSA

binary synchronous communication 2진 동기 통신(二進同期通信) 데이터 통신에서 사용되고 있는 캐릭터 동기 방식의 일종. IBM 이 컴퓨터와 단말간의 전송 절차로서 발표한 방식. BISYNC(binary synchronous protocol)라 하기도 한다. =BSC

binaural effect 양이 효과(兩耳效果), 양귀 효과(兩-效果) 두 귀의 각각에 도달하는 음파의 도달 시간의 차이에 의해서 어느 방향으로부터 소리가 왔는지를 결정할 수 있는 능력에 대한 용어.

binaural hearing 양이청(兩耳聽) 한쪽 귀만으로 소리를 듣기보다 양쪽 귀로 소리를 듣는 편이 소리가 오는 방향을 잘 알 수 있는 외에 능력이 크게 향상된다. 이와 같은 효과를 양이청 또는 양귀 효과라고 한다. 이것은 인간의 양 귀에 도달하는 소리의 세기나 도착 시간의 차 및 위상차 등을 대뇌가 판단하기 때문이라고 생각된다. 이 밖에 최소 가청값이 3dB 향상한다든지, 소리의 세기나 주파수의 변화에 대한 판별 능력이 향상하는 등의 효과가 있다. 이 성질을 이용하여 양 귀에 크기와 시간의 차가 있는 소리를 주면 소리의 임장감이나 소리의 확산 등이 얻어지므로 스테레오 음향의 재생에 이용된다.

binder 접착제(接着劑), 결합제(結合劑) 수지 기타의 접착성 물질로, 입자상 물질을 굳히고, 기계적 강도를 주기 위해 사용한다. 레코드, 탄소 저항, 형광막 스크린 등을 만드는 데 사용된다.

binder-type photoconductor 접착형 광도전체(接着形光導電體) 잘게 한 광도전 문질(예를 들면 산화 아연)을 수지와 섞어서 종이나 금속의 기판상에 칠하여 사용하는 것. 일렉트로팩스 용지 등이 그 예이다.

binistor 바이니스터 사이리스터에서 게이트와는 별도로 제 4 전극을 두고, 전압이 그다지 크지 않는 범위에서 부성 저항을 갖도록 한 부품.

binomial action 2항 동작(二項動作) 제어계에서 두 종류의 제어 동작을 동시에 하는 것을 말하며, 비례 동작과 적분 동작의 조합을 PI 동작, 비례 동작과 적분 동작의 조합을 PD 동작이라 한다. 단, 후자는 그다지 쓰이지 않는다.

binomial antenna array 2항 안테나 어레이(二項-) 주 로브(lobe)는 서로 역방향이고, 측면 로브를 갖지 않는 안테나. 이것은 다수의 소자를 $\lambda/2$ 거리만큼 떼서 배치하고 이들을 동상 전류로 여진하는 동시에 그들 전류의 상대 진폭을 $(x+y)^{n-1}$의 전개에서의 2항 계수의 관계가 되도록 선정함으로써 얻어진다.

binomial distribution 2항 분포(二項分布) 통계학에서 확률을 구하는 계산 기법의 하나. n회의 시행을 되풀이 했을 때 구할 p라는 확률 사상(事象)이 k회 나타나는 확률의 분포를 말한다.

bioceramics 바이오세라믹스 생체에 적합한 세라믹스. 생체 기능성 세라믹 등이라고 불리며, 인간의 치아나 뼈 대신 사용되는 파인 세라믹스이다. 인산 칼슘계의 것이나 카본 세라믹스 등이 쓰이고 있다.

biochemical fuel cell 생물 화학 연료 전지(生物化學燃料電池) 어떤 종류의 생물계에 의해서 장기에 걸쳐 소량의 전력이 연속하여 얻어지도록 한 연료 전지.

biochip 바이오칩 현재 일렉트로닉스 분야에서 사용되고 있는 각종 디바이스의 기능을 생체 분자가 갖는 기능에 의해서 보충, 혹은 치환하여 분자 레벨에서 그 기능 향상을 도모하려는 시도가 진행되고 있다. 바이오칩은 현재의 트랜지스터나 IC 메모리 등의 대용량화, 미세화가 언젠가는 부딪히리라는 극한의 벽을 생물 분자가 갖는 기능, 특히 현재의 물리 화학 물질이 갖지 않은, 예를 들면 자기 조직화, 자기 집적 기능 등을 도입함으로써 극복하려는 시도의 하나로서 생각되고 있다. 추론, 학습, 병렬 여유(parallel redundancy) 등 생물 분자가 갖는 기능을 잘 이용할 수 있다면, 이른바 바이오컴퓨터(biocomputer)의 실현도 가능할 것이다. 다만 거기에는 디바이스가 갖는 반응 속도(연산 속도), 열, 방사선 등의 영향 등을 어떻게 극복하는가가 과제일 것이다.

biocomputer 바이오컴퓨터 바이오 소자를 사용한 컴퓨터. 단백질 등의 생체 고분자의 특수한 기능을 이용하는 바이오 소자는 생체를 모델로 하고 있기 때문에 열 소비가 적은 소형의 컴퓨터를 실현할 수 있게 된다. 그러나 현시점에서는 컴퓨터 기본 소자로서 요구되는 AND, OR, NOT 등의 연산 기능을 갖는 바이오 소자는 실용화되고 있지 않아 바이오컴퓨터의 실현은 아직 미지수이다. 한편, 최근에는 바이오 소자 그 자체를 이용하지 않고 뉴런과 결합 회로망을 기본으로 한 생체의 동작 메커니즘에 바탕을 두고 동작하는 컴퓨터를 실현하기 위한 연구도 진행되고 있다. 이 컴퓨터는 뉴러컴퓨터(neuro-computer) 또는 뉴럴 컴퓨터(neural computer)라고 불리며, 현재의 융통성없는 컴퓨터에 인간의 유연성을 도입하는 가능성이 기대되고 있다.

bioelectronics 생체 전자 공학(生體電子工學) 일렉트로닉스 분야의 이론과 기술을 의학 및 생물학에 적용하는 것. 일렉트로닉스에 한정하지 않는 공학 일반 분야와 의학, 생물학의 관련을 대상으로 할 때는 바이오닉스라고 한다.

bioelement 바이오 소자(－素子) 바이오칩이라고도 하며, 미래의 바이오컴퓨터에 사용되는 소자(반도체를 대신하게 되는 것)를 말한다. 현재 개발 중에 있다.

biological electric instrument 생체 전기 계측기(生體電氣計測器) 생체는 각종 기관의 활동에 의해서 특유한 전압이나 전류를 발생한다. 이 활동 전압이나 활동 전류를 검출 기록하고, 이것을 분석하여 생체 기능의 연구나 진단에 이용하는 측정기를 생체 전기 계측기라고 한다. 현재 실용되고 있는 주요한 것으로 뇌파계, 심전계, 근전계(筋電計) 등이 있다.

biological shielding material 생체 차폐재(生體遮蔽材) 원자로 등이 내는 중성자나 γ선과 같은 투과력이 강한 방사선에서 인체를 보호하기 위해 투과해 오는 방사선의 세기를 일정한 기준 이하까지 감소시키기 위한 재료로, 중정석(重晶石), 납, 파쇠 등을 골재로 하는 중(重) 콘크리트를 사용한다.

biomass 바이오매스, 생물량(生物量) 생명 공학(biotechnology)이나 생체 전자 공학(bionics) 등의 분야에서는 「생물 자원」을 가리킨다. 최근에는 바이오매스 에너지 등이라는 용어도 사용되며, 생물 자원에서 얻어지는 에너지(예를 들면, 식물에서 얻어지는 연료 등)를 가리키는 경우도 있다.

biomimetics 바이오미메틱스, 생체 모방(生體模倣) 생물의 체내에서 영위되고 있는 교묘한 반응계나 제어 시스템을 모방하여 인공적으로 효율적인 시스템을 만들어내는 과학 기술. 인공 산소, 혈액과 비슷한 산소 운반 물질, 인공적인 광 합성 시스템 등이 과제로 올라 있다.

bionic electrode 생체용 전극(生體用電極) 생체에 관한 데이터 중에서 뇌파나 신경 전류와 같이 전기 신호의 형태로 체내에 발생하고, 또는 체내를 전하는 정보를 체외로 꺼내기 위해 사용하는 전극. 일반적으로는 직경 1μm 이하의 유리제 모세관 중에 KCl 수용액을 가득 채운 구조의 것이 사용된다.

bionics 바이오닉스, 생체 전자 공학(生體電子工學) biological electronics 의 약어. 생물의 기능을 해명하는 데 전자 공학의 도움을 빌리고, 혹은 반대로 생체의 기구를 모방하여 전자 공학의 새로운 가능성을 추구하는 학문이다. 예를 들면, 박쥐가 어둠 속에서 날을 수 있는 것은 초음파 레이더의 기능을 갖기 때문이라든가, 방울뱀이 먼 곳의 미끼를 발견하는 것은 적외선 검지의 기능을 갖기 때문이라고 하는 것도 연구되고, 최근에는 신경이 정보를 전하는 기능과 같은 구실을 하는 모델을 전자 회로로 실현하는 시도까지도 이루어지게 되었다.

bionic sensor 생체용 센서(生體用－) 체온이나 맥박 등과 같은 생체에 관한 데이터를 계측, 기록하기 위해 사용하는 센서. 공업용 센서와 원리적으로는 같으나 그것을 부착함으로써 생체에 고통을 준다든지 생체의 상태를 변화시킨다든지 하는 일이 없도록, 되도록 소형이고 고감도로 만들어진다. 또 의용 원격 측정에 사용하는 것은 얻어진 데이터를 송신하기 위한 장치도 동시에 설치되는 경우가 많다.

BIOS 바이오스 basic input output system 의 약어. 컴퓨터 운영 체제(OS) 중 하드웨어 구성에 의존하는 기본 입출력 시스템.

biosensor 바이오센서 생물 중의 어느 특정한 물질을 검출하는 화학적인 장치를 말한다. 물질에 따라서 각종 센서가 있으며, 출력은 전기 신호로서 꺼낸다.

Biot-Savart' s law 비오-사바르의 법칙(－法則) 전류에 의해서 만들어지는 자계의 세기를 구하는 기본이 되는 법칙으로, 그림의 경우 도체의 미소 부분(Δl〔m〕)에 흐르는 전류I〔A〕에 의해서 P점에 생기는 자계의 세기 ΔH〔A/m〕는 다음 식으로 나타내어진다.

$$\Delta H = \frac{I\Delta l \sin\theta}{4\pi r^2}$$

원 전류나 직선 전류에 의한 자계의 세기를 구하는 공식도 위 식을 바탕으로 계산한 것이다.

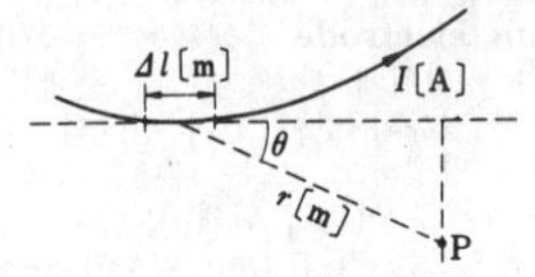

biotechnology 바이오테크놀로지 생체에 관한 사항을 기술의 한 분야로서 다루는 것을 말하며, 전자 기술을 생체 연구에 이용하는 경우와 생체에 관한 지식을 전자 기술에 응용하는 경우가 있다. 전자를 바이오일렉트로닉스, 후자를 바이오닉스라고 하기도 하나 확실한 구분은 없다. 후자에는 바이오미메틱스(biomimetics:생체 정보 공학 또는 생체 모방 과학)라고 불리는 분야도 있다.

bipolar 바이폴러, 양극성(兩極性), 2극성(二極性) ① 진리값 1, 0 에 각각 극성이 다른 양, 음의 전기 신호를 대응시키는 경우 그 입력 신호를 말한다. ② 보통의 트랜지스터를 말한다. 전계 효과 트랜지스터(FET)와 구별하기 위해 바이폴러 트랜지스터라고 한다.

bipolar code 바이폴러 부호(-符號) → alternative mark inversion codes

bipolar device 바이폴러 디바이스 정공(正孔)과 전자 양쪽의 이동에 의존하여 동작하는 전자 디바이스.

bipolar emitter follower logic 바이폴러 이미터 폴로어 논리 회로(-論理回路) 이미터 폴로어 증폭기를 이용한 바이폴러의 논리 회로.

bipolar integrated circuit 바이폴러 IC, 바이폴러 집적 회로(-集積回路) 바이폴러 트랜지스터를 능동 소자로서 사용하는 IC. 각 소자는 기판의 p층과 각 소자 n층과의 사이에 역방향의 바이어스를 하는 접합 분리라는 방법으로 전기적으로 절연하고 있다.

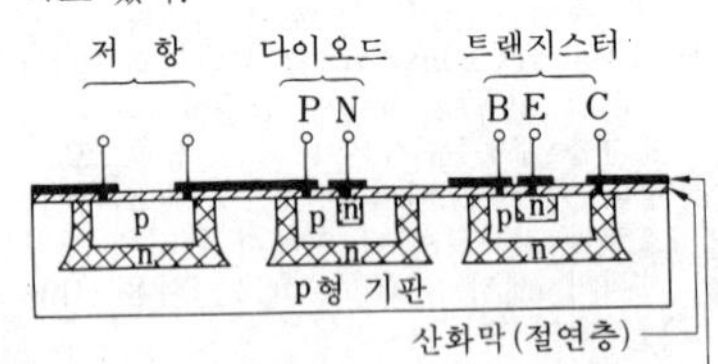

bipolar pulse 양극성 펄스(兩極性-) 음, 양의 양 값을 취할 수 있는 펄스. 단극(單極) 펄스의 대비어.

bipolar storage element 바이폴러 기억소자(-記憶素子) 바이폴러 트랜지스터에 의하여 구성된 기억 소자.

bipolar transistor 바이폴러 트랜지스터 바이폴러란 양극성을 뜻한다. 즉 두 극성이라는 뜻으로, 전자와 정공이 모두 캐리어로서 작용하는 것이다. 바이폴러 트랜지스터에는 접합 트랜지스터 등이 있다.

bipolar video 바이폴러 비디오 동기 위상 검파법에 의해 얻어지는 음·양 양쪽 값의 진폭을 가질 수 있는 레이더 비디오 신호.

bi-quad filter 바이쿼드 필터 능동 필터의 일종. 2개 이상의 증폭기와 다중 궤환에 의해서 구성된 필터이다.

biquinary notation 2-5 진법(二-五進法) 부호화 10진법의 일종으로 10진 숫자 n을 $5n_1+n_2$($n_1=0$, $1:n_2=0$, 1, 2, 3, 4)로서 나타내는 표기법이다. 이것은 주판의 수 표시법과 같으며, 10진법과의 변환이 쉽고, 또, 언제나 1이 2개 포함되어 있으므로 오류의 검출이 편리하고 읽기가 쉽다. 이것은 교대로 5와 2를 기수(基數)로 하는 표기라고도 볼 수 있다.

2-5 진법

10진법 \ 가중	5	0	4	3	2	1	0
0	0	1	0	0	0	0	1
1	0	1	0	0	0	1	0
2	0	1	0	0	1	0	0
3	0	1	0	1	0	0	0
4	0	1	1	0	0	0	0
5	1	0	0	0	0	0	1
6	1	0	0	0	0	1	0
7	1	0	0	0	1	0	0
8	1	0	0	1	0	0	0
9	1	0	1	0	0	0	0

BIS 기업 정보 시스템(企業情報-) =business information system

B-ISDN 광대역 종합 정보 통신망(廣帶域綜合情報通信網) 통상의 ISDN 보다 넓은 주파수 대역을 갖는 ISDN. =broadband ISDN

bismuth silicon oxide 비스무트 규소 산화물(-珪素酸化物) 전기 광학 결정으로서 쓰이며, 인식하고자 하는 물체에 댄 빛을 비쳐내면 화상을 기억하고, 다른 빛을 대면 재생하는 성질이 있다. =BSO

bismuth spiral 비스무트 스파이럴, 와권 스파이럴선(渦卷-線) 비스무트는 자계 중에 두어지면 그 전기 저항이 변화한다. 이 성질을 이용하여 에어 갭(공극) 등 좁은 공간의 자계 측정에 이용하는 것이다. 비스무트선은 되도록 작게 한 것이 소용돌이 모양으로 만들어져 있다. 자계의 세기와 저항값과의 관계는 미리 교정해 두는데, 온도에 따라서 저항값이 달라지는 것도 고려할 필요가 있다.

bistable 쌍안정(雙安定), 2 안정(二安定) 스위치에 의해서 두 상태를 취할 수 있는 장치나 회로를 형용한다

bistable amplifier 쌍안정 증폭기(雙安定增幅器), 2 안정 증폭기(二安定增幅器) 의도적인 입력 신호가 아니더라도 두 안정 상태의 어느 한 상태에 멈추고, 지정된 입력에 의해서 한 쪽 상태에서 다른 쪽 상태로 갑자기 전환되는 출력을 갖는 증폭기.

bistable circuit 플립플롭, 쌍안정 회로(雙安定回路) 두 안정 상태를 갖는 트리거 회로. →bistable trigger circuit

bistable device 쌍안정 장치(雙安定裝置) ON 과 OFF 와 같은 두 안정 상태를 갖는 전자 장치.

bistable element 쌍안정 소자(雙安定素子) =bistable circuit

bistable latch 쌍안정 래치(雙安定－) 쌍안정 회로의 일종으로, 논리값 0 또는 1 을 저장할 수 있는 표준 플립플롭 기억 장치와 레지스터 회로에서 사용되며, 하나의 쌍안정 래치는 1비트에 해당하는 정보를 기억할 수 있다.

bistable multivibrator 2 안정 멀티바이브레이터(二安定－) =flip-flop circuit

bistable operation 쌍안정 동작(雙安定動作) 각각의 축적 소자가 각기 다른 두 평형 전위의 어느 한쪽에 고유적으로 유지되는 전하 축적관의 동작.

bistable trigger 쌍안정 트리거(雙安定－) 하나의 상태에서 다른 상태로의 변환을 유발시키는 트리거를 필요로 하는 2 개의 안정 상태를 가진 회로. 이것이 유발되는 것은 2 개의 입력 중 하나에 의하거나, 다른 하나에 의해 2 개의 신호를 바꿈으로써 이루어지거나 단일 입력에 의해서 유발된다.

bistable trigger circuit 쌍안정 트리거 회로(雙安定－回路) 두 안정 상태를 갖는 트리거 회로. =bistable circuit → flip-flop

bistatic radar 바이스태틱 레이더 송신과 수신에 다른 위치에 있는 안테나를 사용하는 레이더.

bit 비트 ① binary digit(2 진 숫자)의 약. ② 정보량의 단위로, 1 개의 2 진 숫자가 보유할 수 있는 최대 정보량을 나타낸다. 기억 용량 등에서는 비트를 단위로 사용하는 경우가 많다. 컴퓨터 등에서 정보를 표현하는 최소의 단위로서 비트가 모여 1 자리나 하나의 수를 나타낸다. 예를 들면, 8 비트로 1 문자를 나타내는 경우, 상위 4 비트(zone bit)와 하위 4 비트(digit bit)의 조합으로 영숫자 및 특수 문자를 나타낸다. 영문자의 A 는 110 00001, 숫자의 1 은 11110001 과 같이 나타낸다.

bit cost 비트 코스트 기억 장치의 가격 비교를 하기 위한 지표로, 가격을 그 기억 용량의 비트수로 나눈 값이다. 이것에는 동작 속도의 조건이 들어 있지 않으므로 이것만으로 장치의 우열을 정할 수는 없다.

bit density 비트 밀도(－密度) 자기 테이프 등에서 단위 길이 또는 면적의 자성면에 기록되어 있는 정보량을 비트수로 나타낸 것. 그것을 문자로 나타낸 것을 문자 밀도라고 한다.

bit error rate 비트 오류율(－誤謬率) 전송로에서의 오류율을 비트 단위로 나타낸 것으로, 전 수신 재생 비트수 중의 오류 비트의 비율로 나타내어진다.

bit interleaved multiplexing 비트 다중(－多重) 시분할 다중화 방식의 하나로, 각 채널로부터의 입력 펄스열을 1 비트마다 다중화하는 것을 말한다.

bit line 비트선(－線) →word line

bit map 비트 맵 넓은 뜻으로는 비트의 배열을 말한다. 맵에서의 각 비트(0 이나 1)는 래스터형 VDU(visual display unit)의 버퍼 메모리 중에 수용되어 있으며, 어느 비트값을 변경하면 그에 대응하는 VDU 스크린 상의 이미지가 변화한다. 맵이란 버퍼에서의 비트의 상호 배치 관계, 따라서 스크린 상의 이미지 모양을 의미하고 있다. 그래픽스 워크스테이션에서는 이러한 비트 맵이 사용되고 있다.

bit map display 비트 맵 디스플레이 화면의 1 도트가 메모리의 1 비트에 대응하는 디스플레이. 통상의 캐릭터 디스플레이는 문자 단위로 표시하지만 비트 맵 디스플레이는 도트마다 제어할 수 있으므로 도트 패턴으로서의 화상 표시가 가능하다. 흑백과 컬러가 있으며, 해상도는 종횡 512~1,024 도트 정도의 것이 많다.

bit map editor 비트 맵 에디터, 비트 맵 편집 프로그램(－編輯－) 비트 맵 디스플레이와 마우스 등을 사용하여 편집 작업을 하기 위한 편집 프로그램. 마우스에 의

해서 위치를 지정하고, 거기서 문자열의 삭제, 수정, 교환 등을 한다. →bit map display

bit multiplex 비트 다중(-多重) 복수의 회로에서 정보 입력을 다중화하는 경우 각 입력 회로에서 1비트씩 순차 받아들여 이것을 다중화하는 것. 다중화하는 정보의 사이즈에 따라 각종 다중화법이 있다.

bit parallel 비트 병렬(-並列) 정보를 전송하기 위해 사용되는 다수의 신호선상에 동시에 데이터 비트의 집합을 싣는 방식. 비트 병렬 데이터는 하나의 그룹(예를 들면 바이트)으로서, 혹은 개개의 데이터 비트마다 독립으로 쓰인다. →bit serial

bit rate 비트 전송 속도(-傳送速度), 전송 속도(轉送速度) 데이터 전송 등에서 단위 시간당의 전송 비트수를 말하며, 비트/초(bps)로 나타낸다. 이것을 매초당의 자수로 나타내면 문자 속도가 된다.

bit serial 비트 직렬(-直列) 연속된 비트의 집합 중의 비트를 한 번에 1개씩 순차 이동 또는 전송하는 방식에 관해서 쓰이는 용어. →bit parallel

bit slice 비트 슬라이스 하드웨어를 구성하는 기본 부품은 집적 회로 기술의 진전에 따라 LSI를 활용한 구성을 갖는 것이 원가면에서 가장 효율이 좋다. 따라서, 구성 부품으로서의 범용성을 손상하지 않으면서 LSI의 고집적도를 살리는 고기능 디바이스를 실현하기 위해 출현한 방식이 비트 슬라이스이다. 이 방식에서는 컴퓨터 데이터 경로의 비트폭 방향으로 하드웨어를 분할하고 각 슬라이스에는 연산 회로, 내부 레지스터 등이 내장되어 있다 또, 각 슬라이스의 입출력 핀 신호는 슬라이스 간의 접속을 고려하고 있다. 이와 같이 같은 종류의 LSI를 다수 사용함으로써 원가를 절감할 수 있다.

bit slice computer 비트 슬라이스 컴퓨터 비트 슬라이스 시스템의 생각을 바탕으로 만든, 어떤 단위 비트의 마이크로컴퓨터를 임의로 여러 개 접속하여 필요로 하는 워드 길이를 갖는 컴퓨터로서 사용할 수 있게 한 컴퓨터.

bit slice construction 비트 슬라이스 구조(-構造) 마이크로컴퓨터 등에서 필요한 비트수의 중앙 처리 장치(CPU), 연산장치(ALU) 혹은 워킹 레지스터(잠정 기억 장치) 등을 구성하기 위해 2 내지 4비트의 비트수를 가진 칩(비트 슬라이스)을 복수 개 병렬로 접속하도록 한 것. 이러한 구조의 ALU는 레지스터 ALU(RALU)라 한다. 사용자는 이러한 사고 방식에 따라 컴퓨터의 구성에 관해 어느 정도 설계 분야에 개입할 수 있게 된다.

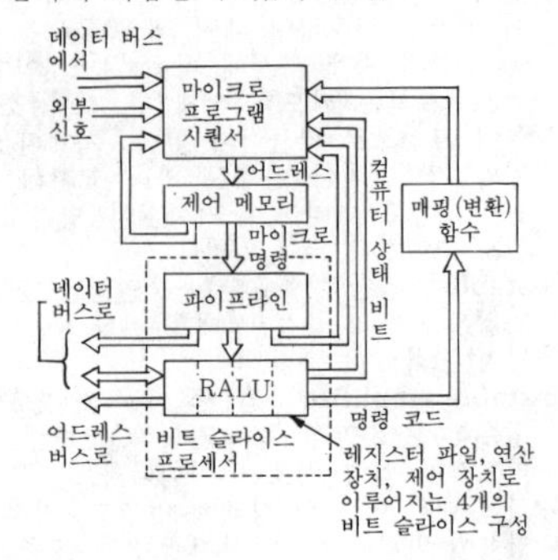

bit slice processor 비트 슬라이스 프로세서 단일 칩 상의 비트를 4, 8비트 슬라이스에 의해서 구성한 프로세서를 써서 여러 가지 어의 길이를 가진 마이크로컴퓨터를 만들 수 있다. 즉 이들 칩을 병렬 사용함으로써 16, 24, 32, 64비트 등의 컴퓨터를 만들 수 있다.

bit speed 비트 속도(-速度) 전송 속도에서 정보의 양을 비트를 단위로 하여 나타낸 것.

bits per inch 비트/인치 =bpi

bits per second 비트/초(-秒) =bps

bit stealing 비트 스틸링 디지털 전송에서 주로 부호화된 스피치의 전송에 쓰이는 타임 슬롯을 주기적으로 신호 정보를 위해 사용하는 것. 예를 들면 6프레임마다 1회의 비율로 채널 타임 슬롯의 1비트를 그 채널 관계의 신호용으로서 스틸한다. =speech digit signalling

bit stream 비트 스트림 문자마다 그룹화되어 있지 않은 2진 신호에 대해 말한다.

bit stuffing 비트 스터핑 전송된 데이터열에 여분의 비트를 삽입하는 것. 비트 스터핑은 특수한 비트열이 확실히 원하는 위치에만 나타나도록 하기 위해 사용한다.

bit synchronization 비트 동기(-同期) 데이터 전송에서는 펄스열을 구성하는 비트 펄스는 소정의 시간폭으로 배열되어 있지 않으면 안 된다. 이것을 비트 동기라고 한다. 비트 동기는 재생 중계기 또는 수신국에서 도래하는 펄스열의 위치 규정을 위해서 사용된다.

bit time 비트 시간(-時間) 직렬 데이터 전송에서 1비트를 전송하는 데 요하는 (할당된) 시간.

black balance 블랙 밸런스, 흑평형(黑平衡) 비디오 카메라에는 화이트 밸런스와 함께 영상 중의 흑을 색이 섞이지 않은 순수한 흑으로 하기 위한 조정 회로가 있다. 조정이 불충분하면 휘도 신호의 레벨이 낮은 부분에 색이 흐려지는 것을 볼 수 있다. 조정은 화이트 밸런스와 겸용의 스위치를 써서 수행된다. 광원의 색 종류에 맞추어서 카메라의 색재현 능력을 보정하여 흰 피사체가 완전히 희어지도록 한다.

black body 흑체(黑體) 입사하는 모든 파장의 방사 에너지를 완전히 흡수하는 이상적인 물체. 흑체는 실재하지 않지만 주석·백금흑 등은 이에 가까운 성질을 가지고 있다.

black border 블랙 보더 이미지 오시콘을 사용한 텔레비전 카메라에서 매우 밝은 피사체를 비친 경우, 그 피사체 주위가 검게 되는 현상. 이것은 이미지 오시콘의 타깃에서 다량의 2차 전자가 방출되어 이것이 다시 타깃 상으로 되돌아오기 때문에 생기는 것으로, 이미지 오시콘의 하나의 결점으로 되어 있다.

black box 블랙 박스 어떤 회로나 장치 내부의 기구를 문제로 하지 않고 외부로의 명세만을 문제로 하여 시스템을 만든다든지 할 때 특정한 기능을 가진 회로나 장치를 나타내기 위해서 사용한다.

black compression 흑압축(黑壓縮) 텔레비전에서 화상의 암부(暗部)에 대응하는 화상 신호 레벨의 이득을 중(中) 정도의 밝기에 대응하는 레벨에서의 이득에 비해 낮게 하는 것. ① 이 정의에서 말하는 이득은 신호의 피크에서 피크까지의 전체 신호에 비해 작은 진폭의 이득을 말한다. ② 흑압축의 총합적인 효과는 모니터 화면상의 암부 콘트라스트를 낮추는 데에 있다.

blacker-than-black region 초흑 레벨 영역(超黑-領域) 표준의 텔레비전 신호에서 수상관의 전자 빔이 차단되고, 동기 펄스 신호가 전송되는 부분. 이들 동기 신호의 피크 전력 레벨은 수상관 화상의 가장 어두운 부분보다도 더 그 레벨이 크다. →reference black level

black level 흑 레벨(黑-) 텔레비전의 영상 신호에서 화면이 완전히 어두워지는 부분에 대응하는 신호의 레벨. 가장 밝은

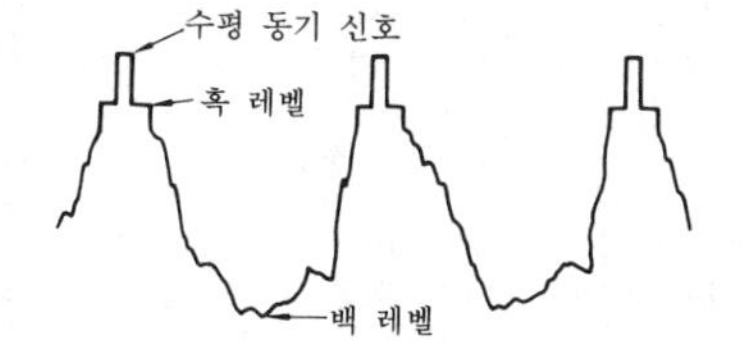

부분에 대응하는 신호 레벨은 백 레벨이라고 한다.

black level clamping circuit 흑 레벨 고정 회로(黑-固定回路) 텔레비전에서, 전송되는 화면의 평균 휘도를 충실하게 수상관에 재현하기 위해 기준의 흑 레벨을 전송계를 통해 일정하게 유지하기 위한 회로. →direct-current restoration

black matrix 블랙 매트릭스 칼러 브라운관에서 형광면의 형광체 도트 사이에 갭을 만들고, 흑색 물질을 넣은 것. 외광 반사를 흡수하고, 콘트라스트를 향상시키는 데 도움이 된다.

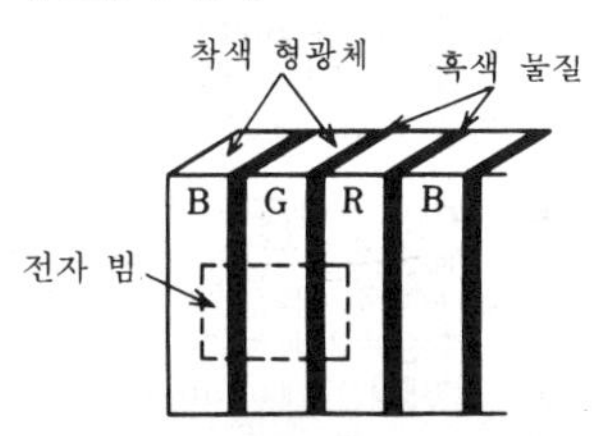

black matrix color tube 블랙 매트릭스관(-管) 컬러 형광면의 도트 간 틈을 흑색 물질로 메운 섀도 마스크관. 주위광에 의한 형광면으로부터의 반사가 적고, 따라서 밝은 장소에서도 콘트라스트가 좋은 화면이 얻어진다.

black negative 블랙 네거티브 텔레비전에서, 화상의 흰 부분에 상당하는 전압에 비해서 검은 부분에 상당하는 전압이 보다 -값인 화상 신호.

black out 블랙 아웃 전자 디바이스 등의 기능 장치에서, 큰 과도 자극을 받은 직후에 일시적으로 기능 혹은 감도를 상실하는 것.

black peak 흑 피크(黑-) 텔레비전에서 영상 신호의 흑 방향 피크값.

black recording 흑 기록(黑記錄) ① 진폭 변조 팩시밀리 방식에서 최대 수신 전력과 기록 매체의 최대 농도가 대응하는 기록 방식. ② 주파수 편이 팩시밀리 방식에서 최저의 수신 주파수가 기록 매체의 최고 밀도에 상당하는 기록 형식.

black signal 흑 신호(黑信號) 팩시밀리에서 대상으로 하는 문서의 최대 농도 영역을 주사함으로써 얻어지는 신호.

black transmission 흑 전송(黑傳送) 팩시밀리에서 최저의 전송 주파수가 대상으로 하는 카피의 최대 밀도에 상당하는 전송 방식.

blade antenna 블레이드 안테나 모노폴 안테나의 일종으로, 모양이 절삭 공구의

날과 비슷하기 때문에 붙여진 명칭이다. 강도에 뛰어나고 공체 역학 항력(空體力學抗力)이 작다.

blank 블랭크, 공백(空白) ① 타자기나 라인 프린터 등에 사용하는 용지에 아직 인자나 어떤 기입을 하지 않는 것. 천공 카드나 종이 테이프 등에 아직 천공되지 않은 것도 이렇게 부른다. ② 표시 장치 등에서 전자와 빔을 멈추어 표시면상에 빛을 내지 않게 한 부분. =space

blank character 공백 문자(空白文字) 출력 매체 상에 1문자분의 공백을 생성시키기 위해 사용되는 문자.

blanked picture signal 귀선 소거 영상 신호(歸線消去映像信號) 텔레비전에서 영상 신호의 귀선을 소거한 결과 생기는 신호.

blanket area 블랭킷 영역(-領域) 방송국에 아주 가까운 영역. 여기서는 방송국의 신호가 너무 강하기 때문에 다른 국의 방송을 수신하기가 매우 어렵다. 이러한 현상을 블랭킷 방해(blanketing)라고 한다.

blanketing 블랭킷 방해(-妨害) 수신기가 원하는 신호를 수신할 수 없도록 하기 위하여 강력한 전파 또는 방해를 방사하는 것.

blanking 귀선 소거(歸線消去) 텔레비전의 주사에서 소인 파형의 귀선 부분은 스폿이 반대 방향으로 빠른 속도로 관면에 그려진다. 이것은 화상에는 방해가 되므로 귀선 기간 동안은 브라운관의 제어 그리드에 -전압을 가하든가, 캐소드에 + 전압을 가하든가 하여 전자류를 차단해서 화면에 귀선이 생기지 않도록 한다. 이것을 귀선 소거라 한다.

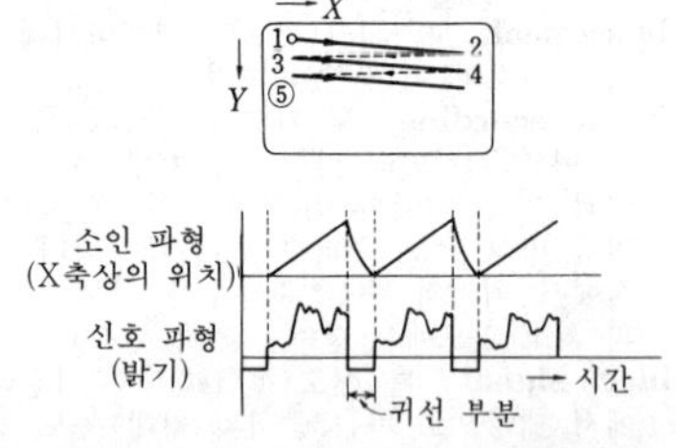

blanking level 귀선 소거 레벨(歸線消去-) 텔레비전의 복합 화상 신호에서 화상 정보를 포함하는 부분과 동기 정보를 포함하는 부분을 분리하는 신호 레벨.

blanking signal 귀선 소거 신호(歸線消去信號) 귀선을 소거하기 위하여 사용하는 신호로, 브라운관의 주사 귀선 기간만 그리드에 -전압을 가하여 광점을 소거하도록 하는 펄스상 전압. 블랭킹 펄스라고도 한다.

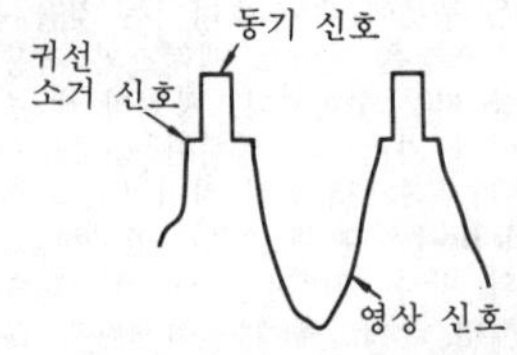

blasting 블라스팅, 과부하 일그러짐(過負荷-) 증폭 회로의 과부하에 의하여 생기는 저주파(AF) 및 고주파(RF) 수신기에서의 일그러짐의 일종.

BL condenser 경계층 자기 콘덴서(境界層瓷器-) =boundary layer condenser

bleeder resistance 블리더 저항(-抵抗) 부하에 병렬로 접속하여 일정 전류를 흘리는 저항으로, 여기에 흐르는 전류에 의해서 부하 전류는 증가하게 되는데 부하 전류의 변화에 의한 전압의 변동을 억제하므로 전압 변동률을 개선하고, 또 출력 전압을 분압하여 필요한 전압을 얻기 위해서도 사용된다.

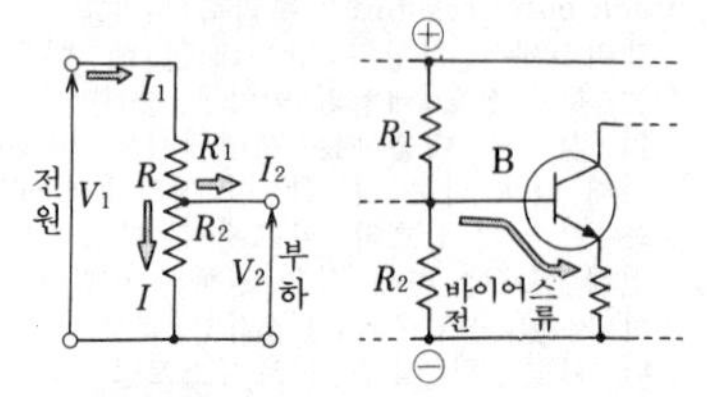

bleeding white 백의 유입(白-流入) 텔레비전 화상의 흰 부분이 검은 부분에 흘러든 것과 같이 보이는 상태로, 수상관에서의 신호 세기가 너무 강하면 생긴다.

bleeper 무선 호출(無線呼出) →pocket bell service

blemish 오점(汚點) 텔레비전의 재생 화상에 볼 수 있는 작은 면적의 밝기 변화로 원화상에는 없는 것.

blemish charge 결함 전하(缺陷電荷) 전하 축적관에서, 축적부의 국부적인 결함 때문에 기생적인 출력이 발생하는 부위.

blind 수신 무효 부호(受信無效符號) 송신 정보 중 수신측에서 인자할 필요가 없는 부분을 감싸는 특정한 부호. 수신 무효를 지시하는 부호를 말하며, 다시 유효하게 하는 부호를 unblind 라고 한다.

blind controller 조절기(調節器) 자동 제어 장치에서 제어량을 자동적으로 조절하는 기능을 갖는 기구로, 설정부와 조절부를 하나로 내장하고 있다. 보통은 지시나 기록을 하는 기능을 갖지 않는 것을 가리킨다.

blind zone 불감 지대(不感地帶) 단파대의 송신에서 지표파가 도달하지 않는 지점에서 상공파가 전리층에서 반사하여 되돌아오는 지점 사이의 전계 강도가 제로에 가까운 지대. 불감 지대라도 산란파나 스포라딕 E층의 반소가 다소 있다.

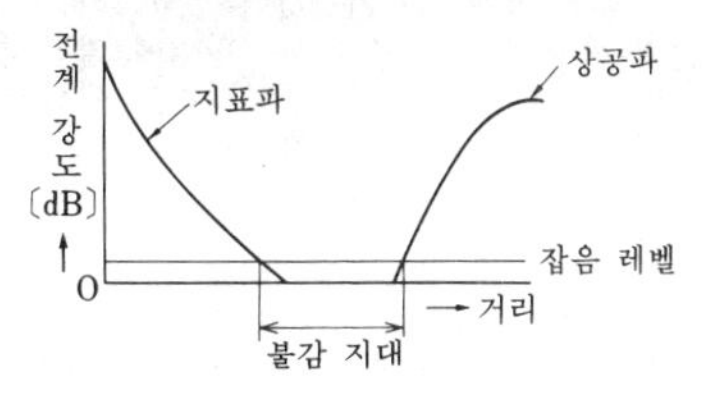

blinking 블링킹, 명멸(明滅) ① 표시 영역상에서 표시 요소 또는 표시 요소의 밝기를 의도적으로 규칙 변화시키는 것. CRT 상에서 조작자의 주의를 환기시키기 위하여 표시 문자 등의 밝기를 명멸시키는 것. ② 펄스 항법 시스템의 수신기 표시 장치에 표시 신호가 점멸을 반복하도록 신호원을 변화시킴으로써 정보를 제시하는 방법. 예로서, 로란(loran)에서는 고장이 난 국을 나타내는 데 블링킹을 사용한다.

blip 블립 ① 마이크로필름 등의 기록 매체상에서 광학적으로 감지되는 작은 표지(標識)로, 카운트 기타의 추적 목적에 사용된다. ② 레이더 표시에서 물표의 존재에 의해 생기는 휘점 또는 휘도 변화.

blip-scan ratio 블립 주사비(－走査比) 레이더에 의해 주사를 했을 경우, 어느 거리에서 블립이 관측되는 비율. 주사 기간에 비해 관측용(적분) 시간이 짧으면 검지 확률에 해당된다.

BLLE 평형선 논리 소자(平衡線論理素子) ＝balanced line logic element

Bloch wave 블로흐파(－波) 결정 격자의 내부에서의 전자 파동 함수는 파수 k를 갖는 평면파 $\exp(j\boldsymbol{k}\cdot\boldsymbol{r})$과 격자의 주기 퍼텐셜과 같은 주기를 갖는 함수 $U_k(\boldsymbol{r})$의 곱으로 주어진다. 이와 같은 파동 함수를 블로흐파라 한다. $\boldsymbol{r}$은 적당히 정한 원점에서 전자에 이르는 거리 벡터이다.

block 블록 ① 계전기에서, 동작의 진행을 저지하기 위해 특히 두어진 저지 기구로, 이 기구가 없으면 동작은 그대로 진행하게 되어 있다. ② 정보 처리에서, 한 덩어리로서 다루어지는 정보 단위의 그룹. ③ 데이터 전송에서, 전송 목적에 따라 형성된 일련의 문자 집합. 각 블록은 블록 간 문자에 의해 분리되어 있다.

block cache 블록 캐시 ＝buffer cache

block coil 블록 코일 전력선 반송 방식에서 특정한 반송파가 발변전소나 도중에서 분기하여 들어오는 송전선에 흘러나가는 것을 방지하기 위해 사용하는 코일. LC 병렬 회로는 반송파에 대해서는 매우 높은 임피던스가 된다. 한편, C_0는 상용 주파에 대하여 높은 임피던스가 된다. 따라서 반송파와 상용 주파와의 분리를 할 수 있다.

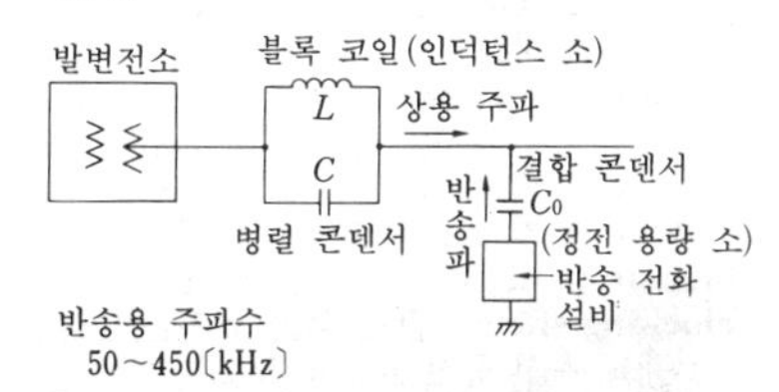

block count readout 블록 계수 판독(－計數判讀) 자기 테이프에서 블록을 읽어낼 때마다 블록수를 계수함으로써 지금까지 읽어낸 블록수를 나타내는 것.

block diagram 블록 선도(－線圖) 신호의 가감·승제·분기를 그림 기호화한 것으로, 자동 제어계에서는 전달 함수와 신호의 관계를 나타낸다. 블록 속에 전달 함수를 쓰고, 여기에 들어가는 화살표의 선이 입력 신호, 나오는 화살표의 선이 출력 신호를 나타낸다. ○으로 들어가는 화살표의 ±로 가감산, ●에서 나오는 화살표가 분기된 신호이다.

〔블록 선도의 기본적 그림 기호〕

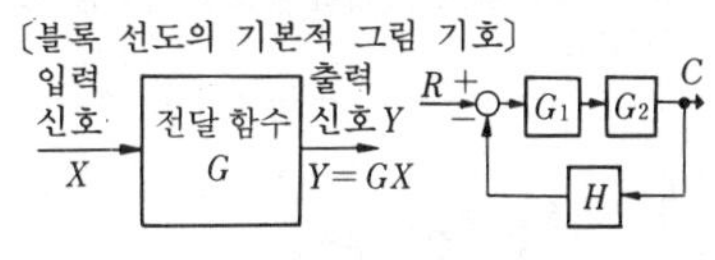

피드백 제어계의 표현

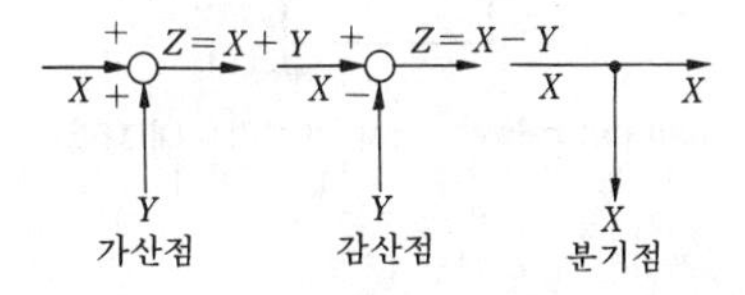

block error 블록 오류(－誤謬) 데이터 전송에서 검사 코드 또는 기술에 의해 검출되는 블록 중의 정보 불일치.

block error rate 블록 오류율(－誤謬率)

전송된 블록의 전수에 대한, 정확하게 전송되지 못한 블록수의 비율.

blockette 블로켓 비교적 작은 정보의 블록, 혹은 블록에서의 그 일부분을 말한다. 보통 블로켓은 연속한 일련의 기계어 그룹에서의 서브그룹으로, 하나의 단위로서 전송되고 혹은 기억된다.

blocking 블로킹 자기 테이프나 자기 디스크에 데이터를 기록하는 경우에 하나 이상의 레코드를 묶어서 하나의 블록으로 하는 것이 블로킹이며, 이로써 입출력 시간의 단축이나 매체상의 스페이스를 유효하게 이용할 수 있다. 이 경우 1 블록 중의 레코드수를 블록화 계수 또는 블로킹 팩터라고 한다.

blocking capacitor 블록 콘덴서 결합 콘덴서라고도 하며, 고주파 전류의 흐름을 방해하지 않고 직류 및 저주파 전류 성분을 저지하기 위해 회로에 삽입된 콘덴서.

blocking coil 블로킹 코일 =block coil

blocking effect 감도 억압 효과(感度抑壓效果) 무선 통신에서 목적으로 하는 전파를 수신할 때 여기에 주파수가 접근한 방해파가 있으면 목적 전파의 수신 감도가 억압되는 현상.

blocking oscillator 간헐 발진기(間歇發振器), 블로킹 발진기(-發振器) 톱니파 발진기의 일종. 1 개의 트랜지스터와 트랜스(블로킹 트랜스)를 사용한 정궤환 발진기로, 그림은 그 기본 회로이다. 회로에 있는 *CR* 의 시상수를 크게 하여 발진이 간헐적으로 일어나도록 하고 있다. 반복 주파수가 높은 진동이 큰 톱니파나 트리거 펄스 및 구형파를 발생하는 데 이용된다. 이 발진기는 비안정형의 것과 외부에서 트리거 펄스를 가하여 동기시키는 것이 있다.

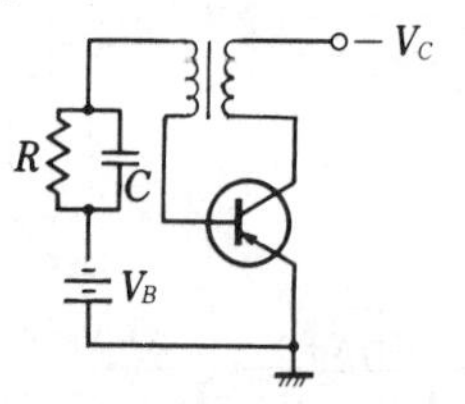

blocking relay 저지 계전기(沮止繼電器) 지정된 조건하에서 다른 계전기 또는 장치가 동작하지 않도록 저지해 두기 위해 쓰이는 보조 계전기.

block length 블록 길이 1 블록의 길이를 말하는데, 1 회의 판독 · 기록의 단위가 되는 데이터의 자릿수가 된다.

blood flowmeter 혈류량계(血流量計) 혈류량을 아는 것은 각 장기(臟器)의 기능을 알기 위해 매우 중요한 것이다. 혈관을 노출하거나 절단하거나 하는 일없이 혈류량을 측정하는 방법으로서 전자 혈류량계와 초음파 혈류량계가 있다. 이들은 모두 원리적으로는 공업용의 전자 유량계나 초음파 유량계와 똑같다.

blood pressuremeter 혈압계(血壓計) 흔히 쓰이는 장치는 상박부에 압박대를 감고, 펌프로 가압하여 혈관음이 발생했을 때의 압력과, 또 가압하여 혈관음이 지워질 때의 압력을 측정하는 방법에 의한 것이다. 혈관음은 청진기로 살피는 대신 압박대 속에 넣은 센서에 의해서 검출하여 전자 회로를 이용해서 그 때의 압력을 압력계로 지시하도록 되어 있다.

blooming 블루밍 ① 레이더의 표시 장치에서 신호 강도나 신호 계속 시간을 증가시켜 블립의 크기를 증대시키는 것. ② 다이오드형 촬상관에서 방사 강도가 모자이크 타깃의 과부하를 야기시키는 데 충분할 때에 광원의 표시 화상 크기가 증대하는 것. 영상 출력의 표시에서는 커진 스폿 사이즈와 동작 래스터의 대각선 크기의 비로 측정된다.

BNC connector BNC 커넥터 커넥터를 한쪽 커넥터에 삽입하여 90 도 회전하면 로크하는 동축 케이블용 커넥터. 이 커넥터는 CCTV(closed-circuit television : 폐회로 텔레비전)에서 사용되는 경우가 많다. →coaxial cable

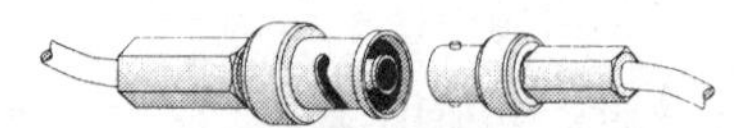

board computer 보드 컴퓨터 기판에 중앙 처리 장치, 기억 장치, 입출력 포트 등을 일체화시킨 컴퓨터로, 전원과 입출력 기기를 접속하면 그대로 작동하는 것.

board exchange warranty 기판 교환 보증(基板交換保證) 원래의 기판을 수리할 필요가 있다면 대신 다른 기판으로 교체해 주겠다고 판매자가 소비자에게 보증하는 일.

board level packaging technology 기판 실장 기술(基板實裝技術) 실장 기술 중 반도체 부품 등을 탑재한 기판을 대상으로 하는 기술. 실장 방식에 따라 삽입 실장, 면 실장, 하이브리드 실장으로 나뉜다. 종래에 정보 기기에서는 삽입 실장이 주였으나 실장 밀도(기판의 단위 면적 ($1cm^2$) 당의 반도체 부품 탑재수)가 높은 면 실장으로 바뀌어 가고 있다. 하이브리드 실장은 특수 용도에 쓰이는 경우가 많은데, 고밀도 실장의 실현 수단으로서는 유효하다.

Bode diagram 보드 선도(−線圖) 제어계 주파수 특성의 도표적 표현법 중 가장 널리 쓰이는 것으로, 가로축에 각주파수의 대수 $\log_{10}\omega$를 취하고, 세로축에 이득 $|G(j\omega)|$와 위상차 $\angle G(j\omega)$를 취하여 1조의 선도로 한 것을 말한다. 보드 선도는 보통 편대수 방안지에 그리고, 이득의 단위는 데시벨, 위상차의 단위는 도(度)로 한다.

bodily photoelectric effect 체적 광전 효과(體積光電效果) 빛의 에너지가 고체의 내부까지 침입하여 광전자를 발생하는 현상을 체적 광전 효과라고 한다. 일반적으로 체적 광전 효과에 의한 광전자 방출 효과는 적고 광도전 효과를 발생한다.

body-capacitance alarm system 신체 용량 경보 시스템(身體容量警報−) 신체 용량을 통해 침입자의 존재를 검출하는 도난 경보 시스템.

body effect 기판 바이어스 효과(基板−效果) MOS 트랜지스터에서, 소스와 기판 사이에 역 바이어스 전압 V_{BS}를 인가함으로써 그만큼 채널과 기판간의 공핍층이 확산되어서 고정 전하가 늘어나 임계값 전압 V_T(드레인 전류가 흐르기 시작하는 점의 게이트 전압)가 상승한다. V_T의 변동을 방지하는 것이 목적이다.

Bohr radius 보어 반경(−半徑) 수소 원자에서의 전자의 궤도 반경을 말한다. 그 값은 약 0.53×10^{-10}m 이다.

bolometer 볼로미터 방사에 노출시킨 온도에 민감한 디바이스의 저항 변화를 재서 방사 에너지를 측정하는 디바이스.

bolometer bridge 볼로미터 브리지 볼로미터의 저항을 그 1변에 갖는 브리지 측정기로, 평형형과 비평형형이 있다. 평형형은 측정할 마이크로파 전력이 주어지기

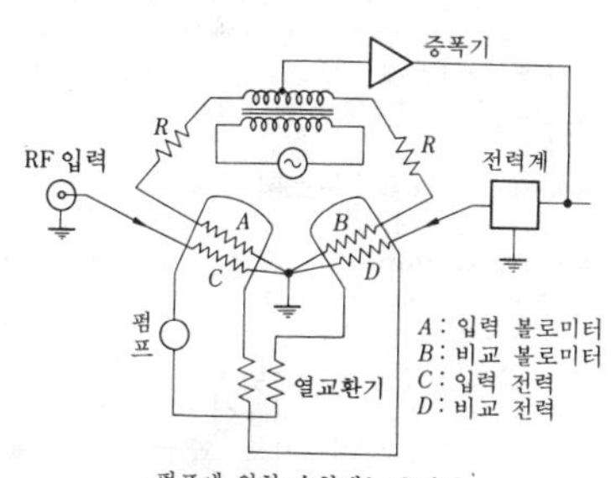

펌프에 의한 순환계는 2개의 볼로미터 주위 온도를 같게 하기 위한 것.

전과 주어진 다음에서의 저항 변화를 비교변에 주는 직류 바이어스 전력에 의해서 자동(또는 수동)으로 보상하여 브리지를 평형시키는 것으로, 바이어스 전력의 변화가 마이크로파 전력의 변화를 준다. 비평형형은 고주파(RF) 전력을 흡수한 볼로미터의 저항 변화에 의한 브리지의 불평형의 정도를 그대로 고주파 전력의 척도로 한다.

bolometer element 볼로미터 소자(−素子) 소자에 흡수되는 전력을 측정 또는 검출하는 방법으로서 저항값의 온도 계수(+ 또는 −)에 의한 변화를 사용하는 전력 흡수 소자.

bolometer mount 볼로미터 마운트 볼로미터 요소를 수용하는 도파관 또는 전송 선로의 종단 장치. 볼로미터 요소가 삽입되었을 때 특성 임피던스 조건이 만족되는 내부 정합 장치 또는 기타의 리액턴스 요소가 포함되어 있으며, 적당한 바이어스 전력이 주어지도록 되어 있다.

bolometer-power meter 볼로미터 전력계(−電力計) =bolometer type wattmeter

bolometer type wattmeter 볼로미터 전력계(−電力計) 마이크로파를 흡수하여 온도가 상승하면 저항이 변화하는 소자를 사용하여 그 변화를 브리지에 의해서 측정하여 마이크로파의 전력을 측정하는 것이다. 저항 소자로서는 서미스터나 배러터가 사용되고 있다.

bolometric detector 볼로메트릭 검출기(−檢出器) 전력이나 전류를 측정하기 위한 볼로메트릭 계기 속의 주요한 검출기로, 미소한 저항으로 이루어진다. 그 저항은 온도에 강하게 의존한다.

bolometric instrument 볼로메트릭 계기(−計器) 주요한 검출기가 저항인 열전계기. 그 저항은 온도에 민감하고, 그 동작은 주요한 검출기와 주위 사이에서 유지되는 온도차에 의존한다. 볼로메트릭 계기는 전류나 방사 전력과 마찬가지로 가스 압력이나 농도 등의 비전기적인 양의 측정에도 사용된다.

bolometric technique 볼로메트릭 기술(−技術) 미지(未知)의 무선 주파 전력의 가열 효과가 온도에 민감한 저항 소자(볼로미터) 내에서 소비되는 직류나 가청 주파 전력의 측정량에 의한 가열 효과와 비교되는 기술. 볼로미터는 일반적으로 브리지 회로에 내장되므로 그 작은 저항 변화를 검지할 수 있다. 이 기술은 100 mW 이하의 저 레벨 무선 주파 전력 측정에 응용된다.

Boltzmann' s constant 볼츠만 상수(一常數) 전자의 열운동 에너지는 절대 온도에 비례하는데, 그 때의 비례 상수를 볼츠만 상수라 하고, k라는 기호로 나타낸다. 그 값은 1.380×10^{-23}JK 이다.

bombarder 봄바더 고 에너지를 가진 입자 또는 광자의 흐름을 목표물에 충돌시키는 것을 봄바더라고 하는데, 그 효과는 다음과 같은 것이다. ① 고속 전자류를 써서 2차 전자를 방출시킨다든지, 목적물을 가열한다든지, 형광이나 X선을 발생시킨다든지 한다. ② 전자 또는 기타의 고속 입자에 의해서 원자를 괴변시킨다. ③ 유도 가열을 이용하여 전극을 가열하여 불순물 가스를 증발시킨다.

bombardment-induced conductivity 충격에 의한 도전 효과(衝擊一導電效果) 축적관에서 반도체 또는 절연물의 내부 전하 담체가 전리성 입자의 충격에 의해서 그 수가 증가하는 것.

bonded diode 본드형 다이오드(一形一) p형 또는 n형 불순물을 첨가한 바늘 모양의 전극과 반도체를 용착하여 만든 다이오드. 점접촉형과 합금 접합형의 중간 성질을 가지고 있으며, 고주파 동작에 적합하다.

bonded magnet 본드 자석(一磁石) 영구 자석의 분말을 합성 수지 등과 혼합하여 성형한 것. 자유로운 형상으로 만들 수 있다.

bonded NR diode 본드형 NR 다이오드(一形一) 부성 저항(negative resistance : NR)이 애벌란시 항복과 접합부를 흐르는 전류에 의한 도전율의 변화와의 조합에 의해서 이루어지는 n^+접합 반도체.

bonded silvered mica capacitor 본드형 실버드 마이가 콘덴서(一形一) =silvered mica capacitor

bonding 본딩 반도체 부품에 전극용 리드선을 부착하는 경우 등에 수행하는 점용접. 반도체가 가열되지 않도록 순간적으로 작업해야 한다.

bonding pad 본딩 패드 패키지 인출선 또는 패키지 인출선에 접속된 가는 금속선을 용착하기 위해 반도체 칩에 피착(被着)한 금속 박막에 의한 작은 면적의 전극.

bone conduction 골도(骨導) 두개골을 통해서 음파가 내이(內耳)에 전해지는 것.

bookshelf type speaker 북셸프형 스피커(一形一) 책장의 책 사이에 둘 수 있는 스피커 시스템. 보통은 캐비닛의 표면을 화장하여 세로나 가로로 두어서 사용할 수 있는, 치수도 그다지 크지 않는 스피커 시스템. 최근에는 치수가 비교적 큰 플로어형에 대하여 이와 같은 미니형의 시스템이 하나의 주류를 이루고 있으며, 성능에서도 플로어형에 필적할 수 있는 것까지 있다.

Boolean 불 ① 불 대수의 규칙에 따른 연산에 관한 용어. ② 논리값을 취하는 연산에 관한 용어. ③ 프로그램 언어에서의 기본적 데이터형의 하나. 논리형이라고 부르기도 한다.

Boolean algebra 불 대수(一代數) 형식 논리학에 기호법을 도입하여 논리를 해석하려고 한 불(Boole)의 착상(1847년)을 바탕으로, 그 후 수학자나 논리학자가 개량을 가하여 발전시킨 추상적인 대수계. 불 대수는 명제 계산을 비롯하여 조합 논리나 그래프 이론 등에서 이용된다. 이외에 정보 이론이나 스위칭 이론에서도 중요한 역할을 하고 있다.

boom 붐 마이크로폰을 기계적으로 매달아서 어느 범위 내를 이동하는 녹음 기재.

boom microphone stand 붐 마이크 스탠드 마이크로폰 스탠드의 일종. 플로어 스탠드나 데스크 스탠드에 비해 큰 스페이스를 차지하고, 긴 암 끝에 마이크로폰을 설치하여 그 암을 신축하거나 기울이거나 자유로운 상태로 세트할 수 있는 것이 특징이다. 비교적 떨어진 장소에서 집음(集音)한다든지 이동하면서 집음한다든지 할 때 쓰인다.

boost charge 급속 충전(急速充電) 보통 고속으로 단기간에 행하여지는 부분 충전.

booster 부스터 TV나 무선기의 보조 장치로, 다음과 같은 종류가 있다. ① TV용에서는 전계 강도가 약한 지역에서 TV의 안테나 단자에 삽입하는 10~20dB 정도의 고주파용 프리앰프를 말한다. ② 무선 수신기에서는 선택도가 뛰어난 고주파 프리앰프를 말하며, 안테나 입력 단자에 넣는다. ③ 무선 송신기에서는 고주파 출력을 5~10배 정도로 증대시키는 고주파 전력 증폭기를 말하며, ②와 겸한 것이 많다.

booster circuit 부스터 회로(一回路) = anti-sidetone circuit

booster station 부스터국(一局) 텔레비전 방송에서 모국의 전파를 수신하여 동일 주파수로 자동적으로 재방송하는 보조적인 중계 방송국. 부스터국은 모국과 같은 주파수로 방송하기 때문에 모국 전파와의 혼신이 생기기 쉬우므로 모국과 편파면을 바꾸어 수직 편파로 재방송하는 외에 설치 장소의 선정에 신중을 기할 필요가 있

다. →satellite station

boosting ratio 승압비(昇壓比) AM 수신기의 입력 회로에서 동조 회로에 나타나는 전압과 전파에 의해서 안테나에 발생한 전압과의 비를 데시벨로 나타낸 것.

boot 부트 컴퓨터에 운영 체제 등을 읽어들여서 시동(초기화)하는 것. 재 부트할 때는 리셋 버튼을 누르면 시동한다.

boot block 부트 블록 디스크로 운영 체제의 로더 기타의 컴퓨터를 작동시키도록 하는 기본 정보를 포함하고 있는 부분.

bootstrap 부트스트랩 →initial order

bootstrap circuit 부트스트랩 회로(－回路) 직선성이 좋은 톱니파를 발생하는 회로. 그림에서 구성파가 입력측에 들어오면 출력측에 톱니파가 나타난다. 지금 Tr_1이 ON 에서 OFF 상태로 바뀌면 C_1이 충전되고, C_1의 전압이 R_E의 전압과 거의 같게 되어서 출력측에 나타난다. C_1의 충전 주기가 끝날 무렵에 R_E의 전압이 C_2와 R을 통해서 C_1에 가해지고, C_1의 전압 증가가 직선성이 된다.

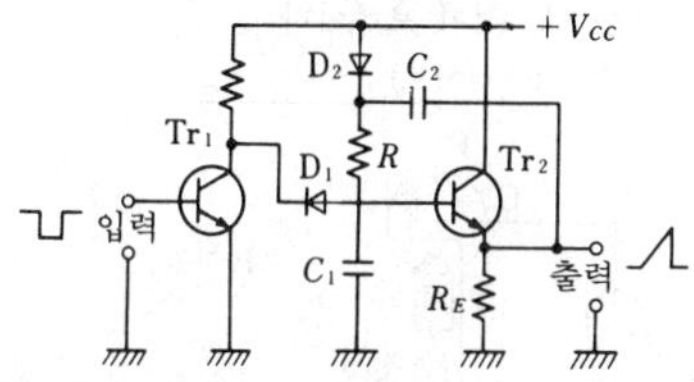

bootstrap driver 부트스트랩 드라이버 레이더 변조관을 드라이브하는 구형파를 발생하는 데 사용되는 전자 회로. 구형 펄스의 지속 시간은 펄스 형성 선로에 따라서 결정된다. 이 선로의 양단 전압은 출력 펄스 전압의 상승과 함께 높은 값으로 높여지므로(양단의 전위차는 달라지지 않는다) 이 회로를 부트스트랩 드라이버라 한다. →pulse forming line

bootstrap loader 부트스트랩 로더 컴퓨터를 동작시키기 위해서는 미리 소프트웨어를 입력하지 않으면 안 되는데, 그것을 하기 위한 소프트웨어를 먼저 입력할 필요가 있다. 그를 위한 프로그램이 부트스트랩 로더이며, 통상의 개인용 컴퓨터에서는 ROM 으로서 당초부터 중앙 처리 장치(CPU) 속에 내장되어 있다.

bootstrapped sawtooth generator 부트스트랩 톱니파 발생기(－波發生器) 직선성이 좋은 톱니파(소인용) 전압을 부트스트랩 수법을 써서 만들어내는 발생기.

boresight 조준(照準) 안테나로부터 방사되는 전파의 주 로브(lobe) 중심 방향.

boresight error 조준 오차(照準誤差) 기준 방위에 대한 안테나의 전기 방위각의 치우침.

boresight facility 조준용 설비(照準用設備) →collimation tower

boresighting 조준 맞춤(照準－) 레이더의 방위 안테나계에서 안테나의 전기축과 기계축을 정합시키는 처리로서 통상, 광학적 수법을 사용한다.

borocarbon resistor 보로카본 저항기(－抵抗器) 탄소 피막 저항기를 만들 때 탄소 중에 수%의 붕소를 혼입한 것. 저항의 온도 계수가 매우 작다.

borosilicate glass 붕규산 유리(硼硅酸－) 붕산 및 규산(2 산화 규소 SiO_2)을 주요 성분으로 하는 유리. 전기적 특성(특히 고주파 특성)이 매우 좋다. 붕산은 제품의 화학적 내구성(내수성 · 내산성) · 전기 절연성을 좋게 하고, 열팽창률을 작게 하는 것이 특징이다. 이 점에서 금속 봉입에 유리하며, 경질 유리나 내산 유리의 대부분은 붕규산 유리이다. 이화학용 유리, 전기용 유리(전구용 · 전자관용), 고주파용 애자 등에 사용된다.

borrow 빌림 두 수의 한 자리의 감산을 하는 경우, 감산수가 피감산수의 숫자보다 클 때 하나 위의 자리에서 1을 빌려와 빼는 조작을 말한다. 또, 그것을 하기 위한 신호를 가리키기도 한다.

BOT 테이프의 시단(－始端) =beginning of tape

both sideband transmission 양측파대 전송(兩側波帶傳送) =double sideband transmission

both-way communication 양방향 동시 통신(兩方向同時通信) 동시에 두 방향으로 정보를 전송할 수 있는 방식.

bottoming 보터밍 전자 디바이스 등에서 그것이 통전 상태에 있을 때 그 최저의 출력이 입력량이 아니고 오히려 디바이스 자신의 특성에 의해서 정해지는 경우의 동작.

bottom-up method 버텀업법(－法) 시스템 설계에서, 먼저 개개 구성 요소의 설계부터 시작하여 이들의 전체로서 유기적인 구조로 완성시켜 가는 방법.

boundary layer capacitor 경계층 자기 콘덴서(境界層瓷器－), BL 콘덴서 반도체 콘덴서의 일종으로, 보통은 티탄산 바륨 자기를 사용하며, 그 결정립의 계면에 얇은 절연층을 만들게 하고, 내부는 반도체인 채로 둔 것. 이 절연층의 비유전율은 20,000 정도나 되며, 그 온도 변화도 적으므로 소형 콘덴서를 만드는 데 적합하고, 고주파 바이패스 등에 사용된다.

boundary potential 경계 전위차(境界電位差) 그 발생 원인이 무엇이건 임의의 화학적 또는 물리적인 불연속성 또는 기울기 양단 사이에 생기는 전위차.

boundary resistance 경계 저항(境界抵抗) 금속을 단지 접착한 경우, 양자의 접촉면에 나타나는, 피막(被膜)이 존재하는 저항. 경계 저항을 생각하는 경우는 ① 피막이 매우 얇은 경우, ② 피막이 반도체인 경우, 그리고 ③ 피막이 비교적 두꺼운 경우의 세 가지에 대해서 대별하여 생각할 수 있다.

bound charge 구속 전하(拘束電荷) 전계 중의 금속에 정전 유도에 의해 생긴 전하, 또는 콘덴서의 전극간에 축적되는 음양이 서로 흡인하는 상태에 있는 전하.

bound electron 속박 전자(束縛電子) 정전 인력 등에 의해 원자핵에 속박되어 있는 전자.

Bourdon tube 부르동관(－管) 압력을 변위로 변환하는 수압 요소의 일종. 단면이 타원형인 금속관을 C 형으로 구부린 것으로, 한 끝이 닫혀 있고, 내부의 압력이 증가하면 점선과 같이 넓어지려고 하여 변위를 일으킨다. 부르동관은 다른 수압 요소에 비해 구조가 간단하고, 응답이 빠르다는 등의 특징이 있다.

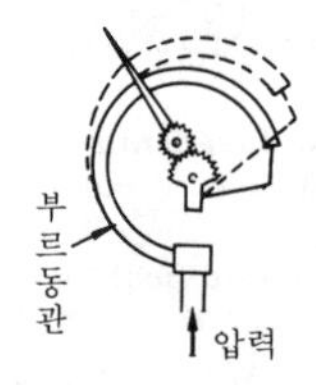

box-car integrator 박스카 적분기(－積分器) 미소 진폭의 주기 신호 파형을 검출하기 위한 회로. 신호의 주기를 알고 있는 것으로 하고, 그 주기의 어느 위상에서 신호의 값을 다수 회 샘플하여 적분(평균) 회로에 넣는다. 적분 회로의 평균화에 의해서 샘플링에 의해 얻어진 펄스열이 평균화되어 샘플링 주기와 일치하지 않는 주파수 성분의 잡음 출력은 상쇄하여 작아지고, 샘플링 위상에서의 신호값만이 남는다. 샘플링 위상을 조금씩 벗어나게 하여 같은 측정을 함으로써 신호의 1주기간의 전체 파형을 알 수 있다. 이것은 샘플링 오실로스코프에 사용되며, 오실로스코프로 측정할 수 있는 주파수 범위를 마이크로파 영역의 주기파 파형 측정으로까지 확산시킬 수 있다.

box-car circuit 화차 회로(貨車回路) 레이더에서 사용되는 샘플 홀드 회로로, 직전에 샘플된 파의 파고값을 일정 시간 유지하도록 동작한다. 출력 파형이 마치 지붕이 있는 화차 모양을 하고 있기 때문에 이렇게 부른다.

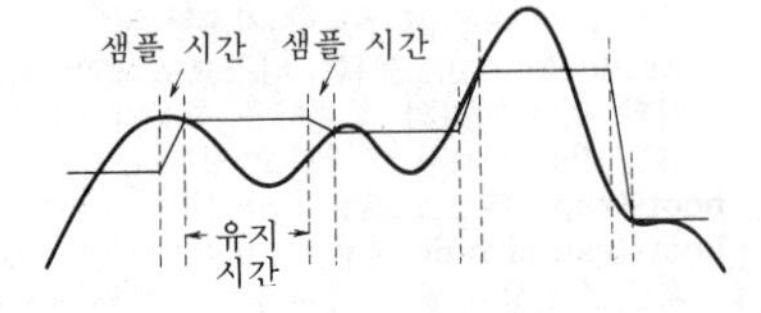

bpi 비트/인치 bits per inch 의 약어. 자기 또는 빛에 의한 기록 매체의 기록 밀도를 나타내는 단위. 매체상에 기록되는 매체 1 인치당의 비트로 나타낸다.

B power source B 전원(－電源) 전자관 회로에 사용하는 전원 중 플레이트(양극)에 가하는 것. 일반적으로 100～500V 정도의 직류 전압이 필요하다. 정류 전원을 사용하는 것이 보통이다.

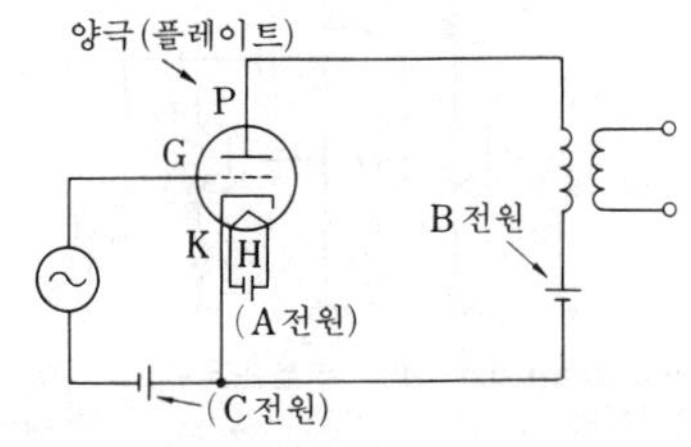

bps 비트/초(－秒) bits per second 의 약어. 통신 속도의 단위로, 1 초간에 송수신할 수 있는 비트수를 나타낸다. 예를 들면, 300bps 이면 1 초간에 보낼 수 있는 비트수는 300 이고, 한자 1 문자는 2바이트(16 비트)이므로 1 초간에 약 19자 보낼 수 있게 된다.

bracket 브래킷, 절분기(切分器) 전화 회선의 종단에 부착하는 장치로, 통상은 플러그를 꽂은 상태로 사용한다. 플러그를 빼면 직류적으로는 통신 회로가 개방 상태로 되고, 교류적으로는 루프를 형성하게 되어 있어 고장 발생시에는 루프 시험을 할 수 있다.

Bragg diffraction 브래그 회절(－回折) X 선, 전자선, 광파 등이 적당한 입사 각도로 결정, 기타 주기성 구조 물질에 입사했을 때 생기는 반사파의 회절 현상. 초음파가 매질에 광탄성 효과를 미치고, 주기적 굴절률 변화를 발생함으로써 생기는 빛의 회절 현상도 블래그 회절에 포함하

여 생각된다(음향 광학적 브래그 회절). =Bragg reflection

Bragg scattering 브래그 산란(一散亂) 결정 내부의 규칙적으로 배열된 원자에 의한 X선과 중성자와의 산란으로, 브래그각이라고 하는 일정한 각도에서만 구조적인 간섭 작용이 나타나는 것. 어떤 조건에서 결정이 X선 빔을 최대 강도로 반사하는가를 기술한 법칙이 브래그의 법칙이다.

Bragg's law 브래그의 법칙(一法則) X선을 결정 격자에 댔을 때 최대의 반사를 얻는 조건이 다음 식으로 나타내어지는 것을 말한다.

$2d \sin \theta = n\lambda$

여기서 d : 결정의 격자 간격, θ : 입사각, n : 상수, λ : X선의 파장.

brain storming method 브레인 스토밍법(一法) 1939 년 A. F. 오즈본에 의해서 제창된 집단 사고에 의한 창조적 묘안의 안출법. 여러 명이 한 그룹이 되어서 각자가 많은 독창적인 의견을 서로 제출하는데, 그 자리에서는 그 의견이나 안을 비판하지 않고 최종안의 채택은 별도로 그를 위한 회합을 두고 결정하는 방법. 이것을 개인의 사고법에 응용하여 시스템 기술자 등의 창조력 개발의 훈련법에 사용할 때 솔로 브레인 스토밍이라고 한다.

brain wave 뇌파(腦波) 뇌의 어느 부위에 발생하는 율동적인 전압 변화로, 1~60Hz, 10~100μV 정도의 것이다. 주파수가 낮은 순으로 δ, α, β등으로 구분하고 있다.

braking resistor 제동 저항기(制動抵抗器) 어떤 종류의 다이내믹 제동 방식에서 쓰이는 저항기. 제동에 의해서 발생한 전기 에너지를 열로 변환하여 주위 공간에 방산시키기 위한 것이다.

branch 브랜치, 분기(分岐) ① 프로그램의 실행에서 다수의 선택 가능한 명령 집합의 하나를 고르는 것. ② 계속되는 두 분기 명령 사이에서 실행되는 1조의 명령. ③ 통신망에서의 분기점. ④ 네트워크에서 두 노드를 직접 잇는 경로. ⑤ 넓은 뜻으로는 조건부 점프를 가리키는 일이 있다.

branch amplifier 분기 증폭기(分岐增幅器) CATV 등에서 분기선에 삽입되는 증폭기. =bridging amplifier

branch controller 분기 제어 장치(分岐制御裝置) 원격지에 산재하여 있는 여러 개의 단말 장치를 센터의 컴퓨터에 접속하는 경우의 중계용 장치로, 버퍼 기억 장치를 갖는 것도 있다.

branch current 분기 전류(分岐電流) 회로망 내의 임의의 소자(저항, 콘덴서 등)나 전원 중을 흐르는 전류로, 그 곳을 흐르는 망전류의 합성값이 된다.

branching filter 분파기(分波器) ① 주파수가 다른 신호가 함께 존재하는 경우 이들 신호를 효율적으로 분리하거나 결합하거나 할 목적으로 사용하는 회로. 그림은 LPF(저역 통과 필터)와 HPF(고역 통과 필터)를 병렬로 접속한 6단자 분파기의 예인데, 마이크로파에서는 입체 회로 소자의 T 분기 회로(매직 T)와 대역 통과 필터를 조합시킨 것 등이 쓰인다.

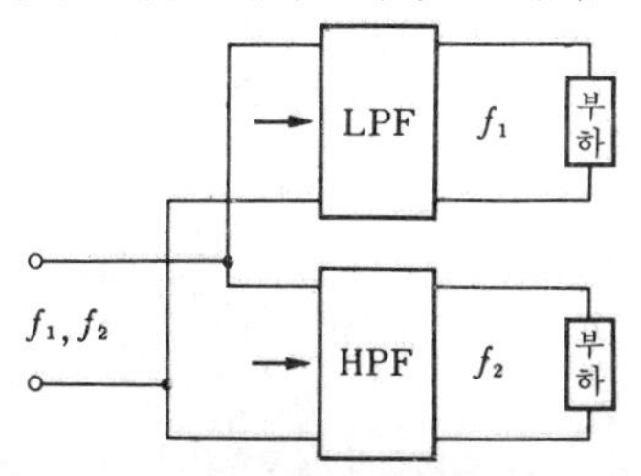

② 복합 스피커 방식에서 주파수 대역의 분할에 사용하는 네트워크. ③ 하나의 안테나를 많은 수신기나 송신기에서 공용하고 있을 때 채널마다 나누는 장치.

branch terminal equipment 분기 단말 장치(分岐端末裝置) 전화, 팩시밀리 등을 포함하는 구내 교환 장치에서 단말 장치를 분기 사용하기 위한 전환 장치. 분기 전환 접속법으로서는 단말 자신을 전환하는 경우와 주파수 대역을 나누어서 사용하는 경우가 있다.

brass 황동(黃銅) 놋쇠를 말한다. 구리-아연 합금으로, 부품의 도전 부분에 사용된다.

Braun tube 브라운관(一管) 1897 년 브라운(K. F. Braun, 독일)에 의해서 발명된 전자관으로, 음극선관이라고도 하며, 전자 현상을 관측하는 데 사용한다. 전자총에서 나온 전자 빔을 형광면에 대서 광점을 만들고, 수평, 수직 양방향의 편향 전극 혹은 편향 코일에 의한 전계 또는 자계의 작용에 의해서 전자 빔을 편향시켜, 그에 따른 광점의 궤적을 관측할 수 있도록 한 것이다. 측정용, 텔레비전용, 레이더용 등 용도에 따라 각종의 것이 있다.

Braun-tube circuit 브라운관 회로(一管回路), 수상관 회로(受像管回路) 질이 좋은 화상을 얻기 위해 수상관에 각종 신호를 가하는 회로.

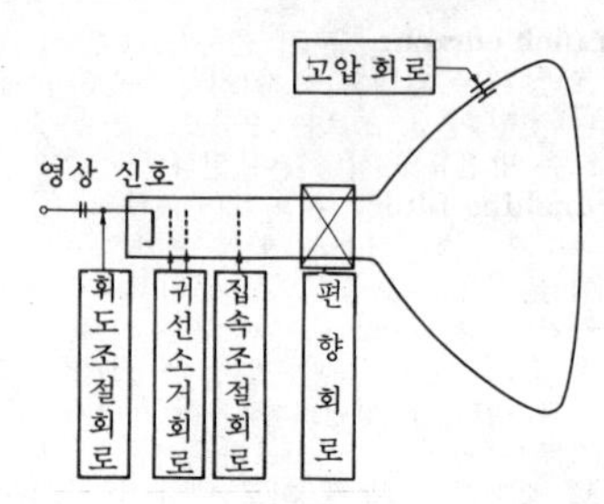

Broun-tube circuit

Braun-tube oscilloscope 브라운관 오실로스코프(-管-) 음극선 오실로그래프라고도 하며, 교류나 과도 현상 등과 같이 시간적으로 변화하는 현상의 파형을 브라운관면상에 그려서 관측하는 측정기. 응답이 매우 빠르고, 전기적인 현상 뿐만 아니라 기계적, 음향적, 생리적 현상 등을 전압으로 변환하여 관측할 수 있다. 수평·수직 편향용 증폭기, 시간축 소인 회로, 전원 회로로 구성되어 있다. 브라운관으로서는 보통 정전 편향형의 것이 사용되고 있다. 시간축 발생 회로는 일반 관측용으로서는 밀러 적분 회로에 의한 톱니파 발생 회로가 사용되고 있으나, 트리거 소인 방식을 써서 시간축이 언제나 피관측파에 동기하도록 한 것이 보급되고 있으며, 이것을 싱크로스코프라고 부르고 있다.

Braun-tube tester 브라운관 테스터(-管-), 브라운관 시험기(-管試驗器) 텔레비전용 브라운관의 좋고 나쁨을 측정하는 장치. 브라운관 소켓 연장 케이블로 이 장치와 텔레비전 수상기를 접속하여 장치에 내장된 회로계(테스터), 네온 램프 등에 의해서 각 전극의 전압, 에미션, 절연 저항, 컬러 평형 등의 측정을 할 수 있다.

brazing 납땜 납은 주석과 납의 합금으로, 주석 40~60%, 융점 210~250℃의 것이 널리 쓰인다. 보통, 한 곳씩 하지만 인쇄 배선에서의 부품 부착과 같이 녹은 납에 담가서 한꺼번에 하는 경우도 있다. 납의 접착이 약하든가 뒤가 깨끗하지 않기 때문에 전자 기기가 고장나는 경우는 의외로 많다. 이 때문에 납땜을 하지 않는 접속도 행하여진다.

breadboard 브레드보드 일반 사용자용 회로에 대하여 특정 기능의 추가, 변경을 할 수 있도록 소켓 등을 갖추어 세트로 한 것. 브레드보드란 판에 IC 나 LSI 기타를 담은 모습이 각종 트레이 등의 판에 담은 것처럼 보이기 때문이다.

breadboard construction 브레드보드 구조(-構造) 실험을 하기 위해 일시적으로 부품을 보드 위에 고정시킨 것.

breadboard design 브레드보드 설계(-設計) 기판 등에 배치된 시작 회로에 의해서 설계의 타당 여부를 검토해 보는 것을 말한다.

break 브레이크 프로세스를 도중에서 끝내는 것.

break-before-make contact BBM 접점(-接點) =break-(before-)make contacts

break-(before-)make contacts 브레이크·메이크 접점(-接點) 조합 접점으로, 하나의 접점이 상대측 접점에서 열린 다음 제 3 의 접점에 닫히도록 되어 있는 것.

break contact 브레이크 접점(-接點), 개접점(開接點) 전자 계전기(電磁繼電器)에서 여자(勵磁) 코일에 전류가 흐르고 있는 동안은 열려 있고 전류가 흐르고 있지 않을 때는 닫혀 있는 접점.

breakdown 항복 현상(降伏現象) 소자에 전압 혹은 압력 등을 가한 경우, 어느 한계를 넘었을 때 급격한 변화를 일으키는 것. 이 경우, 원래 상태로 회복하는 현상도 있는가 하면 회복하지 않는 현상도 있다. pn 반도체 정류기에 역방향의 전압 V를 가하여 증가시켜 가면 급격히 I가 증가하기 시작하는 항복 현상이 일어난다. 이것을 제너 항복 또는 전자 사태 항복이라고 한다.

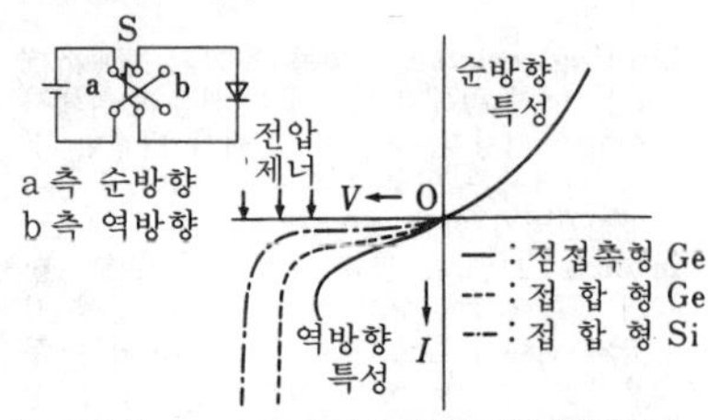

breakdown current 항복 전류(降伏電流) 반도체에서 항복 전압이 측정될 때의 전류.

breakdown impedance 항복 임피던스(降伏-) 반도체 다이오드에서 항복 영역 내의 어느 특정한 직류 전류에서의 소신호 임피던스.

breakdown plasma 브레이크다운 플라스마 반도체 디바이스에서 항복 영역 내의 캐리어 농도가 높기 때문에 높은 도전성을 가진 영역으로 볼 수 있다. 보통 역 바이어스된 pn 접합에서 전하 밀도가 높아지면 이 영역은 자기 효과를 수반한 플라스마의 성질을 띠게 된다.

breakdown region 항복 영역(降伏領域) ① 역전류의 양을 증가시키기 위한 항복의 발생을 넘는 전압 전류 특성의 전영역. ② 역 바이어스된 반도체 다이오드(접합)에 생기는 현상. 이 현상의 개시는 역방향 전류의 크기를 증가시켰을 경우에 동저항의 높은 영역에서 대폭 낮은 영역으로의 천이로서 관측된다.

breakdown voltage 항복 전압(降伏電壓)[1], 파괴 전압(破壞電壓)[2] (1) pn 접합에 가하는 역방향 전압의 크기가 어느 한계를 넘으면, 전자 사태(avalan-che)를 일으켜 큰 전류가 흐르게 된다. 이 때의 전압을 항복 전압이라 한다. 항복 전압은 제너 전압이라고도 하며, 반도체 중의 불순물이 많을수록 항복 전압은 낮아진다. 대전류가 흘러도 파괴되지 않고, 전압을 작게 하면 전류도 감소한다. 정전압 회로에 이용한다.

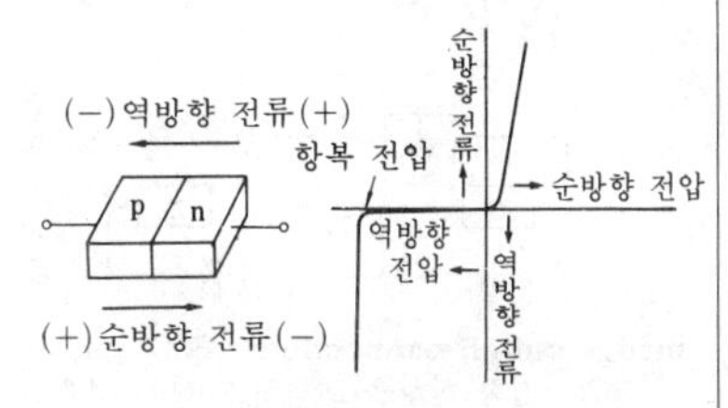

(2) 절연물에 전압을 가하고 점차 상승시킨 경우에 절연물의 일부가 파괴되어서 도전성으로 되어 절연성을 잃었을 때의 전압.

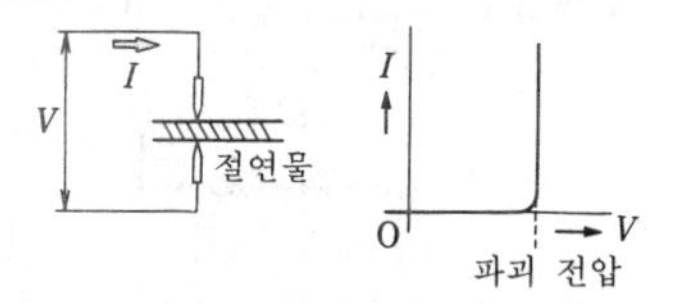

break frequency 절점 주파수(折點周波數) 1 차 지연 요소의 이득 G[dB]는 다음 식으로 나타내어진다.

$$G = 20\log_{10}(K/\sqrt{1+(\omega t)^2})$$

여기서 ω : 각주파수, T : 시상수, K : 이득 정수. 이 식은 $\omega T \ll 1$ 이면 $G \fallingdotseq 20\ \log_{10} K$가 되고, $\omega T = \gg 1$ 이면 $G \fallingdotseq 20\ \log_{10} K - 20\log_{10}(\omega T)$가 된다. 전자는 가로축에 평행한 직선을, 후자는 −의 경사를 가진 직선을 나타내나, 양자의 만난점에서의 주파수 ω_s를 구하면 $\omega_s = 1/T$이 된다. 이 주파수를 절점 주파수라 한다.

breaking capacity 차단 용량(遮斷容量) 안전하게 차단할 수 있는 차단 전류의 한도.

breaking current 차단 전류(遮斷電流) 접촉이 떨어지는 시점의 그 극에서의 전류값. 제곱 평균근으로 표현된다.

break-in keying 브레이크인 키잉 빈 간격 송신 중에 수신 가능하게 되는 지속파 무선 전신 시스템의 운용 방법.

break-in relay 브레이크인 릴레이, 브레이크인 계전기(−繼電器) 같은 장소에서 송신기와 수신기를 사용하는 경우나 같은 주파수로 송수신하는 단신 방식에서 송수신의 전환을 자동적으로 하기 위해 사용하는 계전기. 전신의 경우는 송신 전류에 의해 동작하고, 전화인 경우는 송화기에 부착되어 있는 프레스토크 스위치에 의해 수동으로 조작한다.

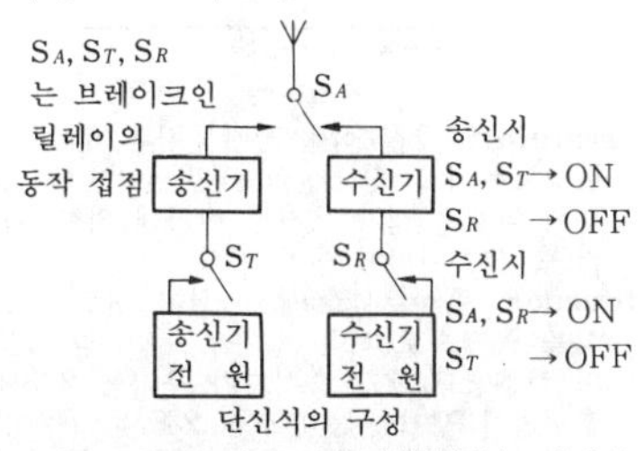

단신식의 구성

break-make ratio 단속비(斷續比) 회선을 단속시킬 때의 「단」의 시간과 「속」의 시간과의 비율.

breakover 브레이크오버 사이리스터를 OFF 상태에서 ON 상태로 이행시키는 것. 사이리스터의 주전압-전류 특성에서 주전압이 최대가 되고, 미분 저항이 제로가 되는 점을 브레이크오버점이라 하고, 이것을 넘어서면 ON 상태로 이행된다.

breakover current 브레이크오버 전류(−電流) 사이리스터에서 브레이크오버 점에서의 주 전류.

breakover point 브레이크오버점(−點) 사이리스터에 있어서 주 전압-전류 특성상의 점에서 차분 저항이 0으로 되어 주전압이 최대값에 달하는 점.

breakover voltage 브레이크오버 전압(−電壓) 사이리스터에서 양극, 음극간 전압이 낮으면 비도통 특성을 나타내지만, 전압을 높이면 갑자기 전류가 증가하기 시작하여 끝없이 흐르려고 한다. 이 전압을 브레이크오버 전압이라 한다. 이 전압은 게이트 전류에 의해서 변화한다. 게이트 전류가 많아지면 브레이크다운 전압은 낮아진다.

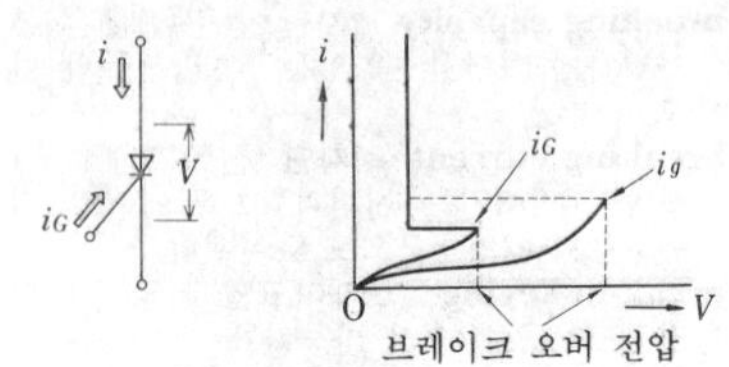

브레이크 오버 전압

break point 휴지점(休止點) 컴퓨터의 동작을 감시하기 위해 루틴 도중에 특정한 명령을 두고, 필요에 따라 계산을 일시 정지할 수 있도록 한 장소.

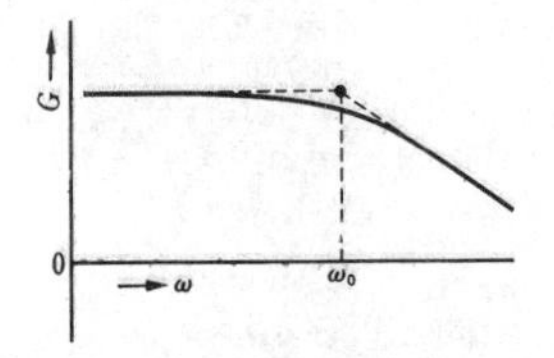

breathing 호흡 작용(呼吸作用) 탄소 마이크로폰에서 탄소실의 열적인 팽창·수축에 의해서 생기는 저항 변화에 의한, 전기 출력의 완만한 주기 변화.

breeder 증식로(增殖爐) 원자 연료의 증식을 목적으로 하는 원자로. 우라늄 235의 핵분열로 생긴 중성자가 우라늄 238에 흡수되어 생기는 플루토늄 239는 핵분열 물질이며, 소비한 우라늄 235보다도 생긴 플루토늄 239쪽이 많으면 핵 에너지를 꺼내면서 다른 핵연료가 재생되기 때문에 매우 유효하다. 다만, 이 증식로는 고속 중성자를 사용하기 때문에 기술적으로 많은 문제가 있어, 장래의 실용화를 지향하여 각국에서 활발히 연구가 진행되고 있다.

breezeway 브리즈웨이 컬러 전송을 위한 텔레비전 동기 파형에서 수평 동기 펄스의 끝 부분부터 컬러 버스트 기점까지의 시간 간격.

B-register B 레지스터 =index register

Brewster angle 브류스터각(-角) 유리 표면에서 빛이 정반사할 때 P 편광에 대한 반사율이 0으로 되는 입사각이다. 반사광은 S 편광만이 된다. 즉 브류스터각으로 입사하는 빛이 직선 편파 반사광이 되는 것이다. =polarizing angle

Brewster's law 브류스터의 법칙(-法則) 빛이나 전자 빔의 굴절에 관한 법칙으로, 굴절률 n의 투명한 물질에 $\tan\delta=n$으로 정해지는 편향각 θ로 입사하는 빛의 반사광은 완전한 직선 편광으로 되어 빛의 입사면에 수직으로 편광한다. 이것을 브류스터의 법칙이라 한다.

bridge circuit 브리지 회로(-回路) 임피던스 Z_1, Z_2, Z_3, Z_4가 그림 (a)와 같이 접속된 회로를 말하며, 측정기에서는 Z_5의 곳에 검출기가 두어진다. 이것을 바꾸어 그리면 그림 (b)와 같이 되며, 직렬이나 병렬이 아니고 특별한 접속으로 되어 있다. 브리지가 평형하고 있을 때는 합성 임피던스는 옴의 법칙에 의해서 간단히 구해지나, 평형하고 있지 않을 때는 Δ-Y(델타 스타) 변환이나 키르히호프의 법칙을 쓰지 않으면 안 된다.

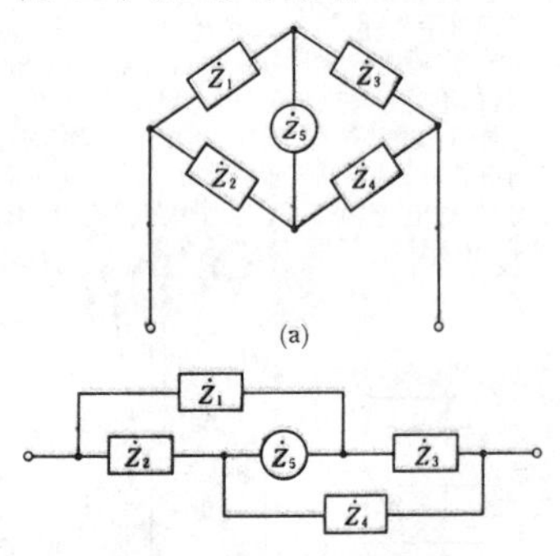

bridge cut-off connection BCO 접속(-接續) 전화 회선을 교락하고 있는 접속선을 통화시에 차단하여 통화로를 구성하는 접속법.

bridged-T network 교락 T형 회로(橋絡-形回路) T 회로에서 제 4의 분기를 T의 두 직렬 암(arm) 양단에 접속하여 만들어지는 그림과 같은 회로.

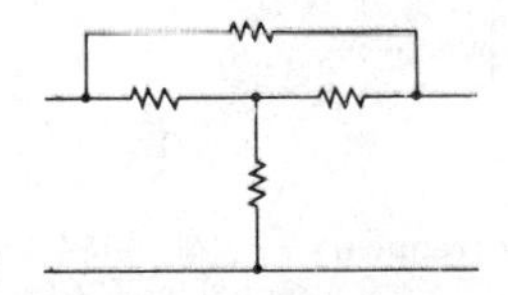

bridge duplex system 브리지 동시 송수신 통신 방식(-同時送受信通信方式) 임피던스 평형에 의해서 송신 전류에 대한 수신 장치의 본질적인 중립이 얻어지는 휘트스톤 브리지의 원리에 입각하는 동시 송수신 통신 방식.

bridge input circuit 브리지 입력 회로(-入力回路) 한 끝에 검출 소자, 다른 끝에 비교 소자가 있는 브리지로 구성되는 아날로그 입력 회로.

bridge network 브리지망(－網) 2 단자 소자만을 포함하는 비교적 소규모의 회로로서 직병렬 회로가 아닌 것을 말한다. 휘트스톤 브리지는 그 특별한 예이다.

bridge rectifier 브리지 정류 회로(－整流回路) 양파 정류 회로의 일종으로, 다이오드를 4 개 브리지 모양을 접속하여 정류하는 회로. 중간 탭이 있는 트랜스를 사용하지 않아도 되는 이점이 있다.

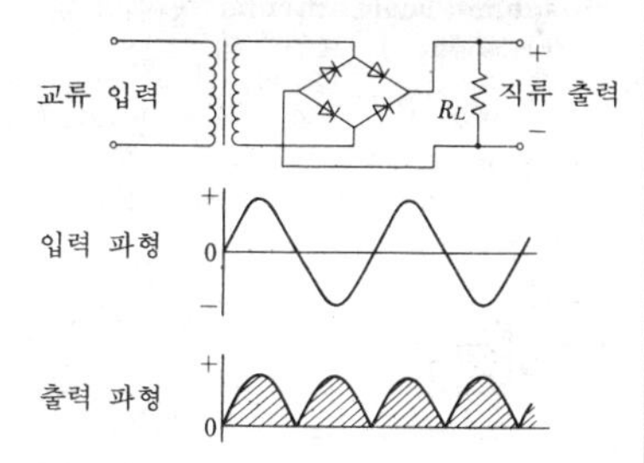

bridge stabilized quartz oscillator 브리지형 수정 발진기(－形水晶發振器) 그림과 같이 증폭기 출력의 일부가 브리지를 통해서 정궤관된 구조의 발진기. 브리지의 1 변에는 수정 진동자, 그 대향변에는 비직선 저항(백열 전구)이 사용된다. 수정 진동자가 공진하고 있을 때는 브리지의 입력과 출력간의 위상차는 180°가 된다. 비직선 저항은 브리지를 자동적으로 평형시켜 진폭 제한을 한다.

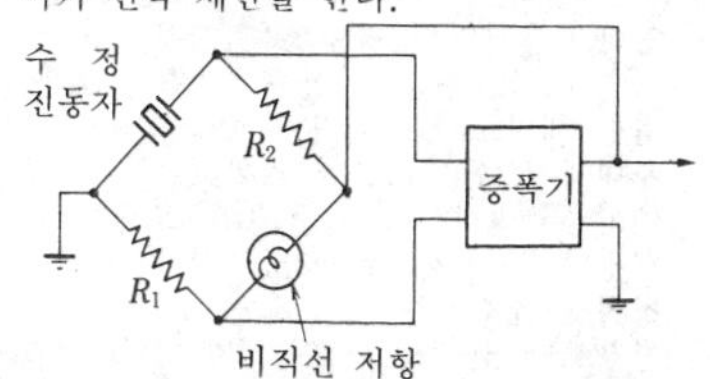

bridge T-type resistance attenuator 브리지 T 형 저항 감쇠기(－形抵抗減衰器) 회로 소자가 T 형인 가변형 저항 감쇠기의 일종. 부하에 R을 접속하면 입력측에서 볼 때 브리지가 되고, $R_1R_2=R^2$이면 회로는 완전히 평형한다. $R_1R_2=R^2$의 관계를 유지하면 정(定) 임피던스로 감쇠량만이 변화한다.

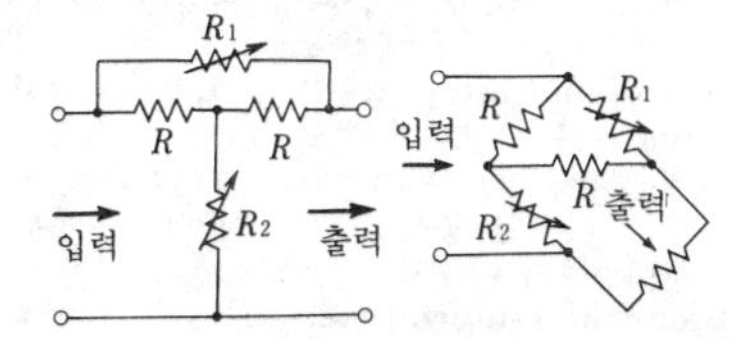

bridge-type automatic balancing meter 브리지식 자동 평형 계기(－式自動平衡計器) 저항값의 변화로 변환할 수 있는 각종 공업량을 자동적으로 지시, 기록하는 장치. 피측정 저항을 한 변으로 하는 브리지의 불평형 전압을 증폭하고, 그 전압에 의해서 서보모터를 회전시킨다. 브리지의 비례변은 모두 저항기로 되어 있으며, 그 접동판에 서보모터의 회전이 전해져서 불평형을 수정하는 방향으로 접동판이 이동되므로 브리지는 평형한 상태로 정지한다. 따라서, 접동판에 부착한 지침 및 펜에 의해서 피측정 저항의 값을 지시, 기록할 수 있다.

bridge-type relay 브리지형 계전기(－形繼電器) 영구 자석의 자속과 입력 전류에 의해서 만들어지는 자속이 병렬로 동작하도록 만들어진 유극 계전기.

bridging 브리징 ① 하나의 전기 회로를 다른 전기 회로와 병렬로 접속하는 것. ② 전화 교환기의 선택 스위치에서 인접한 두 접점에 접촉하도록 가동 접점의 폭을 넓게 잡고 접점을 건너갈 때 회로가 끊어지지 않도록 한 스위치 동작. ③ 일반적으로 접점의 조합 구조에서의 메이크 · 브레이크(MBB) 동작.

bridging amplifier 분기 증폭기(分岐增幅器) CATV 에 사용하는 장치의 하나로, 궤전선에서 영상 신호를 분기한 다음 감쇠량을 보상하기 위해 사용하는 증폭기. TV 의 전 주파수대(VHF 채널부터 UHF 채널까지)를 커버하는 것과 VHF 채널 또는 UHF 채널 전용의 것이 있다. 궤전선에 사용되는 동축 케이블에서는 일반적으로 신호는 주파수의 평방근에 비례하므로 증폭기는 주파수의 평방근 특성을 갖게 하고, D 레인지가 넓은 것이 요구된다. 이 증폭기는 수상기 회로에 직접 접속되지 않고 분기로 도중에 삽입된다. ＝BA

bridging gain 브리지 이득(－利得) 주회로에 브리지 접속된 트랜스듀서가 그 부하 Z_B에 주는 신호 전력과 주회로의 부하

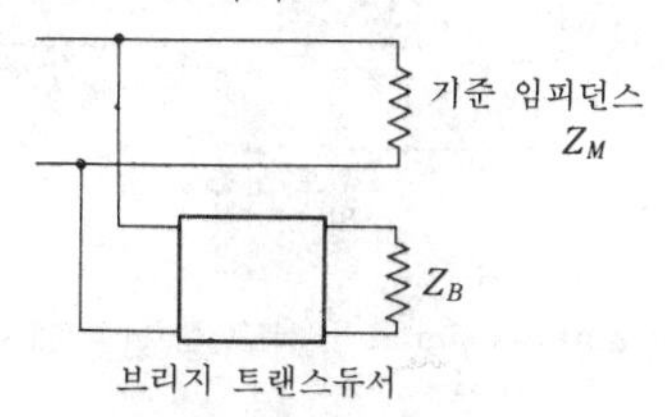

Z_M에 주는 신호 전력의 비.

bridging loss 브리지 손실(-損失) ① 어느 회로에서 브리지 개소를 지나 전방의 부하에 주어지는 신호 전력(브리지 요소를 잇기 전의)과 브리지 개소에 브리지 요소를 접속한 다음의 신호 전력의 비. → bridging gain. ② 브리지 이득의 역수. 보통 데시벨로 주어진다. 이것은 일종의 삽입 손실이다.

brightness 밝기, 휘도(輝度) 눈에 보이는 물체의 밝기에 대해서 느껴지는 성질. 휘도는 자위적(字義的)으로는 관찰자의 눈(또는 마음)으로 느낀 것을 말하며, 야간의 촛불은 백열 전등하에서의 촛불보다도 밝게 보인다. 주관적인 값은 물리 장치에서는 측정할 수 없으나 휘도는 밝기의 정도(방사 에너지)로서 측정할 수 있다. 색의 휘도 요소는 색상이나 채도(彩度)와는 다르다.

brightness control 휘도 조절(輝度調節) 텔레비전 수상기나 브라운관 오실로스코프의 브라운관 형광면의 밝기를 조절하는 것, 또는 그 조절 장치를 말한다. 보통, 브라운관의 제어 그리드(제 1 그리드) 전압 또는 음극 전압을 변화시켜서 하고 있다. 그림은 음극 전압에 의해서 휘도 조절을 하는 예이다.

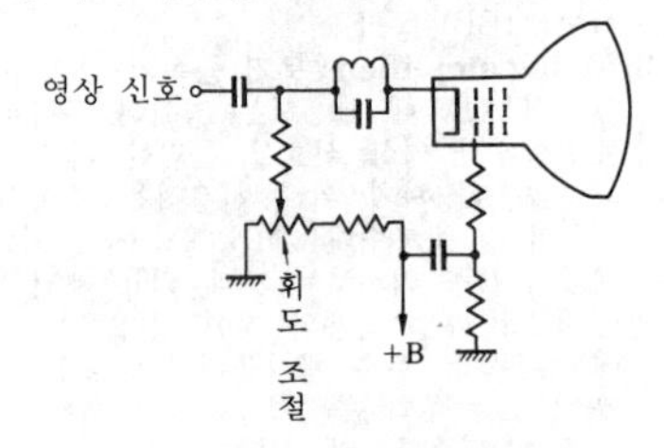

brightness modulation 휘도 변조(輝度變調) 브라운관 형광면의 광점 밝기를 신호 전압의 크기에 비례하여 변화시키는 것. 휘도 변조는 브라운관의 제어 그리드 또는 음극에 신호를 가해서 한다.

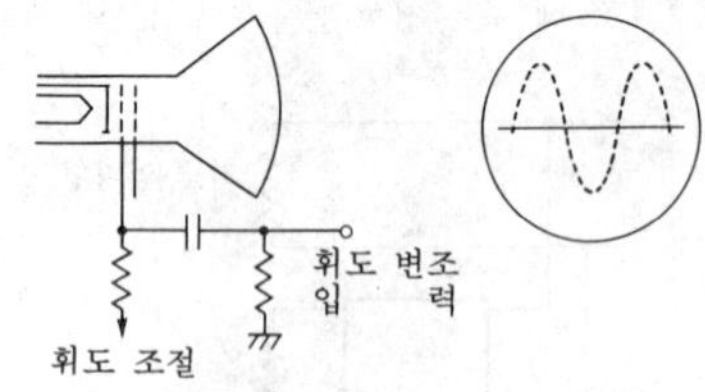

brightness signal 휘도 신호(輝度信號) →Y signal

brilliance 휘도(輝度) 예를 들면, 음극선관(CRT) 스크린의 밝기와 명료성의 정도를 나타내는 것.

broadband 브로드밴드, 광대역(廣帶域) 고속 데이터 전송을 할 때 사용하는, 음성 대역 통신로보다 큰 대역폭을 갖는 통신로.

broadband amplifier 광대역 증폭기(廣帶域增幅器) =video amplifier

broadband beam antenna 광대역 빔 안테나(廣帶域-) 보통의 빔 안테나에 비해 다룰 수 있는 주파수의 대역이 넓어지도록 배려된 안테나. 각 소자 말단까지의 거리를 궤전점에서 모두 같게 함으로써 주파수가 변화해도 각 소자의 전류가 동상을 유지할 수 있도록 되어 있다.

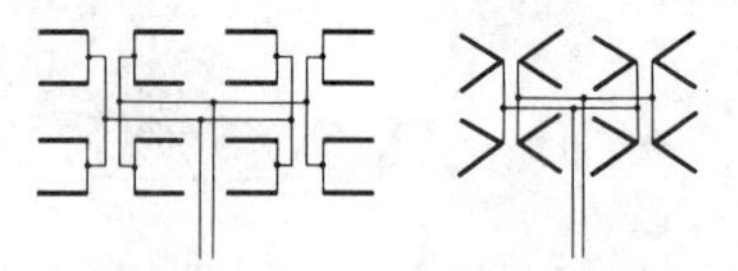

broadband coaxial cable LAN 광대역 동축 케이블에 의한 근거리 통신망(廣帶域同軸-近距離通信網) 동축 케이블을 전송 매체로 하고, 전송 방식에 광대역 방식을 이용한 근거리 통신망(LAN). 단일 채널 신호를 보내는 베이스밴드 방식의 LAN과 대비된다. 광대역 방식에서는 주파수 분할 다중에 의해 복수의 채널로 대역 분할하고 각각 독립한 신호를 보낼 수 있다. 통신의 양방향성을 확보하기 위하여 데이터, 음성, 영상 등 각종 용도에 적합한 대역으로 분할하여 할당할 수 있다. 광대역 동축 케이블에 의한 LAN은 동축 케이블, 방향성 결합기, RF 모뎀으로 구성된다. 방향성 결합기는 동축 케이블에 장치를 접속하는 경우에 신호를 단일 방향으로만 전송할 수 있게 한 결합기이다. RF 모뎀은 DA, AD 변환 및 특정 주파수로의 변조를 한다.

broadband communication network 광대역 통신망(廣帶域通信網) 음성 대역보다도 넓은 대역을 갖는 전송로를 단위로 한 통신망으로, 고속 데이터 전송, TV 전화, 고속 팩시밀리 등의 전송에 사용된다. =BCN

broadband integrated services digital network 광대역 정보 통신망(廣帶域情報通信網) 멀티미디어화와 광대역화를 통합한 디지털 통신망으로, 차세대의 통신 서비스로서 기대되고 있다.

broadband interference 광대역 간섭(廣

帶域干涉) 매우 넓은 스펙트럼 분포를 가지며, 규정의 수신 대역폭을 갖는 측정용 수신기가 충분히 응답할 수 없는 방해파를 말한다.

broadband ISDN 광대역 종합 정보 통신망(廣帶域綜合情報通信網) =B-ISDN

broadband network 광대역 네트워크(廣帶域-) 수 10 MHz~수 100 MHz 대의 반송 주파수를 사용하는 네트워크. 동축 케이블이나 광섬유 케이블을 사용하여 동일 케이블 내에서 화상, 음성, 디지털 정보 등 복수의 정보를 혼재시켜서 양방향으로 전송할 수 있다. 근거리 통신망(LAN)이나 CATV 망에서 사용된다.

broadband radio noise 광대역 무선 잡음(廣帶域無線雜音) 잡음 측정기의 공칭 대역에 비해서 넓은 대역을 갖는 무선 잡음. 이 잡음의 주파수 스펙트럼은 잡음 측정기로 분리할 수 없을 정도로 조밀하고 고르게 분포하고 있다.

broadband tube 광대역관(廣帶域管) 고주파 스위칭에 적합한 모양의 대역 필터를 내장한 가스 봉입 고정 동조 전자관.

broadcast 동보 통신(同報通信) 복수의 장소로 같은 내용의 정보나 메시지를 동시에 보내는 것. =broadcast communication

broadcast band 방송대(放送帶) 방송을 위해 할당된 반송 주파수를 포함하는 주파수 대역. 표준 방송대라고 하며, 우리나라에서는 중파 라디오는 535~1605 kHz 를, FM 방송은 88~108MHz, VHF 텔레비전 방송은 90~108MH 및 170~216MHz, 또 UHF 텔레비전 방송은 470~770MHz 가 사용된다. 또한 단파 방송은 3.9~26.1MHz 사이가 할당되고 있다.

broadcast communication 동보 통신(同報通信) =broadcast

broadcasting by transmission line 송전선 방송(送電線放送) 특별 고압 송전선을 방사체로서 이용하여 표준 방송을 하는 것. 송전 선로의 코로나 잡음에 의한 라디오의 수신 방해에 의한 난청 지역을 해소하기 위해서 실시되는 것으로, 발전소나 개폐소 등에서 전력선 반송용 결합 콘덴서에 의해 송신기와 송전선을 결합시키고, 여기에 방송 전파를 싣도록 한다. 송전선에 직접 잡음 방지 조치를 강구하는 것이 곤란하거나 경제적으로 불리한 경우에 쓰인다.

broadcasting network 방송망(放送網) 복수의 국이 유선 또는 무선으로 연락되어 방송 프로를 서로 교환하도록 한 것.

broadcasting satellite 방송 위성(放送衛星) 방송용 전파를 중계하기 위한 통신 위성.

broadcasting satellite amplitude modulation system BS-AM 방식(-方式), 위성 방송 진폭 변조 방식(衛星放送振幅變調方式) 위성 방송을 수신할 때 일반적인 UHF, VHF 텔레비전 수상기로 수신할 수 있도록 위성 방송의 신호를 일반 UHF, VHF 방송의 전파 형식으로 변환하는 방식. BS 튜너 출력의 음성 신호와 영상 신호에서 재차, 영상은 AM 변조, 음성은 FM 변조하여 내보내기 때문에 BS 토너 출력을 직접 AV 텔레비전 등으로 수신하는 경우에 비해서 품질의 열화는 피할 수 없으나 동축 케이블 하나로, 또 기존의 설비를 이용할 수 있는 간편함이 있다.

broadcasting satellite antenna BS 안테나, 위성 방송 안테나(衛星放送-) 위성 방송 수신용 안테나의 명칭으로, 일반적으로 파라볼라 안테나가 사용되고 있으나 평면형 안테나도 실용되고 있다. =BS antenna

broadcasting satellite converter BS 변환기(-變換器), 위성 방송 변환기(衛星放送變換器) 위성 방송 수신용의 변환기(주파수 변환기)를 말한다. 위성 방송은 12GHz 대이기 때문에 동축 케이블에 의한 전송 손실이 크므로 변환기는 안테나 부분에 설치된다. =BS converter

broadcasting satellite intermediate frequency BS-IF 방식(-方式), 위성 방송 중간 주파수 방식(衛星放送中間周波數方式) 위성 방송을 수신할 때 위성 방송의 주파수가 12GHz 대이므로 동축 케이블에서의 전송 손실이 크기 때문에 실내까지 직접 인입하지 않고 BS 안테나의 곳에서 BS 변환기에 의해 1GHz 대의 중간 주파수(BS-IF)로 변환한 다음 동축 케이블로 실내의 BS 튜너까지 전송하는 방식.

broadcasting satellite tuner BS 튜너, 위성 방송 튜너(衛星放送-) 위성 방송 수신용의 튜너. 1GHz 대의 BS-IF(위성 방송의 중간 주파수)에서 원하는 방송을 선국하고 FM 복조에 의해 영상 신호를, PCM 복조에 의해 음성 신호를 재생하고 있다. 또, 일반 UHF, VHF 텔레비전 수상기로 수상할 수 있도록 재생된 영상 신호나 음성 신호를 다시 AM 변조, FM 변조하는 회로를 내장한 것도 많다. = BS tuner

broadcasting via satellite 위성 방송(衛星放送) 위성을 이용하여 직접 가정 등의

최종 수신자에게 전파를 보내는 것을 목적으로 한 방송 서비스.

broadcast interference 방송 방해(放送妨害) =BCI

broadcast listener 방송 청취자(放送聽取者) =BCL

broadside array 브로드사이드 어레이 안테나 최대 방사 방향이 어레이의 배열면에 대하여 직각인 방향이 되는 1차원 또는 2차원의 어레이 안테나.

Brooks inductometer 브룩스형 가변 유도기(－形可變誘導器) 표준의 자기 유도기로서 사용되고 있는 가변형 인덕턴스. 가변식의 인덕턴스는 어느 것이나 고정과 가변의 두 코일을 사용하여 결합도를 바꾸고 있으나, 이 형은 대향(對向) 면적을 바꾸어 결합도를 변화시키고 있다.

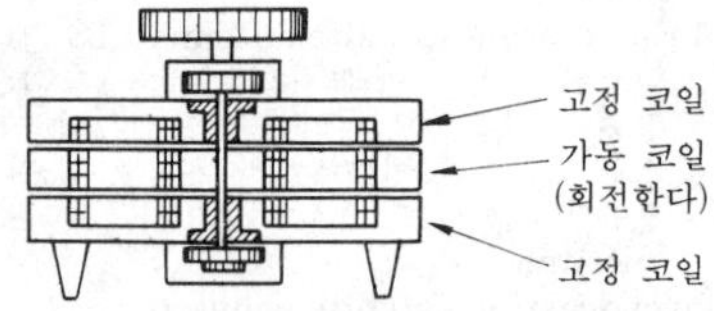

Broun tube 브라운관(－管) 1897 년 브라운(K. F. Braun, 독일)에 의해서 발명된 전자관으로, 음극선관이라고도 하며, 전자 현상을 관측하는 데 사용한다. 전자총에서 나온 전자 빔을 형광면에 대서 광점을 만들고, 수평, 수직 양방향의 편향 전극 혹은 편향 코일에 의한 전계 또는 자계의 작용에 의해서 전자 빔을 편향시켜, 그에 따른 광점의 궤적을 관측할 수 있도록 한 것이다. 측정용, 텔레비전용, 레이더용 등 용도에 따라 각종의 것이 있다.

Brown antenna 브라운 안테나 초단파대에서의 $\lambda/4$ 의 접지 안테나에 해당하는 무지향성 안테나의 일종. 동축 선로의 내부 도체를 $\lambda/4$ 연장하여 방사기로 하고, 외부 도체의 종단에서 수평으로 $\lambda/4$ 의 방사상 도체를 4개 둔 것이다. 동축 선로와의 접속점 임피던스가 매우 작아져서 접지한 것과 같게 된다.

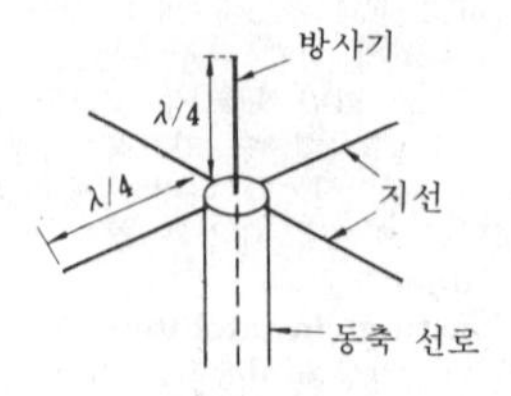

BS 영국 국가 규격(英國國家規格)[1], 위성 방송(衛星放送)[2], 후퇴 문자(後退文字)[3]
(1) British Standard Institution 의 약어. 우리 나라의 KS에 해당한다.
(2) broadcasting satellite 의 약어. 통신 위성을 이용한 위성 방송. 위성 방송 수신용 안테나, 변환기, 튜너를 각각 BS 안테나, BS 변환기, BS 튜너라 부르고 있다. BS 수신에는 AV 텔레비전 수상기 등으로 수상하는 BS-IF방식과 일반 UHF, VHF 텔레비전 수상기로 수상하는 BS-AM 방식이 있다.
(3) =backspace character

BSA 2진 동기 어댑터(二進同期－) =binary synchronous adapter

BS-AM system BS-AM 방식(－方式), 위성 방송 진폭 변조 방식(衛星放送振幅變調方式) =broadcasting satellite amplitude modulation system

BS antenna BS 안테나, 위성 방송 안테나(衛星放送－) =broadcasting satellite antenna

BSC 2진 동기 통신(二進同期通信) =binary synchronous communication

BS converter BS 변환기(－變換器), 위성 방송 변환기(衛星放送變換器) =broadcasting satellite converter

B scope B 스코프 →radar display

BS-IF system BS-IF 방식(－方式), 위성 방송 중간 주파수 방식(衛星放送中間周波數方式) =broadcasting satellite intermediate frequency

BSO 비스무트 규소 산화물(－珪素酸化物) =bismuth silicon oxide

BS tuner BS 튜너, 위성 방송 튜너(衛星放送－) =broadcasing satellite tuner

BTAM 기본 통신 접근 방식(基本通信接近方式) basic telecommunication access method 의 약어. 데이터 전송 단말은 일반적으로 입출력 장치와는 다르므로 데이터 전송에 적합한 기본 접근 방식을 채용하는데, 이 방식을 말한다. 데이터의 전송 요구에는 READ, WRITE 매크로 방식을 사용하고 데이터 전송과 프로그램의 동기를 잡기 위하여 WAIT 매크로를 사용한다.

BT-cut BT 판(－板) 수정 공진자에 사용하는 진동판을 수정의 결정에서 잘라낼 때의 형상을 나타내는 명칭의 일종. →R-cut

BTL 비 티 엘 balanced transformerless 의 약어. 푸시풀 동작의 상보형 증폭기를 2조 사용하여 이들 각 조의 증폭기 출력 단자간에 부하(예를 들면 스피커)를 접속하고, 입력 신호를 180° 벗어나게 하여 동작시키도록 한 평형형 회로이다. 그림에서는 AB 급 동작의 경우를 나타내고 있으나, 바이어스의 값에 따라서 A 급 혹은 B 급 동작도 가능하다. 출력 트랜스 등은 불필요하다. 상보형 증폭기를 좌우 어느 한 쪽만을 사용할 때는 부하는 한 쪽을 접지한 싱글엔드형(single-ended)이 된다.

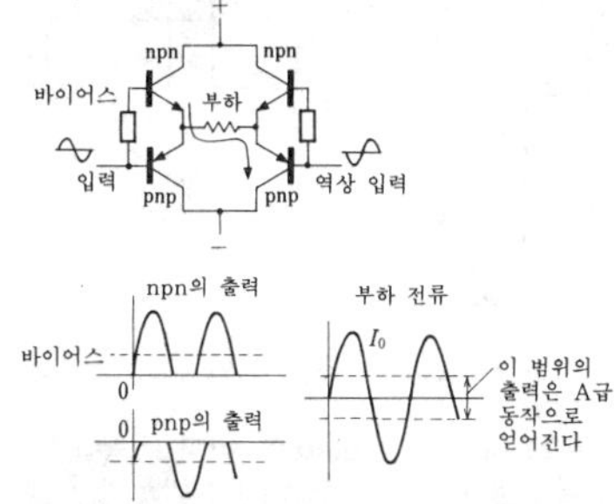

BTRON 비즈니스 트론 트론 프로젝트의 일부로, 비즈니스용으로 개발된 운영 체제(OS)의 명칭. =Business TRON

BTT 벌리스틱 트랜스포트 트랜지스터 = ballistic transport transistor

bubble 버블 강자성체 결정의 박막에 자계를 가했을 때 생기는 미소한 원통 자구(磁區). 본질적으로 시프트 레지스터의 형태를 취한다.

bubble device 버블 부품(−部品) 페라이트 등의 자기 박막에 생기는 자기 버블의 성질을 이용하여 기억 동작이나 논리 동작을 시키도록 한 부품.

bubble domain 거품 자구(−磁區), 자기 버블(磁氣−) 오르토페라이트(orthoferrite)나 가닛(garnet)과 같은 보자력이 큰 자성체의 박막을 막면에 수직으로 자화한 다음 반대 방향의 자계를 가하면 자화가 완전히 역전하기 직전에 그림과 같은 원형의 자구를 내부에 발생한다. 자화를 이 상태로 안정시킨 것을 거품 자구(자기 버블)라 하고, 외부 자계의 작용에 의해서 막면 내를 규칙적으로 이동시킬 수

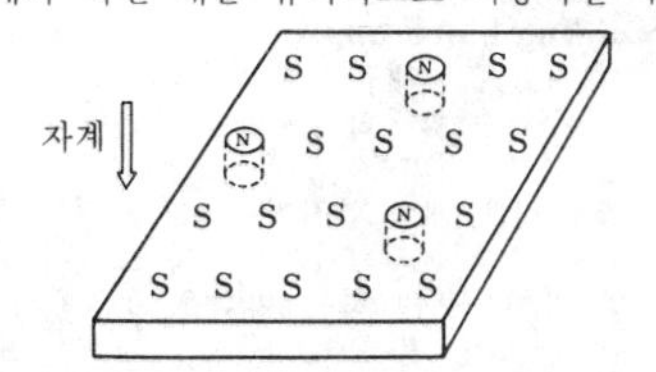

있으므로 논리 소자나 기억 소자를 만드는 데 이용한다.

bubble memory 버블 기억 장치(−記憶裝置) 페라이트 등의 자성막에 존재하는 자기 버블의 유무를 "1", "0"으로 나타내는 정보 담체라고 생각하고, 그 배열에 의해서 기억 작용을 시키는 것. 버블 열을 자계에 의해 발생부에서 혹은 검출부로 막면 내를 이동시키므로 자기 디스크 기억 장치와 같이 가동부를 갖지 않는다. 호출 시간의 평균은 1~ 5ms, 사이클 시간은 3~10ms 이다.

bucket 버킷 ① 적당한 크기를 가진 한 덩어리의 양으로서 다루어지는 전기량, 정보량 혹은 장소적으로 그 확산을 제약된 파동 에너지(파속이라 한다) 등을 의미하는 용어. ② 데이터 통신에서 쓰이는 데이터 단위로, 헤더부와 데이터부로 구성된 것. 전자는 그 패킷의 수신처 기타의 정보를 수용하고 있다.

bucket brigade device 버킷 브리게이드 소자(−素子) 전하 전송 소자의 일종으로, 그림과 같은 구조(단면)로 되어 있다. MOS 형 전계 효과 트랜지스터와 정전 용량을 넣어서 배열한 것이라고 생각되며, 외부로부터의 클록 펄스에 의해 한 곳의 정전 용량에 축적된 전하를 다른 인접하는 정전 용량으로 전송하는 것이다. 그 사이의 전하 수수가 버킷 릴레이와 같은 상태이기 때문에 버킷 브리게이드 소자라 부르고 있다. 이 소자는 디지털량의 스프트 레지스터 뿐만 아니라 아날로그량의 시프트 레지스터를 만들 수도 있다. 또, 그 구조상 빛에 의한 직접 입력을 할 수 있기 때문에 광 이미지 센서로서도 응용되고 있다. =BBD

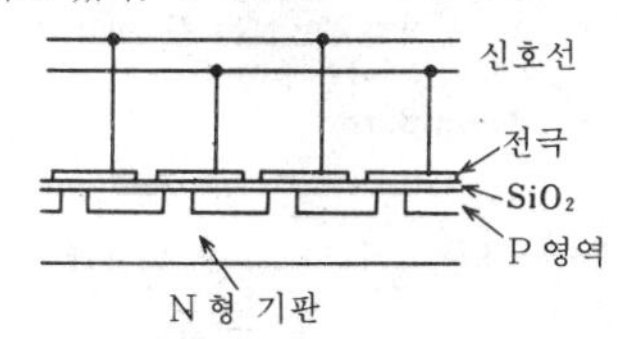

bucking coil 버킹 코일, 상쇄 코일(相殺−) 다른 코일에 의해서 만들어지는 자계와 반대 자계를 만들도록 감겨지고, 배치된 코일. 예를 들면, 스피커의 험버킹 코일. →hum-bucking coil

buffer 버퍼 ① 구동 장치가 구동되는 장치로부터의 반작용을 받지 않도록 그 중간에 두는 격리 장치 혹은 반작용 흡수 장치를 말한다. 회로의 경우에는, 버퍼는 높은 입력 임피던스와 저출력 임피던스를

갖는다. 큰 팬 아웃(fan out) 용량을 얻기 위해, 혹은 출력 전압 레벨을 변경할 목적으로 쓰인다. →buffer amplifier. ② 어느 디바이스에서 다른 디바이스로 정보를 전송할 때 정보의 흐름 속도가 다르다든지, 정보의 발생 시점이 다를 때 이것을 보상하기 위해 사용하는 잠정적인 기억 장치 또는 그 장소. =buffer register. ③ 주기억 장치에서 입력 영역 또는 출력 영역으로서, 즉 외부 기억 장치에서 혹은 외부 기억 장치로 데이터가 옮겨지는(주기억 장치 내의) 영역으로서 쓰이는 부분.

buffer amplifier 완충 증폭기(緩衝增幅器) 수정 발진기(주발진기)는 부하의 변동에 의해서 발진 주파수가 변화하는 일이 있다. 따라서, 다음 단 증폭기의 영향으로 발진 주파수가 변동하지 않도록 양자를 격리하기 위해 완충 증폭기가 사용된다. 이 증폭기에서는 단간 결합을 되도록 성기게 하여 사용한다. 단지 버퍼라고도 한다.

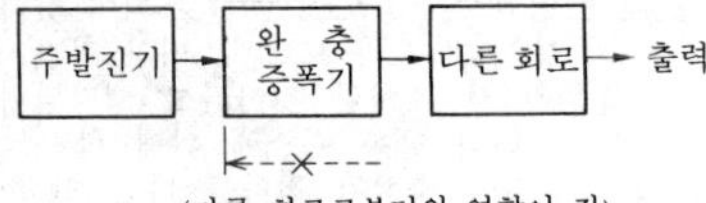

buffer battery 완충 축전지(緩衝蓄電池) 부하나 전원에 병렬로 접속하여 그들의 변동분을 흡수해서 동작을 안정화시키기 위한 축전지. 부동 전지라고도 한다. →AC floating storage-battery system

buffer circuit 버퍼 회로(-回路), 완충 회로(緩衝回路) 논리합 회로를 말하며, 독립하여 동작할 수 있는 두 회로가 있다고 생각되므로 이렇게 불린다.

buffered computer 버퍼 컴퓨터 주변 기기와 중앙 처리 장치 사이에 버퍼 기억을 가진 컴퓨터.

buffered I/O 버퍼에 의한 입출력(-入出力) 버퍼는 I/O 동작을 효과적으로 하기 위해 사용되는 완충용 기억 장치이다. I/O 를 빈번하게 하기보다는 버퍼가 가득 차거나 비었을 때만 한 번에 큰 양으로 입출력할 수 있게 한다. C 언어에서는 표준 I/O 라이브러리가 있어서 C 프로그램은 버퍼 I/O 의 이점을 이용할 수 있게 되어 있다.

buffer/latch 버퍼/래치 버퍼와 래치의 조합 장치로, 컴퓨터의 내부 버스와 외부 버스의 인터페이스부에 설치되고 데이터를 일시적으로 축적하고, 적시에 이것을 클록에 의해서 제어하여 출력하는 기능을 가지고 있다. 양방향으로 데이터를 수수하기 위해서는 2개의 3스테이트 로직을 써서 제어 신호에 의해 상행, 하행을 구분 사용하도록 한다. →buffer, latch

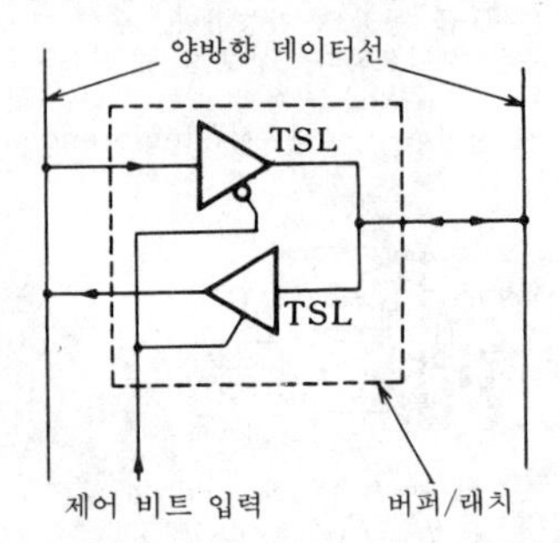

buffer memory 완충 기억 장치(緩衝記憶裝置) =buffer storage

buffer output register 버퍼 출력 레지스터(-出力-) 내부의 기억 장소에서 데이터를 받아 자기 테이프와 같은 출력 매체에 전송하는 버퍼 역할을 하는 장치.

buffer register 버퍼 레지스터 컴퓨터에서 각 장치간의 데이터 전송을 하는 경우, 장치의 동작 시간 차이에 의한 데이터 소실을 방지하기 위해 일시적으로 데이터를 유지하는 데 사용되는 레지스터.

buffer storage 완충 기억 장치(緩衝記憶裝置) 컴퓨터에서, 예를 들면 입출력 장치와 컴퓨터 본체와 같이 서로 동작 보조가 다른 두 장치간에서 속도나 시간 등의 조정을 한다든지, 양자를 독립적으로 동작시킨다든지 하기 위한 기억 장치로, 동기 장치로서도 사용된다.

bug 버그 컴퓨터의 프로그램 실행 중에 생기는 착오 또는 오동작의 원인이 되는 프로그램의 불량 개소를 말하는데, 이것은 주로 명령의 잘못 사용에 의해 생기는 문제로, 잘못된 논리 처리를 일으키거나 실행이 정지되는 경우도 있다. →debug

bugging height 버깅 높이 반도체 칩의 플립 칩(flip chip) 본딩 구조에서 기판과 그와 마주본 칩면 사이의 간격.

building block approach 빌딩 블록 방식(-方式) 대규모 집적 회로(LSI)의 레이아웃 수법의 하나. 빌딩 블록이라고 하는 직사각형의 회로 블록으로 이루어지는 셀을 다수 개 조합시키고, 자동 배치 배선 혹은 사람 손의 선계에 의해 LSI 칩 전체의 레이아웃을 하는 방식을 총칭해서 말한다. 빌딩 블록 방식은 풀 커스텀 또는 세미커스텀 LSI 의 설계에 널리 적용할 수 있다. 이 방식의 LSI 의 가장 단순한 형이 표준 셀 방식 LSI 이고, 복잡한 형의 것으로는 기능 셀 방식 LSI 가 있다. 기능 셀 방식 LSI(functional cell approach LSI)는 LSI 를 설계할 때 전 회로를 기능 분할하여 각 기능 블록마다 직사각형의 기능 셀로서 레이아웃 설계하고, 그 후 각 기능 셀을 조합시켜서 전체의 레이아웃 설계를 하는 LSI 이다.

building block principle 빌딩 블록 방식(−方式) 시스템 설계법으로서 각종 장치 유닛(복수)을 부가함으로써 큰 시스템을 구성하도록 하는 것. 시스템의 효과적이고 경제적인 고기능화를 촉진하기 위해 모듈러성(modularity)의 개념이 그 바닥에 깔려 있다. 빌딩 블록이란 복잡한 구조체를 만들어내기 위한 기초 단위(블록)이다.

building out 보상(補償) 전기적으로 유사한 요소로 이루어지는 구조에 같은 요소를 추가하여 그 전체의 특성을 바람직한 상태가 되도록 하는 것. 예를 들면 콘덴서에 추가하여 전체 용량값을 바람직한 값으로 조정하는 조정 콘덴서를 보상 콘덴서(building-out capacitor)라고 한다.

building-out capacitor 보상 콘덴서(補償−) →building out

building-out line 의사 선로(擬似線路) 반송 회로에는 중계기의 이득을 표준의 감쇠에 대응하도록 일정한 값으로 정해져 있다. 중계소 간격이 표준 길이보다 짧은 경우는 표준의 감쇠량을 얻도록 선로와 같은 특성을 갖게 한 감쇠 회로망을 중계기의 입력측에 넣는다. 이것을 의사 선로라 한다.

building-out network 보상 회로(補償回路) 설계값 이외의 임피던스로 종단(終端)된 전송 선로에 대하여 그 송단측 임피던스를 실현하기 위해 원래의 회로에 부가되는 회로.

built-in check 자동 검사(自動檢査) 기기, 장치의 기능 검사가 미리 그 기기 내에 내장된 검사 기구에 의하여 자동적으로 검사되는 것.

built-in potential 내부 확산 전위(內部擴散電位) 열 평형에 있는 반도체 접합부에서, p 영역에서 n 영역으로의 정공의 확산, 및 n 영역에서 p 영역으로의 전자 확산에 따라 확산을 저지하는 방향으로 생기는 전위의 장벽. 일정한 확산 전위에서 확산이 평형 상태에 이른다. 기호는 φ_i. 확산 전위라고도 한다.

bulge aberration 만곡 수차(彎曲收差) 사이델의 5수차의 하나. 렌즈를 통한 상(像)은 물체가 평면이라도 만곡하여 나타나는 현상을 말한다.

bulk-effect device 벌크 효과 디바이스(−效果−) 그 동작이 벌크 효과에 의존하는 능동성 반도체 디바이스. 벌크 효과란 반도체의 표면이 아니고 물질 전체의 영역 내에서 생기는 현상이다. 예를 들면, 건 효과, 음향 전자 효과 등이다.

bulk generation 내부 생성(內部生成) 반도체의 재료 내부에서 전자-정공 쌍이 생성하여 이것이 표면에서의 방사나 전계의 영향을 받지 않는 상태에 있는 것.

bulk photoconductor 벌크 광도전체(−光導電體) 마이크로파 복조기 등에 사용되는 전력 용량이 큰 광도전체.

bulk semiconductor 벌크 반도체(−半導體) →bulk-effect device

bulletin board service 전자 게시판 서비스(電子揭示板−) =BBS

buncher resonator 번처 공진기(−共振器) 속도 변조관에서 음극에 인접하여 두어진 입력측의 공동 공진기. 음극에서 방출된 빠른 전자와 느린 전자가 여기서 그룹화(집군)되어서 전자 집군이 형성된다.

buncher space 집군 공간(集群空間) 속도 변조관에서 입력 신호에 의한 고주파 전자계가 존재하고, 전자 빔의 속도 변조가 일어나는 가속 공간에 이은 영역.

bunching action 집군 작용(集群作用) 전자 빔이 밀도 변조됨으로써 전자 밀도가 높은 부분이 생기는 현상.

bunching angle 집군각(集群角) 주어진 전자류 드리프트 공간에서 속도 변조 과정과 에너지 추출 과정 사이의 전자 평균 주행각. →transit angle

bundle 번들 ① 케이블에서의 페어선 그룹. ② 다수의 광섬유가 표면에 절연 도장을 하여 혹은 하지 않은 채로 다발로 묶인 것. ③ 컴퓨터 구입 가격 중에 소프트웨어, 주변 기기, 훈련 교육, 보수 등의 각종 서비스도 포함한 일괄 가격. 위와 같은 것이 본체의 하드웨어와 별도 가격으로 되어 있는 언번들 가격과 대비된다.

burglar-alarm system 강도 경보 시스템(强盜警報−) 시스템에 의해 보호된 영역으로의 침입 또는 침입 기도를 신호화한 경보 시스템.

buried cable 매립 케이블(埋立−) 지면을 파고 묻은 케이블.

buried heterostructure laser 매입형 헤테로 접합 레이저(埋入形−接合−) 헤테로 접합 레이저에서 활성 영역이 매입형 구조를 갖는 것.

buried layer 매입층(埋入層) 반도체 기판 내부에 형성된 주위와는 도전율, 도전 형식 등이 다른 반도체층 또는 금속층. 보통 트랜지스터에서의 컬렉터 전류 통로의 저항을 줄이기 위해 쓰인다.

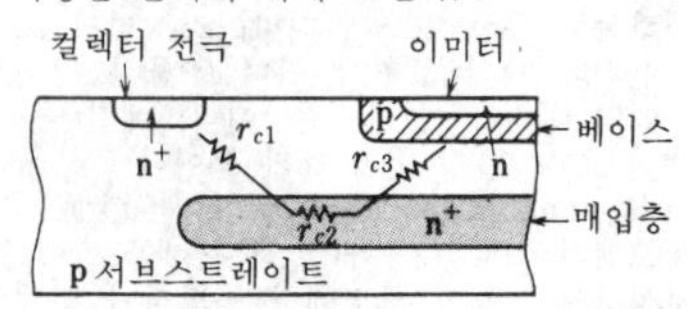

burn in 번인 장치를 실동작에 들어가기 전에 치명적인 초기 고장을 강제적으로 발생시키는 것을 목적으로 연속 통전하는 기간.

burning luminescence 버닝 루미네선스 알칼리 금속(토류 금속을 포함) 또는 그 염류를 알코올 램프의 불꽃 속에 넣으면 불꽃은 각각 고유의 색을 발광한다. 이 현상을 버닝 루미네선스라 한다. 화학 분석의 불꽃색 반응이나 아크 등에 사용된다.

burn-in image 번인 영상(－影像) 텔레비전 촬상관에서 촬상관이 다른 물체(광경)로 향한 다음에도 출력 신호가 고정한 위치에서 지속되는 영상.

burst 버스트 데이터 전송에서 1 단위로 취급되는 연속 신호.

burst amplifier 버스트 증폭기(－增幅器), 버스트 증폭 회로(－增幅回路) 컬러 텔레비전 수상기에 있어서 반송 신호에서 컬러 버스트를 빼내어 증폭하는 그림과 같은 대역 증폭 회로(또는 버스트 증폭기). 수평 동기 신호를 이용하여 컬러 버스트를 분리하는데, 수평 동기 신호의 백 포치와 시간적으로 4.5μs의 차이가 있으므로 지연 회로를 통하여 시간을 일치시키고 있다.

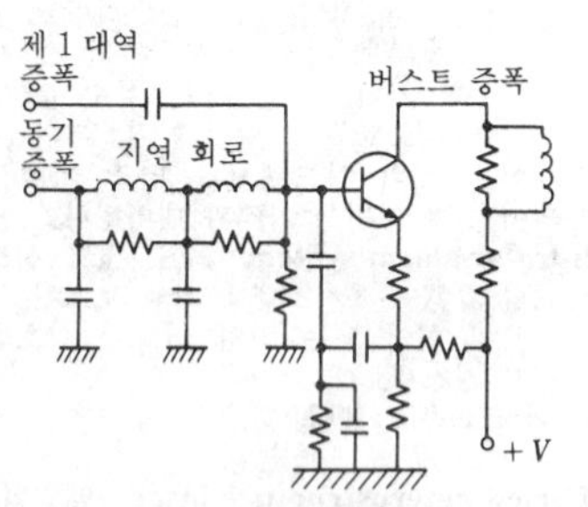

burst error 버스트 오류(－誤謬) 데이터 전송 회선에서 생기는 전송 오류로, 올바른 전송 기간 내에 생기는 비교적 짧은 시간의 연속적인 오류. 디지털 오디오 디스크나 PCM 기록에서 흔히 볼 수 있는 오류이다.

burst flag 버스트 플래그 크로미넌스 부반송파에서 컬러 버스트를 형성할 때 키 또는 게이트에 사용되는 신호.

burst gate 버스트 게이트 컬러 화상 신호에서 컬러 버스트를 추출하기 위한 키 또는 게이트에 사용하는 디바이스 또는 신호.

burst isochronous transmission 버스트 등시 전송(－等時傳送) 공중 데이터망을 통해서 동기 데이터를 버스트상으로 보내서 정보 베어러 채널 상에서의 평균 데이터 신호 속도를 수신 장치의 입력 데이터 신호 속도와 같은 속도로 유지하는 것을 말한다.

burst mode 버스트 방식(－方式) 다중 채널에서의 데이터 전송의 한 방식으로, 입출력 장치에 명령을 주고부터 어떤 양의 데이터 전송이 끝나기까지의 사이, 그 입출력 장치가 채널을 점유하는 것. 다중 채널에 고속의 입출력 장치를 접속할 때 사용한다.

burst separator 버스트 분리 회로(－分離回路) 컬러 텔레비전 수상기에서 복합 화상 신호 속에서 컬러 버스트 신호를 가려내는 회로.

burst transmission 버스트 전송(－傳送) 데이터 전송을 간격을 두고 중단함으로써 데이터망을 이용하는 방법. 이 방법을 쓰면 여러 가지 단말간의 통신이 가능하다.

bury 매입(埋入) ① 어느 장치의 동작을 제어하기 위해 미리 일정한 프로그램이 주어진 컴퓨터(처리 장치)를 그 장치 내에 내장하는 것. ② 바이폴러 IC 나 트랜지스터의 제조 공정에서 컬렉터 아래쪽 기판층 내에 고도전층을 매입해 두어 컬렉터 저항을 줄이도록 하는 것.

bus 버스, 모선(母線) ① 다수 있는 시점 중의 임의의 것에서 다수 있는 종점 중의 임의의 것에 데이터를 전송하기 위한 공통로. ② 컴퓨터의 중앙 처리 장치, 기억

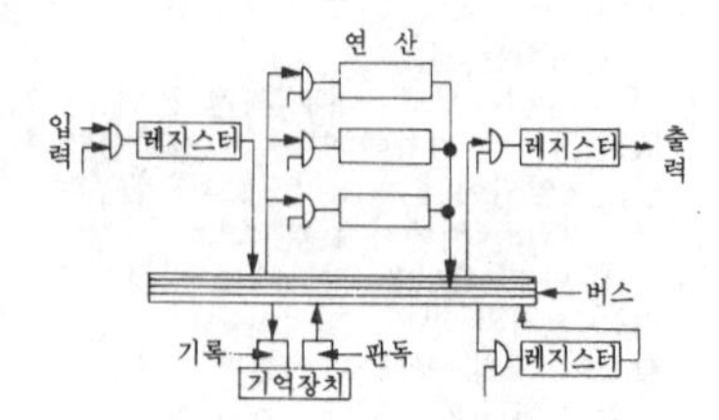

장치와 주변 장치와의 사이와 같은 둘 이상의 기능 단위간의 교신로로서의 기능을 수행하는 회로나 회로군.

bus arrangement 버스 구성(－構成) 하나의 입출력 채널에 대하여 복수의 주변 장치를 접속하는 방식의 하나.

bus checker 버스 체커 버스의 각 신호선의 레벨을 체크하여 발광 다이오드 등으로 표시하는 계측기. 버스의 이상을 알리는 기능을 가진 것도 있다.

bus driver 버스 드라이버 ① 버스 방식에서, 입출력 기기나 메모리를 순차적으로 접속하는 형인 경우, MOS 또는 TTL 의 각 디바이스 간에서는 레벨 변환이 필요하므로 중앙 처리 장치에 적당한 드라이브를 주기 위하여 버스에 넣은 집적 회로. ② 전송 선로에 데이터를 실어서 전송하기 위해 사용하는 구동용 게이트로, 그 출력 임피던스는 선로의 특성 임피던스(보통은 100 Ω 이하)에 정합하도록 설계되어 있다.

business automation 사무 자동화(事務自動化) 현장에서 보내오는 대량의 데이터 또는 사무에 필요한 여러 가지 정보를 기계에 의하여 되도록 신속히 처리하고 그 활용에 의한 경영의 효율적, 합리적 운영을 도모하는 것. 컴퓨터에 의한 데이터 처리가 중심을 이루고, 정보 시스템의 자동화는 이를 대표한다. 이와 동의어로는 오피스 오토메이션(OA).

business graphics 비즈니스 그래픽스 ① 여러 가지 비즈니스 데이터를 그것이 갖는 의미를 이해하기 쉽도록 선도, 그래프, 산포도, 파이 차트, 즉 전체에 대한 비율을 나타내는 그림 등에 의해서 시각적으로 표현한 것. ② 데이터를 시각적으로 표시하기 위한 애플리케이션 프로그램.

business information system 기업 정보 시스템(企業情報－) 컴퓨터나 프린터, 통신 장치, 기타의 데이터를 처리하기 위해 설계되어 있는 장치의 조합. 완전히 자동화된 기업 정보 시스템은 데이터를 받고, 처리하여 보존하며, 필요에 따라서 정보를 전송한다든지 보고서나 프린트 아웃을 작성하는 것을 말한다. ＝BIS

business machine 사무 기계(事務機械) ① 일반적으로 사무용 기기를 말한다. ② 데이터 송수신을 위하여 통신 사업자의 통신 시설에 접속되는 통신 기기를 말하며, 사용자가 준비하는 것.

business software 비즈니스 소프트웨어 일반 비즈니스용 소프트웨어로, 워드 프로세서, CAI 소프트웨어 등이 포함된다.

Business TRON 비즈니스 트론 ＝B-TRON

bus structure 버스 구조(－構造) 컴퓨터가 복수의 입출력 장치와의 사이에서 데이터를 주고 받을 때 사용되는 데이터 버스의 구조로, 방사 구조, 공동선 구조, 데이지체인 구조가 있다.

bus system 버스 시스템 버스의 동작을 제어하여 컴퓨터 시스템의 나머지 부분과 접속하는 인터페이스 회로.

busy 사용중(使用中), 동작중(動作中), 통화중(通話中) 입출력 장치가 명령을 받았을 때 전회의 명령이 종료하지 않은 상태. 또, 채널이 「사용중」이라는 것을 나타내는 상태어.

busy signal 통화중음(通話中音) 자동 교환에서 중계선이 다 차거나 상대 가입자가 통화 중임을 발호자에게 알리기 위해 보내지는 가청 신호.

busy tone 통화중음(通話中音) 자동 전화 교환 방식에서 상대 가입자가 통화중이거나 또는 도중의 출중계선이 전부 사용 중인 경우, 가입자에게 보내지는 신호음.

busy verification 통화중 확인(通話中確認) 착신쪽의 상태가 통화중인지 고장인지를 확인하기 위한 절차.

butterfly capacitor 버터플라이 콘덴서 마치 나비 날개와 같은 모양의 고정 및 회전 극판을 가진 콘덴서. 고정 극판에는 고리 모양의 인덕턴스를 가지고 있으며, 그 인덕턴스도 회전 극판의 회전과 더불어 변화한다. 동조 범위가 넓은 VHF, UHF 용 동조 소자로서 사용된다.

butterfly tuner type frequency meter 버터플라이형 주파수계(－形周波數計) 공진 회로에 버터플라이 소자를 사용한 흡수형 주파수계의 일종. 버터플라이 소자는 가변 공기 콘덴서의 고정자 바깥쪽이 둥근 고리 모양으로 되어 있어 인덕턴스를 형성하고 있으며, 정전 용량을 감소하면 동시에 인덕턴스를 주는 부분의 자속을 차단하여 인덕턴스도 감소하므로 L 고정식의 경우보다 공진 주파수의 범위를 확대할 수 있다.

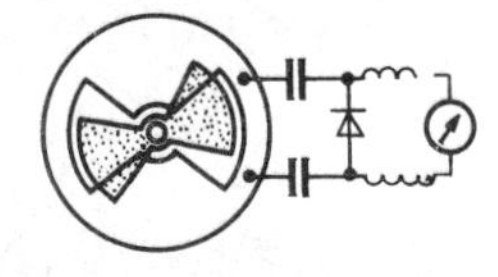

button cell 버튼 전지(－電池) 버튼과 같은 형상 치수의 건전지를 총칭하는 것으로, 리튬 전지, 은전지 등의 종류가 있다. 소형 전자 기기의 전원으로서 사용된다.

butyl rubber 부틸 고무 합성 고무의 일종으로, 이소부틸렌에 소량의 이소프렌을 더하여 중합시킨 것. 케이블의 절연 등에 쓰인다.

buzz 버즈음(－音) 음성 증폭기에서의 저주파(60Hz 등) 잡음. 텔레비전 수상기에서 음성 트랩 회로의 영상 증폭관 바이어스가 부적당하면 60Hz 의 버즈음이 발생하는 일이 있다.

BWO 후진파 발진관(後進波發振管) ＝ backward wave oscillator

by-pass bond 바이패스 본드 두 종류 이상의 전류를 중첩하여 사용하는 궤도 회로, 즉 중첩 궤도 회로에서의 레일 절연부이며, 특정 주파수의 궤도 회로 전류만을 통과시키는 것.

by-pass capacitor 바이패스 콘덴서 ＝ by-pass condenser

by-pass condenser 바이패스 콘덴서 교류와 직류가 동시에 흐르고 있는 회로에서 교류분이 불필요할 때 부하 저항에 병렬로 넣는 콘덴서. 바이패스 콘덴서의 리액턴스는 바이패스하는 교류에 대하여 병렬 저항보다 충분히 낮은 값이어야 한다. 이미터 바이패스 콘덴서 등이 그 예이다.

by-pass diode 바이패스 다이오드 정류 회로 등에서 전원의 극성이 변화하여 부하 회로의 인덕턴스 등에 축적된 에너지를 방출하려고 할 때 이것을 원활하게 전원으로 되돌리기 위한 바이패스(측로)를 주는 다이오드.

B-Y signal B-Y 신호(－信號) →color-difference signal

byte 바이트 정보량의 단위로, 8 비트의 데이터나 정보를 나타낸다. 컴퓨터에서는 특히 널리 사용된다.

byte mode 바이트 모드 다중 채널에서 바이트 단위로 데이터의 전송을 하는 방식. 멀티플렉서 모드와 대비된다.

byte-serial transmission 바이트 직렬 전송(－直列傳送) 데이터 시퀀스에서의 이어지는 바이트가 그 순서로 직렬 전송되는 것. 각 바이트를 구성하는 개개의 비트는 반드시 직렬 전송된다고는 할 수 없다.

cabinet 캐비닛 라디오, 텔레비전 수상기, 스테레오 장치 등의 기계 장치를 수납하는 케이스를 말하는데, 스피커를 부착하고 있는 경우는 배플판의 구실도 겸한다. 스피커만을 부착한 캐비닛에는 후면 개방형, 밀폐형, 바스레프형 등의 종류가 있으며, 스피커 전면에서 나오는 음과 후면에서 나오는 음과의 간섭을 방지할 목적으로 사용하는 배플판의 원리를 응용한 것으로, 스피커의 특성과 함께 종합적으로 설계되지 않으면 안 된다. 일반적으로 뒤의 두 형식 쪽이 저음역의 특성이 좋다.

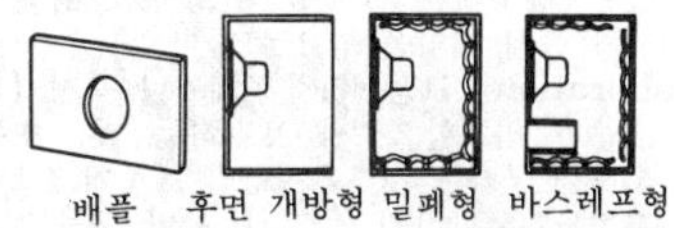

cable 케이블 절연 전선에 보호 외장을 한 것으로, 전력용과 통신용이 있으며, 후자에는 계측 · 제어 등에 사용하는 것도 있다. 전화 케이블은 매우 많은 심선을 꼰 것으로, 각각의 심선은 플라스틱에 의한 외피 색의 조합으로 식별할 수 있도록 되어 있다. 반송 · 통신 등에는 고주파에 적합한 구조의 동축 케이블을 사용하는데, 절연 재료는 특히 유전 정접이 작은 것을 사용한다. 보호 외장은 보통, 알루미늄이나 폴리에틸렌 등을 사용하며, 해저 케이블에서는 인장에 대한 기계적 강도를 갖게 하기 위해 내부에 강선을 넣는다든지 한다.

cable arrangement 케이블 처리(－處理) 기기간을 접속하기 위하여 사용하는 각종 케이블(전원 케이블 등을 포함)을 ① 전기적으로 서로 간섭하지 않도록 하고, ② 케이블 자체의 손상 방지, ③ 보행자의 안전 대책, 종합적인 미관 등을 고려하여 부설하는 것.

cable connector 케이블 커넥터 케이블 양단에 있는 커넥터. →DB connector, DIN connector, RS-232C standard, RS-422/423/449

cable matcher 케이블 변환기(－變換器) 접속할 곳의 장치에 규정된 배선 접속과 조금 다른 케이블을 사용할 수 있도록 변환하는 장치.

cable morse code 현파 모스 부호(現波－符號) 주로 해저 전신에서 사용되는 3치 부호. 단점 및 장점은 각각 정부(正負)로 같은 길이의 전류 임펄스로 표시되고 간격은 무전류로 표현된다.

cable paper 케이블 페이퍼 케이블의 도체(심선)에 감아서 사용하는 절연용 종이를 말한다.

cable television 케이블 텔레비전 =CATV

cable transmission 유선 통신(有線通信) 반송 통신이라고도 한다. 무선 통신에 대한 말로, 전기 또는 광신호로 변환한 정보를 페어 케이블, 동축 케이블, 광섬유 케이블 등의 통신 선로를 전송 매체로 하여 전송하는 방식을 말한다. 전송 매체가 폐공간을 구성하고 있으므로 공간 전파(空間傳播)에 비해 외란(外亂)에 좌우되기 어려워 안정한 통신이 가능하다. 전송 매체의 전송 손실을 등화(等化)하는 중계기를 전송 매체 도중에 배치하여 장거리의 전송을 한다.

cache 캐시 컴퓨터의 연산 장치와 주기억 장치 사이에 두어지며, 연산 장치의 속도로 동작하는 고속 기억 장치. 일련의 프로그램이나 데이터를 주기억 장치에서 블록 단위로 캐시에 호출하여 실행한다. 일반적으로 캐시의 속도는 주기억 장치의 수배에서 10 배 정도, 또 기억 용량은 수천분의 1 에서 수백분의 1 정도이다. 일부에 2단계 캐시를 사용한 예도 있다.

cache memory 캐시 기억 장치(－記憶裝置) 주기억 장치의 호출 시간을 단축하고, 중앙 처리 장치(CPU)의 처리 능력을 향상시키기 위한 소용량이고 고속인 기억 장치를 말한다. 개인용 컴퓨터 등에서는 널리 쓰이고 있다.

CAD 컴퓨터 이용 설계(-利用設計) computer aided design 의 약어. 컴퓨터 이용 기술의 하나로, 인간과 컴퓨터가 각자의 장점을 살리면서 인간이 컴퓨터를 계산 도구로서 이용하여 설계를 진행해 가는 것. 복잡한 계산은 컴퓨터에 맡기고, 인간은 그 결과를 보고 다음 처리를 결정하여 순차 설계를 진행해 가는 것.

CAD/CAM 캐드/캠 computer aided design/computer aided manufacturing 의 약어. 제품의 설계와 제조의 양쪽에 컴퓨터를 사용하는 것. CAD/CAM을 사용하면 기계 부품 등의 제품은 CAD 프로그램으로 설계되고, 최종 설계는 명령 세트로 변환된다. 이 명령 세트는 성형, 조립, 프로세스 제어 전용의 기계에 전송되어 이 기계에서 사용할 수 있다. →CAD

CAD/CAM system 캐드/캠 시스템 컴퓨터 이용 설계(CAD)와 제조 지원 시스템(CAM)을 유기적으로 결합한 시스템. 보통, CRT 디스플레이, 키보드, 플로터 및 1개 이상의 그래픽 입력 장치로 구성되며, 이들은 입력기, 프린터, 테이프와 디스크 드라이버 등의 주변 장치와 연결되어 작업을 한다. 이 시스템은 기계 설계, IC나 PCB 설계, 토목·건축 설계 등에 이용되며, 이 밖에도 경영 정보 시스템(MIS)에서 각종 데이터를 차트화, 도형화하는 데 널리 사용되고 있다. 또, 컴퓨터 이용 교육, 처리 제어, 영상 처리, 모의 실험 등에도 널리 쓰이고 있다.

CADD 컴퓨터 이용 설계 제도(-利用設計製圖) computer aided design and drafting 의 약어. CAD와 비슷한 뜻이나 좁은 뜻의 CAD가 설계만을 가리키는 데 비해 설계와 함께 그 결과를 그림으로 그려내는 기능을 강조하는 말.

CADF 커뮤테이트 안테나 방위 탐지기(-方位探知器) =commutated antenna direction finder

cadmium sulphide 황화 카드뮴(黃化-) 분자식은 CdS. 반도체의 일종으로, 대표적인 광도전체이다. 광전 부품을 만드는 데 사용되며, 초음파 증폭을 하는 소자에도 사용된다.

CAE 컴퓨터 이용 엔지니어링(-利用-) computer aided engineering 의 약어. CAD나 CAM을 통합하여 실시하는 기술. CAD로 설계한 것을 실제로 만들어 실험을 하면 여러 가지 문제가 발생하여 이것을 보정하지 않으면 안 되는데, CAE에서는 CAD의 모델을 시뮬레이션함으로써 그 수고를 덜 수 있다.

cage antenna 농형 안테나(籠形-) 선상(線狀) 소자를 원통형(예를 들면, 가늘고 긴 새장) 또는 보다 일반적으로는 단면이 원형인 입체 형상으로 배열한 안테나.

CAI 컴퓨터 이용 학습(-利用學習) computer aided instruction 의 약어. 시분할 시스템(TSS)에 의해서 다수의 학습 단말기가 센터에 접속된다. 센터는 대용량의 고속 호출 기억 장치를 갖추고, 학습 프로그램·교재 등 각종 정보 파일을 기억하고 있다. 단말에는 CRT 표시 장치, 헤드폰, 키보드, 푸시버튼, 라이트 펜 등을 갖추고 있다. 소프트웨어는 운용 프로그램과 학습 프로그램이 필요하며, 학습 형태는 드릴 형식, 개별 지도 형식, 문제 해결 형식, 시뮬레이션 및 게이밍 형식 등이 쓰이고 있다.

CAL 컴퓨터 이용 학습(-利用學習) = computer aided learning →CAI

calculator 계산기(計算器), 탁상 계산기(卓上計算器) 특히 산술 연산을 하는 데 적합한 장치로서 개별의 연산 또는 일련의 연산을 시작하기 위해 사람 손의 개입을 필요로 하는 것. 프로그램을 내장하고 있는 경우에는 그것을 변경하기 위해서 사람 손의 개입을 필요로 한다.

calibration 교정(較正) 계기나 측정기를 표준과 비교함으로써 보정하는 것, 또는 오차를 구하는 것. 측정량의 표준기, 보다 고정도(高精度)의 측정기 등이 표준으로서 사용된다. 계기나 측정기의 지시는 교정에 의해서 비로소 그 양의 표준과 결부되어 그 절대값에 의미가 부여된다.

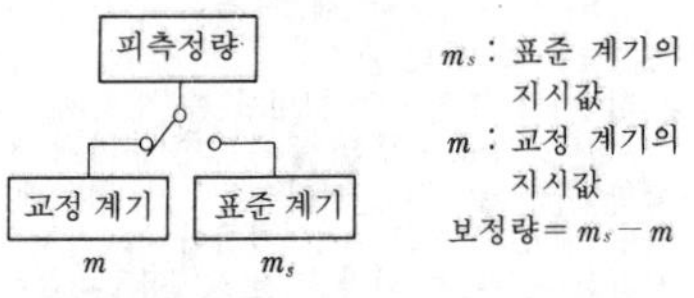

calibration curve 교정 곡선(較正曲線) 계측기 또는 조정 다이얼의 각각의 지시값에 대하여 그 정확한 값을 플롯해서 얻어지는 곡선. 교정점이 유한개인 경우는 교정 곡선은 절선(折線)으로 된다.

calibration cycle 교정 사이클(較正-) 트랜스듀서의 지정된 동작 범위에 걸쳐서 증가, 감소의 두 모드로 측정을 함으로써 얻어지는 교정 곡선, 즉 기지(既知) 입력에 대한 측정기 출력의 기록. 여러 번 교정 사이클을 반복함으로써 트랜스듀서의 반복 정밀도, 즉 재현성을 구할 수 있다.

calibration error 교정 오차(較正誤差) 교

정된 눈금판, 다이얼 또는 기타의 마크로 표시된 동작과 실제 동작과의 차이. 마크로 표시된 동작이란 전류, 저항, 시간 등의 입력량, 동작량, 성능값 기타이다.

calibration factor 교정 계수(較正係數) 볼로미터 결합 유닛에서 방향성 결합기의 부분기(副分岐)에 설치된 볼로미터 내에서의 치환 전력과 방향성 결합기의 주분기 출력 단자에 접속된 무반사 부하에 입사하는 마이크로파 전력의 비.

calibration level 교정 레벨(較正-) 신호 발생기를 표준으로 사용해서 교정할 때의 레벨.

calibration marks 교정 마크(較正-) 레이더에서 표시되어 있는 파라미터의 수량적 척도를 부여하기 위해 스코프 상에 겹쳐서 제시되는 표시.

calibration or conversion factor 교정-변환 계수(較正-變換係數) 어떤 주파수의 전파에 대해서 전계 강도 측정기를 사용할 때 전계 강도 측정기의 안테나가 수신하는 전자파의 강도와 그 전계 강도 측정기가 표시하는 강도의 관계를 표시하는 계수 또는 계수군. 안테나 특성, 결합 선로의 영향, 수신기 감도와 선형성 등이 복잡하게 관계한다.

calibrator 교정 장치(較正裝置) 오실로스코프에서 교정에 사용되는 신호 발생기. 보통, 출력 신호의 진폭, 시간(간격) 또는 그 양쪽이 사용된다.

call 호(呼), 호출(呼出) ① 전화 가입자가 접속을 의뢰하기 위해 국(전화국)을 호출하는 것. 단위 시간에 발생하는 호의 횟수를 호수(呼數)라 하고, 1 시간마다의 호수는 일반적으로 오전 11 시경과 오후 1 시경에 최대값을 나타낸다. 호수의 최대값은 교환기의 설비 용량을 결정하는 중요한 요소이다. ② 전파 통신에서 송신국을 명확하게 하고, 송신하려는 상대국을 지정하기 위해 행하는 특정한 송신.

call accepted packet 착호 접수 패킷(着呼接受-) 패킷망의 어느 단말이 다른 단말로부터의 호출 요구에 대하여 준비할 수 있는 망에 알리기 위한 제어 패킷. 이로써 위의 양 단말간에 가상 회선이 확립되어 데이터 전송이 가능하게 된다.

call accepted signal 착호 접수 신호(着呼接受信號) 호출된 데이터 단말 장치가 도착한 호출을 접수하는 것을 나타내기 위해 보내는 호출 제어 신호.

call announcer 호출 아나운서(呼出-) 전화국에서 수동 교환원이 들리도록 말로 관련된 번호를 가청 재생하거나 펄스를 수신하기 위한 장치.

call back 콜 백 내선 사용자 A가 다른 내선 B를 호출했을 때 B가 통화중인 경우에는 콜 백 장치에 접근(access) 코드를 다이얼함으로써 B가 통화 종료하면 자동적으로 B를 호출하여 A에 접속해 주는 PABX 서비스.

call back modem 콜 백 모뎀 걸려온 전화에 응답하는 대신 걸어온 사람에게 톤 형으로 코드를 입력시켜서 전화를 끊지 않고 모뎀이 다시 호출할 수 있도록 하는 모뎀의 형. 모뎀이 발호자(發呼者)의 코드를 수신하면 이 코드를 기록된 전화 번호의 세트와 대조한다. 코드가 허가된 번호와 일치한 경우에는 모뎀은 이 번호를 다이얼하고, 이어서 원래의 발호자를 위해 접속을 개방한다. 외부 이용자에도 통신로를 사용할 수 있도록 할 필요가 있으나, 허가를 얻지 않은 침입자로부터는 데이터를 보호할 필요가 있는 경우에 콜백 모뎀을 사용한다.

call back when busy terminal becomes free 통화중 해소에 의한 콜 백(通話中解消-) 호출 단말이 호출하려던 상대로부터 통화중 신호를 받았을 때 호출하는 기능으로, 이 기능에 의해 현재 통화중인 단말이 비면 연결되도록 관제 시스템에 요청해 둘 수 있다.

call blocking 호손(呼損) =call loss

call circuit 호출 회선(呼出回線) 수동 교환에서 교환원이 접속 지령을 전달하기 위해 사용하는 교환 지점간에 가설된 통신 회선.

call control procedure 호출 제어 절차(呼出制御節次) 통신망에서 호출을 확립하고, 유지하고, 그리고 해방(복구)하기 위해 필요한 일련의 동작 및 신호.

call diversion 호출 재송(呼出再送) =call forwarding

call duration 호출 기간(呼出期間) 통신망의 제어 시스템이 단말에서 보내오는 호출 접수 번호를 접수하고부터 단말이 접속을 끊음으로써 보내오는 절단 신호를 받기까지의 기간. →call accept signal

called party 피호자(被呼者) 발호자(發呼者)에 의해 호출된 상대측의 가입자. 발호자에 대한 용어.

call establishment 호출의 확립(呼出-確立) 호출에 관한 동작은 호출의 확립, 메시지 전송, 호출의 종료의 세 단계로 나뉜다. 호출의 확립은 호출 단말이 상대 단말에 접속하기 위한 동작이다. 호출의 종료는 메시지 전송(轉送)이 완료했을 때 양 단말을 올바른 순서로 분리하는 동작이다. 디지털 전송 뿐만이 아니고 음성 전송

(전화)의 경우도 원칙적으로는 같으나 세부 절차는 다르다. 메시지(데이터) 전송 기간을 데이터 페이즈(dapa phase)라 한다.

call forwarding 호출 전송(呼出轉送) 전화 교환 시스템에서 자신에게 걸려 오는 잔화를를 다른 장소에 전송하도록 교환 장치에 지시할 수 있는 기능.

call holding 호출 보류(呼出保留) =call waiting

calligraphic display unit 캘리그래픽 표시 장치(－表示裝置), 방향성 디스플레이 장치(方向性－裝置) 벡터 주사 방식을 이용한 표시 장치를 말한다. 래스터 표시 장치에 대비된다. 래스터(표시 장치)에 비해서 ① 4000×4000 점/mm 정도의 고해상도를 가지며, ② 고속 묘화가 가능하고, ③ 표시 제어가 간단하다, ④ 표시된 사선의 울퉁불퉁한 곳이 생기지 않는다는 특징이 있다.

call indicator 호출 표시기(呼出表示器) 자동 교환기로부터의 다이얼 펄스를 수신하는 동시에 그것에 대응하는 호출 번호를 교환대에서 교환원에게 표시하는 장치.

calling 호출(呼出), 발호(發呼), 발진(發振) 데이터 스테이션 간의 접속을 확립하기 위하여 어드레스 신호를 전송하는 처리. 발신측 단말로부터의 제어 신호에 의하여 망제어 장치(NCU) 등이 자동적으로 어드레스 신호를 송출하는 것을 자동 발신이라고 한다.

calling and called line identification 상대 통지(相對通知) 통신을 개시하기 전에 발호측(發呼側) 단말에 착호측(着呼側) 단말의 번호가, 착호측 단말에는 발호측 단말의 번호가 각각 통지되는 것.

calling device 호출 장치(呼出裝置) 자동 교환기에서 호출을 확립하기 위해 필요한 신호를 발생하기 위한 장치.

calling indicator 호출 표시(呼出表示), 착호 지시(着呼指示) 데이터 전송 단말 장치에, 신호 변환기에 착호가 있다는 것을 알리기 위한 제어 신호.

calling-line identification 호출선 확인(呼出線確認) 전화 교환 시스템에서 호출의 발생원을 자동적으로 확인하기 위한 방법.

calling-line release 호출선 해제(呼出線解除) 전화 교환 시스템에서 호출한 측의 회선을 해방하는 것.

calling-line timed release 호출선 시간적 해제(呼出線時間的解除) 전화 교환 시스템에서 호출한 측의 회선을 시간적으로 해제하는 것.

calling party 호출 가입자(呼出加入者) 통신 교환망에서 접속 동작을 개시하는 쪽의 가입자.

calling sequence 호출 순서(呼出順序) 컴퓨터에서 주어진 서브루틴을 시동 또는 호출하기 위해 필요한 명령과 데이터의 지정된 배열.

call loss 호손(呼損) 발생한 호출이 회선의 통화 중 등으로 상대에게 접속되지 않는(손실이 되는) 것. 전체의 호수(呼數)에 대한 손실 호출의 비율을 호손율(呼損率 : probability of call blocking)이라 한다.

call meter 도수계(度數計) ① 교환기용 도수계 : 주로 자동식 전화기에서 가입자의 통화 횟수를 계수하거나, 또는 한 장치의 사용 횟수를 계수하기 위하여 사용하는 것. 접속시에 등산(登算)하는 것과 복구시에 등산하는 것의 두 종류가 있다. 통화 요금 산정의 자료가 된다. ② 영복귀형 도수계 : 구내 교환의 교환기나 사무 기계, 자동 기계 및 수명 시험 장치 등에 쓰이는 계수기. 등산 기구는 ①의 것과 같으나, 영복귀 기구를 가지고 있어, 임의의 위치에서 표시값을 "0"으로 복귀시킬 수 있다.

call offering 콜 오퍼 내선간에서 호출하여 사용자 B에 대해 사용자 A가 접근 코드를 다이얼함으로써 B에 대하여 내부 호출 대기음이 주어져서 A로부터 호출이 있다는 것을 알리도록 되어 있는 PABX 서비스. B는 통화 중의 상대를 보류하고 A에 응답하든가 혹은 현재의 통화를 끝내고 수화기를 놓으면 바로 벨이 울려서 A에 접속된다.

call packing 콜 팩 전화 교환 시스템에서 어떤 결정된 선택 순서에 따라 교환망 내의 패스를 선택하는 방법.

call pickup 콜 픽업 PABX에서 어느 내선에 걸려온 전화를 다른 어느 내선으로부터도(특정한 번호를 다이얼함으로써) 받을 수 있도록 한 전화 서비스.

call progress signal 콜 프로그레스 신호(－信號) 데이터 회선 종단 장치(DCE)와 데이터 단말(DTE) 사이의 연락 신호로, 요구한 호출을 추진하도록 촉구하기 위한 것. 거부인 경우도 있을 수 있다.

call service 콜 서비스, 호출 서비스(呼出－) 통화 중인 전화에 대하여 외선에서 혹은 내선에서 호출이 있었을 때 현재의 통화가 끝나기까지 보류해 두든가, 통화 중인 상대를 대기시키고 호출에 응하든가, 그 후의 조치 등도 갖춘 각종 PABX

서비스.

call sign 호출 부호(呼出符號) 무선 통신에서 상대국을 불러내기 위해 사용하는 각 무선국 고유의 부호. 알파벳의 문자와 숫자에 의해서 구성되며, 우리 나라는 HL 또는 HM 으로 시작된다.

call splitting 호출 분할(呼出分割) 전화 교환 시스템에서 호출 발착간에 존재하는 통화로에 끼어드는 것.

call switching 회선 교환(回線交換) ① 데이터 전송에서 요구할 때마다 둘 이상의 데이터 단말 장치를 접속하고, 그 접속이 해방되기까지 그들 사이의 데이터 회선을 배타적으로 사용할 수 있는 처리 프로세스를 말한다. ② 전화 회선망에서 발신 장치로부터의 접속 정보에 의해 피호출자 장치와의 사이에 직접 경로를 설정하는 교환 방식으로, 축적 교환에 대비되는 것. 동시성이 요구되는 경우의 변환 방식이다.

call waiting 호출 대기(呼出待機) 통화 중인 전화 B에 대하여 A로부터 전화가 걸려 왔을 때 A, B 양자에 대하여 호출 대기음이 송출되는 전화 서비스. 이 경우 B는 A를 대기시켜 두고 현재의 통화를 계속하든가, 또는 현재의 통화를 보류한 채로 A에 응답한다.

call wire 호선(呼線), 호출선(呼出線) ① 통화 회선과는 별도로 통신 시설의 정비나 보전을 위해 사용하는 보조 회선. ② 데이터 통신에서 데이터 프레임에서의 어느 버스트의 프리앰블(preamble : 메시지의 앞 부분에 두어지며, 동기화, 제어, 연락을 위해 사용되는 부분) 중 연락을 위해 사용되는 데이터 채널, 또는 음성 채널을 말한다.

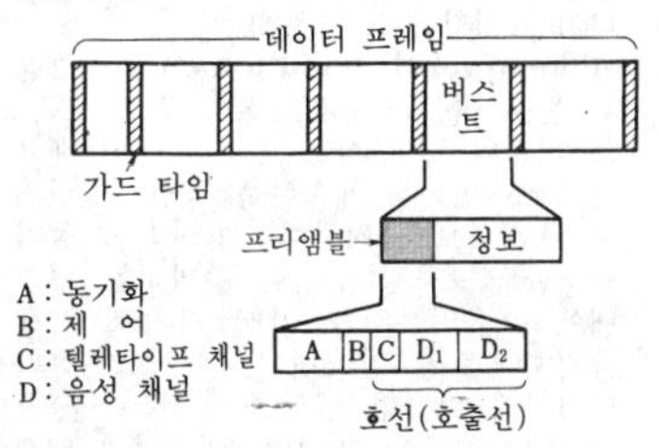

calomel electrode 칼로멜 전극(－電極) 칼로멜이란 Hg_2Cl_2를 말한다. 칼로멜 반전지라고도 불리며, 그림과 같은 구조이다. 단극 전위를 측정하는 경우에 보조 전극으로서 사용한다. 용액과의 전위차는 pH 에 관계없이 일정하며 25℃에서 －0.2414V 이다.

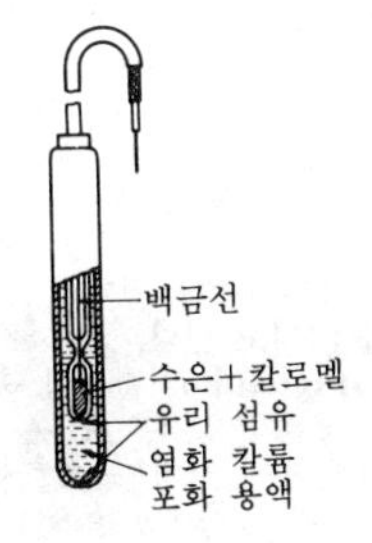

calomel half-cell 칼로멜 반전지(－半電池) 일정 농도의 염화 칼륨 용액에 접하는 수은 전극을 포함하는 반전지로, 보통 과잉 염화 제 1 수은으로 포화되어 있다.

calorimeter 열량계(熱量計) 연료의 열량을 측정하는 것으로, 고체, 액체 연료의 열량 측정에는 열연식 단열 열량계가, 기체 연료의 열량 측정에는 융커스식 유수 열량계가 사용되고 있다. 전자는 일정량의 물을 넣은 단열 용기 내의 연소 접시에 질량을 측정한 연료를 넣고, 산소를 압입하여 점화해서 연소 전후의 온도를 측정하여 열량을 산출한다. 후자는 연소실 내에서 가스를 연소시켜 연소실 주위에 일정 수압의 물을 통하여 입출력측의 온도를 측정해서 온도 상승, 수량, 가스량으로 열량을 산출한다.

calorimetric method 칼로리미터법(－法), 열량계법(熱量計法) 전력 측정 방법의 일종. 마이크로파 전력의 측정에 사용되는 것으로, 전력을 부하 저항 등에 흡수시켜 그 발열량을 직류나 저주파의 기지(旣知) 전력과 치환하여 측정한다. 정밀한 측정을 할 수 있으므로 표준 측정으로서 쓰인다.

CAM 컴퓨터 이용 제조(－利用製造) computer aided manufacturing 의 약어. 컴퓨터를 제조 공업에 이용하여 제작 기간의 단축이나 품질의 향상, 비용의 절감 등을 실현하는 방법. CAD 와 관련하는 것으로서 각 업종에 보급되고 있다.

CAMAC 카맥, 컴퓨터에 의한 자동 계측 및 제어(－自動計測－制御) computer automated measurement and control 의 약어. CAMAC 은 표준적 모듈 기기 구성과 디지털 인터페이스 시스템으로 이루어져 있다.

camera control unit 카메라 제어기(－制御器) 카메라 컨트롤러라고도 하며, 텔레비전 카메라의 조정이나 입력 신호의 제어, 감시를 하는 것이다. 영상 증폭기, 영상 모니터, 파형 모니터, 카메라 제어 회로, 협의 전화 회선 등으로 이루어지며, 카메라에 내장되어 있는 전치 증폭기로부터의 영상 신호를 받아서 특성을 보상하여 귀선 소거 신호, 동기 신호를 혼합하여 복합 영상 신호로서 송출한다. 그 밖에 촬상관의 조정이나 영상, 파형, 출력 레벨의 감시도 한다. 카메라 맨과의 협의용 전화 회선 등을 가지고 있다.

camera storage tube 촬상형 축적관(撮像形蓄積管) 전자 방사, 보통은 빛에 의해 정보가 도입되어 전기 신호로서 후에 판독되는 축적관. →storage tube

camera tube 촬상관(撮像管) 텔레비전에서는 피사체를 각부의 명암에 비례한 전기 신호로 변환하여 전송하는데, 이 광전 변환에 사용하는 특수 전자관을 촬상관이라고 한다. 아이코노스코프, 이미지 오시콘, 비디콘, 플럼비콘 등의 종류가 있다. 현재 아이코노스코프는 사용되고 있지 않지만 이미지 오시콘이나 플럼비콘은 스튜디오나 야외 중계용 카메라에, 비디콘은 주로 공업용 텔레비전이나 필름 송상용으로 사용되고 있다.

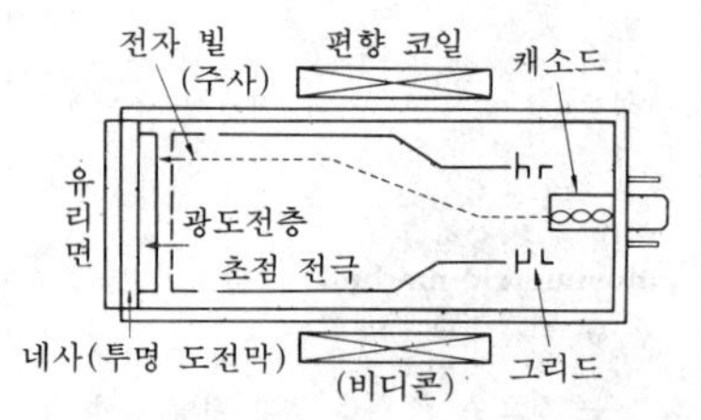

cam-operated switch 캠 동작 스위치(-動作-) 고정 접촉 요소와 가동 접촉 요소가 축에 의해 움직이는 스위치.

Campbell bridge 캠벨 브리지 가청 주파수의 측정에 사용되는 주파수 브리지의 일종. 그림은 그 회로도이며, 평형했을 때의 주파수는

이 된다.

$$f = \frac{1}{2\pi\sqrt{MC}}$$

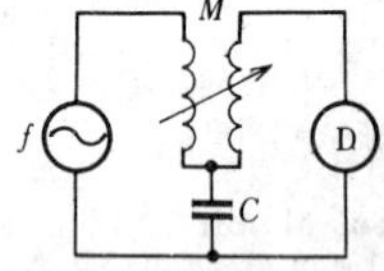

camp-on busy 캠프온 통화중(-通話中) 전화 교환 시스템에서 상대 통화중 상태 회선을 보류하고 통화중 상태 해제시 자동적으로 접속하는 기능.

cam-programmed 캠 프로그램 ① 시험용으로 설계된 회로의 스위치군을 제어하기 위해 어느 방향을 향해서 축을 비켜서 회전하는 샤프트를 사용하는 프로그램 기법. ② 시험 시스템에 대한 프로그램 지시용 축 장치의 값이나 위치를 세트하기 위해 사용되는 시스템.

can 캔 건전지를 형성하는 금속제 용기로, 보통 아연이 사용되며 전지의 음극으로서 작용한다.

cancel 취소(取消), 소거(消去) 컴퓨터에서 ① 실행 중인 처리를 취소하여 실행 전의 상태로 되돌아가는 것. ② 입력한 사항을 지우는 것. ③ 의뢰한 작업이나 커맨드 등의 완료하기 전의 취소.

canceler 캔설러 레이더 용어. 클러터나 고정 물표 등의 불요 신호나 기타의 방해 신호를 억압하는 계로, 선형의 감산 처리에 입각해서 억압을 하는 부분. 미국에서는 canceler, 영국에서는 canceller라고 쓴다.

cancellation ratio 소거율(消去率) ① 레이더 용어로, MTI(이동 물표 표시)에서 같은 안테나로부터 단일 펄스를 수신했을 때 고정 물표로부터의 반사파를 캔설러에 의해 처리한 경우와 처리하지 않은 경우의 출력 전압의 비율. ② 수신기의 통과 대역 내에 두 신호가 동시에 있는 경우, 약한 쪽 신호가 억제되는 비율.

candela 칸델라 광도(光度)의 단위. 기호는 cd. 1 cd 는 백금의 응고점(2,042K)에서의 흑체(黑體) $1m^2$의 평탄한 표면의 수직 방향 광도의 600,000분의 1로 정해져 있다.

candle-power 캔들파워 칸델라를 단위로 하여 표시한 광도. =cp

candle-power distribution curve 캔들파워 분포 곡선(-分布曲線) 램프 또는 조명 기구의 광 중심을 통과하는 면 내에서의 광도 변화를 표시하는 곡선. 일반적으로 극좌표로 표시한다. 연직면 캔들파워 분포 곡선은 광 중심을 통과하는 연직면 내에서 올려본각을 여러 가지로 바꾸어 측정함으로써 얻어진다. 어느 면인가를 명기하지 않으면 연직면 곡선은 램프 또는 조명 기구를 그 연직축 주위에 회전함으로써 얻어지는 평균을 나타내고 있는 것으로 본다. 수평면 캔들파워 분포 곡선은 광 중심을 통과하는 수평면 내에서의 여러 방위각에서의 측정 결과를 표시한다.

cannibalize 부품 재생 보수(部品再生補修) 어느 한 장치에서 필요한 부품을 떼

어 내어 이것을 다른 장치를 수리하기 위해 사용하는 것.

cantilever 캔틸레버 카트리지 바늘끝의 진동을 그 카트리지의 발전 기구에 전하는 부품으로, 보통은 원통형 또는 원뿔 대형의 막대 모양을 한 것이나, 질량을 가볍게 하기 위해 중공(中空)으로 되어 있고, 그 끝에는 보석제 바늘이 부착되어 있다. 재질은 가볍고, 잘 휘지 않는 성질이 필요하기 때문에 알루미늄이나 두랄루민이 사용되나 티타늄이나 탄소 섬유 등도 사용된다.

capacitance 커패시턴스, 정전 용량(靜電容量) =electrostatic capacity

capacitance divider 용량 분압기(容量分壓器) 고전압을 측정하는 경우에 콘덴서를 써서 분압하는 장치. 정전 전압계는 손실이 없으므로 직류·교류의 고전압 측정에 적합하다.

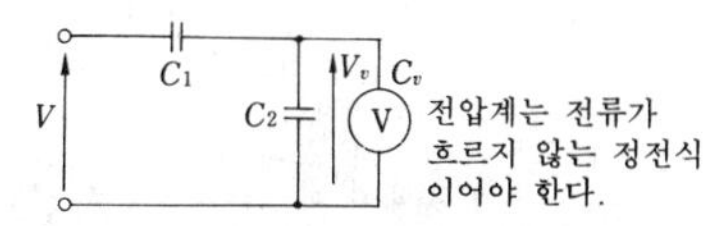

전압계의 용량을 C_v로 하면

$$V=\frac{C_1+C_2+C_v}{C_1}V_v$$

capacitance meter 용량계(容量計) 용량을 측정하기 위한 계기. 스케일이 마이크로패럿인 것은 보통 마이크로패럿 미터라 부르기도 한다.

capacitance ratio 용량비(容量比) 특정한 전압 영역에서의 최소 정전 용량에 대한 같은 영역의 최대 정전 용량의 비. 이것은 미분 용량 특성, 역용량 특성과 같은 용량 특성에서 결정된다.

capacitive 용량성(容量性) 교류 회로에 전류를 흘렸을 경우 전류가 전압보다 위상이 앞선다고 하면 이 회로의 리액턴스는 용량성이라고 한다. 공진 회로에서는 공진점을 경계로 하여 그 합성 리액턴스는 용량성과 유도성이 반전한다.

capacitive reactance 용량 리액턴스(容量−) 정전 용량이 교류를 흘리는 것을 제한하는 정도를 나타내는 것으로, 크기는 다음 식으로 정해진다.

$X_C=1/(2\pi fC)=V/I$

여기서, X_C : 용량 리액턴스〔Ω〕, f : 주파수〔Hz〕, C : 정전 용량〔F〕, V : 전압〔V〕, I : 전류〔A〕. 이 경우 전류는 전압보다 $\pi/2$〔rad〕 앞선다. 따라서, 전력은 전원과 리액턴스 사이를 반복하여 왕복할 뿐이고 소비되는 일은 없다.

capacitive transducer 용량형 변환기(容量形變換器) 정전 용량의 변화를 이용하여 미소 변위를 측정하기 위한 변환기로, 평행판 전극의 정전 용량은 전극의 유효 면적과 그 사이에 삽입한 절연물의 유전율에 비례하고, 전극간의 간극에 반비례하는 것을 이용한 것이다. 변위에 의한 용량 변화를 인덕턴스와의 병렬 공진에서의 공진 주파수 변화로 변환하여 측정한다. 입력 임피던스는 높으나 유도 장해를 받기 쉬운 결점이 있다.

capacitor 커패시터 =condenser

capacitor antenna 커퍼시터 안테나, 콘덴서 안테나 2개의 도체판을 전극판과 비슷한 배치로 한 안테나로, 캐퍼시터스에 특징이 있다.

capacitor-input filter 콘덴서 입력 필터(−入力−) =condenser-input filter

capacitor microphone 콘덴서 마이크로폰 =condenser microphone

capacitor thin paper 콘덴서 박지(−薄紙) 종이 콘덴서용의 절연성이 있는 매우 얇은 종이. 0.008~0.013mm 정도이다. 원료는 아마·삼·그래프트 펄프 등이며, 비유전율이 높아야 한다.

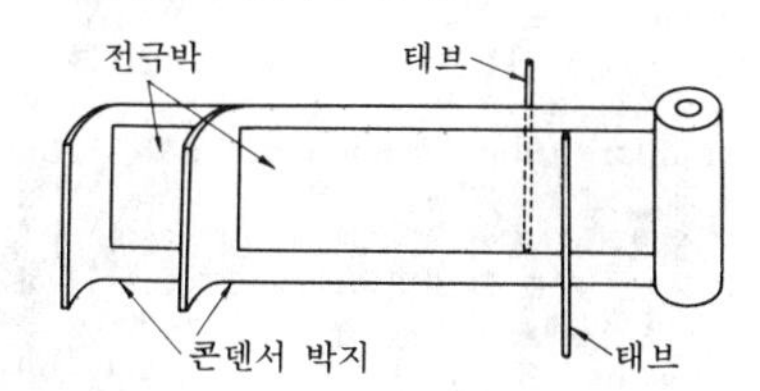

capacity 정전 용량(靜電容量) 절연된 도체간에서 전위를 주었을 때 전하를 축적하는 것. 그림과 같은 두 장의 극판간 용량은

$C=Q/V=\varepsilon(A/t)$

여기서, A : 극판의 면적, ε : 극판간의 물질의 비유전율, Q : 전하. 정전 용량을 증가시키려면 극판의 면적을 증가하든가, 비유전율이 큰 물질을 극판간에 사용하든가, 또는 극판간 거리를 작게 하면 된다는 것을 위 식으로 알 수 있다. 단위는 1V의

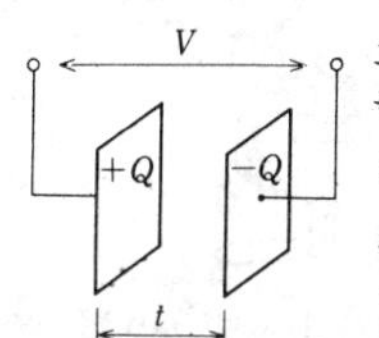

그림과 같은 2매의 극판간 정전 용량은

$$C=\frac{Q}{V}=\varepsilon\frac{A}{t}$$

A : 극판의 면적
ε : 극판간 물질의 비유전율
Q : 전하

전위를 주었을 때 1C 의 전하를 축적하는 정전 용량을 1 패럿이라 하고 F 로 나타낸다.

capacity bridge 용량 브리지(容量－) 교류 브리지의 일종으로, 정전 용량의 측정에 사용하는 측정기. 그림에 그 결선을 나타냈다. 평형시에는 다음 식의 관계가 성립한다.

$$C_x = C_s \frac{R_1}{R_2}$$

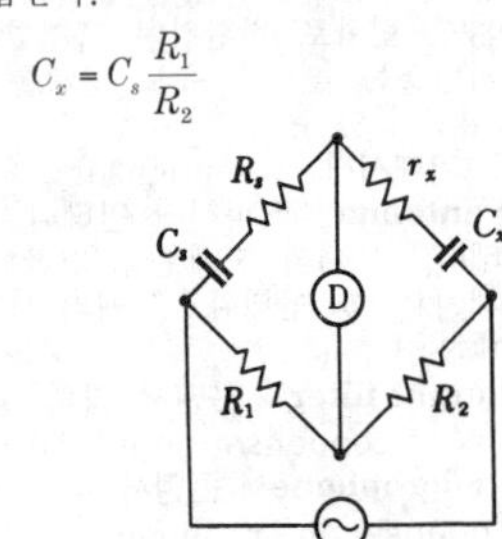

capacity ground 용량 접지(容量接地) → counterpoise

capacity meter 용량계(容量計) =C meter

capacity test 용량 시험(容量試驗) 납 축전지에서 지정된 단자 전압으로 저하하기까지의 전지의 방전 시험.

capillary tube viscometer 모세관 점도계(毛細管粘度計) 모세관을 흐르는 점성 유체의 유량이 관 양단의 압력차에 비례하고, 점도에 반비례하는 성질을 이용하여 유량에서 점도를 측정하는 장치.

capstan 캡스턴 테이프 녹음기에서 테이프를 일정 속도로 구동하기 위하여 사용하는 금속제 롤러. 캡스턴은 테이프의 주행 속도와 같은 주속도로 회전시키고, 여기에 고무 타이어를 가진 핀치 롤러를 압착시켜 이 2개의 롤러 사이에 테이프를 끼워서 정속으로 송출하고 있다. 캡스턴 축은 회전의 불균일을 없애기 위해 큰 관성을 가진 플라이휠이 부착되며, 벨트 또는 아이들러를 중개로 하여 모터에서 회전이 전달되는 기구를 가지고 있다.

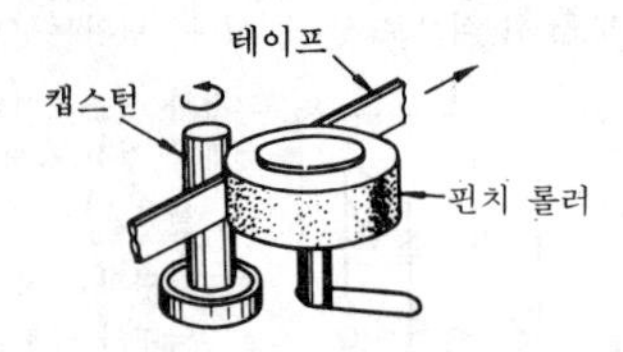

capstan servo 캡스턴 서보 비디오 테이프 녹화기의 테이프 주행 속도와 회전 헤드의 회전수 및 그 위상의 관계는 매우 정확성이 요구된다. 이 때문에 여러 가지 자동 제어계가 사용되는데 캡스턴 서보는 그 중의 한 방법이다. 이것은 테이프에 기록된 제어 신호와 캡스턴(테이프는 핀치 롤러와 캡스턴에 강하게 끼워져서 그 주행 속도가 결정된다)의 회전에 의해서 발생하는 펄스를 비교하여 언제나 테이프와 헤드의 관계 위치를 정상으로 유지하려는 것이다.

CAPTAIN system 캡틴 시스템 일본 전신 전화(NTT)에서 제공되는 문자 도형 정보 서비스 시스템. 가정에서 텔레비전과 온라인용 단말 또는 전용의 캡틴 단말을 이용함으로써 숫자의 키 조작에 의하여 언제라도 전화로 정보 센터를 호출하여 필요한 정보를 텔레비전 화면에 나타낼 수 있도록 한 시스템이다.

capture effect 캡처 효과(－效果)[1], 포획 효과(捕獲效果)[2] (1) 변환기(통상은 복조기)에서 가장 큰 입력 신호가 출력 신호를 제어할 때 생기는 효과.
(2) 레이더 수신기의 통과 대역내에 동시에 두 신호가 존재할 때 약한 신호를 억압하는 경향을 갖는 것.

car audio 카 오디오 자동차용 오디오 장치를 말하며, 컴포넌트로서는 튜너, 테이프 데크, 앰프, 스피커 시스템으로 이루어진다.

carbon 탄소(炭素) 기호 C. 제Ⅳ족의 비금속 원소로 원자 번호 6, 전자 구조는 $1s^2 2s^2 2p^2$ 이다. 산소와 화합하여 CO 또는 CO_2가 된다. 또 질소, 유황, 할로겐, 수소와도 안정한 화합물을 만든다.

carbon arrester 탄소 피뢰기(炭素避雷器) 가입 전화선이 전력선과 혼촉한다든지 천둥의 유도 등으로 위험한 전류나 전압이 발생한 경우 이것을 방지하기 위해 가입자선 인입구에 설치하는 피뢰기. 이것은 탄소 전극을 0.12~0.15mm 의 간격으로 두고, 전극간에는 운모 또는 폴리에스테르 수지의 얇은 절연물을 끼워, 한쪽 전극에 저용융 금속을 매입하고 있다. 300~500V 정도의 전압으로 방전하면 금속이 녹아서 선로를 접지하도록 동작한다.

carbon black 카본 블랙 탄소가 결정하지 않고 수 μm 이하의 미분말상으로 된 것을 말하며, 종류가 많다. 석유나 천연 가스를 불완전 연소시켜서 제조한다. 솔리드 저항기나 도전성 고무 등을 만드는데 사용하는 외에 착색제나 충전재 등으로서도 용도가 넓다.

carbon dioxide laser 탄산 가스 레이저

(炭酸－) 탄산 가스(CO_2) 분자의 진동 준위간 천이에 의한 기체 레이저로, 주로 발진 파장은 적외의 10.6μm이다. 고효율 대출력의 레이저로서 널리 이용되고 있다.

carbon fiber 탄소 섬유(炭素纖維) →graphite fiber

carbon fiber reinforced plastics 탄소 섬유 강화 플라스틱(炭素纖維强化－) ＝CFRP

carbon film resistor 탄소 피막 저항기(炭素被膜抵抗器) 벤젠 등의 탄화 수소를 열분해하여 알루미나계의 자기 표면에 석출시킨 탄소 피막을 저항체로서 사용하는 것. 피막을 나선형으로 홈을 파고(커팅이라고 한다), 저항값을 높이는 동시에 원하는 값으로 조정한다. 특성은 솔리드 저항기보다 좋으나 권선 저항기보다는 나쁘다.

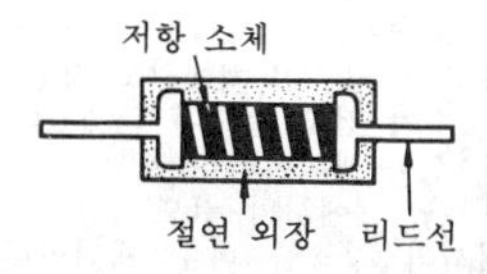

carbonization 탄화(炭化) 유기 화합물을 고온에서 불완전하게 산화(수소를 방출)하여 탄소를 많이 포함하는 물질로 바꾸는 것.

carbon microphone 탄소 송화기(炭素送話器)[1], 탄소 마이크로폰(炭素－)[2] (1) 원리는 탄소 마이크로폰과 같으나 전화용 송화기로서 사용되는 것을 탄소 송화기라고 한다. 구조는 진동판, 가동 전극, 탄소실, 고정 전극, 공기실, 슬릿 등으로 이루어진다. 탄소실에는 0.2mm 정도의 무연탄의 알갱이가 충전되어 통화 품질을 좋게 하기 위해 2,000~3,000Hz 에서 감도를 높게 하도록 특별한 구조로 만들어져 있다. 보통의 송화기는 플러그 방식을 채용하고, 유닛이 용이하게 교환될 수 있도록 되어 있다.

(2) 마이크로폰의 일종으로, 탄소 가루의 접촉 저항을 이용하여 음향 신호를 전기 신호로 변환하는 것이다. 외부에서 직류를 공급하여 저항의 변화를 전압으로 변환하는데, 감도가 매우 높으므로 전화용 탄소 송화기로서 오래전부터 사용되고 있다. 그러나 동작의 안정성이 나쁘고, 일그러짐이나 잡음이 많기 때문에 최근에는 마이크로폰으로서 그다지 사용되지 않고 있다. 라이스 마이크로폰 등이 대표적이다.

carbon pile 탄소 파일(炭素－) 탄소 원판을 겹쳐 쌓고, 상하에 전극을 둔 일종의 가변 저항으로, 전극간에 가한 압력에 의해 저항값이 변화하는 것을 이용한 트랜스듀서이다. 변환 특성은 비직선성이며, 온도의 영향을 받기 쉽다.

carbon-pressure recoding facsimile 카본 압력 기록 팩시밀리(－壓力記錄－) 기록지상에 기록하기 위한 카본지에 작용하는 압력 소자에 의해 기록하는 전자 기계 기록식 팩시밀리.

carbon resistor 탄소 저항기(炭素抵抗器) 탄소 가루에 바인더를 가해서 원통 모양으로 성형하고, 이를 소성(燒成)하여 만든 저항기. 온도 계수는 －값이다.

carbon solid resistor 탄소체 저항기(炭素體抵抗器) →solid resistor

carbon type pressure gauge 탄소형 압력계(炭素形壓力計) 판상 탄소를 다수 겹쳐 쌓아서 압력을 가하면 그 접촉 저항이 압력의 크기에 따라서 변화하는 것을 이용한 압력계이다. 하중계, 왜율계, 장력계 등으로서도 사용되고 있다.

carcinotron 카시노트론 →backward wave tube

cardioid directivity 카디오이드 특성(－特性) 8 자 특성을 가진 안테나와 수직 안테나와의 출력을 합칠 때 얻어지는 하트 모양의 특성을 말하며, 이것에 의해서 단일 방향의 결정을 할 수 있다. 음파의 경우도 의미는 같다. →sensedetermination

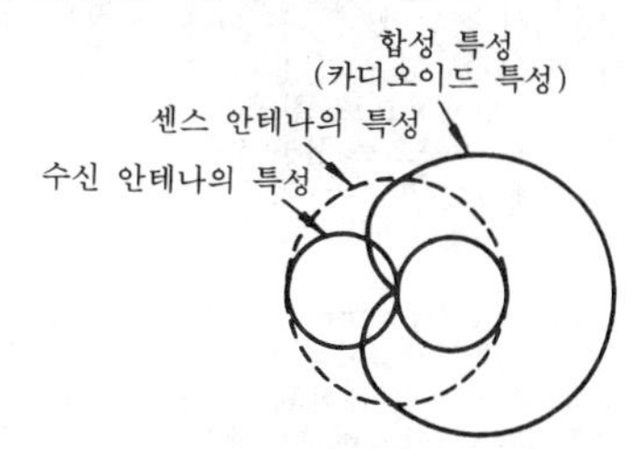

cardioid pattern 카디오이드 특성(－特性) →cardioid directivity

card magnetic stripe reader 카드 자기 띠 판독기(－磁氣－判讀機) 자기 띠가 있는 카드를 판독할 수 있는 장치.

card print punch 카드 인쇄 천공기(－印刷穿孔機) 천공 카드에 정보를 천공하는 기기이며, 천공과 동시에 천공된 문자 등을 카드 상부에 리스트로서 인쇄하는 기능이 있다.

card punch 카드 천공기(－穿孔機) 컴퓨터 등으로부터의 지령에 의해서 카드에 정보를 천공하는 장치.

card reader 카드 리더, 카드 판독 장치(一判讀裝置) 컴퓨터 입력 장치의 하나로, 데이터의 입력 매체로서 카드는 일찍부터 사용되었다. 카드 천공기로 천공된 정보를 중앙 처리 장치(CPU)로부터의 입력 명령에 의해서 판독하는 장치, 판독 속도는 100~1,500 매/분이다. 또, 천공하는 대신 연필로 마크한 카드의 판독 장치도 있다.

card read punch 카드 판독 천공기(一判讀穿孔機) 카드의 천공을 판독하는 부분과 컴퓨터의 지령에 의해서 정보를 카드에 천공하는 부분을 가진 컴퓨터의 입출력 장치이다. 읽어낸 카드에 정보를 천공할 수 있는 입출력 장치도 있다.

card reproducer 카드 복제기(一複製機), 카드 재생기(一再生機) 천공 카드를 판독하고 카드의 복제를 만드는 기계.

card set function generator 카드 세트형 함수 발생기(一形函數發生器) 다이오드 함수 발생기에서 그 함수값을 펀치 카드와 기계적 카드 판독 장치에 의해 기억과 설정을 하는 것.

card stacker 카드 스태커 스태커 내의 펀치 카드를 집적하는 출력 장치.

card tester 카드 테스터 프린트 회로 기판을 시험 및 진단하는 장치.

card verifier 카드 검공기(一檢孔機) 천공된 카드를 검사하는 기계이다. 천공되어 있는 카드를 다시 타건(打鍵)함으로써 천공되어 있는 것과 대조된다. 타건한 것과 천공되어 있는 것이 다르면 그 사실의 경보를 발생하므로 천공 오류를 발견할 수 있다. 검공으로 천공 오류가 없는 카드에 대해서는 카드의 최우단에 반원을 천공하므로 재천공할 카드를 구분할 수 있다.

caretaker telephone 부재 전화(不在電話) 부재로 사람이 발신자에게 응답할 수 없을 때 사용되는 전화 서비스. 착신시에 자동적으로 응답하고, 엔드리스 테이프 등에 녹음된 정보를 발신자에게 알리며, 발신자의 용건을 녹음할 수 있게 되어 있다.

Carey-Foster bridge 캐리-포스터 브리지 ① 2개의 거의 같은 저항값의 차를 정밀하게 측정하는 직류 미끄럼 브리지로, 그림 (a)에서 다음과 같이 구해진다.

$R-X=\rho(t_2-t_1)$

여기서, ρ : 미끄럼선의 단위 길이의 저항.
② 상호 인덕턴스를 측정하는 교류 브리지로, 그림 (b)에서 다음과 같이 구해진다.

$M=CR_1R_3$

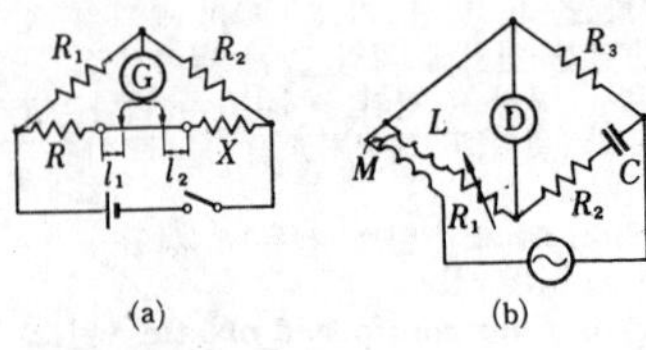

(a) (b)

carriage control character 용지 이송 제어 문자(用紙移送制御文字) 컴퓨터의 처리 결과를 프린터에 출력하는 경우 페이지를 바꾸거나 행 이송 등의 용지 이송을 위한 제어 정보가 필요하다. 이 제어를 위해 준비된 문자를 용지 이송 제어 문자라고 한다.

carrier 캐리어 ① n형 반도체의 전도 전자나 p형 반도체의 정공과 같이 전하를 운반하는 구실을 하는 것을 말한다. 상온의 n형 반도체에서는 전도 전자 뿐만 아니라 소수이기는 하지만 정공(正孔)이 존재하고, p형 반도체에서도 정공만이 아니고 소수의 전도 전자가 존재한다. 이들은 특히 소수 캐리어라 부르고, 이에 대하여 n형 반도체에서의 전도 전자, p형 반도체에서의 정공을 다수 캐리어라고 불러 구별한다.

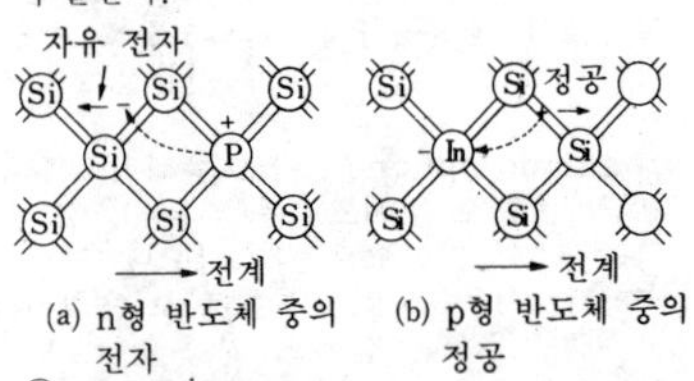

(a) n형 반도체 중의 전자 (b) p형 반도체 중의 정공

② →carrier wave

carrier-amplitude regulation 반송파 진폭 변동(搬送波振幅變動) 평형 변조형의 AM(진폭 변조) 송신기에서의 반송파의 진폭 변동.

carrier bypass 반송파 측로(搬送波側路) 전력 통신에서 회로 소자 주위의 비교적 낮은 임피던스의 반송 전류에 대한 경로.

carrier chrominance signal 반송 색신호(搬送色信號) 컬러 텔레비전에서 I신호와 Q신호의 색신호로, 3.58MHz의 색부반송파를 진폭 변조시킨 신호파.

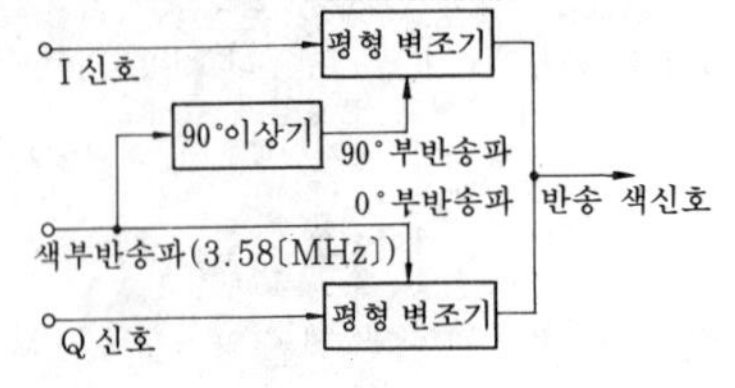

carrier communication 반송 통신(搬送通信) 단일 주파수의 반송파 전류를 통신 신호에 의해서 변조하여 선로를 전송하고, 수신단에서 복조하여 원래 신호를 재생하는 통신 방식. 선로를 반송파에 의해 다중화하여 효율적인 사용을 도모하는 것이 목적이며, 보통 진폭 변조, 주파수 변조가 쓰인다.

carrier control 반송파 제어(搬送波制御) 반송파의 송출 및 정지의 제어.

carrier-controlled approach system 캐리어 제어 어프로치 시스템(－制御－) 항공기 탑재 레이더 시스템으로, 항공기는 이것에 의해 무선 교신하여 진입 유도 정보를 얻는다.

carrier current 반송 전류(搬送電流) 반송파와 결합시킨 전류.

carrier-current choke coil 반송파 초크 코일(搬送波－) 전력 조류에 대해서는 저 임피던스, 반송 주파수에 대해서는 고 임피던스를 지니고, 결합 콘덴서의 전압 탭과 변성 장치 트랜스부 간에 직렬로 접속되는 리액터 또는 초크 코일. 그 목적은 변성 장치 회로를 흐르는 반송파 전류의 손실을 제한하는 점에 있다.

carrier-current coupling capacitor 반송파 결합 콘덴서(搬送波結合－) ① 반송파 결합 콘덴서, 동조 장치, 반송파 송수신 장치를 결부시키는 케이블. ② 전력선에 반송파를 송수신하는 장치를 접속하기 위한 콘덴서 장치의 집합.

carrier-current drain coil 반송파 배류 코일(搬送波排流－) 전력 조류에 대해서는 저 임피던스, 반송 주파수에 대해서는 고 임피던스를 지니고, 반송 전류 리드선과 대지간에 접속되는 리액터 또는 초크 코일.

carrier-current grounding-switch and gap 반송 전류 접지 스위치 및 갭(搬送電流接地－) 반송 장치와 선로 동조 장치(사용할 경우는)에 인가되는 전압을 제한하기 위한 갭으로, 닫혔을 때 다른 고전압 선로나 변성 장치 동작을 하지 않고, 보수나 조정을 할 수 있도록 반송 장치를 접지하는 스위치.

carrier-current lead 반송 전류 리드선(搬送電流－線) 전력 통신을 위해 반송파 결합 콘덴서, 동조 장치, 반송파 송수신 장치를 결합하는 케이블.

carrier-current line trap 반송 전류 라인 트랩(搬送電流－) 단일 또는 복수의 반송 주파수에 대해서는 고 임피던스, 전력 주파수에 대해서는 저 임피던스가 되는 전력선에 삽입되는 인덕턴스, 용량 회로.

carrier detect 반송파 검출(搬送波檢出) 반송파 수신 중이라는 것을 신호 변환 장치가 데이터 전송 단말 장치에 나타내는 제어 신호 또는 그 상태.

carrier diffused transistor 캐리어 확산형 트랜지스터(－擴散形－) 합금 접합 트랜지스터와 같이 베이스 영역의 불순물 농도가 균일하고, 소수 캐리어가 베이스 속을 확산하여 진행하는 것을 캐리어 확산형 트랜지스터라 한다. 저주파용 트랜지스터에는 이 방식으로 만들어지고 있는 것이 많다. 그림은 메사형의 경우를 나타낸 것이다.

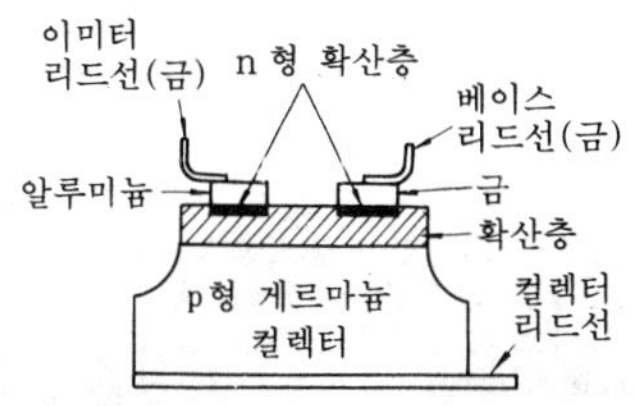

carrier drift transistor 캐리어 드리프트형 트랜지스터(－形－) →drift transistor

carrier-energy dispersal 반송파 에너지 분산(搬送波－分散) →intermodulation-noise dispersal

carrier frequency 반송 주파수(搬送周波數) 일반적인 가입 전화는 1회선(한 쌍의 전선) 1 통화밖에 할 수 없으나 TV나 라디오는 주파수를 바꿈으로써 다중 통화를 할 수 있다. 이 방식을 반송 방식이라 하며, 통신 전류를 그 자체의 것 보다 높은 주파수로 모양을 바꾸어 송신하고, 수신시에 그것을 원래대로 되돌리는 조작을 할 때 그 높은 주파수를 반송 주파수라 하고, 모양을 바꾼 것을 변조파라고 한다. →carrier system

carrier-frequency cable 반송 케이블(搬送－) 반송 통신에 사용되는 케이블. 대칭형 케이블과 동축 케이블로 대별된다. 전자는 500kHz 이하의 주파수에 사용되고, 후자는 60kHz 이상 12MHz 정도까지의 주파수에서 사용되고 있다.

carrier-frequency communication 반송 통신(搬送通信) 통신할 신호 전류를 보내는 데 케이블을 사용하고, 별도로 준비한 반송파를 신호 전류로 변조하여 송신하며, 수신측에서는 그것을 복조하여 통신을 하는 방식. 이 방법에 의하면 하나의 회선으로 많은 통신을 동시에 보낼 수 있으며, 반송 전화나 반송 전신으로서 널리 사용되고 있다.

carrier-frequency pulse 반송 주파수 펄스(搬送周波數－) 펄스로 진폭 변조하기 전의전 반송파. 변조된 반송파의 진폭은 펄스 전후에서는 0으로 된다. 반송파 그 자체의 위상 정합(코히런스)에 대해서는 한정되지 않는다.

C

carrier-frequency range 반송 주파수대(搬送周波數帶) 통상의 운용을 위해 통신기가 조정 가능한 연속된 주파수의 범위. 송신기는 하나 이상인 반송 주파수 범위를 구비하는 경우가 있다.

carrier-frequency stability 반송 주파수 안정도(搬送周波數安定度) 정해진 주파수 채널을 유지하는 능력을 나타내는 수치. 단기(1초) 및 장기(24시간)를 베이스로 측정한다.

carrier gas 캐리어 가스 반도체의 확산 공정, 기상(氣相) 성장 공정 등에서 노(爐) 속에서 첨가 불순물의 수송을 담당하는 기체로, 질소, 아르곤, 헬륨 등의 불활성 가스가 쓰인다.

carrier group 캐리어 그룹 60kHz～108kHz의 주파수 대역으로, 보다 큰 시스템 구성의 기본 블록이 되는 T2의 음성 채널이 포함된다.

carrier injection 캐리어 주입(－注入) pn 접합이나 반도체·금속 접촉부를 통해서 캐리어가 주입되는 것. 주입된 캐리어는 전류를 형성하고, 혹은 재결합하여 에너지를 방출해서 소멸하거나 한다. 다이오드의 정류성, 트랜지스터 작용, 광 방출 효과 등 응용면에서의 많은 중요한 성질이 이들 주입 과잉 캐리어(따라서 열 평형이 파괴된 상태에서의) 작용에 의해 설명된다.

carrier isolating choke coil 반송파 분리 초크 코일(搬送波分離－) 반송파가 공급되는 선로에 직렬로 삽입되어 그 삽입점 이후에 반송파가 전파하는 것을 방지하기 위한 인덕터.

carrier leak 반송파 누설(搬送波漏泄) 반송파 억압 방식에서 잔류하는 반송 주파수 성분. 평형 변조기에서 회로의 불평형에 의해 반송파가 출력 선로에 누출하면, 이것이 선로에서의 잡음 발생 원인이 되거나 한다.

carrier-leak balancer 변조기 평형 조정기(變調器平衡調整器) 반송 통신 방식에서 평형 변조기의 불평형에 의해 반송파가 선로에 누출하는 것을 방지하기 위한 조정기. 가변 저항과 콘덴서를 사용한 것이 많다.

carrier-leak system 반송파 비억압 방식(搬送波非抑壓方式) 측파대와 반송파가 함께 전송되는 방식. 수신측으로서는 반송파 발생 장치가 불필요하고, 반송파를 동기시킬 필요도 없다. 그러나 통화 전력이 커지고, 비화성(秘話性)도 없어지는 결점도 있다.

carrier modulation 반송파 변조(搬送波變調) 고주파의 반송파가 전송되어야 할 정보를 포함하는 신호에 의해서 변화되는 과정.

carrier noise level 반송파 잡음 레벨(搬送波雜音－) 전송 신호를 변조하지 않은 상태에서 무선 주파수의 불요 변동에 기인하여 발생하는 잡음 레벨.

carrier-pilot protection 반송 파일럿 보호(搬送－保護) 계전기간의 통신 수단이 반송 전류 채널인 파일럿 보호 방식.

carrier-pilot relaying scheme 반송 계전 방식(搬送繼電方式) →power-line carrier relaying

carrier power 반송파 전력(搬送波電力) 변조가 없는 상태에서의 무선 주파수 1사이클 동안에 송신기로부터 안테나계의 궤전선에 공급되는 평균의 전력. 다만, 이 정의는 펄스 변조된 전파를 발사하는 경우에는 적용되지 않는다.

carrier power output 반송파 출력(搬送波出力) 변조 신호가 없는 상태에서 안테나 단자에 얻어지는 고주파 출력.

carrier recovery 반송파 재생(搬送波再生) 동기 검파를 하기 위해 파일럿 신호 등을 이용하여 송신측에서 변조된 반송파와 같은 위상의 반송파를 재생하는 것.

carrier reinsertion 반송파 재삽입(搬送波再挿入) 복조 가능한, 필요한 진폭 변조 신호로 하기 위해 국부 발진 반송 주파수와 수신한 단측파대 반송 신호를 혼합하는 방법.

carrier relaying protection 반송 계전 방식 보호(搬送繼電方式保護) 일종의 파일럿 보호 방식으로, 금속 회로를 경유하여 고주파 전류를 흘리고, 회로 각 단말의 계전기 사이에서 통신을 하는 방식.

carrier repeater 캐리어 리피터 반송파 전송에 사용되는 중계기.

carrier sense multiple access/collision detection 캐리어 검출 다중 접근/충돌 검출 기능(－檢出多重接近/衝突檢出機能) ＝CSMA/CD

carrier shift 캐리어 시프트 주파수 편이 변조 방식을 사용하는 시스템의 정상 상태의 주파수와 마크, 스페이스의 주파수와의 차.

carrier start time 반송파 시동 시간(搬送波始動時間) 전력 통신에서 반송파 송신 장치가 그 출력을 증대시켜 출력이 규정 상한값, 즉 피크값의 90%에 이르기까지의 시간.

carrier stop time 반송파 정지 시간(搬送波停止時間) 전력 통신에서 반송파 송신 장치가 그 출력을 감소시켜 가서 출력이 규정된 하한값, 즉 피크값의 10%에 이를 때까지의 시간.

carrier storage effect 캐리어 축적 효과(－蓄積效果) ① 벌크(bulk)의 수명 시간이 비교적 긴 반도체에서 그 pn 접합이 순방향 바이어스가 주어졌을 때 생기는 효과로, 접합부를 통해서 주입된 과잉의 소수 캐리어가 접합부 부근에 축적된다. 여기서 역방향 바이어스를 가하면 이 축적 전하에 의해 생기는 역전류는 보통의 역방향 포화 전류보다도 매우 크다. 그리고 이 축적 전하가 재결합 또는 역전압에 의해 접합부에서 일소되기까지 지속한다. 이 효과는 전하 축적 다이오드로서 펄스 형성 혹은 고조파 발생 등의 목적으로 이용된다. ② ①의 축적 효과는 포화 영역에서 동작하는 트랜지스터에서도 볼 수 있다. 순방향으로 바이어스된 컬렉터-베이스 접합에서 베이스 영역에 주입된 소수 캐리어가 트랜지스터의 스위치 오프 직후도 잠시 컬렉터 전류로서 흘러 축적 시간 지연을 일으킨다.

carrier suppression 반송파 억압(搬送波抑壓) ① 송신기에서 보통의 변조를 한 후 반송파를 억압하는 것. 수신기에서는 복조에 앞서 다시 반송파를 삽입하지 않으면 안 된다. →carrier reinsertion. ② 송신할 변조파가 없을 때에는 반송파를 억업하는 것. 송신기 상호간의 간섭을 방지하기 위해 선박 등에서 사용되는 방식이다.

carrier suppressor system 반송파 억제 방식(搬送波抑制方式) 변조 방식에서 반송파를 제거하여 측파대만을 전송하는 방식.

carrier swing 반송파 스윙(搬送波－) 주파수 변조 또는 위상 변조파에서의 최저 순시 주파수에서 최고 순시 주파수까지의 전체 주파수의 진폭.

carrier system 반송 방식(搬送方式), 반송 시스템(搬送－) 하나의 전송로상에 다수의 통신로를 실어 각 통신로에 대하여 전자 신호를 전송하기 쉽도록 다른 반송 주파수로 변조하여 보내고, 수신측에서 다시 원형으로 복조시키는 전송 방식. 대개의 경우는 다중화를 목적으로 변조, 복조를 하고 있다. →carrier frequency

carrier tap choke coil 반송파 탭 초크 코일(搬送波－) 선로 탭에 직렬로 삽입되는 반송파 분리 초크 코일.

carrier telegraph circuit 반송 전신 회선(搬送電信回線) 회선과의 정합이나 회선의 다중 사용의 목적으로 행하여지는 반송 전신 방식을 사용하여 작성되는 회선을 반송 전신 회선이라 한다.

carrier telegraph system 반송 전신 방식(搬送電信方式) 직류 전신 방식의 대비어로, 회선과의 정합이나 다중화의 목적으로 변복조를 써서 신호를 전송하는 전신 방식을 말한다.

carrier telegraphy 반송 전신(搬送電信) 단일 주파수의 교류인 반송 전류를 전신 부호에 의해서 변조하여 송신하고, 수신측에서 이것을 복조하여 원래의 전신 부호를 꺼내는 전신 방식. 전송로를 절약하기 위해 하나의 전송로에 8~24 채널의 다수 회선을 싣는 다중 통신 방식을 채용하는 경우가 많다. 반송 전류에 300~3,400Hz 의 음성 주파대를 이용하는 음성 주파 전신과 이 범위 외의 주파수를 이용하는 것이 있다.

carrier telephone channel 반송 전화 채널(搬送電話－) 반송 통신을 사용하고 있는 전화 채널

carrier telephone circuit 반송 전화 회선(搬送電話回線) 통화 전류 외에 반송파를 사용하여 한 쌍의 도선에 동시에 다수의 통화(다중화)를 할 수 있게 한 것. 원거리 시외 회선에 널리 쓰이고 있다.

carrier telephony 반송 전화(搬送電話) 하나의 선로에 많은 통화를 실어서 전송하는 방식. 각 통화마다 다른 반송파를 변조하여 전송하고, 수신측에서는 필터에 의해서 각 통화로의 선별을 하여 통화를 하는 방법으로, 한 쌍의 선로를 유효하게 사용할 수 있다. 보통, 반송 전화는 4선식 회선을 사용하여 한 쌍의 선로에 6통화로를 실을 수 있으나, 다중 변조나 군변조를 함으로써 보다 많은 통화로를 실어서 다중화할 수 있다.

carrier terminal 반송 단국 장치(搬送端局裝置) 변조·복조, 필터, 증폭 관련의 기능을 수행하며, 반송 전송 시스템의 한쪽 끝에 부가되는 장치.

carrier terminal grounding switch 반송 단국 접지 스위치(搬送端局接地－) 전력선 반송 장치는 조정할 때 작업원을 보호하기 위해 전력선 반송용 결합 콘덴서와 대지간에 있는 전력선 반송단국을 바이패스시켜 대지로 전류를 통과시킨다.

carrier terminal protective gap 반송 단국 보호 갭(搬送端局保護－) 전력 통신에서 전력선의 전기적 동요에 의한 전력선 반송 단국 장치에 인가되는 전압을 제한하기 위한 갭.

carrier test switch 반송 시험 스위치(搬送試驗－) 전력선 반송 장치를 시험할 때 반송 에너지를 전력선에 송출하기 위한 스위치.

carrier to noise ratio *CN*비(－比), 반송파 대 잡음비(搬送波對雜音比) 반송파를 변조하여 전송하는 통신 방식에서 반송파 레벨과 잡음 레벨과의 비를 말한다. 주파수 변조에서는 *CN* 비가 충분히 크면 잡음에 의한 주파수 편이는 매우 작고, 복조 후의 *SN* 비는 *CN* 비의 값보다 훨씬 좋아진다.

carrier transmission 반송파 전송(搬送波傳送) 전송되는 전기 파형이 단일 주파수를 변조파로 변조시킨 전기 통신의 한 형태.

carrier velocity 캐리어 속도(－速度) n 형 반도체 내의 전자 및 p 형 반도체 내 정공의 랜덤한 열운동의 평균 속도.

carrier wave 반송파(搬送波) 저주파의 신호파를 실어서 전송하기 위해 사용하는 고주파 전류를 말하며, 캐리어라고도 한다. 신호파를 반송파에 싣는 것을 변조라 하고, 변조된 피변조파는 유선에 의해서 전송되는 것과 공간에 전파로서 방사하여 무선 전송하는 것이 있다.

carry 자리올림 *n* 진법으로 표현되고 있는 두 수의, 어느 자리에서 덧셈을 한 결과가 *n* 과 같든가 또는 *n* 보다 커졌을 경우에 그 자리보다 하나 상위 자리에 1을 더하는 조작을 말한다. 또는 그를 위한 신호를 말하기도 한다.

carry look ahead 올림수 예견(－數豫見) 부분 가산기 등에 의해 제공되는 확산, 발생 기호들로부터 최종 올림수를 예견하는 것. 이것은 올림수 전파 지연을 해소함으로써 2진 가산 속도를 빨리 할 수 있다.

carry look-ahead adder 올림수 예견 가산기(－數豫見加算器) 병렬 가산기의 실현 방식의 하나. 가수(加數)와 피가수의 자리마다의 덧셈에 의해 부분합을 구하는 동시에 전 자리의 올림수 계산을 독립으로 하고, 부분합과 올림수를 더해서 가산 속도를 향상시키는 방식. 예견을 하는 자리수가 클수록 실행 속도도 빨라지지만, 회로의 규모는 커진다.

carry-save adder 자리 올림 보류 가산기(－保留加算器) 개개의 숫자 위치에 관해서 입력 3개, 합의 출력 1개 및 자리 올림 출력 1개를 가지며, 연산 1사이클 내에서는 그 자신으로 자리 올림수의 전파(傳播)를 하지 않는 가산기.

CARS 코히어런트 반 스토크스 라만 분광법(－反－分光法) coherent anti-Strokes Raman Spectroscopy의 약어. 라만 분광법의 일종으로, 라만 활성 매질에 고정·가변의 두 레이저광을 입사시키고, 이들의 결합에 의해 얻어지는 반(反)스토크스 방사(입사광보다 파장이 짧은 방사)의 스펙트럼을 측정하는 것. 고감도이며, 형광을 발생하는 매질로부터의 영향도 없으므로 널리 쓰인다.

Carson's rule 카슨의 법칙(－法則) 주파수 변조에서는 측대파의 수는 무한이며, 따라서 이에 대응할 필요 대역폭도 무한의 확산이 요구된다. 그러나 실제 문제로서 임의의 변조 지수 β에서 송신 전력의 대부분은 유한 대역폭 내에 한정되어 있으며, 이 대역외 성분을 잃더라도 만일 신호의 98% 전력이 전송된다면 그에 의해 받는 신호의 일그러짐은 허용할 수 있는 범위 내(허용의 의미는 좀 애매하지만)에 있다는 것이 수치 계산적 혹은 실험적으로 확인되고 있다. 그리고 필요한 대역폭 B는

$$B=2(\Delta f+f_m)$$

이라는 것을 결론지을 수 있다(카슨의 법칙). Δf는 최대의 주파수 편이이고, f_m은 정현 변조파의 주파수이다(변조 지수는 $\beta=\Delta f/f_m$). 특히 β가 1에 비해 매우 작은 경우, 즉 협대역의 FM인 경우는 위의 식은 근사적으로

$$B\cong 2f_m$$

으로 할 수 있다.

car stereo 카 스테레오 →car audio

car telephone system 자동차 전화(自動車電話) 주행 중인 자동차와 일반 가입자 간이나 자동차 상호간을 잇는 전화 서비스. 서비스 지역을 복수의 무선 지역으로 나누고, 각 무선 지역마다 기지 무선국을 설치한다. 각 기지 무선국에는 20~200의 무선 채널을 두어 전 가입자가 공용(다원 접속 방식이라 한다)하고, 또 이들 채널을 주파수의 유효 이용을 도모하기 위해 각 무선 지역에서 공용하고 있다. 자동차 전화 장치는 그림과 같은 구성으로 되어 있

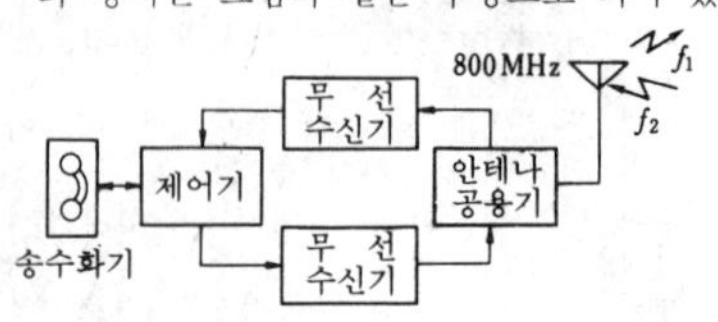

으며 사용 주파수는 900, 800MHz 이다.

cartridge 카트리지 ① 픽업의 주요 부분으로, 톤 암에 부착되어 바늘의 진동을 전기 진동으로 변환하는 것이다. 모노럴용과 스테레오용이 있으며, 전자는 바늘이 좌우 운동하기만 하지만 후자는 LP레코드의 홈 양 벽의 기복으로 좌우 운동과 상하 운동을 일으켜 2조의 발전 소자에 독립의 진동 전압을 발생시킨다. 발전 소자에는 가동 코일형이나 크리스털형 등 많은 종류가 있으며, 어느 것이나 고주파 특성을 좋게 하기 위해 가볍게 하고, 공진을 방지하기 위해 댐퍼를 둔다. ② 비디오 또는 오디오 테이프를 케이스에 수납한 것을 말한다.

cartridge diode 카트리지 다이오드 pn 접합을 갖는 다이오드를 복수개 겹쳐 쌓아서 하나의 케이스에 수용하여, 단일의 다이오드로서 동작하도록 한 것. 고전압, 소전류의 정류 요소로서 직류 고전압 전원을 만드는 경우 등에 이용한다.

cascade amplifier 종속 증폭기(縱續增幅器) 둘 또는 그 이상의 증폭기가 직렬로 접속된 것.

cascade connection 캐스케이드 접속(－接續), 종속 접속(縱續接續) 4 단자망의 출력 단자를 다음 4 단자망의 입력 단자에 접속하는 식으로 차례로 접속해 가는 방법으로, 다단 증폭 등에 사용되는 가장 일반적인 접속법이다.

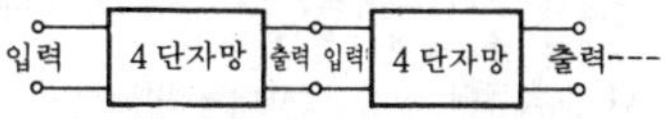

cascade control 캐스케이드 제어(－制御) 피드백 제어계에서 1차 조절기의 출력 신호에 의해서 2차 조절기의 설정값을 움직여서 행하는 제어. 예를 들면, 그림과 같은 액온의 정치 제어(定値制御)에서는 가열 증기의 유량이 변화했을 경우, 당연히 액온은 변화하나 만일 유량 조절계가 없었다면 이 액온의 변화를 온도계로 검출하여 온도 조절계를 동작시켜서 증기 유량을 가감하게 된다. 그런데 이것으로는

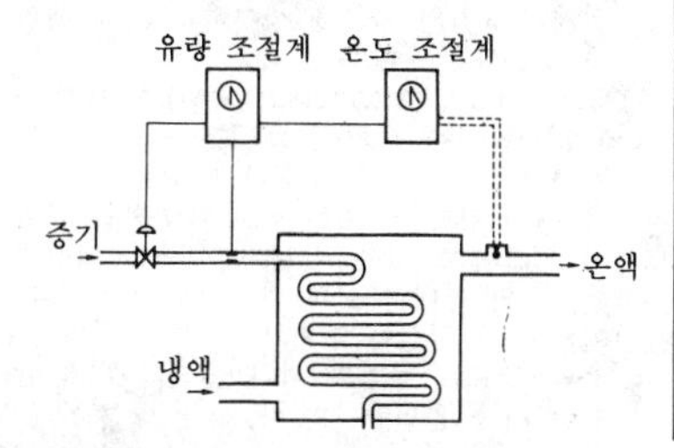

증기 유량의 변화가 액온의 변화로서 검출되기까지 시간이 걸리므로 정정 동작이 행하여지는 것이 늦어진다. 그래서 유량 조절계를 붙여서 증기 유량을 즉시 가감하도록 하는 편이 좋다. 증기 유량의 변화 이외의 외란(外亂)에 대해서는 1차 조절계(온도 조절계)의 출력 신호에 의해서 2차 조절계(유량 조절계)의 설정값을 움직여서 제어가 수행된다.

cascade rectifier 캐스케이드 정류기(－整流器) 둘 또는 그 이상의 정류기가 그 직류 전압에 합쳐지도록 접속되어 있으나, 단지 전류(轉流) 위상은 일치되고 있지 않은 것. 둘 또는 그 이상의 정류기 접속에서 전류(轉流) 위상이 일치하는 경우에는 만일 직류 전압이 합쳐지는 경우에는 직렬이고, 직류 전류가 합쳐지는 경우에는 병렬이라 한다.

cascode amplifier 캐스코드 증폭 회로(－增幅回路) 초단에 이미터 접지 증폭 회로, 다음 단에 베이스 접지 증폭 회로를 종속으로 접속한 증폭 회로. 베이스 접지 회로의 낮은 입력 임피던스가 이미터 접지 증폭 회로의 부하로 되므로 주파수 특성은 광대역으로 되고, 또 증폭 동작도 안정하다. 텔레비전 수상기의 고주파 증폭 회로 등 초고주파의 초단 증폭에 쓰인다.

case shift 케이스 시프트 텔레프린터에서 그 번역 기구를 하단 부호 케이스에서 상단 부호 케이스로, 혹은 그 반대로 옮기는 것. 하단 케이스는 소문자·숫자·구두점 등이고, 상단은 대문자이다.

case temperature 케이스 온도(－溫度) ① 디바이스의 케이스 표면 또는 그 가까이의 규정 위치에서 측정한 반도체 디바이스의 온도. ② 발광 다이오드 케이스 상의 규정 위치에서 측정한 온도.

cash dispenser 현금 자동 지급기(現金自動支給機) 은행에서 예금한 금액 중 현금을 자동적으로 인출하는 데 사용되는 기계. 예금자가 통장 번호, 성명 등이 기록되어 있는 자기 카드를 카드 판독기에 삽입하고 암호와 금액을 입력하면 온라인으로 접속되어 있는 컴퓨터에서 대조 확인되어 틀림없으면 현금이 자동적으로 나오게 되어 있다. ＝CD

cash memory 캐시 메모리 주기억 장치의 호출 시간을 단축하고, 중앙 처리 장치(CPU)의 처리 능력을 향상시키기 위한 소용량이고 고속의 기억 장치. 개인용 컴퓨터 등에서 널리 사용되고 있다.

cassegrain antenna 카세그레인 안테나 그림과 같이 주반사기에 대구경의 파라볼라를 사용하여 그 초점에 2차 반사기를 부착하고, 파라볼라의 중앙 배면에 1차 방사기를 두어 궤전하는 안테나를 말한다. 이 안테나는 1차 방사기로부터의 측면이나 배면으로의 누설이 거의 없고, 또 1차 방사기까지 궤전선이 단축되어 잡음이 적으므로 위성 통신의 송수신용으로서 널리 사용되고 있다. 단, 2차 반사기의 직경이 주반사기의 직경의 10% 정도가 되기 때문에 유효한 개구 면적이 감소하고, 유해한 산란파를 발생하는 결점이 있다.

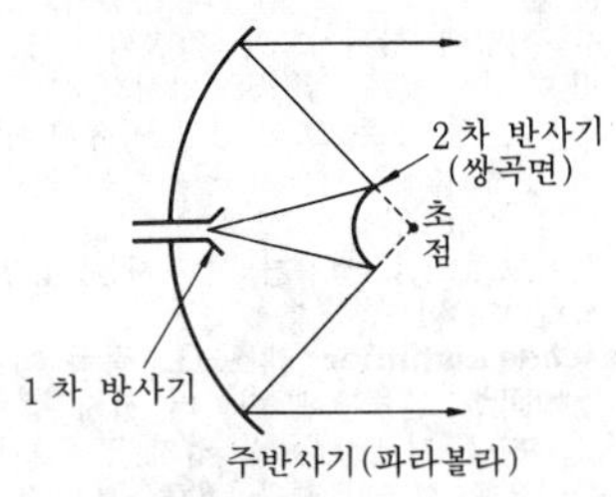

cassegrainian feed 카세그레인 피드 파라볼러 반사경에 대해서 사용되는 궤전(급전) 시스템으로, 파라볼러의 초점 근처에 작은 쌍곡면 부 반사경이 두어진 것. 카세그레인 피드 시스템은 반사경 후방으로의 스필오버(spillover)를 억압하므로 보다 뛰어난 잡음 성능을 실현할 수 있다.

cassegrain reflector antenna 카세그레인 안테나 =cassegrain antenna

cassette tape 카세트 테이프 하나의 케이스 속에 테이프 릴과 테이프를 매끄럽게 주행시키기 위한 장치를 내장하여 테이프 녹음기에 쉽게 장착할 수 있도록 한 것. 현재 카세트 테이프라고 하면 필립스 사의 콤팩트 카세트 테이프를 가리키는 경우가 많으며, 동사가 특허를 일반에게 개방한 데서 세계적으로도 널리 보급되고 있다. 카세트 테이프는 테이프 속도가 4.75cm/s로 일정하나 테이프의 길이에 따라서 녹음 시간이 다른 것이 각종 시판되고 있다. 또, 테이프의 재질에 따라서도 노멀 테이프를 비롯하여 크롬 테이프, 메탈 테이프 등 많은 종류가 있는데, 외형치수가 통일되어 있으므로 어느 테이프

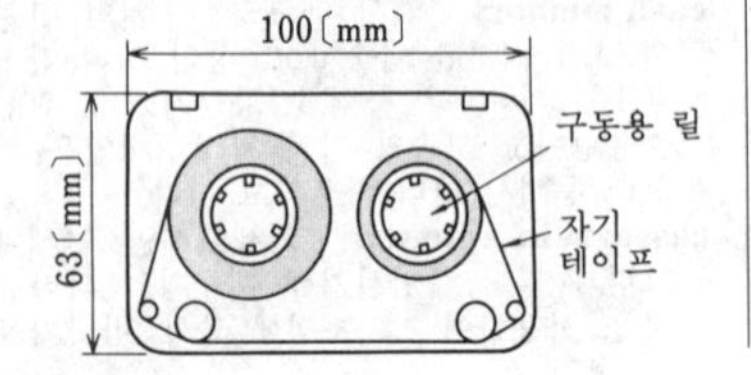

녹음기에도 사용할 수 있다. 단, 테이프의 특성에 따라서 바이어스 등을 가하는 방법이 다르므로 사용할 때는 주의하지 않으면 성능을 충분히 발휘할 수 없다.

cassette tape recorder 카세트 테이프 녹음기(－錄音機) 테이프 녹음기의 일종으로, 카세트 테이프를 사용하는 것을 가리킨다. 시판되고 있는 것은 다종 다양하며, 작은 것은 상의 포켓에 들어가는 것부터 큰 것은 20cm 급의 대형 스피커를 2개 케이스 내에 수납한 스테레오형의 것까지 있다.

cassette unit 자기 테이프 카세트 장치(磁氣—裝置), 자기 카세트 테이프 장치(磁氣－裝置) 카세트 구동 기구, 자기 헤드 및 그에 부수하는 제어 기구를 포함하는 장치.

cast magnet 주조 자석(鑄造磁石) 석출 경화의 현상을 이용하여 만든, 경화 자석의 일종이다. 고온에서도 조직의 변화가 적고 따라서 영구 자석도 매우 안정하다. MK강, NKS강, 주조 알니코 등이 있다.

cast resin 주형 수지(注形樹脂) 전자 기기를 습기나 진동에서 보호하고, 고장을 방지하기 위해 합성 수지로 메우는 것은 좋은 방법이다. 그를 위해 사용하는 수지를 주형 수지라 하고, 처음에는 액상이며, 소정의 경화제를 혼입해서 흘려 넣으면 상온 또는 약간의 가열로 수시간 내지 수 10시간 후 고화하는 것이다. 현재 일반적으로 쓰이고 있는 것은 에폭시 수지와 불포화 폴리에스테르 수지이다.

CAT 컴퓨터 이용 검사(－利用檢査)[1], 컴퓨터 단층 사진(－斷層寫眞)[2], 크레디트 확인 단말(－確認端末)[3] (1) computer aided testing의 약어. 설계를 점검한다든지 분석한다든지 하는 데 엔지니어가 사용하는 것으로, 특히 CAD 프로그램으로 작성되는 것을 가리키며, 자동화 회귀 시험에 소프트웨어 개발자가 사용한다.
(2) computerized axial tomography의 약어. 컴퓨터를 사용하여 같은 축을 따라서 촬영된 일련의 X선 단층 사진에서 신체의 3차원 화상을 생성하는 의료 행위를 말한다. →CAI
(3) =credit authorization terminal

cataphoresis 전기 영동(電氣泳動) 비도전성의 액체 중에 부유하고 있는 미립자는 그 표면이 + 또는 －로 대전하는 성질이 있으므로 직류 전압을 가하면 대전의 +, －와 반대 부호의 전극으로 운반된다. 이와 같은 현상이 전기 영동이며, 박막 부품을 만드는 방법의 하나인 전착(電着)은 이 원리를 응용한 것이다.

catastrophic failure 파국 고장(破局故障), 돌발 고장(突發故障), 재해적 고장(災害的故障) 사용 중 특성값의 돌발적 변화에 의해 또는 갑자기 생기는 예측 불가능한 고장. 예를 들면, 유리의 균열, 전자관, 전구의 필라멘트 단선 등.

catcher 캐처 속도 변조관에서 전자 빔의 속도 변조에 의해 여진(勵振)되어 외부 회로에 유효한 에너지를 공급하기 위한 공동 공진기. 출력 공진 장치라고도 한다.

catcher space 캐처 공간(-空間) 밀도 변조 전자 빔이 출력 공진기 내의 발진을 야기시키는, 드리프트 공간에 이어지는 전자관의 일부 또는 출력 공동 격자(出力空洞格子) 간의 영역이다.

catching diode 캐칭 다이오드 =clamp diode

cathode 캐소드, 음극(陰極) ① 전지나 직류 발전기를 전원으로 하여 전기 회로를 만들 때 전류가 전기 회로를 통해서 다시 되돌아오는 측을 말한다. ② 전자관에서 전자를 방출시키는 전극을 말한다. 일반의 열음극에는 텅스텐, 토륨 텅스텐, 산화 바륨 등을 사용하고, 가열 방식으로서는 직열형(直熱形)과 방열형(傍熱形)이 있다. 또, 광전관 등의 냉음극에는 갈륨, 세슘 등이 사용된다. ③ 정류기나 사이리스터 등에서 음전압을 가했을 경우에 순방향이 되는 측을 말한다.

cathode border 음극 경계(陰極境界) 가스 봉입 전자관의 음극 암부(暗部)와 음(陰) 글로 간의 뚜렷한 분리 계면(界面).

cathode by-pass condenser 캐소드 바이패스 콘덴서 음극 저항에 병렬로 접속되는 대용량의 콘덴서로, 신호파의 주파수에 대하여 충분히 낮은 리액턴스가 되고, 양극 전류에 포함되는 교류분은 이 콘덴서를 통해서 흐르기 때문에 교류적으로는 접지된 것과 같은 동작을 한다.

cathode coating impedance 음극 피복 임피던스(陰極被覆-) 음극 접합점(층)의 임피던스를 제외한 피복된 음극의 기판 금속과 전자 방출면간의 임피던스.

cathode dark space 음극 암부(陰極暗部) 글로 방전에서 음극 글로 다음에 생기는 발광이 약한 어두운 부분을 말한다. 이 부분에서는 전자가 크게 가속되고 있기 때문에 충돌하는 기회가 적고, 여기(勵起)가 쇠퇴하여 발광도 약하고 어둡다. 그러나 전자가 갖는 에너지는 전리(電離) 에너지에 이르므로 전리가 활발히 이루어져서 방전에 필요한 전자류가 발생한다.

cathode drop 음극 강하(陰極降下) 진공 방전관 속의 공간 전위가 음극 부근에서 급격한 변화를 하고 있는 부분. 수은 정류기의 경우 전위차는 9~11V 이지만 전위 경도는 10^6V/cm 에 이른다.

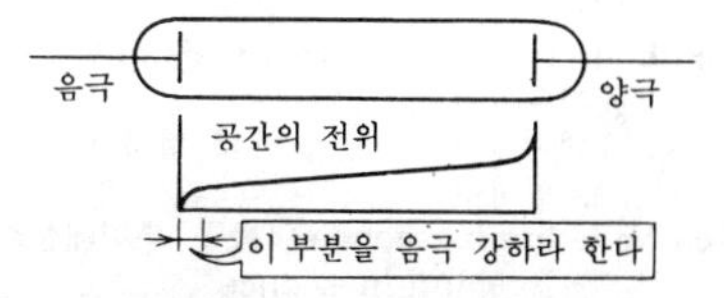

cathode efficiency 음극 효율(陰極效率) 특정한 캐소드 반응에 대한 전류 효율.

cathode fall 음극 강하(陰極降下) 방전관에서 방전시에는 관내의 양(陽) 이온이 음극 부근으로 몰리기 때문에 전 전압의 거의 대부분이 음극 부근에서 강하한다. 이 전압의 크기를 말한다.

cathode follower 캐소드 폴로어 이미터 폴로어와 등가의 회로 구조로, 전자관을 사용한 것.

cathode glow 음극 글로(陰極-) 글로 방전에서, 음극에서 나온 전자가 가속되어 기체 분자에 충돌하고, 이것을 여기(勵起)하여 빛을 발하는 부분을 말한다. 음극 표면 가까이에 생긴다.

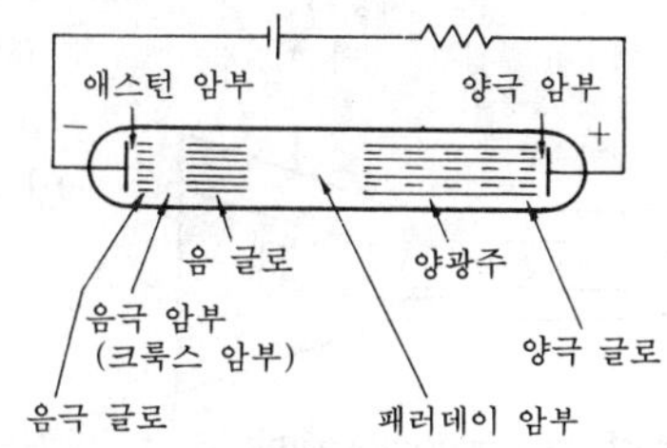

cathode heating time 음극 가열 시간(陰極加熱時間) 전자관의 음극이 지정된 조건, 예를 들면 전자 방출의 지정된 값 또는 전자 방출의 지정된 변화율을 달성하는 데 요하는 시간. 측정하는 동안 전체 전극 전압은 일정하지 않으면 안 된다. 시험 개시할 때는 전자관 소자는 전부 실온이어야 한다.

cathode interface (layer) capacitance 음극 중간층 용량(陰極中間層容量) 진공관에서 적당한 저항과 병렬 접속하여 음극 중간층 임피던스를 근사시키는 임피던스를 형성하는 용량. 음극 중간층 임피던스는 2소자 RC 회로에 의해 정확히 표현되지 않으므로 이 용량값은 유일한 것이 아니다.

cathode interface (layer) impedance 음극 중간층 임피던스(陰極中間層-) 전자

관의 음극 기판과 피복간의 임피던스. 이 임피던스는 고저항의 층 또는 음극 기판과 피복간의 기계적인 결합이 약하기 때문에 생긴다.

cathode interface (layer) resistance 음극 중간층 저항(陰極中間層抵抗) 한정 없이 주파수를 낮게 했을 때의 전자관 음극 중간층 임피던스.

cathode luminescence 음극 루미네선스(陰極－) →luminescence

cathode-ray charge-storage tube 음극선 전하 축적관(陰極線電荷蓄積管) 음극선 빔에 의해 정보를 기록하는 전하 축적관. 긴 지속성을 갖는 암소인관(暗掃引管)과 음극선관은 전하 축적관이 아닌 음극선 축적관의 예이다. 대부분의 텔레비전 촬상관은 음극선 축적관이 아닌 전하 축적관이다.

cathode-ray luminescence 음극선 루미네선스(陰極線－) 가속된 음극선이 물체에 닿을 때 가시광을 발하는 현상. 전자류는 전자적(電磁的), 정전적으로 확산·집속·편향이 용이하며, 전자류를 발생하는 부분의 대면에 형광 물질을 칠해 두고 전자류를 대면 영상을 그릴 수 있다. 음극선 오실로스코프, 레이더 등의 브라운관, 텔레비전 수상관, 전자 현미경, 형광 표시관 등에 응용되고 있다.

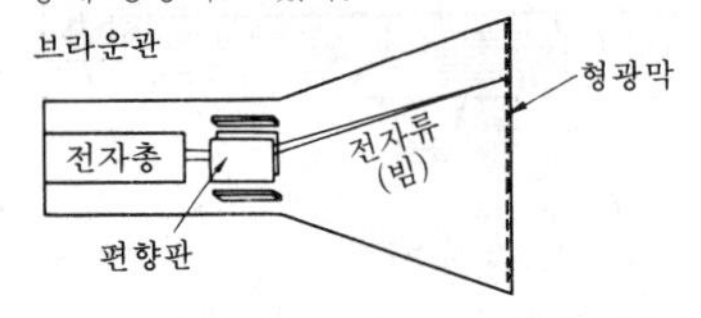

cathode-ray oscillograph 음극선 오실로그래프(陰極線－) 음극선관의 전자 빔에 의해 사진 또는 다른 기록을 만드는 오실로그래프.

cathode rays 음극선(陰極線) 진공 방전에 있어서 음극에서 나오는 전자의 흐름. 1897 년 톰슨(J. J. Thomson, 영국)에 의해서 확인되었다. 저압 기체 분자가 전리(電離)하여 생긴 양 이온이 음극에 충돌하기 때문에 방출된 전자가 양극의 전압으로 가속되어서 생기는 외에 열전자를 수천에서 수만 볼트의 전압으로 가속해도 얻어진다.

cathode-ray storage 음극선 기억 장치(陰極線記憶裝置) 정전관식 기억 장치의 일종으로, 음극선 빔을 이용하여 데이터를 판독하거나 쓰는 장치.

cathode-ray storage tube 음극선 축적관(陰極線蓄積管) 음극선 빔에 의해 정보를 기록하는 축적관.

cathode-ray tube 음극선관(陰極線管) 전자선관이라고도 한다. 전자관의 일종으로, 관내에 봉해넣은 음극에서 방출되는 전자를 집속(集束)한 다음 가속하여 전자빔을 만들고, 전계 또는 자계의 작용에 의하여 그 방향 등을 제어하도록 한 것. 브라운관이나 각종 촬상관 등이 이에 속한다. =CRT

cathode-ray tube display 음극선관 표시 장치(陰極線管表示裝置) 컴퓨터의 출력 데이터를 브라운관의 형광면에 전자 빔을 사용하여 문자나 도형 등을 눈으로 볼 수 있는 모양으로 표시하는 장치로, 문자 디스플레이, 그래픽 디스플레이로 사용되고 있다. 장치에 따라서 다소의 차이는 있으나 문자는 1자 5×7 정도, 도형의 경우는 전 화면을 1024×1024의 매트릭스로 표시한다. 부속 장치로서 화면상의 정보를 수정하기 위하여 키보드나 기능 키, 라이트 펜 등의 입력 장치가 달려 있다. 자동 설계, 정보 검색, 컴퓨터 학습 지도 등을 인간과의 대화 형식으로 할 수 있는 유력한 수단이다.

cathode-ray tube oscilloscope 음극선관 오실로스코프(陰極線管－) →Braun-tube oscilloscope

cathode region 음극 영역(陰極領域) 가스 봉입관에서 음극으로부터 패러데이 암부(暗部)까지의 전부를 포함하는 영역.

cathode spot 음극점(陰極點) 수은 정류기의 음극은 수은이 충전되어 있어 비교적 넓은 표면을 가지고 있으나 동작 중은 이 표면의 일부분이 청백색의 강한 빛을 내고 있다. 이것을 음극점이라 한다. 음극점은 음극면상을 불규칙하게 움직이고 있는데 약 2,000℃의 고온에서 활발히 수은을 증발하고 있다.

cathode (or anode) sputtering 음극 (또는 양극) 스퍼터링(陰極(－陽極)－) 양 이온(또는 전자)의 충돌에 의한 음극(또는 양극)으로부터의 미세 입자의 방출.

cathode terminal 음극 단자(陰極端子) ① 반도체 소자에서 순방향 전류가 외부 회로를 향해 유출하는 단자. 반도체 정류 소자 분야에서는 음극 단자는 통상 플러스이다. ② 사이리스터의 음극에 접속되어 있는 단자. 이 용어는 양방향성 사이리스터에는 사용하지 않는다.

catholyte 음극액(陰極液) 전해조 속에서 음극에 근접하는 부분의 전해질. 격막이 존재하는 경우에는 격막의 음극측 용액.

cat-whisker 침전극(針電極), 바늘 전극(－電極) 반도체 표면상의 감도가 높은 부분에 접촉하는 데 사용하는 끝이 뾰족한 가는 선.

CATV 케이블 텔레비전 cable television 의 약어. 지형이나 건축물 등 때문에 텔레비전의 전파가 도달하기 어려운 지역에서 수신 가능한 지점에 공동 안테나를 두고, 그곳에서 동축 케이블에 의해 유선으로 수신하는 방식. 최근에는 단지 전파를 수신하여 그것을 송신만 하는 것이 아니고 자주 방송을 기획하여 지역 정보를 제공한다든지, 양방향성을 이용하여 각 가정과의 사이에서 여러 가지 서비스를 제공하는 양방향 CATV 등도 있다.

cause and effect diagram 특성 요인도(特性要因圖) 품질 특성과 요인 사이의 관계를 나타내는 그림으로, 어골형(魚骨形)의 도형이 사용된다.

CAV 정 각속도(定角速度) constant angular velocity 의 약어. 비디오 디스크의 기록 · 재생 방식의 하나로, 매초의 회전수가 일정(따라서 정 각속도)하게 되어 있는 것. 1 회전으로 1 프레임 화상을 기록 · 재생하는 경우에는 30 회전/초에서는 30 프레임/초의 비율로 기록 · 재생하게 된다. CAV 와 대비되는 방식으로 CLV, 즉 정 선속도 방식이 있다. 이 경우는 선 속도가 일정하게 되므로 회전수는 디스크의 외측 트랙에서는 안쪽보다 늦어진다. 또 트랙 위치와 프레임의 배치 사이에서는 CAV 와 같은 규칙성을 유지할 수 없으므로 특수 재생이 곤란하다. 그러나 장시간 기록을 할 수 있다(예를 들면 한쪽 면 60분).

cavitation 공동 현상(空洞現象) 액체 중에서 국부적인 압력 감소를 일으켜 거기에 공동이 생기는 현상을 말한다. 액체에 압력 진동이 가해졌을 때 그 진폭이 정지 압력보다 커지면 부압(負壓)을 발생하기 때문에 일어난다. 이 공동이 무너질 때는 수백 기압 이상이나 되는 충격력이 국부적으로 작용하기 때문에 금속 등을 부식시키는 원인이 된다.

cavity damping 공동 댐핑(空洞-) 공진기의 Q를 높은 값에서 낮은 값으로 갑자기 낮춤으로써 공진기 내에 축적된 광 에너지를 외부로 꺼내는 것.

cavity frequency meter 공동 주파수계(空洞周波數計) 마이크로파의 주파수를 측정하는 계기. 마이크로파에서는 공동 내에 전자파를 공진시키면 Q를 높게 할 수 있으므로 손쉽고 비교적 정확한 주파수를 측정할 수 있다. 공진을 했는지 어떤지는 볼로미터 전력계 등으로 살피고, 공진 주파수(파장)는 마이크로미터에서 판독하여 구할 수 있다.

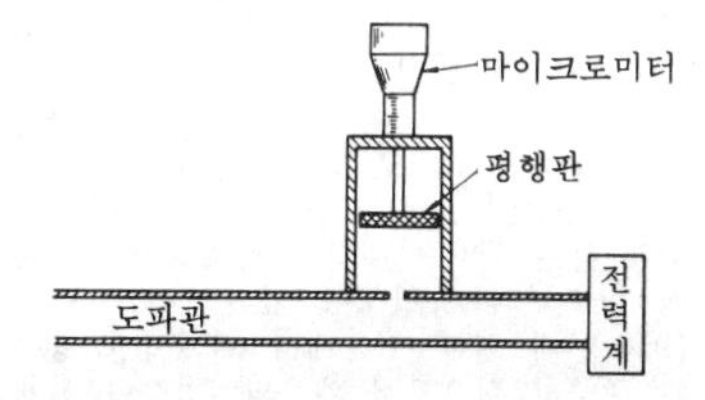

cavity radiation 공동 방사(空洞放射) 완전 방사체(흑체)의 방사, 또는 그 방사 전자파. 그 스펙트럼 밀도는 플랭크의 법칙(Planck's law)으로 주어진다.

cavity resonator 공동 공진기(空洞共振器) 금속 도체벽으로 감싸인 공동을 마이크로파로 여진하면, 어느 특정한 주파수에서 공진한다. 그 공진 주파수는 공동의 크기나 모양에 따라 정해지고, 마이크로파용의 공진기나 파장계로서 이용되고 있다. 방사 손실이 매우 적고 Q가 높다.

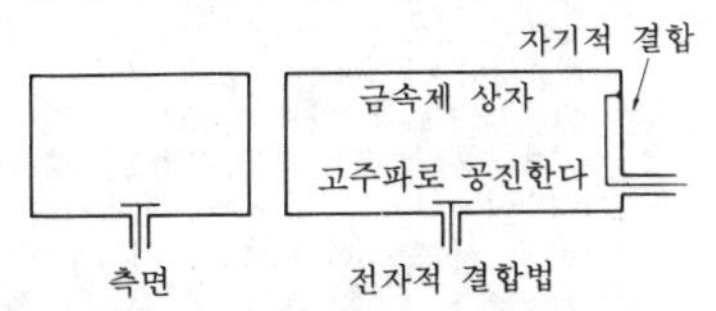

cavity stabilized oscillator 공동 안정화 발진기(空洞安定化發振器) 고체 발진 소자 등으로 만든 발진기의 발진 주파수가 온도 변화, 전원 변동 등에 의해 변동하는 것을 방지하기 위해 공동 공진기를 발진기로 결합시켜서 주파수를 안정화한 것.

cavity wave meter 공동 파장계(空洞波長計) 공동 공진기를 사용한 마이크로파의 파장 측정기로, 보통, 원통형이 널리 사용되고 있다. 가동 단락판과 저부(底部)와의 거리를 바꾸어서 관내 파장과의 사이에 특정한 관계가 성립하도록 하면, 공진 현상이 일어나므로 마이크로미터로 이 거리를 정밀하게 읽고, 지정된 도표에서 파장을 구할 수 있다.

CB 시민 밴드 트랜시버(市民-), 생활 무선(生活無線) →citizen band transceiver

C-band C-벤드 4GHz 부터 8GHz 까지의 레이더 주파수대로, 국제 전기 통신 연합(ITU)에서는 통상, 5.2GHz 부터 5.9 GHz 의 대역.

CBS color television system CBS 방식(-方式) 컬러 텔레비전의 한 방식으로, 미국의 CBS(콜럼비아 방송 회사)가 개발한 것이다. TV 카메라와 수상기 양쪽에서 그 전면에 적, 녹, 청의 색 필터를 부착한 원판을 필드 주파수에 동기시켜서 회전하고, 필터를 통해서 흑백 화상을 컬러 화상으로서 보는 필드 순차 방식이다. 이 방식은 촬상관이 1개로 되고, 중첩의 문제가 없으며, 색충실도도 좋으나 방송하는 경우에 넓은 주파수 대역을 필요로 하고, 흑백 방송과의 양립성이 없다. 이 때문에 1950년에 한때 미국에서 텔레비전 방송의 표준 방식으로서 채용되었었으나 현재는 NTSC 방식으로 바뀌었다.

CCC 컴퓨터 제어 통신(—制御通信) computer control communication의 약어. 컴퓨터로 계산 기기, 통신 기기를 원격지간에서 제어하여 데이터 통신이나 정보 처리를 하는 것의 총칭.

CCD 시 시 디, 전하 결합 소자(電荷結合素子) charge coupled device의 약어. 벨 연구소의 Boyle 등에 의해 발표된 것으로, 전하 결합 소자의 일종이다. n형 반도체 기판 표면에 0.1μm 정도의 두께를 가진 절연층을 사이에 두고 금속 전극이 배열되어 있으며, 이 금속 전극의 전압을 제어함으로써 반도체 표면의 전위가 낮은 부분을 좌우로 이동시키고, 축적된 전하를 이에 맞추어서 순차 전송시킬 수 있으므로 시프트 레지스터나 기억 장치로서 응용된다. CCD를 MOS IC의 제조 기술을 써서 만들면 단위 면적당의 소자 밀도를 크게 하고, 더욱이 고온도에 의한 오염이나 결정 구조를 파괴하기 쉬운 열 확산의 공정이 불필요하게 되므로 공정수가 반감한다.

CCD filter CCD 필터 CCD가 아날로그 신호에 대하여 임의의 어느 정해진 지연을 주는 성질을 이용하여 신호 처리를 할 수 있다. 예를 들면, 기지(旣知)의 지연 시간 D를 가진 CCD 장치를 회로에 내장함으로써 CCD 필터를 만들 수 있다. 그림의 (a)는 입력 신호의 주기 T_s에 대하여 D라는 지연을 가진 신호가 출력측에서 입력측으로 궤환되고 있는데, 만일

$D=(n+1/2)T_s$

라는 관계가 있을 때는 차동 증폭기 출력에는 T_s주기의 입력이 강조되어 나타나는 대역 통과 필터가 된다. 또 그림 (b)에서 $D=nT_s$를 선택하면 증폭기 출력은 거의 제로가 되어 대역 저지 필터가 얻어진다.

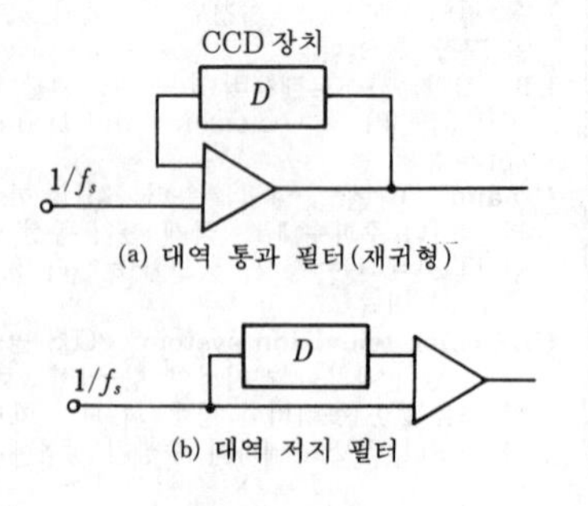

(a) 대역 통과 필터(재귀형)

(b) 대역 저지 필터

CCD memory 전하 결합 소자 기억 장치(電荷結合素子記憶裝置) =charge coupled device memory

CCIR 국제 무선 통신 자문 위원회(國際無線通信諮問委員會) International Radio Consultative Committee의 약어. 국제 전기 통신 연합(ITU)의 한 조직이며, 무선 통신에 관계하는 문제의 상설적 자문 기관이다. 무선 통신에 관한 기술 및 운용상 여러 가지 문제에 대하여 연구 및 의견을 표명하는 것을 임무로 하고 있다.

CCITT 국제 전신 진화 자문 위원회(國際電信電話諮問委員會) International Telegraph and Telephone Consultative Committee의 약어. 국제 전기 통신 연합(ITU)의 상설 기관의 하나. 전신, 전화, 데이터 전송 등에서의 기술, 운용 및 요금에 관한 문제에 대해서 연구를 하고, 그 의견을 표명하는 것을 임무로 하고 있다. 3~4년마다 총회가 열린다.

CCITT Groups 1-4 CCITT 그룹 1-4 팩시밀리로 화상을 부호화하여 전송하기 위해 CCITT가 권고한 4개의 규격.

CCITT high level language CCITT 고수준 언어(－高水準言語) =CHILL

CCITT recommendation CCITT 권고(－勸告) CCITT에서 결정한 국가간의 통신에 관한 권고 사항들을 총칭하는 것.

CCNR 전류 제한 부저항(電流制限負抵抗) =current controlled negative resistance

CCTV 공업용 텔레비전(工業用－), 폐회로 텔레비전(閉回路－) =closed circuit television

C-C type power meter C-C형 전력계(－形電力計) 단파대 등의 고주파 전력 측정에 사용하는 전력계의 일종. 열전쌍, 콘덴

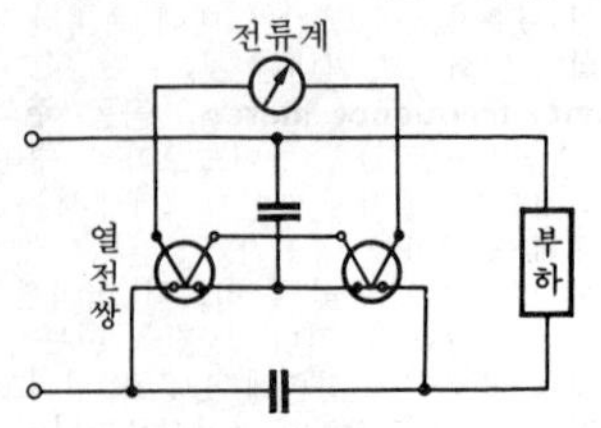

서, 직류 전류계를 그림과 같이 접속하면, 전류계의 지시는 부하의 소비 전력에 비례하기 때문에 전력을 측정할 수 있다.

CCU 중앙 제어 장치(中央制御裝置) = central control unit

CD 콤팩트 디스크[1], 현금 자동 지급기(現金自動支給機)[2] (1) compact disk 의 약어. 투명한 플라스틱제의 디스크에 레이저에 의해서 음성을 디지털 녹음(PCM녹음)한 것. 재생도 레이저광을 대서 반사광에 의해 신호를 검출한다. 레코드의 직경은 12cm 와 8 cm 의 것이 시판되고 있다. 디지털 녹음이고, 비접촉 재생이기 때문에 레코드의 열화가 없고, 종래의 레코드에 비해 매우 고성능을 자랑하고 있다. CD 용 레코드, 플레이어를 CD 레코드, CD 플레이어라고 한다.
(2) =cash dispenser

CD-I 시 디 아이 =compact disk interactive

C-display C 표시기(－表示器) 네모진 외형을 갖는 표시로, 표적은 강도 변조된 휘점으로 되어 보인다. 둘레 방향은 수평 좌표로, 수직 방향은 수직 좌표로 표시된다.

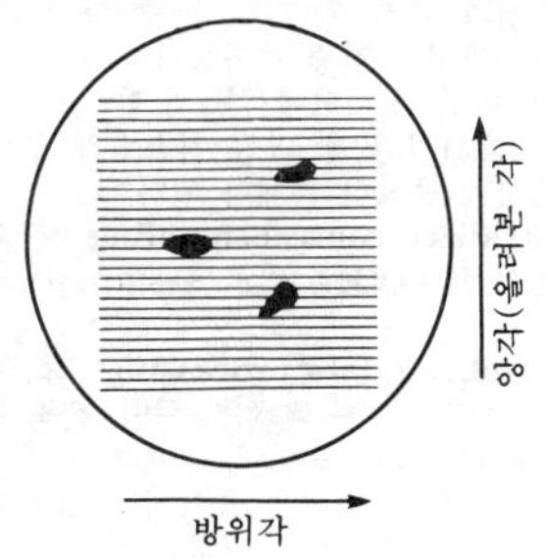

CDK 회선 감시 장치(回線監視裝置) = communication deck

CDMA 부호 분할 다원 접속(符號分割多元接續) code division multiple access 의 약어. 0, 1의 비트 흐름을 PSK 변조하여 송신하는 보통의 방식에 대해 CDMA 에서는 n비트의 0, 1 랜덤 패턴(확산 부호라 한다)을 설정하여 이 패턴 및 그것을 반전한 것으로 각각 메시지 흐름의 0과 1 메시지의 비트 속도의 n배 비트 속도로 송신되게 되어 그만큼 신호의 주파수 스펙트럼폭이 확산된다. 이러한 방식을 스펙트럼 확산 방식이라고 부르는 것은 그 때문이다.

CD player CD 플레이어 →CD

CD record CD 레코드 →CD

CD-ROM 시 디 롬 compact disk read only memory 의 약어. 오디오용 콤팩트 디스크(CD)와 같은 지름의 디스크에 음성 정보 대신 부호 정보를 기록하여 판독 전용 메모리(ROM)로 한 광 디스크. 콤팩트 디스크는 직경 12cm, 기록 용량은 약 550M 바이트, 즉 통상적인 CD-ROM 1개에는 큰 사전 30 권분의 정보를 담을 수 있다. 플로피 디스크의 용량은 기껏해야 1M 바이트이다. 이 대용량과 임의 접근이 가능함으로써 전자 출판이나 데이터베이스 분야에 급속히 보급되고 있다. CD-ROM 의 데이터를 컴퓨터로 판독하는 데는 전용 CD-ROM 드라이브를 사용한다.

CD-ROM drive 시 디-롬 드라이브 콤팩트 디스크를 재생하는 디스크 드라이브.

CDRX 임계 제동 외부 저항(臨界制動外部抵抗) critical damping resistance external 의 약어. 검류계의 지침에 대하여 임계 제동 조건을 주기 위해 검류계 외부 회로가 갖는 저항값. →damping resistance

CdS 황화 카드뮴(黃化－) =cadmium sulfide

CdS cell CdS 셀 빛이 입사하면 도전성이 되는 반도체를 사용한 빛의 검출용 부품. 일반적으로 재료로서 CdS(황화 카드뮴)를 사용하므로 이렇게 부른다.

CDT 사이클릭 디지털 정보 전송(－情報傳送) cyclic digital transmission 의 약어. 원격지의 스테이션에서 측정 수집한 다수의 데이터를 디지털 부호로 변환하고 다중화하여 통신 회선을 통해서 중앙의 스테이션으로 보내어 그 곳에서 계산 처리하여 목적 정보로 마무리하는 방식.

ceilometer 운고계(雲高計) 구름의 높이를 측정하는 계기.

celestial-inertial navigation equipment 천측 관성 항법 장치(天測慣性航法裝置) 천체 관측 센서와 관성 센서의 양쪽을 사용하는 장치.

celestial navigation 천측 항법(天測航法) 천체의 도움을 빌어 행하는 항법. 천체의 고도 측정값을 주로 이용한다.

cell 셀 소형의 단위 용기라는 뜻으로, ① 전지나 전해액조, ② 센서의 변환 소자, ③ 컴퓨터에서의 기억 셀, ④ 원자로에서의 비균질로의 부분의 하나 등 다양한 경우에 사용된다.

cell constant 용기 상수(容器常數) 단위 저항률의 액을 채운 전지의 저항으로, 그 전지의 고유값이다. 저항 $=\rho l/S$에서 저항률 ρ가 1이라고 하면 전지 저항은 전치 치수 l(전극 간격)과 S(전극 면적)의 비로 정해진다.

cellular phone 휴대용 전화(携帶用電話) 들고 다니면서 무전기와 같이 사용할 수 있는 전화.

cellulose 셀룰로오스 섬유소라고도 하며, 식물 중에 포함되는 섬유를 구성하는 분자. 절연지의 원료가 된다. 분자 중의 OH 기에 의한 흡습성이 큰 것이 결점이며, 이것을 방지하기 위해 화학적으로 처리하여 다른 것으로 치환하는 방법이 쓰이는 경우도 있다.

Celsius 섭씨(攝氏) SI 단위계에 의한 온도의 단위. 섭씨를 ℃, 켈빈을 K로 하면 t(℃)$=T$(K)-273.15 의 관계가 있다.

cement resistor 시멘트 저항기(-抵抗器) 권선 저항기 중 전력용으로서 널리 사용되는 것으로, 금속 저항선을 스파이럴 감기로 하여 케이스에 넣고, 그 위에서 시멘트를 충전한 것을 말한다.

center gate 센터 게이트 사이리스터에서 음극의 중심부에 배치된 게이트. 이러한 게이트 배치에서는 트리거 전류를 가했을 때 ON 영역은 중앙에서 주변으로 균일하게 확산해 가서 단시간에 음극면 전체를 덮기 때문에 dI/dt 내량을 크게 할 수 있는 이점이 있다.

centering magnet 센터링 마그넷 텔레비전 수상기에 사용하는 전자 편향형 브라운관의 전자 빔 진행 방향을 수정하여 래스터의 위치를 조절하기 위한 링 모양의 자석. 보통, 이것은 2개 사용하여 편향 코일의 전자총측에 부착하고, 두 링의 상대 위치를 바꿈으로써 자계의 세기와 방향을 바꾸어서 위치 조정을 하는 것.

centerline 중앙선(中央線) 2개의 점 또는 선에서 등거리의 점의 궤적. 로란과 같은 쌍곡선 항법의 기선에 직교하는 2등분선이 그 예이다.

centi- 센티- 10^{-2}를 의미하는 접두어. 기호 c.

centimeter wave 센티파(-波), 센티미터파(-波) 주파수 범위는 3~30GHz, 파장으로는 10~1cm 의 전파를 말한다. 마이크로파의 범위에도 든다. 텔레비전 중계나 장거리 전화 중계 및 레이더 등에 사용된다. =SHF

central control unit 중앙 제어 장치(中央制御裝置) 광범위에 걸친 입출력 장치, 기억 장치 등을 한 곳에서 집중적으로 제어하기 위한 장치. 예를 들면, 제철소 생산 공정 관리 시스템 등에서 사용되고 있다. =CCU

centralized communication system 중앙 집중 방식(中央集中方式) 국제 통신을 취급하는 무선국과 같이 다수의 상대방과 방대한 통신량을 다루는 무선국은 중앙국(통신소), 송신소, 수신소가 각각 분리하여 설치되어 있다. 이 방식을 중앙 집중 방식이라 하며, 보통 중앙국은 이용자에 편리하도록 도시 중심부에 두고, 송신소와 수신소는 도심에서 수 10km 떨어진 곳에, 송수신소 상호간은 서로 간섭하지 않도록 10km 이상 떨어져서 설치된다. 이들은 연락선에 의해 이어지고 있으나 중앙국에서 송수신소의 기계를 원격 조작하도록 되어 있는 것도 있다.

centralized control 집중 제어(集中制御) 넓은 범위로 분산하고 있는 정보를 한 곳으로 집중하여 이에 입각해서 필요한 제어 명령을 주도록 한 제어 방식.

centralized control room 집중 제어실(集中制御室) 근대적인 대규모 프로세스 등에서는 플랜트의 대부분의 계기, 원격 제어 장치나 프로세스 컴퓨터의 입출력 단말 기기, 콘솔류를 공장의 일부 또는 가까운 방에 집중하고, 거기에 소수 인원의 운전원을 배치하여 평상시에는 플랜트 가까이에 가는 일없이 모든 프로세스의 종합 운전과 공정 관리를 할 수 있게 되어 있다. 이것을 집중 제어실이라 하며, 플랜트의 어떤 상태하에서도 안전 운전의 확보와 효과적인 맨-머신 시스템의 구성이 설계상의 중요한 과제가 된다.

centralized control signaling 집중 제어 방식(集中制御方式) →signalling method

centralized data processing 집중 데이터 처리(集中—處理), 중앙 집중 데이터 처리(中央集中-處理) 여러 곳에 발생하는 정보, 데이터를 중앙에 수집하고 중앙에서 집중적으로 처리하는 것.

centralized traffic control 열차 집중 제어 장치(列車集中制御裝置) 철도에서의 열차 운전 집중 제어를 하는 것을 말하며, 전자 기기를 주체로 하는 시스템이다. 열차 운전에 필요한 정보를 자동적으로 지령자에게 전하는 동시에 그 위치 조작에 의해서 각 역의 열차 발착이나 진로를 설정할 수 있으므로 수송 효율의 향상에 도움이 되고, 특히 다이어가 혼란되었을 때의 회복 등에 위력을 발휘한다. =CTC

central office 중앙국(中央局) 통신에서 고객의 통신로간 상호 접속을 하는 교환 센터.

central processing unit 중앙 처리 장치(中央處理裝置) 컴퓨터의 중심부로, 계산 등의 데이터 처리나 입출력 등의 전체적인 제어를 하는 장치. 사람으로 말하면 두

뇌에 해당한다. 일반적으로 컴퓨터 본체 중 제어 장치와 연산 장치를 묶은 것을 말한다. 컴퓨터에 따라서는 복수의 중앙 처리 장치를 가지고 있는 것도 있다. 제어 장치는 연산 장치나 입출력 장치, 기억 장치와 신호를 수수하여 명령의 추출이나 해독, 입력이나 출력의 제어 등을 하고, 프로그램으로 나타내어진 처리를 실행한다. 연산 장치는 제어 장치가 명령을 해독한 결과에 따라서 가감 승제의 연산이나 논리 연산 등을 한다. 연산을 하는 회로와 레지스터(데이터의 일시 기억 장치)로 구성되어 있다. =CPU

central terminal/remort terminal 중앙 단말/원격 단말(中央端末/遠隔端末) 디지털형 자동 교환기 설치국으로 가입자 광케이블을 원격 수용하기 위한 다중 전송 장치의 명칭. =CT/RT

Centrex 센트렉스 자동식 구내 교환기(PABX)에서, 직접 외부로부터 내선 전화기로(또는 내선 전화기로부터 외부의 가입자로) PBX(구내 교환기)의 교환원을 거치지 않고 통화할 수 있는 방식이며, 벨 시스템의 상표.

Centronix interface 센트로닉스 인터페이스 프린터를 마이크로컴퓨터에 접속하기 위한 병렬 인터페이스(다중로에 의해 정보가 동시 병행적으로 수수되는 경계 장치). Centronics는 프린터 메이커의 이름이다.

CEPT 유럽 우편·전기 통신 주관청 회의(－郵便·電氣通信主管廳會議) Conference of European Postal and Telecommunications Administrations의 약어. 유럽에서의 전기 통신 표준화 기구. 셉트라고 읽는다.

ceramic based multiple components *CR* 복합 부품(－複合部品) 콘덴서와 저항만으로 이루어진 회로를 1개의 부품으로서 구성한 것을 말한다. 자기 기판을 유전체로서 사용하고, 그 표면에 도전 도료로 전극과 박막 저항을 아울러 인쇄해서 만든다.

ceramic base material 세라믹 기판(－基板) 세라믹 재료를 사용한 프린트 배선판 또는 절연 기판.

ceramic capacitor 세라믹 콘덴서 =ceramic condenser

ceramic condenser 세라믹 콘덴서, 자기 콘덴서(瓷(磁)器－) 세라믹(자기)을 유전체로서 사용한 콘덴서로, HK계(고유전율계)와 TC계(온도 보상용)의 두 종류가 있다. 전자는 티탄산 바륨 등을 사용하나, 유전율이 온도에 따라서 크게 바뀐다. 후자는 주로 산화 티탄을 사용하는데, 조성에 따라 + 또는 －의 임의의 용량 온도 계수를 갖는 것을 만들 수 있다.

자기(원판형) 리드선(납땜)
방습 도장 은전극

ceramic condenser of high dielectric constant 고유전율 자기 콘덴서(高誘電率瓷器－) 티탄산 바륨($BaTiO_3$)계의 자기로 만들어진 콘덴서로, 유전율이 매우 크다. 온도 특성이 나쁘므로 바이패스 콘덴서 등에 사용된다.

ceramic filter 세라믹 필터 세라믹 공진자(압전 공진자)의 고유 진동으로 공진 회로를 제어하여 그 주파수 영역의 성분만을 통과시키도록 한 필터. *LC*필터보다도 선택 특성이 뛰어나므로 단독 또는 그림과 같이 구성하여 중간 주파수 회로의 부품으로서 사용된다.

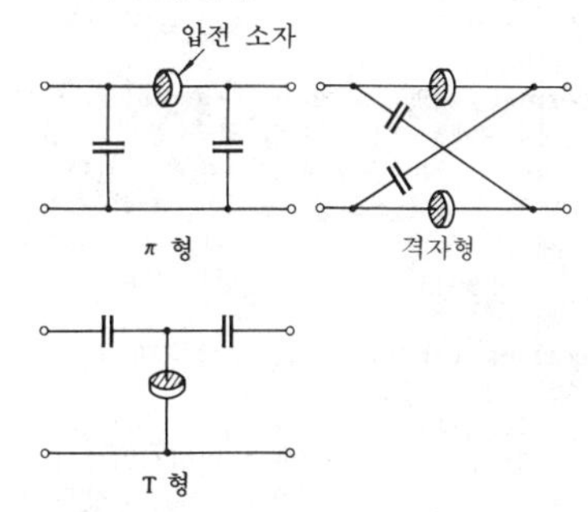

ceramic printed wiring board 세라믹 기판(－基板) =ceramic base material

ceramic resonator 자기 공진자(瓷器共振子) 압전 효과가 큰 자기의 고유 진동을 이용하여 공진 회로를 동작시키기 위해 사용하는 부품. 일반적으로 티탄산 바륨($BaTiO_3$)계의 자기가 사용된다.

ceramics 세라믹스 열처리에 의해 제조된 비금속의 무기 재질 고체 재료. 내열, 내식(耐蝕), 내마모성이 뛰어난 특성을 갖는다. 금속이나 플라스틱과 달라서 전연성(展延性)이나 가소성이 없기 때문에 원하는 형상, 치수 정밀도의 재료 부품을 만들기가 어렵다. 그러나 최근 고도하게 정선된 원료를 써서 정밀하게 조제된 화학 조성을 가지며, 잘 제어된 성형·소성법에 의해 뛰어난 치수 정밀도를 갖는 고성능의 세라믹스가 만들어지게 되었다. 이것을 뉴 세라믹스 내지 파인 세라믹스라고 한다.

ceramic superconductor 세라믹 초전도체(－超電導體) 세라믹스(자기)를 소재로 하는 초전도체. →superconductor

ceramic tube 세라믹관(－管) 용기에 세라믹스(자기)를 사용한 전자관. 기계적 강도나 내열성이 높고, 초고주파에서의 특성도 양호하며, 소형화할 수 있는 것이 특징이다. 스택트론(Stacktron)은 그 예이다.

ceramic variable condenser 자기 가변 콘덴서(瓷器可變－) 고정 날개와 회전 날개를 가진 형식(보통의 형식)의 바리콘(가변 콘덴서)에서 자기를 절연체로서 사용함으로써 소형화한 것. 양 날개를 자기로 만들고, 그 한쪽 면에 전극을 붙인 구조로 되어 있다.

ceramic vibrator 자기 공진자(瓷器共振子) 압전 공진자의 일종으로 가장 널리 쓰인다. 이 경우의 자기는 티탄산 바륨($BaTiO_3$) 및 그 Ba 이나 Ti 의 일부 또는 전부를 유사한 다른 원소로 대치한 것이다.

cermet 서멧 ceramic 과 metal 의 합성어. 니켈, 코발트 등의 금속 분말과 알루미나와 같은 무기 재료를 혼합 소결한 것. 또는 금속의 산화물, 질화물, 탄화물 등을 세라믹 표면에 구워붙인 것. 고온 환경에서 사용되는 저항기, 콘덴서 등의 재료가 된다.

cermet resistor 서멧 저항기(－抵抗器) 도전성의 서멧을 자기 표면에 구워붙여서 만든 저항기. 과부하에 매우 강하다.

cermet trimmer 서멧 트리머 서멧의 피막을 저항체로서 사용한 세밀 조정용 가변 저항기. 주파수 특성이 좋다.

Cermolox tube 서몰록스관(－管) 동축 원통형 세라믹스 봉합 4극 송신관으로, RCA 사의 상품명. UHF 대용 강제 공랭관으로, 정밀한 가공을 하기 위해 격자는 방전 가공의 기술을 응용하고, 메시형 음극과 자기의 외위기(外圍器)가 사용되고 있다.

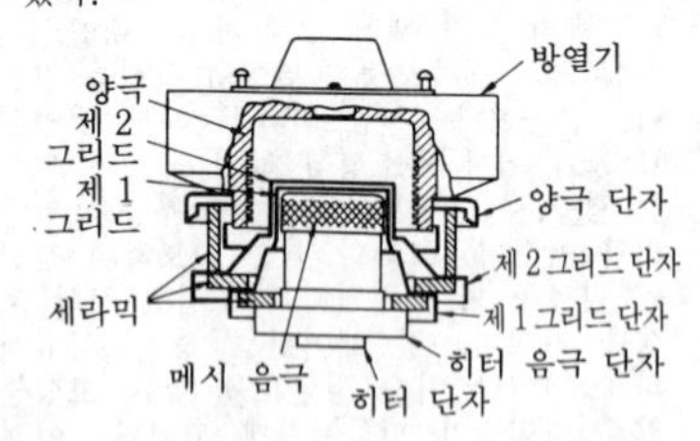

cesium 세슘 기호 Cs. 1 가의 원소로 원자 번호 55. 일의 함수가 매우 작으므로 광전자 방출 재료로서 사용한다. 융점(28.4℃)은 상온에 가깝다.

cesium laser 세슘 레이저 기체 레이저의 일종으로 세슘 증기를 써서 발진시키는 것. 헬륨 램프로 조사(照射)하여 빛에 의한 펌핑을 하는 점에서 물리적인 흥미는 있으나 실용 예는 거의 없다.

CF 크로스 페이드 cross fade 의 약어. 라디오, 텔레비전의 방송, 방영에서 음성이나 화상을 중복시키면서 서서히 다음 광경으로 이행시키는 것. 즉 페이드 아웃과 페이드 인을 일부 중복시키는 수법이다. →dissolve

CFF 임계 융합 주파수(臨界融合周波數) ＝critical fusion frequency →fusion frequency

CFRP 탄소 섬유 강화 플라스틱(炭素纖維强化－) carbonfiber reinforced plastics 의 약어. 흑연 섬유로 만든 기재(基材)에 에폭시 수지나 불소 수지 등을 함침한 것을 적층하고, 약간 가압한 것을 가열 고화하여 만든다. 알루미늄보다 가볍고, 쇠보다 강한 것이 얻어진다. 우주 개발(특히 인공 위성)을 비롯하여 넓은 용도에 사용되고 있다.

CG 컴퓨터 그래픽스 ＝computer graphics

CGA 컬러/그래픽 어댑터 color/graphics adapter 의 약어. 1981 년에 IBM사가 발표한 비디오 어댑터 보드. GCA는 여러 종류의 문자 모드나 그래픽 모드를 가지며, 16 색의 가로 40 문자 또는 80문자(칼럼)×세로 25 행의 문자 모드와 2색의 가로 640×세로 200 도트, 또는 4 색의 가로 320×세로 200 도트의 그래픽 모드를 포함한다.

CGS system of units CGS 단위계(－單位系) 센티미터, 그램 및 초를 기본 단위로 하는 절대 단위계. 전기 분야에서는 또 하나의 기본 단위가 필요하며, 여기에 정전 쿨롬을 쓰는 것을 정전 단위계, 절대 암페어를 쓰는 것을 전자(電磁) 단위계라 한다. 정전 쿨롬은 자유 공간의 유전율을 1(무차원)로 하고, 또 절대 암페어는 자유 공간의 투자율을 1(무차원)로 정함으로써 각각 다른 기본 단위에서 유도된다. 그러나 이들 단위계는 모두 실용적으로 불편하므로 따로 국제 전기 단위계 등도 고려되었으나 현재는 SI 단위계로 대치되었다.

chain 체인 위치를 결정하기 위해 또는 항법 정보를 주기 위해 그룹을 형성하는 송신국망.

chain matrix 종속 행렬(縱續行列) 4단자망을 복수의 4단자망의 종속 접속으로 하여 구성하는 경우 등에 편리한 회로 행렬. 입력단 및 출력단의 전압, 전류를 V_1, I_1 및 V_2, I_2로 하여

$$\begin{bmatrix} V_1 \\ I_1 \end{bmatrix} = \begin{bmatrix} A & B \\ C & D \end{bmatrix} \begin{bmatrix} V_2 \\ I_2 \end{bmatrix}$$

로 표현했을 때의 행렬. 출력 전류는 임피던스 행렬 z, 어드미턴스 행렬 y 등의 경우와 반대로 4단자망에서 나가는 방향으로 잡고 있다(종속 접속인 경우에 편리하다).

chain printer 체인 프린터, 연쇄 인자 장치(連鎖印字裝置) 임팩트 프린터의 일종. 회전하는 체인을 구성하는 개개의 고리에 활자가 갖추어져 있어서 체인의 회전에 따라서 활자가 인자 용지의 적당한 위치까지 운반되어 왔을 때 해머로 종이를 두드리는 방식에 의해서 인자해 간다. 1행마다 인자해 가므로 라인 프린터의 일종이기도 하다.

chalcogenide chromite 칼코겐 크로마이트 강자성을 갖는 반도체로, 광학적으로도 특이한 성질이 있다. 분자식은 일반적으로 MCr_2X_4(M은 금속으로 Cd나 Hg, X는 칼코겐 원소로 S나 Se)로 나타내어지며, 특수한 전자 부품을 만들 때의 소재로서 이용된다.

chalcogenide glass 칼코겐 유리 칼코겐 원소(S, Se, Te)를 주성분으로 하는 유리상 물질. 통상의 유리(산화물 유리)에 비해서 연화점(軟化點)이 낮고, 금속과의 융합이 좋으며, 내산성이나 내수성이 뛰어나다. 그림과 같은 조성 범위(엷게 칠한 부분)에서 비정질 반도체가 된다.

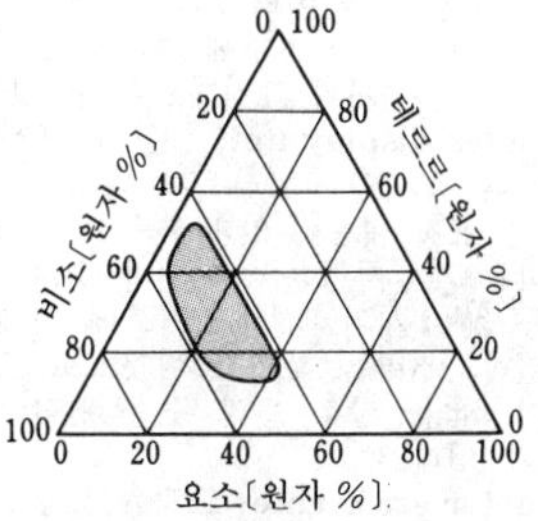

challenge 질문(質問) 응답기, 레이콘(racon) 또는 IFF 장치 등을 트리거하기 위한 신호를 송신하는 것.

chalnicon 칼니콘 CdSe를 주재료로 하고, 여기에 다른 종류의 화합물을 더한 복합층 타깃을 사용한 광도전형 촬상관. 암전류나 플레어(flare)가 적고 고감도이며 잔상(殘像)도 적다.

chance failure 우발 고장(偶發故障) 초기 고장 기간을 지나 마모 고장 시간에 이르기 이전의 시간에 우발적으로 발생하는 고장. =random failure

change detection 변화 검출(變化檢出) 두 원시 이미지를 그 분해능 셀마다 비교하는 프로세스. 두 장의 원시 이미지에서 대응하는 두 셀이 충분히 다른 농담 계조(濃淡階調)를 갖는 경우에는 그 차에 상당하는 출력이 얻어지도록 되어 있다. 보통 시간을 두고 구한 두 장의 원시 이미지를 각 화소마다 디지털 비교하여 그 사이에서의 계조 변화를 변화 검출기의 출력측에 농담 화상으로서 표시한다.

change over 전환(轉換) 현재의 회선이 고장 중이든가 혹은 다른 목적으로 사용하고 싶을 때 트래픽을 새로운 회선으로 전환하는 것.

change-over switch 전환 스위치(轉換-) 전기 회로를 어느 한 조합에서 다른 조합으로 전환하기 위한 개폐 장치.

channel 채널 ① 통신로 또는 통화로라고도 하며, 하나의 통화 신호나 기타의 정보가 전송되는 분리한 전송로를 의미한다. 텔레비전에서는 각 방송국에 할당된 주파수대, 전화에서는 하나의 통화 신호를 전송하는 주파수대나 전기 회로를 가리킨다. ② 전계 효과 트랜지스터는 게이터에 가하는 제어 전압에 의해서 공핍층의 확산을 바꿈으로써 실효 저항을 변화시켜 드레인 전류를 제어하는데 이 드레인 전류의 통로를 채널이라 한다. ③ 컴퓨터의 일부분으로, 버퍼라고도 한다. 외부 기억 장치와 중앙 처리 장치(CPU)의 내부에 있는 기억 장치와의 사이에서 정보를 내거나 넣을 때 하나의 레코드를 분할하지 않고 일괄 처리하지 않으면 안 되는데 그를 위한 중계로서 쓰이는 기억 장치를 말한다. 레코드의 일부분을 바꾸어 쓸 때에도 같은 이유로 채널을 사용한다.

channel access method 채널 접근법(-接近法) 복수의 장치가 하나의 통신 채널을 사용하여 데이터를 송신하는 시스템에서 데이터 링크의 확립시에 장치가 통신 채널의 사용권을 획득하여 데이터를 송신하는 타이밍을 정하는 방법을 말한다. 통신 채널의 사용권을 장치가 경합하는 컨텐션 방식(contention method)과 모국이 되는 주장치가 전체를 통제하고, 사용권을 장치에 차례로 부여하는 폴링 방식(polling method)이 있다. 전자는 최초로 송신권을 획득한 것이 시스템을 제어

하는 분산 제어 방식이고, 후자는 주종(主從)의 관계가 확실한 집중 제어 방식의 일종이다.

channel adapter 채널 어댑터 상이한 하드웨어 장치를 잇는 채널에서 호환성있는 데이터 전송을 할 수 있도록 하기 위해 사용하는 부가 장치.

channel capacity 통신 용량(通信容量) 정보를 전송하는 통신로의 성능을 나타내는 것으로, 일정 시간에 얼마만큼의 많은 정보를 전달할 수 있는가를 나타낸다. 지금 L 종류의 부호를 가지며, 부호의 계속 시간이 모두 동일하게 1초라고 한다면 길이 T 초의 부호 계열이 전송될 때의 통신 용량 C 는

$$C = \frac{\log L^T}{T} = \log L$$

이 된다.

channeling 채널링 ① 다중 전송에서 반송파 또는 부반송파를 사용함으로써 다수의 통신 채널 간의 분리를 꾀하는 것. ② pnp 트랜지스터에서 SiO_2 막 내에 포함된 양 이온의 유기 작용에 의해 고저항 p형 컬렉터 표면에 베이스와 칩의 가장자리를 잇는 n형 기생 채널이 형성되는 것.

channeling effect 채널링 효과(-效果) 결정(結晶) 중에 이온이나 전자가 입사했을 때 결정의 원자 배열에 대하여 특정한 방향으로 입사하면 특히 깊이 침입하는 현상.

channelizing 채널화(—化) 하나의 회선을 분할하여 여러 개의 통신로로 만드는 것. 이 경우 물리적으로 분할하는 것이 아니고 서로 주파수 대역에 다른 통신 펄스를 전달함으로써 복수 개의 통신로를 만든다.

channel matching 링크 정합(-整合) → talking path setting

channel pulse 채널 펄스 PCM 방식의 단국(端局) 장치에서 입력 신호의 표본화 및 다중화·분리를 하기 위해 표본화 게이트 및 분리 게이트를 제어하는 펄스를 말한다. 송·수 양 단국의 채널 펄스는 서로 동기하고 있을 필요가 있으며 이 동기는 프레임 동기에 의해서 유지된다.

channel resale 회선 리세일(回線-) 전기통신 사업자로부터 대용량의 디지털 전용회선을 빌려, 소용량으로 분할해서 대출하는 사업. 이용자는 같은 고속 회선을 보다 싸게 사용할 수 있는 이점이 있다.

channel spacing 채널 간격(-間隔) 인접한 두 무선 주파수 채널의 할당 주파수 사이의 주파수폭.

channel status bit 채널 상태 비트(-狀態-) 컴퓨터를 사용할 때 채널(중계용 기억 장치)이 사용 중인지 어떤지를 구별하기 위해 사용하는 1비트의 신호.

channel stopper 채널 스토퍼 반도체와 절연물의 계면(界面)은 반전층이 생겨서 이곳을 통하여 표면 누설 전류가 흐른다. 그래서 반전층의 형성을 방지하기 위해 반전층과 반대의 도전(導電) 타입의 고농도층(채널 스토퍼)을 둔다. ① pnp 바이폴러 트랜지스터에서는 n형 베이스 전체를 고농도 p형 물질의 링으로 둘러싸서 채널의 형성을 방지한다. ② MOS IC 에서는 가볍게 도프한 기판과 같은 도전 타입의 고농도로 도프한 영역. 이에 의해서 임계 전압(threshold voltage)이 증가하여 인접한 드레인 영역과의 사이에 기생 MOS 가 만들어지는 것을 방지할 수 있다.

channel (time) slot 채널 슬롯 PCM 용어. 프레임 내에서 특정 채널에 할당된 타임 슬롯. 이 중에 그 채널에서 운반되는 정보 비트, 슬롯 내 신호 또는 기타의 정보가 수용된다. →time slot

character 문자(文字) 컴퓨터에서 사용되는 기호로, 한글 문자, 로마 문자, 숫자, 특수 문자 등 2진 부호로 표현한 것.

character broadcast 문자 방송(文字放送) 뉴스나 일기 예보 등의 문자 정보를 하나의 텔레비전 전파에 다중하여 방송하는 방식.

character dialing 문자 다이얼 방식(文字-方式) 선택 신호에 코드를 사용하는 발호(發呼) 방식.

character display tube 문자 표시관(文字表示管) 특수한 브라운관으로 형광판에 문자 모양을 한 여러 개의 구멍을 배열해 두고, 전자 빔의 방향에 따라서 그것이 닿은 장소의 문자가 표시되도록 한 것.

character display unit 문자 표시 장치(文字表示裝置) 브라운관 디스플레이 장치 중 표시 내용이 알파벳 등의 문자에 한정되는 것. 자형은 알파벳과 숫자인 경우 보통 5×7개의 점 매트릭스에 의해서 표시된다. 건반을 갖추고 이것으로 표시 내용의 삽입, 말소 등의 수정 편집 조작을 할 수 있다.

character error rate 오자율(誤字率), 오류율(誤謬率) 데이터 통신에서 송신된 문자의 수에 대한 잘못 수신된 문자의 수의 비율.

character generator 캐릭터 제너레이터, 문자 발생기(文字發生器) 컴퓨터 등의 표시 장치나 입력 장치에서 영자, 숫자. 기

호, 한글, 한자 등의 문자를 발생하는 장치. 이 발생 장치에는 전자 회로를 원칩 LSI 화한 것이 널리 사용되고 있다.

character-indicator tube 문자 표시관(文字表示管) 음극의 발광으로 문자, 숫자, 기호 등의 형상을 표시하는 글로 방전관.

characteristic 특성(特性) 개인이나 사물 등이 지니고 있는 것으로, 다른 그것들과 구별되는 어떤 특별한 성질.

characteristic curve 특성 곡선(特性曲線) 기계, 장치, 물리 현상 등에서 그 동작과 관련하는 특정한 두 양 사이의 관계를 나타내는 곡선. 예를 들면, 전압-전류 특성, 전지의 전압-시간 특성(충방전 특성) 등이다.

characteristic distortion 특성 일그러짐(特性－) 데이터 전송 채널에서 생기는 특성 일그러짐을 말하며, 전송 품질에 관계하며, 과도 현상이 원인으로 선행 신호가 후속 신호에 영향을 주어 발생한다.

characteristic frequency 특성 주파수(特性周波數) 주파수 편이 변조 반송 전신 방식에서 전신 신호에 따라 반송파 주파수의 편이(偏移)한 점을 특성 주파수라고 한다.

characteristic impedance 특성 임피던스(特性－) ① 임의의 길이를 가진 전송 선로 끝에 접속했을 때 마치 선로가 무한히 연장된 것과 같은 효과를 주는 임피던스. 반사파가 없으므로 정재파도 생기지 않는다. 선로 각 점의 전압과 전류의 비는 어디에서나 같으며, 이것이 특성 임피던스(혹은 서지 임피던스)이다. ② 무손실 도파관에서 차단 주파수 이상의 특정 주파수로 동작하는 주파(主波)의 전계가 최대가 되는 장소에서의 도파관 전압 V(실효값)의 제곱을, 그곳을 통해서 흐르는 전전력 P로 제한 값과 같다. 혹은 P를 도파관 전류(실효값)의 제곱으로 제한 값으로서 정의할 수도 있다. ③ 동축 선로, 왕복 평행 선로의 경우에는 TEM 파에 대해 마찬가지로 특성 임피던스를 정의할 수 있다. →distributed parameter circuit. ④ 반복 임피던스를 말한다. 단, 선로 구성이 일정 구간마다 반복하지만 전 선로에 걸쳐 고르지 않는 경우에 쓴다.

characteristic insertion loss 특성 삽입 감쇠량(特性插入減衰量) 전송 선로에서 도중에 삽입한 트랜스듀서로부터 전원측으로나 부하측으로나 무반사인 경우의 삽입 손실이다. 이 손실은 삽입한 트랜스듀서에 대하여 고유의 것이며, 트랜스듀서를 삽입했기 때문에 전원 주파수, 내부 임피던스 및 이용할 수 있는 전력은 달라지지 않고, 또 부하 임피던스도 트랜스듀서의 삽입 전후에서 변화하지 않는다.

characteristic instant distortion 특성 순간 일그러짐(特性瞬間－) 어느 신호의 특성 순간(즉 신호의 상태 변환점)에 대한 영향으로, 그보다 시간적으로 앞서서 보내진 신호의 변환 동작 혹은 과도 상태가 펄스 기간의 하나 또는 그 이상에 걸쳐서 꼬리를 끌기 때문에 생기는 일그러짐이다. 마크 펄스가 길어지면 +의 일그러짐이, 또 너무 짧으면 −의 일그러짐이 생기며, 모든 경우에 같은 값의 일그러짐을 발생하는 것은 아니다.

characteristic noise resistance 특성 잡음 저항(特性雜音抵抗) 증폭기의 고유 잡음 전압을 v_n, 고유의 잡음 전류를 i_n으로 할 때 $R_s=v_n/i_n$으로 주어지는 저항. 그림의 증폭기에서 $R_s=R_1R_2/(R_1+R_2)$이면, 증폭기 출력에 주는 전압, 전류 양 잡음 성분의 크기는 같다. R_s는 같은 증폭기에 대해서도 생각하고 있는 주파수 영역에 의해 반드시 같은 값은 아니다. 특정한 주파수 영역에서 $R_1R_2/(R_1+R_2)$가 R_s보다 크면 출력측에서 전류 잡음쪽이 지배적 영향을 갖는다. →noise-free equivalent amplifier

characteristic X rays 고유 X선(固有－線) 특성 X선, 시성(示性) X 선이라고도 한다. X 선은 그 세기가 파장의 변화에 따라서 연속적으로 바뀌는 부분과 어느 파장에 대해서만 특히 강한 부분이 있다. 후자를 고유 X선이라 하며, 이것은 원자핵에 가까운 궤도에 있던 전자가 여기(勵起)된 다음의 빈 자리로 그보다 바깥쪽 궤도의 전자가 떨어질 때 생기는 것이다. 그 파장은 가속 전압과 관계가 없으며, 타깃 물질의 종류에 따라 정해지며, 원자 구조를 살필 때의 가늠이 된다.

character length 캐릭터 길이 데이터를 전송할 때의 문자의 길이로, 실제의 데이터 길이에 스타트 비트 1, 스톱 비트 1, 패리티 비트 1을 더한 합계 비트수가 캐릭터 길이가 된다.

character printer 문자 인자 장치(文字印字裝置) 한 번에 한 자를 인쇄하는 인자 장치. 왼 쪽에서 오른 쪽으로 또는 오른 쪽에서 왼 쪽으로 1자씩 인자한다. 대표적인 것으로서 타자기가 있다. 이에 대하여 한 번에 1행을 프린트하는 장치를 라인 프린터라고 하는데 전자는 저속도 인쇄 장치, 후자는 고속도 인쇄 장치라 할 수 있다.

character reader 문자 판독 장치(文字判

讀裝置) 문자로 작성된 정보를 컴퓨터의 입력으로서 사용하기 위한 장치로, 일반적으로 회계기 등과 같이 미리 정해진 형식의 문자를 사용하지만, 우편물 구분기와 같이 손으로 쓴 문자를 다루는 것도 있다. 문자를 식별하려면 그것을 몇 개의 격자로 구분하고, 각 장소에서의 문자 모양을 특징짓는 매개 변수를 골라내서 이론적으로 판정한다. 그를 위한 픽업에는 자기적인 방식의 것(자기 잉크 문자 판독 장치)과 광학적인 방식의 것(광학 문자 판독 장치)이 있으며, 전자는 문자를 자기 잉크로 인쇄할 필요가 있으나 더러움에 의한 잡음에 대해서는 안정하다.

character recognition 문자 인식(文字認識) 자동적인 수단에 의해서 문자를 인식하는 것. 문자 인식의 대상으로서는 ① 이미 매체상에 써 있는 문자를 판독하는 경우, ② 인간이 쓰고 있는 문자를 차례로 판독하는 경우가 있다. 문자를 인식하기 쉽게 하기 위해 글자꼴을 미리 정해두는 방법이 쓰인다.

charactron 캐릭트론 CRT 디스플레이의 문자 발생 기구의 하나. 전자관의 일종으로, 문자, 기호 형성판에 전자 빔을 조사(照射)하여 화면상에 숫자·문자·특수 기호 등을 표시하는 것.

charge 전하(電荷)[1], 충전(充電)[2] (1) 음 또는 양의 전기를 일종의 양으로서 다룬 것. 단위는 쿨롬(C). 1A 의 불변 전류로 1초간에 운반되는 전기량을 1C(쿨롬)이라 한다.

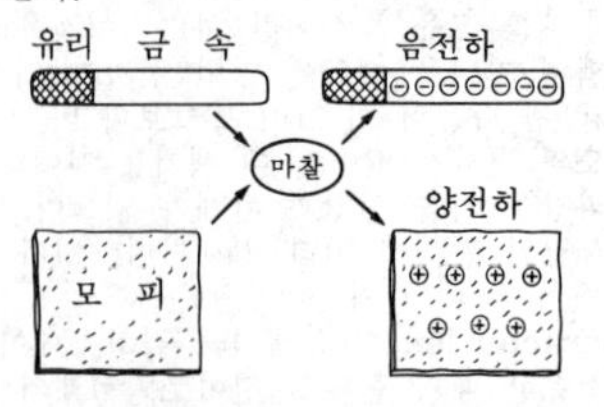

(2) 축전지 또는 콘덴서에 외부 전원으로부터 전류를 흘려서 에너지를 축적하는 것.

charge accumulation 전하 축적(電荷蓄積) 금속과 반도체와의 접합에서 양자 경계의 절연막에 접하는 반도체 표면에 다수 캐리어가 축적하는 현상. 금속-p 형 반도체 접합의 경우, 금속에 −전압을 가함으로써 반도체 표면에 정공이 축적된다. 반도체가 n 형이면 금속에 +전압을 가하면 반도체 표면에 전자가 축적된다. 절연막 중에 + 또는 −의 이온이 다수 포함되어 있는 경우에는 금속에 전압을 주지 않아도 반도체 표면 전하의 축적이 생기는 일이 있다.

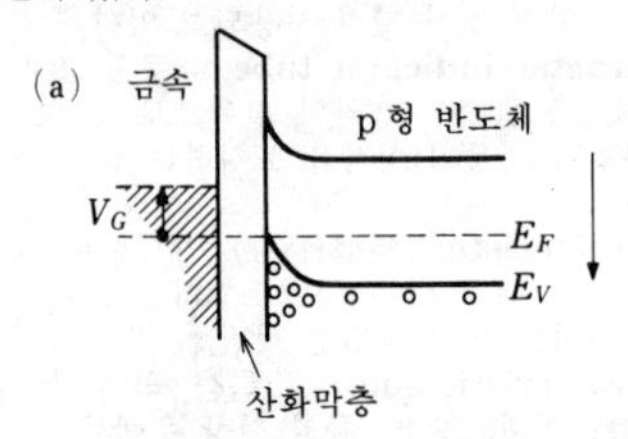

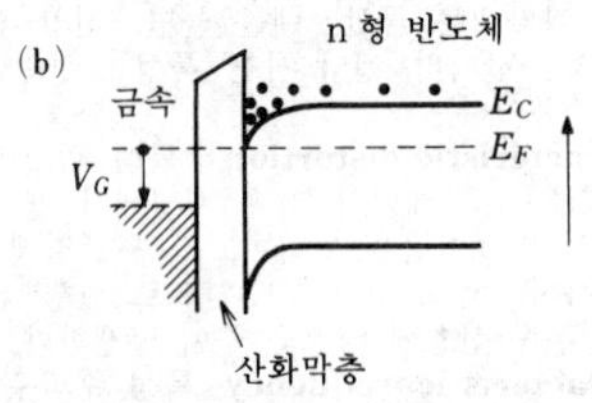

charge and discharge type frequency meter 충방전식 주파수계(充放電式周波數計) 콘덴서 C를 주파수 f에 따른 속도로 충방전하면 그 때의 충전 전류 I는

$I=2\pi fCE$ (E : 전원 전압)

으로 되어 주파수에 비례한다. 따라서, 전류계의 눈금에서 주파수를 직독할 수 있다. 충방전을 단속기를 써서 하는 것과 전자 회로에 의해 펄스를 발생하여 그 반파를 직류 계기에 흘리도록 한 것이 있다. 이 방식의 계기는 가청 주파수의 측정에 적합하다. 상용(45~65Hz)의 지침형 주파수계도 이 방식의 것이 많다.

charge carrier 전하 담체(電荷擔體) 전하를 띠고 운동하는 입자, 즉 자유 전자나 정공.

charge coupled device 전하 결합 소자(電荷結合素子) =CCD

charge coupled device memory 전하 결합 소자 기억 장치(電荷結合素子記憶裝置) 반도체 순차 접근 기억 장치의 일종. 전하 결합 소자(CCD)는 실리콘 기판 표면상에 얇은 게이트 절연막을 거쳐서 다수의 게이트 전극을 순차 배열한 간단한 구조를 갖는다. 인접한 게이트 전극에 순차 펄스 전압 신호를 인가하여 실리콘 표면 또는 내부의 전위 퍼텐셜의 우물(well)을 순차 이동하여 우물 속의 전하를 우물에서 우물로 옮긴다. 전하의 유무를 정보의 "1"과 "0"에 대응시키면 시프트 레지스터와 같은 구실을 한다. RAM의 현저한 발전으로 밀려나서 대용량 기억 장치로서의 응용은 뒤지고 있다. 이미지 센서, 지연선, 필터용 기억 장치 등에 응용되고 있다. =CCD memory

charged carrier diffusion constant 캐리어 확산 상수(-擴散常數) →diffusion constant

charge-over switch 밴드 전환(-轉換) 무선 송수신기의 송신·수신 주파수를 필요에 따라 로터리 스위치 등으로 전환하는 것. 밴드 전환은 수정 진동자나 코일을 전환해서 한다.

charge priming device 전하 주입 디바이스(電荷注入-) =CPD

charge storage diode 전하 축적 다이오드(電荷蓄積-) =snap-off diode

charge-to-third-number call 제 3 자 과금(第三者課金) 발신자도 아니고 착신자도 아닌 제 3 자에 과금을 하는 호.

charge transfer device 전하 전송 소자(電荷轉送素子), 전하 이송 소자(電荷移送素子) 반도체 표면에서 부분적으로 축적된 소수 캐리어를 외부에서 가하는 전계에 의하여 반도체 표면을 따라 이동시킴으로써 논리 동작을 시키도록 한 소자. 대표적인 것으로, CCD 나 패킷 브리게이드 소자가 있다. =CTD

charging 충전(充電) 전지에 외부로부터 전기 에너지를 공급하여 전지 내에서 이것을 화학 에너지로서 축적하는 것. 콘덴서에 전압을 가하여 전극간의 유전체 내에 정전 에너지를 축적하는 것도 충전이라 한다.

charging inductor 충전용 인덕터(充電用-) 펄스 형성 회로의 충전부에 사용되는 유도성 소자.

charging pump 충전 펌프(充電-) 콘덴서의 충방전을 스위치로 제어하여 단일 전원에서 -전압을 발생한다든지 승압한다든지 하는 그림과 같은 회로.

charging rate 충전율(充電率) 축전지가 (완전히) 충전되었을 때 흐르는 전류를 암페어 단위로 표시한 것.

charping phenomena 차핑 현상(-現象) 광통신에서 신호를 직접 변조하는 경우에 파장이 변화하는 현상.

chart comparison unit 항로도 비교 장치(航路圖比較裝置) 항공도와 현재 위치를 동시에 알기 위한 장치로, 어느 한쪽의 표시상에 다른 쪽을 중복해서 표시할 수 있도록 되어 있다.

chaser 체이서 조광(調光) 장치에서 다수의 광원을 복잡하게 제어하여 명암 변화나 색채 조절 기타의 효과를 주는 장치. 컴퓨터 제어가 쓰인다.

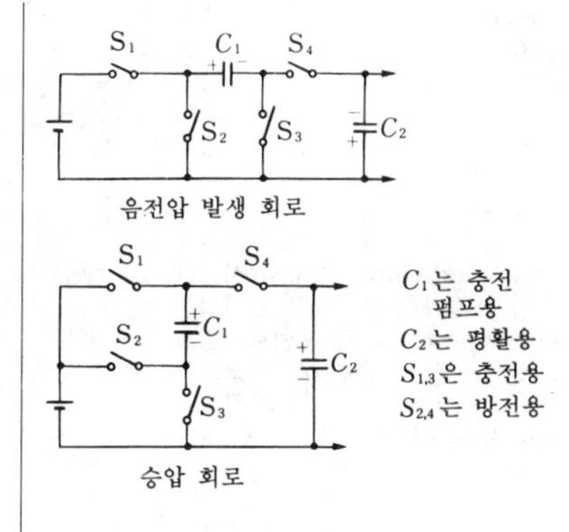

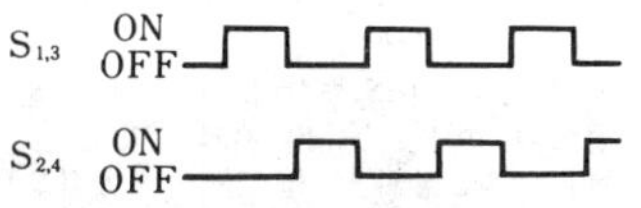

charging pump

chassis 섀시 회로 부품을 부착하기 위한 금속제의 프레임. 전자 장치 등에서의 구조상 단위이기도 하다.

chassis ground 섀시 접지(-接地) 전기 장치의 금속 프레임을 회로의 전원에 대한 공통의 리턴 부분으로서 사용하는 것. 반드시 어스에 접속되어 있는 것은 아니고, 섀시가 전위의 기준점을 주고 있는 것도 아니다.

chat 채트 원래는 잡담, 담소 등을 뜻하는 말이나, 온라인 시스템에서 동시에 접근하고 있는 이용자 상호간이 대화할 수 있는 기능을 말한다. 실시간으로 메시지 교환을 할 수 있다.

chattering 채터링 계전기(릴레이)의 접점이 닫힐 때 한 번에 닫지 않고 여러 번 단속을 반복하는 것. 회로의 오동작 원인이 되는 동시에 접점의 소모를 재촉하게 되므로 방지 조치가 필요하다. 계전기 스프링 등의 구조 또는 회로 전압 등의 조건이 좋지 않을 때 일어난다.

chattering eliminater 채터링 방지 장치(-防止裝置) 접점의 진동으로 생기는 잡음을 방지하기 위해 접점에 병렬로 접속한 잡음 방지 장치. *CR* 직렬 분기나 다이오드 혹은 RS 플립플롭 등을 사용하는 경우가 많다.

check 체크, 검사(檢査) 계측기에서 그 지시값, 기록 결과의 오류를 살피는 것.

check digit 검사 숫자(檢査數字) 코드로 나타내어진 데이터의 오류를 검사하기 위해 부가하는 숫자.

checked mode 체크 모드 비디오 트랙의 휘도 신호와 색신호간의 크로스토크를 제거하기 위해 휘도 신호는 연속적으로 기록하지만 색신호는 저역 변화하여 1H(수평 주사선)마다 솎아 내어 기록한다. 트랙을 배열하면 색신호를 기록한 장소와 기록하지 않은 장소가 바둑 무늬 모양으로 되므로 이 이름이 있다.

check indicator 검사 표시기(檢査表示器) 검사 결과를 나타내는 표시기.

check point 체크 포인트, 항로 정점(航路定點) 무선 항행에서의 코스 상의 정점으로, 특정한 의미를 가진 점.

check routine 체크 루틴, 검사 프로그램(檢査－) 컴퓨터가 적정하게 동작하고 있는지 어떤지 살피기 위해 작성된 특별한 체크 프로그램. 보통은 완전한 진단 루틴이 아니기 때문에 고장 개소까지 찾아낼 수는 없다. 다만 오동작이 있는 것을 발견할 뿐이다. 어떤 종류의 체크 루틴은 논리 회로나 기억 장치 등을 전부 자동적으로 검사하여 고장 개소를 찾아내는 진단적인 것도 있다.

chelating resin 킬레이트 수지(－樹脂) 킬레이트 결합(중심에 금속을 가지며 그것을 둘러싸는 구조)에 의해 금속 이온을 흡착하는 이온 교환 수지의 총칭. 대부분의 금속을 흡착 또는 탈착하는 것이라든지, 특정한 금속만을 흡착하여 탈착하지 않는 것 등이 있다.

chemical cell 화학 전지(化學電池) 물질의 화학 반응에 의해 방출되는 에너지를 직접 전기 에너지로 변환하는 전지. 보통 1차 전지나 2차 전지라 하는 것은 이 전지에 속한다. 화학 전지는 원리가 공통되어 있어서 환원제와 산화제간의 산화 환원 반응이 이용된다. 산화제나 환원제는 활성 물질이라 하고, 양극 활성 물질인 산화제와 음극 활성 물질인 환원제 사이에 이온 도전체인 전해질이 존재하게 된다.

chemical condenser 전해 콘덴서(電解－) =electrolytic condenser

chemical energy 화학 에너지(化學－) 화학 결합에 의해 물질 내에 보유되어 있는 에너지. 화학 반응의 결과 열, 빛, 전기 등의 에너지로서 방출하고, 혹은 반대로 열, 빛, 전기 등의 에너지를 흡수하여 화학 변화를 일으킨다.

chemical equivalent 화학 당량(化學當量) 어떤 원소의 원자량을 원자가로 나눈 수. 두 종류의 원소가 화합할 때에는 각각의 화학 당량의 비율로 반응한다.

chemical laser 화학 레이저(化學－) 화학 약품, 주로 염제(染劑)를 알코올 등의 용매에 녹인 색소 레이저로 대표되는 액체 레이저. 펌프 작용은 광조사(光照射)에 의해서 하는데, 공급되는 에너지의 대부분은 열로 변환되어 버리므로 연속 발진이 아니고 펄스 동작의 레이저에 적합하다.

chemical plating 화학 도금(化學鍍金), 무전해 도금(無電解鍍金) →plating

chemical vapor deposition method CVD 법(－法) 광섬유를 만드는 방법의 일종. 석영 유리관 내에 산소, 4 염화 규소($SiCl_4$) 가스 및 취화 붕소(BBr_3) 가스를 넣고 가열하면 석영 유리 내면에 석영(SiO_2)의 가루가 퇴적된다. 이 석영 유리 막대를 진공 중에 두고 한쪽에서 가열 용융시키면 투명한 섬유 모재가 만들어진다. 이 모재를 0.1~0.15mm 의 굵기로 인장한 것이 광섬유이다.

chessman 체스맨 기판에 대해 본딩용 지그의 위치를 수동으로 제어하기 위해 사용하는 평원판과 손잡이 또는 레버로 이루어지는 기구.

CHILL CCITT 고수준 언어(－高水準言語) CCITT high level language 의 약어. 데이터 교환용 프로그램 언어의 일종으로, CCITT 에서 표준화된 것이다.

chip 칩 본래는 작은 조각을 뜻한다. 반도체 소자나 회로를 탑재한 실리콘의 작은 조각 등을 가리킨다.

chip capacitor 칩 콘덴서 집적 회로에 부착하는 구조(겉 모양은 칩 트랜지스터와 같다)로 만든 콘덴서. 소형으로 하기 위해 소결형의 탄탈륨(탄탈) 콘덴서가 일반적으로 사용된다.

chip coil 칩 코일 절연판상에 형성한 회로면상에 부착되는 소형의 코일. 칩 인덕터라고도 한다.

chip condenser 칩 콘덴서 =chip capacitor

chip on carrier 칩 온 캐리어 집적 회로에서 작은 지지물 위에 반도체 칩이 부착된 구조의 소자. 패키지되어 있지 않으므로 단지 다른 부품이나 회로에 내장하기 위한 리드 단자는 가지고 있다.

chip resistor 칩 저항기(－抵抗器) 집적 회로(IC)에 부착이 용이하고, 자동 부착도 할 수 있는 구조로 된 저항기. 솔리드 저항기가 일반적으로 사용된다.

chip transistor 칩 트랜지스터 박막을 주체로 하는 집적 회로를 사용하기 위해 만든 트랜지스터로, 그림과 같이 하여 부착하는 구조로 되어 있으나 본체는 플레이너 트랜지스터와 같다. 이 방법에 의하면 회로의 신뢰성을 향상시키고, 공정의 자동화가 용이해지는 등의 이점이 있다.

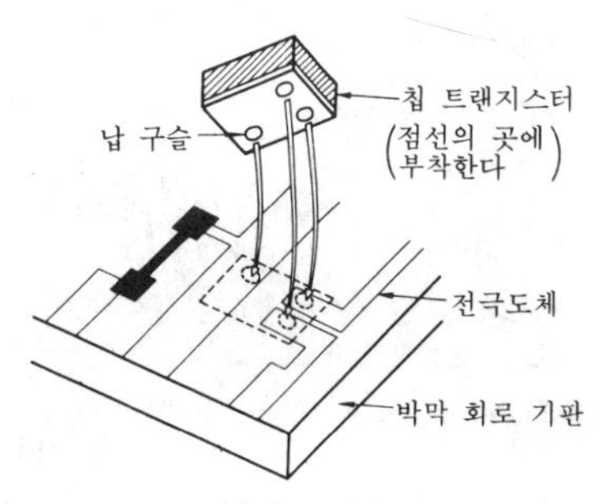

chip transistor

chip-type parts 칩 부품(-部品) 표면 실장에 적합한 구조로 만들어진 리드 단자가 없는 개별 부품(저항, 콘덴서 등)의 총칭.

chirp modulation 처프 변조(-變調) → chirp radar

chirp radar 처프 레이더 소인(掃引) 주파수(주파수를 주어진 주파수 영역에 걸쳐서 일정한 속도로 변화한 것) 신호를 송신하는 방식의 레이더. 목표에서 수신한 신호는 처프 신호라 하는 폭이 좁은 펄스로 압축된다. 이것은 송신 펄스의 평균 전력을 희생으로 하는 일 없이(즉 펄스폭을 좁게 하지 않고) 원거리를 탐지하면서 더욱이 거리 분해능을 높이도록 하는 두 가지 상반되는 요구에 대응하는 방법이다. 그림은 그 원리를 나타낸 것으로, 송신 펄스는 그 폭 T에 걸쳐서 직선적인 소인 주파수로 변조되어 송출된다. 소인 주파수 폭은 Δf이다(처프 변조). 수신 펄스는 고주파 영역에서 지연 시간이 비례적으로 적어지는 필터를 통해서 수신함으로써 시간 압축되어 그림과 같이 $\sin \xi/\xi$ ($\xi = \pi \Delta f \cdot t$)인 포락선을 갖는 파가 되고, 그 첨두값은 $\sqrt{T \cdot \Delta f}$ 라는 크기를 가지고 있다. $T \cdot \Delta f$는 처프 레이더의 특성량으로 압축비라 한다.

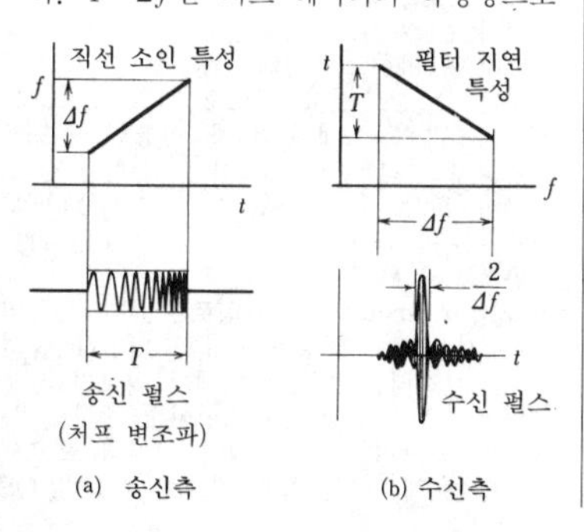

choice 선택 순위(選擇順位) 격자의 출력단(出力端)을 선택하는 순서를 말한다.

choke 초크 ① 특정한 주파수 이상의 고주파 전류를 저지하기 위한 회로에서 사용되는 인덕턴스 요소. 직류나 저주파 전류에 대해서는 임피던스를 거의 주지 않는다. 초크 코일이라고도 한다. ② 도파관에서 주어진 주파수 범위의 에너지 통과를 저지하기 위해 관벽(管壁)에 둔 홈, 기타의 불연속부.

choke coil 초크 코일 인덕턴스를 얻기 위한 코일 부품으로, 고주파를 저지할 목적으로 사용한다. 콘덴서와 조합시켜서 평활 회로나 필터를 구성한다. 코일의 좋기는 리액턴스와 저항의 비(Q)에 의해서 나타내어지는데, 투자율이 크고 손실이 적은 자심을 사용할수록 좋으며, 페라이트가 가장 뛰어나서 Q=500~1,000 정도의 것이 많다.

choke coupling 초크 결합(-結合) ① 도파관에서의 두 관부(管部)의 접속부. 관의 내벽이 금속적으로는 불연속이나, 전기적으로는 유효하게 연속하는 접속법. ② 마이크로파 전송 선로에 있어서의 두 구간의 접속부. 양 구간의 갭이 직렬의 분기를 형성하고, 정재파를 싣고 있으며, 기계적으로는 불연속이지만 전기적으로는 연속하고 있는 것). →choke flange coupling

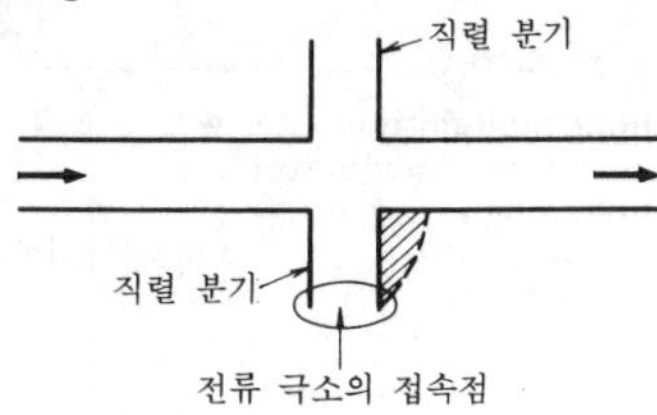

④ 다단 증폭기의 내부에서 전단과 후단을 초크 코일과 콘덴서를 사용하여 결합하는 방식. 초크 코일 대신 저항이 접속되어 있

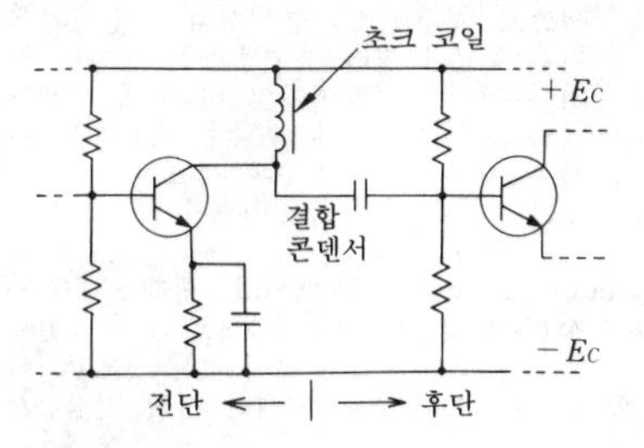

는 RC 결합 쪽이 일반적이나, 저항의 경우는 직류 전압 강하가 있고, 전력이 소비된다. 이 방식에 의하면 그것을 피할 수 있으나 주파수 특성이 나쁘고, 회로가 대형화하며, 비용도 들게 되므로 거의 쓰이지 않는다.

choke flange coupling 초크 플랜지 결합(－結合) 도파관에서의 플랜지. 그 상대측 표면에 홈이 형성되어 있고, 이 홈의 모양과 치수는 주어진 주파수 범위의 마이크로파 에너지의 누출을 저지하도록 설계되어 있다.

choke input filter 초크 입력 필터(－入力－) 정류 전원 장치의 출력에 접속되는 맥동파 제거용 필터에서 정류기 출력단에 대하여 먼저 직렬 리액터를 가지고 결합되는 필터 구조.

choke input smoothing circuit 초크 입력 평활 회로(－入力平滑回路) 정류기의 출력 전압을 리플이 적은 직류 전압으로 하는 평활 회로의 일종으로, 입력측에 초크 코일을 넣은 것을 말한다. 이 회로는 콘덴서 입력 평활 회로에 비해서 출력 직류 전압은 낮지만 전압 변동률이 작으므로 비교적 큰 부하 전류일 때나 부하의 변동이 심할 때에 사용된다.

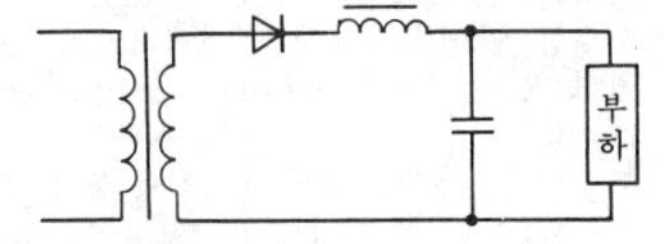

choke modulation 초크 변조(－變調) → reactance modulator

choke piston 초크 피스톤 도파관 내를 이동하는 피스톤으로, 그 반사 표면의 단부(端部)에서 도파관의 내벽(內壁)과 금속적으로 접촉하고 있지 않은 것. 초크 효과에 의해 고주파 전류가 실효적으로 단락되어 마치 금속적으로 접촉하고 있는 것과 같이 작용한다.

choking coil 초크 코일 인덕턴스를 얻기 위한 코일 부품으로, 고주파를 저지할 목적으로 사용된다. 콘덴서와 조합시켜서 평활 회로나 필터를 구성한다. 코일의 좋기는 리액턴스와 저항의 비(Q)에 의해서 나타내어지는데, 투자율이 크고 손실이 적은 자심을 사용할수록 좋으며, 페라이트가 가장 좋아서 Q=500～1,000 정도의 것이 많다.

cholesteric liquid crystal 콜레스테릭 액정(－液晶) 액정의 일종으로 분자 배열이 그림과 같은 구조로 되어 있는 것. 압력이나 온도의 변화에 의해서 색이 민감하게 달라지는 성질이 있다.

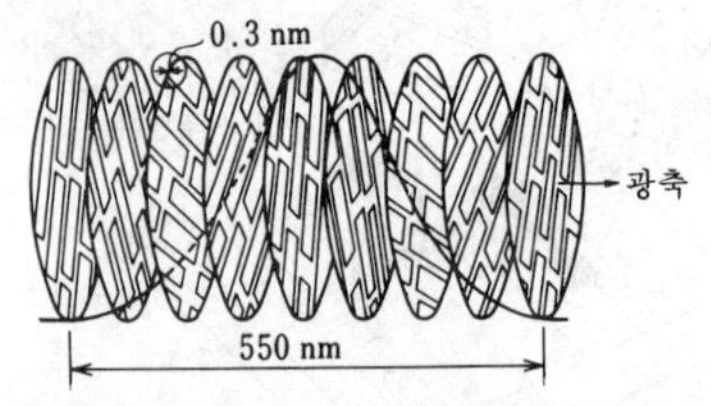

cholesteric phase 콜레스테릭상(－相) → cholesteric liquid crystal, liquid crystal

Chollian 천리안(千里眼) 데이콤이 제공하는 비디오텍스. 1986 년 9월에 서비스를 개시한 국내 최초의 비디오텍스로, 뉴스·날씨, 증권·세무·부동산, 기업·물가·무역, 기술·규격, 건강·의료, 교육·도서·취업, 여행·문화 행사 안내, 취미·게임·스포츠 등 다양한 서비스를 제공하고 있다. →videotex

chopped mode display 초프드 모드 표시(－表示) 오실로스코프에서 단일의 음극선관(CRT) 전자총에 의해 둘 또는 그 이상의 채널 출력 신호를 시분할적으로 표시하는 방법. 전자 빔의 소인(掃引) 반복 주기와는 관계없이 그보다 작은 주기로 채널 전환이 행하여진다. 교번 모드 표시에 대한 표시법.

chopped voltage impulse 재단파 전압(裁斷波電壓) 임펄스 전압에서 그 파형의 파미(波尾) 부분이 어느 점부터 갑자기 감쇠하고 있는 것이다. 이러한 재단파는 임펄스 전압 발생기의 출력 단자에 재단 갭을 접속한 것에서 발생한다. 갭은 유공구(有孔球) 갭이 쓰인다. 특히 높은 임펄스 전압을 재단하는 경우에는 갭을 복수개 직렬로 한 다단식 재단 갭이 사용된다.

chopper 초퍼 직류 신호를 단속하여 교류 신호로 변환하는 것으로, 많은 종류가 있다. 기계적으로 접점을 단속시키는 것으로는 바이브레이터식과 캠 식(리스턴형)이 있고, 전자 회로에 의한 것으로는 다이오드나 트랜지스터를 사용한 반도체 초퍼가 널리 실용되고 있는 외에 광전 소자나 홀 소자, 초전도 소자, 서미스터 등을 사용한 것도 있다. 이들은 변조형 직류 증폭기에 사용되고 있다.

chopper circuit 초퍼 회로(－回路) 초퍼를 사용하여 직류를 교류로 변환하는 회로. 이전에는 기계식 릴레이 회로가 사용되었었으나 현재에는 소형이고 주파수 특성이 좋으며 구동 전력이 적어서 오프셋 전압이 제로라는 등의 장점이 많은 MOS

형 전계 효과 트랜지스터를 사용한 그림과 같은 초퍼 회로가 일반적으로 사용되고 있다.

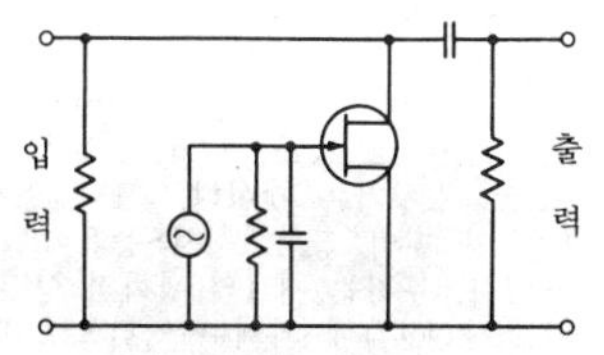

chopper stabilized amplifier 초퍼 안정화 증폭기(－安定化增幅器) 신호 변조기, 교류 증폭기 및 복조기를 사용함으로써 직류 신호를 안정하게 증폭하도록 한 장치. 직결형의 직류 증폭기에서 제거할 수 없는 드리프트의 문제를 해결하기 위해 쓰이는 직류 증폭 장치이다.

chopper type amplifier 초퍼 증폭기(－增幅器) 직류 증폭기의 일종으로 초퍼(기계적 단속기)를 사용하는 것.

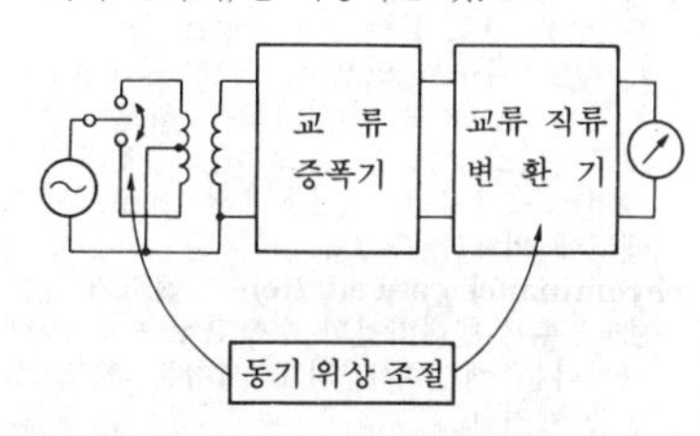

chopping gap 재단 갭(裁斷－) →chopped voltage impulse

chroma 채도(彩度) =saturation

chromacoder system 크로마코더 방식(－方式) 컬러 텔레비전에 있어서 필드 순차 방식의 컬러 신호를 동시 방식의 신호로 변환하는 장치. 1 개의 촬상관을 사용하는 필드 순차 방식 카메라에 의해서 얻어진 3 색의 영상 신호는 3 색 브라운관으로 3 색의 영상을 비쳐내고, 이것을 각각 3 개의 촬상관으로 영상 신호로 변환하여 겹쳐서 동시 방식의 영상 신호를 얻는 것이다.

chroma control 크로마 조정기(－調整器) 컬러 텔레비전 수상기에서 크로미넌스 복조기에 주어지는 반송파 크로미넌스 신호의 진폭을 조정하여 색의 채도(포화도)를 가감하는 장치. 컬러 조정기, 포화도 조정기라고도 한다.

chromakey 크로마키 컬러 텔레비전에서 화면의 일부분을 오려내고 거기에 다른 화면을 끼워넣는 몽타주를 전기적으로 하는 방법. 파시체와 여색(餘色)의 배경을 써서 컬러 카메라로 촬영하고, 그 색상차에서 그 신호를 얻는다.

chroma oscillator 크로마 발진기(－發振器) 컬러 텔레비전 수상기에서 수상기에 보내오는 3.58MHz 의 크로미넌스 부반송파 신호(컬러 버스트)와 같은 주파수의 신호를 발생하는 발진기. 컬러 발진기, 크로미넌스 부반송파 발진기라고도 한다.

chromatic aberration 색수차(色收差) 백색 광선을 렌즈를 통해서 투사하여 상을 맺었을 때 상 가장자리에 색이 붙어서 흐리게 보이는 현상. 이것은 백색 광선에 포함되어 있는, 파장이 다른 각종 색의 빛에 대한 렌즈의 굴절률이 다름으로써 발생하는 것으로, 이것을 방지하려면 굴절률이 다른 여러 장의 렌즈를 조합시켜서 사용한다.

chromaticity 색도(色度) 빛의 색에 관한 성질로, 색도 좌표분에 의해서 정의할 수 있다. 색도 중 x, y는 색의 색상과 포화도에만 관계하고 밝기의 정보는 갖지 않는다. 색도는 여러 가지 회색 단계를 가진 색에 적용되는 용어이나, 크로미넌스인 경우는 회색(흑, 백도 포함해서)을 제거한 색에 대해서만 생각하고 있다.

chromaticity coordinate 색도 좌표(色度座標) 샘플인 3 자극값 중 어느 하나의 자격합에 대한 비. 표준 측색 시스템(CIE, 1931)에서는 색도 좌표를 나타내는 데 x, y 및 z의 기호를 사용한다.

chromaticity diagram 색도도(色度圖) 색의 3 요소 중의 휘도를 제외한 색상과 포화도를 함께 나타낸 것을 색도도라 한다. 임의의 색은 3 자극값 X, Y, Z에 의해서 구해지는데, 다음과 같은 관계에 있는 색도 좌표 x, y, z 중 x, y만을 직각 좌표로 나타낸 것이 색도도이다.

$$S=X+Y+Z$$
$$x=X/S,\ y=Y/S,\ z=Z/S$$
$$x+y+z=1$$

x, y는 좌표에서 읽을 수 있으므로 z는 계산에 의해 바로 구해지고, 색도 좌표 둘과 3 자극값의 하나를 알면 3 자극값을 구할 수 있다.

chromaticity flicker 색도 플리커(色度－) 텔레비전에서 색도만이 변동하여 생기는 어른거림.

chromaticity signal 색도 신호(色度信號) 컬러 텔레비전에서 색의 성질을 나타내는 신호. 색의 3 요소는 휘도, 색상, 포화도(채도)이며, 이 중 휘도는 흑백과 컬러 공통의 것이므로 컬러 텔레비전에서는 3 요소 중의 휘도를 제외한 색상과 포화도에 의해서 색의 성질을 결정하므로 이 두 성질을 동시에 나타내는 신호를 색도 신호로서 사용하고 있다. NTSC 방식 컬러 텔레비전에서는 *I* 신호 및 *Q* 신호가 색도 신호이며, 이것과 휘도 신호인 *Y* 신호를 합친 세 신호를 전송하여 컬러 화상을 재현하고 있다.

chromatron tube 크로마트론관(-管) 컬러 텔레비전용 수상관의 일종으로, 로렌스관이라고도 한다. 형광면은 수평 또는 수직으로 가는 띠 모양으로 적, 녹, 청의 3색 형광체를 칠하고, 그 전면에 교대로 전압을 가하는 2조의 색선별 격자를 두어, 여기에 양·음의 전압을 가함으로써 정전 편향을 하여 3색의 형광체를 발광시켜 컬러 영상으로 한다. 단전자총형과 3전자총형이 있으며, 전자 빔의 이용률은 섀도 마스크형보다 높으므로 화면은 밝다.

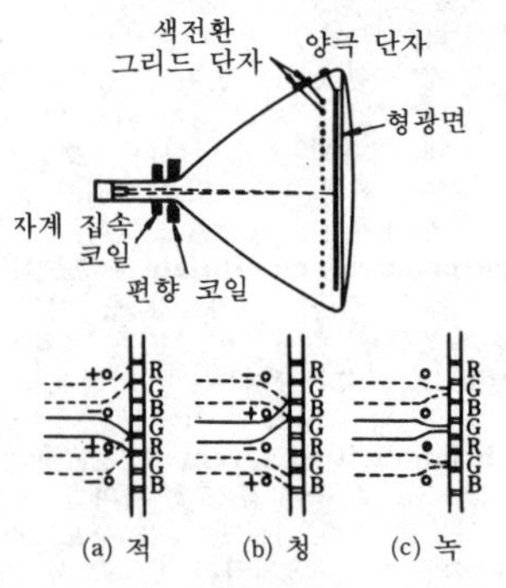

Chromel 크로멜 니켈 90%, 크롬 10%의 합금. 알루멜과 조합시켜서 열전대를 만들어 온도 측정에 사용한다.

chrome tape 크롬 테이프 자기 테이프에 칠해지는 자성체는 노멀 테이프에서는 감마 헤머타이트계의 것이지만, 크롬 테이프에서는 크롬 디옥사이드(2산화 크롬, CrO_2)를 사용하고 있다. 노멀 테이프에 비교해서 항자력이나 최대 잔류 자속 밀도가 50% 증가하는 특성이 있기 때문에 고역 특성이 좋고 D 레인지도 넓어진다. 그러나 바이어스 자계나 소거 자계를 30~40% 강하게 할 필요가 있고, 재질이 단단하기 때문에 자기 헤드도 퍼멀로이제에서는 마모가 빨라지므로 특별한 가공을 한다든지 페라이트 헤드를 사용한다든지 하는 등 특수한 명세를 필요로 한다. 고급 테이프 데크에서는 바이어스 전류의 전환 스위치를 부착하여 크롬 테이프를 사용할 수 있게 되어 있다. 또한, 크롬계의 자성체에 대하여 코발트계의 자성체도 널리 사용되고 있다.

chromic plastics 크로믹 고분자(-高分子) 빛, 열 혹은 전기 등의 자극에 의해 색이 변화하는 고분자 재료. 포토크로믹(photochromic), 서모크로믹(thermochromic), 일렉트로크로믹(electrochromic) 등으로 호칭되는 것이다. 표시 소자로서 혹은 광 기억 장치로서의 응용이 생각되고 있다. 후자는 재료의 광학적 성질이 빛의 조사(照射)에 의해 가역적으로 변화하는 것을 이용하여, 판독·기록 가능한 고밀도 기록 매체를 실현하려는 것이다.

chrominance 크로미넌스 임의의 색과 그 색과 같은 휘도를 가진 기준색과의 차로, 색차 신호로서 얻어진다. 컬러 텔레비전에서는 이 기준색은 색도도에서 $x=0.310$, $y=0.316$의 좌표 성분을 갖는 백색광(기준의 C 광원이라 한다)이다. 컬러 텔레비전에서는 종래의 흑백 텔레비전과의 양립성을 생각하여 임의의 색을 휘도 성분 신호 *Y*와 크로미넌스 성분 신호 *I*, *Q*로 나누고 있으며, 흑백 텔레비전은 *Y* 성분 신호만을 수신하도록 하고 있다. 크로미넌스 성분은 크로미넌스 원색이라 하며, 크로미넌스 신호로서 크로미넌스 채널에 의해 전송된다.

chrominance cancellation 색소거(色消去) 흑백 텔레비전의 수상관 스크린 상에 나타나는 색신호에 의해 생기는 휘도 변동을 제거하는 것.

chrominance channel 크로미넌스 채널 컬러 텔레비전에서 크로미넌스 신호의 전송을 목적으로 한 신호로.

chrominance channel bandwidth 크로미넌스 채널 대역폭(-帶域幅) 컬러 텔레비전에서 크로미넌스 신호의 전송을 목적으로 하는 신호로의 대역폭.

chrominance demodulator 색신호 복조기(色信號復調器) 컬러 텔레비전에 있어서 반송 색신호에서 색신호를 추출하는 회로. 평형 변조로 억압된 부반송파를 수신하고, 색부반송파에 동기한 국부 부반송파(3.58MHz)를 가하는 동기 검파에 의해서 색신호를 재현한다. 복조 회로에는 X·Z 복조의 2축 복조나, R-Y, B-Y, G-Y 축의 3축 복조가 있다.

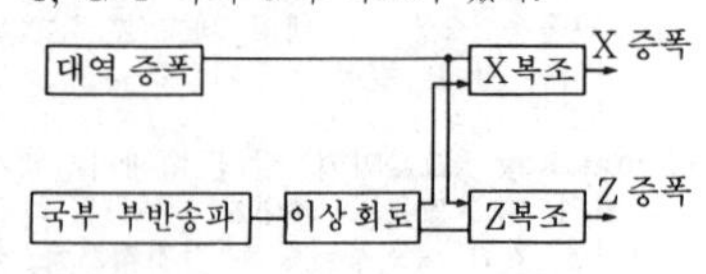

chrominance modulator 크로미넌스 변

조기(-變調器) 컬러 텔레비전 전송에서 영상(映像) 주파수의 색신호 성분과 색 부반송파에서 크로미넌스 신호를 발생하기 위해 사용하는 변조기.

chrominance primary 크로미넌스 원색(-原色) →chrominance

chrominance signal 반송 색신호(搬送色信號) NTSC 방식의 컬러 텔레비전에서 두 색도 신호를 보내기 위해 부반송파 3.58MHz의 반송파를 진폭 변조하고, 그 측파대만을 보내는 반송파 억압 변조를 쓰고 있는데, 이 측파대의 합성된 것을 반송 색신호라고 한다. 합성 컬러 신호는 흑백의 영상 신호와 이 반송 색신호와 컬러 버스트를 중첩한 것이다. →chromaticity signal

chrominance signal component 색신호 성분(色信號成分) 컬러 텔레비전에서 색 부반송파를 I 영상 신호나 Q 영상 신호와 같은 크로미넌스 원신호(原信號)에 의해 정해진 위상으로 반송파 억제 변조하여 얻어지는 신호.

chrominance subcarrier 색부반송파(色副搬送波) 컬러 텔레비전에서 색신호에 의하여 변조되는 반송파를 말하며, 영상 반송파와 구별하기 위해 이렇게 부른다. NTSC 방식에서는 휘도 신호 외에 색신호로서 I신호와 Q신호를 전송하고 있는데, 전체의 대역폭을 절약하기 위하여 두 색신호는 이 색부반송파에 실어서 다중화를 하여 전송하고 있다. 부반송파의 주파수는 수평 주사 주파수의 1/2 의 455 배(홀수)로 잡으며, 3.579545MHz이다. 컬러 텔레비전 영상 신호의 스펙트럼은 그림과 같이 된다.

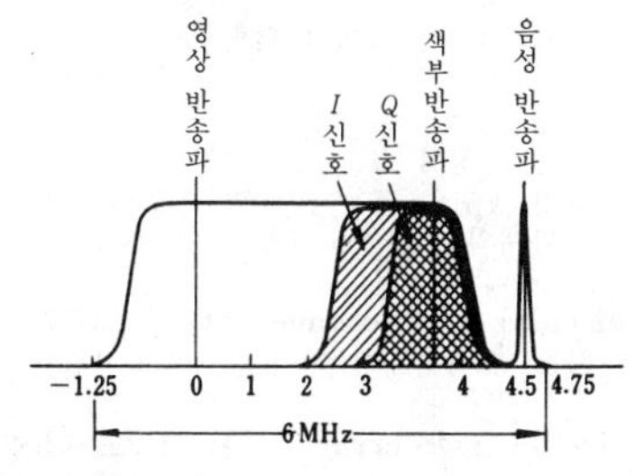

chrominance subcarrier reference 색부반송파 기준(色副搬送波基準) 색부반송파와 같은 주파수의 연속파로, 컬러 버스트에 대하여 일정한 위상 관계를 갖는 것. 이것은 수상기에서의 기준 신호로서 색신호와 위상이 비교되어 변조·복조가 이루어진다.

chromium oxide tape 산화 크롬 테이프(酸化-) 자기 테이프에서 도착(塗着)하는 자성체로서 산화 크롬(CrO_2)의 분말을 사용한 것. 산화철 테이프에 비해 성능이 좋고, 기록 밀도를 높일 수 있다.

chronograph 크로노그래프 정확한 시계와 정밀하게 비교하여 시계를 정확하게 조정하기 위하여 사용하는 장치. 두 시계의 초를 정속도로 달리는 테이프에 기록하게 되어 있다.

CIM 컴퓨터에 의한 통합 생산(-統合生産)[1], 컴퓨터 입력 마이크로필름(-入力-)[2] (1) computer integrated manufacturing 의 약어로, 부품마다 자동화되는 설계, 제조, 생산 관리 등의 각 분야를 통신망과 컴퓨터를 사용하여 통합화하고, 이것을 영업이나 유통에까지 확대하여 기업 전체를 시스템화해서 고도의 생산성 향상을 도모하려는 것이다.
(2) =computer input microfilm

circuit 회로(回路) 전원, 코일, 저항, 콘덴서, 도체 등의 회로 소자와 그들을 잇는 도선으로 이루어지는 전류의 통로.

circuit analyzer 회로 분석 장치(回路分析裝置) 전기 회로의 하나 이상의 특성을 측정하는 장치. 전압, 전류, 저항은 가장 널리 측정되는 특성이다. 오실로스코프나 테스터 등이 있다.

circuit board 회로 기판(回路基板) 에폭시 수지나 페놀 수지 등 절연 재료의 평평한 한 조각이며, 이 위에 전기 부품을 부착하고, 서로 접속하여 회로를 형성한다. 현재의 회로 기판은 대부분 소자를 접속하는 데 동박(銅箔)의 패턴을 사용한다. 이 동박층은 기판의 한쪽 면이건 양쪽 면이건 상관없고, 보다 고도한 설계에서는 기판 내에 여러 층이 있다. 프린트 회로 기판은 동박의 패턴이 사진 제판 등의 인쇄 프로세스에 의해서 만들어진 기판이다. →printed circuit board

circuit breaker 차단기(遮斷器), 배선용 차단기(配線用遮斷器) 보통의 회로 상태에서는 수동으로 회로를 개폐할 수 있고, 단락 고장 등의 이상 상태에서는 회로를 자동 차단하도록 설계된 장치. 차단이 이루어지는 개소의 매체에 따라 기름, 기중(氣中), 진공 등의 종류가 있다. 또 고압, 저압, 고속도 등 특성에 따라 부르기도 한다.

circuit-commutated turn-off time 전류 턴오프 시간(轉流-時間) 주 회로의 외부 스위칭 다음에 전류(電流)가 제로로 된 순간부터 사이리스터가 턴온하는 일 없이 지정된 주 전압을 유지할 수 있도록 되기까지의 회복 시간. 역전류 회복 시간 t_{rr}과 게이트 회복 시간 t_{gr}의 합과 같다.

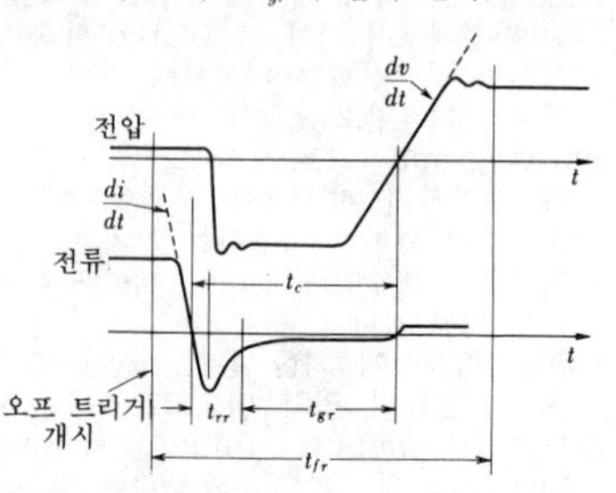

circuit controller 회로 제어 장치(回路制御裝置) 전자 회로를 닫거나 열거나 하는 장치.

circuit control system 회선 제어 방식(回線制御方式) 데이터 전송의 제어 방식으로, 회선이 비어 있으면 자유롭게 송수신시키는 무제어 방식과 컨텐션 방식, 폴링 실렉팅 방식이 있다.

circuit efficiency 회로 효율(回路效率) 전자관 증폭기 또는 발진기의 소요 주파수에서의 부하 공급 전력과 전자관 출력 전력과의 비.

circuit element 회로 소자(回路素子) 회로의 구성 요소를 말하며, 저항, 콘덴서, 코일, 트랜스, 반도체, 기타의 것을 총칭하여 회로 소자라 한다. 일반적으로는 부품이라고 부른다. 그림은 대표적인 회로 소자의 그림 기호이다.

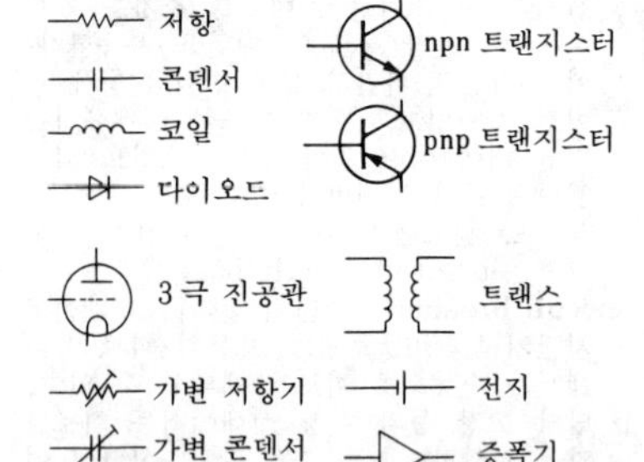

circuit noise 회선 잡음(回線雜音) 전화로 통화할 때 송화기에 음성적으로 들어오는 잡음을 제외한 전화 시스템에서 전기적으로 수화기에 들어오는 잡음.

circuit switching element 회로 개폐 소자(回路開閉素子) 몇 개의 동시 도통 사이리스터를 직병렬 조합으로 접속한 것을 2단자에 삽입하여, 이 2단자간 전류의 전류(轉流)를 행하는 것.

circuit switching system 회선 교환 방식(回線交換方式) 전화 교환과 같이 통신의 수신처에 따른 전용의 회선을 선택하여 정보를 전송하는 방식. 패킷 교환 방식에 비해서 회선의 이용도가 낮으므로 데이터 통신에는 쓰이지 않는다.

circuit tester 테스터, 회로계(回路計) 가동 코일형 계기에 분류기, 배율기, 정류기, 건전지, 전환 스위치, 단자 막대 등을 조합시킨 시험기로, 직류 전류, 직류 전압, 교류 전압 및 저항 등을 넓은 범위에 걸쳐서 간단하고 신속하게 측정할 수 있는 측정기이다. 전자 기기나 전기 기기의 고장 진단에 널리 사용되고 있다. 테스터라고 부르는 경우가 많다.

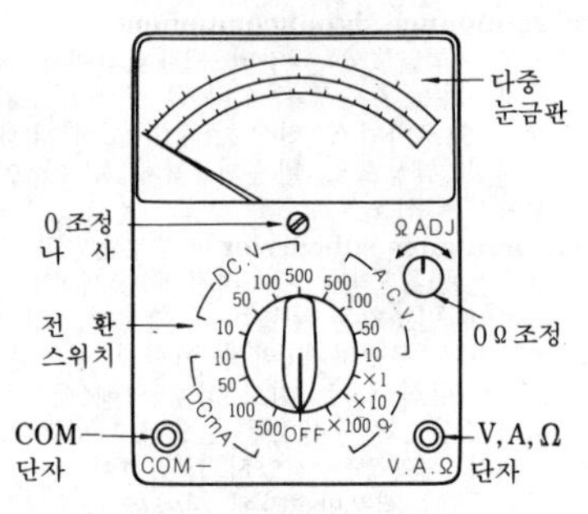

circular array 원형 어레이(圓形－) 소자가 원주상에 배치된 어레이 안테나. 실용적인 원형 어레이는 소자의 배열이 회전 등에 의해 변화하지 않는 특징을 갖는다.

circular cavity resonator 원형 공동 공진기(圓形空洞共振器) 원형 도파관을 그 축에 직각인 2개의 단락편으로 칸막이한 속이 빈 공진체로, 외부에 전자파가 누설하지 않으므로 손실은 매우 적고(Q가 높다), 특정한 공진 주파수일 때만 어떤 특정한 공진 모드가 존재할 수 있다. 마이크로파대의 공진기, 파장계 및 유전율의 측정 등에 사용된다.

circular electric wave 원형 TE 파(圓形－波) 도파관에서 전기력선이 동심원을 이루는 TE 파.

circular grid array 원형 그리드 어레이(圓形－) 소자가 동심원(同心圓)의 원주상에 배치된 어레이 안테나.

circular interpolation 원호 보간(圓弧補間) 수치 제어 기계 용어. 원호를 생성하기 위해 정리된 정보를 이용하는 윤곽 제어의 한 모드. 이 호(弧)를 생성하는 데 이용되는 각 축의 속도는 제어에 의해 변화된다.

circularly polarized plane wave 원편파 평면파(圓偏波平面波) 원편파 전계 벡터를 갖는 평면파.

circularly polarized wave 원편파(圓偏波) 전파(傳播) 방향과 직각인 평면 내에서 전계 벡터가 원을 그리며 변화하는 전기적 횡파.

circular magnetic wave 원형 자기적 횡파(圓形磁氣的橫波) 원형 도파관 내를 진행하는 자기적 횡파로, 자력선이 동심원으로 되어 있는 것. 즉 TM_{01} 파, TM_{02}파 등.

circular polarization 원편광(圓偏光), 원편파(圓偏波) 직선 편광의 편향면이 빛의 진행 방향을 축으로 하여 일정한 각속도로 회전하는 것을 말한다. 진폭이 같고 위상이 $\pi/2$ 다른 직선 편광을 합성하면 얻어진다. 전파의 경우에는 이것을 원편파라고 한다.

circular scanning 원형 주사(圓形走查) 빔 축이 원뿔형을 이루도록 행하여지는 안테나의 주사. 원형 주사에는 원뿔형이 단일 평면으로 되는 특별한 경우도 포함된다.

circular sweep method 원형 소인법(圓形掃引法) 90°의 위상차가 있는 두 정현파를 브라운관 오실로스코프의 수평, 수직 입력에 가하여 브라운관면에 원형의 리사주 도형을 그리게 하여 피측정파를 휘도 변조한다든지 수직축에 중첩함으로써 원형의 리사주 도형상에 정지시켜서 관측, 측정하는 방법이다. 이 방법에 사용되는 브라운관에는 반경 방향으로 편향시킬 수 있는 구조의 것도 있다.

circular waveguide 원형 도파관(圓形導波管) 단면의 모양이 원형인 도파관으로, 기본 모드는 $TE_{11}(H_{11})$ 모드이다. 방형 도파관에 비해서 고차 모드의 발생을 억제하기 어렵다는 점과 해석이 곤란하기 때문에 레이더의 회전부와 같은 특수한 것 이외에는 그다지 사용되지 않는다. 그러나, 밀리파 전송에 대해서는 유효하다. 또, 공진기로서도 쓰이고 있다.

circulating crosstalk 회절 누화(回折漏話) 증폭기를 포함한 전송 선로에서, 증폭기 출력측에서 제 3의 회로를 거쳐 입력측으로 출력 신호가 돌아오는 현상. 증폭기 내에서 증폭되기 때문에 방해가 크다.

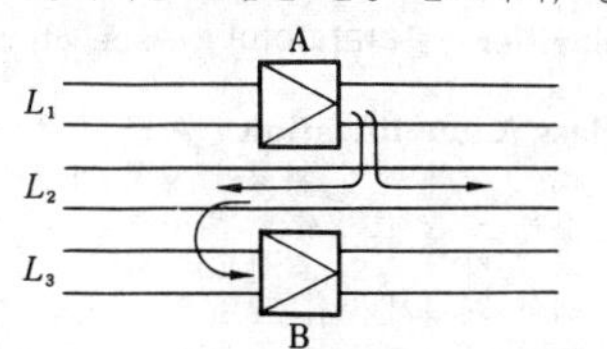

circulating current 순환 전류(循環電流) 그림과 같은 R, L, C의 병렬 공진 회로에서 C를 흐르는 전류를 i_C, L을 흐르는 전류를 i_L로 하면, 공진시에는 i_L과 i_C는 크기가 같고 위상이 반대가 되기 때문에 분기 회로를 순환하는 전류가 흐른다. 이 전류를 순환 전류라 한다.

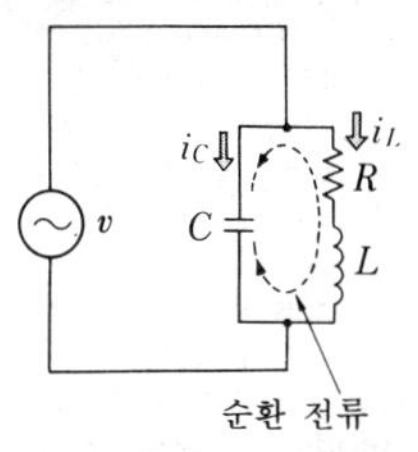

circulating register 순환 레지스터(循環 -) ① 지연선에 데이터를 삽입하여 그 출력을 또 최초의 입력단에 되돌려서 재삽입하는 동작을 반복함으로써 데이터를 계속 유지하는 레지스터. ② 지연선 대신 시프트 레지스터를 사용하여 위의 ①과 같은 동작을 시키는 것.

circulating storage 순환 기억 장치(循環記憶裝置) →dynamic storage

circulator 서큘레이터 입체 회로용 및 VHF, UHF 대용 회로 소자의 하나. 입력 및 출력의 방향이 많은 단자간에서 순환적으로 정해져 있는 것과 같은 회로를 말하며, 비가역 회로의 일종으로, 기호는 그림 (a)와 같이 된다. 예를 들면, ①단자로부터의 입력 신호는 화살표 방향으로 진행하여 반사나 감쇠없이 ②로만 출력으로 되어 나타나고, ②에 넣은 입력은 ③에만 나타난다. 도파관 서큘레이터, 동축 서큘레이터, 집중 상수 서큘레이터 등 많은 종류가 있다. 그림 (b)는 도파관 분기형 서큘레이터를 나타낸 것이다. 서큘레이터는 송수 공용 회로, 분파기나 UHF의 텔레비전 수상기 등에 응용되고 있다.

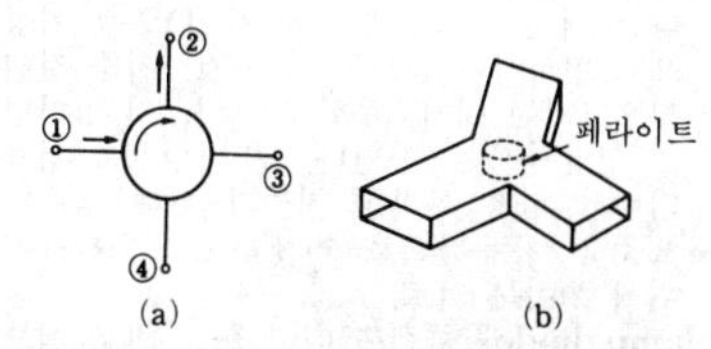

citizen band tranceiver 생활 무선 트랜

시버(生活無線－) 무선 기기에 대해서 지식이 없는 일반 시민이 라디오 수신기를 다룰 정도로 간편하게 사용할 수 있도록 체신부의 일정한 형식 검정 시험에 합격한 휴대용 트랜지스터식 송수신기. 무선국의 신청 절차가 간편화되고, 사용하는 사람도 종사자의 자격을 필요로 하지 않으므로 각 방면에서 널리 쓰이고 있다. 출력은 0.5, 0.1, 0.05W 의 것이 있으며, 주파수도 지정되고 있다.

CIU 컴퓨터 인터페이스 장치(－裝置) ＝ computer interface unit

cladding 클래드 광도파로(光導波路)의 코어를 감싸는 유전체 재료.

cladding center 클래드 중심(－中心) 균질의 클래드 외측 표면에 외접하는 원 중심. 허용 범위 표시를 위하여 정의된다.

cladding diameter 클래드 지름 파이버의 축을 통과하여 균질의 클래드 주위의 2점에 연결되는 최장의 현(弦) 길이.

cladding mode 클래드 모드 클래드를 둘러 싸는, 보다 낮은 굴절률을 갖는 매질의 힘으로 간혀지는 모드. 클래드 모드는 기하 광학의 술어로는 클래드 광선에 해당한다.

cladding mode stripper 클래드 모드 스트리퍼 클래드 모드의 방사 모드로의 변환을 촉진하는 디바이스. 그 결과, 클래드 모드는 파이버에서 제거된다. 이따금 도파로의 클래드와 같든가 큰 굴절률을 갖는 재료.

cladding ray 클래드 광선(－光線) 광도파로(光導波路)에서 클래드 외측 표면에서의 반사에 의해 코어와 클래드에 갇혀지는 광선.

clad fiber 클래드형 섬유(－形纖維) → optical fiber

clad metal 복합 금속(複合金屬) 이종(異種)의 금속을 납땜이나 열간 압착 등에 의해서 융착시킨 것. 접점 부품에서 고성능이나 고가의 재료를 개폐 접촉 부분에만 사용하고, 기재(基材)는 값싸고 기계적으로 강한 재료를 사용하는 경우 등에 도움이 된다.

clamp 클램프 ① 회로 어느 점의 전압을 다른 기준 전위점에 대하여 어느 값 이상으로 변화하지 않도록 하는 것. 기준 전위점으로서는 대지, 무한대 모선, 저 임피던스 전압원 등이 쓰인다. ② 아날로그 컴퓨터에서 반복 동작을 시키기 위해 컴퓨터 요소를 자동적으로 리셋하고, 유지하기 위해 쓰이는 회로.

clamp diode 클램프 다이오드 회로 어느 점의 전위를 일정하게 유지하기 위해 이 점과 대지 사이에 접속되고, 다이오드의 순방향 전압 V_D를 넘지 않도록 한다. ±V_D의 범위 내에 클램프하기 위해서는 2개의 역접속 다이오드를 사용한다. ＝ cathcing diode

clamper 클램퍼 →DC restorer

clamping 클램핑 입력 파형에 직류분을 가하고, 파형의 밑 부분 또는 꼭지 부분을 소정의 정전압값에 일치시키는 것. 밑 부분을 0V 에 일치시키는 것을 ＋(또는 정) 클램프, 꼭지 부분을 0V 에 일치시키는 것을 －(또는 부) 클램프라고 한다.

clamping circuit 클램프 회로(－回路) 펄스 파형 등 교류 전압 파형의 한 쪽 직류 레벨을 같게 하는 회로. 입력 전압의 반주기마다 C를 충전하고, 다음 반주기간에 그 직류 전압이 가해져서 출력측에 나타난다. 증폭 작용에 의해서 잃은 직류분을 재생하는 것이 특징이다. 텔레비전의 동기 신호 증폭 회로나 기타의 펄스 회로에 사용된다.

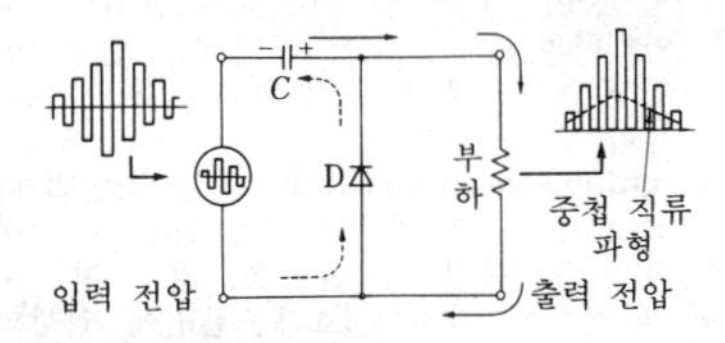

clamping voltage 클램프 전압(－電壓) 특정 피크 펄스 전류 및 파형하에서의 배리스터 단자간 전압의 피크값. 전압, 전류의 피크값을 취하는 시간은 똑같을 필요는 없다.

clamp type mica capacitor 클램프형 운모 콘덴서(－形雲母－) 운모 조각을 두 장의 얇은 전극 사이에 둔 것을 겹쳐 쌓고, 하나 건너의 전극을 반대측에 끌어 내어 래그 단자를 붙인 것.

Clapp oscillator 클랩 발진 회로(－發振回路) 콜피츠 회로의 변형으로, 그 결점을 개선한 것. 동조 회로와 트랜지스터의 결합을 성기게 하여 그 영향에 의한 발진 주파수의 변동을 방지하고, 또 발진 주파수를 가변으로 하여 안정한 발진을 시키는 회로이다.

clarifier 클라리파이어 →speech clarifier

class A amplification A급 증폭(－級增幅) 출력 전압 파형이 입력 파형과 거의 같은 증폭의 종류를 말하며, 트랜지스터의 동작 특성이 직선으로 되어 있는 구간에서 동작시킨다. 효율은 낮지만 일그러짐이 적으므로 저주파에서 고주파까지의 증폭에 널리 사용된다.

class A amplifier A급 증폭기(-級增幅器) →class A amplification

class AB amplification AB급 증폭(-級增幅) 동작점을 A급과 B급 중간, 즉 차단점 바로 위 부근에 둔 증폭 방식으로, A급에 비해 전원 효율은 좋아지지만 일그러짐은 약간 증가한다. 보통, 푸시풀 증폭기로서 저주파 전력 증폭에 사용된다.

class AB amplifier AB급 증폭기(-級增幅器) →class AB amplification

class A modulator A급 변조기(-級變調器) A급 증폭기로, 특히 반송파를 변조하기 위해 필요한 신호 전력를 공급할 목적으로 사용되는 것.

class A push-pull amplifier A급 푸시풀 증폭기(-級-增幅器) 동작점이 부하선 직선 부분의 중앙에 있는 A급 동작 푸시풀 증폭기. 출력이 큰 대신 일그러짐이 적으나, B급에 비해 효율은 나쁘다. 오디오 등의 종단 증폭기에 사용된다.

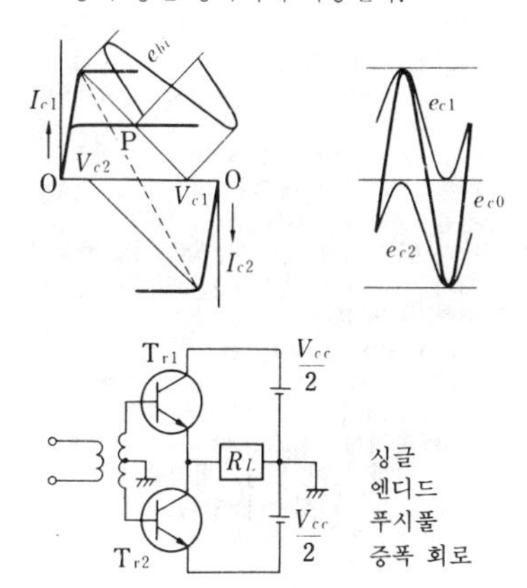

class B amplification B급 증폭(-級增幅) 동작점이 컬렉터 전류의 차단점에 오도록 바이어스를 주어, 입력이 없을 때는 컬렉터 전류가 흐르지 않고, 입력이 있으면 그 반주기의 기간 동안만 컬렉터 전류가 흐르도록 동작하는 증폭법. 이 때문에 효율이 높은 증폭 동작을 하지만 일그러짐이 많으므로 저주파 증폭의 경우는 푸시풀 증폭기로서 사용한다.

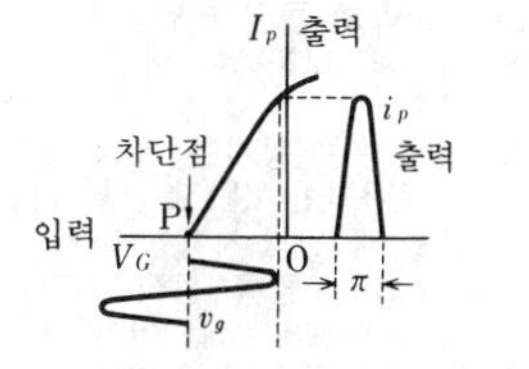

class B amplifier B급 증폭기(-級增幅器) →class B amplification

class B modulation circuit B급 변조 회로(-級變調回路) 컬렉터 변조의 일종으로, 대전력 송신기의 종단 변조에 널리 쓰이는 방법이다. 대전력 송신기에서는 변조기의 출력도 크게 할 필요가 있어 이 때문에 효율이 높은 B급 푸시풀 회로가 사용된다. 이 방식은 효율이 높을 뿐만 아니라 일그러짐도 적은 특색이 있다.

class B modulator B급 변조기(-級變調器) →class B modulation circuit

class B push-pull amplifier B급 푸시풀 증폭기(-級-增幅器) B급 동작의 두 증폭기를 푸시풀 접속하여 양자가 입력 신호의 반주기씩 교대로 부하에 전류를 가하도록 한 것. A급 동작과 같은 정도의 일그러짐으로 큰 출력 전력이 얻어진다. 오디오 장치의 전력 증폭단 등으로 사용된다.

class C amplification C급 증폭(-級增幅) 동작 기점을 차단점(출력이 제로가 되는 점)보다 -방향으로 더 깊게 한 증폭 동작. 출력 파형은 반파 이하가 되고, 크게 일그러지나, 직류분이 작으므로 전원 효율이 매우 좋다. 고주파 증폭에 사용하는데, 실제의 출력 파형은 공진 회로의 기본파(또는 고조파) 공진에 의해서 정현 파형으로 변환된다.

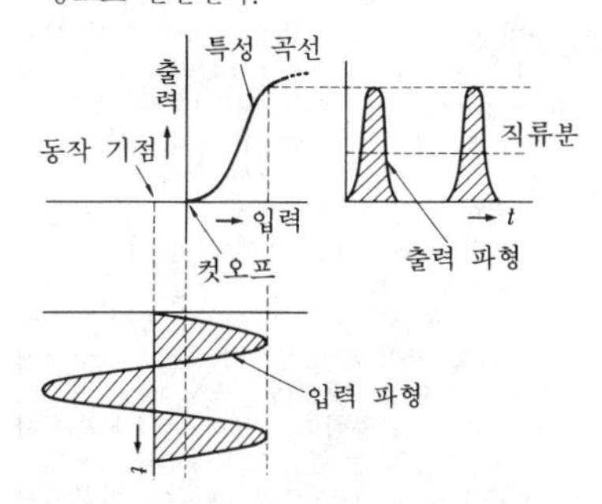

class C amplifier C급 증폭기(-級增幅器) →class C amplification

clean bench 클린 벤치 반도체 집적 회로의 제조 공정 등에서 필요로 하는 먼지가 없는 작업대.

clean room 클린 룸 공기 중에서 먼지나 기타의 미립자를 필터로 제거하고 있는 방으로, 거기에 들어가는 인간은 방진복을 입고, 전자 부품이나 다른 섬세한 정밀 기계의 오염을 방지하고 있다.

clean-up effect 클린업 효과(－效果) 송신관이나 X 선관에 고전압을 가하여 동작시킬 때 관 내의 진공도가 좋아지는 현상.

clear 클리어 ① 컴퓨터에서 기억 장치나 레지스터, 카운터 등을 정해진 상태, 보통 전체 디짓을 0의 상태로 되돌리는 것. 리셋이라고도 한다. ② 전화의 발신자 또는 수신자가 호출을 종료하여 회선을 다시 대기 상태로 복구시키기 위해 취하는 조치, 또는 그 신호. 어느 한쪽 통화자가 먼저 통화를 끊으면(송수화기를 내려 놓으면) 종화 신호가 교환국으로 보내진다.

clearance 클리어런스 일반적으로는 철거, 제거, 간격, 틈 등을 뜻한다. 항공 관계, 선박 관계, 기계 관계의 용어로서 폭넓게 사용되며, 항공 관제에서는 이착륙 허가를 말한다.

clear-back signal 종화 신호(終話信號) 이것은 피호출자측으로부터의 종화 신호를 말하는데, 발신자측으로부터의 경우는 절단 신호(clear-forward signal)라 한다.

clear electrode 투명 전극(透明電極) 발광 표시 부품 등에서 빛을 투과하는 전극이 필요한 경우에 사용하는 것으로, 산화주석(SnO_2) 등의 도전 유리 피막을 생성시킴으로써 만들어진다.

clear-forward signal 절단 신호(切斷信號) 전화의 발신자가 접속 중의 호출(또는 발신 중의 호출)을 종료시키고자 할 때 보내는 신호. 반대로 피호출자측에서 종화하고자 할 때 보내는 신호를 클리어 백 신호(clear backward signal)라 한다.

clear porcelain 투명 자기(透明瓷器) 자기를 만드는 경우 적당한 조성 조건의 원료를 고온에서 가압 성형한 다음 소성(燒成)하여 내부에 존재하는 빈 구멍을 없앰으로써 큰 광투과율을 갖게 한 것.

clearvision 클리어비전 현행의 텔레비전 방송과 호환성을 유지하면서 방송국측에서 신호 방식을 변경하여 전용 수상기에 의해서 화질 개선을 도모하는 방식. EDTV 의 일종이다. 현재 방송국측에서는 고스트 제거 신호의 추가와 고정세도(高精細度) 화상으로의 개선이 이루어지고 있다. 수상기측에서는 라인 메모리, 프레임 메모리 등을 사용하여 디지털 처리에 의해서 고스트의 제거, 고정세도의 화질 재현, 비월 주사를 순차 주사로 변환하는 등의 개선이 이루어지고 있다.

click 클릭 ① 지정된 조건으로 측정해서 얻어지는, 정해진 값 이하의 지속 시간의 방해. ② 전화 통화 중에 생기는 높은 전압에 의한 방해 잡음. ③ 컴퓨터 표시 장치 스크린 상의 커서를 이동시키는 데 사용하는 마우스 상부에 있는 하나 또는 복수의 버튼 스위치를 눌러서 컴퓨터에 명령을 입력하는 것. 버튼을 계속해서 두 번 누르는 것을 더블 클릭(double click)이라 한다.

click noise 클릭 잡음(－雜音) 근거리의 천둥이나 자동차의 점화 플러그 등에서 발생하는, 간헐적으로 일어나는 큰 진폭의 잡음. 충격성의 잡음이다.

clinical electrothermometer 전자 체온계(電子體溫計) 열전대나 서미스터에 의한 온도 측정의 원리를 체온계에 적용한 것, 혹은 방사 온도계의 원리를 체온계에 적용한 것. 이들은 통상의 수은 체온계로는 측정이 곤란한 장소의 체온이나 의용 원격 측정에서의 생체용 센서로서 사용된다.

clipper 클리퍼 어느 일정 레벨 이상 혹은 이하의 신호를 제거하는 회로.

clipping 클리핑 어느 파의 상부나 하부 또는 상하를 일정한 레벨로 잘라내어 파형 변환을 하는 것.

clipping circuit 클리퍼 회로(－回路) 클리핑을 하기 위해 다이오드와 정전압 전원을 조합시킨 회로이다. 파형의 상부를 잘라내는 피크 클리퍼, 하부를 잘라내는 베이스 클리퍼 및 그 조합인 리미터(진폭 제한기)가 있다.

clipping distortion 클리핑 일그러짐 다이오드 검파 회로에서 CR의 시상수를 너무 크게 하면 깊은 변조파가 들어왔을 때 검파 출력이 변조 포락선에 비례하지 않고 그림과 같이 된다. 이러한 일그러짐을 클리핑 일그러짐이라 한다. 이것을 피하기 위해 검파 회로의 C는 100～250pF 정도의 것이 사용된다.

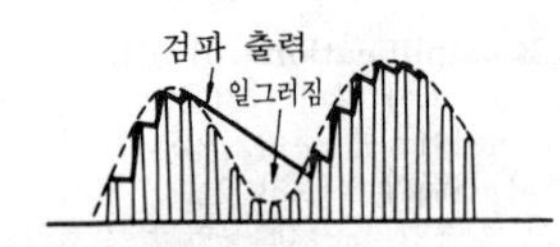

clipping level 클립 레벨 시스템의 동작 범위 제한에 대응하는 아날로그 입력 신호의 진폭.

clock 클록 ① 동기를 취하기 위하여 사용되는 주기적인 신호를 발생하는 기구. ② 시간을 재고, 표시하는 장치.

clocked logic 클록 동작 논리(－動作論理) 논리 회로의 모든 기억 요소(플립플롭) 상태가 클록 신호에 의해 일제히 변화하는 회로. 클록은 보통, 주기적으로 매우 지속 시간이 짧은 펄스로서 주어진다.

clock frequency 클록 주파수(—周波數) 클록 펄스의 주파수다.

clock generator 클록 발진기(—發振器) 컴퓨터의 CPU, ROM, RAM, I/O 등 장치에서 사용하기 위한 클록 신호의 발생 회로. CPU 의 작동 동기를 취하기 위한 신호의 발생, 직렬 I/O 전송 속도 제어용 발진기 신호의 공급, 리셋 신호, CPU 주변 LSI 의 클록 신호 등에 사용한다. →clock signal

clocking 클로킹 송신 및 수신 데이터 통신 기기를 동기시키기 위하여 사용되는 기법. 고속의 동기 전송이 가능하다.

clock pulse 클록 펄스 회로 동작의 동기를 취하기 위해 사용되는 펄스 신호. 일반적으로는 일정한 주기를 가지고 있으며, 컴퓨터 등과 같이 엄격한 조건이 요구되는 경우에는 수정 진동자를 이용하여 주기나 위상차를 정확하게 유지하고 있다. 그림은 8진 카운터의 타이밍 차트인데, 클록 펄스의 하강에서 Q_a, Q_b, Q_c가 동작하고 있다.

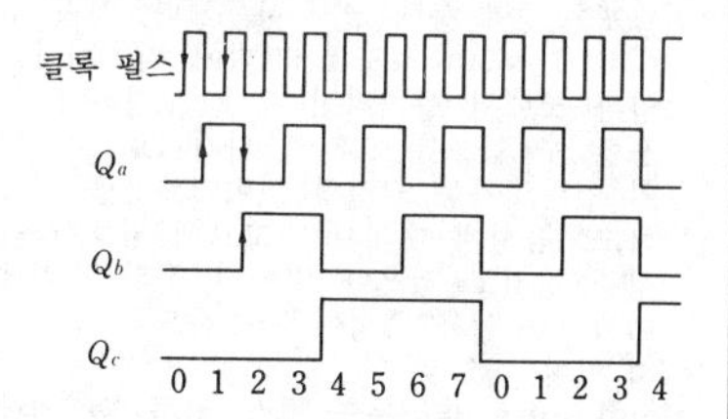

clock pulse generator 클록 펄스 발진기(—發振器) 현재 사용되고 있는 컴퓨터는 동기식 컴퓨터라고 해서 일정 시간 간격으로 내어지는 클록 펄스라는 신호에 맞추어서 동작하게 되어 있다. 이 신호를 발생하는 것을 클록 펄스 발진기라고 한다. 이 회로에는 수정 진동자와 비안정 멀티바이브레이터라는 회로를 조합시킨 것이 사용되는 경우가 많다. →clock pulse

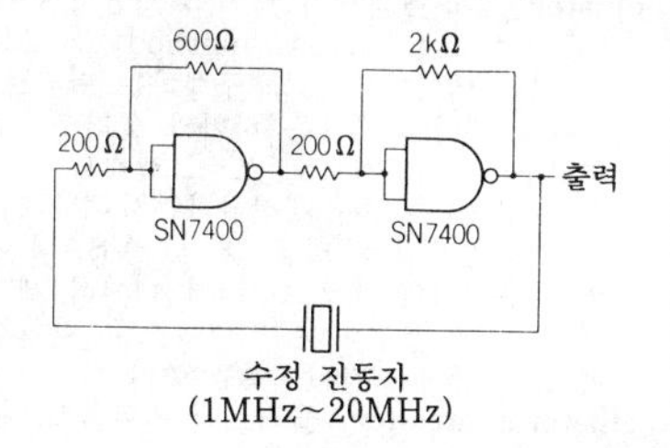

clock rate 클록 속도(—速度) 컴퓨터 등의 전자 장치 내의 클록이 발진하는 비율. 클록 속도는 보통 헤르츠(Hz), 킬로헤르츠(kHz), 메가헤르츠(MHz)로 나타내어진다.

clock register 클록 레지스터 클록 신호를 계수하기 위한 계수기.

clock skew 클록 스큐 논리 장치 등에서 부하의 균등 분담 등을 고려하여 여러 기억 요소군을 단일의 클록원에서 분기한 복수의 클록에 의해 별개로 구동할 때 각 클록 사이에 존재하는 위상 편차를 말한다. 허용할 수 있는 최대의 클록 스큐는 회로 각 게이트의 전파(傳播) 지연, 플립플롭의 세트업 시간 등으로 정해진다.

clock signal 클록 신호(—信號) 동기화에 사용하는 주기적 신호. 클록 펄스라고도 하며, 컴퓨터에서 정보가 플립플롭으로부터의 전압 신호로서 주어질 때 논리 연산 처리는 전압 레벨로 실행되나, 다음 단 플립플롭을 구동하는 데 펄스형 신호로서 이것을 사용한다. 특히 마이크로컴퓨터의 작동은 클록 신호에 맞추어 수행된다. 마이크로컴퓨터 작동의 시간 기준 신호이다. =clock pulse

clock speed 클록 속도(—速度) =clock rate

clockwise arc 시계식 호(時計式弧) 수치 제어 공작 기계에서, 2개의 축이 협동 동작함으로써 만들어진 호.

clockwise polarized wave 우회전 편파(右回轉偏波) 원편파나 타원 편파에서 전계의 벡터가 전파의 진행 방향에 대하여 우회전하는 편파를 말한다. 이 때는 관측자가 전파의 진행 방향을 바라본 경우에 전계 벡터가 시계 방향으로 회전하는 것이다.

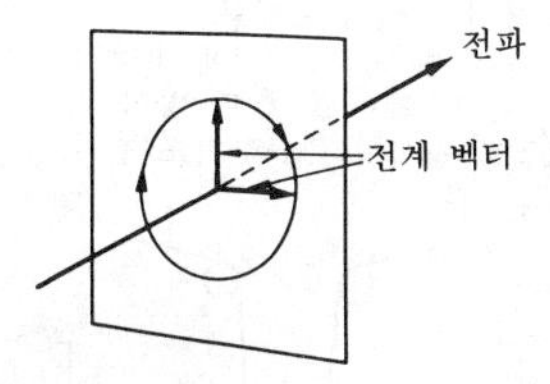

close coupling 밀결합(密結合) 복동조 회로의 결합 상태의 일종. →double tuned circuit

closed-circuit signaling 폐회로 신호(閉回路信號) 상시 회로에 전류가 흐르고 있고, 신호가 주어지면 그 전류가 신호에 따라서 증감하도록 되어 있는 신호법.

closed circuit television 폐회로 텔레비

전(閉回路－) 동일 건축물 또는 특정한 시설 등에서 유선 텔레비전을 사용하여 텔레비전 프로를 흘리는 방식. 유선으로 이어져 있는 다수의 텔레비전에 빈 채널을 이용하여 텔레비전 프로를 흘린다. 학교, 여관, 호텔 등에서 이용된다. =industrial television, CCTV

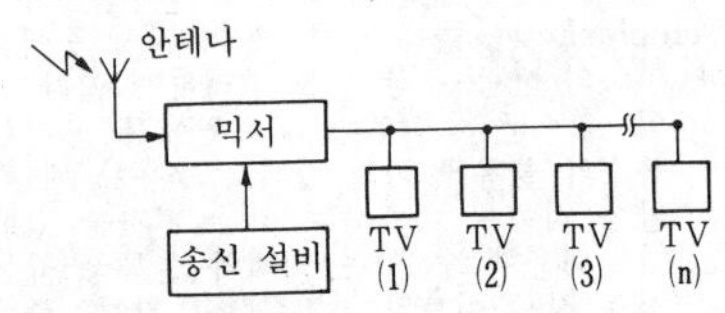

closed loop 폐 루프(閉－) 제어계에서 제어량을 목표값과 비교하기 위해 검출부에서 입력측으로 신호를 피드백하기 위한 경로를 갖는 것.

closed loop automatic control system 폐회로 자동 제어계(閉回路自動制御系) 제어량을 검출하여 그 값을 제어 장치의 입력측으로 피드백함으로써 정정 동작을 하여 제어량을 언제나 목표값에 일치시키도록 하는 제어계.

closed loop control 폐쇄 루프 제어(閉鎖－制御) 피드백 제어를 말한다. 목표값과 제어량의 값이 일치하도록 제어량에 수정, 개선의 정정 동작을 하는 제어 방식으로, 자동 제어 시스템의 주류를 이루고 있다. =feedback control

closed loop gain 폐 루프 이득(閉－利得) 자동 제어계에서 궤환이 있을 때의 이득(보통은 전압 이득).

closed loop system 클로즈드 루프 방식(－方式), 폐 루프 방식(閉－方式) 오픈릴식 테이프 녹음기의 테이프를 거는 방법의 일종으로, 그림과 같이 1개의 캡스턴과 2개의 핀치 롤러를 사용하여 테이프를 구동하는 것. 메이커에 따라서는 이 방식을 아이솔레이트 루프 방식 혹은 싱글 클로즈드 방식이라고 하기도 한다.

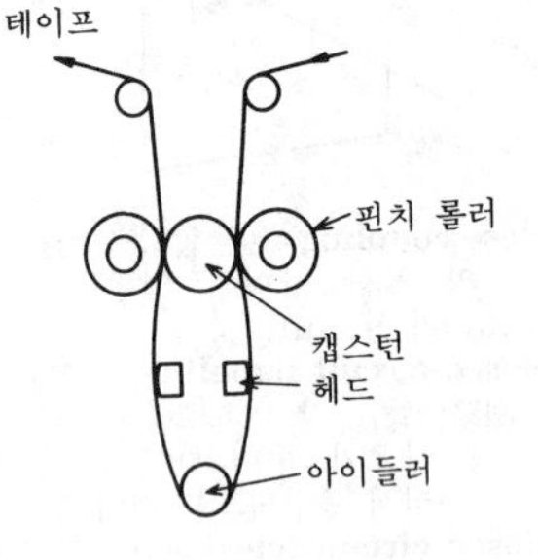

closed numbering system 폐쇄 번호 방식(閉鎖番號方式) 한 지역 내의 교환국이 고유의 국번을 가지고, 그 지역 내의 통화는 그 국번과 가입자 번호에 의해서 접속되는 번호 방식.

closed users group 폐쇄 이용자 그룹(閉鎖利用者－) 개인용 컴퓨터 통신(PC통신) 등을 이용하여 명확한 목적을 가지고 활동하는 회의실(멤버는 일반적으로는 close 되어 있다)을 말한다. =CUG

closed user group with external access 외부 접근 가능 폐쇄 이용자 그룹(外部接近可能閉鎖利用者－) 폐쇄 이용자 그룹의 하나로, 데이터망 전송 서비스 내의 다른 이용자와 통신하는 것이 허용되는 기능이 할당되어 있는 이용자를 갖는 것, 또는 상호 운용 설비가 사용 가능하고 다른 교환망에 접속되어 있는 데이터 단말 장치를 갖는 이용자를 갖는 것 혹은 그 양쪽을 말한다.

closetalking microphone 크로스토크 마이크로폰 주위의 소음이 큰 장소에서 어나운서의 소리를 확실하고 양호한 음질로 집음하기 위해 만들어진 마이크로폰으로, 스포츠 중계 등에 널리 사용된다. 보통 입에서 1～3cm 정도의 거리에 가까이하고 입과 코에서 등거리인 곳에 고정하여 사용할 수 있도록 모자에 지지기로 고정되어 있다. 가동 코일형 마이크로폰을 사용하고, 음성에 대해서는 고르게 양호한 특성을 가지고 있으나 떨어진 곳의 소리에 대해서는 저음 특성이 저하하도록 만들어져 있다.

cloud pulse 클라우드 펄스 전하 축적관에서 전자 빔을 넣거나 끊거나 함으로써 생기는 공간 전하 효과에 의한 출력.

cloverleaf antenna 클로버형 안테나(－形－) 수평의 4개 방사 소자를 반파장 거리만큼 떼어서 여러 개 수직으로 겹쳐 쌓은 구조의 무방향성 VHF 송신 안테나. 각 수평 소자는 네잎 클로버와 비슷한 4개의 루프 안테나이다. 그리고 이들은 수평 방향으로 최대 방사를 하도록 여진된다.

cluster 클러스터 가상 기억 접근법(virtual storage access method:VSAM)에 의한 데이터 세트를 구성하는 단위로, 하나의 데이터 세트는 하나의 클러스터로 구성된다. 일반적으로 프로그램에서 레코드를 입력한다든지 갱신한다든지 할 때는 데이터 세트라는 말을 쓰고, VSAM에 의한 유틸리티 프로그램에서 데이터 세트에 대하여 볼륨이나 스페이스를 할당할 때 등은 클러스터라는 말을 쓴다.

cluster controller 클러스터 컨트롤러, 단

말 제어 장치(端末制御裝置) 컴퓨터 시스템에서 중앙 처리 장치(CPU)와 복수의 이용자 단말 사이에 접속하고, 이들 이용자 단말의 제어나 데이터의 송수신 동작 제어를 하는 장치.

clustered dot-pattern generation 클러스터형 도트 패턴 발생(－形－發生) → digital image generator

clustered word processing 클러스터 워드 프로세싱 복수대의 워크스테이션으로 이루어지는 시스템에 의해 워드 프로세싱의 업무를 수행하는 것. 각 워크스테이션은 고유의 메모리를 갖지만, 중앙의 워크스테이션 지령하에 운용된다.

clutter 클러터 레이더의 스크린 상에 나타나는 불필요한 에코(반향)를 말한다. 여러 가지 장애물이나 방해 신호 등에 의해서 생긴다.

clutter filter 클러터 필터 클러터는 제거하고 목표물에서 생기는 상이한 도플러 주파수의 반사 신호를 통과하는 목적으로 레이더 계에 설치되는 여파기 또는 여파기군. MTI(이동 목표물 검출)나 펄스 도플러 처리 장치가 그 예이다.

clutter reflectivity 클러터 반사 계수(－反射係數) 클러터를 발생하는 반사 계수.

clutter residue 잔류 클러터(殘留－) 이동 목표 표시 레이더에서 그 출력 중에 잔류하는 클러터 전력. 레이더의 불안정, 안테나 주사의 부적합, 클러터 반사도(단위 용적 또는 단위 면적의 클러터원에서 반사하는 클러터량)의 변동 등 여러 가지 요인의 종합 효과이다.

clutter visivbility factor 클러터 가시 계수(－可視係數) 표시 장치에서의 검출 확률 및 오경보 확률을 규정된 값으로 유지할 수 있는 검출 처리 입력에서의 신호 대 클러터 비. MTI(이동 목표물 검출)에서의 클러터 소거 또는 도플러 도파의 비율을 의미한다.

CLV 정 선속도 방식(定線速度方式) =constant linear velocity →CAV

CMI 컴퓨터 관리 교육(－管理敎育) computer managed instruction 의 약어. 컴퓨터를 이용하여 수행하는 교육 학습 형태의 하나로, 다수 학습자 반응의 개별 데이터 처리, 학습의 개별 스케줄 처리, 교재 관리 등을 하는 것. CAI와 CMI의 중간적인 이용 형태도 있다.

CML 전류 모드 논리(電流－論理) current mode logic 의 약어. 반도체 논리 디바이스의 일종으로, 그림과 같이 이미터 결합의 전류 스위치를 사용한 비포화형 고속도용 논리 회로이다. 동작 속도가 매우 빨라서 프리스케일러 등에 사용된다. 그림과 같이 출력이 이미터 폴로어 회로로 되어 있는 것을 ECL, 컬렉터에서 직접 꺼내는 것을 CML 이라 하여 구별하는 경우가 많다.

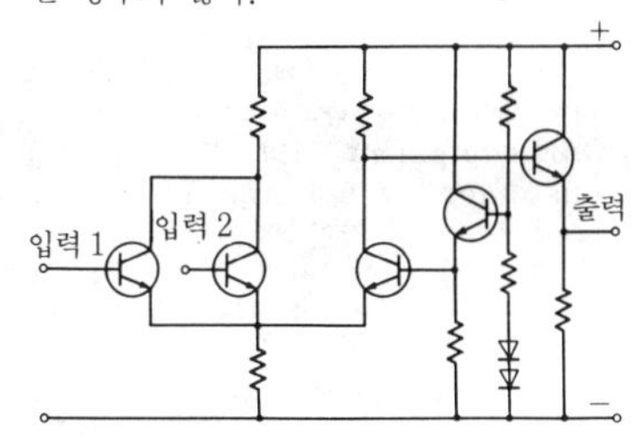

CMOS 상보형 MOS(相補形－) =complementary MOS

CMOS-RAM 시모스 램 CMOS 프로세서를 사용하여 만들어진 RAM 칩. CMOS 칩은 전력 소비량이 아주 낮고, 전원으로부터의 노이즈에 대한 내성(耐性)이 높은 것으로 알려져 있다. 이들 특성에 의해서 CMOS RAM 칩을 포함하는 CMOS 칩은 대부분의 마이크로컴퓨터의 클록 회로나 운영 체제가 관리하는 메모리 스위치 등의 배터리로 전원 공급되는 하드웨어 부품에 응용되고 있다.

CMRR 동상 전압 제거비(同相電壓除去比) =common mode rejection ratio

C-M type power meter C-M 형 전력계(－形電力計) 초단파용 전력 측정기. 동축 선로의 전력 측정에 사용한다. 열전대와 직류 전류계를 각각 2개 그림과 같이 동축 선로에 부착했을 때 2개의 전류계 지시차는 부하의 전력에 비례한다.

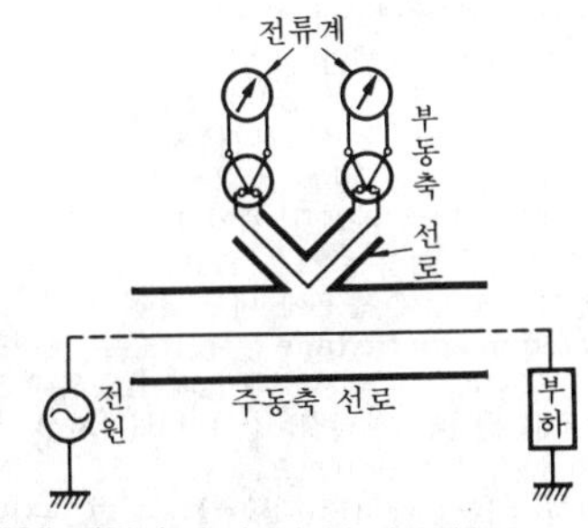

CNC 컴퓨터 수치 제어(－數値制御) computer numerical control 의 약어. NC(수치 제어) 공작 기계에서는 하드 와이어드 NC 라고도 불리듯이 주요 기능은 미리 내장되어 있다. 그에 대해서 CNC

는 소프트 와이어드 NC 라고 불리듯이 마이크로프로세서가 내장되어 있으므로 프로그램을 자유롭게 변경할 수 있어 기계의 가공 능력이 비약적으로 향상되었다.

C network C 회로망(－回路網) 3개의 임피던스 가지가 직렬로 접속되고, 그 양단이 다른 단자쌍(對)에, 중간의 2단자가 다른 단자쌍에 접속되어 있는 회로.

COAM equipment 자영 기기(自營－機器) customer owned and maintained equipment 의 약어. 데이터 통신에서 공중 전기 통신 사업자의 회선에 접속되어 있으나 이용자측이 소유하고 보수하는 단말 통신 장치 등.

coarse chrominance primary 거친 색신호(－色信號) 컬러 텔레비전에서의 두 색신호 중에서 Q신호라고 불리는 것. 그 주파수 대역은 0.5MHz 에 한정되어 있으며, 색 화상에서의 거친 변화에 대해서만 영향을 준다. I신호의 대비어.

coastal effect 해안선 효과(海岸線效果) 방향 탐지기에서 해안선을 가로지르는 전파를 굴절하기 때문에 방향 측정에 오차가 생긴다. 이 현상을 해안선 효과 또는 해안선 오차라고 한다. 이것은 육지와 바다라는 2개의 다른 매질이 인접하고 있는 경우 지표파가 굴절함으로써 발생하는 것으로, 전파의 해안선에 대한 입사각이 작은 것일수록 오차는 커진다.

coastal radio-telephone 연안 전화(沿岸電話) 항행 중인 선박에 설치된 전화기와 일반 육상 가입 전화간에 전화 서비스를 제공하는 무선 전화.

coast earth station 해안 지구국(海岸地球局) 해사 위성 통신에서 위성을 경유하여 선박상의 선박 지구국과의 사이에서 통신 연락을 하는 해안의 지구국.

coast station 해안국(海岸局) 선박국 또는 조난 자동 통보국과 통신을 하는 육상국. 해안국은 선박국에서 자국의 운용에 방해를 받았을 때는 방해하고 있는 선박국에 대해 그 방해를 제거하기 위해 필요한 조치를 취하는 것을 요구할 수 있는 등 전파 관리법에 운용에 대한 규정이 있다.

coated magnetic tape 자기 도포 테이프(磁氣塗布－) 비자성체의 베이스 위에 고루게 분산된 분말상 강자성체(강자성 산화물)가 도포된 테이프.

COAX 동축 케이블(同軸－) ＝coaxial cable

coaxial antenna 동축 안테나(同軸－) 초단파용 안테나의 일종. 슬리브 안테나라고도 한다. 반파 안테나와 같은 입력 임피던스와 지향성이 얻어진다. 동축 케이블과 직접 접속할 수 있는 이점이 있다. → half-wave antenna

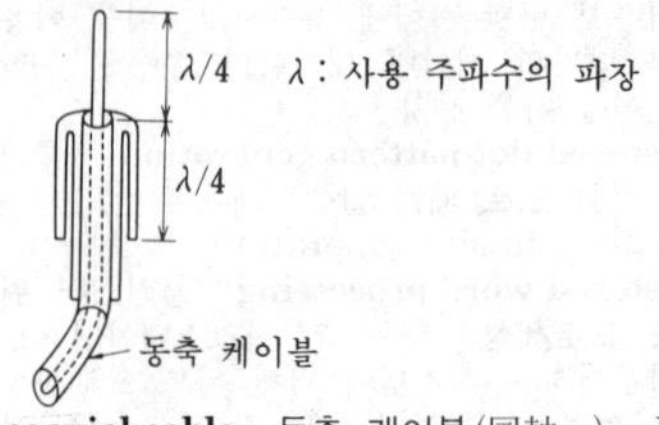

coaxial cable 동축 케이블(同軸－) 주파수가 높은 경우에 사용하는 전송용 케이블. 파이프 모양의 외부 도체 중심에 내부 도체를 배치하고, 그 사이에 절연물을 넣은 구조로 되어 있다. 특징으로서는 높은 주파수까지 감쇠가 적으므로 광대역 전송에 적합하다. 또, 외부 도체가 있으므로 누설이 적다. 종류로서는 특성 임피던스는 50Ω과 75Ω의 것이 있다. 절연물은 일반적으로 폴리에틸렌을 충전하고 있으나, 굵은 것에서는 원판 모양의 스페이서를 사용하고 있는 것도 있다. 또, 고온용에는 테플론이 사용되는 경우도 있다. ＝COAX

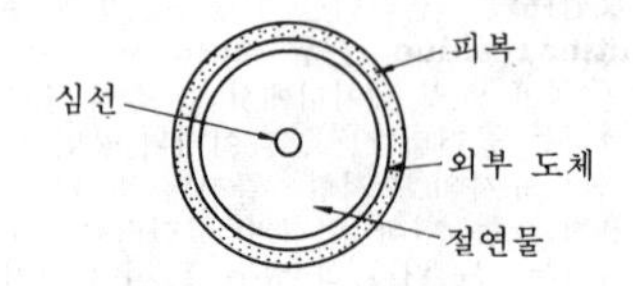

coaxial cavity 동축 공동(同軸空洞) 동축 도체의 양단을 닫은 공동. 직경이 여진 파장(勵振波長)과 같은 정도가 되면 공동 공진기로서 동작한다.

coaxial conductor 동축 도체(同軸導體) 2개의 왕복하는 전기 도체로, 그들 도체는 공통된 축을 가지며, 길이 방향으로 한쪽 도체를 다른 쪽 도체가 완전히 감싼 구성의 것.

coaxial cord 동축 코드(同軸－) 일반 기기의 배선에 사용하는 가요성(可撓性)이 충분히 있는 동축 케이블. 많은 종류가 있으나 그 구조는 거의 같다. 내부 도체는 구리의 단선 또는 꼰선이 쓰이며, 폴리에틸렌을 충전하여 동선 편조(編組)의 외부 도체를 두고, 외피에는 염화 비닐이 사용된다. 종류에 따라서 외부 동선 편조를 2중으로 한다든지, 내부 도체를 주석이나 은으로 도금하기도 한다.

coaxial filter 동축 필터(同軸－) 동축 선로의 일부로, 필터의 인덕턴스 및 정전 용량을 주는 오목 부분이 붙어 있다.

coaxial line 동축선(同軸線) 동축관 또는 동축 케이블을 사용한 전송 선로를 말하며, 동축 선로라고도 한다. 동축선은 저주파부터 마이크로파까지 널리 사용되는데, 특히 VHF 대 이상의 주파수에서는 반사가 적고, 감쇠량이 적으며, 전송 전력이 크다는 등의 특색이 있다. 전송의 기본 모드가 TEM 파이므로 차단 주파수는 없는 것으로 되어 있지만 실제로는 주파수가 높아지면 손실이 증대하므로 한계가 있다. 동축선은 반송 전화나 텔레비전 영상 신호의 전송 선로로서 사용된다.

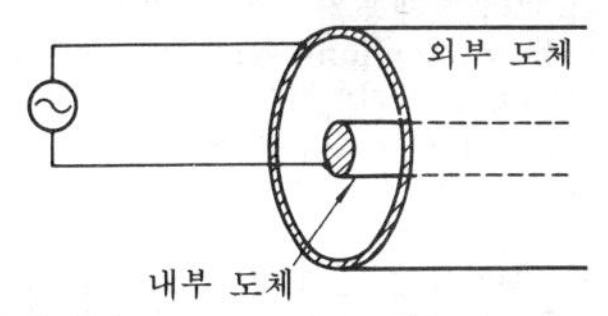

coaxial relay 동축 계전기(同軸繼電器) 측정 기기의 접속에 사용되는 회로 부품으로, 신호의 전환이나 레벨의 설정 등에 사용된다. 접점부는 수은 스위치를 사용하므로 10 억회 이상의 수명이 있다.

coaxial resonator 동축선 공진기(同軸線共振器) 동축 선로의 일부로 이루어지며, 그 한 끝 또는 양 끝이 단락되어 있는 공진 장치.

coaxial speaker 코액시얼 스피커 복합 스피커의 일종으로, 둘 이상의 스피커를 하나의 스피커 프레임 내에 조합시켜서 1 개의 스피커로 만든 것. 2 웨이형과 3웨이형이 있으며 디바이딩 네트워크는 내장 또는 부속되어 있기 때문에 부착이 간단하고, 음원의 위치가 1점으로 되어 있는 것이 특징이다. 출력 음압 주파수 특성은 평탄하지 않고 산·골이 생겨 혼변조 일그러짐을 일으키기가 쉽다.

coaxial stub 동축 스터브(同軸－) 도파관의 측면에서 분기한 적당한 길이의 비소산성(非消散性) 원통형 도파관 또는 동축 선로로, 주 도파관에 대하여 그 특성에 바람직한 변화를 주기 위한 것.

coaxial tube 동축관(同軸管) 단면이 각각 중공(中空) 원형의 도체를 동심적으로 절연하여 배치한 것으로, 동축선에 사용되는 외에 송신 안테나로의 궤전선으로서 사용되는 경우가 많다. 내부 도체, 외부 도체 모두 동관이 사용되고, 내부 도체를 정확하게 외부 도체의 중심에 위치시키기 위해 축방향으로 적당한 간격을 두고, 테플론제의 원판에 의해서 절연 지지되어 있다. 보통, 길이는 6m 가 표준으로 되어 있으므로 특별한 구조를 갖는 커넥터에 의해 적당한 길이로 접속하여 사용한다.

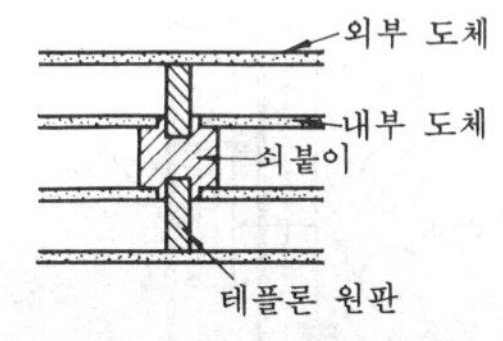

coaxial wavemeter 동축 파장계(同軸波長計) 동축 공진기를 사용한 마이크로파용의 파장계로, 축 길이와 공진 파장 사이에 직선적인 관계가 있는 것을 이용한 것이다. 동축 공진기는 중공 원통 도파관을 이용하여 밑 부분과의 거리를 바꾸도록 되어 있다. 전송 회로나 검출기와는 루프 또는 탐침(探針)을 써서 성기게 결합되고, 다이오드를 써서 정류하며, 출력 전압을 직류 계기로 측정한다. 구조가 간단하고 다루기가 쉽다.

Cobal 코발 철-니켈/코발트 합금의 일종으로, 상품명이다. 1,000～1,100℃로 가열하면 유리에 강하게 접착하는 성질이 있으며 기밀 용기의 봉착 등에 사용한다.

cobalt ferrite 코발트 페라이트 경질 페라이트의 일종으로, 분자식은 $CoO \cdot Fe_2O_3$이다. 자석 재료이며, 자기 이방성이 크다.

cobalt steel 코발트강(－鋼) 강자성 합금의 일종으로, 소량의 코발트를 포함한 철합금. 자석 재료이며, 열간 성형 후 열처리하여 사용한다.

COBOL 코볼 common business oriented language 의 약어. 컴퓨터의 프로그램에 사용하는 컴파일러용 언어의 일종으로, 사무용 계산에 적합하다.

cochannel interference 동일 채널 혼신(同一－混信) 동일 채널 즉 같은 주파수로 방송하고 있는 두 텔레비전 방송국의 중간 부근에서는 두 전파가 혼신을 일으킨다. 이러한 방해를 동일 채널 혼신 또는 동일 채널 간섭이라 하고, 수상 화면에 무늬가 발생하여 보기가 좋지 않다. 이것을 경감하는 방법으로서 오프셋 캐리어 방식이 채용된다.

Cockcroft-Walton accelerator 콕크로프트·월턴 가속기(－加速器) 전자, 양자, 중양자 등의 입자를 직선상으로 진행시키면서 가속하는 장치. 그림과 같은 구조로, 가속관은 내부를 진공으로 유지하고, 그 속에 원통형의 가속 전극을 여러 단 배열하여 입자를 정전 집속한다. 각 전극에 가하는 직류 고전압은 배전압 정류 회로를 여러 단 겹쳐서 만든다.

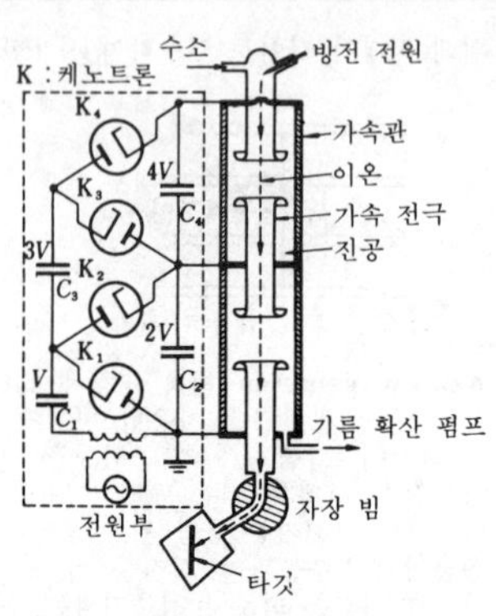

Cokcroft-Walton accelerator

code 코드, 부호(符號) 정보를 나타내기 위한 기호의 체계로, 여러 가지 방식이 있다. 컴퓨터를 사용하기 위해서는 프로그래밍에서 명령이나 수치를 나타내기 위해, 또 펄스 통신이나 자동 전신 등에서는 신호 내용을 나타내기 위해 중요한 구실을 하는 것이다.

CODEC 코덱 음성 신호를 디지털망으로 전송하기 위하여 전화기에 부가하는 장치. coder-decoder(부호기와 복호기)를 약한 명칭. 부호기는 음성 신호의 AD 변환과 시분할 다중화를 하여 송출하는 기능, 또 복호기(復號器)는 수신 신호의 DA 변환을 하여 음성 신호로 복원하는 기능을 갖는다. =coder-decoder

code converter 부호 변환기(符號變換器) ① 보통, 데이터의 부호 형식을 다른 형식으로 변환하는 장치. 컴퓨터에서는 10 진 부호를 2 진 부호로 변환하는 회로. ② 아날로그 컴퓨터에서 덧셈 연산기의 일종으로, 출력 전압과 입력 전압의 크기가 같고, 음양의 부호만이 다르게 한 것.

coded decimal notation 부호화 10 진법(符號化十進法) 수 표시법의 일종으로, 10 진수를 부호화하여 표시하는 것. 가장 널리 쓰이는 것은 2 진화 10 진법이다.

code division multiple access 부호 분할 다원 접속(符號分割多元接續) =CDMA

coded noise 부호화 잡음(符號化雜音) 펄스 부호 변조(PCM)의 통신에 있어서 단국(端局)에서 발생하는 잡음의 일종으로, 양자화 잡음과 과부하 잡음의 합으로 이루어지는 것으로, 완전히 제거하기는 본질적으로 불가능하다.

coded passive reflector 부호화 수동 반사기(符號化受動反射器) 레이더 수신기에 표시하기 위해 미리 정해진 부호에 대해 동작하는 가변 반사성의 수동 반사 장치.

coded pulse radar 펄스 부호화 레이더(一符號化一) 처프 변조(chirp modulation)에 의한 레이더 펄스파의 압축과 함께 여기에 기술(記述)하는 부호 변조에 의해서도 펄스파를 압축하여 레이더 거리 분해능을 향상시킬 수 있다. 이는 폭넓은 송신 펄스를 바커 부호(Barker codes)에 의해 변조한 것으로, 송신 전력(따라서 탐지 거리 범위)을 희생으로 하지 않고, 수신시에는 자기 상관기를 통해서 상관값을 구함으로써 날카로운 집중 펄스를 수신하여 거리 분해능을 높일 수 있다.

codeless telephone system 코드리스 전화(一電話) 기업이나 가정에 설치한 일반 전화기의 콘센트에 접속하는 장치를 거쳐서 약 50m 이내의 거리에서 무선으로 발신, 착신할 수 있도록 한 전화. 일반 전화와 병렬 또는 전화 콘센트에 접속하는 장치를 모기(母機) 또는 주기(主機)라 하고, 코드가 없는 이동 장치를 자기(子機) 또는 종기(從機)라고 한다. 그림과 같이 송수 2 파를 설정하고, 동시 송수화를 할 수 있게 되어 있다.

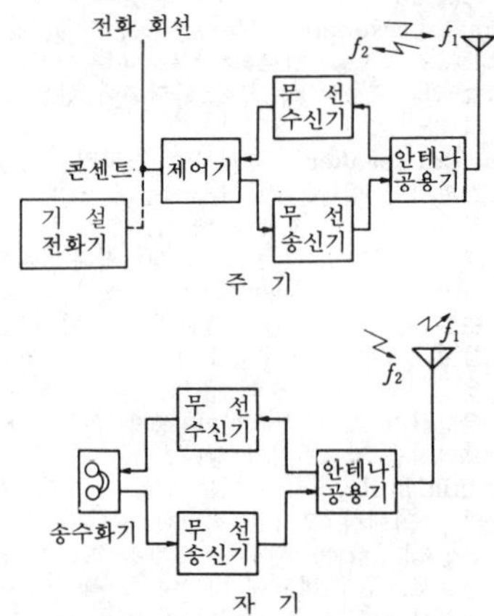

code modulation 부호화 변조(符號化變調) 음성 신호, 화상 신호, 데이터 신호 등을 디지털 회선을 거쳐서 전송하기 위해 부호화하여 회선의 전송 신호로 변환하는 것. 그 반대의 조작을 부호화 복조라 한다.

coder 부호기(符號器) ① 복수 개의 입력 단자와 복수 개의 출력 단자를 갖는 장치. 어느 1 개의 입력 단자에 신호가 가해졌을 때 그 입력 단자에 대응하는 출력 단자의 조합에 신호가 나타난다. 컴퓨터에서의 기억 장치의 주소 지정 등에 쓰인다. ② 펄스 부호 변조(PCM) 방식에서 사용하는 부호 번역 장치. 양자화된 펄스 진폭 변조(PAM)의 펄스를 입력으로서 가하면 각 펄스의 진폭값에 대응한 부호로 변역된 PCM 부호가 출력으로서 얻어진다.

coder-decoder 코덱 =CODEC

code translation 코드 변환(－變換), 부호 변환(符號變換) 컴퓨터에서 다루는 데이터 코드에는 EBCDIC, ANSCII 등 다수의 체계가 있다. 부호 변환은 어느 특정한 코드 체계로 표현되어 있는 데이터를 다른 부호 체계의 표현으로 바꾸는 것.

code transmission 부호 전송(符號傳送) 이전에는 전신용의 부호를 송수신하는 것을 의미했으나 현재는 데이터 전송과 동의어로 쓰인다. →data transmission

code transparent 코드 투과형(－透過形) 비트를 기본으로 하여 데이터 송신 장치에서 사용되는 비트열의 구성법이 전송 형태나 전송 제어 절차 등에서 제한을 받지 않는 성질에 관해서 사용하는 용어.

code transparent data communication 코드 투과형 데이터 전송(—透過形－轉送) 데이터 통신의 한 형태로, 데이터 송신 장치에서 쓰이는 비트열의 구성에 의존하지 않는, 비트를 기본으로 하는 프로토콜.

coding 부호화(符號化) 컴퓨터를 사용하기 위해 흐름도에 표시된 실행의 순서를 컴퓨터에 사용하는 부호로 나타낸 프로그램으로 하는 것.

coding delay 코딩 지연(－遲延) 로란에서 송신국 상호간이 발사하는 펄스의 식별을 용이하게 하기 위해 주국(主局)에 대하여 종국(從局)의 펄스 송출을 적당한 시간 늦추는, 그 지연 시간을 말한다.

coefficient multiplier 계수기(係數器) 아날로그 컴퓨터에서의 연산 증폭기의 하나로, 주어진 전압의 계수 배 전압을 얻는 것을 목적으로 한다. 접속도는 그림과 같이 되며 관계식은 다음과 같이 된다.

$$-\dot{E}_o = \frac{R_f}{R_i}\dot{E}_i$$

여기서 계수 k는 $k=R_f/R_i$로 나타내어지며, $k \geq 1$이다.

coefficient potentiometer 계수 퍼텐쇼미터(係數－) 아날로그 컴퓨터의 배수기는 일반적으로 정수 배의 전압을 얻도록 되어 있는데, 1 이하 배수의 전압을 주는 것이 계수 퍼텐쇼미터이다.

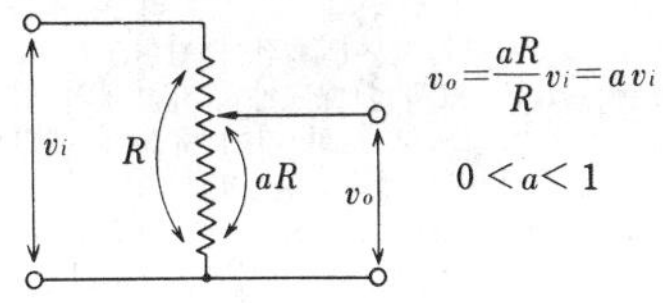

coefficient unit 계수기(係數器) 입력 아날로그 변수를 정수배(整數倍)한 출력 아날로그 변수를 얻는 연산기.

coercive electric field 항전계(抗電界) 연속하여 반복되는 강유전체의 주 히스테리시스 곡선상의 전속(電束) 밀도가 0으로 되는 장소에서의 전계의 세기. 이 값은 가한 전계의 주파수, 진폭, 파형에 영향된다. 따라서, 예를 들면 60Hz, 정현파로 충분히 큰(강유전체가 충분히 포화하는 정도의) 진폭을 가진 전계로 한다.

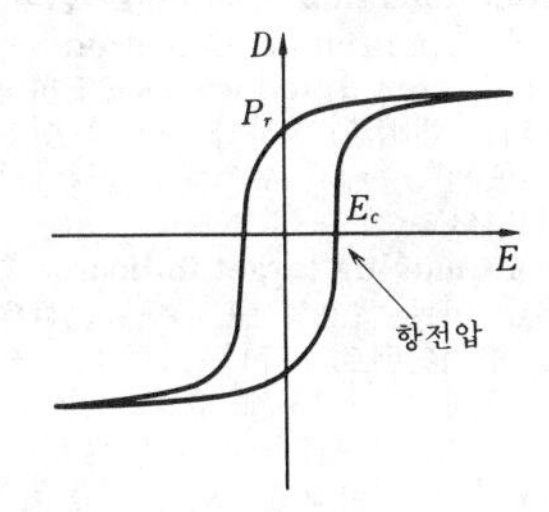

coercive force 보자력(保磁力) 강자성체를 자기 포화 상태에서 자장을 0으로 했을 때 잔류 자화가 남는데, 다시 반대 방향 자장을 증가시켰을 때 자화가 감소하고, 어느 세기의 자장에서 자화는 0이 된다. 이 때의 자장의 세기를 보자력이라 한다.

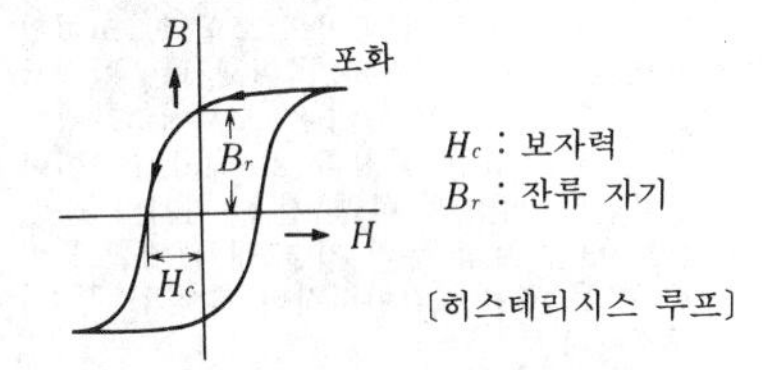

〔히스테리시스 루프〕

coercive voltage 보자 전압(保磁電壓) 연

속적으로 순환하는 히스테리시스 루프의 전하가 0이 되는 전압. 보자 전압은 교류 신호의 주파수, 진폭 및 파형에 의존한다. 비교 기준을 설치하는 의미에서 이 보자 전압은 포화 상태를 보증하는 진폭의 인가 전압을 갖는 60Hz 의 정현 히스테리시스 루프를 토대로 결정되는 것으로 한다. 또, 인가 피크 전압 및 샘플의 두께에는 데이터가 있는 것이 조건이 된다.

coercivity 보자성(保磁性) 자성체의 성질로, 그 자성체의 포화 자기 유도에 해당되는 보자력으로 계측되는 것.

coherence 코히어런스 시간적으로나 공간적으로나 또는 그 양쪽으로 분리된 점에서의 전자계간의 상관 관계.

coherency 코히어런시, 가간섭성(可干涉性) 전자파가 파장이 같은 정현파의 집합인 상태. 통신에 이용하는 전파는 모두 코히어런트한 파이지만, 일반의 빛은 그렇지 않다. 특별히 코히어런트한 빛을 발생시켜서 이용하는 것으로서 레이저나 홀로그래피가 있다.

coherent anti-Stokes Raman Spectroscopy 코히어런트 반 스토크스 라만 분광법(-反-分光法) =CARS

coherent detection 코히어런트 검파(-檢波) →synchronous detection

coherent interrupted waves 코히어런트 단속파(-斷續波) 파의 위상이 연속하는 파열(波列) 중에서 유지되고 있는 파열에 생기는 단속.

coherent moving target indicator 코히어런트 이동 목표물 표시(-移動目標物表示), 코히어런트 MTI 코히렌트 발진기를 사용하여 일정하게 유지되고 있는 기준 국부 발진 주파수와 반사 신호의 도플러 주파수를 비교함으로써 이동 목표물 표시를 하는 신호 처리계.

coherent optical communication 코히어런트 광통신(-光通信) 레이저광이 갖는 코히어런트성을 이용하여 단순한 온·오프 키잉(on-off keying)이 아니고 그 주파수, 위상 등의 매개 변수(parameter)를 변조하는 FSK, PSK 변조 방식을 사용한 디지털 통신 방식. 복조는 헤테로다인, 호모다인 등의 방법도 쓰인다. 코히어런트 광통신을 실현하기 위해서는 안정하고 스펙트럼 순도가 높은 코히어런트광의 발진원과, 발진 파장의 요동(chirp)이나 편파면의 회전에 대한 전송 기기의 수신 감도 변동 보상 등의 기술 대책(예를 들면 광 직접 증폭, 다이버시티 수신법 등)이 필요하다.

coherent oscillator 코히어런트 발진기(-發振器) 기준 위상을 주는 발진기. 이어서 수신되는 펄스 무선 주파수의 위상 변화는 이 기준 위상에 입각해서 측정된다. =COHO

coherent pulse operation 코히어런트 펄스 동작(-動作) 하나의 펄스에서 다음 펄스까지 위상 관계를 일정하게 유지하는 펄스 동작의 방법.

coherent radiation 코히어런트한 방사(-放射) 방사 빔의 단면에서의 여러 가지 점에서 일정한 위상 관계가 있는 방사. 코히어런트가 아닐 때는 이들 관계는 랜덤이다.

coherent ray 코히어런트 광(-光) 복수 광파의 주파수와 위상이 같을 때 그 광파를 코히어런트 광이라고 한다. 파와 파와의 간격이 등간격이었을 때 이러한 파를 공간적으로 코히어런트라 하고, 1 초당의 파의 수(주파수)가 시간을 경과해도 일정할 때 이러한 파를 시간적으로 코히어런트하다고 한다.

coherent signal processing 코히어런트 신호 처리(-信號處理) 코히어런트 발진기를 중심으로 하여 신호의 진폭과 위상을 써서 행하여지는 반사 신호의 적분, 여파(濾波), 검출 등의 처리.

coherent transmission 코히어런트 전송(-傳送) 광파의 주파수, 위상을 이용(변조)하여 전송하는 것. 광 반송파는 시간적으로 코히어런트하지 않으면 안 된다. 일반적으로 광변조 방식은 빛의 강약에 의한 강도 변조가 쓰인다.

coherent video 코히어런트 비디오 ① 코히어런트 처리계에서 사용되는 영상 신호 출력. ② 동기(코히어런트) 검파로 얻어지는 바이폴러 관계에 있는 영상 신호.

coherer phenomena 코히어러 현상(-現象) 얇은 절연성 피막을 사이에 두고 도체가 존재할 때 그 사이의 전압이 어느 값 이상이 되면 전기적 파괴가 이루어져서 도전(導電)하게 되는 현상.

COHO 코히어런트 발진기(-發振器) = coherent oscillator

coil 코일 도선을 감은 것을 일반적으로 코일이라 한다. 코일에 전류를 흘리면 자속을 발생하고, 전자 유도나 전자력의 작용을 촉진한다. 또, 인덕턴스를 가지므로

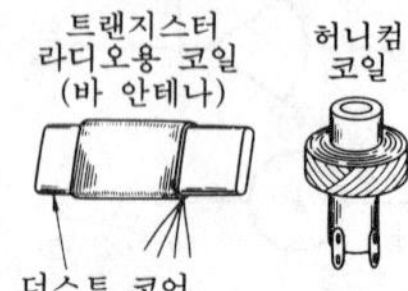

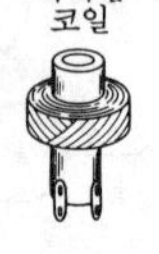

콘덴서와 조합시키면 한 주파수에서 공진 특성을 나타낸다. 계기, 전동기, 발전기, 변압기 등, 또 고주파의 동조 회로나 필터 등에 사용되고 있다.

coil assembly 코일 어셈블리 ITV(공업용 텔레비전) 등에 널리 사용되는 비디콘 주변의 회로 중 수직 편향 코일, 수평 편향 코일, 포커스 코일 등은 한 몸의 통 모양으로 이루어지며 코일 어셈블리라고 부른다. 비디콘으로의 장착이나 조정이 쉽게 되도록 만들어져 있다.

coil component 코일 부품(－部品) 트랜스나 초크 코일과 같이 권선과 자심으로 조립한 것. 절연물을 넣고 밀봉하는 경우가 많다. 권선은 포멀선(formal wire) 등을 사용하며, 고주파가 될수록 선경(線徑)이 가는 것을 사용한다. 자심은 저주파용의 것은 규소 강판이나 규소 강대 또는 퍼멀로이의 판을 겹쳐 쌓아서 사용하나, 고주파용의 것은 일반적으로 페라이트를 사용하고, 때로는 공심으로 하는 경우도 있다. 자심의 형에는 솔레노이드형 외에 트로이덜형 코어 등이 있다.

coil constant 코일 상수(－常數) 코일의 능력에 관련하는 상수로, 코일 상수 G_c는 다음 식으로 정의된다.

$$G_c = N^2/R$$

여기서, N : 코일의 권수, R : 코일의 직류 저항. 코일 상수는 구동 전력, 동작·복구 시간 등과 관계가 있다.

coiled cord 코일 코드 탁상 전화기에서 보듯이 코드를 코일 모양으로 감아서 신축하기 쉽도록 한 것.

coiled waveguide 나선 도파관(螺旋導波管) 나선형의 도선을 갖는 도파관. 나선을 통해서 RF 파를 전파(傳播)시키면 RF 파의 위상 속도는 광속의 1/10 내지 3/10 정도로 저속화된다. 따라서 관축(管軸) 방향의 RF 파 성분은 관내를 음극에서 양극을 향해 방출되는 전자 빔과 간섭하여 속도 변조를 할 수 있다. 이것은 진행파관의 원리이다. →slow-wave circuit

coil pitch 코일 피치 코일의 권선과 다음 권선의 간격.

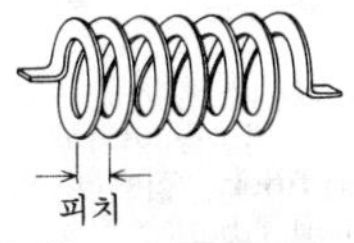

coil *Q* 코일의 Q →Q

coil space factor 코일 점적률(－占積率) 코일을 만들고 있는 도체의 단면적과 코일 전체의 단면적의 비.

coincidence circuit 일치 회로(一致回路) 논리 회로의 일종으로, 입력 단자에 같은 신호가 들어왔을 때 "1"이 출력되는 동작(일치 동작)을 하는 회로. 일치 게이트라고도 한다.

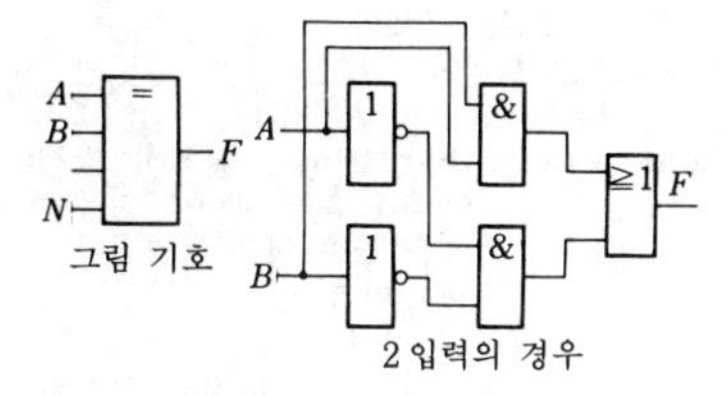

coin-control signal 경화 수납 신호(硬貨收納信號) 공중 전화에서 경화를 넣고 발신한 경우에 경화를 수납 또는 반환하기 위해 사용하는 신호.

CO_2 laser 탄산 가스 레이저(炭酸－) 기체 레이저의 일종으로, 탄산 가스 분자를 발진시키는 레이저이다. 출력이 크고 효율이 높으며, 발진 파장은 공기 중의 전파 손실이 적으면서 인체로의 안전도가 높다는 등의 많은 장점이 있다. 고출력 레이저로서 가공을 비롯하여 많은 분야에서 사용되고 있다.

cold burning 저온 회화(低溫灰化) 유기물 중에 포함되는 무기물을 분석하기 위해 글로 방전 중에 생성되는 저온의 플라스마를 이용하여 시료를 연소시키는 일없이 회(灰)로 하는 방법.

cold cathode 냉음극(冷陰極) 가열하지 않아도 동작하는 음극.

cold-cathode counter tube 계수 방전관(計數放電管) 하나의 양극과 10 개 1 조의 음극을 3 조 갖는 냉음극 방전관으로, 입력 펄스의 수에 따라서 올바른 순서로 10 개의 출력 음극의 각각에 대하여 글로 방전을 발생시키도록 되어 있는 계수 장치. 출력 음극과는 다른 남은 2 조의 음극은 글로 방전을 위와 같이 10 개 출력 음극에 올바르게 유도하기 위한 제어 전극이다.

cold-cathode discharge tube 냉음극 방전관(冷陰極放電管) 음극을 가열하는 일없이 전자를 방출하는 냉음극을 사용한 방전관. 음극에서 전자를 방출하려면 강한 전계를 걸든가 2 차 전자를 충돌시켜서 한다. 정전압 방전관이나 릴레이 방전관, 스트로보 방전관 등이 그 예이다.

cold-cathode emission 냉음극 방출(冷陰極放出) →field emission

cold-cathode glow-discharge tube 냉음극 글로 방전관(冷陰極－放電管) 그 동

작이 글로 방전의 특성에 의해 결정되는 가스 봉입관.

cold-cathode lamp 냉음극 방전 램프(冷陰極放電-) 글로 방전의 동작 모드를 가진 램프로, 양광주(陽光柱)의 빛을 이용한 것. 전자류는 전계 방출에 의해 공급되고, 전류 밀도는 낮으며, 음극 강하는 75~150V 로 꽤 높다. 네온 램프, 광전관, 수은 정류관 등이 이에 속한다.

cold-cathode thyratron 릴레이 방전관(-放電管) 양극과 음극 사이에 시동극이라고 하는 전극을 갖춘 냉음극 방전관. 시동극에 작은 에너지의 신호를 가함으로써 양극, 음극간에 방전을 일으켜 회로의 단속 작용을 시킨다. 글로 방전을 사용하는 것과 아크 방전을 사용하는 것이 있다. 기계적인 계전기에 비해 동작 속도가 빠르고, 소비 전력이 적은 것이 특색이다.

cold-cathode tube 냉음극관(冷陰極管) 냉음극을 갖는 전자관.

cold emission 냉음극 방출(冷陰極放出) →field emission

cold fault 콜드 고장(-故障) 스위치를 넣은 순간에 발생하는 컴퓨터 고장.

cold filter 콜드 필터 →cold mirror

cold flow 저온 흐름(低溫-) 열가소성 수지 등이 상온 정도의 저온에서 변형하는 것.

cold forming 상온 가공(常溫加工) 금속선이나 금속판을 만드는 경우 가열하지 않고 선을 만들거나 압연 등을 하는 가공법. 제품은 단단해지는 동시에 물러지고, 전기 저항은 증가한다. 자성 재료의 경우는 투자율에 이방성이 생긴다.

cold junction 냉접점(冷接點) =reference junction

cold junction automatic compensator 냉접점 자동 보상기(冷接點自動補償器) 열전대의 열기전력은 냉접점에 얼음물을 사용할 때는 기준표대로이나, 실온이 되면 변화하므로 보정하지 않으면 안 된다. 이 보정을 자동적으로 하기 위한 장치를 냉접점 자동 보상기라 하고, 실온일 때의 기전력에 상당하는 전압을 브리지 회로를 써서 만들고, 열전쌍 자신의 기전력에 가하여 온도계에 공급한다. 브리지는 실온 변화에 따라서 불평형 전압이 발생하도록 설계되어 있으며, 전지는 장시간 사용에 견디는 수은 전지가 사용된다.

cold load 저온 부하(低溫負荷) 열잡음을 적게 하기 위해 극저온으로 냉각한 부하.

cold mirror 콜드 미러 열선(熱線)을 투과하여 가시광을 반사하는 거울. 열선을 반사하여 가시광을 투과하는 거울을 콜드 필터라 한다. 어느 것이나 다층막 간섭 디바이스이다.

cold rolling 냉간 압연(冷間壓延) 재료를 특히 가열하는 일없이 상온에서 압연하는 방법으로, 정확한 치수의 것이 얻어지고, 또 제품의 기계적 성질도 좋아진다. 특히 방향성 규소 강대(鋼帶)의 제조에서는 반드시 이 공정이 필요하다.

cold welding 냉간 압접(冷間壓接) 구리나 알루미늄 등 비교적 무른 금속을 상온에서 압력을 가하여 서로 접착하는 것. 접착면은 청결해야 하지만 열을 가할 필요가 없기 때문에 반도체 디바이스의 캔 밀봉 등에 적합하다.

Cole-Cole's law 콜 · 콜의 법칙(-法則) 유전체의 복소 유전율 $\varepsilon=\varepsilon'-j\varepsilon''$의 주파수 특성을 복소 평면상에 나타낼 때 그림과 같이 ε_s와 ε_∞를 통하는 원호를 이룬다는 실험 법칙. 단, ε_s는 쌍극자 분극이 모두 기여하는 매우 낮은 주파수에서의 ε'의 값이고, ε_∞는 쌍극자 분극이 전혀 나타나지 않는 매우 높은 주파수에서의 ε'의 값이다.

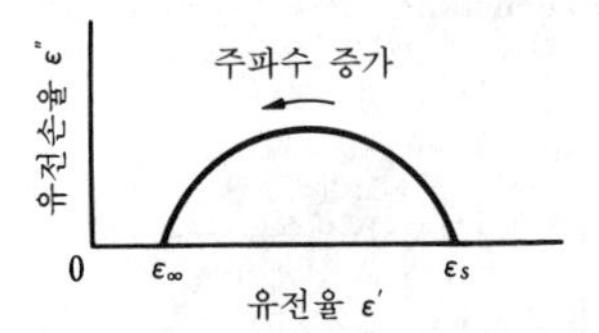

collapse method 컬랩스법(-法) 자기 버블 기억 장치에서 자벽(磁壁)의 이동도를 측정하는 방법. 일정한 직류 바이어스 자계 H_D에 의해 버블을 직경 d로 유지해 두고, 여기에 큰 펄스 자계 H_P를 겹치면 버블은 작아진다. 버블이 지워질 때의 펄스폭 한계값을 τ_c, 그 때의 버블 지름을 d_c로 하면 이동도는

$(d-d_c)/(2\tau_c H_D)$

로 주어진다.

collating 조합(照合), 대조(對照) 컴퓨터 사용법의 하나로, 일련의 데이터의 특정 항목(1 조 또는 여러 조)에 있어서의 대소 관계를 차례로 판별하여 처리하고, 해당 항목에 부수하는 데이터를 함께 구분하는 것.

collect call 컬렉트 콜 착신 가입자가 통화 요금의 지불을 허락한 호출.

collected fiber 집속형 섬유(集束形纖維) →optical fiber

collecting calling 군 호출(群呼出) 1 회선에 다수의 전화기를 접속한 전화 장치에서 그들 전화기 중의 일부 그룹을 동시에 호출하는 것.

collector 컬렉터 트랜지스터에서 캐리어(전자 또는 정공)가 도착하여 꺼내지는 부분을 말한다. 그림 기호로는 서로 마주본 두 사선 중 화살표가 없는 측으로 나타낸다.

collector capacitance 컬렉터 용량(-容量) 트랜지스터의 컬렉터 접합부는 하나의 콘덴서를 이룬다고 생각되므로 이것이 갖는 정전 용량을 컬렉터 용량이라고 한다. 이 값은 베이스-컬렉터 간의 전압에 따라 변화한다.

collector-current multiplication factor 컬렉터 전류 증배율(-電流增倍率) 어느 컬렉터 전압에서 트랜지스터 베이스로부터 컬렉터로 충분한 에너지를 가지고 들어간 소수 캐리어가 다른 전자·정공쌍을 생성함으로써 증배된 컬렉터 전류와 그 전압에서의 소수 캐리어에 의해 운반된 컬렉터 전류와의 비. 낮은 컬렉터 전압에서는 이 비는 1이지만, 애벌란시 전압에 이르는 고전계 조건하에서는 이 비율은 급속히 증대한다.

collector cut-off current 컬렉터 차단 전류(-遮斷電流) 트랜지스터의 베이스 접지 회로에서 이미터를 개방했을 때의 베이스-컬렉터 간의 역방향 전류로, I_{CO}(또는 I_{CBO})로 나타낸다. 이 값은 보통 수 μA 정도이나, 대체로 10℃의 온도 상승에 대하여 원래 값의 2배가 되는 큰 온도 의존성이 있다. 또, 이미터 접지 회로에서 베이스를 개방했을 때의 컬렉터 전류도 컬렉터 차단 전류라고 하는데, 베이스 접지 회로의 그것에 비해 매우 크다.

collector detector 컬렉터 검파기(-檢波器) 그림과 같은 회로로, 차단점에 동작점을 둔 트랜지스터의 베이스에 피변조파를 가하고, 컬렉터의 정류 특성에 의해서 복조한다. 입력 임피던스가 높고 검파 효율이 좋다.

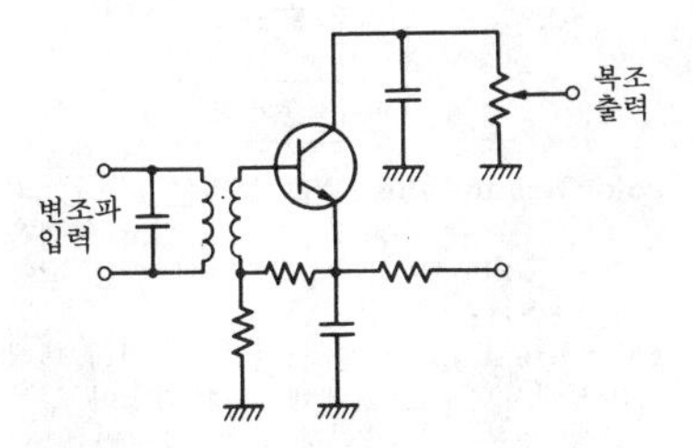

collector diffused isolation method 컬렉터 확산 분리법(-擴散分離法) 반도체 IC의 제조에 있어서는 여러 가지 회로 소자가 동일 칩 내에 형성되므로 전기적으로 서로 분리할 필요가 있다. 그 분리 기술의 일종으로, 이 방법의 결점은 내압이 낮다는 것과 기생 용량을 갖는다는 것이다.

collector dissipation 컬렉터 손실(-損失) ① 트랜지스터의 컬렉터-베이스 접합에서 특정한 동작 조건하에서 소비되는 전력. ② 제조자에 의해 지정된 바이폴러 트랜지스터의 최대 허용 전력 정격으로, 사용자에 대하여 디바이스의 정격 한도를 주는 것. ③ 클라이스트론, 진행파관 등의 마이크로파 전자관의 컬렉터 전극에 전자빔이 흘러들기 때문에 발생하는 손실.

collector efficiency 컬렉터 효율(-效率) 베이스 접지형 트랜지스터에서 컬렉터 전류와 이미터 전류의 비. 단, 컬렉터-베이스간 전압은 일정한 것으로 한다. 알파(α)라고도 한다. 직류 전류에 대한 증폭률과 미소 교류 성분에 대한 증폭률을 구별하는 경우에는

$\alpha_{dc}=I_C/I_E|v_{CB}=\text{const}$

$\alpha=\partial i_C/\partial i_E|v_{CB}=\text{const}$

로 정의되는 기호 α_{dc} 또는 α를 쓴다. α 대신 h_{FB} 및 h_{fb}(교류의 경우)를 쓰는 경우도 많다. 어느 경우나 베이스 공통 전류 증폭률(common-base current gain)라 한다.

collector grid 컬렉터 그리드 광전 변환 장치의 p층 또는 n층에 전기적으로 접착한 특수 설계의 금속 도체. 반도체 내부에서의 전류 캐리어의 평균 통로를 줄이고, 확산 저항이 작아지도록 배려되어 있다.

collector junction 컬렉터 접합(-接合) 트랜지스터의 베이스와 컬렉터 간에 있는 접합부로, 보통 역 바이어스되어 있으며, 이 곳을 통하는 전류는 소수 캐리어를 주입함으로써 제어된다.

collector modulation 컬렉터 변조(-變調) 그림과 같은 회로로, 반송파는 입력 트랜스를 통해서 베이스에 가하고 변조용 신호파는 변조용 트랜스를 통해서 컬렉터 회로에 가한다. 단, 반송파 신호를 충분히 여진하여 컬렉터에 포화 전류가 흐를 정도로 해 둘 필요가 있다.

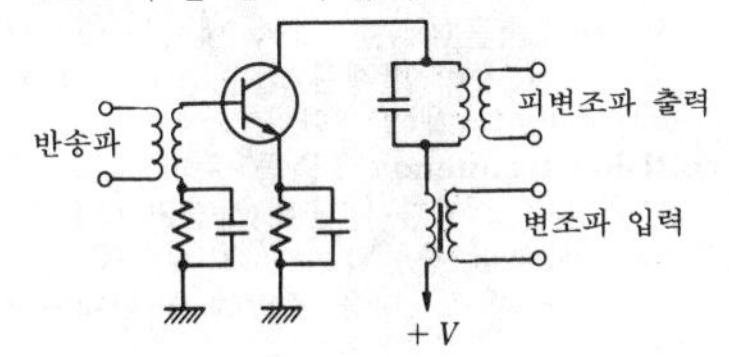

collector saturation voltage 컬렉터 포화 전압(－飽和電壓) 지정된 컬렉터 전류로 충분한 베이스 전류를 흘렸을 때의 컬렉터-이미터 간 전압으로, 기호는 $V_{CE(sat)}$로 나타내어진다. 이 값이 큰 트랜지스터는 컬렉터 전류 I_C-컬렉터 전압 V_{CE} 곡선의 상승이 완만해지는 것을 의미하며, 대신호 동작에는 적합하지 않다.

collector-to-emitter voltage rating 컬렉터-이미터간 최대 전압(－間最大電壓) 트랜지스터 정격량의 하나. 컬렉터와 이미터 간에 가할 수 있는 최대 전압인데, 이 값은 제 3 의 전극인 베이스의 상태에 따라 다르다.

collimate 콜리메이트 어느 선이나 방향에 따라서 평행하게 하는 것. 예를 들면 확산해 가는 전자 빔 등을 렌즈에 의해 진행 방향과 평행하게 하는 것.

collimated beam 콜리메이트 빔 레이저에서 사실상 분산이나 집중이 매우 적은 평행 광선.

collimating 콜리메이팅 렌즈를 통과한 광선이나 전자 렌즈를 통과한 전자선을 평행하게 하는 것.

collimation 콜리메이션 ① 레이더 안테나의 기계 장치를 방위 및 올려본각(仰角)이 확실한 위치로 조정된 광학 장치와 비교함으로써 올바르게 위치 결정하는 것. ② 전자 빔 또는 입자선에서의 입자의 통로를 서로 평행하게 되도록 조정하는 것. 광학 장치에서의 콜리메이터와 비슷한 방법에 의해 빔을 평행화할 수 있다.

collimation tower 시준탑(視準塔) 지구국에서 볼 수 있는 범위 내에 있는 적당한 기준점에 설치하여 지구국의 안테나 교정, 위성 회선의 모의 시험 등을 하기 위한 시설.

collimator 콜리메이터 레이저에서 분산 또는 집중해 있는 광선을 시준화(視準化)된 또는 평행한 광선으로 변환하기 위한 광 디바이스.

collinear array 콜리니어 어레이 방사 소자(보통은 다이폴)를 소자의 축이 일직선상이 되도록 배열한 1 차원 어레이 안테나.

collision 충돌(衝突) 동축 케이블 상에서의 복수의 동시 발생한 전송 상태. 이 때 잘못된 데이터가 발생한다.

collision frequency 충돌 주파수(衝突周波數) 어느 입자가 단위 시간에 다른 입자와 여러 번 충돌하는가 그 횟수를 충돌 주파수라 하고, 다음 식으로 나타내어진다.

$f_c = v/\lambda$

여기서, f_c : 충돌 주파수〔1/s〕, v : 무질서 속도〔m/s〕, λ : 평균 자유 행성〔m〕.

color adaptation 색순응(色順應) 어떤 색광(色光)으로 조명한 경우 그 색광은 무채색이라고 느끼는 방향으로 시각기(視覺器)의 색각(色覺) 특성이 변화하는 것.

color bar 컬러 바 컬러 텔레비전 수상기에서 영상이 올바른 색을 재생하고 있는지 어떤지를 살피기 위해 사용하는 색무늬로, 방송의 경우는 컬러 바 패턴이 사용된다. 컬러 바 발생기를 사용하는 것은 오프셋 신호 컬러 바가 쓰인다.

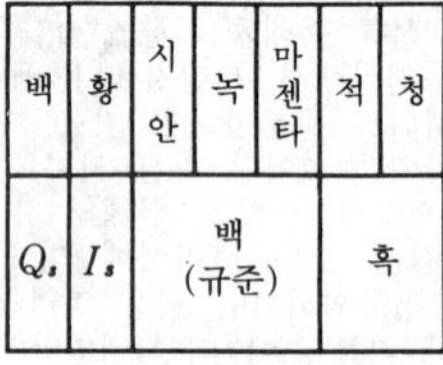

방송용 컬러 바 패턴

color-bar test pattern 컬러바 테스트 패턴 각종 색이 세로 막대 모양으로 배열된 테스트 패턴으로, 컬러 텔레비전용 기기의 동작을 점검하기 위해 쓰인다. 컬러 바 신호의 각 색은 세 가지 원색 E_R, E_G 및 E_B의 최대 출력값을 혼색하여 만들어진다.

color blanking 컬러 블랭킹 컬러 텔레비전 수상기의 제 2 대역 증폭 회로에서 컬러 버스트 신호를 제거하고, 귀선 기간에 색이 붙거나 백 밸런스가 흩어지는 것을 방지하는 신호.

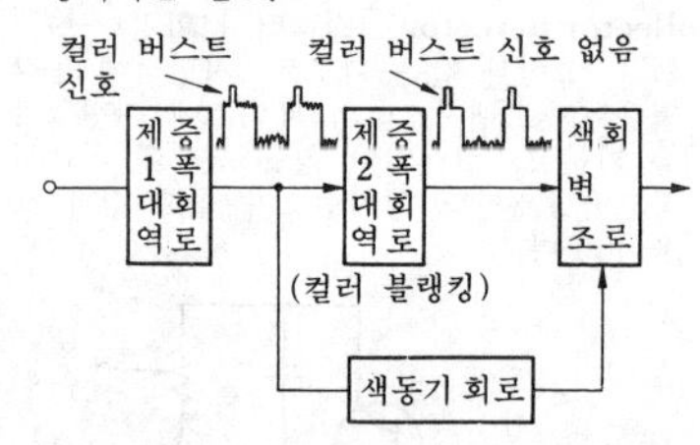

color Braun tube 컬러 브라운관(－管) 3 개의 전자총으로 적, 녹, 청의 3 원색을 적당한 비율로 발광시킴으로써 모든 색을 낼 수 있는 수상관.

color breakup 색분리(色分離) 컬러 텔레비전에서, 보는 상태에 따라 화상이 일부 원색 성분으로 분리하여 보이는 빠른 현상. 이것은 눈을 깜박이거나, 머리를 갑자기 움직이거나, 시야를 급속히 단속(斷續)할 때 나타난다.

color burst 컬러 버스트 색동기 신호라고도 하며, 컬러 텔레비전 수상기에서 색신호를 올바르게 재생하기 위한 기준이 되는 신호를 말한다. NTSC 방식에서는 송상측에서 색신호를 영상 신호와 함께 보내기 위해 수평 동기 신호의 백 포치에 8~12 사이클의 색부반송파가 올바르게 위상을 유지하면서 삽입되어 있다. 이것이 컬러 버스트이며, 수상기측에서는 이 신호를 기준으로 하여 국부 부반송파 발진기의 위상을 자동적으로 제어하고, 송상측의 부반송파와 올바른 위상 관계를 유지하여 색의 동기를 취하고 있다.

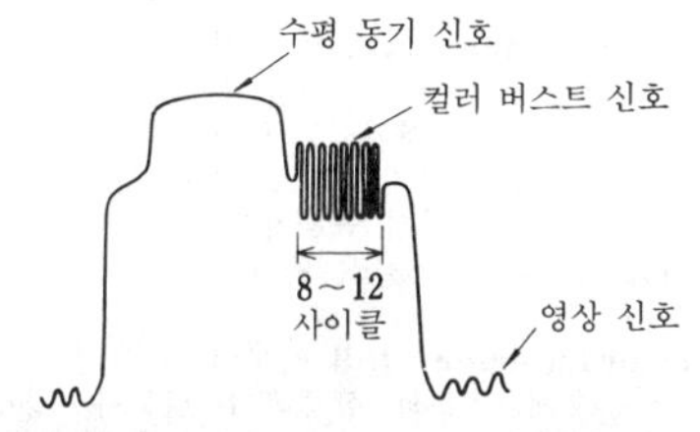

color burst flag 컬러 버스트 플래그 컬러 텔레비전 수상기에서 3.58MHz 의 발진기로 컬러 버스트 신호를 만들어 내기 위해 사용하는 게이트 신호(키잉 신호). 컬러 버스트 키잉 신호라고도 한다.

color burst signal 컬러 버스트 신호(—信號) →color burst

color camera 컬러 카메라 컬러용 카메라는 흑백용 텔레비전 카메라에 비해 휘도 신호 이외에 3 원색으로 분해한 색도 신호를 추출하여 NTSC 방식의 신호로 변환해 주지 않으면 안 되기 때문에 매우 복잡하게 된다. 3 관식이나 단관식 등 여러 가지 방식이 있으나 대표적인 3 관식은 방송국 등에서 사용되고, 다이크로익 미러를 사용하여 피사체상을 그림과 같이 세 루트로 분광하도록 되어 있다. 즉, 녹색은 통과하지만 청색을 반사, 적색을 반사하는 계 2 매의 다이크로익 미러를 배치하여 각 3 개의 촬상관에 영상을 맺는 것으로, 적(R), 녹(G), 청(B)의 3 원색 출력이 얻어지고 나중에 엔코더를 통하여 휘도 신호도 포함된 NTSC 방식의 합성 영상 신호로 만들어진다.

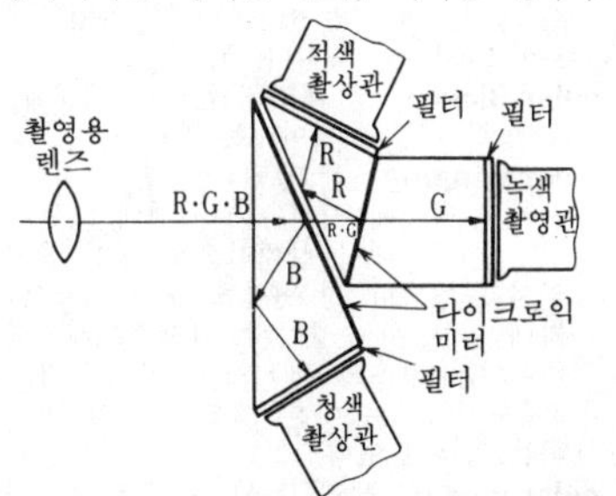

color center 색중심(色中心)[1], 착색 중심(着色中心)[2] (1) 다중 빔 컬러 수상관에서 한 종류의 원색의 형광 물질 배열을 올바르게 히트하기 위해 전자 빔이 통과할 특정한 점 또는 영역. 이것은 색 선택 전극과 스크린의 특정한 배치에 의해 정해진다.

(2) 이온 결합에서 양(음) 이온의 빈 자리에 정공(전자)이 포획된 점결함이며, 특유한 광흡수대를 발생하여 착색한다. 색중심, F 중심 등이라고도 한다. 흡수대가 자외 영역에서 볼 수 있는 것은 V 중심이라 한다.

color center laser 색중심 레이저(色中心—) 결정 내에 있는 가시광 또는 그 근처의 빛을 흡수하는 격자 결함을 색중심이라 하는데, 이것을 이용한 레이저가 색중심 레이저이다. F 센터 레이저는 그 일종이다. 할로겐화 알칼리 결정의 색중심에 의한 고체 레이저로, 파장은 1.5~3.0μ의 CW(연속파) 레이저이다. F 센터의 F는 독일어의 Farbe(색)을 의미하고 있다.

color chart 컬러 차트 컬러 텔레비전 시스템 등의 색재현 특성이나 연색성(演色性)을 평가하기 위한 테스트 차트로 색표(色票)를 계통적으로 배열한 것 등이 표준화되어 있다.

color code 컬러 코드 저항기나 콘덴서 등의 부품에서 소형의 것은 규격값을 써넣기가 곤란하므로 색에 의해서 기호로 나타내는 경우가 많다. 이것을 컬러 코드라 하며, 저항기의 경우를 그림에 나타낸다.

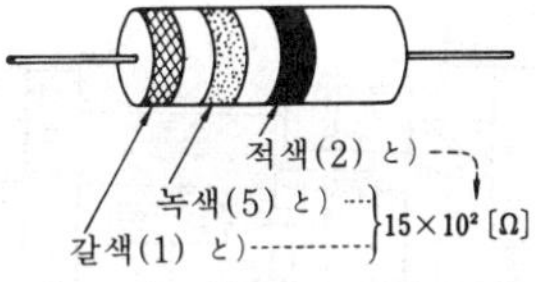

color code polyethylene cable CCP 케이블 전화용 시내 케이블의 일종. 폴리에틸렌으로 절연한 각 심선을 착색하여 식별하기 쉽게 한 것.

color coder 컬러 코더 NTSC 방식의 컬러 텔레비전 송상 장치의 일부분으로, 3 원색 신호를 NTSC 컬러 신호로 하는 장치. 컬러 인코더라고도 하며, 매트릭스 회로와 반송파 억제 변조 회로로 이루어진다.

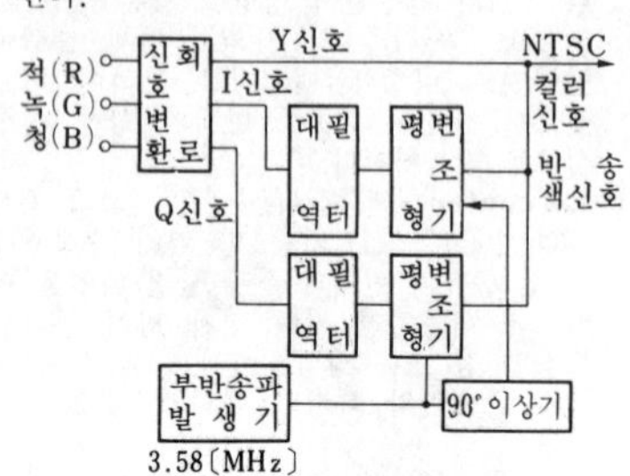

color composite image 컬러 합성 이미지(−合成−) 컬러에서의 개개의 단색 스펙트럼 이미지를 다중 투사하여 만든 합성색 이미지.

color contamination 색 불순(色不純) 화상을 복수의 색 성분으로 전송하는 경로의 분리가 불완전한 경우에 발생하는 색 재현 오차. 이와 같은 오차는 전기계와 마찬가지로 컬러 텔레비전 시스템의 광학계, 전자계, 기계계에서도 일어날 수 있다.

color coordinate transformation 색 좌표 변환(色座標變換) 하나의 원색 세트에 대한 색의 3자극값을 다른 원색 세트에 대한 같은 색의 3자극값에서 계산하는 것. 컬러 텔레비전 시스템에서는 이 계산을 전기적으로 하는 경우가 있다.

color decoder 컬러 디코더 NTSC 방식 컬러 텔레비전 수상기의 일부분으로, NTSC 컬러 신호를 3원색 신호로 하는 장치. 색신호 복조기라고도 하며, 회로는 그림과 같이 구성되어 있다.

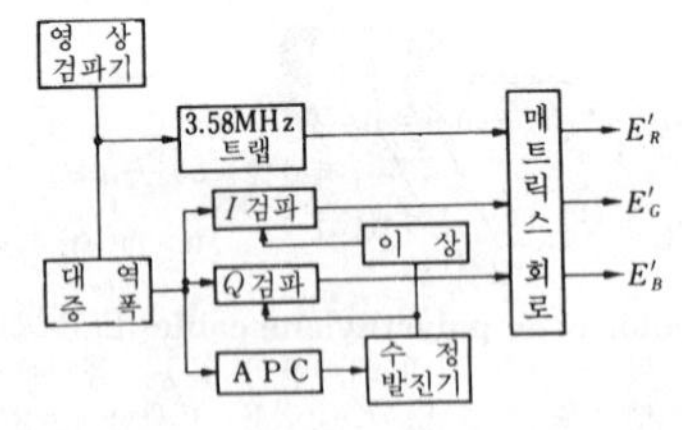

color-difference signal 색차 신호(色差信號) 컬러 텔레비전의 색신호로서 적, 녹, 청의 원색 신호와 휘도 신호와의 차로 나타낸 신호.

$$E_R-E_Y=0.70\ E_R-0.59\ E_G-0.11\ E_B$$

$$E_B-E_Y=-0.30\ E_R-0.59\ E_G+0.89\ E_B$$

$$E_G-E_Y=-0.30\ E_R-0.41\ E_G-0.11\ E_B$$

여기서 E_R : 적신호 전압, E_G : 녹신호 전압, E_B : 청신호 전압, E_Y : 휘도 신호 전압($E_B=0.3\ E_R+0.59\ E_G+0.11\ E_B$). 색신호에 휘도 신호 E_Y를 가하면 3원색이 복원되지만,

$$E_G-E_Y=0.51(E_R-E_Y)-0.19(E_B-E_Y)$$

로 나타내어지기 때문에 실제로는 (E_R-E_Y)와 (E_B-E_Y)의 두 색차 신호를 보내서 3원색을 재현시키고 있다.

color display unit 컬러 표시 장치(−表示裝置) 문자나 도형을 다색으로 표시하는 장치.

colored liquid crystal 컬러 액정(−液晶) 액정 중에서 컬러 표시할 수 있는 것을 말한다. 최근의 것에서는 G-H(게스트-호스트)형이라고 불리며, 보통의 액정에 특수한 색소를 섞어서 만들어진다.

color encoder 컬러 인코더 →color coder

color facsimile 컬러 팩시밀리 사진 전송은 오래 전부터 실용되어 신문사 · 경찰 등 다방면에서 이용되어 왔으나 최근 컬러 사진의 전송도 실용화되어 텔레비전국 기타에서도 이용되고 있다. 그 구성은 그림과 같은데, 전화 회선을 써서 보내기 때문에 대역폭을 넓게 잡을 수 없어 한 장의 화면 전송에 약간 시간을 요한다.

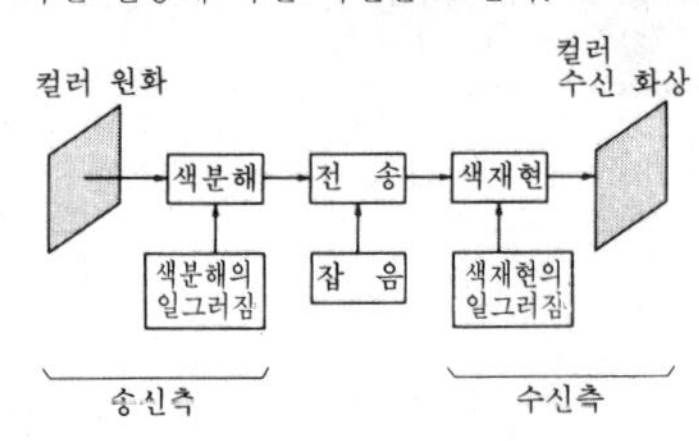

color filter 색 필터(色−) 빛의 분광 특성을 바꾸기 위해 빛의 통로에 두는 투과성 물질. 예를 들면, 유리, 제라틴, 셀룰로이드 기타의 수지나 색소액 등.

color flicker 색 플리커(色−) 색도와 휘도 양쪽 변동에 기인하는 플리커.

color fringing 색 윤곽(色輪廓) 화상 중 물체의 경계에 생기는 피사체에 없는 색. 전후의 필드에서 상대적으로 촬영 물체의 위치가 변화한 경우(필드 순차 시스템)나 카메라 또는 수상기에 레지스트레이션이 벗어나는 경우에 색 윤곽이 발생한다. 작은 물체에서는 다른 색으로 분리되어 보이는 경우가 있다.

color gamut 색역(色域) 원색을 혼합하여

얻어지는 색의 범위.

color graphics 컬러 그래픽스 컬러 표시 장치를 사용하여 컬러 화상을 다루는 그래픽스.

color/graphics adapter 컬러/그래픽스 어댑터 =CGA

colorimeter 비색계(比色計) 분광 광도계의 일종으로, 용액의 농도를 측정하는 장치. 측정 용액에 빛을 입사하면 특정한 파장의 빛만이 선택 흡수되고, 그 정도가 농도에 비례하는 성질을 이용하고 있다. 분광 광학계에 필터를 사용하고 있으며, 프리즘을 사용한 것에 비해 파장 감도나 측정 정확도는 나쁘지만 조작이 간단하고 가격이 싸다.

colorimetric purity 색순도(色純度) 컬러 수상관의 형광면이 고르게 빛나고 있는지 어떤지를 나타내는 말로, 3 전자총 컬러 브라운관에서 3개의 전자 빔이 정확하게 정해진 형광체 도트에 닿아 형광면 전면이 하나의 색을 재현하고 있는지 어떤지의 정도를 나타낸다. 색순도가 나쁘면 형광면 전체를 적색으로 빛나게 했을 때 부분적으로 황색이 나타난다든지 한다. 이것을 조정하려면 브라운관의 네크에 장착되어 있는 색순화 자석의 위치를 움직여 전자 빔의 위치를 보정하면 된다.

color killer 색소거 회로(色消去回路) 컬러 수상기로 흑백 화상을 수상하는 경우, 색신호 회로가 작동하고 있으면 화면에 색이 붙은 잡음이 나타나서 화질이 나빠진다. 이것을 방지하기 위하여 색동기 신호가 없는 흑백 화상일 때는 자동적으로 색신호 재생 회로를 정지시키도록 동작하는 회로를 말한다.

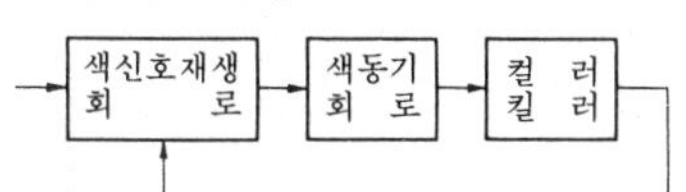

color liquid crystal display 컬러 액정 표시 장치(－液晶表示裝置) 컬러 표시가 가능한 액정 표시 장치. 액정 표시 장치는 본래 흑백 표시밖에 할 수 없지만, 그 위에 빛의 3원색인 적, 녹, 청 필터를 걸어, 표시 장치 화면의 각 점에 붙여 각각의 필터 점멸을 제어하는 것으로 컬러 표시를 한다. 컬러 액정 디스플레이에는 컬러화의 방식에 따라 다음과 같은 종류가 있다. ① TFT 방식 : 액정 도트마다 박막 트랜지스터를 붙여, 그것에 의해 각점의 색을 제어하는 방식. 컬러질은 높지만, 제조 코스트가 비싸다. ② MIM 방식 : TFT 와 같은 방식으로 박막 트랜지스터 대신 박막 다이오드를 이용한 것. 컬러질에서는 TFT 에 떨어지지만, 제조 코스트는 싸다. ③ 2층 STN 방식 : 액정 패널을 2매 겹치는 것으로 액정의 색을 지우고, 그 위에 컬러 필터를 부착하는 방식. 위의 두 방식보다 싸지만, 콘트라스트나 표시 속도가 떨어진다.

color matching 등색(等色) 어느 색이 눈에 보이는 것과 같은 자극을 눈에 주도록 3원색의 조합을 적당히 혼합하는 것.

color mixture 혼색(混色) 각각 다른 색의 빛이 조합되어서 만들어지는 색. 그 조합은 충분히 빠른 속도로 순차 색성분광을 제시하는 방법이나 또는 구조가 보이지 않도록 작게 충분히 접근한 형으로 인접시키거나 또는 중첩시킴으로써 동시에 색성분광을 제시하는 방법으로 실현할 수 있다. 위의 혼색은 연료, 안료 및 다른 광흡수체의 조합과 구별하기 위해 가법 혼색(加法混色)이라 한다. 광흡수체의 혼합에 의한 것을 감법 혼색(減法混色)이라고 하지만 색소 혼합이라고 하는 것이 적당한지도 모른다.

color monitor 컬러 모니터 컬러 텔레비전 방송국 주조정실, 부조정실 등의 영상 조정 장치의 하나로, 각 카메라의 색맞춤, 전송되는 컬러 텔레비전 신호의 감시에 사용한다. 재생상을 고충실도로 안정성이 뛰어난 화상으로 하기 위해 3원색 수상관을 이용하고 있다.

colornetron 컬러네트론 비전자총형 컬러 수상관의 한 형식. 형광면은 많은 선으로 나누어서 한 줄 마다(적-청-녹-청-적-청-녹)의 색이 반복하도록 배치하고 있으며, 이것을 한 줄의 전자 빔으로 주사한다. 컬러네트론은 조정 회로가 간단하고, 소형화도 용이하다는 등의 이점이 있다.

color phase 색위상(色位相) 컬러 텔레비전 수상기에서의 색신호(I 또는 Q)와 색부반송파 기준 신호 사이의 위상차로, 페이저도(phasor diagram)로 주어진다.

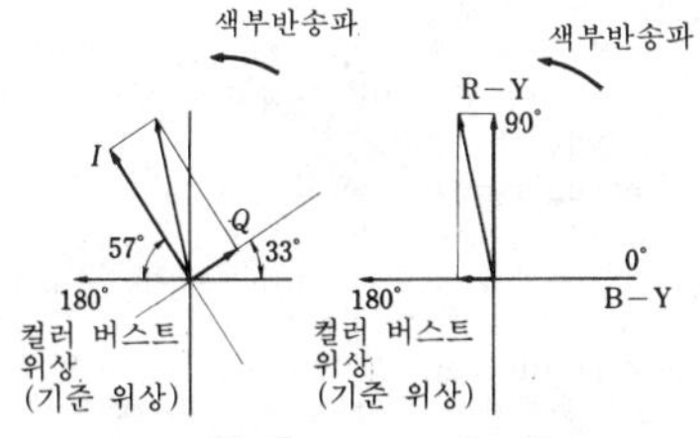

$$\text{색신호} = E_Y + \frac{E_R - E_Y}{1.14}\cos 2\pi f_s t + \frac{E_B - E_Y}{2.03}\sin 2\pi f_s t$$
$$= E_Y + E_I\cos(2\pi f_s t + 33^\circ) + E_Q\sin(2\pi f_s t + 33^\circ)$$

페이저도에서의 페이저의 진폭은 색신호의 최대 진폭을 의미한다.

color phase detector 컬러 위상 검출기(－位相檢出器) 컬러 텔레비전 수상기에서 국부 발진기에 의해 만들어낸 3.58 MHz 신호를 수상기가 수신한 컬러 버스트 신호와 비교하여 주파수, 위상에 대한 보정이 필요하다면 국부 발진기에 보정 전압을 보내어 화상 신호의 컬러 부분이 스크린 상의 흑백 부분에 올바르게 겹쳐지도록 하기 위한 회로.

color picture signal 컬러 화상 신호(－畫像信號) 컬러를 전기적으로 가하는 신호로, 색신호와 휘도 신호를 조합시킨 것. 동기 신호, 귀선 소거 신호는 제외.

color picture tube 컬러 수상관(－受像管) →tri-color tube

color plane 색중심면(色中心面) 컬러 텔레비전 수상관에서의 각 빔의 색중심을 포함하는 면.

color printer 컬러 프린터 컬러 인쇄가 가능한 프린터의 총칭. 색분류된 잉크 리본에 핀을 박는 방식(도트 임팩트, 열전사)과, 채색된 잉크를 내뿜는 방식(잉크제트)이 있다. 또, 색의 종류에 따라 주된 7색만을 사용할 수 있는 것과, 기본적으로는 3원색이고, 그것을 혼합해서 자유로이 색을 만드는 것이 있다.

color purity 색순도(色純度) →color saturation

color-purity magnet 색순도 자석(色純度磁石) 컬러 수상기 목 부분에 다는 자석. 색 순도를 개선하기 위해 전자 빔의 경로를 변화시킨다.

color pyrometer 색 온도계(色溫度計) 고온도 물체의 방사 스펙트럼이 온도에 따라서 달라지는 것을 이용한 온도계. 고온도에 있는 물체의 광색과 거의 같은 색을 띠는 흑체의 온도를 색 온도라 하고, 이것을 측정하는 데는 두 색광의 휘도를 비교하여 행한다. 색 온도는 예를 들면, 푸른 하늘의 빛에서 10,000K, 저 와트의 가스 봉입 전구에서 약 2,800K, 고 와트의 것에서 약 6,500K, 백색의 것에서 약 4,500K 이다.

color registration 색의 위치 맞춤(色－位置－) 컬러 텔레비전 수상기에서 완전한 컬러 화상을 만들기 위해 3개의 원색 화상을 올바르게 겹치는 것.

color rendering 연색성(演色性) 어떤 빛으로 물체를 조사(照射)해서 볼 때 보이는 물체의 색의 느낌을 연색성이라 한다. 연색성에 영향하는 광원의 성질은 주로 그 분광 에너지 분포이며, 기준의 광원, 예를 들면 CIE(국제 조명 위원회)의 C광원과, 현재 대상이 되고 있는 광원으로 조명해 보아 그 차이에서 연색성을 판단한다.

color reproduction 색재현(色再現) 컬러 사진, 컬러 텔레비전, 컬러 인쇄 등에서 오리지널의 피사체나 원화의 색을 재현하는 그 재현성을 말한다.

color reproduction circuit 색재생 회로(色再生回路) 컬러 텔레비전의 합성 영상 신호에서 색신호를 복조하여 적, 녹, 청의 3원색을 얻는 회로.

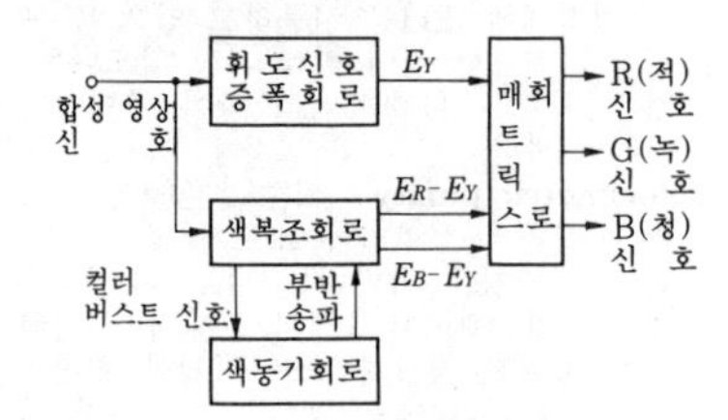

color saturation 색포화도(色飽和度) 컬러 텔레비전에서 색을 정량적으로 나타내기 위하여 사용하는 척도의 하나로, 같은 색상에서의 색의 진하기 차이를 나타내며, 1이 완전한 원색, 0이 백색(밝을 때)에 해당한다. 채도(彩度)라고도 한다.

color scanner 컬러 스캐너 화상의 명암뿐만 아니라 색정보도 받아들일 수 있게 한 이미지 스캐너.

color-selecting-electrode system 색 선택 전극 장치(色選擇電極裝置) 컬러 수상관(전자관)의 스크린 부근에 설치된 다수의 개구(開口)가 있는 구조물로, 이 구조물의 기능은 차폐, 집속, 편향, 반사 또는 이들 효과의 조합에 의해 적당한 스크린 영역에 전자의 충돌을 일으키는 것이다.

color-selecting-electrode system transmission 색 선택 전극 장치 투과(色選擇電極裝置透過) 색 선택 전극 장치를 통과하는 입사(入射) 1차 전자 전류의 일부분.

color sensation 색감각(色感覺) 광수용기(光受容器)가 방사 또는 빛에 의해 자극되었을 때 생기는 반응. 즉 명암의 감각이라든가 색에 관한 감각을 말한다.

color sensor 컬러 센서 물체가 방사 또는 반사하는 빛의 파장을 감지하여 색을 판별하는 검지기. CCD에 의한 MOS형 카메라나 기타의 수광 소자가 쓰이며, 파장을 전압으로 바꾸어서 출력한 것을 처리하여 색을 판별한다.

color separation 색분해(色分解) 피사체의 색을 3원색으로 분해하는 것. 렌즈와 촬상관 사이에서 다이크로익 미러에 의해 적, 녹, 청의 화상으로 분해한다.

color separation overlay 색분해 오버레이(色分解－) =CSO

color service generator 컬러 서비스 제너레이터 변조 패턴으로서 컬러 바, 크로스 해치 및 도트 신호를 필요에 따라서 전환할 수 있도록 한 신호 발생기이다.

color sideband 컬러 측파대(－側波帶) 컬러 텔레비전 신호의 일부를 구성하고 있는 3.58MHz 의 색부반송파 신호 상하의 측파대. 화상의 색정보를 포함하며, 수상기에서 동기 검파 회로에 의해 부반송파에서 추출된다.

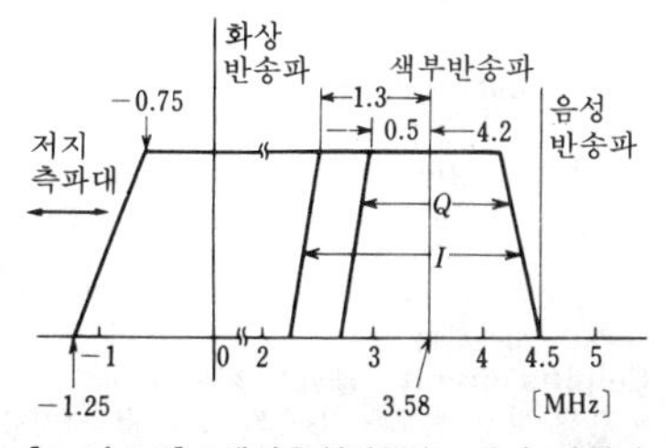

color signal 색신호(色信號) 컬러 텔레비전 화상의 색도(色度)값을 전면적 혹은 부분적으로 제어하는 신호. 이것은 일반적인 용어이며, 컬러 화상 신호(복합 또는 비복합), 크로미넌스 신호, 반송 색신호 및 휘도 신호(컬러 텔레비전의) 등의 용어로 표시되는 것을 포함한다.

color signal circuit 색신호 회로(色信號回路) 색신호 재생 회로라고도 하며, 컬러 텔레비전 수상기에서 합성 영상 신호에서 반송 색신호를 분리 증폭하고, 컬러 수상관에 필요한 색신호를 공급하는 회로이다. 대역 증폭 회로, 색복조 회로, 매트릭스 회로 및 색동기 회로로 구성되며, 대부분이 IC 화되어 있다.

color signal demodulator 색복조 회로(色復調回路) 컬러 텔레비전에서, 합성 영상 신호에서 반송 색신호를 분리하여 색차 신호를 복조하는 회로.

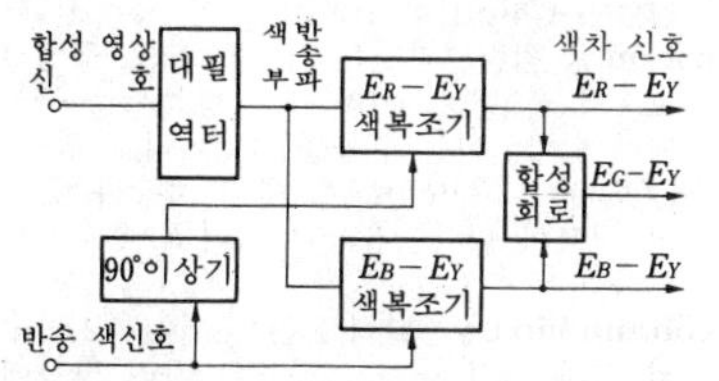

color signal output circuit 색신호 출력회로(色信號出力回路) 컬러 텔레비전 수상기에서 색복조 회로의 색차 신호 성분과 영상 증폭 회로의 휘도 신호 성분을 매트릭스 회로에서 합성, 수상관을 드라이브할 수 있는 전압으로 하기 위한 회로. 또, 서지 전압으로부터의 보호도 한다.

color signal recording and playback circuit 컬러 신호 기록 재생 회로(－信號記錄再生回路) NTSC 방식으로 컬러 방송을 하는 경우의 합성 영상 신호는 흑백용의 휘도 신호와 약 3.58MHz 의 부반송파를 변조한 신호의 합성 색도 신호로 이루어져 있다. 이들을 테이프에 정확하게 기록하기 위한 회로가 컬러 신호 기록 재생 회로이며, FM 비디오 신호 기록 재생 회로의 기능을 갖는 외에 반송 색신호의 위상 변동이나 좁은 기록 대역의 고밀도 기록 등의 문제점도 고려할 필요가 있으며, 반송 색신호를 약 700kHz 부근에 주파수 변환하도록 되어 있으나 매우 고정밀도가 요구되는 회로이다.

color solid 색입체(色立體) 특정한 표색계에 따라서 배치된, 지각색에 의해 구성된 입체 색공간. 보통 명도 지수 및 두 지각색도 지수의 직교 3 차원 좌표계가 쓰이며, 자극값 공간이라고 불린다.

color space 색공간(色空間) 색을 표시하는 3 차원의 공간. 예를 들면, 적, 녹, 청을 직각 좌표의 각 좌표축 성분에 취하면 임의의 색은 이 좌표 공간 내의 한 점으로 표시할 수 있다. 색도도는 색공간에서의 색표시를 어느 한 좌표면에 투영함으로써 얻어진다.

color stimulus 색자극(色刺戟) 눈에 색의 지각을 일으키는 자극(빛의 방사)으로, 눈에 입사하는 방사가 갖는 분광 특성에 따른 색을 느낀다.

color synchronizing circuit 색동기 회로(色同期回路) 색복조에 필요한 색부반송파를 얻는 회로. 컬러 버스트 신호와 내부에서 발진된 3.58MHz 의 신호가 위상 검파 회로 등에서 비교, 제어되어 각각 필요한 위상을 가진 색부반송파를 만든다. 컬러 텔레비전의 색재생 회로에 사용되

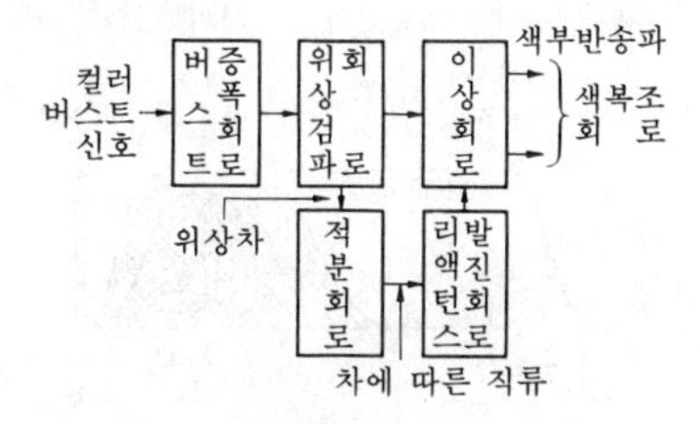

며, 그림의 방식 외에 링깅 방식이나 버스트 주입 로크 방식이 있다.

color synchronizing signal 색동기 신호(色同期信號) 컬러 텔레비전 장치에서 수평 동기 신호에 대하여 일정한 시간 지연으로 생기는 버스트 신호. 수직 소거 기간을 제외하고 연속한 신호열을 형성하고 있다. →color burst

color television 컬러 텔레비전 색채가 붙은 화상을 송신하여 수상기로 원래의 색채 화상을 재현하는 텔레비전. 원리는 컬러 카메라에 의해서 색채 화면을 적, 녹, 청의 3 원색 영상 신호로 분해하고, 이것을 적당히 조합시켜서 컬러 영상 신호로서 송신하고, 수상측에서는 이 컬러 영상 신호에서 원래의 3 원색 영상 신호를 꺼내 3 원색 수상관으로 원래의 색채 화상을 재현하는 것이다. 방식에는 여러 가지가 있으나 방송 초기에 흑백 텔레비전과의 양립성을 고려하여 NTSC 방식이 우리 나라와 미국에서 채용되었다. 수상기에도 여러 가지 방식이 있으나 새도 마스크형이 널리 사용되고 있다.

color television camera 컬러 텔레비전 카메라 피사체의 화상을 다이크로익 미러에 의해 적, 녹, 청의 3 원색 화상으로 분해하고, 각각 카메라 속에 있는 3 개의 촬상관에 의해서 영상 신호로 변환하는 카메라.

color television radio wave 컬러 텔레비전 전파(-電波) 휘도를 나타내는 휘도 신호는 흑백 텔레비전의 영상 신호와 같은 대역폭으로 보내고, 색상이나 채도(彩度)를 나타내는 색신호는 적등색(赤橙色)에 상당하는 I 신호와 그 이외의 색을 대

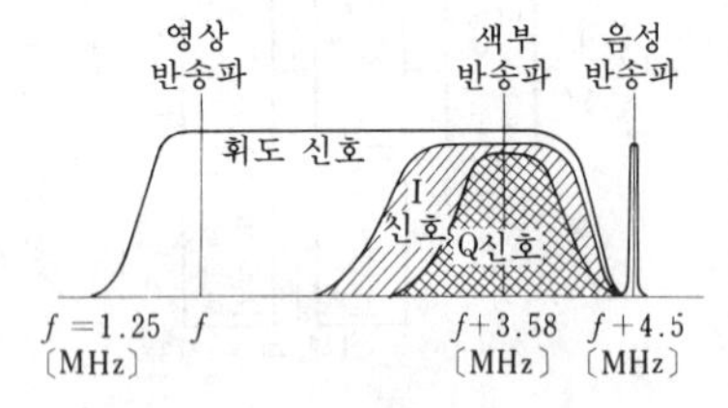

표하는 Q 신호로 변환하여 휘도 신호의 대역 중에서 겹쳐 보내고 있다.

color temperature 색온도(色溫度) 광원의 색도와 같은 색도로 동작하고 있는 완전 방사체(흑체)의 동작 온도〔K〕.

color tracking 색 트래킹(色-) ① 무채색의 스케일(그레이스 스케일) 전체에 걸쳐 색 평형이 유지되고 있는 정도. ② 정성적(定性的)인 의미로는 흑백 신호에 의해 생기는 휘도 영역에 대해서 컬러 표시 장치에 의해 색도도(色度圖)상의 무채색 영역 내의 일정한 색도가 얻어지고 있는 정도.

color transmission 색 전송(色傳送) 컬러 텔레비전에서 영상의 휘도와 색도 양쪽을 나타내는 신호 파형의 전송.

color triad 컬러 트라이어드 컬러 수상관의 3 원색 형광 도트 스크린의 색도.

color triangle 색의 3 각형(色-三角形) 색도도상(色度圖上)에서 3 원색을 정점으로 하는 3 각형이며, 3 원색의 가법 혼색(加法混色)으로 얻어지는 색도의 전체 범위를 표시한다.

Colpitts circuit 콜피츠 회로(-回路) 반결합 발진 회로의 일종으로, 그림은 기본적 회로를 나타낸 것이다. 양호한 발진 파형이 얻어지나, 넓은 범위의 발진 주파수를 얻는 데는 적합하지 않다. 발진 주파수는 다음 식으로 나타내어진다.

$$f = \frac{1}{2\pi}\sqrt{\frac{C_c + C_b}{LC_c C_b}}$$

Colpitts oscillation circuit 콜피츠 발진 회로(-發振回路) →Colpitts circuit

Colpitts oscillator 콜피츠 발진기(-發振器) →Colpitts circuit

column 칼럼 파일은 각 레코드로 구성되고, 각 레코드는 여러 개의 항목으로 구성되어 있다. 이들 항목을 칼럼이라고 한다. COBOL, FORTRAN 에서 사용하는 코딩 시트의 바둑눈을 칼럼이라고 부르기도 한다.

column binary 칼럼 2 진(-二進) 2 진수의 숫자 위치 순서가 카드의 자리 방향에 일치하도록 하고, 2 진수를 카드 상에 천

서 사용하는 코딩 시트의 바둑눈을 칼럼이라고 부르기도 한다.

column binary 칼럼 2진(-二進) 2진수의 숫자 위치 순서가 카드의 자리 방향에 일치하도록 하고, 2진수를 카드 상에 천공하는 방식. 예를 들면, 12단의 천공 위치를 갖는 카드의 각 자리에는 12개의 연속한 2진 숫자가 표현된다.

column binary code 칼럼 2진 코드(-二進-) 2진수를 천공 카드 상에 표현하기 위해 사용되는 코드. 가로열(row)에 대응하는 일련의 세로열(column) 내의 인접하는 위치상에 천공되어 있느냐 아니냐에 따라 연속 비트를 나타낼 수 있다.

column speaker 칼럼 스피커 →directional speaker

COM 컴퓨터 출력 마이크로필름(-出力-) computer output microfilm의 약어. 컴퓨터의 출력을 마이크로필름에 기록하는 것. CRT상의 문자나 도형을 카메라로 촬영하는 방법과 전자 빔으로 직접 기록하는 방법이 있다. 라인 프린터에 비해 고속(약 2×10^6 행/시)이고 경제적이다.

coma 코마 CRT상의 영상 결함으로, 스크린 상의 휘점이 스크린의 중앙에서 멀어질 때 혜성과 같이 꼬리를 끈다.

coma aberration 코마 수차(-收差) 렌즈의 중심 부근을 통하는 빛은 대체로 1점에 집속되는데, 중심에서 떨어질수록 넓은 범위로 분포한다. 이것을 코마 수차라 하고, 그 크기는 광축에서 물점(物點)까지의 거리와 렌즈 벌림각의 제곱에 비례한다.

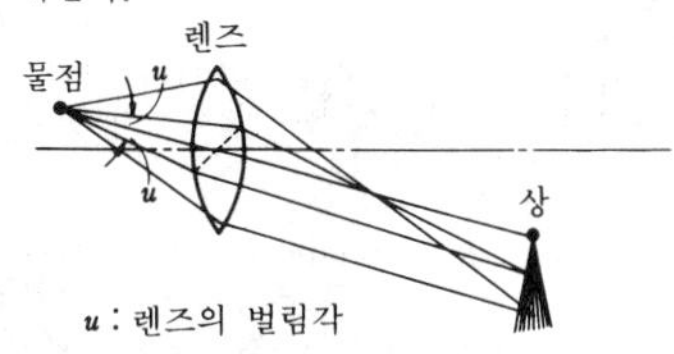

coma lobe 코마 로브 마이크로파 안테나에서 반사기만을 전후로 기울여 빔을 공간에서 진동시킬 때, 방사 패턴에 나타나는 부(副) 로브. 이것은 이러한 방법에서는 전자파가 언제나 반사기의 중심에서 궤전되지는 않기 때문에 생기는 것이다. 궤전하는 도파관에서의 회전 접속부를 이루게 하기 위해 사용한다.

comb filter 콤 필터, 빗살형 필터(-形-) 주파수 영역에서 빗살과 같은 선택 감쇠 특성을 가진 필터. 일정 간격으로 교대 배치(interleave)되어 있는 것과 같은 두 신호는 위의 빗살형 필터에 의해서 분리된다.

combinational bias 조합 바이어스(組合-) 트랜지스터 회로 바이어스법의 일종으로, 전류 궤환 바이어스법과 전압 궤환 바이어스법을 조합시킨 것. 전류 전압 궤환 바이어스라고도 한다. 안정도는 좋으나 전압 궤환 회로의 문제점인 부하가 저항이 아니면 사용할 수 없다는 것과, 교류 동작에도 부궤환이 걸린다는 것이 문제점으로 남아 있다.

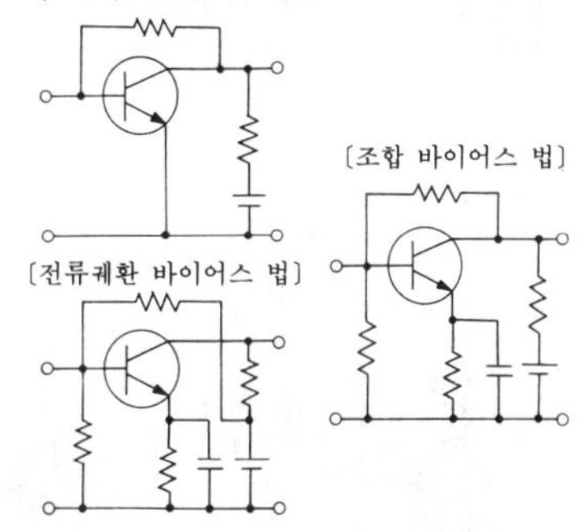

combinational logic circuit 조합 논리 회로(組合論理回路) 논리 회로에서 그 출력이 생각하고 있는 시점에서의 회로 입력값만으로 정해지는 것. 출력이 위와 같이 입력값만이 아니고 그 시점에서의 회로 상태에 따라서도 좌우되는 회로는 시퀀스 회로이다. 이들의 차이는 회로가 그 상태를 유지하고 있는 기억 기능을 가지고 있는지 어떤지이며, 조합 회로에는 그러한 기억 기능은 없다. →sequence circuit

combinational logic element 조합 논리 소자(組合論理素子) 어느 시각의 출력 상태가 그 때의 입력 상태에 의해서 정해지는 논리 소자.

combinational logic function 조합 논리 함수(組合論理函數) 하나 또는 복수의 입력 상태의 각 조합에 대해서 하나 또는 복수의 출력 상태가 하나 밖에 없는 논리 함수.

combination head 조합 헤드(組合-) 테이프 녹음기용 자기 헤드의 일종으로, 소거 헤드와 녹음 헤드, 혹은 소거 헤드와 녹음·재생 헤드를 하나의 케이스 속에 내장시킨 것. 일반적으로는 코어의 일부가 공통으로 만들어져 있으므로 이것을 사용하면 테이프의 주행이 안정하고, 헤드의 부착 조정도 용이해지지만 헤드 전

음역을 분담하여 재생시키도록 한 스피커. 이렇게 함으로써 전체로서의 재생 주파수 대역이 넓어지고, 지향 특성도 좋아져서 일그러짐을 감소시킬 수 있다. 재생 음역을 둘로 나눈 것을 2 웨이라 하고, 저음 스피커를 우퍼, 고음 스피커를 트위터라고 한다. 셋으로 나눈 것은 3 웨이라고 한다. 담당 주파수 대역을 분할하는 데는 분파기(네트워크)를 사용한다.

combination microphone 조합 마이크로폰(組合－) 같은 종류 또는 다른 종류의 둘 또는 그 이상의 마이크로폰을 조합시켜 구성한 마이크로폰의 일종. 예를 들면, 음압 경도 마이크로폰으로 동작하는 2 개 이상의 역위상 압력 마이크로폰, 단일 지향성 마이크로폰으로 동작하는 압력 마이크로폰과 속도 마이크로폰.

combination signal 조합 신호(組合信號) 정보값을 둘 이상의 회선 신호값의 조합으로서 나타내는 신호 형식. 정보값의 수보다 적은 회선수로 충분하며, 또 직렬 신호 형식과 같이 시간을 필요로 하지 않는 병렬 신호 형식의 하나이다. 시퀀스 제어계의 명령 처리, NOT 회로, AND 회로, OR 회로 혹은 NOR 회로 등의 논리 판단에 응용된다.

회선 번호: No. 1 —— A, No. 2 —— B, No. 3 —— C

정보값	신 호 값		
	A	B	C
I	0	0	1
II	0	1	0
III	0	1	1
IV	1	0	0
V	1	0	1
VI	1	1	0
VII	1	1	1

combination tone 결합음(結合音) 둘 이상의 순음을 귀 또는 변환기에 가했을 때 그 비직선성 결합에 의해 생긴 결합음.

combinatorial 조합(組合) 일상 생활에서 사회 문제, 산업 공학적인 문제에 이르기까지 인간이 직면하는 문제는 여러 가지 우선 관계, 인과 관계의 조합이다. 이들의 관계를 구성하는 요소 및 요소간의 제한 조건을 명확히 하여 최적화를 구하는 조합 문제를 말한다.

combined impedance 합성 임피던스(合成－) n 개의 임피던스 Z_1, Z_2, Z_3, $\cdots$, Z_n 이 직렬로 접속되어 있을 때 하나로 묶은 임피던스 Z_s 는

$$Z_s = Z_1 + Z_2 + Z_3 + \cdots Z_n$$

이 되고, 또 이들이 병렬로 접속되어 있을 때 하나로 묶은 임피던스 Z_p 는

$$Z_p = \frac{1}{\frac{1}{Z_1} + \frac{1}{Z_2} + \frac{1}{Z_3} + \cdots \frac{1}{Z_n}}$$

이 된다. 직렬 접속이나 병렬 접속이 조합된 복잡한 회로나 브리지 회로 등에서도 반드시 한 값의 임피던스로 묶을 수 있다. 이 하나로 묶은 임피던스를 합성 임피던스라고 한다.

combined OA instrument 복합 사무 자동화 기기(複合事務自動化器機) 개인용 컴퓨터, 팩시밀리, 전화, 복사기, 이미지 스캐너 등의 복수의 OA 기기를 일체화한 기기.

combined resistance 합성 저항(合成抵抗) 둘 이상의 저항을 직렬, 병렬 혹은 빅병렬로 접속한 경우에 전체로서 하나의 저항으로 간주했을 때의 저항.

합성 저항 $= R_1 + R_2 + R_3$

합성 저항 $= \dfrac{R_1R_2R_3}{R_1R_2 + R_2R_3 + R_3R_1}$

합성 저항 $= R_1 + \dfrac{R_2R_3}{R_2 + R_3}$

combined station 복합국(複合局) 1 차 기능 및 2 차 기능을 실행할 수 있는 데이터 스테이션.

combiner 콤바이너 ① CATV 방식에서 둘 또는 그 이상의 입력점에서 주어진 신호가 단일의 출력단에 상호 간섭없이 공급되는 장치. 스플리터(splitter)와 반대의 동작을 한다. ② 복수의 송신기 출력이 단일 안테나를 동시에 사용할 수 있는 장치. →diplexer

comb-shaped electrode 빗살형 전극(－形電極) 전극의 전류 용량은 전극 면적보다 그 주변 길이를 길게 함으로써 크게 할 수 있는 것을 이용하여 두 전극을 빗살형 구조로 하여 양자를 서로 엇갈리게 함으로써 전류 용량의 증가를 도모한 것. 전력형 트랜지스터 등에서 사용된다.

combustion type gas analyzer 연소식 가스 분석계(燃燒式－分析計) 가연성 가스가 산소와 화합할 때에 발생하는 열량이 가스의 종류와 농도에 관계가 있다는 것을 이용하여 가스의 농도를 측정하는 장치이다. 가스의 종류에 따라서 적당한 촉매를 반응관에 넣고 연소할 때의 온도 상승을 열전 온도계나 저항 온도계를 사용하여 측정하고, 그 결과에서 발생 열량

면의 테이프와 접촉하는 부분의 면적이 넓어져서 불안정하게 되는 결점도 있다.

combination loudspeaker 복합 스피커 (複合-) 재생 주파수의 범위를 둘 또는 셋으로 나누어 구경이 다른 스피커로 각을 구한다. 산소, 수소, 일산화 탄소 등의 농도 측정에 사용된다.

comet tail 코멧 테일 텔레비전 촬상관에서 고휘도의 물체가 이동한 다음에 혜성과 같이 꼬리를 끄는 현상. 빔 부족에 의해 광도전막의 중화를 할 수 없게 되기 때문에 생긴다. 입사광에 따라서 빔량을 바꾸든가, 특수 전극을 둔 안티코멧 테일관(ACT)을 사용하여 중화한다. 영상의 휘도 레벨에 따라 촬상관의 전자 빔을 자동적으로 제어하는 제어 회로(일종의 정궤환 회로)를 자동 빔 제어 장치(automatic beam controller, ABC) 또는 빔 옵티마이저(ABO)라 한다.

command 커맨드, 명령(命令), 지령(指令)[1], 목표값(目標-)[2] (1) 컴퓨터를 동작시키기 위한 명령어. 예를 들면 READ 커맨드, WRITE 커맨드 등이 있다. 또, 프로그램의 명령에 의해서 지령되는 동작의 시동, 정지, 계속을 전하는 전기 펄스나 신호를 가리키는 경우도 있다.
(2) 제어계에서 제어량이 어느 값을 취하도록 목표로서 외부에서 주어지는 값을 말하며, 이것이 일정할 때는 설정값이라고도 한다.

command control system 명령 제어 시스템(命令制御—) 명령·지시에 따라서 제어를 하는 시스템. 군사 시스템의 대부분은 이에 속한다.

command pulse 지령 펄스(指令-) 컴퓨터의 사용에 있어 명령을 실시할 때 그 각 단계의 동작을 재촉하기 위해 제어 장치에서 관계 각부에 보내지는 펄스.

commercial broadcasting 상업 방송(商業放送) 방송 프로나 스포츠 등을 광고 매체로서 광고주에 판매함으로써 경영하는 방송 기업체. 라디오와 텔레비전 방송국이 있으며, 민간 방송이라고도 한다.

commercial electronics 커머셜 일렉트로닉스 비즈니스의 인력 절감에 전자 공학의 기술을 이용하는 분야를 말하며, 전자 계산기, 전자 복사기, 전자 레지스터 등의 제품이 사용된다. →OA

common base current amplication factor 베이스 접지 전류 증폭률(-接地電流增幅率) 베이스 접지일 때의 트랜지스터 전류 증폭률. 전류 증폭률은 h 파라미터의 하나이다. 기호는 h_{fb} 또는 α. 그림의 이미터 전류 I_E 와 컬렉터 전류 I_C 의 관계에서

$h_{fb}=\alpha=(\Delta I_C/\Delta I_E)$ (V_C=일정)

를 P점의 전류 증폭률이라 한다. 값은 1 이하이며, 0.95~0.99 정도이다. 또한 $h_{fB}=I_C/I_E$ 를 직류 전류 증폭률이라고 하는데 전류가 작은 범위에서는 $h_{fb}\fallingdotseq h_{fB}$ 로 보아도 된다.

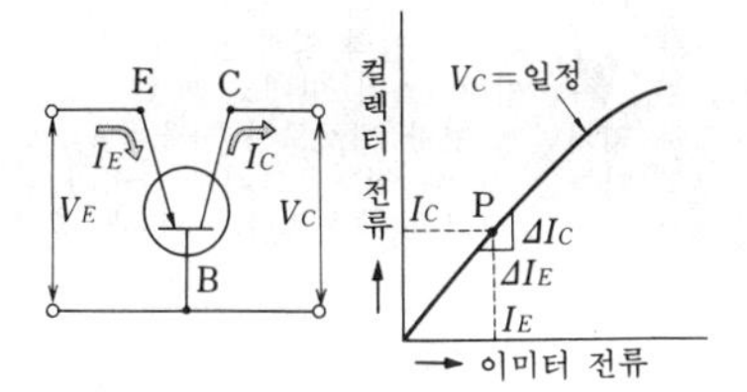

common-base type 베이스 접지형(-接地形) 트랜지스터의 베이스 전극을 교류적으로 접지하여 이미터 입력을 가하고, 컬렉터로부터 출력을 얻도록 한 회로 구조. 입력 저항이 작고, 출력 저항이 크다. 전압 이득은 크지만 전류 이득은 1 이하이다. 일종의 가제어 정전류원(可制御定電流源)으로서 쓰인다.

common-battery system 공전식(共電式) 통화 및 신호에 필요한 전지를 전화국에 공통으로 설치한 전화 방식. 공전식이라고 할 때는 자동이 아니고 수동인 경우를 의미하는 경우가 많다.

common-battery telephone set 공전식 전화기(共電式電話機) 전화국에 직류 전원과 신호 전원이 있는 전화 회선에 사용하는 전화기. 수동 교환이기 때문에 수화기를 들면 국에 접속되고 교환원이 나온다. 교환원에게 상대방 번호를 말하면 교환원이 접속해 준다.

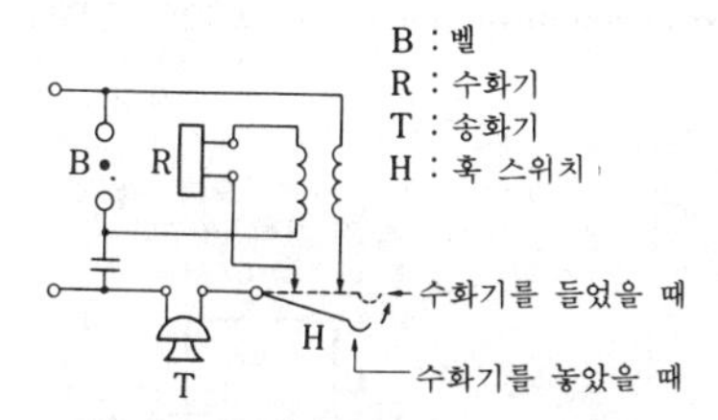

common business oriented language 코볼 =COBOL

common carrier 코먼 캐리어, 공중 전기통신 사업자(公衆電氣通信事業者) 각국의 전기 통신을 주관하는 곳의 총칭. 우리 나라에서는 한국통신이 이에 해당한다.

common-channel signalling 공통선 신호법(共通線信號法) 다수의 채널에서의 신

sed signalling)이라 한다. →sinalling method

common collector 컬렉터 접지(-接地) 트랜지스터 접속 방법의 하나로, 컬렉터를 입출력의 공통 단자로 하고, 베이스에 입력 신호를 가하여 이미터에서 출력을 꺼내는 방식. 이미터 폴로어 회로라고도 한다. 이 회로는 입력 임피던스가 매우 높고, 출력 임피던스가 반대로 매우 낮으므로 임피던스 변환 회로로서 사용되나, 전압 이득은 1보다 작다. 그러나 동작이 안정하고, 일그러짐이 적으며, 입력과 출력은 동상이 된다.

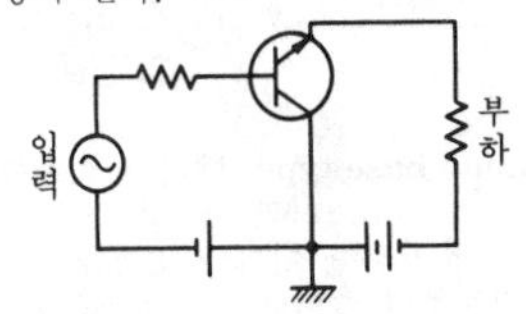

common control 공통 제어(共通制御) 공용의 제어 장치에 의해 호출의 접선 제어를 하는 자동 교환 제어 기구. 제어 기능을 달성하는 데 필요한 시간 만큼 호출 제어를 하는 시분할 공용 방식을 쓴다.

common control automatic gain control 공통 제어 AGC(共通制御-) 반송 전화의 각 중계기에서 생기는 AGC의 조정 잔차(殘差)를 총계하여 이것을 구간 내의 각 중계기에 균등 배분하여 조정하는 방식.

common control system 공통 제어식(共通制御式) 전화 교환기 중 간접 제어 방식의 일종으로, 통화계와 제어계를 분리하여 설치하고, 제어 회로를 다수의 호 접속에 공용하는 방식. 이것은 단독 제어식보다도 고급 기능을 갖게 할 수 있다.

common drain amplifier 드레인 공통형 증폭기(-共通形增幅器) 전계 효과 트랜지스터(FET)를 사용하여 입력 신호가 게이트와 드레인 간에 가해지고, 출력이 소스와 드레인 간에서 얻어지도록 한 증폭기. 입력 용량이 작은 것이 요구되는, 혹은 큰 입력 신호를 다루고자 하는 용도에 사용된다. 소스 폴로어 증폭기라고도 한다.

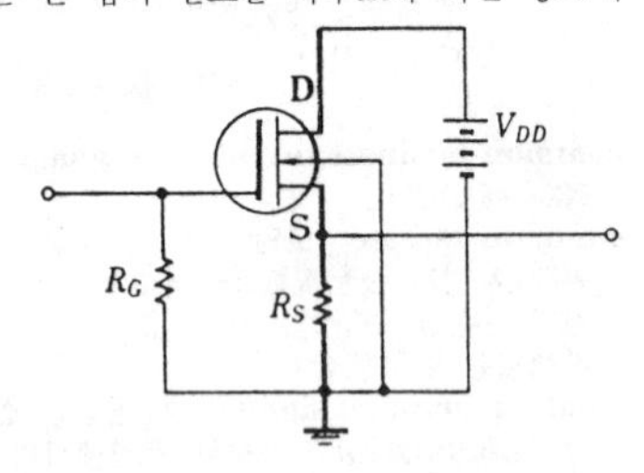

common emitter 이미터 접지(-接地) 트랜지스터 접속 방법의 하나로, 이미터를 입출력의 공통 단자로 하고, 베이스에 입력 신호를 가하여 컬렉터에서 출력을 꺼내는 방식. 전류 증폭이나 전력 증폭을 할 수 있으며, 가장 보편적으로 사용되고 있는 접속 방법이다.

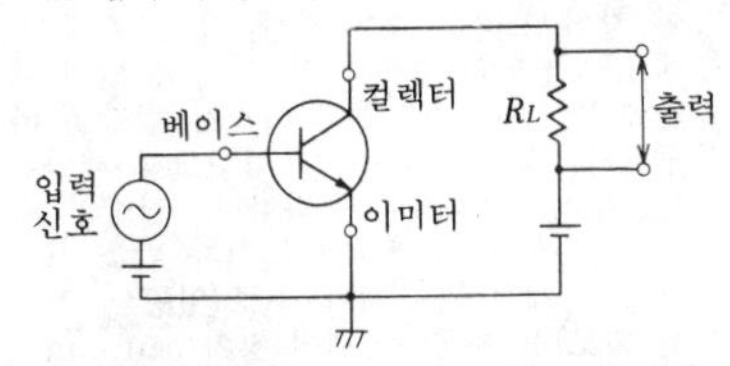

common emitter current amplification factor 이미터 접지 전류 증폭률(-接地電流增幅率) 트랜지스터의 컬렉터-이미터간 전압 V_{CE}를 일정하게 유지하고 베이스 전류 I_B를 ΔI_B만큼 변화시켰을 때의 컬렉터 전류 I_C의 변화분 ΔI_C와 ΔI_B와의 비를 말한다. h_{fe}로 나타낸다. h_{fe}는 보통 20~ 150 정도이다.

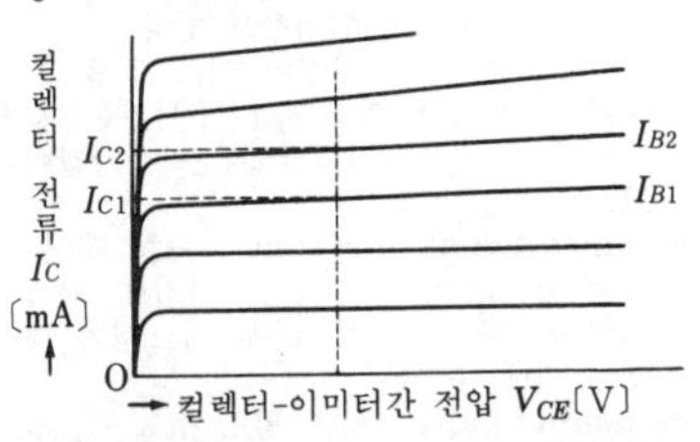

common emitter type 이미터 접지형(-接地形) →common emitter

common frequency broadcasting 동일 주파수 방송(同一周波數放送) 혼신이니 간섭의 염려가 없는 몇몇 방송국이 동일 주파수를 써서 방송하는 것. 할당 주파수의 부족을 해결하는 하나의 방법이다.

common-gate amplifier 게이트 공통형 증폭기(-共通形增幅器) 전계 효과 트랜지스터(FET)를 사용하여 게이트가 입력 회로 및 출력 회로에 공통으로 되도록 접속된 증폭기. 낮은 입력 임피던스를 높은 출력 임피던스로 변환하기 위해, 혹은 고주파 증폭을 하고자 할 때 등에 사용한다.

common mode choking coil 공통 모드 초크 코일(共通-) 두 시스템의 기준 전위가 다른 경우 그 차(공통 모드 전압)를 상쇄하기 위해 넣어지는 권수비 1:1의 트랜스. 발룬(balun)과 같은 것이다.

common mode interference 동상분 방해(同相分妨害) 전송 선로의 양쪽 신호 도체와 공통의 기준면(대지) 사이에 나타나는 방해 전압으로, 대지에 대하여 양 선에 나타나는 이 방해 전압은 크기가 같든가 같은 위상이다. 선로, 전원, 수신기 입력 회로 등에서의 각종 불평형에 의해 동상 방해 전압의 일부가 차동적 방해 전압으로 변환되는 경우가 있다. 이것을 동상분 변환이라 한다.

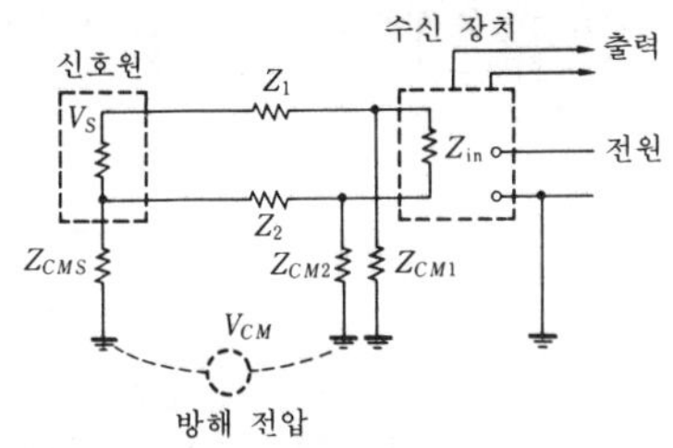

common mode rejection 동상분 제거(同相分除去) 동상 전압의 영향을 억제하는 차동 증폭기의 능력.

common mode rejection ratio 동상 전압 제거비(同相電壓除去比)[1], 동상분 배제비(同相分排除比)[2] (1) OP 앰프(연산 증폭기)에서 차동 전압 이득과 동상 전압 이득의 비를 말한다. 단위는 dB로 나타내며, 값이 클수록 동상 성분의 잡음은 출력에 영향을 주지 않는다. =CMRR
(2) ① 증폭기 기타의 장치가 정규 모드의 입력 신호에 대해서는 정상적으로 동작하면서 동상 모드의 입력 신호에 대해서는 이것을 제거하여 출력단에 발생시키지 않는 능력을 말하는 것으로, 동상 모드 방해 전압 V_{CM}과 그에 의해 생긴 출력단 전압 V_O(증폭기의 경우는 입력측에 환산된 값 V_O/G_A)의 비로 나타내어진다.
동상분 배제비$=V_{CM}G_A/V_O$
서, G_A : 증폭기 이득. 전압은 피크값으로 측정하기도 하지만 보통은 실효값을 사용한다. 배제비는 대수(對數)를 취하여 데시벨로 표현하기도 한다. ② 오실로스코프에서 평형한 회로 입력단에 가한 동상 모드 신호에 대한 편향 계수와 정규 모드 입력 신호에 대한 편향 계수의 비.

common mode signal 동상 모드 신호(同相-信號) 차동 증폭기의 두 비접지 입력 단자에 가해진 크기가 같은 입력 신호. 차동 증폭기 출력은 이상적인 경우를 제외하고 $v_D=v_2-v_1$인 차신호에 대한 출력 외에 $v_C=(1/2)(v_1+v_2)$라는 동상 신호에 대해서도 출력을 갖는다.

$v_{out}=A_Dv_D+A_Cv_C$

여기서 A_D : 차동 모드 이득, A_C : 동상 모드 이득. $|A_D/A_C|$를 동상분 배제비라 하고 그 항에 나타낸 정의와 일치한다. → common mode rejection ratio

common mode voltage 동상 전압(同相電壓) 차동 증폭기에서 각 본래의 신호 전압에 가해지는 각 입력과 접지간에 유도되는 전압.

common return 통신용 접지(通信用接地) 데이터 전송에서의 데이터 단말 장치와 데이터 회선 종단 장치간의 인터페이스에서의 공통의 통신용 접지 회로. 각 인터페이스 회로에 대하여 공통의 기준 전위를 주는 구실을 한다.

common source amplifier 소스 공통형 증폭기(-共通形增幅器) 전계 효과 트랜지스터(FET)를 사용하여 입력 신호가 게이트와 소스 간에 가해지고, 출력은 드레인과 소스 간에서 얻어지도록 한 증폭기 회로. 입력 임피던스가 크고, 출력 임피던스는 중 정도 또는 매우 크다. 전압 이득은 1보다 크다.

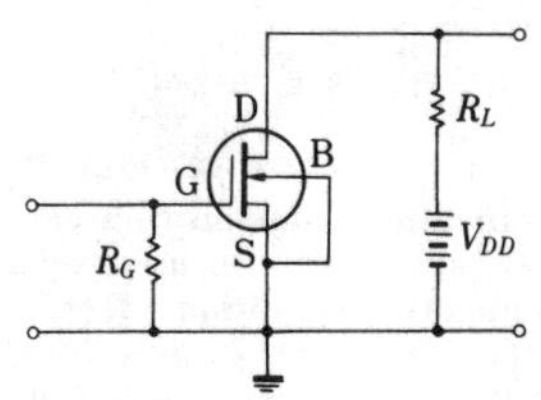

common spectrum multiple access 공통 스펙트럼 다원 접속(共通-多元接續) 통신 위성으로의 다원 접속 방식의 하나. 모든 관계하는 지구국은 공통의 시간, 주파수 영역을 사용한다. 타국 신호 존재하에서 희망 신호를 검출하기 위해 신호 처리가 사용된다. 스펙트럼 확산, 주파수·시간 매트릭스 및 주파수 호핑이 이 기술을 이용할 수 있는 전형적인 세 가지 방법이다. =CSMA

common winding 분로 권선(分路捲線) 단권 변압기(오토트랜스)의 공통 부분 권선. 분로 권선에 흐르는 전류 I는 여자 전류를 무시하면 I_1과 I_2의 차로 되어서

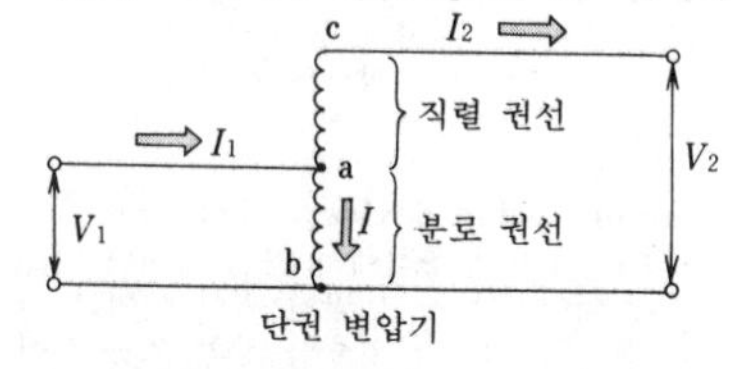

단권 변압기

동선을 가늘게 할 수 있다. 또, 누설 자속도 적다.

communication 통신(通信) 정보의 전송에 관련하는 방법·기구·매체를 포함하는 광범한 분야.

communication adapter 통신용 어댑터(通信用-) 통신 회선과 단말 장치 사이를 인터페이스하는 어댑터. 모뎀, 회로망 기타의 기기를 조합시킨 것으로, 자동 응답, 부호 번역, 홀수·짝수 검사, 버퍼 기능, 오류 진단 등 여러 기능을 하는 것.

communication between personal computers PC 통신(-通信), 퍼스컴 통신(-通信), 개인용 컴퓨터 통신(個人用-通信), 퍼스널 컴퓨터 통신(-通信) 전화 회선을 사용하여 개인용 컴퓨터 혹은 워드 프로세서에 의하여 통신을 하는 서비스. 서비스의 형태로서는 전자 회의, 전자 게시판, 전자 우편 등이 있다.

communication channel 통신 채널(通信-) 멀리 떨어진 장소간에 데이터를 전송하는 통신 매체에 의해서 제공되는 통신로. 통신 매체로는 동축 케이블, 광섬유 케이블, 무선 전파 등이 있다. 통신 채널에는 복수의 장치로 공용되는 공통 채널과 송수신하는 한 쌍의 장치간에서 점유하여 사용되는 전용 채널이 있다.

communication common carrier 통신 사업자(通信事業者) →common carrier

communication condition 통신 조건(通信條件) 데이터 통신을 하는 경우 송수신은 같은 조건에 설정해 두지 않으면 안 된다. 송수신 데이터의 조건이 상대측 컴퓨터의 설정에 맞지 않는 경우에는 접속되지 않든가, 송수신 문자가 깨지는 일이 있다.

communication control 통신 제어(通信制御) 데이터의 송수신을 제어하는 전송 제어 이외에 수신처별 메시지 흐름의 관리, 통과 번호의 부여와 검사, 통신 전문의 대기 행렬 관리 등의 데이터 통신을 원활하게 하기 위한 모든 제어의 총칭.

communication controller 통신용 컨트롤러(通信用-) =communication processor

communication deck 회선 감시 장치(回線監視裝置) 데이터 통신 시스템에서 복수의 데이터 통신 회선의 통신 상황을 운용자가 집중적으로 감시하기 위한 장치. =CDK

communication device 통신 장치(通信裝置) 데이터 통신에서 다른 장치나 시스템과 데이터를 주고 받기 위한 데이터 전송 장치나 데이터 입출력 장치 또는 통신 장치를 말한다.

communication interface standard 통신 인터페이스 표준(通信-標準) 같은 논리적, 전기적, 기계적 접속을 사용하는 단말 장치가 상호간 및 그들 장치가 그에 이어지는 공중망과 교신할 수 있도록 고려된 표준의 프로토콜로, V 시리즈, X 시리즈의 인터페이스 등이 있다. V 시리즈는 전화 회선을 통해서 행하여지는 데이터 전송을 가능하게 하기 위해 CCITT 에 의해서 권장된 일련의 표준이다. 또 X 시리즈는 이용자의 단말 장치(DTE)를 공중 데이터망의 DCE 라고 불리는 네트워크 인터페이스 유닛(모뎀)에 인터페이스하기 위한 일련의 표준으로 이루어져 있다.

communication line 통신 회선(通信回線) 떨어진 지점에 있는 단말 기기나 처리 장치를 전자적으로 연결시키기 위한 것. 전송로와 같은 의미로 쓰이는 일이 많은데, 전송로는 전기 신호를 떨어진 지점에 전송하기 위한 전자적 설비를 말하고, 통신 목적, 정보량, 다중도는 불문인데 반해서 통신 회선이란 하나의 통신 목적을 달성하기 위한 통신로로, 설비 자체가 아니고 그것을 기능적으로 보았을 때의 명칭이다.

communication line encryption device 통신 암호 장치(通信暗號裝置) 회선의 양단에 설치되고, 회선상을 흐르는 신호, 또는 비트열을 암호화하는 장치.

communication line service for exclusive use 특정 통신 회선 서비스(特定通信回線-) 통신 사업자와 전세 계약을 하여, 자사만이 사용하기 위한 데이터 통신 전용 회선 서비스. 전용으로 사용할 수 있는 것 외에 고속 전송이 가능하고, 안정된 데이터 전송이 가능하다고 하는 이점이 있다.

communication link 통신 링크(通信-) 정보를 송수신할 목적으로 2지점간을 맺는 물리적인 수단을 말한다. 유선·무선을 불문하고 목적에 맞는 모든 수단을 총칭한다.

communication method 통신 방식(通信方式) 데이터 통신의 형식을 정보의 흐름 방향과 시간에 관련하여 분류한 것. 다음 세 가지가 있다. ① 단방향 통신 방식 : 정보의 흐름이 언제나 일정한 방향으로 고정하고 있으며, 역방향의 정보 전달을 할 수 없는 방식. ② 반 2중 통신 방식 : 동시에는 양방향으로 전송을 할 수 없는, 즉 송신 중은 수신이, 또 수신 중은 송신이 각각 불가능한 전송 방식. ③ 전 2중 통신 방식 : 동시에 양방향의 전송을 할 수 있는, 즉 송신하면서 수신할 수 있는 방식.

communication network 통신망(通信網) →network

communication node 통신 노드(通信－) 통신망의 구성 요소인 단말 기기나 교환기 등의 총칭.

communication path 통신로(通信路), 통신 경로(通信經路) 데이터 통신 시스템에서 중앙에 설치되어 있는 정보 처리 장치와 원격지에 설치되어 있는 다수의 단말 기기를 통신 회선에 의해 결합한다. 이 경우에 통하게 되는 회선의 경로를 말한다.

communication processing 통신 처리(通信處理) 통신의 편리성 향상을 목적으로 하여 정보의 의미·내용을 바꾸지 않고 정보의 형식이나 전송 절차의 변환, 정보의 일시 축적 등을 하는 처리.

communication processor 통신용 프로세서(通信用－) 데이터 통신망에서 메인 프레임(호스트 컴퓨터)과 망의 모든 단말 장치 사이에서 데이터 링크의 관리, 프로토콜의 변환 등을 하고 있는 보조 프로세서. 망 전체의 운용에 대하여 호스트 컴퓨터를 보조하고 있으며, 메시지 내용의 처리에는 끼어들지 않는다. 보통 호스트 컴퓨터 곁에 두고, 여기에 고속 링크로 접속되어 있으므로 전치 컴퓨터, 프론트 엔드 프로세서 등이라고도 한다.

communication satellite 통신 위성(通信衛星) 가시외의 지구상 2지점간에서 행하는 원거리 통신의 새로운 방식인 위성 통신에서 중계국으로서 사용하는 인공 위성을 말한다. 이것에는 지구국으로부터의 전파를 단지 반사하기만 하는 수동 위성과 위성 자체에 중계기를 탑재하고 있는 능동 위성이 있다. 전자는 비교적 저고도(수천 km)의 것이고, 후자는 중고도의 것과 적도상 약 35,800km 의 고고도의 것이 있으며, 고고도의 것은 정지 위성이라고 한다.

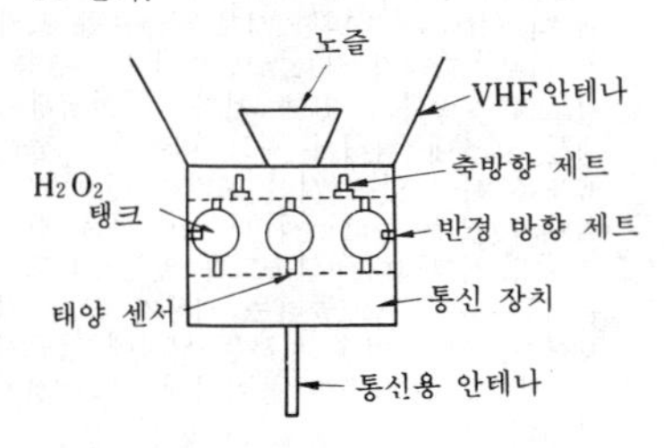

communication satellite Corporation 콤새트 =COMSAT

communication satellite link using TDMA system 통신 위성 링크(TDMA 방식에 의한)(通信衛星－) 지상의 각 송신국은 위성의 트랜스폰더(중계기)를 거쳐 임의의 상대국을 향해 고속도의 버스트(지속 시간이 짧은 비트 흐름)를 (제어국의 감시·제어하에서) 송신하도록 되어 있다. 버스트는 그 머리 부분에 동기화 정보와 함께 필요한 호출선 정보를 포함한 프리앰블(헤더)이 붙어 있다. 각 지상국과 이들을 제어하는 지상국의 1회의 버스트에 의해 하나의 프레임이 구성된다. 1프레임 길이는 대체로 1ms 정도로 지상 제어국에서 시작하여 각 지상국을 일정 순으로 일순한다. 이러한 프레임이 m회 반복되어서 하나의 마스트 프레임으로 된다. 이 사이 제어국은 물론 각 지상국의 버스트 기간도 일정하게 유지되는데, 다음의 마스터 프레임에서는 (제어국을 제외하고) 각 지상국의 송신 패턴은 그 시점에서의 디맨드에 따라 변경할 수 있도록 되어 있다. 그림은 각국간의 통신 버스트 구성을 나타낸 것이다.

1	S	#1	#2	…	#N
2					
3					
⋮				⋮	
m					
1					
⋮					

(1~m: 마스터 프레임)

communication service for personal computer PC 통신(－通信) 전화 회선을 통해 개인용 컴퓨터 상호간 또는 개인용 컴퓨터와 호스트 컴퓨터 간에서 데이터를 주고 받는 개인용 컴퓨터의 이용 형태, 또는 그와 같이 이용할 수 있는 형태로 공급되는 서비스.

communication speed 통신 속도(通信速度) 1초간에 전달할 수 있는 정보량을 척도로 한 속도. 비트/초로 나타내고, 단위 기호는 bit/s 이다.

communication subnetwork 통신 서브네트워크(通信－) 본래 통신망의 서브시스템으로서 고려했던 온라인 실시간의 컴퓨터 사용 통신망으로, 컴퓨터계의 리소스와 통신망으로의 인터페이스가 포함된다. 단지 서브네트 또는 서브네트워크라고도 한다. 망교환은 회선 교환, 메시지 교환도 있다. 이용 형태는 전용, 타인 사용, 공동 사용 등이 있다.

communication system of frequency shift FS 통신 방식(-通信方式) 전신의 송수신 방식으로, 전신 부호의 마크와 스페이스에 따라서 전파의 주파수를 바꾸어 통신하는 방식.

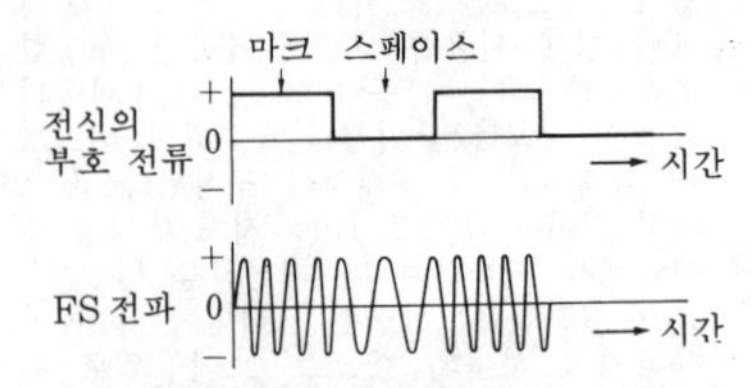

communication terminal equipment 통신 단말 장치(通信端末裝置) 통신 회선 또는 그것과 유사한 것을 통하여 그 단말에 접속된 장치. 전화기, 팩시밀리, 무선기 등 원격 장소 사이에서 통신 정보를 송수신할 수 있는 기기의 총칭이다. 컴퓨터 단말과 달리 인간이 조작하기 위한 기기이며, 보통, 무선 표지, 텔레비전 수상기 등 송신 또는 수신 전용의 기기는 포함하지 않는다.

communication theory 통신 이론(通信理論) 잡음 기타 방해의 영향하에서의 통보의 전송을 다루는 이론 분야.

community antenna television 유선 텔레비전(有線-) =CATV

community receiving system 공동 시청 방식(共同視聽方式) 텔레비전의 수상에서 하나의 안테나를 다수의 수상기가 공동으로 사용하는 방법. 예를 들면 아파트 등에서 다수의 수상기를 사용하는 경우 각기 안테나를 사용하지 않고 하나의 안테나를 옥상 등에 설치하고, 이 수신 신호를 분배기를 통해서 유선으로 여러 수상기에 분배하는 방식이다.

community reception 공동 수신(共同受信)(위성 방송) →reception of satellite broadcasting

commutated antenna direction finder 커뮤테이트 안테나 방위 탐지기(-方位探知器) 원형 배열 안테나 기구를 커뮤터 기구를 통해서 단일의 수신기에 결합하고, 전파의 도래 방향을 검출하는 장치. 방위의 결정은 커뮤터의 작용에 의해 생기는 위상 추이로 행하여진다. =CADF

commutation 전류(轉流) ① 정류 회로에서 계속하여 통전하는 정류 회로 소자 사이에서 한 방향의 전류가 수수(授受)되는 것. ② 가스 봉입 방전관에서 인접하여 배치된 두 방전로간의 전류의 전이(轉移).

commutator pulse 커뮤테이터 펄스 컴퓨터에서 기준 펄스에 대하여 일정한 시간 간격을 두고 발생되는 펄스. 예를 들면, 주 사이클 펄스 혹은 마이너 사이클 펄스와 같은 펄스로, 컴퓨터 워드에서의 특정한 디짓 위치를 정의하고, 마크하고, 클록하고, 혹은 제어하기 위해 사용되는 것.

commutator switch 커뮤테이터 스위치 = scanning switch, sampling switch →supercommutation

compact disk 콤팩트 디스크 =CD

compact disk interactive 시 디-아이 CD-I로 나타낸다. 기억 매체로서 CD-ROM을 사용한 멀티미디어 시스템을 말한다. CDI 라고 표기되는 경우도 있다. 화상 데이터, 음성 데이터, 문자 데이터를 모두 기록, 재생할 수 있기 때문에 이용자가 화면을 지정하거나 화면상에서 선택하도록 화면과 대화를 하는 형태로(인터랙티브하게) 조작할 수 있는 것이 특징. CD-I 소프트웨어(CD-ROM으로 공급된다)를 텔레비전에 접속한 CD-I 플레이어에 세트해서 재생한다. 소프트웨어에는 데이터와 함께 제어 프로그램이 기록되어 있고, 막대 모양의 스틱과 몇 개의 키를 가지고 컨트롤러에 의해 화면에 대한 조작을 할 수가 있다. 플레이어는 판독 재생 장치와 중앙 처리 장치(CPU)로 구성되고, 디스플레이 장치와 플레이어를 일체화한 소형 제품도 있다.

compact disk player 콤팩트 디스크 플레이어 =CD player

compact disk read only memory 콤팩트 디스크 ROM =CD-ROM

compact disk servomechanism CD 서보 기구(-機構) CD 레코드나 LD 영상 장치는 디스크 상에 작은 구멍(피트 : pit)이 뚫려 있다. 이 피트를 광 픽업이 추종하여 디스크의 신호를 끌어내고 있다. 그 때문에 디스크에는 정밀한 서보 기구, 즉 포커스 서보, 트래킹 서보, 모터 서보, 보내기 서보의 4종류가 있게 된다. 레이저광이 대물 렌즈에 의해서 피트 내에서 초점을 맺도록 하고 있는 것이 포커스 서보이고, 피트의 열을 올바르게 더듬게 하는 것이 트래킹 서보이다. 선속도가 일정해지도록 올바른 회전수로 돌리는 기구가 모터 서보이고, 광 픽업을 원하는 위치에 접근시켜 레코드의 선곡을 용이하게 하는 것이 보내기 서보이다.

companded coding 압신 부호화(壓伸符號化) →segmented companding

compander 압신기(壓伸器) 압축기와 신장기로 이루어지며, 단거리 반송 선로와 같은 잡음 특성이 나쁜 선로에서 반송 전류를 전송하는 경우에 사용하는 회로망. 송신단에서는 압축기를 두어 고 레벨과 저 레벨의 차를 줄이고, 수신단에서는 압신된 레벨을 원래의 모양으로 하는 신장기를 둔다. 압축비는 보통 1/2 을 쓴다. 압신기를 사용하면 도중에서 발생한 잡음을 상쇄하여 *SN* 비를 높이고, 중계기의 과부하를 방지할 수 있으나, 가격이 비싸므로 점차 사용이 감소하고 있다.

companding 압신(壓伸) 텔레비전의 전송에 앞서 신호 진폭을 압축하고, 수신측에서 반대의 조작(신장)을 하는 프로세스.

comparative element 비교부(比較部) 자동 제어계에서 목표값과 주궤환양을 비교하여 제어 동작 신호를 얻는 부분. 목표값과 주궤환양이란 같은 종류의 양으로, 위치 · 각도 · 압력 · 전압 등인 경우가 많다.

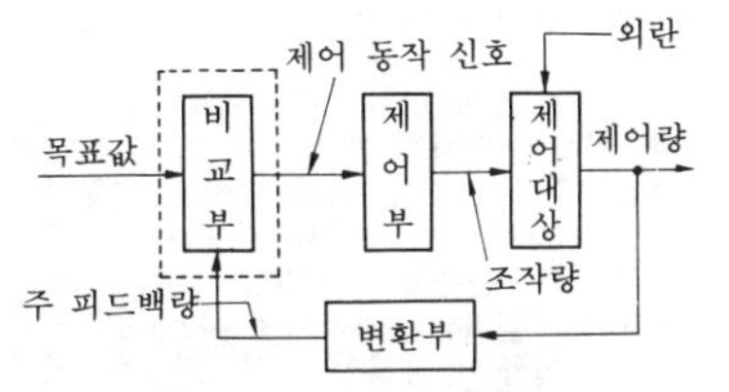

comparator 비교 회로(比較回路) ① 두 수의 대소를 살피는 회로로, 논리 회로를 조합시켜서 만든다. 2 진수를 A, B 로 할 때 한 자리의 경우는 그림의 회로로 판별할 수 있고, 자릿수가 많은 경우는 S_1 또는 S_2의 출력이 1이 되기까지 최상위의 자리부터 순차 입력해 가면 된다.

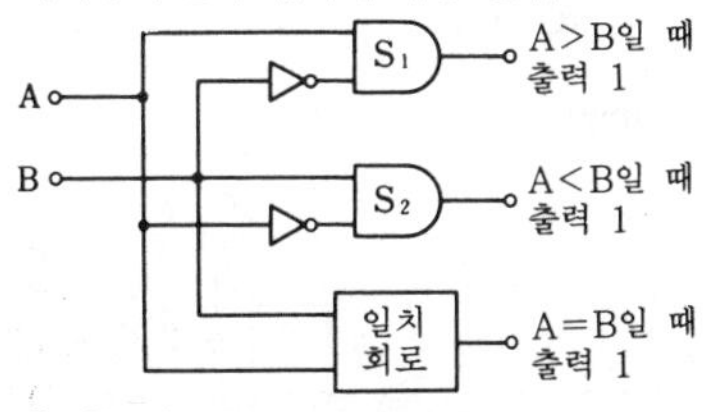

② OP 앰프 등의 차동 증폭기를 사용하여 전위차를 살피는 회로로, 한 쪽 입력 단자에 기준 전압, 다른 쪽에 입력 전압을 가하면 전압의 차에 따른 +−의 전압이 얻어진다.

comparison amplifier 비교 증폭기(比較增幅器) 고이득의 비반전 지류 증폭기로, 브리지형 안정화 전원에서는 공통 단자와 0 절점간의 전압을 입력으로 하는 것. 비교 증폭기의 출력은 직렬 가변 저항 소자를 구동한다.

compatibility 호환성(互換性), 양립성(兩立性) 어떤 장치나 시스템에서 사용하는 소자나 방식을 다른 것과 교환해도 같은 동작을 할 수 있는 성질의 것. 예를 들면, 텔레비전 방송에서 컬러 수상기로도 흑백 수상기로도 수신할 수 있는 방식, FM 방송에서 스테레오 수신기나 모노포닉 수신기로도 수신할 수 있는 방식 등을 호환성 또는 양립성이 있다고 한다.

compatible 호환(互換) IC, LSI 를 비롯하여 각 부품이나 접속 커넥터 혹은 TTL 이나 CMOS 등에 대해서 명세, 신호 레벨, 동작 등이 동등한 것. 예를 들면, TTL 호환이란 TTL 의 신호 레벨이나 동작과 동등하다는 것을 가리킨다.

compatible integrated circuit 컴패티블 집적 회로(－集積回路) 반도체 집적 회로의 표면 절연막을 기판으로 하고 여기에 박막 또는 후막 수동 소자를 집적화하여 만든 집적 회로.

compensated-loop direction-finder 보상형 루프 방향 탐지기(補償形－方向探知器) 편파 오차를 보정하기 위해 제 2 의 안테나 시스템을 가진 루프 안테나를 이용한 방향 탐지기.

compensated semiconductor 보상 반도체(補償半導體) 반도체에서 불순물(또는 결함)의 한쪽 타입이 다른 한쪽 타입의 전기 효과를 부분적으로 상쇄하고 있는 경우를 뜻한다. 타입이란 도너냐 억셉터이냐의 구별이다.

compensating lead wire 보상 도선(補償導線) 열전 온도계에서는 열전대의 냉접점에 계기를 접속하고, 그 단자 온도를 기준으로 한다. 이 장소가 측온점에 가까우면 단자부의 온도가 크게 고온으로 되는 일이 있으므로 계기를 그 영향이 없는 거리까지 떼놓을 필요가 있다. 그러나 실제로 열전쌍 소선(素線)을 그대로 배선하는 것은 경제적으로 비싸게 먹히므로 열기전력 특성이 거의 같은 값싼 금속선으로 대용한다. 이 선을 보상 도선이라 하며, 열전대의 종류에 따른 각종의 것이 있다.

compensating network 보상 회로망(補償回路網) 회로망의 전파(傳播) 특성이 주파수에 따라 변화하기 때문에 전송되는 파형에 감쇠 일그러짐이나 위상 지연이 생긴다. 이것을 보상하여 신호파를 복원하기 위해 사용하는 감쇠 등화 회로나 위상 보상 회로를 말한다.

compensating shunt 보상형 분류기(補償形分流器) 검류계의 분류기. 측정 회로측

에서 보아 분류기를 포함하는 검류계의 저항이 분류기의 전류 저감비와 관계없이 일정하도록(따라서 측정 회로 전체가 검류계의 회전 기구를 임계 감쇠 상태로 유지되도록) 할 수 있는 것.

compensating wire 보상 도선(補償導線) 열전쌍(熱電雙)에서 냉접점(기준 접점)을 측온 접점에서 떨어진 장소에 두기 위해 열전쌍 소선(素線)의 연장으로서 사용되는 특수한 연장 도선. 열기전력 특성이 열전쌍 소선과 비슷한, 그리고 값싼 재료가 사용된다. 그림의 변환기란 열전쌍의 열기전력(또는 측온 저항체의 저항값)을 전기 신호로 변환하는 기구이다.

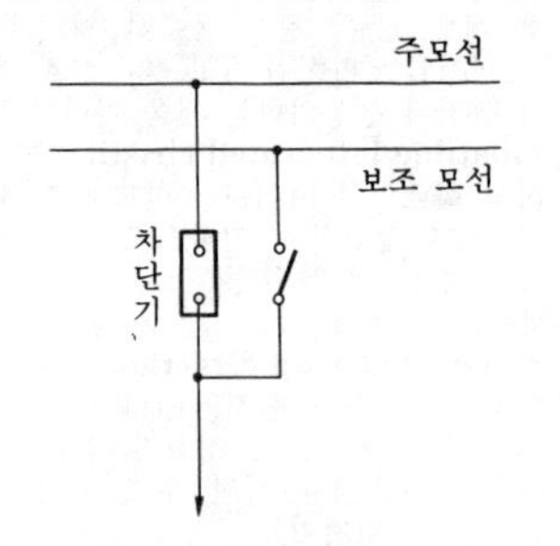

compensation 특성 보상(特性補償) 피드백 제어계에서 보상 회로를 넣어 과도 현상을 단시간에 수속(收束)하는 등, 특성을 개선하는 것.

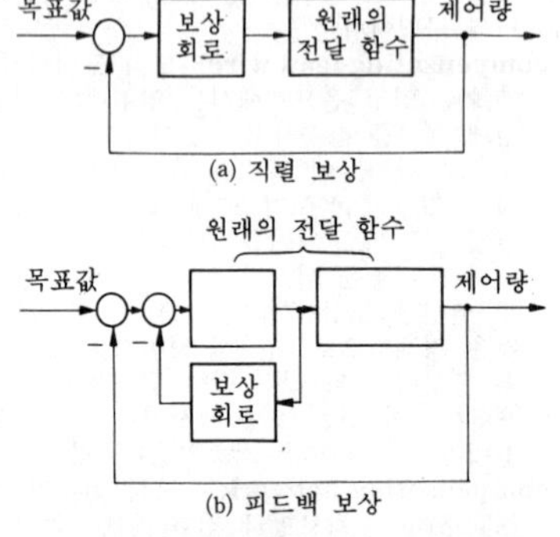

(a) 직렬 보상
(b) 피드백 보상

compensation method 보상법(補償法) 피측정량을 직접 측정하지 않고, 피측정량에서 기지(既知)의 일정량을 뺀 나머지 양을 측정하는 방법. 기지의 일정량이 정확하면 전체로서 정확도가 높은 측정을 할 수 있다. 전압이나 주파수 측정에서 미소 변화량을 구하는 경우에 적합하다.

compensation ratio 보상비(補償比) 불순물 반도체에서 소수 불순물 농도와 다수 불순물 농도의 비.

compensation theorem 보상 정리(補償定理) 회로망의 임의의 한 분기에 임피던스 ΔZ를 삽입했을 때 그에 의해서 회로망의 다른 분기에 생기는 전류 변화는 변경된 분기에 직렬로 가한 보상 전압에 의해서 그 장소에 생기는 전류와 같다. 보상 전압은 임피던스 변화 ΔZ를 준 분기에 그 변화를 주기 전에 흐르고 있던 전류를 I로 할 때 $I \cdot \Delta Z$로 주어진다. 극성은 I와 반대 방향.

compensator 보상기(補償器) ① 어떤 장치에서 오차나 외부의 영향에 의한 바람직하지 않은 효과를 메우기 위해(오프세트하기 위해) 사용하는 부품이나 장치. 예를 들면 온도 보상기 등. ② 무선 방향 탐지기에서 방향 지시에 대하여 자동적으로 편차의 전부 또는 일부를 수정하는 장치.

compensatory leads 보상 접속선(補償接續線) 계측기와 관측점 사이의 접속으로, 접속선의 성질 변화, 예를 들면 온도에 의한 저항의 변화가 계기의 지시 확도에 영향을 주지 않도록 보상 대책을 강구하고 있다. 저항 온도계에서 사용되는 3선식 보상 접속 등은 그 예이다.

compile 컴파일 컴퓨터를 사용하기 위해 하드웨어를 동작시키는 데 필요한 언어 처리를 하는 것. 그를 위한 프로그램을 컴파일러라고 한다.

compiler 컴파일러 컴퓨터에서의 언어 처리를 위한 프로그램의 일종. 이것을 쓰면 간단한 단어와 수식 등을 병용하여 어느 정도의 프로그램을 작성할 수 있고, 어셈블러에 비해서 기계적인 제약이 매우 적다. FORTRAN 이나 COBOL 등은 일반적으로 컴파일러를 쓰는 언어이다.

complement 보수(補數) 어떤 수 A를, 밑으로 되는 수 R에서 뺀 수 C가 있을 때 C를 A의 보수라 한다. 예를 들면 $A(=0011)$, $R(=1111)$이면 $C(=1100)$은 A의 1의 보수라고 한다. $C(=1100)$에 1을 더한 $C'(=1101)$는 2의 보수라 한다.

complementary chromaticity 상보성 색도(相補性色度) 두 샘플광을 적당한 비율로 섞었을 때 무채색의 색자극을 일으키는 성질.

complementary circuit 상보 회로(相補回路) →complementary symmetrical connection

complementary function 상보 함수(相補函數) 두 구동점 함수로, 그 합이 주파수

와 관계없는 상수인 것.

complementary integrated circuit 상보형 집적 회로(相補形集積回路) 집적 회로의 전기적 특성을 개량하기 위해 트랜지스터의 pnp 와 npn 을 쌍으로 집적화한 회로. FET 에서는 p 채널과 n 채널을 쌍으로 집적한 회로.

complementary metal oxide semiconductor 상보형 MOS(相補形－) =complementary MOS, CMOS

complementary MOS 상보형 MOS(相補形－) 정공(正孔)에 의해서 양전하가 이동하는 p 채널 MOS 형 전계 효과 트랜지스터와 전자에 의해서 음전하가 이동하는 n 채널 MOS 형 전계 효과 트랜지스터를 하나의 칩 내에 만들고, 양쪽 채널을 직렬로 하여 서로 부하로서 작용시키도록 한 소자. 매우 저전력이다. =CMOS

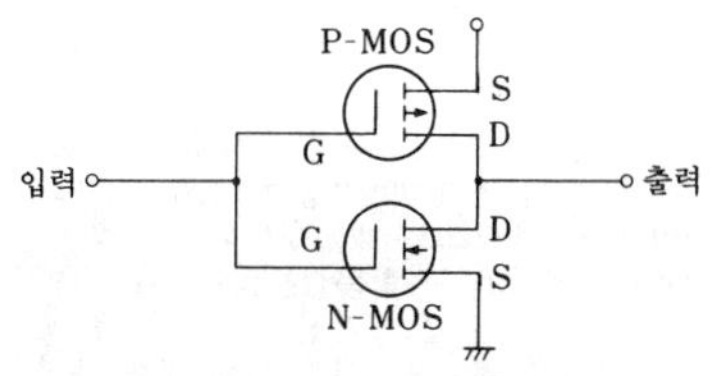

complementary symmetrical connection 상보 대칭 접속(相補對稱接續) 트랜지스터의 pnp 형과 npn 형은 특성이 같고 전압, 전류의 방향이 반대이므로 이것을 병렬로 접속하면 푸시풀 증폭기와 같은 동작을 할 수 있다. 이러한 접속 방법을 상보 대칭 접속이라고 한다. 보통의 푸시풀 접속과는 달리 입력측의 위상 반전 회로는 필요로 하지 않고, 출력측도 한쪽을 어스할 수 있으므로 편리하다. 그림은 그 일례이다.

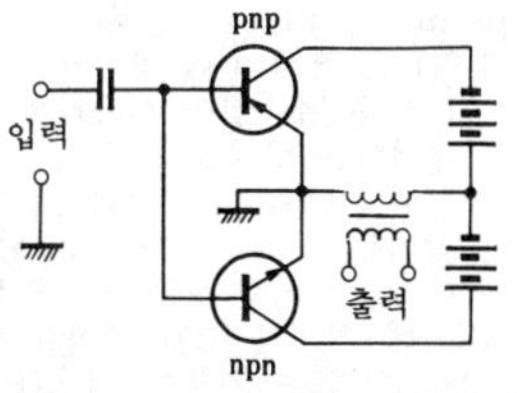

complementary transistor 상보형 트랜지스터(相補形－) 접합 트랜지스터에서는 pnp 형과 npn 형이, 전계 효과 트랜지스터에서는 p 채널과 n 채널형이 상보형이다.

complementary transistor logic 상보 트랜지스터 논리(相補－論理) pnp 트랜지스터와 npn 트랜지스터를 사용하여 논리단, 출력단을 이미터 폴러어로 하는 회로로, 고속 논리 회로에 쓰이는데, 부정의 회로를 구성할 수 없는 것이 결점이나, 이미터 폴로어를 출력단에 사용하기 때문에 와이어드 OR 에 의해 논리합 회로는 간단히 구성할 수 있는 장점이 있다. =CTL

complementary wavelength 보파장(補波長) 샘플광과 적당한 비율로 혼색함으로써 기준의 표준 백색광과 같은 색이 되는 빛의 파장을 샘플광의 보파장이라 한다. 주파장을 갖지 않는 각종 보라색 즉 비 스펙트럼성의 보라, 짙은 보라색, 마젠타, 비 스펙트럼성의 적색 등은 그들의 보파장으로 지정된다.

complementer 보수 회로(補數回路) 입력 데이터로 표현되는 수의 보수를 출력 데이터로서 표현하는 회로. 하나의 보수를 만들려면 그림과 같은 회로에서 모든 비트의 0과 1을 반전시키면 된다. 2 의 보수는 1의 보수를 만든 다음 최하위 자리에 1을 더하면 된다. 그러나, 이 조작은 수치를 덧셈할 때 최하위로의 자리올림을 1에 둠으로써 덧셈과 동시에 실행할 수 있으므로 미리 할 필요는 없다.

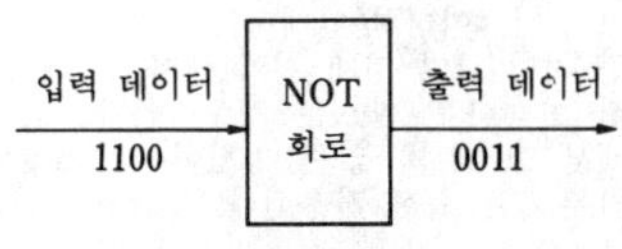

1의 보수 회로

complementing flip-flop 보수 플립플롭(補數－), 상보 동작 플립플롭(相補動作－) 입력 단자가 하나이고 거기에 1개의 입력 신호가 들어오면 지금까지의 상태가 변화하는 회로.

completed call 완료 호출(完了呼出) 전화 교환 시스템에서 복구 처리가 된 응답이 있는 호출.

complete diffuser 완전 확산(完全擴散) 모든 방향으로 동일한 휘도를 가진 광속을 재반사하여 전혀 물체상을 형성하지 않는 상태로 하는 확산.

complete group 완전군(完全群) 전화 교환에서 1군의 출선(出線) 또는 기기가 모두 이들을 선택하는 모든 입선(入線) 또는 실렉터에서 선택(접속)할 수 있도록 배치된 회선 또는 기기의 그룹.

complete modulation 완전 변조(完全變調) 진폭 변조에서 변조도가 100%일 때를 완전 변조라 하고, 변조의 한도를 나타낸다. 100% 이상의 변조는 과변조라고 한다.

complete operating test equipment 완전 동작 시험 장치(完全動作試驗裝置) 명세서 등에 기재되어 있는 기능, 동작의 시험에 필요한 부품이나 정밀한 부속품, 액세사리 또는 그것들의 조합을 구비한 장치.

complete sequence numerical alphabetical coding 일련 번호 적합법(一連番號適合法) 컴퓨터를 사용하는 사무 처리에서 코드화의 대상이 되는 항목의 현재수 및 장래의 증가수를 알고 있는 경우, 일련 번호의 최대 번호를 현재 항목수로 제해서 얻은 수마다 항목을 일련 번호를 끼워 맞추어 코드로 하는 방법. 빈 번호가 있어, 항목을 추가하는 경우에 알파벳순 또는 가나다순에 변화를 주지 않는 이점이 있다.

complex antenna 조합 안테나(組合－) 텔레비전 수신용 안테나에서 상이한 주파수용으로 설계된 안테나를 2개 이상 병렬로 한 것. 원리적으로는 그림과 같이 각 안테나에는 각각의 주파수용으로 설계된 필터를 통해서 병렬로 접속하면 되지만 저손실의 필터를 만들기가 곤란하므로 분포 정수 회로에 의해서 이 목적을 달성하고 있다. 이러한 안테나는 전계가 매우 약한 지역(극미 전계 지역)에서 전 채널 수신 안테나를 만드는 경우라든가, 근거리에서 고스트가 없는 방향이 각 채널에서 다른 경우 등에 사용된다.

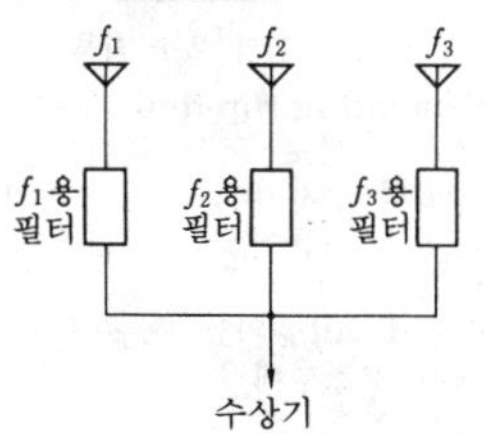

complex dielectrics 복합 유전체(複合誘電體) 종류가 다른 절연체가 혼합하고, 또는 층상으로 겹쳐진 것. 전체로서의 유전율은 어느 주파수에서 갑자기 감소하고, 전체로서의 유전 정접이 같은 부근에서 최대값을 나타내는 등 단독의 재료로서는 볼 수 없는 성질을 나타낸다. 이 이론은 고주파 유전 가열의 조건을 정하는 경우 등에 필요하다.

complex frequency 복소 주파수(複素周波數) 회로망을 해석 또는 합성하기 위해 회로망의 시간 함수 $f(t)$에 라플라스 변환을 함으로써 매개 변수 s에 관한 $F(s)$라는 함수가 얻어진다. s는 일반적으로 복소수이며

$s=\sigma+jw$

라 두고, 이것을 복소 주파수라 한다. 특히 $\sigma=0$인 경우에는 라플라스 변환에 의한 문제의 해는 $f(=\omega/2\pi)$라는 주파수로 변화하는 시간 함수의 정상해를 준다. 회로 함수를 복소 주파수의 함수로서 다룸으로써 복소 함수가 갖는 수학적 여러 특성을 회로망 해석에 도입하여 이용할 수 있다.

complex permittivity 복소 유전율(複素誘電率) 유전체에 교류의 전계 E를 가했을 때 그에 의해서 생기는 전속 밀도 D는 위상이 늦어지므로 D/E는 복소수가 된다. 이것을 복소 유전율이라 하고 $\varepsilon=\varepsilon'-j\varepsilon''$로 나나탤 때 ε'는 통상의 유전율에 해당하고, ε''는 유전손율로, 유전 정접을 $\tan\delta$로 할 때 $\varepsilon''=\varepsilon'\tan\delta$가 된다.

complex system industry 시스템 산업(－産業) 지식 산업, 주택 도시 개발 관련 산업, 레저 산업, 수송 산업, 시스템 개발 산업과 같은 산업의 일반적인 호칭. 종래의 각 산업의 기능 요소를 세분화하여 어떤 목적으로 재편성한다.

complex tone 복합음(複合音) ① 주파수가 다른 각종 단순 정현파음(순음)을 포함한 합성음. ② 복수의 피치에 의해 특징지워진 음의 감각.

compliance 컴플라이언스 기계적인 가요성을 나타내는 양으로, 1N의 힘에 대한 일그러짐을 m으로 나타낸다. 스피커의 콘이나 픽업 카트리지의 바늘끝 등의 부드러움을 나타내는 데 사용된다. 이들 부분은 되도록 컴플라이언스를 높게 하기 위해 유지하는 방법에 주의할 필요가 있다. 스피커에서는 콘 주변의 에지와 댐퍼에 고려가 필요하며, 카트리지에서는 댐퍼에 부드러운 고무를 쓴다든지 한다.

compliance control 컴플라이언스 제어(－制御) 로봇의 제어 방식의 하나로, 외부에서 작용하는 힘을 이용하여 목표 궤도를 수정하는 방식을 말한다. 조립 작업 등 로봇과 외부의 환경과의 기계적인 접촉이 생기는 경우에는 단순한 위치 제어로는 작업을 달성할 수 없고, 상대 부품과의 접촉에 의해서 생기는 힘을 이용하여 궤도를 수정하는 기능이 필요하다. 컴플라이언스 제어에서는 스프링 정수의 역수인 컴플라이언스를 조정함으로써 적응적인 위치의 수정을 한다.

compliance voltage 컴플라이언스 전압(－電壓) 직류 전류원의 정전류 모드에서의 출력 전압. 일정한 부하 전류를 유지하는 데 필요한 출력 전압의 범위를 컴플라

이언스 범위라 한다.

compliant bonding 유연 접착(柔軟接着) 칩을 리드에 접속하기 위해 탄성이 있는, 또는 소성 변형할 수 있는 재료를 써서 접착하는 것을 말한다. 그러한 중개재를 유연 부재(compliant member)라 한다.

compliant member 유연 부재(柔軟部材) →compliant bonding

component coding 컴포넌트 부호화(－符號化) 텔레비전에서 휘도 신호와 색차 신호(또는 적, 녹, 청의 성분 신호)를 별도로 디지털 부호화하는 프로세스.

component density 실장 밀도(實裝密度), 부품 밀도(部品密度) =packaging density

component hour 컴포넌트 시간(－時間) 계(系), 기기, 부품 등에 대해서 측정된 개개의 동작 시간 또는 시험 시간의 총계값.

components per chip 집적도(集積度) 집적 회로(IC)의 단위 면적당 또는 하나의 IC 당에 포함되는 소자의 수. 단위 면적당의 소자수는 집적 밀도라고도 한다. 기억 장치에서는 하나의 칩 내의 비트(기억 단위) 총수로, 또 논리 회로로 이루어지는 IC 에서는 사용되고 있는 게이트의 총수로 나타내는 경우가 많다.

component stereo 컴포넌트 스테레오 스테레오 장치를 기능별로 나누고, 각각의 제품, 예를 들면 튜너, 레코드 플레이어, 테이프 데크, 프리앰프, 메인 앰프, 스피커 시스템의 단체(單體)로 된 것을 조합시켜서 스테레오 시스템으로 한 것을 말한다. 이들 단체를 각각 자기의 구미에 맞게 조합시킬 수 있고, 나중에 따로 단체를 구입하여 기능을 향상시킨다든지, 일부 단체를 교환한다든지 하는 등 자유롭게 할 수 있는 이점이 있다.

composite cable 복합 케이블(複合—) 케이블의 심선이 2종 이상의 지름의 도체로 구성되어 있는 케이블. 복합 케이블의 대표적으로는 외층 쿼드의 동축 케이블이 있다.

composite coding 합성 부호화(合成符號化) 텔레비전에서 복합 영상 신호, 즉 휘도 신호와 색신호가 같은 파형 속에 합성된 신호를 디지털 부호화하는 프로세스.

composite color signal 합성 컬러 신호(合成－信號) 컬러 텔레비전의 송수신에 사용되는 신호로, 영상 신호 외에 동기 신호, 귀선 소거 신호, 색동기 신호(color burst)의 전부를 포함한 것.

composite component 복합 부품(複合部品) 몇 개의 부품을 하나로 묶어서 전체로서 소형화를 도모한 것으로, 현재 널리 쓰이고 있는 것은 *CR* 복합 부품이다. 이것은 자기를 기판으로 하여 그 양면에 박막 전극을 붙여서 얻어지는 정전 용량과 기판의 표면에 역시 박막으로 만든 저항을 조합시킨 것으로, 분포 정수 회로와 같은 모양이 된다.

composite display 복합 표시 장치(複合表示裝置) 텔레비전 모니터나 일부 컴퓨터 모니터와 같은 표시 장치의 일종으로, 복합 신호(NTSC 신호라고도 한다)에서 화상을 추출할 수 있는 것. 복합 표시 장치 신호는 화면상에 화상을 형성하는 데 필요한 부호화 정보 뿐만 아니라 화면 전체에 전자 빔을 소인(掃引)하는 수평 주사나 수직 주사를 동기시키는 데 필요한 펄스를 운반한다. 복합 표시 장치는 흑백, 컬러 모두에 대응한다. 복합 컬러 신호는 비디오 3원색(적, 녹, 청)을, 화면에 표시하는 색의 셰이드를 결정하는 하나의 컬러 버스트 성분에 결합한다. 복합 컬러 모니터는 흑백 모니터나 화상의 적 · 녹 · 청의 성분에 별개의 신호(및 신호선)를 쓰는 RGB 컬러 모니터에 비해서 판독하기가 어렵다. →NTSC

composite filter 복합 필터(複合－) 단독의 필터로는 필요한 특성이 얻어지지 않을 때 각종 필터를 적당히 종속 접속하여 사용한다. 이와 같은 필터를 복합 필터라고 한다. 예를 들면, 정 K 형과 유도 *m* 형 필터를 종속 접속하여 저역 필터를 만드는 것과 같은 것이다.

composite level 복합 레벨(複合－) 2주파 신호 방식에서 특정한 신호가 있는 상태를 구성하는 두 가지 신호음의 합계 전력.

composite pulse 복합 펄스(複合－) 같은 신호원에서 송출되면서, 다른 전파로(傳播路)를 거쳐 수신되는 일련의 다중 펄스가 된 펄스..

composite signal 복합 신호(複合信號) 몇 개의 신호가 복합된 신호. 보통은 표시 장치 등에 출력되는 복합 영상 신호(영상 신호와 동기 신호가 복합된 것)를 가리킨다.

composite solar battery 복합 태양 전지(複合太陽電池) 성질이 다른 두 종류의 태양 전지를 적층시켜 종합적으로 높은 전력 변환 효율을 얻도록 한 것. 상부에 어모퍼스 실리콘의 전지, 하부에 결정 실리콘의 전지를 적층한 것은 태양광 중의 단파장 성분을 상부에서 흡수한 다음 투과한 장파장 성분을 하부에서 흡수함으로써 20%에 가까운 효율이 얻어진다.

composite type photocathode 복합 광

전면(複合光電面) 은(Ag) 등의 바탕 금속 위에 산화 세슘(Cs_2O)이나 안티몬 세슘(SbCs)과 같은 반도체의 중간층을 두고, 그 위에 세슘(Cs)을 광전자 방출 재료로서 붙인 광전면. 단일 금속의 경우에 비해서 감도가 좋으므로 널리 쓰인다.

composite video 복합 비디오(複合－) 컴퓨터의 컬러 표시 장치에 가해지는 신호로, 세 가지 원색이 색조와 휘도에 의해 인코드된 단일의 비디오 신호로서 복합되어 있는 것. 색 제어 신호는 따라서 단일의 데이터 스트림이며, 이것을 적, 녹, 청의 3원색으로 디코드할 필요가 있다. 복합 모니터(composite monitor)라고 하는 값싼 TV 세트보다 조금 나은 화질을 갖는 컬러 표시를 할 수 있다.

composite video display 복합 비디오 표시 장치(複合－表示裝置) (컬러의 수평 동기나 수직 동기를 포함하는) 부호화된 모든 비디오 정보를 하나의 신호로 수신하는 표시 장치. 일반적으로 텔레비전 수상기나 비디오 테이프 레코더에서는 예를 들면, 미국이나 한국에서는 NTSC 규격에 입각하는 복합 비디오 신호가 필요하다.

composite video signal 합성 영상 신호(合成映像信號) 촬상관에서 얻어진 영상 신호에 귀선 소거 신호 및 동기 신호를 합성하여 만든 신호로, 텔레비전 신호라고도 한다. 영상 신호는 부신호로 전 진폭의 75% 이내에 있으며, 화상의 밝기에 따라서 진폭이 변화하고, 흑 레벨보다 약간 위의 페디스털 레벨에 귀선 소거 신호의 레벨을 맞추어 이로써 더욱 검은 쪽으로 동기 신호를 실어서 합성 영상 신호로 한다.

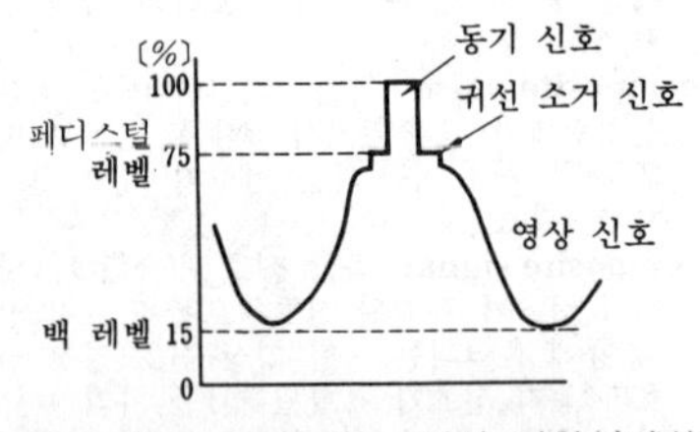

composite waveform 합성 파형(合成波形) 해석 또는 표현을 위해 둘 이상의 파형의 대수합으로서 나타내어지는 파형.

composition resistor 콤퍼지션 저항기(－抵抗器), 체 저항기(體抵抗器) 탄소 입자의 접촉 저항을 이용하는 것으로, 수지 등으로 고형화한 콤퍼지션 솔리드형(이른바 솔리드 저항기)과 수지 [illegible]서 자기나 유리 막대 표면에 [illegible] 구워붙인 콤퍼지션 피막형이 있다. 현재 쓰이고 있는 것은 대부분 콤퍼지션 솔리드형이다.

composition type carbon resistor 콤퍼지션형 탄소 저항기(－形炭素抵抗器) ＝ composition resistor

compound 콤파운드 수지 · 납 · 고무 등을 배합하여 만든 일종의 절연 재료. 액상의 것은 종이 절연의 함침 등에 사용하고, 함침 후 굳어지는 것은 케이블의 접속 장소 등의 틈을 방습 절연하기 위해 사용한다.

compound connected transistor 복합 접속 트랜지스터(複合接續－) 2개의 트랜지스터에서 한쪽 트랜지스터의 베이스가 다른 쪽 트랜지스터의 이미터에 접속되고, 또 양쪽 컬렉터가 함께 접속된 복합 트랜지스터. 전류 증폭률이 매우 큰 1개의 트랜지스터와 같이 동작한다.

compound glass optical fiber 다성분 유리 광섬유(多成分－光纖維) SiO_2, B_2O_3, GeO_2 등의 주성분에 Na_2O, LiO_2, CaO 등의 부성분을 더한 광섬유. 2중 도가니법 등으로 만들어진다. 고순도 실리카(석영)의 광섬유에 비해 연화점(軟化點)이 낮고, 용융 상태의 유리에서 직접 방사(紡絲)할 수 있으나, 전송 손실이 크므로 근거리용에 적합하다.

compound loudspeaker 복합 스피커(複合－) 음향 특성이 다른 복수 개의 스피커를 음역별로 나누어 재생 주파수 영역을 넓게 하고, 음의 일그러짐을 적게 하도록 한 것. 음역을 우퍼와 트위터에 의해 분담하여 재생하는 방식을 2웨이 방식이라 한다.

compound semiconductor 화합물 반도체(化合物半導體) 주기율표에서 Ⅲ족과 Ⅴ족의 원소 또는 Ⅱ족과 Ⅵ족의 원소의 화합물은 Ⅳ족의 원소인 규소나 게르마늄과 같은 결정 구조이며, 반도체로서의 성질을 나타내고, 화합물 반도체라고 불린다. 이 제법은 일반적으로 단체(單體)인 경우보다도 곤란하나, 단체에서는 얻어지지 못하는 뛰어난 특징을 가진 것도 만들 수 있으므로 용도에 따라서, 예를 들면 다음과 같은 것이 만들어지고 있다.

광도전체 : CdS, 전계 발광체 : ZnS,
레이저 : GaAs, 홀 소자 : InSb

compound type DC amplifier 복합형 직류 증폭기(複合形直流增幅器) 직접 결합 증폭기와 변조형 직류 증폭기를 병용한 직류 증폭기로, 직결형의 광대역 특성과 변조형의 저 드리프트의 양쪽 이점을 겸비하고, 양자의 결점을 제거한 것이다. 아날로그 컴퓨터의 고정도 연산 회로에 사용된다.

compression 압축(壓縮) 화상 정보를 전

송로를 통해서 보내거나, 기억 축적하거나 하는 경우에 화상 정보를 되도록 적은 비트수로 표현하도록 하는 것. 원화상과 수상 장치의 각각의 공간적 분해능 및 회색 정도의 분해능을 고려하여 화상을 샘플한다. 그 샘플(화소)의 크기나 샘플에서의 회색 농도의 양자화 정세도(精細度)가 달라지지만 그래도 보다 적은 비트수로 되도록 충실하게 화상을 보내기 위해 화상 변환법, 예측법, 하이로(high-low)법의 세 가지 방법이 있다. 하이로법은 화상 전체를 저역 필터로 소프트하게 하는 동시에 별도로 고역 필터로 에지(흑백 급변하는 장소) 정보를 추출하여 이들을 조합시키는 방법으로 비트수를 줄이는 방법이다.

compressional wave 압축파(壓縮波) 단위 체적 변화에 의해 탄성 매질 내에 발생하고, 그 속도 성분이 변동 방향에만 있는 파.

compression ratio 압축률(壓縮率) 기준 신호 레벨에서의 이득과 고신호 레벨에서의 이득의 비.

compression terminal 압축 단자(壓縮端子) 단자에 전선을 접속하는 데 납땜에 의하지 않고, 그림과 같이 하여 접속하는 단자. 접속 부분의 신뢰성이 높고, 생산성도 높으나 전용 공구가 필요하다. 전자 기기의 양산에 사용된다.

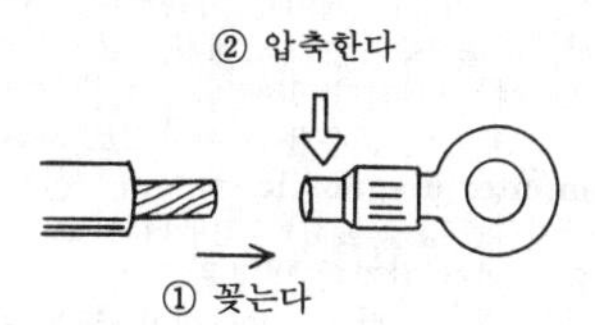

compressor 압축기(壓縮器) 반송 통신의 단국 장치에 있는 입신기 중 회로망의 하나로, 주요부는 가변 손실기이다. 이것은 전송 전류의 고 레벨(고진폭) 출력을 억제하여 작게 하고, 저 레벨의 출력은 반대로 크게 늘려서 고저의 레벨 차를 압축함으로써 중계기의 일그러짐 특성을 개선하며, 또 도중의 잡음을 억제하는 구실을 한다.

compromise net 간이 평형망(簡易平衡網) →building out network

Compton effect 컴프턴 효과(－效果) 광자의 전자에 의한 탄성 산란. 충돌할 때 전 에너지 및 전 운동량이 보존되고부터 산란된 방사의 파장은 산란의 각도와 전자에 수수(授受)된 광자의 에너지의 양에 따라서 변화한다.

Compton scattering 컴프턴 산란(－散亂) 빛이나 X선이 원자 내의 전자와 충돌하면, 전자는 에너지를 얻어 원자로부터 튀어나와 빛이나 X선은 그만큼 에너지가 감소되고 파장이 길어진다. 이것을 컴프턴 산란이라고 한다.

compulsory watch 청수 의무(聽守義務) 선박국 및 해안국이 해상에서의 인명, 재산의 안전을 도모하기 위해 1일 중의 정해진 시간에 국제 조난 호출 주파수의 전파를 청수하는 의무.

computed tomography 컴퓨터 토모그래피 =computer tomography

computed tomography scanner 컴퓨터 토모그래피 스캐너 →computer tomography schanning

computer 컴퓨터, 전산기(電算機), 계산기(計算機), 전자 계산기(電子計算機) 보통은 프로그램 내장형의 계수형 전자 계산기를 말한다. 숫자를 이산적인 부호의 조합으로 나타내고, 이것을 전기적인 펄스로 변환하여 연산을 하는 것으로, 다음과 같은 특징이 있다. ① 계산의 정확도는 필요한 만큼 높일 수 있다. ② 계산은 4칙 연산을 순차적으로 함에도 불구하고 매우 빠르다. ③ 대용량의 기억을 할 수 있다. ④ 프로그래밍이 필요하다. ⑤ 수치 계산이나 논리 판단을 할 수 있는 것이라면, 어떤 업무에도 사용할 수 있으므로 만능형이다. 이 컴퓨터의 용도는 다방면에 걸쳐서 각각의 분야에 적합한 프로그램에 의해 동작시킨다. 보통의 기종에서는 내부 소자에 LSI 이나 VLSI 를 사용하여 소형이고 고속화하며, 대용량의 내부 기억 장치를 갖춘 것이 많다.

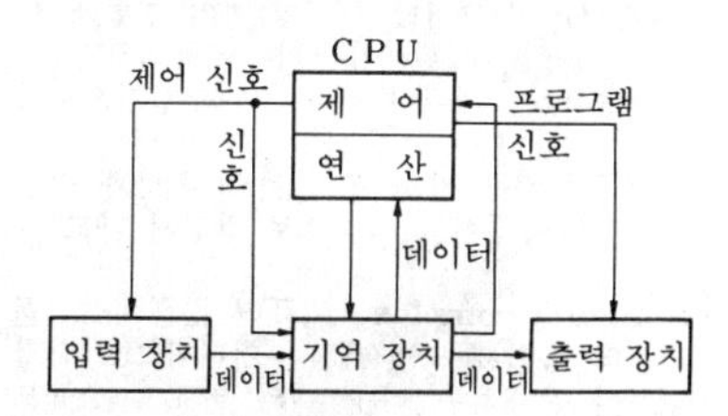

computer aided design 컴퓨터 이용 설계(－利用設計) =CAD

computer aided design and drafting 컴퓨터 이용 설계 제도(－利用設計製圖) = CADD

computer aided design/computer aided manufacturing 컴퓨터 이용 설계/컴퓨터 이용 제조(－利用設計/－利用製造) = CAD/CAM

computer aided engineering 컴퓨터 이용 기술(－利用技術) ＝CAE

computer aided instruction 컴퓨터 이용 학습(－利用學習) ＝CAI

computer aided management 컴퓨터 지원 경영(－支援經營) 경영상 필요한 사무 처리에 컴퓨터를 응용하는 것. 예를 들면 각종 데이터 베이스의 관리, 관리 정보의 보고서 작성, 정보의 검색 등이다.

computer aided manufacturing 컴퓨터 이용 제조(－利用製造) ＝CAM

computer aided testing 컴퓨터 이용 검사(－利用檢查) ＝CAT

computer aided typesetting 전산 사식(電算寫植) 도큐먼트 작성의 각 단계에 컴퓨터를 응용하는 것. 예를 들면, 문서의 서식 설정, 워드 프로세스에서의 직접 입력 지원, 페이지의 레이아웃 처리 등이 있다. ＝CTS

computer architecture 컴퓨터 아키텍처 컴퓨터의 구조, 구성의 기초가 되는 설계상의 기본 구성 요소. 아키텍처는 원래 건축 양식이라는 뜻의 용어이나, 컴퓨터에서는 하드웨어와 소프트웨어의 두 기둥이 있으며, 서로 보완하고 있으므로 그 사용 방법 등 기본이 조금이라도 다르면 호환성이 없어진다.

computer automated measurement and control 카맥, 컴퓨터에 의한 자동 계측 및 제어(－自動計測－制御) ＝CAMAC

computer communication 컴퓨터 통신(－通信) 컴퓨터의 유한 자원인 데이터를 효율적으로 이용하기 위해 통신 회선을 이용하여 원격지에 있는 단말기에서도 데이터 등의 송수신을 할 수 있는 것을 말한다. LAN(근거리 통신망)과의 결합에 의한 이용을 비롯하여 다른 컴퓨터로 가동하고 있는 데이터 베이스에 결합함으로써 다른 나라와도 통신할 수 있다. 특히 ISDN(종합 정보 통신망)의 확장과 더불어 PC 통신이 비약적으로 발전해 가고 있다.

computer complex 컴퓨터 콤플렉스, 컴퓨터 복합체(－複合體) 거리적으로 근접하여 존재하는 다수 대의 비교적 소규모 컴퓨터를 서로 결합한 시스템. 각 컴퓨터는 각각 다른 기능을 갖는 경우가 많다.

computer conferencing 컴퓨터 회의(－會議) 네트워크를 이용하여 다수의 이용자가 메시지를 교환할 수 있도록 한 것. 원격지 회의를 가능하게 하는 기술의 하나.

computer configuration 컴퓨터 구성(－構成) 컴퓨터 시스템을 구성하는 각 장치 및 그룹의 총칭. 어떤 중앙 연산 처리 장치에 제어 장치, 카드 판독 장치, 카드 천공 장치, 인쇄 장치, 자기 테이프 장치, 자기 디스크 장치 등을 결합, 구성한 시스템.

computer control 컴퓨터 제어(－制御) 컴퓨터가 지니고 있는 뛰어난 기능을 자동 제어 장치 또는 자동 제어 조직에 채용하여 고도적인 제어를 가능케 한 자동 제어를 말하며, 구체적으로는 컴퓨터를 사용한 자동 제어(방식)를 가리킨다.

computer control communication 컴퓨터 제어 통신(－制御通信) ＝CCC

computer controlled sewing-machine 컴퓨터 재봉틀(－裁縫－) 마이크로프로세서로 제어되는 재봉틀. 제어는 스타트·스톱 등의 동작 제어, 속도 제어, 선택 버튼에 의한 모양 제어, 발광 다이오드에 의한 표시, 오조작시의 정지 제어 등이 이루어진다. 이 때문에 재래의 재봉틀에 비해 매우 사용하기 쉽게 되었다.

computer control mode circuit 연산 제어 회로(演算制御回路) 연산 제어 모드를 선정하는 회로.

computer control state 컴퓨터 제어 상태(－制御狀態) 컴퓨터-제어 회로의 명확하고 선택 가능한 상태의 하나.

computer control system 컴퓨터 제어 시스템(－制御－) 자동 제어 방식. 좁은 뜻으로는 컴퓨터 제어를 가리키며, 전력, 화학, 금속 등의 생산 계획, 실시, 관리에 대하여 전체적인 균형과 통제를 도모하면서 효율적인 운용을 자동적으로 하는 것.

computer diagnostic system 전자 진단 장치(電子診斷裝置) 컴퓨터와 그 관련 기술을 써서 환자의 병명을 정하는 장치. 의사는 문진, 타·청진, 검사 등에 의해서 환자의 증상을 알고, 증상과 병명 사이의 상호 관계에 의해 환자의 병명을 정하는데, 이것을 자동화하기 위해 질환과 병상(病狀)에 관한 과거의 데이터를 파일하여 미리 기억 장치에 넣어 두고(이것을 의용 데이터 베이스라 한다) 컴퓨터로 병명을 검색하도록 되어 있다.

computer engineering 컴퓨터 공학(－工學) 컴퓨터의 하드웨어 개발 관련의 설계나 기본 원리에 관한 학문.

computer family 컴퓨터 패밀리 같은 마이크로프로세서나 일련의 관련 마이크로프로세서를 중심으로 하여 설계의 요체가 되는 부분을 공유하고 있는 한 무리의 컴퓨터를 가리키는 데 흔히 쓰이는 용어.

computer generation 컴퓨터 세대(－世代) 컴퓨터의 발전 과정을, 사용되는 부품의 소자에 의해서 분류 구분했을 때의 각 연대를 말한다. 1950 년대의 제 1 세대 컴퓨터는 진공관을 사용하고 있었으나, 1960 년대의 제 2 세대 컴퓨터는 트랜지스터를 사용했다. 또, 제 3 세대의 컴퓨터는 수 10 개의 트랜지스터로 구성된 집적 회로(IC)가 사용되었다. 또, 소자의 집적도가 진척되어 중규모 집적 회로(MSI), 대규모 집적 회로(LSI)가 실용화되고, 제 3.5 세대의 컴퓨터는 MSI 나 LSI 가 사용되었다. 1970 년대에 들어와서부터는 주기억 장치가 반도체 메모리에 의해서 실현되었다. 현재는 초LSI(회로 규모 약 100 만 트랜지스터)가 만들어지는 시대이며, 이에 의해서 만들어지는 컴퓨터는 제 4 세대 컴퓨터라고 한다. 컴퓨터는 세대가 거듭됨에 따라 성능이 향상되고, 소형화가 추구되어 왔다.

computer graphics 컴퓨터 그래픽스, 전산 그림(電算−) 컴퓨터를 사용하여 도형이나 화상을 처리하는 것. 도형 처리의 분야에는 도형 분석(CAD, CAM 등)이나 도형 표시가 있고, 화상 처리의 분야에는 화상 분석(의료, 기상 분석 등)이나 화상 표시(미술, 애니메이션 등)가 있다.

computer hologram 컴퓨터 홀로그램 물체광의 진폭 분포에서 홀로그램면(회절면)의 복소 진폭 분포(진폭과 위상의 분포)를 컴퓨터에 의해 계산하고, 이것을 써서 플로터로 홀로그램을 작성하는 것. 재생은 레이저광을 써서 하고, 실재하지 않는 물체나 요철(凹凸)면을 재생할 수 있다. 광파면을 위와 같이 컴퓨터에 의해 계산하여 기록하는 컴퓨터법은 물체광에서 직접 기록하는 직접법과 대비된다.

computer industry 컴퓨터 산업(−産業) 산업계를 구분하는 용어의 하나. 정보 산업 중 특히 컴퓨터에 관련하는 제품을 제조 · 판매하는 산업의 총칭.

computer input microfilm 컴퓨터 입력 마이크로필름(−入力−) 입력 장치를 사용하여 마이크로필름 또는 마이크로피시의 내용을 직접 컴퓨터에 입력하는 방법. 컴퓨터 출력을 마이크로필름에 기록하기 위한 컴퓨터 출력 마이크로필름(COM) 기록 장치와 대비된다. =CIM

computer integrated manufacturing 컴퓨터에 의한 통합 생산(−統合生産) = CIM

computer interface 컴퓨터 인터페이스 컴퓨터와 외부의 실체, 예를 들면 이용자, 주변 장치, 통신 매체가 접하는 점을 말한다. 인터페이스는 접속기와 같은 물리적인 것일 때도 있고, 소프트웨어를 포함하는 논리적(혹은 가상적)인 것일 때도 있다.

computer interface unit 컴퓨터 인터페이스 장치(−裝置) 주변 장치를 컴퓨터에 접속하는 장치. =CIU

computerized axial tomography 컴퓨터 단층 사진(−斷層寫眞) =CAT

computerized numerical control 컴퓨터 수치 제어(−數値制御) =CNC

computer managed instruction 컴퓨터 관리 교육(−管理敎育) =CMI

computer micrographics 컴퓨터 축소 도형 처리(−縮小圖形處理) →micrographics

computer network 컴퓨터 네트워크, 전산망(電算網) 컴퓨터 시스템에서 2 대 이상의 설치 목적이 다른 시스템을 서로 다른 시스템의 자원을 공유할 목적으로 통신선으로 결합한 것. 이로써 응답 시간의 단축, 중앙 처리 장치(CPU)의 부하 경감, 처리 능력의 증강 등을 꾀할 수 있다.

computer numerical control 컴퓨터 수치 제어(−數値制御) =CNC

computer output microfilm 컴퓨터 출력 마이크로필름(−出力−) =COM

computer science 전산학(電算學), 전자계산학(電子計算學) 컴퓨터의 제조라든가 사용을 전자 공학, 전기 공학, 물리학, 생리학 및 수학 등을 기초로 연구 · 개발하는 것.

computer security 컴퓨터 보안(−保安) 컴퓨터 자원을 악용 혹은 부정 사용에서 보호하는 것. 특히 컴퓨터 데이터를 고의로 또는 불측의 파괴나 폭로 혹은 변경을 방지하는 것.

computer system 컴퓨터 시스템, 전산 체계(電算體系) 컴퓨터는 그 작업의 종류나 양에 따라서 중앙 처리 장치와 함께 보조 기억 장치나 각종 입출력 장치 등의 주변 장치가 사용되는데, 이들을 종합한 조직을 컴퓨터 시스템 또는 전산 체계라고 한다.

computer tomography 컴퓨터 토모그래피 인체를 그 축에 수직으로 절단했다고 가정하고, 그 단면의 모양을 각도를 바꾸어서 X 선이나 초음파로 촬영하여 얻은 데이터에서 계산하는 것으로, X 선 화상을 컴퓨터에 의해서 콘벌루션 처리 등을 함으로써 진단에 적합한 단층상을 얻도록 한 것. 초음파나 X 선 이외에 체내 원자의 핵자기 공명 현상에 의한 전자 방사의 흡수 데이터를 이용한 것도 있으며, 각각 초음파 CT, X 선 CT, 핵자기 공명 CT(NMR-CT)라 부르고 있다. =CT

computer tomography scanning 컴퓨터 토모그래피 주사(−走査) X선의 빔을 머리 등에 조사(照射)하여 그것을 컴퓨터로 처리해서 내부 조작을 화상으로 하는 기술. 보통 두개골 사진에서는 대뇌 밖에는 비쳐지지 않는다. 투과 X선의 에너지량을 컴퓨터로 해석하여 단면도를 얻는다.

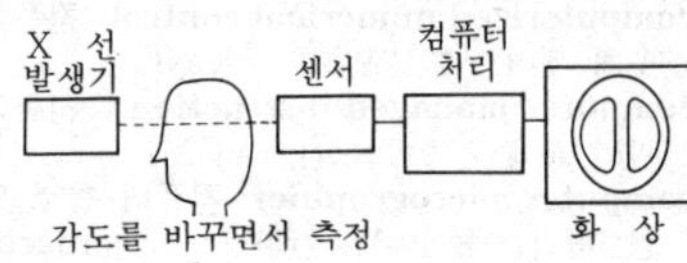

computer virus 컴퓨터 바이러스, 전산균(電算菌) 세계적인 규모로 결합, 이용되고 있는 컴퓨터망에 침입하여 시스템 내부의 중요한 데이터나 소프트웨어를 파괴하고, 나아가서 네트워크를 이용하여 다른 컴퓨터 시스템에 전이하여 차례로 감염시켜 피해를 확대해 가는 불법 프로그램. 병원체에 관한 의학 용어를 전용하여 이렇게 부른다.

computing circuit 계산 회로(計算回路) 계산기에서 4칙 연산을 하기 위해 필요한 회로. 곱셈은 덧셈의 반복, 나눗셈은 뺄셈의 반복(실은 보수를 씀으로써 뺄셈은 덧셈에 귀착된다)에 의해 실행할 수 있으므로 4칙 연산은 덧셈에 귀착된다.

computing control 계산 제어(計算制御) 자동 제어계의 루프 중에 컴퓨터를 도입하여 그 기능을 이용해서 고정도의 실시간 동작을 시키는 제어 방식으로, 복잡한 장치의 운전에 사용된다.

computing logger 계산 로거(計算−) 데이터 로거에 계산 기능을 갖게 한 것으로, 플랜트의 집중 운전 관리 등에 사용된다.

COMSAT 콤세트 Communications Satellite Corporation의 약어. 위성 통신을 하기 위해 설립된 미국의 위성 통신 회사. 통신 위성을 이용한 세계 상업 통신망의 작성을 목적으로 하는 세계 상업 통신 위성 조직(INTELSAT)의 사무국으로 되어 있다. 사기업이지만 미국 정부의 규제, 감독을 받고, 미국의 각종 기관이나 기업에 위성 통신의 채널을 공급하거나 임대하는 업무를 하고 있다.

concentrated constant circuit 집중 상수 회로(集中常數回路) 전기 회로에서 그 매개 변수를 장소적으로 집중한 것. 따라서 장소적인 확산에 의한 영향을 생각하지 않아도 되는 회로의 경우에 사용한다.

concentrator 집신 장치(集信裝置) 데이터 통신 분야에서 사용하는 집신 장치. 합계의 대역폭이 출력 회선의 합계 대역폭보다도 큰 복수 입력 회선을 묶는 통신 장치를 말한다. 가입 전신에서는 중심국에 설치되고 가입자를 집약하여 중계선을 거쳐서 총괄국에 연결하기 위한 장치.

concentricity error 편심 오차(偏心誤差) 광섬유에서 코어/클래드 기하학적인 구조의 허용 범위에 관련해서 이용되며, 클래드 직경을 결정하는 두 동심원의 중심과 코어 직경을 결정하는 두 동심원 중심과의 거리.

concentric resonator 공중심 공진기(共中心共振器) 같은 회전 대칭축을 가지며, 곡률원(曲率圓)의 중심이 그 축상에서 일치하는 위치에 있는 1대의 구면(球面) 거울로 구성되는 레이저 빔 공진기.

condensation polymer 축합체(縮合體) 두 종류 이상의 단량체(單量體 : 기본 구조가 되는 저분자의 화합물)가 중합(다수가 규칙적으로 결합)할 때 원래의 단량체에 포함되어 있던 일부분의 원자단(물 등)을 방출하여 생긴 것을 말한다. 망상 고분자에 많다.

condenser 콘덴서 정전 용량을 얻기 위해 사용하는 부품으로, 전자 회로를 구성하는 중요한 소자이다. 고정 콘덴서와 가변 콘덴서가 있으며, 재료와 구조에 따라 많은 종류가 있다. 같은 콘덴서라도 인가 전압의 주파수나 파형에 따라서 구실이 달라진다. 사용하는 콘덴서를 정하려면 정전 용량의 크기 외에 사용 전압에 대한 절연 내력을 고려하지 않으면 안 된다.

condenser input filter 콘덴서 입력 필터(−入力−) 정류 전원 장치에서 사용되는 필터로, 정류기 출력단에 먼저 콘덴서가 병렬로 접속되어 있는 것. 초크 입력 필터에 대립하는 것으로, 다음과 같은 차이점을 가지고 있다. 즉, 콘덴서 입력형은 ① 출력 전압이 높은 경우에 적합하다. ② 맥동파 함유율은 작다(초크 입력형은 부하 전류가 클수록 작아진다). ③ 전압 변동률이 크다. ④ 이용률(=피크 전류/평균 전류)이 그다지 좋지 않다.

condenser input smoothing circuit 콘덴서 입력 평활 회로(−入力平滑回路) 정류 회로의 출력 전압을 직류 전압에 가까워지도록 하기 위한 회로로, 정류기 바로 뒤에 콘덴서를 접속한 것이다. 부하가 작으면 정류 전압의 최대값에 가까운 직류 전압이 얻어지나, 부하의 증대와 더불어

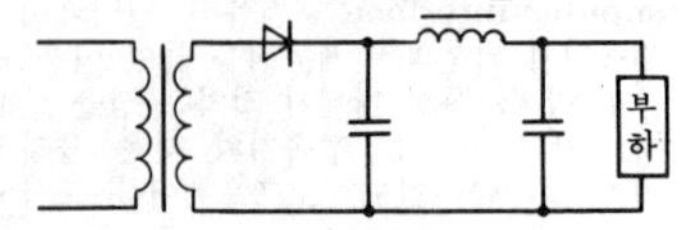

전압은 급속히 감소하여 전압 변동률은 크다.

condenser lens 집속 렌즈(集束－) 전자 현미경에서, 전자총으로부터 방사된 전자선을 다시 시료면에 모으기 위해 사용하는, 볼록 렌즈와 같은 작용을 하는 전자 렌즈.

condenser loudspeaker 콘덴서 스피커 입력 신호에 따른 전압을 고정 전극과 진동판 사이에 가함으로써 그 정전력(靜電力)으로 진동판이 진동하도록 한 것. 고역 특성이 좋은 것이 이점이나, 바이어스 전압을 필요로 하기 때문에 일반적으로는 그다지 사용되지 않는다.

condenser microphone 콘덴서 마이크로폰 평행판 콘덴서의 정전 용량 변화를 이용한 마이크로폰. 구조는 한 쪽을 고정 전극, 다른 쪽을 도전성의 진동판 전극으로 하고, 이 양 전극간에 수 10MΩ의 저항을 통해서 높은 직류 전압을 가한다. 음압에 의해서 전극 간격이 달라지는 동시에 정전 용량이 변화하여 이 때 생기는 전압이 음성 신호로서 꺼내진다. 주파수 특성은 10,000Hz 부근까지 거의 평탄하며, 고충실도의 마이크로폰이지만, 출력은 작다. 측정용 표준 마이크로폰이나 방송용 등에 사용된다.

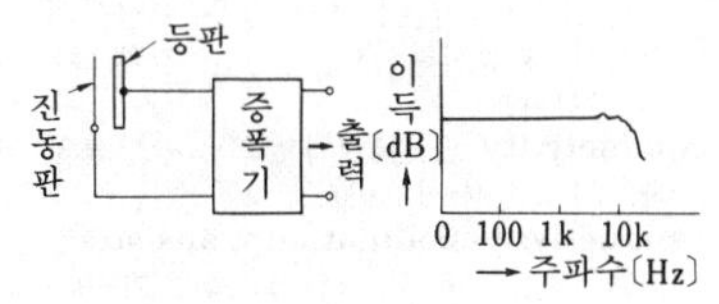

condenser oil 콘덴서 오일 종이 콘덴서나 플라스틱 콘덴서의 절연 내력을 향상시키기 위해 먹이는 기름. 절연 성능이 뛰어나다는 것 외에 유전율이 크고 유전 정접(tan δ)이 작을 필요가 있다. 일반적으로 광물유를 사용하나, 합성유로서 인체에 무해한 오일의 연구도 진행되고 있다.

condenser paper 콘덴서 종이 콘덴서를 만드는 데 사용하는 절연지. 두께는 0.008~0.012mm 이다. 보통의 종이보다 치밀하고, 핀 홀(미소한 구멍), 도전성 미립자 등이 없으며, 화학적으로도 중성인 것이어야 한다.

condenser pick-up 콘덴서 픽업 바늘의 진동을 정전 용량의 변화로 고쳐서 전기 신호를 꺼내는 것으로, 가동 부분을 가볍게 할 수 있는 것이 이점이다.

conditional transfer 조건부 점프(條件附－) 컴퓨터를 동작시키는 경우 누산기의 부호 등과 같은 지정한 조건에 따라서 둘 혹은 그 이상의 주소(어드레스) 중에서 어느 하나를 고르고, 다음에 실행하는 명령을 그 주소에서 꺼낼 것을 요구하는 명령.

condition code 상태 코드(狀態－), 조건 코드(條件－) 컴퓨터에서의 연산 결과를 나타내는 부호. 분기 명령의 분기 조건으로서 사용하며, 다음과 같은 플래그 비트가 사용된다. C：덧셈에 의한 자리올림, 또는 뺄셈에 의한 빌림이 생겼을 때 "1"로 된다. Z：연산 결과가 제로로 되었을 때 "1"이 된다. S：부호 비트(최상위 비트)의 값으로 된다. P：1바이트 내의 비트 "1"의 합계가 홀수일 때 "1"이 된다.

conductance 컨덕턴스, 도전도(導電度) 저항의 역수로, 전류가 얼마만큼 잘 흐르느냐 하는 것을 나타낸다. 교류 회로에서는 어드미턴스 Y가

$$Y=G-jB$$

로 나타내고, 이 식에서의 G가 컨덕턴스이다. 단위는 지멘스(S)가 쓰인다. 병렬 컨덕턴스의 합성값은 각 컨덕턴스의 합으로 되므로 병렬 회로의 계산에 사용하면 편리하다.

conductance coupling 도전 결합(導電結合) 방해원과 방해를 받는 신호 회로가 주로 양 회로간의 컨덕턴스에 의한 누설 전류의 모양으로 결합하고 있는 경우를 말한다.

conductance relay 컨덕턴스 계전기(－繼電器) 동작 특성의 중심이 R-X 선도의 R 축상에 있는 계전기로, 그 특성은

$$Z=K\cos\theta$$

로 주어진다. 여기서, θ：입력 전압이 입력 전류에 대해서 갖는 앞선각, K：상수.

conductance transistor 컨덕턴스 트랜지스터 더블 베이스 다이오드를 접근하여 배치한 그림과 같은 구조의 반도체 장치 중의 단위 소자를 말한다. 이 경우, 어느 소자가 ON 상태이면, 인접한 소자의 ON 전압이 기준값보다도 낮아지므로 논리 장치 등에 이용할 수 있다.

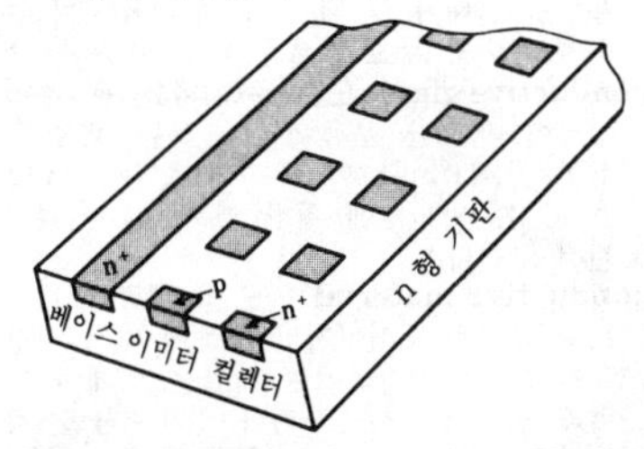

conducted radio noise 도전 무선 잡음(導電無線雜音) 회로의 도체를 따라서 전

파(傳播)하는 무선 잡음, 혹은 회로 요소의 불연속부로부터의 2차 방사에 의해서 수신기(기기) 내에 새어 드는 잡음.

conducting period 통전 기간(通電期間) ① 정류 회로에서 교류 전압 사이클 중 전류가 정방향으로 흐르는 기간. 정류 회로 소자 양단에 정방향 전압이 가해지는, 이른바 정방향 기간과 위의 통전 기간은 반드시 같지는 않다. ② 가스 봉입 방전관에서의 교번 전압 사이클 중 아크가 전류를 운반하고 있는 기간.

conduction band 전도대(傳導帶) 물질에서, 전자 에너지는 연속이 아니고 어느 폭을 가진 몇 개의 에너지대에 존재하고 있다. 반도체에서는 낮은 에너지대는 전자로 충만되고, 그 위의 에너지대에 전자가 존재하지 않으므로 외부 에너지를 받아서 이 공백의 에너지대에 전자가 뛰어오르면 자유롭게 움직일 수 있어서 전도성을 나타내게 된다. 이와 같이 전자가 조금 밖에는 존재하지 않고, 자유롭게 움직일 수 있는 레벨의 에너지대를 전도대라 한다.

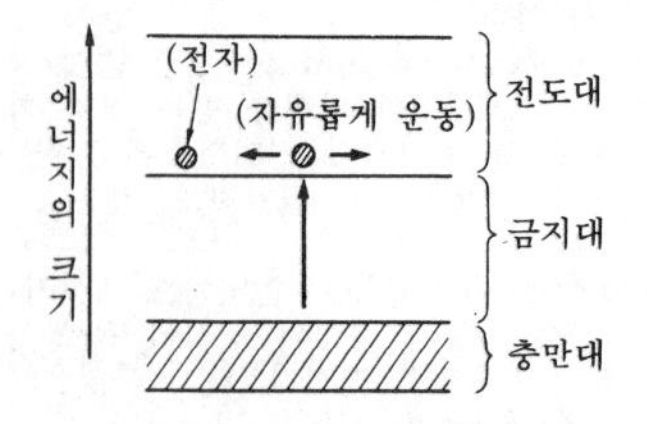

conduction current 도전 전류(導電電流), 전도 전류(傳導電流) 외부 에너지의 기여에 의해 만들어진 전도 전자의 흐름에 의한 물체 내 전하의 연속적인 운동.

conduction electron 전도 전자(傳導電子) 전도대 중에 있으며, 자유롭게 이동할 수 있고 전기 전도를 하는 전자. →conduction band

conduction through 통호(通弧) 장치가 통전을 끝내야 할 때 정류 회로 소자가 통전을 끝내지 않고 흐르는 이상 현상.

conductive glass 도전 유리(導電－) 투명 전극이 필요한 부품에 사용하는 재료로, 산화 주석(SnO_2)이나 산화 인듐(In_2O_3)을 쓴다. 기판상에 칠한 염화물을 산화시켜서 만든다.

conductive material 도전 재료(導電材料) 금속은 도체이지만 성분에 따라 저항률이 다르다. 전선에는 저항을 적게 하기 위해 순도가 높은 구리나 알루미늄을 사용한다. 절연 전선은 전류를 통하는 도체와 전류를 밖으로 누설시키지 않도록 하는 절연 재료의 조합인데, 제법상 문제의 대부분은 절연 재료이며, 그 종류와 구성에 따라서 전선의 용도가 정해진다. 저항기에는 원하는 저항값을 얻기 쉽도록 합금을 사용하지만 탄소를 사용하기도 한다.

conductive mosaic 도전 모자이크(導電－) 촬상관 등의 광전면으로서 사용되는 모자이크면과 그 뒤쪽의 도전막(신호 전극) 사이에 얇은 도체성 유리를 끼워 모자이크면에 적당한 도전성을 준 것. 촬상관의 감도를 향상시키는 것이 목적이다.

conductive paint 도전 도료(導電塗料) 도료에 은 등의 미립자를 분산시켜, 고착 후에 도전성을 갖도록 한 것. 부품의 단자에 리드선을 납땜하기 위한 바탕을 만드는 경우 등에 사용한다.

conductive plastics 도전성 플라스틱(導電性－) 본래는 절연체인 플라스틱에 도전성을 갖게 한 것. 플라스틱 중에 금속의 미립자를 분산하는 방법과 구조적으로 도전성을 갖는 플라스틱을 제작하는 방법이 있는데, 후자는 아직 실용적인 것이 개발되고 있지 않다.

conductive resin 도전성 수지(導電性樹脂) →conductive plastics

conductive rubber 도전성 고무(導電性－) 고무에 카본블랙과 같은 도전성의 미립자를 분산시켜서 도전성을 갖게 한 것을 말한다.

conductivity 도전율(導電率) 저항률의 역수. 기호는 σ(시그마).

conductivity-modulation transistor 도전율 변조 트랜지스터(導電率變調－) 반도체의 벌크 저항이 소수 캐리어에 의해 변조되어 생기는 성질을 이용한 트랜지스터.

conductor 도체(導體) 물체에 전기가 주어졌을 때 그 전기가 주어진 장소에 멈추지 않고 다른 곳으로 움직여가는 물체를 도체라 한다. 대표적인 것으로 각종 금속이 있으며, 그 밖에 염류의 수용액, 목탄, 인체, 지구 등이 도체의 부류에 속한다.

conductor-loop resistance 루프 저항(－抵抗) 단말 장치나 기기를 제외한 가입자 선이나 중계선 루프의 도체 직렬 저항.

cone loudspeaker 콘 스피커 스피커의 음 방사를 좋게 하기 위해 진동판을 원뿔(콘) 모양으로 한 것이다. 이 방식에서는 콘의 전면과 뒷면에서 나오는 음이 역위상으로 되어서 상쇄하여 음의 방사 효율이 나빠지므로 이것을 방지하기 위해 스피커를 배플판(baffle board)에 붙여서 낮은 음도 나올 수 있게 한다. 그림은 다이내믹형 콘 스피커이다.

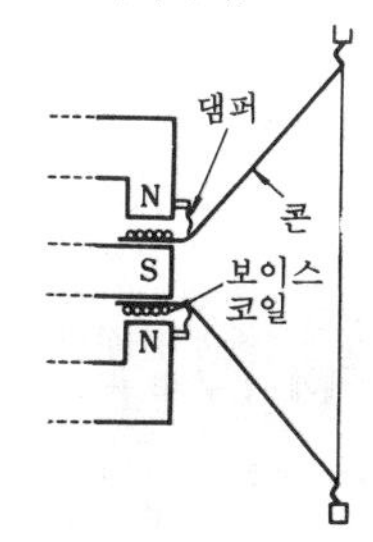

cone of silence 무방사 원뿔(無放射圓－) 안테나 위쪽의 비교적 전계가 약한 원뿔 영역.

Conference of European Postal and Telecommunications Administrations 유럽 우편·전기 통신 주관청 회의(－郵便·電氣通信主管廳會議) =CEPT

confidence 신뢰성(信賴性) 부품이 정상적인 사용 상태에서 소정의 기능을 수행하는 정도를 말한다. 이것을 정량적으로 나타낸 것이 신뢰도이다. 신뢰성을 높이려면 설계·제조에 충분한 배려가 필요한 동시에 사용자 입장에서도 그 사용 조건을 틀리지 않도록 하지 않으면 안 된다. 기기의 신뢰성을 높이는 것은 제조 비용의 상승을 초래하므로 실제에는 그림과 같이 종합 비용의 최소 상태에서 사용하는 것이 경제적이다.

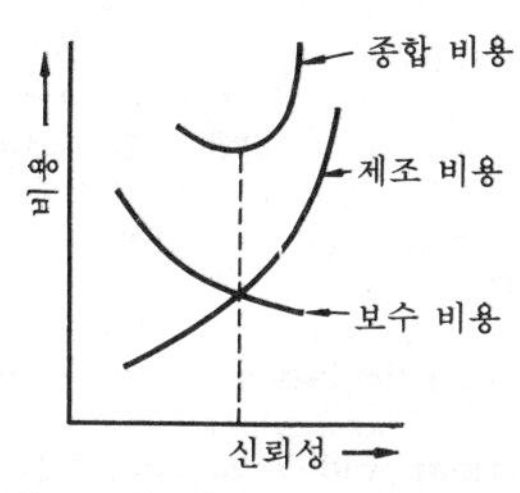

confidence level 신뢰 수준(信賴水準) 추정 구간에 그 신뢰성 특성값의 참값이 존재하는 확률.

confidence tester 신뢰성 시험기(信賴性試驗器) 피시험품의 동작이 허용 범위 내에 있는 확률을 높이기 위한 시험 또는 일련의 시험을 하는 자동, 반자동 또는 수동의 각종 시험 장치.

configuration 구성(構成), 기기 구성(器機構成) 개인용 컴퓨터 시스템에서 파일이나 버퍼 기억 장치 및 디바이스의 환경 설정을 하는 것을 말한다. 전원 스위치를 ON 으로 하면 autoexec.bat 가 자동적으로 읽어들여진다.

confocal 공초점형(共焦點形) 레이저 공진기 등에서 마주보는 두 구면(球面)의 초점이 서로 상대 구면상에 있는 것.

confocal resonator 공초점 공진기(共焦点共振器) 같은 회전 대칭축이 있고 초점이 그 축상에서 일치하는 위치에 있는 1대의 구면(球面) 거울로 구성되는 레이저 빔 공진기.

conformal antenna 컨포멀 안테나 항공역학이나 유체 역학의 관점에서 정해지는 형상으로 안테나 형상을 맞춘 어레이 안테나.

conformance test 규격 적합성 시험(規格適合性試驗) 일반적으로 시험 대상 시스템의 실장 범위가 표준 시방의 요구 조건에 맞는지 어떤지를 확인하기 위한 시험.

conformity 일치도(一致度) ① 측정 곡선의 히스테리시스나 재현성의 오차를 포함하는 일치성. 다수의 측정 결과에 대하여 비교해서 얻어진 오차의 값으로 주어진다. ② 어느 곡선과 기준으로 할 곡선(예를 들면 정현 곡선, 지수 곡선, 가우스 곡선 등 수학적으로 주어지는 곡선)과의 일치도를 주는 것.

confusion signal 당혹 신호(當惑信號) 데이터망에서의 노드가, 수신한 신호가 합리적인 요청이 아니기 때문에 이에 대하여 행동할 수 없다는 것을 알리기 위해 역방향 채널(신호용 채널)에 의해 반송되는 신호.

congestion 혼잡(混雜), 폭주(輻輳) 네트워크가 제어할 수 있는 통신량의 한계를 넘어선 통신 상태로, 서비스의 질이 떨어진다.

congestion control 폭주 제어(輻輳制御) 통신망에의 과도한 부하 상태가 길어져서 망의 성능(예를 들면 응답 시간, 전송 시간, 슬루풋 등)이 현저히 저하하여 망기능이 완전히 마비되어 버리는 상황을 폭주라고 한다. 그것을 피한다든지 완화하는 수법을 폭주 제어라고 한다. 가벼운 폭주 상태에서는 망의 루팅 기능이나 흐름 제어 등으로 대처할 수 있으나 재해가 발생하여 문의가 일시적으로 집중할 때 등과 같이 망의 처리 능력을 초과하는 이상 트래픽의 경우에는 망에의 정보 유입을 규제하는 등의 수단이 강구된다.

conical antenna 코니컬 안테나 광대역 안테나의 일종으로, 원형은 2개의 원뿔형 안테나 정상부에서 궤전한 것과 같다. 보통은 그림과 같은 두 도체를 부채꼴로 조합시키고, 여기에 도파기와 반사기를 부착한 것이 TV용 광대역 안테나로서 널리 사용되고 있다.

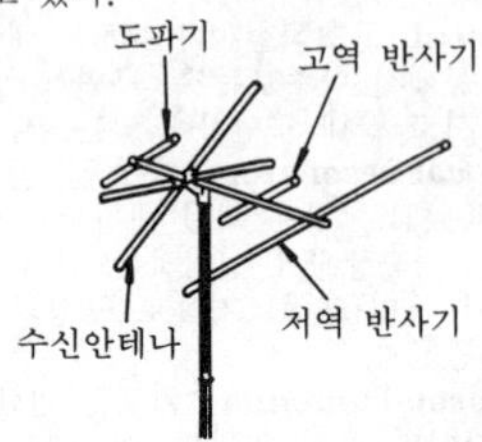

conical horn 원뿔 혼(圓－) 축 길이의 제곱에 비례해서 단면적이 증가하는 혼의 일종.

conical scanning 원뿔 주사(圓－走査) 추미(追尾) 레이더 등에서 안테나의 빔을 축에 대하여 1도 가량 기울여서 원뿔형으로 회전시키는 주사 방법. 이렇게 하면 목표물이 주사 회전축에서 벗어나고 있을 때는 수신 전계 강도가 변화하고, 회전축상에 있으면 수신 신호 강도는 일정하게 된다. 이 방법을 쓰면 목표물의 벗어남을 정밀하게 검출할 수 있으므로 추미 레이더로서 기상 관측이나 위성 추미 장치 등에 사용된다.

conjugate branch 공액 분기(共軛分岐) 회로망의 두 분기로, 그 한쪽 분기에 가한 기전력에 의해 다른 쪽 분기에 아무 응답도 발생하지 않는(전류 변화가 발생하지 않는) 관계에 있는 것.

conjugate impedance 공액 임피던스(共軛－) 임피던스가 $R+jX$로 나타내어지는 경우 허수부의 부호를 반대로 한 $R-jX$로 나타내어지는 임피던스를 공액 임피던스라고 한다.

conjugate termination 공액 종단(共軛終端) 종단 장치의 입력 임피던스가 그 종단 장치가 접속된 전원 또는 선로의 출력 임피던스와 함께 공액 복소수의 관계에 있는 경우의 종단법. 종단 장치가 최대의 전력을 전원에서 주어지기 위한 조건이다.

conjugate vector 공액 벡터(共軛－) 어떤 벡터에 대해서 그 X축 방향의 성분이 같고, Y축 방향의 성분은 크기만 같게 하여 방향이 반대인 벡터를 공액 벡터라고 한다.

connect charge 커넥트 차지 상업 통신 시스템/서비스에 접속하기 위해 이용자가 지불해야 할 금액. 시간 기준 만의 균일 요율로서 접속 비용을 계산하는 경우와 서비스의 종류, 또는 접근한 정보량을 기준으로 하여 변동 요율로 청구하는 경우가 있다.

connection 결선(結線) 회로 소자 상호간을 직접 또는 전선을 거쳐서 잇는 것.

connection loss 접속손(接續損), 접속 손실(接續損失) ① 전화의 호출이 접속되는 도중에 회선의 폭주 등으로 상대방에 연결되지 않고 손실이 되는 것. 호손(呼損 : call loss), 불완료호라고도 한다. ② 광섬유의 접속점에서의 심내기의 불완전이나 각종 매개 변수의 불일치에 의한 전송 손실.

connector 커넥터 일반적으로 접속하는 것을 뜻한다. 기기나 장치간을 접속하는 케이블의 단말 등을 가리킨다.

connector for coaxial cable 동축 커넥터(同軸－) 동축 케이블을 기계적 및 전기적으로 접속하기 위해 사용하는 기구.

connect signal 포착 신호(捕捉信號) 전화 교환에서 발신측으로부터 착신측으로 송출되는 제어 신호. 착신 장치를 시동시키고, 이어서 송신하는 선택 신호를 수신할 준비를 완료시키기 위한 것으로, 선택 신호의 최초 부분에 이 기능을 갖게 하는 경우도 있다.

connect time 접속 시간(接續時間) 시분할 방식에서 이용자가 전화망을 통해 컴퓨터에 접속되어 있는 기간, 즉 사인온(sign-on)부터 사인오프(sign-off)까지의 시간. CPU 시간(CPU time)이라고도 한다.

console 콘솔 ① 텔레비전 수상기나 스테레오 스피커 케이스의 일종으로, 대형의 것을 가리킨다. 방의 장식도 되도록 만들어져 있다. ② 컴퓨터 조작원이 기계의 운전 상황을 감시하기 위한 각종 표시나 기계에 지령을 주기 위한 키를 갖춘 조작 탁자. 콘솔에는 CRT 표시 장치 또는 키보드나 타이프라이터가 있고, 컴퓨터와 교신 내용을 표시하도록 되어 있다.

consonant articulation 자음 명료도(子音明瞭度) →articulation

constant amplitude recording 정진폭 녹음(定振幅錄音) 원판 녹음의 방식으로, 녹음하는 주파수와 관계없이 일정한 크기의 신호음을 일정한 진폭으로 깎아서 녹음해 가는 방법이다. 레코드의 음구(音溝) 간격은 p와 구폭(溝幅) b와 가로 진동의 진폭 a 사이에는

$$a \leqq (p-b)/2$$

의 관계가 있으며, 여기에 주파수 f를 곱한 속도 진폭을 V로 하면

$$V \leqq \pi f(p-b)$$

로 되어 속도 진폭 V가 주파수 f에 비례한다. 즉 1옥타브에 6dB의 속도 감소를

일으킨다. 이러한 녹음 방식을 정진폭 녹음이라고 한다.

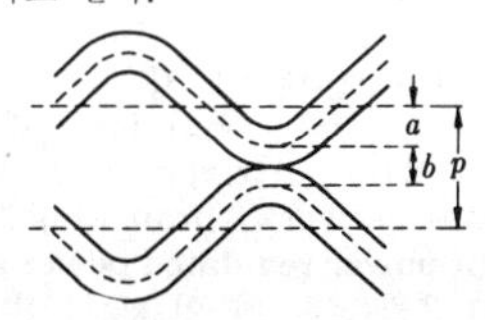

Constantan 콘스탄탄 구리 55%, 니켈 45%의 합금. 저항기의 재료로서 사용하는 외에 구리와 조합시켜서 열전쌍(熱電雙)으로 한다든지, 저항선 왜율계에 사용한다든지 한다.

constant angular velocity 정 각속도(定角速度) =CAV

constantan oxide wire 산화 콘스탄탄선(酸化－線) 콘스탄탄(구리-니켈 합금)선 표면에 절연성의 산화 피막을 생성시킨 것. 권선 저항기를 만드는 데 사용된다.

constantan wire 콘스탄탄선(－線) 구리 55%, 니켈 45%의 합금 도선. 다른 금속 도선 사이의 열기전력이 크다. 저항률 45 $\mu\Omega \cdot$cm, 저항 온도 계수 1.5×10^{-5}, 밀도 8.9g/cm^3, 인장 강도 47kg/ mm^2. 내식성, 내산화성이 양호하며 가는 선을 만들기가 쉽다. 열전형 전류계의 열전대에 사용된다. 산화 콘스탄탄선은 고정도(高精度)의 통신용 저항기에 사용된다. →constantan oxide wire

constant-current charge 정전류 충전(定電流充電) 충전 전류를 일정한 값으로 한 채로 충전하는 방법으로, 보통은 8시간율 이하의 낮은 전류에 의해서 하지만, 충전의 진행에 따라서 축전지의 전압이 상승해 가므로 그에 따라서 전원 전압도 높게 해 갈 필요가 있다.

constant-current equivalent circuit 정전류 등가 회로(定電流等價回路) 트랜지스터 증폭기의 성질을 살피는 경우에 사용하는 등가 회로의 일종으로, 트랜지스터를 출력 전류 일정한 전원으로 치환한 것을 말한다. 그림은 h 파라미터에 의한 트랜지스터의 이미터 접지 정전류 등가 회로이다.

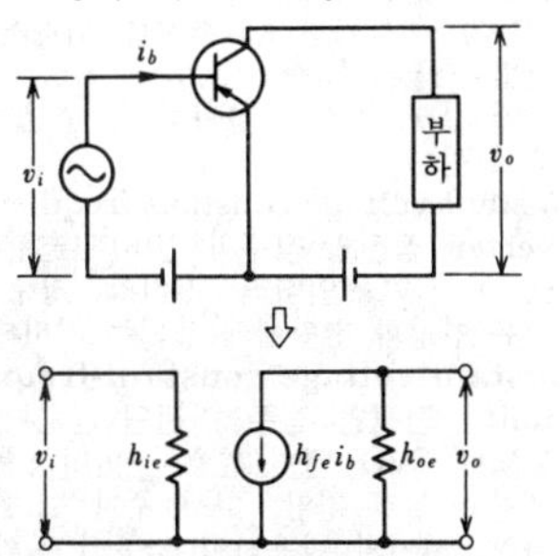

constant-current limiting characteristic 수직 한류 특성(垂直限流特性) 직류 안정화 전원 장치의 전압-전류 특성에서 부하 저항이 소정값 이하로 감소(부하 전류가 소정값 이상으로 증가)했을 때 출력 전압을 저하시켜서 부하에 주는 전력을 감소시키는 보호 출력 특성. 순간적인 과전류를 방지할 수 있으나 지속적인 단락 조건하에서의 회로 소자의 과열은 방지할 수 없다. 이것을 방지하려면 전압뿐만 아니라 전류도 감소시켜 이른바 「ㄱ자형」의 출력 특성을 전원에 부여할 필요가 있다.

constant-current regulated power supply 정전류 전원(定電流電源) 입력 전압의 변동이나 부하의 변동이 규정된 범위 내에 있고, 또 주위의 조건이 규정의 조건에 걸맞는 경우에 출력 전류가 규정된 정밀도 내에서 일정하게 유지되는 전원을 말한다.

constant current source 정전류원(定電流源) 내부 임피던스가 매우 크고(이상적으로는 무한대), 부하에 관계없이 그에 대하여 일정한 전류를 공급할 수 있는 전원. 부하 저항이 변화하면 부하 양단의 전압도 변화한다.

constant-current transformer 정전류 변압기(定電流變壓器) 부하 임피던스가 변화해도 자동적으로 거의 일정한 전류를 2차 회로에 공급하는 성질을 가진 변압기.

constant-delay discriminator 정지연 디스크리미네이터(定遲延－) =pulse demoder

constant failure period 정 고장률 기간(定故障率期間) 어느 아이템의 고장이 거의 일정한 시간율로 발생하는 수명 기간. 이러한 아이템은 그 수명 사이클에서 비교적 안정한 위의 기간을 사이에 두고 초기 및 종기(終期)에서 고장 발생 빈도가 높은 불안정 기간이 존재하며, 전체로서 고장 발생률 곡선은 욕조형으로 되어 있다.

constant failure rate distribution CFR 분포(－分布) 고장 확률 함수 $\lambda(t)$가 t와 관계없이 일정한 분포, 즉 지수 분포.

constant holding time 일정 보류 시간(一定保留時間) 보류 시간이 서로 독립이고, 동일한 일정 분포에 따르는 것, 또는 그 보류 시간.

constant-K network 정K형 회로망(定－形回路網) 어느 주파수 범위에서 직렬 및

병렬 임피던스의 곱이 주파수와 관계없이 일정값을 갖는 사다리꼴 회로망.

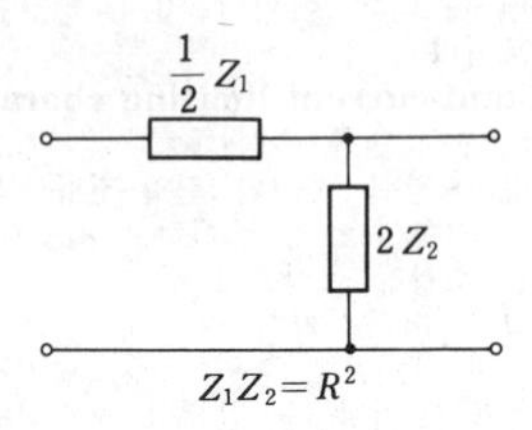

constant K type filter 정 K 형 필터(定－形－) 그림과 같이 임피던스 $Z_1/2$ 라는 직렬 소자와 $2Z_2$라는 병렬 소자를 접속한 L 형 필터에서

$Z_1Z_2=R^2$

라는 관계가 성립되는 필터를 정 K 형 필터라 한다. 위 식의 R은 공칭 임피던스라 하고, 주파수와 관계없는 저항과 같은 성질을 갖는 양(陽)의 실수이다. 발명자 조벨(O. Zobel, 미국)이 이 기호에 K를 사용했기 때문에 이 명칭이 붙여졌다.

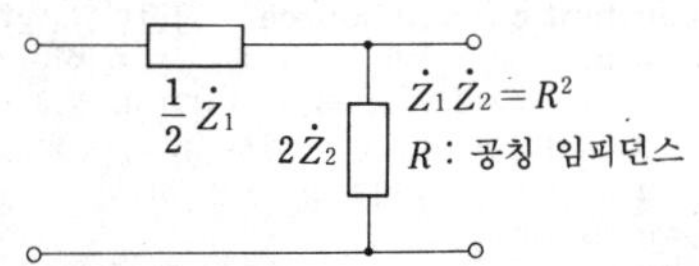

constant linear velocity system 선속도 일정 방식(線速度一定方式), CLV 방식(－方式) CD 나 LD 의 디스크 회전수는 일정하지 않아서 내주(內周)는 빠르고 외주는 느려서 선속도를 1.2~1.4m/s 가 되도록 서보를 걸고 있다. 이것이 선속도 일정 방식이며, 그에 대하여 종래의 레코드에서의 매분 33 ⅓회전이라든가 45 회전이라든가 하는 방식을 CAV(constant angular velocity)라고 한다.

constant-luminance transmission 정휘도 전송(定輝度傳送) 컬러 텔레비전의 신호 전송에서 Y신호를 독립한 신호로서 전송하고, 다른 색도 신호의 전송 회로에서의 영향을 받지 않도록 한 동시 방식의 컬러 텔레비전 방식의 일종. 우리 나라에서 사용되고 있는 NTSC 방식은 원리적으로는 정휘도 전송에 의하고 있으나 실제로는 감마 보정 회로에 의해서 휘도의 보정이 행하여지고 있다.

constant multiplier 계수기(係數器) 아날로그 컴퓨터에서 연산 증폭기에 연산 임피던스를 접속함으로써 1개의 입력 신호를 상수 배한 값을 출력 신호로 하는 연산기.

constant phase difference network 정위상차 분파기(定位相差分波器) 두 전역 통과 회로망으로 이루어지며, 그 출력의 위상차가 어느 대역에 걸쳐서 거의 일정한 분파기. 이러한 분파기는 AM 파에서의 불요 측대파를억압하는 데 쓰인다. → all pass network, branching filter

constant-power regulated power supply 정전력 전원(定電力電源) 입력 전압의 변동이나 부하의 변동이 규정된 범위 내에 있고, 또 주위의 조건이 규정의 조건에 걸맞는 경우에 출력 전력이 규정된 정밀도 내에서 일정하게 유지되는 전원을 말한다.

constant-resistance network 정저항 회로망(定抵抗回路網) 적어도 하나의 구동점 임피던스(혹은 어드미턴스)가 양(陽)의 상수값인 회로망.

constant value control 상수값 제어(常數－制御), 정치 제어(定値制御) 제어 목표의 값이 언제나 일정한 자동 제어의 하나로, 온도, 습도, 속도 등을 일정하게 하고 싶을 때에 사용된다. 이에 대하여 목적값이 불규칙하게 변화하는 것을 추종(追從) 제어라 한다.

constant velocity recording 정속도 녹음(定速度錄音) 레코드 녹음 방식의 일종으로, 커터 바늘이 움직이는 속도를 입력 신호의 주파수와는 관계없이 일정하게 하고, 입력 전압의 크기에 비례하여 움직이는 방법. 이 방식에서는 음구(音溝)의 진폭이 저음부에 비해서 고음부에서 작아지기 때문에 잡음의 영향을 받기 쉽고, 저음부에서는 진폭이 커서 인접한 홈에 삐져나가게 된다. RIAA 곡선에서는 500~2,120Hz 의 대역은 정속도 녹음 특성으로 하고 있다.

constant-voltage charge 정전압 충전(定電壓充電) 전원 전압을 일정하게 유지하면서 충전하는 방법으로, 이 방법은 충전 초기는 전류가 크게 흐르고, 충전의 종기(終期)는 작아진다. 전지를 위해서는 이 방법이 좋지만 충전 초기에 흐르는 큰 전류에 견딜 수 있는 용량이 큰 충전기를 필요로 한다.

constant-voltage constant-frequency inverter 정전압 정주파 인버터(定電壓定周波－), CVCF 인버터 정전압, 정주파수의 교류 안정화 전원에 사용되는 인버터.

constant-voltage constant-frequency unit 정전압 정주파 전원(定電壓定周波電源), CVCF 전원(電源) 인버터를 써서 조립한 일정 전압, 일정 주파수로 제어된 전원. 전지와 병용하여 컴퓨터 등의 순간 무정전 전원으로서 중요한 구실을 한다.

constant-voltage equivalent circuit 정전압 등가 회로(定電壓等價回路) 트랜지스터 증폭기의 성질을 살피는 경우에 사용하는 등가 회로의 일종으로, 트랜지스터를 출력 전압 일정한 전원으로 치환한 것을 말한다. 그림은 h 파라미터에 의한 트랜지스터의 이미터 접지 정전압 등가 회로이다.

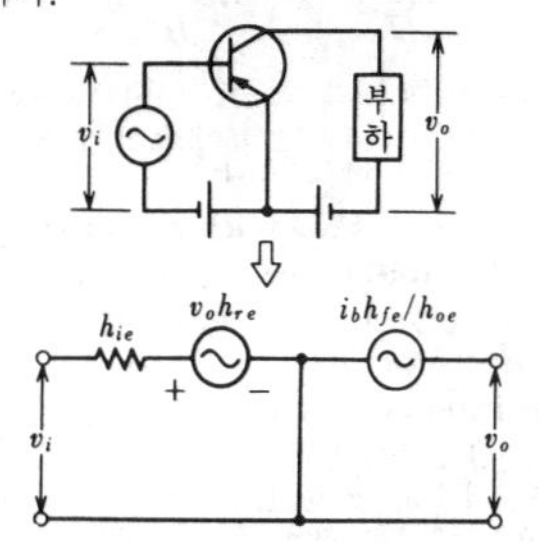

constant-voltage power supply 정전압 전원(定電壓電源) 가변 부하 저항의 양단에서 거의 일정한 부하 전압을 유지하도록 동작하는 전원. 부하 저항이 감소하면 부하 전류를 증가하도록 제어된다.

constant-voltage regulated power supply 정전압 전원(定電壓電源) 입력 전압의 변동이나 부하의 변동이 규정된 범위 내에 있고, 또 주위의 조건이 규정의 조건에 걸맞는 경우에 출력 전압이 규정의 정밀도 내에서 일정하게 유지되는 전원.

constant-voltage transformer 정전압 변압기(定電壓變壓器) 병렬 철공진의 원리를 응용하여 제로부터 정격 출력 전력까지의 범위에 걸쳐 거의 일정한 전압을 유지하도록 동작하는 변압기.

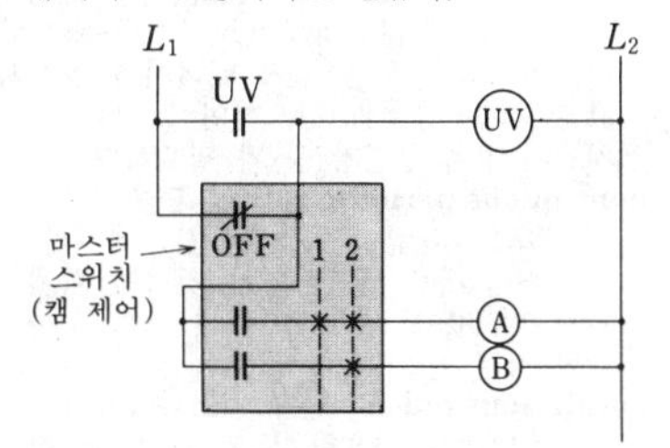

constitutional supercooling 조성 과냉각(組成過冷却) 용액 중의 용질(溶質) 농도가 결정 성장 계면 가까이에서 높아지기 때문에 생기는 과냉각. 결정 성장을 불규칙하게 하는 원인이 되는 현상이다.

constraint 구속(拘束) ① 시스템의 변수 혹은 매개 변수가 물리적인 이유 또는 시스템에 대한 요구 때문에 그 변화 범위에 일정한 한계가 주어지는, 그 한계를 말한다. ② 제어계에서 제어 신호, 제어 법칙 혹은 상태 변수에 대하여 주어지는 일정한 제약 조건. ③ 공간에서의 n 개의 입자가 갖는 자유도가 $3n$ 보다 작아질 때 이들 입자계는 구속되어 있다고 한다.

contact 접점(接點) ① 계전기, 커넥터, 개폐기 등에서의 도전(導電) 부분으로, 같은 상대의 부분과 접촉 혹은 개방함으로써 회로를 개폐하는 작용을 하는 것. 보통 한쪽은 고정되어 있고, 다른 쪽이 이에 대하여 운동하는 것이 많다. 구동력은 여자(勵磁) 코일에 전류를 흘려서 생기는 전자력을 사용하는데, 여자 코일에 전류가 흐르면 접점이 닫히는 것을 상시 개방 접점, a 접점, 프론트 접점 등이라 한다. 또 여자 코일에 전류가 흐르면 접점이 열리는 기구의 것을 상시 폐쇄 접점, b 접점, 백(back) 접점 등이라 한다. 2 개의 고정 접점과 1 개의 가동 접점을 가지며, 여자 코일에 의해 한쪽 접점을 열고 다른 쪽 접점을 닫도록 동작하는 것을 전환 접점, c 접점, 트랜스퍼 접점, 쌍투(雙投) 접점(CT)이라 한다. 이에 대하여 전술한 접점은 단투(單投) 접점(ST)이다. 계전기 접점은 극수(極數), 단투냐 쌍투냐, 또 상시 폐쇄냐 상시 개방이냐의 접점 위치, 다점 전환이냐 다점 투입이냐 등에 의해 각종 형식의 것이 있다. ② 접촉자, 차단기의 개폐 동작에 의해 개폐할 수 있는 접촉면을 구성하는 부분.

contact image sensor 밀착형 이미지 센서(密着形−) 복수의 광전 소자와 등배(等倍) 렌즈에 의해서 화상 정보를 1 대 1 로 판독하는, 빛에서 전기로 변환하는 판독 장치.

contact interrogation signal 접점 상태 표시 신호(接點狀態表示信號) 접점이 열려 있는지 닫혀 있는지의 상태를 나타내는 신호.

contactless switch 무접점 스위치(無接點−)[1], 근접 스위치(近接−)[2] (1) 접점을 갖지 않고 전기 회로의 개폐를 하기 위해 전자관, 자심, 파라메트론, 다이오드, 트랜지스터 등을 써서 저항값이 0 에 가까운 상태(ON)와 무한대에 가까운 상태(OFF)를 만들어내도록 한 것. 가동 부분이 없으므로 개폐 속도가 빠르고, 수명이 길며, 신뢰도가 높다는 등의 이점이 있어 자동 제어 장치 등에 널리 사용되고 있다. (2) 기계적인 가동 부분이 없고, 또 스위치에 접촉하지 않더라도 물체를 가까이 하기만 하면 그것을 전기적으로 검출하여 동작하는 스위치. 정전 용량의 변화를 검지하는 간단한 것부터 논리 회로의 기능을 가진 복잡한 것까지 많은 종류가 있다. 이들은 모두 기계식의 것에 비해 응답 속도가 빠르고, 신뢰도도 뛰어나므로 기계나 장치의 자동화에 널리 이용되고 있다.

contact material 접점 재료(接點材料) 접점은 전류의 단속시에 미소한 불꽃을 발생시켜 접촉 저항에 의한 통전시의 발열과 더불어 표면의 산화나 거칠음을 일으켜 열화가 촉진된다. 그 때문에 열화에 강한 재료를 사용하는 것이 접점 재료이며, 백금·이리듐 합금이나 은·텅스텐 합금 등이 있다.

contact potential difference 접촉 전위차(接觸電位差) 이종의 물질이 접촉 또는 그에 가까운 상태에 접근한 경우, 그 좁은 곳에 전위차가 나타난다. 이것을 접촉 전위차라고 한다.

contact resistance 접촉 저항(接觸抵抗) 별개의 도체가 접촉하는 곳에는 그 도체 자신의 저항률과 치수로 정해지는 값보다도 큰 저항이 존재한다. 이것을 접촉 저항이라 하며, 원인은 집중 저항(접촉면의 미소한 기복에 의한)과 경계 저항(표면의 산화나 오염에 의한)이다. 접촉 저항이 크면 발열이나 신호의 감쇠 등을 초래할 염려가 있다.

contact status indication signal 접점 상태 표시 신호(接點狀態表示信號) 접점이 열려 있는가 닫혀 있는가의 상태를 나타내는 신호.

contention 경쟁(競爭), 경합(競合), 회선 쟁탈(回線爭奪) 둘 이상의 데이터 스테이션이 공용의 통신로를 거쳐서 동시에 정보 메시지를 전송하려고 한다든지 혹은 두 데이터 스테이션이 양방향 상호 통신으로 동시에 전송하려고 할 때 발생하는 상태.

contention mode 회선 쟁탈 상태(回線爭奪狀態) 다접속된 회선이 둘 이상의 단말에 의해 쟁탈되고 있는 상태.

continental circuit 대륙 회선(大陸回線) 같은 대륙 내이지만 다른 국가의 교환국 간의 국제 회선.

continuity of current 전류의 연속성(電流－連續性) 재질, 길이, 단면이 다른 저항 R_1, R_2, R_3이 그림과 같이 직렬로 접속되어 있고 각부의 전류가 I_1, I_2, I_3이라고 하자. 만일 a 점에서 $I_1 \fallingdotseq I_2$이면 a 점에서 $|I_1-I_2|$에 상당하는 전류가 소멸하든가 발생하게 되어 불합리하다. 따라서 a 점에서는 언제나 $I_1=I_2$이다. b 점에 대해서도 마찬가지로 $I_2=I_3$이다. 결국 분기가 없는 a, b 점에서는 $I_1=I_2=I_3$이 성립되고, 전류는 도중에서 증감하는 일없이 일정 불변하게 된다. 이것을 전류의 연속성이라고 한다. 키르히호프의 제 1 법칙은 이것을 확장한 것이다.

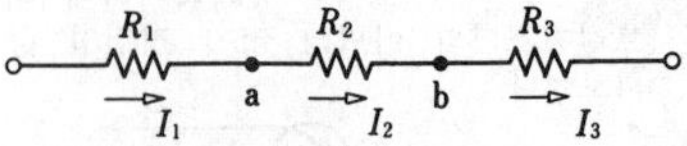

continuity test 도통 시험(導通試驗) 전기 회로에서의 단선 개소의 유무, 장소 등을 살피기 위한 시험.

continuous ARQ with retransmission of individual block 선택 재송형 ARQ(選擇再送形－) →automatic request question

continuous carrier 연속 반송파(連續搬送波) 통신에서 전송 전체를 통하여 일정한 반송파 신호로, 정보를 반송하고 있는지 어떤지를 묻지 않는다.

continuous control action 연속 동작(連續動作) 제어 동작이 연속적으로 행하여지는 것으로, 조작량이 시각이나 동작 신호에 대한 조작량의 변화 방법으로서 비례 동작, 적분 동작, 미분 동작 및 그들의 복합 동작 등으로 구분된다.

continuous-current test 연속 통전 시험(連續通電試驗) 정격 전류를 흘려서 온도 상승이 멈출 때까지 수행하는 시험. 장치나 디바이스가 허용 온도 상승값을 넘는 일 없이 연속하여 정격 전류를 흘릴 수 있는지 어떤지 확인하기 위해 하는 것.

continuous-duty rating 연속 사용 정격(連續使用定格) 무기한 긴 기간의 동작에 대해 적용되는 정격.

continuous oscillation 지속 진동(持續振動) 진폭이 감쇠하지 않는 진동을 말한다. 자연의 진동은 점차 에너지를 상실하므로 지속 진동을 얻으려면 그것을 발생시키는 장치(발진기 등)가 필요하다.

continuous periodic rating 단속 부하 정격(斷續負荷定格) 통전(通電), 정지의 두 기간을 교대로 반복하면서 지정된 한계를 넘는 일 없이 연속하여 주어지는 부하에 대한 정격.

continuous pulse 연속 펄스(連續－) 사이리스터에서 필요한 도통 기간 중 직류 전압 신호로서 공급되는 게이트 신호 또는 그 일부분.

continuous rating 연속 정격(連續定格) 확립된 표준의 한도 내에서 주어진 시험 조건하에서 정해진 온도 상승 한도를 넘는 일 없이 연속하여 줄 수 있는 최대의 일정 부하.

continuous system modeling program 연속 시스템 모형화 프로그램(連續-模型化-) 연속 시스템에 대한 시뮬레이터의 하나로, 1967 년 IBM 에 의해서 개발되었다. 융통성이 높고, 가장 앞선 형식의 시뮬레이션 언어이다. =CSMP

continuous system simulator 연속 시스템 시뮬레이터(連續-) 연속 변화 모델에 대응하는 시뮬레이션 언어로, 다이나모, CSMP 등이 있다.

continuous test 연속 시험(連續試驗) 전지가 컷오프 전압에 도달하기까지 연속 방전을 하는 전지의 실용 시험.

continuous tool path control 윤곽 제어(輪廓制御) 수치 제어 공작 기계의 2축 또는 3축의 운동을 동시에 관련을 갖게 함으로써 공작물에 대한 공구의 경로를 끊임없이 제어하는 방식.

continuous variation model 연속 변화 모델(連續變化-) 시스템을 모델화할 때 그 시스템이 시간적으로 연속 변화한다는 사고 방식에 입각해서 구성된 모델.

continuous wave 지속파(持續波) 직류의 단속파를 말하며, 펄스가 아니라는 뜻을 가지고 있다. =CW

continuous wave filter CW 필터 170 Hz 또는 850 Hz 시프트로 운용되고 있는 RTTY 에서는 수신기의 중간 주파단이나 송신기의 변조부에는 통과 대역이 850Hz 인 수정을 사용한 대역 필터가 필요하다. 이 필터를 CW 필터라고 한다.

continuous wave laser CW 레이저 레이저 중에서 시간적으로 일정한 출력으로 계속 발진할 수 있는 것. 대출력이 필요한 경우는 기체 레이저가 쓰인다.

continuous wave radar CW 레이더 → Doppler radar

continuous wave type radar CW 레이더 도플러 효과를 이용하여 이동체의 속도를 측정하기 위해 사용하는 레이더.

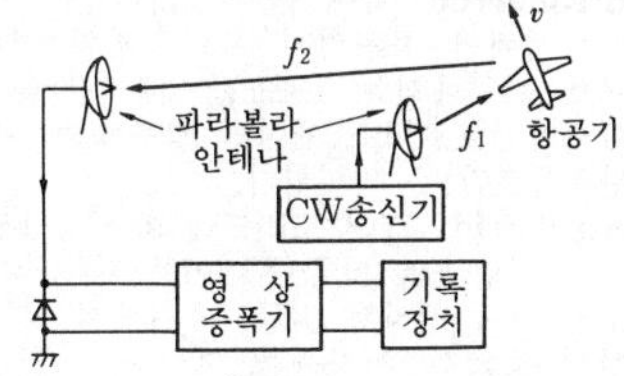

〔계산식〕 $f_d = \frac{2v}{c} f$

c : 전파의 속도, f : 송신 주파수,

f_d : 도플러 주파수, v : 이동체의 속도

contoured beam antenna 정역 조사형 빔 안테나(定域照射形-) 그 빔이 주어진 표면을 조사했을 때 방사 전력속 밀도가 같은 점이 그 표면상에서 지정된 궤적을 그리도록 설계된 성형 빔 안테나(shaped beam antenna). 지구 표면상에서 특정한 궤적으로 감싸이고, 그 속에서 전계가 어느 값 이상의 세기를 갖는 영역을 빔의 조사 영역(foot-print)이라 한다.

contrast 콘트라스트, 계조(階調) 사진이나 텔레비전 수상 화면의 화질을 평가하는 경우의 요소가 되는 것으로, 화면의 가장 밝은 부분과 가장 어두운 부분과의 밝기의 비율을 말한다.

contrast control 콘트라스트 조정(-調整) 텔레비전 수상기에서 영상의 콘트라스트를 조정하는 것, 또는 조절 장치를 말한다. 콘트라스트를 조정하려면 영상 증폭기에서 입력 레벨을 변화시키기 위해 이미터 회로의 저항 *VR* 로 전류의 부궤환양을 바꾸어서 한다.

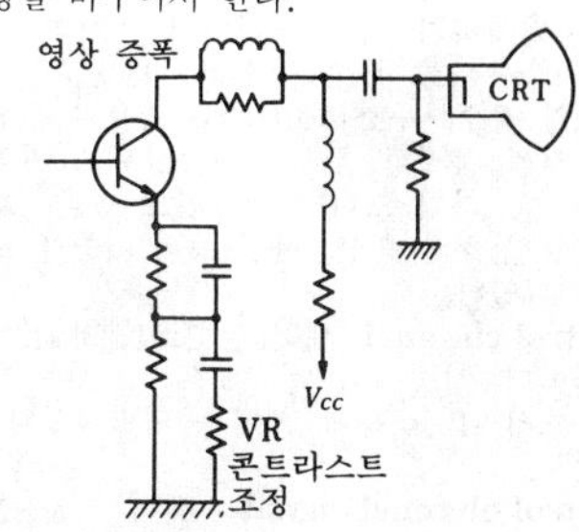

contrast medium 조영제(造影劑) X 선상에 의한 진단에서 콘트라스트를 만들어 관측하기 쉽게 하기 위해 X 선을 잘 흡수하는 것, 또는 반대로 투과하는 것을 그 조직 내에 주입하여 음영을 확실하게 하는 방법이 있다. 이 목적으로 사용하는 약품을 조영제라 한다.

contrast range 콘트라스트 범위(-範圍) 화상(畵像)에서 가장 흰 부분과 가장 검은 부분의 휘도 범위.

contrast ratio 콘트라스트비(-比) 텔레비전 등의 화상에서 휘도의 최대값과 최소값의 비.

contrast rendering factor 휘도 대비 계수(輝度對比係數) →glare

constrast sensitivity 콘트라스트 감도(-感度) 휘도의 차이를 식별할 수 있는 능력. 정량적으로는 콘트라스트 임계값의 역수이다. 콘트라스트 임계값은 순응 조건하에서 눈이 인지할 수 있는 최소의 콘트라스트(일정한 제시 시간의 절반 이하

시간 내에 식별할 수 있는 최소의 밝기의 대비)이다.

contrast stretching 콘트라스트 스트레칭 이미지의 콘트라스트를 디지털 처리에 의해 개선(대부분의 경우는 강조)하는 것. 원 이미지의 디지털값 범위를 녹화 필름, 또는 표시 장치의 가능한 콘트라스트 범위까지 가득 벌리는 것.

control 제어(制御) 수동 조작, 원격 조작, 자동적으로 또는 반자동적으로 시스템의 동작 상태를 변경하는 것.

control action 제어 동작(制御動作) 제어계에서 어느 동작 신호에 따른 조작량을 주어 제어 편차를 줄이는 동작을 말하며, 비례, 적분, 미분 등의 연속 동작이나 샘플링(표본화)과 같은 불연속 동작 등이 있다.

control ball 컨트롤 볼 →track ball

control block 제어 블록(制御－) 통신망의 교환점(혹은 노드)에서 호(呼)가 올바르게 수행되고, 통신로가 확보되고, 목적을 달성하기 위해 행하여지는 여러 가지 제어를 위한 데이터 블록. 단말로부터의 호의 접수, 주소(address) 정보의 수신과 이것을 특정한 루트 선택 정보로 번역하는 것, 라인 모니터로의 신호 송출, 호출 응답 신호의 수신, 복구 등의 기능을 포함하고 있다.

control channel 제어 통신로(制御通信路) 데이터 전송에서 전송로의 감시나 제어 부호의 전송 등에 쓰이는 단방향성의 통신로.

control channel signal 제어 채널 신호(制御－信號) 텔레비전 다중 방송 중에 연속하여 송출하고, 수신기에서 2중 음성 방송과 스테레오 음성 방송을 식별하기 위해 사용하는 신호.

control character 제어 문자(制御文字) 어떤 동작을 규정한다든지, 레코드의 내용을 정의한다든지 하기 위해 사용되는 문자나 부호. 예를 들면 라인 프린터의 행 이송이나 페이지의 이행 등도 레코드의 선두에 붙인 제어 문자에 의해서 지정된다.

control computer 제어용 컴퓨터(制御用－) 자동 제어 시스템에 내장되는 것을 목적으로 만들어지고 있는 컴퓨터로, 일반 사무용, 과학 계산용에 비하면 워드의 길이가 비교적 짧고, 프로세스와의 신호의 수수를 하는 프로세스 입출력을 가지고, 인터럽트 기능을 가지며, 온라인으로 사용되기 때문에 높은 신뢰도를 필요로 하는 등의 특징을 가지고 있다.

control counter 제어 계수기(制御計數器) 컴퓨터에서의 중앙 처리 장치(CPU)의 주소 계수기를 말하며, 프로그램을 차례로 실행하기 위해 기억 장치에서 읽어내야 할 명령의 주소가 기억되어 있는 레지스터이다. 하나의 명령을 실행한 다음 그 내용에 1을 더하도록 되어 있다. 프로그램 카운터라고도 한다.

control device 제어 장치(制御裝置) 피드백 제어계에서 제어 동작 신호를 증폭하여 제어 대상에 가하는 부분. 증폭부라고도 하는데 일반적으로는 제어부라고 부른다.

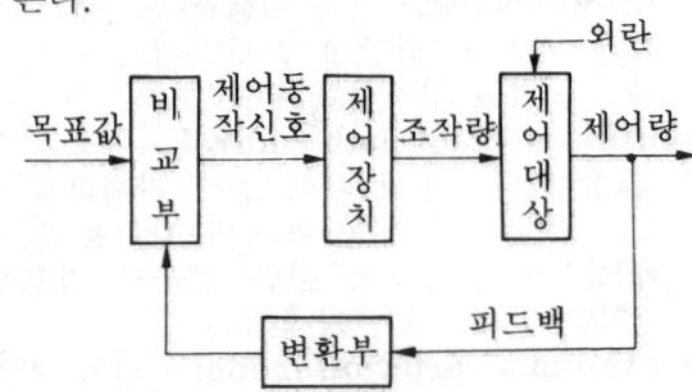

control element 제어 요소(制御要素) 제어 동작 신호를 조작량으로 변환하는 요소. 보통 조절부와 조작부로 이루어져 있다.

control engineering 제어 공학(制御工學) 자동화의 기초 기술인 계측·자동 제어 및 이에 관련되는 기술을 체계적으로 취급하는 공학 분야. 예를 들면, 어떤 특성 등의 관측, 측정, 기록, 전송이나 그 결과에 대한 비교, 논리 판단, 처리 및 그 결과를 토대로 원활한 각종 장치의 운전, 사고 배제 등을 자동적으로 하기 위한 여러 기술의 종합적인 학문.

control equipment 제어 장치(制御裝置) 물체, 프로세스, 기계 등을 제어하기 위해 필요한 신호를 공급하는 장치로, 일반적으로는 그를 위한 기기 전체를 말하기도 하지만, 자동 제어 이론에서는 동작 신호를 증폭하여 조작량을 주는 부분을 가리킨다.

control error 제어 편차(制御偏差) 자동 제어계에서 목표량과 제어량과의 차이. 서보 기구에서는 (목표값－제어량)을 의미하며, 프로세스 제어인 경우에는 (제어량－목표값)을 의미한다.

control grid 제어 그리드(制御－) 방전관이나 진공관의 양극(플레이트)과 음극(캐소드)간에 배치된 전극. 음극에서 양극을 향해 흐르는 전자류를 제어하는 구실을 한다. 보통 음극 가까운 쪽에 배치하고 텅스텐이나 몰리브덴 등의 가는 선을 나선 또는 격자 모양으로 만들고, 음전압(그리드 바이어스 전압)을 가하여 사용하므로 제어 그리드 전류는 흐르지 않고 그리드 회로에서는 전력 소비가 없다.

controlled-carrier modulation 가변 반송파 변조(可變搬送波變調) =floating-carrier modulation

controlled deviation 제어 편차(制御偏差) 제어계에서 어느 목표값 변화나 외란(外亂)이 주어졌을 때 제어량과 목표값과의 사이에 생긴 편차를 말하며, 시간의 함수이다.

controlled overvoltage test 조정 과전압 시험(調整過電壓試驗) ① 절연 장치를 시험하는 방법으로, 정상 동작값 이상의 고전압을 주어 이것을 수동 혹은 자동적으로 일정한 스케줄로 증가해 가서 시험하는 방법. 전압은 보통 직류이며, 시험 환경 조건을 따로 지정한다. ② 절연물에 직류 전압을 가하고, 이것을 증가하면서 누설 전류를 측정하여 그것이 이상값이 되면 시험을 정지하여 절연 파괴를 일으키기까지는 행하지 않도록 하는 시험을 말한다.

controlled system 제어 대상(制御對象) 기계, 프로세스, 시스템 등에서 제어하려는 목적의 장치 전체 혹은 부분.

controlled variable 제어량(制御量) 제어 대상의 상태를 나타내는 양으로, 측정, 제어되는 것을 말한다. 예를 들면 탱크 내의 수위라든가 수온 등과 같이 제어하는 것이 목적으로 되어 있는 양이다.

controller 제어기(制御器) 제어계에서 제어 법칙을 실행하는 부분.

controlling device 제어 장치(制御裝置) 지시 계기에서 지침을 움직이려는 구동 토크에 걸맞는 제어 토크를 주는 부분. 소용돌이 스프링이나 띠 모양 스프링의 변형으로 생기는 탄력을 이용한 스프링 제어 장치, 가동 부분에 붙인 추의 중력을 이용한 중력 제어 장치 등이 있다.

controlling element 조절부(調節部) 제어 장치에서 목표값에 따르는 신호와 검출부로부터의 신호를 바탕으로 제어계가 원하는 동작을 하는 데 필요한 신호를 만들어내어 조작부에 송출하는 부분.

controlling torque 제어 토크(制御－) 지시 계기에서 제어 장치에 의해 주어지는 토크.

control loop 제어 루프(制御－) 폐쇄 시스템(closed system)의 주류를 이루는 것으로, 자동 제어 방식이라고도 한다. 입력된 정보를 처리하고 그 결과를 출력할 뿐만 아니라 최종 조건이 충족될 때까지 반드시 그 출력의 일부를 어떤 방법으로든 재차 입력측에 되돌려 같은 처리를 하는 제어 방식을 말한다.

control program 제어 프로그램(制御－) 운영 체제의 중심을 이루는 프로그램으로, 컴퓨터 시스템을 구성하는 하드웨어, 소프트웨어 등의 시스템 자원을 효율적으로 동작시키는 구실을 한다. 관리 프로그램이라고도 하며, 다음과 같은 프로그램으로 구성되어 있다. 감시 프로그램, 작업 관리, 데이터 관리, 통신 관리, 시스템 제너레이터.

control ratio 조정비(調整比) ① 가스 봉입 방전관에서 양극 전압의 변화와 이에 대응하는 방전 개시 그리드 전압의 변화와의 비. 다른 모든 동작 조건은 일정하게 유지되는 것으로 한다. ② 브리지 회로에서 그 출력 전압이 1V 의 변화를 일으키기 위해 필요한 조정 저항의 저항값 변화로, Ω/V 로 주어진다. 이 조정비의 역수를 브리지 전류라고 한다. →compensation theorem

control register 제어 레지스터(制御－) 컴퓨터의 중앙 처리 장치(CPU)에서의 명령 레지스터를 말하며, 기억 장치에서 판독된 명령을 일시 기억하여 제어 장치에 명령을 전송하는 레지스터.

control signal 제어 신호(制御信號) 모뎀, 통신 제어 장치, 또는 데이터 단말 장치의 동작을 제어하기 위해 인터페이스를 통해서 보내지는 신호.

control storage 제어 기억 장치(制御記憶裝置) 중앙 처리 장치(CPU)의 연산 처리 및 입출력 처리를 제어하는 마이크로프로그램을 축적하는 기억 장치. 최근에는 기록 가능한 기억 장치를 사용하고 있다.

control system 제어계(制御系) 제어해야 할 대상이 있고, 목표값이 되도록 여러 가지 조작이 가해지는 것을 제어라 한다. 그리고 일련의 제어 대상이나 제어 장치 등이 시스템으로서 조합된 것을 제어계라고 한다. 제어는 보통, 자동적으로 행하여지므로 자동 제어계라고도 하며, 정성적 자동 제어계(시퀀스 제어 등)와 정량적 자동 제어계(피드백 제어 등)로 분류된다.

control telephone station 통제 전화 중계국(統制電話中繼局) 회선 단말의 2선/4선 결합 장치나 AGC 장치를 갖는 중계소 또는 중간의 레벨 조정국.

control track 컨트롤 트랙 VTR 재생시의 테이프 속도와 비디오 헤드의 회전 위치와의 관계를, 테이프 기록시의 그들에 맞추기 위한 제어 신호를 기록하는 트랙. 제어 신호는 고정 헤드로 테이프 바깥쪽 길이 방향으로 기록된다.

control unit 제어 장치(制御裝置) 컴퓨터를 조립하는 기본 요소의 하나로, 명령을 순차 해독하여 컴퓨터 내부에 필요한 지령 펄스를 줌으로써 자동적으로 계산이 진행되도록 제어하는 장치.

control value 제어량(制御量) 제어 대상에 속하는 양으로, 제어 대상을 제어하는 것을 목적으로 하는 물리량.

convection current 대류 전류(對流電流) 하전 입자가 전해액, 절연액, 기체, 진공 중 등을 이동함으로써 생기는 전류.

conventional efficiency 규약 효율(規約效率) 실제로 측정하여 구한 효율 즉 실측 효율에 대하여 정해진 규약에 따라서 구한 손실을 바탕으로 하여 산출하는 효율을 규약 효율이라 한다.

convergence 컨버전스, 수속(收束) 섀도 마스크형 컬러 수상관에서 3개의 전자총으로부터의 3색 전자 빔이 형광면의 정해진 형광체를 때리도록 도중의 한 점에 집중하는 것을 말한다. 수속이 나쁘면 색이 벗어나게 된다. 이 조정을 수속 조정 또는 컨버전스 조정이라 한다.

convergence alignment 컨버전스 조정(−調整), 수속 조정(收束調整) 섀도 마스크형 컬러 수상관에서 색이 벗어나지 않도록 수속의 조정을 하는 것. 이것에는 수상관 형광면 중앙 부근에서의 전자 빔 집중을 조정하는 정(靜) 수속과, 주변부에서 빔의 집중을 보상하는 동 수속이 있다. 정 수속은 3개의 래터럴 컨버전스 자석(래터럴 마그넷)과 레이디얼 컨버전스 자석(레이디얼 마그넷)에 의해서 하고, 동 컨버전스는 수평·수직 컨버전스 코일에 파라볼러 모양의 전류를 흘려서 보정 자계에 의해 주변부의 보정을 한다.

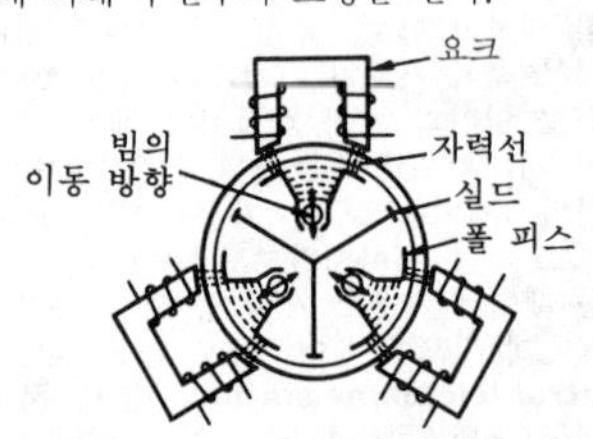

convergence circuit 컨버전스 회로(−回路) 컬러 텔레비전 수상관에서 적, 녹, 청의 3전자 빔을 섀도 마스크 면상에서 한 점으로 집중시켜 화상의 색이 벗어나는 것을 방지하는 회로.

convergence electrode 집중 전극(集中電極) 다중 빔 음극선관에서 둘 또는 그 이상의 전자 빔을 집중하기 위한 전계를 만들어 내고 있는 전극.

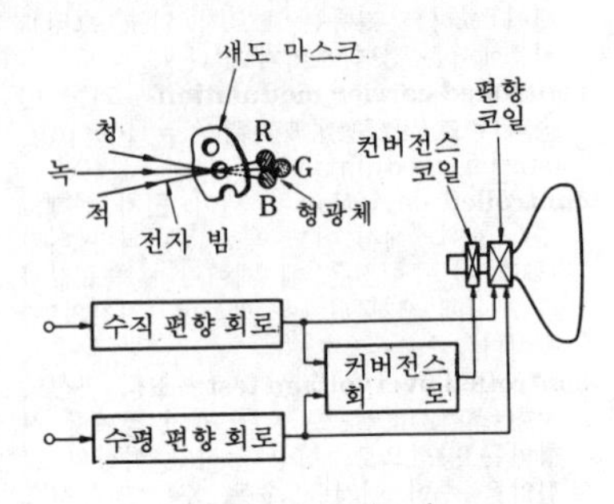

convergence circuit

convergence irradiation 집중 조사법(集中照射法) X선 치료에서, 피부면에서의 X선 밀도는 작고, 병소부(病巢部)에서의 X선 밀도가 커지도록 하는 조사법. 그림은 그 방법의 일례이며, X선을 큰 볼록면 양극에서 방사하고 집속통을 통해 조사한다.

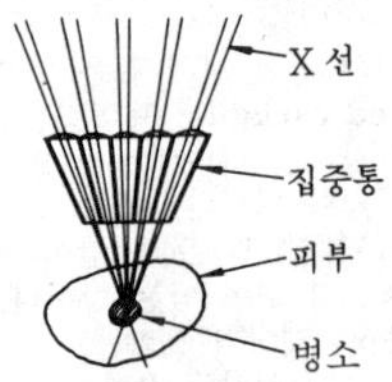

convergence plane 집중면(集中面) 다중 빔 음극선관에서 전자 빔을 집중할 목적으로 주어지는 빔 편향 작용이 작용한다고 생각되는 (각 빔 상의) 점을 포함하는 면을 말한다.

convergence resistance 집중 저항(集中抵抗) 접점 부품의 통전 부분이 완전히 평면이 아니기 때문에 전류의 통로가 그림과 같이 되므로 실질적으로 단면적이 작아져서 저항이 증가하는 것. 경계 저항과 함께 접촉 저항의 원인이 된다.

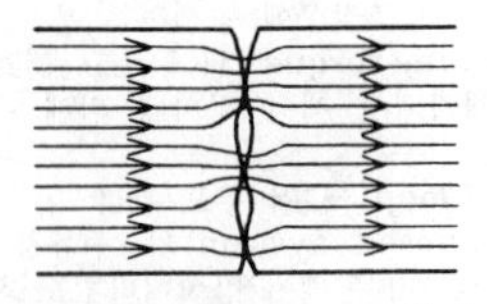

convergence yoke 집중 요크(集中−) 컬러 수상관의 3개의 전자총을 섀도 마스크상의 한 점에 집중시키기 위해 사용하는 전자석 장치. →convergence

conversion accuracy 변환 정도(變換精度) 일반적으로 어느 물리량을 다른 물리량으로 변환할 때 생기는 오차를 나타내는 척도(尺度)를 말하는데, AD 변환 회로, DA 변환 회로에서는 대응하는 디지털값과 아날로그값 사이의 변환에 따라서 생기는 오차의 정도를 나타내는 척도로서 사용된다.

conversion device 변환 소자(變換素子) 어느 물리량을 다른 물리량으로 변환하는 기능을 갖는 소자의 총칭. 실용적으로는 전기량 내지는 전기량으로서 검출할 수 있는 물리량으로 변환하는 소자, 혹은 전기량에 대응한 물리량으로 변환하는 소자가 많다. 대표적인 변환에는 자장의 세기를 전기량으로 변환하는 자기 전기 변환(홀 효과, 자기 저항 효과 등), 빛을 전기로 변환하는 광전 변환(광전도 효과, 광전자 방출 효과), 열과 전기 사이의 열전 변환(제벡 효과 등), 힘을 저항률로 바꾸는 피에조 저항 효과 등이 있다. 이러한 변환 소자에는 반도체, 자성체, 유전체, 금속 등이 있으며, 주로 각종 센서로서 쓰인다.

conversion efficiency 변환 효율(變換效率) ① 광전 변환 장치에서, 이용할 수 있는 출력 전력과 광전 변환 장치의 유효 변환 부분에 입사한 전 입사속과의 비. 이 비는 입사광의 분광 분포와 접합부 온도에 따라 변화한다. ② 클라이스트론 발진기에서, 고주파 출력 전력과 전자 빔에 공급된 직류 전력과의 비. ③ 정류기에서, 한 방향의 전압·전류곱의 평균값과 교류측에서의 입력 전력의 비.

conversion electron 전환 전자(轉換電子) 내부 전환에 의해 궤도에서 방출된 전자.

conversion gain 변환 이득(變換利得) 주파수 변환기에서의 이득을 나타내는 값으로, 다음 식에 의해서 정해지며, 보통은 이것을 데시벨로 나타낸다.

$A_c = V_i / V_m$

여기서, A_c : 변환 이득, V_i : 중간 주파수의 출력 전압〔V〕, V_m : 입력 전압〔V〕.

conversion rate 변환 속도(變換速度) 아나로그-디지털 변환기에서 단위 시간에 얻어지는 변환의 횟수를 말한다. 이것은 변환 시간과 함께 동작의 회복 시간도 생각할 필요가 있으므로 변환 시간의 역수로 계산한 횟수보다 적다. 변환율 혹은 처리율(throughput rate)이라고도 한다. →total conversion time

conversion transconductance 변환 컨덕턴스(變換−) 수퍼헤테로다인 수신에서의 변환관의 출력 전류(중간 주파수의)와 입력 전압(무선 주파수의)과의 비. 출력의 외부 종단부 임피던스는 결과에 영향을 주는 모든 주파수에서 무시할 수 있을 정도로 작은 것으로 한다.

conversion transducer 변환 트랜스듀서(變換−) ① 신호가 주파수 변환을 받는 트랜스듀서. 트랜스듀서의 이득 또는 손실은 사용되는 신호에 의해 정해진다. ② 전기적 트랜스듀서에서 입출력의 주파수가 다른 것. 만일 트랜스듀서의 주파수 변환성이 입력 또는 출력의 주파수와 다른 주파수를 갖는 발진기에 의한 것일 때에는 이 발진기의 주파수, 전력 혹은 전압 등은 변환 트랜스듀서의 매개 변수이다.

converter 컨버터, 변환기(變換器), 변환기(變換機) 여러 종류의 양을 바꾸는 장치. ① 수퍼헤테로다인 형식의 수신기에 사용되는 것은 주파수 변환기라 하며, 수신 주파수를 중간 주파수로 바꾼다. ② 전동기와 발전기를 직렬하여 전력(주파수나 전압)의 변환을 한다. ③ 컴퓨터를 사용한 계측에서는 아날로그와 디지털의 변환을 한다.

converter tube 컨버터관(−管), 변환관(變換管) 헤테로다인 변환 트랜스듀서에서 혼합관과 국부 발진기의 기능을 아울러 갖는 전자관.

cooled-input FET preamplifier 냉각 입력 전계 효과 트랜지스터 전치 증폭기(冷却入力電界效果−前置增幅器) 입력의 전계 효과 트랜지스터(FET)를 냉각해서 잡음을 감소시키고 있는 증폭기.

Coolidge tube 쿨리지관(−管) 냉음극형의 X선관.

cooling factor 냉각 계수(冷却係數) 열전(熱電) 냉각 장치에서 단위의 입력 전력에 대한 흡열량의 비.

cooling method 냉각 방식(冷却方式) 장치의 온도 상승을 억제하기 위하여 회로 소자로부터의 발열을 방열시키는 수법(기구).

cooling technology 냉각 기술(冷却技術) 실장 기술의 요소 기술의 하나. 기기가 설치되는 환경 온도하에서 기기의 신뢰성을 확보하기 위해 각 부품을 허용 온도 범위 내에 들게 하는 기술.

coordination area 조정 영역(調整領域) 위성 통신에서 지상국 상호 연락에 사용하는 마이크로파 회선의 사용 주파수가 지구국과 위성을 연결하는 상행 링크 주파수(14GHz), 또는 하행 링크 주파수(11GHz)와 일치하면 마이크로파 회선의 매우 강한 신호가 위성계에 간섭 잡음으로서 들어오게 된다. 특히 하행 링크의 경우에는 지구국 수신기가 받는 간섭 잡음은 지상국과 지구국의 상대 위치에 따라서 매우 큰 값이 된다. 그래서 지구국을 중심으로 한 조정 영역을 두어 그 중에 있는 지상국에 대해서는 간섭이 허용값을 넘지 않도록 규칙에 따라서 조정하도록 하고 있다. 조정 영역의 윤곽을 조정 윤곽선(coordination contour)이라고 한다.

coordination contour 조정 윤곽선(調整輪廓線) →coordination area

co-polymer 공중합체(共重合體) 합성 수지를 만드는 데 종류가 다른 단량체를 종합시킴으로써 특징있는 성질을 갖게 한 것. 예를 들면, 사란(염화 비닐과 염화 비닐리덴)이나 ABS 수지(아크릴니트릴, 부타젠, 스틸렌) 등은 공중합체이다. →plastic alloy

copper loss 동손(銅損) 전기 기기에 생기는 손실 중 권선 저항에 의해서 생기는 줄 손(joule loss). 권선의 전류를 I〔A〕, 권선의 저항을 r〔Ω〕으로 했을 때 발생하는 동손 P는

$P=I^2r$ 〔W〕

가 된다.

copper oxide rectifier 산화동 정류기(酸化銅整流器), 아산화동 정류기(亞酸化銅整流器) 동 기판 표면에 아산화동 피막을 생성시키고, 납 혹은 은 등의 전극을 붙인 정류기. 아산화동에서 구리 방향으로 전류가 흐르기 쉽다. 소형이고 특성이 안정하며 값이 싸지만 내역전압(耐逆電壓)이 낮고, 대전력용으로서는 부적당하다. 주로 계기 등에 쓰인다.

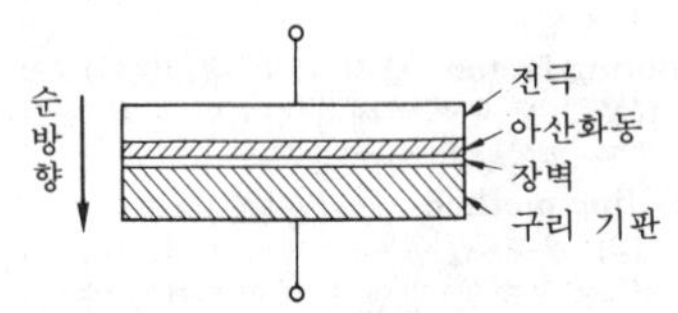

copper wire 동선(銅線) 재료는 전기동이며, 인장한 경동선과 이것을 어닐링하여 저항률을 감소시킨 연동선이 있다. 코드나 권선에 사용하는 것은 후자이다.

copper-zinc ferrite 동아연계 페라이트(銅亞鉛系－) 자심용 페라이트의 일종으로, $CuFe_2O_4$와 $ZnFe_2O_4$의 혼합 소결체이다. 저주파 트랜스에 사용된다.

co-processor 코프로세서 마이크로프로세서의 중앙 처리 장치(CPU) 기능을 강화하기 위한 특수한 LSI. 부동 소수점수의 연산 등을 고속으로 실행하는 수치 연산 프로세서가 일반적으로 널리 알려져 있다.

Corbino disc 코르비노 소자(－素子) 일종의 자기 저항 소자로, InSb와 같은 화합물 반도체로 만든 원판의 중앙과 주변에 전극을 두고, 원판에 직각 방향으로 자계를 주면 전극간의 저항이 자계 세기의 제곱에 비례하여 변화하는 성질을 가지고 있다. →magnetoresistance effect

cord 코드 저압의 전등선(전등을 매다는 전선)이나 이동 전선으로서 사용하는 절연 전선.

cordel insulation 코델 절연(－絶緣) 이전에 사용되었던 전화용 종이 케이블에서의 절연법.

cordless telephone 코드리스 전화(－電話), 무선 전화(無線電話) 보통 전화기의 코드를 무선 링크로 대치한 것으로, 실내 등의 짧은 거리 범위에서 사용하는 데 적합하다. 사용 주파수는 단일의 경우도 있고 복수의 경우도 있다. 전화기도 반드시 1개로 한정하지 않는다.

core 코어, 자심(磁心), 철심(鐵心) 자기 회로에 사용되는 철심. 변압기에서는 철심 내의 전력 손실을 적게 하기 위해 규소를 포함하는 박강판을 겹쳐 쌓아서 사용한다. 고주파 회로에서는 자성 재료를 분말로 하여 전기적 절연 피막을 붙여서 압축 성형한 압분 철심(dust core)이 사용된다.

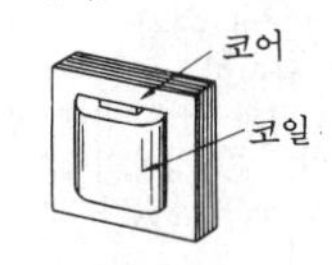

core loss 철손(鐵損) 시간적으로 변화하는 자화력에 의해 생기는 자심의 전력 손실로, 히스테리시스손과 와전류손으로 구성된다.

core-loss current 철손 전류(鐵損電流) 유도 전압에 대하여 동상인 여자(勵磁) 전류 성분. 이것은 등가한 철손 저항을 흐른다고 가정한 가상적인 전류이다.

core type transformer 내철형 변압기(內鐵形變壓器) 철심을 권선으로 감싼 모양의 변압기. 1차 및 2차 권선을 각각 2분하여 양 다리에 감은 모양으로, 누설 자속을 감소시키는 것을 특징으로 한 것. 구조상으로는 다른 것에 비해 절연하기 쉽다.

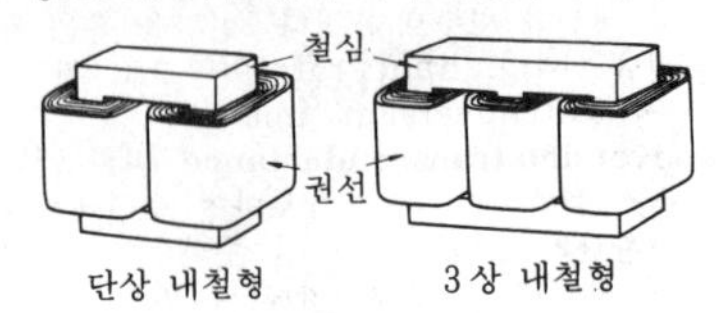

corner 코너 도파관의 축 방향이 급격히 변화하는 곳.

corner antenna 코너 안테나 →corner reflector antenna

corner frequency 코너 주파수(－周波數) 피드백 제어계의 오픈 루프 전달 함수의 대수(對數) 이득 대 주파수 특성을 여러 개의 직선 부분의 연결에 의해 근사했을 때 인접한 직선 부분의 만난점(즉, 직선 부분이 그 경사를 바꾸는 점)의 주파수. 단순한 위상 지연 회로 $1/(1+j\omega T)$인 경우에는 코너 주파수는 $f_c=1/2\pi T$이며, 여기서의 위상 지연은 회로 전체의 위상 지연 90°의 절반이다. →breakpoint

corner gate 코너 게이트 사이리스터의 음극면 한 구석에 두어진 게이트. 사이리스터를 ON 했을 때 전류는 이 곳에서 음극을 가로질러 반대측으로 확산해 가기 때문에 센터 게이트 구조의 것에 비해 확산 시간이 길어져서 dI/dt 내량을 크게 할 수 없다. 주로, 중소 용량의 사이리스터에서 사용된다. 1 점 게이트라고도 한다.

corner reflector 코너 리플렉터 2매의 도전판(導電板)이 서로 직각으로 만나서 구성되는 전파 반사기. 전자 방사를 반사하여 파원(波源)으로 되돌려 보내는 작용을 한다. 레이더 관측에서의 위치 측정을 보다 확실하게 하는 데 효과가 있다.

corner reflector antenna 코너 리플렉터 안테나 일정 각도로 굽힌 금속판 또는 도체를 배열한 것을 반사판으로 하여 더블릿 안테나를 조합시킨 초단파용 지향성 안테나의 일종. 송신과 수신에 사용되며, 전방에 강한 지향성을 가지고 있다.

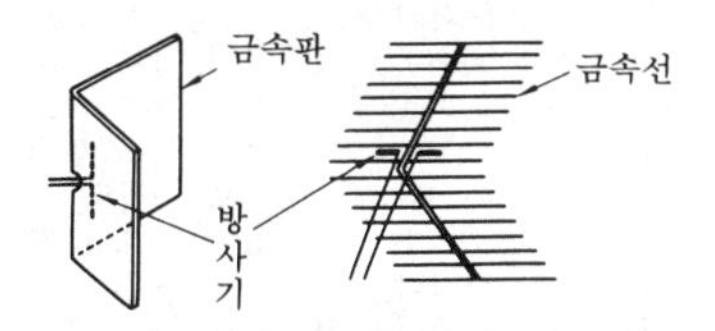

corona 코로나 도체에 주어지는 전압이 높아졌을 때 도체 표면과 그에 인접한 부분에 발생하는 푸른 색을 띤 보라색의 방전.

corona discharge 코로나 방전(－放電) 기체 중에서 두 전극간의 전압을 상승시켜 가면 어느 값에서 불꽃 방전이 발생하는데, 전극간의 전계가 평등하지 않으면 불꽃 방전 이전에 전극 표면상의 전계가 큰 부분에 발광 현상이 나타나고, 1～100μA 정도의 전류가 흐른다. 이것을 코로나 방전이라고 한다. 빛을 발생하고 있는 부분에서는 전리(電離)가 활발하게 이루어지며, 전류 밀도도 크고, 절연성을 잃는다.

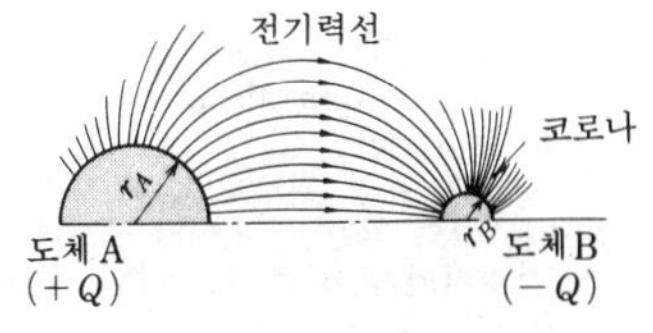

도체간의 코로나

r_A, r_B : 도체의 반경〔m〕

Q : 전하 〔C〕

E_A, E_B : 도체 표면의 전계 강도 〔V/m〕

$$E_A=\frac{Q}{4\pi\varepsilon_0 r_A^2}\text{〔V/m〕},\ E_B=\frac{Q}{4\pi\varepsilon_0 r_B^2}$$

$r_A > r_B$ 일 때 $E_A < E_B$

도체 B쪽이 코로나 방전이 발생하기 쉽다

corona discharge tube 코로나 방전관(－放電管) 코로나 방전의 성질을 이용한 소전류용 가스 봉입 방전관.

corona effect 코로나 효과(－效果) 도체 주위에서, 절연물에 고전계가 걸린 곳에서 생기는 글로 방전의 한 형태.

corona loss 코로나 손실(－損失) 코로나 방전에 의한 전력 손실. 전선 표면의 전위 기울기가 대체로 30kV/cm 가 되면 전선 표면의 공기가 이온화되어 코로나 방전이 되고, 송전 전력이 소리, 빛, 열 등으로 변환되어 전력 손실을 일으킨다. 외경이 굵은 전선(ACSR)이나 다도체를 사용하여 방지한다.

corona noise 코로나 잡음(－雜音) 초고압 송전선 등에서 코로나 방전이 발생하는 전파는 중파의 라디오 수신에 주는 장애가 크다. 이것을 코로나 잡음이라 하고, 주위의 일기 조건 등에 의해서 그 영향이 변화한다.

corona shielding 코로나 차폐(－遮蔽) 코일 표면을 따라서 발생하는 전위 경도(電位傾度)를 완화시키기 위한 차폐 구조.

corona stabilizer 코로나 정전압 방전관(－定電壓放電管) 타운센트 방전 영역의 정전압 특성을 이용한 정전압 방전관의 일종. 고전압 소전류의 직류 전압 표준용에 쓰인다.

corona starting voltage 코로나 개시 전압(－開始電壓) 코로나 방전이 발생하기 시작할 때의 전압. 선간 거리, 전선의 굵기와 표면 상태, 주위의 기상 조건에 따라 코로나 개시 전압은 다르나, 기온 20℃, 기압 1013mbar 의 경우, 전위 기울기가 약 30kV/cm 가 되면 도체 표면 가까이에 절연 파괴 현상(이온화)이 일어나 방전이 개시된다. →corona discharge

correction 보정(補正) ① 올바른 값을 얻기 위해 계산된 또는 관측된 값에 가해지는 양 또는 그와 같은 행위. ② 시스템의 편차를 감소시키기 위해 조작량의 값을 바꾸는 것.

correction factor 보정률(補正率) 참값에서 측정값을 뺀 값을 보정이라 하고, 보정의 측정값에 대한 비를 보정률이라고 한다. 보통 백분율로 나타내는 경우가 많다.

corrective maintenance 사후 보수(事後保守), 사후 보전(事後保全) ① 고장을 제거하기 위하여 행하여지는 보수. ② 고장이 일어난 다음에 기능 단위를 운용 가능한 상태로 회복하기 위하여 행하는 보수.

corrective network 보전 회로(補正回路) 전송 성능 또는 임피던스를 개선하기 위해 삽입되는 회로.

correlated color temperature 상관 색온도(相關色溫度) 색도도에서 시료광(試料光)의 색도점이 흑체 궤적에서 약간 벗어난 위치에 있는 경우에 시료광과 흑체가 방사하는 빛의 휘도를 같은 레벨로 조정하여 2°의 시야에서 관찰했을 때 시료광의 색에 가장 가까운 색의 빛을 방사하는 흑체의 온도를 그 시료광의 상관 색온도라 한다.

correlation demodulator 상관 복조기(相關復調器) →matched filter demodulator

correlation detector 상관 검출기(相關檢出器) 레이더에서 타깃의 존재를 수색하기 위해 수신 신호 $y(t)$를 송신된 신호의 지연 리플리커 $s(t-D)$에 곱하여 저역 필터를 통해서 적분하도록 한 구조의 검출기. D는 지연 시간이다. 이러한 크로스 상관 검출기는 정합 필터와 수학적으로는 등가의 작용을 나타내므로 레이더 응용에서는 수색 시간 지연 등을 고려하여 정합 필터쪽이 흔히 쓰인다.

correlator 상관기(相關器) 수학적인 상관 함수의 계산을 근사적으로 하여 잡음 중에서 약한 정보 신호를 분리하는 데 쓰이는 전자 장치. 자기 상관기, 상호 상관기 등이 있다. 상관형 수신 장치(correlation-type receiver)라고도 한다.

corrugation 코러게이션 콘 스피커의 콘에 붙여진 동심원상의 주름살. 이 코러게이션은 스피커의 고음 재생 주파수 한계를 높이는 데 도움이 된다.

Corson alloy 코손 합금(-合金) 구리를 주성분으로 하는 합금의 일종. =precipitation hardening

corundum porcelain 코런덤 자기(-瓷器) 알루미나(Al_2O_3)를 원료로 하여 만든 자기. 내열성 부품의 절연에 사용한다. →alumina porcelain

cosecant-squared beam antenna 코시컨트 제곱 빔 안테나 성형(成形) 빔 안테나의 하나로, 주 단면 내의 방사 패턴은 주 빔과 다음과 같은 사이드 로브(side lobe)로 이루어져 있다. 즉, 주 빔의 한쪽은 통상의 사이드 로브와 같은 형상이지만 또 한쪽의 사이드 로브는 주 빔에서 넓은 각도 범위에 걸쳐 널(null)이 없고, 또한 방사 강도가 각도의 코시컨트 제곱에 따라 변화하도록 설계된 것. 이 안테나의 가장 일반적인 응용 예는 대지 매핑 레이더나 표적 데이터 수집 레이더 등이며, 코시컨트 제곱 빔은 같은 고도이고 같은 레이더 단면적을 갖는 목표물로부터는 거리가 달라도 같은 강도의 반사파를 수신할 수 있다.

cosecant-squared pattern 코시컨트 제곱 패턴(-二乘-) 앙각(올려본각)의 코시컨트 제곱에 비례한 전력 특성을 갖는 수직면 안테나 특성. 일정한 레이더 단면적을 갖는 목표물이 일정 고도로 이동하는 경우에 반사파의 강도는 직거리에 관계없이 일정해지는 성질이 이 패턴의 특징이다.

cosine equalizer 코사인 등화기(-等化器), 여현 등화기(餘弦等化器) 부호간 간섭이 적은 파형 전송을 하기 위해 사용하는 등화기의 특성으로, 저역 여파 특성의 상단부를 이상적이 아니고 여현 곡선으로 롤오프하도록 한 것. 날카로운 차단 특성을 가진 등화기는 쓸데 없이 부호간 간섭을 증대할 뿐이다.

cosine winding 코사인 감이 브라운관의 편향 코일 감는 법의 한 방법으로, 감는 수를 중심각 θ의 cosine(여현)에 비례하도록 많이 감는 방법. 텔레비전용 수상관에 사용하는 경우는 래스터의 편향 일그러짐이 최소가 된다.

cosmic background radiation 우주 배경 방사(宇宙背景放射) 우주 전체에 확산되어 있는 전자 방사로, 현재는 RF 파부터 감마선에 이르는 스펙트럼 영역의 방사가 검지되고 있다. RF 백그라운드 방사(300m~60cm)는 우주의 모든 전파원으로부터의 종합 방사이다. 마이크로파 영역(60cm~0.6mm)의 백그라운드 방사는 2.76K 의 흑체에 의한 방사이며, 보통 3K 방사라고 일컬어지고 있다. 이것은 빅뱅 이후 냉각한 우주에 남겨진 광자(光子)에 의한 것이라고 생각되어 빅뱅설(폭발기원설)이나 우주 확대설의 설명의 근거가 되고 있다. X선이나 감마선의 백그라운드에 대해서는 잘 알려져 있지 않다.

cosmic noise 우주 잡음(宇宙雜音) 태양계 이외의 우주 공간에서 발생하는 전파. 현재 주로 미터파 영역에서 관측되고 있으나 은하계 일대와 많은 고립된 점원(點源)에서 발생하는 것이 알려져 있다. 따라서 우주 잡음이라고 하면 은하 잡음을 가리키기도 한다.

cosmic radio waves 우주 전파(宇宙電波) 태양계 밖에서 방사되는 전파.

cosmic rays 우주선(宇宙線) 우주로부터 지구로 날라오는 매우 투과성이 강한 방사선. 우주선은 거의 양전하를 가진 원자핵이며, 90% 이상은 양자이다. 기타는 헬륨, 탄소, 산소 등의 핵이다. 이들의 1차 우주선이 고층의 공기와 충돌하여 양, 음의 대전(帶電) 입자를 발생하고, 이들이 붕괴하여 또 전자, 중성 미자(中性微子), 감마선 등 이른바 2차 우주선을 발생한다.

cottage key people 재가 근무자(在家勤務者) 자택에서 작업하여 그 결과를 기업에 팩시밀리, 플로피 디스크, 기타의 수단으로 보내는 근무 양식의 작업자.

Cotton-Mooton effect 코튼·무턴 효과(-效果) 2차의 자기 광학 효과 중에서 광학적 성질의 변화가 가해진 자계 세기의 제곱에 비례하는 항을 말한다. 상반성이 있다.

coulomb 쿨롬 ① 전기량(전하)의 단위로, 기호는 C. 1A 의 불변 전류에 의해서 1초간에 운반되는 전기량을 말한다. ② 전속(電束)의 단위로, 기호는 C. 1C의 전하에서 나오는 전속.

coulomb friction 쿨롬 마찰(-摩擦) 상호 접촉하는 2면의 상대 운동에 대항해서 작용하는 속도에 의존하지 않는 일정한 힘.

Coulomb's law 쿨롬의 법칙(-法則) ① 2개의 자극간에 작용하는 힘의 크기를 나타내는 법칙으로, 다음 식으로 나타내어 진다.

$$f = \frac{m_1 m_2}{4\pi\mu_0\mu_s r^2}$$

여기서, f: 힘〔N〕, m_1, m_2 : 자극의 세기〔Wb〕, μ_0:진공의 투자율로 $4\pi\times10^{-7}$ H/m, μ_s : 비투자율, r : 자극간의 거리〔m〕. ② 두 전하간에 작용하는 힘의 크기를 나타내는 법칙으로, 다음 식에 의해서 나타내어진다.

$$f = \frac{Q_1 Q_2}{4\pi\varepsilon_0\varepsilon_s r^2}$$

여기서 f: 힘〔N〕, Q_1, Q_2 : 전하의 크기〔C〕, ε_0 : 진공의 유전율로 8.885×10^{-12} F/m, ε_s : 비유전율, r : 전하간의 거리〔m〕.

coulometer 전량계(電量計) 어떤 시간 내에 이동한 전기량을 구하는 것으로, 금속염을 전기 분해함으로써 석출하는 금속량에서 산출하는 전해형과 전동기의 회전수를 적산하여 행하는 전동기형이 있다. 축전지의 충방전량을 측정하는 경우 등에 사용된다.

count-down 카운트 다운 수신된 질문 펄스의 총수에 대한 응답되지 않은 질문 펄스 수의 비.

counter 카운터, 계수기(計數器) 반복해서 일어나는 현상의 수를 세하는 장치. 현상을 펄스 전압으로 바꾸어 계수 개시부터 정지까지의 사이에 입사하는 펄스수를 계수한다. 플립플롭 회로로 구성한 2진 계수기나 그 변형인 n진 계수기, 링 계수기 등이 있으며, 10진수로 변환하여 표시한다. 컴퓨터를 비롯하여 주파수나 주기의 측정, 방사선 계측 등에 널리 사용되고 있다.

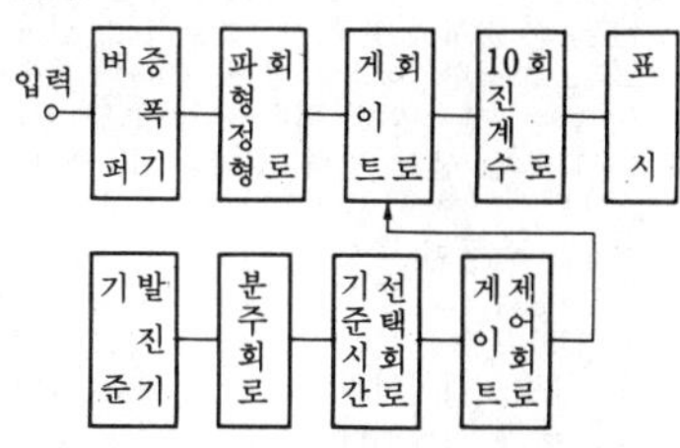

counter circuit 계수 회로(計數回路) → counter

counter-clockwise polarized wave 좌회전 편파(左回轉偏波) 원편파나 타원 편파

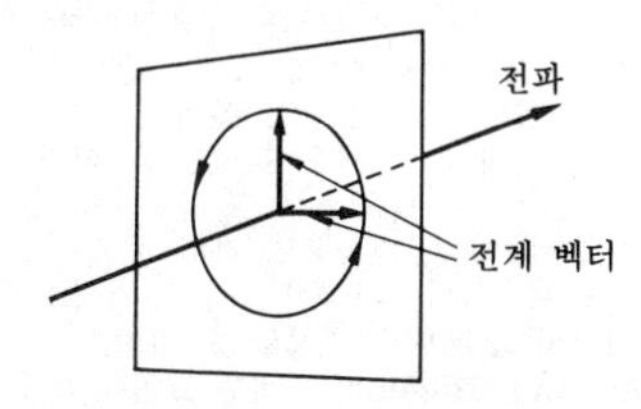

에서 전계의 벡터가 전파의 진행 방향에 대하여 왼쪽으로 회전하는 편파. 이 때는 관측자가 전파의 진행 방향을 향해서 보았을 경우 전계 벡터가 반시계 방향으로 회전하는 것이다.

counter-electromotive force 역기전력(逆起電力) 시스템 내부에서 정해진 방향으로의 전류 흐름을 저지하려고 작용하는 실효 전력. 역학계에서의 작용에 대한 반작용의 관계에 대응하고 있다.

counterpoise 카운터포이즈 안테나 접지법의 하나로, 지상으로부터 수 m 의 곳에 절연한 도선망이나 금속판 등을 치고, 대지간의 정전 용량에 의해서 접지하는 이른바 용량 접지법이다. 이 경우 전기력선은 각 도선에 분포되어서 지중에 들어가므로 밀집하는 일이 없어 손실이 적다. 차폐 접지라고도 하며, 양호한 접지가 얻어지지 않는 장소(암석이 많거나, 토지가 건조하거나, 건물의 옥상 등)에 사용된다.

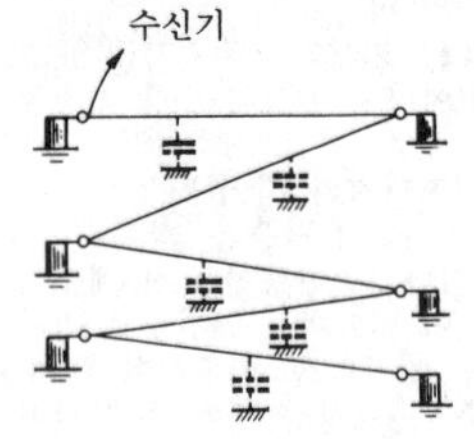

counter tube 계수관(計數管) ① 개개의 전리 사상(電離事象)에 응답하는 전자관으로, 그러한 사상의 발생 횟수를 계수할 수 있는 것. 방사 계수관이라고도 한다. ② 1개의 신호 입력 전극과 10개 또는 그 이상의 출력 전극을 갖는 전자관으로, 하나의 입력이 주어질 때마다 순차, 다음 출력 전극으로 통전 상태가 전환되는 것. 냉음극 계수관, 빔 전환관 등이 그 예이다. 계수, 데이터의 기억, 타이밍, 게이트 작용 등에 이용된다.

counter type frequency meter 계수형 주파수계(計數形周波數系) 피측정 주파수의 신호를 펄스 치환 회로로 펄스화하여 게이트 회로에 보낸다. 게이트 회로에 엄밀하게 일정 시간만큼 개폐하도록 수정 발진기로 제어되어 있으며, 펄스는 게이트가 열려 있는 동안만 통과하여 계수 회로에 보내지고, 계수 표시된다. 따라서 T 초 중의 계수값을 N으로 하면 주파수 $f=N/T$가 되며, $T=1$로 하면 주파수를 직독할 수 있다. 취급이 매우 간단하고 10^{-6} 이상의 고정도로 측정할 수 있다.

counting efficiency 계수 효율(計數效率) ① 방사 계수관에서 유감(有感) 영역으로 입사한 전리성(電離性) 입자 혹은 양자(量子)의 수 중 계수관에 의해 계수된 것의 비율. 계수관의 동작 조건, 입자의 조사(照射) 조건을 명시하는 것. ② 신틸레이션 계수관에서 계수를 발생하는 광자(光子) 또는 전리성 입자의 평균수와 유감 영역에 조사한 평균수와의 비.

counting rate meter 계수율계(計數率計) 단위 시간당의 펄스수를 계기로 지시하는 장치로, 보통 cpm 으로 눈금이 매겨져 있다. 펄스열을 정형 회로에 의해서 일정한 크기의 구형파로 바꾸고, 콘덴서와 저항을 조합시킨 적분 회로로 평균하여 계기에 가한다. 방사선의 탐색이나 감시, 측정에 사용된다.

country code 컨트리 코드 데이터 처리에서 시각, 날짜, 통화의 표시 형식 등에 대한 나라별 정보를 지정할 때 사용하는 코드. 예를 들면 미국은 001, 일본은 081, 한국은 082, 중국은 086으로 정해져 있으며, 이것은 국제 전화에서 국제 번호와 같다.

coupler 커플러 ① 항행 방식에서, 센서로부터 어떤 종류의 신호를 수신하고, 다른 종류의 신호로서 조작 장치에 보내도록 하는 결합부. ② 하나의 회로에서 다른 회로로 에너지를 주고 받기 위해 사용되는 부품. ③ 하이브리드 커플러(3 dB 커플러)를 말한다. ④ 전기-음향 변환 장치 등의 교정 혹은 시험을 하기 위해 2개의 변환 장치를 결합하는 결합 공동.

coupling 결합(結合) ① 하나의 회로와 다른 회로를 연결하여 한쪽에서 다른 쪽으로 에너지를 주고 받게 한 부분. ② 어떤 회로에서 다른 회로로 방해 작용이 침투하는 상태로 양자가 배치되어 있는 것.

coupling aperture 커플링 홀, 결합부 개구(結合部開口) 공동 공진기(空洞共振器), 도파관, 전송 선로, 도파관 구성 부품에서 다른 회로와의 에너지 수수를 위해 벽면에 뚫은 구멍.

coupling capacitor 결합 콘덴서(結合－) 직류분을 저지하고 교류분만을 통하기 위한 콘덴서. 그림에서 결합 콘덴서 C는 Tr_1의 직류분이 Tr_2의 베이스(B)에 가해지는 것을 방지하는 구실을 한다. 내압이 좋고, 누설 전류가 적은 콘덴서를 사용한다. 증폭 회로의 단간 결합 등에 사용한다.

coupling coefficient 결합 계수(結合係數), 결합도(結合度) 두 코일 간의 전자적인 결합의 정도를 나타내는 것으로, 다음 식으로 나타내어진다.

$$k = \frac{M}{\sqrt{L_1 L_2}}$$

여기서 k : 결합 계수, L_1, L_2 : 양 코일의 자기 인덕턴스〔H〕, M : 양 코일 간의 상호 인덕턴스〔H〕. 실제로는 양 코일 간에는 누설 자속이 있으므로 k 의 값은 $0<k<1$ 의 범위에 있다.

coupling condenser 결합 콘덴서(結合－) 저항 결합 증폭기에서 단간에 접속되는 콘덴서를 말하며, 저지 콘덴서라고 할 때도 있다. 앞 단의 직류 전압이 다음 단 입력에 가해지지 않고 교류적으로 결합되도록 할 목적으로 사용되는 것으로, 이 정전 용량이 작으면 저항 결합 증폭기의 저역 주파수 특성에 나쁜 영향을 준다.

coupling efficiency 결합 효율(結合效率) 두 광 부품간의 광 에너지 전이 효율.

coupling factor 결합 계수(結合係數) 전자 결합(電磁結合)의 결합 정도를 나타내는 수치. 1차, 2차 코일의 인덕턴스를 각각 L_1〔H〕, L_2〔H〕로 하고, 상호 인덕턴스를 M〔H〕로 했을 때 결합 계수 K는

$$K = \frac{M}{\sqrt{L_1 L_2}}$$

로 나타낸다. 최대 1이고, 일반적으로 1 이하가 된다.

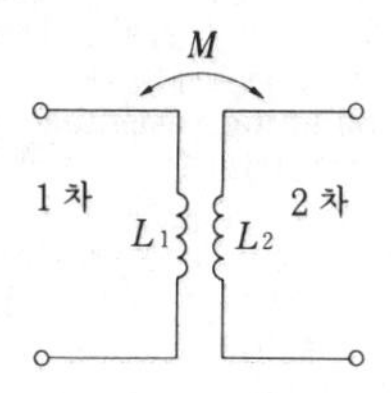

coupling iris 결합 조리개(結合－) 도파관 내에 둔 창이 있는 금속 박판의 칸막이. 회로에 병렬로 삽입된 집중성 서셉턴스 jB(B가 －이면 유도성, ＋이면 용량성)로서 작용한다. 어느 주파수에서 $B=0$ 또는 $B=\infty$로 되고, 그 전후의 주파수에서 B의 부호가 반전하는 경우에는 이것은 직렬(또는 병렬) 공진 소자로서 작용하게 된다.

coupling loop 결합 루프(結合－) 공동 공진기(空洞共振器), 도파관, 전송 선로, 도파관 구성 부품과 외부 회로 간에 에너지의 흐름을 만들기 위한 도체 루프.

coupling loss 결합 손실(結合損失) 하나의 광 디바이스에서 다른 광 디바이스로 빛이 결합할 때 상실하는 에너지.

coupling modulation 결합 변조(結合變調) 레이저광을 변조하는 광변조기에서 내부 변조 즉 공진기 내부에 두어진 변조기에 의해 변조를 하는 경우, 공진기의 결합도를 변화시켜서 변조광을 꺼내는 방식. →optical modulator

coupling probe 결합 프로브(結合－) 공동 공진기(空洞共振器), 도파관, 전송 선로, 도파관 구성 부품과 외부 회로간에 에너지의 흐름을 만들기 위한 프로브.

course 코스 ① 항공기, 선박 등의 항행 차량에서의 목적으로 하는 항행 방향으로, 수평면 내에서 기준 방향에 대하여 시계 방향으로 항행 방향까지 재서 각도로 주어진다. 역방향으로 잿을 때는 그 각도는 마이너스값으로 한다. 항로, 코스선, 목적 트랙(desired track) 등이라고도 한다. ② 라디오 레인지 빔을 말한다.

course beacon 코스 비컨 항만의 선박 항행 원조 시설로서 시계(視界)가 불량할 때 입출항하는 선박에 항로를 지시하는 것. 송신기는 항로의 연장상에 설치되며, 2개의 지향 안테나에 의해서 9,310 MHz 의 펄스파가 교대로 전환되어서 발사되고, 1,000Hz 의 연속음이 들리는 방향에 의해서 항로가 지시된다.

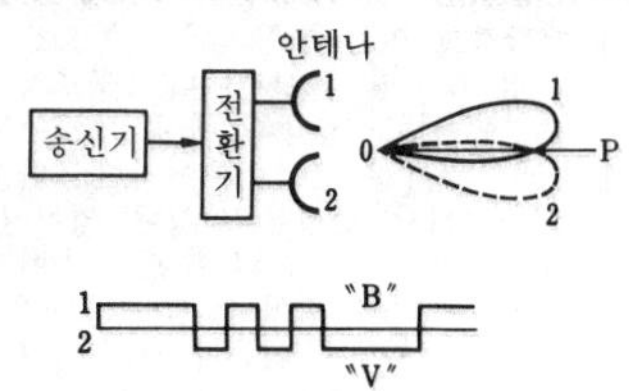

course bend 코스 벤드 항행에서 설정 방향으로부터의 코스의 편차.

course made good 통과 코스 방향(通過－方向) 항공기의 실제 이동 경로의 벡터적 합성을 수평면상에 투영한 것으로, 출발점에서 본 이동체의 방위(方位)를 준다.

course recorder 침로 기록계(針路記錄計) 주 컴퍼스로부터의 신호 제어하에 시간에 대응아혀 선박의 진행 방위를 연속적으로 기록하도록 작동하는 장치.

course scalloping 코스 스캘러핑 항공기상의 계기 지시에 나타나는 지상 항행 원조 시설의 코스의 주기성 변화로, 장해물이나 지형에 의한 불요 반사가 원인이다.

covalent bond 공유 결합(共有結合) 전자쌍(電子雙 : electron pair)이 2개 원자에 공유됨으로써 형성되는 화학 결합. 전자쌍 결합이라고도 한다. Ge 결정(Si 의 경우도 같다)의 각 원자는 원자가 4에 대응하여 그림과 같이 가장 근접한 4개의

원자와의 사이에 4개의 공유 결합을 만들고, 4면체 공간 배치를 이룬다. →electron pair

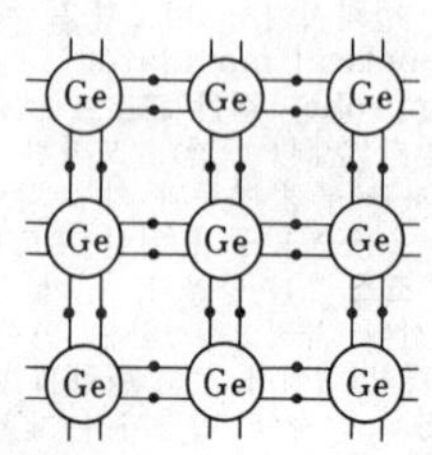

coverage area 유효 범위(有效範圍) 기지 송신국을 둘러싸는 구역에서 통신 기간의 90%에 걸쳐 신뢰성 있는 통신 서비스를 제공할 수 있는 신호 강도를 가진 서비스 범위. 통달 범위라고도 한다.

cp 칸델라파워 =candle-power

CPD 전하 주입 디바이스(電荷注入－) charge priming device의 약어. 일종의 고체 촬상 디바이스로, 광전 변환부가 MOS 콘덴서로 이루어진 CCD 디바이스이며, 전송 효율이 좋고 잡음도 적다.

CPS emitron CPS 에미트론 영국 EMI사가 제작하고 있는 촬상관의 일종으로, 저속도 빔 주사형 촬상관이다. 구조적으로는 모자이크면, 안정화 메시, 이온 트랩 메시 및 전자총으로 이루어지며, 안정화 메시에 의해서 안정한 영상이 얻어진다. 감도는 이미지 오시콘의 수분의 1이지만 해상력, *SN*비가 뛰어나다. 단, 사용 온도가 크게 제한되어 있는 결점이 있다.

CPU 중앙 처리 장치(中央處理裝置) = central processing unit

***CR* charge and discharge type frequency meter** *CR*충방전형 주파수계(－充放電形周波數計) 콘덴서를 피측정 주파수에 따른 수기로 저항을 통해서 충방전하고, 그 전류가 주파수에 비례하므로 주파수를 직류 전류계로 지시케 한 계기이다. 이 주파수계는 저주파용이며, 다른 원리에 의한 것에 비해 넓은 지시 범위가 필요한 경우에 적합하다.

***CR* coupled amplifier** *CR*결합 증폭기(－結合增幅器) =resistance-capacity coupled amplifier, resistance coupled amplifier

credit authorization terminal 크레디트 확인 단말(－確認端末), 신용 조회기(信用照會機) 크레디트 카드 가맹점에 설치하고, 이용자의 카드를 읽어서 크레디트 회사의 중앙 컴퓨터에 입력함으로써 그 구매 허용 한도 내에 있는 것을 확인하도록 되어 있는 단말 장치. 위와 같은 기능은 POS 방식에서의 전자식 금전 등록기 속에 내장되어 이른바 은행 POS에서의 부분 기능을 하는 것도 많으나, 주유소나 소매점 등에서는 간단한 크레디트 확인 전용의 단말을 갖는 것이 보통이다. =CAT

credit (card) call 크레디트 (카드) 통화(－通話) 가입자 번호와 크레디트 번호를 대조하여 크레디트 번호의 정당성이 확인되면 발신자를 대신하여 등록 가입자에게 요금이 부과되도록 한 통화 서비스.

crest voltmeter 파고 전압계(波高電壓計) 단자간에 인가된 전압의 파고값 또는 최대값을 지시하는 전압계.

crest working reverse voltage 피크 동작 역전압(－動作逆電壓) 다이오드 또는 역저지 사이리스터에 가해지는 역방향 전압의 최대 순시값. 단, 주기적 혹은 비주기적으로 중첩되는 과도적인 펄스 전압은 제외한다.

critesistor 크리테지스터 →CTR

critical coupling 임계 결합(臨界結合) 1차, 2차 공진 회로를 상호 인덕턴스로 전자 결합하고, 결합 계수를 작은 값에서 큰 값으로 바꾸어가면, 즉 소결합에서 밀결합으로 해 가면 소결합에서는 단봉(單峰) 특성이지만, 밀결합이 되면 쌍봉 특성이 된다. 쌍봉 특성이 되기 직전의 결합 상태를 임계 결합이라 하며, 이 때는 2차 회로의 전력이 최대가 된다.

critical damping resistance 임계 제동 저항(臨界制動抵抗) 검류계의 단자간에 저항을 접속하면 전자 제동이 이루어지는데, 이 저항값이 너무 크면 지침은 진동하고, 너무 작으면 지침은 서서히 움직여서 지시점에 도달하는 데 시간이 많이 걸린다. 이 경계의 상태를 임계 제동이라 하고, 가장 빨리 올바른 지시를 시킬 수 있다. 이 조건을 만족하기 위한 저항이 임계 제동 저항이다.

critical damping resistance external 임계 제동 외부 저항(臨界制動外部抵抗) = CDRX

critical field 임계 자계(臨界磁界) ① 마그네트론에서 어느 정상 양극 전압에서의 최소의 이론상 정상 자속 밀도. 음극에서 속도 제로로 방출되는 전자가 양극에 도달하는 것을 겨우 방지할 수 있는 최소의 값이다. ② 초전도 물질에서 지정된 온도에서의 전류가 존재하지 않는 경우의 임계 자계값. 물질은 이 값 이하에서는 초전도성을 나타내고, 이 값 이상에서는 정상 상태인 것.

critical frequency 임계 주파수(臨界周波

數) 전파를 수직으로 상공에 발사했을 때 전리층을 뚫고 나가지 않고 반사해서 되돌아오는 한계의 주파수. 주간에 발사 전파의 주파수를 높여가면 E층에서 f_E, F층에서 f_{F1}, f_{F2}의 순으로 임계 주파수가 측정되고, f_{F2} 이상에서 뚫고 나간다. 계절과 시각에 따라 다르나 f_E는 약 3~4 MHz, f_{F1}은 약 6~7MHz, f_{F2}는 약 8~9MHz 이다. 전자 밀도가 감소하는 야간에는 주간 반사해 오던 임계 주파수의 전파가 그 층으로부터는 되돌오지 않게 된다.

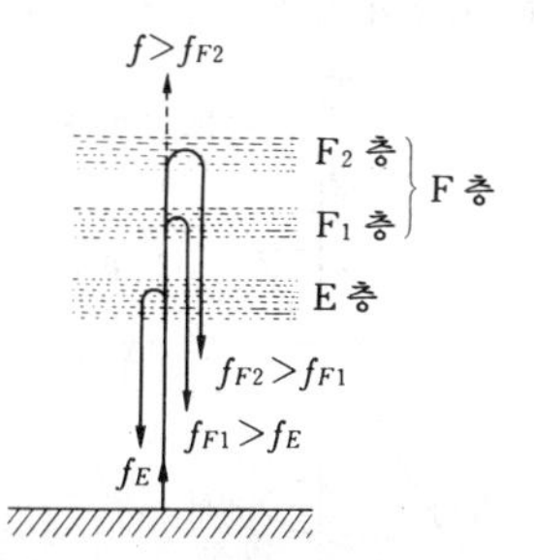

critical fusion frequency 임계 융합 주파수(臨界融合周波數) =CFF

critical impulse flashover voltage 임계 임펄스 플래시오버 전압(臨界-電壓), 임계 임펄스 섬락 전압(臨界-閃絡電壓) 특정 조건하에서 피시험 절연물 주위의 매체를 통해 주어진 에너지의 절반을 섬락시키는 임펄스 전압의 파고값.

critical path 크리티컬 패스, 최상 경로(最上經路) PERT 네트워크에서 일정에 전혀 여유가 없는 작업 공정을 이은 경로를 말한다. 즉, 이 경로 중의 공정이 하루라도 늦으면 전 일정에 영향을 준다. PERT 네트워크의 목적의 하나는 계획의 일정 중 최상 경로를 발견하여, 이 경로의 작업을 중점적으로 관리한다든지, 다른 작업에 영향을 주지 않는 여유를 갖게 한 공정을 계획하는 것이다.

critical rate-of-rise of ON-state current 임계 온 전류 상승률(臨界-電流上昇率) 사이리스터에서 그것이 손상을 발생하는 일 없이 견딜 수 있는 ON 전류 상승률 di/dt의 최대값. 사이리스터 구조에도 관계하지만 게이트의 실리콘으로의 접촉면이 작아서 이것이 통전면 전체에 확산하는 데 시간을 요하고, di/dt를 크게 하는 것도 관계한다.

critical temperature 임계 온도(臨界溫度) ① 초전도 물질에서 전류가 흐리지 않고 외부 자계가 주어지고 있는 상태에서 그 온도를 초과하면 물질은 보통의 저항을 나타내고, 또 그 온도 이하에서는 초전도성을 나타낸다. ② 축전지에서 그 용량이 갑자기 변화를 일으키는 임계적인 전해액 온도.

critical temperature resistor 임계 온도 저항기(臨界溫度抵抗器) =CTR

critical wavelength 임계 파장(臨界波長) 임계 주파수에 대응하는 자유 공간 파장.

Crookes dark space 크룩스 암부(-暗部) →cathode dark space

***CR* oscillation circuit** *CR* 발진 회로(-發振回路) 정전 용량 C와 저항 R로 구성되는 정궤환 회로를 갖는 발진 회로. 출력의 일부가 *CR* 회로를 통하여 궤환될 때 정궤환이 성립되는 주파수는 C, R에 의해서 정해지는 어느 하나의 값 밖에는 없고, 그 주파수 성분만이 성장하여 발진하게 된다. 저주파를 발진시키고 싶을 때 공진 회로를 사용할 수 없으므로 이 회로가 이용된다.

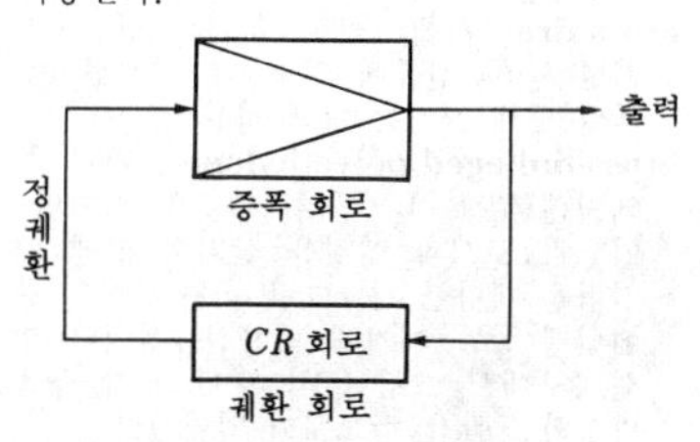

***CR* oscillator** *CR* 발진기(-發振器) →*CR* oscillation circuit

crossbar exchange 크로스바 교환(-交換) 전화 교환기의 하나. 공통 제어 방식이며, 통화 회선 접속부에 크로스바 스위치를 사용한 것. →crossbar switch

crossbar switch 크로스바 스위치 크로스바 교환기에 사용하는 스위치로, 수평 방향으로 20 개의 금속 막대, 수직 방향으로 10 개 또는 20 개의 금속 막대가 있고, 각각 선택 전자석, 유지 전자석에 의해서 편향 운동을 한다. 그리고 움직인 금속 막대의 만난점에 해당하는 접점만이 닫힌다.

cross cable 크로스 케이블 양단에서 송신용 단자와 수신용 단자가 교차하고 있는 케이블.

cross capacitor 크로스 커패시터 4 개의 막대 모양을 한 금속 전극을 그림과 같이 중심이 정방형으로 되도록 평행하게 배치한 구조의 표준 콘덴서, 마주보는 두 전극을 가드로 했을 때의 다른 두 전극간의 정전 용량은 축길이 치수만을 측정하면 나머지는 정확하게 이론적인 수치 계산으로 구할 수 있으므로 이전에는 정전 용량을 매개로 하여 전기 단위의 절대 측정을 하는 경우에 사용되었었다.

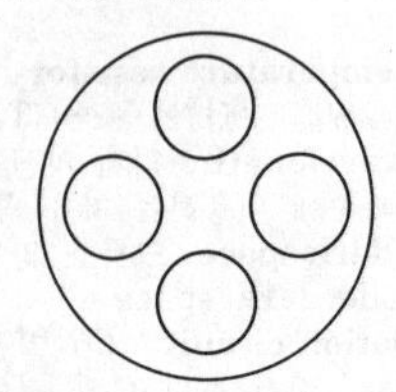

cross compiler 크로스 컴파일러 통상의 컴퓨터에서는 컴파일과 실행은 동일한 기계로 하지만, 컴파일을 다른 컴퓨터(일반적으로 상위 기종)로 하는 방식을 크로스 컴파일러라고 한다.

cross fade 크로스 페이드 =CF

cross field tube 교차계형 전자관(交叉界形電子管) →M-type tube

cross fire 간섭(干涉) 하나의 전신·신호 채널 중의 전류에 의해 다른 전신·신호 채널 중에 생기는 방해 전류.

cross-linkaged polyethylene 가교 폴리에틸렌(架橋−) 폴리에틸렌의 뛰어난 절연 재료로서의 성질을 살려서 열에 약한 결점을 개량한 것. 그림 (a)는 통상의 폴리에틸렌으로, 여기에 방사선(γ선이나 전자선)을 대서 그림 (b)와 같이 분자 구조를 망상화(網狀化)함으로써 얻어진다.

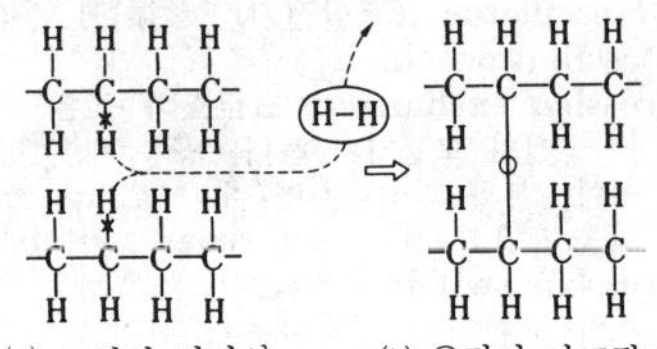

(a) ×점이 방사선으로 끊어진다 (b) ○점이 가교된다

cross modulation 혼변조(混變調) 어느 주파수의 기본파 혹은 그 고조파와 다른 주파수의 기본파 혹은 그 고조파가 어느 회로에서 혼합되면 그 합 또는 차의 다른 주파수의 신호가 발생하여 방해를 주는 현상. 이 현상에 의해서 발생한 일그러짐은 혼변조 일그러짐이라고 한다.

cross modulation distortion 혼변조 일그러짐(混變調−) 비직선 회로에서 혼변조를 일으킴으로써 발생하는 일그러짐. 이것을 고조파 일그러짐이라고 하는 경우도 있다.

cross neutralization 교차 중화법(交差中和法) 푸시풀 증폭기에서 한쪽의 컬렉터-이미터 간 교류 전압을 다른 쪽의 베이스-이미터 간에 인가하는 중화법.

cross-over distortion 크로스오버 일그러짐 트랜지스터의 푸시풀 증폭기를 B급 증폭으로 동작시켰을 때 입력의 작은 부분에서 트랜지스터의 비직선성 때문에 출력이 그림과 같인 일그러지는 것을 말한다. 이것을 방지하기 위해 베이스에 0.1~0.2V 정도의 바이어스 전압을 가하여 무신호시에도 컬렉터 전류 I_C가 약간 흐르도록 해 둔다.

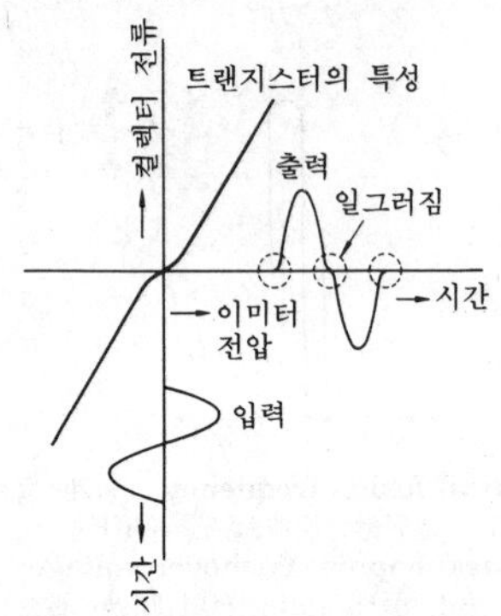

cross-over frequency 크로스오버 주파수(−周波數) ① 크로스오버 회로에서 고주파 채널과 저주파 채널에 같은 전력이 가해지는 분할점의 주파수. 단, 양 채널은 지정된 부하로 종단되어 있는 것으로 한다. ② 자동 제어계의 보드(Baud) 선도에서 시스템의 오픈 루프 전달 함수의 진폭 이득이 제로 데시벨선을 통과하는 점의 주파수 및 위의 전달 함수의 위상 지연이 180°로 되는 점의 주파수.

cross-over network 크로스오버 회로망(−回路網) 저주파 증폭기로부터의 가청 주파수 출력을 둘 또는 그 이상의 주파수 대역으로 나누기 위해 사용되는 선택 회로망. 크로스오버 주파수의 하측 대역의 출력은 우퍼 스피커에, 또 상측 대역의 출력은 트위터 스피커에 공급된다. 분할 회로라고도 한다.

cross-over point 크로스오버점(−點) 전자류가 전자 렌즈의 작용으로 집속하는 경우의 초점. 이 점의 전자선 단면은 음극면보다 작고, 휘도는 음극에 비해 휠씬 크므로 이것이 오히려 전자선원이라고 간주되어, 대물 렌즈의 벌림각을 10^{-2} rad 정도로 죄도 충분한 밝기가 얻어진다.

cross-over region 크로스오버 영역(一領域) 로컬라이저의 온 코스선, 혹은 계기 진입 방식의 가이드 슬로프에 가까운 공간 영역. 이 범위 내에서의 좌우 움직임에 대해서는 항공기의 지시 장치 지침이 2개의 최대 지시값 중간값을 지시하고 있는 것과 같은 것.

cross-over time 분할 시간(分割時間) 2극 펄스의 파형이 어느 특정 레벨을 통과하는 시간.

cross point 교차점(交叉點) 교환 회로망에서 통화로의 접속은 하나 또는 그 이상의 교차점을 폐로(閉路)함으로써 설정된다. 교차점은 1조의 접점으로 이루어지며, 이들이 동작함으로써 통화로 및 신호선이 그 곳으로부터 더 연장된다.

cross pointer indicator 크로스 포인터 지시기(一指示器) 수직 지침과 수평 지침이 교차하도록 되어 있으며, 코스에 대한 수평, 수직면 내의 편차를 지시하도록 한 항공기용 지시기.

cross polarization method 교차 편파법(交叉偏波法), 직교 편파법(直交偏波法) 2개의 독립한 안테나와 궤전선을 수직과 수평의 방향으로 1조씩 갖춤으로써 동일 주파수로 반송된 2개의 다른 통신 신호를 편파시켜서 분리하는 방법이다. 이 방법에 의하면 통신 용량을 2배로 끌어올릴 수 있으므로 마이크로파의 PCM(pulse code modulation) 통신 등에 사용된다.

cross polarized wave 교차 편파(交叉偏波) 편파면이 다른 두 전파는 안테나나 원형의 도파관을 공용하여도 각각 독립으로 전송할 수 있다. 이 경우 하나의 편파에 대해서 다른 한쪽의 편파를 교차 편파라고 한다. 예를 들면, 직선 편파에서는 수직 편파에 대하여 수평 편파가 이에 해당한다. 이러한 편파 공용의 전송계에서는 원하는 편파에 대하여 교차 편파 성분의 비를 교차 편파 식별도라는 말로 나타내고 있다.

cross-slit gun 크로스슬릿 건 6극 4렌즈 방식의 그림과 같은 전극 구조를 가진 전자총. 컬러 텔레비전용 브라운관에 사용하며, 큰 화면 전체의 해상도를 향상시키는 동시에 주변부의 선명도를 좋게 하는 데 도움이 된다.

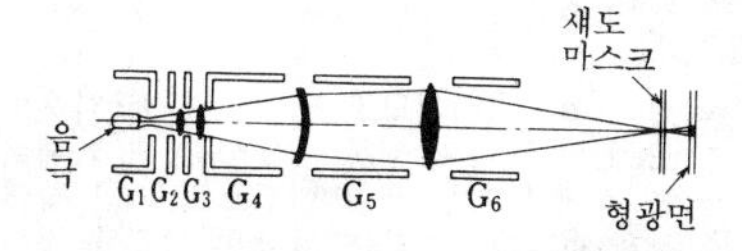

crosstalk 크로스토크[1], 누화(漏話)[2] (1) ① 둘 이상의 채널을 사용하여 신호를 전송할 때 하나의 신호 계통에 다른 채널의 신호가 누설하는 것. 그 정도는 스테레오의 경우는 채널 분리라는 말로 나타내어지고, 한쪽 채널에 넣어진 신호의 크기와 다른 쪽 채널에서 새어나온 신호의 크기와의 비를 dB로 나타낸다. ② 복수의 회로를 같은 칩에 형성한 IC로, 동작 중의 회로가 다른 회로의 출력에 영향을 주는 것.

(2) 근접한 전화 회선이나 신호 회선에서 다른 회선에 신호 전류가 누설하는 현상. 누화가 일어나는 원인은 정전 유도에 의한 것과 전자 유도에 의한 것이 있다. 누화에는 그 나타나는 방향이 신호 전류와 반대 방향으로 송단(送端)에 전해지는 근단 누화와, 신호 전류와 같은 방향으로 되어 수단(受端)으로 전해지는 원단 누화가 있다. 통신 회선의 누화를 방지하려면 나선에서는 교차, 반송에서는 대칭형 배치, 단거리 반송 방식에서는 압신기를 사용한다.

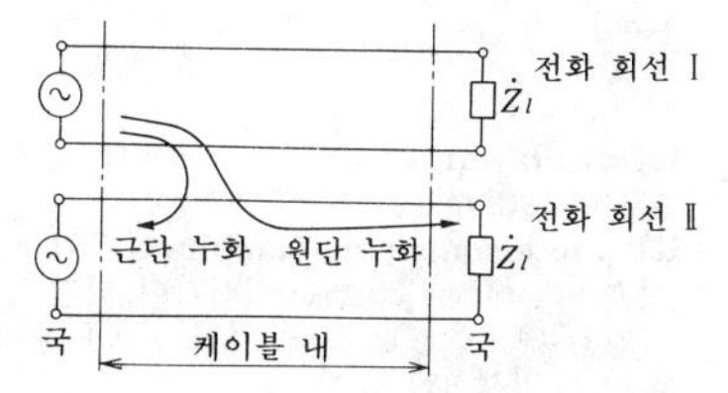

crosstalk compensation 누화 보상(漏話補償) 선로 사이에 생긴 누화를 그 선로 사이에 적당한 집중 상수 회로를 삽입하여 상쇄하는 것.

crosstalk coupling 누화 결합(漏話結合) 음성 통신 채널간 또는 그들의 일부분 사이의 상호 결합. 누화 결합은 유도 회로와 피유도 회로의 지정된 구간에서 측정되고, 데시벨로 표현된다.

CRT 음극선관(陰極線管) =cathode-ray tube

CRT controller CRT 제어 장치(一制御裝置) CRT의 스크린 상에 문자나 도형을 표시하기 위해 컴퓨터와 표시 장치를 인터페이스하여 표시를 제어하는 제어 장치. 스크린에 표시할 문자 정보는 그래픽 전용의 기억 장치, 즉 비디오 메모리에 기억되고, 이 정보가 제어 장치의 입력이 된다. 제어 장치는 CRT에 표시할 문자를 만들어 내는 캐릭터 발생기(CG)와 비디오 메모리에서 문자 정보(ASCII 부호로 작성되는 경우가 많다)를 읽어내는 판독 회로, 그 타이밍을 제어하는 회로로 구성되어 있다. 그리고 컴퓨터 제어하에서 제어 장치는 비디오 메모리에서 문자를 읽어내어 이것을 CG에 가하고 CG는 CRT 상에 래스터 주사 형식으로 문자를 표시한다.

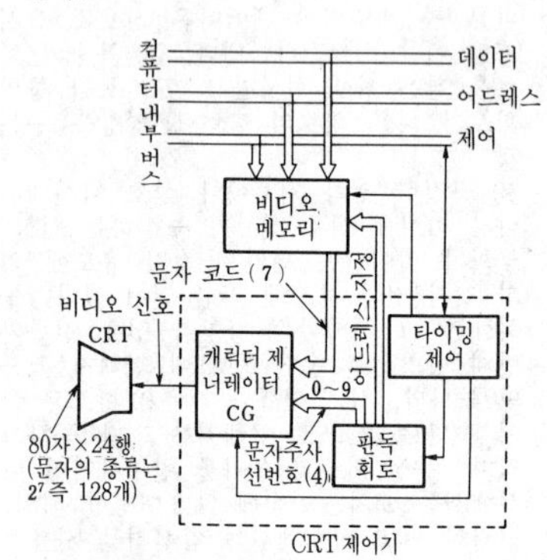

1문자는 6도트×7도트(10 주사선 사용)
스크린 상의 총 도트수=6×80×240=115.2 킬로 도트=14.4킬로바이트(1비트=1도트로 하여)

CRT display unit CRT 표시 장치(－表示裝置) →display

CRT photocomposing machine CRT 사식기(－寫植機) 원고를 입력하여 비점 주사기(飛點走査機) 등을 써서 CRT 상에 문자를 발생시키고, 이것을 전기 신호로 변환하여 인화지상에 노광 기록하는 전자식 사진 식자기.

crushing 크러싱 텔레비전 화상의 가장 밝은 부분(혹은 반대로 가장 어두운 부분)에서 그 콘트라스트의 변화가 실제보다도 작아지는 것. 신호 전달계 특성의 비직선성이 그 원인이다.

cryo-electronics 크라이오일렉트로닉스 크라이오(cryo)는 한랭을 의미하는 접두어로, 초전도를 비롯하여 극저온에서의 물성을 이용하는 전자 공학을 말한다. 조셉슨 효과를 사용한 센서나 논리 소자를 비롯하여 많은 용도가 있다.

cryogenic switching by avalanche and recombination 크라이오사 =CRYOSAR

cryosal 크라이오잘 초전도를 이용한 회로 소자의 일종으로, 게르마늄 등의 반도체 박편 양쪽에 옴 접촉의 단자를 붙인 것. 4.2K 의 극저온으로 냉각하는 경우, 억셉터 혹은 도너의 어느 한 쪽 불순물을 많은 농도로 포함하는 것은 그림 (a)와 같은 특성을 나타내고, 양쪽 불순물을 포함하는 것은 그림 (b)와 같은 특성을 나타낸다. 후자의 소자는 고속의 기억 소자로서 이용할 수 있다.

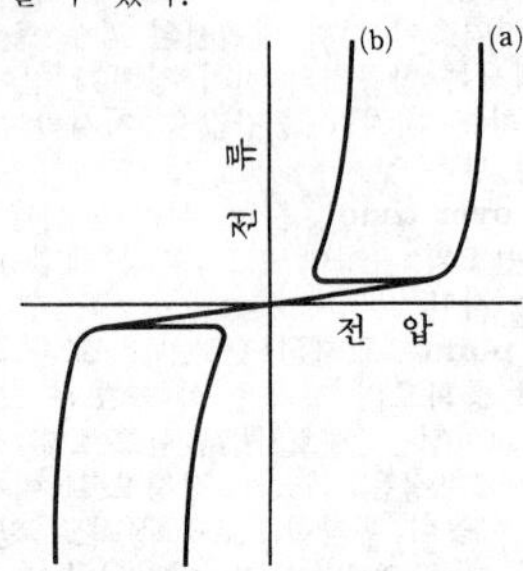

CRYOSAR 크라이오사 cryogenic switching by avalanche and recombination. 액체 헬륨 내에서 동작하는 얇은 게르마늄의 양면에 전극을 둔 초전도 2단자 부성 저항 소자이다. 이 2안정 소자는 전자 사태(avalanche) 효과 또는 전리(電離) 작용으로 ON 상태가 되고, 결정 내 자유 캐리어의 재결합에 의해 OFF 한다. 펄스 발생기, 플립플롭 등에 이용된다.

cryosistor 크라이오지스터 초전도를 이용한 회로 소자의 일종으로, 그림과 같은 구조이다. 크라이오잘에 pn 접합의 제어 단자를 붙인 것으로 증폭 작용을 시킬 수 있다.

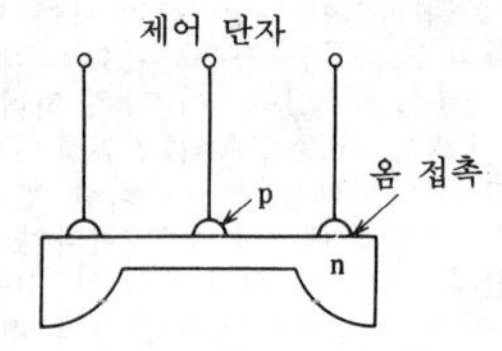

cryostat 크라오스텟 어느 공간을 극저온으로 유지하는 장치. 구조는 진공 단열벽을 가진 2중의 용기로, 안쪽 용기에 액체 헬륨, 바깥 쪽 용기에 액체 질소가 들어 있다. 용기의 재료로서는 유리, 스테인리스 스틸이 사용된다. 또, 유리 섬유를 압축 성형한 파이프를 사용하여 바깥 쪽 용기의 액체 질소를 사용하지 않고 진공 부분 1층에서 액체 헬륨을 유지하는 것도 있다.

cryotron 크라이오트론 컴퓨터에 사용하는 논리 소자의 일종. 초전도체에 가해지는 자계가 어느 세기 이상으로 되면 상전도(常電導)로 된다는 성질을 이용한 것이다. 소자는 그림과 같은 구조이며, 극저온 상태로 유지하면서 제어 전류, 따라서 그것이 만드는 자계의 유무에 의해서 게이트 전류를 제어하는 것이다. 이 소자는 체적이 작고, 스위칭 시간도 짧게 할 수 있는 이점이 있다.

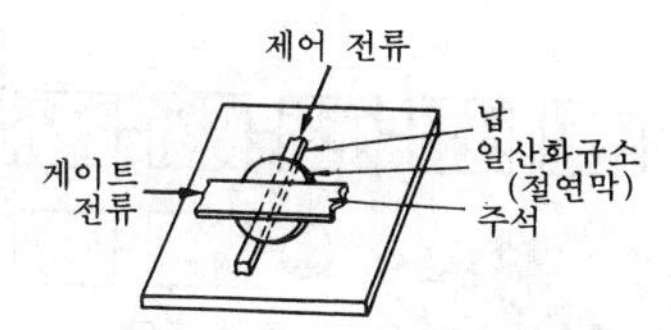

crystal 크리스털, 결정(結晶) 원자가 정해진 배열을 한 상태를 말하며, 금속의 경우는 그림과 같은 세 가지가 일반적이다. 반도체나 자기 등의 무기 화합물에서는 가장 복잡한 구조의 결정도 많다. 이들 결정의 모양은 자성체나 유전체 등의 성질을 정하는 중요한 구실을 한다. 보통의 경우는 미세한 결정립의 집합인데, 특히 전체를 하나의 결정으로 한 것이 단결정이며, 반도체 기술에 불가결한 것이다. 또, 고분자 물질에서도 분자가 규칙적으로 배열되어 있는 것을 결정이라 하고, 결정하고 있는 부분의 전체에 대한 비율(결정화도라 한다)에 따라서 섬유나 플라스틱의 성질이 달라진다.

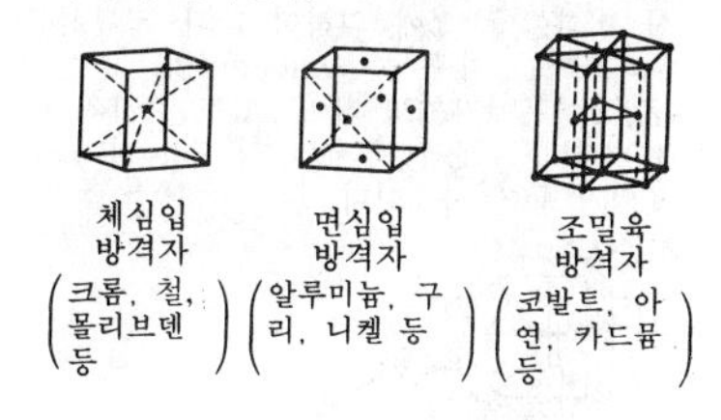

crystal clock 수정 시계(水晶時計) 수정의 얇은 조각이 갖는 고유의 진동수를 이용한 시계. 수정을 이용한 발진기는 주파수의 안정도가 좋으므로 시간의 기준으로 할 수 있다. 수정 시계의 정밀도는 10^{-8} 정도이다. 천문대의 표준 시계, 선박용 크로노미터, 건물의 모시계, 전지 구동의 팔목 시계 등에 널리 사용된다.

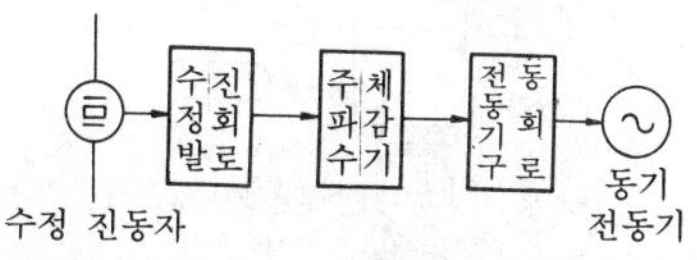

crystal-controlled oscillator 수정 제어 발진기(水晶制御發振器) →crystal oscillator

crystal-controlled transmitter 수정자 제어형 송신기(水晶子制御形送信機), 수정 제어형 송신기(水晶制御形送信機) 반송파의 주파수가 수정 발진기에 의해서 직접 제어되는 송신기. →radio transmitter

crystal converter 크리스털 컨버터 수정 발진기를 사용한 일종의 주파수 변환기. 그림과 같이 이것을 어댑터로 하여 HF 대의 수신기에 부가하면 VHF 대의 수신이 가능하게 된다.

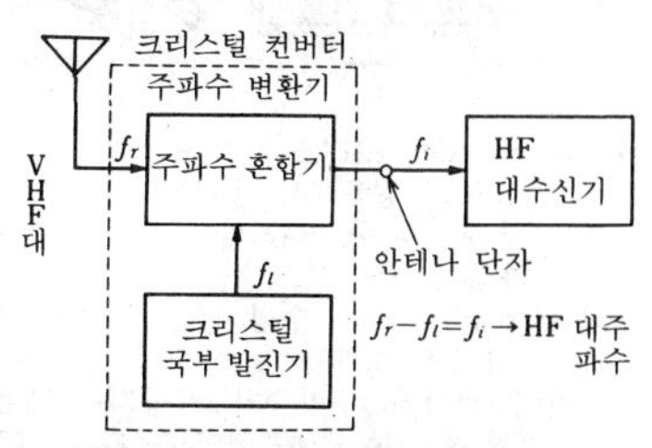

crystal detector 크리스털 검출기(-檢出器) 반도체 접합 또는 결정과 금속의 접촉부를 정류 요소로서 갖는 검출기.

crystal diode 크리스털 다이오드 2개의 단자를 갖는 반도체 결정으로 이루어지는 정류 소자로, 전자관의 2극관과 같은 방식으로 회로 내에서 사용하도록 만들어진 것.

crystal filter 수정 필터(水晶-) →quartz filter

crystal glass 결정화 유리(結晶化-) 보통, 유리는 무정형 물질이지만, 특수한 열처리를 함으로써 조성 분자의 배열을 다 결정(미세한 결정의 집합)화한 것을 말한다. 단단함이나 내열 충격성 등에서 자기와 비슷한 성질을 가지며, 고주파 절연 부품 등에 사용한다. →pyroceram

crystal lattice 결정 격자(結晶格子) 결정을 조립하는 원자의 배치에 의해서 생긴 격자 모양의 구조를 말한다.

crystal loudspeaker 크리스털 스피커, 압전형 스피커(壓電形-) PZT 등의 압전기 효과를 이용한 스피커의 일종. 출력은 작으나 감도는 좋고, 고음역의 재생 특성이 양호하다.

crystal microphone 크리스털 마이크로폰, 압전형 마이크로폰(壓電形-) PZT 등 결정의 압전기 효과를 이용한 마이크로폰. 주파수 특성은 고음역에 피크가 있어서 좋지 않지만, 값이 싸고, 출력 전압이 비교적 높다. 내부 임피던스는 용량성

호 관계 정보를 보내기 위해 그들에 공통인 하나의 전용 채널을 사용하는 방식. 각 채널의 여러 가지 신호 메시지는 레이블에 의해 식별하도록 되어 있으므로 레이블 어드레스 지정 신호법(label addres-이기 때문에 높고, 습기와 온도에 약한 결점이 있다. 그림은 진동판형이며, 감도는 −45∼−65dB 이다.

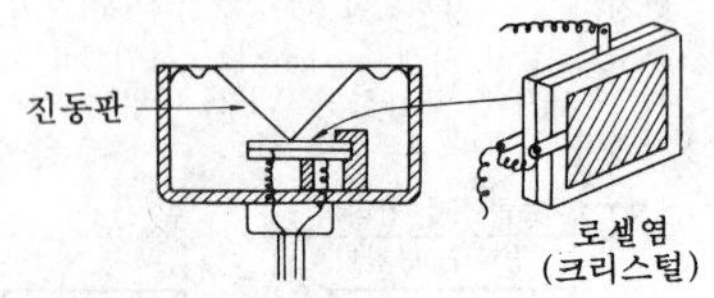

crystal mixer 크리스털 믹서 국부 발진기와 신호원 양쪽에서 동시에 전력의 공급을 받아 주파수 변환 작용을 하는 반도체 소자 또는 다이오드.

crystal oscillator 수정 발진기(水晶發振器) 피에조 효과를 갖는 수정의 기계적 공진에 의하여 주파수가 결정되는 발진기. 그림 (a), (b)는 대표적인 두 가지 회로인데, 어느 것이나 수정 진동자 X가 공진하는 주파수 성분만이 크게 성장하여 발진하게 된다. 그러나 정궤환이 성립되기 위해서는 진동자는 유도성을 나타낼 필요가 있으며, 출력측의 보조적인 공진 회로의 C를 가감하여 발진 주파수를 진동자의 고유 주파수보다 약간 높은 값으로 조정한다. 이 때 보조 공진 회로는 (a)에서는 용량성, (b)에서는 유도성을 나타내도록 설계되어 있어야 한다. 진동자의 Q는 매우 높고, 온도에 의한 고유 진동수의 변화가 극히 작으므로 조정 후는 주파수의 변동은 거의 없다. 무선 송신기의 고주파 발생(이 발진기가 전용된다), 시계 등에 사용된다.

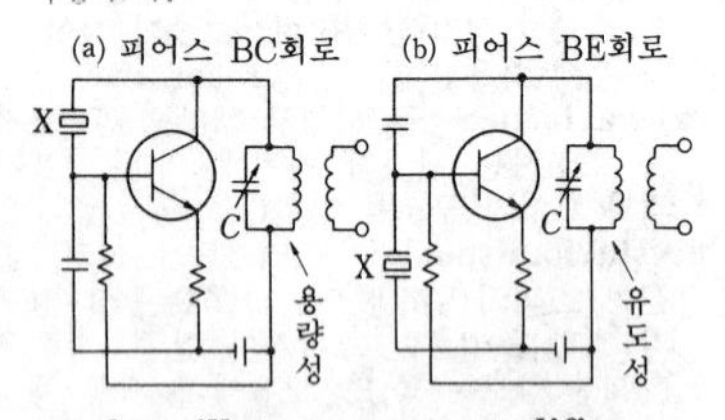

crystal oscillator power amplifier system transmitter COPA 방식 송신기(−方式送信機), 수정 제어 전력 증폭 방식 송신기(水晶制御電力增幅方式送信機) 그림과 같은 구성으로 주발진기로서 수정 발진기를 사용하고, 주발진 주파수를 필요에 따라서 체배하여 전력 증폭기에서 원하는 전력까지 증폭하는 방식의 무선 송신기. 수정 발진기를 사용하기 때문에 발진 주파수가 안정하므로 현재 특별한 것을 제외하고 AM 송신기는 모두 이 방식을 채용하고 있다.

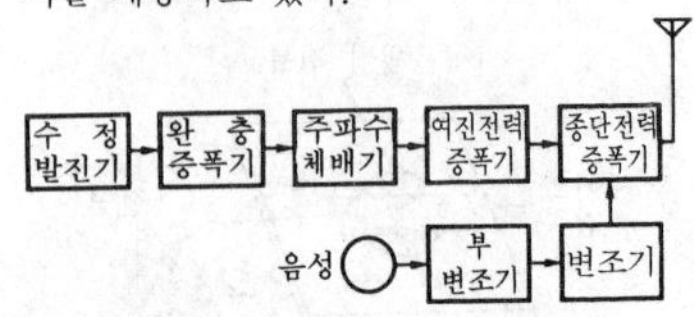

crystal pickup 크리스털형 픽업(−形−), 압전형 픽업(壓電形−) PZT 등의 압전기 효과를 이용한 픽업으로, 출력 전압은 크나 주파수 특성은 그다지 좋지 않다.

crystal pressure gauge 결정 압력계(結晶壓力計) 압전 현상(압전기 효과)을 이용하여 압력을 측정하는 장치. 수정이나 PZT 의 판에 압력을 가하면 판 양면에 전하가 생기므로 이 전하를 전위계나 전자 전압계 등으로 측정하여 압력을 알 수 있다. 지시 지연이 없는 것이 특징이다.

crystal pulling 결정 인상법(結晶引上法) 용해한 물질 속에서 서서히 끌어 올림으로써 결정을 성장시키는 결정 제조법.

crystal receiver 수정 수신기(水晶受信機)[1], 크리스털 수화기(−受話器)[2] (1) 수신 전파를 수정에 의하여 검파 정류하는 도파(導波) 기구. →waveguide
(2) 이어폰이라고도 하며, 압전 소자의 압전 효과를 이용한 수화기. 휴대용 라디오, 보청기 등에 사용한다.

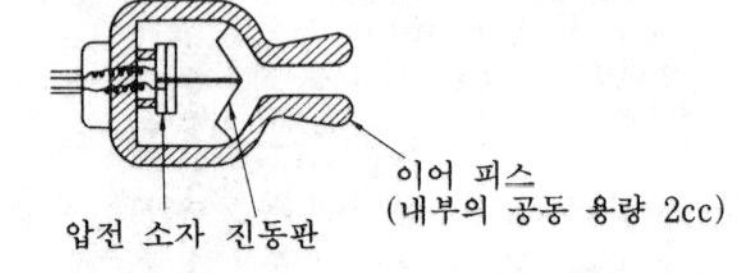

crystal resonator 수정 공진자(水晶共振子), 수정 진동자(水晶振動子) 결정축에 대하여 적당한 각도로 잘라낸 수정판을, 그 압전기 진동을 이용하여 높은 정확도의 발진기나 필터를 만들기 위해 사용하는 부품이다.

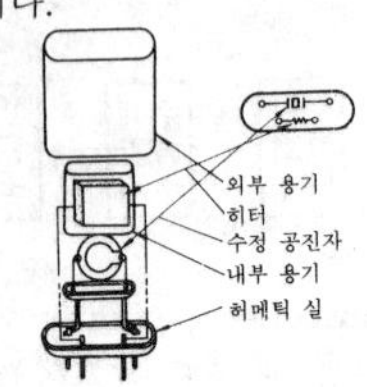

crystal spectrograph 결정 분광 사진 장치(結晶分光寫眞裝置) 결정 구조나 전자파의 간섭 현상을 이용하여 X선이나 감마선 등의 파장을 분석하여 사진 건판상에 기록하는 장치.

crystal-stabilized transmitter 수정 안정화 송신기(水晶安定化送信機) 수정 발진기를 기준 주파수 발생기로 하여, 주파수 제어를 하는 송신기. →radio transmitter

crystal vibrator 수정 진동자(水晶振動子) 수정 공진자를 말하며, 수정판의 압전기 진동을 이용하여 공진 회로를 제어하는 부품이다.

C-scope C 스코프 →radar display

CSMA 공통 스펙트럼 다원 접속(共通-多元接續)[1], 반송파 검지(검출) 다중 접근(搬送波檢知(檢出)多重接近)[2] (1) =common spectrum multiple access (2) =carrier sense multiple access

CSMA/CD 반송파 검지(검출) 다중 접근/충돌 검출(기능)(搬送波檢知(檢出)多重接近/衝突檢出(機能)) carrier sense multiple access/collision detection 의 약어. 버스형 통신로를 사용하는 LAN (local area network)에서 사용하는 링크 사용권의 관리 수순. 단일의 통신로에 다수의 국이 접속되고, 임의의 국은 수시로 송신을 할 수 있으나, 복수 국의 송신 메시지가 통신로상에서 충돌하는 것을 회피하기 위하여 통신로의 신호를 감시하고, ① 다른 국이 송신하고 있는 동안은 송신을 연기한다, ② 메시지가 충돌한 경우는 송신을 중지하고, 재송은 난수로 주어지는 시간의 경과 후에 한다. 이와 같이 각국이 랜덤한 시간 경과 후에 메시지를 재송함으로써 메시지의 충돌을 회피할 수 있다. 메시지에는 수신국 주소부가 있으며 수신국에서는 이 주소를 검출하여 수신한다.

CSMP 연속 시스템 모형화 프로그램(連續-模型化-) =continuous system modeling program

CSO 색분해 오버레이(色分解-) color separation overlay 의 약어. 컬러 텔레비전에서 어떤 광경의 일부를 다른 광경에 의해 대치하는 기법. 어느 카메라가 촬상하고 있는 광경에 특정한 색이 나타나면 그 영역을 다른 카메라가 촬상하고 있는 광경에 의해 대치되도록 스위치 전환이 이루어진다.

CSWR 전류 정재파비(定在波比) =current standing wave ratio

CT 컴퓨터 토모그래피 =computer tomography

CTC 열차 집중 제어 장치(列車集中制御裝置) =centralized traffic control

CT-cut CT 판(-板) 수정 공진자에 사용하는 진동판을 수정의 결정에서 잘라낼 때의 형상을 나타내는 명칭의 일종.

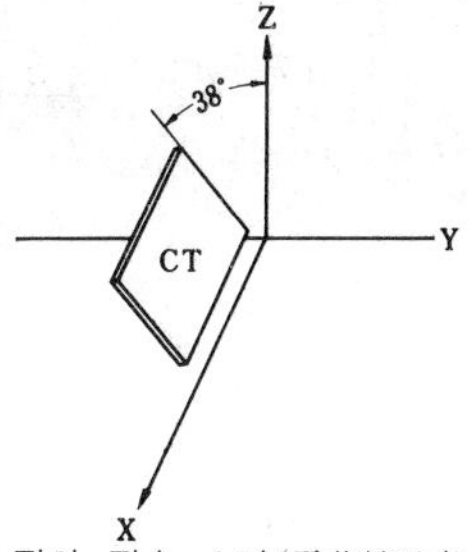

CTD 전하 전송 소자(電荷轉送素子) =charge transfer device

CTL 상보 트랜지스터 논리(相補-論理) =complementary transistor logic

CTR 임계 온도 저항기(臨界溫度抵抗器) critical temperature resistor 의 약어. 감온 반도체 소자의 일종으로, 비교적 낮은 저온 영역에서는 서미스터와 비슷한 온도 특성을 가지고 있으나, 어느 온도 영역부터 급격한 저항 변화를 일으키는 반도체를 말한다. 재료는 바나듐 산화물계의 것과 은황화물계의 것이 있으며, 재료의 배합비에 따라서 급변 온도를 이동시킬 수 있다. 온도계나 온도 스위치, 화재 경보기, 온도 보상 장치 등 많은 응용면이 생각된다.

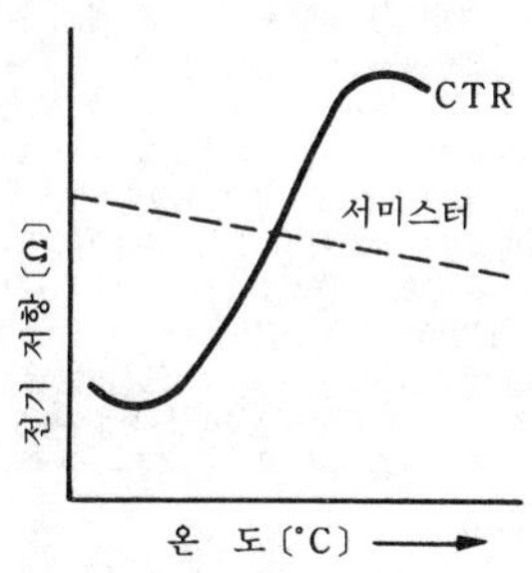

CT/RT 중앙 단말/원격 단말(中央端末/遠隔端末) =central terminal/remote terminal

CTS 전산 사식(電算寫植) =computer aided typesetting

***C*-tuning type** *C* 동조형(-同調形) 가변 콘덴서(바리콘)의 정전 용량 *C*를 변화하

여 동조시키는 동조 회로의 형식. 넓은 주파수 대역에 걸쳐서 동조할 수 있어 *LC*발진기나 수신기의 동조 회로에 널리 사용된다. 또한 중간 주파 트랜스와 같이 변화의 폭이 좁아도 되고, 또 반고정(한 번 조정하면 다시 조정할 필요가 없는)의 경우는 소형으로 될 수 있는 이점이 있기 때문에 μ동조형을 사용하는 경우가 많은데, 그 경우에도 이 형식의 동조 회로를 사용할 때 특히 이 용어가 쓰인다.

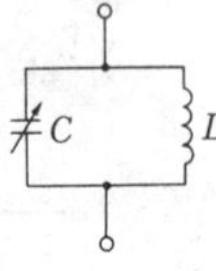

cue circuit 큐 회로(－回路) 프로그램 제어 정보를 전하기 위해 사용하는 단방향의 통신 회로.

CUG 폐쇄 이용자 그룹(閉鎖利用者－) = closed users group

cumulative amplitude probability distribution 누적 진폭 확률 분포(累積振幅確率分布) 진폭이 어떤 특정한 값 이상이 되는 확률을 그 진폭의 함수로서 나타낸 누적적인 분포.

cumulative detection probability 누적 검파 확률(累積檢波確率) 감시 레이더의 *N*회의 연속된 주사에서 적어도 1회 목표물이 검출되는 확률.

cured polyethylene cable PCE 케이블 가교 폴리에틸렌으로 절연한 심선을 사용하여 만든 케이블. 내열성이 높다.

Curie point 퀴리점(－點) ① 강자성체나 페라이트는 온도가 어느 값 이상이 되면 가지런하던 자기 모멘트의 방향이 흩어져서 비투자율이 거의 1로 되어 버린다. 이 온도를 퀴리점이라 하고, 철에서는 약 770℃, 페라이트에서는 500℃ 전후의 것이 많다. ② 강유전체는 온도가 어느 값일 때에 이상하게 높은 유전율을 나타내고, 그 이상의 온도가 되면 가지런하던 전기 분극의 방향이 흩어져서 유전율이 저하한다. 이 온도를 퀴리점이라 하며, 티탄산 바륨에서는 130℃ 부근이다.

Curie temperature 퀴리 온도(－溫度) 물질의 강자성(강유전성, 반강자성 등도 포함하여)과 비강자성이 천이를 발생하는 온도. 강자성 물질은 단일의 퀴리점을 가지며, 그 온도 이상의 고온에서는 상자성(常磁性)이 된다. 어떤 종류의 강유전 물질에서는 상하 두 퀴리점을 가지고 있는 것도 있다. 실제 문제로서 천이점은 한 점이 아니고 어떤 온도 범위라고 생각하는 편이 타당하다. 반강자성 물질이나 페리자성 물질의 경우에는 위와 같은 온도를 닐 온도(Néel temperature)라 한다. 닐 온도 이상에서는 상자성을 나타내게 된다.

Curie-Weiss' law 퀴리-와이스의 법칙(－法則) 상자성체의 자화율 또는 상유전체의 분극률 ϰ는 온도 *T*에 의해서 변화하고, 다음 식으로 나타내어진다는 법칙.

$$\chi = \frac{C}{T-\theta}$$

여기서, $T>\theta$, C, θ는 상수. 강자성체의 자발 자화(自發磁化) 또는 강유전체의 자발 분극은 온도가 퀴리점(위 식의 θ와 거의 같다)까지 상승하면 소멸하지만, 그 이상의 온도에서는 이 법칙에 따른다.

current 전류(電流) 전기(전하)의 흐름(이동). 단위는 암페어(A). 1A=1 초간에 1C(쿨롬)의 전하가 이동하는 전류.

current amplification degree 전류 증폭도(電流增幅度) 증폭기에서의 입력 전류와 출력 전류의 비인데, 입력 전류와 출력 전류와는 동위상이라고만은 할 수 없으므로 일반적으로는 벡터량이 된다. 보통 전류 증폭도는 다음 식으로 구한 데시벨(기호 dB)로 나타내어지는 경우가 많다.

$$G_i = 20\log_{10}\frac{I_o}{I_i}$$

여기서, G_i : 전류 증폭도〔dB〕, I_o : 출력 전류의 크기, I_i : 입력 전류의 크기. 또한 데시벨로 나타낸 전류 증폭도는 전류 이득이라고도 한다.

current amplification factor 전류 증폭률(電流增幅率) 트랜지스터의 증폭 작용의 크기를 나타내는 *h*상수의 하나로, 베이스 접지 전류 증폭률 h_{fb}(또는 α)과 이미터 접지 전류 증폭률 h_{fe}(또는 β)의 두 가지가 있다. h_{fb}는 트랜지스터를 베이스 접지 회로로 했을 때 컬렉터 전류의 변화분 ΔI_C와 이미터 전류의 변화분 ΔI_E의 비이고, h_{fe}는 이미터 접지 회로로 했을 때 컬렉터 전류의 변화분 ΔI_C와 베이스 전류의 변화분 ΔI_B의 비이다. 양자 사이에는

$$h_{fe} = \frac{h_{fb}}{1-h_{fb}}$$

의 관계가 있다.

current balance ratio 전류 평형비(電流平衡比) 금속 회로 전류, 혹은 외부에서 유도되어 생긴 금속 회로 잡음 전류에 대한, 피폭(被曝) 선로 종단에서의 전체 세로 방향 전류(또는 세로 방향 잡음 전류)의 비. μA/mA 로 나타낸다. →longitudinal circuit

current balancing reactor 전류 평형 리액터(電流平衡－) 반도체 정류기에서 병

렬 접속된 정류 요소간에 전류를 합리적으로 배분하기 위해 사용하는 평형용 리액터.

current beam position 빔 위치(－位置), 현재의 빔 위치(現在－位置) CRT 표시 장치에서 전자 빔이 현재 가리키고 있는 표시 화면상의 위치 또는 좌표.

current density 전류 밀도(電流密度) 기호 ***i*** 또는 ***J***. 어느 점에서의 전류(벡터량)를 그 전류를 운반하고 있는 매체의(전류에 직각인) 단면적으로 나눈 값. 방사 빔의 경우에도 위의 경우와 마찬가지로 단위 면적당의 전자류로서 정의된다.

current feedback 전류 궤환(電流饋還) 증폭기에서 출력 전류에 비례한 전압 또는 전류를 입력측에 궤환하는 방법으로, 그림과 같은 두 종류가 있다. A는 증폭 회로, β는 궤환 회로이다. 어느 형식이나 부궤환을 걸면 출력 임피던스는 커지고, 주파수 특성이 개선되는 동시에 증폭기 내의 일그러짐이나 잡음의 경감에 도움이 되지만 전체로서의 증폭도는 저하한다.

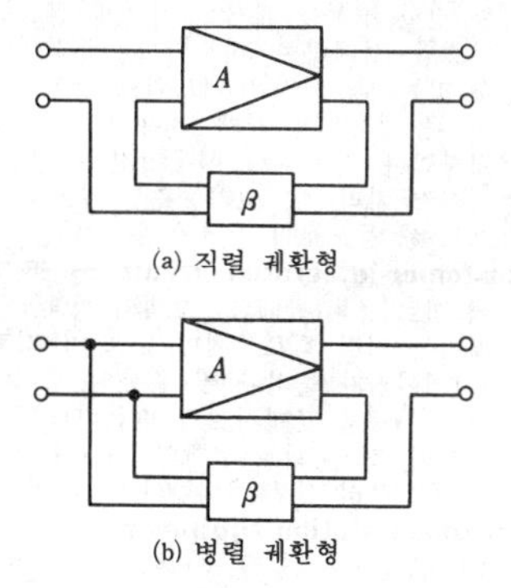

(a) 직렬 궤환형

(b) 병렬 궤환형

current feedback type bias method 전류 궤환형 바이어스법(電流饋還形－法) 트랜지스터 바이어스법의 일종으로 그림과 같이 이미터와 접지 사이에 저항 R_e와 바이패스 콘덴서 C_e를 넣은 것이다. 온도 상승으로 컬렉터 전류가 증가하면 R_e의 전압 강하가 커지고, 이것이 바이어스의 증가를 상쇄하도록 작용하기 때문에 안정도가 높다. 이 때문에 회로는 복잡해 지지만 트랜지스터의 바이어스 회로로서는 가장 널리 쓰이고 있다.

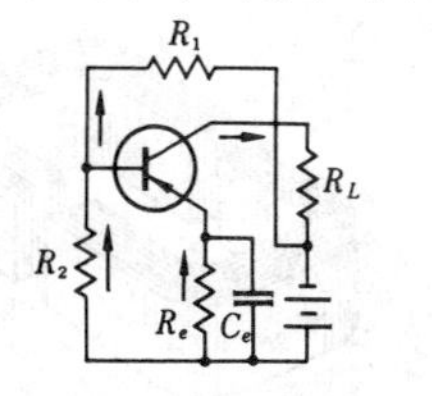

current-feeding antenna 전류 궤전 안테나(電流饋電－), 전류 급전 안테나(電流給電－) 안테나에 궤전선(급전선)을 접속하는 경우, 전류 분포의 최대점(파복 : 波腹)을 궤전점으로 하는 안테나. 1/2파장 다이폴 안테나의 중앙부에 궤전하는 방식이 그것이며, 전압 분포는 궤전점에서 0, 선단에서 최대가 된다.

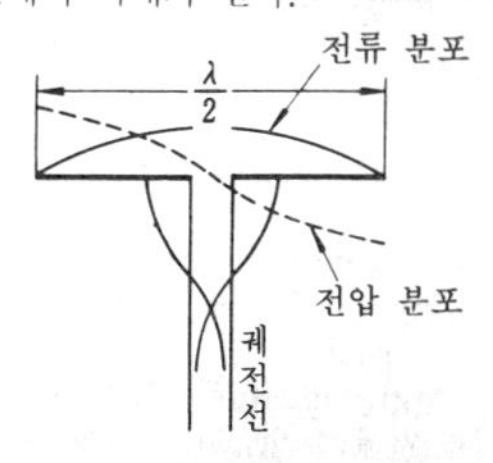

current gain 전류 이득(電流利得) → current amplification degree

current generator 전류원(電流源) 2 단자 회로망에서 단자를 흐르는 전류가 단자간 전압에 관계없이 거의 일정값을 주는 것. 이상적인 전류원에서는 단자간의 내부 어드미턴스는 제로이다. =current source →voltage generator

current hogging 전류 호깅(電流－) 직결형 트랜지스터 논리 소자(DCTL)와 같이 복수 개의 트랜지스터가 병렬 접속되어 있을 때 그 중의 특정한 트랜지스터의 베이스-이미터 전압만이 다른 트랜지스터의 그들에 비해 약간 낮은 경우에는 회로의 동작 전류의 대부분이 이 트랜지스터로만 집중하여 논리 회로의 정상적인 동작이 방해된다. 이 전류 집중(호깅)을 방지하려면 베이스 접속선에 저항을 접속하고, 베이스 전류가 개개 트랜지스터의 베이스-이미터 특성의 영향을 받지 않도록 할 필요가 있다.

current meter 유속계(流速計) 유체의 속도를 측정하는 계기. 흐름에 따라서 회전 날개를 회전시키면 그 회전 속도는 유속에 비례하므로 단위 시간당의 회전수를 재서 유속을 구한다.

current mode logic 커런트 모드 논리(－論理) =CML

current noise 전류 잡음(電流雜音) 도체 속을 전자가 이동할 때 그 흐름에는 기복이 있으므로 그것이 잡음원으로서 작용하는 것을 말한다. 탄소계의 저항기(특히 체

저항기)인 경우에 심한데, 높은 주파수 성분은 주파수에 반비례하여 감소한다.

current ratio 변류비(變流比) 변압기의 2차 권선에 부하 임피던스를 접속하면 2차 부하 전류가 흐르고, 이 전류에 의해서 생긴 기자력을 상쇄하도록 1차 부하 전류가 흐른다. 이 1차 부하 전류와 2차 부하 전류와의 비를 변류비라 하고, 권선비에 반비례한다.

current resonance 전류 공진(電流共振) →parallel resonance

current sensitivity 전류 감도(電流感度) 검류계의 감도를 나타내는 한 방법. 광점 또는 지침을 1mm 진동시키기 위해 필요한 전류의 크기.

current source 전류원(電流源) =current generator

current standing wave ratio 전류 정재파비(電流定在波比) =CSWR →standing wave ratio

current supply circuit 통화 전류 공급 회로(通話電流供給回路) 전화 회로에서 통화 전류를 공급하는 동시에 직류를 감시하여 종화(終話)를 식별하기 위한 회로. 그림은 그 방법으로, 중계 코일(트랜스)을 써서 직류와 전화 전류를 구별하도록 되어 있다.

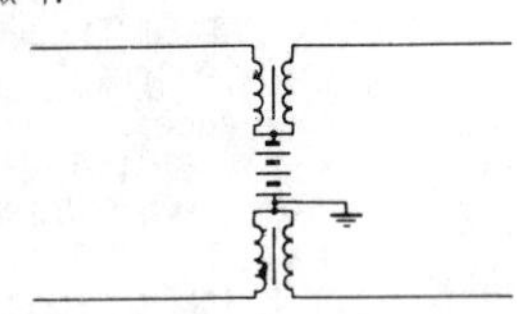

current transformer 변류기(變流器) 교류 전류계의 측정 범위를 확대하기 위해 사용하는 변성기(트랜스)로, 배율은 권수비의 역수와 같다. 상용 주파수에서 사용하는 변류기의 정격 2차 전류는 5A이다. 사용에 있어서 2차측을 개로하지 않도록 주의해야 한다. 이상 고전압을 발생할 위험이나 소손할 염려가 있다. =CT

cursor 커서 컴퓨터의 표시 장치 화면에서 문자나 도형 등을 표시하는 위치를 나타내는 기호. 원래는 라틴어로 「달리는 것, 달리는 사람」이라는 뜻. 「-」나 「|」 등의 기호가 쓰인다. 키보드에서 입력한 문자는 화면의 커서 위치에 표시되고, 동시에 커서는 1자씩 오른쪽으로 이동한다. 보통, 문자를 입력할 수 있는 상태라는 것을 나타내기 위해 점멸하며, 이것을 커서 블링크(cursor blink)라 한다. 대부분은 화살표가 붙은 커서 이동 키나 마우스에 의해 상하 좌우 어느 방향으로도 이동할 수 있다.

cursor control 커서 제어(－制御) 시각적인 표시 장치를 써서 정보를 표현하는 임의 그래픽 시스템에서 문자의 표시 위치를 결정하고, 스크린 상에 표현하는 문장의 서식을 제어하기 위해 제어 문자가 쓰인다. 표시할 다음 문자의 위치는 언제나 커서라고 불리는 캐릭터의 이동에 의해 지시되고, 서식(문장의 레이아웃) 제어는 커서 제어 명령에 의해 수행된다. →ursor

curve follower 커브 폴로어, 곡선 추적 장치(曲線追跡裝置) 지면(紙面)에 그려진 곡선을 추적하여 이것을 전기 신호로 변환해서 출력하는 장치. 아날로그 컴퓨터에서 함수 발생기로서 이용된다든지, 디지털 컴퓨터에서도 도형 처리 등에 사용된다.

curve tracer 커브 트레이서 →X-Y recorder

customer control 커스터머 컨트롤 전화 서비스의 이용자가 자택이나 회사에 설치한 단말 장치를 써서 자기에게 필요한 서비스를 설계하여 네트워크 상에 구축할 수 있는 것. 이것은 네트워크 서비스를 미리 큰 자유도를 갖게 하여 설계해 두고, 교환기나 전송로로 이루어지는 전송망에 서비스 처리라는 고기능층을 부가한 모양으로 해 둠으로써 실현할 수 있다.

customer integrated circuit 커스터머 집적 회로(－集積回路) 고객의 명세로 만들어지는 집적 회로. 세미커스터머 집적 회로(메이커가 준비한 몇 종류의 셀이나 마스크 패턴을 조합시켜서 만든다)와 풀 커스터머 집적 회로(고객의 명세에 맞추어서 처음부터 전부 설계한다)가 있다.

customer station equipment 댁내 장치(宅內裝置) 가입자 구내에 두어지는 통신 장치. 가입자선에 의해 공중 전기 통신 사업자의 교환기에 접속된다. 데이터 통신의 경우에는 DTE와 DCE를 합친 데이터 스테이션을 의미한다.

cut-core 컷코어 규소 강대로 자심을 만들 때 그림과 같이 미리 감은 것을 절단하고 나서 코일에 꽂아 넣도록 하면 매우 공작

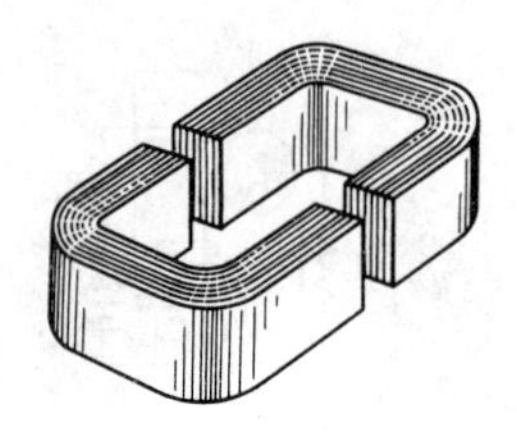

이 간단하게 된다. 이것을 컷코어라 한다. 절단면은 잘 닦아낸 다음 접착제로 접착하는데, 이것이 잘 되지 않으면 자기 특성이 나빠진다.

cut in 컷 인 라디오 방송에서의 연출 수법의 하나로, 갑자기 소리를 넣는 것.

cutler feed 커틀러 피드 기상 레이더 등에서 사용되는 안테나의 1차 방사기의 일종으로, 후방 궤전(rear feed) 방식을 쓰고 있다.

cut-off 컷오프, 차단(遮斷) ① 트랜지스터에서 베이스 전류가 차단되어 컬렉터 전류가 흐르지 않게 되는 상태. ② → cut-off frequency

cut-off attenuator 차단 감쇠기(遮斷減衰器) 도파관을 그 차단 주파수 이하에서 사용하고, 그 길이를 가감하여 가변의 비소산성 감쇠를 도입하기 위한 것.

cut-off frequency 차단 주파수(遮斷周波數) 전송 회로나 필터, 증폭 회로 등에서 어느 주파수보다 위 또는 아래의 주파수 신호를 통과시킨다든지, 감쇠시킨다든지 하는 경계의 주파수. 대역 필터나 증폭 회로 등에서는 차단 주파수가 상하에 둘 있으나 저역 필터나 고역 필터, 도파관의 차단 주파수 등은 하나밖에 없다.

cut-off range 차단 영역(遮斷領域) 트랜지스터에 역 바이어스 전압이 가해졌을 때 전류가 흐르지 않는 영역. 영역 내에 전자의 주입이 없고, 컬렉터에는 소수 캐리어에 의한 미소한 컬렉터 차단 전류 I_{CBO}가 흐를 뿐이며, 공핍층이 넓어져서 오프 상태가 된다.

cut-off region 차단 영역(遮斷領域) MOS 트랜지스터의 I_D-V_{GS} 특성에서 게이트 전압 V_{GS}가 임계값 전압 V_T보다 작아져서 드레인 전류 I_D가 차단되는 영역.

cut-off relay 차단 계전기(遮斷繼電器) 전화 가입자 회선에 접속되어 있는 계전기로, 회선에 착신이 있었을 때 그 회선으로부터 라인 계전기를 끊는다.

cut-off voltage 차단 전압(遮斷電壓) 전자관의 V_G-I_P 특성 곡선에서 $I_P=0$이 되는 V_G의 값. 차단 전압의 절대값이 작은 경우를 「얕다」, 큰 경우를 「깊다」고 한다.

cutoff waveguide 차단 도파관(遮斷導波管) 차단 주파수 이하의 주파수에서 사용되는 도파관.

cut-off wavelength 차단 파장(遮斷波長) 도파관에서 군속도가 0으로 되어서 에너지가 전해지지 않게 되는 전자파의 파장을 차단 파장이라 한다. 차단 파장 λ_c는 구형 도파관에서는 $\lambda_c=2a$(a는 장변의 길이)가 된다. 차단 파장에 해당하는 주파수는 차단 주파수라고 한다.

cut out 컷 아웃 라디오 방송에서의 연출 수법의 하나로, 갑자기 소리를 끊는 것.

cutting 커팅 탄소 피막 저항기를 제작하는 도중에 저항값을 조정하기 위해 홈을 파는 행위.

CVCF 정전압 정주파 전원(定電壓定周波電源) →constant voltage constant frequency unit

CVD 화학 기상 성장법(化學氣相成長法) → chemical vapor deposition method

CV product CV곱 콘덴서의 성능을 비교하는 값의 하나로, 정전 용량의 공칭값 C[μF]와 정격 전압 V[V]의 곱.

CW 지속파(持續波) =continuous wave

CW radar CW 레이더 연속파 송신 신호를 송신하는 레이더.

cyan 시안 청과 녹의 중간색. 470~490 nm의 파장을 갖는다. NTSC 방식 컬러 텔레비전에서의 3원색의 하나이다.

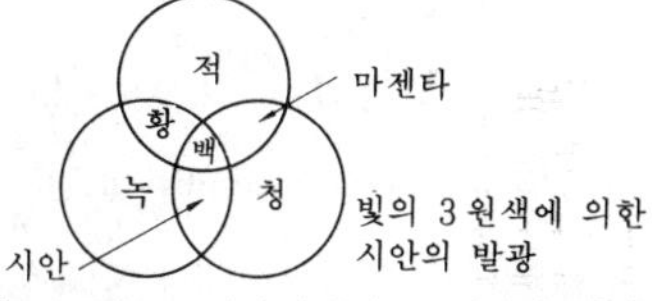

cybernetics 사이버네틱스 인간과 기계에서의 제어와 통신의 이론 및 기술을 연구하는 학문. 인간(생물)이나 기계를 불문하고 외부 환경의 변화에 대응하면서 어느 목적을 달성하기 위해 최적 동작을 할 수 있도록 스스로 제어해 가는 것에 관한 이론이다. 미사일을 비롯하여 자동 기계나 로봇 등의 오토머턴에 응용되고 있다.

cycle 사이클 물체의 상태가 어느 변화를 한 후, 다시 원래와 똑같은 상태로 되돌아가는 것. 정현파 교류에서는 어느 시각을 원점으로 하여 $\pm 2n\pi$[rad] 위상이 다른 시각까지의 과정을 n사이클이라고 한다. 1초간의 사이클수를 Hz(헤르츠)라는 단위로 나타낸다.

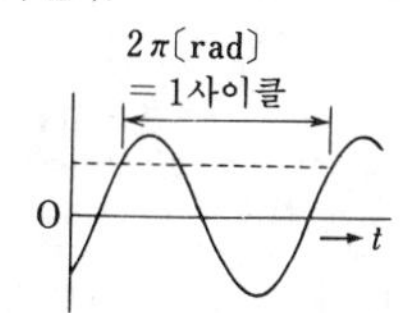

cycle counter 사이클 카운터 단속 횟수 또는 주파수 등을 적산하는 장치. 영구 자석, 교류 여자 코일, 가동 철편 및 회전수를 계수하는 치차(기어) 장치 등으로 구성되어 있다. 계전기나 차단기의 동작 시간

측정 등에 이용된다.

cycle counting detector 계수 검파기(計數檢波器) 주파수 변조파의 일정 시간당 제로 교차수를 계수함으로써 복조하는 FM 복조기. 제로 교차점에서 발생하는 펄스를 일정 시간에 걸쳐 평균화하는 방법을 쓴다.

cycle matching 사이클 매칭 로란 C의 주국(主局)과 종국(從局)으로부터의 변조 펄스(100kHz 반송파를 200μs의 펄스에 의해 변조한 것)의 도착 시간차를 재는 동시에 반송파의 위상차도 측정하여 1/4 해리 정도의 정밀도로 위치 결정하는 것.

cycle syncopation 신커페이션, 사이클 신커페이션 교류 회로에서 사이리스터 등을 사용하여 복수 개의 연속 반 사이클을 교대로 ON-OFF 함으로써 수행하는 부하 전류의 조정법. 버스트 점호(burst firing)라고도 한다.

cycle time 사이클 시간(-時間) 기억 장치의 연속하는 판독, 기록 사이클의 개시 점간 최소 시간 간격. 사이클 시간은 컴퓨터의 성능을 가늠하는 척도로서 널리 쓰인다.

cyclically magnetized condition 사이클릭 자화 조건(-磁化條件) 사이클릭한 자화력(반드시 주기적은 아니다)에 의해 자성 재료를 자화하는 것. 1 사이클에 대하여 하나의 최대 자화 상태와 하나의 최소 자화 상태가 있으며, 그 사이를 같은 히스테리시스 곡선을 그리며 각 사이클이 반복된다.

cyclic digital transmission 사이클릭 디지털 정보 전송(-情報傳送) =CDT

cyclic magnetization 사이클릭 자화(-磁化) 최대 자화 상태와 역방향의 최대 자화 상태 사이를 같은 히스테리시스 곡선을 따라서 순환적으로 자화하는 것. 자화는 곡선상을 되돌아가는 것은 허용되지 않지만 반드시 같은 주기일 필요는 없다.

cycling 사이클링 자동 제어계의 온오프 동작에서 조작량이 단속하기 때문에 제어량에 주기적인 변동이 발생하는 것을 말한다. 사이클링이 제어상 바람직하지 않은 상태로 된 것을 헌팅(난조)이라 한다.

cycloconverter 사이클로컨버터 교류 전원으로 전류(轉流) 동작하는 사이리스터를 써서 교류 전력의 주파수 변환을 하는 전력 변환 장치. 그림은 단상 회로인 경우이나 원리는 다상인 경우에도 적용된다. 교류 전동기의 가변 속도 운전 등에 쓰인다. →frequency converter

cycloinverter 사이클로인버터 필요 출력 주파수의 거의 10배 정도의 주파수로 동작하는 인버터를 전원으로 하고, 이것으로 사이크로컨버터를 동작시킨 것. 원하는 출력 주파수와 진폭을 얻을 수 있다.

cyclotron 사이클로트론 자극 사이에 전극을 두고, 거기에 고주파 전압을 가함으로써 이온을 가속하는 장치. 고주파 전극이 직류 전자석의 자극 사이에 두어진다. 중심의 이온은 전극간에 가해지는 고주파 전계에 의해서 가속되면서 점차 회전 반경을 증가시키고, 외주에 이르러 최대의 에너지로 되었을 때 디플렉터에 의해서 외부로 꺼내진다.

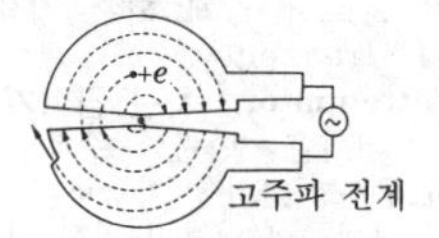

cylinder 실린더 자기 디스크 팩에서, 그 회전축으로부터 등거리에 있는 모든 트랙의 집합.

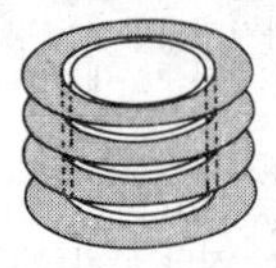

cylinder pulse 실린더 펄스 자기 헤드가 자기 디스크 상을 1실린더 진행할 때마다 위치 검출 회로에 의해 1개씩 발생하는 펄스. 이것을 계수함으로써 자기 헤드의 위치를 파악할 수 있다.

cylindrical connector 원형 커넥터(圓形-) 장치 상호간의 접속선이 다수 있는 경우 그들을 일괄하여 원형의 지지기에 묶어서 한 번의 동작으로 착탈할 수 있게 한 기구. 꽂는 쪽은 M, 받는 쪽은 F의 기호로 나타내어진다.

cylindrical lens 원통 렌즈(圓筒-) 그림과 같이 배치된 2개의 원통 사이에 어떤 전위차를 주어서 구성한 전계 렌즈로, 전자 현미경 등에서 전자선을 집속한다든지 하는 데 사용한다.

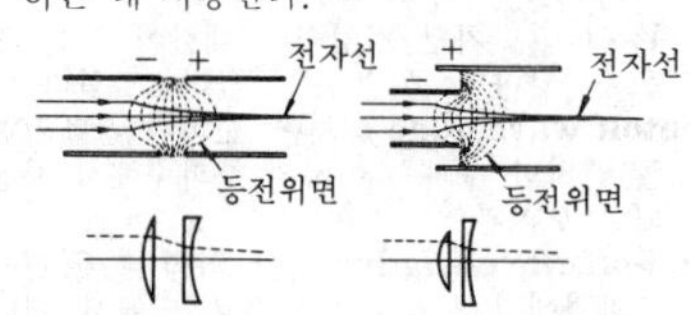

cylindrical wave 원주파(圓柱波), 원통파(圓筒波) 파면(波面)이 원통면인 파. 또는 원통 파동 함수로 나타내어진 파동.

cymomotive force 전파 기전력(電波起電

力) 안테나에서, 주어진 방향에서의 전계 강도와 거리의 곱. 거리는 전계의 리액티브 전력 성분을 무시할 수 있는 충분히 큰 거리로 한다. 지상파인 경우는 대지 도전성에 의한 감쇠 효과에 대한 보정이 필요하다. 자유 공간을 전파(傳播)하는 경우는 수치적으로는 1km 의 거리에서의 mV/m 로 주어진다.

Czochralski method 초크랄스키법(−法) 인상법을 말한다. 반도체의 단결정을 만드는 데 종자 결정을 용액 속에 매달고, 서서히 끌어 올려서 결정을 성장시키는 방법이다. =pulling method

DA 디스어코머데이션 disacomodation의 약어. 소성(燒成) 후나 소자(消磁) 후에 초기 투자율이 시간과 더불어 감소해 가는 현상.

DAC 디지털-아날로그 변환기(－變換器) ＝ D-A converter

D-A converter D-A 변환기(－變換器), 디지털-아날로그 변환기(－變換器) 부호나 숫자의 조합으로 나타내어진 양(디지털량)에 의한 정보를 물체의 위치나 전압의 크기와 같은 연속적인 양(아날로그량)으로 변환하기 위한 장치. 자기 테이프에 기록된 부호에 의해서 공작 기계의 수치 제어를 한다든지, 디지털 컴퓨터와 아날로그 컴퓨터를 조합시켜서 하이브리드 컴퓨터를 만드는 경우 등에 필요하며, 전자에서는 기계적인 신호를 출력으로 하는 것이, 후자에서는 전기적인 신호를 출력하는 것이 사용된다.

DAD 디지털 오디오 디스크 ＝digital audio disk

damped fading 감쇠형 페이딩(減衰形－) →K-style fading

damped filter 감쇠 필터(減衰－) 광대역 주파수에 걸쳐 낮은 임피던스를 나타내도록 선택된 필터. 일반적으로 용량, 리액터 및 저항의 조합으로 이루어지는 필터이다. 이 필터는 통상적으로 비교적 낮은 $Q(X/R)$이다.

damped impedance 제동 임피던스(制動－) →brocked impedance

damped oscillation 감쇠 진동(減衰振動) 일정한 주기를 유지하면서 진폭이 점차 감쇠해 가는 진동. 인접한 진폭의 극대값의 비는 언제나 일정하다.

damped wave 감쇠파(減衰波) 모든 점에서 어느 정현파 성분도 시간에 관한 감소 함수로 되어 있는 파.

damper 댐퍼 텔레비전 수상기의 수평 편향 회로에서 톱니파 전류가 진동을 일으키는 일 없이 원활하게 제로로 감소하도록 하기 위해 사용하는 다이오드.

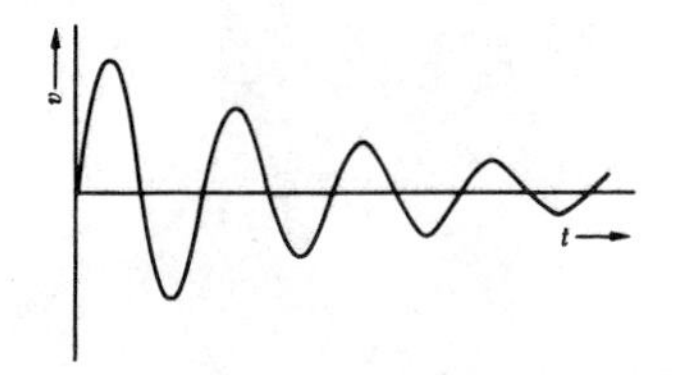

damped oscillation

damper circuit 댐퍼 회로(－回路) 어떤 진동계에서 진동을 억제 또는 감쇠시키기 위해 넣은 회로. 그림은 텔레비전 수상기의 수평 편향 회로의 예이다. 댐퍼 다이오드에 의해서 진동을 제거하고, 톱니파의 마이너스 반 사이클 부분을 만들어내고 있다.

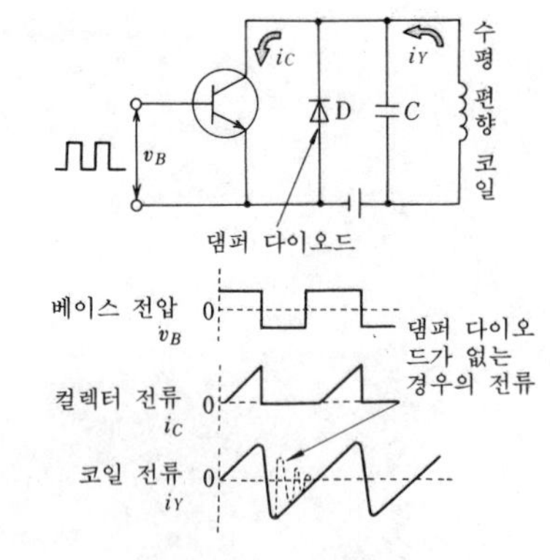

damper diode 댐퍼 다이오드 텔레비전 수상기의 수평 편향 회로에서 수평 편향 코일을 흐르는 톱니파 전류의 귀선 기간 후에 발생하는 자유 진동을 억제하기 위하여 편향 코일에 병렬로 넣은 다이오드. 고압, 대전류에 견딜 필요가 있어 실리콘

다이오드가 사용된다.

damping 감쇠(減衰) 회로나 장치의 응답이 한계값을 넘는 것을 방지하는 수법의 하나. 예를 들면, 증폭기에는 임계 레벨을 넘지 않도록 출력을 감쇠시키기 위한 기구가 내장되어 있다.

damping coefficient 댐핑 계수(-係數) 제어에 사용하는 평형 전동기의 제동 성능을 나타내는 계수로, 속도-토크 곡선을 선형으로 간주했을 때의 경사, 즉 그림에서

$\Delta T/\Delta n$

를 말한다.

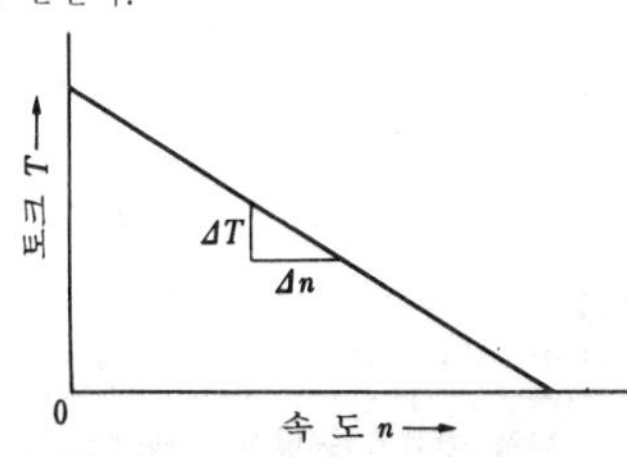

damping device 제동 장치(制動裝置) 지시 계기에서 지침의 위치가 정해지기까지의 동요를 방지하기 위한 제동 토크를 주는 부분. 와전류에 의한 전자력을 이용한 자기 제동 장치나 용기 중의 날개 마찰을 이용한 공기 제동 장치 등이 있다.

damping factor 감쇠율(減衰率), 감쇠도(減衰度), 감쇠 계수(減衰係數) 과도 현상이 진동형인 경우 진폭이 1주기마다 감소해 가는 비율. 자동 제어계에서는 그 인디셜 응답이 진동형으로 되는 경우, 감쇠율이 작은 것은 진동이 심하다는 것을 나타내므로 이 값에 의해서 폐 루프계의 안정도를 가늠할 수 있다.

damping resistance 제동 저항(制動抵抗) 영구 자석 가동 코일형 계기에서 코일에 주어지는 제동력은 공기에 의한 기계 제동 외에 전자 제동도 있으며, 감쇠 계수는

$D_a+K/(R_m+R)$

로 주어진다. 여기서 D_a : 공기 저항에 의한 것이며, 제 2 항이 전자적(電磁的)인 것. R_m : 코일 저항, R : 그 이외의 코일 회로 저항. R을 적당히 선택하여 코일의 운동을 임계 감쇠 상태로 할 수 있는데 이 때의 R을 임계 제동 외부 저항(CDRX)이라 한다.

damping resistor 댐핑 저항기(-抵抗器) 증폭기의 부하로서, 또는 필터로서 사용하는 LC 공진 회로에서 그 Q를 낮게 하여 대역폭이나 위상 특성을 개선하기 위하여 공진 회로에 병렬로 접속하는 저항기.

Daniel cell 다니엘 전지(-電池) 양극이 구리, 음극이 아연, 전해액이 황산동이며 양극간에 격막을 둔 전지. 기전력은 약 1.1V 이다.

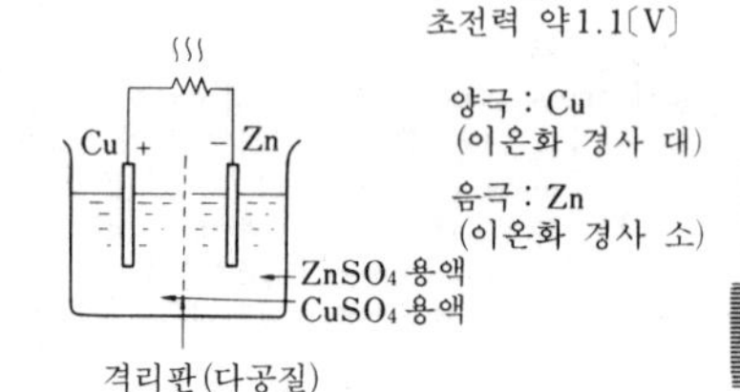

dark after image 암잔상(暗殘像) 촬상관에서 어두운 화면을 촬영했을 때 생기는 잔상. 타깃으로의 빛의 입사량이 적기 때문에 막면의 도전(導電) 작용이 적어 막전위가 전자 빔의 전위와 그다지 다르지 않고, 따라서 주사 전자 빔을 되보내기 때문에 상이 남는다. 이것을 방지하기 위해 광학 블록 내에 둔 바이어스 라이트에 의해 조사(照射)하여 암전류를 증가시켜 도전성을 좋게 하여 잔상을 없애도록 한다.

dark conduction 암도전(暗導電) 감광성 물질에서 빛을 조사(照射)하지 않을 때에 볼 수 있는 잔류성의 도전 효과.

dark current 암류(暗流), 암전류(暗電流) ① 공기 중에 2개의 평행판 전극을 마주보게 두고 그 사이에 직류 전압을 가하여 전류를 측정하면 그림과 같이 Ⅰ, Ⅱ, Ⅲ 영역을 볼 수 있다. 이 중 Ⅰ, Ⅱ 영역의 전류를 암류 또는 암전류라 한다. 이 영역에서는 발광을 수반하지 않지만 Ⅲ의 영역에서 급격히 전류가 증가하여 절연 파괴를 일으킨다. ② 광전관에서 절연이 나쁘거나 가열되거나 했을 때 빛의 조사(照射)를 받지 않아도 발생하는 전류를 말한다.

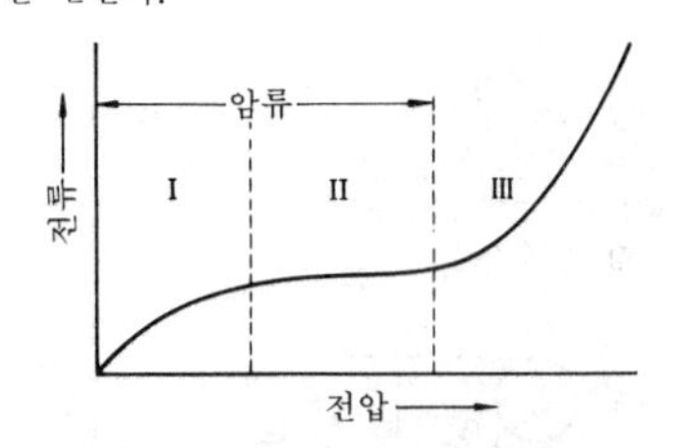

dark current pulses 암전류 펄스(暗電流-) 광전관을 사용한 시스템에 의해 분해 가능한 암전류의 변동.

dark pulses 암 펄스(暗-) 광전자 증배관

이 암흑에서 동작하고 있을 때 출력 전극에서 관찰되는 펄스를 말한다. 이들 펄스는 주로 광전 음극에서 생기는 전자에 의해 발생한다.

dark-trace screen 암소인 스크린(暗掃引-) 음극선관에서 표면의 다른 부분 보다도 어두운 스폿을 부여하는 스크린.

dark-trace tube 암소인관(暗掃引管) 색은 바뀌지만 전자 충돌에 의해 발광한다고는 할 수 없는, 예를 들면 밝은 배경상에 어두운 소인선(掃引線)을 나타내는 것과 같은 특수한 스크린을 갖는 음극선관.

D

Darlington amplifier 달링턴 증폭기(-增幅器), 달링턴 트랜지스턴 2개의 트랜지스터를 사용하여 초단 트랜지스터의 이미터 전류가 다음 단 트랜지스터의 베이스 전류가 되도록 접속하고, 양 트랜지스터의 컬렉터를 같은 부하에 접속하도록 구성한 것. 전류 증폭률이 개개의 값의 거의 곱이 되는 특징이 있다.

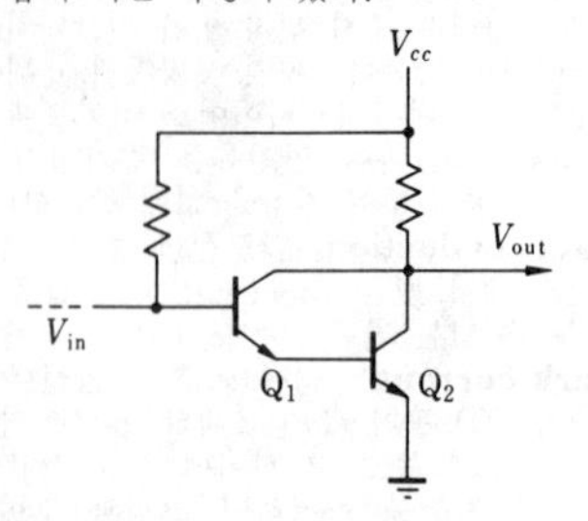

Darlington connection 달링턴 접속(-接續) 2개 이상의 트랜지스터를 적당히 직결하여 사용하는 복합 회로의 일종으로, pnp 또는 npn 형 트랜지스터 2개를 조합시켜서 1개의 등가한 트랜지스터로 하는 접속 방법이다. 그림은 2개의 pnp 형 트랜지스터를 이미터 접지한 달링턴 접속의 회로이며, 이것을 1개의 등가한 트랜지스터로 대치하면 전류 증폭률은 2개 트랜지스터의 그것의 곱으로 되어서 매우 커진다. 이 회로는 직결형 컬렉터 접지 회로라고도 생각되며, 특성도 개선되므로 고감도의 직류 증폭기나 고입력 저항 증폭기, 전력 증폭기 등에 사용된다.

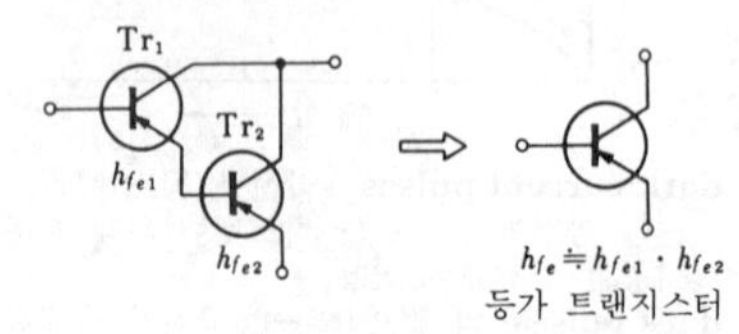

등가 트랜지스터

Darlington pair 달링턴 트랜지스터 = Darlington amplifier

D'Arsonval galvanometer 다르송발 검류계(-檢流計) 영구 자석 가동 코일형 계기의 별명.

DASD 직접 접근 기억 장치(直接接近記憶裝置) direct access storage device 의 약어. 데이터의 판독·기록 시간과 데이터의 기억 위치 사이에 실용상의 상관 관계가 없는 기억 장치로, 전형적인 예를 들면 자기 디스크 기억 장치, 자기 드럼 기억 장치나 자기 데이터 셀 기억 장치 등이 있다. 이들은 어떤 목적의 정보를 호출하는 데 마치 책의 페이지를 찾는 것과 같이 색인을 만들어 두고 임의로 호출한다.

dash 대시, 장점(長點) 모스 부호의 두 부호 요소 중의 하나로, 다른 하나의 부호 요소인 단점(dot)의 3배가 되는 시간 길이를 가진 것.

DAT 디지털 오디오 녹음기(-錄音機) digital-audio tape recorder 의 약어. 음성(아날로그) 신호를 디지털 신호로 변환한 다음 기록하는 방식의 테이프 녹음기. →PCM recording system

data 데이터 컴퓨터로 처리하는 대상이 되는 어떤 의미를 가진 숫자, 문자, 기호 등을 말한다. 달리 말하면 어느 실체의 속성을 값으로 나타낸 것.

data acquisition 데이터 수신(-受信) 데이터를 수집하는 것.

data acquisition system 데이터 수신 시스템(-受信-) 복수의 원격 지점에서 데이터를 받는 집중화된 시스템. 원격 계측 시스템. 데이터는 아날로그 방식 또는 디지털 방식으로 전송된다.

data authentication 데이터 확인(-確認) 전송된 데이터, 특히 메시지의 완전성(타당성)을 검증하기 위해 사용하는 처리 프로세스.

data bank 데이터 뱅크 컴퓨터가 작업하는 데 필요한 데이터의 라이브러리 집합. 데이터의 라이브러리란 컴퓨터가 하나의 업무를 수행할 때 그것에 관계한 파일의 집합을 말한다.

data base 데이터 베이스 넓은 용도에 이용할 수 있는 형태로 보조 기억 장치 등에 기록한 데이터의 집합. 내용의 중복을 적게 하고, 검색이나 갱신이 효율적으로 이루어질 수 있도록 일정한 형식하에 만들어진다. 말하자면 컴퓨터에 의한 전자 백과 사전과 같은 것이다. 독자적인 구조를 갖는 점에서 단순한 파일과 구별된다. 데이터 베이스는 축적된 데이터와 그 형식이나 취급법, 구조 등을 정의하는 스키마

(schema)로 구성된다. 데이터의 내용이 나 목적, 구조에 따라서 몇 가지 종류로 나뉘어진다. 데이터의 내용상으로는 수치 데이터 베이스, 문헌 정보 데이터 베이스 등으로 분류된다. 구조상으로는 네트워크형 데이터 베이스, 계층 데이터 베이스, 관계 데이터 베이스 등으로 분류된다. 또, 개인이 만드는 것, 그룹이 만드는 것, 기업이 만들어서 일반에게 유료로 제공하는 것 등 이용 방법 등에 따라서도 분류된다. =DB

data base administrator 데이터 베이스 관리자(－管理者) 데이터 베이스 관리 시스템(DBMS)을 관리하고, 컴퓨터 시스템 내에 축적된 데이터의 정확성과 완전성을 유지하는 책임을 지는 관리자.

data base management system 데이터 베이스 관리 시스템(－管理－) 다수의 이용자가 공동으로 사용하는 대량의 데이터 베이스에서 그 운용 관리를 용이하고 합리적으로 하기 위한 프로그램 패키지. =DBMS

data block 데이터 블록 한 덩어리로서 전송되는 데이터. 블록의 길이는 고정되어 있는 것도 있고, 가변 길이의 것도 있다. 각 블록에는 제어 문자가 부가되어 있으며, 이에 의해 적정하게 처리된다.

data break 데이터 브레이크 외부와의 통신을 할 수 있는 자동적인 입출력 채널, 혹은 컴퓨터 내부 기억 장치와 직접 접근할 수 있는 주변 장치에 대한 용어. 데이터는 버스트 모드의 블록으로서, 혹은 복수의 회로에서 타임 슬라이스에 의해 보내지고, 저속의 I/O 장치와 중앙 처리 장치 사이의 데이터 흐름을 매치시키도록 하고 있다.

data bus 데이터 버스 컴퓨터에서 기억 장치로부터의 판독이나 기록을 위해 데이터 신호를 각 처리 장치로 전송하는 경로. 각 장치간을 잇는 선은 정보(데이터나 명령)의 흐름을 나타내고 있으므로 버스라고 한다. 그림은 데이터의 전송과 명령의 흐름을 나타낸 것이다.

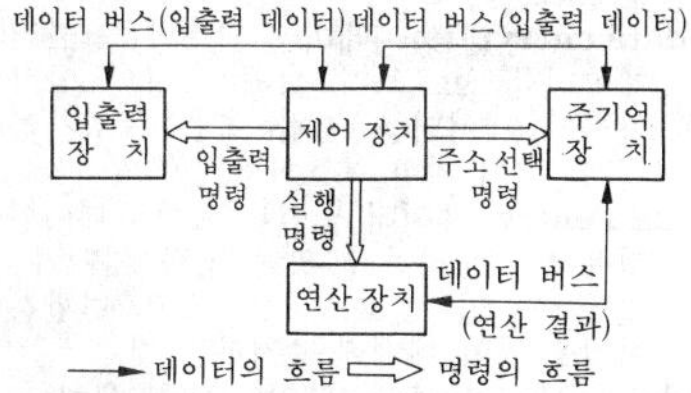

데이터 버스(입출력 데이터) 데이터 버스(입출력 데이터)
입출력 장 치
제어 장치
주기억 장 치
입출력 명령
실행 명령
주소 선택 명령
연산 장치
데이터 버스 (연산 결과)
데이터의 흐름 명령의 흐름

data bus enable 데이터 버스 이네이블 데이터 버스로 전송되는 각종 데이터를 다른 장치가 받아들일 수 있게 타이밍을 주는 신호. =DBE

data byte 데이터 바이트 컴퓨터가 4칙 연산, 논리 연산을 한다든지, 기억한다든지 하는 단위로서 사용되는 8비트의 데이터.

data carrier 데이터 캐리어 데이터를 기록하거나 판독하기 위해 사용되는 카드, 테이프, 디스크와 같은 기억 매체. 기록, 판독하는 장치가 무엇이건 매체상의 데이터는 다른 매체로 쉽게 옮길 수 있다. 데이터 매체(data medium)라고도 한다.

data center 데이터 센터 신뢰성의 연구를 추진하기 위해서는 수명 시험 등의 데이터뿐만 아니라 현장의 사용자 데이터가 중요한 의미를 갖는다. 이 데이터를 모으려면 대규모의 조직이 필요하며, 그 중심이 되는 것을 데이터 센터라 한다.

data check method 데이터 검사 방식(－檢査方式) 데이터의 오류를 검사하는 방식. 사람 손에 의한 검사 방식으로서 프루프 토털이나 모니터 체크가 있고, 기계에 의한 것으로서는 리밋, 대응, 조합, 칼럼 벗어남, 배치 토털, 시퀀스, 뉴메릭, 체크 디짓, 밸런스, 더블 레코드, 언매치 레코드, 오버플로, 사인 체크 등의 여러 가지 방법이 있다.

data circuit 데이터 회선(－回線) 양방향 데이터 통신의 수단을 제공하는 데 관련한 한 조의 송신 통신로 및 수신 통신로. ㈜ ① 데이터 교환 장치간의 데이터 회선인 경우에는 데이터 교환 장치에서 인터페이스의 형에 따라 데이터 회선 종단 장치를 포함하기도 하고 포함하지 않기도 한다. ② 데이터 스테이션과 데이터 교환 장치와의 사이 또는 데이터 스테이션과 데이터 집선 장치 사이의 경우에 데이터 회선은 데이터 스테이션측에 데이터 회선 종단 장치를 포함하고, 데이터 교환 장치 또는 데이터 집선 장치측에 데이터 회선 종단 장치와 비슷한 장치를 포함하는 일이있다.

data circuit-terminating equipment 데이터 회선 종단 장치(－回線終端裝置) 데이터 스테이션의 기능 단위로, 데이터 단말 장치와 데이터 전송로와의 사이에서 접속을 확립하고, 유지, 개방하며, 코드 변환 또는 신호 변환을 위해 필요한 기능을 갖추고 있는 것. =DCE

data code 데이터 코드 전기 통신에서 데이터를 나타내는 신호를 형성, 전송, 수신 및 처리하기 위한 규칙 및 약속의 집합.

data collector 데이터 컬렉터 전화선 또

는 전용 회선을 사용하여 산재하는 지점에서 중앙의 데이터 처리 지점으로 데이터를 수집하는 장치. 단말에서 중앙으로의 단방향 통신의 기능만을 가지고 있으며, 공장 등에서 다수 설치하여 출퇴근 보고, 재고 보고, 공정 관리, 생산 보고 등에 쓰인다. 입력 단말은, 고정 항목을 카드에서 입력할 수 있고 변경 항목만을 키보드 등에서 입력하는 모양으로 되어 있는 것이 많다.

data communication 데이터 통신(－通信), 데이터 전송(－傳送) 전기적인 수단에 의해서 정보를 전달하는 한 형식인데, 종래 전기 통신의 전신이나 전화, 텔레비전, 팩시밀리와 다른 점은 정보가 인간과 인간 상호간의 전송이 아니고, 기계(데이터 처리 기계)와 기계, 또는 적당한 입출력 장치를 거쳐서 인간과 기계와의 사이에서 전송되는 것이다. 데이터 통신에서의 시스템 구성으로서는 데이터 처리 장치와 데이터 전송로가 직접 전기적으로 접속되어 있고, 데이터의 처리 시간이 짧은 온라인 시스템과, 데이터가 자기 테이프나 자기 디스크 등에 일시 기록되었다가 어느 시간을 경과한 다음 처리되는 오프라인 시스템으로 나뉜다.

data communication control procedure 전송 제어 절차(傳送制御節次) 데이터를 송신측에서 수신측으로 통신 회선을 거쳐 효율적으로 정확하게 전송하기 위한 일련의 절차. 기본적인 기능은 송신측과 수신측간 데이터 링크의 확립과 해방 및 전송하는 데이터의 완전성 확보이다. 다음에 나타낸 5개의 단계로 나뉘어져 있다. ① 스위칭, ② 데이터 링크의 확립, ③ 정보의 전송, ④ 전송의 종결, ⑤ 링크의 개방. ＝data transmission control procedure

data communication equipment 데이터 통신 기기(－通信機器) 통신 회선을 경유하여 데이터를 송수신하기 위해 전신 전화 사업체가 사용하는 장치. ＝DCE

data communication network architecture 데이터 통신망 구조(－通信網構造) 데이터 통신망을 구성하기 위한 통신 규약, 절차 등을 규정한 망구조. ＝DCNA

data communication system 데이터 통신 방식(－通信方式) 거리의 원근을 불문하고 지역적으로 분산된 장소에 발생하는 각종 정보를 전기 통신 사업체의 서비스 회선을 통하여 중앙의 컴퓨터에 전송하고 그 보관이나 처리를 하되 필요에 따라 각 단말 장치에 그 결과가 전송될 수 있는 방식. 보통 이것을 온라인 방식이라 하는데, 그 이용 형태는 다음과 같다. 데이터 수집형(data collection), 조회형(inquiry), 메시지 교환형(message switching), 데이터 분배형(data distribution).

data communication unit 데이터 통신 장치(－通信裝置) 데이터 통신을 하기 위한 장치. 데이터 통신 단말 장치도 그 하나이다.

data compact 데이터 압축(－壓縮) ＝data compression

data compression 데이터 압축(－壓縮) 기억 용량을 절감한다든지, 데이터의 전송 시간을 단축하기 위해 데이터가 갖는 여유도를 제거하고, 보다 짧은 길이로 표현하는 기법.

data concentration 데이터 집중(－集中) ① 몇 개의 저·중속도 회선으로부터의 데이터를 중간점에서 모아 이들을 고속 회선에 실어서 재송신하는 경우의, 그 중간점에서의 데이터 집합 작용. ② 어느 데이터 항목을 다른 데이터 항목의 말미에 추가하여 보다 긴 데이터 항목으로 하는 것.

data concentrator 데이터 집선 장치(－集線裝置) 데이터 전송에서 공용의 데이터 전송로에 실제로 사용 가능한 통신로의 수보다 많은 데이터 송신 장치를 접속할 수 있도록 하는 기능 단위.

data converter 데이터 변환기(－變換器) 데이터의 기억 형식이 다른 장치간의 데이터 수수를 하거나, 장치의 전환에 의해 데이터를 변환할 필요가 생겼을 때 사용하는 것. 하드웨어에는 변환기, 소프트웨어에는 데이터 변환 프로그램이 있는데 일반적으로는 전자를 가리킨다.

data distortion 데이터 일그러짐 데이터 전송에서 데이터 신호가 받는 일그러짐을 말한다. 등시성(等時性) 일그러짐, 특성 일그러짐 등이 있다.

data element 데이터 요소(－要素) 정보의 단위를 구성하는 하나 또는 복수의 데이터 항목을 말한다. 예를 들면 종업원의 급여 지불 데이터 베이스에서의 사회 보험 번호 등.

data encryption 데이터 암호화(－暗號化) 데이터를 보호하기 위해 소정의 양식에 따라서 데이터를 혼합 혹은 무질서하게 재배열하기 위한 부호화법.

data entry 데이터 입력(－入力) 데이터를 컴퓨터로 처리하기 위해 입력 기기가 식별할 수 있는 코드·형식으로 변환하여 이것을 기억 매체에 축적하는 것.

data entry device 데이터 입력 장치(－入力裝置) ＝data input device

data exchange unit 데이터 교환 장치(—交換裝置) 단말 장치끼리 혹은 단말과 중앙의 데이터 전송로의 접속, 절단을 하기 위한 장치. 교환 장치에는 크게 두 가지가 있다. 그 첫째는 텔렉스, 젠텍스 등의 직접 교환 장치이다. 둘째는 중계 회선의 효율적 사용을 위해 개발된 축적 교환 장치이다.

data-flow computer 데이터플로 컴퓨터 입력 데이터가 갖추어지면 비로소 계산을 하는 컴퓨터. 다수의 프로세서를 가지며, 각각이 연산이나 논리 계산을 한다.

datagram 데이트그램 가장 단순한 데이터 전송 방법으로, 어느 이용자로부터 다른 이용자를 향해서 단일의 패킷을 보내고, 그에 대한 응답은 따로 요구하지 않는 경우의 것.

data highway 데이터 하이웨이 컴퓨터 시스템에서 공통 버스를 거쳐 복수 대의 프로세서, 기억 장치, 입출력 장치 등을 접속하는 경우가 흔히 있다. 이 경우 종합 버스를 고리 모양으로 한 형으로 데이터를 전송하는 회선을 데이터 하이웨이라 한다. 동축 케이블이나 광 케이블이 사용되고 있다.

data input device 데이터 입력 장치(—入力裝置) 컴퓨터에 처리시키려는 데이터를 컴퓨터가 다룰 수 있는 매체에 기록하기 위한 장치. 데이터 입력 장치는 보통, 데이터를 부호화하는 부분과 부호를 기억(기록)하는 부분으로 이루어진다. 데이터를 부호화하는 부분에는 키보드를 사용하는 경우가 많고, 부호를 기록하는 부분에는 여러 가지 기억 장치가 사용된다.

data integrity 데이터의 완전성(—完全性) 컴퓨터 시스템에 의해 보유되어 있는 데이터의 정확성, 정합성(무모순성), 완전성을 말한다.

data link 데이터 링크 단말 장치도 포함하여 데이터 통신로를 형성하도록 접속된 모든 물리 자원의 집합. 데이터 링크에 의해 단말 상호간에서 오류가 없는 데이터 통신을 하기 위해 정해진 통신 절차를 데이터 링크 제어 절차라 한다.

data link control 데이터 링크 제어(—制御) =DLC

data logger 데이터 로거 공업 플랜트의 계측에서 그 온도, 유량, 압력 등의 공정 변수를 아날로그로 입력했을 때 그것을 A-D 변환기에 의해 디지털량으로 변환한 다음 자동 타자기로 자동 기록하는 것.

data management 데이터 관리(—管理) 운영 체제(OS)의 한 기본 기능으로, 기억 장치상의 데이터를 효율적으로 프로그램에 공급하고, 데이터 세트를 입출력하기 위해 각종 접근법을 제공하고, 기억 장치 상의 스페이스를 관리하고, 데이터 세트의 기밀을 보호하는 등, 데이터를 관리하는 여러 가지 기능을 말한다. 사업체에서의 데이터 자원 유효 활용 및 데이터의 완전성 유지를 도모하기 위해 데이터를 통일적으로 관리, 제어하는 것이다.

data medium 데이터 매체(—媒體) = data carrier

data modulator-demodulator unit 데이터 변복조 장치(—變復調裝置) 단말에서 발생한 데이터 신호는 진폭 변조나 주파수 변조를 받고, 다중화를 받아서 전송로로 보내지고, 또 전송로를 통해 보내온 신호는 각 채널로 분할되어 복조된다. 이와 같이 단말과 전송로를 잇기 위한 장치를 말한다.

data multiplexer 데이터 다중 변환 장치(—多重變換裝置), 데이터 멀티플렉서 데이터 전송에서 둘 이상의 송신 장치가 하나의 데이터 전송로를 공용하되 각각의 데이터 송신 장치는 독자적인 통신로를 가질 수 있게 한 기능 단위.

data network 데이터망(—網), 데이터 통신망(—通信網) 데이터 통신을 위해 개발된 공중 통신망. 데이터 통신은 일반적으로 전화망, 텔렉스망, 패킷 교환망, 데이터 회선 교환망, 정보 통신망(ISDN) 등의 공중 통신망이나 시스템 간에 배치한 전용망으로 실현할 수 있다. 이들 중에서 CCITT X 시리즈 권고로서 표준화되어 있는 패킷 교환망과 데이터 회선 교환망을 가리키는 경우가 많다. 패킷 교환망은 패킷을 단위로 하여 중계 회선에 순차 송출하는 비동기 다중 통신 방식이다. 데이터 회선 교환망은 데이터 통신용의 회선 교환망으로, 회선 교환 데이터망(circuit switched data network)이라고도 한다. 이것은 데이터 속도에 맞춘 통신 채널을 통신 중에 통신 단말간에 설정하는 방식이다. 이런 뜻에서 데이터 회선 교환망은 전화망에 가까운 성질을 가지나, 상이한 속도의 회선 접속(다원 교환)을 가능하게 하는 점이 전화망과 다르다.

data processing 데이터 처리(—處理) ① 데이터의 변경, 결합, 계산 등 데이터에 대한 오퍼레이션의 실행. ② 데이터에 관한 조작 또는 조작의 조합을 가리킨다.

data processing system 데이터 처리 시스템(—處理—) 데이터 처리를 하기 위해 통합된 장치, 방식, 절차 및 기술의 집합.

data processor 데이터 처리 장치(—處理裝置) 측정이나 조사에 의해서 얻어진 다량의 수치를 고속으로 기록, 통계 등의 처리를 하는 장치. 각종 형식이 있으나 컴퓨터와 조합시켜서 사용하는 경우가 많다. 플랜드의 제어나 교통의 감시 등을 비롯하여 널리 각 방면에 응용되고 있다.

data rate 통신 속도(通信速度) 1 초간에 전송되는 정보량을 나타내는 척도로, 단위는 bps(bits per second)로 나타내어진다.

data reader 데이터 판독기(－判讀器) 카드, 종이 테이프, 태그 카드 등에 천공, 기록되어 있는 정보나 데이터를 판독하고 필요한 코드 변환을 한 다음 컴퓨터 본체에 그 내용을 전송, 투입하는 장치의 총칭. 이것에는 카드 판독기, 종이 테이프 판독기, 태그 판독기가 있다.

data recorder 데이터 리코더, 데이터 기록기(－記錄機) 각종 측정 결과를 자동적으로 기록하는 장치로, 수표(數表)로서 얻어지는 디지털형과 도표로서 얻어지는 아날로그형이 있다.

data scope 데이터 스코프 데이터 통신 회로를 진단하는 장치를 가리키며, 온라인 스코프(on-line)라고도 한다. 모뎀 등의 댁내 종단 장치와 데이터 단말 등을 감시하고, 온라인 시스템의 테스트나 유지에 사용한다.

data scrambler 데이터 스크램블러 데이터 전송계에서 입력 디지털 신호를 마크나 스페이스의 긴 연속 혹은 어느 패턴의 단순한 반복이 없는 의사(擬似) 랜덤 시퀀스를 변환하는 장치. 수신단에서 디스크램블러에 의해 최초의 입력 신호를 회복한다.

data service unit 데이터 서비스 유닛 전용선 또는 근거리 통신 회선을 통해서 디지털 데이터를 전송하기 위한 간이 모뎀으로, 데이터 회선을 사용한 고속 모뎀에 대한 모든 요구에 반드시 대응하는 것은 아니다. 이러한 장치에 대해서는 베이스밴드 모뎀, 라인 드라이버, 라인 어댑터, 근거리용 모뎀 등 여러 가지 명칭으로 불리고 있다. 디지털 서비스 유닛 혹은 댁내 회선 종단 장치(DCE) 등이라고 정의하는 경우도 있다. ＝DSU

data signal 데이터 신호(－信號) 회선 또는 회로에 전송하는 정보의 형태를 말한다. 데이터 신호는 2 진수로 구성되며, 메시지 등의 실제 정보와 제어 문자나 오류 검사 코드 등 다른 요소의 양쪽으로 이루어진다. 데이터 신호는 전송되는 수단에 따라서 전선, 광섬유 케이블, 마이크로파, 무선 등 다양한 매체를 통과한다.

data signalling rate 데이터 신호 속도(－信號速度) 데이터 전송 시스템의 특정한 전송로에서 1 초간에 보내지는 2 진 숫자(비트) 개수의 총계.

data signal quality detection 신호 품질 검출(信號品質檢出) 수신한 데이터 신호의 매개 변수(예를 들면 진폭, 파형 일그러짐, *SN*비 등)가 허용 변동 한계 내에 있는지 어떤지를 모니터함으로써 송신 오류를 관리하는 방법. 이 자신은 오류 디짓을 직접 검지할 수 없으나, RQ 방식 등과 조합시킴으로써 유효한 오류 관리를 할 수 있다.

data sink 데이터 싱크, 데이터 수신 장치(－受信裝置), 데이터 수신 단말(－受信端末) 데이터 단말 장치의 한 부분으로, 데이터 링크로부터 데이터를 받는 기능 단위. →data source

data source 데이터 소스, 송신 데이터 단말 장치(送信－端末裝置) 데이터 단말 장치의 한 부분으로, 데이터를 데이터 링크에 보내는 기능 단위. →data sink

data station 데이터 스테이션 데이터 단말 장치(DTE)와 이것이 연결되는 데이터 회선 종단 장치(DCE)를 한 몸으로 한 것. 패킷 교환 방식에서의 데이터 스테이션인 경우에는 DTE 와 DCE 의 인터페이스 특성, 스테이션의 데이터 교환 장치로의 링크 접근, 패킷망으로의 접근과 패킷의 서식 등에 대해서는 CCITT 에 의한 잠정 권장 프로토콜 X.25 가 있다.

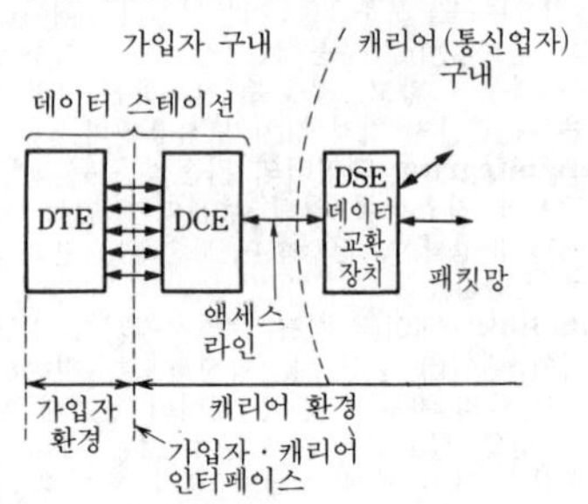

DTE＝데이터의 통신(또는 수신) 및 링크 프로토콜에 의한 통신 제어를 하는 장치
DCE＝데이터 스테이션과 망의 접속, 신호 변환을 하는 장치

data structure 데이터 구조(－構造) 데이터가 갖는 논리적 구조를 말하며, 데이터 요소간의 상호 관계로 나타내어지는 것으로, 다음과 같은 3 종류로 나뉜다. ① 선형 구조 : 데이터 요소와 그 상호 관계를 일정하게 하고, 그에 따라서 배열한 것. ② 트리 구조 : 데이터 요소와 그 상호 관

계를 트리와 가지 그리고 잎에 의해 나타낸 것. 이 경우, 계층이 존재하므로 계층 구조라 하기도 한다. ③ 네트워크 구조: 데이터 요소와 그 상호 관계를 망상(網狀)으로 표현한 것.

data switching network 데이터 교환망(－交換網) 데이터 통신을 주목적으로 하는 교환망.

data switching system 데이터 교환 방식(－交換方式) 데이터 전송에서 수신처 신호에 의해서 착신국까지의 일련의 회선을 선택하고, 접속 완료 후에 직접 데이터를 전송하는 회선 교환 방식(직접 교환 방식)과 발신국에서 수신처 신호와 데이터를 일단 교환국에 전송하고, 교환국에서 이들 데이터를 자기 테이프나 자기 디스크에 일시 축적해 두었다가 회선이 비는 동시에 데이터를 송출하는 축적 교환 방식(메시지 교환 방식)이 있다. 후자의 방식은 데이터 신호에 처리를 가하지 않는 좁은 뜻의 데이터 교환 방식과 데이터에 처리를 가하는 데이터 처리 교환 방식으로 분류된다.

data tablet 태블릿 장치(－裝置) 지정한 입력용 펜으로 바둑눈 속을 접촉함으로써 입력 데이터를 X, Y 좌표값으로서 판독하는 입력 장치.

data telephone 데이터 전화기(－電話機) 가입 전화 청약에 의한 통신 회선을 데이터 통신에 이용할 수 있는데, 그 때 단말로서 전화기를 직접 사용할 수 있다. 특히 쓰이는 센터의 응답 내용을 표시하는 램프 등을 부가한 전화기를 말한다.

data terminal 데이터 단말(－端末) 데이터 전송 시스템에서 정보원이나 정보 싱크가 존재하는 지점을 말한다.

data terminal equipment 데이터 단말 장치(－端末裝置) ＝DTE

data transcription 데이터 전기(－轉記) 데이터를 어느 하나의 기록 형태에서 다른 형태로, 예를 들면 자기 테이프에서 카드로 옮기는 것.

data transfer rate 데이터 전송 속도(－轉送速度) 대응하는 장치 간에서 전송되는 단위 시간당의 비트수, 바이트수나 블록수. 또는 상대하는 전송 장치간에 전송되는 정보의 단위 시간당 평균 속도, 전송 속도는 단위 시간(시간, 분 또는 초)당의 비트수, 자수, 블록수 등으로 표시한다. 비트수로 나타낼 때에는 bit transfer rate, 자수로 나타낼 때에는 character transfer rate, 블록수로 나타낼 때에는 block transfer rate 라 한다.

data transmission 데이터 전송(－傳送) ＝data communication

data transmission channel 데이터 전송로(－傳送路) 단방향 전송의 수단. 注 통신로는 예를 들면, 주파수 다중 또는 시분할 다중에 의해 제공되는 경우가 있다.

data transmission circuit 데이터 전송 회선(－傳送回線) 어떤 지점에서 다른 지점으로 정보를 부호화하여 전기적으로 송수신하는 데 필요한 양방향 통신 설비와 그 데이터 통신로로 구성되어 있는 것.

data transmission control procedure 데이터 전송 제어 절차(－傳送制御節次) ＝data communication control procedure

data transmission equipment 데이터 전송 장비(－傳送裝備) 데이터 처리 장치에 직접 사용할 수 있는 통신 장비.

data transmission line 데이터 전송로(－傳送路) 멀리 떨어진 장소에 신호를 전송하기 위한 매체.

data transmission media 데이터 전송 매체(－傳送媒體) 데이터를 송신할 때 전기 신호가 전해지는 매체. 동선, 동축 케이블, 광섬유 케이블 등의 선로 외에 스위치 회로, 공간(무선), 위성 등이 포함되는데, 보통은 주로 선로를 가리킨다.

data transmission rate 데이터 통신 속도(－通信速度) 데이터 통신에서의 데이터 전송 능력을 나타내는 것으로, 단위 시간당 데이터 전송량으로 나타내며, 다음과 같은 표현법이 있다. ① 데이터 신호 속도: 단위는 비트/초(bps). ② 데이터 변조 속도: 단위는 보(baud). ③ 데이터 전송 속도: 단위는 문자/초(cps). 단, 데이터 전송은 비트 직렬로 수행되기 때문에 데이터 통신 속도는 일반적으로 데이터 신호 속도가 쓰인다.

data transmission speed 데이터 신호 속도(－信號速度) 단지 신호 속도 혹은 회선 속도라고도 한다. 통신 회선상에서 신호 파형에 대응한 정보 전송의 속도를 말한다.

data transmission standard 데이터 전송 기준(－傳送基準) 데이터 전송계에서의 통신 장치, 회선의 오율, 등시성(等時性) 일그러짐, 신호 레벨, 잡음, 지연 일그러짐 등의 표준을 정한 것.

data transmission system 데이터 통신 시스템(－通信－) 컴퓨터를 중심으로 하는 센터 장치와 여러 곳에 분산된 단말 장치를 통신 회선으로 연결하고 데이터의 수수를 하는 시스템. 구성은 일반 통신계와 같은 모델로 나타내어지나 데이터 소스 혹은 수신자의 한 쪽이 컴퓨터 처리 시스템인 경우가 많다.

data transmission terminal equipment 데이터 전송 단말 장치(－傳送端末裝置) 데이터 신호를 전송하는 데 적합한 전기적 신호로 변환하거나 복원을 하는 장치를 말하며, 변복조(變復調) 장치를 포함한다.

data transmission unit 데이터 전송 장치(－傳送裝置) 데이터 전송을 위해 이용되는 장치.

data transmission utilization measure 유효 데이터 전송률(有效－傳送率), 데이터 전송 이용률(－傳送利用率) 신호 데이터 전송 시스템에서 입력 데이터의 정보량에 대한 출력 데이터의 정보량이 차지하는 비율. 즉, (유효 출력)/(전 입력)＝1—겉보기 오류율, 즉 입력한 데이터 가운데 유효하게 사용할 수 있는 데이터가 어느 정도 있는가를 알아보는 비율.

data unit 데이터 단위(－單位) 개방형 시스템 간 접속에서의 정보의 처리 단위. 1단 위 또는 1단 아래의 계층과의 사이에서 수수되는 것을 서비스 데이터 단위라 하고, 동일 수준의 계층 상호간에서 수수되는 것을 프로토콜 데이터 단위라고 한다.

DB 데이터 베이스 ＝data base

dB 데시벨 ＝decibel

dBa ＝adjusted decibel

DBE 데이터 버스 이네이블 ＝data bus enable

dBm decibels above 1 milliwatt 의 약어. 전기 통신에서 사용되는 전력의 절대 측정 단위. 0dbm 은 1mW 와 같도록 눈금이 매겨져 있다. 따라서, 1W 는 30 dBm 이다.

DBMS 데이터 베이스 관리 시스템(－管理－) ＝data base management system

dBmW 데시벨 밀리와트 decibel milliwatt 의 약어로, 1 밀리와트의 전력을 기준으로 하여 데시벨로 나타낸 전력 레벨의 표현 단위.

DBR laser DBR 레이저 ＝distributed Bragg reflection laser

dbx system dbx 방식(－方式) 테이프 녹음기의 녹음이나 재생시에 생기는 잡음을 줄이는 노이즈 리덕션 회로의 하나로, 미국의 dbx 사에 의해 개발된 방식이다. 이 방식은 입력 신호의 D 레인지를 데시벨로 1/2 로 압축하고, 재생시에는 2 배로 신장하여 원상으로 되돌리는 방법이다. 이 방식은 종래부터 널리 쓰이고 있는 돌비 방식에 비해 다음과 같은 특징을 가지고 있다. 즉, ① 저역에서 고역까지 전 대역에 걸쳐서 잡음을 줄이고, 고역에서는 엠퍼시스에 의해 더욱 잡음이 현저하게 개선된다. ② 인코더(부호기)가 들어 있어, 기준보다 큰 입력이 들어오면 감쇠기로서 동작하므로 최대 녹음 레벨이 개선된다. ③ 압축과 신장이 직선적인 대수 변화를 하므로 녹음·재생의 레벨이 매치하고 있지 않더라도 주파수 특성의 열화가 생기지 않는다는 등이다. 그림은 dbx 방식의 입출력 특성이다.

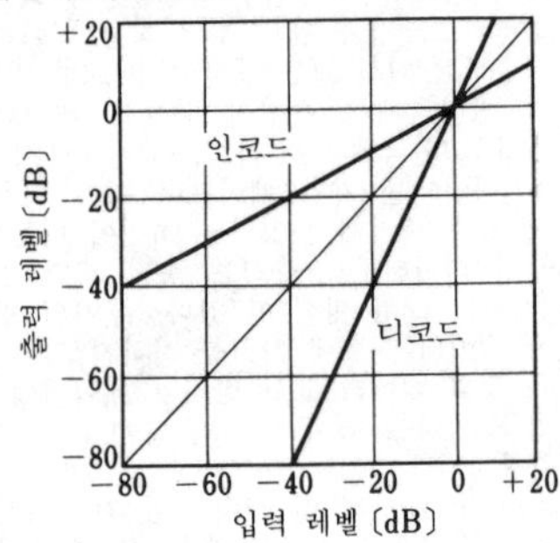

DC 직류(直流)[1], 중심국(中心局)[2] (1) ＝direct current
(2) ＝district center

DC-AC power conversion supply system 직류-교류 변환 공급 전원 장치(直流-交流變換供給電源裝置) 변환 공급 전원 방식의 일종으로, 전화국에 설치되며, 통화용 전원을 받아서 각종 신호용 전력 및 도수계용 전력을 공급하는 것.

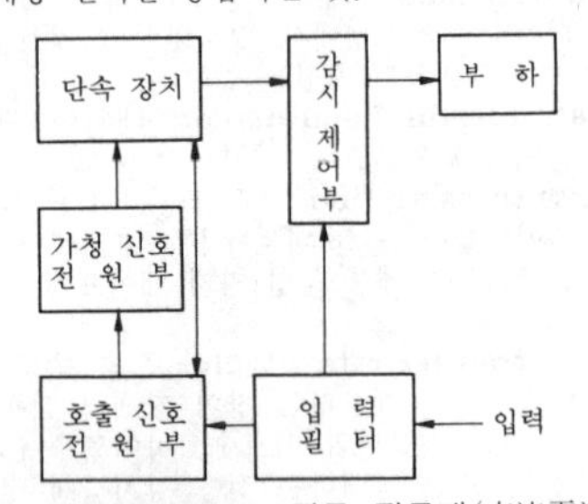

DC amperemeter 직류 전류계(直流電流計) 직류 전류의 크기를 측정하는 계기. 가동 코일형, 가동 철편형, 열전형, 열선형 등이 있으며, 특히 미소 전류를 측정하는 것을 검류계라 한다. 전류계의 내부 저항은 작고, 회로에 직렬로 접속하여 계측한다. 그림은 가동 코일형의 예를 보인 것인데, 고정 자계 중에 있는 가동 코일에 회로 전류를 흘렸을 때 생기는 회전력에 의해서 전류값을 지시 한다.

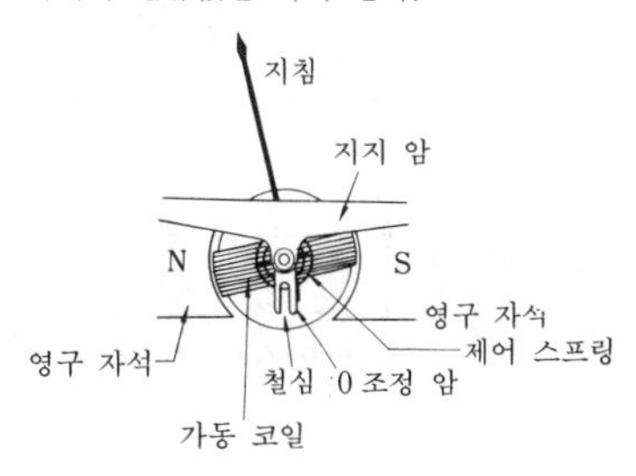

DC amplifier DC 앰프, 직류 증폭기(直流增幅器) =direct current amplifier

DC biased recording 직류 바이어스 녹음(直流－錄音) 테이프 녹음기에서 녹음을 할 때에 사용하는 바이어스법의 일종. 녹음 헤드에 신호 전류와 함께 일정한 직류 전류를 흘리고, 자기 테이프의 초기 자화 곡선 또는 히스테리시스 루프의 직선 부분을 이용하여 일그러짐이 적은 녹음을 하는 것이다. 교류 바이어스 녹음에 비하면 간단하나 일그러짐이 생기기 쉽고 잡음도 많은 결점이 있으므로 특별한 경우 외에는 그다지 사용되지 않는다.

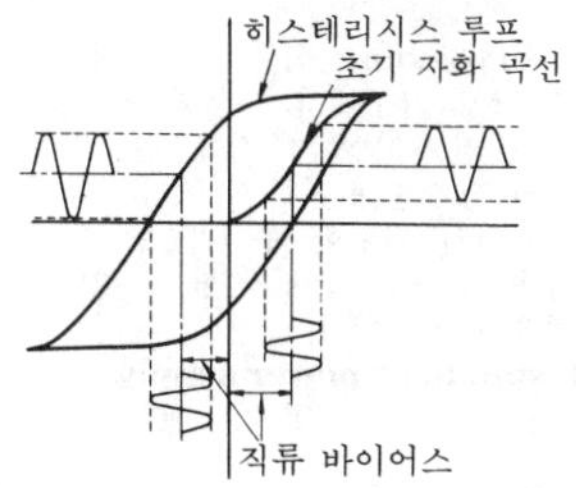

DC biasing method 직류 바이어스 녹음(直流－錄音) 녹음 헤드에 신호 전류와 함께 일정한 직류 전류를 중첩하여 녹음하는 것. 히스테리시스 곡선의 직선부를 이용하여 일그러짐이 적은 녹음을 하기 위해서이다. 교류 바이어스법의 대비어.

DC chopper 직류 초퍼(直流－) 직류 전류를 단속하는 전기적 또는 기계적인 단속기(斷續器)로, 단속된 전류는 맥류(脈流) 중에 포함되어 있는 신호를 증폭하기 위해 교류 증폭기로 증폭된다. 직류 신호뿐만 아니라 빛, 적외선, 중성자 등을 단속하는 장치도 초퍼라 한다. 어느 경우나 직류를 교류로 변환하여 드리프트의 염려가 없는 교류 증폭을 하는 것이 목적이다. →chopper

DC chopper circuit 직류 초퍼 회로(直流－回路) →switching regulator

DC chopper control 직류 초퍼 제어(直流－制御) 초퍼를 사용하여 직류 전동기의 속도 제어를 하는 방법. 전압 제어법의 일종으로, 보통은 사이리스터를 사용한다.

DC circuit 직류 회로(直流回路) 직류 전류가 흐르는 전기 회로.

DC coupling 직류 결합(直流結合) 정상 상태의 신호는 통과시키고, 신호의 과도 현상과 진동 현상은 제거하는 장치에 의한 결합.

DC current gain 직류 전류 이득(直流電流利得) 스위칭 트랜지스터의 경우와 같이 대신호로 동작하는 트랜지스터의 특성을 주는 기본량의 하나로, 이미터 공통형 트랜지스터에서의 순방향 전류 이득(전류 전달비)이다. 컬렉터 및 베이스 전류를 각각 I_C, I_B로 하여 $h_{FE}=I_C/I_B$로 주어진다.

DC-DC converter DC-DC 변환기(－變換器) 직류를 일단 교류로 변환한 다음, 변압기로 승압 또는 강압하여 정류함으로써 직류 전압의 변압을 하는 장치. 트랜지스터를 사용한 것이나 사이리스터를 사용한 것이 있으나, 후자 쪽이 대용량으로 할 수 있다.

DC-DC power conversion supply system 직류-직류 변환 공급 전원 장치(直流-直流變換供給電源裝置) 다른 목적으로 사용하기 위하여 설치된 무정전 정전압 전원에서 비교적 소용량의 별개 전원을 만드는 변환 공급 전원 방식의 하나로서 직류-직류 변환 공급 전원 방식이 있다. 이 장치는 반송용 21V 의 비교적 소용량 직류 전원을 필요로 할 때 48V 또는 60V 의 통신용 전원을 받아서 변환하는 전원 장치이다.

DC dump 직류 덤프(直流－) 컴퓨터에서 모든 직류 전원을 제거하는 것. 이것은 사고에 의한 것도 있고, 계획적으로 하는 경우도 있다. 컴퓨터의 내부 기억 장치에서의 정보는 이에 의해 잃는 경우도 있다.

DCE 데이터 회선 단말 장치(－回線端末裝置)[1], 데이터 통신 기기(－通信器機)[2] (1) =data circuit-terminating equipment
(2) =data communication equipment

DC load line 직류 부하선(直流負荷線) 전자관이나 트랜지스터에서 직류 부하 저항에 대한 출력 전류와 전압의 평균값과의 관계를 나타내는 점의 궤적. 그림과 같이 부하 변압기 1차선의 직류 저항은 거의 제로이며, 직류 부하선은 그림에서 수직에 가까운 직선으로 주어진다. 교류 부하선은 동작 기점 Q를 지나 $(N_1/N_2)^2R_L$의 기울기를 가진 직선으로 주어진다.

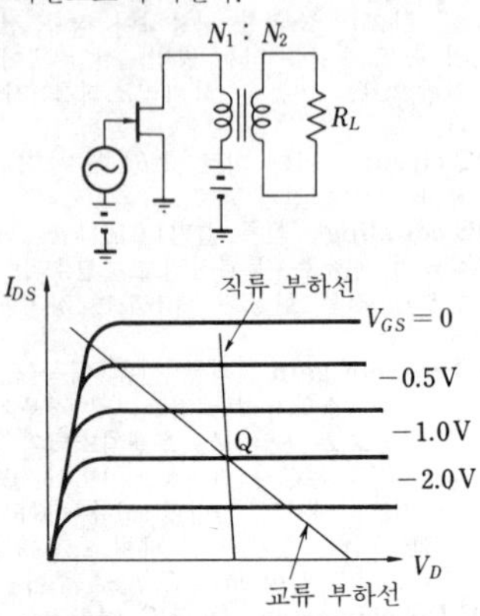

DC resistance 직류 저항(直流抵抗) 저항기를 고주파 회로에서 사용할 때는 분포 용량 등의 영향에 의해서 사용 주파수가 높아질수록 겉보기의 저항값은 저하한다. 이에 대하여 직류에서 측정한 저항값을 직류 저항이라 한다.

DC restoration 직류분 재생(直流分再生) 텔레비전 수상기의 영상 검파기와 영상 증폭기와의 결합 부분에 콘덴서를 사용하면 영상 신호 중의 직류분을 잃게 되므로 영상 신호에서의 흑 레벨이 화면의 명암에 따라서 변동하여 충실한 재생을 할 수 없으므로 적당한 직류 전압을 가할 필요가 있다. 이 조작을 직류분 재생이라 하고, 이것에는 직류분 재생 회로가 사용된다.

DC restorer 직류분 재생 회로(直流分再生回路) 텔레비전 수상기 영상 증폭의 부분에서 저항 용량 결합을 이용하면 직류분을 잃게 되어 화면의 충실한 재생을 할 수 없으므로 적당한 직류분을 별도로 가하는 방법이 쓰인다. 이것이 직류분 재생 회로이며, 원리적으로는 클램프 회로와 같으며, 다이오드의 정류 전류를 이용하여 영상 신호의 크기에 따른 직류 전압을 영상 신호에 겹쳐서 브라운관에 가하도록 하고 있다.

DC restoring circuit 직류분 재생 회로(直流分再生回路) 텔레비전 수상기에서는 영상 신호에 포함되는 직류분이 영상 검파 후의 *CR* 결합 영상 증폭에서 제거된다. 직류분이 없으면 화면의 평균 밝기가 불안정해지기 때문에 이것을 방지 하기 위해 직류분을 재생한다. 이를 위한 회로를 직류분 재생 회로라 한다. 그림에서 C_1으로 저지된 직류분에 R_4 양단에 생기는 직류분이 가해져서 완전한 영상 신호가 재생된다. 영상 증폭 회로 외에 동기 신호 분리 회로에도 사용된다.

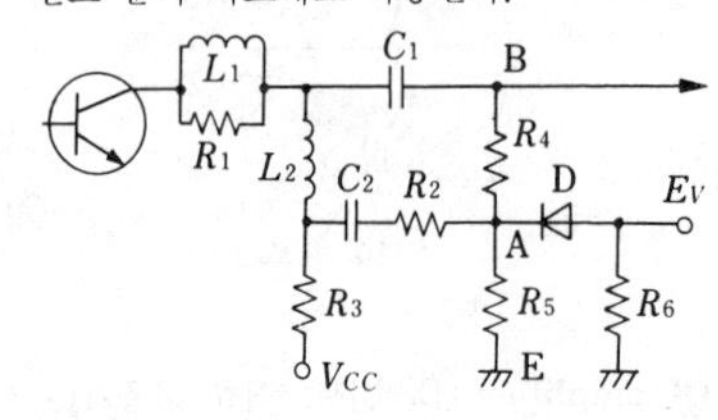

DC servomechanism 직류 서보 기구(直流－機構) 전기식 서보 기구에서 그 조작부에 직류 전동기를 사용한 것. 직류 서보 기구는 일반적으로 구조가 복잡하며, 대출력의 서보 기구에 널리 쓰인다.

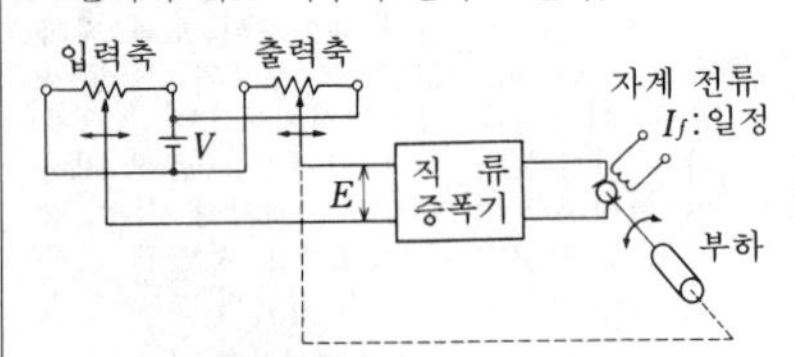

DC servomotor 직류 서보모터(直流－) 직류 서보 기구에서 사용되는 서보모터. 동작 원리는 보통의 직류 전동기와 같으나 회전 방향을 반전할 수 있을 것, 저속부터 고속까지 원활한 운전을 할 수 있을 것, 급속한 가속·감속을 할 수 있을 것 등이 필요한 조건이다.

DC stabilized power supply 직류 안정화 전원(直流安定化電源) 정류 회로 출력 단자의 직류 전압이 부하 전류의 변화에 의해서 변동하는 것을 방지하도록 배려된 전원. →stabilized power supply

DC tachometer 직류 태코미터(直流－) 일정한 계자에서 거의 무부하로 회전하는 직류 발전기로, 그 직류 출력은 회전 속도에 비례하는 것. 회전 속도계로서 피측정 회전축에 결합하여 사용한다.

DCTL 직결형 트랜지스터 논리 회로(直結形－論理回路) direct coupled transistor logic 의 약어. 그림과 같이 이미터 접지의 트랜지스터를 복수 개 접속한 논리 회로. 특징은 회로가 간단하고 집적도가 높다는 것이지만 H 레벨과 L 레벨의 차가 적으므로 노이즈에 약하고, 호깅 현상(hogging)이 있기 때문에 현재는 그다지 쓰이지 않는다. →hogging

DC-to-DC converter 직류-직류 변환 회로(直流-直流變換回路) 인버터에 정류기를 조합시킨 모양의 직류-직류 변환 회로. 회로의 적당한 제어점을 제어하여 안정화 직류 전원 장치로서 사용하거나 출력 직류 전압을 변화할 수 있는 가변 직류 전원으로 할 수 있다. 더욱이 직류적으로 입출력을 절연할 수 있으므로 고전압 직류 전원으로서, 또는 극성 반전, 부동(비접지) 전원 등으로서도 사용할 수 있다.

DC voltmeter 직류 전압계(直流電壓計) 직류 전압의 크기를 측정하는 계기. 직류 전류계와 동작 원리는 같으나 내부 저항이 크고, 회로에 병렬로 접속하여 계측한다. 그림은 직류 전압계의 원리도.

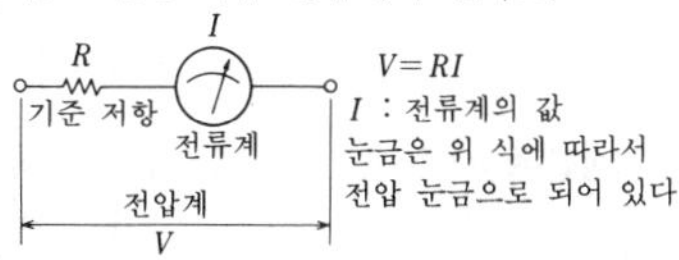

DDA 계수형 미분 해석기(計數形微分解析器), 디지털 미분 해석기(—微分解析器) digital differential analyzer 의 약어. 증분(增分) 계산기의 일종으로, 주요 계산 장치는 적분 기구의 동작과 유사한 동작을 하는 디지털 적분기이다. 아날로그량 대신 디지털 표시를 사용한 미분 해석을 하기 위한 시뮬레이터 프로그램도 DDA라고 하는 경우도 있다. →differential analyzer

DDC 직접 디지털 제어(直接—制御) direct digital control 의 약어. 피드백 제어계에서 자동 조절계가 행하는 PID동작 등의 아날로그적인 제어 동작을 컴퓨터를 사용하여 수행케 하는 방법을 말한다. 간헐 동작에 의해서 1대의 컴퓨터로 다수의 루프를 제어할 수 있으므로 복잡한 프로세스에 사용할수록 이익이 크다.

DDD 자동 즉시 통화(自動卽時通話) direct distance dialing 의 약어. 전화 이용자가 교환원의 개입없이 여러 자리 숫자의 조합 번호에 의하여 자동적으로 즉시 시외의 가입자를 호출할 수 있는 전화 교환 서비스.

DDM 변조도차(變調度差) =difference in depth of modulation

deaccentuator 악센트 해제 장치(—解除裝置) =de-emphasis circuit

deactivation 불활성화(不活性化) ① 금속이 불활성 상태가 되는 물리적 또는 화학적 처리. ② 반도체 디바이스를 물, 이온 기타의 오염에 대하여 불활성화함으로써 매개 변수의 드리프트나 불시의 고장을 방지하는 것. 예를 들면, 반도체 표면을 SiO_2 막으로 감쌈으로써 목적을 달성할 수 있다. 혹은 유리질의 재료를 불활성화해야 할 표면에 디포짓하여 굳히는, 이른바 유리화에 의해서 보호할 수 있다.

dead band 불감대(不感帶) 프로세스나 계측, 제어 시스템 또는 장치 등은 어느 크기의 입력 변화를 주면 그에 따라서 출력의 변화를 볼 수 있다. 그러나 입력의 변화량을 점차 작게 해 가면 어느 변화량 이하에서는 결국 출력측에 아무 변화도 나타나지 않는 대역에 이른다. 이와 같이 출력측의 변화량이 전혀 감지할 수 없게 되는 입력 변화량의 유한 범위를 불감대라고 한다. 이 특성을 의도적으로 이용하는 경우는 중립대(neutral zone)라고 하는 경우가 있다.

dead end 데드 엔드 ① 음향 스튜디오에서 흡음 특성이 매우 좋은 구석 부분. ② 탭이 있는 코일의 일부분만이 사용되고 있을 때 나머지 사용되고 있지 않은 부분을 데드 엔드라 하고, 이 부분에 흐르는 직렬 전류에 의해 에너지가 흡수되는 것을 데드 엔드 효과라 한다. 데드 엔드 스위치를 써서 사용하지 않는 코일 부분을 단락하여 데드 엔드 효과를 방지할 수 있다.

dead line 데드 라인, 사용 불능 회선(使用不能回線) 중앙국에서 접속이 끊겨 있는 전화 회선, 또는 소용이 없는 전화 회선을 말한다.

deadman's release 데드맨 해방(—解放) 조작원이 그 직무를 수행할 수 없는 상태가 되었을 때 제어되는 장치가 미리 정해진 안전한 동작 위치를 택하도록 작용하는 반자동 혹은 비자동적인 제어계의 성질.

dead reckoning navigation 추측 항법(推測航法) 어떤 시간의 이동체 위치를 다른 시간의 위치에 대하여 코스와 거리를 나타내는 벡터를 적산하여 결정하는 것. →navigation

dead room 데드 룸, 무향실(無響室) = anechoic room

dead spot 데드 스폿 ① 극장이나 강당 등에서 소리가 작아 잘 들리지 않는 장소. 음원으로부터의 직접파와 주위의 벽으로부터의 반사파가 간섭하여 음파가 그 곳에서 상쇄되기 때문이다. ② 라디오, 텔레비전 또는 레이더 송신기 등으로부터의 신호의 수신이 어렵거나 전혀 수신할 수 없는 지점.

dead time 데드 타임, 낭비 시간(浪費時間) 제어계에서 입력의 변화가 출력의 변화로서 나타나기까지 경과하는 시간. 예를 들면 유체가 속도 v로 흐르고 있는 관내의 어느 점에 염료 등을 주입하면 그것이 l만큼 떨어진 점에 나타나려면 낭비 시간 $L=l/v$만큼 늦어지고, 그 사이는 전혀 변화가 없으나 L만큼 지나면 그대로 검출단에 나타나서 그림과 같은 응답이 된다.

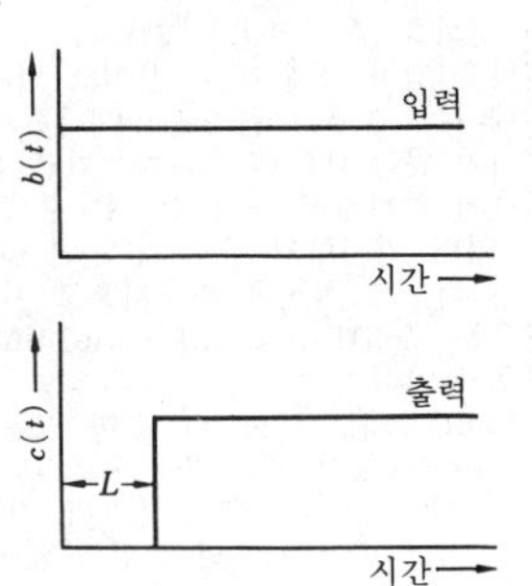

dead time element 낭비 시간 요소(浪費時間要素) 제어계에서 입력 신호의 영향이 출력에 나타나기까지 어느 시간(낭비 시간)의 경과를 요하는 요소를 말한다. 낭비 시간 요소의 입력을 $b(t)$, 출력을 $c(t)$로 나타내면 $c(t)=b(t-L)$이며, 전달 함수는 $G(s)=\varepsilon^{-Ls}$가 된다. 아날로그 컴퓨터의 비선형 연산 요소의 하나이기도 하며, 자기 테이프나 콘덴서의 특성을 이용하는 직접 근사 방식과 함수 발생기를 이용하는 함수 근사 방식이 있다.

dead zone 불감대(不感帶) 제어계에서 입력이 변화해도 출력이 발생하지 않는 입력의 범위. 예를 들면, 서보모터의 입력인 전압과 출력인 속도와의 관계에서는 출력축에 작용하는 고체 마찰 때문에 입력 전압에 의해서 생기는 출력 토크가 그것을 이겨내어 운동을 시작하기까지의 사이가 불감대이다.

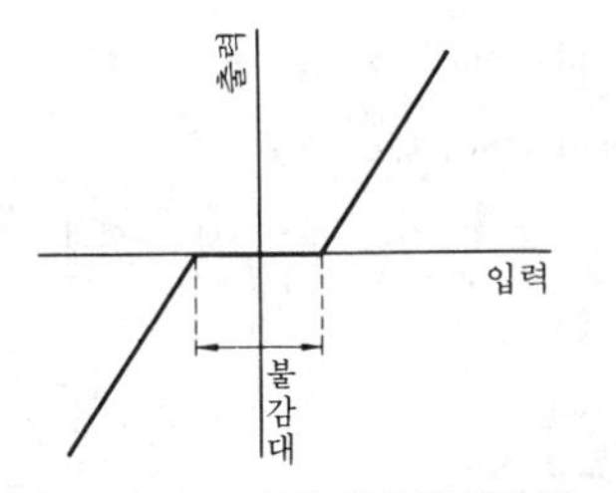

deathium center 소멸 중심(消滅中心) 반도체 결정의 원자 배열 중에 볼 수 있는 결함. 이것이 전자-정공쌍의 생성이나 재결합을 용이하게 해 준다.

de Broglie' s wavelength 드 브로이의 파장(-波長) 드 브로이(L. de Broglie, 프랑스)에 의해서 고안된 것으로, 운동하고 있는 전자가 파동의 성질을 갖는다고 하고, 그 파장이 다음 식으로 나타내어진다는 것을 말한다.

$$\lambda=h/mv$$

여기서, λ : 파장, h : 플랭크의 상수, m : 전자의 질량, v : 전자의 속도.

debug 디버그 컴퓨터 용어로, 프로그램에서의 문법적 및 논리적인 오류를 발견하여 고치는 것.

debugger 디버거 컴퓨터의 기억 장치 중에 기록된 프로그램이 올바르게 기능하는지 어떤지를 시험하기 위한 유틸리티 루틴.

debugging package 디버깅 패키지 프로그램을 디버그하기 위한 관련 프로그램의 집합.

debunching 디번칭, 이군(離群) 전자 빔이 전자 상호의 반발력 때문에 빔의 방향이나 그와 직각 방향으로도 확산하려는 경향을 말한다. 이것은 속도 변조관에서의 하나의 결점이다.

Debye effect 디바이 효과(-效果) 전자파가 유전체에 그 분자 다이폴에 의해 선택적으로 흡수되는 현상.

Debye length 디바이 길이, 디바이 거리(-距離) 플라스마 내부에서 주어진 음의 입자(자유 전자)가 주위의 양(陽) 입자에 의해 차폐되어 외부와 관계없이 그 자신의 운동 에너지에 의해 운동할 수 있는, 그 거리를 말한다. 디바이 거리의 역수를 차폐 상수라 한다.

deca 데카 10배를 의미하는 접두어. 기호는 da.

decade 디케이드 수파수비가 10으로 되는 것과 같은 두 신호의 관계를 말한다. 예를 들면, 1kHz의 음은 10kHz의 음보다 1디케이드 낮은 음이라고 한다.

decade box 디케이드 박스 →resistance box

decade scaler 10 진 스케일러(十進-) 10개의 입력 펄스마다 1개의 출력 펄스를 발생하는 스케일러. 10 진 카운터라고도 한다.

decalescent point 흡열점(吸熱點) 유도 가열에서 어느 온도까지 가열하면 피열물에 급격한 열의 흡수를 볼 수 있다. 그 온도를 말한다.

decarbonization 탈탄(脫炭) 토륨-텅스텐 음극이 시간과 더불어 탄화층이 줄어드는 것. 이것은 관내(管內) 가스와 탄소가 화합하여 음극을 이탈하기 때문이다.

decay 감쇠(減衰) ① 신호의 진폭이 시간과 더불어 작아지는 것. 예를 들면, 백열전구의 전기를 절단하면 밝기는 1초의 몇 10분의 1 사이에 최대에서 제로로 된다. ② 축적관에서, 소거 또는 기록 이외의 원인에 의한 축적된 정보의 감소. 감쇠는 축적 전하의 증가, 감소 혹은 분산에 의해 일어난다.

decay time 하강 시간(下降時間) ① 펄스파가 최대값에서 최소값으로 되기까지의 기간 중 최대값의 90%에서 10%로 되는 동안의 시간을 하강 시간이라 한다. 펄스의 성질을 살피는 경우에 사용하는 특성의 하나이다. ② 축적관에서 축적된 정보가 초기값의 어느 정해진 비율까지 감쇠하는 데 걸리는 시간. 정보는 지수 함수적으로 감쇠하지 않을 수도 있다.

decca 데카 항공기나 선박 등의 위치 측정과 항행 원조를 하는 쌍곡선 항법의 일종으로, 유럽에서 널리 사용되고 있다. 데카는 중심이 되는 주국(主局)과 주위에 정 3각형으로 배치된 적, 녹, 보라의 명칭을 갖는 종국(從局) 등 4국이 한 무리가 되어 데카 체인을 구성한다. 각국은 모두 기본 주파수(약 14.2kHz)의 정수배인 주파수를 송신하고, 주국과 하나의 종국의 전파를 수신하여 위상차에서 쌍곡선을 구하고, 다른 종국과 주국간에서도 마찬가지로 쌍곡선을 그려, 그 만난점에서 위치를 구하는 방법으로, 측정 정확도는 높지만 유효 범위가 좁고, 방해를 받기 쉬운 것이 결점이다.

decca flight log 데카 비행 로그(－飛行－) 데카 항행용 수신기로부터 얻어지는 위치 정보를 특수한 지도상에 자동 표시시키는 장치.

decca navigation 데카 ＝decca

decca navigation system 데카 항법(－航法) ＝decca

decentralized computer network 분산 전산망(分散電算網) 계산 능력 및 네트워크 제어 기능의 일부가 몇 개의 네트워크 노드로 분산되어 있는 전산망.

decentralized control 비집중형 제어(非集中形制御) 한정된 채널을 다수의 가입자(국)가 이용하려고 할 때 각 가입자(국)는 각각 이용할 수 있는 채널 리스트를 가지고 있어, 그 중에서 빈 채널을 선택하여 상대 가입자(국) 사이에서 그것을 사용하여 교신하도록 하는 방법.

decibel 데시벨 ① 선로나 증폭기의 전압이나 전류 또는 전력의 감쇠도나 증폭도를 나타내는 데 사용하는 단위. 입력 전력에 대한 출력 전력의 비의 상용 대수를 벨이라 하고, 그 10배가 데시벨(기호 dB)이다. 전력은 전압이나 전류의 제곱에 비례하므로 전압이나 전류의 경우는 입력에 대한 출력의 비율의 상용 대수를 20배 한 것이 데시벨이다. ② 전압, 전류, 전력의 크기를 나타내는 데 어느 기준을 정하고 이것과 비교한 것을 데시벨로 나타내는 일이 있다. 이 경우 임피던스 600Ω에서의 1mW의 전력을 기준으로 하여 이것을 0dB로 하고, 전압으로 말하면 0.775V를 기준으로 이것을 0dB로 하면 어느 출력 P_1〔W〕 및 출력 전압 V_1〔V〕에 대해서는

$$\mathrm{dB}=10\log_{10}(P_1/0.001)$$
$$=20\log_{10}(V_1/0.775)$$

이 된다.

decibel meter 데시벨계(－計) 적당히 설정한 기준 레벨의 위 또는 아래의 전력 레벨을 데시벨로 측정하도록 한 계측기.

decibel milli 데시벨 밀리 1mW를 기준으로 하여 비교한 전력의 크기를 데시벨(dB) 단위로 나타낸 것으로, 기호는 dBm. 임피던스 600Ω에서는 0dBm은 0.775V의 전압에 해당한다. 비교하는 전력을 P_1〔mW〕로 하면, 그 때의 데시벨밀리값은 $10\log_{10}P_1$〔dBm〕이다.

decilog 데시로그 임의의 종류가 같은 두 값의 비에 대한 상용 대수값을 10배 한 것. 기호 dg. n〔dg〕는 두 값의 비가 $10^{n/10}$라는 것을 뜻한다. 따라서 1dg는 같은 종류의 두 양의 비가 $10^{0.1}$ 즉 1.2589이다. 데시로그는 데시벨과 달리, 파워량 이외의 양의 비의 대수값에 대한 단위로서 사용한다.

decimal 데시멀, 10치(十値)[1], 10진수(十進數), 10진법(十進法)[2] (1) 10개의 서로 다른 값 또는 상태를 취할 수 있는 선택 또는 조건으로 특성지워지는 것을 나타내는 용어. 10개의 사상(事象)을 갖는 것의 특성. ＝denary
(2) 고정 기수 기수법(固定基數記數法)에서 기수로서 10을 취하는 것 및 그와 같은 방식. 10을 기수로 취하는 수 표시(방식).

decimal counter 10진 계수기(十進計數器) 디지털 회로에서 플립플롭 회로를 4개 접속하고, 먼저 전 플립플롭을 「0」으로 세트하여 펄스 신호를 계수하기 시작하고, 계수가 10 즉 각 플립플롭의 출력이 「1010」으로 되었을 때 전 플립플롭에 리셋을 걸어 다시 계수를 시작하는 계수기를 말한다.

D

decimal digit 10 진 숫자(十進數字) 10진 기수법(記數法)에서 사용되는 숫자 0, 1, 2, 3, 4, 5, 6, 7, 8, 9 가운데의 하나. 10 진법에서 0 부터 9 까지의 10 개의 숫자를 가리킨다.

decimal point 10 진 소수점(十進小數點) 10 진수의 정수부와 소수부를 분리하기 위한 소수점.

decision feedback system 판단 반송 방식(判斷返送方式) →request repeat system

decision making support system 의사 결정 지원 시스템(意思決定支援－) 컴퓨터 등의 단말 기기를 거쳐서 의사 결정자의 판단에 도움이 되는 정보를 제공하여 정확하고 신속하게 의사 결정을 할 수 있도록 지원하는 시스템의 총칭. 조직 내외에서 발생하는 데이터의 축적, 검색, 가공, 분석, 시뮬레이션, 작도·작표 등의 지원 기능을 가지고 있다.

decision tree 판단 트리(判斷－) 시스템을 계획·추진해 갈 때 효용 및 그 가치 판단에 의해 어느 종류의 결정이 이루어지는데, 그 결정을 추진하는 데 또 각종 방안이 생각되고, 그 하나의 방안을 결정함으로써 다음의 각종 문제가 생긴다. 또, 그 결정에 의한 결과의 예상도 필요하다. 이들을 마치 나무의 가지와 같이 도시한 것으로, 결정의 트리라고도 한다. 이에 의하면 논리의 진전이 명백해지고, 또 결정에 의한 방안의 비교를 할 수 있어 시스템 추진에 매우 유효하다.

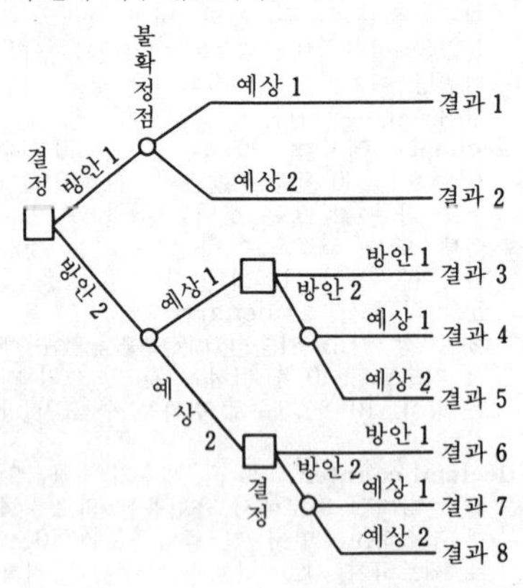

deck 데크 ① 테이프를 주행시키기 위한 구동부이나, 앰프 기타 기록, 재생에 필요한 기기와 입출력 단자를 갖춘 제품을 의미하는 경우가 많다. ② 데이터 처리에서 특정한 목적으로 사용되는 천공 카드의 집합.

declination 편각(偏角) 벡터가 기준 방향과 이루는 각. →magnetic declination

declination rate of ON-state current 온 전류 감소율(－電流減少率) 사이리스터에서 ON 전류의 하강률로, 50% I_F 부터 0 까지 측정한 평균값.

decoder 해독기(解讀器) 부호기의 반대 작용을 하는 장치. 복수 개의 입력 단자와 복수 개의 출력 단자를 갖는 장치로, 입력 단자의 어느 조합에 신호가 가해졌을 때 그 조합에 대응하는 하나의 출력 단자에 신호가 나타나는 것이다. 컴퓨터 기억 장치의 주소 호출 등에 사용된다. 또, 2 진수를 10 진수로 고쳐서 액정 등으로 표시할 수도 있다. 그림은 3 자리의 2 진수를 입력하여 한 자리의 10 진수를 출력하는 디코드 논리 회로이다.

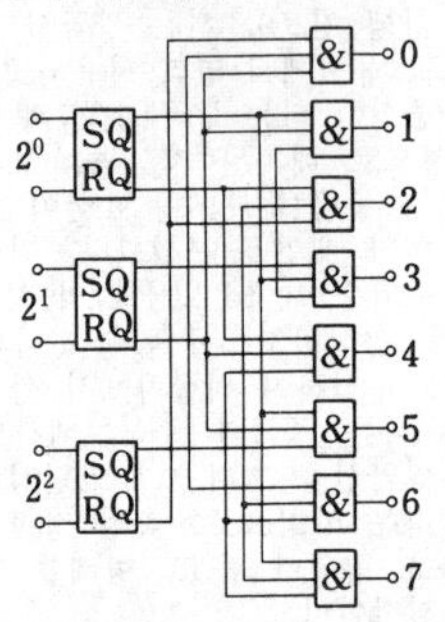

decommutation 디커뮤테이션 커뮤테이션 과정에 의해 만들어진 복합 신호에서 원하는 신호를 회복하는 프로세스. 예를 들면, 원격 측정에서 다수의 데이터원으로부터 채취한 샘플을 시간 순시적으로 단일의 RF 링크에 실어 송신되어 온 것 중에서 필요한 아날로그 데이터를 추출하는 것등이며, 이에 사용하는 장치를 디커뮤테이터라 한다.

decomposition potential 분해 전위(分解電位), 분해 전압(分解電壓) 전기 화학

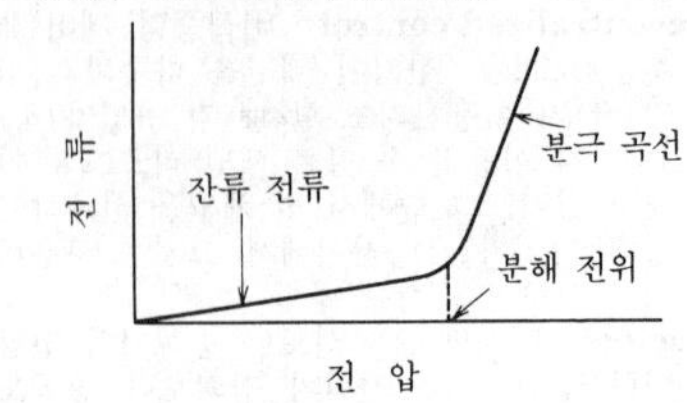

반응에서 어느 반응이 일정한 비율로 연속하여 행하여지는 최소의 전위. 단, *IR* 전압 강하는 제외한다.

decoupler 디커플러, 감결합기(減結合器) 둘 또는 그 이상의 회로에 공통인 전원 회로 또는 기타의 공통 도입선을 둔 필터로, 각 회로간의 바람직하지 않은 결합 작용을 제거 또는 경감하기 위한 것이다.

decoupling 감결합(減結合) 결합을 감소시키는 것.

decoupling circuit 감결합 회로(減結合回路) 회로의 결합도를 낮추기 위하여 사용하는 일종의 필터 회로. 다단 증폭기 등에서 전원의 임피던스가 각단 공통으로 된다든지 하면 궤환이 일어나서 발진한다든지, 동작이 불안정하게 된다. 이것을 방지하기 위해 사용하는 저항과 콘덴서에 의한 회로를 감결합 회로라 한다.

decreasing failure rate 고장률 감소형(故障率減少形) 시스템, 기기를 구성하는 부품의 고장률이 시간과 더불어 감소하는 경우가 있는데, 그 형의 일종. =DFR

decrement instruction 감소 명령(減少命令) 컴퓨터의 증감 명령의 하나로, 주소부에서 지정하는 레지스터 또는 기억 장치의 내용을 1만큼 줄이는 명령.

dectra 덱트라 항공 전자 기기의 일종으로, 영국에서 제안된 장거리 항행 원조 시설. 데카와 같은 원리에 의해서 항공기에 항로와 목적 지점까지의 거리를 나타내는 것으로, 출발지부터 목적지까지의 사이에서의 다수의 평행 트랙과 그 위에서의 거리를 나타내기 위해 각 지점에 각각 한 쌍의 송신국을 두고, 각국에서 시분할로 송신된 전파의 위상차를 측정함으로써 트랙상의 거리 정보를 얻고 있다. 측정 오차는 10~15km 이하로 하고 있다.

dedicated channel 전용 채널(專用-) 전용 회선이라고도 한다. 특정한 사용 내지 특정 이용자를 위해 확보된 통신 회선을 말한다.

de-emphasis 디엠퍼시스 수신측에서 하는 엠퍼시스. FM 방송이나 텔레비전의 음성 신호 전송에서는 변조 주파수가 높은 곳에서 *SN*비가 나빠지는 것을 개선하기 위해 높은 주파수에서 변조가 강하게 걸리도록 프리엠퍼시스를 한다. 따라서, 수신측에서는 충실한 재생을 하기 위해 이것을 원상으로 되돌리는 조작이 필요하며, 이러한 조작을 디엠퍼시스라 하고, 이 회로를 디엠퍼시스 회로라 한다. 보통 *C*와 *R*로 이루어지는 적분 회로로 하며, 그 특성은 시상수 *CR*로 나타내어진다.

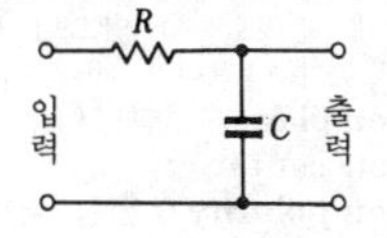

de-emphasis circuit 디엠퍼시스 회로(-回路) →pre-emphasis circuit

de-emphasis network 디엠퍼시스 네트워크 미리 강조된 주파수 스펙트럼을 본래의 형태로 되돌리기 위해 시스템에 삽입되는 회로망.

deep level 깊은 준위(-準位) 어떤 종류의 반도체, 예를 들면 중금속 원소 등은 금제대의 거의 중앙에 불순물 준위를 만든다. 이러한 준위를 전도대 바로 아래의 도너 준위나 가전자대 바로 위의 억셉터 준위에 대하여 깊은 준위라 한다. 실리콘 결정 중의 구리나 금, GaAs 중의 쇠, 구리, 크롬 등은 깊은 준위를 만든다.

deep therapy irradiation 심부 치료 조사(深部治療照射) 선체 심부(내장)의 병소(病巢)를 X선으로 치료하려면 투과력이 큰 것이 필요하며, 파고값 200kV 이상의 고전압의 것을 사용한다. 그 때문에 일어나는 피부 장해를 극력 피하는 방법으로서 집중 조사법, 회전 조사법 등이 있다.

deference 양보(讓步) 데이터 링크 제어 장치가 동일 채널을 이용하는 다른 데이터 전송과의 채널 쟁탈을 피하기 위해 채널로의 데이터 송신을 잠시 지연시키는 것. LAN 등에서 흔히 행하여진다.

deferred 거치(据置) 일반적으로 비동기 사상에서 사상(事象)이 발생할 때마다 컴퓨터 CPU의 처리가 이루어지는 것이 아니고, 처리에 시간적인 지연이 생기는 것(혹은 지연을 의도적으로 갖게 하는 것). 예를 들면 다음과 같은 경우이다. ① 프로그램 세그먼트로의 거치 엔트리(거치 이그짓), ② 발생 사상의 거치 포스팅, ③ 거치 재개시, ④ 거치 보수 : 시스템, 디바이스 또는 프로그램의 즉시 중단을 필요로 할 정도는 아니고 처리 종료를 기다렸다가 해도 되는 가벼운 고장의 수리나 보수, ⑤ 거치 어드레스 지정 : 지정된 *n*개의 포인터를 차례로 더듬어 감으로써 목적의 어드레스를 탐색할 수 있도록 되어 있는 간접 어드레스 지정법.

deferred entry (exit) 거치 엔트리 (이그짓)(据置-) 컴퓨터 제어가 비동기 사상에 의해서 트리거되어 어느 서브루틴 또는 어느 엔트리점(프로그램 세그먼트의 특정한 로케이션)에 옮겨지는 경우에 수반하는 엔트리 지연(따라서 프로그램 실행이 완료하는 이그짓 지연)을 말한다.

deferred exit 거치 퇴거(据置退去) 미리

정해진 시점이 아니고 비동기 이벤트에 의해서 정해지는 시점에서 주 프로그램에서 제어를 서브루틴에 넘기는 것. 그 결과로서의 서브루틴으로의 엔트리는 거치 엔트리(deferred entry)이다.

deferred processing 거치 처리(据置處理) 그 능력을 웃도는 처리 요구에 대하여 컴퓨터가 이것을 뒤로 돌리고 처리 능력에 여유가 생긴 시점에서 처리하도록 하는 것. 우선도가 낮은 처리 작업에 적용된다.

definition 정세도(精細度) 텔레비전이나 팩시밀리에서 어느 정도 화상의 세부가 충실하게 재생되는가, 그 정도를 말한다. 해상도와 거의 같은 의미이다. 예를 들면 그 세부 구조를 피사체의 그것에 필적할 수 있을 정도로 재생할 수 있는 텔레비전은 고정세도, 혹은 고품위라고 한다.

deflecting electrode 편향 전극(偏向電極) CRT(음극선관) 등에서 전자 빔을 편향시키기 위한 전압을 가하는 전극. =deflecting plate

deflecting plate 편향판(偏向板) =deflecting electrode

deflecting sensitivity 편향 감도(偏向感度) CRT(음극선관)에서의 전자 빔이 단위의 편향 전압 혹은 단위의 편향 전류에 의해 형광면상에서 편향되는 진폭. cm/V, cm/A 등으로 주어진다.

deflection blanking 편향 소거(偏向消去) 오실로스코프에서 편향 장치에 의해 전자 빔을 전자총의 내부에 포착하여 스폿을 소거하고, 휘도의 설정값이 어떠하건 복귀 기간 및 각 소인(掃引)의 중간 기간은 빔이 스크린 상에 도달하지 않도록 하는 빔 소거 작용.

deflection center 편향 중심(偏向中心) 음극선관(CRT)의 편향 전 전자 빔의 투사 방향 경로와 편향 후의 전자 빔 경로를 역방향(전자총의 방향)으로 연상했을 때 두 경로가 만나는 점. 편향 중심을 지나 관축에 직각인 평면을 편향면이라 한다.

deflection circuit 편향 회로(偏向回路) 동기 신호에 의해서 수평 및 수직용 발진기를 제어하여 톱니파 전류를 만들고, 이것을 수상관의 편향 코일에 가하여 전자 빔을 편향시키기 위한 회로.

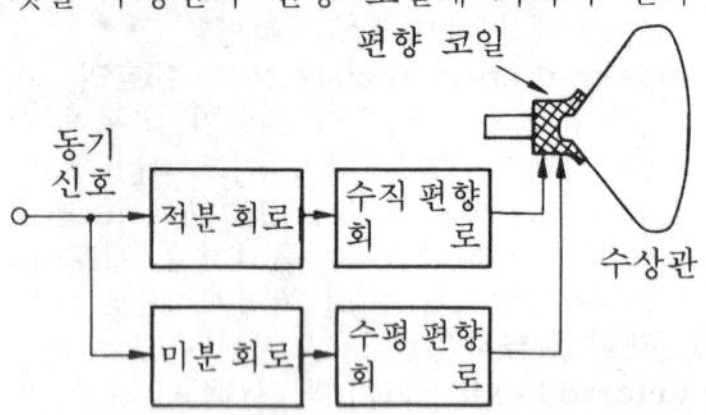

deflection coefficient 편향 계수(偏向係數) 지시 계기에서 지시값 또는 표시값이 광점(光點)의 이동에 의해 주어졌을 때는 편향률이라 한다.

deflection coil 편향 코일(偏向－) 수상관의 전자 빔 진행 방향을 바꾸기 위한 코일. 수평과 수직의 편향 코일이 있다.

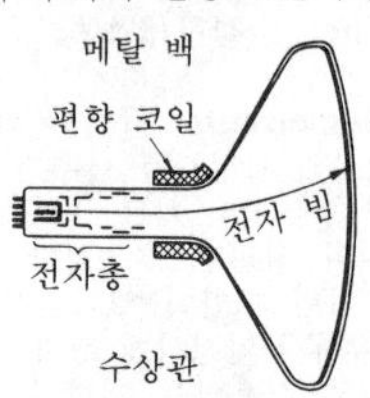

deflection distortion 편향 일그러짐(偏向－) 텔레비전용 브라운관 등에서 편향이 직선적으로 수행되지 않을 때 발생하는 일그러짐. 이러한 일그러짐이 발생하는 원인은 편향용 톱니파가 올바른 파형이 아닌 경우나 편향 코일의 설계가 불량일 때이다. 일반적으로 편향 코일의 감는 방법에 특별한 방법을 써서 보정한다.

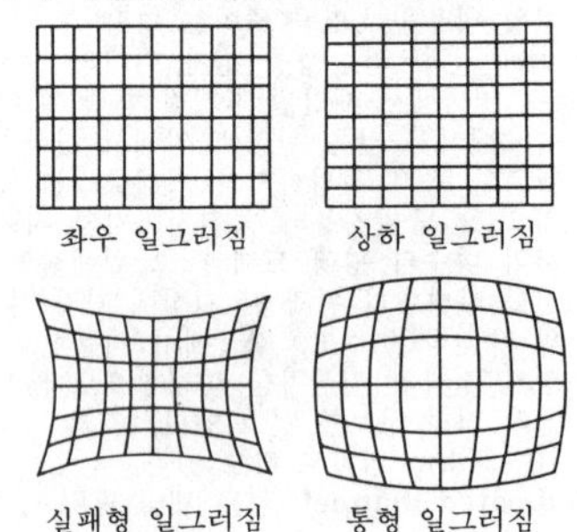

deflection factor 편향률(偏向率) 지시 계기나 CRT(음극선관)에서의 편향 감도의 역수. 전자 편향, 정전 편향에 대하여 각각 A/cm 및 V/cm 로 나타낸다. →deflection coefficient

deflection method 편위법(偏位法) 전기 측정법은 영위법(零位法)과 편위법으로 대별할 수 있다. 편위법은 피측정량에 따라서 측정기에 편위를 주어 그 편위량에서 피측정량을 판독하는 방법이다. 간단, 신속하게 측정할 수 있으나 영위법에 비해 정밀도가 나쁘다.

deflection plane 편향면(偏向面) →deflection center

deflection polarity 편향 극성(偏向極性)

오실로스코프에서 주어진 신호의 극성과 스폿의 지시 방향과의(궁극적 상태에서의) 관계. 보통 +전압에 의해 스폿은 위쪽으로, 혹은 왼쪽에서 오른쪽을 움직이도록 정해져 있다.

deflection yoke 편향 요크(偏向－) CRT에 부착하여 CRT의 전자 빔을 좌우, 상하로 움직여 화면을 표시하기 위한 부품. 전자 빔을 좌우로 움직이기 위한 수평 코일과 상하로 움직이기 위한 수직 코일로 이루어진다.

deflection-yoke pull-back 편향 요크 후퇴 거리(偏向-後退距離) ① 컬러 브라운관에서 요크의 이동 가능한 최전방 위치와 최적의 색순도를 얻기 위한 요크의 위치와의 거리. ② 흑백 브라운관에서 넥(neck)의 그림자를 발생시키는 일 없이 관축을 따라 요크를 움직일 수 있는 최대 거리.

deflector 편향기(偏向器) 음향 주파수를 가해 광선을 공간의 각도 위치로 편향시키는 장치.

defruiting 디프루트 레이더 비컨의 표시 장치 입력에서 비동기성의 응답을(계속해서 수행되는 스위프 상에서의 응답을 비교함으로써) 제거하는 것.

degassing 화성(化成) 배기만으로는 제거되지 않고 진공 용기나 진공관, 양극, 음극 등에 흡착되어 있는 잔류 기체를 배출하는 과정.

degauss 소자(消磁) ① 섀도 마스크의 잔류 자화 제거. 컬러 브라운관에서 섀도 마스크에 자화가 남아 있으면 화면 상태가 나빠지는 경우가 있다. 이것을 방지하기 위한 행위. ② 자기 테이프 장치에서의 자기 헤드의 잔류 자화 제거. 자화가 남아 있으면 판독 신호가 열화하는 일이 있다. 이것을 방지하기 위한 행위.

degausser 소자 장치(消磁裝置) 잔류 자화를 제거하는 장치. 소자 장치는 테이프리코더의 헤드를 소자한다든지, 테이프나 디스크 등의 자기 기록 매체에서 정보를 소거하는 데도 사용된다.

degaussing 소자(消磁) 자화된 자성체의 자기를 제거하는 것. 보통 충분히 큰 교번 자화력을 주고, 그 크기를 점차 작게 줄여 가서 결국 제로로 함으로써 완전히 소자할 수 있다. 이러한 목적으로 사용되는 장치를 소자기 또는 소자 장치라 한다.

degeneracy 축퇴(縮退), 퇴화(退化) ① 공진 장치에서 둘 또는 그 이상의 진동 형식(모드)이 동일한 공진 주파수를 가지고 있는 것. ② 반도체에서 불순물 농도가 극도로 농밀하게 된 상태. →degenerate semiconductor

degenerated mode 축퇴 모드(縮退－) 도파관의 전송 모드 중 동일한 차단 파장을 갖는 두 모드를 서로 축퇴 모드라고 한다. 예를 들면, 원형 도파관에서 TE_{01}과 TE_{11}은 동일 차단 파장을 가지고 있으므로 서로 축퇴 모드이다.

degenerate gas 축퇴 가스(縮退－) 입자계로 이루어지는 가스이나, 입자 농도가 매우 높기 때문에 맥스웰-볼츠만의 법칙이 해당되지 않는 것. 도체의 결정 격자 내의 자유 전자로 이루어지는 전자 가스 등은 그 예이다.

degenerate parametric amplifier 축퇴 파라메트릭 증폭기(縮退－增幅器) 반전형 파라메트릭 증폭기로, 두 신호 주파수는 같고, 펌프 주파수의 절반과 같게 되어 있는 것. 이러한 조건이 엄밀하게 적용되는 경우 외에 신호 주파수대가 일부 겹쳐지는 경우 등도 포함된다.

degenerate semiconductor 축퇴된 반도체(縮退－半導體) 반도체 도너 불순물을 가하면 (전자의 에너지 준위도에서) 전도대에 접근한 금제대에 도너 준위가 생겨 반도체의 도전성이 좋아져서 n형 반도체가 된다. 전자의 허용 에너지 상태의 분포는 변화하여 페르미 준위는 금제대의 중앙에서 전도대측으로 벗어난다. 위와 반대로 억셉터 불순물을 첨가하여 p형 반도체가 되는 경우에는 페르미 준위는 반대로 가전자대측으로 기운다. 어느 경우나 불순물 농도가 진해지면 페르미 준위는 전도대 또는 가전자대 속으로 침투하는 사태가 일어날 수 있으며, 이러한 경우 반도체는 축퇴했다고 하고, 금속과 같은 성질을 갖게 된다. 축퇴 상태에서는 여러 가지 다른 속도(혹은 다른 실효 질량)를 가진 다수의 전자 혹은 정공이 같은 에너지 준위를 가지고 존재하고 있다.

degeneration 축퇴(縮退) 입자나 파동이 본질적인 것 이외에 가지고 있던 여분의 에너지를 잃어서 최저의 에너지 상태로 되는 것.

deglitch circuit 디글리치 회로(－回路) DA 변환기에서, 예를 들면 01111에서 10000으로 변화하는 것과 같이 다수의 비트가 동시에 변화하는 경우에는 변화의 타이밍이 같지 않기 때문에 큰 글리치가 생기는 일이 있다. 글리치 제거 회로(일종의 평활화 회로)는 보통 저역 필터와 함께 DA 변환기에 내장되어 있다.

degradation 열화(劣化), 성능 저하(性能低下) 고장의 회복 기술인 재구성의 하나. 시스템에서 고장이 존재하는 구성 요소를 분리하여 능력이 열화한 상태로 시스템을 재구성하는 것을 말한다. 고장이 발생했어도 최저한의 시스템 성능이 보증되도록, 또 열화한 기능이라도 시스템의 운용이 가능해지도록 하드웨어를 중복 구성해 두고, 이 기능을 실현한다. 보통 운전시에는 이 중복 부분을 사용하여 시스템의 성능을 높이기도 한다.

degradation failure 열화 고장(劣化故障) 기능 단위의 특성이 점차 열화하여 사전의 검사나 감시에 의해서 예지할 수 있는 부분적인 고장. 이 경우 기능 단위의 기능은 완전히 잃지는 않는다.

degree of integration 집적도(集積度) 일반적으로 집적 회로(IC)에서 하나의 칩상의 회로수를 가리키는 경우가 많다. 기본 게이트 수 또는 트랜지스터 수로 나타낸다.

degree of modulation 변조도(變調度) = modulation degree

degree of start-stop distortion 시작-정지 일그러짐(始作-停止-), 조보식 일그러짐(調歩式-) 데이터 전송에서 부호와 관계없이 시작 요소에 선행하는 유의(有意) 순간부터 변조 또는 복조의 각각의 유의 순간까지의 실측 간격 길이와 이론 간격 길이와의 차의 최대값과 단위 시간 길이와의 비. 일그러짐의 정도값은 퍼센트로 나타낸다.

deionization time 소 이온 시간(消-時間) 가스 봉입 전자관에서 양극 전류가 흐르지 않고부터 그리드가 제어 기능을 회복하는 데 요하는 시간. 엄밀하게는 가스 봉입 전자관의 소 이온 시간은 응축 수은(凝縮水銀)의 온도, 양극-그리드 전류, 양극-그리드 전압, 및 그리드 전류의 변동 등의 요인과 관계되는 한 무리의 곡선으로 표시된다.

deionizing grid 소 이온 그리드(消-) 가스 봉입 전자관에서 그 근방의 소(消) 이온을 촉진하여 전자관 내의 두 영역간에 차폐를 형성하는 그리드.

delay cable 지연 케이블(遲延-), 지연선(遲延線) 입력 신호를 어느 시간만큼 늦어서 꺼낼 수 있는 케이블로, 지연 회로에 사용된다. 일반적으로 동축 케이블이 사용되며 단위 길이당의 정전 용량을 C, 인덕턴스를 L로 하면 특성 임피던스는 $Z_0=\sqrt{L/C}$가 되고, 입력단에 신호를 가하면 단위 길이당 $\tau_d \fallingdotseq \sqrt{L/C}$의 지연 시간을 갖는다. 특성 임피던스는 내부 도체와 외부 도체의 내경과 외경으로 정해지며, 지연 시간은 절연물의 성질로 정해진다. 보통 동축 케이블에서는 특성 임피던스가 작아 큰 지연 시간은 얻어지지 않으나 지연 시간 0.1~수 μs의 것이 시판되고 있다.

delay circuit 지연 회로(遲延回路) 입력 신호를 일정 시간 지연시켜서 꺼내는 동작을 하는 회로를 말하며, 지연 케이블을 사용하는 것, 집중 상수 회로를 사용하는 것, 초음파를 이용하는 것 등이 있다. 펄스 회로에서는 신호를 일시 멈추게 되므로 일시 기억 회로라고 하는 경우도 있다. 지연 케이블로서 동축 케이블을 사용하는 것은 특성 임피던스가 작고, 주파수 특성은 좋으나 큰 지연 시간은 얻기가 어렵다. 정 K형 필터나 유도 m형 필터를 사용한 집중 상수 회로를 이용한 지연 회로는 구조가 간단하고 큰 지연 시간을 쉽게 얻을 수 있으나 일그러짐이 크다. 초음파를 사용하는 것은 신호를 일단 초음파로 변환하여 일정 시간 유리나 니켈 등의 전송 매체 중을 전파시키고, 다시 전기 신호로 되돌려서 출력으로서 꺼내는 것으로, 수 ms의 긴 지연 시간을 얻는 경우에도 비교적 소형으로 할 수 있는 특색이 있다.

delay coincidence circuit 지연 일치 회로(遲延一致回路) 2개의 펄스에 의해 동작되는 일치 회로로, 그 한쪽은 다른 쪽에 대하여 지정된 시간 만큼 지연되는 것.

delay detection system 지연 검파 방식(遲延檢波方式) 반송 전신의 검파에서 수신 레벨이 변동하여 생기는 파형 일그러짐을 적게 하기 위해 지연 회로를 사용한 레벨 보상형 검파 방식. 이 방식은 수신파 자체에서 바이어스 전압을 꺼내고, 여기에 지연 회로를 통과해 온 신호 전압을 중첩하여 그 복합파에서 마크, 스페이스의 올바른 유의(有意) 순간을 유지하도록 한 것.

delay distortion 지연 일그러짐(遲延-) 소요 주파수 대역 내에서 데이터 전송로의 군지연값이 주파수에 대하여 일정하지 않기 때문에 일어나는 일그러짐. →phase distortion

delayed AGC 지연형 자동 이득 제어(遲延形自動利得制御) 자동 이득 제어 회로의 하나로, 입력 레벨이 어느 정도 이상으로 되었을 때만 동작하는 것. 텔레비전 수

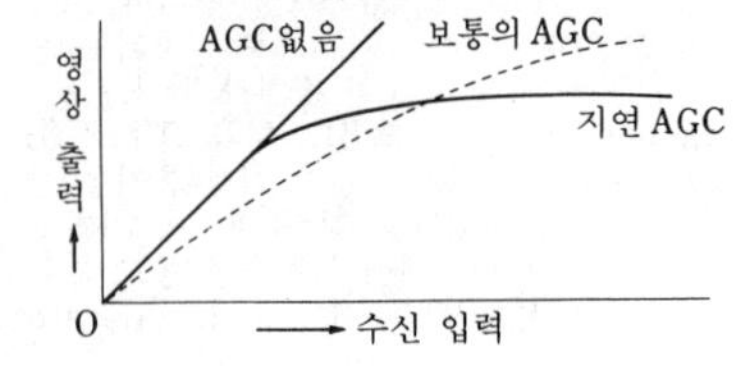

상기의 고주파 증폭 회로나 영상 중간 주파 증폭 회로의 증폭도를 조정하는 데 사용한다.

delayed delivery service 대행 수신(代行受信) 어떤 종류의 데이터 통신망에서 이용할 수 있는 기능으로, 데이터를 일단 축적해 두고 수신처 단말이 수신 가능하게 된 다음 보낼 수 있게 하는 것.

delayed detection circuit 지연 검파 회로(遲延檢波回路) →differential detection

delayed flip-flop D형 플립플롭(-形-), 지연 플립플롭(遲延-) D 입력 단자와 클록 펄스 입력, 그리고 S_D, R_D(세트, 리셋) 입력을 갖는 플립플롭으로, 그 동작은 그림과 같이 입력단에 주어진 정보를 클록에 의해 제어하고, 필요한 시점에서 출력측에 꺼낼 수 있도록 동작한다. 아래 표 왼쪽은 동기 동작, 오른쪽은 비동기 동작을 나타낸다. Q_{n+1}은 $t=t_n$ 에서의 클록 입력에 의한 다음 비트 시간 t_{n+1} 에서의 출력값이다.

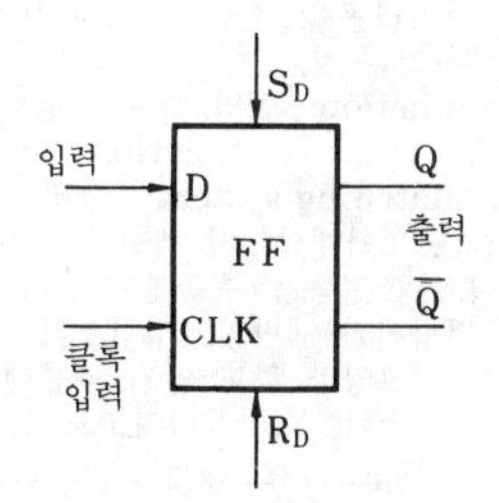

D	Q_{n+1}	S_D	R_D	Q
0	0	1	0	1
1	1	0	1	0

delayed PPI 지연 PPI(遲延-) 레이더에서의 PPI 장치에서 표시 장치의 타임 베이스 개시 시점이 각 송신 펄스의 발사에 대하여 일정 시간 만큼 늦추고 있다. 먼 곳의 목표에 대하여 거리 스케일을 확대하여 보다 확실하게 스크린 상에 표시할 수 있게 되어 있다.

delayed sweep 지연 소인(遲延掃引) 미리 정해진 시간만큼 혹은 부가적인 독립 변수에 의해 정해지는 가변 시간만큼 지연을 가지고 수행되는 소인 작용.

delayed time system 지연 시간 처리 방식(遲延時間處理方式) 컴퓨터를 이용하는 경우에 재고 관리 등과 같이 그 처리를 어느 시기에 일괄하여 행하는 방식을 말한다. 기록 매체에는 하드 디스크나 자기 디스크가 널리 사용된다.

delay element 지연 소자(遲延素子) 어떤 주어진 시간의 간격 뒤에 먼저 입력된 입력 신호와 본질적으로 같은 출력 신호를 출력하는 기구.

delay equalization 지연 등화(遲延等化) 지연 일그러짐을 보상하기 위한 조작. 예를 들면, 회선이나 시스템의 위치 지연 내지는 포락선(包絡線) 지연이 어떤 소요 주파수 대역에 걸쳐서 사실상 일정하게 되도록 조작하는 것. 이 조작을 할 수 있게 설계된 교정 회로망을 지연 등화기(delay equalizer)라 한다.

delay equalizer 지연 등화기(遲延等化器) →delay equalization

delay lens 딜레이 렌즈 복수의 굴절률을 갖는 유전체를 사용한 전파 렌즈.

delay line 지연선(遲延線), 지연 선로(遲延線路), 지연 케이블(遲延-) 신호 전달을 지연시키는 것을 말하며, DC~100 MHz 정도의 신호를 다룰 수 있다. 그 밖에 신호의 기억이나 축적을 하는 것(예를 들면 CCD)이나 신호의 변환을 하는 것(예를 들면 표면 탄성파 소자) 등도 가리키는 경우가 있다.

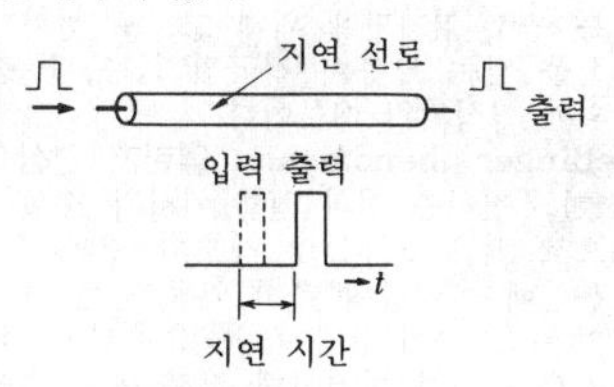

delay-line canceller 지연선 캔슬러(遲延線-) →digital filter

delay-line storage 지연선 기억 장치(遲延線記憶裝置) 지연 선로와 신호 재생 장치 및 재생 신호를 선로에 보내기 위한 장치를 가진 일종의 순환형 기억 장치.

delay modulation 지연 변조(遲延變調) →delta modulation

delay network 지연 회로망(遲延回路網) ① 입력 파형 $f(t)$에 대하여 $f(t-\tau)$에 근사한 출력 파형을 만들어 내는 회로. 단, t는 시간을 나타내고, τ를 지연 시간이라 한다. ② 신호를 전송하는 경우, 거의 일그러짐을 발생하는 일 없이 일정한 지연을 발생하도록 한 회로. 회로의 지연 시간은 입력에 구형파 신호를 가했을 때 그 출력의 진폭이 정상 상태의 50%가 되기까지 소요되는 시간에 의해 나타낸다.

delay time 지연 시간(遲延時間) 지연 회

로에 펄스파를 통했을 경우, 입력파에 대한 출력파의 지연 시간을 말하며, 입출력파의 상승 기간 최대 진폭의 50 % 위치간의 시간으로 나타낸다.

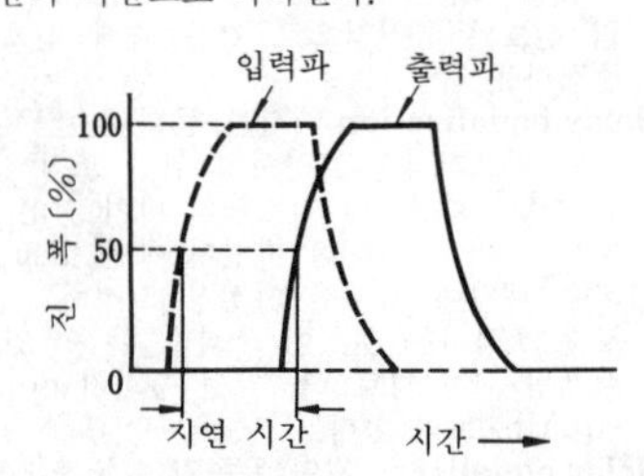

delivery confirmation 송출 확인(送出確認) 대행 수신 기능을 이용하는 데이터 단말에 대하여, 망이 수신처 단말에 대하여 지금 메시지를 송출한 것을 확인하는 뜻으로 알리는 통지.

Dellinger effect 델린저 현상(－現象) ＝Dellinger phenomena

Dellinger fade-out 델린저 페이드아웃, 델린저 페이딩 페이딩의 일종으로, 수신이 수분간, 때로는 수시간에 걸쳐서 두절되어 버린다. 이것은 태양 흑점이 분출하는 수소 입자단에 의해 고도로 전파 흡수성을 갖는 D층이 정규의 E층, F층 이외에 형성되기 때문이다.

Dellinger phenomena 델린저 현상(－現象) 전리층 전파(傳播)에서의 소실 현상으로 1.5～20MHz 정도의 단파 원거리 통신에서 태양에 조사(照射)되는 지구 반면 즉 주간에 갑자기 수 10 분간에 걸쳐서 수신 감도가 현저하게 저하 또는 수신 불능으로 되는 현상. 1935 년 델린저(Dellinger, 미국)가 태양 주기와의 관계에 대해서 발표하고부터 이와 같이 불리게 되었다. 이 현상은 태양면의 활동과 관계가 있으며, 태양으로부터 방사되는 자외선이 갑자기 증가하여 이 때문에 E층 혹은 D층의 전자 밀도가 이상하게 증대하여 전파가 일시적으로 현저하게 감쇠하기 때문이라고 생각되고 있다.

Delphi method 델파이법(－法) 다수의 시스템안(案) 중 어느 것을 채택하는가의 의사 결정이나 예측 평가를 하는 수법의 하나로, 조건부 반복 앙케이트법이라고도 한다. 수 명의 전문가로부터 그 시스템에 관해 앙케이트를 얻고, 그 집계를 각 회답자에게 되돌려 주어 이것을 참고로 하여 회답자는 다시 의견을 보내고, 이것을 반복하여 시스템에 관한 평가를 다듬어 가는 방법이다.

delta connection Δ결선(－結線), 델타 결선(－結線), 3 각 결선(三角結線) 크기가 같고, 위상이 120°씩 다른 3개의 전원을 그림 (a)와 같이 결선하여 3상 전원을 만들고, 또는 같은 3개의 임피던스를 그림 (b)와 같이 결선하여 3상 부하로 하는 방법이다.

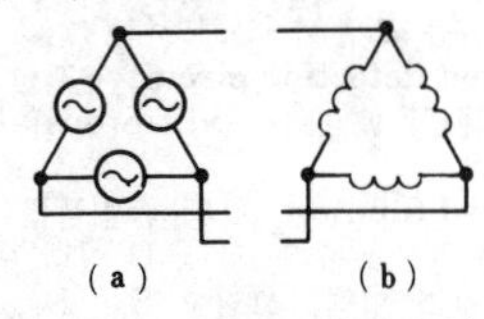

delta-delta connection 3각-3각 결선(三角-三角結線), Δ-Δ결선(－結線) 변압기의 3상 결선의 한 방법으로, 1차 권선, 2차 권선 모두 3각형으로 접속하는 것.

delta-*f* control Δ-*f* 제어(－制御), 델타 에프 제어(－制御) RIT 회로에서의 수신 주파수 중심로부터의 편차 Δ*f*를 미소 용량의 바리콘을 조정함으로써 0～±2kHz 변화시키는 것.

delta function 델타 함수(－函數) →impulse response function

delta matching system 델타 정합법(－整合法) 안테나에서 궤전선(급전선)을 안테나로의 접속점 부근에서 벌려 임피던스를 정합시키는 방법. 정합부의 모양이 델타(Δ) 모양을 하고 있기 때문에 이 이름이 붙었으며, Y 안테나라고도 한다.

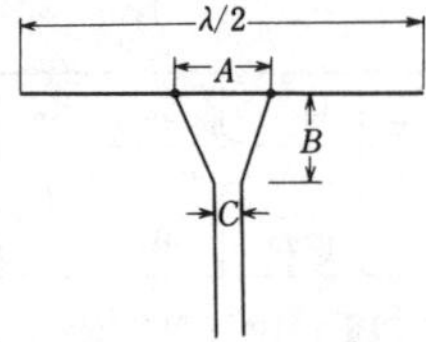

Deltamax 델타맥스 니켈 50%, 철 50%의 합금에 강한 냉간 압연과 열처리를 하여 방향성 규소 강대와 마찬가지로 자화의 방향성을 준 것으로, 장방형의 히스테리시스 루프를 가지고 있다. 펄스 트랜스의 자심 등에 사용된다.

delta modulation 델타 변조(－變調), 정차 변조(定差變調) ＝DM

delta pulse code modulation 델타 PCM ＝DPCM

delta-star transformation Δ-Y 변환(－變換), 델터-와이 변환(－結線) 그림과 같이 3각 결선(Δ결선)을 이것과 등가인 성형 결선(Y 결선)으로 변환하는 방법.

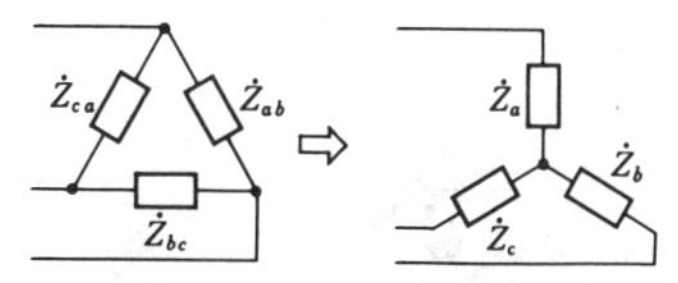

delta-star transformation

delta wave 델타파(－波) 9Hz 이하의 주파수를 갖는 뇌파.

demagnetization curve 감자 곡선(減磁曲線) =demagnetizing curve

demagnetization factor 감자율(減磁率) 자성체의 자력선은 N극에서 외부를 통하여 S극에 이르는 것과, N극에서 자성체 내부를 통해서 S극으로 이르는 것이 있다. 자성체 내부를 통해서 N극에서 S극으로 향하는 자력선은 원래의 자화를 약화시키는 구실을 한다. 이와 같은 자계를 자기 감자계라고 한다. 자기 감자계를 H_0〔A/m〕, 자화의 세기를 J〔T〕로 했을 때 자기 감자율 N은 다음 식에 의해서 나타내어진다. 단, μ_0는 진공의 투자율이다.

$$N=\frac{\mu_0 H_0}{J}$$

demagnetizing curve 감자 곡선(減磁曲線) 영구 자석의 성능을 판정하기 위한 곡선으로, 포화 상태까지 자화시켰을 때의 히스테리시스 루프 제 2 상한의 부분에 상당한다. 그림은 감자 곡선의 일례이다. 이 경우 Q점에서의 자계 세기와 자속 밀도의 곱이 최대 자기 에너지이며, 이 값에 따라서 재료의 우열을 비교하는 경우가 많다.

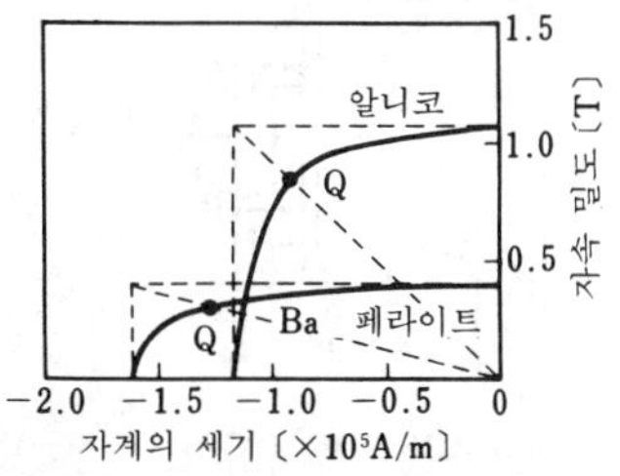

demagnetizing force 감자력(減磁力) 자성 물질로 구성한 자기 회로를 여자(勵磁)할 때 자로(磁路)의 일부에 갭(간극)이 있는 경우에 자성 물질 내의 자계는 갭이 없는 경우에 비해 작아진다. 이것은 갭에서 외부에 가한 자화력에 반발하는 감자력(감자 자화력)이 생기기 때문이다.

demand-assignment multiple access system 요구 할당 다원 접속 방식(要求割當多元接續方式) 지역적으로 분산하고 있는 국이 하나의 통신 위성을 공용하여 통신하는 방식. 채널 사용에 대한 요구는 지방 각국에서 시시 각각으로 변화하므로 이 다원 접속은 변화하는 요구에 대응해서 다이내믹하게 할당하지 않으면 안 된다.

demodulation 복조(復調) 피변조파에서 신호파를 분리하여 꺼내는 것으로, 검파라고도 하는데, 변조에 대하여 일반적으로 복조라고 부른다. 변조의 종류에 따라서 복조의 방법도 다르다.

demodulaion and modulation repeating system 복조 변조 중계 방식(復調變調中繼方式) =detecting and repeating system

demodulation sensitivity 복조 감도(復調感度) 단위 주파수 편이량의 변조를 받은 입력 신호가 복조기에 가해졌을 때 복조기 출력단에 얻어지는 복조 신호의 레벨.

demodulator 복조기(復調器), 복조 장치(復調裝置) 변조된 신호를 다시 원래의 신호로 되돌리는 기구. →modulator

De Morgan's theorem 드 모르강의 정리(－定理) 논리 대수 성질의 하나로, 이것을 이용하면 어떤 논리 회로도 NAND와 NOR를 사용하여 간단히 나타낼 수 있다. 이 정리는 다음의 어느 한 식으로 표현된다.

$\overline{A \cdot B}=\overline{A}+\overline{B}$, $\overline{A+B}=\overline{A}\cdot\overline{B}$

demultiplexor 디멀티플렉서 멀티플렉서에 의해 조합되고, 단일의 채널을 써서 전송된 복합 신호를 다시 분리하기 위한 장치. 데이터 분배기라고도 한다.

dendrite 덴드라이트 반도체 융액 내에 결정핵에서 생겨 바늘 모양으로 발달한 결정. 좁은 슬릿을 통해서 모세관 현상에 의해 리본 모양으로 끌어 올린 가늘고 긴 테이프형 결정을 덴드라이트 웨브(dendritic web)이라 한다.

dendritic crystal 덴드라이트 결정(－結晶), 수지상 결정(樹枝狀結晶) 인상법으로 단결정을 만드는 경우 인상 속도를 빨리 하여 감아들이면 테이프 모양의 단결정이 만들어진다. 이것을 덴드라이트 결정 또는 수지상 결정이라 하며, 반도체 소자의 양산에 이용된다.

dendritic web 덴드라이트 웨브 →dendrite

densitometer 농도계(濃度計) 물질의 광학적 농도(투과율 또는 반사율의 역수인 상용 대수)를 측정하는 측광기.

density 흑화도(黑化度) X선 촬영에서 건판이 감광한 정도를 나타내는 양으로, 농도라고도 하며, 다음 식에 의해서 나타내어진다.

$D = \log_{10}(I_0/I_{00})$

여기서 D : 흑화도, I_0: 흑화한 부분으로의 입사광의 광도, I_{00}: 흑화한 부분으로부터의 투과광의 광도. X 선의 파장이 일정하면 흑화도에 따라서 단위 면적당의 조사선량을 알 수 있다.

density meter 밀도계(密度計) →hydrometer

density modulated tube 밀도 변조관(密度變調管) 게이트 전극에 의해 전자류에 밀도 변조를 거는 것을 특징으로 하는 마이크로파 전자관. 전자류는 마이크로파 회로의 일부를 구성하는 다른 전극, 특히 양극에 모아진다. 이들 전극은 종종 동작 파장에 비해 작으므로, 밀도 변조관은 마이크로파 주파수로 동작함에도 불구하고 마이크로파 전자관이라고 생각할 수 없는 경우도 있다.

density modulation 밀도 변조(密度變調) 전자 빔의 진행 방향에서의 각 장소의 밀도가 신호 입력의 크기에 따라서 변화하는 것. 전자 빔이 속도 변조를 받은 상태에서 전계가 없는 공간(드리프트 공간이라 한다)에 진입하면 빠른 전자가 느린 전자를 따라붙어 전자 밀도가 높아지고, 그 후에는 전자 밀도가 낮은 부분이 생기기 때문에 일어난다. 이것은 클라이스트론의 원리로서 쓰인다.

density of scanning 화선 밀도(畵線密度) 팩시밀리 등에 사용되는 주사선의 밀도. 즉 단위 거리를 몇 줄의 주사선으로 주사하는지 그 선수(線數)를 말한다. 보통의 화상을 주사하는 경우 등은 1mm 당 네 줄 정도이다.

density slicing 농도 슬라이싱(濃度－) 이미지의 연속한 회색 계조를 일련의 농도 구간으로 변환하는 프로세스. 각 구간(슬라이스)은 각각 특정한 디지털 범위에 대응하고 있다.

dependent exchange 단국(端局) →class of digital telephone exchange

dependent failure 파급 고장(波及故障) 어느 부분의 고장이 원인으로 되어서 다른 부분에도 2 차적인 고장이 일어나는 것. 2 차 고장이라고도 한다.

depletion layer 공핍층(空乏層) pn 접합 반도체는 정상 상태에서는 그 접합면과 같이 캐리어(전자 또는 정공)가 존재하지 않는 영역을 가지고 있다. 이 영역을 공핍층이라 한다. 또한 pn 접합 반도체의 양단에 역방향 전압을 가하면 접합부에 대하여 반대측 양단에 캐리어가 모이므로 공핍층은 더욱 커진다.

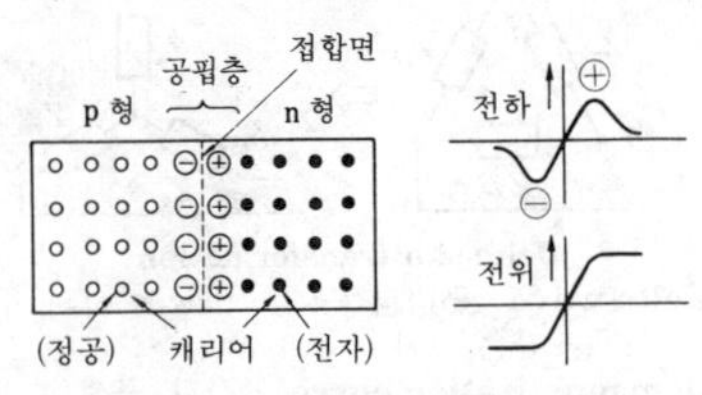

depletion-layer capacitance 공핍층 커패시턴스(空乏層－) 캐리어가 존재하지 않는 공핍층 영역에서 정공이나 전자를 잃은 부동성(不動性) 이온이 전기 2 중층을 형성하여 마치 콘덴서에서의 전극 전하와 같은 구실을 하고 있으며, 이 공핍층 커패시턴스는 접합부에 대하여 외부에서 주어진 바이어스 전압에 의해 그 값이 변화한다.

depletion-layer widening effect 공핍층 확산 효과(空乏層擴散效果) →Early effect

depletion load 디플리션 부하(－負荷) MOS IC 게이트 구성법의 일종으로, 게이트의 부하 저항으로서 디플리션형 MOS를 사용한 것. 그림은 2 개의 n 채널 디플리션형 트랜지스터를 사용한 증폭기이며, 부하 트랜지스터 R_L과 게이트와 소스가 접속되어 포화 영역에 바이어스되어 있다. 부하 임피던스는 그 소스와 벌크 B 사이의 전압(이것은 출력과 함께 변화한다)에 의해 바꿀 수 있다.

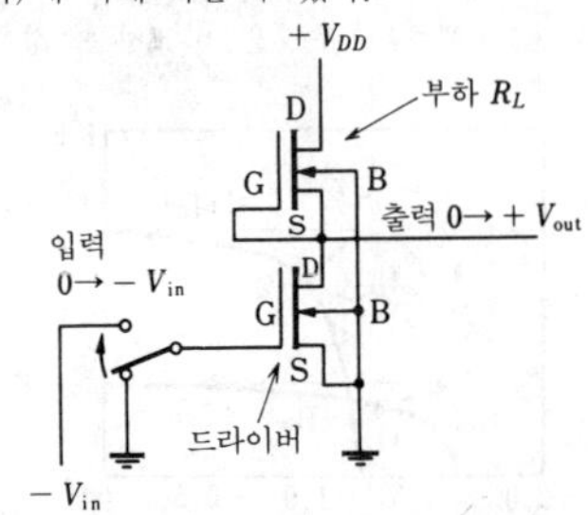

depletion MOS D형 MOS(－形－), 디플리션형 MOS(－形－) 게이트 전압이 0V에서는 소스-드레인 간이 OFF 의 상태가 되지 않고, 역방향의 게이트 전압을 가함으로써 OFF 의 상태가 되는 특성을 갖는 MOS 트랜지스터. ＝DMOS

deplection region 공핍 영역(空乏領域) 하전(荷電) 캐리어의 하전 밀도가 불충분하기 때문에 도너와 억셉터의 유효 고정 하전 밀도의 중성화가 이루어지지 않는 영역. 다이오드형 반도체 방사 검출기에서는 이 공핍 영역이 그 소자의 고감도 영역이 된다.

depletion type 디플리션형(一形) MOS 집적 회로의 한 형식으로, 미리 불순물을 혼입해 둠으로써 게이트 전압을 가하지 않더라도 채널이 만들어지도록 한 것을 말한다.

depletion-type MOS-FET 디플리션형 MOS-FET 게이트-소스간 전압 V_{GS}가 0인 상태에서 통전하고 있고, 게이트가 역바이어스 전압이 주어지면 채널 전하가 줄어서 채널 전도도가 저하하도록 동작하는 MOS-FET. 채널 n형(전자 전도형)과 p형(정공 전도형)의 두 종류가 있다. 그림은 n채널인 경우를 나타내고 있는데, p채널인 경우는 벌크 B는 n형으로 되고, B에 붙인 화살표는 반대 방향으로 바뀐다. 채널의 전도도를 저하시키려면 게이트에 +전압을 가한다.

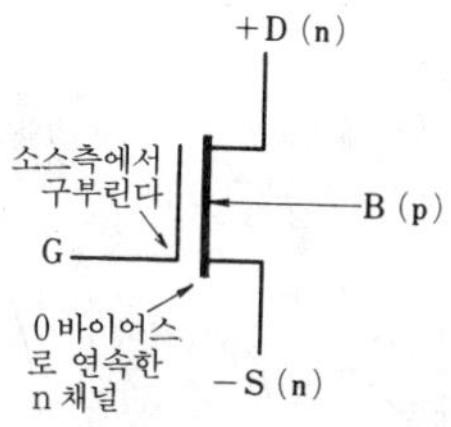

depolarizer 감극제(減極劑)[1], 디폴라라이저[2] (1) 전지에 부하를 연결하여 전류를 흘리면 양극에서 발생하는 수소가 양극과의 사이에서 분극 작용을 일으켜, 역기전력을 발생하여 단자 전압이 저하한다. 이것을 방지하기 위해 사용하는 산화제를 말한다. 건전지의 종류에 따라 다르며, 수소와 화합하기 쉬운 2산화 망간(MnO_2)〔망간 건전기〕이나 공기 중의 산소〔공기 건전지〕, 산화 제2 수은(HgO)〔수은 전지〕 등이 사용된다.

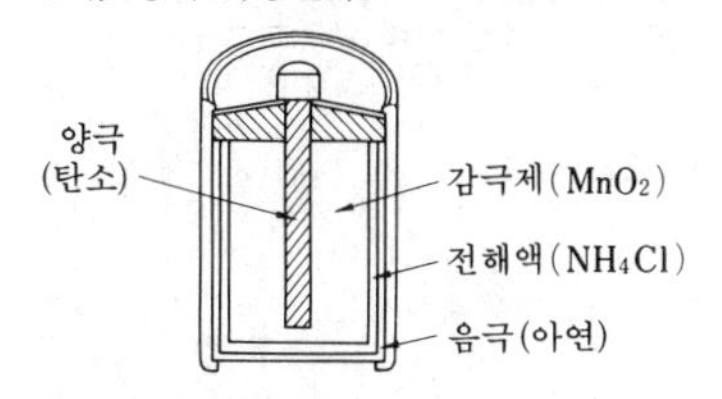

(2) 편광(偏光)을 꺼내기 위해 사용하는 프리즘 장치.

depolarizing mix 감극 혼합제(減極混合劑) 감극제와 전도성 증진제를 혼합한 것. →depolarizer

deposited-carbon resister 증착 탄소 저항기(蒸着炭素抵抗器) 지지 물체 위에 퇴적된 탄소 박막으로 된 저항기.

deposition 디포지션 기본 물질 위에 다른 물질을 진공, 전기, 화학 반응, 스크리닝 또는 증기 등의 방법으로 부착시키는 수법을 말한다. 퇴적(堆積), 침적(沈積) 등이라고도 한다. 반도체의 제조 공정에서 불순물을 포함한 고온 기체 중에 반도체를 노출하거나, 혹은 불순물을 포함한 용제를 반도체에 도착(塗着)는 등은 그 예이다.

depth factor 심부율(深部率) X선에 의한 심부 치료 조사(照射)에서 병소(病巢)에 도달하는 선량과 피부 표면의 선량과의 비. 투과력이 큰 X선을 사용하는 치료에서는 피부 장해를 극력 피하기 위해 심부율을 좋게 하지 않으면 안 된다.

depth-finder 심도계(深度計) 수심을 측정하는 계기로, 음향 반사계를 말한다.

depth of modulation 변조의 깊이(變調一) ① 지향성 안테나계의 두 로브의 전계 강도차와 큰 쪽의 전계 강도의 비를 공간의 어느 점에 대해서 구한 것. 무선 유도 방식에서 방향을 결정하는 데 쓰인다. ② 빛의 변조에서 변조광의 최대 및 최소의 세기를 I_{max}, I_{min}라 할 때 다음 식의 m으로 주어지는 양.

$$m = \frac{2(I_{max} - I_{min})}{(I_{max} + I_{min})}$$

depth of penetration 침투의 깊이(浸透一) 평탄한 도체 표면에서 내부를 잰 층의 두께로, 그 깊이까지의 도체의 직류 저항이 높은 주파수의 교류에 대해서 갖는 전 도체의 교류 저항과 같은 경우의 침투 깊이를 말한다. 표면이 평면인 경우에는 교류 가열 에너지의 약 87%가 표면에서 침투 깊이까지의 영역에서 소비된다. 유도 가열에서 실효적인 가열 효과가 미치는 깊이를 가열 심도(深度)라 하는 경우가 있다.

depth recorder 심도 기록계(深度記錄計) 시간에 대응하여 음향 측심(測深) 시스템에 의해 측정되는 수심을 연속적으로 기록하는 장치.

derating 디레이팅 →derating curve

derating curve 경감 곡선(輕減曲線) 저항기를 사용하려면 온도가 허용 한도 이상이 되지 않도록 할 필요가 있다. 그래서 주위 온도가 높은 경우에는 발열을 줄이기 위해 정격 전력을 낮추어서 사용한다. 이것을 경감(derating)이라고 하며, 그 정도를 나타내는 것이 경감 곡선이다.

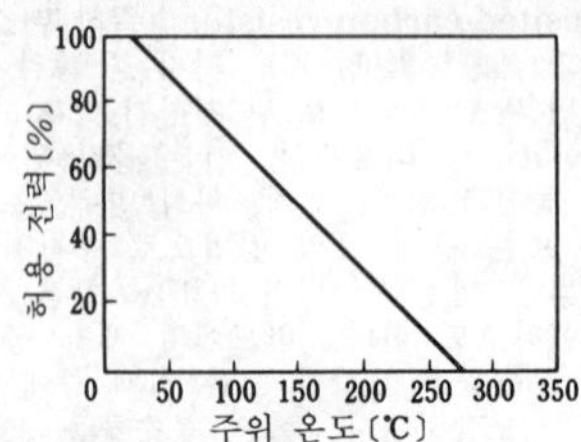

deregulation of data-communication 데이터 통신 자유화(－通信自由化)　데이터 통신을 독점 체제에서 자유 경쟁의 체제로 이행시키는 것.

derivative action time　미분 시간(微分時間)　자동 제어계에서 PD 동작 또는 PID 동작의 제어부에 시간에 비례한 제어 동작 신호를 가했을 때 P 동작에 의한 조작량이 D 동작이 가해짐으로써 빨라지는 시간. 그림은 P 동작의 경우를 나타낸 것이다.

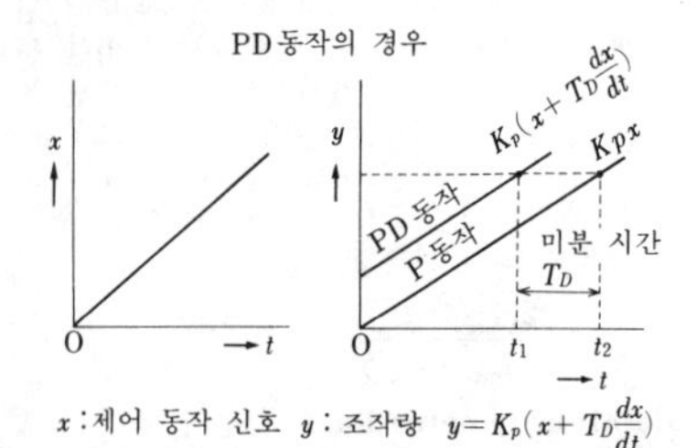

derivative control action 미분 동작(微分動作), D 동작(－動作)　자동 제어에서 조작부를 편차의 시간 미분값(편차가 변화하는 빈도)에 비례하여 움직이는 작용을 말한다. 이 동작에 의하면 최초로 큰 정정 동작을 할 수 있다.

derivative control element 미분 요소(微分要素)　출력 신호가 입력 신호의 미분값으로 주어지는 전달 요소를 말하며, 그 전달 함수는 $G(s)=Ks$로 나타내어진다. 그 인디셜 응답은 그림과 같다.

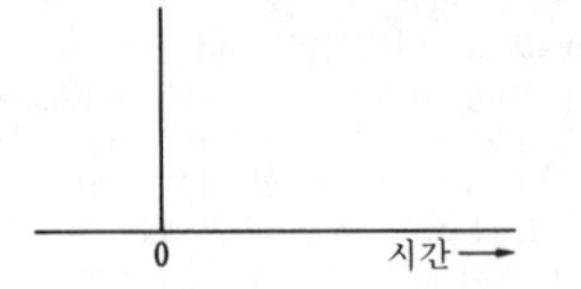

derivative time　미분 시간(微分時間)　자동 제어계의 미분 요소에서의 이득으로, 미분 요소의 입력이 $x=Kt$일 때 출력 $y=KT$가 되는 것으로서, T를 미분 시간이라 한다.

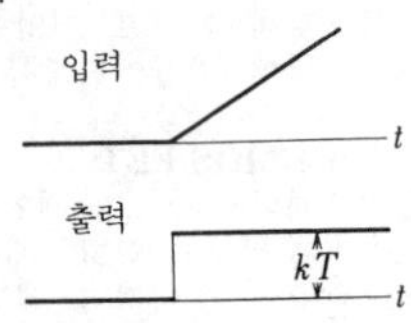

derived *m*-type filter　유도 m형 필터(誘導－形－)　차단 주파수 부근에서 급격한 감쇠를 하는 필터로, m이라는 계수를 써서 정 K 형 필터에서 유도하여 만든 것.

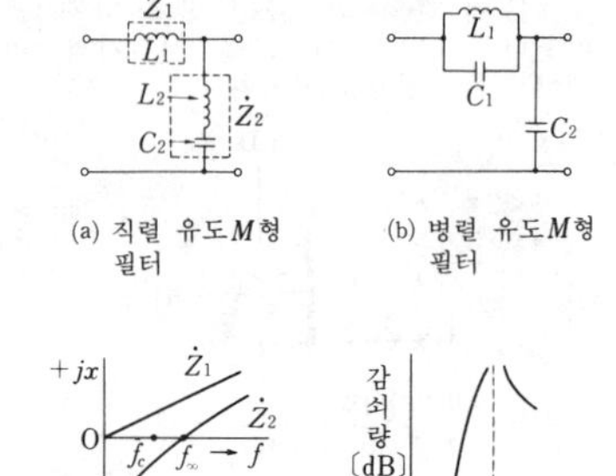

derived *m*-type section　유도 m형 구간(誘導－形區間)　종속 접속 선로에서의 T 또는 π구간으로, 매개 변수 m을 도입함으로써 분로 암(arm)에 공진을, 또 직렬 암에 반공진을 일으키도록 한 것이다. 필터로서 날카로운 컷오프 특성이 얻어진다.

derived reference pulse waveform　유도 기준 펄스 파형(誘導基準－波形)　피시험 펄스 파형에서 결정된 절차 또는 방법으로 유도된 조회용 펄스 파형.

derived units　조립 단위(組立單位), 유도 단위(誘導單位)　몇 개의 선택된 기본 단위에서 디멘션 관계식을 써서 유도된 단위. SI 단위계에서는 길이 L〔m〕, 질량 M〔kg〕, 시간 T〔s〕, 전류 I〔A〕 등 7개의 기본 단위가 있으며, 이 이외의 물리량은 이들 기본 단위에서 유도되고 있다. 예를 들면, 힘은 $kg \cdot m/s^2$, 전기량은 $A \cdot s$이다. 사용 빈도가 많은 조립 단위에는 고유의 단위 명칭이 주어지고 있다. 위의 힘, 전기량의 경우는 각각 뉴턴, 쿨롬이다.

descriptor 기술자(記述子), 기술어(記述語) 컴퓨터에서 레코드나 프로그램의 머리 부분 등에 부가하여 그 데이터의 성질을 나타내는 데 사용한다.

deserializer 직병렬 변환기(直竝列變換器) =serial-to-parallel converter, staticizer

design of experiment 실험 계획법(實驗計劃法) 실험에 의해서 몇 가지 요인(인자라고도 한다)의 효과를 통계적으로 밝히고 싶을 때 어떻게 하여 데이터를 수집하고, 또 수집한 데이터를 어떻게 분석하는가에 대한 방법.

design rule 디자인 룰 물리적인 회로 구조에서 설계의 기준이 되는 최소 치수를 말한다.

desired to undesired signal ratio DU 비(一比) 희망 신호와 불요 신호의 수신 레벨의 비를 dB 로 나타낸 것. =DU ratio

desired value 목표값(目標一), 목표치(目標値) 제어계에서 제어량이 이 값을 취하도록 목표로서 외부로부터 주어지는 값. 제어량을 어느 목적에 적합하도록 제어하는 피드백 제어계의 동작 목표가 되는 값이다. 목표값을 변화시키는 제어를 추치(追値) 제어, 또 목표값이 일정값을 취하는 제어를 정치(定値) 제어라고 한다.

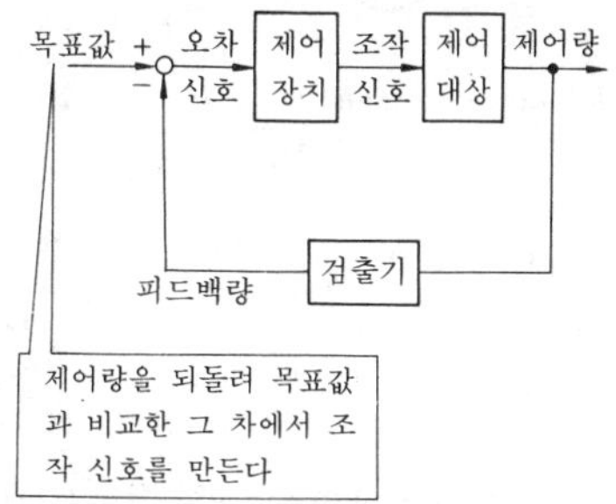

desktop calculator 탁상 전자 계산기(卓上電子計算機) 입력 푸시버튼과 출력 장치를 제외하고 하나의 칩 상에 구성된 비트 직렬형의 연산 장치. 기억 장치(시프트 레지스터가 많다)와 입출력 장치를 가지고 있으며, 키에 의해 제어된다.

desktop computer 데스크탑 컴퓨터, 탁상용 계산기(卓上用計算機), 탁상용 컴퓨터(卓上用一) 일반적으로 8K 이상의 용량을 갖는 주기억 장치를 가지고 있고, 프린터 및 플로피 디스크 기억 장치를 접속할 수 있도록 구성되어 있는 컴퓨터. 일반적인 회계 업무, 사무 관리, 문서 처리 등의 업무에 이용된다.

desktop publishing 탁상 출판(卓上出版) 문서의 작성, 편집, 조판, 인쇄 등 일련의 출판 작업을 각각의 소프트웨어 모듈과 개인용 컴퓨터 화면, 프린터 등을 써서 (거의 개인적으로) 수행하는 것. =DTP

desktop type 탁상형(卓上形) 컴퓨터나 기타 기기가 설치하기 위한 특별한 장소를 필요로 하지 않을 정도로 소형이라는 의미로 사용된다.

despun antenna 데스펀 안테나 위성에 탑재하는 UHF, SHF 대용 안테나.

destination code basis 착국 부호 방식(着局符號方式) 전화 교환망의 접속 방법의 하나로, 목적의 착국에 미리 붙인 번호(착국 부호)에 의해 각 교환점마다 적당한 출회선(出回線)을 골라 접속해 가는 방법.

destructive read-out 파괴 판독(破壞判讀), 파괴성 판독(破壞性判讀) 컴퓨터의 기억 장치에서 기억의 판독을 하면 그 동작으로 기억이 소멸되어 버리는 경우를 말하며, 기억을 보존하기 위해서는 재기록이 필요하다.

destructive testing 파괴 시험(破壞試驗) 시험할 부품, 장치에서 그 설계상, 재질상 기타의 약점, 결함을 명확하게 하기 위해 그것이 고장나기까지 동작시켜서 하는 시험.

detached contact method 분리 회로 기법(分離回路記法) 회로도에서 하나의 디바이스나 장치의 구성 요소(예를 들면 계전기의 접점과 여자 코일)를 장소적으로 분리하여 표현하는 방법.

detail circuit 세부 회로(細部回路) 텔레비전 카메라 등의 해상도를 보상하기 위해 지연 회로 등으로 영상의 윤곽 부분을 추출하여 이것을 증강해서 원시 영상에 부가하도록 하고 있다. 강조 주파수는 실험적으로 정해지는 3MHz 이상이 쓰이고 있다.

detailed-billed call 상세 과금 호출(詳細課金呼出) 요금 청구서에 기재되는 발착 전화 번호 등이 기록되는 호출.

detailed billing system 상세 기록 방식(詳細記錄方式) 통화마다 그 명세를 기록하고, 분류 집계하는 과금 방식. CAMA 방식은 그 예이다.

detailed-record call 상세 기록 호출(詳細記錄呼出) 과금(課金) 처리나 기타 목적에 사용되는 발착 전화 번호 등이 기록되는 호출.

detectability factor 검출률(檢出率) 펄스 레이더에서 표적에 조준을 맞추었을 때의 단위 대역폭당의 신호 에너지와 잡음 전력의 비. 필터로서는 정합 필터를 사용한다. 중간 주파 증폭기, 필터, 적분기 등을 써서 측정한다.

detecting and repeating system 검파 중계 방식(檢波中繼方式) 마이크로파 통신에서 수신한 마이크로파를 복조하여 다시 변조해서 송신하는 방식. 중계소마다 변복조를 하므로 특성이 열화하지만, 임의의 중계소에서 회선의 분기, 삽입을 간단히 할 수 있다. 단거리에서 소용량의 방식에 사용한다.

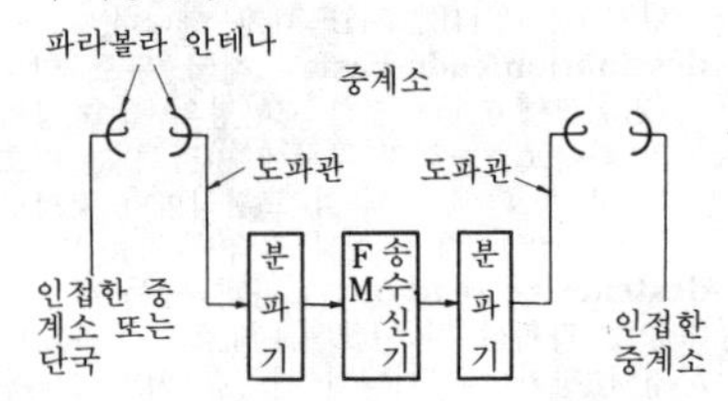

detecting element 검출부(檢出部) 제어 대상, 환경, 목표 등에서 제어에 필요한 신호를 꺼내는 부분. 피드백 제어계에서는 제어량(온도, 압력, 위치, 각도)을 검출하여 변환, 전송함으로써 목표값과 비교할 수 있도록 작용한다. 일반적으로 피드백 제어계의 검출부(기)는 물론, 비교·검토·기록을 요하는 곳에 설치된다. 그림은 피드백 제어의 검출부를 나타낸 것이다.

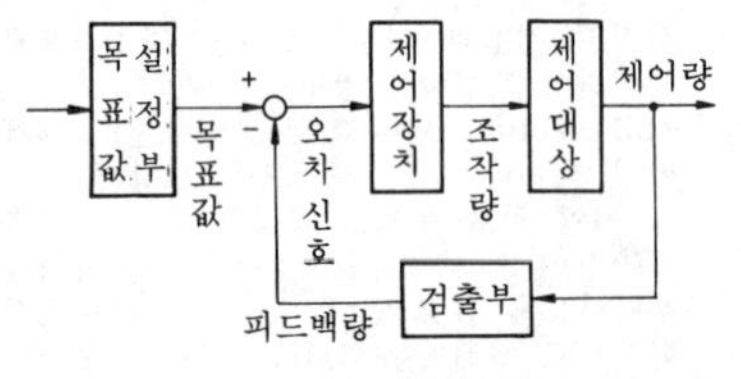

detecting means 검출 방법(檢出方法) 피측정량의 크기를 검지하여 측정을 위한 최초의 역할을 수행하는 초단(初段) 소자 또는 초단 소자군을 말한다. 검출부는 피측정 에너지를 최초로 조작하거나 변환하는 곳이다.

detection 검파(檢波) 신호파에 의해서 변조된 피변조파에서 원래의 신호파를 꺼내는 것을 검파 또는 복조(復調)라 한다. 검파에는 변조의 종류에 따라 각종 방법이 있다. 진폭 변조인 경우는 직선 검파나 자승 검파 등을 쓴다. 주파수 변조인 경우는 주파수 판별기를 사용하며, 슬로프형 검파, 포스터-실리형 회로, 비검파기 등이 있다.

detection circuit 검파 회로(檢波回路) 수신기에 의해 수신한 피변조파에서 신호파를 꺼내는 회로. 복조 회로라고도 한다. 그림은 진폭 변조의 검파(포락선 검파 회로)인데, 다이오드에 의해 정류되고, C_1, R에 의해 충방전이 이루어져서 포락선에 비례한 단자 전압 V_1을 발생한다. V_1의 직류분을 C_2로 저지하고, 목적의 신호파 V_2를 얻는다. 그림의 회로 외에 A1 전파나 SSB 파의 수신에서 사용하는 헤테로다인 주파수 변조에서 사용하는 주파수 판별 회로, 또는 비검파 회로 등이 있다.

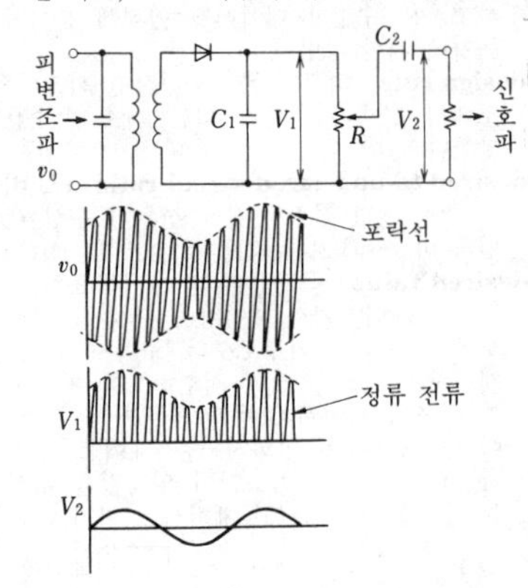

detection efficiency 검파 효율(檢波效率), 검파 능률(檢波能率) 진폭 변조파에 대해서 다음 식으로 나타내어진다.

$$\eta = \frac{E_o}{E_s} \times 100 = \frac{E_o}{mE_c} \times 100$$

여기서 η : 검파 효율〔%〕, E_o : 검파된 출력의 진폭, E_s : 피변조파에 포함되는 신호파의 진폭, E_c : 반송파의 진폭, m : 변조도.

detection probability 검출 확률(檢出確率) 신호가 존재하는 경우, 신호와 잡음이 존재했는가, 잡음만이었는가를 판정, 신호가 검출되는 확률.

detection repeating system 검파 중계 방식(檢波中繼方式) 마이크로파 통신망의 중계소에서 수신한 마이크로파를 일단 복조하여 원래의 신호를 꺼내고, 다시 이것으로 주파수가 다른 마이크로파를 변조하여 송신하는 방식을 말한다. 이 방식은 변복조할 때마다 일그러짐이 더해지므로 실제로는 거의 사용되지 않는다. 현재는 헤테로다인 중계 방식 또는 직접 중계 방식이 쓰이고 있다.

detector 검파기(檢波器)[1], 검출기(檢出器)[2] (1) 무선 주파수의 전파에서 정류 작용 등에 의해 음성 정보를 추출하는 것. (2) ① 물리적이나 화학적인 미량을 검출하기 위한 장치. ② 방사선이 존재하는 방사성 동위 원소에서 방사되는 방사선을 계측하는 장치.

determinant theory 결정 이론(決定理論) OR(operation research)에서 시스템의 평가·선택 등의 의사 결정을 할 때의 기준이나 지침을 주는 것을 목적으로 하는 이론. OR 에서의 최적화 수법인 선형 계획법, 동적 계획법 및 게임 이론 등은 일종의 결정 이론이라고도 할 수 있으나 단지 결정 이론이라고 하는 경우는 이들과는 별항목으로 하고 있다.

deterministic model 확정적 모델(確定的−), 결정적 모델(決定的−) 시스템을 개발 또는 해석하려면 그 시스템을 취급하기 쉬운 모양의 모델로 구성할 필요가 있는데, 어느 일정한 입력(원인)에 대해서는 일정한 응답(결과)이 생기는, 시스템에 대응하는 모델을 확정적 모델이라고 한다. 물리적 현상을 모델화한 물리 모델, 현상을 정식화(定式化)함으로써 얻어지는 수학 모델 등이 이것이다.

detuning stub 이조 스터브(離調−) 슬리프 스터브 안테나에 대해 동축 케이블을 정합시키기 위해 사용하는 1/4 파장의 스터브. 스터브는 동축 궤전선 바깥쪽을 이조하고, 안테나 자신에는 동조하고 있다.

deviation 편차(偏差) 제어계에서의 제어량에서 목표값을 뺀 값을 말하며, 편차의 부호는 제어량이 목표값을 넘은 만큼을 +로 한다. 단, 서보 기구의 관계에서는 반대로 목표값에서 제어량을 뺀 것을 편차로 하는 경우가 많고, 이 경우는 부호가 앞의 경우와 반대가 된다.

deviation distortion 편이 일그러짐(偏移−) FM 수신기에서 대역폭이 적당하지 않거나(입력 FM파의), 진폭 변조 성분의 제거가 충분하지 않거나, 또는 주파수 판별기의 선형성이 충분하지 않은 것에 기인하여 일어나는 일그러짐.

deviation factor 편차율(偏差率) 일그러진 파형과 그 등가 정현파를 그 진폭의 차가 가급적 작아지도록 겹쳤을 때 얻어지는, 양자의 대응하는 진폭 편차의 최대값과 등가 정현파의 최대 진폭과의 비. 등가 정현파란 생각하고 있는 왜파(歪波)와 같은 기본 주파수를 가지며, 그 실효값이 같은 정현파이다.

deviation ratio 편이비(偏移比) 최대 주파수 편이와 방식 변조 주파수와의 비.

deviation sensitivity 편위 감도(偏位感度) ① FM 수신기에서 일정한 출력 전력을 얻기 위한 최저 주파수 편이. ② 레이더에서 코스 라인으로부터의 변위의 변화에 대한 코스 지시의 변화율.

deviation system 편차 시스템(偏差−) 제어 변수의 극한값과 목표값 차의 순시값.

device 디바이스, 장치(裝置) ① 어떤 특정 목적을 위하여 구성한 기계적, 전기적, 전자적인 기기. ② 컴퓨터에 온라인으로 연결한 주변 기기 장치. ③ 특수한 기능을 갖는 부품 또는 장치. 예를 들면, 트랜지스터, 다이오드, 메모리 디바이스 등.

device address 장치 주소(裝置住所) 컴퓨터 시스템에서 입출력 장치나 보조 기억 장치에 붙여지는 장치 고유의 주소.

device control 장치 제어(裝置制御) 정보 처리 또는 전기 통신 시스템에 관한 보조 장치를 제어하는 것.

device driver 디바이스 드라이버 운영 체제(OS)로부터의 요구에 의해 하드웨어를 조작하는 프로그램. 캐릭터 디바이스 드라이버로서의 마우스나 블록 디바이스 드라이버로서의 RAM 디스크 등이 있다.

device technology 부품 기술(部品技術) 실장 기술의 요소 기술의 하나. 전자 기기를 구성하는 개개의 부품에 관한 기술의 총칭. 전자 기기가 목표로 하는 성능, 가격, 신뢰성을 실현하기 위해 부품의 선정이나 사용 조건의 결정을 하는 기술을 말한다. 주요 부품으로서는 IC 나 LSI 등의 반도체 부품, 저항이나 콘덴서 등의 수동 부품, 커넥터 등의 접촉 부품 및 여러 가지 기구 부품이나 배선판 등이 있다.

device turn-off time 디바이스 턴오프 시간(−時間) 사이리스터나 다이오드의 순방향 전류가 0으로 된 순간부터 이것이 재통전하는 일 없이 재인가된 순방향 전압을 저지할 수 있는 최소의 경과 시간. 기호 t_{off}. 디바이스를 포함하는 회로의 턴오프 시간 t_c와 여기서의 t_{off}는 구별할 필요가 있다. t_c는 회로의 구조나 구성 부품

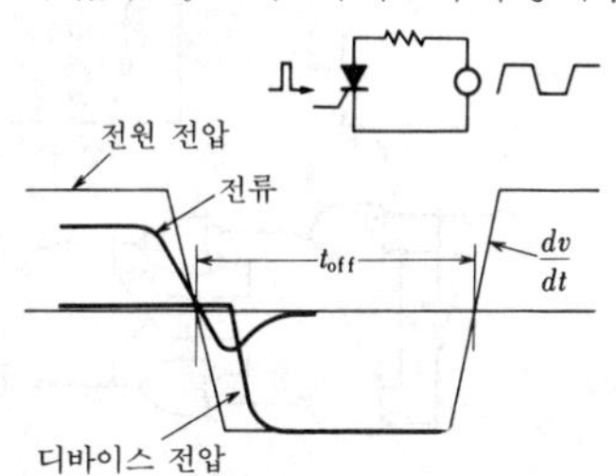

의 매개 변수값에 의해 정해지며, 그 회로 고유의 것이다. 그리고 당연히 $t_{off}<t_c$이어야 하는 것이 요구된다. 회로의 동작 주기를 T로 할 때 t_c/T를 회로의 턴오프비(turn-off ratio)라 한다.

devitroceramics 데비트로세라믹스 유리에 적절한 열처리를 하여 다결정화시킨 것. 강도나 내열성 등의 성질은 자기에 가깝다.

devitrometallic 데비트로메탈릭 데비트로세라믹스를 제작할 때 원료 속에 은이나 구리의 화합물 등을 소량 혼합해 두고, 결정화를 위한 열처리와 동시에 은이나 구리를 표면에 석출시켜서 도전층을 형성한 것. 전자 부품의 구성 소재로서 사용된다.

dew point instrument 노점계(露點計) 일종의 습도 측정기로, 기체를 냉각했을 때 함유 수분이 응축하는 온도를 나타내는 것이다. 열용량이 작은 금속면을 냉각하여 결로(結露)시키고, 그것을 전기적으로 검출하는 광전 노점계나, 흡습성의 박막에 선상(線狀) 전극으로 통전하여 증발이 없어지는 조건을 검출하는 저항 노점계 등이 있다.

DF 제동 계수(制動係數)[1], 방향 탐지기(方向探知機)[2] (1) =dumping factor (2) =direction finder

DFB laser DFB 레이저, 분포 궤환 레이저(分布饋還－) =distributed feedback laser

D flip-flop D 플립플롭 delay flip-flop의 약어. 데이터 입력 D 및 클록 입력 T의 2단자와, 출력의 2단자를 가지고 있는 그림과 같은 플립플롭 회로이다. 그 동작은 입력 D에 "1"이 가해지고 클록 펄스가 입력 T에 인가되면 출력 Q에는 "1"이, $\bar{Q}$에는 "0"이 출력된다. 다음에 D가 "0"일 때 클록 펄스가 가해지면 출력 Q에는 "0"이, $\bar{Q}$에는 "1"이 출력된다.

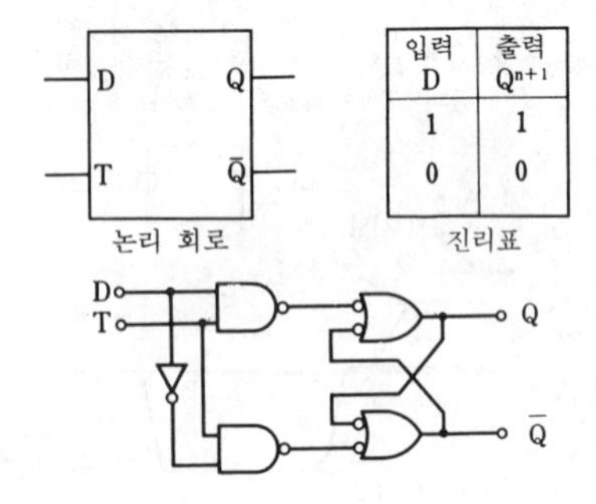

DG 미분 이득(微分利得) =differential gain

DG/DP 미분 이득/미분 위상(微分利得/微分位相) differential gain/differential phase의 약어. 컬러 텔레비전에서 색신호의 이득 특성, 위상 특성이 모두 주파수, 진폭 기타 복수 개의 매개 변수에 의해 변화한다. 미분 이득(*DG*), 미분 위상(*DP*)은 보통 이득 특성, 위상 특성이 신호의 진폭 A에 의해 어떻게 변화하는가를 나타내고, 각각 $(\partial G/\partial A)dA$ 및 $(\partial P/\partial A)dA$로 주어진다. 텔레비전에서의 색신호는 휘도 신호에 중첩되고 있기 때문에 위의 *DG*, *DP*는 영상의 진폭에 의해 색성분의 색상이나 포화도가 어떻게 변화하는가를 주게 된다. 측정은 톱니파 전압에 부반송파 신호를 중첩한 것을 피측정 회로에 입력하고, 그 출력인 부반송파의 진폭, 위상의 변화를 살피는 방법으로 수행된다.

DH 더블 헤테로 접합(－接合) =double heterostructure

DH laser 더블 헤테로 접합 레이저(－接合－) double hetero-junction laser의 약어. pn접합 레이저에서 발진 전류의 임계값을 낮추기 위해 고안된 2중 접합 구조의 레이저. 활성 영역으로 하는 재료를 대역 갭 에너지차 ΔE_g가 조금 큰 재료로 양측에서 샌드위치 모양으로 끼우고, 양측의 ΔE_g의 퍼텐셜 장벽에 의해 활성 영역을 국소화하고 있다. 또 활성 영역의 굴절률이 양측의 그것보다 조금 크지만 이것도 빛을 가두어 넣는 데 기여하고 있다. 단일 재료, 예를 들면 GaAs의 pn 접합은 호모 접합(homojunction)이라 한다. 접합부를 흐르는 순전류를 증가시키면 주입된 소수 캐리어의 재결합 발광도 활발해져서 결국 접합부는 활성 영역으로 되어 레이저 발진이 이루어진다. 이것이 호모 접합 레이저이다.

Diac 다이액 →SSS

dial 다이얼, 번호판(番號板) 전화기에서 직류를 단속하여 임펄스를 만드는 장치. 이 임펄스에 의해서 자동 교환기가 동작한다. 다이얼 기구는 핑거 플레이트, 메인 스프링, 거버너, 문자판, 접점 등으로 이루어진다. 핑거 플레이트에 손가락을 넣고 돌렸다 놓으면 원판이 회전하여 복구하고, 그 때 숫자에 해당하는 수의 임펄스를 발생한다. 회전식 다이얼은 푸시 버튼식의 전화기가 보급됨에 따라 사용되지 않게 되었다.

dial backup 다이얼 백업 전용선에 고장이 발생했을 때 그에 상당하는 수의 전화 회선을 사용하여 백업하는 방식.

dial impulse 다이얼 임펄스 전화기의 다이얼을 회전시킴으로써 통화 회로와 가입자 선로를 흐르고 있는 직류 전류(루프 전류)를 전화 번호 숫자에 대응하는 수만큼 단속시켜서 교환기를 동작시키는 것이다. 임펄스 전류는 브레이크 시간, 메이크 시간 및 휴지(pause) 시간의 세 가지 요소를 가지며, 그들은 임펄스 속도, 임펄스 메이크율, 미니멈 포즈에 의해서 규격이 정해지고 있다. 다이얼 임펄스가 이들 규격을 벗어나면 교환기의 동작이 불확실하게 된다.

dial-mobile telephone system 자동 이동 전화 시스템(自動移動電話－) 다이얼함으로써 전화망과 이동체간에서 통신이 되고 또 이동체 상호간에서도 다이얼함으로써 접속이 가능한 시스템이며, 전화망을 기반으로 하는 시스템이다.

dialogue 다이얼로그 통신망을 통해서 상호 접속되어 있는 두 단말 장치간에서 양방향의 통신을 하기 위해 이들 단말 장치간에서 수수되는 일련의 신호로 이루어지는 프로세스. 정보의 질서있는 교환과, 호출의 올바른 개시 및 종료를 제어하는 프로토콜에 의해 대화가 진행된다.

dialogue manager 다이얼로그 매니저 패킷 교환망 등에서 두 이용자(단말 장치)간에서 통화로를 설정하고, 양자간에서 적정한 대화가 이루어지기 위해 송수신 각 스테이션이 갖추어야 할 소프트웨어 기능을 말한다.

dial pulse 다이얼 펄스 자동식 전화기의 부품인 다이얼에 의해 발생하는 펄스. 임펄스라고도 한다. 그림에서 D_1은 캠에 의해서 단속하고, 다이얼 중에는 D_1, D_2는 R과 T를 단락한다.

펄스의 단속비＝(걸단시간)/(접속시간)
＝2/1

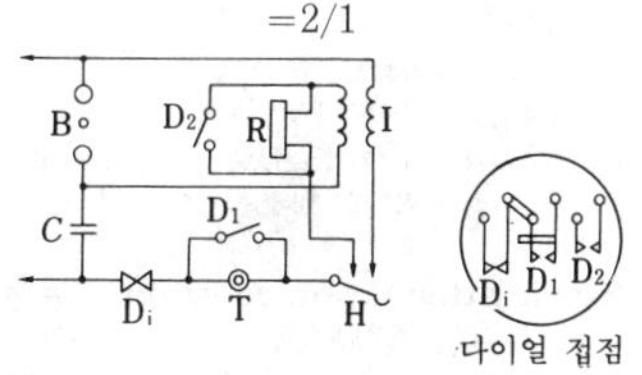

다이얼 접점

B : 벨
R : 수화기
C : 콘덴서
T : 송화기
I : 변성기
H : 훅 스위치

t=0.1〔s〕
또는 0.05〔s〕
전류
시간
다이얼 펄스
3의 경우

dial telephone set 자동 전화기(自動電話機) 다이얼 기능을 가진 전화기.

dial tone 발신음(發信音) 교환 장치가 호출 장치로부터 신호를 받을 준비가 되었다는 것을 나타내는 음.

dial-up 다이얼 호출(－呼出) 다이얼 또는 푸시 버튼 전화를 사용하여(즉, 교환 회선에서) 단말과 통신 장치의 접속을 개시하는 것.

dial-up connection 다이얼 접속(－接續) 가입자가 목적으로 하는 상대방을 향해 다이얼을 돌려서 교환 접속을 하는 것. 다이얼 번호에 의해 상대방으로의 접속 경로는 지정되어 버리므로 교환국에서 경로를 그 시점에서의 트래픽 상태에 따라 적당히 골라 접속할 수는 없다.

dial-up service 다이얼업 서비스 전화 서비스 형태의 하나로, 전화 교환망을 거친 국용(局用) 호출용 전화에 의존한 것.

dial-up terminal 다이얼업 단말(－端末) 공중 전화망을 통해서 컴퓨터에 접속되는 단말 장치. 전화망에는 모뎀(modem)에 의해 접속된다.

diamagnetic material 반자성체(反磁性體) ＝diamagnetic substance

diamagnetic substance 반자성체(反磁性體) 가한 자계와 반대 방향, 즉 자력선이 들어가는 측이 N극, 나오는 측이 S극이 되도록 자화되는 물질. 비투자율은 1보다 작고, 구리, 안티몬, 비스무트, 물 등이 이에 속한다.

diamond lattice 다이아몬드 격자(－格子) 다이아몬드는 4가의 공유 결합 결정으로 이루어진 탄소의 결정이며, 각 원자가 정4면체의 각 정점과 그 중심에 위치한 구성을 가지고 있다. 4가의 원소인 규소나 게르마늄도 마찬가지이며, 이러한 결정 구조를 일반적으로 다이아몬드 격자라 한다.

diamond stylus 다이아몬드 바늘 레코드 재생 바늘의 일종으로, 바늘끝에 다이아몬드를 사용한 것이다. 다이아몬드를 사용하면 마모에 강하므로 재생 바늘로서 이상에 가까우나 고가이므로 고급품에 속한다. 이 바늘에도 블록형과 접합형이 있으며, 전자는 바늘 전체가 다이아몬드의 객제에서 제작된 것으로, 고가이지만 수명이 2g의 침압으로 1,500시간 정도나 된다. 후자는 베이스가 되는 금속막대(티타늄) 끝에 다이아몬드의 팁을 접착한 것으로, 블록형보다 값이 싸지만 수명은 조금 짧다.

diaphragm 다이어프램 공기압 또는 유압을 변위로 변환하는 장치. 그림과 같은 구조이며, 압력이 높아지면 격막(隔膜)이 눌려지고, 압력이 낮아지면 되돌아가도록 동작한다.

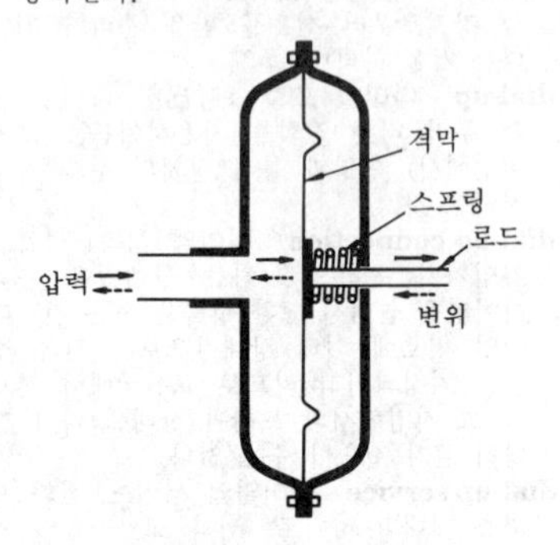

diathermy 라디오테르미 치료할 목적으로 인체 내부의 어느 부위에 발열시키기 위해 전파를 사용하는 것.

dibit 다이비트, 쌍 비트(雙－) 정보량의 단위로, 2 비트의 데이터나 정보를 나타낸다.

dichotomizing search 2분 탐색(二分探索) 컴퓨터를 써서 대량의 데이터 중에서 필요한 데이터를 찾아내는 방법의 하나. 데이터의 집합을 두 부분으로 나누고, 그 어느 한쪽을 골라내는 수속을 되풀이함으로써 구하는 데이터를 찾아낸다.

dichroic filter 다이크로익 필터 빛을 파장에 의해서 선택적으로 통하는 광 필터(거의 하이패스 또는 로패스 필터이다).

dichroic mirror 다이크로익 미러 굴절률이 다른 물질의 많은 박층(薄層)으로 이루어지는 반사경으로, 어떤 색의 빛을 반사하고, 다른 색의 빛을 모두 투과하는 성질을 가지고 있다. 보통의 색 필터에 비해서 흡수에 의한 손실이 매우 적고, 선택 반사하는 빛의 파장 범위를 재료의 두께나 구조에 의해 가감할 수 있는 특징이 있다. 컬러 텔레비전에 사용하는 3 이미지 오시콘 컬러 카메라에서 입사광을 3원색의 빛으로 분해하는 곳에 사용되고 있다.

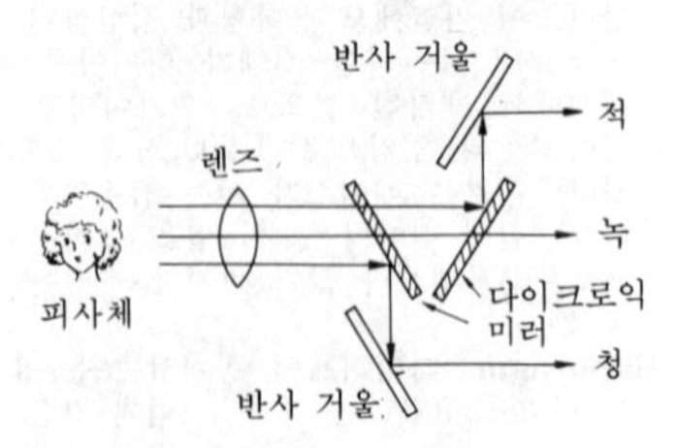

dichromate cell 중크롬산 전지(重－酸電池) 황산과 중크롬산의 용액으로 형성된 전해질을 갖는 전지.

dicode signal 다이코드 신호(－信號) 2진법에 의한 신호 전송 방식에서 신호의 변환점(신호의 레벨 변화를 일으킨 점)을 교대로 극성이 달라지는 복류(複流) 신호로 나타내는 방식(레벨 변화가 없으면 무신호이다). 직류 성분을 갖지 않는다는 특징이 있다.

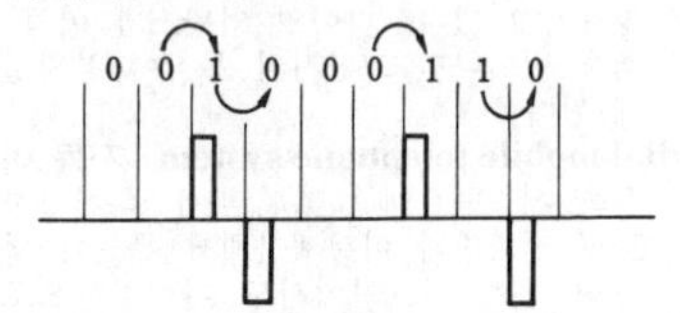

die 다이, 다이스 얇은 가는 조각으로 재단 혹은 가공된 반도체 재료로, 이 위에 다이오드, 트랜지스터 기타의 디바이스가 만들어진다.

die bonding 다이 본딩 반도체 부품의 조립 기술의 하나. 반도체 칩을 패키지에 고정하는 기술. 그 목적은 반도체 칩의 기계적 유지와 반도체 칩과 패키지 간의 전기적 · 열적 접속이다.

dielectric 유전체(誘電體) 절연물을 콘덴서에서와 같이 정전 용량을 만드는 원인으로서 볼 때 이것을 유전체라 한다.

dielectric absorption 유전 흡수(誘電吸收) 불완전한 유전체에서 일어나는 현상. 이 경우 +, －의 전하가 분리되어 유전체 내의 어떤 부분에 집적된다. 이 현상은 통상적으로 정전압 인가 후의 직류 전류의 느린 감소로서 나타난다.

dielectric amplifier 유전체 증폭기(誘電體增幅器) 강유전체 콘덴서의 정전 용량이 인가 전압에 의해 신호 증폭을 하도록 변화하는 성질을 이용한 증폭기.

dielectric antenna 유전체 안테나(誘電體－) 원하는 방사 패턴을 얻기 위해 유전체가 주요한 구성 요소로서 사용되고 있는 안테나. 유전체 렌즈를 사용한 안테나 등.

dielectric attenuation constant 유전체 감쇠 상수(誘電體減衰常數) 단위 길이당의 유전체를 따라 진행하는 평면 전자파의 진폭이 최초의 $1/e$로 감쇠하는 길이이 역수. 단, e는 자연 대수의 밑.

dielectric constant 유전율(誘電率) 하나의 콘덴서에서 유전체를 넣었을 때의 정전 용량 C, 유전체를 제외한 진공 중에서의 정전 용량 C_0으로 했을 때의 비 $\varepsilon = C/C_0$을 유전율이라 한다. 유전율은 물질의 유전체 분극에 관한 성질을 나타낸다. 또, 유전율은 전속 밀도를 D, 전계의 세기를 E로 했을 때 $D=\varepsilon E$이다.

dielectric constant in vacuum 진공의 유전율(眞空－誘電率) ε_0으로서 일반적으로 나타낸다. 값은 $\varepsilon_0=8.85418782\times10^{-12}$〔F/m〕이다.

dielectric dispersion 유전 분산(誘電分散) 유전체의 유전율이 전계의 주파수에 의해 변화하는 현상. 분극이 관계하는데 분극에는 전자(혹은 이온)의 변위에 의한 분극과 다이폴이 전계 중에서 방향을 바꾸는 배향(配向) 분극이 있다. 그리고 전계 주파수에 대하여 분산의 형태도 변화하며, 마이크로파 영역 등에서는 배향 분극이, 또 빛 영역에서는 원자, 전자의 변위 분극이 분산에 기여한다.

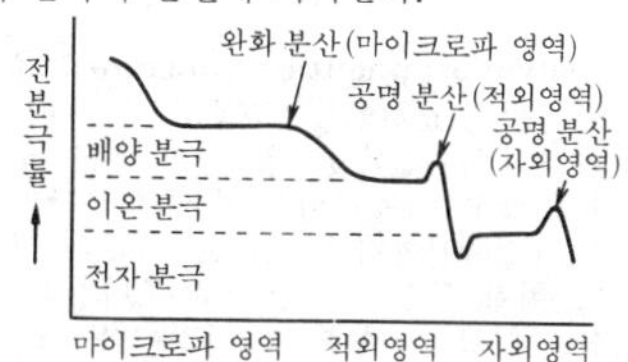

dielectric displacement 유전 변위(誘電變位) →electric flux density

dielectric dissipation factor 유전체 소산율(誘電體消散率) →dielectric loss

dielectric flux 전속(電束), 유전속(誘電束) 전계의 상태를 나타내기 위한 가상의 선. 단위는 쿨롬(C). 매질에 관계없이 $+Q$〔C〕의 전하에서 Q〔C〕의 전속이 나온다. 전속은 양전하에서 나와 음전하에서 끝나고, 금속체에 출입하는 경우는 그 표면에 수직으로 되는 성질이 있다.

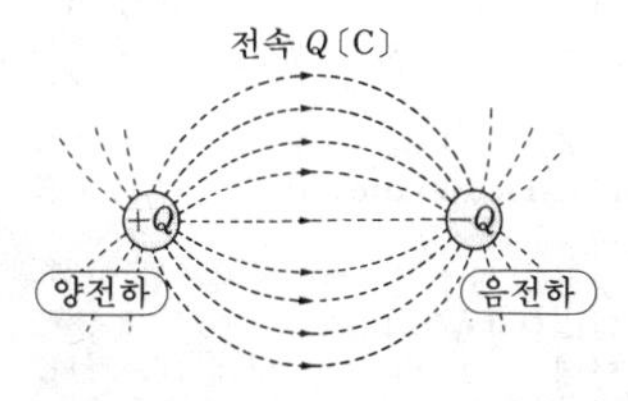

dielectric flux density 전속 밀도(電束密度), 유전속 밀도(誘電束密度) 유전체 중 어느 점의 단위 면적 중을 통과하는 전속수. 단위 C/m². $+Q$〔C〕의 전하를 중심으로 하는 반경 r〔m〕의 구면상에서의 전속 밀도 D〔C/m²〕는

$D=Q/4\pi r^2$

이며, 전계의 세기 E〔V/m〕는 유전율이 ε〔F/m〕인 경우

$E=Q/4\pi\varepsilon r^2$

이므로 $D=\varepsilon E$가 된다.

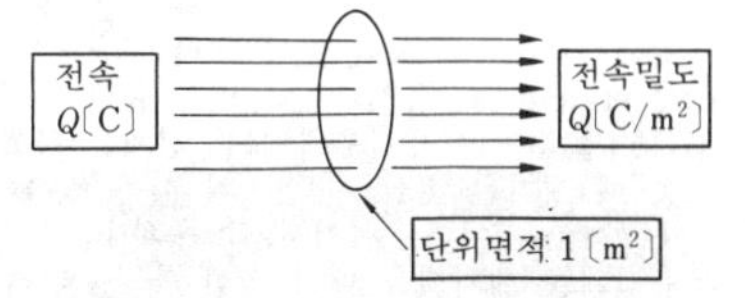

dielectric guide 유전체 도파관(誘電體導波管) 고체 유전체의 속을 파(波)가 전파하는 도파관.

dielectric heater 유전 가열기(誘電加熱器) 물질 속에 교류 전계를 인가하여 내부 손실을 발생시킴으로써 일반적으로 절연 물질을 가열하기 위한 장치. 전형적인 주파수 영역은 10MHz 이상이다.

dielectric heating 유전 가열(誘電加熱) 고주파 전계 중에서 절연성 피열물에 생기는 유전체손에 의해서 피열물을 직접 가열하는 방법. 고주파 전계(E, f)에 의해서 전극간에는 진상 전류 외에 절연물을 발열시키는 손실 전류 I_R손을 발생한다. 표면을 과열하는 일없이 내부를 균일하게 단시간에 가열할 수 있으므로 합성수지의 접착이나 성형, 목재·합판의 건조 및 전자 레인지의 원리에 쓰인다.

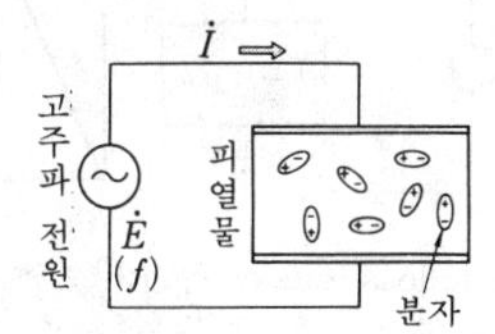

dielectric hysteresis 유전 히테리시스(誘電－) 유전체에 가한 전계 E의 변화에 대하여 유전체 내의 전속 밀도 D의 변화가 늦어지는 현상. 강자성체에서 자계 H와 자속 밀도 B 사이에 볼 수 있는 히스테리시스와 비슷한 현상이다.

dielectric isolation 유전체 아이솔레이션(誘電體－) 집적 회로(IC)계의 내부에서 기생 접합을 제거하고, 불필요한 정전 용량이나 누설 전류로를 끊기 위해 두는 격

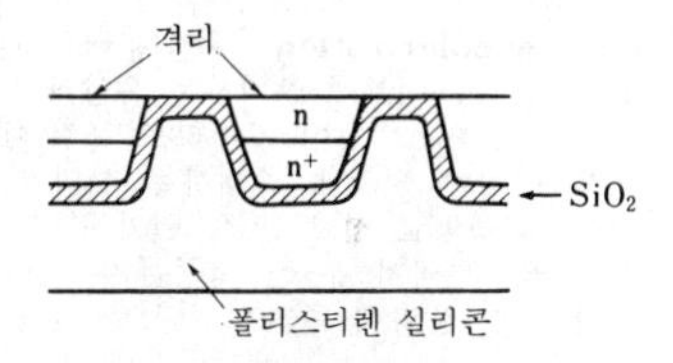

리층의 일종. 보통 SiO_2의 절연막이 사용된다.

dielectric lens 유전체 렌즈(誘電體－) 렌즈 안테나의 전파 방출구에 붙여진 유전체에 의한 렌즈 효과를 일으키는 부분.

dielectric loss 유전손(誘電損), 유전 손실(誘電體損失) 유전체에 교류 전계를 가했을 때 생기는 손실. 유전손의 값은 $P=2\pi fC_0E^2\tan\delta$이다. 여기서, f: 주파수, C_0: 유전체를 제외했을 때의 정전 용량, ε: 유전체의 비유전율, δ: 손실각, E: 가한 전압의 실효값. tan δ는 물질의 성질을 나타내는 중요한 상수로, 손실 크기의 표시에 사용되나, 동일 물질이라도 주파수에 따라서 변화하므로 주의해야 한다. 이 유전손은 모두 열로서 방출되므로 부품의 발열로 되어서 장해가 되는 반면, 이 현상을 이용하여 유전체를 고주파 가열할 수 있다.

dielectric loss angle 유전손각(誘電損角) 유전체에 고주파 전계를 가했을 때 흐르는 전류가 무손실인 경우의 전류(순전한 변위 전류로, 인가 전압에 대하여 90° 위상이 앞서는)에 대하여 늦는 각도 δ를 말한다.

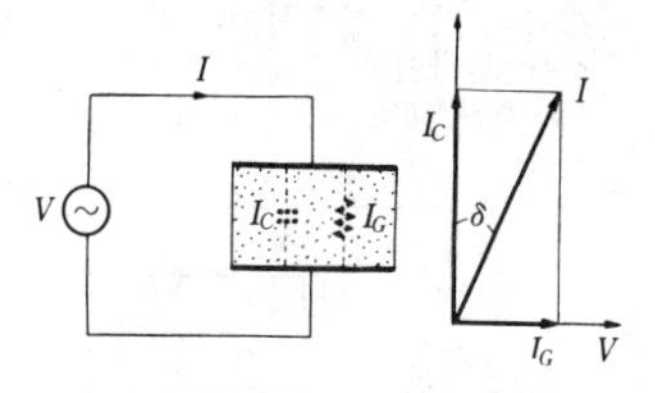

dielectric loss index 유전손 인덱스(誘電損－) 상대 복소 유전율 $\varepsilon'-j\varepsilon''$의 허수부 $\varepsilon''(=\varepsilon'\tan\delta)$).

dielectric multilayer reflecting mirror 유전체 다층막 미러(誘電體多層膜－) 굴절률이 다른 유전체 박막을 교대로 여러 층부터 10수층 겹쳐 만든 반사경이다. 각 층의 경계에서 반사하는 빛이 서로 간섭하여 여러 가지 반사율을 가진 거울을 실현할 수 있다. 간섭을 이용하므로 분광 반사율을 바꿀 수 있다. 다수의 층을 겹쳐서 특정한 파장을 가진 빛을 골라 매우 높은 반사율을 갖게 할 수도 있다.

dielectric polarization 유전 분극(誘電分極) 유전체 내부에 존재하는 음양의 전하가 전체로서 그 양이 같더라도 물질 내부에서 떨어진 위치에 존재하는 상태를 말한다. 원인별로 전자 분극, 원자 분극, 이온 분극, 쌍극자 분극의 4종류가 있으며, 각각 정전 용량에 주파수 특성을 갖게 하는 원인이 된다.

dielectric power factor 유전 역률(誘電力率) 유전체에 교류 전압 $\dot{V}$를 가했을 때의 전류 $\dot{I}$는 그림과 같이 되므로 유전손은 $VI\cos\varphi$로 나타내어진다. 이 경우 $\cos\varphi$를 유전 역률이라 하고, 보통 δ는 매우 작으므로 근사적으로 tan δ(유전 탄젠트)와 같은 것으로 다루어지고 있다.

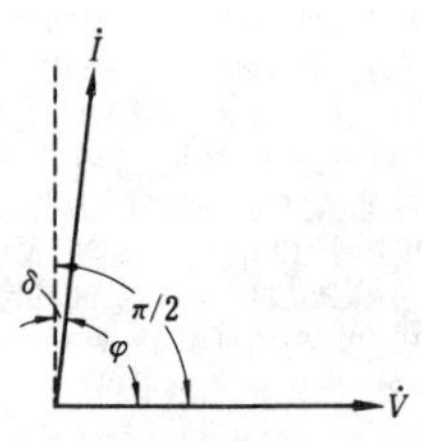

dielectric propagation constant 유전체 전파 상수(誘電體傳播常數) 유전 매질 중을 전파하는 전자파의 전파 상수 $\alpha+j\beta$, 감쇠 상수 α는 파의 진폭이 당초값의 $1/e$로 감소하기까지 전파하는 거리의 역수이고, 위상 상수 β는 $2\pi/\lambda$로 주어진다. λ는 유전 매질 중의 파의 파장이다. α, β의 값은 매질의 상대 유전 상수 ε, 상대 투자율 μ, 유전체 소산각 δ에 의해 변화한다. → propagation constant

dielectric reflection 유전 반사(誘電反射) 전파가 유전체에 닿아서 반사되는 것. 전리층에서의 전파의 반사 계수는 굴절률에 의해서 정해지고, 굴절률은 유전율과 도전율에 의해서 정해진다. 야간에는 전리층의 도전율은 작아지기 때문에 굴절률은 주로 유전율에 의해서 정해진다. 따라서 야간은 장파의 반사가 유전 반사를 한다.

dielectric relaxation time 유전 완화 시간(誘電緩和時間) 유전체 내에 어떤 원인으로 생긴 전하가 소실해 가는 경우의 시상수로, 그 유전체의 유전율 ε〔F/m〕를 도전율 σ〔S/m〕로 제한 값.

dielectric rod antenna 유전체 로드 안테나(誘電體－) 방사 소자의 주요 부분에 성형한 유전체 막대를 사용한 안테나. 폴리스티렌을 사용했을 때의 유전체 로드 안테나는 폴리 로드 안테나라 하며, 유전체 막대 안테나의 대표 예이다.

dielectric strain 유전 일그러짐(誘電－) 유전체 결정을 전계 속에 두었을 때 생기는 유전체의 일그러짐.

dielectric strength 절연 내력(絶緣耐力) 절연 재료가 어느 정도의 전압에 견딜 수 있는가의 정도.

dielectric strength test 절연 내력 시험

(絶縁耐力試驗) 지정된 시간, 정격값 이상의 고전압을 인가하여 행하는 시험으로, 절연물의 고장에 대한 여유도를 결정하기 위해서 하는 것.

dielectric substance 유전체(誘電體) 유전체는 절연물을 말하지만, 절연물을 평행 전극판 사이에 넣으면 전극간의 정전용량이 커진다. 더욱이 변화의 정도는 절연물의 종류에 따라 다르다. 이것은 절연물이 단지 전하를 이동시키지 않을 뿐만 아니라 어떤 종류의 전기 작용이 있는 것으로 생각된다(유전체 분극). 이러한 의미에서 절연물을 유전체라 부르고 있다.

dielectric waveguide 유전체 도파관(誘電體導波管) 유전체로 구성되는 도파관.

diesel engine generator 디젤 기관 발전 장치(-機關發電裝置) 상용 전원의 정전이나 이상 및 수전 장치의 고장시 등에 필요한 전력을 확보하기 위한 예비 전원으로서 사용되는 발전 장치의 일종으로, 엔진에 디젤 기관을 사용하는 것. 디젤 기관은 연료에 중유를 사용할 수 있으므로 연료비도 싸고, 저장이 가솔린에 비해 위성이 적은 이점이 있다.

difference channel 차동 채널(差動-) ① 모노 펄스 수신기에서 2개(또는 2조)의 안테나 빔에 의한 수신 신호를 비교하여 발생된 차신호를 증폭, 여파(濾波), 기타 처리를 하는 부분. 조준축으로부터의 목표물의 편차를 표시한다. ② 모노 펄스 수신기에서 2개의 안테나 빔 또는 2조의 안테나 빔(즉 동시 로빙)에 의한 2개 또는 그 이상의 신호를 비교하여 발생된 차신호를 처리하는 신호 경로.

difference detector 차동 검출기(差動檢出器) 입력 파형의 첨두 진폭 또는 실효값의 차의 함수인 출력을 갖는 검출 회로.

difference frequency 차 주파수(差周波數) 펌프 주파수 f_p의 조파, nf_p와의 신호 주파수 f_s와의 차의 절대값. 여기서 n은 양의 정수(整數). 통상, n은 1과 같다.

difference in depth of modulation 변조도차(變調度差) 강한 신호의 백분율 변조도에서 약한 신호의 백분율 변조도를 뺀 값을 100으로 나눈 것. =DDM

difference slope 차 슬로프(差-) 모노 펄스 레이더에서 조준축으로부터의 목표물 각도의 함수로 한 차 패턴 전압(합 패턴 전압에 대해 정규화되는)의 기울기. 기울기는 보통, 차 패턴 전압이 0, 조준축에 상당하는 커브 상의 점으로 지정된다.

differential 차동(差動), 미분 회로(微分回路) 전기의 경우, 두 신호의 차나, 입력 신호와 참조 전압과의 차를 만드는 회로를 말한다.

differential action D 동작(-動作), 미분 동작(微分動作) 자동 제어계에서 입력에 따라 제어값을 정하는 경우, 입력에 비례한 출력에 대해서 입력의 미분에 대한 출력을 주는 것. 일반적으로 비례 동작과 조합시켜서 PD 동작으로 하고 있다. 그림은 PD 동작을 나타낸 것이다.

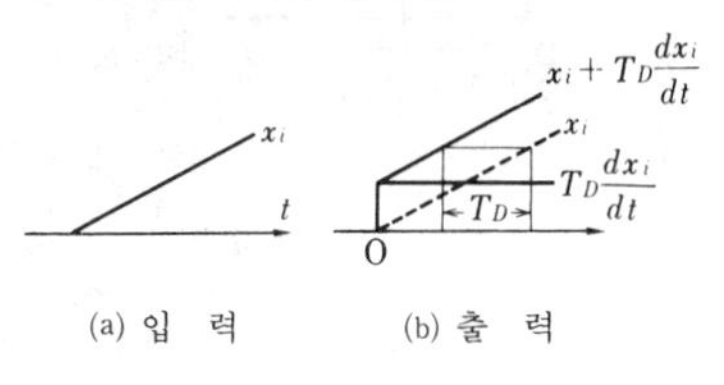

PD 동작

differential amplifier 차동 증폭기(差動增幅器) 특성이 같은 2개의 증폭 소자(예를 들면 트랜지스터)를 대칭적으로 접속하고, 양자의 입력차에 비례한 출력을 얻는 증폭기. 그림에서 B_1, B_2에 가한 두 입력의 차에 비례한 출력을 C_1, C_2 간에서 꺼낸다. 입력을 각각 역위상으로 가하면 큰 출력이 되지만 한 쪽에만 가해도 동작한다. 이 회로의 특징은 전원 전압이나 온도의 변화에 의한 영향이 상쇄되어 안정한 동작을 할 수 있는 점이다.

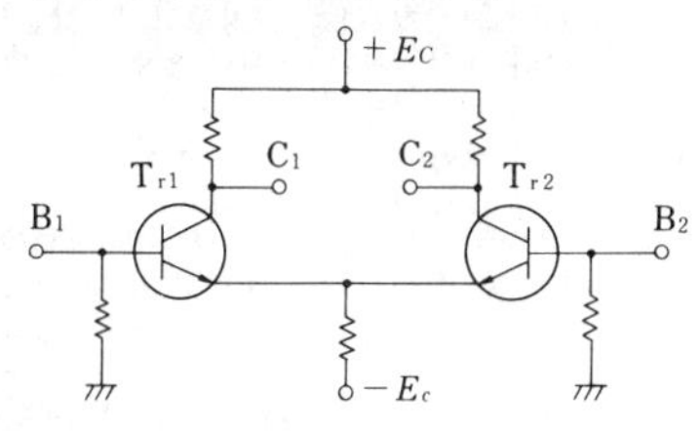

differential analyzer 미분 해석기(微分解析機) 주로 미분 방정식을 푸는 것을 목적으로 만들어진 기계적 또는 전기적인 아날로그 장치. 보통 막연하게, 단지 미분 방정식을 푸는 것을 목적으로 한 컴퓨터를 의미하는 경우가 많다.

differential bridge 차동 브리지(差動-) 임피던스 측정용 고주파 브리지의 일종으로, 그 접속을 그림에 나타낸다. 표준 어드미턴스의 C_s, G_s를 조정하여 검출기에 흐르는 전류를 최소로 하면

$G_x=G_s,\ B_x=\omega C_s$

로 되어 G_s, C_s의 눈금에서 G_x, B_x를 직독할 수 있다. 미지 어드미턴스가 유도성

인 경우는 C_s를 b측에 접속하여 평형을 잡으면 마찬가지로 측정할 수 있다.

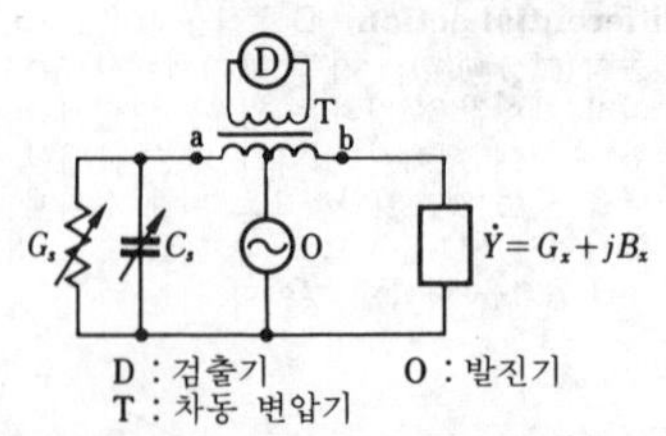

differential capacitance 미분 커패시턴스(微分－) 전하-전압 특성 곡선상의 주어진 점에서의 곡선의 기울기, 즉 dQ/dV를 말한다.

differential capacitor 차동 콘덴서(差動－) 하나의 회전부와 두 구간을 가진 2구간형의 조정 가능 콘덴서로, 한쪽 구간의 커패시턴스가 증가하면 다른쪽 구간의 그것은 반대로 감소되도록 배치되어 있는 것.

differential circuit 미분 회로(微分回路) 입력 신호의 미분값을 출력으로 하는 회로를 말한다.

differential detection 차동 검파(差動檢波) 차동 변조된 신호의 검파 방식. 예를 들면, 위상차분 변조 방식에서의 지연 검파 방식 등을 들 수 있다.

differential discriminator 차분 판별기(差分判別器) 그 진폭이 정해진 두 값(어느 것이나 0이 아닌) 사이에 있는 펄스만을 통과시키는 판별기.

differential duplex system 차동 2중 시스템(差動二重－) 송신 전류가 자국(自局) 수신기의 2개에 서로 평형한 선로에 접속된 상호 유도(권선) 부분을 반대 방향으로 분류하여 자국 수신기에 대한 영향을 상쇄하는 시스템. 또한 수신 전류는 수로 하나의 부분을 통하거나 또는 두 부분을 같은 방향으로 통해 수신기를 동작시킨다.

differential dynamic microphone 차동형 다이내믹 마이크로폰(差動形－) 진동판 양쪽에 소리의 입사구를 둔 마이크로폰. 이러한 마이크로폰은 먼 곳에서 오는 저주파음을 진동판 양쪽에서 상쇄하는 효과가 있으므로 주위의 소음 방해를 방지하는 효과가 있다.

differential four phase modulation system 4상 차분 변조 방식(四相差分變調方式) 다상 차분 변조 방식의 하나로, 신호 위상으로서 4상을 쓴 것.

differential gain 미분 이득(微分利得) 영상 증폭기에서 컬러 신호의 비직선 일그러짐을 나타낼 때 쓰이는 것. 미분 이득은 소진폭 고주파 정현파를 중첩한 저주파 신호의 두 레벨에서의 고주파 출력 진폭의 비를 a로 하고, 이것과 1과의 차로 나타내는 것으로 정의되어 있으며, $100(a-1)$〔%〕로 나타낸다. 구체적으로는 컬러 텔레비전에서의 휘도 신호(Y신호)와 색별 반송파의 진폭 변화를 규정한 것이다. 미분 이득은 0이 이상적이며, 0이 아닐 때는 밝은 장소와 어두운 장소에서 채도(彩度)가 변화하게 된다. ＝DG

differential-gain control 차동 이득 제어(差動利得制御) 수신기 출력에서의 각 신호간 진폭차를 작게 하기 위해 신호 레벨의 기대되는 변화에 따라서 무선 수신기의 이득을 바꾸기 위한 기기.

differential-gain-control circuit 차동 이득 제어 회로(差動利得制御回路) 2개의 번갈아 가해진 연속적으로 같지 않은 입력 신호에서 바람직한 상대적인 출력 신호를 얻기 위해 무선 수신기의 이득을 조절하는 수신 시스템의 회로.

differential-gain-control range 차동 이득 제어 영역(差動利得制御領域) 차동 이득 제어 회로가 적절한 제어를 하여 바람직한 출력 레벨을 유지할 수 있는 경우의 수신기 입력에서의 신호 진폭의 최대비(통상은 데시벨로 표시).

differential gain/differential phase 미분 이득/미분 위상(微分利得/微分位相) ＝ DG/DP

differential gap 동작 간극(動作間隙) 온·오프 동작의 제어계는 편차의 ＋, －에 따라서 조작부를 전폐(全閉) 또는 전개(全開)로 하므로 구조도 간단하고 비용도 적게 든다. 조작부가 양극단의 위치 밖에는 취할 수 없으므로 사이클링을 피할 수 없다. 이것을 제거하기 위해 동작 간극을 둔다. 예를 들면, 수위의 자동 제어인 경우는 그림과 같이 수위의 변화가 동작 간극

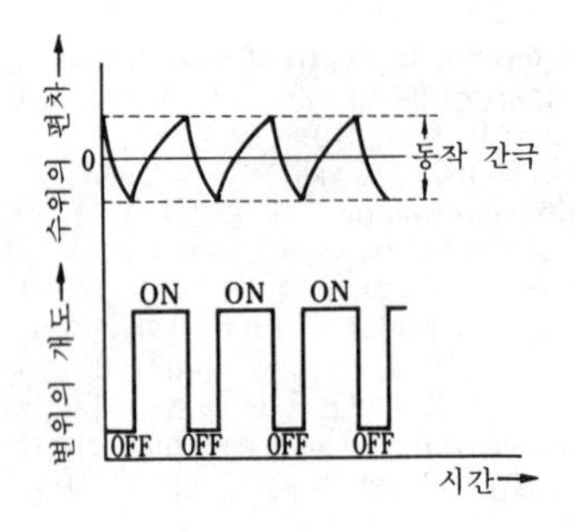

과 같은 진폭을 가지고 진동한다.

differential input 차동 입력(差動入力) 두 입력 단자의 각각과, 공통점과의 사이에 가해지고 있는 전압의 크기와는 관계없이 그들 전압의 차에 대해서만 응동하는 입력 회로 방식.

differential mode attenuation 다 모드 감쇠차(多－減衰差) →differential mode delay

differential mode delay 다 모드 지연차(多－遲延差) 광섬유 선로에서, 전파하는 각 모드의 군속도가 다름으로써 생기는 모드 간의 전파 지연의 차. 각 모드에서 감쇠량이 달라서 생기는 불균일을 다 모드 감쇠차(differential mode attenuation)라 한다.

differential mode GPS 차동 모드 GPS(差動－) 전세계 측위 방식(혹은 전 지구 항법), 약칭 GPS(global positioning system) 측위 정밀도를 향상시키기 위해 어느 거리를 둔 두 이용자가 같은 항법 방식을 사용함으로써 양자에 공통한 오차의 영향을 제거할 수 있다(차동 모드를 써서). 이 항법 방식에서는 위치를 알고 있는 기준국의 수신기로 구한 오차의 값을 방송하고, 기준국 주변의 이용자가 그 정보를 바탕으로 측정값 보정을 하여 기준국에 대한 상대 위치를 구함으로써 지도상의 위치를 알 수 있다.

differential-mode interference 차동 모드 방해(差動－妨害) 신호 회로에서 정규 신호 전압과 같게 선로에 나타나는 방해 전압. 커먼 모드 방해의 대비어. 정규의 신호(차동 모드 신호)와 구별하기가 곤란하며, 따라서 제거하기 어려운 방해이다.

differential-mode radio noise 차동 모드 고주파 잡음(差動－高周波雜音) 신호 전송로 한쪽의 전위를 다른 쪽에 대해 상대적으로 변화시키도록 작용하는 유도 고주파 잡음.

differential-mode signal 차동 모드 신호(差動－信號) 평형한 3단자계에서 두 비접지 단자간에 주어지는 신호 V_s.

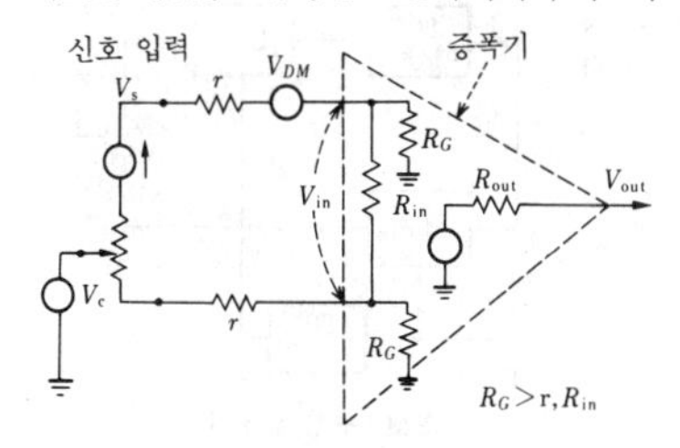

V_c : 동기 방해 전압 V_{DM} : 차동 모드 방해 전압

differential modulation 차분 변조(差分變調) 데이터 전송 시스템에서 유의(有意) 상태의 선택이 전위(前位) 신호 엘리먼트의 유의 상태 이하로 좌우되는 변조를 가리킨다.

differential omega 디퍼렌셜 오메가 오메가 방식에서, 어느 고정점에서의 위치선의 계산값과 실측값의 차를 구해 이것을 보정값으로 하여 송신하고, 이용자는 이것을 이용하여 측정값을 수정하는 방법. 오메가는 10kHz 정도의 VLF 파를 사용하는 장거리 쌍곡선 항법이며, 지구상에 8국의 송신국을 둠으로써 항공기는 지구상 임의의 지점에서 위치 결정할 수 있다.

differential output current 차동 출력 전류(差動出力電流) 자기 증폭기에서 정격 부하 임피던스에 대한 차동 출력 전압의 비.

differential output voltage 차동 출력 전압(差動出力電壓) 자기 증폭기에서 ① 최대 테스트 출력 전압과 최소 테스트 출력 전압과의 대수차와 같은 전압. ② +의 최대 테스트 출력 전압과 −의 최대 테스트 출력 전압과의 대수차와 같은 전압.

differential permeability 미분 투자율(微分透磁率) 자성체의 자화 곡선상 임의의 점에서의 자속 밀도의 미소 변화 ΔB와 이에 대응하는 자화력의 변화 ΔH의 비 $\Delta B/\Delta H$를 말한다. 즉, 생각하고 있는 점에서의 자화 곡선의 경사를 말한다.

differential phase 미분 위상(微分位相) 컬러 신호의 영상 증폭기에서의 비직선 일그러짐을 나타낼 때 미분 이득과 함께 쓰이는 것. 미분 위상은 영상 신호 전송계에서 소진폭 고주파 정현파를 중첩한 저주파 신호의 두 레벨에서의 고주파 출력의 위상 차라고 정의되고 있다. 구체적으로는 컬러 텔레비전에서 휘도 신호(Y 신호)의 크기에 의해서 색부반송파의 위상 변화를 규정한 것으로, 미분 위상은 0이어야 하는 것이 이상적이며, 0이 아닐 때는 밝은 장소와 어두운 장소에서 색상이 변화하게 된다. ＝DP

differential phase detection 차분 검파(差分檢波) 직전의 변조된 신호와 현재의 변조된 신호를 비교하여 그 차를 검출해서 복조하는 방식.

differential phase inversion modulation system 위상 반전 차분 변조 방식(位相反轉差分變調方式) 위상 반전 변조 방식과 거의 같으나 기준 위상을 하나 앞의 위상 상태로 취하는 것이 다르다. 예를 들면, 앞서와 같은 위상이면 "0", 다른 위상이면 "1"을 나타내게 된다.

differential phase modulation system 위상 차분 변조 방식(位相差分變調方式) 위상 변조 방식의 하나. 이 방식에서는 하나 앞의 위상 상태와의 차를 신호에 대응시킨다. 이와 같이 하나 앞의 위상 상태를 기준 위상으로 취하기 때문에 반송파의 기준 위상을 추출할 필요가 없다.

differential phase shift 차동 이상(差動移相) 전기적 성능, 특성 등의 조정에 의해 회로의 출력단에 생긴 필드 화면 신호의 위상 변화. 차동 이상은 또 두 2단말 회로에 새로 회로를 삽입했을 때의 이상(移相)의 차를 의미하기도 한다.

differential phase-shift keying 차분 위상 시프트 키잉(差分位相−) =DPSK → phase-shift keying

differential polyphase modulation 다위상 차분 변조 방식(多位相差分變調方式) 위상 차분 변조 방식 중 신호 위상으로서 n개를 사용한 것이다. n으로서는 4, 8 등이 있다. →differential phase modulation system

differential pulse code modulation 차분 펄스 부호 변조 방식(差分−符號變調方式), 차분 PCM(差分−) PCM 방식의 전화 전송에서 신호를 매초 8,000 회의 비율로 표본화한다고 하면, 4,000Hz까지의 임의의 주파수를 재생할 수 있다(나이키스트 정리). 그러나 실제 문제로서 스피치의 신호 변화는 그다지 빠르지 않고 그 에너지의 대부분은 1,000Hz 이하에 있다. 따라서 각 표본의 절대값을 부호화할 필요는 없고, 인접한 두 표본의 차이를 부호화하면 충분하다. 이것이 차분 PCM 의 근간이다. 과거 2~3 의 표본에서 추정한 다음의 표본과 현재의 표본과의 진폭차를 5비트 정도로 부호화한다(보통의 PCM에서는 7비트). 그러므로 보통의 PCM 에서는 7×8,000 즉 56,000bps 전송 레이트인데 대해 차분 PCM 에서는 40,000 bps 로 족하게 된다. 양호한 추측 회로 (predictive circuit) 혹은 추정기를 쓰면 비트 레이트는 위의 절반 정도로 할 수 있다. 이러한 부호화법이 적응 프리딕터가 부가된 차분 PCM 이다. =DPCM

differential quantum efficiency 미분 양자 효율(微分量子效率) 입력 입자수의 증분에 대한 출력 입자수의 증분의 비. 비직선적인 입출력 특성인 경우에 쓰인다.

differential relay 차동 계전기(差動繼電器) 정상시에는 계전기를 적용한 2개소의 회로의 전압 또는 전류가 같지만 고장시에는 전압 또는 전류에 차가 생겨서 이에 의해 동작하는 계전기.

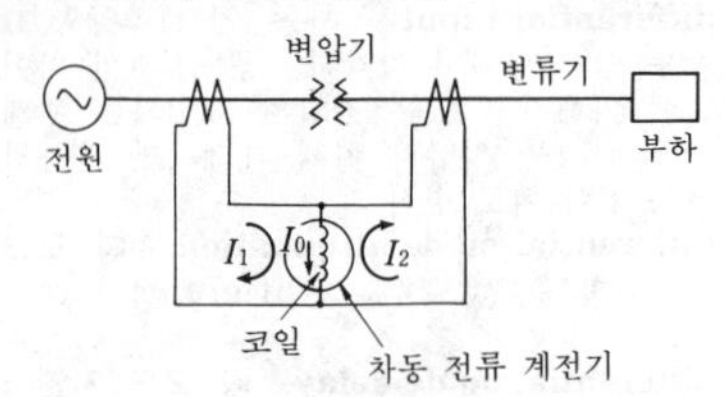

differential resistance 미분 저항(微分抵抗) 일반적으로 임의의 디바이스 혹은 회로에서의 전압·전류 특성 곡선상 임의의 점에서의 곡선 경사 $\Delta V/\Delta I$. 보통 반도체 정류기와 같은 비직선 특성을 갖는 디바이스에서 쓰인다. 직선 특성 디바이스이면 저항값은 일정하며, 미분 저항을 생각할 필요는 없다.

differential selection 차동 선택(差動選擇) 두 코일에 전류를 흘렸을 때 생기는 자속의 차에 의해 디바이스가 동작하도록 하는 것.

differential signal 차동 신호(差動信號) 두 신호간의 순간적인 대수적 차.

differential SSB modulation 정위상차 변조(定位相差變調) 예를 들면, 방송 프로의 신호는 50Hz~10kHz 에 걸쳐 있기 때문에 이것으로 96kHz 반송파를 변조하면 상하 측파대는 반송파를 사이에 두고 100Hz 밖에는 떨어져 있지 않기 때문에 필터만으로는 불요 측파대를 차단하기가 곤란하다. 그래서 신호파를 하이브리드 코일로 2분하여 이상 회로(移相回路)에서 90°의 위상차를 주고, 별개의 변(복)조기로 변(복)조 한다(반송파에도 90°의 위상차를 준다). 이렇게 해서 얻어진 두 변조 출력을 합성하여 불요 측파대를 억압하도록 한다. 단, 이상 회로에 너무 넓은 대역을 주기가 곤란하기 때문에 필터에 의한 억압이 곤란한 저역(50~700Hz)에 대해서만 적용한다.

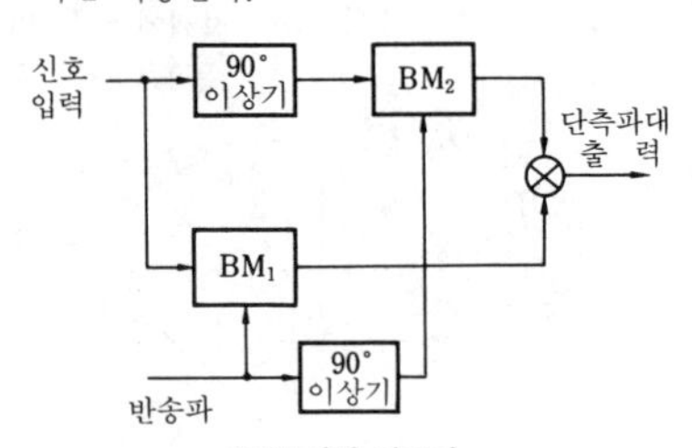

BM : 평형 변조기

differential time constant 미분 시상수

(微分時常數) 선형 미분 방정식에 의해 기술되는 계(系)는 일정한 시상수를 갖지만, 그 이외의 경우는 시상수라는 것은 갖지 않는다. 그러나 어느 변수의 시간에 관한 변화를 주는 곡선상의 동작점에서 변수 단위의 변화를 일으키기 위한 시간 증분을 그 동작점에서의 미분 시상수라고 한다.

differential transformer 차동 변압기(差動變壓器) 동일축상에 1차 코일, 차동 접속된 2차 코일을 감고, 코일 내에 가동 철심을 넣은 변압기. 측정 정확도, 감도, 응용 범위, 내구성 등 변위 변환용으로서 가장 유효하다. 변위 측정용 변환기로서 100mm 정도의 변위까지 널리 사용되고 있다.

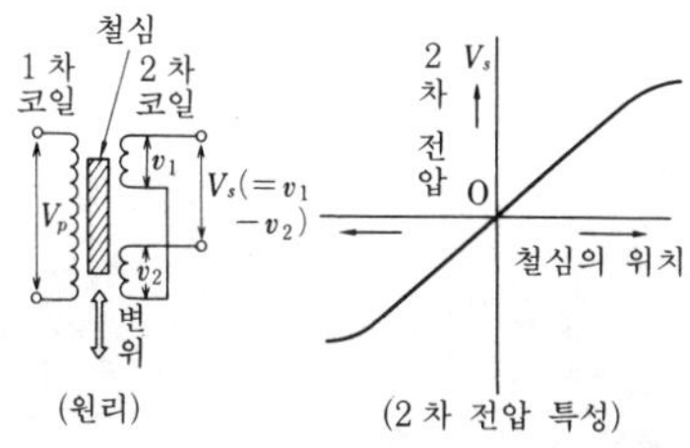

(원리) (2차 전압 특성)

differential transformer type electric micrometer 차동 변압기식 전기 마이크로미터(差動變壓器式電氣−) 차동 변압기의 철심 중점으로부터의 벗어남을 2차 권선에 의해서 검출할 수 있도록 한 변위 계측기. 1차 코일과 2차 코일의 중심에 자성체의 코어를 둔다. 변위에 의해서 코어가 중점에서 벗어나면 코일 A와 B사이의 유도 전압에 차가 생겨서 출력이 얻어진다. 검출 감도는 약 1μm 정도이다.

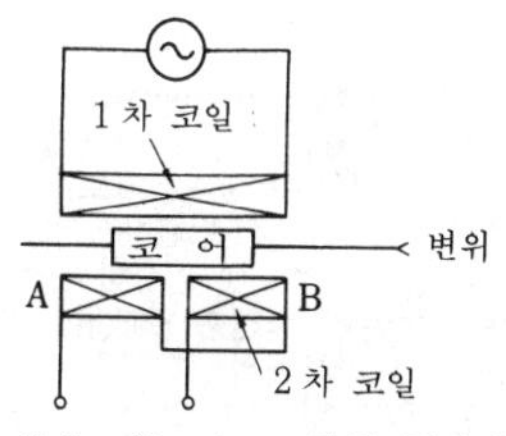

differential voltmeter 차동 전압계(差動電壓計) 가변 표준 전압 발생 기구와 고정밀도, 고입력 저항의 영평형 검출기를 갖는 전압계. 측정은 주로 영위법에 의해 직류 전압을 0.01% 정도의 정확성으로 측정할 수 있다. 정전압원의 전압을 낮게 잡고, 측정 범위용 분압기를 입력측에 넣은 것도 있다.

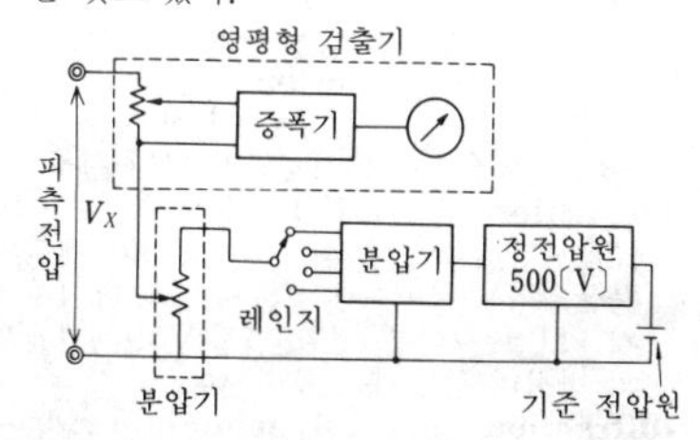

differentiation circuit 미분 회로(微分回路) 입력 파형을 시간에 대해서 미분한 파형이 출력으로서 얻어지는 회로. 그림과 같은 회로에서 $CR \ll \tau$로 선택함으로써 얻어진다. 자동 제어의 조절기나 아날로그 컴퓨터의 연산기 등에 사용된다.

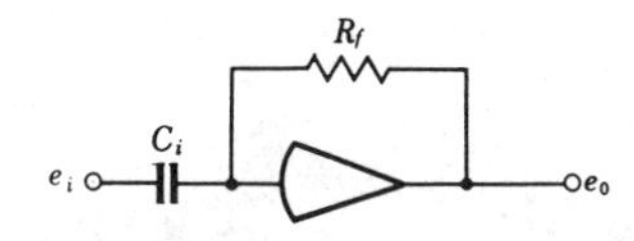

differentiator 미분기(微分器) 아날로그 컴퓨터의 연산기의 하나. 그림과 같이 적분기와는 반대로 궤환 임피던스에 저항을 사용하고, 주어진 전압의 미분값에 비례하는 전압을 얻는 것을 목적으로 한다. 관계식은 다음과 같다.

$$-e_o = C_i R_f \frac{de_i}{dt}$$

그러나 안정도, 잡음, 오차 등의 점에서 다른 연산기에 비해 특성이 떨어지므로 실제로는 그 사용을 되도록 피하고 있다.

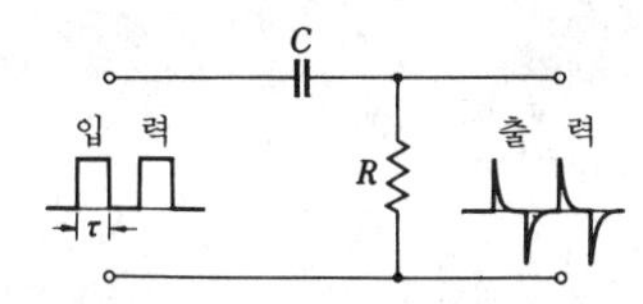

diffracted image 회절상(回折像) 빛이나 X선, 전자선 등의 파동성에 의한 회절 현상에 의해서 생기는 명암의 무늬를 말한다. 지금, 물점 A가 수차가 전혀 없는 이상적 렌즈에 의해서 A′점에 결상(結像) 되었다고 하더라도 상 A′는 1점으로는

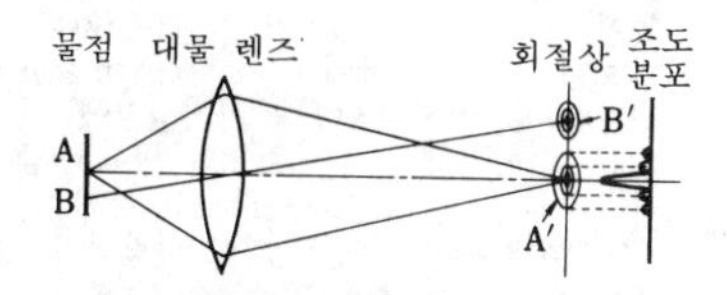

되지 않고 A′를 중심으로 한 원 및 이것과 동심의 원륜으로서 나타난다. 만일 2점 A, B가 매우 근접하여 존재하면 A′, B′를 중심으로 하는 두 회절상은 서로 겹쳐져서 2점으로서 식별되지 않게 된다.

diffraction 회절(回折) 파(波)의 파두(波頭)가 장애물이나 혹은 전파(傳播) 매질의 불균일성 등 때문에 그 방향이 굽어지는 것. 이것은 다른 전파 매질의 경계면에서의 반사나 굴절과는 구별된다.

diffraction caused by mountain ridges 산악 회절(山岳回折) 마이크로파대나 초단파(VHF)대의 전파는 본래 직선적으로 전파하여 가시 거리 밖에는 도달하지 않으나 도중에 산이 있으면 이 부분에서 그림과 같이 전파가 회절되어 가시외의 먼 곳까지 도달하는 성질이 있다. 이 현상을 산악 회절이라 하고, 이 성질은 장거리 통신 회선에 이용할 수 있다.

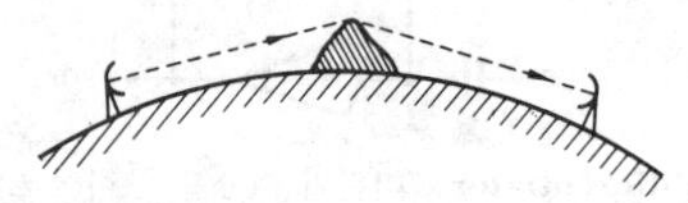

diffraction efficiency 회절 효율(回折效率) 홀로그램을 재생할 때 1차 회절파의 강도 I_1과 조명파의 강도 I_0의 비. I_0는 홀로그램면에서의 반사 손실을 뺀 강도를 가리키는 경우도 있다.

diffraction grating 회절 격자(回折格子) 광통과(光通過) 물질에 초음파를 가하면 물질의 밀도 소밀 부분이 주기적으로 되어, 물질의 격자 갭과 격자 두께에 의해서 빛의 회절 현상이 생긴다. 그 회절광은 입사광의 주파수에 음파의 주파수를 가한 주파수로 되어서 나온다. 이것을 이용함으로써 빛에 주파수 변조를 걸 수 있다.

diffraction loss 회절 손실(回折損失) 레이저에서, 공진기 내의 빛이 공진기 측면에서 회절에 의해 잃는 것. 혹은 그 손실 비율을 말한다. 이 손실은 횡(橫) 모드광 TEM_{lm}에 각각 고유의 값을 가지며, 고차(高次)의 것일수록 크다.

diffraction wave 회절파(回折波) 전파는 빛과 마찬가지로 회절 현상이 있으며, 산이나 건물 등의 장해물 배후에 도달하는 파를 회절파라 한다. 전파의 통로상에 산 등이 있으면 산의 높이가 가시(可視)의 높이보다 높거나 낮아도 전파는 복잡하게 전파한다. 산의 높이가 가시선상에 있을 때는 수신점에 도달하는 전파는 반감된다. 전파 통로 도중에 있는 산 등의 높이는 프레넬 대보다 낮은 것이 바람직하다.

diffusant 확산 물질(擴散物質) 확산에서 첨가되는 불순물로, p형 불순물은 보론, 갈륨 등, 또 n형 불순물은 안티몬, 인, 비소 등이다.

diffused base transistor 베이스 확산형 트랜지스터(-擴散形-) 컬렉터가 되는 기판에 대하여 확산 기술에 의해 베이스를 만들어 넣는 트랜지스터 구조. 메사형, 플레이너형 등의 트랜지스터 제조에 쓰인다.

diffused capacity 확장 용량(擴張容量) 반도체의 pn 접합에 의해 생기는 용량.

diffused conduction 확산 전도(擴散傳導) 캐리어의 확산에 의한 전기 전도. 그림은 확산에 의한 캐리어의 이동을 나타낸 것이다. 반도체에서 캐리어의 농도에 차(농도 경사)가 있으면 농도가 높은 부분에서 낮은 부분을 향해서 캐리어의 이동이 생겨 그 결과 전류가 흐른다.

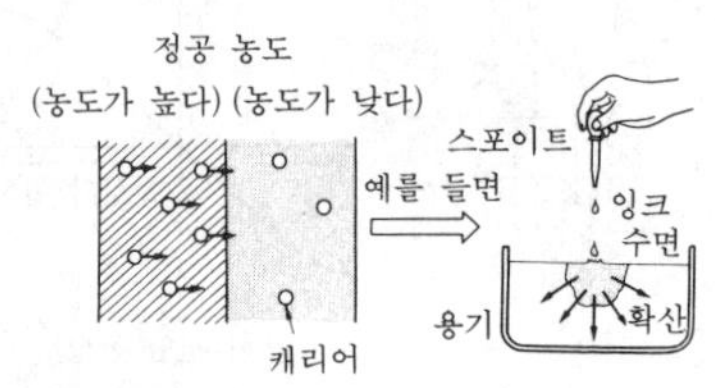

diffused junction diode 확산 접합 다이오드(擴散接合-) n형 반도체를 고온 중에서 p형 불순물의 증기에 노출시키면 불순물 원자는 반도체 내부로 확산하여 표면에 가까운 곳은 p형으로 되어 pn 접합이 만들어진다. 이러한 방법으로 만든 다이오드를 확산 접합 다이오드라 하고, 웨이퍼 단위로 처리할 수 있으므로 양산에 적합하다. 작은 것은 수 mA의 스위칭 다이오드, 가변 용량 다이오드, 제너 다이오드 등부터, 큰 것은 수 천A의 전원 정류용의 것까지 있다.

diffused junction transistor 확산 접합 트랜지스터(擴散接合-) pn 접합을 확산법으로 실현한 트랜지스터로, 메사 트랜지스터나 플레이너 트랜지스터 등의 종류가 있다. 고주파용에 적합하다.

diffused layer 확산층(擴散層) 불순물 소자를 고정 반도체의 결정 중에 그 표면에서 열적으로 넣을 때 표면의 불순물 농도가 가장 크고, 내부로 감에 따라 작아지는데, 그 농도 구배를 가진 층을 말한다.

diffused-mesa transistor 확산 메사형 트랜지스터(擴散-形-) 확산법으로 만든 pn 접합상에 다시 확산 또는 합금법으로 제2의 pn 접합을 만든 다음 불필요한 확산 영역을 에칭에 의해 제거하여 메사 모양(사다리꼴)의 구조로 만든 트랜지스터.

diffused resistor 확산 저항(擴散抵抗) 확산층의 저항을 말하는데 불순물 농도는 표면이 가장 크고 내부로 갈수록 작아지나 저항은 표면이 가장 작고 내부로 갈수록 커진다.

diffused type transistor 확산형 트랜지스터(擴散形―) pn 접합을 확산법으로 제조한 트랜지스터. 메사형 트랜지스터, 플레이너형 트랜지스터 등의 종류가 있으며 고주파용에 적합하다.

diffuse reflectance 확산 반사율(擴散反射率) 모든 방향으로 확산 반사한 광속과 입사한 광속과의 비. =diffuse reflection factor

diffuse reflection factor 확산 반사율(擴散反射率) =diffuse reflectance

diffuse sound field 확산 음장(擴散音場) 평균 제곱 음압 레벨이 어디서나 일정하고 에너지 흐름이 모든 방향에 동등한 확률로 생기는 음장.

diffusion 확산(擴散) ① 고체, 액체 또는 기체 중에서 어느 부분의 물질 농도가 그 물질의 운동에 의해서 변화해 가는 현상. 예를 들면 트랜지스터의 pn 접합에서 정공이 이미터 영역에서 베이스 영역으로 진입해 가는 것도 확산 현상이며, 그 거리는 다음 식으로 나타내어진다.

$$L = \sqrt{D\tau}$$

여기서 D : 확산 계수, 게르마늄에서는 49 $\times 10^{-4} \mathrm{m^2/s}$, τ : 정공의 수명. ② 광원으로부터 나오는 빛으로 어느 방향으로도 밝기를 나타내는 상태.

diffusion bonding 확산 접합(擴散接合) 불순물을 반도체 결정 속에 확산시켜서 만든 반도체 접합.

diffusion capacitance 확산 커패시턴스(擴散―) 반도체 접합부에서 축적된 소수 캐리어 전하가 접합부에 가해진 전압에 의해서 변화하는 시간적인 변화율.

diffusion current 확산 전류(擴散電流) 반도체 내의 캐리어 농도가 고르지 않기 때문에 확산 작용에 의해서 흐르는 전류.

diffusion length 확산 거리(擴散距離) 균일한 반도체 내부에서 소수 캐리어가 그 발생 장소로부터 재결합 장소까지 확산하는 거리의 평균값.

diffusion potential 내부 확산 전위(內部擴散電位) =built-in potential

digit 디짓, 숫자(數字) 0, 1, 2, 3, … 과 같이 수를 나타내는 자리를 말한다.

digital 디지털, 계수형(計數形) 숫자에 관한 용어 및 숫자에 의한 데이터 또는 물리량의 표현에 관한 용어. 데이터를 숫자나 문자 형식의 수치로 표시하기 위하여 이산적(계수형)인 신호를 사용하는 것. 수치를 나타낼 때 두 가지의 안정 상태를 갖는 물리적 현상을 2진법의 수치에 대응시키는 경우가 많다. 수치의 자릿수를 적당히 선택함으로써 정도(精度)가 높은 표현을 비교적 값싸게 처리할 수 있는 특징이 있는 반면에, 대세를 파악하는 데는 불편하다. →analog

digital-analog conversion 디지털-아날로그 변환(―變換) 디지털 부호화된 양을 그에 대응하는 아날로그량으로 변환하는 조작.

digital-analog converter 디지털-아날로그 변환기(―變換器) =D-A converter

digital-analog transducer 디지털 아날로그 변환기(―變換器) =D-A converter

digital audio 디지털 오디오 →PCM recording system

digital audio disk 디지털 오디오 디스크 디지털화된 음향 신호를 기록한 레코더로서 파형을 매초 40,000 이상으로 분할하여 2진법으로 수치화한 정보를 기록·재생하는 방식. 음질이 좋고 동적 범위가 넓다는 장점이 있다. =DAD

digital audio processor 디지털 오디오 프로세서 오디오 신호를 PCM 부호화하고, NRZ 디지털 신호로서 NTSC 방식의 텔레비전 신호와 같은 포맷으로 의사(擬似) 비디오 신호로 변환하여, 일반 가정용 VTR 장치에 수록하기 위해 사용하는 신호 처리 장치. 재생시에는 반대 프로세스에 의해 비디오 검출, DA 변환하여 원래의 오디오 신호로 재생한다.

digital audio tape recorder 디지털 오디오 녹음기(―錄音機) =DAT

digital circuit 디지털 회로(―回路) 디지털량을 신호로서 다루고, 처리하기 위한 회로로, 일반의 컴퓨터를 비롯하여 데이터 통신 등에 사용된다.

digital circuit tester 디지털 회로계(―回路計) 증폭기, A-D 변환기, 디지털 표시기 및 제어부로 구성되어 있다. 4~5 자리의 숫자 및 부호, 단위가 발광 다이오드로 직접 표시되는 것으로, 전압, 전류, 저항 모두 측정 범위가 넓고, 확도도 높으며, 자동 레인지 전환식으로 되어 있다.

digital clock 디지털 시계(―時計) 시각 표시를 지침에 의하지 않고 숫자 표시에 의해서 하는 시계. 수정 발진기로 정확한 클록 펄스를 발생시키고, 그것을 계수하여 액정 표시 장치를 구동시키는 것으로, 그를 위한 논리 회로는 원칩 LSI 로 조립되고, 전원용의 은전지와 함께 내장되어 있다. 팔목 시계에 대해서 말하면 평균 월차 ±5초라는 높은 정확도임에도 불구하고 가격은 종래의 기계식보다 싸다.

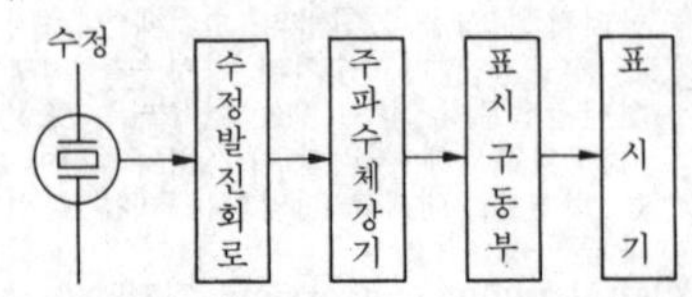

digital communication 디지털 통신(－通信) 신호를 양자화하여 전송하는 통신. 변조 방식으로서는 펄스 부호 변조(PCM)가 주로 쓰인다.

digital communication network 디지털 통신망(－通信網) 데이터 통신 분야에서 음성 등의 아날로그 정보를 일단 디지털 부호로 변환하여 전송하는 통신망을 가리킨다. 음성이나 화상 등의 아날로그 정보를 진폭, 위상, 주파수의 형으로 전송하는 아날로그 통신망과 대비된다.

digital comparator 디지털 콤퍼레이터 디지털 입력 신호에 대하여 미리 설정된 상한·하한값과 비교 판별하여 HIGH(입력＞상한값), IN(상한≧입력≧하한값), LOW(입력＜하한값)의 출력을 얻는 장치.

digital computer 디지털 컴퓨터, 계수형 전산기(計數形電算機) 데이터에 관해서 이산적 표현이 주로 쓰이는 컴퓨터. 또는 숫자에 의한 표현을 써서 연산을 하는 컴퓨터. 이에 대응하는 것이 아날로그 컴퓨터이다. 주로, 이산형의 데이터에 산술적 및 논리적인 처리를 함으로써 그들 데이터를 조작하는 컴퓨터이다.

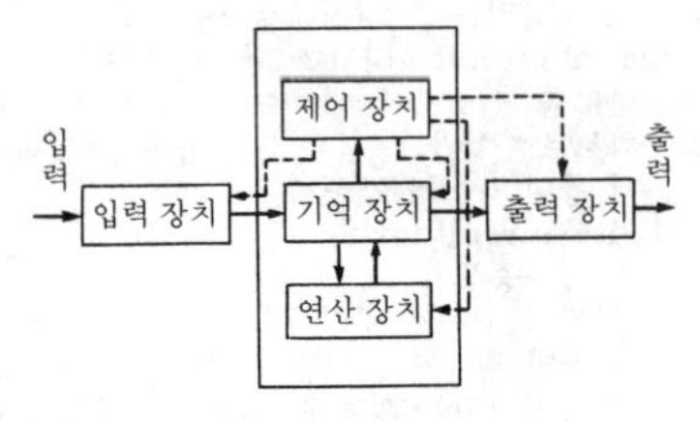

digital control 디지털 제어(－制御) 제어기로서 디지털 컴퓨터를 사용하는 제어를 말한다. 아날로그 제어에 비해 복잡한 제어 알고리즘이 용이하게 실장될 수 있는 것, 알고리즘의 수정이나 변경이 용이하다는 것, 데이터의 처리나 기록이 용이하다는 것, 복수 시스템의 제어를 동시에 집중적으로 실행할 수 있다는 것 등의 이점이 있다.

digital data 디지털 데이터 숫자 및 경우에 따라서는 특수 문자 및 간격 문자에 의하여 표현된 데이터.

digital data exchange 디지털 데이터 교환망(－交換網) 디지털 신호를 전송하기 위해 디지털 교환기를 사용하여 접속하는 통신망. 임의의 상대와 고속·고품질로 데이터 통신을 할 수 있어 종래의 아날로그-디지털망을 대신하는 통신망이다. ＝DDX

digital data transmission 디지털 데이터 전송(－傳送) 연속하여 변동하는 신호(아날로그)가 아니고 비트의 연속(디지털)으로서 정보를 부호화하여 통신로를 거쳐 전송하는 것.

digital disk 디지털 디스크 디지털 정보의 기록·재생 매체로서 디스크를 사용한 것으로, 정보의 성질에 따라 편의상 비디오 디스크(VD)와 오디오 디스크(DAD)로 나뉜다.

digital exchange 디지털 교환(－交換) 메시지 트래픽이 디지털 신호로서 전송되고, 망의 각 교환점에서의 입(入) 트래픽과 출 트래픽의 교환 접속도 디지털 신호에 의해 수행되는 방식.

digital facsimile 디지털 팩시밀리 주사한 그림 신호의 흑 또는 백의 길이, 농도 등의 화상 신호를 디지털 신호로 변환하여 전송 시간을 단축한 팩시밀리. G2 팩시밀리, G4 팩시밀리는 디지털 팩시밀리이다.

digital filling 디지털 필링 디지털 신호 중에 일정수의 디짓을 삽입해 주는 것. 삽입된 디짓은 전송되는 정보에는 아무런 기여를 하지 않지만, 채널에서의 신호의 타이밍을 바꾸어서 소정의 타임 슬롯에 적합시킨다. ＝bit stuffing

digital filter 디지털 필터 아날로그 신호를 디지털 변환한 다음 디지털 처리에 의해서 필터 기능을 실현하는 것. 디지털 처리이므로 다양한 특성을 실현할 수 있다. 이 필터는 보통의 중앙 처리 장치(CPU)로는 처리 속도가 느리므로 DSP(digital sign processor)나 승산기 LSI 등을 써서 구성된다. 고품위 텔레비전 등에 이용된다.

digital hierarchy 디지털 하이어러키 디지털화된 각종 정보 채널을 시분할 다중화하는 경우에 보통 각 채널의 적합성, 부호화의 비트 레이트, 회선의 수요율 등을 고려하여 여러 단계로 계층화하여 다중화하고 있다. 이것을 디지털 하이어러키라 한다.

digital IC 디지털 집적 회로(－集積回路)

디지털 회로를 기조로 하는 IC 를 말하며, 디지털 신호를 처리한다. 다수의 디지털 논리 게이트를 탑재한 논리 IC, RAM 이나 ROM 등의 메모리 IC, 연산 회로나 레지스터 등을 포함하는 마이크로프로세서 등이 있으며, 그 집적도에 따라 SSI, MSI, LSI, VLSI, ULSI 로 구별한다. 단, 이 구별은 그다지 명확하지 않다. → integrated circuit

digital incremental plotter 디지털 인크리멘털 플로터, 디지털 증분 플로터(-增分-) 플로터의 일종으로, 지면상의 현재점에서 상하, 좌우, 경사의 도합 8 방향의 1 구분(increment) 중의 1 개의 이동 장치와 그 점에서의 펜의 동작 상태의 명령의 조합에 의해서 도형이나 문자를 그리는 방식의 것. 1 구분은 70~250㎛로, 도형은 짧은 선분의 집합으로서 나타내어져 있어야 하나 실제로는 매끄러운 선도와 같이 보인다. 매우 큰 지면에 그릴 수도 있고, 가격이 비교적 싸므로 출력 장치로서 중요한 지위를 차지해 왔다.

digital line 디지털 회선(-回線) 디지털 신호를 전송하는 통신로.

digital memory scope 디지털 메모리 스코프 아날로그 입력 신호를 고속의 A-D 변환기로 디지털화하여 반도체 기억 장치에 기억시키고, 그 기억 파형을 D-A 변환기에서 다시 아날로그 신호로 되돌려 브라운관상에 재현 관측하는 장치. 2 현상식의 것이 많다.

digital meter 디지털 계기(-計器) 물리량이나 화학량 등의 각종 아날로그량을 직류 전압에 의해서 변환하여 이 직류 전압을 A-D 변환기에 의해서 부호화한 펄스 신호로 바꾸고, 또 이것을 10 진수로 변환하여 표시하는 계기이다. 그림은 디지털 전압계를 나타낸다.

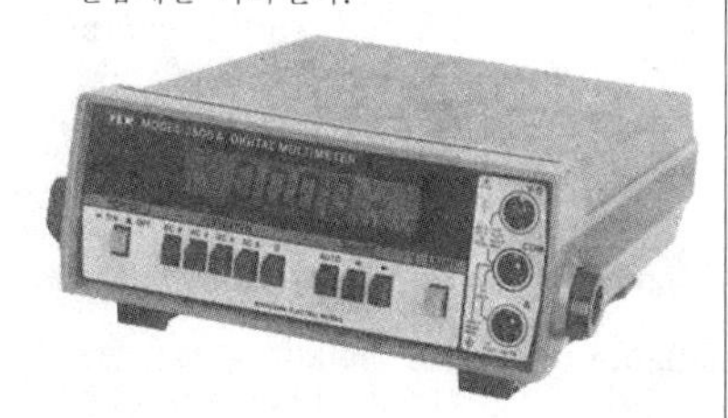

digital modulation 디지털 변조(-變調) 두 가지 의미로 쓰인다. 하나는 변조 신호로서 디지털 신호를 사용하는 변조 방식을 말하며, 아날로그 변조에 대응하는 용어이다. 또 하나는 아날로그 신호를 디지털의 모양으로 보내기 위한 방법을 의미하며, 펄스 부호 변조가 그 대표 예이다.

digital multimeter 디지털 멀티미터 아날로그 멀티미터와 대비된다. 멀티미터에서의 측정량에 AD 변환을 하여 이것을 디지털량으로서 액정 등에 의한 숫자 표시를 한 것. 내부 저항이 아날로그형에 비해 매우 높기 때문에 측정 정확도가 좋다. 표시도 보기 쉽고, 더욱이 측정 전 레인지를 표시하기 때문에 레인지 전환을 할 필요도 없다(물론 전압, 전류 AC/DC, 저항의 전환은 필요하다)는 등의 특징이 있어 널리 보급되고 있다.

digital multiplex equipment 디지털 다중화 장치(-多重化裝置) 여러 디지털 신호를 시분할 다중화(DTM)라는 기법에 의해 단일의 디지털 회선에 싣는 장치. 수신단에서 디멀티플렉스에 의해 당초의 신호를 재구성하는 장치도 포함된다.

digital picture effect 디지털 영상 효과(-映像效果) 영상 신호를 디지털화하여 디지털 프레임 메모리로의 R/W 어드레스를 제어하는 동시에 주사선 내의 정보를 제어하여 화면의 확대·축소, 회전, 이동 궤적의 묘출, 페이지 이송, 릴리프 등 화면에 여러 가지 효과를 주는 것. DVE, DVP 등 이름으로 위와 같은 효과 처리 장치가 판매하고 있다. =DPE

digital plotter 디지털 플로터 X-Y 플로터의 일종. X 축, Y 축의 행동을 펄스 모터로 구동하는 장치로, 기구가 간단하고 정밀도가 높은 출력을 얻을 수 있다. 펄스 모터는 단시간의 전류 흐름인 펄스 수에 대응하는 회전수를 갖는 모터이다.

digital printer 디지털 프린터 계수기 등의 디지털 기기에 접속하여 그 디지털 데이터를 인자·기록하는 장치. 신호 입력의 형식에는 직렬과 병렬의 두 종류가 있다.

digital private branch exchange 디지털 구내 교환기(-構內交換機) 디지털 신호를 다루는 구내 교환기. ISDN(종합 정보 통신망)에 접속하기 위해서는 이 방식에 의하지 않으면 안 된다. =DPBX

digital pulse modulator 디지털 펄스 변조(-變調) 아날로그 신호에서 채취한 표본값(또는 인접한 두 표본값 사이의 차분)을 이산적인 값으로 양자화하고, 이것을 펄스수나 2 진 펄스 부호로서 부호화하는 것. 펄스수 변조, 펄스 부호 변조, 델타 변조, 차분 펄스 변조 등이 있다. 아날로그 펄스 변조의 대비어.

digital quantity 디지털량(-量) 부호화된 펄스(예를 들면 비트) 혹은 상태로 표현된 변수.

digital quartz 디지털 쿼츠 →digital clock

digital radiograph 디지털 라디오그래프 X선 입력 신호를 필름으로 직접 받지 않고, 일단 디지털 신호로 변환하여 컴퓨터 처리를 가한 다음 CRT 상에 목적에 적합한 모양으로 입력 정보를 재현하도록 한 것. →radiography

digital readout 디지털 판독(－判讀) 데이터를 디지털적으로 표시하는 표시 장치로, 다음과 같은 것이 있다. ① 계수된 수에 따라서 인쇄된 숫자판과 같은 것이 회전하여, 혹은 낙하하여 표시 위치를 표시하는 것. ② 발광 장치가 입력 신호에 의해 발광하여 입력에 대응하는 수치를 표시하는 것. ③ 원하는 숫자가 스트로보 조명, 에지 조명 등에 의해 선택적으로 조명되어 표시되는 것. ④ CRT 스크린 상에 전자 빔에 의해 숫자, 문자 등이 묘사되는 것.

digital recording 디지털 녹음(－錄音) → PCM recording system

digital selective calling system 디지털 선택 호출 시스템(－選擇呼出－) →selective calling system

digital service unit 디지털 회선 종단 장치(－回線終端裝置) 데이터 단말 장치로부터의 디지털 신호(직류 2진 신호)를 디지털 회선을 통해서 전송하기 위한 데이터 회선 종단 장치. 가입자 구내에 설치하므로 구내 회선 종단 장치라고도 한다. 데이터 단말 장치와의 인터페이스로서는 디지털 데이터를 다루는 X 인터페이스와 아날로그 데이터를 다루는 V 인터페이스가 있다. ＝DSU

digital servo 디지털 서보 디지털 신호를 직접 그에 상당하는 변위로 변환하는 서보. 입력의 모양으로서는 펄스열과 부호가 있으며, 펄스열에 대해서는 스텝 모터를 사용하는 방식과 피드백 펄스 수와의 차로 아날로그 서보를 구동하는 방식이 있다. 또, 부호 입력에 대해서는 출력 신호를 부호판 등으로 부호로 변화하고 입력과 일치하기까지 아날로그 서보를 구동한다.

digital signal 디지털 신호(－信號) 아날로그 신호와 대비되는 신호 형태로, 아날로그 신호가 연속적인 변화를 나타내는데 대해 디지털 신호는 신호가 있느냐 없느냐, ON 이냐 OFF 이냐, "1"이냐 "0"이냐 등, 양자적으로 한 신호를 말한다.

digital signal processor 디지털 신호 처리 프로세서(－信號處理－) 신호 처리를 디지털적으로 하는 특수한 마이크로프로세서. 디지털 신호 처리는 디지털값의 대수 연산에 의해서 필터 조작, 변복조 조작, 스펙트럼 분석, 선형 예측 등을 하는 것으로, 종래의 아날로그 신호 처리에서는 실현이 곤란했던 기능도 높은 정확도와 고안정으로 실현할 수 있는 특징을 갖는다.

digital switching 디지털 교환(－交換) 디지털 신호를 아날로그 신호로 변환하지 않고 그대로 취급함으로써 데이터 회선의 접속을 확립하는 처리.

digital switching system 디지털 전자 교환기(－電子交換機) 디지털 신호에 의해서 교환 접속하는 전화 교환기. 음성 등의 아날로그 정보도 디지털화하여 다룬다.

digital telemeter 디지털 텔레미터 피측정량을 펄스와 같은 디지털량으로 변환하여 전송하는 원격 측정법. 피측정량에 따라서 펄스의 주파수를 변화시키는 펄스 주파수 방식, 펄스의 단속 주기는 일정하고 피측정량에 따라서 펄스폭을 변화시키는 펄스 시한 방식, 피측정량을 A-D 변환기에 의해서 부호화된 펄스 신호로 바꾸는 펄스 부호 방식 등이 있다. 디지털 텔레미터는 유도 장해가 적고 고정도(高精度)이며, 원거리의 전송에 적합하고, 또 다중 전송이 용이하다는 등 뛰어난 이점이 많다.

digital service unit 디지털 서비스 유닛 →reference configuration of user-network interface

digital speech 디지털 음성(－音聲) 기록된 음성을 작은 음성 단위(성분)로 분해한다. 각 성분은 음성의 크기(loudness), 피치 등의 특성이 수치화되고, 이것이 디지털 부호화된 것이다. 이러한 부호화한 음성 성분을 합성하여 스피커에 가해 인간이 인식할 수 있는 음성으로 변환하는 장치가 음성 합성 장치(speech synthesizer)이다. 부호화한 음성 성분을 실제의 워드(words)나 문(sentences)으로 배열하는 것을 음성 합성이라 하며, 보통 컴퓨터 출력 데이터를 인간의 음성과 비슷한 음으로 변환하는 것을 의미한다.

digital speech interpolation 디지털 음성 보간(－音聲補間) ＝DSI

digital telephone 디지털 전화(－電話) 통화 음성을 디지털 신호의 형태로 송수신하는 전화. 종래의 전화(아날로그 전화)에 비해서 ① 측음이나 에코가 억제된다, ② 언제 어디에 걸어도 균일한 음량, 음질이 얻어진다, ③ 잡음이나 혼선이 없다는 등의 이점이 있다. 또, 통화와 동시에 팩시밀리나 개인용 컴퓨터 데이터의 송수신 등도 쉽게 되기 때문에 편리성이 향상된다. 장래에 정보 통신망(ISDN)이 보급되는 경우에는 전화는 모두 디지털화될 것으로 기대된다.

digital television 디지털 텔레비전 현재의 아날로그 방식의 것을 대신하여 촬상 유닛부터 표시 유닛까지 일관하여 디지털 신호를 사용한 텔레비전 방식. 장래의 텔레비전 방식으로서 국제적으로 정착해 가고 있으며, CCIR 등에서도 표준화의 준비가 진행되고 있다.

digital test equipment 디지털 검사 장치(—檢査裝置) 계수형 서비스 기술자나 설계자에게 알맞는 특성을 가진 소형 장비나 가벼운 탐사 침, 펄스기, 시험 클립, 비교기, 오실로스코프 등을 말한다.

digital to analog converter 디지털 아날로그 변환기(—變換器) =D-A converter

digital transmission 디지털 전송(—傳送) 정보를 이산적인 펄스 파형으로 전송하는 방식으로, PCM 이나 PNM 방식 등이 있다. 디지털 전송은 아날로그 전송과 달리 시간 영역, 진폭 영역의 어느 것에서나 이산적인 값을 취하고 있기 때문에 어느 일정값 이하의 잡음 등은 제거할 수 있기 때문에(재생 중계) 아날로그 전송보다는 고품질의 전송이 가능하다.

digital value 디지털량(—量) 어느 크기의 일정값을 단위로 하여 그것이 몇 개 모였는가를 셈해 가는 불연속적인 양을 말하며, 자연수를 셈하는 경우 등이 이에 해당한다.

digital voltmeter 디지털 전압계(—電壓計) 피측정 전압을 수치로 직접 표시하는 전압계. 일반적으로 쓰이는 것은 전압-주파수 변환형으로, 적분기 등을 사용한 V-F 변환기에 의해서 전압(아날로그량)을 주파수(디지털량)로 변환하여 디지털 신호로서 이 출력 펄스를 계수하여 디지털 표시를 하도록 되어 있다. V-F 변환기에는 리셋형, 펄스 궤환형, 올터네이트형 등이 있다. =DVM

digital VTR 디지털 VTR 비디오 신호의 디지털 기록으로서, 텔레비전 컬러 복합 신호를 직접(복합 방식) 혹은 휘도 성분 *Y*와 색소 성분 *R-Y*, *B-Y*로 나누어(컴포넌트 방식) 기록한다. 표본 주파수는 13.5MHz 로 하고, 1 샘플은 8 비트로 직선 부호화하므로 컴포넌트 방식(색소 신호의 표본 주파수는 13.5 의 절반인 6.75 MHz 로 한다)에서는 신호 속도는 216 Mbps 로 하고 있다. 텔레비전의 PCM 신호는 직류분을 많이 포함하기 때문에, 예를 들면 녹화에서는 NRZ 부호를 모듈 2의 가산기로 처리하고, 인터리브형 NRZ로 변환하여 직류분의 축감(縮減)을 도모하고 있다. 디지털 VTR 은 아날로그 방식에 비해 영상이나 음성의 질이 뛰어나고, 댐핑의 반복에 의한 질의 저하도 적다. 또 디지털 신호의 이점으로서 현재 행하여지고 있는 NTSC, PAL 및 SECAM 의 각 방식의 기록의 상호 변환이 매우 용이하다.

digitize 디지털화(—化) 아날로그 데이터를 디지털 형식으로 나타내는 것.

digitizer 다지타이저 아날로그량을 디지털량으로 변환하는 장치. 도면 등의 X-Y 좌표를 컴퓨터에 판독시키는 X-Y 디지타이저는 그 예이다.

digitizing tablet 디지털화 태블릿(—化—) 디지타이저의 일종. 이산(값)화 태블릿이라고도 한다. 가는 와이어 격자를 뒤에 붙인 문자판(文字板 : 태블릿)을 가진 입력장치로, 도형이나 화상의 데이터를 컴퓨터에 입력하는 2 진수로 변환하는 기능을 가지고 있다. =graphics tablet

digit position 디짓 위치(—位置) 디지털 전송계에서 각 디짓은 신호의 진폭, 주파수, 위상 등 속성의 이산적인 상태로서 전송된다. 그리고 이들 디짓 표현이 전송로에서 점유하는 시간적 또는 공간적인 위치를 디짓 위치라 한다. 전송계의 일시적인 동기 벗어남 때문에 일련의 디짓 위치에서 신호를 잃는(또는 반대로 그 위치에 들어오는) 것을 슬립(slip)이라 한다.

digit wheel 숫자 바퀴(數字—), 숫자차(數字車) ① 원통 표면에 0 부터 9 까지의 숫자가 기입되어 있고, 톱니 바퀴의 회전에 의해서 계량값을 숫자로 표시하도록 한 것을 말한다. 이러한 숫자 바퀴를 복수개 배열하여 자기 기수 표시를 할 수 있다. ② 전화의 도수계 등에서 숫자를 표시하는 바퀴.

digroup 다이그룹 PCM 시분할 다중화 방식에서 복수의 채널을 모아 조립한 기본적인 그룹. CCITT 에서는 30 채널(따로 신호용으로서 2 채널)의 그룹을 권장하고 있으나, 종래의 24 채널 방식도 보급되고 있다. =primary block

dimmer 조광기(調光器), 조광 장치(調光裝置) 램프나 기타 광원의 조도(照度)나 색채를 연속적으로 변화시키는 장치. 조도를 바꾸기 위해서는 단권 트랜스(오토트랜스)에 많은 탭을 내서 이것을 전환하는 것, 사이리스터 등에서 전자적으로 하는 방법 등이 있다. 색채를 바꾸기 위해서는 색 원판, 컬러 박스 등의 색 필터를 사용한다.

DIN 딘 Deutsches Institut für Normung의 약어. 독일의 국가 규격으로, 우리 나라의 KS에 해당하는 것.

DIN connector DIN 커넥터 DIN 규격에 의한 접속쇠로, 테이프 녹음기, 비디오 테이프 녹화기의 입출력 단자 등에 사용된다. 6극용과 5극용이 많다.

diode 다이오드 2개의 단자를 갖는 전자 소자로, 전류가 한쪽 방향으로 흐르기 쉽게 되어 있다. 구조는 실리콘의 pn접합이 일반적이다. 정류용, 검파용 외에 정전압 다이오드, 발광 다이오드(LED), 포토다이오드, 에사키 다이오드, 가변 용량 다이오드 등 각종이 있다.

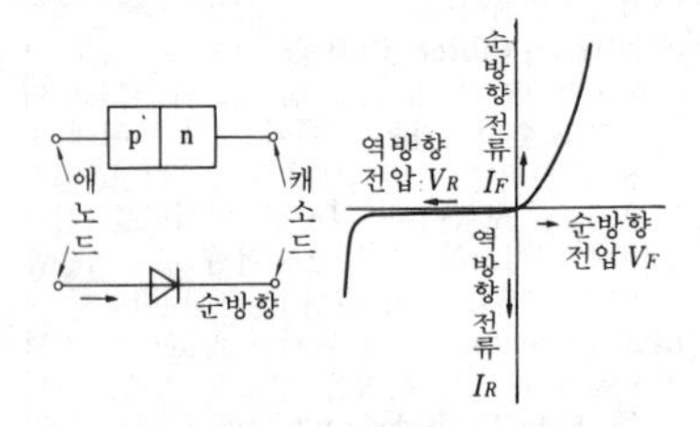

diode clamp 다이오드 클램프 ① 다이오드를 사용한 클램프 회로의 총칭. ② 트랜지스터의 포화 정도를 얕게 하고, 스위칭 시간을 짧게 하기 위해 베이스-컬렉터 간에 다이오드를 접속한 회로.

diode-current-balancing reactor 다이오드 전류 밸런싱 리액터(－電流－) 1조의 상호 결합된 권선을 갖는 리액터로, 다른 같은 리액터와 함께 동작하며, 정류 회로 소자의 병렬로의 전류를 실질적으로 같게 분배한다. →reactor

diode detector 다이오드 검파기(－檢波器) 진폭 변조의 복조에는 다이오드 검파가 사용되는 경우가 있다. 이것에 사용하는 다이오드는 점접촉 다이오드이며, pn 접합형은 접합면의 정전 용량이 크기 때문에 바람직하지 않다. 그림은 직선 검파 특성을 사용한 검파 회로이다.

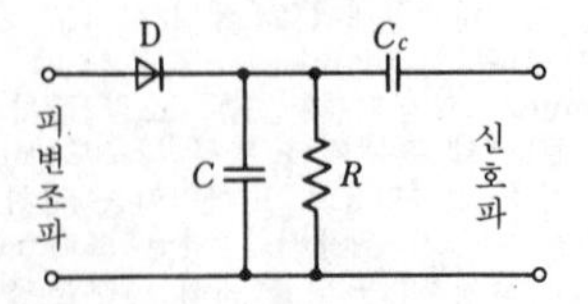

diode equation 다이오드 방정식(－方程式) 반도체 다이오드의 전압-전류 특성에 대한 다음과 같은 수학 모델을 말한다.

$$I = I_s\left[\exp\left(\frac{V}{\eta V_T}\right) - 1\right]$$

여기서, I_s : 역전류의 포화값, V_T : 열전압으로 $V_T = kT/q$ (실온에서는 약 26mA), η : 상수(게르마늄인 경우는 1, 실리콘인 경우는 2).

diode function generator 다이오드형 함수 발생기(－形函數發生器) 바이어스를 건 다이오드를 포함하는 회로망의 전달 특성을 사용한 함수 발생기. 목적의 함수는 퍼텐쇼미터와 스위치에 의해서 그 값을 수동으로 삽입할 수 있는 선형의 세그먼트로 근사된다.

diode fuses 다이오드 퓨즈 고장시에 반도체 정류 다이오드를 분리하여 정류기 내의 다른 부품을 보호하기 위해 하나 이상의 반도체 정류 다이오드에 직렬로 접속된 특별한 특성을 갖는 퓨즈.

diode laser 다이오드 레이저 →injection laser diode

diode logic circuit 다이오드 논리 회로(－論理回路) 순방향으로는 고전도, 역방향으로는 저전도라는 다이오드의 비직선형 스위칭 특성을 이용하여 디지털 소자로서 구성 요소에 사용되고 있는 논리 회로를 말한다. 예를 들면, 기본 논리 회로에는 다이오드 AND 회로(게이트 회로), 다이오드 OR 회로(버퍼 회로), 다이오드 AND-OR 회로, 다이오드 클램프 회로 등이 있다.

diode transistor logic 다이오드 트랜지스터 논리(－論理) =DTL

DIP 2중 인라인 패키지(二重－) dual in-line package의 약어. IC 칩이나 복합 부품의 단자를 그림과 같이 2열로 마주보게 하여 꺼낸 것이다. 일반 IC는 이 형식이다. 기판에 부착할 때는 다리를 직접 납땜하기도 하지만 소켓에 꽂아서 사용하는 방법도 있다.

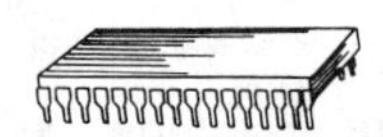

diplexer 다이플렉서 ① 텔레비전의 영상 및 음성 신호 전파를 하나의 송신 안테나로 공용하여 효율적으로 방사하는 경우, 영상 신호와 음성 신호의 상호 간섭을 제거하고, 영상, 음성 각 송신기의 조정에 서로 영향을 미치지 않도록 하기 위하여 사용하는 결합 장치. 보통 밸룬(balun)이라고 불리는 분할 동축형 브리지를 사용하여 음성, 영상 신호를 혼합하는 경우

가 많다. 그림은 그 원리이다.

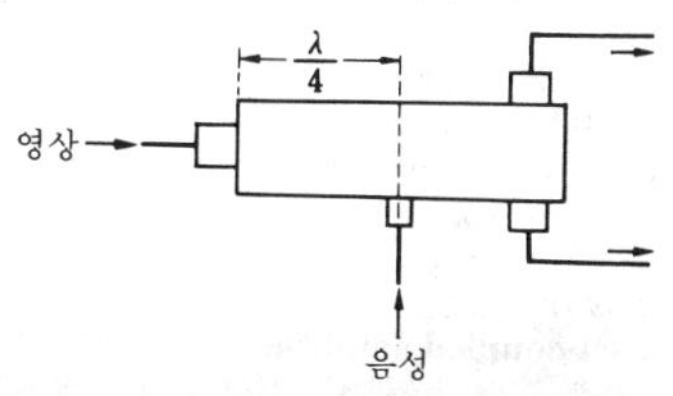

② 1 대의 필름 송상 카메라로, 슬라이드와 필름 영사기의 화면을 거울로 전환하여 송상할 수 있게 한 장치.

diplex operation 다이플렉스 동작(－動作) →duplex

dip meter 딥 미터, 딥 계(－計) 가변 주파수형 LC 발진기의 일종. 발진 코일을 피측정 공진 회로에 성기게 결합하고, 발진 주파수를 피측정 회로의 공진 주파수에 접근시키면 전력이 흡수되어 발진 회로의 베이스 전류가 갑자기 감소한다. 딥 미터는 이 현상을 이용하여 공진 회로의 공진 주파수를 측정하는 것이다. 이것은 흡수형 주파수계나 헤테로다인 주파수계로서 사용할 수도 있다.

dipolar polarization 쌍극자 분극(雙極子分極) 쌍극자가 존재하는 물질에 전계가 가해짐으로써 모든 쌍극자가 전계의 방향으로 배열하여 음양의 전하쌍이 생긴 것을 말한다. 비유전율이 1 보다 커지는 이유의 하나인데, 전계가 교류이고, 어느 주파수 이상이 되면 분극을 일으키지 않게 되어 유전율은 저하한다.

dipole 쌍극자(雙極子) 성질이 서로 반대이고, 크기가 같은 것이 극히 가까이에 있을 때 이것을 쌍극자라 한다. 전기 쌍극자, 자기 쌍극자 등이 있다.

dipole antenna 다이폴 안테나 →doublet antenna

dipole array 다이폴 어레이 복수의 다이폴 안테나에 의해 구성되는 안테나 어레이로, 다음과 같은 여러 종류가 있다. ① 브로드사이드 어레이(broadside array). 수평면 내에 n 개의 동상(여진) 다이폴을 d 라는 간격으로 옆으로 배열한 것이다. 전력 이득은 1 개의 다이폴 소자의 그것의 약 n 배이다. 또 빔폭은 파장을 λ로 하여 $\lambda/(nd)$ 이다. ② 콜리니어 어레이(collinear array). n 개의 다이폴을 수직으로 세로 일렬로 배열한 것으로, 그 브로드사이드 방향의 빔폭은 역시 $\lambda/(nh)$ 이다. h 는 인접 다이폴의 중심간 거리이다. ③ 적층 어레이(stacked array). 동상 다이폴을 n 열, m 단으로 배치한 것이다. 수평면 내의 지향성은 하나의 다이폴의 지향성과 어레이의 지향성과의 곱으로 주어진다. 어레이의 지향성은 적층(stack)을 점파원(點波源)의 집합이라 생각하고, 그들의 수평면 내에서의 지향성에서 구한다. ④ 종형(縱形) 어레이(end-fire array). 적당한 길이의 다이폴을 일직선상에 옆으로 배열하고, 여진(勵振) 다이폴 전후의 무궤전 소자를 반사기 및 도파기로서 사용한 것으로, 야기 안테나가 그 대표적인 것이다. 텔레비전 수신용 등에 널리 쓰이고 있다.

dipole domain mode 2 중층 모드(二重層－) 건 다이오드의 발진 모드의 하나. 다이오드의 음극에서 양극을 향해 ＋, －의 전하층으로 이루어지는 다이폴의 도메인이 이동하여 이 도메인이 양극에서 소멸하면 전류가 급증한다. 잠시 후 또 음극에서 도메인이 발생하여 이것이 양극을 향해 이동한다. 이렇게 하여 펄스 출력 전류가 얻어진다. 도메인의 주행 속도는 대체로 10^5m/s 이며, 캐리어 전자 밀도×전극 거리가 10^{12}cm/cm^3 보다 큰 다이오드에서 발생한다.

dipole molecule 다이폴 분자(－分子) 분자에서의 양전하와 음전하의 중심이 벗어나 있기 때문에 생기는 영구적인 다이폴 모멘트를 가지고 있는 분자.

dipole moment 쌍극자 모멘트(雙極子－) 쌍극자에서 음양 전하(등량)의 크기와 그 사이의 거리의 곱.

dipping 디핑 장치, 부품 등에 보호 플라스틱막을 씌우는 방법. 액상(液狀) 수지 속에 담가서 끌어 올림으로써 행하는 간단한 것이지만, 막의 두께나 형상을 제어하기는 곤란하다.

DIP switch DIP 스위치 ＝dual in-line package switch

dipulse code 다이펄스 부호(－符號) 2 진 3 레벨 부호로, 2 진 부호의 스페이스는 한 가운데의 0 레벨이고, 또 마크는 1 비트 기간 내에서 ＋1 과 그에 이어지는 －1 의 두 펄스(다이펄스)로서 송신되는 것.

1 0 1 1 0

direct access storage device 직접 접근 기억 장치(直接接近記憶裝置) ＝DASD

direct-acting recording instrument 직동형 기록 장치(直動形記錄裝置) 기록 장치에서의 마킹 장치가 1 차 검출기에 기계

적으로 연결되어 있거나, 또는 그에 의해서 직접 동작되는 기록 장치.

direct address 직접 주소(直接住所) → absolute address

direct analog computer 직접 아날로그 컴퓨터(直接－) 아날로그 컴퓨터의 일종. 문제의 내용과 1대1로 대응하는 전기 회로를 저항, 콘덴서, 코일 등의 수동 소자를 위주로 하여 만들고, 그 회로의 특성에서 구하는 해를 얻는 것이다.

direct bonding 직접 본딩(直接－) 반도체에서 팰릿을 기판의 도전층 또는 테이프의 핑거 부분에 직접(와이어를 쓰지 않고) 본딩하는 방법.

direct broadcast satellite 직접 방송 위성(直接放送衛星) 위성에서 직접 가정의 수신용 파라볼라 안테나로 방송 프로를 내보낼 수 있는 방송 위성.

direct call 직접 호출(直接呼出) 교환망 통신에서 발신시의 통신 상대가 고정되어 있을 때 미리 교환기에 상대(착신측) 가입자 번호를 등록해 두면 발호(發呼) 버튼의 조작만으로 다이얼 조작을 하지 않아도 상대측에 접속되는 기능.

direct call facility 직접 호출 기능(直接呼出機能) 교환 접속 시간을 단축하기 위해 망이 호출의 요구를 미리 정해진 어드레스로 접속하기 위한 명령이라고 해석하는 기능. 즉 어드레스 선택은 다이얼 조작을 필요로 하지 않고 행하여지는 기능.

direct circuit 직통 회선(直通回線) 2개의 단말이 하나의 회선을 점유하고 언제나 접속되어 있는 형태의 회선을 말하며, 포인트 투 포인트(point to point) 회선이라고도 한다.

direct color process 직접 컬러 처리(直接－處理) 방송용 VTR 등에 기록된 복합 회상 신호 중에 포함되는 지터(jitter : 시간축 변동)를 수정하기 위한 처리로, 지터를 포함하는 재생 영상 신호 중의 동기 신호를 기준의 동기 신호와 비교하여 그 편차를 검출하고, 이로써 재생 영상 신호에 시간 수정을 한 다음에 출력하도록 한 것. 시간축 교정 장치(time-base corrector : TBC)와 같은 원리이다.

direct-connect modem 직접 결합 모뎀(直接結合－) 대표적인 종류의 모뎀으로, 표준의 전화선과 커넥터를 사용하여 전화의 플러그에 직접 접속하는 것(이로써 중개용 전화가 불필요하게 된다).

direct control 직접 제어(直接制御) 공장 등에서 자동 제어의 중심을 이루고 있는 자동 조절계의 아날로그량을 컴퓨터의 디지털량으로 변환하는 것을 말한다. 미국의 T. 윌리엄즈 등에 의하여 시도되었으며, 현재는 각 분야에 실용화되고 있다. 직접 수치 제어(direct numerical control)는 그 한 예이다.

direct core observation fusion splicer 코어 직시형 융착 접속기(－直視形融着接續機) →fusion splicing of optical fibers

direct-coupled amplifier 직접 결합 증폭기(直接結合增幅器), 직결 증폭기(直結增幅器) *CR* 결합 증폭기의 결합 콘덴서를 단락하여 앞단의 부하 저항에 생긴 출력 전압을 직접 다음 단 입력 회로에 가하도록 한 증폭기. 결합 콘덴서를 없앰으로써 직류분에서 높은 주파수까지 고르게 증폭할 수 있으므로 직류 증폭기로서도 널리 사용되고, 입력 저항을 높게 할 수 있으나 전원 전압의 변동이나 온도 변화에 대한 드리프트가 생기기 쉽고 또 바이어스를 가할 때 특별한 방법을 쓰지 않으면 안 된다. 그림은 그 일례이다.

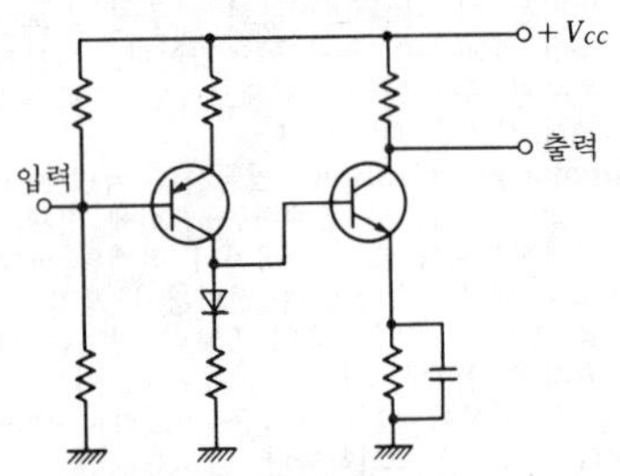

direct-coupled flip-flop 직결형 플립플롭(直結形－) 트리거가 클록의 입력 전압 레벨에서 행하여지는 플립플롭.

direct coupled transistor logic 직결형 트랜지스터 논리 회로(直結形－論理回路) ＝DCTL

direct coupling 직접 결합(直接結合) 둘 이상의 회로를 그들 회로간에서 공통된 자기 인덕턴스, 정전 용량, 저항 또는 이들의 조합에 의해 연결하는 것.

direct current 직류(直流) 시간적으로 방향이나 크기가 변화하지 않는 전류 또는 전압. ＝DC →alternating current

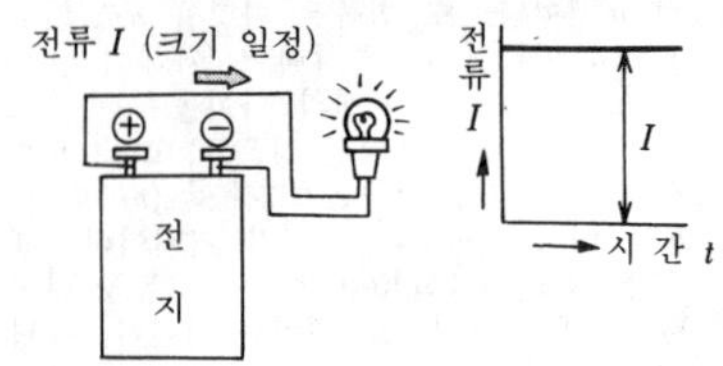

direct current amplifier 직류 증폭기(直流增幅器) 직류 또는 초저주파를 증폭하는 장치. 증폭 회로를 다음 단 증폭 회로와 접속할 때 C, R이나 변압기 T를 사용하여 결합하면 직류분이 제거되어 버리므로 직류 증폭 회로는 C나 T를 제거하여 증폭 회로를 만든다. =DC amplifier

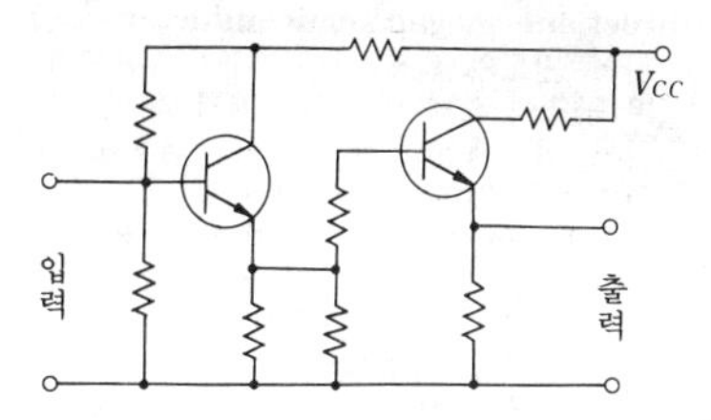

direct-current diverge equipment 직류 분기 장치(直流分岐裝置) 한 줄의 통신 회선에 복수의 데이터 단말 장치를 접속하기 위해 단말 장치와 모뎀 사이에서 분기시키기 위한 장치.

direct-current erasing head 직류 소거 헤드(直流消去－) 자기 기록 장치에서 기록의 소거에 필요한 자계를 발생하기 위해 직류를 사용하는 자기 헤드. 한 방향의 자계에 의해 소거되므로 교류 소거인 경우와는 소거 후의 자화 상태는 달라진다.

direct-current offset 직류 오프셋(直流－) 직류 증폭기에서 입력 신호 전류에 중첩되는 직류 레벨. →offset

direct-current restoration 직류 재생(直流再生) 텔레비전에서, 교류 전송 과정에서 억압된 직류 및 저주파의 영상 신호 성분을 샘플링 과정에 의해 복원하는 것. 샘플링은 영상 신호 자신에 의해, 혹은 외부 펄스에 의해 행하여진다. 재생된 직류는 수상관에서 재생되는 평균 휘도를 송신된 화면의 평균 휘도와 일치시키기 위해 사용된다.

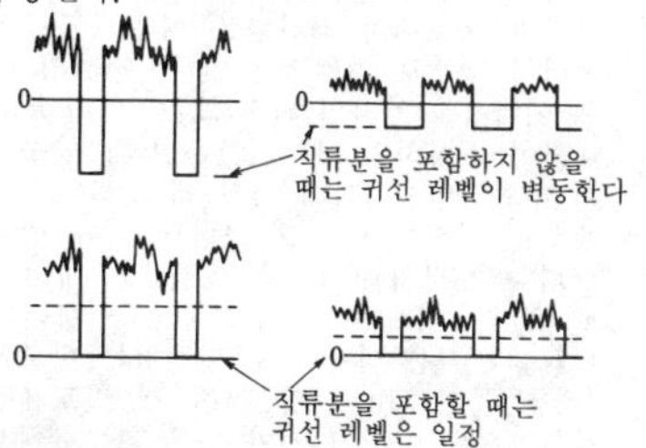

direct-current restorer 직류 재생 장치(直流再生裝置) ① 완만한 변화는 전송할 수 없지만, 고주파 성분은 전송할 수 있는 회로에서 사용되는 수법. 직류 성분은 전송 후에 출력단에서 삽입되고, 경우에 따라서는 다른 저주파 성분도 함께 삽입한다. ② 텔레비전에서 직류 재생을 하는 장치. →black level clamping circuit

direct-current transformer 직류 변류기(直流變流器) 직류 대전류를 측정하기 위한 장치로, 측정하려는 직류에 의해 극화(極化)되는 철심에 감겨진 코일의 인덕턴스 변화에서 직류를 구하도록 한 것.

direct-current winding 직류 권선(直流捲線) 정류기용 변압기에서 정류기의 주 전극에 도전적(導電的)으로 접속된 변압기 2차 권선으로, 정류 전류를 통하고 있는 권선이다.

direct cutting recording 직접 커팅 녹음 방식(直接－錄音方式) 레코드의 제조 공정에서 마이크로폰으로 집음(集音)한 음성 신호를 마스터 테이프 녹음에 의한 편집이나 기타의 수정을 하지 않고 직접 커터(cutter)에 가해서 녹음 원판을 제작하는 방법. 이 방식에서는 마스터 테이프를 사용하지 않기 때문에 테이프 잡음 등의

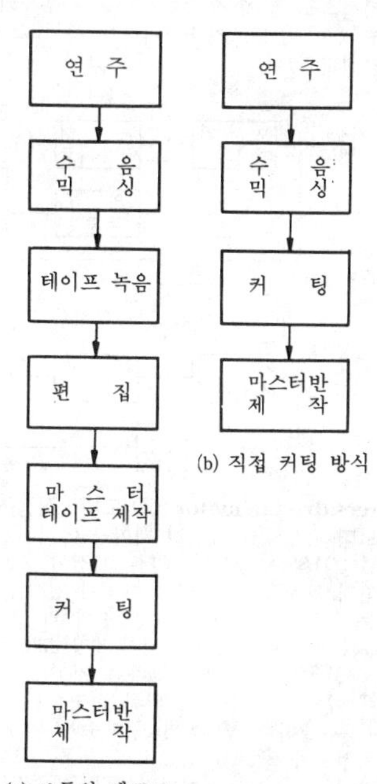

(a) 보통의 레코드 제작 공정

(b) 직접 커팅 방식

발생에 의한 음질의 열화 등은 없어지고, 음질이 좋은 레코드화를 기할 수 있으나 연주 미스의 수정이나 가변 피치 녹음은 할 수 없는 불편이 있다.

direct deflection method 직편법(直偏法) 측정법의 일종으로, 계기의 지시각으로 직접 측정값을 읽는 방법. 예를 들면, 고저항을 재는 경우에 그 고저항과 검류계와 직류 전원을 직렬로 연결하고, 검류계의 지시로 저항값을 구하는 방법.

direct digital control 직접 디지털 제어(直接-制御) =DDC

direct distance dialing 자동 즉시 통화(自動卽時通話) =DDD

direct drive system player DD 플레이어, 직접 구동 방식 플레이어(直接驅動方式-) 레코드 플레이어의 턴 테이블 축에 구동용 모터를 직결한 방식의 것을 말한다. 구동용 모터는 $33\frac{1}{3}$ 또는 45 rpm 의 초저속 서보모터를 사용한다. DC 방식과 AC 방식이 있는데 그 계통은 그림과 같다. 이 방식은 회전력을 직접 턴 테이블에 전달하기 때문에 와우·플러터가 매우 적다. 또 속도가 안정하고, 속도 전환도 전기적으로 할 수 있으며, 주유나 부품의 교환 등이 적고, 장수명이라는 등의 특징을 가지고 있다.

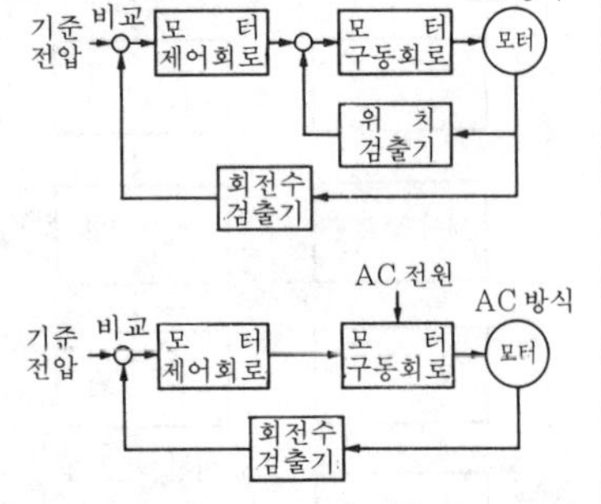

direct driving motor DD 모터, 직접 구동 모터(直接驅動-) 턴 테이블을 직접 구동(1 : 1)하는 방식의 모터. 회전이 고르고, 전지로 사용할 수 있는 이점이 있다. 원리는 VFO(가변 주파수 발진기)의 출력을 분주하여 이상기에 의해서 3상 교류를 만들어 3상 모터에 공급하는 것이다. 모터에 부착된 검출기에 의해 회전수(주파수)를 검출하여 VFO의 주파수와 비교해서 회전수가 세트한 값으로 되도록 VFO의 발진 주파수가 제어된다. 이상과 같은 회로는 모두 모터 속에 내장되어 있다.

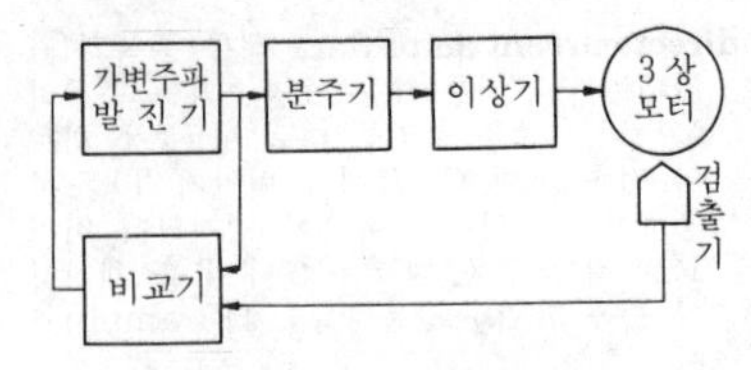

direct energy-gap semiconductor 직접 천이 반도체(直接遷移半導體) 반도체를 띠 구조에 의해 대별했을 때의 하나. 간접 천이 반도체(indirect energy-gap semiconductor)와 대비된다.

direct frequency modulation circuit 직접 FM 변조 회로(直接-變調回路) 동조 회로의 리액턴스를 변화시키는 방법 등으로 반송파를 신호파에 의해서 직접 주파수 변조하는 회로. 일반적으로 이 회로에서는 자려 발진기가 쓰이므로 자동 주파수 제어 회로를 사용하지 않으면 주파수 안정도는 나쁘나 주파수 편이를 한 번에 크게 얻을 수 있기 때문에 체배할 필요가 없이 변조 특성이 좋으므로 FM방송기 등에 널리 사용되고 있다.

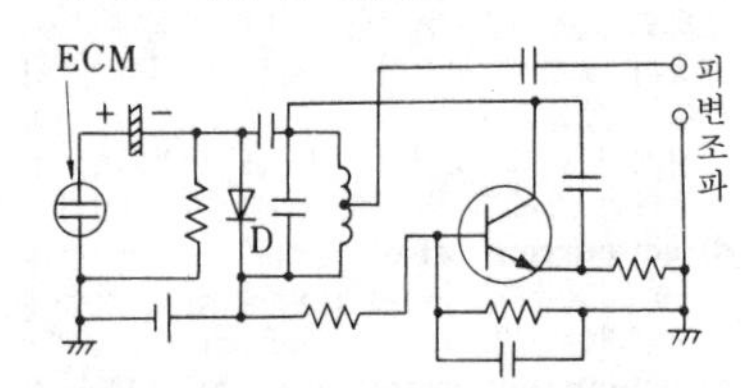

direct frequency modulation system 직접 FM 방식(直接-方式) 직접 주파수 변조 회로를 사용한 변조 방식.

direct-gap semiconductor 직접 갭 반도체(直接-半導體) 결정 내에서 격자 배열에 의한 주기적인 퍼텐셜상(場) 속을 운동하는 전자는 특정한 허용 에너지만을 갖는다. 에너지 준위도에서 가전자대의 최상단과 전도대의 최하단은 매우 큰 폭의 에너지 갭으로 격리되어 있다. 전자의 허용 에너지를 전자의 파수(波數) 벡터 $\boldsymbol{k}$ 에 대하여 플롯하면 에너지값은 $\boldsymbol{k}$ 의 함수로서 변화하며, 따라서 위의 갭 상하 두 경계선은 직선이 아니고 그림과 같이 변화한다. 가전자대의 정부(頂部) 에너지 $E_v(\boldsymbol{k})$ 가 전도대의 저부(底部) 에너지 $E_c(\boldsymbol{k})$ 와 같은 파수 $\boldsymbol{k}$ 로 발생하는 반도체(예를 들면 GaAs)를 직접 갭 반도체라 하고, 위의 두 에너지가 다른 파수값에서 생기는 것(예를 들면 Si)을 간접 갭 반도체라 한다. 전자에서는 광방사의 에너지

$h\nu$에 의해 가전자가 전도대에 직접 천이하지만, 후자의 경우는 전도대에 간접 천이하여 그때 에너지 E_{ph}의 포논(phonon)을 발생한다.

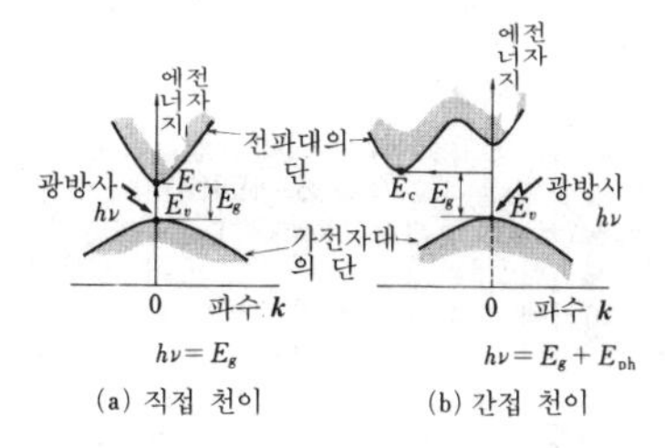

(a) 직접 천이 (b) 간접 천이

direct heated cathode 직열 음극(直熱陰極) 진공관의 음극을 가열하기 위해 음극 자신에 전류를 통해서 하는 것. 필라멘트라고도 불린다. 트륨 텅스텐 음극 등이 사용된다.

direct induction furnace 간접 유도로(間接誘導爐) 도전율이 낮은 재료(구리, 동합금, 경합금 등)의 용해에 사용하는 노로, 1 차 코일에 1,000~10,000Hz 의 고주파 전류를 흘리고 그 속에 둔 도전성의 흑연 도가니를 2 차측 발열체로서 하여 도가니 내의 물질을 가열하는 장치.

directional antenna 지향성 안테나(指向性－) 특정한 방향으로만 전파를 강하게 방사한다든지 또는 그 방향으로부터의 전파에 대하여 감도가 높아지는 특성을 가진 안테나. 그림과 같은 지향성 안테나가 있는 경우 어느 방향의 전계 강도 E_θ와 최대 전계의 세기 E_m 과의 비, 즉 $D=E_\theta/E_m$ 을 E_θ 방향에서의 지향 계수라 한다.

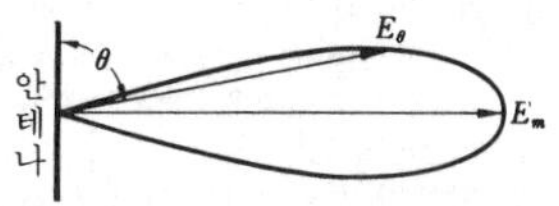

directional coupler 방향성 결합기(方向性結合器) 입체 회로 소자의 일종으로, 두 도파관을 적당히 조합시켜서 전파파(傳播波)를 방향에 따라서 분리할 때 사용하는 것을 말한다. 예를 들면, 그림과 같이 주도파관 AB 의 측벽에 $\lambda_g/4$(λ_g : 관내 파장)의 간격으로 작은 구멍 a, b 를 뚫고, 부도파관 CD 를 결합한 것이 있다. 이 경우는 주도파관의 A 에서 들어온 입력은 D 에는 분류하지만 C 에는 전해지지 않는다. 또, B 에서 들어온 전파는 C 에만 전해진다는 성질이 있다. 이 때문에 방향성 결합기는 입사파와 반사파의 분리나 전송 전력의 감시, 임피던스의 측정, 정재파비의 측정 등에 이용된다.

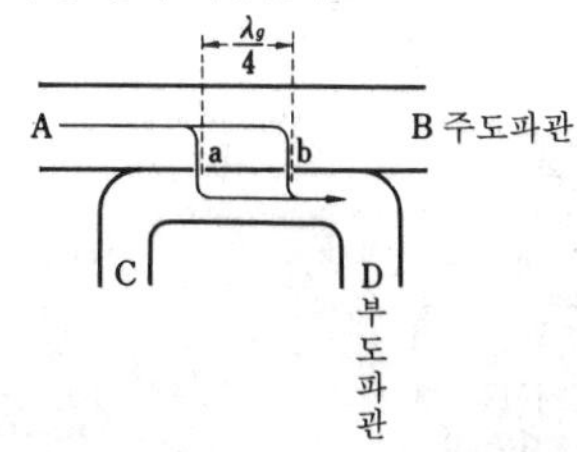

directional filter 방향 필터(方向－) ① 한 방향의 전송에 대해서는 필터로서 작용하고, 역방향의 전송에 대해서는 어떤 작용을 미치지 않는 장치. 페라이트를 포함하는 도파관 등은 이러한 성질을 가질 수 있다. ② 군별(群別) 2 선식 반송 전화 방식에서 방향별의 고, 저군 다중 신호의 분리, 합성에 쓰이는 고역, 저역 필터의 조합. 보통 증폭기의 고출력점에 삽입되므로 일그러짐에 대한 감쇠량이 매우 큰 것이 요구된다.

directional gain 지향성 이득(指向性利得) 지향성 계수를 데시벨로 나타낸 것으로, 지향성 계수의 상용 대수의 10 배와 같다.

directional gyro electric indicator 지향성 자이로 전기 지시기(指向性－電氣指示器) 항공기에서 고정 기수 방향으로부터의 편차를 측정하는 데 사용하는 전기 계측기.

directional homing 지향 호밍(指向－) 항법량 중 기수 방위를 일정하게 유지하는 호밍의 과정.

directional localizer 방위 로컬라이저(方位－) 최대 에너지가 활주로 중심선에 가까워지도록 향해진 로컬라이저. 이렇게 해서 외부 반사를 최소화한다.

directional microphone 지향성 마이크로폰(指向性－) 마이크로폰에 입사하는 음파의 방향에 따라서 감도가 다른 마이크로폰을 말하며, 그 지향 특성에 따라서 단일 지향성, 양지향성 등의 종류가 있다. 좁은 방에서의 녹음이나 잔향이 많은 방에서의 수음(收音) 혹은 목적으로 하는 소리만을 수음할 때 사용된다. 관현악의 녹음 등에서는 악기의 배치 등을 고려해서 여러 개의 지향성 마이크로폰을 사용하여 수록하는 방법이 쓰인다.

directional pattern 지향성 패턴(指向性－) 안테나의 지향성 패턴이란 그 안테나의 방사 또는 수신을 방향의 함수로 하여 그래프로 표현한 것이다. 지향성 패턴을 표시하는 데 흔히 사용되는 단면으로서는 수직면과 수평면, 또는 주전계와 자계의 편파면이다.

directional phase shifter 방향성 이상기(方向性移相器) 어떤 방향으로 전파(傳播)할 때의 이상량과 역방향으로 전파할 때의 이상량이 다른 수동(受動) 이상기.

directional response pattern 지향성 응답 패턴(指向性應答－) 특정한 주파수, 특정한 평면 내에서 방사 또는 입사하는 음파 방향의 함수로서, 흔히 그래프 상에 표시하는 변환기의 응답 표현(법).

directional speaker 지향성 스피커(指向性－) 목적으로 하는 방향으로만 소리를 방사하는 지향성을 갖게 한 스피커 시스템으로, 둘 이상의 동일 구경 스피커를 같은 평면상에 배치하여 전체로서 하나의 스피커로서 동작하도록 한 것이다. 높이가 가로폭이나 깊이에 비해 크고 기둥 모양으로 되므로 「칼럼 스피커」라고도 불리며, 체육관이나 강당, 옥외 경기장 등에서 널리 사용된다. 바닥 면적을 차지하지 않고, 청취 위치를 귀의 높이로 조절할 수 있는 이점이 있다. 라인 스피커도 그 일종이다.

direction finder 방향 탐지기(方向探知機) 무선 방위 측정기라고도 하며, 수신 안테나의 지향성에 의해서 전파의 도래 방향을 탐지하는 기기를 말한다. 지향성을 갖는 수신 안테나로서는 수직 안테나와 루프 안테나를 조합시킨 것이라든가 고니오미터 등이 있다. ＝DF

direction-finder antenna 방향 탐지 안테나(方向探知－) 전파 방향 탐지에 사용되는 안테나.

direction-finder deviation 방향 탐지기 편이(方向探知機偏移) 관측된 무선 방위와 수정된 방위와의 차의 크기.

direction-finder sensitivity 방향 탐지기 감도(方向探知機感度) 방향 탐지기에서 (신호＋잡음)/잡음이 수신기 출력단에서 20dB 가 되는 신호 전계의 세기〔μV/m〕. 신호가 도래하는 방향은 방향 탐지기 안테나계에 대하여 최대의 픽업 전압을 발생하는 방향으로 한다.

direction finding antenna system 방향 탐지 안테나 시스템(方向探知－) 복수의 방향 탐지 안테나, 합성 회로, 궤전계 및 수신기 입력단까지의 전기적, 기계적 요소를 모두 종합한 것.

directive gain 지향성 이득(指向性利得) 안테나에서 어느 방향으로 방사되는 전파의 방사 전력 밀도와 그것을 전방향에 대해서 평균한 값과의 비(G_d)를 데시벨로 표시한 것을 지향성 이득이라 한다. G_d는 절대적인 방사의 세기를 나타내는 것은 아니고 상대적인 지향성을 나타낸다. 전력비를 G, 방사 효율을 η, 기준 안테나의 G_d에 상당하는 값을 G_0으로 하면 다음의 관계가 있다.

$$G = \frac{\eta G_d}{G_0}$$

롬빅 안테나에서는 반파 안테나를 기준 안테나로 하고 G는 6~15dB 이다.

directivity 지향성(指向性) 안테나의 구실이나 마이크로폰의 감도 등이 방향성에 따라서 달라지는 성질. 각 방향의 세기에 대응한 좌표점의 궤적을 수평면, 수직면으로 나눈 평면도로 도시한다. 종류로는 쌍향성, 단향성(단일 지향성)이 있다. 형상으로는 특히 8자형, 하트형 등이 있다. 또한 지향성이 없는 것은 무지향성이라고 한다.

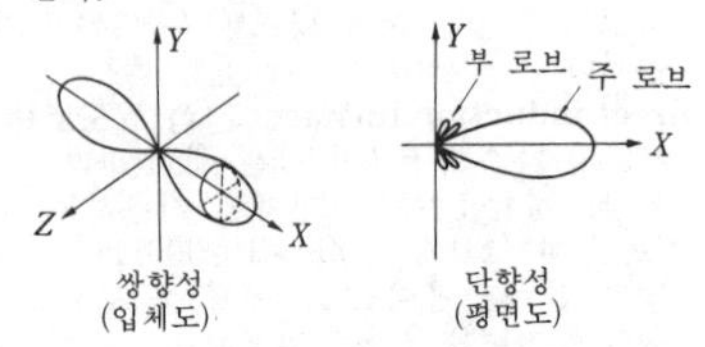

directivity factor 지향성 계수(指向性係數) ① 스피커 또는 기타 변환 장치의, 주축상의 원격점에서 잰 방사음의 세기와 변환 장치를 중심으로 하여 같은 원격점을 지나는 구면(球面)을 통해서 전달되는 음의 평균 세기와의 비. 주파수를 지정할 것. ② 마이크로폰 또는 기타의 변환 장치의 주축에 평행하게 도래하는 음파에 의해 생기는 전압의 제곱과, 같은 주파수와 같은 평균의 제곱 압력을 가진 파가 동시에 모든 방향에서 임의의 위상으로 도래했을 때 생기는 전압의 제곱값과의 비. 주파수는 지정할 것. 음향에서의 지향성 계수는 안테나인 경우의 지향성과 등가이다. 지향성 계수를 데시벨로 나타낸 것을 지향성 지수 혹은 지향성 이득이라 한다.

direct liquid cooling system 직접 액랭 방식(直接液冷方式) 주로 반도체 정류기의 냉각 방식으로, 일정한 공급원에서 주어지는 냉각 매체(액체)가 직접 반도체 전력 변환 장치의 표면을 통과하여 배출되는 것. 한번 냉각에 사용하여 온도가 상승한 액체를 냉각한 다음 재사용하는 순환 방식도 있다.

directly controlled variable 직접 제어 변수(直接制御變數) 피드백(궤환) 제어계에서의 변수. 그 값은 검출되고 주 피드백 신호를 만들어내기 위해 쓰인다.

directly-heated thermistor 직열형 서미스터(直熱形－) 서미스터는 온도 변화에 따라서 심하게 저항값이 변화하는 성질을 이용하는 부품인데, 그 온도 변화가 서미스터 자체에 흐르는 전류에 의한 발열로 생기도록 한 것.

direct memory access 직접 메모리 접근(直接－接近) 마이크로컴퓨터와 같은 저속의 처리 장치에서 고속의 입출력 장치를 사용하는 경우, 기억 장치와 이들 입출력 장치와의 사이에서 고속 동작 가능한 인터페이스를 거쳐서 중앙 처리 장치(CPU)의 동작에 관계없이 데이터를 전송하는 것. ＝DMA

direct modulation 직접 변조(直接變調) 레이저로의 주입 전류를 고속으로 직접 변조하여 출력을 얻도록 한 것. 수 백 MHz 이상의 주파수 범위까지 거의 평탄한 출력 특성이 얻어진다. 그 이상의 어느 주파수에서 공진 피크가 생기나, 피크의 날카롭기는 레이저의 구조에 의존하고 있다.

direct numerical control 직접 수치 제어(直接數値制御) ＝DNC

direct optical amplification 광 직접 증폭(光直接增幅) 광섬유를 따라 전송되는 신호를 증폭하기 위해서는 레이저 증폭기를 사용하는 것과 광 펌핑을 하는 것이 있다. 전자는 파브리-페로(Fabry-Perot) 레이저의 양단에 저반사막을 코팅한 레이저 증폭기(반전 분포 상태에 있는 레이저 매질 중에 코히어런트광을 통하여 그대로 증폭하는)로, 이득 20～30dB 의 중계기이다. 후자는 상당한 길이의 파이버에 펌프광을 입사하여 유도 라만(Raman) 효과에 의한 파라메트릭 증폭을 하는 것이나, 희토류를 도프한 짧은(수 10m) 파이버에 펌프광을 입사하는 것 등이 있다. 유도 라만 앰프는 무중계 방식의 전치/후치 증폭에 쓰이고, 도프 파이버는 해저 중계기에 쓰인다.

director 디렉터[1], 도파기(導波器)[2] (1) ① 가입자가 다이얼한 국번을 중계선이나 실렉터 등을 효과적으로 사용하기 위해 편리한 번호로 변환하는 기능을 가진 장치. 이와 같은 방식을 디렉터 교환(director exchange) 방식이라 한다. ② NC 공작 가계에서 치수나 각도를 주는 치수 데이터를 받아 각 공작축에 커터 경로를 형성하는 데 필요한 펄스열을 송출하는 장치. 디렉터형 NC 방식이라고 한다.
(2) ＝director element

director element 도파기(導波器) 야기 안테나에서 궤전(급전) 소자 전방에 둔 반파장보다 약간 짧은 도체 또는 도체군을 말한다. 지향성이나 이득을 증가시킬 목적으로 사용되는 것으로, 궤전선과는 접속되어 있지 않다. 궤전 소자 후방에 두어지는 반사기와 병용되는 경우가 많다. 도파기와 방사기의 간격은 1/10～1/4 파장 정도이며, 적당히 조정하여 최대 이득이 얻어지도록 한다. 도파기의 수를 늘릴수록 이득이 높아지나, 너무 소자수가 많아지면 이득의 증가는 작아진다. 또, 도파기를 다수 사용할 때는 선단의 도파기일수록 길이를 짧게 한다.

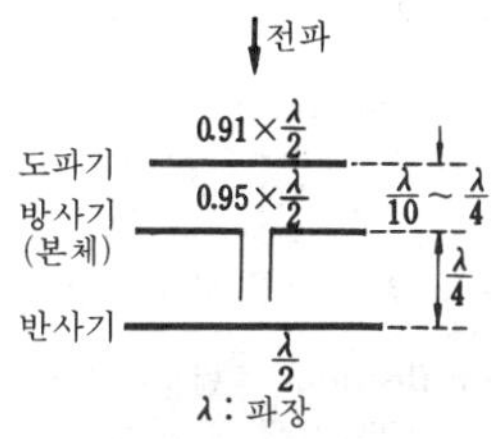

director exchange 디렉터 교환 방식(－交換方式) →director

director system 디렉터 방식(－方式) →director

directory 디렉토리 일반적으로는 명부, 주소록, 등록부 등을 뜻한다. 플로피 디스크나 하드 디스크 중에 축적된 파일의 관리 정보를 기억한 것을 말한다. 대량의 파일을 정리, 관리하기 위해 고안된 것으로, 계층 디렉토리라는 개념에 따르고 있다. 데이터 베이스 시스템에서의 딕셔너리 상의 정의(定義) 정보를 실행시에 참조하기 쉬운 모양으로 다시 편집하여 축적하는 라이브러리이다.

direct output 직접 출력(直接出力) 컴퓨터 용어로, 온라인의 출력 장치에서 얻어지는 출력. 예를 들면 컴퓨터에 직접 접속되고, 컴퓨터 프로그램에 의해 제어되는 고속 프린터의 출력 등.

direct outward dialing 다이얼 아웃 방식(－方式) 자동식 구내 교환 전화의 내선 전화기에서 국선 중계대를 경유하지 않고 직접 국선에 다이얼 접속을 하는 교환 방식. 반대 프로세스는 다이얼 인 방식이다.

direct point repeater 직접 중계기(直接中繼器) 어떤 회선으로부터의 수신 신호에 의하여 제어되는 수신용 릴레이가 다른 중계기나 전송 장치를 거치지 않고 다른 몇 개의 회선에 대응 신호를 직접 중계하는 것.

direct power generation 직접 발전(直接發電) 열 등의 에너지에서 기계적 동력을

경유하는 일 없이 직접 전기 에너지를 얻기 위한 방법으로, 가동 부분을 갖지 않는 것이 특징이다. MHD 발전과 같이 현재의 발전소와 공존하려는 대용량의 것부터 열전기 발전, 열전자 발전, 태양 전지와 같이 소용량이기는 하지만 고립한 장소에서의 전원으로서 이용되는 것까지 각종 방식이 실용화되거나 실용화되려 하고 있다.

direct-reading indicator 직독식 지시기(直讀式指示器) 측정되는 양을 측정기의 다이얼 상이나, 혹은 눈금판상에서 주어지는 지침으로 직접 읽을 수 있도록 되어 있는 지시기.

direct recombination 직접 재결합(直接再結合) pn 접합에서 주입된 소수 캐리어 혹은 열, 빛 등의 전자파에 의하여 여기(勵起)된 전자-정공쌍이 불순물 준위를 거치는 일 없이 적접 결합 소멸하는 과정을 말한다.

direct reflection 정반사(正反射) →regular reflectance

direct repeater system 직접 중계 방식(直接中繼方式) 마이크로파 통신 방식에서의 중계 방식의 일종으로, 수신한 마이크로파를 그대로 증폭하여 다시 송신해서 중계하는 방식이다. 그 특색은 중계소에서 검파 조작을 하지 않으므로 장치가 간이화되고, 일그러짐이나 잡음의 발생을 방지하며, 가격이 저렴하지만 회로의 분기를 할 수 없는 결점이 있다. 그러나 광대역 진행파관의 개발로 이 방식이 널리 쓰이게 되었다.

direct transition 직접 천이(直接遷移) 천이의 전후에서 전자가 그 운동량, 또는 파수(波數)를 바꾸지 않는 에너지 천이를 말한다. 가전자대의 정부(頂部)와 전도대의 저부(底部)가 운동량이 같은 곳이라면 전자는 이들 사이를 적접 천이할 수 있다. GaAs 등은 이러한 띠 구조로 천이한다. 이에 대하여 Ge 나 Si 는 간접 천이형이다. →indirect transition

direct transition type semiconductor 직접 천이형 반도체(直接遷移形半導體) →direct-gap semiconductor

direct transmission 정투과(正透過) 광원의 상을 유리를 통해서 완전히 볼 수 있는 투과.

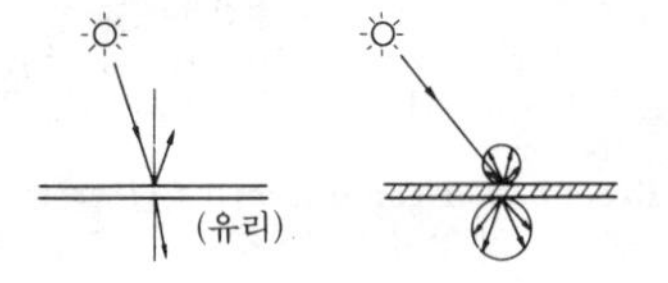

direct trunk (line) 직통 중계선(直通中繼線) 통화 교환망에서 임의의 두 집중국간에 발착하는 호출만을 운반하는 회선, 혹은 하나의 집중국에서의 단국과 집중국 사이, 혹은 단국 상호간에 발착하는 호출을 운반하는 회선.

direct-view storage tube 직시형 축적관(直視形蓄積管) CRT(음극선관)에서 축적 그리드(메시 스크린 : mesh screen)로부터의 2차 전자 방출에 의해 장시간 밝은 표시를 지속하는 전자관. 하나 또는 복수의 기록총과 플러드 건(flood gun)을 가지고 있으며, 고속 기록총이 2차 전자 방출에 의한 양전하 대전상(帶電像)을 타깃 T상에 기록한다. 이 상은 플러드 건으로부터의 고른 저속 전자류를 제어하여 형광 스크린 상에 전하상에 대응하는 가시상(可視像)을 비쳐 낸다. 전하상을 소거하려면 메시 스크린 S를 잠시 양전위로 해 주면 된다.

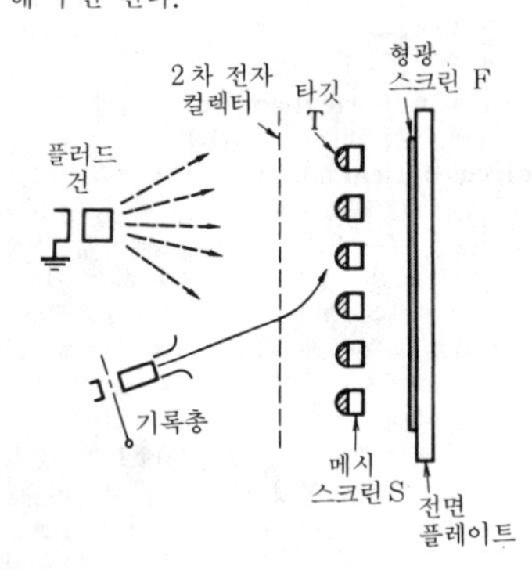

direct wave 직접파(直接波) 지상파의 일종으로, 송신 안테나에서 수신 안테나로 직접 전파하는 전파를 말한다. 전리층이나 대지의 영향을 받지 않고 직진하므로 가시 거리 밖에는 전파할 수 없지만 회절 현상에 의해 다소는 이보다 멀리까지 도달한다. 초단파 이상의 주파수의 전파를 이용하는 통신에서는 주로 이 전파를 이용한다.

disable 디스에이블, 사용 금지(使用禁止), 무능화(無能化), 인터럽트 금지(-禁止) ① 컴퓨터 장치나 시설에서 이들 본래의 동작 기능(혹은 능력)을 억제 혹은 금지(inhibit)하는 것. ② 전송 제어 장치가 회선에서 들어오는 호출 또는 요구를 받아 들이지 않는 상태에 있는 것. ③ 어떤 종류의 인터럽트 동작을 허용하지 않는 컴퓨터 상태. 예를 들면 현재 다른 인터럽트 요구를 처리 중일 때는 그것이 끝나기까지 다른 인터럽트를 억제하도록 플래그를 세트해 둔다.

disaccommodation 디스어코머데이션 자심을 완전히 소자한 다음 자기적, 기계적, 열적 방해가 없는, 어느 일정 온도의 상태에서의 투자율의 시간적 변화를 나타내는 값으로, 다음 식의 D로 주어진다.

$$D = \frac{\mu_1 - \mu_2}{\mu_1} \times 100[\%]$$

disc 디스크 감마 산화철이나 니켈 코발트를 칠하거나 또는 도금한 금속 원판상의 트랙에 정보를 기억하는 장치. 1 면당 트랙수는 100~200, 기억 용량은 10 억 비트에 이른다. 접근 시간은 자기 드럼에 비해 늘려서 100ms 정도이다. 컴퓨터의 보조 기억 장치로서 사용되는 외에 화상 정보용으로서도 사용된다.

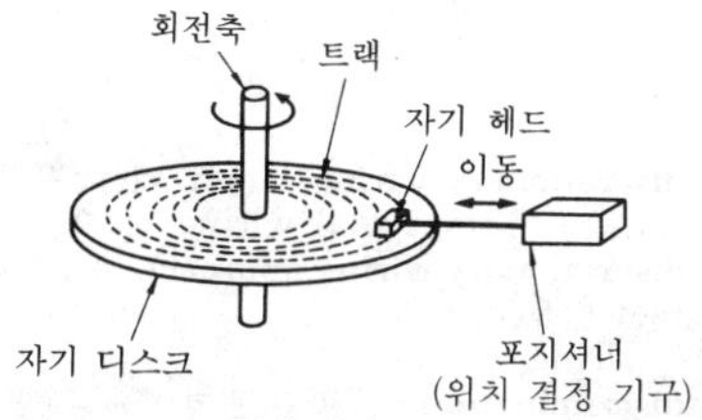

동작 원리

discharge 방전(放電) 음양으로 대전한 둘 이상의 물질 사이에서 어떤 방법에 의해 중화되는 것을 방전이라 한다. 그러나 일반적으로는 기체 등의 절연체를 통해서 대전체가 강전장(强電場)에서 짧은 시간에 중화하는 현상(아크 방전)을 가리키는 경우가 많다. 그림은 콘덴서의 저항 부하에 의한 방전 특성 예를 나타낸 것이다.

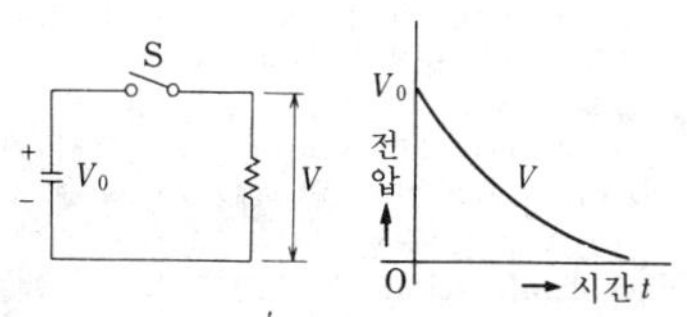

$$V = V_0(1 - e^{-\frac{t}{CR}})$$

discharge curve 방전 곡선(放電曲線) 일정 전류로 방전했을 때의 전압과 시간의 관계를 나타내는 곡선.

discharge final voltage 방전 종지 전압(放電終止電壓) 축전지를 사용하는 경우 단자 전압이 0으로 되기까지 방전시키지 않고, 어느 한도의 전압까지 강하하면 방전을 멈추게 한다. 이 때의 전압을 방전 종지 전압이라 한다. 그 값은 전기의 종류나 용도 등에 따라 다소 다르나, 일반적으로는 정상 전압의 90% 정도에 설정한다. 2 차 전지(충전 가능한 전지)에서는 이러한 사용 방법에 의해서 전지의 수명을 길게 한다. 그림은 축전지의 방전 특성이다.

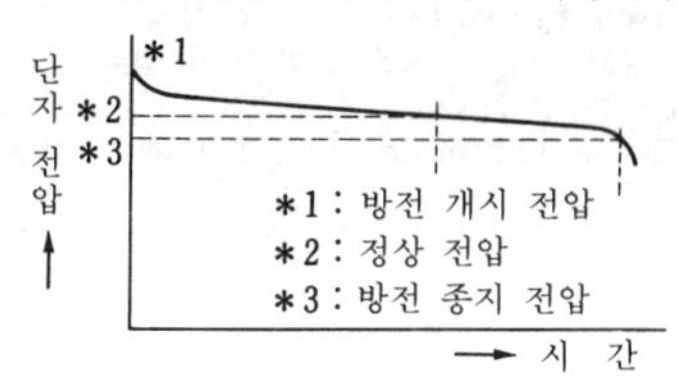

discharge gap 방전 갭(放電−) 방전을 발생시키기 위해 회로의 일부에 두 전극을 접근하여 마주보게 배치한, 폭이 좁은 방전 공간.

discharge gas 방전 가스(放電−) 방전했을 때 발하는 빛을 광원으로서 사용하는 가스.

	네온	수은	아르곤	나트륨
음극 글로*	황적	청록	담청	녹황
양 광 주*	오렌지적	청록	적자	황

discharge indicator tube 표시 방전관(表示放電管) 기체 방전의 발생을 이용하여 숫자, 문자, 부호 등을 표시하는 방전관. 액정이나 발광 다이오드(LED)를 사용한 표시 장치(소자)와 대비된다.

discharge rate 방전율(放電率) 2 차 전지의 방전 특성을 나타내는 용어로, 일정 전류로 h시간 만큼 계속해서 방전을 지속할 수 있을 때 이 방전을 h시간율 방전이라 하고, 방전율은 h시간율이라 한다. 납축전지에서는 보통 10 시간율 방전을 쓴다.

discharge tube 방전관(放電管) 관내에 가스 또는 증기를 봉해 넣은 저압 기체 중의 방전 현상을 이용한 전자관. 글로 방전 이용의 냉음극 방전관과 아크 방전 이용의 열음극 방전관으로 대별된다. 냉음극의 것에는 네온관, 정전압 방전관(네온, 아르곤, 헬륨 등의 가스 봉입관), 수은 정류관(수은 증기 봉입) 등이 있으며, 열음극의 것으로는 열음극 수은 정류관, 열음극 그리드 제어 방전관(사이러트론이라고도 한다) 등이 있다. 용도로는 글로 방전의 것은 발광 현상을 이용하는 경우와 정전압 전원에 이용하는 경우가 있고, 아크 방전의 것은 대전류의 정류에 쓰인다. 그림은 정전압 방전관의 예를 나타낸 것이다.

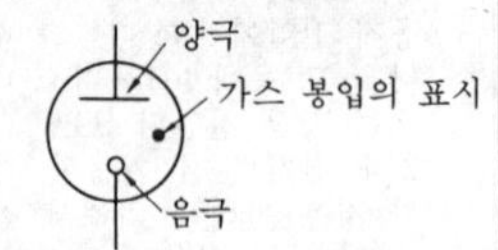

discharge voltage 제한 전압(制限電壓) 방전 전류가 흐르고 있을 때 전극간에 생기는 전압.

dis-cone antenna 디스콘 안테나 쌍원뿔 안테나의 한쪽 원뿔을 원판으로 치환한 것. 수평면 내 무지향성이고, 이득은 반파 안테나와 마찬가지로 0dB 이며, 주파수 대역은 쌍원뿔형보다 조금 좁다. 전파 감시용 안테나이다.

disconnect 절단(切斷) 작동 가능 상태에 있는 장치의 접속을 거부 · 차단하여 사용하지 못하는 상태로 하는 것.

disconnect signal 절단 신호(切斷信號) =clear-forward signal

discrete 디스크리트, 이산(離散), 개별의(個別-) 개별 부품, 구분할 수 있는 요소를 말한다. 또 역할이나 수단 등을 개별의 요소로 실현하는 것. 또, 전자 회로를 다이오드나 트랜지스터와 같은 개별 부품으로 구성하는 것을 디스크리트라고 표현하기도 한다.

discrete component 디스크리트 부품(-部品), 개별 부품(個別部品) 고유의 형태를 가지며, 단독으로 하나 혹은 복수의 소자 혹은 디바이스의 기능을 가지고, 분할하면 전기적 특성을 잃는 것. =discrete part

discrete IC 개별 집적 회로(個別集積回路) LSI 에 대하여 MSI 나 SSI 에서 보편적인 표준 부품으로 만들어진 집적 회로. 예를 들면, NAND 게이트, AND-OR-INVERT 게이트, 플립플롭, 디코더, 가산기 등을 의미하는 경우가 많다. 개별이라고 해도 저항, 콘덴서, 트랜지스터만큼 상품화된 것은 아니고, 어느 기능을 가진 회로이다.

discrete part 개별 부품(個別部品) =discrete component

discrete system simulator 이산 시스템 시뮬레이터(離散-) 이산 변화 모델에 대응하는 시뮬레이션 언어로, GPSS, SYMSCRIPT 등이 있다.

discrete time control 이산 시간 제어(離散時間制御) 제어 동작을 시간적인 의미로 분류하면, 연속 제어와 이산 시간 제어의 둘로 나눌 수 있다. 연속 제어는 제어 장치의 입력이나 출력을 연속하여 행하는 방식이고, 이산 시간 제어는 계측량을 어느 시간 간격을 두고 간헐적으로 제어 장치에 입력하여 이것에 바탕을 두어 조작량을 출력하는 제어 방식이다. 이산 시간 제어 중에서도 일정 시간 간격으로 계측량을 입력하는 방식에 대해서 일반적으로 샘플값 제어라고 부르는 경우가 많다.

discrete time signal 이산 시간 신호(離散時間信號) 연속 시간 신호 $\{x(t)\ ;\ -\infty<t<\infty\}$를 이산 시간 신호, 혹은 시계열(time-series)이라 한다.

discretional wiring 자유 재량성 배선법(自由裁量性配線法), 선택 배선법(選擇配線法) 모놀리식 IC 에서는 복잡한 회로 전체가 하나의 칩 속에 구성되므로 그 일부라도 불량이 되면 칩 전체는 사용할 수 없게 된다. 그래서 주요 회로를 표준화한다든지, 여분의 회로를 처음부터 칩 속에 만들어 넣어 여유를 갖게 해 둠으로써 배선 패턴의 변경만으로 고장부를 제거할 수 있다. 이렇게 하여 칩 기능을 유지하려는 것이 자유 재량성 배선법 또는 선택 배선법이다.

discretionary wiring 선택 배선(選擇配線) →discretional wiring

discretionary wiring approach 선택 배선 방식(選擇配線方式) →discretional wiring

discrimination 주파수 판별(周波數判別) 주파수 변조된 신호의 주파수 변화를 검출하여 원신호로 되돌리는 것.

discriminator 판별기(判別器) 주파수 변조나 위상 변조된 파에서 원래의 신호파를 꺼내기 위한 회로로, 각각을 주파수 판별기 및 위상 판별기라 한다.

disengaged line 공선(空線) 사용 가능한 회선 중 실제로는 사용하고 있지 않는 것.

disk 디스크 =disc

disk drive 디스크 드라이브 자기 디스크로부터의 데이터를 읽어 이것을 컴퓨터 내부 기억 장치에 복사하여 컴퓨터가 이들을 사용할 수 있도록 하는 동시에 컴퓨터로부터의 출력 데이터를 디스크에 기록하여 이것을 기억 보존해 두기 위해 사용되는 디스크 구동 장치.

disk duplication 디스크의 복사(-複寫) 자기 디스크에 기억되어 있는 데이터를 다른 디스크에 복사하는 것. =copy

Diskette 디스켓 개인용 컴퓨터의 보조 기억 장치로서 일반적으로 사용되고 있는 플로피 디스크. 원래는 IBM 사의 상품명이었으나, 일반명으로서 쓰이게 되었다. →floppy disk

disk laser 디스크 레이저 유리의 디스크를 활성 물질로서 사용하는 레이저. 유리면은 빛의 진행 방향에 대하여 브루스터각(Brewster's angle)을 유지하고 있어 빛의 반사에 의한 손실을 방지하고 있다. 구조상의 로드 레이저보다도 대구경을 갖는 증폭기를 만들 수 있고, 냉각 효율도 좋다. 다만 디스크 내부에서 자연광이 증폭되어 기생 진동을 일으키지 않도록 디스크 주변에 적당한 흡수 물질이 있다.

disk operating system 디스크 운영 체제(－運營體制) =DOS

disk pack 디스크 팩 자기 디스크 장치에서 떼낼 수 있는 복수 매의 자기 디스크로 구성된 장치.

disk type component 디스크형 부품(－形部品) 원판형으로 만든 서미스터, 배리스터, 다이오드 등에 그림과 같은 모양의 리드선을 붙인 것.

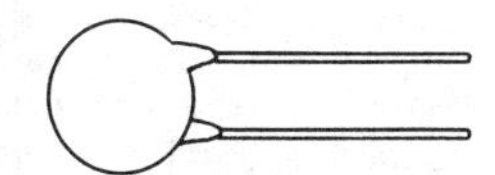

dispatcher 디스패처 컴퓨터와 입출력 장치간에 개입하여 이들 사이의 연락이나 제어를 하기 위해 주기억 장치 내에 상주하는 루틴.

dispersed dot-pattern generation 분산형 도트패턴 발생(分散形－發生) →digital image generator

dispersion 분산(分散) ① 방사를 여러 가지 주파수, 에너지, 속도 기타 성질의 성분으로 나누는 프로세스. 프리즘이나 회절 격자에 의해 백색광은 그 각 색의 성분광으로 나뉘어진다. 전자류에 자계를 주어 여러 가지 속도 성분의 것으로 분리하는 것도 분산이다. ② 전자파의 위상 상수가 주파수에 비례하지 않는 것. 혹은 위상 속도가 주파수에 따라 다른 것. ③ 마이크로파가 장애물에 의해 산란하는 것. ④ 매질 내에 잘게 나뉘어진 입자가 분포하는 것.

dispersion-shift fiber 분산 시프트 파이버(分散－) 석영 파이버(섬유)의 손실은 파장 1.55㎛의 곳에서 최소값을 갖는다. 이 파장에서 파이버의 종합 분산도 최소가 되면 전송 매체로서 가장 바람직한 것이다. 그래서 코어의 굴절률을 조절하여 재료 분산을 장파장측으로 벗어나게 해(분산을 작게 해) 주는 동시에 구조 분산을 크게 해 주어 재료 분산과 상쇄시킴으로써 정합 분산을 장파장측에서 최소로 해 줄 수 있다. 이와 같이 제로 분산 파장을 보통 파이버의 1.3㎛에서 1.55㎛로 시프트한 것을 분산 시프트 파이버라 한다.

dispersive bandwidth 분산 대역폭(分散帶域幅) 지정된 분산 지연을 초과한 동작 주파수 영역.

dispersive medium 분산 매질(分散媒質) 전자파의 위상 속도가 주파수의 함수인 매질. 플라스마는 분산 성질이지만, 자유 공간은 분산성은 없다(모든 주파수의 파가 광속도로 공간을 전파한다).

displacement 변위(變位) 신호를 시간 영역 또는 주파수 영역에서 시프트하는 것. 예를 들면 밴드 스프리터는 신호를 부호화하기 위해 주파수 영역에서의 변위를 쓴다.

displacement current 변위 전류(變位電流) 콘덴서에 전압을 가했을 때 도선에 흐르는 전도 전류는 내부의 유전체에는 흐르지 않지만, 이것이 내부에도 연속해서 흐른다고 가정했을 때 그 전류를 변위 전류라 한다.

display 디스플레이, 표시(表示) 정보를 문자나 도형 등을 이용하여 일시적 또는 기록을 남기는 형태로 시각상(視角像)으로서 나타내는 것. 이 의미에서는 프린터로 출력하는 것도 디스플레이이다. 단, 일반적으로 디스플레이라는 경우는 디스플레이 장치, 특히 CRT 디스플레이 장치를 의미한다.

display device 디스플레이 장치(－裝置), 표시 장치(表示裝置) 정보를 문자, 그래프 또는 도형으로 시각적 표시를 하는 장치. 브라운관을 컴퓨터에 접속하고 브라운관상에 정보를 표시한다든지 입력한다든지 한다. 문자 표시 장치와 그래픽 표시 장치가 있다.

display storage tube 표시 축적관(表示蓄積管) 전기 신호로서 도입된 정보를 형광면상의 지속 가시상(可視像)으로서 표시할 수 있도록 설계된 축적관.

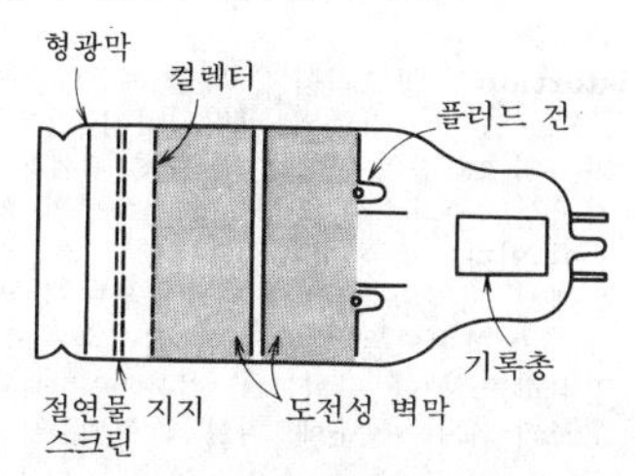

display terminal 표시 단말(表示端末) 그래픽 데이터를 시각적으로 표시하는 출력 장치. VDU(visual display unit), 플

로터, 프린터 등.

dissemination 산포량(散布量) ① 정보원에서 신호 x가 송신되었다는 조건하에서 수신단에서 수신 신호 y가 갖는 정보량을 (x, y)의 모든 조합에 대하여 평균화한 $H(Y|X)$를 말한다. ② 정보나 데이터를 그 축적 장소에서 배포하는 것.

dissector tube 해상관(解像管) 전자 광학 화상을 개구(開口)상에서 이동함으로써 주사(走査)된 광전자 방출 패턴이 그 위에 형성되는 연속 광전 음극을 갖는 촬상관.

dissipation 손실(損失)[1], 방산(放散)[2] (1) 열로 되는 전기 에너지의 손실.
(2) 지향성 또는 도전성 손실 또는 그 양쪽에 의해 생기는 전송로에서의 전력의 감소.

distance dialing 원격지 다이얼(遠隔地－) 시외 통화를 가입자 또는 교환원의 호출 장치로부터의 신호에 의해 자동적으로 확립하는 것.

distance mark 거리 마커(距離－) 레이더 음극선관의 스크린 상에서 목표물의 거리를 결정하기 위해 사용하는 교정 마커.

distance measurement equipment 거리 측정 장치(距離測定裝置) ＝DME

distance resolution 거리 분해능(距離分解能) 레이더로부터의 반경 방향에서 거의 겹쳐서 보이는 두 목표물을 다른 것으로서 식별하기 위해 반경 방향으로 양자가 떨어져 있는 최소의 거리.

distorted alternating current 왜파 교류(歪波交流) 정현파가 아닌 주기파의 교류.

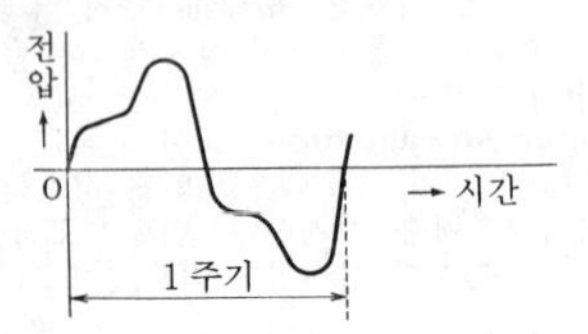

distortion 일그러짐[1], 왜상 수차(歪像收差)[2] (1) ① 파형의 바람직하지 않은 변화. 일그러짐의 원인은 입출력 관계의 비직선성, 주파수에 의한 전파 특성의 차이 등이 있다. ② 지정된 주파수, 진폭, 위상 등에서 지정된 입출력 관계로부터의 벗어남. ③ 전송되는 패턴 또는 화상에서의 바람직하지 못한 변화. ④ 기본파를 제외한 고조파 교류 성분에 의한 파형의 일그러짐.
(2) 사이델의 5수차의 하나로, 물점의 광축으로부터의 거리에 따라서 배율이 다른 수차. 광축에서 떨어짐에 따라 배율이 커지는 경우는 실패형 일그러짐, 반대인 경우는 통형 일그러짐이 된다.

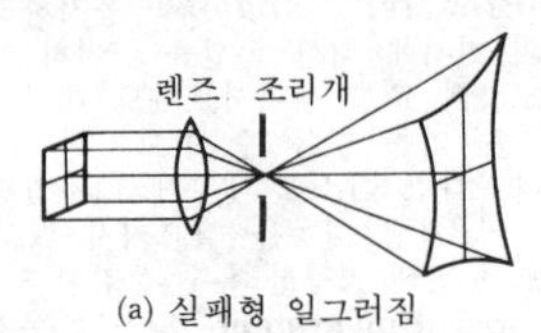

(a) 실패형 일그러짐

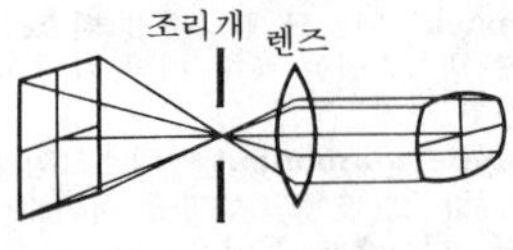

(b) 통형 일그러짐

distortion factor 왜율(歪率) 왜파가 정현파에 비해서 어느 정도 일그러져 있는가를 나타내는 것. 왜율 k는 기본파에 대하여 고조파가 포함되어 있는 비율에 따라서 다음 식과 같이 정한다.

$$k = \frac{\sqrt{A_2^2 + A_3^2}}{A_1} \times 100[\%]$$

여기서 A_1 : 기본파의 전압 또는 전류의 실효값, A_2 : 제 2 조파의 전압 또는 전류의 실효값, A_3 : 제 3 조파의 전압 또는 전류의 실효값.

distortionless circuit 무왜 회로(無歪回路) 회로의 출력 파형이 입력 신호의 파형과 유사한 성질을 가진 회로. 감쇠가 주파수와 관계없이 일정하고, 위상 상수가 주파수에 직선 비례하는 경우에는 회로는 무왜 상태가 된다.

distortionless condition 무왜 조건(無歪條件) 전송 선로에서 감쇠 일그러짐과 위상 일그러짐이 없는 상태로 하기 위한 조건을 말하며, 이것은 다음 식으로 주어진다.

$RC = GL$

여기서, R : 분포 저항, C : 분포 정전 용량, G : 분포 컨덕턴스, L : 분포 인덕턴스. 또한 이 경우의 감쇠 상수 α 및 위상 상수 β는

$$\alpha = \sqrt{RG}$$
$$\beta = \omega\sqrt{LC}$$

이며, α는 주파수 $f(\omega = 2\pi f)$와 관계가 없게 되고, β는 주파수 f에 비례한다.

distortion-limited operation 왜곡 제한 동작(歪曲制限動作) 수신 신호의 크기(또는 파워)보다 오히려 일그러짐이 동작을

제한하는 상태. 이 상태는 지정된 한계를 넘어서 파형이 일그러질 때 일어난다. 선형의 계(系)에 대해서는 왜곡 제한 동작은 대역 제한 동작과 등가이다.

distortion meter 왜율계(歪率計) 왜파 교류에 포함되는 일그러짐의 정도를 나타내는 왜율을 측정하는 장치로, *LC* 형, *CR* 형이 있다. 전자는 공진 브리지와 레벨계로 구성되고, 후자는 윈 브리지와 레벨계로 구성되어 있다.

distortion of detection 검파 일그러짐(檢波－) 피변조파를 검파하여 신호파를 꺼낸 경우, 원래의 신호파에 대하여 파형이나 주파수 등이 얼마간 달라지는 일이 있다. 이것을 검파 일그러짐이라 한다.

distortion type 일그러짐형(－形) 전송계의 어느 두 장소간에서 생기는 바람직하지 않은 파형 변화로, 바이어스 일그러짐, 포락선 지연 일그러짐, 불규칙 일그러짐, 특성 일그러짐, 종단 일그러짐, 조파(調波) 일그러짐 등이 있다.

distortion wave 왜파(歪波) →non-sinusoidal wave

distortion tolerance 허용 일그러짐(許容－) 오류없이 수신할 수 있는 최대 신호 일그러짐.

distress traffic 조난 통신(遭難通信) 선박 또는 항공기가 중대하고 급박한 위험에 처했을 경우에 「SOS」의 조난 신호를 전치하여 행하는 무선 통신. 이것은 모든 통신에 대하서 우선하며, 면허장에 기재된 사항을 벗어나서 운용해도 된다. 또, 조난 통신을 수신했을 때는 즉시 응답하고, 최선의 조치를 취하지 않으면 안 되는 것은 물론, 이것을 방해할 염려가 있는 전파의 발사는 즉시 중지하지 않으면 안 된다.

distributed amplifier 분포 증폭기(分布增幅器) 단일의 증폭기로는 입출력단의 용량이나 회로의 부유 용량 때문에 고주파 이득이 얻어지지 않고 광대역 증폭을 할 수 없다. 그래서 복수 증폭단의 입출력 용량을 지연 선로의 *C* 로서 이용하여 지연선에 의해 결합하고, 입력측에서의 지연 시간을 출력측에서의 지연 시간과 같게 해 줌으로써 각 증폭단은 일정한 지연 시간에 입력 신호를 차례로 증폭하여 이것

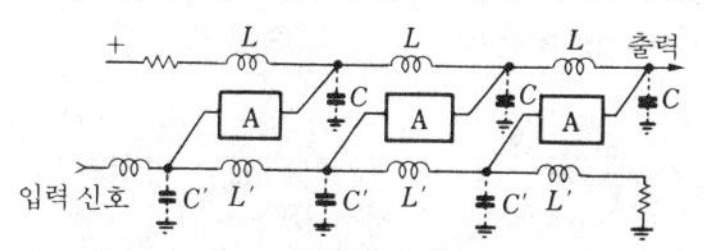

C', C : 증폭기 A의 입 · 출력 표유 커패시턴스
L', L : 지연선의 직렬 인덕턴스

을 출력단에 모으도록 한다. 수 100MHz 이상의 광대역 증폭이 가능하다.

distributed Bragg reflection laser DBR 레이저 →distributed feedback laser, DFB laser, optical resonator

distributed capacity 분포 용량(分布容量) 정전 용량이 특정한 장소에 집중하는 일없이 넓은 범위로 분포한 것을 말한다. 예를 들면, 통신 선로와 대지간의 정전 용량 등은 이것이다.

distributed constant 분포 상수(分布常數) 도파관 또는 전송 선로의 길이 방향을 따라 존재하는 회로 매개 변수. 2 도체 전송 선로상의 TEM 파에 대한 분포 상수는 단위 선로 길이당의 직렬 저항, 직렬 인덕턴스, 병렬 컨덕턴스, 병렬 용량이다.

distributed constant circuit 분포 상수 회로(分布常數回路) 선로 상수 *R*, *L*, *C*, *G*(동일 도체인 경우)가 길이에 비례하고, 균일하게 분포하고 있는 회로에서 송전선, 전화선 등의 특성을 살피는 경우에 사용하는 등가 회로.

distributed data processing 분산 처리 시스템(分散處理－) 처리 기능(축적, 가공)을 갖는 컴퓨터가, 데이터가 발생하는 지점, 데이터나 처리 기능이 가장 흔히 사용되는 지점, 관리하기 쉬운 지점 등에 지리적 혹은 기능적으로 분산하고 있는 시스템이며, 더욱이 데이터 베이스가 네트워크 전체에 걸쳐서 접근 가능한 시스템을 말한다. 분산 처리 시스템의 형태를 구조면에서 분류하면 수평형 분산 처리 시스템, 수직형 분산 처리 시스템, 복합형 분산 처리 시스템의 3종류가 있다.

distributed element 분포 소자(分布素子) 전송 선로를 따라 연속해서 존재하는 회로 소자. 2 도체 전송 선로상의 TEM 파에 관해서는 분포 소자는 선로의 단위 길이당의 직렬 저항, 직렬 인덕턴스, 분로 컨덕턴스, 분로 용량이다.

distributed emission magnetron amplifier 데마트론, 분포 방출 마그네트론 증폭기(分布放出－增幅器) 분포 방출 음극과 전진파 회로의 간섭 효과를 이용한 고주파 증폭기.

distributed feedback laser DFB 레이저, 분포 궤환형 레이저(分布饋還形－) 보통의 반도체 레이저와 발광 원리는 같으나 빛의 파장을 같게 하기 위해 발광부 속에 요철(凹凸)을 두고 있다. 이 때문에 섬유 내를 전하는 빛의 속도도 같아져서 신호 파형이 흩어지지 않는 이점이 있다. ＝DFB laser

distributed frame alignment signal 분

포 프레임 조정 신호(分布－調整信號) 인접하고 있지 않는 복수의 타임 슬롯에 걸쳐 분포하고 있는 프레임 조정 신호. → frame alignment signal

distributed multiprocessing 분산형 다중 처리(分散形多重處理) 보통의 컴퓨터 대 단말 통신형이 아니고 복수의 컴퓨터 상호간 통신 연락을 하는 전산망으로, 컴퓨터 프로그램은 복수의 컴퓨터가 동시에 동작하도록 작성할 수 있다. 이것을 집중형의 다중 처리에 대하여 분산형의 다중 처리라 할 수 있다. 집중형은 동일 프로그램의 몇몇 부분이 단일 컴퓨터계의 복수 CPU 에 의해 동시 처리되는 것이다.

distributed parameter circuit 분포 상수 회로(分布常數回路) 인덕턴스 및 커패시턴스가 파장과 같은 정도의 물리적인 거리 전체에 걸쳐서 분포하고 있다고 생각되는 회로. 기준점 x_1 에서 x 방향으로 길게 뻗은 균일 선로상의 전압, 전류는 다음과 같은 식으로 주어진다.

$$V(x)=V(x_1)\cosh\gamma(x-x_1)-Z_0I(x_1)\sinh\gamma(x-x_1)$$

$$I(x)=I(x_1)\cosh\gamma(x-x_1)-[V(x_1)/Z_0]\sinh\gamma(x-x_1)$$

여기서, γ : 선로의 전파 상수, Z_0 : 특성 임피던스. 어느 것이나 선로의 분포 매개 변수 및 파동의 주파수의 함수이다.

distributing amplifier 분배 증폭기(分配增幅器) ① 텔레비전 방송국의 부조정실에 설치되는 기기의 하나로, 동기 신호 분배기와 영상 신호 분배기가 있다. 전자는 동기 신호를 몇 개의 단자에 분배 공급하기 위한 증폭기이며, 이득은 1 이고, 주파수 특성은 2~3MHz 의 대역폭을 갖는 것이 사용된다. 입력 파형을 적당히 증폭하여 클립하고, 험이나 파형 일그러짐을 제거하도록 되어 있다. 후자는 하나의 영상 신호 입력을 2~3 의 출력으로 분배하는 이득 1 의 증폭기이다. 양호한 주파수 특성과 직선성을 필요로 하며, 출력 임피던스가 전송 선로의 임피던스와 잘 정합하는 것이 중요하다. ② 텔레비전의 공동 시청 방식으로, 하나의 수신 안테나로 수신한 전파를 검파기에 의해 영상 신호로 변환하여 이것을 각 수상기에 분배 전송할 때 사용되는 것을 말한다.

distribution line carrier 배전선 반송(配電線搬送) 배전선을 전송 선로로서 사용하는 반송 통신. 전력선 반송은 오래전부터 전력 회사의 업무에 이용되어 왔으나 이것을 배전선에도 적용한 것으로, 자동 검침 등 자사 업무 외에 공중 전기 통신 사업으로의 이용도 검토되고 있다.

distribution temperature 분광 분포 온도(分光分布溫度) 어느 파장 영역에서 방사의 상대 분광 분포 곡선과 같든가, 혹은 근사적으로 같은 분광 분포 곡선을 갖는 흑체(黑體)의 절대 온도를 그 방사의 분광 분포 온도(혹은 단지 분포 온도)라 한다. 분포 온도를 주는 방사는 연속 스펙트럼을 가진 방사일 필요가 있으나 열방사체일 필요는 없다.

distributor 분배기(分配器) 텔레비전의 공동 시청 방식에서 간선의 임피던스를 유지하면서 가입 텔레비전의 입력 임피던스와의 정합도 고려하여 수신 에너지를 여러 곳에 전송하기 위한 장치. 저항에 의한 것과 변성기에 의한 것이 있으며, 분배 손실은 4~8dB 정도이다.

distributor tape transmitter 디스트리뷰터 종이 테이프에 천공된 정보를 일련의 절기 펄스로 되돌려 이것을 다른 기억 매체로 옮기는 장치.

district center 중심국(中心局) →class of telephone exchange

disturbance 외란(外亂) 자동 제어에서 기준 입력 이외에서 제어량에 변화를 주는 원인이 되는 것. 예를 들면 연소로의 온도 제어에서는 연료 질의 변화나 노의 주위 온도 변화, 또는 피가열 물체의 변화 등이 이에 해당한다.

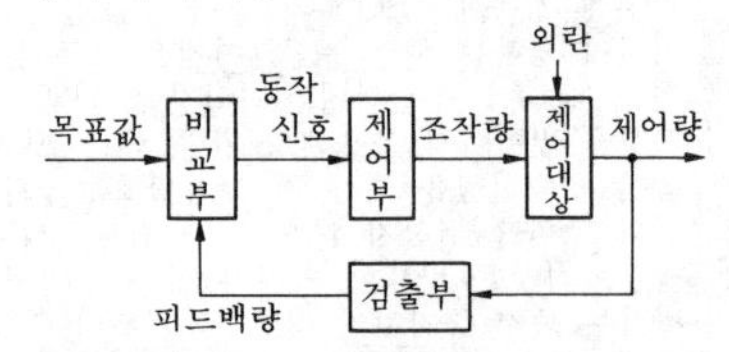

dither 디서 화상 처리 등의 회로에서 표본화, 양자화를 할 때 재생 화상에 윤곽으로 되어서 잡음을 발생하는 것을 방지하기 위해 미리 원래의 신호에 잡음을 넣어 둔다. 그 잡음을 디서라 한다.

diurnal variation 일변화(日變化) 지표의 어느 점에서의 지구 자계의 경일(經日) 변화. 태양과 달의 주기 운동이 전리층의 대기의 수평 방향 운동의 원인이 되어 생긴다.

divergence loss 확산 손실(擴散損失) 음파나 전파가 전파(傳播)에 따라 공간적으로 확삼함으로써 일어나는 전송 손실. 예를 들면, 점음원(點音源)에서 발산하는 구면파(球面波) 등에서 볼 수 있다.

diversity earth station 다이버시티 지상국(－地上局) 다이버시티 방식을 채용한 위성 통신 지상국으로, 같은 (지상) 제어국에 연결된 몇 개의 지역적으로 분산된 지상국이 악천후에 의한 대기 흡수 등 나쁜 통신 채널을 회피하기 위해 다른 채널로 전환할 수 있도록 되어 있는 것. 전화인 경우 등은 별도로 하고, 실시간을 요하지 않는 데이터 전송인 경우 등은 일단 데이터를 축적하고, 일기의 회복을 기다렸다가 재송하는 방법도 있다. →diversity techniques

diversity receiving system 다이버시티 수신 방식(－受信方式) 페이딩의 영향으로 통신이 불안정하게 되는 것을 방지하기 위한 수신 방법. 수 100m 떨어진 수신 안테나로 받은 신호 전류를 합성하여 평균시키는 공간 다이버시티와 하나의 신호를 여러 주파수를 써서 송수신하는 주파수 다이버시티 및 전파가 전리층에서 굴절 반사할 때 진폭이나 위상이 방향에 따라서 다른 경우에 사용하는 편파 다이버시티 수신 방식이 있다.

diversity system 다이버시티 방식(－方式) 둘 또는 그 이상의 선로 또는 채널을 가진 통신 방식. 이들 출력을 단일의 수신 신호에 조합시킴으로써 페이딩을 방지하고, 다이버시티 이득을 향상시킨다. 주파수 다이버시티는 다른 주파수 대역의 송신 채널을 복수 개 사용하여 송신하는 것이고, 공간 다이버시티는 서로 수 파장 떨어진 복수의 수신 안테나로 수신하는 것이다. 어느 경우나 각각의 안테나는 그 자신의 수신기에 공급한다. 복수의 다른 편파를 수신하도록 한 편파 다이버시티도 있다.

diverter 분류 가감기(分流加減器) 분류기의 저항을 통전 상태인 채로 변경할 수 있는 것.

divided-carrier modulation 분할 반송파 변조(分割搬送波變調) 반송파를, 예를 들면 위상이 다른 두 부분으로 분할하여 각각을 별개의 신호에 의해 변조하는 것. 컬러 텔레비전에서의 두 색신호를 전송하는 경우 등에 쓰인다. 두 변조기의 출력 신호를 합성한 것은 반송파와 같은 주파수를 가지고 있으나 그 진폭과 위상은 두 변조 신호 A, B 에 의해 변화한다.

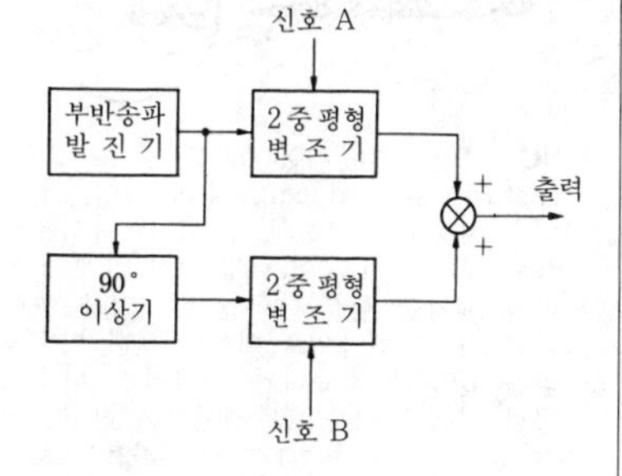

divider 분주기(分周器)[1], 제산기(除算器), 디바이더[2] (1) 주파수를 분주(分周)하는 회로.
(2) 2개의 시간 신호 $x(t)$와 $y(t)$의 나눗셈 $x(t)/y(t)$를 실행하는 장치로, 아날로그 또는 하이브리드 컴퓨터에 사용되는 비선형 연산기의 일종.

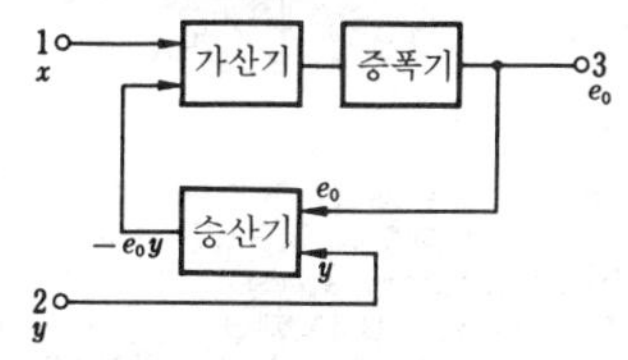

dividing filter 분파기(分波器) 입력 단자쌍 1개에 대응하는 출력 단자쌍이 여러 개 있고, 각 주파수 대역에 따라 각 출력 단자로 신호를 보내도록 하는 장치.

dividing network 분할 회로(分割回路) →crossover network

D-layer D층(－層) 지상 60~90km 의 곳에 있는 전리층으로, 전리층 중에서 가장 고도가 낮고, 전자 밀도도 작다. 주간에만 발생하고, 야간에는 거의 소멸된다. 중파 이상의 전파는 여기서 감쇠(흡수)를 받으나 장파대의 전파는 이곳을 벽으로 하여 전파한다. 델린저 현상이라고 불리는 소실 현상은 D층의 전자 밀도가 이상하게 증가함으로써 일어나는 것으로, 이때 단파대의 전파가 현저하게 흡수를 받아서 통신이 10 분에서 수 10 분에 걸쳐 두절된다.

DLC 데이터 링크 제어(－制御) =data link control →high level control functions

DM 델타 변조(－變調) delta modulation 의 약어. 아날로그 신호를 2 진수로 부호화하는 일종의 PCM 방식인데, 보통의 PCM 방식보다 장치가 간단화되고 저품질의 통신로에 사용된다. 펄스 발생기로부터의 출력 펄스열 $p_i(t)$가 변조기에 의해 변조되어 +, −의 극성을 갖는 펄스열 $p_o(t)$가 얻어지는데, 그 극성은 $\Delta(t)$에 의해 결정된다. $\Delta(t)$는 그림과 같이 출력 $p_o(t)$를 적분하고, 적분기의 출력 $S'(t)$를 아날로그 입력 신호 $S(t)$와 비교함으로써 $S(t)-S'(t)$의 +, −에 따라 그 값이 정해진다. 델타 변조는 각 샘플 신호의 차분을 1비트로 부호화하는 차분 펄스 부호

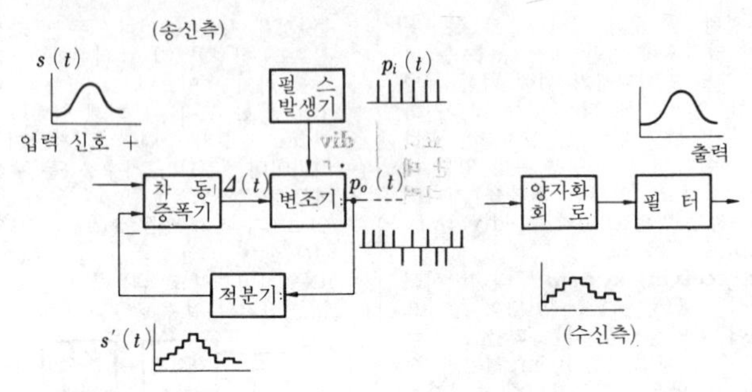

DM

변조 방식이라고 할 수 있다.

DMA 직접 메모리 접근(直接-接近) = direct memory access

DMA channel DMA 채널 컴퓨터의 내부 기억 장치와 외부 기억 장치(보통 디스크) 사이에서 고속이고 다량으로 데이터를 주고 받기 위해 별개의 채널에 의해서 컴퓨터 프로그램의 개입없이 전송(轉送)할 수 있게 한 것.

DME 거리 측정 장치(距離測定裝置) distance measurement equipment 의 약어. 항공기용 항법 기기의 일종. 항공기의 기상 장치에서 질문 전파를 지상 장치에 발사하고, 이 응답 펄스 전파를 기상 장치로 수신하여 그 왕복 시간을 거리로 환산하여 거리 지시기에 표시하는 것. 현재는 ICAO 에서 tacan(타칸)의 거리 측정 방식을 DME 로서 규정하고 있다.

D/MOS 디 모스 2중 확산을 써서 만들어지는 MOS 회로 또는 트랜지스터. 절연 산화물층 속에 뚫은 구멍을 통해서 다른 불순물을 차례로 확산시킴으로써 다른 도전율을 가진 영역을 형성시키고 있다. 2중 확산이기 때문에 짧은 채널을 높은 정밀도로 만들 수 있고, 고속 동작의 트랜지스터를 만들 수 있다. 단일의 확산에 의해 만들어진 보통의 MOS 에서는 채널이 짧으면 드레인 접합이 드레인 전압을 높게 함으로써 공핍층이 소스 영역으로 확산되어 이른바 관통 현상(punch-through)을 일으킬 염려가 있다. D/MOS 에서는 2중 확산에 의해 그림과 같이 소스-드레인 간에 $n^+pn^-n^+$라는 영역을 가진 구조가 만들어진다. 소스와 드레인 간에 매우 긴 n^- 드리프트 영역이 있고 n^+ 드레인에서 p 영역을 격리하고 있다. 드레인 접압은 따라서 역 바이어스된 p-n^- 접합으로 되고, 그 공핍층은 거의 n^- 영역 내에 있게 된다. 그리고 D/MOS 디바이스의 브레이크다운 전압은 드리프트 영역의 폭에 따라 정해진다(25μm 의 드리프트 영역에서 브레이크다운 전압 300V 정도의 것이 만들어진다). P 기판을 사용하여 그 위에 그림의 n^- 층을 에피택시얼 성장시킨 것도 있다. 이렇게 하면 칩 상의 각 트랜지스터는 추가의 적당한 p 형 절연 확산에 의해 격리할 수 있다. 저전력 고속 동작의 D/MOS 인 경우는 드리프트 영역을 적당히 좁게 하면 된다.

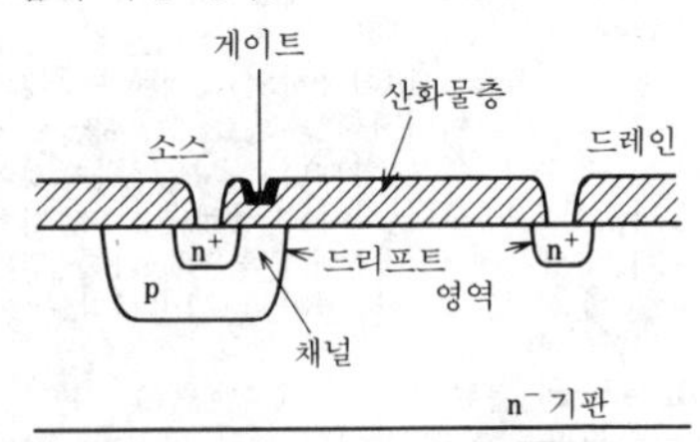

DM quad DM 쿼드 4줄의 심선을 그림과 같이 꼬은 것을 단위로 하여 DM 쿼드라 한다. 최근에는 그다지 사용되지 않는다.

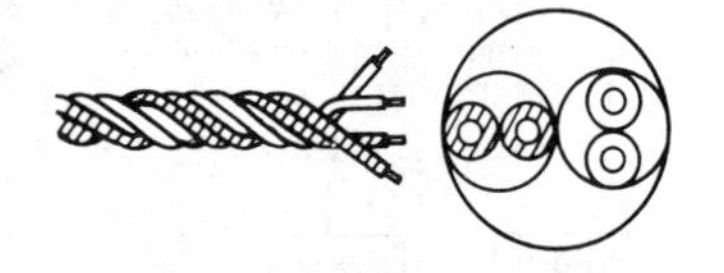

DNC 직접 수치 제어(直接數値制御) direct numerical control 의 약어. 컴퓨터를 사용하여 공장의 무인화를 목적으로 복수 개의 수치 제어 내장 공작 기계의 온라인 제어를 함으로써 생산 공정을 관리하는 것. 일반적으로 데이터 센터라고 불리는 중앙의 컴퓨터와 직결시킨 다수의 공작 기계를 시분할로 제어하는 한편, 생산 관리를 위한 데이터 수집, 파트 프로그

램의 실시간 편집 등을 한다.

DNR 다이내믹 노이즈 저감법(－低減法) ＝ dynamic noise reduction →noise gate

document 도큐먼트 시스템을 개발할 때 작성되는 명세서나 보고서, 사용 설명서 등과 같은 문서류를 말하는 경우가 많다. 이것들이 확실하지 않으면 트러블의 원인이 되는 일이 많다.

Doherty amplifier 도허티 증폭기(－增幅器) 대전력 송신기에서 사용되는 고능률 변조 방식의 일종으로, 그림과 같이 B급 증폭기와 C급 증폭기 및 임피던스 반전 회로의 조합에 의해서 플레이트 효율을 향상시키는 것이다. 반송파를 직선 증폭하는 반송파관과, 정칙 변조시의 피크 신호만을 증폭하는 피크 증폭관이 있으며, 양쪽 출력은 부하에서 서로 합쳐지도록 반송파관의 그리드측에는 90° 이상 회로, 출력측에는 임피던스 반전 회로를 사용하고 있다. 플레이트 능률은 평균하여 60～70%에 이른다.

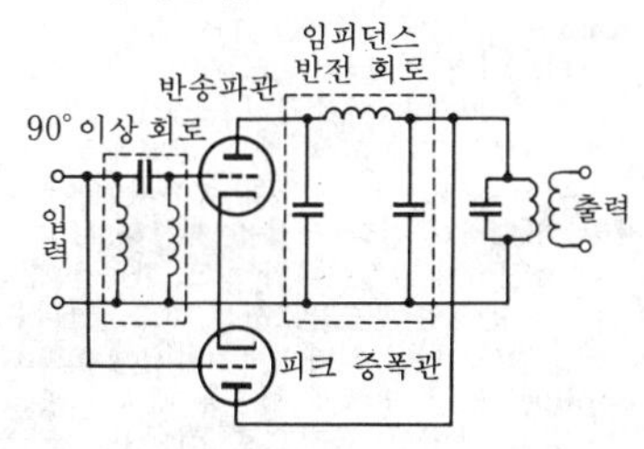

Dolby system 돌비 방식(－方式) 테이프 녹음기를 사용하여 녹음·재생하는 경우에 고음역에서의 잡음(히스 노이즈)을 경감하기 위해 영국의 돌비 연구소가 개발한 방식. 이 방식은 인간 귀의 마스킹 효과를 이용하여 녹음 신호의 레벨이 높을 때는 앰프를 보통의 상태로 동작시키고, 녹음 신호가 노이즈와 그다지 차이가 없을 정도로 낮아졌을 때는 고음역의 레벨을 올려서 녹음하며, 재생에는 그 상승분만큼 낮추도록 하여 동작시킨다. 이 방식에는 레코드 제작시에 사용하는 A방식과 카셋 테이프 녹음기 등에 사용하는 간이형인 B방식이 있으며 10kHz 의 주파수에서 10dB 정도 *SN*비가 개선되므로 고급 카셋 녹음기에는 널리 쓰인다.

domain wall displacement 자벽 이동(磁壁移動) 인가 자계 방향의 자화 성분을 갖는 자구(磁區)의 체적이 팽창하도록 자벽이 이동하는 과정.

domain wall energy 자벽 에너지(磁壁－) 자벽에 축적되어 있는 에너지.

domestic communication satellite 국내 통신 위성(國內通信衛星) 국내의 전화나 텔레비전 방송 등에 쓰이는 다원 접속의 통신 위성으로, 날카로운 빔을 쓰는 것이 특징이다. ＝DOMSAT

domestic radio telephone station 국내 무선 전화국(國內無線電話局) 국내의 무선 전화를 다루는 무선국을 말하는데, 그 설치는 특별한 경우를 제외하고 매우 드물다. 단, 초단파나 극초단파대의 이른바 마이크로파대의 전파를 이용하여 전화 회선을 무선 중계하는 일은 흔하다. 또 재해가 발생했을 때나 본토와 이도(離島)간에서는 초단파대의 무선 전화가 이용되는 경우가 있다.

dominant mode 주 모드(主－) 균일 도파관에서 가장 낮은 차단 주파수를 갖는 전파(傳播) 모드.

dominant wave 주파(主波) 가장 낮은 차단 주파수를 갖는 전송파. 주파수가 최저 차단 주파수와 다음으로 낮은 차단 주파수 사이에 있는 경우는 에너지를 전송하는 파는 주파뿐이다.

dominant wavelength 주파장(主波長) 단색광 즉 단일 주파수를 갖는 빛의 파장으로, 임의의 색의 빛이 이러한 단색광과 기준의 백색광을 적당한 비율로 혼색함으로써 만들 수 있다. 주파장을 줄 수 없는 보라색 등의 경우에는 주파장 대신 그 보색(補色)의 파장(보파장)을 쓴다. 단색광은 실제의 경우에는 색의 차이가 거의 인정되지 않는 좁은 주파수 범위의 빛에 의해 근사시킨다.

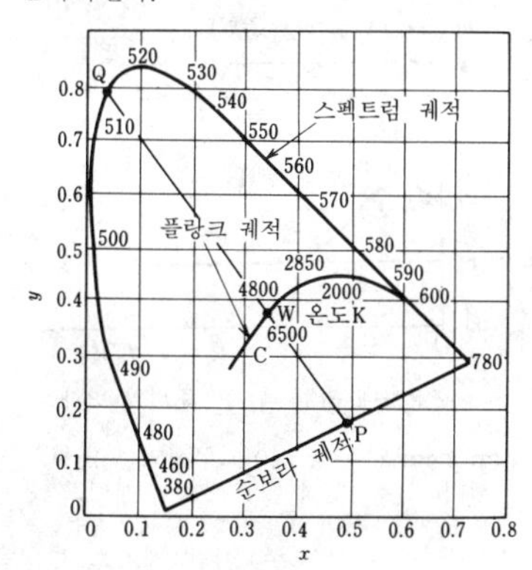

DOMSAT 국내 통신 위성(國內通信衛星) ＝domestic communication satellite

donor 도너 실리콘 등 4가의 진성 반도

체에 미량의 5가인 불순물을 가하여 n형 반도체를 만드는데, 이 불순물 원자를 도너라 한다.

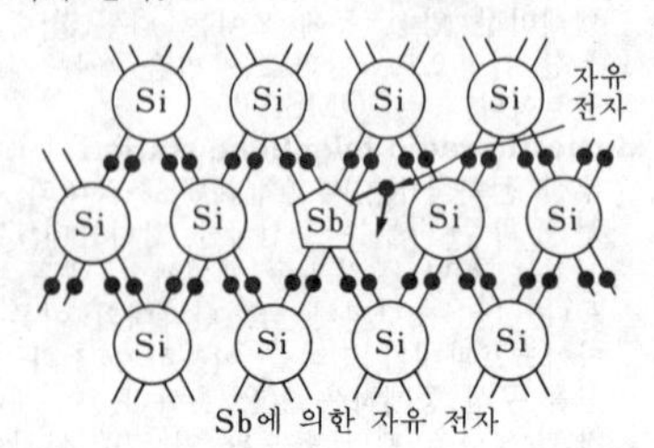

Sb에 의한 자유 전자

donor level 도너 준위(−準位) 물성론에서의 에너지 레벨 용어. n형 반도체의 도너에 의한 과잉 전자는 금제대 상부에 존재하는 도너 준위에서 아주 작은 에너지를 받으면 전도대에 여기(勵起)하여 이동한다. n형 반도체에서는 도너 준위에 전자가 존재하고, 전도체에는 존재하지 않으나 0K 부근의 저온에서는 아주 작은 에너지로 도너 준위상에 전자가 존재한다. 페르미 준위는 온도의 상승과 더불어 일단 상승하고부터 반대로 저하하여 실온 부근에서 도너 준의의 약간 밑으로 되고, 고온이 되면 진성 반도체의 성질이 나타나 금제대의 중간부로 이동한다. →acceptor level

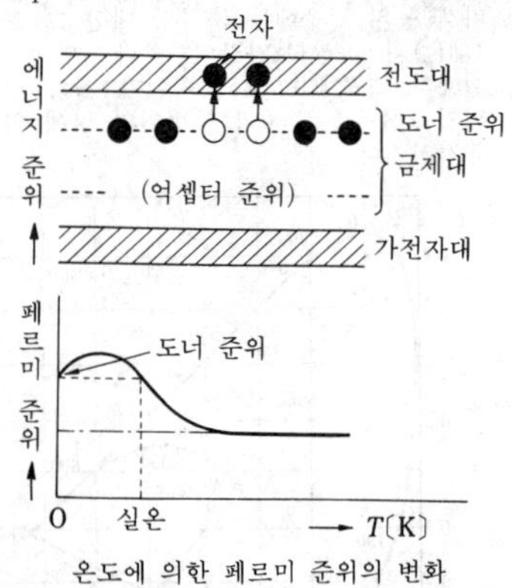

온도에 의한 페르미 준위의 변화

don't care 돈트 케어, 무정의(無定義) ① 제어 신호 입력 C를 갖는 게이트 X=A+BC에서의 C=0이거나, 혹은 X=A(B+C)에서 C=1이면 게이트 출력은 B의 진리값에 관계없이 A만으로 정해진다. 이러한 게이트를 A ignore B 게이트라 한다. ② 예를 들면, JK 플립플롭의 동작을 나타내는 진리표에서 출력 Q가 클록에 의해 0→1로 상태 변화를 하기 위해서는 J입력은 반드시 1이어야 하나, K입력은 0이건 1이건 좋다(don't care).

doorknob transition 도어노브형 변환(−形變換) 동축 케이블과 도파관을 결합하는 도어노브형의 변환 장치.

doorphone 도어폰 주택의 현관 등에 설치하는 일종의 인터폰으로, 상품명이다. 의심스러운 방문자에 대한 경보 장치를 갖춘 것도 있다.

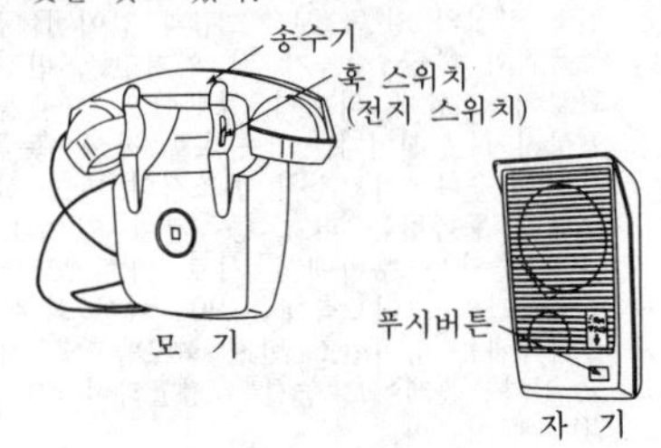

dopant 불순물(不純物) 다이오드, 트랜지스터, 집적 회로의 제조 과정에서 반도체 물질에 가해지는 소량의 불순물. 반도체의 저항은 도체의 저항과 절연체의 저항 사이에 있으므로 불순물 종류의 양에 의해 반도체 물질의 특성을 제어하고, 그것이 n형이냐 p형이냐의 어느 한쪽을 정한다. 일반적인 불순물로서는 비소, 안티몬, 비스무트, 인이 있다. =doping agent

doping 도핑 반도체 부품을 제조할 때 그 성질을 제어할 목적으로 적당한 불순물 원소를 소재에 소량 첨가하는 것.

doping agent 불순물(不純物) →dopant

doping compensation 도핑 보상(−補償) p형 반도체에 도너 불순물을, 혹은 n형 반도체에 억셉터 불순물을 첨가하는 것.

Doppler effect 도플러 효과(−效果) 음원과 듣는 사람이 상대적으로 접근하고 있을 때 음파는 높게 들리고 멀어지고 있을 때는 낮게 들린다. 이러한 현상을 도플러 효과라 한다. 전파에서도 같은 현상을 볼 수 있으며, 전리층의 변동에 따라 마치 송수신점간의 거리가 신축한 것과 같은 영향을 주기 때문에 수신 주파수가 약간이지만 변화한 것과 같이 된다. 이 효과는 일반적으로 전파의 반사체가 이동할 때 볼 수 있으며, 도플러 레이더나 음향 측심기 등에 응용되고 있다.

Doppler-inertial navigation equipment 도플러 관성 항법 장치(−慣性航法裝置) 도플러 항법 레이더와 관성 센서 양쪽을 사용하는 복합 항법 장치.

Doppler log 도플러 로그 도플러 효과를 이용하여 선수(또는 선미) 방향의 속도를 구하는 소나(sonar).

Doppler navigation system 도플러 항행 방식(-航行方式) 도플러 효과를 써서 대지(對地) 속도나 드리프트를 측정하는 항행 방식. →Doppler navigator

Doppler navigator 도플러 항법 장치(-航法裝置) 2 개 또는 그 이상의 빔으로 전자파 또는 음파 에너지를 이동체보다 아래쪽으로 발사하고, 반사파의 도플러 효과, 기준 방향, 이동체와 빔의 관계를 이용하여 반사 표면상의 이동체의 속도와 운동 방향을 결정하는 자립 추측 항법 장치.

Doppler radar 도플러 레이더 도플러 효과를 이용한 레이더로, 항공기의 대지 속도와의 편류각(항공기의 코스와 기수간의 각도)을 측정하는 기상 도플러 레이더와 맹렬한 회오리바람이나 수직 기류 등 다른 방법으로 측정할 수 없는 요소를 측정하는 기상용 도플러 레이더가 있다. 기상 도플러 레이더는 항공기로부터 지표를 향해서 마이크로파의 빔을 내보내고, 지표로부터의 반사파를 수신하여 송수신파간의 주파수차(도플러 주파수)를 측정함으로써 다음 식에 의해 대지 속도를 구하는 것이다.

$$f_d = \frac{2Vf_t}{C}\cos\theta$$

여기서, f_d : 도플러 주파수, V : 대지 속도, f_t : 송신 주파수, c : 광속도, θ : 내려 본각. 이 레이더에서는 지상 설비로부터의 유도를 받지 않고 고정밀도의 위치를 확인할 수 있다.

Doppler shift 도플러 시프트 도플러 효과에 의해 파(波)의 관측 주파수가 변화하는 것. 변화분을 헤르츠로 나타낸다. 도플러 주파수라고도 한다.

Doppler sonar 도플러 소나 도플러 효과를 이용하여 선박의 속도를 구하는 장치. 특히 선수미 방향의 속도만을 구하는 소나를 도플러 로그(Doppler log)라 한다. 로그란 측정기(測程器)를 의미한다.

Doppler velocity and position 도바프 = DOVAP

Doppler VOR 도플러 VOR 표준형 VOR과 양립하여 사용할 수 있는 VOR로, 구경의 증대에 의한 난점은 적다. 가변 신호(방위각 정보를 만드는 신호)는 원형으로 배치된 다수의 안테나에 무선 주파수 신호를 순차 궤전함으로써 만들어진다. 중앙의 기준 신호원을 둘러싸고 배치된다.

Doppler width 도플러폭(-幅) 원자가 빛을 흡수 또는 발광하고 있을 때는 일반적으로 열운동을 하고 있으므로 흡수 또는 발광 스펙트럼의 주파수는 도플러 효과에 의해 변동한다. 그리고 스펙트럼의 강도 분포는 f_0을 중심 주파수로 한 가우스 분포(도플러 분포라고도 한다)를 나타낸다. 이 분포의 반치폭을 도플러폭이라 한다.

DOS 도스, 디스크 운영 체제(-運營體制) disk operating system 의 약어. 이용자와 컴퓨터의 디스크 드라이브 사이를 링크하는 디스크형 운영 체제(기본 소프트웨어).

dosage 선량(線量) ① 대상물에 대하여 방사된, 혹은 대상물에 의해 흡수된 에너지의 양. ② 반도체 제조 용어. 이온 타입 행정 등에서 시료(試料)의 단위 면적당 타입(打入) 이온의 개수를 말한다. 이온 농도와 타입 깊이의 곱으로 주어진다.

dose 선량(線量), 방사선량(放射線量) 생물 조직에 조사(照射)된 방사량(exposure dose) 또는 흡수된 에너지량(absorbed dose). 이 밖에 방호(防護)를 목적으로 하여 사용되는 것으로 등가 선량(equivalent dose)이 있다.

dose meter 선량계(線量計) 방사선원의 조사선량(照射線量)이나 피사체의 흡수선량을 측정하는 계기로, 전자는 C(쿨롬)/kg, 후자는 Gy(그레이)의 단위로 측정된다. 포켓 체임버나 필름 패키지 등은 선량계의 일종이다. 종래는 diosimeter라 했지만 쓰이지 않게 되었다.

doserate meter 선량률계(線量率計) 방사선의 단위 시간당 조사선량(照射線量)이나 흡수선량의 세기를 선량률이라 하고, 이것을 재는 측정기를 선량률계라 한다. 눈금은 C(쿨롬)/kg 이나 Gy(그레이)로 매겨져 있다.

dosimeter 선량계(線量計) =dose meter

dosimetry 선량 측정(線量測定) 방사선량의 측정법. 보통 방사에 의해 생기는 전리(電離) 작용을 이용한 측정법이 널리 쓰인다.

dot 도트 ① 작은 점, 예를 들면 CRT(음극선관)의 전자 빔에 의해 스크린 상의 어느 장소에 생기는 작은 소폿, 혹은 망판(網版) 사진을 형성하고 있는 개개의 작은 망점(網點). 이들의 점은 보통 매트릭스 모양으로 배치하고, 점의 크기 또는 점배치의 소밀에 따라 화상 또는 사진의 농담 계조의 변화를 근사할 수 있다. 컬러 텔레비전의 경우에는 3 개의 전자총에 의해 각각 3 원색의 형광 도트의 세트(triad of dots)를 여기(勵起)하여 이들의 혼색으로서 임의의 컬러를 만들어 내고 있다. ②

2진 부호의 두 유의 상태의 한쪽을 나타내는 신호. 마크라고도 하며, 또 한쪽의 스페이스와 대비된다. 모스 신호 등에서는 단점이라 하며, 다른 한쪽의 장점과 대비된다.

dot-bar generator 도트바 발생기(-發生器) 컬러 텔레비전 수상관의 컨버전스 조정을 위해 수상관에 흰 도트, 바 및 크로스 해치(격자 모양) 도형을 그리기 위한 신호 발생기. 중앙 도트의 색에 의해 정적인 집중성을, 또 바와 크로스 해치에 의해 동적인 집중성을 살펴, 조정할 수 있다.

dot font 도트 문자(-文字) 도트로 구성된 도형 문자. 예를 들면, 도트 구성이 「24×24 의 문자」란 세로 및 가로의 도트수가 각각 최대 24 개의 매트릭스로 문자가 표시되는 것을 나타낸다.

dot frequency 도트 주파수(-周波數) 흑백 교대로 배열된 화소를 주사했을 때 얻어지는 구형파의 기본 주파수. 위의 연속 패턴에서의 매초 화소수(畵素數)의 절반값과 같다.

dot impact printer 도트 임팩트 프린터 복수의 바늘 끝으로 잉크 리본을 두드려서 인자하는 방식의 프린터. 시리얼 프린터, 도트 프린터의 일종. 1 개의 와이어 끝이 도트 하나분이며, 여러 개가 한 덩어리가 되어 1 문자를 표현한다. 문자는 세로 24×가로 24, 또는 32×32 등의 점(도트)의 형태로 구성된다.

dot matrix printer 도트 매트릭스 프린터, 점 행렬 인쇄 장치(點行列印刷裝置) 충격식 프린터의 일종. 글자와 기호 문자의 영상만 가지고 있으며 정방형 혹은 직4각형의 점들로 구성된 행렬에 의해 그 영상을 글자와 부호 등으로 다양하게 나타내는 장치. 모양은 아름다우나 라인 프린터에 비해 인쇄 속도가 느린 것이 결점이다.

dot pattern 도트 패턴 도트 발생기에서 얻어지는 신호에 의해 수상관의 형광 스크린 상에 생기는 작은 광점. 컬러 수상관의 스크린에서는 이들은 적, 녹, 청의 빛의 도트이다. 모든 빔이 이들의 도트에 올바르게 집속(集束)하면 백색의 패턴이 얻어진다.

dot printer 드트 프린터 점(도트)으로 문자를 구성하여 인자하는 장치. 5×7, 9×7, 9×9 등의 매트릭스에 의해 문자를 구성하고, 100~200 자/초 정도의 속도로 인쇄할 수 있다.

dot sequential system 점순차 방식(點順次方式) 컬러 텔레비전의 한 방식으로, 피사체의 색을 적, 녹, 청의 3색 요소로

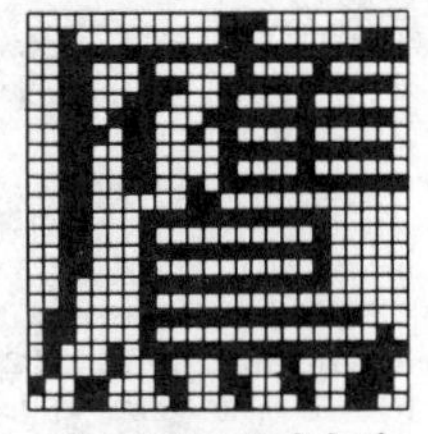

24×24 도트 문자의 예

dot pattern

분해하여 순차 전송하는 방식이며, 인간의 시각 특성을 교묘하게 이용한 혼합 고주파의 원리를 사용하고 있다. RCA 에 의해서 연구된 방식. 이 원리는 NTSC 방식에 도입되어 실용화되었다.

double balanced modulator 2중 평형 변조기(二重平衡變調器) 반송파 및 변조 입력 신호파의 양쪽을 평형시켜서 측파대만을 출력으로 꺼내도록 한 평형 변조기의 일종. 링 변조기가 그 대표적인 것으로, 반송파를 입출력 변압기의 중점간에 가함으로써 평형이 잡히고, 출력측에는 반송파가 나타나지 않는다. 단측파대 통신 방식의 반송 단국 장치에 사용된다.

double base diode 더블 베이스 다이오드 그림 (a)와 같은 구조로, 단접합 트랜지스터라고도 한다. (b)와 같은 특성이 있으므로 사이리스터의 트리거 펄스 발생 회로 등에 사용한다.

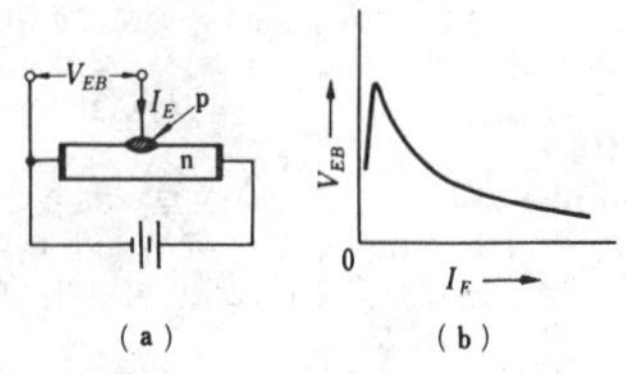

double-button microphone 더블버튼 마이크로폰, 복 버튼 마이크로폰(複-) 탄소를 넣은 단추 모양의 용기가 2개 있고, 이들이 막의 양쪽에 배치되어 단일 버튼인 경우의 2배의 저항 변화가 얻어지도록 되어 있는 것. 차동 마이크로폰이라고도 한다.

double bridge 더블 브리지 직류 브리지의 일종으로 저저항 측정에 사용된다. 대표적인 것으로 켈빈 더블 브리지가 있으며, $10^{-4}\Omega$ 정도의 저항을 측정할 수 있다. 그림에서 비례변 R_a, R_b와 저항변 R_a', R_b'는 각각 연동으로 되어 있고, 또 $R_a/R_b=R_a'/R_b'$로 되어 있다. 저항변을

조정하여 평형을 잡으면 $R_x=(R_b/R_a)R_s$로 저항값을 구할 수 있다. 그림은 켈빈 더블 브리지의 예이다.

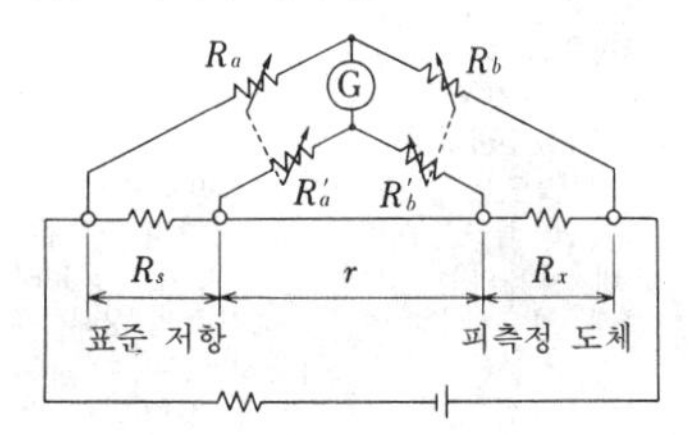

double cavity klystron 복공동 클라이스트론(複空洞－) 마이크로파 중계기, 레이더 송신기 등에서의 UHF 증폭기, 발진기 등에 쓰이는 입력, 출력의 두 공동 공진기를 가진 클라이스트론을 말한다. 입력측의 번처(buncher)는 RF 입력 신호에 의하여 전자류를 속도 변조하고, 이 변조된 빔이 밀도 변조로 되어 출력측의 캐처(catcher)에 증폭된 마이크로파 전력을 공급하고, 이것이 출력으로 된다. 캐처의 출력 일부를 번처측에 공급하면 발진기가 된다.

double-click 더블클릭 마우스 버튼을 써서 명령을 컴퓨터에 입력하는 방법의 하나. 포인터 또는 커서는 표시 스크린의 올바른 위치를 가리키고 있는 것으로 하고 여기서 마우스 버튼을 계속해서 두 번 누름으로써 특정한 명령이 입력된다.

double cone speaker 더블 콘 스피커 대소 2개의 콘을 보이스 코일 부근에서 접착하고 큰 콘에서는 중·저음역을, 작은 콘에서는 고음역을 재생하도록 설계한 콘 스피커. 콘의 설계가 어렵고, 고음용 콘에서 나오는 음이 간섭하여 고음역의 지향 특성이 악화되는 일이 많으므로 최근에는 큰 쪽 콘의 중심부 부근에 구멍을 뚫어 고음역의 진동을 차단하는 동시에 고음용 콘의 음이 간섭하지 않도록 뒤로 빠지게 한 메커니컬 2웨이형의 것이 특성도 개선되므로 널리 사용된다.

double current method 복류식(複流式) 데이터 전송에서 전압, 전류의 극성 즉 플러스 또는 마이너스 상태를 2원 상태의 0과 1로 대응시켜 신호를 보내는 전신 전송 방법.

double detection reception 2중 검파 수신(二重檢波受信) 두 중간 주파수를 갖는 수퍼헤테로다인 수신 방식.

double-diffused transistor 2중 확산형 트랜지스터(二重擴散形－) 베이스와 이미터를 각각 컬렉터 상에 순차 확산법에 의해 만든 트랜지스터. 원하는 불순물 농도를 갖는 다른 층을 만들기 위해 확산의 온도와 시간을 정밀하게 제어한다. DMOS 등이 이 예이다.

double echo 2중 에코(二重－) 지구를 돈 에코가 겹쳐서 2중으로 된 것.

double-ended 더블엔드형(－形) →single-ended

double-ended amplifier 더블엔드 증폭기(－增幅器) 입력(또는 출력) 단자쌍의 어느 쪽도 접지되지 않고 단자간에 차동 신호가 주어지는(또는 얻어지는) 증폭기.

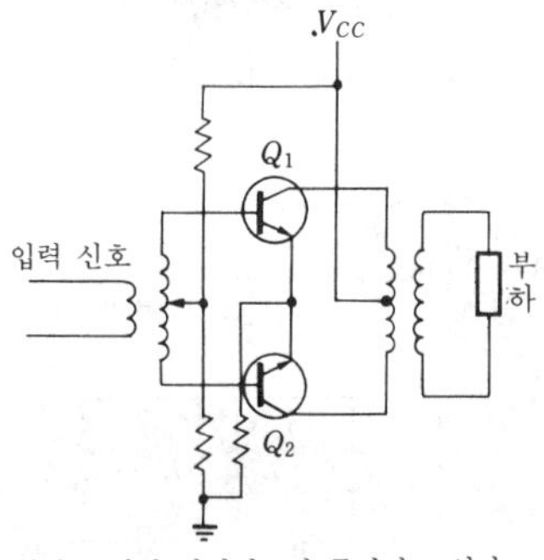

약간 +방향 바이어스가 주어지고 있다

double-ended control 더블엔드 제어(－制御) 데이터망에서, 망에서의 두 교환점 또는 노드 간의 동기화가, 각각의 점(노드)에서의 클록 위상과 도래하는 신호의 위상을 감시함으로써 달성되는 제어법.

double energy circuit 복 에너지 회로(複－回路) 코일과 콘덴서의 양쪽을 포함하는 회로. 회로 소자로서의 C는 전하를 축적하고, 축적한 전하는 위치 에너지에 상당한다. 또, 코일은 전류가 흐름으로써 전자(電磁) 에너지를 갖는다. 마치 흔들이를 흔들면 흔들이의 구슬이 위치 에너지와 운동 에너지의 양쪽을 갖듯이 그림 (a)에서 일단 S를 위로 하여 C에 전하를 준 다음 밑으로 하면 전하는 두 에너지의 모

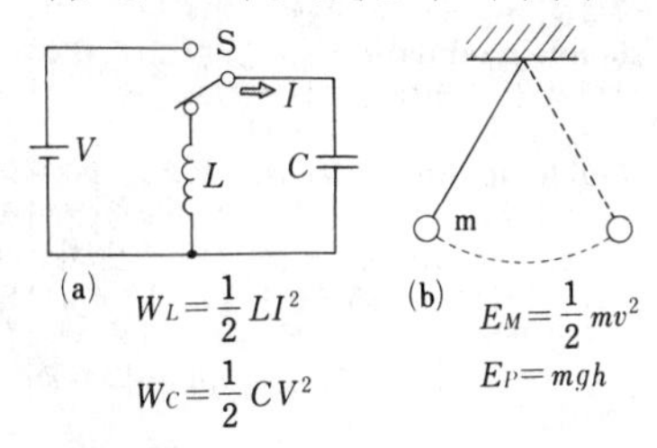

양을 취하여 진동한다.

double-energy transient 복 에너지 과도 현상(複−過渡現象) 두 에너지 축적 요소(예를 들면 인덕턴스와 콘덴서)를 갖는 계(系)에 생기는 과도 현상. 이들의 축적 요소간에서 에너지의 수사가 이루어지기 때문에 진동 모드를 발생한다.

double-fluid cell 2액 전지(二液電池) 두 종류의 전해액으로 구성된 전지. 두 전해액은 이온 전도성 격판으로 칸막이된다.

double hetero-junction laser 2중 헤테로 접합 레이저(二重−接合−) 더블 헤테로 접합에 의해 만들어진 반도체 레이저. =DH laser, hetero junction

double heterostructure 더블 헤테로 접합(−接合) 반도체의 다층 접합에서 하나의 층을 사이에 두는 양측의 접합을 각각 헤테로 접합으로 한 것. =DH →heterojunction

double-humped characteristic 쌍봉 특성(雙峰特性) 복동조 회로의 한 주파수 특성 형태.

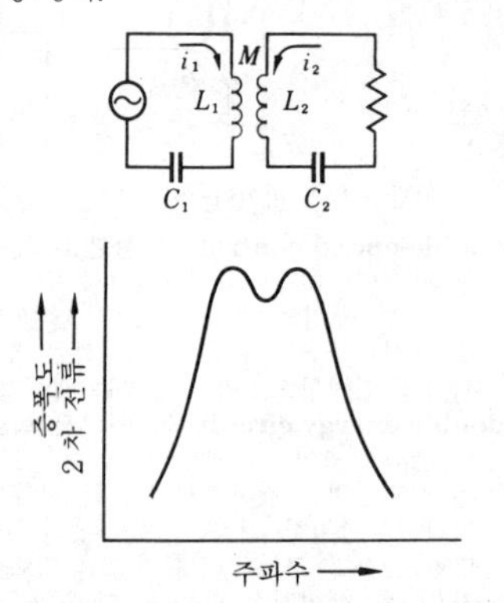

double-humped resonance curve 쌍봉 공진 곡선(雙峰共振曲線) 두 공진 회로를 결합했을 때 전체로서 공진 곡선은 공진점 양쪽에 2개의 봉우리를 갖는 곡선이 된다. 이 곡선을 말한다.

double modulation 2중 변조(二重變調) 데이터 전송에서 다른 신호파에 의하여 변조된 신호파를 다시 변조하는 것.

double-phantom circuit 초중신 회선(超重信回線) 두 실회선의 각 중성점을 이용하는 중신 회선과, 또 하나의 중신 회선의 그 각각의 중성점을 이용하여 구성되는 중신 회선. 한쪽 중신 회선 대신 대지를 이용하는 경우도 있다. →phantom circuit

double pole-piece magnetic head 복자극편 자기 헤드(複磁極片磁氣−) 2개의 자극편을 갖는 자기 헤드로, 반대 극성의 자극면은 기록 매체의 반대쪽에 있는 것. 자극편의 한쪽 또는 양쪽 모두 여자 권선을 갖는 경우가 있다.

double precision 배정밀도(倍精密度), 2배 정밀도(二倍精密度) 어떤 하나의 수를 나타낼 때 요구 정밀도에 따라 기계어를 2개 사용하는 것에 관한 용어. 컴퓨터가 원래 취급할 수 있는 자릿수의 2배 자릿수를 취급하는 것. 취급하는 유효 자릿수가 많아지므로 그 수치의 정밀도가 높아진다.

double-pressure locking mechanical system 올터네이트 기구(−機構) 먼저 버튼을 누르면 래치되고, 두번째로 누르면 원상태로 복귀하는 푸시버튼 기구.

double pulsing station 2중 펄스국(二重−局) 두 종국(從局)을 제어하여 펄스수가 다른 두 신호를 발신하는 로란 주국(主局).

double rail logic 복선 논리 회로(複線論理回路) 자기 계시(自己計時) 비동기 회로에 관한 용어로, 그 회로 중의 각 논리 변수가 두 줄의 도선의 조에 의해서 의미가 있는 세 가지 상태(0, 1, 부정)를 표현하는 것.

double refraction 복굴절(複屈折) 이방성 매질(예를 들면 결정)에 빛이 입사할 때 진동 방향이 서로 직각인 두 굴절광이 생기는 현상. 이 매질을 통해서 물건을 보면 상이 2중으로 보인다. 결정의 광축이 하나인 경우는 굴절광의 하나는 이상 광선(방향에 따라 전파 속도가 다르다)이 되지만, 2축 결정에서는 둘 다 이상 광선이 된다.

double scale 2중 눈금(二重−) 직편법(直偏法)을 사용하는 계기의 눈금판이 복수의 스케일로 눈금이 매겨져 있는 것. 측정 회로의 배율기를 전환함으로써 선택된 스케일에서의 값을 읽을 수 있다.

double sideband communication system 양측파대 통신 방식(兩側波帶通信方式) 일반 무선 통신 방식에서 양측파대와 반송파의 전부를 송신하고 수신하는 방식.

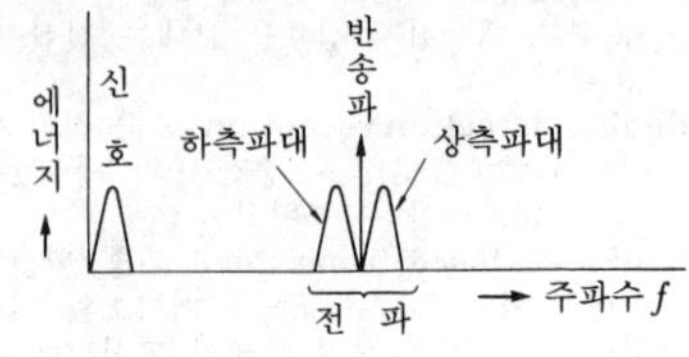

double sideband modulation 양측파대 변조(兩側波帶變調) 피변조파의 파워 스펙트럼이 반송파를 중심으로 대칭적으로 분포하도록 변조하는 것.

double sideband transmission 양측파대 전송(兩側波帶傳送) 반송파를 신호에 의해서 변조하여 얻어지는, 반송파의 상하 양측파대를 전송하는 방식. 반송파도 함께 전송하기 때문에 많은 전력을 필요로 하고, 또 사용 대역폭도 넓어지므로 특별한 경우에만 쓰인다.

double-sided high-density double track disk 양면 고밀도 2배 트랙 디스크(兩面高密度二倍－) 플로피 디스크 등의 기록 방법으로, 디스크의 양면을 사용하여 표준적인 것보다도 고밀도(2배인 경우는 배밀도)이고 2배의 트랙수를 가진 것을 말한다.

double-sided printed wiring board 양면 프린트 배선판(兩面－配線板) 양면에 도체 패턴이 있는 프린트 배선판.

double superheterodyne system 2중 수퍼헤테로다인 방식(二重－方式) 수퍼헤테로다인 수신기에서 주파수 변환을 두 번 하는 것을 말하며, 더블수퍼라고도 한다. 따라서 두 종류의 중간 주파수가 사용되며, 제 1 중간 주파수는 1MHz 정도, 제 2 중간 주파수는 455kHz 로 하는 것이 많으며, 일반적으로 제 1 중간 주파수쪽을 높게 하고 있다. 업무용, 아마추어국 등의 고감도 수신기에 사용된다.

doublet antenna 더블릿 안테나 길이가 같은 도선 두 줄을 일직선으로 배열하고, 그 중앙부에 궤전선(급전선)을 접속하는 직선형 안테나로, 다이폴 안테나라고도 하며, 가장 기본적인 안테나이다. 전장을 1/2 파장으로 한 반파 더블릿 안테나에 고주파 전류를 흘리면 거의 정현파 모양의 정재파를 발생하고, 최대 전류 I가 고르게 분포하고 있는 것으로 간주했을 때 실효 길이는 다음 식으로 나타내어진다.

$$h_e = \frac{2}{\pi} l = \frac{\lambda}{\pi}$$

여기서, h_e : 실효 길이, l : 안테나의 길이, λ : 전류의 파장. 이 안테나는 안테나 이득을 잴 때의 표준 안테나로서도 사용된다.

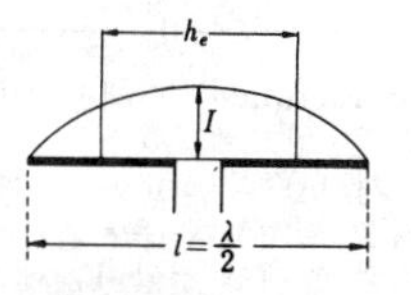

double-throw switch 쌍투 스위치(雙投－) 개폐 장치에서 1조의 가동 접점을 2조의 고정 접점 중 어느 하나에 접속(따라서 다른쪽은 개방)함으로써 회로를 전환하도록 한 것.

double tuned amplifier 복동조 증폭기(複同調增幅器) 1차측, 2차측에 모두 동조 회로를 사용하여 동일 주파수에 동조시키고, 1차·2차간을 전자 결합 또는 정전 결합에 의해서 결합한 증폭기로, 1차 2차 동조 증폭기라고도 한다. 고주파 증폭기나 중간 주파 증폭기로서 널리 쓰이며, 단동조 증폭기에 비해 대역 특성이 좋다.

double tuned circuit 복동조 회로(複同調回路) 2개의 동조 회로를 전자 결합(電磁結合)시킨 회로. 일반적으로 같은 주파수 f_0에 동조시키는데, 결합 계수 $K=M/\sqrt{L_1L_2}$ 와 회로의 Q와의 관계에 따라 리스폰스(반응)가 달라진다. 1차·2차 모두 Q가 같다고 하고, (a) $K<1/Q$, (b) $K>1/Q$, (c) $K=1/Q$로 나누어서 (a)를 소결합에 의한 단봉 특성, (b)를 밀결합에 의한 쌍봉 특성이라고 한다. (c)는 각각의 임계적인 경우이며, 그 결합을 임계 결합이라 한다. 이상에 의해 필요한 대역폭에 따라서 구분 사용할 수 있다. 라디오 수신기의 중간 주파 트랜스에 응용되고 있다.

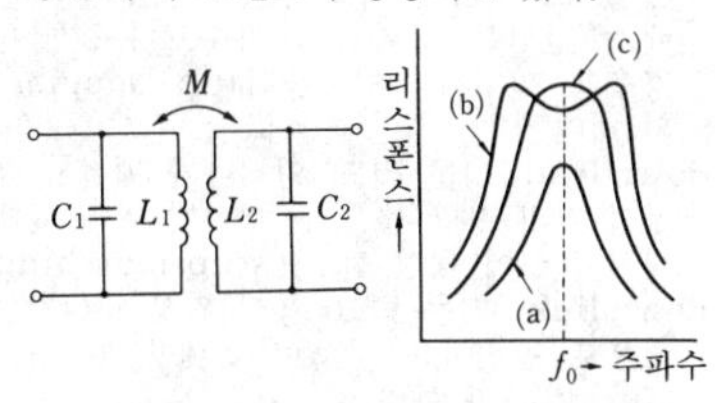

double-tuned detector 복동조 판별기(複同調判別器) 주파수 판별기의 리미터 출력 트랜스의 2차 권선이 둘로 나뉘어져 있어 이들이 각각 별개의 주파수에 동조하고 있는 것. 휴지(休止) 주파수(비변조 주파수)에서는 출력을 내지 않는다.

double-tuned filter 복동조 필터(複同調－) 두 주파수에 동조한 대역 특성을 갖는 필터. 분파기(分波器)로서 사용된다. →stagger tuning circuit, branching filter

doubler 더블러 →frequency doubler

doughnut 도넛 베타트론 또는 싱크로트론에서 전자가 가속되는 트로이드 모양의 진공 용기. 유리나 세라믹으로 만들어지며, 자극(磁極)의 중간에 설치된다.

DOVAP 도바프 Doppler velocity and 하는 현상으로, 황화 아연(ZnS)을 비롯

position 의 약어. 지상의 송신기에 대하여 상대적으로 이동하고 있는 목표물에서 얻어지는 도플러 효과를 이용하여 목표물의 속도와 위치를 측정하는 추적 장치를 말한다.

down-converted recording of chrominance signal 색신호의 저역 변환 기록(色信號－低域變換記錄) 복합 영상 신호를 VTR 기록하는 경우에 휘도 신호 Y와 색신호 C를 분리하여 휘도 신호는 그대로 FM 변조하지만 색신호는 3.58MHz 대에서 대체로 700kHz 부근의 저역으로 변환하여 AM 변조한다. 그리고 이것을 휘도 신호와 복합하여 기록하도록 한다. 이것이 색신호의 저역 변환 기록이다. 이러한 저역 변환에 의한 이점은 다음과 같다. ① 기록 대역을 좁게 할 수 있다. ② 색신호는 저역으로 옮기므로 시간축의 지터(jitter)에 의한 색의 변동 불균일이 경감된다. ③ 휘도 신호와 혼변조될 염려가 없다.

down converter 다운 컨버터 입력 신호를 낮은 주파수의 출력 신호로 변환하는 헤테로다인 주파수 변환 장치.

down-Doppler 다운도플러 레이더나 소나에서 타깃이 트랜스듀서로부터 멀리 떨어져 있고, 따라서 에코 주파수가 방사 직후에 수신되는 잔향의 주파수보다도 낮은 경우를 말한다. 업도플러(up-Doppler)의 대비어.

down lead 다운 리드 안테나와 궤전선(급전선)과의 정합(整合)을 취하기 위해 안테나에서 끌어 내린 선. →stub matching

down link 다운 링크 통신 위성에서 지상국으로 송신하는 것. 이 반대를 업 링크(up link)라 한다.

download 다운로드, 올려받기 호스트 컴퓨터(주전산기)에 있는 데이터 베이스의 내용을 워크스테이션에서 검색하고, 검색 결과의 데이터를 동일 조작의 연장으로서 직접 워크스테이션측의 파일에 출력하여 필요할 때 워크스테이션으로 편집·가공할 수 있도록 하는 것. 또, 워크스테이션에서 처리에 필요한 프로그램을 호스트 컴퓨터의 라이브러리에서 꺼내어 워크스테이션의 기억 장치에 올리는 것(적재하는 것). 호스트 컴퓨터의 통신 제어용 소프트웨어로 지원하는 기능의 하나이다. →upload

down time 다운 시간(－時間), 고장 시간(故障時間), 정지 시간(停止時間) 기능 단위가 장애로 인하여 사용할 수 없는 시간. 注 고장 시간은 그 기능 단위 자체의 고장에 의한 것과 주위의 장애에 의한 것이 있는데 전자의 경우에는 고장 시간이 동작 불능 시간과 같다.

down time rate 운전 정지율(運轉停止率) 계획된 정규의 서비스 시간에 대한 고장 등에 의해서 정지하는 시간의 비율을 말하며, 신뢰성을 나타내는 하나의 지표이다. 운전 정지율＝전 운전 정지 시간/정규 서비스 시간.

downward modulation 하강 변조(下降變調), 하방 변조(下方變調) 변조파의 순간적인 진폭이 변조되어 있지 않은 반송파의 진폭을 초과하는 일이 없는 변조 방식.

DP 미분 위상(微分位相)[1], 동적 계획법(動的計劃法)[2] (1) ＝differential phase (2) ＝dynamic programming

DPBX 디지털 구내 교환기(－構內交換機) ＝digital private branch exchange

DPCM 차분 펄스 부호 변조 방식(差分－符號變調方式), 차분 PCM(差分－) ＝differential pulse code modulation

DPE 디지털 영상 효과(－映像效果) ＝digital picture effect

DPSK 차분 위상 시프트 키잉(差分位相－) ＝differential phase-shift keying

drag 드래그 컴퓨터에서 버튼을 누른 채 마우스를 이동시키는 것. 컴퓨터의 표시 스크린 상에 커서로 지시된 대상물을 원하는 위치로 이동시킨다든지 조작을 가한다든지 하기 위해 행하여진다.

drag antenna 수하 안테나(垂下－) → trailing antenna

dragging 드래깅 스크린에 표시한 도형을 커서에 따라서 이동시키는 기법. 마우스 버튼을 눌러 두고 마우스를 움직임으로써 행하여진다.

drain 드레인 전계 효과 트랜지스터(FET) 전극의 하나. 드레인과 소스 간에 전압을 하면 드레인 전류 I_D가 흐르는데, 게이트에 가하는 전압에 의해서 드레인 전류를 제어할 수 있다.

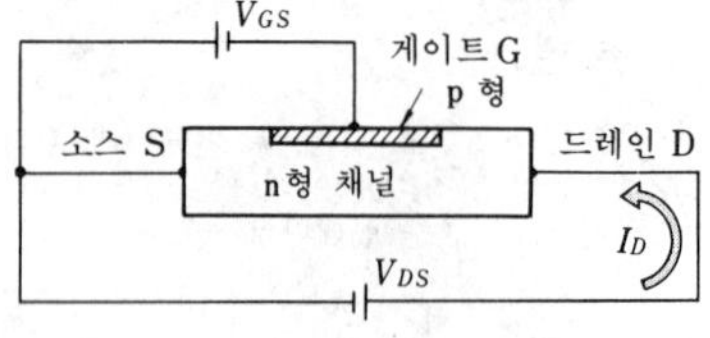

drain conductance 드레인 컨덕턴스 금속 산화물 반도체(MOS) 트랜지스터의 주요 매개 변수의 하나이며, 게이트-소스 간 전압을 일정하게 유지해 두고 드레인 전류 I_D의 드레인 전압 V_{DS}에 대한 관계를 주는 것.

$$g_{OS} = \left(\frac{\Delta I_D}{\Delta V_{DS}} \right)_{V_{GS} = \text{const.}}$$

drain saturation current 드레인 포화 전류(－飽和電流) 디플리션형 MOS 트랜지스터에서 게이트-소스간 전압 V_{GS}를 제로로 유지해 두고 드레인-소스간 전압을 상승시켰을 때 드레인 전류가 도달하는 포화 전류값 I_{DSS}를 말한다.

DRAM 다이내믹 램, 디램 =dynamic RAM

drawing effect 인입 현상(引入現象) *LC* 발진 회로에 다른 공진 회로를 전자 결합했을 때 발진 주파수가 그 공진 회로의 고유 주파수에 인입되는 현상. 발진 주파수 f_0가 1차 회로의 고유 주파수 f_1과 거의 같은 발진 회로에 고유 주파수 f_2의 2차 회로를 결합했을 때 C_2에 의해 f_2를 바꾸면 그림과 같이 f_0가 어느 범위에서 f_2로 인입된다.

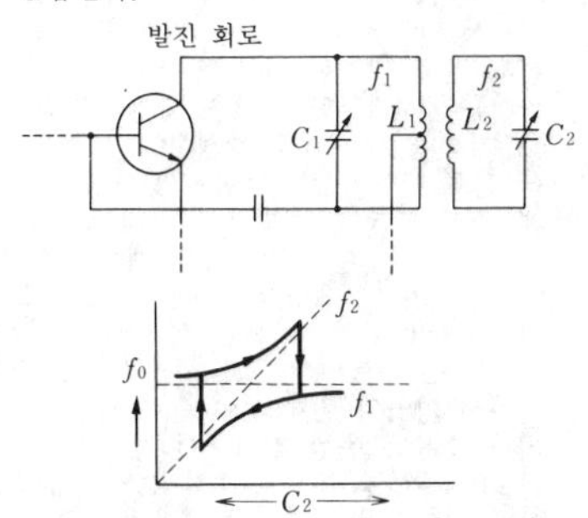

drawing pen 오구(烏口) 제도용 잉크를 사용하여 도면을 그릴 때 사용하는 제도용구.

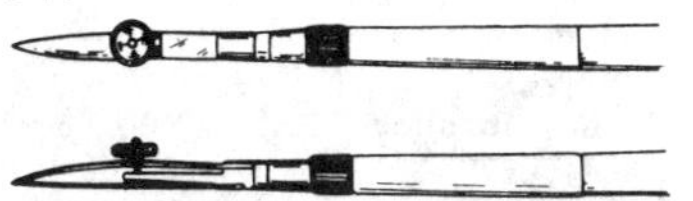

D region D역(－域) 지상 40~90km 의 범위에 있는 전리층.

drift 드리프트 기기나 증폭기의 특성 등이 시간적으로 서서히 변동하는 것을 말한다. 이러한 드리프트가 일어나는 원인으로서는 전원 전압의 변동에 의한 것, 온도 변화에 수반하는 트랜지스터나 저항기의 특성 변화에 의한 것, 부품의 경년 변화에 의한 것 등이 있다.

drift angle 드리프트각(－角) 항행에서 기수(機首)와 올바른 코스 사이의 각도차.

drift band of amplifier 증폭기의 드리프트폭(增幅器－幅) 증폭기의 모든 가제어량(可制御量)을 일정하게 유지하고, 어느 지정된 기간 동작시켰을 때 제어할 수 없는 원인에 의해 생기는 증폭도 변화분의 최대값. 드리프트폭을 결정할 기간의 전체에 걸친 평균 증폭도의 백분율로 주어진다.

drift compensation 드리프트 보상(－補償) 제어 요소의 하나 또는 몇 개에 대해서 그 드리프트를 최소로 함으로써 계 전체의 드리프트를 감소시키는 제어 기능, 장치 또는 수단을 말한다. 드리프트 보상은 제어계의 피드백 요소, 기준 입력 또는 기타의 부분에 적용한다.

drift mobility 드리프트 이동도(－移動度) 전자나 정공 등이 전계에 의해서 이동할 때의 움직임의 용이성을 나타내는 양. 전계의 세기를 E〔V/m〕, 전계 중의 전자가 전계와 역방향, 또는 전계 중 정공의 전계와 같은 방향으로 움직이는 평균 속도를 v〔m/s〕로 할 때 드리프트 이동도 μ는

$$\mu = \frac{v}{E} [\mathrm{m^2 / Vs}]$$

drift offset 드리프트 오프셋 증폭기에서 지정된 기간 전체에 걸쳐 모든 가제어량(可制御量)이 일정하게 유지되었을 때 제어 불능의 원인에 의해서 생기는 동작 기점의 변동.

drift orbit 드리프트 궤도(－軌道) 인공위성을 쏘아 올릴 때 경과하는 주회(周回) 궤도로, 정지 궤도에서 약간 벗어나 있는 궤도. 위성 자신의 연료에 의해 수정하면서 정지 궤도로 이행한다.

drift space 드리프트 공간(－空間) 클라이스트론에서 입력 전계가 가해지고 있지 않은 부분의 공간. 속도 변조된 전자류가 밀도 변조로 바뀌어지는 장소이다.

drift transistor 드리프트 트랜지스터 베이스 내의 불순물 농도가 지수 함수적인 기울기를 갖도록 만든 고주파용 트랜지스터. 캐리어는 베이스 속을 확산하는 대신 불순물 경사가 만드는 전계에 의해서 가속되기 때문에 α차단 주파수를 높게 할 수 있다.

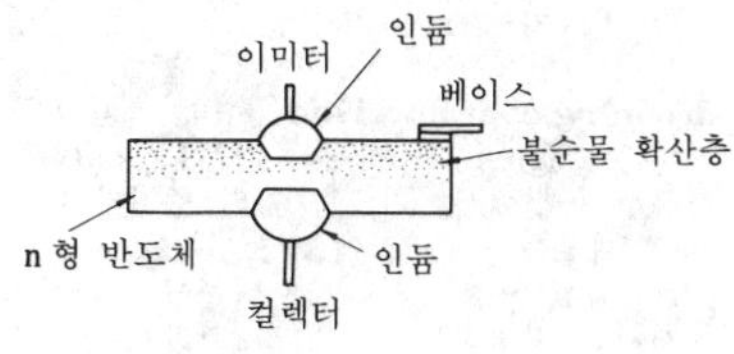

drift tunnel 드리프트 터널 속도 변조관

에서의 금속통 조각으로, 일정 전위로 유지되어 드리프트 공간을 형성하고 있는 부분을 말한다. 이 드리프트 터널은 몇 개 부분으로 분할되어 드리프트 전극을 구성하고 있다.

drift velocity 드리프트 속도(－速度) 전계의 영향하에서 이동하고 있는 전자(또는 정공)의 평균 속도.

drive 드라이브 자기 디스크나 테이프를 그 속에서 회전 이동시켜 데이터 블록을 판독·기록하기 위해 헤드를 수용한 장치 또는 그 기구. 디스크 드라이브 등이라고 하며 드라이버라고는 하지 않는다(드라이버는 드라이버 루틴 즉 드라이브하기 위한 프로그램을 의미한다).

driver 여진기(勵振器) 종단의 전력 증폭기를 정격대로 동작시키려면 입력이 충분히 주어져야 한다. 이러한 목적으로 사용되는 여진 증폭기를 여진기라 한다. A 급이나 B 급 전력 증폭기의 입력은 보통 전압만이 주어지면 되지만 C 급 전력 증폭기에서는 앞단의 증폭기는 전력 증폭기이어야 한다.

driver circuit 드라이버. 구동 회로(驅動回路) 신호를 송출하는 회로 또는 기기.

driving device 구동 장치(驅動裝置) 지시계기에서 지침을 움직이기 위한 구동 토크를 주는 부분. 직류나 교류에 의한 전자력을 발생시키는 것이라든가, 자기력, 정전력을 이용하는 것 등이 있으며, 이의 종류에 따라서 계기의 형식 명칭이 정해져 있다.

driving impedance 구동점 임피던스(驅動點－) n 단자 회로망에 있어서 j 단자와 k 단자 사이에서 측정한 구동점 임피던스. 기준 단자 n 도 포함하여 다른 단자는 모두 개방해 둔다.

driving signals 구동 신호(驅動信號) 텔레비전에서 촬상시에 주사의 시간 관계를 결정하는 신호. 보통, 두 구동 신호가 중앙의 동기 발생기에서 준비된다. 하나는 라인 주기, 또 하나는 필드 주기의 펄스이다.

driving torque 구동 토크(驅動－) 회전을 일으키는 원동력. 지시형 계기에서는 측정 전류가 흐르면 바늘을 움직이는 구동 토크가 발생한다.

drooping characteristic 수하 특성(垂下特性) ① 두 양 사이의 관계를 부여하는 특성 곡선에서, 가로축 양의 증가와 더불어 세로축 양의 값이 감소하는 성질. → regulation. (2) 시간과 더불어 특성값이 서서히 저하하는 특성. 펄스 파형에서 그 정상부가 파미(波尾) 방향으로 수하성을 나타내는 일그러짐을 droop 이라 했었으나 현재는 tilt 라고 한다. →tilt

drop 드롭 전송 선로에서 단말 장치를 이용할 수 있는 접속선 또는 인입선.

drop-in 드롭인 기록 매체에서 정보를 읽어낼 때 0 으로서 판독되어야 할 비트가 잘못되어서 1 로서 읽혀내어지는 것.

drop-out 드롭아웃 ① 비디오 테이프 리코더에 사용하는 헤드의 갭은 μm 단위의 작은 것이며, 눈에 보이지 않는 먼지라도 재생 헤드의 출력이 저하하거나 없어지거나 하고, 화면에는 잡음으로서 혼입된다. 이것을 드롭아웃이라 하며, 그것을 방지하기 위해 테이프에는 고도의 품질이나 보관상의 주의가 요구된다. 가정용 VTR 에도 이것을 보정하는 회로가 붙어 있지만 큰 잡음은 방지할 수 없다. 방송국용 등에서는 TBC(time-base corrector) 등이라 불리는 일종의 마이크로컴퓨터를 이용한 방식(지금 주사하고 있는 장소의 주사선보다 3~4 개 앞을 기억하여 그 잡음 성분을 제거한 다음 송출하는 방식)을 써서 보다 깨끗한 화면을 재생하고 있다. ② 기록한 데이터를 재생하는 도중에 출력 신호 레벨이 저하하는 것으로, 이에 의해 처리의 오류를 방생하는 정도의 크기를 가진 것. ③ 자기 기록 매체(테이프, 디스크, 카드, 드럼)의 표면상에서의 문자나 숫자의 판독·기록을 할 때의 우발적인 오류로, 표면의 오염, 흠, 이물 혹은 비자성 영역의 존재 등이 그 원인이다. 이러한 오류는 흘짝 검사에서 찾아낼 수 있다. ④ 페이딩 등으로 수신 전력이 임계값보다 저하하여 통신이 두절되는 것.

drum 드럼 자성 물질을 그 표면에 도포(塗布)한 원통형의 기억 장치로, 전동기로 구동된다. 드럼의 트랙에 마주보게 설치한 헤드에 의해 정보의 기록, 판독이 이루어진다.

drum controller 드럼 제어기(－制御器) 드럼 스위치를 주요 개폐 요소로서 사용하는 제어기. 스위치와 저항기로 구성된다.

drum factor 원통 계수(圓筒係數) 팩시밀리에서 유효 원통 길이와 원통 직경의 비를 말한다. 수신기가 원통형인 경우, 화면을 보내기 전에 송신기에서 사용한 원통 길이와 원통 직경의 비가 수신기의 원통 계수보다 크지 않은 것을 확인해야 한다.

drum plotter 드럼 플로터 자동 조작되는 펜으로 종이 위에 개략도, 그래프, 화상 등을 그리는 출력 장치. 종이는 전후로 회전하는 원통상에 감겨지며, 펜이 이 위에서 좌우로 이동하면서 그림을 그려 가도록 되어 있다.

drum printer 드럼식 프린터(-式-) 충격식 프린터의 일종으로, 고속으로 회전하는 드럼의 표면상에 문자 집합의 전체 활자를 부각해 두고, 활자가 인자 용지의 적당한 위치까지 운반되어 왔을 때 해머로 종이를 두드리는 방식으로 인자한다.

drum scanning 원통 주사(圓筒走査) 팩시밀리에서 원통에 원화 또는 기록지를 감고 원통을 회전시키면서 동시에 축방향으로 천천히 이동시켜 화면 전체를 주사하는 것. 원통 회전에 의한 주사를 주주사, 축방향의 이동에 의한 주사를 부주사라 한다.

drum speed 원통 속도(圓筒速度) 팩시밀리 송신기의 기록 원통 회전각 속도. 이 속도는 1분간의 회전수로 측정된다.

drum switch 드럼 스위치 회전하는 원통 또는 섹터의 원주상 접점이 세그멘트 또는 기타의 모양으로 설치되어 있는 회전 조작형 스위치. 혹은 회전하는 캠에 의해 접점이 개폐되는 형의 것도 있다.

dry cell 건전지(乾電池) 현재 일반적으로 사용되고 있는 건전지는 르클랑셰형 전지이며, 전해액은 전분 등에 흡입시켜 페이스트 모양으로 한 것을 사용하고 있다. 사용 중에 양극에 발생하는 수소 때문에 전압이 저하하므로 수소를 화학적으로 제거하기 위한 산화제를 넣는다. 이것을 감극제라 한다. 건전지의 명칭은 감극제의 종류를 나타내고 있다.

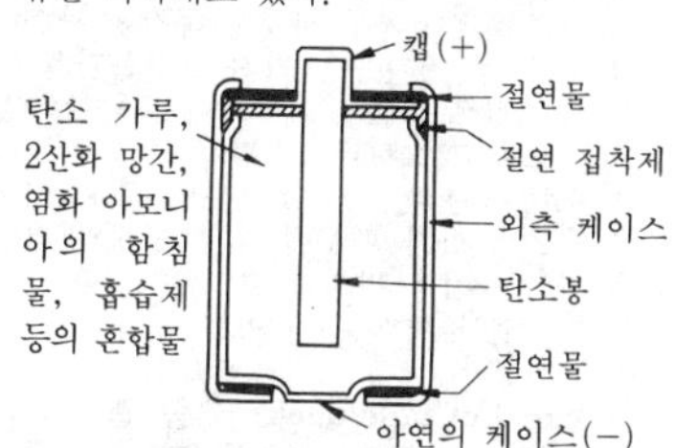

dry-charged battery 드라이 축전지(-蓄電池) 운반이나 보존을 용이하게 하기 위해 전해액을 빼낸 축전지.

dry circuit 드라이 회로(-回路), 건조한 회로(乾燥-回路) 음성 신호만을 통하고, 직류 전류를 통하지 않는 회로.

dry etching 드라이 에칭 에칭 가공을 하는 데 화학 용액을 쓰지 않고 플라스마 등에 의해서 수행하는 방법.

dry oxidation 드라이 산화(-酸化) 집적회로(IC)를 제조하는 공정에서 실리콘 표면을 산화하여 SiO_2 막을 형성하는 것이 보통 쓰인다. SiO_2 막은 안정하고 절연성이 좋으므로 표면을 전부 또는 일부 골라서 부동태화(不動態化)한다든지 인접 기능 부분을 절연 격리한다든지 하는 데 불가결하기 때문이다. 산화법은 여러 가지 있으나, 노(爐) 속에 둔 실리콘 웨이퍼에 건조한 산소와 질소를 보내서 산화하는 것이 드라이 산화법이다. 이 외에 웨트 산소(수분을 포함한 산소), 수증기, 산소와 수소를 사용하는 것 등이 있다.

dry process 드라이 프로세스 종래의 IC 제조 기술은 광학적 방식에 의하여 그 패턴을 형성하고 있었으나 빛의 회절 효과 등 때문에 패턴의 선폭은 수μm정도였다. 그보다 고밀도의 집적화를 도모하기 위하여 선폭을 1μm 이하로 하고 또한 생산성을 높이기 위하여 전자 빔이나 X선을 이용한 노출 기술, 이온 주입이나 드라이 에칭 등의 기술을 이용하는 것이 주목되기 시작했다. 이들을 총칭하여 드라이 프로세스라고 한다.

dry type electrolytic capacitor 건식 전해 콘덴서(乾式電解-) 전해 콘덴서(알루미늄, 탄탈 등)에서 음극에 젤리 모양의 고점도 액체를 사용한 것. 그림은 알루미늄 건식 전해 콘덴서의 구조를 나타낸 것이다. =dry type electrolytic condenser

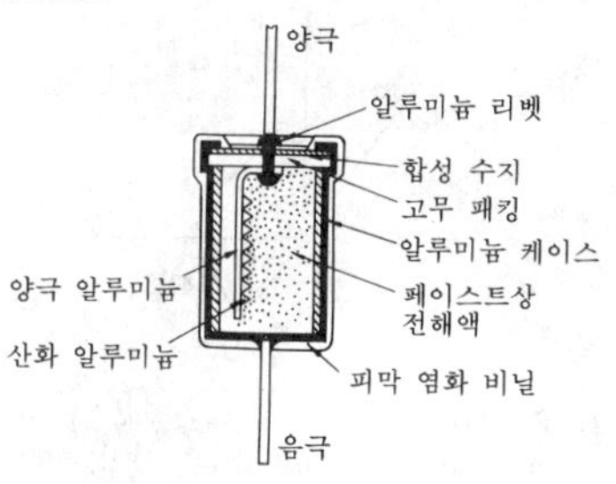

dry type electrolytic condenser 건식 전해 콘덴서(乾式電解-) =dry type electrolytic capacitor →solid electrolytic condenser

dry type recording 건식 기록(乾式記錄) 자동 기록에서 액체를 쓰지 않고 행하는 방식. 그 대표적인 것은 방전을 이용하는 방법이다. →electrosensitive recording

dry type transformer 건식 변압기(乾式變壓器), 건식 트랜스(乾式-) 변압기의 냉각에 기름을 사용하지 않는 방식의 것을 말한다. 이것에는 공기의 자연 냉각에 의한 자냉식과 송풍하여 냉각하는 송풍식이 있다. 최근에는 내열성 절연물이 발달하여 중용량의 것까지 만들어지게 되어 가연성 기름을 사용하는 것을 원하지 않는 지하 변전소나 건물 내의 변전소에 널리 채용되고 있다.

D-scope D스코프 →radar display

DSI 디지털 음성 보간(-音聲補間) digital speech interpolation 의 약어. 디지털 통화 전송 방식에서 통화자의 통화가 일단 두절되면 바로 그 부 채널을 다른 통화자의 통화에 다이내미컬하게 할당함으로써 회선의 사용 효율을 높이는 방식. 또, 통화를 시작하려고 할 때 빈 채널이 없으면 다른 통화자의 통화가 두절되는 것을 기다려 접속되는데, 그 사이의 대기 시간은 매우 짧아 통화자는 그것을 느끼지 않을 정도이다. 이것은 대양 횡단 케이블에서의 TASI 방식의 디지털형인데, 그보다 고속이고 고효율이다. 위성에 의한 통화 등에서 사용된다.

DSU 데이터 서비스 유닛 =data service unit

DT-cut DT판(-板) 수정에서 수정판을 잘라낼 때의 절단 방위에 의한 수정판 명칭의 하나로, 수정의 결정축에 대하여 그림과 같이 잘라낸 것을 말한다. 20℃ 부근에서의 고유 진동수의 온도 계수는 거의 0이므로 수정 공진자 등에 사용된다.

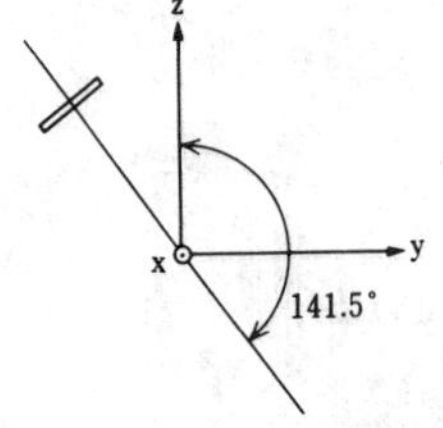

DTE 데이터 단말 장치(-端末裝置) data terminal equipment 의 약어. 데이터 스테이션의 기능 단위로서 데이터 송신 장치 또는 데이터 수신 장치로서 구실을 하며, 링크 프로토콜에 따라 실행되는 통신 제어 기능을 갖추고 있는 것. 중앙에서 보내오는 데이터의 수신 또는 단말에서 중앙에 데이터를 송신하는 장치를 가리키며, 수신 데이터 단말 장치 또는 송신 데이터 단말 장치의 어느 한쪽 또는 양쪽.

DTL 다이오드 트랜지스터 논리(-論理) diode transistor logic 의 약어로, DCTL이나 RTL의 결점을 개량한 그림과 같은 다이오드와 트랜지스터를 사용한 논리 회로. 회로 구성이 비교적 간단하고, 저소비 전력이며, 스위칭 속도도 빠른 것이 특징이다.

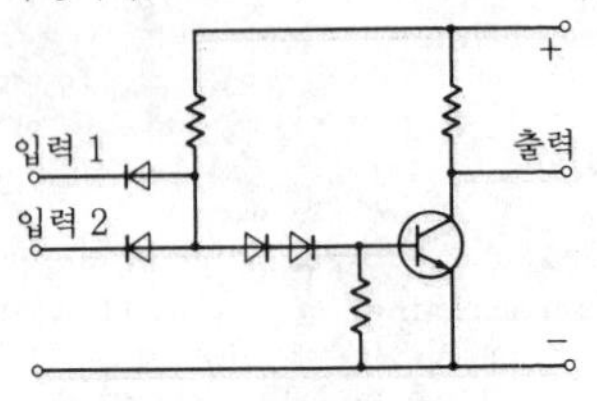

DTP 탁상 출판(卓上出版) =desktop publishing

D-type bistable circuit D형 쌍안정 회로(-形雙安定回路) 클록 펄스가 들어왔을 때의 입력값에 의해서 출력이 정해지는 플립플롭. 만일 입력이 "1"이라고 하면 다음 클록 펄스로 출력은 "1"에 상당한 것이 된다.

duad tape 듀어드 테이프 자기 테이프의 일종으로, 테이프 베이스 상에 산화철(감마·헤마타이트)과 2산화 크롬의 자성 재료를 2층으로 입힌 테이프로, 페리크롬 테이프라고도 한다. 이렇게 함으로써 양 재료의 각각의 장점을 가진 고성능화가 가능하다. 즉, 주파수 특성이 고역, 저역에 걸쳐 넓어지고, D 레인지도 넓어지며 고출력이 된다. 이 테이프를 데크에서 사용할 때는 테이프 실렉터를 "페리크롬" 위치로 전환하여 사용하는 것이 좋다. 또한 이 명칭은 일본 소니의 상품명이다.

dual beam oscillograph 2요소 오실로그래프(二要素-) 두 파형을 동시에 관측하기 위해 두 전자총을 가진 브라운관을 사용한 오실로그래프. 수직축 증폭기는 별도로 둘이 필요하나, 수평축 증폭기는 별개 또는 공용의 어느 것이라도 좋다. 전자총이 2개 있기 때문에 각각 별개의 파형을 서로 영향을 받지 않고 관측할 수 있으므로 2현상 오실로그래프보다 용도가 넓다.

dual capstan tape deck 2중 캡스턴 테이프 데크 (二重-) 캡스턴과 핀치 롤러를 2조 갖춘 테이프 데크. 릴의 영향을 적게 하여 테이프의 주행을 안정하게 하고, 헤드에 테이프가 잘 밀착할 수 있게 하는 방식으로, 클로즈드 루프 방식이나 2캡스턴 방식이라고도 한다. 2개의 캡스턴에는 약간의 직경 차를 두고, 테이프가 느슨해지지 않도록 정속도 주행시킨다. 또, 2개의 캡스턴을 테이프의 주행 방향에 따라서 사용하는 방식의 것도 같은 명칭으로 부르고 있다. 카셋 데크에도 이 방식의 것이 있다.

dual circuit 보원 회로(補元回路) 논리 회

로에서 같은 구실을 하는 다른 구성 내용의 회로. 일반적으로는 AND 회로를 OR 회로와 대치하고 NOT 회로는 반대가 되도록 하면 얻어진다.

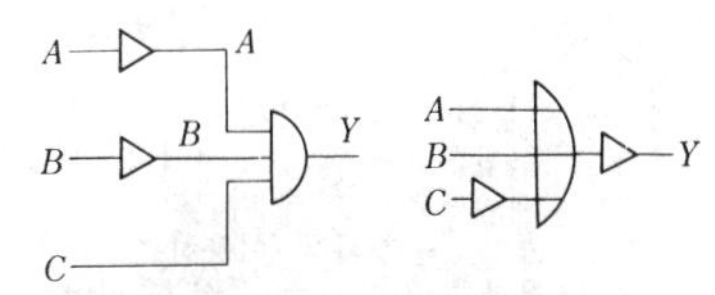

dual circuitary check 2중 회로 검사(二重回路檢査) 정보를 병렬의 2중 회로계에 흘리고 양자의 합류점에서 오류의 유무를 검사하는 방법. 병렬로 하는 회로는 똑같은 것이라도 좋고, 양자에서 0과 1을 전부 바꾸어 넣은 것이라도 좋다.

dual-element bolometer unit 2요소 볼로미터 장치(二要素-裝置) 2개의 볼로미터 요소를 적당한 마운트 상에 부착한 것으로, 이들 요소는 바이어스 전력에 대해서는 실질적으로 직렬로 되어 있으며, RF 입력 전력에 대해서는 병렬로 동작하고 있다. 바이어스 전력은 볼로미터가 지정된 주위 조건에서 지정된 저항값으로 동작하기 위해 필요한 직류(또는 저주파 교류) 전력이며, 측정할 RF 전력은 이 바이어스 전력의 변화와 대치된다.

dual-element substitution error 2요소 치환 오차(二要素置換誤差) 2요소 볼로미터 장치에서 RF 입력 전력의 레벨이 달라지면 변환 효율이 달라짐으로써 생기는 오차. 이것은 두 요소간에서 직류(또는 저주파 교류) 전력과 RF 입력 전력이 다른 비율로 배분되기 때문에 생기는 것으로, 그다지 큰 것은 아니다.

dual feeding system 2중 궤전 방식(二重饋電方式), 2중 급전 방식(二重給電方式) 하나의 안테나에 두 방송 전파를 동시에 궤전하는 방법. 로 밴드의 TV 용 송신 안테나에 TV 방송과 FM 방송 전파를 동시에 궤전하는 경우는 트리플렉서나 노치 다이플렉서 등이 사용된다. 두 FM 방송 전파를 하나의 송신 안테나에 동시에 궤전하는 경우는 브리지 다이플렉서나 노치 다이플렉서 등이 사용된다. 그 밖에 하나의 TV 송신 안테나를 2개 채널의 TV 방송에 공용하는 경우도 브리지 다이플렉서가 사용된다.

dual frequency heating 2중 주파 가열(二重周波加熱) 고주파 유도 가열에 의해서 단위 체적당 단위 시간에 발생하는 열량은 주파수와 투자율의 곱의 제곱에 비례한다. 철강을 가열하면 큐리점까지는 투자율이 높으나, 그 이상의 온도에서는 상자성체가 되므로 동일 효율로 가열하기 위해서는 큐리점까지는 낮은 주파수로, 그 이상에서는 높은 주파수로 전환하여 가열하는 것이 좋다. 이렇게 2주파를 조합하여 사용하는 방법을 2중 주파 가열이라 한다.

dual-gap head 2갭 헤드(二-) 기록, 판독 양 헤드가 일체화되어 만들어진 자기 헤드. 양 헤드의 갭은 접근하여 설치되어 있으며, 테이프에 정보를 기록하고, 그 직후에 이것을 판독하여 테이프를 체크하는 경우 등에 편리하다.

dual in-line 2중 인라인(二重-) IC 에 사용되는 패키지의 일종으로, 프린트 기판에의 삽입이나 자동 납땜 등을 하는 데 적합하다. DIP 의 그림 참조.

dual in-line package 2중 인라인 패키지(二重-) =DIP

dual in-line package switch DIP 스위치, 2중 인라인 패키지 스위치(二重-) 보통의 IC 와 같은 치수의 스위치. 컴퓨터의 설정 등에 널리 사용되고 있는데, 기판에 직접 꽂아서 회로 내에서 사용되는 경우가 많다.

dual-mode horn 듀얼모드 혼 단일 모드가 아니고 편파 방향이 다른 두 모드를 방사하는 나팔형 전파 방사기.

dual modulation 2중 변조(二重變調) 공통의 반송파 또는 부반송파를 다른 두 가지 형의 변조 방법(예를 들면, 별개의 두 정보로 각각 진폭 변조 및 주파수 변조)으로 변조하는 것.

dual-polarization transmission 2중 편파 전송(二重偏波傳送) 같은 공칭 주파수를 가지고 있으나 편파의 센스가 반대인(즉 직교 편파) 두 신호의 방사를 말한다. 2중 편파에 의한 주파수의 재사용(reuse)이라고도 한다. 인텔새트Ⅴ에 의해 4 및 6GHz 대에서 사용되었다. 수신 사이트에서 신호 분리가 만족하게 이루어지려면 편파 순도가 좋을 필요가 있다.

dual-port random access memory 2중 포트 RAM 하나의 RAM 을 2계통에서 접근할 수 있는 구조의 RAM. 병렬 입출력을 2계통 갖는 것과 병렬 입출력과 직렬 입출력을 1계통씩 갖는 것으로 대별된다. 후자는 화상 기억 장치로서 이용되고 있다. 복합 포트 RAM 이라고도 한다.

dual-sided disk drive 양면 디스크 구동(兩面-驅動) 디스크 양면에서 각각 R/W 헤드를 사용하여 데이터의 기록·판독을 할 수 있게 한 디스크 구동법.

dual slope type 복경사형(複傾斜形) AD

변환 형식의 하나로, 입력 전압에 비례한 전류로 일정 시간 콘덴서를 충전하고, 이어서 지정된 전류로 이 콘덴서가 최초의 전압으로 되기까지 방전한다. 이 방전에 요하는 시간 중의 클록 펄스수를 계수하는 원리의 변환법. 그림의 회로는 복경사형 전압계의 예인데, 카운터 출력 n_c는 입력 전압 V_{in}에 등가한 디지털값을 준다.

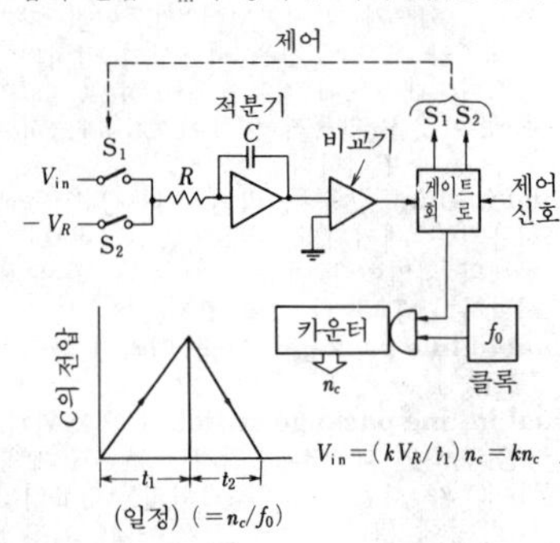

dual-tone multifrequency pulsing 듀얼 톤 다주파 신호(ー多周波信號) 하나의 숫자 또는 문자를 나타내는 데 저군 주파수의 하나와 고군 주파수의 하나의 조합을 쓰는 신호.

dual trace 2중 소인(二重掃引) CRT(음극선관)의 다중 소인 동작으로, 단일 빔이 두 채널에 의해서 교대로 이용되도록 되어 있다(복수의 빔을 사용하는 것과 구별된다). 교번 모드, 촙 모드 등의 소인 모드가 있다.

dual variable frequency oscillator 2중 가변 주파수 발진기(二重可變周波數發振器) 가변 주파수 발진기로 두 종류의 주파수를 꺼낼 수 있는 것. 주파수를 변화하는 방법으로서는 신시사이저를 사용하는 것이 많다.

dubbing 더빙 원래는 영화나 방송에 사용하는 녹음 테이프나 사운드 트랙에 겹쳐서 효과음을 가한다든지 다른 복수의 신호를 가하여 테이프를 편집하는 것을 말하는데, 최근에는 1개의 음성 테이프나 비디오 테이프에서 다른 테이프를 복제하는 것이나 레코드로 하는 것도 더빙이라 한다. 더빙을 반복하면 일그러짐이 증대하거나 *SN* 비가 나빠지거나 한다.

duct 덕트 온도의 역전 작용 때문에 전파가 난·냉(煖·冷) 두 층의 경계부에서 이상 굴절을 여러 번 하여 보통의 가시 통신거리를 훨씬 초과한 먼 지점에 전파의 전파를 가능하게 하는 대기 조건이 존재하는 것. 대기권 덕트라고도 한다.

duct type fading 덕트형 페이딩(ー形ー) 페이딩의 일종으로, 전파가 대류권을 통과하는 경우에 대류권 내에 라디오 덕트가 존재하면 이에 의해서 전파의 통로가 굴절 작용을 받아서 복잡하게 굽어지기 때문에 이들의 복수 개 통로를 통해 온 전파가 서로 간섭하여 생기는 것이다. 보통, 이 형의 페이딩은 주기가 비교적 길고, 변동폭도 크다. 공간파를 이용하는 초단파 이상의 전파를 사용하는 무선 통신이 영향을 받는다.

duct width 덕트폭(ー幅) 온도의 역전층이 발생하여 만들어지는 마이크로파 전파 통로, 즉 덕트의 지표에 직각인 방향의 폭을 말한다. 덕트 저면에 접하는 경우와 지표면에서 떠 있는 경우가 있다. 후자를 비접지 덕트라 한다.

dummy 더미, 의사(擬似) 계(系)의 본질적인 동작과는 관계없이 단지 어느 특정한 조건 또는 상태를 만족시키기 위해 쓰이는 것. 예를 들면 의사 안테나는 그 구조, 전기 특성은 실제 안테나의 그것을 시뮬레이트하고 있지만, 전자(電磁) 방사는 하지 않는다. 또, 컴퓨터의 주소, 명령어 등에서 머신 동작에 관여하는 일 없이 단지 일정 어장(語長)을 메울 목적으로만 삽입된 정보도 더미(의사)이다. 브리지형 온도 측정치에서 어느 암에 쓰이는 측온 서미스터에 대하여 다른 암에 삽입한 같은 특성의 서미스터는 환경 변화 등에 의한 측정 오차를 보상하기 위한 것이고 측온에는 관여하지 않는 것.

dummy antenna 의사 안테나(擬似ー) 송신기를 조정할 때 사용하는 의사 부하 저항을 의사 안테나 또는 더미 안테나라고 한다. 이것은 사용 주파수대의 전역에 걸쳐서 순저항이며, 저항값이 일정하고 안정할 것, 그리고 송신 최대 전력에 견디는 전력 용량을 가지고 있을 필요가 있다. 송신기의 시험이나 조정 및 실험국의 운용에는 되도록 의사 안테나를 사용하도록 규정되어 있다. 수신기의 시험에도 수신 안테나와 같은 전기 상수를 가진 의사 안테나가 사용된다.

dummy fiber method 더미 파이버법(ー法) 광섬유의 전송 특성 즉 전송 대역과 광손실 등을 측정하려면 파이버를 여진(勵振)하는 빛의 모드 분포가 관계한다. 안정한 정상의 모드 분포에 의한 여진을 하기 위해 몇 가지 방법이 있다. 더미 파이버법은 피측정 파이버와 동일 구조를 갖는 더미 파이버를 피측정 파이버에 접속하고, 더미 중에서 전파 모드를 안정화시킨 다음 피측정 파이버에 입사하도록 하고 있다. 더미 파이버법에서는 매우 긴 파이버 길이를 필요로 하므로 더 짧은 것으로 정상 모드 분포를 실현하는 방법으로서 그레이디드형, 스텝형 그리고 작은 코어 지름의 그레이디드형 파이버를 직렬로 접속하고, 모드 제어부를 사용한 GSG 법이라는 방법도 있다.

dummy load 의사 부하(擬似負荷) 전송 선로나 도파관의 끝에서 사용되는 소산성의 디바이스. 전송되어 오는 에너지를 열로 변환하고, 따라서 본질적으로 에너지를 외부로 방사한다든지 전원에 반사하여 되보내지는 않는다.

dummy load method 의사 부하법(擬似負荷法) 전기 회로의 출력에 실제의 부하와 같은 전력을 소비하는 저항 부하를 삽입하고 그 저항에서 소비하는 전력을 측정하여 실제의 회로에서 소비하는 전력을 구하는 측정법. 경제적으로 낭비를 줄일 수 있고, 비교적 간단하게 측정할 수 있는 등의 이점이 있다.

dummy plug 더미 플러그 회로를 종단하기 위해 사용되는, 회로의 특성 임피던스를 가진 플러그.

dump 덤프 컴퓨터에서 지정된 메모리 영역의 내용을 출력 장치에 출력시키는 것, 또는 그 프로그램을 말한다. 메모리 덤프 혹은 덤프 메모리라고도 한다.

dumping factor 제동 계수(制動係數) 증폭기의 출력 임피던스를 Z_o, 스피커의 입력 임피던스를 Z_s로 하면 제동 계수는 Z_s/Z_o로 나타내어진다. 스피커에 의해서 저음을 재생할 때 스피커를 넣은 캐비닛의 크기나 리스닝 룸에 따라서 바뀌는데 이 제동 계수가 작으면, 바꾸어 말하면 증폭기의 출력 임피던스가 크면 저음이 깨끗하지 못하다. 스피커에 따라서는 최적의 제동 계수를 지정하고 있는 것도 있다. =DF

duplex 듀플렉스, 전 2 중(全二重) 통신단 A, B 가 있을 때 A 에서 B 와, B 에서 A 의 어느 방향으로도 통신할 수 있고, 또 양쪽에서 동시에 통신할 수 있는 방식. 일반적으로 통신 시스템에서 회선으로 연결된 통신 단말이 상호 양방향으로 독립하여 존재하되 동시에 데이터 전송을 할 수 있는 방식을 말하며 그 전송로를 duplex channel 이라 한다.

duplex channel 듀플렉스 채널 동시에 양방향 어느 쪽으로도 각각 전송할 수 있게 설계된 회선.

duplex communication system 2중 통신 방식(二重通信方式) 무선 통신 방식의 하나로, 송신소와 수신소를 멀리 하여 설치하고, 송수신을 동시에 하는 방식.

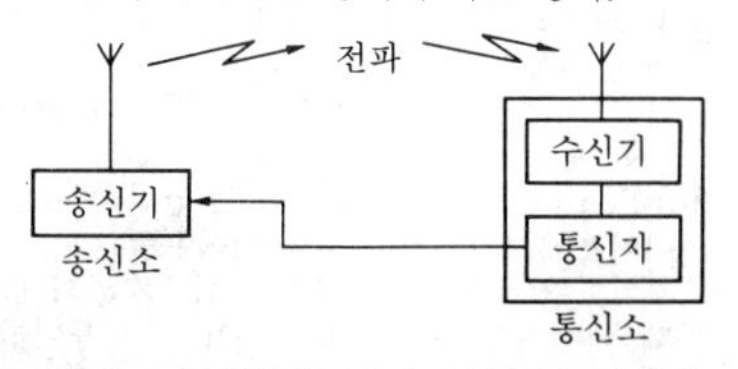

duplexer 듀플렉서, 송수 전환기(送受轉換器) ① 밴드가 다른 2 대의 트랜시버로 안테나를 공용하여 상호 간섭하지 않고 효율적으로 전파를 방사시키기 위한 결합기. 그림과 같이 VHF 대의 이동국 등에서 사용되며, 동시에 송수신하는 것은 물론 한쪽이 송신 중이라도 다른 쪽은 수신 가능하다.

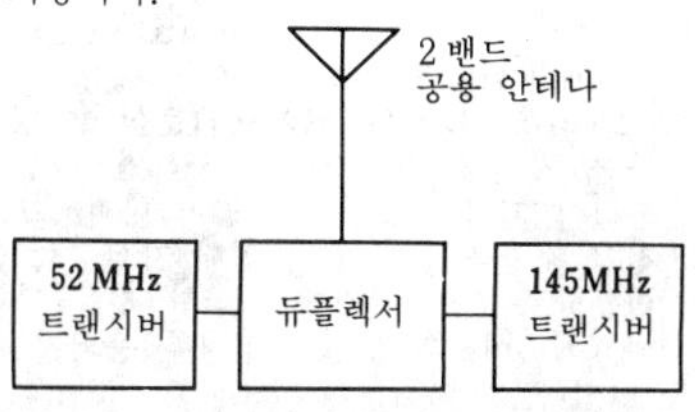

② 레이더 장치의 송수 공용 회로. TR관 등을 포함한 송수 전환을 하는 도파관.

duplexing 중복화(重複化) 부품, 회로, 장치 등을 중복화하여 어느 것이 고장나도 다른 것이 그를 대신해서 동작을 속행하도록 되어 있는 것.

duplex system 대기 시스템(待機−)[1], 복신 방식(複信方式)[2] (1) 컴퓨터에서 중앙 처리 장치(CPU)를 병렬로 접속하고, 한쪽이 고장난 경우 다른 한쪽을 사용하는 방법. 1 대가 이상 상태라도 다른 한쪽으로 전환하여 동작시킬 수 있으므로 장시간 시스템을 멈추는 일없이 사용할 수 있다. 또, 한쪽 시스템이 정상으로 동작하고 있는 경우 다른 한쪽 시스템으로 다른 업무를 수행할 수 있다.

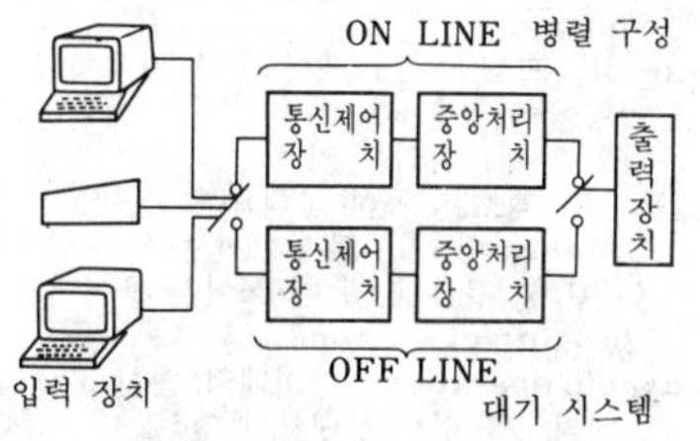

(2) 동일한 통신로를 써서 양방향으로 동

시에 독립의 정보를 전송할 수 있는 통신 방식. =DX

duplex transmission 전2중 전송(全二重傳送) 동시에 양방향으로 전송 가능한 데이터 회선상에서 실행되는 데이터 전송을 말한다.

duplicator 듀플리케이터 1권의 마스터 테이프에서 다수의 복사 테이프를 만드는 장치. 단지 프린터라고도 한다. 시판의 뮤직 테이프는 이 장치에 의해서 만들어진 것이다.

Duracon 두라콘 내마모성이 뛰어난 플라스틱의 일종으로 상품명. 도전성을 요하지 않는 기구 부품으로서 금속 대신 사용된다.

Duranex 두라넥스 내열성 수지의 일종으로 상품명. 자기 소화성(自己消火性)이 있으며, 기구 부품에 사용된다.

DU ratio DU 비(-比) =desired to undesired signal ratio

dust core 더스트 코어, 압분심(壓粉芯) 금속 자심을 고주파에 사용하면 와전류 손실이 커져서 코일의 성능이 나빠지므로 전기 저항을 높게 하기 위해 자심 재료를 미분말로 하여 점결제로 굳힌 것을 말한다. 페라이트의 발달로 점차 사용되지 않고 있다.

dust figure 분상(粉像) 절연판상에 생긴 방전 패턴에 적당한 분말을 뿌려서 눈으로 볼 수 있게 한 것.

duty cycle 듀티 사이클, 듀티 주기(-週期), 의무 주기(義務週期) 펄스 주기(T)에 대한 펄스폭(PW)의 비율을 나타내는 수치. PW/T로 나타내며 단위는 %이다.

duty factor 충격 계수(衝擊係數) 펄스파가 얼마나 날카로운가를 나타내는 수치로, 펄스폭 τ를 반복 주기 T로 나눈 값.

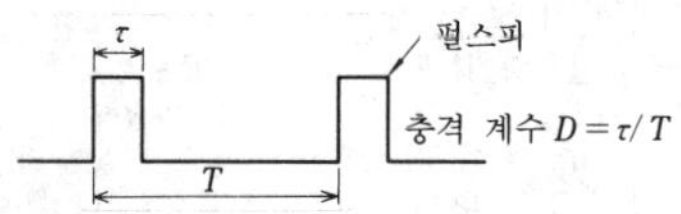

DVM 디지털 전압계(-電壓計) =digital voltmeter

dwell 드웰 수치 제어 공작 기계에서 이 지령이 있었을 때 보내기 등을 어느 시간 동안만 정지시키는 것.

DX 디 엑스[1], 복신 방식(複信方式)[2] (1) distance의 약어로, 아마추어 무선에서는 원거리를 나타낼 때 쓰이는 용어이다. (2) =duplex system

dyadic operation 다이애딕 연산(-演算) 2개의 오퍼런드 상에서의 연산.

dye laser 색소 레이저(色素-) 염료(染料)를 작동 물질로서 사용한 레이저. 발진 주파수가 가변인 것이 특징이다.

dynamic 다이내믹, 동적(動的) ① 시스템, 장치, 디바이스 등에서 시간과 더불어 변화해 가는 양 또는 상태를 말할 때의 용어. ② 컴퓨터의 프로그램 실행 중 이루어지는 처리나 조작에 대한 용어.

dynamic balance type tone arm 다이내믹형 톤 암(-形-) 톤 암의 일종인데, 픽업 카트리지의 무게를 암의 반대측에 붙인 추로 상쇄하고, 침압은 스프링을 이용하여 가하도록 한 것. 이 방식은 플레이어의 기울기에 대하여 침압의 변화가 없고, 외부로부터의 진동에 대해서도 바늘이 튀는 일이 없으나 회전 마찰이 큰 것이 결점이다.

dynamic brake 다이내믹 브레이크 비접촉형의 브레이크를 총칭하는 것. 일반적으로는 모터의 역기전력, 와전류 등에 의해서 전기적으로 회전을 정지시키는 것을 특징으로 하는 브레이크.

dynamic calibration 동적 교정(動的較正) 측정량을 어느 지정된 방법으로 시간과 더불어 변화시켜, 측정 장치의 출력을 시간의 함수로서 기록해서 하는 교정. 측정 장치의 동특성을 구하는 것이 목적이다. 보통 스텝 입력, 정현파 입력 등에 대한 응답을 구한다.

dynamic capacitor electrometer 진동용량형 전위계(振動容量形電位計) 고입력 임피던스 전위계의 일종으로, 진동 용량에 따라서 전위를 교류로 변환하여 측정하는 방식의 것. 방사선 계측 등에 사용된다.

dynamic characteristic 동특성(動特性), 동작 특성(動作特性) 트랜지스터를 비롯하여 능동 부품에서 부하를 접속했을 때의 특성(부하가 없는 경우와는 다르다).

dynamic circuit 동적 회로(動的回路) 정보가 시간과 더불어 이동하는 회로. 초음파 지연 회로 등이 그 예이다.

dynamic control 다이내믹 제어(-制御), 동제어(動制御) 플립플롭 제어의 하나로, 제어 입력 신호가 어느 2진값에서 다른 한쪽의 2진값으로 변화했을 때(트리거 또는 클록 제어라 한다)에만 출력값에 변화를 주는 것. 출력값은 트리거 시점에서 다른 입력단에 존재하는 상태의 조합에 의해 정해진다. 이러한 동제어형 플립플롭으로서는 D형, JK 형, RS 형 등이 있다.

dynamic convergence 동집중(動集中) 컬러 텔레비전에서 정집중(靜集中)에 더해서 3개의 전자 빔이 형광면 중심부에서 멀어짐에 따라 진행 거리의 차이에 의한 집중의 불일치가 생기는 것을 방지하는 것. 수평, 수직의 편향 회로에서 적당한 파형의 전류를 꺼내 외부 자계를 만들어 각 전자 빔을 가속하는 방법으로 수행된다.

dynamic display 다이내믹 표시(一表示), 동적 표시(動的表示) LED 나 LCD 등에서 여러 세그먼트, 여러 자리의 표시를 할 때 하나의 드라이버로 복수 개의 세그먼트를 시분할로 구동하는 방식을 말한다.

dynamic electricity 동전기학(動電氣學) 운동하고 있는 전기에 수반하는 여러 현상을 대상으로 하는 전기학. 정전기학의 대비어.

dynamic flip-flop circuit 동적 플립플롭 회로(動的一回路) 논리 회로와 재생 증폭기를 조합시킨 것으로, 펄스를 순환하면서 기억하는 회로이다.

dynamic focusing 다이내믹 집속(一集束), 자동 집속(自動集束) 컬러 텔레비전 수상기에서 초점 조정용의 전극에 가하는 전압을 자동적으로 변화시킴으로써 전자 빔의 스폿이 스크린의 면을 소인(掃引)할 때 언제나 면상(面上)에 초점을 맺도록 하는 것. 자동 집속 조정이라고도 한다.

dynamic focusing control 자동 집속 조정(自動集束調整) =dynamic focusing

dynamic hazard 동적 장해(動的障害) 입력 신호가 다음과 같이 변화할 때 논리 회로는 동적 장해를 포함한다고 한다. 즉, ① 적어도 하나의 출력 신호 또는 궤환 신호가 입력 신호의 변화 전과 변화 후와는 다르다. ② 의사 펄스가 입력 신호의 변화 중에 출력 신호(또는 궤환 신호)상에 나타난다.

dynamic link 동적 링크(動的一) 컴퓨터에서 프로그램을 실행 중에 필요한 프로그램을 결합하여 실행을 속행하는 경우의 결합 방식을 말한다. 이에 대하여 실행 전에 프로그램을 완전히 결합해 버리는 방법을 정적 링크(static link)라 한다.

dynamic load line 동부하선(動負荷線), 교류 부하선(交流負荷線) 전자관이나 트랜지스터의 회로에서, 신호의 변화 사이클에서의 출력 전류와 전압과의 모든 시점에 대한 동작점의 궤적.

dynamic logic 다이내믹 로직 MOS 디바이스의 고유의 게이트 커패시턴스를 이용하여 클록을 써서 표본화 동작을 하는 로직 회로.

dynamic loudspeaker 다이내믹 스피커 가청 주파수로 변동하는 자계 중에 진동판에 부속한 코일을 넣어 가청 주파 전류를 음파로 바꾸는 장치.

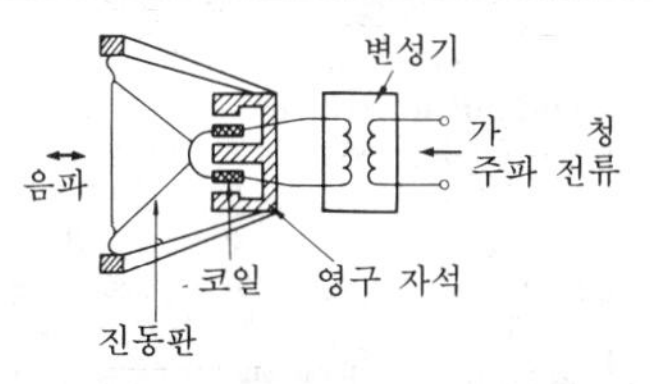

dynamic memory 다이내믹형 기억 장치(一形記憶裝置), 동적 기억 장치(動的記憶裝置) MOSFET(전계 효과 트랜지스터)의 게이트와 드레인 간의 부유 용량 C_s의 전하 유무를 이용하고 있는 기억 셀에 의해서 구성되는 기억 장치. 축적된 전하는 유전체나 스위치의 누설, 또는 캐리어의 재결합 등에 의해 서서히 방전한다. 따라서, 수 밀리초마다 재차 정보를 기록할 필요가 있다.

dynamic microphone 다이내믹 마이크로폰, 동전형 마이크로폰(動電形一) 자계 중에 두어진 도체가 운동할 때 기전력을 발생하는 원리를 이용한 마이크로폰으로, 도체의 형상에 따라 리본 마이크로폰과 가동 코일형 마이크로폰으로 나뉜다. 전자는 알루미늄제 리본을 음파에 따라 자계 중에서 진동시키는 것이며, 후자는 두랄루민제의 진동판에 코일을 부착하여 이 코일을 자계 중에서 진동시키는 것이다.

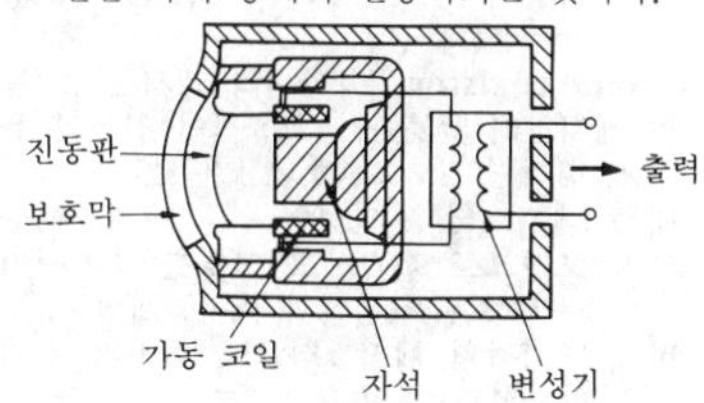

dynamic model 다이나모 =DYNAMO

dynamic noise reduction 다이내믹 노이즈 저감법(一低減法) =DNR

dynamic picture image 동화상(動畵像) 텔레비전이나 영화의 화면과 같이 움직임을 재현할 필요가 있는 화상. 그림 등은 움직임이 없으므로 정지 화상이라 한다. 우리 나라 텔레비전에서는 매초 30 매(60 필드)의 화면에 의해, 또 영화에서는 매초 24 매(1 매를 2 회 조사하는 경우는 48매)의 화면에 의해 움직임을 재현하고 있다.

dynamic programming 동적 계획법(動的計劃法) 시간적으로 연속된 의사 결정이나 다단계적인 문제 해결을 그 제한 조건하에서 최적화하도록 정형화하고 그것에 의하여 문제의 취급을 결정하는 수법 및 이론. 생산 계획, 수송 문제, 작업 계

획, 투자 계획 등에 이용된다. =DP

dynamic pulse 다이내믹 펄스, 동적 펄스(動的－) 펄스 부호 변조 신호를 재생 중계하는 경우에 펄스 유무를 구별하기 위한 타이밍을 정하는 데 사용하는 펄스.

dynamic RAM 다이내믹 램, 동적 램(動的－) 메모리에 들어 있는 내용을 유지하기 위해서는 항상 재생용 리플레시 펄스(reflesh pulse)를 할 필요가 있으며 MOS 의 메모리에 사용된다. 소비 전력이 적고 작동 속도가 빠르며 높은 집적도를 가지고 있으므로 대형 메모리 방식에 사용된다. =DRAM

dynamic random access memory 다이내믹 램, 동적 램(動的－) =dynamic RAM, DRAM

dynamic range 다이내믹 레인지 최강음과 최약음의 음압비를 데시벨(dB) 단위로 나타낸 것. 오디오 기기의 다이내믹 레인지는 최약음이 잡음의 크기(잡음 레벨)에 의해 정해지며, 상한은 일그러짐에 의해서 억제된다. 실제로 오케스트라의 생 연주에서는 80dB 이상이나 되는 경우도 있으나 레코드에서는 40~50dB, 뮤직 테이프에서는 50~60dB 정도가 한계이다. 인간의 귀는 120dB 나 되는 다이내믹 레인지를 가지고 있으나 오디오 기기가 거기까지 이르기는 아직 어려우며, 금후의 관제로 남아 있다.

dynamic register 다이내믹 레지스터, 동적 레지스터(動的－) 교류적인 진동의 유무에 따라서 2 치 신호(二値信號)를 나타내는 레지스터를 말하며, 각 레지스터를 고리 모양으로 접속하고 신호를 순환시키면서 유지하는 직렬형과 복수 개의 신호 비트를 각각의 레지스터로 독립시켜 유지하는 병렬형의 두 종류가 있다.

dynamic resistance 동저항(動抵抗) 그 전압-전류 특성이 비직선성을 나타내는 장치 혹은 부품에서 특성 곡선상의 어느 점에서의 미소 전압 변화와 이에 대응하는 전류 변화와의 비로, 특성 곡선의 그 점에서의 경사에 비례하는 양. 제너 다이오드의 항복 전압 영역 등에서의 동작에 관계하는 중요한 매개 변수인데, 교류 동작시켰을 때의 동저항 $\Delta V_{rms}/\Delta I_{rms}$ 과 직류에 대한 동저항 $\Delta V_{DC}/\Delta I_{DC}$ 와는 그 값은 크게 다르므로 그 구별을 명확하게 할 필요가 있다. →breakdown impedance

dynamic routing 다이내믹 루팅, 동적 통로(動的通路) 공중 통신에서 트래픽의 폭주시에 우회 회로를 설정하는 방법(루팅)의 일종으로, 소정의 통로에 의하지 않고 그 때의 상태나 시각에 따라서 우회 회로를 변화하여 선택하는 방법.

dynamic scattering display panel DS 디스플레이 패널 액정의 표시 방식으로 전압의 인가에 의해서 액정 내의 분자가 흩어지게 되어 백탁 현상(dynamic scattering)에 의해 빛을 난반사시켜서 표시를 얻는 것이다.

dynamic sensitivity 동작 감도(動作感度) 지정된 변조 주파수에서 조사(照射) 방사의 변조된 성분에 의해 변조된 출력 전류 성분을 제한 값을 말한다. 변조 파형은 보통 정현파이다.

dynamic speaker 다이내믹 스피커, 동전형 스피커(動電形－), 가동 코일형 스피커(可動－形－) 자계 중에 둔 코일에 음성 전류를 흘리고 이 진동을 콘에 전해서 음성을 재현하는 형식의 스피커. 코일의 임피던스는 낮아서 400Hz 에서 4~16Ω 정도의 것이 많으므로 OTL 방식이 널리 쓰인다. 자계를 만드는 데 영구 자석에 의한 것과, 전자석에 의한 것이 있다. 영구 자석에 의한 것은 퍼머넌트형이라고 불리며, 현재는 이 형의 것이 널리 사용되고 있다. 음질은 콘 직경의 구조에 따라 다르나, 일반적으로 주파수 특성은 다른 스피커에 비해서 좋다.

dynamic system 다이내믹 방식(－方式) 논리 회로간의 접속 방식이 교류 결합을 취하는 회로 방식.

dynamic test 동시험(動試驗) 장치 혹은 부품에 대해 실제의 동작 조건에서의 경우와 같은 입력을 주어 시험하는 것.

dynamic type RAM 다이내믹형 RAM(－形－), 동적 기억 장치(動的記憶裝置) 컴퓨터에 사용하는 반도체 기억 장치의 일종으로, 콘덴서를 기억 소자로서 사용하는 RAM 이다. 여러 가지 구조의 것이 있으나, 통칭 1 트랜지스터형 메모리 셀이라고 불리는 것은 셀은 1 개의 트랜지스터와 콘덴서로 이루어지며, 트랜지스터의 게이트는 주소 버스에 접속하여 온·오프시켜서 콘덴서와 데이터 버스와의 접속을 한다. 콘덴서의 충전된 전하는 누설 전류 때문에 시간과 더불어 잃게 되므로 상시 재생을 위한 리프레시(재기록)를 하지 않으면 안 되지만 고집적도·저가격이기 때문에 널리 사용되고 있다.

DYNAMO 다이나모 dynamic model 의 약어. 연속 시스템 시뮬레이터의 하나로, 1962 년에 포레스터(Forester) 등 MIT 그룹에 의해서 개발된 것.

dynode 다이노드 ① 광전자 증배관에서 음극, 양극 외에 부가된 전극으로, 광전자를 받아서 2 차 전자를 방출함으로써 입력 신호를 증폭하는 역할을 하는 것. ② 1개 또는 복수 개의 다이노드를 가진 광전자 증배관.

dynode spot 다이노드 스폿 이미지 오시콘 등에서 전자 빔에 의해 주사된 다이노드의 표면을 가로질러 2차 방출비의 변화에 의해 생기는 기생적인 의사 신호(擬似信號).

Early effect 얼리 효과(-效果) 바이폴러 트랜지스터에서 이미터-베이스간 전압을 일정하게 유지한 상태에서 컬렉터-베이스간 전압을 증가시키면 베이스층이 얇아져서 이미터 전류가 증가한다. 혹은 이미터 전류를 일정하게 하고 컬렉터-베이스간 전압을 증가시키면 이미터-베이스간 전압이 낮아진다. 이러한 효과를 말한다.

early failure 초기 고장(初期故障) 사용 개시 후의 비교적 빠른 시기에 설계 또는 제조상의 결함 또는 사용 환경과의 부적합 등에 의해서 생기는 고장.

early failure period 초기 고장 기간(初期故障期間) 규정의 시간부터 시작하여 그 동안 고장률은 그 이후의 기간과 비교해서 급격히 감소하리라고 생각되는 초기 기간.

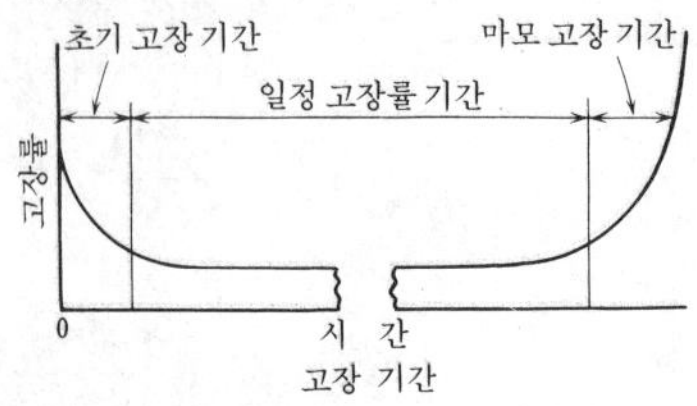

Early's equivalent circuit 얼리의 등가회로(-等價回路) 트랜지스터의 등가 회로를 그림과 같이 나타내는 것으로, 다른 등가 회로보다는 물리적인 내용을 정확하게 나타내고 있다.

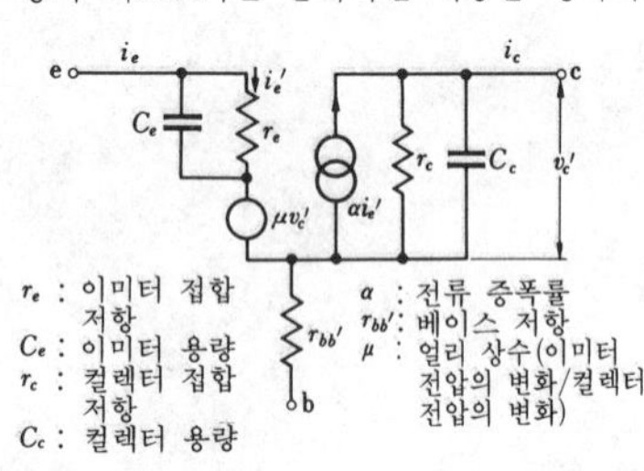

EAROM 소거 재기록 가능 롬(消去再記錄可能-) electrically alterable ROM의 약어로, 전기적으로 바꾸어 쓸 수 있는 ROM. 예를 들면, 이용자가 어떤 변경이 필요한 경우, 자외선을 PROM 칩에 조사(照射)하여 프로그램을 지우든가, 전기적인 방법으로 ROM의 내용을 지우고 다시 프로그램이나 데이터를 PROM 라이터를 사용하여 써넣을 수 있는 것. →ROM, EPROM

earphone 이어폰, 수화기(受話器) 전기 에너지를 음향 에너지로 변환하는 기기의 일종으로, 소리를 공간에 방사하는 것을 목적으로 하지 않고 귀의 고막에 진동을 전하여 들을 수 있게 한 것이다. 귀 구멍에 꽂아서 사용할 수 있는 것을 특히 이어폰이라 하고, 머리에 걸어서 귀를 덮게 한 것을 헤드폰이라 한다. 구조적으로는 영구 자석과 음성 코일 및 진동판으로 이루어지는 전자형(마그네틱형), 진동판에 가동 코일을 부착한 동전형(다이내믹형), 압전 소자를 사용한 압전형(크리스털형) 등이 있다.

earphone coupler 이어폰 커플러 이어폰의 시험을 위해 사용되는 치수와 형상이 미리 정해진 공동(空洞). 커플러는 공동에 생긴 압력(음압)을 측정하는 마이크로폰을 구비하고 있다. 일반적으로 커플러는 통상적인 이어폰을 시험하기 위해서는 $6cm^3$의 용적을 가지고 있고, 내삽(삽입)형 이어폰을 시험하기 위해서는 $2cm^3$의 용적을 가지고 있다.

earth 접지(接地) ① 대지와 전기적으로 접속된 상태가 되는 것. ② 통신기나 측정에서 어느 부분의 도체를 전위 0의 안정한 상태로 유지하기 위해 대지 또는 대지에 접속된 도체에 접속하는 것. 또, 장치의 외함을 기준 전위로 하여 여기에 접속하는 것을 접지라 하는 경우도 있다.

earth current 지전류(地電流) 지중을 통

해서 흐르는 자연의 전류로, 그 크기나 방향은 지자기, 태양이나 극광(極光)의 활동, 기타의 우주 현상에 의해 변동한다.

earthed antenna 접지 안테나(接地-) 궤전점(급전점)에서 한 끝을 접지한 모양의 안테나. 1/4 파장 수직형〔철탑을 안테나로 한 탑 안테나나 페이딩 방지용의 톱로딩 안테나(정부 부하 안테나)를 포함〕이 기본형이다. 또, 높이를 줄인 역 L 형, T 형, 우산형 등이 있다. 접지에 의해서 생기는 전기 영상 효과(대지 반사파의 이용)에 의해서 반파장 다이폴 안테나와 같은 구실을 한다. 단, 지향성은 반원형이 된다.

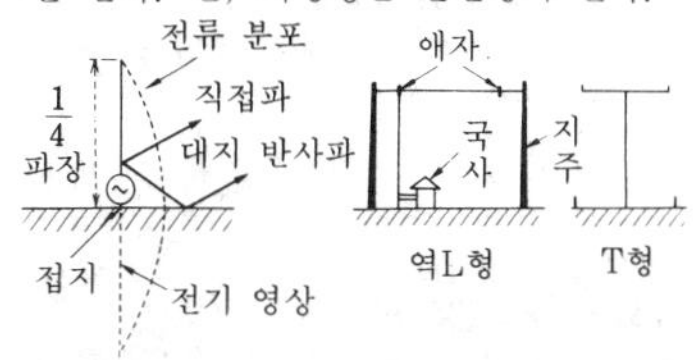

earthing 지기(地氣) 접지를 통신 관계에서는 지기라 한다. 예를 들면, 회선의 접지 장해를 지기 장해라 한다. 전력 관계에서는 마이너스측을 접지하는 관습이 있으나 통신 관계에서는 플러스측을 접지(지기)하도록 되어 있다.

earth magnetism 지자기(地磁氣) 지구상의 자침(磁針)이 거의 남북을 가리키므로 지구가 하나의 큰 자석이라는 것을 알 수 있으며, 지구가 갖는 자기를 지자기라 한다. 지리학상의 N 극, S 극과 지자기의 극과는 조금 위치가 벗어나 있어서 자기적인 S 극은 지리적으로는 북위 78°5′, 서경 69°의 지점에, N 극은 남위 78°5′, 동경 111°의 지점에 있다. 지자기의 크기 및 방향을 결정하는 요소는 방위각, 복각, 수평 분력의 세 가지이나, 3 요소의 값과 지구 자극의 위치는 1년 혹은 1일을 주기로 하여 조금씩 변화하는 연변동 및 일변동 외에 돌발적인 자기람(磁氣嵐)에 의해서도 달리지는 경우가 있다.

earth mat 어스 매트 대지상에 부설한 금속판으로, 인공적인 어스 전위를 얻기 위한 것.

earthquake telemetering 지진 텔레미터(地震-) 지진의 전구(前驅) 현상을 검출하거나 지진의 발생에 의한 진동을 검지한 경우, 그것을 자동적으로 무선으로 통보하는 방식. 지진파가 지표 또는 지중을 통해서 도착하기까지의 시간차를 이용하여 고속 열차의 정지 등 긴급 조치를 취하는 데 중요한 구실을 한다.

earth reflected wave 대지 반사파(大地反射波) 지상파의 일종으로, 그림과 같이 지면에서 반사하여 수신점에 이르는 전파를 말한다.

earth resistance 대지 저항(大地抵抗) 접지 전극과 떨어진 곳의 접지 전극(저항 제로의 전극) 사이의 옴 저항. 보통 수 100 Ω · cm 이다. 떨어진 곳이란 대지 저항이 두 전극 사이의 거리에 의해서 영향되는 지점 즉 두 전극의 상호 저항이 제로인 거리이다. →ground resistance

earth resistance tester 접지 저항 측정기(接地抵抗測定器) 접지 전극과 대지 사이의 저항을 측정하는 계기.

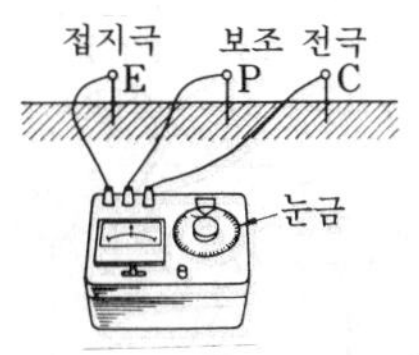

earth resources exploring satellite 지구 자원 탐사 위성(地球資源探査衛星) 지표에서의 천연 자원, 즉 담수, 농경지, 광상(鑛床), 삼림(森林), 초원 등의 성질과 분포를 탐사하기 위한 인공 위성.

earth-return circuit 단선 회로(單線回路) 통신 회선을 구성하는 데 전선 두 줄을 사용하지만, 그 중 한 줄의 전선 대신 귀선(歸線)으로서 대지를 사용하고, 실선(實線) 한 줄의 선만으로 통신로를 구성한 회로.

earth segment 지구 부분(地球部分) 우주 통신계에서의 지구국 시설. 송수신 공용 안테나계, 대전력 증폭기, 주파수 변환기, 전원 등이 포함된다. 위성을 쏘아 올려 감시, 제어에 관한 것, 즉 추적, 원격 모니터 및 제어 지령 등에 관한 지상 시설(TTC 지구국 시설)은 우주 부분이라고 하여 구별하고 있다.

earth station 지구국(地球局) 우주 통신을 하는 무선국으로, 우주국과의 통신을 하고, 또는 우주에 있는 물체에 의한 전파의 반사(전리층 또는 지구의 대기권 내에서의 것을 제외)를 이용하여 지구국 상호간에 통신을 하기 위해 지구 표면에(선박이나 항공기를 포함) 개설하는 무선국을 말한다. 위성 통신에 의한 텔레비전의 우주 중계에 사용되는 지상국 등이 이에 해당한다.

earth tester 접지 저항계(接地抵抗計) 접지 전극과 대지간의 저항을 접지 저항이라 하고, 이것을 직독할 수 있도록 한 계기가 접지 저항계이다. 그림은 그 일례로, 수동식 발전기 G, 변류기 T, 미끄럼선 저항기 r 및 검류계 D로 구성되어 있다. 접지판 X, 탐침 A, 보조 접지봉 B를 10m 이상의 간격으로 일직선상에 배치하여 접지 저항계에 접속한다. 발전기를 돌려서 미끄럼선 저항기의 접촉자를 조정하여 검류계의 지시를 0으로 했을 때 접지 저항 X는

$$X=(I_2/I_1)r$$

로 구할 수 있다. 또한 수동 발전기 대신 트랜지스터 발진기로 500Hz의 교류 전압을 발생시키도록 한 것은 수동식의 것보다 감도가 좋고 정밀도도 높으므로 널리 쓰인다.

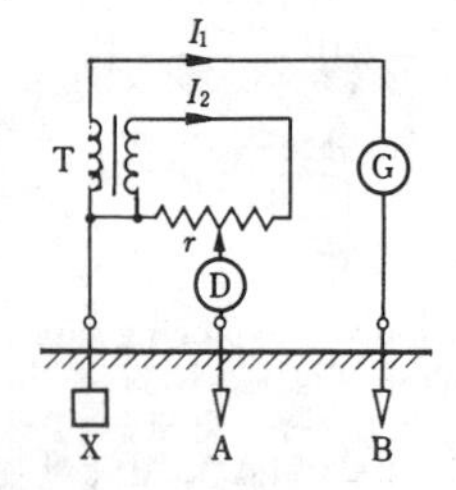

earth wire 지선(地線) ① 일반적으로는 지중에 매설한 선, 또는 일부나 1점이 접지되어 있는 선. ② 그림의 브라운 안테나에서 동축 선로의 내부 도체를 $\lambda/4$ 연장하여 방사기로 하고, 4개의 $\lambda/4$ 도체를 방사상으로 설치하여 외부 도체와 접속하면, 동축 선로와의 접속점에서의 임피던스가 매우 낮고, 이 점에서 접지한 것과 같게 된다. 이런 의미에서 4개의 도체를 지선이라고 부른다.

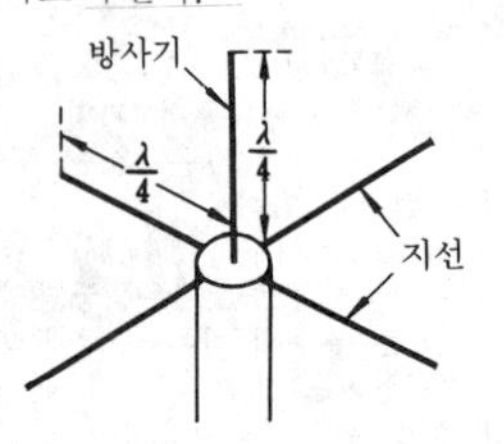

easy axis 자화 용이축(磁化容易軸) 자기 박막 기억 장치 등에서 자성 박막의 자기 이방성을 나타내는 소자의 자화 용이축. 이것은 자화 곤란축(hard axis)과 직교한다.

easy direction of magnetization 자화 용이 방향(磁化容易方向) 2방향성 규소 강대(鋼帶) 등에서 자화가 용이한 강대의 긴 쪽 방향. 변압기 철심은 이러한 방향으로 자화되도록 강대를 감아올려서 구성한다.

easy magnetization axis 자화 용이축(磁化容易軸) 자기 이방성(磁氣異方性)을 갖는 자성체에서 가장 투자율이 커지는 방향을 말한다.

EBCDIC 확장 2진화 10진 코드(擴張二進化十進－) extended binary coded decimal interchange code의 약어. 범용 컴퓨터의 코드 체계의 하나로, 8비트를 써서 숫자, 알파벳, 특수 문자를 나타내는 것.

E bend E벤드 도파관의 축방향이, 축을 편파에 평행한 면으로 유지한 채 원활하게 변화하는 것.

Ebicon 에비콘 전자 충격 도전막을 이용한 촬상관의 일종. 미국 웨스팅하우스사가 개발한 것으로, 전자의 충격에 의해서 도전성이 변화하는 물질을 타깃에 칠하고, 여기에 높은 에너지를 가진 광전자를 충돌시켜 광상(光像)을 전하로서 축적시키고, 이것을 비디콘과 같은 원리에 의해 신호 전류로서 꺼내는 것이다.

EBM 전자 빔 가공(電子－加工) electron-beam machining의 약어. 고전압으로 가속한 가는 전자 빔을 피가공물 표면에 충돌시켜서 가공하는 것. 고진공으로 할 필요가 있으며, 고전압도 필요하지만 정밀 가공을 할 수 있는 특징이 있다.

ebonite 에보나이트 생고무에 가하는 유황의 양을 많게 하여 가황한 각질의 물질. 고무 100에 대하여 30 이상의 유황을 혼합하여 연질 고무인 경우보다 고온도로 장시간 가황했을 때 각질이 단단한 고무 제품이 얻어진다. 전기 기구용 소자가 되는 막대, 판, 관이나 축전지의 전조 등에 사용된다.

ebonite-clad type 에보나이트클래드식(－式) 연(납)축전지에서 사용하는 양극판 형식의 하나로, 다수의 가는 틈을 갖는 에보나이트관에 납-안티몬 합금의 심선을 넣고, 그 사이에 페이스트를 넣은 다음 이것을 병렬로 한 극판. 작용 물질의 탈락이 적고, 내구성이 있다. 이동용에 주로 사용된다.

EBR 전자 빔 기록(電子－記錄), 전자 빔 녹화(電子－錄畵) electron-beam recording의 약어. EVR과 같은 기록 방식이지만, 플라잉 스폿관 등을 사용하지 않고 필름면에 직접 전자 빔을 대서 기록

하는 것.

E branch E 분기(－分岐) 도파관의 전계 벡터 *E*를 포함하는 면 내에서 관이 둘 또는 그 이상으로 분기하는 것. 이 분기는 등가 회로로 표현하면 주회로에 직렬로 분기 회로를 삽입한 것과 같다.

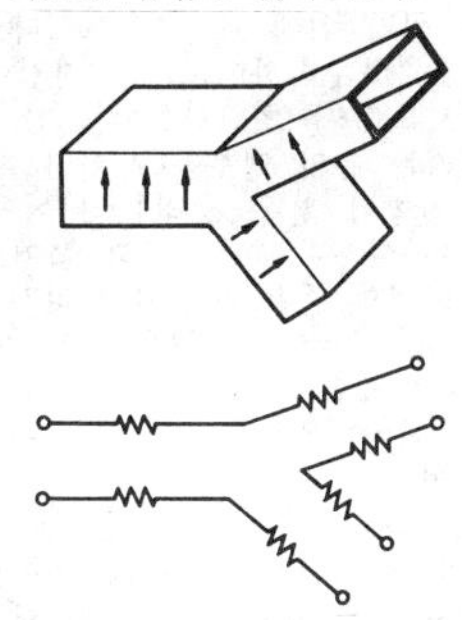

Eccles-Jordan circuit 이클스·조르단 회로(－回路) →flip-flop

ECCM improvement factor ECCM 개선율(－改善率) 레이더 용어. ECCM(electronic counter-counter measures) 기술을 이용한 수신기에서 주어진 출력 신호를 발생하는 데 필요한 ECM 신호 레벨과 ECCM 기술을 사용하지 않은 동일한 수신기에서 같은 출력을 발생하는 ECM 신호 레벨과의 전력비.

ECCS 전자 집중 엔진 제어 시스템(電子集中－制御－) electronic concentrated engine control system 의 약어. 마이크로컴퓨터에 의해서 자동차 엔진의 작동 상태, 액슬의 밟는 상황, 차속, 기어 위치, 에어컨 작동, 축전지의 전압 등을 검출하여 연비, 출력, 에미션이 엔진의 1회전마다 최량의 상태가 되도록 제어하는 방식이다. 이러한 장치를 갖는 차는 오버히트를 자동적으로 예방하고, 아이들링 회전, 점화 시기, 혼합비의 조정이 불필요하게 되어 엔진을 언제나 최량의 상태로 사용할 수 있으므로 연료의 경제성을 확보할 수 있다.

E-cell 이 셀 →microcoulomb-meter

ECG 심전도(心電圖) =electrocardiogram

echelon 계급(階級) 계측기의 일련의 계급 중에서의 특정한 교정 정밀도 수준을 말한다.

echo 에코, 반향(反響) ① 통신에서 동일한 신호가 시간적으로 늦어서 두 번 이상 수신될 때 늦게 도달한 신호를 말한다. 고속도 통신, 단파 방송, 모사 전신, 사진 전송 등에 장해를 주고, 특히 사진 전송에서는 치명적인 장해가 된다. 주파수의 선택을 적당히 하든가 혹은 지향성 안테나를 사용한다.

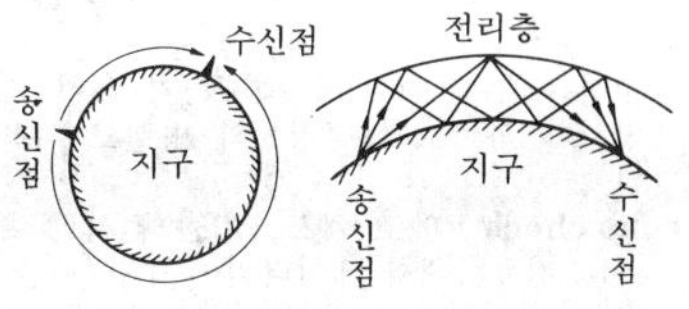

지구 이면 회절 에코 다중 신호에 의한 에코

② 전화의 경우. 목적 외의 경로 등을 거쳐서 송화자나 수화자에게 되돌아오는 통화음을 말하며, 2 선식 중계기의 하이브리드 코일 등에서 누설하여 주통화보다 늦어서 도달하는 것이다. 임피던스의 정합이 올바르게 되어 있지 않을 때 일어나며, 통화의 방해가 된다.

echo attenuation 반향 감쇠량(反響減衰量) 전화에서 송화단에서의 통화 레벨과 선로의 부정합에 의해 생기는 반향 에너지의 레벨 사이의 차이. 반향에 의한 방해는 위의 감쇠량의 크기 이외에 송화에 대한 반향의 시간 지연, 주파수의 벗어남 등도 관계한다.

echo back 에코 백, 되울림 입력한 신호를 단말로 되보내서 입력 신호가 올바르게 단말기(개인용 컴퓨터 등)에 도달한 것을 확인하는 것. →echo check

echo box 에코 박스 레이더에서 송신 펄스의 일부를 축적하고, 펄스 송신 완료 후 수신 시스템에 지수적으로 감쇠하는 전력을 공급하는 교정된 공동 공진기(空洞共振器).

echo cancellation 반향 제거(反響除去) 통신 링크 상의 반향을 제거하는 방법의 하나. 위성 통신 등에서 송신된 내용의 복사가 약간의 지연을 수반하여 되돌아와 채널에 수신되는 것을 송신측의 모뎀이 검사한다. 반향 제거에서는 모뎀이 송신 내용을 적당히 변경, 반전시켜서 정보를 수신하는 경로로 부가한다. 그 결과 반향을 전자적으로 소거하는데, 수신 데이터는 완전한 채로 있다. 반향 제거는 CCITT V.32 규격(9600bps 모뎀용)으로 되어 있다.

echo canceller 반향 소거 장치(反響消去裝置) ① 지상 통신의 경우와 달리 위성 통신의 경우에는 전파의 전파(傳播) 지연에 의한 잔향 효과는 무시할 수 없다. 지상국에서는 편도 수분의 1초 정도의 이러한 잔향을 제거하여 신호의 질을 높이기 위한 장치를 사용한다. 이것을 반향 소거 장치라 한다. ② 2선식 디지털 전송 회선에서 아날로그 전화 회선에서의 2선/4선 변환에서 사용되고 있는 하이브리드 회로에 대응하는 디지털 장치를 사용하는데, 이 하이브리드 장치에 의한 송신측에서 수신측으로의 회절을 억제하기 위한 소거 장치가 하이브리드 장치와 병렬로 사용된다.

echo check 에코 체크, 반향 검사(反響檢査) 컴퓨터에서 데이터의 송수를 했을 때 받은 데이터를 그대로 송출한 곳으로 되돌려서 같은지 어떤지를 검사하는 방식을 말한다. →echo back

echo checking system 반향 검사 방식(反響檢査方式) 보내진 데이터를 모두 송신측에 반송하고, 원래의 데이터와 대조함으로써 오류를 검출하는 방식.

E

echo machine 에코 발생기(-發生器), 반향 발생기(反響發生器) 방송 프로를 만드는 경우 반향이 없는 장소에서의 발생음에 테이프 녹음기 등을 이용하여 인공적으로 반향음을 부가하는 장치.

echo machining 반향 정합(反響整合) 레이더 안테나(또는 안테나 어레이)를 회전하여 에코 분할 레이더의 두 방향에 대응하는 두 에코가 같아지는 위치에 안테나를 위치시키는 것.

echo microphone 에코 마이크로폰 에코(반향) 부가 장치를 내장한 마이크로폰. 노래 연습 장치 등에서 임장감을 내기 위해 사용하는 것으로, 마이크로폰의 케이스 내에 수납하기 위하여 IC화된 아날로그 지연 소자인 BBD(bucket bri-gade device)를 사용한 전자 반향 장치가 채용되고 있다. 스위치로 보통의 마이크 상태와 에코 상태를 전환하여 사용할 수 있는 것이 많다. 그림은 그 계통도의 예이다.

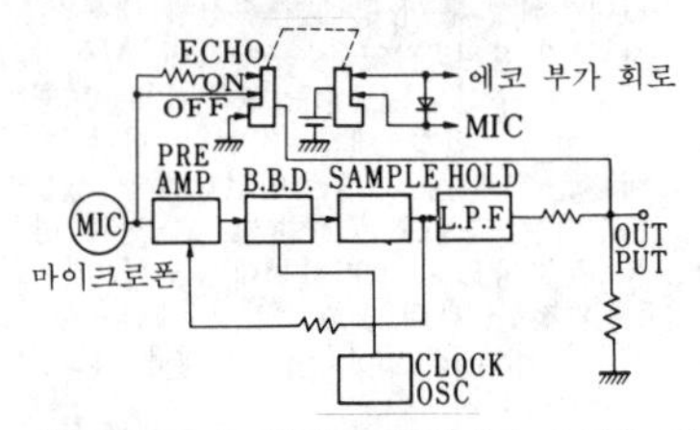

echoplex 에코플렉스 통신에서 오류를 검출하는 방법의 하나. 송신국에서 타이프된 문자는 수신측에 전송되고, 송신측의 표시 장치로 재송신되므로 송신의 정확성을 눈으로 확인할 수 있다.

echo ratio 반향비(反響比) 전파가 공간이나 도파관 내를 전파(傳播)할 때 전파 통로 도중에 장애물이나 임피던스 부정 개소가 있어서 수신단에서 에코가 발생하는 경우에 이 에코 에너지와 주전파 에너지와의 비를 데시벨로 나타낸 것.

echo room 잔향실(殘響室) 인공적으로 잔향을 붙이기 위해 내부를 모르타르나 콘크리트로 마무리하여 잔향 시간이 특히 길어지도록(3~5 초) 만들어진 방. 잔향을 부가하려는 음의 일부를 스피커로 실내에 내고, 잔향이 붙은 소리를 마이크로폰으로 수음하여 원음과 적당히 섞어서 사용한다. 벽면의 흡음 특성에 따라서 저음이나 고음이 감쇠되고, 중음의 잔향이 많아지기 쉬우므로 적당한 등화기를 넣어서 균일한 잔향 시간이 얻어지도록 보상할 필요가 있다.

echo sounder 음향 측심기(音響測深機) 선박의 바닥에서 해저를 향해 초음파 펄스를 발사하고, 이 펄스음이 해저에서 반사하여 되돌아오기까지에 요한 시간 t[s]을 측정하여 수심 d[m]을 아는 장치. 수중에서의 음속 v는 약 1,500m/s 이며, $d=vt/2$ 의 관계가 있으므로 시간 t를 기록 또는 표시하고, 그 눈금을 수심으로 판독하도록 되어 있다.

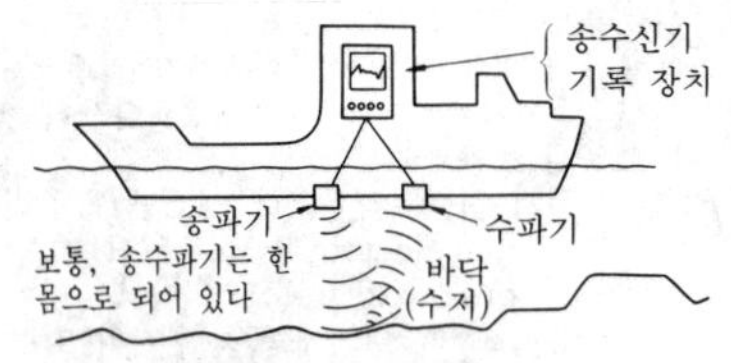

echo-splitting radar 에코 분할 레이더(-分割-) 안테나 로브(lobe) 전환 기구와 이어져서 특수한 회로에 의해 에코가 분할되어 레이더 스코프 스크린 상에 두 에코 표시가 얻어지게 되어 있다. 이 두 에코의 크기가 같을 때 교정된 눈금에 의해 목표의 정확한 방위가 결정된다.

echo suppressor 반향 소거(反響消去) 불필요한 반향에 의하여 생기는 장애를 제거하는 억압 장치로, 한 방향에 신호를 전송하고 있는 사이에 반대 방향의 전송로에 흐르는 반향 에너지를 통신의 방해가 되지 않도록 억제하기 위하여 반향 귀로를 폐쇄하는 데 충분한 감쇠량을 통신로에 순간적으로 삽입하여 감쇠시키는 것. 주로 군(群) 전파 시간이 큰 국제 전화 회선 등에 사용된다.

ECL 이미터 결합 논리 회로(-結合論理回路) emitter coupled logic 의 약어. 반도체 논리 디바이스의 일종으로, 이미터 결합의 비포화형 논리 회로이다. 트랜지스터를 불포화 영역에서 동작시키고 있기 때문에 속도의 저하가 없고, 동작 속도가 빠르다. 반면에 논리 진폭이 작고 노이즈 마진이 작다. 또, 상시 활성 상태이기 때문에 소비 전력이 크다는 등의 결점이 있다. 컴퓨터 시스템이나 프리스케일러 등에 사용된다. 출력은 이미터 폴러어이나, 컬렉터에서 직접 꺼내는 것은 CML 이라 하여 구별하는 경우가 많다. → CML

eclipsing 블랭킹 레이더에서 송신 펄스의 발생으로 수신기가 블랭킹되어 레이더 에코의 정보를 잃는 시간폭. 높은 반복 주파수의 레이더에서는 이러한 블랭킹이 많이 일어날 수 있다.

ecology 에콜로지, 생태학(生態學) 생태학이란 생물의 환경, 번식의 여러 인자 관계를 연구하는 학문인데, 최근의 대규모 산업의 발달과 사회의 시스템화에 의한 환경 파괴나 정신적 긴장의 증가에 따라서 인간 사회와 자연과의 관계를 재검토하지 않으면 안 되게 되어 이 생태학이 각광을 받게 되었다.

E-core E형 자심(一形磁心) 코일 부품에 사용하는 페라이트 자심으로, 그림과 같은 모양으로 만든 것.

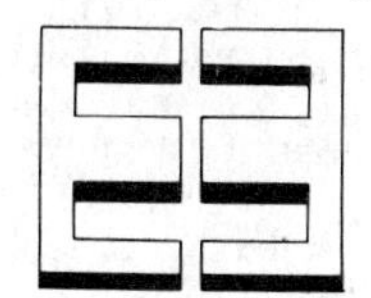

ECR 전자식 금전 등록기(電子式金錢登錄機)[1], 전자 사이클로트론 공명(電子一共鳴)[2] (1) =electronic cash register (2) electron cyclotron resonance 의 약어. 사이클로트론의 원리로 원운동을 시킨 전자에 그 회전 주파수에 일치하는 마이크로파를 대서 공명시키는 것. 전리(電離) 효과가 매우 높은 플라스마를 얻을 수 있다.

ECTL 이미터 트랜지스터 논리 회로(一論理回路) emitter coupled transistor logic 의 약어. CML(current mode logic)이라고도 한다. 초소형 디지털 회로 방식의 일종으로, 이미터 전류를 변환하여 컬렉터 전압을 변화시키는 방식을 말한다. 고속으로 출력 분기(fan-out)가 크다는 이점이 있으나, 전력 소비량이 크다는 것과 신호가 작을 때 잡음 여유가 작은 결점이 있다.

eddy current 와전류(渦電流) 자성체 중에서 자속이 변화하면 기전력이 발생하고, 이 기전력에 의해 자성체 중에 그림과 같이 소용돌이 모양의 전류가 흐른다. 이것을 와전류라 한다. 이 전류에 의한 전력 손실은 와전류손이라 하며, 열손실로 되어서 자성체의 온도를 상승시키므로 전기 기계에서는 이것을 방지하기 위해 규소 강판을 한 장씩 절연하여 겹쳐 쌓아서 철심을 만든다든지 페라이트를 사용한다. 또, 와전류에 의해서 생기는 힘은 전력량계나 전차에서 전기 브레이크에 이용하고 있다.

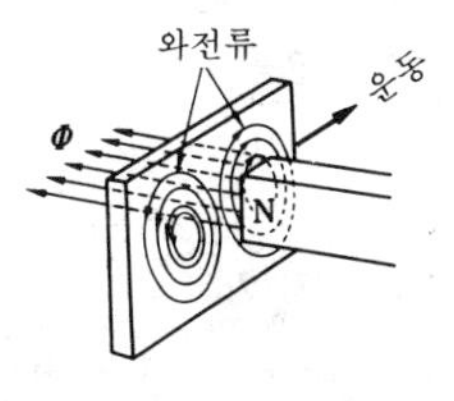

eddy-current brake 와전류 브레이크(渦電流一) 말굽형 자석의 양극 간격을 좁게 해 두고, 그 사이에 알루미늄, 구리 등의 전기 도체로 만들어진 원판을 두어 회전시키면 원판이 자속을 가로지르는 모양으로 움직이므로 플레밍의 오른손 법칙에 따라는 방향으로 와전류가 원판에 흘러서 이 전류와 자석의 자계로 플레밍의 왼손 법칙에 따르는 방향으로 토크가 발생한다. 이것은 원판의 회전과 반대 방향이며, 원판을 정지시키는 구실을 한다. 이러한 브레이크를 말한다. 계기의 제동, 전동기의 브레이크 등으로 이용된다.

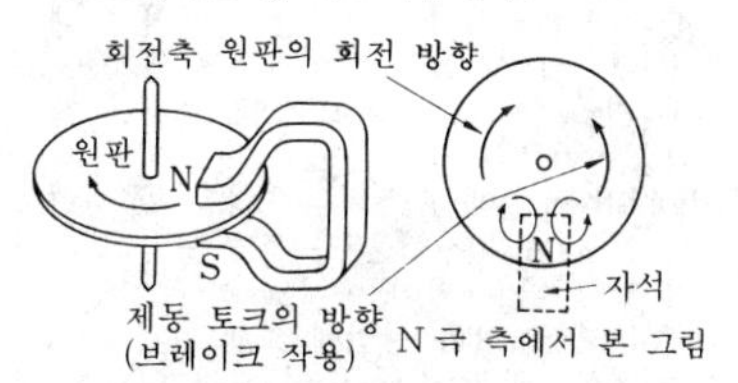

eddy-current core loss 와전류손(渦電流損) 교류 자계에서 자성체를 자화하면 자속의 변화로 유도 기전력을 발생하여 와전류가 발생하고, 줄 열로서 소비하는 에너지.

eddy-current damper 와전류 제동 장치(渦電流制動裝置) 가동부에 생기는 와전류와 영구 자석의 자극 사이에 작용하는 제동력을 이용하는 제동 장치. 제동 작용은 자석 세기의 제곱과 금속판 두께와의 곱에 비례하고, 자석의 위치 또는 세기를 조정하여 변화시킬 수 있다. 전기 계기에 시용된다. 가동 코일형 계기에서는 알루미늄제의 코일 틀로 제동을 하고 있다.

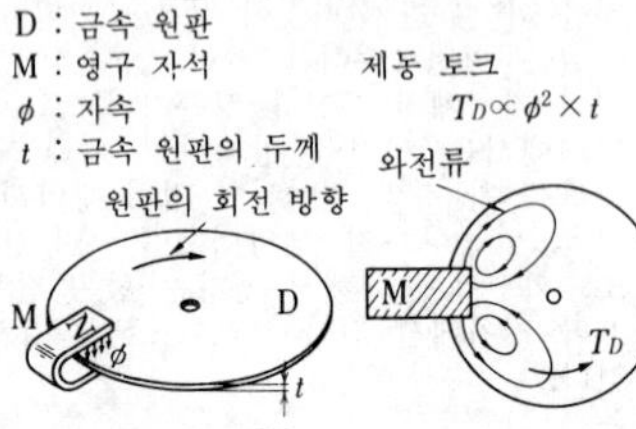

D : 금속 원판
M : 영구 자석
ϕ : 자속
t : 금속 원판의 두께
제동 토크
$T_D \propto \phi^2 \times t$
와전류
원판의 회전 방향
M
D
ϕ
t
M
T_D

eddy-current loss 와전류손(渦電流損) 와전류에 의한 줄 열 때문에 생기는 에너지의 손실. 이에 의해서 기기의 온도가 상승한다. 철심 중의 와전류를 피하기 위해 규소 강판의 성층 철심을 사용한다.

edge card 에지 카드 그 한 끝을 따라서 접촉용 스트립을 가진 회로 보드(circuit board, card)로, 에지 커넥터에 꽂아서 필요한 전기 접속을 하도록 되어 있는 것. 에지 커넥터는 위의 카드를 컴퓨터의 머더보드 또는 섀시에 접속하기 위한 소켓 부품이다. 머더보드(또는 시스템 보드)는 컴퓨터에서의 주회로 보드이며, 여기에 프린트 카드나 보드, 각종 모듈 등이 접속된다.

edge connector 에지 접속기(－接續器) 컴퓨터 본체 기판에 마련되어 있는 보조 기판을 꽂는 소켓.

edge diffraction 에지 회절(－回折) 전파가 산맥을 횡단할 때 산맥이 나이프 에지 모양을 한 도체와 같이 작용하고, 따라서 전파는 회절하여 에지 상하에 회절 패턴을 이루어 산 그늘로 회절하는 동시에 가시 거리에서도 전파의 강약 무늬가 생긴다.

edge effect 에지 효과(－效果) ① 절연물의 절연 파괴 시험을 하는 경우에 그 파괴가 전극 바로 밑이 아니고 전극 가장자리에서 연면(沿面) 방전에 의해 파괴에 이르는 현상. 파괴 전압은 이 효과가 없는 경우에 비해 저하한다. ② 콘덴서를 구성하는 두 장의 전극판 가장자리에서 전기력선이 극판에 수직이 아니고 바깥쪽으로 만곡하여 퀘져나오는 것. 이 효과를 제거하기 위해 예를 들면 가드 링 등을 사용할 필요가 있다. ③ 텔레비전 수상관에서 재생상의 명암 경계부에 나타나는 의사(擬似) 패턴.

edge punched card 에지 카드 컴퓨터 시스템에서의 정보 입력용 매체의 하나로, 교대로 접어서 연결된 카드이다. 이 카드 한쪽 끝에 종이 테이프 천공기에 의해서 데이터의 천공이 이루어진다. 종이 테이프 판독 장치로 판독할 수 있다.

edge-reserved smoothing 에지 보존 평활화(－保存平滑化) 농도 변화의 급준한 에지 부분을 피하여 다른 부분을 평활화(잡음 제거)하는 수법. 가장자리가 흐려지는 것을 방지하기 위해서이다.

EDGE system 전자적 데이터 수집 시스템(電子的－收集－) electronic data gathering system 의 약어. 공장 내 등 단거리간에서의 데이터 수집 전용기의 일종.

edge trigger 에지 트리거 ① 디지털 회로에서 플립플롭 회로를 동작시킬 때 게이트 회로를 통한 클록 펄스의 지연 등으로 발진 현상을 일으킬 가능성이 있는 경우, 이 클록 펄스폭을 충분히 짧게 한 신호로 회로를 동작시킨다. 이 신호를 에지 트리거라 한다. ② 플립플롭 회로 등을 동작시킬 때 트리거 신호의 논리 레벨 변화에 의해서 동작하는 것을 에지 트리거라 한다. 통상의 회로에서 상승 또는 하강 에지의 한쪽만이 유효한 트리거 신호로서 동작한다. →level trigger

EDI 전자 데이터 교환(電子－交換) electronic data interchange 의 약어. 기업간 거래에서 기업마다 다른 서류(수발주 전표 등)의 표현 형식(문서 포맷이나 데이터 코드)을 통일(공통화)하고, 사람 손을 거치지 않고 컴퓨터 간에서 전기 통신 회선을 거쳐 데이터를 교환하는 것. 종래에 종이 베이스로 행하여지고 있던 서류 교환 등의 사무 처리 업무를 효율화하고, 기업의 합리화를 꾀하는 것이다.

Edison battery 에디슨 전지(－電池) 알칼리 축전지의 일종으로, 양극은 니켈 도금한 강철제의 틀 속에 수산화 제 2 니켈 ($Ni(OH)_3$)과 니켈의 얇은 조각을 교대로 넣은 관을 넣었으며, 음극은 철분과 산화수은(HgO)을 니켈 도금 강판의 상자 속에 넣은 것을 사용하고 있다. 전해액은 가성 칼리(KOH)이며, 효율은 연(납) 축전지보다 나쁘나 진동에 강하고 수명이 길기 때문에 열차용이나 선박용으로서 사용되고 있다. 단자 전압은 1.3~ 1.4V.

Edison effect 에디슨 효과(－效果) 고온도로 가열된 금속이나 반도체가 열전자를 방출하는 현상.

edit 편집(編輯) 프로그램이나 데이터 또는 문장을 편집하는 과정에서 출력의 문자나 숫자를 보기 쉽게 하기 위하여 불필요한 제로를 소거한 지 콤마, 소수점 등의 기호를 삽입하는 ,리.

editor 에디터 컴퓨터의 편집용 프로그램. ① 인터프리터 방식의 대화 형식으로 원시 프로그램의 입력이나 디버그를 키보드에서 입력하는 시스템에서는 스테이트먼트(문)의 입력 · 추가 · 수정을 담당하는 모니터 프로그램. ② 어셈블러나 컴파일러 언어로 만들어진 메인 프로그램에 필요한 서브루틴 프로그램을 결합하여 1개의 실행 가능한 프로그램으로 편집하기 위한 프로그램.

EDMOS 이 디 모스 enhancement driver depletion load MOS 의 약어. MOS-FET 로 만들어진 인버터 게이트에서 드라이버를 인핸스먼트형으로, 부하를 디플리션형으로 하여 부하의 게이트 전극을 출력 단자에 접속한 것. 부하인 MOS 트랜지스터가 정전류 특성을 가지므로 동작 특성이 좋아서 논리 회로에 널리 쓰이고 있다.

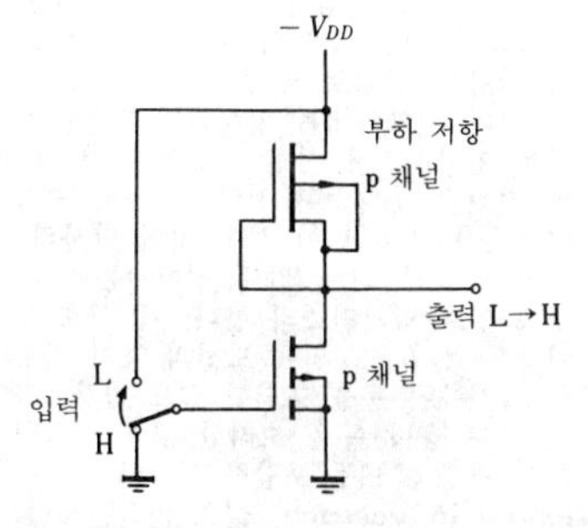

EDP 전자식 데이터 처리(電子式－處理) electronic data processing 의 약어. 주로 전자적 수단, 예를 들면 연산 기능을 갖는 소자나 컴퓨터 등에 의해 수행되는 데이터 처리의 총칭.

EDPS 전자식 데이터 처리 시스템(電子式－處理－) electronic data processing system 의 약어. 컴퓨터를 사용함으로써 경영이나 사무 관리를 위한 데이터를 처리하는 조직을 말한다. 컴퓨터의 발달과 응용 기술의 진보로 종래의 사무 기계로는 처리할 수 없었던 여러 가지 복잡한 사무 처리도 가능하게 되며, 신속성, 정확성, 경제성의 이점을 크게 발휘한다.

EDTV 이 디 티 브이 extended definition television 의 약어. 현행의 텔레비전 방송과 양립성을 유지하면서 방송국 측에서 신호 방식을 변경하여 전용 수상기에 의해 화질 개선을 도모하는 방식.

educational technology 교육 공학(敎育工學) 교육에 공학 기술의 성과인 교육기기를 이용하는 수단이나 방법을 말한다. 즉, 테이프 리코더나 OHP(두상 투영 장치), 집단 반응 측정 장치, LL장치, CAI, 기타 티칭 머신을 이용하여 교수 · 학습 활동의 효율화와 경제성을 높이고, 최적의 교육 방법을 발견해 내려는 것이 목적이다. 이것에는 교육의 단순한 기계화뿐만 아니라 교육의 목표, 내용, 방법 등 전부에 걸쳐서 과학적인 연구 성과를 적용하지 않으면 안 된다.

EE camera 臣 카메라 1961 년경부터 보급되기 시작한 자동 노출 기구를 갖는 카메라. EE 란 electric eye 의 약어이다. AE(automatic exposure) 카메라라고도 한다. 시스템으로서는 셔터 속도 우선(조리개 자동), 조리개 우선(셔터 속도 자동) 및 양자 병용의 3종으로 대별된다.

EEPROM 전기적 소거 가능한 PROM(電氣的消去可能－) electrically erasable and programmable ROM 의 약어. 전기적인 수단으로 정보를 써넣거나 소거가 가능한 고정 기억 소자. →EPROM

EEROM 전기적 소거 가능 ROM(電氣的消去可能－) electrically erasable ROM 의 약어. 고정 정보 판독 전용에 사용되는 ROM 의 일종으로, 일단 기록한 정보를 전기적으로 소거하고 재차 기록을 할 수 있는 기억 소자. EEROM 을 구성하고 있는 디바이스(소자)의 전하를 전기적으로 변화시킴으로써 디바이스에 정보의 기록, 소거를 한다. 전기적으로 판독이나 기록을 할 수 있기 때문에 시스템 내에 내장시킨 채로 용이하게 기억 정보의 변경을 할 수 있으나 기록하는 데 시간이 걸리고, 재기록 횟수에 제한이 있는 등 해결해야 할 과제가 남아 있다.

effective area 실효 면적(實效面積) → aperture plane

effective attenuation 실효 감쇠량(實效減衰量) 송단(送端)에서의 실효 전력 P_s 와 수단에서의 실효 전력 P_r 과의 비를 데시벨로 나타낸 것으로, $10\log_{10}(P_s/P_r)$ 로 주어진다.

effective bandwidth 실효 대역폭(實效帶域幅) 다음의 두 특성을 가진 이상 필터의 대역폭. ① 주파수에 대하여 고른 에너지 분포를 가진 입력에 대해서는 실제의 필터와 그 에너지 통과량이 같다. ② 통과대역 내의 임의(任意) 주파수의 정현파에 대한 응답은 일정하며, 실제 필터의 최대 응답과 같고, 감쇠 영역에서는 전혀 응답은 없다.

effective bunching angle 실효 번칭각(實效－角) 주어진 드리프트 공간의 전위 변

화폭과 같은 전위 변화폭을 드리프트 공간을 따라서 직선적으로 변화하고, 같은 집군 작용을 발생하는 가상의 반사형 클라이스트론의 드리프트 공간에서 요구되는 주행각.

effective capacitance 실효 정전 용량(實效靜電容量) 콘덴서의 정전 용량은 사용하는 유전체의 유전손 때문에 저항이 병렬로 접속된 것과 같이 되므로 등가 회로의 리액턴스분에 상당하는 값은 본래의 값과는 다르다. 이것을 실효 정전 용량이라 하며, 사용 주파수가 낮아지면 증가하는 경향이 있다.

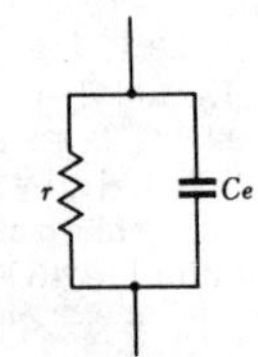

effective cutoff frequency 실효 차단 주파수(實效遮斷周波數) 디바이스의 감쇠량이, 그 디바이스의 동작 영역 혹은 통과 영역에서의 기준 주파수에 대한 감쇠량을 어느 정해진 양만큼 초과하게 되는 주파수를 말한다.

effective data transfer rate 유효 데이터 전송 속도(有效-轉送速度) 데이터 송신 장치에서 전송되고 데이터 수신 장치에 유효하게 수신되는 단위 시간당의 비트수, 문자수 또는 블록수의 평균값. 데이터 전송 속도는 보통, 초·분 또는 시간당의 비트수, 문자수 또는 블록수로 표시된다.

effective distance 실효 거리(實效距離) 전력 이득 G_T로 전력 P_T를 방사하고 있는 지향성 안테나가 있고, 이에 대하여 전력 이득 G_R인 수신 안테나의 수신 전력 P_r이

$$P_r = \frac{G_T G_R P_T}{(4\pi d / \lambda)^2}$$

로 주어질 때 이 식에서의 d/λ를 송수신양 안테나의 실효 거리라 한다. λ는 파장.

effective earth radius 등가 지구 반경(等價地球半徑) →modified index of refraction

effective echoing area 실효 에코 면적(實效-面積) 빔에 대하여 직각으로 두어진 완전 반사면의 면적으로, 실제의 목표에 의해 레이더 수신기에 생기는 것과 같은 강도의 신호를 발생하는 것. 이러한 가상 목표면의 면적은 보통의 항공기인 경우에는 $1\sim10\text{m}^2$이다.

effective efficiency 실효 효율(實效效率) 직류로 치환된 전력과 볼로미터 장치 내에서 소비된 전체의 무선 주파수(RF) 전력과의 비. 이 효율 중에는 직류/RF의 치환 오차와 볼로미터 장치의 효율과의 양쪽이 포함되어 있다.

effective height 실효 높이(實效-) 수직 접지 안테나의 실효적인 높이. 안테나의 전파 방사 중심점의 지상 높이를 말한다.

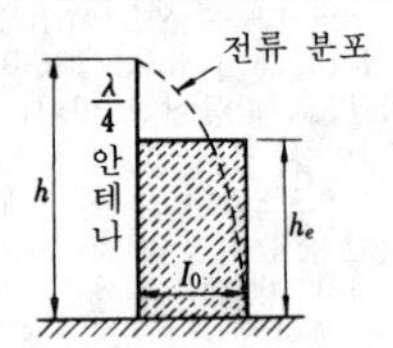

effective impedance 실효 임피던스(實效-) 저항 r, 인덕턴스 L, 정전 용량 C로 구성되어 있는 임의의 교류 회로를 흐르는 전류는 실제로 r, L, C의 값에서 구한 값과 정확하게는 일치하지 않는다. 이것은 인덕턴스나 정전 용량의 값이 그 때의 전원의 주파수나 전압, 전류의 크기로 변화하기 때문에 이 경우 입력 단자의 전압과 전류의 비에 의해 얻어지는 임피던스를 실효 임피던스라 한다. 즉 실효 임피던스는 r, L, C 외에 도선의 표피 저항이나 와전류손 등을 포함한 실효 저항, 코일의 분포 용량 등을 고려한 실효 인덕턴스 등의 영향을 모두 포함한 것이다.

effective inductance 실효 인덕턴스(實效-) 코일의 인덕턴스를 본래의 값 외에 권선의 저항이나 분포 정전 용량을 포함하는 등가 회로에서 구한 리액턴스분에 상당하는 값으로서 나타낸 것을 말한다. 이 값은 사용 주파수가 높아지면 증가하는 경향이 있다.

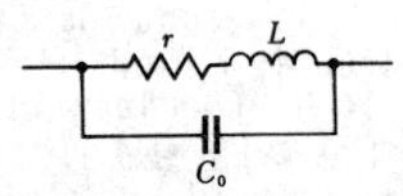

effective input admittance 실효 입력 어드미턴스(實效入力-) 입력 전극 전류의 정현파 성분을 그에 대응하는 입력 전압 성분으로 제한 값. 출력 전압이 입력 전극 전류에 주는 작용을 고려한 것이다.

effective input noise temperature 실효 입력 잡음 온도(實效入力雜音溫度) 온도 T_0로 평형하고 있는 회로에서 입력 성단(잡음원)으로부터의 잡음 전력 스펙트럼 밀도의 최대값은 $S=(1/2)kT_0$로 주어진

다. 이 잡음원에 전력 이득 G를 갖는 4단자망을 접속했을 때 4단자 출력단 잡음 전력의 스펙트럼 밀도는 $S=(1/2)kT_0G$가 아니고 $S'=(1/2)k(T_0+T_e)G$가 된다. T_e를 이 4단자망의 실효 입력 잡음 온도라 한다. $S'/S=F$는 4단자망의 잡음 계수로, 이 F를 써서 위의 T_e는

$T_e=T_0(F-1)$

로 주어진다. 표준으로서 $T_0=290K$로 잡고 있다.

effective isotropically radiated power 실효 등방 방사 전력(實效等方放射電力) 목적 방향을 향해서 방사되는 전파의 세기를 나타내는 양으로, 송신기+실제의 안테나계에 의해 공간의 주어진 장소에 주는 것과 같은 전력 밀도를 그 장소에 주는 송신기+등방성 안테나계의 송신 전력. 송신기 전력이 10kW, 안테나의 이득이 5,000 이라면 실효 등방 방사 전력은 50MW 이다. =EIRP

effective length 실효 길이(實效－) 안테나의 실효적인 길이. 안테나를 흐르는 전류 분포는 일반적으로 고르지 않으므로 안테나의 구실을 정하는 양인 미터암페어(길이×전류)를 계산하기가 까다롭다. 그래서 전류는 최대 전류가 고르게 흐르는 것으로 하고, 같은 값의 미터암페어가 되도록 길이 쪽을 좀 짧게 줄여서 계산에 사용하는데, 그 길이를 실효 길이라 한다. 또한, 수직 안테나에서는 길이를 높이로 바꾸므로 실효 길이도 실효 높이가 된다. 그림과 같은 정현 분포일 때는 실제의 길이에 대하여 $2/\pi \fallingdotseq 0.64$ 배로 감소한다.

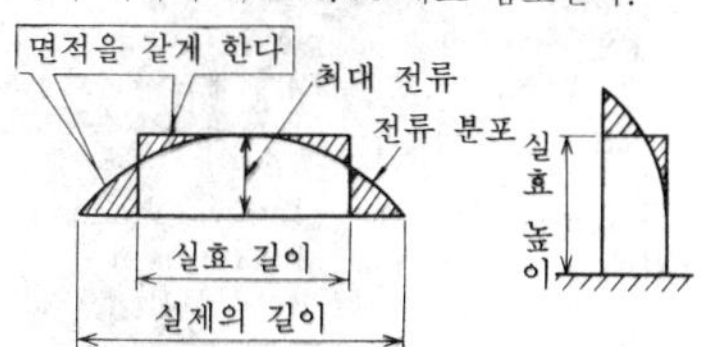

effective measuring range 유효 측정 범위(有效測定範圍) 측정 범위 중 오차가 허용차에 드는 범위.

effective minimum antenna height 실효 최소 높이(實效最小－) VHF나 UHF전파의 전파(傳播)에서 가시선보다 낮은 회절역에 있는 안테나의 지상 높이로, 이 높이 이상이 되지 않으면 수신 전계 강도가 커지지 않는 그 한계의 높이. 안테나 실효 높이는 물리적인 높이뿐만 아니라 전파의 편파면, 파장, 대지 도전율 등도 관계한다.

effective output admittance 실효 출력 어드미턴스(實效出力－) 출력 전류의 정현파 성분을 이에 대응하는 출력 전압의 성분으로 나눈 것으로, 출력 어드미턴스와 전극간 커패시턴스를 고려에 넣은 것이다.

effective permeability 실효 투자율(實效透磁率) 가로축에 전류 실효값, 세로축에 자속 밀도를 취하여 그린 자화 특성 곡선에서의 자속 밀도와 전류 실효값의 비.

effective power 유효 전력(有效電力) → electric power

effective radiation power 실효 방사 전력(實效放射電力) 송신기 출력에서 궤전선계(급전선계)의 손실을 뺀 안테나 입력 전력과 안테나의 이득과의 곱을 말한다. 수신지에서의 전계의 세기는 실효 방사 전력과 송신 안테나의 높이에 의해 결정된다. =ERP

effective range 유효 측정 범위(有效測定範圍) 계기 지시 범위 중 규격의 정확성이 보증되는 범위. =useful range

effective resistance 실효 저항(實效抵抗) ① 저항기의 저항값은 부유(표유) 인덕턴스나 부유(표유) 정전 용량 때문에 등가 회로 임피던스의 실수부를 구하면 직류 회로에서 사용한 경우의 저항값과 다른 값으로 된다. 이 값을 실효 저항이라 하며, 주파수가 높아질수록 낮아지는 경향이 있다. ② 안테나는 송신기에 대한 부하로서 생각하면, 등가 회로로서 코일, 콘덴서 및 저항의 직렬 접속 회로가 얻어진다. 이 등가 회로의 저항 R_e, 인덕턴스 L_e, 용량 C_e를 각각 안테나의 실효 저항, 실효 인덕턴스, 실효 용량이라 하고, 총칭하여 실효 상수라 한다.

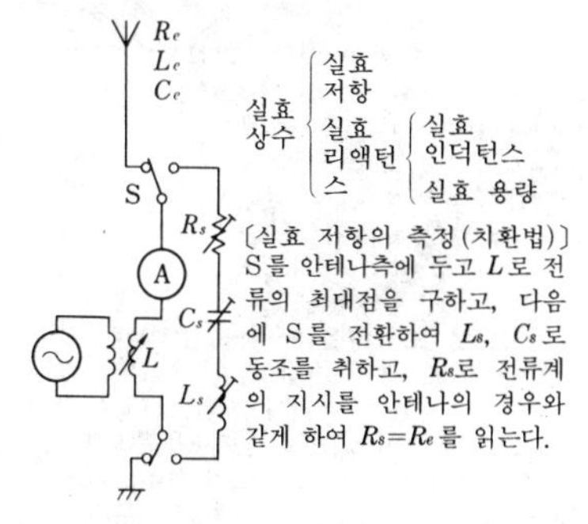

effective transfer rate 유효 전송 비율(有效轉送比率) 대량의 자료가 이전되거나 또는 최적 코딩 기술이 사용될 때, 자료가 한 장치나 기억 장소로부터 다른 곳

으로 이전되는 평균 속도.

effective transmission equivalent 실효 전송 당량(實效傳送當量) 전송 효율을 표준적인 전송 회선에서의 전송량을 기준으로서 주어진 것.

effective transmission rating 실효 전송량(實效傳送量) 실효 전송 당량을 평가할 때 전송 능률을 양단의 전력비로 나타낸 것. 절대값을 잔류손 또는 잔류 이득 등이라 한다.

effective value 실효값(實效-) 순시값 제곱의 평균값의 평방근.

effector 이펙터 전기 신호화한 소리를 여러 가지로 처리하여 원음에는 없었던 효과를 주도록 한 장치나 기기. ① 에코, 코러스 등(시간 지연), ② 이퀄라이저(주파수 특성), ③ 컴프레서, 익스팬더(진폭 변화) 등.

efficiency 효율(效率) 출력 에너지와 입력 에너지의 비. 실제로 측정한 것을 실측 효율이라 하고, 입력(또는 출력)과 손실을 계산 또는 실측하여 산출하는 것을 규약 효율이라 한다.

efficiency by input-output test 실측 효율(實測效率) 기기의 입력과 출력을 실제로 측정하여 이에 의해 출력을 입력으로 나누어서 구한 효율. 소형 기기에서 흔히 행하여지나, 손실이 입·출력에 비해 작을 때는 정확한 측정이 어렵다.

efficiency of rectification 정류 효율(整流效率) 정류 회로의 효율을 나타내는 것으로, 다음 식에 의해 정해진다.

$$\eta = (P_d/P_a) \times 100$$

여기서, η : 정류 효율〔%〕, P_d : 직류 출력 전력〔W〕, P_a : 교류 입력 전력〔W〕. 또한 η의 최대값을 최대 효율이라 한다.

EFI 전자 제어식 연료 분사(電子制御式燃料噴射) =electronic fuel injection → electronic fuel injector

EFL 이미터 폴로어 논리(-論理) =emitter follower logic

EG 포락선 발생기(包絡線發生器) envelope generator 의 약어. 음향 출력의 시간 경과 곡선, 즉 포락선 곡선을 제어하는 회로. 포락선은 어택 시간, 감쇠 시간, 지속 시간, 해방 시간의 각 구간의 머리글자를 따서 ADSR 이라 한다. EG 는 음을 전조(轉調 : modulate)하는 수단으로서 쓰는 일이 많다. →attack time

EGE system EGE 방식(-方式) 무정전 전원 장치의 한 방식. 내연 기관 2대와 교류 발전기 및 플라이휠을 그림과 같이 동축에 부착한 것이다. 교류 발전기를 내연 기관 ENG_1 또는 ENG_2로 구동하여 교류 출력을 무정전으로 유지하고 있다. 이 방식은 상용 전원이 없는 지역에서 사용된다.

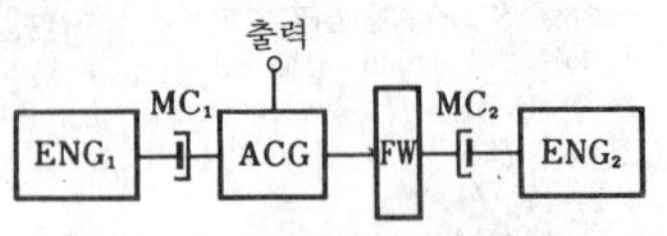

ENG : 내연 기관, ACG : 교류 발전기
MC : 전자 조인트, FW : 플라이휠

EGI 전자 가스 주입 장치(電子-注入裝置) =electronic gas injector

EG-MG system EG-MG 방식(-方式) 무정전 전원 장치의 한 방식. 그림과 같은 구성으로 이루어져 있으며, 상용 전원이 정상인 경우는 유도 전동기가 교류 발전기를 구동하고 있다. 이상이 발생하면 전자 개폐기에 의해 상용 전원이 분리되어 유도 전동기는 한때 진상(進相) 콘덴서에 연결되어 발전기로 되어서 내연 기관에 직결되어 있는 교류 전동기에 전력을 공급하기 때문에 내연 기관이 시동을 개시한다. 내연 기관의 속도가 규정값에 이르면 이 교류 전동기는 교류 발전기로 전환되어 오른쪽의 유도 전동기에 전력을 공급하여 회전을 계속한다.

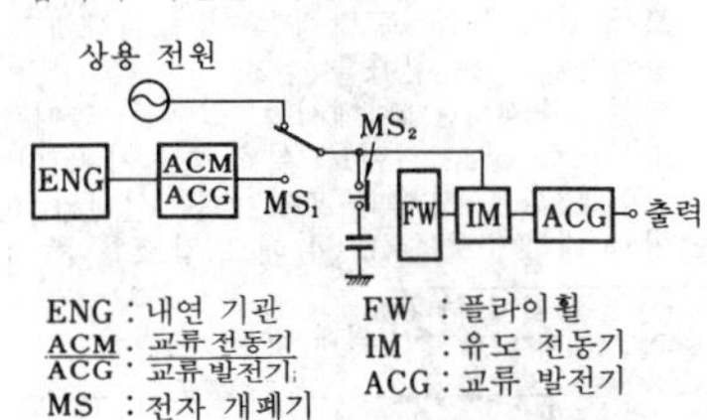

ENG : 내연 기관 FW : 플라이휠
ACM : 교류 전동기 IM : 유도 전동기
ACG : 교류 발전기 ACG : 교류 발전기
MS : 전자 개폐기

EH mode EH 모드 →hybrid mode

EHF extremely high frequency의 약어. 무선 주파수 스펙트럼에서 30~300 GHz 대역의 전자파(밀리미터파).

E-H tee E-H T 접속(-接續) E 평면 T 접속 및 H 평면 T 접속을 조합시킨 것으로, 주도파관(主導波管)과 공통의 결합점을 가지고 있다.

EIA 미국 전자 공업회(美國電子工業會) Electronic Industries Association 의 약어. RETMA 가 전신이다. 각종 전자 기기의 규격을 정하거나 측정법의 통일 등의 활동을 하고 있다.

eigentone 고유음(固有音) 진동체에는 몇 가지 고유 진동수가 있으며, 이 고유 진동수로 진동했을 때의 음을 고유음이라 한다. 최저 고유 진동수에서의 것을 기본음,

그보다 높은 진동수에서의 것을 상음(上音)이라 한다.

eight figured characteristic 8자 특성(－字特性) 반파 안테나를 수평으로 둔 수평 더블릿의 지향성은 수평면에서는 안테나와 직각 방향이 최대, 안테나와 같은 방향은 0으로 되어 그림과 같은 8자형의 지향 특성(8자 특성)이 된다. 또, 수직 더블릿에서는 수직 방향으로 8자 특성을 나타내고, 수평 방향으로는 무지향성으로 원이 된다. 수신용 안테나에서는 루프 안테나가 8자 특성을 가지고 있다.

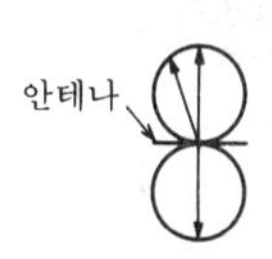

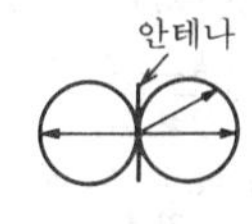

수평면 지향성　　수직면 지향성

eikonal equation 아이코널 방정식(－方程式) 비균일의 매질 중에서의 전자파, 또는 음파의 전파(傳播)에 관한 방정식. 단, 파장 정도의 거리에서는 매체 성질의 변화가 작을 때에만 성립한다. 아이코널은 광학계의 빛의 간섭이나 수차(收差) 등의 해석에 쓰이며, 광학 거리(굴절률과 거리의 곱)에 상당하는 양을 적당한 변수에 의해 표현한 것이다. eikon은 icon과 동의어이며, image를 의미하는 그리스어에 유래한다. 여기서는 유사량의 의미로 쓰고 있다.

Einstein coefficients 아인슈타인 계수(－係數) 원자나 분자의 전자 상태간 천이 확률을 나타내는 계수.

Einstein's law 아인슈타인 법칙(－法則) 광전(光電) 장치는 광자(光子)를 흡수함으로써 광전자를 방출하는데, 그 광전자의 운동 에너지는 광자의 에너지($h\nu$)에서 일의 함수 p를 뺀 값과 같다는 것을 기술한 법칙. 즉

$$(1/2)mv^2=h\nu-p$$

라는 식으로 표현된다.

EIRP 실효 등방 방사 전력(實效等方放射電力) =effective isotropically radiated power

EIT counter EIT 계수 회로(－計數回路) 일반적으로 EIT라고 하는 정전 편향계 계수관을 사용한 계수 회로.

either-way communication 양방향 통신(兩方向通信) 양쪽 방향으로 모두 통신할 수 있으나 한 번에는 한 쪽 방향으로만 정보가 전송되는 방식.

Ekonol 에코놀 폴리에스테르 수지로 만든 필름의 일종으로 상품명. 콘덴서의 유전체로서 사용한다.

EL 일렉트로루미네선스, 전자 발광(電子發光) =electroluminescence

elastance 일래스턴스 캐퍼시턴스의 역수. →capacitance

elastic collision 비탄성 충돌(非彈性衝突) 하나의 입자가 다른 입자와 충돌했을 때 그 입자가 에너지의 높은 상태로 여기(勵起)되어 운동 에너지가 보존되지 않는 충돌을 말한다.

elasticity 탄성(彈性) 물체에 힘을 가하여 변형시켰을 때 물체가 원래 상태로 되돌아가려고 하는 성질.

elastic limits 탄성 한도(彈性限度) 외력에 의한 일그러짐이 외력을 제거하면 없어지는 최대 한도의 응력.

elastic scattering 탄성 산란(彈性散亂) 반도체 내부에서 캐리어가 격자 진동이나 불순물에 의해 산란될 때 전후에서 에너지의 변화가 생기지 않는 산란.

elastic surface wave device SAW 소자(－素子), 탄성 표면파 소자(彈性表面波素子), 표면 탄성파 소자(表面彈性波素子) 탄성체의 표면을 따라 전파(傳播)하는 탄성 표면파를 이용한 소자. 지연선, 필터, 공진기 등에 이용되고 있다. 전파(傳播) 속도가 느려서 전자파의 그것보다 약 10^{-5} 정도이므로 소자를 소형으로 만들 수 있고, 표면의 임의 장소에서 구동되며, 다른 임의의 장소에서 출력을 꺼낼 수 있다. 10MHz부터 수 GHz의 주파수대에 걸쳐 사용할 수 있다. 탄성파를 전파시키는 압전 세라믹 기판과 전기 신호/탄성파 에너지의 변환을 하는 트랜스듀서가 필요하다.

E-layer E층(－層) 전리층을 형성하는 주요한 층 중의 하나. 지상 약 100km의 높이에서 약 20km의 두께를 가지고 있다. 전자 밀도가 F층의 약 1/10 정도이며 야간이 되면 더 작아진다. 전자 밀도는 계절과 위도 및 태양의 활동에 의해서 영향을 받는다. E층은 장파나 중파의 전파를 반사하나, 때로는 돌발적으로 E층 부근에 이보다 전자 밀도가 높은 층이 수 분에서 수 시간 나타나는 일이 있다. 이것을 스포라딕 E층이라 한다.

elbow 벤드 도파관에서 관축이 방향을 변화하는 부분.

EL display 전자 발광식 표시 장치(電子發光式表示裝置) EL을 이용한 컴퓨터 화면 표시 장치. 이것은 액정 표시 장치나 가스 플라스마 표시 장치와 비슷한 특성을 가지고 있으며, 가볍고 전력소모가 적

어 휴대용 컴퓨터에 널리 이용된다.

electret 일렉트릿 전계를 가했을 때 생긴 유전 분극이 전계를 없앤 다음까지 잔류하는 물질로 만든 하전체. 자기에서의 영구 자석에 대응하는 것이다. 폴리프로필렌이나 마일러 등의 플라스틱으로 만들며, 소형 마이크로폰 등에 이용된다.

electret capacitor microphone 일렉트릿 콘덴서 마이크로폰 일렉트릿의 영구 분극에 의해 생기는 전압을 직류 바이어스 전압으로서 사용하는 콘덴서 마이크로폰. 바이어스 전압은 또 마이크로폰 회로의 두 줄의 페어 도선을 일괄하여 여기에 직류 전압을 중첩해서 바이어스 전압을 가하는 팬텀 회로 공급 방식도 널리 쓰인다.

electrical angle 전기각(電氣角) 교류의 하나의 파는 각도로 하여 360°이므로 이것을 바탕으로 하여 몇 개의 파수(波數) 또는 파의 일부분 등을 각도의 단위로 나타낼 수 있다. 이것을 전기각이라 하고, 회전기의 자극수가 $2p$(그림에서는 $p=4$)이면 전기각은 자극이 실제로 회전한 각도(공간각)의 p 배가 된다.

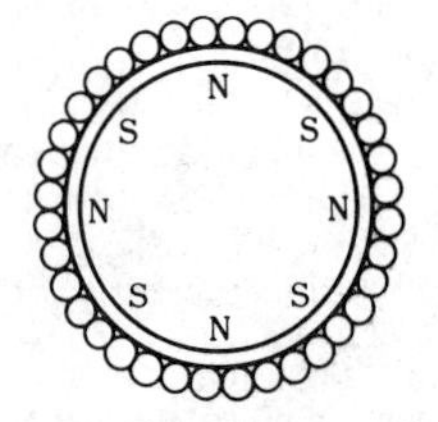

electrical circuit simulator 회로 시뮬레이터(回路−) 회로 해석 프로그램(circuit analysis program)이라고도 한다. 회로 해석 툴의 일종으로, 각 소자의 특성과 접속 관계를 부여하고, 입력 파형에 대한 각 관측점의 파형을 산출하기 위한 프로그램.

electrical communication 전기 통신(電氣通信) 송신측에서 정보가 모아져 이것을 전류로 변환시켜 전기적 네트워크로 전송하고, 수신측에 의해 해석에 적합한 형태로 다시 변환시키는 과학 기술.

electrical discharge machine 방전 가공기(放電加工機) 방전 현상을 이용한 공작 기계. 그림과 같은 회로를 써서 가공액(자등유, 물과 기름의 유탁액 등) 중에서 공작물과 전극간에 불꽃 방전을 일으키면 방전점 부근의 공작물은 매우 높은 온도로 가열되어서 용융 혹은 기화하고, 동시에 생기는 방전 압력 때문에 용융 기화부가 비산한다. 이러한 작용을 반복 수행시키는 것이 방전 가공기이며, 전극은 되도록 소모하지 않는 재료를 골라 사용한다. 이 방법에 의하면 절삭 가공이 곤란한 초경합금의 가공이나 고정밀도의 가공도 쉽게 할 수 있다. 복잡한 형상의 공작 등에 쓰인다.

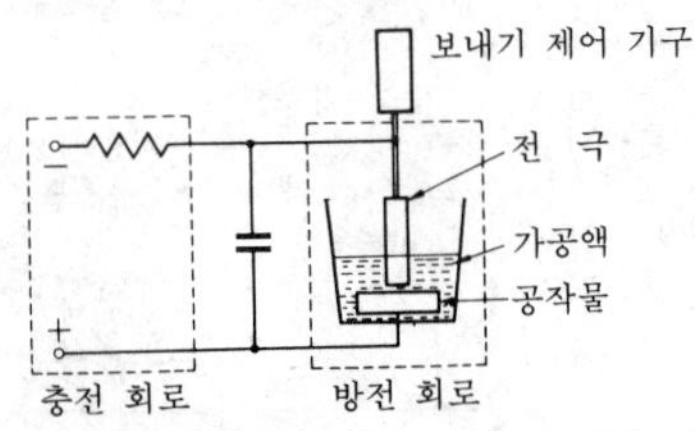

electrical discharge recording 방전 파괴 기록(放電破壞記錄) 모사 전송 장치의 수신측 기록 방식의 하나. 신호 전압에 의해서 바늘과 기록지 사이에 방전이 일어나 백색 도료가 방전 파괴되어 흑색 카본이 나타나서 문자나 도면이 재현된다.

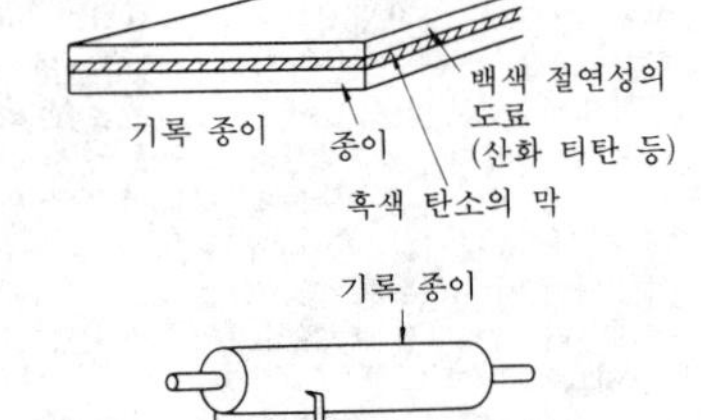

electrical distance 전기 거리(電氣距離) 2점간의 거리를 자유 공간의 전자파의 파장으로 나타낸, 예를 들면 1/4 파장, 반파장이라는 식의 표현법. 혹은 빛이 자유 공간 1μs로 진행하는 거리(즉 300m)를 단위로서 측정하는 경우도 있다.

electrical fidelity 전기적 충실도(電氣的忠實度) 수신기의 충실도 특성 중 변조 주파수에 대한 전기적 출력의 관계를 나타낸 것. 이것을 측정하려면 수신기 부속의 스피커 대신 스피커의 임피던스와 같은 무유도 저항을 접속하고, 표준 신호 발생기의 변조 주파수를 변화시켰을 경우에 있어서의 출력을 측정하면 된다. 본래는 변조 주파수와 관계없이 일정한 것이 이상적이지만 실제에는 저역과 고역에서는 출력이 저하하는 경향이 있다.

electrical gyration effect 전기적 자이레이션 효과(電氣的－效果) 수정 등의 결정에 고전압(수천 볼트)을 가할 때 그 속을 통하는 빛의 편파면이 전압에 비례해서 회전하는 현상. 이것은 빛의 변조 소자를 만드는 데 쓰인다.

electrical interface 전기적 인터페이스(電氣的－) 두 다비아스의 교신을 위해 필요한 전기적 사항에 대한 명세로, 예를 들면 두 디바이스 간에 교환되는 정보나 제어 작용을 하는 신호의 전기적 성질, 부호화의 규칙, 수수(授受)를 위한 조건 등을 포함하고 있다.

electrically alterable ROM 소거 재기록 가능 롬(消去再記錄可能－) ＝EAROM

electrically erasable and programmable ROM 전기적 소거 가능한 PROM(電氣的消去可能 －) ＝EEPROM

electrically erasable ROM 전기적 소거 가능 롬(電氣的消去可能－) ＝EEROM

electrical zero 전기적 영위(電氣的零位) 측정기에 전원을 공급하고, 입력 단자에는 입력을 가하지 않고, 입력 단자를 외부 전계에서 방어하며, 제조 업자가 특히 지정했을 때는 그 외부 회로만을 접속했을 때의 지시값 또는 표시값.

electric charge 전하(電荷) 전기적으로 중성인 물질에 어떤 원인으로 자유 전자가 부착한다든지, 몇 개의 자유 전자가 부족하다든지 하면 그 물직은 양이나 음으로 대전(帶電)한다. 이렇게 하여 대전한 물질이 가지고 있는 전기의 양을 전하라 하고, 그 크기는 쿨롬(기호 C)으로 나타내어진다.

electric circuit 전기 회로(電氣回路) →circuit

electric circuit analysis 회로 해석(回路解析), 전자 회로 해석(電子回路解析) 회로 설계 지원에서 트랜지스터의 등가 회로 모델 등을 바탕으로 컴퓨터 시뮬레이션으로 회로의 출력 응답을 구하는 것.

electric clipper 클립 회로(－回路) 교류 전압 파형을 어느 레벨에서 끊어내어 파형 정형을 하는 회로. 교류 전압의 파형을 어느 임의의 레벨에서 절단하여 원하는 파형만을 꺼낸다. 수신기에 들어온 잡음을 제거한다든지 구형파 전압을 만든다든지 하는 데 사용한다.

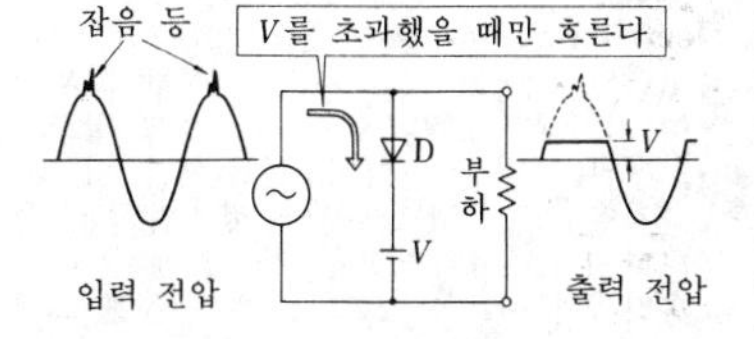

electric clock 전기 시계(電氣時計) 시각의 기준에 태엽 등의 기계적 요소를 사용하지 않고 상용 전원이나 수정 발진자 등의 전기적 요소를 이용한 시계.

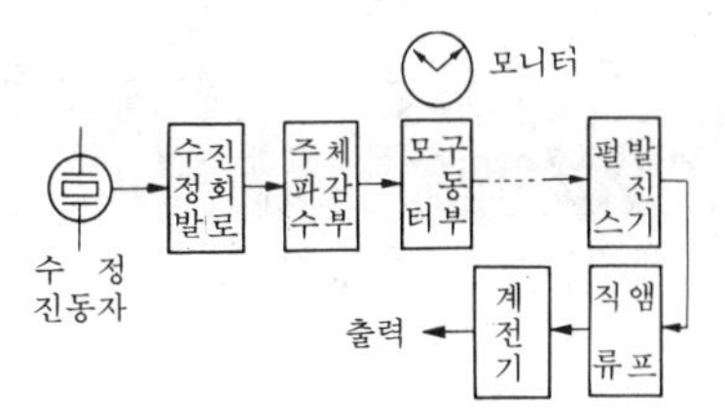

electric coagulation 전기 응고(電氣凝固) 구상(球狀) 전극을 생체 조직에 대고 고주파 전류를 흘리면 구상 전극의 직경 만큼의 깊이까지 줄 열에 의해 조직이 응고한다. 이것은 지혈에 의한 수술 시간의 단축 등에 응용된다.

electric constant 전기 상수(電氣常數), 전속 밀도(電束密度) D와 그것을 발생하는 전계의 세기 E와의 비로, $D=\varepsilon E$에서의 ε을 말한다. 진공에서의 ε의 값을 ε_0으로 하고, 일반 매질에서의 값을 $\varepsilon=\varepsilon_r\varepsilon_0$으로 하여 ε_r을 상대 유전율이라 한다. ε_r은 무차원의 수치이나, ε_0은 단위계에 의해서 디멘션 및 단위가 다르며, 따라서 수치가 달라진다. SI 단위계에서는 디멘션은 $L^{-3}M^{-1}T^4I^2$이며, 또 $\varepsilon_0=10^7/4\pi c^2$이다. c는 광속도이다. →permittivity

electric contact 전기 접점(電氣接點) 두 도체가 접촉하는 부분.

electric dipole 전기 쌍극자(電氣雙極子) 분자가 비대칭인 구조로 되어 있는 물질에서는 분자 중에 있는 양전하와 음전하가 자연히 어느 거리만큼 떨어져서 마주보고 있다. 이것을 전기 쌍극자라 한다. →dipole

electric-discharge machining 방전 가공(放電加工) 마이너스로 대전(帶電)한 가공 전극으로부터의 고주파 방전에 의해 피가공물(＋전극)에서 금속을 침식 제거하도록 하여 행하는 금속 가공법. 전해액은 쓰지 않지만 가공은 기름 속에서 하고, 침식한 금속을 씻어내는 동시에 피크 에너지가 축적하는 것을 기다려 방전이 행하여지도록 한다.

electric-discharge recording 방전 기록(放電記錄) 방전 기록지를 써서 여기에 접하는 전극에 수신 신호 전압을 가하여 방전을 일으켜서 표면의 반도체층을 파괴하여 기록하는 방법.

electric displacement 전기 변위(電氣變位) →electric flux density

electric double layer 전기 2중층(電氣二重層) 매우 얇은 막의 겉과 뒤에 양전하와 음전하를 근접하여 연속적으로 분포하고 있는 것을 말하며, 막의 각 점에서의 단위 면적 중에 포함되는, 음양의 전기량의 절대값은 같다.

electric energy 전력량(電力量) 어느 시간 내에 일을 한 전기 에너지의 총량을 말하며, 그 시간 내는 고른 상태로 일이 행하여졌다고 하면 다음의 관계가 있다.

$W=Pt$

여기서, W : 전력량〔J〕, P : 전력〔W〕, t : 시간〔s〕. 또한 전력량의 단위는 일반적으로는 킬로와트시를 사용한다.

$1\text{kWh}=3.6\times10^6\text{Ws}=3.6\times10^6\text{J}$

E

electric exchange 전자 교환기(電子交換機) 전화 교환기의 일종으로, 완전 공통 제어 방식이며, 제어계와 통화계가 확실하게 구별되어 있는 교환기. 반도체 등의 전자 부품으로 구성되고, 고속 접속, 소형, 경량, 장수명, 저소빈 전력 등의 특징이 있다.

electric eye mechanism EE 기구(-機構) →EE camera

electric field 전계(電界) 전기력이 존재하고 있는 공간을 전계라 하고, 그 상황은 전기력선의 분포에 의해서 나타내어진다.

electric filter 전기 필터(電氣-) 상이한 주파수의 전기 신호를 분리하도록 설계된 전기 회로. 구성 부품의 종류에 따라 LC형, 동축 선로형, 공진 공동형, 압전 결정형 등의 형이 있고, 또 수동(受動) 필터와 연산 증폭기 등을 포함한 능동(能動) 필터의 구별도 있다. 또 동작 대역에 따라 저역, 고역, 대역 통과(대역 저지) 등의 분류도 할 수 있다. →active filter, digital filter

electric flux 전속(電束) 전기력선의 집합. 단위 면적을 직각으로 관통하는 전기력선의 수를 전속 밀도라 한다. →electric line of force

electric flux density 전속 밀도(電束密度) 유전체에 전계를 줌으로써 그 속에 생기는 전하의 변위에 관계한 벡터량으로, 등방성(等方性)이고 균일한 유전체인 경우에는 주어진 전계 E와 같은 방향을 향하고, 그 값은 εE로 주어진다.

$D=\varepsilon E$

여기서, ε : 유전체의 전기 상수. 전속 밀도의 단위는 C/m^2.

electric guitar 전기 기타(電氣-) 현의 진동을 전기 신호로 변환하여 증폭기로 확대하고, 스피커에서 소리를 내는 기타. 현의 수나 주법 등은 보통의 기타와 같으나 변환기를 전환하는 마이크로 스위치나 볼륨 등을 동체에 장치하고 있다.

electric heating 전기 가열(電氣加熱) 전기 에너지를 열 에너지로 변환하여 가열하는 것. 전기 가열에는 저항 가열, 아크 가열, 유전 가열, 유도 가열, 적외선 가열 등이 있다.

electric hygrometer 전기식 습도계(電氣式濕度計) 이것에는 건습구식과 노점식(露點式)이 있으며, 원리적으로는 보통의 습도계와 똑같다. 건습구식은 측온 저항체를 건구용과 습구용으로 나누고, 이것을 브리지로 구성했다. 습구는 기화열을 빼앗겨서 온도가 낮아지기 때문에 저항값이 감소하고, 브리지는 불평형으로 되므로 습도를 불평형 전압으로서 꺼낼 수 있다. 노점식은 노점 온도가 습도와 일정한 관계가 있는 것을 이용하는 것이다. 금속 거울을 냉각하면서 히터로 가열하여 언제나 거울면에 이슬을 맺도록 자동 평형 기구를 써서 히터 전류를 가감해 두고, 노점 온도를 열전쌍으로 측정한다. 이 밖에 염화 리튬의 전기 저항이 습도에 의해서 현저하게 변화하는 성질을 이용한 것 등도 있다.

electric image 전기 영상(電氣影像) 평면상 도체에서 d〔m〕의 거리에 $+Q$〔C〕의 점전하를 두었을 때의 전계를 생각하는 경우에 도체 표면에서 반대측에 d〔m〕의 거리에 $-Q$〔C〕의 점전하를 가상하고, 평면상 도체를 제거하여 $+Q$와 $-Q$의 전하간 전기력선을 생각하면 전계의 상태를 알 수 있다. 이 $-Q$의 가상 전하를 전기 영상이라 하고, 이러한 방법을 전기 영상법이라 한다.

electricity 전기(電氣) 자연계서의 기본적인 물리량으로, 전자 및 양자에 의해 보유되고 있다. 전하(電荷)라고도 한다. 정지(靜止) 상태에서는 전계를 수반하고, 따라서 퍼텐셜 에너지를 가지며, 힘을 미친다. 운동하고 있는 경우에는 전계와 자계의 양쪽을 수반하고, 퍼텐셜 및 운동의 양 에너지를 가지며, 힘을 미친다. 즉 전자계의 원천은 전하 및 운동하는 전하(전류)이다.

electric line of force 전기력선(電氣力線) 전계의 상태를 생각하기 쉽게 하기 위하여 가상해서 그려지는 선으로, 그 밀도가 전계의 세기를 나타내고, 접선의 방향이 그것을 그은 장소에서의 전계의 방향을 나타낸다. 전기력선은 양전하에서 나와 음전하에 이르는 것으로, 예를 들면 그림과 같이 나타낼 수 있다.

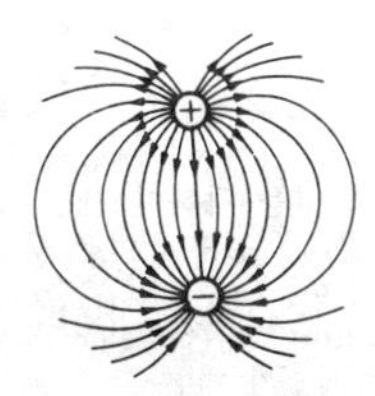

electric luminescence 전기 루미네선스(電氣－) 열방사 이외의 원인에 의해서 발하는 빛으로, 열을 발생하지 않는 방사를 루미네선스라 하고, 그 중에서 기체 중의 방전에 의한 것을 전기 루미네선스라 한다. 유리관 내에 수 mmHg 의 압력을 가진 기체를 봉해 넣고 양단 전극간에서 방전시키면 발광한다. 봉해 넣은 가스의 종류에 따라서 양광주와 음극 글로에 의한 발광색은 다르다.

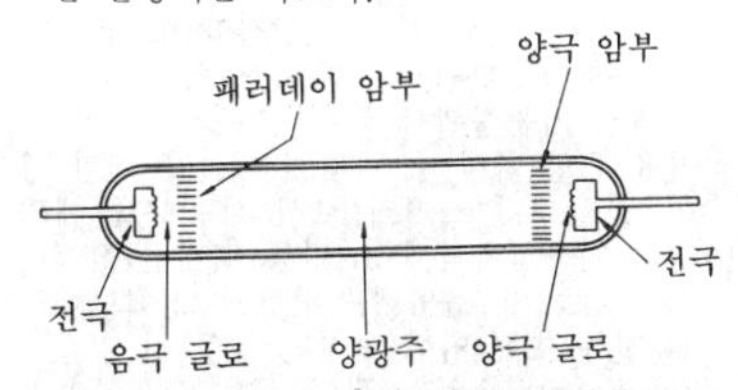

electric meter 전기 계기(電氣計器) 전기량을 측정하는 장치. 피측정 회로에 직접 접속되고, 그 에너지를 일부 소비하여 동작하는, 이른바 직접 지시형의 것을 의미하는 경우가 많다.

electric micrometer 전기 마이크로미터(電氣－) 전기적 원리를 이용하여 미소한 길이를 측정하는 장치. 가변 용량형, 가변 인덕턴스형, 차동 변압기형 등이 있다. 가변 용량형은 전극간의 정전 용량이 전극 간격에 반비례하고 전극 면적에 비례하는 것을 이용한 것, 가변 인덕턴스형은 철심의 공극 변화에 따라 인덕턴스가 변화하는 것을 이용한 것, 차동 변압기형은 평형형의 2차 권선을 갖는 변압기 내부의 가동 철심 위치에 따라서 2차 전압이 크게 바뀌는 것을 이용한 것이다.

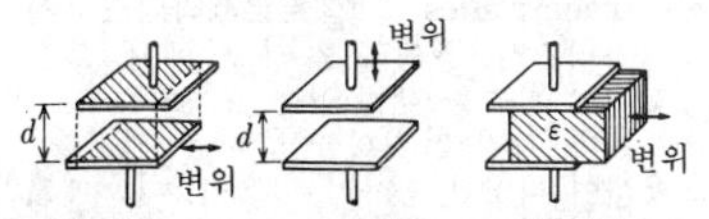

$C=\varepsilon\frac{S}{d}$ S : 전극판 대향 면적
ε : 유전율

정전 용량형 변위 측정의 원리

electric noise 전기 잡음(電氣雜音) 방사를 목적으로 하지 않는 전파에 의해서 생기는 장애. 방전등, 고주파 용접기, 고압 송전선의 코로나 등이 그 전파원이 된다. 이것을 받으면 텔레비전 방송을 수신하고 있을 때 화면이 얼룩지거나 음성에 방해음이 들어온다.

electric oscillation 전기 진동(電氣振動) 전하에 의해 생기는 전계 또는 전류에 의해 생기는 자계가 전하, 전류의 시간 변화에 따라서 변화하는 것. 전자계의 변화에 따라서 에너지의 이동이 이루어진다.

electric potential 전위(電位) 전계의 방향을 거슬러 전하를 움직이려면 일이 필요하므로 전계가 작용하고 있는 장소는 전기적인 위치의 에너지를 가지고 있다고 생각된다. 이 크기를 전위라 하고, 점전하에 의한 전위는 다음 식으로 주어진다.

$$V=9\times10^9\times\frac{Q}{\varepsilon_s r}$$

여기서 V : 1전위〔V〕, Q : 전하〔C〕, r : 전하로부터의 거리〔m〕, ε_s : 비유전율. 이 경우, 전위 0의 점은 무한 원점이지만, 실용상은 대지를 전위의 기준으로 하고 있다.

electric power 전력(電力) 전기의 단위 시간방의 일의 양, 즉 전기의 일의 율. 단위는 와트(W).

1 W=(1 J/s 의 전력)
=1 V 의 전압으로 1 A 의 전류가 흐를 때의 전력)

electric power company' s network 전력 통신망(電力通信網) 발전소, 변전소 등 전력 회사의 각 기관을 잇는 전용망이며, 전력 설비의 보안이나 급전 지령 등의 보안 통신 및 전력 계통의 운용에 필요한 각종 데이터 통신 등에 쓰인다.

electric psychrometer 전기식 건습구 습도계(電氣式乾濕球濕度計) 보통의 건습구 습도계의 건구의 온도를 저항 온도계로 측정하고, 건구와 습구의 온도차를 여러 개 직렬로 접속한 열전쌍으로 측정함으로써 상대 습도를 아는 계기이며, 상대 습도는 건구 온도와 건습구 온도차의 관계표에서 얻어진다.

electric resistance 전기 저항(電氣抵抗) →resistance

electric resistance hygrometer 전기 저항 습도계(電氣抵抗濕度計) 전극 사이에 흡습성의 물질(염화 리튬, 염화 아연 등)의 얇은 층을 만들고, 습도에 의해서 변화하는 저항값을 측정하여 상대 습도를 아는 계측기.

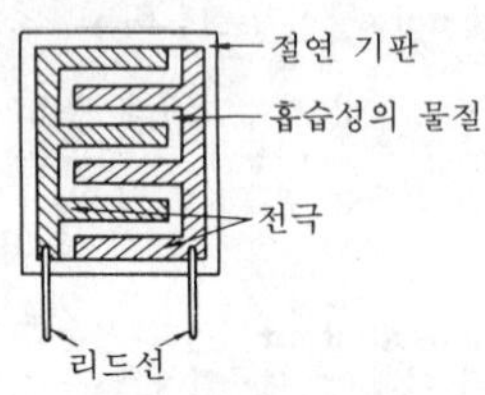

electric scanning 전기 주사(電氣走査) 레이더 빔의 방향을 바꾸기 위해 안테나 어레이의 여러 소자에 공급하는 전류의 진폭이나 위상을 변화하여 행하는 것. 안테나를 기계적으로 움직여서 하는 주사법에 대한 용어이다.

electric servomechanism 전기식 서보 기구(電氣式－機構) 자동 제어에 사용되는 서보 기구의 하나. 유압 서보, 공기압 서보는 제어량과 목표값과의 차를 직접 구동부로 피드백하지만 전기식에서는 일단 전기량으로 변환하여 증폭하고 전동기로 기계계를 구동한다. 사용하는 전원에 따라 교류식과 직류식으로 나뉜다.

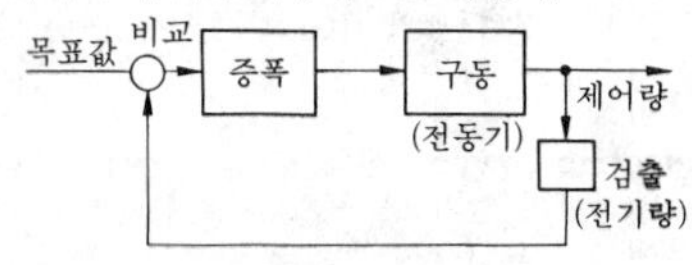

electric stroboscope 스트로보스코프 주기적으로 변화하는 조명을 전기적으로 발생시켜, 회전 혹은 진동하는 물체를 관측하거나 회전 속도, 진동 주파수 혹은 유사한 주기량을 측정하는 계기. 회전체의 회전 주기와 조명의 명멸 주기가 일치하면 회전체는 정지한듯이 보인다. 따라서 조명의 명멸을 가감하여 회전체의 회전수(진동체의 진동수)를 측정할 수 있다.

electric susceptibility 전기 서셉티빌리티, 전기 감수율(電氣感受率) 등방성(等方性) 매질 내의 임의점에서의 세기 E의 전계에 의해 생기는 전기 분극 P를 같은 전계 E에 대하여 매질이 진공으로 치환되었을 때 같은 장소에 생기는 전속 밀도 $\varepsilon_0 E$로 제한 값.

$\kappa_e = P/\varepsilon_0 E = \varepsilon_r - 1$

자성체에서의 자화율에 대응하는 것이다.

electric tachometer 전기 회전계(電氣回轉計) 회전수와 발생 전압이 비례하는 소형 발전기와 회전수를 눈금매긴 전압계를 1조로 하여 회전수를 측정하는 것. 직류 발전기에 가동 코일형 전압계를 조합시킨 것과 교류 발전기에 정류형 전압계를 조합시킨 것의 두 종류가 있으나 일반적으로는 후자의 것이 널리 사용된다.

electric welding 전기 용접(電氣鎔接) 전기 에너지를 써서 열을 발생시켜 두 금속 부재에 그 열을 가하여 용융 접합하는 것으로, 직류 및 교류의 아크 용접, 저항 용접 등이 있다.

electrification 대전(帶電) 물체가 전하를 갖는 것. 재료가 다른 두 물체를 마찰하면 양 물질은 서로 음양으로 대전한다. 음양의 구별은 물체의 대전적 성질에 의해서 정해진다.

electroacoustic reciprocity theorem 전기 음향적 상반 정리(電氣音響的相反定理) 상반 정리를 만족하는 전기-음향 변환 장치에서 다음의 ①을 ②로 제한 값은 변환기의 형이나 세부 구조에는 관계없이 일정하다는 것을 기술한 정리. ① 변환 장치를 수신기(마이크로폰)로서 사용했을 때의 출력단에서의 개방 전압(또는 단락 전류)과, 변환기 또는 그 근처에 적당히 선택한 기준점에서 δ의 거리를 갖는 점의 자유 음장(音場)의 음압의 비. ② 변환 장치를 발생기(스피커)로서 사용했을 때의 장치 기준점에서 δ[m]만큼 떨어진 점에서의 겉보기의 음압과, 변환기 입력단에서의 전류(또는 입력 단자간 전압)의 비.

electroacoustics 전기 음향학(電氣音響學) 전기와 음향에 관련하는 분야의 현상을 연구하고, 이에 관계한 장치나 응용 제품을 개발하는 학문.

electrocardiogram 심전도(心電圖) 심장을 구성하는 심근 세포의 활동 전위를 몸 표면 전극에서의 전위 변화로서 측정한 것. =ECG

electrocardiograph 심전계(心電計) 심장의 활동에 의해서 발생하는 생체 전기를 검출하여 기록하는 장치. 심장을 전기 신호원으로서 본 경우 0.1～200Hz, 수 100μV～수 mV, 수 100Ω～수 kΩ의 특성을 가지고 있으며, 그 기록 도형을 심전도라 한다. 심전계는 심전도를 기록지상에 그리는 장치로, 심장의 자극 전도계 질환의 진단을 하는 데 불가결한 것이다.

electroceramics 일렉트로세라믹스 파인 세라믹스라고 불리는 것 중에서 특수한 전기적 기능을 갖는 것을 총칭하는 것. 알루미나 자기나 티타늄산 바륨 자기를 비롯하여 다양한 종류가 있으며, IC 패키지나 콘덴서, 적외선 센서, 압전 소자 등 용도가 많다.

electrochemical equivalent 전기 화학 당량(電氣化學當量) 전기 분해에서 1C의

전기량에 의해 석출되는 물질의 양. 단위는 〔g/C〕로 나타내는데, 수치가 너무 작으므로 보통 〔mg/C〕 또는 〔g/Ah〕를 사용한다. 전기 화학 당량은 화학 당량에 비례한다.

electrochemistry 전기 화학(電氣化學) 전기 에너지와 화학 에너지와의 상호 변환을 대상으로 하는 학문 분야.

electrocromic device 일렉트로크로믹 소자(-素子) 일렉트로크로미즘을 표시나 기억에 이용하는 소자. 니켈이나 텅스텐의 화합물 박막으로, 청색으로 발광하는 것 등이 쓰인다.

electrocromism 일렉트로크로미즘 빛의 투과체에 전계를 가할 때 빛의 흡수량이 증가하는 현상으로, 전계를 없애면 가역적으로 회복한다. 표시 소자를 만드는 데 이용할 수 있다.

electrode 전극(電極) ① 그곳을 통해서 전류가 진공, 가스, 전해질, 반도체 등의 영역에 출입하는 도체 부분. ② 전해질 내의 이온과 외부 전기 회로 사이에서 전기량을 주고 받는 도체 부분. ③ 전자관에서 그 전계에 의해 전자 또는 이온을 방출하고, 수집하고, 혹은 그들의 이동을 제어하는 도체 요소. ④ 반도체에서 그 전계에 의해 전자나 정공을 방출하고 수집하고, 혹은 그들의 이동을 제어하는 요소. ⑤ 생물 일렉트로닉스 분야에서 쓰이는 측정용 (접촉) 금속편.

electrode active material 전극 활물질(電極活物質) 전지의 전극 반응을 하는 물질. +전극의 활물질은 산화제이며, PbO_2, MnO_2, Ni_2O_3 등의 고체 물질이 널리 쓰인다. -전극의 활물질은 환원제이며, 아연이나 납 등의 비금속이 가장 보편적으로 쓰이고 있다. 단지 활물질이라고도 한다.

electrode contact 전극 접촉(電極接觸) 실리콘 디바이스에서의 전극의 옴 접촉은 보통 알루미늄을 주체로 하여 그것만으로 형상하는 것도 많지만 여러 가지 이유에서 그 이외의 금속을 조합한 다층 전극 구조도 사용된다. 예를 들면, 알루미늄을 옴 접촉용 금속으로 하고, 금을 최상층의 배선용 메탈로 하기 위해 그 중간에 밀착용(SiO_2와의 밀착성 개선), 장벽용(합금화의 방지) 등의 금속층을 겹치도록 한다.

electrode dark current 전기 암전류(電氣暗電流) ① 광전관에서 전리성(電離性)의 방사와 광학적인 광자가 존재하지 않을 때 잔류하고 있는 전극 전류 성분이다. 광학적 광자란 파장 200~150nm 사이의 에너지를 가진 광자이다. 암전류는 온도에 따라 크게 변화하므로 온도를 지정할 필요가 있다. ② 지정된 방사의 차폐 상태에서 광전관의 전극으로부터 얻어지는 전류를 말한다.

electrodeposition 전착(電着) 비도전성 액체 중에 부유하고 있는 절연체의 미립자가 직류 전계가 가해지면 이동하여 전극에 부착하는 현상. 콘덴서에 사용하는 강유전체 박막 등은 이 방법에 의해 만들어진다.

electrode potential 전극 전위(電極電位) 금속 전극과 그것이 침지(浸漬)된 전해질 사이에 생기는 전위차(계면 정전위). 전극 전위는 용액 중에서 어느 원소가 이온을 생성하려는 경향의 세기를 주는 척도이다.

electrodialysis 전기 투석(電氣透析) 전해질 용액을 다공질 격막으로 감싸고, 전극에 가한 직류 전압에 의해서 이온을 이동시켜 용액에서 전해질을 제거하는 것. 물, 포도당, 과당, 혈정, 아교, 한천, 안료, 단백질 등의 정제에 응용된다. 원리로서는 양극측의 막에는 양 이온을 흡착하고, 용액 중의 음 이온과 전기 2중층을 형성하는 양성막을 사용하여 음 이온을 양극으로 능률적으로 이동시킨다. 음극막도 마찬가지이다.

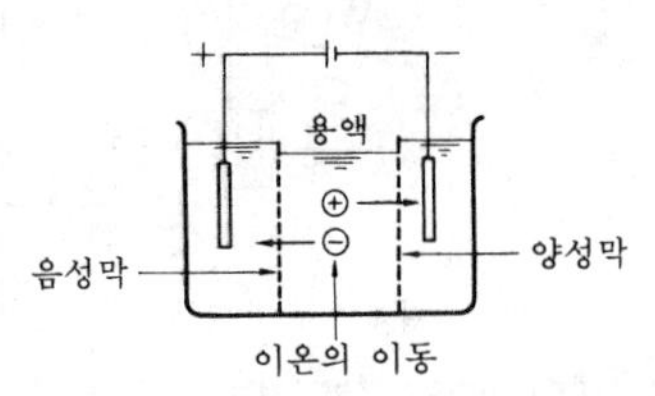

electrodissolution 전기 용해(電氣鎔解) 전기 분해에 의해 전극에서 어느 물질이 녹아 나오는 것.

electrodynamic instrument 전류력계형 계기(電流力計形計器) 하나 또는 복수의 가동 코일과 하나 또는 복수의 고정 코일의 각각의 전류 사이에 작용하는 힘에 의해서 동작하는 계기. 철심이나 차폐를 갖는 경우도 있고 갖지 않는 경우도 있다. 또 제어 토크도 갖는 것과 갖지 않는 것이 있다. 비율계나 역률계 등은 후자의 예이다. 전류, 전압, 전력 등을 측정하는 데 사용된다.

electrodynamometer type instrument 전류력계형 계기(電流力計形計器) 계기의 동작 원리에 의한 종별의 하나. 고정 코일 내에 가동 코일이 부착되고, 고정 코일의 전류에 의한 자계와 가동 코일의 전류와의 사이에 작용하는 전자력을 이용한 계기이다. 교류 · 직류 양용으로, 전압계, 전류계, 전력계가 있으며, 정밀도가 높다. 전력계에서는 등분 눈금, 전압계, 전류계에서는 0부근에서 축소하는 부등분 눈금이다. 그림에 이 형의 계기 기호를 나타낸다.

electrodynamometer type power factor meter 전류력계형 역률계(電流力計形力率計) 고정 코일에 부하 전류를 흘리고, 그 자계 내에 서로 직교하는 가동 코일 A_1, A_2를 두어 각각에 $R=\omega L$의 관계를 갖는 저항 R과 코일 L을 직렬로 하여 선간에 접속하면 A_1의 전류는 전압과 동상이고 A_2의 전류는 전압보다 90° 늦어진다. A_1과 A_2에 작용하는 토크가 서로 역방향으로 되도록 해 두면 교차 코일은 양 토크의 균형하는 위치에서 정지하고 지침의 진동각을 θ, 부하의 역률을 $\cos\varphi$로 하면 $\theta=\varphi$의 관계가 성립한다. 따라서 눈금이 $\cos\theta$이면 역률을 직독할 수 있다.

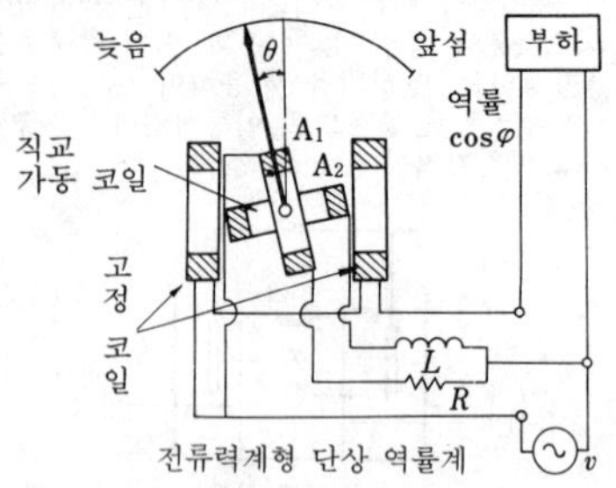

전류력계형 단상 역률계

electrodynamometer type wattmeter 전류력계형 전력계(電流力計形電力計) 그림과 같이 고정 코일에 부하 전류 I를 흘리고, 가동 코일에 고저항을 직렬로 접속하여 부하 전압 V를 가하면 지침의 진동각 θ는 $\theta=KVI\cos(\alpha-\theta)$가 된다($K$는 상수). 계기의 눈금은 $VI\times\cos(\alpha-\theta)$에 비례하고, 중앙 부근에서는 VI에 거의 비례한다.

electro-encephalogram 뇌전도(腦電圖) →electro-encephalograph

electro-encephalograph 뇌파계(腦波計) 대뇌 피질에서 발생하는 전압파를 뇌파라 한다. 뇌파는 정상인의 경우는 거의 주기적인 파형을 나타내고 있으나 뇌질환이 있는 경우 등은 이상한 파형을 나타낸다. 이러한 뇌파를 검출하여 증폭 기록하는 장치가 뇌파계이며, 뇌종양, 간질, 의식 장애 등의 진단이나 뇌의 연구를 위하여 사용된다.

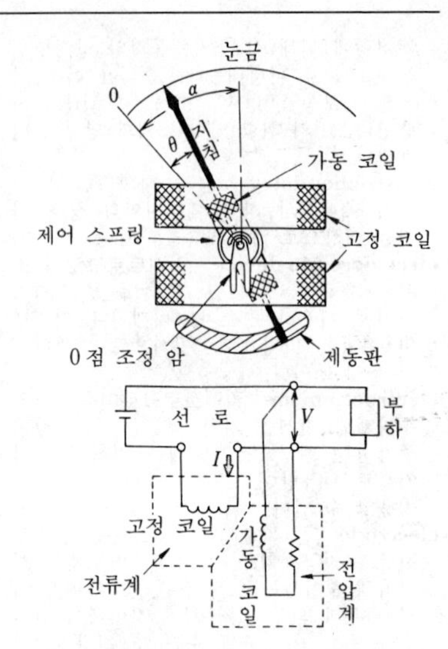

electrodynamometer type wattmeter

electrofax 일렉트로팩스 전자 사진의 일종으로, 정전적으로 화상을 만들고, 이것을 건식 화학적 처리에 의해 전사를 하는 방법. 사무용 복사기, 오프셋 인쇄 등에 사용된다. →electrophotography

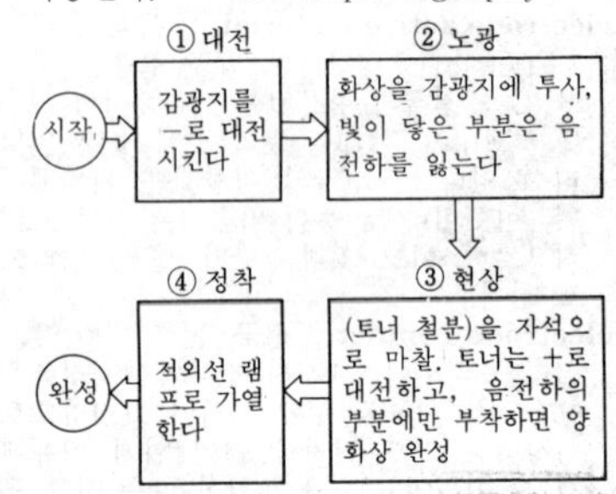

electrograph 일렉트로그래프 전기적인 수단을 써서 프린트하는 방법의 총칭. 전자 사진이나 방전 기록, 전해 발색 등 실용되고 있는 종류는 많다.

electrography 일렉트로그래피 전자 방사(電磁放射)의 도움없이 전하 잠상을 절연 매체에 만들어 넣고, 이것을 가시(可視) 기록하여 재생하는 것. 제로 프린팅 등이 그 예이다.

electroluminescence 전계 발광(電界發光) 고체에 강한 전계를 가했을 때 발광

하여 많은 물질에서 볼 수 있다. 발광의 원인은 전계에 의해서 가속된 자유 전자가 발광 물질 중에 존재하고 있는 발광 중심이 되는 특정한 불순물(활성제라 한다)의 전자를 여기(勵起)하여 그것이 원상으로 되돌아갈 때 에너지를 방출하기 때문이다. 발광의 세기는 전압 V에 의해서 c를 상수로 하면 $\exp(-c/\sqrt{V})$에 비례하여 증가한다. 이 발광을 이용하는 것이 EL 소자이며, 표시 장치나 광 증폭기 등에 사용되고 있는 외에 텔레비전에의 응용도 고려되고 있다. =EL

electroluminescence element EL 소자(-素子), 전자 발광 소자(電子發光素子) 전계 발광을 이용한 발광체로, 판 모양으로 성형한 발광층의 양면에 전극을 붙인 것. 발광층은 분말 모양으로 한 황화 아연(ZnS) 등의 발광 물질을 굳힌 것으로, 플라스틱형과 세라믹형이 있다. 전극의 한쪽은 금속이라도 되지만 다른 쪽은 발광을 외부에 꺼내기 위해 투명 전극을 사용한다. 이 소자는 일반 조명에 사용할 수 있을 만큼의 밝기는 없지만 표시 장치 등에 실용되고 있다.

electroluminescent lamp EL 램프 황화 아연계의 특수한 형광체를 유전체에 혼합하여 수 10μm 정도의 박막으로 하고, 투명한 전극 사이에 두어 콘덴서로 한 것이며, 여기에 교류 전압을 가하면 형광을 발한다. EL 램프는 빛이 약하므로 표시용 등에 사용된다.

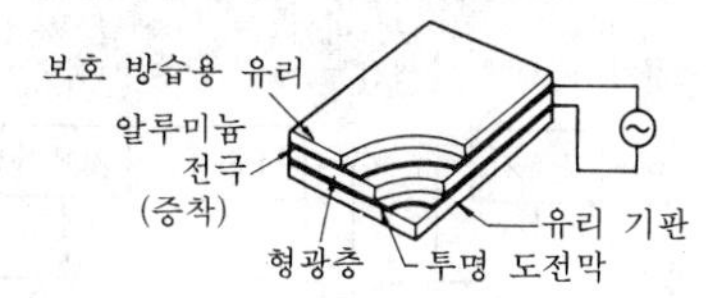

electrolysis 전해(電解), 전기 분해(電氣分解) 전해액에 전류를 통함으로써 액 속에 전리(電離)하여 존재하는 이온이 음양의 전극으로 이동하여 가스를 발생한다든지, 금속을 석출하는 화학 반응을 일으키는 현상을 전기 분해 또는 단지 전해라 한다. 그림은 물의 전기 분해를 나타낸 것이다. 그림에서 전류를 통하기 위해 한 쌍의 도체를 전극으로서 넣고, 이것을 직류 전원에 접속하면 양극에서는 양 이온의 생성, 산소의 발생 등 산화가 일어나고, 음극에서는 금속의 석출, 수소의 발생 등 환원이 일어난다.

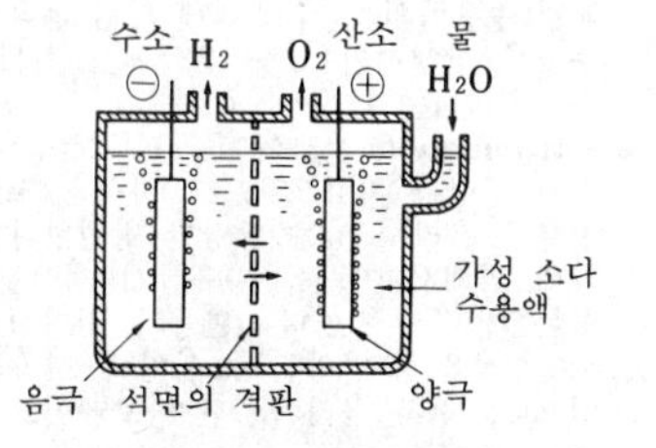

electrolyte 전해질(電解質) 식염 등과 같이 수용액으로 했을 때 도전성을 갖는 물질. 전해질의 분자는 수중에서 양 이온과 음 이온으로 해리하므로 외부에서 전계를 가하면 이온이 이동하여 전류가 흐르게 된다.

electrolytic 전해 연마(電解研磨) 연마하려는 금속을 양극으로 하고, 적당한 전해액에 담가서 음극과의 사이에 전류를 흘리면 양극 금속은 액 속에 녹아든다. 그 때 표면 돌출부는 전류 밀도가 높아져서 다른 부분보다 많이 용해되므로 평활한 표면이 얻어진다. 이것이 전해 연마이며, 기계적인 연마와 달라서 깨끗한 연마면이 얻어지고, 또 복잡한 모양의 것도 연마할 수 있는 특징이 있다.

electrolytic capacitor 전해 콘덴서(電解-) =electrolytic condenser

electrolytic cell 전해 셀(電解-) ① 전기 에너지를 줌으로써 전기 화학적 반응을 발생하고, 또는 반대로 전기 화학적 반응의 결과로서 전기 에너지를 공급하는 셀. 후자를 갈바니 전지라 한다. 둘 또는 그 이상의 전극을 적당한 전해액과 함께 용기에 수용한 것으로, 단독 혹은 이러한 셀을 여러 개 조합시켜서 사용한다. ② 전해를 할 때 전해액을 넣는 용기. 전해조(電解槽)라고도 한다.

electrolytic cleaning 전해 세척(電解洗滌) 세척하려는 금속을 전해액에 담그고, 그것을 양극으로 하여 전류를 흘리면 전해 연마와 같은 원리로 표면의 이물이 제거되는 것을 이용한 세척법.

electrolytic coloring 전해 발색(電解發色) 화상 기록 방식의 일종으로, 전해질을 함침시킨 기록지에 전극을 접촉시켜서 전류를 통함으로써 발생시키는 방법. 전극이 기록지에 함침한 전해질과 반응하여 발생하는 것과 기록지에 함침한 전해질이 분해하여 발색하는 것이 있다.

electrolytic condenser 전해 콘덴서(電解-) 전기 분해를 응용하여 양극 금속의 표면에 산화 피막을 만들고, 그것을 감싸듯이 음극을 붙인 것으로, 페이스트 모양의 전해액에 의한 습식과 증착 반도체에 의한 건식이 있다. 양극 금속에는 알루미 측으로 해 두고, 반대로 수신측에서 송신늄이나 탄탈이 널리 사용되며, 그림 (a)와 같은 박형(箔形)과 그림 (b)와 같은 소결형(燒結形)이 있다. 박형의 양극은 전류를 흘리면서 에칭하여 표면에 미세한 요철(凹凸)을 만들고, 소결형의 양극은 분말 금속의 소결에 의해서 표면적을 크게 한 것이다. 전해 콘덴서는 소형이고 큰 정전 용량이 얻어지나 내압이 낮고, 고주파에는 부적당하므로 저주파의 필터나 바이패스용으로 널리 사용되고 있다.

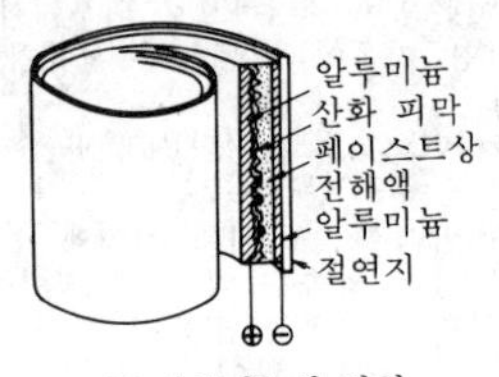

(a) 알루미늄의 박형

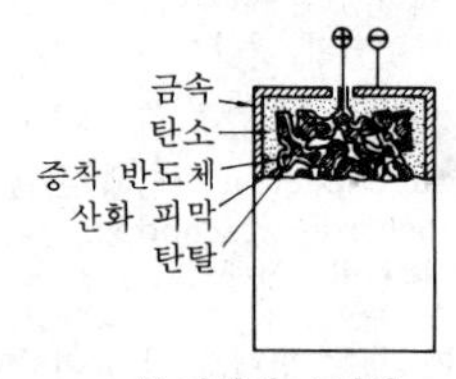

(b) 탄탈의 소결형

electrolytic copper 전기동(電氣銅) 전선이나 인쇄 배선 등에 사용하는 구리는 되도록 도전율을 좋게 하기 위해 불순물이 적은 것이 요구되므로 전기 분해에 의해서 정련한 구리를 사용한다. 이것이 전기동이며 순도는 99.8% 이상이다.

electrolytic foil condenser 박형 전해 콘덴서(箔形電解－) 전해 콘덴서 중 전극으로서 금속박(일반적으로 알루미늄)을 사용하는 형식의 것을 말한다. 습식 콘덴서로, 표면에 산화 피막(유전체)을 형성시키고, 이를 감아서 사용한다. 소결형에 대하여 구별하기 위한 호칭이다.

electrolytic machine 전해 가공기(電解加工機) 2 개의 금속을 전해액 중에 담그고, 그 사이에 직류를 흘리면 양극측의 금속은 녹아서 음극측에 석출한다. 이 현상을 이용하여 가공하는 기계가 전해 가공기이다. 전해액은 식염(NaCl)이나 초산 나트륨($HaNO_3$) 등의 수용액을 쓴다. 피가공체를 양극으로 하고, 가공하려는 형태로 만든 철, 황동, 구리 등의 전극을 음극으로 하여 마주보게 해서 통전하면 그림과 같이 구멍뚫기 등을 할 수 있다. 이 방법은 연삭에 의한 것은 아니므로 경도에 관계없고, 또 복잡한 형상의 가공도 할 수 있는 것이 특징이다.

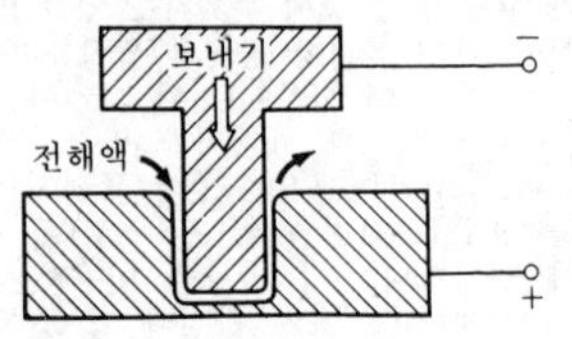

electrolytic polishing 전해 연마(電解研磨) 연마하려는 금속을 양극으로 하고, 적당한 전해액에 담그고 음극과의 사이에 전류를 흘리면 양극 금속은 액 속에 녹아든다. 그 때 표면의 돌출부는 전류 밀도가 높아져서 다른 부분보다 많이 용해되므로 평활한 표면이 얻어진다. 이것이 전해 연마이며, 기계적인 연마와 달라서 깨끗한 연마면이 얻어지고, 또 복잡한 모양의 것도 연마할 수 있는 특징이 있다.

electrolytic printer 전해 기록식 프린터(電解記錄式－) 비충격 프린터의 일종. 인자 용지로서 특수한 전해 기록지를 사용하고, 이것과 기록 전극을 접촉시켜서 직류 전류를 흘려 발색시킨다. 발색의 원리에는 기록지에 함침시킨 전해질과 전극과의 화학 반응에 의한 것과 전해질의 분해에 의해서 생긴 생성물의 발생에 의한 것이 있다.

electrolytic recording 전해 기록(電解記錄) 모사 전송 장치의 수신측 기록 방식의 하나. 기록지는 다가(多價) 페놀 등 전류에 의해서 발색하는 것을 사용한다.

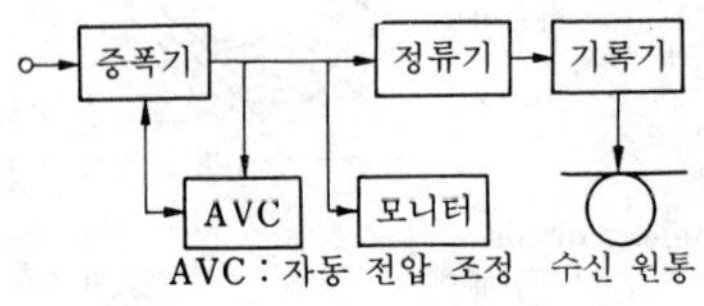

electrolytic rectifier 전해 정류기(電解整流器) 전해 작용에 의해서 교류의 정류를 하는 정류기.

electrolytic reduction 전해 환원(電解還元) 수용액의 전기 분해에 의해 음극에서 수소를 발생시키는 등 음극에서 환원 반응을 시키는 것.

electromagnet 전자석(電磁石) 철심과 코일로 구성된 자석으로, 그 자력은 코일에 전류를 흘리고 있는 동안만 발생한다. 전류에 의해서 자력을 자유롭게 제어할 수 있는 것이 특징이다. 단독의 전자석으로서는 철을 운반하는 크레인에 사용되고 있으나, 전자 클러치, 전자 브레이크, 전자 밸브 등에 내장되어 있다.

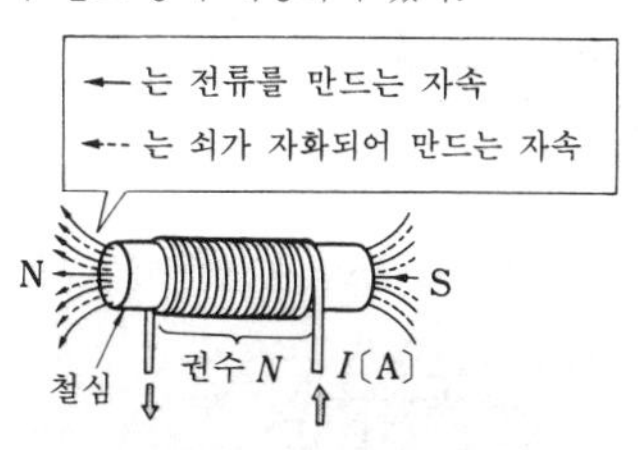

electromagnetic compatibility 전자적 적합성(電磁的適合性) 전자 기기는 그 두어진 전자 환경하에서 정상으로 동작하고, 또한 자기가 내는 전자 방해를 제한하여 다른 시스템에 나쁜 영향을 주지 않도록 할 필요가 있다. 그러나 그 때문에 방사 방해파를 극도로 억제한다든지 방해파 내력을 과대하게 설계한다든지 하는 것은 많은 경제적 부담을 요하므로 양자의 적절한 조화를 도모하도록 하는 것이 전자적 적합성이다. =EMC

electromagnetic contactor 전자 접촉기(電磁接觸器) 전기 회로의 개폐를 전자석으로 하는 것. 제어 회로의 원격 조작에 쓰인다.

electromagnetic control 전자 제동(電磁制動) 지시 계기에서 계기의 지침이 구동 토크로 회전했을 때 관성이나 탄성 때문에 지시할 눈금의 위치에서 바로 정지하지 않고 감쇠 진동을 하면서 정지한다. 이것을 방지하는 것이 제동 장치이며, 전자 제동은 가동 코일의 감을틀에 금속을 사용하고, 이것이 회전했을 때 자계를 끊음으로써 감을틀에 역기전력이 생겨 제동력이 작용하는 현상을 이용한 것이다.

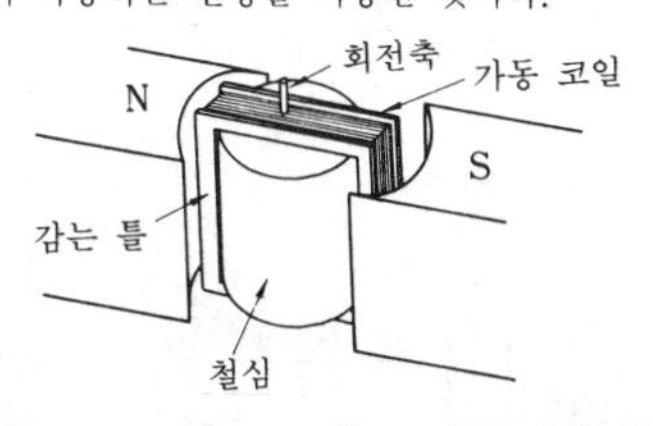

electromagnetic coupling 전자 결합(電磁結合) 2개의 코일을 접근시켜서 배치하고, 하나의 코일에 전류를 흘렸을 때 그 전류에 의한 자속이 다른 코일에 쇄교하면 상호 유도 작용에 의해서 다른 코일에 기전력이 유기된다. 이 두 코일의 이와 같은 상태를 전자 결합이라 하며, 양 코일의 감은 방향에 따라 기전력의 방향은 달라진다.

electromagnetic deflection 전자 편향(電磁偏向) CRT(음극선관)에서 전자 빔을 수평 또는 수직 방향으로 움직이게 하기 위해 편향 코일로 자계를 발생하는 방식. 자계 중에서의 전자 빔이 움직이는 방향은 플레밍의 왼손 법칙에 의해 정해지고, 편향량은 자계의 세기에 비례한다. 정전 편향에 비해서 편향각을 크게 할 수 있다. 텔레비전 브라운관의 전자 빔을 형광면에 주사시키기 위해서는 수평 편향 코일, 수직 편향 코일에 각각 교류를 흘려서 주사선을 그리게 한다.

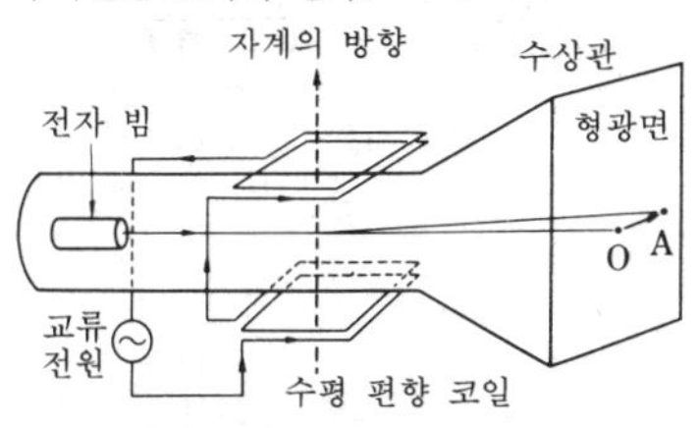

electromagnetic deflection sensitivity 전자 편향 감도(電磁偏向感度) 전자 편향에서 치수를 그림과 같이 정하면 다음 식의 관계가 있다.

$$D=\sqrt{\frac{e}{2mV_0}}\cdot BaL$$

여기서, e : 전자의 전하로 1.6×10^{-19}C, m : 전자의 질량으로 9.1×10^{-31}kg, B : 자속 밀도〔T〕, V_0 : 전자의 가속 전압〔V〕. 이 식에 의해 구해지는 D/B를 전자 편향 감도라 한다.

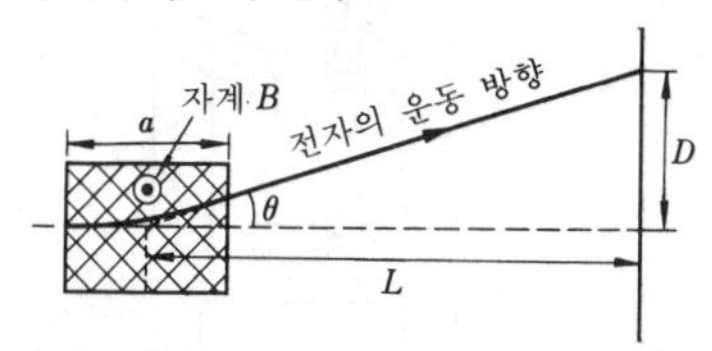

electromagnetic delay line 전자 지연선(電磁遲延線) 전자파가 분포한 혹은 집중한 커패시턴스 및 인덕턴스를 가진 선로를 전파(傳播)할 때의 전파 시간을 이용하여 지연 시간을 얻도록 한 것.

electromagnetic densitometer 전자 농도계(電磁濃度計) 변압기 2개를 측정액을 통한 유리관으로 전기적 결합하고, 여자 변압기의 권선에 상용 주파의 교류를 접속하면 결합 회로의 전기 저항은 용액의 농도에 따라서 변화하므로 검출 변압기의 권선에 유도하는 기전력은 용액의 농도에 따라서 변화한다. 전자 농도계는 이 작용을 이용한 것이며, 용액에 직접 접촉하는 도체 부분이 없는 것과 연속 측정이 가능한 것이 특징이다.

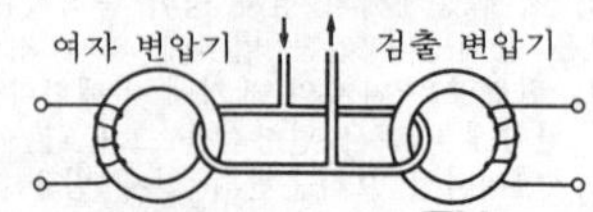

electromagnetic energy 전자 에너지(電磁－) 전파, 열파, 광파, X 선 기타의 전자 방사에 의해서 운반되는 에너지.

emectromagnetic field 전자계(電磁界), 전자장(電磁場) 전하는 공간에 전계를 만들고, 이동하는 전하 즉 전류는 그 주위를 둘러싸는 자계를 만든다. 반대로 변화하는 자계에는 전계가 수반하는 것도 알려져 있다. 이와 같이 전계와 자계의 상호 작용이 존재하는 공간 영역을 전자계 또는 전자장이라 한다. 전자계는 전계의 세기 $\boldsymbol{E}$, 전속 밀도 $\boldsymbol{D}$, 자계의 세기 $\boldsymbol{H}$ 및 자속 밀도 $\boldsymbol{B}$의 네 벡터량에 의해 맥스웰의 전자 방정식으로서 정식화되어 있다.

electromagnetic flowmeter 전자 유량계(電磁流量計) 자계 중에 하전 입자를 흘리면 진로를 바꾸는 것을 이용한 유량계. 그림과 같이 도관(導管)에 자계를 가하여 이온을 포함하는 유체를 흘리면 양 이온은 위로, 음 이온은 아래로 움직여서 관벽에 기전력이 생긴다. 기전력의 크기는 유체의 양에 거의 비례한다. 산이나 알칼리 등 도전성 액체의 유량 측정에 사용한다.

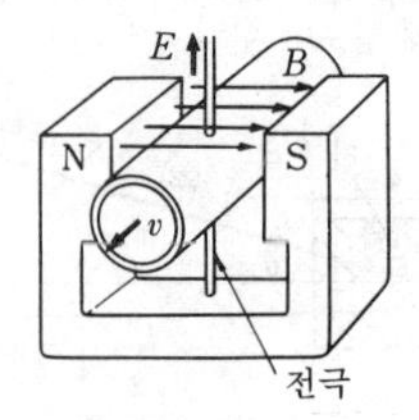

electromagnetic focusing 전자 집속(電磁集束) 브라운관 전자 빔의 집속을 관 밖에 둔 집속 코일 또는 집속 마그넷으로 하는 방법으로, 자계 집속이라고도 한다. 전자 집속형 브라운관의 전자총 쪽이 정전 집속형보다 구조가 간단하고 해상도는 좋아지지만 집속 회로에 전력을 필요로 하고, 안정도에 문제가 있으므로 레이더용이나 텔레비전의 모니터용 이외는 그다지 사용되지 않는다.

electromagnetic force 전자력(電磁力) 자계 중에 두어진 도체에 전류를 흘리면 전류 및 자계와 직각 방향으로 도체를 움직이는 힘이 발생한다. 이것을 전자력이라 한다. 전자력을 응용한 기기로서 각종 전동기, 가동 코일형 계기 등이 있다. 또 도선은 없지만 브라운관에서의 전자 빔의 전자 편향, 전자 현미경의 빔 집속 렌즈 등은 전자력의 작용으로 움직이고 있다.

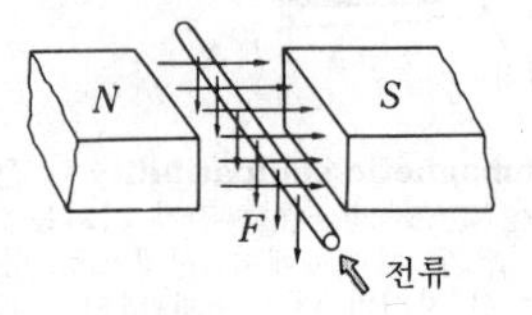

electromagnetic horn 전자 혼(電磁－) 마이크로파 방사기의 일종으로, 도파관의 한 끝을 넓혀 관내의 전자계를 서서히 벌리면서 지향성이 날카로운 전파를 공간으로 방사하는 것. 전자 혼 내의 전자계 분포는 접속하고 있는 도파관 내의 분포를 그대로 확대한 것과 거의 같다. 파라볼라 안테나와 조합시켜 지향 특성이나 이득을 향상시킨다. 구조가 간단하고, 이론적 계산에 의해 이득을 구할 수 있으므로 측정에 편리하다.

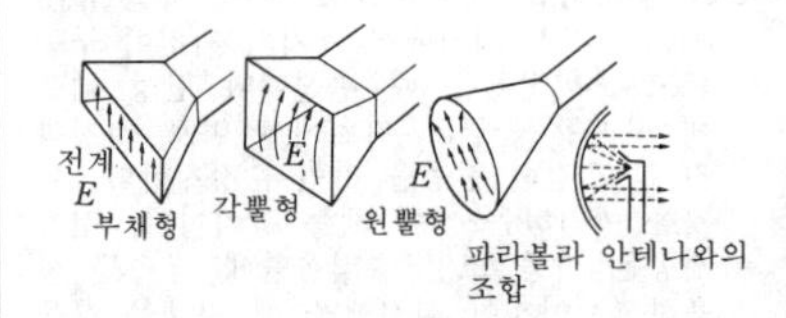

electromagnetic induction 전자 유도(電磁誘導) ① 코일 중을 통과하는 자속이 변화하면 코일에 기전력이 생기는 현상. 자석을 상하로 움직이면 코일을 통하는 자속이 변화하여 전자 유도에 의해서 기전력이 발생한다. 기전력의 크기는 자속의 시간적 변화 $\Delta\varphi/\Delta t$에 비례한다.

$$v=k(\Delta\varphi/\Delta t)$$

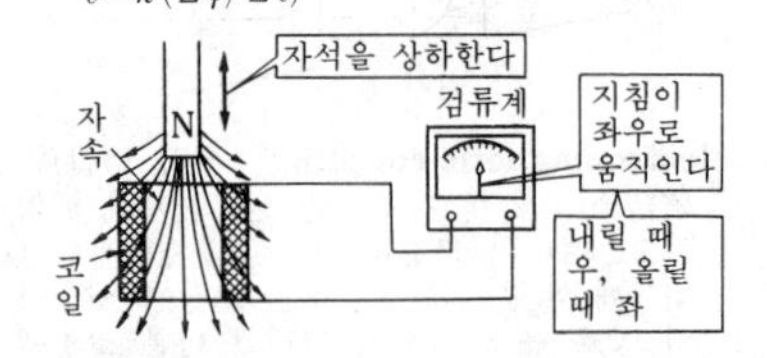

② 도체가 자속을 끊었을 때 도체에 기전력이 발생하는 현상. 예를 들면 코일을 흔들면 코일이 자속을 끊어서 기전력이 발생한다.

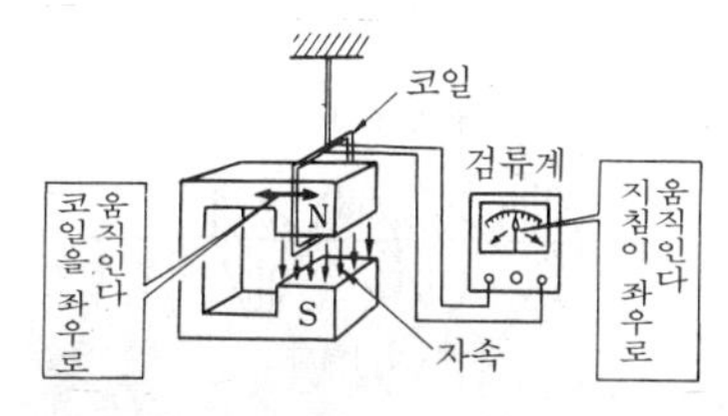

electromagnetic inspection 전자 탐상(電磁探傷) 자성 재료로 만들어진 막대, 선, 관 등의 결함을 전자 유도 작용을 이용하여 탐지하는 방법이다. 전류를 통한 자화 코일 속을 일정 속도로 시험하려는 재료를 통하고 이 재료에 접근하여 탐색 코일을 부착해 두면 결함이 있을 때 누설 자속이 생겨 탐색 코일에 유기 기전력을 발생시킨다. 검류계로 이것을 재든가 증폭하여 자동 기록시킴으로써 흠의 유무나 위치를 검사할 수 있으며, 계기 지시의 크기나 변화의 모양으로 흠의 형상을 판달할 수 있다.

electromagnetic interference 전자기 방해(電磁氣妨害) 전자적 방해에 의한 장치, 기기 또는 시스템의 성능의 저하. 기기의 외부에서 방해를 받는 경우와 외부로 방해를 주는 경우가 있다. 후자에 대해서는 다음의 규격 및 규제 등이 있다. 국제적으로는 CISPR 규격이 있으며, 주요 국별로는 FCC 규격(미국), VDE 규격(서독), VCCI 규제(일본 국내) 등이 있다. =EMI

electromagnetic interference filter 전자파 장해 필터(電磁波障害－), EMI 필터 EMI 란 전자파 장해를 말하며, 신호에 대한 잡음 등을 말한다. 최근에는 특히 디지털 기기로부터 발생하는 것이 많다. 이들 잡음을 제거하는 구실을 하는 것 및 회로를 EMI 필터라 한다.

electromagnetic interference shielding 전자파 실드(電磁波－), 전자파 차폐(電磁波遮蔽) 기기가 발생하는 전자파가 외부로 새어 나가지 않도록, 또 외부의 전자파가 기기에 새어 들어가지 않도록 하기 위해 기기를 도체로 차폐하는 것. 차폐용 재료로서는 금속제의 판 또는 그물을 사용하는 외에 도전성 플라스틱도 사용된다.

electromagnetic lens 자계 렌즈(磁界－) 전자 렌즈의 일종으로, 렌즈의 광축을 통하는 전자선에 대하여 자기에 의해서 작용하는 것. 자성체 코일의 커버 속에 코일을 매설하고, 그 기자력을 중앙의 자극 간극에 집중하여 광축을 통하는 전자선에 대하여 렌즈 작용을 한다. 초점 거리를 짧게 하기 위한 폴 피스가 삽입되어 있다.

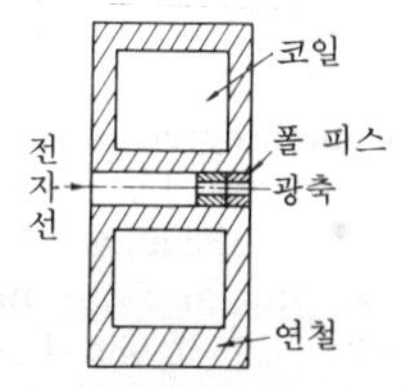

electromagnetic oscillograph 전자 오실로그래프(電磁－) 빛의 빔을 전류에 의해서 진동시켜 파형을 관측한다든지 기록지상에 파형을 그리게 하는 장치.

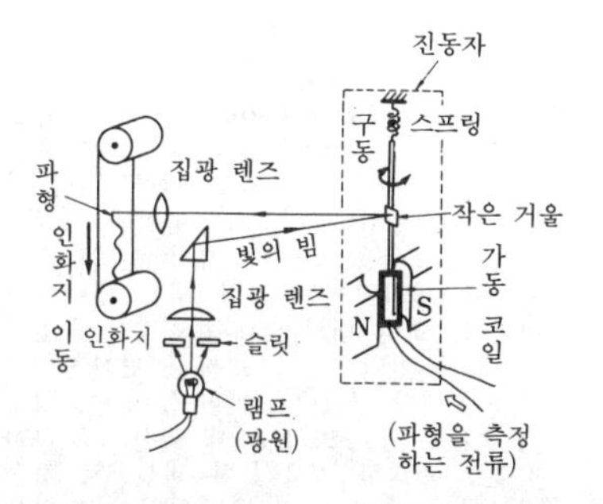

electromagnetic radiation 전자 방사(電磁放射) 전자(기)계가 공간을 전파(傳播)하는 것. 고주파, 빛, X 선은 모두 전자 방사이다. 전자 방사는 모두 빛의 속도, 진공 중에서 약 299,784km/초로 전해진다. 전자 방사는 주파수와 파장으로 정해져 있다.

$$\text{파장} = \frac{c}{\text{주파수}}$$

여기서 c는 빛의 속도이다. 알기 쉽게 하면 다음과 같이 된다.

$$\text{파장(m)} = \frac{300}{\text{주파수(MHz)}}$$

electromagnetic relay 전자 계전기(電磁繼電器) 전자력에 의해서 접점을 개폐하는 기능을 가진 계전기.

electromagnetic shielding 전자 차폐(電磁遮蔽) 전자 유도에 의한 방해 작용을 방지할 목적으로 대상이 되는 장치 또는 시설을 적당한 자기 차폐체에 의해 감싸서 외부 전자계의 영향으로부터 차단하는 것. 자계를 차폐하기 위해 투자율이 큰 자성 재료를 필요로 하는데, 그 효과는 정전 차폐의 경우만 못하다.

electromagnetic soft iron 전자 연철(電

磁軟鐵) 순철에 가까운 조성을 가진 철로, 통신용 계전기의 철심 등에 쓰인다. 보자력은 8A/m 정도, 포화 자속 밀도는 1.3~1.6T 이다.

electromagnetic spectrum 전자 스펙트럼(電磁－) 전자 방사의 스펙트럼. 파장으로 분류하면 0.006nm 보다 짧은 것은 γ선, 0.006~5nm 가 X선, 5nm~0.4μm 가 자외선, 0.4~0.7μm 가 가시 광선, 0.7μm~1mm 가 적외선, 1mm 이상이 전파이다.

electromagnetic thickness gauge 전자 두께 측정기(電磁－測定器) 비자성체 박막이나 자성체 박막의 두께를 전자 작용을 이용하여 측정하는 장치.

electromagnetic transducer 전자 유도형 변환기(電磁誘導形變換器) 전자 유도 작용을 이용하여 물리량을 기전력이나 인덕턴스로 변환하는 장치. 변위에 의해서 철심의 공극을 바꾸어 자기 인덕턴스의 크기를 변화시키는 가변 갭형 인덕턴스 변환기, 코일 내의 막대형 철심을 출입시켜 자기 인덕턴스의 크기를 변화시키는 가동 철심형 인덕턴스 변환기, 권수, 형상이 똑같은 두 코일을 반대 극성으로 하여 직렬로 접속한 것을 2차 권선으로 하는 변압기의 유기 기전력이 철심의 변위에 따라서 변화하는 것을 이용한 차동 변압기 및 전자 유도 기전력을 이용하여 회전 속도나 진동, 유속의 측정을 하는 발전형 변환기 등이 있다.

electromagnetic valve 전자 밸브(電磁－) 전자석으로 밸브를 개폐하는 것으로, 그림과 같은 구조이다. 여자(勵磁) 코일에 전류를 흘림으로써 밸브를 열고, 전류를 끊으면 중력과 유체 압력 또는 스프링의 힘으로 밸브가 닫혀서 유로(流路)를 막도록 되어 있다. 개, 폐의 2위치 동작을 한다.

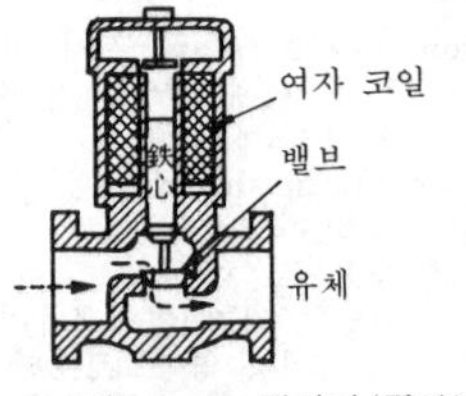

electromagnetic wave 전자파(電磁波) 전자파는 전계와 자계가 같은 위상으로 시간과 더불어 변화하면서 진행하는 파동. 흔히 전파라고 부른다.

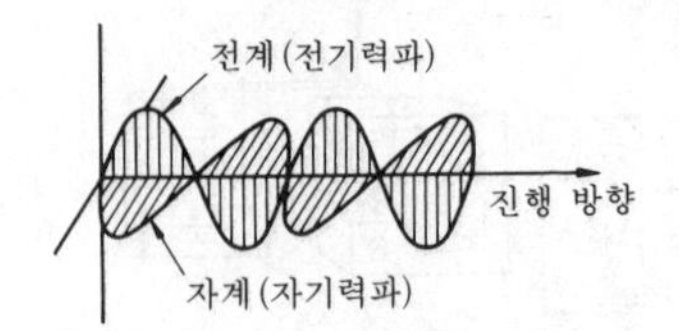

electromechanical coupling factor 전기 기계 결합 계수(電氣機械結合係數) 압전기 효과를 써서 전기 진동을 기계 진동으로 변환할 때의 효율을 나타내는 값. 수정 공진자는 낮아서 수 % 정도이며, 티탄산 바륨 자기로 만든 압전 공진자에서는 60%에 이르는 것도 있다.

electromechanical filter 전기 기계 필터(電氣機械－) 압전 세라믹 공진자나 트랜스를 사용한 세라믹 대역 통과 필터는 날카로운 동조 주파수 특성과 평탄한 통과 특성, 그리고 대역단에서의 급속한 차단을 줄 수 있다. 통과 영역에서의 등가 회로는 그림과 같이 전기 커패시턴스 C_0으로 디커플링된 공진 소자, 혹은 1:1 트랜스(180° 위상 변이)로 표현된다. 이 필터의 영상(影像) 임피던스는 통과 영역에서 실수이며, 저지 영역에서 허수이다.

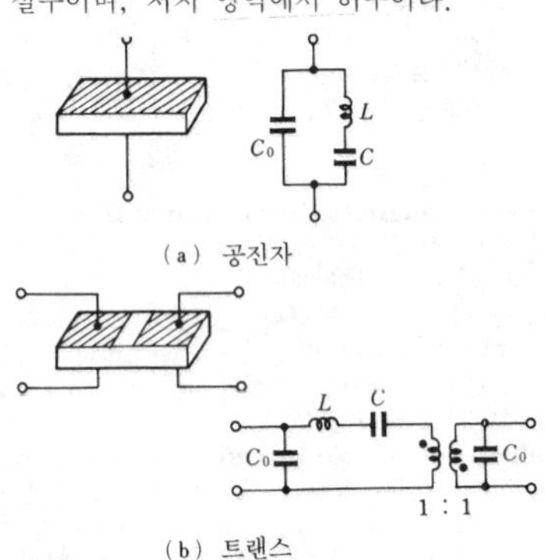

(a) 공진자

(b) 트랜스

electromechanical interlocking machine 전기 기계 연동 장치(電氣機械連動裝置) 기계적, 전기적으로 동작하는 장치 양쪽의 동작을 제어하기 위한 연동 장치.

electrometer 전위계(電位計) 전압이나 전위를 측정하는 정전형 계기. 피측정 전위차를 가한 평행 도체간의 반발력에 의한 변위를 이용하여 직접 지시케 하는 것과, 감도를 높이기 위해 그림과 같이 평행 도체에 보조 전압을 가하여 그 사이에 도금한 매우 가는 파이버선을 접속하고 이

선과 2개의 보조 전극과의 사이에 작용하는 반발력의 차에 의해서 생기는 파이버선의 변위를 현미경으로 측정하는 것이 있다.

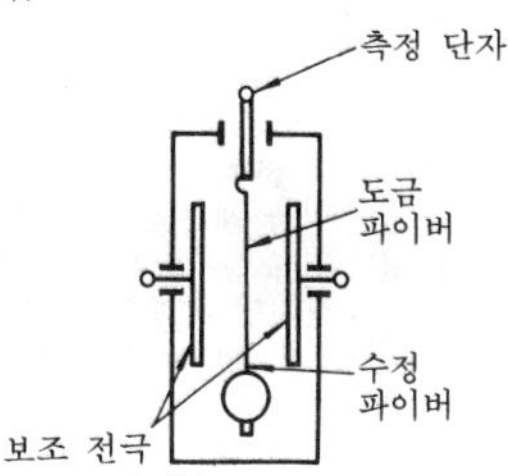

electromigration 일렉트로마이그레이션 LSI 기술에서 배선 금속막 중의 전류 밀도의 증대, 칩(chip)당 소비 전력의 증대에 의한 디바이스 온도의 상승에 의해 캐리어에서 전극 구성 원자로 금속막 중의 물질 이동이 일어나는 것. 단선에 의한 신뢰성 저하의 원인이 된다.

electromotive force 기전력(起電力) 전지나 발전기의 내부에서 발생하는 전위차(전압)는 전류를 흘리는 원동력이 되므로 기전력이라 한다. 이 단위에는 볼트(기호는 V)가 사용된다. =EMF

electromotive force transposition 기전력 변환(起電力變換) 전기 응용 계측의 분야에서 물리적인 양이나 화학적인 양을 전기적인 아날로그량(전압)으로 변환하는 것. 변환 소자를 사용하여 온도나 회전수 등을 기전력으로 변환하여 측정하는 방법이 있다.

(a)

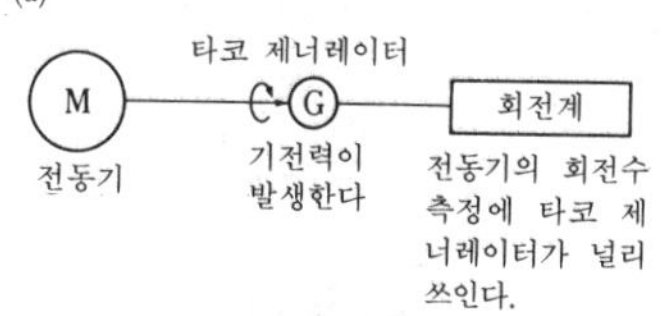

(b)

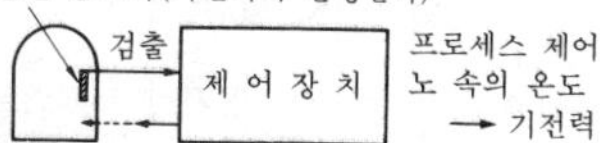

electromyograph 근전계(筋電計) 근육이 수축하는 경우에는 생체 전기를 발생한다. 이 근 동작 전류를 측정하는 장치를 근전계라 하고, 근육이나 운동 신경계 등의 진단에 사용된다. 계기의 입력은 수 10μV~수 mV, 주파수는 10~1,000Hz이다.

electron 전자(電子) 소립자의 일종으로, 원자핵 둘레에 존재하고, 그 개수는 원자의 종류에 따라 다르며 원자 번호와 같다. 전자 1개의 전하는 -1.602×10^{-19}C, 정지 질량은 9.108×10^{-31}kg 이다.

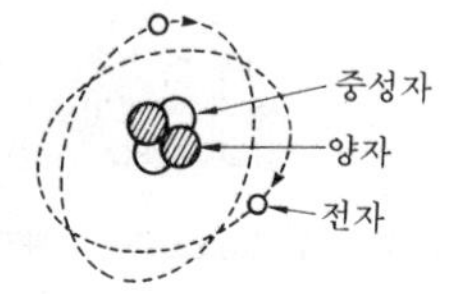

electron affinity 전자 친화력(電子親和力) ① 전자가 원자 또는 분자와 결합하여 음 이온으로 될 때 해방되는 에너지. 많은 원자나 분자는 양의 전자 친화력을 가지며, 음 이온 쪽이 중성 상태보다 안정하다. ② 반도체에서 전도대 하단과 진공 준위(반도체 외부 자유 공간의 에너지 준위)와의 차.

electron avalanche 전자 애벌란시(電子—), 전자 사태(電子沙汰) 외부 전계에 의해서 가속된 전자는 분자 혹은 원자와 충돌하여 새로운 전자를 발생시킨다. 이러한 과정이 급속이 되풀이되어 전계 방향으로 움직이는 전자가 등비 급수적(等比級數的)으로 증대하는 현상을 전자 애벌란시 또는 전자 사태라 하며, 기체의 전자에 의한 전리(電離) 작용, 유전체의 절연 파괴 현상, 다이오드의 전자 사태 항복 등이 있다.

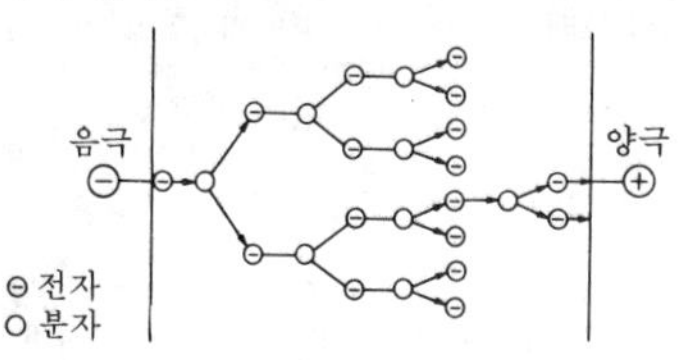

electron beam 전자 빔(電子—) 전극에서 연속하여 방출된 전자가 모아져서 가는 다발과 같이 되고, 이것이 전계에 의해 가속되어 직선형으로 방사되는 것. 미세 가공 등에 이용된다.

electron-beam-accessed MOS storage 전자 빔 기억 장치(電子—記憶裝置) SiO_2를 사이에 두고 표면에 금속 전극을 둔 Si 타깃을 읽고 쓸 수 있는 기억 매체로 하고, 이것을 전자 빔으로 접근하는 기억 장치. 기억 매체의 기계적 운동없이 전자 빔의 편향에 의한 2차원적인 주소 주사로 주소 선택 조작을 한다. 특징은 대용량(단위 모듈당 10^6~10^7 비트), 고속 접근(수 10 마이크로초 이하), 저가격 등이나, 정보 유지 시간이 한정되어 있고(약 1개월), 이상적 불휘발성이 못된다는 등의 문제점도 있다. =electron beam memory

electron-beam evaporation 전자선 증착(電子線蒸着) 부품을 제조할 때 증착에 의해서 박막을 만드는 경우, 증착 금속을 가열하는 데 전자선을 대서 증발시키는 방법. 히터를 사용하는 방법에 비해 증착막의 두께나 증착 속도의 급속한 제어가 용이하다.

electron-beam holography 전자선 홀로그래피(電子線-) 홀로그래피에서의 해상도를 높이기 위해 전사선을 사용한 것. 먼저 전자선에 의한 시료(試料)의 홀로그램을 만들고, 이것을 레이저광으로 조사(照射)하여 확대된 재생상을 얻도록 하고 있다. 전계 방사형 전자총을 써서 단색성이 좋은 전자선을 만들어 내고 이에 의해서 홀로그램을 작성하는데, 이 경우 물체파와 참조파를 겹치는 방법의 차이에 따라 가볼 방식과 2광속 방식이 있다. 후자는 동일한 전자선의 두 부분을 나누어서 사용하는 대신 바이프리즘에 의해 방향이 다른 두 전자선을 만들어 내고, 그 한쪽 속에 물체를 두어서 홀로그램을 만드는 것이다. 이로써 레이저광으로 재생상을 얻을 때 공액상의 분리를 쉽게 할 수 있는 이점이 있다. 전자선 홀로그래피는 간섭 현미경으로서 시료의 두께나 굴절률 분포의 관측 등에 이용된다.

electron-beam lithography 전자 빔 리소그래피(電子-) 웨이퍼 면에 IC(집적회로)를 만들어 넣기 위한 인쇄 공정의 하나로, 빔을 웨이퍼 면에 선택적으로 조사(照射)하는 것으로, 광 조사 인쇄인 경우와 달리 마스크는 필요없다. 전자 빔을 조사하는 방법으로서 다음 두 가지가 있다. ① 래스터 주사 : 빔을 텔레비전의 경우와 같이 래스터 모양이 되도록 주사한다(조사 불필요 영역에서는 주사 빔을 차단한다). ② 벡터 주사 : 빔을 목적의 영역만을 선택적으로 조준하여 조사한다. 리소그래피란 평판(석판)을 말하며, 판면에는 거의 요철이 없는 인쇄판이다. →fabrication process of IC

electron-beam machine 전자 빔 노출 장치(電子-露出裝置) =EBM

electron-beam machining 전자 빔 가공(電子-加工) EBM

electron-beam melting 전자 빔 용해(電子-鎔解) 진공 중에서의 용해 처리로, 초점을 날카롭게 한 빔에 의해 열을 발생시키고, 이에 의해 금속을 정제하는 것. 용해되는 금속의 온도와 용해 시간을 제어할 수 있기 때문에 불순물의 휘발도를 자유롭게 조정할 수 있어 보통의 진공 용해법보다 고순도의 금속을 얻을 수 있다.

electron-beam of fused furnace 전자 빔 융해로(電子-融解爐) 진공 중에서 직류 고전압에 의하여 가속된 전자 빔을 피열물(被熱物)에 투사하여 금속을 가열·융해하는 전기로. 전자 렌즈로 전자 빔을 국소로 모아 전력 밀도를 높이고, 충격점의 가열 범위를 국한하면 열변질을 받는 부분을 좁게 하여 시료에 구멍을 뚫는다든지 빔을 이동하여 시료를 어느 형으로 절단한다든지 한다.

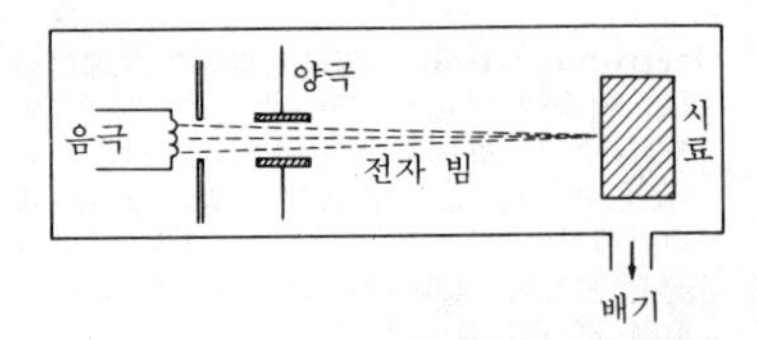

electron-beam processing 전자 빔 가공(電子-加工) 고진공 중에서 수속(收束)한 펄스 모양의 전자 빔에 의해서 재료를 가공하는 방법. 전자선을 매우 작게 수속하면 $10^7 \sim 10^9 W/cm^2$의 고 에너지 밀도가 얻어진다. 이것을 재료에 대면 순간적으로 발열하여 미세한 구멍이나 홈을 뚫을 수가 있다.

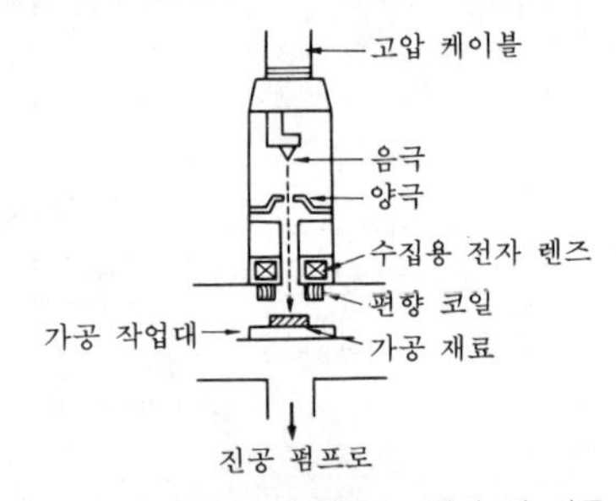

electron-beam recording 전자 빔 기록(電子-記錄), 전자 빔 녹화(電子-錄畵) =EBR

electron-beam resist 전자선 레지스트(電子線-) 전자선(전자 빔)이 닿으면 특정한 약품에 대하여 가용성으로 되는 수지를 말한다. 불순물 확산 등의 작업을 위해 에칭을 하는 경우, 먼저 산화 피막 전체를 이 수지로 덮은 다음 산화 피막을 제거하는 장소에만 구멍을 뚫기 위해 전자선을 대서 가용성으로 하는 목적에 사용한다.

electron-beam tube 전자선관(電子線管) 전자선의 형성, 집속, 편향, 수집 및 전류 제어 등을 하는 복수 개의 전극을 갖춘 장치.

electron-beam welding 전자 빔 용접(電子-鎔接) 전자 빔을 물질에 댔을 때 생기는 열에 의해서 용접하는 방법. 목적의 장소 이외가 가열되지 않도록 하여 정밀한 작업을 할 수 있다.

electron binding energy 전리 퍼텐셜(電離-) 주어진 원자 또는 분자에서 전자를 완전히 분리하기 위해 필요한 최소의 에너지량〔eV〕.

electron cloud 전자 구름(電子-) 양자역학에서는, 전자는 원자핵을 중심으로 하여 엷은 밀도를 가진 공과 같은 모양의 확산으로 존재한다고 생각한다. 이 전자의 확산을 전자 구름이라 한다.

electron collector 전자 컬렉터(電子-) 전자 빔이 그 에너지를 유효한 일로 변환한 다음 그 종단부에서 수집되는 전극.

electron cyclotron resonance 전자 사이클로트론 공명(電子-共鳴) =ECR

electron diffraction 전자 회절(電子回折) 결정에 전자선이 입사했을 때 결정 격자의 각 점에서 산란된 전자선이 간섭하여 어느 특정한 방향으로 상이 생기는 것을 말한다. 이 상을 바탕으로 하여 물질의 결정 구조를 살필 수 있다.

electronegativity 전기 음성도(電氣陰性度) 안정한 분자 내의 각 원자가 자기에게 전자를 끌어당기는 힘의 척도. 예를 들면 HCl 의 공유 결합에서 전자는 H 보다도 Cl 쪽으로 보다 강하게 끌리므로 Cl 쪽이 전기 음성도가 크다. 전기 음성도값을 결합 해리(解離) 에너지, 이온화 에너지 및 전자 친화력값으로 계산하는 식이 Pauling 에 의해 주어졌다. 전기 음성도는 주기표에서 가로 행의 왼쪽에서 오른쪽으로 감에 따라 커지고, 또 세로 열을 위에서 아래로 내려감에 따라 감소한다. 위의 예에서 H 의 값은 2.1, Cl 의 값은 3.0 이다. 전기 음성도의 차가 큰 2 원자일수록 이온 결합성이 강하다.

electron emission 전자 방출(電子放出) 전극에서 주위의 공간으로 열, 빛, 고전계 등에 의해 전자를 해방하는 것.

electron emitting sole 전자 방출 솔(電子放出-) 지파(遲波) 구조를 가진 교차계형(交叉界形) 증폭기에서의 전자 방출원. 지파 회로와 평행하고 있으며 자계를 발생할 전류를 발생하는 열음극(또는 냉음극)의 전극이다.

electron flow 전자류(電子流) 자유 전자의 흐름. 전자류에 의해 생기는 전류를 전자 전류라 한다.

electron gas 전자 가스(電子-) 공중, 가스체 중, 도체 또는 반도체 중을 이동하고 있는 자유 전자의 집단. 보통의 가스는 그 에너지 분포가 맥스웰·볼츠만의 통계 법칙에 따르지만 전자 가스는 페르미·디락(Fermi-Dirac)의 법칙에 따른다.

electron gun 전자총(電子銃) 브라운관 등의 전자관에서 전자의 발생, 전자 빔의 형성, 가속, 집속 및 입력 신호에 따른 전자 빔 강도의 제어를 하는 부분.

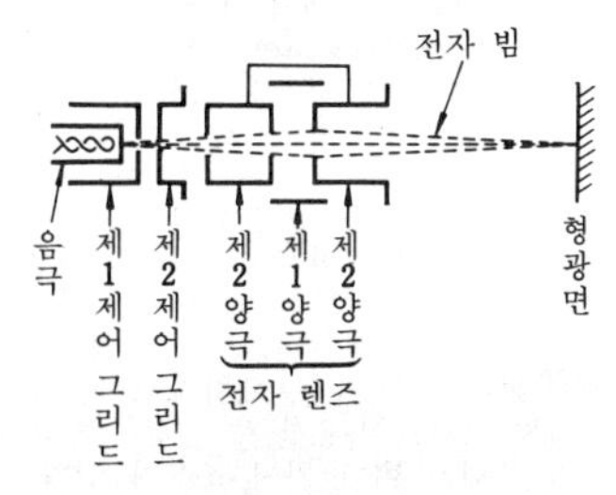

electronic 전자의(電子-), 전자식(電子式) 전자의 행동을 다루는 단어. 장치의 동작이 주로 열 이온관, 전자관 또는 트랜지스터와 같은 고체 소자에 의할 때 그 장치를 전자식이라 한다.

electronic admittance 전자 어드미턴스(電子-) →gap admittance

electronic aids to navigation 항법 전자기기(航法電子器機) →radio navigation

electronic balance 전자 저울(電子-), 전자 천칭(電子天秤) 로드 셀(load cell)에 의해 피측 물체의 무게를 이에 비례한 전압으로 변환하여 측정하도록 한 저울. 이 경우 로드 셀은 무게에 의한 저항 변화를 이용한 저항선 왜율계를 뜻하는 경우가 많다.

electronic blackboard 전자 흑판(電子黑板), 전자 칠판(電子漆板) 묘화(描畵) 통신의 기술을 응용한 화상 통신 기기의 하나. 일반 공중 전화망 및 확성 전화기를 조합시켜서 원격지를 전화 회선으로 연결하여 흑판(백판)을 사용해서 회의나 강의를 할 수 있다. =electronic board

electronic board 전자 흑판(電子黑板) = electronic blackboard

electronic bulletin board 전자 게시판(電子揭示板) PC 통신망을 사용한 정보 서비스의 일종이다. 통신망에 가입한 회원은 자기의 개인용 컴퓨터를 센터의 컴퓨터에 접속하여 불특정 다수의 다른회원에게 통지하고 싶은 사항이 있으면 센터의 컴퓨터를 게시판으로 하여 각종 메시지를 써넣는다. 상대 회원은 임의로 게시판을 읽고 메시지를 발신한 회원에게 답장을 쓴다든지 할 수 있다.

electronic cabinet 전자 캐비닛(電子－) 호스트 시스템의 테이블 형식 데이터와 워크스테이션측의 테이블 형식 데이터 및 문서 데이터를 일괄 관리하기 위한 보관고이며, 호스트 시스템에서 관리한다. 워크스테이션측에서 필요할 때 전자 캐비닛 중의 파일(문서 데이터 베이스)을 검색하여 워크스테이션측에서 가공할 수 있다.

electronic cash register 전자식 금전 등록기(電子式金錢登錄機) 종래의 기계식 금전 등록기와 기능은 같지만, 기계적인 곳을 전자적으로 변경한 것이다. 종래의 기계식 계산 기능 부분을 반도체 회로나 집적 회로(IC)로 바꾼 간단한 것으로, 마크 판독 장치, 광학식 바 코드 판독 장치 등을 갖추어 금액 이외의 상품 정보 수집에도 이용할 수 있고, 게다가 컴퓨터의 지능 단말로서도 사용할 수 있는 고급의 것까지 폭넓게 여러 가지 종류가 있다. ＝ECR

electronic circuit 전자 회로(電子回路) 전기 회로의 일종인데, 전기 에너지를 다루는 회로에 대하여 전기 신호를 다루는 회로를 구별하여 전자 회로라 부른다. 전기 신호를 다룰 때에는 전자 현상을 이용한 부품이 주역이 되므로 이와 같이 부르게 되었다.

electronic circuit tester 전자 회로계(電子回路計) 입력 회로에 전계 효과 트랜지스터(FET)를 사용한 직류 증폭기를 내장한 회로계(테스터). 입력 임피던스가 높으므로 특히 소전력 전자 회로의 측정에 적합하다.

electronic computer 컴퓨터, 전자 계산기(電子計算機) 컴퓨터에는 주판과 같이 수에 의해 연산하는 디지털형(계산형)과 계산자와 같이 양에 의해 연산하는 아날로그형(상사형)이 있는데, 일반적으로 컴퓨터라고 할 때는 디지털형을 말한다.

electronic computing system 컴퓨터 시스템 컴퓨터(electronic computer)와 같으나, 연산 장치, 기억 장치, 제어 장치가 있는 중앙 처리 장치를 중심으로 하여 디스크 등의 보조 장치나 여러 개의 입력 장치가 접속된 대규모의 조직을 말할 때 사용한다.

electronic concentrated engine control system 전자 집중 엔진 제어 시스템(電子集中－制御－) ＝ECCS

electronic conference 전자 회의(電子會議) →teleconference

electronic cooling 전자 냉각(電子冷却) →thermoelectric cooling element, Peltier effect

electronic copy 전자 복사(電子複寫) 전자의 광전 효과와 대전 현상을 이용한 전자 사진 기술을 서류나 사진에 응용한 것. 대전한 반도체면에 빛을 대면 빛이 닿는 곳만 방전하는 현상(제로그래피)을 쓰고 있다. 습식과 건식이 있다. 감광에는 산화아연이나 CdS를 써서 대전시킨다. 현상은 철분에 착색 수지 가루를 혼합하여 사용하고, 적외선 등의 열에 의해서 복사 용지에 구어붙인다.

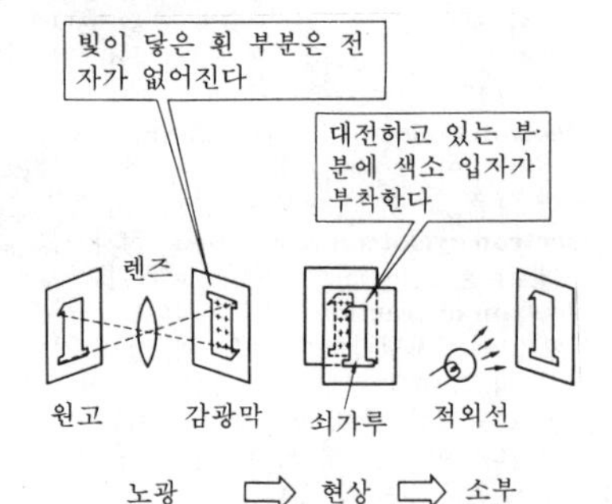

electronic data gathering system 전자적 데이터 수집 시스템(電子的－收集－) ＝EDGE system

electronic data interchange 전자 데이터 교환(電子－交換) ＝EDI

electronic data processing 전자식 데이터 처리(電子式－處理) ＝EDP

electronic data processing system 전자식 데이터 처리 시스템(電子式－處理－) ＝EDPS

electronic desk calculator 탁상 전자 계산기(卓上電子計算機) 가감, 승제, 평방근, 대수 계산이나 지수 계산 등을 할 수 있는 소형 경량의 계산기. IC(집적 회로)의 채용으로 소형 경량화와 양산화로 가격이 매우 낮아져서 일반 사무용, 가정용으로 보급되고 있다.

electronic device 전자 장치(電子裝置), 전자 디바이스(電子－) 주로 반도체를 사용한 전자 장치를 가리키는 경우가 많다.

electronic differential analyzer 전자 미분 해석기(電子微分解析機) 미분 방정식을 풀도록 설계되어 있는 아날로그 컴퓨터.

electronic direct-current motor drive 전자식 직류 전동기 운전(電子式直流電動機運轉) 직류 전동기의 전기자 회로, 분권 여자 회로에 위상 제어 정류기를 통해서 직류 전류를 공급하여 위상 제어에 의해서 전동기의 속도 및 토크를 제어하도록 한 운전 방식.

electronic digital computer 전자식 디지털 컴퓨터(電子式－) 아날로그 컴퓨터에 대한 말로, 디지털형의 컴퓨터.

electronic disk 전자 디스크(電子－) 대용량이고 등속 호출에 가까운 기억 장치로서 자기 디스크 기억 장치가 있으나 이것과 거의 등가의 기능을 갖는 전자적인 장치를 총칭하여 전자 디스크라고 부르는 경우가 있으며, 전자 빔 메모리, CCD, 자기 버블 등이 이에 포함된다.

electronic exchange 전자 교환기(電子交換機) 전화 교환기의 제어 장치를 컴퓨터의 처리 장치와 같은 연산 장치와 기억 장치로 이루어지는 구성으로 하고, 입력 정보에서 출력 정보에의 변환을 기억 장치내 프로그램의 지시에 따라서 하는 방식의 변환 장치. 이로써 전화를 이용한 각종 새로운 서비스가 프로그램의 변경으로 가능하게 된다.

electronic file 전자 파일(電子－) 문서나 기록류를 자기 디스크나 광 디스크 등으로 하여 정리 보존한 것. 검색이나 정보의 갱신 등을 컴퓨터를 써서 신속히 할 수 있으며, 종래의 마이크로필름에 의한 파일링 방식 대신 보급되고 있다.

electronic fuel injection 전자 제어식 연료 분사(電子制御式燃料噴射) ＝EFI → electronic fuel injector

electronic fuel injector 전자 제어식 연료 분사 장치(電子制御式燃料噴射裝置) 자동차의 엔진에 연료인 가솔린을 공급하는 방법으로서 종래부터 사용되어 온 기화기(카브레터) 대신 전기적으로 가솔린의 분사량이나 가솔린과 혼합되는 공기의 양을 제한하는 장치를 말한다. 센서에 의해서 엔진의 상태를 검지하고, 그 데이터를 컴퓨터로 처리하여 그 결과에 의해서 연료의 분사를 제어하는 것이다. 이와 같은 장치를 사용함으로써 자동차 자체의 비용은 비싸지지만 같은 배기량의 엔진을 사용한 기화기에 비해서 마력의 향상이 가능하며, 또 연료 소비량의 경감, 배기가스의 규제를 쉽게 통과시킬 수 있는 등 많은 이점이 있으므로 최근에 이 장치를 장착한 차종이 많이 판매되게 되었다.

electronic galvanometer 전자 검류계(電子檢流計) 전계 효과 트랜지스터에 의한 초퍼 방식의 증폭기를 내장한 검류계. 고감도임에도 불구하고 지시기는 보통의 가동 코일형 계기를 사용하기 때문에 튼튼하고 설치 장소나 응답 및 제동을 위한 측정 조건 등의 제한이 없고, 사용이 간단하다. 전압 감도는 0.2μV/div, 전류 감도는 0.2nA/div 정도이다.

electronic gap admittance 전자 갭 어드미턴스(電子－) →gap admittance

electronic gas injector 전자 가스 주입 장치(電子－注入裝置) ＝EGI

electronic heating 전자 가열(電子加熱) 일반적으로 전자 가열이라고 할 때 마이크로파 가열, 이른바 전자 레인지에서의 방식을 말한다. 마그네트론(자전관)을 사용하여 2,450MHz, 915MHz 의 주파수가 할당되어 있어 이 고주파로 가열한다. 또한 유전 가열도 고주파 가열의 범주에 든다. 이 주파수는 6~80MHz 정도이다. 또 유도 가열도 고주파로 하지만 이 경우는 수 100kHz 까지이다.

electronic impedance 전자 임피던스(電子－) 전자관 등에서 전자류, 전자 구름 등이 외부 회로에 개재하여 여기에 영향을 미치고 있는 경우, 외부 회로에서 보아 그 전자류나 전자 구름이 나타내는 등가 임피던스를 말한다. 마이크로파관의 간섭 갭이 나타내는 갭 임피던스 등은 그 예이다.

Electronic Industries Association 미국 전자 공업 협회(美國電子工業協會) ＝EIA

electronic journal 전자 저널(電子－) 파일에 대하여, 그 내용에 대해서 가해진 수정, 변경, 삭제 등의 시간 순서적으로 모아진 처리 기록, 저널은 파일의 구판(舊版)이나 어느 시점에서의 갱신판을 복원하기 위해 사용되는 일이 많다.

electronic mail 전자 우편(電子郵便) 일반적으로 전자 통신 수단에 의해서 우편을 송달·배포하는 방식. 사무실에서는 워크스테이션에서 작성한 문서 등의 정보를 통신망을 거쳐 상대방 컴퓨터 내에 두어진 메일 박스에 전송하고, 수신자의 요구에 따라 표시나 관리를 하는 것으로, OA(사무 자동화)의 일환으로서 이용된다. 또 가정 내의 단말에서 전화망을 통해 이러한 형태로 우편의 수수가 가능하다.

electronic mail box 전자 우편함(電子郵便函) 메시지를 그 기억 매체(디지털 컴퓨터 등)에 기억해 둘 수 있는 통신 시스템으로, 가입자는 시스템에 로그 온할 때 그 앞으로 온 메시지를 검색할 수 있다.

즉 메시지는 가입자가 시스템에 로그 온하여 메시지를 받기 위해 그의 파일 검사를 요구하기까지는 기억 매체 내에 유보된다(송수신의 동시성은 요구되지 않는다). 로그 온(log on)이란 이용자가 통신 시스템에 대해 시스템의 사용을 요청하여 사용 허가를 받기 위해 특정한 세션(교신 절차)을 하는 것이다.

electronic manometer 전자 혈압계(電子血壓計) 혈관의 압력을 측정하는 장치로, 탐침(探針)이나 카테테르를 혈관 속에 넣고 측정하는 직접법과 외부에서 간접적으로 측정하는 방법이 있다. 후자에서는 상박부(上膊部)에 가압천을 감고 여기에 압력을 가하여 혈관음을 청진기로 듣는데, 전자식인 경우는 가·감압을 자동화하여 혈관음을 마이크로폰으로 픽업하여 증폭해서 적당한 방법으로 표시 또는 기록하도록 한 것이다.

electronic measuring apparatus 전자 측정기(電子測定器) 전자 디바이스를 이용하여 전기에 관한 양을 측정, 또는 측정에 필요한 전원 전압, 주파수, 펄스 등을 공급하는 장치. 공동(空洞) 주파수계, 정재파(定在波) 측정기와 같은 전자 디바이스를 포함하지 않는 장치도 전자 측정기로 간주한다.

electronic micrometer 전자 마이크로미터(電子－) 미소한 기계 변위를 전기량으로 변환하여 측정하는 전자 측정·지시 장치. 고속 측정이 가능하며, 원격 측정, 다점 측정에 적합하여 자동 정척(定尺) 장치 등 기계의 자동 제어계에도 내장된다. 변위를 인덕턴스 변화로 변환하는 트랜스듀서가 널리 사용된다.

electronic music 전자 음악(電子音樂) 악기 대신 트랜지스터 발진기 등에 의한 전자적 음원을 써서 만들어진 음악을 말하며, 1951 년 독일의 케른 방송국에서 방송된 것이 최초이다. 발진기에서 얻어진 여러 가지 정현파를 합성하여 인공적으로 자유로운 음이 얻어지므로, 지금까지의 악기에서는 얻을 수 없었던 음을 만들 수도 있고, 독특한 효과를 부가할 수도 있다. 전자 음악의 제작에는 소재음 발생 장치, 악음 형성 장치, 악곡 구성 장치, 종합 제어 장치 등 외에 대형 시청 장치, 레벨계, 오실로그래프 등의 설비가 필요하다.

electronic musical instruments 전자 악기(電子樂器) 전자 회로적으로 발생한 음성 주파 전류를 전자 회로를 써서 배음 부가, 잔향 부가, 강약 조정 등의 수단을 가하여 악기로 하고, 스피커에 의해 소리를 재생하는 것. 전자 오르간, 전자 피아노 등이 이 예이며, 이에 대하여 전기 오르간이나 전기 기타 등은 악기가 발생한 공기의 진동, 현의 진동 등을 전기적으로 증폭한 것으로, 음의 발생원이 근본적으로 다르다.

electronic navigation 전자 항법 기기(電子航法器機) →radio navigation

electronic note 전자 수첩(電子手帖) 형상은 휴대용 전자 계산기와 비슷하며, 영자 또는 한글 입력을 할 수 있는 기능 키를 갖는다. 3 행~6 행 정도의 표시를 하는 액정 화면도 붙어 있으며, 계산 이외에 메모, 전화 번호 기록, 스케줄, 한자 사전 등의 수첩으로서 편리하게 쓸 수 있다.

electronic organ 전자 오르간(電子－) 전자 회로에 의해서 발생한 신호음을 바탕으로 하여 파형을 여러 가지로 변형해서 스피커로부터 연속한 연주음을 낼 수 있게 하는 건반 악기의 총칭. 겉모양은 건반이나 페달이 있으므로 리드 오르간과 비슷하기 때문에 이렇게 부르는데, 메커니즘은 전혀 달라 발진기, 분주 회로, 음색을 바꾸는 각종 필터, 증폭기 등의 전자 회로와 스피커, 스위치류로 구성되어 있다. 최근에는 가정용의 것도 보급되어 각종 악기의 소리를 낼 수 있기 때문에 1 대로 다양한 연주를 즐길 수 있다.

electronic parts 전자 부품(電子部品) 전자 회로를 구성하기 위해 사용하는 부품. 트랜지스터나 저항기 등의 개별 부품 외에 그들을 집적하여 1 개의 형태로 한 IC 도 일종의 부품으로서 다루어진다.

electronic photography 전자 사진(電子寫眞) 빛에 의해 물질의 전도성이 변화하는 광전 효과에 의한 것과 미세한 가루의 정전력에 의한 흡착을 이용한 것이 있다. 기록이나 복사를 할 수 있고, 건조 상태에서 처리가 간단히, 그리고 단시간에 인화를 만들 수 있다. 감광 분말에 세렌을 사

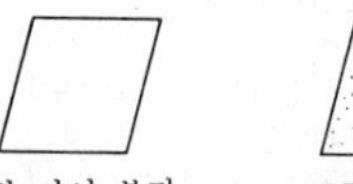

산화 아연 분말 용액 도포 (n 형 반도체)

코로나 방전 (음전하 대전)

음의 잠상

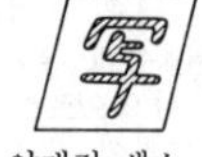

양대전 색소 분말 도포

소부

용하여 광전 효과를 이용한 제로그래피와 정전기를 이용한 일렉트로팩스가 있다. 전자에 비해 후자 쪽이 처리가 간단하다.

electronic polarization 전자 분극(電子分極) 유전체에 전계가 가해지면 궤도상의 전자에 작용하여 궤도의 중심이 원자핵의 위치보다 약간 벗어나므로 음양의 전하 쌍을 일으킨다. 이것을 전자 분극이라 하며, 비유전율이 1보다 커지는 이유의 하나인데, 전계가 매우 높은 주파수가 되면 분극을 일으키지 않게 되므로 비유전율은 저하한다.

electronic printer 전자 프린터(電子－) 전자식 방법에 의한 인자 방식. 주로 전자사진으로 광전도 재료를 사용하는 전자 기록과, 정전하를 사용하는 정전 기록 방식이 대표적이다. 문자만이 아니고 임의의 서식도 동시에 인쇄된다. 기구의 중심은 광전도성 박막으로 피복된 원통형 드럼을 항상 일정한 속도로 회전시키고, 드럼 표면에 저출력의 레이저 광선을 주사하여 문자의 이미지를 생성시키면 그 부분에 카본 입자로 된 토너가 흡착하여 용지를 접촉시킴으로써 이미지가 용지에 옮겨져서 열과 압력으로 융착하여 인쇄를 완료한다.

electronic private branch exchange 전자식 구내 교환기(電子式構內交換機) 통화로부나 제어부에서 사용되고 있는 기계 부품이 IC, LSI 등의 전자 부품을 주체로 하여 구성되어 있는 구내 교환기. 제어 방식으로서는 배선 논리 제어 방식과 축적 프로그램 제어 방식으로 분류되고, 통화로 방식은 공간 분할형과 시분할형으로 나뉜다. ＝EPBX

electronic range 전자 레인지(電子－) 고주파 유전 가열을 이용하여 식품 조리를 하기 위한 기구. 가열은 수 MHz 이상의 고주파를 사용하며, 마그네트론(자전관)을 써서 만든다. 이에 의하면 내부부터 발열하므로 조리 시간이 단축되고, 균일한 가열을 할 수 있으므로 좋은 음식물을 만들 수 있다.

electronic refrigeration 전자 냉각(電子冷却) 펠티에 효과에 의한 냉각 방법으로, 장치는 서모엘리먼트로 만든다. 냉각 용적을 늘리려면 많은 엘리먼트를 배열하여 사용하고, 온도차를 크게 하려면 엘리먼트를 캐스케이드(하단의 냉접점에 상단의 온접점을 접촉시키도록 하여 몇 단이라도 겹쳐 쌓는 방법)로 하여 사용한다. 전자 냉각은 가동 부분이 없기 때문에 조용하고, 보수가 용이하며, 전류의 가감으로 간단히 온도를 제어할 수 있는 등의 이점이 있기 때문에 측정기나 실험 장치에 쓰인다.

electronics 일렉트로닉스, 전자 공학(電子工學) 진공 중이나 기체 중 또는 고체 중에서의 전자의 움직임에 대해서 그 성질이나 작용을 살핀다든지 그것을 이용한 장치와 그 응용 등에 대해서 연구하는 학문을 말한다.

electronic scanning 전자 주사(電子走査) ① 텔레비전 촬상관에서 전자 빔을 사용하여 광경이나 장면을 주사하는 것. ② 각 소자의 고정 안테나 어레이에서 각 소자에 흘리는 전류의 크기, 위상을 변화함으로써 빔을 전자적으로 움직여 소정의 공간을 일정한 순서로 주사하는 것. 기계적 주사에 대해 무관성 주사라 하기도 한다.

electronic shutter 전자 셔터(電子－) → EE camera

electronic starter 전자 스타터(電子－) 반도체 소자를 사용한 스타터.

electronic still camera 전자 스틸 카메라(電子－) 화상 정보 등을 광학계를 거쳐 CCD 등의 촬상 장치로 촬상 기억하는 동시에 그것을 판독하여 카메라 내의 플로피 디스크 등에 스틸 화상으로서 고정 기억한다(음성도 기록하는 경우가 있다). 스틸 화상은 재생 장치에 의해 텔레비전 신호로 변환되어 모니터에 의해 화상으로서 재현된다. →solid-state camera, CCD

electronic switching system 전자 스위칭 시스템(電子－), 전자 교환 시스템(電子交換－) 디지털 신호에 의해서 교환 제어가 수행되는 전화 교환기. 음성은 아날로그 정보 그대로를 취급한다. ＝ESS

electronic table calculator 탁상 전자 계산기(卓上電子計算機) 전자 부품을 이용하여 만들어진 탁상 전자 계산기. 주로, MOS IC 를 사용하여 논리 회로를 꾸미고 있다. 표시 기구는 답을 인자하는 기계적인 것과 광표시(액정 또는 반도체 광표시 부품)를 사용한 것이 있다.

electronic timer 전자 타이머(電子－) 가동 부분을 갖지 않는 타이머의 속칭. 보통 쓰이는 것은 그림과 같은 회로이며, C의 단자 전압이 제너 다이오드 Z_D의 항복 전압에 도착하기까지의 시간이 동작 시한이 된다. 이 값은 R을 가감하여 조정할 수

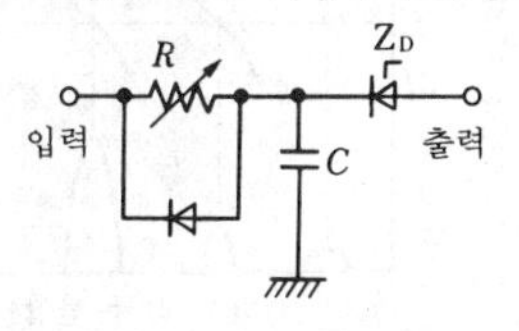

있다.

electronic transconductance 전자 변환 컨덕턴스(電子變換－) 다(多)그리드 변환관 등과 같이 국부 발진 전류와 신호 전류가 관 내에서 전자적으로 결합되는 방식의 변환 컨덕턴스.

electronic transformer 전자 회로용 트랜스(電子回路用－), 전자 회로용 변성기(電子回路用變成器) 전자관, 고체 장치 등을 사용하는 회로 또는 장치에서 사용되는 변압기(변성기, 트랜스). 전력용 변압기와 달리 동작 주파수대는 매우 넓고, 목적도 전압 변성 외에 절연용, 임피던스 정합용, 위상 변환용 등 다양하다.

electronic translator 전자 번역기(電子飜譯機) 대규모 집적 회로를 이용한 휴대용의 소형 전자식 번역기이다. 영자를 한글 및 기능 제어 키를 조작함으로써 한→영 또는 영→한의 번역이 이루어져서 액정 도트 매트릭스에 의해 표시되도록 되어 있다.

electronic tuner 전자 동조 튜너(電子同調－) 그림과 같은 회로로, 가변 용량 다이오드를 동조 소자로 사용하고, 정전 용량의 변화에 의해서 공진 주파수를 조정하는 튜너. 텔레비전 수상기의 선국 동조 등에 사용한다.

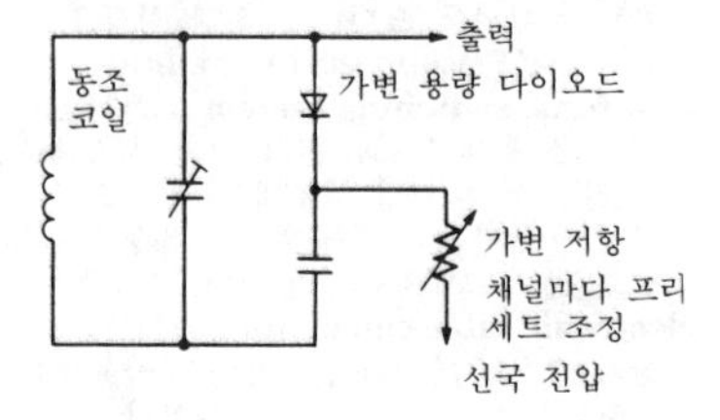

electronic tuning 전자 동조(電子同調) 반사형 클라이스트론에서 반사 전극 전압을 변화했을 때 발진 주파수가 변화하는 것을 말한다. 즉 반사 전극 전압과 출력, 발진 주파수가 그림과 같이 변화하기 때문에 전압에 의해서 발진 주파수를 변화할 수 있다.

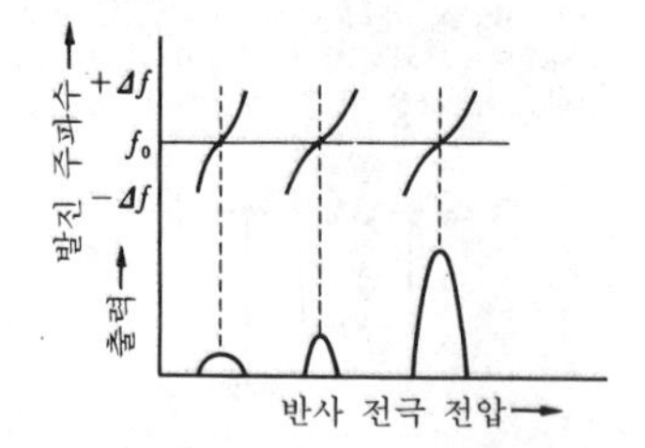

electronic typewriter 전자 타이프라이터(電子－), 전자 타자기(電子打字機) 보통의 타자기에 마이크로컴퓨터를 꾸며넣어 삽입, 삭제, 수정 등의 편집을 할 수 있게 한 것으로, 컴퓨터의 단말로서 사용되기도 한다.

electronic video recording 전자식 녹화방식(電子式錄畵方式) ＝EVR

electronic view finder 전자 파인더(電子－) 텔레비전 카메라의 출력 일부를 유선으로 소형 브라운관(13~18cm)에 가하여 사진기의 파인더와 마찬가지로 화면의 구도나 초점의 조정 등 카메라 조작의 모니터로서 사용하는 외에 텔레비전 카메라의 전기적 조정의 양부 등을 감시하기 위해 사용한다. 보통, 카메라 본체 위에 겹쳐서 두어지고 차광용 후드가 부착되어 있다. 뷰 파인더 또는 영상 파인더라고도 한다.

electronic voltmeter 전자 전압계(電子電壓計) 트랜지스터 및 다이오드의 증폭, 정류, 검파 등의 작용을 이용한 전압계로, 주파수 특성이 좋고 특히 고주파의 전압 측정에 적합하다. 초단에 전계 효과 트랜지스터를 사용한 것은 입력 임피던스가 커서 미소 전압의 측정에도 적합하며, 고주파용 외에 직류용의 것도 있다. 어느 것이나 가동 코일형 계기로 지시케 하고 있다. 고주파용의 것은 피측정 전압을 광대역 증폭기로 증폭한 다음 평균값 정류하는 것과 다이오드로 파고값 검파한 다음 직류 증폭기로 증폭하는 것이 있다. 전자는 10MHz 정도까지 밖에는 측정할 수 없으나 입력 임피던스는 10MΩ 정도로 크다. 후자는 1,000MHz 정도까지 측정할 수 있으나 입력 저항 100kΩ 정도, 입력 용량은 5pF 정도이다. 또한, 어느 형이나 프로브를 써서 측정 정밀도를 높게 하고 있다.

electron injection efficiency 전자 주입률(電子注入率) pn 접합의 공간 전하 영역 부근에서의 전 전류 중에서 전자 전류가 차지하는 비율.

electron lens 전자 렌즈(電子－) 전장(電場) 또는 자장(磁場)을 써서 전자선을 굴절시키는 장치. 정전 렌즈, 자계 렌즈가 있다. 전자관, 브라운관, 전자 현미경, 전자 회석 장치, X 선 현미경, 전자선 용해, 용접, 증착 장치 등에 이용된다.

electron microscope 전자 현미경(電子顯微鏡) 빛 대신 전자를, 광학 렌즈 대신 전자 렌즈를 사용한 현미경으로, 고속 전자의 파장이 짧기 때문에 높은 배율(수만배)과 높은 분해능(10^{-10}m 전후)이 얻어진다. 투과형, 반사형, 주사형 등 많은 형

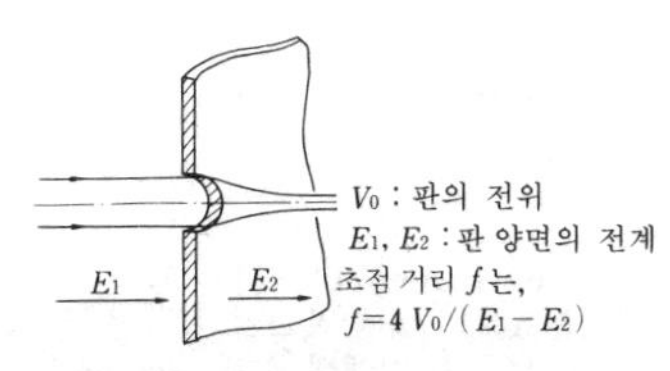

〔종류〕 정전 렌즈 · 자계 렌즈

〔용도〕 ① 전자관 · 브라운관

② 전자 현미경 · 전자 회절 장치

③ X선 현미경

④ 전자선 용해 · 용접 · 증착 장치

electron lens

식이 있으며, 일반적으로 보급되고 있는 것은 투과형 전자 현미경이다.

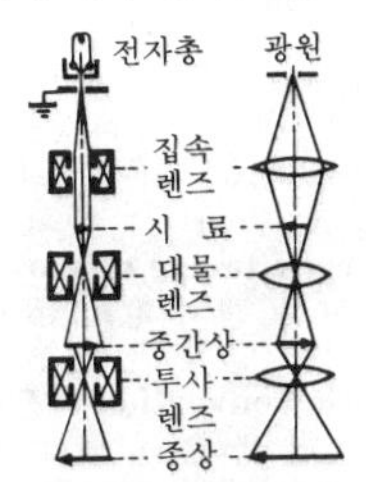

electron optics 전자 광학(電子光學) 전계 또는 자계에 의해서 전자의 움직임을 제어하여 이것을 회절 등의 현상에 이용하는 학문으로, 광선을 렌즈에 의해 제어하는 것과 비슷하다. 전자 빔에 의해 물질의 미세 구조를 해명한다든지 가공한다든지 할 수 있다.

electron pair 전자쌍(電子雙) 어떤 궤도(orbital) 중의 한 쌍의 전자(스핀의 방향이 서로 반대 방향의). 흔히 공유 결합 또는 배위(配位) 결합에서의 전자쌍을 의미한다.

electron pair bond 전자쌍 결합(電子雙結合) →co-valent bond

electron pair spectrometer 전자쌍 스펙트로미터(電子雙－) 감마선의 전자쌍 생성에 의해 만들어진 전자 및 양전자의 에너지에서 그 감마선의 에너지 스펙트럼을 측정하는 장치.

electron probe microanalyzer X선 마이크로애널라이저(－線－) 물질에 전자선을 댔을 때 나오는 X선의 파장과 세기의 차이를 이용하는 화학 분석법에서 조사(照射) 전자선을 전자 렌즈에 의해 아주 날카롭게(직경 1μm 정도) 죔으로써 물질의 미세한 부분의 분석을 할 수 있게 한 장치이다.

electron pulse chamber 전자 펄스 전리 상자(電子－電離箱子) 양 이온 주행 시간에 비해 미분 시상수가 짧은 증폭기를 써서 전자 운동에 의해 전극에 생기는 전압 펄스를 출력으로서 얻도록 한 전리 상자. 펄스 전리 상자는 기체 중에 생긴 이온쌍(양 이온과 전자)의 이동에 의해서 전극에 유기되는 전압을 펄스로서 꺼내어 이용하는 전리 상자이다.

electron pulse-height resolution 전자 펄스 파고 분해능(電子－波高分解能) 광증배관의 광전 음극에서 방출되는 전자의 수로, 출력 펄스의 진폭에서 변화가 인정되는 최소의 수.

electron shell 전자각(電子殼) 주양자수 n이 같고, 궤도 양자수 l만을 달리 하는, 근접한 에너지 준위를 가진 전자의 그룹. 원자핵에 가까운 안쪽부터 바깥쪽을 향해 K(n=1), L(2), M(3), N(4), O(5), P(6), Q(7)과 같이 전자각이 존재한다. 각각의 각은 s(l=1), p(2), d(3), f(4)의 부차각(副次殼)으로 나뉜다. 원자 구조에서의 최외각의 일정수 에너지 준위는 보통 전부 전자에 의해 점유되어 있는 것은 아니고 몇 개의 빈 준위(準位)를 가지고 있다. 이러한 각을 가전자각(價電子殼)이라 하고, 거기에 속한 전자(가전자)는 원자의 전기적 · 화학적 성질에 크게 관계를 가지고 있다.

electron spectroscopy 전자 분광법(電子分光法) 오제 효과(Auger effect)에 의해서 시료(試料)로부터 외부로 방출된 전자의 운동 에너지나 분포에서, 그 시료를 구성하는 원자나 분자의 (주로 전자 에너지 준위에 관한) 정보를 얻는 분광법. 1차 입사선의 종류에 따라 오제 전자 분광법 외에 광전자 분광법, 전자 임팩트 분광법 등 여러 가지 있으며, 얻어지는 정보도 각각 다르다. →Auger effect

electron spin 전자 스핀(電子－) 궤도 운동 외에 전자가 갖는 고유의 각운동량을 말한다. 스핀도 양자화되어 물질의 자성(磁性)에 크게 관계한 성질이다.

electron spin resonance 전자 스핀 공명(電子－共鳴) =ESR

electron synchrotron 전자 싱크로트론(電子－) 전자를 가속하도록 만들어진 싱크로트론. 전자 빔은 내부의 타깃에 충돌하여 고 에너지의 감마선을 발생하고, 이것이 장치 외에 도출되어 이용된다.

electron telescope 전자 망원경(電子望遠鏡) 먼 곳에 있는 물체의 적외상(赤外像)

이 이미지 변환관의 광전 음극에 결상(結像)하는 망원경. 이 상은 렌즈에 의해 확대되고 형광 스크린에 투사되어서 가시상으로 비쳐내어진다. 전자 망원경은 완전히 어두운 곳에서도 사용할 수 있다.

electron temperature 전자 온도(電子溫度) 물질 중에서 운동하는 전자 운동 에너지의 크기를 나타내는데, 이것을 열 에너지의 식(3 $kT/2$, k : 볼츠만 상수)에 적용하여 온도 T를 구한 것을 전자 온도라 하며, 일상의 경험적인 온도와는 일치하지 않는다.

electron transit time 전자 주행 시간(電子走行時間) 전자가 두 전극간을 진행하는 데 요하는 시간. 1GHz 이상의 초고주파를 다루는 진공관에서는 신호파의 주기와 전자가 음극에서 양극으로 도달하기까지의 전자 주행 시간이 같은 정도가 되어서 저주파나 고주파에서의 동작과 같이 전자 주행 시간을 무시할 수 없게 된다. 이것을 전자 주행 시간 효과라 한다. 이에 의해서 격자(그리드) 전압과 양극(플레이트) 전압 사이에 위상차가 생겨서 격자 전압에 의해 전자류를 제어할 수 없게 되므로 특수한 구조의 초고주파용 진공관을 사용할 필요가 있다. 전자 주행 시간 T〔s〕는 다음 식으로 구해진다.

$$T = l\sqrt{\frac{2m_e}{eV_p}} = 3.37\times10^{-6}\frac{1}{\sqrt{V_p}}$$

여기서, l : 음극 양극간의 거리〔m〕, m_e : 전자 1개의 질량〔kg〕, e : 전자 1개의 전하〔C〕, v_p : 양극 전압〔V〕.

electron transit time effect 전자 주행 시간 효과(電子走行時間效果) →electron transit time

electron tube 전자관(電子管) 유리 용기 속에 금속 플레이트, 그리드, 필라멘트(또는 히터) 등의 요소를 봉입한 것. 전자관(진공관)은 전자 신호를 스위칭한다든지 증폭하는 능력을 가지고 있으나 대부분의 응용 분야에서 트랜지스터로 대치되었다. 그러나, 이 기술 자체는 CRT나 고출력 고주파 회로, 특수한 음성 주파 증폭기에 현재도 이용되고 있다.

electron volt 전자 볼트(電子−) 전자 현상을 다룰 때 사용하는 에너지의 단위로, 기호는 〔eV〕. 전자 1개가 1V의 전위차에 의해서 얻는 에너지로, 1eV=1.60×10^{-19}J이다.

electron wavelength 전자 파장(電子波長) 운동량 p로 운동하고 있는 전자에 수반하는 파동의 파장 $\lambda=n/p$로 주어진다. 여기서 h : 플랑크 상수(Planck's constant). =de Broglie wavelength

electro-optical coefficient 전기 광학 계수(電氣光學係數) 전계를 가함으로써 굴절률 등의 광학적 성질이 변화하는 정도를 나타내는 계수.

electro-optical effect 전기 광학 효과(電氣光學效果) 넓은 뜻으로는 물질 특히 투명 물질에 준 전계에 의해 빛의 흡수, 투과나 산란, 편광면 등이 변화하는 현상인데, 그 중에서도 복굴절 현상이 널리 이용되고 있다.

electrooptic crystal 전기 광학 결정(電氣光學結晶) 커 효과(Kerr effect)나 포켈스 효과(Pockels effect)를 이용하여 전기 신호에 의해서 빛의 변조나 복조를 하기 위하여 사용하는 결정.

electrooptic modulator 전기 광학 변조기(電氣光學變調器) 전기 광학 효과에 의한 매질의 굴절률 변화를 이용한 광변조기. 전압에 의한 매질의 굴절률 변화에 의해 빛의 편광면이 회전하므로 빛의 강도 변조를 할 수 있다. 변조 주파수는 수 10 GHz로도 할 수 있다.

electrophoretic image display 전기 영동 영상 표시 장치(電氣泳動影像表示裝置) =EPID

electrophotic conversion 전광 변환(電光變換) 전기 에너지를 빛의 에너지로 변환하는 것을 말하며, 형광등, 네온 사인, 수상관 등이 이에 해당한다.

electrophotographic printer 전자 사진식 프린터(電子寫眞式−) 비충격형 프린터의 일종. 사전에 정전하(靜電荷)를 준 광도체에 문자 부분을 빛으로 조사(照射)하여 빛이 닿은 부분의 정전하를 소실시키고, 이것을 현상함으로써 인자한다. 전자 사진지를 이용하는 직접 방식과 보통 용지에 전사하는 간접 방식이 있다.

electrophotography 전자 사진(電子寫眞) 제로그래피라고도 한다. 정전식의 사진 이미지를 만들어내는 것. 전자 사진은 복사기나 레이저 프린터에 응용되고 있다.

electroplating 도금(鍍金), 전기 도금(電氣鍍金) 금속 표면에 다른 금속의 얇은 층을 입히는 것. 수용액 중의 금속은 양이온으로 되고, 양극 금속은 용액 중에 이

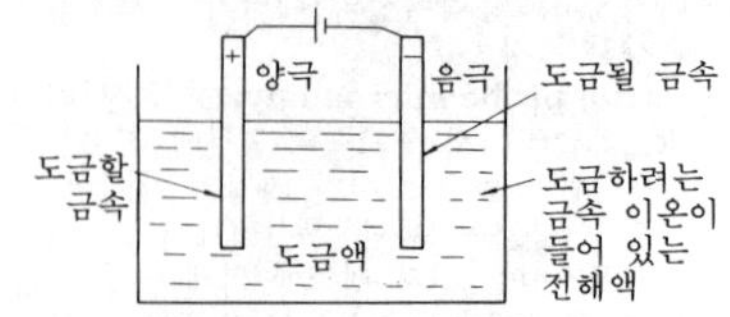

온이 된다. 용액 중의 이온은 음극 전하로 중성이 되고 음극상에 석출한다. 전처리로서 피도금 금속 표면은 산, 기름 등을 제거하는 등의 준비 작업이 필요하다.

electroposic EOP 마이크로파를 사용한 해상용 측량 시스템의 일종. 측량선의 주국(主局)과 육상 기지점(旣知點) 의 두 종국(從局)에 의해서 전파의 전파 시간과 전파 속도를 측정하여 거리를 구하여 자기 선박의 위치를 알 수 있다.

electroscope 검전기(檢電器) 전기가 있는지 어떤지를 살피는 장치. 그림은 박 검전기(箔檢電器)를 나타낸 것이다. 그림과 같이 도체 A의 끝에 두 장의 작은 조각을 둔 것으로, 공기에 의한 외란(外亂)을 방지하기 위해 보통 유리병 속에 넣고 있다. 전기가 없으면 박은 늘어지고, 전기가 주어지면 같은 종류의 전기로 충전되어 반발해서 열린다. 이 각도에 따라서 전기량을 알 수 있다. 또 미리 알고 있는 전기를 주고, 측정할 전기를 주었을 때 각도의 증감에 의해서 부호도 알 수 있다.

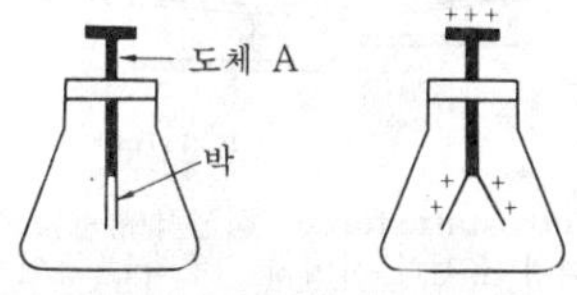

electro-sensitive printer 방전 파괴식 프린터(放電破壞式－) 방전 파괴지의 표면을 전극으로 방전 파괴하여 발색시켜서 인자하는 비충격식 프린터의 일종.

electrosensitive recording 방전 기록(放電記錄), 방전 파괴 기록 방식(放電破壞記錄方式) 팩시밀리 모사 기록 방식의 일종으로, 도전성 종이 위에 백색의 반도전성 도료를 칠한 기록지를 수신 원통에 감고, 이 표면에 텅스텐 바늘을 가볍게 접촉시켜 수신 전류에 의해 방전시켜서 백색 도료를 파괴하여 흑색의 기록을 하는 것. 이 방식은 기구가 간단하고 선명도가 좋으며 고속 수신에 적합하고, 건식으로 행하여지는 것이 특색이나 방전에 의해 냄새가 발생한다. 복사기에도 이 원리를 응용한 것이 있다.

electroseparating 전해 석출(電解析出) 금속염 용액을 전기 분해하여 음극상에 금속을 석출시키는 것. 그림은 염화 제2구리 용액의 전해를 나타낸 것이다. 통전에 의해 구리 이온은 음극에서, 염소 이온은 양극에서 방전한다.

음극 $Cu^{2+} + 2e^{-} \rightarrow Cu$
양극 $2cl^{-} \rightarrow cl_2 + 2e^{-}$

음극은 양전하가 줄기 때문에 환원 반응.

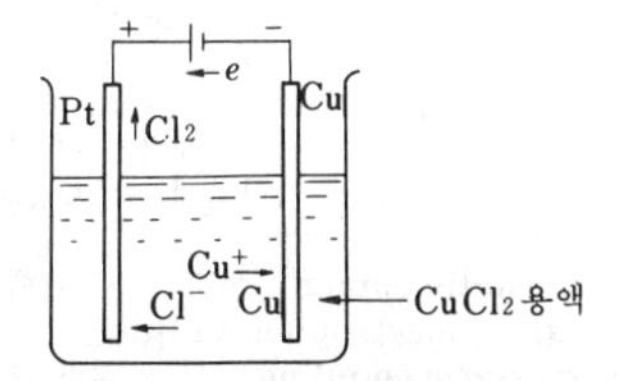

electrostatic 정전식(靜電式) 도체 중을 이동하지 않는 전하에 적용되는 용어. 즉, 정전(기)의 의미. 정전하(靜電荷)는 유리 표면에서 먼지를 흡인한다든지, 레이저 프린터나 복사기에서는 감광식 드럼 상의 토너 입자를 전사한다든지, 플로터 상에서는 작도용 매체에 플롯한다.

electrostatic attractive force 정전 흡인력(靜電吸引力) 마주 본 도체간에 축적된 전하의 상호간 정전력. 평행판 전극의 경우는 단위 면적당 다음 식으로 나타내어진다.

$$f = \frac{DE}{2}$$

여기서, f : 흡인력〔N/cm^2〕, D : 전속 밀도〔C/m^2〕, E : 전계의 세기〔V/m〕. 또, $D = \varepsilon E = \varepsilon V/l$ 의 관계가 있으므로 다음 식으로 나타낼 수도 있다.

$$f = \frac{\varepsilon V^2}{2l^2}$$

여기서, ε : 유전율〔F/m〕, V : 전극간의 전압〔V〕, l : 전극간의 거리〔m〕. 즉 정전력은 극판간에 가한 전압의 제곱에 비례하는데, 이 성질을 이용한 것으로서 정전형 계기나 상한 전위계 등이 있다.

electrostatic capacity 정전 용량(靜電容量) 콘덴서가 전하를 축적할 수 있는 능력을 나타내는 것으로, 다음 식으로 정의된다.

$C = Q/V$

여기서, C : 정전 용량〔F〕, V : 가한 전압〔V〕, Q : 전압 V에 의해서 축적된 전하〔C〕. 정전 용량의 단위 패럿(기호 F)은 너무 커서 실용적이 못되므로 실제에는 10^{-6}F인 마이크로패럿(기호 μF)이나 또는 10^{-12}F 인 피코패럿(기호 pF)을 사용한다. 콘덴서의 겉보기로 교류를 흘릴 수 있는데 그 때는 정전 용량의 크기가 전류의 흐르는 정도를 정하게 된다.

electrostatic charge 정전하(靜電荷) 정지한 상태에 있는 전하를 말하며, 마찰에 의해서 대전한 전하나 콘덴서에 축적된 전하가 이에 해당한다.

electrostatic coating 정전 도장(靜電塗裝) 피도장물을 접지하고, 그보다도 음전위로 대전시킨 도료를 미립자로 하여 분사해서 정전 흡인력에 의해 부착시키는 방법이다. 양선에 적합하며, 전자 부품의 도장에도 사용된다.

electrostatic copier 전자 복사기(電子複寫機) →electrophotography

electrostatic coupling 정전 결합(靜電結合) 전기 회로가 정전 용량으로 결합되어 있는 것을 말한다. 콘덴서의 용량에 의한 결합, 부유(표유) 용량에 의한 결합 등이 있다. 그림은 평행 선로의 부유 용량에 의한 정전 결합을 나타낸 것이다.

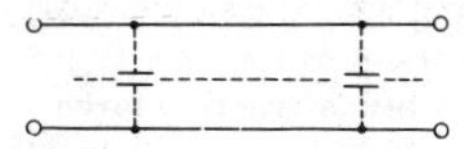

electrostatic deflection 정전 편향(靜電偏向) 편향판에 전압을 가하여 전계를 만들고, 그 전계의 세기나 방향을 바꿈으로써 전자 빔을 정전적으로 편향시키는 방법.

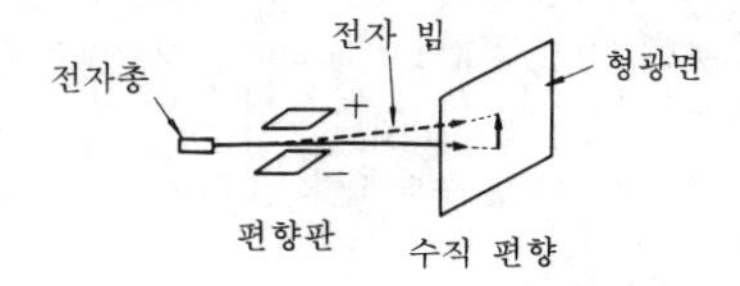

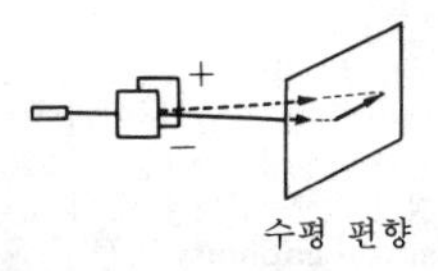

electrostatic deflection sensitivity 정전 편향 감도(靜電偏向感度) 정전 편향에서 치수를 그림과 같이 정하면 다음 식의 관계가 있다.

$$D = \frac{aLV}{2dV_0}$$

여기서, V : 편향판간의 전압〔V〕, V_0 : 전자의 가속 전압〔V〕. 이 식으로 구해지는 D/V를 정전 편향 감도라 한다.

electrostatic earphone 콘덴서 이어폰 진동판과 고정 전극으로 콘덴서를 형성시키고, 거기에 직류 전압을 가한 다음 중첩하여 음성 전압을 가하면 기계력이 발생하여 진동판을 진동시키는 형식의 이어폰을 말한다.

electrostatic energy 정전 에너지(靜電－) 콘덴서에 전압을 가하여 충전했을 때 그 유전체 내에 축적되는 에너지를 말하며, 다음 식으로 나타내어진다.

$$W = \frac{CV^2}{2} = \frac{QV}{2}$$

여기서, W : 정전 에너지〔J〕, C : 정전 용량〔F〕, V : 전압〔V〕, Q : 전하〔C〕.

electrostatic focusing 정전 집속(靜電集束) 렌즈 효과를 갖는 전계에 의한 전자 빔(전자군의 한 방향으로의 흐름)의 집속. 전계 집속이라고도 한다. 그림과 같은 원통 전극간의 전계 중을 전자가 지나면 등전위면에 직각으로 되는 편향력이 가해지고 중심선을 향해서 집속된다. 전극에 가하는 전압에 의해서 초점의 위치를 적당히 변화시킬 수 있다. 브라운관 내의 전자 빔의 집속에 응용된다.

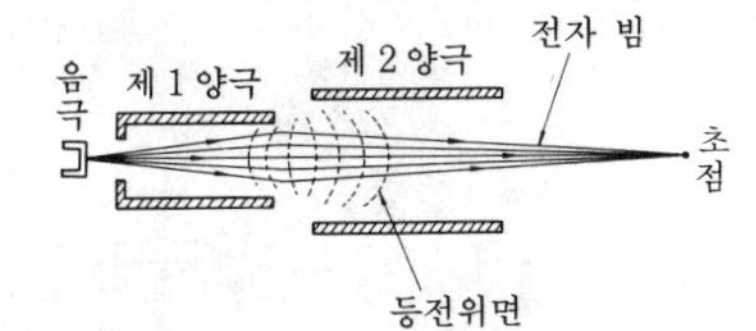

electrostatic force 정전력(靜電力) 양전하와 음전하 사이에 작용하는 흡인력, 같은 부호의 전하 사이에 작용하는 반발력을 총칭하여 정전력이라 한다.

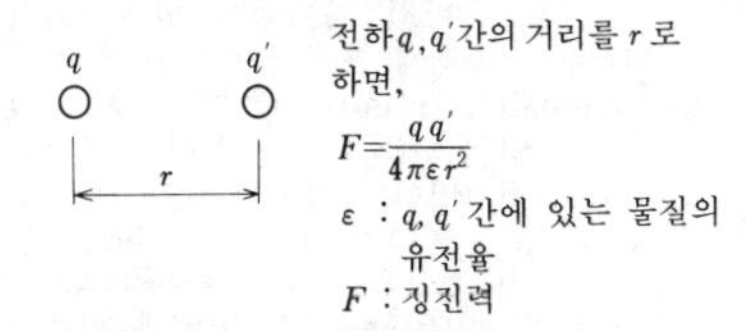

electrostatic hair setting 정전 식모(靜電植毛) 정전계를 이용하여 털을 천 위에 심는 것. 천에 털이 직립하여 균일하게 식모되는 것이 특징이다.

electrostatic induction 정전 유도(靜電誘導) 대전하고 있지 않은 절연된 물체 A에 대전한 물체 B를 접근시키면 B에 가까운 쪽에 B와 다른 부호의, 먼 쪽에 같은 부호의 전하가 A에 나타난다. 다음에 B를 멀리 하면 A는 중화하여 원래의 대전하고 있지 않는 상태로 되돌아간다. 이러한 현상을 정전 유도라 한다.

electrostatic lens 정전 렌즈(靜電－) 전자 렌즈의 일종으로, 렌즈의 광축을 통하는 전자선에 대하여 정전계에 의해서 작

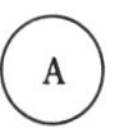

A와 B가 멀리 떨어져 있는 상태

A와 B가 가까운 상태

electrostatic induction

용하는 것. 상하 양 전극은 접지되고, 중앙 전극에 전자 가속 전압과 같은 정도의 음의 고전압이 가해진다. 전자 현미경, 전자 빔 가공 장치, 증착 장치, 브라운관 등에 응용된다.

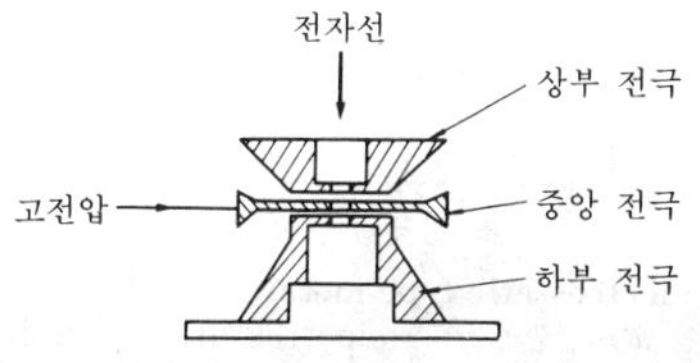

electrostatic loudspeaker 정전형 스피커(靜電形－), 콘덴서 스피커 정전계의 작용에 의해 진동을 발생하는 스피커.

electrostatic memory tube 정전 기억관(靜電記憶管) 맨체스터 대학의 윌리엄 교수의 제안에 의한 것. 컴퓨터의 초기에 사용되었으나 동작이 불안정하고 자심 기억 장치나 IC 기억 장치 등의 발달로 현재는 그다지 사용되지 않는다.

electrostatic microphone 정전형 마이크로폰(靜電形－), 콘덴서 마이크로폰 정전 커패시턴스의 변화에 의해 동작하는 마이크로폰. →condenser microphone

electrostatic painting 정전 도장(靜電塗裝) 도료를 안개 모양의 미세 입자로 하고, 도장물에 전압을 가하여 도료를 도장면에 흡착시키는 방법. 도막(塗膜)을 균일하게 할 수 있으므로 마무리가 깨끗하며, 도료의 양이 적어도 된다. 다른 도장법보다 작업상 위생적이다. 도료의 이용률이 높다. 전기 기기, 자동차 등 폭넓은 분야에서 이용되고 있다.

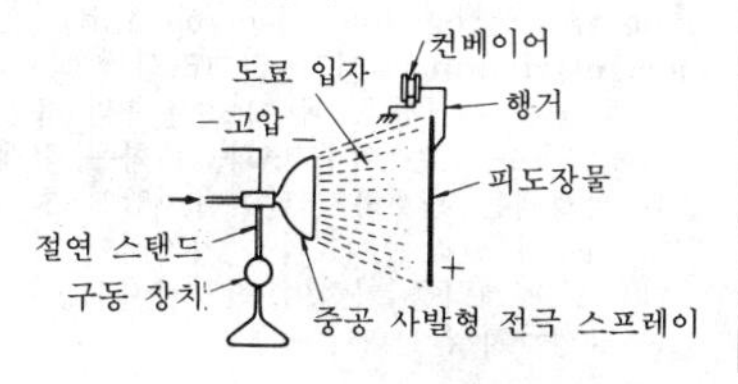

electrostatic plotter 정전 작도 장치(靜電作圖裝置), 정전식 플로터(靜電式－) 일렬로 배열된 전극을 써서 잉크를 정전기적으로 용지에 부착시키는 래스터 작도 장치.

electrostatic potential 정전위(靜電位) 정전계 내의 임의의 점과 적당히 설정한 기준점(보통 무한히 먼 곳의 점을 택한다) 사이의 전위차.

electrostatic printer 정전식 프린터(靜電式－) 비충격식 프린터의 일종. 정전기적인 전기량을 전도지(conductive paper) 위에 작은 도트로 전달하여 문자를 인쇄하는 인쇄기.

electrostatic recording 정전 기록(靜電記錄) 모사 전송 장치에서의 전자 기록 방식의 하나로, 기록지에 신호의 고전압을 가하여 정전하를 만들고, 수지와 흑색 염료의 미분말(토너)을 흡착시켜 가열해서 정착시키는 방식. 모사 전송 장치의 수신기뿐만 아니라 복사기, 컴퓨터의 출력 등에도 이용되고 있다.

electrostatic recording head 정전 기록 헤드(靜電記錄－) 정전 기록지의 절연층에 정전하를 주어 정전 잠상을 형성시키는 것. 정전 기록 헤드는 평면 주사 정전 기록에 사용되며, 침전극(針電極)으로의 전압 분배에는 기계적으로 하는 것과 전자적으로 하는 것이 있다. 전자적으로 하는 것은 고속 주사의 실현이 용이하며, 고속 팩시밀리(G3 기기) 등에 쓰인다.

electrostatic recording printer 정전 기록식 프린터(靜電記錄式－) 기록지 표면에 전하상(電荷像)을 만들고 여기에 분말(토너)을 정전 흡착시켜서 가시상을 만드는 장치를 말한다. 건식과 습식이 있다. 기록 속도는 20~20,000 자/초의 것이 있으며, 화질도 비교적 좋은 것이 얻어지기 때문에 한자(漢字) 프린터, 라인 프린터, 단말용 프린터, 팩시밀리 등에 널리 사용되고 있다.

electrostatics 정전기학(靜電氣學) 정지한 전기의 효과를 다루는 전자기학의 한 분야. 물질은 도체와 절연체(유전체)로 대별되는데, 전자는 전기를 잘 통하고, 따라서 정전적으로 도체 내부에는 전하는 존재하지 않으며, 모두 표면에 모인다. 도체 표면은 하나의 등전위면이다. 후자의 유전체상에 두어진 전하는 이동하는 일 없이 그 위치에 멈춘다. 절연물을 전계 속에 두면 분극 작용에 의해 절연물 내부에 전하가 유기된다. 정전하(靜電荷)는 또 마찰에 의해서도 만들어진다.

electrostatic separation 정전 선별(靜電

選別) 물질 입자의 도전율, 유전율의 차이나 입자간의 마찰에 따라 다른 전하가 발생한다. 만일 이들이 정전계 중에 있으면 정전력에 의해서 특정한 경로를 가진 운동을 하므로 선별을 할 수 있다.

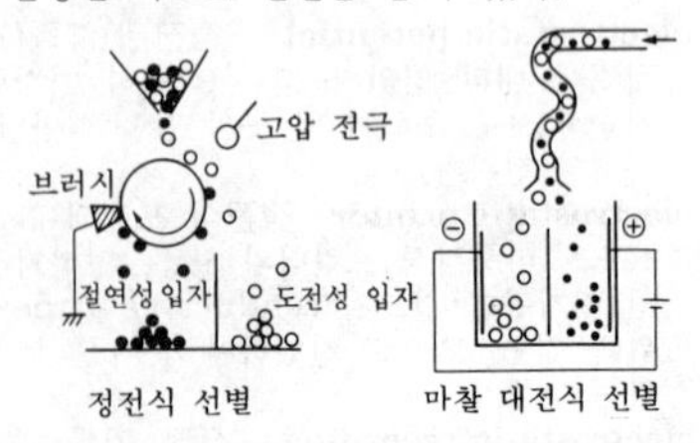

electrostatic shielding 정전 차폐(靜電遮蔽) 정전계가 존재하는 두 전기 회로가 고 임피던스인 경우 표유(부유) 용량에 의한 결합이 존재하므로 이것을 제거하는 것. 저주파의 전자(電磁) 차폐와 달리 비자성체를 사용하여 차폐할 수 있다.

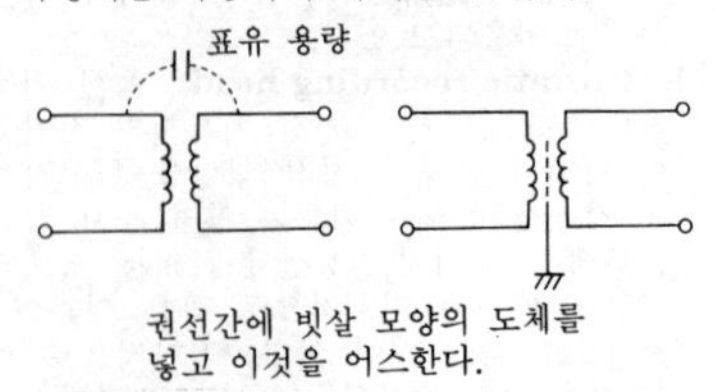

권선간에 빗살 모양의 도체를 넣고 이것을 어스한다.

electrostatic storage 정전 기억 장치(靜電記憶裝置) 유전체 표면층상에 하전된 영역을 사용한 기억 장치.

electrostatic transfer printer 정전 기록 전사형 프린터(靜電記錄轉寫形－) 정전식 프린터의 일종. 유전체를 칠한 드럼을 고르게 하전시키고, 그 표면에서 약간 떨어진 위치에 둔 핀 전극에 앞서의 하전과 반대 극성인 펄스 전압을 인가하여 방전을 일으켜서 하전되어 있던 전하를 제거한 잠상(潛像)을 만든다. 거기에 토너(toner)를 부착시키면 드럼 표면에 상이 만들어지므로 이것을 드럼과 같은 속도로 이동하는 기록지(보통지)에 접촉시켜서 전사한다.

electrostatic type instrument 정전형 계기(靜電形計器) 충전된 두 전극간에 가해진 전압의 제곱에 비례한 정전 인력이 생기는 것을 이용하는 계기. 교류·직류 양용으로서 같은 눈금으로 사용할 수 있다. 전극 변위 방식(계측 범위 100~1,500 V), 전극 회전 방식(계측 범위 수 10kV 까지)이 있다. 배전반용 전압계로서 사용된다.

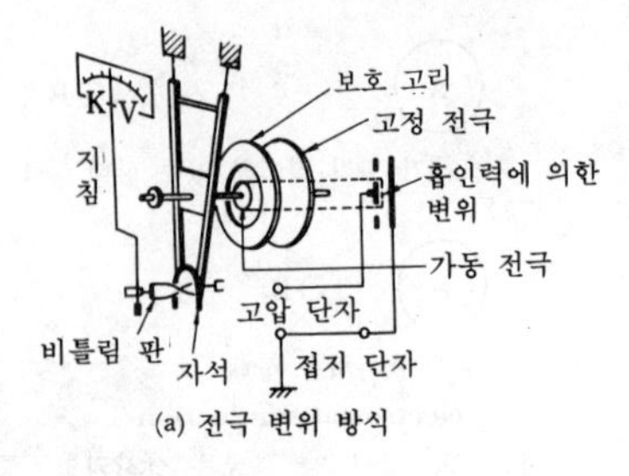

(a) 전극 변위 방식

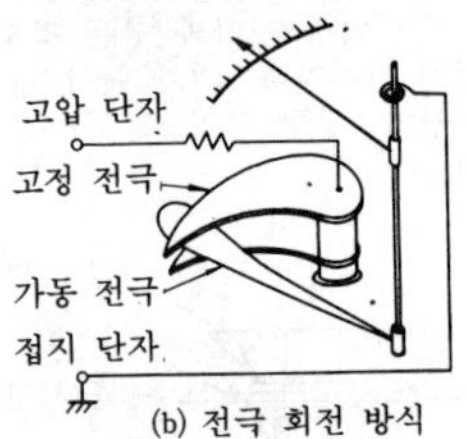

(b) 전극 회전 방식

electrostatic type meter 정전형 계기(靜電形計器) =electrostatic type instrument

electrostatic voltmeter 정전 전압계(靜電電壓計) 상이한 전위로 충전된 고정 전극과 가동 전극과의 사이에 작용하는 정전적인 인력 혹은 반발력에 의해서 동작하는 전압계. 가동 전극이 회전하는 것과 전극의 간격이 변화하는 것이 있다. 그림은 켈빈형 정전 전압계의 예를 나타낸 것이다.

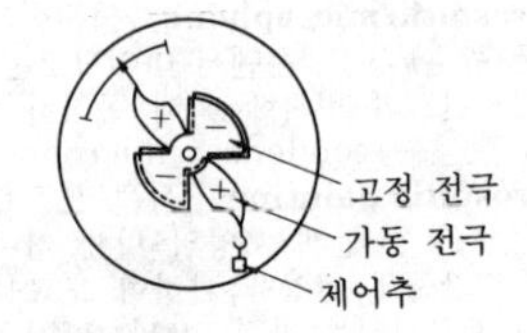

electrostatography 정전 사진법(靜電寫眞法) 정전하에 의한 잠상을 형성하고 이것을 가시상(可視像)으로서 재생하여 기록하는 방법의 총칭. 대별하여 일렉트로 포토그래피와 일렉트로그래피가 있다. → electrophotograpy, electrography

electrostriction 전기 일그러짐(電氣－) 전계 중에 두어졌을 때 어느 종류의 유전체에 볼 수 있는 치수 변화. 변화는 전계의 극성에는 관계하지 않는다. 압전 효과의 경우와 달리 이 효과는 가역적이 아니다(즉, 기계력을 가하여 변형시켜도 전기는 발생하지 않는다).

electrostrictive cartridge 전기 왜곡형 카트리지(電氣歪曲形－) →crystal pick-up

electrostrictive effect 전기 일그러짐 효과(電氣－效果), 전기 왜곡 효과(電氣歪曲效果) 결정(結晶)에 전계를 가했을 때 일그러짐을 발생하는 현상으로, 그 효과가 큰 전기 일그러짐 재료는 공진자 등에 이용된다.

electrostrictive material 전기 일그러짐 재료(電氣－材料) 결정을 전계 중에 두면 일그러지는 현상을 이용하는 재료. 대표적인 것은 PZT 계통의 자기로, 압전 소자로서 쓰인다.

electrostrictive microphone 전기 왜곡형 마이크로폰(電氣歪曲形－) →crystal microphone

electrothermal instrument 열전형 계기(熱電形計器) 도체 중에 흐르는 전류의 열효과를 이용한 계기. 도체는 바이메탈 조각 또는 열선 등이다.

electrovalent bond 이온 결합(－結合) NaCl 과 같은 이온 결정은 NaCl 이라는 분자가 집합하여 이루어진 것이 아니고 Na^+ 원자와 Cl^- 원자가 정전적인 힘에 의해 결합하여 구성되어 있다(이온 결합). 결정 전체로는 중성이지만 원자 그 자체는 전하를 갖는다. ＝polar bond

elementary particle 소립자(素粒子) 물질을 형성하고 있는 가장 작은 입자로, 이 이상은 아무리 해도 분해할 수 없는 것. 모든 물질은 100 종류 가량의 원자로 이루어져 있으며, 그 원자는 전자와 중성자 그리고 양자가 조합되어 이루어져 있다. 이 3종류의 입자가 소립자냐 하면, 중성자나 양자는 전자에 비하면 매우 커서 소립자가 아니다. 사실 양자나 중성자는 다시 분해되어 중간자가 된다. 또 쿼크라고 불리는 입자도 많이 발견되고 있다. 다만 이와 같이 분해하기 위해서는 매우 큰 에너지를 필요로 하므로 거대한 가속기를 필요로 하며, 각국에서 연구 중이나, 궁극의 소립자로서는 아직 정설이 없다.

elevated duct 상층 덕트(上層－) 성층권 라디오 덕트로, 그 상층과 하층의 한계가 모두 지표면에서 상공으로 떨어져 있는 것. 접지 덕트(surface duct)와 대비된다.

elevation 엘리베이션 ① 고도. 항공기 기타의 비행체가 대지면 또는 해면에서 갖는 고도. ② 타깃을 조준하는 빛, 전파 기타의 빔이 수평면과의 사이에 이루는 각도를 말한다.

ELF extremely low frequency 의 약어. 주파수 스펙트럼에서 300Hz 이하의 파.

eliminator system 엘리미네이터 방식(－方式) 전자 기기에서 상용 전원을 정류하여 트랜지스터의 직류 전원을 얻는 방식. 이 방식은 전지식의 것에 비해서 경제적이고 취급도 간편하므로 휴대용 기기 이외에 널리 사용되고 있으나 리플 백분율과 전압 변동률에 대해서 충분히 고려하지 않으면 안 된다.

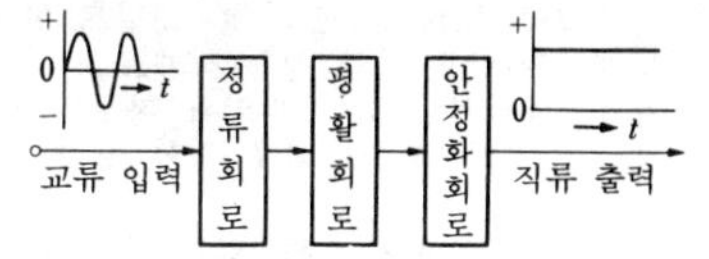

elinver 엘린버 철·니켈 합금으로, Fe 50.5, Ni 37.5, Cr 12 라는 조성을 가지고 있다. 상온 부근에서 강성 계수, 열팽창 계수가 모두 작으므로 소리굽쇠나 자기 지연 소자 등에 쓰인다.

elliptical cone speaker 타원 콘 스피커(惰圓－) 콘 스피커의 일종으로, 콘의 개구부(開口部)가 타원형으로 된 것. 스피커의 부착 장소에 제한이 있는 자동차용 스피커나 텔레비전 수상기에 사용되는 경우가 많다.

elliptically polarized wave 타원 편파(惰圓偏波) 편파면이 전류의 진행 방향으로 수직인 면내에서 타원을 그리는 것. 위상이 다른 수평 편파와 수직 편파를 조합시키면 그 합성 전계의 벡터가 타원을 그리므로 타원 편파가 얻어진다.

elliptical stylus 타원 바늘(惰圓－) 바늘 끝의 단면이 타원으로 되어 있는 재생 바늘. 레코드의 음구(音溝)를 깎는 커터 바늘과 비슷하므로 이 바늘을 사용하면 재생할 때 음구의 트레이스가 충실해져서 좋은 결과가 얻어진다. 보통의 원뿔 모양을 한 바늘로 음구를 재생할 때는 음구에 충실하게 트레이스할 수 없어 트레이싱 일그러짐을 발생한다. 타원 바늘에서는 이 일그러짐을 경감할 수 있으나 연마가 정확한 타원으로 되어 있지 않다든지, 부착 각도가 정확하지 않다든지 하면 오히려 역효과를 일으켜 레코드를 상하게 하는 경우도 있으므로 주의할 필요가 있다.

elliptic rotating field 타원 회전 자계(惰圓回轉磁界) 대칭 3상 교류나 2상 교류로 만들어지는 회전 자계는 원형으로 되나, 비대칭의 3상 교류나 불규칙한 2상 교류에 의한 합성 자계는 벡터의 꼭지점이 원을 그리지 않고 하나의 타원이 된다. 이러한 자계를 타원 회전 자계라 한다. 예를 들면, 3상 유도 전동기를 그림과 같이 응급적으로 단상 운전할 때 등은 타원 회전 자계가 된다.

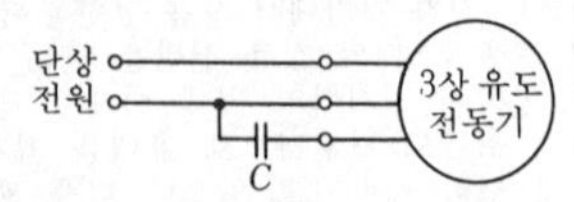

elongated single domain magnet ESD자석(-磁石), 미립자 자석(微粒子磁石), 미분말 자석(微粉末磁石) 철·코발트 합금 등의 미분말을 가압 성형한 재료로 만든 자석. 분말의 각각이 단일의 자구(磁區) 구조를 갖기 때문에 매우 강한 보자력이 얻어진다.

embedded computer system 매입형 컴퓨터 시스템(埋入形-), 내장 컴퓨터 시스템(內藏-) 무기나 항공기, 선박, 미사일, 우주선, 고속 교통 기관 등의 전자 기계 시스템과 한 몸으로 되어 있는 컴퓨터 시스템.

EMC 전자적 적합성(電磁的適合性) = electromagnetic compatibility

emergency position indicating radio beacon 비상용 위치 표시 무선 표지(非常用位置表示無線標識) =EPIRB

emergency power supply 비상 전원 장치(非常電源裝置) 상용의 전력 계통에서 공급을 받고 있는 전원 장치에서 공급 계통의 고장으로 정전이 되었을 때 비상용으로서 사용되는 예비의 발전 설비로, 전지, 디젤 발전기 등이 쓰인다.

emergency traffic 비상 통신(非常通信) 비상 사태가 발생했을 때 혹은 발생될 염려가 있는 경우에 인명의 구조, 교통이나 정보 연락의 확보를 위해 행하여지는 통신.

EMF 기전력(起電力) =electromotive force

EMG system EMG 방식(-方式) →three-engine system

EMI 전자기 방해(電磁氣妨害) =electromagnetic interference

emission 이미션 ① 전자를 방출하는 것. ② 전자파를 방사하는 것.

emission spectrum 발광 스펙트럼(發光-) 원자, 분자 등이 높은 에너지 준위에서 낮은 에너지 준위로 천이할 때 방출되는 전자파의 스펙트럼.

emissivity 방사율(放射率) 열방사체의 방사 발산도와 그것과 같은 온도에 있는 완전 방사체의 방사 발산도와의 비.

emitter 이미터 트랜지스터에서 캐리어(전자 또는 정공)를 주입하는 부분. 그림 기호에서는 화살표가 있는 부분으로 표시되며, 그 방향에 따라 pnp 형(안쪽)인지 npn 형(바깥쪽)인지를 알 수 있다.

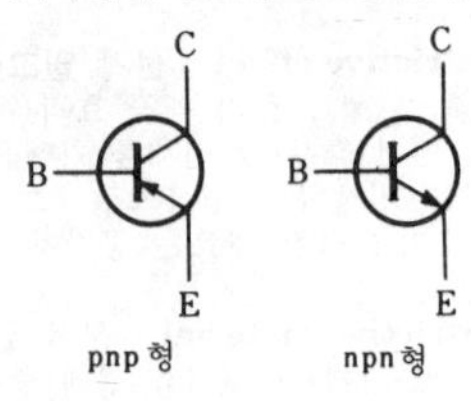

emitter capacity 이미터 용량(-容量) 이미터 접합 용량과 이미터 확산 용량으로 이루어진다. 이미터 접합 용량이란 이미터와 베이스 접합부가 하나의 콘덴서를 이루고 있다고 생각했을 때의 용량이며, 접합부에서의 공간 전하가 존재하는 폭을 W, 유전율을 ε으로 하면 단위 면적당의 크기는 $C_{BE}=\varepsilon/W$으로 나타내어진다. 이미터 확산 용량이란 이미터 영역에서 베이스 영역으로 주입되고 있는 소수 캐리어가 인가 전압의 변화를 수반하여 그 수를 증가한다든지 감소한다든지 하기 때문에 생기는 용량으로, 이미터 전류가 클수록 커지고, 베이스폭이 짧을수록 작다. 양자의 합이 이미터 용량이며, 이 크기는 트랜지스터의 차단 주파수에 크게 영향을 준다.

emitter-coupled amplifier 이미터 결합 증폭기(-結合增幅器) 컬렉터 접지형(CC)과 베이스 접지형(CB)의 두 증폭 회로가 이미터 저항 R_E에 의해 결합된 것으로, 양 증폭 회로의 이점을 겸한 성질을 가지고 있다. 즉 출력 임피던스가 높고, 또 전압 이득, 전류 이득은 각각 CB 형, CC형

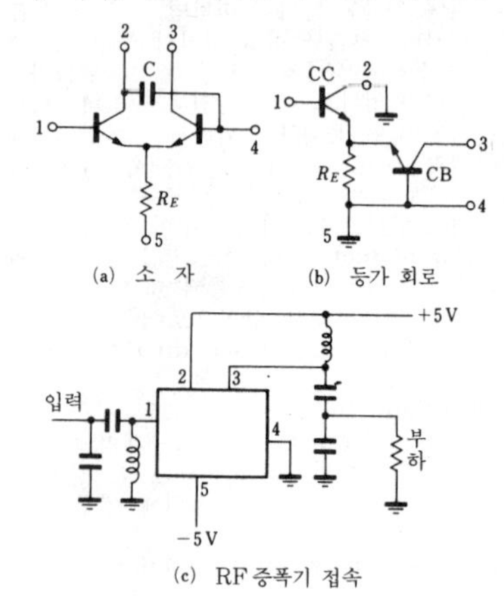

(a) 소 자 (b) 등가 회로

(c) RF 증폭기 접속

의 그것을 가지고 있다. 집적 회로로서 만들어지며, RF 증폭기 등에 쓰인다. 그림 (a)의 콘덴서는 단자 2-4 간을 RF 단락하고 있다.

emitter-coupled logic 이미터 결합 논리 회로(−結合論理回路), 전류 스위치형 논리 회로(電流−形論理回路) =ECL

emitter-coupled logic device 이미터 결합 논리 소자(−結合論理素子) ECL 소자라고도 한다. 이미터 결합 논리 회로라고 불리는 회로 형식을 사용한 집적 회로.

emitter-coupled multivibrator 이미터 결합 멀티바이브레이터(−結合−) → Schmidt trigger circuit

emitter coupled transistor logic 이미터 결합 트랜지스터 논리 회로(−結合−論理回路) =ECTL

emitter current 이미터 전류(−電流) 트랜지스터에서 이미터 부분에 흐르는 전류. 이미터 접지의 트랜지스터 등가 회로에서 베이스(B)에 v_b, 컬렉터(C)에 v_c를 가하고, 각각의 전류가 i_b, i_c일 때 이미터 전류 i_e는 i_b와 i_c의 합이 된다.

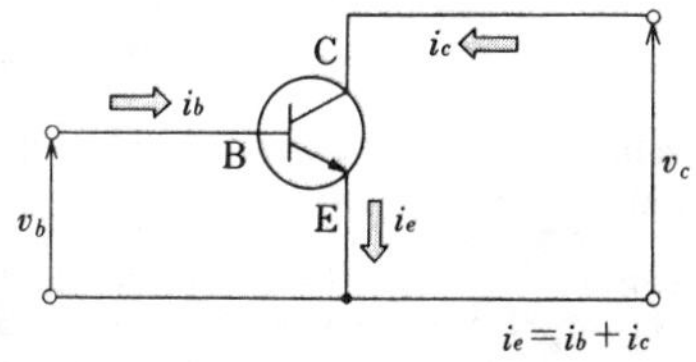

emitter cut-off current 이미터 차단 전류(−遮斷電流) 트랜지스터의 컬렉터 개방시의 이미터-베이스 간 역방향 전류를 이미터 차단 전류라 하고, I_{EBO}로 나타낸다. 첨자인 EB는 이미터-베이스 간을, O는 컬렉터가 개방(open)이라는 것을 뜻한다. 스위칭 등과 같이 이미터-베이스 간이 역 바이어스되는 경우가 있는 용도에서는 I_{EBO}도 중요한 항목이다. 컬렉터 차단 전류 I_{CBO}와 마찬가지로 큰 온도 의존성이 있다.

emitter diffusion 이미터 확산(−擴散) 이미터 영역을 확산함으로써 만드는 것으로, 이미터 효율을 높이기 위해 되도록 표면 농도를 높게 하여 확산한다.

emitter efficiency 이미터 효율(−效率) 설명의 편의상 베이스 접지형 pnp 트랜지스터를 생각한다. 그림 1은 그 구조와 이미터 접합에 순방향 바이어스, 컬렉터 접합에 역 바이어스 전압을 가하여 동작시켰을 때의(활성 모드에서의) 도프 농도 분포, 전계 분포, 그리고 동작시의 에너지 준위도를 나타내고 있다. 이미터 접합에서는 정공이 이미터에서 베이스, 전자가 반대로 베이스에서 이미터로 주입된다. 이미터 전류는 따라서(그림 2 참조)

$I_E = I_{Ep} + I_{En}$

이 된다. 우변의 전류는 각각 정공 전류 및 전자 전류(전자류와 역방향으로 흐르는 규약 전류)이다. 컬렉터 접합에서도 마찬가지로

$I_C = I_{Cp} + I_{Cn}$

이며, 또 $I_E = I_C + I_B$이다. 순방향에서의 정공 전달비를 α라 하면

$$\alpha = \frac{I_{CP}}{I_E} = \frac{I_{EP}}{I_K} \cdot \frac{I_{CP}}{I_{EP}} \equiv \gamma \cdot \alpha_T$$

라는 관계가 성립한다. γ를 이미터 효율, α_T를 베이스 도착률이라 한다. 위의 α를 써서 컬렉터 전류는

$I_C = \alpha I_E + I_{Cn}$

으로 표현할 수 있다. I_{Cn}은 이미터 개방시의 컬렉-베이스 간 누설 전류이며 I_{CBO}로 나타낸다. 활성 모드로 동작 중인 트랜지스터 각 영역의 소수 캐리어 분포를 그림 3에 나타냈다. 베이스 영역에 축적된 소수 캐리어의 전하량(다음 면 그림의 빗금 면적)은 트랜지스터의 동작 성능에 크게 영향을 갖는다. 컬렉터 접합에도 순방향 바이어스를 걸면 베이스 영역의 소수 전하 농도는 그림의 점선과 같이 증가한다(포화 모드). 또 V_{EB}, V_{CB}는 모두 역방향의 바이어스로 되는 경우는 베이스 영역의 소수 전하는 거의 0으로 된다(차단 모드).

emitter follower circuit 이미터 폴로어 회로(−回路) 이미터와 신호 접지 SG 사이에 부하가 접속된 단일 트랜지스터 증폭 회로. 베이스, 이미터, 대지를 통하는 회로는 출력 전압을 100% 입력측에 부궤환하고 있다. 이득은 1에 매우 가깝고, 출력 신호의 극성은 입력의 그것에 추종한다(반전하지 않는다). 컬렉터 접지라고도 한다. =grounded collector circuit

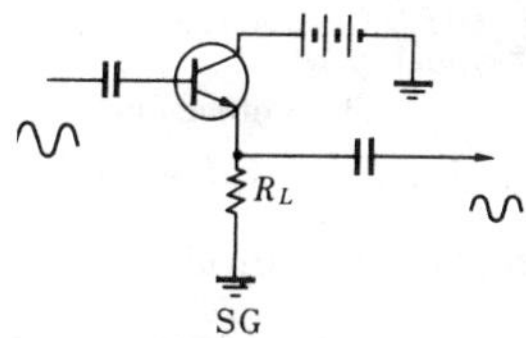

emitter follower logic 이미터 폴로어 논리(−論理) 바이폴러 트랜지스터에 의한 논리 소자의 일종으로, TTL에 비해서 동작 속도가 빠르고 집적도는 크다. 그림

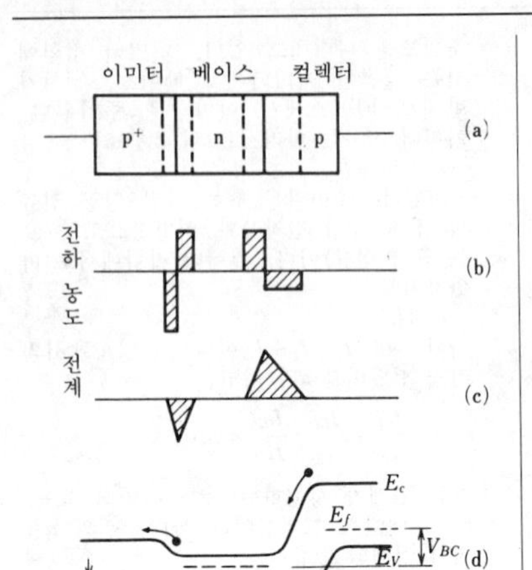

그림 1 활성 모드에서의 트랜지스터의 (a) 도핑 분포 (b) 전계 분포와 (d) 에너지 준위도

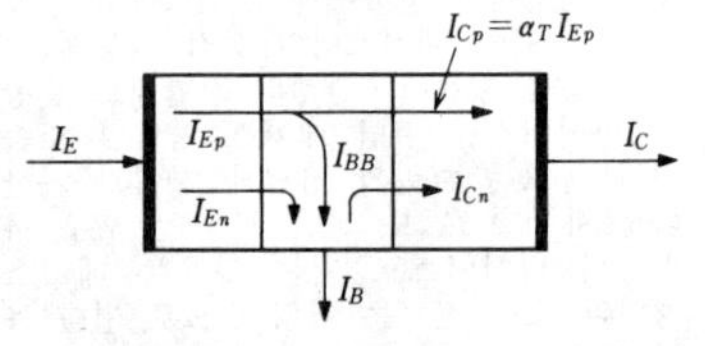

그림 2 활성 모드에서의 각 영역의 전류 $I_{BB}=I_{EP}-I_{CP}$는 주입된 정공과 재결합한 전자를 보급하는 전류

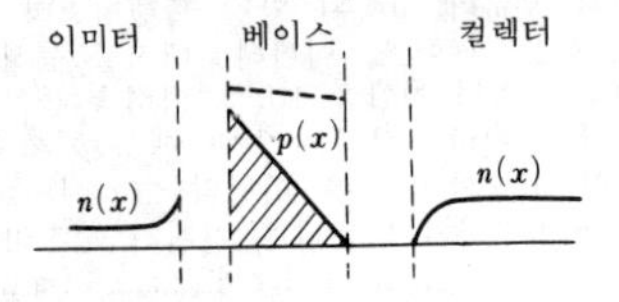

그림 3 활성 모드에서의 트랜지스터 내 소수 캐리어 분포

emitter efficiency

과 같은 구조이며, OR와 NOR의 두 출력을 얻을 수 있다. =EFL

emitter injection efficiency 이미터 주입 효율(-注入效率) 트랜지스터의 이미터 전류 전체에 대한 정공 확산 전류의 비율. 이 값은 이미터 영역의 저항률이 베이스 영역의 그것보다 낮을수록 커진다. 이미터 주입 효율이 클수록 전류 증폭률(α)은 커진다.

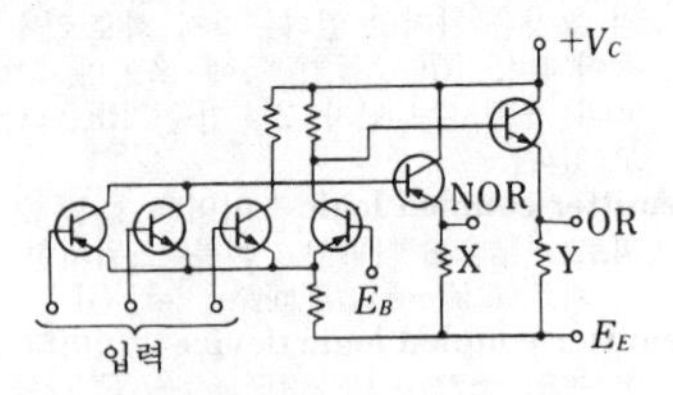

emitter follower logic

emitter junction 이미터 접합(-接合) 소수 캐리어를 베이스 영역에 주입하기 위해 순방향 바이어스 전압을 가하는 접합부.

emitter modulation 이미터 변조(-變調) 베이스에 반송파를 가하고, 이미터 전류를 변조파로 제어하여 출력에 나타나는 컬렉터 전류를 변화시키는 방식이다. 베이스 접지 회로에서는 반송파와 변조파로 베이스 바이어스를 변화시켜서 변조 전류를 얻을 수 있으며, 이미터 접지 회로에서는 베이스 변조와 마찬가지로 이미터 전압의 변화가 베이스 바이어스의 변화로서 베이스에 가해지도록 되어 있다. 이 변조 방식은 신호파 전력이 다른 방식에 비해서 적어도 되는 이점이 있다.

emitter peaking condenser 이미터 피킹 콘덴서 광대역 증폭기의 고역에서의 이득 저하를 개선, 보상하기 위한 콘덴서. 이미터 저항 R_E와 병렬로 C_E를 접속한다. C_E와 R_E의 시상수로 정해지는 주파수 이하의 이득은 부궤환 때문에 감소하지만 이보다 높은 주파수에서는 C_E의 임피던스가 작아져서 궤환량이 적어지므로 이득이 늘어나 고역 특성이 개선된다.

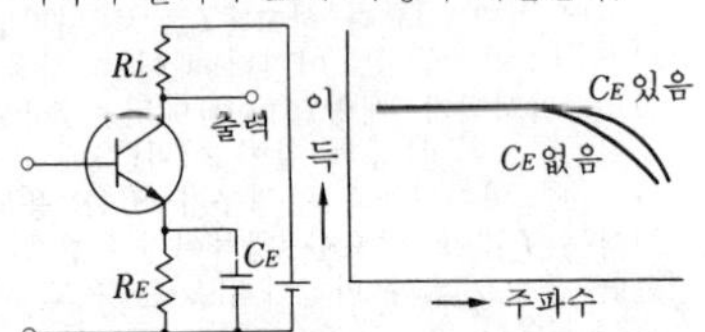

emitting sole 전자 방출 솔(電子放出-) =electron emitting sole

EMOS 인핸스먼트 모스 게이트 전압이 0볼트일 때 소스-드레인 간이 OFF 상태가 되는 특성을 갖는 MOS트랜지스터. 보통, MOS는 이 특성을 갖는다. =enhancement MOS

emphasis 엠퍼시스 주파수 변조에서는 변주 주파수가 높으면 잡음이나 일그러짐에 대하여 방해를 받기 쉬우므로 주파수가 높은 변조 신호에 대해서는 변조 지수가

커지도록 변조를 건다. 이러한 조작을 엠퍼시스라 하고, 송신측에서 하는 것을 프리엠퍼시스, 수신측에서 하는 것을 디엠퍼시스라 한다.

empty band 공대(空帶) 띠 이론(대 이론)에서 허용대이기는 하지만 전자가 전혀 존재하지 않는 에너지대를 말한다.

emulation 에뮬레이션 컴퓨터를 사용함에 있어서 다른 컴퓨터용으로 작성된 프로그램을 특별히 만들어진 하드웨어나 프로그래밍 기법에 의해서 그대로 실행할 수 있도록 하는 것.

enable 이네이블 ① 디바이스나 시설 등이 동작을 할 수 있도록 상태를 전환하는 것. ② 컴퓨터에서, 예를 들면 I/O 장치로부터의 인터럽트 동작을 할 수 있도록 인터럽트 플래그를 세트하는 것. ③ 통신 회선에서 들어오는 신호를 받아들이도록 전송 제어 장치의 상태를 세트하는 것.

enabling signal 이네이블 신호(－信號) ① 회로에서 어느 동작을 일으키게 하기 위해 사용하는 신호. ② 논리 게이트에서 본래의 동작 기능을 시키기(혹은 지금까지 하고 있던 억제 작용을 해재하기) 위해 가하는 신호.

enameled resistor 법랑 저항기(琺瑯抵抗器) 자기를 권심으로 한 권선 저항기를 법랑(저융점 유리의 일종)으로 감싸서 보호한 구조의 저항기. 내열성이 좋으므로 소비 전력이 큰 경우에 사용한다.

enameled wire 에나멜선(－線) 동선의 표면에 절연 도료를 여러 번 되풀이하여 구어붙인 전선. 도료는 가열에 의해서 건조 고화하는 성질을 갖는 동시에 완성한 피막은 튼튼한 것이어야 한다. 이 점에서 뛰어난 것은 PVF 라는 합성 수지로, 이것으로 만든 에너멜선은 포르말선 등이라 하며, 코일의 권선 등에 널리 쓰인다.

enclosed fuse 밀폐 퓨즈(密閉－) 퓨즈를 절연물의 용기에 봉해 넣은 것으로, 전자 기기에 사용하는 퓨즈는 이것이다. 플러그 퓨즈는 그 일종이다.

enclosure 인클로저 →cabinet

encode 부호화(符號化) ① 부호를 써서 데이터를 변환하는 것. 역변환을 할 수 있도록 부호화가 고려되는 경우가 많다. ② 입력 신호 그룹의 각각에 대응하여 유니크한 출력 신호의 조합을 만들어 내는 것. ③ 특정한 컴퓨터에 대하여 기계어에 의한 프로그램을 작성하는 것.

encoder 부호기(符號器), 인코더 복수 개의 입력 단자와 복수 개의 출력 단자를 갖는 장치로, 어느 1개의 입력 단자에 대응하는 출력 단자의 조합에 신호가 나타나는 것. 코더(coder)라고도 한다. →decoder

end cell 단전지(端電池) 주전지 전압의 증가 또는 감소분을 조정하기 위해 주전지에 직렬로 접속되는 보조 전지.

end distortion 종단 일그러짐(終端－) 1 문자를 송신할 때마다 수신기가 시동, 회전, 정지 작동을 반복함으로써 생기는 텔레타이프 신호의 형.

end effect 단효과(端效果) 안테나에서의 커패시턴스의 영향. 이 단효과를 고려하는 경우에는 반파장 안테나에서의 실제 길이는 반파장보다도 5% 정도 짧게 할 필요가 있다. →edge effect

endfire array 종형 어레이(縱形－) 안테나열에서 각 소자가 생선의 뼈와 같이 등뼈에 직각으로 평행하게 배열되어 있고, 등뼈 방향으로 최대 전력을 방사하도록 되어 있는 것. 최대 방사 방향이 등뼈 방향과 직각 방향에 있는 것을 브로드 사이드 어레이 또는 횡형(橫形) 안테나라고 한다.

endless tape 엔드리스 테이프 자기 기록용의 테이프로, 양단을 이어서 같은 내용의 반복이 계속되도록 한 것. 오픈 릴 방식 외에 카세트식 엔드리스 테이프도 시판되고 있다.

end-of-data marker 데이터 종료 기호(－終了記號) 통신 등에서 통신문이 종료했다는 의미를 갖는 기호로, 최종 데이터 다음에 이어진다.

end of tape 테이프 종료(－終了), 테이프 종단(－終端) 자기 테이프 상의 기록 가능 범위의 종단. ＝EOT

end of tape marker 테이프 종료 마커(－終了－) 컴퓨터에 사용하는 자기 테이프에서 기록을 할 수 있는 범위의 종단을 나타내기 위하여 사용되는 알루미늄박의 반사 마커를 말한다. 자기 테이프 장치는 이것을 검출하면 하드 스톱한다. ＝EOT

end office 단국(端局) →class of digital telephone exchange

end point 단점(端點) 선형 계획법에서 제약 조건을 나타내는 각 1차식의 만난점은 제약 영역의 극점이기도 하므로 이것을 단점이라 부르고 있다. 목적 함수의 극대 또는 극소는 이 단점에서 생기므로 선형 계획법에서는 먼저 이 단점을 구하는 것이 중요하다.

endpoint control 종점 제어(終點制御) 프로세스 제어에서 운전 조건을 목표값으로서 정하는 대신 얻어지는 제품의 품질을 목표값으로 정하고, 언제나 품질을 검출하면서 컴퓨터를 사용하여 제어 장치의 설정 조건을 조절하는 제어 방식.

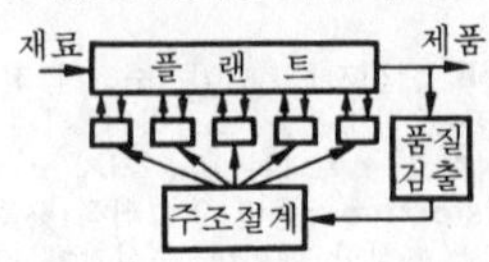

energy 에너지 일을 할 수 있는 능력. 에너지에는 여러 종류가 있으나, 이들은 본질적으로는 같은 것이며, 한 형태에서 다른 형태로 바꿀 수 있다.

energy band 에너지 띠, 에너지대(一帶) 결정 중에서 전자의 에너지 준위가 서로 접근한 다른 원자의 영향을 받아서 띠 모양으로 퍼진 것. 이것을 써서 고체의 전기적 성질을 설명하는 이론을 띠 이론이라 한다.

energy barrier 에너지 장벽(一障壁) 2개의 다른 금속, 금속과 반도체, 2 개의 다른 반도체를 접촉 또는 접합시킨 경우, 둘 사이에 에너지의 이동 즉 전자의 수수가 이루어진다. 이 때 생기는 전위의 산을 말한다. 그림 (a) 상태의 금속과 반도체가 접촉하면 반도체의 전자가 금속 중에 이동하여 전계가 발생한다. 이 결과 반도체의 페르미 준위는 내려가서 그림 (b)와 같이 금속의 페리미 준위와 같은 위치에 오게 되어 경계에 전위의 산이 생긴다. → Fermi-level

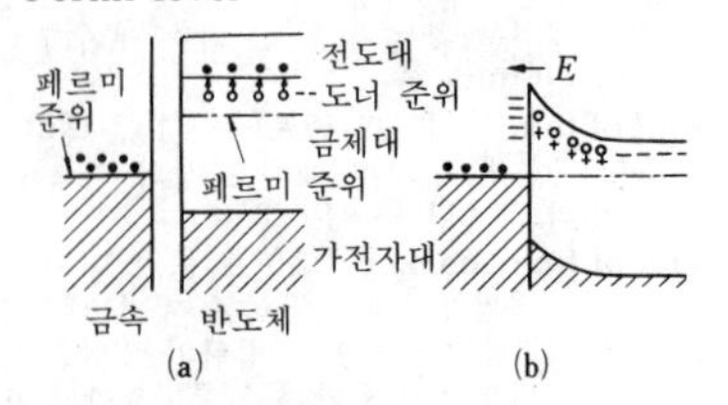

(a) (b)

energy efficiency 에너지 효율(一效率) ① 전압 효율과 전류 효율과의 곱. ② 루미네선스로서 방사된 에너지를 외부에서 흡수된 에너지로 제한 값.

energy gap 에너지 갭 결정 구조의 띠 이론(帶理論)으로 유도되는 금제대의 폭을 말한다. 반도체나 절연체의 전기적 성질을 정하는 중요한 값이다. 보통 eV 의 단위를 써서 나타낸다. 예를 들면, 규소에서는 약 1.2eV(0K)이다.

energy level 에너지 준위(一準位) 어떤 계(예를 들면 원자, 전자 등)가 취할 수 있는 에너지의 값, 혹은 그 상태를 말한다. 에너지의 차를 높이의 차로 비례시켜서 수평선으로 나타내는 경우가 많다. 예를 들면, 원자 중의 전자에는 그 궤도의 위치에 따라서 K 각, L 각, …등의 각 준위가 있다. 그림은 수소의 경우에 대해서 나타낸 에너지 준위도이다.

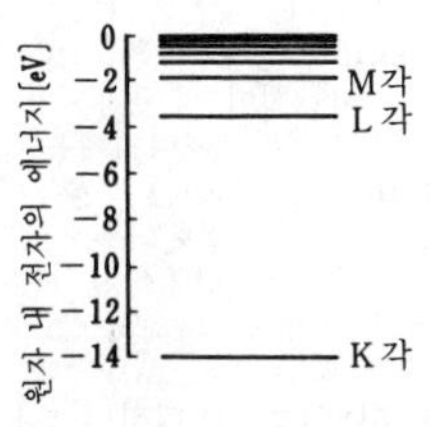

energy-level diagram 에너지 준위도(一準位圖) 금속과 반도체를 접합시킨 경우의 에너지 준위도로, 접합부에서 반도체 내부로 감에 따라 전자의 에너지 준위가 그림과 같이 변화한다. 이 그림을 그릴 때 다음 ①~③의 일반 원칙이 고려되고 있다(이 원칙은 다른 접합계에도 적용할 수 있다). ① 전자가 물질의 영향에서 탈출한 상태에서 갖는 에너지(진공 에너지) E_0 은 이종 물질의 경계에서 공간적으로 불연속으로 되는 일은 있을 수 없다. 즉 E_0 곡선은 경계부에서도 연속한 곡선이다. ② 전자 친화력 χ는 갭 에너지 E_g 와 마찬가지로 물질의 결정 격자에 결부하려는 성질이 있으며, 따라서 χ는 주어진 물질에서는 상수이다. ③ 열평형 상태에서는 페르미 준위는 복합계를 관통하여 그 값은 일정하다.

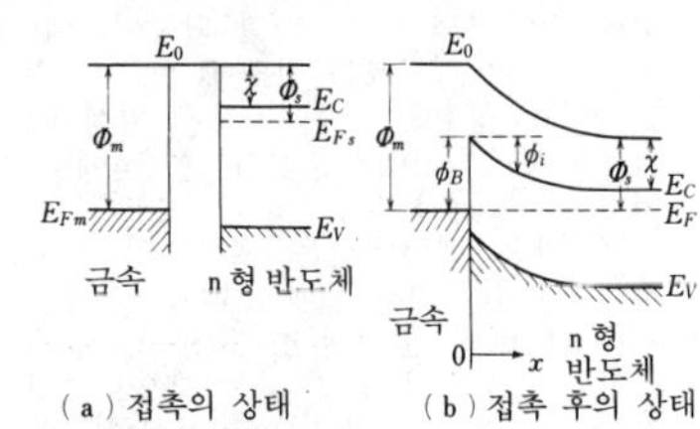

(a) 접촉의 상태 (b) 접촉 후의 상태

energy product curve 에너지곱 곡선(一曲線) 자기 유도 B 와 자계의 세기 H 와의 곱을 영구 자석의 감자(減磁) 곡선상의 각 점에 대해서 구하고, 이것을 B 에 대해

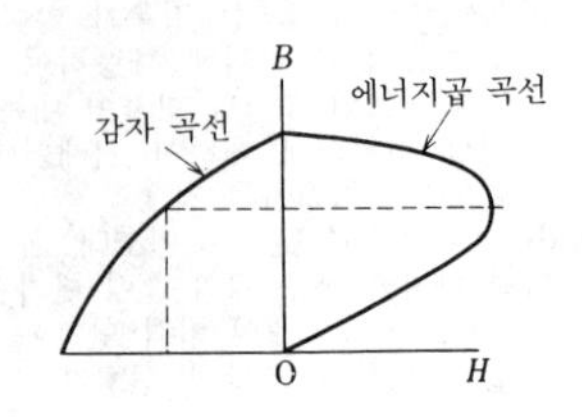

플롯하여 구한 곡선. 전자(電磁) 장치를 설계할 때 그 동작점에서 에너지곱이 최대가 되도록 하면 자석 재료를 절약할 수 있다.

energy quantum 에너지 양자(－量子) 계(系)가 취할 수 있는 에너지가 어느 단위량의 정수배로 한정될 때 그 단위량을 말한다. 플랭크(Plank, 독일)는 전자나 원자핵이 가지고 있는 에너지는 $W=nh\nu$〔n은 양(陽)의 정수(整數), h는 플랭크의 상수, ν는 진동수〕로 나타낼 수 있다는 설을 발표했는데, 이 $h\nu$가 에너지 양자이다. 이러한 생각은 광전(光電) 효과 등의 현상을 본질적으로 다루는 경우에 필요하게 된다.

energy sensitivity 에너지 감도(－感度) ① 광전 장치의 광전류를 입사하는 방사 에너지로 제한 값. 광전관, 광도전체의 경우에는 각각 양극 전압, 출력단 전압을 규정하는 것으로 하고, 광전지의 경우는 단락 전류를 의미한다. 측정 광원으로서는 2,854K 의 텅스텐 전구를 사용하는 경우가 많다. 입사 방사속이 광속인 경우에는 광속 감도라 한다. ② 촬상관의 광전 음극면을 고르게 조사(照射)했을 때의 출력 전류를 조사(照射) 에너지 입력(단위 시간당)으로 제한 값.

energy spreading 에너지 확산(－擴散) 방송 위성과 같은 주파수 대역을 사용하는 지상 통신 업무와의 간섭을 줄이기 위해 주파수 변조를 한 다음의 주파수 스펙트럼을 확산시키는 것이 국제적으로 약속되어 있다. 그래서 영상 신호에 그 약 10% 정도의 P-P 값을 가진 3각파를 중첩한 다음 주파수 변조하는 방법이 쓰이고 있다. 주파수 편이는 600kHz 이다.

engineering plastics 엔지니어링 플라스틱 기계 부품 등 주로 공업 분야에서 금속의 대체 용도로 사용되는 고성능 플라스틱을 말한다. 대표적인 것으로서 나일론, 마일러, 폴리아세탈 수지, 폴리카보네이트 수지 등이 있다. ＝EP

engineering workstation 엔지니어링 워크스테이션 ＝EWS

enhanced diffusion 증속 확산(增速擴散) 보통의 열확산에 비해 확산 계수가 매우 큰 확산 현상. 이온 주입이나 고농도의 불순물 첨가시 등에 보이며, 전자에서는 이온 조사(照射)에 의한 결정 격자 손상 등이 확산 속도를 증가시키는 것이라고 생각되고 있다.

enhancement MOS 인핸스먼트 모스 게이트 전압이 0볼트일 때 소스-드레인 간이 OFF 상태가 되는 특성을 갖는 MOS 트랜지스터. 보통, MOS 는 이 특성을 갖는다. ＝EMOS

enhancement driver depletion load MOS 이 디 모스 ＝EDMOS

enhancement type 인핸스먼트형(－形) MOS IC 의 한 형식으로, 게이트측이 －, 소스측이 ＋로 되도록 전압을 가하면 정전 유도에 의해서 n형 반도체에 정공이 흡인되어 드레인 전류가 흐른다. 이와 같이 게이트 전압을 가하여 전류 통로가 되는 것을 인핸스먼트형이라 한다. 이 밖에 게이트 전압을 가하지 않더라도 미리 혼입한 불순물에 의해서 전류 통로가 이루어지도록 제조한 것을 디플레션형이라고 한다.

enhancement type MOS FET 인핸스먼트형 MOS FET(－形－) 게이트-소스간 전압 V_{GS}가 제로일 때에는 통전하지 않지만 게이트에 바이어스 전압이 가해지면 채널 전하가 증가하여 도전성이 좋아지도록 동작하는 MOS 전계 효과 트랜지스터. n 채널형(전자 전도형), p 채널형(정공 전도형)의 두 종류가 있다. 그림의 p 채널형에서 게이트에 －전압(소스 S에 대하여)을 가하면 채널 전류가 증가한다.

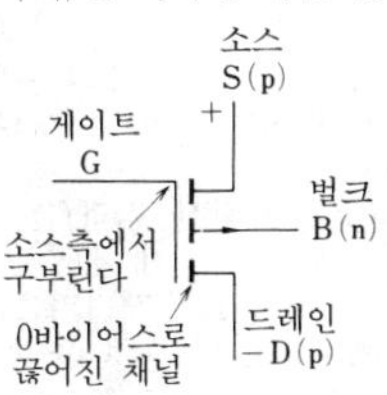

정공이 S에서 D를 향해 흐른다. 그림의 화살표는 언제나 p재료에서 n재료를 향해서 붙인다(n채널형일 때는 그림의 경우와 반대로 한다).

enriched uranium 농축 우라늄(濃縮－) 천연 우라늄에는 열중성자에 의해서 핵분열을 일으키는 우라늄 235 가 약 0.7% 포함되어 있는 데 지나지 않고, 대부분은 우라늄 238 이다. 이 우라늄 235 의 비율을 기체 확산, 열확산 등의 방법으로 인공적으로 많게 한 것이 농축 우라늄이다. 농축 우라늄을 원자로의 원료로서 사용하면 천연 우라늄을 사용하는 경우보다 핵반응을 일으키기 쉽게 되고, 감속재, 냉각재 및 구조 재료의 조합의 범위가 확대되어서 원자로의 설계가 용이해진다.

entropy 엔트로피 통신 이론(정보 이론)에서 정보량을 재는 척도를 말한다. n개의 문자수를 가진 전신 신호 1자당의 정보량 H는

$$H = \sum_{i=1}^{n} P_i \log P_i$$

이 된다. 이것은 n개 중의 어느 한 문자가 출현하는 확률 P_i를 전 문자에 대하여

평균한 것이라고 할 수 있다.

envelope 포락선(包絡線) 규칙성을 가진 곡선 무리의 모두에 접하는 곡선. 그림은 그 일례이다.

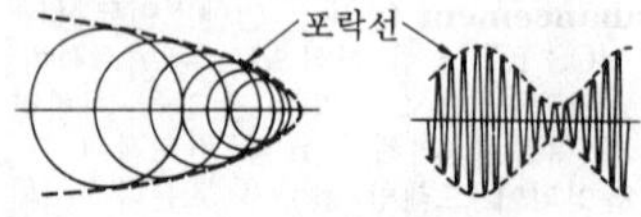

envelope delay 엔벨로프 지연(-遲延), 포락선 지연(包絡線遲延) 전파의 지연 시간을 엔벨로프(포락선)의 파형에 대하여 나타낸 것. 텔레비전의 전파에서는 휘도의 색 벗어남을 없애기 위해서는 저역과 고역에서 이 지연이 일치할 필요가 있으며, 특히 저주파와 색부반송파의 위상이 일치하지 않으면 색연(色緣)의 일그러짐이 나타난다.

envelope delay distortion 포락선 지연 일그러짐(包絡線遲延-) ① 시스템 또는 트랜스듀서에서 어느 주파수에서의 포락선 지연과 다른 주파수에서의 포락선 지연과의 차. ② 회로 또는 계(系)의 포락선 지연이 전송에 필요한 주파수 범위에 걸쳐서 고르지 않을 때 생기는 일그러짐. 팩시밀리의 포락선 지연 일그러짐은 사용한 채널을 규정한 최대 및 최소 주파수에서 포락선 지연의 차의 절반을 μs로 나타낸 것으로 정의된다.

envelope detection 포락선 검파(包絡線檢波) 피변조파의 포락선(최대 진폭을 이은 선)에 비례한 신호파를 발생시키는 진폭 변조의 검파 방식. →detection circuit

envelope detection 포락선 검파(包絡線檢波) →linear detection

envelope generator 포락선 발생기(包絡線發生器) =EG

environmental condition 환경 조건(環境條件) 장치가 갖는 기능의 보호와 올바른 동작을 위해 필요한 물리적 조건. 예를 들면 온도, 습도, 진동, 먼지, 방사선 등.

environmental test 환경 시험(環境試驗) 전자 기기나 부품의 신뢰성 또는 수명은 그 사용 상태에서의 온도나 습도 혹은 일사(日射) 등과 같은 외적 조건에 따라서 달라지므로 그들 조건이 재료나 제품의 특성에 주는 영향을 확인하기 위하여 행하는 시험. 보통은 실제의 사용 시간보다 단축한 시간 내에서 빨리 결론을 얻기 위해 가속 수명 시험을 하여, 그 경우에 환경을 모의하기 위한 장치로서 웨자오미터 등이 사용된다.

EOP 일렉트로포직 =electroposic

EOT 테이프 종료 마커(-終了-) =end of tape marker

EP 엔지니어링 플라스틱 =engineering plastic

EPBX 전자식 구내 교환기(電子式構內交換機) =electronic private branch exchange

EPID 에피드, 전기 영동 영상 표시 장치(電氣泳動影像表示裝置) electrophoretic image display의 약어. 전기 영동(電氣泳動)을 이용한 표시 패널. 매질 액체와 대전 입자의 조합에 의해서 각종 색이 얻어지고, 치수는 세로·가로가 수 10cm 정도의 것까지 만들 수 있으므로 광고나 게시 등에 사용된다.

EPIRB 비상용 위치 표시 무선 표지(非常用位置表示無線標識) emergency position indicating radio beacon 의 약어. 이퍼브라 읽는다. 조난 구조 작업에서 조난자의 위치 발견을 쉽게 하기 위한 신호를 자동적으로 송신하는 무선 표지. 국제적으로는 2,182kHz, 121.5MHz 및 243MHz 의 전파를 사용하고 있다.

epitaxial 에피택시얼 에피텍시얼이란 「결정축에 따라서」라는 의미이다. 즉, 바탕이 되는 단결정상에 외부에서 반도체 결정을 석출시키면 결정축이 정연한 모양의 것이 성장한다. 에피택시얼 성장 기술에 의해서 p형 위에 n형, n형 위에 p형의 반도체를 성장시킬 수 있다. 에피택시얼 성장에는 기상(氣相) 성장법과 액상(液相) 성장법이 있다. 이들 기술을 써서 이미터-베이스 간을 접합, 혹은 컬렉터-베이스 간을 접합함으로써 트랜지스터를 만들 수 있다. 에피택시얼 성장 기술을 사용하는 접합 방법은 임의의 저항률을 조합한 pn 접합을 만들 수 있으므로 설계의 자유도가 크다.

epitaxial diffused mesatransistor 에피택시얼 확산 메사트랜지스터(-擴散-) p형 반도체 위에 n형 반도체의 얇은 층을 확산에 의해 만들어 이것을 베이스로 하고, 거기에 또 합금법으로 이미터를 만들어 넣는다. 주변의 불필요한 부분을 에칭에 의해 제거하여 메사 구조로 한다. 또한 p형 반도체는 저항이 작은 기판상에 에피택시얼 고저항층을 생성시켜서 이것을 컬렉터로 한다. 이러한 구조는 고전압에 견디고, 고주파 특성이 좋다는 특징이 있다.

epitaxial diffused planar transistor 에피택시얼 확산 플레이너 트랜지스터(-擴散-) n형의 저저항 기판상에 같은 n형의 에피택시얼 고저항층을 성장시키고, 이것을 컬렉터로 한 플레이너 트랜지스터. 내전압성, 고주파 특성이 좋고, 신뢰성도 좋다.

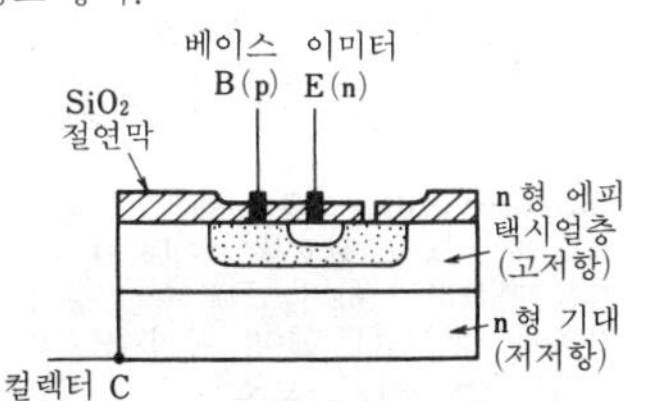

epitaxial film 에피택시얼막(－膜) 에피택시얼 성장으로 얻어지는 막.

epitaxial growth 에피택시얼 성장(－成長) 기상(氣相) 또는 액상(液相)으로 기판 결정과 동일 결정 축방향으로 결정 성장을 하는 것. 이 경우 단결정의 반도체 기판과 그 표면에 성장시키는 단결정의 막과는 같은 물질일 수도 있고, 이종(異種)의 물질일 수도 있다. 이종 물질인 경우는 각각의 격자(lattice)의 방위 및 격자간 거리가 있는 일정한 값 이내에서 일치되어 있어야 한다.

epitaxial layer 에피택시얼 층(－層) 반도체 중에서 밑에 있는 층과 같은 결정 방위를 갖는 층. 일반적으로 트랜지스터나 IC의 제조 공정에서 피복되는 얇은 반도체를 말한다.

epitaxial planar technique 에피택시얼 플레이너 기술(－技術) 에피택시얼 성장과 플레이너 기술의 조합.

epitaxial transistor 에피택시얼 트랜지스터 저항률이 낮은 n형 규소의 단결정 기판상에 얇은 고저항률의 n형 결정층을 에피택시얼 성장시켜서 만든 트랜지스터. 이것에는 그림과 같은 메사형과 플레이너형의 두 종류가 있으며, 어느 것이나 고주파 대전력용의 것이 얻어지는 동시에 캐리어의 축적 시간이 짧기 때문에 스위칭용으로서도 유용하다.

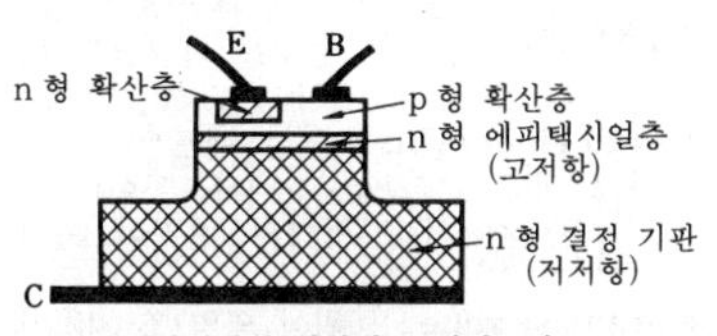

(a) 에피택시얼 메사형 트랜지스터

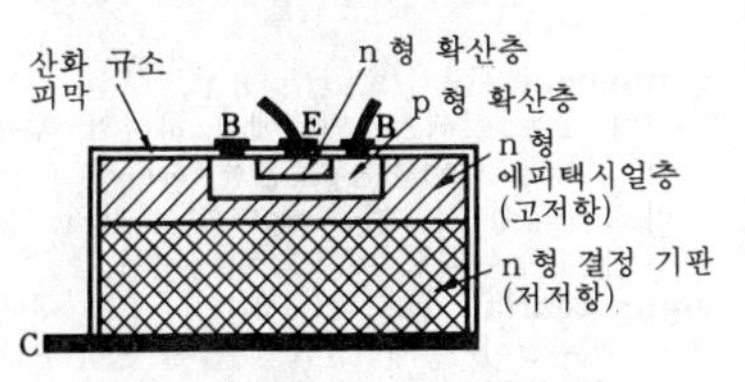

(b) 에피택시얼 플레이너형 트랜지스터

epitaxy 에피택시 원자가 결정축을 따라서 규칙적으로 배열하는 상태를 말한다. 반도체 박막을 성장법에 의해서 만들면 기판에서의 원자의 결정에 대하여 에피택시얼한 단결정이 얻어진다.

E-plane bend E면 굴곡(－面屈曲) →T junction

E-plane pattern E면 지향 특성(－面指向特性) 전계 E를 포함하는 평면 내에서의 지향 특성. 수직 안테나인 경우는 안테나를 포함하는 수직면 내에서의 지향 특성이다.

E-plane T junction E면 T접속(－面－接續) 도파관의 T접속부에서 각각의 암에서의 주파(主波)의 전계 벡터가 도파관의 관축면에 대하여 평행인 것과 같은 것. 직렬 T접속이라고도 한다. →T junction

epoxy resin 에폭시 수지(－樹脂) 경화제를 가함으로써 상온 상압(常溫常壓)에서 중합하여 경화하는 수지. 투명한 갈색이며 내열성이 높다. 부품의 주형이나 함침재, 접착재 등으로서 사용된다.

EPROM 소거 가능 피 롬(消去可能－) erasable and programmable ROM의 약어. 컴퓨터에 사용되는 기억 장치의 일종으로, 전자적으로 프로그램의 기록을 한다. 보통의 PROM은 프로그램의 변경은 불가능하나 자외선 조사 등의 방법으로 내용을 소거하고, 프로그램의 재기록을 가능하게 한 것이다.

Epstein apparatus 엡스타인 장치(－裝置) 전력계법과 똑같은 원리에 의한 철손의 측정 장치. 1차 및 2차 코일을 겹쳐 감은 틀 4조를 정방형으로 배치하고, 그 속에 길쭉한 모양으로 자른 시료(試料)를 겹쳐 넣어 폐자로를 만들고 있다. 시료의 절반은 압연 방향으로, 다른 절반은 그것과 직각 방향으로 재단한 것으로, 각각 2조씩 상대하여 배치한다. 철손 측정 외에 자화 곡선이나 히스테리시스 루프의 측정에도 사용한다.

Epstein's method 엡스타인법(－法) 철손을 측정하는 표준의 시험법. 시료(試料) 철판을 정방형 자로에 조립하여 여기에 측저용 코일을 둔 것을 사용한다.

EPU 연산 처리 장치(演算處理裝置) execution processing unit의 약어. 컴퓨터 시스템의 중추를 이루는 중앙 처리 장치(CPU)의 일부로, 특히 연산 처리를 하는 장치. EPU는 기억 장치에서 읽어낸 소프트웨어 명령을 해독하고, 필요한 정보로 덧셈, 뺄셈, 곱셈, 나눗셈 등의 4칙 연산, 및 OR, AND, NOT 등의 논리 연산 처리를 하는 동시에 기억 장치의 주소 계산을 하고, 처리 데이터의 기억 장치로의 기록 등의 처리를 한다. 이러한 동작을 반복함으로써 컴퓨터 시스템의 실행 처리를 실현한다. 또, EPU 자신의 동작 상태를 진단하는 기능을 갖는 것도 많다.

equal-energy source 등 에너지 광원(等-光源) 가시 범위 전체에 걸쳐 단위 파장당 방출되는 단위 시간당의 에너지가 방사 스펙트럼의 어느 부분에서도 같은 것.

equal-energy white 등 에너지 백색(等-白色) 적, 녹, 청이 모두 같은 에너지로 가해져서 얻어진 백색광. 등 에너지 백색에서는 포화도는 제로이며, 색도도상에서 이 백색점과 스펙트럼 궤적상의 점을 잇는 직선상에서는 색상은 같고, 포화도가 0부터 100%까지 변화하고 있다.

equality 항등 회로(恒等回路) →coincidence circuit

equality comparator 항등 회로(恒等回路) →coincidence circuit

equality detector 등치 검출기(等値檢出器) 어느 양(또는 수)을 설정된 다른 양(또는 수)과 같게 되기까지 일정한 비율로 증가시켜 양자가 같아진 시점에서 출력을 발생하는 장치. 아날로그형과 디지털형이 있으며, 전자는 램프 전압 발생기와 아날로그 비교기를 사용하고, 후자는 레지스터, 카운터 및 비교 게이트가 사용된다. 보통 시간 지연을 만들어 내는 데 쓰인다.

equalization 등화(等化) 전송로에서의 주파수에 의한 군(群) 지연 특성이나 진폭 특성의 차이로 생기는 파형 일그러짐을 보정 회로에 의해 감소시키는 것.

equalized charge 균등 충전(均等充電) 납 축전지군에서 각 단전지의 단자 전압이나 전해액 비중의 불균등을 고칠 목적으로 보통의 충전이 종료한 다음도 계속해서 2~5 시간 충전을 계속하여 과충전을 하는 것. 특히 부동(浮動) 사용 중은 정전 등의 사고가 없을 때라도 3개월에 1회 정도의 비율로 원칙으로서 균등 충전을 하는 것이 좋다.

equalizer 등화기(等化器) 일반적으로 전송 선로나 증폭기는 전 주파수대에 걸쳐서 고른 특성을 갖지 않고 특유한 주파수 특성을 나타내므로 이 감쇠량을 보상하여 전체의 종합 주파수 특성을 편탄하게 하기 위해 사용하는 회로망을 말한다. 이것에는 감쇠 등화기와 위상 등화기가 있다.

equalizing amplifier 등화 증폭기(等化增幅器) 등화기라고도 하며, 전송 선로나 증폭기와 같은 전송계의 주파수 특성을 보정하기 위해 사용하는 증폭기를 말한다. 테이프 녹음기나 픽업에서 재생 특성을 보상하기 위해 사용하는 회로도 이 일종이다.

equalizing pulse 등화 펄스(等化-) 텔레비전의 영상 신호를 수신하여 비월 주사를 정확하게 하기 위해 수직 동기 신호 전후에 삽입한다. 수평 동기 신호의 1/2 주기를 갖는 펄스. 보조 펄스라고도 한다. 이에 의해서 홀수 필드, 짝수 필드의 동기 개시 레벨이 거의 같게 되어 비월 주사가 잘 이루어지며 화면 최초 부분의 동기도 흩어지지 않고 안정한다.

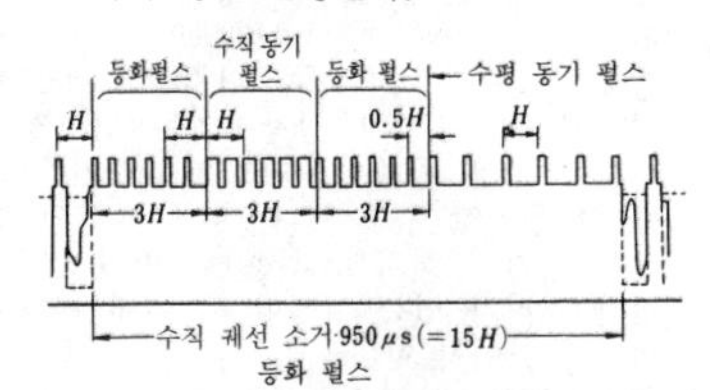

등화 펄스

equi-energy spectrum 등 에너지 스펙트럼(等-) 단위 파장폭당의 방사 에너지가 가시 파장 범위 내에서 일정한 스펙트럼. 이러한 스펙트럼을 갖는 방사는 이상적인 백색 자극을 주며, 이것을 등 에너지 백색이라 한다. 이러한 광원을 기호 E로 나타낸다.

equilibrium distribution coefficient 평형 분포 계수(平衡分布係數) 반도체의 결정 성장시 등에서는 평형에 가까운 상태로 고상(固相)과 액상(液相)이 접하고 있기 때문에 용액 중의 첨가 불순물은 일정한 농도 비율로 양 상에 배분된다. 고상, 액상에서의 불순물 농도를 각각 C_s, C_l로 하고 $k_0=C_s/C_l$를 평형 분포 계수라 한다.

equilibrium orbit 평형 궤도(平衡軌道), 안정 궤도(安定軌道) 베타트론이나 싱크로트론에서 가속 입자의 반경이 일정한 원형 궤도를 말한다.

equiphase zone 등위상 영역(等位相領域) 두 무선 신호의 위상차를 구별할 수 없는 공간 영역.

equipment 장치(裝置) 유선, 무선 혹은 전력 또는 일렉트로닉스에서 하나의 독립한 기능을 나타내는 부분을 하나의 덩어리로 구성한 것. 예를 들면 수신 장치, 전원 장치 등이라는 이름으로 불린다.

equipotential 등전위(等電位) 전계 내에서 복수점이 동일 전위인 것을 등전위라 한다. 전계 내에서 등전위점을 모두 이으면 하나의 면이 이루어진다. 이것을 등전위면이라 하며, 다음과 같은 성질이 있다. ① 등전위면과 전기력선은 수직으로 교차한다. ② 상이한 전위의 등전위면은 교차하지 않는다.

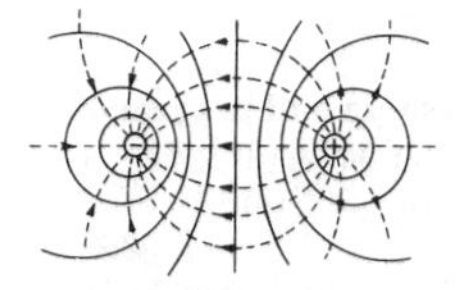

음·양의 전하에 의한 등전위면

실선 : 등전위면

점선 : 전기력선

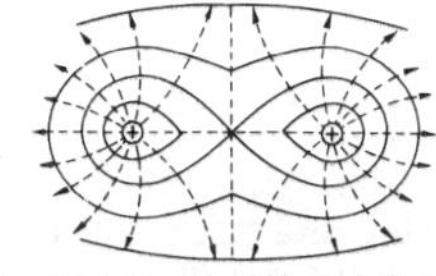

양·양의 전하에 의한 등전위면
(음·음의 전하에서는 전기력선의 방향이 반대)

equipotential surface 등전위면(等電位面) 전계 중에서 전위가 같은 점을 이어서 이루어지는 면을 말한다. 하나의 점전하에 의해서 생기는 전계의 등전위면은 점전하를 중심으로 하는 동심 구면으로 되며, 따라서 등전위면은 무수히 생긴다. 등전위면에는 일반적으로 다음과 같은 성질이 있다. ① 상이한 등전위면은 교차하지 않는다, ② 전기력선과 등전위면은 직교한다, ③ 등전위면의 간격이 좁은 곳일수록 전계가 강하다.

equisignal zone 등감도대(等感度帶), 등신호대(等信號帶) 보통 단일의 송신국에서 송신되는, 주어진 두 무선 신호의 진폭의 차가 식별되지 않는 공역(空域).

equivalence 당량(當量) 일정한 조건하에서 특정한 물리량과 같은 효과를 준다고 인정되는, 다른 물리량의 값. 예를 들면, 통화 당량, 일의 당량(열의), 빛의 역학 당량, 전기 화학 당량, 당량 도전율, 당량 농도, 방사 당량 등.

equivalent circuit 등가 회로(等價回路) 부품의 전기적 특성을 생각하기 위해 그 부품 본래의 목적인 저항값(저항기), 인덕턴스(코일), 정전 용량(콘덴서) 외에 다른 것도 직렬 또는 병렬로 조합되어서 존재하는 것으로 하여 그린 회로를 등가 회로라 한다.

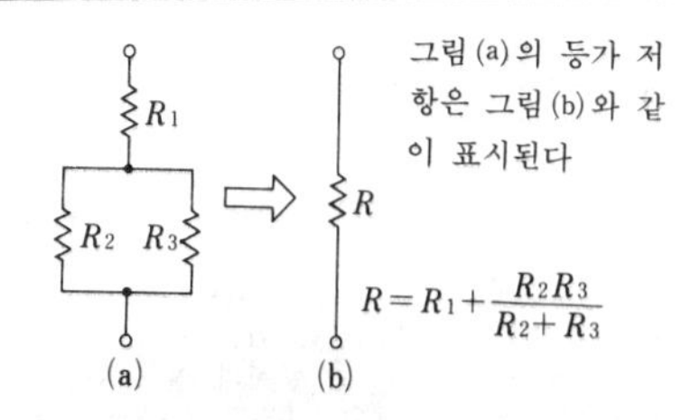

그림 (a)의 등가 저항은 그림 (b)와 같이 표시된다

equivalent conductivity 당량 도전율(當量導電率) 산, 염기, 염 등의 용액에서 1몰(mol)의 용질을 녹인 용액의 도전율.

equivalent core-loss resistance 등가 철손 저항(等價鐵損抵抗) 변압기의 여자(勵磁) 인덕턴스와 병렬로 계속된 것이라고 가정되는 저항. 여자 전류에 의해 변압기의 철심 내에서 소비되는 전력과 같은 전력을 소비하는 권선 저항이다. →exciting impedance

equivalent earth radius factor 등가 지구 반경 계수(等價地球半徑係數) 지구상의 대기는 상공으로 갈수록 기압이 작고 온도도 내려간다. 이 때문에 전파는 굴절하여 아래쪽으로 굴곡하게 된다. 이것을 수정하기 위해 지구 반경을 겉보기로 크게 하면 전파 통로를 직선으로서 다룰 수 있다. 따라서 지구 반경을 K배하여 생각하고, K를 등가 지구 반경 계수라 한다. 표준 상태에서 $K=4/3$이 된다.

equivalent flat-plate area 등가 반사 평면(等價反射平面) 평면파를 산란하는 물체(그 크기는 평면파의 파장에 비해 큰 것으로 한다)와 같은 반사 단면적을 가진 전반사 평면의 면적. 이 면은 입사파의 파두(波頭)에 대하여 평행으로 두어지는 것으로 한다.

equivalent frequency 상당 주파수(相當周波數) 주파수 분할 다중 신호 대역의 어느 대역 주파수와 다른 대역에서의 같은 상대 위치에 있는 주파수는 전기(前記)한 주파수의 상당 주파수라 한다. 예를 들면, 음성 대역 0.3~3.4kHz에 대한 대역외 감시 신호 주파수는 3,850Hz는 기초군 대역 내의 제 12 채널 60~64kHz에

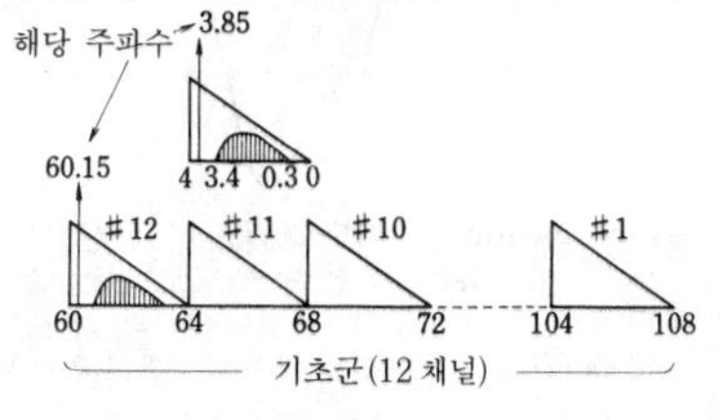

서는 그 상당 주파수는 60.15kHz 이다.

equivalent input impedance 등가 입력 임피던스(等價入力－) 주어진 주파수와 전압에서의 회로 또는 장치의 입력 전류가 입력 전압의 비직선 함수일 때 등가 입력 임피던스는 다음과 같은 성질을 가진 선형 임피던스로서 정의된다. ① 주어진 장치 또는 회로의 입력 회로와 같은 유효 전력을 흡수한다. ② 실제의 입력 회로에 흐르는 무효 전류의 기본파 성분과 같은 무효 전류를 흘린다.

equivalent noise bandwidth 등가 잡음 대역폭(等價雜音帶域幅) 어느 장치의 진폭-주파수 응답 특성에 의해 결정된 주파수폭으로, 지정된 특성의 잡음원에서 주어진 잡음 전력을 정의하는 것.

equivalent noise current 등가 잡음 전류(等價雜音電流) 지정된 주파수에서의 잡음 전류원의 스펙트럼 밀도 S_I를 전류 단위로 표현한 것. 등가 잡음 전류 I_n은

$$I_n = 2\pi S_I / q$$

로 주어진다. 여기서, q : 전자의 전하량.

equivalent noise resistance 등가 잡음 저항(等價雜音抵抗) 진공관에서 발생하는 잡음의 크기를 나타내는 데 사용하는 것. 이 잡음은 전자의 입자성에 따르는 산탄 잡음이 주된 것이므로 플레이트측에 발생하는 잡음 전압을 그리드측의 전압으로 환산하고, 이 전압과 같은 열교란 잡음을 발생하는 저항으로 대치시켰을 때의 저항값이 등가 잡음 저항이다.

equivalent path 등가 경로(等價經路) 송신단에서 방사된 전파가 전리층에서 반사하여 수신점에 도달하기까지의 소요 시간에 광속도를 곱해서 얻어진 거리로, 실제의 거리보다는 언제나 길다(전리층에서의 전파 전파 속도는 광속보다 느리므로).

equivalent sine wave 등가 정현파(等價正弦波) 일그러짐이 적은 비정현파는 이것과 같은 구실을 갖는 정현파로 치환하여 다루는 경우가 많다. 이 정현파를 등가 정현파라 한다.

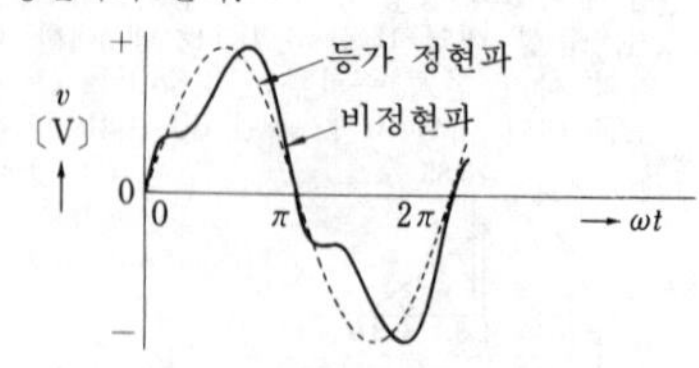

equivocation 애매도(曖昧度) 통신 이론에서 사용하는 조건부 엔트로피를 말한다. 지금 통신로의 송신단에서의 엔트로피를 $H(x)$, 수신단에서의 엔트로피를 $H(y)$로 했을 때, 만일 통신로에 잡음이 없으면 전송 속도는 $H(x)$이지만 잡음이 있는 경우는 수신단측에서 신호를 수신해도 그로부터 송신단측의 정확한 신호를 알 수는 없다. 이러한 수신 신호에서 송신 신호를 추정할 때의 부정확성을 나타내는 $Hy(x)$를 애매도라 한다.

erasable and programmable ROM 소거 가능 피 롬(消去可能－) ＝EPROM

erase 소거(消去) ① 자기 기억 장치에서 모든 2진 숫자를 2진 제로로 치환하는 것. ② 종이 테이프에서의 모든 2진 숫자를 천공해 버리는 것. ③ 기억 매체에서 정보를 말소하는 것.

erasing head 소거 헤드(消去－) 테이프 녹음기에서 테이프에 녹음된 내용을 지우기 위해 사용하는 소자기(消磁器). 강한 직류 자계를 가하여 소거하는 직류 소거식과 교류 자계를 가하여 소거하는 교류 소거식이 있다. 전자의 간단한 것에는 강한 영구 자석만을 사용하는 것도 있다.

erasing rate 소거 시간율(消去時間率) 전하 축적관에서 기록된 선소(線素) 또는 면적을 지정된 하나의 레벨에서 다른 레벨까지 감소시키는 시간율. 이것은 소거 속도와는 다르다.

erasing speed 소거 속도(消去速度) 전하 축적관의 기억면을 소거하는 경우에 기억면을 가로질러서 전자 빔을 주행시키는 직선 주사 속도.

erasure 이레이저 →erasure insertion

erasure insertion 이레이저 삽입(－插入) 디지털 통신에서 통신로의 수단(受端)에서의 디지털 복조기는 잡음에 오염된 수신 파형을 처리하여 이것을 송신된 심벌(2원 혹은 M원의)로 복원한다. 예를 들면 바이너리 복조기에서 파형을 처리하고, 그것이 0인지 1인지를 판단(2원 판난)한다. 그러나 송신파가 0인지 1인지의 판단 외에 파(波)의 성질에 따라서 그 판단을 하지 않는 경우도 있다(즉 3원 판단이 된다). 이러한 경우 복조기의 그 복조 데이터 중에 이레이저 즉 삭제(무판단 혹은 생략) 개소를 삽입했다고 한다. 이것은 송신측에서 송신 데이터에 중복성을 도입한 경우에 생기는 것이며, 복조기는 그 처리를 다음 단의 디코더(복호기)에 맡긴다. 복조기는 일종의 양자화기이며, M원 부호를 쓰고 있는 통신로에서 수신한 데이터를 Q개($Q \geq M$)의 레벨로 양자화한다(즉 Q원의 판단을 한다). 수신한 정보에 중복성이 없으면 복조기는 M원 판단을 하면 된다. 그러나 채널이 중복성을 도입하고 있다면 복조기는 Q원 판단을 하

고, 이것을 디코더에 보내서 처리시킴으로써 최종적으로는 M원 정보가 재생된다. 그리고 필요하다면 소스 디코더(source decoder)에 의해 오리저널의 아날로그 정보를 얻는다.

erbium doped fiber optical amplifier EDF 광 증폭기(一光增幅器) 광 직접 증폭기의 일종으로, 그림과 같은 구조로 되어 있다. 미량의 에르븀을 첨가한 광섬유에 여기광(勵起光)을 주입하여 에르븀 원자를 고 에너지 상태로 하여 신호광을 입력함으로써 유도 방출을 발생시켜 신호가 섬유 내를 진행하는 동안에 증폭이 이루어지는 것이다.

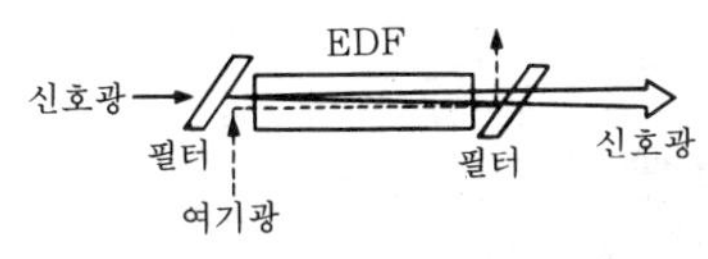

erect sideband 직배치 측파대(直配置側波帶) 신호의 진폭 변조 방식에서 측파대의 주파수 스펙트럼이 최초 신호 주파수 스펙트럼의 평행 이동인 경우의 측파대 배치. 측파대의 주파수 스펙트럼이 최초 신호의 그것에 대해 역배치로 되어 있는 것을 역배치 측파대라 한다.

E-region E층(一層) =E-layer

erg 에르그 CGS 단위계에서의 일이나 에너지의 단위.

1 erg=1 dyn · cm=10^{-7}J

ergonomics 인간 공학(人間工學) 아이템의 설계 방법, 작업 방법, 작업 환경의 설정 등을 인간의 능력이나 한계에 맞도록 정하는 기술. 여기서 아이템이란 신뢰성의 대상이 되는 시스템(계), 서브시스템, 기기, 장치, 구성품, 부품, 소자, 요소 등의 총칭 또는 그 하나를 가리킨다.

erl 얼랑 =erlang

erlang 얼랑 호량(呼量 : 통신 설비의 사용량)의 단위로, 기호는 erl. 1 회선을 1시간 연속하여 사용했을 때의 호량을 1 erl이라 한다.

ERP 실효 방사 전력(實效放射電力) =effective radiation power

error 오차(誤差) 측정값에서 참값을 뺀 값을 말하며, 오차를 참값에 대한 백분율로 나타낸 것을 오차율이라 한다.

error correcting code 오류 정정 부호(誤謬訂正符號) 데이터 전송에서 고도의 정확성을 필요로 하는 경우에 오류 제어 방식이 채용되는데, 여기서 단지 오류의 검출뿐만 아니라 오류를 정정하기 위해 사용하는 부호를 말한다.

error correcting curve 오차 수정 곡선(誤差修正曲線) 무선 방위 측정기에서 선체의 영향에 의한 4분원 오차는 선박의 크기나 주파수에 따라서 일정한 값이 된다. 따라서, 무선 방위 측정기를 설치한 후 대표적인 주파수에 대하여 미리 오차를 측정하여 그래프로 그려 두고, 방위 측정시에 보정하면 된다. 이 그래프를 오차 수정 곡선이라 한다. 오차는 선수 방향에서 45°, 135°, 225°, 315° 부근이 최대가 된다.

error detecting code 오류 검출 부호(誤謬檢出符號) 데이터 전송에서 고도한 정확성을 필요로 하는 경우에 오류 제어 방식이 채용되며, 여기서 오류의 검출에만 사용하는 5 중의 2 부호와 같은 특수한 규칙으로 구성된 부호를 말한다. 이 방식을 사용하면 이 부호분만큼 여분의 비트를 필요로 한다.

error detection 오류 검출(誤謬檢出) 데이터가 오류없이 전송되었는지 어떤지를 판정하는 방법.

error factor 오차율(誤差率) 오차 ε과 측정량의 참값 T와의 비. 계기 자체가 갖는 오차는 허용차로 분류된 계급으로 나타내고 있다. 0이 눈금 끝에 있는 계기의 허용차는 최대 눈금값에 대한 백분율로 나타내어지고, 눈금이 낮은 쪽에서 오차율이 커진다. 오차를 작게 하기 위해서는 눈금 중앙부 이상의 범위에서 사용하도록 한다.

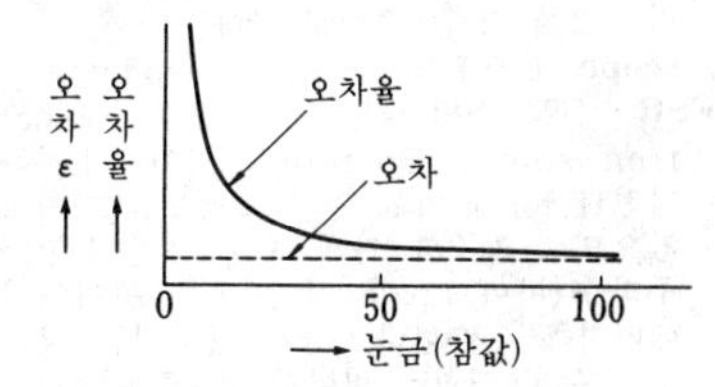

error-rate damping 오율 댐핑(誤率一) 계(系) 출력 오차와 오차의 시간적 변화율을 고려하여 계를 제어하는 방법.

error signal 오차 신호(誤差信號) 제어계에서의 특정한 피드백 신호를 그것에 대응하는 기준 입력에서 뺀 신호로, 이것을 사용하여 제어계에서의 제어 동작이 이루어진다.

error span 오차폭(誤差幅) 오차의 최대값과 최소값의 차이. 올바른 신호와 오류 신호와의 거리를 말하며, 2진 부호의 경우 한 비트의 오류 거리는 1이고, 두 비트의 오류 거리는 2이다.

error stop 에러 스톱 컴퓨터에서 계산이

틀린다든지 잘못된 조건이 들어왔을 때 기계를 자동적으로 정지시키기 위한 정지 명령을 미리 프로그램 속에 내장해 두는 것. 이 경우 정지와 동시에 원인을 알 수 있는 표시가 이루어지도록 되어 있다.

error tester formatter 오류 테스터 포매터(誤謬－) 자기 디스크의 제조시에 사용하는 시험기. 각 트랙의 오류 유무 시험 및 각 트랙의 형식을 운영 체제상 필요로 하는 양식으로 정리하는 기능을 갖는 것.

Esaki diode 에사키 다이오드 터널 다이오드라고도 하며, 1957 년 일본 에사키에 의해 발명되었다. 불순물이 많은 pn 접합의 터널 효과에 의한 부성 특성을 응용한 것이다. 극초단파 영역에서의 증폭이나 발진 등에 사용된다.

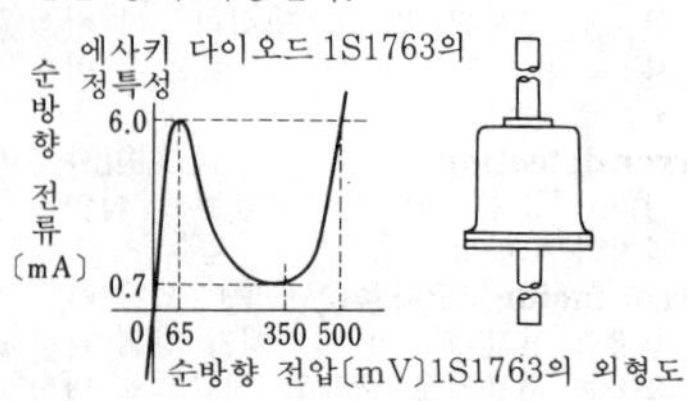

escape ratio 탈출비(脫出比) 전하 축적관에서 축적 요소의 표면을 2 차 전자 방출 및 1 차 전자의 반도(反跳)에 의해 탈출해 가는 것과, 거기에 들어오는 1 차 전자와의 비. 2 차 전자의 약간이 감속 전계에 의해 2 차 방출면으로 되돌아올 때는 탈출비는 2 차 방출비보다도 작다.

E scope E 스코프 →radar display

ESR 전자 스핀 공명(電子－共鳴) electron spin resonance 의 약어. 전자는 자전(自轉)에 의한 자기 모멘트를 가지고 있으므로 고주파 자계 중에 두면 특정한 주파수(마이크로파 영역)에서 공명하여 에너지를 흡수한다. 물실 중에서는 다른 전자 등의 영향을 받아서 이 공명 주파수가 벗어나므로 그 변화를 측정하여 반대로 물질의 전자 구조를 살필 수 있다.

essential hazard 본질적 해저드(本質的－), 본질적 고장(本質的故障) 순서 회로에서 입력 신호의 변화와 궤환 신호의 변화와의 사이에 임계적인 난조가 존재하는 것.

estimation 추정(推定) 예를 들면, 샘플과 같은 불완전한 데이터에서 미지 모집단의 어느 속성값(매개 변수)의 값에 대해서 추론하는 것. 매개 변수에 대해서 단일의 값을 계산하는 경우에는 이러한 과정을 점추정(點推定)이라 하고, 매개 변수의 취할 수 있는 범위를 계산하는 경우를 구간 추정이라 한다.

estimator 추정 법칙(推定法則) 모집단의 매개 변수를 추정하는 법칙, 또는 그 결과 얻어진 값. 보통 샘플값의 함수로서 주어진다. 따라서 랜덤 변수이고, 그 분포 상태는 거기에 유도한 견적의 신뢰성을 사전 평가하는 데 매우 도움이 된다. 예를 들면, 샘플값에서 모집단의 평균값 μ를 추정하는 경우의 추정 법칙으로서는 샘플 데이터의 평균값 x, 데이터를 크기의 순서로 배열했을 때의 중앙값 등, 여러 가지가 생각된다. 그러나 추정값으로서는 ① 편중이 없다는 것(매개 변수에 대하여 과대하지도 과소하지도 않은 것), ② 샘플수가 늘어날수록 매개 변수에 대한 좋은 추정값이 얻어지는 것, ③ 분산이 작은 것 등의 성질을 갖춘 것이 바람직하다.

etched surface 관면 에칭(管面－) CRT 액정 등의 표면에 미세한 요철(凹凸)을 갖게 하는 처리.

etching 에칭 금속이나 반도체를 침식시키는 것을 말하며, 트랜지스터나 IC 의 제조에서는 레지스트(감광 수지)로 덮여 있지 않은 기판 부분을 화학 약품 등으로 제거하는 것을 말한다. 액상(液相) 에칭과 기상(氣相) 에칭이 있다. 액상 에칭은 밀착성이 나쁘면 레지스트와 바탕 사이에 에칭액이 스며들어 패터닝의 정확도가 나빠지지만, 기상 에칭은 레지스트의 밀착성을 특히 좋게 할 필요가 없으므로 대량의 일괄 처리를 할 수 있고, 사이드 에치가 적어 날카로운 에지(edge)가 얻어진다. 기상 에칭에는 가스 플라스마 에칭, 스퍼터 에칭, 이온 빔 에칭 등의 방법이 있다.

Ethernet 이서네트 미국의 DEC, Intel 및 Xerox 의 각사가 공동으로 개발한 LAN 의 하나로, Xerox 사의 프로토타이프를 바탕으로 하여 만들어져 있다. 이서네트는 최대 1,024 단말간에서 최장 2.5 km 거리의 통신을 10Mbs 의 데이터 속도로 할 수 있다.

ETV 교육 텔레비전(教育－) 폐회로 텔레비전(CCTV)을 교육 기술에 응용한 것. 기계 등은 공업용 텔레비전(ITV)과 같다. →industrial television

Euler method 오일러법(－法) 미분 방정식의 수치 해법의 한 방법. $dy/dx=f(x,y)$를 만족하는 1 점의 값 x_i, y_i가 얻어졌을 때 다음 점은 x의 증분을 h로 정하여

$$y_{i+1} \doteqdot y_i + h \cdot f(x_i, y_i)$$

를 계산하고, 이것을 반복함으로써 해를 구하는 방법이다.

Euler's equation 오일러의 공식(－公式)

→Euler's formula

Euler's formula 오일러의 공식(一公式) $\varepsilon^{jx}=\cos x+j \sin x$ 라는 공식을 말한다. 따라서 전압이나 전류 등의 벡터 표시를 지수 함수 표시로 바꿀 때 다음과 같이 사용할 수 있다.

$$A=a+jb=|A|(\cos\varphi+j\cos\varphi)$$
$$=|A|\varepsilon j\varphi$$

단,

$$|A|=\sqrt{a^2+b^2},\quad \varphi=\tan^{-1}\frac{b}{a}$$

로 구해진다.

Eurovision 유러비전 유럽에서 실시되고 있는 국제 TV 중계망으로, 영국, 프랑스, 벨기에, 네덜란드, 독일, 스위스, 이탈리아 등 서유럽 제국이 국제적으로 프로그램의 교환을 하고 있는 것.

eutectic solder 공정 땜납(共晶一) 주석 63%, 납 37%의 조성을 가진 땜납. 융점은 182℃로, 주석·납 합금 중에서 가장 낮다.

EUV detector 극자외 검출기(極紫外檢出器) 160nm 정도의 자외선 측정에는 석영창(石英窓)을 사용한 광전자 증배관을 이용할 수 있으나 파장이 더 짧은 EUV 영역의 검출기로서는 창재(窓材)에 LiF나 CaF_2를 사용하든가 창에 형광 물질을 얇게 칠한 것, 혹은 창을 제거한 광전자 증배관이 사용된다. 또 입사 광자에 의한 가스의 이온화를 이용한 가스 카운터를 사용하는 것도 있다. →ultraviolet radiation

EUV laser 극자외 레이저(極紫外一) 파장 200nm 부터 10nm 에 이르는 진공 자외 영역에서 장파장측의 반(200nm~100nm)을 VUV, 단파장측의 반(100nm~10nm)을 EUV 라고 해서 구별하는 일이 많다. EUV 영역에서의 레이저가 EUV레이저인데, 이러한 단파장 영역에서는 레이저 발진법이나 측정법, 사용 광학 재료 등에 많은 미해결 문제가 있고 응용 분야의 개발도 앞으로의 과제이다.

eV 전자 볼트(電子一) =electron volt

evaluation kit 이벨류에이션 키트 새로 개발된 마이크로프로세서 칩을 평가하기 위해 이 칩과 함께 몇 개의 주변 장치 제어 칩 등을 실어서 실제로 동작하도록 한 이른바 원 보드 마이크로컴퓨터.

evanescent mode 이버네센트 모드 ① 도파관 내의 파동 모드의 하나(임계 주파수 이하의 주파수를 가진)로, 위상을 바꾸는 일 없이 진폭만이 관을 따라서 점차 감쇠해 가는 것. =cut-off mode. ② 빛이 전반사했을 때 상대 매질 중에 생기는 광파와 같이 경계면으로부터의 거리와 함께 지수적으로 감쇠하여 실질적으로 에너지를 수반하지 않는 광파. 광섬유선의 클래딩 영역 등에서 볼 수 있다.

evanescent (wave) coupling 이버네센트(파) 결합(一(波)結合) 이버네센트파에 의한 두 도파로의 결합.

evaporation 증착(蒸着) 어떤 물질의 박막을 기판 표면에 부착시키는 방법의 일종. 진공 용기 속에서 증착하는 물질의 화합물을 가열 증발시켜 기판상에 흘리고, 열분해에 의해서 석출시키는 방법이다. 금속(도체)은 물론 산화물(절연체)에 대해서도 사용된다.

even harmonics 짝수 조파(一數調波), 우수 조파(偶數調波) 고조파 중 기본파의 짝수 배인 주파수의 정현파를 짝수 조파 또는 짝수 고조파라 한다.

EVR 전자식 녹화 방식(電子式錄畵方式) electronic video recording 의 약어. VTR 이 보급되기 이전에 사용되었던 영상 녹화 방식. 카메라, 테이프, 필름 등에 의한 프로그램을 전자 빔 기록에 의해서 EVR 마스터 필름에 고해상도로 기록하고, 이것을 고속 프린터로 EVR 필름 카트리지에 프린트한다. 이 카트리지를 전용의 오토 플레이어에 장전함으로써 수상기에서 재생하는 것이다.

E wave E파(一波) →transverse magnetic wave

EWS 엔지니어링 워크스테이션 engineering workstation 의 약어. 다기능·고기능을 갖는 개인용 컴퓨터 시스템을 말하는 것으로, 특히 그래픽스 기능이 뛰어난 것을 말한다. CAD 시스템에서는 EWS 는 각각 독립한 중앙 처리 장치를 가지며, 각 EWS 는 데이터 통신 기능을 가지고 LAN 으로 강력하게 이어져 있기 때문에 이것을 쓰지 않으면 안 된다.

exalted-carrier receiver 반송파 강화 수신기(搬送波强化受信機) 반송파를 상시 높은 레벨로 유지함으로써 선택성 페이딩을 상쇄하도록 한 수신기를 말한다. 도래하는 반송파에 의해 동기를 취하는 국부 발진기를 내장하든가 혹은 도래 반송파를 따로 증폭하여 이것을 측파대에 조합시키도록 한다.

excess carrier 과잉 캐리어(過剩一) 열평형 상태에서 존재하는 캐리어에 비해 여분으로 생긴 캐리어.

excess electron 과잉 전자(過剩電子) 규소나 게르마늄의 결정 중에 5가의 원자가 불순물로서 섞이면 그 외각 전자는 4개만이 결합에 쓰이고, 나머지 1개는 결정 중을 자유롭게 움직일 수 있게 된다. 후자의 상태에 있는 전자를 과잉 전자라 하며, 정공과 함께 반도체에서 전기 전도의 구실을 한다.

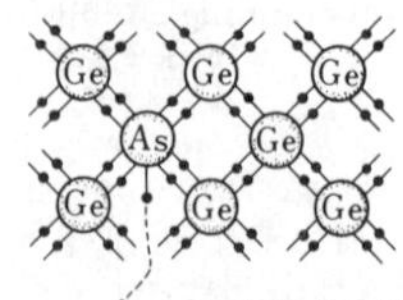

순수한 4가인 Ge의 단결정에 5가인 As를 아주 조금 가하면 결합되지 않는 과잉 전자가 생긴다

excess noise 과잉 잡음(過剩雜音) 트랜지스터 잡음 중 저주파가 될수록 주파수의 역수에 비례하여 증가하는 성분.

excess noise figure 과잉 잡음 지수(過剩雜音指數) 빛을 전기 신호로 변환하는 수광 소자의 잡음(광전류의 요동)은 주로 산탄 잡음(shot noise)이다. 그리고 잡음 전류는 M^{2+F}에 비례한다. 여기서, M은 소자에 낮은 역전압을 인가했을 때의 광전류에 대한 애벌란시 증배를 발생한 상태에서의 광전류의 비(比)이다($M \geqq 1$). F는 과잉 잡음 지수이며 M에 비례하여 증대한다. 수광기의 역전압을 증가시켜 같은 수광 레벨에서의 전류 증폭률을 높이면 출력 전류도 증가하나 동시에 산탄 잡음도 증가한다.

excess-three code 3초과 코드(三超過-) 부호화 10진법의 일종으로, 그 이름이 가리키듯이 2진 부호화 10진법에 3을 더하여 10진수에 대응시키는 것이다. 이것은 4와 5 사이를 경계로 하여 4와 5, 3과 6, 2와 7, 1과 8, 0과 9의 부호가 서로 0과 1을 바꾸어 넣은 모양으로 되어 있으므로 9의 보수를 만드는 데 1과 0을 교환하기만 하면 된다는 것, 0과 신호가 없는 경우와의 구별이 쉽다는 것 등의 특징이 있다.

10진법	보통 2진	3초과 코드
0	0 0 0 0	0 0 1 1
1	0 0 0 1	0 1 0 0
2	0 0 1 0	0 1 0 1
3	0 0 1 1	0 1 1 0
4	0 1 0 0	0 1 1 1
5	0 1 0 1	1 0 0 0
6	0 1 1 0	1 0 0 1
7	0 1 1 1	1 0 1 0
8	1 0 0 0	1 0 1 1
9	1 0 0 1	1 1 0 0

exchange 교환기(交換機) 주로 전화 교환을 말하며, 모든 전화 회선을 전화국에 집중하여 발신자와 수신자의 회선을 접속하는 장치. 전신 교환은 국 상호간에서 한다.

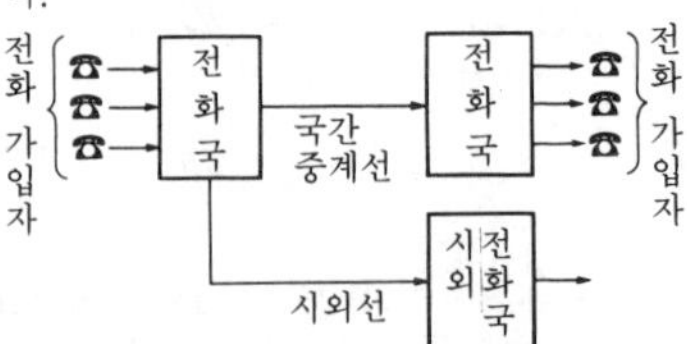

exchange area 가입 구역(加入區域) 전화 통신망에서의 하나의 구역으로, 그 구역 내의 가입자는 그 구역을 담당하는 하나 또는 복수의 단국(端局)에 접속되어 있다. 이 구역 내의 가입자간 통화는 시내 통화이며, 다른 가입 구역간의 통화는 시외 통화로서 요금상으로도 구별된다. =local area

exchange circuit 교환 회선(交換回線) 단말 상호간을 전용선과 같이 직접 접속하는 것이 아니고 도중에 교환 기능을 갖게 하여 복수의 상대에서 임의의 것을 선택하여 접속할 수 있는 회선.

exchange network 교환망(交換網) 공중 전화망. 자동 즉시망(DDD network), 시외망(toll network) 등이라고도 한다. 경우에 따라서는 다이얼 전화에 대하여 다이얼식 텔레타이프라이터망, 즉 메시지 회선망을 의미하기도 한다.

excide battery 익사이드 축전지(-蓄電池) 안티몬 납의 격자에 페이스트를 칠한 극판을 음극으로서 사용하는 납축전지.

excimer laser 엑시머 레이저 할로겐 가스(불소, 염소 등)와 묽은 가스(크립톤, 크세논 등)는 보통은 결합하지 않지만 고전압 방전 등에 의해 그것이 결합한 분자(엑시머 분자)를 만들 수 있다. 이것은 바로 붕괴하는데, 그 때 자외선을 낼 수 있다. 이것을 이용하여 레이저 발진을 일으키는 것이 엑시머 레이저이다. 고출력, 고효율이 특징이며, VLSI(초대규모 집적 회로)를 제조할 때의 에칭 등에 이용 가치가 높다.

excitation 여기(勵起), 여발(勵發) 원자의 최외각에 있는 전자는 외부로부터 에너지가 주어지면 에너지 준위가 높은 전자 궤도로 옮아간다. 이 상태가 된 원자 또는 분자를 여기 상태에 있다고 하며, 10^{-6}s 정도만에 원 상태로 되돌아가는데, 이 때 일정 파장의 전자파를 방사한다.

excitation band 여기대(勵起帶) 원자 내 전자의 여기를 가능하게 하는 인접한 에너지 준위의 범위.

excitation coefficient 여진 계수(勵振係數) 어레이 안테나에서의 각 방사 소자 여진 전류의 상대적인 관계를 주는 계수.

excitation current 여자 전류(勵磁電流) 변압기, 전압 조정기 등에서의 여자를 하기 위한 전류로, 적당히 선택한 권선의 정격 전류의 백분율 또는 퍼 유닛값으로 주어진다.

excitation keep-alive electrode 여호극(勵弧極) 주양극에서 출력을 꺼내지 않을 때 수은 풀의 음극 휘점을 유지하기 위해 두어진 보조 전극.

excitation potential 여기 전위(勵起電位) 기저(基底) 상태의 원자 또는 분자를 충돌 여기시키는 데 필요한 최소 에너지를, 정지 상태의 전자에 주기 위해 필요로 하는 전위차.

excited state 여기 상태(勵起狀態) 원자 또는 분자가 외부에서 빛, 방사선 등에 의해 에너지를 흡수하여 궤도 전자의 에너지 준위가 상승한 상태. 여기 상태는 과도적인 것으로, 일단 여기된 전자는 약 10^{-8} 초만에 원 산태로 되돌아간다.

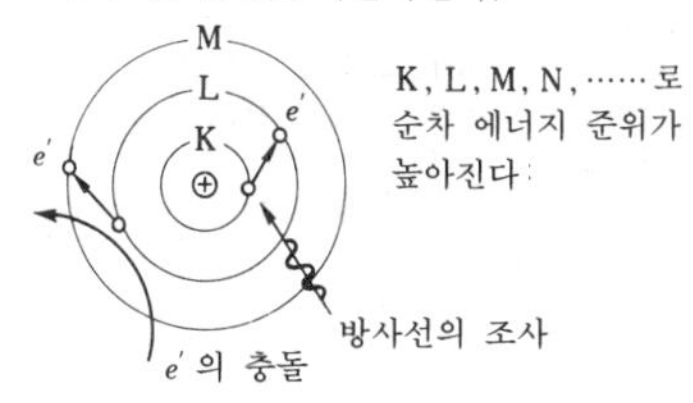

exciting current 여자 전류(勵磁電流) 자계를 발생시키기 위한 전류. 보통 철심에 감은 코일에 흐른다. 교류 기기에서는 철손 전류를 포함한 전류를 말한다.

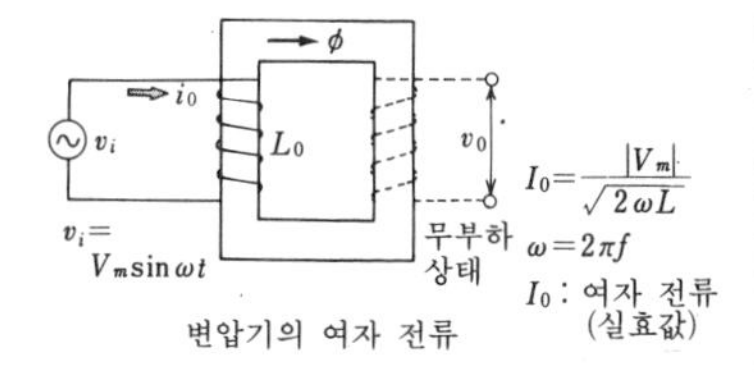

변압기의 여자 전류

exciton 여기자(勵起子) 반도체나 절연물 속에서 쿨롬력에 의해 결합된 여기 상태의 전자와 정공의 쌍. 전도대의 전자와 가전자대의 정공으로 이루어지는 전하쌍을 자유 여기자라 하고, 불순물 준위에 속박되어 있는 여기자를 속박 여기자라 한다.

exclusive control for multiple access 배타 제어(排他制御) 복수의 프로그램이 동일한 외부 기억 장치나 파일로의 접근을 동시에 요구할 때 한쪽의 접근과 이에 수반하는 처리가 끝나기까지의 사이에 다른 접근을 금지하는 것.

exclusive OR 배타적 논리합(排他的論理合) P 및 Q를 두 논리 변수라 할 때 다음 표에 의하여 정해지는 논리 함수 P⊕Q를 P와 Q의 배타적 논리합이라 한다. 상태 1의 입력이 1개일 때만 출력의 상태는 1이 된다. =EX-OR

P	Q	R
0	0	0
0	1	1
1	0	1
1	1	0

exclusive OR circuit 배타적 논리합 회로(排他的論理合回路), 반일치 회로(反一致回路) 입력이 일치하고 있지 않을 때 출력 "1"이 되고, 같은 경우에 출력이 "0"으로 되는 회로.

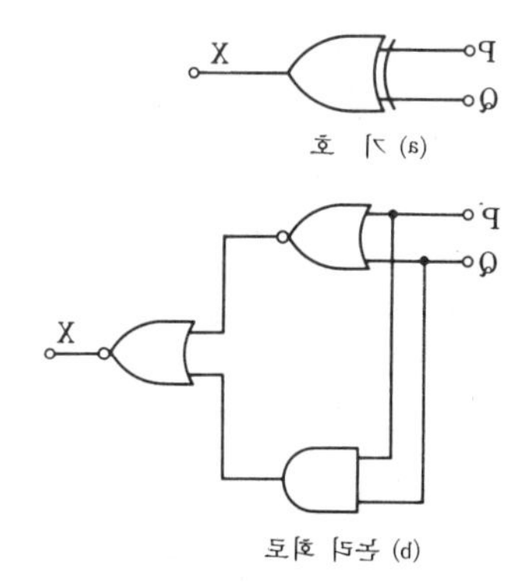

exclusive OR operation 배타적 논리합 연산(排他的論理合演算), 비등가 연산(非等價演算) 두 오퍼랜드가 다른 불 값을 취할 때에 한해 결과가 불 값의 1이 되는 2항 불 연산(Boolean operation).

execution cycle 실행 사이클(實行-) 명령어를 꺼내서 해석한 다음 각 레지스터, 연산 장치, 기억 장치에 동작 지령 펄스를 보내서 데이터를 처리하는 단계까지를 말한다. 데이터를 처리함에 있어서 프로그램의 명령어가 차례로 꺼내지는데 이것은 명령 사이클이 반복되어 있을 뿐이다.

execution processing unit 연산 처리 장치(演算處理裝置) =EPU

exhaustion band 공핍대(空乏帶) →empty band

exhaustion range 빈 영역(一領域) 전도 전자 또는 정공의 농도가 첨가 불순물 농도와 같고, 일정한 온도 영역을 말한다. 이러한 온도에서는 모든 불순물(도너 또는 억셉터)이 전자를 전도대로, 정공을 가전자대로 들여 보내서 불순물 준위는 비어 있게 된다.

EX-OR 배타적 논리합(排他的論理合) = exclusive OR

exosphere 외기권(外氣圈) 대기권의 일부로, 열기권(熱氣圈) 위쪽에 있으며, 대체로 600km 부터 시작된다. 농도가 매우 엷기 때문에 상승하는 분자가 충돌을 일으켜 확률은 매우 작다. 1 만 km 정도에서 외기권은 주간 물질과 일체화(一體化)한다.

exothermic body 발열체(發熱體) 전류를 흘려서 줄 열을 발생시키는 전기 저항체.

expanded plan position indication EPI 표시 방식(一表示方式) 지상 관제 진입 장치의 정밀 측정 진입 레이더에 사용하는 브라운관 표시 방식의 일종으로, 빔 주사의 상한만큼 부분적으로 확대하여 표시하는 방법을 말한다. 그림은 그 일례로, 위 부분은 고저의 각도를, 아래 부분은 방위의 각도를 확대하여 표시하고 있다.

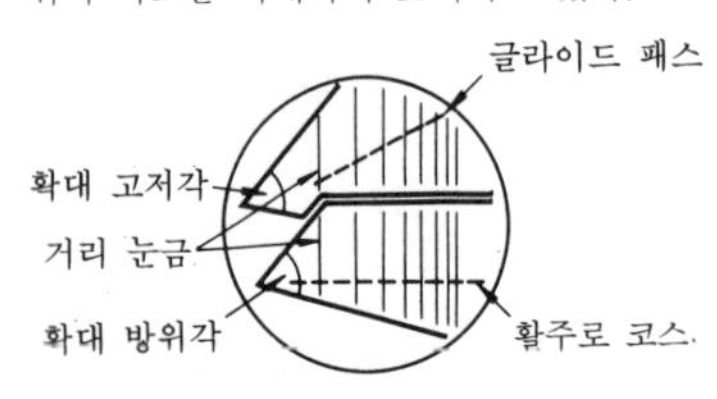

expanded sweep 확대 소인(擴大掃引) 음극선관(CRT)의 전자 빔 소인에서 빔의 소인 속도가 일부에서 가속되는 것. 이 부분에서는 현상이 시간축상에서 늘어나서 표시된다. 현상 파형의 일부분만 정밀하게 살피기 위해서이며, 동시에 휘도도 그 부분에서 강하게 하는 경우가 많다.

expander 익스팬더, 확장기(擴張器), 신장기(伸張器) ① 반도체 논리 회로 소자인 DTL, TTL 에서 IC 외부에 다이오드나 다른 게이트 회로를 접속하여 팬인(fan-in)을 늘리는 것. ② 전자관이나 반도체 소자를 사용하여 일정 진폭 범위 내의 입력 전압에 대하여 진폭 범위가 더 넓은 출력 전압을 만들어내는 변환기.

expansion board 확장 보드(擴張一) 컴퓨터의 기능이나 자원을 확대하기 위해 그 컴퓨터의 버스(메인 데이터의 전송용 버스)에 삽입되는 도체로 접속된 각종 칩이나 전자 부품이 탑재된 기판을 말한다. 대표적인 확장 보드는 기억 장치나 디스크 드라이브 제어 장치, 비디오 기능, 병렬/직렬 포트, 내부 모뎀을 증설한다. 또한 이 보드를 카드라 부르는 경우도 있다.

expansion card 확장 카드(擴張一) 컴퓨터 시스템의 능력을 확대하기 위해 추가의 회로나 칩을 장착한 증설 카드(프린트 회로 보드).

expansion RAM board 증설 램 보드(增設一) 주기억 장치의 기억 용량을 늘리기 위해 이용하는, 보드 모양의 장치. 가운데에는 RAM 이 넣어져 있다. 개인용 컴퓨터 전용 커넥터나 확장 슬롯에 세트해서 사용하고, RAM 디스크나 EMS 메모리, 디스크 캐시 등으로서 이용한다. 구체적인 이용 방법은 소프트웨어에 따라 다르지만, 일반적으로 그 상태에서는 사용할 수 없을 만큼 용량이 큰 응용 소프트웨어를 이용하기 위해서나 응용 소프트웨어를 보다 효율적으로 사용하기 위해 이용된다. 256KB~16MB 정도까지 여러 가지 용량의 제품이 있다.

expansion slot 확장 슬롯(擴張一) 컴퓨터 본체 내부에 있는 소켓으로, 확장 보드를 시스템 버스(데이터 통로)로 접속할 수 있도록 설계되어 있다. 대부분의 개인용 컴퓨터는 3~8 개의 확장 슬롯을 가지고 있다. 확장 슬롯은 새로운 기능이나 강화 기능, 혹은 기억 장치 등을 시스템에 증설할 때 사용된다. →expansion board

experimental station 실험국(實驗局) 과학 또는 기술의 발달을 위한 실험을 할 목적으로 개설하는 무선국으로, 실제의 통신 업무는 하지 않는다.

expert system 전문가 시스템(專門家一) 특정 분야의 전문가가 갖는 지식을 데이터 베이스에 기억해 두고, 이것을 컴퓨터로 조작함으로써 초보자라도 전문가에 가까운 판단을 할 수 있도록 한 시스템. 이들은 지식 베이스와 추론 기구로 구성된다. 지식에는 사실을 나타내는 것과 경험적 지식이 있다. 추론 기구는 지식 베이스 중의 지식을 써서 추론을 하는 메커니즘이다. 시스템이 결론을 얻는 과정에서 사용한 규칙을 더듬어 감으로써 왜 그러한 결론을 내렸는가를 설명한다든지, 부족한 정보를 요구한다든지 한다. 전문가 시스템은 의료 진단, 원자로 등의 고장 진단을 비롯하여 응용 분야는 넓다.

exploratory method 등산법(登山法) 시스템의 최적화를 구하는 수법의 하나. 목적 함수가 다수의 변수를 포함하는 경우, 각 변수를 개별적으로 변화시켜 그 때마다 목적 함수의 극대값을 구하여 최적화를 찾아낸다. 계산에 많은 시간이 걸리지만 컴퓨터의 발달로 다시 관심을 끌게 되었다.

explosion proof 방폭형(防爆形) 폭발하지 않도록, 그리고 폭발시키지 않도록 설계된 장치의 구조(형식).

exponential horn 지수 혼(指數－) 혼의 단면적이 축방향으로 지수 함수적으로 벌어져 있는 구조의 혼.

exposure 조사선량(照射線量) X 선 또는 γ선의 선량을 말하며, 단위는 뢴트겐을 사용하고 R로 나타낸다. 1R 은 X 선 또는 γ선의 조사에 의해 0℃, 760mmHz의 공기 $1cm^3$ 당에 음양 각각 $2,998\times10^{-6}$C의 전기량을 갖는 음양 이온군을 발생시키는 조사선량을 말한다.

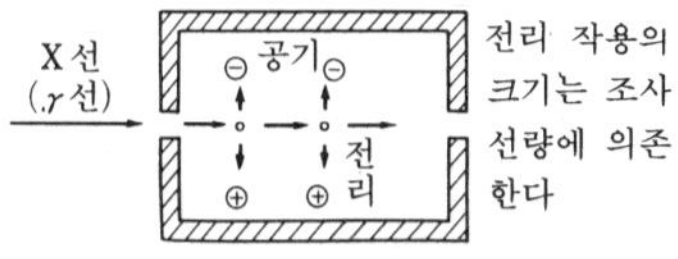

extended binary coded decimal interchange code 확장 2진화 10진 코드(擴張二進化十進－) ＝EBCDIC

extended board 확장용 보드(擴張用－) 개인용 컴퓨터 등에서 본체 내에 표준적으로 내장되어 있는 시스템 구성에 기능이나 성능을 향상시킬 목적으로 추가한 접속용 보드.

extended definition television system EDTV 방식(－方式) →high-vision

extended memory board 확장 기억 장치 보드(擴張記憶裝置－) 개인용 컴퓨터 등 소형기에 있어서 본체 내에 내장되어 있는 내부 기억 장치를 증가시키기 위한 기판.

external characteristic 외부 특성 곡선(外部特性曲線) 어느 장치를 지정된 조건으로 동작시켰을 때 장치의 외부 부하에 흐르는 전류와 장치 출력단 전압과의 관계를 나타내는 특성으로, 도시적으로 나타내어지는 경우가 많다.

external-feedback type magnetic amplifier 외부 궤환형 자기 증폭기(外部饋還形磁氣增幅器) 출력의 함수가 되는 제어 자화력을 출력 권선과는 별도로 둔 궤환 권선을 써서 증폭 작용을 하는 형식의 자기 증폭기.

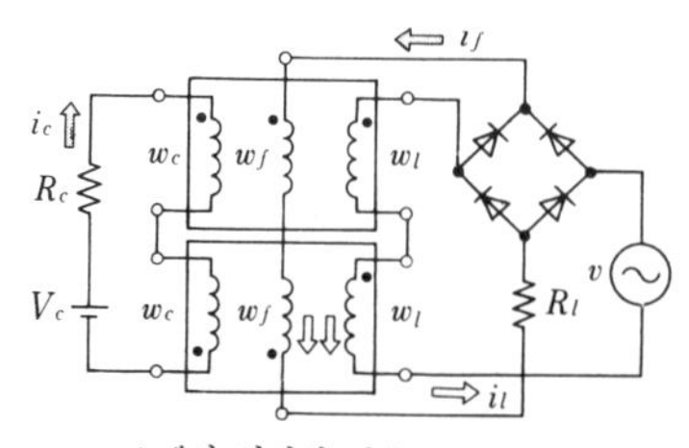

w_c : 제어 권선의 권수
w_f : 궤환 권선의 권수
w_l : 출력 권선의 권수

external memory 외부 기억 장치(外部記憶裝置) 중앙 처리 장치와는 별도로 독립한 기억 장치로, 프로그램이나 데이터를 기억시켜 두고 필요에 따라서 주기억 장치로 전송하여 처리를 하며, 결과를 또 기억시켜 두는 것이다. 보조 기억 장치라고도 한다. 자기 디스크 기억 장치나 자기 테이프 장치 등이 있다.

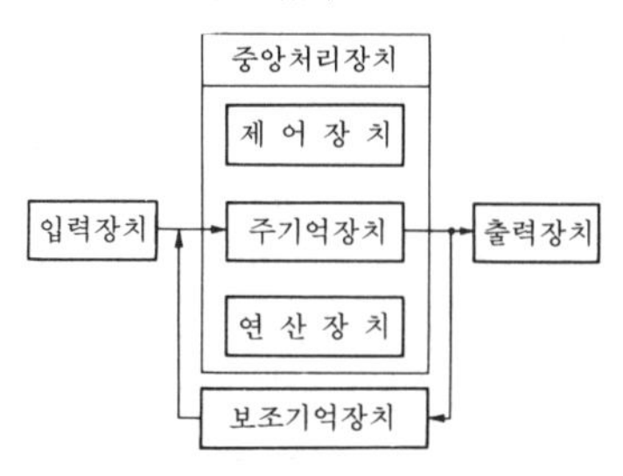

external mirror laser 외부 미러 레이저(外部－) →internal mirror-type gas laser

external modem 외부 모뎀(外部－) 컴퓨터나 단말 장치의 통신(시리얼) 포트로 케이블을 써서 접속되는 스탠드 알론형의 모뎀.

external modulation 외부 변조(外部變調) 레이저광의 변조 방법으로, 광공진기의 외부에서 행하는 변조법. 공진기 내에서 행하여지는 내부 변조에 비해 변조기의 구조·치수상의 제약이 없고, 또 변조기의 광학적 손실이 문제되지 않는다(내부 변조와 같이 손실이 레이저 발진을 방해하는 일이 없다). 내부 변조는 외부 변조와 대비적인 성질을 가지고 있다. 즉 변조 효율은 좋으나 치수상의 제약이 있는 데다 변조기 손실이 문제가 된다.

external noise 외부 잡음(外部雜音) 수신기에 사용하는 트랜지스터나 기타 부품 등 기기 내부의 부품이 원인으로 되어서 발생하는 내부 잡음에 대하여 외부로부터 안테나 단자나 전원을 통해서 들어오는 잡음을 외부 잡음이라 한다. 이것에는 다른 전기 기기로부터 오는 인공 잡음 외에 공전(空電)이나 우주 잡음 등이 있으며, 완전히 제거하기는 매우 곤란하다.

external noise factor 외래 잡음 지수(外來雜音指數) 외래 잡음 전계 내에 두어진 무지향성 안테나의 유능 전력을 P_n으로 했을 때

$P_n = kTBG(f)$

로 주어지는 $G(f)$를 외래 잡음 지수라 한다. 여기서, k : 볼츠만 상수, T : 온도 〔K〕, B : 잡음 대역폭〔Hz〕.

external photoelectric effect 외부 광전 효과(外部光電效果) 금속이나 반도체의 표면에 빛이 입사함으로써 전자가 외부로 방출되는 현상. 내부 광전 효과(반도체의 경우 내부에서 전자가 도전 상태로 된다)의 대비어. →photoemissive effect

external timing system 외부 타이밍 방식(外部－方式) 수신단에서 올바른 타이밍 신호를 재현하기 위해 정보 신호와는 별도로 보내지는 타이밍 신호를 이용하는 방식. 정보 신호에서 타이밍 신호를 추출하는 자기(自己) 타이밍 방식과 대비된다.

external trigger 외부 트리거(外部－) 오실로스코프에서 시간 베이스 발생 회로를 트리거하는 신호를 오실로스코프 외의 신호원에서 얻는 것. 외부 동기라고도 한다.

extinction ratio 소광비(消光比), 소광률(消光率) 광파의 강도 변조에서 출력 광강도를 취할 수 있는 최소값과 최대값과의 비. →extinction ratio of polarization

extinction ratio of polarization 편파 소광비(偏波消光比) 광섬유를 가늘게 하면 단방향의 빛만을 통과시키는 단일 모드 섬유가 만들어진다. 이 섬유는 빛의 편파면 위치를 위상 정보로서도 꺼낼 수 있으므로 광섬유를 타원형으로 만들어서 편파면을 보존시키도록 했을 때 빛이 전파한 다음의 직교한 빛의 편파면 강도의 비를 편파 소광비라 한다.

extra high pressure mercury lamp 초고압 수은등(超高壓水銀燈) 수은등의 일종으로, 관내의 수은 증기 압력을 10~200 기압의 고압으로 한 것. 이와 같이 높게 하면 발광 광선의 스펙트럼이 연속적인 것으로 되어 백색에 가까워진다. 또 효율이 매우 높아져서 40~70lm/W 나 되므로 가로등, 탐조등 등에 사용된다.

extreme ultra violet laser 극자외 레이저(極紫外－) 자외선 영역보다 짧은 파장(100~10nm)을 내는 레이저. 아직 기술적으로 완성되지 않은 부분이 많다.

extreme ultra violet radiation (ray) 극자외선(極紫外線) ＝XUV →far ultra violet ray

extreme working robot 극한 작업 로봇(極限作業－) 보통의 로봇이 작업 효율의 향상을 목적으로 하는 데 대하여 고온이나 고압(수압 또는 기압), 유독 가스나 방사선이 존재하는 장소 등 인간이 들어가지 못하는 환경에서 각종 작업을 시키는 로봇. 보통은 원격 제어로 조작하나, 센서와 마이크로컴퓨터를 내장하여 자기 판단으로 행동의 보조를 시키는 것도 있다.

extrinsic photoconduction 외인성 광전도(外因性光傳導) →photoconductive effect

extrinsic semiconductor 불순물 반도체(不純物半導體) 진성 반도체에 미량의 불순물을 혼입하여 만든 반도체. 불순물에는 5가의 원소인 도너나 3가의 원소인 억셉터가 사용된다. 전자를 n형 반도체, 후자를 p형 반도체라 한다.

eye-bottom photography 안저 사진(眼底寫眞) 안저의 현미경 사진을 말하며, 이것을 디지털 처리로 정량화하여 출혈이나 백반(白斑) 등 이상 병변(病變)의 검출에 사용된다.

eye patterns 아이 패턴 전송되는 비트 흐름에서 볼 수 있는 심벌 간 방해는 수신 오류의 원인이 된다. 이런 종류의 오류는 전송 대역폭이 좁기 때문에 일어난다. PCM 전송의 동작 성능을 시각에 의해 정성적으로 주는 것이 아이 패턴이다. 오실로스코프의 시간축을 비트 레이트와 동기하여 트리거하고, 타임 슬롯 기간 동안만 소인함으로써 스크린 상에 연속한 각 비트의 파형이 겹쳐져서 선체로서 한 가운데의 뚫린 눈알과 같은 패턴이 그려진다(펄스 파형이 이상적이라면 패턴은 상하 두 줄의 수평선으로 될 것이다). 심벌 간 방해는 잡음이 많아지면 눈 중앙의 뚫린 부분이 작아져서(눈을 닫아서) 대역 제한 상황이나 잡음의 양 등이 정성적으로 주어진다.

eyelet 아일렛 프린트 기판 또는 단자판에 관통하여 사용하는 속이 빈 통으로, 판 위 부품의 접속선을 통해 판 양면의 전기 접속을 하기 위해, 혹은 기계적으로 지지하기 위해 쓰인다.

E1T counter E1T 계수 회로(－計數回路) 일반적으로 E1T 라고 불리는 정전 편향형 계수관을 사용한 계수 회로.

FA 공장 자동화(工場自動化) factory automation 의 약어. 처음에는 단지 기기의 자동화를 뜻하였으나 점차 프로세스 제어의 자동화를 의미하게 되었다. 현재에는 컴퓨터에 의해서 모든 생산 기기를 프로그래머블의 상태에서 제어하는 의미로 사용되며, 또 사무 자동화(OA)를 포함하는 토털 오토메이션의 분야까지 포함해 가고 있다.

fabrication process of IC 집적 회로 제조 공정(集積回路製造工程) 기본적으로는 실리콘 웨이퍼의 표면에 산화물 절연층으로 피복한 것에 레지스트층을 두고, 마스크를 통해 노광(露光)한 다음 에칭, 이온 주입 또는 확산 등의 공정을 거쳐 기능층을 형성한다. 다시 레지스트층을 두고 각 마스킹층마다 위와 같은 프로세스를 반복하여 최종 칩을 완성한다. 각 마스킹 패턴은 설계 결과로서 자기 테이프 등에 기억된 데이터 세트를 써서 광학적 수법으로 만들어지든가, 혹은 데이터 세트에 의해서 전자 빔을 조작하여 직접 묘화(描畵)하는 방법이 있다. →electron-beam lithography, photholithography, step-and-repeat process

Fabri-Perot type laser diode 파브리 · 페로형 레이저 다이오드(－形－) 레이저 다이오드에서 발광시킨 빛을 양 단면에서 반복하여 반사시켜서 간섭을 일으켜 공진 상태가 되는 빛을 외부로 꺼내는 형식의 발광 소자.

face down bonding 페이스 다운 본딩 집적 회로용 반도체 칩에 미리 부착된 표면 전극 또는 배선용 리드와 절연 기판상에 형성된 배선용 전극을 표면끼리 마주보게 하여 접착해서 전기적으로 접속하는 것. 플립 칩(flip chip) 방식 등이 그 예이다. 와이어 방식과는 달리 전극수에 관계없이 한 번에 튼튼한 본딩을 할 수 있는 특징이 있다.

face plate 페이스 플레이트 음극선관 외위기의 투명하고 큰 단면(端面)으로, 이것을 통해서 상을 보도록 되어 있다.

faceplate controller 면판 제어 장치(面板制御裝置) 저항기와 전기 접점이 평면으로 배치된 평평한 세그먼트와 접점 암 사이에 만들 수 있는 면판 스위치로 구성되어 있는 전기식 제어 장치.

faceplate rheostat 페이스플레이트형 저항기(－形抵抗器) 탭이 있는 저항 요소와, 탭에 접속된 고정 접점을 가진 패널로 구성된 저항기. 이들 고정 접점 사이를 미끄러져서 이동하는 가동 접점이 붙은 암(arm)에 의해 저항값을 조정하게 되어 있다.

face up bonding 페이스 업 본딩 →face down bonding

facility 기능(機能), 기구(機構), 시설(施設), 설비(設備) ① 데이터 통신, 데이터 처리의 분야 등에서는 그것에 이용할 수 있는 일체의 설비, 장소, 회선, 소프트웨어 등을 뜻한다. ② 컴퓨터 감시 시스템에 의해 이용되는 처리 장치 또는 관리 프로그램. ③ 컴퓨터에서 메이커로부터 제공되는 집행 루틴, 즉 컴파일러, 로더, I/O 핸들러 등. ④ 프로그래머가 분류, 인쇄, 파일의 복사 등 공통적인 작업을 하기 위한 메이커가 제공하는 소프트웨어.

facsimile 팩시밀리 문자, 사진, 도표 등의 원화를 잘게 분해하여 요소마다의 농담(濃淡)을 전기 신호로 변환하여 송신하고, 수신측에서 원래의 화상을 재현하는 장치로, 팩스(FAX)라고 약칭된다. G1~G4 의 4 형식이 있으며, G1~G3 은 아날로그 방식이고 G3 의 기능이 가장 높으며, G4 는 디지털 방식으로 A4 판을 수초 동안에 전송할 수 있다.

facsimile adapter 팩시밀리 어댑터 컴퓨터와 팩시밀리를 접속하는 장치. 이에 따라 컴퓨터에서 직접 송신처 팩시밀리에 송신하거나, 팩시밀리로 수신한 데이터를 그대로 컴퓨터에 넣을 수 있다. 통신 속도나 화질도 향상된다. 컴퓨터와 팩시밀리 사이에 설치하는 것과 팩시밀리 기능을 가진 내장식의 것이 있다.

facsimile baseband 팩시밀리 베이스밴드 팩시밀리의 주사(走査)에 의히 직접 얻어진 메시지 신호. 이것으로 반송파를 변조하여 송신한다.

facsimile broadcasting equipment 팩시밀리 동보 장치(－同報裝置) 같은 원고를 복수의 수신처 앞으로 팩시밀리에 의해서 송신하기 위한 장치. 복수의 회선을 수용하고, 복수의 수신처에 대하여 동시에 화상 신호를 송출하는 방식(일제 동보 장치)과 한 줄의 회선으로 복수의 수신처를 순차 호출하여 송신하는 방식(순차 동보 장치)이 있다.

facsimile communication network 팩시밀리 통신망(－通信網) 팩시밀리 통신용 교환망. 각종 기능을 망측(網側)에 집약하여 공용함으로써 단말기의 소형화·경제화를 도모할 수 있다. 망의 기능으로서는 팩시밀리 정보를 망에서 일시 축적함으로써(축적 교환 방식) 동보 통신을 가능하게 하고, 문자 인식 기능에 의해 팩시밀리 단말과 컴퓨터 센터와의 통신도 가능하여 다양한 서비스를 제공할 수 있다.

facsimile data compression 팩시밀리 화상 신호 압축 방식(－畵像信號壓縮方式) 전송하는 화상 신호의 정보 내용을 압축하여 전송 시간을 단축하는 방식.

facsimile network 팩시밀리 통신망(－通信網) 팩시밀리 전용의 디지털 네트워크. 팩시밀리의 신호를 네트워크에서 일단 축적하고 효율적으로 배송함으로써 장거리의 통신이라도 비용이 거의 달라지지 않는 경제성을 실현하고, 또 동보(同報) 통신 등 다채로운 서비스를 가능하게 한다.

facsimile network service 팩시밀리 통신망 서비스(－通信網－) 기존의 전화망과는 별도로 구축한 팩시밀리 통신 전용의 망(팩시밀리 통신망)을 이용하여 팩시밀리 단말을 써서 통신을 하는 서비스를 말한다.

facsimile standard 팩시밀리 표준(－標準) 공중 전화망을 이용하는 팩시밀리는 동작 속도 등에 의해 다음과 같은 G 표준이 CCITT 에 의해 권고(T 권고)되고 있다. 여기서 속도는 A4 판의 문서를 전송하는 경우의 소요 시간으로 주어진다.

G Ⅰ (6 분기)	양측파대 전송	T2(1968)
G Ⅱ (3 분기)	부호화 또는 잔류 측파대 전송	T3(1976)
G Ⅲ (1 분기)	부호 중복성 압축, 대역 압축	T4(1980)

또한 공중 데이터망을 이용하는 G Ⅳ기가 있다.

facsimile telegraphy 모사 전송(模寫電送) 사진 전송과 거의 같은 구조이며, 송신 원고로서 문자, 도면 등의 흑백 신호를 보내고 수신하는 것. →phototelegraphy

facsimile using public service telephone network 전화 팩시밀리(電話－) 공중 전화 회선(PSTN)을 거쳐 가입자 상호간이 화상 정보를 송수신하는 통신 장치.

factory automation 공장 자동화(工場自動化) ＝FA

factory automation personal computer 공장 자동화 개인용 컴퓨터(工場自動化個人用－) 온라인으로 처리하는 운영 체제를 장비한, 주로 제조 공장용의 개인용 컴퓨터.

fade area 페이드 영역(－領域) ① 마이크로파 전파(傳播)에서 전파(電波)가 매우 약하든가 혹은 전혀 존재하지 않는 영역. ② 로란 장치 등에서 방위 측정이 곤란한 영역.

fade in 페이드 인 연출 용어로, 어느 음을 프로그램 속에 서서히 음량을 높여가면서 삽입해 가는 방법. ＝FI

fade out 페이드 아웃 연출 용어로, 어느 음을 프로그램에서 서서히 음량을 줄여서 제거해 가는 방법. ＝FO

fader 페이더 전기 신호를 일정한 레벨로 유지하면서 하나의 신호 진폭을 매끄럽게 페이드 아웃(진폭을 감소)해 가는 동시에 한쪽의 신호 진폭을 페이드 인(진폭을 증가)시켜 가는 장치.

fading 페이딩 먼 곳으로부터의 전파를 수신하고 있을 때 수신 전계 강도가 수초에서 수분간의 간격으로 변동하는 현상. 주파수 특성에서 선택성 페이딩과 동기성 페이딩으로 분류된다. 원인에 따라서 간섭성, 편파성, 흡수성 등의 페이딩이 있으며, 전파가 다른 통로를 전해오는 경우 전리층에서의 반사가 지자기의 영향으로 방향이 변동한다든지 전리층에서의 감쇠량이 변동한다든지 함으로써 발생한다. 단파 통신 등은 특히 큰 영향을 받는다.

fading depth 페이딩 깊이 페이딩이 발생하고 있을 때 그 기준의 레벨(평균값 또는 중앙값)에 대한 최저 전계 강도의 레벨차(저하량)를 말하며, 기준량에 대한 데시벨로 나타낸다. 전계 강도가 그 기준값을 밑도는 시간을, 일정한 페이딩 기간에 대하여 시간율로서 주어지는 경우도 있다. 페이딩 전계가 그 기준값을 웃도는 시간에 대해서도 위와 같은 양을 정의할 수 있다.

fading margin 페이딩 여유(－餘裕) 페이

딩이 예상되는 통신에서 신호가 지정된 최소의 *SN*비 이상으로 유지되도록, 신호에 대하여 주어진 감쇠 여유.

failout 초기 불량(初期不良) 기기를 연속 테스트하는 동안 특히 공장에서의 시험시에 발생하는 구성 부품의 고장.

fail safe 페일 세이프 기기나 장치가 오동작을 일으켰을 경우에는 반드시 안전측으로 되도록 한 방식. 고장이 인명을 위협하는 곳에는 반드시 사용한다. 철도의 자동 신호는 정전을 하면 정지 신호가 나오도록 되어 있는 것은 오래 전부터의 예이지만 최근에는 화학 플랜트나 로켓 등 대부분의 경우에 쓰인다. 그 동작을 시키는 것은 주로 논리 회로로 구성된 전자 기기이다.

fail safe design 페일 세이프 설계(-設計), 고장 안전 설계(故障安全設計) 기능 단위로 고장이 발생해도 전체로서의 안전성이 유지되도록 배려하고 있는 설계.

fail safe logic circuit 페일 세이프 논리 회로(-論理回路) 철도의 신호 제어 등 그 오동작이 직접 인명과 관계되는 기기의 제어에 이용하는 논리 회로는, 안전측 외에서 오동작을 일으키게 되면 큰 사고의 원인이 된다. 예를 들면, 철도의 신호에서 청색 신호등이 켜져야 할 때 전혀 켜지지 않는다면 그래도 좋지만, 적색 신호등이 켜져야 할 때 청색 신호등은 결코 켜져서는 안 된다. 이러한 기능을 갖는 논리 회로를 페일 세이프 논리 회로라고 한다.

fail safe operation 페일 세이프 동작(-動作) 구성 요소에 고장이 발생한 경우에 장치의 상실, 장치에의 장해 및 운전원에의 위해를 줄이는 컴퓨터 시스템의 동작.

fail safe sequential circuit 페일 세이프 순서 회로(-順序回路) 내부 상태 또는 출력 상태의 논리 회로에서 고장이 발생해도 미리 정해진 상태 1 또는 0의 어느 쪽인가를 출력하는 것을 상정하여 설계한 순서 회로.

failure 고장(故障), 장애(障碍), 실패(失敗) 시스템의 기능 단위가 요구된 기능을 수행하는 능력을 잃는 것.

failure analysis 고장 해석(故障解析) 어떤 고장 항목의 논리적, 계통적인 시험 또는 고장의 확률, 원인 및 그 가능성과 실제의 고장 결과를 구분하여 해석하기 위한 다이어그램의 논리적, 계통적인 시험.

failure bit 고장 비트(故障-) =FIT

failure cause 고장 원인(故障原因) 고장을 야기시키는 설계, 제조 또는 사용중인 요인.

failure criteria 고장의 판정 기준(故障-判定基準) 고장인지 어떤지를 판단하는 기준이 되는 기능 단위의 기능의 한계값.

failure detection system 이상 검출 시스템(異常檢出-) 시스템 동작 상태의 이상을 검출하는 시스템을 말한다. 생산 시스템의 경우에는 생산 시스템 자체의 이상을 직접 검출하는 경우와 생산 대상물의 이상을 검출하는 경우가 있다. 전자는 고장 검출(진단) 시스템, 후자는 검사 시스템이라 한다.

failure distribution 고장 분포(故障分布) 시간의 함수로서 고장이 발생하는 모양. 일반적으로는 시간을 가로축에 잡은 그래프의 모양으로 나타낸다.

failure management 고장 처리(故障處理), 장해 처리(障害處理) 시스템에 고장이 발생했을 때 그에 대하여 취해지는 처리를 총칭해서 말한다. 고장의 존재를 검출하는 고장 검출, 고장의 영향을 차폐하는 마스킹, 부정한 처리를 다시 시행하는 재시행, 고장난 구성 요소를 지적하는 고장 진단, 지적된 구성 요소를 시스템에서 제거하는 시스템 재구성, 시스템의 상태를 올바른 상태로 복구하는 장해 회복, 올바른 결과가 얻어지지 않았던 처리의 재개, 고장난 구성 요소의 수리, 수리가 끝난 구성 요소의 시스템에의 재내장 등의 일련의 처리가 있다.

failure mechanism 고장 메커니즘(故障-) 고장에 이르기까지의 물리적, 화학적 혹은 다른 과정. 주 이 과정을 발생시키거나 촉진하는 주위의 상황을 고장의 근본 원인이라고 한다.

failure mode 고장 모드(故障-) 고장의 상태를 형식적으로 분류한 것. 예를 들면, 단선, 단락, 절손(折損), 마모, 특성의 열화 등.

failure mode effect analysis 고장 모드 효과 해석(故障-效果解析) 고장 모드 효과 크리티컬티 해석(FMECA)은 시스템의 부품이나 재료의 고장 모드의 정량적 해석 수법인데 대해 고장 대책을 정성적으로 생각하는 수법을 말한다. =FMEA

failure rate 고장률(故障率) 어느 시점까지 동작하고 있던 아이템이 계속하는 단위 기간 내에 고장을 일으키는 비율. 단위로서 $\%/10^3$h 을 쓴다.

failure rate curve 고장률 곡선(故障率曲線) 부품, 장치, 시스템 등의 고장률 $\lambda(t)$를 세로축, 시간을 가로축으로 취하여 그린 곡선. 욕조 모양을 한 버스터브 곡선은 대표적인 고장률 곡선이다. 버스터브 곡선의 중앙 평탄한 부분은 일정한 빈도로 고장이 우발적으로 발생하기만 하는 비교적 안정한 기간이며, 이 전후에는 고장이 비교적 자주 발생하는 초기 고장 기간 및 마모 고장(종기 고장) 기간이 이어져 있다. →reliability

failure rate level 고장률 수준(故障率水準) 고장률을 몇 개의 그룹, 즉 수준으로 구분하여 기호를 붙인 편의적인 고장률의 구분. 예를 들면, 고장률 $1\%/10^3$ h을 M 수준이라 한다.

fallback 폴백 전 장치가 고장이 나는 것을 극복하는 수법이다. 예를 들면 컴퓨터 장치의 일부 고장이 발생했으면 그 부분을 전부 또는 일부분만 교환하거나 혹은 수동 등으로 서비스 기능을 저하시키면서라도 가동시킨다. 고장 원인이 제거되면 장치는 정상 운전 상태로 복귀한다.

fall time 강하 시간(降下時間) →decay time

false alarm 오류 검출(誤謬檢出) 레이더 검출에서 수신 신호를 판단하는 경우, 다음 두 종류의 오류 중 전자(前者)를 말한다. ① 수신 신호가 잡음만을 포함하고 있는데 이것을 신호(타깃 신호)로 오인하는 것. 제 I 종의 오류라고도 하며, 설정한 임계값 이상으로 큰 잡음에 의해 이런 종류의 오류를 범하게 된다. ② 타깃 신호가 있는데 이것을 잡음이라고 오인하는 오류. 제 II 종 오류 또는 간과(missed detection). 검출에서 판단의 임계값을 어디에 설정하는가에 따라서 위의 두 오류를 범하는 확률은 상대적으로 변화한다. ①의 경우에 타깃 근처의 백그라운드 노이즈의 양에 따라 임계값을 변경하여 제 I 종의 오류를 범하는 확률을 일정하게 유지하도록 한 검출기를 CFAR 검출기라 한다.

false color 의색(擬色) 상의 원래의 색이 아니고 상이 갖는 데이터를 표현하기 위해 거기에 주어지는 색을 말한다. 위성 화상(satellite image) 등에서 사용된다.

false contact 거짓 탐지(－探知), 위탐지(僞探知) 목표물이 없는데 레이더 스코프 상에 상이 나타나는 것.

false echo 위상(僞像) 다중 반사나 사이드 로브 등에 의해 레이더 스코프 상에 나타나는 불필요한 이미지.

false image 위상(僞像) 레이더에서 샐제로 없는 목표물로부터의 반사가 영상으로 되어 나타나는 것. 이러한 위상은 안테나 수평면 내의 로브가 많은 경우 다른 대형 선박이 자선(自船) 가까이에 있어 자선과 타선과의 사이에서 여러 번 반사가 일어날 때, 또는 가까이에 전파를 반사하는 큰 목표물이 있을 때, 혹은 자선의 마스트나 굴뚝에 의한 전파의 반사 등에 의해 생긴다.

false impulse 의사 임펄스(擬似－) 전화 교환기 등에서 정규의 임펄스와 비슷한 불필요한 임펄스를 말하며 오동작의 원인이 된다. 잘못된 기기의 조작, 기계적 충격 등에 의해서 발생한다. 예를 들면 전화기의 훅스위치에 닿은 경우 등에 의사 임펄스가 발생하는 일이 있다.

false signal 의사 신호(擬似信號) 수퍼헤테로다인 수신기로 수신할 때 목적으로 하는 주파수에서 상당히 떨어진 주파수의 신호가 혼입하여 수신에 방해를 주는 일이 있다. 이 방해 신호를 의사 신호라 한다. 의사 신호에는 영상 주파수에 의한 것과 혼변조에 의한 것이 있다.

FAMOS 패모스 floating gate avalanche MOS 의 약어. MOS 소자의 일종으로, 절연 게이트막 중에 플로팅 게이트를 매입한 것으로, 기억 소자로서 사용된다. 소스-드레인 간에 높은 전압을 인가했을 때 전자는 애벌란시 현상에 의해 플로팅 게이트에 주입된다. 플로팅 게이트가 (－)로 대전(帶電)되어 있을 때에는 소스-드레인 간에 낮은 전압을 가해도 도통한다. 즉, 도통 상태에서 기억의 유무를 판정한다. 한편, 대전한 플로팅 게이트를 방전시키려면 자외선 등의 광 에너지를 주든가, 또는 캐리어의 주입이 필요하게 된다.

FAMOS memory 패모스 기억 장치(－記憶裝置) 반도체 기억 장치의 일종인 소거 가능형 ROM(EPROM)의 대표적인 기억 장치. P 채널 FAMOS 기억 장치와 N 채널 FAMOS 기억 장치가 있다. →FAMOS

fan antenna 팬 안테나, 선형 안테나(扇形－) 코니컬(원뿔형) 안테나를 변형한 것. 그림과 같이 여러 줄의 도선을 부채꼴로 배치하는가 부채꼴의 판도체로 만든다. 임피던스가 광대역 특성을 가지므로 텔레비전의 수신 안테나로서 널리 사용되고 있다.

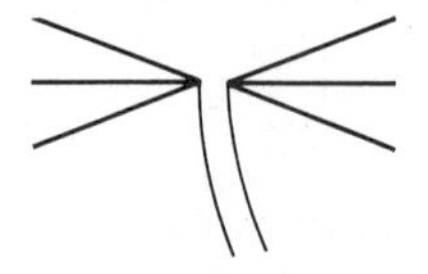

fan beam 팬 빔, 부채꼴 빔 타원형의 단면(장축과 단축의 비가 3 이상)을 가진 라디오 빔. 빔은 수직면에서는 넓고, 수평면에서는 좁으며, 특수한 형상의 도파관과 원기둥의 일부로 이루어지는 반사 거

울에 의해 만들어진다.

fan-in 팬인 디지털 집적 회로 등에서 그 입력 단자에 접속 가능한 입력의 수를 나타내는 것.

fan marker beacon 팬 마커 비컨, 부채꼴 마커 비컨 연직 방향을 향해서 비행 코스와 만나는 부채꼴 빔을 방사하여 이것에 의해 위치 정점(定點)을 주는 VHF 무선 표지. 계기 착륙 방식의 일부로서 공항 등에서 사용하는 경우에는 그 위치에 의해 경계 마커, 중간 마커, 외측 마커 등의 구별이 있다. →instrument landing system

fan-out 팬아웃 디지털 집적 회로의 외부에 접속되는 부하에 대하여 회로의 출력에 의해서 드라이브가 가능한 부하의 수나 능력을 나타내는 것.

fan-top radiator 팬톱 방열기(一放熱器) 프린트 기판에 밀착하여 부착한 트랜지스터의 금속 하우징에 씌워서 사용하는, 작은 팬을 가진 방열구. 팬에 의해 프린트 기판상을 흐르는 통풍을 아래쪽을 향하게 하여 냉각 효과를 높인다.

FA process control system FA 프로세스 제어 시스템(一制御一) 이 경우의 FA는 생산 현장에 한정되며, OA는 포함되어 있지 않다. 생산 현장에서의 자동화, 나아가서는 무인화를 지향하여 모든 조작을 컴퓨터화하려는 방식을 말한다.

farad 패럿 정전 용량의 단위로, 기호는 F. 1C의 전기량을 충전했을 때 1V의 전압을 발생하는 두 도체간의 정전 용량을 말한다. 이 단위는 실용상 너무 크기 때문에 일반적으로는 마이크로패럿($1\mu F = 10^{-6}F$)이나 피코패럿($1pF = 10^{-12}F$) 등의 보조 단위가 쓰인다.

faraday 패러데이 기호 F. 전기량의 단위.

Faraday dark space 패러데이 암부(一暗部) 글로 방전에서 부(負) 글로와 양광주 사이에 생기는 암부를 말한다. 부 글로부에서 발광하여 에너지를 잃은 전자가 여기서 다시 가속되는데, 전리(電離) 또는 여기(勵起) 에너지에 이르지 않으므로 발광하지 않는다.

Faraday effect 패러데이 효과(一效果) 전자파의 진행 방향과 평행하게 강한 자계를 가하면 전자파의 편파면이 회전하는 현상. 아이솔레이터 등에 이용된다. 레이저광과 같은 코히어런시를 갖는 빛에 대해서도 같다.

Faraday rotation 패러데이 회전(一回轉) →Faraday effect

Faraday's law 패러데이의 법칙(一法則) ① 전기 분해에 관하여 1833년 패러데이(Faraday, 영국)에 의해서 발견된 다음의 법칙. 전기 분해에 의해서 전극에 석출되는 물질의 양 m[g]은 물질의 종류가 같을 때는 용액을 통하는 전기량 Q[C]에 비례하고, 용액을 통하는 전기량이 같을 때는 물질의 화학 당량 M[g]에 비례한다. 이것은 다음 식으로 나타낸다.

$$m = MQ/96,500$$

② 전자 유도에 관해서 1831년 패러데이에 의해서 발견된 다음의 법칙. 하나의 회로에 전자 유도에 의해서 생기는 기전력 e[V]는 이 회로의 자속 쇄교수 $N\Phi$[Wb]의 시간 t[s]에 대한 변화 비율에 비례한다. 이것은 다음 식으로 나타낸다.

$$e = -\Delta(N\Phi)/\Delta$$

Faraday's space 패러데이 암부(一暗部) 가이슬러 방전관의 글로 방전에서 음 글로로부터의 전자는 확산에 의해서 흐르고, 양광주 끝에 이르러 다시 가속된다. 이 음 글로부와 양광주 사이의 암부를 패러데이 암부라 하며, 거의 중성 플라스마로 유지되어 있다. →glow discharge

Faraday tube 패러데이관(一管) 전기력선속(電氣力線束)에 의해 형성되는 관상(管狀) 구조. 관벽도 역선(力線)에 의해 형성된다.

far-end crosstalk 원단 누화(遠端漏話) 두 전화 선로에서 유도 회선으로부터 피유도 회선에 생기는 누화 중 유도 회선의 신호원과 반대측 말단에 생기는 누화를 말한다. 이것을 억압하는 한 가지 방법으로는 주파수 사치법(斜置法)이 있으며, 이것은 근접 회선의 반송 주파수를 조금 벗어나게 하여 최대 에너지의 주파수부를 일치하지 않도록 하는 방법이다.

far field 원시야(遠視野) 개구(開口) 또는 대상 물체에서 멀리 떨어진 영역. 개구 또는 물체의 벌어짐을 2a, 사용하는 빛의 파장을 λ로 했을 때 원측점(遠測點)까지의 거리가 a^2/λ보다 매우 큰 영역이다. 이러한 원시야에서는 프라운호퍼(Fraunhofer) 회절이 생긴다. 원시야에서의 방사파의 복소 진폭(또는 진폭과 위상) 분포를 원시야상(遠視野像 : far-field pattern)이라 하고, 근시야상과는 서로 푸리에 변환의 관계로 맺어져 있다. →near-field pattern

far infrared rays 원적외선(遠赤外線) 적외선 중에서 비교적 파장이 긴(0.1~1 mm) 부분을 말한다. 전파에 가까운 성질을 갖게 된다.

far ultraviolet ray 원자외선(遠紫外線) 자외선 중 파장이 약 400nm(가시광의 최단

파장에 인접한다)부터 300nm 정도까지를 근자외선, 300nm 부터 200nm 정도까지를 원자외선, 그보다 짧은 파장의 것을 극자외선(extreme ultraviolet ray)이라 한다.

fast recovery diode 고속 회복 다이오드(高速回復－) 캐리어 축적 효과가 작고, 따라서 고속 동작에 적합한 다이오드. 소수 캐리어의 라이프 타임이 매우 짧은 GaAs 와 같은 반도체로 만들어진다. 혹은 다수 캐리어로 동작하는(캐리어 축적이 거의 없는) 쇼트키 다이오드도 같은 목적으로 사용할 수 있다.

fast time-constant circuit FTC 회로(－回路), 소 시상수 회로(小時常數回路) 레이더의 영상면에 비나 눈에 의한 반사가 나타나면 목표물로부터의 반사에 의한 영상의 선명도가 저하한다. 이러한 방해를 제거하기 위해 수신부의 제 2 검파기와 영상 증폭기간에 넣는 회로가 소 시상수 회로이다. 목표물로부터의 반사파와 비나 눈에 의한 반사파와의 파형의 차이를 이용하여 방해파를 제거하도록 동작하는 것이다. =FTC

fathometer 수심계(水深計) 소너형의 계측기로, 대양의 심도나 해저의 여러 가지 물체를 탐색하는 것. 음향 펄스를 수직으로 발사하여 해조로부터 반사하여 되돌아오는 펄스의 소요 시간으로 심도를 측정한다. fatho 란 길이의 단위로 6 피트 : 1.83m.

fault detection 고장 검출(故障檢出) 오동작이나 고장의 유무를 살피기 위해 실시하는 시험.

fault electrode current 고장 전극 전류(故障電極電流) 역호(逆弧)나 부하 단락과 같은 고장 상태에서 전극에 흐르는 첨두 전류.

fault indicator 고장 지시기(故障指示器) 고장 또는 한계에 가까운 상태에 있는 것을 표시기나 경보기 등으로 나타내는 장치.

fault locator 고장점 표정 장치(故障點標定裝置) 통신 선로의 고장 발생점을 선로단에서 검출하기 위한 측정 장치. ① 선로의 정전 용량을 측정하는 것. ③ 직류 브리지를 사용하여 임피던스를 측정하는 방법. ③ 펄스를 송신하여 그 반사 펄스를 측정하는 방법 등이 있다.

fault rate threshold 고장률 임계값(故障率臨界－) 정해진 시간당의 고장 건수로 나타낸 장해 임계값.

fault-tolerant computer 고장 허용형 컴퓨터(故障許容形－) 대규모 컴퓨터 시스템이 고장났을 때의 심각한 문제를 피하기 위해 고장의 소멸을 목적하는 대신 고장이 발생해도 운영을 속행할 수 있도록 설계한 컴퓨터. 이것을 실현하는 수단의 하나로서 2 중 예비 방식이 쓰인다. 이 방식은 한 장의 기판상에 동일 기능의 처리 장치와 기억 장치를 쌍으로 탑재하고, 출력을 대조하여 일치하지 않았을 때는 다른 기판으로 전환하도록 한 4 중 여유계이다.

fault withstandability 내고장성(耐故障性) 전기 장치에서 규정의 위험 판정 기준값 이상이 되는 일없이 미리 정해진 전기적 이상 전류 상태의 영향에 견딜 수 있는 능력.

FAX 팩스 =facsimile

FCC 미국 연방 통신 위원회(美國聯邦通信委員會) Federal Communication Commission 의 약어. 미국의 유선, 무선 통신의 감독을 하는 기관.

F center F 센터 →color center laser

FCI 매 인치당 자속 반전수(每－當磁束反轉數) =flux changes per inch

FD 전 2 중(全二重), 전 2 중 방식(全二重方式), 전 2 중 통신(全二重通信) =full duplex

FDD 광섬유 분배 데이터 인터페이스(光纖維分配－)[1], 플로피 디스크 드라이브[2] (1) fiber distributed data interface 의 약어. 광섬유를 사용한 LAN 에서의 인터페이스 규격의 일종으로, 100Mb/s 의 토큰 링 방식이 쓰인다. ANSI 에서 표준화가 이루어졌다.
(2) floppy disk drive 의 약어. 플로피 디스크를 구동하기 위한 장치.

F-display F 표시기(－表示器) 레이더 안테나가 목표물과 정확하게 대했을 때 목표물이 중앙의 블립(blip)으로서 나타나는 직교형 표시기. 수평 방향과 수직 방향의 조준 오차는 각각 블립의 수평 및 수직 방향의 변위(變位)로서 표시된다.

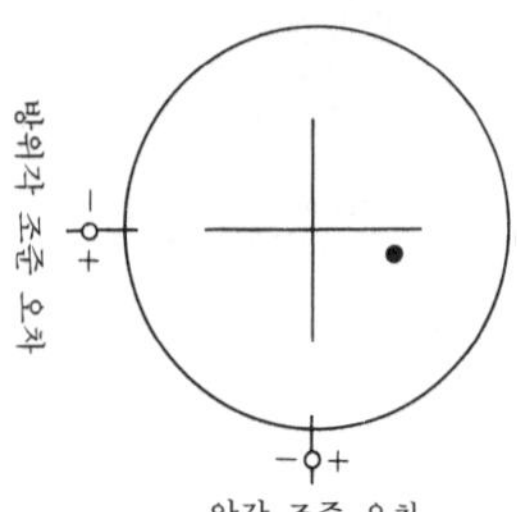

FDM 주파수 분할 다중 통신(周波數分割多重通信) =frequency division multiplex communication

FDMA 주파수 분할 다원 접속(周波數分割多元接續) =frequency division multiple access

FDM for a communication satellite 주파수 분할 다원 방식(周波數分割多元方式)(통신 위성의) FDM 방식에 의해, 예를 들면 36MHz 의 대역폭을 가진 위성의 트랜스폰더를 거쳐서 900 개의 음성 채널을 갖는 주군(主群) 블록을 송수신할 수 있다. 주군 블록은 대체로 4MHz 의 주파수 대역을 점유하고 있으며, 이것으로 70 MHz 의 반송파를 주파수 변조하여 트랜스폰더의 대역에 고르게 전개(52MHz~88MHz)한다. 위성으로의 링크는 6GHz 대의 하나를 사용하여 고전력 증폭기를 거쳐서 송신된다. 다운 링크는 4GHz 대를 사용한다. 트랜스폰더의 대역은 36 MHz 외에 72MHz, 77MHz 등도 사용되고 있다. 또 업다운 링크의 주파수도 스폿 빔인 경우에는 14/12GHz 가 사용된다. 현대의 통신 위성에서는 FDM 방식보다도 TDM 방식쪽이 선호된다.

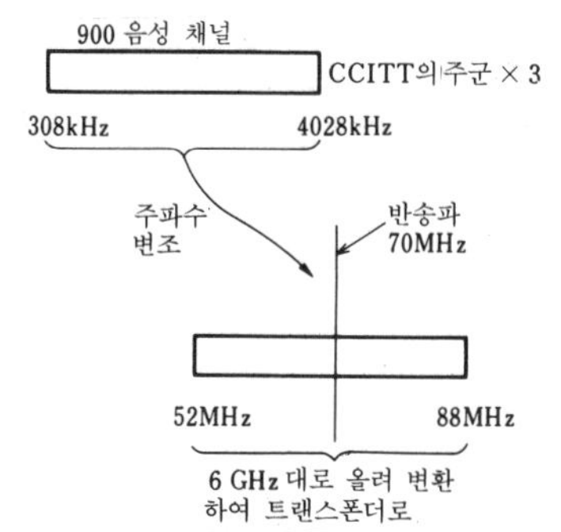

FDX 전 2 중식(全二重式) =full-duplex operation

FEC 순방향 오류 정정법(順方向誤謬訂正法) =forward error correction

Federal Communication Commission 미국 연방 통신 위원회(美國聯邦通信委員會) =FCC

feedback 궤환(饋還), 귀환(歸還) ① 전송계에서 출력의 일부를 입력측으로 되돌려서 가하는 것으로, 입력과 동위상으로 가하는 것을 정궤환, 역위상으로 가하는 것을 부궤환이라 한다. 정궤환의 경우는 궤환을 하지 않을 때보다 출력은 커지지만 궤환량이 많으면 발진을 일으킨다. 부궤환은 이득이 감소하지만 일그러짐을 개선하고 안정도를 좋게 하므로 궤환 증폭기 등에 응용된다. →NFR. ② 제어계에서 운전 상태(제어량)와 목적의 상태(목표값)의 차이를 자동적으로 조절하기 위해 운전 상태를 나타내는 출력 신호를 원상으로 되돌려서 목표값에 해당하는 신호(기준 입력)와 비교하는 것.

feedback amplification 궤환 증폭(饋還增幅), 귀환 증폭(歸還增幅) →feedback amplifier

feedback amplifier 궤환 증폭기(饋還增幅器), 귀환 증폭기(歸還增幅器) 증폭기에서 출력의 일부를 입력측으로 되돌리는 궤환을 함으로써 그 특성을 개선하는 증폭기로, 일반적으로 부궤환(NFB)이 널리 쓰인다. 부궤환을 걸어줌으로써 증폭도는 작아지지만 주파수 특성을 개선하고 파형의 일그러짐이나 잡음을 감소시키고, 안정한 동작을 시킬 수 있다.

feedback circuit 궤환 회로(饋還回路), 귀환 회로(歸還回路) 발진기나 궤환 증폭기 중 출력의 일부를 입력측으로 되돌리기 위한 회로. 그림의 컬렉터 동조형 발진기에서는 트랜스 T를 궤환 회로로서 사용하여 권수비에 따라 출력의 일부가 궤환된다. 또한 발진기의 궤환 회로는 정궤환(원래 신호와 동상으로 서로 합치는 위상 관계가 되는 궤환) 동작이지만 궤환 증폭기에서는 주로 반대인 부궤환 동작을 하는 궤환 회로가 쓰인다.

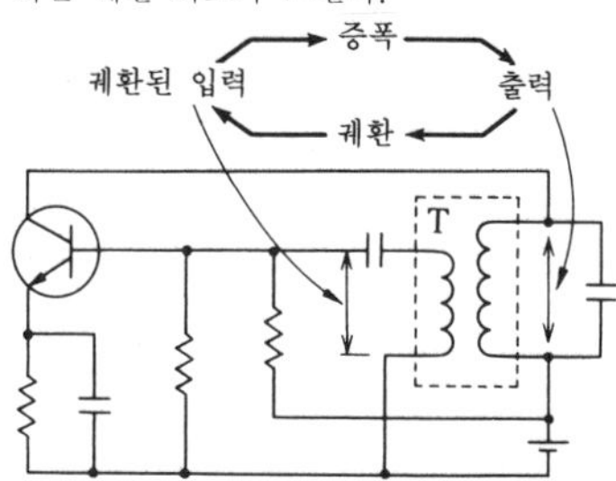

feedback coder 궤환형 부호기(饋還形符號器) 입력 아날로그 신호 $m(t)$를 표본화, 양자화하여 부호화하고, 적당한 디지털 변조기에 의해 선로에 내보내는 동시에 출력 부호를 복조정에 의해 다시 아날로그 신호 $m'(t)$로 되돌린 것을 궤환하여 차동 증폭기에 가해서 $m(t)$와 비교하여 그 차 $\Delta(t)=m'(t)-m(t)$의 +, −에 의해 출력 부호로 보정을 가하도록 한 부호기. 델타 변조계 등은 그 예이며, 이 경우 $\Delta(t)$는 1비트로서 보정하고 있으나 델터

feedback coder

PCM 에서는 $\Delta(t)$를 M 스텝의 양자화기에 의해 k 비트의 바이너리 신호($2^k=M$)로서 $\Delta(t)$의 크기에 따른 보정을 하도록 하고 있다. 그리고 k 비트로 양자화된 오차 샘플이 현재의 부호에 부가되어서 새로운(수정된) 출력 부호로 되는 것이다.

feedback compensation 피드백 보상(-補償) 불안정한 계 혹은 과도 현상이 길게 꼬리를 끄는 계에서, 출력측에서 입력측을 향하여 부가하는 보상 회로를 사용하는 방법. →transient phenomena

feedback control 피드백 제어(-制御) 출력 신호를 그 입력 신호로 되돌림으로써 제어량의 값을 목표값과 비교하여 그들을 일치시키도록 정정 동작을 하는 제어. 외란(外亂)의 영향을 없애는 제어를 정치(定値) 제어, 목표값이 크게 달라지는 제어를 추치(追値) 제어로 분류하고 있는데 어느 것이나 오차 신호를 0으로 하는 동작을 한다. 프로세스 제어, 자동 조절, 서보 기구 등은 이 방식이다.

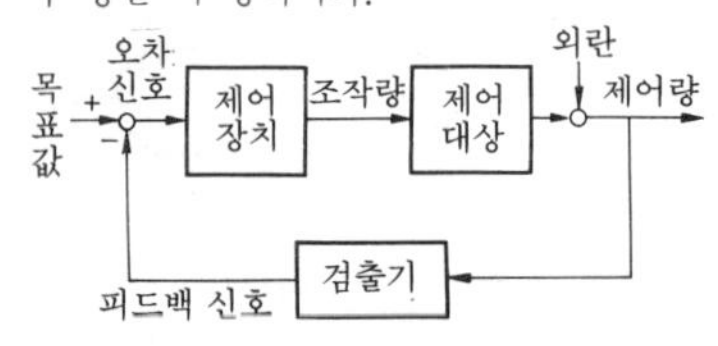

피드백 제어계의 구성도

feedback control system 피드백 제어계(-制御系), 궤환 제어계(饋還制御系) 제어계의 요소 또는 요소 집합의 출력 신호를 그 제어계의 입력측으로 되돌림으로써 출력 신호와 목표값의 비교에 의해서 제어를 하는 시스템. 궤환 제어계에서는 입력에서 출력을 향하는 회로와 반대 방향의 궤환 회로가 닫힌 루프를 형성하고 있으므로 폐(閉) 루프 제어계(closed loop control system)라고도 한다.

feedback diode 궤환 다이오드(饋還-) 인버터에서, 부하측에서의 무효 전력을 효과적으로 전원으로 되보내기 위한 통로를 만드는 다이오드. 그림에서 사이리스터 Th_1이 통전하고 있을 때의 전류 통로가 화살표로 표시되어 있는데, 사이리스터가 OFF 했을 때 유도성 부하에 계속 흐르는 전류에 대하여 1차측의 전류도 연속하는 전류 통로가 없으면 과전압이 발생한다. 다이오드 D_2는 그를 위한 통로를 제공한다. 반 사이클 후에는 이번에는 D_1이 같은 동작을 한다.

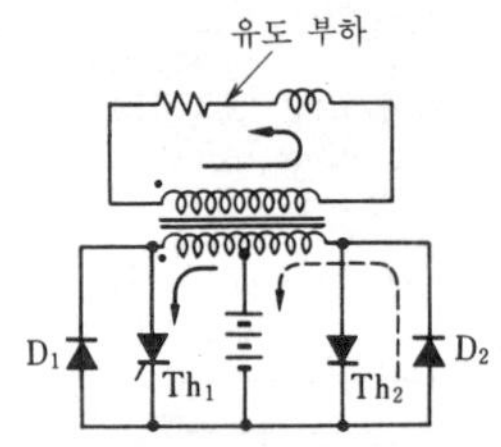

feedback equalization 궤환 등화(饋還等化) 반전형 증폭기의 이득·주파수 특성은 증폭기 본체의 전압 이득이 충분히 크면 궤환로의 주파수 특성으로 정해진다. 따라서 궤환로의 임피던스에 적당한 값을 주어 선로를 등화할 수 있다.

feedback gain 궤환 이득(饋還利得), 귀환 이득(歸還利得) 궤환 증폭기에서 입력과 출력간의 외부 이득을 말한다. 그림에서 궤환을 걸지 않을 때의 증폭기의 이득을 A, 궤환 회로의 궤환율을 β로 하면 궤환 이득 A_f는 다음과 같은 식으로 나타낼 수 있다.

$$A_f = \frac{A}{1 - A\beta}$$

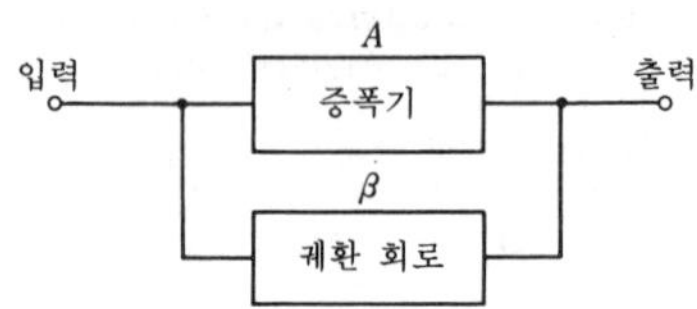

여기서 $A\beta$는 궤환양이다.

feedback impedance 궤환 임피던스(饋

還-), 귀환 임피던스(歸還-) 궤환 증폭의 경우 출력측에서 입력측으로 신호가 전해지는 회로 부분의 임피던스. 아날로그 컴퓨터의 연산 증폭기에서는 이 값을 정하는 방법에 따라 각종 연산 증폭을 할 수 있다.

feedback operational unit 궤환 연산기(饋還演算器), 귀환 연산기(歸還演算器) →operational amplifier

feedback oscillator 궤환 발진기(饋還發振器), 귀환 발진기(歸還發振器) →back coupling oscillator

feedback ratio 궤환율(饋還率), 귀환율(歸還率) 출력의 일부를 입력측으로 되돌리는 비율. 증폭 회로에 대해서 말하면 출력 전압을 e_o, 궤환 전압을 e_f라 하면 궤환율 β는

$\beta = e_f/e_o$

으로 나타낼 수 있다.

feedback transfer function 피드백 전달 함수(-傳達函數) 제어량에서 주 피드백량에 이르는 전달 함수.

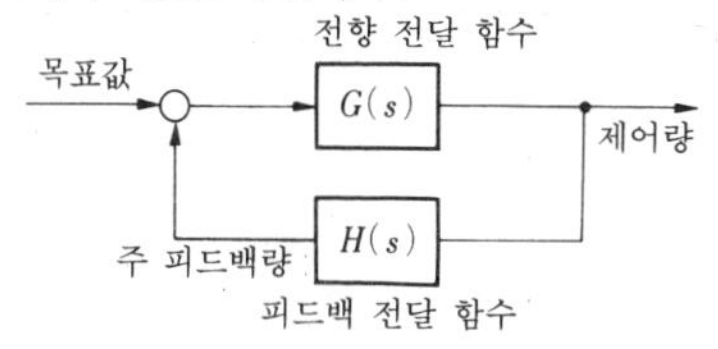

feedback value 궤환양(饋還量), 귀환양(饋還量) 부궤환 증폭 회로에서는 궤환이 없을 때의 증폭도를 A, 궤환율을 β라 하면 $A\beta<0$이 된다. 일반적으로 위상을 생각하여 $A\beta$를 궤환양이라 한다. 부궤환일 때는 $|1-A\beta|>1$이고, 출력은 입력의 $1/1-A\beta$배로 되어 출력 중의 일그러짐의 성분이나 잡음도 $1/1-A\beta$배가 된다.

feedback winding 궤환 권선(饋還捲線), 귀환 권선(歸還捲線) 자기 증폭기에서 궤환 작용을 시키기 위한 권선.

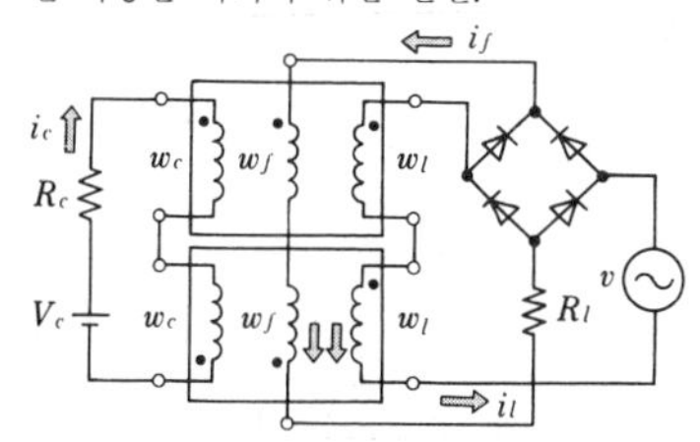

feeder 피더, 궤전선(饋電線), 급전선(給電線) 송신기 또는 수신기와 안테나 사이를 이어서 전력을 전하기 위하여 사용하는 선로. 장파의 경우는 단순한 전송 선로로서 다루면 되지만 단파가 되면 궤전선 상에 정재파가 실리므로 방사 손실을 일으키게 된다. 이것을 방지하기 위해 궤전선을 공진 회로로 하는 것을 공진 궤전선이라 하고, 안테나와 정합시키는 것을 비공진 궤전선이라 한다.

feeder cable 피더 케이블 ① 중앙국의 주 케이블. ② 교환국에서 가입자 배선 케이블까지의 케이블.

feeder cord 피더 코드 무선 기기와 안테나를 접속하기 위한 궤전선으로서 사용하는 이동 전선. 그림과 같이 두 줄의 평행 도체를 폴리에틸렌으로 절연하여 구리의 편조(編組)로 차폐한 것이나, 두 줄의 동축 케이블을 꼬은 것 등이 사용된다.

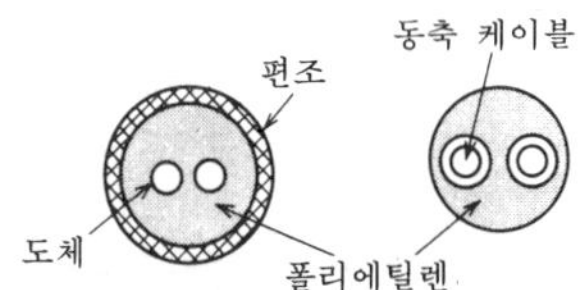

feed forward control 피드 포워드 제어(-制御) 피드백 제어에서는 외란(外亂)에 의한 제어량의 변화를 검출하여 이것을 상쇄하도록 제어 장치가 동작하므로 제어에 시간이 걸린다. 그래서 외란에 의한 제어량의 변화를 미리 상정하여 이것에 대응한 제어 동작을 수행시켜 응답을 빨리 한 제어 방식을 말한다. 이 방식에서는 각종 외란에 대한 제어량의 변화가 미리 계산되어 있지 않아 곤란하였지만, 컴퓨터의 도입으로 해결되었다. 일반적으로 피드백 제어와 병용하여 사용된다.

feedforward control system 피드포워드 제어계(-制御系) 입력측의 정보만을 써서 예측을 하고, 필요한 정정 동작을 취하는 제어 시스템. 피드포워드 제어계에서는 루프가 닫혀 있지 않으므로 개(開) 루프 제어계(open loop control system)라고도 한다.

feed-through 관통 접속(貫通接續)[1], 피드스루[2] (1) =interfacial connection
(2) ① 프린트 기판 양측의 도체 패턴을 접속하기 위해 사용하는 판 관통 도체. 양면간 접속(interface connection)이라고도 한다. ② 사이리스터에서 파워 회로의 스위칭 동작에 의해 점호 회로에 높은 dV/dt가 발생하여 이것이 원인으로 잘못된 게이트 펄스 전류가 발생하는 것. 이것은 게이트 펄스 트랜스의 권선간 정전 용량을 관통하는 전류 $C\,dV/dt$에 의한 것이므로 권선간을 정전 차폐하는 것이 유효하

F

다. ③ 데이터 수집 장치의 샘플 홀드 회로에서 홀드 동작 모드에서의 입력 신호의 출력측으로의 누설 혹은 관통 현상.

feed-through capacitor 관통 콘덴서(貫通－) 섀시 또는 패널을 관통하는 동체에 대한 절연으로, 도체와 섀시(패널) 사이에 원하는 정전 용량을 갖게 한 것. UHF 회로 등에서는 바람직하지 않은 잡음이 관통부를 통해서 출입하지 않도록, 여기서 바이패스하는 콘덴서로서 동작한다.

feed-through type capacitor 관통형 콘덴서(貫通形－) 자기 콘덴서의 일종으로, 리드선 또는 단자가 그림과 같이 양측에 나와 있어 섀시를 관통하여 부착되는 구조로 되어 있는 것. 잔류 인덕턴스가 작은 것이 특징이며, 바이패스 콘덴서로서 사용된다.

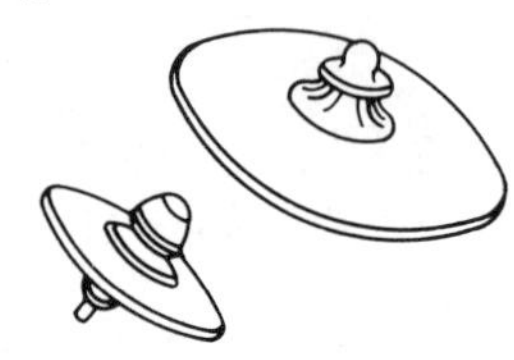

fence 펜스 ① 조기 경계 레이더국으로 구성된 경계선 또는 경계망. ② 지하 레이더 안테나의 주위에 설치된 동심의 강철제 펜스. 인공의 지평선이 되고, 또 이것이 없을 때 타깃으로부터 낮은 각도로 되돌아오는 약한 신호를 매몰시키는 지면 클러터를 제거하는 효과가 있다.

Fermat' t principle 페르마의 원리(－原理) 2 점간을 전파(傳播)하는 전자파는 전파 시간이 최단이 되는 경로를 잡다는 는 원리.

Fermi-Dirac' s distribution 페르미 · 디락의 분포(－分布) 고체 내 전자의 존재 상태가 다음 식과 같은 함수로 나타내어 지는 분포.

$$f(W)=\frac{1}{1+\varepsilon^{(W-W_F)/kT}}$$

여기서 $f(W)$: 온도 T[K]에서 W[eV]의 에너지 준위에 전자가 존재하는 확률, W_F : 페르미 준위, k : 볼츠만 상수.

Fermi level 페르미 준위(－準位) 띠 이론에서 고체 내의 전자 상태를 나타내기 위해 전자의 존재 확률이 1/2 로 되는 에너지 준위를 나타내는 것. 진성 반도체의 페르미 준위는 에너지 갭의 중앙에 있고, 상온에의 n 형 반도체의 페르미 준위는 도너 준위 위에, p 형 반도체에서는 억셉터 준위 밑에 있다.

fermion 페르미온 페르미 · 디락의 통계에 따르는 입자로, $(n+1/2)h$ 라는 각운동량을 가지고 있다. 여기서, n 은 0 또는 정수이고, h 는 궤도 각운동량의 단위이다.

Fermi potential 페르미 전위(－電位) 페르미 에너지를 전자의 전하 q 로 나눈 값.

fernico 페르니코 철, 니켈, 코발트의 합금.

ferreed relay 페리드 계전기(－繼電器) 페라이트와 같은 높은 레머넌스를 가진 재료의 자로(磁路)를 갖는 리드 스위치의 일종. 2 안정 혹은 래칭 동작의 전환 접점(c 접점)을 가진 계전기. →reed relay

ferric oxide 산화 제 2 철(酸化第二鐵) 디스크나 테이프에 칠해지는 자기 코팅으로, 결합제와 함께 사용되는 이온 화합물. 화학 기호는 Fe_2O_3.

ferrimagnetic substance 페리 자성체(－磁性體) 자화된 경우에 자발 자화의 자기 모멘트가 크기가 다른 것 끼리 역평행으로 되어서 그 차가 자화로서 나타나는 자성체. 비금속 자성체로서 널리 쓰이고 있는 페라이트는 이런 종류의 자성을 나타내는 대표적인 물질이다.

ferrite 페라이트 철과 같은 강자성 금속과는 전혀 다른 구조를 가진 자성체로, 자화의 기구는 페리 자성에 따르는 것이다. 그 구조는 M 을 2 가의 금속 원자로 하면 $MO \cdot Fe_2O_3$ 로 나타내어지며, M 이 Zn 이면 아연 페라이트라는 식으로 부른다. 이들은 원료 산화물의 미분말을 혼합 성형하여 1,000℃ 이상에서 소결한 일종의 세라믹이다. 도체가 아니므로 금속과 같이 와전류에 의한 손실을 일으키지 않으므로 고주파용 자심으로서 뛰어나며, 망간-아연계 또는 니켈-아연계의 페라이트가 널리 쓰인다. 또, 영구 자석으로서는 매우 보자력이 큰 것이 얻어지며, 바륨 또는 코발트계의 페라이트가 널리 쓰인다.

ferrite circulator 페라이트 서큘레이터 →circulator

ferrite core 페라이트 코어 코일 부품의 자심으로서 페라이트를 사용한 것. 저주파용으로는 망간-아연계 페라이트가, 고주파용으로는 구리-아연계 또는 니켈-아연계 페라이트가 적합하다.

ferrite isolator 페라이트 아이솔레이터 도파관에서 어느 방향으로는 전자(電磁) 에너지를 통과시키지만 반대 방향에 대해서는 이것을 저지하는 장치. 짧은 원형 도파관 구간의 중심에 축방향으로 페라이트 막대를 두고, 관축 방향으로 직류 자계를 가한 것으로, 이 아이솔레이터 양단은 각각 방형 도파관에 연속적으로 접속되어 있으나, 한 끝에서 아이솔레이터를 통해 다른 끝에 나오는 과정에서 45° 만큼 기계적으로 비틀어져 있다. 페라이트 막대에 의해 같은 방향으로 편파면이 45° 회전하는 전자파는 아이솔레이터를 통해서 전송되지만, 반대 방향으로 전파하는 반사파는 페라이트 막대에 의해 역방향으로 45° 회전하기 때문에 통과를 정지당한다.

ferrite resonator 페라이트 공진자(－共振子) 페라이트를 소재로 하는 자기 일그러짐 공진자를 말한다. 고주파에서의 손실이 적으므로 기계적 필터를 만드는 데 사용된다.

ferrite rotator 페라이트 회전자(－回轉子) 페라이트 막대를 유전체로 감싸고, 그 바깥쪽에 동심으로 고리 모양의 영구 자석(그 자계는 페라이트 축방향에 생긴다)을 둔 것으로, 도파관 내에 삽입하여 그곳을 통과하는 전자파의 편파면을 적당한 각도만큼 회전시키도록 한 것. 편파면을 90° 회전함으로써 통과를 저지하고, 누설 전자계를 감쇠재에 의해 흡수하도록 한 스위치도 만들어지고 있다.

ferrite switch 페라이트 스위치 →ferrite rotator

ferrodielectric ceramics 강유전체 자기(强誘電體瓷器) 강유전체로서의 성질을 가진 자기로, 티탄산 바륨($BaTiO_3$) 자기가 유명하며, 그 계열에 속하는 것이 각종 있다. 이 유전율은 매우 크지만 그림과 같이 온도에 의한 변화가 심하므로 콘덴서용 재료로서는 부적당하다. 압전 효과가 큰 것을 이용하여 압전 부품에 쓰이는 경우가 많다.

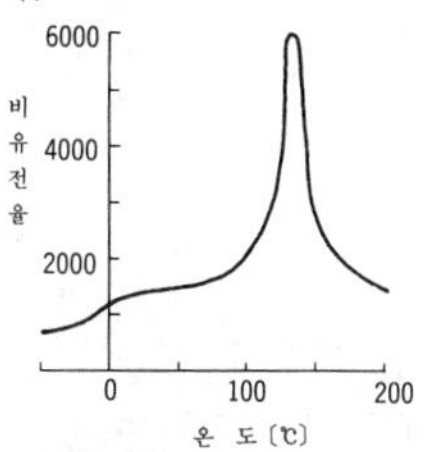

ferrodynamic instrument 강자성형 계기(强磁性形計器) 강자성 재료의 존재에 의해 실질적으로 힘을 증대하는 구조의 전류력계형 계기.

ferroelectric material 강유전 물질(强誘電物質) 로셸염, 티탄산 바륨과 같은 물질로, 자발적인 분극(分極)을 가지며, 분극과 전계의 세기 사이에는 히스테리시스가 존재한다. 강자성 물질과 비슷하기 때문에 강유전 물질이라고 부른다. 자기 일그러짐 효과를 이용한 트랜스듀서, 자기 증폭기 등과 비슷한 용도에 적합하다.

ferroelectric RAM 강유전성 RAM(强誘電性－) 강유전체를 사용한 소거 가능한 불휘발성 기억 장치를 말한다. 강유전체는 어떤 전압 이상을 가하면 자발 분극이 반전하여 전압을 제거해도 그 상태를 유지하는 성질이 있기 때문에 불휘발성 기억 장치로서 사용할 수 있다.

ferroelectric substance 강유전체(强誘電體) 로셸염, 인산 칼륨, 티탄산 바륨 등과 같이 전장(電場)이 없는 경우에도 유전 분극을 발생한 상태가 안정하게 존재하는 물질. 이들 물질은 어느 온도 이상에서의 유전율이 매우 크고, 강자성체와 같이 외부 전계와 유전체 분극의 세기와의 사이에 히스테리시스 현상이 있다.

ferromagnetic ceramics 세라믹 자석(－磁石) 세라믹과 자성체 분말을 가압 소결하여 만든 영구 자석.

ferromagnetic resonance 강자성 공진(强磁性共振) 마이크로파 주파수에서 자성 물질의 겉보기 투자율이(가로 방향의 일정 자계의 존재하에서) 원자 내 전자 궤도의 섭동(攝動)에 의해 영향을 받는 현상. 마이크로파 주파수가 섭동 주파수와 같게 되면 공진을 일으켜 겉보기의 투자율은 날카로운 피크값을 나타낸다.

ferromagnetic semiconductor 강자성 반도체(强磁性半導體) 강자성이고 반도체성을 갖는 물질. 그 자성이 수송 현상이나 광학적 성질에 큰 효과를 갖는 것. 예를 들면, EuX(X : O, S), $CaCr_2X_4$(X : S, Se) 등.

ferromagnetic substance 강자성체(强磁性體) 비투자율이 매우 크고, 자화에 히스테리시스 특성을 나타내는 물질로, 일반적으로 Fe, Co, Ni 등의 원소 또는 합금이 이것이다. 자구(磁區) 구조를 가지고 있으며, 조성비 및 다른 혼합 원소에 따라서 각종 자기 특성의 것이 얻어진다. 이것과 비슷한 성질을 나타내는 물질로서 페라이트가 있으며, 혼동해서 불리는 경우도 있으나 구조적으로는 별개의 것이다.

ferromagnetic thin film 강자성 박막(强磁性薄膜) 퍼멀로이 등의 강자성체를 증착이나 전착(電着) 등의 수단에 의해 박막 모양으로 한 것. 같은 성분이라도 벌크(덩어리 상태)일 때보다 자기 특성이 뛰어난 것이 얻어진다.

ferrometer 페로미터 자기 재료의 히스테리시스 루프 측정에 사용되는 것으로, 벡터 메사라고도 한다. 그림과 같이 기계적인 동기 개폐기를 사용하여 I 측을 자화 전류 측정 회로, Ⅱ측을 자속의 순시값 측정 회로로 한 것이다. i_A-i_B 특성 곡선에서 히스테리시스 루프가 얻어진다. 또 철손의 측정도 가능하다.

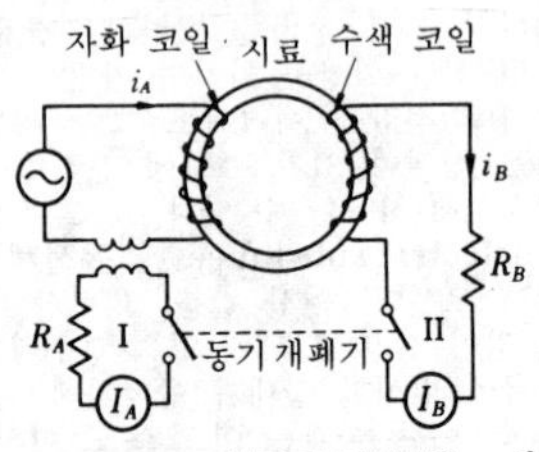

ferro-resonance 철공진(鐵共振) 철심이 든 리액터는 전류의 크기에 따라서 인덕턴스가 변화하므로 콘덴서와 직렬 또는 병렬로 접속한 경우에 특이한 공진 현상을 일으킨다. 이것을 철공진이라 한다. 저항, 콘덴서, 철심 리액터의 직렬 회로에서의 철공진에서는 전류가 그림과 같이 도약 현상을 일으킨다. 또, 병렬 회로의 철공진에서는 정전압 특성이 얻어지며, 이것은 교류 정전압 전원 장치에 이용된다.

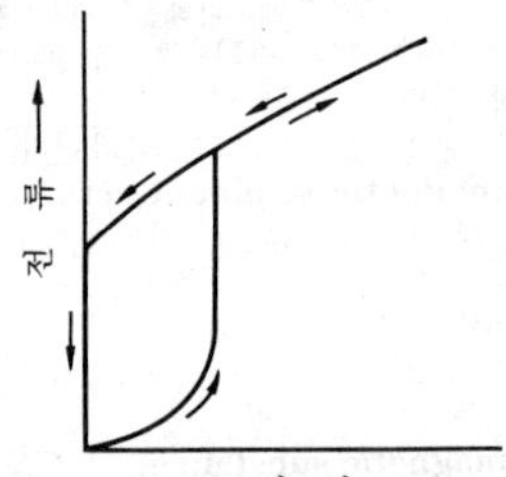

ferro-resonance circuit 철공진 회로(鐵共振回路) 철심이 든 코일과 콘덴서의 공진을 이용한 회로. 보통 병렬 접속된 코일과 콘덴서 양단의 전압이 매개 변수를 적당히 선택함으로써 입력 전류의 위상이 광범위하게 변화하여도 거의 일정하게 유지된다는 성질을 이용하여 정전압 장치 또는 그 일부로서 이용된다.

ferrous borate 철 보레이트(鐵－) 쇠의 붕산염으로, 분자식은 Fe_3BO_6. 자기 버블을 이용하는 부품의 소재로서 쓰인다.

ferrous oxide tape 산화철 테이프(酸化鐵－) 자기 테이프에 입히는 자성체로서 γ 산화철(Fe_2O_3)의 분말을 사용하는 것. 보통의 테이프는 이것이다.

ferroxdure 페록스듀어 넓은 의미로서의 페라이트의 일종으로, 구조식이 $MO \cdot 6Fe_2O_3$(M 은 Ba, Sr, Pb 등)로 나타내는 물질의 총칭. 자기 이방성이 강하고, 보자력이 크므로 자석 재료로서 쓰인다.

ferroxplana 페록스플라나 넓은 의미로서의 페라이트의 일종으로, 분자식이 $Ba_2CO_2Fe_{12}O_{22}$ 로 나타내어지고, 또는 그것과 같은 계의 구조를 갖는 물질의 총칭. 고주파에서의 손실이 작고, 투자율은 크므로 1GHz 정도까지의 자심 재료로서 쓰인다.

Ferry-Porter's law 페리 · 포터의 법칙(－法則) 인간의 눈이 점멸에 대하여 어른거림을 느끼지 않게 되는 주파수의 한계(임계 융합 빈도)는 빛의 세기에 따라서 다음 식과 같이 변화한다는 법칙.

$f=a \log L+b$

여기서 f : 한계 주파수, L : 휘도, a, b : 상수. 이 법칙은 텔레비전 수상기 화면의 주사 조건을 정하는 데 응용된다.

FET 전계 효과 트랜지스터(電界效果－) = field effect transistor

fetch cycle 명령 추출 단계(命令抽出段階) 컴퓨터에서 제어 장치가 앞의 명령을 모두 실행한 다음, 다음 실행할 명령을 기억 장치에서 꺼내고부터 끝나기까지의 동작 단계.

FET high-frequency amplifier FET 고주파 증폭 회로(－高周波增幅回路) 텔레비전 수상기에서 고주파 신호를 증폭하는 회로에 FET(전계 효과 트랜지스터)를 사용한 것. FET 는 저잡음이고 입력 임피던스가 높으며, 소비 전력이 적고, 입출력 특성의 비직선성이 적다는 등의 특징을 살린 것으로, 혼변조를 일으키지 않도록 AGC 와 고주파 입력을 별개의 게이트에 넣어서 사용한다.

FET photodetector FET 광검출기(－光檢出器) FET 구조의 채널 영역에서의 광여기 캐리어를 사용한 광검출기로, 전류 이득을 갖는 광검출을 한다.

FG 프레임 접지(－接地) =frame ground

FGA 부동 게이트 증폭기(浮動－增幅器) = floating-gate amplifier →floating amplifier

FI 페이드 인 =fade in

fiber 파이버 벌칸 파이버의 약칭. 판상(板狀), 관상(管狀) 등의 절연 부품에 사용하는데, 전기적 성질은 좋지 않다. 내 아크성이 있으므로 퓨즈 보호통 등에 이용한다.

fiberglass reinforced plastics 유리 섬유 강화 플라스틱(－纖維强化－), 강화 플라스틱(强化－) =FRP

fiber optics 섬유 광학(纖維光學) 광선을 광섬유를 사용하여 전송하는 기술. 레이저 등에 의해서 만들어지는 광선을 변조하여 정보를 반송한다. 빛은 전자파이며, 전자 스펙트럼 상에서는 정보를 전송하는 다른 전자파(라디오의 전파 등)보다도 주파수가 높다. 그 때문에 한 줄의 광섬유 채널은 다른 전송 매체보다도 훨씬 대량의 정보를 반송할 수 있다.

fiberscope 파이버스코프 유리 섬유를 다수 다발로 한 것으로, 그 한 끝에 대물 렌즈를, 다른 끝에 접안 렌즈를 둔 것. 자유롭게 구부릴 수 있어 직접 볼 수 없는 부분을 이것을 써서 볼 수 있다.

Fick's law 피크의 법칙(－法則) 반도체 내부에서의 불순물 원자의 확산 과정을 주는 법칙.

fidelity 충실도(忠實度) 입력 신호파가 얼마만큼 정확하게 출력으로 재현되는가를 나타내는 조건의 하나. 전화나 방송 등에서는 음성이나 음악을 보내므로 충실도가 나쁘면 부자연스러운 느낌을 준다. 수신기에서의 충실도에는 전기적 충실도와 음향적 충실도가 있는데, 이들은 증폭기나 음향 기기, 기타에서의 주파수 특성, 일그러짐, 잡음 등에 따라 정해진다.

field 필드 ① 텔레비전 방송의 화면은 보통 홀수 비월 주사를 하고 있으므로 2회의 수직 주사에 의해서 한 장의 완전한 화면을 구성하게 된다. 이 때 1회의 수직 주사에 의해서 만들어지는 거친 화면을 필드라 하고, 1초간의 필드수를 필드 주파수라 한다. ② →item. ③ 온라인 시스템의 디스플레이형 단말에서 다루는 데이터의 최소 단위로, 연속한 문자의 그룹으로서 정의된다. 필드는 화면의 임의 위치에 설정할 수 있고, 필드의 길이는 1화면분까지 취할 수 있다.

field alterable- 현장 변경형-(現場變更形-) 반도체 칩 등에서 흔히 쓰이는 용어로, 표준 구조를 가지고 있지만 이용자가 그 사용 목적에 따라 쉽게 그 기능을 변경시킬 수 있는 것을 말한다.

field correlation 필드 상관(－相關) → frame correlation

field data 필드 데이터 현장 기술자나 영업 담당자에 의해 수집된, 제품의 성능이나 불만, 고장이나 수리 등에 관한 여러 가지 데이터.

field-displacement isolator 전계 변위형 단향관(電界變位形單向管) 방형 도파관에 직접 사용할 수 있는 페라이트 아이솔레이터로, 패러데이의 아이솔레이터와 같이 방형에서 원형으로의 연속 이행 구간을 필요로 하지 않는 것.

field effect transistor 전계 효과 트랜지스터(電界效果－) 다른 트랜지스터가 pn 접합을 통과하는 캐리어의 작용을 이용하는 전류 제어형인데 대해서 전계 효과 트랜지스터(FET)는 반도체 중에서의 전자 흐름을 다른 전극으로 제어하는 전압 제어형이다. 그림은 접합 FET의 구조를 나타낸 것으로, 게이트에 가하는 제어 전압의 크기에 따라서 공핍층의 확산이 달라지며, 그 때문에 채널의 폭이 달라져서 드레인 전류가 제어된다. 그림은 n 채널형이지만 p 채널형도 있다. 이 밖에 금속판을 절연물의 박층을 거쳐서 부착하여 반도체 중의 전자류를 제어하도록 한 MOS FET라고 하는 것도 있으며, 또 집적 회로에 이용하기 위한 박막 FET도 만들어지고 있다. FET는 트랜지스터의 일종이기는 하지만 전압 구동형이고 특성은 진공관에 가까우며, 저잡음이고 입력 임피던스가 높다는 특징이 있다. ＝FET

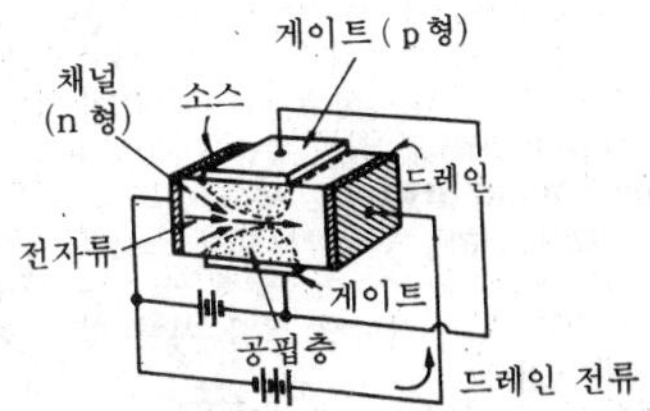

field emission 전계 방출(電界放出) 전자 방출의 일종으로, 강력한 전계에 의해서 금속 표면에서 전자를 끌어내는 것. 2극관에서의 포화 영역에 있어서도 양극 전압의 상승에 따라서 조금씩 양극 전류가 증가한다. 쇼트키 효과도 이 하나이다. 또, 상온에서도 전계를 10^8V/m 이상으로 강력하게 하면 음극에서 전자 방출이 일어나게 된다. 이것은 냉음극 방출 또는 냉전자 방출이라고 한다.

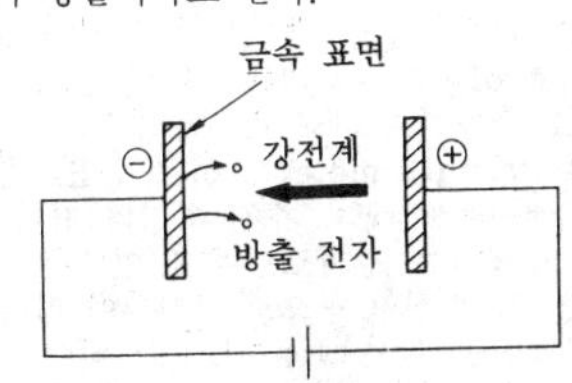

field frequency 필드 주파수(－周波數) 텔레비전 화면에서의 프레임 주파수에 하나의 프레임에 포함되는 필드수를 곱한 것. 우리 나라나 미국, 일본에서는 프레임 주파수는 매초 30회이며, 1 프레임은 2필드이므로 필드 주파수는 매초 60회이다.

field lens 전계 렌즈(電界－), 정전 렌즈(靜電－) 운동하고 있는 전자가 전계 중에 들어가면 정전력에 의해서 그 진행 방향이 바뀐다. 이 때문에 전극을 적당한 모양으로 하여 광학 렌즈의 모양에 상당하는 등전위면을 만들면 전자류를 집속 또는 발산시킬 수 있다. 이 원리를 응용한 것이 정전 렌즈이다. 브라운관의 전자총 등에 응용되고 있다.

field pickup 필드 픽업 =FPU

field pick-up van 중계차(中繼車) 텔레비전 방송국에서 야구장이나 극장 등 국외 프로의 중계 방송에 사용하는, 필요한 기재를 적재한 차를 말한다. 중계차는 중계 방송에 필요한 기재의 운반뿐만 아니라 부조정실의 기능을 겸비할 필요가 있으며 차내에는 카메라 제어기, 스위칭 장치, 동기 신호 발생기, 마스터 모니터, 음성 장치 등이 장비되고, 전원으로서는 전원차를 준비하든가 현장의 상용 전원을 수전하여 AVR 을 통해서 전압을 안정시켜 사용한다. 기타 마이크로파 중계 장치나 파라볼라 안테나 등을 수납하고 있다.

field reliability test 필드 신뢰성 시험(－信賴性試驗) 동작 및 환경 조건을 기록하고, 관리 상태를 명시하여 실사용 상태에서 실시되는 신뢰성 적합 시험 및 신뢰성 결정 시험.

field sequential color TV system 필드 순차 방식(－順次方式) →CBS color television system

field strength 전계 강도(電界强度) 어느 지점에서의 전자계 세기. 전자파는 원래 전계와 자계가 함께 전해지는 것인데, 보통은 수신 지점의 전계의 세기만으로 그 지점에서의 전자파의 세기를 나타내고 있다. 전계 강도는 실효 길이(실효 높이)가 1m 인 도체에 유기되는 기전력의 크기로 나타내고, 단위는 V/m 또는 μV/m 인데, 1μVm 를 기준(0 데시벨)으로 하여 데시벨(기호 dB)로 나타내는 경우가 많다. 전계 강도 측정기에 의해서 측정된다.

field strength meter 전계 강도 측정기(電界强度測定器) 수신 지점의 전계 강도를 측정하는 장치로, 루프 안테나, 비교 발진기, 수신기 등으로 구성되어 있다. 전계 강도는 1μV/m 를 0dB 로 하여 dB 값으로 나태내는 경우가 많다. 이 경우 피측정 전계 E_x〔dB〕 중에 실효 높이 H_e〔dB〕(1m 를 기준으로 하여 데시벨로 나타낸 것)의 루프 안테나를 최대 감도의 방향에 두고 수신하고, 수신기의 저항 감쇠기의 감쇠량을 A_1〔dB〕로 했을 때의 출력계 지시를 V_0〔dB〕로 한다. 다음에 루프 안테나를 비교 발진기로 전환하여 전계의 주파수와 같게 해서 그 출력 V_s〔dB〕를 수신기에 가하여 앞서와 같은 출력이 되도록 저항 감쇠기를 조정했을 때의 감쇠량을 A_2〔dB〕로 하면 E_x는 다음 식으로 산출할 수 있다.

$$E_x = V_s - H_e + A_1 - A_2$$

field track 필드 트랙 테이프 상에 기록된 비디오 트랙 한 줄은 텔레비전 화상의 1 필드분(즉 주사선의 262.5 줄)에 해당한다. 제 2 의 비디오 헤드로 기록된 다음의 트랙이 위의 트랙과 함께 화면에 한 토막(프레임)을 구성한다.

figure 숫자(數字) 하나 이상의 숫자로 나타내는 산술적 수치.

figure of merit 성능 지수(性能指數) 전자 냉각에 사용하는 재료의 양부를 비교하는데 사용하는 값. 필요한 조건은 펠티에 효과의 정도를 나타내는 열전능(熱電能) α가 크고, 그 물질의 전기 저항률 ρ 및 열전도율 K가 작아야 하므로 $\alpha^2/(\rho K)$를 성능 지수라 한다. 현재 우수한 재료는 3×10^{-3}/K 정도의 값이다.

filament 필라멘트 ① 전자관에서의 선이나 리본형의 음극으로, 여기에 전류를 흘려 가열함으로써 열전자를 방출한다. ② 전구에서는 전류를 흘려서 고온으로 가열하여 생기는 빛을 이용하기 위한 고융점의 금속(텅스텐 등)의 가는 선.

file 파일 같은 목적을 위해 수집된 같은 종류의 데이터 집합. 목적, 형식, 내용에 관해 서로 관련성을 가지고 있다. 파일 처리 방법으로는 시퀀셜 처리와 랜덤 처리가 있다. 파일의 보관·작성, 프로그램을 파일로서 다루는 프로그램 파일이 있다.

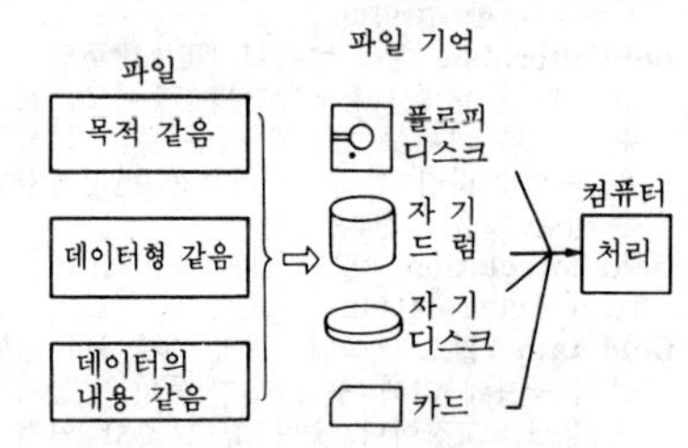

file controller 파일 제어 장치(－制御裝置) 외부 기억 장치를 동작시키기 위한 제어 장치의 총칭. 자기 디스크 제어 장치, 자기 테이프 제어 장치 등.

file activity ratio 파일 사용률(－使用率) 파일 처리에서 주사되는 레코드수에 대하여 실제로 판독되어서 사용되는 레코드수의 비율. 사용률이 높은 경우에는 자기 테이프를 사용해도 드럼이나 디스크와 같은 등속 호출 장치를 사용한 경우와 그다지 처리 시간에 차이는 생기지 않는다.

file management 파일 관리(一管理) 보조 기억 장치상의 파일의 편성, 등록, 보수, 기밀 유지, 공용이나 파일에의 접근 등을 조직적으로 다루는 것을 말한다. 운영 체제가 갖는 기능 중 파일 관리와 프로그램이 구조적으로 중복하는 부분을 통합한 것은 데이터 관리라 한다.

file memory 파일 메모리 목적에 따라서 조직적으로 모아진 정보를 기억해 두는 외부 기억 장치. 플로피 디스크가 널리 쓰이고 있으나, 회전 기구부가 없고 고속이며 소형, 저소비 전력의 버블 메모리나 CCD 메모리 등의 고체 파일 메모리도 주목되고 있다.

file organization 파일 편성(一編成) 파일에 레코드를 축적하고 배열하는 방법으로, 순차 편성, 직접 편성, 색인 순차 편성, 구분 편성, 가상 기억 편성이 있다. 데이터 세트 편성이라고도 한다.

file reorganization 파일의 재편성(一再編成) 파일에서 불필요한 데이터를 제거하고, 기억 영역의 다른 용도를 위해 개방하는 것.

file server 파일 서버 LAN(근거리 통신망)에서 각종 접속 기기에 공통의 파일 캐비닛으로서 쓰이는 파일 기능을 가진 장치를 파일 서버라 한다. 이에 의해서 공통의 데이터를 파일한다든지, 메일 박스적으로 사용한다든지, 네트워크 상에서 공통의 데이터 베이스를 실현할 수 있다.

file transmission 파일 전송(一傳送) 컴퓨터 시스템 간 또는 시스템과 단말 장치 간에서 통신 회선을 거쳐 파일 단위로 데이터를 전송하는 것. 실시간 시스템과의 차이는 전송의 단위가 1건마다의 처리 데이터가 아니고 파일로 되어 있다는 것이다. 통신 회선을 거쳐서 파일의 복사를 할 수도 있다.

filled band 충만대(充滿帶) →valence band

filler 충전제(充塡劑) 증량(增量) 효과 또는 물성(物性) 향상을 목적으로 하여 열경화, 열가소 양자의 수지에 첨가하기 위한 것. 주로 내열성의 향상과 강성(剛性)의 개량을 목적으로 사용된다.

film badge 필름 배지 사진 필름이 방사선에 의해서 감광되는 성질을 응용하여 방사선을 검출하는 데 사용되는 것. 방사선이 닿은 다음 현상을 하여 필름의 흑화 농도로 선량을 적산할 수 있다. 개인용 모니터로서 간편하고 염가로 기록을 남길 수 있는 장점이 있다. 결점으로서는 시시 각각의 방사선량을 알 수는 없다.

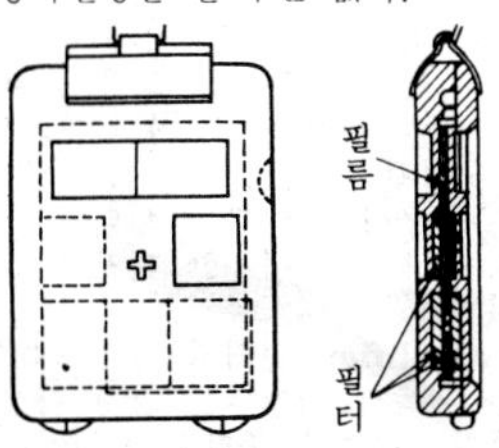

film capacitor 필름 콘덴서 폴리에스테르 수지, 폴리프로필렌, 폴리스티롤, 폴리카보네이트 수지 등의 필름 양쪽에 전극을 두고 원통형으로 감은 콘덴서. 마일러 콘덴서, 스티롤 콘덴서 등은 이 형식의 일종이다.

film integrated circuit 필름 집적 회로(一集積回路), 막 집적 회로(膜集積回路) 박막 집적 회로 및 후막 집적 회로를 총칭해서 말한다.

film recording 필름 녹화(一錄畵) 텔레비전 영상을 필름에 기록하여 영화 필름을 제작하는 것. 세 줄의 레이저 빔을 텔레비전 컬러 신호 성분으로 각각 변조하고, 다이크로익 미러로 한 줄의 빔으로 하여 필름면에 직접 노출하는 방법 등이 쓰인다. 키네스코프 녹화라고도 한다.

film resistor 피막 저항기(被膜抵抗器) 탄소 피막 저항기와 금속 피막 저항기가 있다. 일반적으로는 전자가 사용되고 있으나 성능은 후자 쪽이 좋다.

film scanner 필름 스캐너 연속식 필름 영사기의 일종으로, 영사용 전구의 위치에 광전관, 투사면측에 플라잉 스폿관을 두고, 특수한 기구의 회전 프리즘에 의해서 영상 신호로 변환하는 영사기. 필름의 매초 토막수와 관계없이 텔레비전의 매초 상수(像數)를 선택할 수 있는데 기구가 복잡하고, 보수 조정이 어려우며 화면의 어른거림이 생기기 쉽다.

film transmission 필름 송상(一送像) 텔레비전 방송국에서 35mm 및 16mm의 영화 필름이나 슬라이드, 오페이크 등을 송상하는 것. 영화 필름은 매초 24 토막이어서 텔레비전의 매초 30 매와 다르므로 어떤 변환을 할 필요가 있으며, 필름 영사기가 일반적으로 쓰인다. 보통, 이러한 필름 송상을 하는 장치를 텔레시네 장치라 한다.

filter 필터, 여파기(濾波器) 어떤 주파수대의 전류를 통과시키고, 그 이외의 주파수의 전류에 대해서는 큰 감쇠를 주는 4

단자 회로. 통과시키는 주파수대에 따라 저역 필터(LPF), 고역 필터(HPF), 대역 필터(BPF), 대역 소거 필터(BSF)가 있으며, 구성하는 L, C의 배열에 따라 여러 가지 형이 있다. 또, 수동 소자만으로 구성된 필터에 대하여 능동 소자와 RC로 구성된 액티브 필터(능동 필터), 디지털 처리를 이용한 디지털 필터 등도 있다.

filter amplifier 필터 증폭기(－增幅器) 지정된 이득과 지정된 주파수 특성을 가진 증폭기. 지정된 주파수 특성이란 지정된 통과 영역과 저지 영역을 가진 필터 특성, 혹은 주파수의 함수로서 지정된 진폭 함수와 위상 함수를 갖는 전달 함수 $Z(j\omega)$를 말한다.

filter bank 필터 뱅크 음성 신호의 주파수 대역을 다수 개의 대역 통과 필터에 의해 분할하고, 이들 필터군으로부터의 출력에 의해서 음성 분석을 하는 경우의 필터군. 대역 통과 필터의 주파수 대역은 청각에 있어서의 음성의 분해능을 참고로 하여 낮은 주파수에서는 좁게, 높은 주파수에서는 넓게 잡는다. 주파수 대역은 보통 15 개에서 30 개 정도의 필터로 분할된다.

filter-plexer 필터플렉서 필터와 다이플렉서 양쪽의 기능을 갖는 장치. 텔레비전에서 잔류 측파대 전송 방식을 채용하고 있는 영상 회로의 필터와 영상 신호와 음성 신호를 같은 안테나로 송신하기 위해 사용하는 다이플렉서가 일체화되어 있다. 그림에 필터플렉서의 원리를 나타냈다. 영상 입력 신호는 입력측의 슬롯 브리지(slotted bridge)라고 하는 일종의 하이브리드 결합기 HYB에 의해 2분되고, 잔류 측대파 필터 BF를 통해 출력측 브리지 HYB에서 합성되어 안테나에 보내진다. 하부 측대파는 반사되어 흡수 저항에서 소비된다. 출력측 브리지에서 주어지는 음성 신호는 역시 2분되어 그림의 회로를 왼쪽으로 진행하지만 음성 반사소자 R에 의해 전반사되어 역시 안테나단에 출력된다. 하이브리드로서는 슬롯브리지 이외에 3dB 커플러, 하이브리드링 등이 사용되는 경우도 있다.

filter impedance compensator 필터 임피던스 보상기(－補償器) 복수의 전기 필터 공통 단자간에 접속된 임피던스 보상기. 필터가 병렬 사용되고 있을 때 서로 상대방에 주는 영향을 보상하기 위해 사용한다.

fin 핀 구리 주물이나 알루미늄 압출 등으로 만든 히트 싱크로, 반도체 디바이스 등 발열하는 부품의 열을 전달 방산하기 위해 사용하는 것.

final control element 조작부(操作部) 자동 제어 장치에서 조절부로부터의 신호를 조작량으로 바꾸어 제어 대상을 조작하는 부분. 이 부분은 인체에 비유하면 수족에 대응하며, 출력의 에너지는 크다.

final discharge voltage 방전 종기 전압(放電終期電壓) 2차 전지는 방전을 계속하면 단자 전압이 점차 저하해 가서 어느 시점에 오면 급격히 저하하는 곳이 존재한다. 이 때의 전압을 방전 종기 전압이라 하며, 납축전지에서는 1.8V 정도이다. 방전 종기 전압에 이른 이후도 방전을 계속하면 충전해도 회복하지 않게 된다. 보통 축전지의 용량은 단자 전압이 이 전압으로 저하하기까지의 전 용량으로 나타낸다.

final route 기간 회선(基幹回線) ＝basic trunk

find right most one instruction FRM 명령(－命令) 전자 교환기에서 데이터의 비트열 우단의 1을 2진 표시하고, 다시 1을 0으로 변환하는 명령.

fine ceramics 파인 세라믹 일본제 영어. 종래의 자기와는 달리 인공적으로 정제 합성된 재료를 써서 만든 자기. 내열성, 내강성, 내식성이 뛰어나 유전 재료, 기구

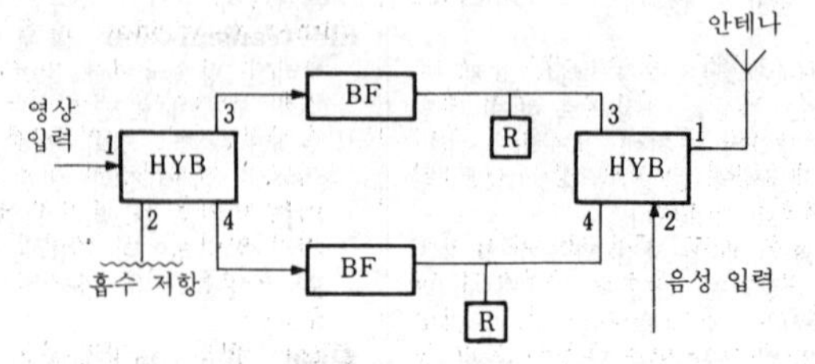

HYB : 하이브리드 결합기, BF : 잔류 측파대 필터, R : 반사기

filter-plexer

재료로서 매우 넓은 용도가 있다. 원료로서는 지르코니아(ZrO_2), 베릴리아(BeO_2), 붕소(B_2O_3) 등의 산화물을 비롯하여 각종 질화물이나 탄화물 등이 쓰인다.

fineness 정세도(精細度) →resolution

fineness of scanning 화상 밀도(畵像密度) =density of scanning

finesse 피네스 간섭계의 분해능이 얼마나 좋은가를 나타내는 척도.

finger print reader 지문 판독 장치(指紋判讀裝置) 인간의 지문을 판독하여 데이터 베이스에 기억되어 있는 지문 이미지와 비교하는 스캐너. 지문 판독 장치는 컴퓨터의 데이터 파일을 보호하는 데 사용된다.

finishing rate 마무리 전류(-電流) 납축전지를 충전할 때 충전 종기에 가까워지면 과대한 가스가 생긴다든지 온도가 상승한다든지 하므로 그것을 방지하기 위해 충전 전류를 감소하도록 하는데, 그 충전율을 암페이로 나타낸 것.

finite automaton 유한 오토머턴(有限-) 오토머턴 중 입출력 단자의 배치, 정보를 다룰 수 있는 값, 정보 처리의 시각 등이 유한이고, 또 연속이 아닌 조건의 것을 말한다. 예를 들면 컴퓨터나 자동 전화 교환기는 이의 일종이다.

finite memory sequential circuit 유한 기억형 순서 회로(有限記憶形順序回路) 유한 길이의 과거의 입력 계열과 출력 계열 및 현재의 입력에서 현재의 출력이 정해지는 순서 회로.

finite-state automaton 유한 상태 오토머턴(有限狀態-) 내부 상태와 입력 기호만으로 추이 관계가 규정되는 오토머턴.

fire alarm 화재 경보기(火災警報器) 화재 발생을 알리는 발신기와 이것을 수신하여 표시, 기록하는 수신기, 음향 경보기로 이루어지는 장치. 그림은 자동 화재 경보기의 구성 예이다.

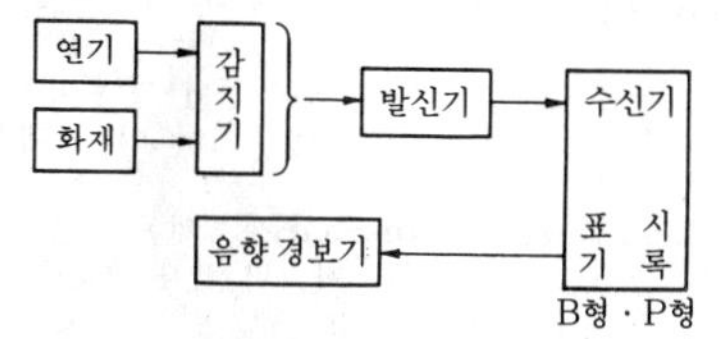

fire-control radar 사격 관제 레이더(射擊管制-) 대포나 기타 무기를 수동 제어 또는 자동 제어하기 위한 정보를 제공하는 것을 주목적으로 하는 레이더.

fired tube 동작관(動作管) 무선 주파 글로 방전이 공진 간격, 공진창(共振窓) 혹은 그 양쪽에서 생기는 마이크로파관의 상태.

fireproofing 내화 처리(耐火處理) 내화 커버의 적용.

fire rating 내화 정격(耐火定格) 케이블의 연소 방지에 대하여 시간적 내구성을 나타내는 용어.

fire-resistance rating 내화 정격(耐火定格) 규격을 인정하기 위해 실시하는 내화 시험에 의해 결정하는 재질이나 건조물이 화재를 당해도 고르게 견딜 수 있는 시산.

fire-resistant 내화성(耐火性) 불에 노출되어도 쉽게 손상되지 않도록 만들어지거나 혹은 처리된 것.

fire-resistive construction 내화 구조(耐火構造) 고열 가스나 불꽃의 확대를 방지 또는 지연시킬 수 있는 구조를 나타낸다. 내화 규격으로 정의되어 있다.

FIR filter 유한 임펄스 응답 필터(有限-應答-) finite impulse response filter 의 약어. 임펄스 응답의 계속 시간이 유한인 디지털 필터. 언제나 안정하며, 선형 위상 필터를 실현할 수 있다.

firing 점호(點弧) 가스 방전관에서 음극으로부터 양극을 향하여 큰 전자류가 흐르기 시작하는 것. 점호가 생기는 전압(다이오드에서의 양극 전압, 사이러트론 등의 그리드 전압)을 방전 개시 전압(firing voltage)이라 한다.

firing angle 점호각(點弧角) 격자(그리드) 제어에 의해서 점호하는 방식의 수은 정류기에서 양극(플레이트)이 +로 되었을 때를 0도로 하여 방전 개시까지의 전기적인 위상각.

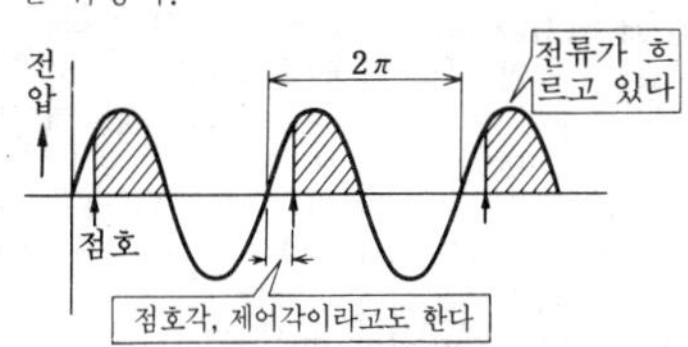

firmware 펌웨어 컴퓨터 시스템에서 하드웨어와 소프트웨어의 경계에 해당하는 기술의 영역. 그 대표적인 예로서는 하드웨어 기능의 일부를 마이크로프로그램화하여 고정 기억 장치에 수용함으로써 실행 속도를 희생하더라도 기능의 범용성을 늘리고, 가격의 저렴화를 도모하는 방법이 있다.

first angle projection 제 1 각법(第一角法) 투영법의 하나로, 물품을 제 1 각에 두고 투영면에 정투영하는 제도 방식. → third angle projection

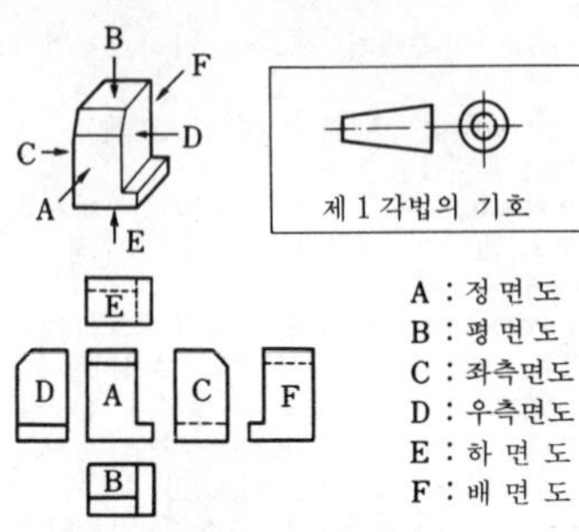

first detector 제 1 검파기(第一檢波器) 수퍼헤테로다인 수신기에서 수신 전파와 국부 발진기의 출력을 헤테로다인 검파하여 중간 주파수를 만들어내는 주파수 변환기.

first dial 제 1 다이얼(第一－) 현자형 계량 장치의 원형 혹은 고리 모양의 문자판 중에서 가장 빨리 변화를 나타내는 문자판을 말한다. 단, 시험 중의 문자판은 제외한다.

first Fresnel zone 제 1 프레넬층(第一－層) 광학이나 무선 통신에서 발생원과 그에 의한 방해가 관측되고 있는 그 점에서 떨어진 점과의 사이를 잇는 선에 수직 방향의 파면상의 원형 부분. 그 원의 중심은 파면과 그 직선과의 만난 점이며, 그 반경은 발진원으로부터 주변을 통하여 수신점에 이르는 최단 거리가 광선에 의해 2분의 1파장 길다. 제 2 층, 제 3 층 등은 그 최단 거리가 반파장씩 증가함으로써 정의된다.

first in first out system FIFO 방식(－方式), 선입 선출 방식(先入先出方式) 컴퓨터에서의 기억 장치와의 접근이나 데이터 처리, 정보 처리 등에 있어서 대기 시간이 있는 경우, 먼저 기억된 데이터나 먼저 온 명령을 먼저 꺼내거나 처리를 마치거나 하는 방식.

first order lag element 1차 지연 요소(一次遲延要素) 인디셜 응답이 그림 (a)와 같이 단일의 지수 함수상의 변화를 나타내는 요소를 말한다. 그 전달 함수 $G(s)$는 다음 식으로 나타낸다.

$$G(s)=\frac{K}{1+Ts}$$

여기서, K : 이득 상수, T : 시상수. 그림 (b)는 그 예를 나타낸 것으로, 유입량을 일정량 만큼 갑자기 증가하면 수위는 증가하기 시작하나 유출량도 증가하여 어느 일정한 수위에서 안정된다.

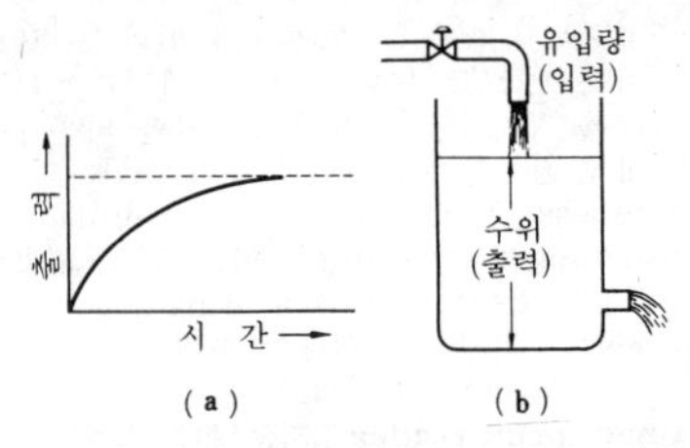

(a) (b)

first order lag transfer function 1차 지연 전달 함수(一次遲延傳達函數) 분자는 상수이고, 분모가 미분 연산자 s에 대한 1차식이 되는 전달 함수. 그림에서 스텝 입력을 가하면 출력은 K(이득 상수)의 값 이하의 응답이 생긴다. 또 T(시상수)를 작게 하면 할수록 빠르게 K의 값에 접근하는 계이다. 이 전달 함수를 갖는 계는 절점(折點) 주파수 이상의 주파수가 되면 위상이 주파수의 증대와 더불어 늦어지므로 위상을 늦출 필요가 있는 계에 쓰인다. →transfer function

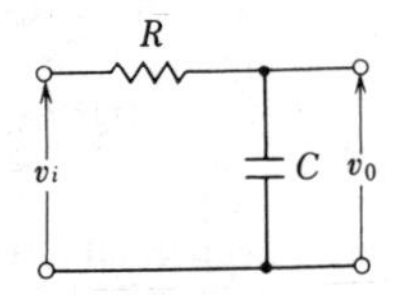

first order lead element 1차 진상 요소(一次進相要素) 전달 함수 $G(s)$가 다음 식으로 주어지는 요소를 말한다.

$G(s)=K(1+Ts)$

여기서, K : 이득 상수, T : 시상수. 이와 같은 요소는 물리적으로는 단독으로 존재하지 않지만 비례 요소와 미분 요소의 합으로서 실현할 수 있다.

first order proportional element 1차 비례 요소(一次比例要素) →first order lag element

first party clearing 전자 복구(前者復舊) 통화중인 어느 한쪽이 수화기를 최초로 놓음으로써 회선이 복구(절단)되는 방법. 후자 복구(last party release)와 대비된다.

first Townsend discharge 제 1 타운센드 방전(第一－放電) 가스의 전자 충돌에 의한 전리(電離)에서만 새로 이온이 발생하는 준 자속 방전. →discharge

first transition 제 1 천이(第一遷移) 펄스의 기저와 최정점간의, 펄스 파형의 주요한 천이 파형.

fish bone antenna 어골형 안테나(魚骨形－) 두 줄의 평행 도체 끝에 특성 임피던스와 같은 부하를 접속하고 컬렉터 안테나로서 병렬 도체를 다수 배열한 어류의 뼈와 같은 안테나이다. 각 컬렉터 안테나에 유기한 기전력을 수신기에 모아 공급한다. 단일 지향성이며, 단파대에서 비교적 넓은 주파수를 수신할 수 있다.

fish finder 어군 탐지기(魚群探知機) 적당한 지향을 갖게 하여 초음파(20～400 kHz)의 펄스(1～10ms폭)를 일정한 주기로 반복하여 해저를 향해서 발사하고 어군이나 해저 등에 닿아서 반사한 파를 수신, 증폭하여 기록지 또는 브라운관에 표시하여 어군을 탐지하는 장치. 잘 조정된 것에서는 플랑크톤과 같은 부유 생물까지도 쉽게 구별할 수 있다. 최근에는 소형 어선에도 탑재하고 있다.

fishing light 집어등(集魚燈) 물고기의 주행성을 이용하여 인공 조명으로 물고기를 모으는 램프. 물고기의 주행성을 나타내는 파장의 범위는 전갱이, 정어리, 고등어 등의 집어군이 460～620nm 로 추정된다. 전구 · 형광등은 녹백색, 청색 및 핑크색 수은 램프가 쓰인다.

FIT 고장 비트(故障－) failure bit 의 약어. 부품의 고장률을 나타내는 하나의 방법으로, 10^6개의 부품을 1,000 시간 사용하는 동안에 발생하는 고장의 개수로 나타낸다.

fixed bias 고정 바이어스(固定－) 증폭 회로에 신호 입력을 가하는 경우 미리 적당한 값의 직류분을 가해 둔다. 그 직류분이 언제나 일정 값인 것을 고정 바이어스라 하며, 바이어스용 직류 전원을 사용한다. 트랜지스터 회로에서는 보통 바이어스용 전원을 사용하지 않고 저항을 통해서 일정한 바이어스 전류가 흐르는 회로를 사용하고 있다.

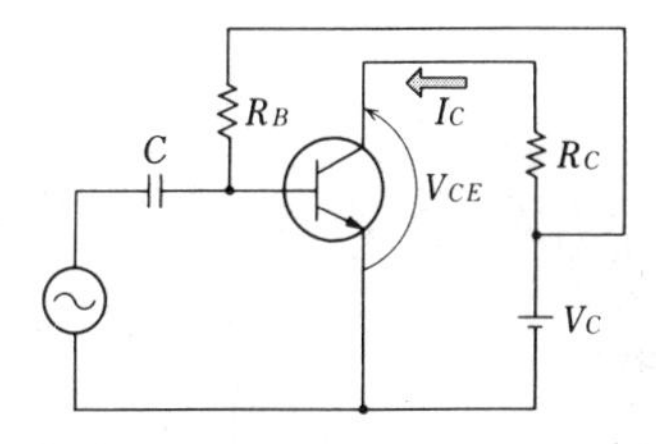

fixed command control 정치 제어(定値制御) 발전기의 출력 전압, 주파수 등은 부하 변동이 있어도 언제나 일정한 것이 바람직하다. 이와 같이 언제나 일정한 값을 유지하도록 제어하는 것을 목적으로 한 자동 제어를 말한다.

fixed condenser 고정 콘덴서(固定－) 콘덴서 중에서 정전 용량이 가변이 아닌 것. 종류는 많으나, 대표적인 것을 표에 나타낸다.

종 류	실 용 범 위
종 이 콘 덴 서	100 pF～10μF
M P 콘 덴 서*	0.01μF～100μF
플라스틱콘덴서*	1 pF～0.1μF
마 이 카 콘 덴 서*	10 pF～0.1μF
T C 계자기콘덴서*	10 pF～1 000 pF
H K 계자기콘덴서*	1 000 pF～0.1μF
전 해 콘 덴 서*	1μF～10 000μF

fixed-frequency transmitter 고정 주파 송신기(固定周波送信機) 단일 반송 주파수로 운용하도록 만들어진 송신기.

fixed-loop radio compass 고정 루프 라디오 컴퍼스(固定－) 고정한 루프 안테나를 가진 자동 방위 측정 장치. →ADF, automatic direction finder

fixed memory 고정 기억 장치(固定記憶裝置) ＝read only memory, ROM

fixed path protocol 고정 경로 프로토콜(固定經路－) 가상 회선이 고정되어 있고, 모든 패킷은 그 동일한 경로에 의해 운반되도록 되어 있는 것. 통신 중의 어느 한쪽이 절단되면(hang up) 그 경로는 해방된다. 각 정보 패킷이 각각 별개의 경로에 의해 운반되는 경로 자유 프로토콜(pate independent protocol, PIP)과 대비된다. ＝FPP, fixed routing

fixed-point arithmetic 고정 소수점 연산(固定小數點演算) 고정 소수점 표시된 데이터(고정 소수점수)에 대한 연산.

fixed point computer 고정 소수점 컴퓨터(固定小數點－) 고정 소수점 연산 명령만 가지고 있고, 부동 소수점 연산 명령은 가지고 있지 않은 컴퓨터. 부동 소수점 연산 명령을 가지고 있더라도 고정 소수점 연산 명령이 주인 것도 고정 소수점 컴퓨터라고 하는 경우가 있다.

fixed-point data 고정 소수점수(固定小數點數) 2 진법 표시의 데이터로, 가정 소수점의 위치를 고정하여 수치를 표시한 데이터. 보통은 최우단 자리 오른 쪽에 소수점이 있다고 가정하는데, 소수점은 어디까지나 가정한 것이다.

fixed point decimal 고정 소수점 10 진수(固定小數點十進數) 소수점이 붙은 10 진수. 소수점이 없을 때는 우단의 숫자 다음에 있는 것으로 간주된다. 부호(+ 또는 －)를 붙일 수도 있다.

fixed-point method 고정 소수점 방식(固定小數點方式) 컴퓨터 내부에서의 수치

데이터 표현 방식의 하나. 메모리 내의 데이터를 그대로 2진수로서 다루는 방식에서 일반적으로 소수점의 위치를 최하위에 두고 정수값으로 다룬다. →floating point representation

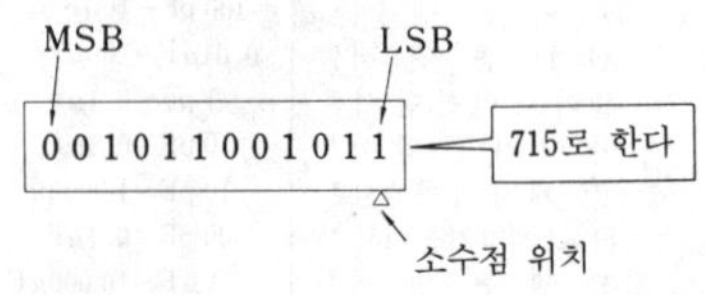

fixed radio service 고정 업무(固定業務) 일정한 고정 지점간에서 행하는 무선 통신의 업무를 말하며, 그것을 행하는 무선국을 고정국이라 한다. 국제 무선 전신 전화국, 국내 무선 전신 전화국, 항공 고정국 등이 이에 속하며, 이동국에 비하면 송신 전력도 크고 설비도 대규모의 것이 많다.

fixed resistor 고정 저항기(固定抵抗器) 저항기 중에서 저항값이 가변이 아닌 것을 말한다. 탄소 피막, 금속 피막, 고정체, 금속선 등이 있다. 금속선 저항기는 망간(Cu 86%, Mn 12%, Ni 2%의 합금)선 등을 감은 것으로, 온도에 대해 안정하고 높은 정확도를 갖는 것이 만들어진다.

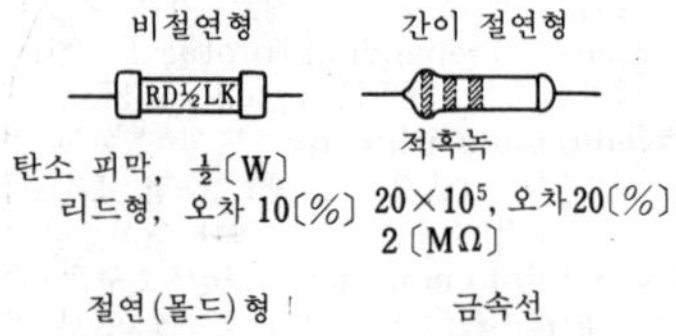

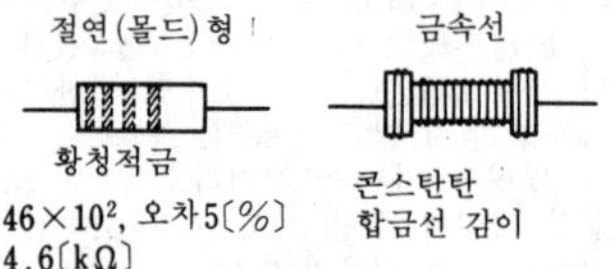

fixed routing 고정 루팅(固定－) ＝fixed path protocol

fixed station 고정국(固定局) 특정하게 정해진 지점간에서 무선 통신을 하는 무선국을 말한다.

fixed target cancellation ratio 고정 목표 제거비(固定目標除去比) 이동 목표 표시 장치(MTI)에서 고정 목표 신호의 제거를 한 다음의, 고정 목표로부터의 신호 전압과 제거를 하기 전의 같은 고정 목표로부터의 신호 전압의 비로, MTI 에서의 고정 목표 제거 효과를 정량적으로 주는 것. →MTI, moving-target indicator

fixed threshold transistor 고정 임계값 트랜지스터(固定臨界－) 가변 임계값 전압을 갖는 금속-질화물-산화물-반도체(MNOS) 트랜지스터에 대비해서 사용되는 금속-산화물-반도체(MOS) 트랜지스터의 별명.

fixed transmitter 고정 송신기(固定送信機) 고정된 또는 항구적인 장소에서 운용되고 있는 송신기.

fixed value control 정치 제어(定値制御) 목표값이 일정하고, 제어량을 그와 같게 유지하기 위한 제어. 예를 들면, 수차의 속도를 일정하게 하는 제어이다.

flag 플래그 컴퓨터의 중앙 처리 장치나 입출력 장치의 동작 상태, 또는 알람 등의 정보를 나타내는 비트를 말한다. 프로그램으로 참조하고 필요한 루틴으로 분기시킬 수 있다.

flameproof apparatus 내염 장치(耐炎裝置) 불꽃을 발생하지 않든가 또는 불꽃에 두어졌을 때 파손하지 않도록 조치된 장치를 말한다.

flameproof terminal box 내화성 단자함(耐火性端子函) 내화성 상자의 일부로 될 수 있도록 설계된 단자함.

flapper coil 플래퍼 코일 코일의 인덕턴스를 세밀 조정하기 위해 코일에 전자적으로 결합한 1회 감은 단락 코일.

flap-type attenuator 플랩 감쇠기(－減衰器) 도파관 내에 삽입하여 원하는 값의 파워를 흡수시키기 위한 적당한 모양의 판. 전파 흡수성이 좋은 재료로 만들어져 있다.

flap-type package 표면 실장형(表面實裝形－) IC(집적 회로)의 리드 핀을 패키지의 평면 방향으로 내서 배선 기판 표면에 그대로 납땜할 수 있게 한 것.

flap-type resistance attenuator 플랩형 저항 감쇠기(－形抵抗減衰器) 도파관을 전하는 마이크로파 전력을 감쇠시키기 위해 사용하는 부품. 그림과 같은 구조로 되어 있으며, 저항판(절연판에 카본 블랙 등을 칠한 것)을 넣고 뺌으로써 감쇠량을 가감할 수 있도록 되어 있다.

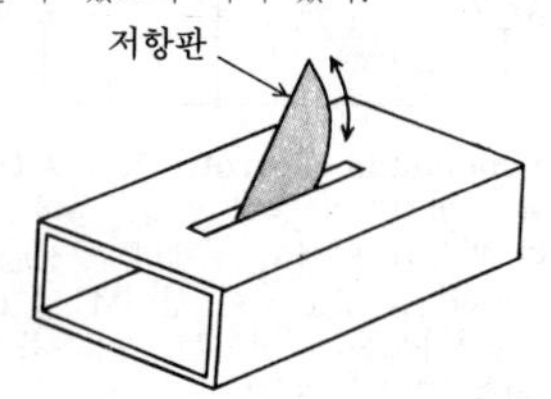

flap-type variable resistance attenuator

플랩형 가변 저항 감쇠기(−形可變抵抗減衰器) 입체 회로 소자의 일종으로, 그림과 같이 도파관 중앙부에 전계와 평행하게 자계와 직각으로 저항판을 두고, 이 저항판을 넣고 뺌으로써 감쇠량을 가감할 수 있도록 한 것을 말한다. 저항판은 베이클라이트 또는 유리판에 애쿼닥(aquadag)이나 카본 블랙을 칠한 것으로, 와전류에 의해 전송 전력에 감쇠가 일어나므로 저항판의 면적에 따라서 감쇠량이 변화한다.

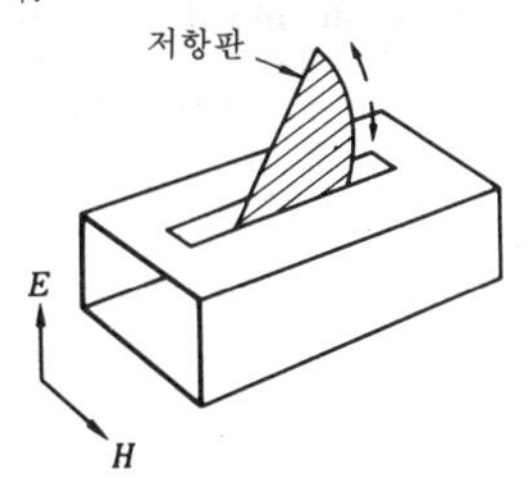

flare 플레어 현상(−現象) 플럼비콘(텔레비전용 촬상관의 일종)에서 관면의 반사광이 재입사하여 콘트라스트를 약하게 하는 현상.

flare cut-off 플레어 차단(−遮斷) 혼형 스피커의 플레어에 관계하여, 스피커가 재생 기능을 잃는 임계의 주파수이며, 스피커는 이 임계 주파수 f_c 이상에서 동작한다.

flash back 플래시 백 둘 또는 그 이상의 다른 장면을 단시간에 비쳐내어 과거로 되돌리는 것. 또는 그 장면을 말한다. 비교적 시간이 긴 경우는 컷백(cutback)이라 한다.

flashback voltage 플래시백 전압(−) 가스 방전관에 걸리는 역전압으로, 방전관이 이온화를 개시하는 값의 전압.

flash current 플래시 전류(−電流) 신속 지시형 전류계에 의해 지시되는 전지의 최대 전류. 계기와 함께 하여 그 저항이 0.01Ω이 되는 도선을 전지 단자간에 접속하여 측정한다. 전류는 거의 전지의 내부 저항만으로 정해진다.

flash evaporation 플래시 증착(−蒸着) 증착법의 일종으로, 고온의 증발원(蒸發源)에 시료를 낙하시켜서 급격히 증발시키는 방법.

flashing signal 플래시 신호(−信號) 온훅(on-hook) 또는 오프훅(off-hook)과 같은 감시의 목적으로 사용되는 상태 변화 또는 일련의 상태 변화를 표시하기 위한 신호.

flatband condition 플랫밴드 조건(−條件) MOS 디바이스의 절연 산화층 속에 존재하는 양전하의 영향을 제거하여 플랫밴드 조건을 실현하기 위한 조건.

flatband voltage 플랫밴드 전압(−電壓) 이상적인 MOS와 달라서 실제의 MOS구조에서는 게이트 전극에 인가하는 전압 V_G가 제로로 되었을 때 반도체의 대역 에너지 준위는 평탄하게는 되지 않는다. 이상(理想) 디바이스와의 차이, 즉 에너지 준위의 표면에서의 굴곡 원인으로는 다음과 같은 것이 생각된다. ① 금속과 반도체의 일 함수의 차. ② 산화 절연막 중에 잔존하는 이동성 이온(Na 이온 등)이나 트랩 등의 고정 전하. ③ 반도체 표면에 존재하는 전자나 정공의 트랩 등. 플랫밴드 조건을 실현하기 위해 게이트 전극에 가해야 할 미소한 전압이 플랫밴드 전압이다.

flat-base type 플랫베이스형(−形) 반도체 디바이스 외형의 일종으로, 방열체와의 부착이 하나의 평면 베이스로 행하여지도록 한 구조.

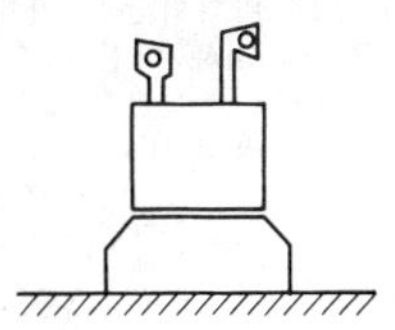

flatbed image scanner 평면 이미지 스캐너(平面−) 유리 평판의 원고대 위에 밑을 향하게 두어진 원고를 원고대 아래 쪽에서 광원을 포함하는 광학계를 이동시켜서 주사하는 방식의 이미지 스캐너.

flatbed plotter 평면 플로터(平面−), 평면 작도 장치(平面作圖裝置) 평면으로 설치된 표시면상에 표시 화상을 그리는 작도 장치.

flatbed scanning 평면 주사(平面走査) 주사의 한 형식으로, 원화 또는 기록지를 평면상平面狀) 그대로 부 주사 방향으로 이동시켜서 전 화면을 주사하는 것. 주 주사 기구는 원통 주사의 경우보다 복잡하다.

flat cable 플랫 케이블 컴퓨터의 장치나 디지털 기기 간의 접속 등에 사용되는 평형 다심(多心) 케이블.

flat cone speaker 평면 스피커(平面−) 콘 스피커의 일종으로, 종래의 원뿔형 콘에 대하여 평면으로 된 콘(진동판)을 사용한 스피커. 이와 같이 진동판이 평면으로 되면 진동판 진동 모드의 해석이 용이해지고, 주파수 특성은 평탄해지며, 일그러짐도 적다. 이 스피커의 구조에는 두 종류가 있으며, 평면 진동판에 직접 보이스 코일이 붙은 것과 평면 진동판 뒤쪽에 또 하나의 원뿔형 콘이 있고 그 속에 발포제 등이 충전된 것이 있다. 후자는 보이스 코일의 진동이 정확하게 진동판에 전해지므로 좋은 주파수 특성이 얻어진다. 진동판의 소재로서는 알루미늄 허니컴 코어를 강화 플라스틱으로 샌드위치 구조로 한 허니컴 콘이 쓰이고 있다.

flat display 평판 표시 장치(平板表示裝置) 평판형의 화상 표시 장치를 말하며, 음극선관(CRT)을 사용하는 것에 대하여 말한다. 액정, 플라스마 표시 장치, 전계 발광 등을 사용한 각종의 것이 있다. 포켓 사이즈의 소형 텔레비전부터 하이비전용의 대형 화면까지 다방면에 이용된다.

flat gain control 평탄 이득 제어(平坦利得制御) 주파수 특성을 갖지 않는 이득 제어를 말한다.

flat pack 플랫 팩 반도체 디바이스 패키지 본체에서 측면으로 곧바로 리드를 낸 구조로, 프린트 기판의 도체층에 평면적으로 부착된다. 박형의 패키지로서 적당하나 DIP구조에 비해 약간 특수 용도에 적합하다. 프린트 배선판으로의 부착은 포스트나 패드에 용접 또는 납땜한다.

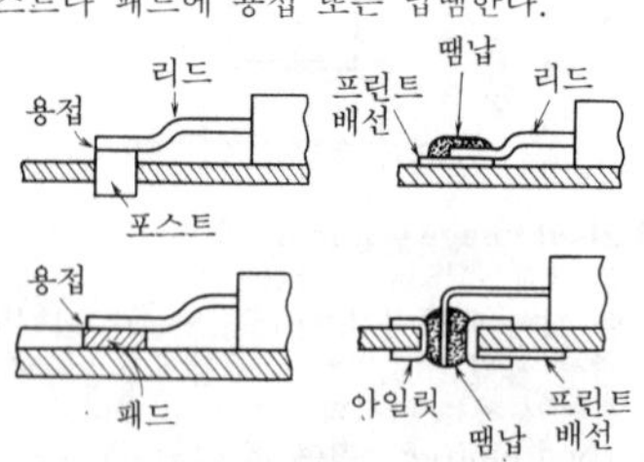

flatter 플래터 텔레비전의 수상 화면이 5~10Hz 정도의 주파수로 불규칙하게 상하로 진동하는 현상. 비행기가 상공을 이동하면 장애물로 되어서 감도를 변화시키는 등으로 일어난다.

flat-top antenna 평정 안테나(平頂-) 서로 평행하게, 그리고 지면에 평행한 평면 내에 있는 복수 개의 도선을 가진 안테나. 각 도체는 그 중앙 또는 그 근처에서 궤전(급전)된다.

flat type package 평탄형 패키지(平坦形-), 표면 실장형 패키지(表面實裝形-) IC의 리드 핀을 IC와 수평으로 내어 인쇄 배선 기판 표면에서 그대로 납땜할 수 있도록 한 것. 기판에 구멍을 뚫지 않고 기판 전체가 얇아지는 이점이 있다.

flat type relay 평형 계전기(平形繼電器) 철심의 단면이 편평한 계전기. 현재는 거의 사용되지 않는다.

F-layer F층(-層) 지상 200~400km의 높이에 있는 전리층으로, 겨울철 이외의 주간은 F_1, F_2의 두 층으로 나뉘나, 야간은 하나의 층이 된다. F층은 정상적으로 관측되는 전리층 중에서 최고의 고도와 최대의 전자 밀도를 갖는다. 단파 통신의 최고 사용 주파수는 이 F층에서 반사하는 최고 주파수, 즉 F층의 최대 전자 밀도에 의해서 결정된다.

Fleming' s left-hand rule 플레밍의 왼손 법칙(-法則) 전자력의 방향을 알기 위한 법칙. 왼손의 엄지손가락, 둘째 손가락, 가운데 손가락을 모두 직각으로 벌려서 둘째 손가락을 자계의 방향, 가운데 손가락을 전류의 방향에 맞추면 엄지손가락의 방향이 전자력의 방향을 가리키게 된다.

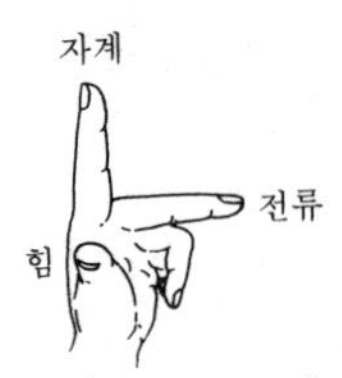

Fleming' s right-hand rule 플레밍의 오른손 법칙(-法則) 도체의 운동에 의한 전자 유도로 생기는 기전력의 방향을 알기 위한 법칙. 오른손의 엄지손가락, 둘째 손가락, 가운데 손가락을 서로 직각이 되도록 벌려서 둘째 손가락을 자계의 방향, 엄지 손가락을 운동의 방향에 맞추면 가운데 손가락의 방향이 기전력의 방향을 가리키게 된다.

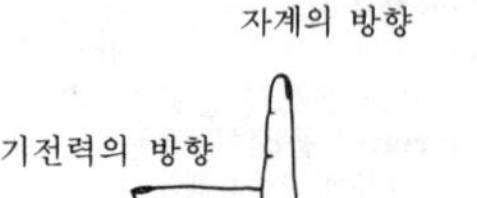

Fletcher-Munson curve 플레처 · 먼슨 곡선(-曲線) 가청 주파수에 대한 음의 세기와 크기의 관계를 나타낸 등감도 곡선. 즉, 인간의 귀에 같은 크기로 들리는 각 주파수의 순음의 세기를 dB로 나타내고, 이것을 이은 곡선군으로 이루어져 있다. 곡선 중앙에 기입된 숫자는 각 곡선의 음의 크기를 폰으로 나타낸 것이다. 이 곡선에서 음이 약할 때는 주파수가 낮은 음의 크기가 작게 느껴지는 것을 알 수 있다.

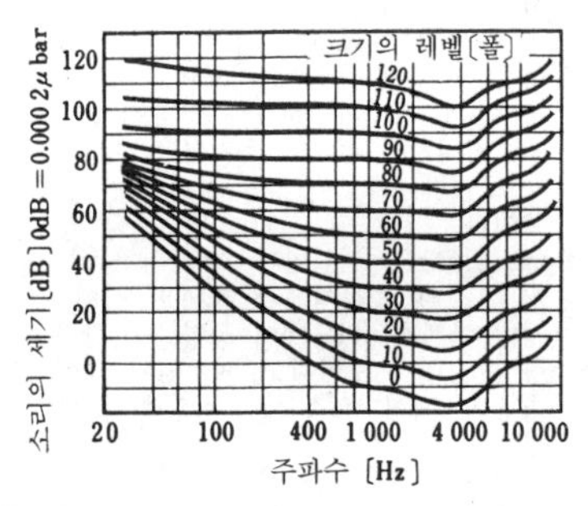

flexible automation 플렉시블 오토메이션 기계 공장에서 비교적 다품종 소량 생산의 기계 부품이나 기자재 조립 등의 제조·가공을 하는 라인에 품종별로 전용의 제조 장치나 기계를 다수 배치하는 대신 소수의 NC 공작 기계(NC 선반, 자동 조립기 등), 산업용 로봇, 무인 반송 시스템, 자동 창고 등을 공용 라인상에 기능적으로 배치하고, 프로세스 컴퓨터로 전체의 설비 효율을 높게 유지하는 제어와 관리를 하는 자동화 시스템을 말한다.

flexible-lead terminal 가요 접속 단자(可撓接續端子) 가는 소선(素線)을 꼬아서 만든 리드선이 부착된 단자. 대전력용 다이오드나 사이리스터의 스터드(stud)형 단자로서 널리 쓰인다.

flexible manufacturing cell 다품종 소량 생산 셀(多品種少量生產－) ＝FMC

flexible manufacturing system 다품종 소량 생산 시스템(多品種少量生產－) ＝FMS

flexible printed wiring board 플렉시블 프린트 기판(－基板) 프린트 기판의 일종. 가요성이 있는 배선판을 말한다. 기재(基材)로는 폴리이미드 필름 등 내열성 필름을 사용한다.

flexible system link 플렉시블 시스템 링크 빌딩이나 공장의 구내용 고속 데이터 통신 네트워크 시스템을 구축하는 전송로. 특징은 신뢰성이 높고, 광섬유 통신에 의해 노이즈의 영향을 받지 않으며, 고속 광통신에 의한 데이터 전송이 가능하다는 것이다.

flexible waveguide 가요 도파관(可撓導波管) 자유롭게 굽힐 수 있는 도파관을 말한다. 도파관의 온도에 의한 신축을 피하고, 접속을 용이하게 하는 데 사용된다. 벨로형이나 인터로크형 등 각종의 것이 있다.

flexible wiring board 가요 배선판(可撓配線板) 인쇄 배선용 배선판을 만들 때 플라스틱 필름을 기판으로 사용하여 가요성을 갖게 한 것.

flicker 플리커 텔레비전의 수상 화면이나 형광등의 어른거림과 같은 광도의 주기적 변화가 시각으로 느껴지는 것을 말한다. 텔레비전에서는 이 플리커를 적게 하기 위해 비월 주사를 하여 한 장의 화면을 2회로 나누어서 송상하고 있고, 형광등에서도 2개 이상인 경우는 점등의 위상을 벗어나게 하여 플리커를 적게 하는 등의 방법이 쓰이고 있다.

flicker fusion frequency 플리커 융합 주파수(－融合周波數) 눈에 대한 단속적인 자극의 주파수로, 그 주파수에서 어른거림이 없어지고 연속 자극이 되는 임계에서의 주파수값. 임계 플리커 주파수라고도 한다.

flicker noise 플리커 잡음(－雜音) 음극 표면의 상태가 시간적으로 변화함으로써 양극 전류가 진동하여 일어나는 잡음을 말한다. 수 kHz 이하에서는 거의 주파수에 반비례하여 커진다. 산화물 음극은 특히 크며, 제작 공정이나 잔류 가스에 현저하게 영향된다.

flight-path computer 비행 경로 컴퓨터(飛行經路－) 어떤 비행 경로에 따라서 이동체의 운동 제어를 하기 위한 출력을 공급하는 장치.

flight-path-deviation indicator 비행 경로 편이 지시기(飛行經路偏移指示器) 비행 경로 편차를 시각적으로 표시하는 장치를 말한다.

flight simulator 플라이트 시뮬레이터 → simulator

flip chip 플립 칩 소자 실장 기술의 하나인 와이어리스 본딩의 한 방식. 반도체 칩의 표면에 전극이 되는 납 범프(bump)를 형성하고, 리드선을 쓰지 않고 범프를 거쳐서 칩과 기판상의 도체 단자를 접속하는 기술.

flip chip assembly technique 플립 칩 기술(－技術) 절연체의 기판에 박막 또는 후막 등에 의해 상호 배선을 하고 이 상호 배선에 집적 회로 또는 트랜지스터, 다이오드를 직접 접속하는 기술.

flip chip bonding 플립 칩 본딩 페이스 다운 본딩 중 반도체 칩 상의 표면 전극을 절연 기판 또는 패키지의 배선용 전극에 적접 접속하는 것.

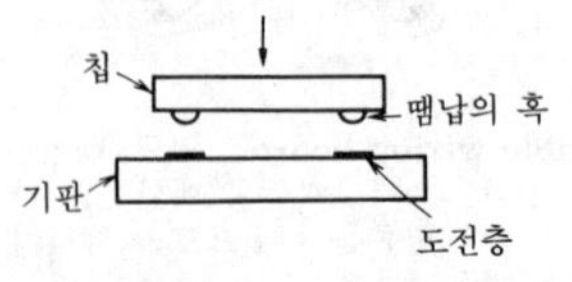

flip coil 플립 코일 →search coil

flip-flop 플립플롭 →flip-flop circuit

flip-flop circuit 플립플롭 회로(－回路) 멀티바이브레이터의 일종으로, 동작상 2개의 안정 상태를 갖는 것을 말하며, 2 안정 멀티바이브레이터 또는 쌍안정 멀티바이브레이터라고도 한다. 하나의 트리거 펄스가 입력 회로에서 들어오면 회로의 상태가 반전하고, 다음에 또 하나의 트리거 펄스가 가해지지 않는 한 처음의 안정 상태로 되돌아가지 않으므로 두 입력 펄스에 의해서 하나의 출력 펄스가 얻어진다. 따라서 2진 계수 회로나 컴퓨터에서의 레지스터에 사용된다. 그림은 트랜지스터를 사용한 2안정 멀티바이브레이터이다. 또한, 논리 회로용 IC 에서는 플립플롭 회로와 게이트 회로를 조합시켜 RS, JK, T, D 플립플롭 등 여러 가지의 것이 실용되고 있다.

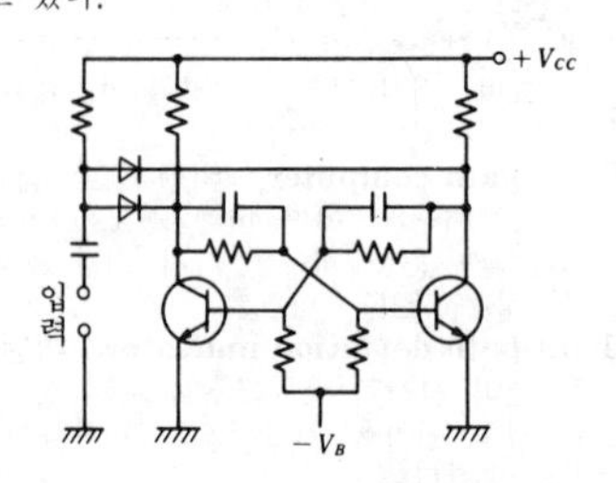

FL meter FL 미터 형광 표시관을 사용한 바 그래프 표시 미터를 말한다. 이러한 전자식 미터는 종래의 지침식 미터에 비해서 고장이 적고, 표시 패턴도 자유롭게 만들 수 있다. 표시는 입력 전압의 크기에 따른 바의 길이로 표시되며, 감각적으로도 음의 크기와 일치하는 표시가 된다. 또, 지시값의 피크가 유지될 수 있도록 할 수도 있다. 그림은 형광 표시관의 기본 회로이다.

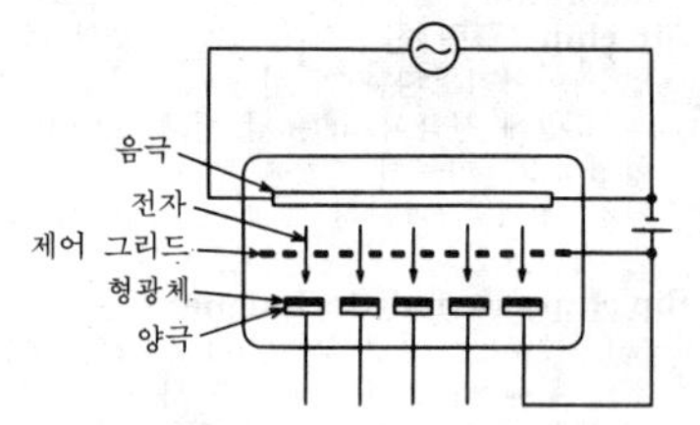

float 플로트 ① 원인과 그에 의한 최종 제어 요소의 움직이는 속도와의 사이에 일정한 관계가 있는 제어 동작을 말한다. 보통 중성대가 두어지고, 이 범위 내에서는 최종의 제어 요소는 움직임을 나타내지 않는다. ② 회로 상태가 변화했을 때 회로 전체의 전위가 대지에 대하여 변동하도록 되어 있는 것. 논리 회로에서 0, 1 어느 레벨에도 접속되어 있지 않는 상태. 3 스테이트 로직 게이트의 고 임피던스 출력 상태를 의미한다. ③ 계전기의 가동부가 동작 혹은 복귀 도중에 정체하여 계전기의 기능이 불안정하게 되는 것. ④ 축전지 단자간에 병렬로 접속한 부동 장치(직류 발전기, 정류 전원 장치 등)에 일정한 전압을 주어 거의 일정한 가벼운 충전 상태를 유지하면서 축전지를 사용하는 것.

floating amplifier 부동 증폭기(浮動增幅器) CCD 에서 출력단에 전송(轉送)되어 온 전하 패킷은 출력 증폭기에 의해 전압 또는 전류의 모양으로 판독된다. 전압 판독의 경우는 부동 확산 증폭기나 부동 게이트 증폭기를 써서 수행된다. 전자의 경우, 출력단의 부동 확산부가 최종의 출력 게이트 전극에 이른 전하에 의해 정해지는 전위를 취하여(기준 확산부의 기준 전위에 대하여) 부동하고 있다. 이 부동 확산부는 출력 MOST(MOS 트랜지스터)의 게이트 전극과 접속되어 있으며, MOST는 그 게이트 전위의 변화에 의해 도달 신호 변화에 따른 출력 전압 변화를 일으킨다. 그리고 각 출력 펄스의 중간점에서 리셋 게이트에 의해 기준 전위 레벨로 리셋된다. 부동 게이트 증폭기의 경우는 비파괴 판독형으로, CCD 의 게이트 전극이 부동하고 있으며, 전송되어 온 전하에 의해 이 부동 게이트에 영상(影像) 전하가 유기하도록 되어 있다. 부동 게이트는 출력 MOST 의 게이트 전극에 접속되어 있어 그에 의해 MOS 트랜지스터의 출력 전압이 제어된다. 전하 전송 어레이를 따라서 복수 개의 부동 게이트 증폭기를 배치하고, 그 출력을 동위상이 되도록 접속함으로써 *SN* 비의 개선을 도모한 것이 분포 부동 게이트 증록기이다.

floating-carrier modulation 부동 반송파

변조(浮動搬送波變調) 반송파의 진폭이 신호에 의해 제어되고, 변조 심도가 신호의 크기에 거의 관계없는 변조법. 가변 반송파 변조라고도 한다.

floating charge 부동 충전(浮動充電) 통신용 전원으로서 직류를 공급하는 경우에 널리 사용되는 방식으로, 그림과 같이 축전지에 병렬로 부동기를 접속하여 부하에 직류 전력을 공급하는 방법이다. 부동기로서는 일반적으로 상용 전원에 의한 정류기가 사용되고, 부하에는 주로 부동기에서 전력이 공급된다. 부동의 방법에는 단순 부동과 정밀 부동이 있으며, 전자는 부동기의 전압을 어느 값에 설정해 두고 부하 전류가 증가하면 축전지에 충전 전류가 흘러서 방전을 보상하는 것이다. 후자는 축전지에는 언제나 약간의 충전 전류(10 시간율 충전 전류의 0.3~1% 정도)가 흐르고 있는 상태로 해 두고 부하에는 부동기에서 전력이 공급되도록 되어 있다. 이러한 방식에서는 축전지의 수명은 길어지나 수개월에 1회는 균등 충전을 할 필요가 있다.

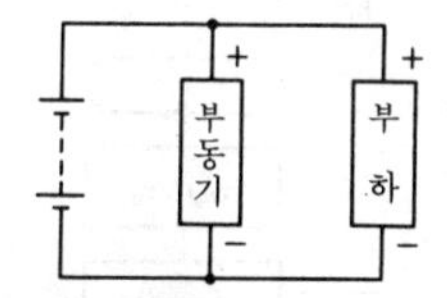

floating diffusion amplifier 부동 확산 증폭기(浮動擴散增幅器) →floating amplifier

floating-gate amplifier 부동 게이트 증폭기(浮動－增幅器) =FGA

floating-gate avalanche MOS 패모스 =FAMOS

floating-gate PROM 부동 게이트 PROM(浮動－) 그 셀이 2개의 게이트를 가진 MOS 트랜지스터로 만들어지는 프로그램 가능한 ROM. 제어 게이트 바로 밑에 SiO_2 절연층 속에 완전히 띄운 플로트 전극이 있고, 정보가 이 전극상의 전하 패턴으로서 충전되어 장기에 걸쳐 축적된다. 기록 변경을 자주 하지 않는 RMM(read-mostly memory)으로서 적당하다. 전하의 소거는 광[illegible]으로 한다.

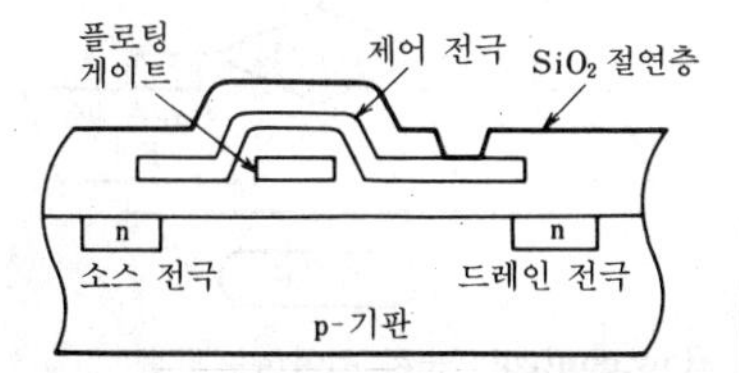

floating grid 그리드(浮動－) 전자관에 있어서, 절연되어 있는 그리드로, 그 전위는 고정되어 있지 않은 것.

floating ground 부동 접지(浮動接地) 트랜스듀서 또는 측정 장치에서 신호 회로 및 전원의 접지를 모두 장치의 섀시(프레임)에서 절연하는 것. 전원의 접지와 신호 회로의 접지도 보통은 절연한다. 이들 접지점이 동일 전위가 아닐 때에는 접지점을 통해서 잡음 전류에 대한 루프 회로가 이루어지지 않도록 할 필요가 있다.

floating head 부동 헤드(浮動－) 자기 디스크나 자기 드럼에서 디스크나 드럼의 회전에 의해 생기는 기류 또는 외부에서 주어지는 가압 기체에 의해 회전면상에 부동하여 사용하는 자기 헤드.

floating junction 부동 접합(浮動接合) 접합부를 통하는 평균 전류가 제로인 트랜지스터 접합.

floating-point computer 부동 소수점 컴퓨터(浮動小數點－) 부동 소수점 연산에 주력을 두고 있는 컴퓨터이다. 부동 소수점 컴퓨터라고 하더라도 통상적으로 고정 소수점 연산을 가지고 있다. 그러나 반대로 고정 소수점 컴퓨터에는 부동 소수점 연산을 가지고 있지 않은 것이 많다.

floating-point data 부동 소수점 데이터(浮動小數点－) 부동 소수점수를 이용해서 나타낸 데이터.

floating-point number 부동 소수점수(浮動小數點數) 과학 기술 계산에서 널리 사용되는 실수를 컴퓨터 상에서 실현한 것이다. 복소수도 실수부와 허수부로 나눔으로써 같은 형식으로 표현할 수 있다. 수치 X는

$$X=C\times R^{e}$$

로 나타내어지며, C를 가수, e를 지수, R을 기수(基數)라 한다. 부동 소수점수는 기수 R에 2, 4, 8, 16 등이 쓰이고, C나 e를 유니크한 모양으로 표현한 것이지만, 하드웨어 상의 표현은 기종마다 다르다. 데이터의 길이는 표준 1어(4바이트)이나, 정도(精度)를 더욱 높이기 위해 2배, 4배로 데이터의 길이를 길게 한 장정도, 확장 정도가 있다. 과학 기술 계산용 언어 FORTRAN에서는 4바이트 부동 소수점수를 단정도(單精度) 실수형, 8바이트를 배정도 실수형, 16바이트를 4배 정도 실수형이라 한다. 처리 결과의 출력은 10진수로 고쳐서 부동 소수점 표시된다.

floating-point representation 부동 소수

점 표시(浮動小數點表示) 수를 표시할 때 소수점을 붙이지 않고 소수점의 위치를 지시하는 수를 따로 병기하는 방법을 말한다. 예를 들면 238,000 은 0.238×10^6 이므로 0.238E6 이라는 식으로 나타낸다.

floating zero 가동 원점(可動原點) 좌표 원점을 행정(行程)의 임의 점에 용이하게 설정하는 것을 허용하는 수치 기계 제어의 특성. 이 제어에서는 전에 설정된 원점의 위치 정보를 유지하지 않는다.

floating zone melting method 플로팅 존 용융법(−熔融法) 물질, 특히 실리콘 등 반도체 물질의 순도를 높이기 위해 쓰이는 정제법의 일종. 순도를 높히려는 물질의 잉곳을 여러 고온 영역을 순차 통과시킨다. 유도 가열 장치의 구조에 의해 잉곳에는 좁은 용융 부분과 고체 부분이 교대로 만들어지는데, 각 존의 끝에서 녹은 저순도 금속 중의 불순물은 잉곳의 이동과 함께 후단에 모아지고, 잉곳은 순도가 높여져서 굳어진다.

floating zone refining 플로팅 존 정제법(−精製法) 존 정제법의 특별한 경우로, 수직형의 장치에 의해 용기를 쓰지 않고 하는 방법이다. 규소와 같이 다른 물질과 화합하기 쉬운 재료의 정제에 사용한다.

float switch 플로트 스위치 미리 설정한 액면(液面) 레벨에서 접점이 동작하는 제어용 개폐기.

flood gun 플루드 건 CRT(음극선관)에서 관내벽을 향하는 비변조 전자 빔을 발사하는, 직경이 큰 전자총. 관벽에 칠한 도전막이 양극으로 되어서, 스프레이 모양의 전자류는 콜리미터에 의해 평행 빔으로 변화하여 스크린에 조사(照射)된다. 기록총에 의해 스크린에 그려진 패턴의 휘도가 강해진다.

flop-over circuit 플롭오버 회로(−回路) →Schmidt trigger circuit

floppy 플로피 플렉시블하고 유연한 구조를 갖는 것. 플렉시블 디스크의 약칭으로도 쓰인다.

floppy disk 플로피 디스크 플라스틱의 원판상에 자성체를 칠한 자기 디스크 기억장치. 플렉시블 디스크라고도 한다. 마이크로컴퓨터나 미니컴퓨터의 기억 장치로서 쓰인다.

floppy disk drive 플로피 디스크 드라이브 =FDD

floppy mini 플로피 미니 미니플로피 디스크. 표준형 플로피 디스크에 비해 대체로 데이터 전송 속도, 트랙수, 접근 시간은 1/2, 기억 용량은 1/4 정도이지만 작고 값이 싸므로 널리 이용되고 있다.

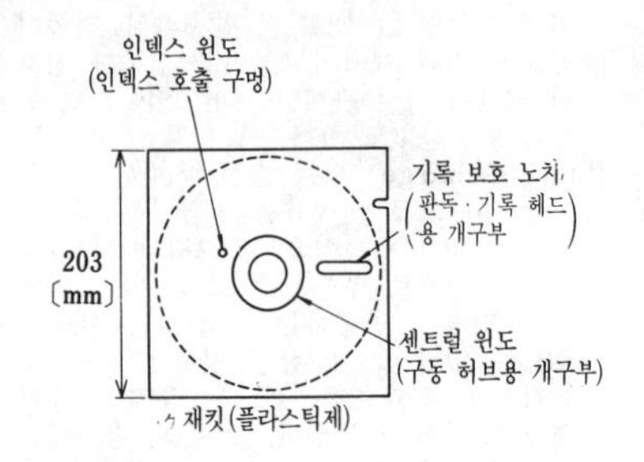

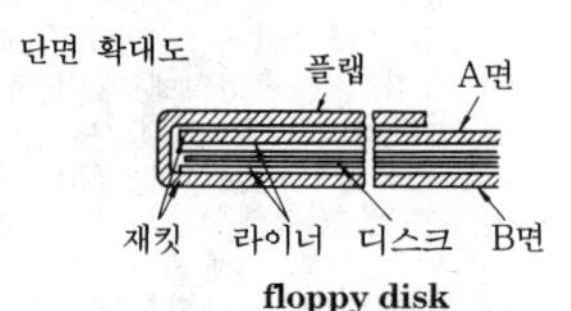

floppy disk

flow chart 흐름도(−圖) 컴퓨터를 사용함에 있어서 코딩에 앞서 원하는 작업을 지령하기 위한 절차를 도식화한 것으로, 그림은 그 일례이다

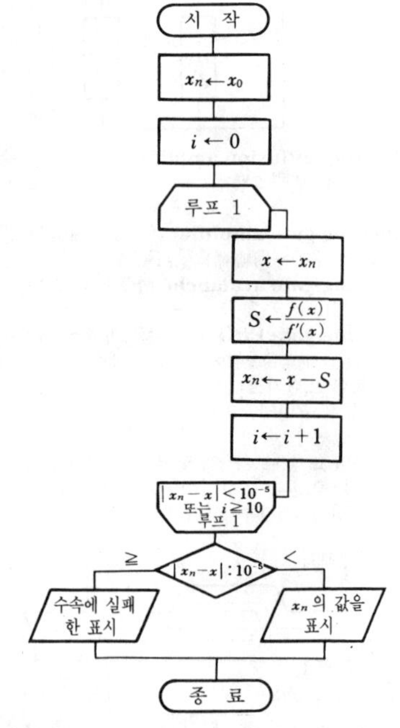

flow control 순서 제어(順序制御) ① 패

킷 교환 방식의 네트워크에서 각 노드 간을 통과하는 패킷의 수가 가장 적합하게 하는 제어. ② 일반적으로 컴퓨터나 데이터 통신에서 작업이나 데이터의 흐름을 제어하는 것. 특히, CPU 나 주변 장치의 효율적인 이용을 목적으로, 처리하는 작업의 순서를 제어하는 것을 작업 순서 제어라 한다.

flowmeter 유량계(流量計) 유체의 유량을 측정하는 장치로, 차압식 유량계, 면적 유량계, 전자(電磁) 유량계, 초음파 유량계 등 각종 원리에 의한 것이 있다.

flow soldering 흐름 납땜 작업(－作業) 땜납조의 녹은 땜납이 노즐에 의해 분류(噴流)를 형성하고, 그 파(波) 위에 인쇄 회로판을 통과시키면서 필요한 곳을 한 번에 납땜하는 방법. 인쇄 회로에 과대한 열을 가하는 일이 없고, 양산에 적합한 방법이다.

flow table 플로 테이블 비동기 시퀀스 회로에서 현재 상태 및 입력 조건을 주고, 이에 의해 생기는 다음 상태 및 출력을 주는 표.

fluctuating target 변동 목표물(變動目標物) 에코의 진폭이 시간 함수로서 변화하는 레이더 목표물.

fluctuation 요동(搖動) 지시값, 공급값 등이 그 평균값 근처에서 랜덤하게 변동함으로써 비교적 완만한 비주기성의 바람직하지 않는 변화.

fluctuation noise 요동 잡음(搖動雜音) 열잡음이나 산탄 잡음과 같이 임의로 생기는 잡음.

fluorescence 형광(螢光) 다른 방사원의 방사, 혹은 입자의 빔에 의해 여기(勵起)되고, 어떤 종류의 물질이 빛, 기타의 전자 방사를 일으키는 것으로, 조사(照射)를 정지하면 10^{-8}s 정도의 단시간에 빛이 감쇠한다(인광과 같이 잔광이 지속되지 않는다). CRT 에서 전자 빔에 의해 발광하고, 형광등의 경우는 자외선의 방사에 의해 가시광이 생긴다. CRT 의 경우, 형광 물질에 따라서 약간의 잔광성을 나타내는 것도 있다.

fluorescent lamp 형광등(螢光燈) 관 내에 소량의 수은과 5~6mmHg 정도의 아르곤 또는 크립톤 가스를 봉입한 열음극 저압 수은 아크 방전등을 말한다. 관의 내벽에 칠한 형광체에 수은 증기의 방전에 의해서 발생한 자외선을 대고, 이것을 가시 광선으로 바꾸어 조명에 이용하는 것으로, 형광체의 종류에 따라서 자유롭게 색을 선택할 수 있다. 보통 가늘고 긴 관 모양을 하고 있으며 텅스텐에 전자 방사 물질을 칠한 한 쌍의 전극이 양단에 봉입되어 있다. 백열 전구에 비해서 효율이 높고 수명도 긴데다 눈부심이 적고 그늘이 확실하에 나타나지 않는 것이 특색이다.

fluorescent material 형광 재료(螢光材料) 전자선의 여기(勵起)나 전장(電場)의 인가로 형광을 발생하는 재료. 전자관용의 재료는 그 종류가 매우 많으며, 목적에 따라서 구분해서 사용되고 있다. 전장 발광용의 것은 드물다. 레이더 브라운관, 텔레비전 브라운관, 형광등, 매직 아이 등에 사용된다.

fluorescent screen 형광면(螢光面) 매끄러운 면을 가진 시트에 X 선 형광 물질을 칠한 것으로, X 선을 대면 형광을 발한다. 투시용과 간접 촬영용이 있다. 형광판이라고도 한다.

fluorescent X-rays 형광 X 선(螢光－線) 원자가 방사선을 받아서 여기(勵起)되어 만일 K 각(맨 안쪽의 궤도)에 전자가 비어 있다고 하면 L, M 각(K 각의 바깥쪽 궤도) 등에서 그 빈 자리를 메우기 위해 전자가 들어와서 X 선이 방사된다. 이것을 형광 X 선 또는 경(硬) X 선이라 하며, 가장 파장이 짧아서 투과력이 강하다.

fluorescent X-ray spectrographic analysis 형광 X 선 분석(螢光－線分析) 물질에 에너지가 큰 X 선을 조사(照射)했을 때 생기는 고유 X 선(형광 X 선)의 파장이나 세기가 물질의 종류에 따라서 정해지는 것을 이용하여, 형광 X 선을 분광기에 걸어서 화학 분석을 하는 방법.

fluoride optical fiber 불화 광섬유(弗化光纖維) 불화물 유리를 소재로 하는 광섬유로, 손실은 석영 유리를 사용한 광섬유의 100 분의 1 정도이며, 개발이 진행되고 있다.

fluorine resin 불소 수지(弗素樹脂) 폴리에틸렌의 분자 구조에서의 단량체인 에틸렌의 4 개 수소가 전부 또는 셋만 불소(F)로 된 것을 일반적으로 불소 수지라 한다. 테플론은 전자의 일종이다. 이 수지는 내열성, 내약품성을 비롯하여 많은 뛰어난 성질을 갖는 절연 재료이나 고가인 것이 단점이다.

fluorophotometer 형광 광도계(螢光光度計) 물질의 농도를 측정하는 장치. 파장이 짧은 빛을 물질에 대면 긴 파장의 빛(형광)을 2 차적으로 발생한다. 그 세기를 측정함으로써 그것과 비례 관계에 있는 농도를 알 수 있다.

fluororesin 불소 수지(弗素樹脂) ＝fluorine resin

fluoroscopic apparatus X 선 투시 장치

(－線透視裝置) X 선에 의한 형광상을 직접 또는 증강하여 관찰하는 장치.

fluoroscopy 투시법(透視法) X 선관과 형광판 사이에 피검사물을 두고, X 선을 방사하여 형광판상에 나타나는 영상을 보고, 그 내부를 검사하는 방법. 피검사물이 운동할 때 그 상태를 검사할 수 있는 이점이 있다. 의료상으로는 흉부 및 소화기 질환을 진단할 때 등에 널리 이용한다.

flush antenna 플러시 안테나 항공기의 유선형 표면에 돌출부를 갖지 않는 안테나. 일반적으로는 플러시 안테나로서 슬롯 안테나가 생각된다.

flush-mounted antenna 플러시마운트 안테나 기계 장치 또는 이동체 표면의 형상에 영향을 주지 않도록 내장된 안테나.

flutter 플러터 자기 테이프의 속도 불균일 중 비교적 주파수가 높은 성분인 것. 주파수가 낮은 것은 와우(wow)라 한다. →wow

flutter echo 플러터 에코, 다중 반향(多重反響) 두 평행한 면 사이에서 음이 왕복 반사함으로써 발생하는 것으로, 음향 효과상 바람직하지 못하다. 따라서, 음악적인 건물에서는 천장과 바닥이 평행하지 않도록 설계된다.

flux 플럭스[1], 자속(磁束)[2] (1) 부품을 납땜할 때 접속 부분에 미리 묻히는 물질을 말하며, 풀과 같이 끈적끈적한 것은 페이스트(paste)라고도 한다. 용착 부분이 고온에서 산화하는 것을 방지하는 역할을 한다.

(2) 자계, 전계, 전자계의 세기의 측정 단위.

flux changes per inch 매 인치당 자속 반전수(每一當磁束反轉數) 자기 테이프에서의 기록 밀도의 단위로, 테이프의 긴 방향 1 인치당, 1 트랙당의 자속 반전수를 나타낸다. NRZI 방식에서는 FCI 와 BPI 와는 일치하나, 위상 변조 방식, 주파수 변조 방식 등에서는 FCI 의 수치는 bpi수치의 2 배가 된다. =FCI

flux linkage 자속 쇄교수(磁束鎖交數) 코일을 구성하고 있는 각 권선과 링크(쇄교)하는 자속의 총합으로, N개의 권선으로 이루어지는 코일의 자속 쇄교수 λ는 각각의 권선에 링크하는 자속을 각각 φ_1, φ_2, …, φ_n이라 하면

$$\psi=\varphi_1+\varphi_2+\cdots+\varphi_n$$

으로 주어진다. 만일 $\varphi_1=\varphi_2=\cdots=\varphi_n\equiv\varphi$이면 $\psi=N\varphi$가 된다.

fluxmeter 자속계(磁束計) 자속을 측정하는 계기. 가동 코일형 충격 검류계와 같은 원리의 것이다.

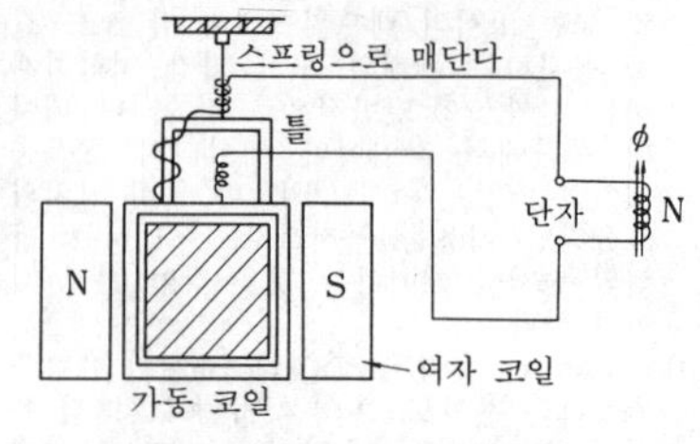

flux reversal 자화 반전(磁化反轉), 자속 반전(磁束反轉) 자기 기록 매체상에 있어서 자속이 N 에서 S, 또는 S 에서 N 으로의 변화. =flux transition

flux solder 플럭스 납 내부에 플럭스(접착부를 보호하는 용제)를 넣은 선 모양의 납.

flux transition 자화 반전(磁化反轉), 자속 반전(磁束反轉) =flux reversal

flyback diode 플라이백 다이오드 스위칭 회로 등에서 관성 소자(인덕터)에 축적된 자기 에너지를 스위치의 개방시에 원활하게 전원으로 반환, 혹은 소산할 수 있도록 유도하기 위한 바이패스에 사용되는 다이오드. =free-wheeling diode

flyback high-voltage power source 플라이백 고압 전원(－高壓電源) →high-tension output circuit

flyback line 귀선(歸線) 브라운관의 전자류를 톱니파로 편향할 때 형광면상에서 광점이, 예를 들면 왼쪽에서 오른쪽으로 이동하고, 그 후 급속히 원 위치로 되돌오기 때문에 오른쪽에서 왼쪽으로 이동할 때 그리는 되돌아가는 선을 말한다. 텔레비전에서는 이것이 화면에 나타나지 않도록 귀선 소거를 한다. 귀선에는 수평 귀선과 수직 귀선이 있다.

flyback period 귀선 기간(歸線期間) 브라운관의 형광면상에 귀선이 나타나지 않도록 하는 기간으로, 귀선 시간이라고도 한다. 귀선 기간은 형광체가 빛을 내지 않도록 하지 않으면 안 된다. →blanking

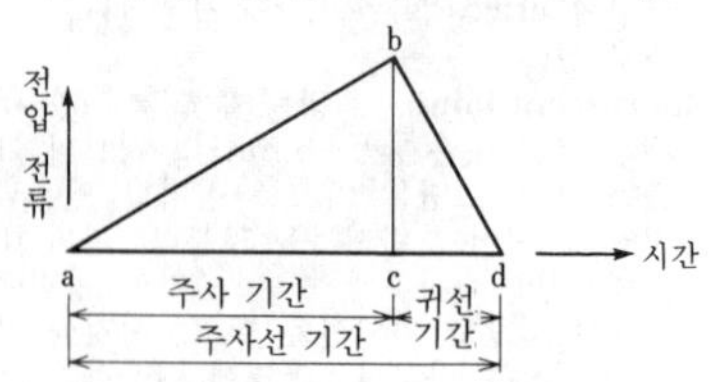

flyback time 귀선 시간(歸線時間) 브라운관의 형광면상에 귀선이 나타나려는 시간으로, 귀선 기간이라고도 한다. 그림과 같

은 톱니파를 사용하는 경우, t로 나타내는 부분이다.

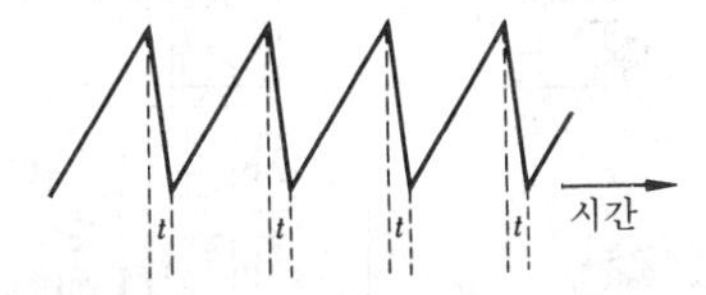

flyback transformer 플라이백 트랜스 텔레비전 수상기에서 수평 편향 출력의 귀선 기간에 생기는 펄스를 이용하여 수상관용 고압을 얻기 위한 단권 변압기로, 수평 출력 트랜스라고도 한다. →horizontal output transformer

fly-contact 플라이 접점(－接點) 여러 개의 접점을 가진 계전기에서 그 동작을 할 때 다른 접점보다 시간적으로 선행하여 동작하는 접점 또는 접점군.

flying disk printer 플라잉 디스크 프린터 라인 프린터의 일종. 원판 주변의 원통면에 활자를 배열하여 그 원판을 인쇄하는 행과 평행하게 회전시킴으로써 필요한 활자가 인쇄 해당 위치에 도달한 순간에 용지의 배후에 있는 해머로 쳐서 인쇄하는 장치.

flying drum printer 플라잉 드럼 프린터 라인 프린터의 일종. 원통면의 원주 방향으로는 모든 글자 종류, 축방향으로는 1행의 자수에 상당하는 활자를 두고, 이 원통의 축을 용지의 행 방향과 평행으로 회전시켜 필요한 활자가 인쇄 해당 위치에 왔을 때 용지의 배후에서 해머로 쳐서 인쇄하는 장치.

flying printer 플라잉 프린터 라인 프린터의 대표적인 인쇄 기구로서, 휠식과 체인식이 있다. 휠식은 활자를 휠 둘레에 심어 넣은 것을 원통형으로 배열하여 드럼형으로 한 것을 회전시키면서 필요한 활자가 오면 해머로 두드려서 인쇄한다. 체인식은 벨트식과 함께 활자를 체인 혹은 벨트에 붙여 활자의 조를 수평으로 이동시켜 필요한 활자를 해머로 두드려서 인쇄한다. 이 방식은 활자를 선택 정지시키지 않고 활자를 주행시키면서 선택한 활자가 각각의 인쇄 위치를 통과할 때 타이밍을 맞추어서 인쇄를 한다. →flying spot scanner

flying spot scanner 비점 주사 장치(飛點走査裝置) 텔레비전의 필름 송상 장치의 일종으로, 잔광(殘光)이 매우 짧은 브라운관 형광면상의 래스터를 광원으로 하여 광학 렌즈에 의해서 송상하려는 슬라이드나 오페이크 카드의 표면을 순차 주사하여 그 반사광 또는 투과광을 고감도 광전관에 집속시킴으로써 그림의 농담(濃淡)을 전류의 강약으로 변환하는 장치를 말한다. 광전관을 다수 사용하는 경우는 각 광전관의 평형 조정이 이루어지지 않으면 셰이딩이나 하레이션이 일어나지만 일반적으로 양호한 화질이 얻어지며, 컬러용의 것도 있다. =FSS

flying wheel printer 플라잉 휠 프린터 라인 프린터의 일종으로, 활자를 회전하는 원판의 원주상에 배열하여 필요한 활자가 인쇄 해당 위치에 왔을 때 해머로 가격해서 인쇄하는 장치. 구조상 플라잉 디스크 프린터와 플라잉 드럼 프린터의 두 가지가 있다.

flywheel diode 플라이휠 다이오드 →by-pass diode

FM 주파수 변조(周波數變調) =frequency modulation

FM broadcasting FM 방송(－放送) 반송파의 주파수를 신호파의 진폭에 비례하여 편이시키는 주파수 변조(FM) 방식에 의한 방송을 말하며, 진폭 변조(AM) 방식에 의한 방송에 비해서 잡음, 혼신이 매우 적고, 음질이 좋으므로 고충실도(하이파이) 방송이나 스테레오 방송에 적합하다. 그러나, 반송파 주파수가 초단파대가 되므로 전파의 도달 거리가 짧다. 우리 나라의 FM 방송 사용 주파수대는 88～108 MHz 이다.

FMC 다품종 소량 생산 셀(多品種少量生産－) flexible manufacturing cell 의 약어. FMS 를 구성하는 최소 단위의 시스템을 말한다. NC(수치 제어) 머신이나 공업용 로봇 등으로 이루어져 있으며, 공장 내에서 그들의 독립한 셀을 조합시킴으로써 FMS 가 구성된다.

FM detector 주파수 변조 검파기(周波數變調檢波器), FM 검파기(－檢波器) →frequency discriminator

FMEA 고장 모드 효과 해석(故障－效果解析) =failure mode effect analysis

FM multiplex broadcasting FM 다중 방송(－多重放送) 하나의 전파에 둘 이상의 다른 프로그램을 실어서 방송하는 방식을 말하는데, FM 방송은 그 성질상 점유 주파수 대역폭을 크게 넓히지 않아도 이 다중 방송이 가능하다. 현재 실시되고 있는 FM 스테레오 방송도 넓은 뜻으로는 다중 방송의 일종이라고 할 수 있으나, 일반적으로 FM 다중 방송이라 할 때는 둘 이상의 전혀 다른 내용의 프로를 방송하는 것을 말한다. 미국에서 1955 년 SCA(Subsidiary Communication's Authorizations) 업무로서 특정한 계약자에 대하여 업무를 한 것이 최초이며, 통상의 방송 프로그램 외에 기상 통보나 시보, 교통 관제, 택시의 호출 등에도 이용되고 있다. 텔레비전 방송의 음성은 FM 을 이용하고 있으므로 당연히 다중 방송이 가능하며, 이것은 텔레비전 음성 다중 방송으로서 외국 영화 방영시의 원어와 한국어의 다중 방송이나, 텔레비전 방송과 관계가 없는 뉴스나 쇼핑 정보 등을 문자 방송으로 흘리는 문자 다중 방송 등에 이용되고 있다. 그림은 SCA 업무에서의 변조 주파수 배열의 예이다.

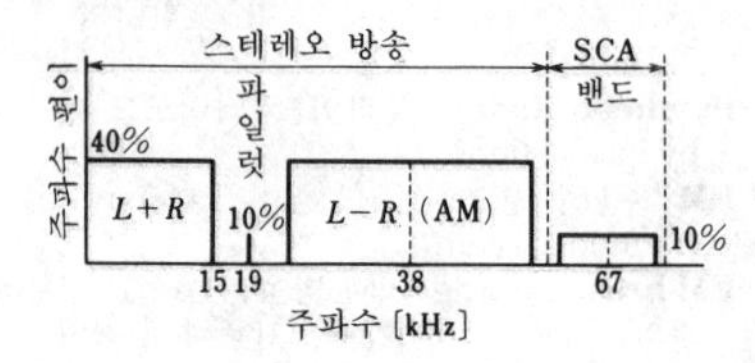

FM noise FM 잡음(−雜音) 광대역 비디오 신호 등의 FM 전송 방식에서 계(系)의 송단(送端)에서 혼입한 백색 잡음은 수단(受端)에서의 신호 복조 단계에서 그 고주파 성분이 강조되어 f^2에 비례한 스펙트럼 밀도를 갖게 된다. 그리고 수단에서의 SN비를 송단의 그것과 비교해 보면 그 값은 $\beta 2$에 비례하는 것을 알 수 있다. β는 변조파(정현파로서)의 주파수 편이와 신호의 베이스밴드 주파수와의 비 $\Delta f/f_M$이다. 따라서 출력단의 SN비를 개선하기 위해서는 β를 크게 한다. 바꾸어 말하면 계의 전송 대역폭 B를 크게 할 필요가 있다(Carson 의 법칙). 그러나 이것은 잡음 전력이 신호 전력에 비해 작은 경우이다. 만일 전송 대역폭이 넓고, 잡음 전력이 상대적으로 큰 경우는 오히려 β를 작게 억제하지 않으면 안 된다. 먼저 기술한 바와 같이 f^2에 비례하는 잡음을 억압하기 위해서는 송단에서 미리 고주파 성분을 강조(프리엠퍼시스)해 두고, 수단에서 이것을 해제(디엠퍼시스)하는 것이 유효하다. 특히 오디오 신호와 같이 저주파 성분에 비해 고주파 성분의 스펙트럼 밀도가 본질적으로 낮은 신호인 경우에 유효하다. →bandwidth of FM signal

FM receiver FM 수신기(−受信機) 주파수 변조의 전파를 수신하는 장치를 말한다. 그 구성은, 예를 들면 그림과 같이 되어 있다. 또한, 방송용의 FM 수신기는 이것과 약간 다르며 진폭 변조와 공용의 것이 많다.

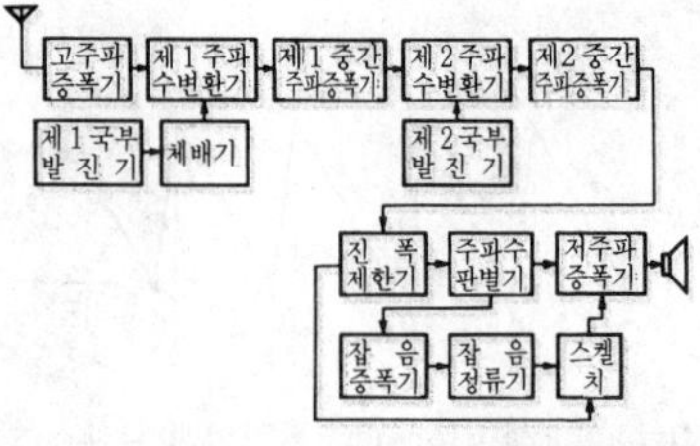

FMS 다품종 소량 생산 시스템(多品種少量生産−) flexible manufacturing system 의 약어. 생산 시스템을 자동화, 무인화하여 다품종 소량 또는 중량 생산에 유연하게 대응할 수 있도록 하는 것. 처음에는 NC(수치 제어) 머신을 중심으로 하던 것을 머시닝 센터(복합 NC 머신)로 옮겨지고, 그 후 공업용 로봇의 보급으로 더욱 다양화했다. CAD/ CAM 에 의한 한층의 발전이 기대되며, 완전 무인 조업이 이루어지고 있는 예도 있다.

FM stereo demodulation circuit FM 스테레오 복조 회로(−復調回路) FM 스테레오 방송의 복조를 하는 회로. 멀티플렉스 디코더라고도 한다. FM 합성 신호에서 좌 채널 신호 L(L 신호)과 우 채널 신호 R(R 신호)을 분리하여 꺼내는 구실을 하는 회로이다. 그 회로 방식에 따라 매트릭스 방식, 스위칭 방식, 엔벨로프 방식으로 대별된다.

FM stereophonic broadcasting FM 스테레오 방송(−放送) FM 방송의 일종으

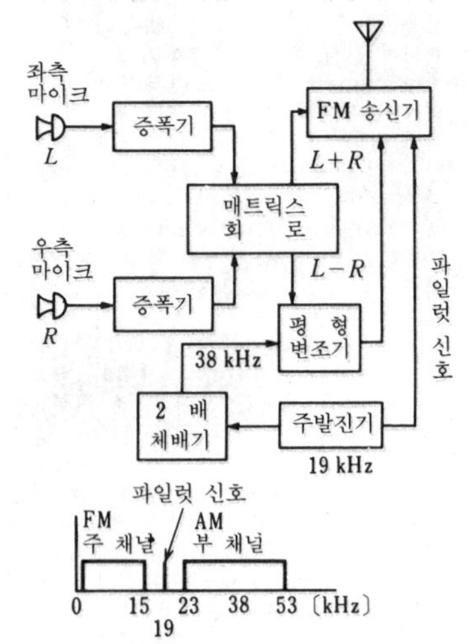

로, 좌우 2개 이상의 마이크로폰으로 집음한 좌우 두 신호를 2계통의 전파를 써서 방송한다. 그림과 같은 구성으로, 좌 및 우의 음성 입력을 각각 증폭한 다음 매트릭스 회로에서 합(L+R)과 차(L−R)의 신호로 합성하는데, 주 채널로서의 합 신호가 50Hz~15kHz, 부 채널로서의 차신호가 23~53kHz 의 각각의 대역폭을 가지고 있다. 파일럿 신호 19kHz 를 사용하여 복조가 정확하게 이루어지게 하는 이른바 파일럿 톤 방식이다.

FM tuner FM 튜너 FM 방송(스테레오 방송)을 수신하기 위한 튜너를 말하는데, FM 방송 외에는 수신할 수 없는 것과 AM 방송(표준 방송)도 수신할 수 있는 FM-AM 튜너의 두 종류가 시판되고 있다. 이들의 출력은 1V(R, L 신호 모두)의 고정 출력의 것과 가변 출력 단자가 붙은 것이 있다. 크리스털 로크 동조 방식이나 신시사이저 튜너 방식 등 고급 기능을 가지며, 뮤팅 회로나 멀티패스 인디케이터를 내장한 것도 많다. 튜닝 미터나 스테레오 표시 램프는 대부분의 것에 붙어 있다. 그림은 FM-AM 튜너의 계통도를 나타낸 것이다.

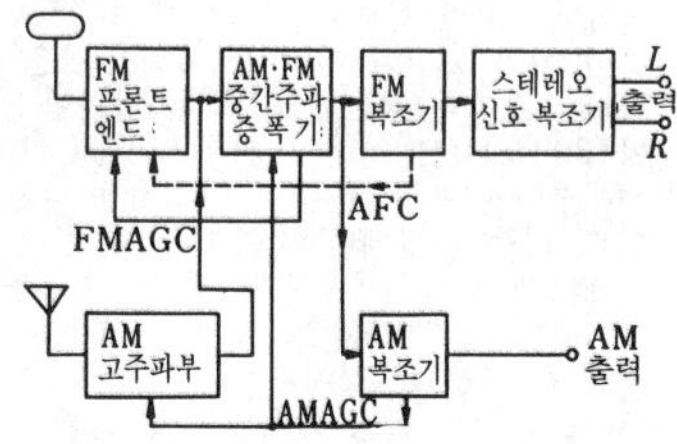

FM video signal recording and playback circuit FM 비디오 신호 기록 재생 회로(一信號記錄再生回路) 비디오 테이프 리코더(VTR)의 영상 녹화는 그 주파수 대역이 0(직류)부터 4MHz 이상이나 되기 때문에 음성 등의 녹음과 같이 바이어스 교류에 그 저주파 신호를 중첩시키는 방식이 아니고 FM 변조 방식이 사용된다. 가정용 VTR 에서는 동기 신호 끝을 3.1~3.2MHz 에, 백의 피크(최대 진폭)에서 약 4.5MHz 가 되도록 정해져 있기 때문에 반송 주파수에 비해서 주파수 편이폭이 크므로 주파수 판별기는 FM 수신기의 것과 다른 방식을 쓴다. 또, FM 방식의 특징인 잡음의 경감에 대해서는 프리엠퍼시스 및 디엠퍼시스를 써서 *SN* 비의 향상을 도모하고 있다. FM 변조파는 진폭이 일정하기 때문에 음성 녹음과 같은 바이어스 신호를 필요로 하지 않고 직접 충분히 큰 레벨로 기록한다.

FO 페이드 아웃 =fade out

foamed plastics 거품 플라스틱 플라스틱을 성형할 때 미리 발포제를 넣어 두고 내부에 기포를 분산시킨 것. 전자 부품의 재료로서 쓰이는 것은 포장용의 것과는 달리 매우 미세한 기포를 전체에 걸쳐서 포함시킴으로써 실질적으로 유전율과 유전 탄젠트를 작게 한 것으로, 통신선의 피복 등에 사용된다.

foaming 포밍 충전 완료 후 과충전되어 있으면 축전지의 양 극판에서 가스가 발생하여 전해액 표면에 거품이 생기는 것.

focal length 초점 거리(焦點距離) 렌즈의 2차 절점(節點)에서 1차 초점까지의 거리. 얇은 렌즈에서는 렌즈와 초점 사이의 거리.

focal method 초점법(焦點法) 결정의 격자 상수를 측정하는 한 방법. 그림과 같이 원주상의 가는 틈 S에서 파장 λ의 고유 X선을 발산 투사하고, 원호상의 시료 R에 댄다. 그 반사를 필름 F로 받으면 조사각(照射角) θ는 원호 SRQ의 길이 l 및 반경 r에서 $\theta=l/4r$로서 얻어진다. 거기서 브래그의 법칙(Bragg's law) $2d\sin\theta=n\lambda$에 의해서 θ와 λ로부터 격자 상수 d를 계산할 수 있다.

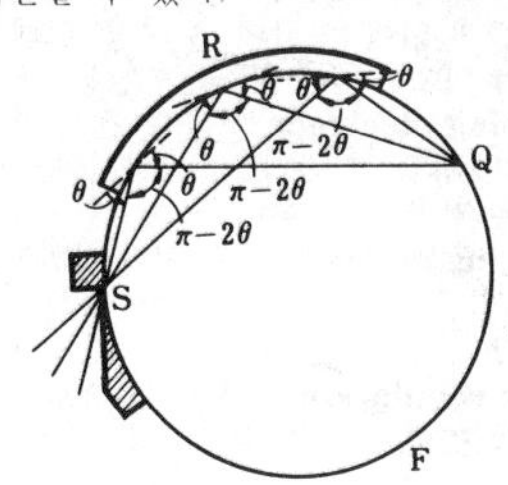

focal point 초점(焦點) 레이저에서 방사가 수속(收束)되는 점 또는 그 발산이 시작되는 점.

focus 초점(焦點) 오실로그래프에서, 형광 스크린 상의 최소 스폿 사이즈에 의해 표시되는 전자 빔의 최대 집중성.

focused ion-beam lithography 집속 이온 빔 노광(集束−露光) 가늘게 죈 이온 빔에 의해 웨이퍼 상의 레지스트를(마스크를 쓰지 않고) 직접 조사(照射)하여 원하는 패턴을 컴퓨터 제어를 써서 그리는 것. 레지스트막 내에서의 산란이 전자 빔의 경우에 비해 적기 때문에 보다 정밀한(최소 가공 선폭 0.1μm 이하의) 패턴을 그릴 수 있다.

focusing 집속 작용(集束作用) 입자의 호

름을 극히 좁은 범위로 죄서 모으는 작용. 전자선(전자의 흐름)을 집속하는 방법으로는 전계에 의한 힘을 이용하는 정전 집속과 자계에 의한 힘을 이용하는 전자 집속이 있으며, 브라운관을 비롯하여 전자 현미경, 사이클로트론 등에 쓰이고 있다.

focusing and switching grille 집속·스위치 그릴(集束－) 컬러 수상관에 있어서, 복수의 전선을 배열한 형태의 색선택 전극 장치로, 상호 접속된 도체를 적어도 2조 구비하고 있다. 스위치 기능을 도체간 전위차의 변화로 하고, 집속은 도체 어레이와 형광 스크린에 적당한 평균 전위를 가함으로써 이루어진다.

focusing control 집속 조절(集束調節) 전자 빔의 집속도를 조절하는 것. 텔레비전, 오실로스코프 등의 핀트 맞춤에 쓰인다.

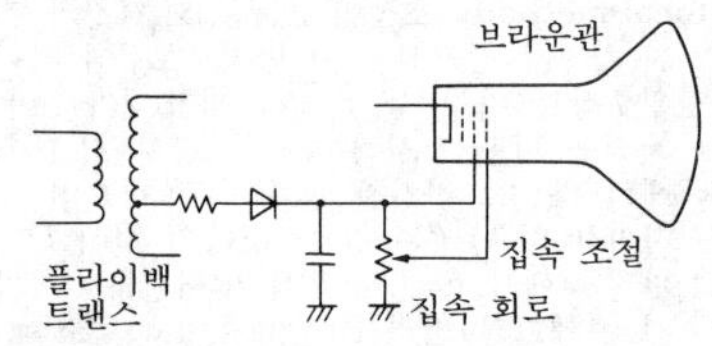

focusing cylinder 집속통(集束筒) X 선관에서 음극으로부터 나온 전자선을 확산시키는 일없이 양극에 보내기 위해 필라멘트의 바깥쪽에 두는 금속 원통.

focusing electrode 집속 전극(集束電極) 전자 빔을 집속하도록 전위가 조절되어 있는 전극.

focusing magnet 집속 자석(集束磁石) 전자 빔을 집속시키기 위한 자계를 발생하는 1 조의 자석.

focus regulation 포커스 조정(－調整), 초점 조정(焦點調整) 브라운관의 전자 빔이 형광면상에 수속(收束)되도록 편향용의 자계 또는 전계를 조정하는 것. 텔레비전 수상기에서는 쐐기형 테스트 패턴의 쐐기의 분해도, 중심부와 주변부나 밝은 부분과 어두운 부분의 해상도, 선예도 등을 보고 고압 정전 초점 전압 또는 저압 정전 초점 전압을 조정한다.

folded antenna 폴디드 안테나 반파장 다이폴 안테나에 접는 부분을 추가한 모양의 안테나. 방사 저항이 커지므로 특성

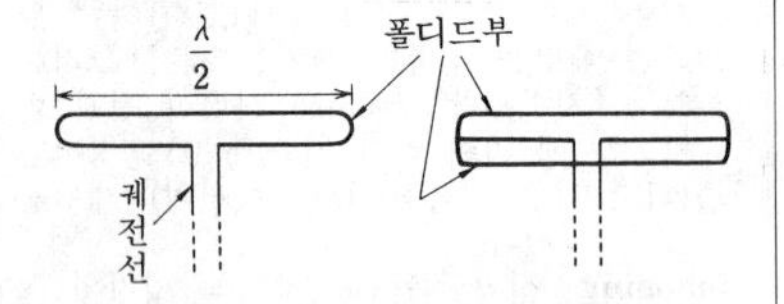

임피던스가 큰 궤전선(급전선)과 정합이 용이해지고, 또 광대역성도 갖게 된다. 텔레비전 수신용으로서 널리 사용된다. → dipole antenna, half-wave antenna

folded dipole antenna 폴디드 다이폴 안테나 그림과 같이 1 개의 도체를 접은 반파장 안테나로, 양쪽 도체에는 동일 발향의 전류가 흐르고, 근사적으로 안테나 전류가 $2I$의 반파장 더블릿 안테나와 등가이다. 따라서, 방사 전력은

$$P=73.13(2I)^2=292.5I^2 \text{ [W]}$$

가 되어 반파장 안테나의 4 배가 된다. 또, 방사 저항도 위 식보다 4 배(약 300 Ω)가 된다. 즉, 특성 임피던스가 큰 궤전선을 사용할 수 있으므로 주파수 특성도 광대역이 된다.

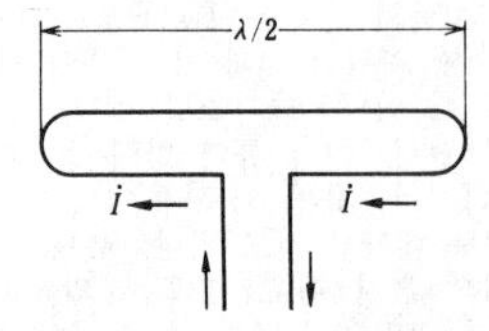

folded doublet antenna 폴디드 더블릿 안테나 반파 안테나를 접어서 안테나 부분이 되는 도선이 평행하도록 한 것을 말한다. 초단파용이고, 안테나 임피던스는 약 300 Ω이며, 특성 임피던스가 300 Ω인 궤전선을 사용할 수 있는 이점이 있다. 폴디드 더블릿 안테나의 특징은 단일 직선 안테나에 비해서 광대역이라는 것, 불평형 궤전선에 접속해도 불평형 전류가 잘 흐르지 않는다는 것이다.

folding noise 폴딩 잡음(－雜音) 연속 시간 신호를 표본화하여 이산 시간 신호로 함으로써 생기는 잡음.

foldover distortion 폴드오버 일그러짐 ① =aliasing. ② 제로 주파수 가까이에서 비교적 넓은 대역을 쓰는 양측파대 AM 전송 방식에서 하부 측파대가 제로 주파수 부근에서 겹쳐져 일어나는 일그러짐. ③ 온 오프 키잉 음성 주파 반송 방식에서 키잉이 너무 날카롭기 때문에 생기는 일그러짐. 키잉 손실(keying loss)이라고도 한다. 온 오프 키잉이란 피변조파를 온, 오프하여 행하는 바이너리의 진폭 변조이다.

follower with gain 이득을 갖는 폴로어(利得－) 연산 증폭기에서 출력 전압의 일부분만이 입력 신호와 직렬 역극성으로 궤환되어 있는 전압 폴로어. 따라서 1 보다 큰 폐 루프 이득이 특정한 동작 범위에서 얻어진다.

followup control 추종 제어(追從制御) 목표값이 임의의 시간적 변화를 하는 경우, 제어량을 그것에 추종시키기 위한 제어. 예를 들면, 항공기에 레이더의 방향을 자동적으로 추종시키는 제어이다.

followup potentiometer 추종 퍼텐쇼미터(追從－) 입력과 비교할 신호를 발생하는 서보형 퍼텐쇼미터.

fool proof 풀 프루프 제어계 시스템이나 제어 장치에 대하여 인간의 오동작을 방지하기 위한 설계를 말한다. 예를 들면, 사람이 아무리 잘못된 조작을 해도 시스템이나 장치가 동작하지 않고 올바른 조작에만 응답하도록 한다든가, 사람이 잘못하기 쉬운 순서 조작을 순서 회로에 의해서 자동화하여 시동 버튼을 누르면 자동적으로 올바른 순서로 조작해 가는 등 여러 가지 방법이 있다. 그 구조는 일반적으로 리미터나 스토퍼, 기타의 적당한 검출기와 접속한 인터로크나 순서 회로로 구성한다. 키로 움직이는 스위치류도 풀 프루프의 일례이다.

footprint 푸트프린트 ① 임의의 장치를 설치하는 데 필요한 바닥의 형상과 면적. ② 통신 위성의 트랜스폰더에 의해 조사(照射)되는 지구상의 어느 영역으로, 일정한 전계 강도로 수신할 수 있는 범위를 준다. 조사 범위라고도 한다.

forbidden band 금제대(禁制帶), 금지대(禁止帶) 띠 이론에서 전자가 존재할 수 있는 허용대 사이에 있는, 전자가 존재할 수 없는 에너지 상태의 부분을 말한다.

force balancing type 힘 평형식(－平衡式) ① 공업 계측용 변환기의 한 형식. 측정량을 검출하여 토크로 변환하고, 다시 공기압 신호나 전기 신호로 변환해서 얻어지는 출력 신호를 궤환하여 토크로 바꾸어, 검출된 토크와 평형시키는 방식으로, 출력 신호는 입력 측정값에 비례한다. ② 공기식 조절기의 한 방식. 제어량이나 설정값을 공기압으로 대표시키고, 다이어프램과 노즐, 플래퍼 이외의 링크 장치를 사용하지 않으므로 마찰이나 백래시, 관성 등의 영향이 없으며, 소형이고 응답이 좋은 조절기가 얻어진다.

forced-air cooling tube 강제 공랭관(強制空冷管) 양극 손실에 의한 발열을 냉각시키기 위해 양극에 구리를 사용하고, 그 주위에 많은 냉각판을 가진 알루미늄 방열기를 부착한 진공관. 비교적 대용량의 송신관에 사용된다.

forced commutation 강제 전류(強制轉流) 인버터에서 직류 전력을 사이리스터 스위치 등에 의해 어느 주기로 하나의 회로에서 다른 회로로 전류하기 위해 지금까지 통전하고 있던 스위치를 턴오프하는 방법으로서 다음의 두 가지가 있다. ① 스위치 전류를 적당한 방법으로 줄이고, 이것을 유지 전류 이하로 저하시키는 고갈법. ② 스위치에 역전압을 가하여 강제적으로 턴오프하는 방법. 이 중 ①은 자연전류, ②는 강제 전류이다.

forced mode locking 강제 모드 동기(強制－同期) →mode locking

forced oscillation 강제 진동(強制振動) 진동계에 외력이 가해졌을 때 생기는 외력과 같은 주파수의 진동.

forced release 강제 복구(強制復舊) 발신 또는 착신 가입자선 이외로부터의 요구에 의한 복구.

forced response 강제 응답(強制應答) 초기 에너지를 갖지 않는 시스템에 에너지원을 인가했을 때의 시스템의 응답.

forced synchronization 강제 동기(強制同期) 브라운관 오실로스코프에서 소인 회로에 입력 신호의 일부를 넣음으로써 소인 주기가 입력 신호 주기의 정수 배가 되도록 동작시키는 것을 말한다. 현재는 이 방식보다도 트리거 소인 쪽이 널리 사용되고 있다.

force factor 힘 계수(－係數) ① 음향계를 구속하기 위해 필요한 힘과 이에 대응하는 전기계에서의 전류와의 비. ② 전기계에 결과로서 생기는 개방 전압을, 이것에 대응하는 음향계에서의 체적 속도 입력으로 나눈 값.

foreign area 구역외 에어리어(區域外－) 발신 가입자가 소속하는 이외의 번호 계획 구역.

foreign exchange line 외부 교환 회선(外部交換回線) 한 전화국의 단말기에 원거리의 다른 전화국에 속해 있는 번호를 지정하는 회선.

foreign exchange service 외부 교환 서비스(外部交換－) 일반적으로 수요자의 거주 지역에 있지 않는 다른 전화국으로 수요자의 전화기를 연결시켜 주는 서비스를 말한다.

formal wire 포멀선(－線) PVF를 용제에 녹여서 도료로 하고, 이것을 동선에 칠해서 구어 붙인 에나멜선. 이 피막은 매우 튼튼하여 내마모성이 뛰어나기 때문에 코일의 권선으로서 널리 쓰이고 있다.

formant 포맨트 음성의 모음을 주파수에 의해서 분석하면 각각 특유한 주파수 분포를 나타낸다. 이 분포는 사람에 따라서 다소 다르나 각 모음은 거의 고른 분포를 나타내고, 어느 주파수 대역에서 특히 에너지가 큰 부분이 생긴다. 모음을 특징짓는 이러한 주파수 범위를 포맨트라 하며, 이것은 목, 구강, 콧구멍 등의 형상에 따라 정해진다.

formation 화성(化成) 전극 물질이 화학적으로 충분한 동작을 하도록 사용에 앞서 사용 상태보다 작은 전류를 장시간 통하는 것. 축전지, 전해 콘덴서 등에서 이것이 응용된다.

Formex wire 포멕스선(一線) 포멀선과 같은 종류의 것으로 상품명이다.

form factor 파형률(波形率) 교류 파형의 실효값을 평균값으로 나눈 값으로, 비정현파의 파형 평활도를 나타내는 것이다. 주요 파형의 파형률은 다음과 같다.

파 형	파 형 률
정 현 파	1.11
반파정류파형	1.57
양파정류파형	1.11
3 각 파	1.15
구 형 파	1.00

forming 화성(化成) 전해 콘덴서, 전해 정류기, 반도체 디바이스 등에서의 제조 공정의 하나로서 이들의 전기 특성에 바람직한 영구 변화를 만들기 위해 전압을 적당한 시간 가해서 하는 조작을 말한다. 또, 수은 정류기에 대해서는 운전하기 전에 아크 및 진공의 영역에 흡착된 가스나 기름 등을 제거하는 조작을 말한다.

forming navigation 포밍 항법(一航法) 항법 무선의 일종. 선박이 항구를 향해서 항행할 때, 무선 표지국으로부터의 전파를 수신하면서 항로를 정하는 경우 해류와 풍압에 의해서 흘러가는 것을 계산에 넣고 선수 방향을 정하는 방법을 말한다.

form of radio wave 전파 형식(電波形式) 무선 통신에 사용되는 전파는 어떤 방법에 의한 변조가 이루어진 피변조파이며, 변조의 종류나 전송의 형식 및 보족적인 특성을 부호와 숫자에 의해서 표현한 것이 전파 형식이다.

forsterite ceramics 포스터라이트 자기(一瓷器) 활석에 마그네시아를 가하여 소성한 자기. 고주파 손실이 적어, 안테나용 애자, 고주파 코일의 보빈 기타 고주파 기기용 부품으로서 쓰인다.

FORTRAN 포트란 formula translator. 과학 기술 계산에 편리한 프로그램 언어의 하나.

fortuitous distortion 불규칙 일그러짐(不規則一) 전신 회로에서 생기는 랜덤한 신호 일그러짐. 인접 채널이나 전력 회로로부터의 방해 전압, 계전기의 불규칙한 동작, 회선 잡음이나 레벨 변동 등이 원인으로 발생하는 것.

주반송파의 변조 방식	기 호
진 폭	A
주파수(또는 위상)	F
펄스	P

전 송 의 형 식	기 호
정보를 보내기 위한 변조가 없는 것	0
변조용 가청 주파를 사용하지 않는 통신	1
1 또는 2이상의 변조용 가청 주파수의 전건 개폐 조작 또는 변조파의 전건 개폐 조작에 의한 전신	2
전화(음성의 방송을 포함)	3
팩시밀리	4
텔레비전(영상만)	5
4주파 다이플렉스	6
음성 주파 다중 전신	7
상기에 해당하지 않는 전송 또는 복합한 전송	9

보 족 적 특 성	기 호
양측파대	(없음)
단측파대	
저역 반송파의 것	A
전반송파의 것	H
억압 반송파의 것	J
2독립측파대	B
잔류측파대	C
펄스	
진폭 변조의 것	D
폭(또는 시간) 변조의 것	E
위상(또는 위치) 변조의 것	F
부호 변조의 것	G

form of radio wave

forward AGC 순방향 AGC(順方向一) 텔레비전 수상기에서 입력 신호에 강약의 변화가 일어나도 항상 영상 출력을 일정하게 유지하는 회로. 입력 신호가 증대했을 때는 컬렉터 전류가 최대 전력 이득 이상으로 흘러서 전력 이득이 저하하도록 작용하여 콘트라스트를 조정한다. 이 방법은 또 일그러짐이 적은 이점도 있다.

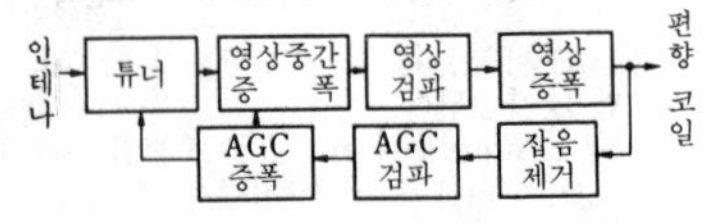

forward alignment guard time 전방 보

호 시간(前方保護時間) →frame alignment signal

forward backward counter 전후진 계수기(前後進計數器) 데이터가 들어오는 것을 셈하는 장치. 증가 및 감소의 양 방향으로 계수가 가능한 장치이다.

forward bias 순방향 바이어스(順方向－) 다이오드에서, 전류가 흐르기 쉬운 방향으로 주어진 외부 전압. pn 접합의 p 형 반도체에 ＋, n 형 반도체에 －의 전압을 가함으로써 pn 접합부의 공핍층 전압이 작아지고 전류가 증가한다.

forward breakover 순방향 브레이크오버(順方向－) OFF 상태에서의 사이리스터의 순방향 블로킹 동작이 정상으로 행해지지 않는 것.

forward-brocking region 순방향 저지 영역(順方向沮止領域) 사이리스터에 걸리는 순방향 전압이 브레이크오버점에 이르지 않는 영역으로, 사이리스터는 도통이 저지되고 있다.

forward channel 정보 통신로(情報通信路), 순방향 통신로(順方向通信路) 데이터 송신 장치에서 데이터 수신 장치로 데이터가 전송되는 데이터 회선의 통신로.

forward counter 가산 계수기(加算計數器) 증가 방향, 즉 덧셈만을 셈할 수 있는 계수기.

forward current 순방향 전류(順方向電流) 방향에 따라 전류의 흐름이 다른 장소에서 흐르기 쉬운 방향으로 흐르는 전류. pn 접합에서는 p 형 부분에서 n 형 부분으로 향하는 전류이다.

forward direction 순방향(順方向) 정류 소자 등에서 전류가 흐르기 쉬운 방향.

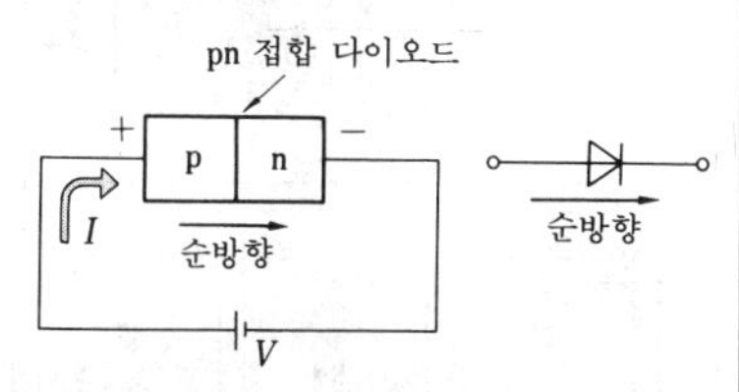

forward error correction 순방향 오류 정정법(順方向誤謬訂正法) 디지털 회선에서의 전송 오류 정정법에는 자동 재송 요구법(ARQ)과 순방향 정정법(FEC)이 있다. 후자는 송신측에서 오류 정정용 부호를 데이터에 부가하여 송신하고, 수신측에서 이것을 이용하여(보통 통계 수법에 의해) 오류 정정을 하고, 복호한 데이터를 그대로 출력하는 것이다. ARQ 법은 정보의 신뢰성을 높이는 견지에서 매우 바람직한 방법이지만, 재송에 따르는 시간 지연이 문제가 되는 위성 통신 등에는 적합하지 않다. FEC 법은 송신 부호가 위성 링크에서 오염되어 수신되므로 그 중에서 올바른 부호를 복원하기 위해서는 매우 복잡한 추출 수단을 필요로 한다. 오류 정정 부호 그 자체에 대해서도 사정은 같다. ＝FEC

forward gate current 순방향 게이트 전류(順方向－電流) 게이트 영역과 인접한 양극 혹은 음극간 접합이 순방향으로 바이어스되었을 때 흐르는 게이트 전류.

forward gate voltage 순방향 게이트 전압(順方向－電壓) 게이트 단자와 인접한 양극 혹은 음극 부분 사이에 순방향 게이트 전류에 의해 생기는 전압.

forward period 순방향 기간(順方向期間) 교류 전압 주기 중에서 정류 회로 소자에 대해 순방향으로 전압이 걸리는 기간. 회로 매개 변수나 반도체 정류기 특성의 영향으로 순방향 기간은 반드시 도통(導通) 기간과 같지는 않다.

forward power dissipation 순방향 전력 손실(順方向電力損失) 순방향 전류에 의한 전력 소비.

forward power loss 순방향 전력 손실(順方向電力損失) 반도체 정류 소자 내를 순방향 전류가 흐름으로써 생기는 전력 손실을 말한다.

forward recovery time 순방향 회복 시간(順方向回復時間) 반도체 다이오드에서 순방향 바이어스가 갑자기 주어지고부터 순방향 전류가 지정된 크기에 이르기까지의 소요 시간.

forward resistance 순방향 저항(順方向抵抗) 어떤 규정된 순방향 전압 강하 혹은 순방향 전류로 측정한 저항.

forward round-the-world echo 순방향 지구 회주 에코(順方向地球回周－) 송신단에서 수신단을 향해 대권 코스를 주신호와 같은 방향으로 지구를 1 주하여 전파(傳播)되는 에코. 이 에코는 전파 수신에 큰 방해를 주는데, 지향성이 날카로운 안테나를 사용하여 경감할 수 있다. 역방향 지구 회주 에코의 대비어.

forward transadmittance 순방향 트랜스어드미턴스(順方向－) 클라이스트론 등 마이크로파관의 전달 어드미턴스로, 임의의 두 갭 중 제 2 갭에 유도되는 단락 전류의 기본파분을, 제 1 의 갭 양단에 주어지는 전압의 기본파분으로 나눈 값.

forward travelling wave 전진파(前進波) 진행파관에서 그 군속도(群速度)가 전자류의 운동과 같은 방향으로 향한 파.

forward voltage 순방향 전압(順方向電壓) 반도체 정류기 등에서 전류가 흐르기 쉬운 방향으로 가한 전압. pn 접합에서는 p형 부분이 +, n 형 부분이 −가 되도록 가한 전압이 순방향 전압이다.

forward voltage drop 순방향 전압 강하(順方向電壓降下) 금속 정류기를 순방향으로 흐르는 전류 때문에 금속 정류기 내에 생기는 전압 강하.

Foster-Seeley's circuit 포스터·실리형 회로(−形回路) 주파수 판별기의 일종으로, FM 피변조파의 복조에 사용된다. 회로는 그림과 같이 중심 주파수에 동조된 2개의 동조 회로를 전자적으로 결합한 고주파 트랜스와 2개의 동극성 접속의 다이오드로 이루어진다. 2차측 동조 코일의 중점에는 1차측 전압이 정전적으로 가해지고 있어 동조시는 1차 전압과 2차 전압간의 위상차가 90°이나, 동조점에서 벗어나면 위상차가 변화함으로써 주파수의 변화를 전압의 변화로서 꺼낼 수 있다. 이 회로는 일그러짐이 적은 복조를 할 수 있지만 진폭 제한 작용이 없으므로 앞 단에 진폭 제한기를 사용할 필요가 있다.

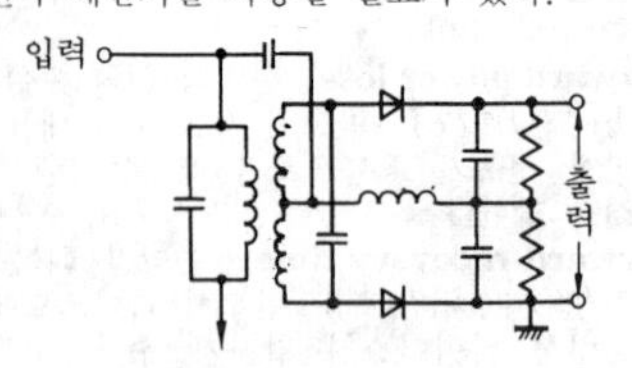

Foster-Seeley discriminator 포스터·실리형 판별 회로(−形判別回路) →Foster-Seeley's circuit

Foster's reactance theorem 포스터의 리액턴스 정리(−定理) 순 리액턴스 소자로 구성되는 유한의 2단자 회로망의 구동점 리액턴스는 주파수의 홀수 유리 함수이며, 그 함수는 공진 및 반공진 주파수를 부여함으로써(정계수는 별도로 하고), 완전히 결정할 수 있는 것을 기술한 정리. 구동점 리액턴스는 −∞에서 +∞에 이르는 구간에 의해 구성되어 있다(0 주파수 또는 ∞주파수에서 구간이 제로 임피던스에서 출발하여, 혹은 제로 임피던스로 끝나는지 어떤지는 별도로 하고). 임피던스가 ∞로 되는 점을 극(極)이라 하고, 임피던스가 0으로 되는 점을 영점(零點)이라 한다.

FOT 최적 사용 주파수(最適使用周波數) = frequency of optimum traffic → frequency of optimum transmission

Foucault method 후코법(−法) 광 픽업 회로의 초점을 맞춘 방법의 일종. 디스크에서 반사해 온 빛을 프리즘을 통해서 넷으로 분해하여 각각 센서에 넣는다. 이 때 빛은 프리즘으로 초점을 맞추면 4개의 센서 출력의 합이 제로가 된다. 지금 디스크의 거리가 멀어지면 초점이 벗어나서 4개의 센서 출력이 −로 된다. 이 신호로 포커스 서보 기구를 작동시켜 광 픽업이 디스크에 접근하도록 되어 있다.

foultolerant 폴톨러런트 기기나 시스템에서의 잡음이나 고장에 대한 내성.

four-address code 4주소 코드(四住所−) 컴퓨터에 대해서 사용하는 명령 코드의 일종으로, 주소를 4개 포함하는 것이다. 보통, 이들 주소는 2개의 연산수의 출처, 결과의 행선 및 다음 명령의 출처를 지정한다. 그러나 명령 코드로서는 1주소 방식이 가장 널리 쓰이고 있다.

four channel stereophonic system 4채널 스테레오 4원 스테레오 혹은 4-4-4 방식이라고도 하며, 4채널의 신호를 각각 독립한 전송계에 의해서 보내고, 재생 계통도 각각 독립한 앰프와 스피커 시스템에 의해서 행하는 방식이다. 각 채널이 독립하고 있기 때문에 디스크리트 4채널 방식이라고도 한다. 이 방식은 4개의 스피커를 방 네 구석에 배치하고 그 중앙 부근에서 소리를 듣는 것으로, 음장감이나 임장감이 뛰어나다. 음원으로서는 4채널 테이프나 CD4 레코드 등이 있다.

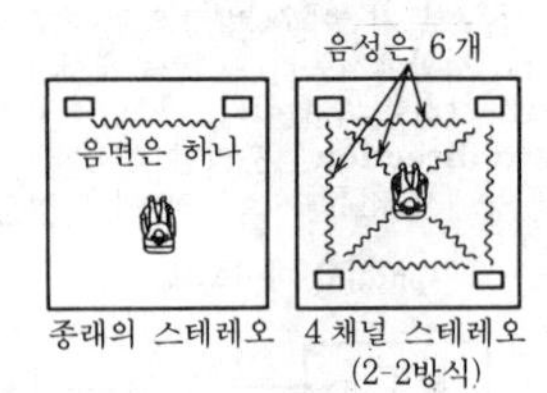

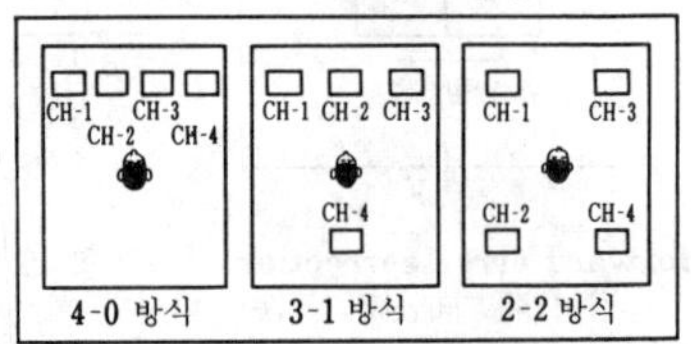

four-dimensional area navigation 4차원 에어리어 항법(四次元−航法) →way-point

four frequency diplex 4주파 다이플렉스(四周波−), 4주파수 2중 통신 방식(四周波數二重通信方式) 전신에서의 다중 통신 방식의 일종으로, 그림과 같이 중심 주파수에서 ±200Hz 및 ±600Hz 떨어진 4개의 주파수를 2통신로의 신호의 마크 및 스페이스의 조합으로 각각 대응시켜서 송신하는 것이다. 이 방법은 장치가 간단하고 동기를 취할 필요가 없으며, 인쇄 전신에 사용된다.

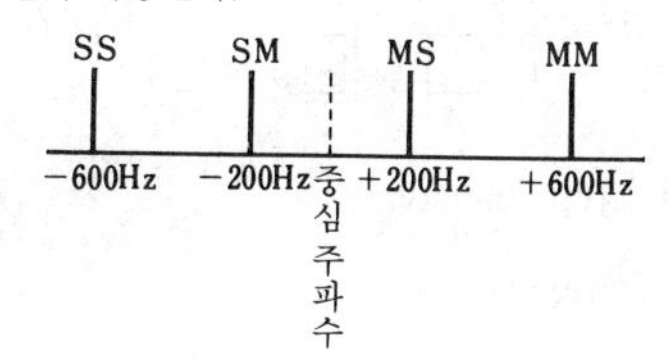

Fourier series 푸리에 수열(-數列) 시간 t에 관한 주기 함수 x를 나타내는 다음 식과 같은 수열을 말한다.

$$x = A_0 + A_1 \sin \omega t + A_2 \sin(2\omega t + \psi_2) + A_3 \sin(3\omega t + \psi_3) + \cdots$$

여기서, $\omega : 2\pi/T$, T : 주기. 각 항의 A 및 ψ를 적당히 선택함으로써 임의의 파형을 나타낼 수 있으며, 비정현파를 이론적으로 다루는 경우에 쓰인다.

Fourier transform 푸리에 변환(-變換) 시간 함수 $f(t)$는 서로 다른 주파수의 정현파의 중복으로 표현할 수 있는데, $f(t)$에 포함되는 각 주파수 성분의 크기를 나타내는 함수 $F(t)$를 $f(t)$의 푸리에 변환이라고 한다. 신호 해석, 화상 처리, 제어 등의 분야에 널리 쓰인다.

four-layer diode 4층 다이오드(四層-) p형 규소와 n형 규소를 4층으로 접합하여 양단에 단자를 붙인 다이오드. 부성 저항 부품으로서 쓰인다.

four-level laser 4레벨 레이저 레이저에서 천이가 행하여지는 최저 레벨이 기저 레벨이 아니고, 여기(勵起)된 상태에 있는 것. 4레벨 레이저에서는 끝 레벨이 처음에는 거의 비어 있으므로 반전 분포를 발생시키기 위해 필요한 에너지는 적어도 된다. 증폭기로서 동작하는 경우에는 여기 방출만이 신호의 증폭을 하고, 자발 방출은 잡음이 된다. 아인슈타인 법칙에 의하면 후자는 주파수의 3승에 비례하여 증가하므로 마이크로파 영역, 원적외 영역에서는 좋지만, 광 영역에서는 잡음의 증가가 문제로 된다.

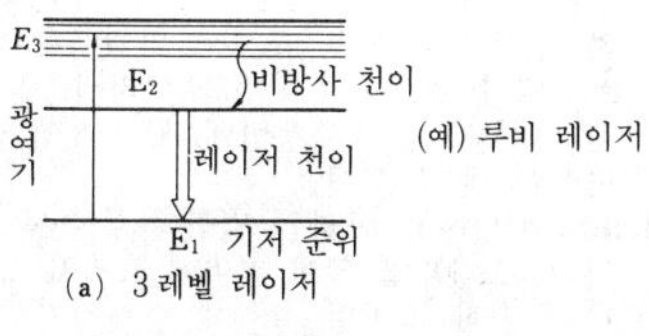

(a) 3레벨 레이저

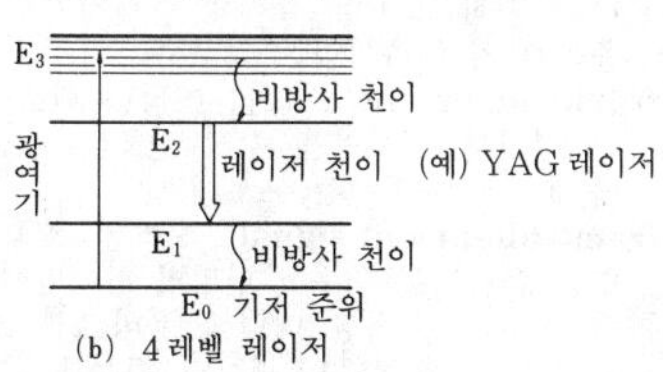

(b) 4레벨 레이저

four phase modulation 4상 변조(四相變調) 0, 90, 180, 270°의 네 위상을 사용한 신호 전송 방식. 4개의 다른 유의 상태를 가지므로 2비트 정보의 전송을 할 수 있다.

four-pi counter 4π카운터(四-) 방사선원에서 모든 방향으로 나오고 있는 입자 방사선을 빠짐없이 검출하도록 한 계수관.

four-terminal attenuation 4단자 감쇠량(四端子減衰量) →image loss

four-terminal constants 4단자 상수(四端子常數) 입력 단자와 출력 단자를 각 한 쌍씩 가진 4단자망에서 출력 단자간의 임피던스를 무한대, 즉 개방 상태로 했을 때의 입력 전압과 출력 전압의 비 및 입력 전류와 출력 전압의 비 A, C와 출력 단자측을 단락했을 때의 입력 전압과 출력 전류의 비 및 입력 전류와 출력 전류의 비 B, D를 4단자 상수라 한다.

$$A = \left[\frac{V_1}{V_2}\right]_{I_2=0} \qquad C = \left[\frac{I_1}{V_2}\right]_{I_2=0}$$

$$B = \left[\frac{V_1}{I_2}\right]_{V_2=0} \qquad D = \left[\frac{I_1}{I_2}\right]_{V_2=0}$$

이들 4단자 상수 사이에는

$$AD - BC = 1$$

이라는 관계가 성립한다.

four-terminal network 4단자망(四端子網) 4개의 단자를 갖는 임의의 회로망에서 한 쌍을 입력 단자, 다른 한 쌍을 출력 단자로 하면, 회로망의 내용을 알 수 없을 때라도 입력 단자와 출력 단자에만 착안함으로써 4단자 상수를 알면 회로의 계산을 할 수 있다. 이와 같은 회로망을 4단자망이라 하고 회로망 중에 전원이 포함되는 것은 능동 4단자망, 전원이 없는 것은 수동 4단자망이라 한다. 지금 4단자 상수를 A, B, C, D라고 하면 그림에서 다음의 관계가 성립된다.

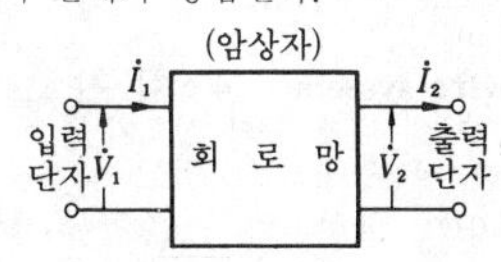

$V_1 = AV_2 + BI_2$
$I_1 = CV_2 + DI_2$

four-terminal resistor 4단자 저항(四端子抵抗) 저항의 양단에 전압, 전류용의 각 단자를 별개로 둔 것. 2개의 전압 단자를 포함하는 전압 회로는 고저항으로 유지하여 전류를 거의 흐르지 않게 함으로써 접속 도선의 저항이 전압 측정에 주는 영향을 작게 제한할 수 있다. 저항의 전류 단자에서의 접속 개소의 접촉 저항, 열기전력 등의 영향을 제외하여 전압(따라서 저항)의 값을 정확하게 구할 수 있다. 또 원격 센싱 등에서 부하 저항 양단 전압을(리드선의 저항 등을 고려하는 일 없이) 정확하게 측정할 수 있다.

four-track stereo recording 4트랙 스테레오 녹음(四－錄音) →stereo recording

four-wire channel 4선식 전송로(四線式傳送路) 4개의 도선에 의해 단말 장치에 접속된 통신로. 각 2선을 써서 양 방향의 통신을 동시에 행하는 능력을 가지므로 송수신을 전환하기 위한 반전 시간이 필요 없으며, 전송 특성은 2선식 통신로보다 뛰어나다.

four-wire circuit 4선식 회선(四線式回線) 통신의 유선 전송 방식에서 그 반송 회선을 보내는 방향에 두 줄, 받는 방향에 두 줄, 모두 네 줄을 사용하는 것으로, 2선식보다도 충분히 증폭도를 높일 수 있어 품질이 좋은 시외 통화를 할 수 있게 하는 것.

four-wire equivalent circuit 4선식 등가 회선(四線式等價回線) 2선 회로에서 양 방향의 전송에 다른 주파수를 사용함으로써 4선 회로와 같은 복신(複信) 동작을 시키도록 한 것.

four-wire line 4선식 회선(四線式回線) ＝ four-wire circuit

four-wire repeater 4선식 중계기(四線式中繼器) 장거리 통신에서 두 쌍의 선로로 송신, 수신을 하는 4선식 회선의 중계기. 반송 케이블, 동축 케이블 등을 선로로 사용하여 장거리 통신에 이용한다. 회선의 경비는 비싸지지만 명음(鳴音) 등의 현상도 적고 안정하다.

four-wire switching 4선식 교환 방식(四線式交換方式) 각각의 전송 방향에 개개의 패스, 주파수 또는 시간 위치를 사용한 교환 방식.

four-wire system 4선식 시스템(四線式—) 전송 매체 중의 신호가 4선 중 2선 즉 한 쌍은「go」통신로, 다른 한 쌍이「return」통신로인 두 쌍의 도체를 사용하여 동시에 양 방향으로 각기 다른 통신로로 진행하는 4선 1회선식의 것.

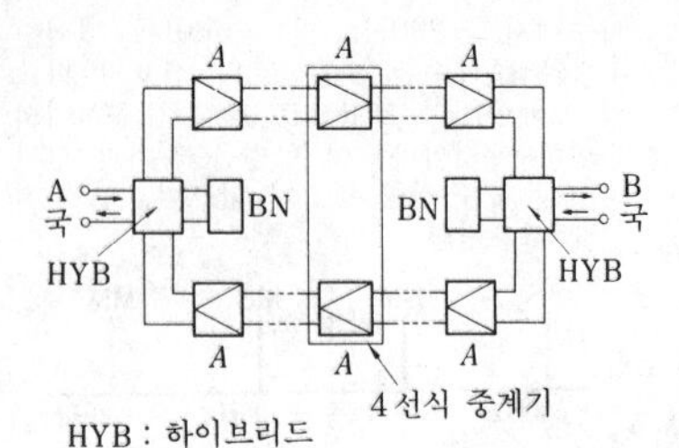

four-wire repeater

four-wire terminating set 4선 단말 장치(四線端末裝置) 4선 회로와 2선 회로를 연결하는 하이브리드 장치.

FPP 고정 경로 프로토콜(固定經路－) ＝ fixed path protocol

FPU 필드 픽업 field pickup 의 약어. 근거리의 텔레비전 중계 장치. 스튜디오와 중계차간의 신호 전송용 마이크로파를 송수신한다.

fractional band width 비대역폭(比帶域幅) 중간 주파 증폭기 등과 같이 대역 여파 특성을 가진 회로로, 중심 주파수 f_0에 대한 통과 대역폭(중심 주파수보다 출력 6dB 저하하기까지의 주파수 대역) B의 비, 즉 $\gamma = B/f_0$를 비대역폭이라 한다.

fractional harmonic wave 저조파(低調波) 기본파에 대하여 그 정수분의 1의 주파수를 갖는 파. 고조파에 대응하는 호칭이다.

frame 프레임 텔레비전에서 비월 주사에 의해 만들어진 하나의 완전한 화면을 말하며, 2회의 필드 주사에 의해서 하나의 프레임이 완성한다. 우리 나라의 텔레비전 방식에서는 1초동안에 30 프레임의 화면을 보낼 수 있다.

frame aligner 프레임 얼라이너 전송로상의 각 프레임을 일단 버퍼에 축적하고, 이것을 수신 장치의 클록에 동기시켜서 송출하기 위한 타이밍 조정 장치.

frame alignment 프레임 조정(－調整) 수신 단말의 타이밍을 수신 신호의 프레임에 올바르게 맞추는 프로세스.

frame alignment signal 프레임 조정 신호(－調整信號) 수신 단말의 타이밍이 수신 신호의 프레임 배열에 올바르게 조정되는 것을 프레임 조정이라 하는데, 그를 위해 송신되는 메시지의 일부에 프레임의 경계를 식별하기 위한 신호를 부가하는 것. 이 제어 신호에 의해 수신 단말과 수신 신호 사이의 동기화가 이루어진다. 조정을 확실하게 하기 위해 프레임 전후에 적당한 가드 시간(guard time)을 설정한다.

frame antenna 프레임 안테나, 루프 안테나 도선을 방형 또는 원형으로 적당한 횟수 감은 모양의 안테나. 8 자 지향성을 가지며, 전파의 도래 방향을 탐지할 수 있으며 휴대, 이동에 편리하다. 방향 탐지용, 전계 강도 측정기, 소형 라디오 등에 쓰인다.

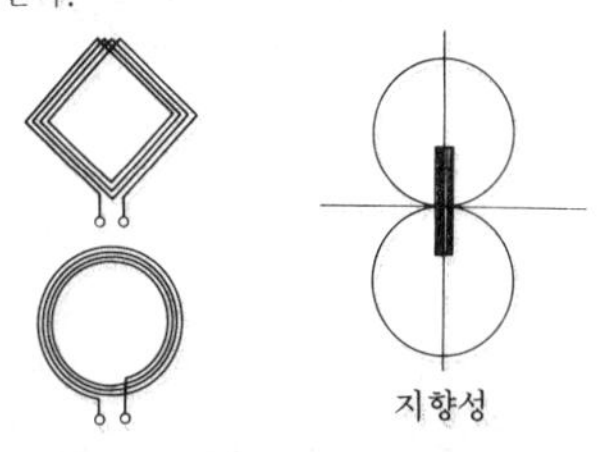

frame buffer 프레임 버퍼 컴퓨터에서 화상을 기억하기 위한 기억 장치. 중앙 처리 장치에서 나온 표시 데이터의 신호는 일단 여기에 기록된 다음 디스플레이 화면에 보내져서 표시된다. 비디오 RAM의 일종이지만, 화상을 풀 컬러로 기억할 수 있는 것 등을 특별히 프레임 버퍼라고 해서 구별한다.

frame correlation 프레임 상관(-相關) 텔레비전 화면의 전송에서, 인접하는 프레임 또는 필드 간에서 변화하는 화소가 전체 중에서 어느 정도 있는가를 나타내는 값을 프레임 상관 또는 필드 상관이라 한다. 변화하지 않는 부분은 전송을 생략함으로써 상관이 큰 화상에서는 전송 소요 시간을 압축할 수 있다.

frame frequency 프레임 주파수(-周波數) 매초 반복되는 프레임의 수. 예를 들면 우리 나라 텔레비전 방식(NTSC 방식)에서는 프레임 주파수는 30 프레임/초이다.

frame grabber 프레임 그래버 LAN 의 케이블 루프 등 모든 송신 및 수신 스테이션이 동일 채널에 접속되고, 여기에 수신처 어드레스를 붙인 프레임이 전송되는 경우에 그 어드레스를 확인하여 자기앞의 프레임만을 꺼내도록 한 수신 장치.

frame ground 프레임 접지(-接地) 장치의 보안상 필요한 인터페이스 회로로, 이는 기기 혹은 장치의 프레임에 접속된다. 또, 이 회로는 외부 지기(地氣)에 접속되며, 보안용 접지라고도 한다. =FG

frame level packaging technology 프레임 실장 기술(-實裝技術) 반도체 부품 등을 탑재한 기판으로 이루어지는 논리 장치나 전원 장치, 냉각 장치, 케이블, 외부 커넥터 등을 수용하는 프레임을 대상으로 하는 실장 기술.

framer 프레이머 →framing

frame rate 프레임 속도(-速度) 프레임의 반복 속도.

frame slip 프레임 슬립 복수 개의 생략(혹은 추가)한 디짓 위치가 완전한 프레임을 구성하고 있는 경우를 뜻하는 용어.

frame synchronization 프레임 동기(-同期), 프레임 동기화(-同期化) 시분할 다중 통신 방식에서는 복수의 통화로가 하나의 통신로를 차례로 사용하므로 송수신 양 단국에서는 이 공통 통신로에 동시에 접속되는 통화로를 일치시킬 필요가 있다. 각 통화로의 접속은 다중화, 분리 게이트의 개폐에 의해서 한다. 그래서 송신단으로부터의 송출 펄스열 중에 각 프레임의 최초를 나타내는 펄스(프레임 동기 펄스)를 삽입하고, 수신단에서는 이 펄스를 기준으로 분리 게이트의 개폐 시각을 결정하여 송수신단에서의 각 통화로의 공통 통신로에의 접속을 일치시킨다. 이 조작을 프레임 동기라고 한다. 또한, 이상의 설명은 통화를 시분할 다중화하는 경우이지만 통화 이외의 신호를 시분할 다중화하는 경우도 같은 프레임 동기가 행하여진다.

frame synchronizer 프레임 싱크로나이저 프레임 동기가 다른 영상을 일단 프레임 버퍼(메모리)에 기록하고, 이것을 기준의 동기에 의해 판독하도록 한 동기 변환 장치. 당연히 영상을 디지털화하기 위한 A/D, D/A 변환이 필요하며, 음성 신호와의 시간차 문제 등 고려할 다른 문제도 있다.

frame synchronizing pulse 프레임 동기 펄스(-同期-) 시분할 통신 방식에서 프레임 동기를 하기 위해 각 프레임의 시작과 끝을 식별하기 위해 삽입하는 신호 펄스. 프레임의 최초에만 삽입하는 경우도 있다.

frame synchronous communication 프레임 동기 통신 방식(-同期通信方式) 동기 통신 방식의 하나로, 전송하는 데이터 블록을 프레임이라 하고, 그 전후에 비트 패턴 01111110(=$7E)의 플래그를 붙인다. 또한 송신측에서는 5 비트의 1 이 연속하면 0 을 삽입하고, 수신측에서는 이 0 을 삭제한다는 약속으로, 어떤 비트 패턴이라도 보낼 수 있게 되어 있다.

frame-to-frame coding 프레임 투 프레임 코딩 1픽셀당 8비트 정도를 요하는 화상 정보를 DPCM 등의 부호화법을 써서 화상 품질을 잃는 일 없이 1~3비트 정도로 줄일 수 있다. 이것은 임의의 프레임 내에서 행하여지는 인프레임 코딩(in-framce coding)인데, 같은 것을 연속한 각 프레임 간에서도 하고, 그들 사이의 차이(혹은 상관성)를 송신함으로써 필요한 비트수를 다시 압축할 수 있다. 프레임 간에서 화상의 움직임이 매우 작고, 잡음도 없으며 비트 압축 효과는 매우 크다.

framing 프레이밍 ① 데이터 전송에서,비트의 연속한 흐름 속에서 하나 또는 복수의 캐릭터를 나타내는 비트군을 골라내는 것. 그 때문에 비트의 흐름 속에 두어지고, 선별에 사용되는 비정보성의 비트를 프레이밍 비트, 또는 SYNC 비트라 한다. ② 팩시밀리에서 화상을 화선(畫線)의 진행 방향으로 바람직한 위치에 있도록 조정하는 것. 프레이밍을 하기 위해 사용하는 신호를 프레이밍 신호라 한다.

framing bit 프레이밍 비트 특정한 메시지에 관계한 개개의 단말을 식별하고, 또 메시지문의 개시 시점을 식별하기 위한 시호 비트(복수).

framing error 프레이밍 오차(－誤差) 비동기 데이터 전송 방식에서의 수신 장치의 프레이밍 처리를 할 때 생기는 오차. 수신 장치의 클록 레이트가 송신 장치의 보 레이트와 올바르게 적합하고 있지 않기 때문에 보내오는 데이터 비트의 중앙에서 벗어난 위치에서 샘플링 동작이 이루어짐으로써 생기는 것이다. 누적 오차는 송신기에서 보내오는 STOP 신호를 살펴 봄으로써 알 수 있다.

framing signal 프레임 신호(－信號) 팩시밀리에서 전송된 화상 신호를 종이 이송 방향의 정규 위치에 두기 위하여 사용되는 신호.

Franz-Keldysh effect 프란츠·켈디시 효과(－效果) 절연물이나 고저항 반도체에 고전압을 인가하면 가전자대의 전자가 터널 효과에 의해 밴드 갭 내에 들어가, 기초 흡수단 가까이에서의 광흡수 곡선이 장파장측으로 확산되는 양상을 나타낸다. 단파장측에서도 Airy 효과라고 하는 효과를 볼 수 있다. 결국, 전계에 의해 가전자대나 전도대 끝에서의 상태 밀도가 변화하여 입사광에 대한 전자의 천이 확률이 변화하고 있는 것이다. 이러한 효과는 고전압뿐만 아니라 입사광의 파장 변화, 열적 혹은 기계적 일그러짐 등에 의해서도 일어나며, 이를 이용한 변조 분광법(modulation spectroscopy)이 발전하고 있다.

Fraunhofer pattern 프라운호퍼 패턴 안테나의 프라운호퍼 영역에서의 방사 패턴. 무한원(無限遠)에 초점을 맺는 안테나에서는 프라운호퍼 패턴은 원방계(遠方系) 패턴과 같다.

Fraunhofer region 프라운호퍼 영역(－領域) 안테나로부터의 방사 에너지 흐름이 안테나가 두어진 장소의 점상 방사원(點狀放射源)에서 오는 것과 같이 보일 정도의 원방(遠方) 영역을 말한다. 프레넬 영역을 넘어서 파원(波源)으로부터 약 $2D^2/\lambda$보다 먼 곳의 영역이다. 여기서 D는 안테나 개구 치수, λ는 전파의 파장이다.

free capacitance 자유 커패시턴스(自由－) ① 도체계에서의 어느 도체의 자기(自己) 커패시턴스로, 절연된 도체도 포함하여 모든 다른 도체가 무한히 먼 곳으로 멀어졌을 때의 극한의 값. ② 두 도체간의 커패시턴스로, 절연된 것도 포함하여 다른 모든 도체가 무한히 먼 곳으로 멀어졌을 때의 절대 커패시턴스의 극한값이다. 절연이란 외부에서 전하가 주어지고 있지 않다는 것을 의미한다.

free-code call 무료 코드 호(無料－呼) 무료(비과금) 서비스 또는 무료(비과금) 국번에 접속되는 호.

free electron 자유 전자(自由電子) 원자핵의 속박에서 벗어난 전자. 실리콘 단결정 중의 가전자가 열 등의 에너지에 의해서 자유 전자가 된다든지, 5가의 원소를 가함으로써 가전자의 1개가 떨어져 나와 자유 전자가 된다든지 한다.

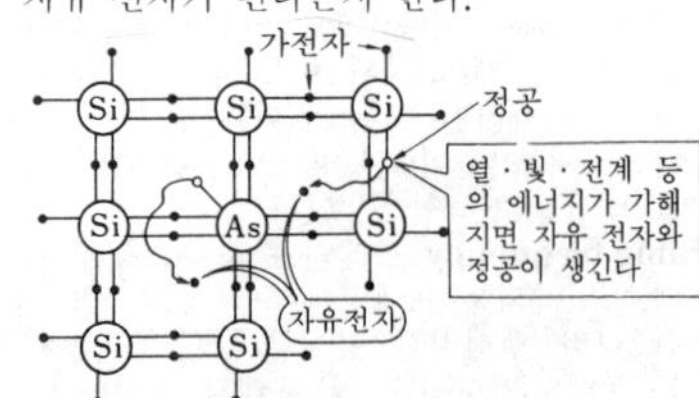

free electron laser 자유 전자 레이저(自由電子－) 가속기에서 가속된 고속 전자와 나선상의 자계에 의해 얻어지는 제동 방사를 이용한 레이저. 레이저 발진의 파장은 입사 전자의 에너지와 자계의 함수이며, 어느 범위에서 자유롭게 선택되므로 가변 파장 레이저로서 이용면이 고려된다.

free impedance 자유 임피던스(自由－) 트랜스듀서에서 그 부하의 임피던스를 제로로 했을 때의 트랜스듀서 입력단에 있어서의 임피던스.

free-line call 무료호(無料呼) 무료(비과금) 전화 번호에 접속되는 호.

free motion 자유 운동(自由運動) 특성이 시스템 자신의 매개 변수와 초기 조건만으로 결정되고, 외부 자극에 의하지 않는 운동. 선형 시스템에서는 자유 운동은 수반하는 동차 미분 방정식의 보함수(補函數)에 의해 기술된다.

free motional impedance 자유 동 임피던스(自由動-) 전기-음향 변환기에 있어서, 자유 임피던스에서 제지 임피던스를 뺀 나머지 복소 임피던스.

free oscillation 자유 진동(自由振動) 시스템의 응답에서, 외부로부터 구동력이 주어지는 일 없이 계(系) 내에 이전에 축적되어 있던 에너지를 방출함으로써 발생하는 것이다. 응답이 진동적인 경우, 그 주파수는 시스템(또는 회로)의 매개 변수에 의해 결정된다. =shock excited oscillation

free progressive wave 자유 진행파(自由進行波) 경계의 영향을 받지 않는 매질 중의 파. 정상 상태의 자유파는 실제로는 근사적으로 밖에 실현되지 않는다.

free routing 자유 루팅(自由-), 자유 경로 선택(自由經路選擇) 트래픽 처리에서 이용할 수 있는 임의의 채널을 경유하여 메시지를 수신처를 향해 내보는 방법.

free running frequency 자주 주파수(自走周波數) ① 외부로부터의 동기화 펄스가 주어지는 일 없이 자기가 가지고 있는 주파수에 의해 발진하고 있을 때의 주파수. ② 오실로스코프에서의 자주 소인 모드에서의 소인 주파수. 외부의 신호에 의해 동기화되는 일은 없다.

free running multivibrator 프리 러닝 멀티바이브레이터 두 회로 상태가 모두 불안정하며 스스로 발진하는 펄스 회로.

free-running sweep 자주 소인(自走掃引) 오실로스코프에서, 구동되지 않고 스스로 반복 동작하여 어떤 외부 신호에 의해서도 동기화되지 않는 소인법(掃引法).

free-space field intensity 자유 공간 전계 강도(自由空間電界强度) 지구 또는 기타 물체로부터의 반사파가 없는 고른 매질 중의 어떤 점에서의 가정적 전파의 전계 강도.

free-space loss 자유 공간 손실(自由空間損失) →effective distance

free-space path loss 자유 공간 경로 손실(自由空間經路損失) →effective distance

free-space transmission 자유 공간 전파(自由空間傳播) 장해물의 방해를 받지 않고 전파하는 전자 방사이며, 그 전력 또는 전계 강도는 거리의 제곱 함수로 감쇠한다.

Freon 프레온 불화 탄소의 총칭으로, 메탄이나 에탄 등의 수소 원자가 불소나 염소로 대치된 것을 말한다. 무색 무취이며 화학적으로 안정하고, 독성이 없는 기체 또는 액체이기 때문에 냉매, 에어졸제, 용제 등에 널리 사용되고 있었으나 오존층을 파괴한다고 해서 세계적으로 문제가 되고 있다. 듀폰사의 상품명으로 프론이라고도 한다.

frequency 주파수(周波數) 음파, 기계 진동, 전기 진동 등과 같이 단위 시간에 같은 현상이 반복되는 횟수. 주파수 f〔Hz〕와 주기 T〔s〕 사이에는 $f=1/T$〔Hz〕의 관계가 성립된다.

frequency-agile radar 주파수 적응 레이더(周波數適應-) 송신 반송파 주파수가 펄스 사이, 또는 펄스군 사이에서 펄스의 대역폭과 같은 정도, 또는 그 이상의 양(量) 변화되는 펄스 레이더.

frequency agility 주파수 가변 능력(周波數可變能力) 군사 목적으로, 즉 적의 전파 방해를 피하기 위해, 또 목표물로부터의 레이더 반사를 양호하게 하기 위해, 혹은 전자 병기 대책, 예를 들면 역탐지나 적의 미사일 유도를 방해하는 등의 목적으로 전파를 신속하고 연속적으로 변경하는 능력.

frequency allocation 주파수 할당(周波數割當) 무선 주파수대를 무선국간에서 서로 방해를 주는 일 없이 유효하게 이용하기 위해 각 지역, 각 국의 특정한 통신 목적에 대하여 사용할 수 있는 주파수 범위를 할당하는 것. 국제 조약에 의해 세계적인 규모로 정해진 할당표와, 세계를 3개의 구역으로 나누어서 각 구역 내에서 독자적으로 할당된 할당표가 있다.

frequency allotment 주파수 구역 분배(周波數區域分配) 특정한 지리적 구역에서 사용하기 위해 분배된 주파수대 중에서 일정한 무선 주파수를 지정하는 방법.

frequency analysis compaction 주파수 분석 압축(周波數分析壓縮) 데이터 압축의 한 형태로, 곡선이나 기하학적인 도형을 비교하거나 표현하기 위해 크기가 다른 여러 주파수를 특별히 코드로써 나타낸다.

frequency analysis of speech 음성의 주파수 분석(音聲-周波數分析) 음성 신호를 분석하는 유력한 방법의 하나. 신호가 어떤 주파수 성분을 가지고 있는가를 분석하는 것.

frequency analyzer 주파수 분석기(周波數分析器) 어느 특정한 주파수의 소리 또는 어느 주파수 대역 내의 주파수 성분의 분포(스펙트럼 분포)를 측정하는 장치를 말하며, 1Hz 나 수 Hz 의 좁은 주파수 범위의 분석을 하는 것과 1 옥타브나 1/2 옥타브의 넓은 주파수 범위를 대상으로 하는 것이 있다. 장치는 주파수 선택률이 뛰어난 헤테로다인 방식이 쓰이며, 국부 발진기를 조절하여 피측정 신호의 주파수 성분과 국부 발진기의 주파수와의 차가 대역 필터의 주파수가 되는 주파수 성분을 순차 검출하여 그 크기를 출력계로 지시하도록 되어 있다.

frequency assignment 주파수 할당(周波數割當) ① 특정한 운용 조건하에서 특정한 무선국이 사용하기 위해 일정한 무선 주파수를 지정하는 방법. ② 주파수 할당에서의 결과를 나타내는 표.

frequency band 주파수 대역(周波數帶域) 음성 신호, 화상 신호, 데이터 신호 또는 잡음파 등에서 보통 그 에너지의 대부분이 집중되어 있는 어떤 주파수 범위.

frequency band number 주파수 대역 번호(周波數帶域番號) 2 개의 한계 주파수 사이에 확산되는 연속적인 주파수 범위를 주파수 대역이라 하는데, 0.3×10^N Hz 부터 3×10^N Hz 사이의 대역을 대역 번호 N의 대역이라 한다.

frequency bandwidth 주파수 대역폭(周波數帶域幅) 정보의 전송로, 전송 장치 등의 매체가 처리할 수 있는 주파수의 대역, 또는 어떤 데이터 신호의 주파수가 분포하고 있는 대역.

frequency bridge 주파수 브리지(周波數−) 브리지 회로의 평형시에서의 전원 주파수가 회로 상수와 일정한 관계에 있는 것을 이용한 주파수 측정용 브리지. 캠벨 브리지, 윈 브리지, 공진 브리지, 병렬 T 형 *CR* 회로 등이 있다.

frequency characteristic 주파수 특성(周波數特性) 회로나 기기의 입력이나 출력에서의 전압, 전류 등의 주파수에 대한 변화를 나타내는 것으로, 보통 주파수를 가로축에, 전압이나 전류의 크기를 세로축에 취하여 특성 곡선으로 나타내는 경우가 많다.

frequency comparing pilot 주파수 교정용 파일럿(周波數較正用−) 송신 단국과 수신 단국과의 반송파를 동기화시키기 위해 송단에서 상시 송출되는 일정 주파수의 정현파 전류.

frequency conversion circuit 주파수 변환 회로(周波數變換回路) 수신기 중에서 수신 신호의 주파수 대역을 중간 주파수 대역으로 바꾸는 회로. 컨버터라고도 한다. 수신파 f와 국부 발진 회로로부터의 헤테로다인파 f'를 혼합하여 중간 주파 $f_i=f'-f$를 비트(beat)로서 발생시킨다. 연동 바리콘에 의해서 f와 f'의 변화를 같게 하여 f_i를 일정하게 유지한다. 그림은 1 개의 트랜지스터로 혼합과 발진을 동시에 하는 자려식으로, 이미터 주입형이라고 하는데, 이 밖에 베이스 주입형도 있다. 국부 발진을 다른 트랜지스터로 하는 방식도 있으며 타려식이라고 한다. → intermediate frequency signal

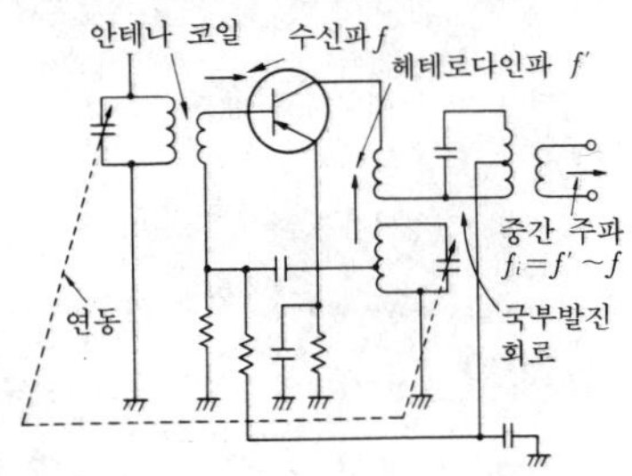

frequency converter 주파수 변환기(周波數變換器)[1], 주파수 변환기(周波數變換機)[2] (1) 수퍼헤테로다인 수신기에서 수신 전파를 중간 주파수로 변환하는 것을 주파수 변환기라 한다. 보통, 혼합기와 국부 발진기로 이루어지는데, 이 동작은 1 개의 트랜지스터로 할 수 있다.
(2) 교류 전력을 어느 주파수에서 다른 주파수로 변환하는 장치로, 주파수비가 일정한 것은 정비(定比) 주파수 변환기라 한다. 일반적으로 사이리스터를 사용하여 조립한다.

frequency counter 주파수 카운터(周波數−) 공학에서의 시험용 기기의 일종. 전압계와 비슷하며, 전자 신호의 주파수를 표시한다. 또, 프로세스 제어 컴퓨터에 내장되어 액티비티한 발생 횟수를 계산하는 전자 회로.

frequency curve 분포 곡선(分布曲線), 도수 분포 곡선(度數分布曲線) 확률 밀도 함수 $f(x)$의 그래프. 즉, 히스토그램 위에 모가 나지 않게 곡선의 형태를 취하는 도수 분포 도표의 일종으로, 전형적인 도수 분포 곡선은 이론 분포에서의 정규 분포 곡선이다.

frequency demultiplier 분주기(分周器) 입력 신호 주파수의 약수(約數)인 주파수

를 가진 출력 신호를 주는 장치. 출력 주파수가 입력 주파수의 적당한 분수인 경우에는 주파수 분할기라 한다. 반드시 입출력 주파수가 정수비라고는 할 수 없다.

frequency departure 주파수 편차(周波數偏差) 반송 주파수 또는 중심 주파수가 지정된 주파수로부터 변동하는 양.

frequency detection 주파수 검출(周波數檢出) 주파수나 펄스수를 검지하여 골라내는 것. 주파수나 펄스수의 검출에는 숫자식 계기나 계수형 계산기 기술을 사용할 수 있다. 기본 회로로서는 콘덴서 충방전 회로, 공진 회로, 플립플롭 회로 등을 이용한다.

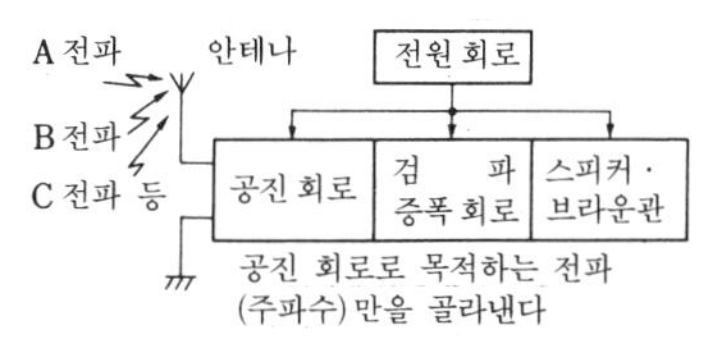

frequency deviation 주파수 편이(周波數偏移) 주파수 변조의 경우 피변조파 주파수와 중심 주파수와의 벗어남. 그림의 경우 B, C 일 때 주파수 편이는 최대가 된다.

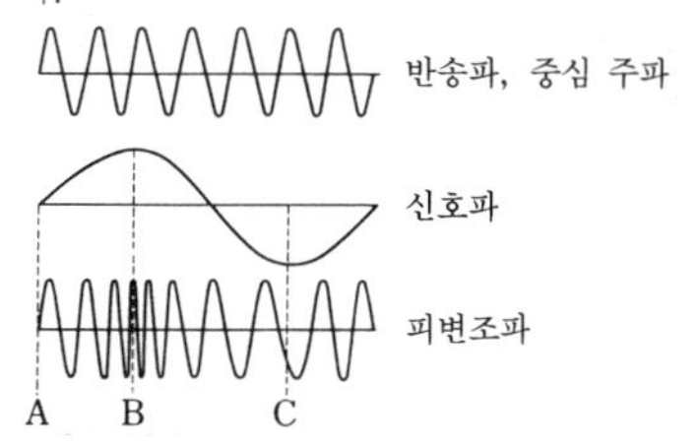

frequency discrimination 주파수 판별(周波數判別) 주파수 스펙트럼에서 원하는 주파수를 골라내는 것.

frequency discriminator 주파수 판별기(周波數判別器) 주파수의 변화를 진폭의 변화로 바꾸는 회로. FM 파의 복조에 사용된다. 피크 차동 검파 회로, 비검파 회로, 포스터-실리 검파 회로 등이 있다.

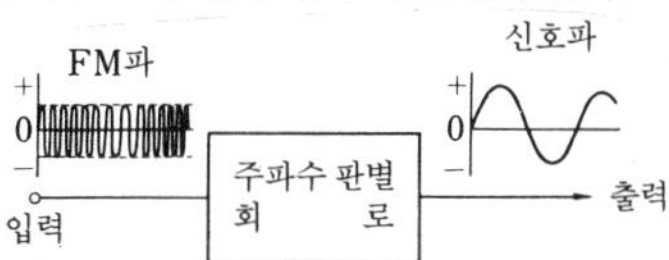

frequency distortion 주파수 일그러짐(周波數－) 복수의 주파수가 다른 성분을 갖는 입력 신호가 주파수 특성이 고르지 않는 회로에 가해졌을 때의 출력 신호 파형은 입력 신호 파형을 올바르게 재현하지 않는데, 이 일그러짐을 말한다. 그림과 같은 주파수 특성의 회로에 $f_L \sim f_H$ 범위의 성분을 갖는 입력 신호가 가해졌을 때 $f_1 \sim f_2$ 의 범위는 문제가 없지만 $f_2 \sim f_H$, $f_L \sim f_1$ 의 범위에서는 이득의 증감이 있어 주파수 일그러짐을 발생시킨다. 일반적으로 주파수 특성이 나쁜 것을 주파수 일그러짐이 크다고 하며, 주파수 특성 양부의 표현에 쓰인다.

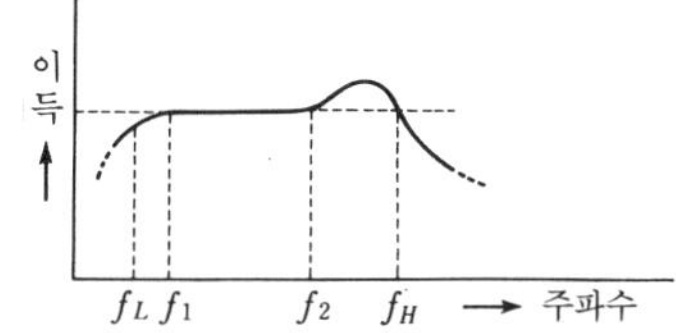

frequency distribution table 도수 분포표(度數分布表) ① 품질 특성값의 불균일 상태를 표로 한 것. ② 측정값 중에 같은 값이 반복해서 나타나는 경우, 각 값의 출현 빈도수를 배열한 표.

frequency diversity 주파수 다이버시티(周波數－) 장거리 단파 무선 통신에서 페이딩 대책으로서 사용하는 다이버시티 수신 방식의 일종으로, 주파수가 다른 두 통신 회선의 수신 출력을 합성하여 안정한 양질의 통신을 하는 것이다. 단파대에서는 500Hz 정도의 주파수차라도 충분한 효과가 있으며, 주파수 분할 다중 통신에 널리 이용되고 있다.

frequency diversity reception 주파수 다이버시티 수신(周波數－受信) 동일 통신 내용을 여러 가지 다른 주파수로 송신하고, 수신측에서 합성하는 다이버시티 수신. 적당히 다른 주파수를 가진 두 반송 주파수를 같은 변조파로 변조하여 보냄으로써 페이딩을 방지할 수 있다(페이딩은 다른 주파수에서 동시에 일어나는 일은 거의 없다).

frequency divider 분주 작용(分周作用) 일정 주기의 주파수를 정수분의 1로 낮추는 것.

frequency division multiple access 주파수 분할 다원 접속(周波數分割多元接續) 위성 통신 방식의 경우 1개의 위성을 이용, 여러 지구국 상호간에 동시에 통신하는 방법의 하나로, 사용 주파수를 각 지구국별로 할당하는 것이다. 이 방법 외에 각 지구국의 사용 주파수는 동일하고 각국의 전송 용량에 비례해서 시간 슬롯을 할당하는 시분할 다중 접속과, 다중 주파

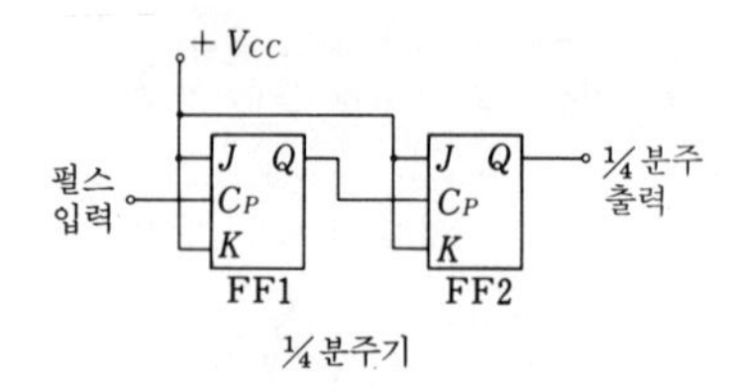

¼분주기

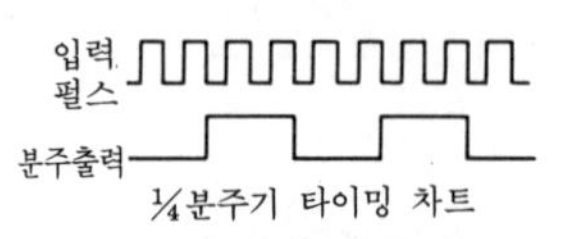

¼분주기 타이밍 차트

frequency divider

수대 접속과 공간을 분할하여 사용하는 공간 분할 다중 접속이 있다. =FDMA

frequency division multiplex 주파수 분할 다중 전송 방식(周波數分割多重轉送方式) 주파수가 높은 전파를 이용하여 데이터 전송을 하는 경우, 넓은 대역폭을 여러 저주파 대역으로 분할하여 각 대역을 하나의 통신로로 간주하고 데이터 전송을 하면, 하나의 전파로 복수의 메시지를 동시 전송할 수 있는데, 이러한 방식을 말한다. =FDM

frequency division multiplex communication 주파수 분할 다중 통신(周波數分割多重通信) 다수의 통화로(채널)를 하나의 반송파에 실어서 보내는 다중 통신 방식의 일종으로, 각 통화로를 일정한 주파수 간격으로 배열하여 다수의 통신을 동시에 전송하는 것이다. 1 통화로의 신호는 평형 변조한 다음 단측파대(SSB)로 꺼내서 반송파의 주파수순으로 배열하여 다중 신호로 한다. 이것으로 다시 주반송파를 주파수 변조(FM), 위상 변조(PM) 혹은 진폭 변조(AM)하여 전송하는 것으로, 각각 SS-FM, SS-PM, SS-AM 방식이라 한다. 이 방식에서는 최대 2,700채널의 것까지 실용되고 있다. 또한 다중 통신 방식에는 이 밖에 시분할 다중 통신이 있다. =FDM

frequency division multiplex system 주파수 분할 다중 방식(周波數分割多重方式) 상이한 주파수의 반송파에 다수 통화로의 신호를 싣고 그것을 묶어서 하나의 신호로서 다루는 다중 통신 방식. SSB 변조로 다중화하면 대역의 이용률이 좋다. 주요 도시를 잇는 전화에 사용된다(초다중 통신).

frequency-division switching 주파수 분할 교환(周波數分割交換) 동시에 발생한 각각의 호출에 대하여 하나의 분리된 주

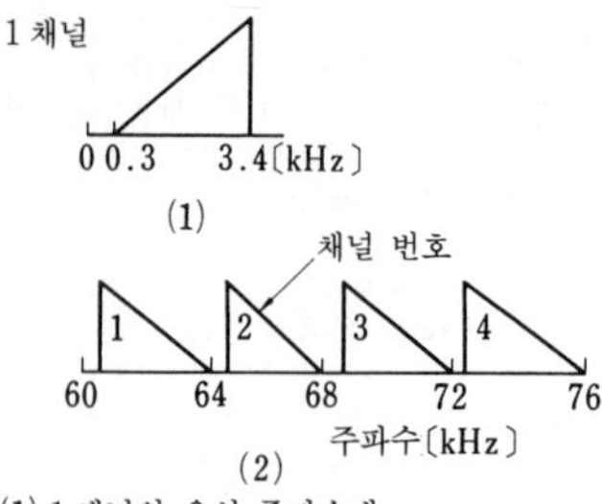

(1) 1 채널의 음성 주파수대
(2) 4 채널인 경우의 주파수대
각 채널마다 반송파를 4〔kHz〕씩 바꾸어서 얻어지는 변조파의 하측파대만을 배열한 것

frequency division multiplex system

파수 대역을 가진 공통 버스를 제공하는 변환 방식.

frequency division system 주파수 분할 방식(周波數分割方式) 주파수 대역폭이 좁은 신호에서는 다수의 다른 신호를 다른 주파수에 의해 변조하고 원신호 스펙트럼을 넓은 주파수 범위로 이동시켜서 하나의 전송로로 동시에 보내고 있다. 이것을 주파수 분할 방식이라고 한다. 이 방식을 쓴 다중 통신을 주파수 분할 다중 통신(FDW)이라 하며, 시분할 다중 통신(TDM)과 함께 다중 통신의 대표적인 것이다.

frequency doubler 주파수 2배기(周波數二倍器) 입력 주파수의 2배 주파수 출력 전압을 얻는 장치.

frequency drift 주파수 드리프트(周波數—) ① 성분의 변화(Hz/s, Hz/℃ 등)에 의한, 어느 시간 기간에서의 표시 주파수의 점차적인 이행 또는 변화. ② 스펙트럼 분석기의 내부 변화(Hz/s, Hz/℃ 등)에 의한, 어느 시간 기간에서의 표시 주파수의 점근적인 이행 또는 변화.

frequency hopping 주파수 호핑(周波數—) 다원 접속에 사용하는 변조의 기법. 주파수 호핑 시스템은 송신되는 정보의 샘플링 레이트와 같거나 그보다 낮은 비율에서의 송신 주파수의 스위칭을 사용한다. 송신되어야 할 특정 주파수의 선택은 일정한 순번으로 행하거나 넓은 대역폭을 커버하는 1조의 주파수에서 의사(擬似) 랜덤한 방법으로 할 수 있다. 원하는 수신기는 원하는 정보를 검색하기 위해 송신기와 같은 방법으로 주파수 호핑을 한다.

frequency independent antenna 주파수 무관계형 안테나(周波數無關係形—) 정재

파 분포를 가진 다이폴 안테나 등에서는 동작 주파수 영역은 1 : 1.1 정도의 매우 좁은 범위이지만, 스파이럴 안테나, 대수 주기 다이폴 안테나 등에서는 1 : 10 정도의 광대역으로 동작할 수 있으므로 이러한 안테나를 주파수 무관계(비의존) 형이라 한다. 안테나에 넓은 동작 주파수 영역을 요구하는 수요는 최근 높아지고 있으며, 방해 등에 대하여 주파수를 변경할 수 있는 능력(frequency agility)은 군사면 등에서도 중요시되고 있다.

frequency influence 주파수의 영향(周波數-影響) 규정의 기준 주파수에서 주파수가 벗어남으로써 생기는 계기의 풀 스케일값에 대한 백분율 오차. 60Hz 가 일반적이므로 표기가 없을 때는 교류 계기(상용 주파수용)의 주파수는 60Hz 이다.

frequency interlace 주파수 인터레이스(周波數-) →frequency interleaving

frequency interleaving 주파수 인터리브(周波數-) 텔레비전의 색도 신호를 흑백 신호 중의 대역 내에 보내기 위한 방법. 수평 동기 신호 주파수의 1/2 의 홀수 배 주파수인 색부반송파에 색도 신호를 실음으로써 두 신호가 대역을 공유하면서 간섭을 적게 할 수 있다.

frequency interval 주파수 간격(周波數間隔) 두 음향 사이의 피치, 또는 주파수간의 간격. 주파수 간격은 두 주파수의 비, 또는 그 비의 대수값으로 나타낸다.

frequency linearity 주파수의 선형성(周波數-線形性) 입력 신호의 주파수와 표시 주파수 사이에서의 선형적 관계.

frequency lock 주파수 로크(周波數-) 단측파대(單側波帶) 억압 반송파 수신기에서 단측 파대 송신기에 입력된 정확한 변조 주파수를 복원하기 위한 한 방법.

frequency measurement 주파수의 측정(周波數-測定) 교류 전압의 주파수는 측정하려는 주파수 범위에 따라서 측정 원리나 기법이 다종 다양하다. 즉 ① 저주파수 : 기계 공진을 이용한 진동편형 주파수계, 주파수 브리지, 오실로스코프(리서주 도형)법. 흡수형 주파수계. ② 중 · 고주파수 : 헤테로다인 주파수(파장)계, 주파수 카운터, 딥 미터. ③ 마이크로파 주파수 : 레헤르선 파장계, 동축 파장계, 공동 파장계, 각종 간섭계 등이 있다. 하나의 측정기로 ①과 ②, 또는 ②와 ③에 걸쳐서 사용되는 것도 있다. 또한, ③에서 볼 수 있듯이 주파수가 극도로 높아지면 오히려 파장으로 측정하는 편이 편리하다.

frequency meter 주파수계(周波數計) 주파수 또는 파장을 직접 지시하는 장치로, 그 종류는 매우 많다. 진동편 주파수계, 지침형 주파수계는 상용 주파수용, 충방전식 주파수계는 가청 주파수용, 흡수형 주파수계, 헤테로다인 주파수계는 중 · 단파용, 버터플라이형 주파수계, 레헤르선 파장계는 초단파용, 동축 파장계, 공동 파장계는 마이크로파용이다. 또, 계수형 주파수계는 최고 수 GHz 정도까지 측정할 수 있는 것이 많다.

frequency-meter of counter type 계수형 주파수계(計數形周波數計) 적당한 게이트 회로와 계수 회로를 조합시켜 1초간의 파의 수를 셈하여 주파수를 구하는 것. 계수 회로로서는 일반적으로 플립플롭 회로를 사용한다.

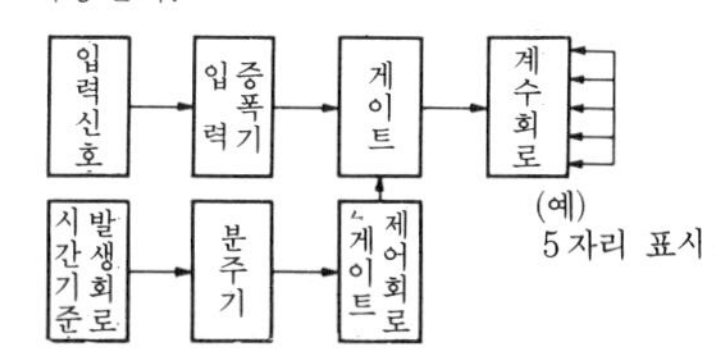

frequency-modulated broadcast transmitter FM 방송기(-放送機) 주파수 변조 방식에 의한 방송기. FM 방송기에는 리액턴스관을 사용한 직접 FM 방식과 세라소이드(serrasoid) 변조 방식 등이 있다. 그림은 직접 FM 방식이다. →frequency modulation

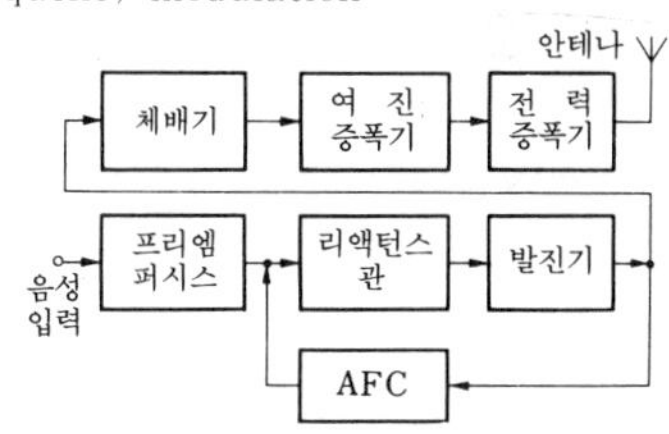

AFC : 자동 주파수 제어 장치

frequency-modulated cyclotron 주파수 변조 사이클로트론(周波數變調-) 매우 높은 에너지 하에서 입자의 질량이 증가하는 경우에는 양(+)으로 대전한 입자가 가속 전계와 동기하여 운동하도록 가속 전계의 주파수를 변조시키는 사이클로트론.

frequency-modulated radar 주파수 변조 레이더(周波數變調-) 연속파 레이더로, 그 반송 주파수는 미리 정해진 시간율로 교대로 증감된다. 송신파와 반사파(에코) 사이의 비트 주파수는 에코 도달 시점에서의 타깃 거리를 주는 것.

frequency-modulated transmitter 주파수 변조 송신기(周波數變調送信機) 주파수 변조된 전파를 송신하는 송신기.

frequency modulation 주파수 변조(周波數變調) 신호파의 순시값에 따라서 반송파의 주파수를 변화시키는 방식의 변조. 반송파, 신호파를 그림과 같은 정현파형으로 했을 때 피변조파 i는

$$i = I_c \sin\left(\omega_c t + \frac{\Delta f}{f_s}\sin\omega_s t\right)$$

으로 되며, 그림과 같은 조밀한 파형으로 된다. Δf는 I_s에 따른 최대 주파수 편이이며, $\Delta f/f_s = m_f$를 변조 지수라 한다. 이 방식은 잡음이 혼입하기 어려운 이점이 있으나 점유 주파수대가 매우 넓기 때문에 상당히 높은 주파수에 사용하지 않으면 안 된다.

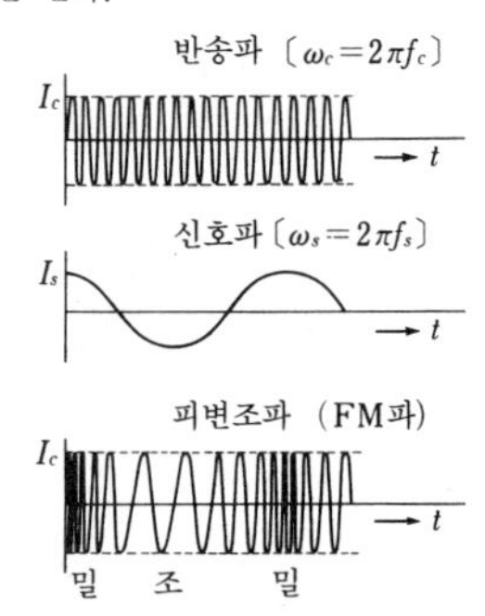

frequency modulation broadcast band FM 방송대(一放送帶) FM 방송에서는 200kHz 의 대역폭을 가진 채널이 사용된다. 이들 대역은 그 중심 주파수로 불리는데, 방송에서는 88~108MHz 에 걸쳐서 200kHz 마다 두어진다.

frequency modulation circuit 주파수 변조 회로(周波數變調回路) 주파수 변조를 하는 회로. →frequency modulation

frequency modulation demodulator FM 복조 회로(一復調回路) →frequency discriminator

frequency modulation detector 주파수 변조 검파기(周波數變調檢波器), FM 검파기(一檢波器) =FM detector →frequency discriminator

frequency modulation-frequency modulation (FM-FM) telemetry FM-FM 텔레메트리 다수의 테레미터 채널을 다중화하는 방식의 하나로, 먼저 부반송파를 주파수 변조하고, 변조된 부반송파를 합쳐, 마지막으로 무선 반송파를 주파수 변조한다. 이 방식은 위성으로부터의 전송에 널리 사용되며 IRIG(Inter Range Instrumentation Croup)에 의해 규격화되어 있다.

frequency modulation (friction) noise 주파수 변조 잡음(周波數變調雜音) 약 100 Hz 이상의 대역에서의 신호 주파수 변조는 일그러짐의 원인이 되며, 그 일그러짐은 신호에 부가된 잡음(즉, 신호가 없는 경우에는 존재하지 않는 잡음)으로서 인식된다.

frequency modulation oscillator 주파수 변조 음원(周波數變調音源) 주파수 변조라는 방법에 의해서 음을 발생하는 장치로, 디지털화하기 쉬우므로 전용의 LSI가 만들어지고 있다. 기본 주파수와 그 정수배의 주파수를 갖는 음을 발생할 뿐만 아니라 중간의 주파수를 갖는 음도 합성할 수 있으므로 악기의 음이나 자연으로 발생하는 음도 근사시킬 수가 있다.

frequency modulation wave FM 파(一波), 주파수 변조파(周波數變調波) 반송파의 주파수를 신호에 의해서 변화시켜 얻어지는 피변조파. 반송파를 중심으로 하여 상하로 무수한 측파대를 발생하고, 점유 주파수 대역이 넓지만 고충실도의 송수신이 가능하다. FM 방송, 텔레비전 방송의 음성 전송, 음성 다중 방송, 이동용 무선 전화 등에 쓰인다.

frequency monitor 주파수 감시(周波數監視) 주파수의 소정값으로부터의 편차를 표시하는 장치.

frequency multiplier 주파수 체배기(周波數遞倍器), 배주기(倍周器) 입력 주파수의 정수배가 되는 주파수의 출력을 꺼내는 회로. 그 원리는 입력 신호를 일그러짐을 많이 발생하는 회로에 넣고 그 출력에서 필터에 의하여 필요한 고조파 성분만을 꺼내도록 한 것이다.

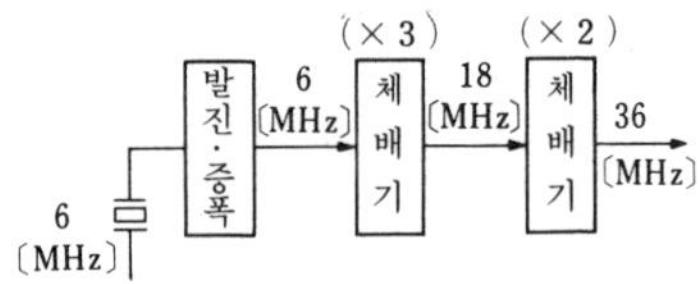

frequency offset 주파수 편차(周波數偏差) 어떤 주파수로부터의 주파수의 벗어남을 말한다. 전화 회선에서는 입력 신호 주파수와 그 출력 신호 주파수의 차를 말하고, FDM 회선에서는 반송파의 주파수 편차가 있을 때 생긴다.

frequency-offset transponder 주파수 오

프셋 트랜스폰더(周波數−) 재송신하기 전에 신호 주파수를 일정량만큼 변화하도록 한 트랜스폰더.

frequency of optimum traffic 최적 사용 주파수(最適使用周波數) =FOT →frequency of optimum transmission

frequency of optimum transmission 최적 사용 주파수(最適使用周波數) 전리층에서의 반사파를 이용하여 통신을 하는 전리층 통신에서는 전리층을 뚫고 나가지 못하는 최고 사용 주파수(MUF)와 감쇠에 의해서 정해지는 최저 사용 주파수(LUF) 사이의 주파수가 통신 가능한 주파수가 된다. 감쇠의 점에서는 주파수가 높은 편이 유리하나, 너무 MUF에 접근하면 신뢰성이 떨어지므로 MUF의 85%인 주파수가 가장 적합하다고 한다. 이것을 최적 사용 주파수라 한다. =FOT

frequency quadrupler 주파수 4배기(周波數四倍器) 입력 주파수의 4배 주파수 출력 전력이 얻어지는 디바이스.

frequency range 주파수 범위(周波數範圍) ① 전송 시스템에서, 규정 이상의 감쇠, 일그러짐없이 전송이 가능한 주파수 대역. ② 소자의 여러 가지 회로 및 동작 조건이 유효하게 되는 주파수의 범위. 주파수 범위는 일정한 회로 및 동작 조건만이 유효하게 되는 대역폭과는 구별할 필요가 있다. ③ 음향 광학 편향기에서, 지정된 최소값보다도 회절 효율이 큰 주파수의 범위. ④ 스펙트럼 애널라이저에서, 최소 주파수와 최대 주파수로 표시된 측정 가능한 주파수 범위.

frequency response 주파수 응답(周波數應答) 주파수 전달 함수가 주파수에 따라서 어떻게 변화하는가를 나타낸 특성. 목표값(계의 입력)에 대한 제어량(계의 출력)은 주파수가 작은 경우는 거의 완전히 추종할 수 있지만 주파수가 커지면 늦어진다. 이들의 경향과 특성을 나타내는 것이다. 벡터 궤적이나 보드 선도에 표시되는 경우가 많다. →vector locus, Bode diagram

frequency-response characteristic 주파수 응답 특성(周波數應答特性) ① 어떤 정현파를 입력으로 했을 때의 출력에 있어서의 이득 및 위상 벗어남의 주파수 의존성. ② 선형 시스템에서의, 정현파 입력과 그에 의한 정상 상태에서의 정현파 출력과의 사이의 주파수에 의존하는 이득 및 위상의 차의 관계.

frequency-response equalization 주파수 응답 등화(周波數應答等化) ① 원하는 종합 주파수 응답을 얻기 위해 전송 시스템에 사용하는 모든 주파수 특성 변경 수단. ② 어떤 회로망의 주파수 응답을, 다른 회로망의 주파수 응답을 부가함으로써 주어진 대역으로서 그 결합된 응답이 주어진 특성을 가질 수 있도록 변경하는 과정.

frequency reuse 주파수 재사용(周波數再使用) 할당된 주파수 대역을 중복하여 사용함으로써 통신 위성의 이용 효율을 증가하는 방법. 서로 멀리 떨어진 지역을 향한 통신로라면 동일 주파수를 사용할 수 있다. 물론 안테나는 부 로브가 아닌 날카로운 빔을 만들 수 있는 것이 아니면 안된다.

frequency selective ringing 주파수 선택 신호(周波數選擇信號) 특정한 주파수에 대해서만 기계적 또는 전기적으로 공진하고 있는 신호기만이 응답하도록 여러 가지 다른 주파수의 신호 전류를 써서 신호기를 동작시키는 선택 신호법.

frequency-selective voltmeter 주파수 선택 전압계(周波數選擇電壓計) 많은 주파수 성분을 가진 파형에서 일정한 주파수 성분의 전압만을 선택하여 표시하는 기능을 가진 전압계.

frequency-sensitive relay 주파수 계전기(周波數繼電器) 특정한 주파수대의 전압, 전류 또는 전력이 인가되었을 때 동작하는 계전기.

frequency selectivity 주파수 선택도(周波數選擇度) ① 전기 회로 또는 장치에서 전류 또는 전압이 주파수에 따라 다른 감쇠를 받아서 전송되는 특성. ② 변환기가 목적의 신호와 다른 주파수의 신호 혹은 간섭을 구별할 수 있는 정도. ③ 특정한 주파수 대역에서의 데시벨 단위의 피크-피크 변동값.

frequency separation 주파수 분리(周波數分離) 주파수가 다른 둘 이상의 신호가 합성된 신호를 주파수의 차이를 이용하여 분리하는 것을 말한다. 텔레비전 수상기에서 수신된 동기 신호를 수평 동기 신호와 수직 동기 신호로 분리할 때 이 원리를 써서 주파수 분리 회로에 의해 두 신호를 분리하여 따로 이용하고 있다.

frequency separation circuit 주파수 분리 회로(周波數分離回路) 텔레비전 수상기에서 영상 신호와 합성 동기 신호를 분리한 다음, 동기 신호를 수평 동기 신호와 수직 동기 신호로 분리할 때 사용하는 회로. 수평 동기 신호와 수직 동기 신호는 반복 주파수가 다르므로 이 주파수차를 이용하여 분리한다. 즉, 동기 신호를 저역 필터를 통해서 높은 주파수 성분을 제거하면 수직 동기 신호만이 얻어지고, 고역 필터에 의해서 주파수가 낮은 부분을 제거하면 수평 동기 신호가 얻어진다.

frequency sharing 주파수 공용(周波數共用) 동일 주파수를 시간을 벗어나게 하거나, 혹은 떨어진 지역에서 동시에 사용하는 것. 유한의 할당 주파수를 실효적으로 증가시키는 효과가 있다.

frequency shift 주파수 편이(周波數偏移) FSK 에서 마크 주파수와 스페이스 주파수의 중심 주파수로부터의 편차.

frequency shift communication system FS 통신 방식(－通信方式), 주파수 편이 방식(周波數偏移方式) 전신에서의 주파수 변조 방식이라고도 생각할 수 있다. 즉, 그림과 같이 전신 부호에 따라서 발사 전파의 주파수를 중심 주파수에서 일정한 주파수만 ＋와 －로 벗어나게 하는 방식이다. 이 방식을 씀으로써 고속도 통신이 가능하게 되고, 또 페이딩이나 공전의 영향을 거의 받지 않는 특색이 있다.

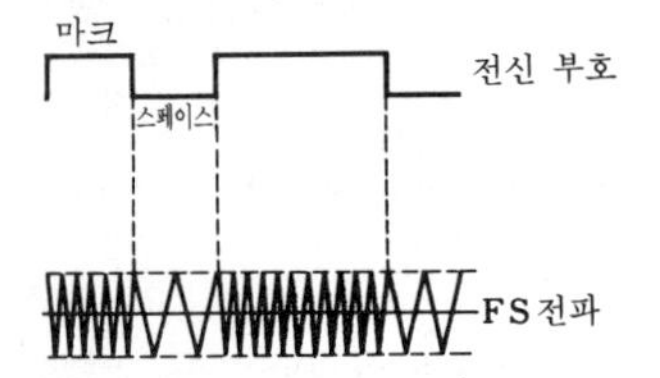

frequency shift keying FS 부가 장치(－附加裝置) 일반의 무선 송수신기를 FS통신용으로 하기 위해 부가하는 장치. 수신측에는 주파수 판별기를 갖는 부가 장치가 있다.

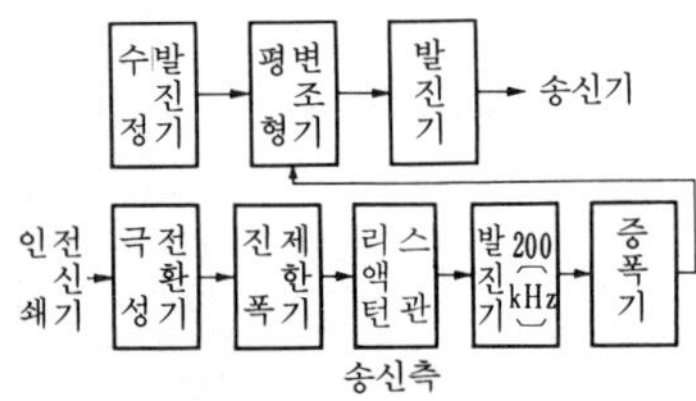

frequency shift keying system FSK 방식(－方式) →FS keying circuit

frequency-shift pulsing 주파수 편이 펄스(周波數偏移－) 일련의 두 주파수가 사용되는 디지털 정보 전송 방식.

frequency-slope modulation 주파수 슬로프 변조(周波數－變調) 반송파가 어느 대역에 걸쳐서 주기적으로 소인(掃引)되는 상태에서 행하여지는 변조법. 이러한 반송파를 음성 기타의 정보 신호로 변조하면 변조계 전체의 주파수 대역은 반송파와 함께 소인 범위 내를 주기적으로 이동하게 되므로 원하는 정보는 이동 범위 내의 어느 곳에서도 수신할 수 있고, 따라서 방해가 심한 부분은 필터로 제거해 버려도 정보 신호의 수신에는 지장이 없다.

frequency span 주파수 스팬(周波數－) 스펙트럼 애널라이저의 화면에 표시되어 있는 일정한 주파수 구간의 크기를 나타내는 양. 보통 Hz 또는 Hz/div 로 표시된다.

frequency spectrum 주파수 스펙트럼(周波數－) 왜파(歪波)를 구성하고 있는 각 주파수 성분을 그 주파수의 크기 순으로 배열한 것. 예를 들면, 단일 정현파로 반송파를 진폭 변조했을 때의 주파수 스펙트럼.

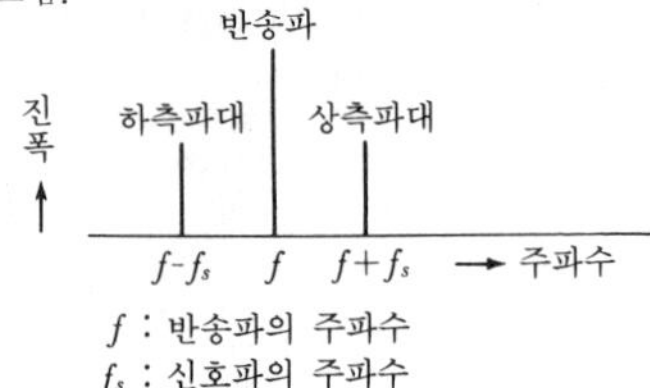

frequency spectrum designation 주파수 표시(周波數表示) 무선에 사용하는 주파수의 확대에 따라 약어에 의한 주파수 범위가 정해져 있다. 예를 들면, VHF(very high frequency) : 30～300 메가헤르츠(MHz), UHF(ultra high frequency) : 300～3,000 메가헤르츠 등.

frequency stability 주파수 안정도(周波數安定度) 회로나 기기에서 다음 식으로 정해지는 값을 말하며, 이것이 작을수록 주파수가 안정하다.

주파수 안정도$=\Delta f/f_0$

또는 $(\Delta f/f_0)\times 100\%$

여기서, Δf : 주파수의 기준값에 대한 벗어남〔Hz〕, f_0 : 기준 주파수〔Hz〕.

frequency stabilization 주파수 안정화법(周波數安定化法) 참조 파원(參照波源)의 주파수에 대해 어떤 일정한 값 이상 벗어나지 않도록 중심 주파수 또는 반송 주파수를 제어하는 방법.

frequency standard 주파수 표준(周波數標準) 주파수 결정의 기준이 되는 것을 말하는데, 이것은 필연적으로 시간 표준이 되기도 하며, 길이나 질량과 함께 매우 중요한 것이다. 주파수 표준은 일반의 이용에 제공될 수 있도록 표준 전파로서 발사되고, 이것은 국제적으로도 서로 수신되어 비교가 이루어지고 있다. 표준 주파수는 원자 주파수 표준기에 의해서 얻어지는데, 표준 주파수의 발사와 유지에는 수정 발진기가 사용되며, 원자 주파수 표준기로 주파수를 정밀하게 교정하는 방법이 쓰인다.

frequency swing 주파수 스윙폭(周波數-幅) 주파수 변조에서 순시 주파수의 최대값과 최소값 사이의 변화폭. 보통, 특정한 조건하에서 허용되는 최대의 변화폭을 말하기 위해 쓰이며, 그 조건을 면시할 필요가 있다. 최대의 주파수 스윙폭을 주파수 편이라 한다.

frequency synthesizer 주파수 신시사이저(周波數-), 주파수 합성기(周波數合成器) 고주파대 이상의 무선 수신기에서 국부 발진 주파수를 안정하게 하기 위해 가변 주파수 발진기의 주파수를 수정 발진기로 규정하는 장치.

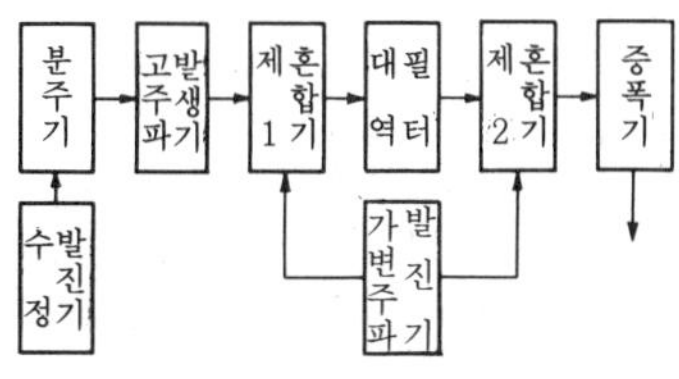

frequency synthesizer tuner 주파수 신시사이저 튜너(周波數-), 신시사이저 튜너 FM 튜너의 일종으로, 국부 발진기의 발진 주파수를 신시사이저(주파수 합성장치)에 의해서 얻는 방식의 튜너를 말한다. 수정 발진기를 기준 발진기로서 사용하고, 이 발진 주파수를 정수배하거나 분주하거나 하여 임의의 주파수를 만들어 내는 것으로, 동조 바리콘은 사용하지 않고 배리캡 다이오드(가변 용량 다이오드)를 써서 디지털로 처리하여 만들어 내고 있다. 정확한 주파수가 얻어지고 동작도 안정하기 때문에 고급 FM 튜너에 사용된다. 디지털 신시사이저 튜너라고도 한다.

frequency test record 주파수 레코드(周波數-) 가청 주파수의 정현파를 녹음한 레코드로, 레코드 플레이어, 픽업, 앰프, 스피커, 나아가서는 리스닝 룸 등의 음향기기나 장치의 특성을 측정하기 위해 사용한다. RIAA 커브로 녹음되어 있는 것이 많다. 또 오디오 체크 레코드로서 실제의 음이나 곡의 일부 등을 한쪽 면에 넣은 것도 있다.

frequency time matrix 주파수 시간 매트릭스(周波數時間-) 다원 접속에 사용하는 변조의 한 기법. 주파수 시간 매트릭스 시스템은 출력 신호를 만들어 내는 데 하나 이상의 시각(時刻)과 주파수의 할당 내에 에너지를 동시에 존재하도록 할 필요가 있다. 여러 개의 시각 슬롯 또는 여러 개의 주파수 슬롯 내에서 에너지가 존재할 것을 요구하면 여러 사용자가 동시에 송신할 때 상호 간섭의 확률을 감소시킨다.

frequency tolerance 주파수 허용 편차(周波數許容偏差) 전파 발사를 할 때 할당된 주파수에 대하여 허용되는 최대 편차값.

frequency to voltage converter 주파수 전압 변환기(周波數電壓變換器) 입력 주파수에 비례한 아날로그의 출력 전압을 발생하는 장치나 회로. 실제 입력 신호는 정현파, 구형파, 3 각파 등 대개 어떤 파형으로도 입력할 수 있게 되어 있는 IC형의 제품이 있으며, 모터의 속도 제어, 주파수의 모니터, 전압 제어 발진기(VCO)의 안정화 등에 사용된다.

frequency transfer function 주파수 전달 함수(周波數傳達函數) 어떤 요소에 가한 정현파 입력 신호로 그 출력 신호를 나눈 값으로, $j\omega$의 함수로 나타낸다. 입출력 신호는 정현파이고, 회전 벡터이므로 이 값은 $j\omega$의 함수가 된다. 이 함수의 절대값은 입출력 신호 진폭의 비가 된다. 위상각은 입력 신호에 대한 출력 신호의 지연을 나타낸다. 주파수 응답을 나타내는 데 사용된다.

frequency-translation 주파수 변환(周波數變換) 송신 음성 신호와 통신로를 거친 다음의 수신 음성 신호인 주파수의 차.

frequency tripler 주파수 3 배기(周波數三倍器) 입력 주파수의 3 배 주파수를 갖는 출력 전력이 얻어지는 디바이스.

frequency-type telemeter 주파수형 텔레미터(周波數形-) 신호를 주파수로 변환하여 전송하는 텔레미터 방식.

Fresnel hologram 프레넬 홀로그램 → hologram

Fresnel lens antenna 프레넬 렌즈 안테나 궤전 장치와 렌즈(보통, 평면)로 구성되는 안테나로, 궤전 장치에서 방사된 전력을 렌즈의 중심부와 주위의 프레넬 존을 통하여 먼 곳으로 송신한다.

Fresnel pattern 프레넬 패턴 프레넬 영역에서의 방사 패턴.

Fresnel reflection 프레넬 반사(-反射) 굴절률이 다른 2 개의 균질 매질 사이의 평탄한 계면에서 입사광의 일부가 반사하는 것.

Fresnel region 프레넬 영역(-領域) 안테

나의 방사 전자계에서, 안테나 근처 영역과 프라운호퍼 영역($2D^2/\lambda$보다 먼 곳의 영역)과의 중간 영역.

Fresnel zone 프레넬대(一帶) 마이크로파 송신·수신 양 안테나의 중간에 생각한 파두면(波頭面)을 분할하여 얻어지는 고리 모양의 영역으로, 이 파두면상의 각 점을 파원(波源)으로 하는 2차파가 수신 안테나에 주는 전계를 합산할 때 편리하도록 분할되어 있다. 송수신 안테나 중간에 있는 장애물 또는 차폐물에 의한 마이크로파의 회절 효과를 생각할 때 특히 편리하다. 그림과 같이 파두면을 제 1, 제 2, …의 프레넬대로 분할했을 때 각 영역이 수신 안테나에 주는 효과는 거의 같으나 P점에 이르는 전파 경로가 $\lambda/2$씩 다르기 때문에 인접한 영역은 P점에 대하여 반대의 효과를 준다. 중심대만 전파를 통하도록 S와 P 사이에 차폐를 두면 간섭파가 차단되어서 P점에서의 수신파 진폭은 차폐가 없는 경우보다 강해진다.

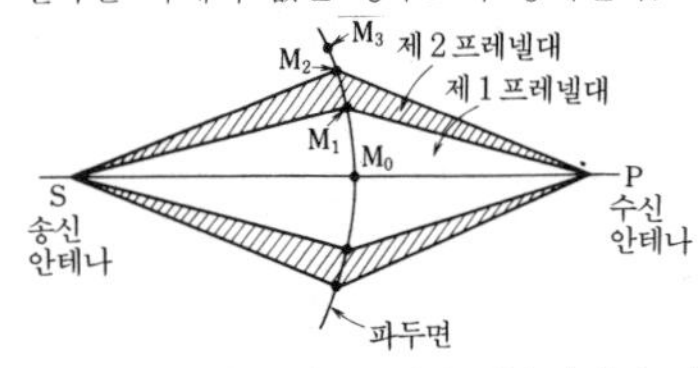

friction 마찰(摩擦) 물체가 접촉하면서 상대 운동을 할 때 접촉면에 상대 운동과 역방향의 힘(마찰력)이 작용하는 현상.

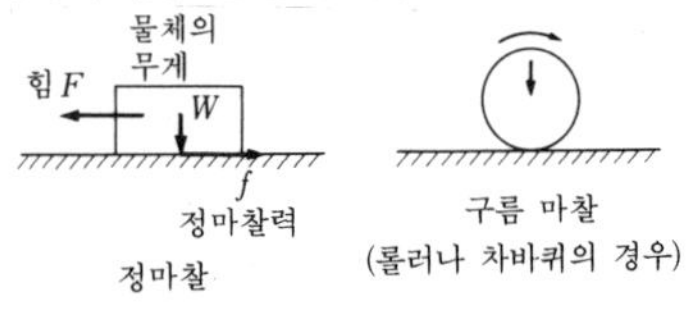

frictional electricity 마찰 전기(摩擦電氣) 두 종류의 물체가 마찰되면 일의 함수의 차에 의해서 한 쪽 전자가 다른 쪽으로 옮아가 그 때문에 양자는 음 및 양으로 대전(帶電)한다. 이것이 마찰 전기이며, 저항률이 높은 재료인 경우는 차례로 발생한 전기가 도망가지 않고 축적되어 고전압을 발생한다. 이것은 반 데 그래프 가속기(Van de Graff accelerator)와 같은 이용 방법도 있으나 보통은 정전기력 때문에 이물을 흡착하거나 뜻하지 않은 방전을 일으키거나 하여 해를 주는 경우가 많다.

freictional series 마찰 서열(摩擦序列) 물체의 배열로, 이 중의 두 물체를 마찰하면 상위의 것은 양으로, 하위의 것은 음으로 대전하는 순서로 배열하고 있다.

Friis' s formula 프리스의 식(一式) 전력 이득 G_T로 전력 P_T를 송신하고 있는 안테나에 대하여 전력 이득 G_R의 수신 안테나의 수신 전력 P_R을 주는 다음 식을 말한다.

$$P_R = G_T G_R P_T L_S$$

여기서, L_S는 자유 공간 경로 손실이며

$$L_S = (\lambda/4\pi d)^2$$

이다. d는 양 안테나 간의 거리이다. L_S는 전력이 구면상(球面狀)으로 확산됨으로써 생기는 전력 밀도의 저하를 나타내고 있다.

fringe effect 프린지 효과(一效果) ① 콘덴서 등의 바깥 주변에 볼 수 있는 전기력선의 부정(不整) 분포. ② 방송용 송신기의 주변 영역에서 방송 전파가 반드시 만족하게 수신되지 않는 장소(finge area)가 생기는 것. ③ 빛의 간섭 또는 회절에 의해 생기는 빛의(또는 색의) 명암 모양(간섭 무늬).

Fron 프론 →Freon

front contact 프런트 접점(一接點), 전면 접점(前面接點) 계전기에서의 상시 개방 접점(NO 접점)의 고정 접점을 말한다. 백 접점(상시 폐로 접점, NC 접점)의 대비어.

front end 프런트 엔드 ① 수퍼헤테로다인 장치에서 안테나와 IF 증폭기의 중간단. ② 텔레비전 수상기 등의 튜너로, RF 증폭기, 국부 발진기, 믹서 및 채널 동조 회로 등을 수용한 부분.

front-end communication processor 프런트엔드 프로세서 컴퓨터의 중앙 처리 장치(CPU)와 데이터 전송 설비 사이에 두어지는 보조 처리 장치. 보통, 이 장치는 하우스키핑적인 기능 즉 회선의 관리, 부호의 변역 등을 함으로써 CPU의 효율적인 동작을 돕는다.

front-end processor 전처리 장치(前處理裝置) 복수의 통신 채널이 있는 경우에 하드웨어화된 통신용 어댑터와 대항할 수 있는 가격으로 실현할 수 있는 통신 전처리 장치. 이것은 처리 소프트웨어와 기억 장치를 전체의 채널에서 공용하는 것으로, 어댑터와 같이 각 채널마다 전용의 것을 사용하는 것은 아니다.

front porch 프런트 포치 텔레비전 신호의 귀선 기간 중에서 동기 펄스보다 앞의 부분. 주사선 끝 부분에서 화상 신호의 과도 진동이나 오버슈트 때문에 동기 신호에 나쁜 영향을 주지 않기 위해 두어진다.

FRP 유리 섬유 강화 플라스틱(一纖維强化

—), 강화 플라스틱(強化—) fiber glass reinforced plastics 의 약어. 폴리에스테르 수지에 유리 섬유를 혼입하여 경화시킨 것으로, 내열성이나 기계적 강도가 크고, 절연용의 적층판이나 형조품 등을 만드는 데 사용된다.

fruit pulse 프루트 펄스 질문자의 질문에 응답하는 응답기에서 질문자가 수신한 펄스인데, 문제의 응답기와 관계없는 다른 응답기로부터의 비동기성 펄스 신호이다.

frying noise 프라이 잡음(—雜音) ① 전화 수화기에서 생기는 잡음으로, 탄소 입자를 과도한 전류가 통과할 때 생긴다. ② 녹음 재생 시스템의 녹음 과정에 있어 외부의 잡음원에서 생기는 것으로, 재생계의 오디오 출력 중에 프라잉과 비슷한 잡음을 발생한다. 레코드의 불규칙한 기록면에서 생기는 표면 잡음도 프라잉에 영향한다. 프라잉이란 프라이팬으로 조리하고 있을 때 나는 소리와 비슷한 잡음을 의미한다.

FS adapter FS 부가 장치(—附加裝置), 주파수 편이 부가 장치(周波數偏移附加裝置) 진폭 변조(AM)식 송수신기를 사용하여 FS 전파의 송수신을 할 수 있도록 하기 위한 부가 장치. 현재, 국제 무선 전신은 거의 FS 통신 방식으로 되어 있기 때문에 종래 사용되고 있었던 AM 식 송수신기에 이 부가 장치를 추가하여 FS 통신에 사용하고 있는 예가 많다. 송신기에 사용하는 송신 부가 장치와 수신기에 사용하는 수신 부가 장치가 있다.

F-scope F 스코프 F 표시를 나타내도록 구성된 음극선 오실로스코프.

FSK 주파수 편이 방식(周波數偏移方式) frequency shift keying 의 약어. 주파수 변조(FM) 방식 중 변조 신호가 디지털 신호로 변조가 행하여지는 것. 저속(200~1,200b/s)의 모뎀에 이 방식이 사용되고 있다. FSK 모뎀의 규격으로서는 CCITT 의 V.21, V.23 등이 있다. → PSK

FS keying circuit FS 전건 회로(—電鍵回路), 주파수 편이 키잉 회로(周波數偏移—回路) 진폭 변조(AM)식 무선 송신기는 FS 부가 장치를 가함으로써 FS 통신 방식에 사용할 수 있다. 주파수 편이

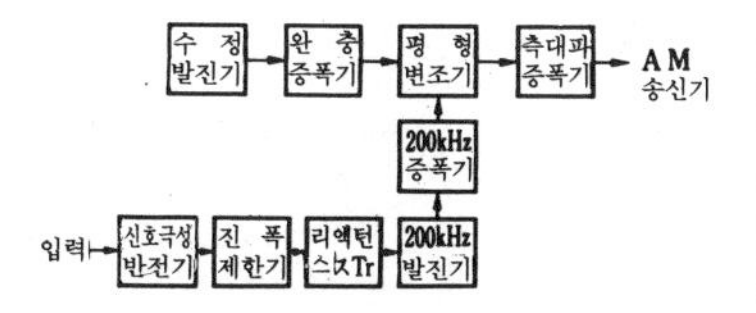

키잉 회로는 이 FS 송신 부가 장치의 주요 부분으로, 그림과 같이 이루어져 있다.

FSK mark/space states 주파수 편이 표시/여백 상태(周波數偏移表示/餘白狀態) 주파수 변환 방식에서 높은 주파수는 표시 상태(마크)를, 낮은 주파수는 공백(스페이스) 상태를 나타내는 것.

FSS 비점 주사 장치(飛點走查裝置) =flying spot scanner

FTC 소 시상수 회로(小時常數回路) =fast time-constant circuit

F type connector F형 커넥터(—形—) 접속기의 일종으로, UHF 나 VHF 의 동축 케이블에 사용된다. 통 모양으로 되어 있으며, 바깥쪽은 나사식, 안쪽은 동축의 심선을 그대로 사용하는 것이 많다.

fuel battery 연료 전지(燃料電池) =fuel cell

fuel cell 연료 전지(燃料電池) 수소와 산소를 적당한 장치로 접촉시키면 그들이 화합할 때의 연소 에너지에 상당하는 것을 전기 에너지로서 꺼낼 수 있다. 이것은 전기 분해의 역작용이라고도 생각되며, 수소 대신 탄화수소나 기타의 재료를 사용하는 것도 있다. 이러한 장치를 연료 전지라 하며, 상당한 대용량의 것까지 만들 수 있고, 효율이 높으며, 가동 부분이 없다는 등의 이점이 있어 클린 에너지로서 발전소나 가정용 전원으로서 사용된다.

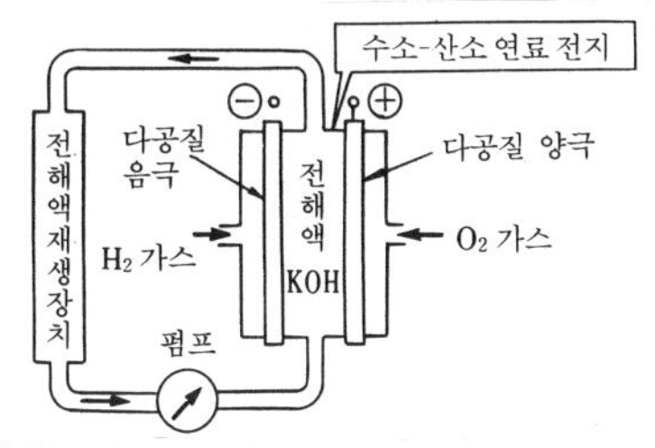

full adder 전가산기(全加算器) 가수·피가수, 자리올림의 세 가지 입력에 대하여 합과 자리올림의 두 출력을 얻는 회로.

full automatic record player 전자동 레코드 플레이어(全自動—) 픽업에 직접 손을 대지 않고 레코드 직경의 선택 스위치만을 손으로 조작하여 스타트 스위치를 누르기만 하면 톤 암이 자동적으로 움직여서 레코드를 연주하고, 연주가 끝나면 톤 암이 암 레스트의 위치까지 자동적으로 복귀하는 플레이어.

full band 충만대(充滿帶) 고체 중의 전자가 갖는 에너지를 논하는 에너지대 이론 중에서 다루어지는 용어로, 전자가 전부

차 있는 허용대를 말한다. 가전자대라고도 한다. 충만대의 전자는 움직일 수 있는 여지가 없어 전기 전도는 불가능하지만, 바로 위의 금제대를 넘을 만큼의 에너지를 얻으면 전도대를 뛰어넘어 전도 전자가 된다. 그 때 충만대에 정공이 생기고, 이 정공은 가전자와의 교환 형태로 전기 전도할 수 있게 된다.

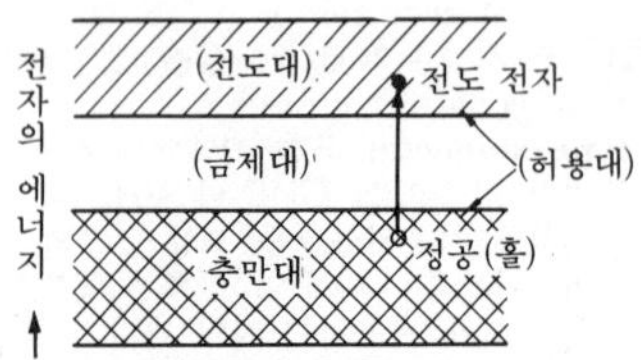

full carrier single sideband system 전반송파 SSB 방식(全搬送波－方式) SSB 통신 방식에서 충분한 반송파와 단측파대를 동시에 보내는 방식.

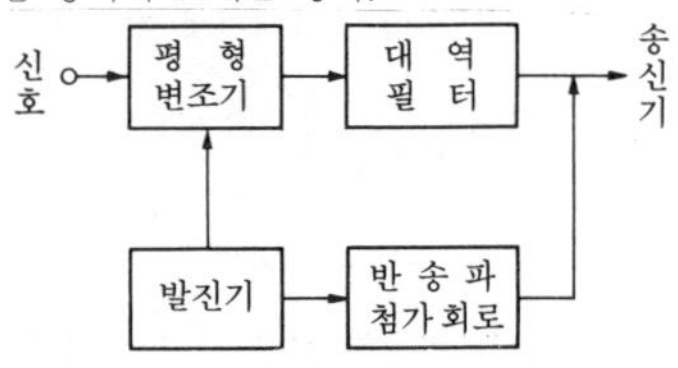

full-custom large-scale integrated circuit 풀커스텀 대규모 집적 회로(－大規模集積回路), 풀커스텀 LSI 품질마다 설계 및 제조 공정의 처음부터 끝까지 전용화하여 만드는 대규모 집적 회로(LSI).

full-direct trunk groop 완전 직통 회선군(完全直通回線群) 종단국간의 완전 회선군.

full duplex 전2중(全二重), 전2중 방식(全二重方式), 전2중 통신(全二重通信) 1회로의 통신선으로는 단방향 통신이나, 통화할 때마다 전환을 하는 반2중 통신밖에는 할 수 없다. 이에 대하여 상대의 상태에 관계없이 송수신할 수 있는 방식을 전2중 통신이라 한다. 그것은 2회로의 통신선을 설치하는 방법, 평형한 1회선과 대지간에서 하는 방법, 두 주파수를 써서 하는 주파수 다중 통신의 방법 등이 있다. ＝FD

full duplex channel 전2중 채널(全二重－), 전2중 전송로(全二重傳送路) 중앙 처리 장치와 단말 기기 사이에서 정보를 전송하기 위해 쓰이는 채널 중 정보의 송신과 수신을 동시에 할 수 있는 것을 전2중 채널이라 한다.

full duplex line 전2중 회선(全二重回線) 통신단 A, B가 있을 때 A에서 B, B에서 A의 어느 방향으로도 통신할 수 있고, 또한 양 방향 동시에 통신할 수 있는 통신 회선.

full duplex logical unit 전2중 논리 장치(全二重論理裝置) 전2중 통신이 가능한 워크스테이션. 복수의 단말 장치에 의해서 하나의 워크스테이션을 구성할 때 등에 유효하다.

full duplex mode 전2중 방식(全二重方式) 데이터를 양 방향으로 동시에 송수신할 수 있는 방식. 회수 시간이 필요 없어 두 컴퓨터 간에 매우 빠른 속도로 데이터를 주고 받을 수 있다.

full duplex operation 전2중식(全二重式) 송·수 양국은 동시에 송신도 수신도 할 수 있게 되어 있는 데이터 전송 방식.

full duplex transmission 전2중 통신 방식(全二重通信方式) 동시에 양 방향의 통신이 가능한 방식. 이 경우 일반적으로 회선의 구성은 4선식이 쓰이며, 송수의 통신로를 분리하여 설정한다. 또한, 2선식 회선에서도 주파수적으로 분할하여 고군(高群) 주파수 및 저군(低群) 주파수의 통신로를 설치하는 경우는 겉보기로 4선식이 되기 때문에 전2중 통신이 가능하게 된다.

full-floating 전부동(全浮動) →partial floating

full impulse voltage 전충격파 전압(全衝擊波電壓) 비주기적인 과도 전압으로, 급속히 그 최대값으로 상승하고, 대부분의 경우 비교적 완만하게 하강한다. 파두부(波頭部)에 접하는 직선이 그 전장의 0.3～0.9까지 상승하는 시간을 t_f로 하면 그림의 t_1은 $1.67t_f$와 같다. 파미(波尾)를 도중에서 잘라낸 재단파(그림의 점선부)에 대하여 구별한 용어이다.

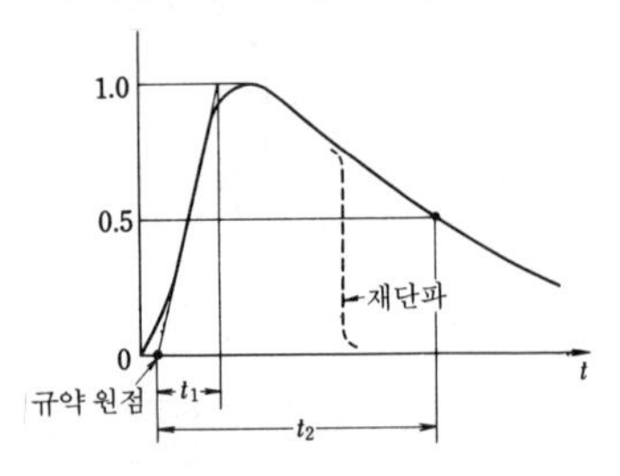

full load 전부하(全負荷) 정격 출력에 상당하는 부하.

full radiator 완전 방사체(完全放射體) 입사하는 모든 방사를 완전히 흡수하는 물체. 이러한 물체는 어느 온도에서 평형 상태에 있을 때 그 온도로 정해지는 최대량의 방사를 하고 있다. 흑체(黑體)라고도 한다. 일정 온도로 유지된 공동의 불투명한 내벽은 그 곳에 투사되는 모든 에너지를 흡수하고, 그것을 또 전부 방사하고 있으며, 따라서 같은 온도로 행하여지는 다른 모든 온도 방사체와 비교하여 주파수 스펙트럼의 전역에 걸쳐서 최대의 방사 발산도를 가지고 있다. 가시 영역에서 거의 방사를 하지 않는 저온인 경우에도 완전 방사체로서의 위의 성질은 달라지지 않는다.

full scale value 최대 눈금(最大－) 동작하는 측정량의 눈금판상에 지시할 수 있는 최대값. 보통, 눈금판 우단의 숫자인데, 0 눈금이 눈금판 중앙에 있을 때는 좌우 양단의 지시값의 합에 의해 주어진다. 측정 범위가 다중인 경우에는 큰 값부터 차례로 300/150/10A 라는 식으로 표시한다. 역률계나 저항계와 같은 특수 눈금 표시의 계기에 대해서는 위의 정의에서 제외한다.

full screen editor 화면 에디터(畵面－) 원시 프로그램을 컴퓨터의 화면을 써서 작성, 변경할 때 사용하는 서비스 프로그램이다. 이에 의해서 화면에서 기능 키나 대화 형식으로 입력한 원시 프로그램을 화면상에 표시하고, 수정이나 확인을 간단하게 할 수 있다. 또, 작성한 원시 프로그램은 처리 종료시에 프로그램 라이브러리에 등록하여 보존할 수 있다.

full subtracter 전감산기(全減算器) 피감수(被減數) I, 감수 J 및 다른 숫자 위치에 보내오는 빌림수 K 의 3 개의 입력 및 빌림이 없는 차 W 및 새로운 빌림수 X의 두 출력을 갖는 조합 회로.

full-trunk group 완전 회선군(完全回線群) 호(呼)를 다른 회선군에 폭주시키지 않게 하는 회선군(최종의 회선군과는 별도).

full-wave rectifier circuit 양파 정류 회로(兩波整流回路), 전파 정류 회로(全波整流回路) 다이오드를 사용하여 교류의 +, − 어느 반 사이클에 대해서도 정류를 하고, 부하에 직류 전류를 흘리도록 한 회로로, 그림과 같은 두 종류가 있다. (a)의 회로는 정류 소자는 2 개로 충분하지만 중간 탭이 있는 트랜스를 필요로 하고, (b)의 회로는 트랜스는 없어도 되지만 정류 소자가 4 개 필요하게 된다. 어느 것이나 평활 회로를 쓰지 않을 때의 직류 전압은 교류 입력 전압의 약 0.9 배이다.

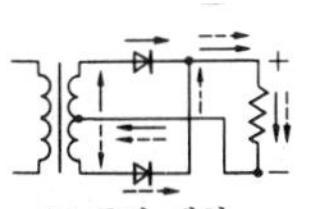
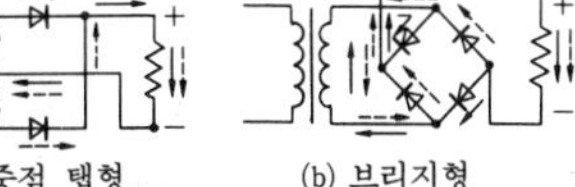

(a) 중점 탭형 양파정류회로　　(b) 브리지형 양파정류회로

fully connected network 완전 접속망(完全接續網) 각 노드가 직접 다른 어느 노드와도 접속되는 망.

fully populated board 전 실장 기판(全實裝基板) 프린트 기판에서 칩의 소켓이 다 차 있는 것. 메모리 보드는 보통 메모리 IC 용으로 몇 개의 빈 곳을 남기고 있다. 최대 용량 미만의 메모리 보드를 만들 때 비어 있는 IC 소켓을 몇 개 준비해 두고 추가할 수 있게 해 둔다.

fully provided route 완전 공급 회선(完全供給回線) 피크 부하시에도 우회로에 의존하는 일 없이 모든 호(呼)의 트래픽량을 처리할 수 있도록 설계된 회선.

functional analog computer 함수 상사형 계산기(函數相似形計算機), 함수 상사형 컴퓨터(函數相似形－), 함수 아날로그 컴퓨터(函數－) 아날로그 컴퓨터의 일종. 수식이나 블록 다이어그램의 모양으로 주어진 문제를 전압의 크기로 나타내어 풀기 위해 각종 연산기를 조합시켜서 구성한 것. 단지 아날로그 컴퓨터라고 하면 이 형식의 것을 가리킨다.

functional board tester 기능 기판 시험기(機能基板試驗器) 기판 끝에 있는 연결 장치에 테스트할 값을 넣어서 논리 기판의 올바른 작동을 검사하는 장치. 출력은 보통 연결 장치에서 받지만 다른 곳에서 받을 수도 있다.

functional design 기능 설계(機能設計) 시스템의 각 구성 부품간의 동작 관계를 그들의 특성적인 동작에 의해 지정하는 것.

functional device 기능 소자(機能素子) 1 개의 소자 중에서 재료의 물성을 이용하여 전기, 빛, 압력 등 각종 형태의 신호를 조합시켜서 변환이나 조작을 하고, 정보 처리를 할 수 있도록 한 장치를 말한다. 다음 세대의 전자 기기에 등장할 것으로 기대되고 있다.

functional diagram 기능도(機能圖) 어떤 하나의 시스템 내에서 여러 부분 사이의 기능 관계를 표시하는 그림.

functional polymer 기능성 고분자(機能性高分子) 에너지의 변환이나 신호의 처리 등의 작용을 재료 자체에 의해서 수행시킬 수 있는 물성을 갖는 고분자.

functional unit 기능 유닛(機能－) 시스

템 내에서 각각 어느 목적을 수행하는 기능을 가진 기기, 장치, 소프트웨어 등.

function generator 함수 발생기(函數發生器) 아날로그 컴퓨터의 비선형 연산기의 하나. 이것에는 절선 근사 연산기, 광전 함수 발생기, 서보 함수 발생기 등이 있으며, 시간 또는 입력 전압에 대하여 주어진 함수 관계를 만족하는 전압을 발생하는 것이다.

function potentiometer 함수 퍼텐쇼미터(函數－) 슬라이더 위치 x에서 어느 함수 $f(x)$를 출력하는 아날로그형 퍼텐쇼미터.

function relay 함수 계전기(函數繼電器) 아날로그 컴퓨터에서 계산 요소로서 사용되는 계전기. 통상적으로 계전기는 비교기(콤퍼레이터)로 구동된다.

function switch 함수 스위치(函數－) 아날로그 컴퓨터에서 계산 요소로 사용되는 수동의 스위치. 예를 들면, 회로의 수정, 입력 함수 또는 상수의 추가나 삭제 등에 사용된다.

fundamental absorption band 기초 흡수대(基礎吸收帶) 결정에 주어지는 빛의 에너지가 가전자대의 전자를 전도대에 천이시키는 데 충분한 크기가 되면 빛이 흡수되어서 스펙트로스코프에 기록된 스펙트럼에는 흡수된 빛의 파장에 따라 검은 흡수선이 나타난다. 흡수대의 장파장단(長波長端)을 흡수단이라 한다.

fundamental component 기본 성분(基本成分) 파(波)의 조파(調波) 해석에 있어서의 기본 주파수 성분.

fundamental efficiency 기본 효율(基本效率) 사이리스터에서, 기본 입력 전력에 대한 기본 부하 전력의 비.

fundamental frequency 기본 주파수(基本周波數) 합성파를 구성하는 기본 주파수. 보통, 일그러짐이 없는 순 정현파.

fundamental logic circuit 기본 논리 회로(基本論理回路) 논리합 회로(OR), 부정 회로(NOT), NAND 회로, NOR 회로 등을 말한다. 즉, 그들의 조합으로 모든 논리 함수를 표현하는 회로를 구성할 수 있기 때문이다.

fundamental mode 기본 모드(基本－) 도파로의 가장 낮은 차수의 모드. 파이버에서는 LP_{01} 또는 HE_{11}이라고 하는 모드.

fundamental mode wave 주파(主波) 주모드의 파.

fundamental power 기본 전력(基本電力) 사이리스터에 있어서 기본 전류의 실효값(rms)에 기본 전압의 실효값과 기본 전류 및 기본 전압간 위상각의 코사인을 곱한 상승적(相乘積).

fundamental quantity 기본량(基本量) 일정한 이론 체계하에 물리량을 정의하는 경우에 무정의적으로 취하는 양.

fundamental-type piezoelectric crystal unit 기초형 압전 결정 장치(基礎形壓電結晶裝置) 특정 모드의 진동에 대하여 최저 공진 주파수를 이용하도록 만들어진 장치.

fundamental unit 기본 단위(基本單位) 채용하는 단위계에서의 기본량 단위.

fundamental wave 기본파(基本波) 3 각파, 구형파 등 모든 비정현파는 주파수가 다른 많은 정현파가 합성된 것이라고 생각된다. 이 정현파 중 가장 낮은 주파수의 정현파를 기본파라 하고, 다른 주파수 성분은 모두 기본파 주파수의 정수배 주파수를 가지고 있는데, 이를 고조파(高調波)라 한다.

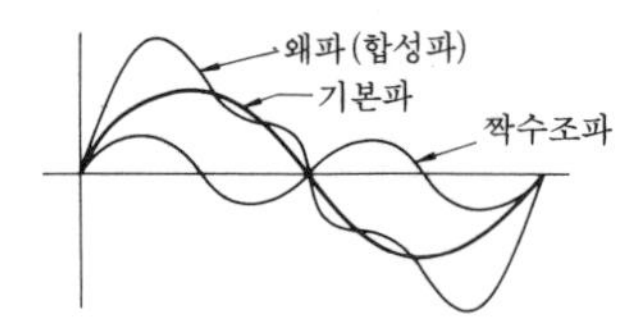

Funt's law 푼트의 법칙(－法則) 결정 중의 전자가 에너지 준위를 충만해 가는 순서에 대한 법칙. 전자는 주 양자수가 작은 준위부터 들어가지만 방위 양자수에 의한 준위는 그 모두를 평행 스핀을 가진(스핀 양자수가 같은) 전자로 메워 가고 그 후에 각각과 쌍을 이루는 스핀의 전자가 들어온다고 한다.

fuse 퓨즈 예정한 이상의 전류가 흐르면 발열 때문에 용단하여 회로를 열어서 기기를 보호하는 것. 일반적으로는 납이나 주석 등의 합금을 사용하지만, 통신 기기나 계측기와 같이 정밀도와 신뢰도가 요구되는 곳에서는 텅스텐이나 황동의 가는 선을 유리관에 봉해 넣은 것을 사용한다. 또, 관내에 넣은 퓨즈를 나사식으로 하여 교환을 용이하게 한 것을 마개형 퓨즈라 한다.

fused-electrolyte cell 융해 전해액 전지(融解電解液電池) 전해질이 용융 상태에 있을 때 전기 에너지를 발생하는 전지.

fuse ROM 용단형 ROM(鎔斷形－) 프로그램 가능한 ROM(고정 기억 장치)으로, 모든 셀(cell)에 대하여 배선이 되어 있는데, 사용자가 필요한 셀만 배선을 대전류에 의해 용단하여 특정한 ROM을 만들 수 있게 한 것. 그림에서 가용(可鎔) 링크가 절단되어 있지 않을 때는 이 셀은 정보

1을 기억하고 있으나, 링크를 용단하면 셀의 기억 내용은 0으로 된다.

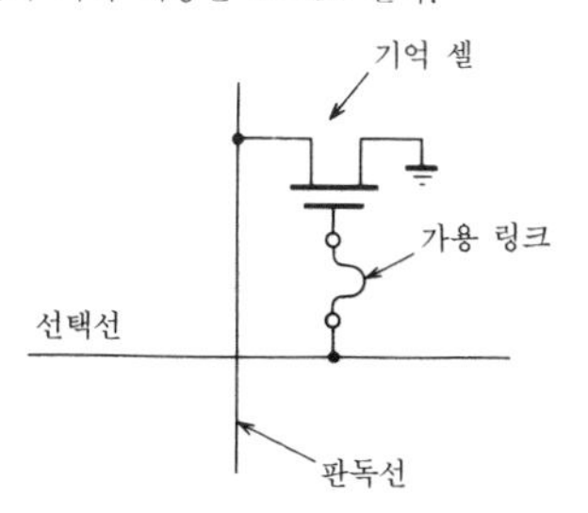

fusion frequency 융합 주파수(融合周波數) 망막(網膜)에 대하여 차례로 변화를 주는 영상(影像)의 변화 주파수로, 이 이상의 높은 주파수에서는 영상의 휘도나 색채가 차례로 변화하는 그 변화가 식별될 수 없게 되고 고른 영상으로서 인식된다. 그 임계 주파수를 융합 주파수라 한다. 이것은 표시 장치의 감쇠 특성도 크게 관계한다.

fusion splicing of optical fibers 광섬유의 융착 접속(光纖維－融着接續) 멀티모드 광섬유의 융착 접속은 섬유의 단면끼리를 V자 홈 상에서 심 맞춤하여 아크에 의해 융착하는 V홈 접속법(V-groove splicing)이 보통 사용되나, 싱글 모드 섬유에서는 코어 지름이 10μm 이하이므로 V홈보다도 다음과 같은 방법이 쓰인다. ① 코어 직시법(direct core observation), ② 국소 입사 검출법(local injection-detection system). ①은 접속할 한쪽 섬유의 원단(遠端)에서 입사한 빛을 다른 한쪽 섬유의 원단에서 검출하면서 검출광이 최대가 되도록 코어축을 조정한다. ② 접속부에 가까운 장소에서 빛을 입사하고, 투과광을 접속부의 다른쪽에서 관측하면서 축맞춤을 하는 방법이다.

Fuzi ceramics timer FC 타이머 전기 화학적 적분 소자의 일종. 그림과 같은 모양으로, 전극에 전류를 흘리면 양극에서는 $Hg \rightarrow Hg^{2+} + 2e^-$로 수은이 융해되고, 음극에서는 $Hg^{2+} + 2e^- \rightarrow Hg$로 수은이 석출됨으로써 전기량은

$$Q = \int_{t_1}^{t_2} i\,dt = It$$

로 되어 적분된 시간에 비례하여 전해액이 이동한다. 이것을 타이머에 응용한 것으로, 100~10,000 시간까지 측정 가능하다.

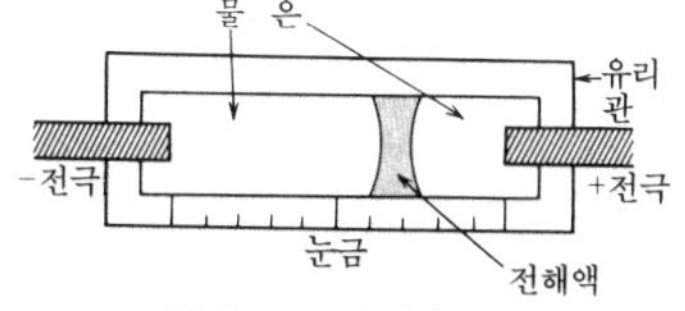

fuzzy chip 퍼지 칩 퍼지 추론을 고속으로 실행하기 위한 전용 LSI. 퍼지 칩의 응용에 대해서는 전문가 시스템이나 화상 처리 등이 유망하며, 화상 처리에 대해서는 이미 스캐너로서 제품화되고 있다.

fuzzy control 퍼지 제어(－制御) 퍼지 이론을 응용한 제어 기술로, 컴퓨터가 멤버십 함수를 처리함으로써 수행된다. 인공지능, 전문가 시스템 등의 분야에서 성과가 기대되며, 이 제어를 응용한 가전 제품은 이미 상품화되고 있다.

fuzzy logic 퍼지 논리(－論理) 퍼지 집합의 개념을 기초로 하는 논리.

fuzzy system 퍼지 시스템 애매성을 포함하는 시스템. 다목적, 대규모, 측정 불능, 인간의 주관 등 애매한 표현을 한 것으로, 수량적인 해석은 퍼지 집합을 이용하여 행하는 것이 하나의 방법이다.

fuzzy theory 퍼지 이론(－理論) 1965 년에 미국 캘리포니아 대학의 버클리교 교수 L. A. Zadeh가 제창한 이론으로, 2치 논리가 아닌, 애매성이 있는 정보를 연구하는 것. 이것은 인간의 사고에 밀접하게 관계하고 있으며, 제어 공학이나 인공지능 등의 분야에 응용되기 시작하고 있다. 예를 들면, 1980 년에 덴마크에서 시멘트 킬른용의 퍼지 제어가 등장하고 있다. 일본에서는 정수장의 약품 주수 제어, 지하철이나 엘리베이터의 제어에 이용하고 있다. 또, 퍼지 칩에 의해 텍스트를 고속으로 읽는 장치가 만들어졌다. 퍼지 논리에 따른 퍼지 컴퓨터의 개발도 진행되고 있다.

G 기가 10 억(10^9)의 의미. →gigabyte, gigaflops, gigaheltz

Ga-As 갈륨 비소(−砒素) →gallium arsenide

Ga-As integrated circuit 갈륨 비소 집적 회로(−集積回路) =gallium-arsenide integrated circuit

Ga-As semiconductor 갈륨 비소 반도체(−砒素半導體) 반절연 기판으로서 갈륨(희금속 원소, 기호 Ga, 원자 번호 31 : gallium)과 비소 화합물(arsenide)을 사용한 회로 소자. 실리콘 반도체에 비해 고속의 스위칭 시간이 얻어지며, 차세대의 회로 소자로서 유망시되고 있다.

gadolinium 가돌리늄 희토류 원소의 일종으로, 원소 기호는 Gd. GGG 의 성분 등으로서 사용된다.

gadolinium gallium garnet 가돌리늄 갈륨 가닛 =GGG

gage 게이지 본질적으로 연속한 도체의 망 또는 네트워크로 구성되고, 보호되는 물체에 씌워서 피뢰 또는 정전 차폐 등의 목적으로 사용하는 것. 게이지는 적당한 접지점에 접속되는 경우가 많다. 패러데이 게이지라고도 한다.

gage factor 게이지율(−率) 왜율계에서의 감도로

$$S = \frac{\Delta R / R}{\Delta l / l} = \frac{\Delta R / R}{\sigma}$$

로 정의되는 양 S를 말한다. R은 게이지선의 저항, l은 그 길이이며, 스트레스에 의한 그들의 변화가 각각 ΔR, Δl이다. σ는 일그러짐이다.

gain 이득(利得) ① (증폭기) 증폭기의 입력과 출력과의 관계와 같이 신호의 양이 증가했을 때 이득이 있었다고 한다. 입력 전력 P_1이 출력 전력 P_2로 증가했다고 하면 전력 증폭도 A_p는 P_2/P_1이지만 이득은 이것을 인간의 감각량으로 대응시키기 위해 대수(對數)로 환산하여 dB(데시벨)이라는 단위를 붙여서 나타낸다.

$G=10\log_{10}A_p$ 〔dB〕

이것을 전압 증폭도 $A_v=V_2/V_1$, 또는 전류 증폭도 $A_i=I_2/I_1$로 나타내면 입출력의 임피던스가 같을 때

$G_v=G=20\log_{10}A_v$ 〔dB〕

$G_i=G=20\log_{10}A_i$ 〔dB〕

이 된다. 또한 입출력 임피던스가 같지 않더라도 위 식과 같은 환산을 할 수 있으며, G_v를 전압 이득, G_i를 전류 이득이라 한다.

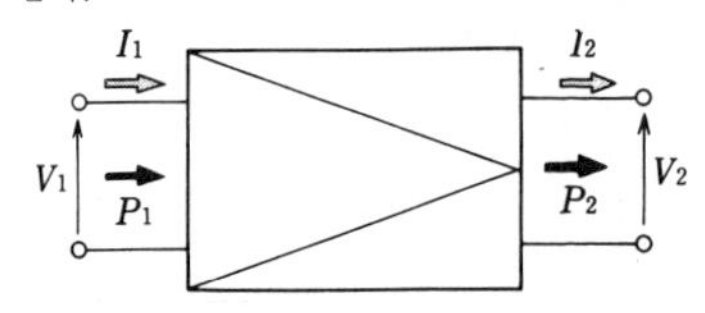

② (안테나) 안테나의 어떤 방향에 대한 방사 강도와 안테나의 방사 전력이 전체 방향에 똑같이 방사된다고 했을 경우의 방사 강도의 비. ㉠ 이득은 임피던스 부정합이나 편파 부정합에 의한 손실은 포함되지 않는다. ㉡ 똑같은 방사인 경우의 방사 강도는 안테나 입력 전력을 4π로 나눈 값과 같다. ㉢ 안테나에 저항 손실이 없는 경우는 어떤 방향의 이득은 그 방향의 지향성 이득과 같다. ㉣ 방향이 특별히 지정되지 않는 경우는 최대 방사 강도의 방향을 이용한다. ㉤ 절대 이득이라는 용어는 "측정에서의 절대 이득"과 같이 상대 이득과 특히 구별할 필요가 있는 경우에 사용된다.

gain-bandwidth product *GB*곱, 이득 대역폭곱(利得帶域幅−) 이득 대역폭 곱을 말한다. 증폭 회로의 이득 G와 대역폭 B 사이에는 서로 상반되는 성질이 있으며, 이득을 크게 하려고 하면 대역폭은 좁아지고 대역폭을 넓게 하려면 이득은 저하한다. 따라서 증폭 회로의 성능은 양자의 곱에 의해 나타내어진다. 이것을 GB곱이

라 한다. 증폭 회로의 설계에서는 어느 한 쪽에 중점을 두면 되는 경우도 많지만 *GB* 곱을 크게 하고 싶은 경우에는 f_T(이미터 접지 이득 대역폭 곱)가 큰 트랜지스터를 선정하면 된다.

gain characteristics curve 이득 특성 곡선(利得特性曲線) 제어계의 전달 요소가 어떤 이득 특성을 가지고 있는가를 나타내는 곡선. 가로축에 입력 신호의 각주파수 ω를 대수 눈금으로 취하고, 세로축에 입력 신호에 대한 이득을 등간격으로 dB 눈금으로 하여 나타낸 것. 일반적으로 위상 특성 곡선과 동시에 그리며 안정 판별을 할 때 등에 이용된다.

gain constant 이득 상수(利得常數) 1 차와 2 차 지연 요소의 전달 함수에 포함되는 상수. 입출력비에 큰 영향을 준다.

gain-crossover frequency 이득 크로스오버 주파수(利得－周波數) 이득이 1 이 되고 이득의 데시벨 값이 0 이 되는 주파수.

gain margin 이득 여유(利得餘裕) 자동 제어계의 안정도를 알기 위해 위상 여유와 아울러 사용하는 값. 위상이 $-180°$로 되었을 때 계(系)가 불안정하게 되는 이득의 한계(크기 1)까지 아직 얼마만큼 이득의 여유가 있는가를 나타낸 것이다. 주파수 응답의 벡터 궤적이 －의 실축과 만나는 점 P 와, -1 의 점과의 거리를 데시벨 값으로 나타낸 것이 이득 여유이다. 보드 선도에서는 위상각이 $-180°$일 때의 주파수에서 이득이 0dB 까지 얼마가 되는가를 구하면 된다.

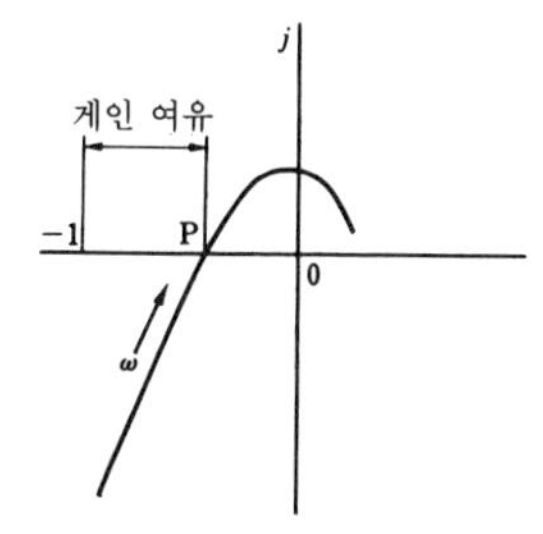

gain over temperature 이득 초과 온도(利得超過溫度) 인공 위성이 갖는 수신 안테나의 이득과 전파 중계 증폭기의 입력 잡음 온도의 비로, 수신 성능을 나타내는 지수(단위는 dB/K)이다. ＝G/T

gain stability 이득 안정도(利得安定度) 규정된 시간 내에서의 이득의 변동.

gain turn-down 이득 자동 저감(利得自動低減) 호출의 수가 송신기의 설계 한계를 초과하여 많아졌을 때 과부하를 방지하기 위해 자동적으로 수신기의 이득을 조정하는 것. 트랜스폰더에서는 송신부는 수신기부로부터의 출력으로 구동되므로 호출 펄스가 어느 한도 이상으로 늘어나면 자동적으로 수신기의 이득을 저감시킨다. 과호출 조정(over-interrogating control)이라고도 한다.

gal 갈 가속도의 단위. 기호 gal.

$$1\ \text{gal}=1\ \text{cm/s}^2=10^{-2}\text{m/s}^2$$

galactic noise 은하 잡음(銀河雜音) 우주 잡음의 주요한 것으로, 은하계의 성운, 항성에서 방사되는 잡음 전파를 말한다. 대부분 은하계의 적도상에 집중하여 평평한 잡음 강도 분포를 나타낸다. →cosmic noise

galactic radio waves 은하 전파(銀河電波) 태양계 외의 우리들이 속하는 은하를 발생원으로 하는 전파.

gallium 갈륨 기호 Ga. 3 가의 원소로 원자 번호 31. p 형의 규소를 만들기 위한 불순물로서 이용되는 외에 비소나 인과의 금속간 화합물은 발광 다이오드 등을 만드는 데 사용된다.

gallium arsenide 갈륨 비소(－砒素) 기호 GaAs. 금속간 화합물의 일종으로, 게르마늄이나 규소에 이은 새로운 반도체 재료이다. 레이저 발광, 건(Gunn) 효과 등 주목할 만한 성질을 가지고 있으므로 발광 다이오드나 건 다이오드 등에 실용되고 있다.

gallium-arsenide integrated circuit 갈륨 비소 집적 회로(－砒素集積回路) 화합물 반도체인 갈륨 비소를 기판으로 만들어진 IC(집적 회로). 일반적으로 기판으로 사용되고 있는 실리콘에 비해 전자 이용도가 높으므로 보다 고속으로 동작하는 것이 특징. 광통신용 등이 개발되어 있다. ＝Ga-As IC

gallium-arsenide laser 비소화 갈륨 레이저(砒素化－) 접합부를 흐르는 전류에 대하여 수직 방향으로 파장 약 900nm 의 빛을 방사하는 반도체 레이저. 마이크로파대의 주파수에서도 직접 변조할 수 있다는 등 이점이 많다.

gallium arsenide semiconductor 갈륨 비소 반도체(－砒素半導體) ＝Ga-As semiconductor

gallium-arsenide solar battery 비소화 갈륨 태양 전지(砒素化－太陽電池) 비소화 갈륨을 재료로 한 태양 전지로, 종래의 규소의 것에 비해 변환 효율이 높다는 등의 이점이 많다. 양산화와 가격의 저하가 과제이다.

gallium phosphide 갈륨 인(－燐), 인화

갈륨(燐化－) 기호 GaP. 결정성 물질로, 반도체이다. 다른 물질과 복합하여 발광 다이오드 등에 사용된다.

galvanic cell 전지(電池), 화학 전지(化學電池) 산화 환원 반응에 따르는 에너지의 방출을 전기 에너지로서 꺼내는 장치. 양극과 음극의 두 전극이 있으며, 각각 집전체(集電體)와 반대 재료인 활성 물질로 구성되어 있다. 활성 물질을 전부 반응시키면 사용할 수 없게 되는 1차 전지와 충전함으로써 반복하여 사용할 수 있는 2차 전지 또는 축전지가 있다. 태양 전지, 원자력 전지 등은 물리적으로 에너지를 변환시키므로 물리 전지라 하며, 화학 전지와 구별하는 경우가 있다.

galvanomagnetic effect 전류 자기 효과(電流磁氣效果) 자기 중에 두어진 도체나 반도체에 통전했을 때 전자가 로렌츠 힘을 받아서 전류 통로가 굽어지기 때문에 생기는 효과로, 홀 효과, 자기 저항 효과 등이 있다.

galvanometer 검류계(檢流計) 미약한 전류를 측정하는 계기. 가동 부분의 마찰을 극력 작게 하기 위해 보통의 전류계와 같이 피벗(pivot)으로 지지하지 않고 아주 가는 금속 파이버로 매달고 있다. 직류용·교류용, 전기량 측정용이 있다. 그림은 반조식(反照式) 가동 코일형 검류계를 나타낸 것이다.

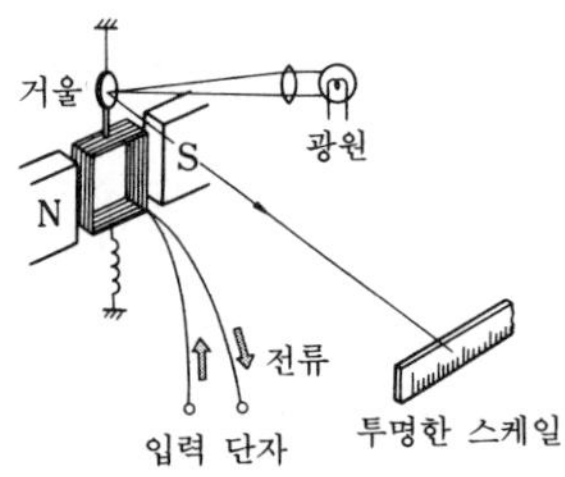

galvanometer constant 검류계 상수(檢流計常數) ① 검류계 지침의 지시값을 측정할 전류값으로 환산하기 위해 곱하는 상수. ② 검류계의 동작 성능을 기술하기 위한 상수로, 구조 상수와 동작 상수의 두 종류가 있다. 구조 상수 : 관성 모멘트, 감쇠, 비틀림 상수, 역기전력 상수. 동작 상수 : 감도, 검류계 저항, 임계 제동 외부 저항, 자유 진동 주기 등.

galvanometer shunt 검류계 분류기(檢流計分流器) 검류계와 병렬로 접속하여 그 감도를 줄이기 위해 사용하는 분류기. 검류계에는 전체 전류의 한 부분만 흐른다.

game theory 게임 이론(－理論) 전쟁이나 기업의 경쟁과 같이 서로 이해가 상반되는 상태에 놓여진 경우에 쓰이는 이론적인 테크닉. 경쟁 상대가 어떤 방법으로 도전해 오건 최선이라고 생각되는 방법을 발견하는 것이 중요하며, 이 이론을 활용하는 목적이기도 하다.

gamma 감마 대상으로 하는 범위에서 입력 대 출력 특성의 커브를 근사하는 멱승수의 지수값.

gamma correction 감마 보정(－補正) 텔레비전의 변환 특성을 변화시키기 위해 비직선적인 입출력 특성을 삽입하는 것.

gamma correction circuit 감마 보정 회로(－補正回路) 컬러 텔레비전에서 충실한 색을 재현하기 위해 송상측에서 행하는 보정 회로. 입력 전압의 평방근에 비례한 출력 전압이 얻어지도록 하는 회로로, 컬러 수상관의 격자에 가하는 전압과 발광 출력의 특성이 그림과 같은 모양으로 되어 있으므로 이것을 보정함으로써 입력과 출력이 비례하게 된다. 보통, 카메라의 전치 증폭기와 컬러 코더 사이에 넣는다.

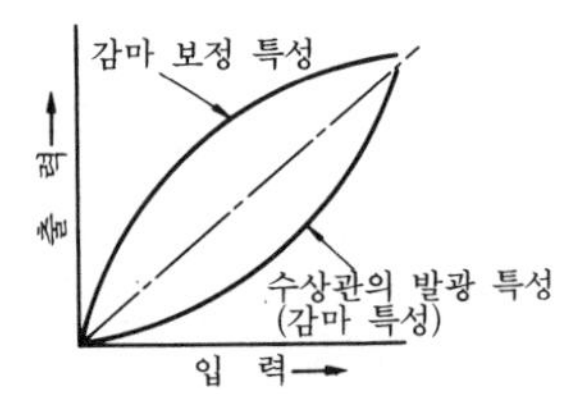

gamma gauge 감마 게이지 투과형의 두께 측정기. 시료(試料)에서의 감마선의 흡수를 측정함으로써 시료의 두께나 밀도를 측정할 수 있다. 감마 흡수 게이지라고도 한다.

gamma ray 감마선(－線), γ선(－線) 파장 10^{-14}～ 10^{-2}m의 전자파. 방사성 원소에서 나오는 경우가 많다. X선에 비해서 투과력은 강하나 이온화 작용, 사진 작용, 형광 작용은 약하다.

gamma ray altimeter 감마선 고도계(－線高度計) 항공기 동체 내에 두어진 코발트 60 감마선원으로부터 지상으로 방사된 광자의 반사를 이용하는 저고도의 고도계. 200m 정도의 고도에서 정밀도가 좋으며, 전천후기의 착륙이나 달 표면 착륙에 이용된다.

gamma ray level gauge 감마선 액면계(－線液面計) 탱크 내의 액면 위치를 γ선을 써서 외부에서 측정하는 계기. γ선원과 γ선 검출기를 서로 마주보게 해 두고, 검출기에 넣는 γ선량이 액 속을 통과할 때와 공중을 통과할 때와의 차이에 의해서 액면을 측정한다. 이 경우 γ선의 투사 방향을 액면과 경사시키는 방법과 수평 방향으로 일치시키는 방법이 있다.

gamma ray resolution 감마선 분해능(—線分解能), γ선 분해능(—線分解能) ① 게르마늄 검출기에서 γ선 강도 분포 곡선으로 백그라운드를 공제한 후의 반치 전폭(半値全幅 : FWHM) 치 에너지 단위로 표시된다. ② NaI 검출기에서 γ선 강도 분포 곡선으로 백그라운드를 공제한 후의 반치 전폭(FWHM) 치. 분포 곡선의 중심값에 대해서 에너지가 몇 %인가를 나타낸다.

gamma ray tracking 감마선 추적 장치(—線追跡裝置) 미사일의 항적을 추적하는 경우 등에 미사일 밑 부분에 부착된 코발트 60 의 감마선원을 복수의 추적 장치에 의해 측정함으로써 그 항적을 정확하게 구하는 것. 배출되는 플라스마, 열 등에 영향되지 않으므로 특히 쏘아 올리는 초기의 저고도에서의 추적에 적합하다.

gang capacitor 연결 콘덴서(連結—) 공통축상에 두어진 둘 또는 그 이상의 가변 콘덴서의 조합으로, 축의 회전 조작에 의해 이들 콘덴서가 연동하여 그 값을 변화하는 것.

ganged tuning 연결 동조(連結同調) 둘 또는 그 이상의 회로를 단일 조정 손잡에 의해 동시에 동조를 취하는 것.

gap 갭 ① 성질, 구조, 재질 등에서 단절한 부분 또는 영역. 예를 들면, 자기 회로에서 그 일부에 두어진 틈으로, 이러한 틈은 그 부분의 자속을 이용하기 위해 혹은 전체 자기 회로의 포화를 방지할 목적으로 만들어진다. ② 자기 기록 헤드와 기록 매체(테이프, 드럼, 디스크 등) 사이의 틈. 헤드의 한 자극면에서 다른 한쪽 자극면을 향해서 측정하고, 그 치수를 갭 길이(gap length), 트랙폭 방향의 치수를 갭폭(gap width), 그리고 헤드면에 직각인 방향의 치수를 갭 깊이(gap depth)라 한다. ③ 두 전기 접점 사이의 틈. ④ 레이더 안테나의 주 로브(lobe)에 의해 적정하게 커버되지 않는 공간 영역.

gap admittance 갭 어드미턴스 마이크로파관에서 전극간 갭에서의 회로의 어드미턴스를 말한다. 회로 갭 어드미턴(circuit-gap admittance)는 갭을 통해서 전자류가 없을 때의 어드미턴이스이고, 전자 갭 어드미턴스는 전류가 존재할 때의 어드민턴스와 존재하지 않을 때의 어드미턴스의 차이다.

gap coding 간격 부호화(間隔符號化) 일반적으로 연속되어 있는 신호(RF 반송파와 같은)를 전신 형식의 통보가 되도록 단속시키는 통신의 수법.

gap condenser 갭 콘덴서 2개의 빗 모양의 박막 도체를 맞물린 부분의 틈 사이 정전 용량을 이용하여 만든 콘덴서.

gap filler radar 갭 충전 레이더(—充塡—) 레이더의 주 로브(lobe)가 충분히 커버할 수 없는 영역(갭)을 다른 로브로 메우는 것을 갭 충전이라 하고, 그를 위해 사용하는 보조 레이더를 갭 충전 레이더라 한다.

gap loss 갭 손실(—損失), 공극 손실(空隙損失) 광섬유 축상에 일직선으로 된 파이버 간의 공간에 의해 생기는 빛의 손실. 광도파로 상호간의 연결에 대해서는 보통 수직 방향 오프셋 손실이라고 불린다.

garnet 가닛 같은 결정 구조를 한 금속 산화물의 명칭. 넓은 뜻의 페라이트의 일종으로, 마이크로파 회로 소자 등에 사용되며, YIG 가 널리 알려져 있다.

gas amplification 가스 증폭(—增幅), 기체 증폭(氣體增幅) ① 충분히 강력한 전계 중에서 전리(電離) 방사에 의해 가스 중에 생긴 이온이, 다시 가스의 이온화를 촉진시키는 것. ② 초기 전리가 ①의 프로세스에서 증폭되어 얻어지는 증폭도.

gas amplification factor 가스 증폭도(—增幅度), 가스 증폭률(—增幅率) ① 가스 봉입 방사 계수관에서 당초의 이온화 사상(事象)에 의해 해방되는 전하에 대하여 계수관 전극에 수집된 전하의 비. ② 가스 봉입 관전관에서 내장 가스의 존재에 의한 방사(혹은 빛)에 대한 감도의 증가를 진공 광전관에서의 감도와의 비로서 나타낸 것.

gas analyzer 가스 분석계(—分析計) 가스의 종류에 의한 물리 화학적인 성질의 차이를 이용하여 미지 가스의 성분을 알기 위한 장치. 열전도도가 다른 성질을 이용하는 열전도식 가스 분석계, 가연성 가스가 산소와 화합할 때 발생하는 열량이 가스 성분과 일정한 관계에 있다는 것을 이용하는 연소식 가스 분석계, 산소가 현저하게 정자성(正磁性)을 갖는 것을 이용하는 자기 산소계, 기체의 밀도와 음속 사이에 일정한 관계가 있는 것을 이용하는 음향식 가스 분석계, 기체 성분에 의해서 투과 적외선의 흡수량이 다른 것을 이용하는 적외선 가스 분석계 등이 있다.

gas cell 가스 전지(—電池) 전극이 가스를 흡수함으로써 전지 작용을 하는 전지. 루비듐, 세슘, 나트륨 등의 증기를 포함하는 가스 전지는 주파수 표준기로서 쓰인다.

gas chromatograph 가스 크로마토그래프

다성분 가스를 정성, 정량 분석하는 장치. 연속 자동 분석을 할 수 있으므로 공업용으로서 널리 쓰이고 있다. 분석할 가스를 담체 가스에 혼합하여 흡착재를 충전한 분리관에 통하면 가스의 종류에 따라서 진행 속도가 다르므로 성분별로 되어서 출구에서 순차 나온다. 이 가스를 가스 분석계로 자동적으로 측정 기록하면 얻어진 곡선에서 시험하는 가스의 조성을 알 수 있다.

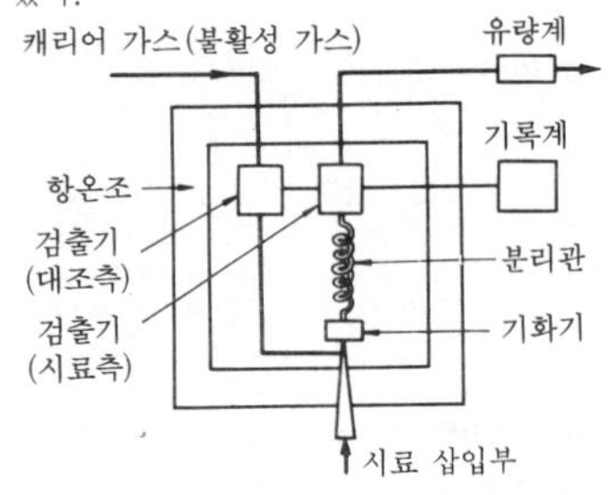

gas cleanup 기체 클린업(氣體－) 기체 원자 또는 분자가 기체 방전 중에 고체 매질에 흡수되는 현상.

G

gas diode 가스 다이오드 열음극과 양극을 약간의 불활성 가스 또는 증기를 포함하는 유리 용기 속에 넣은 것으로, 양극에 양(+)전압을 가하면 음극에서 방출된 전자가 가스를 이온화한다. 진공의 다이오드에 비해 전류 용량이 크다.

gas-discharge display 가스 방전 표시 장치(－放電表示裝置) (가스)플라스마 디스플레이라고도 한다. 평면 패널의 표시 장치로, 작은 네온관의 집합과 비슷한 동작을 한다. 네온은 수평/수직의 전극 집합 사이에 두어지며, 이들 전극은 개개로 대전되어서 각 전극 페어의 만난 점에 있는 화소를 발광시킨다.

gas dynamic laser 가스 다이내믹 레이저 고온·고압 탱크 내의 기체를 노즐에서 급분사하여 단열 팽창시킬 때 위 에너지 준위의 완화 시간이 밑의 에너지 준위의 그것보다도 충분히 길면 노즐에서 적당한 장소에서 반전 분포 상태가 생겨 레이저 작용이 이루어진다. 2산화 탄소 레이저 등이 이러한 기체 운동 역학적인 방법으로 연속적인 고출력을 얻는 데 쓰인다. 완화 시간이라는 것은 외부로부터의 급격한 작용으로 비평형 상태로 된 계(系)가 원래 평형 상태로 되돌아갈 때까지의 소요 시간이다.

gaseous discharge 기중 방전(氣中放電) 전류에 의해 여기(勵起)된 기체 원자로부터의 광의 방출.

gaseous plasma 기체 플라스마(氣體－) 분리된 전자와 이온의 구름. 수신기 보호 장치 또는 송수 전환기에서 전력 제한을 일으키는 가스 방전관 속의 활성 물질.

gas fill 기체 충전(氣體充塡) 플라스마 리미터 또는 가스가 들어간 전자관이 배기되고, 기체 혼합물이 삽입되는 과정.

gas-filled cable 가스 케이블 통신 케이블의 외장에 핀 홀이 생겼을 때 등 수분이 침입하는 것을 방지하고, 또 그것을 조기에 발견하기 위해 케이블 내에 가스를 압입한 것을 말한다. 압입 가스에는 질소 가스나 건조 공기 등을 쓴다. 가스 누설의 검출법으로는 케이블을 섹션으로 나누어 가스 누설 섹션의 압력 감소에 의해서 격벽의 전기 접점을 닫는 것이라든가, 압입 가스의 유량 변화로 동작시키는 것 등이 있다. 이 방식은 동축 케이블에는 일찍부터 사용되고 있으나 최근에는 덕트 내의 시외 케이블 등에도 사용되고 있다.

gas-filled phototube 가스 봉입 광전관(－封入光電管) 광전관의 일종으로, 관내에 0.1～1mmHg 정도의 아르곤 등 불활성 가스를 봉입한 것. 음극에서 방출되는 전자에 의해 관내의 가스가 전리(電離)되고 이에 의해서 생기는 양 이온 때문에 진공 광전관에 비해 감도가 10～100 배나 높아진다. 양극 전압은 그다지 높게 할 수 없고, 주파수에 따라서 특성이 현저하게 변화하므로 사용에는 주의가 필요하다.

gas filled protectors 가스 충전 보호 장치(－充塡保護裝置) 통신용 피뢰기의 일종으로, 방전 간격을 갖는 2극 또는 그 이상의 전극을 세라믹관 또는 유리관 내에 밀봉한 것으로, 관 내에 불활성 가스를 봉입한 것이다. 탄소 피뢰기와 동일하게 이상 전압이 발생하면 전극 간격을 통해서 방전 접지시킨다.

gas-flow counter tube 가스 플로 계수관(－計數管) 관 내 가스 유동에 의해 적정한 분위기가 유지되고 있는 방사 계수관.

gas flow error 가스 플로 오차(－誤差) 직류 방전관 내의 가스의 흐름에서 일어나는 오차. 이것은 원자, 이온, 전자, 방전관 벽 사이의 복합적인 상호 작용에 의한 것이다.

gas focusing 가스 집속(－集束) 전자 빔 내의 기체 방전에 의해 전자 빔을 집중시키는 방법.

gas-heater automatic lighter 가스 기구 자동 점화 장치(－器具自動點火裝置) 가스에 점화하는 경우 콕(cock)을 여는 조작과 동시에 그림의 a를 동작시키고 압전 소자로 고전압을 발생시켜서 불꽃을 내어 착화시키도록 한 것.

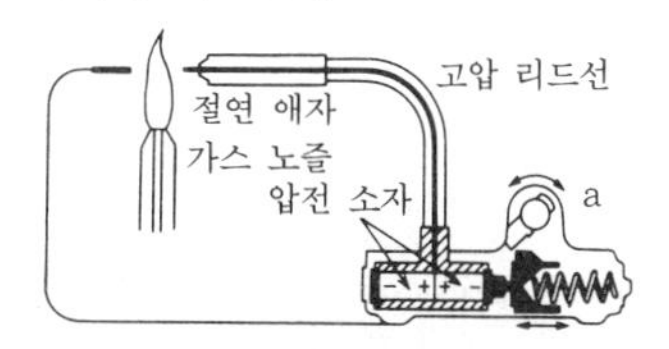

gas laser 기체 레이저(氣體－) 레이저 중에서 발광체로서 기체에 사용하는 것을 말하며, 고체 레이저에 비해 계속적인 출력을 얻기 쉬운 특징이 있다. 물체로서는 He-Ne 가스나 CO_2 가스를 사용한다.

gas maser 기체 메이저(氣體－) 기체 분자의 전기적 또는 자기적인 쌍극자 능률에 의해서 생기는 에너지 준위의 차를 사용한 메이저. 기체로서는 암모니아, 세슘, 수소, ClCN, H_2O 등이 사용된다. 이들은 스펙트럼의 대역폭이 매우 좁기 때문에 안정한 발진이 얻어지므로 주파수의 표준으로서 사용된다. 그러나 대역이 좁으므로 증폭기로서는 사용되지 않는다.

gas multiplication 가스 증폭(－增幅), 기체 증폭(氣體增幅) =gas amplification

gas noise 가스 잡음(－雜音) 가스 봉입 방전관에서 가스 분자의 랜덤한 이온화에 의해 생기는 관내 잡음. 이 잡음은 일종의 백색 잡음으로, 주파수 스펙트럼이 상당히 평탄하다. 따라서 가스 봉입 방전관은 시험용 백색 잡음 발생기로서 사용되는 경우가 있다.

gas panel 가스 패널 표시 장치의 부분으로, 평면상의 가스 봉입 패널 속에 그리드 전극이 있는 것.

gas-plasma display 가스 플라스마 표시 장치(－表示裝置) →gas-discharge display

gassing 가스 발생(－發生) 전기 분해에서 1개 또는 그 이상의 전극으로부터 가스가 방출되는 것.

gas tube 가스 봉입 전자관(－封入電子管) 내부에 포함되는 기체나 증기의 압력이 전자관의 전기적 특성에 크게 영향을 미치는 전자관.

gas-tube relaxation oscillator 가스 봉입 전자관 완화 발진기(－封入電子管緩和發振器) 급격한 방전을 가스 봉입 전자관의 브레이크 다운에 의해 발생시키는 완화 발진기.

gas-tube surge arrester 가스관형 서지 피뢰기(－管形－避雷器) ① 높은 과도 전압으로부터 기기, 인체, 또는 그 양쪽을 보호하기 위해 설계된 대기압 공기 이외의 방전 매체를 봉입한 단일의 또는 복수의 갭. ② 1개의 갭 또는 직렬로 연결된 갭(매체는 대기압의 공기 이외)으로 방전시키는 장치로, 높은 순간적인 전압에서 기기, 인원 또는 양쪽을 보호하기 위해 설계되었다. 임의의 퓨즈나 안전 장치가 설치되어 있는 피뢰기는 완전한 보호부와 피뢰기간을 구별하기 위해 보호 장치라고도 한다.

gate 게이트 ① 회로 또는 표시 기기의 부분을 동작시키는 시간폭. ②반도체 장치에서 주전류를 제어하기 위한 신호를 가해야 할 전극. 사이리스터에서와 같이 전류로 제어하는 것과 전계 효과 트랜지스터에서와 같이 전압으로 제어하는 것이 있다. ③ 전자 회로에서 입력을 도통하든가 차단하든가의 선별을 하는 부분.

사이리스터(Th)에 의한 단상 교류 전압의 제어 회로

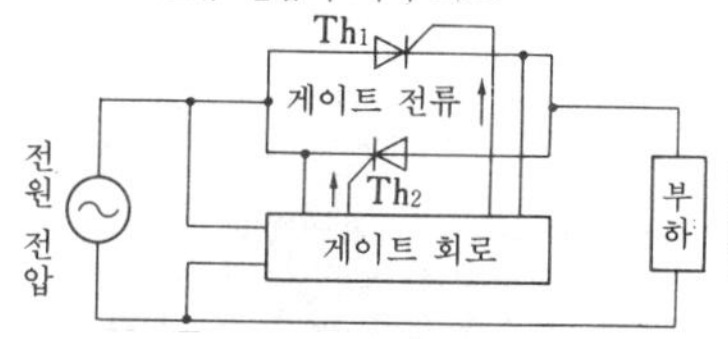

gate amplifier 게이트 증폭기(－增幅器) 게이트 펄스가 주어지고 있는 기간 동안만 입력 신호를 증폭하는 증폭기.

gate array 게이트 어레이 세미커스터머 IC의 일종. 다수의 트랜지스터를 규칙적으로 배열하여 작성된 마스터 웨이퍼의 배선만을 바꾸어서 다양한 게이트 회로를 구성하고, 그들을 조합시켜서 각종 기능을 갖는 LSI를 제조한 것.

gate circuit 게이트 회로(－回路) 디지털 회로에서 입력 단자와 출력 단자, 제어 단자가 각각 하나씩 있고, 제어 단자에 주어지는 제어 신호가 어느 조건을 만족한 경우에만 입력 신호가 그대로 출력 신호로 되는 회로. 주로 논리곱 회로가 쓰인다.

gate-controlled delay time 게이트 제어 지연 시간(－制御遲延時間) 사이리스터가 게이트 펄스에 의해 OFF 상태에서 ON 상태로 추이하는 기간에 게이트 펄스의 시초부터 주전압(전류)이 초기값 부근에서 특정한 값까지 강하(상승)하는 데 걸리는 시간.

gate-controlled rise time 게이트 제어 상승 시간(－制御上昇時間) 사이리스터가 게이트 펄스에 의해 OFF 상태에서 ON상태로 추이하는 기간에 주전압(전류)이 초기값 부근으로부터 특정한 낮은(높은) 값까지 강하(상승)하기까지의 시간. 이 시간은 순수 저항 부하의 경우에만 ON 상태 전류의 상승 시간과 동등해진다.

gate-controlled switch 게이트 제어 스위치(-制御-) =GCS

gate-controlled turn-off time 게이트 제어 턴오프 시간(-制御-時間) 게이트 펄스에 의해 ON 상태에서 OFF 상태로 스위칭할 때 게이트 펄스의 최초의 어느 점으로부터 주전류가 있는 값까지 감소하는데 걸리는 시간.

gate-controlled turn-on time 게이트 제어 턴온 시간(-制御-時間) 게이트 펄스에 의해 사이리스터가 OFF 상태에서 ON 상태로 변환될 때 게이트 펄스의 최초의 어느 점과 주전압(전류)이 있는 낮은(높은) 값으로 강하(증가)한 점 사이의 시간. 턴온 시간은 지연 시간과 상승 시간의 합계이다.

gate current 게이트 전류(-電流) 게이트 전압에 의해 생기는 전류. ① +의 게이트 전류는 게이트 단자에 흘러드는 통상의 전류. ② -의 게이트 전류는 게이트 단에서 나오는 통상의 전류.

gated flip-flop G플립플롭 플립 플롭 회로의 입력측에 게이트 회로를 접속하고 클록 신호가 왔을 때만 게이트가 열려서 입력 신호가 플립플롭의 입력 회로에 들어가게 한 플립플롭 회로. =G flip-flop

gated integrator 게이트 적분기(-積分器) 정해진 시간 내에서 신호 펄스의 적분값에 비례한 크기를 가진 펄스를 얻기 위한 회로.

gated sweep 게이트 소인(-掃引) 게이트 파형으로 제어되는 소인. 게이트 신호가 가해지고 있는 동안 소인이 반복된다(프리 러닝, 동기 또는 트리거에 의한다).

gate nontrigger current 게이트 비 트리거 전류(-非-電流) 사이리스터를 OFF 상태에서 ON 상태로 추이시키지 않기 위한 최대 게이트 전류.

gate nontrigger voltage 게이트 비 트리거 전압(-非-電壓) 사이리스터를 OFF 상태에서 ON 상태로 추이시키지 않기 위한 최대 게이트 전압.

gate number 게이트수(-數) 집적 회로(IC)의 규모를 판단하는 기준을 나타내는 기본 논리 회로의 수. 특히 마이크로프로세서 등의 논리 회로 칩에 사용된다. 1 게이트는 약 5~10 개의 논리 회로 소자로 구성되어 있다.

gate protective action 게이트 보호 동작(-保護動作) 사이리스터를 사용한 변환기 보호계에서의 스위칭 특성을 이용한 보호 동작.

gate pulse 게이트 펄스 게이트를 제어하기 위한 펄스.

gate signal 논리곱 신호(論理-信號), 개폐 신호(開閉信號) 개폐 소자 입출력 간에 정보를 통과시키기 위한 신호.

gate suppression 게이트 억제(-抑制) 게이트 펄스를 제거하는 것.

gate terminal 게이트 단자(-端子) 게이트에 접속된 단자.

gate trigger current 게이트 트리거 전류(-電流) 사이리스터를 OFF 상태에서 ON 상태로 스위치하기 위해 필요한 최소 게이트 전류.

gate trigger voltage 게이트 트리거 전압(-電壓) 사이리스터의 게이트 트리거 전류를 주입하기 위해 필요한 게이트 전압.

gate turn-off current 게이트 턴오프 전류(-電流) 사이리스터를 ON 상태에서 OFF 상태로 스위치하기 위해 필요한 최소 게이트 전류.

gate turn-off thyristor 게이트 턴오프 사이리스터, GTO 사이리스터 사이리스터의 일종으로, GTO(gate turn-off) 트랜지스터라고도 한다. 양극 전류가 흐르고 있어도 턴오프할 수 있도록 한 것으로, 게이트와 음극간에 반대 방향의 바이어스가 가해지도록 되어 있다. =GTO

gate turn-off transistor GTO 트랜지스터 →gate turn-off thyristor

gate turn-off voltage 게이트 턴오프 전압(-電壓) 사이리스터의 게이트 턴오프 전류를 주입하기 위해 필요한 게이트 전압.

gate voltage 게이트 전압(-電壓) 사이리스터의 게이트 단자와 어떤 고유의 주단자(예를 들면 캐소드 단자)간의 전압.

gateway 게이트웨이 LAN을 공중 통신망과 접속하기 위한 장치. 양자의 프로토콜 변환을 하는 것으로, 그 때문에 통신 속도가 대폭 저하하는 것이 난점이다.

gateway processor 게이트웨이 프로세서 상이한 프로토콜을 갖는 복수의 네트워크를 접속하고 제어하는 프로세서.

gateway service 게이트웨이 서비스 하나의 네트워크에서 다른 네트워크의 이용을 가능케 하는 서비스.

gateway unit 게이트웨이 장치(-裝置) LAN(local area network) 내에 두어지며, 프로토콜이 다른 네트워크와 LAN을 결합하여 각각의 네트워크 내 장치간 통신을 가능하게 하는 장치.

gathering modem 접합 변복조 장치(接

合變複調裝置), 집합 변복조 장치(集合變複調裝置) 복수 회선의 변복조 장치를 하나로 모아 놓은 것. 설치 장소의 면적을 절약하기 위해 집단화한 것으로, 기능은 일반 변복조 장치와 같다.

gating 게이팅 ① 안테나에 있어서 ㉠ 어느 시간 간격에 존재하는 파를 선택하는 방법. ㉡ 어느 한정된 범위에서 강도를 갖는 파를 선택하는 방법. ② 레이더에서 장치의 동작 1주기의 일부분 사이에 가동(可動) 또는 억제 펄스를 적용하는 것.

gating signal 게이트 신호(-信號) 선정 시간만 회로를 동작 상태 또는 비동작 상태로 하는 제어 신호.

gating techniques 게이트 기술(-技術) 정류기(사이리스터)에 게이트 신호를 공급하기 위해 사용되는 기술.

gauge 게이지 ① 각각의 목적에 적합한 표준 치수 또는 각도를 가지며, 표준으로서 쓰이는 것을 총칭하는 것. 목적에 따라 한계 게이지, 각도 게이지, 블록 게이지, 와이어 게이지 등 각종이 있다. ② 일반적으로 측정기 또는 검출기를 가리킨다.

gauge factor 게이지 계수(-係數) =gage factor

gauss 가우스 자속 밀도를 나타내는 CGS 단위. 1가우스는 10^{-4}웨버/m^2 또는 1맥스웰/cm^2이다. 기호 G.

Gaussian beam 가우스 빔 광축(光軸)에 수직인 단면상에서의 파동의 진폭 분포가 가우스 함수에 따르는 광 빔. 레이저 공진기에서의 최저 차수의 횡 모드 TEM_{00}은 가우스 빔이다.

Gaussian distribution 가우스 분포(-分布) →normal distribution

Gaussian filter 가우스 필터 임펄스 응답이 가우스의 오차 함수형을 나타내는 필터. 파형 전송의 하나의 이상 회로로서 흔히 참조된다. 인디셜 응답(indicial response)은 오버슈트를 발생하지 않으므로 펄스의 전송 회로에 적합하다.

Gaussian noise 가우스 잡음(-雜音) 임의 차수의 분포 함수가 정규 분포로 나타내어지는 잡음. 저항체나 진공관에서 발하는 잡음은 이에 속한다. →white noise

gaussian pulse 가우스형 펄스(-形-) 가우스 분포의 파형을 가진 펄스. 시간 영역에서는 A를 상수, a를 1/e 점에서의 펄스 반치(半値) 지속 시간으로 하면 파형은

$$f(t)=A\exp[-(t/a)^2]$$

로 표시된다.

gaussian system 가우스 단위계(-單位系) 전기적 양으로는 CGS 정전 단위가 사용되고, 자기적 양으로는 CGS 전자 단위가 사용되는 단위계. 이 단위계가 사용될 때에는 계수 c(광속)가 전자기 방정식의 적당한 곳에 삽입되지 않으면 안 된다.

Gauss law 가우스의 법칙(-法則) 어떤 닫힌 면에 수직으로 그 바깥쪽을 향한 전속 밀도(電束密度) 벡터 D를 그 면 전체에 걸쳐서 적분한 것은 그 면에서 감싸인 영역 내에 포함되는 전 전하량 Q와 같다는 것을 기술한 법칙.

gaussmeter 가우스미터 가우스 또는 킬로가우스의 눈금을 갖는 자력계.

Gauss method 가우스법(-法) 연립 1차 방정식의 수치 해법에는 직접법과 반복법이 있으며, 직접법의 대표적인 예로서는 가우스·조르단의 소거법이, 반복법에는 야코비법이나 가우스·자이델법이 있다. 전자의 소거법은 ① 어느 두 방정식을 바꾸어도 해는 달라지지 않는다. ② 방정식에 0이 아닌 수를 곱해도 해는 달라지지 않는다. ③ 하나의 방정식에 대하여 제2의 방정식을 n회 더해도 해는 달라지지 않는다는 세 가지 원리를 써서 소거를 하는 방법이다.

Gauss' theorem 가우스의 정리(-定理) $+Q$[C]의 전하를 감싸고 있는 폐표면을 통과하는 전기력선의 총수 N은 다음 식으로 나타내어진다는 정리.

$$N=\frac{Q}{\varepsilon_0\varepsilon_s}=\frac{Q}{\varepsilon}$$

여기서 ε_0 : 진공의 유전율[F/m], ε_s : 비유전율, ε : 유전율[F/m]. 만일 다수의 전하가 폐표면에 감싸여 있을 때는 그 총량을 Q로 하면 된다.

GB 기가바이트 =gigabyte

GCA 지상 관제 진입 장치(地上管制進入裝置) =ground control approach

GCR 군 부호 기록(群符號記錄) =group coded recording

GCS 게이트 제어 스위치(-制御-) 사이리스터의 일종. 그림과 같은 구조로 되어 있으며, +- 어느 게이트 신호에 의해서도 턴온시킬 수 있다. =gate control-

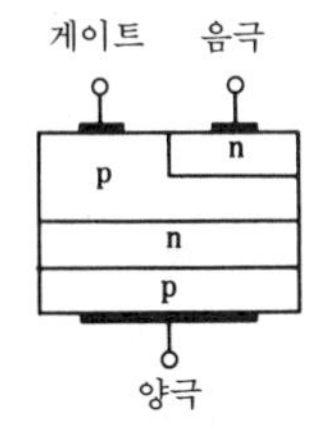

G

led switch

Gee 지 방식(一方式) 로란과 마찬가지로 쌍곡선형의 위치선을 사용하는 항행 원조 방식인데, 표준 로란이 1,700~2,000 kHz 의 전파를 사용하는 데 대해 지 방식에서는 20~80MHz 를 사용하고 있다.

Geiger-Müller counter tube 가이거-뮬러 계수관(一計數管) 방사선, 우주선 등의 입자선 통과를 계측할 수 있는 방사능 측정기. 입자선의 통과를 1개씩 셈할 수 있다(1 개의 방사선 입자에 대하여 1개의 펄스 신호를 출력한다. β선을 측정하는 데 적합하며, γ선은 잴 수 있지만 감도는 나쁘다. α선은 측정 불능. =GM counter tube

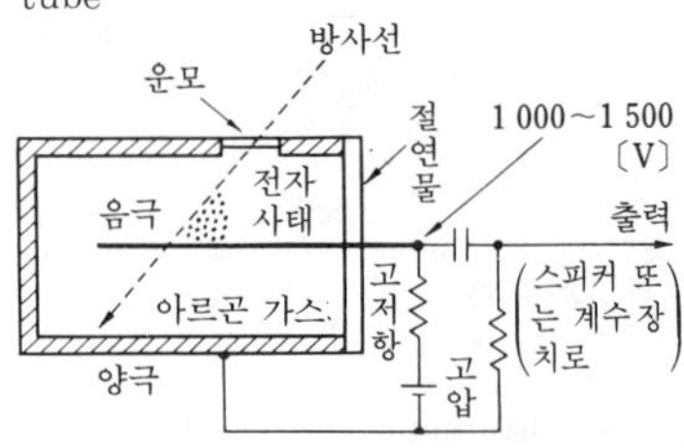

Geiger-Müller region 가이거 뮬러 계수 영역(一計數領域) 개개의 계수 마다에 모여지는 전하가 초기 이온화 과정에서 생긴 전하와는 무관계가 되는 인가 전압의 범위.

Geiger-Müller threshold 가이거 뮬러 임계값(一臨界一) 계수관의 개개의 계수마다 모여진 전하가 초기 이온화의 특성에 대해서 실질적으로 무관계가 되는 최저 인가 전압.

Geissler tube 가이슬러관(一管) 희박 가스 중에서의 방전의 발광 효과를 표시하기 위한 특수한 가스 봉입 전자관. 기체 밀도는 대기의 그것보다 대략 1,000분의 1이다.

general calling 일제 호출(一齊呼出) ① 다수 공동 정화인 경우와 같이 복수개의 전화기를 동시에 호출하는 것. 개별 호출에 대한 용어. ② 이동 무선기에 착신이 있는 경우 센터가 이동 무선기를 복수의 무선 존(zone)에서, 혹은 하나의 존의 복수 회선에서 일제히 호출하는 것. 호출을 하는 에어리어는 홈 메모리국의 위치 정보에 따라서 결정한다. 이동 무선기로부터 응답이 없을 때는 발호 가입자에게 무응답 통지늘 낸다.

general computer 범용 컴퓨터(汎用一) 사무 처리에서부터 기술 계산까지의 폭넓은 용도에 사용할 수 있는 컴퓨터로, 이것을 컴퓨터 센터의 호스트 컴퓨터로서 설치하고 있다. 규모는 대소 여러 가지가 있으며, 초대형, 대형, 중형, 소형으로 분류되고 있다.

general-diffused lighting 전반 확산 조명(全般擴散照明) 광원을 글로브에 넣은 조명 방식. 하나의 완전체를 확산성이 좋은 조명 기구를 사용하여 고르게 조명하는 것을 목적으로 하여 공장, 사무실이나 교실에 채용된다.

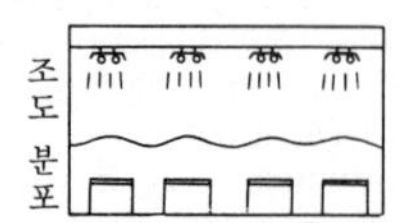

general interface 범용 인터페이스(汎用一) 어떤 입출력 기기에도 적합하도록 구상된 인터페이스로, 직렬 인터페이스, 병렬 인터페이스, 입출력 인터페이스 등이 있다.

generalized impedance converter 범용 임피던스 변환기(汎用一變換器) 복소 주파수 변수 s의 함수인 변환 인자 $f(s)$와 다음과 같은 성질에 의해 규정되는 2단자쌍 능동 회로망. 단자쌍 B가 임피던스 $Z(s)$로 종단(終端)될 때 단자쌍 A에서의 임피던스는 $Z(s)f(s)$로 주어진다. 단자쌍 A가 임피던스 $Z(s)$로 종단될 때 단자쌍 B에서의 임피던스는 $Z(s)/f(s)$이다.

generalized property 일반화 특성(一般化特性) 관측할 수 있는 물리적인 계(系)나 현상이 양적으로 표시할 수 있는 물리적 개념. ① 예를 들면 길이, 전류, 에너지 등의 추상적 개념. ② 일반화된 특성으로서 물리적 성질의 질적 속성 혹은 차원성에 의해 특징지워지지만, 양적 크기에 따라서는 표시되지 않는다.

general purpose computer 범용 컴퓨터(汎用一) 광범위한 문제를 처리할 수 있도록 설계한 컴퓨터. 사무 계산, 기술 계산, 즉시 처리 등 다종 다양한 문제 처리용으로 설계된 컴퓨터이다. 디지털형 컴퓨터는 거의 범용기형이다.

general-purpose controller 만능 제어장치(萬能制御裝置) 통상의 운행 조건하에서 사용되는 정격, 특성, 기계적 구조를 갖춘 제어 장치.

general purpose digital computer 범용 디지털 컴퓨터(汎用一) →digital computer

general purpose interface bus 범용 인터페이스 버스(汎用一) ANSI/IEEE Std 488-1978(프로그램 가능한 명령을 위한

디지털 인터페이스 표준)에 따라 설계된 버스. =GPIB

general purpose register 범용 레지스터(汎用-) 컴퓨터의 중앙 처리 장치 내에 있으며, 누산기, 지표 레지스터 등 다목적으로 사용되는 레지스터. 보통 여러 개 준비되어 있으며, 주소에 의해 지정할 수 있다.

general purpose system simulator 범용 시스템 시뮬레이터(汎用-) 이산 시스템 시뮬레이터의 하나. 1961 년에 G. Gordon, R. Eform 등에 의해 개발되었다. 대기 이론이나 교통 관제 시스템 등 많은 분야의 시뮬레이션에 이용되고 있다. =GPSS

general purpose test equipment 범용 시험 장치(汎用試驗裝置) 설계가 기본적으로 달라지는 2개 또는 그 이상의 장치 또는 시스템에 공통인 특성 파라미터의 범위를 측정하는 데 사용되는 시험 장치 =GPTE

generating magnetometer 발전 자력계(發電磁力計) 계측할 곳에서 코일이 회전함으로써 발생되는 기전력에 의해 동작되는 자력계.

generating tachometer 발전식 회전 속도계(發電式回轉速度計) 발전기의 발생 전압이 회전 속도에 비례하는 성질을 이용한 속도계(회전계). 휴대용은 취급이 간단하므로 속도의 검출에 널리 쓰이고 있다. 거치용(据置用)은 발전기가 고정되고 정류기와 전압계가 패널에 설치되어 있다.

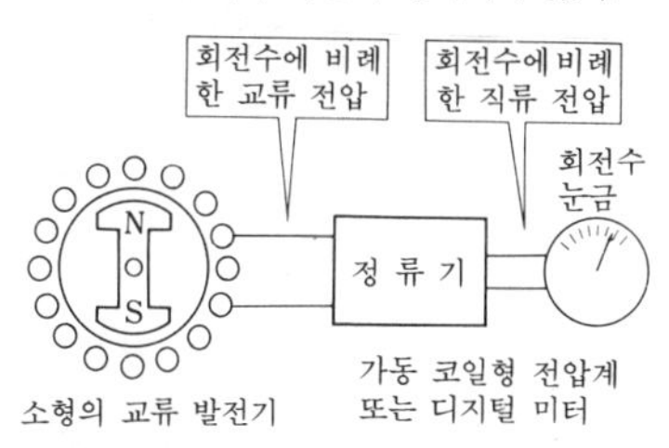

generation rate 생성도(生成度) 반도체에서, 일정한 불순물 준위에서 전자 또는 정공이 광 에너지, 열 에너지 등을 받아 전도대 또는 가전자대에 여진(勵振)되는 것을 발생 또는 생성이라 하는데, 반도체에서 전자-정공쌍이 발생하는 시간율을 생성도(발생도)라 한다.

generation-recombination 생성·재결합(生成·再結合) 과잉 캐리어가 주입된 반도체에서 열평형이 깨진 상태에서 주입된 소수 캐리어와 다수 캐리어가 재결합하여 $pn=n_i^2$라는 평형 상태를 회복하는 것. 이 회복 과정에서 빛이 방사되는 경우(방사 재결합)와 방사되지 않는 경우가 있다. 또 재결합에 포논(phonon)을 거쳐 간접적으로 결합하는 경우와 갭을 통해서 직접 재결합하는 경우가 있다.

generation recombination noise GR 잡음(-雜音) 진성 반도체에 가까운 반도체에서 가전자대의 전자가 여기(勵起)되어 전자·정공쌍을 발생하는 과정에서 생기는 잡음. 또는 반대로 이들이 재결합하여 에너지를 방출하는 과정에서 발생하는 잡음.

generator lock 동기 결합(同期結合) 텔레비전 방송의 조정실에서 자국의 영상과 타국의 영상을 조합시키는 경우에 수평 수직·버스트의 각 신호 위상을 일치시키는 것. 타국의 영상 신호를 디지털 메모리에 축적한 다음 자국의 동기 신호에 결합시키는 비디오 싱크로나이저 등이 사용되고 있다.

genography photoroentgen 간접 촬영(間接撮影) X 선에 의한 사진 촬영법의 하나로, 인체의 투과 X 선을 형광판에 대서 그 형광 X 선상을 광학 렌즈로 필름에 축소 촬영하는 방법. 직접 촬영에 비해서 사용 필름이 염가이며, 집단 검진에 적합하지만 화면이 작고, 조사(照射) 시간이 긴 것이 결점이다.

gentex 젠텍스 유럽 각국 간에서 실시되고 있는 공중 전보의 자동 교환 회선망 또는 그 서비스.

geodesic 대권 거리(大圈距離) 지구상의 2 점간을 잇는 최단 거리. 위의 2 점과 지구의 중심을 통하는 평면이 지구 표면과 만나서 생기는 원주, 즉 대권상에서 잰 2 점간의 거리가 대권 거리이다. 측지선(測地線)이라고도 한다.

geodesic lens antenna 지오데식 렌즈 안테나 동일한 굴절률을 갖는 2 차원 렌즈로, 렌즈 중의 레이가 2 점간의 최단 통로를 통하도록 평면 상에 배열된다.

geodetic satellite 측지 위성(測地衛星) 지구에 관한 지리상의 측정을 전문으로 하는 인공 위성. 지상으로부터의 레이저 광 등을 반사하여 위치의 측정을 한다.

geometrical factor 기하학적 팩터(幾何學的-) ① 항법 좌표가 가장 크게 바뀌는 방향에서 취한 거리 변화에 대한 항법 좌표 변화의 비, 항법 좌표계의 경사의 크기. ② 항법 좌표에서 변화와 그것에 대응하는 거리의 변화와의 비로, 항법 좌표 변화의 최대 방향으로 논한다. 항법 좌표 그래디언트의 최대값이다.

G

geometric distortion 기하학 일그러짐(幾何學－) 텔레비전에서 재생 화상의 화소가 원래의 경색(景色)을 투시도 평면에 투영했을 때 얻어지는 바른 상대 위치에서 벗어나는 것.

geometric inertial navigation equipment 기하학적 관성 유도 장치(幾何學的慣性誘導裝置) 물리적인 항법량이 가속도계의 출력에 입각한 계산에 의해(일반적으로는 자동적) 얻어지는 관성 항법 장치의 일종. 수직축은 국부 연직으로 수직으로 유지되고 수평면 내의 방위는 사전에 결정된 지리적인 방향(예를 들어 북)으로 정합하도록 유지된다.

geometric optics 기하 광학(幾何光學) 전파하는 빛을 광선으로서 취급하는 것. 광선은 두 상이한 매질간의 계면(界面)에서 굴곡하고 또는 굴절률이 위치의 함수인 것과 같은 매질에서는 굴곡되는 일이 있다.

geometric organization syndrome 기하 구조 신드롬(幾何構造－) 공중 통신망과 같은 경우에, 예를 들면 4인의 가입자간 소요 통신 루트는 2인인 경우의 통신 루트(즉 단일의 루트)의 2배가 아니고 그보다 많이 필요하다. 일반적으로 n인의 가입자가 있을 때의 소요 루트수(망 교환기가 없는 것으로 하고)는 $n(n-1)/2$ 이며, n이 많아질수록 필요한 루트수는 대체로 n^2에 비례하여 증가한다. 더욱이 이용률은 반대로 매우 나빠진다. 이것을 기하 구조 신드롬이라 한다. 당연히 교환망을 생각하지 않으면 안 되게 된다.

geometry 주변(周邊) 오실로스코프에서의 음극선관이 정확히 직선 패턴을 그릴 수 있는 정도. 일반적으로 음극선관의 성질에 관계된다. 이 명칭은 음극선관의 전극 또는 그것에 수반하는 제어에 대해 주어지는 경우가 있다.

geostationary 정지 궤도(靜止軌道) 지구의 자전과 같은 방향으로 똑같은 각속도로 회전하고 있기 때문에 지상으로부터는 언제나 같은 위치로 보이는 인공 위성(정지 위성)이 그리는 궤도.

geostationary satellite 정지 위성(靜止衛星) 적도 상공 약 36,000km의 궤도상에 쏘아올려져 위성의 궤도 주기와 지구의 자전 주기를 일치시킨 인공 위성. → satellite communication

germanium 게르마늄 기호 Ge. 4가의 원소로 원자 번호 32. 트랜지스터나 다이오드 등의 반도체 소자는 초기에는 게르마늄의 단결정을 사용하여 만들어져서 화려한 전자 공학의 막을 열었으나 오늘날에는 그 후에 연구된 규소가 거의 사용되고 있다.

germanium diode 게르마늄 다이오드 게르마늄을 사용한 다이오드. 구조상으로 접합형, 점접촉형 등이 있다. 순방향 전압이 작은 것이 특징이나, 역전류가 비교적 큰 것이 결점이다. 변조기, 복조기, 리미터, 클램프 회로, 기타의 스위치 회로에 쓰인다.

germanium rectifier 게르마늄 정류기(－整流器) 게르마늄의 pn 접합에서의 정류 현상을 이용하는 것으로, 전력용 반도체 정류기로서 최초로 만들어졌으나 실리콘 정류기에 비해 내열성이나 내전압 등이 떨어지므로 현재는 제작되고 있지 않다.

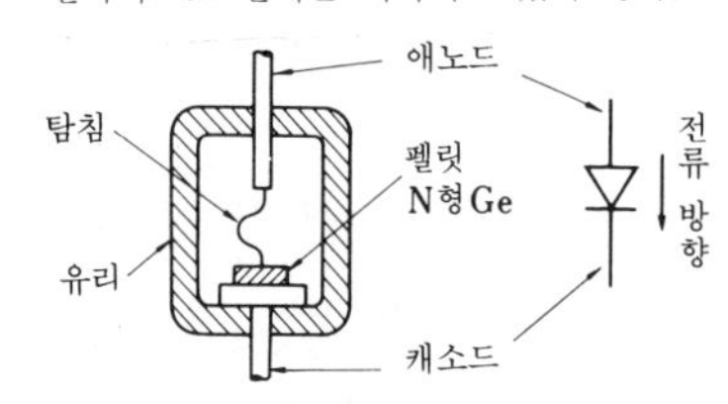

germanium transistor 게르마늄 트랜지스터 기판으로서 게르마늄을 사용한 트랜지스터.

german silver 양은(洋銀) 구리, 니켈, 아연의 합금. 경인선(硬引線)으로 하여 저항 재료로, 또 판 모양으로 하여 계전기의 스프링 등으로 사용한다.

getter 게터 전자관 내의 진공도를 높이기 위해 배기 공정 중 또는 완료 후 관내에서 고주파 가열에 의해 증발시키는 화학 물질. 가스를 흡수하는 성질이 현저한 마그네슘, 바륨 및 바륨 합금 등의 금속체로 이루어지는 것과, 그러한 금속을 증발시킨 박막으로 이루어지는 것이 있다. 전자를 단체(單體) 게터, 후자를 플래시 게터라 한다.

gettering 게터링 디바이스 제조에서 실리콘 웨이퍼에 어떤 종류의 처리를 하여 결함이나 바람직하지 않은 불순물을 불활성화해 두는 것을 게터링이라 한다. 게터링에 의해 pn 접합에서의 누설 전류가 감소하고, 캐리어의 수명이 길어지는 등 성능 향상에 도움이 된다. 보통 초기 산화가 이루어지기 전에 단결정 웨이퍼에 대하여 이른바 IG(intrinsic gettering)를 하는 경우가 많은데, 행정 중에 외부에서 조작하는 EG(extrinsic gettering)도 있다. 웨이퍼의 결함이란 적층 결함(stacking fault)이나 전위(轉位 : dislocation), 그리고 산소, 탄소, 여러 가지 금속 등의 불순물 혼입이다. 그리고 게터링이란 이들 결함을 디바이스 특성과 관계가 없는 장소에 있는(혹은 만든) 결함 중심에 흡수시켜 버리는 것이다. 그 때문에 웨이퍼의 내부나 표면(또는 이면)에 게터링 중심을 형성하기 위해 여러 가지 수단이 쓰인다.

getter pump 게터 펌프 기체 분자가 개체 표면에 흡착되는 게터 작용을 이용한 진공 펌프. 전자관 등에서 행하여지는 것을 대규모화한 것이다. 기름 확산 펌프와 같이 기체 분자를 퍼올려서 하는 것이 아니고 오히려 기체 분자를 빨아내서 하기 때문에 게터 작용은 흡착의 진행과 함께 감퇴한다. 동작 범위는 10^{-4}Pa 부터 10^{-8} Pa 에 이르는 초고진공 영역이다.

G flops 기가 플롭스 =giga flops

GGG 가돌리늄 갈륨 가닛 gadolinium gallium garnet 의 약어. 갈륨의 일종. G^3라 약기하기도 한다. 자기 버블을 이용하는 박막을 만들기 위한 기판 등에 사용된다.

ghost 고스트, 다중상(多重像) 텔레비전 수상 화면에서의 다중상을 말한다. 텔레비전의 송신 안테나로부터의 직접파 외에 가까운 건물 등으로부터의 반사파가 수상될 때 나타나는 경우가 많다. 이 밖에 안테나와 피더의 정합이 나쁠 때도 발생한다. 보통, 정규의 상 오른쪽에 나타난다.

ghost signals 고스트 신호(－信號) ① 원하는 로란(loran)국의 완전한 펄스 반복 주파수보다 작게 표시기상에 나타나는 식별 펄스. ② 원하는 이외의 기본 반복 주파수를 가지고 표시기상에 나타나는 신호. ③ 표시기상에 소요의 로란국 전 펄스 반복 주파수 이상에서 나타나는 동정(同定) 펄스. ④ 필요한 반복 주파수 이외에서 표시기상에 나타나는 신호.

ghost target 고스트 목표물(－目標物) 위치, 주파수 또는 양쪽에서 실제의 목표물에 일치하지 않는 레이더에서의 외견상 목표물. 이것은 현실로 존재하는 다른 목표물의 신호에 대한 레이더 회로 기구에 의한 일그러짐 또는 잘못된 해석의 결과이다. 예로서는 사용된 레이더 파형의 거리, 도플러 앰비규어티(Doppler ambiguity), 회로 진폭 특성의 비직선성에 의한 혼변조 일그러짐 또는 2개의 안테나계 또는 2종의 파형이 결합된 데이터에서 생길 수 있다.

giant pulse 자이언트 펄스 Q스위칭에 의해 레이저에서 얻어지는 시간폭이 매우 좁고, 피크 출력이 큰 단이 펄스. 루비 레이저나 유리 레이저에서는 펄스폭 0.1μs 로 1 내지 100MW 의 출력이 얻어진다.

giga 기가 10억(10^9)을 나타내는 단위.

gigabyte 기가바이트 giga 란 10 의 9 승을 의미한다. 따라서 기가바이트는 1,000,000,000 바이트이다. 컴퓨터 분야에서는 2진법을 기본으로 하므로, 1 기가바이트가 1,073,741,824 바이트를 가리키는 경우도 있다. 흔히 GB 라고 약칭된다.

giga flops 기가 플롭스 매초 10 억회의 부동 소수점 연산을 할 수 있는 연산 처리 속도이며, 수퍼컴퓨터에서 사용된다. =G flps

gigahertz 기가헤르츠 주파수의 단위로, 1초에 10 억(10^9) 번의 파형이 반복되는 것. =GHz

Gill-Morrell oscillator 길-모렐 발진기(－發振器) 발진의 주파수가 관 내의 전자 주행 시간만이 아니라 부속하는 회로의 파라미터에도 의존하는 지연 필드형 발진기.

GI-type optical fiber GI형 광섬유(－形光纖維), 그레이디드 인덱스형 광섬유(－形光纖維), 집속형 광섬유(集束形光纖維) =graded index type optical fiber →optical fiber

GI-type optical fiber cable GI형 광섬유 케이블(－形光纖維－), 그레이디드 인덱스형 광섬유(－形光纖維), 집속형 광섬유 케이블(集束形光纖維－) 코어 지름이 수십μm로 비교적 크고, 제조시의 코어 편심률이 약간 나빠도 클래드 외경만 맞추면 코어의 축이 벗어남으로써 생기는 접속 손실은 그다지 문제로 하지 않아도 된다. 따라서 고정 V홈을 써서 클래드 외경을 서로 맞대어 케이블을 접속할 수 있다. GI형에 대하여 SM형에서는 코어 지름이 10μm 정도로 가늘기 때문에 그 접속은 클래드 외경을 맞추기만 해서는 충분하지 않다. 그래서 가동 V홈을 써서 코어 끼리 축조심(軸調心)을 하는 코어 직시법이 널리 쓰인다.

glass 유리(琉璃) 산화물을 녹인 다음 급랭하여 얻어지는 비결정 물질. 주요 성분은 석영(SiO_2)이며, 융점을 낮추기 위해 다른 산화물을 섞는다. 가장 일반적인 소다 유리는 전구 등에 사용되나 절연 재료로서는 부적당하다. 납 유리는 전자관 등에, 붕규산 유리는 고주파용 애자 등에 쓰인다. 석영 유리는 SiO_2 이외의 성분을 포함하지 않아 전기적 특성은 좋으나 가공이 곤란하다.

glass capacitor 유리 콘덴서(琉璃－) 콘덴서의 일종으로, 유전체에 유리를 사용한 것. 넓은 범위의 온도 변화에 대하여 그 특성이 뛰어나다.

glass ceramics 유리 세라믹스(琉璃－) → pyroceramics

glass electrode 유리 전극(琉璃電極) 그림과 같은 구조이며, 시험하는 액체 중에 담가서 그 산성도에 따른 값의 기전력을 꺼낼 수 있다. pH 계에서 검출 전극으로서 사용한다.

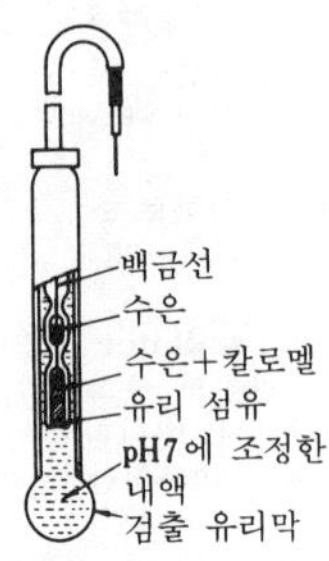

glass fiber 유리 섬유(琉璃纖維) 용융 유리를 고속으로 감아서 섬유상으로 한 것으로, 실이나 천이 되기도 한다. 내열성 절연물로서 강화 플라스틱을 만들거나 특수 전선의 피복이나 적층판의 기재(基材) 등으로 사용한다.

glass half cell 유리 반전지(琉璃半電池) 유리 막에 의해 전위차를 측정하는 반전지.

glassivation 유리화(琉璃化) 실리콘(Si) 표면에 SiH_4-O_2 가스를 써서 CVD 법으로 400℃ 정도의 저온에서 실리콘 산화막을 디포짓시키는 경우에 보론이나 인을 도프하여 SiO_2 의 일부 또는 전부를 B_2O_3 이나 P_2O_5 로 치환한 것(용융물)을 고화하여 BSG 나 PSG 유리층을 형성시키는 것. 알루미늄 상의 보호막을 만들거나 바이폴러나 MOS LSI 의 층간 유리화막을 형성시키는 데 이용된다.

glass laser 유리 레이저(琉璃－) 고체 레이저의 일종으로, 규산 유리에 수 %의 네오줌 이온(Nd^{3+})을 용해한 것을 매체로 하고, 크세논 램프로 여기(勵起)하여 발광시키는 것이다. 모양이나 크기를 자유롭게 선택할 수 있는 것이 특징이며, 각종 레이저 중에서 가장 큰 출력의 것이 얻어진다.

glass passivation 유리 패시베이션(琉璃－) 반도체 칩 표면을 용융 유리로 감싸서 보호한 것.

glass semiconductor 유리 반도체(琉璃半導體) 비결정성의 반도체를 말한다. 반도체 제품은 일반적으로 단결정으로 만들지만, 비결정 반도체는 제법이 용이하므로 이에 의해서 각종 반도체 부품을 만드는 것이 연구 중이며, 태양 전지 등은 실용화되어 있다.

glass thermistor 유리 서미스터(琉璃－) 유리질 원료로 만든 서미스터. 성분은 바나듐이나 인 등의 산화물로, 감도는 높으나 저온용이다.

glass semiconductor 유리 반도체(琉璃半導體) →amorphous semiconductor

glazed alumina 글레이즈드 알루미나 알루미나 자기 표면에 유리 피막을 구워 붙여 매끄럽게 한 것. 피막 저항기 등의 기판으로서 사용한다.

glazing resistor 글레이즈 저항체(－抵抗體) 용융 유리로 저항 권선을 고정한 저항체. 면적 저항률이 10MΩ 정도의 것까지 제작할 수 있으며, 내열성이 높고, 전기 특성도 매우 안정하다. 세라믹 기판의 회로에 사용된다.

glide path 글라이드 패스 계기 착륙 방식(ILS)을 구성하는 장치의 하나로, 수직면 내에서 특정한 지향성을 갖는 전파를 송신하는 시설이다. 현재 널리 사용되고 있는 것은 널 리퍼런스형이라는 형식이며, 강하로상에 항공기가 있으면 기상 지시기의 지침은 밑으로, 밑에 있으면 위로 기울고, 지침이 수평에 있으면 강하로에 있는 것이 된다. 사용 주파수는 328.6~335.5MHz 의 UHF 대이며, 출력은 10W 정도이다. 그림은 글라이드 패스의 전계를 나타낸 것이다.

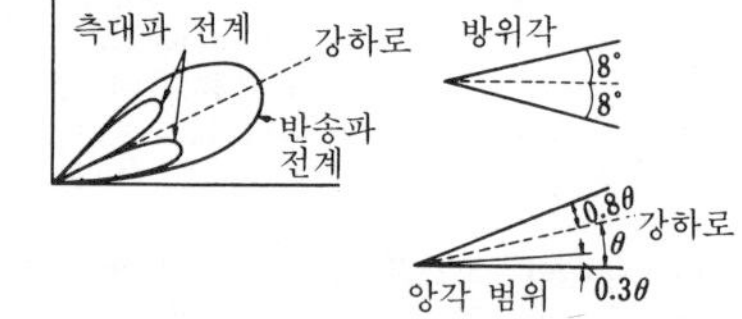

glide-path receiver 글라이드 패스 수신기(－受信機) 지상에 설치한 글라이드 패스 송신기의 송신을 검지하기 위한 항공기 탑재용 무선 수신기. 주: 계기 착륙 방식을 이용하는 항공기의 고도를 지시하는 목적으로 가청, 가시 또는 전기적 신호를 공급한다.

glide slope 글라이드 슬로프 ① 전자파의 방사에 의해 만들어지는 기운 면으로 로컬라이저와 함께 계기 착륙 시스템에 있어서 글라이드 패스를 형성한다. ② 계기 착륙 방식에서 로컬라이저와 함께 사용되며 글라이드 패스를 만들기 위해 전자파의 방사에 의해 만들어지는 경사진 표면.

G line G 선로(－線路) 한 줄의 도선 또는

한 장의 도체판 표면에 폴리에틸렌 등 유전체의 얇은 피막을 입힌 것. VHF, UHF 및 SHF 대의 전파를 전송하는 성질이 있다. 그림과 같이 동축 케이블에 나팔형 여진기를 부착한 것은 근거리의 간이 전송 선로나 텔레비전의 공동 시청 장치에 사용된다. 전송 손실은 동축 케이블보다 적고 도파관 정도이지만 선로 도중의 지지물이나 비, 눈의 영향, 건물에서의 반사 등에 문제가 있다. =surface wave transmission line

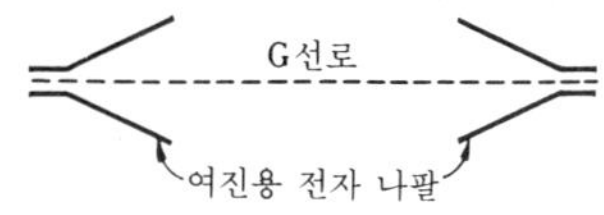

Glip wire 글립선(一線) 에나멜선의 일종으로, 허니컴 코일(전선을 지그재그로 감은 코일)에 사용하기 위해 피막의 마찰 계수를 크게 한 것.

glitch 글리치 비교적 단시간에 한정된 불특정 원인에 의한 펄스 파형의 난조(亂調).

global beam 글로벌 빔 위성 통신에서 송수신 안테나로서 혼 리플렉터 안테나를 사용하면 빔은 지구상의 광역(廣域)을 커버하는 글로벌 빔이 된다. 인텔새트 위성 V 호의 글로벌 빔 중계기에서는 수신에 6GHz, 송신에 4GHz 의 원형 빔을 사용하여 태평양, 대서양, 인도양의 각 서비스 지역 전체를 커버하고 있다. 송신 전력은 작고 또 주파수의 재이용(직교 각 편파에 의한 대역의 다중 이용)도 하고 있지 않다.

global positioning system 범지구 측위 시스템(汎地球測位一) 항행 위성을 써서 이동 물체의 위치를 결정한다든지 유도한다든지 하는 시스템. 위성에서 복수파의 전파(모두 파장이 다른)를 발사하고, 반사파의 위상차를 계산하여 가려낸다. 원래는 군사용으로 개발된 것이지만 항공기, 선박 뿐만 아니라 자동차의 유도에도 사용할 수 있다. =GPS

globe photometer 구형 광속계(球形光束計) 내면에 백색의 완전 확산 도료를 칠한 중공구(中空球) 중심에 광원을 두고, 구의 일부에 둔 관측창의 조도(照度)를 측정하여 다음 식에 의해서 광속을 구하는 장치.

$$F_t = \frac{E_t}{E_s} F_s$$

여기서 F_t : 피측광원의 광속, F_s : 표준 광원의 광속, E_t : 피측광원일 때의 조도, E_s : 표준 광원일 때의 조도. 단, 창에 직접 빛이 조사되는 것을 방지하는 구조로 되어 있다.

glossmeter 광택계(光澤計) 물질면의 광택을 측정하기 위해 광원으로부터의 직접광과 물질면으로부터의 확산 반사광을 비교하는 원리의 측광 장치.

glow current 글로 전류(一電流) 회로 임피던스에 의해 속류가 글로 아크 천이 전류 이하로 제한되었을 때 절연 파괴 후 흐르는 전류. =glow mode current

glow discharge 글로 방전(一放電) 기체 중 방전의 일종으로, 압력이 낮을 때 일어나기 쉽다. 아름답고 부드러운 빛을 내지만 전류값은 작다. 이 방전은 음극 직전에 존재하는 큰 전압 강하 때문에 가속된 이온이 음극면에 충돌하여 2 차 전자를 방출시키고, 이것이 기체 원자를 전리(電離)함으로써 지속되는 것이다.

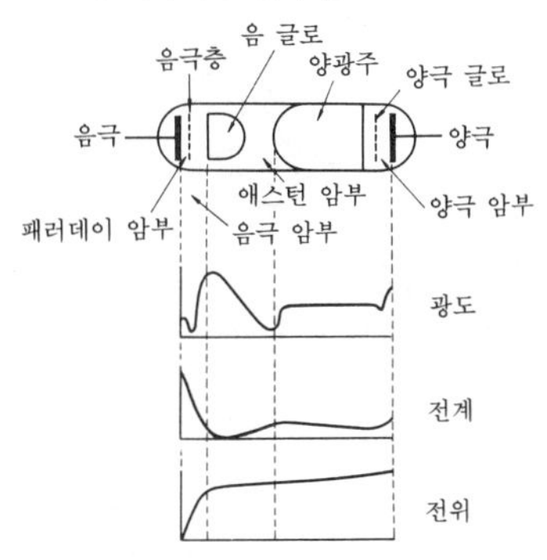

glow-discharge tube 글로 방전관(一放電管) 그 동작이 글로우 방전의 특성에 따라 결정되는 가스 봉입관.

glow factor 글로율(一率) 형광 물질이 블랙라이트(근자외선)를 가시광으로 변환하는 물질을 정량적으로 주는 척도. 형광 물질에 생기는 루미넌스를 입사 블랙라이트의 방사속 밀도로 제한 값. 단위는 lm/mW. 필터를 사용할 때는 그 투과율도 관계하여

루미넌스=방사속 밀도×글로율 ×필터 계수

glow lamp 글로 램프 2 전극의 방전관으로, 전극에 가한 직류 전압에 의해 음극 부근에 생기는 음(−)의 글로에 의해 발광하는 것. 보통의 관내에는 네온, 아르곤 등의 불활성 가스를 봉입한다. 교류로 동작시키면 양쪽 전극이 모두 글로를 발생한다. 오렌지색의 빛을 발생하는 네온 방

전관이 가장 널리 알려져 있다.

glow mode current 글로 모드 전류(一電流) =glow current

glow switch 점등관(點燈管) 형광등의 점등을 자동적으로 하도록 한 방전관으로, 그림과 같은 고정 전극과 바이메탈로 이루어진 가동 전극으로 구성되어 있다. 먼저 스위치를 넣으면 글로 방전이 시작되고, 이 열에 의해서 가동 전극이 늘어나 고정 전극에 접촉하여 필라멘트에 전류가 흐르는데, 동시에 방전이 멈추어서 가동 전극이 떨어지고, 그 순간에 안정기에 의해 고전압이 발생하여 방전을 개시한다. 또, 옆에 붙어 있는 콘덴서는 외부로의 잡음 방지용이다.

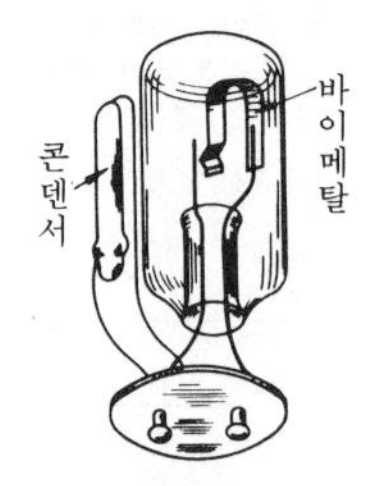

glow-to-arc transition current 글로 아크 천이 전류(一遷移電流) ① 피뢰관이 글로 모드에서 아크 모드로 바뀌는 데 필요로 하는 전류. ② 피뢰기가 글로 모드에서 아크 모드로 이행하는 데 필요한 전류.

glow-tube 글로관(一管) →glow discharge tube

glow voltage 글로 전압(一電壓) ① 피뢰기에 글로 전류가 흐르고 있는 동안의 전압 강하. 글로 모드 전압이라고 하는 경우도 있다. ② 글로 전류가 흐를 때의 피뢰기에서의 전압 강하.

Glyptal 글리프탈 알키드 수지의 일종으로 상품명. 글리프탈과 푸탈산으로 만들어지며 알키드 와니스의 기본 성분으로서 사용된다.

GM counter tube GM 계수관(一計數管), 가이거-뮬러 계수관(一計數管) =Geiger-Müller counter tube

GND 갈륨 비소 부성 저항 다이오드(一砒素負性抵抗一)[1], 그라운드, 접지(接地)[2] (1) 부성 저항을 가진 발광 다이오드를 말한다. GaAs(갈륨 비소) 또는 $Ga_{1-x}Al_x$ As 의 4층 접합으로 만들어지며, 그림과 같은 특성을 가지므로 펄스에 의해서 P, Q 간의 스위칭을 하면 발광의 점멸을 제어할 수 있다. 가시 발광의 것과 근적외 발광의 것이 있다.

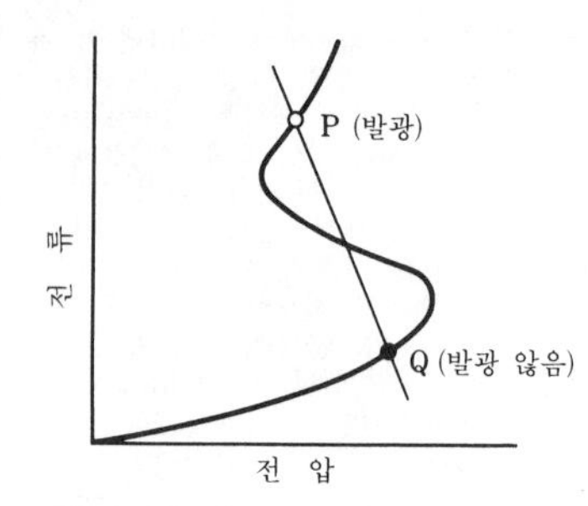

(2) =ground

gold bond diode 골드 본드 다이오드 점접촉 다이오드의 결점을 개량하기 위해 게르마늄에 금속을 본드(용착)하여 만든 다이오드. 고주파 영역에서의 특성이 좋다는 이점이 있다.

gold diffusion 금확산(金擴散) 반도체 표면에 금을 증착하여 고온에서 이것을 내부로 확산시키는 것. 스위칭 동작을 하는 반도체 디바이스에서 라이프 타임을 작게 하여 동작을 고속화하기 위해 행한다.

goniometer 고니오미터 ① 물리적으로 움직이는 안테나 어레이에 의하지 않고 복수의 안테나를 결합시켜 최대 방사 방향 또는 최대 감도 방향으로 회전시키는 장치. ② 2개의 직교하는 고정 코일 안쪽 중앙에 탐색 코일을 둔 장치. 2조의 고정 코일을 외부의 직교하는 2조의 루프 안테나에 접속하고, 탐색 코일을 회전시키면 이 코일에 발생하는 기전력은 8자형 지향성을 나타내며, 탐색 코일을 돌림으로써 안테나를 돌린 것과 같은 효과가 얻어지므로 큰 안테나를 돌릴 필요가 없다. 이것은 방향 탐지기에 응용된다. →Bellini-Tosi antenna

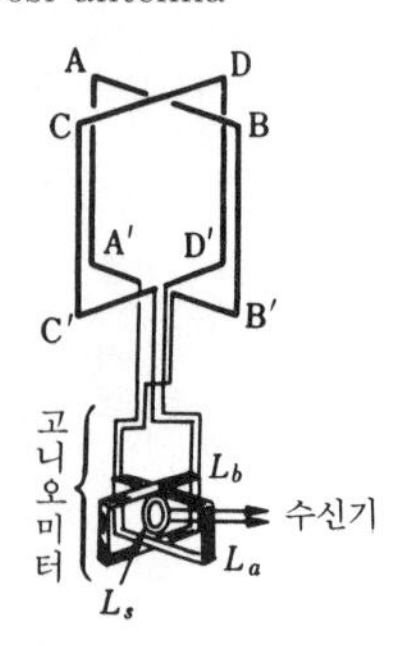

goniophotometer 고니오포토미터 광원, 조명 기구, 매질 및 표면으로부터의 빛의

방향 분포 특성을 측정하는 측광기.

GPI 대지 위치 표시기(對地位置表示器) = ground-position indicator

GPIB 범용 인터페이스 버스(汎用-) = general purpose interface bus

GPS 범용 지구 측위 시스템(汎用地球測位-) =global positioning system

GPSS 범용 시스템 시뮬레이터(汎用-) = general purpose system simulator

GPTE 범용 시험 장치(汎用試驗裝置) = general purpose test equipment

GPWS 지상 접근 경보 장치(地上接近警報裝置) ground proximity warning system 의 약어. 조종사가 무의식 중에 지표나 산악에 이상 접근한 것을 경보하여 사고를 방지하기 위한 기상 장치. 전파 고도계의 고도, 상승·하강에 의한 기압의 변화, 기타의 데이터가 컴퓨터에 입력되어 계산 결과에 따라서 램프 또는 음성에 의한 경보가 울리게 되어 있다.

gradation 계조(階調) 텔레비전이나 팩시밀리에서 흑, 백 및 그 중간 회색의 구분 단계를 말한다.

graded index fiber 그레이디드 인덱스 파이버, GI 형 섬유(-形纖維), 그레이디드 인덱스 섬유(-纖維) 광섬유의 일종으로, 코어부의 굴절률이 주변에 접근함에 따라 연속적으로 작아지고, 주변의 클래드부에서 가장 작게 한 것. 빛은 중심부를 직진하는데, 중심으로부터 벗어난 빛은 렌즈 모양으로 굴절되어 중심으로 되돌아오므로 빛은 사행(蛇行)하면서 전송된다.

graded index optical waveguide 그레이디드 인덱스형 광도파로(-形光導波路) 코어 내에서 그레이디드형 굴절률 분포를 갖는 광도파로.

graded index profile 그레이디드형 굴절률 분포(-形屈折率分布) 코어 내에서 반경과 함께 굴절률이 바뀌어 가는 모든 굴절률 분포. 계단형 굴절률 분포와 구별된다.

graded index type optical fiber 그레이디드 인덱스형 광섬유(-形光纖維), 집속형 광섬유(集束形光纖維) =GI-type optical fiber →optical fiber

graded junction 그레이디드 접합(-接合), 경사 접합(傾斜接合) 반도체의 pn 접합에서 천이 영역의 불순물 농도가 어느 경사를 가지고 변화하고 있는 것. 계단 접합에 비해 바이어스 전압에 의한 공핍 용량 변화가 적고, 역내압이 크다. 레이트 성장 접합(rate-grown jun-ction)이라고도 한다. →drift transistor

graded junction transistor 경사 접합 트랜지스터(傾斜接合-) →drift transistor

grade of service 서비스 정밀도(-精密度) 공중 전화망 등 공유 통신망의 트래픽 처리 능력. 서비스 정도는 이용자가 "전 채널 통화중" 신호를 받는 확률을 나타내는 10 진수의 역수이다. 예를 들면, 서비스 정도 0.002 는 정상적인 조건하에 모든 통화의 99.8%가 가능하다는 것을 나타낸다.

gradient microphone 경사도 마이크로폰(傾斜度-) 그 출력이 음압의 경사도에 비례하는 마이크로폰. 압력 마이크로폰은 영차(零次)의 경사도 마이크로폰이며, 속도 마이크로폰은 1 차의 경사도 마이크로폰이다. 평면파에서 마이크로폰에 대한 입사각이 θ일 때는 n 차의 경사도 마이크로폰의 실효값 리스폰스는 $\cos^n\theta$에 비례한다.

grading 그레이딩 출선군(出線群)이나 출선소군(出線小群)의 이용수가 한정되는 교환기 접속에서 일부의 출선을 복식으로 하는 것.

grading group 그레이딩군(-群) 전화 교환 시스템에서 모든 입선(入線)이 동일 출선(出線)에 접속된 그레이딩의 일부.

gradual failure 열화 고장(劣化故障) 특성이 점차 열화하여 사전의 검사 등에 의해서 미리 예측할 수 있는 고장.

Graetz connection 그레츠 접속(-接續) 2 극관 혹은 다이오드를 사용하여 구성하는 단상 또는 3 상 양파 정류 회로를 일반적으로 그레츠 접속이라 하며, 비교적 저전압 대전류의 경우에 적합하다. 그림은 그 일례이며, 단상 양파 정류 회로에 의한 X 선관용 양극 전원을 나타내고, K 는 고압 정류관 케노트론, X 는 X 선관, 화살표 실선과 점선은 정류 전류의 방향이다.

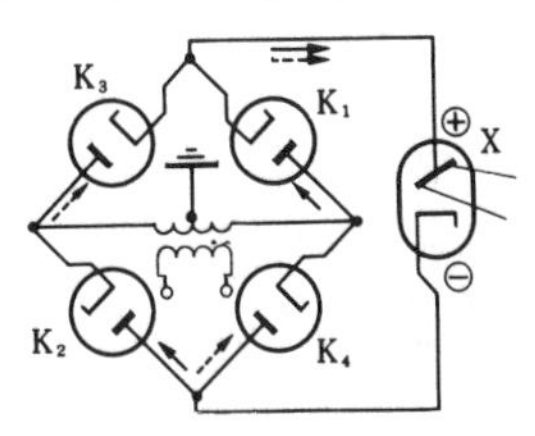

grafoepitaxy 그래포에피택시 비정질(非晶質) 기판상에 격자를 긋고 그 주기를 다결정 입경(粒徑) 이하로 하여 결정의 성장 방향이 한 방향이 되도록 규제함으로써 단결정을 성장시키는 방법.

gram equivalent 그램 당량(-當量) 원소

또는 화합물의 당량값에 그램을 붙인 것. 예를 들면 산소의 1 당량은 8.00 이므로 1 그램 당량은 8.00g 이다.

granular noise 그래뉼러 잡음(−雜音) 일정한 입력 변화폭마다 출력이 양자화 스텝으로 계단상으로 변화하는 양자화 프로세스에서 출력 변화가 입력 변화폭의 끝점에서 이루어지느냐, 또는 중앙에서 이루어지느냐에 따라서 입출력도(入出力圖)의 원점에서 출력 변화가 이루어지지 않는 경우와 이루어지는 경우가 나타난다. 후자의 경우는 미소한 입력 변화에 의해 끊임없이 양자화 스텝의 변화가 생겨, 이것이 양자화 잡음이 된다. 이 잡음을 그래뉼러 잡음이라 한다. 이것은 양자화의 거칠기(granularity)에 의한 것이다. 위의 출력 변화가 이루어지는 점을 전환점(commutation point)이라 한다. 원점이 트레드(tread), 즉 평탄면이 되는 전환이 바람직하다.

graphical processing 도형 처리(圖形處理) 어떤 종류의 커뮤니케이션에서는 그림 정보를 회선을 통해서 전송할 수 있다. 그 때문에 여러 가지 장치가 사용되는데, 그것은 본질적으로는 종이나 표시 스크린 상에 표시된 도형을 주사하여 이 도형의 특질을 표현하는 디지털 신호를 만들어내는 것이 요구된다. 이들 디지털 신호가 회선에 전송되고, 수신 단말의 기억 장치에 기억된다. 이 기억 내용은 수신 단말에의 표시 스크린 상 표시 도형의 맵(map)이다. 수신 단말에서의 기억 장치는 필요한 시간에 걸쳐서 스크린 상의 그림 표현을 지속시키기 위해 이것을 리프레시하는 데 반복 사용된다.

graphic character 도형 문자(圖形文字) 어떤 종류의 그래픽 표현에 있어서 스크린 상에 표시할 일러스트는 여러 가지 캐릭터를 조합시켜 전 이미지를 실현하도록 하고 있다. 이 이미지 구성에 사용되는 캐릭터를 도형 문자라 하며, 텔레텍스트 등에서는 63 개의 캐릭터를 사용하여 이미지를 형성하고 있다. 캐릭터는 그 자신 2×3의 도트 매트릭스로서 구성되어 있다. → mosaic graphic set

graphic display 그래픽 디스플레이, 영상 표시 장치(映像表示裝置), 도형 표시 장치(圖形表示裝置) 브라운관(음극선관)에 컴퓨터의 출력 정보를 표시하는 장치. 문자, 기호, 도형을 출력하여 텔레비전과 같이 영상으로 표시되고 필요에 따라 화면에서 라이트 펜으로 직접 수정, 추가 등의 입력을 하는 것. 이용 범위가 넓고 각종 정보, 형상, 설계 결과, 작도 궤적, PERT, 시뮬레이션 등을 표시하며 확인, 추적 등에 사용한다.

graphic display controller 그래픽 표시 제어기(−表示制御器) 표시를 제어하기 위한 전용 제어기. 중앙 처리 장치(CPU)에 화상 표시 기능을 갖게 하면 시간이 걸리므로 이 제어기로 하여금 제어케 하면 시스템의 처리 능률이 향상된다.

graphic meter 기록 계기(記錄計器) = recording meter

graphics file 도형 파일(圖形−) 화상 데이터를 기억한 파일. 예를 들면, 홀로그램 데이터, 도형 데이터를 기억한 비디오 디스크 등. 파일 출력 즉 파일의 도형 표현을 이미지(image)라 한다.

graphics prniter 그래픽스 프린터 텍스트 문자 뿐만 아니라 도형을 인자할 수 있는 프린터의 총칭. 마이크로컴퓨터용 프린터의 대부분은 데이지휠 프린터 이외에 도형 기능을 가지고 있다.

graphics terminal 그래픽스 터미널, 도형 표시 단말기(圖形表示端末機) 도형을 표시할 수 있는 단말. 이런 종류의 단말은 보통, 도형 제어 코드를 해독하여 화상을 비디오 표시 장치상에 출력할 수 있다.

graphic system 그래픽 시스템 컴퓨터 입출력 장치의 일종으로, 인간에게 가장 이해하기 쉬운 도형이나 그래프 등을 매체로 하여 인간과 컴퓨터가 직접 정보를 주고 받는 장치. 이 장치에서는 임의의 도형을 브라운관상에 순간적으로 표시하고 이것을 눈으로 확인하여 라이트 펜 등을 사용함으로써 도형을 정보 입력으로 사용할 수 있으며, 표시된 도형의 처리 등도 할 수 있으므로 인간과 컴퓨터의 결합을 직접 할 수 있게 되어 많은 분야에 이용되고 있다.

graphite 흑연(黑鉛) 탄소가 층상으로 결정을 이룬 것으로, 천연품과 인조품이 있다. 융점이 매우 높고, 양도체이며, 산이나 알칼리에도 침식되지 않는다. 전극이나 감마재 등에 사용한다. 브라운관의 내면 등에 칠하여 도전층을 만드는 애쿼댁(aquadag)은 흑연을 콜로이드 모양으로 한 것이다.

graphite fiber 흑연 섬유(黑鉛纖維) 폴리에스테르 수지나 아크릴 수지 등의 섬유를 탄화하고, 다시 흑연화하여 만든다. 섬유로서의 부드러움이나 통기성과 흑연으로서의 내열성, 내약품성이나 도전성을 겸하고, 인장 강도는 보통 흑연의 100 배 정도나 되므로 엄격한 환경에 사용하는 기기의 구조 재료 등으로 사용된다.

graphitization 흑연화(黑鉛化) 금속 카바

이드가 기체 금속과 흑연으로 분해하는 일종의 부식 작용.

grass 잡초(雜草) 레이더에서 A 표시기와 같은 표시기에서 잡음이 표시되는 모습을 가리키는 속어.

grating coupler 격자 결합기(格子結合器) 박막 도파로의 도파 모드(위상 상수 β)와 자유 공간 내의 광 빔(위상 상수 k)을 결합하는 장치로, 박막에 주기적인 굴절률 변화를 갖게 한 격자 구조로 되어 있다.

gravity gradient stabilization 중력 경사도 안정법(重力傾斜度安定法) 인공 위성의 자세 제어 방법으로는 스핀 자세 안정법이나 스핀에 의존하지 않는 3축 자세 제어, 자기 토커(magnetic torquer), 그리고 중력 경사도 안정법이 있다. 중력 경사도 안정법은 위성의 상하에 돌출하여 연장한 긴 막대 모양의 안테나 양단에 작용하는 미소한 중력차를 이용하여 막대가 수직으로 되도록 제어하는 것이다. 자력 토커는 위성 내부에서 통전 중인 코일이 지구 자계에 의해서 받는 토크를 이용하여 자세 제어를 하는 장치이다.

gravity wave 중력파(重力波) 복원력이 중력장 중에 있는 매체의 성층 구조에 기인하는 유체 중의 파동. 표면파와 내부파가 있다.

Gray code 그레이 코드 수를 표현하기 위한 2진수 기법의 하나로, 연속하는 2개의 수의 수표시가 1비트만 다른 것. →reflected binary code

gray face Braun tube 그레이 페이스 브라운관(－管) 텔레비전 수상용 브라운관의 전면판에 회색 유리를 사용한 것. 수상면에 외광이 닿았을 때의 콘트라스트 저하를 방지할 수 있다. 현재 사용되고 있는 수상관에는 거의 그레이 페이스가 사용되고 있다.

gray scale 그레이 스케일 흑에서 백까지의 계조를 나타나는 데 사용하는 척도 또는 패턴. 그레이 스케일 패턴은 보통 11개조로 나뉘며, 텔레비전 스튜디오 기기를 조종하는 경우의 촬영 조건 및 브라운관 동작 상태 조정의 기준을 만드는 데 사용한다.

grazing angle 그레이징각(－) 평면파가 다른 매질의 경계면에 입사할 때 파(波)의 진행 방향과 경계면이 이루는 각. 입사각(진행 방향과 경계면의 법선 사이의 각도)의 여각(餘角)이다.

green monitor 그린 모니터 그린을 기조로 하는 흑백 디스플레이. 그린이 눈에 가장 좋다고 해서 컬러 디스플레이가 등장하기 이전부터 사용되어 왔다.

green sheet 그린 시트 알루미늄 분말을 용제, 가소제 등에 현탁시키고, 이것을 시트 모양으로 하여 건조시킨 것. 여기에 구멍을 뚫고, 그 밖의 가공을 하여 세라믹의 기판상에 복잡한 도체 패턴을 스크린 인쇄에 의해 만드는 데 사용된다.

Greenwich time 그리니치 시간(－時間) 국지 또는 지역의 경도로 정해지는 시간에 대해 그리니치 경도 위치를 기준으로 해서 정해지는 시간.

Gregorian reflector antenna 그레고리 리플렉터 안테나 통상 타원면의 오목형 부반사경이 있는 파라볼라 반사경 안테나. 부반사경의 정점으로부터 주 반사경의 초점 거리보다 떨어진 점에 위치한다. 안테나의 개구 능률을 개선하기 위해 주 반사경 및 부 반사경의 형상이 수정되는 경우도 있다.

Greinacher connection 그라이나헤르 접속(－接續) 2 극관 또는 다이오드를 사용하여 구성하는 배전압 정류 회로를 일반적으로 그라이나헤르 접속이라 한다. 그림은 이에 의한 X선관용 양극 전원을 나타낸 것이다. K는 고압 정류관, X는 X선관, R은 보호 저항, C는 콘덴서이고, 화살표의 실선과 점전은 각각의 정류 전류의 방향이다. 또 이 밖에 1개의 정류관과 평활 콘덴서를 사용한 반파 그라이나헤르 접속도 있다.

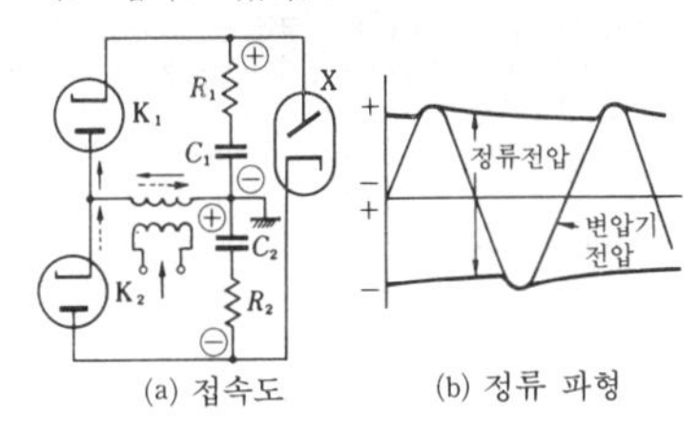

(a) 접속도 (b) 정류 파형

grid 그리드, 격자(格子) 전자관의 양극과 음극 사이에 두어진 격자 모양 또는 망 모양의 전극으로, 그 전위의 크기에 따라 음극에서 방사되는 전자류를 제어하는 작용이 있다. 또, 정전 결합을 적게 하는 구실도 한다. 사용 목적에 따라 컨트롤 그리드(제어 그리드), 차폐 그리드, 억제 그리드

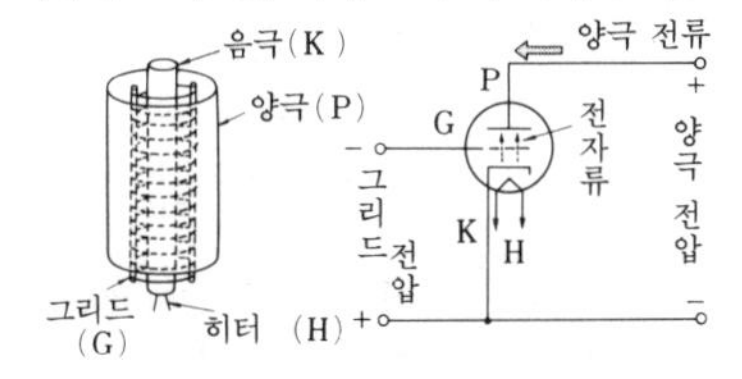

등의 종류가 있다.

grid-controlled mercury-arc rectifier 그리드 제어형 수은 아크 정류기(－制御形水銀－整流器) 오로지 방전(도통) 개시 시점을 제어하기 위해 1개 또는 복수의 전극이 설치된 수은 아크 정류기.

grid current 그리드 전류(－電流) 연산 증폭기(진공관식) 제 1 증폭단의 그리드와 가산점간에 흐르는 전류. 그리드 전류는 증폭기 출력에서의 오차 전압의 원인이 된다.

grid-dip meter 그리드딥 미터 흡수형 파장계의 변형으로, 교정된 발진기와 흡수형 파장계를 합친 구성으로 되어 있다. 피측정 공진 회로(전원을 갖지 않아도 좋다)에 대하여 계측기의 탱크 코일을 소결합하여 이 코일을 피측정 회로의 공진 주파수에 동조시키면 발진기의 에너지가 피측정 회로에 공급되어서 발진기의 그리드 전류가 현저한 감소를 나타내므로 그리드 회로의 전류계에 의해 공진 주파수를 측정할 수 있다. 안테나, 전송 선로, 스터브 등의 공진 주파수를 측정하는 데 사용된다. 전자관이 고체 전자 장치로 대치된 것도 딥 미터라 한다.

grid-drive characteristic 그리드 동작 특성(－動作特性) 전기적 출력 또는 광출력과 차단시에 측정된 제어 전극 전압과의 관계로, 보통은 그래프로 표시되고 있다.

grid driving power 그리드 구동 전력(－驅動電力) 그리드 전류·전압 각각의 교류 성분 순시값의 곱을 1주기에 걸쳐 평균한 것. 이 전력은 바이어스 회로와 그리드에 공급되는 전력으로 구성된다.

grid emission 그리드 전자 방출(－電子放出) 그리드로부터의 전자 방출 또는 이온 방출.

grid-glow tube 그리드 글로관(－管) 어느 동작 조건 이외에서는 1개 또는 복수의 제어 전극이 음극 전류를 흘리기 시작하지만 전류값의 제한은 하지 않는 글로 방전 냉음극관.

grid percentage 격자율(格子率) 점호 제어를 하는 정류 회로에서는 제어각을 변화시킴으로써 출력 전압이 달라진다. 제어각을 0으로 했을 때의 전압을 100으로 한 경우 그 출력 전압을 격자율이라 한다.

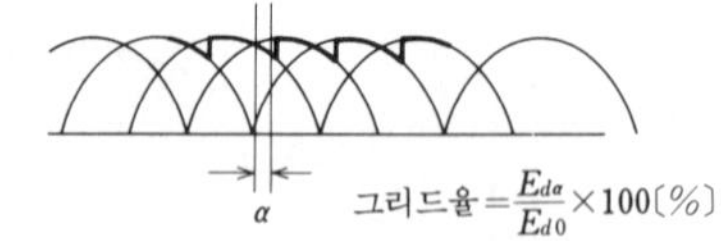

(α=0일 때의 전압 E_{d0}
일반적으로, 제어각 α일 때의 출력 전압을 $E_{d\alpha}$로 하면, $E_{d\alpha} = E_{d0} \times 100\alpha$)

Griffith's flaw 그리피스의 흠 금속 표면 및 내부의 미세한 균열. 광섬유 등에서도 스트레스가 걸리면 볼 수 있는 일종의 피로이다.

grinder noise 그라인더 잡음(－雜音) 먼 곳에서 발생하는 천둥에 의한 잡음을 말하며, 그라인더가 돌아가는 것과 같은 연속적인 잡음이다.

gritty 그리티 회로의 지연 시간차에 의해 출력 신호에 발생하는 수염 모양의 펄스.

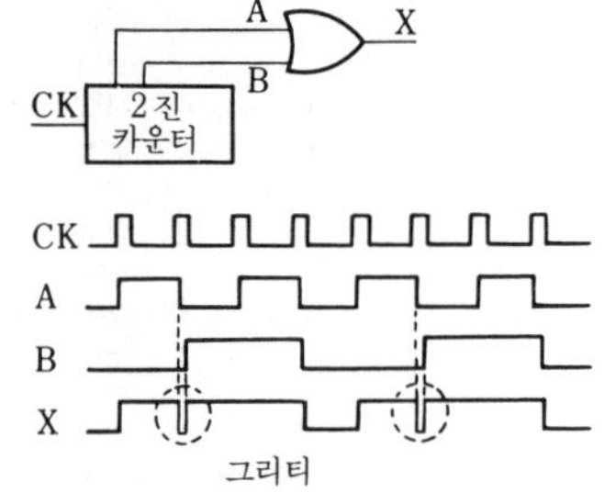

그리티

gross leak test 그로스 리크 시험(－試驗), 조 리크 시험(粗－試驗) 반도체 디바이스의 봉함 기밀성 시험의 일종. 디바이스를 액 속에 담그고 기포의 발생을 살핀다든지, 침투성 염료를 사용한다든지 하여 행하는 방법이다.

ground 그라운드, 접지(接地) 기준 전압을 말한다. 보통은 대지가 가지고 있는 전위이며, 이것을 0V로 한다. =GND

ground bar 어스봉(－棒) 여러 개의 어스 도체를 접속할 수 있는 공통의 분기점으로 되어 있는 도체.

ground-based navigation aid 지상 준거 항행 원조(地上準據航行援助) 육지 또는 해면에 설치된 장치를 사용하는 원조 장치를 말한다.

ground clutter 지면 클러터(地面－) 레이더 스코프의 스크린 상에 나타나는 패턴으로, 지면으로부터의 바람직하지 않은 반사에 의해 생긴다. 이 클러터는 지면의 형상이나 성질 등에 따라 다르게 나타난다. 이동 목표 지시 장치(MTI)는 이러한 지상 물체로부터의 강한 반사 방해를 소거하는 효과가 있다.

ground conductor 어스 도체(－導體) 시스템의 일부, 기계의 프레임 또는 기구의 프레임과 어스 전극 또는 어스봉과의 사이를 전기적으로 접속시키는 도체.

ground controlled approach 지상 관제

진입 장치(地上管制進入裝置) 항공기에 대한 착륙 원조 시설. 수색 레이더(SRE)와 정측(精測) 진입 레이더(PAR) 또는 공항 감시 레이더(ASR)의 두 레이더와 연락용의 VHF 또는 UHF 대 무선 전화 장치로 구성되어 있다. 수색 레이더는 파장 약 10cm 의 전파를 이용하여 공항에서 30~100km 이내의 공역(空域)에 있는 항공기를 PPI 표시 방식의 브라운관면에서 전방향에 걸쳐 거리와 방위를 나타낼 수 있는 레이더로, 항공기를 진입로로 유도하는 데 사용한다. 정측 진입 레이더는 파장 약 3cm 의 전파를 이용하여 착륙점에서 약 15km 이내의 진입로 부근에 있는 항공기의 거리, 방위, 앙각 등을 EPI 표시 장식의 브라운관면에서 정밀하게 표시하고, 항공기의 상대적인 방위나 고저의 벗어남을 무선 전화로 지시하여 소정의 진입로에 진입할 수 있도록 유도하는 데 사용한다. 지상 관제 진입 장치는 ICAO 에 의해서 국제적인 규정이 정해져 있다. =GCA

ground-controlled interception 지상 유도 진입(地上誘導進入) 지상의 관제관이 비행기를 다른 비행기에 회합시키도록 지시하는 수단을 부여하는 레이더 시스템.

ground-derived navigation data 지상 주도형 항행 데이터(地上主導形航行-) 이동체 외부에 있는 육지 또는 해면의 지점을 측정해서 얻어지는 데이터.

ground detector 검루기(檢漏器) 전기 회로나 송전 계통에서 지락 상태가 일어나는 것을 감시하여 검사하기 위한 측정기. 누전의 경우는 경보를 발하여 고장을 미연에 방지하는 데 사용된다. 정전형 검루기와 접지 검루기가 있으며, 후자는 버저에 의해서 누전을 알리도록 되어 있으므로 최근에는 이것을 널리 사용하고 있다.

grounded 접지 상태(接地狀態) 어떤 시스템, 회로 또는 기기가 접지되어 있는 상태.

grounded base 베이스 접지(-接地) 트랜지스터에서 베이스를 접지 단자(공통 단자)로 하고, 이미터를 입력 단자, 컬렉터를 출력 단자로 하는 회로의 접속 방식. 전류 증폭률은 1 이하이나 출력 · 입력의 임피던스비를 크게 얻을 수 있으므로 전압 또는 전력을 증폭할 수 있다. 증폭도는 이미터 접지에 비해 떨어지나 고주파에서도 그 저하가 적다. 그 때문에 고주파 증폭 회로에 널리 쓰인다. 또한 입력과 출력의 위상은 동상이 된다.

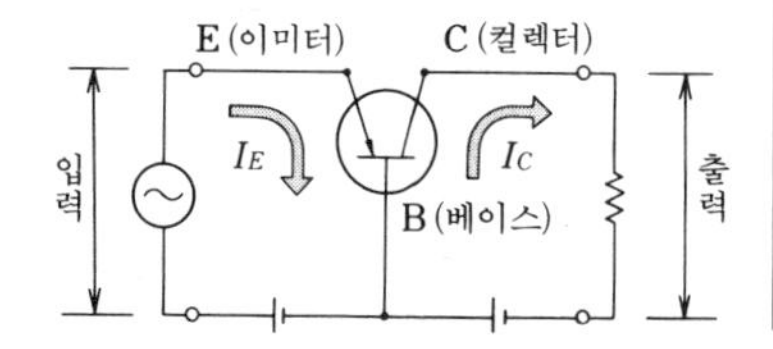

grounded base circuit 베이스 접지 회로(-接地回路) 트랜지스터의 베이스를 입출력 회로의 공통 전극으로서 접지하는 회로. 이 때의 트랜지스터 전류 증폭률을 베이스 접지 전류 증폭률이라 하고, 1 보다 약간 작은 값이다. →grounded base

grounded cathode circuit 음극 접지 회로(陰極接地回路) 캐소드 접지 회로라고도 하며, 음극을 공통 단자로서 접지하는 회로이다. 증폭기 등에 가장 널리 사용되는 접지 형식으로, 입력 임피던스가 매우 크고, 전압 이득도 크지만 입력과 출력의 위상은 반대가 된다.

grounded circuit 접지식 전로(接地式電路) 일반적으로 사용되고 있는 배선으로, 배선 중 어느 하나가 접지되어 있는 배선로.

grounded collector circuit 컬렉터 접지 회로(-接地回路) 트랜지스터 회로의 접지 방식의 하나. 그림과 같이 컬렉터를 접지하여 공통 단자로 하는 회로. 이미터 폴로어 회로라고도 한다. 이 회로는 입력 임피던스가 매우 높고, 출력 임피던스가 반대로 매우 낮으므로 임피던스 변환 회로로서 사용되지만 전압 이득은 1보다 작다. 그러나 동작이 안정하고 일그러짐이 적으며, 입력과 출력은 동상이다.

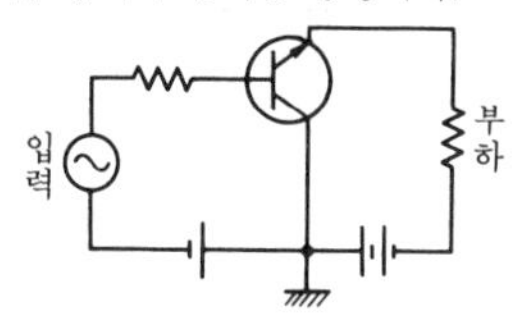

grounded conductor 접지 도체(接地導體) 견고하게, 또는 중단되지 않는 전류 제한 장치를 통해서 의도적으로 접지된 도체.

grounded drain circuit 드레인 접지 회로(-接地回路) →source follower circuit

grounded emitter circuit 이미터 증폭 회로(-增幅回路) 트랜지스터 회로의 접지 방식의 하나로, 그림과 같이 이미터를 접지하여 공통 단자로 하는 회로이다. 이 회로는 입력 임피던스가 중 정도의 크기이며, 출력 임피던스가 비교적 크고, 전류 이득을 크게 얻을 수 있는 특징이 있다.

가장 널리 사용되는 방식이며, 입력과 출력의 위상은 역위상이 된다.

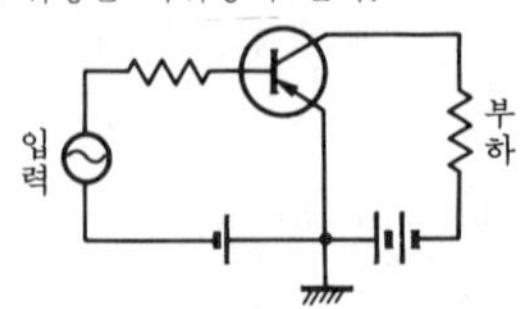

grounded grid amplifier 그리드 접지형 증폭기(－接地形增幅器) 동작 주파수에서 제어 그리드를 대지(大地) 전위로 한 전자관 증폭기. 입력은 캐소드와 대지간에 인가되고 출력 부하는 플레이트와 대지간, 임피던스는 부하와 병렬이며, 궤환로로서의 동작은 없다.

grounded-plate amplifier 플레이트 접지 증폭기(－接地增幅器) 동작 주파수에서 플레이트가 접지 전위인 전자관 증폭기 회로. 제어 그리드와 접지 사이에 입력을 인가하고 출력 부하는 캐소드와 접지 사이에 접속한다.

ground effect 대지 효과(大地效果) 안테나에 미치는 대지의 영향을 말한다. 방사된 전파의 일부는 대지에서 반사되어 대지 반향(ground echo)을 발생하고, 또 일부는 대지에 흡수되어 손실로 된다.

grounding 접지 공사(接地工事) 관로나 기기에 이상 전압이 가해진 경우 그에 의한 감전이나 화재 등의 사고를 방지하기 위해 필요한 곳을 대지에 낮은 저항으로 접속하는 공사를 말한다.

grounding connection 접지 접속(接地接續) 접지를 하기 위한 접속으로, 접지 도체, 접지 전극 및 접지 전극 대지(흙) 또는 대지의 대용이 되는 도체로 구성되는 것.

grounding system 접지계(接地系) 어떤 특정한 구역에서 상호 결선된 복수의 접지 접속.

ground level 그라운드 레벨 안테나 사이트 또는 기타 관련 지점의 평균 해면으로부터의 지상고.

ground overcurrent 반사판상 전류(反射板上電流) 안테나 방사기의 경상(鏡像)을 만들어 내기 위해 도체 또는 반사판상에 유기하는 전류.

ground penetrated wave 대지 침입파(大地侵入波) 지표파의 하나로, VLF 대(30kHz 이하)의 전파가 지표면에 닿았을 경우 완전히 반사되지 않고 일부가 지면 내에 침입한 것. 지중의 전파는 주파수가 낮을수록, 또 대지의 도전율이 높을수록 깊이 침입한다. 해상에서는 대잠수함 통신에, 육상에서는 지층 탐사 등에 사용된다.

ground-position indicator 대지 위치 표시기(對地位置表示器) 대기 위치 표시기(API)와 마찬가지로 편류각도 산입하는 기능을 갖춘 추측 항법 트레이서 또는 계산기. =GPI

ground proximity warning system 지상 접근 경보 장치(地上接近警報裝置) = GPWS

ground reflected wave 대지 반사파(大地反射波) 지상파 중 대지에서 반사하여 전파(傳播)하는 성분. =ground clutter

ground resistance 접지 저항(接地抵抗) 접지 전극과 그것과 떨어진 곳에 있는 저항이 0의 접지 전극간의 저항을 옴으로 나타낸 값.

ground return 대지 귀로(大地歸路) 전송 선로에 대한 귀로로서 대지 또는 섀시를 이용하는 것.

ground-return circuit 대지 귀로 회로(大地歸路回路) 대지를 하나의 구성 요소로 하는 폐회로.

ground-start signaling 그라운드 기동 신호(－起動信號) 서비스 요구를 표시하기 위해 대지 궤환 경로에 직류를 흘리는 신호 방식의 하나.

ground-state maser 기저 상태 메이저(基底狀態－) 증폭하기 위한 스핀 등의 에너지 준위 천이가 주위 온도에 대한 열평형 상태로 정해지는 분포를 갖는 메이저.

ground station 지상국(地上局) 지상 업무를 하는 무선국.

ground surveillance radar 지상 감시 레이더(地上監視－) 지상의 고정점에서 동작하고 있는 레이더 세트로, 가까운 항공기, 기타 항행 차량의 위치를 관측하고, 제어하는 것.

ground system of an antenna 안테나의 접지계(－接地系) 안테나의 일부로 넓은 도체 표면을 갖는 부분. 도체 표면으로서는 대지인 경우도 있다.

ground wave 지상파(地上波) 지상 부근 또는 지표면을 전하는 전파를 총칭하여 지상파라고 하는데 이것에는 지표면을 따라서 전해지는 지표파와 송수신점을 직접 전하는 직접파, 대지에서 반사하여 수신점까지 도달하는 반사파(대지 반사파)가 포함된다. 초단파나 극초단파, 중파, 장파의 무선 통신은 주로 이 지상파에 의해서 행하여진다.

group 군(群) →basic group

group alerting 그룹 통지(－通知) 교환국 기능의 하나로, 제어국에서 구두 또는 녹음된 아나운스를 여러 이용자들에게 동시에 보내는 기능.

group analyzer 그룹 애널라이저 반응 분석 장치를 말하며, 각급 학교 또는 사내 교육 등에서 능률적인 교육 성과를 올리기 위해 개발된 티칭 머신이다. 각자의 학생용 책상에는 회답을 하기 위한 스위치(3~5 개가 1 조로 되어 있다)가 두어지고, 설정된 문제에 대하여 회답의 스위치를 누름으로써 교사는 즉시 회답 상태를 파악할 수 있다. 그 방식은 간단한 것은 미터식으로 %정답률이 나올 뿐이지만 복잡한 것에서는 브라운관 디스플레이를 써서 디지털 표시를 한다든지 누가 어느 문제를 어떻게 틀렸는지를 알고 기록하며, 또 정답을 학생에게 피드백시킨다든지 또는 컴퓨터와 연결하여 성적 처리를 할 수 있는 것도 있다.

group branching filter 군 분파기(群分波器) 주파수 분할 다중 전송로에서 각 채널을 주파수적으로 분리 혹은 합성하기 위해 사용하는 초광대역의 통과(또는 저지) 대역을 가진 필터.

group-busy tone 그룹 통화중음(一通話中音) 그룹 내의 전체 트렁크가 통화중인 것을 교환원에게 알리는 음.

group control 군 관리(群管理), 군 제어(群制御) 공장의 무인화를 위해 여러 개의 NC 기기를 중앙에 있는 1 대의 제어용 컴퓨터로 제어하는 것. 공작 기계의 작동 데이터를 도면에 APT(automatically programmed tool) 등으로 입력하여 위치 결정이나 자동 절단하는 것.

group delay 군지연(群遲延) 라디안 표시 위상의 라디안 표시 주파수에 의한 미분 $\partial\varphi/\partial\omega$. 이것은 이상적인 비분산 지연기에 대한 위상 지연과 같지만, 위상-주파수 특성에 리플이 있는 실제의 기기에 있어서는 크게 차이가 있는 경우가 있다.

group delay/frequency response 군 지연/주파수 응답(群遲延/周波數應答) 전화 채널을 통하여 데이터 신호를 전송하고 있는 경우에 볼 수 있는 현상으로, 회로 조건에 따라서 다른 주파수의 신호가 다른 전파 지연(傳播遲延)을 발생하고, 따라서 전파 시간이 신호 주파수에 따라, 또 회선의 길에 따라 달라딘다. 이 현상은 음성 통화인 경우는 가입자가 별로 느끼지 않지만 데이터 통신에서는 문제가 된다. 지연 등화기(delay equalizer)를 써서 너무 앞선 신호를 감속시켜 주도록 한다.

group delay time 군지연 시간(群遲延時間) 네트워크를 통과하는 사이에 생기는 전체 위상 시프트량의 각속도에 대한 변화율.

group four facsimile apparatus G4 기(一四機) CCITT 권고에 의한 표준의 팩시밀리 장치(1984). 주로 공중 데이터망을 이용하는 것으로, 전송에 앞서 베이스 밴드 신호 중에 포함되는 중복 정보를 극력 줄이는 동시에 공중 데이터망에 적용되는 전송 제어 절차를 써서 오류 정정 능력도 갖게 하고 있다. 종래의 G3 기를 더욱 고속화·고기능화한 것으로, ISDN 단말로서 사용되는 것이다.

group index 군 굴절률(群屈折率) 굴절률 n의 매질을 전파하는 주어진 모드에 대해서 진공 중에서의 빛의 속도 c를 그 모드의 군속도로 나눈 것.

grouping 그루핑 ① 펙시밀리에서 기록된 라인의 스페이스에서의 주기적인 오차. ② 원반 녹음의 음구(音溝)간의 불균일한 간격(스페이싱).

group loop 그룹 루프 전기 회로에서 동일 전위인 2 개 이상의 점은 도체로 접속되는데, 이들 점이 같은 전위로 되지 않는 경우의, 전위적으로 유해한 회로 루프.

group modulation 군변조(群變調) 반송 통신에서는 반송 주파수를 4kHz 마다 배치하나 한없이 통화로를 증대할 수는 없다. 이것은 높은 주파수 영역에서 좁은 대역을 꺼내는 필터를 얻기가 곤란하기 때문이다. 이 때문에 많은 통화로의 대역을 묶어서 다시 높은 반송파를 변조하는 방법이 쓰인다. 이러한 방법을 군변조 또는 군변환이라 한다. 군변조를 하기 위해서는 링 변조기를 사용한다.

group one to four apparatus 그룹 Ⅰ~Ⅳ 기기(一器機) →facsimile standard

group path 군 통로(群通路) 매질 중의 2 점간을 전파(傳播)하는 펄스 신호에 대해서 펄스 파형의 큰 변화가 없다는 조건하에서의 진공 중의 광속도와 2 점간의 펄스 전달 시간의 곱.

group processing 군 처리(群處理) 전자 교환에서 다수의 가입자 및 중계 회선의 상태 변화 검출을 실시간으로 유효하게 행하기 위해 복수의 주사점(走査點)을 유닛으로서 주사하고 있다. 이러한 그룹 처리를 말한다.

group propagation time 군 전파 시간(群傳播時間) 주파수가 매우 접근한 파군(波群)의 군속도 $=d\omega/\ d\beta$)에 대하여 구해지는(x의 거리를 갖는 2 점간의) 전파 시간 x/v_g를 말한다.

group switching center 집중국(集中局) →class of digital telephone exchange

group synchronization 군 동기(群同期) 동기 전송 방식에서 데이터 블록 전송에 앞서 SYN 신호를 보내어 송신측과 수신측의 동기를 취하는 방식.

group translating equipment 군 변환 장치(群變換裝置) 기초군에서 기초 초군, 기초 주군, 기초 초주군으로 군 변조(군 복조)를 하기 위해 사용하는 장치. 복수이 채널을 배열한 것으로 여러 개의 반송파를 변조하고, 그 상부(또는 하부) 측대파를 일정한 주파수대로 배열하는 것을 군 변조라 한다.

group velocity 군 속도(群速度) 도파관 내의 에너지 전파 속도. 마이크로파의 전자파는 도파관 내를 좌우의 양 벽에서 반사하면서 진행하므로 관축 방향 에너지의 전파 속도는 광속도보다 작아진다. 이 에너지의 전파 속도를 군속도라 한다.

grown diffusion method 성장 확산법(成長擴散法) 성장 접합법에서 결정을 끌어 올릴 때 용융 반도체에 p, n 두 불순물을 동시에 첨가하고, 양 불순물의 확산 속도의 차이를 이용하여 pnp 또는 npn 트랜지스터를 만드는 결정 성장법. →grown junction

grown diffusion type transistor 성장 확산형 트랜지스터(成長擴散形－) 인상법에 의해서 컬렉터 영역을 성장시킨 다음 베이스와 이미터를 만드는 불순물을 동시에 투입하고, 다시 인상을 계속하여 이미터가 성장하고 있는 동안에 베이스 불순물이 컬렉터 쪽으로 향해서 확산함으로써 베이스 영역을 형성시킨 트랜지스터이다. 일반적으로 게르마늄 중에서는 도너가, 규소 중에서는 억셉터가 확산 계수가 크기 때문에 게르마늄에서는 pnp 형이, 규소에서는 npn 형의 것이 얻어진다. 고주파 특성은 성장 접합 트랜지스터에 비해서 좋다.

grown junction 성장 접합(成長接合) 용융 상태에서 결정이 성장하고 있을 때 생기는 접합부. 단결정을 끌어 올릴 때 용융 반도체에 첨가하는 분순물의 종류와 농도를 바꾸어서 잉곳 중에 하나 또는 복수의 접합부를 형성시킨 것이다. 끌어 올린 후에 절단하여 트랜지스터 등의 디바이스를 만든다.

grown junction diode 성장 접합 다이오드(成長接合－) 인상법으로 단결정을 만드는 도중에 혼입하는 불순물의 종류와 양을 조절함으로써 내부에 pn 접합을 만들어 다이오드로서 이용하는 것.

grown junction transistor 성장 접합 트랜지스터(成長接合－) 인상법으로 단결정을 만드는 경우, 도너 불순물을 넣어서 용융한 반도체에 억셉터 불순물, 도너 불순물을 순차 투입하여 인상하는 더블 도프법, 또는 양 불순물을 동시에 넣어 두고 인상 속도를 바꿈으로써 편석 현상의 차이를 이용하는 레이트그로운법에 의해서 만들어지는 트랜지스터의 일종. 이 트랜지스터는 고주파에 적합하나 대량 생산을 할 수 없다.

grown type transistor 성장형 트랜지스터(成長形－) n 형 게르마늄을 도가니에서 녹이고 여기에 종자가 되는 단결정을 접촉시켜서 조용히 끌어 올리면서 억셉터, 도너의 순으로 불순물을 가하여 제조한 트랜지스터로, 그로운 트랜지스터라고도 한다.

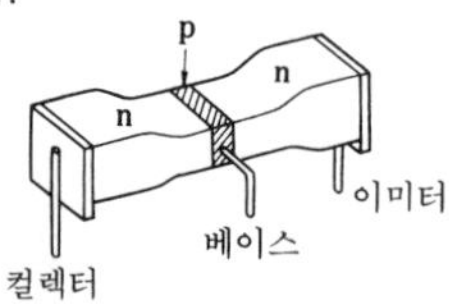

grown method 성장법(成長法) pn 접합 제법의 일종. 인상법으로 단결정을 성장시키면서 원료 융액 중에서의 불순물을 제어함으로써 도중에 p 형과 n 형을 반전시켜 pn 접합을 만드는 방법이다.

GR type impedance bridge GR 형 임피던스 브리지(－形－) 그림과 같은 고주파 브리지를 말하며, X_x가 유도성이냐 용량성이냐에 관계없이 측정할 수 있다. 먼저 K를 닫고 평형시켰을 때의 C_1의 값을 C_1', C_4의 값을 C_4'로 하고, K를 열어서 평형시켰을 때의 값을 각각 C_1'', C_4''라 하면 측정값은 다음 식에 의해서 구해진다.

$$R_x = \frac{C_1'' - C_1'}{C_2} R_3$$

$$X_x = \frac{1}{\omega C_4''} - \frac{1}{\omega C_4'}$$

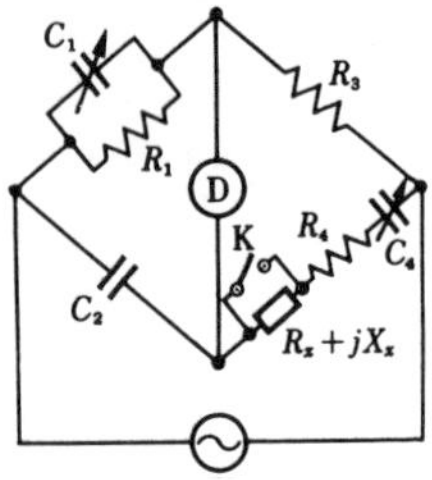

G scan G 주사(－走査) →G display

G-scope G 스코프 레이더에서 G 표시를 제시하도록 구성된 음극선 오실로스코프.

GSG method GSG 법(－法) →dummy fiber method

G/T 이득 초과 온도(利得超過溫度) =gain over temperature

GT-cut GT 판(－板) 수정에서 수정판을 잘라낼 때의 절단 방위에 의한 수정판의 한 명칭. 수정의 결정축에 대하여 그림과 같이 잘라낸 것. 온도에 의한 진동 주파수의 변화가 매우 작아 거의 0이므로 주파수 표준용으로서 사용된다.

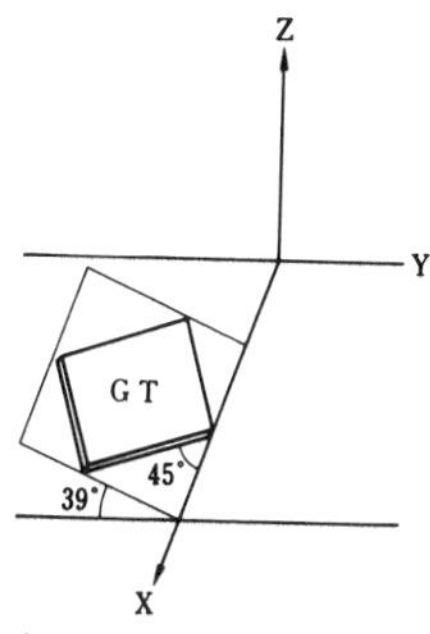

GTO 게이트 턴오프 사이리스터 =gate turn-off thyristor

guard 보호(保護) 간섭 전류를 신호 경로에 침입시키지 않고 간섭원의 귀로측으로 되돌리기 위해 간섭원과 신호 경로 사이에 두는 도체.

guard band 보호 주파수대(保號周波數帶) 두 채널의 상호 간섭에 대한 보호 마진을 취하기 위해 그 사이에 설치되는 주파수대.

guard circle 보호환(保護環) 레코드의 중앙에 픽업이 내던져져 망가지는 것을 막기 위해 레코드 안쪽에 동심원상으로 인각된 홈.

guarded input 가드 입력(－入力) ① 증폭기에서 어떤 공통 모드 신호도 입력에 흘러드는 전류를 발생시키지 않는, 즉 소스 임피던스(source impedance)의 차이에 의해 공통 모드 신호를 차동(差動) 신호로 바꾸는 일이 없도록 입력 신호를 접속하는 방법. ② 오실로스코프에서 실드가 입력 신호와 동위상, 동진폭인 신호에 의해 구동된 실드 입력.

guarded release 보호 복구(保護復舊) 전화 교환 시스템에 있어서 회로의 복원에서 대기 상태까지 통화중 상태를 유지하기 위한 수법.

guard-ground system 가드 접지 방식(－接地方式) 가드 차폐와 접지를 조합시킴으로써 신호 전송계의 일부 또는 전부를 동상(同相) 모드의 방해 작용으로부터 보호한 것. 가드 접지는 신호원측에서 하는 것이 바람직하다. 이 경우 가드는 수신 장치에서 띄워, 가드 차폐에 전류가 흐르지 않도록 한다.

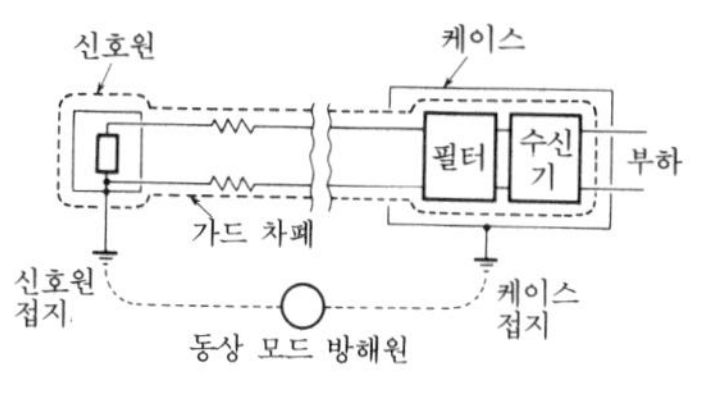

guard-ring capacitor 가드 링 콘덴서 평행 원판 콘덴서에서 단 효과(端效果 : 전극판 바깥 가장자리에 볼수 있는 전계 분포가 고르지 않은 것)를 제거하기 위해 바깥 둘레에 작은 갭을 사이에 두고 가드링 전극을 둔 콘덴서. 콘덴서 표준기 등에서 사용되는 구조이다.

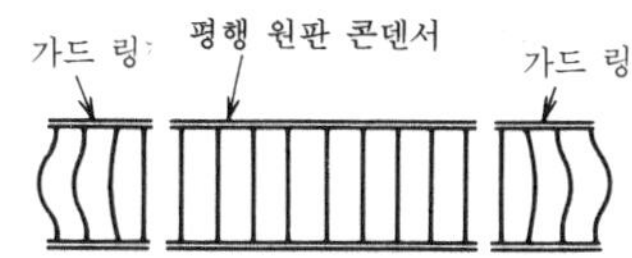

guard signal 보호 신호(保護信號) ① D-A변환기, A-D 변환기 혹은 기타의 변환기에서 오류나 애매성을 피하기 위해 신호가 변화하고 있을 때는 변환 동작을 저지하고, 신호 변화가 끝나고 일정한 값을 나타내는 것을 확인한 다음 가드 신호를 보내서 변환이나 판독을 하도록 한다.

guard time 가드 시간(－時間) ① 예를 들면 펄스 신호를 전송할 때 개개의 펄스

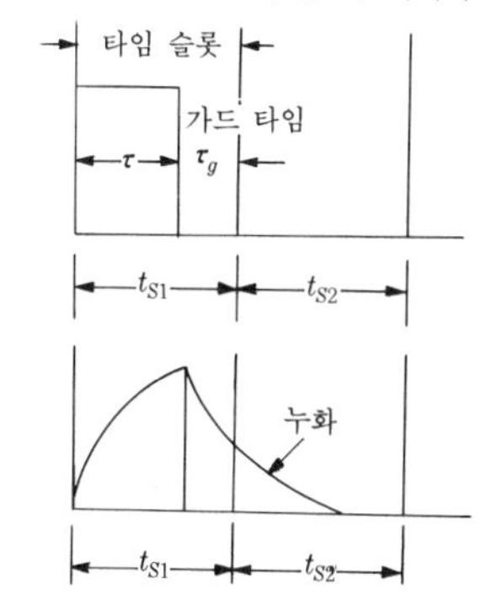

에 할당된 시간폭, 즉 타임 슬롯 중에서 어느 펄스와 그 전후의 펄스를 분리하고 있는 시간폭 τ_g. 전송 선로의 대역폭이 좁으면 펄스는 송신 중에 일그러져서 인접한 타임 슬롯으로 삐어져 나와 베이스 밴드 채널 내에서 누화가 발생한다. 누화를 적게 하기 위해서는 채널 차단 주파수의 역수 τ_c가 가드 시간 τ_g에 비해 충분히 작을 필요가 있다.
② 시분할 데이터 전송의 데이터 프레임에서 각 버스트를 분리하는 공백의 시간대.
→guard band

guest ID 게스트 ID PC 통신 등에서 가입하고 있지 않는 네트워크에 임시로 가입하는 자격을 인정받는 ID(식별 번호 또는 암호 번호).

guided wave 피유도파(被誘導波) 도파관과 같이 파동 에너지가 금속으로 감싸인 공간 내를 그 경로를 따라서 전파(傳播)하도록 되어 있는 것. 그러한 파에는 TE, TM 의 두 종류의 파가 있다. 각각 전계 및 자계의 세로 방향 성분이 결여된 파동이다.

guide wavelength 관 내 파장(管內波長) 도파관 내의 관축 방향의 파장.

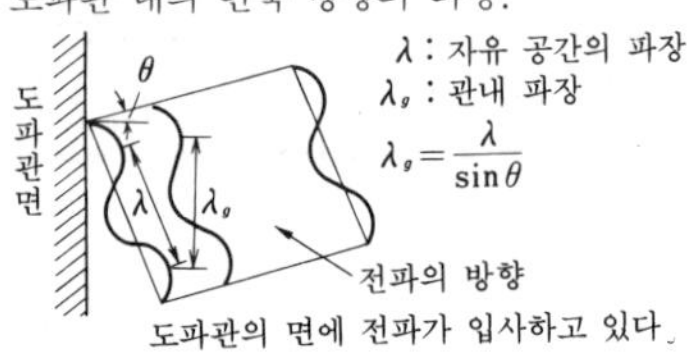

도파관의 면에 전파가 입사하고 있다.

Gunn diode 건 다이오드 1963 년 미국 IBM 사의 건(J. B. Gunn)에 의해서 개발된 마이크로파용 반도체 발진 소자. 비소 갈륨(GaAs) 또는 인화 인듐(InP) 및 테르르화 카드뮴(CdTe) 등의 단결정으로, 3kV/cm 이상의 직류 강전계 중에 두면 어떤 점에서 부성 저항을 갖는 것을 이용하여 마이크로파의 발진을 일으키게 하는 것으로, 이러한 발진을 건 발진 또는 건 효과라 한다. 클라이스트론을 대신해서 마이크로파에서 밀리파까지의 중출력 마이크로파 반도체 소자로서 사용되며, 수 10GHz 정도의 것까지 시판되고 있다. 마찬가지로 건 효과를 이용한 것으로서 LSA 다이오드가 있다.

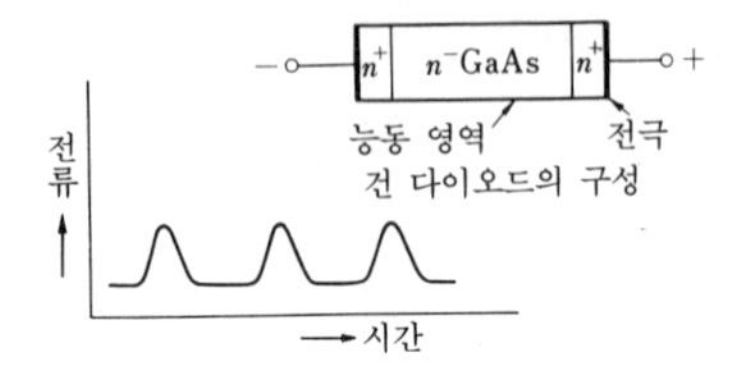

건 다이오드의 구성

Gunn effect 건 효과(-效果) n 형의 갈륨·비소 화합물이나 인듐·인 화합물에 1,000~3,000V/cm 정도의 고전압을 가하면 전류가 높은 주파수로 진동을 시작하여 마이크로파를 발생한다. 이 현상을 발견자의 이름을 따서 건 효과라 한다. 이 원리를 사용한 건 발진기는 수명이 길고, 효율도 좋은 것이 만들어지므로 마이크로파 발진기로서 이용된다.

Gunn oscillator 건 발진기(-發振器) 건 다이오드를 사용한 고체 발진기로, 보통 GaAs 의 〈100〉 결정축 방향을 사용한 n^+기판상에 n 형 반도체층과 n^+층을 에피택시얼 성장시켜, n^+nn^+구조로 한 다음 양단에 전극을 둔 것을 사용한다. 발진기로서 10GHz 에서 수 100mW 이상의 출력이 얻어진다.

gutta-percha 구타페르카 고무와 비슷한 천연의 식물성 점질 고무로, 전선, 케이블 등의 절연에 사용된다.

gyrator 자이레이터 비가역 회로의 일종으로, 그림의 ①의 단자에서 ②의 단자로 전자파를 전송할 때는 위상 추이는 없고, ②에서 ①로 전송할 때에는 위상 추이가 π로 되는 수동 회로를 말한다. 방형 도파관에서 페라이트판을 적당한 위치에 삽입하면 위상차가 180°로 되어서 자이레이터가 된다.

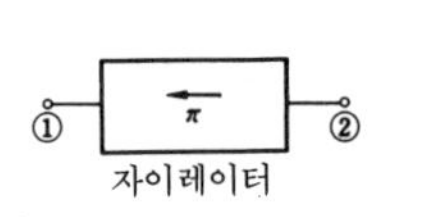

자이레이터

페라이트판

gyrofrequency 자이로 주파수(-周波數) 고정 자계 내에서 대전 입자가 나선 회전하는 최저 자연 주파수. 이것은 벡터량에 의해 다음 식으로 표시된다.

$$f_h = \frac{1}{2\pi}\frac{qB}{m}$$

여기서, q : 입자의 전하, B : 자기 유도, m : 입자의 질량.

gyro horizon 자이로 수평의(-水平儀) 수평면에 대해 이동체의 자세를 지시하는 자이로스코프 기기.

gyro horizon electric indicator 자이로 수평 지시기(-水平指示器) 전기적으로 구동되며, 고정된 인공의 수평선을 조종사에게 알려주는 장치. 레벨 플라이트로부터의 편차를 지시한다.

gyro instrument 자이로 계기(-計器) 고

속 회전하고 있는 무거운 회전체를 짐벌(gimbal)이라는 2개의 둥근 고리로 이루어지는 부착구로 받혀 주면 회전체는 외부에서 받는 토크가 전체로서 언제나 제로가 되도록 동작함으로써 자이로의 회전축은 관성 공간에서의 기준축으로서 이용할 수 있다. 기준축은 보통, 수평으로 유지하도록 설치되는데, 수직으로 유지하는 자이로도 있다. 디렉셔 자이로(DG), 수직 자이로(VG), 수평의(gyro-horizon) 기타의 계기에 기준을 주기 위해 사용되고 있다.

gyromagnetic effect 자이로 자기 효과(-磁氣效果), 자기 회전 효과(磁氣回轉效果) 물질의 자화와, 그 각운동량(회전 운동) 사이의 관계로, Barnett 효과, Einstein & de Haas 효과로서 알려져 있다.

gyromagnetic ratio 자이로 자기 계수(-磁氣係數), 자기 회전비(磁氣回轉比) 물질의 자기 모멘트와 그 각운동량과의 비. 궤도 전자의 경우는 그 값이 $e/2m$이다. e는 전자의 전하, m은 그 질량이다. 스핀에 의한 전자의 자이로 자기 계수는 e/m이다.

gyrotron 자이로트론 구 소련에서 개발된 고효율의 대전력 밀리파, 서브밀리파용 전자관. 동작 원리는 종래의 마이크로파관과는 달리 사이클로트론 공명에 의한 메이저 발진이다.

G4 protocol G4 프로토콜 팩시밀리의 분류 중에서 공중 데이터망을 거쳐 사용되며, 고도한 중복 정보 제거를 한 고속기(G4 apparatus)에서는 텔레텍스 기능도 아울러 고려하고, 그 전송 제어 절차는 이른바 개방형 시스템 구조를 갖는 텔레마틱 서비스에서 사용되는 표준의 프로토콜을 채용하게 되어 있다. 이것을 G4 프로토콜이라 한다.

HA 가정 자동화(家庭自動化) home automation 의 약어. 가정의 정보화, 인력 절감을 지향한, 주로 전자 기술의 활용에 의한 가정 내에서의 전자화 · 자동화 시스템을 말한다. 그 내용의 예로서는 가사 운영(에너지 관리, 보전 등 주공간의 유지 관련), 가정 관리(쇼핑, 예약, 건강 관리, 재가 근무 등 가정 생활의 운영 관련), 교양(학습, 오락, 감상, 창작 활동 관련), 커뮤니케이션(전화, 각종 뉴미디어 등에 의한 사람과의 관계, 연락, 통신 관련)을 들 수 있다.

hacker 해커 컴퓨터 관계에서 말할 때는 자기 입장과 관계가 없는 네트워크나 데이터 베이스에 침입하여 그곳의 중요한 데이터를 훔치거나, 개변(改變)하거나, 그 시스템을 파괴하는 조작을 하는 자를 가리킨다. 컴퓨터 시대의 「범죄인」이다.

halation 헐레이션 음극선관에서 스폿으로부터 방사된 빛이 페이스 플레이트의 전면 및 뒤 쪽에서 반사됨으로써 발생된 스폿을 둘러 싼 둥근 고리 모양의 영역.

half-adder 반가산기(半加算器) 컴퓨터의 연산 장치에 사용되는 회로로, 2 개의 입력 단자와 2 개의 출력 단자를 가지며, 출력 신호는 입력 신호에 대하여 다음 표와 같은 관계가 있다. 이 회로로 덧셈 한 자리의 처리는 완료하지만 여기서 나오는 자리올림 신호와, 상위 자리의 처리는 아직 할 수 없다. 이 회로를 2 개 사용하면 2 진 가산기의 한 자리분을 구성할 수 있기 때문에 반가산기라고 한다.

입 력		출 력	
A	B	R	C
0	0	0	0
0	1	1	0
1	0	1	0
1	1	0	1

그림은 반가산기의 논리 회로 예를 나타낸 것이다.

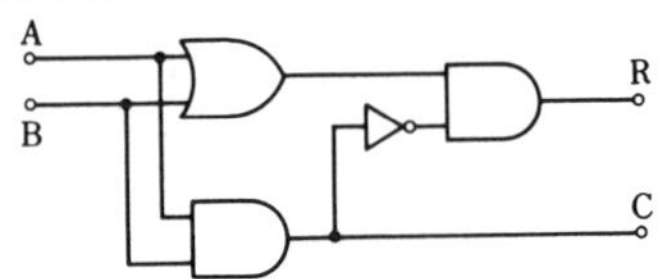

half-amplitude recovery time 펄스 반치 회복 시간(－半値回復時間) 전치(全値) 펄스가 들어가고부터 다음 펄스가 최대 전 펄스값의 50%가 되는 펄스값에 도달할 때까지의 시간.

half bridge 반 브리지(半－) 두 전원을 보통 브리지의 인접한 두 암(arm)의 저항 대신 대치한 브리지.

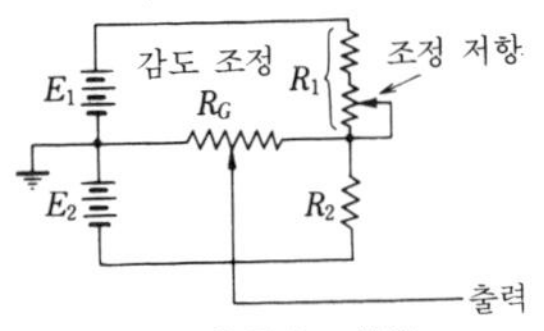

평형 조건 $E_1R_2 = E_2R_1$

half cell 반전지(半電池) 적당한 전해액에 함침시킨 1 개의 전극.

half-deflection method 반편법(半偏法) 전지의 내부 저항을 측정하는 방법으로, 그림에 그 회로를 나타냈다. 가변 저항 R 의 값이 R_1일 때의 검류계의 지시를 판독하고, 다음에 검류계의 지시가 앞서의 절반이 될 때의 R 값을 R_2 로 하면 전지의 내부 저항 r 은 다음 식으로 구해진다.

$$r = R_2 - 2R_1 - \frac{R_g S}{R_g + S}$$

half duplex 반 2 중(半二重), 반 2 중 통신(半二重通信) 두 곳에서 통신을 하는 경우, 한쪽에서 송신할 때 다른 한쪽은 수신

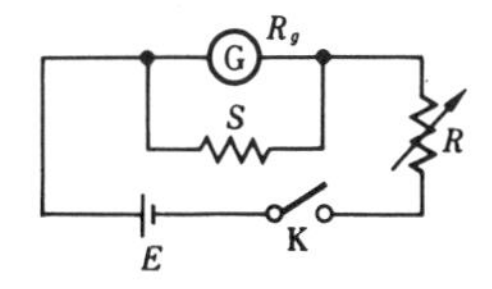

half-deflection method

하고 싶을 때는 상대가 수신하도록 어떤 한 방향으로만 이야기할 수 있는 방식. 그 때문에 송수신측에서 전환 스위치를 두고 통화한다. =HDX

half duplex channel 반 2중 채널(半二重－) 양방향의 통신이 가능하나 한 순간에는 단방향의 통신만이 허용되는 통신로.

half duplex line 반 2중 회선(半二重回線) 어느 방향으로도 동시에 신호의 전송이 가능한 선로 구성이지만 단국 장치의 성질 등에 따라 교대로 한 방향으로만 사용하도록 구성된 통신 회선.

half-duplex operation 반 2중 조작(半二重操作) 전 2중 시스템에서의, 동시에 양방향 조작을 허용하지 않는 양방향 통신 조작.

half duplex repeater 반 2중 중계기(半二重中繼器) 가입 전신선은 단류(單流) 루프 회로이고, 또 교환기측은 복류 4선식 회로이다. 이들을 상호 변환하는 회로를 말한다.

half duplex transmission 반 2중 전송(半二重傳送) 어느 방향으로나 전송이 가능하나 양방향 동시에는 전송할 수 없는 데이터 전송 방식. 이 경우 전송 방향의 선택은 데이터 단말 장치에 의해서 제어된다.

half hard core 반경질 코어(半硬質－) 그림과 같은 히스테리시스 특성을 나타내는 재료로, 보자력이 다른 자성 합금을 복합하여 만든다. 이것을 써서 만든 스위치는 전류를 끊어도 접점이 동작 상태를 유지시킬 수 있다.

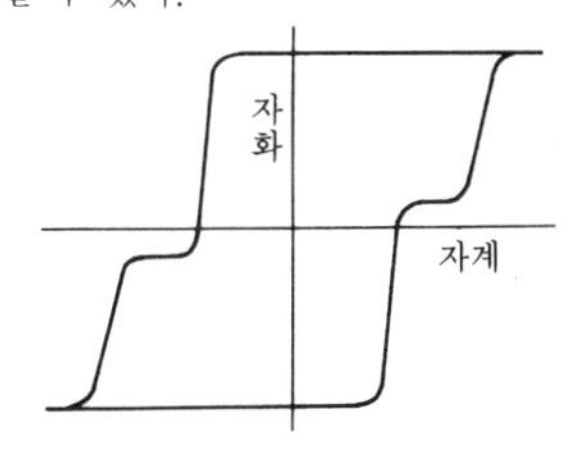

half-power angle 전력 반치각(電力半値角) 방사 강도가 빔 최대값의 절반 세기를 갖는 두 방향 사이의 각도.

half-power beam width 반치 빔폭(半値－幅) 전파 방사 강도가 최대값의 절반으로 되는 2방향의 각도.

half-power frequency 전력 반치 주파수(電力半値周波數) 증폭기 응답 곡선에서 전압값이 중앙대 혹은 기타 기준값의 70.7%가 되는 두 점 중의 한쪽 주파수.

half power width 반치각(半値角), 반치폭(半値幅) ① 지향성 안테나에서 전계 강도가 최대 방사 방향의 $1/\sqrt{2}$배가 되는 방향 사이의 각. ② 공진법에서 실효 저항이나 인덕턴스 등을 측정하는 경우, 전압 또는 전류가 공진시의 $1/\sqrt{2}$배가 되도록 하기 위한 정전 용량 또는 주파수의 변화폭으로, 그림의 ΔC, Δf를 말한다.

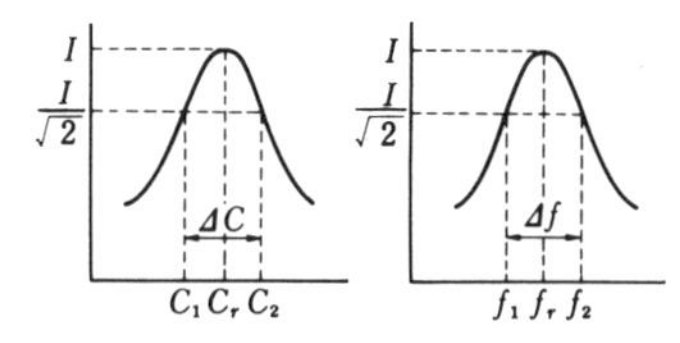

half-power width radiation lobe 반치폭 방사 로브(半値幅放射－) 안테나 방사 로브의 최대 방향을 포함하는 평면에서 최대 방향을 사이에 두고 그 방사 강도(어느 방향의 단위 입체각 내에 방사되는 전력)가 로브 최대값의 절반이 되는 좌우 양방향 사이의 각도.

half-reflection dielectric sheet 반반사 유전판(半反射誘電板) 밀리파 빔을 2분하기 위해 사용하는 유전 물질의 박판(薄板). 입사 밀리미터파 빔에 대하여 45° 기울여서 배치하고, 두께와 유전 상수를 적당히 해서 입사파의 절반을 투과하고, 나머지 절반을 반사하도록 한다.

half select current 반선택 전류(半選擇電流) 자기 코어에 "0"이나 "1"을 기록하거나 판독할 때 필요로 하는 전류를 선택 전류라 하고, 그 세기의 절반이 되는 전류를 반선택 전류라 한다. 기록, 판독을 위해 X선, Y선에 $I/2$의 전류를 흘리면 합성 전류는 I(선택 전류)로 되어 자기 코어를 반전시킨다. 이것을 전류 일치 방식이라 한다. 자심 기억 장치의 기억용으로 사용된다.

half speed 반속도(半速度) 관련 장치에서 최고 정격 속도의 1/2에 해당하는 속도. 국제 전신에서는 25 보(baud)로 정하고 있다.

half subtracter 반감산기(半減算器) 한 비트에서 한 비트의 값을 빼어 차와 내림수

K 킬로 1,000, 1,000배.

부정선(Z 축)
Y 구동선
$\frac{1}{2}I$
판독선
X 구동선
$\frac{1}{2}I$

(a) 자기 코어

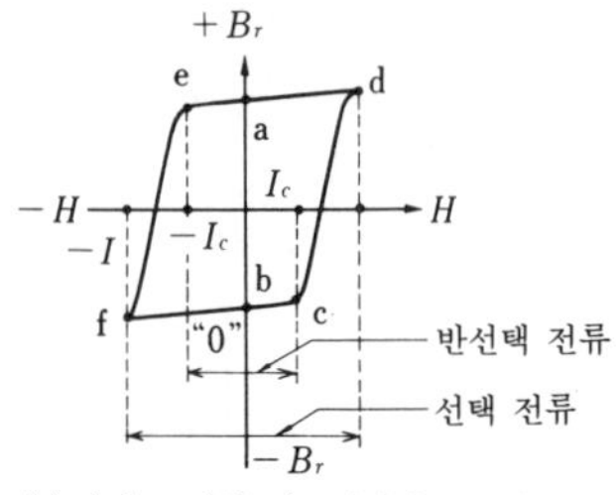

(b) 자기 코어의 히스테리시스 곡선

half select current

를 만들어내는 회로.

halftone characteristic 하프톤 특성(一特性) 팩시밀리에서 기록된 카피의 농도와 실제 카피 농도와의 관계.

half transponder 하프 트랜스폰더 인텔새트 위성을 경유하는 텔레비전 전송에서 1 채널에 17.5MHz(및 20MHz)의 대역을 할당하여 이것으로 영상 신호의 베이스밴드에 6.60MHz(또는 6.65MHz)를 반송파로 하는 음성 FM 파를 가하여, 전체를 FM 변조한 것을 전송한다. 수신 화상 *SN* 비는 40∼56dB 이다.

half value thickness 반가층(半價層) 방사선이 물질을 통과하여 감쇠할 때 그 세기가 절반이 되는 두께를 그 물질의 반가층이라 한다. 단위는 g/cm^{2}를 쓴다.

half-wave antenna 반파 안테나(半波一) 길이가 전파 파장에 대하여 약 1/2 이 되는 도선을 사용한 안테나로, 중앙에 궤전점이 있는 것을 말하며, 반파 다이폴 또는 반파 더블릿이라고도 한다. 안테나의 기본이 되는 것으로, 궤전점에서 본 임피던스는 약 73Ω이며, 그림과 같은 전류 분포가 되고, 8 자 특성을 가지고 있다.

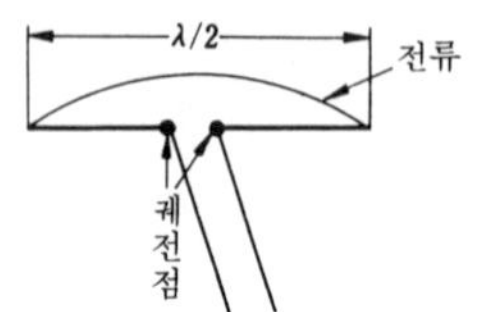

half-wave dipole antenna 반파 다이폴 안테나(半波一) =half-wave antenna

half-wave length doublet 반파 더블릿(半波一) →half-wave antenna

half-wave plate 2분의 1파장판(二分一一波長板) 광축에 평행하게 절단한 운모 또는 수정 등의 박판으로, 정상광과 이상광 사이에 180°의 위상차를 발생하도록 그 두께를 조정한 것. 판에 직각으로 투사한 직선 편광(偏光)은 광축과 입사 진동 사이의 각도의 2배만큼 편파면이 회전하므로 이러한 판은 선광자(旋光子)로서 사용된다.

half-wave rectifier circuit 반파 정류 회로(半波整流回路) 다이오드 등의 정류 소자를 사용하여 교류의 + 또는 −의 반 사이클만 전류를 흘려서 부하에 직류를 흘리도록 한 회로. 평활 회로를 사용하지 않으면 리플이 많이 포함되고, 직류 전압도 낮으므로 경부하의 정류기에만 사용된다.

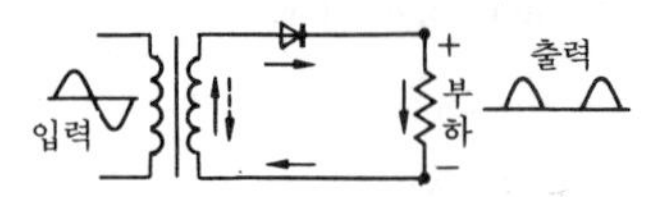

hall analog multiplier 홀 아날로그 곱셈기(一器) 아날로그 곱셈용으로 특별히 설계된 홀 곱셈기.

hall angle 홀 각(一角) 전계 벡터와 전류 밀도 벡터간의 각도.

Hall constant 홀 상수(一常數) 홀 효과에 의해서 발생하는 전계의 세기를 정하는 값으로, 물질에 따라서 다르며 다음 식의 관계가 있다.

$$E=RIB$$

여기서, E : 홀 기전력에 의한 전계의 세기〔V/m〕, R : 홀 상수〔m^3/C〕, I : 전류 밀도〔A/m^2〕, B : 자속 밀도〔T〕. 이 홀 상수는 다음 식으로 주어진다.

금속에서는 $\frac{1}{en}$

반도체에서는 $\pm\frac{3\pi}{8}\cdot\frac{1}{en}$

여기서, e : 전자의 전하, n : 캐리어의 밀도.

Hall effect 홀 효과(一效果) 그림과 같이 x축 방향으로 고른 전류 I_x가 흐르고 있는 가늘고 긴 도체판에 수직으로 자장 H_z를 가하면 H_z, I_x에 수직인 방향 y에 기전력 E_y가 발생하여 외부에서 접속된 도체 ACB에 전류가 흐른다. 이것을 홀 효과라 한다. 간이 자장 검출기, 방위 검출기 등에 쓰인다.

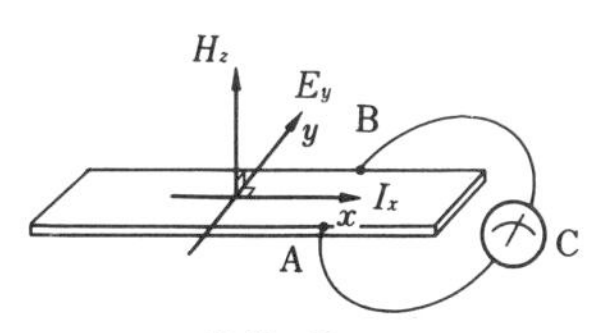

Hall effect

hall effect device 홀 효과 디바이스(―效果―) 홀 효과를 이용하고 있는 소자.

Hall effect multiplier 홀 효과 곱셈기(―效果―器), 홀 효과 승산기(―效果乘算器) 반도체(예를 들면, InSb)의 홀 효과를 이용한 곱셈기를 말한다. 홀 효과란 반도체에 그림과 같이 서로 직각 방향으로 전류 I, 자계 H를 인가하면 그림과 같은 방향으로 기전력 V를 발생하는데, V가 I와 H의 곱에 비례한다. 즉, $V \propto IH$, 따라서 아날로그 컴퓨터에서 곱셈에 이용할 수 있다.

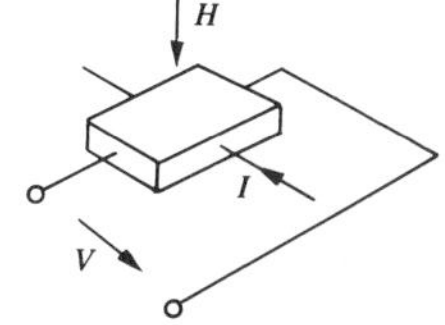

Hall element 홀 소자(―素子) 홀 효과를 응용하여 계측이나 연산을 하기 위한 소자로, 홀 발전기라고 하는 경우도 있다. 홀 상수가 크고, 온도 의존성이 작은 게르마늄이나 인듐과 안티몬의 화합물(InSb), 갈륨과 비소의 화합물(GaAs) 등을 사용하며, 되도록 두께가 작은 평판형으로 만든다.

Hall generator 홀 소자 변환기(―素子變換器) 홀 효과를 이용한 변위-전압 변환기. 그림과 같이 게르마늄 등의 반도체 소자를 자계 중에 두고, 변위에 의해서 자계의 세기가 변화하도록 하면 그 변화는 홀 전압에 비례하므로 홀 전압의 크기에서 변위량을 알 수 있다.

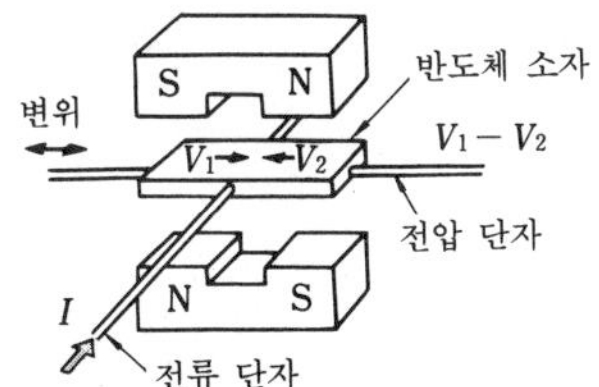

Hall generator type pressure gauge 홀 발전기식 압력계(―發電器式壓力計) 홀 효과를 이용하여 압력을 측정하는 장치. 압력-변위 변환기에 의해서 측정할 압력을 변위로 바꾸어 이것을 자계 내에 두어진 홀 소자에 전한다. 그러면 홀 효과를 일으키는 부분의 길이가 변화하여 홀 기전력이 달라지므로 그 값에 의해서 압력을 지시 기록한다.

hall mobility 홀 이동도(―移動度) R을 홀 계수로 하고, σ를 도전율로 하는 경우

$\mu_H = R_\sigma$

로 나타내는 양 μ_H.

hall modulator 홀 변조기(―變調器) 변조를 하기 위해 특별히 설계되어 있는 홀 효과 소자.

hall multiplier 홀 배율기(―倍率器) 자속 밀도원을 갖는 홀 발생기를 탑재하고 있는 홀 효과 소자로, 제어 전류와 전계 여기(勵起) 전류의 곱에 비례하는 출력을 갖는다.

hall plate 홀 판(―板) 그 속에서 홀 효과를 이용하는, 물질의 3차원 구성.

hall probe 홀 탐침(―探針) 자속 밀도의 측정을 하기 위해 특별히 설계되어 있는 홀 효과 소자.

hall voltage 홀 전압(―電壓) 홀 효과에 의해 홀 판에 생성되는 전압.

halo 헤일로 텔레비전 수상관의 스크린 상에서 상(像) 주위에 나타나는 바람직하지 않은 명암의 링. 촬상관의 과부하 또는 소정 불량이 원인이다.

halogen-quenched counter tude 할로겐 소멸 계수관(―消滅計數管) 통상은 취소(臭素 : 브롬) 또는 염소(鹽素)의 할로겐을 소멸제로 사용한 자기(自己) 소멸 계수관.

ham 햄 아마추어 무선가 내지 그 국에 대한 속칭.

hammer 해머 충격식 프린터 기구 중의 일부분으로, 리본을 용지와의 사이에 넣고 위에서 두드려 문자를 인자하기 위한 것. 도트 매트릭스 프린터인 경우는 핀 자신이 해머이다. 데이지휠 프린터 등 활자판을 사용하는 프린터에서는 해머는 다른 기구로 되어 있어서 데이지휠 등의 소정의 문자 위치를 후부에서 두드린다.

Hamming code 해밍 코드 메시지를 논리적으로 부호화하여 코드의 오류를 발견하고, 이것을 수정할 수 있도록 한 다중의 홀짝 검사 방식의 코드. 해밍은 고안자(R. W. Hamming)의 이름이다.

hand capacity 손 용량(―容量) 사람 손이 무선 장치 등에 접근한다든지 접촉함으로써 생기는 커패시턴스.

hand held computer 핸드 헬드 컴퓨터, 휴대용 컴퓨터(携帶用―) 한 손으로 운반

할 수 있는 크기와 무게로 만들어진 개인용 컴퓨터.

hand held scanner 핸드 헬드 스캐너, 휴대용 스캐너(携帶用－) 손에 쥐고 손쉽게 그림이나 사진 따위를 컴퓨터에 그래픽 영상으로 바꾸어 입력하는 장치.

hand held terminal 핸드 헬드 단말 장치(－端末裝置) 한 손으로 운반하고, 이동한 곳에서 손에 든 채 입력 조작을 할 수 있게 만들어진 소형의 단말 장치.

hand reset 수동 복귀형(手動復歸形) 보호 장치 등에서 동작은 자동적으로 이루어지나 리셋(비동작시의 상태로 되돌리는 것)하는 데 인간에 의한 수동 조작을 필요로 하는 것.

Handie-Talkie 핸디토키 휴대용 양방향 무선 통신 장치에 대한 상표(모토롤라사, 미국).

handset 송수화기(送受話器) 탁상 전화기에 사용하는 송화기와 수화기를 한 몸으로 하여 몰드한 것. 그 구조상, 함체를 통해서 에너지가 되돌려지면 하울링을 일으킬 염려가 있다. 송수화기에는 전화기용의 것 외에 머리에 거는 교환원용, 시험용 등이 있다.

handshake 핸드셰이크 둘 이상의 장치가 서로 보조를 맞추어서 처리를 하는 것. PC 통신에서는 흐름 제어도 이 핸드셰이크에 해당한다.

handy terminal 핸디 터미널 휴대형 통신 단말기. 한 손으로 들 수 있을 정도의 크기로, 숫자나 명령을 입력하는 키가 부착되어 있다. 통신 기능 외에 데이터의 입력이나 기억 기능, 계산 기능 등을 갖춘다. 재고 관리, 판매 관리, 수주 관리, 영업 사원의 데이터 관리 등을 위한 데이터 입력용에 사용된다. 입력한 데이터는 간단한 조작으로 호스트 컴퓨터에 보내지고, 필요한 처리가 행해진다.

hangover 행오버 팩시밀리 등 화상 전송에서의 일종의 결함으로, 원화에서 톤이 급변하는 개소(스텝형 혹은 지붕형의 에지)가 재생된 카피에서는 흐리고 흑백의 변화가 완만하게 되는 것.

hang-up signal 종화 신호(終話信號) = clear-back signal

harbour radar 항만 레이더(港灣－) 항만이나 하천에 설치되는 레이더를 말한다. 이러한 지역에서는 지형이나 기상 조건에 따라 시계(視界)가 가려져 선박의 항행이 곤란해지므로 이것을 원조할 목적으로 설치된다. 이 레이더는 분해능이 좋아야 하며 방위와 거리를 측정할 수 있는 부가 장치를 사용한다.

harbour radiotelephone 항만 전화(港灣電話) 항만 내에 정박하고 있는 선박이나 항구 가까이를 항행 중인 선박과 통화한다든지, 또는 선박간의 통화 서비스를 하는 것을 말한다.

hard axis 자화 곤란축(磁化困難軸) 자기 박막 장치 등에서 자성 박막의 자기 이방성을 나타내는 소자의 자화 곤란축. 자화 용이축과 직교한다.

hard bubble 하드 버블 자기 버블의 특이한 것으로, 가해진 자계의 방향과 비스듬하게 움직이는 것. 버블 메모리를 만드는 경우에는 이 영향을 받지 않는 구조로 하지 않으면 안 된다.

hard copper 경동(硬銅) 상온 가공에 의해서 경도가 커진 구리를 말한다. 안테나, 스위치 등에 사용된다.

hard copy 하드 카피 기계의 출력을 눈으로 보고 읽는 형태로 기록한 것. ① 인간이 읽을 수 있도록 인자된 보고서나 표. ② 컴퓨터의 출력을 인간이 읽도록 인쇄된 보고서나 표 등의 형태로 출력된 것. ③ 인간이 직접 읽을 수 있고 휴대할 수 있는 표시 화상의 영구적인 카피. 예를 들면, 용지에 기록된 화상.

hard direction of magnetization 자화 곤란 방향(磁化困難方向) →easy direction of magnetization

hard disk 하드 디스크 외부 기억 장치의 일종으로, 플로피 디스크에 비해 대량의 데이터를 기억할 수 있고, 고속으로 판독, 기록할 수도 있다. 반도체 기억 장치보다도 데이터당의 코스트가 싸고, 자기 테이프와 달라서 임의 접근이 가능하다. 기억 매체로서 알루미늄 원판에 자성체를 칠한 것을 사용하므로 하드 디스크라고 부르는데, 고정 디스크라고 부를 때도 있다. = HD

hard disk cartridge 하드 디스크 카트리지 하드 디스크 시스템에 꽂아 넣거나 추출할 수 있게 설계된 디스크 보관 용기.

hard disk drive 하드 디스크 드라이브, 하드 디스크 장치(－裝置) 자기 디스크와 그 제어 장치(HDC)를 내장하는 장치. 해마다 대형화되어 가고 있으며, 급격히 보급되고 있다. 플로피 디스크보다도 편리하고, 소프트웨어의 대형화에도 대응하고 있다. =HDD

hardened magnet 경화 자석(硬化磁石) 철이나 니켈을 주체로 하는 합금을 열처리에 의해서 결정이 올바르게 배열되어 있지 않는 상태로 하여 강한 자석을 만든 것이다. 그 방법으로는 고온에서 급랭하는 담금질 경화와 급랭한 것을 어닐하는 석출 경화가 있다. 전자는 단조 자석이라고도 하며, KS 강 등이 있다. 후자는 주조 자석이라고도 하며 MK 강, NKS 강, 알니코 등이 있다. 일반적으로 후자 쪽이 특성은 좋다.

hard ferrite 경질 페라이트(硬質－) 페라이트 중에서 보자력이 크고 자석 재료로서 적합한 성질을 갖는 것. 대표적인 것으로 코발트 페라이트나 바륨 페라이트가 있다.

hard magnetization axis 자화 곤란축(磁化困難軸) 자기 이방성을 갖는 자성체에서 가장 투자율이 작아지는 방향을 말한다. →magnetic anisotropy

hardner 경화제(硬化劑) 저분자의 액상 수지에 혼합하여 중합시키기 위한 약품. 부품의 주형 매입 등의 경우에 필요하다.

hard oscillation 경발진(硬發振) 정현파 발진기에서 주기적 진동 상태 이외에 안정한 정지 상태가 있고, 초기 상태에 따라서는 발진하지 않는 경우도 있다. 연발진(軟發振)에 대해서 이러한 발진 조건을 경발진이라 한다. →soft oscillation

hard sector 하드 섹터 디스크 미디어의 각 섹터가 어느 고정 마크에 의해 지정되어 있는 것과 같은 것. 하드 섹터형 플로피 디스크는 각 섹터의 시작에 구멍이 뚫려 있으며 이에 의해 그 위치가 식별된다.

hard solder 경랍(硬蠟), 경질 납(硬質蠟) 전선의 도체를 비롯하여 금속 상호간을 접속하기 위하여 용융시켜서 사용하는 합금. 융점이 450℃ 이상의 것을 말하며, 은랍, 황동 납 등 많은 종류가 있다.

hard structure system 강 구조 시스템(剛構造－) 목적이 구체적, 정량적으로 설정되고, 미리 구성된 논리에 따라서 확실하게 동작하는 메커니즘을 가지며, 환경의 변화나 이에 의한 정보를 받아들이지 않는 고정적인 시스템. 자동 판매기, 종전의 전화 회로망, 일정 목적을 갖게 한 로봇 등이 이에 해당한다. →soft structure system

hard superconductor 경초전도체(硬超電導體) 초전도성을 잃게 하기 위해 약 8만 AT/m 이상의 강한 자계를 필요로 하는 초전도체. 예를 들면 니오브나 바나듐 등.

hardware 하드웨어 컴퓨터 용어. 일반적으로는 장치 전체를 가리키기도 하며, 좁은 뜻으로는 컴퓨터를 구성하는 전기 회로 중의 논리 회로나 기억 장치와 그 실장 기술에만 한정해서 말하는 경우도 있다.

hardwire 하드와이어 저항, 콘덴서, 코일 등의 전자 소자가 개재되지 않은 회로. 결선과 단자 결합만으로 이루어져 있고, 스위치를 포함하지 않는 회로.

hard wired logic 포선 논리(布線論理) 컴퓨터의 기본 조작인 마이크로 조작을 배선에 의해서 규정하는 방식.

hard X-rays 경 X 선(硬－線) X 선의 세기는 그 투과하는 능력(투과도)의 대소로 나타내고, 투과도가 큰 것을 경 X 선이라 한다. 이것은 파장이 짧아 10^{-11}m 정도이며, 가장 단단한 것으로는 방사성 물질에서 나오는 γ선에 가까운 것도 있다. 의료나 재료의 투과 검사 등에 사용된다.

harmful interference 유해 방해(有害妨害) 규칙에 따라 운용되고 있는 무선 통신 서비스나 다른 장치, 시스템에 대해 동작을 위태롭게 하거나, 중대한 품질 열화를 미치거나, 방해를 발생하거나, 반복 동작을 중단시키는 방출 또는 방사, 유도.

harmonic (wave) 조파(調波), 고조파(高調波) ① 주기파 또는 주기 변화량에 있어서 기본파 주파수의 정수배 주파수를 가진 성분을 말한다. 예를 들면, 기본파의 3배 주파수를 가진 제 3 고조파. ② 주기 기계 진동의 각 성분 중 기본 진동수의 정수배 진동수를 가진 성분으로, 배진동이라고도 한다. 음향 분야에서는 배음(倍音)이라 한다.

harmonic antenna 조파 안테나(調波－), 고조파 안테나(高調波－) 고조파 공진의 정재파 전류가 흐르도록 길이를 선택한 도선을 사용하는 안테나. 주로 V 형으로 배치되므로 정재파 V 형 안테나라고도 한다. 양방향의 날카로운 지향성을 갖는다. 실제로는 단방향성으로 하기 위해 같은 형의 반사기를 사용한다. 주로 단파대의 무선 통신에 사용된다.

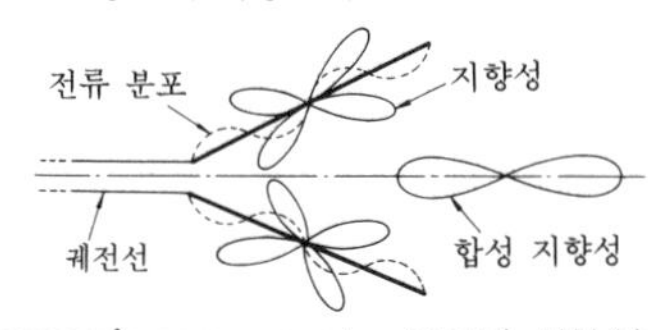

harmonic components 고조파 성분(高調

波成分) 푸리에 급수의 조파 성분은 $C_n \sin(nx+\theta_n)$의 각 항을 말한다. 예를 들면 기본파의 2배 주파수 성분(n, 2)은 제 2 고조파라고 한다.

harmonic conversion transducer 조파 변환기(調波變換器) 출력 신호의 주파수가 입력 신호의 주파수의 정수배, 혹은 정부분의 1인 변환기. 출력 신호의 진폭은 입력 신호의 진폭에 직선 비례하지 않는 것이 보통이다. 주파수 증배기, 분주기 등은 특수한 예이다.

harmonic distortion 파형 일그러짐(波形－)[1], 고조파 일그러짐(高調波－)[2] (1) 검파 회로 일그러짐의 일종이다. 직선 검파 회로에서 시상수가 너무 커서 일어나는 일그러짐과 다이오드의 부하 저항이 교류와 직류에 대하여 다른 값을 나타내는 일그러짐 등이 있다. →cross modulation distortion

(2) →cross modulation distortion

harmonic series 고조파 시리즈(高調波－) 기본 주파수의 정수배 주파수를 갖는 요소의 계열.

harmonic sound 배음(倍音) 기본파 이외의 조파음(調波音). →harmonic

harmonic suppressor 고조파 저지 장치(高調波沮止裝置) 기기에서 발생하는 고조파 성분을 제거하기 위해 적당한 장소에 삽입한 필터.

harness 하니스 여러 가지 길이를 가진 절연 전선의 다발로, 특정한 장치에 바로 배선할 수 있도록 각 소선(素線)을 형성하고, 단자를 붙여서 적당히 다듬은 것.

Hartley circuit 하틀리 회로(－回路) 하틀리(Hartley)에 의해서 고안된 반결합 발진기의 일종으로, 그림과 같이 컬렉터와 베이스 간에 동조 회로를 넣고, 코일에는 중간 탭을 내어 이미터에 접속하고 있다. 이 회로는 발진이 용이하고, 안정하며, 발진의 세기는 코일의 탭 위치에 의해 조정할 수 있으므로 널리 사용되고 있다. 발진 주파수 f_0는 다음 식으로 구해진다.

$$f_0 = \frac{1}{2\pi\sqrt{C'\,L_1 + L_2 + 2M)}}$$

여기서, M : L_1, L_2 간의 상호 인덕턴스.

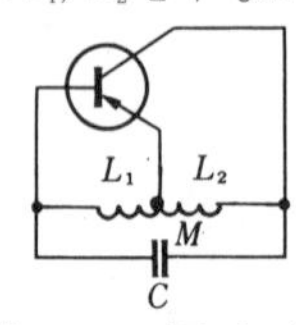

Hartley oscillator 하틀리 발진기(－發振器) →Hartley circuit

Hartley's law 하틀리의 법칙(－法則) 채널을 통해서 주어진 시간 내에 전송할 수 있는 통보의 전 비트수는 채널 대역폭과 전송 시간의 곱에 비례한다는 법칙.

hash 해시 ① 바이브레이터의 접점이나 회전기의 브러시에 의해 생기는 전기 잡음. ② 레이더 스코프에서의 그래스 잡음. ③ 컴퓨터에서 장치의 오동작으로 생기는 의미가 없는 데이터. 부적정한 프로그래밍에 의해 생기는 경우도 있다. ④ 데이터 길이의 조건을 맞추기 위해 부가하여 기록되는 의미없는 정보.

hash addressing 해시 주소 지정(－住所指定) 파일 내에서 키 k로 지정되는 레코드의 개략적인 주소를 키에 관한 반실험적인 함수 $H(k)$, 즉 해시 함수에 의해 계산하는 것.

hash total 해시 합계(－合計) 숫자 또는 그들의 그룹 중에서의 모든 디짓을 전부 가산하여 얻어지는 합계값. 그 의미는 별로 문제로 삼지 않는다. 목적은 데이터의 전송, 기억 기타의 조작에서 모든 숫자가 적당히 처리되었는지 어떤지를 검사하여 확인하기 위해서이다. 숫자 중에는 알파벳 문자를 숫자화한 것도 포함된다.

hatching 해칭 제도에서 단면 등을 명시하기 위해 사용하는 선. 기본 중심선 또는 수평선에 대하여 45° 기운 가는 실선으로, 등간격으로 그린다.

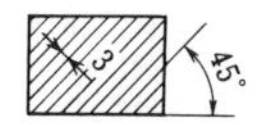

(a) 수평선에 45° 간격은 약 3mm 정도로 한다

(b) 혼동하기 쉬운 경우는 임의의 각도로 간격을 같게 하여 그린다

Hay bridge 헤이 브리지 인덕턴스의 측정에 사용되는 교류 브리지의 일종. 그 회로를 그림에 나타내었다. 평형시에는 다음 식의 관계가 성립한다.

$$r_x = \frac{\omega^2 C_s^2 r_s R_1 R_2}{1+\omega^2 C_s^2 r_s^2},\quad L_x = \frac{C_s R_1 R_2}{1+\omega^2 C_s^2 r_s^2}$$

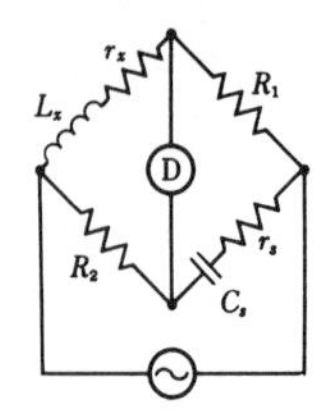

hazard 해저드 AND나 OR 등의 논리

회로에서 둘 이상의 입력 단자에 각각 다른 회로를 통해 온 신호가 가해질 때 각 회로의 지연 시간 차에 의해서 출력으로 나와서는 안 되는 시간으로 가는 펄스가 나타나는 것을 말한다. 이 해저드는 회로의 오동작을 초래하는 일이 있다.

hazard rate 고장률(故障率) 고장의 발생 비율을 수학적으로 정의한 양. 신뢰성을 논하는 경우에 필요하다. 기기 또는 부품 N_0개를 같은 조건으로 t시간 사용하는 동안에 n개 고장나고 $N_0-n=N$개가 살아남았다고 할 때 $(dn/dt)/N$을 고장률이라 한다. 고장의 발생에는 여러 가지 원인이 있으나 고장률은 일반적으로 사용 시간의 경과와 함께 그림과 같은 변화를 나타낸다.

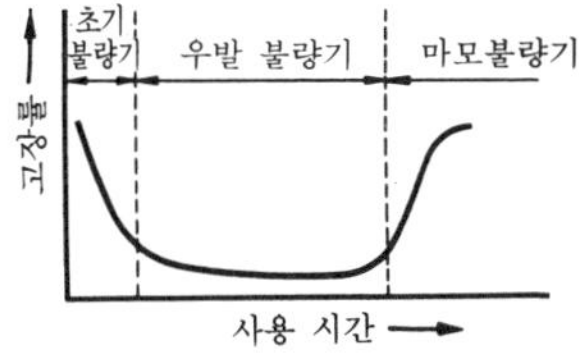

HBT 헤테로바이폴러 트랜지스터 hetero-bipolar transistor 의 약어. 바이폴러 트랜지스터의 이미터에 베이스보다도 대역 갭이 큰 결정 재료를 사용한 것. 이미터의 캐리어 농도를 낮게 억제하여 이미터-베이스 간의 정전 용량을 작게 하고, 또 베이스를 얇게 하는 동시에 캐리어 농도를 높게 하여 저항값을 낮춤으로써 시상수를 작게 억제하여 트랜지스터 동작을 고속화하고, 차단 주파수도 높게 할 수 있다. 헤테로 접합의 계면(界面)에서는 에너지대가 계단 모양으로 변화하므로 이 계면에서 전자가 반사된다든지 고 에너지의 열전자가 생긴다든지 한다. 에너지 갭이 큰 반도체쪽이 굴절률이 작으므로 헤테로 계면은 빛을 가두는 역할도 한다. 그러므로 GaAlAs/GaAs/GaAlAs 헤테로 접합은 레이저 발진에 사용된다. 또 GaAlAs/GaAs 계면의 GaAs 측에 생기는 2차 전자 가스를 이용한 HEMT 도 있다.

H channel H 채널 정보 통신망(ISDN)에서 이용자가 실제로 통신하는 정보를 운반하는 것을 목적으로 한 채널. 전송 속도에 따라 384kbit/s(H_0채널), 1,536 kbit/s(H_{11} 채널) 및 1,920kbit/s(H_{12} 채널)의 3 종류가 있다.

HD 하드 디스크 =hard disk

HDD 하드 디스크 드라이브, 하드 디스크 장치(一裝置) =hard disk drive

H-display H 표시기(一表示器) 레이더에서 앙각의 표시를 포함하도록 배려된 B표시기. 물표는 밝고 짧은 직선으로 보이는 2개의 접근한 블립으로 나타나며 그 경사가 목표의 앙각 탄젠트에 비례한다.

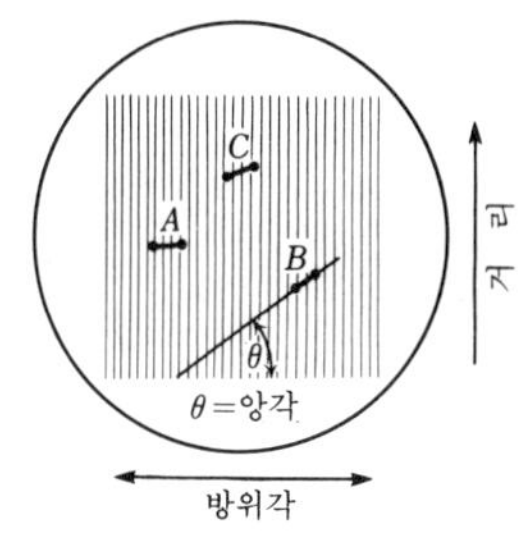

HDLC 고수준 데이터 전송 제어(高水準一傳送制御) high level data link control 의 약어. 데이터 전송의 전송 제어 절차의 일종으로, 비트열의 동기식 통신 방식에 적용된다.

HDTV 고품위 텔레비전(高品位一) high definition television 의 약어. 종횡비를 확대하여 주사선 수와 대역폭의 증가에 의해 수직·수평의 해상도를 높여서 화질의 개선을 도모하는 방식으로, 현행의 텔레비전 방송과는 양립하지 않는다.

HDX 반2중(半二重) =half-duplex

HE mode HE 모드 →hybrid mode

HE_{11} mode HE_{11} 모드 광섬유의 기본 모드 명칭.

head 헤드 기록 매체상에 데이터를 기록하거나 기록된 데이터를 판독 또는 소거하기 위한 기구. 예를 들면, 자기 헤드, 광전식 헤드, 천공 헤드 등.

head alignment 헤드 얼라인먼트 자기 디스크 등에 사용되는 복수 개의 자기 헤드의 위치를 조정하는 것.

head amplifier 전치 증폭기(前置增幅器) 확성 장치나 측정 장치 등에서 신호 검출기와 증폭기를 분리할 필요가 있을 때 검출기에 붙여서 신호를 증폭하는 장치.

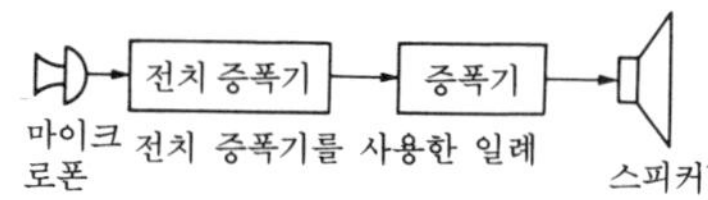

전치 증폭기를 사용한 일례

head-cleaning device 헤드 클리닝 장치(一裝置) 쌓인 먼지를 제거하기 위해 자기 헤드에 소량의 클리닝용 액체를 묻히는 기구.

head crash 헤드 크래시 하드 디스크 표면과 판독/기록 헤드가 충돌하여 데이터를 잃는 것. 먼지 등의 미립자가 디스크

표면에 부착하는 것이 원인인 경우가 많다. =disk crash

head end 헤드 엔드 비교적 규모가 큰 CATV 방식에서 각 안테나로 수신한 FM 전파나 VHF, UHF 의 텔레비전 전파 등을 증폭하여 레벨 조정한 다음 혼합하여 다음 간선에 내보내는 장치를 말한다. 또한 UHF 전파는 전송 손실을 적게 하기 위해 VHF 의 빈 채널로 변환하여 증폭 조정한다.

header 헤더 봉함형 계전기, 전자관 등의 절연 단자를 외부로 꺼내기 위해 사용하는 마운트로, 이 곳을 통해서 단자나 리드선이 외부로 꺼내진다. 트랜지스터의 경우에는 헤더 상의 도전층에 펠릿을 압착한다. 베이스 혹은 스템이라고도 한다.

head eraser 헤드 소자기(一消磁器) 테이프 녹음기의 자기 헤드를 장시간 사용하면 대자(帶磁)하여 잡음의 원인이 되므로 이것을 소자하기 위해 사용하는 기구를 말한다. 보통은 AC 전원으로 사용하게 되어 있으며, 먼저 전원을 넣고, 소자하는 헤드를 천천히 접근시켜 그 주변에서 몇 번 원을 그리듯이 움직여 서서히 멀리해서 20~30cm 떨어진 다음에 소자기의 전원을 끄도록 한다. 테이프 녹음기를 써서 양호한 녹음을 얻으려면 이와 같이 헤드의 소자를 하는 것이 중요하다.

heading 헤딩 항공기 등의 진로 방향, 기수(선수) 방위를 발한다. 진북(眞北)을 기준으로 한 것을 기수 진방위(true heading), 자북(磁北)을 기준으로 한 것을 기수 자방위(magnetic heading)이라 한다. 기축(機軸)을 기준으로 해서 목표를 그 상대 방위(relative heading)로 나타내기도 한다.

heading flash 선수상(船首像) 선박 내의 레이더 스코프면을 회전하고 있는 표시(標示)가 선수 방향과 일치했을 때 플래시를 발하도록 한 것.

head-on collision 정면 충돌(正面衝突) 공통 채널 신호용 데이터 회선 양단의 국이 거의 동시에 회선을 포착했을 때 생기는 사태. 어느 한 국에 우선권을 주고, 다른 국은 다른 회선을 찾음으로써 회피한다.

headphone 헤드폰 머리에 걸어서 사용하는 수화기. 마이크로폰과 한 몸으로 된 것도 있다. →headphone microphone

headphone microphone 헤드폰 마이크, 헤드폰 마이크로폰 헤드폰과 마이크로폰이 한 몸으로 된 것으로, 용도에 따라 여러 가지 형태의 것이 있다. 전화 교환원용의 것부터 텔레비전 스튜디오와 모니터식의 연락용, 헬리콥터의 파일럿이 사용하는 것 등 종류는 많다.

head positioning time 헤드 위치 결정 시간(一位置決定時間) 자기 드럼, 자기 디스크 등에서 각 트랙에 전용의 헤드가 두어지지 않는 경우에 어느 트랙에서 다른 트랙으로 헤드를 이동시켜 소정의 위치에 세트하기 위해 필요한 시간. 호출 시간(접근 시간)의 일부로 되어 있다.

head set 헤드 세트 마이크로폰이 붙은 헤드폰.

head shell 헤드 셸 톤 암에 카트리지를 부착하는 쇠붙이. 단지 셸이라고도 한다.

head slot 헤드 슬롯 플로피 디스크의 재킷 표면에 낸 개구로, 이 곳을 통해 디스크 표면이 R/W 헤드에 노출되도록 되어 있다.

headup display 헤드업 디스플레이 항공기 파일럿이 전방을 주시하면서 그 시야 내에 계기나 CRT 등으로부터의 정보를 정확하게 표시하도록 한 장치. =HUD

heap 히프 컴퓨터가 계산 처리를 하고 있을 때 생기는 다이내믹 데이터를 기억하기 위해 두어진 (주기억 장치 내의) 영역.

heap variable 히프 변수(一變數) 프로그램 실행시에 그 사이즈가 변동할 수 있는 다이내믹한 변수로, 기억 장치의 히프 영역 내에 저장된다.

hearing aid 보청기(補聽器) 난청자를 위한 소형의 휴대용 음성 증폭 장치로, 마이크로폰, 저주파 증폭기, 이어폰, 그리고 전원 전지를 세트한 것.

hearing characteristic 청감 특성(聽感特性) 인간의 귀가 음을 감수하는 정도는 물리적인 음압의 크기와는 일치하지 않는다. 그 특성은 개체(個體)나 생리 상태에 따라 다르나, 일반적으로 주파수와 음의 세기의 두 조건으로 정해지며, 음의 크기의 감각(폰)은 그림과 같은 특성을 나타낸다. 또, 음의 세기의 레벨〔dB〕이란 음의 에너지가 I〔W/m^2〕일 때 $10\log_{10}(10^{12}I)$로 구한 값이다.

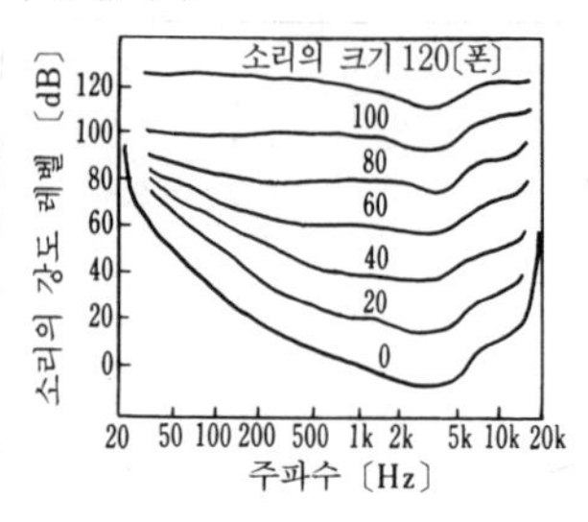

hearing loss 청력 손실(聽力損失) ① 평

균의 정상적인 귀와 고장이 있는 귀로 같은 양해도(보통 50%)가 얻어지는 경우의 양자의 음성 레벨차를 데시벨로 나타낸 것. ② 어떤 귀에 대해서 어느 주파수로 잰 최소 가청값과 정상적인 귀의 최소 가청값(1,000Hz 에서의 표준값은 2×10^{-5} Pa)과의 사이의 음압 레벨차를 말한다. 이것은 주파수에 따라 다르고, 귀의 장애 성질에 따라서도 다르다.

heat conduction 열전도(熱傳導) 열이 전달되는 것 중 온도가 높은 물체에서 그에 접하고 있는 온도가 낮은 물체로, 혹은 같은 물체에서도 고온의 곳에서 저온의 곳으로 열이 전해지는 현상. 그림 (a)와 같이 물질 속을 전하는 열은 $I=k(A/l)\theta$[W]가 되며, k는 그 물질의 열전도율[W/m · K]이다. 또, 그림 (b)와 같이 표면으로부터의 열전도는 $I=\alpha A\theta$[W]에서 α는 열전도 계수[W/m² · K)]이다.

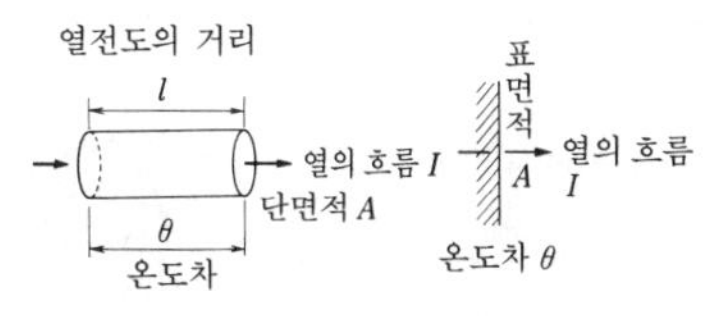

(a) 물질내의 열전도 (b) 물질간의 열전도

heat conductivity 열전도율(熱傳導率) 물체의 단위 면적을 통하여 단위 시간에 전할 수 있는 열량을, 위의 면에 직각인 방향의 온도 구배 성분으로 나눈 값.

heat convection 열대류(熱對流) 공기나 물과 같은 유체의 운동에 의해서 열이 이동하는 현상.

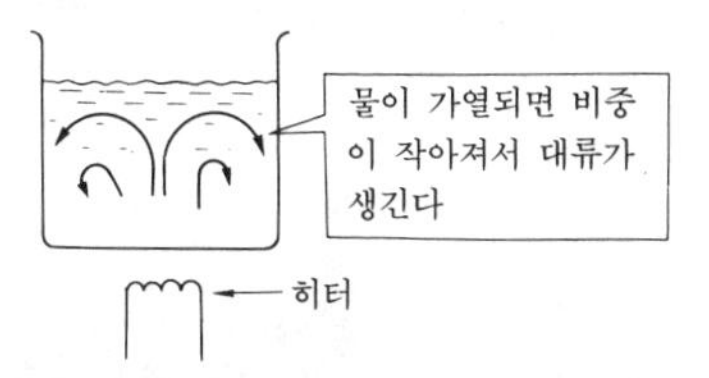

heater 히터 방열 음극의 진공관에서 외부로부터 교류 또는 직류의 가열 전류를 흘려 음극을 간접적으로 가열하기 위해 두어진 전열선을 말한다. 보통은 텅스텐을 사용하며, 그 주위에 알루미나 등의 내열 절연물을 소결시켜서 음극과 절연하여 음극에 부착되어 있다.

heater current 히터 전류(–電流) 히터에 흐르는 전류.

heater voltage 히터 전압(–電壓) 히터 단자간의 전압.

heat-insulated cable 단열 케이블(斷熱–) 초전도를 이용한 케이블에서 냉각에 요하는 경비를 절감하기 위해 단열재를 써서 외기로부터 차폐한 것. 액체 질소를 사용하여 열차폐하는 것도 있다.

heat-sensitive switch 온도 스위치(溫度–) 온도가 일정한 임계값을 넘으면 단자간을 개방, 또는 닫고, 온도가 복구하면 단자간도 복구하는 소자.

heat sink 히트 싱크 반도체 장치 등에서 온도 상승을 방지하기 위하여 부착하는 방열체. 그림은 파워 트랜지스터에 부착한 것.

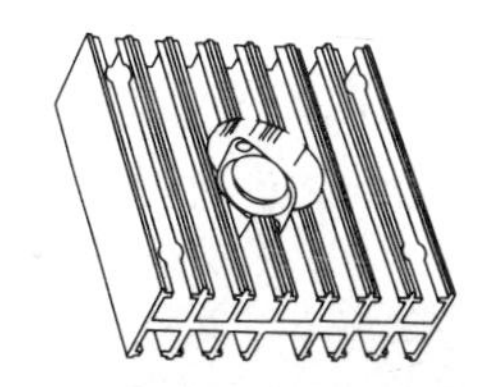

heat transfer multiplier 전열식 곱셈기(傳熱式–器), 전열식 승산기(傳熱式乘算器) 서보 곱셈기의 퍼텐쇼미터 대신 온도로 변화하는 저항기를 사용한 것.

heat transfer type gas analyzer 열전도식 가스 분석계(熱傳導式–分析計) 가스는 그 종류에 따라서 열전도율이 다르고, 또 2성분으로 이루어지는 혼합 가스인 경우는 그 혼합비에 따라서 열전도율이 다른 성질을 이용하여 가스의 농도 또는 혼합비를 측정하는 장치이다. 백금 등의 열선을 넣은 용기에 피측정 가스를 통하고, 열선의 열방사에 의한 저항 변화를 브리지로 측정하여 그 결과로 열전도율을 구한다. 보일러의 연도(煙道) 가스나 암모니아 공장에서의 수소, 질소의 혼합 가스, 황산 공장의 아황산 가스 등의 측정에 사용된다.

Heaviside bridge 헤비사이드 브리지 교류 브리지의 일종으로, 인덕턴스의 측정에 쓰인다. 그림과 같은 회로에서 R', M'는 K를 닫았을 때의 값, R'', M''는 K를 열었을 때의 값으로 할 때 평형시에는 다음 식의 관계가 성립한다.

$$L_x=(M''-M')\left(1+\frac{R_1}{R_2}\right)$$

$$r_x=(R''-R')\frac{R_1}{R_2}$$

Heaviside-Campbell mutual-inductance bridge 헤비사이드 · 캠블의 상호 인덕턴

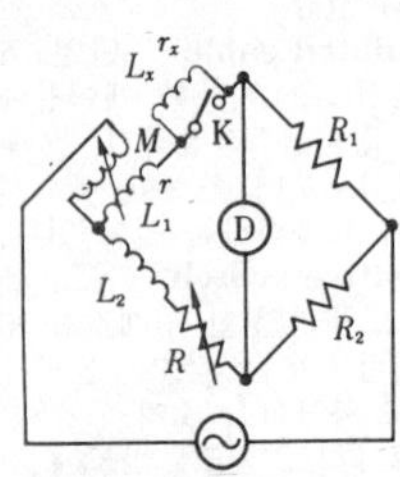

Heaviside bridge

스 브리지(-相互-) 그림의 브리지로 측정할 인덕턴스 X를 삽입한 상태와, 이것을 단락한 상태에서 브리지를 평형시켜 2회의 측정에서 X의 저항 R_X와 인덕턴스 L_X를 다음 식에 의해 구하는 방법.

$$R_x = (R_3 - R_3')\frac{R_2}{R_1}$$

$$L_x = (M - M')\left(1 + \frac{R_2}{R_1}\right)$$

R_3, R_3' 및 M, M'는 2회 측정에서의 조정 저항 및 조정 상호 인덕턴스의 값이다.

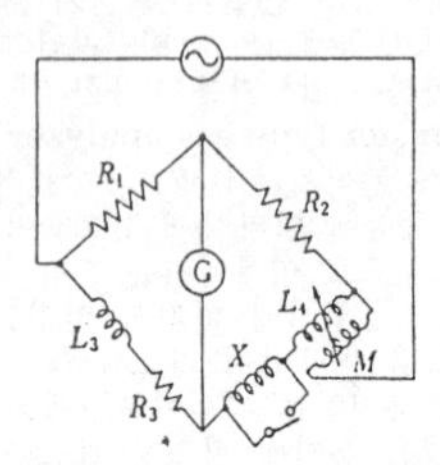

Heaviside layer 헤비사이드층(-層) → ionosphere

Heaviside mutual-inductance bridge 헤비사이드 상호 인덕턴스 브리지(-相互-) 자기 인덕턴스 및 상호 인덕턴스를 비교하는 브리지. 브리지 평형은 주파수와 관계하지 않는다.

$$R_x = (R_3 - R_3')\frac{R_2}{R_1}$$

$$L_x = (M - M')\left(1 + \frac{R_2}{R_1}\right)$$

heavy contact 중하 접점(重荷接點) 대전류를 개폐할 수 있도록 만들어진 전기 접점.

He-Cd laser 헬륨·카드뮴 레이저 =helium-cadmium laser

height feature 하이트 기구(-機構) 표시 장치에 있어서 표시면의 높이를 상하로 조정할 수 있는 기구.

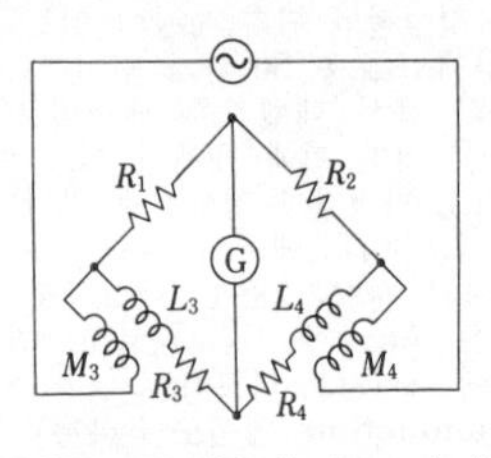

Heaviside mutual-inductance bridge

height-finding radar 고도 감시 레이더(高度監視-) 물표의 거리와 앙각을 측정하는 기능을 가진 레이더로, 고도 또는 특정 기준점에서 측정한 수직 거리의 계산을 가능케 한다. 이와 같은 레이더는 보통 다른 물표의 파라미터를 결정하는 감시 레이더와 병설된다.

height indicator 고도계(高度計) 항공기의 항행에서 지표면 또는 해수면상의 고도를 지시하는 계측기.

helical antenna 헬리컬 안테나, 나선형 안테나(螺旋形-) 나선형 도선의 안테나. 권수, 치수에 따라 지향성이 다른데, 축방향으로 날카로운 지향성이 얻어지는 경우(그림 (a))와 전혀 다른 축방향과 직각 방향으로 8자 지향성이 얻어지는 경우(그림 (b))를 이용한다. 접지판은 임피던스 정합용이다. 그림 (a)의 경우는 초단파대의 무선 통신(특히 인공 위성의 추미 등)에 쓰이고, 그림 (b)의 경우는 텔레비전 전파의 송신에 쓰인다.

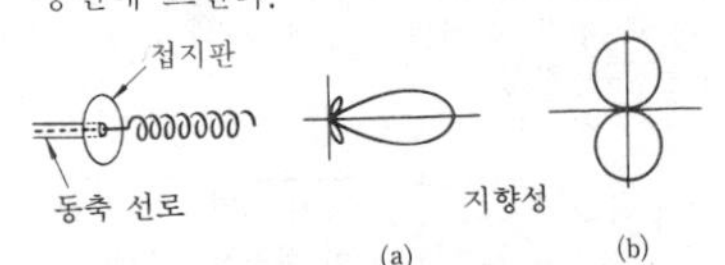

(a) (b)

helical potentiometer 헬리컬 퍼텐쇼미터 다중 회전형의 고정밀도 퍼텐쇼미터로, 제어 손잡이를 여러 번 회전함으로써 나선형으로 감긴 저항체의 한 끝에서 다른 끝으로 접촉 암을, 나선축을 따라 원활하게 이동시킬 수 있게 되어 있다.

helical scanning system 헬리컬 주사 방식 VTR(-走査方式-), 경사 주사 방식 VTR(傾斜走査方式-) 비디오 테이프 리코더(VTR)에서 회전 헤드와 테이프 주행의 관계가 언제나 경사져 있는 방식. 가정용 VTR에는 VHS와 β포맷 방식의 두 종류가 있는데, 어느 것이나 이 방식을 쓰고 있다. 그것은 폭이 작은 테이프를 직각으로 주사하면 유효한 길이가 얻어지지 않기 때문이며, 이 방식에서는 경사지게 주사하여 회전 드럼에 헤드 2개를 대칭으로 부착하고, 비디오 신호의 1필드분을 하나의 트랙으로서 기록하도록 되어 있다.

helical waveguide 나선형 도파관(螺旋形導波管) 가는 절연 동선을 나선형으로 밀착시켜서 감고, 그 바깥 쪽을 유전체로 감싼 구조의 도파관. 또 그 바깥 쪽을 금속관으로 감싼 것도 있다. 밀리파의 지연 회로나 모드 필터로서 사용한다.

helium-cadmium laser 헬륨 카드뮴 레이저 카드뮴의 증기를 헬륨의 방전 속을 통해서 발광시키는 CW 레이저. 파장은 자외·청색부(0.3~0.5μm)이며, 사진이나 광화학 관계의 광원으로서 사용된다. =He-Cd laser

helium-neon laser 헬륨 네온 레이저 헬륨과 네온의 혼합 가스를 사용한 레이저로, 취급이 가장 간단하여 각 방면에서 사용되고 있다. 용도는 프린터, 광 디스크, 홀로그래피, 파장계 등이 있다. 그 출력은 비교적 작으므로 발진 방법이 여러 가지 생각되고 있다.

helix antenna 나선형 안테나(螺旋形—) =helical antenna

helix delay line circuit 헬릭스 지연파 회로(—遲延波回路), 나선 지연파 회로(螺旋遲延波回路) 나선 도체에 전자파를 실으면 전자파는 나선 도체상을 광속도로 전하는데 나선을 따른 길이가 축방향 길이의 n배라고 하면 전자파가 축방향으로 전하는 속도는 광속도의 $1/n$이 된다. n을 적당히 선택하면 중심축을 따라서 진행하는 전자류의 운동 속도와 전자파의 축방향 속도를 접근시킬 수 있다. 이렇게 하여 만들어진 나선 도체를 나선 지연파 회로 또는 헬릭스 지연파 회로라 하고, 진행파관에 사용된다.

hemispheric beam 반구 빔(半球—) → zone beam

HEMT 헴트 high electron mobility transistor 의 약어. 캐리어의 이동도가 큰 재료로 만든 트랜지스터를 말하며, 소재로서는 비소화 갈륨 등이 검토되고 있다. 이것을 기본 소자로 하는 IC를 사용함으로써 컴퓨터의 동작 속도를 높이는 데 도움이 된다.

He-Ne laser 헬륨·네온 레이저 =helium-neon laser

henry 헨리 인덕턴스의 단위. 기호는 H. 전류가 매초 1A의 비율로 변화할 때 1V의 자기 또는 상호 유도 기전력을 발생하는 회로의 자기 또는 상호 인덕턴스를 말한다.

hermetic seal 기밀 봉착(氣密封着), 기밀 봉지(氣密封止) 반도체 제품 등의 열화를 방지하기 위해 건조 기체를 넣은 용기 속에 밀봉하는 것으로, 이 경우의 단자 도입 방법에는 금속과 유리의 봉착에 의한 것과, 금속과 세라믹의 봉착에 의한 것이 있다. 어느 것이나 열팽창 계수의 차이에 의한 불합리한 힘이 걸리지 않도록 재료를 선택하여 사용한다.

herringbone pattern 헤링본 패턴 텔레비전 수상기의 스크린 상에 가끔 볼 수 있는 간섭 무늬로, 밀접하게 배열된 V자형 또는 S자형의 수평 띠 모양을 한 것.

Hertz 헤르츠 진동수의 단위로, 기호는 Hz. 1초간의 진동수를 나타내며 전자파, 음파 등에 대하여 쓰인다.

Hertz antenna 헤르츠 안테나 일종의 이상화된 안테나로, 근접한 2점에 부호가 다르고 등량의 전하가 있고, 이것이 교대로 변화하도록 한 비접지 반파장의 안테나이다.

Hertz dipole 헤르츠 다이폴 반파 안테나의 전류 분포(정재파)는 도선상에서 고르지 않으므로 취급이 복잡해진다. 거기서 사용 파장에 비해 미소한 부분(전류가 고르다고 간주)에 대해서 방사 전자계의 성질을 살피고, 이 미소 도체의 집합에 의해 전체의 특성을 파악하면 취급이 용이해진다. 이와 같은 미소 도체를 헤르츠 다이폴 또는 헤르츠 더블릿이라 한다.

Hertz oscillator 헤르츠 발진기(—發振器) 헤르츠(Hertz, 독일)가 1887년에 전파의 존재를 실험적으로 증명한 유명한 실험 장치. 장치는 2개의 금속구를 공중에 대립하여 두고, 직선 도체를 접속하여 여기에 직류 전압을 가하면 이 전압이 충분히 높으면 불꽃이 발생하여 도선의 정전용량과 인덕턴스에 의해서 정해지는 주파수의 전파가 발사되는 것이 증명되었다.

hetero-bipolar transistor 헤테로바이폴러 트랜지스터 =HBT

heterodyne converter 헤테로다인 변환기(—變換器) 유효 출력의 주파수가, 입력 주파수와 다른 또 하나의 주파수(보통 국부 발진기에 의해 만들어진다)의 정수배 주파수와의 합 또는 차와 같은 변환기. 출력 신호의 진폭은 유효 동작 범위 내에서 입력 신호의 진폭과 비례한다.

heterodyne detection 헤테로다인 검파(—檢波) 가청 주파로 변조되어 있지 않은 A1 전파나 단측파대 방식(SSB)의 전파에 대한 검파. A1 전파의 경우, 수신파 f와, f보다 필요한 가청 주파 f_s만큼 높은

(또는 낮은) 국부 발진파 f_0를 혼합하면 비트 f_s가 발생하여 A1 전파의 단속에 따른 가청 주파 신호를 발생시킬 수 있다.

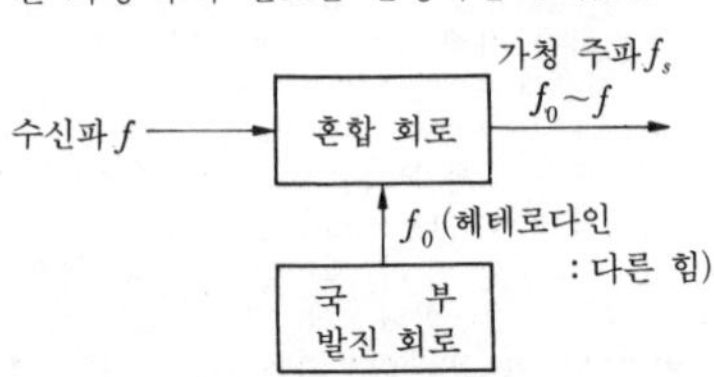

heterodyne frequency 헤테로다인 주파수(-周波數) →heterodyning

heterodyne frequency meter 헤테로다인 주파수계(-周波數計) 제로 비트의 원리를 이용하여 이미 주파수를 알고 있는 발진기에서 피측정 주파수의 값을 구하는 주파수계. 미약한 전력의 주파수 측정에 적합하다. 감도나 확도가 높으며 고조파에 의한 오차가 발생하기 쉬운 것이 결점이다. 무선 송신기 등의 정확한 주파수 측정에 사용된다.

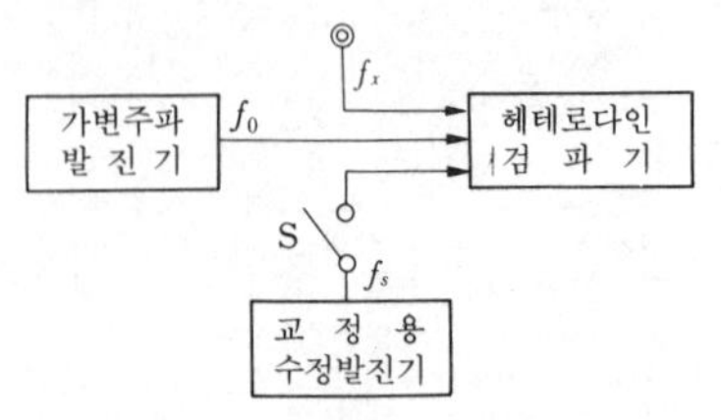

heterodyne reception 헤테로다인 수신(-受信) 수신한 고주파 신호를 수신기 국부 발진기의 신호와 헤테로다인하여 양쪽 신호의 주파수 차 및 합의 주파수를 가진 출력 신호를 얻는 수신 과정. 수신파가 일정 진폭의 연속파라면, 국부 발진 주파수를 조절하여 차주파수가 가청 영역에 오도록 한다. 만일 수신파가 변조파라면 국부 발진기로부터의 주파수와 헤테로다인하면 차신호는 일반적으로 초가청 영역으로 되므로 다시 검파하여 당초의 신호를 재생하지 않으면 안 된다.

heterodyne repeater 헤테로다인 중계 방식(-中繼方式) 마이크로파 통신의 중계 방식의 하나. 수신한 마이크로파를 중간 주파수로 변환 증폭하여 다시 마이크로파로서 송신한다. 변복조를 하지 않으므로 신호의 일그러짐이 적다. 현재의 마이크로 간선 회로용 중계기이다.

heterodyne repeating system 헤테로다인 중계 방식(-中繼方式) =heterodyne repeater

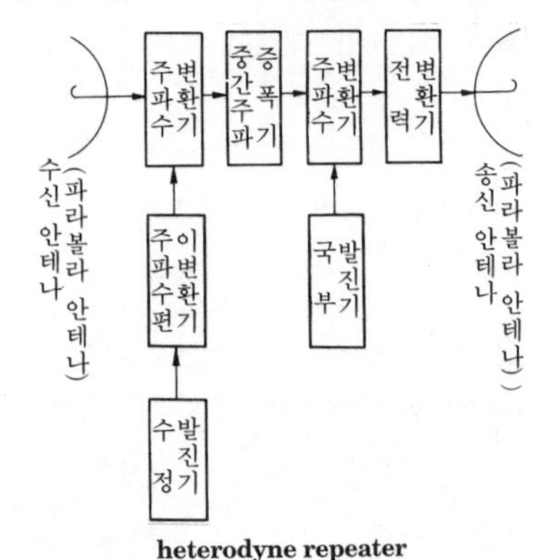

heterodyne repeater

heterodyning 헤테로다인 비직선성을 가진 장치에서 주파수가 다른 두 교류 신호를 혼합하여 이들 양 주파수의 합 및 차에 해당하는 주파수를 만들어 내는 것. 만들어낸 주파수를 헤테로다인 주파수라 한다. 특히 두 입력 주파수의 차의 주파수를 비트 주파수(beat frequency)라 한다.

hetero-epitaxy 헤테로에피택시 기판상에 기판 물질과는 다른 물질을 에피택시얼 성장시키는 것. 예를 들면, Ge 의 기판상에 Gs 를, 또 사파이어 기판상에 실리콘을 에피택시얼 성장시키는 경우 등이다. →epitaxial growth

heterojunction 헤테로 접합(-接合) 에너지 갭이 다른 두 반도체를 결정 격자의 접합면이 일치하도록 접합한 것. 헤테로의 접합면에서는 서로 격자 상수가 다르므로 결정 전위와 계면 준위가 생겨 그 특성은 현저하게 영향을 받는다.

heterojunction bipolar transistor 헤테로 접합 바이폴러 트랜지스터(-接合-) 헤테로 접합 바이폴러 트랜지스터의 활성시 에너지 준위도를 그림에 나타냈다. 갭이 넓은 이미터(n 형)와 갭이 좁은 베이스(p 형) 및 컬렉터(n 형)를 가진 트랜지스터로, 다음과 같은 특징을 가지고 있다. ① 베이스에서 이미터로의 정공(소수 캐리어)의 흐름은 가전자대의 높은 장벽에 저지되기 때문에 이미터 효율이 높다. ② 이미터 효율을 저하시키지 않고 베이스 저항을 낮게 할 수 있다. 이로써 이미터-베이스 간 전압 강하가 적고, 이미터의 전류 집중이 적어진다. ③ 베이스 저항이 작기 때문에 주파수 응답이 좋아진다. 또 와이드 갭의 이미터 및 컬렉터를 갖는 더블 헤테로 접합의 트랜지스터를 구성하고,

이미터 접합과 컬렉터 접합을 대칭적으로 하여 활성 모드 및 역동작 모드에서의 전류 이득을 개선할 수도 있다. 그림은 활성 모드로 동작 중인 npn 헤테로 접합 트랜지스터의 에너지 준위도이다.

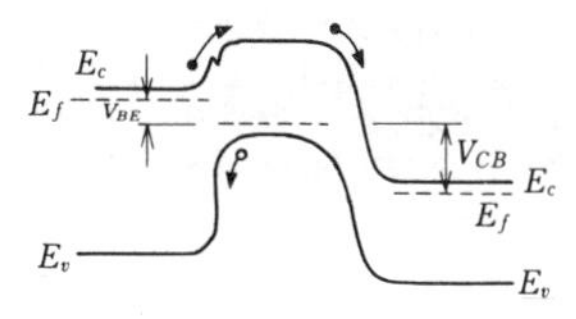

heterojunction laser 헤테로 접합 레이저(-接合-) 이종 반도체 접합을 써서 활성 영역을 좁게 하여 발광 효율을 높인 레이저. →heterojunction photodiode

heterojunction photodiode 헤테로 접합 포토다이오드(-接合-) 예를 들면 GaAs 기판상에 $Al_xGa_{1-x}As$를 헤테로 에피택시법으로 성장시킨 헤테로 접합 다이오드는 여러 가지 특징을 가지고 있으며, 널리 사용된다. 주파수 응답은 두 반도체 재료의 상대적인 흡수도에 관계하고, 재료를 적당히 선택함으로써 특정한 주파수의 방사를 접합부 부근에 흡수할 수 있다. 이러한 다이오드는 응답 속도가 빠르고, 주파수 선택성이 좋다. 에너지 준위도에 볼 수 있는 작은 장벽은 전도대 하단의 불연속성에 의한 것으로, 터널 작용에 의해 혹은 고속 전자에 의해 넘을 수 있다. 큰 대역갭을 갖는 반도체는 투명한 창으로서 작용하여 빛을 잘 투과한다. 헤테로 접합은 디바이스의 양자(量子) 효율이나 응답 속도를 높이는 데 도움이 된다.

Heusler alloy 호이슬러 합금(-合金) 강자성 성분을 포함하고 있지 않는, 즉 망간, 아연, 구리, 알루미늄 등의 합금으로 강자성을 나타내는 것.

hexadecimal 16 치(十六値)[1], 16 진법(十六進法)[2] (1) 16 개가 다른 값 또는 상태를 취하는 선택 또는 조건으로 특성을 표시하는 용어.
(2) 고정 기수 기수법(固定基數記數法)에서 기수로 16 을 취하는 것과 같은 방식. 컴퓨터의 내부 표현 방식의 일종이며 4 비트를 사용한 것. 데이터의 종류는 $2^4=16$ 종류이다.

hexadecimal digit 16 진수(十六進數) 16 을 기수로 하는 수의 표시법으로, 2 진법의 4 자리에 대응한다. 다음 표는 10 진수, 2 진수, 8 진수, 16 진수의 대응 관계를 나타낸 것이다.

10 진수	2 진수	8 진수	16 진수
0	0000	00	0
1	0001	01	1
2	0010	02	2
3	0011	03	3
4	0100	04	4
5	0101	05	5
6	0110	06	6
7	0111	07	7
8	1000	10	8
9	1001	11	9
10	1010	12	A
11	1011	13	B
12	1100	14	C
13	1101	15	D
14	1110	16	E
15	1111	17	F
16	10000	10	10

hexadecimal notation 16 진법(十六進法) 4 비트로 1 자리의 숫자를 나타내는 방법으로, 컴퓨터에서 널리 쓰인다. $2^4=16$ 종류의 문자에 대응할 수 있다.

10 진수	16 진수	2 진수
0	0	0000
1	1	0001
2	2	0010
3	3	0011
4	4	0100
5	5	0101
6	6	0110
7	7	0111
8	8	1000
9	9	1001
10	A	1010
11	B	1011
12	C	1100
13	D	1101
14	E	1110
15	F	1111

HF 고주파(高周波) high frequency 의 약어. ① 무선 통신의 경우 3~30MHz의 범위를 말한다. ② 전원 관계 등에서는 상용 주파수보다도 높은 주파수.

HF laser HF 레이저 불화 수소(HF)를 사

H

용한 기체 레이저. 매우 강력한 레이저 펄스를 꺼낼 수 있으므로 핵융합 실험에 사용된다.

HIC 하이브리드 IC, 혼성 집적 회로(混成集積回路), 하이브리드 집적 회로(－集積回路) ＝hybrid integrated circuit

hierarchical directory 계층 디렉토리(階層－) 계층 구조로 되어 있는 디렉토리 군을 말한다. 디렉토리는 볼륨 내의 파일을 관리하기 위해 쓰인다. 계층형 디렉토리에 의한 파일 관리에는 다음과 같은 이점이 있다. ① 목적 파일을 신속하게 찾을 수 있다. ② 파일 군의 체계적 관리를 할 수 있다. →hierarchical tree structure

hierarchical tree structure 계층 트리 구조(階層－構造) 트리 구조로 표현된 요소간에 존재 의존 관계가 있는 것을 계층 트리 구조라 한다. →hierarchical directory

Hi-Fi 하이파이, 고충실도(高忠實度) ＝high fidelity

high-band recording 하이밴드 기록(－記錄) 영상 신호를 기록하는 경우에 그 FM 변조에서의 반송파를 고주파 대역에 시프트하여 정보량의 기록 밀도를 높이도록 한 것. 해상도가 뛰어난 영상을 얻을 수 있다.

high definition television 고품위 텔레비전(高品位－) ＝HDTV

high doping 하이 도핑 트랜지스터의 이미터 영역이나 에피택시얼 컬렉터층의 기판과 같이 불순물을 높은 농도로 확산하는 것. 첨가 불순물이 n 형이냐 p 형이냐에 따라서 각각 n^+, p^+와 같은 기호로 표시한다. 이러한 부분의 시트 저항은 8Ω/□ 정도이다. →sheet resistance

high electron mobility transistor 고전자 이동 트랜지스터(高電子移動－) 이종 반도체의 접합부에서 생기는 캐리어의 이동도가 매우 커지는 현상을 이용한 고속 동작의 전계 효과 트랜지스터. 접합부에 유기되는 캐리어는 퍼텐셜의 양자(量子) 우물 속에 가두어지므로 2차원적인 움직임이 강요되어 이온 산란 등을 받기 어렵기 때문에 이동도가 매우 높아진다. GaAlAs 와 GaAs 의 접합에 의한 HEMT 등이 개발되어 고속 스위칭 디바이스 등에 응용되고 있다.

high-energy radiotherapy 고 에너지 방사선 치료(高－放射線治療) 1,000kVp 이상의 X선, 1MeV 이상의 전자선, 1 MeV 이상의 감마선에 의한 방사선 치료. 외부 조사(照射)를 주로 하는 경우 Ra 조직 내 조사 또는 베타선의 밀착 조사는 이에 포함하지 않는다.

higher harmonics 고조파(高調波) 주기적인 파형은 그것이 정현파 이외의 것이라도 다른 주파수를 갖는 여러 개의 정현파로 분석할 수 있다. 이 중 주파수가 가장 낮은 것이 기본파이고, 다른 것은 그 주파수가 기본파의 주파수의 정수배가 되므로 고조파라 한다. 그 중 홀수배의 것을 홀수 고조파, 짝수배의 것을 짝수 고조파라 한다. 파형이 음양 대칭이면 짝수 고조파는 아니다.

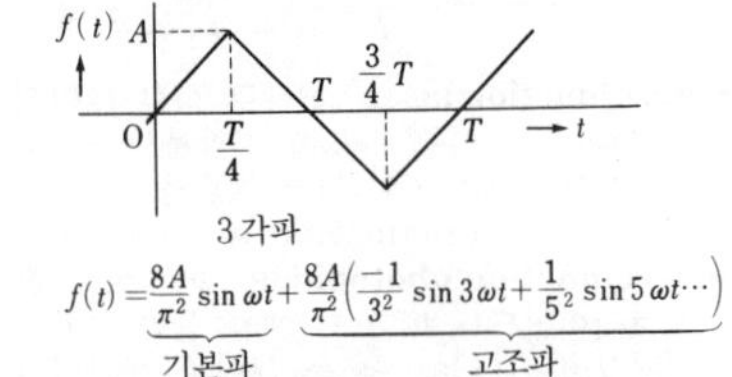

3각파

$$f(t)=\underbrace{\frac{8A}{\pi^2}\sin\omega t}_{\text{기본파}}+\underbrace{\frac{8A}{\pi^2}\left(\frac{-1}{3^2}\sin 3\omega t+\frac{1}{5^2}\sin 5\omega t\cdots\right)}_{\text{고조파}}$$

higher-order transmission mode 고차 전파 모드(高次傳播－) 전송 선로나 도파관에서 최저의 차단 주파수를 가진 기본 모드 이외의 전자계 패턴에 의해 특성지워진 임의의 전파 모드.

high fidelity 고충실도(高忠實度) 이것은 원음에 대하여 충실하다는 뜻이나, 현재는 성능이 아주 좋은 장치를 의미하는 데 쓰이고 있다. ＝Hi-Fi

high fidelity audio amplifier 하이파이 앰프, 고충실도 증폭기(高忠實度增幅器) 음성 주파수의 범위는 20~20,000Hz 인데, 하이파이 앰프로서는 주파수 범위가 넓은 것은 물론, 고조파에 의한 왜율이 작을 것, 내부 잡음이 작을 것, 과도 일그러짐이 작을 것 등이 요구된다. 이 때문에 증폭기에 사용하는 부품을 엄선하고, 회로의 설계에도 충분한 배려가 이루어져야 한다.

high-fidelity signal 고충실 신호(高忠實信號) 마이크로폰, 증폭기 및 스피커 또는 이어폰으로 구성되는 계를 전달하는 신호. 테이프 녹음기가 계에 포함되는 일도 있다. 모든 구성 요소는 기술적으로 가능한 한 우수한 품질일 것.

high fidelity VTR 하이파이 VTR, 고충실도 VTR(高忠實度－) 고충실도로 재생할 수 있는 성능을 가진 비디오 테이프 리코더.

high frequency 고주파(高周波) 저주파에 대한 호칭으로, 상대적으로 높은 주파수를 말하는데, 일반적으로 무선 주파수를 가리키는 경우가 많다. ＝HF

high-frequency amplification 고주파 증폭(高周波增幅) 전파의 주파수와 같은 높은 주파수 신호의 증폭. 일반적으로 좁은 주파수 대역에서 큰 증폭도가 요구되는데, 동조(공진) 회로를 내장함으로써 해결되며, 동시에 효율적인 B급, C급 증폭이 가능하게 된다. 따라서 결합은 그 동조 회로의 코일에 의한 전자 결합이 쓰인다. 주파수가 높을수록 발진하기 쉬우므로 주의가 필요하며, 중화 콘덴서를 사용하는 등 발진 방지법을 쓰기도 한다.

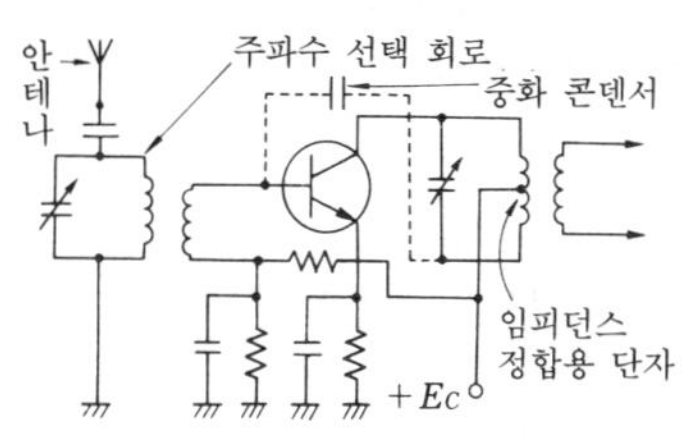

high-frequency amplifier 고주파 증폭기(高周波增幅器) 수신기의 전단에 마련된 고주파 입력의 전압 증폭 회로로, 감도를 높일 뿐만 아니라 *SN* 비나 선택도도 높이고, 더욱이 수신의 안정도를 증대시키며, 발진한 경우의 이상 전파를 안테나에서 외부로 방사하는 것을 방지하는 데도 도움이 된다.

high-frequency bias method 고주파 바이어스 방식(高周波－) →AC biased recording

high-frequency bridge 고주파 브리지(高周波－) 고주파에서의 임피던스 측정에 쓰이는 브리지. 고주파에서는 좋은 가변 저항이 얻어지지 않으므로 가변 표준 소자로서는 공기 콘덴서가 사용되고 있다.

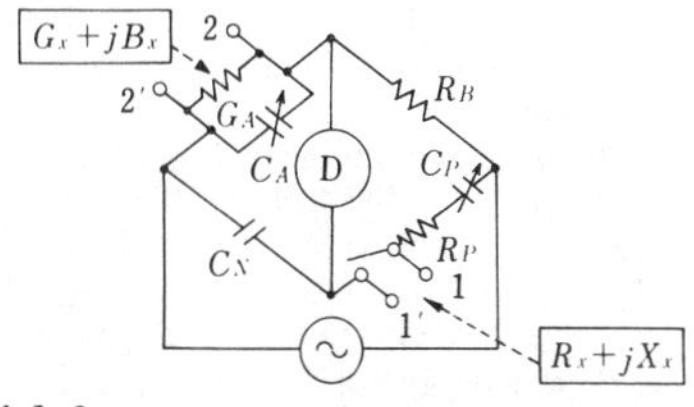

high-frequency carrier telegraphy 고주파 반송 전신(高周波搬送電信) 전화 회선에 의한 음성 주파수보다 높은 주파수를 가진 반송 전류를 사용한 반송 전신의 형태.

high-frequency compensation 고역 보상(高域補償) 증폭기는 일반적으로 주파수가 높아지면 증폭도가 저하한다. 이 증폭도의 저하를 방지하고, 높은 주파수대까지 고른 증폭 특성이 얻어지도록 하는 것을 고역 보상이라 하고, 이 목적으로 사용되는 저항과 콘덴서의 조합 회로를 고역 보상 회로라 한다. 이것에는 피킹 회로 등이 사용된다.

high-frequency compensation circuit 고역 보상 회로(高域補償回路) →high frequency compensation

high-frequency core 고주파 자심(高周波磁心) 고주파 코일에 사용하는 자심으로, 와전류손이 크면 코일의 동작이 나빠지므로(Q가 낮아지므로) 저항률이 높은 재료로 만들어진다. 그 때문에 금속 산화물로 만들어진 페라이트를 사용한다.

high-frequency dielectric heating 고주파 유전 가열(高周波誘電加熱) 고주파 전계 속에 놓인 절연체의 유전손에 의한 발열을 이용하는 것으로, 목재, 고무, 섬유 제품, 플라스틱 등의 건조, 성형, 가황 등에 응용된다. 전자 레인지도 그 예이다. 내부까지 균등한 가열이 이루어지는 것이 장점이며, 사용 주파수는 수 MHz 이하이다.

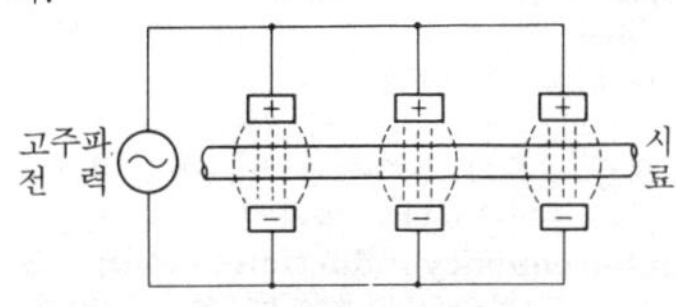

high-frequency dryness 고주파 건조(高周波乾燥) 고주파 유전 가열에 의한 절연성 물질의 건조. 피열물(被熱物) 내가 고르게 발열하고, 내부의 수분이 표면으로 이동하므로 표면만 건조될 염려가 없다. 사용 주파수는 수 MHz 이상이며, 수증기 배기용의 구멍뚫린 전극이나 그리드 모양의 전극이 쓰이며, 건조가 진행되는 동시에 피열체 임피던스가 변화하므로 컨베이어식 작업으로 할 수 있다.

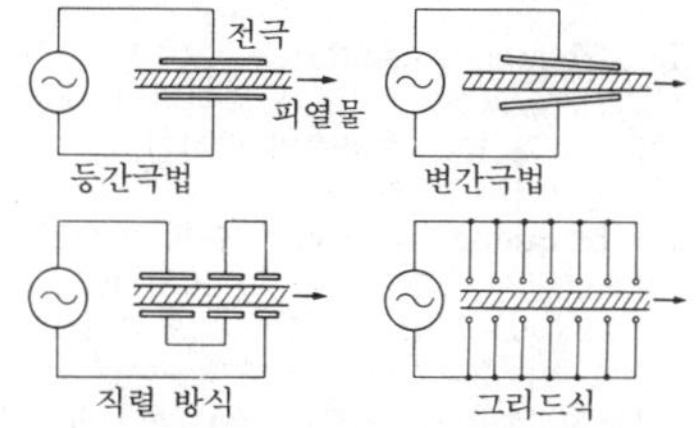

high-frequency furnace 고주파로(高周波爐) 주위의 솔레노이드 코일로부터의 고주파 자속에 의해 유도된 전류로 가열

재 내부 또는 도가니벽 내부 또는 양쪽 안에 열을 발생하는 유도로.

high-frequency generator 고주파 발전기(高周波發電機) 상용 전원보다 높은 주파수의 회전 발전기를 말하며, 항공기나 선박 등의 무선기 전원으로서 사용되는 400Hz 발전기, 고주파 전기로용의 1~10 kHz 발전기 등이 있다. 200Hz 이상의 것에서는 계자(界磁), 전기자 모두 정지하고 주변에 비자성 물질과 자성강을 교대로 배치한 유도자를 회전시켜서 기전력을 유기하도록 한 유도자형 발전기가 일반적으로 사용된다.

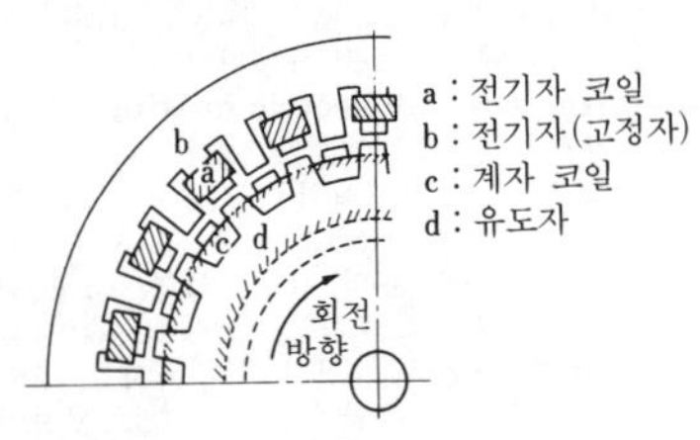

high-frequency induction heater or furnace 고주파 유도 가열기 또는 유도로(高周波誘導加熱器－誘導爐) 가열재 내에 전류의 흐름을 일으켜 가열하는 장치. 관례상 전류의 주파수는 방송망에 분배되어 있는 주파수보다도 높다.

high-frequency induction heating 고주파 유도 가열(高周波誘導加熱) 피열물(被熱物)이 되는 금속 도체를 코일 내에 두고, 여기에 고주파 전류를 흘리면 금속 도체의 표면 가까이에 와전류가 생겨 이 손실의 열로 가열하는 방법.

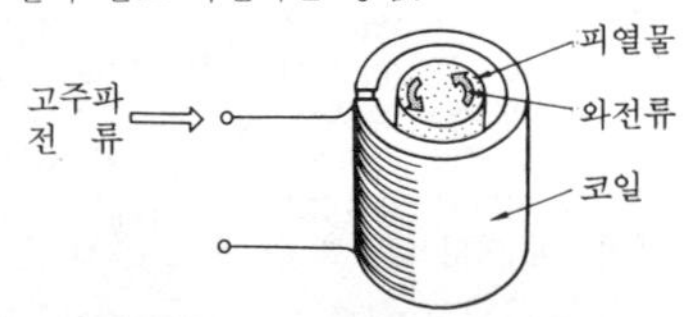

high-frequency oscillator 고주파 발진기(高周波發振器) 저주파 발진기에 대응하여 그보다 높은 주파수의 발진기. 무선 주파 발진기도 그 하나이다.

high-frequency receiver 단파 수신기(短波受信機) 주파수대로 3~30MHz, 파장으로 100~10m 의 전파를 단파(HF)라 하며, 이 주파수대의 전파를 수신하는 수신기를 말한다. 단파는 전리층이 반사하기 때문에 원거리까지 도달하므로 외국과의 무선 통신이나 해외 방송에 널리 사용되고 있다. 단파대는 주파수 대역이 넓으므로 수신기는 보통 여러 주파수 대역으로 나누어 전환하여 수신하도록 하고 있다.

high-frequency resistance 고주파 저항(高周波抵抗) →skin effect

high-frequency resonance 고조파 공진(高調波共振) 전압의 파형이 왜파(歪波)일 때 코일과 콘덴서에 의해 구성되는 회로를 어느 고조파에 동조하면 그 고조파만이 공진을 일으킨다. 이것을 고조파 공진이라 하고 이 현상을 이용하여 주파수의 체배를 할 수 있다.

high-frequency sewing-machine 고주파 재봉기(高周波裁縫機) 고주파 유전 가열을 응용한 일종의 고주파 용접기로, 재료를 2개의 롤러 전극 사이에 보내 연속적으로 용착하는 것.

high-frequency sputtering 고주파 스퍼터링(高周波－) 타깃 물질을 이온 충격함으로써 그 물질의 원자, 분자를 그 부근에 두어진 목적 물체면상에 부착시키는 스퍼터링에서, 타깃과 전극 사이에 고주파를 주어 방전을 시키는 것. 직류 방전에서는 금속의 스퍼터링 밖에는 할 수 없으나 고주파를 사용하면 절연물의 스퍼터링도 할 수 있다.

high-frequency stabilized arc welder 고주파 안정화 아크 용접기(高周波安定化－鎔接器) 정전류 용접을 하기 위한 전원 장치로, 고주파 아크 안정기와 주로 TIG 용접을 하기 위해 필요한 용접 전류를 최적값으로 선정하는 제어기를 갖고 있다.

high-frequency transistor 고주파 트랜지스터(高周波－) 고주파용으로 만들어진 트랜지스터. 접합 용량이 작을 것, 베이스의 폭이 좁을 것 등을 중점으로 설계된 것. 구조는 메사형 및 플레이너형의 것. 또한 FET(전계 효과 트랜지스터)에서는 n 채널 디플리션형의 것이 고주파용으로 적합하다.

high-frequency transmitter 단파 송신기(短波送信機) 주파수대 3~30MHz, 파장으로는 100~10m 의 전파를 단파(HF)라 하고, 이 주파수대의 전파를 송신하는 송신기를 말한다. 단파는 전리층이 반사하기 때문에 원거리까지 도달하므로, 외국과의 무선 통신이나 해외 방송에 널리 사용되고 있다.

high-frequency welder 고주파 용접기(高周波鎔接機) 염화 비닐 등의 플라스틱을 두 장의 전극 사이에 끼우고, 고주파 유전 가열에 의해서 국부적으로 용해하여 접착시키는 장치를 말한다. 사용 주파수는 10~40MHz, 출력은 1~5kW 이며,

1회의 조작 시간은 2~3초 정도이다. 시계의 밴드나 가방 등 정형물을 대량 생산하는 데 적합하다.

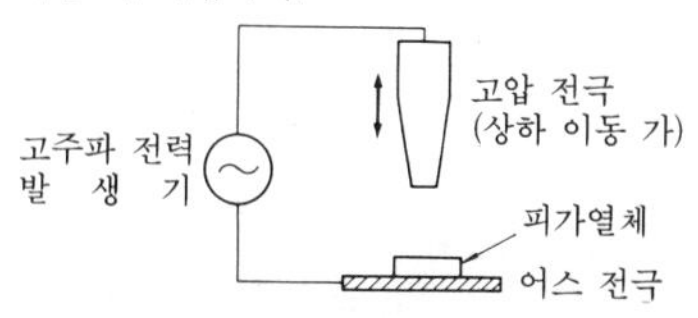

high-frequency wood drying 고주파 목재 건조(高周波木材乾燥) 고주파 유전 가열에 의해서 목재를 건조시키는 방법. 목재에 고주파 전계를 가하면 유전손에 의해서 발열한다. 이 열에 의해서 목재를 탈수, 건조시킬 수 있다. 단시간에 건조되고 변형이 적다.

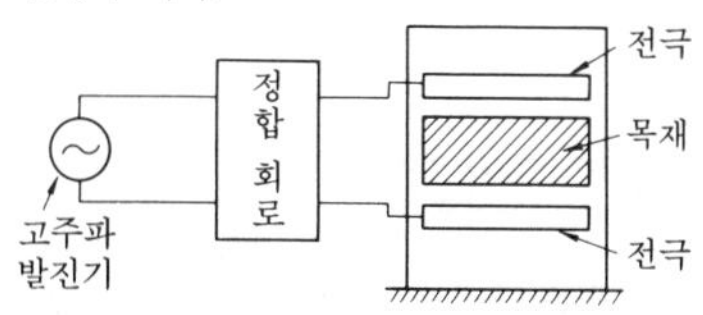

high-gain DC amplifier 고이득 직류 증폭기(高利得直流增幅器) 0부터 어느 범위의 주파수 대역에 걸쳐 어떤 특정한 연산에 필요한 증폭도보다 큰 증폭도를 갖는 증폭기. 궤환 회로 소자가 없는 연산 증폭기도 포함된다.

high gamma tube 고 감마관(高-管) ① 텔레비전 촬상관에서 그 출력 전력이 피사체에 닿는 빛의 세기와 더불어 고르게 커지는 것. ② 텔레비전 수상관에서 스크린 상의 빛의 세기가 제어 그리드 전압에 직접 비례하고 있는 것.

high h_{FE} power transistor 고 h_{FE} 파워 트랜지스터(高-) 파워 트랜지스터의 직류 증폭률 h_{FE}가 이미터-베이스 간의 표면 재결합의 영향으로 저하하는 것을 방지하고 고 h_{FE}화 처리를 한 것. 고 h_{FE} 파워 트랜지스터를 사용함으로써 달링턴 접속된 회로를 1석으로 실현할 수 있으므로 소비 전력의 저감뿐 아니라 회로의 여유도를 증가시킬 수도 있다.

high impedance status 하이 임피던스 상태(-狀態) →tri-status logic

high input impedance operational amplifier 고입력 임피던스 연산 증폭기(高入力-演算增幅器) 연산 증폭기의 초단 증폭 회로에 FET(전계 효과 트랜지스터) 등의 고입력 임피던스 소자를 사용하고, 입력 전류를 10~100pA(접합형 FET), 혹은 0.01~1pA(MOS형) 정도의 고입력 임피던스로 한 것.

high key 하이 키 인화나 텔레비전 화면 등에서 하이라이트에서 중간부에 걸친 톤이 주체가 되어 있는 것.

high K group ceramic condenser HK계 자기 콘덴서(-系瓷器-) 고유전율을 목적으로 만든 자기 콘덴서. 주성분은 티탄산 바륨으로, 유전율의 온도 계수가 크다는 결점이 있다. 바이패스 콘덴서로서 사용된다.

high-level active 고 레벨 액티브(高-) →low-level active

high level control functions 고수준 제어 기능(高水準制御機能) 패킷 교환 방식에서 쓰이는 것으로, 각종 제어 기능이 전송로 양단에 두어지는 페어 동작 장치에 의해 이루어지게 되어 있다. 여기서 장치란 고수준 데이터 전송 제어 장치, 접근 패스 제어 장치, 데이터 흐름 제어 장치 등이며, 각각 오류가 없는 데어터 전송, 수신처, 경로, 패킷화 등의 제어, 다이어로그 관리 등을 한다. 이들 기능은 텍스트 정보에 대한 헤더(header)부에 담겨져 있으며, 비트 패턴(특정한 의미를 가진 비트 배열로 알파벳 문자와는 무관계)으로서 보내진다.

high level data link control 고수준 데이터 전송 제어(高水準-傳送制御) =HDLC

high-level definition television 고품위 텔레비전(高品位-) =HDTV

high-level firing time 고 레벨 방전 시간(高-放電時間) 무선 주파수 전력이 인가되고부터 전자관이 무선 주파대 방전을 발생할 때까지의 시간.

high-level injection 고준위 주입(高準位注入) 반도체 재료에 과잉한 캐리어(전자 또는 정공)를 주입함으로써 열평형 상태일 때 보다 캐리어수를 증가시키는 경우에 과잉 캐리어수가 열평형시의 캐리어수와 필적될 정도로 많은 경우를 고준위 주입이라 한다. 과잉 캐리어수가 비교적 적은 경우의 저준위 주입과 대비되는 용어이다.

high-level language 고급 언어(高級言語) 인간이 이해하기 쉽도록 설계된 프로그램 언어. 프로그램 언어 중에서 특정한 하드웨어의 구조나 기능에 의존하는 정도가 적은 언어. COBOL이나 FORTRAN 등이 있다.

high-level modulation 고 레벨 변조(高-變調) 계 내의 어느 점에서 생성되는 변조로, 그 전력 레벨이 계의 출력 레벨과 같은 것.

high-level radio-frequency signal 고 레

벨 무선 주파 신호(高－無線周波信號) 전자관에 방전을 일으키게 하는 데 필요한 무선 주파수 신호 전력.

high level transistor logic 고수준 트랜지스터 논리(高水準－論理) ＝HTL

highlighting 하이라이팅 VDU 스크린 상의 정보를 강조하는 수단으로, 예를 들면 강조해야 할 곳을 명멸시키거나, 굵은 선으로 하거나, 콘트라스트를 세게 하거나 역 비디오 즉 스크린의 흑백 부분을 반전시키거나, 밑줄을 긋거나, 컬러 표시하거나 한다. 이들 방법은 소프트웨어의 제어하에 장소를 한정하여 이루어진다.

high-low signaling 고저 신호(高低信號) 전화 교환 시스템에서의 루프 신호의 한 방식으로, 고저항 브리지에 의해 온훅 상태를 표시하고 저저항 브리지에 의해 오프훅 상태를 표시한다.

high-pass filter 고역 필터(高域－) 주파수의 고역 부분을 통과대, 저역 부분을 감쇠대로 하는 필터. 통과대와 감쇠대의 경계를 차단 주파수라 한다. ＝HPF

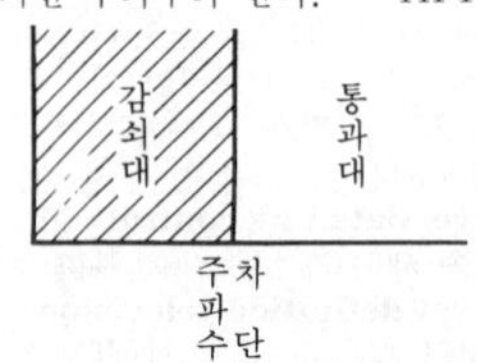

high peaking 하이 피킹 진폭 주파수 특성에서 주파수가 높을수록 응답이 높아지도록 하는 것.

high permeable magnetic material 고투자율 재료(高透磁率材料) 자성체 중에서 특히 투자율이 큰 것을 말한다. 퍼멀로이가 유명하며, 고주파용으로는 망간-아연계 등의 페라이트가 있다. 자심 재료로서 사용한다.

high-persistence phosphor 장잔광 발광체(長殘光發光體) 다이렉트 비디오 기억관 등의 CRT에 사용되는 발광체의 일종. 전자가 닿고부터 비교적 오래 빛을 낸다. 대부분의 CRT에서는 이전의 이미지가 화면에 고스트로서 남아 있지 않도록 저잔광성의 발광체를 사용하고 있다.

high personal computer 하이 퍼스널 컴퓨터 32 비트의 개인용 컴퓨터와 대기억용량의 CD-ROM을 조합시켜서 음성 데이터나 영상 데이터 등을 다룰 수 있도록 한 컴퓨터의 속칭.

high-polymer 고분자(高分子) 고무, 합성수지, 셀룰로오스와 같이 분자량이 1만 이상이나 되는 분자를 고분자라 한다. 그러나 그것은 대체로 간단한 구조의 원자집단(단량체)이 열이나 압력 혹은 촉매 등의 작용에 의해서 다수 결합해서 생긴 중합체이다. 고분자의 대부분은 절연 재료로서 중요한 역할을 하고 있다.

high power stage modulation system 고전력 변조 방식(高電力變調方式) 무선 송신기에서, 종단 전력 증폭부에서 변조를 하는 방식을 말한다. 변조에 큰 전력을 필요로 하지만 종합 효율이 높고, 일그러짐도 비교적 적으므로 대출력 송신기에 널리 사용된다. 그림은 그 예로, 변조 회로로서는 B급 플레이트 변조 회로가 주로 사용된다.

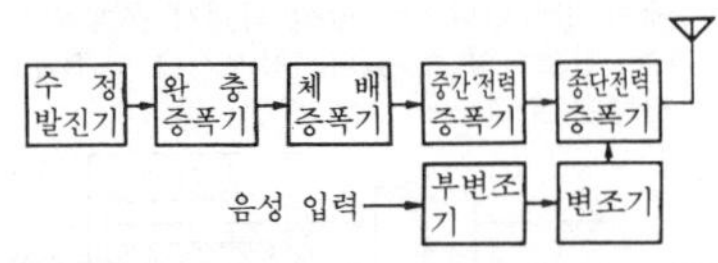

high pressure mercury vapor lamp 고압 수은등(高壓水銀燈) 수은 증기의 방전을 이용한 방전등의 일종으로, 발광관 내의 수은 증기압을 1기압 정도로 하고, 2중 유리관으로 외기 온도의 영향을 받지 않도록 하고 있다. 광색은 황색이 많이 섞인 청백색이기 때문에 일반 조명에 적합하지 않지만 효율이 높으므로 가로등이나 천장이 높은 공장의 조명 등에 사용된다. 다만, 점등 후 최대 광도에 이르기까지 약 10분을 요한다.

high quality television 고품위 텔레비전(高品位－), 고해상도 텔레비전(高解像度－) 현재 보급되고 있는 텔레비전의 화질을 높인 것으로, 수상기의 변경으로 목적을 달성하는 방식부터 방송 방식의 변경을 수반하는 것까지 있다. 화면의 종횡비와 주사선수에 따라서 IDTV, EDTV, HDTV 등의 종류가 있으나 HDTV가 일반적이다.

high recombination rate contact 고재결합률 접촉(高再結合率接觸) 반도체와 반도체 또는 금속과의 조합 접촉으로, 열평형 상태에서의 캐리어 농도가 전류 밀도에 본질적으로 관계없이 유지되어 있는 것. 이것은 과잉한 소수 전하 재결합률이 매우 빨라서 전류에 의해 생기는 과잉 전하가 바로 소멸해 버리기 때문이다.

high speed digital line 고속 디지털 회선(高速－回線) 그 시대에 있어서의 디지털 신호의 전송 속도가 가장 빠른 통신로.

high speed digital transmission service 고속 디지털 전송 서비스(高速－傳送 －) 고속의 디지털 통신망에 의한 고속의 데

이터 전송이나 팩시밀리 전송 및 화상 전송 등의 서비스.

high speed packet system 고속 패킷 방식(高速－方式) 멀티미디어 통신에 적합하도록 패킷 교환 방식을 고속화한 것.

high-speed TTL 고속 TTL(高速－) 표준의 TTL 게이트에 비교해서 동작 속도를 빠르게 한 것으로, 회로 구조는 표준형과 그다지 다르지 않으나, 전체적으로 저항을 줄이고, 다중 이미터 입력은 다이오드로 대지(大地)에 클램프(clamp)하고, (－)의 입력 전압에 대해서도 동저항을 작게 하고 있다. 출력측에서는 달링턴 접속을 사용하여 출력 저항을 작게 하고 있다. 트랜지스터에는 쇼트키 클램프를 사용하고, 축적 전하를 줄여 비포화 스위칭을 하도록 한 것도 있다. 전달 지연을 3ns 정도로 줄인 것도 있으나 소비 전력은 게이트당 20mW 로 약간 많다.

high-temperature superconductive material 고온 초전도 재료(高溫超電導材料) 초전도 현상은 종래 0K 가까이까지 재료를 냉각하지 않으면 실현할 수 없었다. 1986 년에 IBM 연구소에서 더 높은 온도로도 초전도가 얻어진다는 것이 판명되고부터 각국이 다투어 연구하여 최근에는 세라믹스 재료로 상온 가까이에서도 단시간 가능한 것이 출현하고 있다.

high tension 고압(高壓) 상용 전압의 구분으로, 직류인 경우는 750V를 넘고, 교류인 경우는 600V 를 넘어 7,000V 이하의 전압.

high-tension output circuit 고압 출력 회로(高壓出力回路) 텔레비전 수상기에서 수평 편향 회로에 공급하는 톱니파의 귀선 기간에 생기는 펄스 전압을 정류하여 브라운관의 양극에 가하는 회로를 말한다. 다층권형(多層捲形) 또는 다이오드 분할형의 수평 출력 트랜스, 실리콘 정류기를 사용하며, 컬러 수상기의 16 인치형에서 23kV, 20 인치형에서는 25kV 정도를 발생시키고 있다.

high-tension winding 고압 권선(高壓捲線) 변압기 권선 중 고압측의 권선.

high threshold logic 고임계값 논리 게이트(高臨界－論理－) 제너 다이오드 등을 스위칭 트랜지스터에 직렬로 접속하여 잡음에 대한 임계값 전압을 높게 한 논리 게이트로, 전원 전압도 보통 TTL 의 3 배인 15V 를 사용한다. 잡음 여유는 5V(표준형인 TTL 에서는 1V)이며, 잡음이 많은 환경에서의 사용에 적합하다. ＝HTL

hight pattern 하이트 패턴 전파 전파(電波傳播)에서 가시외 지점에 세운 안테나의 높이와 그것이 수신될 수 있는 전계 강도의 관계를 나타내는 그래프로, 그림과 같이 된다. 그래프에서 가시선보다 위로 극대와 극소의 반복이 있는 것은 직접파와 대지 반사파가 간섭하기 때문이다.

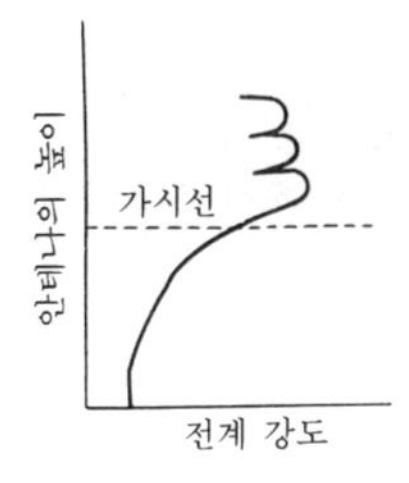

high-usage route 고이용 회선(高利用回線) 고밀도 트래픽을 처리할 수 있도록 설계된 통신로로, 과잉 트래픽이 발생했을 때에는 보조 회선에 의해 지원되도록 되어 있는 것. 완전 공급 회선과 대비된다.

high-usage trunk 종속 회선(從屬回線) 다단 우회 중계를 사용하는 전화 교환망에서의 기간 회선 이외의 최단 회선. 트래픽량이 많아서 구조상 유리할 때 쓰인다. 그 회선에서 폭주된 호(呼)는 차위(次位)의 회선으로 우회할 수 있다.

high-velocity camera tube 고속도 빔 주사 촬상관(高速度－走査撮像管) 타깃의 평균 전압이 거의 양극 전압과 같아지는 전자 빔 속도로 동작하는 촬상관.

high-velocity scanning 고속 주사(高速走査) 전자 빔의 2 차 방출비가 1 보다 크고, 따라서 타깃에 충돌하는 전자 1 개당, 타깃에서 해방되는 2 차 전자의 수가 1 개보다 많은 고속 전자에 의한 주사. 고속이란 빔의 전자 속도가 빠르다는 것이고, 주사 속도를 가리키는 것은 아니다.

highvision 하이비전 종횡비를 확대하여 주사선수와 대역폭의 증가에 의해 수직·수평의 해상도를 높여서 화질의 개선을 도모하는 방식으로, 재래의 텔레비전 방송과는 양립되지 않는다. HDTV의 일종이다. 종횡비 9 : 16, 필드 주파수 60Hz, 라인 주파수 33,750Hz, 영상 신호 대역 30MHz, 음성 신호 변조 방식 PCM.

high voltage 고압(高壓) ＝high tension

highway 하이웨이 그 곳을 통해 복수 통신계의 디지털 신호가 자유롭게 통행하는 공통의 전송로. 각각의 신호는 시간대를 나누어 서로 충돌하지 않도록 전송된다.

highway switching 하이웨이 교환(－交換) 시분할 전자 교환 방식에서 시분할 다중화된 통화 신호가 하이웨이를 통해서 접속되는 교환법이다. 하이웨이로의 게이트를 하이웨이 게이트라 한다. 하이웨이란 복수의 디지털 통신 신호가 다른 타임 슬롯에서 전송되는 전송로를 말한다.

hiper media 하이퍼 미디어 문서, 그림, 애니메이션, 영상, 소리 등을 조합시킨 멀티미디어를 베이스로 하여 관련하는 데이터를 서로 결부시켜 컴퓨터와 대화하면서 원하는 데이터를 꺼낼 수 있도록 한 것. 컴퓨터의 처리 능력 향상과 디스플레이의 해상도나 표시 능력의 향상 등 하드웨어의 진보가 그것을 가능케 했다.

HIPO 하이포 hierarchy plus input process output 의 약어. 소프트웨어의 도큐멘테이션(문서화) 기법의 하나로, 시스템 혹은 프로그램의 기능을 다음 2종의 도큐먼트에 의해 도식 표현으로 기술한 것이다. ① 도식 목차 : 기능간의 계층 관계를 나타낸다. ② 다이어그램 : 기능을 입력과 출력의 관련으로 나타낸다.

hiss 히스 이와 혀 사이에서 내는 발음과 비슷한 주관 특성을 지닌 저주파 영역의 잡음.

hissing noise 히싱 잡음(-雜音) 수신기에 들어오는 잡음 중에서 「슈 슈」하는 연속성 잡음을 말한다. 진폭이 거의 일정한 펄스성 잡음이다. 대기의 전기적 변화, 강설(降雪), 사진(砂塵) 등이 원인이다.

hiss noise 히스 노이즈 자기 테이프를 사용하는 녹음·재생에서 높은 주파수 영역에서의 잡음을 총칭해서 말한다. 이와 같은 히스 노이즈는 테이프에 칠해지는 자성 가루가 균일하게 되어 있지 않고, 따라서 자속에 불균일이 생기기 때문에 일어난다. 또, 테이프 재생시에 테이프의 주행에 진동이 혼입하여 AM, FM 변조 잡음이 발생함으로써 발생하기도 한다. 이러한 잡음은 히스 컷 필터(하이 컷 필터)에 의해서 제거된다.

hit 히트[1], 간헐 단선(間歇斷線), 순간 차단(瞬間遮斷)[2] (1) 레이더에서 단일 펄스에 대한 물표로부터의 에코.
(2) 통신 선로에서 통신 전류가 매우 짧은 시간 동안만 차단되는 것. 이 원인으로서 장치의 전환, 조작상의 오류, 접점 불량 등이 있다. 전화의 경우는 영향이 없지만 전신에서는 1ms 정도의 단시간이라도 수신기가 오동작하거나 오자가 나타나는 일이 있으며, 데이터 통신의 경우는 더욱 큰 영향을 받는다. 히트라고도 한다.

HiTEL 하이텔 한국 PC 통신에서 제공하는 비디오텍스. →videotex

hit-on-the-fly printer 히트온더플라이 인자 장치(-印字裝置) 활자가 이동하면서 인자하는 구조의 충격식 프린터.

H-line H선로(-線路) 마이크로파의 전송에 사용하는 선로의 일종으로, 그림과 같은 구조로 되어 있다.

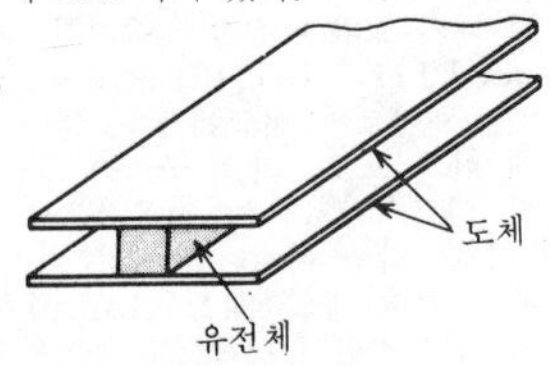

HMI 맨-머신 인터페이스 =human-machine interface, man-machine interface

hobby computer 호비 컴퓨터 취미를 목적으로 여러 가지 부품, 장치를 모아서 만든 마이크로컴퓨터 또는 마이크로프로세서를 말한다.

hogging 호깅 현상(-現象) 복수의 출력 단자를 갖는 DCTL(직접 결합 트랜지스터 논리 소자)에서 개개 출력 트랜지스터의 특성이 불균일한 경우 구동 베이스 전류가 일정하게 되지 않는 현상.

hoghorn antenna 호그혼 안테나 선형(扇形) 혼이 원통 포물면과 교차하는 형태의 구성을 갖는 반사경 안테나로, 혼의 테이퍼 부분 벽 하나를 제거해 안테나 개구로 하고 있다.

hold 홀드 ① 컴퓨터의 기억 장치에서의 정보를 사용한 다음 장래의 재사용에 대비하여 그 정보를 계속 기억해 두는 것. 기억 내용을 덤프하는 경우에 장래의 필요에 대비하여 그 복사를 해 두는 것. ② 아날로그 컴퓨터에서 문제를 푸는 작업을 일단 정지시키는 제어 모드. 컴퓨터의 적분기로의 입력 신호를 분리함으로써 분리되기 직전의 상태인 채로 정지한다. ③ 동작 사이클의 가속 또는 감속 중에 그 이상의 속도 변화를 저지하는 제어 기능. ④ 축적관에서 축적 요소를 전자의 충격에 의해 일정 평형 전위로 유지하는 것. ⑤ 파형의 어느 순시값(예를 들면 피크값)을 일시적으로 유지 축적하는 것. ⑥ 기기 혹은 회선을 어느 동작 상태로 유지해 두는 것. 예를 들면 전화의 호(呼)가 회선이나 기기를 점유하고 있는 상태. 보류라 한다.

hold control 홀드 제어(-制御) 텔레비전 수상기에서 수평 또는 수직의 소인(주사) 주파수를 송신되는 화상의 동기 신호의 그것과 일치시키는 것. 각각 수평 홀드 및 수직 홀드라 한다.

hold for enquiry 조회를 위해 보류(照會-保留) 현재 통화중인 내선 사용자가 상대를 대기시키고 다른 상대를 호출하여 조회를 할 수 있는 PABX 서비스. 조회가 끝나면 이것을 끊고 언제라도 처음의 상대와 통화를 할 수 있다.

holding current 유지 전류(維持電流) 사이리스터의 ON 상태를 유지하기 위한 최소의 양극 전류를 말한다. ON 상태에 있는 사이리스터의 게이트(G) 회로를 개방하고 양극 전류를 점차 줄여가면 어느 전류부터 OFF 상태로 옮아가서 전류가 흐르지 않게 된다. 이 때의 전류를 유지 전류라 한다.

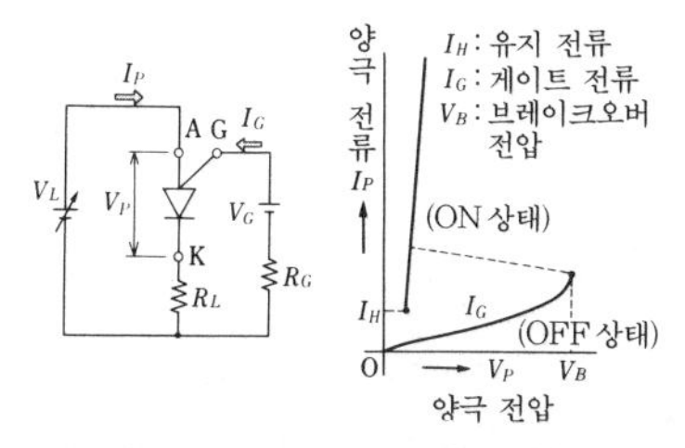

holding time 보류 시간(保留時間) 전화 교환기나 회선에서 통화 또는 통화 취급을 위해 점유되는 시간. 중계선에서는 호출수와 보류 시간을 고려하여 스위치나 회선의 수량을 설계한다.

hold-off circuit 홀드오프 회로(-回路) 오실로스코프에서 휘점(輝點)이 대기 상태로 되돌아가서 다음 소인 준비가 완료하기까지 소인의 개시를 저지하는 회로.

hold time 유지 기간(維持期間) 예를 들면, 플립플롭 등에서 트리거 입력을 가하여 상태 변화를 일으키는 경우에 트리거 시점 t_0에 앞서 디바이스의 입력 단자에 미리 입력을 세트해 두는 준비 기간을 t_s, t_0 후도 그 입력값을 계속 유지해 두는 기간을 t_H로 한다. t_s를 세트 기간, t_H를 유지 기간이라 하고, 어느 것이나 올바른 출력을 발생시키기 위해 디바이스가 필요로 하는 기간이며, 디바이스의 구조나 종류에 따라서 그 값은 다르다.

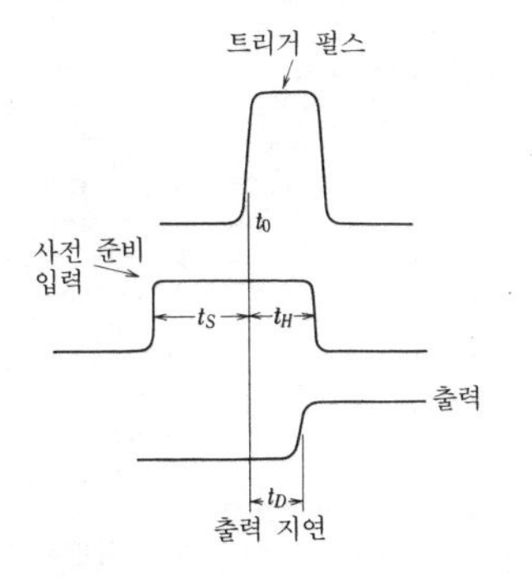

hole 홀, 정공(正孔) 가전자가 없든가 또는 빠진 자리의 원자 최외각 궤도를 말하며, 캐리어(전기의 운반자)로서 다룰 때의 호칭. p 형 반도체에서는 그림과 같이 가전자의 수가 1개 적은 불순물을 혼입함으로써 처음부터 전자가 없는 정공과 가전자가 빠져나와서 자유 전자로 된 다음의 정공이 생긴다. 다른 궤도에서 가전자가 이동하면 대신 그 궤도가 정공이 된다. 이 가전자의 이동이 전류인데, 이 전류를 반대로 정공의 이동에 의한 것으로 하고 정공 쪽을 캐리어로서 다룬다.

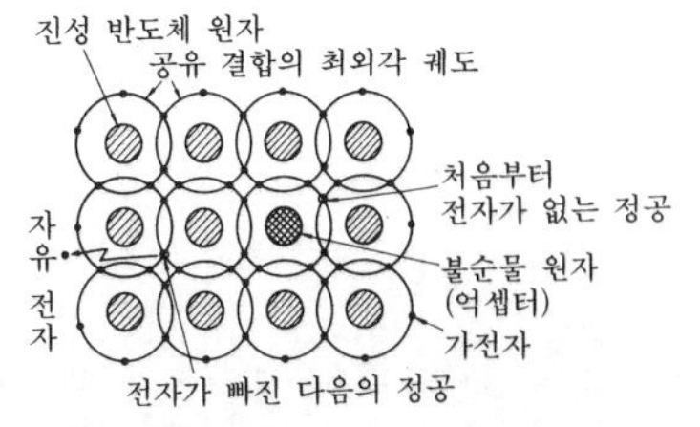

hole-burning 홀 버닝 플라스틱과 색소 분자를 혼합한 것을 100K 이하의 저온으로 하여 직경 1μm 정도의 특정 파장의 레이저광을 대면 플라스틱의 특정한 구조 부분의 색소가 변질하여 그 파장의 빛을 투과하는 현상. 이것을 이용하여 초고밀도의 기억 장치를 만들 수 있다고 한다.

hole-burning spectroscopy 구멍뚫기 분광법(-分光法) 홀 버닝 현상(hole-burning)을 이용하여 결정성 고체 중에 존재하는 어떤 종류의 이온 또는 분자의 스펙트럼의 극히 좁은 선폭을 관측하기 위한 방법을 말한다.

hole conduction 정공 전도(正孔傳導) 불순물 반도체에서의 전도 기구의 하나로, 결정 내의 전자가 정공에 포획되어 그 전자를 잃은 장소에 새로 정공을 남김으로써 정공 위치가 외부에서 주어진 전계의 방향으로 이동하여 겉보기로 양전하가 흐르는 것과 같이 하는 것.

hole injection efficiency 정공 주입률(正孔注入率) pn 접합의 공간 전하 영역 부근에서의 전류 중에서 정공 전류가 차지하는 비율.

hologram 홀로그램 물체로부터의 투과광이나 산란광의 간섭 무늬를 필름이나 건판 등의 기록 재료에 기록한 것. 홀로그램에 간섭성이 좋은 빛을 입사하면 원래 빛의 파면(진폭과 위상)이 재현되므로 3차원 물체의 기록·재현이 가능하게 된다. 기록 장치에의 응용에서는 진폭, 위상 정보의 기록이 가능한 특징을 살려서 1mm 각으로 1만 비트나 되는 고밀도 기록이 가능한 것으로 생각되고 있다.

holographic optical element 홀로그램 광학 소자(−光學素子) 홀로그래피 기술을 이용한 광학 소자.

holographic interferometry 홀로그래피 간섭법(−干涉法) 홀로그래피로 재생된 광파(물체파)를 원래 물체로부터의 광파와 간섭시키는, 혹은 재생된 광파 끼리를 간섭시킴으로써 양자의 차이를 살피는 방법으로, 전자는 실시간 간섭법이다. 즉 재생상과 물체로부터의 광파를 겹쳐서 실시간으로 관측한다. 물체로부터의 광파의 위상 변화에 대응한 간섭 무늬가 얻어지므로 이것으로부터 물체의 변위나 변형을 알 수 있다. 후자는 물체를 진동시킨 채로 홀로그램에 기록하면 홀로그램에는 진동에 의한 물체파의 위치 변화가 적분된 모양으로(즉 평균값으로서) 기록된다. 재생상에는 진동의 진폭에 비례하여 강도가 변화하는 간섭 무늬가 생긴다. 또 물체의 위상 변화가 일어나는 전후의 물체파를 같은 건판상에 2중 노출하여 기록하는 2중 노출 간섭법도 있다.

holographic matched filter 홀로그래픽 정합 필터(−整合−) 백색 잡음에 파묻힌 물체상을 최대의 *SN*비로 볼 수 있도록 사용하는 정합 필터의 공간 주파수 영역에서의 전달 함수는 통신 이론에서의 정합 필터의 설계법을 써서 물체상을 코히어런트광으로 조사(照射)하고, 그 푸리에 변환 처리 홀로그램을 만들어서 얻어진다. 이것이 홀로그래픽 정합 필터이다.

holographic memory 홀로그래픽 메모리 홀로그램을 써서 화상 데이터 등을 기억하는 기억 장치. 2차원의 명암(明暗) 도트 패턴에 적당한 참조파를 주어서 홀로그램에 기록한다. 이 홀로그램을 참조파와 같은 파로 조명하면 오리지널의 도트 패턴이 재생되므로 2차원 광검출기와 전자 회로에 의해 처리할 수 있다. 아날로그 정보를 기록하는 화상 파일도 가능하다. 홀로그래픽 메모리는 고밀도 기록을 할 수 있고 기록의 여유도가 큰 이점이 있다.

holography 홀로그래피 렌즈를 사용하지 않는 사진 기술로, 그림과 같은 원리이다. 두 빛의 간섭 무늬의 패턴을 감광 건판상에 기록하고(이것을 홀로그램이라 한다), 볼 때는 코히어런시가 좋은 빛을 조사(照射)하여 원래의 상을 재생하는 것이다. 그를 위한 광원으로서는 레이저가 사용된다. 홀로그램에는 회절의 방법에 따라서 프레넬 홀로그램(Fresnel hologram)과 프라운호퍼 홀로그램(Fraunhofer hologram)의 두 종류가 있는데 보통의 용도에는 전자가 사용된다.

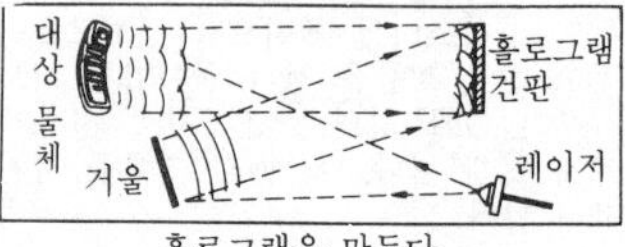

홀로그램을 만든다

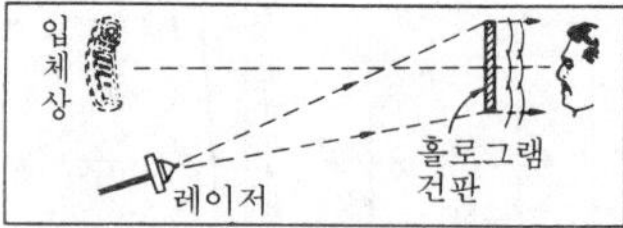

얻은 홀로그램에 직접 레이저광을 대서 입체상을 본다

home automation 가정 자동화(家庭自動化) =HA

home banking 홈 뱅킹 금융 기관의 컴퓨터와 각 가정의 단말기를 통신 회선으로 연결하고, 자금의 대체·결제·각종 정보 서비스 등을 하는 시스템.

home brewed computer 자작 컴퓨터(自作−) 호비 컴퓨터라고도 한다. 초기에 컴퓨터를 취미로 하던 사람들이 직접 제작하여 개인적으로 사용하던 자작 컴퓨터. 이것은 이후 개인용 컴퓨터의 인기를 불러일으키는 데 큰 영향을 주었다.

home bus 홈 버스 가정 자동화를 효과적으로 추진하려면 가정과 관련하는 정보를 정확하게 집약, 분산시킬 필요가 있다. 이러한 목적을 위하여 미리 주택 내에 표준적인 「경로」를 설치해 두고, 이 경로를 써서 필요에 따라 기기를 시스템으로 하여 인간 생활을 위해 유효하게 이용하는 것이 중요하다. 이 「경로」가 홈 버스이다.

home bus system 홈 버스 시스템 사무 자동화와 마찬가지로 가정 내 기기 등을 공통 버스에 접속하고, 이들을 하나의 집성된 시스템으로서 일원적으로 관리 운용하려는 사고 방식이다. 각종 기기는 홈 버스에서 인터페이스 장치를 통해 탭 오프 접속되는데, 이들 기기는 그 이용 목적, 사용하는 신호의 형태나 레벨, 전송로의 구조나 주파수 대역, 조작 방법 등 매우 다양화하고 있다. 홈 버스나 인터페이스 장치를 이들에 대응하여 적절히 구성하는 문제는 널리 외부 정보망(경우에 따라서 배전망도)을 포함해서 정보원(情報源)에서 이용 단말 기기에 이르는 일관된 고도

하게 표준화된 광역망 중에서 생각하지 않으면 안 된다.

home community receiving 홈 공청(－共聽), 가정 공청(家庭共聽) 공동 시청 방식의 가정판이다. 또, 각방 사이에 설치된 통신선을 활용하여 기타의 신호 전송에도 사용한다.

home electronics 홈 일렉트로닉스 마이크로컴퓨터 등 전자 기기를 가정 내 생활 환경에 적용하는 것.

home facsimile 홈 팩시밀리 팩시밀리를 수신 전용의 가정용으로서 보급시키는 것으로, 음성 다중 팩시밀리와 마찬가지로 새로운 전파를 쓰지 않고 텔레비전 신호의 수직 귀선 기간 또는 수평 귀선 기간을 이용하는 방식이나, FM 전파에 다중하는 방식 등이 생각된다. 이것이 실용화되면 텔레비전을 보면서 또는 FM 방송을 들으면서 뉴스 등이 지면에 인쇄되어 안방에 나타나게 된다. 또, 전기 통신 사업자의 전화 회선을 써서 팩시밀리의 송수신을 할 수 있는 팩시밀리 트랜시버도 넓은 의미로 홈 팩시밀리라 하는 경우가 있다.

home memory 홈 메모리 이동 통신에서 이동 가입자의 가입자 정보(가입자 종별, 위치 정보, 통화 도수 등 가입자에 관한 각종 정보)를 기억하는 기억 장치(교환기 내의). 이동 통신 교환기에서는 가입자의 수용 위치는 고정되어 있지 않으므로 이동차로부터 송신되는 가입자 번호에 의해 가입자 정보를 검색한다.

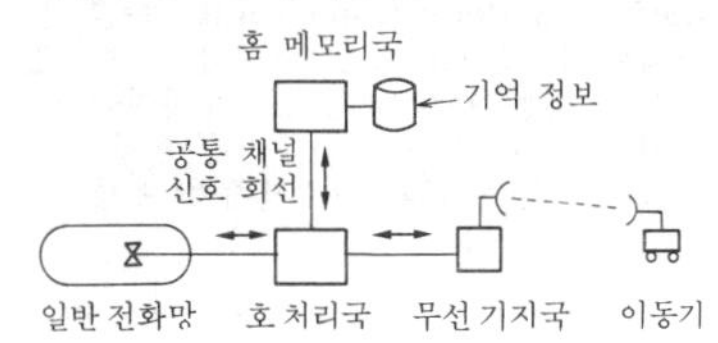

homer 호머 ① 지상의 방향 탐지국에서 항공기로부터의 송신 신호를 수신하여 그 방위를 결정하고, 그로부터 항공기를 자국(自局)을 향해서 음성 통신에 의해 유도하는 것. ② 목표를 향해서 호밍 유도하는 장치를 내장한 미사일.

homer beacon 호머 비컨 →homer

home security 홈 시큐리티, 가정 보안(家庭保安) 보안 시스템의 가정형이다. 각종 센서와 컴퓨터를 이용하여 구성된다. 공중 회선과 결합하여 외부와의 연락이나 통보를 가능하게 하는 것도 있다.

home shopping 홈 쇼핑 통신 판매의 일종이며, 전자 기기, 통신 설비를 도입하여 가정에 있으면서 쇼핑을 할 수 있는 형태. 기기, 설비로서는 TV, CATV, 금융 기관과의 온라인 처리를 위한 설비가 있다.

home video 홈 비디오 →home video tape recorder

home video tape recorder 가정용 녹화기(家庭用錄畵機) 지금까지 여러 가지 카세트식 VTR 이 개발되었는데 현재는 VHS 방식이 가정용 VTR 의 주류를 이루고 있다. 이것은 카세트식으로 경사 주사 방식의 VTR 이다. 또한 예약 녹화, 정지(스틸), 슬로 모션, 빨리보내기 재생, 오토 서치 컨트롤러 등 여러 가지 기능을 담은 것도 있다.

homing 호밍 ① 어떤 항법 좌표를(고도는 제외하고) 일정하게 유지하고, 소정 지점으로 향하는 코스로 전진하는 것. ② 전화 교환 시스템에서 고정된 개시점으로의 순서 교환 동작에 의한 리셋.

homing beacon 호밍 비컨 지상 혹은 기상의 라디오 비컨을 말하며, 만일 라디오 컴퍼스 또는 호밍 어댑터를 갖추고 있다면 항공기는 그를 향해서 비행할 수 있다.

homing relay 호밍 릴레이 각 동작 사이클의 개시에 앞서 그 시동 위치로 되돌아오는 스텝 릴레이를 말한다.

homochromatic gain 동색 이득(同色利得) 입사속(入射束) 및 이에 대응하는 방사속(출력) 양쪽의, 특정한 같은 스펙트럼 특성 부분에서의 방사 이득, 즉 방사속/입사속을 말한다.

homochromatic photometry 동색 측광(同色測光) 광도, 조도, 광속 등의 측정에서 표준으로 사용하는 광원과 측정하는 광원의 스펙트럼 방사 곡선(파장 대 방사속)이 비슷한 경우의 측정.

homodyne detection 동기 검파(同期檢波) 코히어런트 검파(복조)라고도 한다. 변조파의 반송파 성분이 전송되지 않고 측대파의 한쪽 또는 양쪽이 전송되는 반송파 억압 전송 방식에서, 수신단에서 복조하기 위해 국부 발진기에 의해서 송신단에서의 기준 반송파를 재생하여 이것을 송신 신호와 혼합하도록 한 방식. 기준 반송파를 필요로 하지 않는 검파(복조)법을 비동기 검파라 한다.

homogeneous broadening 균일한 확산(均一－擴散) →Doppler width

homogeneous cladding 균일 클래드(均一－) 광섬유 용어로, 반경의 함수로서 지정된 허용 범위에서 굴절률이 일정하게 되어 있는 클래드의 부분.

homogeneous linebroadening 균일한 선 확산(均一－線擴散) 흡수나 방출의 선폭이 자연 선폭보다도 확산되는 것으로,

외란(예를 들면 충돌이나 격자 진동 등)에 의해 생긴다. 레이저, 메이저 어느 쪽에도 적용된다.

homogeneous radiation 단색 방사(單色放射) ① 단일의 주파수(혹은 파장)를 갖는 방사. 매우 폭이 좁은 스펙트럼을 가진 나트륨광 등은 근사적인 단색 방사이다. ② 단일 에너지를 갖는 같은 종류의 입자로 이루어지는 방사선.

homogeneous wave 균질파(均質波) 파동에서 그 등진폭면과 등위상면이 평행한 경우를 의미하는 용어. 평면파 $U(\boldsymbol{r}, t)=A\exp(j\omega t-j\boldsymbol{k}\cdot\boldsymbol{r})$에서 전파(傳播) 벡터 $\boldsymbol{k}=\boldsymbol{k}_1-j\boldsymbol{k}_2$의 실수부 $\boldsymbol{k}_1$과 허수부 $\boldsymbol{k}_2$는 평행하고 있다.

homojunction 호모 접합(-接合) 도프 레벨 및 전도 타입은 다르지만, 원자적, 또는 합금의 조성은 변하지 않는 반도체간의 접합.

homopolar semiconductor 호모폴러 반도체(-半導體) 공유 결합에서 원자끼리 결합한 반도체. 실리콘, 게르마늄 등이 그 예이다. GaAs 등에서는 일부 이온 결합이 포함되어 있으므로 이러한 반도체를 폴러 반도체라 한다.

honeycomb coil 허니콤 코일 자기 유지 구조를 형성하기 위해 또는 분포 용량을 저감시키기 위해 교차 형식으로 감겨진 권선 코일.

honeycomb wire 허니콤선(-線) 에나멜선의 일종. 허니콤 코일(전선을 교대로 지그재그 모양으로 감은 코일)에 사용하기 위해 피막의 마찰 계수를 크게 한 것.

hook on type ammeter 훅 온형 전류계(-形電流計) 선로 전류를 도체에 닿지 않게 하고 측정하는 전류계. 철심으로 도체를 사이에 낀 다음 선로를 닫고 여기에 감겨진 코일에 유기하는 전압을 정류형 계기로 측정하여 도체의 전류를 아는 교류용 전류계이다.

hook-switch 훅스위치 전화기 구성 부품의 하나. 송수화기를 들면 스프링에 의해서 접점이 동작한다.

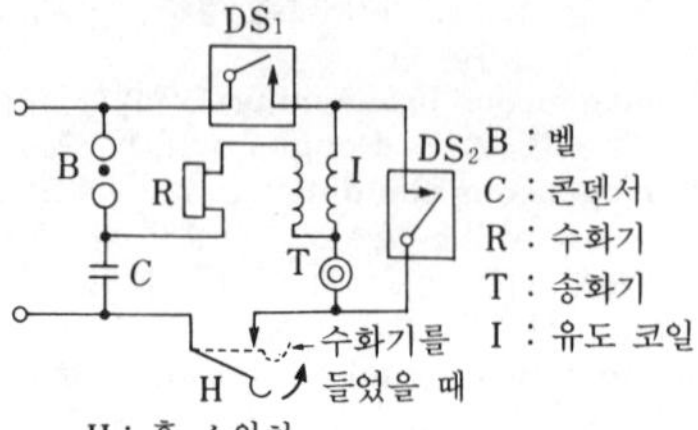

hook transistor 훅 트랜지스터 →pn hook transistor

hop 홉 전리층을 이용하여 전파를 송신하는 경우에 전리층에 의한 1회의 반사를 싱글 홉, 2회 반사하는 것을 더블 홉이라 한다.

hopping 호핑 ① 물질 표면에서 흡착된 분자가 흡착점을 이동하는 것. ② 전파가 전리층에서 반사하면서 지표상을 차례로 장소를 바꾸어 전파(傳播)해 가는 것. 지표의 어느 장소와 다음에 반사하는 장소와의 지표면을 따른 거리를 홉(hop)이라 한다.

horizontal amplifier 수평 증폭기(水平增幅器), 수평축 증폭기(水平軸增幅器) 오실로스코프의 시간축 소인용 전압을 증폭하는 증폭기. 수직 증폭기에 비해 간단한 증폭기로 충분하다.

horizontal blanking 수평 귀선 소거(水平歸線消去) 텔레비전 수상기의 수평 복귀 동작 기간 중 빔을 끊는 것. 그를 위해 사용하는 신호는 2개의 인접한 유효 부분 사이에 끼워진 페디스털을 형성하고 있는 구형파 펄스로, 이것을 라인 주파수 소거 펄스라고도 한다.

horizontal check 수평 검사(水平檢査) → vertical check

horizontal deflection axis 수평 편향축(水平偏向軸) 오실로스코프에서 수평 편향 신호는 있으나 수직 편향 신호가 없는 경우에 얻어지는 수평의 소인선(掃引線).

horizontal deflection circuit 수평 편향 회로(水平偏向回路) 텔레비전 수상관의 전자 빔을 가로 방향으로 주사시키기 위해 수평 동기 신호와 동기를 취해서 15,750Hz의 톱니파를 발생시켜 수평 편향 코일에 가하는 회로.

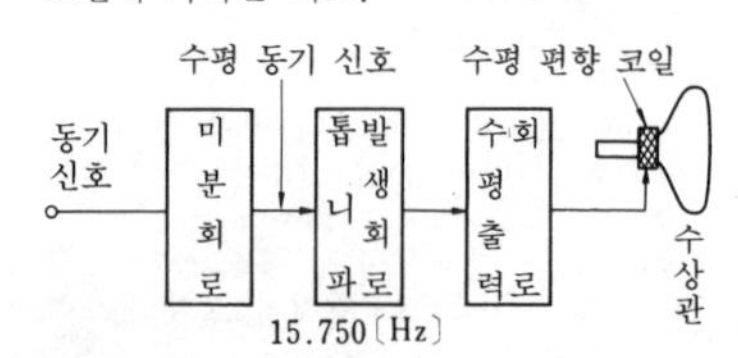

horizontal dynamic convergence 수평 방향 동집중(水平方向動集中) 컬러 수상관에서 3개의 빔이 수상관의 중앙에서 수평 주사하고 있을 때의 섀도 마스크 상에서의 동집중을 말한다.

horizontal flyback 수평 플라이백(水平-) 텔레비전 수상기의 전자 빔을 어느 주사선의 우단에서 다음 주사선의 좌단(주사개시단)으로 복귀시키는 것.

horizontal hold control 수평 동기 조절(水平同期調節) 텔레비전에서 수평 편향 발진기의 자주 주기(自走週期)를 조정하는 동기 조정.

horizontal input 수평축 입력(水平軸入力) 브라운관 오실로스코프의 수평 편향 신호 입력 단자. 수 10MΩ, 수 10pF 의 입력 임피던스를 가지며, 수 mV 부터 수 100V 정도까지의 전압을 입력할 수 있도록 입력 감쇠기, 증폭기 등과 수평 신호계를 구성하고, 리사주 도형이나 여러 가지 특성 곡선의 관측을 한다.

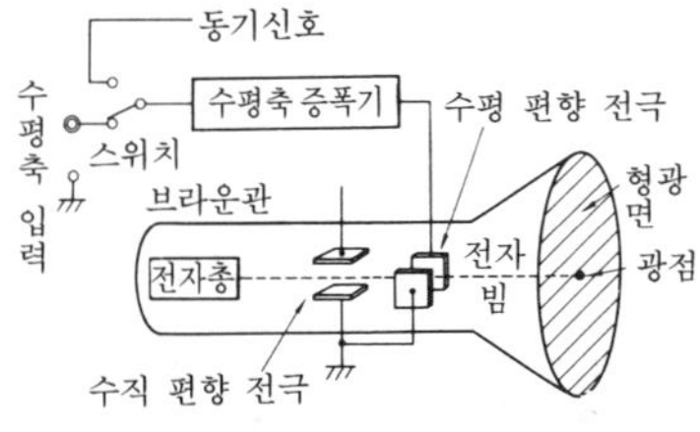

horizontally polarized field vector 수평 편파 전계 벡터(水平偏波電界−) 전계의 벡터 방향이 수평인 직선 편파 전계 벡터.

horizontally polarized wave 수평 편파(水平偏波) 편파 방향이 수평면 내에 가로 놓여진 직선 편파. 특히 전자파의 경우에는 전계 벡터가 수평면 내에 있는 직선 편파.

horizontal oscillation circuit 수평 발진 회로(水平發振回路) 텔레비전 수상기의 브라운관 수평 편향 코일에 톱니파 전류를 공급하기 위한 발진 회로. 블로킹 발진기나 이미터 결합의 멀티바이브레이터 발진기 등이 있으며, 발진 주파수는 자동 주파수 제어 회로의 직류 전압으로 제어된다. 발진기의 출력은 작으므로 증폭한 다음 수평 출력 트랜지스터의 베이스에 가해진다.

horizontal output circuit 수평 출력 회로(水平出力回路) 텔레비전 수상기의 브라운관 양극 전압을 얻기 위한 고압 전원 회로. 수평 편향 회로에서 수평 편향 전류의 귀선 기간에 생기는 펄스를 수평 출력 트랜스로 승압하여 이것을 고압 정류해서 이용하는 것이다.

horizontal output transformer 수평 출력 트랜스(水平出力−), 수평 출력 변성기(水平出力變成器) 텔레비전 수상기에서 브라운관 양극용 고압 전원을 얻기 위해 사용하는 승압용 트랜스로, 플라이백 트랜스라고도 한다. 보통 페라이트 코어에 권선을 한 것을 사용하며, 위험 방지와 유도 방지를 위해 두꺼운 규소 고무로 감싸고 있다.

horizontal polarization 수평 편파(水平偏波) 전파는 전계와 자계가 서로 직교하는 상태에서 그들과 직각 방향으로 진행하는데, 전계가 대지에 대하여 수평인 전파를 수평 편파라 한다. 텔레비전의 전파는 대부분 안테나가 수평으로 설치되어 있으므로 수평 편파가 많다.

horizontal programming 수평 프로그래밍(水平−) 각 마이크로 명령이 복수의 필드로 나뉘어져 있고, 각각이 기억 장치나 입출력 장치에 대한 판독 · 기록 동작, 인터럽트 요청에 대한 부정 표명 등의 제어를 하도록 되어 있을 때 이러한 제어 명령의 배열을 수평 프로그래밍이라 하고, 이들 여러 제어 동작은 동시 병행적으로 이루어진다. 위와 같은 제어 동작 중 동시 진행의 필요가 없는 것은 이들을 묶어서 시분할적으로 하도록 제어하면 마이크로 명령의 필드수(비트수)를 줄일 수 있다. 이러한 프로그램법을 수직 프로그래밍이라 한다.

horizontal resolution 수평 해상력(水平解像力) 텔레비전 수상기의 수평 방향으로 구별할 수 있는 화상 요소수 또는 도트수에 3/4 을 곱한 값(수직 해상력과 비교하기 쉽게 하기 위해 화면의 종횡비로 환산한다).

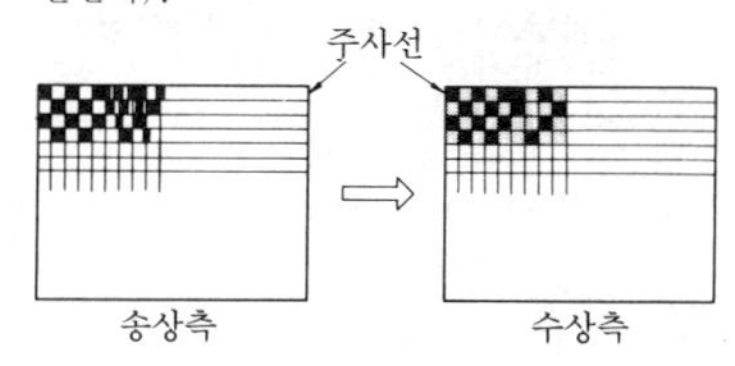

horizontal scanning 수평 주사(水平走査)[1], 주주사(主走査)[2] (1) 텔레비전의 화상 등에서 왼쪽부터 오른쪽으로 가로 방향으로 주사하는 것. →vertical scanning
(2) 평면 주사형의 팩시밀리에서는 송신 원고 또는 기록지가 이동하는 방향과 수직 방향의 주사, 원통 주사형의 팩시밀리에서는 회전 방향의 주사를 말한다. 통상은 원고의 단변 방향이다.

horizontal synchronous and automatic frequency control circuit 수평 동기 AFC 회로(水平同期−回路) 텔레비전 수상기의 수평 동기 신호는 주파수가 높고 펄스폭도 좁으므로 잡음에 의해서 동기가 무너지는 것을 방지하기 위해 사용한다. 그림은 그 회로이며, 방송국에서 보내온 동기 신호와 발진한 톱니파의 위상을 비교하여 그 차에 따른 출력을 적분 회로에서 평균화하여 발진 주파수를 자동적으로 제어하도록 되어 있다.

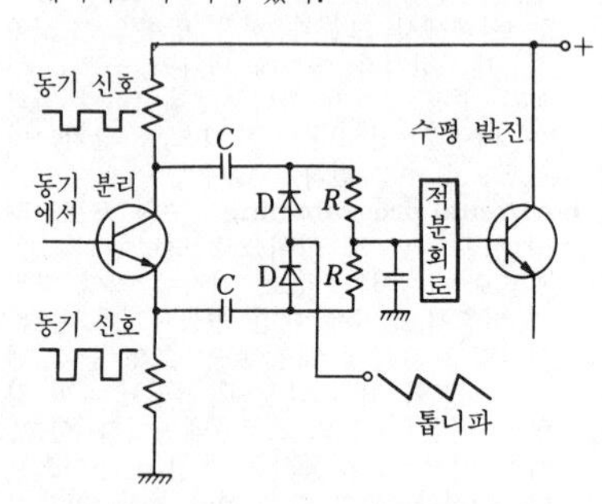

horizontal synchronizing circuit 수평 동기 회로(水平同期回路) →synchronizing circuit

horizontal synchronizing pulse 수평 동기 펄스(水平同期－), 선동기 펄스(線同期－) 텔레비전 수상기를 송신기와 주사선마다 동기화하기 위해 각 주사선 끝에 송신되는 구형 펄스.

horn 혼 ① 음향파의 수파(受波) 또는 송파(送波)를 위한 단면적이 변화하고 있는 통. 보통, 지향성 응답 패턴의 제어와 음향 임피던스의 변화를 얻기 위해 여러 가지 종단 면적을 가지고 있다. ② 도파관의 단면적을 축방향으로 점차 크게 하여 그 단면을 개구로 한 안테나.

horn reflector antenna 혼 리플렉터 안테나 전자(電磁) 혼과 조합시켜서 사용하는 마이크로파 반사 장치. 곡면파를 평면파로 바꾸어 날카로운 지향성이 얻어진다. 완전한 파라볼라 반사기에 비해 개구 효율은 떨어지나 구조가 간단하다.

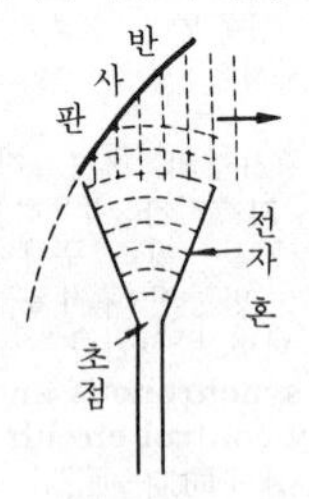

horn speaker 혼 스피커 혼을 통해서 소리를 공중으로 방사하는 스피커. 파라볼라형(음원으로부터의 거리에 단면적이 비례하는 것), 원뿔형(음원으로부터의 거리의 제곱에 단면적이 비례하는 것), 익스포넨셜형(음원으로부터의 거리의 지수 함수에 단면적이 비례하는 것) 등이 있다.

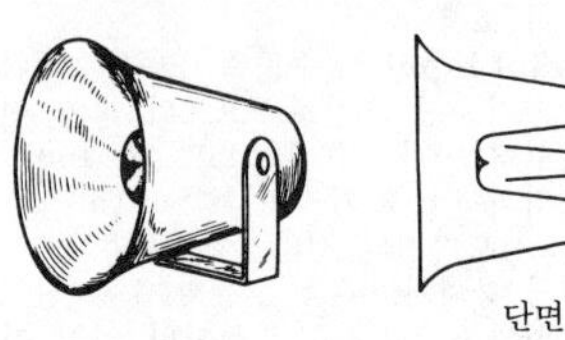

horn type loudspeaker 혼 스피커 = horn speaker

host computer 호스트 컴퓨터 컴퓨터 시스템에서 어떤 컴퓨터를 단말 장치로 하여 그보다 상위의 컴퓨터를 이용할 때 그 상위의 것을 호스트 컴퓨터라 한다.

hot carrier 핫 캐리어 고체 내에서 결정격자와 열평형하고 있지 않은 전자 또는 전자의 캐리어로, 박막 트랜지스터 등 보통의 다수 캐리어 디바이스에서 볼 수 있는 캐리어에 대하여 비교적 높은 에너지를 가지고 있다. 핫 캐리어는 금속·반도체 접합부에 존재하는 전위의 벽을 에미션에 의해 혹은 매우 얇은 절연층을 터널 작용에 의해 주입된다.

hot-carrier diode 핫캐리어 다이오드 반도체 다이오드로, 핫 캐리어(전자 또는 정공)가 반도체층에서 금속 기판에 방출된다. 다수 캐리어가 압도적이므로 소수 캐리어가 주입되거나 축적되거나 하는 일은 없고, 스위칭 속도는 매우 빨리 할 수 있다. 쇼트키 다이오드라고도 한다.

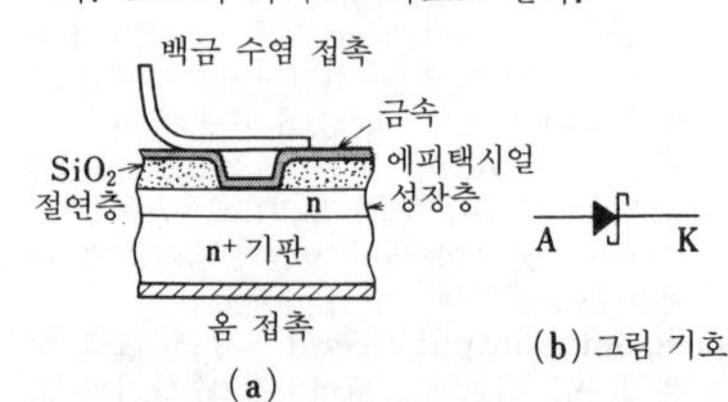

(a)
(b) 그림 기호

hot-cathode discharge tube 열음극 방전관(熱陰極放電管) 전자관과 마찬가지로 히터 혹은 필라멘트를 갖추고, 이것을 가열했을 때 방출되는 열전자를 이용하여 봉입 가스를 방전시키는 방전관. 사이러트론은 그 일종이다.

hot electron 고온 전자(高溫電子), 열전자(熱電子) 고체 중에서 큰 운동 에너지를 가진 전자. 열 에너지로 환산하면 매우 고온에 해당하므로 이 이름이 붙여졌다. 최근에는 초음파 증폭을 비롯하여 이것을 이용하는 소자가 주목되고 있다.

hot electron effect 고온 전자 효과(高溫電子效果), 열전자 효과(熱電子效果) 금속 산화물 반도체 전계 효과 트랜지스터(MOSFET)에서 드레인과 소스 사이에 가하는 전압을 일정하게 유지해 두고 채널 길이를 짧게 해 가면 채널의 드레인단(端)에 있는 공핍층 내의 전계가 커진다. 그 때문에 전자가 고속으로 가속되어 원자와 충돌해서 애벌런시 현상을 일으키고, 발생한 고속 전자의 일부는 게이트 산화막 속에 진입하고 포획되어 트랜지스터의 임계값 전압 V_T를 변화시킨다(nMOS 인핸스먼트형에서는 V_T가 높아진다). 이것이 트랜지스터의 동작을 불안정하게 하므로 드레인단부(端部)의 공핍층 내 전계를 약하게 하여 애벌란시 현상의 발생을 방지하기 위해 드레인의 채널측에(n 채널일 때) 가볍게 도프한 n⁻층을 둔다. 이것을 가볍게 도프한 드레인(lightly doped erain, LDD)이라 한다.

hot hole 열정공(熱正孔) →hot electron

hot junction 열접점(熱接點) 열전쌍에서 온도가 높은 쪽의 접합부. 보통 냉접점을 기준 온도로 유지하고, 열접점이 측온(測溫)에 사용된다.

hottest-spot temperature 최고온부 허용 온도(最高溫部許容溫度) 절연물이나 반도체 접합부 등의 온도 상승 한도가 측정 가능 개소의 온도 상승 한도에 대하여 갖는 온도차를 고려해서 정해진 규약상의 최고 온점 허용 온도. 최고 온도 개소는 실제의 경우 측정할 수 없는 경우가 많다.

hot-wire instrument 열선형 계기(熱線形計器) 전류를 통하고 있는 도선이 열에 의해 팽창하여 늘어나는 것을 이용하여 전류를 측정하는 열-전기형의 계기.

hot-wire manometer 저항 진공계(抵抗眞空計) 가열선의 저항 변화를 이용한 진공계. 가열선 주위 기체의 열전도율이 기체의 기압으로 달라지기 때문에 가열선의 온도, 따라서 저항이 기체의 기압(진공도)에 따라 변화하는 것을 이용한 것.

hot-wire microphone 열선 마이크로폰(熱線―) 열선의 저항이 음파의 가열, 냉각 효과에 의해 변화하는 것을 이용하여 음파를 전기 신호로 변환하는 마이크로폰을 말한다.

howler 하울러 ① 전화 가입자가 수화기를 잘못 놓았을 때 전화국으로부터 주의를 주기 위해 시험대에서 송출하는 400 Hz 의 경고 신호. ② 레이더 스코프의 스크린 상에 에코가 나타난 것을 취급자에게 경고하기 위한 음향 장치.

howler tone 하울러음(―音) 전화 가입자가 전화기의 수화기를 내려놓은 상태에서 방치하고 있는 경우에 국으로부터 경고를 위해 가입자에게 송출하여 수화기를 울리는 가청 주파의 신호음.

howling 하울링 확성 장치의 스피커와 마이크로폰이 접근하여 배치되어 있을 때 스피커에서 「삐」하는 소리를 발하는 현상. 이것은 스피커의 음이 마이크로폰에 들어가 증폭되어서 다시 스피커를 통해 나오는 식으로 정궤환의 루프가 형성됨으로써 발진 상태가 되기 때문에 일어나는 것으로, 전화기에서도 수화기에서 나온 음이 송화기에 들어가서 이러한 현상을 일으키는 일이 있다.

***h* parameter** h 파라미터, h 상수(―常數) 4 단자 회로망 상수계의 하나. h는 하이브리드(hybrid : 혼성)의 약칭. 일반적으로 다음과 같은 Ω, 무명수, S 로 혼성된 4 개를 말한다.

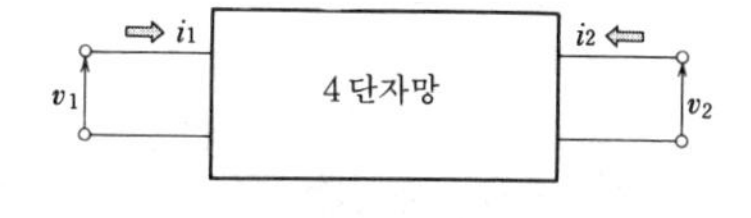

$$h_{11}=\left(\frac{v_1}{i_1}\right)_{v_2=0} \text{〔Ω〕}$$

$$h_{12}=\left(\frac{v_1}{v_2}\right)_{i_1=0}$$

$$h_{21}=\left(\frac{i_2}{i_1}\right)_{v_2=0}$$

$$h_{22}=\left(\frac{i_2}{v_2}\right)_{i_1=0} \text{〔S〕}$$

〔트랜지스터 에미터 접지의 경우〕

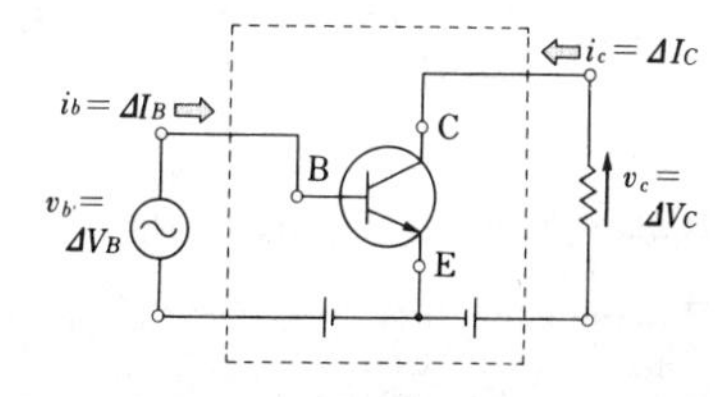

v_1, i_1, v_2, i_2를 교류분 v_b, i_b, v_c, i_c에 대응시키면,

$$h_{11}=h_{ie}=\left(\frac{v_b}{i_b}\right)_{v_C=0}$$

$$=\left(\frac{\Delta V_B}{\Delta I_B}\right)_{V_C=\text{일정}}$$

이 된다. 단, 대문자는 직류분이고, Δ는 그 변화분이다. h_{12}, h_{21}, h_{22}도 마찬가지

로 취급하고 기호도 h_{re}, h_{fe}, h_{oe}로 바뀐다. 첨자의 i, r, f, o는 각각 input, reverse, foward, output 의 머리글자이다. h_{ie}를 입력 임피던스, h_{re}를 전압 궤환율, h_{fe}를 전류 증폭률, h_{oe}를 출력 어드미턴스라 한다. 또한 베이스 접지 또는 컬렉터 접지의 경우는 첨자 e를 b 또는 c로 한다.

***h* parameter equivalent circuit** *h* 파라미터 등가 회로(－等價回路), *h* 상수 등가 회로(－常數等價回路) *h* 파라미터를 써서 작성한 트랜지스터의 교류 동작 등가 회로. 이미터 접지 회로를 예로 들면, 실제 회로의 전압, 전류의 교류분 v_b, i_b, i_c, v_c의 관계를 *h* 파라미터로 나타내면

$$v_b h_{ie} i_b + h_{re} v_c$$

$$i_c = h_{fe} i_b + h_{oe} v_c$$

가 되며, 식에 대응하는 회로를 작성하면 그림과 같은 등가 회로가 얻어진다. 또한 h_{re}는 매우 작으므로 $h_{re}v_c$를 단락한 간이형이 널리 사용된다.

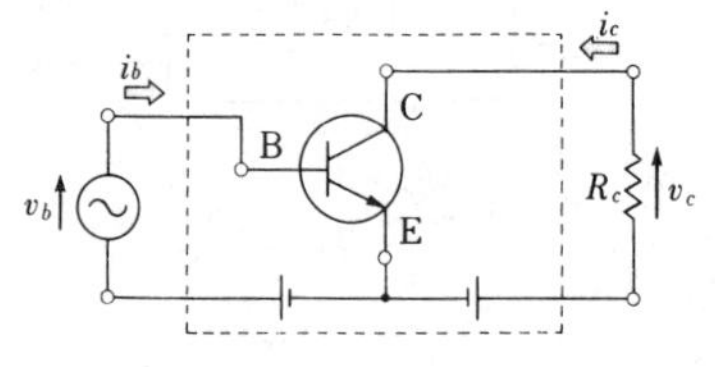

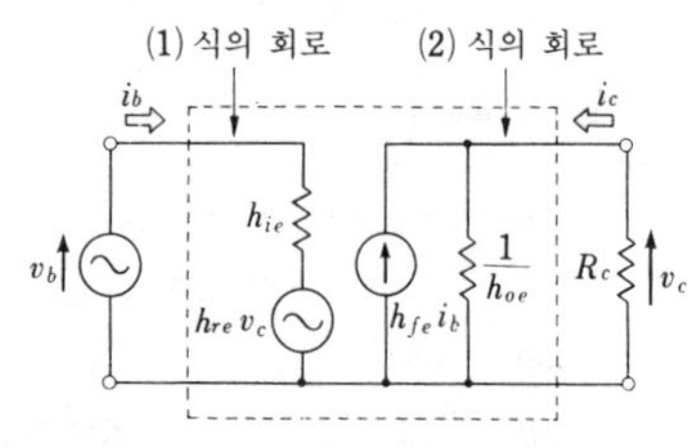

H plane bend H면 굴곡(－面屈曲) →T junction

H-plane T-junction H면 T접속(－面－接續) →T junction

H-scope H스코프 레이더에서 H표시를 나타내도록 구성된 음극선 오실로스코프.

HTL 고수준 트랜지스터 논리(高水準－論理) high level transistor logic 의 약어. 임계 전압을 높여서 노이즈에 의한 오동작을 방지할 목적으로 만들어진 논리 회로. 공작 기계의 수치 제어 등의 분야에 사용된다.

HUD 헤드업 디스플레이 =headup display

hue 색상(色相) 적·청 등의 색을 나타내기 위한 기호. 배열을 나타내는 그림을 색상환(色相環) 또는 색상 고리라 한다.

이것을 다시 각각 10등분하여 색상을 나타낸다

Huffman code 허프만 부호(－符號) 팩시밀리 전송이나 도형 정보를 압축할 때 사용하는 부호화 방식의 하나. 주어진 정보원의 상태를 그 발생 확률에 따라서 평균 부호 길이가 가장 짧아지도록 부호를 구성해 가는 방식.

hum 험 낮은 피치의「붕」하는 잡음으로, 교류 전원에서, 혹은 직류 전원에 포함되는 맥동분에서 생기는 것이다. 혹은 전기 계통에서 전자 유도 효과에 의해 침입하기도 한다.

human engineering 인간 공학(人間工學) 인간의 행동이 기계나 장치의 운용에 밀접한 관계를 갖는 인간-기계계에서는 인간에 대한 안전성, 사용의 용이성, 피로의 경감이나 쾌적 등 인간에게 필요한 조건을 충분히 도입하여 시스템을 설계할 필요가 있으며, 이와 같이 인간의 능력과 기계와의 관계에 대해서 연구하는 학문을 인간 공학이라 한다. 따라서, 인간 공학은 인체에 관한 측정학적, 생리학적, 나아가서 심리학적, 환경적 요소 등 많은 조건에 따라서 기기나 장치를 설계하고 제조하는 기술이다.

human interface 휴먼 인터페이스 → man-machine interface

human-machine interface 휴먼 머신 인터페이스 →man-machine interface

hum bar 험 바 텔레비전 화상을 가로질러 나타나는 수평의 검은 띠로, 수상기 입력에 주이진 비디오 신호 중의 지나친 험에 의해 생기는 것.

hum-bucking coil 험 소거 코일(－消去－) 코일 여자형 스피커의 여자 코일 위에 감은 코일. 음성 코일과 직렬이고 역극성으로 감겨져 있으며, 따라서 음성 코일에 유기된 험 전압은 험 소거 코일에 유기된 전압에 의해서 상쇄되도록 되어 있다.

hum noise 험 잡음(－雜音) 엘리미네이터 방식을 사용하는 전자 기기에서 교류 상용 전원의 60Hz 혹은 그 2배의 주파수의 진동음이 신호에 혼입하여 잡음으로 된

것을 말하며, 단지 험이라고도 한다. 이것은 전원의 평활 회로가 부적당하여 직류에 리플이 포함되어 있는 경우나, 신호 회로로의 전원의 유도가 들어올 때 등에 발생한다.

hunting 헌팅 자동 제어를 하는 계 중에 에너지를 축적하는 부분 즉 기계적인 관성이나 전기 회로의 인덕턴스, 정전 용량 등을 포함하는 경우에 조정의 감도를 어느 한도 이상으로 하면 제어량이 규정값의 상하로 진동하여 멈추지 않는 현상이 생긴다. 이것을 헌팅이라 한다.

Huth-Kuihn circuit 후트 · 큔 회로(一回路) 그림과 같이 컬렉터측과 베이스측 양쪽에 동조 회로를 가진 발진 회로. 컬렉터측 코일 L_c와 베이스측 코일 L_b와는 유도적으로 결합되어 있지 않더라도 C_{cb}에 의해 발진하고, 발진 주파수는 컬렉터 동조 회로(탱크 회로)의 공진 주파수보다 낮다.

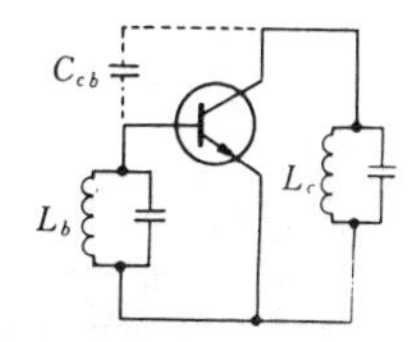

Huygens principle 호이겐스의 원리(一原理) 전진하는 전자파 파두(波頭)의 각 점은 새로운 파를 내보내는 파원(波源)으로서 작용한다. 이 조합 효과가 전체로서의 파의 전파(傳播)라고 기술한 원리. 위 파원에서의 방사 특성은 적당히 배치되어 여진되는 전기 및 자기 다이폴로서 등가적으로 표현된다. 이것을 호이겐스의 파원이라 한다.

H wave H파(一波) →transverse electric wave

hybrid 혼성(混成) ① 다른 재료와 다른 공정과의 적당한 조합으로 만들어진 둘 또는 그 이상의 소자로 이루어지는 기능 전자 회로 등에 붙이는 접두어로, 혼성 집적 회로 등은 그 예이다. ② 서로 다른 기능을 갖는 전자 장치를 둘 또는 그 이상 조합시켜서 하나의 전자 장치로 하는 경우 등에도 접두어로서 쓰이며, 하이브리드 컴퓨터 등은 그 예이다.

hybrid balance 하이브리드 평형(一平衡) 하이브리드 회로에서 2개의 쌍으로 되어서 결합하는 단자에 접속된 임피던스의 평형도를 나타내는 척도이며, 반사 감쇠량의 형식에 의해 나타내어진다.

hybrid bridge rectifier 혼합 브리지 정류 회로(混合—整流回路) 사이리스터와 다이오드를 병용한 브리지 정류 회로.

hybrid circuit 하이브리드 회로(一回路) 이종(異種)의 구성 요소가 내부에서 같은 기능에 쓰이는 회로. 예를 들면, 진공관과 트랜지스터의 양쪽을 사용하고 있는 스테레오 앰프는 하이브리드 회로이다.

hybrid code 하이브리드 부호(一符號) 아날로그량은 정확도가 나쁘므로 아날로그 부호와 디지털 부호를 조합시켜서 정보를 보내는 부호를 말한다. 예를 들면, $-2n\sim+2n$의 디지털 부호와 이 1단위를 1%의 정확도로 표시할 수 있는 아날로그 부호로 신호를 표시한다.

hybrid coil 하이브리드 코일, 3권선 코일(三捲線一), 3권선 변성기(三捲線變成器) 2개의 도선 중 입력 전류와 출력 전류를 분리하여 서로 간섭하지 않기 위해 권선되고 결선된 3권선 코일. 4선식 구성의 회로 [illegible]선식 구성의 회로를 접속한 경우, 4선[illegible] 성측의 회로에 반향 및 명음 현상이 일[illegible]므로 이를 방지하기 위해 3선식 변성[illegible]가 사용된다.

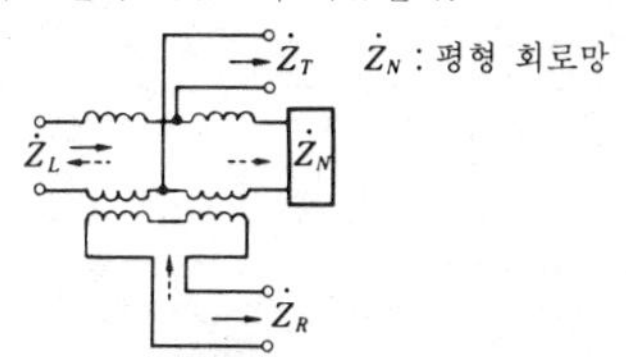

hybrid computer 하이브리드 컴퓨터, 혼성 컴퓨터(混成一) 데이터에 관해서 아날로그 표현 및 이산적 표현이 사용되는 컴퓨터. 아날로그 표현 및 디지털 표현의 데이터를 써서 데이터 처리를 하는 컴퓨터이다. 아날로그형의 속도, 융통성, 직접적인 통신 능력의 이점과 디지털형의 기억, 고정도(高精度), 융통성 및 큰 처리 능력 등의 이점을 결합하는 것을 의도한 것. 이것은 광범위한 적용 능력을 가지며, 모든 문제 처리가 가능하여 과학, 공업, 상업, 기술 등에 새 국면을 열었다. 예를 들면, 동작 시뮬레이션이나 미분 방정식의 고속 해법은 아날로그측에서, 통계적, 대수적 계산은 디지털측에서 처리한다.

hybrid coupler 하이브리드 결합기(一結合器) 반송 전화의 종단 장치의 하나로, 2선식이나 4선식 회선에서 신호에 방향성을 주는 장치(다음 면 그림 참조).

hybrid integrated circuit 혼성 IC(混成一), 혼성 집적 회로(混成集積回路) IC의 일종으로, 반도체 IC를 초소형으로 만들 수 있다는 장점과 박막 IC의 양산 규

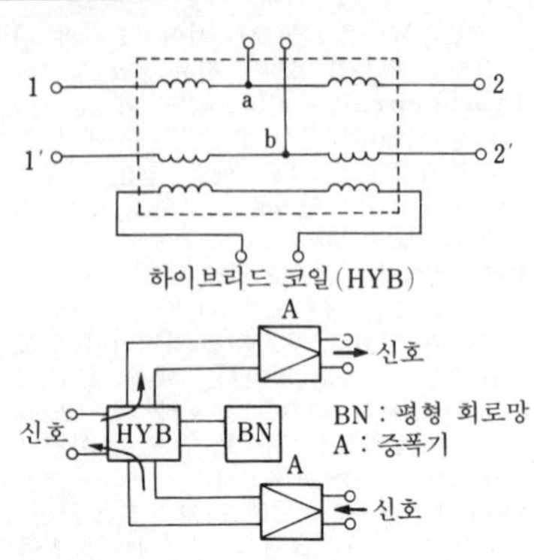

hybrid coupler

모를 그다지 크게 하지 않아도 된다는 이점을 아울러 도입한 것이다. 수동 소자를 포함하는 회로 전체를 박막으로 만들고, 거기에 능동 소자를 주로 하는 반도체 칩을 부착하여 구성한다.

hybrid junction 하이브리드 접합(－接合) 4단자를 갖춘 도파관 또는 전송 선로의 접속 형태. 각 단자를 무반사 종단(終端)했을 때에 어느 한 단자에서 입력된 에너지가 나머지 3단자 가운데 2단자에(통상은 등분으로) 전달되는 성질이 있다.

hybrid matrix 하이브리드 행렬(－行列) 하이브리드 파라미터를 요소로 하는 행렬. →hybrid parameter

hybrid microcircuit 하이브리드 마이크로 회로(－回路) 초소형의 구성 요소와 집적화된 구성 요소를 조합시킨 미세 전자 회로.

hybrid microstructure 혼성 초소형 구조(混成超小形構造) 1개 이상 독립한 장치나 부품과 4개 이상의 집적 회로 조합으로 이루어지는 초소형 구조의 혼성 집적 회로.

hybrid mode 혼성 모드(混成－) 마이크로파의 전송 선로에서 전송축 방향에 전계와 자계 양 성분을 가진 전송 모드를 말한다. 유전체 원기둥을 따라서 전파를 표면파로서 전송시킬 때나 유전체 막대와 2매의 평행 도체판으로 만든 H선로에서는 혼성 모드가 된다.

hybrid-mode horn 하이브리드 모드 혼 특정한 개구 분포를 갖추도록 하나 또는 복수의 하이브리드 도파관 모드에 의해 여진되는 혼 안테나.

hybrid multiplex modulation 복합 변조(複合變調) ① 다중 통신을 하기 위해 반송파를 진폭 변조, 주파수 변조, 위상 변조 등 다른 변조 방식을 조합시켜서 변조하는 것. ② 기계적 변조, 전기적 변조 등 복수의 다른 변조를 동시에 하는 것. 여기서 주의할 것은 다단 변조와 혼동하지 않을 것. 다단 변조는 하나 또는 그 이상의 신호에 의해 각각의 부반송파를 변조하여 이들 신호에 의해 다시 다른 반송파를 변조하는 것이다.

hybrid packaging 하이브리드 실장(－實裝) 세라믹 기판이나 유리 기판 등의 절연 기판상에 금속 등의 후막 혹은 박막에 의하여 저항이나 콘덴서 등의 수동 소자 및 배선 도체를 형성하고, 그 위에 트랜지스터, 다이오드, IC 등의 부품을 탑재하여 전체를 한 몸으로 봉합하는 실장 방식을 말한다.

hybrid parameter h파라미터 트랜지스터의 특성을 나타내기 위한 상수를 표시하는 방법 중에서 가장 대표적인 것이다. 트랜지스터 회로를 4단자 회로로 대치하여 입력측의 전압, 전류를 v_1, i_1으로 하고, 출력측의 전압, 전류를 v_2, i_2로 하면

$$v_1 = h_i i_1 + h_r v_2$$
$$i_2 = h_f i_1 + h_o v_2$$

가 될 때 h_i, h_r, h_f, h_o를 h파라미터라 한다. 또, 각각의 명칭은 h_i=입력 개방 전압 궤환율, h_f=출력 단락 전류 증폭률, h_o=입력 개방 출력 어드미턴스〔S〕라고 한다.

hybrid parameter equivalent circuit h파라미터 등가 회로(－等價回路) 트랜지스터 회로를 h파라미터를 써서 나타낸 그림과 같은 등가 회로. h파라미터의 값은 접지 방식에 따라 다르므로 첨자로서 베이스 접지에서는 b, 이미터 접지에서는 e, 컬렉터 접지에서는 c를 붙여서 구별한다. h파라미터는 측정이 용이하고, 트랜지스터의 카달로그에 기재되어 있으므로 이 등가 회로에 의해 회로를 설계하면 편리하다.

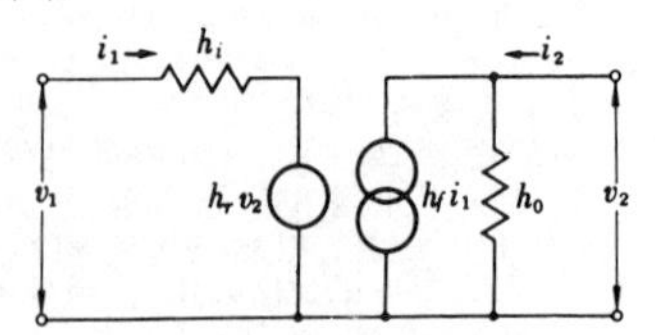

hybrid ring 하이브리드 링 도파관 접속의 일종으로, 내부에 정재파를 만드는 적당한 전기적 치수를 가진 고리 모양의 회로 측면에서 4개의 분기가 나와 있다. 이들 4개의 분기가 하이브리드 결합기로서 동작한다. →hybrid junction

hybrid set 하이브리드 세트 4개의 접근 가능한 단자를 구비하고, 이들 단자에는 4개의 임피던스 회로가 접속된다. 그리고 임피던스 회로로서 정합되는 것이 접속되었을 경우에는 쌍의 단자끼리 결합되고 그 밖의 임피던스 회로가 접속되었을 경우에는 결합되지 않도록 형성된 2개 또는 그 이상의 변성기로 이루어지는 회로망.

hybrid-T junction 하이브리드 T접속(—接續) E면 및 H면 각각의 T접속이 조합된 하이브리드 도파관 접속이며, $TE_{1,0}$파(주파 : 主波)만이 전송되게 되어 있다. 매직 T라고도 한다. 3, 4 에 진폭과 위상이 같은 파가 가해지면 1, 2 의 측로(側路) 한쪽에서는 출력이 상쇄되고, 다른쪽에서는 출력이 더해진다. 즉 4에서 들어온 파는 1, 2 에 동위상으로 등분되고, 3에서 들어온 파는 1, 2 에 역위상으로 등분된다. 3 과 4, 1 과 2 사이에는 파의 전송은 없다(그와 같이 접속부의 중앙부에 둔 포스트를 조정하고 있다). 그림은 4 및 3에서 보내진 파의 분포를 나타내고 있다(화살표는 전기력선).

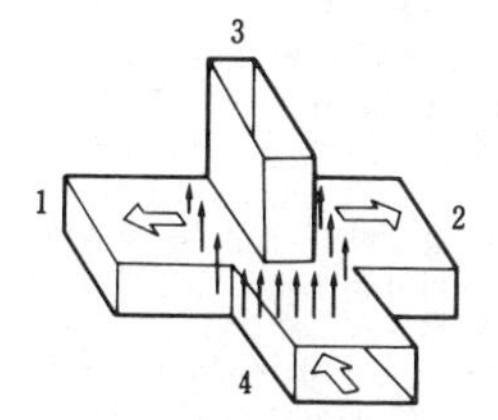

(a) 4에서 보내진 파의 분포

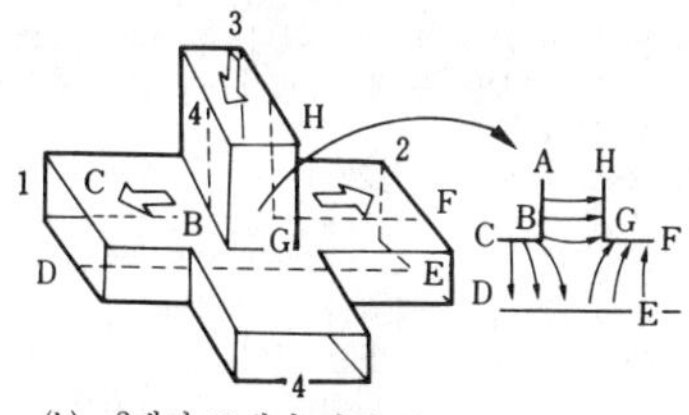

(b) 3에서 보내진 파의 분포
(점선으로 표시한 단면의 프로파일)

hybrid π type equivalent circuit 하이브리드 파이형 등가 회로(—形等價回路) 트랜지스터 등가 회로의 일종으로, T 형과 π형의 혼성된 것으로, 수 10MHz 까지의 고주파에서 널리 사용되는 것이다. 그림은 이미터 접지형의 기본형을 나타낸 것으로, $r_{bb'}$는 베이스 확산 저항, $g_{b'e}$는 베이스와 이미터 간의 컨덕턴스, $C_{b'c}$는 컬렉터 용량, $C_{b'e}$는 이미터 용량(확산 용량)이라고 불리는 것으로, 출력 단자에 병렬로 정전류원 $g_m \cdot V_{b'e}$가 들어 있어서 g_m이 주파수와 관계없는 상수라는 점이 특징이다.

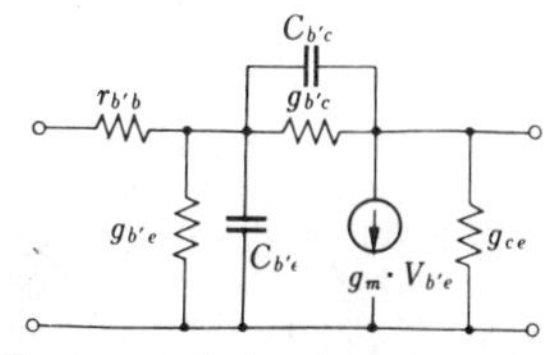

hybrid wave 하이브리드파(—波) 전계 또는 자계 벡터의 한쪽이 전파면에 직각으로 직선 편파되어 있고, 다른 벡터가 이 면 내에서 원편파되고 있는 전자 파동.

hydration 수화(水和) 수용액 중에서 이온이나 용질 분자가 그 주위에 수분을 끌어들여서 하나의 분자군을 형성하는 것.

hydraulic servomotor 유압 서보모터(油壓—) 자동 제어계의 조작부로서 쓰이는 유압 제어 장치로, 공기식, 전기식의 장치에 비하면 토크 관성비가 매우 크다는 특징을 가지고 있다.

hydrocontrolling element 유체 제어 소자(流體制御素子) 유체의 역학적 성질을 이용하여 유체의 흐름 상태를 제어하는 장치로, 각종 전자 회로에서 행하여지는 동작에 대응하는 기능을 갖는 것이 만들어지고 있다. 예를 들면 그림과 같은 구성의 유체 회로에서는 밑에서 공급된 공기는 언제나 한쪽으로만 흐르는 성질이 있으며, (a)의 상태에서 왼쪽 구멍으로부터 공기를 뿜어 넣으면 흐름은 곧 (b)와 같이 오른쪽으로 이동하고, 그 반대도 마찬가지로 동작하므로 플립플롭 회로로서 동작한다. 이 밖에 논리합 회로나 논리곱 회로에 상당하는 것도 만들 수 있으며, 이러한 소자를 모아서 컴퓨터를 만들 수도 있다. 유체 회로는 플라스틱, 유리, 세라믹, 금속 등으로 만들어지며, 유체로서는 일반적으로 공기가 쓰인다. 전자 회로에 비해 동작 속도가 느리고, 부피가 커지는 등의 결점이 있지만 신뢰성이 높고, 고온의 장소나 진동이 심한 곳 등의 나쁜 환경에도

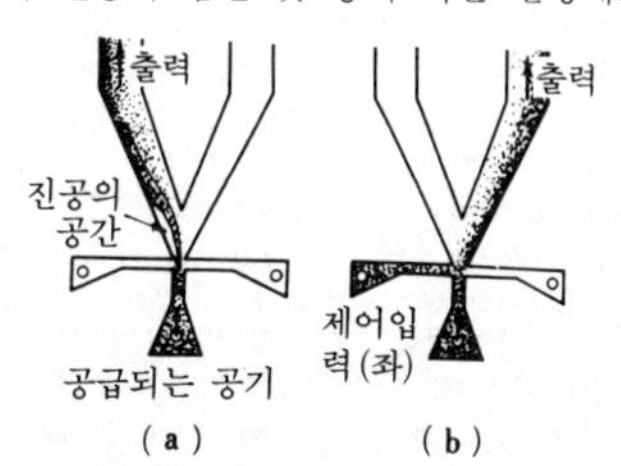

견딜 수 있고 안정하게 동작하므로 공작 기계의 자동 제어나 화학 플랜트의 연산 조작 등의 용도에 적합하다.

hydrogen 수소(水素) 기호 H. 원소 중에서 가장 가볍고, 상대 원자 질량은 1.0079 이다. 알칼리 금속과 할로겐의 양 원소와 유사한 성질을 가지고 있으며, 어느 족(族)으로도 분류하기 어려운 특이한 기체 원소이다. 원자 구조는 1개의 프로톤을 감싼 1개의 1s 전자로 이루어지는 가장 단순한 것이다. 화학적으로는 1s 전자를 잃는다든지 역으로 획득한다든지 하여 H^+이온이나 H^-이온으로 된다든지, 혹은 H_2, HCl, CH_4(메탄)와 같이 전자가 공유 결합에 관여한다든지 한다. 여기서 H^+를 프로톤이라고 하는 경우가 있다. → hydrogen bond

hydrogen bond 수소 결합(水素結合) 한 분자 중의 원자 A와 결합한 수소 원자가 같은 분자, 또는 다른 분자 중의 원자 B와 또 하나의 결합을 만들 때 형성되는 결합의 타입을 말한다. 원자 A, B가 할로겐과 같이 전자 음성도(電子陰性度)가 강한(음의 전하를 획득하는 경향이 강한) 원자인 경우에는 강력한 수소 결합이 이루어진다. 예를 들면, HF_2^-는 $F^- - H^+ - F^-$라는 수소 결합을 하고 있다. 이것은 전자 음성도가 큰 불소가 수소에서 전자를 빼앗아 수소 결합을 만들고 있는 것이다. 고체의 물 즉 얼음의 결정에서는 산소 원자를 잇는 선상에 수소 원자가 있어서

−O−H---O−

과 같은 수소 결합을 만들고 있다. 점선으로 나타낸 결합은 보통의 공유 결합 등 보다 훨씬 약하다는 것을 나타내고 있다. 수소 결합은 H가 F, O, N 과 같은 원자를 2개 결합하고 있을 때 볼 수 있다.

hydrogen embrittlement 수소 취성(水素脆性) 탈지(脫脂), 피클링 혹은 도금 공정 중에 수소를 흡수함으로써 생기는 금속의 취화 현상(脆化現象).

hydrogen overvoltage 수소 과전압(水素過電壓) 전해(電解)에 의해서 캐소드 전극에 수소를 석출할 때 이론적인 값을 넘어서 여분의 음전압(수소 과전압)을 가해 주지 않으면 수소 가스가 발생하지 않는다. 이 수소 과전압은 전극 재료나 전극 표면의 성질에 따라 달라진다.

hydrogen-oxygen fuel cell 수소 산소 연료 전지(水素酸素燃料電池), 수소 전지(水素電池) 수소 연료가 셀(cell)의 애노드측에 압입되어, 전극의 빈 구멍 부분에 침입, 여기서 촉매 물질의 작용에 의해 전해질과 반응하여 전극에 전자를 해방하고 이 전자가 외부 회로를 통해서 캐소드로 되돌아온다. 반응의 부산물은 물이다(그림 참조).

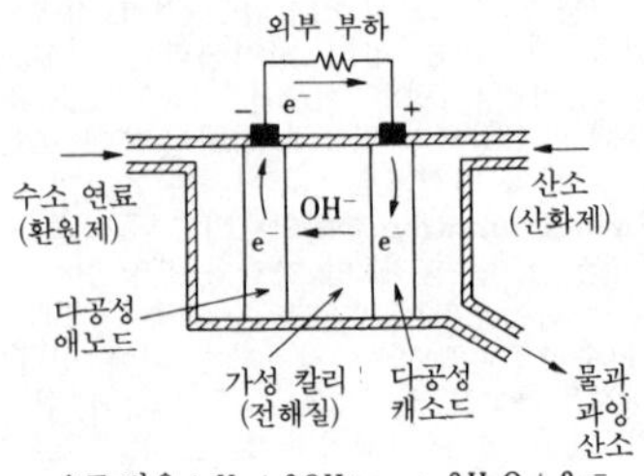

음극 반응 : $H_2 + 2OH^- \longrightarrow 2H_2O + 2e^-$

양극 반응 : $O_2 + H_2O + 2e^- \longrightarrow HO_2^- + OH^-$

$$HO_2^- \longrightarrow OH^- + \frac{1}{2} O_2$$

hydrogen reduction method 수소 환원법(水素還元法) 실리콘의 수소 화물을 수소 가스 중에서 가열 환원하여 실리콘 결정을 기상(氣相) 성장시키는 방법이다.

$SiCl_4 + 2H_2 \rightarrow Si + 4HCl$

과 같은 반응이 흔히 쓰인다.

hydrogen storage alloy 수소 저장 합금(水素貯藏合金) 냉각이나 가압에 의해서 결정 격자 사이에 수소를 흡수하여 그것을 가열이나 감압하면 수소를 방출하는 성질이 있다. 티타늄과 철, 란탄과 니켈, 마그네슘과 니켈 등의 합금이 있다. 이것을 수소 저장 장치로서 사용하면 폭발할 위험이 없다는 것, 장치가 소형, 경량으로 된다는 것 등의 이점이 있으며, 또 수소의 흡탈(吸脫) 시에 발열이나 흡열을 일으키므로 냉난방 등에 이용하는 것도 생각되고 있다.

hydrometer 비중계(比重計) 액체의 비중을 측정하는 측정기로, 플로트식, 기포식, 중량식 등이 있다. 플로트식은 액체 중의 부자(浮子)가 액체의 비중에 비례한 부력을 받는 것을 이용한 것이다. 기포식은 탱크 속에 길이가 다른 2개의 기포관을 삽입하여 일정 유량의 공기압을 가할 때 두 기포관의 배압차는 관의 길이의 차와 액비중의 곱에 비례하는 것을 이용한 것이다. 중량식은 U자형관을 가요관(可撓管)으로 접속하고 관 내를 흐르는 액체의 중량을 측정함으로써 그 비중을 측정하는 것이다.

hygrometer 습도계(濕度計) 상대 습도를 측정하는 장치. 습도에 의해 저항이 변화하는 것을 이용한 것, 동물의 가죽이나 모발이 습도에 의해 변화하거나 늘어나는

것을 이용한 것 등이 있다.

hyperacoustic zone 초음향 영역(超音響領域) 지상 100~160km 상공 영역에서 희박해진 공기 분자간의 거리는 거의 음파의 파장과 같다. 따라서 음파는 하층보다도 적은 음량으로 전달되지만, 이 영역 이상의 상공에서는 음파는 전해지지 않는다.

hyperbolic navigation 쌍곡선 항법(雙曲線航法) 전파 항법의 일종으로, 2점으로부터의 거리차가 일정하게 되는 점의 궤적이 이 2점을 초점으로 하는 쌍곡선으로 되는 원리를 이용하는 방법이다. 선박은 두 송신국으로부터의 전파를 수신하고, 두 국으로부터의 거리차를 측정하여 하나의 위치선을 결정한다. 또, 다른 2국의 송신국에서 다른 위치선을 구하고 두 줄의 위치선이 만나는 점에서 자선의 위치를 구한다. 이 방법은 장거리 항법으로서 가장 정확도가 높은 것으로, 로란이 그 대표적인 것이다.

hypersonic 극초음속(極超音速) 공기 중에서 음속의 5배(마하 5) 이상의 속도를 갖는 파동.

hypersonic wind tunnel 극초음속 풍동(極超音速風洞) 플라스마에 전계를 가하여 가속함으로써 음속의 10배 이상이 되는 기류를 만들 수 있는 풍동. 우주 기기의 시험에 사용된다.

hypothetical reference circuit 표준 의사 회선(標準擬似回線) 고정 무선 통신 시스템을 설계하는 경우에, 기준으로서 쓰이는 회선 구성이다. 2,500km 의 주파수 분할 다중 전화 전송계를 생각하고, 이것을 등가의 3구간으로 나누고, 다시 각 구간을 3개의 베이스밴드 구간으로 나누고 있다(1 베이스밴드 구간=280km). 각 베이스밴드 구간에 배치되는 신호는 주파수 분할 다중 신호(FDM)이며, 군(群 : 12 채널), 초군(超群 : 60 채널), 주군(主群 : 300 채널) 구성으로 하고 있다. 이들로 반송파를 주파수 변조하여 FDM-FM 방식으로 전송하는 것이다. 디지털 무선 통신계에 대해서도 각 구간은 PCM 을 다중화한 것을 전송하도록 하고 있다. 아날로그 회선에는 허용할 수 있는 잡음 전력이, 또 디지털 회선에는 허용할 수 있는 오율이 규정되어 있다.

hysteresis 히스테리시스 ① 철심을 자화하는 경우에, 자계의 세기를 증가해 갈 때의 자속 밀도의 변화를 나타내는 곡선과 자계의 세기를 감소해 갈 때의 자속 밀도의 변화를 나타내는 곡선과는 일치하지 않고, 그림과 같이 다른 경로를 통하기 때문에 고리 모양의 곡선이 된다. 이러한 현상을 히스테리시스라 하고, 이 고리 모양의 곡선을 히스테리시스 루프라 한다. 이 곡선의 모양은 자성 재료와 종류에 따라 다르다. ② 위의 경우를 포함하여 일반적으로 같은 이력을 반복하는 현상을 말한다. 유전체에서의 전계의 세기와 전속 밀도의 관계에도 같은 현상이 있다.

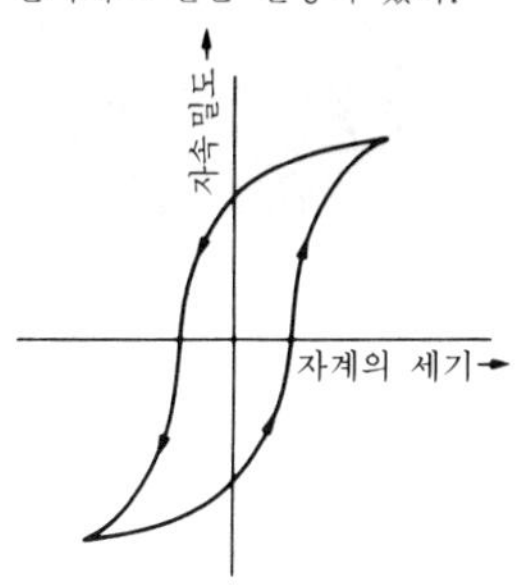

hysteresis characteristic 히스테리시스 특성(－特性) x의 함수 $f(x)$의 값이 x의 과거 이력에 영향되는 특성.

hysteresis coefficient 히스테리시스 계수(－係數) 쇠(철)와 같은 강자성체 내의 자속 밀도 B와 자계의 세기 H의 특성 곡선을 그리는 루프. 쇠를 자화하면 전류 I의 변화에 따라서 자속 밀도 B는 그림 (b)의 a→b→c→d→e→f→g→b 와 같이 변화하여 하나의 루프를 만든다. 직선으로 되지 않고 루프를 만드는 것은 자속 밀도 B의 값이 그 이전의 자화 상태의 영향을 받기 때문이다.

재 료	히스테리시스 계수
니 켈	$33 \sim 95 \times 10^2$
주 강	$28 \sim 40 \times 10^2$
박 강 판	$5 \sim 7.5 \times 10^2$
2.5% 규소강판	5.5×10^2
4.5% 규소강판	1.9×10^2

hysteresis coupling 히스테리시스 결합(－結合) 강자성 물질 속에서 정해진 자계의 방향을 새로운 방향으로 향하려는 것에 저항하려고 하는 힘에 의해 토크가 전달되는 전기적 결합.

hysteresis loop 히스테리시스 루프 ① 자성체가 자화하는 경우의 히스테리시스를 곡선으로 도시한 것. ② 유전체가 분극하는 경우의 히스테리시스를 곡선으로 도시한 것.

hysteresis loss 히스테리시스손(－損) 철

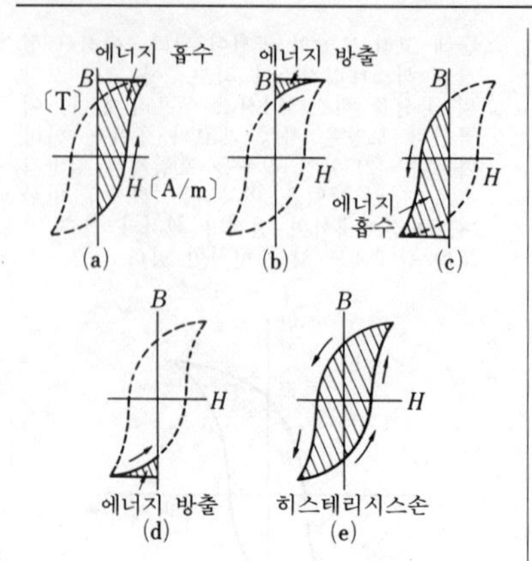

심을 사용한 코일에 교류 전류를 흘리면 철심의 히스테리시스 루프 면적에 비례하는 양의 에너지를 잃게 되는데, 이 손실을 말한다. 히스테리시스 루프를 따라서 B, H가 변화하면 그림과 같이 코일은 에너지를 흡수한다든지 방출한다든지 하여 그 차(히스테리시스 루프 내의 면적)의 에너지가 철심(단위 체적)에서 잃게 되어 기기의 온도 상승, 효율 저하를 초래한다.

hysteresis motor 히스테리시스 모터 정속도로 동작하는 경부하에 이용되는 소형의 동기 전동기. 1 차측에서 공급되는 회전 자계에 의해 2 차 회전자 내에 생기는 히스테리시스 손실이 기계 에너지로 변환되어서 전동기를 회전시킨다.

Hz 헤르츠 주파수의 단위로, Hertz 의 기호. 파형이 1 초간에 반복되는 횟수를 말한다. 옛날에는 사이클(기호 c 또는 c/s)이라는 단위가 사용되었었다.

I

IA 아이솔레이션 증폭기(－增幅器) isolation amplifier 의 약어. 인체로부터의 신호 등을 증폭 기록하기 위한 의용(醫用) 장치로 사용되는 증폭기로, 신호원(인체)을 모든 위험한 교류 또는 직류에서 격리하기 위해 광학적 또는 정전적인 절연 혹은 차폐를 하고 있는 것. 이득은 보통 작고, 또 주파수 특성도 한정되어 있다.

IAGC 순시 자동 이득 조절(瞬時自動利得制御) instantaneous automatic gain control 의 약어. 레이더에서 다른 피크값을 갖는 입력 펄스를 본질적으로 일정한 피크값을 가진 출력 펄스로 하기 위해 각 펄스에 대하여 증폭기 이득을 순간적으로 자동 조절하는 장치. 증폭기 동작 속도는 매우 빠른 것이 요구된다.

IARU 국제 아마추어 무선 연합(國際－無線聯合) International Amateur Radio Union 의 약어. 세계 각국 아마추어 무선 단체의 연락 기관. 민간 조직으로, 우리 나라에서는 KARL(한국 아마추어 무선 연맹)이 가입하고 있다.

Iatron 아이어트론 직시형(直視形) 축적관의 일종. Farnsworth 사의 상품명이다. →viewing storage tube

IBM 아이 비 엠 International Business Machines Corporation 의 약어. 미국의 컴퓨터 제조 기업으로, 그 시장은 세계 각국에 걸쳐서 최대이다.

IBS 인텔새트 비즈니스 서비스 INTELSAT Business Service 의 약어. 인텔새트가 전기 통신 사업체를 통해서 주로 기업체를 고객으로 하여 음성, 데이터, 팩시밀리, TV 회의 등의 각종 통신을 동일 전송로에 의해 통합적으로 제공하는 국제 디지털 서비스.

IC 집적 회로(集積回路) 집적 회로의 일반적 약칭. 수동, 능동의 회로 소자가 하나의 기판상 또는 기판 내에 분리 불가능한 상태로 결합되어 있으며, 하나의 회로의 크기는 트랜지스터 1 개와 다를 바 없을 정도로 작다. 배선이 없기 때문에 신뢰도가 높고, 동작 속도도 빠르다. MOS 소자를 중심으로 하는 표면 집적형의 MOS IC 와 접합 트랜지스터를 중심으로 하는 내부 집적형 반도체 IC 의 두 종류가 있다. 또, 집적하는 소자가 극히 많은 것은 LSI(대규모 집적 회로) 혹은 VLSI(초대규모 집적 회로)라 한다. ＝integrated circuit

ICAO 이카오, 국제 민간 항공 기관(國際民間航空機關) International Civil Aviation Organization 의 약어. 1944 년에 작성된 조약에 의해서 조직된 국제 민간 항공 기관. 국제 항공로에서의 민간 항공의 여러 요구를 검토하고, 장래의 확장과 발전을 고려하여 항공용 항행 원조 무선 장치에 대한 권고 등을 하고 있다.

IC card IC 카드 플라스틱 카드의 내부에 IC 칩을 넣은 것. 메모리(기억 장치)만 있는 것과 연산 기능을 가진 것의 두 종류가 있으며, 용도로서는 은행 카드나 병원 외래 카드 등이 있다. 카드에는 이용 시스템에서 정한 가입자 번호, ID(인식 번호)를 키워드로 하고, 주소, 성명 등의 부대 항목을 기록해 두면, 그 사무 절차는 IC 카드 판독 장치에서 필요 데이터를 입력함으로써 실시간으로 완료된다. 단, 시스템의 사고 방지나 프라이버시를 엄수할 수 있어야 하는 것이 조건이다.

IC lighter IC 라이터 가스 라이터의 일종으로 상품명. 1 회의 점화 조작으로 액화 가스를 기화 분출시키는 동시에 압전 소자로 고전압을 발생시켜 그 불꽃에 의해 자동적으로 점화시키기 위한 회로를 소규모 IC 로 구성하여 사용한 것.

IC memory IC 기억 장치(－記憶裝置) IC 로 만든 기억 장치. 임의로 판독 · 기록할 수 있는 RAM 과 판독 전용의 ROM 이 있다. IC 보다도 더욱 집적도를 높게 한 LSI 기억 장치가 널리 사용된다.

icon 아이콘 표시 장치상에 애플리케이션

의 기능이나 파일의 내용을 그림으로 표시하고, 컴퓨터로 처리하고자 하는 것을 마우스를 써서 선택, 실행하는 방법. 종래의 키보드로부터의 입력에 비하면 입력 문자의 오류가 없어지고 조작이 간단하며 효율적이다.

iconoscope 아이코노스코프 촬상관의 일종으로, 1933 년에 즈보리킨(Zworykin)에 의해서 발명되었다. 축적형 촬상관의 최초의 것. 현재는 사용되지 않는다.

IC regulator IC 레귤레이터 제어량을 최초로 정한 값으로 유지한다든지, 미리 정한 프로그램에 의해서 변화시킨다든지 하는 전자 회로를 집적화한 것. 예를 들면, 자동차의 전압 레귤레이터는 접점식에서는 전지의 단자 전압을 검출하고, 이 전압이 최적값이 되도록 교류 발전기의 계자 전류를 제어하는 구실을 시키는데, 소형·경량화 및 전기 배선을 간이화하기 위해 IC 레귤레이터가 사용되게 되었다.

ICT 절연 철심 변압기(絶緣鐵心變壓器) insulating core transformer 의 약어. 원자핵 실험에 사용하는 입자 가속기 중 변압기에 의해서 고전압을 만드는 변압기형 가속기의 일종. 철심을 분할 절연하여 각각에 감은 권선과 같은 전위를 유지함으로써 변압기가 절연 때문에 대형이 되지 않도록 한 것이다.

ICW 단속 연속파(斷續連續波) interrupted continuous wave 의 약어. 일정한 오디오 주파수율로 단속되는 연속파.

IDD 국제 다이얼(國際－) ＝international distance dialing

IDDD 국제 직접 다이얼(國際直接－) ＝international direct distance dialing

I-demodulator I 복조기(－復調器) 색신호와 컬러 버스트 발진기의 신호가 함께 되어 컬러 텔레비전 수상기 내에서 I 신호를 회복하기 위한 복조기.

identification friend or foe 적·아군 식별 장치(敵我軍識別裝置) 펄스화한 무선 통신 장치로, 아군이 휴대하는 기기는 자동적으로 응답하고, 적의 그것에는 알리지 않는 것. 항공기, 선박, 육상 부대 등이 적·아군을 식별하는 방법이다. ＝IFF

identifier 식별자(識別子) 데이터나 사물을 식별하기 위해 각 데이터나 사물에 고유하게 붙여진 값 또는 이름. 파일의 확장자에도 사용할 수 있다.

identity unit 일치 유닛(一致－), 일치 회로(一致回路) 여러 개의 2치 입력 신호에 대해서 일치 연산을 하는 회로. 2 입력의 것은 대등 검출 소자라고도 한다.

IDF 중간 배선판(中間配線板) intermediate distributing frame 의 약어. 단말국에서 가입자 회선과 회로를 교차 접속하는 배선판.

I-display I 표시기(－表示器) 원뿔 주사 방식 레이더에 사용되는 표시기로, 레이더 안테나가 목표물을 가리켰을 때 목표물은 완전한 원으로 표시되고, 그 원의 반경은 목표물의 거리에 비례한다. 안테나 조준이 부정확한 경우는 원이 아니고 원호로서 표시되며, 그 원호의 길이는 조준 오차의 크기에 반비례하고, 원호의 위치는 안테나를 바른 조준으로 하기 위해 움직여야 할 방향을 가리킨다.

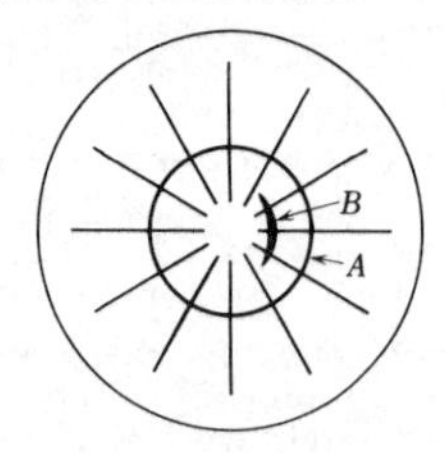

idle 아이들, 유휴(遊休) 장치는 조작 가능한 상태에 있으나 사용되고 있지 않은 동안의 시간(idle time)이나, 장치가 작업을 개시하기 위한 명령을 대기하고 있는 상태(유휴 상태)를 나타낸다.

idle line 공선(空線) ＝disengaged line

idler 아이들러파(－波) 파라메트릭 증폭기에서의 출력 주파수를 말한다. 출력파를 꺼내는 동조 회로는 아이들러 회로라고도 한다.

idler frequency 아이들러 주파수(－周波數) 원하는 기기 성능을 달성하기 위해 특별한 회로상의 배려가 요구되는 입력, 출력 또는 펌프 주파수 이외의 파라메트릭 기기 내에서 발생하는 합 주파수(또는 차 주파수).

idle time 휴지 시간(休止時間) 컴퓨터에서 중앙 처리 장치(CPU)와 입출력 장치 등 주변 장치의 동작 시간에는 차이가 있다. 이 차리 때문에 어느 한 쪽 장치에 대기 시간이 생기게 되는데 이 시간을 휴지 시간이라 한다.

idlling current 아이들링 전류(－電流) 전자 회로에 미리 흘려 두는, 쓸데없는 전류를 말한다. 예를 들면, B 급 푸시풀 증폭 회로에서는 크로스오버 일그러짐을 감소시키기 위해 베이스에 0.1～0.2V 정도의 바이어스 전압을 가하여 무신호시에도 컬렉터 전류가 흐르도록 해 둔다.

IDP 집중 정보 처리(集中情報處理), 집중

정보 처리 방식(集中情報處理方式) integrated data processing 의 약어. 각지에 산재하는 공장이나 지점 등의 업무를 통괄 처리하기 위해 중앙에 대형 컴퓨터를 설치하고, 각지와는 통신선을 연결하여 데이터의 수수를 하도록 한 방식을 말한다. 생산면에서는 화학 공업 등, 서비스면에서는 은행, 운수 등을 비롯하여 각종 기업에서 이 방식이 도입되고 있다.

IDTV 아이 디 티 브이 improved definition television 의 약어. 현행 방송 방식에서 수신기측에서만 화질 개선을 도모하는 방식. 라인 메모리, 프레임 메모리 등을 사용한 디지털 처리에 의해서 화질을 향상시키고, 현행의 비월 주사를 순차 주사로 변환하여 화질 개선을 한다.

IE 생산 공학(生産工學), 생산 기술(生産技術), 산업 공학(産業工學) industrial engineering 의 약어. 역사적으로 하나의 기법으로 체계화된 것은 1911 년에 발표된 테일러(F. W. Taylor)의 과학적 관리법(principles of scientific management)이다. AIIE(미국 IE 협회, 1955)의 정의에서는 IE 는 인간, 자재, 설비의 종합적 시스템 설계, 개선, 설치를 취급하는 것이다. 이 시스템에서 생기는 결과를 규정, 예측, 평가하기 위해서는 수학, 자연 과학, 사회 과학의 전문적인 지식, 기술 및 공학적 분석, 공학적 설계의 원리, 방법을 이용하는 것. 의지 결정(decision making)에 필요한 여러 가지 정보, 자재를 수집 정비하여 다른 부분에 제공하는 것.

IEC 국제 전기 표준 회의(國際電氣標準會議) International Electrotechnical Commission 의 약어. 국제적인 전기 관계 규격의 조정과 통일을 목적으로 하여 1906 년에 설치된 기관. 1946 년에 국제 표준화 기구(ISO)가 설립됨에 따라 1947 년 이후 그 하부 기구로 되어 현재에 이르고 있다. 1 국가에 대해서 1 기관의 가입이 인정된다.

IEC publication IEC 규격(-規格) 국제 전기 표준 회의(International Electrotechincal Commission)라는 국제 조직이 정한 규격. KS 의 제정에 있어서도 이것과 관련이 고려되고, 수출 제품을 만드는 경우에는 중요한 규격의 하나이다.

IEEE 전기 전자 학회(電氣電子學會) Institute of Electrical and Electronic Engineers 의 약어. 전기·전자 전반에 관한 연구를 목적으로 하는 미국의 학회. AIEE(America Institute of Electrical Engineers)로서 1884 년에 발족, 1963 년에 IRE(Institute of Radio Engineers, 설립 1912 년)와 합병하여 현재의 명칭으로 되었다. 회원수는 약 300,000(1987 년)으로, 세계 최대의 전기 및 전자 학회이다. 월간으로 발행하는 기관지 "Spectrum" 외에 "Transactions on Computers"를 비롯하여 "Transactions on Software Engineering" 등 많은 논문지를 간행하고 있다.

IEEE-488 bus IEEE-488 버스 당초 휴렛 패커드사에서 개발되고, IEEE 에 의해 표준으로서 승인된 버스 구조로, HPIB, GPIB, ANSI bus 등 여러 명칭으로 불리고 있다. 버스는 8 줄의 쌍방향 데이터 라인, 핸드셰이크 신호도 포함하여 8 줄의 인터페이스 제어 라인을 가지고 있다. 15 대까지의 단말 기기를 접속할 수 있고, 최대 연장은 20m 이다. 데이터 전송 속도는 보통 250~500킬로바이트 매초 정도.

IF 중간 주파수(中間周波數) =intermediate frequency

IF amplifier 중간 주파 증폭기(中間周波增幅器) =intermediate frequency amplifier

IFF 적·아군 식별 장치(敵我軍識別裝置) =identification friend or foe

IFR 계기 비행 규칙(計器飛行規則) instrument flight rules 의 약어. 기상 상태가 악화하여 목시(目視) 비행이 불가능한 상태, 즉 계기 비행 상태가 되었을 때 항공 관제 기관의 관제 승인을 받아서 하는 비행 방식. 대형기 등은 유시계 기상 상태에서도 교통 관제상의 견지에서 계기 비행 방식을 취하는 것이 대부분이다.

IFRB 국제 주파수 등록 위원회(國際周波數登錄委員會) International Frequency Registration Board 의 약어. 국제 전기 통신 연합(ITU)의 상설 기관의 하나. 각국이 행하는 주파수 할당의 정식 국제적 승인을 확보하는 목적을 가지며, 각 주파수 할당의 날짜, 목적 및 기술적 특성을 일정한 절차에 따라서 국제 주파수 등록 원부에 기록한다. 유해한 혼신이 발생할 염려가 있는 주파수 스펙트럼의 부분에 있어서 되도록 다수의 무선 통신로(채널)를 이용하기 위한 의견을 제출하는 등 전파 이용의 질서와 고능률화를 국제적으로 관리하는 임무를 가지며, 세계 주관청 회의에 의해서 선출된 5 명의 독립적 위원에 의해 구성되어 있다.

IFT 중간 주파 트랜스(中間周波-), 중간 주파 변성기(中間周波變成器) =intermediate frequency transformer

IGFET 절연 게이트 FET(絶緣−) =insulated gate FET →MOS-FET

ignition noise 이그니션 잡음(−雜音) 자동차나 오토바이 등의 가솔린 엔진 전화 플러그가 스파크할 때 발생하는 잡음으로, 카 라디오에 잡음으로 되어서 들어온다. 이것은 점화 플러그가 스파크할 때 발생하는 충격성 전자파에 의해서 일어나는 것으로, 1 차 코일의 전류를 단속하여 2차 코일에 고압 전류를 얻기 위해 1 차 회로를 기계적으로 단속하는 방식을 사용하는 경우는 그 접점에 콘덴서를 넣어서 불꽃을 방지하고 있다. 최근에는 트랜지스터를 사용한, 접점이 없는 점화 장치를 사용하고 있는 자동차도 많다.

ignitor-current temperature drift 이그나이터 전류 온도 드리프트(−電流溫度−) 마이크로파관의 주위 온도 변화에 의해서 생기는 이그나이터 전극 전류의 변동.

ignitor discharge 이그나이터 방전(−放電) 이그나이터 전극과 적절한 위치에 있는 전극간의 직류 글로 방전으로, 무선 주파 전리(電離)를 촉진시키는 데 사용된다.

ignitor electrode 이그나이터 전극(−電極) 이그나이터 방전을 개시시키거나 유지시키는 전극.

ignitor firing time 이그나이터 점호 시간(−點弧時間) 이그나이터 전극에 직류 전압을 인가한 시각부터 이그나이터 방전이 일어나는 시각까지의 시간.

ignitor interaction 이그나이터 상호 작용(−相互作用) 특정한 이그나이터 전류일 때 측정된 삽입 손실과, 이그나이터 전류가 0일 때 측정된 삽입 손실간의 차이.

ignitor leakage resistance 이그나이터 누설 저항(−漏泄抵抗) 이그나이터 방전이 없을 때, 측정된 이그나이터 전극 단자와 인접하는 무선 주파 전극 사이의 절연 저항.

ignitor oscillation 이그나이터 발진(−發振) 이그나이터 회로에서의 완화 발진. 이 발진이 있으면 마이크로파관의 특성이 제한된다.

ignitor voltage drop 이그나이터 전압 강하(−電壓降下) 특정한 이그나이터 전류에서의 이그나이터 방전의 음극과 양극간의 직류 전압.

ignitron 이그나이트론 양극이 하나 뿐인 단극식 수은 정류기의 일종. 교류의 1주기마다 방전이 정지하므로 점호극(點弧極)으로 각 주기마다 여기(勵起)한다. →excitron

IHF 아이 에이치 에프 Institute of High Fidelity Manufacturers의 약어. 미국의 Hi-Fi(고충실도) 기기 메이커의 단체를 가리키는 약칭.

IHF sensitivity IHF 감도(−感度) IHF가 정한 수신기의 감도를 나타내는 방법. 잡음을 포함한 일그러짐이 3%(−30dB)가 되는 안테나 입력 레벨을 dBf로 나타낸 것이다. 0 dBf는 10^{-15}W=1 fW로 한 것으로, 1975 년 이전의 구규격에서는 안테나 입력 레벨을 전압 표시로 〔μV〕의 단위로 표시하고 있었다.

IIR filter 무한 임펄스 응답 필터(無限−應答−) =infinite impulse response filter

ILD 주입형 레이저 다이오드(注入形−) =injection laser diode

illumination 조도(照度) 조명된 면에 빛이 닿는 정도. 단위 면적 당의 광속. 단위 기호 lx(룩스). 면적 S〔m²〕의 면에 Φ〔lm〕이 닿는 경우의 변의 평균 조도 E는

$E=\Phi/S$ 〔lx〕

illuminator 일루미네이터 레이더에 있어서 반사파가 다른 센서에 의해 이용할 수 있도록 지정된 목표에 전자파를 조사(照射)하도록 설계된 시스템. 전형적인 예로서, 호밍을 목적으로하여 이루어진다.

illuminometer 조도계(照度計) 현장에서 조도의 측정에 편리하도록 만들어진 광도계의 일종. 표준 광원에 의한 휘도와 피측광원에 의한 휘도를 눈으로 비교하는 시감 측광이라고 하는 것과, 광전지나 광전관 등과 같은 광전 효과를 이용한 광전 측광이 있다. 전자에 의한 것으로서 맥베스 조도계, 웨버 조도계, 샤프 미러 광전지 조도계, 광전관 조도계 등이 있다.

ILS 계기 착륙 방식(計器着陸方式) =instrument landing system

ILS reference point ILS 기준점(−基準點) 착륙에 있어서의 최적 접지점으로 지정된 ILS 활주로 중심선 상의 점. 국제 민간 항공 기관의 표준은 이 지점은 활주로 진입단으로부터 150에서 300m(500에서 1,000 피트)이다.

IM 적분 모터(積分−) integration motor 의 약어. 출력측 회전 각도의 입력 신호에 대한 비율이 일정하도록 설계된 모터(펄스 모터). 축의 회전 각도는 입력 신호를 시간으로 적분한 값에 비례한다.

image 이미지 ① 텔레비전 수상기나 팩시밀리 기록 장치 등에 의해 재생된 영상이나 화상. ② 영상(影像), 사상(寫像). 물리적인 성질, 예를 들면 방사, 전하, 반사(흡수)성 등의 공간 분포를 동일한 또는 다른 물리적인 성질의 공간 분포로서 비쳐낸 것. 사상 과정은 광자(光子)의 다발, 전하(電荷) 기타의 수단에 의해 수행된다. ③ 다른 매체상에 형성 혹은 기억된 것과 같은 0, 1 어레이를 카드의 구멍 유무(card image), 자심(磁心)의 자화 방향의 음양(core image)으로 표현한 것.

image antenna 영상 안테나(影像−) 방사 안테나 A 가까이에 평면 반사판을 두면 안테나로부터의 전파와 반사판으로부터의 반사파를 합성한 것이 방사된다. 그림에서 이 반사파는 반사판에 대하여 안테나 A의 영상에 상당하는 가상의 안테나 A′로부터의 전파와 같다고 생각되므로 이 가상의 안테나 A′를 영상 안테나라 한다. 방사 안테나와 반사판과의 간격 d를 $\lambda/4$(λ : 파장)로 하면 방사 안테나와 영상 안테나의 전류가 반대 위상으로 되어 종형 배열 안테나가 되기 때문에 이득은 약 6dB 높아진다.

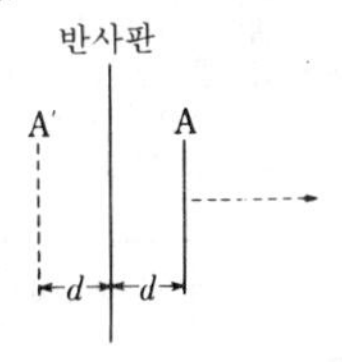

image attenuation constant 영상 감쇠 상수(影像減衰常數) →image transfer constant

image camera tube 이미지 촬상관(−撮像管) 타깃과 분리한 감광면을 가지며, 방출된 광전자가 타깃 상에 전자 패턴을 결상(結像)하는 구조의 촬상관.

image communication 화상 통신(畵像通信) 화면상의 시각 정보를 전송하는 통신. 화상 통신의 예로서는 팩시밀리, 텔레라이팅, 비디오텍스, TV 회의 시스템 등을 들 수 있다. 시각 정보는 인간의 감지 정보의 60~80%를 차지한다고 하며, 데이터 통신의 응용 분야가 넓어짐에 따라서 증가하는 경향이 있다.

image communication system 화상 통신 시스템(畵像通信−) 네트워크를 이용하여 화상 정보를 통신하는 시스템. 화상 정보는 문자·도형, 정지화, 자연화, 동화(動畵)를 포함하며, 통신법으로서는 단말 간을 서로 통신하는 것과 센터와 단말을 잇는 것이 있다.

image compression 이미지 압축(−壓縮) 이미지를 가지고 있는 전부 또는 거의 모든 정보를 잃는 일 없이 이미지를 기억하는 데 필요한 기억 영역, 혹은 이미지를 전송하는 데 요하는 시간을 줄이는 것.

image converter 이미지 변환관(−變換管), 이미지관(−管) 투사상(投射像)의 스펙트럼 특성을 변화시킬 수 있는 옵토일렉트로닉스 장치. 예를 들면, 적외선이나 X 선의 상을 가시광에 의한 상으로 변환하는 장치 등.

image-converter tube 영상 변환관(映像變換管) 적외선이나 자외선에 의한 입력상을 가시상(可視像)의 출력으로 변환하는 이미지관.

image digitizer 화상 디지타이저(畵像−) 평판상에 그려진 도형이나 선분 혹은 문자를 지시 펜으로 지시함으로써 지시된 좌표 위치를 디지털적으로 인식하여 출력하는 장치를 디지타이저라 하며, 화상 입력용으로 사용되는 디지타이저의 분해능은 수 10 선/mm 라는 높은 성능을 갖는다.

image display unit 화상 표시 장치(畵像表示裝置) 표시 장치의 일종. 화상 데이터를 표시하는 장치. 보통, 화상 표시 장치는 문자 표시 장치로서의 기능도 아울러 가지고 있다.

image dissector 해상관(解像管) 촬상관의 일종으로, 아이코노스코프나 이미지 오시콘이 출현하기 이전의 최초의 실용적인 촬상관이었다.

image element 영상 소자(影像素子) 실물의 대응하는 부분과 상관을 갖는 영상의 최소 부분. 영상 시스템에 따라서는 영상 소자의 크기는 영상 스페이스의 구조에 따라 결정되거나 또, 다른 시스템에서는 매핑(mapping)에 사용되는 캐리어에 의해 결정된다.

image enhancement 화질 개선(畵質改善) 주어진 화상을 보다 보기 좋게 하기 위해 열화된 화상에 대해서 콘트라스트를 강하게 한다든지, 흐림, 광학적 잡음, 기하학적 일그러짐을 줄인다든지 하여 화상의 품질을 개량하는 처리. 화상 중에서 국소적으로 콘트라스트를 강하게 한다든지, 흐림을 복원한다든지 하여 물체의 윤곽을 강조 또는 추출하는 첨예화(sharpening)와 몇 가지의 화상을 복제·준비해 두고 화소(畵素)의 평균값을 구하여 그 값에 의해서 광학적 잡음을 제거하는 평활화(smoothing)의 두 가지 수법이 있다.

image fiber 이미지 파이버 광섬유의 일종으로, 한 쪽에서 입사한 빛의 강약을 아날로그적으로 다른 끝으로 전송할 수 있는 것. 이것을 집속(集束)한 것은 이미지 가이드 등의 화상 전송 장치에 사용된다.

image frequency 영상 주파수(影像周波數) 수퍼헤테로다인 방식의 수신기에서의 상측 헤테로다인 방식을 사용한 경우 수신 주파수가 f_r, 중간 주파수가 f_i일 때 $f_r+2f_i=f_m$인 주파수의 전파가 존재하면 국부 발진 주파수는 $f_0=f_r+f_i$이므로 f_0와 f_m이 혼합되면 $f_m-f_0=f_i$가 되어서 수신 전파에 의한 중간 주파수와 같게 되므로 혼신을 일으킨다. 이 f_m에 상당하는 주파수를 영상 주파수라 한다. 중간 주파수가 455kHz일 때는 수신 주파수보다 910 kHz 높은 주파수가 영상 주파수가 된다.

image frequency interference 영상 주파수 방해(影像周波數妨害) 중간 주파수 455kHz의 수퍼헤테로다인 수신기의 영상 주파수는 수신 주파수보다 910kHz 높은 주파수이므로 만일 수신 주파수가 1,000kHz 일 때 1,910kHz의 전파가 수신점에 존재하는 경우는 양 전파는 혼신을 일으킨다. 이러한 혼신 방해를 영상 주파수 방해라 한다. 이것은 고주파 증폭기를 부가함으로써 어느 정도 방지할 수 있다.

image frequency interference ratio 영상 주파수 방해비(影像周波數妨害比) → image frequency

image frequency selectivity 영상 주파수 선택도(影像周波數選擇度) 수신 주파수와 영상 주파수를 선별하는 능력을 말한다. 일반적으로 고주파 증폭기를 붙임으로써 영상 주파수 선택도를 향상시킬 수 있다.

image guide 이미지 가이드 화상을 광신호 형태 그대로 전송하는 선로. 화상을 화소로 분해하여 각각의 밝기를 한 줄씩의 미세한 광섬유로 전송하고, 그들을 묶은 형식의 것이 일반적으로 쓰인다. 위(胃) 카메라 등 의료 기구나 좁은 장소에서의 구조물 내시 검사 장치 등 용도는 넓다.

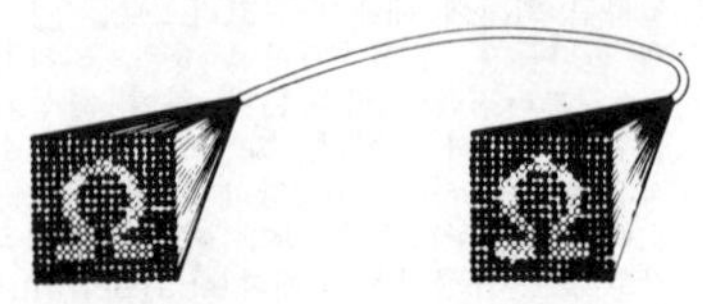

image hologram 이미지 홀로그램 물체 또는 그 실상(實像)이 홀로그램 기록면상 또는 그 극히 근처에 있는 경우의 홀로그램.

image iconoscope 이미지 아이코노스코프 TV용 촬상관의 일종. 아이코노스코프의 결점을 개량하기 위해 1937년에 발명되었으나 오늘날에는 고성능, 고감도의 촬상관이 실용되어 사용되지 않게 되었다.

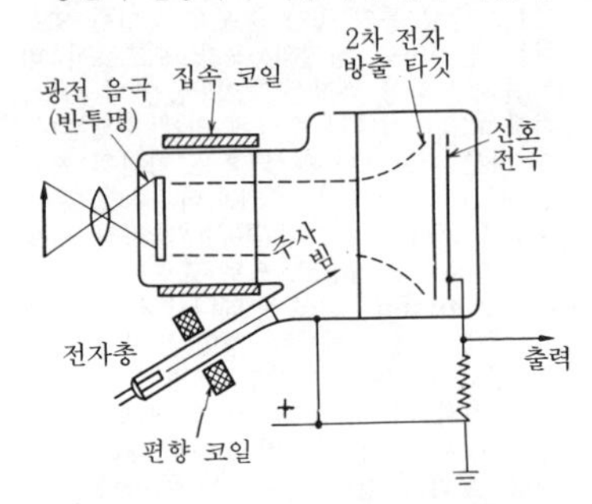

image impedance 영상 임피던스(影像－) 그림의 4단자 회로망에서 출력 단자에 임피던스 Z_{02}를 접속했을 때 입력측에서 본 임피던스가 Z_{01}로 되고, 다음에 입력 단자에 임피던스 Z_1을 접속했을 때 출력측에서 본 임피던스가 Z_{02}로 되는 임피던스 Z_{01}, Z_{02}를 말한다. 이 때는 외부의 임피던스와 4단자 회로망의 입력 임피던스가 접속점에서 같으므로 임피던스가 정합되어 있어 전송 전력의 반사가 일어나지 않아 가장 유효한 전송이 이루어진다.

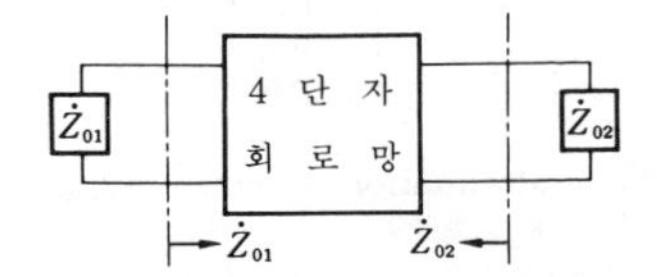

image information 이미지 정보(－情報) 사람의 눈이 지각하는 정보로, 생성·가공·표시 등의 처리 대상이 되는 정보. 화상 데이터 그 자체일 필요는 없고, 부호화한 데이터 등 결과로서 화상을 구성할 수 있는 정보.

image input device for coherent optical processing 코히어런트 화상 입력 장치(－畵像入力裝置) 코히어런트 빔의 파면(波面)에 대하여 화상의 농담 분포에 비례한 진폭 변화를 주는 입력 장치. 예를 들면 포켈스 효과(Pockels effect : 전기·광 효과)를 갖는 결정(結晶)을 빔 중에 두고, 여기에 화상 패턴에 비례한 전계를 주어서 변조하는 것이다. 전계를 주기 위해 광도전체에 인코히어런트광으로 화상을 투영하면 이것은 인코히어런트 · 코히어런트 화상 변환 장치가 된다.

image input-output unit 화상 입출력 장치(畵像入出力裝置) 화상 정보의 입력 혹은 출력을 하는 장치. 화상 입력 장치로서는 비디오 테이프 리코더(VTR), 이미지 스캐너, TV 카메라, 비디오 디스크 등이 있고, 화상 출력 장치로서는 VTR, 화상 프린터, 화상 표시 장치 등이 있다.

image intensifier 형광 체배관(螢光遞倍管) 형광판은 여기에 투사되는 X선 에너지의 약 3% 정도를 가시 광선으로 바꿀 뿐이며 효율이 좋지 않다. 그 때문에 X선 투시나 사진 촬영에는 강한 X선을 다량으로 조사(照射)하지 않으면 안 된다. 그러나, 피촬영자나 X선 취급자의 안전을 위해서는 X선량을 줄이고, 상을 밝게 하고, 해상력을 좋게 할 필요가 있어 형광 증배 장치가 사용된다. 그림은 그 구조를 나타낸다. 이것을 사용했을 때의 영상의 밝기를 K배(보통 10 수배), 그 크기를 $1/M$으로 하면 상의 전자 밀도는 M배, 휘도 증배율은 KM^2배가 되어 보통 X선 투시용 형광판의 상(像)보다 약 1,000~2,000 배의 밝기가 얻어지므로 X선실을 암실로 할 필요가 없게 된다.

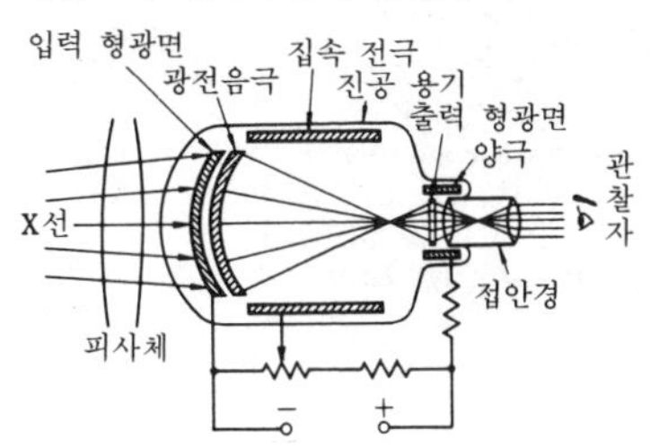

image intensifier tube II관(一管) 어두운 광학상을 증폭하여 밝은 광학상으로 변환하는 전자관으로, 이것을 사용한 카메라를 II 카메라라 하고, 천문학 분야 등에서 미약한 빛을 포착하는 고감도 카메라로서 사용된다. 구조는 광전 음극에서 입력광에 따라 생긴 광전류를 가속하여 이것을 전자 렌즈를 통해서 형광면에 결상(結像)하여 가시상을 얻도록 한 것이다. 광전 음극과 형광면 사이에 전자 증배 기구를 가지고 있는 것을 특히 이미지 증배관(增倍管)이라 한다. 또 불가시광(예를 들면 X선, 자외선, 적외선 등)을 가시상으로 변환하는 것을 이미지 변환관이라 한다.

image loss 영상 감쇠량(影像減衰量) 송단(送端), 수단(受端) 모두 영상 임피던스로 종단(終端)된 전송 회로망에서 송단 전력 V_1I_1과 수단 전력 V_2I_2의 비를 데시벨로 나타낸 것. →image impedance

image orthicon 이미지 오시콘 TV용 촬상관의 일종. 1946 년 RCA에서 개발된 것으로, 극히 감도가 높은데다 명암에 대한 계조, 즉 콘트라스트가 좋으므로 현재 TV 방송에 이용되고 있는 것의 하나이다. 은-비스무트-세슘(Ag-Bi-Cs)의 반투명 광전면에 맺어진 광학상의 명암에 따라 방출된 광전자는 가속 집속되어서 타깃에 부딪혀 2차 전자를 방출하므로 타깃에는 광학상의 명암에 따른 양의 전하상이 남는다. 다음에 미리 광전자의 양에 따라서 타깃면에 축적되어 있던 양전하를 전자 빔으로 주사해 감으로써 양전하와 전자 빔 사이에서 중화가 일어나 그림과 같이 전자총 쪽으로 되돌아온다. 되돌아온 전자 빔은 광전면 광학상의 명암에 따라 변조된 것이 된다. 이것이 전자총 주위에 있는 2차 전자 증배부에서 약 1,000 배로 증폭되어 출력으로 꺼내지기 때문에 감도가 매우 높으나 조명이 특히 강하면 블랙 보더나 화이트 핼로(white halo) 등의 유해한 현상이 발생한다. 타깃 직전에 감속 전극이 있어서 전자 빔이 타깃에 충돌할 때의 속도가 거의 0으로 되기 때문에 저속도 빔 주사 촬상관이 되므로 2차 전자의 방출은 적다.

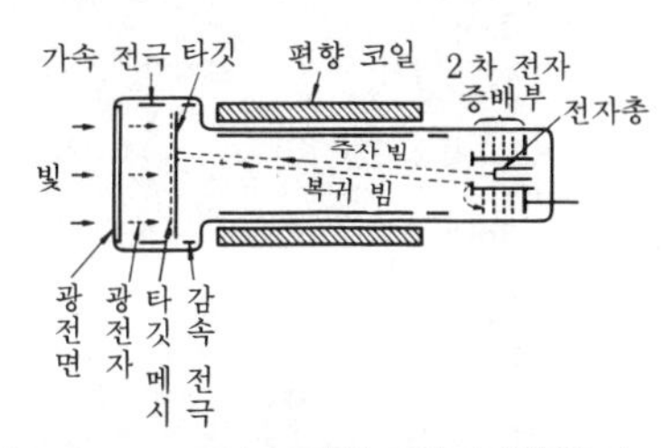

image parameter 영상 파라미터(影像一), 영상 매개 변수(影像媒介變數) 4 단자 회로에서의 영상 임피던스와 영상 전파 상수(다음 면 그림 참조). →image impedance

image parameter filter 영상 매개 변수 필터(影像媒介變數一), 영상 파라미터 필터(影像一) 2 단자 쌍 회로의 양 단자가 갖는 영상 임피던스를 써서 설계한 필터. 영상 매개 변수법에 의한 필터라고도 불린다. 정K형 필터나 유도 M형 필터 등이 알려지고 있다.

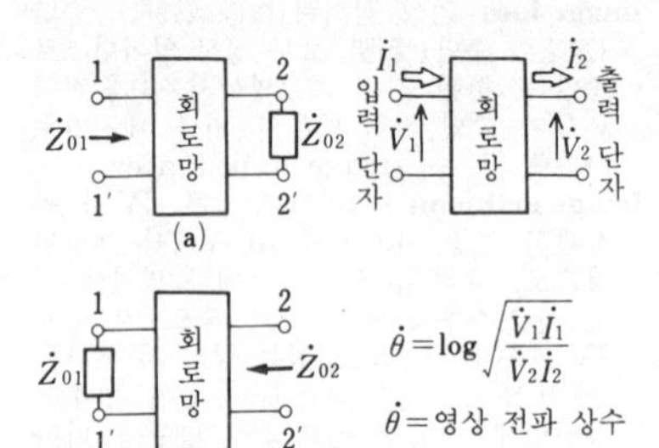

image parameter

image phase 영상 위상(影像位相) 영상 전달 상수의 허수부.

image phase constant 영상 위상 상수(影像位相常數) →image transfer constant

image pickup device 촬상 소자(撮像素子) 광학상(光學像)을 광전 변환면에 결상시키고, 입사광에 대응하는 신호 전류를 주사에 의해 화소로 분해하여 외부로 꺼내는 소자.

image pickup tube 촬상관(撮像管) 텔레비전에서는 피사체를 각부의 명암에 비례한 전기 신호로 변환하여 전송하는데, 이 광전 변환에 사용하는 특수 전자관을 촬상관이라 한다. 아이코노스코프, 이미지 오시콘, 비디콘, 플럼비콘 등의 종류가 있다. 현재 아이코노스코프는 사용되고 있지 않지만 이미지 오시콘이나 플럼비콘은 스튜디오나 야외 중계용 카메라에, 비디콘은 주로 공업용 텔레비전이나 필름 송상용으로 사용되고 있다. =camera tube

image printer 화상 프린터(畵像－) 화상을 인쇄할 수 있는 프린터.

image processing 화상 처리(畵像處理) 코드화하기 어려운 화상 정보를 다루려면 광학적으로 비친 상이나 전자적으로 비친 상을 주사하여 미소한 도트의 집합체로 한다. 농담이나 색채는 다시 다층상으로 나누어서 입력한다. 이렇게 하여 입력한 상에 대하여 목적에 맞는 처리(가공, 제거, 합성 혹은 대조 등)를 하는 것을 화상 처리라 한다.

image processor 화상 처리 장치(畵像處理裝置) 사진, 인쇄물 등의 화상을 처리하는 장치. 원화상을 래스터 주사하여 화면을 구성하는 각 화소의 흑백 농담을 1 비트 내지 수 비트의 디지털 정보로 변환한다(1 비트인 경우는 흑이나 백이고 중간의 회색조는 없다). 디지털화된 화상 정보는 기억 장치에 기억되거나, 혹은 목적의 장소를 향해서 전송된다. 해상도가 좋은 화상을 얻기 위해서는 주사선을 늘려서 화소를 미세하게 할 필요가 있다. 컬러 화상의 경우는 세 가지 원색에 대하여 위와 같은 디지털화가 행해지기 때문에 다루어지는 화상 정보는 방대한 것이 된다.

image ratio 영상비(影像比) →image frequency interference ratio

image reader 화상 입력 장치(畵像入力裝置) 사진, 지도, 도면, 그림 등의 화상 정보를 직접 디지털 데이터로서 입력하는 장치. 이미지 스캐너가 대표적이며, 이외에 카메라에 의한 입력 장치도 있다.

image regeneration 화상 재표시(畵像再表示) 물체 또는 그 단면상 등을 그보다 저차원의 투영 데이터 세트에서 화상 변환 기법에 의해 합성하는 것. 컴퓨터 토모그래피 등에서 사용되고 있다.

image scanner 이미지 스캐너 화상 정보의 입력 장치. 입력하고자 하는 도판 등에 밑에서 빛을 대어 그 반사광을 포토트랜지스터 등의 광 센서로 감지하는 구조로 되어 있다. 화상은 가는 점으로 나누어서 입력되나 분할하는 점이 클수록 보다 미세하게 화상 데이터로서 판독할 수 있다.

image sensor 영상 감지기(映像感知器), 영상 감지 소자(映像感知素子) 촬상(撮像) 또는 영상 처리가 가능한 감지 소자로, CCD 나 BBD 등의 전하 전송 장치가 대표적이다.

image-storage device 영상 기억 장치(映像記憶裝置) 지정된 시간만 영상을 유지할 수 있는 광전자 소자.

image storage tube 영상 축적관(影像蓄積管) 정보가 보통 가시광의 모양으로 도입되고, 이것이 전하 패턴의 모양으로 축적되는 축적관으로, 이 패턴은 필요한 시점에서 가시 출력으로서 읽어낼 수 있다.

image transfer constant 영상 전달 상수(影像傳達常數) 4 단자망의 입력측과 출력측의 전력 전송 효율을 나타내는 상수. 기호 θ. 즉, 전송 회로망이 그 영상 임피던스로 종단(終端)되었을 때의 입력 전압/출력 전압의 자연 대수값과, 입력 전류/출력 전류의 자연 대수값과의 산술 평균을 말한다. 대칭적인 전송 회로망인 경우에는 전달 상수는 전파(傳播) 상수와 같다. →transfer constant

image transfer system 재촬상 방식(再撮像方式) 텔레비전의 주사 표준 방식이 다른 경우 입력측 주사 표준으로 주사하는 수상관의 광학상을 출력측 텔레비전 카메라로 촬상하는 방법.

I

image tube 이미지관(－管) 광학상(光學像)의 조사(照射)에 의해 광전 음극면에서 방출되는 광전자의 흐름을 전자 렌즈로 형광면상에 결상(結像)시킴으로써 가시상을 재현하는 전자선관. 이미지 변환관이라고도 한다. 광전 음극면에 입사하는 이미지는 광학상뿐만이 아니고 X선, 감마선, 자외선 등의 조사상(照射像)인 경우도 있다. →camera tube, image pick-up tube

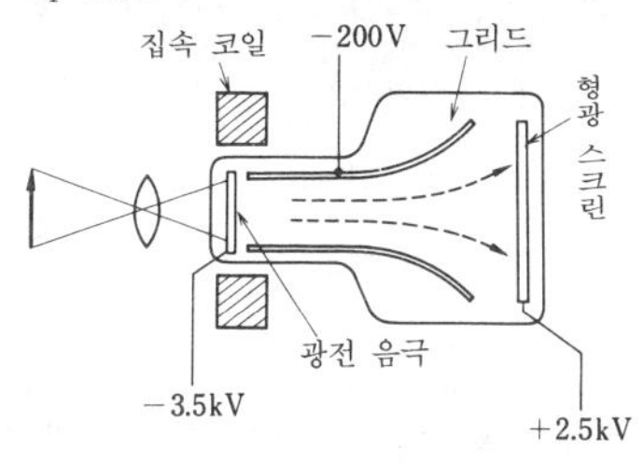

imaging radar 이미징 레이더 타깃의 존재뿐만이 아니고 그 형상에 대한 정보를 얻을 수 있는 레이더이다. 공간 물체 인식 레이더(space object identification radar, SOI)나 지형 매핑 레이더(synthetic aperture radar, SAR) 등을 말한다.

immediate address 즉치 주소(卽値住所), 즉시 주소(卽時住所) 컴퓨터의 프로그램 용어로, 명령의 주소부에 포함되어 있는 데이터. 이 때 주소부에는 주소 수치 등의 명령에 의해서 동작하는 것이 지정되어 있다.

immediate addressing 즉치 주소 지정(卽値住所指定), 즉시 주소 지정(卽時住所指定) →immediate address

immittance 이미턴스 임피던스와 어드미턴스를 압축 결합한 조어(造語). 양자를 구별할 필요가 없는(구별하는 것이 부적당한) 경우에 사용된다.

immittance comparator 이미턴스 비교기(－比較器) 2개의 회로나 요소 등의 임피던스 또는 어드미턴스를 비교하는 기기.

immittance converter 이미턴스 변환기(－變換器) 2 단자쌍 회로 케이블에서 한쪽 단자쌍의 입력 이미턴스(H_{in})는 다른쪽 단자쌍에 접속된 이미턴스(H_1)와 음 또는 양의 실상수(實常數)($\pm k$) 및 어느 내부 이미턴스(H_i)의 곱, 즉 $H_{in}=\pm kH_1H_i$로 하는 것.

immittance matrix 이미턴스 행렬(－行列) 회로망의 단자쌍(端子雙)에서 전류를 전압에 관련짓는 이미턴스량의 2차원 배열을 말한다.

immovable disk unit 고정 디스크 장치(固定－裝置) 자기 디스크와 그 구동 기구 및 접근 기구가 일체화되어 자기 디스크 부분을 떼낼 수 없는 형식의 자기 디스크 장치. 서보 기구에 의해 원판의 선택, 헤드의 위치 제어를 함으로써 기억 면의 임의 위치를 선택하고 있다. 원판은 50 매 겹쳐서 사용한 것이며, 기억 용량도 크고(1 기가바이트 이상), 선택도 비교적 빨리 할 수 있으므로 편리하다. 조작원의 개입이나 외기에 의한 오손(汚損)이 없으므로 신뢰성이 높다.

immunity to interference 이뮤니티 수신기나 기타 장치에서 전파 방해에 견디는 능력.

impact avalanche and transit time diode 임패트 다이오드 ＝IMPATT diode

impact ionization coefficient 충돌 전리 계수(衝突電離係數) pn 접합에 높은 역바이어스 전계를 가하면 캐리어는 이것에 가속되어 반도체 원자에 충돌하고, 이것을 이온화한다. 1 개의 캐리어가 단위의 거리를 진행하는 사이에 충돌하여 여기(勵起)하는 전자·정공쌍의 수를 충돌 전리 계수라 한다.

impact matrix printer 충격 매트릭스 프린터(衝擊－) 작은 도트의 조합에 의해 문자를 형성하는 도트식 인자 장치의 일종.

impact printer 충격식 인자 장치(衝擊式印字裝置) 기계적 충격을 이용하는 인자 장치의 총칭. 타자기와 같이 영숫자나 특수 기호 등의 활자를 선택하여 타격, 인자하는 모형(母型) 활자형 프린터와 와이어에 의해서 타격하여 점(도트)의 집합으로 나타내어진 한자나 영숫자 등의 문자, 기호, 도형, 화상 등을 인자하는 도트 매트릭스 프린터가 있다.

impact type printer 임팩트형 프린터(－形－) 프린터로 인자하기 위해 인자 부분을 용지에 대는 방법을 사용하는 것. 도트 프린터가 대표적이며, 드럼, 체인, 볼 등의 표면에 배열된 활자를 해머 등으로 두드리는 방식도 있다. 저속이고 소음이 나지만 복사를 얻을 수 있고 값이 싸서 단말 프린터로서 널리 사용되고 있다.

IMPATT diode 임패트 다이오드 IMPATT는 impact avalanche and transit time 의 약어. 리드 다이오드와 애벌란시 다이오드를 총칭한 것으로, 마이크로파 반도체 소자의 일종이다. 리드 다이오드는 1958 년, 벨 연구소의 러드(W. T. Read)에 의해서 제안된 것으로, 실리콘의 n^+pp^{++} 접합에 역방향 전압을 가하여 n^+와 p^+ 사이의 사태 파괴를 일으켜 이 때 생성된 자유 정공이 진성 p 영역을 포화 속도로 주행해 가기 때문에 생기는 전류의, 전압에 대한 시간 지연을 교묘하게 이용하여 부성 저항에 의한 발진을 일으키게 하는 것이다. 리드 다이오드에서는 현재 수 GHz, 수 W 정도의 것이 얻어지고 있다. 애벌란시 다이오드는 1965 년, 로체(De Loache) 등에 의해서 개발된 것으로, 규소의 pn 접합에 역 바이어스를 가함으로써 마이크로파의 발진이 일어난다는 것이 실험적으로 발견되었다. 발진 주파수는 수 GHz 부터 80GHz 부근까지에 이르며, 출력은 연속파로 1.1W/12 GHz 의 것 등이 있다.

impedance 임피던스 전기 회로에 교류를 흘렸을 경우에 전류의 흐름을 방해하는 정도를 나타내는 값을 말하며, 임피던스 Z는 전압을 V〔V〕, 전류를 I〔A〕라고 하면 $Z=V/I$〔Ω〕으로 구해진다. 임피던스는 주파수에 관계없는 저항 R과 주파수에 따라 크기가 변화하는 리액턴스 X로 나뉘어지며, 리액턴스는 유도 리액턴스와 용량 리액턴스로 나뉘어진다. 지금 저항 R, 인덕턴스 L, 정전 용량 C가 직렬로 접속되어 있을 때 임피던스 Z는

$$\begin{aligned} Z &= R + jX \\ &= R + j(X_L - X_C) \\ &= R + j\left(\omega L - \frac{1}{\omega C}\right) \ [\Omega] \end{aligned}$$

이고, 그 절대값은

$$\begin{aligned} |Z| &= \sqrt{R^2 + X^2} \\ &= \sqrt{R^2 + \left(\omega L - \frac{1}{\omega C}\right)^2} \ [\Omega] \end{aligned}$$

이 된다.

impedance bridge 임피던스 브리지 임피던스 및 임피던스각을 측정하는 교류 브리지의 일종. 그림은 직독 임피던스 브리지의 일례이다. c 는 전원의 중점으로, $R_f=1/\omega C_f$로 되도록 조정하고, 다음에 R_s와 p를 조정하여 평형을 잡으면 R_s의 값에서 임피던스를, p의 위치에서 임피던스각을 직독할 수 있다.

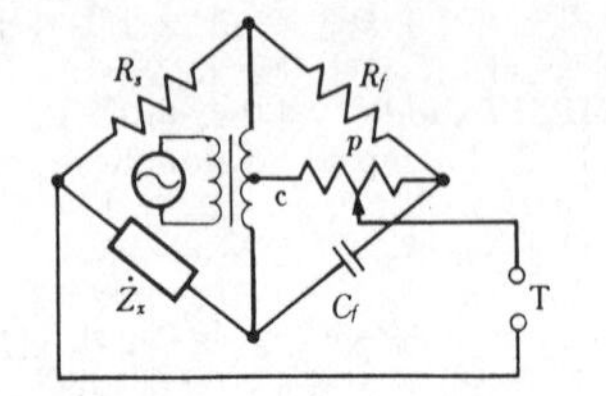

impedance coupled amplifier 임피던스 결합 증폭기(一結合增幅器) $=LC$ coupled amplifier

impedance inverter 임피던스 반전기(一反轉器) ① 부하 임피던스의 역수에 비례하는 입력(출력) 임피던스를 갖는 회로망. ② 어떤 특정한 주파수에서 임피던스 반전과, 1/4 파장 전송 선로의 위상 특성을 갖는, 혹은 $A=D=0$, $B=jK$, $C=j/k$인 종속 행렬을 갖는 대칭 4단자 회로망(단, K는 입력 임피던스 Z를 부하 임피던스 Z_L과 $Z=K^2/Z_L$로 관계짓는 정수이다).

impedance irregularity 임피던스 불규칙성(一不規則性) 전송 매체에서의 임피던스 부정합의 상황을 정의하기 위해 사용된다. 예를 들면 개방단(開放端)을 갖는 선로는 임피던스 불규칙성을 나타낸다.

impedance matching 임피던스 정합(一整合) ① 상이한 성질의 전자 회로가 접속되는 장소(예를 들면, 증폭기에 부하로, 혹은 궤전선에서 안테나로의 접속점 등)에서 에너지를 가장 효율적으로 전하기 위해 접속점에서 본 양측의 임피던스를 같게 하는 것을 말한다. 그러기 위해서는 트랜스나 각종 정합 회로가 사용된다. ② 선로에서 전원의 내부 임피던스, 선로의 임피던스, 부하의 임피던스를 같게 하는 것. 선로가 정합하고 있을 때 전원으로부터 최대의 전력이 공급된다. 이 때의 전력을 고유 전력이라 한다.

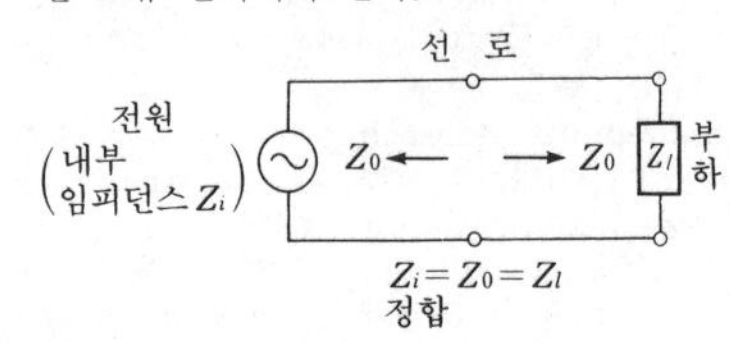

$Z_i=Z_0=Z_l$
정합

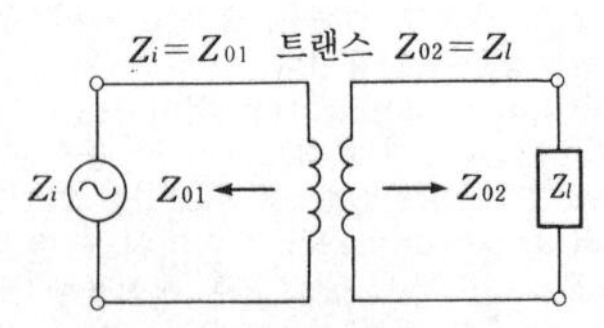

정합되어 있지 않을 때는 트랜스를 써서 정합시키는 경우가 많다

impedance matrix 임피던스 행렬(一行列) 다단자 회로망에서, 각각의 포트(단자쌍)에서의 전압을 같은 포트 또는 다른 포트에서의 전류와 결부시키는 임피던스의 행렬을 말하며, 각 요소는 임피던스의

디멘션을 갖는다.

impedance mismatch factor 임피던스 부정합 계수(－不整合係數) 안테나에 들어온 전력과 송신기로부터 안테나 단자에 투사되는 전력의 비. 임피던스 부정합 계수는 1에서 안테나 입력 반사 계수의 제곱을 뺀 것이다.

impedance parameter 임피던스 파라미터 선형 4단자망의 특성을 나타내는 방법으로, 다음 식과 같이 나타내어진다.

$V_1 = Z_{11}I_1 + Z_{12}I_2$
$V_2 = Z_{21}I_1 + Z_{22}I_2$

행렬을 쓰면

$$\begin{bmatrix} \dot{V}_1 \\ \dot{V}_2 \end{bmatrix} = \begin{bmatrix} \dot{Z}_{11} & \dot{Z}_{12} \\ \dot{Z}_{21} & \dot{Z}_{22} \end{bmatrix} \begin{bmatrix} \dot{I}_1 \\ \dot{I}_2 \end{bmatrix}$$

여기서

$$\dot{Z}_{11} = \left(\frac{\dot{V}_1}{\dot{I}_1}\right)_{\dot{I}_2=0} \qquad \dot{Z}_{12} = \left(\frac{\dot{V}_1}{\dot{I}_2}\right)_{\dot{I}_1=0}$$

$$\dot{Z}_{21} = \left(\frac{\dot{V}_2}{\dot{I}_1}\right)_{\dot{I}_2=0} \qquad \dot{Z}_{22} = \left(\frac{\dot{V}_2}{\dot{I}_2}\right)_{\dot{I}_1=0}$$

즉 4개의 파라미터는 전부 임피던스의 차원을 가지고 있기 때문에 임피던스 파라미터(Z 파라미터)라 한다. 이 밖에 어드미턴스 파라미터(Y 파라미터), 하이브리드 파라미터(h 상수)로 나타내는 방법도 있다.

impedance ratio 임피던스비(－比) 분압기에서 직렬로 접속한 두 분기의 임피던스와 저전압 분기의 임피던스의 비. 비를 정할 때 저전압측에 접속하는 측정 케이블, 계측기 등의 임피던스도 고려할 필요가 있다. 그리고 주파수가 임피던스비에 영향을 주지 않는 주파수 범위에서 사용한다.

impedance relay 임피던스 계전기(－繼電器) 거리 계전기로, 동작 임계 전압은 임피던스의 절대값에만 관계하고 임피던스의 위상각에는 본질적으로 관계가 없는 것.

impedance roller 임피던스 롤러 테이프 녹음 장치에서 테이프에 기계적인 임피던스를 주어 테이프 속도를 일정하게 하기 위해 사용하는 롤러.

impedance transducer 임피던스 변환(－變換) 기계적인 변위, 압력 등을 계측할 때 저항 · 유도 · 용량 등의 임피던스를 계측량에 비례하여 변화시키는 방법. 고감도, 원격 계측을 할 수 있고, 계측량에 반작용을 주지 않고 계측할 수 있다. 미소 변위의 계측, 두께 측정기, 힘의 계측, 온도 계측 등에 사용되며, 종류로는 전기 저항 변환, 전자 유도 변환, 정전 용량 변환이 있다. 그림은 정전 용량 변환의 예를 나타낸 것이다.

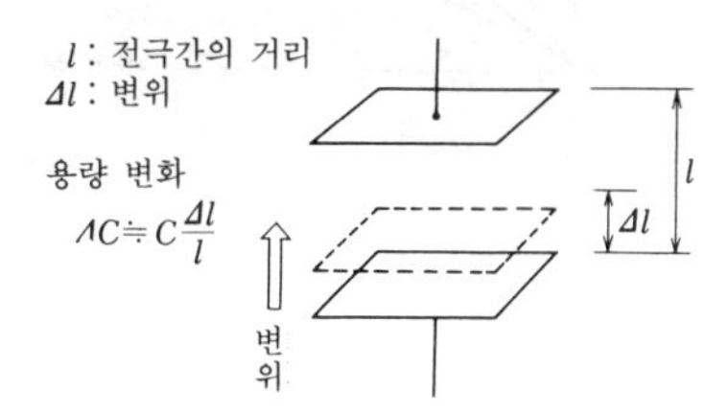

impedance vector 임피던스 벡터 임피던스를 벡터로 나타낸 것. $Z=R+jX$에서 X를 일정하게 두고, R을 변화시키면 그림 (a)와 같이 벡터의 선단이 움직여 임피던스 벡터 Z의 궤적은 반직선으로 된다. 또, R을 일정하게 두고, X를 +, －로 변화시키면 그림 (b)와 같이 되며, 그 궤적은 역시 직선이 된다(그림은 다음 면).

impedance voltage 임피던스 전압(－電壓) 변압기에서 저압측을 단락하여 고압측에 정격 전류가 흐르도록 했을 때의 고압측에 가한 전압. 임피던스 전압은 정격 전류가 흐르고 있을 때의 권선 임피던스에 의한 전압 강하를 나타내고 있다.

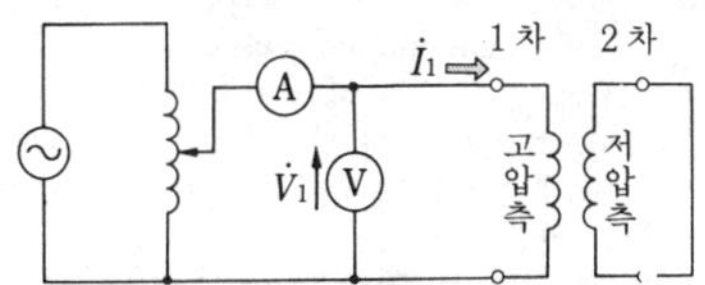

$\dot{I}_1$이 정격 전류와 같게 되도록 입력 전압을 조정했을 때 V_1을 임피던스 전압이라 한다

impedance watt 임피던스 와트 변압기의 저압측을 단락하고 고압측에 정격 전류를 흘렸을 때의 전력. 2차측을 단락함으로써 변압기의 입력부에서 본 임피던스

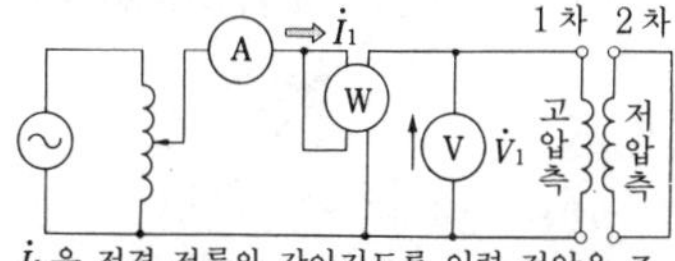

$\dot{I}_1$을 정격 전류와 같아지도록 입력 전압을 조정했을 때 W의 지시를 임피던스 와트라 한다

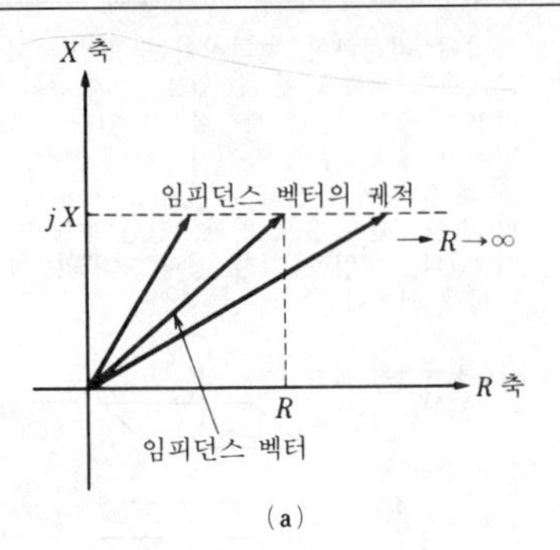

(a)

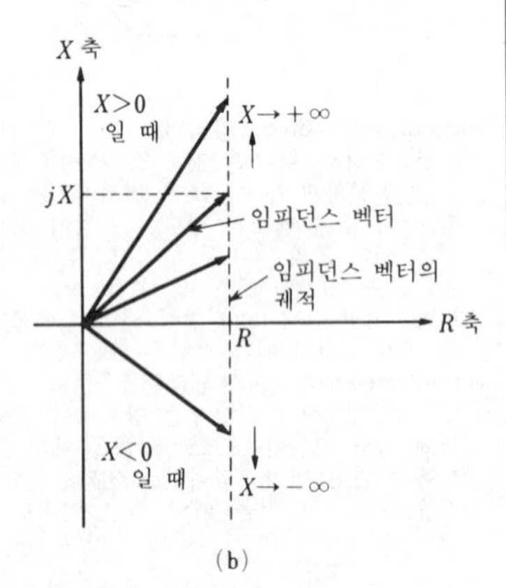

(b)

impedance vector

는 1차측 임피던스와 1차측에서 본 2차측 임피던스의 합이 된다. 따라서, 그림에서 W의 지시는 변압기의 저항 성분 중에서의 소비 전력(=동손)으로 되어 있다.

imperfection diffuse reflection 불완전 확산 반사(不完全擴散反射) 완전 확산 반사가 아닌 것의 총칭. →uniform diffuse reflection

imperfection diffuse transmission 불완전 확산 투과(不完全擴散透過) 투과하는 것을 통해서 보더라도 광원이 엷게 보이

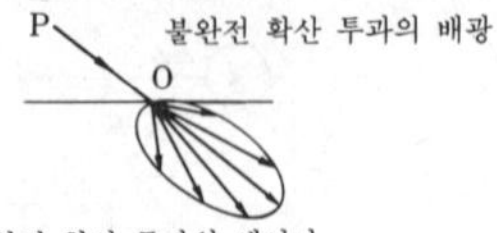

그림은 불완전 확산 투과의 예이다. 얇은 광택지, 광택 유리 등은 확산도가 적고, 그림과 같이 된다.

는 것. 그림은 불완전 확산 투과의 예이다. 엷은 광택지, 광택 유리 등은 확산도가 적어 그림과 같이 된다.

impregnating material 함침제(含浸劑) 고체 절연물의 절연 내력을 강화하기 위해 함침하는 절연 재료를 말하며, 일반적으로 와니스가 사용된다.

impregnation 함침(含浸) 종이에 파라핀을 침투시키는 경우와 같이 내압의 향상이나 흡습의 방지 등을 목적으로 절연물 자체 또는 상호간의 틈에 액상의 절연물을 침투시키는 것을 말한다. 또, 함침이 충분히 될 수 있도록 기압을 낮춘 상태로 행하는 것을 진공 함침이라 한다. 함침 재료로서는 기름 외에 와니스와 같이 후에 고화(固化)하는 것도 많이 쓰인다.

impregnation compound 함침용 콤파운드(含浸用−) 함침에 의해서 표면을 피복한다든지 기계적인 보호 등의 목적을 위해 사용되는 콤파운드. 피복하여 습기의 침입을 방지한다든지, 고전압에 의한 가스의 전리(電離)를 방지한다. 성분으로서는 타르, 수지, 아스팔트, 파라핀, 피치 등의 혼합물이 있다.

improved definition television 아이 디 티 브이 =IDTV

improvement factor of signal-to-noise ratio *SN* 비 개선 계수(−比改善係數) → bandwidth expansion factor

improvement threshold 개선 임계값(改善臨界−) 주파수 변조에서 피크 반송파 전압과 피크 잡음 전압의 비의 임계값. 이 임계값 이하에서는 *SN*비가 반송파 대 잡음비에 비해 급속히 감소하게 된다.

impulse 임펄스 파고율이 큰 전기적 충격파. 컴퓨터 용어로는 천공 카드에 의해서 데이터를 입력할 때 접촉 롤러와 브러시 사이에 천공 테이프를 들여보냄으로써 얻어지는 단속적 전기 신호를 임펄스라 한다. →pulse

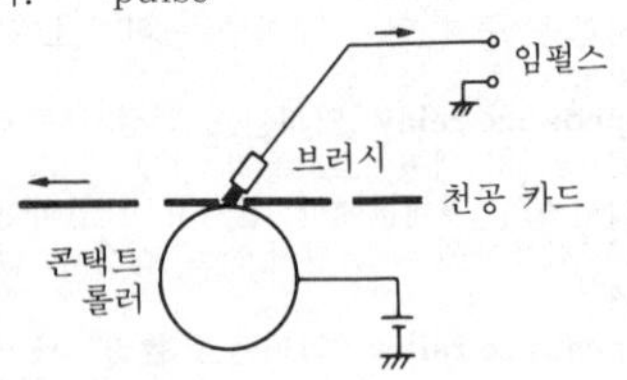

impulse counter 임펄스 계수기(−計數器) 0부터 9까지의 숫자를 표시하는 숫자 바퀴를 여러 개 배열한 10진 계수기로, 최저 자리의 숫자 바퀴가 회전 계수하여 9에서 0으로 되돌아갈 때 옆의 상위 자리

숫자 바퀴의 숫자를 하나 넘어가게 하는 것. 점프 카운터라고도 한다.

impulse current 임펄스 전류(－電流) 신속하게 최대값으로 상승하고, 급속하게 0으로 떨어지는 주기성이 없는 과도 전류. 구형(矩形) 임펄스 전류는 신속하게 최대값으로 상승하여 어느 시간 동안 거의 일정해지고, 그로부터 신속하게 0으로 떨어진다.

impulse duration system 임펄스 지속 시간식(－持續時間式) 샘플한 입력량을 그에 비례한 지속 시간을 가진 임펄스에 의해 표현하고, 이것을 전송하는 원격 측정 방식.

impulse flashover voltage 임펄스 플래시오버 전압(－電壓) 특정한 조건하에서 외위(外圍)의 매체를 통하여 플래시오버를 발생하는 임펄스 전압의 파고값.

impulse frequency system 임펄스 주파수식(－周波數式) 원격 측정에서의 신호 전송 방식으로서 전기 임펄스의 주파수를 입력 신호에 따라서 변화시키는 것.

impulse inertia 임펄스 관성(－慣性) 전압 인가 시간이 짧으면 그만큼 파괴적 방전을 발생시키기 위한 임펄스 전압의 크기가 커지는 절연물의 성질.

impulse noise 임펄스 잡음(－雜音) 계속 시간이 짧은 펄스에 의해서 생기는 잡음.

impulse-noise selectivity 임펄스 잡음 선택도(－雜音選擇度) 수신기에서 임펄스성 잡음에 대해 식별하는 능력의 척도.

impulse relay 임펄스 계전기(－繼電器) ① 임펄스가 끝날 무렵에 그 축적 에너지에 의해 동작하는 계전기. ② 임펄스의 길이와 세기에 대해서 판별하여 길거나 강한 임펄스에 대해서는 동작하고, 짧거나 약한 임펄스에 대해서는 동작하지 않는 계전기. ③ 펄스가 주어질 때마다 그 두 안정 상태의 하나에 교대로 옮겨 가는 계전기.

impulse response 임펄스 응답(－應答) 단위 충격 함수형 입력, 즉 델터 함수 $\delta(t)$에 대한 과도 응답이 단위 임펄스 응답이다. 실제로는 이상적인 $\delta(t)$를 만드는 것은 불가능하기 때문에 구형파, 3 각파 등 펄스폭이 응답 시간에 비해 매우 작은 경우의 과도 응답을 임펄스 응답으로 간주하고 있다. 전달 함수를 $G(s)$라 하면 임펄스 응답 $h(t)$는

$h(t) = L^{-1}\{G(s)\}$

이며, 임펄스 응답의 라플러스 변환이 전달 함수라고도 할 수 있다.

impulse response function 임펄스 응답 함수(－應答函數) 입력측에 단위의 임펄스 신호를 가했을 때의 계(系)의 출력으로 보통 $h(t)$로 나타낸다. 임의의 입력 $x(t)$를 주었을 때의 출력 $y(t)$는 계가 선형 특성을 갖는 것으로 하고, 위의 $h(t)$를 써서 선형 회로의 중첩성을 이용하여 다음과 같은 콘벌루션 적분으로 주어진다.

$$y(t) = \int_{-\infty}^{t} h(t-\tau)x(\tau)d\tau$$

혹은 $t-\tau=\lambda$로서 변수를 변경하면 위의 적분은 다음과 같이 바꾸어 쓸 수 있다.

$$y(t) = \int_{0}^{\infty} h(\lambda)x(t-\lambda)d\lambda$$

impulse-type telemeter 임펄스형 원격 측정(－形遠隔測定) 전달 수단으로서 주파수 이외의, 단속적으로 존재하는 신호의 특성을 이용하고 있는 원격 측정을 말한다.

impulse voltage 임펄스 전압(－電壓) ① 큰 파고값을 가지며, 지속 시간이 매우 짧은 파형의 전압. ② 진동을 수반하는 일 없이(따라서 일정한 극성을 가지고) 급속히 상승하고, 바로 또 급속히 하강하는 전압(전류) 파. 임펄스 전압은 극성, 파형, 파고값의 세 가지에 의해 정해진다.

impulsive noise 충격성 잡음(衝擊性雜音) 비교적 계속 시간이 짧고, 더욱이 잡음 발생의 시간 간격이 계속 시간에 비해 긴 불규칙한 잡음. 이것은 천둥이나 공전(空電)에 의한 자연 잡음과 전기 기계 기구에서 생기는 인공 잡음이 원인이 된다. 자연 잡음은 발생원에서 방지할 수 없지만 인공 잡음은 어느 정도 방지할 수 있다. 그러나 어쨌든 잡음을 완전히 방지하기 어려우며, 수신측에서는 잡음 제한기 등에 의해 억제하는 방법이 쓰인다.

impurity activation energy 불순물의 활성화 에너지(不純物－活性化－) 불순물 준위와 그에 인접하는 에너지대 사이의 에너지 갭.

impurity atom concentration profile 불순물 농도 분포(不純物濃度分布) 확산층이나 에피택시얼 성장층 속에 형성되는 첨가 불순물의 농도 분포.

impurity level 불순물 준위(不純物準位) 반도체 결정 중에 불순물이 존재하면 금제대이어야 할 곳에 전자가 존재할 수 있는 에너지 준위가 나타난다. 이것은 불순물 준위이며, 그 위치는 불순물의 종류에 따라 정해지고, 도너인 경우는 전도대 바로 밑에 나타나서 n형 반도체가 되며, 억셉터인 경우는 가전자대 바로 위에 나타나서 p형 반도체가 된다.

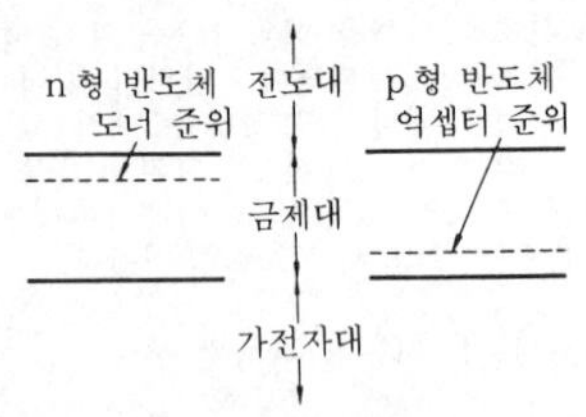

impurity level

impurity scattering 불순물 산란(不純物散亂) 결정(結晶) 내의 정공이나 전자에 의해 전자가 산란하는 것.

impurity semiconductor 불순물 반도체(不純物半導體) →semiconductor

in-band signaling system 대역내 주파 신호 방식(帶域內周波信號方式) 음성 주파 신호 방식이라고도 하며, 감시 신호로서 음성 주파 대역 내의 신호를 사용하는 것을 말한다. 이 방식은 선택 신호의 형식에 따라 다주파 부호를 사용하는 것을 IM 방식, 다이얼 임펄스를 사용하는 ID방식이 있다. 이들 감시 신호는 통화의 방해가 되지 않도록 펄스 모양의 신호가 사용된다.

incidental modulation 기생 변조(寄生變調) 신호 발생기의 변조에 따라서 생기는 출력 신호의 바람직하지 않은 변조의 총칭. 변조에 의한 반송 주파수의 벗어남, 기생 주파수 변조 및 기생 진폭 변조가 포함된다. 그 정도는 각각 기생 변조의 주파수 편이 및 진폭 변조도로 주어진다.

incident wave 입사파(入射波) ① 전송 회로에서 입력측에서 출력측을 향하는 파. ② 서로 다른 성질의 매질이 접하고 있을 때 그 경계를 향해서 진행하는 파.

in-circuit tester 인서킷 테스터 프린트 회로 등에서 기판상에 장착된 부품(저항, 트랜지스터, 다이오드 등)을 판에 조립한 채로 다른 회로 부분에서 절연하여 시험할 수 있는 테스터. 반전 증폭기의 피드백 루프에 시험할 부품(그 저항 R_f)을 써서 증폭기의 전압 이득 V_o/V_i를 측정하면 그 값은 R_f/R_1 이므로(단, R_1은 증폭기 입력 저항) 이로써 R_f가 구해진다. R_f의 입력측의 한쪽은 이른바 가상 그라운드 전위이고, 출력단 임피던스는 거의 제로이며, 출력 전압 V_0은 출력단에 연결되는 부하에 의해 거의 변동하지 않기(내부 임피던스가 없는 정전압원) 때문에 Rf는 회로 내에서 완전히 절연된 상태에서 측정할 수 있다. 그림에서 X점은 가상 접지점이고 Z점은 실제 접지이다. 따라서 X-Z간의 회로 분기는 모두 제로 전위이며, 전류는 흐르지 않으므로 이들은 측정에 영향하지 않는다. Y점의 출력 임피던스도 거의 0이며, Y점에 병렬로 접속되는 부하도 측정에 관계가 없다.

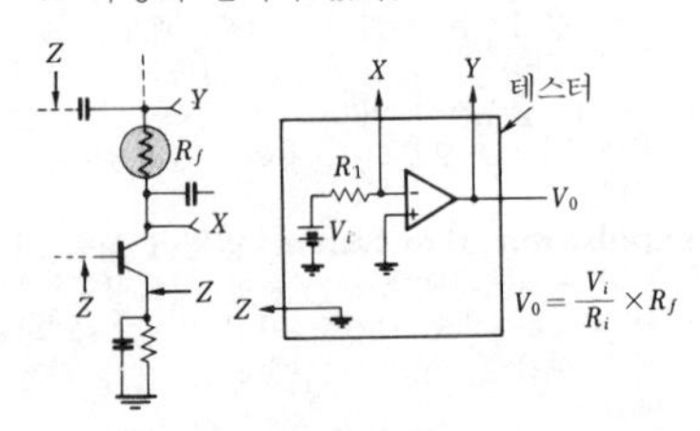

inclined functional material 경사 기능 재료(傾斜機能材料) 판 모양의 재료에서 겉과 뒤가 다른 성질이 있으며, 더욱이 그 겉의 성질이 서서히 뒤쪽으로 이행하여 재질이 변화하는 특성을 갖는 것.

incoherent 인코히어런트 섬유 광학에 있어서 코히렌스도(度)가 0.88 보다 크게 낮은 것.

incoherent scattering 인코히어런트 산란(一散亂) 파(波)가 물체에 닿아서 파의 위상이 무질서하게 변화하는 것. 따라서 산란된 빔의 각부에 대해서는 일정한 위상 관계가 존재하지 않는다.

incoming line 입선(入線) 교환기에 대하여 그 전위(前位)의(발호측의) 기기에서 교환 접속되는 전화 회선.

incoming traffic 입접속 호량(入接續呼量) 교환기에 대한 회선으로부터의 입력 트래픽량.

incoming trunk 입 트렁크(入一), 착신 트렁크(着信一) 통신 분야의 용어. 트렁크 링크 프레임이나 입 프레임의 입력측에 두어지는 것으로, 주변 장치로부터의 입중계선을 이들을 거쳐 후위 접속로에 접속하는 하이웨이를 말한다.

incomplete call 불완료호(不完了呼) 전화, 전신 등의 이용자가 상대 가입자를 호출했을 때 중계선의 폭주, 상대 부재 등으로 접속되지 못한 호.

Inconel 인코넬 니켈 합금의 일종. 비자성이며, 탄성이 강하므로 계전기의 스프링 등으로 사용된다.

incremental induction 증분 자속 밀도(增分磁束密度) 직류 바이어스 자화력과 대칭적인 사이클릭 변화 자화력을 중첩하는 것으로 자화되는 자성 재료에서 자속 밀도의 최대값과 최소값의 차의 절반. 이 경우의 최대, 최소 자화력의 차의 절반은 증분 자화력이며, 증분 자속 밀도/증분 자화력이 증분 투자율 μ_Δ이다.

incremental integrator 증분 적분기(增分積分器), 증분 분류기(增分分流器) 출력값이 마이너스, 제로, 플러스인데 대해 출력 신호가 각각 마이너스의 최대량, 제로, 플러스의 최대량이 되도록 한 계수기형 적분기.

incremental plotter control 증분식 플로터 제어(增分式-制御) 플로터 제어 방식의 하나. 어떤 점에서 다른 점으로의 이동을 상대적인 증분에 의해서 제어하는 방식.

incremental permeability 증분 투자율(增分透磁率) →incremental induction

incremental sweep 증분 소인(增分掃引) 오실로스코프의 시간축을 소인하는 경우에 시간에 대해서 연속적으로 소인하는 것이 아니고, 어느 정해진 스텝으로 이산적으로 시간 변화가 이루어지는 소인법. 시간축에 주는 소인 전압은 직선 경사 전압이 아니고 계단형의 전압이다.

incrementer 증분기(增分器) 자동적으로 1 또는 하나의 단위를 더하는 장치.

increment instruction 증분 명령(增分命令) 컴퓨터의 레지스터나 기억 장치의 증감 명령의 하나로, 주소부에서 지정하는 레지스터 또는 기억 장치의 내용을 1만큼 증가하는 명령.

independent sideband transmission 독립 측파대 전송(獨立側波帶傳送) 반송파를 변조하여 얻어지는 반송 주파수의 상하 측파대는 서로 무관하며, 이들은 2개의 별개 변조 입력 신호와 결부되어 있는 것과 같은 것. 반송 주파수 자신은 전송되는 경우도 있고 억압되는 경우도 있다.

independent source 독립 전원(獨立電源) 회로에 전압 또는 전류를 공급하는 2단자 소자로 전압이 부하와 관계가 없는 것을 전압원, 전류가 부하와 관계가 없는 것을 전류원이라 한다.

independent synchronization 독립 동기(獨立同期), 독립 동기 방식(獨立同期方式) 디지털망 중의 단말 장치 등의 노드가 각각 독립으로 클록원을 갖는 망 동기 방식.

index-beam 인덱스빔 →bema-indexing color tube

indexed sequential access method 색인 순차 접근법(索引順次接近法) =ISAM

index hole 인덱스 구멍 플로피 디스크에 뚫은 구멍으로, 광학 장치에 의해서 이 구멍의 위치를 읽음으로써 디스크 상의 섹터 시작점을 알 수 있다.

index of cooperation 협동 계수(協同係數) 팩시밀리에서 그림과 같은 원통 주사 방식인 경우, 원통의 직경〔mm〕과 주사선 밀도〔선/mm〕의 비를 협동 계수라 한다. 수신 화면의 크기는 송신 원화와 같더라도, 아날로그형이고 협동 계수의 값이 같으면 수신 가능하다.

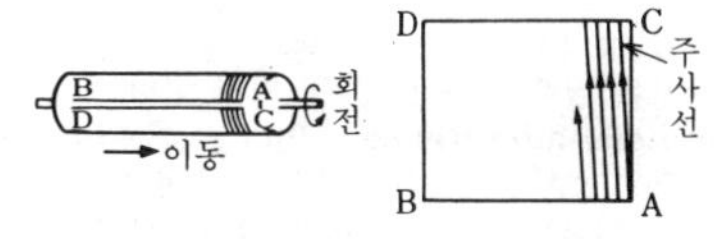

index register 인덱스 레지스터 인덱스(지수 또는 지표라 한다)를 다루는 명령을 위한 레지스터. 이것은 그 성질상 없어도 되지만 프로그램 작성상 매우 편리하므로 현재에는 거의 모든 컴퓨터에 붙여져 있다. 원래 B박스 혹은 B라인이라고 불리고 있었으나 현재는 인덱스 레지스터라고 부르는 경우가 많다. 인덱스의 목적은 두 가지가 있다. 첫째 목적은 프로그램의 어느 부분의 명령군을 반복하여 행하는 경우이다. 둘째 목적은 기억 장치에서 명령을 제어 장치에 판독해서 수행하는 경우, 그 면령의 주소 부분에 이 인덱스를 더한다는 주소의 수정이다.

indicating element 표시 소자(表示素子) 문자나 도형, 화상 등의 정보를 입력에 따라서 표시하기 위한 소자. 표시 부분이 발광하는 것(CRT, EL, LED, LD 등)과 투과광을 이용하는 것(액정 등) 등이 있다.

indicating instrument 지시 계기(指示計器) 범용의 전압계, 전류계, 전력계와 같이 지침의 지시가 직접 측정값을 지시하는 계기.

indicating lamp 표시등(表示燈), 파일럿 램프 그것이 접속되어 있는 회로의 상태를 표시하기 위한 램프.

indication selsyn 지시 셀신(指示-) 3상 권선을 고정자에 갖고, 그 중에 2극 단상형의 회전자를 넣은 구조의 회전 기기. 양자를 병렬로 접속해 두고, 한 쪽 축을 움직이면 다른 쪽이 토크를 발생하여 회전해서 동일한 관계 위치에서 정지한다. 지향성 안테나의 방위 등 기계적인 회전 위

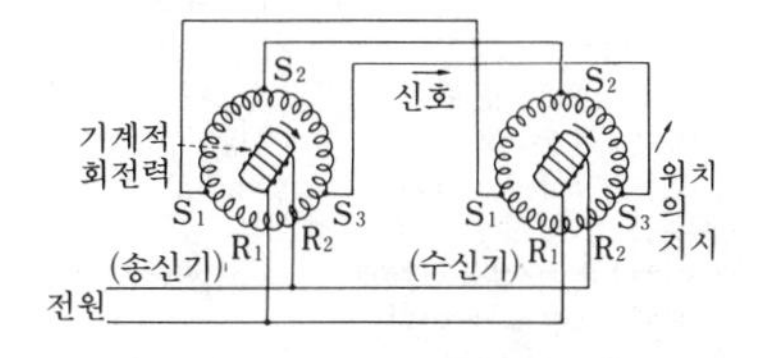

I

치를 전기 신호로 고쳐서 먼 곳에 보내서 지시한다.

indicator 인디케이터, 표시기(表示器), 지시기(指示器) 프로세스, 동작 또는 사상(事象)의 결과에 대응하여 원하는 상태로 세트되거나 혹은 기록되는 신호, 표시 또는 장치를 말한다. 어느 상태가 기계 중에서 생기고 있는지, 그렇지 않은지를 지시하는 것을 체크 인디케이터라 한다.

indicial admittance 인디셜 어드미턴스 단위 스텝 구동력에 대한 순시 반응. 이것은 어드미턴스로 정의된 형의 어디미턴스가 아닌 시간 함수이다.

indicial response 인디셜 응답(-應答) 자동 제어계 또는 요소의 과도적인 동특성을 살피기 위해 사용하는 것으로, 그림 (a)와 같은 단위 계산항 입력이 가해졌을 때의 응답을 말한다. 그림 (b)는 안정한 계 또는 요소에서의 응답의 일례이다.

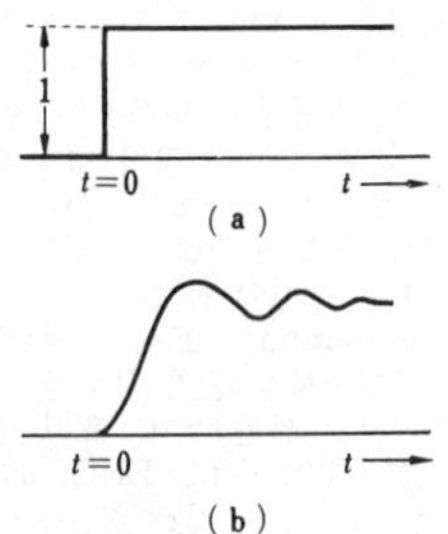

(a)

(b)

indirect acceleration system 간접 가속 방식(間接加速方式) 전자 등의 소립자를 가속하는 데 고전압에 의한 전계에서 단번에 하는 직접 가속 방식에 대하여 비교적 낮은 교번 전압을 써서 몇 회라도 가속을 되풀이하여 고 에너지를 주는 방식을 말한다. 선형 가속기는 그 예이다.

indirect address 간접 주소(間接住所) 컴퓨터 명령의 주소 부분이 처리 대상의 데이터가 저장되어 있는 주소를 직접 나타내지 않고 주소부의 지정하는 장소에 처리 대상 데이터가 저장되어 있는 번지가 있는 방식. 프로그래밍에서 주소 지정에 복잡한 수법을 쓸 때 등에 사용된다.

indirect control 간접 제어(間接制御) 직접 제어를 하고 싶으나 제어하려는 목표의 변수를 검출하기가 기술적으로 혹은 장치적으로 곤란한 경우, 이 변수에 영향하는 다른 여러 변수를 적당한 일정값으로 유지하고, 결과로서 목적으로 하는 변수를 간접적으로 일정값으로 유지하는(제어하는) 방법을 말한다. 간접 제어의 대비어가 직접 제어이다.

indirect crosstalk 간접 누화(間接漏話) 통신선의 회선간에서 제 3 의 회선을 중개(仲介)로 하여 간접적으로 누화를 유도하는 것. 즉, 그림에서 a 회선에서 b 회선으로 유도한 누화 전류가 다시 c 회선으로 누화를 유도한 경우 a-c 간의 누화가 간접 누화이다.

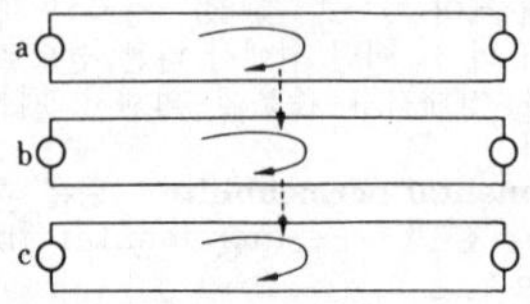

indirect-detection 간접 검출(間接檢出) 간접적으로 피측정량을 검출하는 것. 측정하려는 양 이외의 양을 검출하고, 계산 등에 의해 피측정량을 추측하는 것. 대부분의 계측기는 간접 검출을 하고 있다. 즉 전기적인 양 이외의 물리적, 화학적인 양도 전기 회로나 전자 회로를 거쳐서 검출, 계측하는 경우가 많다. 서모스탯에 의한 온도 검출 등은 그 일례이다.

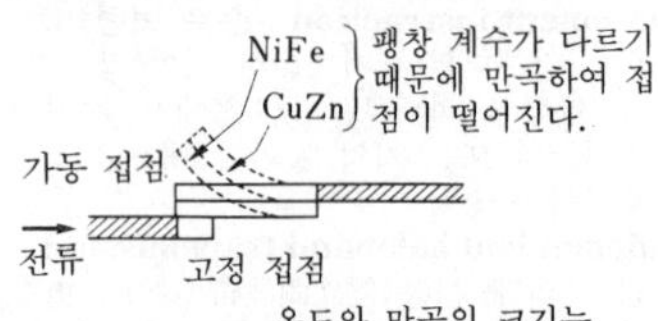

indirect FM system 간접 주파수 변조 방식(間接周波數變調方式) 주파수 변조 회로의 일종으로, 직접 주파수 변조 방식과 달리 위상 변조기에서 주파수 피변조파를 얻는 방식이다. 신호파를 위상 변조기에 넣기 전에 적분 회로(전치 보정 회로)를 통해서 가하면 출력에 주파수 피변조파가 얻어지는 원리에 의한 것이다. 이 방식은 수정 발진기를 사용하기 때문에 특별한 AFC 회로를 사용하지 않더라도 주파수 안정도가 좋으므로 소형 FM 무선기에 널리 사용되고 있다.

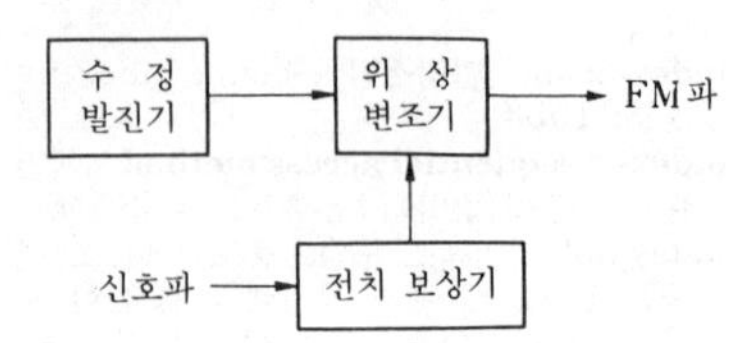

indirect-gap semiconductor 간접 갭 반도체(間接-半導體) →direct-gap semiconductor

indirect heated cathode 방열 음극(傍熱陰極) 독립의 히터에 의해 가열되는 열음극. 직열형(直熱形)과 달리 음극 전체가 하나의 등전위면이다.

indirect induction furnace 간접 유도로(間接誘導爐) 도전율이 낮은 재료(구리, 구리 합금, 경합금 등)의 용해에 사용하는 노. 1 차 코일에 1,000~10,000Hz 의 고주파 전류를 흘리고, 그 속에 둔 도전성 흑연 도가니를 2 차측 발열체로 하여 도가니 속의 물질을 가열하는 장치.

indirectly-heated cathode 방열 음극(傍熱陰極) 진공관의 음극을 가열하는 데 음극 내부에 절연한 히터를 매입하여 하는 것으로, 음극 자신은 금속 산화물로 감싼 니켈 원통으로 만든다.

indirectly-heated thermistor 방열형 서미스터(傍熱形－) 서미스터는 온도 변화에 따라서 심하게 저항값이 달라지는 성질을 이용하는 부품인데, 그 온도 변화가 서미스터 가까이에 두어진 히터에 의해서 주어지는 것을 말한다.

indirect measurement 간접 측정(間接測定) 측정량과 일정한 관계에 있는 몇 가지 양을 측정하고, 관계식을 써서 계산하여 목적으로 하는 측정량을 얻는 방법.

indirect recombination 간접 재결합(間接再結合) 전자와 정공이 과잉 에너지를, 포논(phonon)으로서(광자로서가 아니고) 해방하여 재결합하는 것. 재결합하는 전하 담체(擔體)가 결합하기 직전에 본질적으로 다른 값의 파수(波數)를 가지고 있는 경우에 생긴다.

indirect transition 간접 천이(間接遷移) 결정(結晶) 내 전자가 빛을 흡수 또는 방출하여 에너지 준위(準位)를 천이할 때 포논(phonon)의 흡수 또는 방출을 수반하는 천이 과정. 실리콘이나 게르카늄에서 볼 수 있다. 직접 천이의 대비어.

indirect wave 간접파(間接波) →ionospheric wave

individual control system 개별 제어 방식(個別制御方式) 선택이나 접속을 하는 개개의 실렉터나 커넥터 등이 그 동작에 필요한 모든 것을 별개로 갖는 회선 제어 방식. 이에 대해서 개개의 선택 · 접속 장치를 묶어서 공통의 제어 장치로 제어하는 교환 제어 방식(예를 들면 크로스바 방식, 전자 교환 방식 등)을 공통 제어 방식이라 한다.

individual reception 개별 수신(個別受信) →reception of satellite broadcasting

induced current 유도 전류(誘導電流) ① 시간적으로 변화하는 전자계를 줌으로써 도체 내부에 유도되는 전류. ② 신호 회로가 방해 전자계와 결합을 가짐으로써 신호 회로 내에 유도되는 전류.

induced electrification 유도 대전(誘導帶電) 다른 물체의 전하가 접근함으로써 음, 양의 전하가 분리하여 도체 표면의 다른 장소에 생기는 것.

induced electromotive force 유도 기전력(誘導起電力) 전자 유도 작용에 의해서 발생하는 기전력. 변압기나 발전기에 생기는 기전력 등이 있으며, 그 크기는 단위 시간에 쇄교하는 자속에 비례한다.

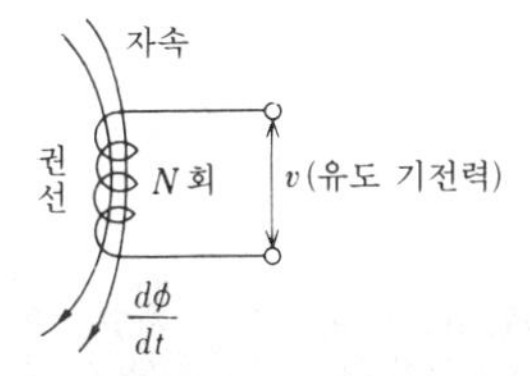

induced emission 유도 방출(誘導放出) 양자 역학계에서 고유의 두 에너지 준위 사이의 천이가 자발적이 아니고, 어느 외부장(外部場)의 작용에 의해 이루어지는 것. 유도 방출은 코히어런트한 방사를 발생시키기 위한 수단이다. 강제 천이라고도 한다.

induced noise 유도 잡음(誘導雜音) 외부로부터의 유도에 의해 통신로에 생기는 잡음. 예를 들면, 통신선 가까이에 있는 송배전선이나 전기 철도의 가선 등으로부터 정전적, 전자적(電磁的)으로 유기되는 것이나, 동일 케이블 내의 다이얼 신호 등에 의해 발생하는 것이 있다.

inductance 인덕턴스 전선이나 코일에는 그 주위나 내부를 통하는 자속의 변화를 방해하는 작용이 있으며, 이 작용의 세기를 나타내는 값을 인덕턴스라 한다. 또, 자속이 코일 자신의 전류에 의한 것일 때는 자기 인덕턴스라 하고, 다른 전선이나 코일의 전류에 의한 것일 때는 상호 인덕

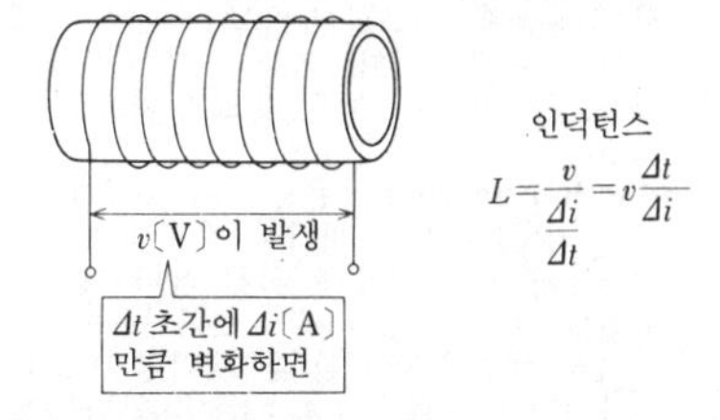

턴스라 한다. 이들의 크기 단위는 모두 헨리(기호 H)이다.

inductance coil 유도 코일(誘導－) ① 전화 회로에서 송화, 수화 각 회로를 분리하여 효율적으로 통화하기 위해 사용되는 코일. ② 코일에 흐르는 직류 전류를 차단하고, 이것을 고전압의 교류 전류로 변환하기 위해 사용되는 트랜스.

inductance neutralizing circuit 인덕턴스 중화 회로(－中和回路) 중화 소자에 인덕턴스를 사용한 중화 회로. →neutralizing circuit

induction 유도(誘導) 전자적(電磁的) 인 성질을 가진 물체가 물리적인 접촉없이 가까운 물체에 기전력, 전하, 자기를 발생시키는 현상.

induction compass 유도 컴퍼스(誘導－) 항공기의 기수 방위를 방위각으로 지시하는 장치. 그 표시는 지구 자계 내에서 회전하는 코일에 발생하는 전류에 의해 얻어진다.

induction factor 인덕션 계수(－係數) 자심에 감겨진 어느 일정한 형 및 치수의 코일에서 단위 권수에 의해 생기는 자기 인덕턴스를 말하며, 다음 식의 A_L로 주어진다.

$A_L=L/N^2$

여기서, N : 코일의 전 횟수, L : 자기 인덕턴스〔H〕.

induction field 유도 전자계(誘導電磁界) 고주파 전류가 흐르고 있는 도체에 의해 발생하는 세 가지 전계 중의 하나로, 유도 전계라고도 한다. 길이 l〔m〕의 도체에 I〔A〕의 고주파 전류가 흘렀을 때 이 도체에서 d〔m〕의 거리에 있는 점의 전계 강도 E〔V/m〕는 다음 식으로 표시된다.

$$E=\sqrt{\frac{\mu_0}{\varepsilon_0}}\cdot\frac{\lambda l}{8\pi^2 d^3}I+\sqrt{\frac{\mu_0}{\varepsilon_0}}\cdot\frac{l}{4\pi d^2}I+\sqrt{\frac{\mu_0}{\varepsilon_0}}\cdot\frac{l}{2\lambda d}I$$

여기서, μ_0 : 진공의 투자율〔H/m〕, ε_0 : 진공의 유전율〔F/m〕, λ : 파장〔m〕. 제 1 항이 정전계, 제 2 항이 유도 전자계, 제 3 항이 방사 전계이며, 거리가 먼 곳에서는 방사 전계 이외는 작은 값으로 되므로 무시된다.

induction heating 유도 가열(誘導加熱) 전기 가열의 일종. 피가열 재료에 대하여 전극에서 전자 유도에 의해 에너지를 전달하고, 재료 자체가 전기 에너지를 열 에너지로 변환하는 것이다. 피가열 재료는 도체이어야 한다. 주파수는 수백 kHz 까지 쓰이며, 금속 표면 담금질 등에 적합하다.

induction instrument 유도형 계기(誘導形計器) 고정 권선에 흐르는 전류 또는 복수의 전류에 의해 생기는 자속과, 가동 도체에 전자 유도에 의해 유기된 전류와의 사이에 생기는 반발력에 의해 동작하는 계기.

induction interference 유도 방해(誘導妨害) 전력선과 통신선이 접근하여 가설되어 있는 경우에 전력선으로부터의 유도 전압에 의해 통신선에 잡음 방해가 발생하는 것. 전력선의 전류에 의한 전자 유도 방해와 전력선의 전압에 의한 정전 유도 방해가 있다.

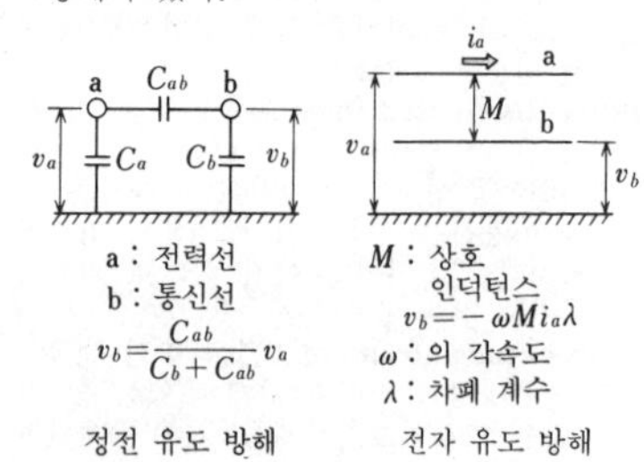

정전 유도 방해 전자 유도 방해

induction loudspeaker 유도형 스피커(誘導形－) 일정 자계와 서로 작용하는 가청 주파 전류가 가동 요소 내에 유도되는 스피커.

induction magnetic field 유도 자계(誘導磁界) 안테나로부터 방사되는 자계는 다음 식으로 나타내어진다.

$$H=\frac{l}{4\pi d^2}I+\frac{l}{2\lambda d}I$$

여기서, H : 자계의 세기〔A/m〕, l : 안테나의 길이〔m〕, d : 안테나로부터의 수직 거리〔m〕, λ : 파장〔m〕, I : 안테나 전류의 실효값〔A〕. 제 1 항을 유도 자계, 제 2 항을 방사 자계라 하고, 유도 자계는 저주파 회로 소자 근처에서 생기는 전자계와 같은 성질이 있으며, 먼 곳에서는 거리의 제곱에 반비례하여 감소하기 때문에 전파로서 이용할 때는 방사 자계만을 생각하면 된다.

induction motor 유도 전동기(誘導電動機) 회전하지 않는 고정자와 회전할 수 있는 회전자로 이루어지며, 고정자 권선에 회전 자계가 발생하는 전류를 공급하면 전자 유도에 의해 회전자 권선에 유도 전류가 흘러 토크를 발생하여 회전하는 전동기. 유도 전동기는 보통 정류자를 갖지 않고, 정상 운전 상태에서는 동기 속도보다 느린 속도로 회전한다. 단상, 3 상의 것이 있으며, 회전자의 구조에 따라 농형, 권선형으로 나뉜다. 일반적으로 널리 쓰이는 전동기이다.

induction potentiometer 유도 퍼텐쇼미터(誘導－) 리졸버(resolver)형의 싱크로로, 유극성의 전압을 발생한다. 그 크기는 회전자(1 차) 코일의, 기준 위치로부터의 각변위 크기에 직접 비례하고, 그 위상은 기준 위치로부터의 회전축의 회전 방향을 나타낸다. 비례 동작 범위는 85° 정도이다.

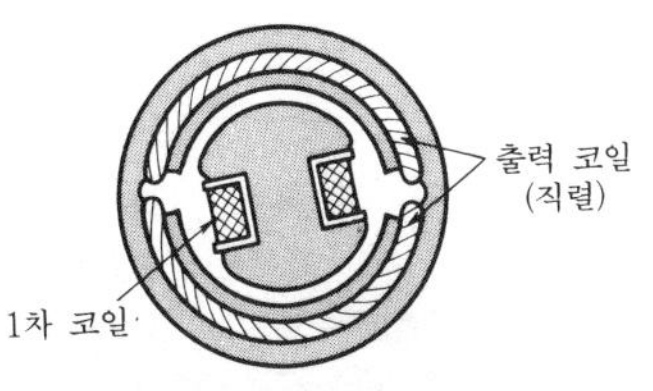

induction regulator 유도 전압 조정기(誘導電壓調整器) 1 차 권선, 2 차 권선의 자기적인 결합 관계를 가변으로 하여 2 차 유도 전압을 바꾸어서 연속적으로 출력 전압을 조정할 수 있는 것. $V_2=V_1+E_2\cos\theta$로 나타내어지며, θ가 0 부터π까지 변화하면 V_2는 $V_1+E_2\sim V_1-E_2$의 범위로 조정할 수 있다. 단상용 및 3 상용이 있으며, 그림은 단상 유도 전압 조정기의 예를 나타낸 것이다.

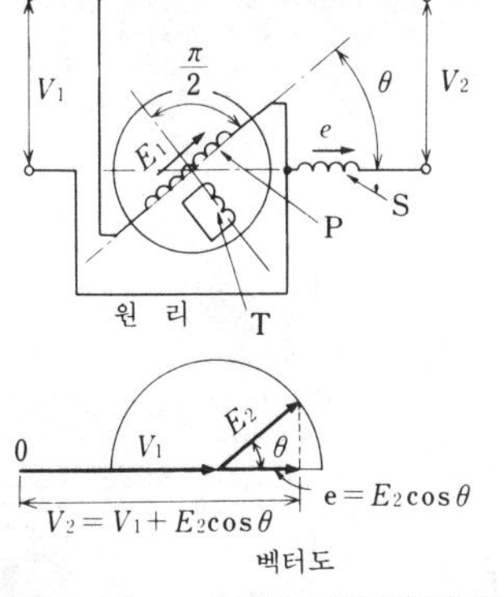

induction relay 유도형 계전기(誘導形繼電器) 회전 자계 내에 두어진 도전도(導電度)가 높은 금속 원판(구리, 알루미늄 등)에 유도 작용이 생기는 토크를 이용하여 접점의 개폐를 하는 구조의 것으로 주로 보호 계전기로서 사용된다. 과전류 계전기, 과전압 계전기, 과부하 계전기, 접지 계전기 등이 있다. 구조가 튼튼하고 한 번 조정하면 특성의 변화가 적다.

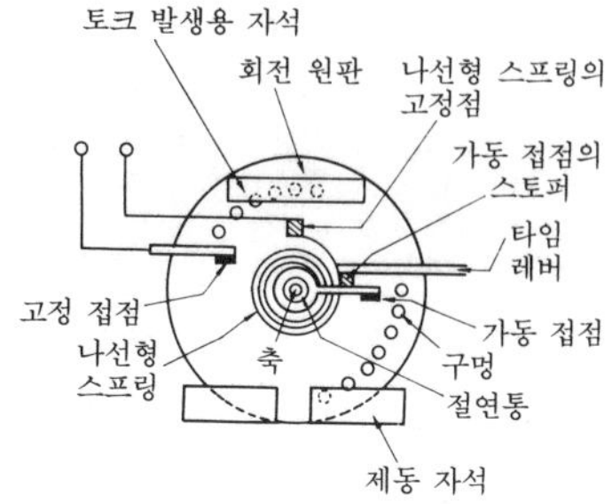

induction type instrument 유도형 계기(誘導形計器) 계기의 동작 원리에 의한 종별의 하나로, 회전 자계 또는 이동 자계와 그 속에 두어진 도체 내에 생기는 와전류 사이의 전자력을 이용하는 것. 주파수나 파형의 영향을 받기 쉬우므로 주로 상용 주파수에서 전력량계나 전력용 계전기 등에 쓰이고 있다. 그림은 유도형 계기라는 것을 나타내기 위한 기호이다.

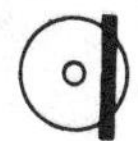

induction wireless telephone system 유도 무선 전화(誘導無線電話) 기지국에서 가설한 유도선과 이동국 안테나 사이의 전자 유도 결합을 이용한 무선 전화. 지형, 일기 등이 통신에 미치는 영향도 적고 혼신도 없다. 그러나 유도선 가까이에서만 이용할 수 있는 결점이 있다. 특정한 이동 루트 상에서의 통신에는 매우 편리하므로 열차 전화나 구내에서의 연락 무선 등에 쓰이고 있다.

inductive 유도성(誘導性) 교류 회로에 전류를 흘렸을 경우 전류가 전압보다 위상이 늦으면 이 회로의 리액턴스는 유도성이라 한다. 코일은 유도성이다. 공진 회로에서는 공진점을 경계로 하여 그 합성 리액턴스는 유도성과 용량성이 반전한다.

inductive exposure 유도 환경(誘導環境) 전원 회로와 통신 회로가 접근해 있는 경우로, 유도 방해에 대해 고려해야 하는 상태.

inductive interference 유도 방해(誘導妨害) 전력 계통과 통신 계통 사이의 유도 결합에 의해 통신 계통 내에 유해한 전압, 전류가 유도되어 통신의 품질이 저하하는 것.

inductively coupled circuit 유도성 결합 회로(誘導性結合回路) 공통 요소가 상호 인덕턴스인 경우에 결합되는 회로.

inductive neutralization 유도 중화(誘導中和) 증폭기에서의 중화법. 입력, 출력 양 회로간의 커패시턴스에 의한 궤환 서셉턴스가 코일에 의한 등량이고 역극성의 서셉턴스에 의해 중화되어 정궤환에 의한 동작의 불안정을 방지하고 있다.

inductive radio system 유도 무선 방식(誘導無線方式) 전력선, 통신선, 철도 궤도 등에 송수신 안테나를 유도적으로 결합하여 통신을 하는 방식. 공간에 전파를 방사하여 행하는 공간 무선 방식에 비해 혼신이 적고, 또 소전력으로 할 수 있다는 이점이 있다.

inductive reactance 유도 리액턴스(誘導—) 인덕턴스의 유도 작용에 의한 리액턴스. 인덕턴스를 L〔H〕, 주파수를 f〔Hz〕로 하면 유도 리액턴스 X_L은

$X_L = 2\pi f L$ 〔Ω〕

그림은 유도 리액턴스 회로이다.

$$e = E\sin(\omega t - \theta)$$

$$i = \frac{E}{\omega L}\sin\left(\omega t - \theta - \frac{\pi}{2}\right)$$

$$\omega = 2\pi f$$

inductor 인덕터 인덕턴스를 이용할 목적으로 만든 장치. 보통은 권선으로 만들어지며, 자심을 갖는 것과 갖지 않는 것이 있다.

inductor microphone 인덕터 마이크로폰 직선상의 도체로 형성되는 가동 소자가 있는, 무빙 컨덕터 마이크로폰.

inductor type tachometer 유도자형 회전계(誘導子形回轉計) 연철의 원통에 홈을 낸 유도자를 회전체에 부착하고 영구자석에 코일을 감은 픽업을 거기에 마주보게 하여 설치하면 회전에 따라서 자속이 변화하여 전압을 유기한다. 이 전압의 크기는 회전수에 비례하므로 전압을 측정해서 회전수를 알 수 있다. 이 방법에 의하면 에너지의 소모가 거의 없고, 안정한 측정을 할 수 있다.

inductosyn 인덕토신 제어 장치에서 변위를 검출하기 위해 사용하는 부품. 2 개의 코일이 있고 그 간격을 변화시킴으로써 양 코일 간의 상호 인덕턴스가 변화하는 것을 이용하고 있다.

industrial engineering 생산 공학(生産工學), 생산 기술(生産技術), 산업 공학(産業工學) =IE

industrial robot 공업용 로봇(工業用—) 공업의 현장에서 위험한 작업이나 불쾌한 작업을 인간을 대신해서 하고, 혹은 단순한 양산 작업을 인력 절감하기 위하여 사용하는 자동 기계. 그림은 후자의 목적으로 사용하는 단기능 로봇의 일례이며, 미리 작업 순서를 자기 테이프 등의 기억 장치에 입력해 두고, 작업 명령에 의해 기억한 프로그램을 꺼내서 팔(arm) 등을 동작시키도록 되어 있다.

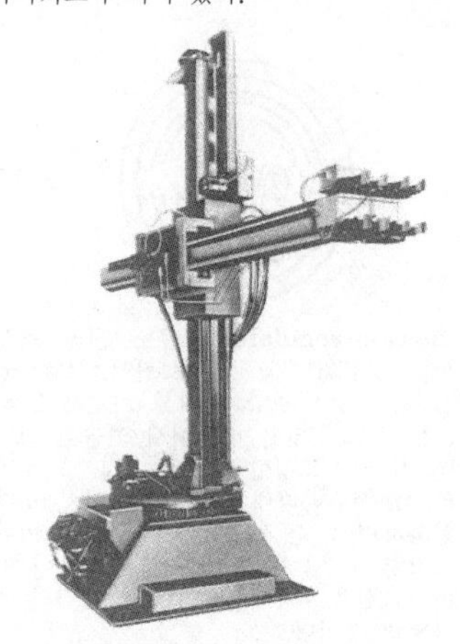

industrial television 공업용 텔레비전(工業用—) 방송의 목적 이외에 사용하는 텔레비전. 수상기와 텔레비전 카메라가 유선으로 접속되어 있는 경우가 많으므로 폐회로 텔레비전이라고도 한다. 공장이나 학교, 발전소, 교통 기관 등 모든 분야에서 사용된다. 텔레비전 카메라에는 소형이고 값싼 비디콘을 사용하는 경우가 많고, 장치 전체도 간단하며 조작이 용이하도록 설계되어 있다. =ITV

industrial television camera ITV 카메라 산업용 텔레비전의 촬영기. 일반적으로 촬상관으로는 비디콘이 쓰이며, 카메라와 수상기는 유선으로 연결되어 있다.

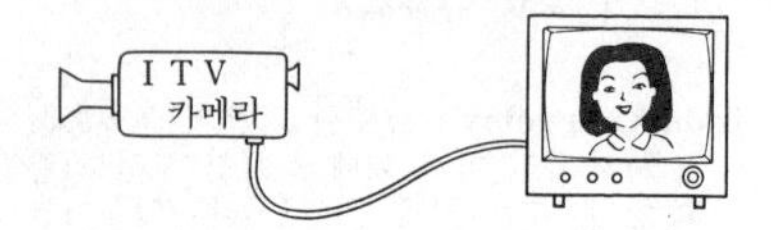

inelastic collision 비탄성 충돌(非彈性衝突) 하나의 입자가 다른 입자와 충돌했을

때 그 입자는 에너지가 높은 상태로 여기(勵起)되어 운동 에너지가 보존되지 않는 충돌.

inertial delay 관성 지연(慣性遲延) 입력 신호 레벨이 적어도 어느 시간폭 *D*만큼 지속하는 경우에 한해서 입력 신호의 변화가 시간 *D*만큼 늦어서 출력에 나타나는 지연.

inertial guidance 관성 유도(慣性誘導) →inertial navigation system

inertial navigation system 관성 항법 장치(慣性航法裝置) 항공기의 이동에 따르는 3차원의 가속도를 적분하여 이동 거리를 구함으로써 수행되는 항행 방식. 항공기의 위치, 속도, 방향 등을 표시하는 장치를 가지고 있으며, 또 자동 항행 장치에 결합하여 사전에 컴퓨터에 입력된 플라이트 플랜에 따라서 자동적으로 목적지를 향해서 자장(自藏) 항행(지상 시설의 원조를 쓰지 않는)할 수 있다. =INS

inertial platform 관성 플랫폼(慣性－) 관성 공간에 고정된 안정한 플랫폼(수평판)으로, 오늘날의 관성 항행 방식에서 불가결한 장치이다.

inertial reference system 관성 기준 장치(慣性基準裝置) 관성 항법에서의 기준 장치로서, 플랫폼(수평 안정판)에 지지된 기계식의 자이로를 대신해서 레이저 자이로를 사용한 센서를 직접 기체에 부착하여 기계식의 플랫폼에 상당하는 데이터를 고속 컴퓨터로 계산하여 이것을 사용하도록 한 것. 레이저 자이로는 광학계를 써서 서로 역방향으로 회전하는 두 레이저 빔을 만들고, 이들 사이의 주파수 변화에서 항공기의 각속도를 검출하는 것이다. =IRS

inference 추론(推論) 관측한다든지 감지한 데이터에서 그 환경을 재구축하거나 축적된 지식(기억)을 바탕으로 새로운 정보를 연역한다든지 일반 법칙이나 개념을 귀납한다든지 하는 능력. 뉴런이 기억과 논리 연산의 두 기능을 가지고 있으며, 이것이 필요에 따라서 호출되어 적당한 알고리즘에 따라서 추론을 하는 것이 아닌가 생각되고 있으나 뇌에서의 추론의 메커니즘은 거의 알려지지 않고 있다. 문제를 해결하기 위해서는 ① 연역적 추론, ② 귀납적 추론, ③ 유추(類推)에 의한 추론 등의 시스템이 있으며, 모두 널리 쓰이고 있다. 추론 능력을 갖는 시스템을 일반적으로 지능 시스템(intelligent system)이라 한다.

inference engine 추론 엔진(推論－), 추론 기관(推論機關) 추론을 실행하는 부분에서 지식 베이스를 살펴 적용할 지식을 찾고, 그 지식을 써서 추론을 진행하는 구실을 한다. 추론은 전제 조건에서 출발하여 결론에 도달하는 전향 추론과 그 반대로 결론(목표)에서 출발하여 그를 위한 전제 조건의 성립(존재)을 추구하는 후향 추론으로 대별된다. 지식 베이스에서의 각각의 지식은 모듈로서 서로 독립되어 있으며, 어떤 지식이 다른 지식을 호출하지 않는 것이 보통이다.

infinite impulse response filter 무한 임펄스 응답 필터(無限－應答－) 임펄스 응답의 계속 시간이 무한으로 되는 디지털 필터를 말한다. 유한 임펄스 응답 필터(FIR filter)에 대립되는 개념이다. 같은 명세를 만족하기 위해 필요로 하는 필터의 차수(次數)가 극히 적기 때문에 기억 장치나 계수 승산기 등 하드웨어의 부담이 가볍게 된다는 이점이 있다. 그러나 구성상 피드백 루프를 가지므로 안정성이 보증된다고는 할 수 없고, 또 위상 특성이 주파수에 대해 선형이 아니므로 파형 전송시에는 문제가 된다.

info-communications 정보 통신(情報通信) 컴퓨터와 전기 통신 네트워크에 관한 기술의 융합·일체화에 의해서 행하여지는 정보의 생산, 가공, 축적, 유통, 공급 등을 말한다. 또, 전기 통신과 정보 처리를 일체적으로 나타내는 용어로서도 쓰인다. 광섬유, 위성 통신, 디지털 통신 등의 전기 통신 네트워크에 관한 기술 혁신과 초 LSI 등의 발달이 가져다 주는 정보 처리 능력의 현저한 향상, 다채로운 소프트웨어의 개발에 의한 컴퓨터 이용 기술의 고도화는 컴퓨터와 전기 통신 네트워크를 결합시켜 정보 통신 기술로서 융합·일체화하여 더욱 발전하고 있다. 또, 이용자측의 요구로서도 정보의 종합적인 처리, 컴퓨터 및 통신 회선의 효율적인 이용의 요구에 따라 데이터 통신과 같이 전기 통신과 정보 처리가 융합한 서비스가 보급·발전하고 있고, 더욱이 부가 가치가 높은 고도하고 다양한 서비스가 기대된다. 이와 같은 전기 통신과 정보 처리의 융합에 의해 풍부한 정보가 용이하고 신속하게 생산, 이용, 전달될 수 있게 되어 풍요로운 국민 생활과 활력있는 산업 경제를 실현하는 고도 정보 사회의 구축이 촉진될 것이다.

info-communications industry 정보 통신 산업(情報通信産業) 정보를 생산, 가공, 축적, 유통, 공급하는 업(業) 및 여기에 필요한 소재, 기기의 제공을 하는 관련업을 말한다.

information 정보(情報) 인간의 신경 계통에 어떤 영향을 주는 것, 즉 보거나 듣거나 접촉하거나 하여 느끼는 것. 또 인간 이외의 생체나 사람이 만든 기계 등에 반응을 주는 추상적인 것도 모두 정보라 한다. 따라서 정보는 공학적인 분야 뿐만 아니라 의학, 생물, 일반 사무, 심리학 등 인간 사회의 모든 분야에서 다루어진다. 이러한 정보를 정량적으로, 수학적으로 다루는 학문을 정보 이론이라 한다.

information bearer channel 정보 베어러 채널(情報－) 데이터 전송망에서 통신에 필요한 모든 정보 즉 이용자의 데이터 뿐만이 아니고 제어 신호, 동기화 신호 등 전송에 필요한 모든 정보를 전송하기 위해 제공되는 채널. 따라서, 정보 베어러 채널은 이용자 데이터만을 전송하는 데 필요한 데이터 신호 속도보다 훨씬 고속으로 동작하는 것이 요구된다. →data rate

information channel 정보 통신로(情報通信路), 정보 채널(情報－) 송신측에서 수신측으로 데이터를 전송하는 데 사용되는 일방향의 통신 매체. 제어 통신로에 대응하는 것.

information content 정보량(情報量) 확률 사상의 발생을 지득함으로써 전해지는 정보의 측도(測度). 수학적으로는 사상(事象) x에 대한 정보량 $I(x)$는 그 사상이 생기는 확률 $p(x)$의 역수의 대수로서 나타내어진다.

information feedback system 정보 궤환 방식(情報饋還方式), 정보 피드백 시스템(情報－) 송출된 데이터의 일부나 전부를, 또는 수신측 데이터에서 일정한 규칙으로 작성되어 데이터를 송신측으로 반송하고 송신측에서 수신된 데이터의 오류 여부를 판단해서 정정 동작하는 방식.

information interchange 정보 교환(情報交換) 다른 시스템 사이에서도 서로 정보가 이용되도록 1개의 시스템에서 다른 시스템으로 정보를 전달하는 것.

information processing 정보 처리(情報處理) 정보는 추상적인 것이지만 이로부터 구체적인 것, 예를 들면 수치의 계산, 데이터 처리, 번역, 도형이나 문자의 식별 등 목적에 따른 정보를 얻는 것을 말한다. 수단으로서 컴퓨터가 이용된다.

information providers 정보 제공자(情報提供者) 텔레텍스트나 비디오텍스 서비스에서 이용자에 대하여 유용한 정보를 제공하는 개인 또는 기업. ＝IP

information rate 정보 전송 속도(情報傳送速度) 정상 정보원에서 내어지는 모든 통보에 대한 1문자당의 엔트로피의 평균값. 수학적으로는 H_m을 정보원에서 내어지는 m개의 문제로 이루어지는 전 계열에 대한 엔트로피라고 하면 1문자당의 평균값 H'는 H_m/m의 극한값이 된다. 주 ① 1문자당의 평균 엔트로피는 샤논/문자 등의 단위로 표현된다. ② 정보원이 정상이 아니면 H_m/m의 극한은 존재하지 않는 경우가 있다.

information retrieval 정보 검색(情報檢索) 매우 많은 논문이나 자료 등 속에서 필요한 시기에 원하는 사항에 관계있는 문헌의 명칭이나 소재를 찾아낼 목적으로 컴퓨터를 이용하는 것.

information source 정보원(情報源) 전송할 정보를 발생하는 원천이 되는 곳. 모든 자료, 정보의 집합 장소로, 그 중에서 필요한 것을 골라내는데, 여기서 나오는 정보는 통보라 한다.

information theory 정보 이론(情報理論) 정보를 대량으로 빠르게 그리고 정확하게 전달, 처리시키기 위한 통신, 제어, 컴퓨터의 종합 기술을 수적으로 해석하는 이론을 말한다.

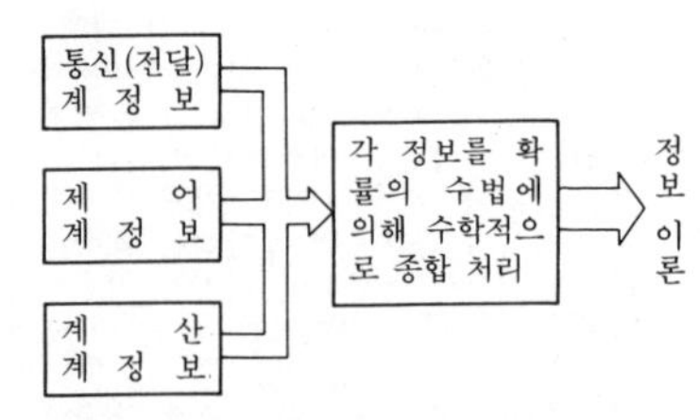

infra-acoustic telegraphy 가청하 전신(可聽下電信) 음성 전화 주파수대(300～3,400Hz)보다도 낮은 주파수를 사용한 반송 전신 방식.

infradyne receiver 인프러다인 수신기(－受信機) 수퍼헤테로다인 수신기에서 선택성을 향상시키기 위해 중간 주파수(IF)를 신호 주파수보다도 높게 한 것.

infra-low frequency ILF 무선 주파수 스펙트럼에서 300Hz 부터 3kHz 까지의 대역. 주파수 대역 번호 3.

infrared 적외선(赤外線) 눈에 보이는 적색광 바로 아래 범위의 전자파(電磁波) 스펙트럼 내 주파수를 갖는 전자파 방사. 적외선은 파장을 바탕으로 아래 4종으로 구분된다.

근적외선	750～1,500 nm(나노미터)
중적외선	1,500～6,000 nm
원적외선	6,000～40,000 nm
초원적외선	40,000～1 mm

적외선은 열선(熱線)이라는 뜻도 있으나 정확하지는 않다. 적외선 방사는 피부에 닿으면 열로 변환되기 때문에 뜨겁게 느끼며, 물체는 그들의 온도에 비례하여 적외선을 방사한다. =IR

infrared emitting diode 적외 발광 다이오드(赤外發光－) 발광 다이오드(pn 접합에 순방향 전압을 가하여 발광시키는 부품) 중 적외선의 발광이 얻어지는 것. 비소화 갈륨(GaAs)으로 만든다.

infrared heating 적외선 가열(赤外線加熱) 적외선 방사에 의한 가열. 방사되는 에너지가 가열 대상의 물질 중에서 열로 바뀌는 파장을 선택하는 것이 중요하다. 최근에는 파장 4μm～1mm 정도의 원적외선 가열도 검토되고 있으나 그 효력에 대해서는 아직 확실하지 않다.

infrared image converter 적외 이미지 변환관(赤外－變換管) 적외선으로 조명된 장면(광경)을 형광 스크린 상에 가시상으로서 변환하는 전자관. 적외 렌즈에 의해 소정의 광경을 변환관의 입력단 광전 음극에 집속(集束)하고, 그 곳에서 나오는 전자 빔이 전자 렌즈에 의해 변환관 다른 쪽에 있는 형광 스크린 상에 집속한다. 적외선 관찰 장치에 사용된다.

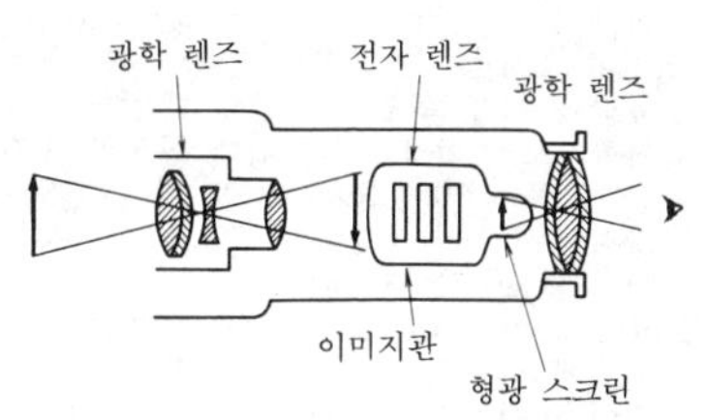

infrared interferometry 적외선 간섭법(赤外線干涉法) 적외선을 써서 막 두께 등을 잴 때 표면에 어느 입사각으로 적외선을 투사하고, 표면 및 막의 저면에서 반사하는 파에 의한 간섭파의 무늬폭에서 막 두께를 구하는 방법. 반도체에서의 에피택시얼 성장층의 두께 측정 등에 이용된다.

infrared lamp 적외선 전구(赤外線電球) 적외선에 의한 가열, 건조, 소부에 이용되는 전구. 일반 백열 전구라도 86% 정도가 열(이 중 거의가 적외선)로서 방사되고 있다. 적외선 전구는 백열 전구보다 필라멘트 온도를 낮게 함으로써 효율적으로 적외선(열)을 방사시킨다.

infrared radiation 적외 방사(赤外放射) 파장 780～10^6nm 까지의 범위의 방사. 일반적으로 자외선과 달라서 적외선 에너지는 파장 기준으로 평가하는 것이 아니고 어느 면에 입사하는 방사 에너지에 의해 평가한다. 적외선 가열, 적외선 사진, 적외선 건조 등에 응용된다.

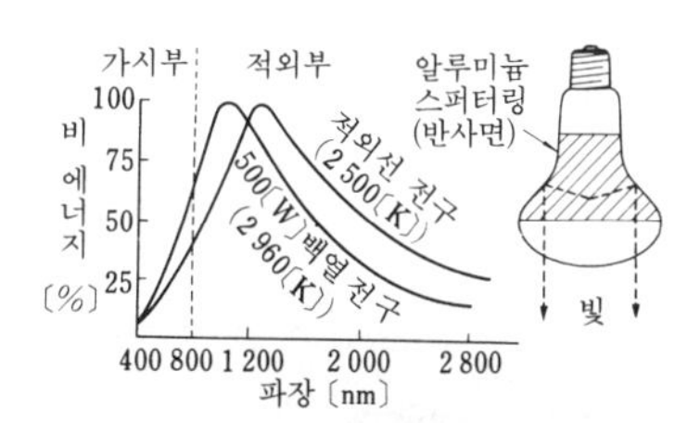

infrared lamp

infrared ray 적외선(赤外線) 가시 광선보다 파장이 긴 광선. 보통 7,500Å보다 파장이 긴 광선(전자파)을 말한다.

infrared-ray communication 적외선 통신(赤外線通信) 전파 대신 파장이 수 mm부터 수 100nm 까지의 적외선을 사용하여 수행하는 통신. 적외선의 투과율은 가시광선에 비해 훨씬 좋고, 파장은 마이크로파에 비해 훨씬 짧으므로 초다중 회선을 만들 수 있다. 적외선의 증폭이나 발진에는 적외선 영역의 메이저를 사용하는데 이것은 현저하게 저잡음이고, 주파수 안정도가 좋으며, 또 단방향으로만 집중하여 강력한 방사를 할 수 있는 등의 이점이 있다.

infrared-ray drying 적외선 건조(赤外線乾燥) 적외선 전구의 방사열로 수분을 기화하여 습기를 제거하는 것.

infrared-ray radar 적외선 레이더(赤外線－) 적외선의 빔을 목표물에 조사(照射)하고 물체로부터의 반사를 검지하여 거리와 위치를 측정하는 것. 전파에 의한 보통의 레이더에 비해 도달 거리는 짧지만 분해능이 높다.

infrared-ray television 적외선 텔레비전(赤外線－) 적외 비디콘을 사용하여 육안으로는 보이지 않는 상을 비쳐내는 텔레비전 장치. 현미경과의 조합이나 안저(眼底) 검사 등 학술 연구, 의학 연구 등에 사용된다.

infrared spectrum 적외선 스펙트럼(赤外線－) 분자의 진동 상태의 변화, 에너지 천이 등에 의해 생기는 적외 영역의 흡수 스펙트럼이나 발광 스펙트럼으로, 이 스펙트럼을 이용하여 분자 구조의 결정이나 정량(정성) 분석을 할 수 있다.

infrared vidicon 적외 비디콘(赤外－) 비디콘의 일종으로, 적외선 비디콘이라고도 하며, 적외선에도 느끼는 황화납(PbS)이나 3황화 안티몬(Sb_2S_3)을 광도전면으로 사용한 것이다. 전자는 파장 2.5μm까지 감도가 있으며, 가시 광선용의 것에 비해 잔상이 약간 길지만 350줄 정도의 해상도가 얻어진다. 후자는 1.2μm까지 감도가 있다.

ingot 잉곳 반도체 부품을 만드는 소자가 되는 웨이퍼(박판)를 잘라내기 전의 덩어리 모양의 것.

inherent reliability 고유 신뢰도(固有信賴度) 설계, 제작, 시험 등의 과정을 거쳐서 기능 단위에 담겨지는 신뢰도를 말한다. 정량적으로는 설계시에 부여되는 신뢰도의 목표값 내지는 예측값 및 신뢰성 시험의 결과 얻어지는 신뢰성 특성값을 말한다. 신뢰성 특성값이란 신뢰성의 척도를 수량적으로 나타낸 것으로, 신뢰도, 보전도, 고장률, MTBF(평균 고장 간격), MTTF(평균 고장 수명), MTTR(평균 수리 시간) 등을 총칭한 것을 가리킨다.

inhibit 금지(禁止) 무엇이 발생하는 것을 방지하는 것. 예를 들면, 외부 장치의 인터럽트를 금지하면 외부 장치가 인터럽트 신호를 보내는 것을 억제한다.

inhibit circuit 인히비트 회로(－回路), 금지 회로(禁止回路), 억지 회로(抑止回路) 입력 B가 "0"일 때는 입력 A가 그대로 출력이 되지만 B가 "1"일 때는 A의 값에 관계없이 출력이 "0"으로 되는 회로. →inhibit gate

입력 출력
A B X

금지 회로

금지 회로의 이론식

$$X=A\cdot\overline{B}$$

입력		출력
A	B	X
0	0	0
1	0	1
0	1	0
1	1	0

금지 회로의 진리표

inhibit current 억지 전류(抑止電流) 전류 일치형의 자기 코어 기억 장치에 있어서 0을 써넣을 때 선택된 기억 셀을 1로 반전시키지 않기 위하여 써넣기 전류의 반대 방향으로 흘리는 전류.

inhibit gate 금지 게이트(禁止－), 금지 회로(禁止回路), 억지 게이트(抑止－), 억지 회로(抑止回路) 논리 회로 요소의 일종. 1개 이상의 입력 단자 및 1개 이상의 억지 단자(금지 단자라고도 한다)와 1개의 출력 단자를 가지며, 적어도 1개의 억지 단자에 억지 입력 1이 가해졌을 때 출력 단자가 언제나 0으로 되는 회로이다. 즉 한쪽 입력을 다른 쪽 입력에 의해서 제어하는 회로이며, 그림에서는 A가 B에 의해서 개폐된다.

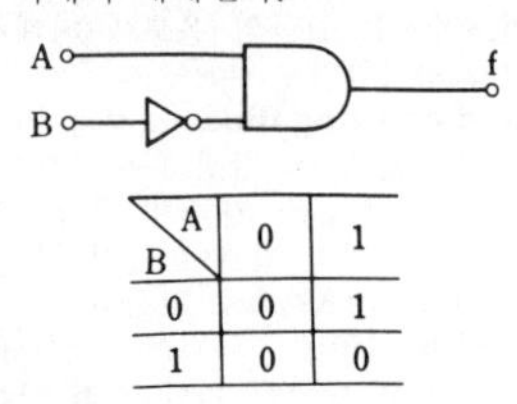

B \ A	0	1
0	0	1
1	0	0

inhibiting signal 금지 신호(禁止信號), 억지 신호(抑止信號) 사상이 생기는 것을 방해하는 신호. 어떤 조작을 금지하기 위해 사용.

inhibit line 억지선(抑止線), 억지 권선(抑止捲線) 기억 코어를 통한 네 줄의 권선 중의 한 줄로, 기억 내용을 보존하기 위해 판독에 이어 이루어지는 기억을 제어한다. 즉 "1"을 기록할 때는 전류를 흘리지 않고 "0"을 기록할 때는 전류를 흘린다.

inhomogeneous base transistor 불균일 베이스 트랜지스터(不均一－) →drift transistor

inhomogeneous broadening 불균일한 확산(不均一－擴散) →Doppler width

initial charge 초충전(初充電) 축전지를 제작한 다음 최초로 충전할 때는 극판을 화학적으로 안정시키기 위해 통상의 충전(예를 들면 10시간율)보다도 작은 전류로 장시간에 걸쳐 충전하지 않으면 안 된다. 이것을 초충전이라 한다.

initial deviation 초기 편차(初期偏差) 제어계에서 외란(外亂)이 주어지거나 목표값이 바뀌어지거나 할 때의 제어 편차는 시각과 더불어 변화하는데 그 초기에서의 값을 말한다.

initial failure 초기 불량(初期不良) 안정한 사용 상태에서의 부품 고장률은 매우 적지만 사용 개시 직후부터 단기간은 얼마간 고장률이 높다. 이를 초기 불량이라 하고, 제조상의 결함이 나타나는 것으로, 품질 관리를 엄중히 하면 줄일 수 있다.

initial failure indication 초기 이상 현상(初期異常現象) 생산 프로세스 내에서 재해가 발생하는 원인은 장치의 고장, 오조작, 유틸리티 입력의 정지, 프로세스 그 자체의 이상 등이 있는데, 이들은 서로 관련하여 먼저 어떤 초기 이상 현상이 나타나게 된다. 그리고 이것이 성장하여 비상사태에 이르고 결국에는 대사고로 발전한다. 따라서 재해 발생 방지에는 초기 이상 현상을 검지할 수 있는 시스템을 만드는 것이 가장 중요한 과제이다. 초기 이상 현상의 검출은 보통, 어느 곳의 프로세스 변수가 정상값과 얼마만큼 달라지고 있는가에 따라서 하는데, 그를 위한 필요 조건으로서는 검출 계측 기기의 신뢰성과 검출 사상과 비상 사태와의 대응의 정확성의 두 가지가 있다. 어느 것이나 측정점의 조합이나 검출 순서 등의 논리 판단을 하여 신뢰 정확도를 향상시킬 수가 있다.

initialize 초기화(初期化) ① 컴퓨터에서 계산을 개시하기에 앞서 프로그램 변수나 카운터 등을 올바른 값 또는 상태로 미리 세트하는 것. ② 디스크를 처음에 사용하기에 앞서 필요한 포맷으로 포맷화하는 것.

initial order 이니셜 오더 컴퓨터에서 프로그래밍된 시동 명령을 판독하여 지시대로 기억 장치에 넣는데 필요한 일정한 프로그램을 말한다. 이니셜 오더의 목적은 명령어를 지정된 주소에 넣을 것, 판독이 끝났으면 지정된 곳부터 계산을 시작하도록 지시하는 것이다. 미니컴퓨터에서는 손 조작으로 입력하는 일이 많으므로 짧은 기계어 프로그램이다. 마이크로컴퓨터에서는 ROM 화하여 수용되어 있다.

initial permeability 초투자율(初透磁率) 자성 물질의 상규(常規) 자화 특성에서 자화력과 자속 밀도가 모두 0에 접근했을 때 얻어지는 상규 투자율. →magnetization curve

initial program loader 초기 프로그램 적재기(初期-積載器) =IPL

initial reverse voltage 비약 역전압(飛躍逆電壓) 사이리스터에서 주전류를 끊고 전류가 소멸한 직후에 전극간에 걸리는 역전압.

initial velocity 초속도(初速度) 열전자 방출에 있어서, 음극 표면으로부터 공간으로 방출되는 전자는 어느 정도의 속도를 가지고 튀어나간다. 이 때의 속도를 초속도라 한다. 2 극관에서 플레이트(양극) 전압 0V 인 경우라도 그림과 같이 미소한 플레이트 전류(이것을 초속도 전류라 한다)가 흐르는 것은 이 때문이며, 이것을 없애려면 플레이트에 어느 정도의 -전압을 가해줄 필요가 있다.

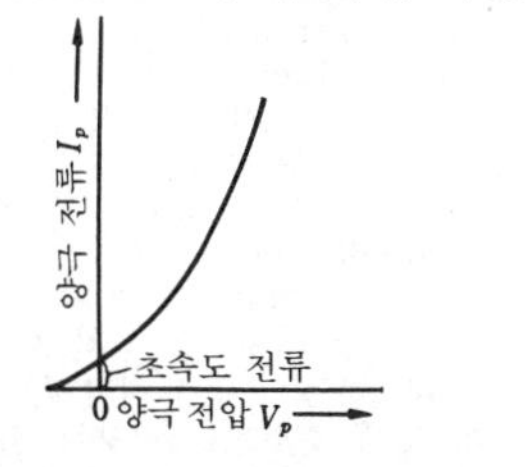

initiating relay 시동 계전기(始動繼電器) 일종의 프로그램 계전기로, 그 동작은 종속 계전기의 동작을, 그것이 동작하기까지 억제해 두기 위한 것.

injection 주입(注入) 소수 캐리어의 밀도를 열평형 상태(어느 온도에서 외부로부터의 자극이 없이 안정한 상태)에서의 값보다도 증가해 주는 것.

injection efficiency 주입률(注入率)[1], 주입 효율(注入效率)[2] (1) 접합부로부터의 캐리어 주입에 의해 통전하고 있을 때 접합부를 흐르는 전도 전류 중 소수 캐리어 전류가 차지하는 비율. 바이폴러 트랜지스터의 이미터 효율을 지배하는 요인의 하나이다.
(2) 순방향으로 바이어스된 pn 접합에서의 효율로, 주입된 소수 캐리어에 의해 운반되는 전류와 접합부를 통해서 흐르는 전 전류와의 비로 정의된다. 바이폴러 트랜지스터의 경우는 이미터 접합에 대해서 주입 효율이 널리 사용되며, 주입 효율을 1에 접근시키기 위하여 이미터의 캐리어는 고농도로, 베이스의 그것은 저농도로 한다.

injection laser 주입 레이저(注入-) 반도체 레이저의 여기법(勵起法)에는 여러 종류가 있다. 빛이나 전자선의 조사(照射), 접합 경계를 통한 캐리어 주입, 그리고 애벌란시 항복 등이다. 그 중에서도 캐리어 주입, 즉 pn 접합에 순방향 전류를 흘려서 소수 캐리어를 주입하는 방법을 쓴 레이저가 가장 일반적이며, 주입 레이저 또는 다이오드 레이저라고 불린다.

injection laser diode 주입형 레이저 다이오드(注入形-) 반도체의 접합 부분에 순바이어스를 걸어서 활성 매체로 한 레이저. =ILD

injection locking amplifier 주입 로크 증폭기(注入-增幅器) 발진기에서 외부 주파수에 대하여 발진 주파수를 동조시킴으로써 FM 변조파 등의 증폭을 하는 데 쓰인다. 여기서 말하는 주입이란 디바이스 또는 회로에 외부에서 신호를 가하는 것이다.

injection type electroluminescence 주입형 전계 발광(注入形電界發光) 반도체 내에서 주입된 소수 캐리어가 다수 캐리어와 재결합할 때 빛을 방출하는 현상. 갈륨 비소 다이오드 등에서 볼 수 있는 것으로, LASCR 을 트리거하는 광원 등에 사용된다.

injection type semiconductor laser 주

입형 반도체 레이저(注入形半導體－) AlGaAs, InGaAsP 와 같은 반도체 레이저를 여기(勵起)하기 위해 활성 영역에 소수 캐리어를 주입함으로써 행하는 것. 이것이 가장 일반적인 방법이다.

inking 잉킹 컴퓨터 그래픽스에서 도형 입력 장치를 움직여 그 이동 궤적을 일정 간격마다 샘플하고, 각 샘플점을 도트에 의해 스크린 상에 표시함으로써 임의의 도형을 그릴 수 있다. 종이와 펜에 의한 묘화(描畵)와 비슷한 이러한 기법을 잉킹이라 한다.

ink jet printer 잉크 제트식 인자 장치(－式印字裝置), 잉크 분사식 프린터(－噴射式－) 비충격식 인자 장치이며, 잉크를 입자화하여 노즐에서 용지상에 분사시켜 인자하는 방식. 잉크를 대전(帶電)시키고, 수직 전극·수평 전극의 전압을 조절하여 문자를 인자한다. 다른 색의 잉크가 들어 있는 노즐을 여러 개 사용함으로써 컬러 인자도 가능하다.

ink jet recording 잉크 제트 기록(－記錄) 잉크를 초음파와 가압에 의해서 안개 모양으로 하여 방출시키고, 가속 전극으로 대전(帶電) 가속하여 가는 빔 모양으로 된 것을 기록지에 충돌시키는 방법으로, 도중에 문자 패턴 발생 회로로부터의 출력을 X-Y 편향 회로에 가해서 빔을 편향시키기 때문에 기록지에는 문자로 그려진다. 타자기와 같은 소음은 없어 매우 조용하며, 또 어떤 기록지라도 사용할 수 있는 특징을 갖지만 잉크를 사용하기 때문에 노즐이 막힌다는 문제점도 있다.

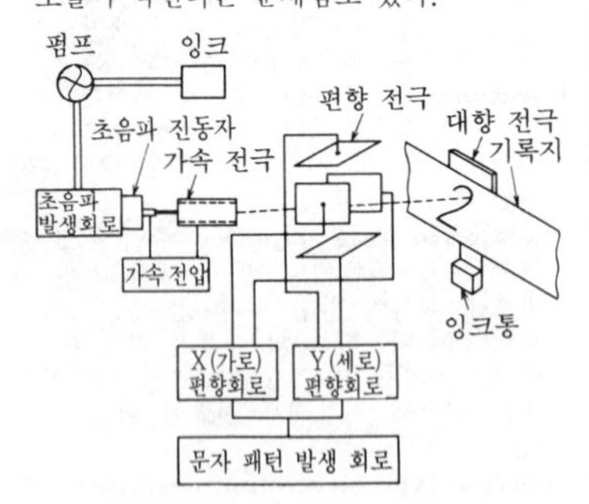

inline antenna 인라인 안테나 텔레비전용 광대역 안테나의 일종으로, 그림과 같이 방사 소자를 2개 이상 배열하고, 병렬로 궤전하는 것을 말한다. 방사 소자 중의 하나를 하이 채널용, 다른 쪽을 로 채널용으로 하면 양쪽으로 광대역 특성을 얻을 수 있다.

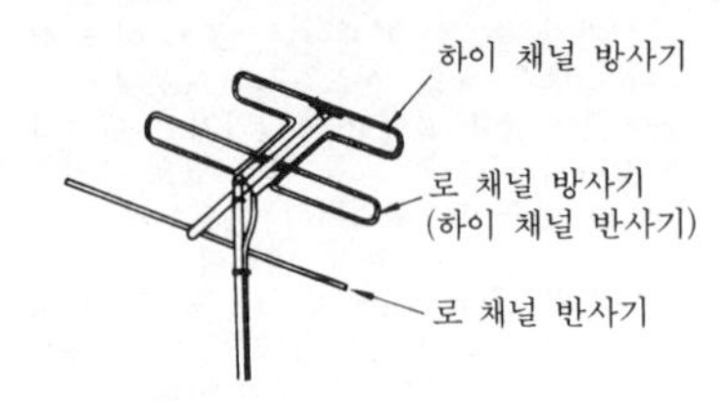

INMARSAT 인마새트, 국제 해사 위성 기구(國際海事衛星機構) International Marine Satellite Consortium 의 약어. 정지 위성 중계에 의한 국제 선박 통신, 측위(測位) 등을 제공하는 조직으로, 1976년에 설립되었다.

INMARSAT ship earth station 인마새트 선박국(－船舶局) 현재 사용되고 있는 선박 지구국(표준 A)은 음성 채널에 아날로그 FM 방식(대역폭 50kHz)을 사용하고 있다. 이에 대하여 디지털 방식을 사용한 선박 지구국 방식(표준 B)이 도입되려 하고 있다. 여기서는 음성은 16kbps 로 디지털화하고, 또 콘벌루션 부호와 비터비(Viterbi) 복호화에 의해 오류가 적은 전송법을 사용하고 있다. 전화 이외에 음성 대역의 데이터 전송(2,400bps 이하)이나 회선 교환형 데이터 전송(16kbps 이하)도 하고 있다. 또, 표준 C 방식도 계획되고 있으며, 정보 속도 600bps 이하의 저속 데이터 회선에 의해 공중 데이터 통신 서비스를 제공하는 것이다. 이것은 동시에 해상 조난 안전 시스템(GMDSS)에서의 선박상 장치로서도 기능한다. ＝Viterbi coding

inner marker 내측 마커(內側－) 계기 착륙 방식(ILS)에서 활주로의 진입단(進入端) 가까이에 설치된 팬 마커 비컨(fan marker beadon)을 말한다. 경계 마커라고도 한다.

inner photoelectric effect 내부 광전 효과(內部光電效果) →photoconductive effect

inner quantum number 내부 양자수(內部量子數) →total angular momentum quantum number

inoperable time 동작 불능 시간(動作不能時間) 다운 시간 중 모든 주위 조건은 만족하나 기능 단위를 동시켜도 바른 결과를 내지 않는 시간.

input admittance 입력 어드미턴스(入力－) 입력 임피던스의 역수. 4 단자망에서 입력 및 출력 전압을 각각 V_1, V_2로 하고, 대응하는 전류를 각각 I_1, I_2로 하면 (회로망에 흘러드는 방향의 전류를 ＋로 하면) 입력 어드미턴스는 $Y_i=I_1/V_1$ 으로 주어진다.

input bias current 입력 바이어스 전류(入力-電流) 연산 증폭기에서 입력단에서 흘러드는 바이어스 전류 I_B 로, 입력 트랜지스터의 바이어스점을 결정하고 있는 것. 따라서 FET 입력의 연산 증폭기 등에서는 이 용어는 적당하지 않다. 증폭기의 두 입력 단자에 흘러드는 전류의 평균값 $1/2(I_{B1}+I_{B2})$를 입력 바이어스 전류라 한다. 또 $|I_{B1}-I_{B2}|=I_{ox}$를 입력 오프셋 전류라 한다.

$I_B=0.8\sim200\text{nA}$, $I_{ox}=0.05\sim100\text{nA}$

input channel 입력 채널(入力-) 어떤 상태를 장치 또는 논리 소자에 접속하기 위한 채널.

input circuit 입력 회로(入力回路) 임의(任意) 장치의 입력 포트에 접속되는 외부 회로. 이 회로에 의해 장치로의 입력량이 공급된다.

input configuration 입력 구조(入力構造) 측정기 또는 증폭기 입력 회로의 구조로, 싱글 엔드형, 평형형이 있고, 또 접지, 비접지, 바이어스 접지 등의 구별이 있다. 신호원에 대해서도 같은 구별이 있으며, 신호원과 측정기(또는 증폭기)를 조합시키는 경우에는 그 적합성에 대해서는 고려할 필요가 있다.

input device 입력 장치(入力裝置), 입력 기구(入力機構) 데이터 처리 시스템 내의 기구로, 그 시스템에 데이터를 넣기 위해 사용하는 것. 입력 장치에는 카드 판독기, 종이 테이프 판독기, 마크 판독 장치, 광학식 문자 판독 장치, 자기 잉크 문자 판독 장치 등이 있다. 그림은 카드에 나타내어지는 정보를 컴퓨터에 입력하는 장치로, 속도는 100~150 매/분이다. 카드 구멍 유무의 판독은 광원과 포토다이오드에 의한다.

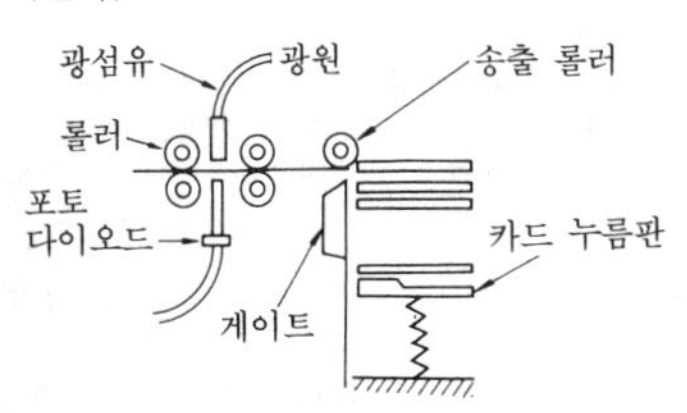

input gap 입력 갭(入力-) 전자류에서 변화를 주기 위해 사용되는 간섭 갭. 속도 변조관에서는 이 갭은 번처 공진기 내에 있다.

input impedance 입력 임피던스(入力-) 전기 회로망의 입력 단자측에서 보았을 때의 임피던스를 일반적으로 입력 임피던스라 한다. 입력 단자에 어느 전압을 가했을 경우 이 전압을 그에 의해서 회로망에 흘러드는 전류로 나눈 값으로 구할 수 있다.

input noise temperature 입력 잡음 온도(入力雜音溫度) 회로망 또는 증폭기에 전원을 접속했을 때 회로망 또는 증폭기 자체가 발생하는 잡음을 전원의 저항 R의 잡음 온도 T_0에 포함시켜서 T_0을 T_0+T_e로 했을 때의 증가분 T_e를 말한다.

$T_e=T_0(F-1) \qquad (F\geq1)$

여기서, F는 회로망 또는 증폭기의 잡음 지수이고, T_0는 표준 상태로 290K 이다. 여기서는 스폿 잡음, 즉 잡음 스펙트럼 중의 특정한 좁은 주파수 부분 Δf에서의 잡음을 생각하고 있다.

input offset voltage 입력 오프셋 전압(入力-電壓) 연산 증폭기에서 출력 전압을 0으로 하기 위해 2개의 같은 저항을 통해서 입력단에 가할 전압 V_{os}를 말한다. 보통 0.3~7.5mV 정도이다.

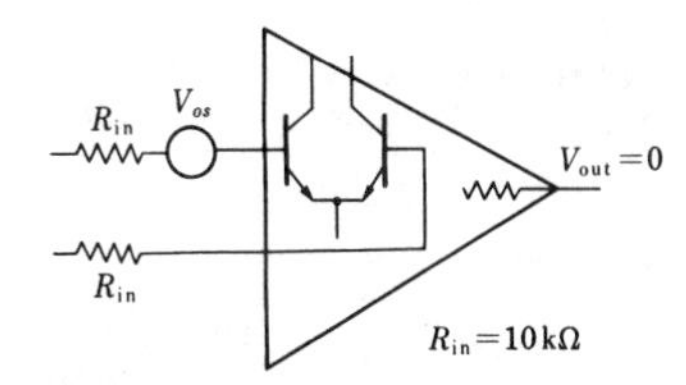

input-output buffer 입출력 버퍼(入出力-) 입력 정보 또는 출력 정보를 일시적으로 기억해 두기 위해 확보되는 컴퓨터 기억 장치. 입출력 장치는 CPU 의 개입 없이 버퍼로 빈번히 판독할 수 있도록 되어 있으므로 프로그램은 버퍼가 가득 차기까지의 동안은 실행을 계속할 수 있어 프로그램의 실행 속도가 빨라진다.

input-output control system 입출력 제어 시스템(入出力制御-) =IOCS

input-output device 입출력 장치(入出力裝置) 컴퓨터의 처리 장치 내로 데이터를 보내고, 또는 처리 장치 내에서 처리된 데이터를 꺼내기 위한 장치의 총칭. 대표적인 장치로서는 테이프 판독기, 프린터 등이 있다. 또, 통신 회선을 거쳐서 접속된 단말 장치까지도 포함하는 경우도 있다. =I/O device

input-output interface 입출력 인터페이스(入出力-) 컴퓨터에서 중앙 처리 장치(CPU)와 입력 장치, 출력 장치가 데이터의 수수를 하는 접속점을 말한다. =I/O interface

input-output port 입출력 포트(入出力－) 컴퓨터의 내부와 외부와의 데이터 교신을 하는 부분. 병렬 I/O 포트와 직렬 I/O 포트가 있다. 프로그램 중의 입출력 명령에 의해 중앙 처리 장치(CPU)가 목적의 입출력 포트를 선정하고, 데이터의 전송을 지령함으로써 동작한다.

input-output processor 입출력 처리 장치(入出力處理裝置) 컴퓨터의 입출력 전용의 독립한 처리 장치이며, 중앙 처리 장치(CPU)에서 입출력 명령을 받아 각종 입출력 장치와 주기억 장치간의 데이터 전송을 복수의 채널에 대하여 공통으로 행한다. 중소형 컴퓨터의 경우는 입출력 처리 유닛으로서 중앙 처리 장치에 포함되나 초대형 및 대형 컴퓨터에서는 CPU의 내부 처리 능력을 향상시키기 위하여 CPU 에서 독립시켜 입출력 처리 장치로 하고 있다. ＝IP

input protection 입력 보호(入力保護) 임의의 두 입력 단자간 또는 임의의 입력 단자와 접지 간에 가해질 염려가 있는 과전압에 대한 보호.

input resonator buncher 입력 공진기 번처(入力共振器－) 외부 전원에 의해 여진되고, 전자 빔에 속도 변조를 주는 공동 공진기. →buncher resonator

input transformer 입력 트랜스(入力－) 증폭기의 입력측에 접속되는 임피던스가 너무 높아서 그대로는 충분한 입력이 얻어지지 않을 때 등에 임피던스의 정합을 취하기 위하여 사용한다. 그 밖에 입력 장치와 증폭기를 직류적으로 절연하기 위한 경우 등에도 사용된다. ＝IPT

input unit 입력 장치(入力裝置) 컴퓨터를 사용하기 위해 프로그램이나 데이터를 외부에서 공급하는 장치. 새로운 내용의 것에 대해서는 키보드나 광학 문자 판독 장치 등이, 기존의 내용의 것에 대해서는 디스크나 테이프가 사용된다.

INS 관성 항법 장치(慣性航法裝置) ＝inertial navigation system

insert core made of ferrite 나사 코어 둥근 막대 모양의 페라이트 자심에 나사봉의 한 끝을 그림과 같이 매입하여 자루와 같이 한 것. 이것을 사용하면 코일의 인덕턴스 조정을 쉽게 할 수 있다.

insertion gain 삽입 이득(挿入利得) →insertion loss

insertion loss 삽입 손실(挿入損失) 전송계에 트랜스듀서를 삽입함으로써 생기는 결과를 주는 것으로, 트랜스듀서 다음의 어느 장소에 주어지는 전력 P_2와 트랜스듀서를 제거했을 때 같은 장소에 주어지는 전력 P_1의 비를 데시벨로 나타낸 것. 입력, 출력이 주파수가 다른 몇 개의 성분으로 이루어지는 경우에는 특정한 성분을 쓰고, 그리고 그들의 가중값도 생각할 필요가 있다. 트랜스듀서의 삽입이라는 용어는 선로를 트랜스듀서로 브리지하는 경우도 포함한다. 트랜스듀서가 2 방향 중계기와 같은 것이라면 삽입 이득을 주지만, 보통의 수동망이면 삽입 손실(삽입 감쇠량)을 준다.

insertion loss transfer coefficient 삽입 손실 전송 계수(挿入損失傳送係數) 2 단자망에서 부하에 공급되는 전력과 2 단자쌍망을 제외하고 부하에 공급할 수 있는 전력의 비의 평방근으로 나타내는 값.

insertion switch 데이터 삽입용 스위치(－挿入用－) 데이터 처리 장치에 데이터나 명령을 써넣기 위해 사용되는 스위치.

inside caliper 내경 캘리퍼(內徑－) 부품의 내경을 측정할 때 사용하는 기구. 상대하는 면 사이의 측정에 적합하다. 단, 원형물의 내경을 측정할 때는 측정하는 위치에 주의할 필요가 있다.

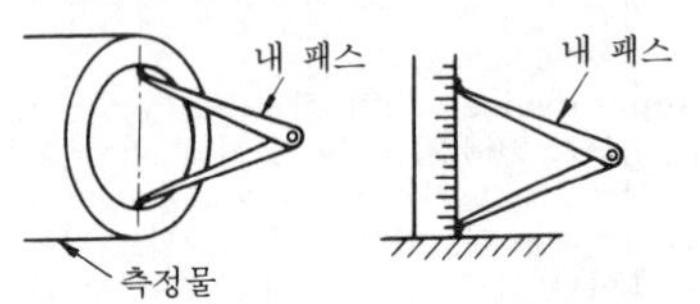

in-slot signalling 슬롯 내 신호(－內信號) 채널 슬롯 내의 하나의 디짓을 그 채널로 운반되는 트래픽에 결부한 신호용으로 할당하는 방식. 이에 대해 트래픽에 결부된 신호가 다른 채널 슬롯으로 운반되는 방식을 슬롯 외 신호(out-slot signalling)라 한다.

inspection 검사(檢査) 계기나 기타의 기기에 대해 그 대체적인 상태를 알기 위해 수행하는 관찰. 그리고 그들의 동작이나 정확도에 영향을 주는 결함이나 그 요인을 발견하는 것이 목적이다. 검사의 결과는 판단 기준에 비추어서 개개 물품의 양·불량이나 로트(lot)의 합격·불합격의 판단을 내린다. 결과에 대한 판단, 판정을 수반한 검사를 검정(檢定)이라 한다.

inspection by angle beam 사각 탐상법(斜角探傷法) 초음파 탐상기를 사용하는 탐상법의 일종. 그림과 같이 피검사물과 탐촉자 사이에 적당한 경사각의 플라스틱제 어댑터를 써서 초음파를 대는 방법이다. 보일러의 용접부 검사와 같이 검사 면적이 넓은 경우에는 일일이 표면을 마무리하여 수직으로 탐촉자를 대는 것은 번거로우므로 이 방법이 쓰인다.

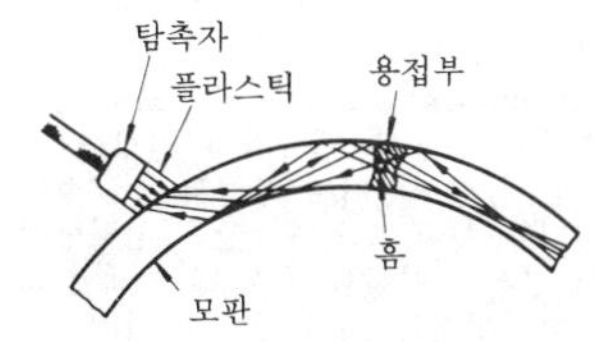

inspection by Rayleigh wave 표면파 탐상법(表面波探傷法) 초음파 탐상기에 의해 두께가 얇은 물체의 흠이나 부식을 검사하는 경우 펄스폭이 좁고 높은 주파수의 초음파를 사각(斜角) 입사하여 표면파를 사용하는 방법.

installation design 실장 설계(實裝設計) 기기를 구성하는 요소의 공간적 배치를 고려한 설계. 실제의 기기, 장치를 조립하는 경우 그 기기의 요소 배치에 따라 배선, 배관 등의 낭비가 생겨 주어진 공간 내에서 그 기기의 구성이 불가능하게 되는 경우가 있다. 이를 해결하여 완전한 기능을 갖는 기기를 구성하기 위해 필요한 하나의 설계이다.

instantaneous automatic gain control 순시 자동 이득 조절(瞬時自動利得制御) =IAGC

instantaneous companding 순시 압신(瞬時壓伸) 신호파의 순시값에 따라 실효 이득 변화가 행하여지는 압축 신장 과정.

instantaneous deviation control 순시 편이 회로(瞬時偏移回路) FM 송신기에서 음성 입력을 순시 편이 제어 회로(IDC 회로)에 통하여 주파수 편이를 규정 이내로 유지하도록 하는 것. =IDC →instantaneous deviation control circuit

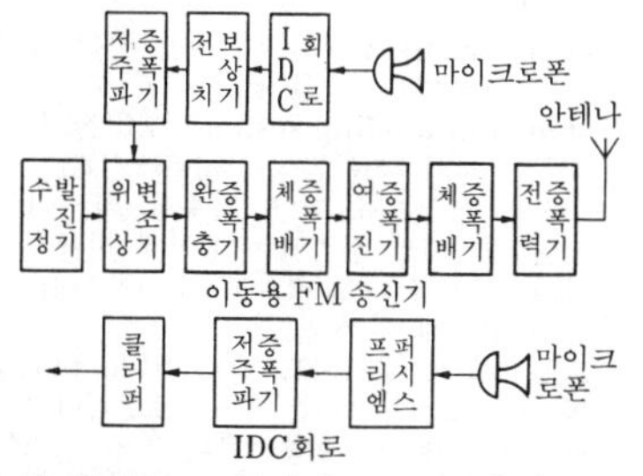

instantaneous deviation control circuit IDC 회로(-回路), 순시 편이 제어 회로(瞬時偏移制御回路) FM 무선 송신기에서 마이크로폰 입력이 과대해지는 경우 변조기 입력의 변화가 과대해져서 발사 전파의 주파수 대폭이 규정값을 넘어 다른 통신에 방해를 줄 염려가 있다. 이것을 방지할 목적의 회로이며, 일종의 진폭 제한기이다. 이동용 무선기에 쓰인다.

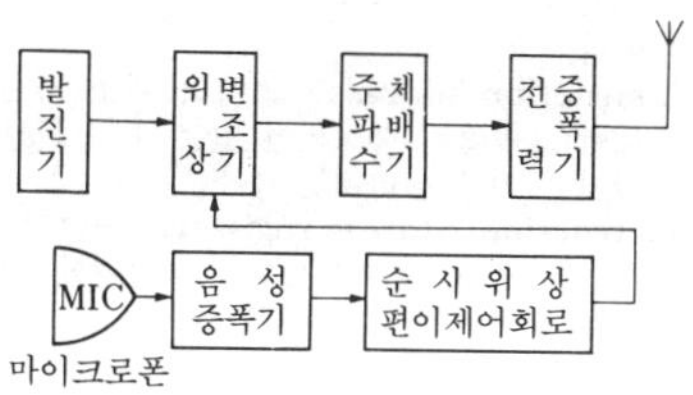

instantaneous failure rate 순시 고장률(瞬時故障率) →hazard rate

instantaneous frequency 순시 주파수(瞬時周波數) 파(波)의 위상각이 시간의 함수일 때 위상각의 시간에 대한 변화율.

instantaneous sound pressure 음압 순시값(音壓瞬時-) 생각하고 있는 점의 전체 음압의 순시값에서 그 점의 정압(靜壓)을 뺀 것. 즉, 정압으로부터의 음압 변화분을 말한다. 초과 음압(excess sound pressure)이라고도 한다. 단위는 μbar(마이크로바)가 널리 쓰이나, SI 단위에서는 Pa(파스칼)이다.

instantaneous traffic 순시 트래픽(瞬時-) 전화에 있어서, 계(系統)에서 동시 진행 중인 호(呼)의 평균수. 무차원수만이 얼랑(erlangs)이라는 단위를 붙여서, 예를 들면 30얼랑(30 동시 호수)이라 한다.

instantaneous value 순시값(瞬時-) 교류의 임의 시각에서의 전압이나 전류의 값을 말한다.

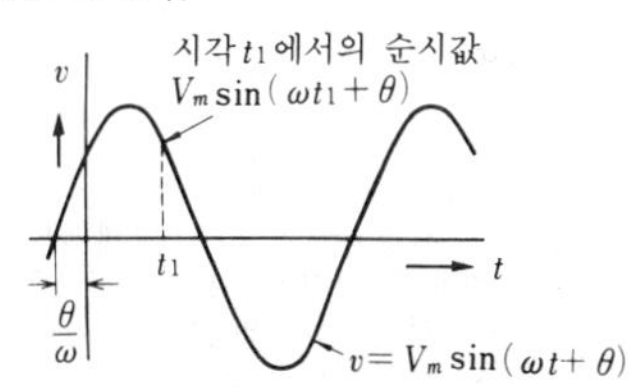

instant-on circuit 퀵 스타트 회로(-回路) 전원 회로의 스위치를 넣는 순간에 화면과 음성이 나오도록 한 회로. 수상관의 히터를 언제나 정상값의 약 70%의 전력으로 예열 상태로 하고 있는데 수상관의 수명이 짧아지는 일은 없다.

Institute of Electrical and Electronic Engineers 전기 전자 학회(電氣電子學會) =IEEE

Institute of High Fidelity Manufacturers 아이 에이치 에프 =IHF

instruction 명령(命令) 컴퓨터에 연산 기타 일정한 동작을 시키기 위해 부여하는 기계의 단어. 명령에는 「더하라」, 「이동하라」는 등 동작을 지정하는 부호 외에 하나 이상의 주소가 포함되어 있는 것이 보통이다.

instruction address 명령어 주소(命令語住所) 명령이 축적되어 있는 주기억 장치 상의 위치를 나타내는 주소.

instruction address register 명령어 주소 레지스터(命令語住所－) 실행할 명령어가 격납되어 있는 레지스터.

instruction code 명령 코드(命令－) 컴퓨터에 부여하는 명령을 나타내기 위한 코드. 명령을 나타내는 단어는 연산 기타의 동작을 지정하는 부분과 1개 이상의 주소를 지정하는 부분을 포함한 기계어인데, 장소의 지정 이외의 목적으로 사용되기도 한다. 명령 코드에는 1주소 코드, 2주소 코드, 3 주소 코드, 4 주소 코드 등이 있다.

instruction control unit 명령 제어 유닛(命令制御－) 컴퓨터에서 명령 실행 처리에 전용하는 장치. 명령은 "기억 장치에서 꺼낸다", "해석한다", "명령의 주소부에 의해 필요한 데이터를 기억 장치에 넣는다", "데이터를 처리한다"는 것으로 나뉘는데 이들 동작을 모두 제어하는 장치를 명령 제어 유닛이라 한다.

instruction counter 명령 카운터(命令－) 다음에 실행할 명령의 위치를 나타내고 있는 카운터. 프로그램 카운터라고도 한다.

instruction cycle 명령 사이클(命令－) 명령의 추출과 실행을 반복하는 사이클. 명령 제어 장치가 앞서의 컴퓨터 명령의 실행 중 또는 실행 종료 후에 다음 실행해야 할 컴퓨터 명령을 기억 장치에서 추출하기 시작하고부터 끝나기까지의 동작 단계를 페치 사이클(명령 추출 단계)이라 한다. 또 컴퓨터 명령을 다 꺼낸 다음부터 그 실행이 끝나기까지의 동작 단계를 명령 실행 단계라 한다.

instruction register 명령 레지스터(命令－) 컴퓨터의 제어 장치의 일부로, 기억 장치에서 읽어내어진 명령을 받아 그것을 실행하기 위해 일시 기억해 두는 레지스터이다.

instrument 계측기(計測器) ① 좁은 의미로는 직지형(直指形)의 것, 즉 측정할 회로에 접속하여 그 회로의 에너지를 이용해서 장치의 가동 기구를 구동하여 지침 기타에 의해 피측정량을 눈금판상에 지시하도록 한 것. 미터라고 하는 경우가 많다. ② 넓은 뜻으로는 피측정량을 수집, 검출, 처리, 표시하기 위한 부품, 장치를 일체화한 것을 말한다. 이 경우 ①의 직지형 계기는 표시부에서의 1개의 부품이다.

instrumental error 계기 오차(計器誤差) 측정에 사용한 계측기에 기인하는 오차. 예를 들면, 계기의 부정확한 교정에 의해 생기는 눈금 오차나, 같은 입력량에 대해서 같은 출력량을 주지 않는 재현 오차 등이다. 전자는 계기 구조에 관계하는 계통 오차이고, 후자는 일종의 우연 오차이다.

instrument approach system 계기 진입 방식(計器進入方式) 항공기가 초기 진입 고도에서 착륙 지점 가까이까지 하강하는 동안에 수직면 및 수평면 내에서 진로에 대한 유도 지시를 항공기에 주는 항공기 착륙 원조 방식.

instrumentation 계장(計裝), 계측(計測) 공장 등의 프로세스나 플랜트에 적합한 계기나 제어 장치를 장비하는 것.

instrumentation diagram 계장도(計裝圖) 계장용 기호(계장용 문자, 계장용 그림 기호 등)를 사용한 계장 또는 계측 설비용 도면.

instrumentation system 계측 시스템(計測－) 공장에서의 프로세스 제어, 공정 관리를 위한 계측 기기와 제어 기기를 유기적으로 결합한 시스템. 특히 최근에는 컴퓨터에 의한 계산 시스템이 널리 이용되고 있다.

instrument flight 계기 비행(計器飛行) 유시계(有視界) 비행과 같이 조종사의 시각에만 의존하지 않고 항법 무선에 의해서 항공기의 항행부터 비행장의 착륙까지를 안전 확실하게 하는 것을 말한다. 기상의 설비와 비행장의 시설이 완비됨에 따라서 현제에는 계기 비행이 통상으로 되어 있다.

instrument flight rules 계기 비행 규칙(計器飛行規則) =IFR

instrument landing system ILS 장치(－裝置), 계기 착륙 방식(計器着陸方式) 비행장에 항공기가 진입·착륙할 때, 파일럿의 시각에만 의존하는 유한계 비행과는 달리, 기후가 나쁠 때라도 계기에 의해 안전 확실하게 착륙할 수 있도록 한 방식. 로컬라이저, 글라이드 패스(glide path) 및 마커로 이루어져 있다. 로컬라이저는 항공기에 대하여 활주로로의 진입 코스를 나타내고, 글라이드 패스는 진입에 적당한 앙각의 강하로를 지시하는 것이며, 마커는 활주로의 진입점이나 착륙점까지의

개략적 위치를 지시하는 장치이다. =ILS

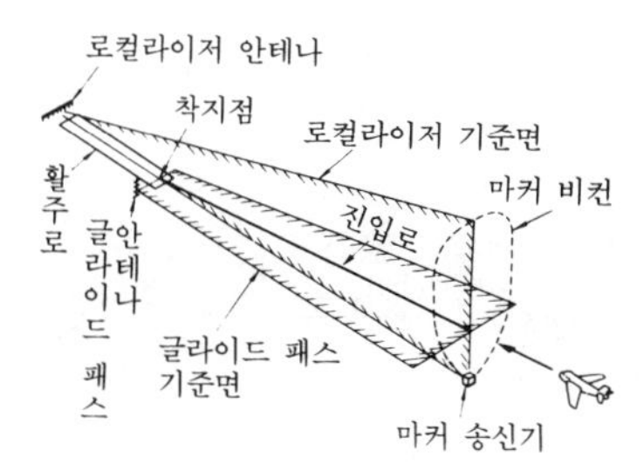

instrument multiplier 계기 배율기(計器倍率器) 계기 자신이 측정할 수 있는 특정한 범위를 넘은 큰 전압을 측정하기 위해 계기 회로에 직렬로 삽입하는 특수한 직렬 저항.

instrument relay 계기형 계전기(計器形繼電器) 계기 지침이 접점으로 되어 있어 계기의 눈금판에 부착한 고정 접점과의 사이에서 입력량에 따라 회로를 개폐하도록 되어 있는 계전기. 미터 릴레이라고도 한다.

instrument servo 계기 서보(計器－) 조작부의 출력이 수 10W 이하의 서보계 기구를 말한다. 이 계는 구동되는 요소의 크기로 분류된 것으로, 이보다 큰 출력의 계를 파워 서보라 한다. 서보 기구는 그림의 예와 같이 위치나 각도를 제어량으로 하는 피드백 제어계를 말하는 것이다.

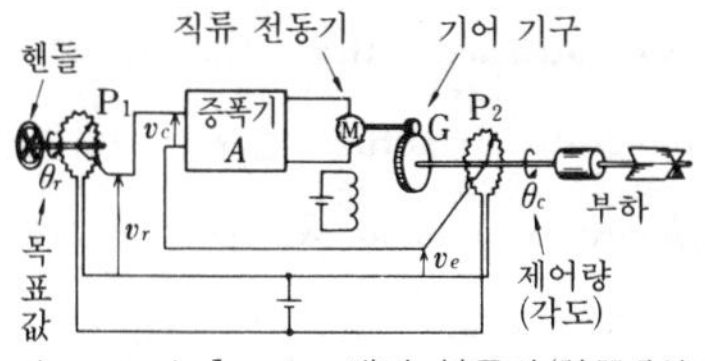

instrument shunt 계기 분류기(計器分流器) 계기 회로의 계기 단자간에 병렬로 접속하여 그 전류 측정 범위를 확대하기 위한 특수한 병렬 저항. 계기 내에 내장되는 경우와 별개의 것으로서 외부에 부가되는 경우가 있다.

instrument transformer 계기용 트랜스(計器用－), 계기용 변성기(計器用變成器) 전압 또는 전류 측정 범위의 확장에 사용되는 계기용 변압기, 변류기의 총칭. 이것은 계측에 적합한 전압이나 전류로 변환하고, 계측기 등을 고전압 회로에서 절연하는 기능이 있다. 효과로서는 측정 정확도가 향상되고, 배선이 용이하게 되며, 고압 시설로부터 계기류를 분리할 수 있다.

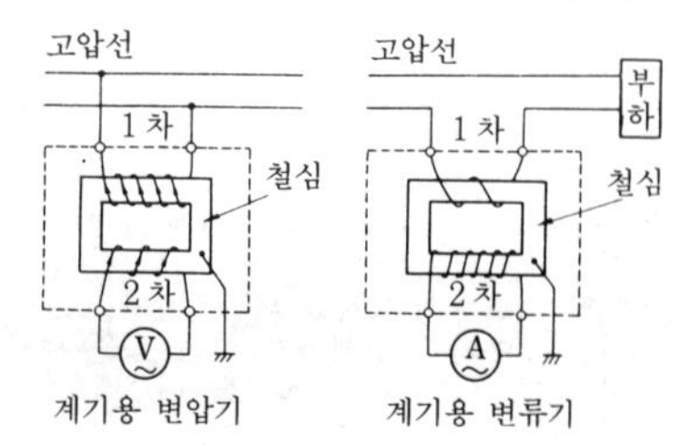

insulated gate FET 절연 게이트 FET(絶緣－) =IGFET →MOS-FET

insulating material 절연 재료(絶緣材料) 전하가 이동하기 어려운, 즉 전기 저항이 높은 재료. 운모, 페놀 수지, 폴리에스테르, 대리석, 파라핀, 폴리스테롤 등이 있다.

insulating oil 절연유(絶緣油) 천연 광유와 합성유가 있으며, 함침하여 절연을 강화할 목적으로 사용된다. 전자 기기용 절연유는 고전압에 사용되는 일이 드물며 고주파에서의 비유전율이나 유전 탄젠트에 대한 특성은 중요하다.

insulating paper 절연지(絶緣紙) 보통의 종이와 달라서 결착제나 광택제는 되도록 사용하지 않고 가급적 순수한 섬유로 구성한다. 흡습성이 결점이며, 그 때문에 케이블에서는 충분히 건조한 다음 외기를 차단하여 밀폐하고, 또 콘덴서에서는 파라핀이나 기름에 함침하는 등의 주의가 필요하다.

insulation resistance 절연 저항(絶緣抵抗) 절연물에 직류 전압을 가하면 아주 미소한 전류가 흐른다. 이 때의 전압과 전류의 비(比)로 구한 저항을 절연 저항이라 하고, 전류가 절연물의 표면을 흐르느냐 내부를 흐르느냐에 따라서 표면 절연 저항과 체적 절연 저항으로 구별하는데, 어느 경우나 온도나 습도의 증가에 따라서 감소한다. 절연 저항의 단위에는 보통 MΩ(메그옴)이 쓰인다.

insulation-resistance tester 절연 저항계(絶緣抵抗計) 절연 저항을 측정하는 계기. 고저항 측정법을 쓰는데 다음 사항에 주의한다. ① 절연 저항은 흡수 전류의 영향을 받으므로 전류의 측정 시간을 정할 필요가 있다(보통 1분). ② 측정 전에 잔류 전하를 방전한다. ③ 전압, 온도, 습도를 일정하게 유지해야 한다. 대표적인 절연 저항계로서 메거가 있다.

insulation-resistance versus voltage test 절연 저항/전압 시험(絶緣抵抗/電壓試驗)

직류 전압을 일정 기간 가한 다음 전압을 높여서 또 일정 기간 가하는 식으로 순차 전압을 높이면서 절연 저항을 측정하여 얻어진 결과를 대표적인 절연 특성 패턴과 비교하여 결함의 유무를 판단하는 절연 저항 시험.

insulation shielding 절연 차폐(絶緣遮蔽) 절연물의 외표면에 밀착하여 이것을 감싼 도전성 또는 반도체의 피막. 절연물 표면에서 이온화를 발생하기 쉬운 틈을 메워서 전압 스트레스를 절연물 내부에 가두어 넣는 것이 목적이다.

insulator 애자(碍子)[1], 절연체(絶緣體), 부도체(不導體)[2] (1) 고압 송전선을 철탑에 매다는 데 사용하는 세라믹 등의 절연물로 만들어진 기구.
(2) 전기를 거의 통하지 않는 물질. 절연체는 전자 회로의 구성 부품을 분리하고, 불필요한 회로에 전류가 흐르지 않도록 하기 위하여 사용한다. 고무나 유리, 세라믹, 플라스틱 등이 있다.

insulator film 절연막(絶緣膜) 집적 회로(IC)를 제작하는 웨이퍼 프로세스 기술에 쓰이는 비도전성의 막.

integer linear programming 정수 계획법(整數計劃法) 선형 계획법(LP)에서 변수의 일부 또는 전부를 정수로 한정하여 푸는 방법. 이에 의하면 종래는 LP의 대상 외였던 문제도 적용 범위에 넣을 수 있다. =IP

integral action 적분 동작(積分動作), I 동작(-動作) 자동 제어계에서 제어 편차의 시간 적분값에 비례하는 크기의 출력 신호를 내는 제어 동작. 일반적으로 I 동작만이 단독으로 쓰이는 일은 없고, 비례 동작을 더한 PI 동작으로서 쓰인다. 제어 편차를 z, 출력 신호를 y로 하면 PI 동작 시의 y는 그림의 식으로 나타내어진다. PI 동작으로 함으로써 정위성(定位性)의 제어 대상에서 스텝형 외란(外亂)에 대하여 오프셋을 일으키지 않지만 동특성은 진동적으로 되어 정정(整定) 시간이 길어지는 것이 특징이다. →proportional plus integral action

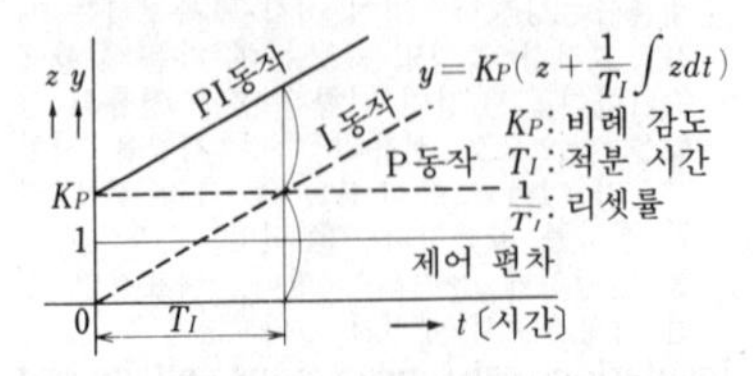

integral control action 적분 동작(積分動作), I 동작(-動作) 피드백 제어계에서의 제어부의 동작으로, 입력 신호의 적분값이 출력되는 동작. 일반적으로 적분기는 출력이 지연되어서 나오므로 제어 동작 신호의 현재값과 그 적분값을 다 합친 형의 PI 동작으로서 다루어진다. = integral action

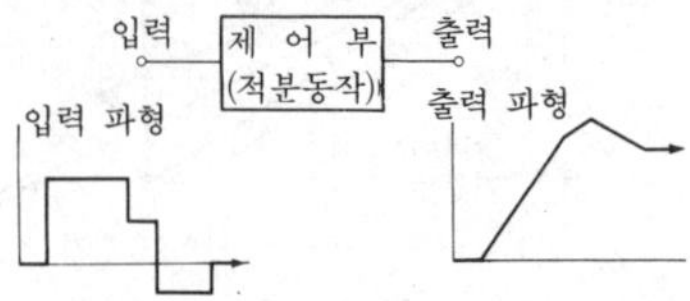

왼쪽 그림과 같은 계단형의 입력에 대해 오른쪽 그림과 같은 출력이 나온다.

integral control element 적분 요소(積分要素) 출력 신호가 입력 신호의 적분값으로 주어지는 것과 같은 전달 요소를 말하며, 그 전달 함수는

$$G(s) = \frac{1}{Ts}$$

로 나타내어진다. 그 인디셜 응답은 그림과 같다.

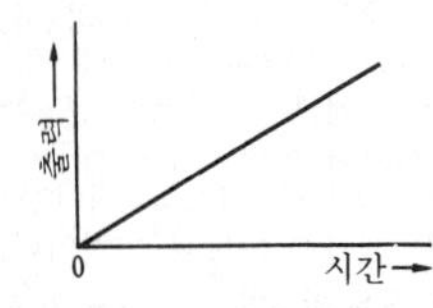

integrated action time 적분 시간(積分時間) →reset control action

integrated amplifier 인테그레이티드 증폭기(-增幅器) →pre-main amplifier

integrated antenna system 인티그레이티드 안테나 시스템 능동 회로 소자, 비선형 회로 소자 또는 회로가 방사기의 구조 내에 내장된 안테나.

integrated circuit 집적 회로(集積回路) 실리콘 기판에 트랜지스터, 다이오드, 저항 등을 구성시켜 증폭이나 기억 등의 기능을 갖게 한 초소형의 전자 회로. =IC

integrated circuit memory IC 메모리 집적 회로 중에 내장된 기억 소자. 다른 기억 소자에 비해 접근 시간이 짧은 것이 특징이다. →integrated circuit

integrated data processing 집중 관리 방식(集中管理方式) =IDP

integrated injection logic 집적 주입 논리 회로(集積注入論理回路) DTL 과 같은 바이폴러형 IC의 일종으로, 소비 전력이

적고 고집적화가 가능하다. 그림에 기본 회로를 나타낸다. =I²L

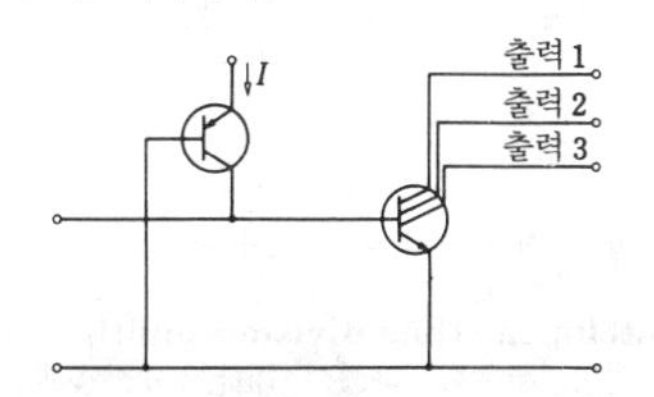

integrated optics 집적 광학(集積光學) 광 집적 회로 및 이와 관련된 공학 분야. 예를 들면 직접 회로화한 레이저, 광 필터, 검광자(檢光子) 등의 광학 소자를 일체화하여 일정한 기능을 갖게 하는 등의 집적화가 대상이 된다.

integrated process communication 프로세스간 통신(－間通信) 멀티태스크의 환경에서의 각 프로세스는 서로 독립한 작업이나 자원을 가지고 있다. 그 프로세스가 어느 정해진 룰 하에서 프로세스 간의 정보를 주고 받는 것을 프로세스간 통신이라 한다. 그 기능으로서는 파이프, 큐, 세마포르(semaphor), 시그널, 공유 메모리를 들 수 있다.

integrated service digital broadcasting 통합 디지털 방송(統合－放送) =ISDB

integrated service digital network 종합 정보 통신망(綜合情報通信網) =ISDN

integrating amplifier 가산 적분기(加算積分器) 아날로그 컴퓨터에서 복수 개의 입력 신호를 각각 정수 배한 것의 합의 시간 적분값을 출력 신호로 하는 기능을 가진 연산기.

integrating circuit 적분 회로(積分回路) 그림과 같은 4단자 회로에서 시상수가 신호 주기에 대하여 큰 경우에 이 회로를 적분 회로라 하고, 출력 신호는 입력 신호를 적분한 전압 파형으로 된다.

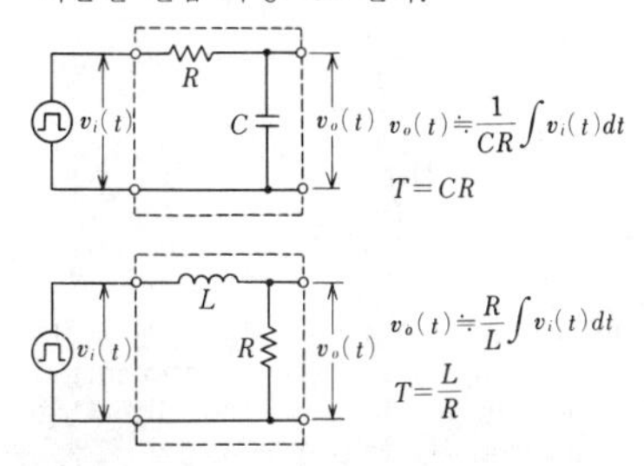

$v_i(t)$: 입력 신호, $v_o(t)$: 출력 신호, T : 시상수

integrating conversion type 적분 변환형(積分變換形) 아날로그·디지털 변환 형식의 한 형식으로, 지정된 시간 내에서의 입력 전압의 적분값을 디지털값으로 변환하는 것. 전압·주파수 변환형, 복경사형 등이 있다.

integrating motor 적분 모터(積分－) = IM

integrating relay 적분형 계전기(積分形繼電器) 긴 펄스 또는 일정한, 혹은 가변의 진폭을 가진 일련의 펄스를 적분한 전체의 에너지에 의해서 동작하는 계전기. 열형(熱形) 계전기 등은 그 예이다.

integration 집적화(集積化) 기능을 직결하는 것을 목적으로 하여 많은 구성 부분을 설계부터 제조, 시험, 운용에 이르기까지 각 단계에서 하나의 단위로서 회로, 기기 등을 만드는 것.

integration circuit 적분 회로(積分回路) 입력 신호의 적분값을 출력으로 하는 회로를 말한다.

integrator 적분기(積分器) 아날로그 컴퓨터의 연산 회로의 하나로, 주어진 전압의 적분값을 출력하는 것.

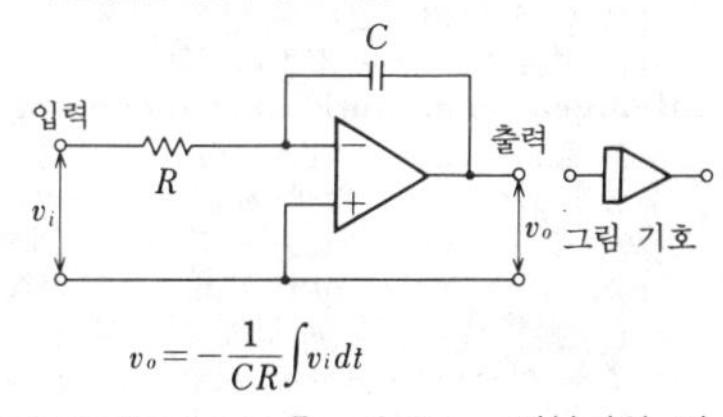

$$v_o = -\frac{1}{CR}\int v_i dt$$

integrator type fluxmeter 적분기식 자속계(積分器式磁束計) 자속 변화 $d\varphi$에 의해서 권수 N의 탐색 코일에 유기(誘起)되는 전압 e_i는 시간 t에 대하여

$$e_i = -N\frac{d\phi}{dt}$$

로 되며, 양변을 시간 적분하면 출력 e_o는

$$e_o = \int e_i dt = -N\phi$$

으로 된다. 이 원리에 의해서 적분기와 그 출력 전압을 지시하는 가동 코일형 계기로 구성된 자속계를 적분기식 자속계라 한다. 적분기는 고이득의 직류 증폭기에 C, R을 접속한 것이 쓰인다. 충격 검류계를 사용한 것과 비교하여 취급이 용이하고, 출력 전압을 간단히 꺼낼 수 있으므로 X-Y 기록계로 자화 곡선을 그리게 한다든지 하는 데 사용한다.

intelligence robot 지능 로봇(知能－) = intelligent robot

intelligent building 인텔리전트 빌딩, 고도 정보화 건축물(高度情報化建築物) 사무실의 사무 자동화(OA)를 위해서는 기기의 배선이나 디스플레이의 조명, 기기가 발생하는 소음 등에 대한 대책이 필요하다. 이들 문제점을 당초부터 예견하여 설계하고, 정보 기기가 충분하게 이용될 수 있도록 건축한 건물을 말한다.

intelligent cable 인텔리전트 케이블 스마트 케이블이라고도 한다. 커넥터 부분에 회로가 내장되어 있는 케이블. 이 회로가 삽입되는 커넥터의 특성을 판단하여 데이터를 호스트가 예기하는 형식으로 전송할 수 있다. 일반적으로 회로는 내장되어 있어 단지 한 쪽 끝에서 다른 쪽 끝으로 신호를 통과시키기만 하는 케이블이 아니다.

intelligent communication 지적 통신(知的通信) 이제까지의 통신에서는 통신 시스템은 운반되는 정보의 내용에 의존하지 않는, 즉 투과적(transparent)이어야 한다고 했다. 이에 대하여 사람과 사람과의 커뮤니케이션으로서 정보의 의미를 생각하고 정말 가치있는 통신을 실현하고자 하는 생각을 지적 통신이라 한다.

intelligent communication technology 지적 통신 기술(知的通信技術) 지적 통신 실현을 위한 기술. 인공 지능 기술을 비롯하여 소프트웨어 기술, 고도 프로그래밍 기술, 화상 처리, 언어 처리, 분산 처리 기술 등의 기초 기술과 함께 지적 통신 시스템을 실제로 구축하기 위한 시스템 기술이 필요하게 된다. →intelligent communication

intelligent multiplexer 지능적 다중화 장치(知能的多重化裝置) →smart multiplexer

intelligent network 인텔리전트 네트워크, 지능망(知能網) 전화 서비스의 네트워크에서 재래식 교환이나 부과금의 처리 방식을 유연화함으로써 프리 다이얼이나 전언(傳言) 등의 다양한 서비스가 가능해지도록 한 기능을 구축한 것을 말한다.

intelligent robot 지능 로봇(知能－) 감각 기능 및 인식 기능을 가지며, 그에 의해서 행동 결정할 수 있는 로봇을 말한다. 시각에 대해서는 비디콘 등을 사용한 TV 카메라를 센서로 하고, 컴퓨터의 화상 처리 기술을 이용해서 실시간 처리를 시킨다. 촉각에 대해서는 센서로서 촉침을 사용하는 것과 초음파 등을 사용하는 비접촉의 것이 있으며, 그들에 의해 얻어진 정보를 컴퓨터 처리하여 대상물을 인지시킨다. 또, 인간의 음성에 의해서 동작을 명령하는 로봇에는 음성 인식 장치를 사용한다.

intelligent terminal 지능 단말(知能端末) 컴퓨터 시스템에서 온라인 처리를 하는 단말 장치에 마이크로프로세서를 갖추고, 단말 자신이 할 수 있는 처리를 시켜서 센터의 중앙 처리 장치(CPU)를 점유하는 시간을 단축시킬 수 있도록 한 단말을 말한다.

intelligent time division multiplexing 지능 시분할 다중화(知能時分割多重化), 고성능 시분할 다중화(高性能時分割多重化) ITDM 이라 약기한다. 겉보기로 저속 회선 속도의 합계를 고속 회선 속도보다 크게 할 수 있는 시분할 다중 장치(TDM)로, 회선을 유효하게 이용하기 위한 장치의 하나. 그 주요한 원리는 종래의 TDM 이 실제로 데이터를 송출하고 있지 않은 채널(단말)에 대해서도 시간(타임 슬롯 : time slot)을 고정적으로 할당하고 있었는 데 대해 ITDM 에서는 회선의 사용 효율을 향상시키기 위해 데이터를 송출하고 있는 채널의 데이터에만 타임 슬롯을 할당하여 다중화하는 방식을 쓰고 있다. 이 때문에 트래픽의 통계적 특성에 의존하여 다중 효율이 정해짐으로써 수용 설계상의 배려가 필요하게 되어 대부분의 장치가 회선의 오류 상황, 장치 내 버퍼의 사용 상황, 트래픽 상황 등 보수 운용을 위한 기능을 갖는다. 이때문에 statistical TDM(STDM)이라고도 불린다. = ITDM, STDM

intelligibility 양해도(諒解度) 전화 회선에서 의미가 있는 단어를 보내고 정확하게 이해된 수를, 보낸 단어의 총수로 나눈 비율. 단위는 퍼센트. 그림은 명료도와 양해도의 관계를 나타낸 것이다. →articulation

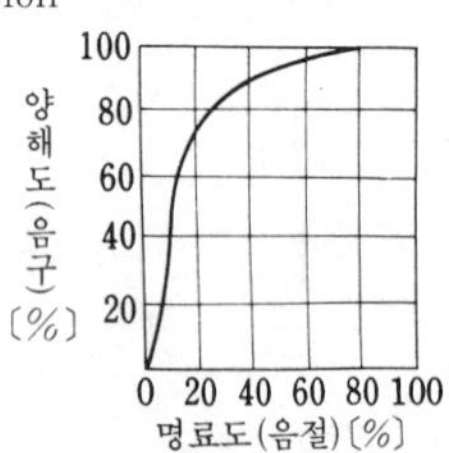

INTELSAT 인텔새트, 국제 통신 위성 기구(國際通信衛星機構) International Telecommunications Satellite Organization 의 약어. 통신 위성의 소유, 운용하여 국제 통신을 위한 회선을 제공하는 조직으로, 세계 각국이 출자하고 미국

의 통신 위성 회사가 관리자로 되어 있다. 그 위성은 현재 태평양이나 인도양, 대서양을 지나는 텔레비전 중계 등에 실용되고 있다. 또한 아마추어용 통신 위성은 오스카(OSCAR)라고 불린다.

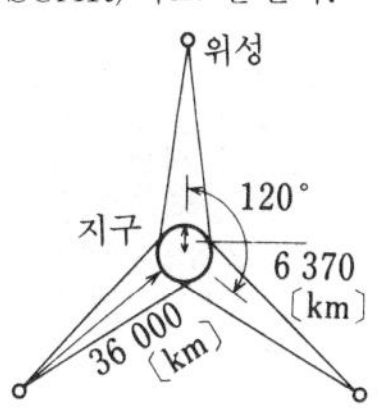

INTELSAT Business Service 인텔새트 비즈니스 서비스 =IBS

intensifying screen 증감지(增感紙) 형광 물질의 얇은 막을 종이에 입힌 것을 필름에 밀착시키고 여기에 X선을 투사하면 형광 작용으로 필름의 흑화도를 증대시킬 수 있다. 이것을 증감지라 한다. 배치는 X선관→피사체→전면 증감지→필름→후면 증감지의 순으로 X선이 통과하도록 한다.

intensity amplifier 휘도 증폭기(輝度增幅器) 오실로스코프에서의 스폿 휘도 제어 신호용 증폭기.

intensity level 강도 레벨(强度－) 음향 에너지속(束) 밀도(파워 밀도)와 적당히 정해진 기준의 음향 에너지속 밀도의 비로 주어지는 음의 강도 레벨(데시벨값).

intensity modulation 휘도 변조(輝度變調) ① 텔레비전이나 레이더에서 수상관 스크린 상의 광점의 휘도를 신호 전압의 크기에 따라 변화시키는 것. z축 변조라고도 한다. ② 전자 빔이 CRT의 형광면을 충격하여 생기는 휘점의 밝기를 제어 그리드 또는 음극에 가하는 신호 전압에 의해 변조하는 것. =brightness modulation

intensity of electric field 전계의 세기(電界－) 전계 중에 단위 양전하를 두었을 때 거기에 작용하는 힘의 크기를 말하며, 점전하에 의한 전계의 세기는 다음 식으로 주어진다.

$$e=9\times10^9\times\frac{Q}{\varepsilon_s r^2}$$

여기서, E : 전계의 세기〔V/m〕, Q : 전하〔C〕, r : 전하로부터의 거리〔m〕, ε_s : 비유전율.

intensity of illumination 조도(照度) 광원이 비추는 면 상의 점에서의 밝기를 나타내는 양으로, 단위는 룩스(기호 lx)를 쓴다. 1 lx 란 1 루멘(기호 lm)의 광속으로 $1m^2$의 면을 고르게 비추는 경우의 조도를 말한다. 조도는 조도계에 의해 측정할 수 있다.

intensity of magnetization 자기 분극(磁氣分極) 평등하게 자화된 자성체 중의 단위 체적당 자기 모멘트를 말하며, 자화의 세기라고도 한다. 막대 자석의 자기 분극은 다음 식과 같으며, 자극 밀도와 같다.

$$J=\frac{M}{Al}=\frac{m}{A}=\sigma$$

여기서, J : 자기 분극〔T〕, M : 자기 모멘트〔Wbm〕, A : 단면적〔m^2〕, l : 길이〔m〕, m : 자극의 세기〔Wb〕, σ : 자극 밀도〔T〕.

interaction-circuit phase velocity 간섭 회로 위상 속도(干涉回路位相速度) 전자류가 존재하지 않을 때 회로 내를 전파(傳播)하는 파(波)의 위상 속도.

interaction crosstalk coupling 간섭 누화 결합(干涉漏話結合) 두 선로간에서 제3의 선로를 거친 상호 결합에 의해 생기는 누화 방해 작용.

interaction factor 간섭 계수(干涉係數) 인가 전압비에 대한 방정식 중의 계수로, 이것은 회로의 한 단자에서의 임피던스 부정합에 의한 다른 단자에서의 임피던스 부정합 변동을 설명한다. 그 계수는 전원과 부하의 임피던스 및 4단자 회로망의 영상(影像) 임피던스와 영상(影像) 전달 함수로 표현된다.

interaction space 간섭 영역(干涉領域) 전자관 내에서 전자가 교류 전자계와 상호 간섭하는 영역.

interactive imagery 능동 화상 처리(能動畫像處理) 컴퓨터와 조작자가 대화 형식으로 하는 화상 처리. 보통 실시간의 처리를 의미한다.

interactive impedance 반복 임피던스(反復－) 그림과 같은 4단자망 회로에서 단자 2-2′간에 Z_{K1}이라는 임피던스를 접속했을 때 단자 1-1′에서 본 임피던스가

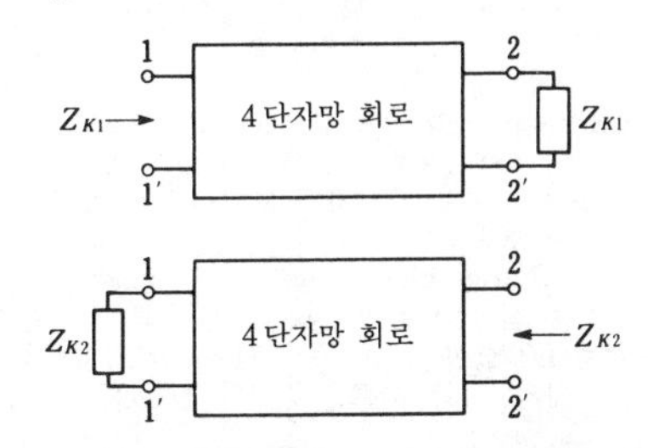

Z_{K1} 과 같게 되는 Z_{K1} 을 말한다. 또, 반대로 1-1′에 Z_{K2} 를 접속했을 때 2-2′에서 본 임피던스가 Z_{K2} 와 같아지는 Z_{K2} 도 그러하다.

interblock gap 블록 간격(一間隔) 자기 테이프에 정보를 기입하는 경우, 블록마다 그 중간에 두는 무신호의 틈.

intercarrier method 인터캐리어 방식(一方式) =intercarrier system

intercarrier receiving system 인터캐리어 수신 방식(一受信方式) →intercarrier system

intercarrier sound system 인터캐리어 음향 시스템(一音響一) 영상 반송파에 부수하는 음성 반송파가 두 반송파 주파수의 차와 같은 중간 주파수를 만들어 내는 텔레비젼 수상 시스템. 이 중간 주파수는 음성 신호로 주파수 변조되어 있다.

intercarrier system 인터캐리어 방식(一方式) 텔레비전 수상기 회로 방식의 일종으로, 영상, 음성 양 신호를 같은 중간 주파 증폭기로 증폭한 다음 검파를 하여 양 신호를 분리하는 것을 말한다. 현재 일반적으로 사용되고 있는 수상기는 대부분이 이 방식이며, 국부 발진 주파수가 변동해도 음성 중간 주파수는 언제나 일정하기 때문에 음성의 일그러짐이나 음성만 들리지 않게 되는 현상을 방지할 수 있다. 그러나 영상 신호와 음성 신호의 간섭이 생기기 쉽고 이 때문에 음성 트랩 회로를 둔다든지, 음성 레벨을 영상 신호 레벨보다 20~26dB 정도로 낮게 하고 있다.

텔레비전 전파 (NTSC방식)

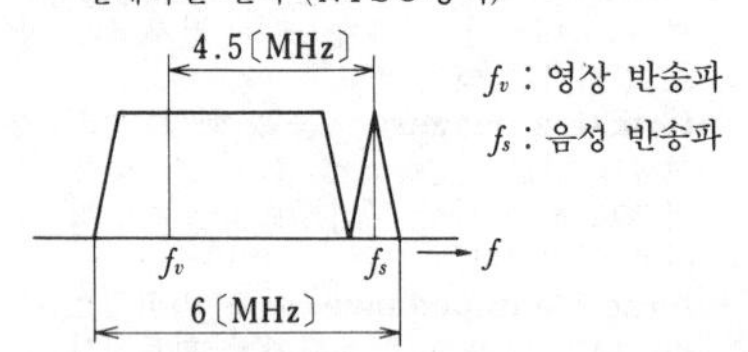

intercept 인터셉트 ① 운항하는 선박, 항공기 혹은 미사일 등의 코스를 막거나 요격하는 것. ② 하락되지 않은 자가 전화, 방송 등을 도청하거나 혹은 그에 파장을 맞추는 것.

intercept call 인터셉트호(一呼) 사용되고 있지 않은 전화 번호를 다이얼 등으로 접수대에 우회 착신하거나 아나운스 메시지 등에 접속되는 호출.

interchange circuit 중계 회로(中繼回路), 상호 접속 회로(相互接續回路) 데이터 단말(DTE)과 회선 종단 장치(DCE)를 접속하기 위한 회로. 종래의 MODEM 과 데이터 단말 사이의 상호 접속 회로는 CCITT 권고 V.24, 공중 데이터망에서의 DCE 와 DTE 사이의 상호 접속 회로는 CCITT 권고 X.24 에 각각 정의되어 있다.

interchange signal 교환 신호(交換信號) 서로 다른 기능을 갖는 두 장치 또는 시스템 간에서 교환되는 신호. 예를 들면 원격의 단말에 신호하기 위해 모뎀과 그에 부대한 데이터 단말 장치(DTE)간에서 주고받는 신호이다. 모뎀이 상대방의 모뎀과 접촉하여 DTE 로부터 상대방으로의 데이터 전송이 가능하게 되었을 때 그 모뎀은 그것에 결합한 DTE 에 송신 준비 완료 신호를 보낸다.

interclutter visibility 클러터 간 검출 능력(一間檢出能力) 레이더에 관해서, 강한 클러터를 발생하는 2점간에 끼워진 분해능 셀에 있어서 발생한 이동 목표물을 검지하는 능력. 보통, 이동 목표물 지시 장치 또는 펄스 도플러 레이더에 적용된다. 레이더의 거리 또는 각도 분해능이 높을수록 클러터 간 검출 능력도 높아진다. 왜냐 하면 분해능이 높을수록 강한 클러터를 발생하는 셀의 수가 상대적으로 저하하기 때문이다.

interconnection 상호 접속(相互接續) 전기 통신 사업자의 네트워크를 구성하는 전기 통신 설비 상호간을 전기적으로 접속하는 것.

interdigital magnetron 교대 배치형 마그네트론(交互配置形一) 음극 주위에 동축상(同軸狀)의 세그먼트 양극을 갖는 마그네트론으로, 각 세그먼트는 하나 건너로 한쪽 단자에, 나머지 세그먼트는 다른 한쪽 단자에 접속되어 있다.

interexchange channel 중계 회로(中繼回路), 중계 채널(中繼一) 서로 다른 교환 구역을 접속하는 통신 회선.

interface 인터페이스 컴퓨터, 각종 회로나 장치, 시스템의 요소 등 2개 이상으로 구성되는 장치에서 그 접속의 경계로서 생각하는 가상적인 면. 이 면에 상당하는 장치, 회로 그 자체를 가리키는 경우가 많다. 그림의 접속에서 접속 케이블을 인터페이스라고 하면 접속 케이블 자신이 인터페이스임은 물론 넓은 뜻으로는 양자의 입출력 신호 조건 및 전기 회로도 포함하

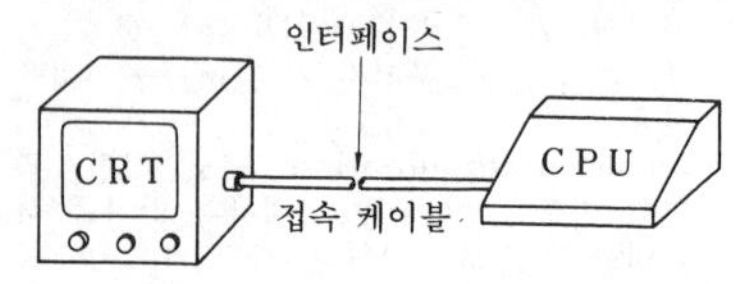

여 인터페이스라 한다.

interface circuit 인터페이스 회로(-回路) 상이한 장치간을 접속하기 위한 드라이버 또는 리시버. 이러한 경우에는 통상의 논리 회로에 비해 일반적으로 장거리, 다부하 전송 및 내환경성 향상 등의 능력이 요구되기 때문에 이들에 적합하도록 특별히 설계된 드라이버 또는 리시버가 사용된다.

interfacial connection 층간 접속(層間接續) 프린트 회로 기판 양측의 도체 패턴을 접속하는 도체. =feedthrough

interference 혼신(混信), 간섭(干涉) ① 어떤 전파를 수신하고 있을 때 수신을 목적으로 하지 않는 다른 전파가 혼입하여 방해를 주는 것. ② 둘 또는 그 이상의 코히어런트한 파동을 겹쳤을 때 생기는 규칙적인 강약의 패턴.

interference coupling ratio 방해 결합비(妨害結合比) 동일 유닛 내에서의 방해원의 실제 강도와 신호 회로 내에 발생하는 방해와의 비.

interference detection system 방해 검출 방식(妨害檢出方式) 데이터 전송로에서 생긴 순단(瞬斷), 피크 잡음 등 오류의 원인이 되는 방해를 검출하는 오류 검출 방식. 데이터 전송에서의 오류 제어 방식의 하나이다. 여기서는 순단이란 수신 신호의 레벨이 순간적(1 ms~1 min 정도)으로 대폭(6 dB 이상) 저하하든가 완전히 멈추는 현상을 말한다(아날로그 데이터 전송). 계속 시간이 긴 것은 순단이라고 하지 않고 회선 장해라 한다. 피크 잡음이란 발생 간격이나 진폭이 모두 불규칙하게 발생하는 충격적인 잡음을 말한다.

interference eliminator 간섭 억압기(干涉抑壓器) =interference filter

interference fading 간섭파 페이딩(干涉波-) 송신점에서 발사된 전파가 통로의 길이가 약간 벗어난 둘 이상의 전파 통로를 통해서 수신점에 도달할 때 각 도래파의 위상이 별개로 변동하여 그 간섭에 의해서 합성 전계의 세기가 변화하기 때문에 생기는 페이딩.

interference field strength 방해 전계 강도(妨害電界强度) 전자(電磁) 방해에 의해 생긴 전계의 강도. 이와 같은 전계는 지정된 조건하에서 측정되었을 때에 한하며, 정확한 값이 된다. CISPR(국제 무선 장해 특별 위원회)이 발표한 것에 따라 측정해야 한다.

interference filter 간섭 필터(干涉-) ① 빛의 간섭을 이용하는 필터. 평면 유리판 표면에 고굴절률과 저굴절률의 금속 혹은 비금속 박막을 다수 증착하여 겹쳐서 만든 필터로, 빛은 층간에서 간섭하여 특정한 단색광만이 투과(혹은 반사)된다. 특정한 중심 파장에 대하여 1/10nm 의 반치폭을 가진 단색광도 얻을 수 있다. ② 수신기에 전원을 통해 침입하는 바람직하지 않은 방해 신호를 감쇠시키기 위한 필터. =interference eliminator

interference guard band 방해 방호 대역(妨害防護帶域) →guard band

interference measurement 간섭 실험(干涉實驗) 민감한 수신 기기의 간섭 가능성을 평가하기 위해 수행되는 자계 강도의 실험.

interference pattern 간섭 패턴(干涉-) 같은 주파수의 파가 중첩한 결과 생기는 공간 분포.

interference power 방해 전력(妨害電力) 무선 방해에 의해 발생하는 전력. 이러한 전력은 특수한 조건하에서 측정되었을 때에만 정확한 값을 얻는다.

interference susceptibility 방해 허용도(妨害許容度) 필요한 정보의 수신을 방해하는 스퓨리어스나 잡음의 영향에 견디는 정도.

interference testing 방해 시험(妨害試驗) 온라인 시험의 일종으로, 시험 중인 장치의 정상적인 동작을 방해하는 것.

interference voltage 방해 전압(妨害電壓) 무선 방해에 의해 발생하는 전압. 이와 같은 전압은 명확한 조건하에서 측정되었을 때에만 정확한 값을 얻는다. 통상적으로 무선 방해에 관한 국제 특별 위원회의 권장 방식에 의해 측정되어야 한다.

interferometer 간섭계(干涉計) ① 측정을 위해 광파(光波)의 간섭을 이용한 장치. ② 레이더에서 떨어진 안테나 간에서 또는 같은 안테나라도 다른 지점 사이에서 각각 수신한 신호의 위상 비교를 하여 전파의 도래 방향 각도를 결정하는 수신 방식.

interferometer antenna 간섭계 안테나(干涉計-) 소자 간격이 파장 및 소자의 크기에 비해 대단히 큰 어레이 안테나로 그레이팅 로브를 발생한다.

interior wiring 옥내 배선(屋內配線) 옥내의 전기 사용 장소에서 고정하여 시설하는 전선〔전기 기계 · 기구 내의 배선, 관등(管燈) 회로의 배선, X 선관 회로의 배선 등은 제외〕을 말한다. 옥내 배선은 송배전 계통의 최종 부분으로, 사람이나 가축에 닿기 쉬운 위치에 설치되는 경우가 많으므로 배선 방법이 나쁘면 감전 사고나 화재의 원인이 되기도 한다. 그러므로 그 시설 장소에 대한 공사의 종류나 공사 방법 등에 대해서는 전기 설비 기술 기준에 상세히 규정되어 있다.

interlaboratory standards 연구소간 표준기(研究所間標準器) 한 연구소에 있는 비교용 표준기를 다른 연구소의 그것과 비교하는 데 사용하는 표준기.

interlace 인터레이스 ① 화상을 2중으로 비추기 위해 필요한 래스터 주사(走査) 디스플레이에 쓰이는 기술. ② 자기 디스크, 자기 드럼 등의 회전형 기억 장치에서 연속으로 주소를 부가하여 컴퓨터에서의 접근과 맞지 않을 때, 1 또는 2와 같이 사이를 두고 주소를 붙이는 것.

interlaced scanning 비월 주사(飛越走査) 하나의 화면을 주사하는 데 한 줄 건너 두 번의 주사로 전체의 면을 주사하는 방식. 1회째는 실선과 같이 주사하고(홀수 필드), 두 번째는 점선과 같이 주사(짝수 필드)하여 하나의 화면을 만든다. 예를 들면, 1초간에 30매의 상을 보내도 실제로는 60매의 거친 상을 보낸 것이 되며, 움직이고 있는 것을 보낼 때 화면의 어른거림이 적어진다.

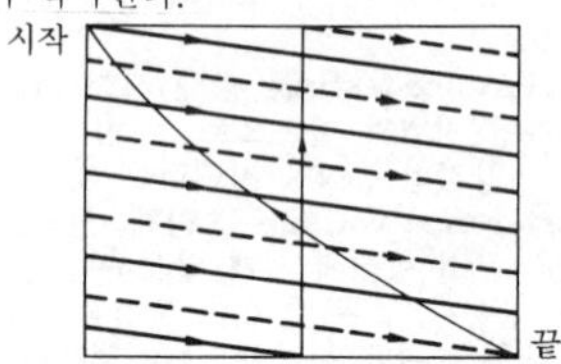

interlace factor 비월 계수(飛越係數) 비월 주사를 하고 있는 텔레비전에서 각 필드의 비월도(飛越度)를 나타내는 척도. 2:1 비월 래스터인 경우에는 비월 계수는 특정한 점에서 인접한 주사선의 중심선간 거리가 짧은 쪽과 차례로 주사되는 비월 주사선 중심선간 거리의 절반과의 비로 주어진다. 한쪽 필드의 주사선 한 가운데를 다른쪽 필드의 주사선이 주행한다고는 할 수 없으며, 약간 상하로 벗어나는 경우가 있다.

interleave 인터리브 주기억 장치에는 단독으로 판독·기록을 할 수 있는 뱅크라고 불리는 그룹이 있다. 이 뱅크 단위로 판독·기록을 동시에 함으로써 판독·기록을 빨리 하는 방법을 인터리브라 한다.

interleave channel 인터리브 채널 무선 주파수 채널의 배치에서 인접 채널의 변조 스펙트럼의 침투를 없애기 위해 필요한 간격 중 그 1/2 폭만큼 침투를 허용한 채널을 말한다.

interleaving 간삽법(間挿法) 컬러 텔레비전 신호를, 흑백 수상기로 수상할 때의 색신호에 의한 화상 방해를 줄이기 위한 방법. 흑백 수상기에서 필요한 것은 컬러 텔레비전 신호 중 휘도 신호 뿐이지만 색신호도 받게 되어 화면에 흑백의 점점 모양을 발생하게 된다. 이 방해를 경감시키기 위하여 색부반송 주파수 f_s를 수평 주사 주파수 f_h에 대해서 $f_s=(f_h/2)\times 455=3.579545$MHz 로 택하면 흑백의 점점을 각 주사선마다 반주기만큼 벗어나게 하고, 또 각 프레임마다 반대 방향으로 할 수 있어 시각적으로 거의 느끼지 않게 할 수 있다. 이것을 주파수 분석적으로 살펴보면 휘도 신호의 고조파군 사이에 색신호의 고조파군이 분포하게 되기 때문에 이 방법을 주파수 간삽법이라 한다.

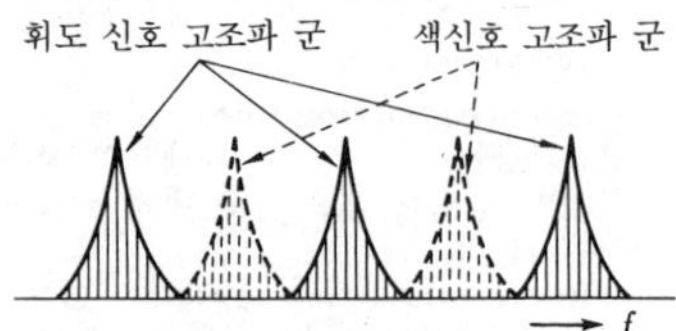

interlinkage 쇄교(鎖交) 전류에 의한 자계에 대해 주회 적분을 하는 경우 적분의 경로가 폐로 전류가 만드는 등가 판자석(板磁石)을 관통할 때 쇄교한다고 한다. 즉, 전류의 통로인 폐곡선과 적분로가 만드는 폐곡선이 그림과 같이 서로 얽혀 있는 것을 쇄교하고 있다고 한다.

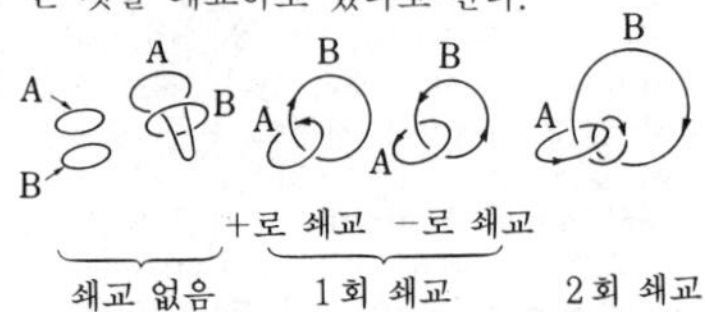

interlock 인터로크 어떤 제어 장치가 동작하고 있을 때 다른 일정한 제어 장치가 동작해서는 안 되는 경우, 이 양자간에 안정을 위해 두어지는 보호 회로 또는 장치.

intermediate data rate system IDR 방식(−方式) 음성 디지털 회선이나 중·고속의 데이터 회선을 다중화하여 64kbps~44,746Mbps 의 디지털 신호로 한 다음 단일 반송파를 4상 위상 변조(QPSK)하여 송신하는 이른바 MCPC/QPSK 방식으로, TDMA 방식에 의하지 않는 간이한 디지털 통신 방식으로서 인텔새트에서 채용되고 있다. MCPC 는 multi-channel per carrier 의 약자이다.

intermediate distributing frame 중간 배선판(中間配線板) =IDF

intermediate equipment 중간 장치(中間裝置) 데이터 통신을 할 때 변복조 장치와 데이터 단말 장치와의 중간 위치에 삽입하여 부가적인 동작을 하는 장치.

intermediate frequency 중간 주파수(中間周波數) 헤테로다인 중계 방식이나 수퍼헤테로다인 수신기의 주파수 변환기에서 수신 전파와 국부 발진기 주파수의 차의 주파수로서 만들어지는 것으로, 보통 중간 주파수는 수신 주파수보다 낮게 하여 증폭하기 쉽게 한다. 라디오 수신기의 중간 주파수로서는 455kHz 가, 텔레비전 수상기에서는 58.75MHz(영상)와 54.25 MHz(음성)가 사용되고 있다. =IF

intermediate frequency amplification 중간 주파 증폭(中間周波增幅) 수신기 내부의 중간 주파 신호의 증폭. 기본적으로는 고주파 증폭과 같으나 주파수가 조금 낮으므로 증폭도를 낮추지 않아도 필요한 대역폭이 얻어지도록 주의할 필요가 있으며, 그 목적에 따라서 설계된 단동조 또는 복동조의 중간 주파 트랜스(IFT)로 단간을 결합한 2~3 단의 회로가 사용된다. 텔레비전의 경우와 같이 특히 광대역이 필요할 때는 스태거 증폭이라는 방법이 사용된다. →intermediate frequency signal

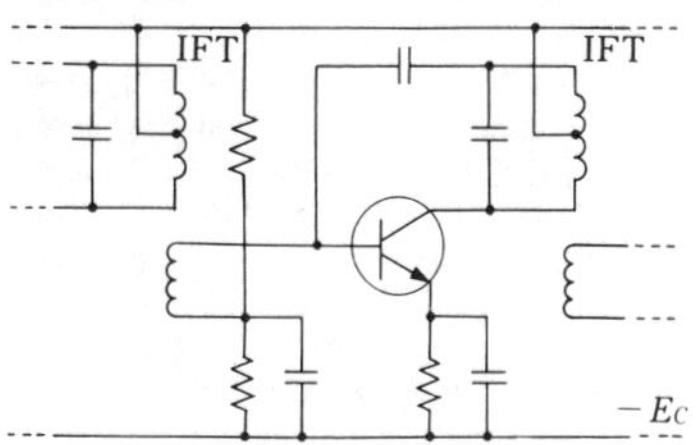

intermediate frequency amplifier 중간 주파 증폭기(中間周波增幅器) 고주파 증폭기의 일종이며, 일정한 중간 주파수를 중심으로 하여 어느 주파수대의 신호를 증폭하는 것. 비교적 좁은 주파수대의 증폭인 경우는 복동조 증폭기나 단동조 증폭기가 사용되고, 넓은 대역폭을 필요로 할 때는 Q 댐프 회로나 스태거 회로가 사용된다. 수퍼헤테로다인 수신기의 이득과 선택도는 이 회로의 특성에 의해서 결정된다.

intermediate frequency ratio 중간 주파수 방해비(中間周波數妨害比) =intermediate frequency respone ratio

intermediate frequency response ratio 중간 주파수 응답비(中間周波數應答比) 수퍼헤테로다인 수신기에서 중간 주파수 대역 내의 특정한 주파수에서의 전계 강도와 원하는 주파수에서의 전계 강도의 비로, 지정된 조건하에서 같은 출력을 내도록 양쪽 전계를 교대로 수신기에 공급했을 때의 양 전계 강도의 비이다. =intermediate frequency ratio

intermediate frequency shift circuit 중간 주파수 시프트 회로(中間周波數－回路) 단측파대 통신 방식이나 연속파의 수신에 사용되는 회로로, 중간 주파수에 수정 필터를 2단 사용하여 수신 주파수를 전혀 바꾸지 않고 중간 주파의 통과 대역을 상하로 이동시켜 중간 주파의 통과 대역 내에 있는 혼신 신호를 통과 대역 외로 보내서 혼신을 제거하는 것을 목적으로 한 회로이다.

intermediate frequency signal 중간 주파 신호(中間周波信號) 수신기 내에서 조금 낮은 주파수로 주파수 변환된 고주파 수신 신호. 수신기에서는 수신파 f를 그대로 증폭하기 보다도 국부 발진에 의한 f'와의 혼합에 의해서 낮은 중간 주파수 f_i로 변환하는 편이 발진할 염려가 적은 증폭을 할 수 있고, 또 선택도를 좋게 할 수 있다. 중간 주파수는 되도록 낮게 하는 것이 좋지만 너무 낮으면 영상 주파수 혼신이 일어나므로 라디오 수신기에서는 진폭 변조(AM)파는 455kHz, 주파수 변조(FM)파는 10.7MHz로 정해져 있다. 또 텔레비전에서도 중간 주파로 변환하는데 영상파는 58.75MHz, 음성파는 54.25 MHz 가 사용된다.

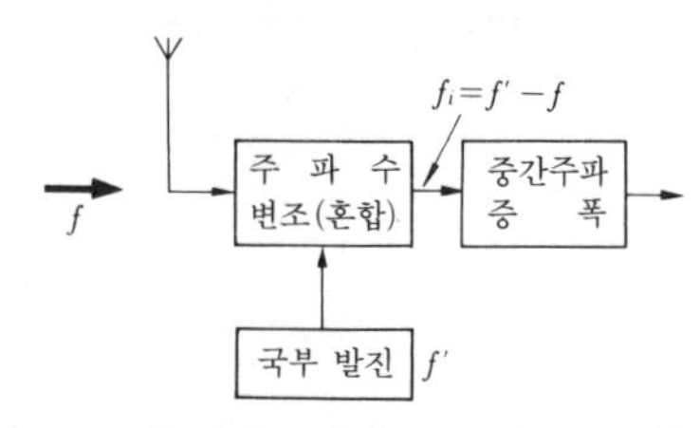

intermediate frequency transformer 중간 주파 트랜스(中間周波－), 중간 주파 변성기(中間周波變成器) 중간 주파 증폭기의 단간 결합에 사용하는 고주파 트랜스. 복동조(1 차, 2 차 동조)형과 단동조형, 스태거 동조형 등의 종류가 있으며, 용도에 따라서 적당한 것을 선정한다. 중간 주파수에 동조를 취하는 기구로는 코일의 인덕턴스를 조절하는 뮤(μ)동조형과 콘덴서로 동조를 취하는 C 동조형이 있다. 라디오용은 항아리 모양의 코어 속에 코일을 넣은 것이 사용되고, 텔레비전용으로는 바이파일러 코일이 널리 사용된다. 보통, 알루미늄제의 실드 케이스에 넣어서 사용하는 경우가 많다. =IFT

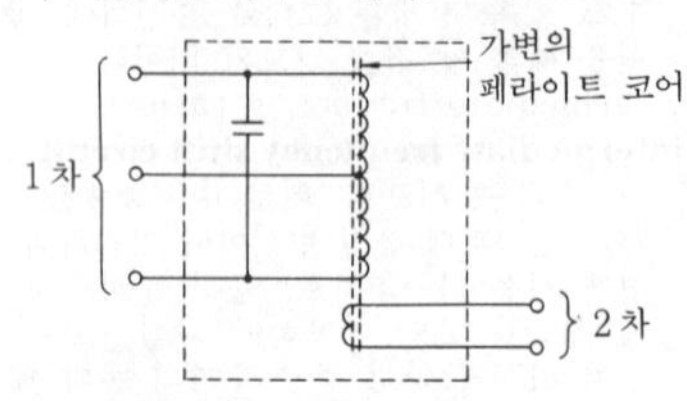

intermediate power amplifier 중간 전력 증폭기(中間電力增幅器) 대전력 무선 송신기에서 사용하는 여진용 전력 증폭기를 말한다. 종단 전력 증폭기에서 큰 송신 출력을 얻으려면 그리드측에 충분한 입력을 가하여 여진해야 한다. 이를 위해 사용하는 것으로, 단지 여진기라고 하는 경우도 있다.

intermediate subcarrier 중간 부반송파(中間副搬送波) 하나 또는 복수의 부반송파에 의해 변조된 것이, 다시 다른 반송파를 변조하기 위한 변조파로서 사용되는 반송파. 다단 변조에서 중간 단계에서의 반송파이다.

intermetallic compound 금속간 화합물(金屬間化合物) 금속 원소 끼리의 화합물로 합금과는 다르다. 인듐과 안티몬, 혹은 갈륨과 비소와 같이 특정한 성분에 의한 것은 규소나 게르마늄에서는 얻어지지 않는 특징있는 반도체 소자를 만들 수 있다.

intermetallic compound semiconductor 금속간 화합물 반도체(金屬間化合物半導體) 2개의 다른 금속 원소의 원자가 결합하여 금속 결정을 구성한 반도체로, 2개의 금속이 하나로 되어서 가전자대를 충족시키는 데 충분한 전자를 공급하고 있다. GaAs, InSb, InAs, GaP 라든가, nP, Bi_2Te_3 등이 그와 같은 화합물 반도체이며, 각각 특징적인 응용 분야를 가지고 있다.

intermittent control action 간헐 동작(間歇動作) 샘플링 동작이라고도 한다. 자동 제어계에서 동작 신호가 연속적으로 변화하고 있어도 조작량이 일정한 시간 간격을 두고 간헐적으로 변화하는 제어 동작을 말한다.

intermittent-duty rating 단속 정격(斷續定格) 디바이스 또는 기기가 연속이 아닌, 어느 지정된 시간 동안만 동작한 경우의, 지정된 출력 정격을 말한다.

intermittent failure 간헐 고장(間歇故障) 어떤 일정 시간 고장 상태가 되지만 자연히 원래 기능을 회복하고, 다시 고장 상태를 되풀이하는 고장.

intermittent fault 간헐 고장(間歇故障) →intermittent failure

intermittent kinescope recording 간헐 필름 녹화 방식(間歇-錄畵方式) 텔레비전 화상을 영화용 필름으로 녹화하는 경우 텔레비전의 송상수가 매초 30매인데 대하여 영화는 24매이기 때문에 30매의 텔레비전 화상을 간헐적으로 셔터를 끊어서 24토막의 필름에 소부하는 방식.

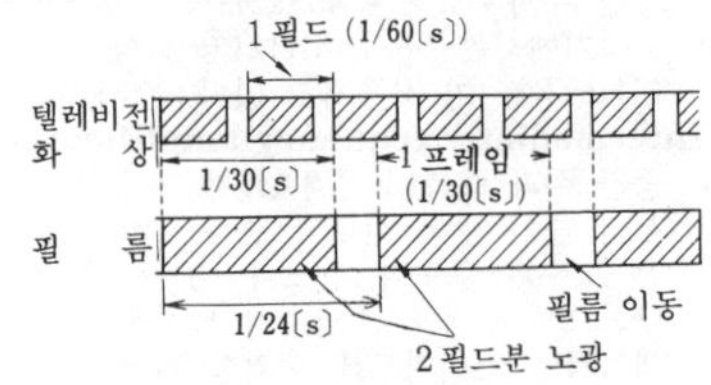

intermodal dispersion 다 모드 분산(多-分散) 광섬유에 의한 다 모드 전송에서 각 모드마다 군속도(群速度)가 다르기 때문에 생기는 분산. 재료 분산이나 도파로(구조) 분산보다도 크므로 다 모드 전송에서는 이것이 중요시된다.

intermodulation 상호 변조(相互變調) ① 중첩된 둘 또는 그 이상의 신호가 증폭기의 비선형성에 의해 상호의 승적(乘積) 성분을 일으키는 현상. 즉 희망파와 불요파가 공존하고 있는 경우, 송수신기 등의 비직선 특성에 의해 각 주파수의 정부배의 합 또는 차와 같은 주파수의 방해파를 발생한다. ② 자기 테이프의 입력 신호 중에 존재하는 성분 주파수의 정수배의 주파수 성분의 합 및 차와 같은 주파수의 출력이 나타남으로써 이것을 테이프 장치의 비직선성과 결부시킬 수 있는 변조 현상. 단, 성분 주파수의 단순한 고조파는 상호 변조 일그러짐에는 포함하지 않는다.

intermodulation crosstalk 상호 변조 누화(相互變調漏話) 회로의 비직선성 때문에 생기는 상호 변조 현상에 의한 누화. 혼변조 누화라고도 한다.

intermodulation distortion 상호 변조 일그러짐(相互變調) 입력량이 여러 가지 주파수 성분을 포함하고 있을 때 그들의 정수배가 되는 주파수의 합 또는 차와 같은 주파수를 가진 출력이 나타나는 비직선 일그러짐. 입력의 한 성분의 고조파가 출력측에 나오는 경우도 있으나 이것은 상호 변조 일그러짐의 성분으로 보지 않는다.

intermodulation noise 준 누화 잡음(準

漏話雜音), 상호 변조 잡음(相互變調雜音) →intermodulation-noise dispersal

intermodulation-noise dispersal 상호 변조 잡음 분산(相互變調雜音分散) ① 광대역의 주파수 분할 변조 방식(FDM)에서 상호 변조의 결과 생기는 변조곱을 상호 변조 잡음이라고 하는데, 이 때문에 예를 들면 통신(방송) 위성의 용량이 제한되는 것을 방지하기 위해 잡음 분산이라는 방법이 쓰인다. 텔레비전 방송의 경우는 텔레비전 신호의 영상 반송파를 주파수가 낮은 3각파로 주파수 변조함으로써 변조곱을 트랜스폰더의 대역 전체에 분산시키는 것이다. ② FDM 장치에서 변조되는 전화 채널의 각 반송파에서 트래픽 레벨에 대하여 반송파 성분이 상대적으로 강한 경우에도 위와 같은 방법에 의해 반송파 에너지를 분산시키는 경우가 있다. 이것을 반송파 에너지 분산이라 한다.

intermodulation product 상호 변조곱(相互變調−) 증폭기, 전송계 등에서 둘 이상의 주파수 성분을 가진 신호가 가해졌을 때 그 증폭기, 전송계가 갖는 비직선성에 의해 이들 신호 주파수의 합 또는 차의 신호를 가진 주파수 성분이 생기는 것.

internal absorptance 내부 흡수율(內部吸收率) 기호 α_i. 물체가 방사를 흡수하는 능력의 척도로, 물체의 입구면과 출구면 사이에서 흡수된 방사속(放射束)을 입구면에서 물질 내로 들어가는 방사속으로 나눈 값이다. 물질로의 입출면에서의 방사의 반사나, 산란에 의한 방사량의 손실은 생각하지 않는다. 평면판형의 물체(예를 들면 필터)에 수직으로 입사하는 방사인 경우에는 방사속 대신 방사 강도를 쓰는 일이 많다.

internal blocking 내부 폐색(內部閉塞) 링크 시스템에서 주어진 입선(入線)과 임의의 적당한 빈 출선(出線) 사이에 접속을 할 수 없는 상태(빈 경로가 없기 때문에).

internal field 내부 전계(內部電界) 유전체에 외부 전계 E를 가했을 때 분자나 원자에 작용하는 전계 E'는 E보다 약간 커진다. 이 전계를 내부 전계라 하고,, 다음 식으로 나타내어진다. ////

$$E' = E + \gamma P$$ ////

여기서, γ : 내부 전계 계수(분자의 상태에 따라서 정해진다), P : 유전 분극의 크기.

internal field emission 내부 전계 방출(內部電界放出) 반도체의 pn 접합의 양쪽 반도체가 저저항률을 가지고 있을 때는 천이 영역의 폭이 좁아져서 전계가 강해지기 때문에 p층의 가전자대에 있는 전자가 접합부를 관통하여 n층의 전도대로 천이할 수 있다. 이와 같이 캐리어가 고전계에 의해 주입되는 현상이 내부 전계 방출이다.

internal memory 내부 기억 장치(內部記憶裝置) 인간의 개입없이 컴퓨터가 자동적으로 이용할 수 있는 기억 장치. 컴퓨터를 구성하고 있는 주요 부분이다. 이것이 주기억 장치로서의 기능을 수행하기 위해 판독, 기록 속도는 수 μs 이하, 기억 용량은 수만 어 이상의 성능을 필요로 한다. 고속성에 중점이 두어지고 있으므로 IC 메모리를 사용하는 것이 많다.

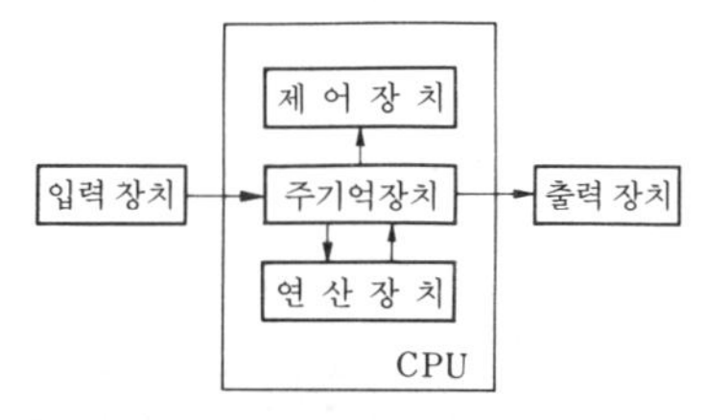

internal mirror-type gas laser 내부 미러형 가스 레이저(內[illegible]形−) 내부 미러 즉 레이저 매질과 [illegible] 접촉하고 있는 광공진기 미러를 가진 가스 레이저. 외부 미러형과 달리 대기의 흡수·산란이나 브루스터의 창(Brewster's window)에 의한 빛의 흡수 산란이 없고 구조도 간단하다. 외부 미러형은 브루스터의 창을 가진 방전관을 공진기의 내부에 수용한 것과 같은 구조이며, 브루스터의 창을 나온 빛은 직선 편광으로 되어 있다. 공진기 내에 모드 실렉터나 변조기 등을 두는 점은 편리하다.

internal modem 내부 모뎀(內部−) 컴퓨터의 확장 슬롯 내에 직접 플러그인된 모뎀.

internal modulation 내부 변조(內部變調) 레이저에서, 공진기 내에 넣은 결정(結晶)의 전기 광학 효과를 이용하여 발진기의 손실을 바꾸어서 발진 강도를 바꾸는 것.

internal noise 내부 잡음(內部雜音) 증폭기나 수신기 등의 내부에서 발생하는 잡음으로, 주로 트랜지스터나 저항 등의 회로 소자에서 발생한다. 접촉 불량 부분이나 불량 부품에서 발생하는 잡음과 같이 주의하면 제거할 수 있는 것과, 저항체에서 발생하는 열교란 잡음이나 트랜지스터의 산탄 잡음과 같이 본질적으로 제거할 수 없는 것이 있다.

internal photoelectric effect 내부 광전 효과(內部光電效果) 광도전(光導電) 효과

를 말한다. 반도체에 빛이 입사하면 현저하게 전기 저항이 저하하는 현상이다.

internal recombination current 내부 재결합 전류(內部再結合電流) pn 접합에서 주입된 소수 캐리어의 일부가 베이스 내에서 다수 캐리어와 재결합하여 잃는 것을 내부 재결합이라 하고, 재결합에 의해 생기는 전류를 내부 재결합 전류라 한다.

internal resistance 내부 저항(內部抵抗) 전지나 발전기와 같은 전원 자신이 가지고 있는 저항. 이것이 있기 때문에 외부에 전류를 흘릴 때는 발생한 기전력보다도 낮은 전압이 단자간에 나타난다.

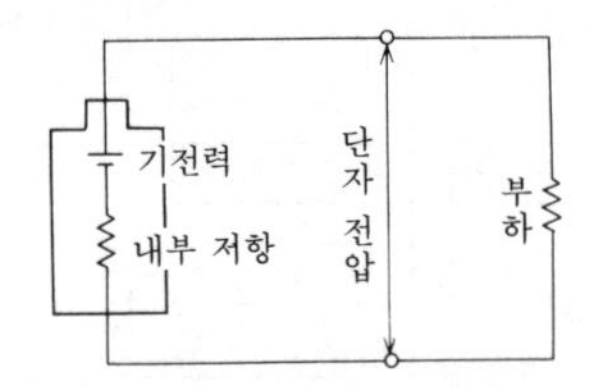

internal storage 내부 기억 장치(內部記憶裝置) 입출력 채널을 사용하지 않고 컴퓨터의 접근이 가능한 기억 장치. 중앙 처리 장치(CPU)가 직접 지정하여 데이터를 기록하거나 판독하는 기억 장치이다. 연산용 레지스터 등을 의미하나, 경우에 따라 자기 디스크 장치나 자기 드럼 장치 등의 보조 기억 장치도 포함한다.

internal synchronization 내부 동기(內部同期) =internal trigger

internal transmittance 내부 투과율(內部透過率) 기호 τ_i. 물체가 방사를 투과하는 능력의 척도로, 물체의 출구면에 도달하는 방사속(放射束)을 입구면에서 물체 방사속으로 나눈 값이다. 이것은 정규의 투과인 경우에만 적용되고, 방사는 어느 면에서도 산란이나 반사에 의한 손실이 없는 것으로 한다.

internal trigger 내부 트리거(內部－) 편향 신호 전압, 보통 수직 편향 신호 전압의 일부를 트리거 신호원으로서 사용하여 소인 회로를 트리거하는 것. =internal synchronization

International Amateur Radio Union 국제 아마추어 무선 연합(國際－無線聯合) =IARU

international atomic time 국제 원자시(國際原子時) 1972 년초를 원점으로 하여 세슘 원자 시계에 의한 초를 적산해서 정한 국제적인 시각(時刻). 지구 자전의 속도가 일정하지 않기 때문에 위의 시각을 윤초(閏秒)를 써서 수정하여 실제적인 시각으로 한「협정 세계시」가 국제적으로 쓰인다. 그리니지 표준시를 협정 세계시로 하고, 각지의 시각은 경도에 따라 정하고 있다. =TAI

international broadcasting 국제 방송(國際放送) 다른 나라의 공중에 의해 수신되는 것을 목적으로 하여 직접 방송되는 이른바 해외 방송을 말한다.

International Business Machines Corporation 아이 비 엠 =IBM

international call 국제 호출(國際呼出) 국외(國外)로 발신되는 호출.

International Civil Aviation Organization 국제 민간 항공 기관(國際民間航空機關) =ICAO

international dialling prefix 국제 식별 번호(國際識別番號) 국제 통화를 하려는 가입자가 다이얼할 디짓 세트이며, 국제 교환국에 접근하기 위해 사용된다. 전화망에서는 이 번호 다음에 지역 번호와 가입자 번호가 부가됨으로써 상대방에 접속된다.

international direct distance dialing 국제 직접 다이얼(國際直接－) 고객의 발호(發呼) 장치에서 나오는 신호에 의해서 자동적으로 국제 호출을 확립하는 것. =IDDD

international distance dialing 국제 다이얼(國際－) 고객 또는 교환원의 발호(發呼) 장치에서 나오는 신호에 의해 자동적으로 국제 호출을 확립하는 것. =IDD

international distress frequency 국제 조난 주파수(國際遭難周波數) 조난 통신에 사용되는 세계 공통의 주파수. 무선 전신인 경우는 500kHz, 무선 전화인 경우는 2,182kHz 가 사용되고 있다.

International Electrotechnical Commission 전기 표준 회의(國際電氣標準會議) =IEC

international exchange 국제 교환(國際交換) 국제 회선을 사용하는 트래픽에 대하여 접속하는 교환 작용. 국내망과 국제망 사이의 트래픽(음성, 데이터, 텔렉스 등)을 교환하기 위한 교환국을 국제 관문국이라 한다(다음 면 그림 참조).

International Frequency Registration Board 국제 주파수 등록 위원회(國際周波數登錄委員會) =IFRB

international gateway 국제 관문국(國際關門局) →international exchange

international interzone call 국제 구역간 호출(國際區域間呼出) 국가 또는 통일적인 번호 계획하에 있는 지역의 외부를

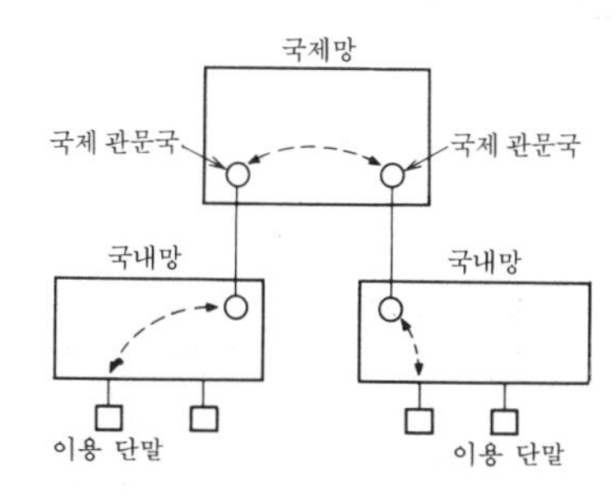

international exchange

대상으로 하는 호출.

International Marine Satellite Consortium 인마새트, 국제 해사 위성 기구(國際海事衛星機構) =INMARSAT

International Morse Code 국제 모스 부호(國際一符號) 단점(dot)과 장점(dash)을 조합시킨 부호로, 그 원형인 미국 모스 부호와 약간의 부호를 제외하고는 거의 같은 것이다. 유선, 무선을 불문하고 주로 국제 전신 부호로서 쓰이고 있다.

international number 국제 번호(國際番號) 국제간의 자동 즉시 통화를 하기 위하여 CCITT 에서 만들어진 계획에 의한 세계 번호. 그 기본 원칙은 국제 가입자의 다이얼 번호를 국제 프리필스+국가 번호+국내 번호로 구성하고, 국가 번호와 국내 번호의 자릿수는 원칙으로서 11 자리를 넘지 않는 것 등이 정해져 있다.

international operating center 국제 운용 센터(國際運用一) 세계 구역 1 에 있어서 전화 교환원이 국제 구역간 발착신 신호를 취급하는 센터. 동시에 국제 구역 내 호출을 취급하는 경우도 있다.

International Organization for Standardization 국제 표준화 기구(國際標準化機構) =ISO

international originating tool center 국제 발신 집중국(國際發信集中局) 세계 구역 1 에 있어서 전화 교환원이 국제 구역간 발신 호출을 취급하는 집중국.

International Radio Consultative Committee 국제 무선 통신 자문 위원회(國際無線通信諮問委員會) =CCIR, IRCC

international radio silence 국제 무선 침묵(國際無線沈默) 국제 조난 주파수 500 kHz 에 대한 3 분간의 무선 침묵 기간으로, 매시 15 분 및 45 분에 시작된다. 이 기간은 모든 무선국은 500kHz 주파수의 조난 신호를 청취할 의무가 있다.

international radio telegraph station 국제 무선 전신국(國際無線電信局) 국제간의 장거리 무선 전신을 취급하고 있는 무선국으로, 주로 단파대의 전파를 사용하고 있다. 무선국은 중앙 집중 방식으로 구성되며, 사용 주파수의 유효한 이용을 위하여 수 10 회선의 음성 주파에 의한 FS 통신 방식(주파수 분할 다중)을 사용하는 경우가 많아졌다. 따라서 송신기도 양 독립 측파대 송신기가 사용된다.

international radio telephone station 국제 무선 전화국(國際無線電話局) 국제간의 장거리 무선 전화를 다루는 무선국으로, 일반의 전화 가입자를 무선 전화 회선에 접속하여 통화 업무를 하는 것을 원칙으로 하나, 특정한 장소에 국제 전화 전용의 통화소를 두어 통화의 취급을 하기도 한다. 무선국은 중앙 집중 방식으로 구성되고, 각국이 모두 단파대의 전파를 사용하고 있다.

international switching center 국제 교환국(國際交換局) 통상, 국제 구역간 호출의 발착신점 역할을 수행하는 집중국.

International System of Units 국제 단위계(國際單位系) →Système International d'Unités

International Telecommunication Convention Geneva 국제 전기 통신 조약(國際電氣通信條約) 전파의 유효한 이용을 확보하려면 그 성질상 국제적으로도 법적 규제를 마련할 필요가 있다. 국제 전기 통신 조약은 그 기본적인 것으로, 세계의 대다수 국가가 가맹하고, 또 가맹국에 의해 국제 전기 통신 연합(ITU)이 구성되고 있다.

International Telecommunications Satellite Organization 인텔새트, 국제 전기 통신 위성 기구(國際電氣通信衛星機構) =INTELSAT

International Telecommunication Union 국제 전기 통신 연합(國際電氣通信聯合) 국제 연합의 전문 기관으로서 국제 전기 통신 조약에 가맹하고 있는 국가에 의해 구성되며, 본부는 제네바에 있다. 전기 통신의 개선 및 합리적 이용을 위해 국제 협력의 유지 증진, 전기 통신 업무의 능률 증진과 이용 증대, 기술적 수단의 발달과 능률적인 운용 촉진, 공통 목적에 대한 각국의 노력의 조화를 도모하는 것을 목적으로 하고 있다. 상설 기관으로서는 사무 총국, 국제 주파수 등록 위원회(IFRB), 국제 무선 통신 자문 위원회(CCIR), 국제 전신 전화 자문 위원회(CCITT) 가 있다. =ITU

international telegraph relay system 국

제 전보 중계 방식(國際電報中繼方式) 국제 전보가 발신국에서 착신국까지 보내지는 데 여러 전보국에 의해 중계되는 방식을 말한다. 메시지 스위칭 방식과 서킷 스위칭 방식으로 분류된다. 전자는 컴퓨터를 사용하여 중계 작업과 처리 작업을 동시에 하는 방식이고, 후자는 전화와 마찬가지로 자동 교환에 의해서 직접 착신국으로 전보를 송신하는 방식이다.

international telephone number 국제 전화 번호(國際電話番號) 국제간에 걸친 전화 교환망에서 국가 번호와 각국 내의 전국 번호를 합친 전 자리 번호.

international telephone-type public communication circuit 국제 전화형 공중 통신 회선(國際電話形公衆通信回線) 국제 전화망을 경유하여 국제간의 데이터 통신을 가능하게 하는 회선 서비스.

international unit 국제 단위(國際單位) 1908 년 런던의 국제 회의에서 결정된 것으로, 전기 관계에서는 이 중 국제 암페어, 국제 옴을 현시기(現示器)에 의해 정하고, 그 후 국제 볼트, 국제 와트 등을 유도했다. 이 단위계는 절대 단위와의 차가 명백해졌으므로 1948년에 폐지되었다.

international 7-unit telegraph code 국제 표준 7 단위 부호(國際標準七單位符號) 인쇄 전신에 사용하는 5 단위 부호를 오자 검정이 가능한 7 단위 부호로 변환한 것을 말한다. 1956 년의 CCIR 총회에서 결정된 것으로, 송수신간에서 발생한 오자를 검출하여 자동적으로 정정하는 자동 오자 정정 방식에 사용하는 전신 부호이다.

internetwork connection 선간 접속(線間接續) 다른 종류의 통신망을 서로 접속함으로써 각각의 망에 속하는 단말간의 통신을 가능하게 하는 것.

inter-networking 네트워크간 접속(-間接續) 서로 독립한 네트워크나 서브네트워크를 상호 접속하는 것. 국제 전화 통신에서의 전화망간 접속과 같은 동종 광역 네트워크간 접속, 패킷 교환망과 텔렉스망의 접속과 같은 이종 광역 네트워크간 접속, 패킷 교환망과 LAN 의 접속과 같은 이종 서브네트워크 간 접속 등 여러 가지 종류가 있다.

interoffice call 국간 호출(局間呼出) 상이한 교환국에 수용되어 있는 가입자 상호를 접속하는 호출.

interphone 인터폰 실내 또는 동일 건물 내 등에서 서로 통화할 수 있는 유선 장치를 말한다. 전화용 송수화기를 이용하는 것도 있으나 전환에 의해 소형 스피커를 마이크로폰과 겸용으로 사용하는 것이 많다. 1 대의 모 통화기와 여러 대의 자 통화기만으로 통화하는 모자식(母子式)과, 다수의 통화기가 각각 자유롭게 상대를 선택하여 통화할 수 있는 상호식이 있으며, 스위치로 전환되는 것도 있다. 공장이나 병원, 사무실 외에 가정 등에서도 널리 사용되고 있다.

interpolation 보간(補間) ① 수신된 신호에 있어서 송신기에서의 압축, 전송 도중에 감쇠, 수신 회로에서의 판별 작용 등에 의해 약해진, 혹은 수신 누락된 단위 길이의 신호 요소를 동기적으로 회복할 수 있는 특성을 가진 수신법. 신호 보간이라고도 한다. =local correction. ② 표본값을 나타내는 펄스열에서 연속한 원파형을 재현하는 것.

interpreter 인터프리터 컴퓨터의 원시 프로그램을 번역하는 방식의 하나로 통역 프로그램이라고도 한다. 원시 프로그램을 간단한 검사만으로 그대로 기억 장치에 적재하고, 그 원시 프로그램을 1 명령씩 직접 실행하는 방식. 그 하나 하나의 명령은 대응하는 기계어의 서브루틴으로 실행된다. 브라운관에 의한 표시 장치를 사용하여 대화식으로 디버그를 간단히 할 수 있으나 컴파일러를 사용한 방식에 비해서 실행 시간이 느리다. 인터프리터용 언어로서는 BASIC 등이 있다.

interpretive routine 통역 루틴(通譯-) →interpreter

interrogation 질문(質問) =challenge

interrogator 인터로게이터, 질문기(質問機) →secondary radar

interrogator-responsor 질문 응답기(質問應答機) 레이더 비컨이나 트랜스폰더를 트리거하기 위한 질문 펄스를 보내는 송신기(interrogator, challenger)와 상대로부터의 응답을 받아서 이것을 표시하는 수신기(responsor)의 조합 장치. 위의 송수신기를 조합시킨 전체의 장치를 질문기라고도 한다. 질문 신호를 받아서 적합한 응답을 자동적으로 보내는 송수신 장치가 트랜스폰더이다.

interrupt 인터럽트 실행 중인 프로그램을 일시 중단하고 다른 프로그램을 끼워 넣어 실행시키는 것. 일터럽트 요인이 되는 조건이 생겼을 때 실행 중인 프로그램(A)을 중단하여 강제적으로 특정한 주소로 제어를 옮기고, 준비되어 있는 인터럽트 처리 프로그램(B)을 실행시키며, 그 처리가 끝나면 원래의 프로그램으로 되돌아가서 계속 실행시킨다. 프로그램 처리의 효율화, 입출력 장치의 동시 동작 온라인 처리의 효율화를 기할 수 있다. 인터럽트 요인의 종류로는 입출력 종료 인터럽트, 프로그램 인터럽트, 감시 프로그램 호출, 장해 인터럽트 등이 있다.

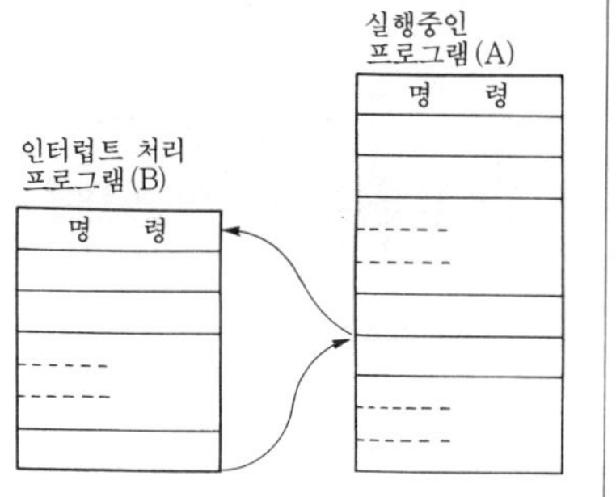

interrupted continuous wave 단속 연속파(斷續連續波) =ICW

interrupted isochronous transmission 단속 등시 전송(斷續等時傳送) 정보 전송 채널 상에서의 평균의 데이터 전송 레이트가 수신 장치의 입력 데이터 신호 레이트의 그것과 적합하도록 공중 데이타망상을 버스트적으로 동기 데이터를 보내도록 한 전송 방식. 버스트 등시 전송이라고도 한다.

interruption 인터럽션 →interrupt

interscan 인터스캔 PPI 레이더에서 소인선(掃引線)의 중간 시간에 에코와는 다른 기호나 커서(위치 표시 심벌) 등을 넣는 것.

interstitial system 간극 이용 통신(間隙利用通信) 무선 채널 간격이 변조파 대역의 2배 보다 많이 떨어져 있는 경우에 양 채널 간의 사용되고 있지 않은 틈을 이용하여 행하는 통신 방식.

intersymbolic interference 심벌간 방해(-間妨害), 부호간 간섭(符號間干涉) PCM 통신 채널의 전송 주파수 대역이 한정되어 있는 경우에 펄스 파형이 일그러져 수신기에서 각 비트에 할당된 타임 슬롯을 삐어져 나와 인접 슬롯으로 들어가는 것.

intertoll dialing 원거리 통화(遠距離通話) 원거리 통화용 중계선 경유의 통신.

inter-train pause 임펄스열 간격(-列間隔) →minimum pause

interval 인터발[1], 간격(間隔)[2] (1) 어떤 지정한 시각을 그 이후의 지정된 시각에서 뺀 시간.

(2) 피치 또는 주파수에서 본 두 음의 간격. 주파수인가 피치인가는 문맥에서 판단한다. 주파수 간격은 주파수의 비 또는 그 비의 대수(對數)로 표시된다.

intervence core 개재 심선(介在心線) 동축심(同軸芯)을 여러 쌍 수납한 동축 케이블에서는 동축심이 크기 때문에 비교적 큰 틈이 생긴다. 이 틈에 수용되는 대칭형 케이블 심선을 개재 심선이라 하고, 통화용 외에 통화 전류의 제어나 업무 연락을 위하여 이용한다. 개재 심선은 일반적으로 0.9mm 의 연동선을 사용하고 성형 쿼드로 되어 있다.

interworking 인터워킹 두 시스템이 대화하기 위하여 행하여지는 프로세스. 예를 들면, 데이타망의 단말이 다른 데이터망의 단말과 교신하는 것, 혹은 그를 위한 절차. 두 망이 방식이나 프로토콜, 요금 방식 등이 다른 경우, 이들 사이의 변환을 하는 장치를 필요로 한다.

intraconnection 내부 접속(內部接續) 전기 회로의 부품 내부 등에서 어느 요소끼리 가르기 어려운 모양으로 전기적으로 접속되어 있는 것. 두 요소간이 전선 등에 의해 명확한 모양으로 상호 접속되는 보통의 접속과 대비된다.

intramodal distortion 모드 내 일그러짐(-內-) 하나의 전파(傳播) 모드의 군속도(群速度) 분산에서 생기는 일그러짐. 이것은 단일 모드 도파로에서 생기는 유일한 일그러짐이다.

intranode addressing 노드 내 어드레싱(-內-) 동일 노드에 접속된 이용자에 관한 어드레스 정보를 말한다. 전화망에서의 시내 번호(local number)에 해당하는 것. 이러한 이용자간에 접근 경로를 제공하는 조작을 노드 내 루팅이라 한다. 전화인 경우는 시내 접속이다.

intrinsic conductivity 진성 도전율(眞性導電率), 내인성 도전율(內因性導電率) 반도체의 도전이 그 반도체 물질의 고유 성질에 의해서만 정해지고 외부로부터의 불순물 첨가에 의한 기여가 전혀 없는 경우의 것.

intrinsic current amplification 진성 전류 증폭률(眞性電流增幅率) 컬렉터 접합에 걸리는 전압을 일정하게 하고, 이미터에서 컬렉터에 이르는 소수 캐리어(npn 트랜지스터인 경우는 정공)에 의한 전류 증폭률 I_c/I_e 를 말한다. 외부로부터의 불순물 도핑에 의해서 생긴 다수 캐리어(위의 npn 트랜지스터인 경우는 전자) 외에 온도에 관계하여 반도체에서 해방된 캐리어 중 소수 캐리어는 트랜지스터를 역방향으로 드리프트하는 전류를 발생하여 대부분의 경우 트랜지스터 동작에 나쁜 작용을 미친다.

intrinsic current amplification factor 고유 전류 증폭률(固有電流增幅率) 트랜지스터의 컬렉터 전류는 베이스를 통과해 온 전류 이외에 컬렉터 접합에서의 여기(勵起)나 애벌란시 증배에 의해서 생기는 전류도 기여한다. 이들을 합친 전체의 전류를 베이스에서 흘러드는 전류로 나눈 값을 말한다. 컬렉터 계수라고도 하며 1보다 약간 큰 값이다.

intrinsic flux density 고유 자속 밀도(固有磁束密度) 자화된 물질 내의 어느 점에서의 자속 밀도 B 와, 같은 자화력에 의해 진공 중에 생기는 자속 밀도 $\mu_0 H$ 와의 차.

intrinsic impedance 고유 임피던스(固有-) 매질 내를 전파하는 평면파의 전계 강도와 자계의 세기의 비는 매질에 따라 다음과 같은 고유의 값을 갖는다. 이것을 고유 임피던스라 한다.

$$Z_0 = \frac{E}{H} = \sqrt{\frac{\mu}{\varepsilon}} = \sqrt{\frac{\mu_r}{\varepsilon_r}} \cdot \sqrt{\frac{\mu_0}{\varepsilon_0}}$$

여기서, Z_0 : 고유 임피던스〔Ω〕, E : 전계의 세기〔V/m〕, H : 자계의 세기〔A/m〕, μ : 매질의 투자율〔H/m〕, ε : 매질의 유전율〔F/m〕, μ_r : 매질의 비투자율, ε_r : 매질의 비유전율, μ_0 : 진공의 투자율, $4\pi\times10^{-7}$ H/m, ε_0 : 진공의 유전율, 8.855×10^{-12} F/m. 공기 중에서는 $\mu_r=1$, $\varepsilon_r=1$ 이므로 $Z_0=120\pi \fallingdotseq 377\,\Omega$ 이 된다.

intrinsic joint loss 고유 접합 손실(固有接合損失) 2개의 현실적인 광섬유를 접합한 경우의 파이버 퍼라미터(예컨대 코어 치수나 프로파일 퍼라미터)의 부정합(不整合)에 기인한, 광섬유 그 자체에 의한 손실.

intrinsic loss 고유 손실(固有損失) 발진기와 부하를 2개의 포트(port)가 있는 회로로 결합하고, 부하가 흡수하는 전력이 최대가 되도록 임피던스를 조정했을 때의 전력 손실을 말한다. 회로를 거쳐서 부하에 공급되는 전력에 대한 발진기로부터의 유능 전력(발진기의 조정은 하지 않는다)의 비.

intrinsic permeability 고유 투자율(固有透磁率) 고유 상규(常規) 자속 밀도와, 이에 대한 자화력과의 비. 부등방성 물질의 경우에는 고유 투자율은 매트릭스가 된다.

intrinsic semiconductor 진성 반도체(眞性半導體) 순도가 매우 높은 반도체. 전기 전도를 맡는 자유 전자와 정공의 수가 같고, 저항률이 비교적 높다. 진성 반도체에 3가 또는 5가의 불순물을 가하여 p형 또는 n형의 반도체를 만든다.

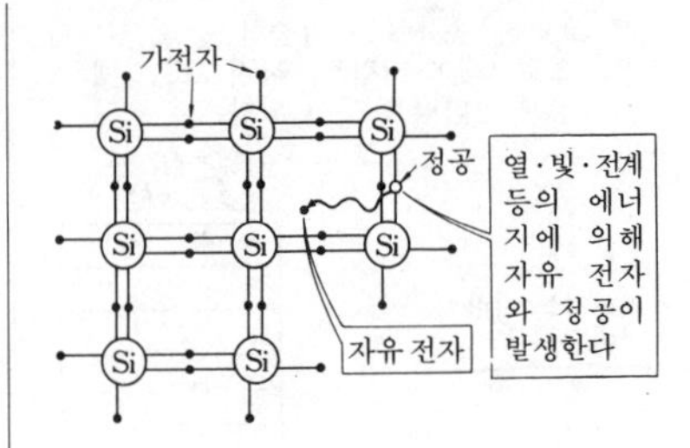

intrinsic stand-off ratio 개방 스탠드오프비(開放-比) 유니정크션 트랜지스터(UJT)의 이미터 개방시의 두 베이스 전극간 전압 V_{BB} 는 이미터 접점에서 접속된 2개의 직렬 저항 R_{B1}, R_{B2} 로 분압되고, 이미터 접점과 베이스 B_1 사이에는 ηV_{BB} 라는 전압이 걸리고 있다고 생각된다. η를 스탠드오프비라 한다. 이미터와 베이스 B_1 간에 주어지는 전압 $(V_D+\eta V_{BB})$ 이 UJT의 피크점 전압 V_P 를 넘으면 차단 상태에서 급속히 통전 상태로 스위치 온된다. η는 보통 0.6 정도의 값이다. 또한 V_D 는 이미터 접합부의 전압 강하이다. 그림은 UJT(n 베이스형)의 그림 기호와 전압을 나타낸 것이다.

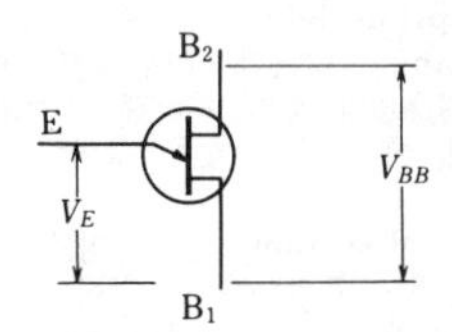

intrinsic temperature range 진성 온도 범위(眞性溫度範圍) 진성 캐리어 농도가 불순물에 의한 기여를 상쇄할 정도로까지 증가하는 온도 영역.

intrinsic wavelength 고유 파장(固有波長) 안테나가 기본파 공진하고 있을 때의 파장을 말한다. 또 이 주파수를 고유 주파수라 한다.

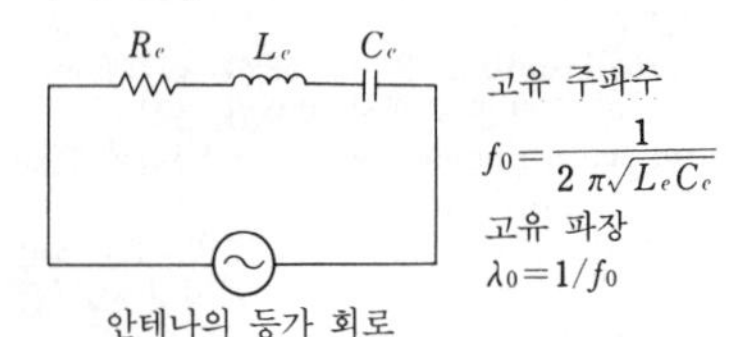

안테나의 등가 회로

intrusion 개입(介入) 현재 접속되어 있는 통화에 대하여 여기에 끼어 들어 통화하는 것. 예를 들면 국제 전화가 걸려온 경우 이것을 통화 중인 당사자에 대하여 개입 신호(intrusion tone)를 보내서 오퍼하도록 한 PBX 서비스.

Invar 인바 철 64%, 니켈 36%의 합금. 선 팽창 계수가 극히 작은 것이 특징이며, 바이메탈의 한 쪽 금속으로서 사용한다든지 한다.

inverse alpha 인버스 알파 트랜지스터에서 이미터와 컬렉터를 정상 동작인 경우와 반대로 하여 사용했을 때의 베이스 접지 단락 전류 증폭률. 기호 $h_{FB(INV)}$.

inverse bata 인버스 베타 트랜지스터에서 이미터와 컬렉터를 정상 동작인 경우와 반대로 하여 사용했을 때의 이미터 접지 단락 전류 증폭률 $h_{FB(INV)}$. 보통인 경우의 h_{FB} 보다 매우 작다.

inverse filter 역 필터(逆－) 상 재생을 위한 필터의 하나. 화상 $f(x,y)$의 화질이 위치에 불변인 변환에 의해서 열화한 결과를 $g(x,y)$로 하고, 각각을 푸리에 변환한 것을 $F(u,v)$, $G(u,v)$로 하면

$$G(u,v)=H(u,v)F(u,v)$$

라는 관계가 성립한다. $H(u,v)$는 열화를 일으킨 변환의 공간 주파수 스펙트럼을 나타낸다. 이 때 전달 함수가 $1/H(u,v)$인 필터를 쓰면 열화한 화상에서 원래 화상을 복원할 수 있다. 이것을 역 필터라고 한다.

inverse matrix 역행렬(逆行列) 2 개의 매트릭스 〔A〕, 〔B〕에서 〔A〕〔B〕=〔1〕이 되는 〔B〕를 〔A〕의 역행렬이라 하고, 그 때의 관계를 〔B〕=〔A〕$^{-1}$로 나타내어진다. 또한 〔1〕은 단위 행렬이라 하며,

$$[1]=\begin{bmatrix}1\,0\cdots\cdots0\\0\,1\cdots\cdots0\\\vdots\qquad\quad\vdots\\0\,0\cdots\cdots1\end{bmatrix}$$

을 나타낸다.

inverse multiplexing 역다중화(逆多重化) 복수의 저속 회선을 병렬 사용함으로써 고속 전송로를 만들어 내는 것. 예를 들면 Nbps 2 선식 회선을 둘 병렬로 하여 2Nbps 4 선식의 논리 전송로를 형성시킬 수 있다.

inverse network 역회로망(逆回路網) 임피던스가 각각 Z_1, Z_2인 두 회로망에서 임피던스의 곱이

$$Z_1Z_2=K^2$$

가 되며, K가 주파수와 관계없는 상수로 되었을 때 양 회로망은 K에 관해 서로 역회로망이라 한다.

inverse neutral telegraph transmission 역중립 전신 전송(逆中立電信傳送) 마킹 기간 중에는 0 전류를, 스페이싱 기간 중에는 전류가 흐르는 상태를 이용하는 전송 형식.

inverse-parallel connection 역병렬 접속(逆竝列接續) 처음 소자의 음극이 두 번째 소자의 양극에, 그리고 처음 소자의 양극이 두 번째 소자의 음극에 접속되는 정류 소자의 전기적 접속.

inverse period 역기간(逆期間) 교번하는 전압의 1 주기 중에서의 절연 구간으로, 그 구간에서는 양극이 음극에 대해서 (－)의 전위를 갖는다.

inverse photo-electric effect 역광전 효과(逆光電效果) 전자의 충돌에 의해 광자를 방출하는 현상. 광전 효과의 역방향 효과이다.

inverse piezoelectric effect 역압전 효과(逆壓電效果) 압전 물질에서 전압을 인가함으로써 일그러짐을 일으키는 현상. 반대로 외부 응력에 의해 전위차를 일으키는 것을 정효과(正效果)라 한다.

inverse response 역응답(逆應答) 스텝 응답이 그 초기에 최종값과는 역방향으로 나타나는 것.

inverse video 반전 비디오(反轉－) 밝은 표시면상에 검은 문자의 텍스트를 표시하는 표시법. 주의를 끌기 위해 스크린의 일부 영역만 반전을 하기도 한다.

inverse voltage 역내전압(逆耐電壓) 정류기에 교류 전류를 흘렸을 때 ＋측에서 －측을 향하는 전류는 흐르지만 역방향의 전류는 저지되어 흐르지 않게 된다. 이 저지되는 방향으로 정류기의 안전 범위 내에서 가할 수 있는 전압 중 최대의 것.

inversion 역변환(逆變換)[1], 반전(反轉)[2]
(1) 정류의 반대로, 직류를 교류로 변환하는 것.
(2) ① 광학적인 활성 물질이 화학 조성을 바꾸는 일 없이 반대의 회전 효과를 갖는 것으로 바뀌는 것. ② 신호의 최초 주파수 스펙트럼을 본질적으로 반전하는 스피치 혼합법. ③ 전계의 영향으로 반도체 내부의 표면 가까이에 반전층이 형성되는 현상.

inversion efficiency 반전 효율(反轉效率) 직접 입력 전력에 대한 기본 출력 전력의 비를 백분율로 나타낸 것.

inversion layer 반전층(反轉層) 반도체 표면의 얕은 층에 유기된, 모(母)반도체와 다른 타입의 캐리어를 가진 반도체층. 역전층, 축적층(accumulation layer)이라고도 한다.

inverted amplifier 반전 증폭기(反轉增幅器) 입출력의 위상이 반전하는(180° 다

른) 증폭기의 총칭.

inverted L-type antenna 역L형 안테나(逆-形-) 수직 안테나의 선단부를 접어서 수평부를 둔 안테나. 전파의 방사는 안테나의 실효 높이에 비례하므로 되도록 이것을 크게 한다. 그래서 그림과 같이 수평부를 두고, 안테나 전류의 분포가 상부에서도 그다지 감소하지 않도록 연구된 것으로, 실효 높이는 거의 실제 높이와 같다. 단, 수평부가 수직부에 비해 커지면 수평부와 반대 방향(그림의 경우에는 왼쪽)으로 지향성을 갖게 된다.

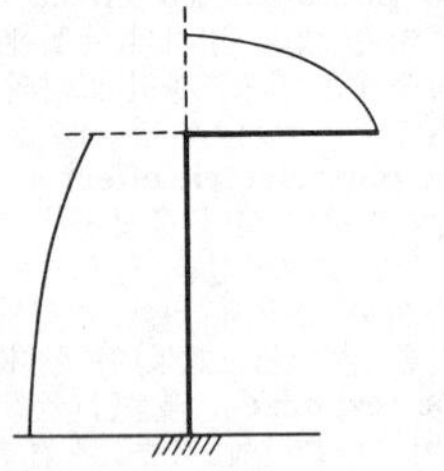

inverted sideband 역배치 측파대(逆配置側波帶) →erect sideband

inverted type 전도형(轉倒形) 트랜지스터의 이미터-베이스 접합이 역 바이어스되고, 컬렉터-베이스 접합이 순 바이어스된 상태에서 동작하는 것. 즉 이미터가 컬렉터로서, 또 컬렉터가 이미터로서 동작하는 것.

inverter 인버터 ① 증폭기의 일종으로, 입력 신호와 출력 신호의 극성을 반전시키는 것. ② 논리 회로에서의 부정 회로를 말한다. ③ 전력 변환 장치의 일종으로, 직류 전력을 교류 전력으로 교환하는 장치를 말한다. 사이리스터를 사용하는 것이 많다.

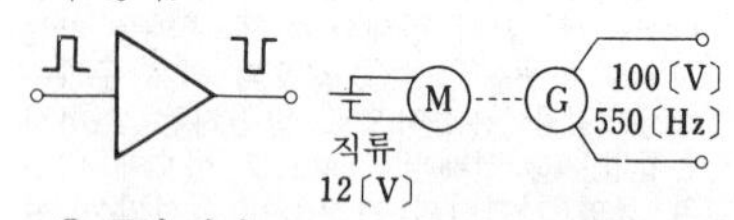

① 극성 반전　　② 직/교 변환

inverting amplifier 부호 반전 증폭기(符號反轉增幅器), 역 증폭기(逆增幅器) 아날로그 컴퓨터에서 입력 신호와 크기가 같고, 반대 부호의 값을 출력 신호로 하는 연산기.

inverting parametric device 반전형 파라메트릭 장치(反轉形-裝置) →parametric amplifier

I/O bound I/O 바운드 컴퓨터의 중앙 처리 장치(CPU)가 그 입출력 조작 때문에 그 속도가 떨어지는 것. CPU 의 내부 연산에 비해 입출력 조작은 보통 매우 장시간을 요한다.

IOCS 입출력 제어 시스템(入出力制御-) input-output control system 의 약어. ① 입출력 장치와 중앙 처리 장치 사이에서 속도 밸런스(타이밍 제어)나 프로그램의 부담을 덜기 위해 실행되는 시스템. 이것은 전용 하드웨어나 소프트웨어에 의해 실현할 수 있는데, 최근에는 이 자체가 운영 체제 속에 포함되어 있기도 하다. ② 컴퓨터 루틴이 여러 개 모여서 입출력 수행을 자동적으로 제어하며, 오류의 정정 및 검사, 단계 처리, 재시작, 기타 여러 가지 기능을 직접 제어하는 시스템.

I/O interface 입출력 인터페이스(入出力-) =input-output interface

ion 이온 원자의 가장 바깥쪽 궤도에서의 전자의 수가 정상 상태보다 적거나 혹은 많아진 것을 말하며, 단독의 원자 또는 화합물의 전리(電離)에 의해 발생한다. 이들은 모두 전기적으로 중성이 되지 않고 전자가 부족한 것은 양전하를 띠므로 양 이온, 전자가 너무 많은 것은 음전하를 띠므로 음 이온이라 한다.

ion beam 이온 빔 단일 소스에서 고전압에 의해 꺼내지는 이온 흐름. 예를 들면, 사이클로트론에서는 장치의 중앙에서 방출된 이온은 원형 궤도를 그리며 회전하지만, 이것과 동기하여 주어지는 고주파 교번 전계와 이들에 직각으로 작용하는 정자계(定磁界)에 의해 빔이 가속되어 강력한 원형 빔을 형성한다.

ion beam processing 이온 빔 가공(-加工) 전자 빔을 기체에 대고 거기에 생기는 이온만을 추출하여 고전압으로 가속해서 이온 빔을 민들어낸다. 이 이온 빔을 피가공물에 대면 이온 빔의 운동 에너지가 열 에너지로 바뀌어 피가공물의 표면을 용해하므로 연마, 에칭 등의 표면 처리를 할 수 있다. 이것을 이온 빔 가공이라 하며, 광학 렌즈의 연마, 집적 회로의 에칭 등에 이용된다.

ion burn 이온 소상(-燒傷) 자기 편향형 CRT의 스크린 중앙부에서 형광체의 작은 국부가 음 이온의 충돌에 의해 비활성화하여 변색하는 것. 이온 트랩을 사용하면 전자총에서 방출되는 전자 빔 중에 포함되는 이온을 포획하여 이온 소상을 방지할 수 있다.

ion crystal 이온 결정(-結晶) 원자 또는 원자단이 이온으로 되어서 양전하를 띤 양 이온과 음전하를 띤 음 이온이 엇갈리게 배열되고, 그 사이는 쿨롬의 정전적 인력으로 결합되어서 결정을 이루고 있는 것. 대표적인 예로서 Na^+이온과 Cl^-이온으로 이루어진 식염(NaCl)의 정 6 면체 결정이 있다.

ion-deposition printer 이온 데포지션 프린터 레이저 프린터와 비슷한 정전 기록식 페이지 프린터인데, 보다 고가의 기술을 채용하고 있다. 이런 종류의 프린터는 주로 대량의 데이터를 처리하는 환경에서 사용되고 있으며, 매분 30~90 페이지를 출력할 수 있다.

ion etching 이온 에칭 진공 중에서 이온을 만들고, 이의 방향을 가지런히 하여 가속한 것을 조사(照射)하여 가공을 하는 방법. 정밀한 가공을 효율적으로 할 수 있으므로 전력용 FET 의 제조 등에 쓰인다.

ion exchange 이온 교환(一交換) 염류의 수용액 중의 물질에서 나온 이온과 용액 중의 이온이 엇바뀌는 현상.

ion exchange technique 이온 교환법(一交換法) 이온 교환 프로세스에 의한 그레이디드형 광도파로의 제작 방법.

ion gun 이온총(一銃) 전자총을 닮은 장치로, 하전 입자가 전자에서 이온으로 바꾼 것. 예를 들면 양자총.

ion heated cathode 이온 가열 음극(一加熱陰極) 주로 이온 충돌 작용에 의해 방출면을 가열하는 열음극.

ionic bond 이온 결합(一結合) 양의 전하와 음의 전하를 갖는 이온 사이의 인력에 의한 화학 결합을 말한다. 대부분의 염류, 산화물 등은 이온 결합이며, 양 이온과 음이온이 엇갈려서 배열되어 있다.

ionic conduction 이온 전도(一傳導) 순수한 물 혹은 무수 황산 등은 전기를 가해도 전류가 흐르지 않는다. 그런데 순수한 물에 염화 수소나 묽은 황산을 섞으면 전류가 흘러 전해 현상을 일으킨다. 이것은 용질 분자가 전기를 띤 상태, 이른바 이온화하고 있기 때문이며 이 이온에 의해서 전류가 흐르는 현상을 이온 전도라 한다.

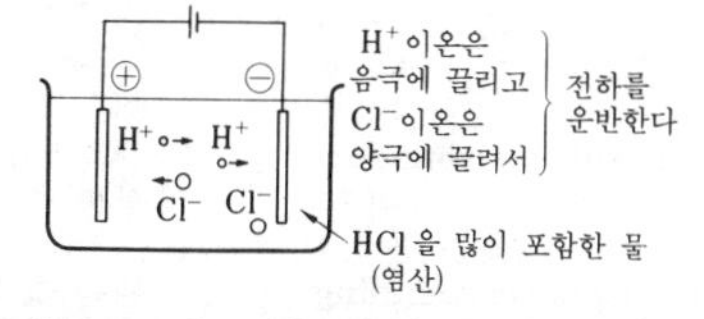
⊕
⊖
H⁺
H⁺
Cl⁻
Cl⁻
H⁺ 이온은
음극에 끌리고
Cl⁻ 이온은
양극에 끌려서
전하를
운반한다
HCl 을 많이 포함한 물
(염산)

ionic crystal 이온 결정(一結晶) =ion crystal

ionic-heated-cathode tube 이온 가열 음극관(一加熱陰極管) 이온 가열 음극을 가진 전자관.

ionic polarization 이온 분극(一分極), 계면 분극(界面分極) 유전 분극의 일종으로, 절연물 중의 이온이 전계에 의해 이동하기 때문에 생기므로 가청 주파 영역 이하의 주파수에서 볼 수 있다.

ion implantation 이온 주입(一注入), 이온 주입법(一注入法) 반도체 결정에 불순물 원자를 도입하여 필요한 저항률을 얻는 방법의 일종으로, 불순물 원자를 이온화하여 고전압에 의한 고속 가속기에 의해 고속으로 반도체 결정 표면에 주입하는 방법을 이온 주입이라 한다. 이 기술에 의하면 매우 미세한 패턴의 얕은 표면에 불순물 원자를 침입시킬 수 있다.

ionization 전리(電離) 분자 또는 원자가 에너지를 받아서 ⊕, ⊖의 이온으로 나눠는 것. 또 물질이 물에 용해할 때 분자의 일부가 이온으로 분해하는 것. →electrolysis

ionization chamber 전리 상자(電離箱子) 방사선에 의해서 기체 중에 생기는 이온을 전극에 모음으로써 방사선 강도를 측정하는 장치.

ionization current 전리 전류(電離電流) 전리에 의해 생긴 하전 입자가 전계의 영향으로 전극을 향해서 이동하여 외부 회로에 생기는 전류.

ionization method 전리법(電離法) X 선의 강도를 측정하는 방법의 표준으로서 국제 방사선 학회에서 정해진 것. 납을 입힌 실드 상자 내에 두 장의 전극을 평행하게 배치하고, 한 쪽은 X 선의 입구에서 셀룰로이드 또는 알루미늄 박판을 친 작은 창을 가지고, 상자 내에는 X 선의 성질, 측정 목적에 따라서 취화 메틸, 아르곤, 아황산 가스, 공기 등을 봉해 넣어져 있다. 여기에 X 선을 조사(照射)하면 봉입 기체는 이온화하여 전극간에 직류 전압을 가하면 전리 전류가 흐른다. 이 전류는 포화값이 있으며, 일정 파장의 X 선에서는 입사 X 선의 강도에 비례하므로 전리 전류를 측정하면 강도를 비교할 수 있다. 이것을 전리법이라 한다.

ionization tendency 이온화 경향(一化傾向) 금속을 전해질 용액에 담그면 이온으로 되어서 용액 중에 녹아 드는 성질을 말한다. 이 경향은 용액의 종류나 농도에 따라서도 다르나, 금속의 종류에 대해서는 강한 순으로 배열하면 수소를 기준으로 하여 다음과 같이 된다.

K > Na > Ca > Mg > Al > Zn > Fe > Ni > Sn > Pb > (H) > Cu > Hg > Ag > Pt > Au

ionization time 이온화 시간(一化時間) 어떤 규정된 전자관 강하 전압하에서 상태의 변화가 생기고부터 전기 전도가 확립될 때까지의 시간. 엄밀하게 말하면 가스 봉입 전자관의 이온화 시간은 응축 수은 온도, 플레이트 전류 및 그리드 전류, 플레이트 전압 및 그리드 전압, 그리드 전류 변동률과 같은 여러 가지 요인에 관한 곡선군으로 표시된다.

ionization vacuum gage 전리 진공계(電離眞空計) 진공계이며, 그 동작 원리는 배기된 용기 내의 열음극과 다른 전극 사이에서 가속되는 전자에 의해 가스 내에 생기는 양 이온 전류를 진공도에 관련짓는 것이다. 거의 10^{-4}~10^{-10} Torr 의 압력 범위를 측정한다.

ionized layer 전리층(電離層) 대기의 상층부에서 태양으로부터 받은 자외선이나 우주선 등으로 기체 분자가 전리한 층. 위도나 계절, 시각 등에 따라서 변동한다. 전자 밀도에 따라 전파를 반사, 흡수한다. 전파 전파에 크게 영향한다. 그림은 각종 전리층에서의 전파 전파를 나타낸 것이다. D 층은 지상 60~90km 에 있으며 전파를 흡수한다. E 층은 지상 약 100km, 두께 약 20km 이며, 헤비사이드층이라고도 한다. F 층은 지상 200~400km 에 있고, 주간에는 F_1, F_2 층으로 분리한다. Es 층은 스포라딕 E 층이며, 여름철 한낮에 돌발적으로 출현한다.

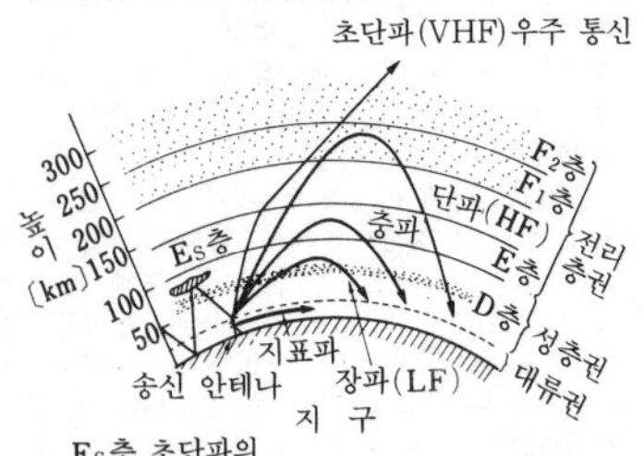

Es층 초단파의
원거리 이상 전파

ion laser 이온 레이저 기체 또는 증기 모양의 이온을 매질로서 사용하는 레이저. 연속 발진을 할 수 있는 것과 펄스 발진만 하는 것이 있다. 출력은 중성 가스를 사용한 기체 레이저보다 2~3 자리 크다.

ionogram 이오노그램 전리층 반사 에코의 군 지연량(群遲延量)을 주파수 마다 기록한 것.

ionosonde 이오노존네 레이더와 비슷한 장치로, 전리층을 향해 연직 또는 경사 방향으로 전파를 발사하여 반사파를 수신, 이오노그램을 작성한다. 전파를 발사하는 기술에는 단순한 파형부터 복잡한 파형을 사용한 것까지 여러 가지가 있다.

ionosphere 전리층(電離層) =ionized layer

ionospheric crossmodulation 전리층 혼변조(電離層混變調) =Luxemburg effect

ionospheric defocusing 전리층 발산(電離層發散) →ionospheric forcusing

ionospheric error 전리층 오차(電離層誤差) 전리층으로부터의 전파의 반사를 이용하여 통신하는 경우에 수반되는 계통적, 혹은 랜덤한 오차. 전파(傳播) 경로의 변동으로 생기는 것, 전리층의 높이가 고르지 않기 때문에 생기는 것, 전리층 내에서의 전파(傳播)가 고르지 않기 때문에 생기는 것 등이 있다.

ionospheric fucusing 전리층 집속(電離層集束) 전리층의 작은 스케일, 혹은 큰 스케일의 곡률에 의해 생기는 집속으로 수신기의 전계 강도가 강해지는 현상. 반대로 곡률이 원인으로 생기는 집속의 약화에 의해 수신기 전계 강도가 약해지는 것을 전리층 발산이라 한다.

ionospheric prediction 전리층 예보(電離層豫報) 단파대의 전파 전파 상황에 관한 예보로, 주관청(체신부)에 의해 정기적으로 발표된다.

ionospheric propagation prediction 전파 예보(電波豫報) 통신에 이용할 수 있는 전파의 주파수 범위는 전리층의 상태에 따라서 끊임없이 변화하고 있다. 전파 예보는 전파 연구소에서 매월 발행되는 것으로 장래의 전리층 상태를 추정하여 MUF(최고 이용 주파수)나 LUF(최저 이용 주파수)의 예상 곡선이 제공된다. 이 곡선은 하루의 시각에 대해서 작도되어 있기 때문에 통신 가능 범위의 주파수를 정할 수 있다.

ionospheric scatter propagation 전리층 산란 전파(電離層散亂傳播) →scatter communication

ionospheric scintillation 전리층 신틸레이션(電離層－) 전파가 전리층을 통과할 때 그 진폭, 위상, 편파면, 방향 등이 짧은 주기로 불규칙하게 변화하는 것.

ionospheric sounder 전리층 관측기(電離層觀測機) 전리층의 여러 특성을 측정하여 기록하는 장치.

ionospheric sounding 전리층 관측(電離層觀測) 특별한 무선 송신에 의해 전리층의 성질을 측정하는 것. RF 에너지의 펄스가 전리층에 도달하고, 그 곳으로부터 반사하여 되돌아오는 시간에 의해서 전리층의 겉보기 높이를 알 수 있다. 반송파 주파수를 어느 값의 범위로 바꿈으로써 다른 층의 여러 가지 주파수에 대한 겉보기의 높이가 측정된다.

ionospheric storm 전리층 폭풍(電離層暴風), 전리층 교란(電離層攪亂) 전리층의 정상 상태로부터의 광범위한 변화에 의해 일어나는 전리층의 혼란. F 층에서의 소용돌이, 흡수의 증가, 가끔 일어나는 이온화 농도의 감소와 겉보기 높이의 증가 등이다. 이러한 현상은 높은 자기 위도에서 현저하며, 태양의 이상 활동과 관련하고 있다.

ionospheric wave 전리층파(電離層波) 단파의 지표파는 감쇠가 커서 원거리까지는 도달하지 못한다. 그런데 전파를 전리층과 대지 사이를 여러 번 반사시키면 원거리까지 보낼 수 있다. 이 파를 전리층파 또는 공간파라 한다.

ion repeller 이온 반사 전극(－反射電極) 이온에 대해서 정전 배리어를 발생하는 전극.

ion semiconductor 이온 반도체(－半導體) 기저대(基底帶)와 그에 인접한 여기대(勵起帶)와의 에너지 간격이 조성 분자의 전해 전리 에너지보다도 큰 물질. 외부에서 주어진 에너지에 의해 분자가 분해되어 이온 전도가 생긴다. 그리고 전자나 정공보다도 이온쪽이 보다 많은 전도(傳導) 작용에 기여하고 있다.

ion sheath 이온 시스 전극 주위에 생기는 양 이온 뿐인 공간 전하층을 말한다. 이것이 생기면 전극의 전압이 변화해도 외부의 전계는 달라지지 않기 때문에 그 전극의 작용을 잃게 된다. 예를 들면, 사이러트론은 일단 방전하면 그리드의 전압을 바꾸어도 양극 전류를 변화시킬 수는 없다.

ion spot 이온 스폿 브라운관에서의 잔류 가스가 전리(電離)되어서 음극 가까이에 생긴 음 이온이 가속 전계에 의해 가속되어 형광면에 충돌하기 때문에 형광 물질이 열화해서 중앙 부분의 휘도가 저하하여 어둡게 되는 것. 이것을 방지하기 위해서는 이온 트랩을 붙이든가 메탈 백 형광면을 사용한다.

ion trap 이온 트랩 텔레비전 수상관에서 음극 가까이에 발생한 음 이온이 전자 가속 전계에 의해 가속되어 형광면에 충돌하여 열화(이온 스폿)시키는 것을 방지하기 위한 장치. 보통 이온 트랩 마그넷이라는 자석을 사용하여 전자 빔의 진로를 굽혀서 이온만이 직진하여 그리드에 흡수되도록 하고 있다. 최근의 수상관과 같이 메탈 백 형광면을 사용한 것에서는 이온 트랩은 필요없다.

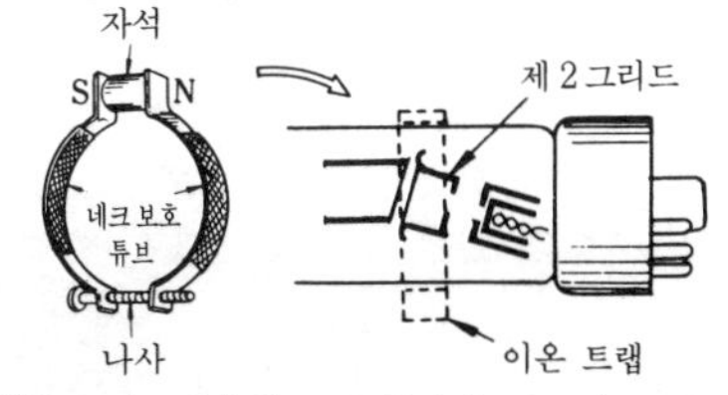

I/O port 입출력 포트(入出力－) ＝input-output port

I/O processor 입출력 프로세서(入出力－) ＝input-output processor

IP 정수 계획법(整數計劃法)[1], 정보 제공자(情報提供者)[2] (1) ＝integer programming →integer linear programming
(2) ＝information provider

I-phase carrier I 상 반송파(－相搬送波) 컬러 텔레비전 수상기에서 색부반송파에 대하여 위상이 57° 벗어나 있는 반송파.

IPL 초기 프로그램 적재기(初期－積載器) initial program loader 의 약어. 컴퓨터의 전원을 ON 으로 했을 때 자동적으로 운영 체제(OS : operating system) 등의 시스템 프로그램을 읽어들이기 위해 처음부터 컴퓨터 본체의 ROM 에 내장되어 있는 소규모의 프로그램.

IR 적외선(赤外線)[1], 질문 응답기(質問應答機)[2] (1) ＝infrared
(2) ＝interrogator-responsor

IRCC 국제 무선 통신 자문 위원회(國際無線通信諮問委員會) International Radio Consultative Committee 의 약어. 국제 전기 통신 연합(ITU)의 상설 기관의 하나로, 무선 통신의 기술 및 운용의 문제에 관해 연구하고 의견을 표명하는 것을 임무로 하고 있다. 총회는 3년마다 개최하며, 각 연구 위원회의 연구 문제를 결정, 의뢰하고 보고를 심의하여 CCIR (Comite Consultatif International des Radio-c munication) 권고로 한다.

IRG 레코드 간 -間隔) ＝inter record gap

iris 조리개 마이크로파 도파관 내에 두어진 금속의 박막. 이 부분에서 전자계가 조여지고, 박막은 등가 회로에서 집중 서셉턴스로 작용한다(다음 면 그림 참조).

iron loss 철손(鐵損) 철심을 교번 자계 중에 두면 히스테리시스손과 와전류손을 일으킨다. 이 양쪽을 합친 것을 철손이라 하

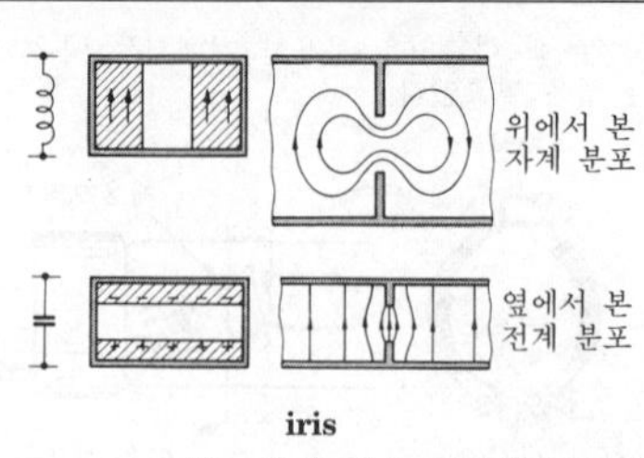

iris

고, 그 크기는 최대 자속 밀도와 주파수 및 철심의 재료에 따라 정해진다. 이 손실은 열로 되지만 부하의 대소에는 관계없이 생긴다.

iron silicide thermoelectric device 규화철 발전 소자(珪化鐵發電素子) 규소와 철의 화합물을 재료로 한 열전기 발전용 소자. 불순물을 넣음으로써 발전 소자로서의 성질이 생겨난다. 발전 효율은 약 3%이나 장시간 안정성이 좋다.

irradiated polyethylene 조사 폴리에틸렌(照射−) 가교 폴리에틸렌(폴리에틸렌을 중합시켜서 그물 모양의 구조로 한 것)의 일종으로, 방사선 조사에 의해 가교시킨 것을 말한다. 방사선은 일반적으로 전자선(β선)을 사용한다.

Irrasen 이라센 조사(照射) 폴리에틸렌의 일종으로 상품명. →irradiated polyethylene

IRS 관성 기준 장치(慣性基準裝置) =inertial reference system

ISAM 색인 순차 접근법(索引順次接近法) indexed sequential access method의 약어. ISAM은 책의 색인과 마찬가지로, 각 데이터의 색인 순차 편성 파일을 작성한다든지, 갱신을 한다든지 하는 것이다. ISAM의 기능으로서는 아래의 네 가지가 있다. ① 파일의 작성, ② 레코드의 추가, ③ 레코드의 입력, 갱신, ④ 레코드의 삭제. 이 경우는 데이터의 선두 1바이트에 삭제 표지(16 진수의 "FF")를 갖는 레코드를 삭제 레코드로 하고 있다.

I-scope I 스코프 I 표시를 표시하도록 구성된 음극선 오실로스코프.

ISDB 통합 디지털 방송(統合−放送) integrated services digital broadcasting의 약어. 광대역 전송로에 의해 음성 방송, 텔레비전 방송, 문자 방송, 데이터 방송 등의 디지털 신호를 이용 목적에 맞추어서 단독 또는 조합시켜서 전송하는 방송.

ISDN 종합 정보 통신망(綜合情報通信網) integrated service digital network의 약어. 1 단말에 한 줄의 통신 회선으로 음성(전화), 화상(팩시밀리), 데이터(컴퓨터) 등의 모든 정보를 전송하고, 또 교환할 수 있도록 한 통신망. 디지털 신호를 사용하므로 넓은 주파수 대역이 필요하며, 동축 케이블이나 광섬유 케이블을 사용한다. 이 통신망이 전국적으로 완성되기까지의 과도기에는 재래의 전화 회선을 사용하고 있는 단말에서는 망제어 장치를 사용하여 디지털 신호의 발착신을 식별 제어하지 않으면 안 된다.

***I* signal** *I* 신호(−信號) NTSC 방식 컬러 텔레비전에서의 색차 신호의 하나로, 컬러 버스트에 대하여 57°의 위상각을 가진 색신호를 말한다. 색도도(色度圖)상에서는 오랜지-시안계의 색이며, 색차 시력이 높으므로 1.5MHz의 광대역으로 전송한다. 3색 컬러 촬상관의 출력 신호 E_R, E_G, E_B를 매트릭스 회로로, 다음과 같은 비율로 혼합아여 얻어진다. 즉, *I* 신호 E_I는

$$E_I=0.60E_R-0.28E_G-0.32E_B$$

가 된다.

ISL 계기 착륙 방식(計器着陸方式) =instrument landing system

island 아일랜드 반도체 집적 회로의 기판 내에서 전기적으로는 기판과는 격리된 반도체편 영역. 격리는 역 바이어스를 가한 pn 접합에 의한 방법, SiO_2와 같은 절연막에 의한 방법, 혹은 공극에 의한 방법 등으로 이루어진다.

island effect 아일랜드 효과(−效果) 그리드 전압이 어느 값보다 낮을 때, 음극으로부터의 방사가 음극의 작은 특정한 영역(아일랜드)으로 제한되는 것.

ISM apparatus ISM 장치(−裝置) 공업, 과학, 의료용으로서 전자 에너지를 발생시키는 것을 의도한 장치.

ISO 이소, 국제 표준화 기구(國際標準化機構) International Organization for Standardization의 약어. 상품 및 서비스의 국제적 교환을 쉽게 하기 위해 국제 표준화의 촉진을 기하는 기관.

isobar 동중 원소(同重元素) 원자 번호는 다르나 원자량이 같은 원소.

isochronous distortion 등시 일그러짐(等時−), 등시 왜곡(等時歪曲) 전신 파형에서 임의의 두 유의(有意) 순간의 실제 시간 길이와 그 이론적 시간 길이 사이의 차의 최대값 $(\Delta\tau)_{max}$을 신호 요소의 시간 길이 τ_0로 나눈 것을 백분율로 나타낸 값을 말한다.

isochronous system 등시 방식(等時方式) 데이터 전송에서 동기, 비동기 양 방식의 특징을 일부 조합시킨 방식으로, 전체의

전송은 공통의 시간 베이스(클록)를 쓰고 있으나, 캐릭터와 캐릭터 사이의 간격은 1 캐릭터 기간의 임의의 배수인 것.

isochronous transmission 등시성 전송(等時性傳送) 임의의 두 유의 순간의 간격이 언제나 단위 시간의 정수배가 되는 데이터 전송의 처리 과정.

ISO code 이소 코드, ISO 코드 ISO 에서 정한 정보 교환용 코드. 7 비트의 문자 판정용에 1 비트의 중복 비트(redundancy bit)를 더한 8 비트로 나타내어진다.

isocon mode 아이소콘 모드 촬상관에서의 저잡음의 복귀 빔 동작 모드로, 신호를 꺼내기 위해 타깃에서 산란하여 되돌아오는 전자만을 이용하는 것. 타깃 가까이의 정전계에 의해 정반사하는 빔 전자는 분리 제거한다.

isolated amplifier 절연 증폭기(絶縁增幅器) 신호 회로와 접지를 포함하는 다른 회로 사이에 전기적 접속이 없는 증폭기.

isolated-base type 절연 베이스형(絶縁－形) 전력용 반도체의 외장법으로, 디바이스의 베이스와 스터드와 같은 방열체로의 부착부 사이에 베릴리아(beryllia)와 같은 열전도성이 좋은 전기 절연물을 사이에 두고 전기적으로는 절연하면서 방열을 좋게 한 구조. 여기서 베이스란 반도체 디바이스 본체를 장착하는 헤더를 말한다.

isolated impedancen of an array element 어레이 엘리먼트의 단독 임피던스(－單獨－) 어레이 안테나에서 다른 소자 전부가 없다고 한 경우의 임의의 방사 소자의 임피던스.

isolated-neutral system 비접지 계통 중성 시스템(非接地系統中性－) 대단히 높은 임피던스를 가진, 표시 · 측정 · 보호 장치를 통한 접지 이외에, 접지와의 의도적인 접속을 갖지 않는 시스템.

isolate loop system 아이솔레이트 루프 방식(－方式) →closed loop system

isolation 아이솔레이션 ① 모놀리식 집적 회로를 만들 때 각 소자간을 분리 절연하는 것. ② 하나의 안테나에서 다른 안테나로의 전력 전달량. 안테나 간의 아이솔레이션은 하나의 안테나로의 입력 전력에 대한 또 하나의 안테나 수신 전력의 비이며, 데시벨로 표시된다.

isolation amplifier 아이솔레이션 증폭기(－增幅器) =IA

isolation diffusion 분산 확산(分散擴散) 동일 웨이퍼 내의 다른 디바이스를 분리하기 위해 pn 접합을 확산에 의해 만들어 넣는 것. 그림 한 가운데의 p^+ 확산을 한 아이솔레이션을 경계로 하여 우측은 npn 트랜지스터, 좌측은 A-B 간의 p 채널 저항이다. 저항은 n 형의 격리 상자에 수용되어 기판과의 사이에 역 바이어스가 걸린 2 중의 pn 접합으로 격리되어 있다. 저항과 트랜지스터의 컬렉터 C 도 역 바이어스 pn 접합으로 격리되어 있다.

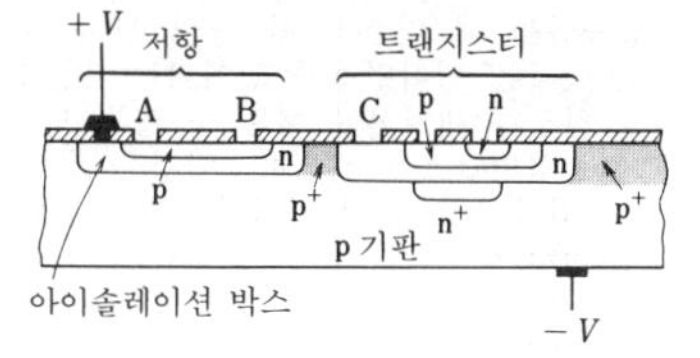

isolation transformer 절연 트랜스(絶縁－) 교류 전력을 받는 측(1 차측)과 전력 공급측(2 차측)이 절연된 트랜스를 말한다. 접지식 전로(接地式電路)에서 비접지식 전로로의 교환이나 잡음 저감을 위해 사용한다.

isolator 아이솔레이터, 단향관(單向管) 비가역성 회로 소자의 일종으로, 순방향으로는 거의 감쇠없이 전파를 통하나, 역방향으로는 흡수하여 거의 전파를 통하지 않는다. 마이크로파용으로는 페라이트($MO \cdot Fe_2O_3$, M 은 2 가의 금속)라는 자성체가 사용된다. 전자파가 페라이트를 통과할 때 그 진행 방향으로 자계를 가하면 전자계의 방향이 어느 각도 만큼 회전하는 현상(패러데이 효과)을 이용한 것이다. 발진기나 검파기 등과 조합시켜서 반사파를 방지하는 등의 용도가 있다.

Isoperm 이소펌 철, 니켈 합금에 구리 또는 알루미늄을 가한 것. 자화력의 넓은 범위에 걸쳐 투자율이 일정한다.

isoplanar 아이소플레이너 집적 회로에서 소자간을 산화막 분리하는 방법의 하나. 소자가 되는 반도체 기판 표면과 절연을 위한 산화막의 단차가 적다고 해서 아이소플레이너라 명명했다.

isotope 동위 원소(同位元素) 인공적으로 만들어진 방사성 동위 원소의 약칭으로서 불리는 경우가 많다.

isotope battery 아이소토프 전지(－電池) →atomic battery

isotopic antenna 등방향성 안테나(等方向性－) →non-directional

ITDM 지능 시분할 다중화(知能時分割多重化), 고성능 시분할 다중화(高性能時分割多重化) =intelligent time division multiplexing

item 아이템, 항목(項目) 데이터 처리상(프로그램에 의한 처리상) 1 단위로서 다루어지는 문자 또는 숫자의 집합이며, 레코드를 구성하는 요소이다. 매상 레코드 중의 전표 번호, 거래처 코드, 수량, 단가나 거래처 레코드 중의 거래처 코드, 회사명, 주소 등은 아이템이다.

iterative impedance 반복 임피던스(反復—) 4 단자 회로의 한 쌍의 단자간에 접속했을 때 다른쪽 한 쌍의 단자간에서 보아 같은 임피던스가 얻어지는 것. 4 단자 회로가 대칭적일 때는 두 쌍의 단자간 반복 임피던스는 같으며, 이것은 영상(影像) 임피던스, 특성 임피던스와 일치한다.

IT product IT 곱 배전선에서의 유도 작용을 나타내는 것으로, 전류 실효값에 전화 영향률(TIF)을 곱한 것.

ITU 국제 전기 통신 연합(國際電氣通信聯合) =International Telecommunication Union

ITV 공업용 텔레비전(工業用—) =industrial television

I video signal I 영상 신호(—映像信號) NTSC 방식에서 크로미넌스를 제어하는 2 개의 영상신호(E'_I와 E'_Q)중의 하나. 감마 보정된 원색 신호 E'_R, E'_G 및 E'_B의 선형 조합이며 다음과 같이 표시된다.

$$E'_I = -0.27(E'_B - E'_Y) + 0.74(E'_R - E'_Y) = 0.60(E'_R - 0.28E'_G - 0.32E'_B$$

I²L 집적 주입 논리 회로(集積注入論理回路) =integrated injection logic

***I²R* loss** I^2R손(—損) 저항에 전류를 흘림으로써 생기는 열손실. 동손(銅損)이라고도 한다.

jack 잭 어떤 회로의 도선을 접속하기 위해 플러그를 꽂을 수 있게 되어 있는 접속 기구 또는 장치.

jack panel 잭형 배선반(一形配線盤) 장치의 동작이나 전기 펄스의 흐름을 제어하기 위해 마련되어 있는 잭에 플러그를 꽂아서 배선을 하게 되어 있는 배선반.

jamming 재밍 레이더 신호를 감추기 위해 또는 변형시키기 위해 레이더의 수신 대역 내의 주파수로 송신되는 방해 신호. 전형적인 것으로는 잡음적 신호를 사용한다. 전자 방해 전술(ECM)의 일종.

Jansky 잰스키 스펙트럼 전력속 밀도의 단위. 즉 4Hz 당 $1m^2$에 대해 1×10^{-26}W.

Japanese Industrial Standards 일본 공업 규격(日本工業規格) →JIS

jar 자 귀에 거슬리는 진동음.

J-display J 표시기(一標示器) 레이더에서 시간축을 원 위에 잡고, 목표물은 시간 기점으로부터의 방사상 방향의 편향으로서 나타나는 변형된 A 표시기.

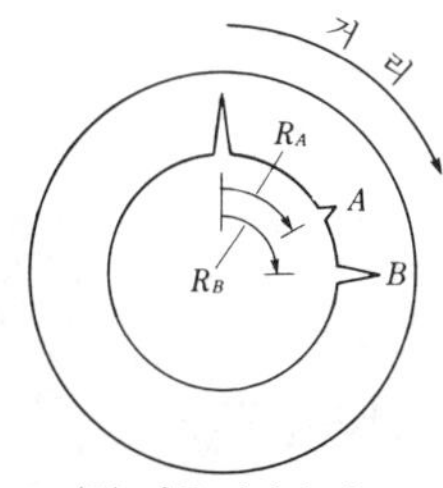

(주) 다른 거리에 있는 2목표물 *A*, *B*

jerk 저크 가속도의 시간 변화율을 지정하는 벡터. 변위 시간에 관한 3차 미분이다.

JFET 접합형 FET(接合形一) =junction type FET

JIS 지스, 일본 공업 규격(日本工業規格) Japanese Industrial Standards 의 약어. 일본의 공업 표준화법에 기준하여 정해지는 국가 규격.

jitter 지터 ① 텔레비전 수상기의 수상 화면이나 VTR 의 재생 화면이 수평 방향으로 불안정하게 요동하는 현상. ② 전송 선로 등으로 전송된 펄스가 펄스 위치에 위상 변화를 일으킨 것.

JK bistable element JK 쌍안정 소자(一雙安定素子) 두 입력, J 입력과 K 입력을 갖는 쌍안정 회로 소자. 하나의 입력이 상태 "0"에서 상태 "1"로 변화한 시점에서 이것과 같은 측의 대응하는 출력이 상태 "1"이 된다. 양 입력이 동시에 상태 "1"로 되면, 이 쌍안정 소자의 상태는 반전한다. 양 입력이 동시에 상태 "0"일 때는 출력은 그대로의 상태를 유지한다.

JK flip-flop JK 플립플롭 RST 플립플롭 회로에서의 입력 금지 상태 즉 S 단자와 R 단자의 입력이 "1"일 때 출력이 부정(不定)하게 되는 결점을 없앤 그림과 같은 플립플롭 회로이다. 그러나 클록 펄스(T)를 가하는 방법에 따라서는 출력이 안정하지 않은 상태가 있으므로 실제로는 에지 트리거(edge trigger)법이나 마스터 슬레이브 JK 플립플롭이 사용된다.

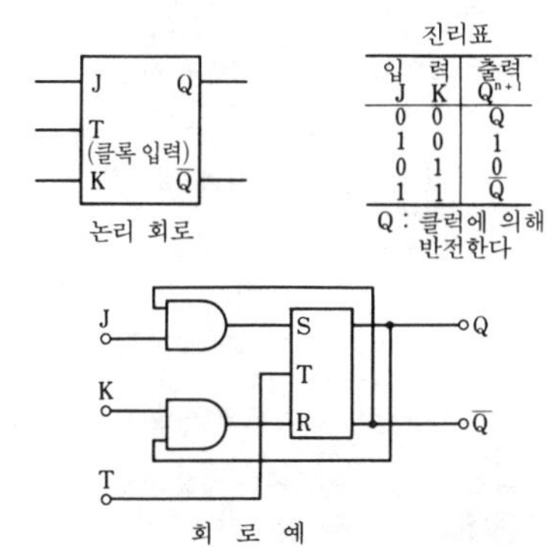

진리표

입력 J	입력 K	출력 Q^{n+1}
0	0	Q
1	0	1
0	1	0
1	1	$\overline{Q}$

$\overline{Q}$: 클럭에 의해 반전한다

job 작업(作業) 사용자에 의해 정의되고 컴퓨터에 의해 실시되는 일의 단위. 용어 "작업"의 뜻은 가끔 엄밀하지 못하다는 뜻으로도 사용된다. 작업의 표현은 운영 체제 제어문 등의 집합으로 이루어진다. ① 컴퓨터로 하는 일의 단위로 사용하기 위해서 정해진 어느 지정된 한 조의 태스크(task)를 말한다. 통상은 처리 업무에서 일련의 일의 단위의 하나 또는 그 이상의 작업 스텝으로 만들어져 있다. ② 일의 뜻(작업).

job class 작업 클래스(作業－) 컴퓨터 용어. 실행 의뢰되는 작업의 타입을 정의한 것. 예를 들면, 테스트의 작업 등. 대부분의 작업이 병행하여 실행될 때 이 작업 클래스를 지정하여 특정한 작업 클래스를 우선 실행할 수 있다.

job management 작업 관리(作業管理) 작업 단위마다 컴퓨터에서의 연속 처리를 하기 위해 각 작업의 준비와 끝난 다음의 정리를 하는 것.

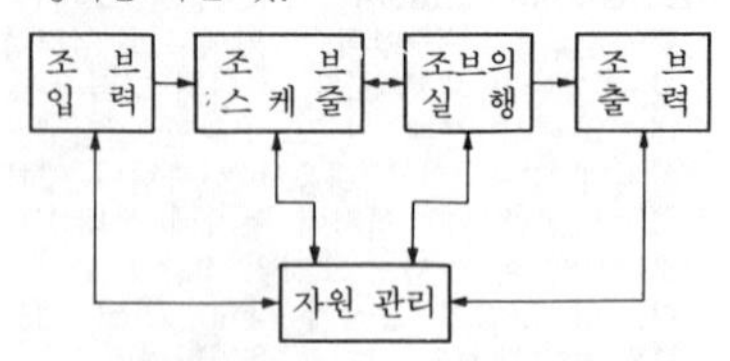

job processing 작업 처리(作業處理) 작업 제어문과 데이터를 읽고 작업 제어에 의해 작업을 수행하고 그 결과를 출력하는 등의 처리 과정.

job processing control 작업 처리 제어(作業處理制御) 컴퓨터가 처리를 하는 작업의 스케줄, 입출력 장치의 할당, 프로그램의 적재, 실행, 감시를 하는 운영 체제 부분. →job management

job scheduler 작업 스케줄러(作業－) 제어 프로그램의 하나로, 작업의 실행을 스케줄하기 위해 다음과 같은 역할을 한다. ① 이니시에이션(작업의 추출). ② 인터프리터(작업 제어문의 해석). ③ 할당(작업과 작업 스텝으로의 입력 장치의 할당). ④ 터미네이션(작업과 작업 스텝의 실행 결과의 후처리, 할당한 입출력 장치의 해방).

jog 조그 기계의 미소(微少) 동작을 하기 위해 그 장소에서의 직접적인 조작을 가능하게 하는 제어 기능.

jogging speed 조깅 속도(—速度) 미동(微動) 테스트 스위치가 닫힌 그대로의 정상 속도. 이것은 속도의 절대값 또는 정격 최대 속도와의 백분율로 표시된다.

Johnson noise 존슨 잡음(－雜音) → thermal noise

Josephson computer 조셉슨 컴퓨터 조셉슨 효과를 이용한 스위칭 소자로 조립한 컴퓨터. 소전력으로 초고속 연산을 할 수 있으므로 장래성이 기대되고 있다.

Josephson device 조셉슨 소자(－素子) →Josephson element

Josephson effect 조셉슨 효과(－效果) 두 장의 초전도체막 사이에 얇은 절연물을 끼워 넣었을 때 절연물을 통하여 전류가 흐르는 현상. 초전도 전자의 터널 효과에 의해 생기는 것으로, 이 효과를 이용한 조셉슨 소자는 자기 센서나 서브밀리파의 검출기, 직류 전압 표준 등의 넓은 분야에 사용되며, 그 중에서도 스위칭 소자로서 사용하면 초대형의 컴퓨터에 최적이라고 한다.

Josephson element 조셉슨 소자(－素子) 초전도체(0K 에 가까운 저온에서 전기 저항이 0 으로 되는 물질)에 의해 만들어진 두 장의 박막 사이에 얇은 절연체를 사이에 끼웠을 때 절연체를 통해서 전류가 흐르는 현상(조셉슨 효과)을 이용하여 만든 스위칭 소자. 고감도 자기 센서, 전압 표준, 전자파 검출, 컴퓨터 소자 등에 응용되고 있다.

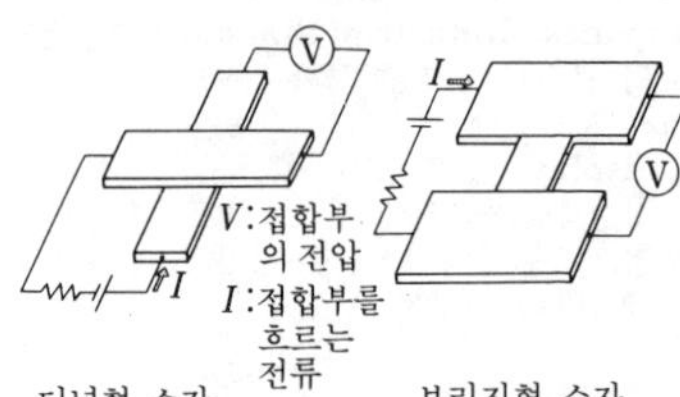

Josephson junction 조셉슨 접합(－接合) 초고속의 스위칭 속도를 얻기 위한 조셉슨 효과를 사용 가능하게 한 저온 전자 소자. 조셉슨 효과는 2개의 초전도 물질이 접근하여 절연체로 분리되어 두어질 때 생긴다. 전류는 이 절연된 틈을 빠져 나갈 수 있다. 조셉슨 접합은 모든 초전도 디바이스와 마찬가지로 매우 저온에서 작동한다.

Josephson junction device 조셉슨 접합 소자(－接合素子) 1962 년에 조셉슨에 의해 발견된 조셉슨 효과를 응용한 논리 소자. 2 개의 초전도 금속 사이에 절연물 박막을 끼우고 약하게 결합시킨 구조에 있어서 극저온(약 4°K)에서 초전도 전자가 절연물을 터널하는 현상을 이용한 소자. 자계 또는 전계에 의해 초전도 상태와 전압 상태의 전환을 할 수 있어 고속의 스위칭 시간이 얻어는 것으로 알려져 있다.

Josephson junction element 조셉슨 접합 소자(－接合素子) 조셉슨 접합을 이용한 컴퓨터용 소자. 속도와 소비 전력의 곱이 반도체 소자보다 여러 자리 작고 액체 헬륨을 필요로 하며, 극저온과 상온과의 사이의 내온도 사이클이나 극저온에서 동작하는 증폭기의 문제 등 아직 해결되지 않은 문제가 산적해 있다. →Josephson computer, Josephson effect

Josephson memory element 조셉슨 기억 소자(－記憶素子) 조셉슨 접합 소자를 사용하여 기억 소자로 하려는 연구가 행하여지고 있으나 아직 실용화되고 있지는 않다. →Josephson computer

Josephson storage device 조셉슨 기억 장치(－記憶裝置) 임계값 가까이의 극저온으로 유지된 조셉슨 접합을 포함하는 기억 셀(cell)의 어레이로 이루어지는 기억 장치. 외부 자계가 없을 때는 셀은 초전도성을 나타내지만, 자계가 주어지면 초전도성을 잃어서 디바이스 양단에 전압이 생기기 때문에 자계에 의해 정보를 기록할 수 있다. 정보는 셀 전압으로서 검출된다.

joule 줄 에너지 및 일의 단위로 1W의 전력에 의해서 1초간에 하는 일을 1줄이라 한다. 기호 J.

Joule effect 줄 효과(－效果) 도체에 전류를 흘렸을 때 그 전기 저항 때문에 일어나는 열 에너지의 증가를 말한다.

Joule's heat 줄열(－熱) 줄의 법칙에 의해 발생하는 열. →Joule's law

Joule's law 줄의 법칙(－法則) 「저항이 있는 도체에 전류를 흘리면 열이 발생한다. 이 열량은 흐르는 전류의 제곱과 도체의 저항 및 전류가 흐른 시간의 곱에 비례한다」는 법칙.

$H=0.24\times I^2Rt$ 〔cal〕

여기서, H : 열량, I : 전류〔A〕, R : 도체의 저항〔Ω〕, t : 전류가 흐른 시간〔s〕.

joy stick 조이 스틱 컴퓨터에 각도 정보를 입력하는 장치. 360° 회전하는 막대에 의해 주어진 각도 정보를 A-D 변환기를 통해서 입력한다.

J-scope J 스코프 레이더의 브라운관 지시 방식의 일종으로, 그림과 같이 목표물까지의 거리는 중심각에 의해 표시되고, 반사파의 강도는 반경 방향의 진동에 의해 표시하는 것.

judder 저더 팩시밀리에서 화상 주사가 불규칙하기 때문에 화상의 요소가 겹쳐지는 상태. 예를 들면, 주사 드럼의 회전 불균일 때문에 불규칙한 선이 나타나는 상태를 세로 방향 저더(longitudinal judder)라 한다.

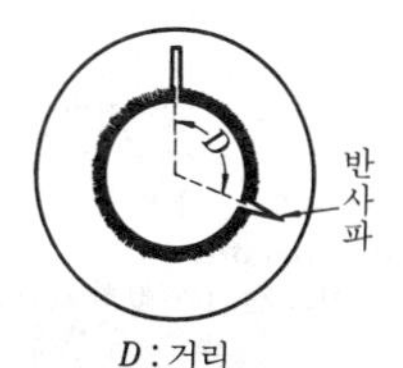

J-scope

Jumet wire 주멧선(－線) 유리와 같은 선팽창 계수를 갖도록 한 전선의 명칭. 철-니켈 합금(Fe54, Ni46)선의 표면에 구리 도금하여 만든다. 유리 용기를 갖는 부품의 도입선에 사용한다.

jump 점프, 비월(飛越) ＝transfer

jump counter 약진형 계수기(躍進形計數器), 약진형 계수 장치(躍進形計數裝置) 현자형(現字形)은 이에 속하며 최하위의 숫자 바퀴는 연속적으로 회전하고 있으나, 그 상위의 바퀴는 최하위의 바퀴가 9에서 0으로 옮길 때만 1자씩 전진한다. 그러므로 상위의 숫자 바퀴는 모두 하위의 바퀴가 1회전하는 시간 정지하고 있으므로 일련의 숫자는 10 진법의 숫자를 나타낸다.

jumper 점퍼 지근 거리를 접속하기 위한 전선.

jumper wire 점퍼선(－線) ＝jumper

junction 접합(接合) 서로 다른 두 물질을 접합시키는 것. 두 반도체 물질을 접합하여 정류(整流) 특성을 갖는 다이오드라고 불리는 디바이스를 만들 수 있다. 또 n형 반도체와 p형 반도체를 npn 또는 pnp와 같이 샌드위치 모양으로 결합함으로써 트랜지스터라 불리는 전류 증폭 작용을 하는 디바이스를 만들 수 있다.

junction capacitance 접합 용량(接合容量) 반도체 pn 접합의 공핍층(空乏層)이 절연성을 가짐으로써 생기는 정전 용량. 공핍층은 장벽층이라고도 불리므로 장벽 용량이라고도 한다. 공핍층의 폭에 반비

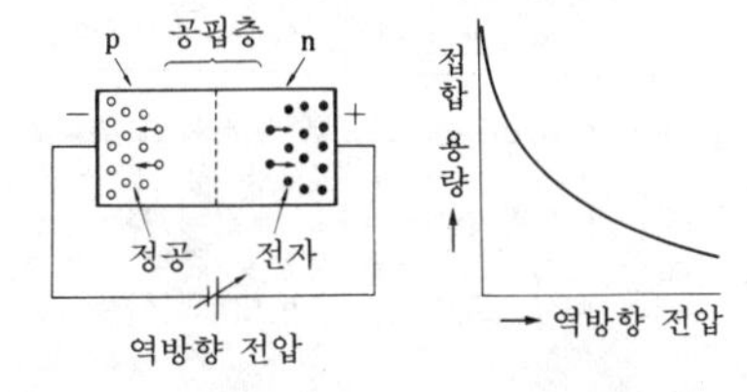

례한다. 따라서 역방향 전압을 가하여 정공, 전자를 각각의 극판에 끌어당기면 접합 용량은 작아지고, 전압의 크기에 따라 그림과 같이 변환한다. 가변 용량 다이오드에 응용되고 있다.

junction capacitor 접합 콘덴서(接合－) 역 바이어스된 pn 접합에서는 공핍층은 일종의 절연물 또는 유전체 물질의 박층(薄層)으로 간주되며, 따라서 pn 접합은 콘덴서의 작용을 갖는다. 이 성질을 이용한 콘덴서를 말한다.

junction circuit 정크션 선로(－線路), 중계 회선(中繼回線), 국간 중계선(局間中繼線) 두 시내 교환국 사이를 연락하는 회선. 이러한 회선은 (중계국을 갖지 않는 계에서) 중계 회선(inter-office trunk)으로서 동작한다. 시내국과 시외국 사이의 링크도 그런 경우가 있다.

junction diode 접합형 다이오드(接合形－) 일반적으로 pn 접합 다이오드라고 하며, 실리콘 다이오드를 사용하는 것에는 합금형과 확산형(이것은 또다시 메사형과 플레이너형으로 나뉜다)이 있다. 온도 범위가 넓고 역내압, 고역 저항을 갖는 것으로서 이용 가치가 있다.

junction laser 접합 레이저(接合－) 반도체 접합부에서 코히어런트한 빛이 얻어지는 레이저. 접합부 양단은 거울면 모양으로 닦아져 있고, 여기서 반사를 되풀이하여 증폭하면서 일부는 방사된다.

junction layer 접합층(接合層) 반도체의 pn 접합면 부근에서는 n형 영역의 전자는 p형 영역으로, p형 영역의 정공은 n형 영역으로 서로 확산하여 각각 정공 또는 전자와 재결합하여 캐리어가 소멸하는데, 이 캐리어가 존재하지 않는 부분. 공핍층(空乏層)이라고도 한다.

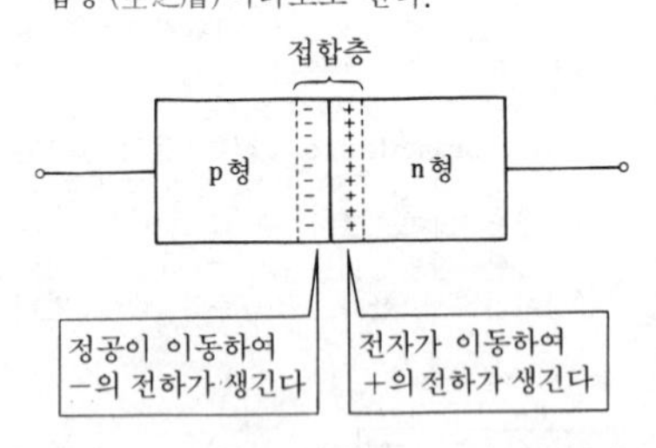

junction profile 접합부 프로파일(接合部－) 반도체에서 pn 접합을 형성하는 불순물의 도핑 레벨을 주는 곡선의 형상. 접합부는 정미(正味)의 불순물 준위가 p형에서 n형으로(또는 그 반대로) 이행하는 점이다. 그림은 IC-트랜지스터의 불순물 프로파일을 나타낸 것이다.

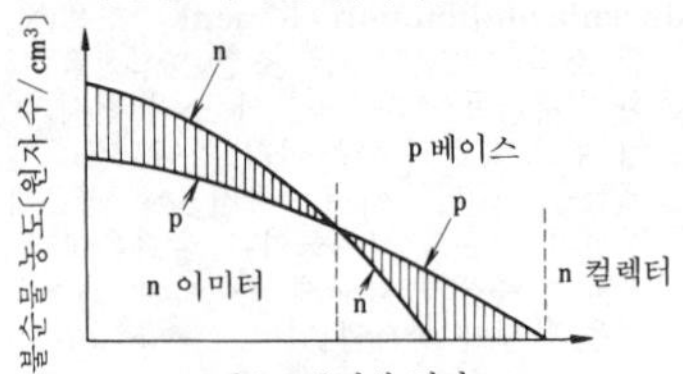

junction temperature 접합 온도(接合溫度) 반도체 소자의 동작 중 허용되는 접합부의 평균 온도를 말하며, 최고 사용 주위 온도가 규정되어 있는 경우는 온도 상승 한도로 정해지는 일이 많다. 일반적으로는 소자의 열저항이 주어지고 있기 때문에 소자의 손실을 알면 계산으로 구할 수 있다.

junction transistor 접합 트랜지스터(接合－) 두 곳의 pn 접합을 써서 만든 트랜지스터로, MOS 형에 대하여 구별하기 위한 명칭이다. 이미터에서 컬렉터를 향하는 캐리어의 흐름을 베이스 전류로 제어한다. pn 접합의 제법에 따라 합금형, 성장형, 확산형 등의 종류가 있다.

junction type FET 접합형 FET(接合形－) ＝JFET, junction type field effect transistor

junction type field effect transistor 접합형 전계 효과 트랜지스터(接合形電界效果－) pn 접합을 사용하여 만든 전계 효과 트랜지스터로, n형 규소의 단결정 양단에 드레인과 소스를 두고, 그 사이에 전류를 흘린다. 이 전류와 직각 방향으로 한 쌍의 게이트라고 하는 p형 부분을 만들고, 이 게이트에 가하는 제어 전압의 크기에 의해 공핍층(空乏層)의 확산을 제어함으로써 채널의 폭을 넓게 한다든지 좁게 한다든지 하여 드레인 전류를 제어한다. 저주파 영역의 잡음이 적기 때문에 고충실도 재생용 음향 기기의 프리앰프 회로에 널리 쓰이고 있다. ＝JFET

Jungner battery 융너 전지(－電池) 알칼리 축전지의 일종으로, 양극에 수산화니켈($Ni(OH)_3$), 음극에 카드뮴과 철의 분말 혼합물, 전해액에 가성 칼리를 사용한 것이다.

junk 정크 통신 회선을 통해서 수신되는 잘못된 데이터. 회선의 부적정한 동작에 의해 무의미하고 엉터리의 문자, 즉 정크가 수신 VDU 의 스크린 상에 나타난다.

K 킬로 1,000, 1,000배.

kalium dihydrogen phosphate 인산 2수소 칼륨(燐酸二水素-) =KDP

kalium tantalum-niobate 탄탈 니오브산 칼륨(-酸-) =KTN

Kalman algorithm 칼만의 산법(-算法) 심벌 간 방해가 있는 채널에서 방해 제거용 등화기의 탭 계수 조정을 하기 위한 산법으로, 평균 제곱 오차를 최소로 하는 방법이다.

Karnaugh map 카르노도(-圖) 논리 대수에서 다루는 논리식을 도법에 의해 푸는 것. 예를 들면, 그림과 같은 것은 $Q = X \cdot \bar{Y} + \bar{X} \cdot Y + X \cdot Y$ 의 논리식을 간단하게 하기 위한 카르노도이며, 점선으로 가로로 감싼 곳은 Y의 상태가 다르나 $X \cdot \bar{Y} + X \cdot Y = X(\bar{Y} + Y = 1$ 이므로)로 정리할 수 있다. 마찬가지로 점선으로 세로로 감싼 곳은 $\bar{X} \cdot Y + X \cdot Y = Y$ 가 되므로 $Q = X \cdot \bar{Y} + \bar{X} \cdot Y + X \cdot Y = X + Y$ 로 된다. 일반적으로 카르노도에서는 몇 가지 감싸는 방법이 가능할 때는 크기가 최대가 되도록 감싸면 되고 바둑눈의 상단은 하단으로, 좌단은 우단으로 각각 $\bar{X} + X = 1$(다변수인 경우)의 모양을 한 식으로 결합되어 있다.

X \ Y	0	1
0	$\bar{X}$ $\bar{Y}$ 0	$\bar{X}$ Y 1
1	X $\bar{Y}$ 1	X Y 1

KB 킬로바이트 kilobytes의 약어. 1KB는 1,024 바이트이다. →K

Kb 킬로비트 =kilobit

K-band K밴드 18GHz 부터 27GHz 사이의 레이더 주파수대이며, ITU(국제 전기 통신 연합)에서는 통상 23GHz 부터 24.2GHz를 지칭한다.

K-band radar K밴드 레이더 18GHz 부터 27GHz 사이의 주파수로 운용되는 레이더. 통상은 ITU(국제 전기 통신 연합)에서 지정한 23GHz 부터 24.2GHz 내이다.

K_a band radar K_a밴드 레이더 27GHz부터 40GHz 사이의 주파수로 운용되는 레이더. 통상은 ITU(국제 전기 통신 연합)가 지정한 33.4GHz부터 36GHz의 밴드 내이다.

Kbps 킬로비트/초(-秒) 네트워크 상에서의 데이터 전송 속도로, 1 초당 1024 비트(1024 비트/초)의 배수.

KBS 한국 방송 공사(韓國放送公社) Korean Broadcasting System의 약어. 한국 방송 공사법에 의해 설립된 정부 출자의 공공 방송 운영체.

KDD 국제 전신 전화 주식 회사(國際電信電話株式會社) Kokusai Denshin Denwa Co.의 약어. 일본의 전기 통신 사업법에 따르는 제1종 전기 통신 상업자로, 국제 통신 전반을 업무로 한다.

K-display K 표시기(-標示器) 레이더에서 로브 변환 안테나에 사용되는 A 표시기의 변형으로, 목표물은 1조의 수직 편향으로

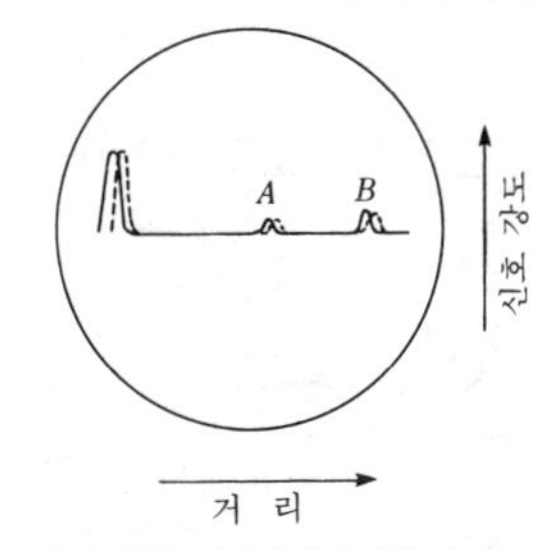

(주) 다른 거리의 2목표물 *A*, *B*.
목표 *A*에 레이더가 향하고 있다.

서 나타난다. 안테나가 바르게 목표물을 가리켰을 때 편향(블립)은 같은 높이가 된다. 바르게 가리키고 있지 않은 경우에는 블립 높이의 차는 조준 오차의 방향과 크기를 나타낸다.

KDP 인산 2수소 칼륨(燐酸二水素－) kalium dihydrogen phosphate 의 약어. 기호 KH_2PO_4. 강유전체로, 전계(電界)에 의해 빛의 굴절률이 변화하는 성질이 있으며, 광 스위치나 광변조기 등에 사용한다.

keep alive cell 주수 전지(注水電池) Ag 염이나 PbO_2 등을 양극, Hg, Zn, Pb 등을 음극으로서 조합시켜, 흡수성의 물질을 사이에 두고 전해액없이 건조 상태로 해 두고, 사용 직전에 주수하여 전지로서 동작시키는 것. 운반이나 보존에 편리하나 사용 개시 후는 일정 출력으로 제어는 할 수 없다. 해난(海難) 등의 긴급 신호를 위해서나 낚시 등의 레저 목적에 사용된다.

keep-alive circuit 키프 얼라이브 회로(－回路) TR 또는 ATR 스위치에서 주 방전 개시 시간을 감소시킬 목적으로 잔류 이온을 만드는 회로.

keep-out area 키프아웃 영역(－領域) 인쇄 배선판에서 이용자가 지정한 레이웃 영역으로, 그 영역 중에는 부품이나 배선이 들어갈 수 없게 되어 있는 것.

kelimagnetism 나선 자성(螺旋磁性) 자성체에서 각 자기 모멘트가 결정(結晶)의 어느 축을 따라서 나선 모양의 배열 구조를 갖는 것.

Kelsall permeameter 켈잘 투자율계(－透磁率計) 투자율계의 일종으로, 그림과 같은 구성을 하고 있기 때문에 고리 모양 시료(試料)에 권선을 감지 않고 측정할 수 있다. 용기를 권수 1회의 코일로 하고, 시료를 넣은 경우와 넣지 않은 경우와의 측정 결과에서 시료의 등가 인덕턴스 및 등가 저항을 구하여 이로써 비투자율 및 손실을 측정한다.

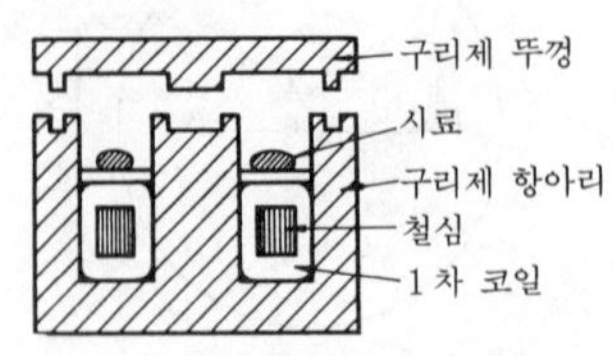

Kelvin bridge 켈빈 브리지 2개의 4단자 저항의 저항값을 비교하기 위한 브리지. R_x를 미지 저항, R_s를 표준 저항으로 하면

$$R_x = R_s\frac{R_1}{R_2} - \frac{R_3R_c\left(\frac{R_4}{R_3} - \frac{R_2}{R_1}\right)}{R_3 + R_4 + R_c}$$

라는 관계가 있으며, 따라서 만일 $R_4/R_3 = R_2/R_1$ 라면 R_x는 브리지 접속부의 접촉 저항, 접속선 저항, 열기전력 등의 영향을 받는 일 없이 R_1/R_2와 R_s만으로 정해진다.

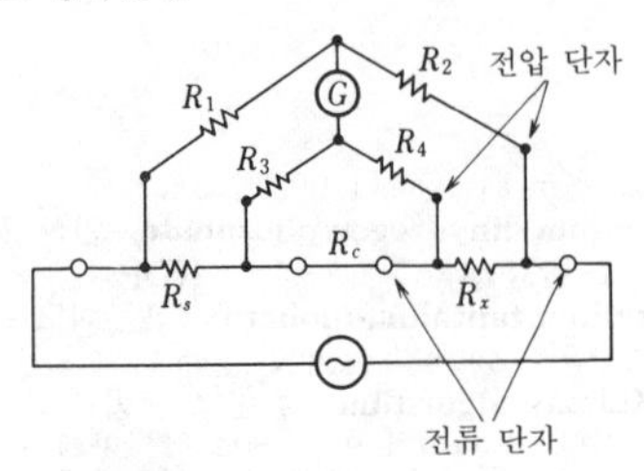

Kelvin double bridge 켈빈 더블 브리지 그림과 같은 구성으로, 저저항을 양호한 정확도로 측정할 수 있는 직류 브리지의 일종이다. R_1, R_1' 및 R_2, R_2'는 일정한 비율을 유지하여 연동할 수 있도록 되어 있으며, 피측정 저항 R_x는 다음 식으로 구해진다.

$$R_x = \frac{R_2}{R_1}\cdot R_s$$

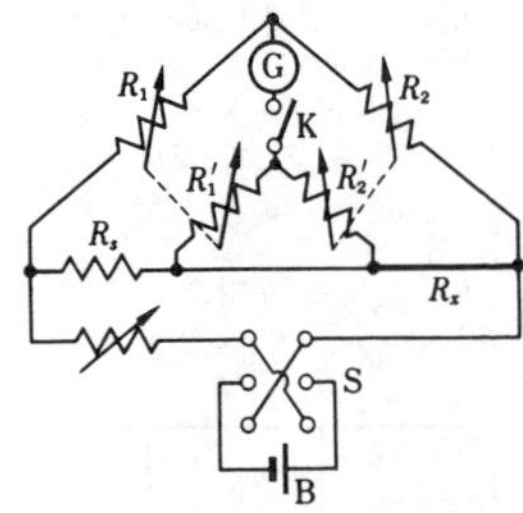

Kendall effect 켄들 효과(－效果) 팩시밀리 기록에서의 이상한 패턴 또는 기타 일그러짐의 일종이며, 반송파 하측파대에 대해서 정류된 베이스밴드 신호가 방해를 줄 때 생기는 불필요한 변조 출력에 의해 생긴다. 이것은 주로 단측파대의 대역폭이 팩시밀리 반송파 주파수의 절반보다 클 때 생긴다.

Kendall's notation 캔들의 기호(－記號) 전화 교환망에서 호(呼)의 생기 분포의 형, 보류 시간 분포의 형, 망 구조(회선수, 허용 대기 호출수 등) 등을 간단한 기호로 표현함으로써 해석을 용이하게 하기 위한 것.

Kennelly-Heaviside layer KH 층(一層), 케넬리·헤비사이드층(一層) 전리층이라고도 하며, 지표의 약 100~500km 상공에 존재하는 도전층. 태양의 자외선에 의해 상공의 기체 분자가 전리(電離)된 것이다. →ionosphere

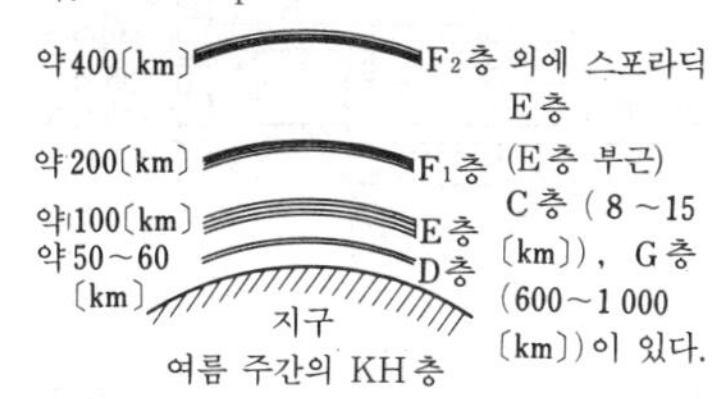

여름 주간의 KH층

kenotron 케노트론 수만 V 이상 고전압의 정류에 사용하는 고진공 2극관. X 선관이나 전자 현미경, 입자 가속기 등의 고압 전원에 사용한다.

kernel 커널 ① 일반적으로 물건의 중핵(中核)이라든가 중심부를 말한다. UNIX 라고 불리는 운영 체제에서는 중심을 커널이라 한다. ② 이용자 프로그램의 시동이나 파일의 물리적인 관리를 말한다. MS-OS/2 시스템의 커널(핵)에 대해서는 프로세스 관리, 메모리 관리, 태스크 관리, 입출력 관리, 시스템 관리, 국별(國別) 기능이 있다.

Kerr cell 커 셀 커 효과를 이용하여 셔터나 광변조기를 만들기 위해 사용하는 소자.

Kerr effect 커 효과(一效果) ① 결정의 편광면이 전계 또는 자계가 가해지면 회전하는 현상. 그 성질이 현저한 ADP(제 1 인산 암모늄) 등은 고속도 현상을 촬영하는 광학 스위치에 사용된다. ② 유도체의 결정에 전계를 가했을 때 빛의 굴절률이 전계의 세기의 제곱에 비례하여 변화하는 현상을 말한다. 다만, 그 정도는 포켈스 효과(Pockels effect)보다는 매우 작다.

Kerr magnetooptical effect 커 자기 광학 효과(一磁氣光學效果) 직선 편파광이 강력한 자석의 잘 닦여진 자극면에서 반사할 때 그 편파면이 회전하는 현상. 회전각도는 자석의 자화 세기에 비례한다.

key 키 레코드를 찾아내거나 식별하는 데 쓰이는 숫자. 혹은 키보드 상에 있는 기호가 붙은 버튼.

keyboard 키보드 ① 통속적으로는 건반악기를 가리킨다. 즉 피아노, 오르간, 하프시코드 등 건반에 의해 곡을 연주하는 악기를 말한다. ② 컴퓨터에서 프로그램이나 데이터를 사용자가 입력하기 위한 건반.

keyboard lockout 키보드 폐쇄(一閉鎖) 오동작을 방지하기 위해 불필요한 키보드를 작동 불가능 상태로 하는 것.

keyboard perforator 건반 천공기(鍵盤鑽孔機) 건반을 수동으로 조작함으로써 종이 테이프를 천공하여 기록하는 장치.

keyboard printer 키보드 프린터 제어 테이블 등에 사용되는 저속도 인쇄 장치로서 타이프라이터에 입력 기능이 겸비된 것으로 볼 수 있다.

keyboard punch 키보드 천공기(一穿孔機) 타자기와 비슷한 기구에 의해 테이프에 인쇄 전신 부호의 부호 구멍을 뚫는 장치.

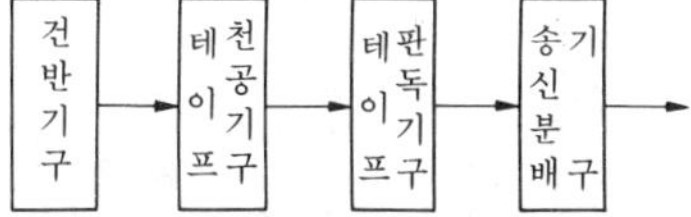

자동 송신기(인쇄 전신기의)의 구성

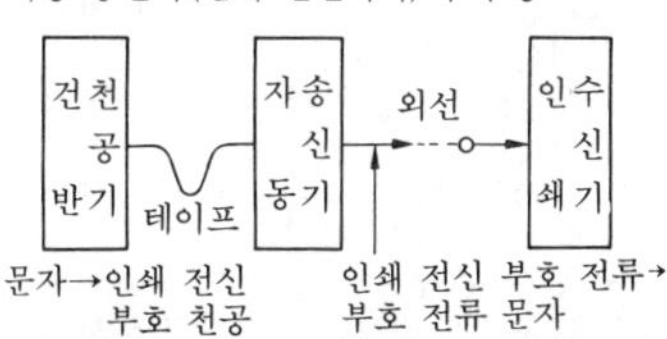

keyboard send/receive set 건반 송수신 장치(鍵盤送受信裝置), 키보드 송수신기(一送受信機) 종이 테이프의 송수신 기구를 갖지 않고, 건반과 인자 장치로 송수신을 하는 단말기. =KSR

keyboard send/receive terminal KSR 단말(一端末), 키보드 송신/수신 단말(一送信/受信端末) =KSR terminal

key click 키 클릭 송신 장치 키(電鍵) 회로의 접점을 개폐할 때마다 전송 회선 중에 일시적으로 발생하는 과도 펄스 또는 서지(surge)를 말한다. 이 과도 펄스나 서지를 약화시키기 위해 보통, 필터가 사용되는데 이것을 키 클릭 필터(key click filter)라 한다.

keyed AGC 키드 AGC 텔레비전 수상기의 자동 이득 제어의 일종으로, 수평 동기 신호의 기간만 골라내어 AGC 전압이 걸리도록 한 것. AGC 전압은 영상 신호 기간에 혼입한 잡음의 영향을 받지 않는다. 또 비행기의 영향을 적게 할 수 있다.

keyed rainbow generator 키드 레인보 발생기(一發生器) 컬러 텔레비전 수상기에서 크로스오버 조정을 위해, 혹은 일반의 트러블 진단 수리를 위해 3.58MHz의 컬러 버스트 신호를 발생할 수 있는 레인보 발생기.

keyer 키어 송출하는 정보에 따라 송신기 출력의 진폭 또는 주파수를 변화시키는 장치. 일반적으로 전신의 전건(電鍵) 조작에 쓰인다.

keying 타건(打鍵) 전기 통신에서 직류를 차단하거나 어느 특성에 의해 나타내는 불연속값 사이에서 반송파를 변조시켜 코드 문자의 신호를 만드는 것. 코드 문자의 정보 부분을 전송할 때 생기는 방출파를 타건파(marking wave 와 같은 뜻)라 한다. 또, 불안정한 송신 장치에서는 송신 키를 닫을 때마다 주파수에 다소의 어긋남이 생겨서 그것에 의한 잡음을 일으킬 때가 있다. 이것을 타건 과도음이라고도 한다.

keying circuit 키잉 조작 회로(−操作回路), 전건 조작 회로(電鍵操作回路) 전신 부호에 따라서 전파를 단속(斷續)시키는 회로를 키잉 조작 회로 또는 전건 조작 회로라 한다. 키를 넣는 장소에 따라서 마스터 키잉 방식과 버퍼 키잉 방식으로 나뉜다. 전자는 수정 발진기의 발진을 키에 의해 단속시키는 방식이며, 통신 속도가 빠른 것에는 부적당하다. 후자는 완충 증폭기에 키를 직접 삽입하든가 흡수관을 써서 완충 증폭기의 동작을 단속하는 방식으로 흡수관 키 조작법이라고도 한다.

keying-error rate 타건 오류율(打鍵誤謬率) 건반에서 입력된 문자수에 대한 오류 문자수의 비.

keying frequency 타건 주파수(打鍵周波數) 예를 들면, 파라메트론의 여진파 $2f$의 단속 주파수(3 박 여진의 1 상분의 단속 주파수).

keying interval 키잉 간격(−間隔) 어떤 상태가 시작된 그 시작의 시점부터 다음에 동일한 상태가 시작되기까지의 최소의 시간 간격. 키잉 간격과 부호의 길이(시간)는 같다.

keying rate 키잉 속도(−速度) 키잉의 반복 간격.

keying wave 타건파(打鍵波) 전신의 송신시 코드의 정보 부분을 전송할 때에 나오는 방출파를 뜻하는 것으로, 마킹파라고도 한다.

keyless ringing 키리스 링잉 발신측 플러그를 착신측 라인의 재크에 꽂아 넣음으로써 자동적으로 수동 스위치 상의 기계 호출을 하는 형태.

key punch 키 펀치, 천공기(穿孔機) 구멍을 뚫는 장치. 컴퓨터의 중앙 처리 장치에서 처리된 출력 정보(숫자, 한글을 부호화하여)를 종이 테이프나 종이 카드에 천공한다. 천공기에는 원형 구멍을 천공하는 종이 테이프용의 것과 장방형의 구멍을 천공하는 종이 카드용의 것이 있다.

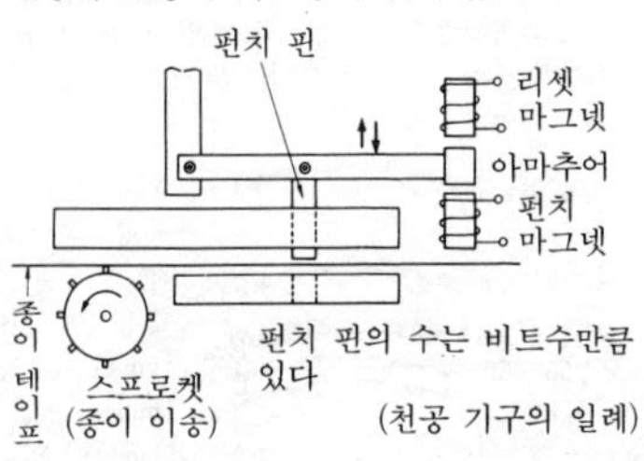

(천공 기구의 일례)

key station 키 스테이션 모국(母局)이라고 하며, 라디오나 텔레비전의 방송 프로를 방송망(네트워크)으로 연결된 타국으로 내보내는 국을 말한다. 동시 방송인 경우는 통신 회사의 중계선을 통해서 방송된다.

keystone distortion 사다리꼴 일그러짐, 대형 일그러짐(臺形 −) ① 텔레비전에서 장방형의 래스터 또는 화상이 부등변 4각형으로 표시되는 기하학 일그러짐의 형상. →television. ② 촬상관에서 수평인 소인선 또는 주사선의 기울기나 길이가 수직 변위와 선형의 관계에 있는 일그러짐. 대형 일그러짐을 갖는 시스템은 방형 패턴을 대형 패턴으로 일그러지게 한다.

keystone law 사다리꼴 법칙(−法則), 대형 법칙(臺形法則) 수치 적분에 있어서 함수를 1차 보간식(인접한 분점을 잇는 직선)으로 근사하여 계산하는 구적법.

key telephone 키폰, 버튼 전화기(−電話機) ① 자동 전화 교환의 범위가 넓어져서 다이얼의 자릿수가 많아짐으로써 불편을 피하기 위해 호출 횟수가 많은 상대에 한해서 버튼으로 호출할 수 있게 한 전화기. 이것은 버튼을 누르면 특정한 주파수의 조합에 의한 신호가 송출되어 전화국에 있는 기억 장치에 의해서 번호에 따른 호출이 가능하게 되어 있다. ② m개의 전화 회선을 n대의 전화기로 공용할 수 있도록 한 전화기(사업소용의 비즈니스 전화)가 있다. 이들은 어느 전화기로부터도 발신, 착신을 할 수 있고, 각 전화기 상호간의 통화도 할 수 있으며, 착신한 호출을 보류하여 다른 전화기로 전송할 수 있다.

key telephone system 키폰, 버튼 전화(−電話) 구내 전화 교환에 쓰이는 간이 전화 교환 장치의 일종으로, 전화기마다 부속되어 있는 버튼 혹은 전건(電鍵)으로 국선과의 접속, 내선 전화기 상호간의 선택 호출하여 상호 통화 등을 하는 기능을 가진 것.

keytone 주음(主音) 음계 구성상의 기본이 되는 음.

kHz 킬로헤르츠 →kilohertz

kick back 킥 백 인덕터에 흐르고 있는 전류가 절단되어 자계가 급속히 붕괴할 때 인덕터 양단에 나타나는 전압.

killer 킬러 트랜지스터나 다이오드 등에서 축적 전하에 의한 스위칭 시간의 지연을 방지하기 위해 주입되는 불순물. 트랜지스터 베이스나 다이오드 접합부 부근에 축적되는 소수 캐리어는 불순물과 재결합하여 스위칭 지연을 적게 한다.

kilo 킬로 k 라고 약한다. 보통은 1,000을 나타낸다. 주파수인 경우 1,000Hz 는 1kHz 가 된다. 특히 컴퓨터의 기억 장치인 경우는 1024 를 나타내며, 1K 라고 대문자로 표시한다.

kilobaud 킬로보 1,000 보를 말하며, 통신로(채널)의 전송 용량을 재는 단위. →baud

kilobit 킬로비트 1024 비트. =Kb, Kbit

kilobits per second 킬로비트/초(-秒) =Kbps

kilobyte 킬로바이트 1024 바이트를 말한다. =KB, Kbyte

kilohertz 킬로헤르츠 kHz 라 쓴다. 전자파의 주파수 표시법. 매초 1,000 회의 주파수의 뜻. 10^3 킬로헤르츠=1 메가헤르츠(MHz), 10^3 메가헤르츠=1 기가헤르츠(GHz). =kHz

kilovolt ampere 킬로볼트 암페어 →kVA

kilowatt 킬로와트 kilowatt 의 약어. 1kW=1,000 W. =kW

kilowatt hour 킬로와트시(-時) 1 시간당 1킬로와트의 뜻. kWh 라 쓴다. →kWh

kinescope 키네스코프 일종의 고휘도 텔레비전 수상관에 대한 RCA 의 상품명.

kinetic energy 운동 에너지(運動-) 물체가 운동하고 있기 때문에 가지고 있는 에너지. 용량 m 의 물체가 v 로 운동하고 있을 때의 운동 에너지 E_k 는 아래 식으로 표시된다.

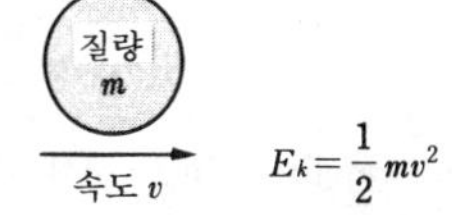

$$E_k = \frac{1}{2}mv^2$$

kinoform 키노폼 물체에서 나오는 광파의 위상을 계산으로 구하고, 이 위상 정보를 두께 또는 굴절률의 변화로 나타낸 컴퓨터 홀로그램. 실재하지 않는 물체의 표시를 이것으로 할 수 있다.

Kippschwingung 도약 진동(跳躍振動) 평형 상태의 불연속적인 전이에 의해 생기는 진동. →relaxation oscillator

Kirchhoff s law 키르히호프의 법칙(-法則) 회로망 중에 많은 기전력이 포함되어 있는 경우에 각 부분의 전류를 구하는 데 도움이 되는 법칙으로, 다음 두 가지가 있다. 제 1 법칙 : 회로망 중의 임의의 점에 흘러드는 전류의 벡터합(직류일 때는 대수합)은 0 이다. 제 2 법칙 : 회로망 중의 임의의 폐회로에서 임피던스(직류일 때는 저항)에 의한 전압 강하의 벡터합(직류일 때는 대수합)은 그 폐회로 중의 기전력의 벡터합(직류일 때는 대수합)과 같다. 이들을 써서 각 전류를 미지수로 하는 연립 방전식을 얻을 수 있다.

Kirk effect 커크 효과(-效果) 바이폴러 트랜지스터에서 컬렉터 전류를 증가시켜 갔을 때 천이 주파수 f_T 가 감소하는 현상. 이것은 다량의 주입 캐리어에 의해 컬렉터-베이스 접합의 공핍층이 좁아지고, 따라서 상대적으로 베이스층이 넓어지기 때문에 생기는 것이다. f_T 는 이미터 접지 트랜지스터의 전류 이득의 크기가 1 이 되는 주파수.

KITA diode 키타 다이오드 →silverbond diode

Klirr-attenuation 일그러짐 감쇠량(-減衰量) →distortion factor, Klirrfaktor

Klirrfaktor 왜율(歪率) 파형이 일그러지는 정도를 나타내는 것으로, ① 고조파 성분의 실효값을, ② 기본파의 실효값으로 나눈 값을 백분율 또는 데시벨로 나타낸 것. 왜율계로 측정했을 때는 위의 ①은 기본파를 제외하는 모든 왜파(歪波 : 잡음 등도 포함)의 실효값이고, ②는 전체 왜파의 실효값이며, ①/②는 전 왜율이다. 왜율이 10% 이하이면 왜율계에서의 측정값을 왜율로 간주해도 상관없다. 기본파 전압을 E_1, 제 2, 제 3 조파 전압을 E_2, E_3 으로 할 때 20 $\log_{10} E_1/E_2$ 를 2 차 일그러짐 감쇠량이라 하는 경우가 있다. E_2 대신 E_3 을 쓰면 3 차 일그러짐 감쇠량이 얻어진다.

klydonograph 클리도노그래프 충격 전압의 파고값이나 파형을 측정하는 장치. 암상자의 바닥에 평판 전극을 두고, 그 위에 사진 건판을 얹어 그 면에 바늘 모양의 전극을 세운다. 이 바늘에 충격 전압을 가하여 건판을 현상하면 방전 도형이 나타난

다. 이 도형은 리히텐베르히상이라 하며, 인가 전압과의 사이에 일정한 관계가 있기 때문에 그 모양과 크기에 따라 충격 전압의 파고값이나 파형을 판단할 수 있다.

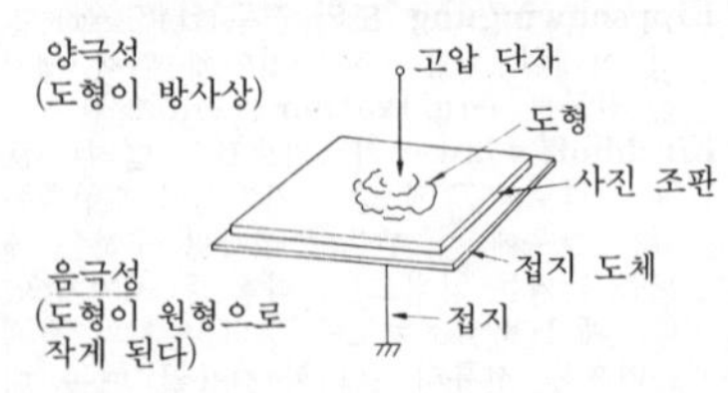

klystron 클라이스트론 마이크로파를 발진시키는 전자관의 일종으로, 직진형과 반사형의 두 종류가 있다. 직진형 클라이스트론은 그림 (a)와 같이 전자총에서 나온 전자 빔이 입력 공동(buncher)를 통과할 때 고주파 전계에 의해 속도 변조를 받아 드리프트 공간을 진행하는 동안에 밀도 변조로 바뀌고, 출력 공동(catcher)을 통과하여 컬렉터에 포착되어 출력으로서 꺼내진다. 반사형 클라이스트론은 그림 (b)와 같이 전자 갭 간의 고주파 전압으로 속도 변조를 받아 리펠러(repeller : 반사전극)를 향해서 진행하는 동안에 집군 작용(bunching)을 받는다. 리펠러에는 높은 음(−)전압이 가해지고 있기 때문에 이들 전자는 반발되어 공동의 방향으로 되돌려지고 그 사이에 다시 집군 작용이 이루어져서 공동에 이른다. 이 집군이 공동(cavity)를 통과할 때 공동에 유기하는 고주파 전압이 왕로(往路)의 전자에 속도 변조를 주는 전압과 동상이면, 집군 작용은 한층 강력해져서 공동의 공진 주파수로 발진한다.

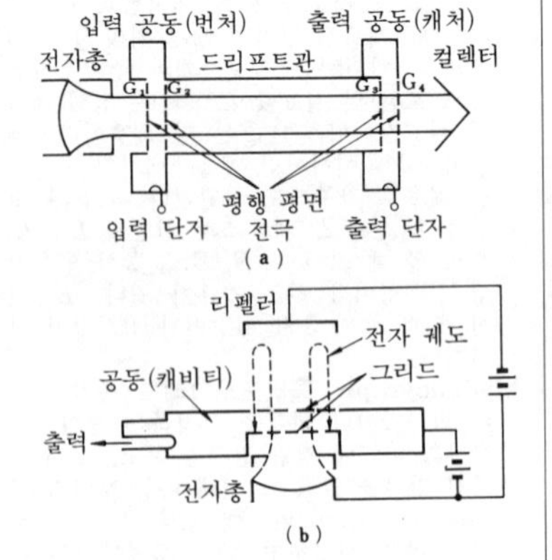

(a)

(b)

klystron frequency modulator 클라이스트론 FM 변조기(−變調器) 클라이스트론을 이용하여 직접 주파수 변조를 하는 회로. 반사형 클라이스트론이 소형이고 저전압으로도 쉽게 발진하므로 널리 사용된다. 반사형 클라이스트론은 리펠러(repeller)의 전압을 바꾸면 발진 주파수가 변화하는 전자 동조의 성질이 있는 것을 응용하여 신호파에 의해 리펠러 전압을 변화시켜서 FM 변조를 할 수 있다.

klystron frequency multiplier 클라이스트론 주파수 체배기(−周波數遞倍器) 2공동형의 클라이스트론으로, 출력 공동은 기본 주파수의 정수 배 주파수에 동조하고 있다.

knee-point 니포인트 ① 특성 곡선의 비교적 곧은 부분을 잇는 곡선 부분. 예를 들면, 날카로운 포화 특성을 갖는 강자성 재료의 포화 특성의 포화 영역에 드는 굽은 부분. ② 광전 변환 특성 곡선으로, 감마가 지정값에 이르는 점.

knee voltage 어깨 전압(−電壓) 트랜지스터의 출력 전류가 포화를 발생하는 부분의 전압 크기. 이것이 작을수록 전력 효율이 좋다.

knife-edge effect 나이프에지 효과(−效果) 산악과 같은 장애물이 있을 때 그 배후의 회절 전계 세기는 산악을 반 무한의 평면(나이프에지)으로 근사시킴으로써 계산할 수 있다. 산악의 두께는 파원(波源)으로부터의 거리, 회절 높이에 비해 무시할 수 있는 것으로 하고, 산악의 능선은 파장보다 충분히 긴 것으로 한다. 산악 배후의 전계가 산악이 없는 경우보다 매우 강해지는 현상을 볼 수 있으며, 이것을 산악 이득(obstacle gain)이라 한다.

knock on 노크 온 단결정에 이온 주입을 하는 경우 결정면에 수직이 아닌 방향에서 주입되는 이온이 타깃의 원자를 탄성 산란에 의해 격자점에서 밷어내는 현상.

know-how 노하우, 기술 지식(技術知識), 기술 권리(技術權利) ① 방법에 대한 실제적 지식 또는 기술상의 전문 지식. ② 특별 기술에 의한 생산 방식을 채용하는 권리 또는 이에 준한 일정한 금액(권리금).

knowledge base 지식 베이스(知識−) 전문가 시스템 구조 요소의 하나로, 특정 분야의 전문가 지식을 기억한 데이터 베이스이다. 지식에는 사실을 나타낸 것과 규칙을 나타낸 것이 있다.

knowledge engineering 지식 공학(知識工學) 실행적인 인공 지능 시스템의 실현을 목표로 한 지식의 획득·표현·이용을 포함하는 기술 체계.

knowledge engineers 지식 공학자(知識工學者) 컴퓨터에 익숙하지 못한 각 분야의 전문가로부터 지식을 제공받아 전문가 시스템을 만들어 내는 새로운 기술자. 인공 지능(AI)의 실용화를 지향하는 조직에 불가결한 존재가 되고 있다. 지식 공학 기술자의 직무는 넓은 의미의 애플리케이션 개발에 종사하는 시스템 엔지니어(SE)의 범주에 들어간다.

knowledge industry 지식 산업(知識産業) 선진 경제에서는 지식을 주요한 코스트(cost), 주요한 투자, 주요한 생산물로 보고, 일하는 많은 사람들과 기업이 살아남기 위한 방편으로 삼고 있다. 지식이 한 나라의 국제적인 경제력의 결정 요인으로서의 성격을 강화하여, 이미 재물이나 서비스가 아니라 창의와 정보를 만들어 내어 유통시키는 지식 산업이 국내 총생산의 반을 넘게 되어 "농업에서 지식 산업"으로 바꾸어 경제의 중심적인 생산 자원을 제공하는 제 1 차 산업으로 보고 있다. →knowledge

knowledge intensive industry 지식 집약형 산업(知識集約形産業) 연구 개발, 디자인, 전문적 기술 등 지적 활동의 집약도가 높은 산업. 고가공도 산업이라고도 하며, 특히 컴퓨터 산업은 지식 집약형 산업의 대표로 지목되고 있다. 구체적으로는 ① 연구 개발 집약 산업(컴퓨터, 항공기, IC, 원자력 관계 등), ② 고도 조립 산업(공해 방지 기기, 교육 기기, 공장 생산 주택 등), ③ 패션 산업(고급 의류, 주택용 생활 용품 등), ④ 지식 산업(정보 처리 서비스, 소프트웨어 등)의 4 그룹이 있다.

knowledge network 지식 네트워크(知識-) 지식 시스템을 문제 해결을 위해 분산하고, 단독으로 혹은 상호 정보를 교환하면서 협조하여 작동하도록 구축한 네트워크. 전문가 시스템은 대규모의 단독 시스템으로서 구축하기 보다도 복수의 부전문가 시스템으로 이루어지는 분산형 지식 시스템으로서 구축하는 편이 자연스럽다는 생각에 따르고 있다.

Kohlraush bridge 콜라우시 브리지 휘트스톤 브리지의 일종으로, 고안자의 이름을 따서 명명되었다. 비례변에 미끄럼 저항선을 사용하고, 전원에 가청 주파수의 교류를 사용하는 점이 특색이며, 전지의 내부 저항이나 전해액의 도전율 등의 측정에 사용된다.

Kolbino disc 콜비노 원판(-圓板) 중앙에 구멍이 뚫린 원판에 그림과 같은 전극

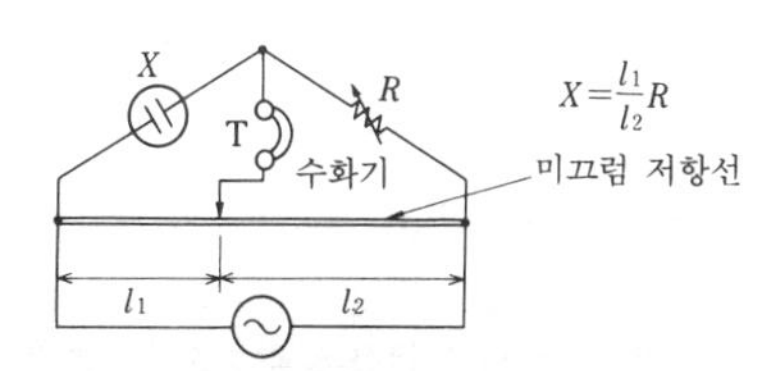

Kohlraush bridge

을 붙인 것. 원주 방향에 대해서는 고주파에 있어서도 전계가 고르게 분포하므로 재료의 시험 등을 하는 데 이용한다. 또, 이 원판을 적당한 반도체로 만들고, 표면과 직각으로 자계를 가하면 캐리어의 통로가 중심 전극에서 방사상의 최단 거리보다도 굽혀짐으로써 저항이 증가하므로 고감도의 자전(磁電) 변환 소자를 만들 수 있다.

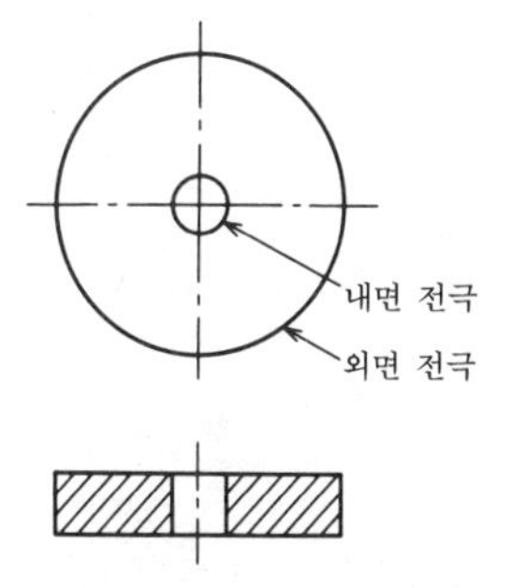

Kovar 코바르 금속과 유리나 세라믹과의 봉합 부분에서 사용하는 철·니켈·코발트 합금. 웨스팅하우스사의 상품명이다. 전자관이나 반도체 디바이스에 널리 사용된다.

krypton discharge tube 크립톤 방전관(-放電管) 크립톤 가스를 봉해 넣은 냉음극 방전관으로, 동작 지연이 적고 상승이 빠른 고전압 전환관이다.

KS 한국 공업 규격(韓國工業規格) =Korean Standards

K-scope K 스코프 K 표시를 나타내도록 구성된 음극선 오실로스코프.

KSR 건반 송수신 장치(鍵盤送受信裝置), 키보드 송수신기(-送受信機) =keyboard send/receive set

KSR terminal KSR 단말(-端末), 키보드 송신/수신 단말(-送信/受信端末) keyboard send/receive terminal 의 약어. 텔레타이프 단말이라고도 한다. KSR 단말에는 비디오 화면은 붙어 있지 않다. 키보드에서 입력(타이프)된 내용과 송신측

에서 받은 출력은 내장 프린터로 표시한다.

KS steel KS강(一鋼) →hardened magnet

K-style fading K형 페이딩(一形一) 대기 중을 전파하여 수신 지점에 도달한 직접파 중에 지표 기타에서 반사된 반사파가 포함될 때 이들이 서로 간섭을 일으킴으로써 발생하는 페이딩. 이것에는 대기의 굴절률 변화로 수신 감도가 주기적으로 변화하는 회절성의 것도 포함된다. 반사면이 해면이나 평탄한 평야이면 반사파가 강하고 깊은 페이딩을 발생한다. 기호 K는 대지의 높이와 굴절률의 관계를 나타내는 상수이다.

KTA 한국 전기 통신 공사(韓國電氣通信公社) Korea Telecommunication Association 의 약어. 정부 투자의 국영 기업체로, 국내 및 국제 통신 전반을 업무로 한다.

KTN 칼륨 탄탈륨-니오브 kalium tantalum-niobate 의 약어. 탄탈 니오브산 칼륨($KTa_{1-x}Nb_xO_3$)의 약칭. 강유전체에서 큰 2차 전기 광학 효과를 나타낸다.

K_U-band K_U 밴드 12GHz 부터 18GHz 사이의 레이더 주파수 밴드. 통상은 ITU(국제 전기 통신 연합)가 지정한 13.4GHz 부터 14.4GHz, 또는 15.7GHz 부터 17.7GHz 의 밴드.

kVA 킬로볼트 암페어 kilovolt ampere 의 약어. 전력량 표시에 사용되는 단위로서 볼트와 암페어를 곱한 값을 100 분의 1로 한 전력의 측정 단위. 전자 기기나 전원 장치, 공조기 등 각각의 용량이 kVA 로 표시된다.

kW 킬로와트 →kilowatt

kWh 킬로와트시(一時) →kilowatt hour

LA 실험실 자동화(實驗室自動化) →laboratory automation

label 레이블 파일의 관리나 처리의 편의를 위해 파일에 붙여지는 특별한 레코드. 언제나 레코드의 형식을 갖추고 있으므로 레이블 레코드라고도 한다. 예를 들면, 자기 테이프에 만들어진 파일의 경우는 릴의 처음과 파일의 마지막에 파일명 등이 레이블로 써넣어진다.

label check 레이블 검사(一檢査) 자기 테이프 등의 파일에 그 기록 내용을 나타내기 위한 기호, 번호 등이 붙어 있으며, 이것을 검사하여 테이프의 잘못 사용하는 것을 방지하는 것.

laboratory automation 실험실 자동화(實驗室自動化) 연구소나 개발 부문에서 연구자나 개발자 활동의 질적 향상, 개발 기간의 단축을 목적으로 하여 연구·개발 활동의 자동화를 도모하는 것. 연구소나 개발 부문에서의 활동은 기획, 정보 수집, 설계, 시작(試作), 실험, 해석부터 연구개발 프로젝트의 관리에 이르기까지 폭넓다. 기획, 정보 수집, 프로젝트 관리 분야의 자동화에는 사무 자동화와 공통의 기술, 제품이 필요하며, 그것을 활용하는 경우가 많다. =LA

labyrinth 래버린스 스피커의 캐비닛. 스피커 후방의 방사 에너지를 흡수하기 위해 복잡한 구조의 공기실을 둔 것.

lacquer film capacitor 래커 필름 콘덴서 =lacquer film condenser

lacquer film condenser 래커 필름 콘덴서 전극박(電極箔)에 래커를 뿜어 고화(固化)시켜서 필름 모양으로 하여 유전체로 하는 콘덴서. 정전 용량에 비해 소형으로 만들 수 있다.

lacquer recording 래커 원반(一原盤) 마스터반을 만들 목적으로 래커 표면상에 오리지널의 녹음이 되어 있는 것.

ladder network 사다리형 회로망(一形回路網) H 형 회로, L 회로, T 형 회로 또는 Ⅱ형 회로를 직렬로 접속한 회로.

ladder type circuit 사다리형 회로(一形回路) 유한 개 또는 무한 개의 임피던스가 그림과 같이 사다리꼴로 접속된 회로. $Z_1'=Z_3'=\cdots=Z_{n-1}'=0$ 의 회로도 있다.

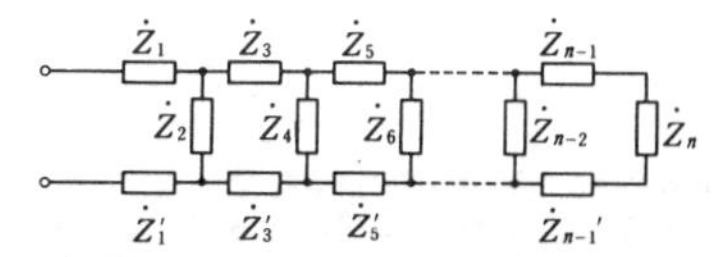

ladder-type filter 사다리형 필터(一形一) 필터 기본 회로의 하나로, L 형 필터, T 형 필터, π형 필터 등이 있다.

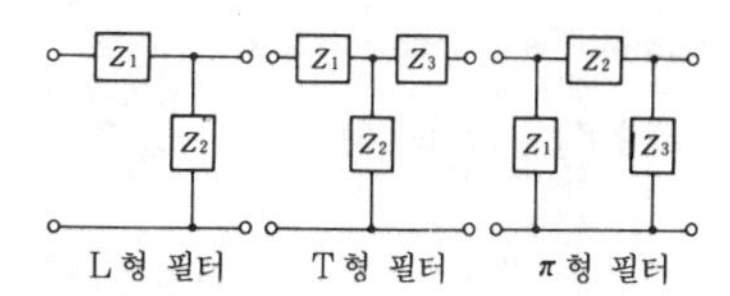

lagging current 지상 전류(遲相電流) 교류 전류를 인덕턴스에 흘리면 전압과 전류의 위상 관계가 90° 벗어나서 전류가 전압에 대하여 늦어진다. 이러한 전류를 말한다.

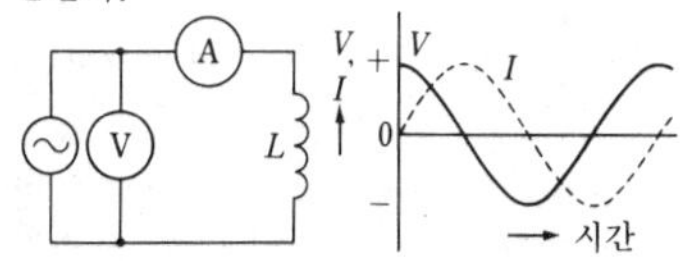

lag networks 지연 회로(遲延回路) 주파수에 대해서 위상 크기의 상향 전이를 제어하기 위해 사용하는 저항-리액턴스 회로 요소. 전원 비교 증폭기의 동적인 안정을 보증하는 데 사용된다. 지연 회로의 주요 효과는 상대적으로 저주파에서 이득을 저하시키고 나머지 상향 전이의 경사를 상대적으로 완만하게 한다.

Lagrange's multipliers 라그랑주의 제곱

수(一數) n 개의 변수(x_1, x_2, x_3,…, x_n)의 함수 $f(x_1, x_2, x_3, \cdots, x_n)$에서 변수가 서로 독립이 아니라 m 개의 조건 $g_i(x_1, x_2, x_3, \cdots, x_n)=0 (i=1, 2, 3, \cdots, m)$이 붙여져 있을 때, $f(x_1, x_2, x_3, \cdots, x_n)$의 극값을 구할 때에 도입되는 m 개의 미정의 상수.

lamb dip 램 딥 단일 모드 기체 레이저의 출력 대 발진 주파수 특성〔이조(離調) 곡선〕 상의 발진 주파수를 중심으로 한 날카로운 폭의 홀. 이것은 레이저광에 의한 홀 버닝 효과(포화 흡수)이며, 이 홀은 레이저의 발진 주파수가 특성 곡선의 중앙에 합치한 곳에서 가장 깊어진다.

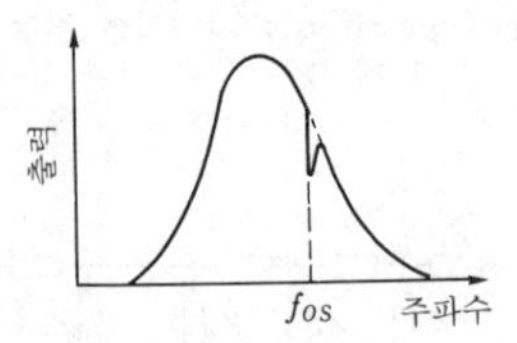

lambert 램버트 휘도(측광상의 밝기)의 단위로, 1cm^2당 1루멘의 비율로 빛을 방사 또는 반사하는 임의 표면의 평균 휘도이다. 일반적으로 평균을 취할 때에는 관찰 각도의 차이에 따른 휘도의 변동이나 표면 장소에 의한 변동 등을 감안해야 한다.

Lambert's absorption law 램버트의 흡수 법칙(一吸收法則) 고른 매질에서 빛이 흡수되는 정도는 빛이 투과하는 층의 두께 d에 비례하는 것을 기술한 법칙.

$I=I_0 \exp(-\mu d)$

I, I_0는 각각 투과광 및 입사광의 세기이고, μ는 매질의 흡수 계수로, 사용하는 빛의 파장에 관계한 상수이다. 매질이 용액인 경우에는 흡수 분자의 농도를 고려한 μd 대신 μcd로 한 Beer의 법칙이 쓰인다. c는 몰 농도이다.

Lambert's cosine law 램버트의 코사인 법칙(一法則) 완전 확선면에서 그림과 같이 법선 방향의 광도를 I_n, θ방향의 광도를 I_θ로 할 때 $I_\theta=I_n \sin\cos\theta$의 관계가 성립한다. 이것을 램버트의 코사인 법칙이라 한다.

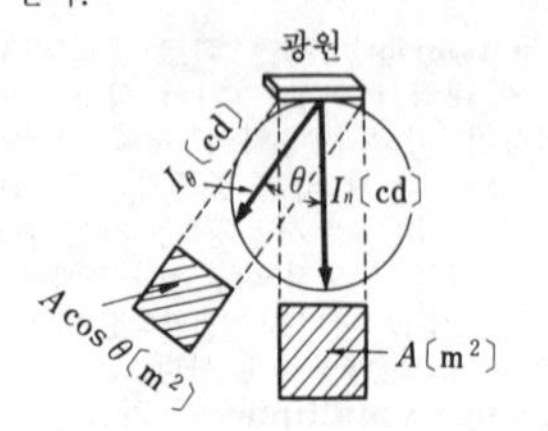

laminated plate 적층판(積層板) 종이나 유리 섬유를 기판으로 하고 페놀 수지나 에폭시 수지를 함침시켜 가압 고화(固化)해서 만든 절연판. 이것에 구리를 붙인 것은 인쇄 배선 기판으로서 널리 사용된다.

lamp 램프 인공의 광원에 대한 포괄적인 용어로, 가시 영역에 인접한 스펙트럼 영역에서 방사하는 방사원인 경우에도 쓰인다(예를 들면 적외선 램프). 광원과 함께 관계 장치(반사 장치, 설치 도구 등)를 포함하여 램프라 하기도 한다. 이 경우 광원만을 구별하는 용어로서 전구(밸브)가 쓰인다.

Lampkin oscillator 람프킨 발진기(一發振器) 하틀리 회로의 변형으로, 전원 전압의 변동 등에 의한 발진 주파수의 변동을 억제하여 발진을 안정시키기 위해 동조 회로의 콘덴서와 직렬로 인덕턴스가 큰 코일을 접속한 회로. 그림은 그 예이다.

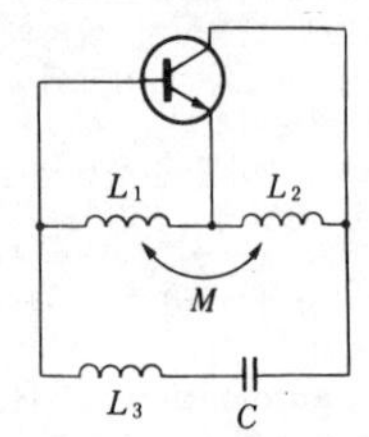

LAN 근거리 통신망(近距離通信網) local area network의 약어. 사업소 내, 건물 내 등과 같이 범위를 지역적으로 한정한 정보망. 전송로는 사설 회선을 이용한다. 단말의 접속 형태는 여러 종류가 있으나 기본은 버스형, 성형(그림 왼쪽), 링 형(그림 오른쪽)의 3종이다.

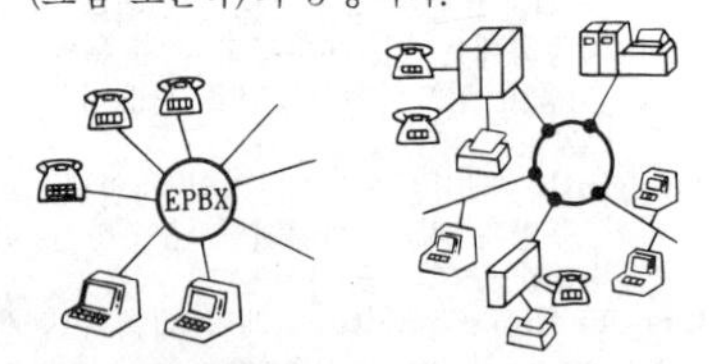

land 랜드 기계식 녹음에서 2개의 근접된 홈 사이의 레코드 면.

landing aid 착륙 원조 장치(着陸援助裝置) 항공기의 진입 및 착륙을 원조하기 위한 탐조등, 라디오 비컨, 레이더, 무선 통신 시설, 또는 그들의 집합계.

landmark beacon 지표 항공 등대(指標航空燈臺) 지표의 특정한 한 점을 나타내기 위한 등화(燈火). 백색 섬광등에 의한 것과 모스 부호에 의한 것이 있다.

land mobile radiotelephone 자동차 전화(自動車電話) 자동차 내에 설치한 전화와 일반 가입자간 및 자동차 상호간의 일반 통화를 제공하는 무선 전화.

land mobile station 육상 이동국(陸上移動局) 육상을 이동하면서 혹은 특정하지 않는 지점에서 일시 정지하여 사용되는 무선국. 이동은 하지만 이동 중은 사용하지 않는 국을 육상국(land station)이라 한다.

Landsat 랜드새트 미국 항공 우주국에서 쏘아올려진 지구 관측 위성.

lane 레인 주기적으로 지시되는 항행 파라미터를 갖는 인접 위치선 사이의 영역. 예를 들면 오메가에서는 지구 전역을 8개의 송신국으로 커버하고 있는데, 각국은 위치선 결정용인 10.2kHz 의 전파 외에 13.6, 11 1/3, 11.05kHz 의 전파를 순차 송신하고, 수신점에서 10.2kHz 와의 비트 주파수로 레인의 판정을 하고 있다. 데카에서도 대체로 같은 레인 식별법을 쓰고 있다.

lane identification 레인 식별(－識別) →lane

LANER 래너 light activated negative emitter resistance 의 약어. GND의 일종으로, $Ga_{1-x}Al_xAs$ 의 pnpn접합에 의해서 만들어지며, 가시광을 발광하는 것.

lane slip 레인 슬립 항법 용어로, 수신 신호의 탈락 등 때문에 레인값의 정수부(整數部) 지시를 잘못하는 것.

Languir probe 랭뮤어의 프로브 플라스마의 내부에 삽입하고, 플라스마 전류를 표본화하기 위한 작은 금속 도체의 프로브. 글로 방전의 양광주 내부에 삽입한, 음(－)으로 대전한 프로브 주위의 밝지 않은 부분을 랭뮤어의 암부(暗部)라 한다.

language 언어(言語) 문자, 그들의 결합 법칙 및 그들의 의미를 부여하는 것. 이것을 써서 컴퓨터 및 그 관련 기기에 의해 다루어지는 정보가 표현되고, 처리된다. 자연 발생적으로 형성된 자연 언어와 달리 컴퓨터에서 사용되는 것은 일정한 법칙에 따라서 인공적으로 구성한 인공 언어이다. 컴퓨터 구조와 밀접하게 관련된 컴퓨터 중심 언어와 문제의 기술에 중점을 두고 구성한 문제(또는 절차) 중심 언어가 있다.

language construct 언어 구성 요소(言語構成要素) 프로그램 언어를 기술하기 위해 필요한 구문상의 구성 요소. 예를 들면 식별자, 명령문, 모듈 등.

language laboratory LL 장치(－裝置) 어학 교육에 사용되는 일종의 티칭 머신. 교실에는 다수의 학생이 있으나 그 자리는 개인마다 칸막이가 되어 있으며, 이어폰을 써서 교사의 테이블에서 보내지는 교재를 듣고, 또는 교사와 개별적으로 대화함으로써 다른 학생의 영향을 받는 일없이 효과적인 학습을 할 수 있다. 이 장치에는 음성 뿐 아니라 비디오 장치가 붙어 있는 것도 있다.

language processing program 언어 처리 프로그램(言語處理－) 컴퓨터를 사용하기 위한 명령이 일상어에 가까운 모양의 언어로 주어졌을 때 그것을 기계어의 프로그램으로 변환하기 위한 프로그램을 말하며, 대표적인 것으로 어셈블러나 컴파일러가 있다.

language processor 언어 프로세서(言語－) 기계어 이외의 언어로 작성된 원시 프로그램을 기계어의 프로그램으로 변환하기 위한 프로그램. →language processing program

LAN system 근거리 통신망 방식(近距離通信網方式) →LAN

L-antenna L 안테나 →inverted L-type antenna

lanthanum titanate 티탄산 란탄(－酸－) 분자식 $La_2Ti_2O_7$. 그 단결정은 커 효과가 현저하고, 광조사(光照射)에 의해 손상을 받지 않는 이점이 있으므로 레이저광의 변조 소자를 만드는 데 쓰인다.

lapel microphone 라펠 마이크로폰 옷깃 등에 붙일 수 있게 되어 있는 소형 경량의 탄소 마이크로폰.

laptop computer 랩톱 컴퓨터 랩톱이란 본래 「무릅 위」라는 뜻이다. 언제 어디에서나 자유롭게 들고 다니고 사용할 수 있는, 콤팩트한 본체와 디스플레이, 키보드가 한 몸으로 되어 있는 개인용 컴퓨터. 화면은 액정 표시나 플라스마 디스플레이를 사용하여 경량화되어 있다.

large scale integrated logic circuit 논리 LSI(論理－) 집적되어 있는 소자가 논리 연산 기능을 갖는 대규모 집적 회로 (LSI).

large scale integration 대규모 집적 회로(大規模集積回路) 집적 회로(IC)의 집적도가 높아서, 단일 반도체 칩 상에 트랜지스터, FET(전계 효과 트랜지스터), 다이오드 등의 능동 소자나 저항, 콘덴서 등의 수동 소자를 1,000 소자 이상 포함되어 있는 것을 말한다. 소자에는 pn 접합보다도 MOS소자 쪽이 제작상 유리하므로 널리 사용된다. 또, 마스크 패턴의 설계나 내부 배선의 검사 등은 매우 복잡하기 때문에 컴퓨터를 사용해서 수행한다. =LSI

large signal parameter 대신호 파라미터(大信號－) 비직선 특성을 가진 디바이스에서는 특성 곡선상의 어느 동작 기점을 중심으로 하여 그 전후 적은 범위로 변화하여 동작하는 이른바 소신호 동작인 경우와 스위칭 동작과 같이 큰 신호 변화에 의해 동작하는 경우가 있으며, 각각의 경우에 디바이스의 등가 모델에서의 동작 파라미터값도 다르다. 후자의 대신호 모델에서의 파라미터를 대신호 파라미터, 전자의 소신호 동작 모델에서의 파라미터를 소신호 파라미터라 한다.

LAS 광 스위치(光－) light activated switch 의 약어. 사이리스터의 일종. pnpn 의 4층 접합으로 구성되며, 양극과 음극만이고 게이트는 없다. 빛의 입사를 트리거로 하여 저전압으로 턴온(turn-on)시키는 소자이다.

LASCR 광 SCR(光－) light activated silicon controlled rectifier 의 약어. SCR 의 일종으로, 게이트 신호 외에 빛의 입사에 의해서도 턴온(turn-on)시킬 수 있는 소자이다.

laser 레이저 light amplification by simulated emission of radiation 의 약어. 물질 내부에서 두 진동 상태에 있는 전자 중 낮은 에너지 준위에 있는 전자는 전자계의 세기에 비례하여 전자계에서 에너지를 흡수하고, 높은 준위에 있는 것은 같은 위상으로 에너지를 방출한다. 이 현상을 써서 증폭, 발진을 시키는 것이 레이저이며, 특별한 방법으로 높은 에너지 준위의 전자수를 낮은 에너지 준위의 전자수보다 많게 하여 실효적으로는 음의 절대 온도를 만들고 전자의 공진 주파수와 같은 주파수의 입사파를 선택적으로 증폭한다. 연속 출력을 내려면 탄산 가스 등의 기체 레이저가, 순간적으로 큰 출력을 내려면 루비 등의 고체 레이저가 사용되며, 비소화 갈륨 등에 의한 반도체 레이저도 있다. 이들에 의해 생긴 빛은 자연광과 달리 주파수 및 위상이 같은 코히어런트한 파이므로 종래에 없었던 응용이 생각된다. 마이크로파보다도 주파수가 더 높으므로 이것을 통신에 사용하면 매우 많은 채널을 얻을 수 있다. 또, 이 빛을 집속하여 빔을 만들면 매우 좁은 범위에 큰 에너지를 집중시킬 수 있으므로 고융점 물질의 정밀 가공법 등에 사용된다.

laser anealing 레이저 어닐링 이온 타입(打入) 등으로 반도체 표면에 생긴 결정 결함부를 레이저 에너지에 의해 열처리하여 재결정시켜 수복하는 것. 액상(液相)으로 에피택시얼 성장시키는 경우에는 고출력 펄스 레이저를, 또 고상(固相)으로 하는 경우에는 연속파 레이저가 사용된다. 어느 것이나 레이저광을 갖는 에너지 집중성을 이용하여 단시간에 그리고 국소 선택적으로 정밀한 열처리를 할 수 있으며, 반도체에 불순물을 도입하는 레이저 도핑, 금속층이나 산화막 등을 형성하는 레이저 디포지션 등에 널리 쓰이고 있다. 또 산화 실리콘 절연막상에 선택적으로 용융 재결정(再結晶)을 시켜서 실리콘 단결정을 형성하는 이른바 SOI(silicon on insulator)의 기법이 개발되어 반도체 디바이스의 3차원 고밀도화로의 길이 열리게 되었다.

laser beam printer 레이저 빔 프린터 레이저 광선을 이용하여 인쇄하는 방식의 프린터. 빛에 반응하는 둥근 통 위에 레이저 광선으로 문자나 그림을 만들고, 토너를 뿌려서 현상한다. 이것을 종이에 옮기고 열에 의해서 정착하는 구조로 되어 있다. 인쇄 속도는 매우 빠르며, 인쇄된 문자도 활자에 가까운 정밀도를 갖는다. 페이지 단위로 인쇄를 하기 때문에 페이지 프린터로 분류된다. =LBP →laser

laser card 레이저 카드 레이저 광선으로 카드 상에 정보를 기록한 것으로, IC 카드의 수배 이상의 정보를 기록할 수 있고, 코스트가 싸다는 이점이 있다. 일단 써넣은 정보를 다시 바꾸어 기록시킬 수는 없지만 추가할 수는 있다. 이것을 예를 들면 학생증 등으로서 사용하면 수강 과목이나 성적 기타를 차례로 써넣을 수 있어 매우 편리할 것이다.

laser diode 레이저 다이오드 다이오드의 pn 접합에 큰 순방향 전류를 흘려서 레이저 발광을 발생시키는 것. 레이저를 통신에 이용하는 경우 변조에 사용한다. 액상(液相) 성장으로 만든 비소화 갈륨의 단결정이 일반적으로 사용된다. =LD

laser disk 레이저 디스크 필립스/MCA 사가 개발한 비디오 디스크의 호칭. LD용 레코드, 플레이어를 LD 레코드, LD플

레이어라 한다. =LD →video disk

laser display 레이저 디스플레이 컬러 텔레비전의 화상을 스크린 상에 만드는 방법의 일종. 수상기에서 복조된 적(R), 녹(G), 청(B)의 각 출력에 의해 크립톤 이온 레이저 647.1nm(R), 아르곤 이온 레이저 514.5nm(G), 아르곤 이온 레이저 488.0nm(B)의 이온 레이저를 변조하고, 다이크로익 거울(dichroic mirror)을 써서 동일 루트에 모으고, 거울을 사용하여 수평, 수직으로 편향시켜 영상을 만든다. 레이저 빔은 가늘기 때문에 해상도가 좋은 화상을 얻을 수 있으나 고가이고 소비 전력도 크다.

laser doping 레이저 도핑 웨이퍼에 자외 영역 파장의 레이저광을 조사(照射)하여 광화학 반응에 의해 도팬트 가스를 분해하고 동시에 조사 부분을 녹여서 여기에 불순물을 도프하는 기법.

laser Doppler velocimeter 레이저 도플러 속도계(－速度計) 광파의 도플러 효과를 이용한 속도계. 운동 물체에 레이저광을 대고, 그 산란광의 주파수 변화에 의해 운동 물체의 속도를 측정하도록 한 것이다. =LDV

laser engine 레이저 엔진 →printer engine

laser fluoroscenser 레이저 플루오러센서 레이저 광선을 원격 위치에서 관측 대상에 투사한 경우 그 표면의 물질에 특유한 파장을 갖는 형광을 발하므로 그것을 수광 분석하여 표면 상태를 판별하는 장치. 해면의 기름 오염 감시 등에 쓰이고 있다.

laser fusion 레이저 핵융합(－核融合) 중수소 D와 3중 수소 T로 이루어지는 연료 펠릿에 레이저 에너지를 주고, 펠릿이 관성에 의해 정지하고 있는 동안에 핵융합 반응을 일으키는 것. 레이저 에너지에 의해 타깃(펠릿) 표면에서 주위로 분출하는 플라스마의 반작용에 의해 타깃은 압축(폭축 또는 충격 압축이라 한다)되어, 중심부의 고밀도화한 부분에서 핵융합 반응이 이루어진다.

laser gyro 레이저 자이로 →inertial reference system

laser head 레이저 헤드 레이저 발진기의 주요부로, 레이저광을 꺼내는 본체. 기본적으로 두 장의 패브리·페로(Fabry-Perot) 광공진기, 방전관(기체 레이저인 경우), 여기용(勵起用) 방전관(고체 레이저인 경우)과 그 집광 장치로 구성된다. 전원 회로는 포함하지 않는다.

laser infrared radar 라이더 =lider

laser isotope separation 레이저 동위체 분리(－同位體分離) 레이저에 의해 특정한 동위체 원자 또는 그것을 포함하는 분자를 선택적으로 여기(勵起)하여 분리하거나 혹은 농축하는 것. 우라늄의 농축법으로서 주목되고 있다.

laser knife 레이저 메스 레이저광을 생체에 대서 조직의 파괴나 절단을 하는 수술용 기구. 이것을 사용하면 파괴 과정에서 혈관의 수축이 일어나기 때문에 지혈 작용이 있다는 것, 비접촉이기 때문에 세균 감염의 염려가 없다는 것 등 통상의 메스에서는 바랄 수 없는 이점이 있다. 이 목적에 적합한 레이저로서는 탄산 가스 레이저나 아르곤 레이저이며 널리 쓰인다.

laser machining 레이저 가공(－加工) 레이저를 발생하는 빛의 에너지는 지향성이 강하고, 밀도가 크므로 고융점 재료의 구멍뚫기나 절단, 용접 등에 이용할 수 있다. 이 경우 미세 가공에는 주위에 영향을 주지 않기 위해 펄스 발진을 하는 고체 레이저가, 용접 등의 대형 가공에는 연속 발진을 하는 대출력의 기체 레이저가 주로 사용된다.

laser memory 레이저 기억 장치(－記憶裝置) 레이저에 의해서 판독과 기록을 할 수 있는 기억 장치.

laser nuclear fusion 레이저 핵용해(－核鎔解) 천연 우라늄에서 ^{235}U나 ^{238}U를 분리한다든지 농축한다든지 하는 기술에는 원심 분리법이나 가스 확산법이 있다. 이것을 레이저 기술을 이용해서 하려는 것으로, 천연 우라늄을 가열하여 증발시킨 다음 ^{235}U에만 흡수되는 레이저광을 조사(照射)하여 ^{235}U를 꺼내는 방법이다.

laser printer 레이저 프린터 레이저 빔 프린터라고도 한다. 비충격형 프린터의 일종으로, 전자 사진의 원리에 의한 것이다. 레이저광으로 인쇄 용지에 전기적 잠상을 형성시키고, 이 잠상에 흑색 토너를 흡수시켜 인자하는 방식으로, 페이지 프린터 등에 사용한다. =laser beam printer

laser radar 레이저 레이더 레이저광을 사용하여 먼 곳에 있는 물체까지의 거리를 측정한다든지, 그 형상, 분포 상황 등의 판별을 하는 방치. 달이나 인공 위성 등의 거리 측정, 대기 중 오염 물질의 종류의 특정, 농도 분포의 측정 등 응용면이 넓다. →laser-used measurement

laser Raman spectroscopy 레이저 라만 분광(－分光) 레이저광을 사용한 라만 산란 분광으로, 레이저가 갖는 단색성, 고휘도성, 비선형 광학 효과를 이용한 도플러 프리(도플러 확산이 없는 고분해능)의 산란광을 얻을 수 있다. 아르곤 레이저와 같은 기체 레이저가 사용되는 경우가 많으나, YAG 고체 레이저 등을 사용하는 것도 있다.

laser scalpel 레이저 메스 레이저의 의료 분야 응용의 하나로, 모세 혈관이 많은 환부 등의 수술을 레이저의 열작용에 의해 지혈 효과를 이용해서 할 수 있다. 탄산가스 레이저가 주체이나 아르곤, YAG(이트륨, 알루미늄, 가닛) 등의 것도 쓰인다. 레이저광의 단백 응고 효과를 이용하여 눈의 치료 등을 하는 레이저 코애귤레이터(laser coagulator)도 보급되고 있다.

laser spectroscopy 레이저 분광법(-分光法) 단색 고휘도의 레이저광을 광원으로서 사용한 분광법으로, 보통의 광원을 사용한 것에 비해 감도, 분해능이 뛰어난 분광을 할 수 있다. 특히 파장을 바꿀 수 있는 레이저 광원이 얻어지게 되어서 응용 분야가 더욱 넓어졌다.

laser system 레이저 시스템 전기 부품, 기계 부품 및 레이저를 포함하는 광학 부품으로 이루어지는 조립품.

laser trimming 레이저 트리밍 미소 저항체에서의 저항값의 트리밍을 레이저 빔을 사용하여 하는 것. 저항값 이외에 전압, 주파수, 대역 등의 트리밍, 즉 펑크션 트리밍도 가능하다.

laser-used measurement 레이저 계측(-計測) 레이저광을 정보 매체로서 이용하는 각종 계측법의 총칭. 레이저광의 반사를 이용하는 방법은 투사하고부터 반사파가 도달하기까지의 시간에 의해 상대와의 거리를 아는 레이더(레이저 레이더)로서 사용되며, 전파보다 파장이 짧은 만큼 지향성 등에서 유리하다. 또, 레이저광의 투과를 이용하는 방법에서는 패러데이 효과를 이용하여 편광면의 회전 각도에서 자계의 세기를 측정하고 그것을 대전류의 비접촉 측정에 이용하는 등 특색있는 계측을 할 수 있다.

laser vision 레이저 비전 네덜란드의 필립스사와 미국의 MCA가 개발하고 일본의 파이어니어사가 상품화한 비디오 디스크 플레이어. 레이저를 사용한 비접촉 광학식의 재생 방식을 쓰고 있다. 기록 신호는 컬러 영상 신호와 음성 신호(2 채널)로 NTSC 방식을 사용하고, 한쪽 면 54,000 토막의 화상 수록 용량을 가지고 있다. 디스크 직경은 30cm, 재생 시간은 30 분×2(장시간의 것은 60 분×2)이다. =LV

laser welding 레이저 용접(-鎔接) → laser machining

last in first out 후입 선출(後入先出) = LIFO

last in last out 후입 후출(後入後出) = LILO

last party release 후자 복구(後者復舊) →first party clearing

last stage modulation system 종단 전력 변조 방식(終段電力變調方式) →high power stage modulation system

last stage power amplifier 종단 전력 증폭기(終段電力增幅器) 송신기의 회로 구성 중 최종 단계에 사용되는 전력 증폭기. 대전력을 다루므로 트랜지스터나 진공관은 대전력용의 것이 선정된다. 또, 직류 입력도 크기 때문에 효율이 문제가 되므로 B급, 또는 C급 증폭으로 하고, 푸시풀 증폭 회로로 하는 경우가 많다. 출력 회로부는 공진 회로를 거쳐 안테나와 결합되는데 정합이 잡혀야 할 것, 고조파를 발생하지 않을 것 등이 요구된다. 또한 이 단에서 변조를 하는 경우도 많다. →class B amplification, class C amplification, push-pull amplification

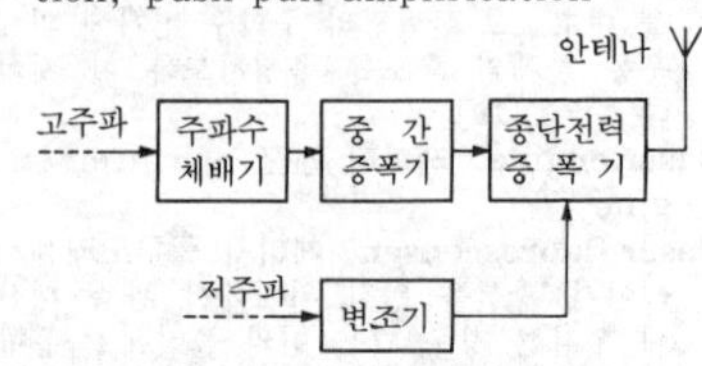

last transition 최종 과도(最終過度) 펄스 파형에 대하여 위에서 아래로 크게 천이하는 파형.

latch 래치 디지털 회로에서 어느 시각의 신호 상태를 일시적으로 유지·기억하는 동작 혹은 기구.

latch circuit 래치 회로(-回路), 자기 유지 회로(自己維持回路) 디지털 신호를 특정한 조건일 때 받아 유지하는 회로. 예를

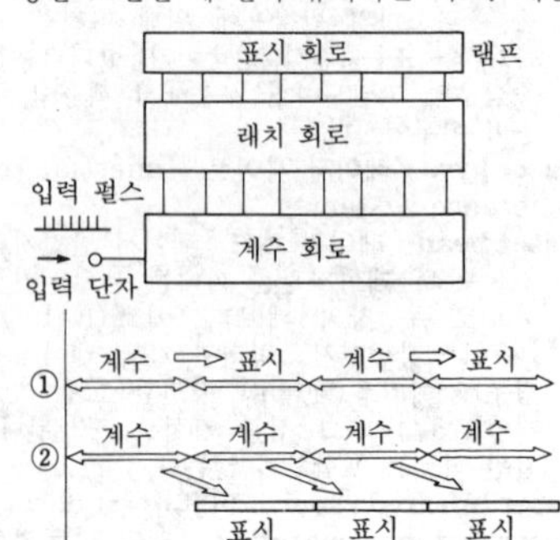

들면, 그림의 카운터 회로에서는 계수, 표시를 위한 회로에 사용된다. 입력 단자에서 연속해서 들어오는 펄스의 수를 일정 시간에 몇 개 들어왔는지를 계수하여 정해진 표시 시간만큼 표시한다. 래치 회로에서는 계수 시간, 표시 시간을 결정하여 계수 효과를 유지(기억)한다.

latching current 유지 전류(維持電流) OFF 상태에서 ON 상태로의 전환이 행해지고, 트리거 신호가 제거된 직후에 사이리스터를 ON 상태로 유지하는 데 필요로 하는 최소한의 주 전류.

latch up 래치 업 과대한 입력 전압 등에 의해 기생 사이리스터나 기생 트랜지스터가 도통하여 전원 단자간에 대전류가 흘러서 회로 동작이 이상하게 된다든지 파괴된다든지 하는 현상. CMOS(상보형 MOS) IC 에서 현저하게 일어난다.

latent image 잠상(潛像) ① 사진 건판에서 노출 또는 기타의 에너지를 주어 가시상으로 변환하기 전의 입력상. ② 작은 커패시턴스가 모자이크 모양으로 집합한 면상에 전하의 모양으로 축적된 이미지. 위의 잠상을 물리적 혹은 화학적 수단에 의해 가시상으로 변환하는 것을 현상이라 한다.

lateral balance 래터럴 밸런스, 수평 평형(水平平衡) 톤 암의 바늘 끝과 수평 회전축을 잇는 선에 대하여 직교하는 축의 좌우에 대한 평형. 톤 암은 일반적으로 좌우 비대칭형이므로 이대로는 평형을 잡을 수 없다. 그래서 톤 암이 J 자형인 것에서는 오른 쪽에 추를 달고, S 자형인 것에서는 왼 쪽에 추를 달아서 평형을 잡도록 한다. 만일 이 평형이 잡히지 않으면 플레이어가 기울었을 때 중심이 낮은 쪽으로 내려가려는 힘이 발생하여 수직 방향이나 수평 방향으로 여분의 힘이 가해지기 때문에 올바르게 좌우의 신호를 재생할 수 없게 된다.

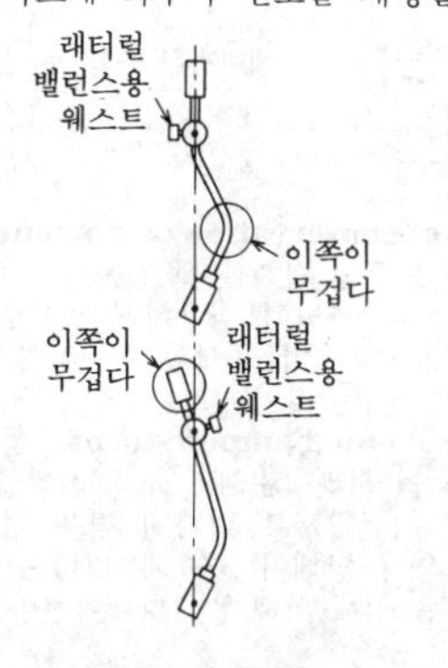

lateral convergence 래터럴 컨버전스 컬러 수상관에서의 컨버전스의 한 방법이다. 바깥 쪽 자석을 좌우로 이동시키면, 자계가 변화하여 청이 움직이는 방향과 적, 녹이 움직이는 방향이 반대로 되어서, 전자 빔을 집중할 수 있다.

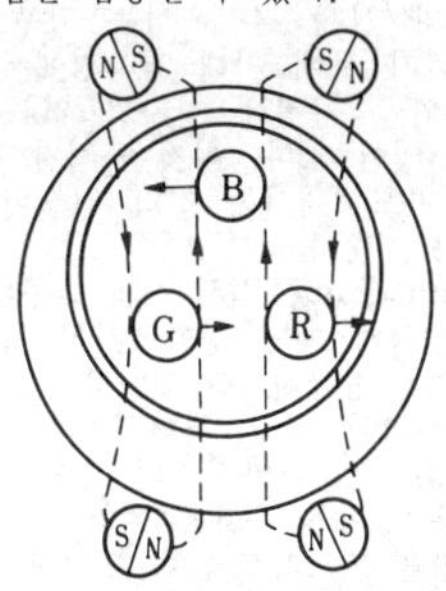

lateral pnp 래터럴 pnp 컬렉터와 이미터를 같은 확산으로 만드는 것. 보통의 트랜지스터와 달리 소수 캐리어가 칩 표면과 평행으로 흐른다.

lateral profile 수평 방향 분포(水平方向分布) 도선(導線)에서 직각으로 측정한 수평 거리의 함수로서 곡선으로 나타내어진 지상의 전계 강도.

lateral transistor 횡형 트랜지스터(横形-) 트랜지스터의 컬렉터, 이미터, 베이스가 반도체 웨이퍼의 면을 따라 가로 방향으로 배열한 구조. 여기서는 베이스는 n 에피택시얼층으로서 만들어지고, 컬렉터와 이미터는 p 확산에 의해 동시에 만들어진다. 베이스의 두께 w 는 컬렉터-이미터 간의 가로 방향 거리이며, 마스크의 치수와 p 확산의 가로 방향 확산법으로 정해지나, 두꺼워져서 고주파 트랜지스터를 만들기에는 부적합하다. 동일 웨이퍼 내에 pnp 와 npn 을 근접하여 만들어 넣을 때 쓰인다.

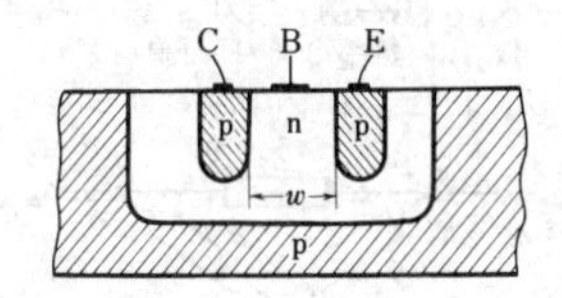

lattice 격자(格子) →crystal lattice

lattice constant 격자 상수(格子常數) 각종 결정 격자에서 단위 격자의 크기와 모양을 나타내기 위해 [illegible]하는 상수. 결정은 원자의 규칙[illegible]열이므로 결정 격자의 모든 원자[illegible]포함하는 많은 등간격의 면을 생각할 수 있으며, 이것을 격자면 또는 결정망면(格子網面)이라고 하는데, 이 격자면간의 최단 거리를 격자 상수라 한다.

lattice defect 격자 결함(格子缺陷) 결정 내의 원자는 이상적인 상태에서는 규칙적으로 배열된 위치(격자점이라 한다)에 존재하지만 실제 결정에서는 외부로부터의 열 에너지 등에 의해 격자점에서 원자가 튀어나와 격자점에 원자가 없는 구멍이 생기는 일이 많다. 이것을 격자 결함이라 하며, 반도체에서는 전기 전도의 성질에 큰 영향을 준다.

lattice matching 격자 정합(格子整合) 헤테로 접합의 계면 양측에서의 결정의 격자 상수를 정합시키는 것. 헤테로 정합 레이저 등에서 접합 계면의 일그러짐이나 전위(轉位)는 디바이스의 수명이나 성능에 나쁜 영향을 주므로 여러 가지 수단으로 정합을 도모하도록 하고 있다.

lattice network 격자 회로(格子回路) 4개의 변을 직렬로 이어서 그물눈을 구성한 것으로, 마주본 두 접속점에서 입력 단자가, 나머지 두 접속점에서 출력 단자가 꺼내진다.

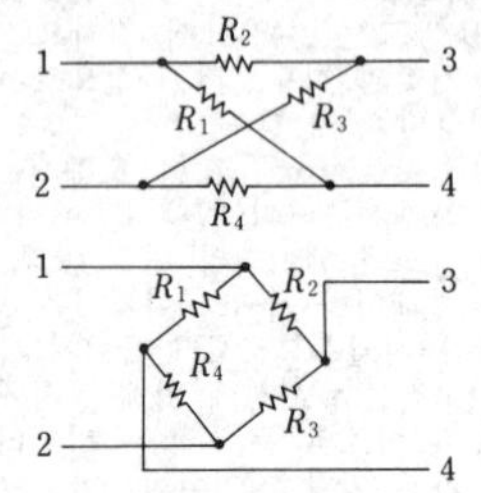

lattice point 격자점(格子點) 결정 격자에서 원자의 위치하는 장소.

lattice scattering 격자 산란(格子散亂) 결정(結晶) 격자에 의한 빛이나 음파의 산란.

lattice type circuit 격자형 회로(格子形回路) 4 단자 회로망에서 임피던스 Z_1, Z_2, Z_3, Z_4가 그림과 같이 접속된 회로.

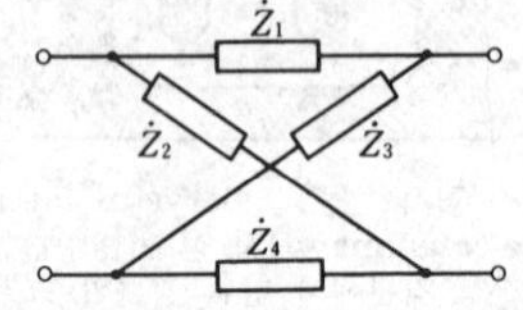

lattice type filter 격자형 필터(格子形－) 필터의 기본 회로의 하나. 이 밖에 사다리형 필터(T 형, π형)가 있다.

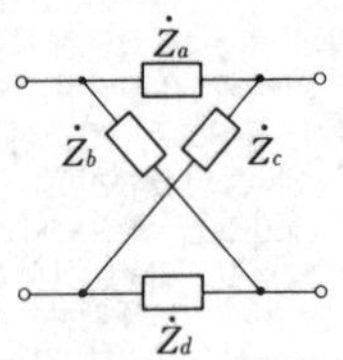

Laue spot 라우에 반점(－斑點) 단결정에 X선을 대고 수 cm 떨어진 곳에 사진 건판을 두어 감광시키면 규칙적으로 배열한 많은 흑점이 얻어진다. 이것을 라우에 반점이라 하며, 결정 내의 격자점에서 산란한 X선이 간섭하여 특정한 파장의 성분이 특정한 방향으로 서로 강화하는 결과 나타나는 것으로, 결정의 구조를 해석하는 데 도움이 된다.

launch 론치 ① 인공 위성을 쏘아 올리거나, 미사일을 발사하는 것. ② 예를 들면, 동축 케이블 또는 전송 선로에서 전기 신호 에너지를 도파관으로 옮기기 위해 목적의 장치로 보내는 것.

launching fiber 타입 파이버(打入－) 다른 파이버 내의 모드를 특정한 분포로 여진(勵振)시키기 위해 광원과의 접속에 사용되는 파이버. 타입 파이버는 측정 정밀도를 개선하기 위한 시험 시스템 내에서 많이 사용된다.

law of conservation of energy 에너지 보존의 법칙(－保存－法則) 「에너지는 그 모양을 어떻게 바꾸건 외부와 에너지의 교환이 없으면 그 총합은 일정하고, 교환이 있으며, 그 교환량 만큼 증감한다」는 법칙.

m v_1 … 에너지의 총합 $= \frac{1}{2}mv_1^2 + mgh_1$

운동 에너지 위치 에너지

h_1

m v_2 … 에너지의 총합 $= \frac{1}{2}mv_2^2 + mgh_2$

h_2

기준면 $\frac{1}{2}mv_1^2 + mgh_1 = \frac{1}{2}mv_2^2 + mgh_2$

law of conservation of momentum 운동량 보존의 법칙(運動量保存－法則) 「물체간에서 외력이 작용하지 않고 서로 힘을 미칠 때는 각 물체의 운동량의 총합은 일정하다」는 법칙.

law of equal ampere-turns 등 암페어턴의 법칙(等－法則) 포화 리액터에서 전류를 평균값으로 나타낸 경우 입력측과 출력측의 암페어 횟수가 같다는 법칙으로, 다음 식에 의해서 나타내어진다.

$N_C I_C = N_L I_L$
여기서, N_C, N_L : 입력측 제어 권선 및 출력 권선의 권수, I_C, I_L : 입력측 제어 전류 및 출력 전류의 평균값.

law of intermediate metal 중앙 금속 삽입의 법칙(中央金屬插入－法則) 2 종의 금속으로 열전쌍(熱電雙)을 만들 때 그 중간에 다른 금속이 있어도 회로 전체의 열기전력의 크기는 달라지지 않는다는 법칙. 열전쌍의 접속부를 납땜해도 된다는 등은 이 법칙 때문이다.

Lawrence tube 로렌스관(－管) →chromatron tube

layer-built cell 적층 건전지(積層乾電池) 망간 건전지를 편평 박형의 소전지(素電池)로 하여 겹쳐 쌓음으로써 소전지간의 접속을 합리화한 소형 집합 전지. 직렬로 겹쳐 쌓은 수에 따라 22.5V, 45V, 67.5V, 90V 의 전압으로 되어 있으며, 휴대용 전기 기구의 전원으로서 사용된다. 아연의 이용률은 망간 건전지의 50~60%에 대하여 85~100%로 높다.

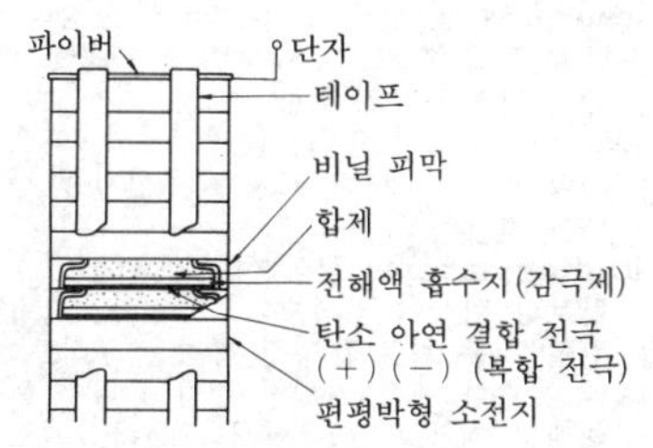

layer-built dry battery 적층 건전지(積層乾電池) ＝layer-built cell

layout design 레이아웃 설계(－設計) LSI 칩을 구성하는 다결정 실리콘층, 확산층, 알루미늄층 등의 2차원 형상을, 회로 명세나 레이아웃 설계 제약이 만족되도록 설계하는 것.

L-band L 밴드 레이더에서 사용하는 주파수대의 호칭으로, 1GHz~2GHz 를 가리킨다. 국제 전기 통신 연합(ITU)에서는 L 밴드로서 1.215GHz~1.4GHz 대를 할당하고 있다. ITU 가 할당한 0.89GHz~0.94GHz 도 대상으로 하는 일이 있다.

L-band radar L 밴드 레이더 1GHz 부터 2GHz 간의 주파수로 운영되는 레이더. 통례는 ITU 에서 지정한 1.215GHz 부터 1.4GHz 까지의 밴드 내에 있지만, 0.89 GHz 부터 0.94GHz 까지를 지칭하는 경우도 있다.

LC 집선 장치(集線裝置) line concentrator 의 약어. ① 공용의 데이터 전송로에 실제로 사용할 수 있는 채널수를 초과한 데이터 송신 장치를 팬 인(fan in)하는 장치. 넘친 장치의 데이터 블록이 일단 축적 대기되는 점은 데이터 멀티플렉서의 경우와 다르다(후자는 상시 독자적인 채널을 확보할 수 있다). ② 낮은 트래픽의 가입자군을 하나로 집중하는 장치로, 이곳에서 소수의 중계선으로 국내 장치로 보내 국내 장치와 동기 동작시킴으로써 회선을 효율화하도록 한 것. 집선 기능 밖에는 없고, 교환 기능을 갖지 않는 점은 종국(從局)과 다르다.

L cathode L 음극(－陰極) 일종의 산화물 음극으로, 산화 바륨 스트론튬($BaSrO_2$)을 다공질의 텅스텐(W) 밑에 저장한 것이다. 이것은 앞의 물질이 분해하여 생기는 바륨이 텅스텐 표면에 확산하여 단원자층을 형성하기 때문에 전자 방출 효율이 좋고, 또 양 이온의 충격에 대해서 튼튼하며 기계적 정밀도도 좋은 것이 특징이다.

***LC* coupled amplifier** *LC* 결합 증폭기(－結合增幅器) 트랜지스터의 부하로서 초크 코일을 사용하고, 결합 콘덴서로 직류 전압을 저지하여 다음 단과 교류적으로 결합시키도록 한 증폭기로, 임피던스 결합 증폭기라고도 한다. 부하의 저항에 의한 전압 강하를 작게 하려고 한 것이지만 주파수에 따라서 이득의 변동이 크고, 대역폭이 좁기 때문에 그다지 사용되지 않는다.

LCD 액정 표시 장치(液晶表示裝置) liquid crystal display 의 약어. 액정은 어떤 온도의 범위에서 액체와 결정의 중간 성질을 갖는 유기 화합물로, 전압이나 온도 등에 의해 색이나 투명도가 달라진다. 전자식 탁상 계산기의 연산 회로가 LSI화되어 모양도 작아지고 소비 전력도 매우 작아졌다. 종래의 숫자 표시관은 용적, 전력이 모두 크기 때문에 소비 전력이 매우 작은 액정을 새로운 표시 소자로 하여 디스플레이(표시 장치)에 이용하였다.

LCD printer 액정 프린터(液晶－) ＝ liquid crystal display printer

***LC* oscillator** *LC* 발잔기(－發振器) 코일과 콘덴서를 사용하고, 트랜지스터로 정현파 교류를 발생시키는 회로로, 코일의 인덕턴스 L과 콘덴서의 정전 용량 C에 의해서 발진 주파수가 정해진다. 컬렉터 동조형이나 이미터 동조형, 하틀리 회로, 콜피츠 회로는 그 대표적인 것이다.

LCR 최소 경비 경로(最少經費經路) least cost routine 의 약어. 원거리 통신을 발신했을 때 통신 요금이 가장 싸게 되는 통신 회사의 경로를 자동적으로 선택하는 기능 또는 그를 위한 장치.

LCS printer 액정 셔터 프린터(液晶−) LCS 는 liquid crystal shutter 의 약어. 액정은 사진기의 셔터처럼 빛을 차단하는데 이 성질을 이용한 프린터.

LCU 회선 제어 유닛(回線制御−) =line control unit

LD 레이저 다이오드[1], 레이저 디스크[2], 라인 타임 파형 일그러짐(−波形−)[3] (1) =laser diode
(2) =laser disk
(3) =line-time waveform distortion

L-display L 표시기 K 표시기와 비슷하나, 두 로브로부터의 신호는 등을 맞대고 표시된다. 목표물은 거리를 표시하는 중앙의 시간축 양측에 한 쌍의 편향으로서 나타난다. 레이더 안테나가 곧바로 목표물을 향했을 때 양쪽 편향은 등진폭(等振幅)이다. 또 편향의 불균일은 상대 조준 오차를 표시한다. 시간축은 그림과 같이 수직이나 수평으로 할 수 있다.

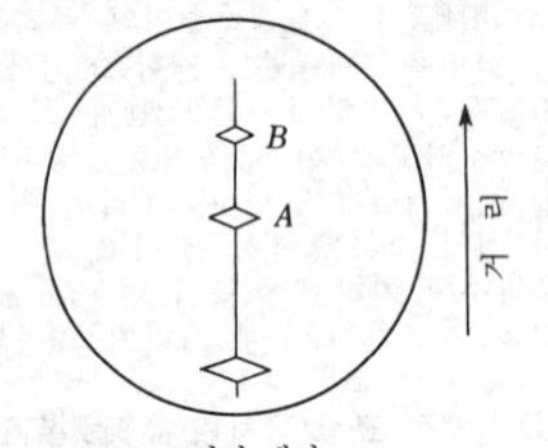

포인팅 에러
주 : 다른 거리의 목표물 *A*, *B*.
레이더는 목표물 *A* 를 가리키고 있다.

LD player LD 플레이어 →laser disk

LD record LD 레코드 →laser disk

LDV 레이저 도플러 속도계(−速度計) = laser Doppler velocimeter

lead 선행하는(先行−)[1], 도선(導線), 리드선(−線), 인출선(引出線)[2] (1) 선행하는 것을 나타낸다. 예컨대 선행 시간이란 물품이 발주되고 납품되어 사용될 수 있을 때까지의 기간을 말한다.
(2) 전자 회로의 기판이나 전자 부품의 단자에서 인출하는 선으로, 각 회로 기판을 결합하거나 스위치, 볼륨 등을 붙일 때에 사용한다. 또, 리드선에 대하여 동일 기판상에서의 회로를 잇기 위한 선을 점퍼선(jumper)이라 한다. 리드선이라 할 때는 전자 회로 기판상에서 직접 납땜에 의하여 인출되고 커넥터 등에 의하여 결합하는 것을 말하고, 기판상에서 직접 인출되는 것은 흔히 케이블이라 한다.

lead accumulator 납 축전지(−蓄電池), 연축전지(鉛蓄電池) =lead strorage battery

lead-acid battery 납축전지(−蓄電池) 산화납을 포함한 납의 격자를 전극으로 하고, 묽은 황산을 전해질로서 사용한 전지. 양(+)전극의 활물질은 2산화납이고, 음(−)전극의 활물질은 다공질 납이다. 개방 전압은 셀당 2.05~2.15V 이다. 개방형과 밀폐형이 있으며, 자동차용을 비롯하여 널리 일반용으로 사용되고 있다.

lead-covered cable 연피 케이블(鉛被−) 납의 시스를 씌운 케이블로, 시스에 의해 습기의 침입을 방지하고, 기계적으로도 보호한 것.

lead frame 리드 프레임 트랜지스터나 IC 의 펠릿 조립에 사용되는 금속 프레임. 금속박을 적당한 패턴으로 포토에치 또는 프레스 가공한 것이며, 보통 복수 개의 패턴이 연속한 것으로서 만들어진다. 리드 페레임에 펠릿을 장착한 다음 몰드하여 각 유닛으로 분할한다. 양산용 부품이다.

lead glass 납 유리 보통 유리의 알칼리 성분을 적게 하고, 그 대신 납을 사용한 것. 유전 탄젠트는 작다.

lead-in 안테나 인입선(−引入線) 안테나계의 일부로, 수직 도체와 무선기를 접속하는 것.

leading current 진상 전류(進相電流) 전압보다 위상이 앞서고 있는 전류. 그림과 같이 교류 회로에 정전 용량을 부하로 하여 접속한 경우 가해진 전압 *V* 의 파형에 대해서 전류는 90° 앞서 흐른다. 회로가 용량성인 경우에만 진상 전류가 흐르지만 유도성인 경우는 지상(遲相) 전류가 흐른다. 3상 유도 전동기 부하인 경우, 역률 개선을 위해 정전 용량을 사용하여 진상 전류를 흘린다.

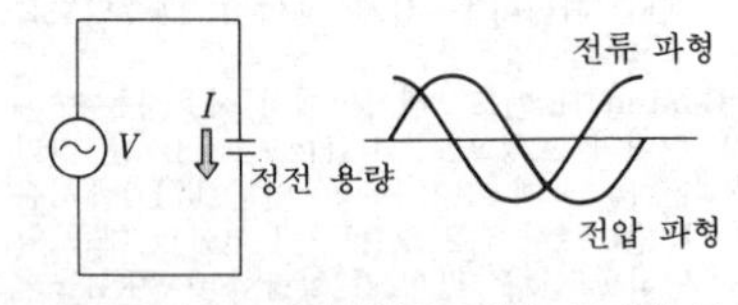

leading edge 전연(前緣), 상승 구간(上昇區間) 펄스 상승의 주요 부분.

leading-edge synchronization 전연 동기(前緣同期) 동기 펄스를 사용하여 현상(現象)의 동기를 취할 때 펄스의 상승단(上昇端) 레벨 또는 상승률을 이용하여 동기 장치를 동작시키도록 한 방식. 펄스의 후연(trailing edge)을 이용하는 것은 후연 동기(after-edge synchronization)

이다.

lead-in wire 도입선(導入線) 전자관의 전극을 관 밖으로 꺼내서 외부 회로와 접속하기 위해 사용되는 리드선으로, 인출선이라고도 한다. 보통, 유리 또는 세라믹을 관통하여 완전히 기밀이어야 하며, 연질 유리에 대해서는 주멧선(Jumet wire)이, 경질 유리에는 몰리브덴, 텅스텐, 코발트가 사용되고, 세라믹에는 니켈, 철. 크롬철 합금이 사용된다.

leadless inverted device 직결 반전 디바이스(直結反轉－) 반도체 칩을 반전하여 기판에 와이어리스로 접착 접속을 하여 만들어진 디바이스. ＝LID

lead-mount type 리드마운트형(－形) 반도체 디바이스 외형의 일종. 외부에 꺼낸 리드 단자에 의해 부착하도록 한 것으로, 주로 소형, 소용량 디바이스에 사용된다.

lead networks 리드 회로망(－回路網) 위상, 이득이 주파수와 더불어 롤 오프하는 특성을 바꾸는 목적으로 제어계에 삽입하는 저항·리액턴스 회로망. 이 회로의 목적은 고주파 영역에서, 특히 이득 교차점 주파수에서 제어계의 위상을 앞서게 하는 것이다.

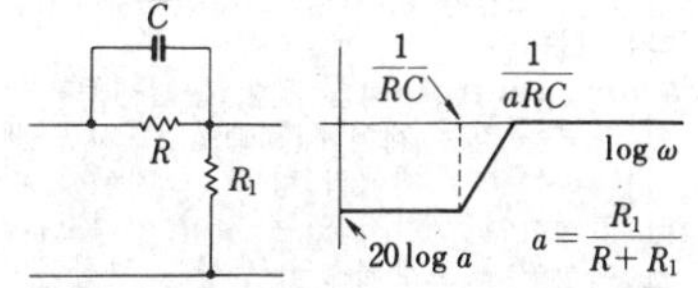

lead storage battery 납 축전지(－蓄電池), 연축전지(鉛蓄電池) 2 차 전지의 일종으로, 그림과 같은 구조를 가지며, 전해액으로는 묽은 황산(H_2SO_4)을 사용한다. 양극은 2 산화납(PbO_2), 음극은 납(Pb)이지만 방전하면 모두 황산납($PbSO_4$)으로 되고, 그와 동시에 전해액의 농도는 감소한다. 기전력은 2V 이며, 방전과 더불어 저하하여 방전 종기 전압인 1.0V 가 되면 사용을 멈추고 충전한다. 방전한 채로 방치하면 사용할 수 없게 된다. 방전의 정도는 비중을 재서 알 수 있다. 용량은 방전을 끝내기까지의 전기량을 암페어시(기호 Ah)로 나타내는데, 방전 시간의 장단에 따라 달라지며 일반적으로는 10 시간의 경우를 표준으로 한다. 수명은 방전을 반복하는 동안에 용량이 감소하여 처음의 90%로 되기까지의 횟수로 나타내고, 보통 500~1,000 회이다.

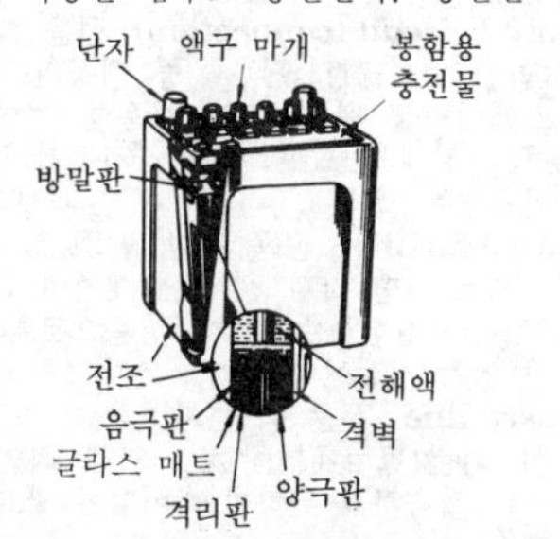

lead time 조달 기간(調達期間) 일반적으로 물품의 발주로부터 그것이 납입되어 사용에 응할 수 있을 때까지의 기간. 이 기간은 목표로 하는 조달 기간과 그 차질을 고려해서, 목표의 기간보다 약간 여유 있게 날짜를 짜서 늦어도 상관없도록 조달 기간을 잡는다.

lead titanate zirconate ceramics 지르콘산 티탄산납(－酸－) $PbTiO_3$와 $PbZrO_3$의 고용 결정으로 티탄산 바륨과 같은 강유전체 세라믹이다. 압전 착화 소자나 초음파 세척기의 진동자로서, 또 통신 방면의 세라믹 필터로서 이용되고 있다. 또 온도에 의해 전기 분극이 생기는 초전성(焦電性)을 가지며 적외선 검출 등에도 사용된다. ＝PTZ

lead titanate zirconate porcelain 티탄 지르콘산납 자기(－酸－瓷器) 분자식은 Pb $Zr_{1-x}Ti_xO_3$이며, 압전 부품의 소재로서 티탄산 바륨 자기보다도 뛰어난 것이다. ＝PZT

leakage 누설(漏泄), 리크 회로, 선로, 장치 등에서 전기적 신호가 누설하는 것.

leakage alarm 누전 화재 경보기(漏電火災警報器) 절연물의 절연 저하가 누전의 주요 원인으로 되어 저압인 경우는 발화의 앞 단계인 수 10 내지 수 100mA의 누전 전류에 의해 절연물이 탄화하여 이로써 수 10A 의 전류가 흘러 발화한다. 이 앞 단계의 현상을 포착하여 경보를 발하는 장치이다. 이 경보기는 외벽 관통부의 누전에 의한 화재를 방지하는 것으로, 감전 방지를 목적으로 하는 누전 브레이커와는 목적이 다르다.

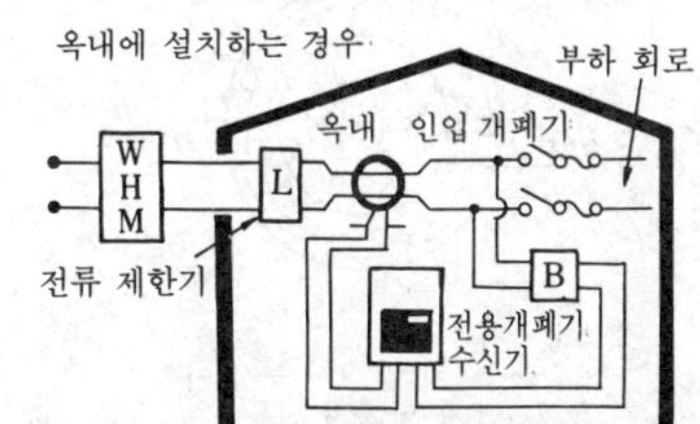

leakage current 누설 전류(漏泄電流) 절연되어 있는 장소를 통해서 흐르는 전류를 말하며, 정상 상태에서는 매우 적다. 절연물에 붙은 먼지나 습기 등 때문에 표면을 통해서 흐르는 성분과 절연물 중에 존재하는 불순물이나 이온 등 때문에 내부를 통해서 흐르는 성분이 있다.

leakage flux 누설 자속(漏泄磁束) 두 권선간의 전자 유도에 유효하게 작용하는 주 자속에 대하여 한쪽 권선하고만 쇄교(鎖交)하여 유효하게 작용하지 않는 자속. 변압기에서 1차 권선과 쇄교하고 2차 권선과는 쇄교하지 않는 자속 또는 그 반대의 자속.

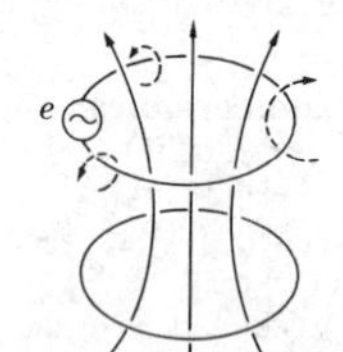

leakage interference 누설 방해(漏泄妨害) 기기가 돈작 중에 그 내부에서 전원, 제어선 등을 통해 도전적으로, 혹은 공간을 방사에 의해 외부로 누설하는 방해 작용.

leakage power 누설 전력(漏泄電力) ① 동작하고 있는 전자관에서 새어 나오는 무선 주파 전력. ② 방전관을 통해 누설되는 무선 주파(RF관) 전력.

leakage radiation 누설 방사(漏泄放射) 의도한 방사계 이외의 것으로부터의 방사.

leakage reactance 누설 리액턴스(漏泄ー) 누설 자속의 변화에 의해서 권선 중에 주 자속보다 90° 위상이 늦는 기전력을 유도하고, 그 크기는 누설 자속에 비례한다. 이 자속은 대부분이 공기 중을 통하므로 전류에 비례한다. 따라서 누설 자속에 의해서 생기는 기전력을 jIx로 한 경우 x를 누설 리액턴스라 한다.

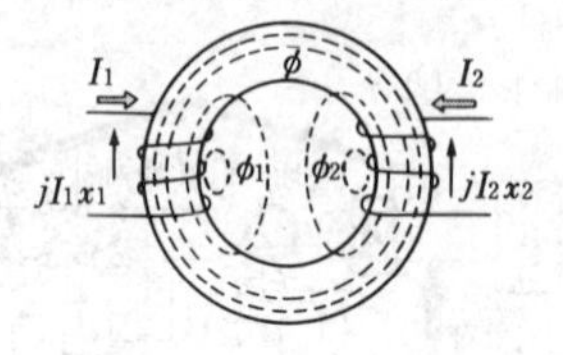

ϕ : 주자속
ϕ_1, ϕ_2 : 1차 및 2차 누설 자속
I_1, I_2 : 1차 및 2차 전류
x_1, x_2 : 1차 및 2차 누설 리액턴스

leakage transformer 누설 변압기(漏泄變壓器), 자기 누설 변압기(磁氣漏泄變壓器) 누설 리액턴스를 매우 크게 한 변압기. 1차측의 전원 전압이 일정하고, 부하 임피던스가 변동해도 거의 일정한 2차 전류가 흐르도록 한 정전류 변압기이다. 네온관등, 방전등, 아크 용접기, 전자 레인지 등에 사용된다.

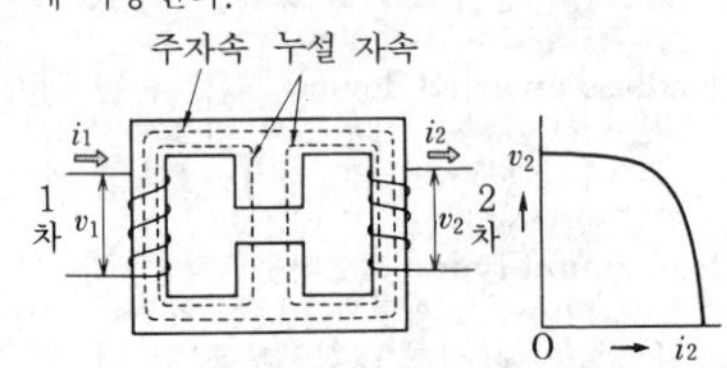

leaky coaxial cable 누설 동축 케이블(漏泄同軸ー) 전송 중인 신호가 누설 전파로 되어서 주위에 방사되도록 한 동축 케이블. 터널 내에서의 무선 통신 등을 위해 사용된다.

leaky-wave antenna 누설파 안테나(漏泄波ー) 연속 또는 불연속의 여하를 불문하고 진행파 구조에서 자유 공간으로 단위 길이당 조금씩 전력이 결합되는 기구를 갖는 안테나.

learning control 학습 제어(學習制御) 학습 기능을 갖는 제어계(制御系)로 자동 제어를 하는 것. 제어의 방법 그 자체가 미리 설계하여 꾸며져 있는 것이 아니고 제어 대상이나 프로세스의 상황을 관찰하면서 학습에 의해 제어의 방법을 탐색하고 그것을 실행해 가는 방식이다. 학습의 알고리즘은 꾸며져 있으나 제어 로직은 미리 꾸며져 있지 않다. 다만, 일반적으로 그다지 엄밀한 의미로 학습 제어라는 말을 구분해서 사용하는 일은 드물며, 프로세스로부터의 정보에 따라서 자기 수정형의 수학적 모델 등에 의해 제어계의 구조를 자동적으로 개선해 나가는 경우에도 학습 제어라고 한다.

leased circuit (connection) 전용 회선(접속)(專用回線(接續)) 둘 이상의 데이터 스테이션을 배타적으로 사용할 수 있도록 하기 위해서 교환 장치를 사용하지 않고 확립되는 접속.

leased facility 전용 시설(專用施設) 일반적으로 어떤 시설·기기에 대하여 1차 계약을 체결한 사용자가 전용으로 사용할 수 있는 시설이나 기기.

leased line 전용 회선(專用回線), 전용 통신 회선(專用通信回線), 임대 라인(賃貸ー) 접속하기 위하여 다이얼할 필요가 없는 통신 회선. 비교환 회선(non-switched line)이라고도 부른다. 다이얼 접속하는 회선을 교환 회선이라 한다. 전용 회선은 영속적으로 접속되어 있어 언제라도 사용할 수 있는 상태에 있다. 다음과 같은 경우는 전용 회선을 사용하는 편이 유리하다. 파일의 조회나 갱신이 빈번히 행하여지는 적용 업무와 같이 트랜잭션이 대량으로 발생하는 경우, 장시간 회선을 접속해야 하는 경우. 더욱이 전용 회선을 사용하면 데이터 안전 보호 면에서도 유리하다.

least cost routing 최소 경비 경로(最少經費經路) =LCR

least significant bit 최하위 비트(最下位一) =LSB

least significant digit 최하위 숫자(最下位數字), 최소 유효 숫자(最小有效數字) 최하위 자리의 숫자, 즉 수에서 가장 오른쪽에 위치한 숫자. =LSD

Lecher wire 레헤르선(一線) 초고주파 회로에서 평행하게 친 두 줄의 도선으로, 이러한 도선은 길이에 따라서 정해지는 고유 파장이 있기 때문에 길이를 조절함으로써 공진 회로로서 사용할 수 있다. 1890 년 레히에르(E. Lecher)에 의해 고안되었으므로 이렇게 호칭한다. 고주파의 전송 선로나 공진 선로로서 사용하고, 또 발진기와 결합하여 정재파를 발생시켜 파장을 측정하는 레헤르선 파장계로서도 사용된다.

Lecher wire method 레헤르선법(一線法) UHF, VHF 의 주파수를 재는 데 레헤르선(일정 간격의 평행 도선)상의 정재파를 검출하는 방법. 주파수가 아니고 파장으로 계측되므로 파장에 비해 긴 선이 필요하며, 주파수로 환산할 필요도 있으나 영점은 예민하게 나타나므로 정확도는 좋다. 도파관에서도 정재파를 측정할 수 있다. 이 경우 파장은 관내 파장으로서 자유 공간파에 대해 단축되어 있다.

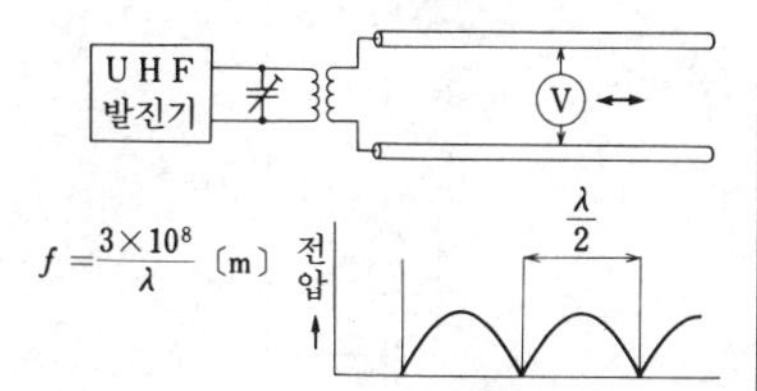

Lecher-wire oscillator 레헤르선 발진기(一線發振器) 레헤르선을 공진기로서 사용한 발진기.

Lecher wire wavemeter 레헤르선 파장계(一波長計) 평행 2선으로 구성된 레헤르선을 공진기로서 사용하여 초단파 발진기의 발진 주파수를 측정하는 장치. 레헤르선 공진기의 한 끝을 발진기의 출력 회로에 성기게 결합하고, 열전형 검류계를 삽입한 단락편을 레헤르선을 따라서 이동시키면 반파장마다 전류 파복이 나타난다. 구조가 간단하고, 측정이 용이하며, 파장은 수 m～수 10m 의 초단파 측정이 가능하다.

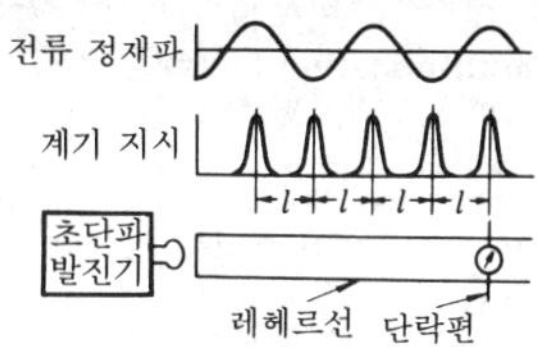

Leclanche cell 르클랑셰 전지(一電池) → dry cell

LED 발광 다이오드(發光一) =light emitting diode

LED printer 발광 다이오드 프린터(發光一) 발광 다이오드(LED) 어레이를 광원으로 하는 전자 사진식 프린터로, 레이저 프린터와 비슷한 원리이다. LED 를 일정하게 배열하여 놓고 원하는 위치의 LED 를 발광시켜서 인쇄한다.

left-handed(counter clock wise) polarized wave 좌선 편파(左旋偏波) 전파(傳播) 방향과 같은 방향을 향한 정지된 관측자측에서 보았을 때, 전계 벡터가 시간과 함께 시계 반대 방향으로 회전하는 타원 편파. 수신기에서 전파원을 향한 경우, 회전 방향은 반대로 된다.

left-hand rule 왼손의 법칙(一法則) → Fleming's law

left quartz 좌수정(左水晶) →quartz crystal

legibility 가독성(可讀性) ① 수신 신호의 모양이나 의미를 잘 알 수 있는 정도로, 명시성(明視性 : visibility)과 대비된다. 명료도(articulation)를 의미하기도 한다. ② 팩시밀리에서 수신 문자의 품질을 평가하는 척도. 수신한 전 문자수에 대하여 판독할 수 있는 문자수의 비율을 백분율로 나타낸 것.

lens antenna 렌즈 안테나 광학에서의 렌즈 사용과 같은 효과를 갖게 한 매우 날카로운 단향성을 갖는 마이크로파용 안테나. 폴리스티롤(가는 금속 조각을 혼입한 것도 있다) 등의 유전체를 볼록한 모양으로 한 것을 전자(電磁) 혼 출구에 부착한다. 전파의 속도가 두께에 따라서 늦어지

기 때문에 통과 후는 파면이 평면파로 된다. 별도로 금속판을 조합시킨 금속 렌즈를 쓰는 것도 있다.

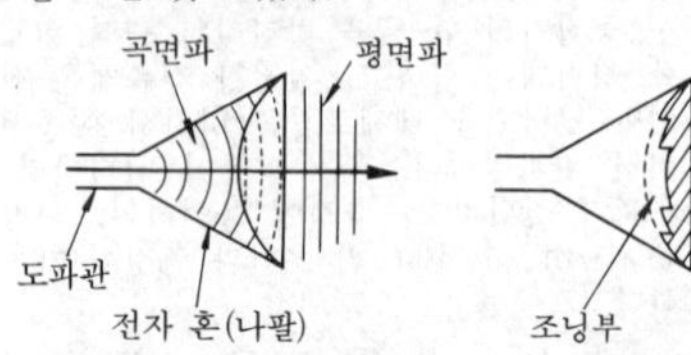

lens multiplication factor 렌즈 증배율(－增倍率) 광전관 하우징의 채광창과 렌즈의 조합, 즉 채광 장치를 통해서 음극에 도달하는 광속(光束)과 채광 장치를 제거했을 때 음극에 도달하는 광속의 비의 최대값.

Lenz' s law 렌츠의 법칙(－法則) 「전자 유도로 발생한 전류에 의한 자계의 방향은 그 원인으로 된 자계의 변화를 상쇄하도록 동작한다」는 법칙. 그림에서 S를 닫으면 2차 코일 1, 2 간에서 실선 방향으로, S를 닫으면 점선 방향으로 전류가 흘러 자속의 변화를 방해한다.

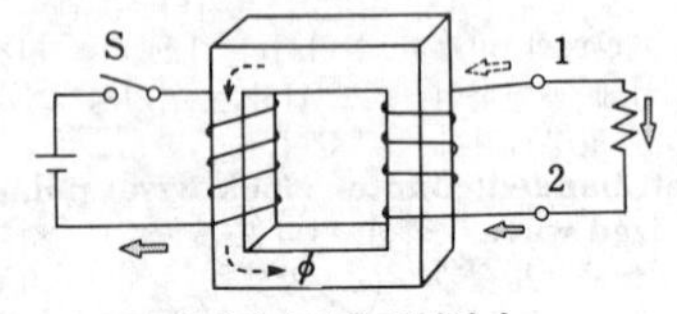

S를 개폐하여 ϕ를 증감한다

level above threshold 감각 레벨(感覺－) 어떤 음의 음압 레벨과 그 음의 최소 가청값의 레벨 차.

level compensator 레벨 보상기(－補償器) 전신 회선의 수신 장치 중에서 사용되는 자동 이득 제어 장치.

level detector 레벨 검출기(－檢出器) 미리 설정된 입력 레벨 이상(혹은 이하)이 된 것을 검출하는 장치.

level diagram 레벨 다이어그램 전화 회선의 각 지점에서 신호 레벨을 나타내는 다이어그램.

level fluctuation 레벨 변동(－變動) 전송로의 전송 손실이 일정하지 않고 변화하는 것.

level gauge 액면계(液面計) 탱크 내부의 액면 높이를 측정하는 장치로, 각종 원리의 것이 실용되고 있다. 유리 게이지식은 탱크 측면에 유리 게이지를 붙인 것, 플로트식은 액면에 부자(浮子)를 띄운 것, 압력식은 액저면(液底面)의 압력이 깊이에 비례하는 것을 이용한 것으로, 이것에는 U자관 차압 변환기나 기포식이 있다. 이들은 모두 가동부의 움직임을 순 기계적으로 직독하든가, 적당한 변환기를 써서 전기 신호나 공기압 신호로 변환하여 계기로 지시한다. 이 밖에 초음파의 전파(傳播) 시간을 측정하거나, 액체에 의해 감쇠를 받은 방사선 강도를 측정하여 간접적으로 액면 높이를 측정하는 것도 있다.

level indicator system 레벨 표시계(－表示系) 논리 회로의 그림 기호 표시에서의 표현법의 하나로, 게이트(플립플롭 포함)의 기능을 거기에 주어지는(존재하는) 실제의 전압 레벨에 대하여 표현하도록 한 것. 극성 표시계라고도 한다.

leveling error 수평 오차(水平誤差) 가속도계 출력이 0일 때의 국소 수평축 방향과 입력 기준축 방향 사이의 각도.

level meter 레벨계(－計) 통신 회로나 전송 기기의 신호 레벨을 데시벨로 직독하는 계기. 가변 저항 감쇠기, 증폭기, 정류형 전압계로 구성되며, 측정 레벨은 가변 저항 감쇠기의 스위치 위치와 지시계 지시값의 대수합으로서 직독할 수 있도록 되어 있다.

level shift diode 레벨 시프트 다이오드 예를 들면, 트랜지스터를 사용한 논리 회로에서 이미터-베이스 간의 전위가 어느 방향(예를 들면 정방향)으로 이동하는 것을 보상하기 위하여 직렬로 삽입되는 다이오드.

level shifter 레벨 시프터 디지털 게이트에서 논리값 레벨을 조정하기 위해 사용되는 저항, 접합 다이오드나 정전압 다이오드로, 이들 저항이나 다이오드의 전압 강하에 의해 입력 또는 출력의 전압 레벨을 조정한다. 그림의 경우 정전류원의 작용에 의해 출력 레벨은 입력 레벨보다 대체로 rI_{E1} 만큼 저하되어 있다.

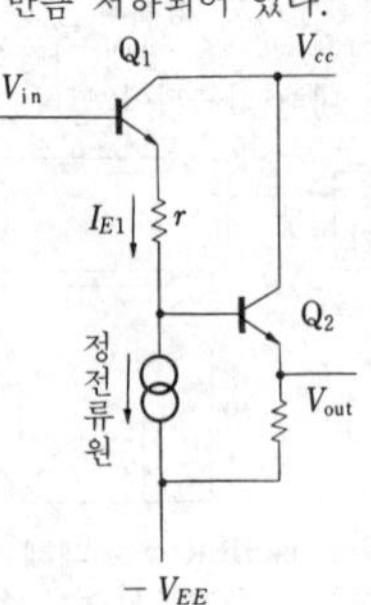

level translation 레벨 변환(－變換) 입력된 전기적 신호의 신호 레벨을 변환하여

다른 신호 레벨을 출력하는 것.

level translator 레벨 변환기(-變換器) 레벨 변환을 하는 소자, 회로 또는 기기.

level trigger 레벨 트리거 플립플롭 회로 등을 트리거 신호(트리거 회로)의 논리 레벨에 의해서 동작시킬 때 그 신호를 레벨 트리거라 한다. 보통, 동일한 논리 레벨이 일정 시간 연속하여 유효한 트리거 신호로서 동작한다. →edge trigger

level variation 레벨 변동(-變動) 신호 레벨이 전송로를 구성하는 전송 설비 내 증폭기의 증폭률 변화, 온도 변동에 의한 선로 손실의 변화 등에 의해 시간적으로 변동하는 것을 말한다. 데이터 전송에서의 레벨 변동의 대책으로서는, FSK 에서는 진폭 제한기를, PSK 에서는 자동 이득 조정기를 사용하여 그 영향을 작게 하고 있다.

lever switch 레버 스위치 레버를 중립 위치에서 상하(또는 좌우)의 각 방향으로 힘을 가해서 움직여서 회로의 전환 접속을 하는 스위치.

Levinson-Durbin algorithm 레빈슨·더빈 산법(-算法) 차분 펄스 부호 변조(DPCM)에서의 율·워커의 식(Yule-Walker equation) 중에 나오는 추측 계수 $\{a_i\}$를 구하기 위해 Levinson(1947) 및 Durbin(1959)에 의해 제안된 일종의 재귀적 알고리즘.

LF 저주파수(低周波數) =low frequency

L-filter L형 필터(-形-) 직렬, 병렬 리액턴스로 이루어지는 필터. Z_1, Z_2가 다른 부호인 경우에 주파수 선택성을 가지며, 비대칭 회로망이기 때문에 입력 단자와 출력 단자의 임피던스가 다르다. 정K형(저역, 고역, 대역), 유도M형의 각 필터 등에 응용된다.

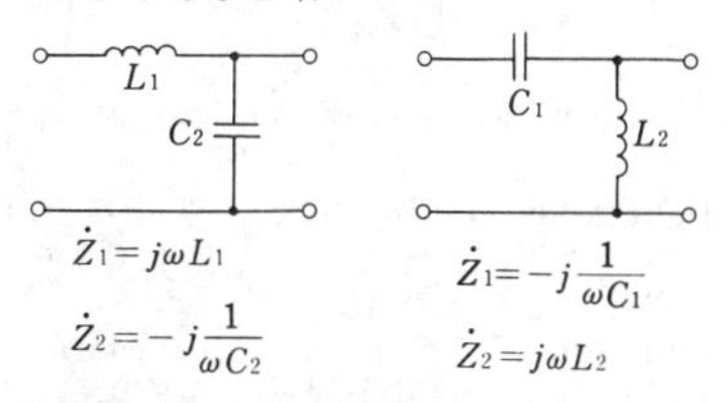

librarian 라이브러리언 컴퓨터 운영 체제(operating system)의 일부를 구성하는 서비스 프로그램으로, 프로그램 라이브러리를 작성 보수하는 프로그램을 말한다. 또, 컴퓨터 요원의 직능의 하나로, 라이브러리 관리, 매체 관리, 파일의 입출고 관리 등을 담당하는 자를 말하기도 한다.

library 라이브러리 데이터의 라이브러리는 관련한 파일의 집합을 말한다. 재고 관리에서는 재고품의 관리 파일 집합이 데이터의 라이브러리를 구성할 수 있다. 프로그램의 라이브러리는 컴퓨터 프로그램의 조직화된 집합을 말한다. 라이브러리 프로그램이란 라이브러리에 있는 프로그램을 말한다. 프로그램이 작성되고 실행에 이르기까지 소스 형식, 목적 형식, 로드(적재) 형식의 세 형식을 취하므로 라이브러리에도 세 가지 형식에 따른 라이브러리가 있다. →program

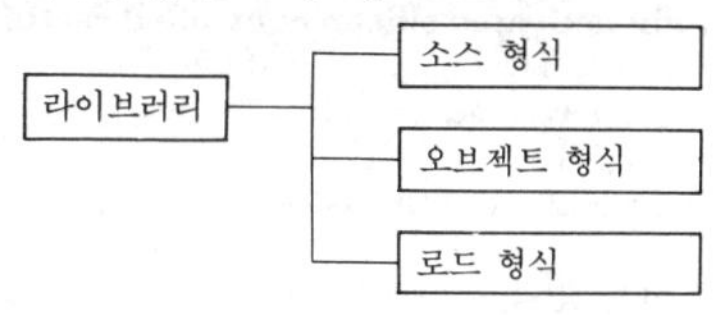

Lichtenberg' s figure 리히텐베르크상(-像) 사진 건판에 바늘 모양의 전극을 대고, 여기에 충격 전압을 가하여 현상할 때 나타나는 나무가지 모양의 도형을 말한다. 이 도형이 전압의 파고값, 극성에 따라 다르기 때문에 충격 전압의 해석에 이용한다.

LID 직결 반전 디바이스(直結反轉-) = leadless inverted device

lider 라이더 laser infrared radar 의 약어. 적외선의 레이저광을 사용하는 레이더로, 인간의 눈에 위험이 없는 레이더로서 개발되었다. 기상 관측 등에 이용된다.

life 수명(壽命) ① 기기 또는 부품이 사용할 수 없게 되기까지의 시간으로, 전혀 동작하지 않게 되는 경우(예를 들면 전자관 히터의 단선)와 유효한 동작 능력이 없어지는 경우(예를 들면 전자관 음극의 전자 방출의 감소)가 있으며, 일반적으로 후자 쪽이 짧다. 기기의 신뢰도를 높이려면 부품의 수명을 길게 하는 외에 그 불균일을 없애는 것도 중요하며, 그를 위해서는 재료의 음미와 제조할 때의 품질 관리가 중요하다. ② 완전히 충전된 전지가 처음 용량의 80%로 떨어지기까지의 충방전 사이클 수.

life cycle 라이프 사이클, 생명 주기(生命週期), 수명(壽命) 하나의 기술적인 패턴이 만들어진 후 다른 또 하나의 새로운 기술적인 패턴이 만들어질 때까지의 기간.

life science 생명 과학(生命科學) 각 분야에 걸치는 종합적인 과학이다. 생명 현상을 해명하기 위한 기반적인 연구부터, 그 성과를 생애 활동에 도움을 주기 위한 공업화로의 과정까지를 포함하며, 바이오

테크놀러지의 성과를 도입하여 발전한다.

LIFO 후입 선출(後入先出) last in first out 의 약어. 컴퓨터의 각종 처리를 하는 경우에 대기 시간이 있을 때 나중에 입력된 데이터 등의 처리를 먼저 끝내는 방식.

light 빛 눈으로 느낄 수 있는 전자 방사(電磁放射)로, 그 파장은 거의 360~760 nm 의 범위이다. 진공 중에서의 광속은 2.99792458×10^8ms 이다.

light activated negative emitter resistance 래너 =LANER

light activated silicon controlled rectifier 광 SCR(光−) =LASCR

light activated switch 광 스위치(光−) =LAS

light activated thyristor 광 사이리스터(光−) 사이리스터를 트리거하기 위해 게이트 전력이 아니고 디바이스의 창을 통해서 외부로보터 조사(照射)되는 광 에너지를 사용한 것.

light amplification by stimulated emission of radiation 레이저 =laser

light amplifier 광 증폭기(光增幅器) 약한 빛의 변화를 강하게 하는 장치로, 광 도전체와 EL 소자를 조합시켜서 만든다. 그림은 그 원리로, 광 도전체에 빛이 닿으면 그 세기에 따라서 저항이 감소하기 때문에 전원 전압 중 EL 소자에 가해지는 전압의 크기가 증가하여 그에 따라서 발광이 세진다. 또한 발광 부분은 EL 소자 대신 액정을 사용하는 것도 있으며, 라이트 패널 등의 이름으로 불린다.

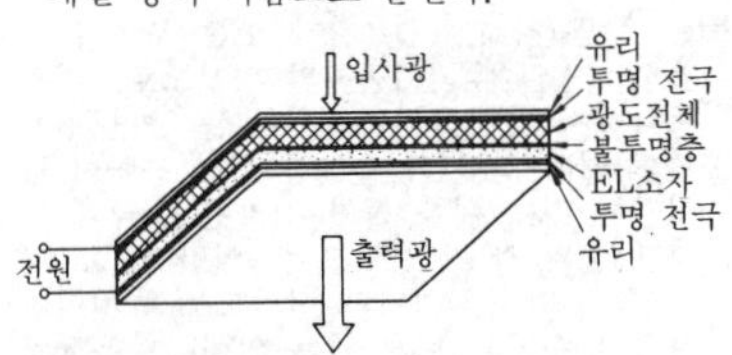

light communication 광통신(光通信) 공간 매체로서 빛(적외선을 포함)을 사용하여 통신을 하는 방법. 빛도 전자파의 일종인데, 이른바 전파를 이용하는 무선 통신에 비하면 지향성을 날카롭게 할 수 있으므로 방해를 받는 일이 적어 비밀 유지에 유효하고, 또 매우 많은 통화로를 얻을 수 있는 이점이 있다. 일반적으로 레이저에 의해서 만들어지는, 위상이 같은 빛을 써서 우주 통신 등의 초원거리 통신을 비롯하여 각 방면에서 응용되고 있다.

light emitting diode 발광 다이오드(發光−) 전류를 흘리면 발광하는 다이오드. 전류를 흘려서 반도체의 pn 접합면에 소수 캐리어를 주입시키면 전자가 보다 높은 에너지 레벨로 여기(勵起)하고, 그 후 다시 안정한 상태로 되돌아올 때 가지고 있던 에너지가 빛의 파장대를 가진 전자파로 되어서 방사되는 것으로, 발광 소자로서 널리 이용되며 보통 2V, 10mA 정도로 동작한다. 발광색으로서는 적, 녹, 황의 것이 있으나 최근에는 청색이나 적외선, 레이저광을 발광하는 것도 만들어지고 있다. 또 장수명, 소형 경량이기 때문에 광결합 소자, 광통신 장치 외에 각종 표시 장치에 널리 사용되고 있다. =LED

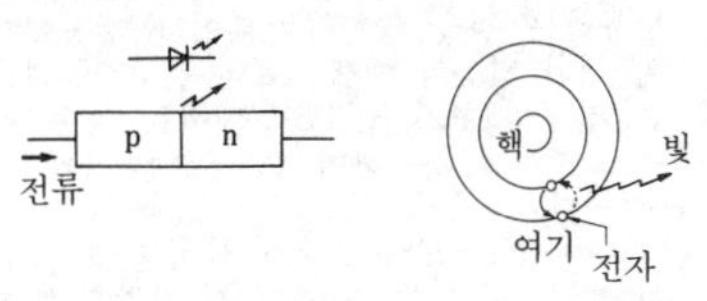

light emitting diode printer 발광 다이오드 프린터(發光−) =LED printer

light emitting spectrum 발광 스펙트럼(發光−) 발광체의 각 파장에서의 발광량의 분포. 일반적으로 조명 기구로서 사용되는 텅스텐 램프나 형광등에서는 분포의 폭은 넓으나 발광 소자인 LED 에서는 그 폭은 50~100nm 정도, 레이저 다이오드에서는 더 좁아서 1nm 정도가 된다. 발광체에 따라서는 폭이 좁은 것이 여러 개 나오는 것도 있다.

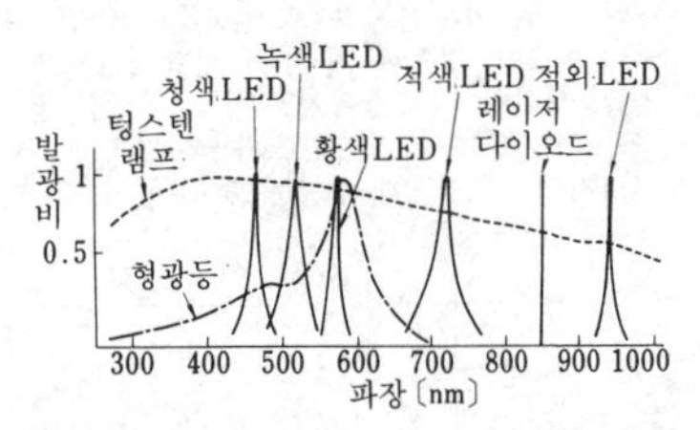

light guide 라이트 가이드, 광 통로(光通路) 빛을 최소의 감쇠로 장거리 전송하기 위한 광섬유 필라멘트 등의 구조.

light gun 라이트 건 인간이 컴퓨터에 정보를 제공하기 위한 장치의 일종으로, 브라운관을 써서 형광면상의 위치를 기억장치에 읽어들이게 하는 것이다. 이것은 언제나 일정한 조건에서 주사되고 있는 브라운관상에 포토트랜지스터 등의 감광소자를 두면 빔이 소자 밑에 왔을 때 트리거 신호가 발생하므로 전자 빔이 원점을 통과한 시각부터의 카운트수에 의해 위치 정보를 얻을 수 있다.

lighthouse tube 등대관(燈臺管) 판극관(板極管)의 일종으로, 그림과 같이 등대 모양과 비슷하므로 이 이름이 붙었다. 도입선을 원판형으로 하여 인덕턴스의 감소를 도모하는 동시에 전극간의 거리를 짧게 함으로써 전자 주행 시간의 영향을 적게 하는 데 도움이 되며, 구조가 도파관과 접합하는 데 적합한 모양으로 되어 있으므로 초고주파용 진공관으로서 마이크로파를 발생하는 데 사용한다.

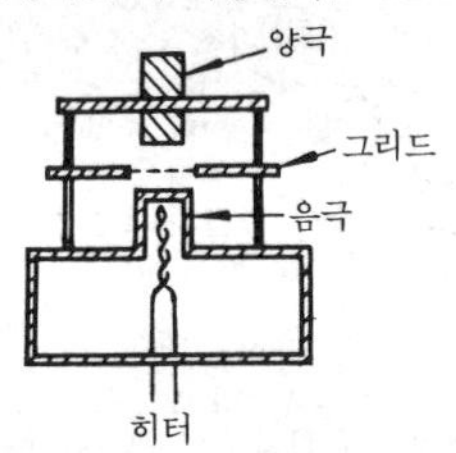

light integrated circuit 광 IC(光－), 광 집적 회로(光集積回路) 레이저광 등을 사용한 광신호를 이용하여 동작시키는 집적 회로(IC)를 말하며, 반도체나 광학 결정 등을 사용하여 기능 소자나 도파로가 구성된다. 개발을 완성한 경우에는 전기 신호를 사용하는 종래의 집적 회로에 비해 고속 동작과 집적도의 향상이 기대되고 있다.

lightly doped drain structure LDD 구조(－構造) →hot electron effect, short channel effect

light microsecond 광 마이크로초(光－秒) 빛이 자유 공간에서 1μs 사이에 전파(傳播)하는 거리, 즉 약 300m 이며, 이 거리를 전기적인 거리의 단위로서 사용한다.

light modulator 광 변조기(光變調器) 광통신에서 레이저광을 반송파로 사용하여 그것을 신호에 의해서 변조하기 위한 장치. 일반적으로 전기 광학 결정을 사용하는데, 그림은 그 일례이다.

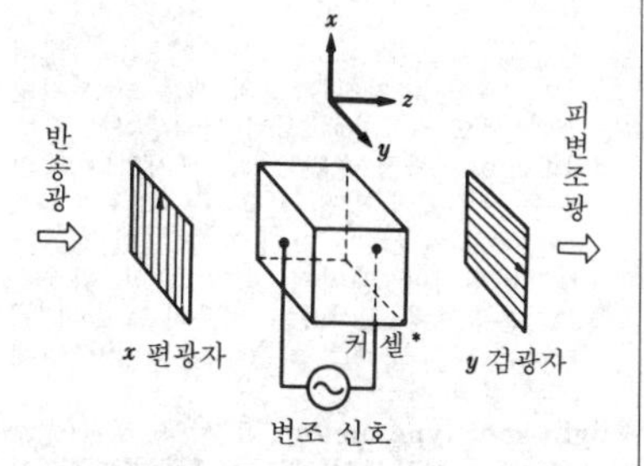

lightness 명도(明度) 색의 3 요소의 하나로, 밝기를 나타내는 것이다. 텔레비전에서는 이의 객관적인 양으로서 휘도(輝度)라는 말을 사용하고, 밝기를 나타내는 것으로서는 Y 신호를 사용한다.

lightning arrester 피뢰기(避雷器) 전기 시설에 침입하는 뇌(雷)에 의한 이상 전압에 대하여 그 파고값을 저감시켜 전기 기기를 절연 파괴에서 보호하는 장치. 직렬 갭은 이상 전압으로 신속히 방전을 개시하고, 동작이 끝나면 속류(續流)를 차단하는 기능을 가지고 있다. 최근에는 특성 요소에 비직선 특성이 뛰어난 ZnO 소자를 사용하고, 직렬 갭을 생략한 갭리스 피뢰기(gapless arrester)가 널리 사용되고 있다.

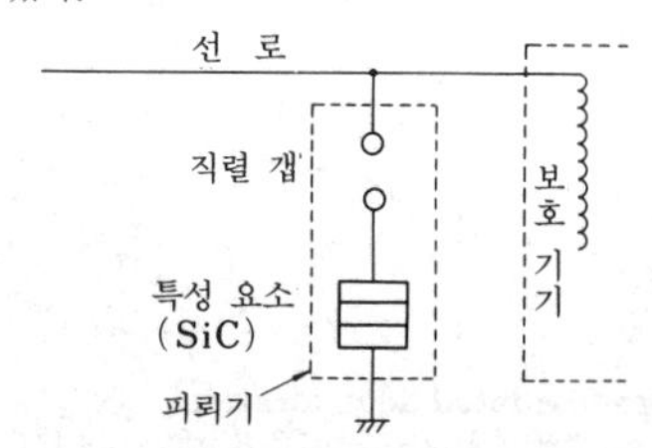

lightning conductor 피뢰침(避雷針) 돌침부, 접지극 및 그 양쪽을 잇는 도선으로 이루어지는 피뢰 설비. 일반적으로 피뢰 설비의 보호각 내는 뇌격(雷擊)에 의해서 생기는 화재, 파손 또는 인축(人畜)에 주는 상해를 방지하는 역할을 한다. 이 피뢰 설비는 건축물 또는 굴뚝, 탑, 기름 탱크 등의 공작물에 대해서 뇌격 방지를 위해 설치한다.

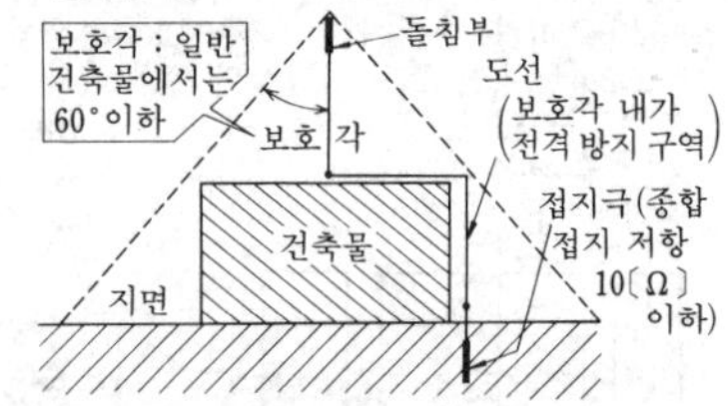

lightning stroke 뇌격(雷擊) 낙뢰를 말한다. 선구(先驅) 방전과 주방전으로 제1격으로 한다. 이것이 단일 뇌격이며, 이것을 반복하는 경우가 다중 뇌격이다.

lightning surge 뇌 서지(雷－) 뇌에 의해서 송전 선로에 생기는 이상 전압. 직격 뇌 서지와 유도 뇌 서지가 있다. 이 이상 전압은 파고값이 매우 높고, 송전 선로의 경과지에 따라서는 발생 빈도도 높으며, 송전 선로의 이상 전압 중 가장 무서운 것이다. 그림은 유도뇌에 의한 이상 전압 진행파의 발생 원리를 나타낸 것이다.

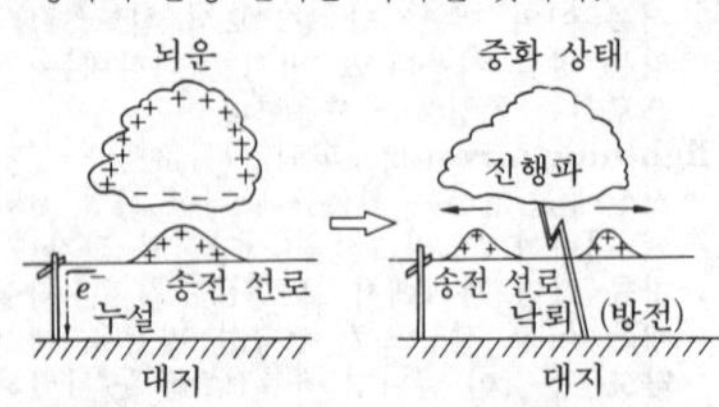

lightning voltage 뇌 전압(雷電壓) 뇌의 전압을 직격점에서 관측한 예는 없으며, 수 km 이상 떨어진 지점에서의 관측에 의하면 부극성(負極性)이 많고 최대 5,000 kV 를 실측한 예가 있다. 그림은 뇌 전압 파형의 예이다.

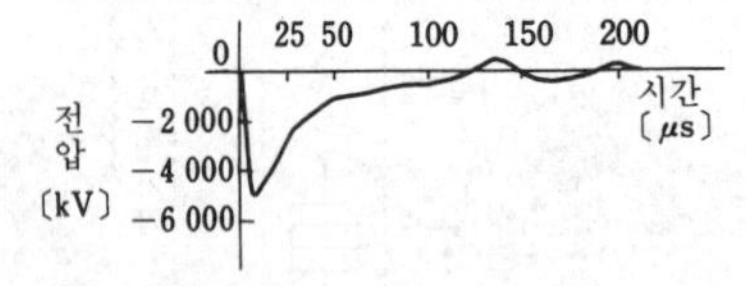

light oxidated deterioration 광 산화 열화(光酸化劣化) 절연물은 대기 중에서 산소에 의한 산화 작용 때문에 변질되지만, 일광에 노출되면 산화 작용에 의해 열화의 진행이 빨라진다. 이것이 광 산화 열화이며, 특히 파장이 400nm 부근의 자외선에 의한 영향이 심하다.

light pen 라이트 펜 포토다이오드 혹은 광전자 증배관을 사용한 광전 변환 장치. CRT(음극선관) 화면상의 화상을 검출함으로써 그 화상에 대한 처리를 제어하는 일종의 입력 장치이다. 혹은 표시면상에 둠으로써 동작하는 감광성의 포인터라고도 할 수 있다. 포인터란 위치 결정 가능한 점을 지정하기 위해 쓰이는, 손으로 조작되는 기능 단위이다.

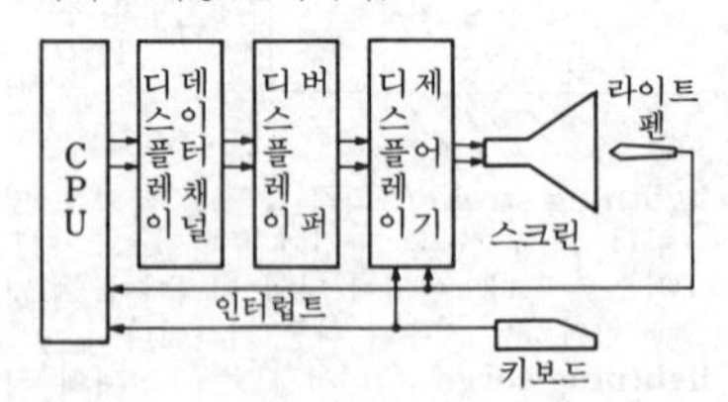

light pen detection 라이트 펜 검출(−檢出) 표시면상의 표시 요소가 발생하는 빛을 라이트 펜으로 검지(檢知)하는 것.

light pen tracking 라이트 펜 추적(−追跡) 표시 장치의 표시 화면상에서의 라이트 펜의 움직임을 추적하는 것.

light pickup 광 픽업(光−) CD 나 LD 등의 표면은 비트라고 하는 구멍이 디지털 모양으로 뚫려 있다. 이 구멍에 레이저 광을 대면 반사된 레이저광을 검출함으로써 디지털 신호를 분리하는 장치이다. 비트는 폭 0.5μm~3.3μm 의 가늘고 긴 모양이며, 광원은 0.78μm의 적외선 레이저를 사용한다.

light pipe 광 도체(光導體) 광 손실을 경감시키기 위해 비집속 전송이나 반사를 이용하는 광 전송 요소. 광 도체는 광전 음극 상에 빛을 보다 균일하게 분배시키기 위해 사용되어 왔다.

light quantum 광량자(光量子) 진동수 ν 의 빛이 전파할 때는 $h\nu$(h : 플랑크의 상수)의 에너지를 가지며, 그 진행 방향으로 $h\nu/c$(c : 진공 중의 광속도)의 운동량을 갖는 입자가 진행한다고 생각하고, 이 입자를 광량자라 한다. 이 생각을 사용하면 광전 효과에 관한 여러 성질들을 잘 설명할 수 있다.

light ray 광선(光線) 파면(波面) 상의 어떤 점의 궤적. 광선의 진행 방향은 보통 파면에 대해서 수직이다.

light receiving element 수광 소자(受光素子) 빛을 전기로 변환하는 소자. 통신용의 대표적인 것으로는 포토다이드(PD) 애벌란시 포토다이오드(APD) 등이 있다.

light-scattering photometer 광 산란 광도계(光散亂光度計) 빛의 산란을 이용하여 용액의 분석을 하는 장치. 현탁물이 있는 용액이나 고분자의 용액에 빛을 입사하면 빛은 산란된다. 이 산란광의 방향이나 강도의 분포가 측정 물질의 농도나 모양, 크기 등에 관계하는 것을 이용한 것이다.

light source 광원(光源) 광전관이나 광전셀을 동작시키는 데 충분한 조사 에너지를 주는 발광 장치.

light source color 광원색(光源色) 광원으로부터 방출되는 빛의 색. 점광원의 색은 광원의 광도와 색도 좌표분에 의해 정의된다. 확산을 가진 광원의 색은 그 루미넌스와 색도 좌표분에 의해 정의된다.

light spot 광점(光點) ① 팩시밀리 등의 송수신 주사에 빛을 사용하는 경우, 화소(畫素)에 해당하는 크기로 한 빛의 점. ② 텔레비전이나 레이더 등의 수신 화상을 브라운관면에 표시하는 경우의 화소에 해당하는 주사선 빔. 최근에는 레이저 빔에 의한 빛의 점.

light-spot type meter 광시식 계기(光示式計器), 광표시식 계기(光表示式計器) 지

시 전기 계기 중 지침 대신 눈금판상의 광표(光標) 위치에 의해서 지시를 읽는 것. 반조(反照) 검류계에 필적하는 고감도를 갖는다. 광표는 직접 눈금판상에 투영되므로 시차(視差)는 없고, 취급은 보통 계기와 마찬가지로 쉽다. 휴대용으로 미소 전류 또는 전압을 검지하거나 측정한다.

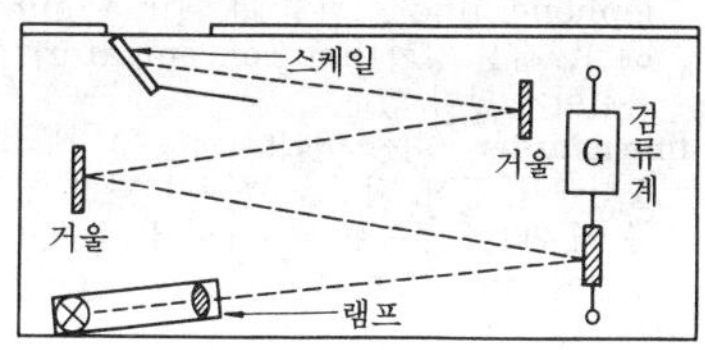

light transition load 경천이 부하(輕遷移負荷) 보통, 정격 부하의 5% 이하인 경부하에서 일어나는 천이 부하. 경천이 부하는 복수의 정류 회로에서 중요하다. 같은 결과가 가포화 리액터를 사용하는 정류에서 일어난다.

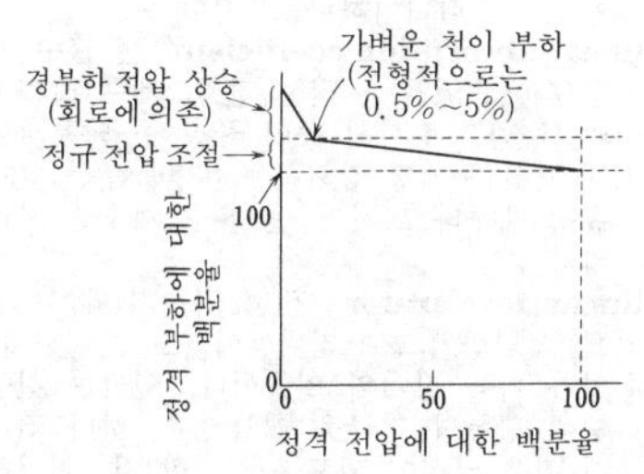

가벼운 천이 부하를 나타내는 전압 조절 특성

light valve 라이트 밸브 외부에서 공급되는, 예를 들면 전압, 전류, 전계, 자계 또는 전자선과 같은 전기량에 따라 광투과량을 변화시킬 수 있는 장치를 말한다. →light amplifier

lightwave system 광파 시스템(光波－) 빛을 이용하여 정보를 전달하는 시스템의 총칭. 광섬유는 광파 시스템의 예이다.

LILO 후입 후출(後入後出) 나중에 넣은 항목이 나중에 리스트(혹은 대기 행렬)에서 나오도록 구성, 유지하는 기법. =last in last out

limit check 한계 검사(限界檢査) 컴퓨터의 입력 데이터가 규정 범위 내의 수치인지 어떤지를 살피는 것.

limit cycle 리밋 사이클 특별한 제어 시스템의 상태. 공간 속의 폐곡선이다. 상태 궤도는 그 폐곡선에서 멀리 물러나가거나 또는 그 폐곡선에 근사한 전체의 초기 상태에 대해 그 폐곡선에 접근해 간다.

limited region 제약 영역(制約領域) 선형 계획법에서 각종 제약 조건을 나타내는 다수의 1차식 모두가 만족하는 영역.

limited signal 진폭 제한 신호(振幅制限信號) 레이더에서, 시스템의 다이내믹 레인지에 의해 진폭 제한을 받은 신호.

limited space-charge accumulation diode LSA 다이오드 1966년 벨 전화 연구소(BTL)에서 발표된 마이크로파 반도체 소자의 일종. 건 다이오드와 마찬가지로 갈륨 비소(GaAs)의 건 효과에 의한 부성 저항에 의해서 발진을 하는 것인데, 발진 주파수가 결정(結晶)의 두께와는 관계없이 외부 회로에 의해서 결정할 수 있으므로 밀리파 영역에서도 큰 출력을 얻을 수 있다. 100GHz 이상의 것도 만들어지고 있다.

limited stability 한계 안정(限界安定) 시스템의 입력 신호가 특별한 범위에 있을 때 안정하다고 규정하고, 그 신호가 이 범위 밖에 있을 때 불안정하다고 규정하는 시스템의 성질.

limiter 진폭 제한기(振幅制限器) →amplidtude limiter, limiter circuit

limiter circuit 리미터 회로(－回路), 진폭 제한 회로(振幅制限回路) 피크 클리퍼와 베이스 클리퍼를 조합시킨 것으로, 입력 파형의 상하를 어느 레벨에서 잘라내어 진폭을 제한하는 파형 조작 회로의 일종.

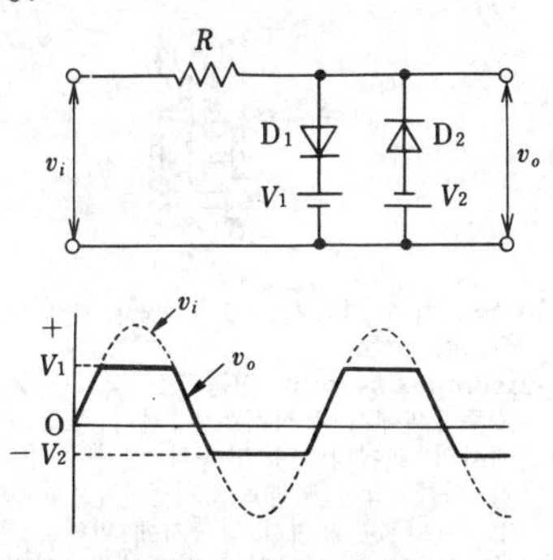

limiting insulation temperature 절연 온도 한계(絶緣溫度限界) 주어진 장치의 바람직한 서비스 수명을 얻을 목적으로 지정된 절연 시험 조건과 관계하여 선택된 온도.

limiting polarization 한정 편파(限定偏波) 자화 이온 매질 중에서 발생하는 전자파의 편파.

limiting resolution 한계 해상도(限界解像

度) 텔레비전 테스트 차트를 사용해서 식별하는, 화면 높이당의 최대 라인 수로 표현하는 시스템 전체의 해상도 측정값. 라인의 수 N(흑, 백 교대의 라인)에 대해서 각 라인 폭은 화면 높이의 $1/N$ 배이다.

limit of interference 간섭 한계(干涉限界) 전파 간섭에 관한 국제 특별 위원회의 권고 또는 다른 주관청이나 관할 기관에 의해서 규정되는 전파 간섭의 최대 허용값.

limit of temperature rise 온도 상승 방지(溫度上昇防止)[1], 온도 상승의 제한(溫度上昇—制限)[2] (1) 정격에 따라 시험이 시행될 때 냉각 공기 온도 이상인 저항기의 온도 상승은 아래에 표시하는 몇 가지 등급으로 결정된 온도를 초과해서는 안 된다. A 종 : 주조(鑄造) 저항기 450℃, B 종 : 매입 저항기 25℃, C 종 : C 종의 절연으로 대금(帶金) 또는 리본을 감은 것, 연속적으로 600℃, 단속적으로 800℃, D 종 : 에나멜선 또는 대금을 감은 저항 350℃, 온도는 열전쌍법으로 측정된 것이다.
(2) 외기하에서 규격에 따라 측정되는 접점의 온도 상승은 아래의 값을 초과해서는 안 된다. 적층형 접점 : 50℃, 일체형 접점 : 75℃.

limit switch 리밋 스위치 접촉자로 외부의 변위를 검출하고, 전기 접점의 개폐를 하는 스위치.

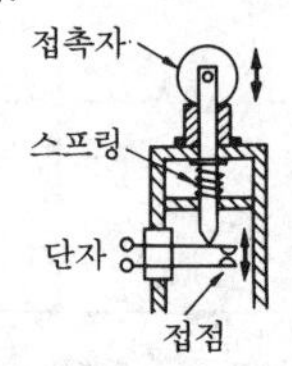

linac 직선 가속기(直線加速器) =linear accelerator

lincompex system 린콤팩스 방식(—方式) 고주파대에서 동작하는 장거리 무선 전화에서의 페이딩이나 잡음의 영향을 경감하기 위해 압신(壓伸) 장치를 사용한 송신법. 송단(送端)에서 압축기에 의해 스피치를 대체로 음절 단위로 압축하여, 거의 정진폭 신호로 하는 동시에 가해진 압축도에 관한 정보를 꺼내어 이것으로 2,900 Hz 를 주파수 변조한다. 이 변조 톤을 위의 정진폭화된 스피치와 함께 표준의 3kHz 채널에 의해 송신한다. 수단(受端)에서 양 신호를 분리하고, 톤 신호는 복조하여 이것으로 신장기를 통과하는 스피치 신호의 순시 이득을 제어해서 스피치의 당초 진폭 변동을 회복시키는 데 사용된다. 시스템 손실은 대체로 일정하게 유지되며, 안정도는 명음 저지 장치(鳴音沮止裝置 : singing suppressor) 없이도 유지된다.

line 회선(回線) 데이터 통신 분야에서는 데이터의 전송로를 말한다. 전화 회선(telephone line), 회선 번호(line number), 집선 장치(line concentrator) 등 복합어가 많이 있다.

line adapter 회선 어댑터(回線—) 데이터 통신에서 통신 회선을 통하여 단말 장치를 컴퓨터에 접속할 때, 데이터 전송 제어 장치에 장비 또는 접속되는 변복조 장치의 뜻.

line analyzer 회선 애널라이저(回線—) 통신로의 전송 특성을 검사하는 데 사용하는 감시 장치.

linear 선형(線形), 리니어 「선형성」, 「연속성」을 의미한다. 전자 기기에서는 입력(input)에 비례하여 출력(output)이 변화할 경우 「리니어하다」고 한다.

linear absorption coefficient 선 흡수 계수(線吸收係數), 직선 흡수 계수(直線吸收]係數) 방사선 등이 물질 중을 투과할 때 단위 두께당 감쇠하는 비율. 보통 단지 흡수 계수라고 하면 선 흡수 계수를 가리킨다.

linear accelarator 선형 가속기(線形加速器) 일반적으로 리니액이라고 호칭되며, 입자 가속 장치의 일종이다. 원리는 진공 중에 원통형 전극을 배열하고, 하나 건너서 같은 극성이 되도록 결선한 것. 인접하는 전극간에 마이크로파 전압을 가하면 입자는 각 전극간에서 차례로 가속되고, 에너지로 되어서 출력단으로 직진한다. 입자가 하나의 전극을 통과하는 데 요하는 시간이 전원의 반주기가 되도록 하고, 또 입자는 점차 속도가 증가하므로 입력측의 전극보다 출력측 전극을 길게 한다. 전극의 길이는 전원의 주파수가 높을수록 짧게 할 수 있으므로 그 때문에 마이크로파가 사용된다.

linear amplifier 비례 증폭기(比例增幅器) 방사선 측정기 등에서 입력 펄스의 전기량에 비례한 출력 펄스를 얻는 것을 목적으로 한 증폭기로, 펄스 증폭기라고도 한다. 주 증폭기 외에 파형 정형 회로로서 미분 회로나 적분 회로, 지연 회로가 포함되어 있다. 이 증폭기는 SN 비의 향상과 고계수율의 측정을 가능하게 하기 위해 직rray)라 한다.

linear antenna array 직선 안테나 어레이(直線—) 복수의 방사 소자의 중심이 일직선상에 있는 안테나 어레이. 위의 중심이 하나의 평면상에 있는 경우는 평면 어레이(planar array)라 한다.

linear array 직선 어레이(直線-) 직선상에 d라는 같은 간격으로 배열된 n개의 다이폴열.

linear circuit 선형 회로(線形回路) 전압과 전류가 직선적인 비례 관계에 있는 회로. 저항, 인덕턴스, 정전 용량 등으로 구성되어 있는 회로. 다이오드나 트랜지스터 등은 비선형 회로이지만 부분적으로는 선형 회로로 간주하는 경우가 있다.

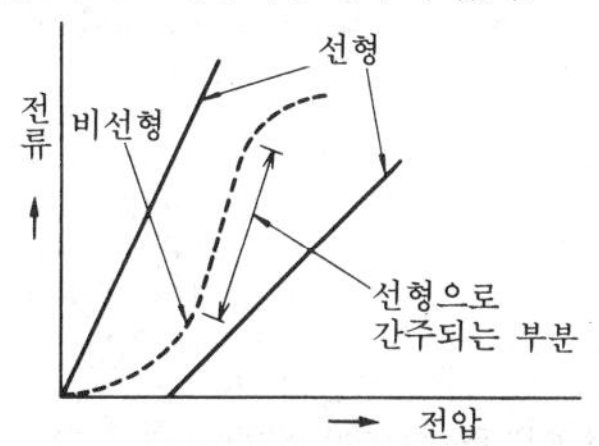

linear computing element 선형 연산 요소(線形演算要素) 아날로그 컴퓨터의 연산 요소의 하나. 구조는 일종의 부궤환 증폭기이며, 정확도, 이득 모두 높다. 동작 원리는 그림과 같이 되며, 입력 e_i와 출력 e_o 사이에는 다음과 같은 관계가 있다.

$$e_o = -\sum_{i=1}^{n} \frac{Z_f}{Z_i} e_i$$

Z_i와 Z_f의 선택에 따라서 여러 가지 연산 요소가 구성되며, 대표적인 것으로서는 가산 적분기, 미분기, 가산 계수기, 가산기, 계수기, 음양 변환기, 계수 퍼텐쇼미터 등이 있다.

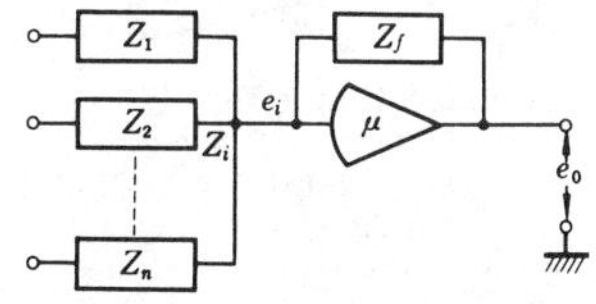

linear crosstalk 직선 누화(直線漏話) 누화 중 그 크기가 통화 전류에 비례하는 것을 말한다. →nonlinear crosstalk

linear detection 직선 검파(直線檢波) 입력 피변조파와 검파 출력이 직선적으로 거의 비례하는 검파 방식. 진폭이 큰 피변조파를 다이오드 검파 회로에서 검파하고, 신호파와 같은 모양의 포락선을 출력 전압으로서 얻는 것이다. 이 검파법은 일그러짐이 적은 것이 이점이지만 감도가 나쁘므로 비교적 큰 입력의 검파에 적합하다.

linear device 선형 소자(線形素子) 선형의 기능을 가진 소자.

linear distortion 직선 일그러짐(直線-) 증폭기나 전송 선로의 이득이 주파수에 대하여 일정하지 않기 때문에 일어나는 진폭 일그러짐과, 전파(傳播) 시간이 주파수에 대하여 일정하지 않기 때문에 일어나는 위상 일그러짐. 이들 일그러짐의 값은 입력 신호에 대하여 직선 비례한다.

linear IC 리니어 IC 모놀리식 IC의 일종으로 아날로그 IC라고도 하며, 연속 신호를 다루는 IC. →monolithic integration circuit

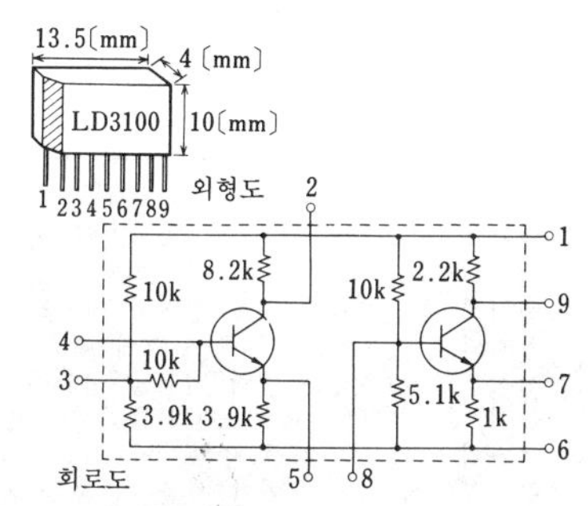

linear impedance relay 직선 임피던스 계전기(直線-繼電器) R-X 선도상에서의 동작 특성이 다음과 같은 직선으로 주어지는 거리 계전기.

$Z\cos(\theta-\alpha)=K$

여기서, θ : 입력 전류에 대한 입력 전압의 진상각, α, K : 상수.

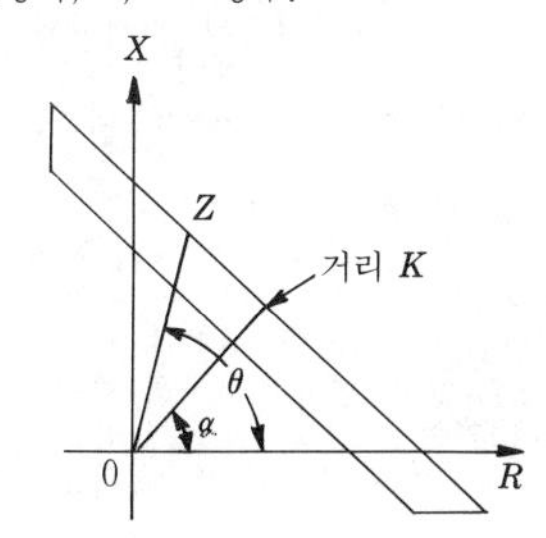

linear integrated circuit 리니어 IC = linear IC

linearity 직선성(直線性) 원인이 되는 양의 변화분과 그에 의해서 생기는 결과량 사이의 관계에서 그것이 직선으로 주어지는 경우이다. 직선이 좌표의 원점을 통하는 경우는 비례 관계가 있다고 한다. 직선성은 실제의 특성이 직선 특성에서 얼마만큼 벗어나 있는가에 따라서 주어진다. 실제의 특성과 직선 특성의 수평 방향의 벗어남이 최소가 되도록 직선을 그었을 때 생기는 최대의 벗어남 Δx를 입력량의 최대값 x_{max}의 백분율로서 나타낸다. 그림은 트랜스듀서의 직선성 예를 나타낸 것이다.

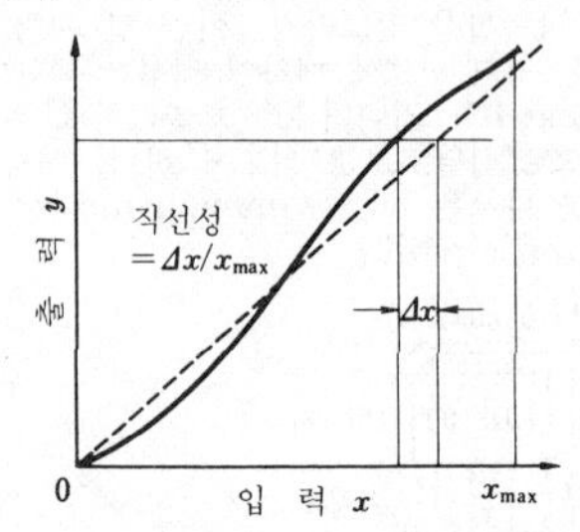

linearity of a multiplier 승산기의 직선성(乘算器－直線性) ① 전기 기계식 또는 전기식 승산기에서 한쪽 입력이 일정하게 유지되고 있을 때 다른쪽 입력에 대해 직선적으로 변화하는 출력 전압을 생성하는 능력. ② 그 요구가 얼마만큼 충족되어 있는가의 정밀도. 가변 저항기의 직선성이란, 부하에 의한 오차가 없을 때 축의 회전각에 대해 얼마나 직선적으로(반드시 비례 관계가 아니라도 좋다) 출력 전압이 나타나는가의 정밀도를 나타내는 것을 말한다.

linearity of a potentiometer 퍼텐쇼미터의 직선성(－直線性) 퍼텐쇼미터에서 부하의 영향이 없을 때, 직선성을 나타내는 정확성. 퍼텐쇼미터축의 회전각과 출력 전압의 관계가 비례 관계일 필요는 없다.

linearity of a signal 신호의 직선성(信號－直線性) 어떤 변수에 대한 신호의 플롯이 직선에 얼마나 가까운가를 나타내는 양. 이 성질은 통상 비선형성, 예를 들면 최대 편차로서 표시된다. 이 직선은 편차의 절대값이 일정값 이하가 되도록(독립 직선선), 또는 편차의 2제곱 합이 최소가 되도록(의존 직선성) 또는 0점을 통하도록, 또는 양 단점(端點)을 통하도록 설정된다.

linearization 리니얼라이즈 처리(－處理) 비직선 특성을 갖는 전기 신호를 직선적인 특성으로 변환하는 것. 예를 들면, 온도 측정용 서미스터의 온도·저항의 관계는 그림과 같이 직선적이 아니지만 병렬로 저항을 접속함으로써 직선화할 수 있다.

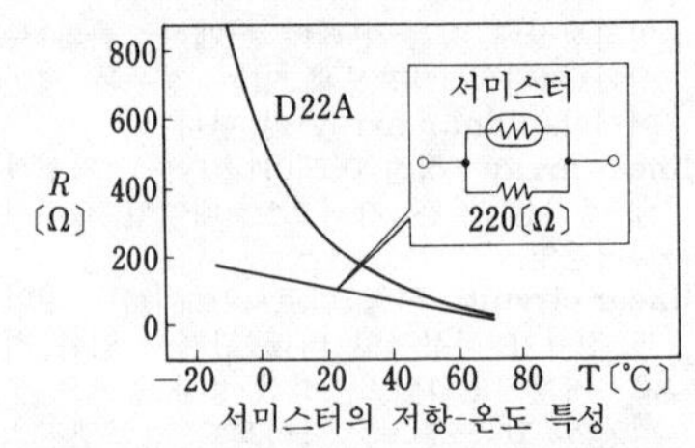

서미스터의 저항-온도 특성

linearly polarized mode LP 모드 광섬유의 코어와 클래드 사이의 굴절률 차가 매우 작은 것은 약도전성(弱導波性)의 파이버(weakly guiding)라 하며, TE, TM 및 EH(하이브리드)의 세 가지 모드가 같은 특성 방정식을 만족하여 축퇴(縮退)하고 있다. 이들 동일한 전파(傳播) 상수를 갖는 복수 모드의 1차 결합에 의해 전계, 자계가 모두 관축에 직각인 성분만을 갖는 모드의 파를 만들 수 있다. 이것이 LP 모드라고 하는 것이다.

linearly polarized wave 직선 편파(直線偏波) 전파(傳播) 방향을 나타내는 선상의 각 점에서의 전계 벡터가 이 선을 포함하는 평면 내에 있는 횡파(橫波). 전파 방향에 직각인 평면을 생각하면, 이 평면상에서 전계 벡터의 투영은 하나의 직선이 된다. 직선이 아니고 원이나 타원으로 되면 각각 원편파, 타원 편파라 한다.

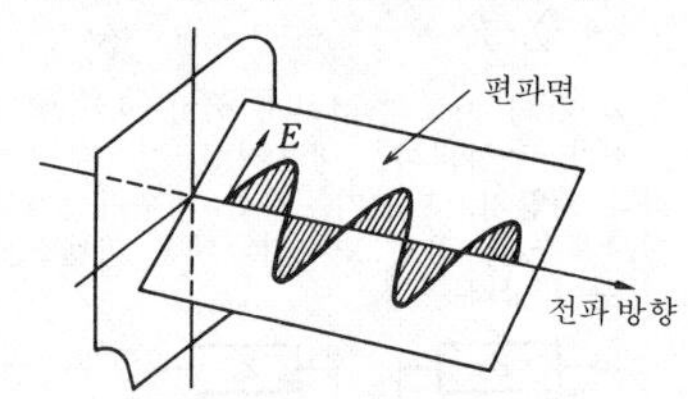

linear modulation 직선 변조(直線變調) 대진폭 변조라고도 하며, 반송파의 진폭이 큰 경우에 행하여지는 변조 방식으로, 무선 통신의 송신기에서 널리 사용되고 있다. 컬렉터 변조나 베이스 변조는 그 대표적인 예이다. 피변조파의 포락선이 신호파의 진폭에 거의 비례하기 때문에 이 명칭을 사용한다.

linear motor 리니어 모터 동기 전동기의 1차측 및 2차측을 축방향으로 전개한 것으로, 회전 운동을 직선 운동으로 변환한 전동기. 리니어 싱크로너스 모터 방식은 언제나 동기 제어를 하지 않으면 안 되는데, 그 반면에 고속 영역까지 역률, 효율이 높고, 지상과의 틈을 크게 잡을 수 있으며, 차상(車上) 자석이나 지상 코일이 안내용과 겸용할 수 있는 등 고속 특성이 나 구성면에서 뛰어나다.

linear phase filter 선형 위상 필터(線形位相－), 직선 위상 필터(直線位相－) 필터의 위상 응답 특성이 주파수에 대하여 선형으로 되는 필터. 선형 위상 필터는 위상 일그러짐을 발생하지 않으므로 파형 전송 등의 응용 분야에서 유용하다.

linear polarization 직선 편광(直線偏光), 직선 편파(直線偏波) 빛의 진동면이 하나의 평면상에 있는 것을 말한다. 전파의 경우는 직선 편파라 한다.

linear polymer 선형 중합체(線形重合體), 선형 고분자(線形高分子) 폴리에틸렌과 같이 분자 구조의 중앙부가 한 줄의 선으로 연장되어 이어져 있는 고분자를 말하며 열가소성을 나타내는 것이 특징이다.

linear prediction coefficient 선형 예측 계수(線形豫測係數) 음성파 중에 포함되는 신호의 최고 주파수의 1/2 인 표본화 주파수로 표본화된 음성파 표본은 단지 그에 인접하고 있는 표본의 값만이 아니고 여러 개 이전까지의 모든 표본값과 상관성을 가지고 있다. 따라서 현재의 표본값은 과거의 몇 가지 표본값에서 예측할 수 있다. 그 중에서 가장 간단한 것은 선형 예측이며,

$$S(n)=\sum_{p=1}^{m}a_pS(n-p)+u_n$$

이라는 식으로 표현된다. u_n은 예측에서의 오차, 즉 잔차(殘差)이고, a_p는 예측 계수이다. a_p를 구하기 위해 예측의 잔차의 제곱 평균값이 최소가 되는 것으로 하고, 파형에서 얻은 표본값 사이의 상관 관계의 행렬에서 a_p를 구할 수 있다. a_p가 구해지면 음성 파형 $S(n)$은 잔차 파형 u_n을 입력으로 하는 m단의 시프트 레지스터 출력으로서 구할 수 있다.

linear programming 선형 계획법(線形計劃法) OR(operation reaserch) 중에서 가장 널리 보급되고 있는 분야이다. 대부분의 1차식 조건(등식이건 부등식이건 좋다)을 만족하고, 다른 1차식(총경비라든가 총이익 등)을 최소 또는 최대로 하는 계획을 결정하는 수학적 방법이다. ＝ LP

linear rectifier 선형 정류기(線形整流器) 정류기의 출력 전류 또는 출력 전압이, 주어진 입력 신호의 포락선의 그것과 같은 모양을 한 파를 포함하는 정류기.

linear region 리니어 영역(－領域) MOS 트랜지스터의 드레인 전류-드레인 전압 특성(I_D-V_{DS} 특성)에서 I_D가 포화하여 특성 곡선이 수평인 선으로 되는 포화 영역에 대하여 드레인 전압의 작은 비포화 영역, 즉 I_D가 V_{DS}와 함께 변화하는 영역. 트라이오드 영역(triode region)이라고도 한다. 비포화 영역에서 드레인 전압을 상승시켜 가면 V_{DS}가 게이트 전압 V_{GS}에 접근하지만, 그 차전압이 어느 임계값 V_T에 이르면 핀치 오프점에 이르러 반전 채널이 드레인단(端)에서 떨어지는 동시에 그 곳을 드레인에서 뻗은 공핍층이 메운다. 이 이상 드레인 전압을 높여도 채널이 짧게 되어 공핍층 전계가 높아질 뿐이고, I_D는 거의 달라지지 않는다(포화 영역).

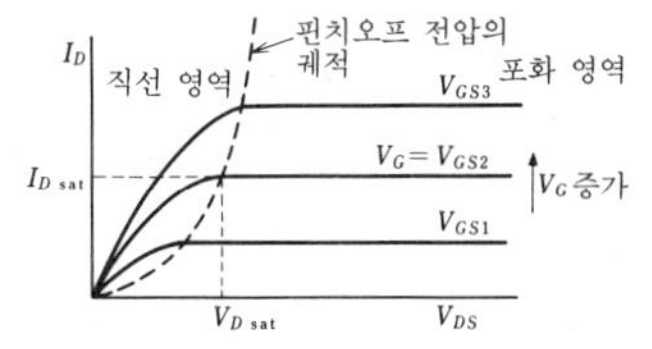

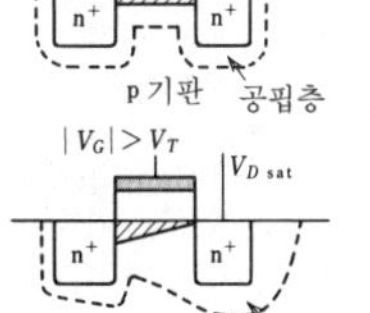

(a) 직선 영역

게이트 전압 V_G를 일정하게 하고, 작은 드레인 전압 V_D를 주었을 때의 직선 영역에서의 동작

(b) 핀치오프점

V_D가 포화값에 이르고, 반전 채널이 드레인 전극에서 멀어지려 하고 있다. 공핍 영역은 확산하고 있다. 이 이상 V_D를 증가해도 전류 I_D는 거의 일정하게 된다.

게이트 전극
반전 채널
공핍 영역

linear time base 직선 시간축(直線時間軸) CRT(음극선관)의 전자 빔이 수평 방향의 시간 척도를 일정 속도로 소인(掃引)하는 시간축 소인법.

linear tracking player 리니어 트래킹 플레이어 직선형 톤 암을 레코드의 접선 위치에 설치하고, 레코드가 회전하는 동시에 톤 암은 접선에 평행하게 이동하면서 재생을 하는 플레이어. 레코드의 원반인 래커반을 커팅할 때와 같은 상태로 되므로 트래킹 에러가 없는 이상적 플레이어라고 할 수 있다. 그러나 톤 암을 원활하게, 그리고 음구(音溝)에 힘이 걸리지 않도록 이동시키기 위한 기구가 복잡해지므로 가격이 비싸진다. 한편 플레이어 자체를 수직으로 두어서 사용할 수도 있고, 레코드의 재킷 만한 치수로 할 수 있는 등의 이점도 있다.

linear waveform distortion 선형 파형 일그러짐(線形波形-) →nonlinear distortion

line balance 공정 균형(工程均衡) 공업적인 콤비네이토리얼(combinatorial)에서 작업 공정의 다수 조합 중에서 가장 적절한 조합을 골라내는 방법. 즉 각 요소 작업간의 우선 관계나 공정의 배분 시간 등의 제약 조건을 고려하여 적절한 계획을 하기 위한 작업 배분을 말한다.

line-beam tube 직선 빔 전자관(直線-電子管) →O-type tube

line-busy tone 회선 통화중음(回線通話中音) 회선이 막혀 있는 것을 표시하는 신호음.

line circuit 가입자 회로(加入者回路) 가입자 선과 교환 시스템 간의 인터페이스 회로.

line code 전송 부호(傳送符號), 전송로 부호(傳送路符號) 데이터의 전송에 쓰이는 부호. 단말에서 만들어진 2진 신호는 전송로의 특성에 적합한 전송 부호로 변환되어서 전송된다. 전송 부호는 직류 평형이 잡혀 있을 것, 잡음에 강할 것, 전송 용량을 크게 할 수 있을 것, 부호 변환 회로가 간단할 것 등의 조건을 만족시킬 필요가 있다. 전송 부호를 회선상의 신호 파형에 대응시켜서 전송하는 것을 베이스밴드 전송이라 한다. =modulation code

line concentration 집선(集線) 복수의 입력 채널을 그보다 적은 수의 출력 채널로 묶는 것.

line concentration system 집선 방식(集線方式) 1 단말 장치당의 트래픽(통신량)이 적고, 단말과 센터(교환국)의 거리가 떨어져 있는 경우에 복수의 단말 가까이에 집선 장치를 설치하여 단말 회선(단말 장치와 집선 장치를 잇는 회선)을 집속(集束)하고, 단말 회선보다 적은 수의 중계 회선(집선 장치와 센터를 잇는 회선)에 의해 센터와 결합하는 방식을 말한다. 즉, 다수의 단말로 중계 회선을 공용화함으로써 회선의 사용 효율의 향상을 꾀하는 것이며, 회선의 경제적 이용의 한 형태이다.

line concentrator 집선 장치(集線裝置) 가입자 선로를 유효하게 이용하기 위하여 교환국(母局)에서 분리하여 가입자 부근에 설치하는, 집선 스위치만으로 이루어지는 자국(子局). 집선 장치에서는 각 가입자의 호출을 집속(集束)하기 위하여 모국과의 회선은 적어도 되어 경제적이다. 이 집선 장치는 변복조 스위치와 필요한 최소한의 제어 장치만으로 이루어지며, 주요 제어 기능은 모두 모국에 의하여 원격 제어된다. =LC

line configuration 회선망 구성(回線網構成) 일반 통신망, 온라인 시스템, 컴퓨터 네트워크 등에서 노드 간의 연결법에는 여러 종류의 구성 방법이 생각되나 이들을 총칭하여 회선망 구성이라 한다.

line connection system 회선 접속 방식(回線接續方式) 컴퓨터와 단말 장치와의 접속 방식의 하나로 통신 회선을 거친 방식. 컴퓨터의 입출력 채널에 단말 장치를 직결시키는 채널 접속 방식에 비하여 정보 교환 속도는 느리지만 범용성이 있고 값이 싸다.

line constant 선로 상수(線路常數) 전선로는 저항, 인덕턴스, 정전 용량, 누설 컨덕턴스 등을 가진 회로라고 생각된다. 이 넷을 선로 상수라 한다.

line control 회선 제어(回線制御) 컴퓨터와 통신 회선을 연결할 때에 생기는 코드의 변환이나 전송 속도와 처리 속도의 변환 등을 하는 것. 온라인 시스템에서는 하드웨어 또는 소프트웨어로 제어된다.

line control unit 회선 제어 장치(回線制御裝置) =LCU →line control

line correlation 라인 상관(-相關) 텔레비전 화면의 전송에서, 인접하는 주사선 사이에서 변화하는 화소(畵素)가 전체 중에서 어느 정도 있는가를 나타내는 값. 변화하지 않는 부분은 전송을 생략함으로써 상관이 큰 화상에서는 전송 소요 시간을 압축할 수 있다.

line current 선 전류(線電流), 선로 전류(線路電流) 전기 회로에서 전원 단자로부터 선로로 유출하는 전류 및 선로로부터 부하 단자로 흘러드는 전류.

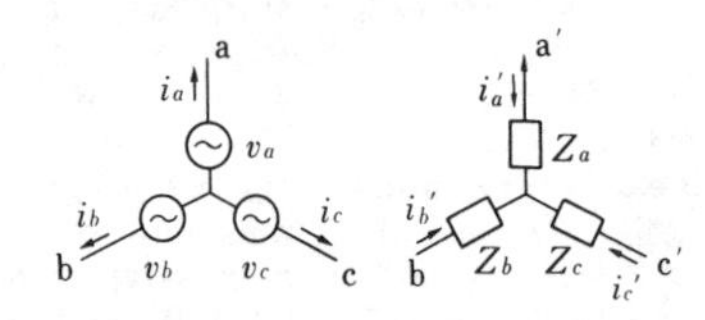

i_a, i_a', i_b, i_b', i_c, i_c' : 선전류

line current tester 가선 전류계(架線電流計) 선로를 절단하는 일없이 도체의 전류를 측정할 수 있는 변류기 내장 전류계. 가볍고 간단하나 도체의 삽입 위치에 따라 오차를 일으키며, 주파수 특성이 나쁘고, 파형의 영향이 큰 결점이 있다. 교류 전류 측정용으로 사용된다. 훅온(hook-on)형은 그 일례이며, 수 암페어에서 수백 암페어 정도까지의 사이에서 4~5 단으로 전환하고 있다.

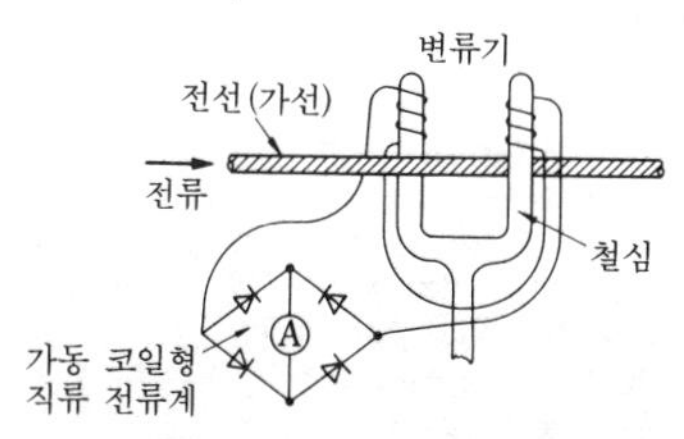

line current tester

line display 라인 표시(一表示) 대역 분해능이 신호에 포함되는 주파수 성분의 간격보다도 작을 때의 스펙트럼 아날라이저의 표시.

line driver 라인 드라이버 논리 회로의 출력에 의해서 전송 케이블, 표시 램프, 계전기, 기억 장치, 전동기 등의 부하를 구동할 때 양자 사이에 있으면서 필요한 전력을 공급하고, 또한 고속으로 제어할 수 있는 속도·전력곱을 가진 구동 전용의 게이트. 논리 회로의 로딩을 줄이고, 오동작을 방지하는 효과도 있다.

line fill 회선 점유도(回線占有度) 어떤 회선의 주전화국 접속 용량에 대한 접속 주전화국수의 비율.

line frequency 선 주파수(線周波數) 텔레비전에서 영상 내에 고정된 수직선을 주사점(走査點)이 1방향으로 가로지르는 1초당의 횟수. 수직 귀선 기간의 주사를 포함한다.

line impedance 회선 임피던스(回線－) 전송 회선의 임피던스. 회선의 저항, 인덕턴스, 신호 주파수 등의 함수.

line level 회선 레벨(回線－) 전송 회선중의 특정한 위치에서의 신호 레벨의 뜻. 데시벨 단위로 나타낸다. →decibel

line link 라인 링크 임의의 지정된 장소 사이를 잇는, 균일한 대역폭을 가진 복수의 채널. 전송로를 구성하는 모든 회선과 장치도 포함된다.

line load 회선 부하(回線負荷) 통신 회선의 사용 상태를 조사하기 위해 어떤 일정한 시간 내에서 회선의 사용도를 그 회선의 최대 능력에 대한 백분비(%)로 나타낸 것. 통상 피크시의 회선 부하는 60% 정도가 바람직하다.

line-load control 회선 부하 제어(回線負荷制御) 중요 트래픽의 처리를 가능케 할 목적으로 긴급시에 발생하는 호(呼) 선택적으로 규제하는 수단.

line lock 전원 동기(電源同期) ① 텔레비전 표준 방식에서의 필드 주파수를 상용 전원 주파수와 같게 하는 것. 전원 동기 방식을 사용하면 화상의 동기가 용이해지고 수상기도 간략화할 수 있다. ② 오실로스코프로 파형을 관측할 때 피측정 파형의 주파수가 상용 전원 주파수의 정수배의 관계에 있을 때 동기를 취하여 파형을 정지시키기 위해 소인 주파수를 전원 주파수와 같게 하는 것.

line-log receiver 직선 대수 수신기(直線對數受信機) 작은 진폭의 신호에 대해서는 직선 응답성을 나타내고, 큰 진폭의 신호에 대해서는 대수적으로 응답하여 과부하를 방지하도록 한 레이더 수신 장치.

line loop 회선 루프(回線－) 어떤 단말 장치와 다른 단말 장치와의 사이에 통신 회선을 통해서 데이터 통신을 하는 조작의 의미. 이 처리 방법에는 단말 장치만으로 직접 데이터 통신을 하는 경우와, 컴퓨터를 개입하여 단말 장치로 하는 경우가 있다.

line microphone 라인 마이크로폰 1개의 직선 형상의 소자, 직선상에 배열된 인접하거나 어떤 간격을 가진 복수의 전기 음향 변환 소자, 혹은 이와 같은 배열 소자에 음향적으로 등가인 것으로 구성되는 지향성 마이크로폰.

line multiplexing 회선 분할 방식(回線分割方式) 대용량의 회선을 분할하여 사용하는 방식. 분할된 개개의 회선은 트래픽상의 제약은 없고 각각 직통 방식의 전용 회선으로서 이용할 수 있다. 분할 다중화의 방법으로는 시간 다중(TDM), 공간 다중(FDM)이 있다.

line noise 회선 잡음(回線雜音) 통신 회선상에 발생하는 잡음. 일반적으로 전기적 신호는 외부 전자기파의 영향을 크게 받기 때문에 원거리 전송이나 공장 내부에서는 영향을 크게 받는다. 광섬유를 이용한 광통신은 전송 정보량도 많지만 회선 잡음에 대단히 강하다.

line of magnetic force 자력선(磁力線) 각 점에서의 접선 방향이 그 점에서의 자장의 방향과 일치하고 있는 곡선.

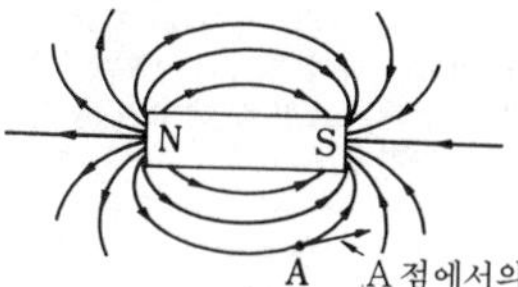

line of position 위치선(位置線) 쌍곡선은 두 초점으로부터의 거리차가 일정하게 되는 점의 궤적이므로 거리차를 알면 하나의 쌍곡선이 얻어진다. 따라서 두 쌍곡선을 조합시키면 그 만난점에 의해 초점을

기준으로 한 위치의 측정을 할 수 있다. 이 경우 각각의 곡선을 위치선이라 한다.

line-of-sight communication 가시 거리 내 통신(可視距離內通信) 가시 거리 이내의 거리에서 직접파를 사용하여 수행하는 통신. 마이크로파 통신 방식 등이 이 예이며, 송수신소간의 거리를 약 50km로 잡고 있다.

line-of-sight distance 가시 거리(可視距離) 초단파 이상의 주파수를 가진 전파가 되면 빛의 성질에 가까워져서 전리층도 통과해 버리므로 송수신을 할 수 있는 최대 지표 거리는 직접파가 도달하는 한계 즉 송수신 안테나를 잇는 지구의 접선이 된다. 이것을 가시 거리라 하며, 그림에서 d_0는 근사적으로

$$d_0 = 3.55(\sqrt{h_1} + \sqrt{h_2})\ [\text{km}]$$

로 나타내어진다. 그런데 대기 중의 기온이나 기압은 상공으로 갈수록 낮아지므로 전파는 굴절하기 때문에 실제의 가시 거리는

$$d_0 = 4.12(\sqrt{h_1} + \sqrt{h_2})\ [\text{km}]$$

가 된다.

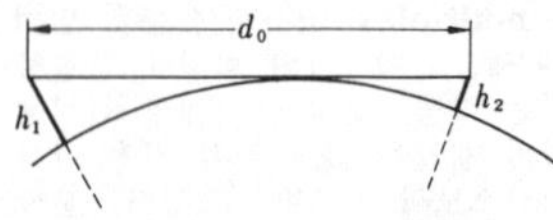

h_1 : 송신 안테나의 높이〔m〕
h_2 : 수신 안테나의 높이〔m〕
d_0 : 가시 거리〔km〕

line pair 라인 페어 피치가 일정한 흑백의 평행선 무늬 모양에서의 흑백 한 쌍의 선. 기호 lP.

line printer 행 인자 장치(行印字裝置) 1 행분의 문자를 단위로 하여 인자하는 장치. 라인 프린터는 인자 기구, 용지 이송 기구, 인자 문자의 제어 기구로 이루어진다. 인자 기구는 활자, 프린트 해머, 잉크 리본 등으로 이루어진다. 용지 이송 기구는 제어 기구로부터의 지령에 의해서 용지 이송을 한다. 제어 기구는 내부 코드에 따른 활자의 선택, 프린트 해머의 동작 지령, 용지 이송 기구로의 지령 등을 한다.

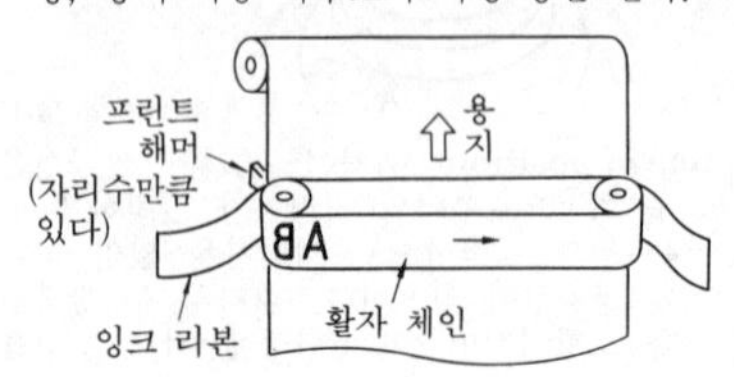

line receiver 라인 리시버 라인 드라이버가 선로상에 내보낸 신호를 검출하는 수신 회로.

line regulation 선로 전압 변동률(線路電壓變動率) 선로 전압이 계단상으로 변화했을 때 생기는, 출력 전압의 정상 상태에서의 최대 변화량. 출력의 백분율에 의해서, 혹은 변화량의 절대값 ΔE에 의해서 표시된다. 전류에 대한 같은 것을 선로 전류 변동률이라 한다.

line regulator 라인 레귤레이터 →voltage regulator

line relay 선로 계전기(線路繼電器) 회선상의 전기 신호에 의해서 작동하는 계전기.

line scanning 회선 주사(回線走査) 복수 회선을 시분할 다중으로 제어하는 경우, 회선을 순차 주사하는 것.

line sequential color TV system 선 순차 방식(線順次方式) 미국의 CTI 에 의해 개발된 컬러 텔레비전의 한 방식. 1 프레임을 적, 녹, 청 3 원색의 필드 두 장 씩 6 필드로 구성하고, 수상측에서는 3 원색의 상을 광학적으로 겹쳐서 컬러를 재현한다. 이 방식은 어른거림이 많고, 상을 겹치는 데 문제가 있기 때문에 현재는 쓰이지 않는다.

lines of force 역선(力線) 전하, 전류 등이 존재함으로써 생기는 전계, 자계의 가시적인 패턴을 주기 위해 그려진 한 무리의 선. 역선은 극성이 다른 전하 사이를 잇는 선(전기력선)으로서, 혹은 전류원을 둘러싸는 폐곡선(자력선)으로서 형성되는데, 어느 경우라도 역선끼리 교차하는 일은 없다.

line source corrector 라인 소스 커렉터 궤전용 선형 어레이 안테나로, 방사 소자의 위치 및 여진(勵振) 계수가 반사 거울의 초점 영역에서의 수차(收差)를 보정하도록 선정되어 있는 것.

line speaker 라인 스피커 지향성 스피커의 일종으로, 확성용으로서 목적의 방향으로 소리를 방사하도록 동일 구경의 스피커를 5~6 개 일렬로 배열하여 선 음원(線音源)으로 하여 사용하는 것. 경기장이나 체육관 등에서 사용되는 경우가 많다.

line speed 회선 속도(回線速度), 전송 속도(傳送速度) 데이터 전송 시스템에서 대응하는 장치간의 데이터 회선을 통해서 보내지는, 단위 시간당의 비트수, 문자수, 블록 수 등의 평균값을 나타내며, 각각 비트/초, 문자/초, 블록/초 등으로 표시된다. 특히, 전송 속도와 데이터 전송 속도의 구별은 전송 속도가 데이터 전송 시스

템으로서의 데이터 회선에서의 신호의 전송 속도를 나타내는 데 대하여 데이터 전송 속도는 그 데이터 회선을 흐르는 데이터의 속도를 나타낸다.

line split 라인 스플릿 =pairing

line splitter 선로 분할 장치(線路分割裝置) 포트 공용 장치와 같은 구실을 하는 장치이나, 데이터 전송 선로의 원단(遠端)에 설치되는 점이 다르다. 이것은 여러 개의 단말 장치에 의해 링크의 전 용량(매초의 비트수)을 시분할적으로 나누어서 사용하기 위한 일종의 전환 장치이다.

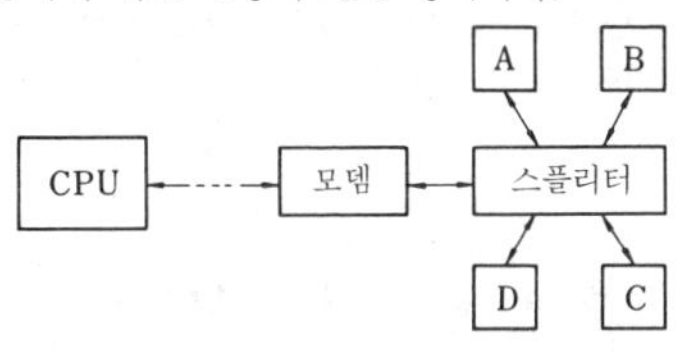

line stabilizer 정전압 장치(定電壓裝置) 부하의 변화에 관계없이 언제나 일정 전압을 꺼내기 위한 장치. 가장 널리 사용되고 있는 직류용 정전압 장치는 출력 전압을 전압 표준용의 정전압 다이오드와 비교해서 차를 증폭하여 전원과 부하 사이의 전압 강하를 조정한다. 그림은 간단한 정전압 장치의 예이며, 트랜지스터 Tr 은 전류를 가변하고 있는 가변 저항의 구실을 하고 있다.

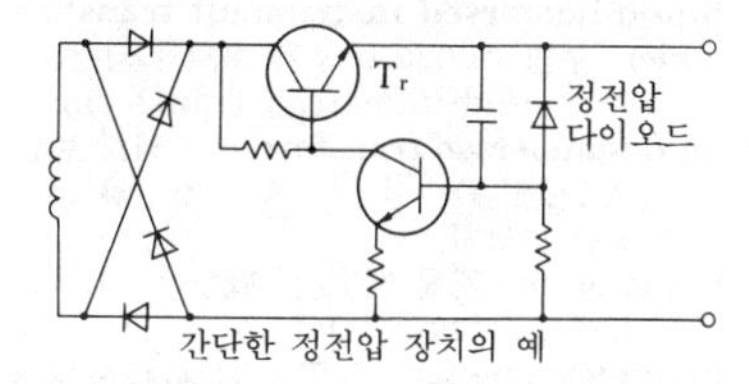

간단한 정전압 장치의 예

line stretcher 라인 스트레처 물리적 길이를 조정할 수 있는 도파관 또는 전송 선로의 구성 부분.

line surge 과전류(過電流) 전압이나 전류의 급격하고 순간적인 증대. 예를 들면, 가까이에 낙뢰(落雷)가 있으면 전력선에 과전류가 흘러서 전기 제품이 파손될 염려가 있다. 컴퓨터 등 민감한 기기류에는 서지 억제 회로를 전원에 내장하는 일이 있다.

line switch 회선 스위치(回線-) 가입자선을 수용하는 스위치로, 발신호(發信呼)를 빈 교환 장치에 접속한다.

line switching 회선 교환(回線交換) 송신 단말에서 수신 단말로 통신 회선을 거쳐 전송하는 경우, 전송 개시점에서 논리적인 접속이 완성될 수 있는 통신 교환 시스템.

line-time waveform distortion 라인 타임 파형 일그러짐(-波形-) 1μs부터 64μs까지의 시간 성분, 즉 라인 시간 영역의 직선 텔레비전 파형 일그러짐. =LD

line trace 회선 추적(回線追跡) 지정한 회선에서 어떤 사상(事象)이 발생했을 때, 그에 관한 데이터의 기록이나 기타 사상 해석에 필요한 정보의 수집.

line transducer 라인 트랜스듀서 단일의 직선상 소자, 혹은 인접해서 직선상으로 배치하거나 또는 간격에 있어서 직선상으로 배치된 전기 음향 변환 소자의 어레이, 내지는 이러한 어레이와 음향적으로 등가인 소자로 이루어지는 방향성의 변환기.

line trap 라인 트랩 전력선 반송과 같이 전력선을 고주파의 전송로로서 사용하는 경우에 본래의 전력선으로서 사용하는 부분과, 통신선으로서 사용하는 부분을 명확하게 구분하고, 불필요한 침입이나 간섭을 방지하기 위해 적당한 곳에 두는 고주파 성분 트랩을 말한다. 전력선에 직렬로 넣는 코일, 혹은 병렬 공진 분기이며, 블로킹 코일이라 하기도 한다.

line trigger 라인 트리거 스펙트럼 애널라이저에 공급되고 있는 교류 전원의 주파수를 이용한 트리거 방식.

line triggering 라인 트리거 오실로스코프에서 전원 주파수에 의한 트리거.

line utilization 회선 이용률(回線利用率) 데이터 전송에 필요한 회선의 서비스 시간에 대한 실제 사용되고 있는 시간의 비율을 말하며, 회선 설계 평가의 한 기준이 된다.

line voltage 선간 전압(線間電壓), 선 전압(線電壓) 전기 회로에서 인접하는 선로간의 전위차.

〔예〕

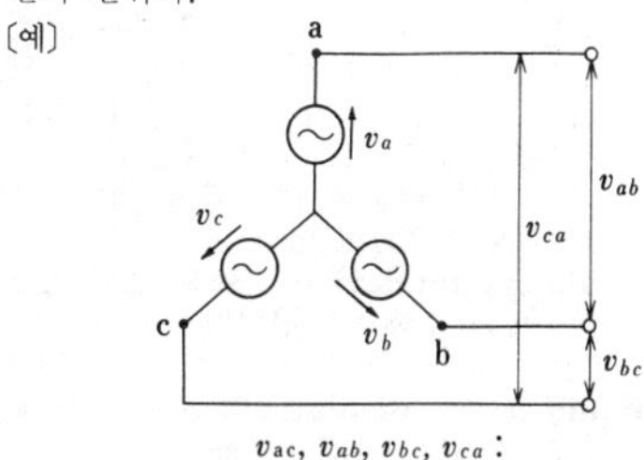

v_{ac}, v_{ab}, v_{bc}, v_{ca} :
선간 전압

line-width 라인폭(-幅) 광원에서 디바이스에 의해 방사되는 전자파의 파장 범위로, 진폭 반치폭을 nm 로 노타낸 것. 예를 들면 850nm 의 평균 파장으로 동작하고 있는 LED 인 경우, 진폭 반치폭은 대체로 40nm 이다. 진폭 반치폭이란 진폭/파장 특성 곡선에 있어서 최대 진폭값의 전후에서 진폭이 반감하는 2 점간의 파장폭을 말한다.

line wire 외선(外線) 전화국에서 가입자까지의 전화 회선. 루프라고도 한다. 이에 대해 구내 교환대에서 내선 전화기까지의 회선을 내선이라 한다.

linguistics learning 언어 학습(言語學習) 컴퓨터가 문장을 번역하는 경우 문법에 따른 기계적인 처리를 할 뿐만 아니라 그 의미나 관용을 이해하고 다루기 위해 언어 구조를 인식하는 능력을 얻도록 하는 것을 말한다.

link 링크, 연결(連結) 컴퓨터의 소프트웨어에서는 부분적으로 작성한 프로그램의 기계어에 코드화한 목적 프로그램을 이어 맞추는 것.

lin-log receiver 린로그 수신기(—受信機) 소진폭 신호에 대해서는 선형 진폭 특성, 대진폭 신호에 대해서는 대수 진폭 특성을 갖는 수신기.

lip microphone 립 마이크로폰 입술에 접근해서 사용하는 마이크로폰.

Lippman-type hologram 리프만형 홀로그램(−形−) 물체 광파면과 참조 광파면을 홀로그램 기록층을 사이에 두고 반대 방향에서 입사하여 작성하는 홀로그램.

liquid controller 액체 제어 장치(液體制御裝置) 저항이 액체로 되어 있는 전기 제어 장치.

liquid crystal 액정(液晶) 액체이면서 광학적으로는 결정과 같은 성질을 나타내는 물질. 유기 화합물로 종류는 많다. 빛의 투명도나 색조 등의 성질이 거기에 가해는 전계나 자계 또는 온도 등의 매우 약한 자극에 의해 변화한다. 저전압, 저소비 전력으로 동작하기 때문에 휴대용 초소형 전자 기기의 표시 장치에 가장 적합하다. 또, 스스로 발광하지 않기 때문에 빛의 어른거림이 없으므로 눈의 피로가 없는 이점도 있기 때문에 중형에서 대형으로의 표시에도 응용되고 있다.

liquid crystal device 액정 소자(液晶素子) 빛의 투과도를 전기적으로 제어할 수 있는 액정을 사용한 표시 소자. =LCD

liquid crystal display 액정 표시 장치(液晶表示裝置) =LCD

liquid crystal display printer 액정 디스플레이 프린터(液晶−) =LCD printer

liquid crystal panel 액정 패널(液晶−) 액정 표시 장치의 표시부.

liquid crystal printer 액정 프린터(液晶−) 액정의 성질을 이용하여 인쇄하는 프린터.

liquid crystal shutter printer 액정 셔터 프린터(液晶−) =LCS printer

liquid density meter 액체 농도계(液體濃度計) 전해액의 도전율이 용액의 농도에 따라서 달라지는 성질을 이용하여 용액의 농도를 측정하는 장치. 측정 용액 중에 백금 전극을 담그고, 전극간의 저항을 브리지를 써서 측정하여 농도를 구한다. 이 경우 액체의 저항은 온도에 따라 현저하게 달라지므로 온도 보상 회로를 두고 있다.

liquid development 액체 현상(液體現像) 전자 사진에서의 현상법의 일종. 고절연성의 액체에 토너를 분산시켜 두고, 거기에 감광판을 담가서 현상시키는 방법으로, 선명한 화상을 얻을 수 있다.

liquid encapsulated Czochralski method LEC 법(−法) 화합물 반도체 융액은 융점이 낮은 유리재로 피복하고, 불활성 가스의 가압하에서 반도체 구성 물질 중 증기압이 높은 원소의 증발량을 제어하면서 단결정 인상을 하는 방법.

liquid growth 액상 성장(液相成長) 반도체의 융액을 기판상에 얇게 씌우고, 조성 재료를 보급하면서 단결정을 성장시키는 방법. 기상 성장법(氣相成長法)으로는 조성의 제어가 곤란한 화합물 반도체 등에 사용한다.

liquid-immersed instrument transformer 수침 계기용 변성기(水浸計器用變成器) →liquid-immersed transformer

liquid-immersed transformer 액침 변압기(液浸變壓器) 절연액 속에 철심과 코일을 담근 변압기.

liquid laser 액체 레이저(液體−) 액체를 활성 매질로 하는 레이저.

liquid-level meter 액면계(液面計) 탱크 내의 액면 높이를 외부에 지시케 하는 장치. 화학 공업 등에 쓰인다. 대표적인 것으로, 그림에 나타낸 게이지 글래스법이나 플로트를 띄우는 방법, 텡크 밑바닥의 압력을 재는 방법, 백금선의 저항값 변화를 재는 방법, 기타 빛 혹은 마이크로파를 액면에 반사시켜 탱크 상단으로부터의 거리를 측정하는 방법 등이 있다.

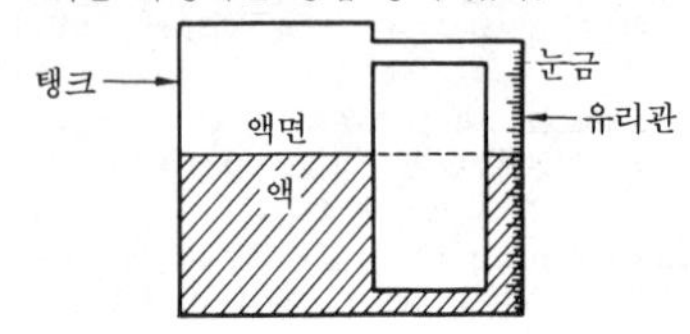

liquid penetrant test 액체 침투 탐상 시험(液體浸透探傷試驗) 비공질(非孔質) 재료의 표면에 개구(開口)한 결함부를 찾아내기 위해 침투액을 표면에 칠하고, 적당 시간 경과 후에 여분의 액을 제거한 다음, 현상제를 칠하여 결함부에서 침투제를 빼내면 결함부의 위치, 형상, 확산 등을 알 수 있다.

liquid resistor 액체 저항기(液體抵抗器) 액체 내에 담근 전극으로 구성되는 저항.

Lissajous' figure 리사주 도형(−圖形) 2개의 정현파를 브라운관 오실로스코프의 수평축과 수직축에 따로 가하고, 양자의 주파수비를 정수비로 하면 양 주파수비와 위상차에 따른 특유한 도형이 브라운관상에 그려진다. 이러한 도형을 리사주 도형이라 하며, 주파수나 위상차의 측정에 쓰인다. 펜 기록 오실로그래프를 써서 그릴 수도 있다.

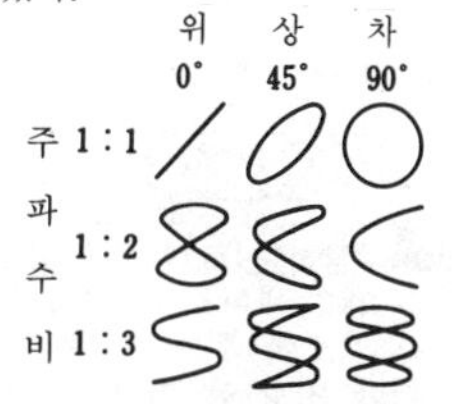

list 리스트, 계열(系列), 나열(羅列) ① 항목의 순서가 매겨진 집합. 특히 항목이 다음 항목을 나타내는 이름(포인터)을 가지고 있는 연결 리스트를 가리킬 때가 많다. ② 파일이나 기억 영역 내의 레코드를 순차 인자하는 것. 혹은 인자한 출력.

listener echo 수화자 반향(受話者反響) 수화자의 귀에 도달하는 반향.

list processing 리스트 처리(−處理) 컴퓨터 기억 장치를 리스트에 의해 조직하는 프로그래밍 수법.

literal 리터럴 프로그램 언어에서 문자열 그 자체가 값을 나타내는 것. 예를 들면 X= '90' 에서 문자열 90 은 90 이라는 값을 나타내는 리터럴이다.

lithium cell 리튬 전지(−電池) 음극에 리튬을 사용한 것으로, 고 에너지 밀도의 전지이다. 에너지 밀도가 높고, 보존성이 좋으며 작동 온도 범위가 넓은 특징이 있다.

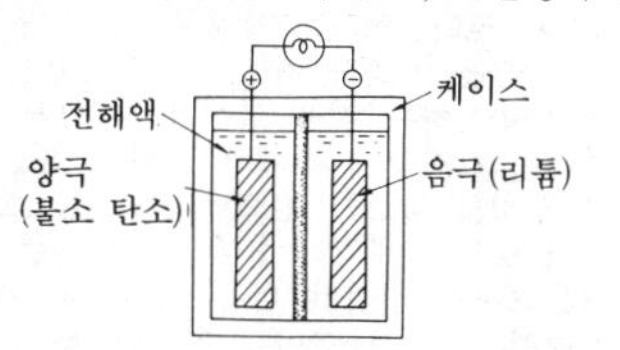

lithium chloride hydrometer 염화 리튬 습도계(鹽化−濕度計) 그림과 같은 구조로, 염화 리튬(LiCl)의 흡습에 의한 도전성의 변화를 이용한 습도계이다. 권선 전극에 전압을 가하면, 염화 리튬 용액을 통해서 전류가 흐르므로 온도가 올라가서, 용액 중의 수분이 증발하기 때문에 저항이 증대하여, 전류가 감소한다. 따라서 온도가 내려가 공기 중의 수분을 흡수하여 다시 저항이 감소하고, 결국에는 평형 상태가 된다. 이 때의 온도를 측정함으로써 습도를 구할 수 있다.

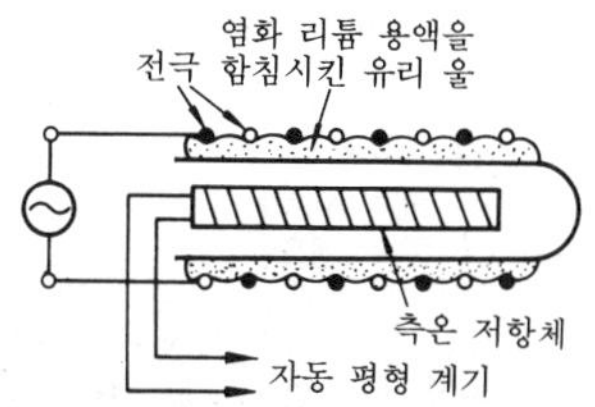

lithium neodymium tetraphosphate 인산 리튬 네오듐(燐酸−) =LNP

lithium niobate 니오브산 리튬(−酸−) 분자식은 $LiNbO_3$. 단결정은 특정한 빛(파장 0.3~3μm)만을 통괴시킨다. 전압을 가하면 빛의 흐름을 제어할 수 있으므로 레이저 변조기 등으로서 광집적 회로에 사용된다.

lithography 리소그래피 LSI 에서의 패턴 형성을 위한 미세 가공 기술. 포토에칭을 하는 경우 그림과 같이 원화를 직접 웨이퍼 상에 축소 투영하여 노출하는 방법으로, 웨이퍼를 얹은 X-Y 이동대를 조금씩 움직여서 자동 초점 기구와 컴퓨터에 의한 위치 결정에 의해 순차 같은 패턴을 소부해 간다. 해상도 1μm 정도까지의 패턴

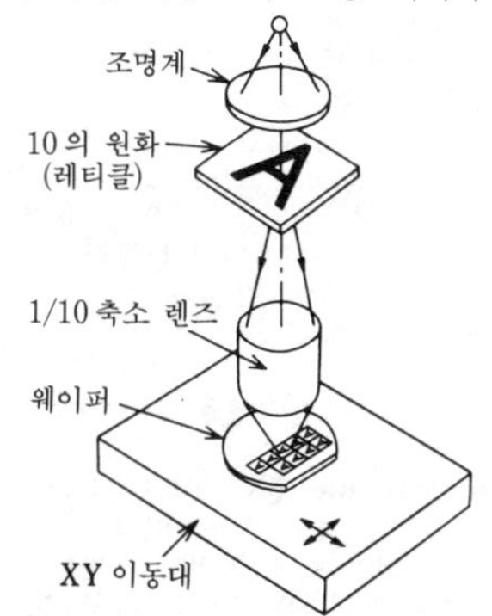

이 얻어지며, VLSI(초대규모 집적 회로)의 제조에 쓰인다.

Litz wire 리츠선(－線) 직경이 0.1mm 정도의 가는 에너멜선(폴리우레탄선 등)을 10줄부터 수십줄 꼬아 그 위에 1중 또는 2중의 명주실을 가로로 감은 특수한 절연 전선으로, 표면적을 크게 함으로써 표피 효과를 저감시키는 것이 목적이다. 고주파 회로의 코일 등에 사용한다.

live 라이브 ① 극장이나 홀에서의 생연주. 이것을 직접 방송하는 것이 생방송이다. 생연주를 녹음하는 것을 라이브 레코딩, 또 그 CD, 레코드를 라이브 앨범이라 한다. ② 에너지가 주어지고, 대지와 다른 전위 상태로 충존된 기기나 장치의 상태를 말한다. ③ 잔향이 비교적 많은 방의 상태. 반대로 흡음 특성이 좋은(잔향이 적은) 경우는 데드(dead)라 한다.

live end 라이브 엔드 라디오 스튜디오, 연주실 등에서 음파를 완전히 반사하는 성질을 가진 벽면 기타의 장소. 반대어는 데드 엔드(dead end)이며, 여기서는 흡음성이 매우 좋다.

live room 반향실(反響室) 흡음이 극히 적은 방.

LNP 인산 리튬 네오듐(燐酸－) 기호 LiNdP_4O_{12}. 고능률 고체 레이저 결정으로서 사용한다.

load 부하(負荷) ① 전력을 받는 장치, 혹은 그러한 장치에 주어지는 유효 혹은 겉보기의 전력. ② 신호 전송 선로에서 신호 에너지를 받는 장치. ③ 컴퓨터에서 내부 기억 장치에 데이터를 기입하는 것. 기록이라고도 한다.

load capacity 부하 용량(負荷容量) 전기 기기의 온도 상승, 최대 토크, 정류 등을 고려하여 안전하게 부하에 공급할 수 있는 최대 출력. 정격 출력 혹은 전 부하와 같은 뜻을 갖는다.

load characteristic 부하 특성(負荷特性) 부하를 접속한 상태에서 기기 혹은 장치의 부하 변화에 대한 어느 특성량의 변화를 보통 그래프로 표현한 것. 다른 특성량은 파라미터로서 일정값으로 유지된다. 예를 들면 트랜지스터에서 부하를 접속한 상태에서 컬렉터 전류와 컬렉터-이미터간 전압의 관계를 그린 특성 곡선. 이 경우 베이스 전류는 파라미터이다. 부하를 외부 장치라고 생각했을 때는 외부 (부하) 특성이라 한다.

loaded antenna 장하 안테나(裝荷－) 안테나에 정전 용량 또는 인덕턴스를 삽입하여 그 전류 분포를 적당히 변형시켜 전기적으로 안테나의 길이를 바꾼 것. 여기에 사용하는 정전 용량은 길이를 단축, 인덕턴스는 길이를 연장하는 구실을 한다. 정부(頂部) 부하 안테나는 그 대표적인 예이다.

loaded cable 장하 케이블(裝荷－) 케이블에 의한 전송 선로에서는 장거리가 되면 용량에 의한 손실이 커진다. 이것을 경감시키기 위해 일정 구간마다 코일을 삽입하여 감쇠를 작게 한 케이블. 종류로는 불연속 장하와 연속 장하가 있다.

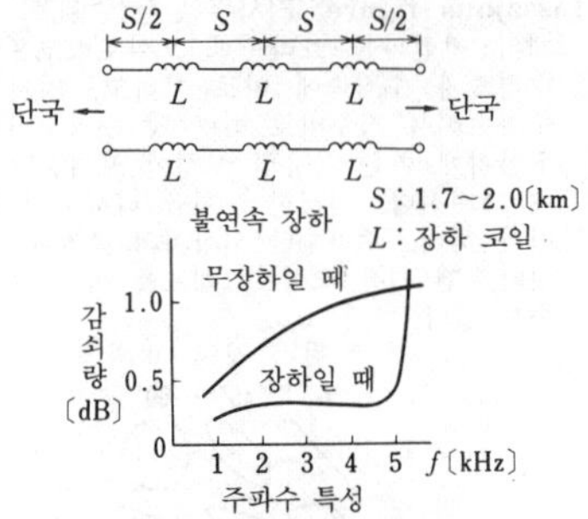

S/2 S S S/2
L L L
단국 ← → 단국
L L L
S : 1.7~2.0〔km〕
L : 장하 코일
불연속 장하

무장하일 때
장하일 때
감쇠량〔dB〕 1.0 0.5 0
1 2 3 4 5 f〔kHz〕
주파수 특성

loaded line 장하 선로(裝荷線路) 로딩 코일을 갖춘 전송 케이블로, 보통 1마일 정도 떨어진 개소에 두고, 인덕턴스(전류의 변화에 대한 저항)를 가함으로써 신호의 진폭 일그러짐을 감소시킨다. 또, 로딩 코일에 의해서 영향되는 주파수 범위 내의 일그러짐은 최소로 되지만 코일은 전송에 쓸 수 있는 주파수 대역폭을 좁게 한다. 전화 회사에서는 가입자로부터 중앙의 교환기로의 전화선에 이것을 사용하는 경우가 많다.

loaded Q 부하시의 Q(負荷時－) ① 동작 상태에 접속되고, 또는 결합된 임피던스의 Q. 동작시의 Q(working Q)라고도 한다. ② 일반의 공진 회로에서 무부하시의 Q_0을 결합된 임피던스에 의해 수정한 값 Q_L을 말한다. 이 수정 효과를 결합의 Q로서 Q_U로 나타내면 다음과 같은 관계가 있다.

$$\frac{1}{Q_L}=\frac{1}{Q_0}+\frac{1}{Q_U}$$

loader 로더, 적재기(積載器) 컴퓨터 프로그램 등을 입출력 매체나 외부 기억 장치에서 판독하는 것을 말한다. 그렇게 하기 위해서는 사전에 적재하기 위한 프로그램을 입력할 필요가 있으며, 그 프로그램을 로더 또는 적재기라 한다. 예를 들면 목적 프로그램을 작성한 다음 출력 결과를 얻으려면, 그림과 같이 미리 로더를 입력하고 목적 프로그램을 입력하여 데이터를 넣고 나서 계산이 수행되고 결과가 출력된다.

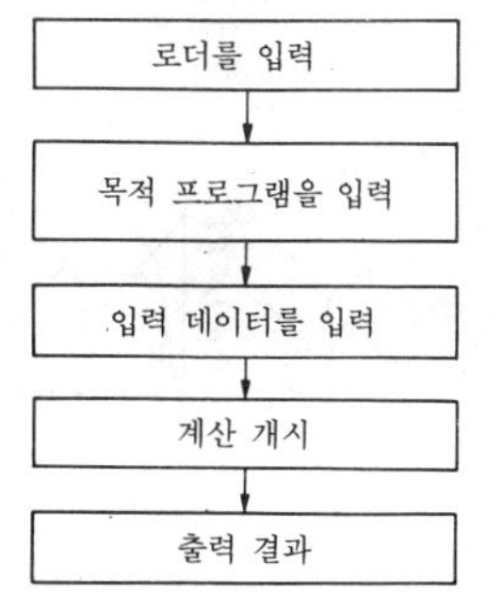

loading 로딩 ① 선로에서 주어진 주파수대에서의 전송 특성을 개선하기 위해 선로를 따라서 일정 구간마다 코일(인덕턴스)을 장하(裝荷)하는 것. 일그러짐은 적어지지만 전송 대역을 좁게 하므로 현재는 그다지 쓰이지 않는다. ② 다이폴이나 모노폴과 같은 기본적인 안테나에서 여기에 직렬로 코일을 삽입하여 안테나의 전기 길이를 증가시켜 전류 분포나 방사 특성을 변경하는 것. ③ 스피커의 전면 또는 후면에 음향재를 두어, 음향 임피던스, 따라서 스피커의 방사 특성을 개선하는 것. ④ 컴퓨터 기억 장치에 프로그램을(보통 적재기를 써서) 기록하는 것. 격납(格納)이라고도 한다.

loading antenna 로딩 안테나, 부하형 안테나(負荷形−) 수신용 안테나 중에서 특히 광대역 특성을 가지며, 무지향성이고 고이득이 요구되는 전파 감시용 등 특수 목적을 위해 고안된 것이 이 안테나이다. 이것은 수직 도체의 정상부에 특성 임피던스와 같은 부하를 접속시켜 진행파 안테나로서 작용시키는 것이다. 이 밖에 안테나의 기부(基部)에 인덕턴스를 삽입하여 동조를 취하는 방법도 있으나, 전류 파복(波腹)이 아래 쪽에 오기 때문에 유효 방사가 잘 안 된다. 로딩 안테나에는 역 L 형 안테나, T 형 안테나, 우산형 안테나 등이 있다.

loading capacitor 단축 콘덴서(短縮−) 안테나의 실제 길이 l'가 사용 파장에 적응하는 길이 l보다 클 때, l'를 l로 단축한 것과 같은 효과를 줄 목적으로 삽입하는 콘덴서. 예를 들면, 그림의 다이폴 안테나에서 실제 길이 l'가 사용 파장 λ에 적응한 길이 l보다 너무 길면, 궤전점(급전점)의 임피던스는 유도성으로 되고, 공진 상태도 약해진다. 그러므로 콘덴서를 삽입하여 이것을 상쇄해서 실제 길이 l'를 줄이는 일없이 l의 경우와 같은 공진 상태가 얻어지도록 한다.

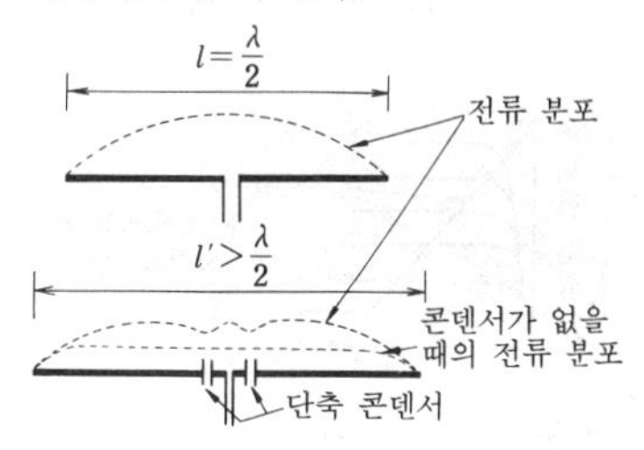

loading coil 연장 코일(延長−)[1], 장하 케이블(裝荷−)[2] (1) 안테나를 설치하는 경우, 부지 또는 기타의 관계로 반드시 이상적인 길이의 안테나가 얻어지지 않는 경우가 많다. 그래서 안테나에 인덕턴스를 직렬로 삽입함으로써 공진 주파수를 삽입 전의 고유 주파수보다도 낮게 하면, 고유 파장보다 긴 파장으로 공진시킬 수 있어서 전기적으로 안테나의 길이를 연장한 것과 같은 작용을 한다. 이 인덕턴스를 주는 코일을 연장 코일이라 한다.
(2) 시내 중계 케이블이나 시외 장거리 전화 회선에서 선로의 감쇠를 작게 하기 위해 선로의 일정 구간마다 삽입하는 코일.

loading condenser 단축 콘덴서(短縮−) =loading capacitor

loading error 로딩 오차(−誤差) 변환기 또는 신호원이 어떤 부하를 구동하고 있을 때, 그 부하 임피던스에 의해 일어나는 오차.

loading program 입력 프로그램(入力−) ① 컴퓨터 내에 고정하여 기억된 특정한 루틴으로, 컴퓨터에 데이터나 프로그램을 기록할 수 있도록 설계된 것. ② 데이터나 프로그램을 컴퓨터 내에 기록할 때 이것을 유도하여 제어하는 루틴. 이러한 루틴은 내부 기억 장치 내에 고정적으로 기억되고, 혹은 회로 접속을 써서 준비된 부트스트랩 동작을 유도하거나 하우스키핑, 시스템 제어 등의 작업을 맡는다.

load line 부하선(負荷線), 부하 곡선(負荷曲線) 트랜지스터나 진공관의 정특성을 나타내는 그래프에 기입된 부하에 대한 동특성을 나타내는 선. 가로축상의 $V_C=E_C$의 점과 세로축상의 $I_C=E_C/R$의 점을 직선으로 잇는다. 입력 신호 v_b에 대하여 베이스 전류 I_B가 변화할 때의 동작점은 모두 이 선상에 있다. 부하 R이 걸려 있으면 경사가 변화하고, EC 가 바뀌면 평

행 이동한다. →load resistance line

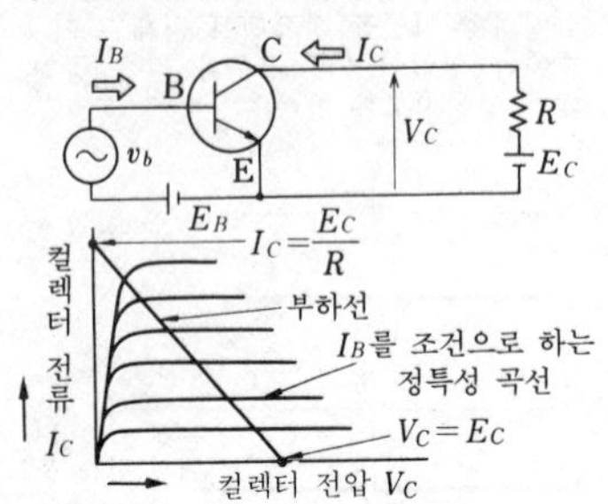

load loss 부하 손실(負荷損失) 부하시에만 발생하는 손실. 부하손실에는 주로 1차, 2차의 부하 전류에 의한 권선의 저항 손실과 부유(浮遊) 부하 손실이 있다. 부유 부하 손실은 부하 전류에 의한 누설 자속에 의해 생긴다.

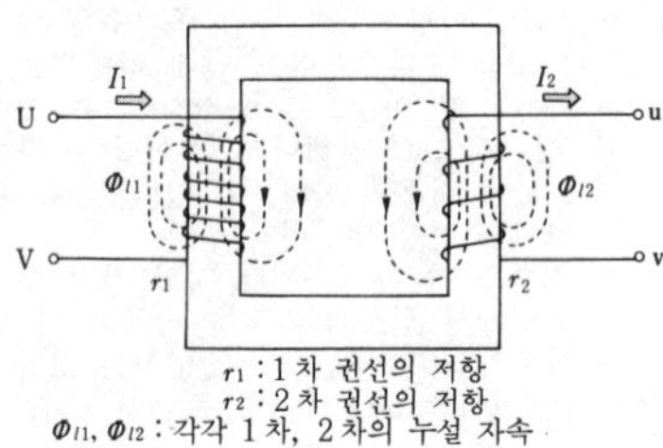

r_1 : 1차 권선의 저항
r_2 : 2차 권선의 저항
Φ_{l1}, Φ_{l2} : 각각 1차, 2차의 누설 자속

load map 로드 맵 각각의 목적 모듈이 로드 모듈의 어디에 있는가를 나타내고 있는 메모리 어드레스 맵.

load matching 부하 정합(負荷整合) 부하 회로의 출력 임피던스를 조정하여 전원에서 부하로 공급되는 전력이 최대가 되도록 하는 것. 최대 수수 조건은 전원 임피던스와 부하 임피던스가 공액 복소수의 관계를 만족할 때 얻어진다.

load module 로드 모듈 연결 에디터의 출력으로, 실행하기 한 프로그램으로서 주기억 장치에 기록할 수 있도록 조정되어 있는 것. 이것은 복수 개의 목적 모듈에서 연결 편집 루틴에 의해 만들어진다.

load point 로드 포인트 컴퓨터의 기억 장치에 사용하는 자기 테이프에서, 기록을 개시할 수 있는 위치.

load resistance line 부하 저항선(負荷抵抗線) 이미터 접지의 트랜지스터 회로에서 컬렉터 회로에 부하 저항 R_L을 접속하면, 컬렉터에 걸리는 전압

$V_{CE} = V_{CC} - I_C R_L$

여기서, V_{CC} : 전원 준압, I_C : 컬렉터 전류. 지금 V_{CE}-I_C 정특성 곡선상에서 그림과 같이 $V_{CE} = V_{CC}$, $I_C = 0$의 점과, $V_{CE} = 0$, $I_C = V_{CC}/R_L$의 점을 잇는 직선을 그리면 이것이 부하 저항선이며, V_{CE}-I_C의 동작 특성을 나타낸다. 이 기울기 각 φ는 $\cot\varphi = R_L$이 된다.

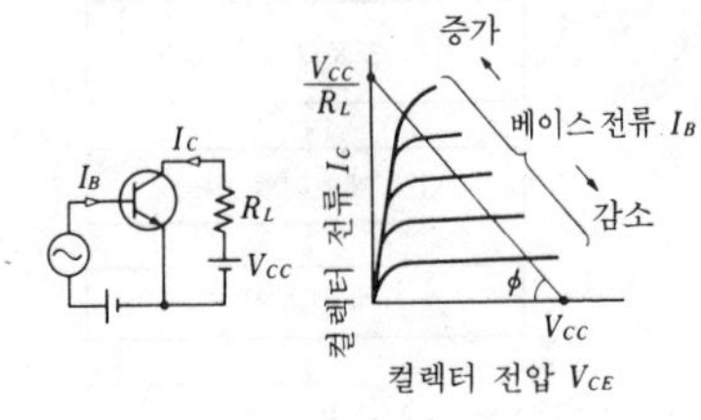

lobe 로브 안테나에서 방사되는 전파의 에너지 분포가 여러 방향으로 나뉘어져 있는 경우 각각의 방사군(放射群)을 로브라 한다. 방사 에너지의 최대가 되는 방향의 로브를 주(主) 로브라 하고, 그 이외 방향의 방사군을 부(副) 로브 또는 사이드 로브라 한다.

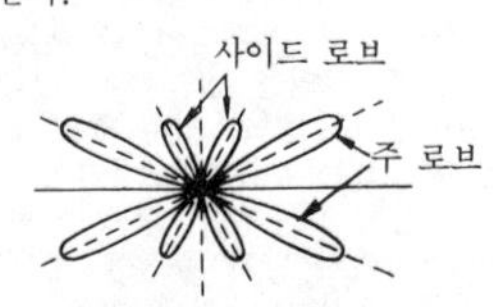

lobe switching 로브 전환(-轉換) 레이더 용어. 방향 탐지에서의 한 방법으로, 목표물을 조사(照射)하는 신호의 변화를 만들어내기 위해 방향성 방사 패턴의 위치를 주기적으로 이동시킨다. 패턴의 평균 위치를 기준으로 하여, 목표물 변위의 크기와 방향의 정보가 신호 변화로 얻어진다.

local action 국부 작용(局部作用) 그림과 같은 축전지에서 외부에 전류를 공급하고 있지 않는 경우에 전극에 사용하고 있는 아연판의 불순물과 아연이 국부 전지를 만들어 단락 전류를 흘리기 때문에 자기 방전을 한다. 이것을 국부 작용이라 한다. 이것을 방지하려면 순수한 아연판을 사용하든가 아연판에 수은 도금을 하면 된다.

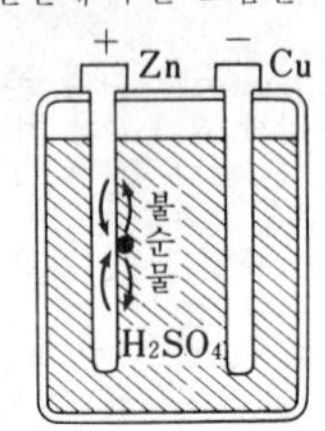

local area 시내 구역(市內區域) 시내 국번과 가입자 번호에 의해서 통화가 이루어지는 구역으로, 통신망 구성상의 단위 지역이다. 국번은 최대 4자리, 가입자 번호는 4자리의 숫자로 주어진다. 국번과 가입자 번호를 합친 것을 시내 번호(local number)라 한다.

local area network 근거리 통신망(近距離通信網) =LAN

local bypass 로컬 바이패스 다른 건물에 링크되어 있으나 전화 회사를 바이패스하고 있는(경유하지 않는) 전화 접속 형태.

local cable 시내 케이블(市內-) 전화 교환국과 가입자간 혹은 대도시에서의 교환 국간의 중계에 사용되는 시내 선로로서 사용되는 케이블. 연동선을 도체로 하고, 절연지 또는 폴리에틸렌이나 염화 비닐로 절연한 것이 심선이며, 이것을 네 줄로 꼬아서 쿼드로 하고, 그것을 다시 다발로 하여 원통형으로 꼬아서 알루미늄이나 폴리에틸렌의 외장을 한 것이다. 최근에는 절연 외장에 모두 플라스틱을 사용한 시내 CCP 케이블이나 PEF 케이블이 널리 사용되고 있다.

local carrier reception 국부 반송파 수신(局部搬送波受信) 단측파대 전송에서 수신기가 갖는 국부 발진기에 의해 발생한 주파수를 수신 신호의 복조를 위한 반송파로서 사용하는 수신 방법. 국부 발진기의 주파수는 수정 또는 파일럿 반송파에 의해 제어되는데, 이 주파수가 송신측의 반송 주파수와 수 헤르츠 이상 다르면 수신 불능의 일그러짐을 발생한다.

local cell 국부 전지(局部電池) 전해액 중의 금속 표면 각부 불균일성에 의해 생기는 갈바닉한 전지 작용. 불균일성은 금속 또는 그 주위에서의 물리적 또는 화학적 성질의 불균일성도 있다. 국부 작용이라고도 한다. 국부 전지에 의해 전지의 자기 방전이나 전극판의 부식 등이 생긴다.

local central office 분국(分局) 전화 가입자 회선을 수용하기 위해 만들어진 중앙 분국. 다른 중앙 분국과의 사이에서 회선의 상호 접속을 하는 것.

local channel 시내 회선(市內回線), 지역 회선(地域回線) 전용 회선의 데이터 통신 서비스에서, 교환국 구역 내에서 단말기를 중계 회선과 접속하기 위한 교환 구역 내의 직통 통신로의 일부분.

local circuit 시내선(市內線) ① 가입자와 시내 교환국을 잇는 회선. ② 사설 데이터망의 일부로, 통신 사업자에 의해 제공된 것이 아닌 것. 건물 내 또는 건물 상호간의 통신을 위한 사적인 통신망으로, 그 자체로 완결하고 있는 것도 있고, 공중망에 의해 외부로 통신하는 것도 있다. 구내망이라고 한다. →LAN

local computer network 로컬 전산망(-電算網) 한 기관 구내의 컴퓨터 자원의 공유나 상호 통신을 주요 목적으로 한 통신망. 컴퓨터 간의 데이터뿐만 아니라 컴퓨터와 다른 단말을 연결하여 음성, 화상 통신에도 사용하는 의미로, 근거리 통신망(local area network)라고 하는 경우도 있다.

local current 국부 전류(局部電流) ① 전지의 음극 금속이 미량의 불순물을 가질 때 그것이 양극으로 되어서 음극 금속과의 사이에 국부 전류를 형성하여 순환 전류를 흘리는 일이 있다. 이것을 국부 전류라 하고, 쓸데없이 음극을 소모하므로 음극을 수은막으로 감싸는 등의 방법으로 방지한다. ② 직류 전신 회선에서는 선로를 흐르는 전류와 국내만을 흐르는 전류가 있다. 이 국내만을 순환하여 흐르는 전류를 말한다.

local exchange 시내 교환(市內交換) 특정 지역에 있는 다수의 가입자간 교환을 하기 위한 국. 발호자(發呼者)와 피호자는 이 국을 통해서 시내선에 의해 연결된다. 국 자신은 다른 국과 시외선을 통해서 연결되며, 시외 통화를 중계하기도 한다.

local injection detection method 국소 입사 검출법(局所入射檢出法) →fusion splicing of optical fibers

localization of fault 고장점 측정(故障點測定) →fault locator

localized oxidation of silicon 로코스 = LOCOS

localizer 로컬라이저 계기 착륙 장치(ILS)의 요소의 하나. 비행장에서 항공기가 활주로의 연장 코스 상을 정확하게 진입하고 있는지 어떤지를 지시하는 전파를 발사하는 시설. 108~112MHz, 출력 200 W로 송신된다. 반송파는 90Hz와 150Hz로 변조되어 있으며, 활주로 진입 방향에서 보았을 때 오른쪽에서는 150Hz 변조 성분이 강하고, 왼쪽에서는 90Hz 의 것이 강하며, 중심선상에서는 양 성분의 크기가 같게 되어 있다. →glide path

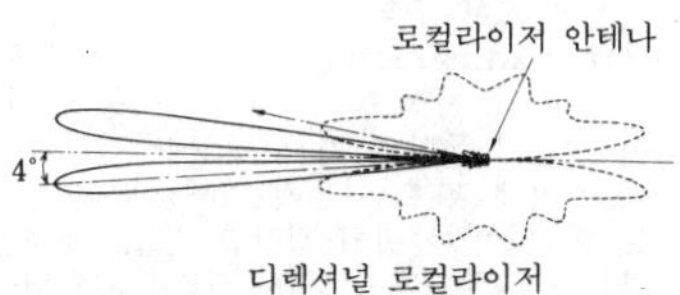

디렉셔널 로컬라이저

localizer sector 로컬라이저 섹터 로컬라

이저에서 방사되는 두 줄의 등신호 방사 사이에 있는 부채꼴 영역. 이 두 줄의 선은 글라이드 패스 편차 지시 장치의 좌우 최대 눈금값에 대응하는 것으로, 여기서 지시 장치의 변조 심도차(DDM)가 최대값을 준다.

local line network 로컬 네트워크 전화국(단국)으로부터 가입자에 이르는 케이블 선로. 도중에 설치된 플렉시블 캐비닛(필요한 접속반이나 기기를 수용하는 하우징)을 경계로 하여 국측과 가입자측을 다른 이름으로 부르기도 한다.

local loop 시내 루프(市内—) 가입자의 장치와 교환 장치에서의 선로 종단 장치(2선 또는 4선)간 통신 회선의 일부.

local number 시내 번호(市内番號) =local area

local office 분국(分局) 모두 동일한 집중국에 속하고, 각각 별개의 수용 구역을 갖는 두 교환국(단국). 한쪽이 다른쪽에 종속 관계가 있을 때는 종국(從局 : 새틀라이트국)이라 한다.

local oscillator 국부 발진기(局部發振器) 수퍼헤테로다인 수신기에서 주파수 변환을 하기 위해 사용하는 발진기. 자려 헤테로다인 방식에서는 1개의 트랜지스터로 주파수 혼합과 국부 발진을 한다. 보통, 국부 발진 주파수가 수신 주파수보다 높은 상측 헤테로다인 방식이 많이 사용된다. 국부 발진기에서는 발진 주파수가 언제나 안정하다는 것이 중요하다.

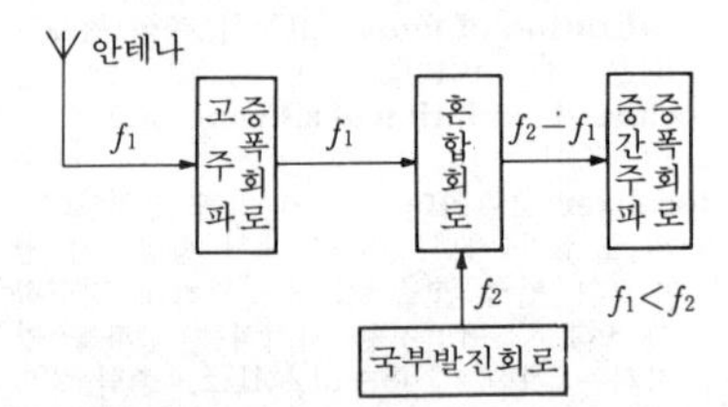

local service area 가입 구역(加入區域) 데이터 통신 서비스에서 그 구역 내의 여하한 가입 단말기에서의 데이터 송신도 일률적인 회선 사용 요금을 지불하면 되고, 시외 요금을 지불할 필요가 없는 어느 일정한 교환 구역.

location announcing 위치 안내(位置案內) 지역 지정 방식에 의한 이동 통신에서 발호자(發呼者)가 다이얼한 지역과 다른 지역에 피호 이동기(被呼移動機)가 있을 때, 올바른 위치 정보를 발호자에 안내하는 것. 발호자는 안내된 정보에 의해 이동기에 대하여 재발호한다.

location code dialling system 지역 지정 방식(地域指定方式) 번호 부여 방식으로, 이동국에 발신하는 경우에 그 이동국이 있는 지역 번호를 다음과 같이

식별 번호+지역 번호+가입자 번호

로서 지정하여 다이얼하는 방식이다. 이동국의 위치가 주어지므로 부과금 정보가 얻어지고 일반 전화와 같은 부과금 기능을 적용할 수 있다. 이에 대비되는 지역 무지정인 경우는

식별 번호+가입자 번호

가 되어, 지역 번호가 없어진 것만큼 가입자 번호의 자릿수를 증가할 수 있으나, 부과금 정보를 얻기 위한 절차가 복잡해지는 난점이 있다.

location code free dialling system 지역 무지정 방식(地域無指定方式) →location code dialling system

location counter 위치 카운터(位置—) ① 제어 섹션 레지스터로, 현재 실행 중인 명령의 주소를 수용하고 있는 것. ② 어셈블러가 목적 프로그램을 생성해 가는 과정에서 명령이나 의사 명령에 의해서 필요로 하는 위치의 수를 계수해 가는 카운터. 실제의 프로그램에서의 주소 위치를 부여하는 프로그램 카운터와 달리 제어 섹션의 오리진(원위치)으로부터의 상대 위치를 준다.

location registration 위치 등록(位置登錄) 이동국이 있는 위치를 홈(home)국의 가입자 정보로서 등록 기억시키는 것. 이동국에 발신하는 경우에는 발신측 교환국에서 홈(에모리)국에 등록되어 있는 이동기의 위치 정보를 문의하여 부과금 데이터를 얻을 수 있다. 등록은 기지국으로부터의 전파를 이동국이 모니터하면서 위치 등록을 자동적으로 하는 방식이 보통 쓰인다.

lock 로크 ① 에너지를 부여함으로써 폐로(또는 개로)한 계전기가 에너지를 제거해도 그대로의 상태를 유지하는 것. ② 컴퓨터 자원의 독점 사용을 허용하는 것. 예를 들면 단말과 응용 프로그램이 망을 통해서 메시지의 수수를 하고 있는 동안은 메시지 제어 프로그램(OS의 일종)에 의해 그 상태를 유지할 수 있는 TCAM(telecommunication access methode)의 동작 모드. ③ 디스크나 테이프 파일이 변경된다든지, 지워진다든지 하지 않도록 보호하는 것.

lock code 로크 코드 시분할 컴퓨터에서의 조작자에 의해 제공되는 문자나 숫자의 열(암호)로, 자격이 없는 자가 문제의 프로그램에 간섭하거나 장난을 할 수 없도

록 하기 위해 암호와 일치하지 않는 것이 제시되어도 컴퓨터는 그 개입을 거부하도록 되어 있다.

locked-oscillator detector 로크오실레이터 검파기(-檢波器) 일종의 주파수 판별기로, 진폭 변조에는 응답하지 않고 따라서 주파수 판별에 앞서 리미터에 걸 필요는 없다. 입력 회로에 FM 신호의 중심 주파수에 동조한 탱크 회로를 가진 디바이스를 사용하고, 평균 출력 전류는 입력 신호 주파수에 의해서만 변화하도록 되어 있다. FM 검파기로서 사용된다.

lock-in amplifier 로크인 증폭기(-增幅器) 국부 발진 제어 신호의 주파수와 동기한 주파수를 가진 입력 신호에만 응답하는 검출기. 로크인 검출기라고도 한다. 브리지 회로의 제로점 검출에 사용할 수 있다.

locking 로킹 ① 발진기의 주파수를 외부 전원으로부터의 일정 주파수의 신호로 제어하는 것. ② 래칭(latching)과 같은 뜻. 전단의 조작 회로가 회로 변화를 할 준비가 갖추어질 때까지 다음 회로를 그대로, 혹은 어떤 상태로 유지해 두는 것. ③ 이하에 계속되는 몇 가지(그 수는 일정하지 않다) 캐릭터의 해석을 변경하는 부호 확장 문자의 동작에 관계한 용어.

locking-in 로크인 결합된 두 발진기 시스템의 하나 또는 양쪽의 주파수에 대해 그 두 주파수가 두 정수(整數)의 비를 갖도록 이동하여 자동적으로 유지하는 것.

lock-in range 로크인 범위(-範圍) 발진기가 동기화 신호에 의해 동기화할 수 있는 주파수 범위.

lock-out 로크아웃 ① 어떤 장치가 동작하는 경우에 그것에 지장이 있는 다른 장치의 동작을 억제하는 것. ② 멀티포인트 방식의 데이터 통신에서 통화할 상대 이외의 단말은 송신 데이터를 수신할 수 없도록 하는 것. ③ 데이터베이스에서의 같은 레코드를 동시에 변경하려고 하는, 혹은 동일한 레코드를 확보하려고 하는 이용자 상호간의 트러블을 방지하기 위한 보통의 소프트웨어에 의해 구현되는 기능. 시스템은 이용자 요구를 접수한 순서에 따라서 자동적으로 우선권을 부여함으로써 생길지도 모르는 컨텐션도 각 이용자에게는 모르게 할 수 있다. 로크아웃 기능(lockout facility)이라 한다.

LOCOS 로코스 localized oxidation of silicon 의 약어. 실리콘 질화막에 의한 실리콘 기판의 선택적 산화 구조로, 필립스사의 개발에 의한 것. 배선이 용이하고, 집적 밀도도 향상된다.

Loftin-White amplifier 로프틴-화이트 증폭기(-增幅器) →direct-coupled amplifier

log 로그 컴퓨터의 처리 내용이나 이용 상황을 시간의 흐름에 따라 기록한 것, 혹은 기록하는 것. 사고가 발생했을 때 데이터의 복원이나 사고 원인의 규명 등에 도움이 되고, 네트워크의 부정 이용이나 데이터 파괴의 방지, 이용 요금의 산정의 기본 등에 쓰인다. 또 PC(개인용 컴퓨터) 통신에서 메일 등 통신 내용의 기록을 로그라 하고, 그 파일을 로그 파일이라고 한다.

logarithmic amplifier 대수 증폭기(對數增幅器) 연산 증폭기에서의 피드백 소자에 트랜지스터를 사용하여

$V_{out} = K \log V_{in}$

이라는 특성을 갖게 한 것.

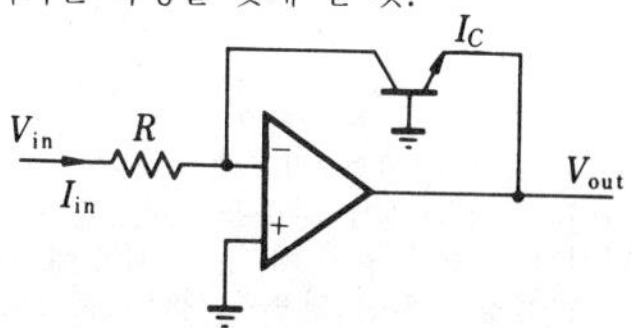

logarithmic companding 대수 압신(對數壓伸) 작은 아날로그 입력에 대해서는 양자화 스텝 사이즈를 작게 하여 일그러짐을 작게 하고, 큰 입력에 대해서는 스텝 사이즈를 크게 하여 다이내믹 레인지를 넓히는 비직선 양자화법.

logarithmic decrement 대수 감쇠율(對數減衰率) 자유 진동의 진폭의 최대값과, 다음 진폭 최대값의 비의 자연 대수. 부족 감쇠 2차 진동계에서의 대수 감쇠율은

$$\lambda = \ln\left(\frac{X_1}{X_2}\right) = \frac{2\pi F}{\sqrt{4MS - F^2}}$$

로 주어진다. 여기서, X_1, X_2 : 두 인접한 진폭 최대값, M, F, S : 진동계의 질량, 감쇠 상수, 스프링 상수.

logarithmic period antenna 대칭 주기 안테나(對稱週期-) 안테나 도선을 그림과 같이 구부려서 안테나의 입력 임피던스가 주기적으로 반복하는 특성을 갖게 하고, 대수적으로 비슷한 안테나를 여러 개 배열한 것이다. UHF 대나 VHF 대에

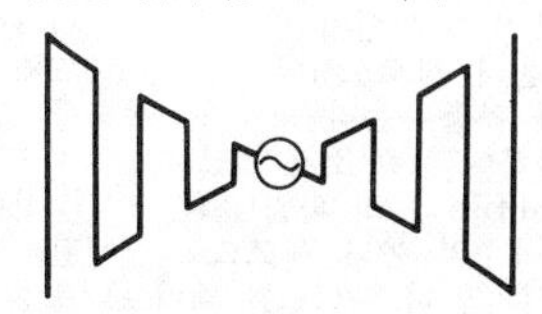

서 광대역 특성이 요구되는 경우에 사용되는 일이 있다.

logging 로깅, 기록(記錄) 데이터를 모으는 것. 보통 랜덤한 기간을 가지고 들어오는 데이터를 자기 드럼에 기록하여 처리하는 것. 드럼은 일종의 버퍼이다.

logging and indicating of incoming calls 부재중 발호자 번호 표시(不在中發呼者番號表示) 자리를 비울 때 미리 특수 번호를 국에 다이얼해 둠으로써 이후의 착신은 발호자 번호가 국측에 기록되어 귀가 후 발호자 번호가 표시되는 전화 서비스.

logical algebra 논리 대수(論理代數) 여러 조건의 논리적 관계를 논리 기호로 나타내고, 식의 형식으로 대수의 연산과 같이 다루는 학문을 말한다. 최초의 개발자 불(G. Boole)의 이름을 따서 불 대수라고도 하며, 혹은 기호적 논리학 또는 수학적 논리학이라고도 한다. 언어 의미의 애매성을 피해 추상적 기호를 사용함으로써 기본적 관계를 형식적으로 설정하고, 대수와 같이 일정한 법칙에 따라서 연산을 하여 그 결과에서 논증을 하는 학문이다. 디지털 기술에서는 이 논리 대수에 대응시켜 설명을 하는 경우가 많다.

logic analyzer 논리 분석기(論理分析器) 논리 회로, 장치 등의 논리 동작을 살피기 위한 진단용 측정기. 프로브 끝을 핀에 접촉하여 그 논리 상태를 검사하는 간단한 레벨 테스터부터, 진단 프로그램을 내장하고 이에 의해 자동적으로 일련의 진단을 실행하여 고장 카드를 아이솔레이트하는 규모가 큰 장치까지 다양하다.

logical channel 논리 채널(論理-), 논리적 통신로(論理的通信路) 데이터 송신 장치와 데이터 수신 장치와의 사이에 확립되는 논리상의 통신로.

logical circuit 논리 회로(論理回路) 논리 대수에 의한 연산을 실시하기 위해 사용하는 회로로, 트랜지스터나 다이오드 혹은 그들을 바탕으로 한 IC 등을 사용하여 조립된다. 논리의 종류에 따라, 논리합 회로, 논리곱 회로, 부정 회로 등이 있고, 신호의 종류에 따라 정논리와 부논리가 있다. 컴퓨터의 연산 장치나 제어 장치 등에 사용된다.

logical element 논리 소자(論理素子) 하나의 소자에 입력 단자와 출력 단자를 붙여 논리 회로로서의 동작을 하도록 만들어진 부품. 논리곱 소자, 논리합 소자를 비롯하여 각종 소자가 있다.

logical file 논리 파일(論理-) ① 하나 또는 복수의 논리 레코드로 구성된 데이터 세트. ② 디스크(또는 테이프) 운영 체제에 대하여 기술된 데이터 파일로, 이것은 파일 정의 매크로 지령을 써서 기술되어 있으며, 정의를 바꿈으로써 다른 데이터 파일이 된다.

logical interface 논리 인터페이스(論理-) 두 디바이스 간의 전기적이나 기계적인 인터페이스가 아니고, 이들 디바이스 간에 주고 받는 신호를 어떻게 식별하고, 주어진 조건하에서 한쪽이 다른쪽에 대하여 어떤 작용을 하는가 하는 것을 지배하는 기능상의 법칙.

logical level 논리 레벨(論理-) 논리 조건(긍정이냐 부정이냐)을 수치로 표시한 것으로, 논리 대수에서는 긍정을 1, 부정을 0 으로 한다. 전기 회로에서는 긍정을 일정값 V, 부정을 0 으로 하는 외에 긍정을 V, 부정을 −V 로 하는 방법도 있다.

logical link 논리 링크(論理-) 데이터 통신에서 전송하는 정보에 상대 식별의 정보(주소 번호 또는 채널 번호 등)를 부가함으로써 설정한, 논리적인 접속 패스를 말한다. 패킷 교환망에서는 망과의 사이는 1 회선만으로도 복수의 상대와 동시에 복수의 논리 링크를 설정할 수 있다.

logical operation circuit 논리 회로(論理回路) 논리 대수에 의한 연산을 실시하기 위해 사용하는 회로로, 트랜지스터나 다이오드 혹은 그들을 바탕으로 한 IC 등을 써서 조립된다. 논리의 종류에 따라 논리합 회로, 논리곱 회로, 부정 회로 등이 있으며, 신호의 종류에 따라 정논리와 부논리가 있다. 컴퓨터의 연산 장치나 제어 장치 등에 쓰인다.

logical product 논리곱(論理-) 논리 대수 용어의 하나로, 연합 또는 합접(合接)이라도 한다. P 및 Q를 2개의 논리 변수로 할 때 다음 표에 의해서 정해지는 논리 함수 $P \wedge Q$를 "P와 Q의 논리곱"이라 한다. 논리곱은 $P \wedge Q$ 외에 $P \cdot Q$, $P \cap Q$, PQ 등으로도 쓰며, P 그리고(and) Q라고 읽는다. 논리곱의 진리값은 표와 같이 되며, 이것을 연산하는 논리 회로를 논리곱 회로라 한다.

P	Q	$P \wedge Q$
0	0	0
0	1	0
1	0	0
1	1	1

logical shift 논리 시프트(論理-) 컴퓨터 레지스터의 비트 처리 명령의 하나로, 2진법으로 나타낸 수치 또는 부호의 각 비트 내용을 왼 쪽 혹은 오른 쪽으로 이동시

키는 것을 시프트라고 하는데, 시프트되어서 빈 비트에 "0"을 보충하는 방법을 논리 시프트라 한다.

logical sum 논리합(論理合) 논리 대수 용어의 하나. P 및 Q를 두 논리 변수로 할 때 다음 표에 의해서 정해지는 논리 함수 P∨Q를 "P와 Q와의 논리합"이라 한다. 논리합은 P∨Q 외에 P//Q, P∪Q, P+Q 등으로도 나타내며, P 또는(or) Q 라고 읽는다. 논리합의 진리값은 표와 같이 되며, 이것을 연산하는 논리 회로를 논리합 회로라 한다. =OR

P	Q	P∨Q
0	0	0
0	1	1
1	0	1
1	1	1

logical symbol 논리 기호(論理記號) 논리 대수에 의한 연산을 하기 위한 연산자나 기능을 나타내는 기호로, 논리 회로를 도시하기 위해 사용한다. 각종 형식이 있으나 예를 들면 그림과 같은 것이 일반적으로 쓰인다(MIL 기호라고도 한다).

X Y Z X Y Z X Z

논리곱 회로 $Z = X \cdot Y$ 논리합 회로 $Z = X + Y$ 부정 회로 $Z = \overline{X}$

logical unit number 논리 장치 번호(論理裝置番號) 주변 장치 등에 대하여 부여되는 논리 번호(장치의 종별이나 기능 등을 식별하기 위한 번호, 이름 등)로, 실제의 물리 장치와 결부되어 있지 않은 것을 말한다.

logic analyzer 논리 분석기(論理分析器) 전기 신호의 파형 관측용 오실로스코프와 기본적으로는 같은 것으로, 주소 버스나 데이터 버스 상의 신호를 추출하여 2진수, 8진수, 16진수로 나타낸다든지, 측정 결과를 디스플레이 상에 표시한다든지 하는 기능을 갖는다. 주로, 시스템의 동작 상태를 분석, 해석하는 데 사용된다.

logic card 논리 카드(論理-) 하나 또는 복수의 논리 함수, 또는 논리 동작 기능을 하는 소자와 그 배선을 수용한 회로 보드.

logic circuit 논리 회로(論理回路) =logical circuit

logic circuit diagram 논리 회로도(論理回路圖) 논리 연산을 하는 회로를 그림으로 나타낸 것.

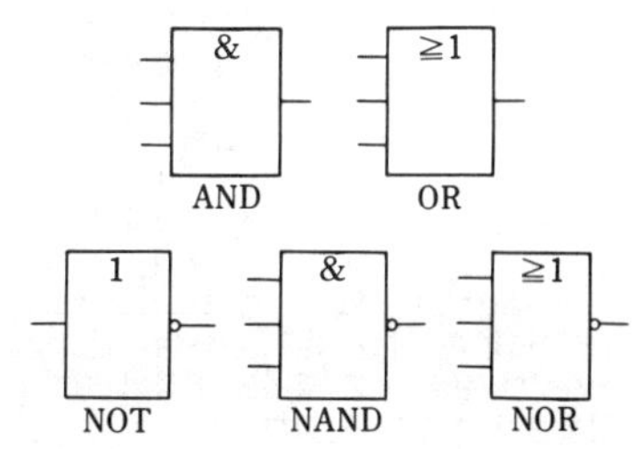

logic diagram 논리도(論理圖) 논리 소자와 그들의 접속을 나타낸 선도(線圖). 일반적인 전기 회로의 회로 결선도에 상당하는 것으로, 조립도나 구조도는 아니다.

logic element 논리 소자(論理素子) 조합 논리 소자 또는 시퀀스 논리 소자를 말한다. 대표적인 소자는 각종 게이트와 플립플롭이다.

logic gate 논리 게이트(論理-) 기본이 되는 논리 기능을 실현하는 전자 회로. 같은 논리 기능을 실현하는 회로에도 여러 가지 회로 형식이 있을 수 있으므로 구체적인 회로가 아니고 논리 기능에 주목하여 기호로 표시한다. 단지 게이트라고 하는 경우도 많다.

logic in memory 논리 기억(論理記憶) 논리 기능이 매입된 기억 장치. 연계 기억(기억 내용을 탐색 정보로서 같은 정보를 포함하는 메모리 위치를 탐색하는 수법)에 의한 고속 정보 검색이나 템플릿 매칭에 의한 패턴 인식 등에 응용되고 있다.

logic relay 논리 계전기(論理繼電器) 신호의 처리에 사용되는 소형이고 접점수가 많은 전자(電磁) 계전기. 제어 계전기라고도 한다. 전력 회로의 조작에 사용되는 전자 접촉기, 제어용으로도 사용되는 전력 계전기 등에 비해 접점의 용량은 작으나 접점수는 30개 정도까지 갖는 것도 있으며, 전기 기기의 제어에 사용되고 있다.

logicscope 로직스코프 브라운관 오실로스코프의 일종으로, 특히 디지털 회로를 사

용한 전자 기기의 디지털 신호를 관측하는 측정기이다. 입력 신호를 특정한 전압 레벨(임계 전압)을 경계로 하여 "1"이냐 "0"이냐를 판단하여 정형화된 펄스 또는 구형파로 변환하여 브라운관 상에 그리게 할 수 있다. 또한 이 신호를 기억하는 메모리 회로가 내장되어 있으며, 입력은 4~8 채널이나 되므로 싱크로스코프로는 곤란한 반복 지연 신호, 랜덤한 펄스열, 1 회뿐인 신호 등도 쉽게 다현상의 디지털 신호로서 관측할 수 있다.

logic tester 로직 테스터 디지털 회로를 사용한 전자 기기의 디지털 신호 동작을 검사하는 측정기로, 적색과 청색의 발광 다이오드와 검사 버튼이 있다. 검사 개소의 상태가 "0" 즉 낮은 레벨일 때는 청색이, "1" 즉 높은 레벨일 때는 적색이 점등한다. 또한 "1"의 상태에서 개로(開路)하고 있을 때는 검사 버튼을 누르면 청색으로 바뀌므로 판단할 수 있게 되어 있다.

logic trainer 로직 트레이너 논리 회로의 학습 장치. 기본 논리로서 논리합 회로, 논리곱 회로, 부정 회로가 각각 5~20 개 정도씩 준비되고, 이들을 접속선으로 자유롭게 결선하여 그 동작을 학습하도록 되어 있다. 이상의 기본 논리 외에 플립플롭 회로, 버퍼 회로 등도 적당히 준비되어 있는 것이 많다.

log normal density function 대수 정규 밀도 함수(對數正規密度函數) 레이더용어로, 다음 식으로 주어지는 불규칙 변수를 기술하는 확률 밀도 함수.

$$f(x)=\frac{1}{x\sigma\sqrt{2\pi}}\exp\left\{-\frac{(\ln x)^2}{2\sigma^2}\right\}$$

클러터의 통계적 성질을 기술하기 위해서 특히 해면 클러터에서 널리 쓰인다.

log-normal distribution 대수 정규 분포(對數正規分布) 레이더 용어. 다음 식의 확률 밀도 함수로 특징지워지는 확률 분포.

$$f(x)=\frac{1}{x\sigma\sqrt{2\pi}}\exp\left\{-\frac{(\ln x-\ln x_m)^2}{2\sigma^2}\right\}$$
$$f(0)=0$$

여기서, x는 불규칙 변수. σ는 $\ln x$의 표준 편차. x_m은 x의 중앙값. 어떤 종류의 레이더 물표와 클러터의 레이더 단면적의 통계적 모델에 자주 사용된다.

LOGO 로고 1970 년경에 미국의 MIT 에서 개발된 인터프리티브 언어로, BASIC 과 마찬가지로 대화 처리에 적합하다. LISP 를 기초로 하고 있으며, 리스트 처리, 재귀 처리 등 인공 지능 언어의 특질을 가지고 있다. 터틀이라고 하는 커서와 비슷한 심벌 포인터를 이동시켜서 도형 처리를 하는 터틀 그래픽스 기능을 가지고 있어 교육용 언어로서도 주목되고 있다.

log off 로그 오프 =log out

log-on 로그온 특정한 세션을 하기 위해 이용자가 통신계에서 하는 행위. 보통, 그 이용자에게 허용되고 있는 권한을 계(系)가 검사할 수 있는 절차도 포함하고 있다. 어느 세션이 종료했으면 이용자는 계의 사용을 반환하기 위한 절차(log on)를 하지 않으면 안 된다.

log out 로그 아웃 컴퓨터 사용을 정지하는 것. 로그 오프(log off)라고도 한다.

log out analysis 로그 아웃 해석(−解析) 컴퓨터 고장시의 하드웨어 정보의 로그(작업 또는 컴퓨터 작동의 여러 기록이나 관련 데이터)를 해석하고, 고장 원인이나 고장 개소의 추구를 하는 것.

log periodic antenna 대칭 주기 안테나(對稱週期−) =logarithmic periodic antenna

long-distance navigational aids 장거리 항행 원조 시설(長距離航行援助施設) 장거리 항행에서 이용할 수 있는 무선 항행 원조 시설, 예를 들면 로란, 오메가, NDB(무지향성 비컨) 등. →radio navigation

longitudinal circuit 종회로(縱回路) 전화 회선에서 한 줄의 도선(또는 중신 회선과 같이 두 줄 또는 그 이상의 병렬 도선)을 왕로(往路)로 하고, 대지 또는 다른 임의의 도체(왕로 도체와 함께 왕복 전화 회선을 구성하는 복로 도체를 제외)를 귀로(歸路)로 하여 구성되는 회로. 이러한 회로에 흐르는 전류(종회로 전류)는 이른바 세로 방향 유도 방해의 원인이 된다.

longitudinal current stopping coil 종전류 저지 코일(縱電流沮止−) 동축의 공심 코일을 써서 종회로 전류에 인덕턴스를 주어, 이것을 저지하도록 한 것. 동축 케이블 다중 방식의 케이블 양단에 삽입하여 사용한다.

longitudinal interference 수평 방향 방해(水平方向妨害) →common-mode interference

longitudinal judder 세로 방향 저더(−方向−) →judder

longitudinal mode 세로 모드, 종 모드(縱−) 레이저의 공진기는 양 단면을 반사 거울로 하는 패브리 · 페로(Fabry-Perot)형의 공진기이다. 공진기의 발진 모드 TEM_{mnp}에서 광축 방향의 차수(次

數) p 에 착안하고, 같은 p 를 가진 것(가로 방향의 mn 모드에 관계없이)을 차수 p 의 세로 모드(또는 종 모드)라 한다. 기체 레이저나 고체 레이저에서는 광축에 직각인 방향은 실질적으로 개방단으로 되어 있으나, 반도체 레이저인 경우는 굴절률의 벽으로 차단되어 있어 발진 기구나 모드는 양자가 다르다. 다음에 세로 모드에 대하여 공진기 거울 상의 mn 분포에 착안했을 때의 모드를 횡 모드(가로 모드)라 한다. 횡 모드는 레이저광의 전파(傳播)나 집광 특성에 영향으로 주고 있다. 특히 중요한 모드는 $m=n=0$ 의 횡 기본 모드이다.

longitudinal mode interference 세로 방향 방해 모드(－方向妨害－), 종방향 방해 모드(縱方向妨害－) →common-mode interference

longitudinal type optical modulator 종형 광변조기(縱形光變調器) →electro-optical effect

longitudinal wave 종파(縱波) 파의 매질이 파의 진행 방향으로 진동하는 것을 종파라 한다. 음파는 공기 밀도가 진한 부분과 엷은 부분이 진행 방향으로 교대로 생긴다. 이것은 공기 분자가 진행 방향으로 진동하고 있기 때문이다. 이에 대하여 물의 파는 횡파(橫波)이다.

long-line effect 장궤전선 효과(長饋電線效果) 발진기가 부정합 전송 선로에 결합되었을 때 생기는 효과이다. 둘 또는 그 이상의 주파수가 벗어나도 발진 가능하며, 부하가 변화함으로써 어느 발진 주파수에서 다른 발진 주파수로 그 동작이 옮겨지는 경우도 있다.

long playing record LP 레코드 장시간 레코드의 약칭. 1948 년 미국의 콜롬비아사에서 발표된 매분 $33\frac{1}{3}$ 회전의 레코드이며, 마이크로 그루브 녹음을 하고 있으므로 30cm 의 것으로 25~30 분의 연속 연주가 가능하다. 또, 재질에 염화 비닐을 사용하고 있기 때문에 주파수 특성도 40~15,000Hz 까지 녹음 가능하게 되고, 잡음도 적으며, 음질도 좋아졌다. 현재의 LP 레코드는 거의가 스테레오화(45/45방식 스테레오 레코드)되어 있다.

long range navigation 로란 항법(－航法) 장거리 무선 항법 또는 쌍곡선 항법이라고도 한다. 2 점으로부터의 거리의 차가 일정한 점의 궤적을 쌍곡선이라 하는데, 2 점에서 전파를 발사하여 그 도달 시간차를 측정하여 로란 지시 도형으로 수신점의 위치를 결정하는 항법를 로란 항법이라 한다. 그림은 로란 지시 도형 원리도를 나타낸 것인데, 실제의 위치 측정에서는 A(주국), B(종국)의 한 쌍 외에 또 하나의 1조, 예를 들면, A(주국), C(종국)의 한 쌍이 필요하며, 두 쌍=1 그룹의 측정으로 위치를 결정할 수 있다.

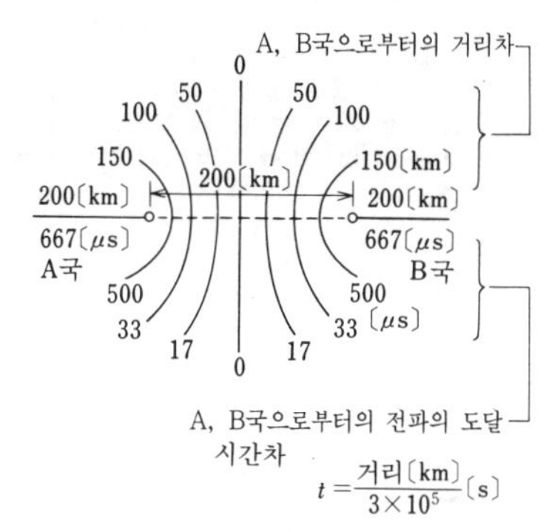

long-tailed pair 롱테일 페어 공통의 이미터 바이어스 저항을 가진 트랜지스터쌍으로, 긴(고저항의) 꼬리와 같은 바이어스 저항은 정전류원으로서 작용한다. 차동 증폭기의 기본 구조이다. IC 회로에서는 바이어스 저항은 정전류 트랜지스터로 치환된다.

long wave 장파(長波) 100kHz 이하의 전파.

long wave semiconductor laser 장파장 반도체 레이저(長波長半導體－) pn 접합 다이오드에 전류를 흘리면 광 증폭에 의한 레이저 발진이 발생한다. 이것은 레이저 다이오드(LD)라고도 불린다. pn 접합의 에너지 갭이 1.2eV 보다 작은 재료는 파장이 1μm 정도보다 긴 빛을 낸다. 이것이 장파장 반도체 레이저이다.

long-wire antenna 롱 와이어 안테나 사용 파장에 비해 대단히 긴 선상(線狀) 안테나. 지향성 패턴을 갖는다.

loop 루프 동축 케이블이나 기타 선로의 단말을 잇는 루프 도체로, 공동 공진기의 내부에 돌출하여 마이크로파 에너지를 주고 받기 위한 것.

loop antenna 루프 안테나 =frame antenna

loop back test 역순환 시험(逆循環試驗) 어떤 기지국으로부터 발신한 전기 신호를 변복조 장치나 루프 백 스위치를 통해서 다시 기지국으로 되돌려 보내 검사 측정하는 것.

loop check 루프 체크 =echo check

loop checking system 반송 대조 방식(返

送對照方式) 보내온 신호를 송신측으로 되돌려서 최초의 신호와 대조하여 청정 동작을 하는 방식. 에코 체크 방식이라고도 한다.

loop coupling 루프 결합(-結合) ① 루프 회로에 의해 유도적으로 결합하는 것. ② 도파관이나 공동 공진기를 동축 선로와 결합하기 위해 동축 선로단을 루프 모양으로 하여 자기 여진(磁氣勵振)하는 것.

loop current method 망 전류법(網電流法) 회로에서 전압, 전류, 저항의 관계식으로부터 각각의 값을 결정하는 경우 지로(枝路) 전류가 아니고 망 전류를 사용하는 방법. 간단한 직병렬 회로로 나타낼 수 없는 복잡한 회로에서는 망 전류법에 의하는 편이 편리하다. 그림은 휘트스톤 브리지를 망 전류법으로 나타낸 경우이다.

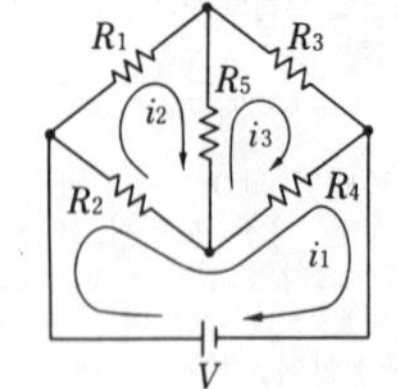

i_1, i_2, i_3 : 망전류

$$(R_2+R_4)i_1 \quad -R_2 i_2 \quad -R_4 i_3 = V$$
$$-R_2 i_1 \quad +(R_1+R_2+R_5)i_2 \quad -R_5 i_3 = 0$$
$$-R_4 i_1 \quad -R_5 i_2 \quad +(R_3+R_4+R_5)i_3 = 0$$

loop dialing 루프 다이얼 자동 교환기의 실렉터 등을 동작시키기 위해 왕복 2선을 루프(폐회로)로 하고, 이것을 단속하여 임펄스를 만들어 이것을 사용하는 것. 이렇게 만들어진 다이얼용 임펄스를 루프 임펄스라 한다.

loop disconnect signalling 루프 절단 신호(-切斷信號) 회선을 절단함으로써 수신처 어드레스를 나타내는 펄스를 발생하도록 하는 신호 방식. 다이얼이나 푸시버튼이나 모두 사용 가능하다.

loop frequency transfer function 일순 주파수 전달 함수(一巡周波數傳達函數) 제어계 중에 존재하는 폐 루프를 일순하여 얻어지는 합성 주파수 전달 함수를 말하며, 제어계의 안정성이나 속응성을 아는 데 이용된다.

loop gain 루프 이득(-利得) ① 지정된 조건하에서 제어계의 루프가 가산점에서 분리되었을 때 피드백 신호의 정상 상태 정현파 진폭과 입력 정현파 진폭과의 비. 즉 단위 입력에 대한 루프를 따른 일순의 이득. ② 자동 제어계에서의 개(開) 로프 이득과 폐 루프 이득과의 비로, 피드백 효과의 척도를 주는 것.

loop jack switchboard 회선 전환반(回線轉換盤), 회선 변환반(回線變換盤) 가입자선을 물리적으로 연결할 수 있도록 많은 열의 잭을 비치하고 있는 배선반. 최대 90 통화로를 갖는 것이 있다.

loop transfer function 루프 전달 함수(-傳達函數) →loop frequency transfer function

loop network 루프 네트워크 =local line network

loop stick antenna 루프 스틱 안테나 방사 효율의 향상을 위해 막대 모양의 페라이트 코어를 사용한 수신용 루프 안테나.

loop test 루프 시험(-試驗) 도체 절연의 장해점을 발견하기 위한 시험법으로, 도체가 폐 루프의 일부를 이루도록 시험 회로를 구성하는 것. 머레이 루프(Murray loop)법은 그 일례이다.

loop transfer function 루프 전달 함수(-傳達函數) 폐 루프 제어계에서 복귀 신호의 라플라스 변환과, 이에 대응하는 오차 신호의 라플라스 변환과의 비로 주어지는 전달 함수.

loose coupling 소결합(疎結合) 전자 회로에서 에너지의 전달 즉 결합도가 약한 것. 그림은 복공진 회로의 결합(1차·2차 공진 회로)을 나타낸 것이다.

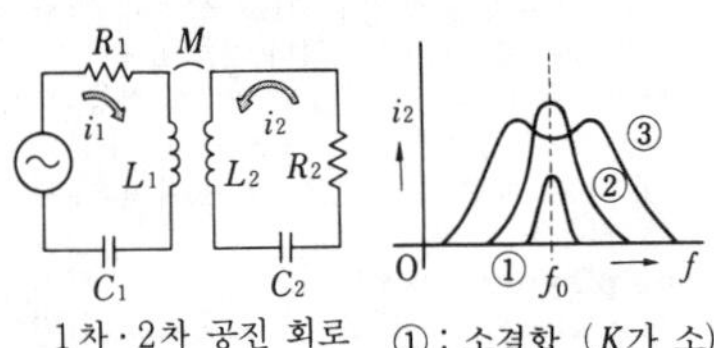

1차·2차 공진 회로

결합 계수 $K=\dfrac{M}{\sqrt{L_1L_2}}$

①: 소결합 (K가 소)
②: 임계 결합
③: 밀결합 (K가 대)

loose-type coated optical fiber 루스형 광섬유(-形光纖維) 광섬유를 자유로운 상태에서 피복하여 외력의 영향을 완화하는 방법. 타이트형과 대비된다. 후자는 고정 피복에 의해서 외력을 방지하는 방법이다.

loran 로란 long range navigation 의 약어. 쌍곡선 항법에 의한 장거리 항행 원조 시설의 한 방식. 즉 항행 중인 선박이나 항공기가 자기 위치를 확인하기 위해 주국(主局)과 종국(從局)으로 이루어지는 한 쌍의 송신국에서 발사되는 펄스 신호를 수신하여 양 신호의 도달 시간차에 의해서 한 줄의 위치선을 구하고, 다른 한 쌍의 송신국에 의한 위치선과의 만난점에서 자기 위치를 측정하는 것이다. 1,750~1,950kHz 중 국제 전기 통신 조약에 의해서 지정된 주파수를 사용하는 로란 A 또는 표준 로란과 주파수대는 같으며 하나의 주국과 2개의 종국으로 이루어지는 로란 B 및 100kHz 의 주파수를 사용하는 로란 C가 있다. 로란 A는 유효 거리가 해상에서 1,500km 정도이지만 로란 C에서는 2,000~6,000km 까지 유효하고 측정 정확도도 높다.

loran A 로란 A →loran

loran C 로란 C →loran

loran chart 로란 지시 도형(-指示圖形) 주국(主局), 종국(從局)으로부터의 펄스파 도달 시간차가 같은 점의, 궤적 쌍곡선과 시간차를 기입한 지도. →long range navigation

loran fix 로란 정점(-定點) 로란에서의 두 위치선의 만난점에 의해 얻어지는 정점.

loran receiver 로란 수신기(-受信機) 주국(主局), 종국(從局)으로부터의 펄스파를 수신하여 그 도달 시간차를 측정하는 장치. 소인 회로를 1(저속)로 하면 수신 펄스 반복 주기의 1/2 로 소인(掃引)되어 상부, 하부 두 줄의 휘선이 생기고, A, B 페디스털 좌단에 주(主)·종(從) 펄스를 맞춘다. 다음에 2(중속)에서 페디스털 부분의 확대 B지연을 변화시켜 펄스를 맞춘다. 3(고속)으로 정밀하게 시간차를 읽는다. →long range navigation

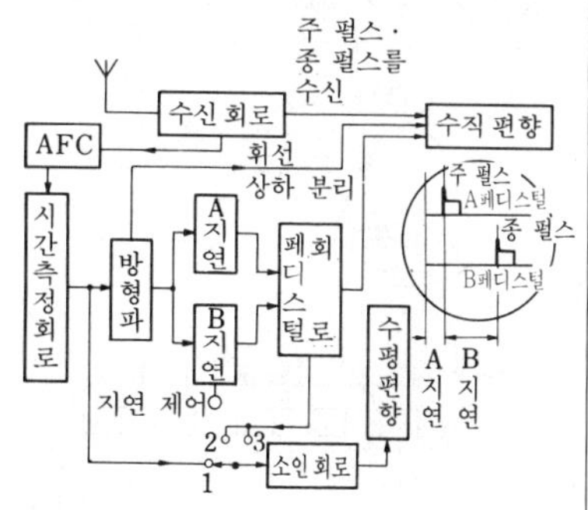

loran table 로란 테이블 로란 지시 도형(loran chart)에 위도와 경도를 기입한 것. 보다 정확한 위치를 결정할 수 있다.

Lorentz distribution 로렌츠 분포(-分布) →Doppler width

Lorentz force 로렌츠 힘 전계 및 자계 중에서, 운동하고 있는 전하에 작용하는 힘.

Lorentz number 로렌츠수(-數) 전자와 정공(正孔)에 대해서 열전도율과, 절대 온도와 도전율의 곱의 비율.

lorhum line 로란 항정선(-航程線) 2조의 쌍곡선값의 변화율이 일정하게 되는 선을 말한다.

Loschmidt' s constant 로슈미트수(-數) 0℃, 1 기압에서의 기체 $1m^3$ 중에 포함되는 분자수. 그 값은 2.6872×10^{25} 이다.

loss angle 손실각(損失角) 절연체에 교번 전압을 가하면 내부의 유전손 때문에 전력을 소비하고, 전류가 전압보다 앞선각은 $\pi/2$ 보다 δ만큼 작아진다. 이 δ는 작으므로 $\delta \fallingdotseq \tan\delta$로 되어 유전 탄젠트와 거의 같다.

loss assignment 손실 배분(損失配分) 전화기에서 전화기까지의 통화 회선에서 목적의 통화 품질을 얻기 위해 각 계제국(階梯局)간에 손실을 배분하는 것. 망의 성질에 따라서 배분법은 일정하지 않지만, 원칙으로서 고계위국(高階位局)간의 손실을 적게 하고, 단말에 가까운 구간에 많이 배분한다. 디지털·아날로그 연결선의 손실 배분도 비교적 크다. 위와 같은 손실은 반송 구간에서의 명음(鳴音) 현상 등을 피하기 위해 주는 최소값으로, 이 이상 줄이면 회선 장해를 일으킬 염려가 있다.

loss due to OH radical OH 손실(-基損失) 광섬유에서의 여러 가지 손실 중 OH 기에 의한 광흡수손을 말한다. 2.8μm 에서 흡수의 피크가 있다고 한다. 그러나 OH 기의 혼입을 방지하는 제조상의 기술 진보에 의해 이 손실은 그다지 문제가 되지 않게 되었다. 천이 금속 이온의 광흡수에 대해서도 같다.

loss modulation 손실 변조(損失變調) →absorption modulation

loss of charge method 전하 감소법(電荷減少法) 고저항을 측정하는 경우에 콘덴서를 충전하여 극판상의 전하를 측정할 저항을 통해서 일정 시간 방전한 다음에 극판상에 남아 있는 전하를 전위계 등으로 측정하여 전하의 감소량으로 저항값을 구하는 방법.

loss of frame alignment 프레임 동기 부전(-同期不全) 입력 신호에서의 프레임의 올바른 위치를 수신 장치가 결정할 수 없는 상태.

loss system 즉시식(卽時式) 가입자와 시외 회선을 접속하는 방법의 일종으로, 가입자가 수화기를 들고 그대로의 상태에서 상대방이 호출되는 방식이다. 수동 즉시인 경우도 자동 즉시인 경우도 있다. =

no-delay system

lot 로트 재료, 부품 또는 제품 등의 단위체 또는 단위량을 어떤 목적을 가지고 모은 것. 어떤 1종의 제품을 정리해서 가령 100 개를 1단위로 하여 생산 지령이나 제조를 하였을 때 이 100 개를 생산 로트라 하고, 100 개라는 정리된 수량 단위를 로트 사이즈라 한다.

lot number 로트 번호(-番號) 같은 재료를 써서 제품 특성이 일정하다고 판단되는 제품들에게 주어지는 동일한 번호. 만들어진 제품의 품질 검사를 할 때는 로트별로 몇 개씩 표본을 발취해서 검사를 하는데 만일 그 중 하나가 불량으로 판단되면 그것과 같은 로트 번호를 갖는 제품을 모두 검사해야 한다.

Lotus 1-2-3 로터스 1-2-3 통합 소프트웨어 시스템으로, 1-2-3 의 이름이 가리키듯이 전자 스프레드 시트, 데이터 베이스, 그리고 도형 처리의 세 가지 기능을 가지고 있으며, 이용자는 이들 세 가지 모드를 자유롭게 구사하여 정보를 수치적으로 혹은 도형적으로 해석 · 처리하거나, 데이터 베이스 기능을 써서 스프레드 시트의 재배열이나, 특정한 기준에 적합한 요소를 탐색할 수 있다.

loudness 라우드니스 음의 크기의 심리적인 양. 음의 물리적인 양인 음압과 주파수에 따라 변화한다.

loudness control 라우드니스 컨트롤 음량을 변화사켜도 음질이 달라진 것 같은 느낌을 주지 않도록 하는 조절 회로. 인간의 청감은 소리의 세기에 따라 변화하며, 음량을 작게 하면 매우 낮은 주파수의 음이나 높은 주파수의 음은 잘 들리지 않게 되고, 중간 주파수음만이 강하게 들리기 때문에 귀로 들으면 음질이 변화한 것과 같이 느낀다. 이러한 느낌을 주지 않도록 전기적으로 보정하는 회로가 라우드니스 컨트롤이다.

loudness level 라우드니스 레벨, 소리 크기의 레벨 소리의 크기를 폰(phon)으로 나타낸 것. 이것은 문제의 음과 비교해서 듣는 사람이 같은 크기라고 판단한 1,000 Hz 의 순음을 $2\times10^{-5}\text{N/m}^2$ 를 기준으로 하여 데시벨로 나타낸 것과 수치적으로 같다. 음의 크기란 음의 감각의 세기를 주는 척도로, 주로 음의 압력에 의한 것이지만, 그 이외에 주파수나 파형에도 관계하고 있다.

loudspeaker 스피커, 확성기(擴聲器) 전기적 진동을 음의 진동으로 변환하는 장치로, 콘형과 혼형이 있다. 콘형은 종이로 만든 원뿔형을 한 콘지를 진동시켜 소리를 직접 공중에 방사하는 것으로, 효율과 주파수 특성을 좋게 하기 위해 보통은 배플(baffle)판에 부착하든가 캐비닛에 넣어서 사용한다. 혼형은 작은 진동판 전면에 나팔 모양의 혼을 부착하여 소리를 효율적으로 공중에 방사하는 것으로, 어느 것이나 동작 원리에 따라 마그네틱형(전자형), 다이내믹형(가동 코일형), 콘덴서형, 압전형 등 각종의 것이 있으나 다이내믹형이 가장 널리 사용되고 있다. 최근에는 세라믹을 사용한 것도 있다.

loudspeaker apparatus 확성 장치(擴聲裝置) 음성을 증폭기에 의해서 확대하여 스피커를 통해서 확성하는 장치.

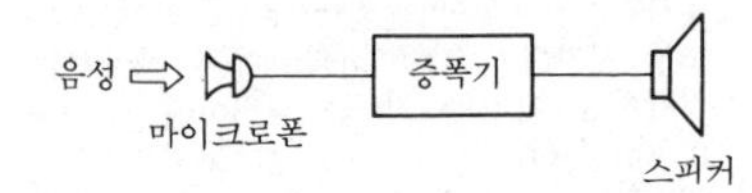

Louritsen detector 로리첸 검전기(-檢電器) 방사선의 세기를 측정하는 계기. 전리 상자 속에 표면을 도금한 수정실이 부착되어 있으며, 먼저 전리 상자를 음, 수정실을 양으로 대전(帶電)하여 수정실을 흔들어 둔다. 전리 상자 창으로부터 방사선을 입사(入射)시키면 방사선의 전리 작용에 의해 공기가 전리하여 도전성을 갖기 때문에 수정실의 전하는 방전하여 흔들림이 감소한다. 이 흔들림의 감소 속도를 현미경으로 읽으면 방사선의 세기를 알 수 있다.

louver 루버 광원에서 수평 방향으로 나오는 직사광을 차단하여 눈부심을 방지하기 위해 사용하는 일종의 차광기.

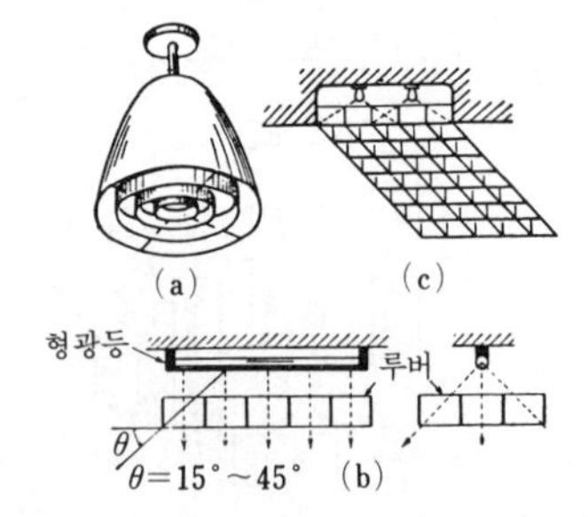

louver lighting 루버 조명(-照明) 광원하에 글레어(glare)를 방지하기 위해 복수의 차광판(루버 : 조광판)을 격자 모양으로 배치하고, 빛의 방향을 조정하여 원하는 밝기를 얻는 조명 방법.

low bit-rate coding method 고능률 부호화 방식(高能率符號化方式) 입력 신호 비

트 혹은 블록, 프레임 등이 그 전후에 갖는 상관성을 이용하여 부호화에 요하는 비트수를 극력 절약하는 방식.

low clearance point 저 클리어런스점(低−點) 계기 착륙 방식에서의 코스 부채꼴 영역을 벗어난 장소에서 벗어난 것을 지시하는 지시 계기의 전류가 최대 눈금값 이하인 어느 작은 값을 나타내는, 코스 바깥쪽의 근처 영역.

lower cut-off frequency 하한 주파수(下限周波數) 증폭기의 증폭도는 주파수가 낮아지면 일반적으로 저하한다. 그 정도를 나타내기 위해 증폭도가 중역의 주파수에서의 값의 $1/\sqrt{2}$ 가 되는 주파수를 사용하고, 이것을 하한 주파수 또는 저역 차단 주파수라 한다.

lower limit 하한(下限) 측정량의 최소 허용값.

lower sideband 하측파대(下側波帶) 수많은 주파수 성분을 갖는 신호파로 변조한 경우 그들의 성분과 반송 주파수와의 차와 같은 주파수, 즉 반송파보다 낮은 주파수의 한 무리의 파가 발생한다. 이와 같이 주파수를 가로축에 취하여 배열했을 때 반송파의 좌측(하측)에 생기는 측파대의 한 무리를 하측파대라 한다.

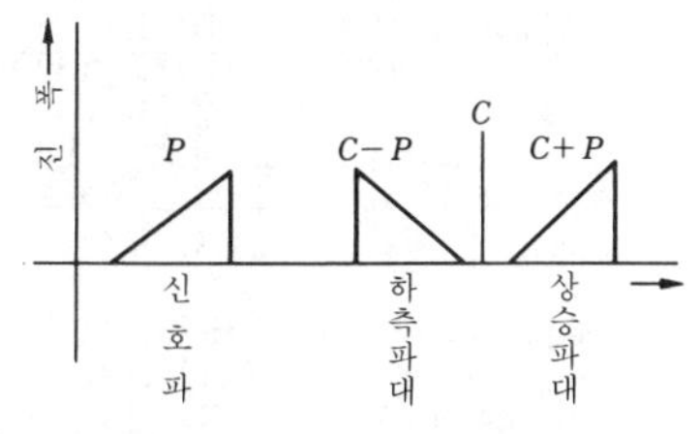

lower-sideband parametric down-converter 하측파대 파라메트릭 다운 컨버터(下側波帶−) 파라메트릭 다운 컨버터로서 사용되는 반전 파라메트릭 장치.

lower side heterodyne system 하측 헤테로다인 방식(下側−方式) 수퍼헤테로다인 방식에서 국부 발진 주파수를 수신 주파수보다 중간 주파수 만큼 낮게 취하는 방식을 말한다. 라디오 수신기와 같이 중파대에서 수신 주파수를 연속적으로 변화하는 수신기에서는 바리콘의 제작이 곤란하기 때문에 하측 헤테로다인 방식은 사용하지 않지만 수신 주파수가 고정인 것이나 단파대의 수신기에서는 이 방식을 사용하는 편이 유리한 경우도 있다.

lowest observed frequency 최저 관측 주파수(最低觀測周波數) 전리층 관측에서 어떤 특정한 장치로 반사 신호가 검출 또는 관측되는 최저의 주파수.

lowest usable frequency 최저 사용 주파수(最低使用周波數) =LUF →lowest useful high frequency

lowest usable high-frequency 최저 사용 고주파(最低使用高周波) 고주파대(3 MHz~30MHz)에서 특정 시각에 전리층을 써서 직통 무선 서비스를 할 수 있는 최저의 주파수.

lowest useful high frequency 최저 사용 주파수(最低使用周波數) 전파가 전리층 내를 전파하는 경우 전파의 에너지가 점차 흡수되어서 저하해 가는데 그 정도는 주파수가 낮아질수록 크다. 따라서 일정한 방사 전력, 전파 거리 및 전리층의 상태에서 최저 소요의 전계 강도를 얻기 위한 주파수에는 한계가 있다. 이것을 최저 사용 주파수라 한다. 최고 사용 주파수(MUF)와의 사이에 있는 주파수가 실제로 통신에 이용할 수 있는 주파수가 된다. =LUF →MUF

low frequency 저주파(低周波) 상대적으로 낮은 주파수를 말하며, 일반적으로 음성 주파(16~20,000Hz)를 가리키는 일이 많다.

low frequency amplifier 저주파 증폭기(低周波增幅器) 저주파의 신호를 증폭하는 것을 목적으로 한 증폭기. 일정 주파수의 저주파 신호를 증폭하기도 하지만 보통은 16~20,000Hz 의 가청 주파수 전역에 걸쳐서 고른 증폭도가 얻어지도록 만들어진다. 증폭기로서는 일그러짐이나 잡음이 적은 것이 중요하며, 회로의 형식은 목적에 따라 여러 가지의 것이 사용되는데, 저항 결합 증폭기가 널리 사용되고 있다. 증폭하는 신호의 종류로 전력 증폭기와 전압 증폭기로 나눌 수 있다.

low frequency coil 저주파 코일(低周波−) 20kHz 이하의 비교적 낮은 주파수의 신호만을 통과시키는 것을 목적으로 한 코일.

low frequency compensation 저역 보상(低域補償) 증폭기의 증폭도는 주파수가 낮아지면 저하하는데, 이 저하를 방지하고, 낮은 주파수대까지 고른 증폭 특성이 얻어지도록 하는 것을 저역 보상이라 하며, 이 목적으로 사용되는 저항, 콘덴서의 조합 회로를 저역 보상 회로라 한다. →low frequency compensation circuit

low frequency compensation circuit 저역 보상 회로(低域補償回路) 저주파 증폭 회로 등에서 저주파 영역에서의 이득의 저하를 보상하는 회로. 그림과 같이 콘덴서 C_1과 저항 R_1의 병렬 회로에 의해서 저주파로 될수록 부하 임피던스를 크게 하여 증폭도를 높이려는 회로이다. 실제로는 직결 회로로 하는 편이 저역 보상, 고역 보상의 양면에서 효과적이다.

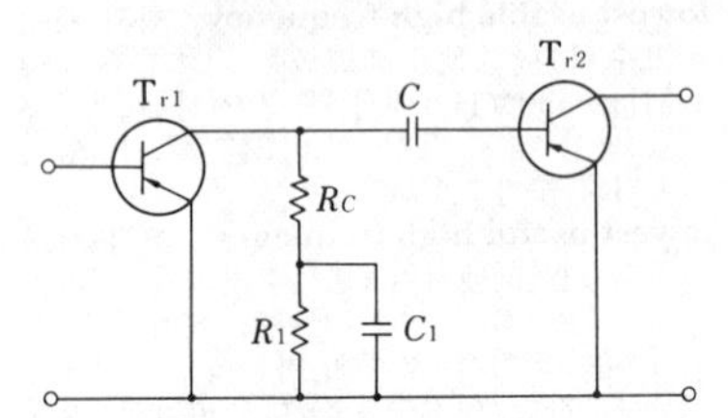

low-frequency dry-flashover voltage 저주파 건조 플래시오버 전압(低周波乾燥－電壓) 지정된 조건하에서 전극간의 공기를 통해 파괴적인 지속 방전을 발생하는 전압(실효값).

low-frequency induction furnace 저주파 유도로(低周波誘導爐) 피열(被熱) 금속을 변압기의 2차 권선으로 하고 저주파 유도 가열을 이용한 노. 구리, 강 합금 및 알루미늄, 알루미늄 합금의 용해에 사용된다.

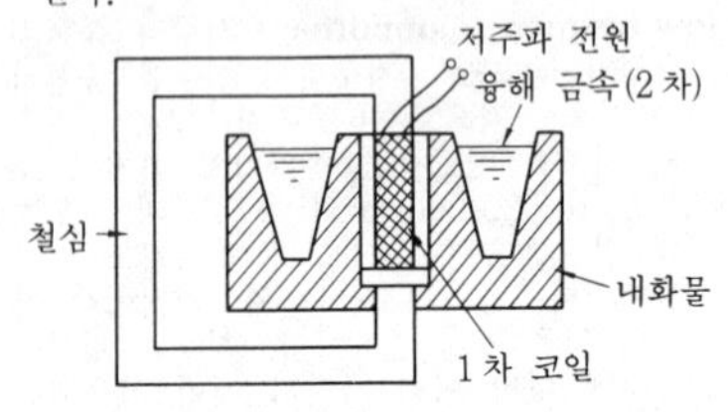

low-frequency induction heating 저주파 유도 가열(低周波誘導加熱) 전자 유도에 의해서 피열물에 와전류를 유도하여 와전류에 의한 줄 열로 가열하는 방법. 저주파 특히 상용 주파수인 60Hz 정도의 정현파로는 실제로 도체 내에 쉽게 자속이 모이지 않으므로 자로(磁路)를 모으기 위해 변압기 회로를 형성한다. 저주파 유도로(금속의 용해, 빌릿 가열 등에 응용된다.

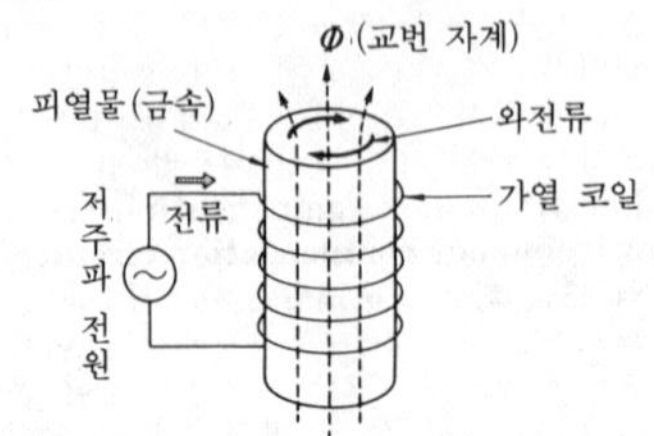

low-frequency oscillator 저주파 발진기(低周波發振器) 낮은 주파수로 연속 정현파 출력을 발생시키는 것. 능동 소자를 포함한 회로의 입출력 위상차가 제로로 되면 회로는 발진한다. 구형파 출력으로 되는 것은 멀티바이브레이터라고 부른다.

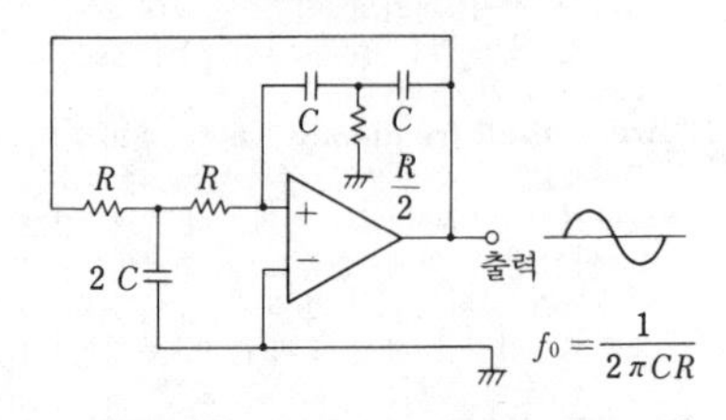

low-frequency therapeutic aparatus 저주파 치료기(低周波治療器) 생체에 저주파 펄스를 통전하여 신경이나 근육 등의 치료에 이용하는 장치. 펄스는 폭 0.01～1ms, 주파수 1～500Hz의 구형파로, 통증을 진정하는 경우에는 양극을 쓰고, 마비를 자극하는 경우에는 음극을 쓴다.

low-frequency transformer 저주파 트랜스(低周波－), 저주파 변성기(低周波變成器) 저주파 회로에 사용하는 트랜스로, 자심에 규소 강대(鋼帶)를 사용한다. 입력측과 출력측의 권수비가 a일 때 전압비는 a, 전류비는 $1/a$로 되며, 입력측에서 본 임피던스는 a^2배가 되므로 회로의 정합을 위해 사용된다. 또, 두 회로를 교류적으로 결합하고 직류적으로 차단하는 구실도 한다.

low-frequency wander 저주파 원더(低周波－) 디지털 전송에서 전송로에 교류 결합을 사용한다든지, 또 불평형 부호를 사용한 경우에 생기는 펄스 신호의 평균 레벨(직류분)의 완만한 변동. 펄스 신호의 디지털 합, 즉 ＋펄스, －펄스를 각각 ＋1, －1로 하여 어느 기간에 걸친 펄스값의 총합이 일정하지 않은(digital sum variation) 것을 원더라 하고, 이것이 있으면 아이 패턴의 중앙 영역이 좁아진다.

low-frequency withstand voltage 저주파 내전압(低周波耐電壓) 플래시오버 또는 절연 파괴를 발생하는 일 없이 지정된 조건하에서 가할 수 있는 저주파수 전압의 실효값.

low group 저군(低群) →separate group two-wire system

low key 로 키 인화, 텔레비전 화면 등에서 하프톤부터 섀도부에 걸친 계조(階調)가 주체로 되어 있는 화면의 상태.

low level active 저 레벨 액티브(低－) 논

리 소자의 입력단에 저 레벨 신호 L이 주어졌을 때, 혹은 출력단에 저 레벨 신호 L이 나타났을 때, 그 소자가 소기의 액티브한 상태를 취할 때, 소자는 저 레벨 액티브라 한다.

low-loss optical fiber 저손실 광섬유(低損失光纖維) 통상의 광섬유는 신호를 통하면 1km 당 거의 90%가 손실(유리 속의 금속 미립자 등의 작용에 의한)이 된다. 이것을 매우 작게 한 것이 저손실 광섬유이며, 석영 유리로 손실 약 3%(거의 이론적 한계)의 것이 얻어지고, 또 불화물 유리를 쓰면 손실이 석영인 경우의 100분의 1 정도의 섬유를 얻을 수 있다.

low noise amplifier 저잡음 증폭기(低雜音增幅器) 발생하는 잡음을 적게 하도록 배려된 증폭기로, 잡음을 적게 하기 위해서는 부품의 선택에 주의를 하고, 트랜지스터에 대해서는 저잡음의 것을 사용한다. 기타 특히 마이크로파용 저잡음 증폭기로서는 에사키 다이오드 증폭기나 파라메트릭 증폭기, 메이저 증폭기 등이 있다.

low-noise cable 저잡음 케이블(低雜音-) 회로 상호간을 접속하는 케이블에서 케이블이 기계적인 굽힘이나 충격, 진동 등을 받아서 생기는, 유전체와 내부 도체간 접촉면이 상대적으로 벗어나거나, 떨어지거나 하여 생기는 마찰 전기 잡음을 방지하기 위해 유전체 표면에 도전성 도장(塗裝)을 한 것.

low noise front-end 저잡음 프론트엔드(低雜音-) 위성 통신, 레이더 등에서의 수신 장치의 프론트엔드는 RF 증폭기인 경우도 있고 믹서인 경우도 있는데, 이들 장치에서 사용되는 다이오드나 증폭 소자의 잡음 지수는 수신 장치의 성능에 중대한 영향을 준다. 마이크로파 증폭기로서의 파라메트릭 증폭기는 확실히 우수하며, 특히 K 대역에서도 그 잡음 지수는 그다지 나빠지지 않는다. 그러나 실리콘 바이폴러 트랜지스터 등도 저 L 대역에서는 충분한 저잡음이고, GaAs FET 인 경우 등은 냉각을 하여 열잡음을 줄여 줌으로써 고주파 대역에서도 충분히 실용되므로 극저온 동작의 파라메트릭 증폭기에 의존할 필요는 종래에 비해 적어지고 있다.

low noise tape 저잡음 테이프(低雜音-) LH 테이프 또는 SLH 테이프라고도 한다. 자기 테이프에는 히스 잡음이라는 고역의 잡음이 있으며, 이것이 음질을 나쁘게 하는 원인이 되고 있다. 저잡음 테이프는 자성 가루를 미세화하여 자성층에서의 분산을 균일하게 하는 등의 처리를 한 것으로, 이 처리에 의해 고역의 특성이 좋아지고, *SN*비가 좋아지나 녹음시의 바이어스를 조금 많게 할 필요가 있다.

low pass filter 저역 필터(低域-) ① 주파수의 저역 부분을 통과시키는 필터. 그림에서 $0 \leq f < f_c$의 주파수 범위를 출력으로서 꺼낸다. 자유롭게 통과할 수 있는 주파수대를 통과대, 통과를 저지하는 주파수대를 감쇠대라 한다. 또, 통과대와 감쇠대와의 경계의 주파수 f_c를 차단 주파수라 한다. =LPF

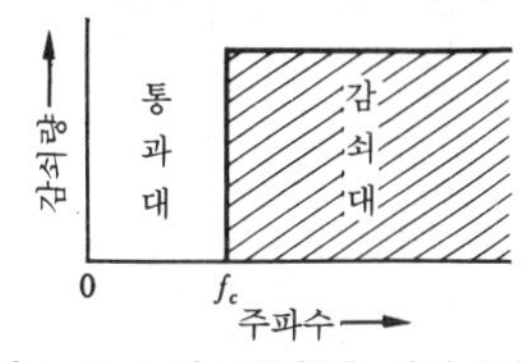

② 펄스 부호 변조(PCM) 방식에서는 아날로그 신호를 일정한 표본화 주기로 표본화하여 그 표본화를 다시 디지털화하는데, 이 경우 입력 아날로그 신호에 포함되는 표본화 주파수의 절반을 넘는 주파수를 가진 성분을 차단하여 에일리어싱(aliasing)에 의한 잡음의 발생을 억제하기 위해 사용하는 저역 필터를 말한다. 위와 반대의 프로세스인 DA 변환인 경우에도 역시 불요 잡음을 제거하여 올바른 아날로그 파형을 재생하기 위한 저역 필터가 필요하다.

low-potential metal 저전위 금속(低電位金屬) 상이한 금속을 접촉시켰을 때 (-)로 대전하는 쪽의 금속을 다른쪽 금속에 대하여 저전위 금속이라 한다.

low power Shottky transistor transistor logic 저전력 쇼트키 트랜지스터 트랜지스터 논리(低電力-) =LSTTL

low power stage modulation system 저전력 변조 방식(低電力變調方式) 무선 전화 송신기에서 변조를 전단의 저전력단에서 하는 것. 고전력 변조 방식에 비해 변조에 요하는 전력이 작으므로, 변조용 트랜스도 작고 변조도 용이하나, 피변조 증폭기에 무왜(無歪) 증폭기를 사용하지 않으면 안 되므로 효율이 30% 정도로 나쁘다. 소전력 송신기에 사용된다.

low power TTL 저전력 TTL(低電力-) →TTL

low temperature cutting 저온 절삭(低溫切削) 바이트에 용착을 발생시키기 쉬운 재료(강철 등)의 절삭을 냉각 상태에서 하는 것. 마무리면을 좋게 하는 데 도움이 된다.

low temperature evaporation 저온 증착(低溫蒸着) 증착에 의해서 금속 박막을 만드는 경우 기판을 액체 수소 이하의 온도로 냉각해 두는 방법. 이렇게 해서 만든 박막은 초전도체로 되기 쉽다는 등의 성질을 나타낸다.

low temperature passivation transistor LTP 트랜지스터 플레이너 트랜지스터를 만들 때 생긴 산화 규소의 피막과 결정 표면의 일그러진 부분을 화학적으로 제거한 다음 600℃ 전후의 비교적 낮은 온도로 유리 모양의 막을 붙여서 표면의 안정화 처리를 한 트랜지스터. 플레이너 트랜지스터에 비해 저잡음이고, 특성이 균일한 것을 만들 수 있는 등 뛰어난 점이 많다.

low tension 저압(低壓) 낮은 전압을 말하며, 직류는 750V 이하, 교류는 600V 이하로 정해져 있다. 인간에 대한 위험성과 건물이나 공장의 400V급 배전 전압 등의 실용성에서 전압의 종별이 정해지고 있다.

7 000〔V〕 7 000〔V〕 ●는 그 숫자를 포함
750〔V〕
600〔V〕
노면 전차(시가 전차)의 전차선 전압에 쓰인다 직류 저압 교류 저압 일반 가정 · 빌딩 · 공장 등에 쓰인다

low velocity scanning 저속도 주사(低速度走査) 촬상관의 2차 전자 방출비가 1 이하로 되도록 전자의 주행 속도가 충분히 낮은 주사. 오시콘이나 이미지 오시콘의 주사는 이것이다.

low-velocity beam scanning camera tube 저속도 빔 주사 촬상관(低速度-走査撮像管) 텔레비전용 촬상관에서 타깃을 주사하는 전자 빔의 속도가 느린 것을 말한다. 타깃을 주사하는 전자 빔의 속도가 빠르면 타깃면에서 2차 전자가 방출되어 셰이딩과 같은 악영향을 받으나, 전자 빔의 속도를 감속 전극의 역전계에 의해서 낮게 함으로써 2차 전자 방출비를 1보다 작게 할 수 있어 2차 전자의 악영향이 제거된다. 이미지 오시콘, 비디콘 등은 이 종류에 속하는 촬상관이다.

low-velocity scanning of electron beam 전자 빔의 저속 주사(電子-低速走査) 광학 이미지를 축적한 타깃을 전자 빔에 의해 저속도로 주사하는 것. 빔의 가속 전압은 비교적 낮고, 타깃 주사에 의한 2차 방출비는 1보다 작다. 따라서 주사된 점의 전위는 캐소드 전위와 같게 되어 주사빔은 되보내지게 된다.

low-voltage relay 저전압 계전기(低電壓繼電器) 계전기에 가하는 전압이 예정값 이하로 되었을 때 동작하는 계전기.

LP 선형 계획법(線形計劃法) =linear programming

LSA diode LSA 다이오드 LSA란 limited space-charge accumulation의 약어이다. 비소 갈륨 등의 pn 접합에 고전계를 가함으로써 마이크로파를 발생시키는 데 사용하는 부품. 발진 주파수는 외부 회로의 조건으로 정할 수 있다.

LSB 최하위 비트(最下位-) least significant bit의 약어. 1어 또는 1바이트의 2진수로, 가장 작은 자리의 비트, 또는 그 내용을 말한다.

LSD 최하위 숫자(最下位數字), 최소 유효 숫자(最小有效數字) =least significant digit

LSI 대규모 집적 회로(大規模集積回路) = large scale integration

LSI chip LSI 칩 다량의 단위 소자(cell)를 집적 회로 기술에 의해서 구성하고, 다시 각 단위 소자간을 다층 배선 기술에 의해서 접속하여 매우 고도한 논리 기능 회로를 배치한 실리콘 기판.

LSTTL 저전력 쇼트키 트랜지스터 트랜지스터 논리(低電力-) =low power Shottky transistor transistor logic →STTL

L-type filter L형 필터(-形-) 그림과 같은 구성의 필터로, (a)의 저역 필터와 (b)의 고역 필터의 두 종류가 있다.

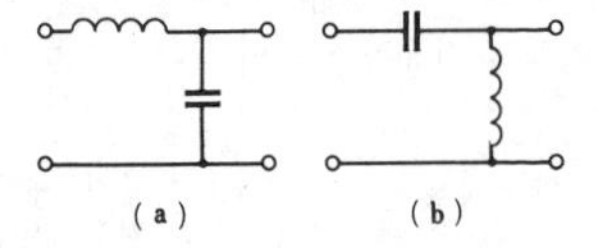

LUF 최저 사용 주파수(最低使用周波數) = lowest usable frequency

lug terminal 러그 단자(-端子) 그림과 같은 모양의 단자.

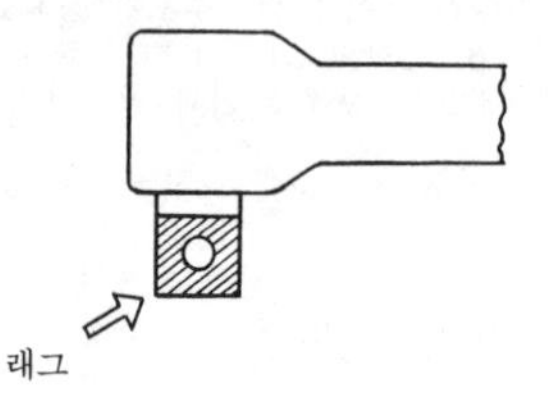

lumen 루멘 광속의 단위. 기호 lm. → luminous flux

luminance 휘도(輝度) 광원면에서 어느 방향으로의 광도를 광원의 그 방향으로의 정사영(正射影) 면적으로 나눈 값. 단위는 cd/m^2.

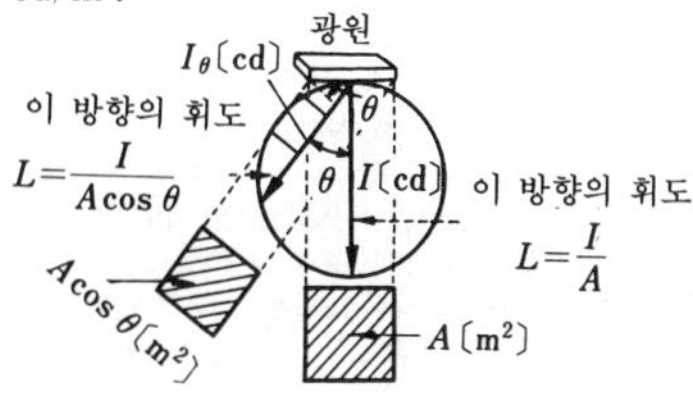

luminance channel 휘도 채널(輝度―) 컬러 텔레비전에서 휘도 신호를 전송하기 위한 전송 경로.

luminance channel bandwidth 휘도 채널 대역폭(輝度―帶域幅) 컬러 텔레비전에서 휘도 신호를 전송하기 위한 경로의 대역폭.

luminance coefficient 휘도 계수(輝度係數) 컬러 텔레비전에서 임의의 색의 3자극값 각각에 대해서 정하는 일정한 계수로, 이것을 곱해서 가산한 값이 그 색의 휘도가 된다.

luminance flicker 휘도 플리커(輝度―) 컬러 텔레비전에서 휘도만의 변동이 원인으로 일어나는 플리커.

luminance signal 휘도 신호(輝度信號) Y 신호라고도 하며, 컬러 텔레비전의 화면 밝기(휘도)를 정하는 신호.

luminescence 루미네선스 온도 방사에 의하지 않는 발광을 말하며, 여기(勵起) 또는 전리(電離)된 원자가 원래 상태로 되돌아가는 경우 등에 생긴다. 형광등이나 전계 발광은 루미네선스를 쓴 것이다.

luminescence center 발광 중심(發光中心) 결정(結晶) 내에서 발광에 관계하는 불순물이나 격자 결함 혹은 그들의 복합물 등을 말한다. 반도체에서의 도너나 억셉터, 등전자(等電子) 트랩, 불완전 껍질을 갖는 천이 금속이나 희토류 이온 등이 있다.

luminescence threshold 루미네선스 임계값(―臨界―) 루미네선스를 발행하는 물질을 여기(勵起)할 수 있는 방사의 최저 주파수값.

luminescent material 형광체(螢光體) → phosphor

luminescent-screen tube 발광판관(發光板管) 스크린 상의 상(像)이 배경보다도 밝은 음극선관.

luminous exitance 광속 발산도(光束發散度) 빛을 발하는 면의 단위 면적당 광속. 단위 lm/m^2, flx.

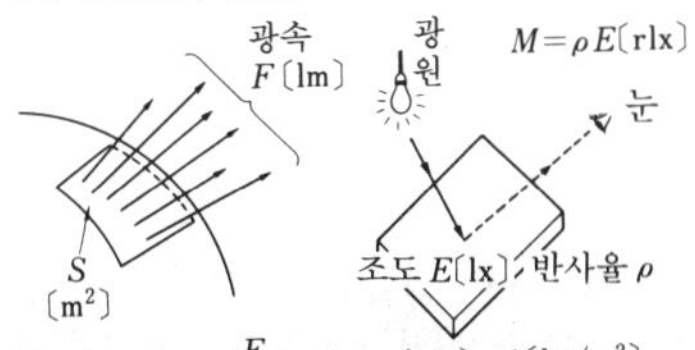

luminous flux 광속(光束) 단위 시간당에 전파되는 가시 광선의 양을 사람 눈의 감도에 따른 방사속(放射束)으로 나타낸 값으로, 단위는 루멘(lm)이다. SI에서는 루멘은 기본 단위 칸델라에서 유도된다.

luminous flux density 광속 밀도(光束密度) 표면의 단위 면적당의 광속. 표면에서 방사되는 광속인 경우에는 광속 발산도라 한다. 면에 투사하는 광속인 경우에는 조도(照度)라 한다.

luminous gain 광속 이득(光束利得) 광일렉트로닉스 장치에서, 입사하는 광속에 대한 방사되는 광속의 비. 어느 광속도 장치의 적당한 입력단, 출력단에서 결정된다.

luminous intensity 광도(光度) 광원의 세기의 정도를 나타내는 양으로, 단위는 칸델라를 쓴다. 광원의 어느 방향의 광도는 광원이 그 방향으로 발하는 단위 입체각당의 광속과 같다. 단위 칸델라(cd).

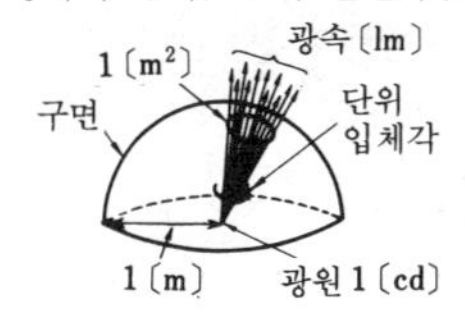

luminous paint 발광 도료(發光塗料) 방사선이 닿으면 발광하는 물질(황화 아연)과, β선을 내는 물질(탄소 14나 프로메튬 147 등)을 포함한 도료로, 야간 표지 등에 사용된다.

luminous sensitivity 광속 감도(光束感度) 촬상관의 광전 음극면을 고르게 조사(照射)했을 때의 출력 신호 전류를 입사 광속량으로 나눈 값. 측광 광원에는 2,854K의 필터를 걸지 않은 백열 텅스텐 전구가 널리 사용된다.

lumped element circuit 집중 상수 회로(集中常數回路) 개별 인덕터와 콘덴서로 구성되는 회로.

lumped optical modulator 집중 상수형 광변조기(集中常數形光變調器) 광로 길이(매질의 굴절률 n과 거리 d의 곱)가 짧

아서 빛의 통과 시간이 변조 신호의 최소 주기에 비해 충분히 작은 광변조기. 등가적으로 위상 변화를 무시할 수 있는 집중 상수 전기 회로와 같은 취급을 할 수 있다는 의미에서 집중 상수형이라는 이름이 붙었다. 변조 신호의 최소 주기가 작아지면(변조파의 주파수가 높아지면) 광로(光路)의 전후단에서의 변조파의 위상 변화가 매우 커져서 변조도가 저하하여 변조 대역폭(변조를 유효하게 할 수 있는 변조 신호 대역폭의 최대값)이 제약된다. 변조도가 저주파 영역에 비해 3dB 만큼 저하하는 최고 주파수 f_{MAX}은 광로 길이에 역비례하게 된다. 그러므로 광로 길이가 길어지면 진행 파형의 광변조기를 사용할 필요가 생기게 된다.

lumped parameter circuit 집중 상수 회로(集中常數回路) 전기 회로에서 회로 소자(저항, 코일, 콘덴서)가 각각 함께 한 회로. →distributed constant circuit

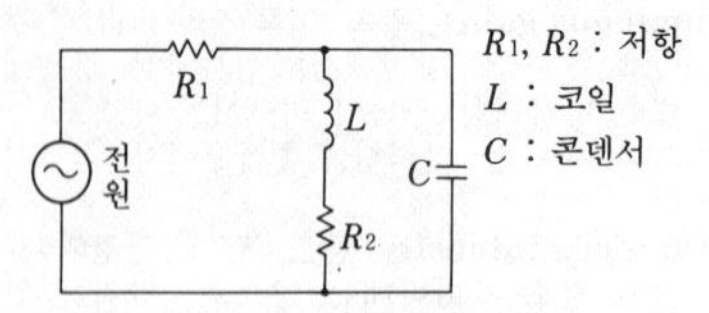

lumped parameter network 집중 상수 회로망(集中常數回路網) 회로망의 파라미터 또는 수동 요소가 일부에 집중되어 있다고 생각할 수 있는 것. 따라서 전계나 자계의 공간적 분포 등에 대해서는 생각할 필요가 없다. 즉, 임의의 시점에서 전류는 회로의 각 점에서 동일한 값을 가지고 있다고 생각할 수 있다. 전자파의 파장에 비해 회로 요소의 치수가 매우 작을 때에는 이러한 가정은 적절하다.

Luneberg lens 루네베르크 렌즈 렌즈 재질의 굴절률이 균일하지 않고, 반경 r의 함수로서 변화하고 있는 구상(球狀) 렌즈. 여기에 입사하는 UHF 평면파는 구(球)의 반대측 표면의 한 점에 집속된다. 반대로 점원(點源)에서 렌즈를 통하여 평면파를 방사할 수 있다. 주사(走査) 안테나 또는 멀티빔 안테나에서 효과적으로 쓰인다.

Luneburg lens reflector 루네부르크 렌즈 반사기(－反射器) 중심을 향해서 큰 굴절률을 갖는 많은 동심의 유전체구(誘電體球)를 사용하여, 입사 에너지를 하나의 반사면에 집중시키도록 한 레이더 반사기.

lux 룩스 조도(照度)의 단위. 기호 lx. → illumination

Luxemburg effect 룩셈부르크 효과(－效果) 강력한 전파가 전리층을 통과할 때 음성 주파수에 따라서 감쇠 계수가 변화하기 때문에 이 영역을 통과하는 전파가 마치 강력한 전파의 음성 주파수에 의해서 변조된 것과 같은 영향을 받는 현상. 실험 결과에 의하면 중파의 전파가 장파에 의해서 방해되었을 때 이 현상이 현저하게 나타나고, 송수신소의 상대 위치와 그 사이의 거리가 어느 값이 되면 방해가 최대로 된다는 것을 알게 되었다.

LV 레이저 비전 =laser vision

lyotropic liquid crystal 리오트로픽 액정(－液晶) 용매(溶媒)에 녹는 과정에서 액정이 되는 것으로, 열이나 전압 등을 가함으로써 액정이 되는 것과 대비된다.

MAC 맥 multiplied analog component 의 약어. 위성 방송에 있어서의 방식의 하나로, 비디오 신호의 아날로그 성분인 휘도 신호 Y 와 색차 신호 C 를 각각 2/3, 1/3 로 시간축 압축하여 1H(수평 주사선 기간) 내에 디지털 음성 신호와 함께 시간 순서적으로 수용하여 방송하려는 것이다. 이 경우 휘도 신호는 모든 수평 주사선에, 또 두 색차 신호는 수평 주사선을 하나 건너 교대로 써서 수용하고 있다. 이러한 방식은 복합 신호를 주파수 변환하여 방송하는 현재의 NTSC 방송의 경우와 같이 크로스 컬러에 의한 장해가 없고 화질이 좋으며, 또 색차 신호의 부반송파가 없기 때문에 고주파 영역에 고레벨 신호 성분이 없어 위성 방송의 FM 변조에 적합하다. MAC 방식은 EBU(European Broadcasting Union)에서 채용되어 서구 제국에서 사용되고 있다.

Macbeth illumination photometer 맥베스 조도계(－照度計) 회색 필터를 써서 0.1～20,000lx 의 조도(照度) 측정이 가능한 조도계. 측정 시간이 길어지는 결점이 있다. 이 측정 방법은 측정하는 장소에 확산성의 백색 시험판을 두고, 비교 시야의 위도차를 눈에 의해서 판별하는 것, 혹은 비교등을 써서 같은 휘도의 위치를 검출하여 조도를 측정하는 것이다.

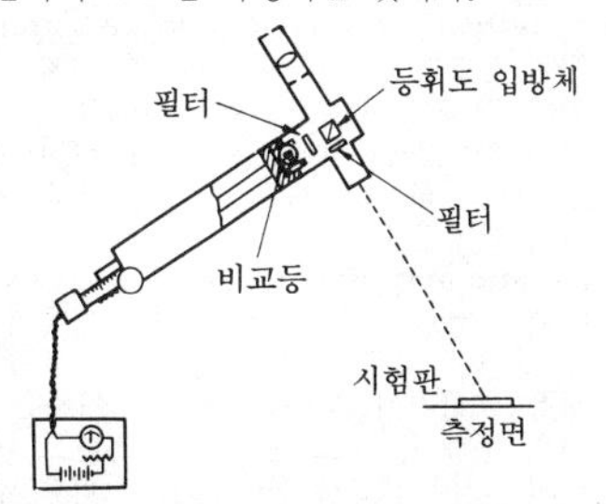

machine language 기계어(機械語) 컴퓨터에 대하여「더하여라」라든가「기억하라」는 명령에는 컴퓨터가 그에 따라서 동작할 수 있는 부호로 나타낼 필요가 있다. 그 때문에 만들어진 것이 기계어이며, 수치를 나타내는 수치어와 연산 장치나 기억 장치를 동작시키는 방법을 지시하는 명령어가 있다. 기계어는 개개 기억 소자의 상태를 지정하는 것으로, 원시적인 컴퓨터에서는 사용자가 스스로 기계어에 의한 프로그램의 작성(코딩)을 하지 않으면 안 되었다. 현재에는 인간의 말에 가까운 표현(예컨대 FORTRAN 이나 COBOL)으로 명령을 넣으면 컴퓨터 자체가 코딩을 할 수 있는 방식이 쓰이고 있는데, 컴퓨터의 회로 그 자체는 역시 기계어로 동작하고 있다.

machine ringing 자동 신호(自動信號) 호출에 응답하기까지, 또는 도중 포기하게 되기까지 자동적으로 또한 규칙적으로 계속하는 링잉.

machining center 머시닝 센터 복합 NC(수치 제어) 공작 기계를 말한다. 1 회의 준비로 두 가지 이상의 작업을 동시에 할 수 있고, 더욱이 자동 공구 교환 장치를 가지고 있어서 준비되어 있는 공구(많은 것은 수백 개나 된다)를 자동적으로 교환할 수 있도록 되어 있다.

Macintosh 매킨토시 애플 컴퓨터사가 제조하는 마이크로컴퓨터의 상품명. 컴퓨터와 그 소프트웨어가 이용자와 어떻게 관련되어야 하는가의 새로운 방향을 제시한 것으로서 주목을 모았다. 즉 마우스나 아이콘, 멀티윈도 등 이용자와 컴퓨터가 시각적인 정보를 거쳐서 보다 긴밀하게 대화할 수 있는 환경을 제공하는 동시에 이러한 환경을 살린 소프트웨어, 예를 들면 MacPaint, Mac Write 등 그림과 텍스트를 자유롭게 다룰 수 있는 패키지도 제공하고 있다.

macrobending 매크로벤딩 광도파로(光導波路) 내에서의, 모든 직선으로부터의 마이크로벤딩과 구별한 거시적인 축의 어긋남을 말한다.

macrobend loss 매크로벤드 손실(一損失) 광도파(光導波路)로 내에서 매크로벤딩에 기인한 손실. 보통, 매크로벤딩은 거의 혹은 전혀 방사 손실을 일으키지 않는다.

macro expansion 매크로 전개(一展開) →macro generation

macro generation 매크로 생성(一生成) 매크로 명령에 의해 호출된 매크로 정의를 처리함으로써 어셈블러가 일련의 어셈블러 언어의 명령을 만들어 내는 과정. 이것은 어셈블리에 앞서서 수행한다.

macro instruction 매크로 명령(一命令) 컴퓨터에서 몇 개의 명령을 조합시켜서 하는 하나의 동작을 1어의 명령으로서 묶은 것. 이것을 쓰면 프로그램이 간단히 되고 프로그램 작성의 효율이 높아진다. 고급 언어는 모두 이것을 쓰고 있다.

macroprocessor 매크로프로세서 매크로 처리 프로그램. 매크로는 열린 서브루틴의 호출이라고 생각할 수 있다.

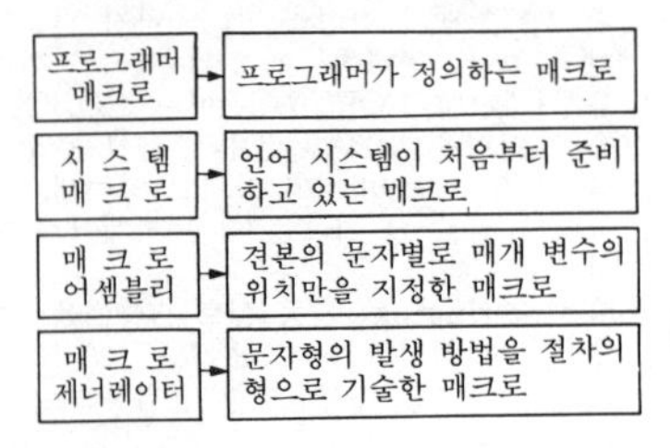
프로그래머 매크로
프로그래머가 정의하는 매크로
시 스 템 매 크 로
언어 시스템이 처음부터 준비하고 있는 매크로
매 크 로 어셈블리
견본의 문자별로 매개 변수의 위치만을 지정한 매크로
매 크 로 제너레이터
문자형의 발생 방법을 절차의 형으로 기술한 매크로

MADT 마이크로앨로이 확산형 트랜지스터(一擴散形一)[1], 평균 정지 시간(平均停止時間)[2] (1)=microalloy diffused transistor

(2) mean actual down time 의 약어. 기기의 신뢰성을 표현하기 위하여 사용되는 수치의 하나로, 고장에 의한 정지 시간의 평균값을 나타낸다. 만일 고장 발생과 동시에 수리하여 완료와 동시에 가동시킨다고 한다면 MADT 는 MTTR 과 일치한다.

magic eye 매직 아이, 동조 지시관(同調指示管) →tuning indicating circuit

magic T 매직 T 마이크로파관 회로에서 사용하는 도파관의 분기 소자에는 자계 방향으로 나누는 H분기와 전계 방향으로 나누는 E분기가 있다. 이 둘을 조합시킨 것이 매직 T이며, 그림의 단자 (1)은 (3), (4)와 결합하고 (2)와는 결합하지 않으며, 또 단자 (2)는 (3), (4)와 결합하고 (1)과는 결합하지 않는 특성이 있다. 인피던스의 측정이나 주파수 변환기에 응용된다.

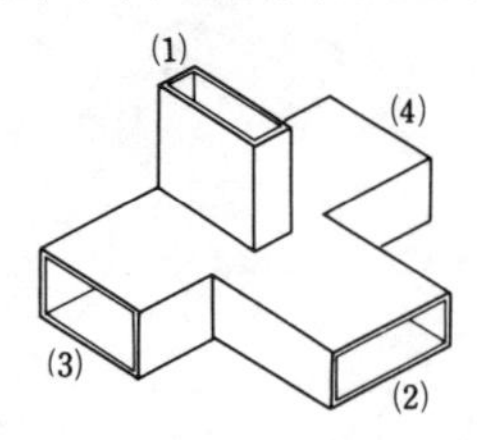
(1)
(4)
(3)
(2)

magnesia porcelain 마그네시아 자기(一瓷器) →steatite porcelain

magnesia spinel 마그네시아 스피넬질 자기(一質瓷器) $MgO \cdot Al_2O_3$의 조성을 갖는 자기로, RO, R_2O_3의 형의 결정을 스피넬이라 하기 때문에 마그네슘(MgO) 스피넬이라는 이름이 붙었다. 고급 내열성 자기이다.

magnesium cell 마그네슘 전지(一電池) 마그네슘 혹은 그 합금을 음극으로 하는 1차 전지.

magnesium titanate porcelain 티탄산 마그네슘 자기(一酸一瓷器) 티탄산 마그네슘($MgTiO_3$)의 다결정 소결체이다. 티탄산 바륨 자기보다 유전율은 작으나 온도 계수나 유전 탄젠트도 작으므로 발진 회로용 콘덴서에 사용된다.

magnet 자석(磁石) 외부에 자계가 생기게 하는 물체.

magnetic adjuster 정자 재료(整磁材料) 자기 션트 재료라고도 한다. 퀴리점이 상온보다 약간 높은 곳에 있는 강자성체는 상온 부근의 온도 상승에 의해 비투자율이 크게 감소하므로 영구 자석의 온도 변화에 의한 계기의 오차를 보정하기 위해 자로(磁路)의 틈에 분로로서 사용한다. 서멀로이(thermalloy)는 그 일종이다.

magnetic alloy 자기 합금(磁氣合金) 강자성을 가진 합금. 철 알루미늄 합금, 규소강, 니켈 철 합금 등 여러 가지가 있다.

magnetically shielded type instrument 자기 실드형 계기(磁氣一形計器) 외부 자계의 영향이 지정된 값에 제한되어 있는 계기. 이 영향에 대한 보호는 물리적 자기 실드에 의하거나 계기 고유의 구조에 따라서 달성된다.

magnetic amplifier 자기 증폭기(磁氣增幅器) 철심 리액터의 비선형을 이용한 것으로, 래익터에 직류 자화력을 가하여 철심을 포화시켜 부하 전류를 제어하는 방식의 증폭기. 구조가 매우 튼튼하고 대출력의 것이 간단히 얻어진다. 그림은 자기 증폭기의 원리적 접속과 래익터의 자화 특성 예를 나타낸 것이다.

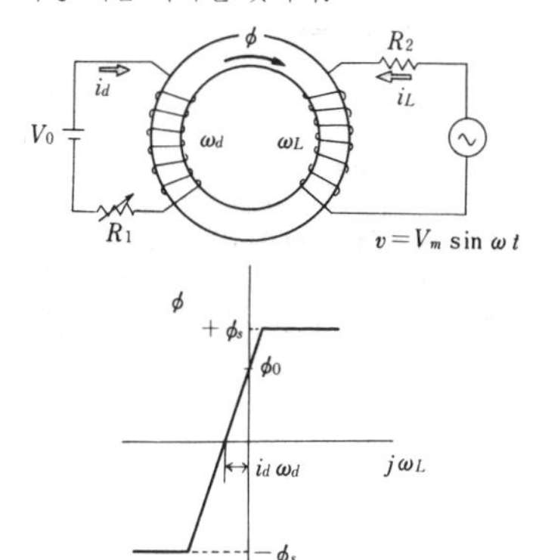

magnetic anisotrophy 자기 이방성(磁氣異方性) 자성체의 결정에 자계를 가했을 때 결정축에 대한 자계의 방향에 따라서 투자율이 다른 성질을 말한다. 그림은 철의 경우(체심 입방 격자)를 예로서 나타낸 것으로, A 방향(자화 용이축)의 투자율이 가장 크고, C 방향(자화 곤란축)의 투자율이 가장 작다.

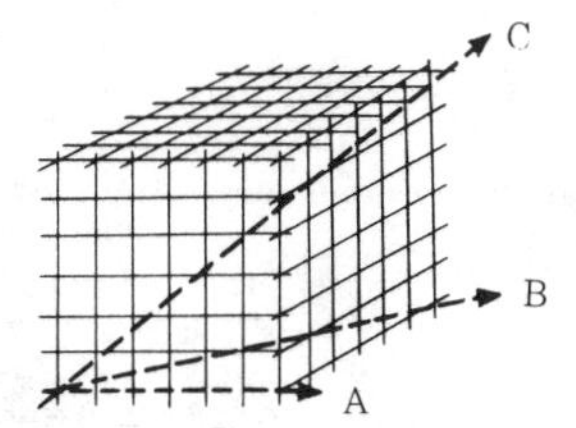

magnetic anisotrophy energy 자기 이방성 에너지(磁氣異方性－) 이방성이 있는 자성체에서, 자화의 방향에 의존하는 내부 에너지.

magnetic-armature loudspeaker 마그네틱 아마추어 스피커 자성체의 아마추어 진동에 의해 동작하는 마그네틱 스피커.

magnetic attitude control system 자기 자세 제어 방식(磁氣姿勢制御方式) 인공 위성 내에서 발생한 자기 모멘트와 지구 자계와의 상호 작용에 의해 위성의 자세를 제어하는 방식.

magnetic attractive force 자기 흡인력(磁氣吸引力) 자석의 서로 다른 극이 끌어 당기는 힘. N 극과 S 극이 좁은 갭(틈) 사이에 마주 보고 있을 때 단위 면적당의 힘의 크기는 다음 식에 의해 나타내어진다.

$$f=BH/2$$

여기서, f : 흡인력,〔N/m^2〕, B : 자속 밀도〔T〕, H : 자계의 세기〔A/m〕.

magnetic axis 자축(磁軸) 코일 또는 권선의 전류에 의해 발생하는 자속 밀도에 관한 대칭선. 갭이 고루면 거의 최대 자속 밀도의 위치를 나타낸다.

magnetic balance 자기 저울(磁氣－) 자성체를 불균일한 자계 속에 둠으로써 생기는 힘을 재서 자성체의 자화를 측정하는 장치.

magnetic bearing 자기 방위(磁氣方位) 자북(磁北)을 기준으로 한 방위.

magnetic biasing 자기 바이어스(磁氣－) 기록에 있어서, 신호 자계에 추가해서 자계를 중첩하여 자기 기록 매체의 조건을 갖추는 것. 일반적으로 자기 바이어스는 신호 진폭과 기록 매체의 잔존 자속 밀도 사이에 실질적인 선형 관계를 얻는 데 사용한다.

magnetic blow-out circuit-breaker 자기 차단기(磁氣遮斷器) 차단시에 생기는 아크를 소호하는 데 좁은 홈의 아크 슈트 중에 아크를 봉해 넣고 차단하는 것.

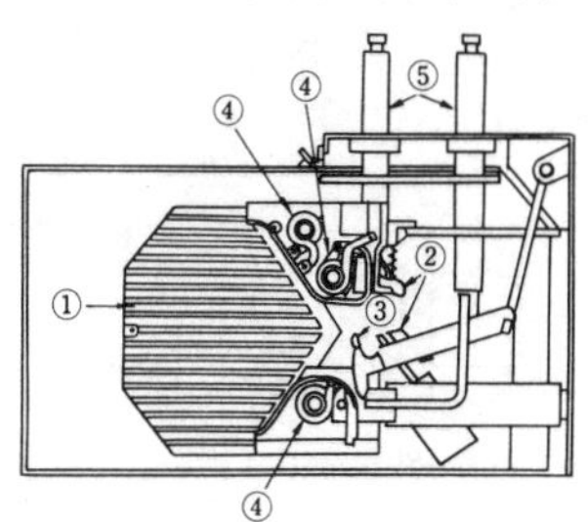

① 아크 슈트　② 주접촉자
③ 아크 접촉자　④ 자기 블로아웃 코일
⑤ 부싱

magnetic bubble 자기 버블(磁氣－) 가닛 결정 등의 박판면에 수직 방향으로 생긴 원통형 자구(磁區). 자기 버블의 유무에 따라서 정보를 기록할 수 있으므로 메모리로서 컴퓨터에 사용된다. 반도체에 비해 고집적화가 용이하고 정보가 불휘발

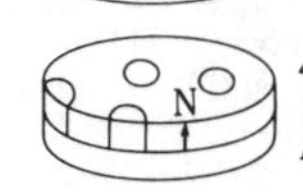

〔무늬형 자구〕

화살표 방향으로 자계를 가하면 반대 방향의 자구가 작아져서 버블 자구가 된다

성인 것이 특징이다.

magnetic bubble memory 자기 버블 기억 장치(磁氣-記憶裝置) 고체 디바이스로서 만들어진 직렬 접근형의 자기 기억 장치로, 정보를 자기막 내 자기 분극의 작은 도메인, 즉 자기 버블(1~10μm)로서 축적되도록 되어 있다. 자기막으로서는 예를 들면, 비자성 가닛(GGG)의 기판상에 자성 가닛막을 에피택시얼 성장시킨 것과 같은 것이 사용된다.

magnetic card 자기 카드(磁氣-) 플라스틱제의 카드 표면에 산화철 등의 분말을 입힌 기억 장치. 필요한 데이터를 자기적으로 기억시킴으로써 소속 증명 등에 이용할 수 있다.

magnetic card reader 자기 카드 판독기(磁氣-判讀機) 자기 카드에 기록된 데이터를 판독하는 장치로, 단말 장치에 부가되는 자기 카드 판독기는 고정 항목 또는 오퍼레이터 식별 코드 등의 입력 장치로서 사용된다.

magnetic charge 자하(磁荷) 자기를 물리량으로서 다루는 경우 자기의 양을 생각하는 데 사용되는 개념적인 양. 전하와 같이 물체가 가지고 있는 것이라는 의미로 자하라 한다. →charge

magnetic circuit 자기 회로(磁氣回路) 자속의 통로.

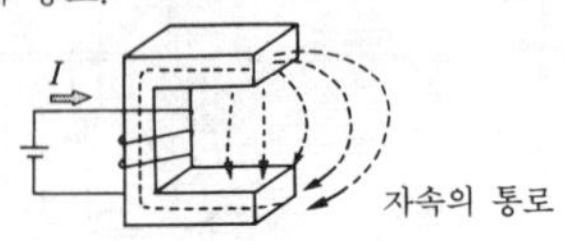

〔전기 회로와의 유사점〕

자 기 회 로		전 기 회 로	
자 계	H	전 계	E
자 속	ϕ	전 류	I
자기저항	R_m	저 항	R
투 자 율	μ	도 전 율	σ

magnetic clutch 전자 클러치(電磁-) 2축의 결합을 임의로 단속하는 장치(클러치)의 일종으로, 한 쪽 축에 전자석, 다른 쪽 축에 권선 또는 도체 원판을 부착한 것이다. 유도 전동기와 비슷한 원리로 회전하고, 여자(勵磁) 전류를 바꿈으로써 분리나 속도 제어를 간단히 할 수 있다.

magnetic compass 자기 컴퍼스(磁氣-) 자계의 수평 성분 방향을 지시하는 장치. 수평면 내에 자유롭게 회전할 수 있도록 지지한 자침이 지시하는 남북 방향을 기준으로 하여 자기적인 방위각을 측정하는 방위 측정기이다.

magnetic constant 자기 상수(磁氣常數) 자속 밀도 B와 그것을 발생하는 자계의 세기 H와의 비로, $B=\mu H$에서의 μ를 말한다.

magnetic core 자심(磁心) 코일 부품에서 코일 속에 넣어 자속을 증가시키기 위해 사용하는 자기 재료이다. 저주파용으로서는 규소강판이나 고투자율 합금(퍼멀로이 등)을 사용하지만 고주파용으로는 와전류 손을 피하기 위해 페라이트를 사용한다.

magnetic core matrix 자심 매트릭스(磁心-) 자심을 그림과 같은 매트릭스 모양으로 배열한 것. 64×64의 자심을 배열한 것을 코어 플레인이라 하고 복수 매 겹친 것을 코어 스택이라 한다. 기억 용량은 100만 비트에 이르며, 접근 시간은 0.7~수μs 정도이다. 컴퓨터의 주기억 장치에 사용된다.

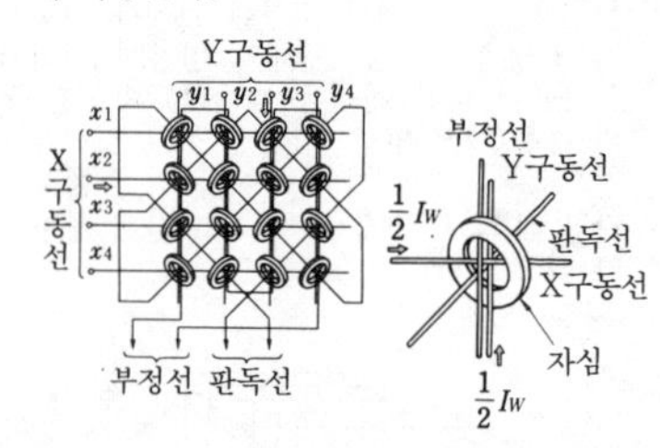

magnetic core memory 자심 기억 장치(磁心記憶裝置) 외경 19~30mil의 고리 모양을 한 페라이트로 만들어진 자심을 사용하여 그 자속의 방향에 의해 정보를 기억하는 장치. 자심에 전류 I_W를 흘리면 자계가 H_C로 되었을 때 자속이 포화

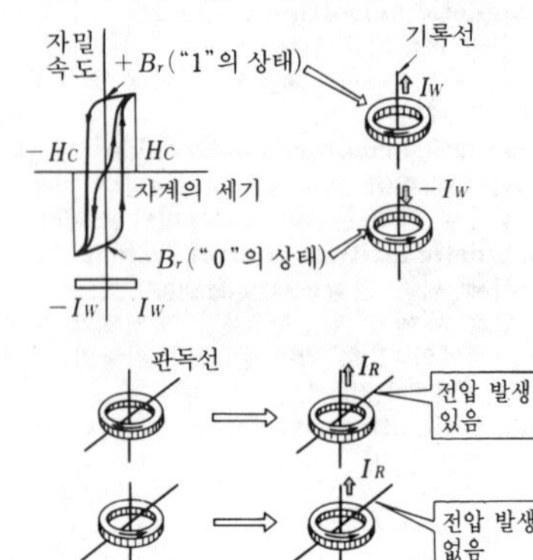

자심 기억의 원리

하여 자계가 0으로 되어도 B_r의 자속이 남는다. 이 상태를 "1", 마찬가지로 $-H_W$를 흘리면 $-B_r$의 자속이 남아 이것을 "0"으로 한다. 컴퓨터 주기억 장치의 구성 소자로서 사용된다.

magnetic damping 자기 제동(磁氣制動) 지시 계기에서, 지침에 결합된 금속 베인(vane)이 영구 자석의 자계 내를 움직임으로써 생기는 제동 효과. 베인에 유도되는 전류는 지침의 움직임과 반대 방향의 제동 토크를 발생한다.

magnetic declination 방위각(方位角) 지자기의 3요소 중 하나로, 편각(偏角)이라고도 한다. 지구상 어느 지점의 지자계 방향 OI를 포함하는 수직면의 자기 자오면과 지리학상의 남북을 포함하는 수직면의 지리 자오면이 이루는 각 α를 말한다.

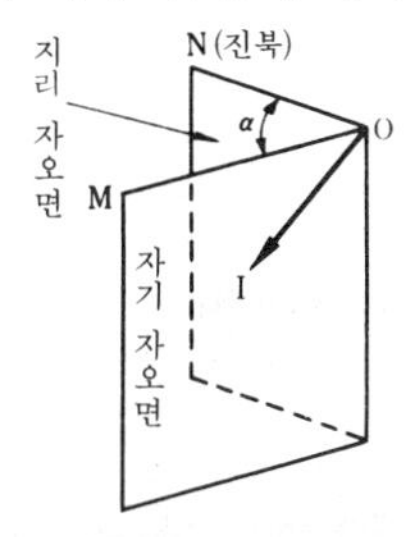

magnetic deflection 자계 편향(磁界偏向) 자계의 작용에 의한 전자 빔의 편향.

magnetic delay line 자기 지연선(磁氣遲延線) 자기파(磁氣波)의 전파(傳播) 시간에 의해 지연 동작을 주는 지연선. 금속 매체를 따라서 자기 에너지를 전파해 가는 속도가 빛의 속도에 비해 늦는 것을 이용한 것으로, 정보를 담은 파(波)가 이러한 선로에서 순환을 되풀이하여 필요한 시간만큼 기억된다.

magnetic dipole 자기 쌍극자(磁氣雙極子) 크기가 같은 S, N의 자하(磁荷)가 어느 거리를 떨어져서 마주보고 있는 것. 자계를 가하지 않아도 존재하는 물질과 자계를 가함으로써 생기는 물질이 있다.

magnetic dipole antenna 자기 다이폴 안테나(磁氣－) →loop antenna

magnetic direction indicator 자기 방향 지시기(磁氣方向指示器) 원격의 자이로 안정화 자기 컴퍼스 또는 그것과 유사한 장치에서 전기적인 방법으로 얻어지는 컴퍼스 지시를 주는 계측 장치. =MDI

magnetic disc 자기 디스크(磁氣－) = magnetic disk

magnetic disk 자기 디스크(磁氣－) 컴퓨터의 외부 기억 장치로서 사용되는 것으로, 일정한 속도로 회전하는 알루미늄 합금제 원판의 겉과 뒤에 자성 재료를 입히고, 수평 방향으로 이동하는 액세스 암 끝에 붙인 자기 헤드에 의해 데이터를 기록하거나 판독하거나 한다. 특징으로서는 랜덤 처리에 적합하며, 대용량의 데이터를 기억할 수 있다. 접근 시간은 자기 드럼의 약 10배이다. →access time

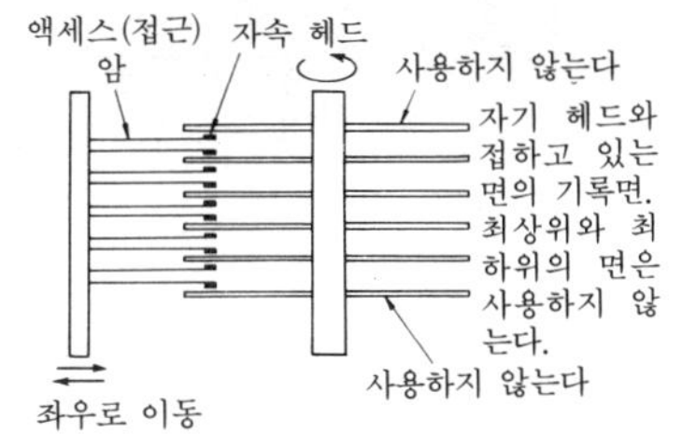

magnetic disk unit 자기 디스크 장치(磁氣－裝置) 컴퓨터 등으로부터의 지령에 의해 자기 디스크 상에 데이터를 기록하고, 또 기록되어 있는 데이터를 판독하는 장치. 디스크를 회전시키는 구동 장치, 자기 헤드, 그들의 제어 장치 등으로 구성된다.

magnetic domain 자구(磁區) 강자성체의 내부는 작은 영역으로 나뉘어져 있으며 이 미소 영역을 자구라 한다. 자구는 자계 중에서는 모든 전자의 자기 모멘트가 평행하고 있으며, 그 때문에 전체로서는 큰 자기 모멘트, 즉 큰 자극의 세기가 된다. 그러나 자계가 없을 때는 자구의 자화 방향이 멋대로의 방향을 향하고 있기 때문에 외부에 자화를 나타내지 않는다.

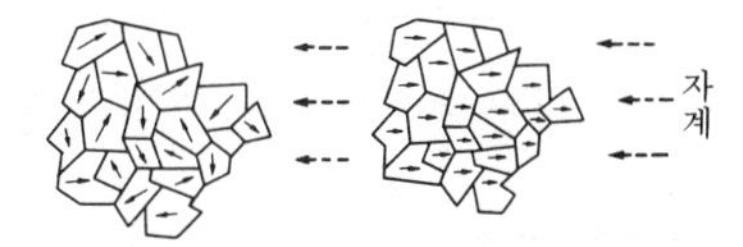

magnetic domain wall 자벽(磁壁) 인접하는 자구(磁區) 사이의 경계.

magnetic drum 자기 드럼(磁氣－) 컴퓨터의 외부 기억 장치로, 일정한 속도로 회전하는 알루미늄 합금제 원통 표면에 자성 재료를 도금하고, 그 표면과 약간 떨어져서 고정된 복수의 자기 헤드에 의해 데이터를 기록하거나 판독하거나 한다. 특징으로서는 랜덤 처리에 적합하고, 기억 용량은 4~15MB, 접근 시간은 10ms 전후이다.

〔트랙의 전개도〕

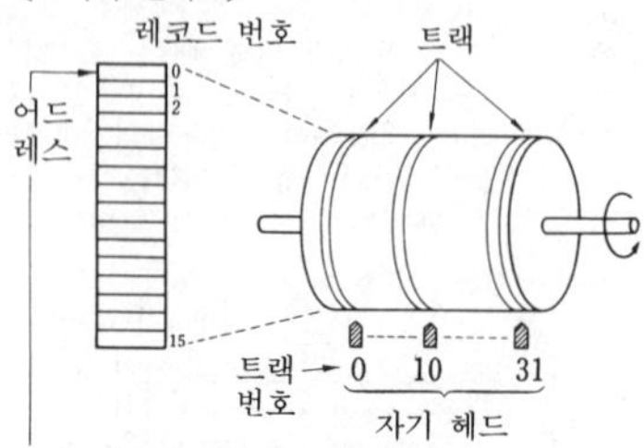

자기 헤드에 대응하는 트랙 번호와 트랙 내의 레코드 번호에 의해 어드레스가 붙여진다

〔자기 드럼의 기억 용량(일례)〕

32 트랙×16 레코드×256 바이트=
131072 바이트(131KB)
(1 레코드 256 바이트한 경우)

magnetic energy 자기 에너지(磁氣－) 감자 곡선의 각 점에 대하여 자화력 H 와 자속 밀도 B 의 곱을 자기 에너지라 한다.

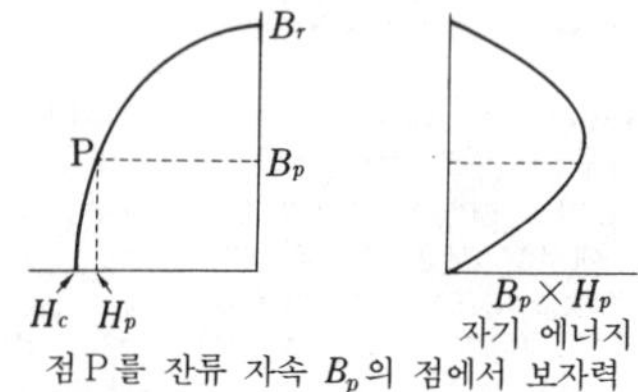

점 P를 잔류 자속 B_p 의 점에서 보자력 H_c 까지 이동하면서 각 점에서의 H_p 와 B_p 의 곱을 오른쪽 그래프 상에 그린다.

magnetic erasing head 자기 소거 헤드(磁氣消去－) →erase

magnetic Faraday effect 자기 패러데이 효과(磁氣－效果) →magneto-optic effect

magnetic field 자계(磁界), 자장(磁場) 자기력이 작용하는 장소, 즉 전류 상호, 자석 상호 혹은 전류와 자석 사이에 작용하고 있는 장소.

magnetic field interference 자계 간섭(磁界干涉) 자계가 있음으로써 회로간에 발생하는 간섭의 일종.

magnetic field strength 자기의 세기(磁氣－) 자속 밀도를 그 점의 매질의 투자율 $\mu(=\mu_r\mu_0)$ 로 나눈 값으로, 등방성(等方性) 매질인 경우는 자속 밀도 벡터 $\boldsymbol{B}$ 와 같은 방향을 향한 벡터량이다. SI 단위계에서의 단위는 암페어 횟수 매 미터〔AT/m〕이다.

magnetic figure of merit 자기 성능값(磁氣性能－) 각종 자기 장치에 사용되는 자성 재료의 자기 효율 지표로, 재료의 겉보기 투자율의 실수부와 자기 소산 계수에 의해 정해지는 값이다.

magnetic fluid 자성 유체(磁性流體) 물이나 기름 또는 다른 액체에 10 만분의 1mm 정도 크기의 산화철 등 자성 미립자를 섞은 것. 입자는 하나씩 표면 활성제로 코딩되어 있다. 이 유체는 자계를 가하면 입도(粒度)가 상승한다든지, 겉보기의 비중이 변화한다든지 하므로 여러 가지 응용이 기대된다.

magnetic flux 자속(磁束) 1Wb 의 자극에서 한 줄의 자기적인 선이 출입하는 것으로 하고, 이것을 자속이라 한다. 단위는 웨버(Wb).

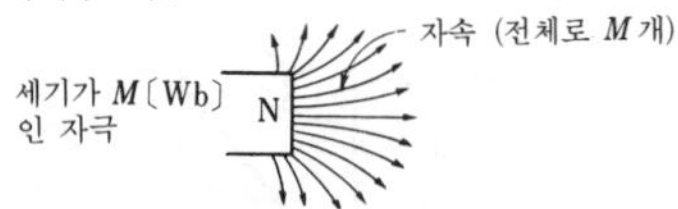

magnetic flux density 자속 밀도(磁束密度) 단위 면적 내를 통과하는 자력선의 수(자속수). 단위는 테슬라(T)를 쓰며, 1T 는 $1m^2$ 당 1Wb 의 자속 밀도이다.

$1T = 1Wb/1m^2$

magnetic flux interlinkage 쇄교 자속(鎖交磁束) 어느 폐로(閉路)에 쇄교하는 자속. 폐로가 권수 n 인 코일에서 자속 φ 가 같은 방향으로 관통하고 있을 때의 쇄교 자속수는 $n\varphi$ 이다.

magnetic flux meter 자속계(磁束計) 자속 φ 의 크기를 측정하는 계기로, 측정할 자속에 링크하는 권수 n 인 코일에 유기하는 전압 $nd\varphi/dt$ 를 적분하여 φ 를 구하는 원리의 것이 널리 쓰인다. 또, 홀 소자의 홀 효과나 초전도 링의 조셉슨 효과를 이용한 홀 효과 자속계, SQUID 자속계 등도 있다. 특히 후자는 10^{-14}T 정도의 미약한 자계도 측정할 수 있으나 극저온 환경을 필요로 하는 난점이 있다.

magnetic garnet 자성 가닛(磁性－) 가닛 중에서 페리 자성을 갖는 것. 보통의 가닛은 자성 가닛이다.

magnetic gum 자성 고무(磁性－) 고무 속에 페라이트의 분말을 분산시켜서 자성을 갖게 한 것으로, 용기를 밀폐할 때 등에 사용한다.

magnetic hardening 자기 경화(磁氣硬化) 외부에서 자계를 가하여 강자성체를 자화하면 원인이 되는 자계를 제거한 다음이라도 자기가 남는(잔류 자기) 현상을 말한

다. →BH curve

magnetic head 자기 헤드(磁氣－) 컴퓨터에서 기억 장치로서 사용하는 자기 드럼, 자기 디스크, 자기 테이프 등의 자성면에 정보를 기록, 판독, 소거를 한다든지 테이프 녹음기나 VTR에서 녹음이나 녹화, 재생, 소거를 하는 장치. 구조는 그림과 같으며 투자율이 큰 자심(퍼멀로이, 뮤메탈 등)에 코일을 감고, 자성면에 대는 부분에는 공극(gap)을 두었다. 자성면이 이 공극을 떨어질 때의 자계의 급격한 변화에 의한 잔류 자기에 의해 정보가 기억되고, 재생은 이 잔류 자기에 의한 기전력에 의해 수행된다.

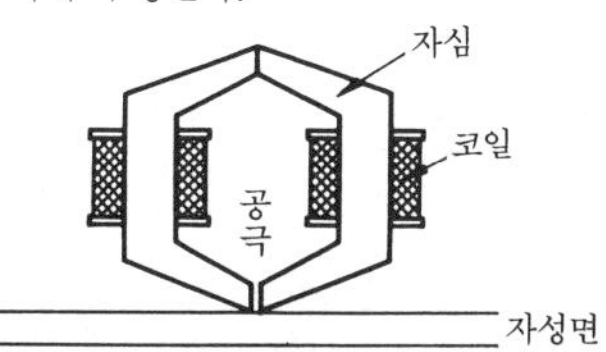

magnetic horn 전자 혼(電磁－) 도파관의 단면을 나팔 모양으로 개구단(開口端)을 향해서 서서히 넓힌 구조의 안테나.

magnetic hydrodynamics 자기 유체 발전(磁氣流體發電) →MHD generation

magnetic hysteresis 자기 히스테리시스(磁氣－) 자성체에 생기는 자속 밀도는 작용하는 자계의 세기가 같더라도 그 이전의 자화 상태에 따라 다른 값으로 되는 것을 말하며, 그래프로 나타내면 그림과 같은 모양(히스테리시스 루프)이 된다.

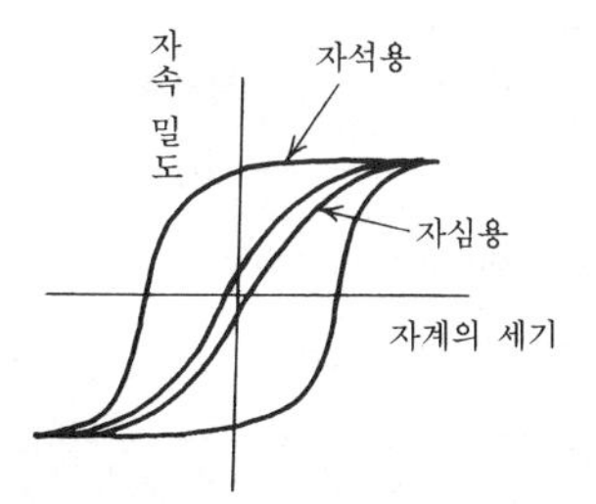

magnetic hysteresis loss 자기 히스테리시스 손실(磁氣—損失) ① 자기 유도가 주기적일 때 자기 히스테리시스의 결과로서 소비되는 전력. ② 자기 유도가 반복적(반드시 주기적은 아니다)일 때는 자기 히스테리시스의 결과로서 자성체 중에서의 1순(一巡)당 에너지 손실.

magnetic inclination 복각(伏角) 지자기의 3요소 중의 하나로, 그림에서 자기 자오면을 통과하는 수평선 OM과 자계의 방향 IO와의 이루는 각 θ를 말한다. 이 값은 1년 혹은 1일을 주기로 하여 연속적으로 조금씩 변화한다. 이것을 각각 연변동 및 일변동이라 한다.

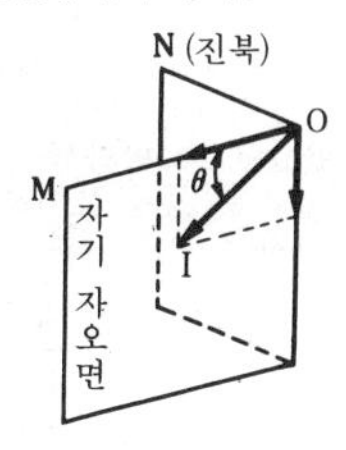

magnetic induction 자기 유도(磁氣誘導) 자성체가 외부 자계의 영향에 의해서 자화되는 현상.

magnetic ink 자기 잉크(磁氣－) 연질 페라이트의 미분말을 인쇄용 잉크에 분산시킨 것. 이것으로 문자 등을 인쇄하면 자기적으로 판독할 수 있으므로 컴퓨터에 입력할 수 있다.

magnetic ink character reader 자기 잉크 문자 판독 장치(磁氣－文字判讀裝置) 컴퓨터 정보 입력 장치의 일종으로, 자성 물질을 포함하는 특수한 잉크로 기록된 문자를 판독하는 장치. ＝MICR

magnetic ink character recognition 자기 잉크 문자 인식(磁氣—文字認識) 자기 잉크로 인쇄된 문자의 기계 인식. ＝MICR

magnetic inspector 자기 탐상기(磁氣探傷器) 재료의 결함 유무를 재료를 파괴하는 일 없이 시험하는 탐상기의 일종으로, 쇠 등 강자성체의 검사에 사용한다. 시험할 재료를 닦아 두고, 외부에서 고른 자계를 걸든가 대전류를 흘려서 자화하여 그 표면에 쇳가루를 섞은 기름을 뿌리면 결함이 있을 때 쇠가루가 부착하여 검은 모양이 생긴다. 이 모양으로 흠의 형상을 판단할 수 있다.

magnetic Kerr effect 자기 커 효과(磁氣－效果) 직선 편광(偏光)이 자극 표면에서 반사할 때 편광면이 회전하는 현상.

magnetic lens 자기 렌즈(磁氣－) 전자 현미경에서 전자선을 집속(集束)하기 위해 사용하는 일종의 코일이다. 자계 속에 방출된 전자는 그 운동 방향이 자계와 동일한 경우는 직진하고 자계와 어느 각도 θ를 갖는 것은 나선 운동을 하는데 θ가 작을 때는 이들 전자는 직진 운동이나 나선 운동을 하여 한 점에 모아진다. 이 작용을 응용한 것이 자기 렌즈이며, 집속 코일 또

는 집속 렌즈라고도 한다.

magnetic line of force 자력선(磁力線) 자계의 상태를 나타내기 쉽게 하기 위하여 가상된 선으로, 그림과 같이 N극에서 나와 공간을 지나 S극으로 들어간다. 이 접선의 방향은 자계의 방향을 나타내고, 그 밀도는 자계의 세기를 나타낸다. 또, 자력선은 같은 방향으로 통하고 있는 것끼리는 서로 반발하고 그 자신은 고무끈과 같이 오그라들려는 경향이 있으며, 다른 자력선과 교차하는 일은 없다.

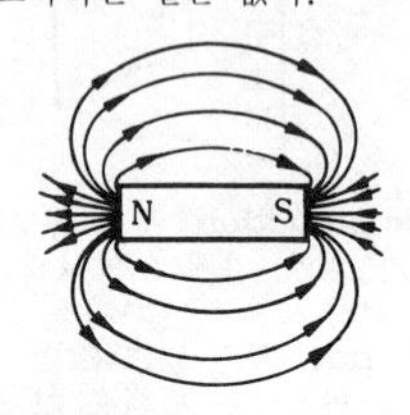

magnetic loudspeaker 마그네틱 스피커 자석을 이용한 확성기의 일종. 그림과 같이 영구 자석 끝에 코일을 감고, 여기에 음성 전류를 흘린다. 코일 속에 중앙을 지점으로 한 접극자가 있고, 코일을 흐르는 음성 전류에 의해 접극자가 진동하여 레버에 의해서 진동판(콘)을 진동시키도록 되어 있다. 이 방식의 스피커는 임피던스가 크고 출력 트랜스를 필요로 하지 않기 때문에 취급이 간단하나 공진 주파수를 낮게 할 수 없고, 기계적인 공진도 있어서 주파수 특성이 좋지 않아 최근에는 거의 다이내믹 스피커로 대치되었다.

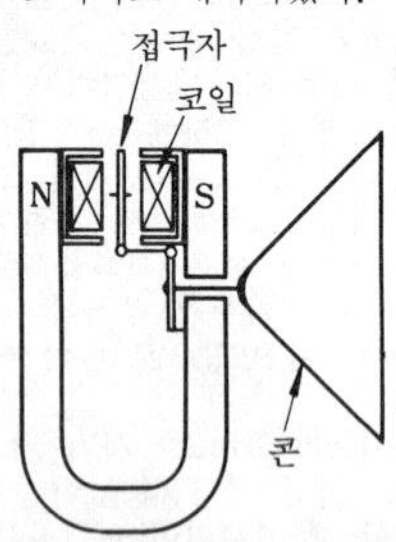

magnetic mark reader 자기 마크 판독 장치(磁氣－判讀裝置) 페라이트 심의 연필로 마크를 기입함으로써 정보를 표현한 카드를 판독하는 입력 장치. 자기적으로 판독하므로 카드의 오염 등으로 영향을 받지 않는 이점이 있다.

magnetic material 자기 재료(磁氣材料), 자성 재료(磁性材料) 쇠나 니켈을 주로 하는 합금과 금속 산화물로 만들어지는 페라이트가 있다. 전류에 의해서 생기는 자속을 통하기 쉽게 하기 위한 자심에는 비투자율이 크고 히스테리시스가 작은 것이 좋으며, 고주파용으로는 도체가 아닌 페라이트가 유리하다. 영구 자석을 만드는 데는 보자력과 잔류 자기가 큰 것을 사용한다.

mignetic microphone 마그네틱 마이크로폰, 전자 마이크로폰(電磁－) 음파 입력에 의해 진동판이 운동하면 정지한 코일 속의 자속이 변화하도록 구성하고, 진동판의 운동 속도에 비례하는 코일의 전류를 출력으로서 꺼내는 마이크로폰. 소형 경량화하기 쉬운 이점이 있으며, 전화기의 송수화기에 장착되어 전자 송화기로서도 사용된다.

magnetic moment 자기 모멘트(磁氣－) 중심을 축으로 하여 자유롭게 회전할 수 있는 막대 자석을 자계 속에 넣었을 때 자석의 S극은 자계의 N극으로, 자석의 N극은 자계의 S극으로 회전한다. 이 회전력은 자석의 길이와 자극의 세기의 곱에 비례한다. 자석의 길이와 자극 세기의 곱을 자기 모멘트라 한다.

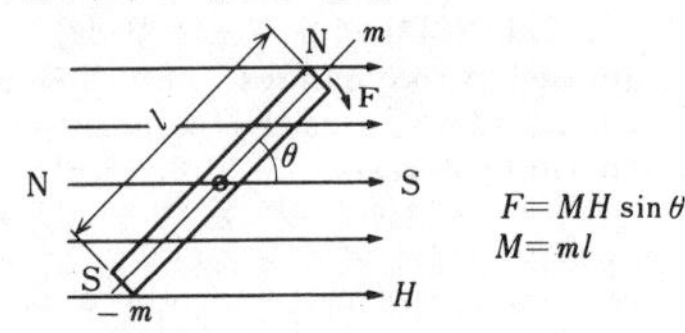

F : 회전력 m : 자극의 세기
H : 자계의 세기 l : 자석의 길이
M : 자기 모멘트

magnetic-optic 자기 광학(磁氣光學) 자계의 영향에 따른 재료의 굴절률 변화에 관한 용어. 자기 광학 재료는 일반적으로 편광면의 회전에 사용된다.

magnetic oxygen analyzer 자기 산소계(磁氣酸素計) 산소의 대자성(帶磁性)을 이용하여 혼합 가스 속의 산소 함유율을 분석하는 장치.

magnetic parts 자성 부품(磁性部品) 코일에 흐르는 전류에 의한 자기 작용을 이용하는 부품. 단독 코일의 인덕턴스를 이용하는 것과 두 코일 간의 트랜스(변성기) 작용을 이용하는 것이 있다. 저주파용은 자심으로서 투자율이 큰 자성 합금을 사용하고, 고주파용은 자심으로서 절연성의 페라이트를 사용한다.

magnetic path 자로(磁路) 전류의 통로를 전기 회로라고 하듯 자속의 통로를 자기 회로 또는 자로라 한다. 전기 회로에서는 도체를 절연체로 감쌈으로써 전류가 밖으로 누설하는 것을 방지할 수 있으나 자로에서는 절연체에 상당하는 것이 없기 때문에 자로 밖으로 나가는 누설 자속을 없앨 수는 없다.

magnetic permeability 투자율(透磁率) 자성체의 자속 밀도 B와 H의 비 $\mu=B/H$를 말한다. 투자율을 상수 $\mu_0=4\pi\times10^{-7}\mathrm{H\cdot m^{-1}}$로 나눈 몫을 비투자율이라한다.

magnetic permeance 자기 퍼미언스(磁氣－) →reluctance

magnetic pick-up 마그네틱 픽업 음성에 의한 자기 코일의 진동에 의해서 코일 내에 유도하는 전류를 신호 전류로서 꺼내는 픽업.

magnetic pole 자극(磁極) 자석 양단에서 자기가 가장 크게 나타나는 부분. 지상에 남쪽을 가리키는 성질을 가진 자극을 S극, 북쪽을 가리키는 성질의 자극을 N극이라 한다.

빗금 부분이
각종 자석의 자극

magnetic potential 자위(磁位) 어떤 장소가 자기적으로 얼마만큼 높은 위치에 있는가를 나타내는 양으로, 자계가 전혀 없는 무한히 먼 장소에서 그곳까지 도중의 자계에 의한 힘에 저항하여 1Wb 의 정자극(正磁極)을 운반하는 데 요하는 일로 나타낸다. 따라서 자계 세기의 단위가 A/m 이기 때문에 자위의 단위는 A가 된다.

magnetic printing 자기 전사(磁氣轉寫) 릴에 감겨진 녹음된 테이프에 녹음되어 있는 신호가 그 위나 아래에 감겨진 테이프를 자화하여 녹음 내용이 원래 녹음 내용과 함께 재생되어 듣기 거북한 현상으로, 고스트라고도 한다. 녹음된 테이프를 오랫동안 방치할 때 생기는데, 테이프를 보관한 장소에 외부 자계가 영향을 주어 발생하는 경우도 있으므로 보존 장소에도 주의할 필요가 있으며, 가끔 테이프를 되감는 것도 방지법의 하나이다.

magnetic probe 자기 프로브(磁氣－) 자계 중에 삽입하여 자계의 세기를 측정하기 위한 작은 픽업 코일 또는 홀 소자.

magnetic prospecting 자기 탐사(磁氣探査), 자기 탐광(磁氣探鑛) 지표에서 지자기 분포의 난조를 측정함으로써 지하에 매설되어 있는 강자성 물질을 포함하는 광물을 탐사하는 방법.

magnetic pumping 자기 펌핑(磁氣－) 플라스마에 작용하는 자계의 세기를 교대로 증감함으로써 플라스마를 스텔러레이터(stellarator), 기타의 핵융합 장치 내에서 가열하는 방법.

magnetic quantum number 자기 양자수(磁氣量子數) 원자 내에서의 전자의 존재 상태를 나타내는 양자수의 하나. 방위 양자수가 l일 때는 $-l$, $-l+1$, …, $l-1$, l의 $(2l+1)$개의 상태로 나뉜다. 원자를 강한 자계 속에 두었을 때 스펙트럼선에 미세 구조를 볼 수 있는 제만 효과(Zeeman effect)는 자기 양자수에 의해서 설명된다.

magnetic recorder 자기 기록 장치(磁氣記錄裝置) 전기·기록적인 변환 장치와 이에 대하여 자기적인 기록 매체를 이동시키는 기구를 갖는 것으로, 전기 신호를 매체에서의 자기 상태 변화로서 기록한다. 기록된 것을 다시 원래의 전기 신호로 변환(재생)하는 장치를 자기 재생 장치라 한다. 기록뿐만 아니라 재생 기능도 포함한 것을 기록 장치라고 하는 경우도 많다. 기록 매체로서는 보통 테이프, 디스크 또는 드럼 등의 표면에 얇은 자성막층을 형성시킨 것이 사용되며, 이들을 적당한 구동 장치(drive)로 이동, 혹은 회전시키는 동시에 막 표면에 접근하여 두어진 자기 헤드라고 하는 전자석 장치에 의해서 전기 신호를 자성막 내의 자화 상태 변화로 바꾸어 기록한다. 헤드에 의해 기록된 정보를 담은(구동 장치에 의해 만들어진다) 궤적을 트랙(track)이라 한다. 기록 정보를 재생하는 경우에는 이 트랙을 따라서 헤드를 이동함으로써 유기되는 기전력이 전기 신호로 꺼내진다. 정보의 기록과 판독(재생), 혹은 기록의 소거는 모두 동일 헤드로 하기도 하고, 각각 별개의 헤드를 써서 하기도 한다. 복수의 헤드에 의해 기록 재생을 하는 경우에는 기록 재생 매체는 복수의 트랙(다중 트랙)을 갖게 된다. 어느 경우나 기록 밀도를 향상시키기 위해서는 매체상의 인접 트랙 간 누화(漏話)를 극력 억제하지 않으면 안 된다. 자기 기록 장치는 음성, 음악 등 아날로그 신호의 기록 재생 장치로서, 또 컴퓨터나 데이터 처리 장치에서의 (외부) 기록 장치로서 중요한 역할을 하고 있다.

magnetic recording head 자기 녹음 헤드(磁氣錄音－) 자기 녹음에서 전류를 자계로 변환시키는 변환기이며, 자기 매체를 자화시킴으로써 전기 신호를 축적하는 기능을 갖는다.

magnetic recording medium 자기 녹음

매체(磁氣錄音媒體) 일반적으로는 철선, 테이프, 실린더, 디스크 기타 형태를 가지며, 자기 신호는 디스크 기타 형태로 그들의 매체에 기록된다.

magnetic refrigerator 자기 냉동기(磁氣冷凍機) 반강자성체에 강력한 자계를 건 다음 이 자계를 제거하면 원래의 상태로 되돌아갈 때 주위의 에너지를 열의 모양으로 빼앗는다. 이것을 반복함으로써 거의 0K 가까이까지 온도를 낮출 수 있다. 반강자성체에는 GGG 의 결정이 쓰인다.

magnetic relay 전자 계전기(電磁繼電器) 전자적으로 조작되는 계전기. 특히 지정하지 않는 한 전자 접촉기의 여자(勵磁) 코일 기타 자기적으로 동작하는 장치의 여자 회로를 개폐하는 접점을 가진 계전기로, 접점의 개폐는 계전기의 여자 코일에 흐르는 전류를 온·오프함으로써 이루어진다.

magnetic reluctance 자기 저항(磁氣抵抗) 자기 회로에 기자력 NI〔A〕가 작용했을 때 생기는 자속을 Φ〔Wb〕라 할 때 NI 와 Φ의 비를 자기 저항이라 한다.

$$R_m=NI/\Phi$$

자기 저항의 단위는 자로(磁路)의 길이에 비례하고 단면적에 반비례한다.

$$R_m=l/\mu A$$

여기서, l : 자기 회로의 길이〔m〕, A : 자기 회로의 단면적〔m^2〕, μ : 투자율 〔H/m〕. 자기 저항의 단위는 (1)식에서 〔A/Wb〕이나, (2)식에서 〔H^{-1}〕(매 헨리)도 사용된다.

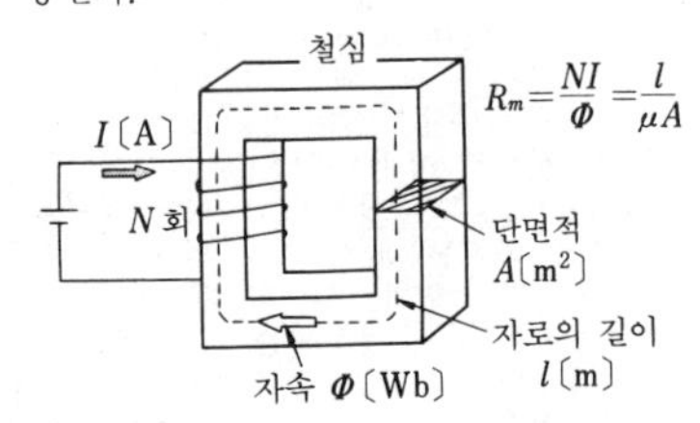

magnetic reproducer 재생 장치(再生裝置), 자기 재생 장치(磁氣再生裝置) 기록 매체의 자기 변화를 전기 신호로 바꾸는 장치. →magnetic recorder

magnetic reproducing head 자기 재생 헤드(磁氣再生―) 자기 녹음에서 축적된 자기 분극(녹음 신호)으로 자속을 모아 그것을 전압으로 변환하는 변환기.

magnetic resonance 자기 공명(磁氣共鳴) 물질의 구조를 알기 위해 그것을 마이크로파 영역의 고주파 자계 중에 두고 원자핵 또는 전자가 갖는 자기 모멘트에 의한 공명 주파수를 측정하는 방법. 전자의 경우를 NMR(핵 자기 공명), 후자의 경우를 ESR(전자 스핀 공명)이라 한다.

magnetic resonance half-linewidth 자기 공명 반치폭(磁氣共鳴半値幅) 자기 공명 흡수 스펙트럼 곡선의 반치선. →magnetic resonance

magnetic rotation 자기 회전(磁氣回轉) →Faraday effect

magnetic saturation 자기 포화(磁氣飽和) 자화 곡선에서 자계의 세기를 크게 해도 자화의 세기가 변화하지 않게 되는 영역. →magnetization curve

magnetic screen 자기 차폐(磁氣遮蔽) 자기 실드와 같은 뜻으로, 자계 중에 중공(中空)이고 투자율이 큰 물질을 둔 경우 자속은 그 물질에 집합하고 중공부는 자계의 영향을 받지 않는다. 이것을 자기 차폐라 한다.

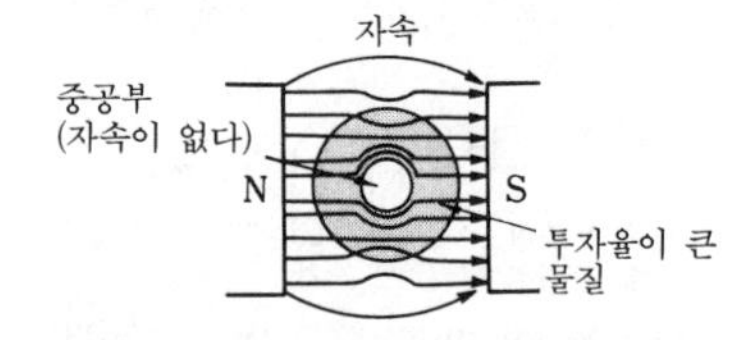

magnetic sensor 자기 센서(磁氣―) 자계의 세기 등 자기적인 양을 검지하여 전기적인 양으로 변환하기 위해 사용하는 부품. 홀 소자나 자기 저항 소자 등을 사용한다. 최근에는 조셉슨 효과를 이용한 것도 있으며, 또 광섬유를 사용한 자기 센서(빛 만으로 측정할 수 있는)도 연구되고 있다.

magnetic separation 자기 분리(磁氣分離) 액체 중에 자성 미분말을 혼합시킨 자성 유체는 자계의 유무에 의해 고상(固相)과 액상(液相)의 변화를 일으킨다. 이것을 응용하여 폐액 중의 미량 중금속(Cr, Mn, Zn 등)을, 페라이트나 가닛으로서 가려내고, 이것을 강자계의 경사 중에 유도하여 분리하는 것. 오수 처리에 응용되고 있다.

magnetic separator 자선기(磁選機) 전자력을 이용하여 비자성 원재료 중에서 강자성체를 선별하여 분리하는 장치.

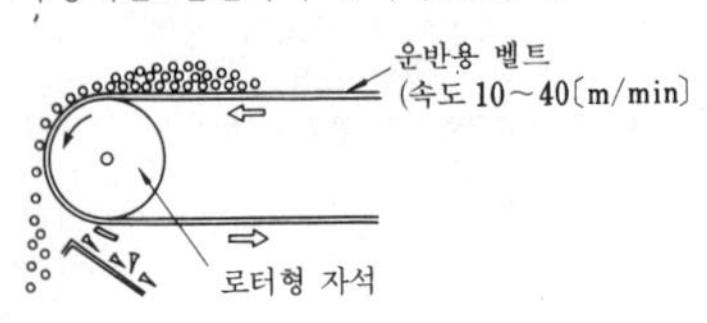

magnetic shielding 자기 차폐(磁氣遮蔽) 자계 중에 있는 일정한 공간을 투자율이 큰 자성체에 의해 감싸면 내부의 자계는 외부보다 매우 작아져서 외부 자계의 영향을 거의 받지 않게 된다. 이것을 자기 차폐라 한다.

magnetic shock sensitivity 자기 충격성(磁氣衝擊性) 자성 재료의 소자(消磁) 후의 실효 투자율 μ_1과 단위 자화 펄스를 주었을 때의 실효 투자율 μ_2와의 차를 μ_1로 나눈 값.

magnetic shunt 자기 션트(磁氣－), 자기 분로편(磁氣分路片) 가동 코일형 계기의 영구 자석 자극 세기의 온도 오차를 보상하는 것. 영구 자석의 자극 세기는 일정하지 않으면 안 되지만 온도 상승 1℃에 대해서 0.02～0.03%의 비율로 감소한다. 이것을 보상하기 위해 비투자율이 온도 상승과 함께 감소하는 철 니켈 합금으로 만들어진 자기 분로편(정자강)을 자극간에 붙인다. 주자속의 일부 Φ_2는 상시 자기 분로편을 통하고 있어 온도 상승한 경우 이곳을 통하는 자속 Φ_2가 감소하여 공극 자속 Φ_1을 온도와 관계없이 일정하게 유지한다.

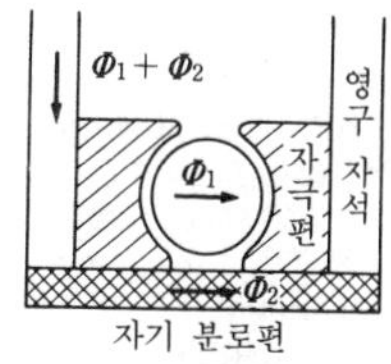

자기 분로편

magnetic shunt material 자기 션트 재료(磁氣－材料), 자기 분로편 재료(磁氣分路片材料) →magnetic adjuster

magnetic spectrography 자기 스펙트로그래피(磁氣－) 일정 자계가 전자(電子) 기타의 하전 입자에 미치는 작용을 이용하여 다른 속도의 입자를 분리하는 분광 사진 기술.

magnetic storage 자기 기억(磁氣記憶) 재료를 자화하여 데이터를 축적하는 물질의 자기적인 성질을 이용한 축적 방법으로, 코어나 필름, 판, 표면에 자성체를 바른 테이프, 디스크, 드럼 등이 있다.

magnetic storm 자기람(磁氣嵐) 지구 규모로 일어나는 지자기의 변화. 무선 통신의 단파대에서 불안정하게 되어 통신 불능 등의 영향을 준다. 이 통신 불능의 시간은 수시간에서 수일에 걸치는 일이 있다. 원인은 태양면의 폭발에 의해 방출된 대전(帶電) 입자가 태양풍으로 되어 지구에 도달해서 지구 자계에 영향을 주기 때문이다.

magnetic substance 자성체(磁性體) 자계가 가해지면 자속이 현저하게 증가하는 물질. 자구(磁區) 구조의 차이에 따라서 강자성체와 페리 자성체(ferrimagnetic substance)로 나뉜다.

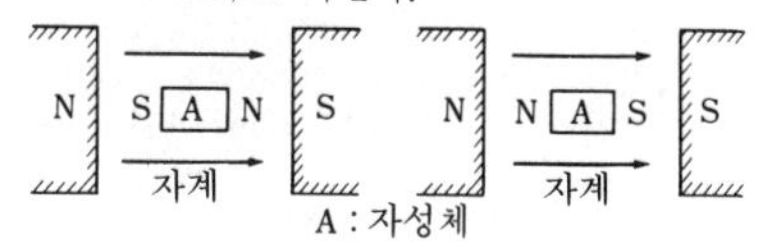

(a) 상자성체 (b) 반자성체

magnetic tape 자기 테이프(磁氣－) 플라스틱 테이프 표면에 자기 재료로서 산화철 등을 칠한 것. 녹음, 녹화 외에 컴퓨터의 외부 기억 장치로서 대량의 데이터를 기록한다.

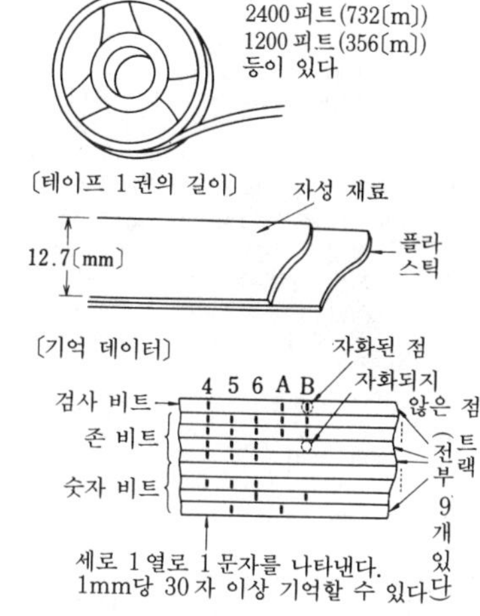

magnetic tape cartridge 자기 테이프 카트리지 자기 테이프를 담는 케이스. 자기 테이프는 이 카트리지에 담긴 채로 자기 테이프 장치에 세트할 수 있다. 이 경우 자기 테이프 장치의 카트리지 오프너가 동작하여 카트리지를 열고 끝을 꺼내서 자동 장전 기구에 의해 감아 릴에 공급된다. 또, 사용이 끝났을 때는 자동적으로 카트리지가 닫힌다. 이 카트리지를 사용함으로써 자기 테이프의 취급이 용이해졌다.

magnetic tape eraser 자기 테이프 소자기(磁氣－消磁器), 자기 테이프 이레이서

(磁氣－) 녹음이 된 테이프의 녹음 내용을 한 번에 소거할 때 사용하는 장치. 테이프 리코더에서는 통상의 녹음 상태일 때는 소거 헤드로 소거하면서 녹음이 되지만, 완전히 소거할 수 없어서 *SN* 비가 나빠지는 일이 있으므로 녹음 전에 이 소자기로 완전 소거한 다음 녹음하는 것이 좋다. 보통은 100V 의 교류 전원에 의한 강력한 교번 자계에 릴을 원을 그리면서 접근시키고, 다시 40～50cm 떼어서 전원을 끊고 소자하는 방법이 쓰인다. 카세트 테이프인 경우는 강력한 영구 자석을 사용한 직류 자계의 소자기 중을 방향을 바꾸어서 여러 번 통하여 소자하는 방법이 쓰인다.

magnetic tape handler 자기 테이프 장치(磁氣－裝置) 자기 테이프를 취급하는 장치로, 통상, 관련 전기·전자 장치를 가진 테이프 전송부(轉送部)와 자기 테이프 판독기로 구성된다. 대개의 장치에서 테이프는 감기는 릴에 보관된다. 그러나 어떤 장치에서는 테이프는 근접한 구획 속에 보관된다.

magnetic tape memory 자기 테이프 기억 장치(磁氣－記憶裝置) 컴퓨터의 기본 구성 요소인 기억 장치의 일종인데 컴퓨터 본체의 중앙 처리 장치(CPU)와 별개로 설치하는 외부 기억 장치로, 그 동작은 주기억 장치의 기억 용량 부족을 커버할 목적의 보조 기억 장치로서 사용된다. 컴퓨터의 제어 장치로부터의 지령에 의해서 주행 중인 자기 테이프에 정보를 기록한다든지, 기록되어 있는 정보를 읽어낸다든지 하는 동작을 하기 위해 테이프 리코더와 같은 기구를 가지고 있으나 큰 차이는 언제나 테이프가 주행하고 있는 것이 아니고 정보의 판독, 기록할 때만 동작된다는 것이며, 테이프 속도가 2～3.8ms로 빠르므로 스타트, 스톱에 2～6ms 의 블록 간격을 필요로 한다. 자기 테이프는 보통 12.7mm 폭의 폴리에스테르 베이스재를 사용하고, 7 또는 9 트랙으로 기록하고 있으므로 기억 용량이 크고, 기억 밀도도 8～64 비트/mm 로 크지만 호출 시간이 긴(수초) 것이 결점이다.

magnetic tape reader 자기 테이프 판독기(磁氣－判讀機) 자화 상태의 변화로서 보존된 자기 테이프로부터의 정보를 일련의 전기적 임펄스로 변환할 수 있는 장치.

magnetic tape unit 자기 테이프 장치(磁氣－裝置) →magnetic recorder

magnetic test coil 자기 시험용 코일(磁氣試驗用－) →search coil

magnetic thin-film 자성 박막(磁性薄膜) 유리판이나 금속판 표면에 퍼멀로이 등의 강자성체를 진공 증착이나 전기 도금에 의해 형성한 얇은 막. 고속으로 데이터를 기록, 판독할 수 있고, 이 때에 요하는 전류는 작아도 된다. 컴퓨터의 기억 장치에 이용된다.

기판(유리판이나 금속판)
강자성체
자성 박막의 두께
수 μm～50μm 정도
기판

magnetic thin-film memory 자기 박막 기억 장치(磁氣薄膜記憶裝置), 자성 박막 기억 장치(磁性薄膜記憶裝置) 컴퓨터에 사용하는 기억 장치의 일종으로, 퍼멀로이 박막의 자화를 이용한 것이다. 퍼멀로이는 두께를 0.5～1μm 정도로 하면 매우 약한 외부 자계라도 용이하게 자화할 수 있으므로 박막의 자화 방향을 반전시키는 속도를 비약적으로 빨리 할 수 있고 접근 시간은 10～1ns(ns=10^{-9}s)까지 짧게 할 수 있다. 또, 어느 한도 이하의 전류에서는 자화의 방향이 변화하지 않으므로 기억 장치의 이상(理想)인 비파괴 판독 기억 장치로 할 수 있다.

magnetic thin-film storage 자기 박막 기억 장치(磁氣薄膜記憶裝置), 자성 박막 기억 장치(磁性薄膜記憶裝置) →magnetic thin-film memory

magnetic transfer 자기 전사(磁氣轉寫) =magnetic printing

magnetic video recording 자기 녹화(磁氣錄畵) 텔레비전 신호를 자화 패턴으로서 테이프 상에 녹화하는 것. 텔레비전 신호에서 FM 변조한 고주파 신호(수MHz～10MHz)를 다루기 때문에 자기 헤드와 테이프와의 상대 속도가 매우 빨라야 한다. 그 때문에 헤드도 움직이는 그림과 같은 방식 등이 쓰이고 있다. 방송국용 VTR, 가정용 VTR 에 사용된다.

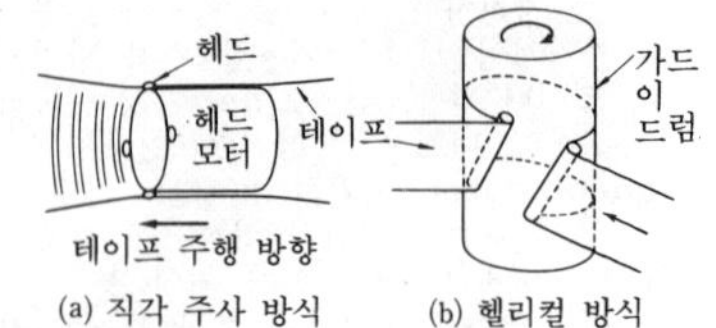

(a) 직각 주사 방식 (b) 헬리컬 방식

magnetic viscosity 자기 점성(磁氣粘性) 대부분의 강자성 물질에는 인가 자계와 그에 의해서 생기는 자화 사이에 시간 지

연이 존재하고, 물질 중에 유도된 와전류에 의해서 측정할 수 있다. 그러나 어떤 종류의 물질에서는 자화의 지속성과 변화의 크기가 너무 커서 이러한 방법으로는 측정할 수 없는 경우가 있으며, 이것을 자기 점성이라 한다.

magnetic wall 자벽(磁壁) 자성체 내부에서의 자구(磁區)와 자구 사이의 경계. 외부에서 자계를 가하면 이동한다.

magnetic wire 자성선(磁性線) →wire memory

magnet-ionic double refraction 자기 이온 복굴절(磁氣－複屈折) →magneto-ionic component

magnetism 자기(磁氣) 자석을 철, 니켈 등의 금속에 접근시키면 금속을 끌어당기는 힘이 작용한다. 이러한 성능을 자기라 한다.

magnetization 자화(磁化) 자계 내에 두어진 물체가 자기 유도에 의해 자석으로 되는 것. →magnetic induction

magnetization curve 자화 곡선(磁化曲線) 자화되어 있지 않은 쇠에 자계를 가하고, 점차 크게 해 가면 자화의 세기가 그에 따라서 커진다. 그러나 어느 크기가 되면 자화의 세기는 달라지지 않게 된다. 이러한 곡선을 자화 곡선이라 한다.

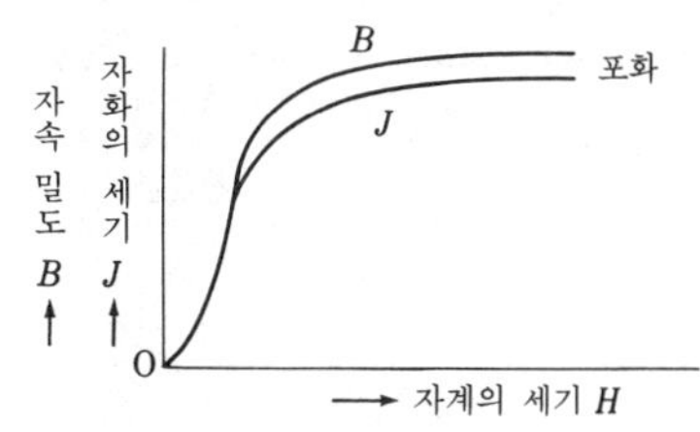

magnetizing current 자화 전류(磁化電流) 전자석의 자화에 사용되는 전류. 여자(勵磁) 전류라고도 한다. 여자 권선의 권수와 자화 전류의 곱이 암페어 횟수이며, 기자력에 비례한다.

magnetizing force 자화력(磁化力) 자성체를 자화하기 위한 원천이 되는 힘으로, 다음 식에 의해 정해지며, 솔레노이드의 내부에서는 자계의 세기와 일치한다.

$$H = \frac{F}{l} = \frac{NI}{l}$$

여기서, H : 자화력〔A/m〕, F : 기자력〔A〕, l : 자로의 길이〔m〕, N : 코일의 권수, I : 코일의 전류〔A〕.

magneto central office 자석식 교환국(磁石式交換局) 자석식 전화기를 취급하는 전화 교환국.

magnetodiode 마그네토다이오드 자계의 세기를 바꾸어서 전류를 증감(단속)할 수 있는 반도체 부품. 그림과 같은 구조이며, I는 고저항의 진성 영역, r 은 정공과 전자가 용이하게 재결합할 수 있도록 한 영역이다. 이 소자는 윗면에서 수직으로 자계가 가해지면 그 세기에 따라서 캐리어가 굽혀지고, r 영역에 도달하는 비율이 증가하면 전류가 감소한다.

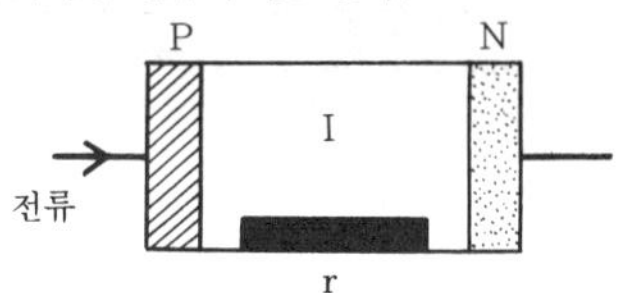

magneto-elasticity 자기 탄성(磁氣彈性) 탄성 일그러짐에 의해 강자성체의 자화가 변화하는 현상.

magneto-electric device 자기 변환 소자(磁氣變換素子) 자기 신호를 전기 신호로 변환하는 디바이스. 예를 들면, 홀 발전기와 같은 것으로, 자계의 측정, 계산용 소자 등에 이용된다.

magneto-electric element 자전 소자(磁電素子) 재료의 물성을 이용하여 자기적인 현상에 의해 전기적인 현상을 발생시키고, 또는 제어하기 위한 장치. 홀 소자나 자기 저항 효과 소자 등이 있다.

magneto-electric transducer 자전 변환 소자(磁電變換素子) 자기적인 현상에 따라서 전기적인 양을 변화시켜 신호의 처리 등에 이용하는 부품. 홀 소자나 자기 저항 효과 소자 등이 있다.

magneto-ionic component 자기 이온 성분(磁氣－成分) 전리층에 진입한 직선 편파의 전파는 지구 자계의 영향을 받아서 복굴절을 일으켜서 정상파와 이상파로 나뉜다. 그 경우의 각 성분을 말한다.

magneto-ionic effect 자기 이온 효과(磁氣－效果) 지구 자계와 대기 중의 이온화 현상과의 조합 효과로, 전자파의 전파(傳播)에 대하여 영향을 준다. 예를 들면 직선 편파가 전리층에 입사하여 지구 자계의 영향에 의해 두 타원 편파로 나뉘는 현상 등이 알려지고 있다.

magneto-ionic medium 자기 이온 매질(磁氣－媒質) 고정 자계가 내부에 골고루 분포하고 있는 전리(電離) 가스.

magneto-ionic wave component 자화 전리 매질 파동 성분(磁化電離媒質波動成分) 어떤 정해진 주파수에서 편파가 변화하지 않고 균일한 자화 전리 매질 중을 전

달될 수 있는 2개의 평면 전자파 중 한 쪽.

magnetometer 자력계(磁力計) 자계의 세기를 측정하는 장치의 일종. 자석을 실로 매달면 지구 자계 H_0의 방향을 향하지만 피측정 자계 H를 가하면 자석은 H_0와 H와의 합성 자계의 방향을 향한다. 이때의 지시각을 θ라 하면

$H=H_0 \tan \theta$

의 관계가 성립하므로 H_0가 기지(旣知)라면 H를 산출할 수 있다.

magnetomotive force 기자력(起磁力) 자기 회로에서 자속을 발생시키기 위한 원동력이 되는 것을 말하며, 전기 회로의 기전력에 상당한다. 그 크기는 자기 회로를 따라서 단위 정자극을 일주시켰을 때의 일로 나타낸다. 권수 N의 코일에 I〔A〕의 전류를 흘렸을 때의 기자력 F는

$F=NI$ 〔A〕

이다.

magneto-optical disc 광자기 디스크(光磁氣－) 자성막의 자화 방향의 반전, 혹은 희토류-천이 금속막의 비결정/결정 변화를 이용하여 기록을 하고, 커 효(Kerr effect)과나 패러데이 효과를 써서 정보를 재생하도록 한 디스크. 광자기형에서는 기록 소거 정보는 외부 자계의 모양으로 주어지지만, 자화 방향의 반전을 돕기 위해 레이저 빔에 의한 막의 온도 제어도 행하여진다. 상변화형(相變化形)에서는 기록·소거 정보는 모두 레이저 에너지로서 주어진다. 재생은 기록막에 의한 빛의 편파면 회전을 검광자(檢光子)에 의해 검출하든가, 혹은 상변화에 의한 빛의 반사율 차를 검출하여 이루어진다. 일정한 자계 내에서 빛에 의해 기록하는 방식도 있다. 데이터 기록 용량은 자기 디스크인 경우의 수 10 배로 할 수 있다.

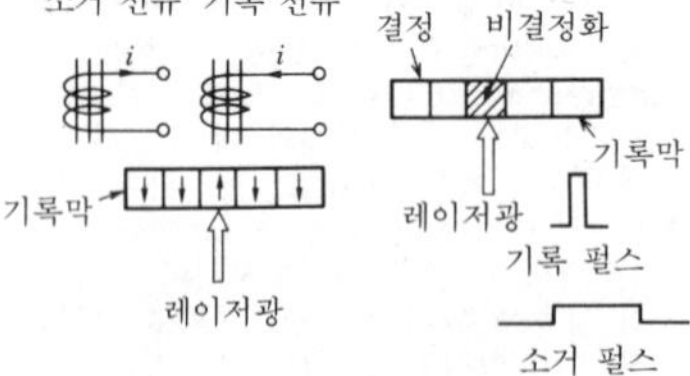

(a) 자화의 반전을 이용한 것　　(b) 비정/결정 변화를 이용하는 것

magneto-optic effect 자기 광학 효과(磁氣光學效果) 자계가 가해지면 물질의 광학적 성질(투과율의 크기나 편광면의 각도 등)이 달라지는 현상. 강자성체나 강유전체에 많이 볼 수 있다. 광신호를 처리하는 부품에 이용된다.

magnetoresistance effect 자기 저항 효과(磁氣抵抗效果) 반도체를 자계 중에 둘 때 전기 저항이 증가하는 현상. 이것은 고체 속을 운동하는 캐리어의 진로가 전자력에 의해 굽어져 전류의 경로가 길어지기 때문이다. 비스무트 등은 특히 이 효과가 심하므로 자계의 측정 등에 이용되고 있다.

magnetoresistive element 자기 저항 소자(磁氣抵抗素子) 자계의 강약에 의해서 저항값이 변화하는 반도체 소자. 그림과 같이 전류 방향과 직각으로 자계를 가하면 캐리어의 방향은 로렌츠의 힘으로 굽혀진다. 따라서 일정 거리 진행하는 데 자계가 없는 경우에 비해 캐리어는 이동하기 어렵게 되어 저항값은 증대한다. 얇게 금속으로 칸막이된 자기 저항 소자를 여러 층 겹쳐 자기에 대한 감도를 높이는 방법이 실용되고 있다.

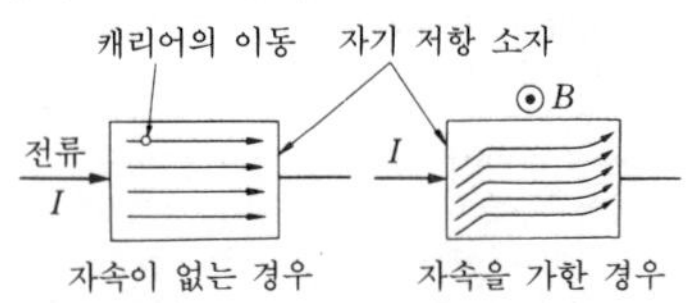

magnetoresistor 자기 저항 소자(磁氣抵抗素子) n 형 또는 p 형 반도체의 얇은 조각에 전류를 흘려 두고, 이 반도체의 얇은 조각에 수직 방향으로 전계를 가하면 홀 효과에 의해 캐리어의 통로가 굽어져서 저항이 증가한다. 이러한 원리를 이용하여 자계의 세기를 저항의 변화로 변환하는 소자를 자기 저항 소자라 하며, 콜비노 원판(Kolbino disc) 등으로 하여 사용한다.

magnetorotation 자기 선광(磁氣旋光) 물질을 외부에서 자화함으로써 생기는 선광성(직선 편광의 편광면이 회전하는 현상). 자계가 없는 경우에 생기는 자연 선광과 대비된다. 투과광인 경우는 패러데이 효과, 반사광인 경우는 커 효과(Kerr effect)한다.

magnetosensitive resistor 감자기 저항체(感磁氣抵抗體) 자계가 가해지면 저항값이 크게 변화하는 부품으로, 비스무트나 인듐, 안티몬의 증착막으로 만든다. 자기 센서 등에 쓰인다.

magnetostriction 자기 일그러짐(磁氣－), 자왜(磁歪) 가닛 결정 등의 박판면에 수직 방향으로 만들어진 원통형 자구(磁區). 자기 버블의 유무에 의해 정보를 기억할

수 있으므로 메모리로서 컴퓨터에 사용된다. 반도체에 비해 고집적화가 용이하고 정보가 불휘발성인 것이 특징이다.

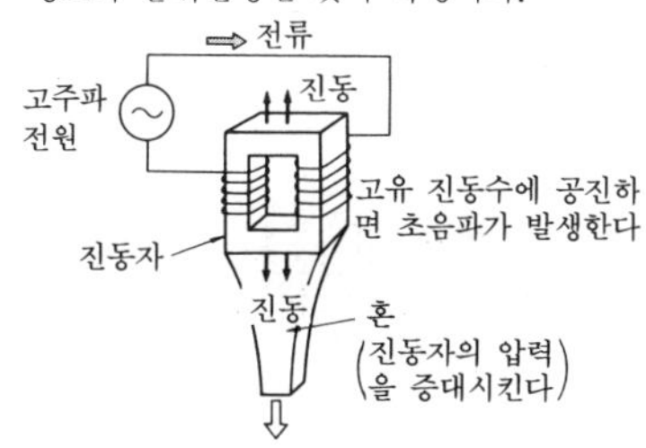

magnetostriction effect 자기 일그러짐 효과(磁氣-效果), 자왜 효과(磁歪效果) 자성체에 자계를 가하면 변형하는 현상. 외력을 가하여 일그러짐을 발생시키면 자화 상태가 변화한다는 역현상도 있다.

magnetostriction gauge 자기 일그러짐 게이지(磁氣-), 자왜 게이지(磁歪-) 자기 일그러짐 현상을 이용하여 힘이나 무게의 측정을 하는 장치. 실제의 것은 니켈 등의 자심에 코일을 두고 자심 표면에 힘이 가해지면 코일에 의한 자속이 통하고 있는 자심 부분의 투자율이 변화하여 코일의 인덕턴스가 변화한다. 따라서 이 인덕턴스의 변화를 측정하면 가해진 힘의 크기를 구할 수 있다. 압력계, 하중계, 토크계, 진동계 등에 사용되고 있다.

magnetostriction loudspeaker 자왜 스피커(磁歪-) 기계적 변위가 자왜 성질을 갖는 물질이 변형하여 음파를 발생하는 스피커.

magnetostriction microphone 자왜 마이크로폰(磁歪-) 자왜 성질을 갖는 물질이 변형하여 기전력을 발생하는 마이크로폰.

magnetostriction oscillator 자기 일그러짐 발진 회로(磁氣-發振回路), 자왜 발진 회로(磁歪發振回路) 자기 일그러짐 재료에 여진(勵振) 코일과 출력 코일을 두고, 출력 코일의 진동을 증폭하여 여진 코일에 가하면 재료의 고유 진동수와 일치한 발진을 일으킨다. 이것이 자기 일그러짐(자왜) 발진 회로이며, 초음파 발생기로서 어군 탐지기나 측심기, 탐상기 등에 이용되고 있다.

magentostriction phenomena 자기 일그러짐 현상(磁氣-現象), 자왜 현상(磁歪現象) 자성 물질을 자화하면 변형을 일으키고, 반대로 외력을 가하여 변형시키면 자화의 상태가 변화하는 현상을 말하며, 자기 일그러짐 재료로서 이용된다.

magnetostrictive material 자기 일그러짐 재료(磁氣-材料), 자왜 재료(磁歪材料) 자기 일그러짐 현상을 이용하는 재료로, 고주파 교류로 자화하면 신축을 되풀이하므로 초음파 발생용의 자기 일그러짐 공진자로서 사용할 수 있다. 현재 사용되고 있는 재료에는 순 니켈, 알페르(철, 알루미늄 합금), 퍼멘듀르(철, 코발트 합금으로 소량의 파나듐을 포함), 아연 페라이트 등이 있다.

magnetostrictive relay 자계 감응 계전기(磁界感應繼電器) 자계에 대응해서 생기는 자성 재료의 치수 변화에 의해 작동하는 계전기.

magnetostrictive vibrator 자기 일그러짐 공진자(磁氣-共振子), 자왜 공진자(磁歪共振子) 자성체에 교번 자계를 가했을 때 자기 일그러짐의 신축에 의해 생기는 기계적 진동을 이용하기 위한 부품. 페라이트로 만들어진 그림과 같은 자심에 코일을 감아서 사용한다.

magnetron 마그네트론, 자전관(磁電管) 마이크로파용 진공관의 하나로, 주로 마이크로파의 발진에 사용된다. 자극의 자계에 의해 공동 공진기 내에서 히터로부터의 전자가 회전 운동을 하여 그 에너지를 발진 출력으로서 꺼낸다. 발진 주파수는 약 1~200GHz, 출력은 연속으로 20 kW, 순간에 수 MW 이다. 레이더, 펄스 통신, 전자 레인지 등에 사용된다.

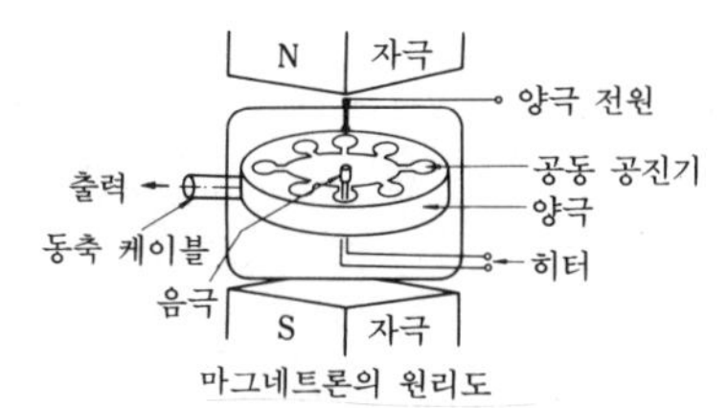

마그네트론의 원리도

magnetron injection gun 마그네트론 주입총(-注入銃) 자계의 축에 평행하게 흐르는, 높은 전 퍼미언스를 가진 중공상(中空狀) 빔을 만드는 전자총.

magnetron oscillator 마그네트론 발진기

(一發振器) 음극과 하나 혹은 그 이상의 양극간의 반지름 방향 전계와 탱크 회로를 여기(勵起)하기 위한 고 에너지 전자류를 공급하는 축방향 전계에 의해 전자가 가속되는 전자관.

magnetron strapping 마그네트론 스트래핑 →strapping

magnet valve 자기 밸브(磁氣—) 전자석에 의해 조작되는 유체(주로 공기)를 제어하는 밸브.

magnet wire 마그넷 와이어 코일 부품을 말들 때의 권선에 사용하는 전선. 포르말선(PVF 에나멜선)이 널리 쓰인다.

magnified sweep 확대 소인(擴大掃引) = expanded sweep

magnitude ratio 진폭비(振幅比) 출력 신호의 최대 진폭과 일정 주파수, 일정 진폭 정현파인 입력 신호의 최대 진폭과의 비.

mail box 메일 박스 직접 접근 기억 장치에서의 공통의 로케이션 세트를 말한다. 공용 영역(共用領域)이라고도 한다. 예를 들면 다중 프로그래밍 컴퓨터계에서 이 메일 박스는 각 프로그램 간에서, 또는 프로그램과 단말간에서 데이터를 주고 받을 때 버퍼 기억 영역으로서 쓰인다.

main amplifier 주 증폭기(主增幅器) 기기 또는 시스템의 주체가 되는 증폭기.

main bang 주포(主砲) 송신된 레이더 펄스.

main beam 주 빔(主—) 주 로브 내의 전파 복사.

main carrier 주 반송파(主搬送波) 다중 통신 방식, FM 스테레오 방송 등에서 둘 이상의 신호를 동시에 전송하는 반송파를 말하며, 부 반송파와 구별하고 있다.

main channel 주 채널(主—) FM 스테레오 방송이나 텔레비전의 음성 다중 방송의 주 음성 회로에서 모노럴, 주 음성 및 L+R의 각 신호를 출력한다.

main channel signal 주 채널 신호(主—信號) 하나의 전파로 둘 이상의 다른 음성 신호를 동시에 전송하는 경우 그 중의 기준이 되는 신호를 말한다. FM 스테레오 방송에서의 0~15kHz 의 합신호(L+R)나 텔레비전 방송에서의 수개 국어의 음성 다중의 주 신호를 말한다.

main circuit 기간 회로(基幹回路) 무선 수신기에서 수신의 목적에 직접 관계하는 기본 회로. 기간 회로의 종류로는 무선 주파 증폭 회로, 주파수 변환 회로, 중간 주파 증폭 회로, 검파 회로, 저주파 증폭 회로, 전력 증폭 회로가 있고, 보조 회로의 종류로는 자동 이득 제어(AGC) 회로, 음질 조정 회로, 동조 지시 회로, 잡음 제한기 등이 있다.

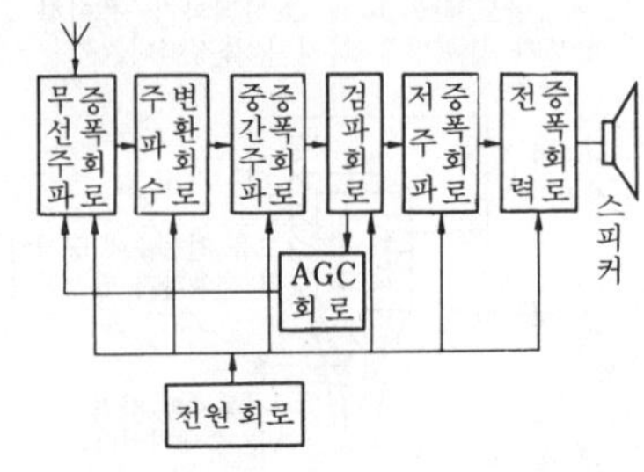

main distribution frame 주 배선반(主配線盤) =MDF

main frame 메인 프레임 ① 컴퓨터의 중앙 처리 장치를 말한다. 본체라고도 한다. ② 계(系)의 중심이 되는 컴퓨터, 이른바 호스트 프로세서로, 보통 대량의 데이터를 처리할 수 있는 범용 컴퓨터를 말한다. 전치 처리 장치를 거쳐서 데이터망에 접속되고, 따라서 통신에 관한 태스크는 전치 처리 장치가 처리하며, 메인 프레임은 주로 이용자의 응용 태스크를 처리한다. ③ 대형 컴퓨터의 속칭.

main gap 주 간극(主間隙) 글로 방전관에서의 주양극(主陽極)과 음극 사이의 방전로.

main internal memory 주기억 장치(主記憶裝置) 컴퓨터의 기억 장치 중 컴퓨터 본체가 직접 주소를 지정하여 정보를 기록하거나 판독하거나 할 수 있도록 된 내부 기억 장치.

main program 주 프로그램(主—) 프로그래밍을 할 때 처리 흐름의 중심이 되는 부분. 예를 들면 프로그램 간에서 공통의 처리 또는 하나의 프로그램 내에서 반복하여 나오는 처리는 다른 프로그램으로 해 두고, 그 처리가 필요할 때마다 호출하여 사용하는 방법을 써서 중복하여 코딩하는 쓸데없는 낭비를 없앤다. 이러한 수법을 쓰는 경우 주된 흐름이 되는 쪽의 프로그램을 주 프로그램이라 한다.

main reflector 주 반사경(主反射鏡) 여러 반사경(반사기)을 갖는 안테나에서 최대의 반사경(반사기)을 말한다.

main storage 주기억 장치(主記憶裝置) 프로그램에 의해 직접 주소를 지정할 수 있는 컴퓨터 내부 기억 장치.

maintenance 보수(保守), 보전(保全) 기기 혹은 소프트웨어에 대하여 그것에 요구되는 기능 또는 성능을 계속하여 발휘할 수 있도록 정기적으로 점검하고 필요에 따라서 수리, 수정 혹은 개량하는 것을 말한다.

majority carrier 다수 캐리어(多數－) 반도체 중에 존재하는 하전체(荷電體) 중 전기 전도의 구실을 하는 것. p 형 반도체에서는 정공이, n 형 반도체에서는 전자가 다수 캐리어이다. →carrier

majority carrier contact 다수 캐리어 접점(多數－接點) 접점을 가로지른 다수의 캐리어 전류와 인가 전압의 비가 본질적으로 전압의 극성과 무관한 접점. 단, 소수 캐리어 전류와 전압과의 비는 전압의 극성에 대하여 무관하지 않다.

majority circuit 다수결 회로(多數決回路) 다입력의 회로에 입력 "0"을 n개, "1"을 1개 넣었을 경우 $n>1$이면 출력은 "0", $n<1$이면 출력은 "1"이 되는 회로. 다수결 회로를 써서 OR 회로나 AND 회로를 구성할 수 있다. 또 NOT 회로와 다수결 회로에 의해서 모든 논리 회로를 구성할 수 있다.

major lobe 주 로브(主－) 최대 방사의 방향을 포함하는 방사 로브. 다(多) 로브 또는 스플릿 빔 안테나와 같은 안테나에서는 하나 이상의 주 로브가 존재한다.

make-before-break contact 메이크 · 브레이크 접점(－接點) 쌍투형(雙投形) 접점으로, 한쪽 회로가 끊기기 전에 다른 한쪽 회로의 접점이 닫히도록 되어 있는 것. =MBB contact

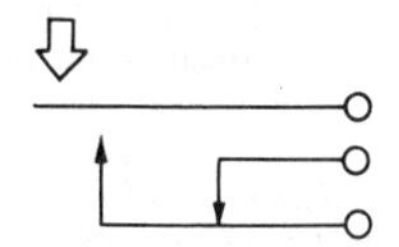

make contact 메이크 접점(－接點) 개폐기나 계전기 등에서 상시 열려 있는 접점.

make factor 메이크율(－率) 전화기의 다이얼 신호에서 직류 임펄스 방식인 경우 임펄스의 접(接 : 메이크)과 단(斷 : 브레이크)의 비율을 나타내는 값. 이 값은 30~36%로 정해져 있다.

MAN 중규모 지역 통신망(中規模地域通信網) medium area network 의 약어. 중규모의 구역에 사용되는 디지털 통신망의 호칭. LAN 과 WAN 의 중간적인 표현으로 엄밀한 정의는 없다.

management information system 경영 정보 시스템(經營情報－) =MIS

management science 경영 과학(經營科學) 제 2 차 대전 중 작전 행동의 무기로서 탄생한 OR(operation research)에서의 작전 연구 기법이 현재에는 과학적 기업 경영의 중요한 수법으로서 채용되고 있다. 그 연구 대상이 군사 작전 분야에서 점차 사회 과학의 분야로 발전한 것이 경영 과학이라는 말로 불리게 되었다.

Mance' s method 맨스법(－法) 휘트스톤 브리지의 일종으로, 전지의 내부 저항을 측정하는 데 사용된다. 그림과 같이 접속하여 K_1을 닫고, K_2를 닫거나 열어도 검류계의 지시가 변화하지 않도록 다른 저항을 조절하면 내부 저항은 다음 식으로 구해진다.

$r_x = R \times P/Q$

단, 이 방법은 분극 작용의 영향을 받는 결점이 있다.

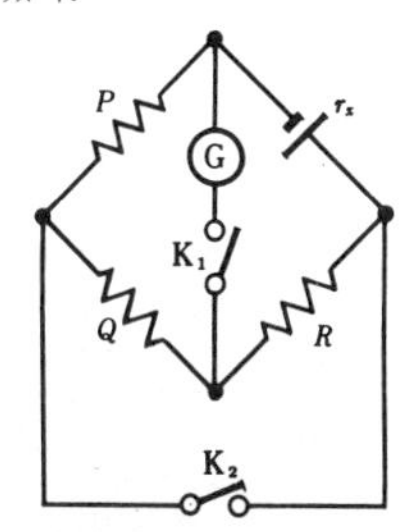

manganese-aluminum magnet 망간-알루미늄 자석(－磁石) 망간과 알루미늄은 모두 비자성체인데 특정한 성분비의 합금으로 하면 자석을 만들 수 있다. 알니코 자석과 거의 같은 정도의 성능을 가지며, 염가이다. 자석 양극에서 압력을 가하면 자계의 방향이 90° 변화하는 특징이 있다.

manganese battery 망간 전지(－電池) 2 산화 망간을 양극 작용 물질, 아연을 음극 작용 물질, 전해액을 염화 아연, 염화 암모늄 등의 중성염 수용액으로 한 전지. 트랜지스터 라디오, 회중 전등 등에 널리 이용되고 있다.

manganese cell 망간 건전지(－乾電池) = manganese dry cell

manganese dry cell 망간 건전지(－乾電池) 음극에 아연, 양극에 탄소봉, 전해액에 염화 암모늄(NH_4Cl)과 염화 아연($ZnCl_2$)의 혼합물을 사용하고 감극제로서 2 산화 망간(MnO_2)을 사용한 건전지. 르클랑셰 전지를 개량하여 전해액이 흐르지 않도록 페이스트 모양으로 하든가 종이에 흡수시킨 것으로, 가장 일반적으로 보급되고 있다. 단위 전지의 기전력은 1.5V 이고, 높은 전압이 필요할 때는 여러 개를 직렬로 하여 사용하는데 그것을 포장하여 단자를 붙인 것도 있다. →manganese battery

manganin 망가닌 구리 83~86%, 망간

12~15%, 니켈 2~4%의 합금. 저항의 온도 계수 및 구리에 대한 열기전력이 매우 작으므로 표준 저항기 및 측정기용 저항기 재료로서 사용된다.

manipulated variable 조작량(操作量) 제어 대상에 직접 작용하는 양으로, 계의 제어 장치 조작부로부터의 출력이다.

manipulator 머니퓰레이터 로봇의 일종으로, 인간의 상지(上肢) 기능과 비슷한 기능을 가지며, 대상물을 공간적으로 이동시키는 것.

Manley-Rowe relations 맨리 · 로의 관계식(-關係式) 가포화 리액터, 반도체 다이오드 등의 비직선 소자에 주파수 f_1, f_2의 두 정현파 교류를 겹쳐서 가하면 $mf_1 \pm nf_2$(m, n은 제로를 포함하는 정수)라는 주파수를 갖는 다수의 결합파가 생긴다. 결합파의 출력 전력 P_{mn}에 대하여 소자의 손실을 무시할 수 있는 경우에 성립하는 관계식을 맨리 · 로의 관계식이라고 하는데, 특히 다음의 식이 중요하다.

$$-P_{10}/f_1 = -P_{01}/f_2 = P_{11}/(f_1+f_2),$$
$$P_{10}+P_{01}+P_{11}+0$$

이것은 비직선 장치에 의한 주파수 변환을 할 때 신호 전력의 변환이 수반하는 것을 나타내고 있으며, 파라메트릭 증폭기 등의 동작이 이것으로 설명된다.

man-machine interface 맨-머신 인터페이스 기계와 사람의 접점 또는 경계에서의 형태. 컴퓨터에서는 사람이 접하는 키보드나 디스플레이, 프린터 및 스위치 부분 등을 말한다.

man-machine system 맨-머신 시스템 시스템 내의 정보 및 에너지의 전달 요소가 기계와 인간으로 구성되어 있는 시스템. 이 시스템은 소규모의 것에서는 서로 그 결점을 보상하여 우수한 시스템이 구성되는데 대규모 시스템이 되면 인간과 기계라는 원래 이질적인 요소로 구성되어 있기 때문에 이 양자의 정보 접촉면에서 시스템 설계상 특히 배려가 필요하게 된다.

man-made noise 인공 잡음(人工雜音) 무선 통신을 방해하는 전파 잡음 중 발생원이 자연 현상 이외의 원인에 의한 것을 말한다. 자동차의 점화 플러그, 형광등이나 고주파 가열 장치, 초고압 송전선에서 나오는 코로나 등이 있다.

manual 수동(手動) 사람이 개재해서 직접 가해진 기계적인 힘에 의해 동작하는 것.

manual block-signal system 수동 폐색 신호 방식(手動閉塞信號方式) 전신, 전화 또는 기타 통신 수단에 의해 수동으로 폐색 신호를 발생하여 하나 또는 여러 폐색을 실현하는 방식.

manual central office 수동식 교환국(手動式交換局) 수동 전화 교환 방식이 적용되는 교환국.

manual data input 수동 데이터 입력(手動-入力) 수치 제어 지령을 수동으로 입력하는 방법.

manual fire-alarm system 수동 화재 경보 시스템(手動火災警報-) 사람의 손으로 장치를 조작함으로써 화재 경보가 발생하는 화재 경보 시스템.

manual mobile telephone system 수동식 이동 전화 방식(手動式移動電話方式) 수동에 의해 임의의 전화망 또는 하나의 전화망에 접속되는 이동식 통신 방식.

manual reset 수동 복귀형(受動復歸形) = hand reset

manual switchboard 수동 교환대(手動交換) 플러그, 잭, 키 등의 수동 조작에 의해 접속시키기 위한 통신용 교환대.

manual switch storage 스위치 메모리 특정한 타입의 메모리로, 수동 조작의 스위치로서의 기능을 가지고 있으며, 여러 가지 데이터나 초기 상태, 동작 순서, 명령 등을 세트해 두는 데 사용된다. 일단 세트된 내용은 빈번히 변경하는 성질의 것이 아니다.

manual telecommunication exchange 수동 전화 교환 방식(手動電話交換方式) 플러그, 잭, 키 등의 수동 조작에 의해 단말 사이가 접속되는 통신 교환 방식.

manufacturing automation protocol 제조 자동화 프로토콜(製造自動化-) = MAP

MAP 제조 자동화 프로토콜(製造自動化-) manufacturing automation protocol의 약어. 제조 자동화를 위해 공장 내의 컴퓨터나 로봇 등을 상호 연결하는 FA용 LAN의 통신 제어 절차의 규약. 미국의 GM사가 명세를 공표하여 1990년에 시작하였으며, 장래는 TOP(OA용의 규약)와의 통합도 고려되고 있다. → CIM

mapped buffer 사상 버퍼(寫像-) 이미지 표시용의 완충 기억 장치로, 이 중에서의 각 문자의 위치는 표시 스크린 상에서 이에 대응하는 문자의 위치를 가지고 있다. 매핑이라는 행위는 어느 세트에서 다른 세트로의 변환, 혹은 이들 세트 간의 대응 관계를 의미하고 있다.

mapping 매핑 기억 장치를 각각의 루틴이나 데이터 영역에 할당하는 것.

margin 마지, 마진 전신 기기에서 틀림없이 수신할 수 있는 최대 일그러짐의 정도를 말한다. 전신 수신기에서는 도래하는 전신 부호에 일그러짐이 있어도 언제나 틀린 부호를 낸다고는 할 수 없다. 즉 수신기의 동작에 어느 정도의 여유도가 있고, 이 여유도를 마지 또는 마진이라 한다. 보통 %로 나타내어지며 최대값은 50%이다. 이것에는 기기의 구조에서 계산으로 구해진 이론 마진, 기기가 표준의 운용 상태에서 동작하고 있을 때의 공칭 마진, 실제의 운용 상태에서의 실효 마진이 있으며, CCITT 에서는 이들을 40%, 35%, 28% 이상을 권고하고 있다.

marginal checking 한계 검사(限界檢査) 컴퓨터의 예방적인 보수 수단의 하나로, 어느 동작 조건을 정상적인 값에서 변화시켜 보아 그 때 동작이 불량하게 되는 소자를 찾아내는 것.

marginal relay 한계 계전기(限界繼電器) 코일에 흐르는 전류 또는 코일에 생기는 전압값의 미리 설정된 변화분에 응답해서 작동하는 계전기.

marine cable 해저 케이블(海低－) 해저에 부설되는 케이블. 깊이 30m 이하의 천해용(淺海用), 120m 이상의 심해용, 그 사이의 중해용 등이 있다. 현재는 충실형 동축 케이블이 널리 사용된다. 외장은 납보다도 PVC 가 널리 사용되며, 또 반송 케이블에서는 절연에 PEF 가 사용되고 있다. 또, 장거리용으로는 전송 손실이 적은 광 케이블이 이용되고 있다.

marine mobile radiotelephone 선박 전화(船舶電話) 항만 전화와 연안 전화가 통합된 것으로, 항만 내에 정박하거나 또는 연안을 항행 중인 선박이 육상의 공중 전화 및 다른 선박 사이를 초단파 무선 전화에 의해 통화할 수 있도록 한 것이다. 육상에는 선박 전화 취급국과 기지국이 있으며, 선박에 설치된 휴대국과의 사이에는 송수신 별도의 주파수에 의한 동시 송수화 방식의 회선이 두어지고 선택 호출 방식을 채용하고 있다.

marine radar 선박용 레이더(船舶用－) 선박에 장비하는 레이더로, 선박의 항행 중 시계(視界)가 나빠졌을 경우에 다른 선박이나 장해물을 탐지한다든지 자선(自船)의 상대 위치를 결정하는 데 사용한다.

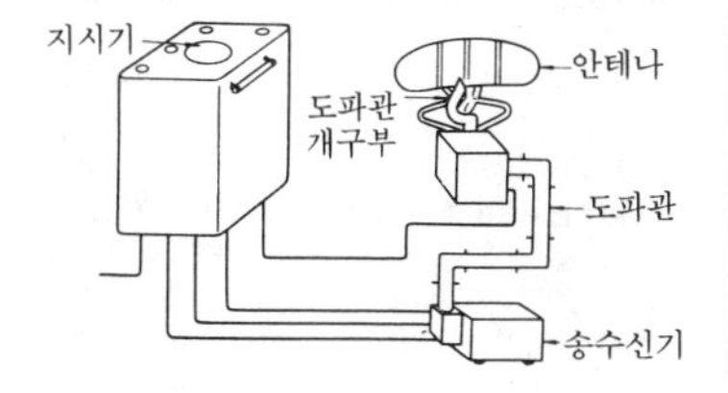

이 목적을 위해 근거리에서는 송신 펄스폭을 좁게 하여 거리 분해능을 높이고, 원거리에서는 펄스폭을 넓혀서 사용한다. 안테나의 수직 지향성은 선박의 롤링에 대처하기 위해 넓게 잡고, 기기는 특히 소형으로 만들어져 있다. 사용 주파수는 9 GHz 대의 것이 많다.

marine rotary beacon 선박용 회전 비컨(船舶用回轉－) 선박 항해용 비컨의 일종으로, 무지향 무선 표지는 방향 탐지기를 장비하고 있는 선박 이외는 이용할 수 없기 때문에 라디오 수신기만 있으면 이용할 수 있도록 한 비컨이다. 송신측에서는 8 자형 지향성을 가지며, 2° 마다 부호를 넣은 전파를 회전하면서 발사하고, 수신측에서는 부호의 수에 의해서 방위를 알 수 있다. 주파수는 285～325kHz, 출력은 200W 이며, 유효 거리는 해상 50km 정도이다.

Marine Satellite Network 마리넷 ＝ MARINET

MARINET 마리넷 Marine Satellite Network 의 약어. 정지 위성을 써서 항해를 위한 위치, 기상, 기타의 정보를 얻는 것을 목적으로 하는 통신망의 명칭.

maritime mobile service 해상 이동 업무(海上移動業務) 선박국과 해안국, 또는 선박국 상호간의 무선 통신 업무.

maritime mobile telephone system 선박 전화 방식(船舶電話方式) 행해 중 또는 정박 중인 선박과 일반 가입자간을 선박국, 선박 전화 교환국을 거쳐 일반 전화망과 잇는 무선 전화.

mark 마크 ① 공간 내의 어느 장소에서, 혹은 시간 경과 중의 어느 시점에서 생기는 사상(事象)을 나타내기 위해 사용되는 표시. 예를 들면 테이프 종단 마크 등. ② 2 진 정보 요소의 두 가능한 상태의 한쪽을 나타내는 것. 스페이스와 대립하는 것. ③ 통신 회선이 폐로(閉路)하고 있으나 통신은 행하여지지 않고 휴지(休止) 상태에 있는 것.

mark card reader 마크 카드 판독기(－判讀機) 컴퓨터로의 데이터 입력 매체의 일종인 마크 카드를 광학적으로 판독하는 기구로, 카드 판독기에 내장되어 있다. 마크 카드는 1 행이 80 난(80 열)이며, 각 난에 소정의 규칙에 따라서 연필 등으로 마크함으로써 1 난이 1 문자를 나타내고, 1 매로 80 자 이내의 프로그램 1 행 또는 데이터 1 레코드를 표현할 수 있다.

marker 마커 무선 항법에서 비행장으로부터의 거리를 나타내는 발진 장치. →instrument landing system

marker-beacon receiver 위치 표지 수신기(位置標識受信機) 항공기에서 마커 비컨 신호를 수신하기 위해 사용되는 수신기. 마커 비컨국상에서 항공기 위치를 특정한다.

marker pulse 동기 펄스(同期-) 어느 전송계에서 송신측과 수신측을 시간적으로 일정한 관계를 갖게 하기 위한 펄스 신호. 텔레비전 수상기에서는 수평 동기 펄스와 수직 동기 펄스에 의해 화면의 동기를 취하고 있다.

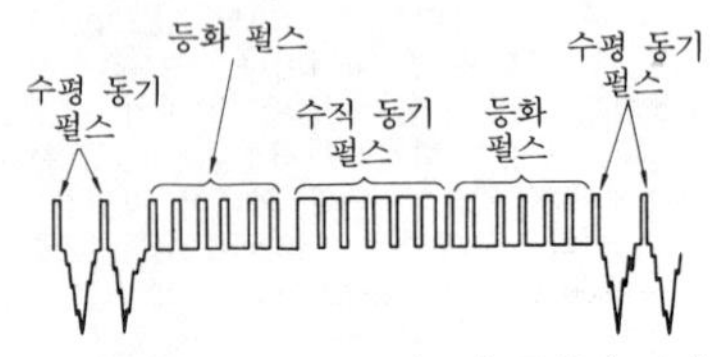

mark-hold 마크홀드 정규의 무통신 상태에서 마크 상태가 계속 전송되는 것. 이것은 고객이 선택할 수 있는 옵션이며, 무통신 상태에서 스페이스가 계속 보내지는 스페이스홀드도 있을 수 있다.

marking 마킹 자동 교환에서 스위치와 같은 디바이스에 대하여 특정한 상태를 부여하는 것. 교환 장치에서 순차 적절한 경로를 선택하고, 통화로를 세트 업하는 제어 장치를 마커(marker)라 한다.

Markite 마카이트 도전성(導電性) 플라스틱이라는 이름으로 처음에 미국에서 만들어진 것의 상품명. 정체는 플라스틱 속에 금속 가루를 분산시킨 것이다.

Markov chain 마르코프 연쇄(-連鎖) 일련의 사상(事象)의 시퀀스를 결정하기 위해 사용되는 통계 모델. 어느 주어진 사상이 발생하는 확률은 그 직전에 발생한 사상에만 관계하는 것.

mark scan 마크 주사(-走査) 지정된 장소의 지정된 마크를 주사하는 것. 마크는 펜이나 연필로 표시되고 이것을 빛의 반사로서 광학적으로 주사한다. 마크 주사는 마크 센스와는 다르다. 후자는 종이 위에 2개의 전극을 대고, 그 사이의 전도율 변화를 검지하는 것이다.

mark sensing 마크 센스 카드 또는 페이지를 마크 센스 판독기에 의해 직접 컴퓨터에 기록하도록 하는 정보 처리법을 말한다.

mark sheet 마크 시트 일정한 크기의 용지에 미리 인쇄된 문자, 숫자, 기호에 연필 등으로 마크를 붙여서 정보를 기입하고, 이것을 마크 판독 장치로 읽어, 예를 들면 컴퓨터에 입력하기 위한 용지.

mark sheet reader 마크 시트 판독기(-判讀機) 컴퓨터로의 데이터 입력 매체의 일종인 마크 시트를 광학적으로 판독하는 기구이다. 마크 시트는 엽서 크기부터 A4 판까지의 크기를 갖는 시트를 사용하여 마크(표시)할 위치의 배열을 설계하고, 해당 위치를 연필 등으로 마크함으로써 데이터를 표현한다.

mark-to-space ratio 마크 · 스페이스비(-比) ① 펄스 파형에서 펄스 지속 시간과, 연속한 두 펄스 간의 간격(세퍼레이션)의 비. ② 구형파의 (+)사이클(마크)과 (-) 사이클(스페이스)과의 비.

maser 메이저 microwave amplification by stimulated emission of radiation 의 약어. 레이저와 같은 원리로, 그보다도 파장이 긴 가시광 영역의 전자파를 발생한다. 분자 증폭기 또는 분자 발진기라고도 하며, 기체 메이저, 고체 메이저 등의 종류가 있고, 저잡음 증폭기로서 우주 통신이나 전파 망원경 등에 쓰인다.

mask 마스크 ① 텔레비전 수상관의 스크린 전면에 두고, 스크린의 둥근 가장자리를 감싸도록 한 프레임. ② 금속 기타 물질의 얇은 시트로, 구멍이 뚫려 있고, 반도체에 선택적인 증착이나 에칭을 하기 위해 특정한 부분이나 표면을 차폐하는데 사용한다. ③ 컴퓨터 프로그래밍에서 문자의 패턴으로 구성되는 필터로, 문자의 패턴 일부를 보류 또는 제거하기 위해 사용된다. =extractor

mask aligner 마스크 얼라이너 반도체 제조에서 회로 패턴을 그린 포토마스크와 실리콘 웨이퍼를 정확하게 위치 맞춤하는 기능을 가진 노광(묘화) 장치.

mask alignment 마스크 맞춤 포토에칭 공정에서 웨이퍼의 기존 패턴 위에 사진 마스크를 겹치고 여기에 자외선을 조사(照射)하여 패턴을 형성하는 것. 증착 스퍼터링에서도 마찬가지이며, 마스크를 순차 연속적으로 겹치는 것.

masking 마스킹 반도체 기판에 선택 확산을 하는 경우 등, 그것을 하지 않는 부분만을 차폐하는 것. 그 도형은 포토에칭에 의해 만들어진다.

masking audiogram 마스킹 오디오그램 어떤 정해진 잡음에 의한 마스킹을 그림으로 표현한 것. 이것은 마스크되는 순음의 주파수의 함수로서, 데시벨값으로 표시한다.

masking effect 마스킹 효과(-效果) 두 음이 동시에 존재할 때 한 음의 최소 가청한(可聽限)이 다른 소리 때문에 높아지는 현상. 예를 들면, 소음이 심하게 들리는 곳에서는 큰 소리로 이야기하지 않으면 들리지 않는다는 현상이나 순음의 저음과 고음이 동시에 존재하는 경우는 저음 때문에 고음이 잘 들리지 않게 되는 현상은 마스킹 효과에 의한 것이다.

mask pattern 마스크 패턴 집적 회로나 인쇄 배선판을 만드는 경우에 포토에칭을 한다든지 배선을 증착한다든지 하기 위해 불필요한 부분을 가리고 필름에 구워 붙인 도형.

mask read only memory 마스크 ROM 마스크형의 ROM. →ROM

mask ROM 마스크 ROM 기억 정보 고정의 판독 전용 기억 소자로, 바이폴러와 MOS로 분류된다. 정보는 어드레스선과 데이터선간에 트랜지스터가 접속되어 있는지 어떤지로 기억한다. 이 기억 정보는 소자 제조시의 마스크 패턴으로 결정하고 있기 때문에 변경은 불가능하고 완전한 불휘발성을 가지며, 정보 유지의 신뢰성은 높다. 그러나 소량 생산으로 값이 비싸다는 등의 결점도 있다.

mass 질량(質量) 물체에서의 물질의 양으로, 그 물체가 갖는 관성의 척도를 주는 것. 지구 중력에 의해 지상의 물체는 중량을 갖는데, 물체의 중량을 그것에 작용하는 지구 중력의 가속도로 나눈 것이 질량이다.

mass absorption coefficient 질량 흡수 계수(質量吸收係數) β선에 대한 물질의 흡수 계수를 μ로 할 때, 밀도 ρ와의 비는 μ/ρ를 질량 흡수 계수라 한다. 근사적으로는 물질의 종류와 관계없이 β선의 최대 에너지만의 함수가 된다.

mass number 질량수(質量數) 원자핵을 구성하는 양자의 수를 Z, 중성자의 수를 N이라 하면 $A=Z+N$을 그 핵의 질량수라 한다. 일반적으로 A가 작은 원자핵에서는 Z와 N은 거의 같으나 A가 커지면 Z보다 N이 많아져서 그 수의 비는 대체로 1.6배 정도이다.

mass of calls 호량(呼量) 전화 교환에서 통신 설비의 사용량을 나타내는 값. 호수(呼數)와 보류 시간(설비의 사용 시간)의 곱으로, 단위는 얼랑(erl)이다.

mass spectrograph 질량 분석기(質量分析器) 시료(試料)를 기화하여 전자 충격 등으로 이온화하고, 이것을 전계 또는 자계 중에서 진로를 편향시켜 검출부로의 도착 위치 차이로 질량이 다른 성분의 함유량을 분석하는 장치.

master control room 주 조정실(主調整室) 라디오, 텔레비전 방송국의 연주소를 구성하는 설비의 하나로, 각 스튜디오에서 제작되는 프로 및 국외 중계 프로, 기타 네트워크 프로 등의 전환이나 레벨의 조정을 한다든지, 녹음이나 녹화, 필름 송상 등의 송출도 할 수 있도록 된 조정실이다. 최종적으로 이 방에서 조정된 프로는 송신소로 보내져서 전파로 되어 방송된다. 라디오용 주조정실에는 주조정 콘솔이나 제한 증폭기, 녹음 재생기, 방송용 시계 장치 등이 설치되고, 텔레비전용 주조정실에는 주조정 영상 음성 콘솔, 동기 신호 발생기, 안정화 증폭기, 영상 음성 모니터, 영상 음성 전환 조작반, 연락 전화 등이 설비되어 있다.

master direction indicator 주방향 표시기(主方向表示器) 자기 감지 소자로부터의 신호를 받아서 자기(磁氣)의 방향을 멀리 떨어진 곳에서 판독하는 소자.

master disc 마스터반(-盤) 레코드의 제조 공정에서, 마스터 테이프에서 커팅 머신을 통해 원반 녹음된 래커(lacquer)반은 레코드의 원반이 되는데, 이 래커반에 은액(銀液)을 뿜고 그 위에 니켈 구리 도금을 하여 벗긴 것이 마스터반이며, 금속 마스터반이라고도 한다. 이것은 모반(母盤)을 만드는 데 사용하며, 음구(音溝)가 볼록형이기 때문에 여기에 크롬 도금을 하여 스탬퍼로 하여 직접 레코드를 제조하는 방식을 마스터 프레스라 한다.

master file 마스터 파일 컴퓨터의 데이터 파일 중 주가 되는 파일로, 언제라도 사용할 수 있도록 정기적으로 혹은 변동할 때마다 데이터의 갱신이 이루어지고 있는 것을 말한다.

master group 주군(主群) →basic group

master-meter method 마스터미터법(-法) 전력량계의 시험법으로, 동일 정격의 계기를 다수 동시에 시험하는 데 적합하다. 피시험 계기와 동일 형식, 동일 정격의 계기 하나를 마스터미터로서 미리 그 오차를 확인해 두고 피시험 계기와 동일 부하에 접속하고, 그 회전각을 비교해서 오차를 산출한다.

master monitor 마스터 모니터 텔레비전 방송국의 주조정실, 부조정실의 영상 감시 장치. 영상 모니터부와 화상 신호 파형, 귀선 소거 신호 파형 등의 상태를 감시하여 올바른 영상 신호로 하고 있다.

master oscillator 주발진기(主發振器) 증폭기 출력의 반송 주파수를 확립하도록 배치된 발진기.

master-slave JK flip-flop 마스터슬레이브 JK 플립플롭 JK 플립플롭 회로에서 J, K, T의 각 입력이 "1"일 때 출력이 안정하지 않은 경우가 있으므로 클록 입력 T가 "1"에서 "0"으로 변화하기까지 출력 Q를 변화시키지 않도록 하여 출력을 안정시킨 플립플롭 회로이다. 그 구성은 그림과 같다.

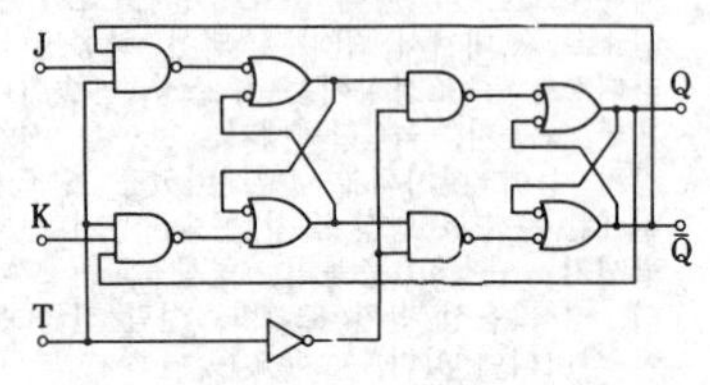

master-slave operation 마스터슬레이브 동작(-動作) 두 조정 전원을 접속하여 한쪽을 마스터로 하고, 이것이 다른쪽(슬레이브)을 제어하도록 동작하는 것. 다음과 같은 동작이 있다. ① 상보 추종형(相補追從形). ② 전압 조정 전원에서 부하에 따라 슬레이브 전압을 병렬 운전하여, 출력 전류를 증가시키는 것. ③ 전류 조정 전원에서 부하에 따라 슬레이브 전원을 직렬 접속하여 컴플라이언스 전압을 증가(컴플라이언스 범위를 확대)시키는 것.

master slice 마스터 슬라이스 반도체 IC를 만드는 공정에서, 펠릿은 모두 같게 만들어지지만, 최후의 금속 증착에 의한 배선 공정에서 배선 패턴을 바꿈으로써 다른 기능을 갖는 IC를 만들 수 있게 할 때 각각의 IC를 마스터 슬라이스라 한다.

master station 주국(主局) 로란의 송신국은 보통 1주국(主局)과 2종국(從局)에 의해서 1블록이 구성되어 있다. 먼저 주국에서 펄스폭 40μs의 전파를 발사하고, 종국은 이 전파를 받은 다음 τ초 늦어서 전파를 발사한다. 발사 전파의 주파수와 발사의 반복 주파수는 국제 전기 통신 조약으로 정해지며, τ는 다음 식으로 나타내어진다.

$$\tau = \tau' + \frac{T}{2} + \Delta$$

여기서, τ' : 주국의 전파가 종국에 도달하기까지의 시간, T : 펄스의 반복 주기, Δ : 지연 시간(코딩 지연).

master tape 마스터 테이프 ① 레코드의 제조 공정에서 집음(集音)된 녹음 내용에 여러 가지 조정이나 수정을 가하여 완성한 프로그램 테이프. 이 테이프를 재생하여 레코드의 원반(原盤)이 되는 래커반에 커팅을 한다. 단, 마스터 테이프를 사용하지 않고 직접 래커반에 커팅을 하는 직접 커팅 방식의 레코드도 판매되고 있다. ② 컴퓨터 시스템에서 마스터 파일을 격납한 자기 테이프를 말한다.

mast-type antenna for air craft 항공기용 마스트형 안테나(航空機用一形-) 본질적으로는 한 몸으로 성형된 도체 또는 도체와 지지물로 되어 있고, 유선형의 단면적을 가진 단단하고 굴곡되지 않는 안테나.

matched filter 정합 필터(整合-) 원하는 신호 성분에 상가성(相加性) 잡음이 중첩한 입력에 대하여 출력의 어느 시점에서의 신호 성분의 자승 평균값과 잡음 성분의 그것과의 비가 최대가 되는 선형 필터.

matched impedance 정합 임피던스(整合-) 정합을 취하기 위한 임피던스. → matching

matched power gain 정합 전력 이득(整合電力利得) 입력측 및 출력측이 모두 정합하고 있을 때의 전력 이득을 말한다. 트랜지스터에 들어가는 전력이 최대로 되는 것은 정합 조건 $Z_g = Z_i$를 만족했을 때이며, 그 값은 다음 식으로 나타내어진다.

$$P_i = \frac{v_i^2}{Z_i} = \frac{v_i^2}{Z_g}$$

여기서, P_i : 최대 입력 전력〔W〕, v_i : 입력 전압〔V〕, Z_i : 입력 임피던스〔Ω〕, Z_g : 전원 임피던스〔Ω〕. 트랜지스터에서 꺼내는 전력이 최대로 되는 것은 정합 조건 $Z_o = Z_l$을 만족했을 때이며, 그 값은 다음 식으로 나타내어진다.

$$P_o = \frac{v_o^2}{Z_o} = \frac{v_o^2}{Z_l}$$

여기서, P_o : 최대 출력 전력〔W〕, v_o : 출력 전압〔V〕, Z_o : 출력 임피던스〔Ω〕, Z_l : 부하 임피던스〔Ω〕. 이 때의 전력 이득 G_p는

$$G_p = \frac{P_o}{P_i} = \left(\frac{v_o}{v_i}\right)^2 \cdot \frac{Z_i}{Z_o}$$

이다. 이것을 정합 전력 이득이라 한다.

matching 정합(整合) 두 회로를 접속하여 전력을 보낼 때 접속점에서 본 양자의 겉보기의 임피던스를 조정하여 최대 전력을 보낼 수 있게 하는 것. 임피던스 정합이라고도 한다.

matching circuit 정합 회로(整合回路) 전원과 부하를 정합시키는 조건이 자연히 얻어지지 않을 때 전원과 부하 사이에 삽입하여 그 조건을 실현하기 위해 사용하는 회로를 정합 회로라 한다.

matching loss 내부 폐색(內部閉塞) 링크 시스템에서, 주어진 입선(入線)과 임의의 적당한 빈 출선(出線) 사이에 접속을 할

수 없는 상태(빈 경로가 없기 때문에).

matching section 정합 구간(整合區間) 도파관에서 단면을 수정한 부분, 혹은 금속이나 유도체를 삽입한 곳에서 정합을 목적으로 하여 임피던스 변환을 하고 있는 구간이다.

matching stub 정합 스터브(整合－) 전송선로의 안테나 궤전단 혹은 수신기단에 선로의 정합 목적으로 둔 짧은 길이의 분기 선로.

matching transformer 정합 트랜스(整合－), 정합 변성기(整合變成器) 두 선로를 접속하는 경우 양자의 특성 임피던스를 같게 하기 위해 접속점에 삽입하는 트랜스(변성기). 권수비(捲數比)는 양 선로의 조건에 따라 정해진다.

matching trap 정합 트랩(整合－) →stub

material dispersion 재료 분산(材料分散) 도파로(導波路)를 형성하는 재료의 굴절률이 파장 의존성에 기인된 분산이며, 재료 분산은 재료 분산 상수 M으로 표시된다.

material dispersion effect 재료 분산 효과(材料分散效果) 광섬유 전송에서 모드 분산 등과 함께 펄스 분산(펄스가 시간축 상에서 그 폭이 확산되는 현상)의 원인이 되는 것으로, 섬유의 코어와 클래드재의 굴절률이 빛의 파장에 의해 변화하고, 나아가서는 섬유 내에서의 전파(傳播) 시간이 각 파장 성분으로 각기 달라지기 때문에 일어난다. 사용 광원의 스펙트럼폭이 신호에 의한 변조 대역폭에 비해 매우 넓은 경우에는 위의 분산 효과는 섬유의 전송 대역폭을 제한하게 된다. 820nm 정도의 중심 파장을 갖는 레이저광에서는 이 스펙트럼폭은 약 2nm 이지만 발광 다이오드에서는 이것이 40nm 나 되므로 이 점은 광원으로서 불리하다. 발광 다이오드에서 공급되는 석영 섬유(1km)의 대역폭은 약 60MHz 라고 한다. 광섬유의 감쇠가 가장 적은 1,060 및 1,270nm 부근의, 그리고 스펙트럼폭이 작은 광원의 개발이 요망된다.

materials for fuse 퓨즈용 재료(－用材料) 퓨즈의 가용체(可鎔體)로서는 주석, 납, 비스무트, 카드뮴, 아연, 알루미늄, 구리, 은, 텅스텐 등의 단체(單體) 내지 그 합금을 선 또는 리본 모양으로 사용한다. 가용체가 은, 구리 등의 고융점·고도전율의 퓨즈는 속동 용단형(速動鎔斷形), 반대로 저융점·저전류 밀도의 퓨즈는 지동(遲動) 용단형이라 한다. 가용체에 가는 텅스텐선을 유리 원통에 봉해 넣은 마이크로 퓨즈는 속동 용단 특성이 좋으므로 전자기기 보호용 등에 사용되고 있다.

mathematical check 수학적 검사(數學的檢査) 일련의 동작의 수학적 성질을 이용한 프로그램된 검사. 때로는 제어라고도 한다. →programmed check

mathematical logic 수학적 논리(數學的論理) 언어나 그 프로세스를 표현하는 데 수학적 심벌을 사용하는 것. 이들 심벌은 수학적 규칙에 따라서 계산되고, 이에 의해서 문 또는 복합문이 참인지 거짓인지가 정해진다.

mathematical model 수학적 모델(數學的－) 아날로그 계산기에서 물리적 시스템을 표현하는 데 사용하는 수식의 집합.

mathematical-physical quantity 수학적 물리량(數學的物理量) 수학상의 연산의 대상이 되는 개념으로, 하나의(또는 많은) 물리량과 직접 관련하고, 또한 그 양에 관한 기술인 방정식에서 문자 기호로서 표시되어 있는 것. 물리학에서 쓰이고 있는 각 수학적 양과 이에 대응하는 물리량은, 물리량은 그것을 정의하고 있는 방정식에 의존한다는 점에서 관련하고 있다. 이것은 질적 속성과 양적 속성(즉, 차원과 크기)의 양면에서 특징지워지고 있다.

mathematical programming 수치 계획법(數値計劃法) 어떤 구속 조건하에서 목적 함수를 최대(또는 최소)가 되는 해를 구하는 수학적 기법으로, 다음과 같은 것이 있다. 선형 계획법(LP), 비선형 계획법(NLP), 동적 계획법(DP), 최적 원리, 변분 계산법. ＝MP

mathematical quantity 수학적 양(數學的量) →mathematical-physical quantity

mathematical simulation 수학 시뮬레이션(數學－) 실제 또는 제안되고 있는 시스템을 컴퓨터가 풀기 위해 수학 방정식의 모델을 사용한다.

mathematical symbol 수학 기호(數學記號) 특정한 수학 연산의 실행 또는 그러한 연산의 결과를 나타내기 위해, 또는 수학적 관계를 간단히 기술하기 위해 사용하는 도식 기호, 하나의 문자 또는 복수의 문자(내려쓰기, 어깨글자, 또는 그들 쌍방으로서 문자 또는 숫자, 또는 그들의 양쪽을 갖는).

matrix 매트릭스[1], 행렬(行列)[2] (1) 같은 부품을 다수 종횡으로 배열하고 그들을 도선에 의해 그물 모양으로 연결하여 구성된 장치. 컴퓨터에서는 다이오드 매트릭스가 부호기 또는 해독기로서 사용된다.

(2) $m \cdot n$ 개의 수 a_{jk} (j＝1, 2, ⋯, n)를

$$\begin{bmatrix} a_{11} & a_{12} & \cdots & a_{1n} \\ a_{21} & a_{22} & \cdots & a_{2n} \\ \vdots & & & \\ a_{m1} & a_{m2} & \cdots & a_{mn} \end{bmatrix}$$

와 같이 m 행, n 열로 배열한 것으로, 수 그 자체는 아니다.

matrix board 매트릭스 보드 →patch board

matrix circuit 매트릭스 회로(－回路) 여러 신호를 혼합하는 회로로, 소자를 세로나 가로로 배열하여 만들어진다. ① NTSC 방식 컬러 텔레비전의 송신측에서 적(R), 녹(G), 청(B)의 3신호에서 포화도(I), 색상(Q), 휘도(Y)의 신호를 만들고, 수신측에서 I, Q, Y에서 색차 신호($R-Y$, $G-Y$, $B-Y$)와 Y를 꺼내는 회로로서 사용된다. 그림 (a)는 송상측의 매트릭스 회로의 예이다. ② FM 스테레오 방송에서 좌(L), 우(R)의 마이크로폰 출력을 혼합하여 합 신호(L+R)와 차 신호(L−R)의 성분을 얻는 회로, 및 수신측에서 (L+R)과 (L−R)의 신호에서 L과 R의 출력을 분리하는 회로. 그림 (b)는 수신측의 매트릭스 회로의 예이다.

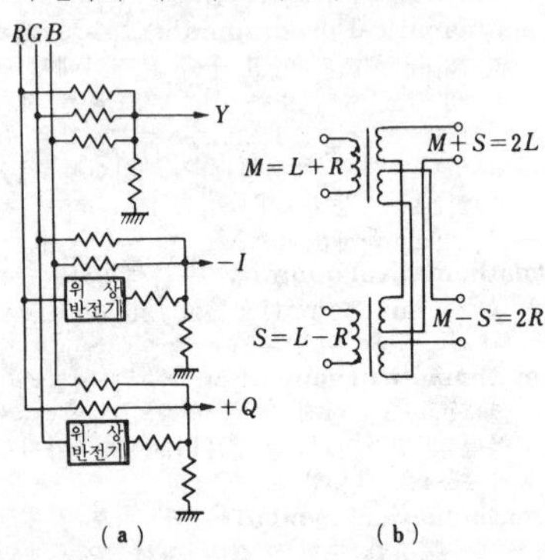

(a) (b)

matrix decoder 매트릭스 디코더 디코더에서 입력 변수의 수가 많아졌을 때 쓰이는 구조로, 매트릭스의 행, 열 양 선로에 접속된 두 입력에 의해서 모든 출력을 만들어내도록 하는 것.

matrix printer 매트릭스 프린터 도트 매트릭스에 의해 인자할 문자의 이미지를 형성하는 프린터. ＝dot printer

matrix sign 행렬 표지(行列標識) 격자 모양으로 배치한 발광 소자군의 점멸 제어에 의해서 각종 정보의 전달 혹은 표시를 하도록 한 표지.

matrix unit 매트릭스 유닛 전기적, 광학

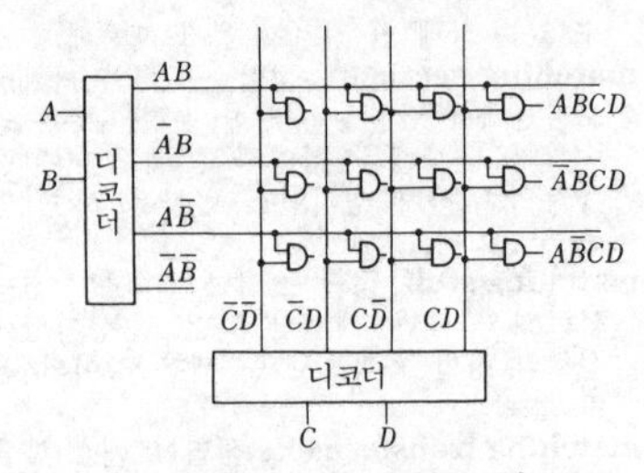

4입력(A, B, C, D)에 의해 16개 출력의 하나를 선택할 수 있다

matrix decoder

적 또는 다른 수단에 의해 색의 좌표 변환을 행하는 디바이스.

Matsushita pressure sensitive diode MPS 다이오드 일본 마츠시타사가 개발한 다이오드. 가하는 압력의 크기를 변화시킴으로써 흐르는 전류의 크기를 자동적으로 제어할 수 있는 소자. 그림과 같은 구조이며, 불순물로서 종래의 반도체에서는 생각할 수 없었던 원자량이 큰 금속 원소를 사용한 것이다. 감도는 이전의 감압 소자에 비해 100배 정도나 되며 무접점 스위치나 중량계, 가속도계 등에 사용된다.

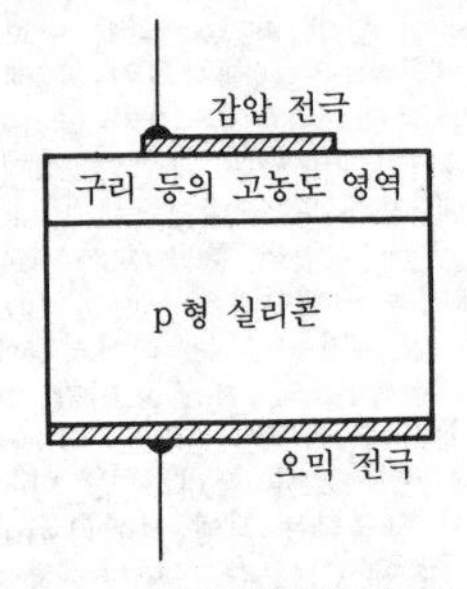

mature system 성숙계(成熟系) 완전히 기능하고, 모든 설계대로 동작하는 시스템.

maturing aging 고화(枯化) 재료의 성질은 보통 시간의 경과와 더불어 서서히 변화하고, 궁극적으로 안정한 상태에 접근해 간다. 이것이 에이징이며, 자연 방치에 의해, 혹은 적당한 스트레스를 주어서 에이징을 촉진하여 재료를 안정한 상태로 하는 처리를 고화라 한다.

MAVAR 메이바 mixer amplification by variable reactance 의 약어. 리액턴스 소자의 비직선성을 이용한 저잡음의 마이크로파 증폭기.

maximally flat response 최평탄 특성(最

平坦特性) 증폭기나 필터의 주파수에 대한 진폭이나 위상 지연 특성이 지정된 영역에서 가장 평탄하게 되도록 한 것. 단순한 1차 지연 회로에서는 근사적으로 코너 주파수까지 진폭은 거의 감쇠하지 않고, 거기서의 위상 지연은 45°이다. 진상(進相) 혹은 지상(遲相) 회로를 부가하여 보상함으로써 진폭 특성, 위상 특성을 지정 영역에서 평탄하게 할 수 있다.

maximum available power gain 최대 유능 전력 이득(最大有能電力利得) 회로망의 임의의 포트에서 거기에 흘러 드는(혹은 그 곳에서 흘러 나가는) 가능한 최대 전력.

maximum average power output 최대 평균 전력(最大平均電力) 텔레비전에서, 전송하는 신호의 모든 조합 중에서 일어나는 최대의 무선 주파수 출력 전력으로, 변조의 반복 주기 중 가장 긴 것에 대한 평균값.

maximum collector current 최대 컬렉터 전류(最大－電流) 이미터에 전류를 흘리면서 컬렉터-베이스 간의 접합부를 역방향으로 흘릴 수 있는 전류의 최대값을 말한다. 이 값은 접합 부분을 파괴한다든지 리드선을 용단한다든지 하는 것을 방지하는 뜻에서 정해진 것이 아니고 컬렉터 전류가 이 값을 넘으면 반대로 전류 증폭률이 저하하여 능률이나 왜율이 나빠져서 만족한 동작을 얻을 수 없게 되는 한계를 나타내는 것이다. 통상 전류 증폭률이 최대값의 1/2~1/3 으로 저하할 때의 컬렉터 전류를 규정하고 있다.

maximum collector loss 최대 컬렉터 손실(最大－損失) 트랜지스터의 최대 정격의 하나. 동작시에 컬렉터에서 소비되는 전력은 컬렉터 접합부에서 열로 되어 잃게 되고, 접합부의 온도를 상승시킨다. 이 전력을 컬렉터 손실이라 하고, 직류 컬렉터 전압과 컬렉터 전류의 곱이다. 최고 접합부 온도 상태에서의 이의 허용값이 최대 컬렉터 손실이며 $P_{C\max}$ 으로 나타낸다. 이것은 규정된 방열 조건에서 주위 온도 25℃일 때의 값이며 사용 조건에 따라 달라진다. 특히 파워 트랜지스터에서는 꺼낼 수 있는 출력이 $P_{C\max}$ 에 의해 제한되므로 주위 온도나 방열판의 면적 등에 주의해야 한다.

maximum collector voltage 최대 컬렉터 전압(最大－電壓) 트랜지스터의 최대 정격의 하나로, 베이스 접지, 이미터 개방의 상태에서 컬렉터-베이스간의 접합부에 걸 수 있는 역방향 전압의 최대값을 말한다. 보통 V_{CBO} 또는 $V_{CB\max}$ 으로 나타낸다. 컬렉터-이미터간에 가할 수 있는 최대 전압은 V_{CEO} 또는 $V_{CE\max}$ 로 나타내고, 이미터-베이스간의 바이어스나 접지 조건에 따라 영향을 받으며, 일반적으로 다음과 같은 관계가 있다.

$V_{CBO} > V_{CES} > V_{CER} > V_{CEO}$

여기서, V_{CBO} : 컬렉터-베이스간(이미터 개방), V_{CES} : 컬렉터-이미터간(이미터-베이스간 단락), V_{CER} : 컬렉터-이미터간(이미터-베이스간 저항 접속), V_{CEO} : 컬렉터-이미터간(베이스 개방)의 각 전압.

maximum detectable range 최대 탐지 거리(最大探知距離) 레이더의 성능을 정하는 요인의 하나로, 목표물을 관측할 수 있는 최대 거리를 말한다. 최대 탐지 거리는 송신 전력을 크게 하고, 수신기의 감도를 높이고, 안테나의 이득을 크게 높일수록 증대한다.

maximum deviation sensitivity 최대 편이 감도(最大偏移感度) FM 수신기에서, 장치의 최대 주파수 편이에서 출력 일그러짐이 지정된 한도를 넘지 않는 최소의 신호 입력값.

maximum emitter current 최대 이미터 전류(最大－電流) 트랜지스터 최대 정격의 하나로, 이미터-베이스간의 접합부를 순방향으로 흘릴 수 있는 전류의 최대값을 말한다. 증폭용 트랜지스터에서는 보통 전류 증폭률이 최대값의 1/2~1/3 까지 감소하는 직류 또는 교류(평균) 이미터 전류로 정하고 있는 경우가 많다.

maximum emitter voltage 최대 이미터 전압(最大－電壓) 트랜지스터 최대 정격의 하나로, 이미터-베이스간 접합부에 걸 수 있는 역방향 전압의 최대값. 보통 컬렉터측 개방인 경우를 나타내며 V_{EBO} 또는 $V_{EBO\max}$ 의 기호로 나타낸다. 드리프트형, 메사형, 합금 확산형, 성장 확산형 등의 트랜지스터에서는 이 값은 1V 정도로 매우 작으나 순간적일지라도 이 값을 넘어서는 안 된다. 정격은 주위 온도가 25℃에서의 값이므로 접합부의 온도가 최대 허용값에 가까운 경우는 안정도가 나빠져서 열폭주를 일으킬 위험성이 있으므로 최대 전압을 그대로 가해서는 안 된다.

maximum frequency deviation 최대 주파수 편이(最大周波數偏移) 주파수 변조에서 신호파의 진폭이 최대일 때의 주파수 변화량을 말한다. 최대 주파수 편이는 신호 주파수의 여러 배가 되도록 하는 것이 보통이다.

maximum junction temperature 최고 접합부 온도(最高接合部溫度) 트랜지스터가 만족하게 동작하기 위한 접합부 온도의 최고값을 말한다. 접합부의 온도는 주위 온도와 줄 열에 의한 내부 온도 상승의 합이다. 트랜지스터 메이커에서는 최대 정격으로서 이 최고 허용 접합부 온도를 명시하고 있으므로 이용자로서는 이 온도가 너무 높아지지 않도록 회로를 설계해야 한다. 게르마늄 트랜지스터에서는 70~100℃, 실리콘 트랜지스터에서는 125~200℃로 되어 있다.

maximum modulation frequency 최고 변조 주파수(最高變調周波數) 팩시밀리 전송을 위한 최고 화상 주파수.

maximum observed frequency 최대 관측 주파수(最大觀測周波數) 전리층 관측에서 어떤 장치로 반사 신호를 검출 또는 관측할 수 있는 최고 주파수.

maximum output 최대 출력(最大出力) 수신기에서 일그러짐을 무시하고 정격 부하에 걸 수 있는 최대 평균 출력.

maximum picture frequency 최대 화상 주파수(最大畵像周波數) 화상 주사에서, 주사선 밀도의 역수와 같은 굵기로 교대로 배열되어 있는 흑, 백의 선의 배열을 선에 직각 방향으로 주사했을 때 얻어지는 신호 전류의 기본 주파수.

maximum power dissipation 최대 허용 손실(最大許容損失) 주위 온도 T_A에서 반도체 디바이스가 소비할 수 있는 최대 전력 $P_{D\max}$이며, 디바이스 접합부의 최고 허용 온도를 $T_{J\max}$로 하고, 접합부에서 주위 외기까지의 열저항을 θ로 하면

$$P_{D\max} = \frac{T_{J\max} - T_A}{\theta} \quad [\mathrm{W}]$$

라는 관계가 성립한다.

maximum power-transfer theorem 최대 전력 공급의 원리(最大電力供給－原理) 기전력 E〔V〕, 내부 저항 r〔Ω〕의 전원에서 R〔Ω〕의 부하에 공급되는 전류 I〔A〕는

$$I = \frac{E}{r + R}$$

이다. 따라서 부하에 공급되는 전력 P〔W〕는

$$P = I^2R = \frac{E^2R}{(r + R)^2}$$

이 된다. 이 식의 P의 값을 최대로 하는 R의 조건은 $R=r$이다. 즉 부하 저항과 전원의 내부 저항이 같아졌을 때 부하에 공급되는 전력이 최대가 된다. 이것을 최대 전력 공급의 원리라 하며, 임피던스 정합의 원리가 된다.

maximum range 최대 탐지 거리(最大探知距離) 레이더에서 목표물을 탐지할 수 있는 최대 거리.

maximum rating 최대 정격(最大定格) 기기 또는 부품에 가하는 전압이나 동작시 온도 등의 사용 조건이 어느 값을 넘으면 그 자체의 수명을 단축시키고, 성능을 파괴하므로 안전한 한도를 지키지 않으면 안 된다. 이것이 최대 정격이며, 특히 트랜지스터 등의 반도체 제품은 주위 조건에 약하므로 최대 전압이나 최대 전류가 엄격히 정해져 있기 때문에 사용할 때 충분한 주의가 필요하다.

maximum spectral luminous efficacy 최대 시감도(最大視感度) 시감도의 최대값 K_m. 파장은 대체로 555nm의 곳에 있으며, 그 값은 K_m=680 lm/W이다.

maximum undistorted output 최대 무왜 출력(最大無歪出力) ① 무선 수신기의 정현파 입력에 대하여 지정된 한도를 넘지 않는 일그러짐에서, 정격 부하에 주어지는 최대의 평균 출력 전력. ② 음향 장치에서, 전체의 고조파가 지정된 백분율을 넘지 않는 범위에서 주어지는 최대의 음향 출력.

maximum undistorted power output 무왜 최대 출력(無歪最大出力) 증폭기에서 입력 전압을 바꿀 수 있는 조건하에서 일그러짐없이 꺼낼 수 있는 최대 출력을 무왜 최대 출력이라 한다. 단, 무왜라고 해도 실제로는 수%의 왜율이 된다.

maximum usable frequency 최고 사용 주파수(最高使用周波數) 전리층의 반사를 이용하여 2지점간에서 무선 통신을 하는 경우 어느 주파수를 넘으면 전파는 전리층을 뚫고 나가서 통신이 불가능하게 된다. 그 한계를 최고 사용 주파수라 한다. 이것은 전리층의 최대 전자 밀도와 전파의 전리층으로의 입사 각도(바꾸어 말하면 송수신 지점간의 거리)에 따라서 정해진다. 또한, 전자 밀도는 계절, 시각, 반사점의 위도, 태양 흑점의 수 등에 따라 변화하므로 최고 사용 주파수는 전리층의 관측 데이터를 바탕으로 하여 매월 예보값을 도표로 한 것이 각국에서 작성되고 있다. =MUF

maximum usable read number 최대 유효 판독 횟수(最大有效判讀回數) 전하 축적관에서 축적 요소, 선, 또는 면적을 지정된 정도의 감쇠가 생기기 전에 읽을 수 있는 최대의 횟수(재기록은 하지 않는 것으로 하여). 내용이 명확할 때는 최대 유효라는 전치사는 불필요하다. 판독 횟수가 아니고 판독 시간으로 말하는 경우도

있다.

Maxwell bridge 맥스웰 브리지 브리지에 인덕턴스를 포함한 것으로, 교류를 가하여 미지의 인덕턴스를 측정하는 브리지. 그림과 같이 표준 코일 L_s를 써서 비교 측정을 한다. 무유도 저항 P, Q와 가변 코일 L_s, 가변 저항 S 및 피측정 코일 L_x로 브리지를 구성한다. L_s, S를 조정하여 평형점을 구한다.

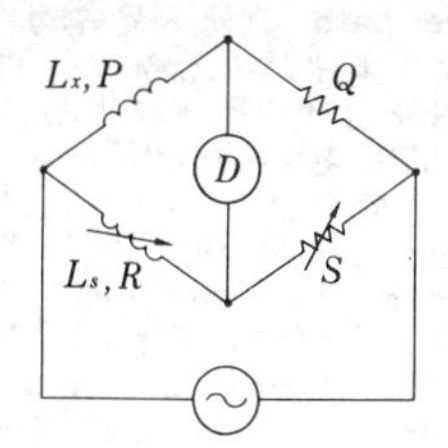

Maxwell inductance bridge 맥스웰 인덕턴스 브리지 인접한 2변에 코일을 갖추고, 다른 2변에는 무유도 저항을 갖는다는 특징이 있는 교류 4변 브리지. 일반적으로 인덕턴스를 비교하는 데에 사용한다. 평형 상태는 주파수와 무관하다.

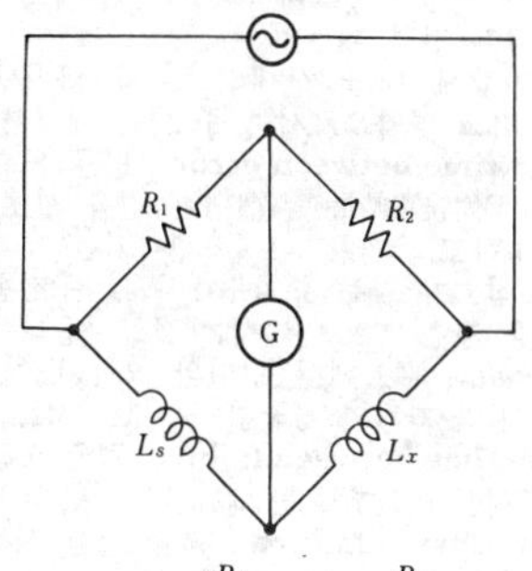

$R_x = R_s \frac{R_2}{R_1}$ $L_x = L_s \frac{R_2}{R_1}$

Maxwell mutual-inductance bridge 맥스웰 상호 인덕턴스 브리지(—相互—) 전원 회로와 상호 인덕터의 한쪽 코일을 포함하는 회로의 1변 사이에 상호 인덕터를 가지며, 다른 3변에는 무유도 저항을 갖는다는 특징이 있는 교류 브리지. 일반적으로 자체 인덕턴스에 의해 상호 인덕턴스를 측정하는 데에 사용한다. 평형 상태는 주파수와 무관하다.

Maxwell' s electromagnetic equation 맥스웰의 전자 방정식(－電磁方程式) 전계와 자계 사이에 성립하는 기본적인 관계식으로, 맥스웰이 고안한 것. 이 식에서

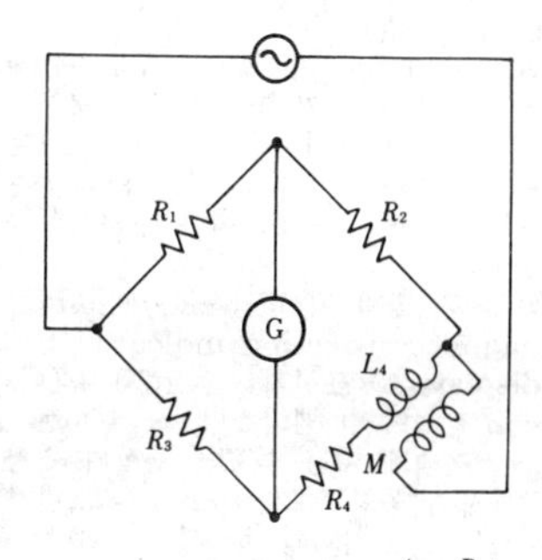

$R_1R_4 = R_2R_3$ $L_4 = -M\left(1+\frac{R_2}{R_1}\right)$

Maxwell mutual-inductance bridge

전계와 자계가 일정한 속도로 전파(傳播)하는 것이라든가 전계와 자계의 성질, 전파 방법, 전파 속도 등이 이론적으로 유도된다.

Maxwell' s law of velocity distribution 맥스웰 속도 분포 법칙(－速度分布法則) 맥스웰-볼츠만의 속도 분포 법칙이라고도 한다. 맥스웰이 제창하고, 볼츠만이 일반화한 법칙으로, 기체 중의 분자 속도 분포를 다음 식으로 나타내는 것이다.

$$F(v) = \frac{4}{\sqrt{\pi}}\left(\frac{v}{v_p}\right)^2 \varepsilon^{-\left(\frac{v}{v_p}\right)^2}$$

여기서, $F(v)$: 분자가 속도 v를 갖는 확률, v_p : 운동하고 있는 분자의 여러 가지 속도 중 가장 많은 분자가 가지고 있는 속도.

mayday 메이데이 선박, 항공기, 우주 비행체에 대한 국제 무선 전화의 조난 신호.

MBB contact MBB 접점(－接點) ＝make-before-break contact

MBE 분자선 에피택시(分子線－) ＝molecular beam epitaxy

MBM 자기 버블 기억 장치(磁氣－記憶裝置) ＝magnetic bubble memory

MCA 다중 채널 접속 방식(多重－接續方式) 다수의 이용자가 복수의 무선 채널을 일정한 제어 방식하에서 공동 이용하는 육상 이동 통신 방식.

MCVD method MCVD 법(－法) modified chemical vapor deposition method 약어. 광섬유 제조법의 일종으로, 석영관 속에 도펀트를 포함하는 원료 가스를 산소 가스와 함께 넣고, 석영관 바깥쪽을 가열하여 관벽 안쪽에 유리막을 퇴적시킨 다음 중실화(中實化)하여 모재를

만드는 방법.

MDF 주 배선반(主配線盤) main distribution frame 의 약어. 전화 교환 설비에서의 주된 배선반을 말한다. 현재는 수동식의 것이 사용되고 있으나 이것을 자동화하는 데는 로봇식이나 전자식의 것이 있다.

MDI 자기 방향 지시기(磁氣方向指示器) = magnetic direction indicator

M-display M 표시기(-表示器) 레이더에서 조절 가능한 페디스털, 노치 또는 스텝을 시간축에 따라 목표물 편향의 수평 위치까지 이동함으로써 목표물의 거리가 결정되는 A 표시기의 한 형식. 페디스털을 움직이는 제어 조작은 거리에 대응해서 교정되고 있다. M 표시기라는 용어의 사용은 일반적이 아니다. 이 표시기는 A 표시기의 변형으로 보고 있다.

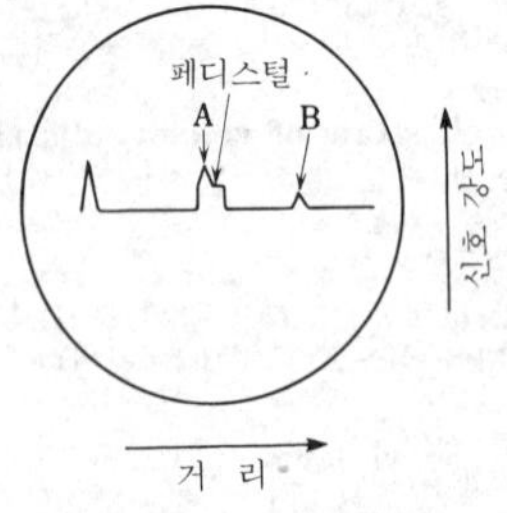

MDS 마이크로컴퓨터 개발 시스템(-開發-) microcomputer development system 의 약어. 특정한 마이크로컴퓨터를 사용한 디지털 시스템의 개발에 있어서, 그 프로토타이프에서의 하드웨어나 소프트웨어를 테스트하기 위해 사용되는 완전한 마이크로컴퓨터 시스템. 위의 프로토타이프계를 테스트하기 위해 MDS 는 프로세서 모듈 외에 대용량의 기억 장치, 콘솔, 프린터, 에뮬레이터, PROM 프로그래머 등을 가지고 있다. 또 디스크에 기억된 모니터와 한 무리의 시스템 프로그램으로 이루어지는 운영 체제에 의해 테스트가 실행된다.

ME 의용 전자 공학(醫用電子工學)[1], 마이크로일렉트로닉스[2], 분자 일렉트로닉스(分子-)[3] (1) =medical electronics (2) =microelectronics (3) =molecular electronics

mean access time 평균 접근 시간(平均接近時間) 컴퓨터 등에 사용되는 자기 드럼이나 자기 디스크와 같은 임의 접근 장치에서 하나의 기억 위치의 판독, 기록이 요구되고부터 그 기억 위치의 판독, 기록을 끝내기까지에 필요한 시간의 평균값.

mean down time 평균 다운 타임(平均-), 평균 동작 불능 시간(平均動作不能時間) 다음의 두 보전 시간을 포함하여 계(系)가 사용 불능이었던 평균 시간. ① 생산 업무 중에 시행되는 보전을 위한 시간(보급 대기 시간을 포함). ② 생산과는 관계없이 관리적인 활동 등에 소비된 보전 시간.

mean free path 평균 자유 행정(平均自由行程) 기체 분자나 금속 또는 반도체 중의 전자와 같이 다른 분자 또는 원자 등과 충돌하면서 진행하는 입자는 지그재그의 행정을 취한다. 이 때 하나의 충돌부터 다음 충돌까지의 행정의 길이를 자유 행정이라 한다. 이것은 일정하지 않고 확률적으로 분포하므로 그 평균값을 평균 자유 행정이라 한다. 예를 들면 1mmHg, 0℃의 조건에서의 헬륨의 평균 자유 행정은 13.4×10^{-5}m, 네온은 9.52×10^{-5}m, 수소는 8.44×10^{-5}m 이다.

mean pulse time 평균 펄스 시간(平均-時間) 상승 펄스 시간과 하강 펄스 시간의 대수 평균.

mean side lobe level 평균 사이드 로브 레벨(平均-) 안테나의 지정된 각도 영역에서의 전력 패턴의 평균값으로, 주 빔의 최대값에 대한 상대값으로서 나타낸다. 또 각도 영역으로서는 주 빔은 제외한다.

mean time between error 평균 오류 시간(平均誤謬時間) 랜덤한 연속 신호원을 가정하고, 그리고 보통 생각되는 것과 같은 신호가 갖는 주파수대와 같은 전송 대역을 갖는 부호 전송계에서, 사용되는 어느 부호 세트에서 단일의 오류가 발생하는 시간 간격의 평균값. =MTE

mean time between failure 평균 고장 간격 시간(平均故障間隔時間) =MTBF

mean time to failure 평균 고장 시간(平均故障時間) =MTTF

mean time to repair 평균 수리 시간(平均修理時間) =MTTR

mean up time 평균 동작 시간(平均動作時間) =MUT

mean value 평균값(平均-) 교류 대칭 파형의 전압 또는 전류의 + 또는 - 반파에서의 각 시각의 순시값을 평균한 값. 정현파의 경우는 다음 식으로 나타내어진다.

$$I_a=2\,I_m/\pi$$

여기서, I_a : 평균값, I_m : 최대값.

mean value AGC 평균값 AGC(平均-) 텔레비전 수상기의 AGC 방식의 일종으로, 영상 신호의 평균값을 이용하여 AGC 전압을 얻도록 한 것. 회로는 간단하나 화면의 명암에 따라서 AGC 전압이 변화하는 결점이 있다.

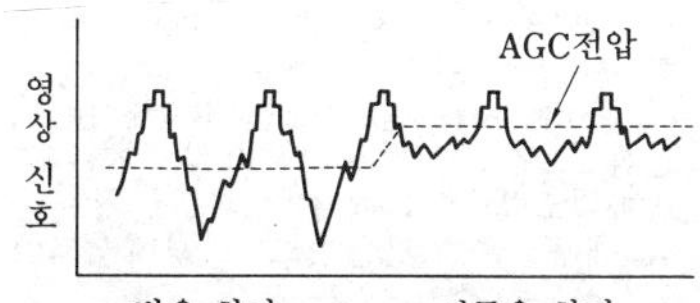

mean value detection 평균값 검파(平均-檢波) 진폭 변조파를 복조하는 경우에 사용하는 회로. 다이오드와 저역 필터를 써서 신호파를 꺼낸다. 그러나 회로가 복잡하므로 직선 검파 쪽이 널리 쓰인다.

measurand 측정량(測定量) 측정할 물리량, 성질 또는 상태를 말한다. 정확하게는 피측정량.

measure 측도(測度) 측정할 양을, 측정에 사용한 단위로 측정해서 얻은 수(실수, 복소수, 벡터 등).

measuring modulator 계측용 변조기(計測用變調器) 측정 장치에서 직류 또는 저주파 교류 입력을 변조하여 교류 증폭에 적합한 주파수의 교류로 변환하는 중간적인 신호 변환기. 기계적 또는 전자적인 초퍼, 자기 변조기, 배리스터 등이 쓰인다.

mechanical component 기구 부품(機構部品) 회로 소자는 아니지만 회로의 접속이나 전환 등을 하기 위한 소켓이나 스위치와 같은 부품을 말한다. 전자 장치의 신뢰도를 높이려면 이들 부품의 성능이 중요하다.

mechanical filter 기계적 필터(機械的-), 메커니컬 필터 기계적인 공진자의 진동을 이용하여 전기적인 필터를 형성한 것을 말한다. 이것은 전기-기계 변환기를 입력측에 두고, 기계-전기 변환기를 출력측에 두어서 그 사이를 원판형이나 막대형의 진동자를 다수 종속 접속한 기계 공진자로 결합한 것이다. 기계 공진자는 소형이고 Q도 크며, 온도에 대한 안정도도 좋으므로 LC 필터보다 소형으로 되어 뛰어난 여파(濾波) 특성이 얻어진다. 수 100 Hz 부터 500kHz 정도의 것까지 있으며, 중간 주파 필터 등으로 사용된다.

mechanical interface 기계적 인터페이스(機械的-) 2 개의 디바이스 간 결합에 대한 기계적인 구조, 예를 들면 양자간에서 필요한 전기 신호를 주고 받을 결합 부품으로서의 핀, 소켓 등의 기계 구조, 치수 등.

mechanical loss 기계손(機械損), 기계 손실(機械損失) 회전기에의 기계적인 손실을 말하는데, 이것에는 축과 베어링과의 사이의 마찰 및 브러시와 슬립 링이나 정류자 사이에서의 마찰에 의한 마찰손과, 회전자가 회전했을 때의 공기와의 마찰에 의해 생기는 풍손(風損) 등이 있다. 회전 속도가 일정하게 되면 기계손도 일정값이 된다.

mechanical modulator 기계 변조기(機械變調器) ① 반송파를 변조하는 장치로, 변조는 회로 파라미터를 물리적으로 변화시킨다든지, 움직인다든지 하여 행하는 것. ② RF 선로와 브리지로 이루어지는 장치. 브리지는 선로에 결합한 공진 구간을 가지고 있으며, 전동기 구동의 극판을 가진 콘덴서의 커패시턴스값을 기계적으로 바꾸어서 90Hz 및 150Hz 의 변조를 하고 있는 것.

mechanical shock test 충격 시험(衝擊試驗) 부품이나 장치에 지정된 값의 충격을 가하여 그 구조적 또는 기계적인 내성(耐性)을 시험하는 것.

mechanical zero 기계적 영위(機械的零位) 측정기를 전원에서 분리하고, 입력 단자간에 입력을 가하지 않을 때 지시계의 지침이 멈추는 눈금 위치. 기계적 복귀 토크를 갖지 않는(무정위의) 지시계에서는 기계적 영위는 일정하지 않다. 또 영위를 눈금 범위 밖에 이동시킨 것도 있다.

mechatronics 메커트로닉스 mechanics(기계 공학)와 electronics(전자 공학)의 복합 기술을 표현하는 조어(造語). 공업용 로봇은 그 대표 예이다. 우리 나라에서도 일부 쓰이고 있다.

media 매체(媒體) ① 그 속에 물건이 존재하고, 혹은 그 속에서 현상이 발생하는 매질, 자유 공간이나 여러 가지 유체나 고체 등. 예를 들면 통신 매체, 전자(電磁) 매체. ② 데이터를 기록하는 각종 형태의 물리 구조체, 예를 들면 플로피 디스크, 자기 테이프 등. 매체는 소스(source) 매체, 입력 매체, 출력 매체로 분류된다. 매상 전표, 어음 등은 소스 매체이고, 플로피 디스크 등은 입력 매체, 또 프린터 출력 등은 출력 매체이다. 데이터 매체라고도 한다.

median 중앙값(中央-) 측정값을 그 크기 순으로 배열했을 때 그 중앙의 하나 또는 두(측정값의 총수가 짝수 개일 때) 값의 평균값.

medical data base 의용 데이터 베이스(醫用-) 전자 진단 장치 등에 사용하기 위해 각종 환자에 대한 증상과 병명의 상관을 기억시킨 데이터 베이스.

medical electronics 의용 전자 공학(醫用

電子工學) 전자 장치를 의학에 응용하는 분야에 관한 공학을 의용 전자 공학이라 한다. 의용 전자 장치에는 진단용, 치료용, 기타 관련 전자 장치가 있다. 진단용으로는 생체 내에 발생하는 미약한 생체 전기를 검출 측정하는 전자 장치로서 심전계, 뇌파계, 근전계(筋電計) 등이 있고, 생체 현상을 생체용 센서를 사용하여 전기량으로 바꾸어 측정하는 전자 장치로서 심음계(心音計), 혈압계, 혈류량계, 전기식 체온계, 오디오미터 등이 있다. 또, 생체 내에서의 특수한 작용을 이용하는 전자 장치로서 초음파 진단 장치, 방사선 진단 장치 등이 있다. 치료용으로는 초단파 치료기나 전기 메스 등과 같이 에너지를 이용하는 것, 저주파 치료기나 전격 치료기 등과 같이 전기적인 자극을 주는 것, X선 치료기 등과 같이 생체에 대한 특수한 작용을 이용하는 것 등이 있다. 또, 생체 기능을 보조하는 전자 장치로서 보청기나 베이스 메이커 등이 있다. 이 밖에 최근에는 컴퓨터를 사용하여 과거의 많은 임상 예를 바탕으로 증상에서 병명을 진단하는 일도 한다. 이상 외에 생체 현상에 대한 지식을 전자 공학의 연구, 예를 들면 계측이나 제어, 계산 등의 연구에 기여케 하는 분야도 포함하여 의용 전자 공학이라고 부르기도 한다. =ME

medical supervision 의용 감시 장치(醫用監視裝置), 환자 감시 장치(患者監視裝置) 환자의 생체 정보를 자동적이고 연속적으로 알기 위한 장치로, 간호를 사람에 의존하지 않으므로 고밀도화하는 데 도움이 된다. 의용 원격 측정의 방법에 의해서 행하고, 그 데이터는 기록되어 필요에 따라서 간호원에게 경보가 발해진다.

medical telemetering 의용 원격 측정(醫用遠隔測定) 뇌파나 맥박수, 체온 등의 생체 데이터를 환자에게 직접 접촉하는 일없이 측정하는 방법으로, 원격 진단이라고도 한다. 계측값은 각종 센서에 의해 전기량으로 변환되고, 무선에 의해 송수신된다. 이 방법은 무구속 상태의 데이터가 얻어지는 의학적 가치나, 환자의 감시를 자동화함으로써 간호의 효율화 등의 이점이 많다.

medium 매체(媒體) =media

medium area network 중규모 지역 통신망(中規模地域通信網) =MAN

medium frequency wave 중파(中波) 무선 주파수 스펙트럼에서 300~3,000kHz까지의 범위의 전파. =MF

medium scale integration 중규모 집적회로(中規模集積回路) 트랜지스터, 전계효과 트랜지스터(FET), 다이오드 등의 능동 소자나 저항, 콘덴서 등의 수동 소자를 하나의 IC 속에 100~1,000 소자 정도 포함하는 것. =MSI

medium sweep 중속 소인(中速掃引) 수동식 로란 수신기에서의 조작의 하나로, A 페디스털 및 B 페디스털의 전 기간 또는 대부분의 기간을 스코프 상에 상하로 표시하도록 소인시키는 조작.

megger 메거, 절연 저항계(絶緣抵抗計) 절연 저항을 측정하는 계기. 수동식의 정전압 직류 발전기와 가동 코일형의 비율계로 구성되어 있다. 계기의 한 쪽 코일에는 보호 저항이 직렬로 접속되고, 다른 코일은 피측정 저항을 직렬로 접속하여 각각 발전기에 병렬로 한다. 양 코일은 서로 반대 방향의 토크가 발생하는 극성으로 접속되어 있고, 피측정 저항의 크기에 따른 위치에서 양 토크가 평형하여 지침은 정지하여 절연 저항값을 지시한다. 발생전압은 100, 250, 500, 1,000, 2,000V의 각종이 있으며, 측정 범위는 보통 발전기 대신 트랜지스터 발진기와 승압용 변압기를 내장하여 전지로 동작하는 것도 사용되며, 10^7MΩ 정도의 절연 저항까지 측정할 수 있는 것도 있다.

megohm sensitivity 메그옴 감도(-感度) 검류계의 감도를 나타내는 한 방법. 반조(反照) 검류계의 경우는 거울과 스케일의 거리를 1m 떼고 검류계에 직렬로 저항을 접속하여 1V 의 전압을 가하고, 스케일상 광점(光點)의 진동이 1mm 가 될 때의 직렬 저항의 메그옴 수를 메그옴 감도라 한다.

Meissner effect 마이스너 효과(-效果) 초전도체는 전기 저항이 0 이외에 완전한 반자성체라는 성질을 가지고 있다. 이 때문에 초전도체를 자계 중에 두면 자속은 그 내부로 침입할 수 없으므로 도체의 외부로 밀려 나가고 만다. 이 작용을 마이스너 효과라 한다.

Meissner oscillator 마이스너 발진기(-發振器) 입력 및 출력의 양 회로가 독립한 탱크 회로에 의해서 유도적으로 결합되어 있는 발진기.

melamine resin 멜라민 수지(-樹脂) 멜라민과 포름알데히드의 축합체로, 에나멜선을 만드는 와니스 등에 사용한다.

meltback diffused transistor 멜트백 확산형 트랜지스터(-擴散形-) 편석(偏析)과 고체 확산을 써서 만든 트랜지스터의 일종. 예를 들면 그림 (a)와 같이 n형, p형의 양 불순물을 고르게 포함한 단결정을 용융 후 재결정하여 편석에 의한 그림

(b)와 같은 불순물 분포를 만들고, 다음에 고온도로 가열하여 확산 계수가 큰 p형 불순물을 확산시켜서 접합을 만든 것으로, 그림 (c)와 같은 구조로 되어 있다.

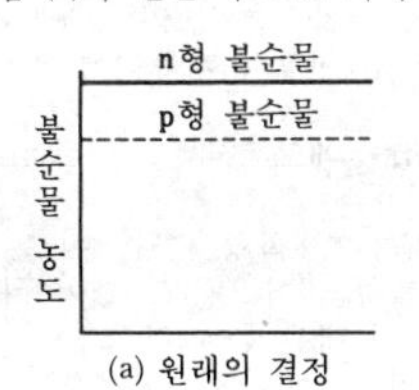

(a) 원래의 결정

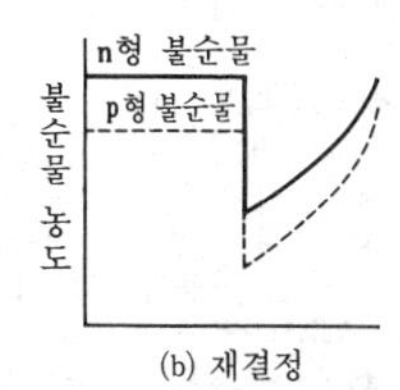

(b) 재결정

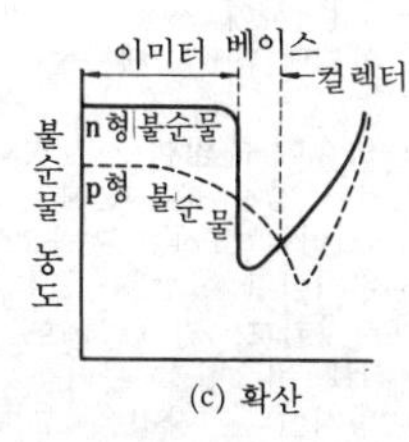

(c) 확산

meltback transistor 멜트백 트랜지스터 확산형 트랜지스터의 일종. p 형을 만드는 불순물과 n 형을 만드는 불순물을 고르게 확산한 다음 용융 재결정시킴으로써 편석(偏析) 현상(응고시에 불순물의 농도 분포가 달라지는)을 이용하여 내부에 pn 접합을 만든 것이다.

membership function 멤버십 함수(－函數) 퍼지(fuzzey) 이론에서 「중 정도」라든가 「대체로」라는 등을 표시하기 위해 쓰이는 함수. 어느 요소의 성질을 나타내는 수치 x와 그것이 주어진 「애매한 표현」에 속하는 정도 p를 그림과 같은 그래프로서 다룰 수 있다.

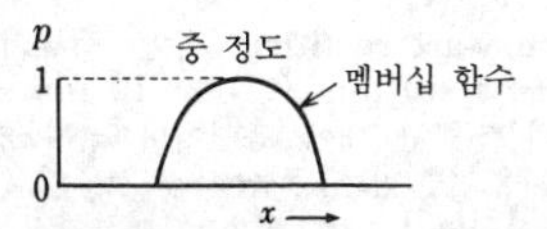

membrane keyboard 막형 키보드(膜形－) 두 장의 얇은 플라스틱 시트(막)가 도전(導電) 잉크로 그려진 회로를 가지고 있는 것. 간이 입력 장치로서 사용되는 평판형 키보드이다.

memoriode 메모리오드 전기 화학적 적분 소자의 일종으로, 통과한 전기량을 전위의 모양으로 기억하는 것. 라디오의 타이머나 자동 선국 장치 등에 쓰이고 있다.

memory 기억 장치(記憶裝置) 디지털(계수형) 컴퓨터의 구성 부분의 하나로, 계산 처리에 필요한 정보를 기억하는 장치. 자심 기억 장치, 자기 드럼 기억 장치, 자기 테이프 장치 등이 널리 쓰인다. =storage

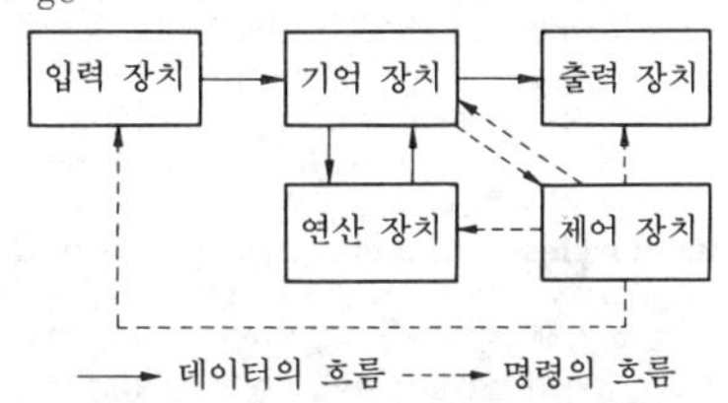

memory capacity 기억 용량(記憶容量) 기억 장치에 축적할 수 있는 정보의 양을 말하며 보통, 바이트 수로 나타낸다. 일반적으로 장치를 크게 하면 기억 용량은 증가한다.

memory cell 메모리 셀, 기억 셀(記憶－) 반도체 기억 장치의 내부에 있는 기본적인 1비트의 메모리. 바이폴러형, MOS형 등이 있으며, 또 스태틱형, 다이내믹형이 있다. 메모리 셀을 종횡으로 배열하여 메모리 셀 어레이를 구성하고 1칩에 4K, 8K, 16K, 32K, 64K, 256K 비트의 메모리를 구성한 것이 있다.

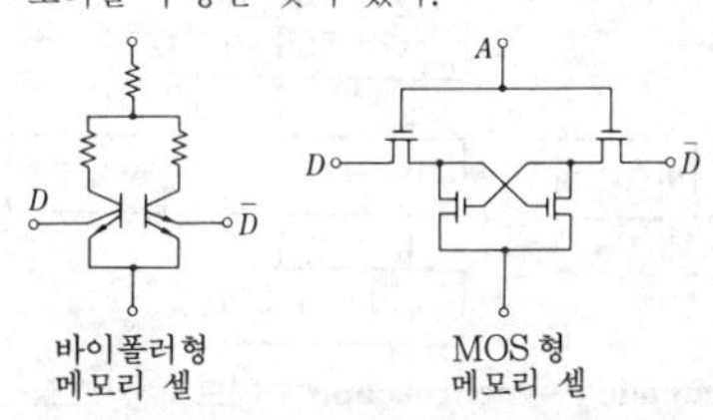

memory cycle time 사이클 시간(－時間) 기억 장치의 동일 장소에 대하여 판독, 기록이 시작되고부터 다시 판독, 기록을 할 수 있게 되기까지의 최소 시간 간격. 컴퓨터의 동작 속도는 대체로 기억 장치의 동작 속도로 정해진다.

memory dump 메모리 덤프 컴퓨터의 기억 장치에 대해서 그 기억 장소의 내용을 살핀다든지 보조 기억 장치에 써넣는다든지 하는 조작을 말한다. 보통, 메모리 덤프는 프로그램의 오류나 기계의 고장을 살필 때 등에 수행된다.

memory element 기억 소자(記憶素子) 프로그램이나 데이터 등의 정보를 기억할 수 있는 소자. 자기 코어, 자기 버블 혹은 플립플롭 등을 이용한 IC, LSI, VLSI의 반도체 소자가 있다.

memory hierarchy 기억 계층(記憶階層) 기억 용량이나 접근 시간의 차이 등을 고려하여 적당히 계층화된 기억 장치. 접근 시간을 단축하기 위해서는 일정 정보를 기록하기 위한 코스트가 비싸지고, 따라서 기억 용량을 크게 할 수 없다. 반대로 보조 혹은 후비적인 기억 장치는 용량은 크게 할 수 있고 염가이지만 CPU 로의 접근 시간은 비교적 길어진다. 계층 구조는 기억 장치 전체의 효율, 경제성, 매니지먼트성을 고려하여 구성된다.

memoryless channel 기억이 없는 채널(記憶－) 통신 채널에서 입출력 관계가 그 이전에 생긴 입력 및 출력의 어느 것과도 관계가 없는 성질을 가지고 있는 것. 따라서, 채널에는 정보의 축적 또는 지연을 발생시키는 기기·요소는 존재하지 않는다. 그리고 출력은 이에 대응하는 입력에 의해서만 일의적으로 결정된다.

memory monitor 메모리 모니터 →digital memoriscope

memory register 기억 레지스터(記憶－) 주기억 장치와 입출력 장치나 제어 장치 등 사이의 데이터 전송시 중계지 역할을 하는 일종의 기억 장치. 기종에 따라서 1 바이트에서 64 바이트 정도의 기억 용량이 있다.

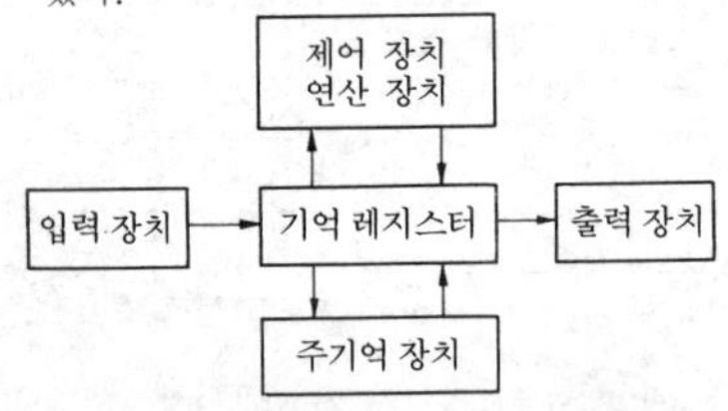

memory synchroscope 메모리 싱크로스코프 메모트론 등의 직시형(直視形) 축적관을 사용한 오실로스코프의 일종으로, 어느 정지 영상을 장시간 표시할 수 있으며, 축적형 싱크로스코프라고도 한다. 축적관의 종류에 따라서 중간조형 축적관을 사용하는 것과 2 정전위형 축적관을 사용하는 것이 있으며, 전자의 영상 축적 시간은 1주일 정도인데 대해 후자는 반영구적으로 축적되고, 또 보통의 브라운관과 마찬가지로 축적하지 않은 상태로 사용할 수도 있다. 축적관을 동작시키는 회로 이외는 표준의 싱크로스코프와 같다.

memory tester 메모리 테스터 양산한 IC 메모리가 정상으로 동작하는지 어떤지를 검사하는 장치. 그 공정은 자동화되어 있고, 결과는 내장의 컴퓨터에 의해서 처리된다.

memotron 메모트론 →viewing storage tube

menu 메뉴 대화형 단말, 워드 프로세서 등에서 컴퓨터(처리) 시스템이 취할 수 있는 몇 가지 대체 동작 리스트로, 시스템이 이것을 제시 또는 표시함으로써 이용자는 그 중의 하나를 임의로 골라서 사용할 수 있는 것.

menu selection 메뉴 선택(－選擇) 컴퓨터를 사용한 도형의 대화형 처리에서의 유효한 수단의 하나로, 이용자가 선택할 수 있는 여러 개의 도형이나 지령 등이 있는 경우에 이들을 이용자 단말의 표시 스크린 상에 텍스트 또는 심벌로 자유 선택 메뉴로서 표시한다. 이용자는 메뉴 중에서 하나를 선택하여 지정함으로써 그것이 컴퓨터로 피드백되어서 대화형 처리가 진행한다.

menu system 메뉴 방식(－方式) 복수의 데이터(문자나 명칭 혹은 문자열 등)를 보기 쉽게 배열하여 표시한 것을 메뉴라 한다. 메뉴 방식이란 이 메뉴를 디스플레이 화면에 표시시키고, 키 터치 또는 라이트 펜 등에 의해 필요한 데이터를 선택하여 입력하는 방식이다. 장점은 코드를 의식하지 않아도 되고, 입력 매체가 필요없으며, 조작이 간단하다는 등이다. 단점은 데이터가 많아지면 메뉴 중에서 필요한 데이터를 찾는 데 시간이 걸린다는 것이다.

mercury-arc lamp 수은등(水銀燈) 수은 증기의 방전을 이용하는 광원을 일반적으로 수은등이라 하고, 수은 증기의 압력이 10^{-2}~10^{-1}mmHg 정도의 저압 수은등, 이보다 고압의 고압 수은등, 초고압 수은등으로 나뉜다. 수은 증기의 압력에 따라 방사되는 빛의 파장이 다르며, 저압 수은등은 2.5~3.7nm 의 자외선이 많으므로 살균등으로서 쓰이고, 고압 및 초고압 수은등은 정원이나 도로의 조명용으로서 사용되고 있다.

mercury-arc rectifier 수은 정류기(水銀整流器) 10^{-2}mmHg 내지 10^{-3}mmHg 정도의 진공관 내에 흑연이나 철의 양극과 수은을 주입한 음극을 가진 것. 양극과 음극 사이에서 아크 방전이 행하여지고, 수은면상에 청백색으로 빛나는 음극점이 생겨서 전자가 방출되어 정류 작용을 한다.

양극과 음극간의 방전 전압은 20~30V로 낮고 대전류가 얻어지나, 시동하는 데에는 점호극(點弧極)을 수은에 접하여 불꽃을 발생시킬 필요가 있다.

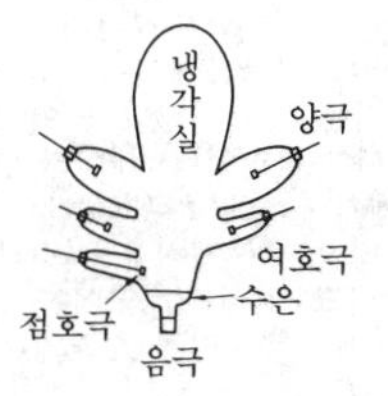

mercury cell 수은 전지(水銀電池) 아말감 아연을 음극으로, 탄소와 수은의 산화물을 양극으로 사용한 전지로, 전해액은 가성 칼리 또는 가성 소다액이다. 개방 전압은 1.35~1.4V 이고, 전압의 안정성이 좋으며, 수명도 길다. 고온 동작이 뛰어나고, 진동이나 충격에도 강하다. 경부하의 용도나 전압 표준기로서 널리 이용된다.

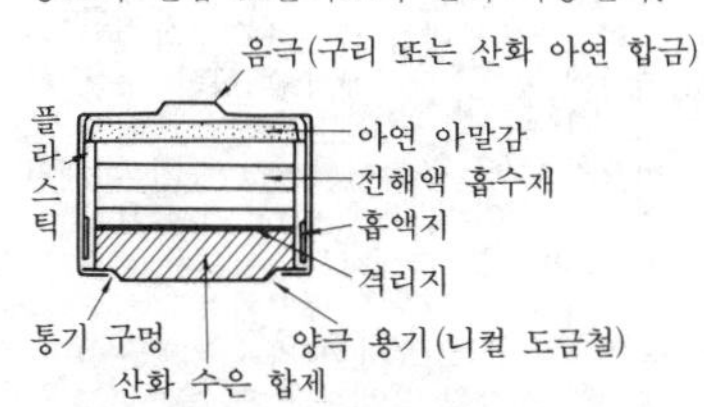

mercury-contact relay 수은 접점 계전기(水銀接點繼電器) 수은 접점 계전기에는 플런저형 수은 계전기와 수은 침전 계전기, 수은 접점 계전기가 있다. 플런저형 수은 계전기는 캡슐 내에 봉입한 플런저에 코일 자계가 작용하여 플런저가 수은 포드 속으로 끌려 들어가 상승한 수은면에 의해 접점이 단락되는 계전기이고, 수은 침전 계전기는 리드와 접점이 유리 용기 밑부분에서 모세관 형상으로 빨려올라간 수은막으로 적셔지는 형식의 계전기이다. 수은 접점 계전기는 감동(感動), 복구 또는 그 양 쪽에서 전자적으로 구동되는 접극자의 작용으로 밀폐 용기가 경사한 결과, 용기 내의 전극간에서 수은에 의한 접촉이 형성되는 계전기이다. →mercury relay

mercury dry cell 수은 건전지(水銀乾電池) →mercury cell

mercury-hydrogen spark-gap converter 수은-수소 스파크 갭 변환기(水銀-水素-變換器) 무선 주파 전력의 전원이 되는 인덕턴스와 스파크 갭으로부터의 콘덴서의 진동성 방전을 이용한 스파크 갭 발전기 혹은 전원. 스파크 갭은 고체 전극과 수소 대기 중의 수은 풀을 포함한다. → induction heating

mercury oxide cell 산화 수은 전지(酸化水銀電池) 수은의 산화물이 감극 작용을 하고 있는 1차 전지.

mercury-pool cathode 수은 풀 음극(水銀-陰極) 수은을 사용한 풀 음극.

mercury pool discharge tube 수은 음극 방전관(水銀陰極放電管) 액체상의 수은 자체를 음극으로서 이용하는 방전관으로, 과부하에 대하여 강하고, 증발한 수은은 냉각하면 다시 음극으로서 보급되므로 음극의 소모가 없다는 특징이 있다. 다만 수은 증기의 압력은 방전관의 온도에 따라 크게 변화하므로 용량이 큰 것은 특별한 냉각 장치가 필요하다.

mercury relay 수은 계전기(水銀繼電器) 수은의 이동으로 접점이 개폐되는 계전기. →mercury-contact relay

mercury switch 수은 스위치(水銀-) 수은의 덩어리로 2개의 접점 사이를 브리지함으로써 회로를 닫도록 한 스위치. 개폐는 스위치 전체를 기계적으로 움직임으로써 이루어진다.

mercury-vapor tube 수은 증기관(水銀蒸氣管) 작용 가스로서 수은 증기를 사용한 가스 봉입 전자관.

mercury wetted contact relay 수은 접점 계전기(水銀接點繼電器) 자로(磁路)와 접점 기구부를 봉입 가스, 수은과 함께 유리관 등의 용기에 밀봉한 스위치와 이것을 동작시키는 코일을 조합시켜 구성한 계전기. 접점부는 언제나 수은에 담가져 있으며, 수은을 거쳐 접촉 개폐가 이루어지기 때문에 채터링 없고, 장수명이며, 또 대전류를 통전시킬 수 있다.

merge 병합(倂合) 특정한 항목에 따라서 이미 일정한 순서로 분류(소트)되어 있는, 종류가 같은 데이터의 2개 이상의 파일을 그 특정한 항목에 따라 1개의 파일로 병합하는 것.

mesa etch 메사 에치 집적 회로(IC)에서 칩의 소정 영역을 포토레지스트 등으로 덮고, 적당한 에칭액을 발라서 불필요한 부분을 제거하여 사다리꼴의 칩을 만드는 것.

mesa transistor 메사 트랜지스터 불순물의 확산을 써서 그림과 같은 모양으로 만든 트랜지스터. 그림의 예에서는 처음에 n형 규소의 표면에 1μm 정도의 산화 피막을 만들고, 이것을 통해서 갈륨을 확산하여 p형층을 만든다. 다음에 이미터가 되는 부분의 산화 피막을 제거하고, 인을 확산하여 n 형 부분을 만든다. 그 후 산화 피막을 전부 제거하고, 알루미늄을 진공 증착하여 베이스와 이미터를 만들고 주위를 에칭하여 메사형으로 마무리한다. 이 트랜지스터는 고주파용에 적합하며, 고온까지 사용이 가능하고 중전력부터 대전력까지 쓰이지만 저전류에서는 전류 증폭률이 저하한다.

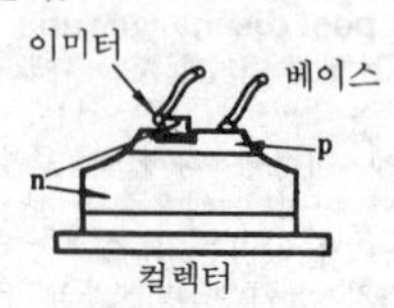

MES-FET 금속 반도체 전계 효과 트랜지스터(金屬半導電界效果－) metal semiconductor field-effect transistor 의 약어. GaAs 와 같은 반도체에서는 도핑에 의해 게이트에 pn 접합을 만들기가 곤란하며, 그 대신 쇼트키 장벽을 두어서 쇼트키 게이트 구조의 전계 효과 트랜지스터를 만든다. 이것이 MES-FET이다. 이러한 트랜지스터는 고속 논리 회로 등에 사용된다.

mesh current 망 전류(網電流) 회로망 내의 임의의 폐회로(그물눈)에서 망 속을 그림과 같이 한 바퀴 도는 것이라고 생각되는 전류를 말한다.

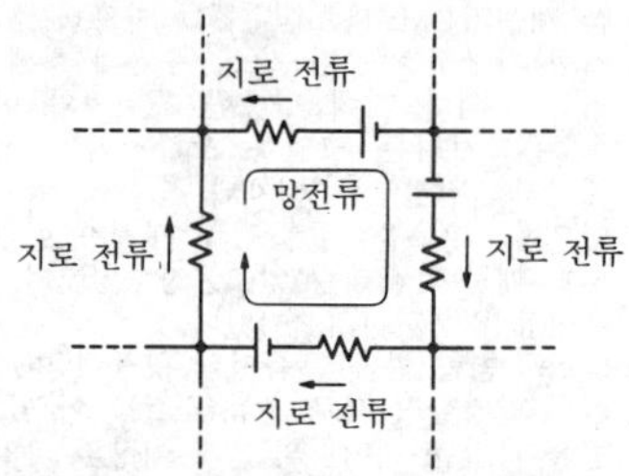

mesh emitter 메시 이미터 확산 트랜지스터의 이미터 전류 용량은 이미터 면적 그것 보다도 그 주변 길이에 관계하므로 주변 길이를 길게 하기 위해 그물눈 모양의 이미터 영역으로 한 것.

Mesny oscillator 메니 발진기(－發振器) 2개의 전자관을 대칭 배치적으로 사용한 푸시풀 초고주파 발진기. 그리드나 플레이트 전원의 접속 리드선에서의 인덕턴스도, 음극에 대하여 대칭적으로 배치되어 있다.

meson 중간자(中間子) 불안정한 음, 양 또는 중성의 소립자로, 질량은 전자와 양자의 중간에 있다. 몇 가지 종류가 있으며, 평균 수명 $10^{-6} \sim 10^{-16}$s 로 자연 붕괴한다. 1934 년 일본의 유가와(湯川秀樹) 박사에 의해 이론적으로 도입되고, 그 후 실험적으로 존재가 입증되었다.

message 메시지 일정량의 정보로, 그 시작과 끝이 명확하게(혹은 암시적으로) 나타내어지는 것. 적당한 언어 또는 부호로 전달된다. 전신이나 데이터 전송의 경우에는 메시지는 다음과 같이 구성된다. ① 제목, 메시지의 개시를 지시하는 시작 정보, 그리고 발신자, 수신자, 날짜, 경로 등 전송에 관한 여러 정보. ② 전달할 정보, 보고 등의 본문. ③ 메시지의 종료를 지시하는 종료 정보.

message handling system 메시지 처리 시스템(－處理－) ＝MHS

message routing 메시지 루팅 ＝message switching

message switching 메시지 교환(－交換) 데이터망 중에서 메시지를 수신, 기억 및 송신함으로써 메시지의 경로 지정을 하는 처리 과정. 데이터 전송에서의 메시지란 데이터 송신 장치에서 데이터 수신 장치로, 하나로 묶어서 전송되는 문자 및 제어 비트열의 한 무리이며, 그 문자의 배열은 데이터 송신 장치에 따라 결정된다. 메시지 교환 시스템에서는 다음과 같은 것이 문제가 된다. 즉 ① 메시지의 분실이나 중복의 방지, ② 오류의 자동 검출, 자동 재송, ③ 조작원 오조작 체크 등.

message switching concentration 집중 메시지 교환(集中－交換) 메시지 블록을, 그것이 완전히 어셈블되기까지 버퍼 장치에 축적하고, 고속도 회선을 써서 그것을 전송하는 방식. ＝MSC

metacharacter 초문자(超文字) 컴퓨터의 프로그램 언어에서 관련있는 다른 문자에 대하여 어느 종류의 제어적 역할을 하는 약간의 문자를 말한다. 와일드 카드라고도 한다.

metal back 메탈 백 브라운관의 형광면 안쪽에 증착시킨 알루미늄의 박막. 메탈 백은 양극으로서 전자를 흡수하는 동시에

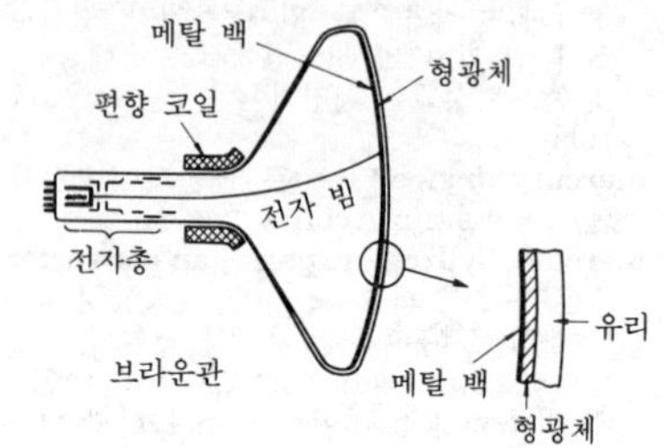

형광체의 발광을 전면에 반사시켜 밝기를 증가시키는 작용이 있다.

metal-backed phosphor screen 메탈백 형광면(－螢光面) 텔레비전용 브라운관에서 형광면 안쪽에 알루미늄의 박막을 증착시킨 것. 이 박막은 고속 전자 빔을 통과시키고 빛을 반사하므로 형광면의 휘도는 2배 정도로 밝아진다. 또, 관 내에 남은 미량 가스의 이온에 의한 이온 번을 방지할 수 있으므로 이온 트랩을 필요로 하지 않는다. 현재의 제품은 대부분 메탈백으로 되어 있다. 보통, 메탈백은 형광면부터 뒤 부분까지 확대하여 이것을 양극으로서 사용하므로 가속 전압이 높고, 형광면 직전에서의 전위 강하 현상에 의한 휘도의 저하도 방지할 수 있다.

metal-backed screen 메탈백 형광면(－螢光面) ＝aluminized screen

metal film resistor 금속막 저항기(金屬膜抵抗器) 저항 자체는 적당한 베이스 상에 둔 귀금속, 예를 들면 금, 은, 백금, 기타 합금의 박막이며, 부식이나 산화에 대한 내성이 강한 것.

metal glaze 메탈 글레이즈 금속 분말을 유리 속에 분산시키고 자기(瓷器) 등의 표면에 칠하여 구어붙인 것으로, 저항체로서 사용된다.

metal horn 금속 혼(金屬－) 초음파 가공기에 사용하는 보조 공구. 진동 에너지를 집중하기 위해 단면적을 연속적으로 변화하고, 또한 사용 진동자의 공진 주파수에 반파장 또는 1파장의 길이로 공진하도록 치수를 정한다. 재질은 강, 황동, 스테인리스이며, 형상은 지수 곡선을 회전시킨 모양의 엑스포넨셜 혼, 원뿔형의 코니컬 혼, 진동의 절(節)의 위치에 단을 붙인 단붙이 혼 등이 있다.

metal insulated semiconductor IC 미스 IC, 금속 절연 반도체 집접 회로(金屬絶緣半導體集積回路) ＝MIS IC

metal insulator semiconductor element MIS 소자(－素子) MOS 소자의 절연층인 산화 규소 대신 다른 무기물 또는 유기물의 얇은 층을 사용한 소자의 일반적 명칭.

metalized contact 메탈리콘 자기(瓷器) 등의 비금속체에 전극을 부착시키기 위해 표면에 금속 피막을 부착시킨 것. 구어붙이거나 증착 등의 방법이 쓰인다.

metalized film capacitor 금속화 필름 콘덴서(金屬化－) ＝metalized film condenser

metalized film condenser 금속화 필름 콘덴서(金屬化－), MP 콘덴서 마일러와 같은 플라스틱 필름을 유전체로 하여 그림과 같이 구성한 콘덴서이다.

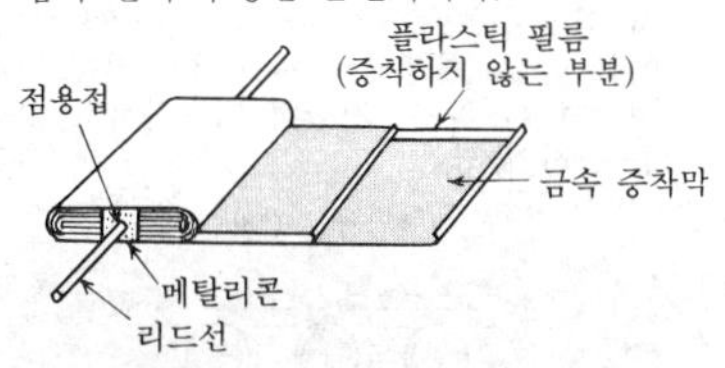

metalized glass 금속 피막 유리(金屬被膜－) 유리 표면에 금속 피막을 부착시킨 것. 마이크로파의 흡수 등에 사용한다.

metalized plastic condenser MP 콘덴서, 금속화 플라스틱 콘덴서(金屬化－) 콘덴서용 마일러 필름 등의 표면에 아연 등의 금속을 증착하여 전극으로 한 금속화 플라스틱 필름(MP)을 사용한 것으로, 금속박을 사용하는 것보다 소형으로 만들 수 있다. 이 콘덴서는 만일 절연 파괴해도 그 부분의 전극 금속이 열 때문에 비산하여 스스로 절연성을 회복하여 계속 사용할 수 있다는 특색을 가지고 있다.

metalizing 금속화(金屬化) 도전성(導電性)을 줄 목적으로 유리, 반도체, 자기 등 위에 금속의 박막을 입히는 것. 금속과 그것을 입힐 바탕 물질에 따라서 처리법도 도금법, 진공 증착법, 음극 스퍼터링법 등 여러 가지 다르다. 박막 회로, IC 에서의 본딩 패드나 접속선의 형성 등인 경우는 위의 박막을 다시 적당한 마스크를 써어서 에칭 처리함으로써 이루어진다.

metal lens 금속 렌즈(金屬－) 곡면파의 전파(마이크로파)를 통과시켜서 렌즈 효과에 의해 평면파로 바꾸는 것. 전자(電磁) 혼 끝에 부착하여 날카로운 지향성을 갖는 평면파를 방사시킨다. 그림의 오목렌즈와 같은 모양의 것을 도파관형 렌즈(웨이브가이드 렌즈)라 한다. 또 모양은 반대로 볼록 렌즈와 같이 하지만 각 판을 진행 방향에 대하여 비스듬하게 기울임으로써 같은 구실을 시키는 패스 렝스(path length) 렌즈도 있다. →lens antenna

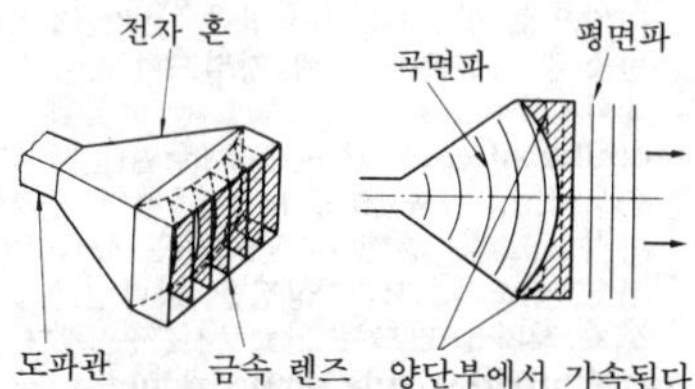

metallic bond 금속 결합(金屬結合) 금속을 구성하는 원자의 가전자는 특정한 원

자핵을 떠나서 자유롭게 운동할 수 있고, 전체로서 어떤 원자핵에도 공유된 상태에서 결정이 만들어진다. 이것을 금속 결정이라 하고, 외부에서 아주 적은 전계가 가해지면 가전자는 간단히 이동하므로 전류를 흘리기 쉽다.

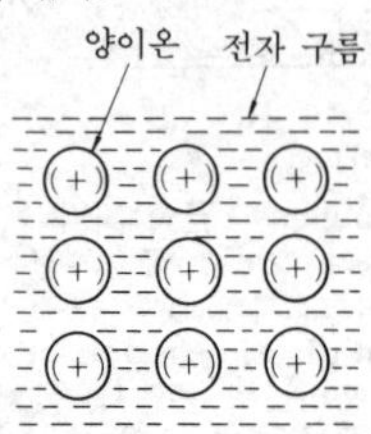

metallic cable 메탈릭 케이블 광섬유 케이블에 대하여 종래의 전선(구리나 알루미늄 심선의 것)을 구별하기 위한 호칭.

metallic crystal 금속 결정(金屬結晶) 금속을 구성하는 원자의 가전자는 특정한 원자핵을 떠나서 자유롭게 운동할 수 있어 전체로서 어느 원자핵에도 공유된 상태로 결정이 이루어져 있다. 이것을 금속 결정이라 하고, 외부에서 미소한 전계가 가해지기만 해도 가전자는 간단히 이동하므로 전류를 흘리기가 쉽다.

metallic film resistor 금속 피막 저항기(金屬被膜抵抗器) 알루미나계의 자기 기판 상에 니켈·크롬 합금 등을 증착하여 만든 금속 피막을 저항체로서 사용하는 것. 성능은 권선 저항기와 가깝고, 그보다 고저항의 것을 만들 수도 있으나 탄소 피막 저항기보다 고가이다.

metallic magnetic material 금속 자성 재료(金屬磁性材料) 금속 단체(單體) 또는 금속 합금의 자성 재료이며, 일반적으로 자속 밀도가 크다.

metallic resistor 금속 저항기(金屬抵抗器) 저항이 되는 통전 부분이 금속으로 만들어진 것. 저저항의 것에서는 저항 합금선을 감은 것을 사용하고, 고저항의 것은 저항 합금을 자기 기체(基體)상에 증착하여 피막으로 한 것을 사용한다. 어느 것이나 탄소계 저항계에 비해 정밀도나 안정성이 좋다.

metallic silicon 금속 규소(金屬珪素) 고순도이고, 금속 결정과 같은 결정 구조를 가진 규소를 말한다. 겉모양은 회색이며, 진성 반도체로서의 성질을 나타낸다. 반도체 장치를 만드는 원료로서 사용된다.

metal nitride oxide semiconductor 금속 질화 산화막 반도체(金屬窒化酸化膜半導體) =MNOS

metal oxide film resistor 금속 산화물 피막 저항기(金屬酸化物被膜抵抗器) 피막 저항기의 일종으로, 소재상에 생성한 금속 산화물(예를 들면 SnO_2)의 박막을 저항 소자로서 사용한 것. 열안정성은 좋지만 전압에 대한 비직선성이 결점이다. → oxide film resistor

metal oxide resistor 금속 산화물 저항기(金屬酸化物抵抗器) 탄소 저항기에 대항할 수 있는 가격으로 제조할 수 있는 후막 저항기로, 염화 주석 용액을 세라믹 원통에 뿜어 붙이고, 고온 처리하여 산화 주석 막으로 한 것. 막 표면에 나선형의 홈을 팜으로써 저항값을 광범위하게 조정할 수 있다.

metal oxide semiconductor 금속 산화막 반도체(金屬酸化膜半導體) =MOS

metal oxide semiconductor field-effect transistor MOS-FET, 금속 산화막 반도체 전계 효과 트랜지스터(金屬酸化膜半導體電界效果 −) 그 게이트가 반도체층에 얇은 산화 실리콘막에 의해서 격리되어 있는 전계 효과 트랜지스터로, 접합형과 같이 바이어스 전압에 의해서 입력 임피던스가 저하하는 일은 없다. 디플리션 모드(depletion mode)로 동작하는 것은 게이트가 0 전압일 때 채널은 도통 상태이나 게이트에 (−)바이어스를 가하여 캐리어를 결핍시킴으로써 부도통 상태로 제어할 수 있다. 인핸스먼트 모드(enhancement mode)로 동작하는 것은 그 반대이며, 게이트가 0 전압일 때는 채널은 부도통 상태에 있으나 게이트에 (+)바이어스를 줌으로써 캐리어를 증강하여 도통 상태로 제어할 수 있다. 채널은 위의 두 타입 어느 경우나 n 형, p 형 모두 사용할 수 있다. 절연 게이트 FET 라고도 한다.

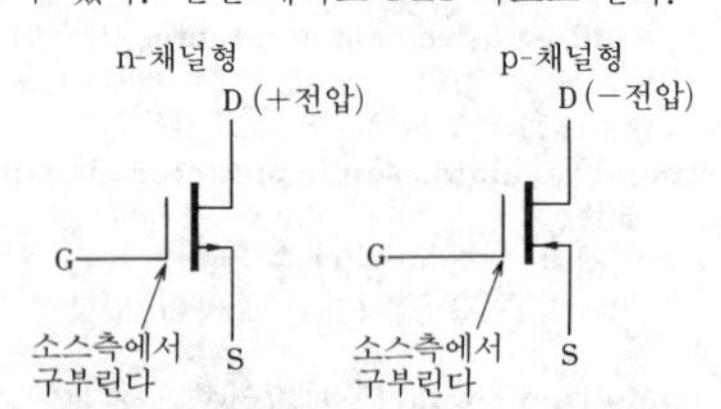

metal oxide semiconductor integrated circuit MOS IC, MOS 집적 회로(−集積回路) 모놀리식 IC 의 일종으로, FET 에 의해서 구성되어 있으며, 유니폴러형 IC 라고도 한다. 동작 전원 전압이 3~18V로 넓고, 고집적화를 할 수 있다. 특히 CMOS 형은 소비 전력이 매우 작기 때문에 시계나 탁상 계산기 등에도 사용되고 있다. PMOS IC, NMOS IC, CMOS IC 의 세 종류가 있다.

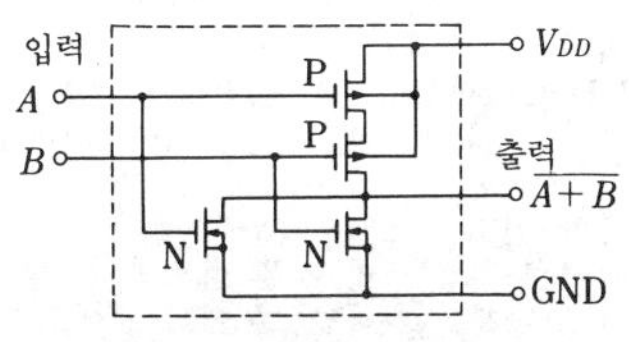

C-MOS NOR게이트IC의 회로도

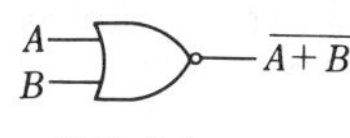

NOR게이트

metal oxide semiconductor-random access memory MOS-RAM, 금속 산화막 반도체 RAM(金屬酸化膜半導體－) → semiconductor memory

metal rectifier 금속 정류기(金屬整流器) 반도체와 금속의 접촉면에의 정류 현상을 이용한 것으로, 셀렌 정류기(셀렌과 카드뮴), 산화동 정류기(아산화동과 구리) 등이 있다. 오래 전부터 사용되고 있었으나 실리콘 정류기 등에 비해 성능이 떨어지므로 현재는 사용되지 않는다.

metal semiconductor field-effect transistor 금속 반도체 전계 효과 트랜지스터(金屬半導體電界效果－) =MES-FET

metal tape 메탈 테이프 보통의 테이프는 플라스틱 베이스에 산화철계의 자성 가루를 입힌 것이지만, 이 테이프는 순철(純鐵) 가루를 입힌 것이다. 자기 테이프가 개발된 당초는 순철을 사용하였으나 현재 다시 SN비가 좋다는 것이 재인식되어 제품이 시판되게 되었다. 이 테이프는 종래의 산화철계나 다른 테이프에 비해 보자력, 잔류 자속 밀도가 크고, 따라서 최대 출력 레벨도 전 주파수 대역에 걸쳐 크기 때문에 주파수 특성도 좋고, D 레인지도 넓다. 그러나 보자력이 강하므로 종래의 소거 헤드로는 완전히 소거할 수 없어 녹음 헤드도 메탈 테이프의 성능을 충분히 발휘할 수 있는 메탈 대응 데크가 필요하게 되므로 종래의 카세트 데크에 메탈 포지션의 스위치를 두어 메탈 테이프도 사용할 수 있는 것을 사용한다.

metal thin film resistor 금속 박막 저항기(金屬薄膜抵抗器) 금속의 박막에 의한 저항체. 유리판 또는 세라믹판 상에서 금속을 진공 증착한다든지 하여 박막을 만든다. 이것을 저항체로서 이용한다. 정밀용 저항체, 고온용 저항체로서 사용된다.

metastable state 준안정 상태(準安定狀態) 여기(勵起) 상태의 일종. 에너지의 보다 낮은 상태로의 천이 확률이 작아서 보통의 여기 상태에 비해 충분히 긴 수명을 갖는다.

meteorological aids service 기상 원조업무(氣象援助業務) 레이더를 써서 짧은 펄스 신호를 송신하고, 대기 중의 비나 구름으로부터의 반사파를 써서 기상 관측을 하여 일기 예보, 천둥이나 태풍 진로 등을 탐지하기 위한 여러 데이터를 제공하는 서비스 업무. 라디오 존데 등은 이러한 목적을 가진 관측 장치이다.

meter 미터 ① 전기 계기 일반을 의미하는 용어. ② 길이의 단위. 기호 m. 100 cm=1m.

meter calibrating system 계기 교정 장치(計器較正裝置) 직류 계기, 교류 계기 및 전력계를 높은 정밀도로 광범위하게 간단한 조작으로 교정할 수 있게 되어 있는 장치. 직류 및 교류의 표준 전압·전류 발생기, 표준 전력 변환기, 발진기, 이상기 및 제어부로 구성되어 있다.

meter-type relay 계기형 계전기(計器形繼電器) =instrument relay

method of confidence 부호법(符號法) 합치법이라고도 하며, 진동 등 주기성이 있는 운동의 정확한 주기를 측정하는 방법. 진동하고 있는 피측정물과 진동수를 정확히 알고 있는 진동체와 비교하여 진동이 일치하는가 또는 일치하고부터 다음에 일치하기까지의 시간을 측정하여 진동을 재는 것과 임의로 점멸할 수 있는 스트로보 발광기로 피동체와 같은 주기에 일치시켜 그 때의 주기를 측정하는 것이 있다.

method of polar coordinates 극좌표법(極座標法) 어느 복소수 A를 복소 평면상에 표시하는 경우, 그 절대값 A와 편각 θ를 써서 수식적으로는 $A\varepsilon^{j\theta}$로 나타내고, 기호적으로는 $A\angle\theta$로 나타내는 방법을 말한다. 그 벡터는 그림과 같이 된다.

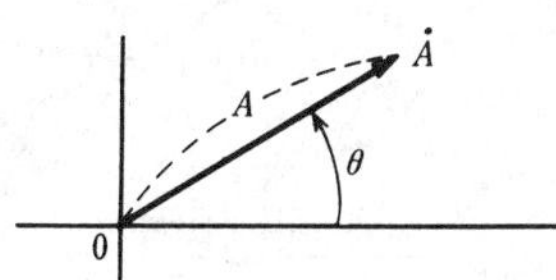

method of rectangular coordinates 직교 좌표법(直交座標法) 복소수를 실수부와 허수부로 나누고, 실수부를 가로축에, 허수부를 세로축에 잡아 도시하는 방법. 가로축의 정방향을 기준 위상으로 할 때 크기가 A이고 위상각이 θ인 복소수(벡

터)를 직교 좌표법으로 나타내면 그림과 같이 되며, 이 벡터를 $\dot{A}$라 쓴다.

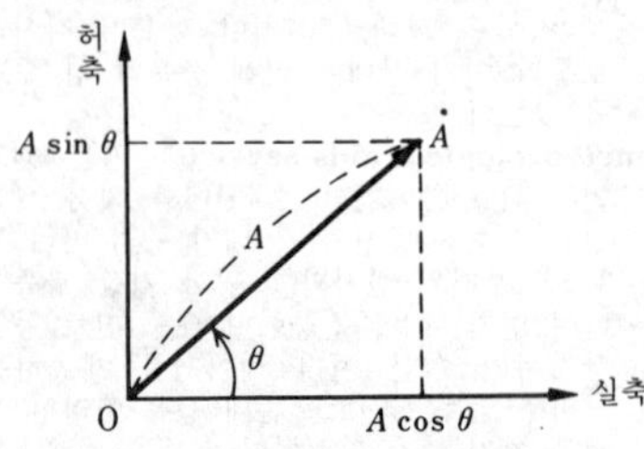

method of symmetrical coordinates 대칭 좌표법(對稱座標法) 대칭 3상 회로의 계산은 대응하는 전원과 그 부하 사이에서 단상 회로로서 다룰 수 있으므로 간단하지만 전원의 기전력이나 부하 등이 비대칭인 경우는 계산이 복잡해진다. 이것을 간단하게 다루려는 방법이 대칭 좌표법이다. 비대칭인 기전력이나 전류 등을 대칭인 성분으로 분해하여 각 성분마다 계산하고, 이들을 중첩하여 비대칭 회로를 다루는 것이다.

MF 중파(中波) =medium frequency wave

MF non-directional radio beacon 중파 무지향성 표지(中波無指向性標識) 송신국은 자국이 식별할 수 있는 무지향성의 중파의 전파를 발사하고, 선박은 자선(自船)에 장비한 무선 방향 탐지기로 송신국의 방위를 측정한다.

MGG system MGG 방식(-方式) 통신용 교직류 무정전 전원 장치로, 그림과 같이 결합한 것이다. 상용 전원 정상시는 유도 전동기로 교류 발전기와 직류 발전기 및 가감 전압 발전기를 구동하고, 교류 발전기의 출력은 직접 부하에 공급된다. 직류 발전기의 출력은 가감 전압 발전기를 통해서 부하에 공급하는 동시에 축전지에 부동 충전을 한다. 상용 전원에 이상이 있으면 직류 발전기는 직류 전동기로 되어서 축전지에 의해 회전이 계속되어 교류 발전기가 구동된다.

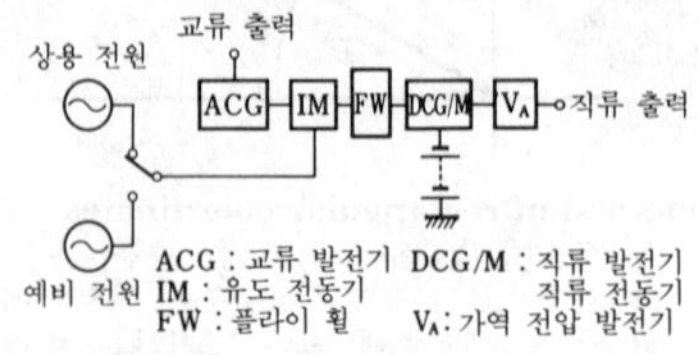

MHD braking MHD 브레이크 플라스마에 자계를 가한 경우에 생기는 전자력에 의해 제동하는 방법. 우주 비상체(飛翔體)의 대기권 재돌입의 경우 그 주위에 생기는 플라스마를 이용하여 브레이크를 걸기 위해 사용된다.

MHD generation MHD발전(-發電) 전자 유체 역학(電磁流體力學 : magneto hydrodynamics)을 응용한 발전 방법. 고온의 연소 가스가 일부분 플라스마로 되어서 도전성을 띤 것을 덕트에 흘려 직각으로 자계를 가하면 그 어느 것에도 직각 방향으로 기전력이 발생한다. 이것을 덕트의 양 측면에 전극으로 두어서 꺼낸다. 원리적으로 직류 대전력의 발전에 적합하며, 현재의 화력 발전과 조합시켜서 종합 열효율을 크게 향상할 수 있는 것으로 기대되며, 현재 개발이 추진되고 있다.

mho 모 옴의 역수로, 기호는 $\underline{\mho}$. 지멘스에 상당하는 단위이며, 이전에 사용되었었다.

MHS 메시지 처리 시스템(-處理-) message handling system의 약어로, CCITT X.400 프로토콜로 규정된 전자 메일 시스템의 표준 규격. MHS는 네트워크에 메시지 서버를 갖춤으로써 메시지의 생성, 전송, 처리에 관한 종합적인 서비스를 한다. 메시지 서버에는 사서함이 있으며, 발신된 메시지는 수신인 전용의 사서함에 배신(配信)되고 축적된다. 수신인이 그 사서함에서 메시지를 꺼냄으로써 메시지를 수신할 수 있다. 이 사서함에 의해 발신인은 상대가 부재이거나 통화중이거나를 의식하지 않고 메시지를 송출할 수 있다. 수신측도 전화의 벨과 같이 가로채이는 일없이 적시에 메시지를 읽어낼 수 있다. ISO의 표준 규격인 MOTIS와 완전 호환성을 갖는다.

mica 운모(雲母) 규산염의 일종. 일반적으로 6각판의 결정으로 얇게 벗겨지기 쉽다. 종류가 많고 투명한 것, 색을 띤 것도 있으며 내열성, 전기 절연성, 탄성이 뛰어나다. 절연 재료에 적합한 것은 백운모와 금운모의 두 종류이다. 백운모는 절연 내력이나 유전 탄젠트(tan δ) 등의 전기적 성질이 뛰어나므로 마이카 콘덴서 등에 사용하고, 금운모는 내열성이 뛰어나므로 전자관의 내부 지지물 등에 사용한다.

mica capacitor 마이카 콘덴서, 운모 콘덴서(雲母-) =mica condenster

mica condenser 마이카 콘덴서, 운모 콘덴서(雲母-) 마이카(운모)를 유전체로서 사용한 콘덴서. 유전손이 작고 정전 용량의 온도 변화가 작다는 등 뛰어난 점이 많다. 스택형과 실버드형이 있는데, 최근의 전자 기기에는 마이카 조각의 양면에 은을 구워 붙여 전극으로 하고 그것을 적층하여 성형한 실버드형이 널리 사용되고 있다. 그림은 실버드형의 예를 나타낸 것이다.

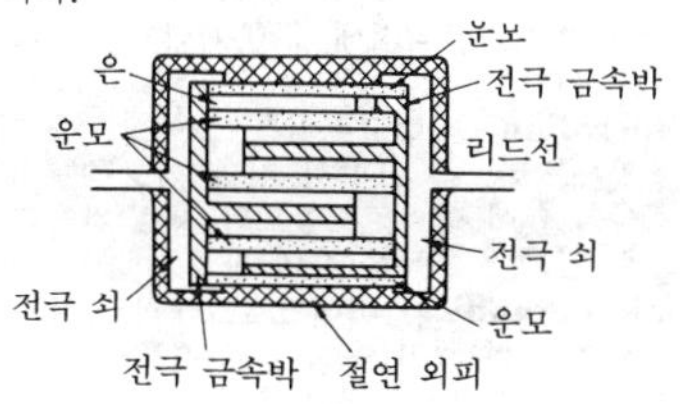

Micanite 마이카나이트 운모의 작은 조각을 내열성의 접착제로 붙여서 만든 절연 재료.

Micarex 마이카렉스 운모 가루를 붕산 납유리에 섞어서 성형한 것. 내열성의 절연 재료로서 고주파용 애자 등에 사용된다.

Michelson interferometer 마이켈슨 간섭계(－干涉計) 반반사성(半反射性)의 유전체 박판, 고정한 금속 반사판, 그리고 가동 금속 반사판으로 구성되는 간섭계로, 밀리파 주파수의 정확한 측정을 하기 위한 장치이다. 2 개의 반사판에서 반사하여 수신기에 들어오는 파(波)의 위상차는 가동 반사판을 움직여서 그 위치를 바꿈으로써 0~180° 사이로 변화하고, 이에 따라서 수신기 입력도 최대, 최소 사이를 변화한다. 이로써 파의 파장, 그리고 주파수가 구해진다.

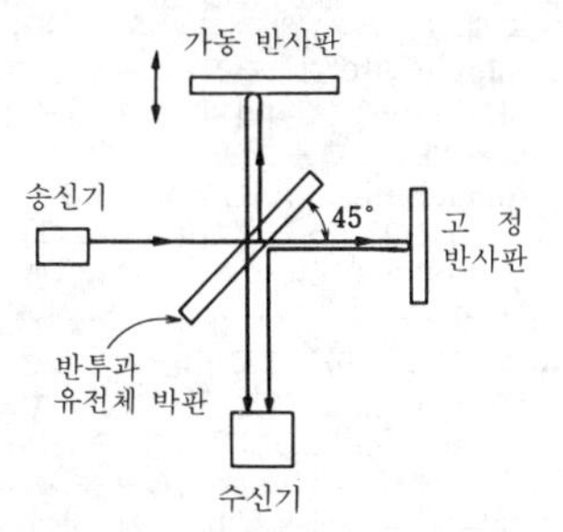

MICR 자기 잉크 문자 판독 장치(磁氣－文字判讀裝置) =magnetic ink character reader

micro 마이크로 ① 10^{-6} 을 의미하는 접두어. 기호 μ. ② 매우 작다는 의미의 형용사. 예를 들면 마이크로파, 마이크로모듈, 마이크로필름, 마이크로프로세서 등.

microalloy diffusion type transistor 마이크로앨로이 확산형 트랜지스터(－擴散形－) 기판이 되는 반도체에 미리 불순물 농도 구배를 갖게 해 두고 거기에 얇은 합금층으로 접합 부분을 만든 트랜지스터. 고주파 특성이 뛰어나다.

microalloy transistor 마이크로앨로이 트랜지스터 n 형 규소를 기판(베이스)으로 하고, 그 중앙을 전해 연마로 파내려가서 두께를 얇게 한 부분의 양쪽에 합금 처리에 의해 p 형층(이미터와 컬렉터)을 만든 트랜지스터이다. 스위치 부품으로서 사용된다.

microammeter 미소 전류계(微小電流計) 전자 전압계의 입력 저항이 큰 것을 사용하고, 거기에 피측정 전류를 흘렸을 때의 전압 강하를 고감도로 안정한 직류 증폭기로 증폭하여 그 출력 전압을 가동 코일형 계기로 지시케 하는 것이다. 10^{-13}A 정도까지 측정할 수 있다.

microbending 마이크로벤딩 광섬유가 불균일한 응력을 받아서 섬유축이 미소한 불규칙한 굴곡이 생기는 것. 이 굴곡 때문에 도파 모드가 일부 변환되어 손실을 일으킨다. 이것을 마이크로벤딩손이라 한다. 마이크로벤드를 적게 하기 위해 섬유에 직접 힘이 걸리지 않는 적당한 완충 피복법이 쓰인다.

microcassette 마이크로카세트 보통 콤팩트 카세트의 1/4 정도 크기의 마이크로카세트 테이프를 사용하는 테이프 녹음기. 크기는 손바닥에 들어갈 정도의 크기이고, 셔츠의 가슴 포켓에도 들어가는 크기이나, 작으면서도 성능면에서는 보통 카세트 테이프 녹음기와 거의 다름이 없고, 마이크로폰을 내장하고 있는 것이 많다. 녹음은 보통 왕복 180 분 정도가 가능하며 전원은 알칼리 축전지를 사용하여 장시간 녹음을 할 수 있는 것도 있으나 보통의 카세트 녹음기와 마찬가지로 AC 어댑터를 사용할 수도 있다. 주로 어학 연습용이나 회의 녹음, 전화 녹음, 취재 녹음 등에 이용되고 있다.

microchannel plate 마이크로채널 플레이트 광전자 증배관의 광전자 증배부 구조에는 목적과 용도에 따라서 여러 가지의 것이 있으나, 이 마이크로채널 플레이트는 내경 10μm 정도의 세관(細管)을 100만개 이상 묶어서 이것을 원형 틀 속에 넣어 원판과 같은 모양으로 형성한 것이다. 입사 전자는 각각의 채널 내에서 반사 진행 중에 증배되는데, 증배율은 인가 전압의 6~8 승에 비례한다. 따라서 안정한 증배 작용을 하기 위해 전원 전압을 엄격하게 제어할 필요가 있다. 또 암전류(입사광이 없을 때 흐르는 전류)가 약간 크므로 이것을 줄이기 위해 광전면을 냉각할 필요가 있는 것이 결점이다.

microcircuit 미소 회로(微小回路), 초소형 회로(超小形回路) 전자 회로를 극도로 소형화하여 조립한 것. 당초는 다양한 방식의 것이 생각되었으나 현재는 집적 회로(IC) 이외의 방식의 것은 사용되지 않게 되었다.

microcode 마이크로코드 기본적인 부명령(subcommand) 또는 의사 명령의 시퀀스로, 컴퓨터 내에 내장되어 있으며, 하드웨어에 의해서 자동적으로 실행되는 것. 일반적으로 이들 명령 시퀀스는 컴퓨터의 특정한 ROM 내에 펌웨어화되어 있으며, 마이크로프로그램 가능한 컴퓨터의 명령 세트를 정의하고 있다.

microcoding device 마이크로코딩 장치(-裝置) 표준의 기능을 실행하는 고정 명령 세트를 소형의 논리 회로에 의해서 만들어 넣은 회로 보드. 프로그래머는 프로그래밍할 때 이 하드와이어화된 기능을 사용하면 되고, 별도 코드화할 필요는 없다.

microcomponent 마이크로컴포넌트 컴포넌트 스테레오의 일종으로, 튜너, 프리메인 앰프, 카세트 데크 등을 치수적으로 소형화하고 소형의 랙이나 책장 등에 수납할 수 있게 한 것을 말한다. 치수는 소형이라도 성능은 고성능이며, 파워도 35W 급의 것까지 있다. 이것과 조합시키는 소형 스피커도 고성능화되어 생활의 공간을 유효하게 사용할 수 있어 인기가 있다.

microcomputer 마이크로컴퓨터 마이크로프로세서를 사용한 컴퓨터. 계측, 제어 등 매우 넓은 분야에 이용되고 있다.

microcomputer development system 마이크로컴퓨터 개발 시스템(-開發-) = MDS

microcontroller 마이크로컨트롤러 프로세스를 보통 좁은 범위 내에서 정밀하게 제어하는 장치. 제어 조작에 사용하는 마이크로프로그램된 프로세서, 즉 프로세서 혹은 오퍼레이션을 방향짓거나 변경시키는 제어 장치.

microcoulomb-meter 마이크로쿨롬미터 전기량을 정확하게 측정하는 계기로, 전기 화학적 적분 소자의 일종.

microelectronics 마이크로일렉트로닉스 전자 기기를 VLSI(초대규모 집적 회로) 등을 사용하여 제작함으로써 초소형이면서도 종래의 것과 동등 이상의 용도나 성능을 갖게 한 장치, 혹은 그들을 제조하고 사용하는 기술 전체를 말하는 경우도 있다. 이것이 더 진보하여 다음 단계로 발전한 것이 나노일렉트로닉스 혹은 옵트로닉스(optronics)이다.

microfiche 마이크로피시 대체로 10×15 cm 정도의 마이크로필름 시트로, 여기에 컴퓨터의 출력 이미지가 기록된다. 한 장의 마이크로피시에 270 페이지를 기록할 수 있다.

microfilm 마이크로필름 고해상도를 가진 필름으로, 롤 모양의 것과 카드(피시) 모양의 것이 있다. 고밀도의 정보 기억을 할 수 있으나 판독은 확대 장치를 써서 한다.

micrographics 마이크로그래픽스, 컴퓨터 축소 도형 처리(-縮小圖形處理) 축소 사진 기술을 써서 화상 정보를 축소, 기록, 그리고 검색하는 것을 내용으로 하고 있다. 여러 가지 타입의 마이크로폼(마이크로이미지를 수용한 매체)이나 마이크로이미지, 즉 마이크로필름, 마이크로피시, 컴퓨터 출력 필름 등을 포함하고 있다.

microinstruction 마이크로 명령(-命令) 컴퓨터 프로그램 중에서 사용되는 단일의 짧은 명령어. 예를 들면 ADD, SHIFT, DELETE 같은 명령이다. 마이크로 명령의 집합으로서 매크로 명령을 구성할 수 있다. 또는 마이크로 명령의 집합, 또는 이들의 집합을 여러 개 모은 것을 고정적인 하드웨어에 만들어 넣고, 자동적으로 이것을 실행시킬 수 있도록 할 수도 있다.

microlock 마이크로로크 주파수 대역을 감소하여 무선으로 정보를 송신, 수신하기 위한 PLL(phase-locked loop) 방식을 말한다. 위성을 추적하여 데이터를 지상국에 송신하는 데 사용된다. →PLL

micrologic 마이크로로직 매크로 프로그램에서의 명령을 해석하기 위해 항구적으로 기억된 프로그램을 사용하는 것.

micromachine 마이크로머신 초소형 기계를 말한다. LSI(대규모 집적 회로) 기술을 기반으로 하는 초미세(超微細) 기술에 의한 극소 부품에 의해서 만들어진다.

micrometer 마이크로미터 미소한 두께나 선경(線徑)을 측정하는 장치. 최고 ±1미크론의 정밀도로 측정할 수 있다. 스핀들과 앤빌 사이에 피측정물을 끼워 측정하는데 측정압을 일정하게 하기 위해 래칫 스톱이 두어지고, 어느 일정 압력 이상은 공전하도록 되어 있다.

micromodule 마이크로모듈 세라믹 기판상에 부품을 내장한 것을 겹쳐 쌓아, 작은 블록으로 한 고밀도 실장 방식. RCA가 개발한 고밀도화에 대한 초기의 시도이다.

micromotor 마이크로모터 통신기, 측정기, 자동 제어 장치, 휴대용 전동 공구에

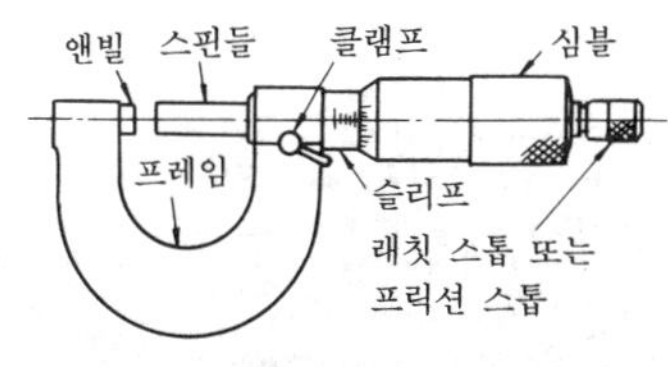

(a) 외측 마이크로미터

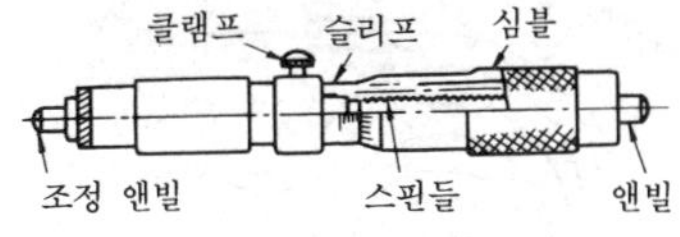

(b) 내측 마이크로미터

micrometer

사용되는 입력 3W 이하, 최대 치수 약 50mm 이내의 초소형 전동기. 직류 마이크로 모터(1.5~40V), 영구 자석 계자·직권 계자·분권 계자 교류 마이크로 모터(26~30V, 60, 400Hz), 콘덴서 분상 전동기, 히스테리시스 동기 전동기 등이 있다.

micro-optical circuit 미소 광학 회로(微小光學回路) →optical integrated circuit

microphone 마이크로폰 음향 에너지인 음압을 전기 에너지로 변환하는 것으로, 보통 전화기용의 것은 송화기라 부르고, 기타의 것은 마이크로폰이라 부른다. 동작 원리와 구조에 따라 탄소(카본) 마이크로폰, 다이내믹 마이크로폰, 리본 마이크로폰, 벨로시티 마이크로폰, 콘덴서 마이크로폰, 크리스털 마이크로폰이 있고, 지향 특성에 따라 무지향성과 단일 지향성 마이크로폰이 있다. 마이크로폰의 특성으로서는 원음을 충실하게 집음(集音)하고, 주파수 특성이 평탄해야 한다.

microphone cable 마이크로폰 케이블 마이크로폰 출력을 저주파 증폭기에 접속하기 위한 특수한 차폐 케이블로, 잡음이 침입하지 않도록 많은 배려가 되어 있다.

microphone compressor circuit 마이크 압축 회로(-壓縮回路) 인간이 내는 음성의 D 레인지는 100dB 이상인데, 이것을 압축하는 회로를 말하며, 무선기의 변조기 전단에 사용된다. 즉, 마이크로폰에 들어오는 음성의 대소에 관계없이 출력 레벨이 일정하게 되도록 자동적으로 음량 조절을 하여 언제나 최소 일그러짐으로 최적 입력이 변조기에 가해지도록 한다. 그 결과 주파수 변조 방식에서는 최적 변조도로, 단측파대 통신 방식에서는 최고 능률의 출력으로 무선기를 조작할 수 있다.

microphone transformer 마이크로폰 트랜스, 마이크 트랜스 마이크로폰의 출력 임피던스를 적당한 크기로 변환하기 위해 사용하는 트랜스. 보통은 마이크로폰의 케이스 내에 내장하든가 마이크 스탠드 내에 내장하기 위해 소형이고 주파수 특성이 좋은 것이 요망된다. 저 임피던스형이라고 하는 것은 150~600Ω 정도의 임피던스의 것을 말하고, 고 임피던스형은 2kΩ 이상의 임피던스의 것을 말한다.

microphonics 마이크로포닉스 ① 계(系) 내의 요소의 기계적인 진동이나 충격에 의해 생기는 잡음. ② 신호 전송계에서의 요소의 기계적인 진동에 의해 생기는 전기적 방해 작용. ③ 전자관에서 관 내 요소의 진동에 의해 생기는 전자류의 바람직하지 않은 변조 효과. ④ 촬상관 내 전극의 진동으로 생기는 가짜 신호에 의해 화면에 다수의 가로 무늬 모양이 생기는 것. 관 자체는 충격에 의해서도 생긴다.

micropower television station 극미소 전력 텔레비전 방송국(極微少電力-放送局) 산간 벽지나 이도(離島) 등에서의 소전력 방송국.

microprocessor 마이크로프로세서 컴퓨터 시스템에서 기억 장치 이외의 요소를 1개 또는 2~3개의 LSI(대규모 집적 회로) 칩으로 만든 중앙 처리 장치(CPU). MPU(micro processing unit)라고도 한다.

microprogram memory 제어 메모리(制御-) 주로 마이크로프로그램을 위해 사용되는 모놀리식한 기억 장치로, 제어를 위한 일련의 마이크로 명령을 수용하고 있다.

microprogramming 마이크로프로그래밍 마이크로프로그램을 작성 또는 사용하는 것. 명령의 판독, 해석, 실행은 레지스터 간의 전송, 주기억 장치의 시동, 자리옮김, 가산기의 사용 등 수십 종류의 기본 동작의 조합에 의해 실현된다. 기본 동작으로의 분해는 논리 회로에 의해서도 할 수 있으나 기본 동작을 지정하는 지령을 기억 장치에서 판독하여 실행시킬 수 있다. 그 프로그램을 마이크로프로그램이라고 부른다.

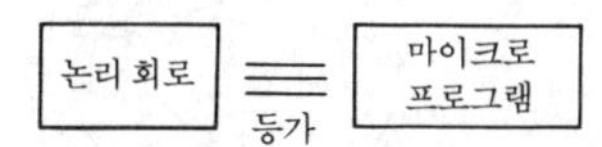

microradiography 마이크로라디오그래피 육안으로는 잘 보이지 않는 미세 구조를

가진 작은 물체를 보기 위해 방사선을 사용한 사진 기법으로, 얻어진 음화(陰畵)는 광학적으로 확대해서 본다.

MicroSoft Disk Operating System 엠에스 도스 =MS-DOS

microsoft exchange 엠 에스 엑스 = MSX

microstrip line 마이크로스트립 선로(-線路) 마이크로파 전송 선로의 하나. 평행 2선식 회로를 평탄하게 한 개방형 마이크로스트립 선로와 동축 케이블을 평탄하게 한 차폐형 마이크로스트립 선로가 있다.

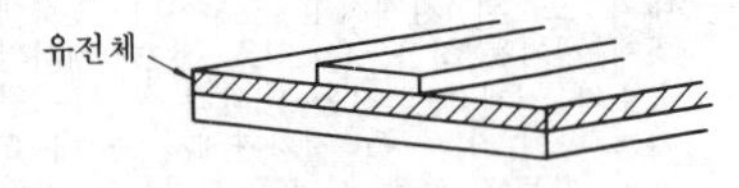

개방형 마이크로스트립 선로

microswitch 마이크로스위치 스냅 기구를 써서 소형에 비해 큰 전류를 개폐할 수 있게 한 스위치. 리밋 스위치라는 명칭과 혼용되고 있다. 그림은 그 일례로, 기계 또는 장치의 운동에 따라서 움직여지는 부분(액추에이터라 한다)이 있고, 그에 의해 전기 회로가 변경되는 것으로, 기계적인 자동 제어에 사용된다. 다양한 사용 장소에 대응하기 위해 매우 많은 종류가 있다.

microsyn 마이크로신 서보 기구에서 각(角) 위치를 검출하기 위해 사용하는 장치의 일종으로, 그림과 같은 구조로 되어 있다. 일정한 입력에 대하여 회전자의 각도에 따른 출력이 얻어지므로 그것을 조작 신호로서 이용한다.

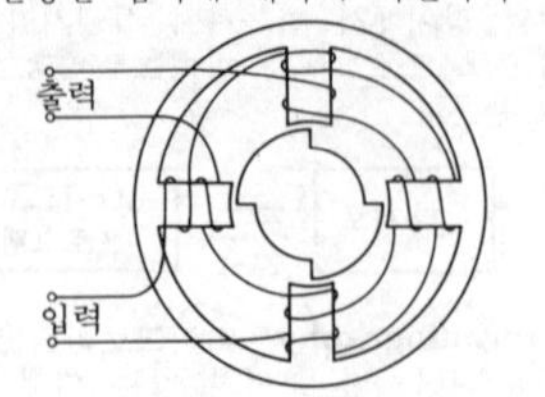

microtron 마이크로트론 입자 가속기의 일종으로, 그림과 같이 지면(紙面)에 수직인 일정 자계 중에 작은 가속 공동을 두고, 그 전계에 의해서 전자를 가속하는 장치이다.

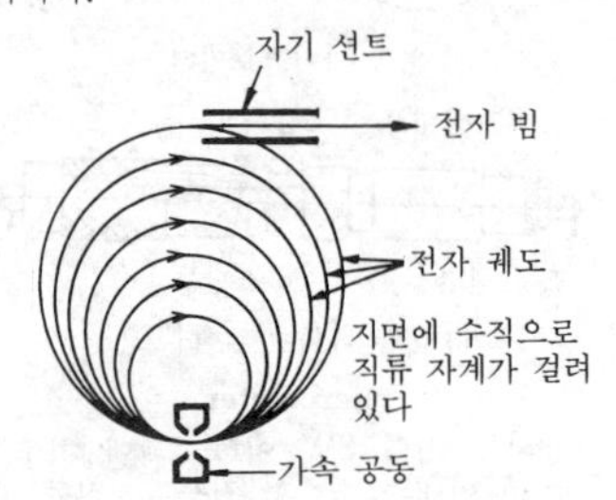

microwave 마이크로파(-波) 주파수대로 UHF(300~3,000MHz) 및 SHF(3~30GHz)에 상당하는 전파를 보통, 마이크로파라 하고 마이크로웨이브 또는 극초단파라고도 한다. 파장으로는 데시미터파와 센티미터파의 범위에 있다. 빛의 파장에 가까우므로 그 성질도 빛과 비슷하며, 마이크로파 통신 방식으로서 텔레비전이나 장거리 전화의 중계 회선, 레이더 등에 쓰인다. 또, 분자나 원자의 구조 연구에도 쓰이는 등 응용 분야는 매우 넓다.

microwave absorption spectra 마이크로파 흡수 스펙트럼(-吸收-) 마이크로파 분광기에 의해서 얻어지는, 마이크로파 영역에서의 물질의 흡수 스펙트럼. ① 단원자 가스의 마이크로파 흡수 스펙트럼에 의해서 전자의 자기 모멘트나 스핀과, 핵의 그들 사이의 결합 결과 생기는 원자 상태의 미세 구조을 알 수 있다. 가스 분자나 액체의 경우에도 그 마이크로파 흡수 스펙트럼에 의해 분자의 구조에 대한 여러 가지 정보가 얻어진다. 고체인 경우도 같다.

microwave amplification by stimulated emission of radiation 메이저 =maser

microwave antenna 마이크로파 안테나(-波-) 마이크로파의 송수신에 사용되는 안테나로, 마이크로파는 파장이 매우 짧고 그 성질이 빛과 비슷하기 때문에 입체형의 포물면 거울이나 렌즈를 응용한 안테나가 사용된다. 주요한 것으로는 파라볼라 안테나, 혼 리플렉터 안테나, 전자(電磁) 나팔, 전파 렌즈 등이 있다.

microwave circuit 입체 회로(立體回路) 도파관이나 그 접속 기구를 사용한 회로.

마이크로파와 같은 초고주파에서는 전송 선로로서 평행 2선을 사용하면 선로의 에너지 방사나 미결합(迷結合)이 증대하여 전송 능률이 저하한다. 그래서 중공(中空) 도체의 도파관이나 동축 선로 등과 같이 도체벽으로 완전히 감싸서 외부로의 방사를 방지하도록 하고 있다. 이들의 선로는 모두 전자파 에너지의 전파(傳播) 회로로서 3차원적인 취급을 필요로 하므로 일반적으로 입체 회로라 부르고 있다.

microwave communication system 마이크로파 통신 방식(－波通信方式) 마이크로파를 사용하여 수행하는 통신 방식. 이 방식의 특색으로는 다음과 같은 것을 들 수 있다. ① 다중 통신에 유리하다. ② 안테나의 지향성이 날카롭고 혼신을 제거할 수 있다. ③ 소출력으로 장거리의 통신이 가능하다. ④ 가시 거리 내밖에는 전해지지 않으므로 주파수를 공용할 수 있다. ⑤ 중계소를 사용하면 어디까지나 통신이 가능하다. ⑥ 천재 지변에 대하여 강하고 경제적이다.

microwave communication terminal office 마이크로파 통신 단국(－波通信端局) 마이크로파에서 다중 전화나 텔레비전을 무선 전송할 때의 송수신소. 안테나에는 파라볼라 안테나를 사용한다. → parabolic antenna

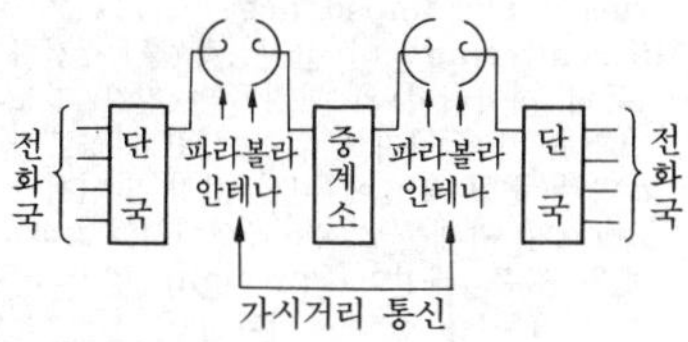

microwave direct relay system 마이크로파 직접 중계 방식(－波直接中繼方式) 마이크로파 통신 방식에서의 중계 방식의 일종. 마이크로파는 직진하는 성질이 있으므로 약 50km 마다 중계소를 설치하고, 중계소에서 수신한 마이크로파의 주파수를 변환하지 않고 그대로 증폭하여 다시 송신 안테나에서 마이크로파로 다음 중계소까지 내보내는 방식이다. 마이크로파용의 좋은 진행파관이 필요하며, 도중에서의 회선 분기는 할 수 없다.

microwave heating 마이크로파 가열(－波加熱) 물체에 고주파가 닿으면 물체를 구성하는 쌍극자가 고주파의 전계에 의해 그 축의 배열 방향을 급속히 변화시켜 이때의 마찰열에 의해 발열한다. 따라서 물체 중에 전파가 침투할 필요가 있기 때문에 절연물(유전체)만이 가열된다. 응용 예로서는 마그네트론 발진기에 의한 전자레인지가 있다. 그 주파수는 약 2,455 MHz 이다.

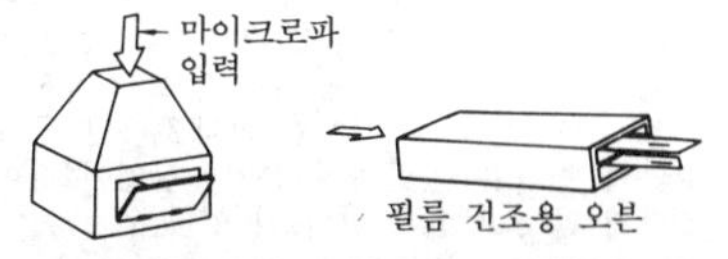

microwave hop 마이크로파 홉(－波－) 서로 마주본 2개의 파라볼라 안테나 간의 마이크로파 통신 채널. 홉이란 단거리의 전파로를 의미한다.

microwave landing system 마이크로파 착륙 방식(－波着陸方式) 현재의 ILS 대신으로 개발 중인 마이크로파를 사용한 착륙 방식. ＝MLS

microwave pulser 마이크로파 펄서(－波－) 마이크로파 반송파를 펄스 변조하는 장치로, ① 선로형(line type), ② 하드 튜브형(hard tube type), ③ 자기형(magnetic type) 등의 종류가 있다. ①은 일정 지속 시간의, 그리고 비교적 일정한 펄스 반복 레이트를 필요로 하는 경우에 적합하다. 이에 대하여 ②, ③은 이들이 가변인 경우에 쓰인다. ①의 경우, 펄스에 주어지는 에너지는 펄스와 펄스의 중간 기간(pulse separation)에 펄스 형성 회로에 전원에서 공진 충전되고, 이것이 방전관 스위치 등에서 방전되어 펄스 트랜스를 통해서 출력된다. ②에서는 콘덴서에 충전한 에너지를 하드 튜브를 통해서 방전하도록 하고 있다. ③의 경우는 날카로운 포화 특성을 갖는 리액터를 방전용 스위치로서 사용하고 있다.

microwave radiator 마이크로파 방사기(－波放射器) 마이크로파의 안테나.

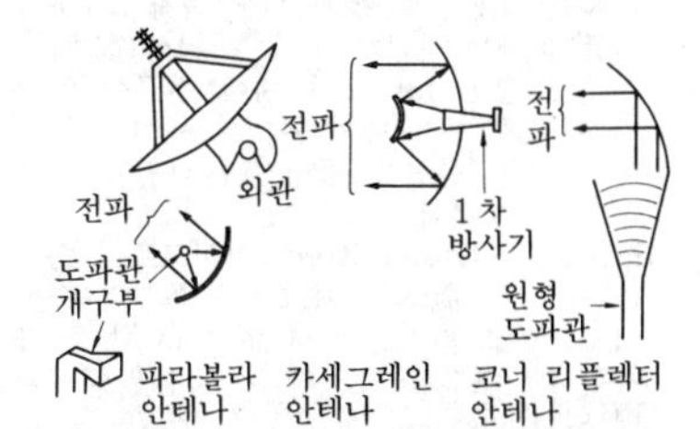

microwave receiver 마이크로파 수신기(－波受信機) FM 또는 PCM의 복조기를 포함한 장치. →microwave transmitter

microwave repeating circuit 마이크로파 중계 회로(－波中繼回路) 미약한 마이크로파를 수신, 증폭하여 규정 레벨의 출력으로 송신하는 장치의 회로. 종류로는 헤테로다인 중계, 검파 중계, 직접 중계(마이크로파를 그대로의 주파수로 증폭하므로 특성 열화가 적지만 헤테로다인 중계와의 접속은 곤란하며 분기, 삽입이 용이하지 않는 결점이 있다)가 있다.

microwave semiconductor devices 마이크로파 반도체 디바이스(－波半導體－) 마이크로파 영역에서 동작하는 반도체 디바이스로서의 요건은 디바이스 치수가 작고, 기생의 저항이나 커패시턴스가 작은(따라서 시상수가 짧은) 것이어야 하는 것이 요구된다. 디바이스의 최대 출력 P_m, 발진 주파수 f 등은 중요한 성능량이나, 대부분의 디바이스에 있어서 $P_m f^2$는 일정하다. 잡음도 디바이스 성능의 다른 중요한 항목이다. 주요한 디바이스로서 다음과 같은 것을 들 수 있다. 점접촉 다이오드, 쇼트키 다이오드, 접합형 FET, MOS-FET, MES-FET, 터널 다이오드. 역 다이오드, IMPATT 다이오드, BARITT 다이오드, 건 다이오드. 구체적인 것은 각각의 항목을 참조할 것.

microwave switch 마이크로파 스위치(－波－) 대별하여 다음의 네 가지가 있다. ① 기계적 스위치, ② 다이오드 수위치, ③ 페라이트 스위치, ④ 가스 스위치. ①은 플런저, 회전 기구, 베인, 셔터, 흡수용 소자 등을 써서 동축 선로나 도파관 내를 전파(傳播)하는 신호나 파워를 전환, 채너링, 흡수, 단락 혹은 바이패스하도록 한 것이다. ②는 PIN 다이오드 등 마이크로파로 동작하는 다이오드를 외부 바이어스에 의해서 제어하는 스위치이다. ③은 전파로(傳播路) 중에 둔 페라이트 소자를 외부 자계에 의해 제어하여 전파(傳播) 에너지를 무손실로 통과시킨다든지, 흡수한다든지 하는 것이다. ④는 전리성(電離性) 가스를 충만시킨 용기 내에 전극을 약간의 거리에 두고 배치하여 외부 신호에 의해서 가스 방전을 발생시켜 파워를 단락하도록 한 것이다.

microwave transmitter 마이크로파 송신기(－波送信機) 마이크로파 통신의 송신기로, 변조 방식은 FM 또는 PCM 을 사용한다. 송수신기는 단국 장치에 포함되어 있다.

microwave tube 마이크로파관(－波管) 마이크로파의 증폭 발진에 사용하는 진공관. 발진 · 증폭용으로서 판극관(板極管), 직진형 및 반사형 클라이스트론, 진행파관(TW 관), 발진용으로 마그네트론이 있다.

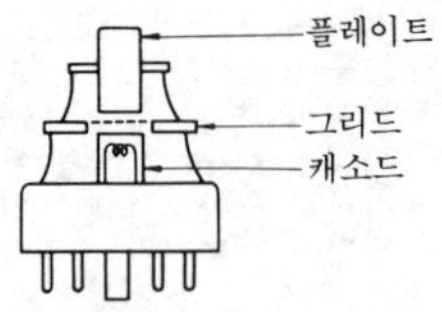

판극관(초기의 마이크로파관)

microwave wattmeter 마이크로파 전력계(－波電力計) →bolometer type wattmeter

microwire 마이크로와이어 유리 피복선의 극히 가는 것(도체 지름 10μm 정도). 내습성이나 내약품성이 뛰어나고 초소형의 권선 부품을 만드는 데 사용한다.

mid-series image impedance 직렬단 영상 임피던스(直列端影像－) 사다리꼴 회로의 직렬 소자를 중앙부에서 2분하고, 그 곳으로부터 왼쪽 혹은 오른쪽을 보았을 때의 영상 임피던스. 마찬가지로 병렬 소자를 중앙에서 2분하고, 그 곳으로부터 왼쪽 또는 오른쪽을 보았을 때를 병렬단 영상 임피던스라 한다.

mid-shunt image impedance 병렬단 영상 임피던스(竝列端影像－) →mid-series image impedance

Mie scattering 미 산란(－散亂) 전자파(특히 레이더파)의 파장 λ와 같은 정도의 크기를 가진 입자에 의한 산란 현상. 반경 a의 단순한 구슬에 의한 산란 단면적 σ와 $2\pi a/\lambda$의 관계를 그림 곡선에서, $2\pi a/\lambda$가 매우 작은 레일리(Rayleigh) 영역과 이것이 매우 큰 광학 영역과의 중간의 미 영역(공진 영역이라고도 한다)에서는 σ는 λ의 감소와 더불어 궁극값 πa^2의 아래 위로, 진동적으로 변화하면서 광학 영역에 접근한다.

MIL 군용 규격(軍用規格) Military Specifications 의 약어. 미국의 군용 규격의 약칭. 우리 나라의 수출품에 대해서도 적용되는 경우가 많으므로 관심을 가지고 있다.

Military Specifications 군용 규격(軍用規格) ＝MIL

milk disk 밀크 디스크 소형 컴퓨터로부터의 데이터를 보다 큰 처리 능력을 갖는 대형 컴퓨터로 옮기는 디스크.

Miller effect 밀러 효과(－效果) 고주파에서의 트랜지스터 증폭 회로의 입력 용량이 컬렉터-베이스 간의 정전 용량 C_{cb}의 영향으로 증대하는 현상. 즉, 전압 증폭도

A의 증폭기에서의 등가 입력 용량 C_i는 베이스-이미터간의 정전 용량 C_{be}에 대하여 다음과 같이 된다.

$C_i = C_{be} + (1 + |A|)C_{cb}$

이 때문에 어느 한도 이상의 주파수에서는 증폭 작용이 없어지고 만다.

Miller integrator 밀러 적분 회로(－積分回路) 밀러 효과를 이용하여 직선성이 좋은 큰 출력의 톱니파를 발생시키는 회로. 증폭도 A의 증폭 회로에 콘덴서 C를 접속하고, 밀러 효과에 의해 입력측에서 본 정전 용량을 겉보기$(1-A)$배로 하여 직선성이 좋은 톱니파를 발생시키고 있다.

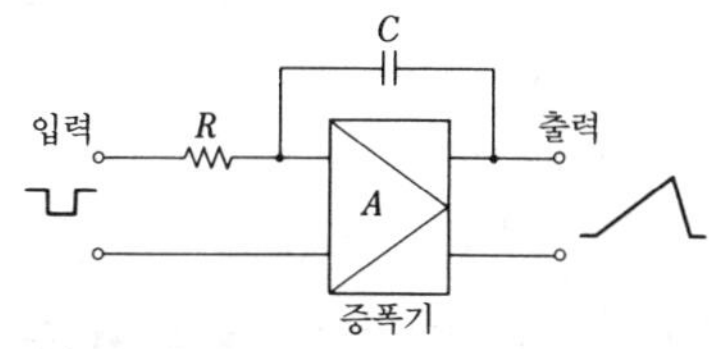

millimeter wave 밀리파(－波) 파장 1～0.1cm(주파수 30～300GHz)의 EHF 전파.

millimeter wave oscillator 밀리파 발진기(－波發振器) 밀리파 즉 EHF 파는 마이크로파와 적외선간을 메우는 주파수 대역의 전파이며, 대기에 의한 흡수가 심하기 때문에 지표 공간에서의 직접 통신에는 부적당하지만 레이더, 위성 통신, 항법 등에 널리 쓰이고 있다. 밀리파 발진기로서는 마이크로파 발진기의 치수를 스케일 다운하는 이외에 전자의 궤도 운동을 제어하는 여러 가지 방법이 생각되고 있다. 즉 횡자계형(橫磁界形)의 마그네트론이나 직선 빔형의 클라이스트론, 진행파관, 후진파관 등 마이크로파 발생에 사용되었던 것을 밀리파용으로 약간 개조한 것 이외에 다음과 같은 특수한 발진기도 고안되고 있다. 이것은 전자 또는 전자 구름에 대하여 충격, 펄스, 집군(集群), 펌핑 등 여러 가지 수단으로 에너지를 주고, 그 에너지 레벨을 높인 다음 이것을 해방함으로써 밀리파 출력을 얻도록 한 것이다. ① 반도체 다이오드를 사용하는 것. 건 다이오드, IMPATT 다이오드 등의 부성 저항을 이용한다든지, 버랙터(varactor)의 부성 저항이나 주파수 변환 작용을 이용한 것. ② 페라이트의 내부 전자의 강자성 공진을 이용한 것. ③ 전자 빔 집군(undulation)법. ④ 메이저.

millimetric wave communication 밀리파 통신(－波通信) 파장이 밀리미터인 전파(주파수 30～300GHz, 파장 1～10 mm의 범위)를 사용한 PCM 통신. 공간을 전파할 때 수증기나 산소 분자에 의해 흡수, 산란되므로 도파관을 사용한 전송이 행하여진다.

Millman's theorem 밀만의 정리(－定理) 회로망의 계산에 사용하는 다음과 같은 법칙. 그림 (a)와 같은 회로의 전류 $\dot{I}_1$, $\dot{I}_2$, $\dot{I}_3$을 계산할 때 이것을 그림 (b)와 같이 정전류원과 치환하면

$$\dot{V} = \frac{\dot{V}_1\dot{Y}_1 + \dot{V}\dot{Y}_2 + \dot{V}_3\dot{Y}_3}{\dot{Y} + \dot{Y}_{21} + \dot{Y}_3}$$

의 식이 성립하고, 이에 의해서

$$\dot{I}_1 = \frac{\dot{V}_1 - \dot{V}}{\dot{Z}_1}$$

$$\dot{I}_2 = \frac{\dot{V}_2 - \dot{V}}{\dot{Z}_2}$$

$$\dot{I}_3 = \frac{\dot{V}_3 - \dot{V}}{\dot{Z}_3}$$

로 구해진다. 또한 전원이 없는 지로(枝路)에 대해서는 그 곳의 기전력을 0으로 하여 계산하면 된다.

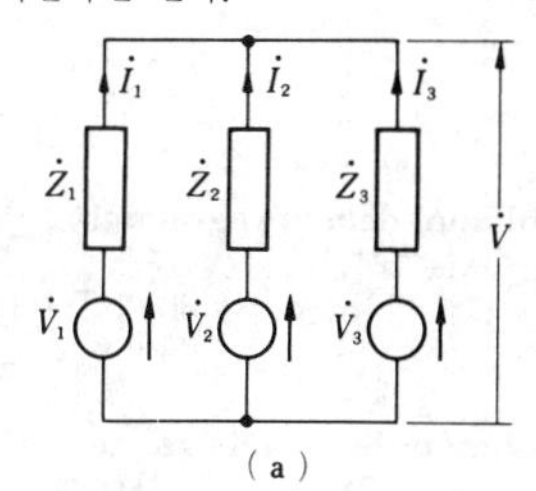

(a)

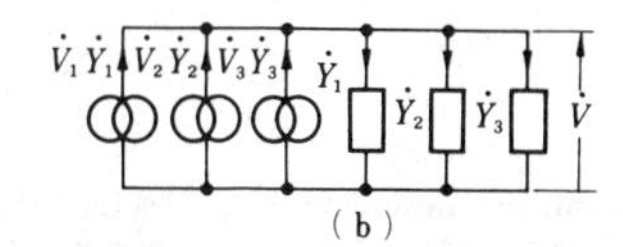

(b)

minicomputer 미니컴퓨터 매우 작은 컴퓨터라는 의미. 마이크로컴퓨터가 출현하기까지는 가장 소형의 컴퓨터였다. 적용 목적은 주로 과학 기술 계산 및 제어용으로서 만들어지고, 보통은 16 비트, 1 워드의 고정 길이 명령 형식으로, 주기억은 4～16 킬로워드 정도, 어셈블러 및 FORTRAN 등이 사용된다. 주변 장치도 문자 판독 장치나 라인 프린터 등 10 대 정도까지 접속할 수 있다. 주기억 용량이 적으므로 제어용 프로그램은 사용하지 않고, 중앙 처리 장치(CPU)의 패널 스위치로 조

작원이 직접 제어하여 사용한다.

mini-floppy disk 미니플로피 디스크 표준의 8인치 IBM 플로피 디스크보다 소형인 5.25 인치(호칭 5인치)의 간이 플로피 디스크. 기록 포맷은 표준화되어 있지 않다. 그보다 더 소형인 3인치급의 것도 시판되고 있다.

minimum current sensitivity 최소 전류 감도(最小電流感度) 반조(反照) 검류계의 거울면과 눈금과의 거리를 1m로 했을 때 광점(光點)을 눈금상 1mm 만큼 이동시키는 데 요하는 전류. 단위 A/mm.

d=1mm, D=1m 이므로

$$\tan 2\theta(=2\theta) = \frac{d}{D} = \frac{1}{1000}$$

$$\theta = \frac{1}{2000}\ [\text{rad}]$$

또는 θ=57.30/2000 〔도〕

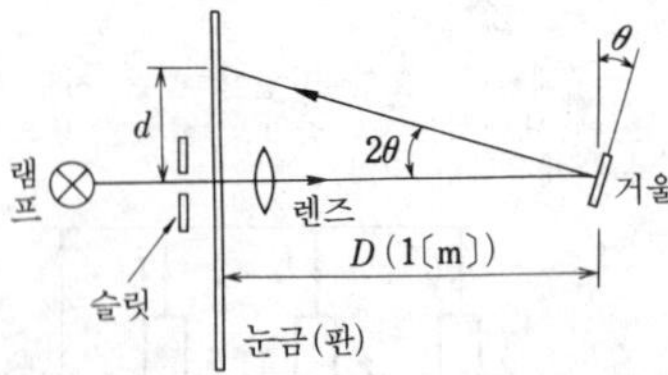

minimum delay programming 최소 지연 프로그래밍(最小遲延－) 기억 장치와 기타의 장치 사이에서 데이터나 명령을 주고 받는 데 요하는 시간을 최소로 하는 프로그램법.

minimum detectable range 최소 탐지 거리(最小探知距離) 자선(自船) 레이더의 송신 펄스폭, 송수신 전환기의 회복 시간, 자선의 크기, 구조 등에 따라서 근처에 있는 목표물을 분리하여 표시할 수 있게 되는 최소 거리(너무 가까이에 있는 목표물은 식별 곤란하다).

minimum linewidth 최소 선폭(最小線幅) IC에서 설계·제작 가능한 최소의 선폭. IC 패턴은 노출 기술에 의해 웨이퍼 상에 전사되므로 방사의 파장이 선폭에 직접 영향을 준다. 따라서 빛 노출을 대신해서 X선 노출, 전자 빔 노출 등이 쓰이는 경향이 있다.

minimum ON-state voltage 최소 온 상태 전압(最小－狀態電壓) 사이리스터에서 게이트 단자를 ON 상태로 해 두고, 전압을 주전극에 가했을 때 미분 저항이 제로가 되는 최소의 순방향 주전압.

minimum output 최저 출력(最低出力) 기기에 어느 조건(입력 전압, 주파수, 온도 등)이 주어졌을 때 기기가 출력할 수 있는 최소한의 값.

minimum pause 미니멈 포즈 자동식 전화기에서의 임펄스열 간의 최소 휴지 시간을 말한다. 임펄스 속도가 10pps 일 때는 600ms, 20pps 일 때는 450ms 이상이어야 한다.

minimum range 최소 탐지 거리(最小探知距離) 레이더에서 목표물을 탐지할 수 있는 최소의 거리. 이것은 발사 전파의 펄스폭, 안테나의 높이 및 수직면 내의 빔폭 등에 따라서 다음 식과 같이 정해지는 외에 브라운관의 휘점의 크기, 송수신기의 전환을 하는 TR 관이나 ATR 관의 소(消)이온 시간 등에도 관계한다.

$$D = \frac{v}{2}\tau_w \times 10^{-6}$$

$$D = \frac{h}{\tan\theta/2}$$

여기서, D : 최소 탐지 거리〔m〕, v : 3×10^8〔m/s〕, τ_w : 펄스폭〔μs〕, h : 안테나의 높이〔m〕, θ : 수직면 내의 빔폭.

minimum voltage sensitivity 최소 전압 감도(最小電壓感度) 반조(反照) 검류계에 외부 임계 제동 저항을 접속하고, 거울면과 눈금과의 거리를 1m로 했을 때 광점을 눈금상에서 1mm 만큼 이동시키는 데 요하는 전압. 단위 V/mm.

d=1mm, D=1mm 이므로

$$\tan 2\theta(=2\theta) = \frac{d}{D} = \frac{1}{1000}$$

$$\theta = \frac{1}{2000}\ [\text{rad}]$$

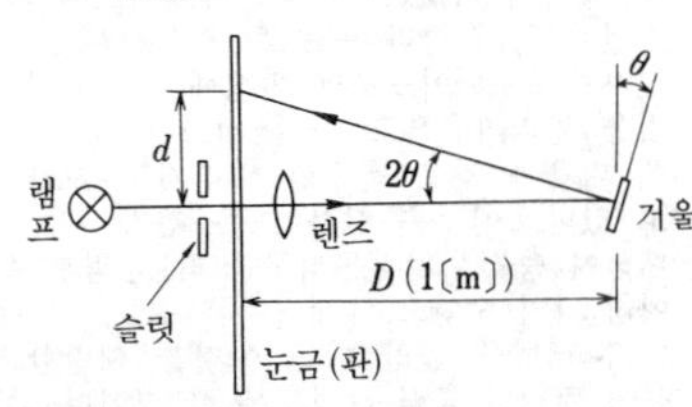

minority carrier 소수 캐리어(少數－) 반도체 중에 존재하는 하전체(荷電體) 중에서 전기 전도의 구실을 하는 것과 역부호의 전하를 가진 것을 말한다. p형 반도체에서는 전자가, n형 반도체에서는 정공이 소수 캐리어이다.

minority carrier storage time 소수 캐리어 축적 시간(少數－蓄積時間) 반도체 스위치에서 입력 펄스의 하강 부분이 최대 진폭의 10% 하강한 점에서 출력 펄스의 하강 부분이 최대 진폭의 10% 하강하기까지의 지연 시간 t_s로, 이것은 접합부에 축적되어 있는 소수 캐리어가 역 바이어스에 의해서 제거되는 데 시간이 걸리기 때문이다. 축적 시간에 이어서 턴오프 시간의 제 2 의 부분인 하강 시간 t_f가 있다.

$t_{OFF}=t_s+t_f$

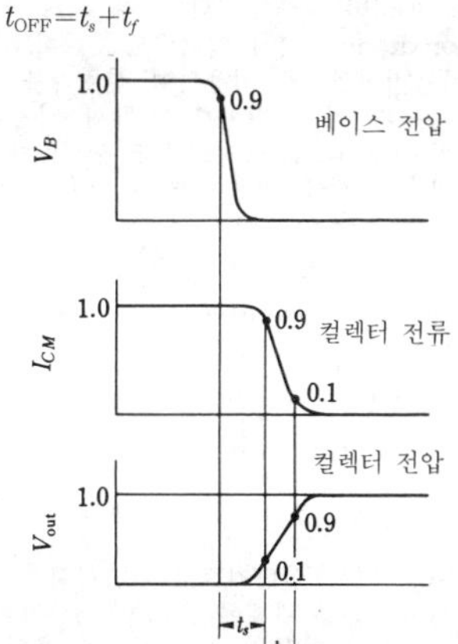

minor lobe 부 로브(副－) 안테나의 방사 패턴에서 주 로브를 제외한 다른 로브.

minor loop 마이너 루프 ① 자화 특성 곡선상의 임의의 점을 중심으로 하여 주어진 소진폭의 교류 기자력에 의해서 생기는 루프. 영구 자석에서는 자화 특성 곡선의 제 3 상한에서의 마이너 루프가 가리키는 투자율, 즉 반전 투자율이 중요하다. ② 제어계의 최종 출력단에서 입력단으로의 궤환로에 의해서 형성된 계(系)의 주 루프를 제외하는, 계 내의 하나 또는 복수의 블록 간에 구성되는 국부적인 폐 루프.

miracle scene 미러클 신 텔레비전 방송에서의 특수 효과 기법의 하나. 입사광의 방향으로만 날카로운 지향성을 갖는 특수막을 사용한 전면 투사식 스크린을 사용하고 배경과 피사체를 하프 미러 너머로 촬상하는 방법이다.

mirror galvanometer 거울 검류계(－檢流計), 반조 검류계(反照檢流計) 가동 부분에 작은 거울을 붙이고, 여기에 광선을 대서 눈금판상에 반사시킨 광점의 지시를 읽는 방식의 검류계. 미소 전류를 검출하는 데 사용된다. 전류값의 직독은 할 수 없지만 지시를 보정하여 그 값을 정밀하게 측정할 수 있다. D는 보통 1m 로 하고, 광점의 1mm 의 움직임은 가동부의 1/2000rad 의 지시에 해당한다. 그림은 가동 코일형 반조 검류계를 나타낸 것이다.

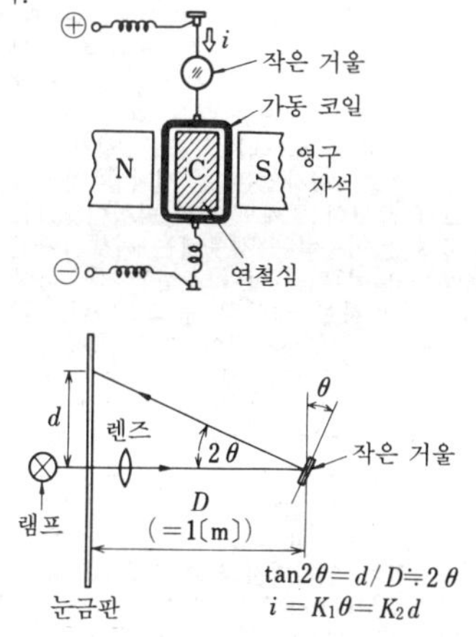

MIS 경영 정보 시스템(經營情報－) management information system 의 약어. 컴퓨터를 중심으로 한 자동 데이터 처리에 의해 경영 관리 정보를 언제, 어디서나 신속 정확하게 사용할 수 있는 상태에 있는 시스템. →total system

MIS IC 미스 IC, 금속 절연 반도체 집적 회로(金屬絶緣半導體集積回路) metal insulated semiconductor IC 의 약어. 전기 절연막에 의해 전류 통로에서 절연된 게이트 전극을 가지며, 여기에 전압을 가하여 전류로를 제어하는 구조의 반도체 디바이스에 의해 만들어진 집적 회로.

mismatch 부정합(不整合) →mismatching

mismatch factor 부정합률(不整合率) →reflection coefficient

mismatching 부정합(不整合) 일반적으로 다음과 같은 경우를 부정합 또는 비정합이라 한다. ① 신호원의 내부 저항과 부하저항이 같지 않은 경우, ② 전송선을 접속할 때 양 선로의 특성 임피던스가 같지 않는 경우, ③ 송신기의 출력 임피던스와 안테나의 입력 임피던스가 같지 않는 경우. 이들의 경우에는 부정합 손실이 생기므로 정합할 필요가 있다.

mismatch loss 부정합 손실(不整合損失) 불연속 개소에서의 입력 전력과 전달 전력과의 비를 데시벨로 나타낸 것. 부정합에 의한 반사 손실을 주는 척도가 된다.

missile 미사일 스스로 추진에 필요한 일체의 연료, 장치를 내장한 분사 추진체로,

연소 연료를 후부에서 배출하여 전진하는 로켓에 군사용 탄도를 부착하여 병기로 한 것. 미사일의 유도 방식으로는 관성을 이용하여 미사일의 운동 상태를 구하고, 그것이 사전에 정한 진로와 달라지면 미사일 자신이 수정을 하는 관성 유도 방식과 발사점으로부터 목표를 향해 전파를 발사하고, 미사일은 그 전파를 따라서 목표에 도달하는 궤도 유도 방식이 있다. 목표물이 이동하는 경우에는 비행기에서 나오는 열선(熱線)이나 광선을 감수하여 자동 추미하는 수동식 유도법이나 미사일 자체가 레이더와 같이 목표를 찾는 기능을 갖추고, 그것으로 추미하는 능동식 유도법이 있다. 대표적인 것으로는 로켓으로 고고도까지 쏘아올려지고 속도가 없어진 다음 탄도학적으로 목표를 향해서 떨어지는 사정 8,000km 이상을 나르는 대륙간 탄도탄(ICBM), 미사일로 미사일을 공격하는 언티미사일 미사일(AMM), 항공기로부터 지상을 공격하기 위한 공중발사 탄도탄(ALBM) 등이 있다.

mission equipment 미션 기기(-器機) 위성의 본래 역할을 수행하기 위한 기기로, 통신 위성의 경우는 통신용 중계기, 통신용 안테나가 그에 해당한다. 방송 위성, 지표면 탐사 위성 등 미션이 다르면 당연히 기기의 내용도 달라진다.

mixdown 믹스다운 멀티트랙 기록된 테이프에서 소수 트랙 테이프를 완성해 가는 작업. 트랙다운이라고도 한다.

mixed highs 믹스트 하이스 색상과 채도(彩度)에 대한 육안의 시력이 휘도에 대한 시력에 비해 떨어지는 성질을 이용하여 컬러 텔레비전의 신호를 전송하는 한 방법. 즉, 인간의 눈은 섬세한 화면이나 어두운 부분에서의 감각이 둔감하므로 이러한 부분의 고주파 신호에 대해서는 색의 신호를 보내지 않고, 3색의 Y신호를 혼합한 혼합 고주파를 1.5~4MHz 의 대역으로 전송하고, 비교적 거친 화면의 영상 신호인 저주파분에 대해서만 3색 신호를 0~1.5MHz 의 대역으로 전송함으로써 전체 대역을 좁게 할 수 있다. NTSC 방식은 이 원리에 의한 것이다.

mixed sweep 혼소인(混掃引) 지연용 소인 회로와 지연 소인 회로의 양쪽을 가진 오실로스코프에서 전자를 픽오프점(램프 전압이 소정의 지연 시간에 해당하는 값으로 상승한 점)까지 소인하고, 그 이후는 후자로 전환하여 그 타임 베이스에 의해 소인하는 소인법.

mixer 믹서, 혼합기(混合器) ① 수퍼헤테로다인 수신기에서 수신 신호와 국부 발진기의 출력을 혼합하여 중간 주파 신호를 만들어내는 부분. ② 2계통 이상의 신호를 적당한 크기의 신호로 혼합 조정하는 증폭기. →mixing. ③ 음성 조정 테이블에서 음성 신호의 믹싱 조작을 하는 기술자.

mixer amplification by variable reactance 메이바 =MAVAR

mixer diode 믹서 다이오드 다이오드가 갖는 비직선성을 이용하여 신호파를 중간 주파수의 파로 변환하기 위해 사용하는 변환 다이오드. 마이크로파 수신기에서의 주파수 변환에 사용하는 쇼트키 접합 다이오드 등은 그 예이다.

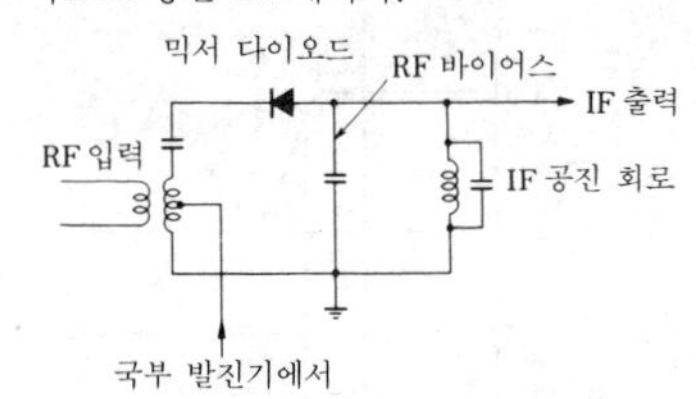

mixing 믹싱 일반적으로는 혼합하는 것을 뜻하며, 음성 관계에서는 둘 이상의 음원으로부터의 입력을 혼합 회로로 혼합하는 것. 그 후 증폭하여 레벨을 조정해서 여러 가지 효과를 내는 데 사용한다. 또 영상 관계에서는 둘 이상의 영상을 혼합 합성하여, 예를 들면 화면 중에 흰 문자를 넣는다든지(super impose), 오케스트라의 원경(遠景)에 지휘자의 클로즈업을 겹친다든지 하는 영상 특수 효과 장치에 이용한다.

mixing circuit 혼합 회로(混合回路) 둘 이상의 입력 신호를 혼합하는 회로. 믹서라고도 한다. 그림은 확성 장치에서 마이크로폰이나 테이프 등으로부터의 복수의 입력을 합성하는 회로이다. 또, 수신기에서 수신파와 국부 발진파를 혼합하여 중간 주파수의 파를 꺼내는 회로도 혼합 회로의 일종이다.

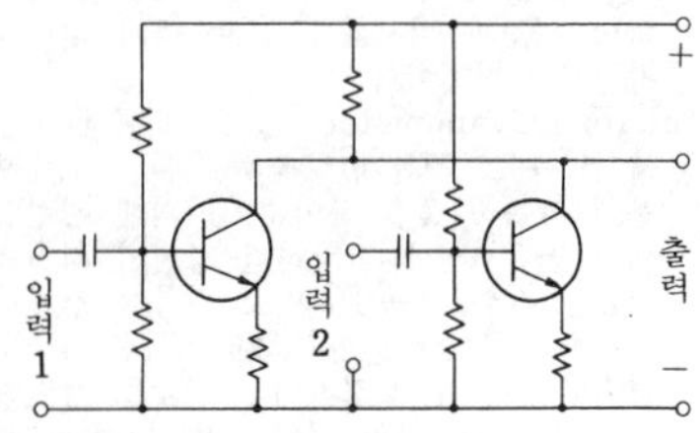

mixing console 믹싱 콘솔 →audio adjusting device

MKS system of units MKS 단위계(一單位系) 길이에 미터〔m〕, 질량에 킬로그램〔kg〕, 시간에 초〔s〕를 사용하는 단위계. 제 4 의 단위계로서 전류를 택한 전기 단위계는 MKSA 단위계 또는 절대 단위계라 한다. 여기서 전제 조건으로서 진공의 투자율 $\mu_0 = 4\pi \times 10^{-7}$ H/m 을 사용하는 것은 MKS 유리 단위계라 하며, 이 때는 진공의 유전율 $\varepsilon_0 = 10^7/(4\pi c_0^2)$ F/m (c_0는 진공 중의 광속도〔m/s〕)가 된다. 이 단위계의 내용은 SI 와 거의 같으며, SI 가 실시되기 이전은 일반적으로 널리 사용되었다.

MK steel MK 강(一鋼) 저석강의 일종. 특별한 열처리가 불필요하며, 자기적 성질은 고온에서도 안정하고, 값이 싸다. 가공성이 없는 것이 결점이다. 스피커, 전기계기, 무선 기기 등에 응용된다. →hardened magnet

MKS units MKS 단위계(一單位系) = MKS system of units

MLS 마이크로파 착륙 방식(一波着陸方式) =microwave landing system

MMG system MMG 방식(一方式) 교류 무정전 전원 방식의 일종으로, 그림과 같이 직류 전동기와 유도 전동기, 교류 발전기를 동일축으로 결합한 것이다. 상용 전원 정상시는 유도 전동기에 의해 교류 발전기가 구동되고, 이상시에는 축전지에 의해 직류 전동기가 운전된다. 장시간의 이상시에는 내연 기관 발전기에 의해 유도 전동기가 구동되는데, 축전지는 최저 10 분 정도는 운전할 수 있는 용량이 필요하다.

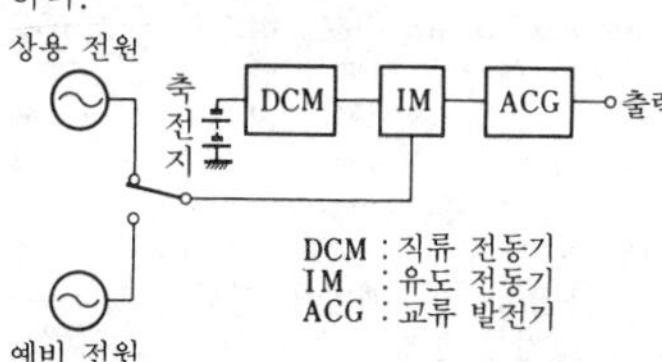

MMIC 모놀리식 마이크로웨이브 IC, 모놀리식 마이크로파 집적 회로(一波集積回路) monolithic microwave IC 의 약어. 마이크로파를 다루는 고주파 회로를 규소의 기판상에 집적 회로로서 만든 것.

MMMG system MMMG 방식(一方式) 유도 전동기와 보조 직류 전동기, 승압기 및 교류 발전기를 그림과 같이 동축으로 직결하여 정주파 정전압 전원 장치를 무정전화한 것이다. 상용 전원의 정상시는 유도 전동기 및 직류 전동기에 의해 교류 발전기를 정속 회전하나, 이상시는 직류 전동기와 승압기에 의해 교류 발전기를 회전시킨다. 이 장치는 컴퓨터 등의 주파수 정밀도가 높은 무정전 전원에 사용된다.

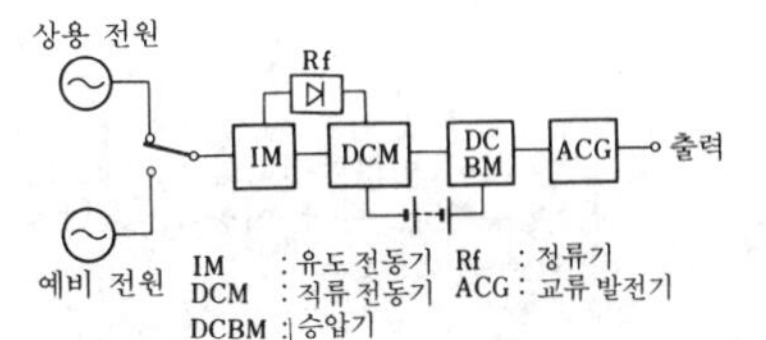

mnemonic code 니모닉 코드, 기호법 코드(記號法一) 컴퓨터의 프로그램 언어인 어셈블러의 명령 코드의 기술(記述)에 사용되는 코드. 기계어와 1 대 1 이므로 그 명령의 영단어를 그대로 약한 1~3 문자 정도의 영문자가 사용된다. 기법은 통일되어 있지 않으므로 기종에 따라 다르다.

MNOS 금속 질화 산화막 반도체(金屬窒化酸化膜半導體) metal nitride oxide semiconductor 약어. MOS 소자와 비슷한 구조이며, 게이트 절연물로서 2mm 정도의 얇은 산화 규소 피막과 50mm 정도의 두꺼운 질화 규소 피막을 사용한 것이다. 게이트에 대전압을 가함으로써 정보를 기록하고, 소전압에 의해서 비파괴적으로 판독할 수 있다. 또, 게이트에 - 전압을 가함으로써 기록된 정보를 소거하고 재기록 할 수 있다. 이 동작 원리를 응용하여 정보를 전기적으로 기록, 소거할 수 있는 PROM 의 소자로서 사용된다.

mobile camera car 이동 촬상차(移動撮像車) TV 방송국에서 마라톤이나 보트 레이스 등 국외(局外) 프로의 중계 방송에 사용하기 위해 영상, 음성, 전원, 공조 설비 등의 기기를 차량에 탑재한 것으로, 주행 중에도 촬상할 수 있고, 기동성을 살릴 수 있다. 카메라는 차량 후실과 옥상 후부에 설치하고, 주행 중의 안전을 위해 옥상의 것은 차내에서 원격 조작을 한다. 또, 진동을 방지하기 위해 방진 장치를 갖추고 있다.

mobile communication 이동체 통신(移動體通信) 자동차 전화, 선박 전화, 항공 전화, 휴대 전화, 포켓 벨 등의 이동체를 대상으로 한 통신.

mobile radio service 이동 무선 업무(移動無線業務) =mobile service

mobile service 이동 업무(移動業務) 이동 중 또는 특정하지 않는 지점에 정지 중의 운용을 목적으로 하는 이동국과 육상국과의 사이, 또는 이동국 상호간에서 행하는 무선 통신 업무. 육상국이란 이동 중의 사용을 목적으로 하지 않는 이동 업무의 국을 말한다. 항공 이동 업무, 해상 이동 업무 및 육상 이동 업무가 있다.

mobile station 이동국(移動局) 이동 중 또는 특정하지 않는 지점에 정지하고 있는 기간 중에 운용하는 무선국. 육상, 해상, 항공의 3종이 있고 다시 분류하면 다음과 같은 것이 있다. 선박국, 조난 자동 통보국, 항공기국, 육상 이동국, 휴대국, 기타의 이동국.

mobile telephone network 자동차 전화망(自動車電話網) 이동국과 무선으로 연락하는 무선 기지국, 무선 회선 제어국, 그리고 자동차 전화 교환국으로 이루어지는 전화망.

mobility 이동도(移動度) 본래 도체가 아닌 물질 중에서 이온이나 전자와 같은 하전체(荷電體)가 존재하고, 전계의 작용이 가해졌을 때에 이동하는 경우, 그 움직임의 용이성을 나타내는 것이다. 단위는 〔속도〕/〔전계의 세기(m^2/Vs)를 쓴다. 특히 반도체에서는 전자 및 정공의 이동도를 알면 트랜지스터 등의 장치의 고주파 특성을 살피는 데 도움이 된다.

MOCVD 유기 금속 CVD 법(有機金屬－法) =organometallic compound CVD

modal noise 모드 잡음(－雜音) =speckle noise

mode 모드 ① 도파관 내 전자파의 진동 상태를 말한다. 모드는 XY 평면에서의 전자계 분포에 의해서 분류한다. 전계 혹은 자계 변화의 산의 수가 X축을 따라 *m*개, Y축을 따라 *n*개 존재하는 TM 파 혹은

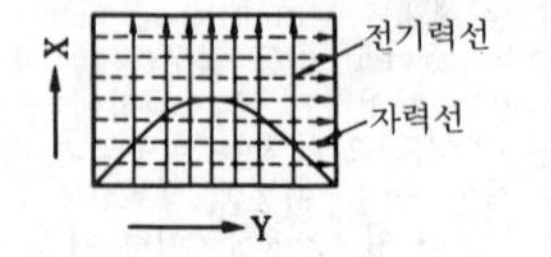

TE 파를 각각 E_{mn} 모드, H_{mn} 모드라 한다. 그림은 H_{01} 모드의 전계와 자계의 분포를 나타낸 것이다.
② 무선기가 사용할 수 있는 전파 형식의 수를 말한다. 예를 들면 전파 형식이 FM, AM, SSB의 트랜시버는 3코드의 트랜시버라 한다. ③ 양식, 시방(示方), 명세라는 의미로 다방면에서 쓰인다.

mode competition 모드 경합(－競合) 다(多) 모드 발진 레이저에서, 발진 모드 간에서 서로 다른 모드의 발진을 억제하는 상호 작용이 생기는 것. 균일폭에 대하여 각 모드의 모드 간격(공진 주파수의 간격)이 좁을수록 경합은 강해진다. 균일폭이란 발진 스펙트럼의 확산이 고르고, 스펙트럼 분포의 로렌츠 곡선으로 되는 경우의 분포 곡선의 반치폭이다.

mode conversion 모드 변환(－變換) 도파로에 약간의 굴곡이나 벽면의 기복이 있으면 도파로 내의 각 모드는 독립으로 전파할 수 없게 되어 각 모드 간에서의 변환을 수반하면서 전파(傳播)해 간다. 이것이 모드 변환이다. 신호 전력의 일부가 모드 변환에 의해 다른 모드로 변환하여 생기는 손실을 모드 변환손(mode conversion loss)라 한다.

mode conversion loss 모드 변환손(－變換損) →mode conversion

mode dispersion 모드 분산(－分散) 다(多) 모드 전송 광섬유에서 각 모드의 전파(傳播) 속도, 따라서 도착 시점이 다름으로써 생기는 송신 펄스폭의 확산(펄스 분산). 적당한 굴절률 프로파일을 가진 광섬유를 사용하면 분산을 줄일 수 있다.

mode excitation 모드 여기(－勵起) 광도파로의 특정한 전파(傳播) 모드, 또는 광공진기의 특정한 공진 모드를 선택적으로 여기하는 것. 여기에는 프리즘 결합, 격자 결합 등을 쓴다든지 도파로로부터의 이버네선트(evanescent)파 결합이나 도파로 단면(端面)간의 결합에 의해서 보내는 방법. 여기를 론칭(launching)이라고 하는 것도 그 때문이다.

mode filter 모드 필터 모드가 다른 성분이 혼합한 전자파를 전송하는 경우 그 중의 어느 특정한 모드의 것만을 통과시키고, 혹은 저지하는 작용을 갖는 전송로.

mode hopping 모드 호핑 레이저의 발진 모드 스펙트럼은 주입 전류가 임계값 I_{sh}에 가까울 때에는 많은 모드로 발진하려고 하지만, 전류가 증가하면 그 중의 하나가 강해지고 동시에 다른 모드의 발진이 억압된다. 위의 강한 모드는 동시에 장파장측으로 그 위치를 벗어나는데, 어느 점

에서 다른 모드 위치로의 호핑을 볼 수 있다. 이것은 레이저의 온도가 상승하여 결정의 굴절률이 커져서 파장이 완만하게 상승하는데, 동시에 갭 에너지의 감소가 생겨서 다른 모드의 이득쪽이 커지므로, 거기에 홉(hop)하기 때문이다.

mode interference 모드 간섭(－干涉) 주(主) 모드와 고차(高次) 모드가 서로 간섭하는 현상. 관 내를 전파(傳播)하는 각 모드는

$\exp(j\omega t-\gamma_{m,n}z)$

라는 계수를 가지고 있다. $\gamma_{m,n}$은 전파 상수(傳播常數)이며, 첨자 m, n의 조합으로 각 모드가 결정된다. 각 모드에 대하여 전파 상수가 실수 $\alpha_{m,n}$이 되는 주파수 f_c(차단 주파수)가 있고, $f<f_c$라는 주파수에서 전자파는 모두 감쇠해 버린다. 차단 주파수가가 가장 낮은 모드가 주 모드(dominant mode)이다. 관 내에 복수의 모드가 있고, 이들 사이에 간섭이 있으면 각 모드의 위상은 거리에 비례해서 변화하지는 않게 된다. 여러 가지 모드의 진동을 완전히 분리하도록 설계된 도파관을 모드 필터(mode filter)라 한다.

modeling 모델링 모형(모델)을 만드는 것. 모델화하는 것.

mode locking 모드 동기(－同期) 다(多) 모드 발진 레이저에서 인접한 모드의 공진 주파수차(모드 간격) Δf가 같도록 변조기(모드 로커)에 의해서 동기가 걸려 있을 때의 발진을 모드 동기 발진이라 한다. $1/\Delta f$의 주기로 큰 진폭을 가진 펄스 출력이 얻어진다. 발진의 전 스펙트럼폭을 $\Delta\nu$로 하면 펄스의 시간폭은 대체로 $1/\Delta\nu$로 단축된다. 동기를 걸려면 어떤 비직선 효과를 이용하여 모드끼리 상호 작용을 줄 필요가 있으며, 이것은 레이저 자신의 내부에서 자동적으로 행하여지는 자기 동기인 경우, 혹은 외부에서 Δf의 신호를 주어 강제 동기시키는 경우 등이 있다.

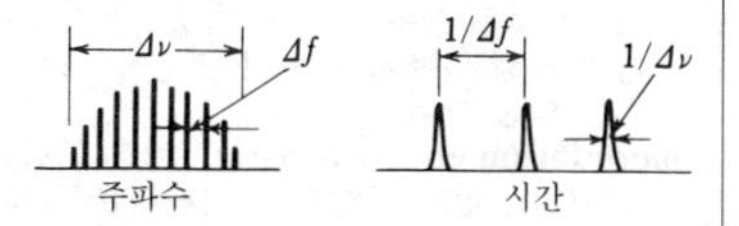

반사 거울 광변조기(모드 로커)

레이저 매질 f_m

modem 모뎀, 변복조 장치(變復調裝置) 컴퓨터 시스템에서 중앙 처리 장치(CPU)와 단말 장치와의 데이터 전송에 아날로그 전화 회선을 이용할 때 직병렬 변환을 하지 않으면 회선에 접속할 수 없다. 이 직병렬 변환 및 그 제어 장치를 말한다.

mode mixing 모드 혼합(－混合) 다(多) 모드 전송계에서의 신호 모드 상호의 모드 변환을 말한다. 각 모드의 군속도(群速度)의 차이에 의한 다 모드 분산을 경감하는 효과가 있다. →mode conversion

modem pool 모뎀 풀 ISDN(종합 정보 통신망)의 단말에서 복수의 단말에 공동 사용하는 모뎀. 인텔리전트 빌딩의 내선에 외부의 아날로그 회선을 접속하는 경우 등에 사용한다.

mode number 모드수(－數) 도파관이나 공동 공진기 내의 전자파의 고유 공간 분포 자태를 주는 차수를 말한다.

mode partition noise 모드 분배 잡음(－分配雜音) 광섬유에서 그 파장 분산(재료 분산과 구조 분산을 합친 것)과 발광 소자의 발광 스펙트럼의 시간적인 변동에 의해서 생기는 잡음. SM 형 광섬유에서의 잡음은 주로 이 모드 분배 잡음이다. GI 형 광섬유에서는 또 하나의 다른 잡음, 즉 모드 분산 잡음이 문제가 된다.

mode pulling 모드 풀링 레이저의 발진 주파수가 매질의 굴절률 분산(매질의 굴절률이 빛의 파장에 따라 다르기 때문에 생기는, 예를 들면 빛의 진로의 굴곡 등 여러 가지 현상)에 의해서 이론적인 공진값에서 벗어나는 것. 레이저 매질(증폭성 매질)에서는 흡수선의 경우와 반대이며, 발진 주파수는 언제나 중심 주파수의 방향으로 변위한다. 발진이 강해지면 이득의 포화와 함께 매질의 굴절률 분산도 줄어든다. 그리고 발진 주파수는 위의 풀링인 경우와 반대 방향으로 벗어난다. 이것을 모드 푸싱(mode pushing)이라 한다. 그 크기는 발진 강도에 비례한다. 다모드 발진인 경우에는 다른 모드의 발진에 의한 모드 푸싱도 있다. 이 경우 발진 주파수는 서로 멀어지도록 변화한다.

mode purity 모드 순도(－純度) ① 모든 모드의 전진파 중에 포함되는 전체의 파워에 대하여 바람직한 모드의 전진파 중에 포함되는 파워의 비율. ② ATR 관이 그 장소에서 바람직하지 않은 모드 변환을 하지 않는 정도. 모드 변환이란 어느 모드에서 다른 모드로 그 형태를 바꾸는 것이다.

mode selection 모드 선택(－選擇) 다(多) 모드로 발진하고 있는 레이저에서 공진기 내에 적당한 모드 실렉터, 예를 들면 조리개 등을 삽입함으로써 단일 또는 소수의 특정 모드의 발진으로 하는 것.

mode separation 모드 분리(-分離) 발진기에서, 공진기의 진동 모드 사이의 주파수 차.

moderator 감속재(減速材) 원자핵 분열에 따라서 새로 발생한 중성자는 고속 중성자이다. 따라서, 열중성자로에서는 이 중성자를 열중성자로 하기 위해 경수(H_2O), 중수(D_2O), 흑연 등의 물질 속을 통과시켜서 감속한다. 이들의 물질을 감속재라 한다.

modern control theory 현대 제어 이론(現代制御理論) 1960 년경부터 시작된 제어 이론을 말하며, 그 이전의 것을 고전 제어 이론이라 한다. 고전적인 제어는 목표값과 출력과의 편차를 제어에 의해서 제로로 되는 것이었으나, 그에 대하여 예측을 사용하는 제어(장래 어떻게 변화하는가를 나타내는 상태 변수를 사용하는 제어)라 할 수 있다. 그러기 위해서는 시스템 내부의 구조, 상태 기타의 수많은 정보를 처리하지 않으면 안 된다. 컴퓨터의 능력 향상으로 항공기나 로봇 등에 응용되게 되었다.

modified chemical vapor deposition method MCVD 법(-法) =MCVD method

modified index of refraction 수정 굴절률(修正屈折率) 해면으로부터의 높이를 h, 지구의 평균 반경을 a로 하고, h/a의 함수로 증가하는 임의 고도의 점에서의 전파에 대한 굴절률을 말한다. 가상의 평탄한 지표면과 수정 굴저률을 써서 계산한 대기 중에서의 전파 전파는 실제의 만곡한 지표상을 대기를 통한 전파와 등가이다. 수정 굴절률 n'는 평탄한 지표면인 경우의 n에 대하여 $n+h/a$로 주어진다. 여기서 n은 h의 함수이나, 이것을 상수 n_0으로 두고, 그 대신 지구 반경 a를 ka로 두었을 경우 a를 등가 지구 반경이라 한다. 보통, $k \cong 4/3$이다.

modular jack 모듈러 잭 이동식 전화기 등에 사용하는 접속기의 일종.

modulated amplifier 피변조 증폭기(被變調增幅器) 반송파를 증폭하는 동시에 변조 입력 신호를 가함으로써 피변조파(진폭 변조)를 얻기 위한 증폭기로, 변조기와 함께 변조의 동작을 한다.

modulated wave 피변조파(被變調波) 반송파가 신호파에 의해 변조되어 모양이 달라진 것을 말하며, 변조의 방식에 따라 그 형태는 다르나, 반송파 성분이나 신호파 성분, 고조파 성분 등 많은 성분을 포함하고 있다.

modulating DC amplifier 변조형 직류 증폭기(變調形直流增幅器) 직류 증폭기의 일종. 직결형 직류 증폭기의 감도를 높이면 드리프트나 일그러짐 등의 좋지 않은 현상이 발생하므로 초퍼(chopper) 등에 의해 일단 교류로 변환하고, 교류 증폭한 다음 정류하여 다시 직류 출력을 얻도록 한 증폭기이다. 초퍼에는 기계적 진동을 이용하는 것과 트랜지스터 등을 이용하는 전자식의 것이 있으며, 후자의 형식이 계측기 등에 널리 쓰이고 있다.

modulating power per bandwidth 변조 전력 대역폭비(變調電力帶域幅比) 변조에 필요한 전력과 변조 주파수 대역폭과의 비. 고속도 광통신용 변조기에서 중시되고 있다.

modulating signal 변조 신호(變調信號) 변조에 있어서, 반송파 또는 주기적 펄스 등의 진폭·주파수 기타에 전송하려는 정보에 따른 변화를 주어 신호, 변조를 하는 신호파.

modulating tube 변조관(變調管) 진폭 변조를 하는 경우의 변조 전력을 공급하는 전자관. 플레이트 변조인 경우는 피변조관과 같은 크기의 전자관을 필요로 하지만, 그리드 변조에서는 매우 작은 전력으로 되므로 소형의 전자관을 사용하다.

modulation 변조(變調) 반송파를 음성 기타 신호파의 변화에 따라 변화시키는 조작을 말한다. 반송파에 신호파의 크기에 따른 진폭 변화를 주는 것을 진폭 변조, 주파수 변화를 주는 것을 주파수 변조, 위상 변화를 주는 것을 위상 변조라 한다.

modulation bandwidth 변조 대역폭(變調帶域幅) →lumped optical modulator

modulation capability 변조 능력(變調能力) 지정된 일그러짐 지수를 넘는 일 없이 실현할 수 있는 변조기의 최대 변조도.

modulation carrier amplifier 변조 캐리어 증폭기(變調-增幅器) 저 레벨의 직류 신호를 변조기에 의해서 교류로 변환하고, 이것을 교류 증폭한 다음, 동기 정류기에 의해 복조하여 원하는 증폭 직류 신호를 얻는 장치.

modulation characteristic 변조 특성(變調特性) 변조의 양부를 나타내는 특성으로, 변조의 직선성, 변조 일그러짐, 종합 주파수 특성 및 잡음에 의해 나타내어진다. 변조의 직선성이란 몇 %까지 직선적으로 변조를 걸 수 있는가를 나타내고, 변조 일그러짐은 1kHz의 정현파로 80% 변조를 걸었을 때의 일그러짐이 몇 %인가를 나타낸다. 또, 종합 주파수 특성이란 변조 주파수에 대한 피변조파 출력의 관계를 나타낸 것이다.

modulation degree 변조도(變調度) 진폭 변조에서의 변조의 깊이를 나타내는 양으로, 다음 식에 의해 정해지는 값.

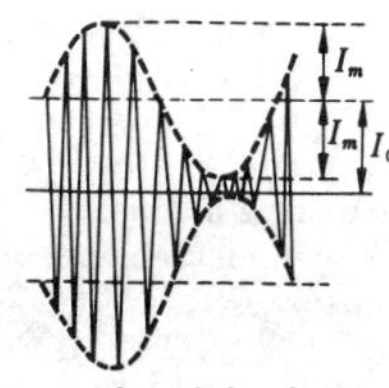

진폭 피변조파

여기서 m : 변조도, I_m : 변조에 의한 진폭의 최대 변화량, I_0 : 반송파의 진폭. 또한 이 값을 백분율한 것을 변조율이라 한다.

modulation envelope 변조 포락선(變調包絡線) 변조된 반송파의 첨두값을 따라서 얻어지는 곡선. 포락선은 변조파에 의해 보내지는 정보의 파형을 나타낸다.

modulation factor 변조도(變調度) =modulation degree

modulation frequency ratio 변조 주파수비(變調周波數比) 변조 주파수와 반송 주파수의 비.

modulation index 변조 지수(變調指數) 주파수 변조 및 위상 변조에서의 변조의 정도를 나타내는 계수. 주파수 변조 지수 M_f는 다음 식에 의해서 정해지며, 측파(側波)를 살피는 데 중요한 수치이다.

$M_f = \Delta f_c / f_s$

여기서, Δf_c : 최대 주파수 편이, f_s : 변조 신호 주파수. 또, 위상 변조 지수 M_p는 다음과 같이 된다.

$M_p = \Delta\theta$ 〔rad〕

여기서, $\Delta\theta$: 최대 위상 편이.

modulation limiting 변조 제한(變調制限) 변조기 내에서 신호를 의도적으로, 장치의 어느 스펙트럼 범위 내에 혹은 일정한 파워 범위 내로 제한하는 것.

modulation linearity 변조 직선성(變調直線性) 변조기의 입력 전압 레벨에 대한 출력파 변조도의 관계가 직선으로 주어지는 것. 위의 함수가 비직선이면 일그러짐이 발생하여 잡음 등의 원인이 된다. 또한 복조기인 경우에는 변조도에 대한 출력 전압 레벨의 직선성이 역시 복조 직선성으로서 정의된다.

modulation loss 변조 손실(變調損失) 변조기의 입력 전류와 출력 전류의 비를 데시벨로 나타낸 것.

modulation noise 변조 잡음(變調雜音) ① 녹음·재생 장치에서 신호가 있을 때만 발생하는 잡음으로, 녹음된 신호 진폭의 순시값의 함수이다(신호 자신은 잡음이 아니다). 이러한 잡음은 기록 매체의 성질, 예를 들면 막의 투광성, 음구(音溝)의 경사, 와이어나 테이프의 자기 상태 등에서 생기는 것이다. ② 기록 처리의 불완전성에 의해 녹음된 신호가 원하는 녹음 상태에서 불규칙하게 벗어나 있는 것. 처리의 불완전성이란 녹음 매체, 녹음-재생 변환기, 그리고 이들 장치의 요소간의 간섭 효과이다.

modulation product 변조곱(變調-) 증폭기의 비직선 특성에 의해 입력 주파수의 각 성분 이외에 그들의 결합파가 생긴다. 이 결합파를 변조곱이라 한다.

modulation rate 변조 속도(變調速度) 초를 단위로 하여 측정한, 변조의 최소 유의(有意) 간격의 역수. 단위는 보〔B〕이다.

modulation sensitivity 변조 감도(變調感度) 주파수 변조기에서 단위 레벨의 입력에 의해 생기는 출력파에서의 주파수 편이를 말한다. 또는 일정한 주파수 편이를 일으키기 위해 필요로 하는 입력 신호 레벨.

modulation spectroscopy 변조 분광법(變調分光法) 외부에서 주어진 온도 변화, 압력 변화 등의 교란, 또는 전계나 자계의 변화에 의해서 생기는 흡수(혹은 반사) 스펙트럼의 변화에 대한 측정, 또는 그 해석 등에 관한 분광 분야를 말한다. 특히 전계에 의한 변조에 의해서 반도체의 흡수·반사 계수의 변화를 측정하는 프란츠·켈디시 효과(Franz-Keldish effect)가 널리 알려져 있다.

modulation speed 변조 속도(變調速度) =modulation rate

modulation suppression 변조 억압(變調抑壓) 진폭 변조 신호의 수신에서 신호의 변조 깊이가 검출기에 존재하는 바람직하지 않은 신호 때문에 작아지는 것을 말한다. →dipth of modulation

modulation techniques 변조 방식(變調方式) 0, 1 의 신호에 대응하여 2개의 다른 주파수를 할당하는 FSK 변조는 대역의 사용 효율이라기 보다 간이성과 경제성을 우선할 때 사용된다. 음성급 회선을 사용한 전송 속도는 1,800bps 를 넘지 않는다. 중속도의 전송 속도인 경우에는 AM, FM, PM 어느 것에도 사용된다. 특히 높은 전송 속도인 경우에는 차분 위상 시프트 키잉(DPSK) 등이 쓰이며, 9,600bps 정도의 속도의 것이 얻어진다.

modulation transformer 변조용 트랜스(變調用-), 변조용 변성기(變調用變成器) 진폭 변조 회로에서 출력(2 차측) 임피던스를 정합시기키 위해 사용하는 트랜스. 직류분에 의한 파형 일그러짐을 방지하기 위해 2차측에 콘덴서를 사용하여 직류분을 저지한다.

modulator 변조기(變調器) ① 송신기에서 변조 증폭기 스테이지에 변조 신호를 입력하는 스테이지. 혹은 레이더 장치와 같이 소정의 시점에 펄스를 송신하도록 변조 증폭기 스테이지를 트리거하는 스테이지. 변조 증폭기는 반송파를 변조하기 위한 변조 신호가 도입되는 증폭단이다. ② 변조 신호파에 따라서 회로의 어느 파라미터를 제어하고, 혹은 적당한 비직선 특성을 써서 변조를 하는 장치. ③ 스페이시스터(spacistor)의 전극의 하나.

modulator-demodulator 변복조 장치(變復調裝置) =modem

module 모듈 하나의 기능을 가진 소자의 집합 또는 프로그램의 집합. 언어 프로세서의 입력은 소스 모듈, 언어 프로세서의 출력은 목적 모듈, 링키지 에디터의 출력은 적재 모듈이라 한다. 목적 모듈은 링키지 에디터의 입력으로 될 수 있는 프로그램이며, 적재 모듈은 주기억 장치 내로 적재할 수 있는 프로그램이다.

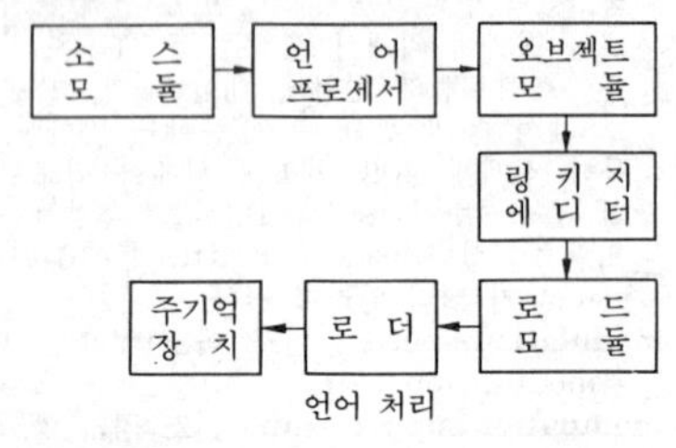

언어 처리

moiré 무아레 ① 두 규칙적인 강도 분포의 패턴을 겹쳤을 때 그들 조밀의 차이에 의해 생기는 무늬 모양. ② 텔레비전에서 피사체의 패턴과 이것을 촬상·재생하는 과정에서 존재하는 다른 종류의 패턴(컬러 수상관의 라인 및 형광 도트 패턴 등) 사이의 간섭으로 생기는 불필요 패턴.

Moiré topography 무아레 토포그래피 가는 격자(格子) 또는 곡선군이 겹쳐졌을 때 생기는 거친 무늬 모양(무아레 무늬)을 이용하여 물체의 형상 측정을 하는 방법. 예를 들면, 물체에 격자를 새겨 넣은 것을 다른 격자를 통해서 관측하면 무아레 무늬의 수에 의해 변위나 평면도를 알 수 있다.

moisture meter 수분계(水分計) 재료의 수분 함유율을 구하는 장치. 마이크로파 수분계는 도파관 내에 넣은 시료(試料)에 특정 파장의 마이크로파를 대고, 그 감쇠량에서 수분의 함유율을 구하는 것이고, 용량형 수분계는 전극간에 둔 시료에 의해 유전율이 변화하는 것을 이용하여 그 정전 용량을 측정함으로써 수분을 구하는 것이다. 그 밖에 수분 함유율에 따라서 저항이 변화하는 성질을 이용한 것도 있다.

moisture sensitive element 감습 소자(感濕素子) =moisture sensor

moisture sensor 감습 소자(感濕素子) 습도를 전기적인 특성값으로 변환하여 검출하기 위한 부품. 염화 리튬이나 인산 칼륨과 같은 전해질을 절연성 기판에 도착(途着)한 것에 의해 저항값으로 변환하는 형식의 것이 일반적으로 쓰인다.

molded transistor 몰드 트랜지스터 리드선이 붙은 플레이너 트랜지스터 전체를 수지로 메워서 밀폐한 것. 신뢰성은 높지 않지만 값이 싸다.

molding 몰드 부품 등을 수지 속에 메워 넣고 굳인 것. 습기나 진동에 의한 열화나 고장의 발생을 방지하는 것이 목적이며, 폴리에스테르 등의 주형(注型) 수지를 사용한다.

molectronics 몰렉트로닉스 =molecular electronics →semiconductor integrated circuit

molecular beam 분자선(分子線) 중성 분자의 단방향 빔. 진공 중에서 적당한 전계, 자계를 주어 분자 빔의 전달량을 측정함으로써 핵자기 모멘트와 같은 양의 정확한 값을 구할 수 있다.

molecular beam epitaxy 분자선 에피택시(分子線－) 반도체의 원료가 되는 화합물을 고진공의 용기 속에서 분자선으로서 가열된 기판에 대서 결정을 성장시키는 방법.

molecular beam frequency standard 분자 빔 주파수 표준(分子－周波數標準) 주파수 표준 장치의 일종으로, 분자의 밀리미터파의 공진 스펙트럼선에 의해서 표준 주파수가 확립되도록 되어 있는 것.

molecular beam maser 분자선 메이저(分子線－) 메이저의 일종. 암모니아나 수소 등의 기체 분자를 불평등 전계 또는 자계를 통과시킴으로써 에너지가 높은 분자와 낮은 분자를 공간적으로 분리하여 부온도(負溫度)의 상태를 만드는 것이다. 발진 출력이 약하므로 증폭기에는 부적당하나, 발진 주파수가 안정하므로 원자 시계에 쓰인다.

molecular control 분자 제어(分子制御) 물질을 구성하는 분자를 바꾸어 넣는다든지 재배열한다든지 함으로써 새로운 물질을 합성하는 기술을 말한다. 반도체 분야에서는「분자선 결정 성장 기술」이 개발되어 유기 물질에서는 분자 레벨로 재료의 두께를 제어하는「랭뮤어 프로젝트(LB)법」이 개발되어 있다.

molecular electronics 분자 일렉트로닉스(分子－) 단지 전자(電磁) 현상 뿐만이 아니고 빛, 열 등을 포함하는 모든 물성(物性) 현상도 대상으로 하여 이들의 이용을 생각하고 기능 블록을 실현하기 위한 기술 및 이론의 탐구. 이 기능 블록은 그 입출력 특성만이 대응 전자 회로의 그것과 등가이고, 블록 그 자체는 기능적으로나 공간 구조적으로나 전혀 전자 회로와는 다르다.

molecular element 분자 소자(分子素子) 분자 1개씩에 각각의 기능(예를 들면 광소자, 전자 소자 등)을 갖게 하고 그들의 분자를 조합하여 전체로서 하나의 시스템으로 작용하도록 할 때 각 개의 분자를 분자 소자라 한다.

molecular laser 분자 레이저(分子－) He, Ne, Ar 등의 묽은 가스나 H_2, N_2 혹은 이들의 혼합 가스를 10 수 기압으로 가압하고 대전류 펄스의 전자 빔으로 여기(勵起)하여 발진시키는 방법의 레이저. 단파장의 대출력이 얻어지므로 핵융합, 광화학 반응, 분광용 광원 등에 사용된다.

molecular oscillator 분자 발진기(分子發振器) →molecular beam maser

molecular pump 분자 펌프(分子－) 고진공 펌프의 일종으로, 액체를 사용하지 않는 것이 특징이다. 고속으로 회전하는 원판에 기체 분자를 충돌시켜 회전 방향으로 운동을 주어서 배기한다.

molecular theory of magnetism 자기 분자설(磁氣分子說), 분자 자석설(分子磁石說) 1852 년 웨버(W. E. Weber, 독일)에 의해 제창된 강자성체의 여러 성질을 설명하기 위한 것이며, 강자성체는 모두 N, S 극을 가진 미소한 분자 자석의 집합체라는 설. 자화되어 있지 않을 때는 이들 분자 자석은 난잡하게 배치되어 있으나 자화되면 이들 분자 자석은 모두 자계의 방향으로 평행하게 배열되어 외부에 대해서 자석의 성질를 나타내게 된다고 생각한다.

moll 몰 분자, 원자나 이온 등의 작은 입자는 6.02×10^{23}개의 집단을 단위로 한다. 이 단위를 몰이라 한다. 1 몰은 6.02×10^{23}개의 분자, 원자, 이온을 포함하는 것으로 나타내고, 1g 분자 중의 분자의 수를 나타내듯이 1g 원자. 1g 이온 중의 원자 및 이온의 수를 나타낸다.

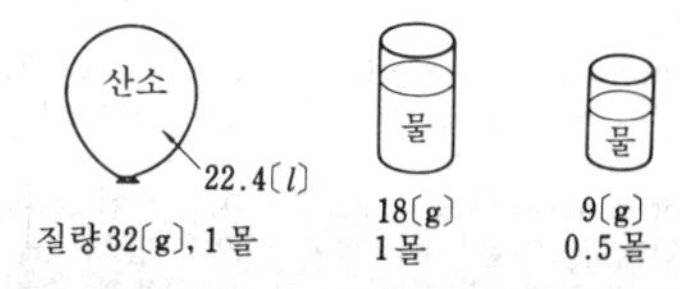

moment 모멘트 회전시키려는 능력, 효과. 모멘트는 힘 F의 크기와 회전의 중심으로부터의 거리 r(모멘트의 팔)과의 곱 $M=Fr$이다. 모멘트의 방향은 동일 평면상에서 계산상 필요하다면 ＋－의 부호를 붙여서 구별하는 방법이 쓰이고 있다.

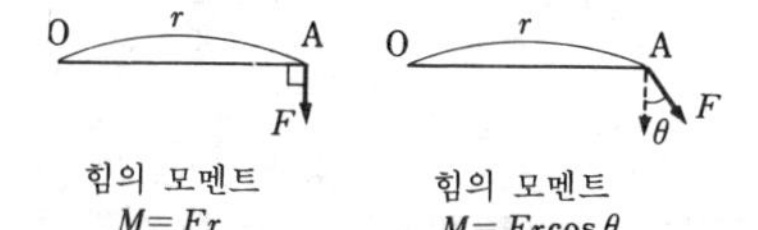

힘의 모멘트 $M=Fr$　　힘의 모멘트 $M=Fr\cos\theta$

momentum 운동량(運動量) 물체의 질량 m과 그 속도 v와 같은 방향을 갖는 벡터량. 운동하고 있는 물체를 멈추려고 할 때 물체의 질량 m이 클수록 또 속도 v가 클수록 멈추기가 어렵다. 이러한 의미로는 운동량은 운동의 정도를 나타내는 양이라고 생각된다.

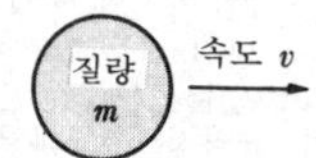

monaural 모노럴 ① 한쪽 귀만 사용하는 것. ② 단일 채널에 의해서 전송되고, 기록되고, 혹은 청취되는 음향에 대한 용어. ＝monophonic

monitor 모니터 해석을 위해 데이터 처리 시스템 내의 선택된 동작을 감시하고 기록하는 기억 단위. 기준으로부터 심하게 벗어나 있는 것을 나타낸다든지, 특정한 기능 단위의 이용 정도를 잰다든지 하는 데 쓰인다.

monitor circuit 모니터 회선(－回線), 청화 회선(聽話回線) 통화 중인 전화 회선에 브리지(변렬 접속)하여 그 통화 상황을 살피는 회로.

monitored thermal cycle test 도통 온도 사이클 시험(導通溫度－試驗) 패키지 내 반도체 디바이스의 본딩 와이어의 전기적인 도통성을 온도를 연속적으로 변화하면서 살피는 것.

monitor program 모니터 프로그램 컴퓨터 시스템에서는 조작을 위한 기법이나 수법을 많은 서브프로그램으로 작성하고,

간단한 기호 문자로 언제라도 호출함으로써 시스템을 사용하기 쉽도록 하고 있다. 이 일련의 소프트웨어를 모니터 프로그램이라 한다.

monochrome monitor 모노크롬 모니터 단색 문자를 스크린 상에 표시하는 비디오 모니터.

monochrometer 모노크로미터 어느 바람직한, 좁은 파장 범위의 빛의 빔을 공급하기 위해 사용하는 장치. 프리즘과 슬릿을 적당히 조합시켜 백광색에서 원하는 단색광을 꺼낸다.

monocolor system 모노컬러 방식(－方式) 흑백 필름을 사용하여 컬러 화상을 재생하는 방식. 촬영 카메라의 렌즈 뒤에 색광 샘플링용 다이크로익 스트라이프 필터를 부착하고 흑백 필름에 영상을 촬영하면 적과 청백광이 변조되어 각각 세로무늬의 다중화된 광학상이 필름 상에 남는다. 이것을 보통의 현상 처리로 현상한 다음 흑백용 비디콘 카메라로 재생하여 출력 신호를 복조기로 *Y*, *R*, *B*(휘도, 적, 청) 신호로 분리해서 매트릭스와 인코더에 의해 NTSC 신호를 꺼낸다. 이 방식은 종래의 흑백 설비 그대로를 이용하여 흑백 필름의 취급으로 컬러 화상이 얻어지기 때문에 속보성과 경제성이 뛰어나지만 컬러 리버설 필름에 비하면 화질이 약간 불안정하고, 기기의 특성에 따라 색재현이 영향을 받기 쉬운 결점이 있다.

monocrystal 단결정(單結晶) 덩어리 전체의 원자가 규칙적으로 배열하여 하나의 결정을 이룬 것. 보통의 반도체나 금속은 미세한 단결정이 모여서 이루어진 다결정이지만, 트랜지스터 등을 만드는 반도체는 단결정이어야 한다. 이것은 일반적으로 인상법에 의해 만들어진다.

monolithic circuit 모놀리식 회로(－回路) 규소의 단결정을 기판으로 하여 그 내부에 구성한 집적 회로.

monolithic integrated circuit 모놀리식 IC, 모놀리식 집적 회로(－集積回路) 하나의 실리콘 기판상에 트랜지스터나 저항 등을 구성시킨 것으로, 일반적으로 IC 라 하면 이것을 가리킨다. 소형, 경량이고, 집적도 및 신뢰도가 높으며, 대량 생산할 수 있어서 값이 싸다. 그러나 코일이나 대용량의 콘덴서는 IC 화할 수 없다. 바이폴러 IC 와 MOS IC(유니폴러 IC)가 있다.

monolithic microwave IC 모놀리식 마이크로파 IC(－波－), 모놀리식 마이크로파 집적 회로(－波集積回路) ＝MMIC

monomer 모노머, 단량체(單量體) 고분자를 만드는 바탕이 되는 간단한 분자. 이것이 다수 연결한 것이 중합체(고분자)이다.

monophonic 모노포닉 스테레오포닉에 대한 말. 양립성(compatibility)을 가진 스테레오 방송에서는 스테레오 복합 신호에 의해 변조되지만, 이에 대해서 단일음으로 변조된 것을 모노포닉 또는 단지 모노라 한다. 이 양자는 간단히 전환되며, 어느 쪽으로부터도 영향되지 않는 것이 중요한 조건이다.

monopole antenna 모노폴 안테나 다이폴 안테나의 절반으로 동작하는 수직의 직선상(直線狀), 또는 나선상(螺旋狀) 도체를 갖는 안테나. 다이폴의 다른 절반은 지면 또는 그것과 등가인 면에 의한 전기 영상(影像)이 쓰인다. ＝spike antenna

monopulse radar 모노펄스 레이더 단일 펄스 송신 레이더인데, 복수의 로브를 수신함으로써 고정밀도의 방위 정보를 얻도록 한 레이더 방식.

monoscope 모노스코프 텔레비전의 테스트 패턴을 간단히 송출하는 특수한 전자관. 브라운관과 비슷한 모양과 구조를 가지고 있으나 형광면 대신 탄소로 알루미늄판상에 테스트 패턴을 인쇄하고 이것을 타깃으로 하여 전자 빔으로 주사시키고, 2차 전자 방출비의 차이에 의해 영상 신호를 얻는 것이다. 보통 카메라로 테스트 패턴을 송출하는 경우와 비교하면 조명 등의 필요가 없고, 언제나 같은 조건에서 확실한 신호가 얻어지므로 기기의 측정, 시험용에 적합하다.

monosilane 모노실란 무색의 기체(비점 －112℃). 기호 SiH_4. 저온에서의 실리콘의 에피택시얼 성장, 다결정 실리콘막의 형성, 인규산 유리, 붕규산 유리 등의 표면 불활성화에 쓰인다.

monostable blocking oscillator 단안정 블로킹 발진기(單安定－發振器) 트리거 펄스를 가할 때마다 발진을 일으켜 1회만 펄스를 내고 다시 원래의 정지 상태로 되돌아가는 블로킹 발진기. 발진을 트리거 펄스에 동기시킬 수 있다.

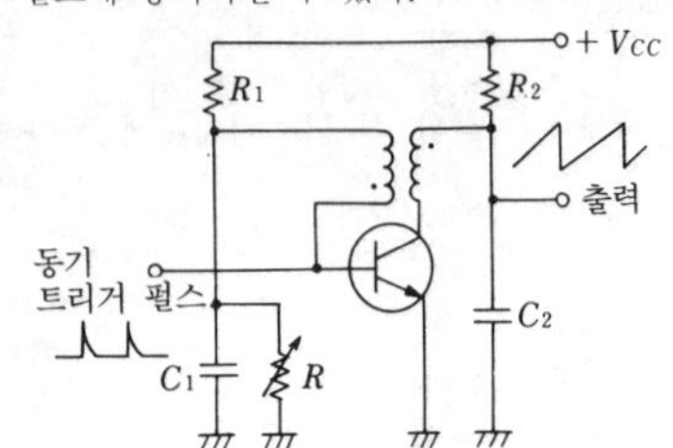

monostable multivibrator 단안정 멀티바이브레이터(單安定－) 상시 Tr_1 OFF, Tr_2 ON 으로 안정하고 있으나 트리거 펄스를 가하면 일정 시간 ON, OFF 가 반전하는 멀티바이브레이터로, 1 안정 멀티바이브레이터라고도 한다. →one-shot multivibrator

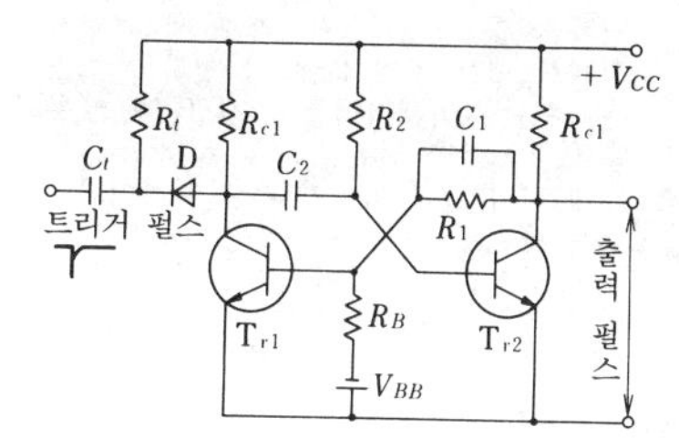

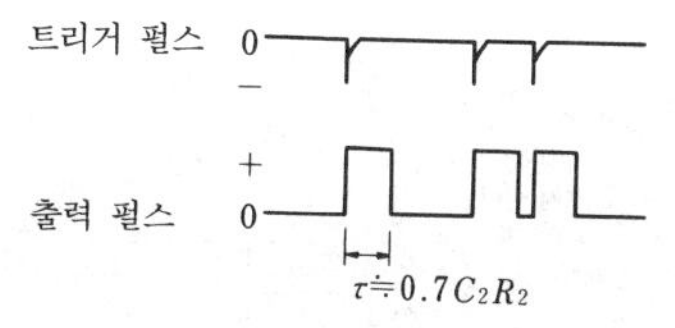

montage equipment 몽타주 장치(－裝置) 텔레비전에서의 영상 특수 효과 장치의 하나. 화면에 변화를 주기 위해 화면을 차계로 옮긴다든지 화면의 일부에 다른 화면을 끼워맞춘다든지 하기 위한 장치.

Monte Carlo method 몬테카를로법(－法) 확률 현상의 수학적 해석을 위해 난수를 써서 지상(紙上) 또는 컴퓨터에 의해 현상을 재현하는 방법이다. 즉, 해석적으로 처리하기에는 매우 복잡한 문제에 대해서 그 해를 기대값으로 하는 확률 과정을 주고, 난수를 써서 그 확률 과정을 수치적으로 반복 시행(試行)함으로써 극한적으로 해를 얻는 방법이다.

morning call 모닝 콜, 지정 시간 호출(指定時間呼出) 시간을 지정하여, 그 시간에 호출해 주도록 예약하는 전화 서비스. 호텔 등에서 흔히 이용된다.

Morse code 모스 부호(－符號) 역사적인 전신 부호로, 1837 년 모스(S. Morse, 미국)에 의해 발명되었다. 문자와 기호를 마크와 스페이스의 두 단위로 나타낸 2 원 부호이며, 마크는 장점(대시)과 단점(도트)의 조합으로 되어 있다.

Morse communication 모스 통신(－通信) 전신 방식의 하나로, 모스 부호를 사용하는 통신 방식. 장점과 단점과의 조합으로 문자, 숫자, 기호를 표현하는 부호.

MOS 금속 산화막 반도체(金屬酸化膜半導體) ＝metal-oxide semiconductor

mosaic 모자이크 인접한 영역을 커버하는 개개의 이미지, 또는 사진을 함께 이어서 만든 이미지, 또는 사진.

mosaic graphics set 모자이크 그래픽 세트 텔레텍스트 등에서 스크린 상에 표시할 이미지를 만들어 내기 위해 사용하는 캐릭터와 이들 캐릭터를 나타내는 부호의 세트. 복수 개의 캐릭터를 조합시켜서 비교적 낮은 정세도(精細度)의 이미지를 만들어 낼 수 있다. 그러나 가는 선이나 호(弧)를 그리는 데는 부적당하다.

MOS capacitor MOS 커패시터 기본적으로 금속·절연층·반도체의 3 층 구조이며, 상부 게이트 전극이 하부 실리콘 반도체 기판에서 SiO_2 절연막에 의해 격리되어 커패시터를 구성하고 있는 것.

MOS circuit MOS 회로(－回路) 집적 회로의 한 방식으로, 전계 효과 트랜지스터를 주체로 하는 회로 소자 및 소자간의 배선을 모두 증착에 의한 박막으로 구성한 것. 동작이 빠르고, 소비 전력이 적다.

MOS diode MOS 다이오드 반도체 표면에 SiO_2 절연막을 두고, 그 위에 전극(보통 알루미늄)을 붙인 다이오드.

MOS element MOS 소자(－素子) M(금속), O(산화물), S(반도체)의 박막을 적층하여 만든 반도체 부품. 전계 효과 트랜지스터는 MOS 소자이다.

MOS-FET 금속 산화막 반도체 전계 효과 트랜지스터(金屬酸化膜半導體電界效果－) 그 게이트가 반도체층에서 얇은 산화 실리콘막에 의해 격리되어 있는 전계 효과 트랜지스터로, 접합형과 같이 바이어스 전압에 의해 입력 임피던스가 저하하는 일은 없다. ＝metal-oxide semiconductor field effect transistor

MOS-FET as switching device MOS-FET 스위치 MOS-FET 의 스위칭 속도는 그 게이트 커패시턴스 때문에 바이폴러 트랜지스터의 그것보다도 느리다. 그림은 MOS-FET 의 고주파 등가 회로를 나타낸 것인데, 게이트 커패시턴스는 그림과 같이 집중 상수가 아니고 소스와 드

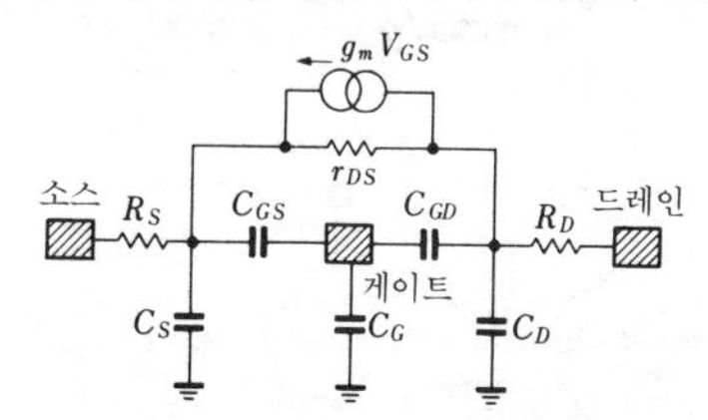

레인 간에 분포하고 있다. 커패시턴스 C_{GD} 때문에 밀러 효과가 생겨 게이트 입력 커패시턴스가 증대한다.

MOS integration circuit MOS 집적 회로(−集積回路) IC 의 한 형태로, 기판상에 구성된 회로 소자 및 상호 접속의 전부가 증착 등의 박막에 의한 것이다. 그 제법은 박막 회로에서 발전한 것으로, 트랜지스터 등은 MOS 소자를 사용한다.

MOS inverter MOS 인버터 MOS 논리 회로에서의 기본 게이트이며, 입력 신호를 레벨 시프트 없이 직접 입력 게이트에 접속할 수 있기 때문에 인핸스먼트형이 쓰인다. 그리고 풀업 저항(이것도 MOS 트랜지스터)을 통해서 (−)전원에 접속된다. 전원 전압이 (−)이므로 보통 부논리가 되지만, CMOS 를 사용하면 전원이 (+)전압으로 되어 논리 동작도 정논리가 된다.

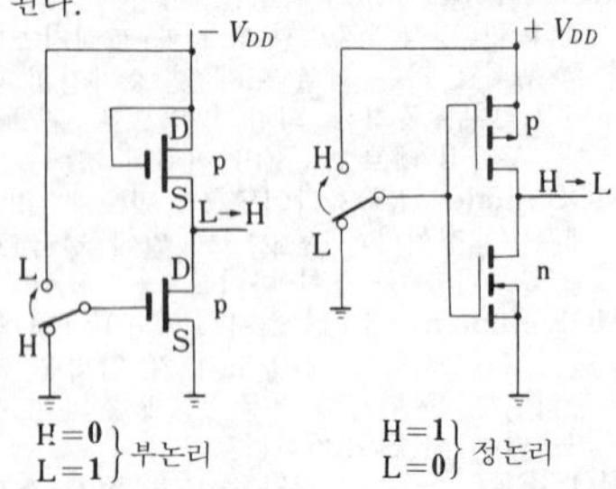

MOS-RAM 모스 램 →semiconductor memory

MOS transistor MOS 트랜지스터 그림과 같은 구조의 트랜지스터로, 소스(S)-드레인(D) 간의 전류 통로의 개폐를 게이트(G)에 가해지는 전압의 유무로 제어하는 것. MOS 는 metal(금속) 전극, oxide(산화물) 절연막, semiconductor(반도체) 채널을 조합시킨 것. 바이폴러 트랜지스터에 비해 IC 를 만드는 데 적합하다.

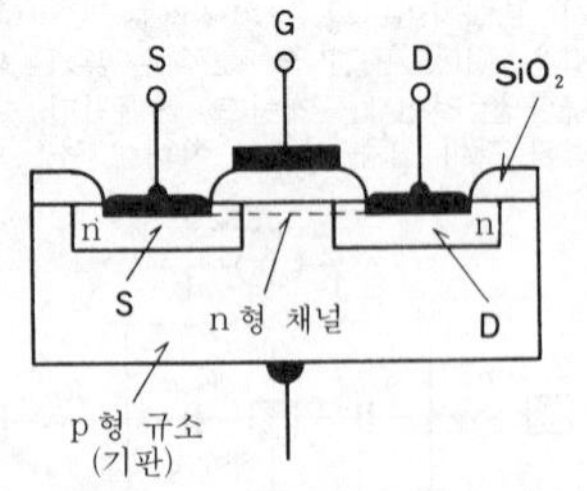

most significant bit 최상위 비트(最上位−) =MSB

most significant digit 최상위 숫자(最上位數字) =MSD

MOS-type image sensing device MOS 형 촬상 디바이스(−形撮像−) 포토다이오드와 MOS 트랜지스터의 페어에 의해 하나의 화소 기능을 구성한 고체 촬상 디바이스. 다이오드의 접합 커패시터를 충전한 전하가 입력광에 의해 생긴 전류에 의해서 일부 방전되고, 이 전하의 감소분은 다음에 커패시터를 충전할 때 보충되는데, 그 보충 전류가 신호 출력으로 꺼내지게 되어 있는 이미지 검출 장치이다. 수광부(受光部)는 위와 같은 소자가 매트릭스 모양으로 배치되어 있다. 각 소자의 이미지 정보는 매트릭스의 수직·수평 시프트 레지스터에 의해 일정 시퀀스로 제어되어 이미지 신호 전류가 꺼내진다.

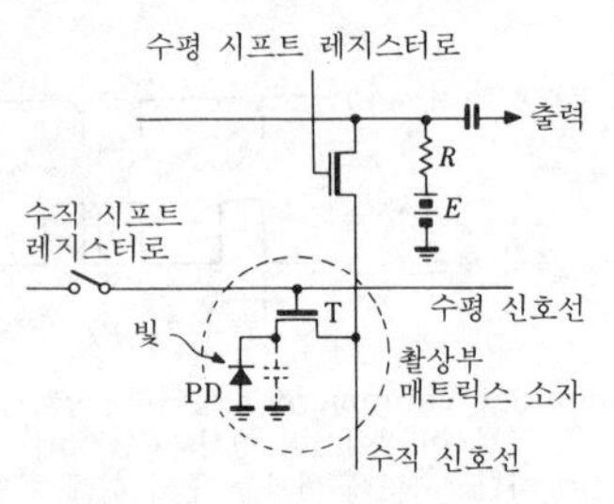

motherboard 머더보드 인쇄 배선판, 각종 카드나 모듈을 접속하기 위한 접속판으로, 마이크로컴퓨터 등의 메인 회로 보드로 되어 있는 것. =system board

mother character system 자모 방식(字母方式) 프린터에서의 문자 발생 방식의 일종. 마이크로필름이나 플라스틱 원판상에 기억시킨 문자 패턴을 광학적으로 꺼내어 인자하는 방식. 인자 품질이 높고, 문자의 확대 축소, 변형은 간단히 할 수 있지만 출력 속도가 느리고, 문자 종류의 추가, 변경 및 외자 처리가 복잡하다.

mother disc 머더 디스크, 머더반(−盤) 레코드의 제조 공정에서 마스터반은 니켈의 도금을 하여 벗긴 것이다. 머더반의 음구(音溝)는 볼록형이므로 픽업으로 음을 재생할 수 있기 때문에 음질의 테스트를 할 수 있다. 머더반에 니켈 도금한 다음 벗기고, 다시 크롬 도금을 한 것이 레코드의 프레스에 사용되는 스탬퍼(stamper)이다.

motional impedance 모셔널 임피던스 부하 임피던스에서 제지(制止) 임피던스를 뺀 나머지의 복소(複素) 임피던스. 이것은 진동하는 전기 기계 또는 전기·음향 변환기의 입력단에서 본 복소 전기 임피던스에 있어서 변환기의 진동에 기인하는 부가 임피던스라고 생각되는 것이다.

motor 모터, 전동기(電動機) 전기 에너지를 기계 에너지로 변환하기 위한 회전기.

motorboating 모터보팅 저주파 증폭기에서 출력의 일부가 전원 회로 등을 통해서 궤환되어 간헐적으로 발진을 일으키는 것을 말한다. 모터보트가 달리고 있는 듯한 소리를 발생하기 때문에 모터보팅이라 하는 것이다. 이것을 방지하기 위해서는 전원 회로의 콘덴서 용량을 크게 한다든지 부하의 공통 전원 회로에 감결합(디커플링) 회로를 넣는다든지 한다.

motor valve 전동 밸브(電動－) 전동기로 개폐 조작을 하는 밸브. 전동기는 정역(正逆) 어느 쪽으로도 회전할 수 있는 것을 사용하고, 조작 신호가 없어지면 전동기가 정지하여 밸브를 임의의 개도(開度)로 유지한다.

mount 마운트 ① 진동이나 충격의 흡수 장치. 진동이나 충격을 받는 부분과 지지해야 할 장치 사이에 탄성체를 개재시켜 여기서 진동이나 충격을 흡수한다. ② 플랜지(flange)와 같은 것으로, 이에 의해서 전환 방전관, 공동 공진기 등을 도파관에 결합한다. ③ 반도체 펠릿을 와이어 본딩에 앞서 리드 프레임이나 스템 상의 도체층 위에 접착하는 것. 접촉에는 도전성 에폭시, 땜납, 또는 금과 실리콘의 공정(共晶) 등이 쓰인다. ④ 테이프를 테이프 드라이브에 장착하거나, 혹은 디스크를 디스크 드라이브에 장착함으로써 이들에 접근할 수 있도록 하는 것.

mountainous effect 산악 효과(山岳效果) 전파가 산악 등의 뾰족한 부분을 갖는 장해물에 닿았을 때 끝에 생기는 전파상의 현상. 끝에서 회절파가 생긴다. 가시선(可視線)보다 높은 영역에서는 직접파와 회절파의 간섭이 일어나고, 높이에 따라서 강약을 일으킨다. 또 가시선보다 낮은 영역에서는 회절파만으로 되어 급격히 약해지는데 이것을 초단파 통신에서 이른바 가시외 통신에 이용하는 일이 있다.

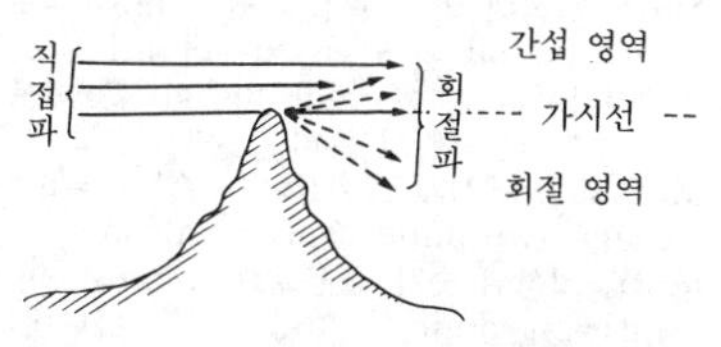

mouse 마우스 컴퓨터 시스템에서 디스플레이 화면상의 위치를 지시하는 장치의 일종으로, 그림과 같은 것. 밑면에 볼, 정면에 버튼이 있고, 겉모양이 「쥐」와 비슷하기 때문에 이 명칭이 붙었다. 화면의 위치는 마우스 커서를 맞추어서 한다. 마우스 커서를 이동시키려면 마우스를 평면상에서 움직여 볼을 회전시켜서 한다. 이 때의 마우스 커서의 이동량은 2 차원적인 볼의 회전수에 비례한다

movable-head disk unit 가동 헤드 디스크 장치(可動－裝置) 자기 디스크와 디스크면 상을 이동하는 판독/기록(R/W) 헤드를 가진 기억 장치.

move 이동(移動) ① 전송(傳送)하는 것. ② 기억 장치의 주어진 부분의 내용을 다른 장소로 옮기는 것. 전송(轉送), 페이지 이동 등. ③ 온라인 또는 높은 우선의 장치에서 데이터를 오프라인 또는 낮은 우선 장치로 옮기는 것. ④ 금속 내부 또는 이종 금속의 접촉부를 원자, 전자, 이온 등이 이동하는 것. 예를 들면 도금층을 모재 원자가 표면까지 이동하여 도금 효과를 잃는 것.

moving-coil ammeter 가동 코일 계기(可動－計器) 영구 자석의 자계 내에 자계에 직각인 축을 가진 회전 코일을 두고 코일에 측정할 전류를 흘림으로써 생기는 토크에 의해 코일 상에 고정한 지침을 회전시켜, 회전각을 눈금판상에서 읽도록 한 것. 평균값형의 계기이다.

moving-coil type cartridge MC 형 카트리지(－形－), 무빙코일형 카트리지(－形－) →moving-coil type pickup

moving-coil type instrument 가동 코일형 계기(可動－形計器) 계기의 동작 원리에 의한 종별의 하나로, 영구 자석과 가동 코일에 흐르는 전류와의 사이의 전자력을 이용하는 것을 말한다. 직류에 사용되며, 등분 눈금이다. 토크가 크고, 정확도가 높으며, 감도도 양호하다.

moving-coil type loudspeaker 가동 코일형 스피커(可動－形－) →dynamic speaker

moving-coil type microphone 가동 코일형 마이크로폰(可動－形－) →dynamic microphone

moving-coil type pickup 가동 코일형 픽업(可動-形-) 픽업의 일종으로, MC형 또는 무빙 코일형이라고도 한다. 동전형(다이내믹형)에 속하며, 속도 비례형의 발전 기구를 가진 카트리지에 의해 레코드의 속도 진폭에 비례한 출력 전압이 얻어진다. 스테레오용과 모노럴용에 따라 구조는 다르다. 그림은 스테레오용의 일례로, 강력한 자극 내에 2조의 코일을 두고 캔틸레버를 거쳐 바늘 끝에 붙어 있다. 주파수 특성은 좋으나 출력 전압이 작고, 바늘의 교환도 곤란하며, 험이나 잡음이 침입하기 쉬운 결점이 있다.

moving-iron type instrument 가동 철편형 계기(可動鐵片形計器) 계기의 동작 원리에 의한 종별의 하나로, 고정 코일에 흐르는 전류에 의해서 생기는 자계와 가동 철편 사이의 전자력, 또는 코일 내에 부착된 고정 철편과 가동 철편 사이의 자력을 이용하는 것을 말한다. 주로 상용 주파수의 교류에 사용되는데, 히스테리시스손이 적은 양질의 철편을 사용하면 직류에도 사용할 수 있다. 눈금은 0 부근을 제외하고 거의 등분 눈금에 가깝다. 정확도는 떨어지나 구조가 간단하고 튼튼하며 값이 싸다. 또, 직접 대전류를 흘릴 수 있으므로 분류기는 필요없다.

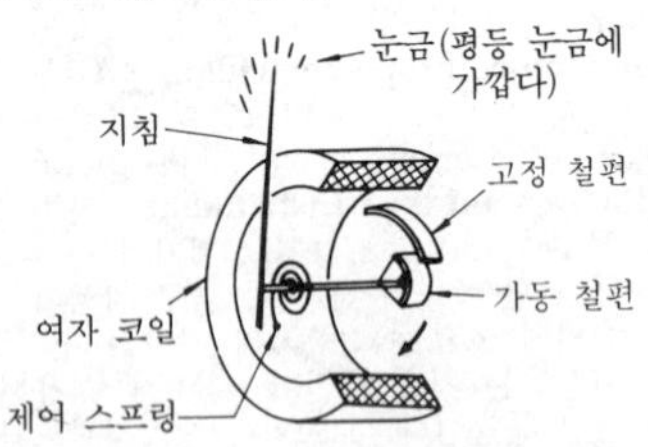

moving-magnet type cartridge MM 형 카트리지(-形-), 가동 자석형 카트리지(可動磁石形-) →moving-magnet type pickup

moving-magnet type instrument 가동 자석형 계기(可動磁石形計器) 가동 영구 자석이 영구 자석과 통전(通電) 코일, 혹은 복수 개의 통전 코일에 의해서 생기는 합성 자계의 방향으로 그 자신을 향하게 하는 작용을 이용한 계측기.

moving-magnet type pickup 가동 자석형 픽업(可動磁石形-) 픽업의 일종으로, MM 형 또는 무빙 마그넷형이라고도 한다. 전자형의 부류에 속하는 것으로, 속도 비례형의 발전 기구를 가진 카트리지에 의해 레코드의 속도 진폭에 비례한 출력 전압이 얻어진다. 스테레오용과 모노럴용으로 구조는 다르나, 그림은 스테레오용의 일례로, 캔틸레버의 한 끝에 바늘, 다른 끝에 작은 자석이 부착되어 있고, 바늘 끝의 움직임에 따라서 자석이 진동하여 코일을 통하는 자속을 변화시켜서 기전력을 얻는 것이다. 이 형은 코일의 감는 수를 크게 하여 출력 전압을 크게 할 수 있다. 바늘의 교환도 쉽고 고장도 적은 특징을 가지고 있다.

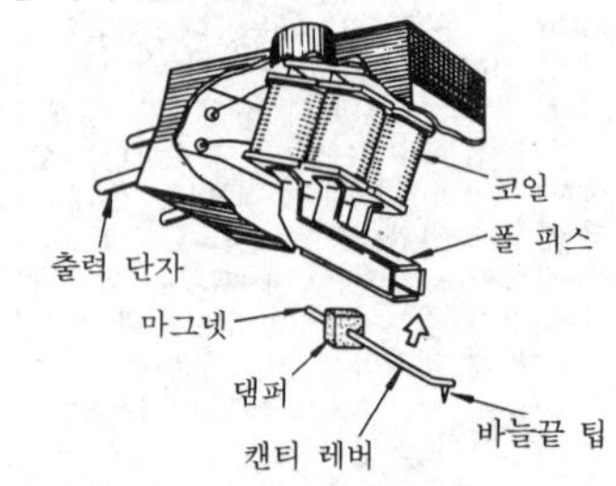

moving target indicator 이동 목표 표시기(移動目標表示器) =MTI

M peak M 피크 피드백 제어계에서 각주파수에 대한 복귀 전달 함수의 진폭의 최대값 M_p를 말한다. 단, 최저 주파수에서의 진폭을 1로 한다.

MPU 마이크로프로세서 유닛, 마이크로 처리 장치(-處理裝置) microprocessor unit의 약어. 기본 처리 장치의 기능을 1개의 LSI 내에 탑재한 것을 말하며, 단지 마이크로프로세서라고도 한다. →microprocessor

MSB 최상위 비트(最上位-) most significant bit 의 약어. 컴퓨터의 1워드를 구성하는 비트 중 가장 비중이 큰 비트. 즉 가장 왼쪽에 있는 비트.

MSC 집중 메시지 교환(集中-交換) =message switching concentration

MSD 최상위 숫자(最上位數字) most significant digit 의 약어. 수를 나타내는 디짓의 배치에서 맨 왼쪽에 위치하고 있는 가장 무게가 있는 숫자.

MS-DOS 엠 에스 도스 MicroSoft Disk Operating System 의 약어. 퍼스널 컴퓨터용으로 미국의 마이크로소프트사에 의해 개발된 자기 디스크 사용의 운영 체제 명칭. BASIC 이나 C 등의 언어 프로세서나 유틸리티 프로그램 등 수많은 소프트웨어가 지원되고 있다. 주로 8086 계의 중앙 처리 장치(CPU)로 가동하는 표준적 운영 체제로서 채용하고 있는 기종이 많다.

MSI 중규모 집적 회로(中規模集積回路) = medium scale integration

MSX 엠 에스 엑스 Microsoft exchange 의 약어. 미국 마이크로소프트 사의 제안에 의한 통일 규격의 개인용 컴퓨터. 운영 체제에는 MSX BASIC 을 채용하고 있다. 원칙적으로 MSX 용 소프트웨어는 어느 메이커의 기종에도 사용할 수 있다.

MSX personal computer MSX 개인용 컴퓨터(-個人用-) MSX로 움직이는 개인용 컴퓨터.

MTBF 평균 고장 간격 시간(平均故障間隔時間) mean time between failure 의 약어. 전자 기기나 시스템의 신뢰성을 나타내기 위하여 사용하는 값으로, 고장없이 동작하는 시간의 평균값을 말한다.

MTE 평균 오류 시간(平均誤謬時間) = mean time between error

MTI 이동 목표 표시기(移動目標表示器) moving target indicator의 약어. SRE 나 ASR 등의 수색 레이더에서 이동하는 항공기 등의 목표물을 식별하기 쉽도록 부가하는 회로. 이동하는 목표물로부터의 반사파는 도플러 효과에 의해 송신파와의 사이에 약간의 주파수 편이를 발생하므로 이로써 고정 목표물과 구별을 하는 것이다.

MTTF 평균 고장 시간(平均故障時間) 여러 아이템의 집합을 전부가 최초로 고장을 일으키기까지 운전했을 때 그 운전 시간의 평균값. 장치 또는 시스템이 사용 장소에 설치되고, 거기서는 수리를 할 수 없는 경우에 쓰이는 용어이다.

MTTR 평균 수리 시간(平均修理時間) mean time to repair 의 약어. 기기의 신뢰성을 표현하기 위하여 사용되는 수치의 하나로, 고장이 발생했을 때 고장마다 그것을 수리하기 위하여 필요한 시간의 평균값을 나타낸다. 만일 고장 발생과 동시에 수리하여 완료와 동시에 가동시킨다고 하면 MTTR 은 MADT 와 일치한다.

M-type tube M형 전자관(-形電子管) 전자 빔이 직류 자계와, 그것과 직교하는 직류 전계가 존재하는 공간을 그 어느 것에 대해서도 직각 방향으로 주행하는 동안에 지파(遲波) 회로와 간섭하여 마이크로파의 증폭 또는 발진을 하는 전자관. 직류 전계의 퍼텐셜 에너지가 고주파 출력 전력으로 변환되므로 효율은 높아서 50~80%나 되지만, 이득은 중 정도인 O형 전자관과 대조적인 성질을 가지고 있다.

MUF 최고 사용 주파수(最高使用周波數) =maximum usable frequency

mu factor 증폭률(增幅率) =amplification factor

multiaccess 다중 접근(多重接近) 이 방식의 컴퓨터계에서는 복수의 조작원이 조작 제어 콘솔에서 혹은 복수의 온라인 단말에서 컴퓨터에 의해 태스크 처리를 할 수 있다. 접근점은 일반적으로 원격 단말 장치(타자기, CRT 표시 장치 등)에서 데이터 전송선에 의해 중앙 처리 컴퓨터와 접속되는 경우가 많다. 다중 접근의 다중 프로그래밍 방식은 빠른 리스폰스의 대화 모드로 동작하고, 운영 체제에 의해 관리된다.

multiaccess computer 다수 접근 컴퓨터(多數接近-) 단말 장치를 통해서 복수의 이용자가 컴퓨터에 동시에 접근할 수 있는 컴퓨터계. 성형망(星形網)에서 단일 중앙 처리 장치(CPU)에 많은 단말이 접속되어 있는 경우도 있고, 링(ring)망에서 CPU 가 분산되어 있어 이들이 복수 이용자의 단말에 접속되어 있는 경우도 있다. 이용자는 보통 CPU 를 대화 모드로 사용한다.

multiaccess system 다중 접근 방식(多重接近方式) 무선 채널의 유효 이용을 위해 각 이동기에 복수의 무선 채널을 공통 소유시키고 빈 채널을 사용함으로써 집선 효과를 높여 채널당의 트래픽 능률을 높이는 방식이다. 신시사이저를 이동기의 발신기로서 채용함으로써, 예를 들면 자동차 전화용 이동기에서는 1,000 채널까지 접근할 수 있다.

multi-amplifier system 멀티앰프 시스템 가청 주파수 대역을 여러 개의 대역으로 분할하고, 각 대역마다 앰프를 사용하여 각각의 대역마다 전용의 스피커를 울리는 방식을 말한다. 멀티채널 앰프 방식이라고도 하는데 주파수 대역을 몇 개로 분할하느냐에 따라서 2웨이, 3웨이 방식 등이라 하고, 프리앰프의 출력을 분할기(멀티앰프 디바이더)로 필요한 대역으로 분할하여 각각 전용의 파워 앰프로 증폭해서 스피커를 구동시키는 것이다. 이 방식에서는 혼변조 일그러짐이 경감되고, 스피커 회로에서 네트워크를 사용하지 않기 때문에 댐핑 팩터의 악화가 없다는 특징이 있다. 그러나 메인 앰프가 2대 내지 3대 필요하게 되므로 경비가 더 들게 된다.

multibeam oscilloscope 다중 빔 오실로스코프(多重-) 둘 또는 그 이상의 별개의 전자 빔을 발생하는 오실로스코프로, 이들 빔은 별개로, 혹은 함께 제어되도록 되어 있다.

multibeam satellite communication 멀티빔 위성 통신(-衛星通信) 위성 통신에서 서비스 에어리어를 복수의 좁은 빔에 의해 커버하는 방식. 멀티빔 안테나를 사용함으로써 지상에서의 수신 신호 전력을 크게 할 수 있다.

MULTIBUS 멀티버스 MULTIBUS는 마이크로컴퓨터용의 시스템 버스로, 미국 인텔사의 등록 상표이나 IEEE에 의해서 규격화되었다. 데이터 버스는 16비트, 전송 속도는 비동기식으로 10Mbps이다. MULTIBUS-Ⅱ도 있으며, 이것은 32비트, 데이터 전송 속도는 동기식으로 40Mbps이다.

multicellular horn 다포형 혼(多胞形-) 하나의 공통인 평면상에 배열되어 배치된, 입을 갖는 집합 혼. 방사 에너지의 지향 특성을 제어하기가 쉽다.

multichannel access 다중 채널 접근(多重-接近) 복수의 무선 채널을 이용할 수 있는 송수신기에 의해 호출의 발생시마다 빈 채널을 찾아 내는 동시에 그 채널에 송수신기 주파수를 전환하여 통화하는 무선 통신 방식.

multichannel access system 다중 채널 접속 방식(多重-接續方式) =MCA

multichannel analyzer 다중 채널 애널라이저(多重-) 입력 신호 파형을 특정한 입력 파라미터에 따라서 다수의 채널에 할당하는 계측기. 다수의 펄스를 어느 선택된 진폭의 범위로 분류하는 장치를 펄스 파고 분석기라 한다. 또, 입력의 여러 가지 주파수 성분을 분류하는 스펙트로미터를 스펙트럼 애널라이저라 한다. 이것은 보통 마이크로파 영역에서 동작하고, 에너지의 스펙트럼 밀도 분포를 CRT상에 표시하는 것이다. 다중 채널 애널라이저는 양쪽의 기능을 가진 것이 많다.

multichip system 멀티칩 방식(-方式) 1개의 기판에 다수의 집적 회로를 부착하여 회로를 구성하는 방법.

multi-connector 다극형 커넥터(多極形-) 장치의 기능에 필요한 만큼의 극수를 갖는 커넥터. 그림은 그 일례로, 모양이 다양하며, 임피던스 정합을 필요로 하지 않는 저주파 회로에 사용한다.

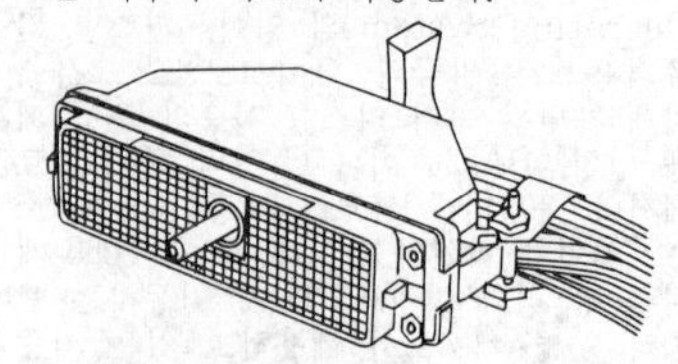

multi-destination carrier 다대지 반송파(多對地搬送波) 다원 접속된 위성 링크에서 사용 반송파의 수를 줄이기 위해 복수의 상대 지구국으로의 신호를 다중화하여 송신되는 반송파.

multidrop 멀티드롭 방식(-方式), 분기 접속(分岐接續) 데이터 전송 방식에서, 하나의 회선에 다수의 단말 장치를 접속할 수 있도록 한 것. 회선으로부터의 데이터는 모든 단말에서 동시에 이용할 수 있도록 되어 있다. 각 단말은 다른 단말에 온 데이터를 저지하지 않도록 되어 있을 필요가 있다. 이 방식에서는 각 단말 상호간에서의 데이터의 혼신을 방지하기 위한 통신 프로토콜이 필요하며, 이를 위해 ANSI의 데이터 링크 제어 규격, IBM사의 SDLC bisync, 그리고 CCITT에 의한 패킷 교환 규격 X.15 등이 있다.

multielectrode tube 다극관(多極管) 3극관보다도 전극수가 많은 진공관. 공간 전하 그리드 4극관, 차폐 그리드 4극관, 5극관, 빔 파워관, 7극관 등이 있다.

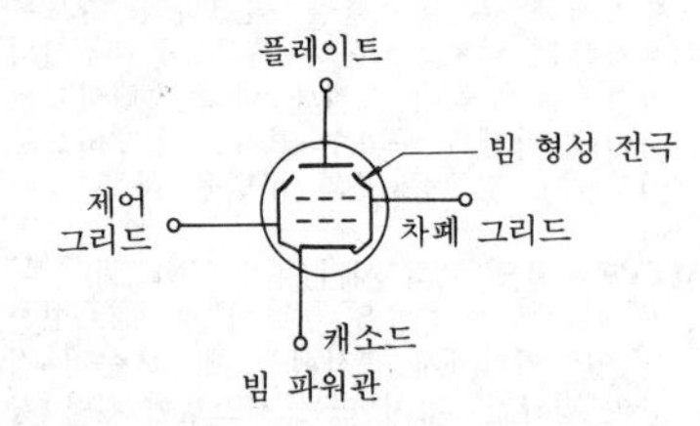

빔 파워관

multi-emitter transistor 다중 이미터 트랜지스터(多重-) 하나의 베이스 영역에 복수 개의 이미터를 확산에 의해서 만들어 넣은 트랜지스터로, TTL 게이트 등에서 사용된다. 다중 이미터 트랜지스터의 논리 동작은 DTL의 경우와 달라, 트랜지스터는 이미터 폴로어로서 동작하여 전

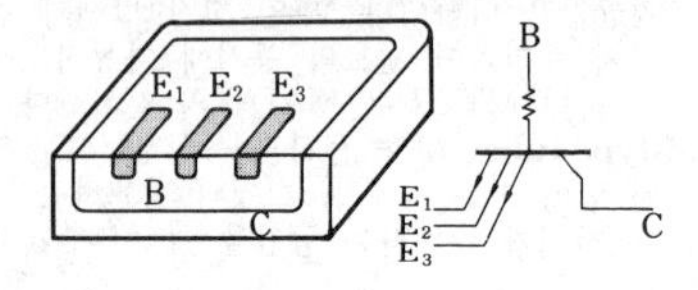

류가 흐르나, 이미터와 컬렉터의 역할은 엇바뀌어 전도(轉倒) 동작으로 된다.

multifrequency code 다주파 부호(多周波符號) →multifrequency tone signalling

multifrequency code signalling 멀티톤 방식(–方式) 멀티톤 방식에서는 각 디짓은 2개의 다른 주파수의 음의 조합에 의해 선로에 송출된다. 전화기의 각 버튼은 2개의 발진기에 접속되어 있으며, 이 버튼을 누르면 이들 발진기가 여진(勵振)되어 2주파 호출 신호를 송출한다. 다이얼 또는 푸시버튼을 사용하여 회선을 단속해서 펄스열을 송출하는 루프 절단 신호와 대비된다.

multifrequency tone-signal 다주파 가청 신호(多周波可聽信號) →multifrequency code signalling

multi-hop transmission 다중 반사 전파(多重反射傳播) 대지와 전리층 사이에서 전파가 여러 번 반사나 굴절을 반복하면서 수신국으로 전파해 가는 것. 직접 전파인 경우에 비해 훨씬 원거리의 수신점에 도달할 수 있다.

multi-image 다중 이미지(多重–) 1조의 사진 혹은 디지털 이미지로, 각각 같은 피사체를 다른 시점에, 또는 다른 장소에서, 혹은 다른 센서, 다른 주파수대, 여러 가지 편파를 써서 측정하여 얻어진 것이다. 이러한 다중 이미지 간에는 고도한 정보 중복성을 볼 수 있으나, 각각의 이미지는 다른 이미지 혹은 그들의 조합으로는 구할 수 없는 독자적인 정보를 가지고 있는 것이다.

multilayer interconnection 다층 배선(多層配線) ① 하나의 회로 기능을 갖게 하기 위해 구성 부분 상호간을 접속하는 경우, 배선용 도체와 절연체를 교대로 적층하여 복수의 도체층을 갖도록 한 배선. ② IC 내 각 소자의 결합에 융통성을 주어, 소형 고밀도의 디바이스를 형성하기 위해 소자간의 배선 접속 구조를 다층화한 것. 배선의 자유도가 증가하여 회로 설계가 편해지는 반면에, 다층화는 공정이 복잡화하고, 표면의 요철(凹凸)이 많아져서 이들이 각종 고장 발생의 원인이 된다. 특히 고려할 것은 알루미늄의 돌기 등에 의한 알루미늄 상호간의 층간 단락, 알루미늄의 계단 피복상의 문제, 절연막의 핀홀(pinhole) 등의 결함 문제 등이다.

multilayer printed wiring 다층 인쇄 배선(多層印刷配線) 인쇄 배선의 일종으로, 복잡한 배선을 한 장의 배선판으로 완성시키는 방법. 인쇄 배선된 필요 매수의 적층판과 미가공의 동판 부착 적층판을 반경화(半硬化)한 적층판 사이에 끼워 겹쳐서 압착하고, 구멍 가공한 다음 스루홀 배선판과 같은 방법으로 그림과 같이 접속하여 만든다.

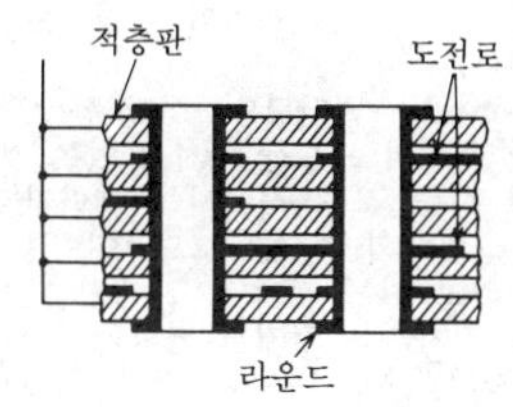

multi-link call 다중 링크 호출(多重–呼出) 송신 단말이 복수의 수신 스테이션에 동시에 정보를 전송할 수 있는 호출.

multi measuring range meter 다중 측정 범위 계기(多重測定範圍計器) 측정 범위가 두 종류 이상 있는 측정기. 눈금판 혹은 다이얼 눈금 등이 같으며, 전환 장치(스위치, 단자 등)에 맞추어서 지시값을 곱하여 측정값을 구한다.

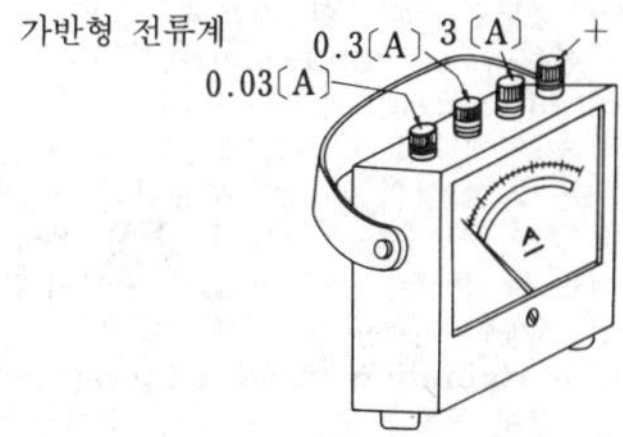

multimedia communication 멀티미디어 통신(–通信) 인간이 다루는 언어, 화상, 동작 등의 정보를 지적 정보 시스템을 써서 이용자가 의도한 내용을 순간적으로 꺼낼 수 있는 통신 방법이다. 이것을 실현시키려면 다양한 수단에 의한 정보의 취급을 위해 여러 가지 인공 지능을 활용하여 통신망 자체가 이들의 처리를 위한 기법을 가질 필요가 있다. 멀티미디어 통신을 하기 위해서는 정보로서의 기억 방법이나 문자 혹은 도형이라는 국소적인 정보만이 아니고 문맥 정보의 이용이나 연관에 의한 추론 등의 기능에 입각하여 보다 고도한 인식 기술이 확립되어 있지 않으면 안 된다. 그것을 실현하기 위해서는 멀티미디어에 의한 데이터 베이스의 확립이 급선무이다.

multimedia display 멀티미디어 디스플레이 문자 정보, 영상 정보, 3차원 그래픽스 정보의 모두를 1대의 CRT(음극선관) 화면에 분할하여 동시에 표시하고, 영상에 의한 대화를 할 수 있도록 한 디스플레이.

Multimeter 멀티미터 로슨 전기 계기사 제품의 상표. 동사의 VOM 계에 붙인 것인데, 전압, 전류, 저항을 하나의 장치로 측정할 수 있는 계기의 대명사로서 널리 쓰인다.

multi-mode 멀티모드 어느 동작 혹은 현상이 복수의 모드를 가지고 있는 것. 예를 들면 다중 모드 레이저는 레이저 공진기가 둘 이상의 종(縱) 모드 또는 횡 모드로 발진하고 있는 것이다. 도파관 내를 전파하는 전자파는 전기적 횡파($TE_{m,n}$), 자기적 횡파($TM_{m,n}$) 혹은 전자 횡파(TEM) 등의 각 모드가 있다.

multi-mode fiber 멀티모드 파이버 광섬유 케이블의 일종으로, 스텝 인덱스형(SI형)과 그레이디드 인덱스형(GI 형)이 있다. SI 형은 케이블의 코어(글래스 파이버의 부분)과 클래드(코어를 감싸는 피복)의 굴절률 차를 극단적으로 크게 한 것으로, 펄스파를 넣어도 출력은 상당히 변화한다. 단거리용이다. GI 형은 굴절률의 변화 정도를 작게 한 것으로, 출력 파형은 개선된다. →single mode fiber

multioffic area 복국지(複局地) 전화국의 전 가입자수를 1국에 수용할 수 없는 경우는 둘 이상의 분국에 수용한다. 이와 같은 가입 구역을 복국지라 한다. 복국지에서는 각 분극에 분국 번호가 주어지고, 교환 접속이 이루어진다.

multi-origination broadcast program 다원 방송(多元放送) 복수의 송신원(送信源)에 의한 방송 프로그램을 말한다. 다중방송(multiplex broadcast)와 혼동해서는 안 된다.

multi-party connection 다수 공동 접속(多數共同接續) 3 인 또는 그 이상의 가입자가 단일의 전화에 참가할 수 있는 장치.

multipath 멀티패스 어느 방송국(텔레비전 또는 FM 방송국)에서 발사된 전파가 그림과 같이 여러 다른 경로를 통해서 수신 안테나에 도달하는 현상으로, 다중 전파라고도 한다. 이와 같이 경로가 다른 둘 이상의 전파가 수신 안테나에서 수신되면 텔레비전에서는 고스트로 되어서 나타나고, FM 방송의 경우는 복잡한 수신 장해로 되어서 매우 듣기 거북한 소리가 된다. 이것을 방지하려면 수신 안테나의 지향성을 날카롭게 하고 안테나의 최대 감도 방향을 방송국쪽으로 향하게 하든가 수신 안테나의 감도를 높게 하여 직접파와 반사파의 레벨비를 크게 하는 것이 좋다. 특히 자동차용 FM 수신기에는 차가 이동하기 때문에 이 방해를 받기 쉽고, 그것을 제거하기 위한 멀티패스 노이즈 리덕션 안테나 등도 고안되어 있다.

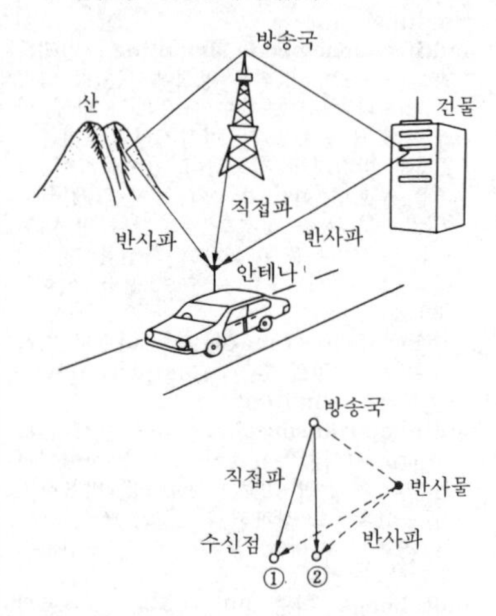

multipath error 다경로 오차(多經路誤差) 둘 또는 그 이상의 다른 경로를 통해서 도달하는 복합 무선 신호를 수신함으로써 발생되는 오차.

multipath meter 멀티패스 미터 멀티패스 인디케이터라고도 하며, FM 튜너로 멀티패스가 발생하는 정도를 계기로 지시하는 것이다.

multiphase modulation system 다상 위상 변조 방식(多相位相變調方式) PSK의 일종으로, 1 회의 변조로 수 비트의 데이터를 한번에 싣는 것이다. 2 비트인 경우는 2^2 즉 4 상, 3 비트인 경우는 2^3 즉 8 상에 대응시켜 각각 4 상 PSK, 8 상 PSK 라고 부른다. 중고속의 모뎀에 사용된다.

multiple access 다원 접속(多元接續) ① 복수의 개인(또는 그룹)이 조작 제어 콘솔이나 온라인 단말(키보드나 VDU 장치)을 통해서 호스트 컴퓨터에 의해 데이터를 처리하는 방법. ② 복수의 스테이션이 상시 통신망에 접근할 수 있는 융통성있는 통신 방식. ③ 위성 중계기를 다수의 지상국이 채널을 통해서 공동 이용하는 것. 각 지상국의 반송 주파수를 바꾸어서 사용하는 주파수 분할 다원 접속(FDMA), 동일 반송 주파수를 복수의 지상국이 시분할 사용하는 시분할 다원 접속(TDMA), 각 지상국이 다른 부호화법을 사용하는 부호 분할 다원 접속(스펙트럼 확산 방식 : CDMA) 등이 있다.

multiple-access network 다원 접속망(多元接續網)[1], 다중 호출망(多重呼出網)[2] (1) 망의 각 스테이션이 수시로 자유롭게 망에 접근할 수 있도록 되어 있는 것. 위성 통신의 경우에도 각 지상국이 수시로 트랜스폰더를 거쳐서 상대 지상국에 접근할 수 있다.
(2) 네트워크의 각국이 상시 네트워크에 접근할 수 있게 되어 있는 플렉시블한 시스템. 두 컴퓨터가 동시에 전송하려고 하는 경우의 설비(준비)도 갖추어져 있다.

multiple address calling 동보 통신(同報通信) 어느 특정한 통신 서비스에 관여한 모든 가입자가 동일 메시지 신호를 동시에 받을 수 있게 되어 있는 전송 형식. 통신을 위한 채널은 다중 단말의 케이블망과 같은 폐계 통신 매체(閉界) 통신 매체(bounded medium)라도 좋고, 또 대기 중을 전파로서 방송되는 TV 신호의 경우와 같이 개방 통신 미체(unbounded medium)라도 좋다. 후자의 통신 형식은 보통 「방송」이라 한다.

multiple access communication 멀티플 액세스 방식(-方式), 다중 접근 통신 방식(多重接近通信方式) 하나의 통신 위성을 이용하여 동시에 여러 지상국간에서 여러 조의 통신을 하는 것을 말한다. 위성에는 변조 변환형 중계기를 탑재하고, 지상국으로부터는 24~240 회선 정도의 신호를 회선수에 비례한 좁은 대역으로 송신하고, 위성 중계기에서 이것을 묶어 600~1,200 회선으로 재배치하여 하나의 반송파를 변조하여 지방국으로 보낸다. 지상에서는 그 광대역 변조파를 복조하여 그 중에서 자국이 필요한 회선만을 추출한다. SSB(단측파대 통신 방식)의 진폭 변조 신호를 위상 변조로 변환 중계하는 방식을 쓰면 통신 위성을 경제적으로 이용할 수 있다.

multiple control action 중합 동작(重合動作) 비례 동작, 적분 동작 및 미분 동작 중의 둘 또는 셋이 적당히 조합된 동작을 말하며, 비례 적분 동작, 비례 미분 동작, 비례 적분 미분 동작 등이 있다.

multiple crosstalk noise 다중 누화 잡음(多重漏話雜音) 통신 회선에서 여기에 전자적(電磁的)으로 유도하는 회선이 다수 있고, 그 곳으로부터의 누화의 크기가 같은 정도이면 그들의 누화가 서로 간섭하여 양해성이 없는 잡음이 된다. 이러한 성질의 누화를 말하며, 버블이라고도 한다.

multiple earth 다중 접지(多重接地) 장파나 중파의 접지 안테나에서는 일반적으로 방사상 접지를 하여 직류적인 접지 저항을 작게 하는 동시에 대지와의 정전 용량을 크게 한다. 이 때문에 고주파에서의 실효적인 접지 저항이 작아진다. 대형 안테나에서는 한 곳에만 접지하는 것은 불충분하며, 안테나 기부의 전류가 밀집하는 것을 방지하기 위해 지선망(地線網)을 여럿으로 구분하고, 그들에 균등하게 전류가 흐르도록 한다. 이것을 다중 접지라 한다. 접지 저항은 1~2Ω이다.

multiple link access procedure 다중 LAP(多重-) →terminal endpoint identifier

multiple link connection 다단 링크 접속(多段-接續) 입선(入線)과 출선(出線)을 별개의 교환망에 수용하고, 그들 사이를 링크 접속하여 선택 범위를 확대하는 링크 접속에서, 입선과 출선 사이에 개재하는 교환망의 수가 m개인 경우를 m단 링크 접속이라 한다. 그림은 2단 링크 접속인 경우를 나타낸 것이다.

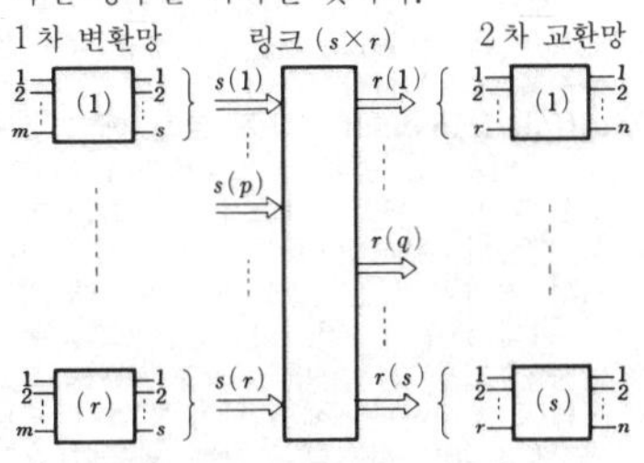

1차 교환망의 출단자 $p(q)$는 2차 교환망의 출단자 $q(p)$에 접속되어 있다.

multiple modulation 다단 변조(多段變調) 단측파대(SSB) 신호를 만드는 데 갑자기 중단파 이상의 반송파로 평형 변조해도 양측파대의 간격이 좁아, 필터로 분리하기가 곤란하다. 그래서 처음에는 20kHz 정도의 낮은 발진 주파수로 평형 변조를 하고 필터로 상측파대만을 분리하여 차례로 발진 주파수를 높여서 3단 정도의 평형 변조를 하면 상하 측파대의 간격이 어느 정도 넓어지고 필터의 설계도 용이해진다. 이러한 변조 방법을 다단 변조라 한다.

multiple-purpose controller 다목적 제어기(多目的制御器) 일반적으로 미니컴퓨터나 시퀀서가 하는 각종 제어는 각각 기종마다 전용의 소프트웨어나 통신이 필요하다. 그들의 모두를 갖춘 범용의 제어기를 다목적 제어기라 한다. 이것은 제어와 통신의 기능에 균형이 잡혀 있어야 하는 것이 중요하다.

multiple rectifier circuit 다중 정류 회로(多重整流回路) 둘 또는 그 이상의 단순한 정류 회로를 그들의 직류 출력 전류가 서로 더해지도록〔단, 각 조의 전류(轉流) 위상은 일치하지 않는다〕 접속한 정류 회로.

multiple rho 다중 로 방식(多重－方式) 둘 또는 그 이상의 거리를 측정하여 그에 따라서 위치가 정해지는 항행(航行) 방식에 대한 일반적인 용어.

multiple scattering 다중 산란(多重散亂) 입자가 산란체 중에서 2회 이상 차례로 산란되는 현상.

multiple sound track 다중 사운드 트랙(多重－) 공통의 기반상에 인접하여 녹음된 사운드 트랙의 집합. 각각은 별개의 것이기는 하지만 스테레오포닉의 녹음과 같이 공통의 시간 베이스를 가지고 있다.

multiple spindle control 다축 제어(多軸制御) 로봇의 다관절 축 제어나 복합 수치 제어(NC) 공작 기계의 다축 동작 등을 동시에 제어하는 것을 말한다. 축이 많을수록 고기능이다.

multiple-trip echo 다중 트립 에코(多重－) 매우 먼 곳의 목표물로부터 되돌아오는 레이더 에코. 펄스가 목표물을 향해서 발사되고부터 반사하여 되돌아 오기까지의 시간이 다음 펄스 발사까지의 시간에 비해 매우 긴 것. 이러한 에코는 펄스 발사 속도를 변경하면 에코도 변화하므로 식별이 용이하다. 에코가 제 2 발사 펄스와 제 3 발사 펄스의 중간에 되돌아 오는 경우는 제 2 트립 에코라 한다.

multiplex 다중화(多重化) 통신에서 복수 정보의 스트림을 단일의 전송로를 통해서 동시 전송하는 기법. 시분할 다중화 방식(TDM)에서는 적당한 길이의 정보 단위를 일정한 순서로 타임 슬롯에 수용한 것을 인터리브하여 전송한다. 이러한 사용법을 하는 채널을 다중 채널(multiplexer channel)이라 한다. 타임 슬롯에 수용하는 정보의 단위에 따라서 비트 다중(bit multiplex), 바이트 다중(byte multiplex), 블록 다중(block multiplex) 등의 다중 방식이 있다.

multiplex aggregate bit rate 다중화 총계 비트 레이트(多重化總計－) 시분할 다중 전송계에서 개별 입력 채널의 정보 비트 레이트와 다중화 프로세스에 의해서 필요한 오버헤드용(통신 프로세스 관리용) 비트와의 총합.

multiplex broadcasting 다중 방송(多重放送) 할당 주파수대 또는 방송 시간대의 여유를 이용하여 각종 방송을 동시 방송하는 것.

multiplex channel mode 다중 채널 모드(多重－) 시분할 다중 채널에 접속된 복수의 저속 I/O 장치에 대하여(혹은 장치에서) 수 바이트씩의 데이터를 일련의 타임 슬롯에 적당히 인터리브하여 전송하는 방식.

multiplex communication 다중 통신(多重通信) 하나의 전송 선로나 공간 등에서 둘 이상의 기호를 동시에 전송하는 통신 방식. 이 방식에는 주파수 분할 다중 통신 방식과 시분할 다중 통신 방식이 있다. 다중 통신은 전송로를 경제적으로 사용하는 방법으로서 널리 응용되고 있다.

multiplex demodulation circuit MPX 복조 회로(－復調回路) →FM stereo demodulation circuit

multiplexed text broadcasting 문자 (다중) 방송(文字(多重)放送) 방송망을 사용한 텔레텍스트. 전화망을 이용하는 비디오텍스와 대비되는 방식이다. 일반 방송 전파에서의 수직 귀선 소거 기간의 일부를 이용하여 송신된 텍스트나 도형(혹은 여러 종류의 그들이 다중화된 것)을 시청자가 그를 위한 어댑터가 내장된 수상기에 의해 선택 수상할 수 있도록 한 것이다(무료).

multiplexed traffic 다중 트래픽 처리(多重－處理) 많은 메시지 신호가 같은 형으로 변환되어 동일 채널을 다중화되어서 전송되는 처리법.

multiplexer 멀티플렉서 ① 텔레비전 방송국의 텔레시네 장치의 하나로, 필름 영사기와 슬라이드 영사기의 광학상을 적당히 전환하여 비디콘 카메라의 광전면에 영사할 수 있도록 한 미러(거울) 장치를 말한다. 고정 거울식과 가변 거울식이 있는데, 보통은 1대의 카메라에 대하여 35 mm, 16mm필름 영사기, 슬라이드 영사기가 멀티플렉서에 의해 조합되어 있다.

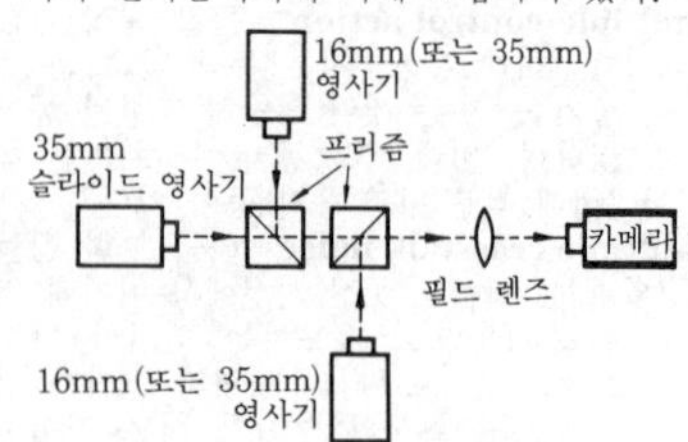

② 데이터의 전송로에서 하나의 광대역 전송로를 사용하여 복수의 전송을 할 때 주파수 대역의 분할이나 시분할 방식 등으

로 전송하는 것. ③ 컴퓨터의 중앙 처리 장치(CPU)와 각종 입출력 장치 사이에서 데이터를 주고 받을 때 하나의 채널을 시분할 방식 등에 의해 많은 장치나 회로에서 사용할 수 있도록 제어하는 장치나 회로를 말한다.

multiplexer channel 멀티플렉서 채널 컴퓨터와 복수의 주변 장치 사이에서 동시에 데이터를 주고 받을 수 있는 특수 입출력 채널이다. 실렉터 채널과 대비된다. 실렉터 채널에서는 어느 시점에서는 단지 하나의 주변 장치와의 사이에서만 데이터 수수가 가능하다.

multiplex modulation 다중 변조(多重變調) 변조를 2회 이상 하는 것. 다중 통신에서는 다중 변조나 군변조를 함으로써 한 쌍의 전송 선로에 다수의 통화로를 실을 수가 있다. →group velocity

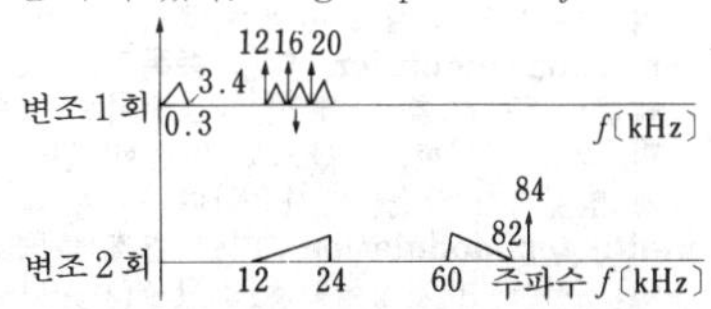

multiplex switch 다중화 스위치(多重化-) 디지털 교환기에서의 스위치 요소로, 신호를 시분할 다중화하여 하이웨이를 통해서 상대 회선에 전송한다든지, 상대 회선으로부터의 신호를 하이웨이를 통해서 자기 회선에 받아들이기 위해 사용되는 스위치. 하이웨이 스위치는 하이웨이에 액세스하고 있는 임의의 두 채널을 접속하는 공간 스위치로, 상술한 시간 스위치와 구별된다.

multiplex system 다중화 구성(多重化構成) 데이터 통신에서 복수의 저속 회선으로부터의 데이터 신호를 묶어서 한 줄의 고속 회선으로 전송하는 방법. 그림과 같이 구성하며, M 은 다중화 장치이다.

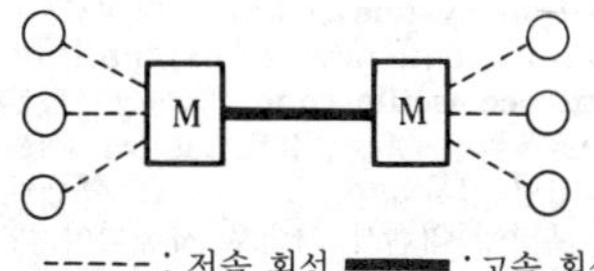

multiplicand quotient register MQ 레지스터 컴퓨터의 연산 장치를 구성하는 레지스터의 하나로, 승수의 몫의 레지스터이다.

multiplication factor 증배율(增配率) ① 전자 증배관에서 출력 전류와 1차 방출 전류와의 비. ② 반도체 중의 전계가 클 때에는 캐리어는 충돌 이온화, 즉 애벌란시 증배 현상을 일으켜 전류가 급증한다. 이 전류의 증가한 비율을 1차 전류에 대한 비로서 나타낸 것을 증배율이라 한다.

multiplicative noise 상승성 잡음(相乘性雜音) →additive noise

multiplied analog component 맥 = MAC

multiplier 배율기(倍率器)[1], 승산기(乘算器), 곱셈기(-器)[2] (1) 전압계의 측정 범위를 확대하기 위해 전압계에 직렬로 접속하여 사용하는 저항기. 전압계의 내부 저항 r_v, 배율기의 저항을 R로 하면 배율 n은 $n=1+R/r_v$가 되며, n배의 전압을 측정할 수 있다. 전압계에는 배율기 내장형과 외부 부가형이 있으며, 전압이 큰 경우에는 후자가 사용된다.
(2) 아날로그 컴퓨터의 비선형 연산기의 하나로, 출력 전압이 두 입력 전압 x, y의 곱이 되는 장치이다. 1/4-2 승 방식 승산기, 변조형 승산기, 서보 승산기 등이 있으며, 전자 회로에 의한 것은 응답 속도가 양호해도 정밀도의 안정도가 일반적으로 낮고, 서보 방식의 것은 반대로 안정도는 높지만 응답 속도가 느리다.

multipoint 분기 접속(分岐接續) =multidrop

multipoint recorder 타점식 기록계(打點式記錄計) 펜과 기록지와의 마찰을 적게 하기 위해 펜을 일정 시간마다 낙하틀에 의해 기록지에 밀어붙여 그 때의 지시값에 상당하는 곳 그 사이에 끼운 색 리본으로 점을 표시하는 기록계이다. 단점식과 다점식이 있으며, 타점 기구에도 전술한 것 이외에 각종 방법이 있다. 입력 신호의 변화가 빠를 때에는 사용할 수 없고, 기구가 복잡해지는 등의 결점도 있으나 정밀도가 높아져서 다점식에서는 측정량 상호간의 관계가 색별로 보기 쉽고, 기록계의 개수가 적어도 되는 등의 장점이 있다.

multipoint system 멀티포인트 방식(-方式) →multidrop

multiposition control action 다위치 동작(多位置動作) 자동 제어계에서 동작 신호의 어느 범위마다 조작량이 단계적으로 불연속인 변화를 하는 제어 동작. 단계의 위치를 다수로 할수록 비례 동작에 가까워진다.

multiprocessing 다중 처리(多重處理) 둘 또는 그 이상의 프로그램, 또는 명령 시퀀스를 컴퓨터(또는 전산망)에 의해서 동시에, 혹은 도중에 끼워서 실행하는 것. 다중 처리는 다중 프로그래밍, 병렬 처리 혹은 그 양쪽에 의해서 수행할 수 있다.

multiprocessing system 다중 처리 시스템(多重處理－) 컴퓨터의 사용 효율을 높이기 위한 한 형태. 복수의 중앙 처리 장치(CPU)를 연결하여 기억 장치나 입출력 장치를 공통으로 사용하도록 한 시스템.

multiprocessor 멀티프로세서 공통의 주기억 장치에 접근하는 둘 이상의 중앙 처리 장치(CPU)를 갖는 컴퓨터. 시스템의 신뢰성, 장치 이용의 융통성, 처리 능력의 증대를 목적으로 만들어진 시스템으로서 멀티프로세서(다중 프로세서) 시스템이 있다. 신뢰성을 저하시키지 않고 자원 이용의 융통성이 높다는 특징이 있다.

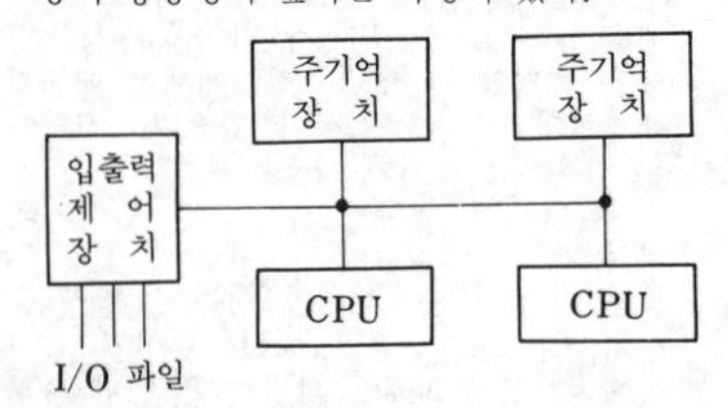

multiprogramming 멀티 프로그래밍 하나의 처리 장치에 의해서 둘 이상의 컴퓨터 프로그램을 교대로 배치하여 실행하는 기능을 갖춘 조작 형태. 하나의 컴퓨터로 복수 개의 프로그램을 겉보기로 동시에 실행하는 것이다. 멀티프로그래밍의 목적은 처리 장치, 기억 장치, 입출력 장치, 채널 등의 컴퓨터 자원을 병렬적으로 사용하여 시스템 전체의 사용 효율을 높이는 것이다.

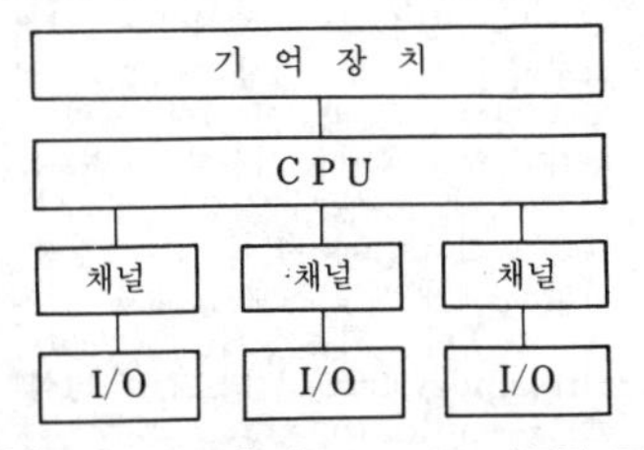

multi-purpose telephone set 다목적 전화기(多目的電話機) 종래의 통화 이외에 여러 가지 기능을 갖게 한 전화기.

multi-recording 다중 기록(多重記錄) 복수의 트랙을 갖는 리코더(multi-track recorder, MTR)를 써서 곡의 각 구성 부분마다 다른 트랙에 기록하고, 이것을 믹스하여 다른 트랙에 기록하는 식으로 해서 최종적으로 모노럴 혹은 스테레오 레코드로 완성해 가는(mix-down) 것.

multisegment magnetron 다중 세그먼트 마그네트론(多重－) 양극이 둘 이상의 세그먼트로 분할되어 있는 마그네트론. 보통 축에 평행한 홈에 의해서 분할되어 있다.

multisensing remote controller 멀티센서 리모트 컨트롤러, 멀티센서 원격 제어기(－遠隔制御器) 텔레비전 수상기의 원격 제어의 일종으로, 떨어진 장소에서 스위치나 다이얼 등을 자유롭게 조작할 수 있는 다기능 적외선 리모컨 장치. 주요한 기능은 2중으로 변조하여 오동작이 없는 발신부, 2 개 국어 방송을 수신할 수 있는 2중 음성 버튼, 음량 조정과 소음(消音), 랜덤 선국 등이며, 19 종류의 조작과 제어를 할 수 있다. 이것은 제너럴사의 상품명이다.

multispeed floating action 다속도 동작(多速度動作) 자동 제어 장치에서 동작 신호의 크기에 따라 조작량의 변화 속도가 3 이상의 단계로 바뀌는 동작.

multistage amplifier 다단 증폭기(多段增幅器) 증폭기를 여러 단 캐스케이드 접속한 것을 말하며, 1 단으로 충분한 증폭도가 얻어지지 않을 때 사용한다.

multi-step modulation 다단 변조(多段變調) 어느 한 과정에서 변조된 파가, 다음 과정에서 변조파(반송파를 그에 의해서 변조하는)가 되는 것. 예를 들면, 펄스 반송파가 어느 신호에 의해서 펄스 위치 변조되고, 그 결과 얻어진 펄스 신호가 다른 반송파를 진폭 변조하는 경우이이며, 변조가 행하여지는 순으로 PPM-AM 이라는 식으로 표현한다.

multitask 멀티태스크 컴퓨터가 동시에 복수의 프로그램을 실행할 수 있는 환경을 말한다. OS/2 에서는 최대 12 개의 프로그램을 실행할 수 있다.

multitip system 멀티팁 방식(－方式) 하나의 배선 기판에 다수의 팁 트랜지스터를 부착하여 회로를 소형으로 조립하는 방식. 혼성 IC 에 사용된다.

multitone system 멀티톤 방식(－方式) ＝multifrequency tone signalling

multitrace oscilloscope 다현상 오실로스코프(多現象－) 오실로스코프의 CRT 에서 단일 전자 빔이 둘 또는 그 이상의 신호 채널에 의해서 교대로 사용되어, 스크린 상에 각 채널의 신호 출력이 동시에 소인(掃引)되도록 되어 있는 것.

multi-track recording 멀티트랙 기록(－記錄) 기록 매체에 복수 개의 트랙을 두고, 여기에 동일한 시간 베이스를 가진 복수의 정보(혹은 시간적 관련이 전혀 없는 복수의 정보)를 동시에 기록하는 것.

multiunit tube 복합관(複合管) 하나의 관

구(管球) 내에 둘 이상의 진공관을 봉해 넣은 진공관. 소형화할 수 있는데다 히터 전력의 절약도 될 수 있는 이점이 있다.

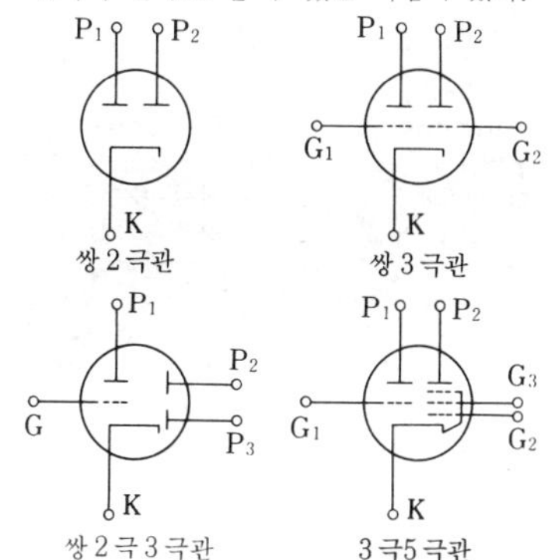

multivibrator 멀티바이브레이터 2단 증폭기에 정궤환을 건 발진기의 일종. 구형파 펄스의 발생 등 펄스파 관계의 중요한 회로이다. 그림은 멀티바이브레이터의 기본 회로를 나타낸 것이며, 결합 회로 Z_1, Z_2의 구성에 따라 비안정 멀티바이브레이터, 단안정 멀티바이브레이터, 쌍안정 멀티바이브레이터의 3종류가 있다.

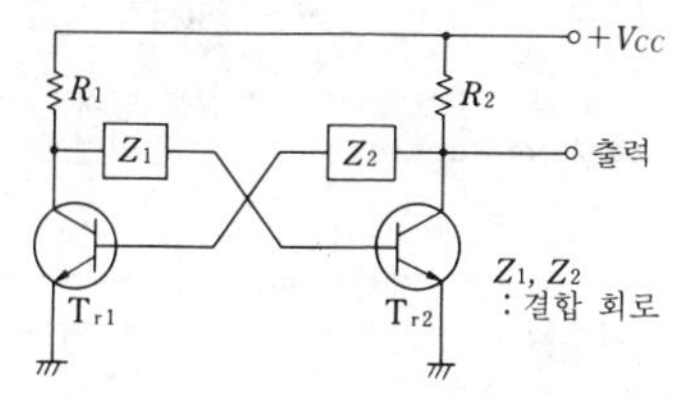

multivoice system 음성 다중 방식(音聲多重方式) 텔레비전에서 음성을 동시에 둘 이상 보내는 방식. 음성을 입체화하는 경우와 2개 국어 방송의 경우가 있다.

multiway speaker system 멀티웨이 스피커 시스템 구경이 다른 2~3개의 스피커에 가청 주파수 대역을 분할하여 재생시키는 방식을 말하며, 대역을 분할하기 위해서는 디바이딩 네트워크를 사용하고, 또 스피커의 레벨을 맞추기 위해서는 레벨 컨트롤을 스피커 케이스 내에 부착하고 있다. 2개의 스피커를 사용하는 것은 2웨이, 3개의 스피커를 사용하는 것은 3웨이 스피커라 한다. 이 방식을 쓰면 재생 주파수 대역을 넓게 잡을 수 있고, 지향 특성도 양호하나 주파수에 따라서 음원의 위치가 변화한다든지 크로스오버 주파수 부근에서는 음이 간섭하는 등의 결점이 있다. 그러나 현재 널리 보급되고 있는 스테레오 장치의 스피커 시스템은 거의 이 방식을 쓰고 있다.

multiwindow 멀티윈도 디스플레이의 화면을 여러 개로 분할하고, 또는 일부분을 구분하여 복수의 영상을 표시하는 것. 텔레비전의 시청자가 복수의 방송을 동시에 선국하여 수신한다든지 혹은 멀티미디어 디스플레이 등에 이용된다.

multi-workstation 멀티워크스테이션 1대의 워크스테이션을 동시에 온라인 단말이나 퍼스널 처리 등 여러 용도에 사용하는 것. 또는 그러한 기능을 가진 워크스테이션을 말한다. 사무용 컴퓨터 시스템에서의 멀티워크스테이션은 전체를 제어 및 결합하는 역할을 하는 마스터 워크스테이션과 그 제어로 동작하는 슬레이브 워크스테이션으로 구성되며, 각 워크스테이션은 서로 독립하여 개별의 업무 처리를 할 수 있다.

Murray's loop method 머레이 루프법(-法) 직류 브리지의 일종으로, 선로의 접지 위치를 검출하는 데 사용된다. 평행 2선로의 한 쪽이 접지했을 때 그림과 같이 한 끝에 비례변과 검류계를 접속하고, 다른 끝을 단락하여 브리지 회로를 형성해서 평형을 잡으면 접지점까지의 거리는 다음 식으로 구해진다.

$$x = 2d\frac{b}{a+b}$$

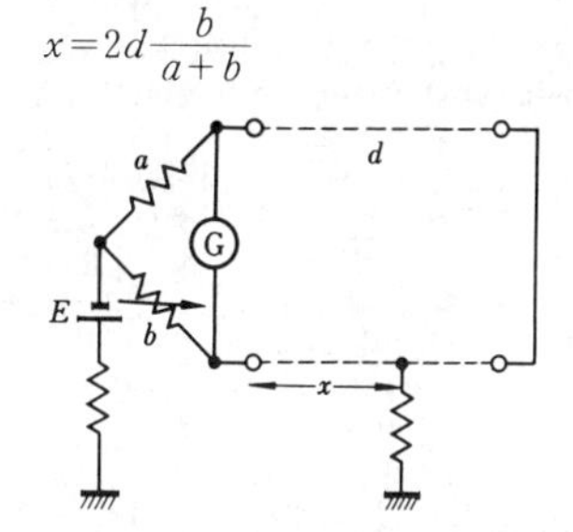

MUSA antenna 무사 안테나 롬빅 안테나를 직선상에 배열하여 출력을 합성하고, 각각의 안테나 전류의 위상을 조정함으로써 중심선을 포함하는 수직면 내의 지향성을 바꿀 수 있는 안테나군.

muscovite mica 백운모(白雲母) 운모는 SiO_2, Al_2O_3 외에 K_2O 등을 포함하는 천연산 광물인데 성분의 차이에 따라 흑, 앰버 등의 색을 띠고 있다. 백운모는 그 중 특히 절연성이 뛰어난 것으로, 열에도 강하고, 결정은 얇은 층으로 벗길 수도 있다. 콘덴서의 유전체층으로 사용한다든지, 전열기나 정류자의 절연에도 사용되는 외에 분말을 굳혀서 재생 마이카로서 고주파용으로 사용한다든지 한다.

mush area 수신 불량 구역(受信不良區域) 서비스 에어리어 중에서 수신 신호에 상당한 페이딩이나 일그러짐이 생기는 구역. 이것은 2개의 동기한 송신기로부터의 전파, 또는 단일의 송신기로부터의 직접파와 간접파의 간섭에 의해 생긴 것이다. →fade area

musical instrument digital interface standard MIDI 규격(-規格) 전자 악기, 리듬 머신, 컴퓨터 등을 상호 접속하여 디지털 연주 정보를 주고 받기 위한 인터페이스 규격. 전송(轉送) 속도 31.25 kbaud 의 비동기 직렬 전송 방식을 쓰고 있다. 악기의 동기 연주, 컴퓨터에 의한 자동 연주, 컴퓨터 그래픽스와 음악의 결합 편집 등 넓은 응용 분야에 불가결한 인터페이스를 제공해 준다.

music power 뮤직 파워 일반적으로 증폭기의 전원은 내부 임피던스 때문에 큰 입력 신호가 들어오면 대전류가 흘러 전압이 저하하여 연속적으로 꺼낼 수 있는 출력(정격 출력)은 제한된다. 그러나 실제의 음악 등에서는 피크는 극히 단시간이기 때문에 전원 전압의 저하를 일으키지 않고 무신호시의 전압에 상당하는 출력이 얻어진다. 이러한 출력을 뮤직 파워라 한다. 따라서 이러한 출력은 정격 출력보다 매우 큰 출력으로 되어 있다.

music synthesizer 뮤직 신시사이저 오디오의 합성 장치로, 전자 악기의 일종이라고 생각되며, 단지 신시사이저라고도 한다. 처음에 이 명칭을 사용한 것은 1955 년에 RACA 가 발표한 것이지만 1965 년 무그에 의해 제작된 "무그 신시사이저"가 현재 것의 원조라고 한다. 신시사이저의 음원은 전자 회로에 의한 가변 주파 발진기이며, 이 밖에 파형 변환기, 음색을 바꾸기 위한 가변 필터, 게이트 회로, 포락선 발진기 및 다수의 조정기로 구성되어 있다. 신시사이저는 임의의 음정과 세기 및 음색을 자유 자재로 낼 수 있으므로 여러 가지 악기와 비슷한 음을 낼 수 있는 외에 비브라트, 트레몰로, 볼타멘트 등의 조작도 할 수 있어 실제의 악기에는 없는 독특한 소리도 낼 수 있다. 또 현재 신시사이저만으로 연주된 신시사이저 뮤직이라는 것도 레코드 등으로 발표되고 있다.

MUT 평균 동작 시간(平均動作時間), 평균 업 타임(平均-) mean up time 의 약어. 동작 가능 시간의 평균값으로, 장치 또는 시스템의 가동률을 구할 때 필요한 데이터이다.

muting 뮤팅 ① 디지털 오디오 기록에서 생기는 표본화 오류를 보정하는 방법의 하나. 오류가 생긴 개소를 무조건 0 신호로 하는 방법. ② 증폭기 등에서 적당한 *SN* 비를 갖지 않는 입력 신호를 억압해 버리는 것.

muting circuit 뮤팅 회로(-回路) 음악 용어로는, 뮤트는 약음기(弱音器)라는 뜻이 있으며, 앰프나 튜너에서 볼륨을 줄이지 않고 일시적으로 음량을 20dB 정도 낮추는 기능을 가진 회로를 말한다. 앰프 등에서는 오디오 뮤팅이라 하며, 레코드를 걸 때 이 회로를 ON 으로 해 두면 픽업의 바늘이 음구(音溝)에 앉히기까지 잡음이 차단되고 바늘이 음구에 들어간 다음 OFF 로 하면 보통의 상태로 되돌아가는 식으로 사용한다. 튜너에서는 다이얼을 돌려서 선국하고 있을 때는 이 회로가 동작하여 잡음을 차단하고, 동조가 되었을 때 이 회로가 해제되어 정상으로 동작한다. 카세트 데크 등에 이 회로를 응용하면 FM 에어 체크 등에서 아나운스 CM 을 차단하고 음악만을 녹음하고 싶을 때 이 회로의 스위치를 넣고, 녹음 또는 재생으로 했을 때 즉 핀치 롤러가 동작하고 있을 때에는 이 회로가 해제되도록 동작시키는 것도 있다. 또, 전원 스위치가 들어가고부터 수초간은 동작이 안정하지 않으므로 녹음이나 재생의 동작을 할 수 없도록 된 파워 뮤트 회로라는 것도 있다.

mutual conductance 상호 컨덕턴스(相互-) FET 에서 드레인-소스 간 전압(V_{DS})을 일정하게 하고 게이트 전압을 미소 변화($\varDelta V_{GS}$)시켰을 때의 드레인 전류의 변화($\varDelta I_D$)하는 비율로, g_m 으로 나타낸다.

$$g_m = \varDelta I_D / \varDelta V_{GS}$$

FET 의 상호 컨덕턴스는 1~10ms 로 매우 크다.

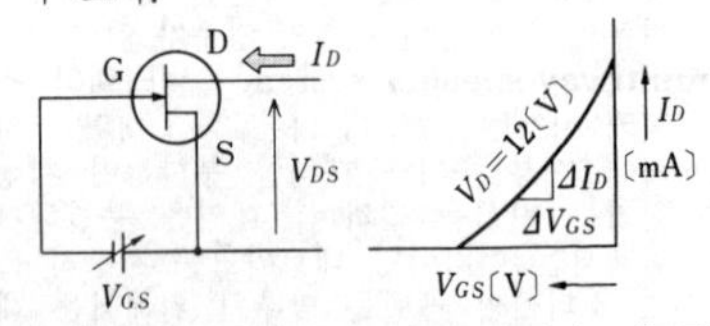

mutual impedance 상호 임피던스(相互-) 다단자 회로망의 한 쌍의 단자간 개방 전압과 다른 한 쌍의 단자에 흐르는 전류와의 비(단, 기타의 모든 단자쌍은 개방해 둘 것). 입력 전류와 출력 전압과의 관계에 따라 상호 임피던스의 부호는 (+)나 (-)를 취한다.

mutual inductance 상호 인덕턴스(相互

-) 상호 유도 작용에서 1차측 전류의 시간 변동분과 2차측에 유도되는 전압의 비례 계수. 단위는 헨리(H).

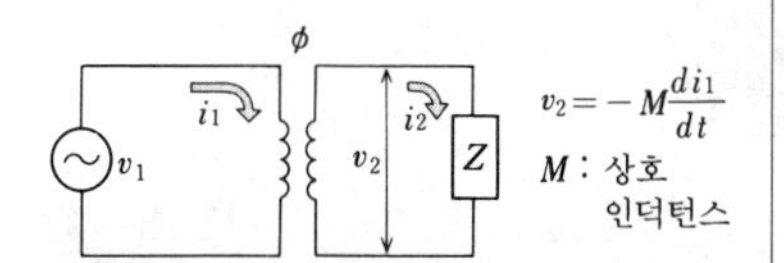

mutual induction 상호 유도(相互誘導) 2개의 전기 회로가 접근하여 존재할 때 한 쪽의 전류를 변화시키면 그에 따라서 만들어지는 자속이 변화하고, 이 자속 변화가 동시에 다른 쪽 회로에도 영향을 주어 거기에도 기전력이 유도된다. 이 현상을 상호 유도라 하고, 기전력은 자속의 변화를 방해하는 방향으로 발생한다.

mutual modulation 상호 변조(相互變調) ① 수신기에 수신 주파수 이외의 둘 이상의 방해 주파수가 들어왔을 때 수신기의 비직선성 때문에 변조를 일으키는 것. 그 때문에 수신 주파수 또는 중간 주파수에 대하여 방해 신호를 발생한다. ② 반송 다중 통신에서 반송파 그대로를 보낼 때 반송파간에서 변조를 일으키는 것. 그 때문에 다른 신호 대역에 방해를 주므로 반송파는 억제하여 보낸다.

mutual resistor 상호 저항(相互抵抗) 트랜지스터의 T형 등가 회로의 상수의 하나. 그림은 트랜지스터의 이미터 접지 등가 회로의 예이다. 상호 저항 r_m과 컬렉터 저항 r_c 사이에는 다음의 관계가 있다.

$r_m=\alpha r_c$ 〔Ω〕

여기서. α : 베이스 접지의 전류 증폭률.

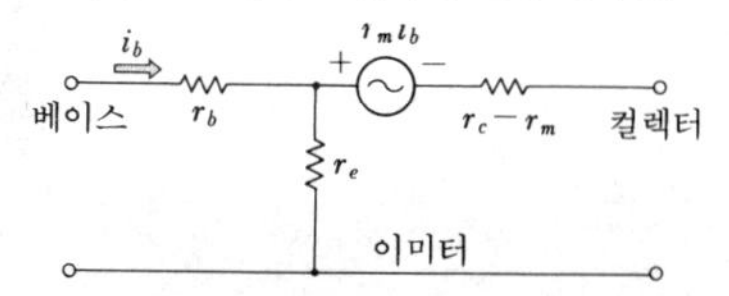

r_b : 베이스 저항 r_e : 이미터 저항
r_c : 컬렉터 저항 r_m : 상호 저항

mu-tuning 뮤 동조(-同調) 코일과 콘덴서를 병렬로 접속한 동조 회로에서 코일의 인덕턴스를 코일 속에 삽입한 자심(페라이트)을 넣었다 뺐다 함으로써 변화시켜 동조를 취하는 것. 코일 속의 자심 위치에 따라서 시효 투자율 μ가 변화하여 인덕턴스가 달라지는 원리를 이용한 것이다.

MUX 다중화(多重化) =multiplex

mux 다중 사용(多重使用) ① 동일 채널상에서 둘 또는 그 이상의 메시지를 시분할적 혹은 주파수 분할적으로 송신하는 것. ② 입출력 채널을 여러 대의 주변 장치에 접속하여 그것을 구분해서 사용하는 것.

Mylar 마일러 테레프탈산 폴리에스테르의 일종으로 상품명. 그 필름은 강도, 내열성이 뛰어나므로 코일 부품의 절연이나 콘덴서의 유전체로서 사용된다.

N

n 나노 nano의 약자. 10^{-9}를 의미하는 접두어. 주기억 장치의 접근 시간이나 중앙 처리 장치(CPU)의 연산 속도를 나타내는 데 흔히 쓰인다. 예를 들면 나노초.

NA 개구수(開口數) 스텝형 광섬유에서 코어, 클래드의 굴절률이 각각 n_1, n_2이면 섬유 중심축에 대하여 θ라는 각도로 진행하는 광선이 코어 속을 진행하려면

$$\theta < \theta_c \quad \cos\theta_c = \frac{n_2}{n_1}$$

가 만족되어야 한다. 이에 의해 공기 중에서 코어로의 입사각 θ_a의 임계각은

$$\sin\theta_{ac} = \frac{\sqrt{n_1^2 - n_2^2}}{n_1^2}$$

로 주어진다. sin θ_{ac}를 개구수라 한다. 위 식에서 근사적으로

$$NA = \sqrt{2\Delta} \qquad \Delta = (n_1 - n_2)/n_1$$

이다.

NAB 미국 방송 사업자 연맹(美國放送事業者聯盟) National Association of Broardcasters =NARTB

name plate 네임 플레이트, 명판(銘板) 기기의 종류에 따라서 필요한 사항을 기재한 금속판. 기기 외부의 보기 쉬운 곳에 부착되어 있다. 기재 내용은 기계의 명칭, 종류, 형식, 출력, 전압, 전류, 회전수, 역률, 상수, 제조 연월일, 제조 번호, 제조자 등.

NAND circuit 부정 논리곱 회로(否定論理-回路), NAND회로(-回路) NOT 회로(부정 회로)와 AND 회로(논리곱 회로)를 조합시킨 회로를 말한다. 입력을 P, Q로 하면 출력은 $\overline{P \cdot Q}$로 나타내어진다.

NAND element 부정 논리곱 소자(否定論理-素子) 여러 개의 입력 신호 중 하나라도 "0"이면 출력 신호가 "1"이 되는 소자. 즉, NAND 연산을 하는 소자.

NAND gate 부정 논리곱 게이트(否定論理-) =NAND element

nano 나노 10^{-9}를 나타내는 접두어. =n

nanoelectronics 나노일렉트로닉스 마이크로일렉트로닉스(미소 회로)에 대하여 더 미세화한 전자 기술을 말한다. SOR노출이나 분자 소자 등의 분야가 포함된다.

nanosecond 나노초(-秒) 시간의 단위로, 10 억분의 1 초(10^{-9}초). ns 라 약해서 쓴다.

nanovolt 나노볼트 전압의 단위로, 10억분의 1(10^{-9}) 볼트. nV 로 약기한다.

nanowatt 나노와트 전력의 단위로, 10억분의 1(10^{-9}) 와트. nW 라 약기한다.

narrowband amplifier 협대역 증폭기(狹帶域增幅器) 특정한 주파수 성분만을 선택적으로 증폭하는 증폭기. 동조 증폭기라고도 한다.

narrowband integrated services digital network 협대역 종합 정보 통신망(狹帶域綜合情報通信網) =N-ISDN

narrowband interference 협대역 간섭(狹帶域干涉) 측정에 사용되는 것으로, 사용하는 검출기의 대역 내에 있는 스펙트럼의 에너지 외란.

narrowband radio noise 협대역 고주파 잡음(狹帶域高周波雜音) 하나 또는 그 이상의 날카로운 피크를 나타내며, 측정기(또는 보호해야 할 통신용 수신기)의 공칭 대역폭보다 좁고, 또 측정기에 의해 분리 가능한 만큼 떨어진 스펙트럼을 가진 고주파 잡음.

narrowband spurious emission 협대역 스퓨리어스 발사(狹帶域-發射) 무선 송신기에서 발사되는 전파 중 할당된 주파수 이외의 전파. 이것은 인접 주파수 대역에서 사용되고 있는 다른 주파수의 수신 스펙트럼 에너지에 교란을 준다.

narrow channel effect 협 채널 효과(狹-效果) MOS 트랜지스터의 미소화를 위해 채널폭을 좁게 했을 때 임계값 전압이 높아지는 현상. 채널폭이 좁아짐에 따라

개개의 트랜지스터를 전기적으로 분리하기 때문에 이온 주입된 불순물이 소자 영역에까지 퍼지게 된다. 이 효과로 표면에 반전층을 형성되므로 인가하는 게이트 전압(임계값 전압)이 높아진다.

NARTB 미국 방송 사업자 연맹(美國放送事業者聯盟) National Association of Radio and Television Broadcasters의 약어. 전미의 방송 관계자를 회원으로 한 기관으로, 방송 기술의 발전에 기여하는 것을 목적으로 하며, 방송 기술에 관한 규격 등을 제정하고 있다.

National Association of Broardcasters 미국 방송 사업자 연맹(美國放送事業者聯盟) =NAB, NARTB

National Association of Radio and Television Broadcasters 미국 방송 사업자 연맹(美國放送事業者聯盟) =NARTB

national distance dialing 국내 원거리 다이얼(國內遠距離―) 가입자 또는 교환원의 어느 발신 장치로부터 신호를 써서 국내 호출을 자동적으로 확립하는 것.

national information system 국가 정보 시스템(國家情報―), 광역 정보 시스템(廣域情報―) 정보를 국가적인 견지에서 처리하는 정보 처리망. 정보화 사회, 지식 사회의 성립에 상응한 정보 시스템이다. =NIS

National Television System Committee system NTSC 방식(―方式) 방송용 컬러 텔레비전 방식의 하나로 흑백 방송과의 양립성을 만족하고 있는 가장 진보한 표준 방식으로 미국이나 우리 나라, 일본 등에서 채용되고 있다. 특징으로서는 ① 흑백 텔레비전 수상기로는 컬러 텔레비전 방송을 흑백 화상으로서 수신할 수 있고, 컬러 텔레비전 수상기로는 흑백 방송을 흑백 화상으로서 수신할 수 있다. ② 흑백 텔레비전 전파와 같은 6MHz 의 대역폭으로 컬러 텔레비전 방송을 할 수 있다.

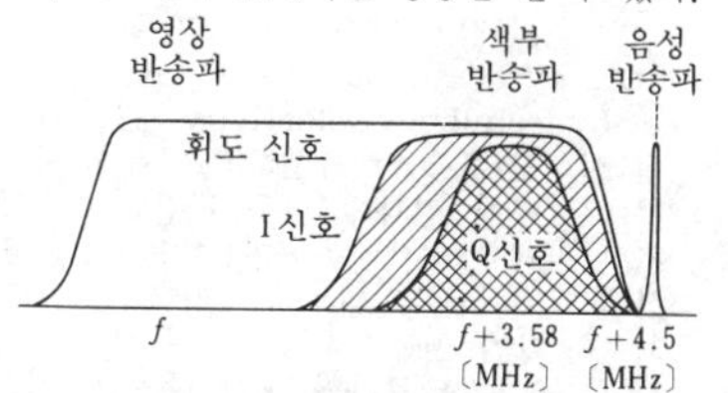

natural air cooling system 자연 공랭 방식(自然空冷方式) 사이리스터 제어 장치의 방열을 그 방열면에서 주위 공기의 자연 작용에 의해서만 하는 냉각 방식.

natural angular frequency 고유 각주파수(固有角周波數) 2 차 지연계의 전달 함수는 일반적으로

$$\frac{\omega_n^2}{s^2 + 2\zeta\omega_n s + \omega_n^2}$$

로 나타내어지는데, ω_n 을 고유 각주파수라 한다.

natural frequency 고유 주파수(固有周波數) 안테나를 그 기저부(基底部)에서 여진(勵振)하는 경우, 안테나가 공진하는 주파수 중 최저의 것을 말한다.

natural logarithm 자연 대수(自然對數), 자연 로그(自然―) 대수의 밑으로서 $e=2.7\cdots$ 을 채용하는 대수.

natural noise 자연 잡음(自然雜音) 열원에 의한 열복사나 우뢰 등에 의해 전원 라인에서 발생하는 잡음 등 자연 현상에 의한 잡음.

natural oscillation 고유 진동(固有振動) 물체 또는 시스템이 외력이 가해지지 않은 상태에서 진동하는 것으로, 진동의 주파수는 시스템의 고유 매개 변수로 정해진다. →natural frequency

natural wavelength 고유 파장(固有波長) 안테나를 그 기저부(基底部)에서 여기(勵起)하는 경우 안테나가 공진하는 파장 중 가장 긴 것을 말한다.

nature-of-circuit indicator 경과 회선 지시 장치(經過回線指示裝置) 호출의 설정 프로세스 중에 포함되어 있는 정보로, 차위(次位) 채널의 교환 설비에 대하여 접속에 사용한 기왕의 회선의 형을 알리기 위한 것이다. 이에 의해 교환기는 이들로부터의 접속에 있어서 적절한 회선을 선택할 수 있다.

navarho 나바로 navigation aid rho의 약어. 비컨의 일종으로, 하나의 지상 기준점으로부터의 방위와 거리를 항공기에 주는 항법 전자 기기이다. 지상국은 1 변의

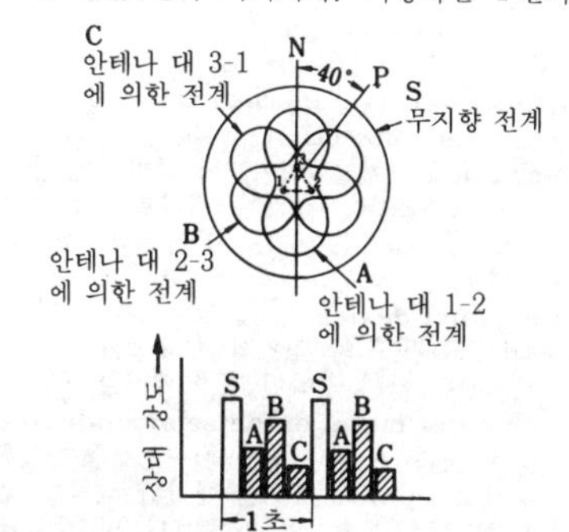

길이가 0.4 파장의 정 3 각형 꼭지점에, 3 개의 수직 안테나를 배치하고 1-2, 2-3, 3-1 의 순서로 한 쌍씩 동상으로 단기간 전환 궤전한 후 마지막으로 3개의 안테나에 동시에 동상으로 궤전하여 1 초간에 1 순환이 종료하도록 하면, 그림과 같은 전계가 얻어지므로 수신 펄스의 상대비에 따라서 방위 P 를 결정하는 것이다. 90~110kHz 의 주파수를 사용하고, 출력 약 100kW 이며, 유효 거리는 3,000km 이상이 된다.

navigation 항법(航法) →radio navigation

navigation aid rho 나바로 =navarho

navigational radar 항행 레이더(航行—) 송신 신호와 반사 신호에 의해 해면상의 물체 검출과 그 방위와 거리의 시각적 표시를 하기 위한 고주파 무선 송수신기.

navigation satellite 항행 위성(航行衛星) 전파 항법에서 전파 등대로서 사용되는 인공 위성으로, 지상의 등대보다도 도달 범위를 넓게 할 수 있으므로 전세계를 하나의 항행 방식으로 커버할 수 있는 이점이 있다. 예를 들면 NNSS(Navy navigation satellite system), GPS(전지구 항법) 등이 있다.

navigation satellite system 항해 위성 방식(航海衛星方式) =NSS →satellite navigation

navigation system 순항 시스템(巡航－) 순항은 항행을 뜻하며, 여기서는 자동 항행 시스템을 말한다. 예를 들면, 자동차에 컴퓨터를 탑재하고 CD-ROM 이나 전파를 이용하여 지도 데이터를 판독하여 현재 위치를 표시한다든지, 목적지를 입력하면 최적 경로를 표시한다든지 하는 시스템으로, 순항용 지도도 있다. 현재 그 실용화를 목표로 연구가 진행되고 있다.

Navy navigation satellite system NNSS →satellite navigation

NC 수치 제어(數値制御)[1], 무접속(無接續)[2] (1) =numerical control (2) =no connection

n-channel n 채널 게이트에 플러스 전압을 가하여, 통상은 p 형인 게이트에 n 형의 채널 영역을 유기하는 전계 효과 소자의 채널부.

n-channel device n 채널 소자(—素子) MNOS-FET 의 소스와 드레인이 n 형의 전도성을 갖는 영역인 절연 게이트 FET.

n-channel metal oxide semiconductor n 형 금속 산화막 반도체(－形金屬酸化膜半導體) PMOS 이후에 개발된 고밀도 집적 회로(LSI)로, PMOS 보다 밀도는 낮으나 고속이다. =NMOS

n-channel MOS n 형 MOS(－形－) →NMOS

NC system 수치 제어 시스템(數値制御－) =numeric control system

NCU 망제어 장치(網制御裝置) =network control unit

NDB 무지향성 무선 표지(無指向性無線標識) =non-directional radio beacon

N-display N 표시기(— 表示器) 레이더에 있어서 거리 측정을 위해 M 표시기와 동일하게 조절 가능한 페디스털탈, 노치 또는 스탭을 갖는 K 표시기. 이 표시기는 보통 독립된 형식이 아니고 오히려 A 표시기의 변형으로 본다.

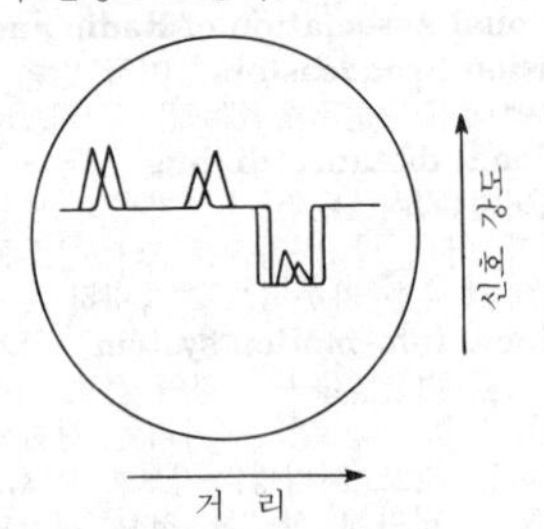

NdPP 5 인화 네오디뮴(五燐化－), 5 인화 네오듐(五燐化－) neodymium pentaphosphate 의 약어. 기호는 NdP_5O_{14}. 고능률의 고체 레이저 결정으로 쓰인다.

near-by echo 근접 에코(近接－) 송신국에 비교적 가까운 지점에서 관측되는 에코로, 전리층이나 지표면으로부터의 산란에 의해 생기는 것.

near-by frequency 근접 주파수(近接周波數) 다(多) 모드 발진하고 있는 수정 발진기, 반도체 레이저 등에서 특정 주파수의 진동에 대한 그 근처의 발진 주파수. 이러한 상황에서 특정한 주파수를 선택하는 것을 근접 주파수 선택도라 한다. →near-by frequency selectivity

near-by frequency selectivity 근접 주파수 선택도(近接周波數選擇度) 무선 수신기에서 수신 전파에 매우 근접한 전파의 혼신 방해를 선택하는 능력. 수신기의 구성에 있어서 동조 회로의 수가 많고, 동조 회로의 Q가 높을수록 선택도 특성은 좋아진다. 수퍼헤테로다인 수신기는 일반적으로 스트레이트식 수신기보다 근접 주파수 선택도가 뛰어나다.

near-end crosstalk 근단 누화(近端漏話) 전화선에서 생기는 누화의 하나로, 나선 반송에서 볼 수 있다. 피유도 회선에 유도

된 전류가 유도 회선의 진행 방향과 역방향으로 진행해 와서 유도 회선의 신호원측에 가까운 쪽을 누설하는 것으로, 보상할 수는 없다. 근단 누화량은 1,000Hz의 교류를 보내서 근단측에서 측정한다.

nearest-neighbor resampling 최근방 리샘플링(最近傍－) 오리지널의 화상을 리샘플링하여 새로운 화상을 만드는 처리에서 리샘플링 위치에 가장 가까운 화소의 농도(강도)를, 출력 화소의 농도(강도)로서 사용하는 샘플링 산법. 그림에 나타낸 격자 모양의 이미지인 경우는 새로운 샘플점 $A'(k, l)$의 농도는 A'점에 가까운 인접한 4점의 오리지널 샘플점 $A(i, j)$, $A(i+1, j)$, 및 $A(i, j+1)$, 및 $A(i+1, j+1)$을 써서 계산할 수 있다.

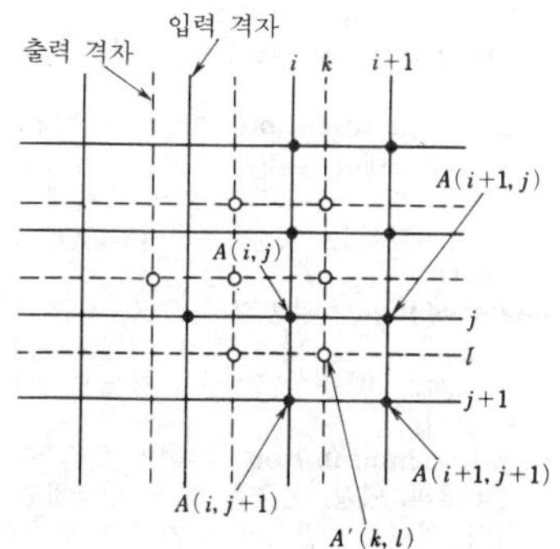

near fading 근거리 페이딩(近距離－) 송신국에서 비교적 근거리의 지점에서 송신국으로부터의 전파가 지상파로서 또 공간파로서 전파(傳播)한 것이 수신기에서 서로 간섭하여 전계 강도가 완만하게 변동하는, 이른바 페이딩을 발생하는 것. 중파 방송 등에서 문제가 된다.

near-field pattern 근시야상(近視野像) 광도파로, 광공진기, 레이저 등의 출력면에서의 빛의 복수 진폭의 분포를 말한다. 원시야상, 즉 위와 같은 장치의 출력면에서 충분히 먼 거리에서의 출력광의 복소 진폭 분포(혹은 강도 분포)란 서로 푸리에 변환 관계로 이어져 있다.

near-field region 근방 영역(近傍領域) 직접 안테나를 감싸는 영역으로, 그 곳에서는 리액티브한〔비방사(非放射)의〕 전자계가 우세하며, 방사는 매우 적다. 안테나면에서 $\lambda/2\pi$의 거리 내의 영역을 의미하는 경우가 많다. 여기서 λ는 전파의 파장이다. 안테나 개구 최대 치수를 $D(\geq\lambda)$로 하여 $2D^2/\lambda$보다 먼 곳의 영역, 즉 프라운호퍼 영역(Fraunhofer region)과 근방 영역과의 중간 영역을 프레넬 영역이라 한다. 그림은 수직 다이폴에 의한 전계 분포(자계는 안테나를 둘러 싸는 동심원이 되는데, 그림에는 나타내 있지 않다)를 나타낸 것이다. 그림에서 여진 주파수가 높은 경우에는 그림의 근방계가 소멸하기 전에 다이폴 상의 전하 분포가 반대로 되어 현재 있는 전기력선은 새로 생긴 다음의 역선에 밀려 나가서 다이폴에서 떨어져 루프를 이루어 그림과 같이 주위 공간으로 퍼져 나간다. →Fraunhofer region, Fresnel region

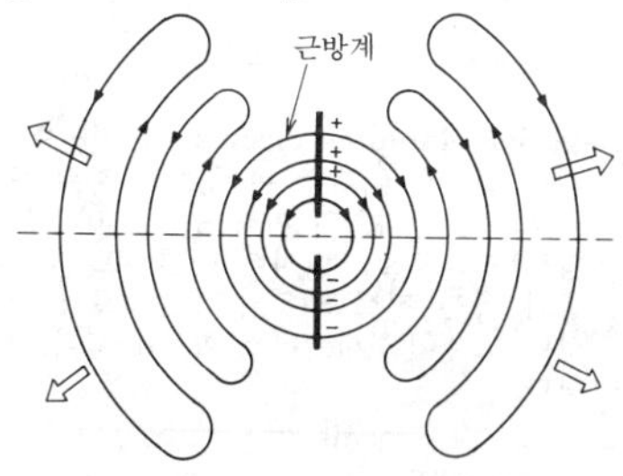

near infrared ray 근적외선(近赤外線) 적외선(파장 780nm 부터 10^5nm 정도까지의 전자파) 중 파장이 비교적 가시 영역에 가까운 부분으로, 대체로 가시단(可視端)에서 2.5×10^4nm 정도까지를 가리킨다.

near ultraviolet ray 근자외선(近紫外線) →far ultraviolet ray

neck 넥 음극선관(브라운관)의 베이스 부근에 있는 전자관 용기의 가는 관상(管狀) 부분.

neck shadow 네크 섀도 텔레비전 수상기 브라운관의 네크 부분에 끼우는 편향 코일의 부착 위치가 뒤로 너무 갔을 때 형광면 주변부에 나타나는 그늘. 이것은 전자빔이 네크의 끝에서 차단되어 형광면까지 이르지 않기 때문에 일어난다.

needle 지침(指針) 지시 계기의 계량을 지시하기 위한 바늘. 그 재질, 구조, 형상이 제동, 기계적 공진 등 동작이나 성능에 영향을 주고, 또 판독 정확도에 관계하는 중요한 것이다.

negate 부정(否定) 논리 연산 NOT 을 실행하는 것.

negative bit-stuffing 역의 비트스터핑(逆－) ＝negative justification

negative characteristic 부특성(負特性) 장치나 디바이스의 전압-전류 특성에서 전압(전류)의 증가와 더불어 전류(전압)가

N

감소하는 성질(그림 참조). 실효적인 부성 저항을 주는 영역이다.

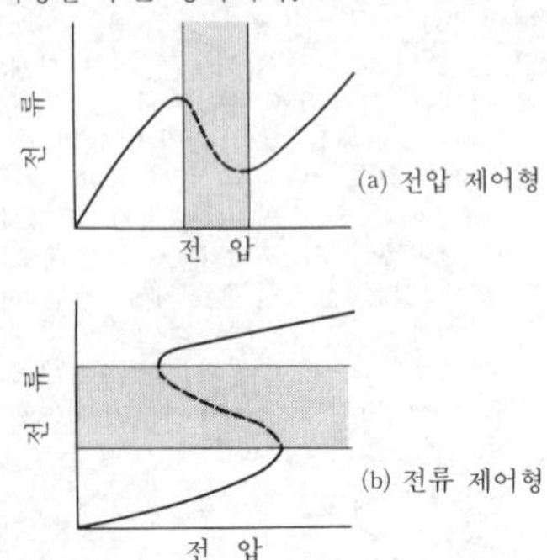

negative clamping circuit 네거티브 클램프 회로(-回路), 부 클램프 회로(負-回路) 입력 파형의 머리 부분을 0V 로 고정하는 회로로, 포지티브 클램프 회로와 함께 파형 정형 회로의 일종으로서 진폭 선택 조작을 한다. 펄스 회로에 널리 사용된다.

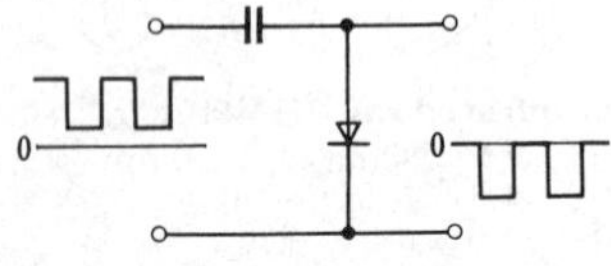

negative electrode 음극(陰極), 음전극(陰電極) =cathode

negative electron 음전자(陰電子) 넓은 뜻으로 전자라는 말을 사용하는 경우, 양전자와 구별하기 위해 통상의 전자를 특히 음전자라 한다. →electron

negative feedback 부궤환(負饋還) 출력의 일부를 입력측으로 위상을 반대로 하여 되돌리는 것. 증폭기에서 일그러짐을 경감하기 위해 사용된다. 전압 부궤환과 전류 부궤환의 두 가지 방법이 있다. 증폭기에서 부궤환을 하면 이득은 감소하지만 일그러짐을 경감할 수 있고, 이득의 변동을 억제하여 안정한 동작을 시킬 수 있다. 이것에는 직렬 부궤환과 병렬 부궤환이 있다. =NFB, NF

negative feedback control 부궤환 제어(負饋還制御) 제어계에서 제어량을 검출하여 목표값과 비교하기 위해 보통은 궤환 회로를 두고, 입력측에 출력의 일부를 되돌리는 동작을 시킨다. 이 궤환량은 입력과 역부호가 되도록 첨가되므로 이 방법에 의한 자동 제어를 부궤환 제어라고 한다.

negative glow 네거티브 글로, 음 글로(陰-), 부성광(負性光) 글로 방전에서 음극 암부(暗部) 다음에 생기는 발광 부분. 이 부분은 음극으로부터의 전자군이 필요수에 이르고, 음극 강하의 말단에서 전계가 약화되어 있으므로 전자가 갖는 에너지는 감소하여 여기(勵起)하기 쉬운 상태로 되어 있으며, 재결합에 의해 발광한다.

negative immitance converter 부성 이미턴스 변환기(負性-變換器) 입력 단자와 신호 접지 사이에 부성 임피던스(혹은 어드미턴스)를 주는, 즉 (+)전압에 대하여 마이너스 방향 전류가 흐르는 회로.

negative impedance 부 임피던스(負-) 전류의 증가가 전압의 감소를 초래하는 회로의 구동점 임피던스.

negative ion 음 이온(陰-) 음전하를 운반하는 이온.

negative justification 역조정(逆調整) 디지털 신호에서 약간의 디지털 펄스를 삭제하여 비트 레이트가 소정의 값에 들도록 역조정하는 것. =negative bit-stuffing

negative logic 부논리(負論理) 2 치 변환의 상태 "1"을 낮은 전압 레벨로 나타내고, 상태 "0"을 높은 전압 레벨로 나타내는 논리.

negative modulation 부변조(負變調) 텔레비전의 영상 신호를 진폭 변조하는 방식의 하나로, 밝기가 증가하면 반송파의 송신 출력이 감소하도록 변조하는 것.

negative modulation method 부변조법(負變調法) 텔레비전에 사용하는 표준 변조법. 변조하는 신호가 클수록(밝아질수록) 피변조파의 진폭이 감소하는 변조법으로, 잡음에 의해 진폭이 증가해도 흑(黑) 레벨 방향으로의 증가이기 때문에 두드러지지 않다는 것, 자동 이득 조정 회로가 간단하다는 것, 전력 효율이 좋다는 것 등의 특징이 있다. 이것과 반대의 정(正) 변조법에 비해 이점이 많아 우리 나라를 비롯하여 많은 나라에서 표준 변조법으로서 채용되고 있다.

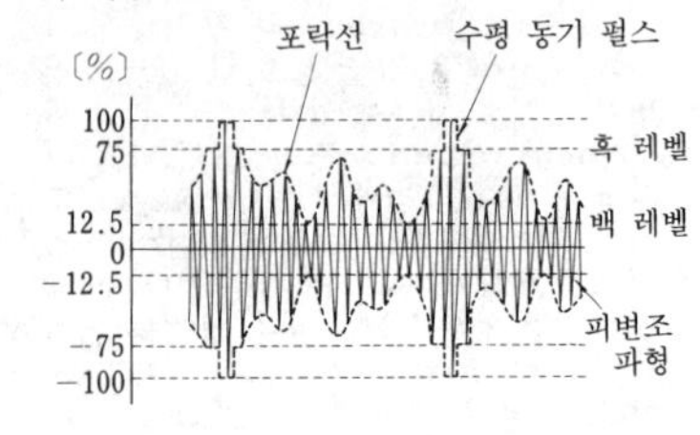

negative receiving 음화 수신(陰畵受信) 송신 화상에 대하여 수신 화상의 흑백부가 반전하는 수신법.

negative resistance 부성 저항(負性抵抗) 전압의 증가에 대하여 전류가 감소하는 특성을 갖는 소자 또는 회로의 전압 대 전류의 변화율은 −의 저항값으로 된다. 이것을 부성 저항이라 한다. 에사키 다이오드, 4극 진공관 등이 그 예이다 부성 저항을 나타내는 범위에서 발진 동작을 시킬 수 있다.

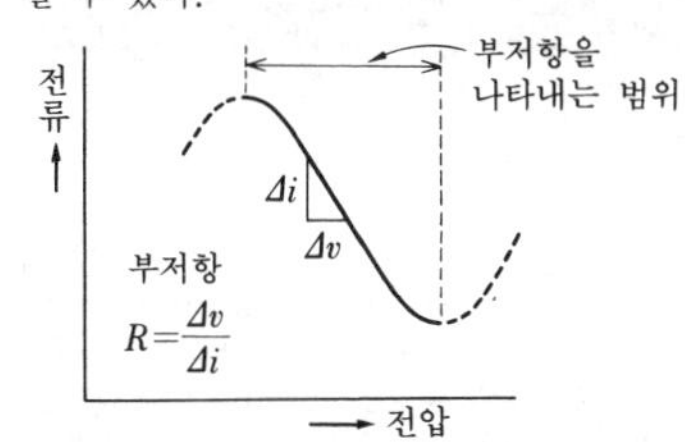

negative-resistance device 부성 저항 소자(負性抵抗素子) 전류가 증가됨에 따라 작동 범위의 전압이 감소하는 저항.

negative-resistance oscillator 부성 저항 발진기(負性抵抗發振器) 병렬 동조 공진 회로에 2단자 부성 저항 소자(전압이 증가하면 전류가 감소되는 소자)를 접속하여 구성한 발진기. 예를 들면 다이나트론, 트랜지트론 발진기, 아크 변환기, 반도체 발진기.

negative resistance parametric amplifier 부저항형 파라메트릭 증폭기(負抵抗形−增幅器) →parametric amplifier

negative-resistance repeater 부성 저항 중계기(負性抵抗中繼器) 직렬, 병렬 또는 그 양쪽 부성 저항에 의해 이득이 주어지는 중계기.

negative temperature characteristic 부성 온도 특성(負性溫度特性) 온도가 높아지면 저항, 길이 등이 감소하는 특성.

negative-transconductance oscillator 부트랜스컨덕턴스 발진기(負−發振器) 발진기의 출력이 위상 지연을 수반하는 일 없이 입력측으로 궤환되어 전자관의 부의 트랜스컨덕턴스에 의해 발진을 위한 위상 조건이 만족되어 있는 것.

negatron 음전자(陰電子)[1], 네거트론[2]
(1) 전자와 같은 뜻이지만, 양전자와 구별할 때에만 사용한다.
(2) 부성 저항 특성을 갖는 4극관.

N-electron N전자(−電子) →electron shell

nematic liquid 네마틱 액정(−液晶) 액정의 일종으로, 그림과 같은 구조의 것. 전계를 가하면 투명한 상태에서 불투명한 상태로 변화하므로 표시 장치에 사용된다.

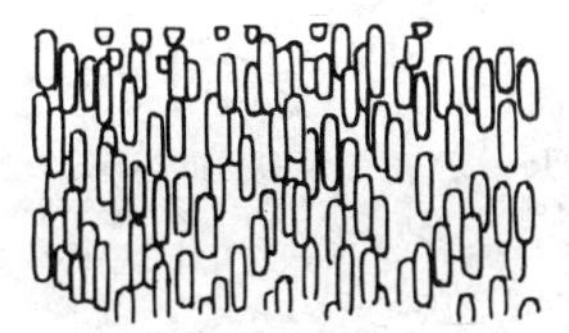

neodymium pentaphosphate 5인화 네오디뮴(五燐化−), 5인화 네오듐(五燐化−) =NdPP

neon lamp 네온 램프 유리 관구 내에 나선 전극 또는 반원형의 한 쌍의 전극을 접근하여 두고, 저압으로 네온을 미량의 아르곤과 함께 봉해 넣은 방전관. 네온은 원자 번호 10의 불활성 가스이다. 직류에서는 음극에 빛이 발생하지만 교류에서는 2개의 전극이 교대로 발광한다. 소비 전력이 적고 수명도 길기 때문에 파일럿 전구로서 널리 쓰인다.

neon sign 네온 사인 수 mmHg 정도의 압력으로 가늘고 긴 관에 네온 기타의 가스를 봉해 넣은 방전등. 이것을 전원에 접속했을 때의 양광주(陽光柱)를 이용하는 것으로, 봉해 넣은 가스의 종류에 따라서 다른 색의 빛을 낸다. 보통, 조명용이 아니고 광고용, 장식용에 사용된다. 점등에 필요한 전압은 길이 1m 당 약 1,000V 이며, 네온 변압기(자기 누설 변압기)로 고압을 얻고 있다.

neon tube lamp 네온관등(−管燈) 글로 방전을 이용한 2극 방전관으로, 네온 가스를 봉해 넣은 것. 황적색의 빛을 발하고, 표시등이나 검전기에 사용된다. 사용할 때는 저항이나 리액턴스를 직렬로 접속하여 방전 전류를 적당한 값으로 제한하지 않으면 안 된다. 또, 방전 특성을 이용하여 발진기나 계수 장치 등에도 사용된다.

Neoprene 네오프렌 클롤로프렌과 같은 것이다. 합성 고무의 일종으로 아세틸렌 가스로 합성된다. 가황을 하는 일없이 가열하기만 하면 망상화(網狀化)된다. 전원 케이블의 외장이나 브라운관 고압 단자의 커버 등에 사용된다.

neper 네퍼 4단자망에서의 감쇠 정수에 붙여서 사용하는 단위로, 기호는 Np. 1Np=8.686dB 의 관계가 있다.

NESA coat 네사막(−膜) 산화 주석(SnO_2)을 주성분으로 하는 도전 유리를 구어

붙여 만든 피막. 투명 전극 등에 쓰인다.

Nesa glass 네사 글라스 투명한 도전성 유리에 대한 상품명. 도전성 도장부(塗裝部)를 통해서 통전함으로써 표면을 가열하여 습기가 응결하는 것을 방지하거나, 부착한 빙설(氷雪)을 녹이거나 하는 데 사용한다.

net loss 전송 손실(傳送損失) 신호를 어느 점에서 다른 점으로 전송하는 경우의 신호 전력의 감쇠량을 말하며, 보통 단위로서 dB 가 쓰인다.

net polymer 그물눈형 고분자(－形高分子) 예를 들면, 페놀 수지 등과 같이 분자 구조의 주요 부분 전체가 그물과 같이 하나로 이어진 고분자를 말한다. 열경화성을 나타내는 수지가 고화(固化)하면 이렇게 된다.

network 네트워크, 망(網), 회로망(回路網) ① 데이터 등을 전송하는 통신망. 이것을 넓게 해석하여 가입자의 단말을 잇는 전기 통신 회로망을 말하는 경우가 많다. 이 경우 프로토콜과 교환 기능이 있고, 단말과 통신의 결합성이 정해져 있을 필요가 있다. ② 3종의 기본적 회로 요소(저항, 용량, 인덕턴스)의 조합으로 구성된 회로. 그림은 4단자망의 예이다. 외부 회로와 접속할 수 있는 단자 쌍이 하나인 것을 2단자망, 2개인 것을 4단자망이라 한다.

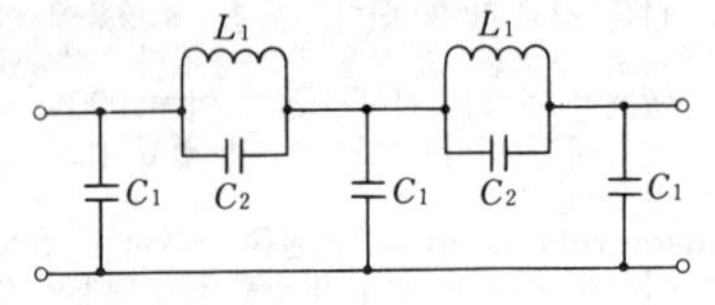

network architecture 네트워크 아키텍처, 네트워크 구성(－構成) 컴퓨터 네트워크를 설계하고 구축할 때 기본으로서 사용하는 설계 원칙의 집합. 이들의 원칙에는 각종 기능의 편성 방법, 데이터 형식이나 절차의 기술 등이 포함된다.

network capacitance 회로망 커패시턴스(回路網－) 펄스 형성 회로의 실효 용량.

network control 망 제어(網制御) 공중 교환망의 제어(다이얼 펄스 혹은 호출 레코드의 송출, 호출음의 검출 등).

network control signal 망 제어 신호(網制御信號) 교환 회선을 이용하여 데이터 통신 등을 하는 경우에 통신에 앞서 데이터 단말과 교환기와의 사이에서 회선을 접속하기 위한 신호를 수수할 필요가 있는데, 이 신호를 망제어 신호라 한다.

network control unit 망 제어 장치(網制御裝置) 아날로그 통신망을 데이터 통신 등에 이용하기 위해 전화국 교환기의 시동과 복구, 선택 신호의 송출, 호출 신호의 수신 등 기능 외에 데이터 단말 장치로의 전환이나 루프 유지의 제어를 할 수 있도록 한 장치. 기능별로 많은 종류가 있다. =NCU

network management 망 관리(網管理) 통신망 등의 각종 네트워크 자원을 효율적으로 이용하기 위한 관리 기능. 통신 시스템의 성능이나 신뢰성, 기밀성 등의 서비스 품질에 관한 이용자의 요구를 실현하는 것을 목적으로 한다.

network management system 망 관리 시스템(網管理－) 네트워크 시스템의 운용을 지원하는 시스템. =NMS

network operator 네트워크 오퍼레이터 네트워크의 운영에 책임을 지고 있는 기관, 즉 공중 데이터망을 통해서 데이터를 전송하기 위해 그 소유하는 회선과 교환 시설을 제공하여 이용자에 대한 서비스를 하고 있는 통신 기업.

network resistor 저항 네트워크(抵抗－) 한 패키지 속에 복수의 저항이 수납되어 있고 IC 피치의 단자가 나와 있는 부품. 단자의 모양에는 SIP 와 DIP 이 있다.

network synchronization 망 동기(網同期) 디지털 전송로나 디지털 교환기 등으로 구성되는 디지털망에서 망 내의 각 장치에 공급되는 클록의 주파수를 일치시켜 망 전체를 하나의 동기계로 하는 것.

network theory 망 이론(網理論) 망이 갖는 조합적 혹은 수리적인 성질을 구명하는 이론. 망 이론은 주로 네트워크 상의 흐름이나 루트를 구하는 유용한 수법을 제공하고, 그 응용으로서는 수송 문제나 일정 계획 등의 수리 계획 문제를 포함한다. 또, 조합 최적화 문제 중에는 망 문제에 귀착할 수 있는 것이 적지 않다.

network topology 망 위상(網位相) 망의 물리적인 접속 형태.

Neumann's law 노이만의 정리(－定理) 패러데이의 법칙(전자 유도)에 의해 발생하는 기전력의 크기를 정량적으로 표현한 것. 일반적으로는 패러데이의 법칙(좁은 뜻으로는 기전력의 방향을 정하는 법칙)에 포함해서 다루어진다.

Neumann type computer 노이만형 컴퓨터(－形－) 1946 년에 폰 노이만(J. von Neumann)이 제창한 컴퓨터의 기본적인 아키텍처를 바탕으로 하여 만들어진 컴퓨터의 총칭으로, 현재 이용되고 있는 컴퓨터의 대부분이 이 노이만형 컴퓨터이다. 노이만형의 특징은 ① 프로그램 내장 방

식 : 프로그램을 외부에서 주어지는 것이 아니고 데이터와 함께 기억 장치에 기억한다. ② 순차 제어 방식 : 기억하고 있는 프로그램의 명령문을 하나씩 차례로 꺼내서 실행한다. ③ 2진수 처리 : 컴퓨터에 의한 처리는 계산을 기본으로 한다.

neural network 뉴럴네트, 뉴럴 네트워크 인간의 뇌를 모델로 하여 조립한 정보 처리 기구. 유닛이라고 불리는 단순한 연산 소자를 네트워크 모양으로 접속한 구조로 되어 있다. 정보는 병렬 처리되어 학습 기능을 가지며, 퍼지(fuzzy) 제어를 하는 등의 특징이 있으며, 컴퓨터를 인간에 접근시키는 것으로서 연구되고 있다.

neuristor 뉴리스터 신경 섬유와 같은 동작을 하는 장치. 물리적 실체를 인식하는 인간의 눈이나 뇌의 구실을 다수의 뉴리스터 접속망으로서 구체화하는 것이 목적이다.

neurocomputer 뉴러컴퓨터 신경 세포의 동작을 모델화하여 만든 소자를 다수 결합하여 구성되는 컴퓨터. 현재는 그러한 컴퓨터를 지향하여 동물의 신경계와 비슷한 회로망을 써서 그 동작 해석이나 응용 분야의 모색 등 연구가 활발하게 이루어지고 있는 단계에 있다.

neuron 뉴런 생물의 신경 세포. 입력 자극의 가중 총합계에 의해서 그에 대응하는 출력을 얻는 일종의 논리 게이트로서 작용하는 것으로 생각되고 있다. 인간의 두뇌는 10^{10}개 정도의 뉴런으로 구성되어 있으며, 정보를 병렬 처리하여 고도의 적응성과 중복성을 가지고 있다.

neuron model 뉴런 모델 인간의 뇌신경을 구성하는 뉴런(신경 세포)이 그것을 결합하는 시냅스를 거쳐서 정보 처리를 하는 과정을 전기 이론적으로 모델화한 것으로, 보다 인간에 가까운 컴퓨터를 실현하기 위해 연구되고 있다.

neutral 중성(中性) 같은 수의 전자와 양자를 가지고 있으며, 따라서 전체로서 전기적으로 중성으로 되어 있는 상태.

neutrality condition 중성 조건(中性條件) 반도체 중에 국부적으로 과잉한 전자 또는 정공이 생기면 그 부분에 이것을 중화하는 데 족한 반대 부호의 캐리어가 유기하는 상태.

neutralization 중화법(中和法) 고주파 증폭기에서 사용하는 트랜지스터의 컬렉터 용량 때문에 출력의 일부가 입력측에 궤환되어서 발진을 일으켜 만족한 증폭을 할 수 없는 경우가 있다. 이 발진을 방지하기 위해 궤환분과 역위상의 전압을 입력측에 가함으로써 정궤환 작용을 상쇄하는 방법을 중화법 또는 단방향화라 한다. 그림은 그 회로의 예이다.

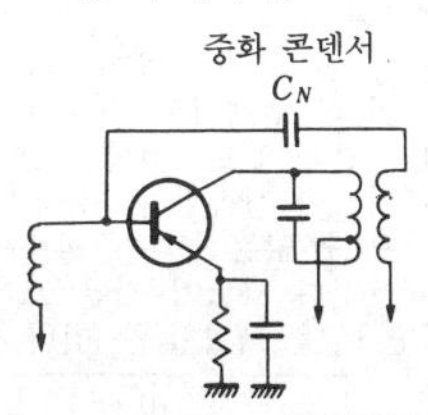

neutralizing capacitor 중화 콘덴서(中和－) =neutralizing condenser

neutralizing circuit 중화 회로(中和回路) 트랜지스터나 진공관 등에 의한 고주파 증폭 회로에서는 전극간 용량에 의한 정궤환 작용 때문에 발진할 염려가 있다. 이 작용을 중화하는 회로를 말한다. 그림과 같이 (a)의 중화 콘덴서 C_N을 사용하는 회로와 (b)의 중화 코일 L_N을 사용하는 회로(인덕턴스 중화 회로)가 있다. (a)에서는 전극간 용량 C_{BC}와 C_N이 브리지 회로의 모양으로, $n_1/n_2=C_{BC}/C_N$의 관계로 평형했을 때 중화되고, (b)에서는 $L_N=1/\omega^2C_{BC}$일 때 생기는 공진 작용에 의해 중화된다. 또한, (b)의 C_s는 단순한 직류 저지 콘덴서이다. 일반적으로 간단한 (a)의 회로가 널리 쓰인다.

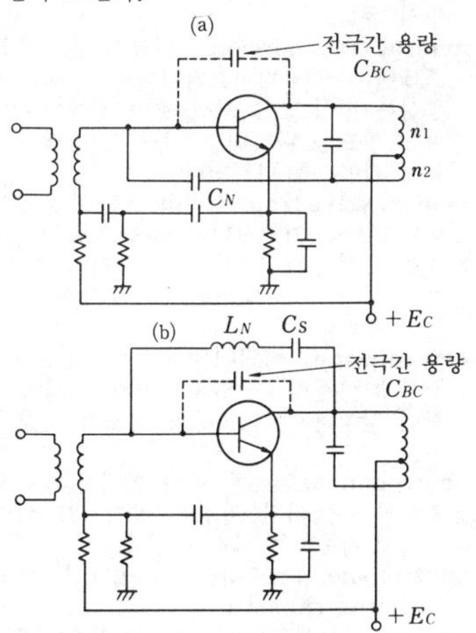

neutralizing coil 중화 코일(中和－) 중화 회로에 사용하는 코일. →neutralizing circuit

neutralizing condenser 중화 콘덴서(中和－) 고주파 증폭 회로의 입출력간에 삽입하는 콘덴서. 고주파 증폭 회로에서는 트랜지스터의 컬렉터와 베이스 간의 부유 용량 C_{bc}에 의해 출력 전압이 입력측으로 궤환된다. 이 영향을 제거하기 위해 출력 트랜스 T_2의 컬렉터와 반대 단자에서 역위상의 전압을 얻고, 적당한 크기의 C_n을 골라 베이스에 접속한다. 전극간 용량 C_{bc}가 무시될 수 없는 높은 주파수의 증폭 회로에 사용한다. C_{bc}가 작은 트랜지스터를 사용하면 C_n을 생략할 수 있다.

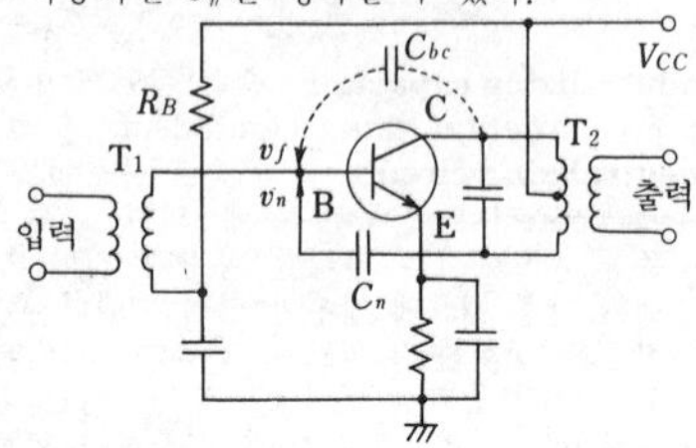

neutral keying 무극 키잉(無極－) →single current system

neutral relay 무극 계전기(無極繼電器) 그 동작이 입력 신호의 극성과 관계가 없는 계전기.

neutral temperature 중성 온도(中性溫度) 열전쌍 냉접점의 온도를 일정하게 유지할 때 열기전력이 최대가 되는 고온 접점의 온도.

neutral transmission 단류식 전송(斷流式傳送) 텔레타이프라이터의 신호를 전송하는 방식으로, 회선 중에 전류가 있을 때는 마크를 나타내고, 무전류 상태일 때는 스페이스를 나타낸다.

neutral wave trap 중성점 트랩(中性點－) 인덕턴스와 커패시턴의 조합으로 이루어지는 중성점 접지 장치로, 특정한 주파수에 대하여 높은 임피던스를 주도록 그 값이 정해진다.

neutral zone 중립대(中立帶) 자동 제어 장치에서 동작 신호가 들어와도 제어 동작이 일어나지 않는 동작 신호의 특정 범위.

neutrodon 뉴트로돈 중화 콘덴서의 속칭. 고주파 증폭기의 발진을 방지하기 위한, 조정에 사용하는 가변 콘덴서.

neutrodyne 뉴트로다인 →neutral, neutralizing capacitor

neutron 중성자(中性子) 소립자의 하나로, 질량은 양자와 거의 다르지 않으나 전하를 갖지 않는다. 양자와 함께 원자핵을 구성하고, 그 수는 원자의 종류에 따라 다르다. 원자핵 반응일 때 단독으로 튀어 나오는 경우가 있다.

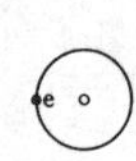
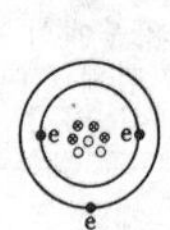
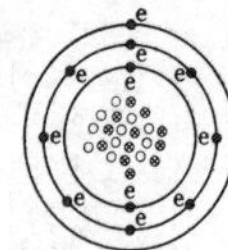

$^{1}_{1}$H : $Z=1$, $A=1$ $^{7}_{3}$Li : $Z=3$, $A=7$ $^{23}_{11}$Na : $Z=11$, $A=23$

○ : 양자 ● : 전자 ⊗ : 중성자

new ceramics 뉴 세라믹스 →fine ceramics

new media 뉴 미디어 정보 전달에 사용하는 매체 중 옛부터 사용되고 있는 신문이나 텔레비전 이외에 최근에 와서 급속히 보급된 비디오텍스, 문자 방송, PC 통신, 텔레터미널 등의 다양한 통신 수단을 포괄적으로 말하는 호칭이다. 이들은 컴퓨터를 주로 하는 일렉트로닉스의 발전이 만들어낸 것이다.

new traffic system 신교통 시스템(新交通－) 컴퓨터에 의해 자동으로 제어하는 무인 교통 기관의 운전 시스템.

newton 뉴턴 SI 단위계에서의 힘의 단위. 1kg 의 질량에 1m/s^{2}의 가속도를 주기 위한 힘이다. 기호 N.

$1\mathrm{N}=1\mathrm{kg}\cdot\mathrm{m/s^2}$

NFB 부궤환(負饋還)[1], 배선용 차단기(配線用遮斷器)[2] (1) =negative feedback (2) =no-fuse breaker

NG 넘버 그룹 number group 의 약어. 타국으로부터의 입접속(入接續) 혹은 자국내 접속에서 피호자(被呼者)의 번호를 그 가입자 회선이 수용되어 있는 라인 링크 네트워크 상의 수용 위치로 번역하는 장치.

nibble 니블 정보량의 단위로, 4 비트의 데이터나 정보를 나타낸다.

NiCd cell 니켈카드뮴 전지(－電池) 양극에 수산화 니켈($Ni(OH)_3$), 음극에 카드뮴(Cd), 전해액에 수산화 칼륨(KOH)를 사용한 알칼리 축전지의 일종. 단자 전압은 1.3V 이다. 극판에 소결판을 사용하는 소결식은 활성 물질과 전해액과의 접촉면적이 매우 넓으므로 내부 저항이 낮고, 대전류의 방전에 적합하다. 이 전지는 충전 시간이 짧고, 사용 온도 범위가 넓은데다 장시간 방치나 과충전에 강한 특징을 가지고 있다. 활성 물질의 양을 가감하여 가스의 발생을 억제한 완전 밀폐식은 건전지 대신으로 라디오나 테이프 녹음기 등에 널리 사용되고 있다.

Nichols chart 니콜스 선도(－線圖) = Nichols diagram

Nichols diagram 니콜스 선도(－線圖) 제

어계의 개(開) 루프 특성에서 폐(閉) 루프 특성을 구하는 방법의 하나로, 각속도 ω의 넓은 범위를 다루는 데 적합하다. 개 루프 함수를 $G=\gamma\varepsilon^{j\theta}$로 나타낼 때 폐 루프 함수가

$$W=\frac{G}{1+G}=M\varepsilon^{j\varphi}$$

이 되면, 이 두 식에서 M과 ψ을 일정하게 하기 위한 G의 값을 구하여 20 $\log_{10}$ γ[dB]를 세로축에, θ를 가로축에 취하여 벡터의 궤적을 그린 것이 니콜스 선도이다. 이 도형은 개 루프 함수의 궤적에서 직접 폐 루프 함수의 공진 피크값 M_p를 읽을 수 있으며, 더욱이 그림 상에서 M_p의 최적값을 얻기 위해 조정해야 할 이득의 값을 읽을 수 있어 편리하다.

Nichrome 니크롬 니켈과 크롬을 주성분으로 하는 합금으로, 저항률이 크고, 내식성, 내열성이 좋으므로 전열선이나 저항기를 만드는 데 사용된다.

nickel-cadmium battery 니켈카드뮴 전지(−電池) 알칼리 축전지로, +의 활물질은 산화 니켈이고, −의 활물질은 카드뮴이다. 중부하 특성, 저온 특성이 뛰어나다. 개방 전압 1.3V 정도이다.

nickel silver 양은(洋銀) 구리 50~70%, 니텔 10~30%, 아연 5~30%의 합금. 탄성이 있으며, 가공이 용이하고 내식성도 있으므로 계전기의 도전(導電) 스프링이나 저항선에 널리 이용된다.

nickel-zinc ferrite 니켈 아연계 페라이트(−亞鉛系−) 자심용 페라이트의 일종으로, $NiFe_2O_4$와 $ZnFe_2O_4$의 혼합 소결체이다. 저주파 트랜스에 사용된다.

night effect 야간 효과(夜間效果) 중파나 장파의 방향 탐지를 루프 안테나로 하는 경우 주간은 지표파가 주이므로 올바른 방향 탐지를 할 수 있지만 야간은 E층으로부터의 반사파가 포함되기 때문에 근거리를 제외하고 합성 자계가 지표면에 평행하게 되지 않아 루프 안테나의 최소 감도점이 불선명해지거나 시간적으로 변동하거나 하여 방위에 오차가 생긴다. 이것을 야간 효과 또는 야간 오차라 한다. 이 오차를 제거하기 위해서는 전계의 수직 성분에만 감도를 갖는 애드콕 안테나가 사용된다.

night error 야간 오차(夜間誤差) →night effect

nin junction nin 접합(−接合) 양측이 n형 반도체이고, 그 중간에 불순물을 포함하지 않은 진성 반도체인 i영역을 갖는 접합을 말한다.

Niomax 니오맥스 초전도체의 일종으로, 조성은 Nb_3Sn. 필라멘트 모양으로 만들어진다.

NIS 국가 정보 시스템(國家情報−), 광역 정보 시스템(廣域情報−) national information system의 약어. 관청, 기업, 기타 여러 기관을 결합하는 광역 정보 시스템. MIS가 행정 기관, 기업체에서 그 범주에 멈추는 토털 지향이라면, NIS는 지역적이나 지능적으로 네트워크화하여 광역에 걸치는 지식망(knowledge network)의 성립을 의도하는 시스템이다.

Nixie tube 닉시관(−管) 2 진화 10 진수(BCD)를 가시적인 숫자로 하여 표현하기 위해 10개의 숫자형 음극과 1개의 공통 양극을 가진 냉음극 방전관. 컴퓨터 출력 등을 표시하기 위해 BCD 부호를 데시멀 출력으로 변환하는 디코더·드라이버를 써서 그 출력으로 닉시관을 점등한다.

NKS steel NKS강(−鋼) 신 KS강과 같다. 석출 경화에 의해 만들어진 영구 자석 재료이다. 성분은 니켈 10~25%, 코발트 20~40%, 티타늄 5~20%, 나머지는 철의 합금이다. 보자력이 매우 크므로 계기나 음향 기기 등에 사용된다.

NMOS 엔 모스 n-channel MOS의 약어. PMOS 이후에 도입된 LSI 기술. 보다 고속의 것이 출현하였으나 집적도는 낮다. 마이크로프로세서 유닛의 제조에 현재 가장 적합.

NMR 핵 자기 공명(核磁氣共鳴) nuclear magnetic resonance의 약어. 원자핵이 자기 모멘트를 갖는 원자를 고주파 자계 중에 두면, 특정한 주파수(마이크로파 영역)에서 공명하여 에너지를 흡수하는 것을 말한다. 물질 중에서는 다른 원자 등의 영향으로 이 공명 주파수가 벗어나기 때문에 반대로 그 변화를 측정하여 물질의 구조를 살피는 데 이용된다.

NMS 망 관리 시스템(網管理−) =network management system

noble potential 귀전위(貴電位) 표준의 수소 전위에 대하여 본질적으로 음극성의 전위를 말한다.

no-brake power supply equipment 무정전 전원 장치(無停電電源裝置) 부하에 전력을 계속해서 공급하는 장치를 말하며, 스리엔진 방식, EG-MG 방식 등이 있다. →three-engine system, EG-MG system

no connection 무접속(無接續) 전자관의 베이스 다이어그램이나 IC의 핀 접속에서 내부 회로와 접속되어 있지 않은 핀에 붙

N

이는 기호. =NC

noctovision 암시관(暗視管)[1], 암시 장치(暗視裝置)[2] (1) 적외선 영역에서 광범위하게 감도가 좋은 물질을 광전면에 사용하여 그 상을 형광면에 비추어서 볼 수 있도록 한 것. 암시 장치에 사용한다.

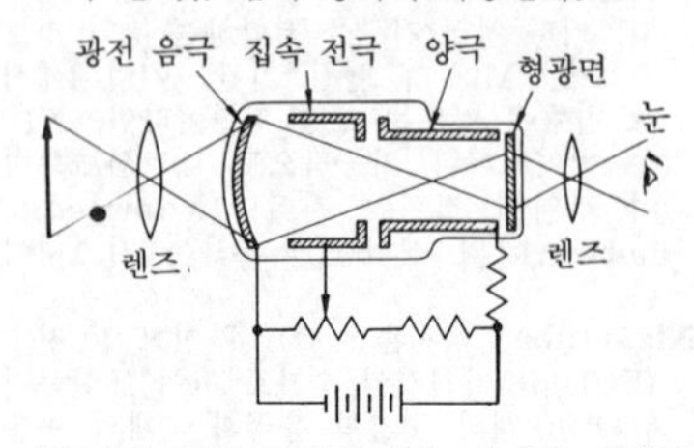

(2) 가시 광선이 거의 없는 상태를 시각적으로 관측하기 위한 장치. 적외선을 감지하여 가시상으로 변환하는 암시관을 사용하는 방법과, 극히 미약한 빛을 강력하게 증배(增配)하는 다단(多段) 이미지관을 사용하는 방법이 있다. 이들 장치는 경계나 감시의 목적 외에 망원경과 조합시켜서 야간 원격지의 물체를 본다든지, 의료용 장치로서 안저(眼底) 검사에 사용한다든지 할 수도 있다.

noctovision tube 암시관(暗視管) →noctovision

nodal function 절의 기능(節-機能) 통신망의 절에서는 ① 집선·분배, ② 루팅 설정, ③ 회선 교환, ④ 채널이나 트래픽의 감시·통제 등의 기능을 가지고 있다. 전화망과 같이 통화의 동시성이 요구되는 경우와 데이터망과 같이 메시지의 패킷화, 축적·재송 그리고 어셈블리 등을 하여 망의 효율 사용을 도모하는 경우 등에 절의 기능이나 사용되는 하드웨어도 다양하다. 그리고 소형 컴퓨터 등에 지원된 각종 인텔리전트 기능을 갖는 것이 보통이다.

node 노드, 절점(節點) 데이터망 속의 데이터 전송로에 접속되는 하나 이상의 기능 단위. 네트워크의 분기점이나 단말 장치의 접속점. PERT(공정 관리 수법의 하나)에서는 결합점 또는 이벤트라 한다.

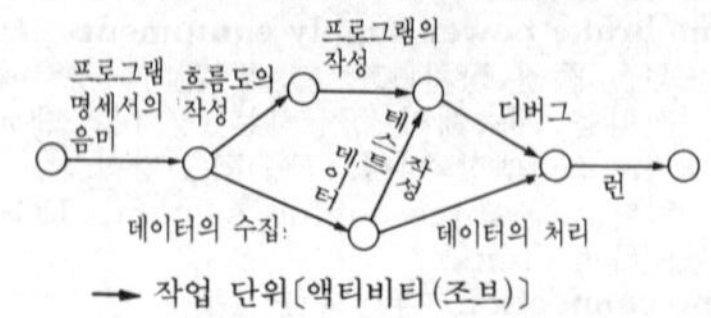

그림은 PERT에 사용되는 화살표 그림의 예이며, 결합점(노드)은 ○표로 나타낸다.

node admittance matrix 절점 어드미턴스 행렬(節點-行列) 회로 중의 1절점을 기준으로 하고, 그 곳에서 잰 다른 모든 절점의 전위와 인가 전류의 관계를 기술하는 어드미턴스 행렬.

no-delay based complete group 즉시식 완전군(卽時式完全群) 전화 교환에서 입선(入線)을 접속하려고 한 출선(出線)이 통화중이면 발신자에게 통화를 단념시키는 방법을 즉시식이라 한다. 또, 입선을 목적의 상대에 접속할 수 있는 출선이 다수 있는 경우 그 어느 쪽에도 접속할 수 있는 그림과 같은 방식을 완전군이라 한다. 현용의 교환기는 일반적으로 양자의 기능이 있으며, 이것을 즉시식 완전군이라 한다.

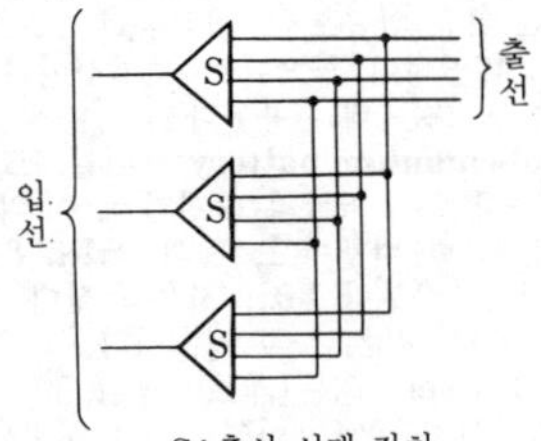

S: 출선 선택 장치

no-delay system 즉시식(卽時式) =loss system

noise 잡음(雜音)[1], 소음(騷音)[2], 전파 잡음(電波雜音)[3] (1) 전송 기기에서 신호를 전송하려고 할 때 혼입해 오는 불필요 또는 유해한 성분. 노이즈라고도 한다. 잡음에는 외부 잡음과 내부 잡음으로 나뉜다. 외부 잡음으로는 공전 등에 기인하는 자연 잡음과, 엔진 등에 기인하는 인공 잡음이 있다. 내부 잡음으로는 저항체에서 발생하는 열잡음, 트랜지스터나 진공관에서 발생하는 산탄(散彈) 잡음, 플리커 잡음, 분배 잡음이 있고, 부품의 기계적 진동에 기인하는 마이크로포닉 잡음이, 교류 전원에 기인하는 험 잡음이 있다.

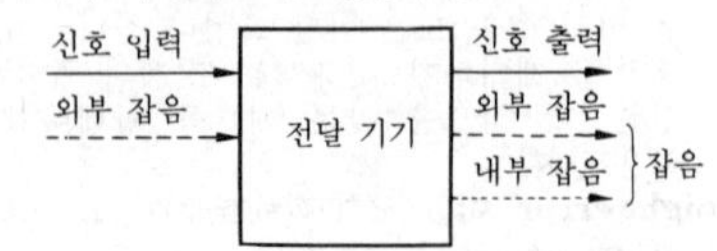

(2) 음악 등과는 달리 사람들에게 불쾌감을 주는 소리. 소음에는 교통 기관 등과 같이 연속적으로 발생하는 것이나, 펄스적으로 발생하는 것이 있다. 소음은 사람,

연령, 건강 상태 등에 따라 다르지만 소음계에는 일반성을 갖게 하기 위해 청감 보정 회로가 내장되어 있다.

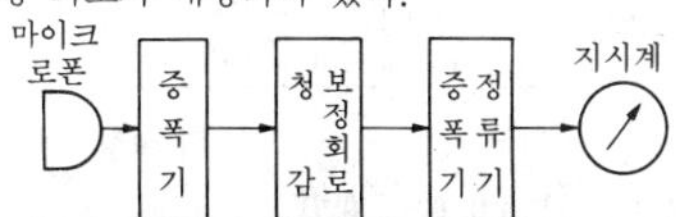

(3) 무선 통신에 혼입하여 방해를 주는 것. 내부 잡음과 외부 잡음이 있으며 후자는 인공 잡음과 자연 잡음(대기 잡음)으로 나뉜다. 전파 잡음은 주로 후자를 가리킨다. ① 공전 : 대기 중의 자연 현상에 의해 발생하는 전파로, 10kHz 정도. ② 우주 잡음 : 20~100MHz. ③ 태양 잡음 : 넓은 주파수대.

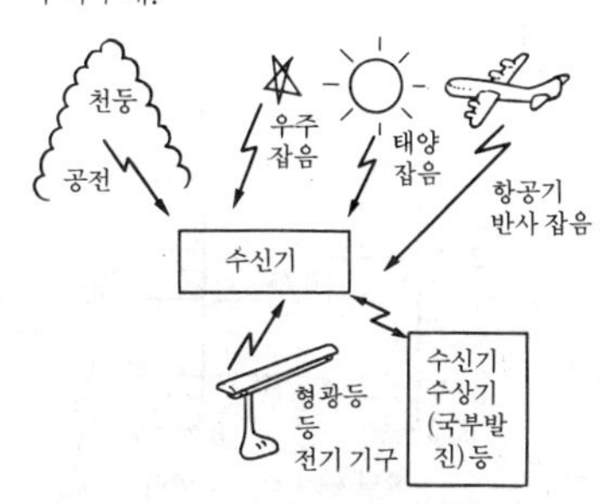

noise amplitude distribution 잡음 진폭 분포(雜音振幅分布) 펄스의 진폭을, 그 진폭 이상의 펄스 발생 빈도의 함수로서 나타낸 분포.

noise assignment 잡음 배분(雜音配分) 실제의 무선 통신 회선을 설계하는 경우에 표준 의사 회선의 규격에 비추어서 회선의 열잡음과 장치의 일그러짐 잡음, 어떻게 배분하면 시스템의 SNR 을 최적화하고, 합리적 가격으로 규격에 적합하는 시스템을 구축할 수 있는가를 검토한다. 변조 지수의 결정, 각 장치의 선정 등이 위의 선을 따라 이루어진다.

noise cancellation circuit 잡음 소거 회로(雜音消去回路) 컬러 텔레비전 수상기에서 합성 영상 신호 중에 혼입하는 대진폭 레벨을 넘는 잡음 펄스를 분리하여 원래의 신호로 위상 반전한 펄스를 가해서 잡음 성분을 상쇄함으로써 바이어스의 변동이나 동기의 불안정을 방지하도록 한 회로.

noise characteristics 잡음 특성(雜音特性) 전자 기기의 특성 중 잡음에 관한 것을 잡음 특성이라 하는데 표시법의 대표적인 것으로 잡음 지수가 있다. 그림은 트랜지스터의 잡음 특성을 나타낸 것인데 세 주파수대로 나뉜 영역을 가지고 있다. →noise figure

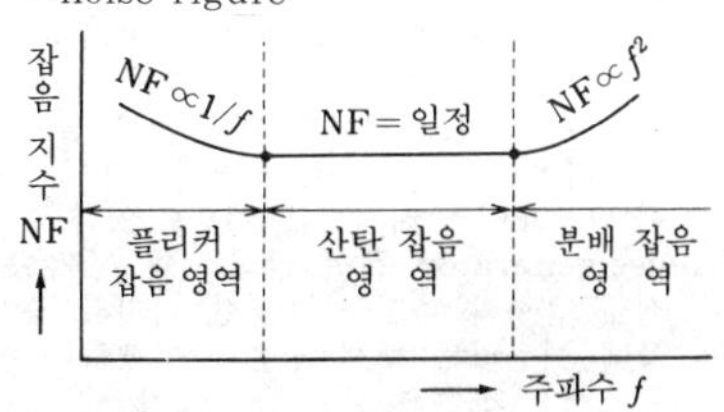

noise factor 잡음 지수(雜音指數) ① 장치의 출력단에서의 단위 대역폭당의 잡음 전력 P_{NO} 와 입력단의 성단(成端) 저항(온도 290K 에서의)에서의 잡음 전력 P_{NI} 의 비를 데시벨로 나타낸 것. 단, 장치의 이득을 G 로 하고, P_{NO} 는 입력측으로 환산한 것으로 한다.

잡음 지수 $F(f) = 10\ \log_{10} P_{NO}/(GP_{NI})$

② 장치에 의해서 출력단에 주어지는 전 잡음 전력과 입력 성단부(전원)에서의 잡음 전력과의 비를 데시벨로 나타낸 것.

noise figure 잡음 지수(雜音指數) 전송기기(예를 들면 증폭기)의 입력단과 출력단에서의 신호 대 잡음비(SN 비)의 비. 일반적으로 다음과 같이 데시벨량으로 나타낸다.

$$F = 10 \log \frac{S_i / N_i}{S_0 / N_0} \text{ [dB]}$$

내부 잡음이 많을수록 크고, 그 기기의 잡음 발생에 대한 성능의 양부를 나타내는 가늠으로서 쓰인다. 내부 잡음이 없는 이상적인 경우 최소값 0dB 가 된다. →signal to noise ratio

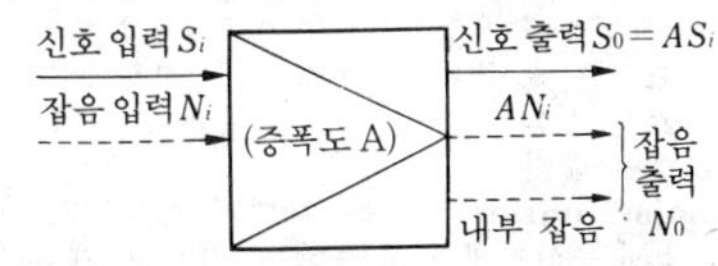

noise filter 노이즈 필터 노이즈 성분을 감쇠하고, 필요로 하는 신호 성분을 통과시키기 위한 필터. 보통 저역 필터(low-pass filter)가 사용된다.

noise-free equivalent amplifier 무잡음 등가 증폭기(無雜音等價增幅器) 내부 잡음을 발생시키지 않고, 실제의 증폭기와 같은이득 및 같은 입출력을 갖는 이상(理想) 증폭기.

noise gate 노이즈 게이트 입력 신호 레벨이 일정한 임계값 이하로 되었을 때 계(系)의 증폭률을 순간적으로 저하시켜, 출력 레벨을 작게 하고, 잡음도 없애는 잡음 저감법. 테이프의 히스 잡음, 증폭기의 잔류 잡음 등 음향계의 잡음은 입력 신호의 레벨에 관계없이 거의 일정한 크기를 가지므로 입력 신호가 작을 때 특히 귀에 거슬린다. 노이즈 게이트 외에 저감 필터에 의해서 고주파 영역을 제거해 버리는 다이내믹 노이즈 리덕션(DNR)도 있다.

noise generator 잡음 발생기(雜音發生器) 실내 음향의 측정이나 음향 기기의 측정 등에 이용하는 백색 잡음을 발생하는 장치. 백색 잡음은 실내 음장(音場)에 관한 측정이나 건축물의 벽, 바닥의 흡음, 차음(遮音)의 측정, 스피커의 특성 측정에도 사용된다. 이 백색 잡음을 −3dB/oct 의 저역 필터를 통해서 옥타브당의 에너지가 일정한 핑크 노이즈도 꺼낼 수 있게 한 것이 편리하므로 널리 사용되고 있다.

noise generator diode 잡음 발생기 다이오드(雜音發生器—) 산란 효과에 따라 잡음이 발생하여, 그 잡음의 전력이 직류 전류의 어떤 함수로 되는 다이오드.

noise immunity 잡음 여유도(雜音餘裕度) 불필요한 잡음은 제거하고 필요한 신호만을 가려낼 수 있는 기기나 장치의 능력.

noise killer 잡음 방지기(雜音防止器) 전신 회선의 송신측 끝에 삽입되는 전기적인 네트워크로, 다른 회선으로의 간섭을 경감하기 위한 기기, 장치.

noise level 잡음 레벨(雜音—) 음장(音場) 내의 어느 점에서의 음향(소음) 레벨은 가중값이 주어진 음압 레벨이며, ASA (현재의 ANSI)의「소음 및 기타의 음의 레벨계 Z243-1944」에 지정된 것. 계기의 판독은 지정된 주파수 가중값과 적분 시간에 의해서 가청 주파수 범위 전체에 걸쳐 적분된 음압(데시벨)이다. 장치는 마이크로폰, 증폭기, 주파수 가중 회로망 등으로 구성되며, 근사적으로 음의 크기의 레벨을 준다.

noise limiter 잡음 제한기(雜音制限器) FM 수신기에서 사용하는 잡음을 제한하는 회로. 진폭 제한기라고 하는 경우도 있다. 그림과 같은 역방향의 2개의 다이오드 D_1, D_2를 통하는 입력 FM 파가 잡음 혼입 때문에 진폭 변조된 모양이라도 진폭이 $+V$에서 $-V$의 범위를 넘으면 D_1, D_2가 각각 도통하므로 출력 파형의 진폭은 그 범위에 한정된 일정값으로 되어 잡음의 영향이 제한된다. 또, 실제로는 다이오드 특성의 만곡부의 영향으로 이 범위가 더욱 넓어지기 때문에 전압 V를 주지 않아도 어느 정도의 폭이 남아 동작이 가능하다. 그 경우의 진폭 감소는 증폭하여

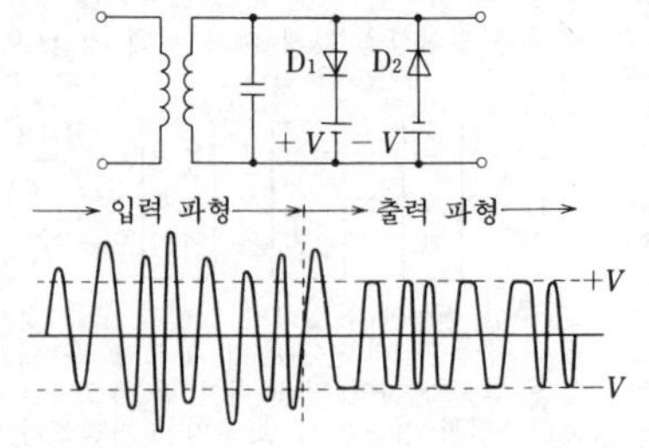

보상된다.

noise margin 잡음 여유(雜音餘裕) 논리 회로용 IC 의 전기 명세의 일종으로, 입력 레벨과 출력 레벨의 차. 그림에서는 H 의 노이즈 잡음 여유는 0.7V, L 의 잡음 여유는 0.3V 가 된다.

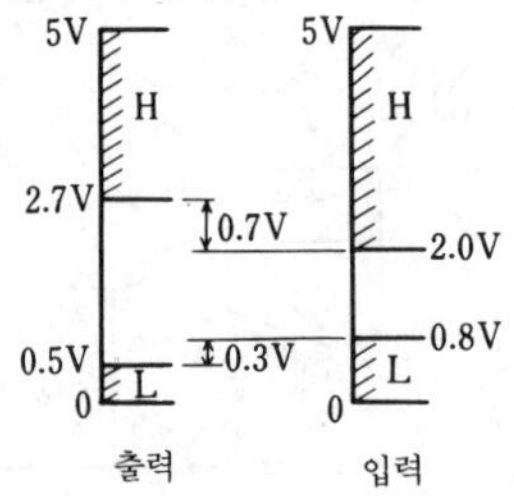

noise meter 소음계(騷音計) 소음 레벨을 측정하는 측정기로, 어느 기준 레벨에 대한 비(比)를 데시벨로 나타낸다. 측정기는 실효값 지시계의 계기와 청감 보정 회로를 가지고 있다.

noise pressure equivalent 소음 등가값(騷音等價—) 정현파의 음향 평면 진행파 음압의 실효값. 변환기의 주축에 평행하게 전파(傳播)했을 때 변환기의 1Hz 대역폭 고유의 오픈 회로 잡음 전압의 실효값과 같은 신호 전압을 발생하는 크기의 것.

noise reducer 노이즈 리듀서 =noise silencer

noise reduction system 잡음 저감 방식(雜音低減方式) 신호를 전송하는 경우 도중에서 발생하는 잡음을 억제하기 위해 압축기와 신장기를 사용하는 방법이다. 대표 예로는 돌비 방식, dbx 방식 등이 있다. 기본적으로는 송단(送端)에서 압축기를 사용하여 저 레벨 신호의 이득을 높여 고 레벨 신호와의 차를 줄이고, 수단(受端)에서는 압축된 레벨을 원 상태로 하는 신장기를 둔다. 도중에서 발생한 잡음은 신장기에 의해 레벨이 낮추어진다.

noise reduction technology 잡음 저감 기술(雜音低減技術) 실장 기술의 요소 기술의 하나로, 논리 회로의 오동작 원인이 되는 잡음 발생을 억제하는 기술.

noise rejection 잡음 제거(雜音除去) 바람직하지 않은 정규 전압의 영향을 억제하는 증폭기의 능력.

noise resistance 잡음 저항(雜音抵抗) 백색 잡음 발생원이라고 생각되는 저항.

noise sidebands 잡음 측대파(雜音側帶波) 스펙트럼 애널라이저 내부의 잡음 때문에 표시 화면의 올바른 응답 주위에 발생하는 불필요한 응답.

noise silencer 잡음 억제기(雜音抑制器) 단파 상용 전화 회선 등에서 사용되는 것으로, 신호 레벨이 어느 한계 이하로 되었을 때 출력을 자르도록 동작하는 회로이다. 이 회로를 사용하면 전화에서는 통화 사이에서의 잡음이 억제되는데 음성에 중첩된 잡음은 억제되지 않는다. =noise reducer

noise simulator 노이즈 시뮬레이터 제어 회로의 전원이 전동기 부하의 시동이나 정전 등에 의해 변동한 경우, 제어 기기의 동작 상태를 시험하기 위해 사용하는 서지 모양 잡음의 발생기.

noise stopper 잡음 방지기(雜音防止器) 라디오나 텔레비전 수상기에서 소형 전기 기구로부터 발생하는 잡음을 방지하기 위한 장치. 가정용 전기 기구에서 발생하는 잡음은 전등선을 통해서 라디오나 텔레비전에 방해를 주므로 이것을 방지하기 위해 사용하는 것으로, 콘덴서와 코일의 조합에 의해 구성되어 있다. 그림은 FA형 잡음 방지기의 회로이다.

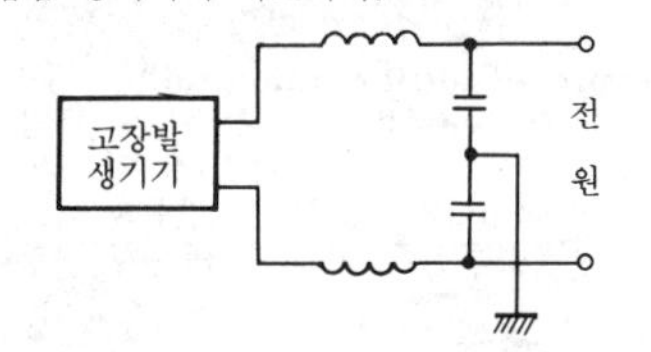

noise suppressor 잡음 억압 장치(雜音抑壓裝置) =squelch circuit

noise temperature 잡음 온도(雜音溫度) ① 어느 주파수에서의 주어진 수동 장치의 잡음 온도란 실제 장치의 단자간에서의 잡음 전력과 같은 잡음 전력을 주는 패시브 장치(저항)의 온도이다. 단순한 저항의 잡음 온도는 그 저항의 동작 온도이며, 또 다이오드의 잡음 온도는 측정된 실제의 온도〔K〕보다 훨씬 높은 온도이다. ② 잡음 측정에서 사용되는 기준 온도 T_0를 말한다. 보통 T_0=290K가 쓰인다. 이것은 실온과 거의 같다. ③ 특정한 주파수에 있어서의 안테나 출력에서의 잡음과 같은 잡음 출력(단위 주파수폭당)을 갖는 저항의 온도. ④ 어느 포트에서의 잡음 전력 밀도 N을 볼츠만 상수 k로 나눈 값 T를 말한다.

$T=N/k$

단위는 N : W/Hz, k : 1.38×10^{-23}J/K이다. 실수부가 마이너스인 내부 임피던스를 가진 포트인 경우에는 N, 따라서 T는 마이너스로 되는데, 절대 온도로서의 T가 마이너스인 것은 아니다. 이 경우는 그 포트에서 잡음이 흡수되는 것을 의미한다.

noise transmission impairment 잡음 등가 감쇠량(雜音等價減衰量) 주어진 양의 잡음에 관해서, 잡음 등가 감쇠량은 잡음 때문에 생기는 전화 전송 열화와 동등한 전화 전송 열화를 무잡음 회선에 발생하도록 하는 무왜(無歪)의 삽입 전송 손실과 같은 양이다. 전화 전송 열화는 주로 판단 시험 또는 양해도 시험에 따라 결정된다.

noise triangle 3각 잡음(三角雜音) 스펙트럼 밀도 η의 백색 잡음을 포함하는 FM 신호를 리미터, FM 복조기를 통해서 복조하는 경우에 복조 후의 출력 신호에서의 잡음의 스펙트럼 밀도는

$$G_N(f)=\frac{\alpha^2\omega^2}{A}\eta \quad |f|\leq B/2$$

로 주어진다는 것을 알 수 있다(그림 참조). B는 입력 반송파의 필터 대역폭이고, A는 반송파 진폭, α는 상수이다. $G_N(f)$는 위의 식에서 보듯이 0과 $B/2$ 사이에서 f^2에 비례하여 변화하고 있다. 이러한 주파수 분포의 잡음을 3각 잡음이라 한다(실제는 포물선 분포). 방송 위성을 거쳐 텔레비전 신호를 송신하는 경우에 전송로에서 침입하는 열잡음(백색 잡음)이 위와 같이 3각 잡음화하여 영상 신호의 고주파 영역 색신호의 SNR을 저하시킨다. 이것을 방지하기 위해 송신측에서 고주파 영역에 프리엠퍼시스를 거는 것이

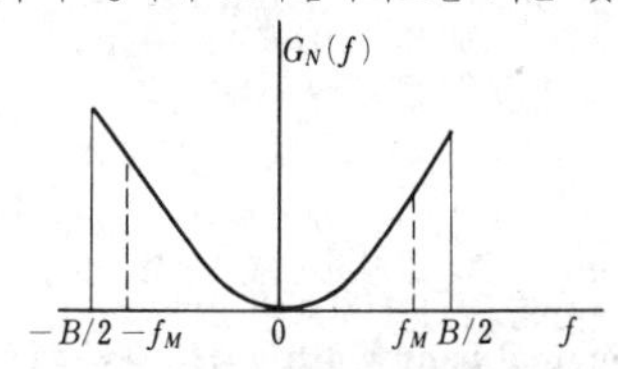

커슨의 법칙에 의해 $B=2(\Delta f+f_M)$이다. Δf는 최대 주파수 편이, f_M는 변조 주파수

효과적이다.

noise voltage 잡음 전압(雜音電壓) 저항체의 단자에 발생하여 열잡음으로 되는 미소 변화 전압을 말한다. 저항값 R, 저항체의 온도 T(절대 온도) 및 측정하는 주파수대폭 B에 관계한다. 실효값(평균 자승법) V는

$$V=\sqrt{4kTRB}$$

로 표시된다(단, $k=1.38\times10^{-23}$〔J/K〕: 볼츠만 상수).

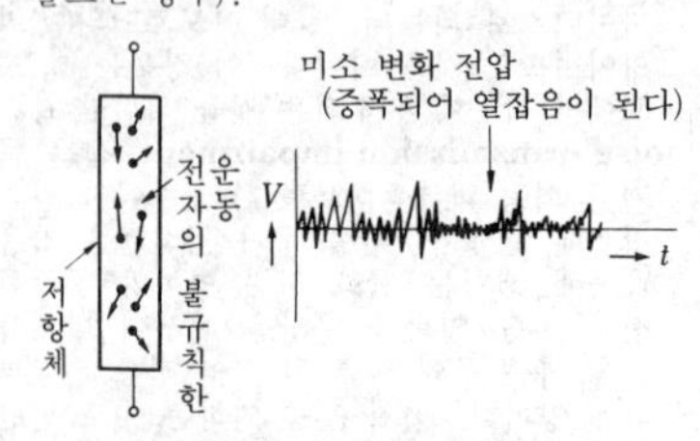

noise voltage generator 잡음 전압 발생기(雜音電壓發生器) 시간에 대해서 랜덤하게 변화하는 전압을 발생하는 장치. 주파수와 관계없이 일정한 잡음 전력을 발생하는 것이 바람직하나, 실제의 장치에서는 스펙트럼 전력 밀도는 주파수의 함수가 된다. 혹은 필터에 의해 함수형을 바꿀 수 있다. 전압원 대신 전류원을 사용했을 때는 잡음 전류 발생기라 한다. 잡음원으로서 반도체 다이오드를 사용하는 경우가 많다.

noise voltage meter 잡음 전압계(雜音電壓計) →psophometric voltage

no-load saturation voltage 무부하 포화 전압(無負荷飽和電壓) 자기 증폭기용 리액터를 교류 신호만으로 동작시켰을 때 그 1/2 주기의 위상각과 점호각(點弧角)이 일치하는 교류 신호 전압의 실효값을 말한다. 이 이하의 전압에서는 철심은 포화하지 않는다.

no-loss line 무손실 선로(無損失線路) 유한 길이의 고주파 선로에서는 $\omega L\gg R$, $\omega C\gg G$라 생각되므로 $R=0$, $G=0$으로 두면 전파 상수(傳播常數)는

$$\dot{\gamma}=\alpha+j\beta=j\omega\sqrt{LC}$$

으로 되어 α(감쇠 상수)가 제로인 선로로 된다. 즉, 감쇠하지 않는 선로를 말하며, 이것을 무손실 선로라 한다.

nominal bandwidth 공칭 대역폭(公稱帶域幅), 호칭 대역폭(呼稱帶域幅) ① 공칭 차단 주파수로 나타낸 대역폭. 공칭 차단 주파수는 그 응답이 최대 응답보다 3dB 낮은 주파수이다. →cut-off frequency. ② 가드 대역도 포함해서 하나의 채널에 할당된 주파수 대역폭의 공칭값(호칭값).

nominal current transformation ratio 공칭 변류비(公稱變流比) →nominal transformation ratio

nominal impedance 공칭 임피던스(公稱―) 정 K 형 필터의 상수로, 주파수와 관계 없는 상수 R〔Ω〕으로 나타내며, 회로 설계에 이용한다.

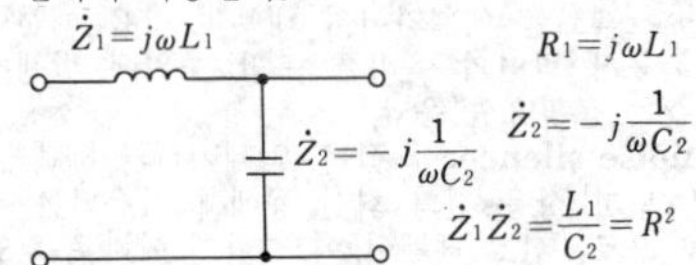

nominal input power 공칭 입력 전력(公稱入力電力) 스피커 입력 단자에서의 전압 실효값의 제곱을 정격 임피던스로 나눈 값.

nominal line pitch 공칭 라인 간격(公稱―間隔) 텔레비전의 래스터를 형성하는 주사선에 있어서 인접하는 주사선의 평균적인 중심 간격.

nominal line width 공칭 라인폭(公稱―幅) ① 텔레비전에서, 주사선 진행 방향의 단위 길이에 포함되는 주사선 수의 역수. ② 팩시밀리에서, 인접하는 주사선 또는 기록선 중심간의 평균 간격.

nominal rating 공칭 정격(公稱定格) 규정의 시험 조건하에서 규정 온도를 넘는 일 없이 운전할 수 있는 최대의 부하. 이것을 넘어서 일정량(보통 25~50%) 부하를 증가시켜도 2 시간까지는 어느 한도 넘어서 온도 상승을 발생하지 않는 것이 보증되는 것.

nominal transformation ratio 공칭 변성비(公稱變成比) 변압기의 누설 임피던스가 없는 이상 변압기로 한 경우 1 차와 2 차의 전압비, 전류비는 권선의 권수비만으로 정해진다. 이 비율을 공칭 변성비라 한다.

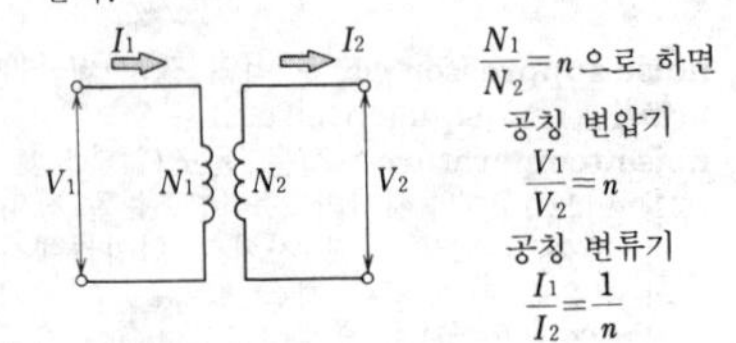

nominal value 공칭값(公稱―) 설비나 기기의 성능, 동작량 등에 대하여 주어지는 명목상(혹은 분류상)의 값으로, 실제의 동작에서의 값과는 다르다. 후자는 동작 조

건, 환경 조건 등에 따라 어느 변화폭을 갖는 것이 보통이다. 공칭값은 보통, 설계에 있어서의 가늠으로서의 정격값, 혹은 동작에 있어서의 최대값 등이 선택된다.

nominal voltage transformation ratio 공칭 변압비(公稱變壓比) →nominal transformation ratio

nomograph 노모그래프 셋 또는 그 이상의 스케일을 가진 선. 자를 2개의 기지(旣知) 값의 점에 대고, 그 연장선이 다른 스케일과 만난 점의 값을 읽음으로써 구하는 답이 얻어지도록 그려진 것.

non-active gas 불활성 가스(不活性－) 보통의 상태에서는 화학 반응을 일으키지 않는 기체. 네온이나 아르곤 등이 있다. 리드 스위치의 봉입 가스 등으로서 사용한다.

non-adjusting circuit 무조정 회로(無調整回路) 수정 발진기의 일종으로 피어스 BC 회로의 컬렉터측 동조 회로를 저항으로 치환한 것. 이 회로는 회로 상수를 적당히 선택하면 조정하지 않아도 쉽게 발진하므로 취급이 간단해서 실제 기기에 널리 사용되고 있다. 그림은 그 일례이다.

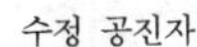

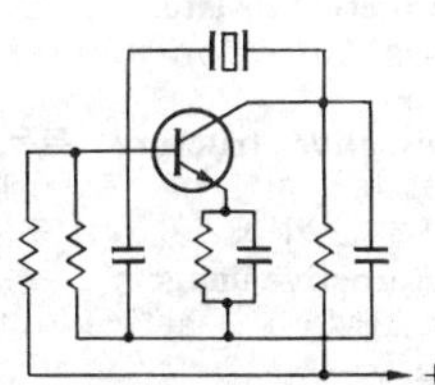

non-atmospheric paths 대기 중 이외의 경로(大氣中以外－經路) 경로에서, 예를 들면 대기에서 격리된 가스 또는 진공 중, 기름 등의 액체, 고체 또는 이들의 조합.

non-coherent MTI 비 코히어런트 MTI(非－) 기준 신호로서 코히어런트한 기준 발진기 대신 지면 클러터를 사용하는 MTI 방식. 단, 이동하는 목표물은 지면 클러터가 그 목표물과 같은 방위, 같은 거리에 있는 경우에만 검지된다.

non-coherent radiation 비 코히어런트 방사(非－放射) 빔의 단면상의 각 점에서 확실한 위상 관계가 존재하지 않는 방사.

nonconductor 부도체(不導體) 전류를 흘리지 않는 재료.

non-contact relay 무접점 계전기(無接點繼電器) 반도체 소자를 사용한, 접점이나 가동 부분을 갖지 않는 계전기. 무접점 계전기라고 하는 기본적인 소자에는 AND, OR, NOT, NAND, NOR소자 등이 있으나 플립플롭·시한·카운터 등의 소자도 많이 사용되고 있다.

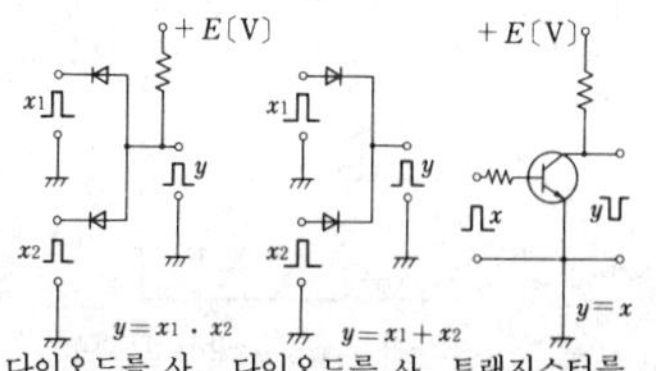

다이오드를 사용한 AND소자 다이오드를 사용한 OR소자 트랜지스터를 사용한 NOT소자

non-contact switch 무접점 스위치(無接點－) 일반적으로 사용되는 기계적인 스위치와 같은 접촉점을 갖지 않는 스위치. 접점의 소모가 없고 가동 부분이 없으므로 수명이 길고, 동작 시간을 매우 빨리 할 수 있다. 사이리스터, 트랜지스터 등이 그 예이다. 그림은 사이리스터를 나타낸 것이다.

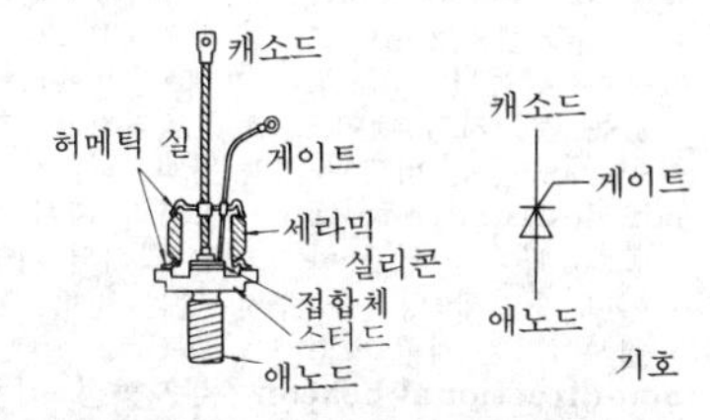

non-crystalline 비정질(非晶質) 복수의 원자나 분자의 배열 상태가 주기적 규칙성이 결여되어 결정하고, 다소 불안정한 상태의 것. 무정형 물질이라고도 한다. 일정한 융점이 없고, 온도 상승에 따라서 연화하며 연속적으로 유체가 된다(유리 상태를 나타낸다). 종류로는 천연 고무, 합성 고무, 무기 유리, 합성 수지(플라스틱)이 있으며, 절연 재료로서 사용된다. →non-crystalline substance

non-crystalline semiconductor 비정질 반도체(非晶質半導體) 근접 원자의 배열에는 규칙성이 있으나 서로 떨어진 원자의 배열에는 규칙성이 없고, 도전율이 농도의 상승과 더불어 증가하는 물질. 태양 전지, 전자 사진용 감광 재료에 이용된다.

non-crystalline substance 비결정체(非結晶體) 결정이 아닌 상태의 물질. 일반적으로 결정체는 고체이며, 액체나 기체는 비결정체이다. 그러나 액정이나 아모퍼스한 고체 등도 있다.

non-destructive inspection 비파괴 검사(非破壞檢査) 물체를 절단한다든지 파괴

한다든지 하지 않고, 내부의 흠이나 균열 등의 결함 유무를 검지하는 검사. 실용화되어 있는 주요한 것으로는 자기 탐상기, 초음파 탐상기, 방사선 탐상기 등이 있다.

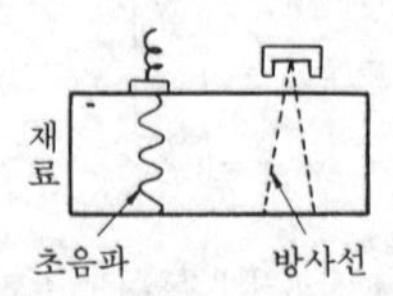

non-destructive read-out 비파괴 판독(非破壞判讀) 컴퓨터의 기억 장치에서 기억의 판독을 하는 동작에 의해 기억이 소멸하는 일이 없는 경우를 말한다.

non-destructive read-out memory 비파괴 판독 기억 장치(非破壞判讀記憶裝置) 판독의 조작에 의해 기억되어 있는 내용이 지워지지 않고 계속 기억 상태를 유지하는 기억 장치. 자기 드럼, 자기 디스크, 자기 테이프 등이 이에 속한다.

non-distructive storage 비파괴 기억 장치(非破壞記憶裝置) 기억 장치에서 그 내용이 판독된 다음에도 그대로 보존되어 있는 것. 자기 테이프, 드럼, 디스크, 천공 카드 등은 비파괴 기억 장치이다.

non-destructive testing 비파괴 시험(非破壞試驗) 시험을 하고 있는 장치의 기능이나 수명에 영향을 주지 않는 방법으로 행하여지는 시험 방법.

non-directional beacon 무지향성 비컨(無指向性—) 항공기에 탑재한 방향 탐지기를 사용함으로써 위치선을 제공할 수 있는 무선 시설. 캠퍼스 로케이터, H, H 비컨으로서도 알려져 있다.

non-directional radio beacon 무지향성 무선 표지(無指向性無線標識) 항공기용 항법 전자 기기의 대표적인 것으로, 호머 비컨 또는 NDB 라고도 한다. 200~1,750kHz 의 반송파를 102Hz 변조한 A2 전파를 표지(標識)로 하여 전방향으로 전파를 발사하고, 항공기는 ADF 에 의해 이 전파를 수신하여 그 도래 방향에서 방향을 자동적으로 측정하면서 항행해 간다. 이 방식은 원리가 간단하고 설비도 쉽게 되므로 널리 사용되고 있다.

non-directivity 무지향성(無指向性) 지향성이 없는 경우를 말한다. →directivity

non-erasable storage 소거 불능 기억 장치(消去不能記憶裝置) 계산 과정에서 그 정보가 소거되는 일이 없는 기억 장치. 사진 필름이나 펀치 카드 등.

non-homing 무정위(無定位) →astatic

non-homing element 무정위 요소(無定位要素) 제어계에 어느 일정한 크기의 입력을 가했을 때 그 출력 신호가 언제까지나 일정값으로 머무르지 않는 요소를 말하며, 이러한 요소는 자기 평형성이 없다고 한다.

non-impact printer 논임팩트 프린터, 비충격식 프린터(非衝擊式－), 무압식 인자 장치(無壓式印字裝置), 비충격식 인자 장치(非衝擊式印字裝置) 기계적 충격에 의하지 않고 인자하는 프린터의 총칭. 충격식 프린터에 비해 소음이 나지 않고, 기구 부품이 적으며, 신뢰성이 높다는 장점이 있다. 대표적인 인자 방식으로서는 감열식 인자 장치(thermal printer), 정전식 인자 장치(electrostatic printer), 전자 사진식 인자 장치(electrophotographic printer) 등이 있다.

non-inductive resistance 무유도 저항(無誘導抵抗) 유도 작용이 없는 저항을 말하는데, 실제로는 유도 작용이 전혀 없는 저항은 있을 수 없고, 따라서 저항에 대하여 인덕턴스의 영향을 무시할 수 있는 저항을 무유도 저항이라 한다. 무유도 권선 저항기, 솔리드형 저항기, 각종 피막 저항기 등이 있다.

non-inductive resistor 무유도 저항기(無誘導抵抗器) →non-inductive resistance

non-inductive structure 무유도 구조(無誘導構造) 저항기나 콘덴서에서 불필요한 인덕턴스가 생기지 않는 구조로 한 것.

non-interactive imagery 수동 화상 처리(受動畵像處理) →active (interactive) imagery

non-inverting amplifier 비반전 증폭기(非反轉增幅器) 기본적인 회로 구조의 하나로, 그림과 같이 접속된 것. 증폭기 본체의 입출력 임피던스를 각각 R_{in}, R_0 로 하면 폐 루프의 입출력 임피던스는 각각 $R_{in}(1+A\beta)$ 및 $R_0/(1+A\beta)$가 된다. A는 증폭기 본체의 전압 이득이고, β는 $R_3/(R_3+R_4)$와 같다. 또, $R_{in} \gg R_3+R_4$, $R_0 \ll R_4$로 한다. 특징은 ① 입력 임피던스가 크다, ② $A\beta \gg 1$이면 폐 루프 전압 이득 V_{out}/V_{in}은 거의 $(R_3+R_4)/R_3$과 같고, 1

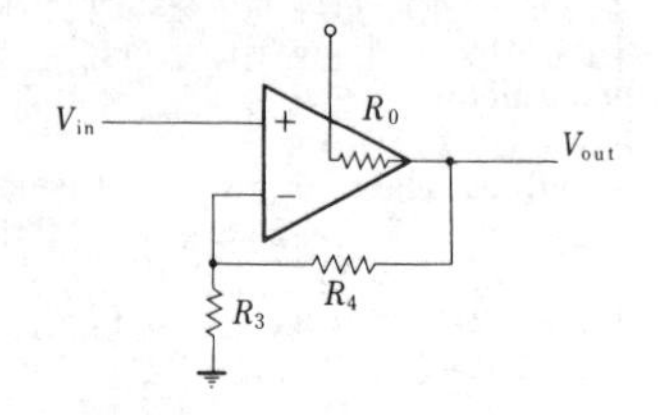

보다는 크다, ③ 동작 주파수 대역이 넓다, ④ 출력 극성은 입력 극성과 같다(반전하지 않는다).

non-inverting buffer 비반전형 버퍼(非反轉形－) ＝voltage follower

non-inverting parametric device 비반전형 파라메트릭 장치(非反轉形－裝置) →inverting parametric device, parametric amplifier

non-isolated amplifier 비절연 증폭기(非絶緣增幅器) 신호 회로와 접지를 포함하는 다른 회로와의 사이에 전기적 접속이 있는 증폭기. 간단하고 염가이나, 대지(對地)간의 영향을 받기 쉽다.

non-linear 비선형(非線形) 선형에 대응하여 사용되며, 회로에서 전압과 전류가 비례하지 않는 경우를 나타낸다.

non-linear arithmetic element 비선형 연산 요소(非線形演算要素) 아날로그 컴퓨터에서의 연산 요소의 하나로, 연산 증폭기로는 구성할 수 없는 요소의 총칭이다. 그 주요한 것은 승산기, 함수 발생기, 낭비 시간 요소이다. 방식적으로 분류하면 서보 방식 및 다이오드식으로 나눌 수 있다. 구성은 목적, 특성 등에 따라 다르며, 정밀도가 선형 요소에 비해 떨어진다.

non-linear capacitor 비선형 콘덴서(非線形—) 평균 충전 특성 또는 최대 충전 특성이 선형이 아닌 콘덴서 또는 바이어스 전압으로 변화하는 가역성의 용량을 가진 콘덴서.

non-linear circuit 비선형 회로(非線形回路), 비직선 회로(非直線回路) 회로를 구성하는 소자의 상수(저항이나 인덕턴스 등)가 비선형인(전압과 전류가 비례하지 않는) 회로를 말하며, 일반적으로 계산이 용이하지 않으므로 도해 등에 의해 그 특성을 살피는 경우가 많다. 철심이 든 코일을 포함하는 경우 등이 현저한 예이며, 트랜지스터의 회로도 신호의 진폭이 커지면 비선형 회로로서 다루지 않으면 안 된다.

non-linear crosstalk 비직선 누화(非直線漏話) 다중 통신 회선에서 통화 전류의 크기에 비례하는 값보다 큰 누화를 말한다. 자기 코일 등의 비직선 소자 때문에 발생한다.

non-linear distortion 비직선 일그러짐(非直線－) 증폭 회로에서 입력 신호와 출력 신호의 파형이 같지 않을 때의 일그러짐. 이것은 트랜지스터 등 회로 소자의 특성이 직선성이 아니기 때문에 일어나는 일그러짐이다. 비직선 일그러짐이 있으면 출력 신호 속에 입력에 포함되어 있지 않는 주파수 성분이 나타난다.

non-linear element 비직선 소자(非直線素子) 소자의 특성을 나타내는 수치가 거기에 가해지는 전압 또는 거기에 흐르는 전류의 크기에 따라서 변화하는 성질(비직선성)이 현저한 것을 말한다. 배리스터 등은 그것을 적극적으로 이용하기 위한 부품이다. 또, 자심은 포화 현상이 있으므로 그것을 포함하는 코일은 전류가 클 때에 비직선 소자가 된다.

non-linear network 비선형 회로망(非線形回路網) 출력량이 입력량에 직선 비례하지 않는 회로망. 이러한 회로망에서는 중첩의 정리를 적용할 수 없고, 또 회로의 작용은 입력 신호의 진폭에 따라서 변화한다.

non-linear optical effect 비선형 광학 효과(非線形光學效果) 강한 광파 혹은 전자파에 대한 물질의 비선형적인 응답에 의해서 생기는 각종 효과. 예를 들면 광주파수에서의 전기 분극의 비선형 효과에 의해 생기는 빛의 제 2 고조파의 발생이나 광혼합, 광 파라메트릭 발진 기타의 효과를 들 수 있다.

non-linear parameter 비선형 매개 변수(非線形媒介變數) 회로 또는 회로망에서 그 매개 변수가 하나 또는 여러 개의 종속 변주(예를 들면 전압, 전류 등)의 함수로서 변화할 때의 그 매개 변수를 말한다.

non-linear parts 비직선 부품(非直線部品) 특성값이 전압이나 전류 등의 사용 조건에 따라서 변화하는 부품. 비직선 저항기를 비롯하여 자심을 사용한 코일 부품 등에 볼 수 있다.

non-linear quantizing 비직선 양자화(非直線量子化) 연속한 신호파를 양자화함에 있어서 양자화 잡음을 줄이기 위해 입력에 따라서 스텝폭을 변화하는 방법을 말한다. 부호기 등에 사용된다.

non-linear resistor 비직선 저항기(非直線抵抗器) 저항값이 사용 전압의 크기에 따라서 변화하는 저항기. 전압과 전류의 곡선이 직선으로 되지 않으므로 이렇게 부른다. 일반적으로 전압의 증가에 대하여 저항값이 크게 감소하는 배리스터 등이 실용되고 있다.

non-linear scale 비직선 눈금(非線形－) 표시가 등간격으로 되어 있지 않은 눈금. 지침을 움직이게 하기 위해 측정기 출력이 입력 아날로그량에 대하여 비직선 관계에 있을 때 이렇게 된다. 예를 들면, 지침을 구동하는 토크가 입력 전류의 제곱에 비례할 때에는 눈금은 낮은 입력부에서 좁게 밀집한 비직선 눈금이 된다.

non-loaded cable 무장하 케이블(無裝荷

−) 전화 회선의 장하 코일이 없는 보통의 케이블. 음성 주파수에서는 감쇠는 작으나 5kHz 정도부터는 급격히 감쇠량이 커진다. →loaded cable

non-loaded cable carrier transmission system 무장하 케이블 반송 방식(無裝荷−搬送方式) 반송 전화 방식의 하나로, 총괄국과 중심국을 잇는 장거리 유선 전송 방식.

non-magnetic material 비자성 재료(非磁性材料) 철합금이면서 강자성체가 아닌 재료. 큐리점이 상온 이하가 되는 성분으로 한 것. 강한 자계를 다루는 경우에 자화해서는 곤란한 부품이나 공구 등을 만드는 데 사용한다. 예를 들면 18-8 스테인리스강 등이 있다.

non-Neumann type computer 비노이만형 컴퓨터(非−形−) 노이만형이 아닌 컴퓨터. 현재까지의 컴퓨터는 그 기본 개념으로서 폰 노이만이 제안한 프로그램 내장, 순차 처리의 개념을 그대로 계승하고 있으므로 노이만형이라고 부르고 있다. 그러나 패턴 인식이나, 기계 번역과 같은 비수치 정보를 다루기에는 충분하지 않은 결점이 있다. 이것을 타개하기 위해 개발이 추진되고 있는 것이 비노이만형 컴퓨터이며, 병렬 처리나 연관 기억 방식에 바탕을 두는 것 등이 고려되고 있다.

non-operating current 불감동 전류(不感動電流) 계전기의 전류를 0부터 점차 크게 해 가면 처음으로 접점이 동작하기 직전의 전류. 이것이 유지 전류보다 큰 것은 히스테리시스 현상 때문이다.

non-oriented silicon steel strip 무방향성 규소 강대(無方向性珪素鋼帶) 결정(結晶) 배열에 방향을 갖지 않는 규소 강대로, 열간, 냉간 어느 압연법에 의해서도 만들어진다.

non-oxide ceramics 비산화물 세라믹스(非酸化物−) 알루미나, 실리카 등의 산화물을 원료로 하지 않는 세라믹스. 각종 질화물이나 탄화물이 쓰이며, 초내열성, 초경강성, 고내식성 등에 뛰어난 것이 많다.

non-packet mode data terminal equipment 비 패킷 단말(非−端末) 패킷의 형식으로는 통신할 수 없는 간이한 데이터 단말 장치를 총칭해서 말한다. 이러한 비 패킷 단말을 패킷 교환망 등에 접속하고, 통신할 수 있게 하려면 단말 고유의 프로토콜이 정하는 데이터 형식을 패킷으로 변환한다든지, 또 그 반대를 하는 장치가 필요하다. 예를 들면, 공중 패킷 교환망에서는 스타트 스톱 전송 방식의 간이한 데이터 단말 등을 대상으로 한 PAD(패킷 조립/분해 장치)가 제공되고 있다.

non-packet mode terminal 일반 단말(一般端末) 패킷 형식으로 정보 메시지를 주고 받는 기능을 갖지 않는 단말.

non-planar network 논플레이너 회로망(−回路網) 프린트 회로에서, 회로 분기를 횡단하지 않으면 동일면상에 구성할 수 없는 회로망. 이러한 회로에서는 횡단개소는, 예를 들면 점퍼선과 같은 것으로 접속하지 않으면 안 된다.

non-polarized electrolytic capacitor 무극성 전해 콘덴서(無極性電解−) 전해 콘덴서에서 양쪽의 전극이 이에 접하여 유전체막이 형성되어, 따라서 어느 방향의 전류에 대해서도 화학적으로 같은 구조로 되어 있는 것.

non-polarized relay 무극 계전기(無極繼電器) =neutral relay

non-polar molecule 무극성 분자(無極性分子) 분자 내 양전하의 평균 중심과 음전하의 평균 중심이 일치하여 영구 전기 쌍극자 모멘트가 0으로 되는 분자.

non-press cone 논프레스 콘 콘 스피커의 콘지 제조 공정에서 펄프를 성형할 때 금형으로 프레스하지 않고 만든 콘. 이 콘은 프레스하지 않는 대신 수압이나 수류속(水流速)으로 성형하므로 콘지 각부에 걸리는 압력이 균등하게 되고, 더욱이 압력을 자유롭게 가감할 수 있기 때문에 자유롭게 콘의 품질을 조정할 수 있는 특징을 가지고 있다.

non-radiative recombination 비방사 재결합(非放射再結合) 반도체에서 정공과 전자가 재결합할 때 방사를 수반하지 않는 것. 전자가 가지고 있던 에너지는 열로서 방사된다.

non-radiative transition 비방사 천이(非放射遷移) 원자에 있어서 어느 에너지 준위에서 다른 에너지 준위로, 방사를 수반하는 일 없이 천이하는 것. 이 에너지차는 고체 내의 원자나 전자의 진동, 혹은 플라스마 내의 그들의 운동 에너지에 의해 공급된다(혹은 그들로 변환하여 소산된다).

non-reciprocal circuit 비가역 회로(非可逆回路) 가역 정리에 따르지 않는 회로. 예를 들면, 트랜지스터 등의 능동 소자를 포함하는 회로.

non-rectifying contact 비정류성 접촉(非整流性接觸) →ohmic contact

non-recursive digital filter 비재귀 디지털 필터(非再歸−) →digital filter

non-repetitive peak reverse voltage 비반복 최대 역전압(非反復最大逆電壓) →

thyristor ratings

non-resonant feeder 비공진 궤전선(非共振饋電線), 비공진 급전선(非共振給電線) 안테나와 궤전선(급전선)을 정합시켜 진행파만이 존재하도록 한 궤전선. 평행 2선식, 평행 4선식, 동축 2심 케이블 등이 있으며, 정재파(定在波)가 없어 전송 효율이 좋다. 또 궤전선의 길이를 마음대로 선택할 수 있다.

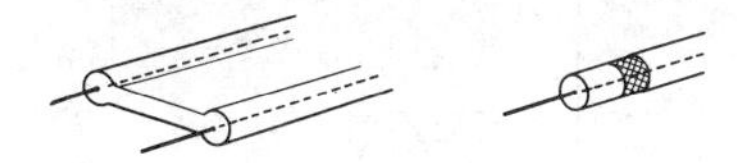

평행 2선식 궤전선　　　　동축 궤전선

non-resonating transformer 비공진 변압기(非共振變壓器) 변압기 권선에 적당히 차폐를 함으로써 진행파에 의한 변압기 내부의 전위 분포를 제어하여 과도 진동이 발생하지 않도록 한 구조를 갖는 변압기. 진행파에 의한 당초 전위 분포가 최종 전위 분포에 되도록 접근하도록 배려하면 된다.

non-return to zero 비 제로 복귀 기록(非－復歸記錄) =NRZ

non-return to zero method NRZ 법(－法) 컴퓨터의 기억 장치에 데이터 등을 기록하는 방법의 하나. "1" 또는 "0"에 대응하여 + 또는 －의 전류를 흘려서 자화시키는데, 수치와 수치 사이도 전류는 0으로는 되지 않는다.

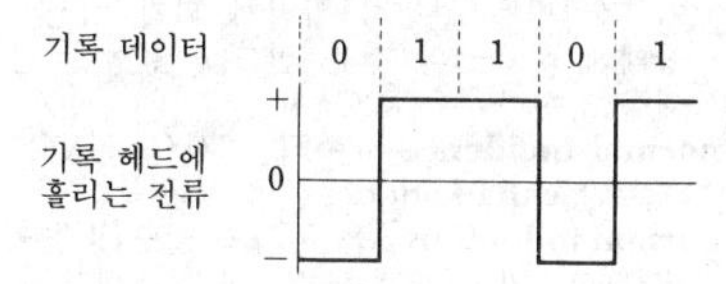

non-return to zero signal NRZ 신호(－信號) 1비트의 정보를 전송하는 동안은 마크 또는 스페이스의 상태가 계속하는 신호를 말한다. 펄스 지속 변조에 의해 얻어지는 출력 등이 이것이다.

non-reversible power converter 비가역 전력 변환 장치(非可逆電力變換裝置) 사이리스터와 다이오드를 조합시킨 전력 변환 장치로, 에너지는 교류측에서 직류측으로만 흐르는 것.

non-saturated logic circuit 비포화형 논리 회로(不飽和形論理回路), 비포화형 회로(非飽和形回路) =non-saturation type circuit

non-self maintaining discharge 비지속 방전(非持續放電) 기체 중의 전극에 전압을 가해 두고 외부 에너지를 가하고 있는 동안만 지속하는 방전. 곡선 OA의 범위에서는 외부 에너지(X선, 방사선 등)를 제거하면 우존(偶存) 이온이 발생하지 않게 되어 방전이 정지한다.

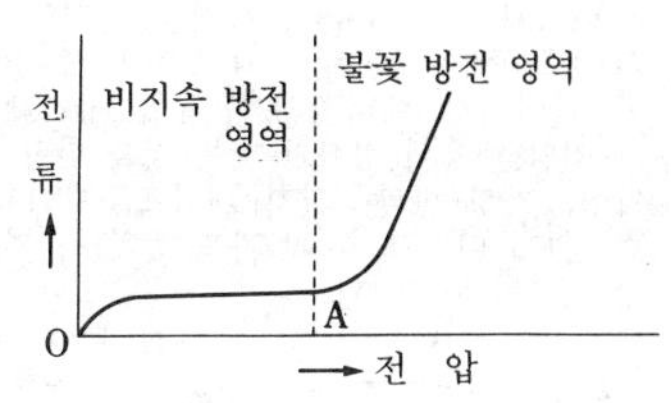

non-sequential computer 비연속 컴퓨터(非連續－) 개개의 명령의 순서에 지배되지 않는 컴퓨터.

non-sinusoidal alternating current 비정현파 교류(非正弦波交流) 정현파가 아닌 교류, 왜파(歪波) 교류를 말한다. → distorted alternating current

non-sinusoidal wave 비정현파(非正弦波) 정현파 교류 이외의 교류를 모두 비정현파 또는 왜파라 하고, 주파수가 다른 다수의 정현파가 합성된 것으로서 다음과 같은 푸리에 급수로 나타낼 수 있다.

$$x=A_0+A_1\sin\omega t+A_2\sin(2\omega t+\varphi_2)+(A_3\sin(3\omega t+\varphi_3)+\cdots$$

여기서 A_0를 직류분, A_1의 항을 기본파, 이하 제2조파, 제3조파 등이라 부르고, 제2조파 이하는 모두 고조파라 한다. 3각파, 구형파 등도 비정현파이며, 이와 같이 다룰 수 있다.

non-specular reflection 비경면 방사(非鏡面反射) 거친 면으로부터의 반사이며, 반사파는 굴절과 산란에 의해 각 방면으로 잰행해 가는 것으로, 특정한 방향으로 강하게 반사하는 일이 없는 것.

non-standard propagation 이상 전파(異常傳播) 해면 상공의 기상 상태는 표준 상태와는 크게 다르다. 해면으로부터의 높이가 증가해도 굴절률이 줄지 않고, 때로는 오히려 굴절률이 증가하는 경우도 있다. 이 상태는 가시 거리가 줄어든 것과 같다. 또, 지표상 10～100m 이내에 불연속한 습윤 대기층이 형성되면 그 곳을 통과하는 전파를 가두어 넣는 현상을 나타낸다. 이러한 경우에는 보통 가시 거리의 여러 배 정도로까지 전파의 전파(傳播) 영역이 확대된다. 이 전파를 이상 전파라 하고, 주로 마이크로파대에서 이러한 현상이 일어난다.

non-switched line 비교환 회선(非交換回線) 교환기가 접속되어 있지 않은 통신로를 말한다.

non-volatile 불휘발성(不揮發性), 비휘발성(非揮發性), 무전원 유지형(無電源維持形) 전원이 끊어져도 기억 내용이 소멸하지 않는 성질.

non-volatile memory 불휘발성 기억 장치(不揮發性記憶裝置) 기억 장치 중 전원이 끊어져서 에너지의 공급이 정지해도 그 기억 내용에 변화가 없는 것을 말한다. 자심, 자성 박막, 자기 테이프, 자기 드럼, 자기 디스크, 자기 카드 등의 각 기억 장치는 이에 속한다.

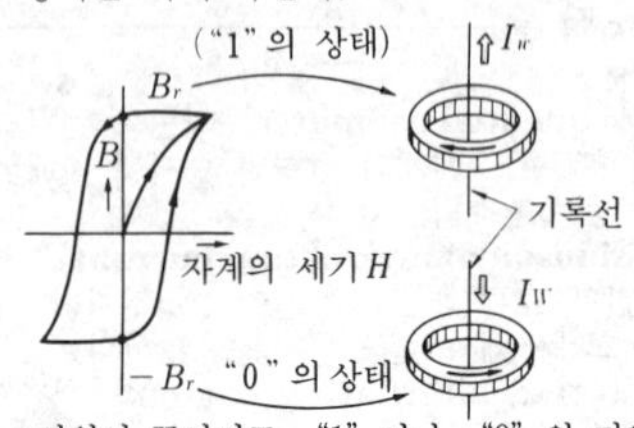

전원이 끊어져도 "1"이나 "0"의 기억을 갖는다.

non-volatile RAM 불휘발성 RAM(不揮發性−) 전원을 차단해도 기억 데이터 내용이 소실되지 않는 RAM. 물리 현상을 기억 원리에 사용한 MNOS 기억 소자 등의 EEPROM 소자를 이용한 형, CMOS RAM 등 소비 전력이 작은 RAM의 데이터를 전지에 의해 유지하는 배터리 백업형의 두 종류가 있다.

non-volatile storage 불휘발성 기억 장치(不揮發性記憶裝置) =non-volatile memory

NOR circuit 노어 회로(−回路), NOR 회로(−回路), 부정 논리합 회로(否定論理合回路) 입력들이 모두 논리 상태 "0"일 때만, 출력이 있는 회로.

NOR gate 부정 논리합 게이트(否定論理合−) =NOR element

no-ringing communication 노링잉 통신(−通信) 전화 회선을 이용함에 있어서 수신하는 상대를 불러내는(링잉하는) 일 없이 통신하는 방법. 자동 검침 시스템 등의 데이터 통신에 사용된다.

normal cathode fall 상규 음극 강하(常規陰極降下) 글로 방전에서 방전 전류가 아주 작아서 음극면의 일부에서만 방전될 때의 음극 전압 강하.

normal distribution 정규 분포(正規分布) 가우스 분포라고도 한다. 동류(同類)의 것이 다수 있을 때 개개의 특성값의 불균일을 식으로 나타내면 크기 x인 것의 개수를 y로 하여

$$y = N\varepsilon^{-\frac{1}{2}\left(\frac{x-m}{\sigma}\right)^2}$$

가 되는 분포이다. 대체적인 경향은 그림과 같이 되며, m으로 평균값을, σ로 불균일의 정도(표준 편차라 한다)를 알 수 있다. 이러한 모양의 분포는 자연 현상에 많고, 대량 생산에서의 품질 관리에도 이용된다.

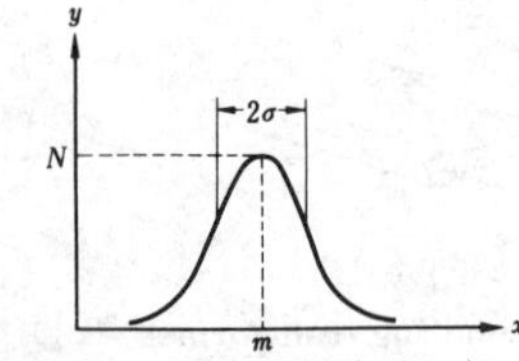

normal glow 정규 글로(正規−), 정상 글로(正常−) 전류가 증가하면 동작 전압이 감소 혹은 일정값으로 유지되는 성질의 글로 방전.

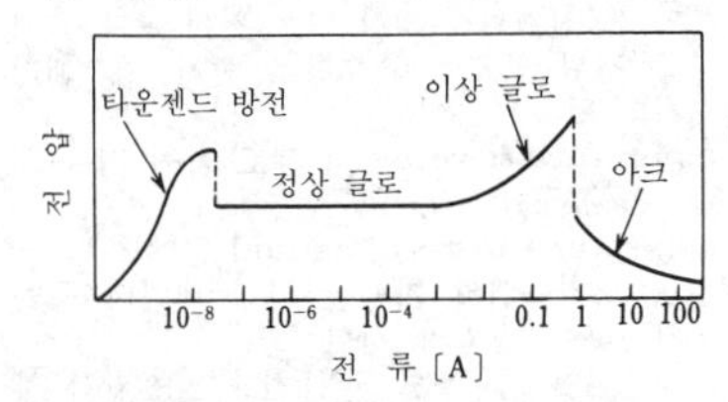

normal glow discharge 정규 글로 방전(正規−放電) 글로 방전 중 부(負) 글로가 음극면을 완전히 가리게 되기 이전의 상태에서 음극의 전류 밀도가 일정한 범위를 말한다.

normal incidence 수직 입사(垂直入射) =vertical incidence

normal induction 정규 자속 밀도(正規磁束密度) 자성 재료를 소자한 상태에서 출발하여 일정한 자화력을 가해서 자화하고, 이어서 역방향으로 같은 자화력을 가해서 자화한다. 이러한 과정을 사이클릭하게 반복했을 때 얻어지는 플러스(또는 마이너스)의 최대 자속 밀도를 말한다.

normalization 정규화(正規化) 부동 소수점 표시에서 연산 결과의 가수부가 미리 정해진 범위 내에 들도록 지수부를 조정하는 것.

normalized device coordinate 정규화 장치 좌표(正規化裝置座標) 컴퓨터 입출력 장치 스크린 상의 좌표이나, 개개의 장치에 의존하지 않도록 하기 위해 그 좌표 성분이 예를 들면 $0 \leq x \leq 1$과 같이 정규화되어 있는 것. 논리 장치 좌표라고도 한다.

normalized frequency 규격화 주파수(規

格化周波數) 광섬유의 성질을 나타내는 매개 변수로, 광섬유의 반경, 빛의 파장, 굴절률에 의해 정해진다. 빛은 광섬유 내를 여러 종류의 진동을 하면서 전해져 가는데, 이 진폭의 상태를 모드라 하고, 모드를 정하는 것이 규격화 주파수이다.

normalized impedance 정규화 임피던스(正規化-), 규격화 임피던스(規格化-) 선로상 임의점의 임피던스를 Z_x, 선로의 특성 임피던스를 Z_0로 할 때 $Z=Z_x/Z_0$로 나타내어지는 것. 정규화 임피던스는 스미스 차트에 쓰이며, 반사 계수나 정재파비(定在波比)를 산출하는 데 편리하다.

normal magnetic recording 수직 자기 기록(垂直磁氣記錄) 보통의 자기 기록에 의한 잔류 자기는 자성체의 막면에 대하여 그림 (a)와 같이 수평으로 되어 있으나 수직 자기 기록은 그림 (b)와 같이 자화하는 방법으로, 자성체의 소요 면적이 적어도 되기 때문에 고밀도 기록이 가능하다.

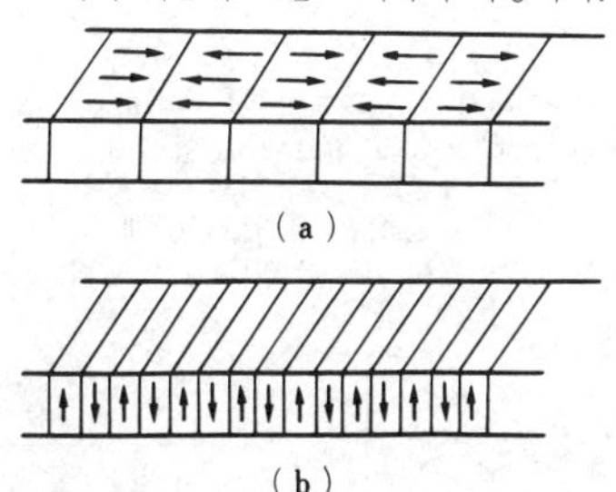

nomal mode interference 정규 모드 방해(正規-妨害) 입력 선로의 입력 신호와 직렬로 들어오는 방해 전압. 입력 선로의 양 선에 공통으로 들어오는 동상(同相) 모드 방해 전압에 대해 구별되는 방해 모드이다. 정규 모드 방해는 입력 선로에 전자 유도에 의해 들어오는 것이 많고, 주파수 범위가 입력 신호와 다르면 필터로 제거할 수 있으나, 입력 신호와 주파수 범위가 겹쳐 있을 때에는 제거가 어렵다. 중첩 잡음(superimposed noise)이라고도 한다.

normal mode of vibration 정규 모드 진동(正規-振動) =natural oscillation

normal mode rejection 잡음 제거(雜音除去) 바람직하지 않은 정규 전압의 영향을 억제하는 증폭기의 능력. 예를 들면, 온도 센서로부터의 밀리볼트 신호에는 신호 레벨과 같은 60Hz(전원 주파수)의 정규 모드 잡음이 전달되어 오는 상황은 보통의 상황이며, 이것을 제거한 다음 A/D 변환기로 전달한다.

normal mode voltage 정규 전압(正規電壓) 본래의 신호 전압에 가해지는, 증폭기의 2입력간에 유도되는 잡음 전압.

normal permeability 상규 투자율(常規透磁率) 자성 재료의 상자 자속 밀도와 이에 대응하는 자화력과의 비.

normal radiation laser 면 발광 레이저(面發光-) 종래의 레이저가 기판의 수평 방향으로 발광하는 데 비해 기판의 수직 방향으로 발광하는 레이저. 광 컴퓨터로의 이용에 기대되고 있다.

normal single-electrode potential 표준 단극 전위(標準單極電位) 표준 수소 전극에 대하여 농도 1N의 용액 중에 두어진 전극의 전위. 이온 활량 1에서의 단극 전위를 표준 단극 전위라 하고, 표준 수소 전극보다 이온화 경향이 강한 것은 단극 전위가 -, 약한 것은 +가 된다. 전지 기전력은 양극(兩極)의 단극 전위의 차이다.

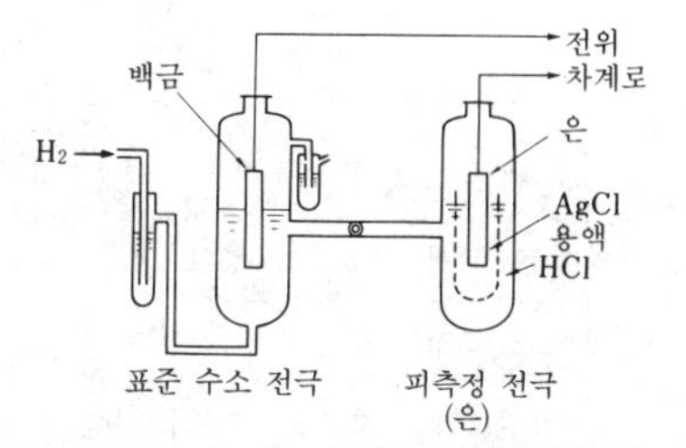

normal transfer capability 최대 허용 전력(最大許容電力) 계속적으로 송신 가능한 전력의 최대량.

north-slaved coordinate system 노스·슬레이브 좌표계(-座標系) 관성 항법 장치(INS)에서 항공기의 현재 국지(局地)에서의 수직축 Z, 그 위치에서 북을 가리키는 N축, 이들과 직교하는 E축을 좌표축으로서 사용하는 직교 좌표계. 항공기의 자세나 이동 방향에는 관계하지 않는다. 지구 좌표계와는 물론 1차 변환 관계가 존재한다.

north-up display 노스업 표시(-表示) 표시면 상부를 언제나 북을 가리키도록 유지하는 표시 방식.

north-upward presentation 북방위 고정 표시(北方位固定表示) 기수(선수) 방위와 관계없이 지리상의 북방이 언제나 정점에 있는 지시계의 표시법. PPI 표시 장치 등이 그 예이며, 스크린의 상부 중앙이 북에 고정되고, 스크린의 중심과 이 북을 잇는 선을 기준으로 하여 측정한 각도로 방위가 주어진다.

Norton' s theorem 노톤의 정리(-定理) 선형 회로망의 두 단자간의 단락 전류가

I이고, 어드미턴스가 Y일 때 이 두 단자 간에 어드미턴스 Y'를 접속했을 때의 Y' 양단의 전압은 $I/(Y+Y')$로 주어진다는 정리.

NOSFER 노스퍼 임의의 전화계의 통화 당량을 구하기 위해 CCITT에서 정한 기준의 전화계. 약자는 새로운 주전화 전송 기준계를 의미하는 프랑스어에서 딴 것.

NOT 부정(否定) 논리 대수(기호 논리학) 용어의 하나로, P를 어느 논리 함수로 할 때 다음 표에 의해 정해지는 논리 함수 P′를 "P의 부정"이라 한다. P, ~P, −P 등으로 쓰기도 한다.

P	P′
1	0
0	1

not adjusting circuit 무조정 회로(無調整回路) 조정 개소를 갖지 않는 수정 발진 회로. 피어스 RC회로의 출력측 공진 회로는 그 중의 가변 콘덴서로 발진 주파수를 미세 조정하여 출력을 최대로 하기 위한 것이지만, 발진시는 언제나 용량성 임피던스로서 작용하게 된다. 이 회로는 이것을 처음부터 고정 콘덴서 C_0으로 치환하고, 조정 개소를 없앤 것이다. 간편하기는 하지만 출력은 작다. 코일이 없기 때문에 컬렉터에 직류를 가하기 위한 저항 R이 필요하다. →crystal oscillator

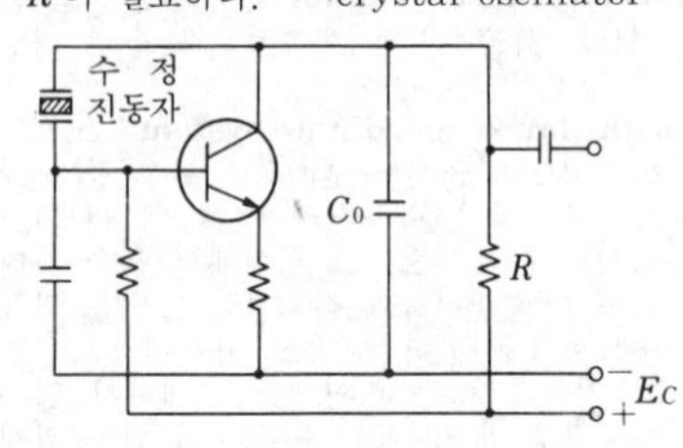

notch filter 노치 필터 특정한 주파수를 흡수 감쇠시키는 필터. 예를 들면, 텔레비전 전송에서, 채널의 저주파단에서 감쇠를 주어, 다음 저(低) 채널의 음성 캐리어와의 간섭을 방지하기 위한 필터 등.

notching 노칭 계전기의 성질에 관한 용어. 미리 정해진 수의 독립한 임펄스가 주어짐으로써 완전한 일련의 동작을 하도록 하는 것.

NOT circuit 부정 회로(否定回路) → NOT operation circuit

note 음조(音調) ① 음의 톤(tone)의 피치, 지속 기간 등을 나타내기 위해 사용하는 부호. 음부(音符). ② 음의 감각, 그러한 감각을 생기게 하는 진동.

notebook computer 노트북 컴퓨터 = notebook-sized personal computer

notebook-sized personal computer 노트형 개인용 컴퓨터(－形個人用－) 액정 표시 장치를 사용하고, 전체를 거의 A4 사이즈 노트의 크기로 만든 휴대형 개인용 컴퓨터. 보조 기억으로서는 IC 카드나 3.5 인치 플로피 디스크를 사용하고, 하드 디스크를 내장하는 것도 있다. 컬러 표시 장치를 갖춘 것도 만들어지고 있다.

NOT element 부정 소자(否定素子) 부정의 불(Boolean) 연산을 하는 논리 소자. 하나의 입력을 가지며, 입력이 논리 상태 "0"일 때 출력이 논리 상태 "1"이 되는 소자. 회로도에서는 부정자(否定子) 또는 극성 표시자로 나타낸다. =NOT gate

NOT gate 부정 게이트(否定－) =NOT element

NOT operation circuit NOT회로(－回路) 부정 논리의 구실을 하는 회로. 입력이 "1"일 때 출력이 "0"이고, 입력이 "0"일 때 출력이 "1"인 동작을 하는 회로. 그림의 트랜지스터 회로에서 입력에 +전압("1"에 대응)이 가해지면 트랜지스터가 도통하고, 출력은 0전압("0"에 대응)이 된다. 입력이 0전압("0")이면 출력은 +전압("1")이 된다.

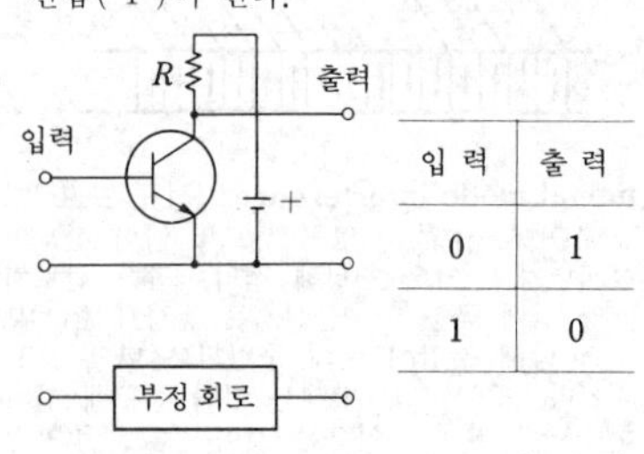

입 력	출 력
0	1
1	0

NOT-OR element NOT-OR 소자(－素子) NOT 회로와 OR 회로를 하나의 소자로 구성한 것. 그림과 같이 OR 회로와 NOT 회로를 조합시키면 NOT-OR 소자를 구성할 수 있다. NOT-OR 소자는

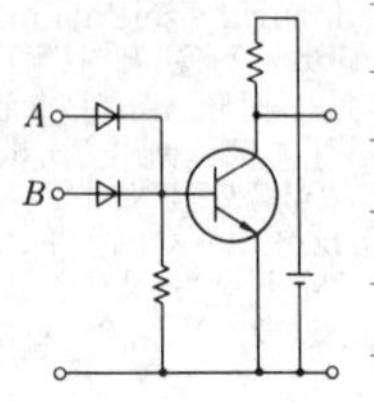

입력	OR	출력
A B	$A+B$	$\overline{A+B}$
0 0	0	1
0 1	1	0
1 0	1	0
1 1	1	0

A+B를 실현하는 회로이며, 표와 같은 진리표를 만족하는 회로이다.

novolac resin 노볼락 수지(－樹脂) 페놀 수지의 일종으로, 산성 촉매를 써서 만든 것. 황갈색 투명의 고체. 알코올 와니스로서 표면 마무리 혹은 접착에 사용한다.

npin transistor npin 트랜지스터 트랜지스터에서 p 형 베이스와 n 형 컬렉터층 사이에 진성 반도체층 i가 끼워져 있는 것.

npn transistor npn 트랜지스터 n 형 반도체 사이에 p 형 반도체를 넣은 구조의 트랜지스터. 고주파용과 저주파용으로 대별되며, 저주파 증폭용, 중간 주파 증폭용, 고주파 증폭용, 전력 증폭용, 발진용, 주파수 변환용, 스위칭용 등 각종의 것이 만들어지고 있다.

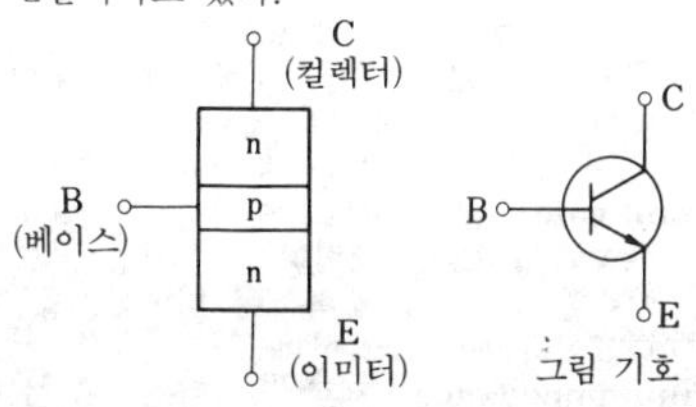

NRZ 비 복귀 기록(非復歸記錄) non-return to zero의 약어. 기록·재생에 있어서의 하나의 모드로, 기록된 데이터의 각 아이템 다음에 신호가 반드시 제로로 복귀하지 않는 것. 따라서 중성(휴지 : 休止) 위치는 없다. 디짓 1은 하나의 진폭 레벨이고, 또 디짓 0은 다른 진폭 레벨(극성은 동극성일 때도 역극성일 때도 있다)로 표현된다. 제로 복귀 모드에 비해 기록 속도를 빨리 할 수 있다

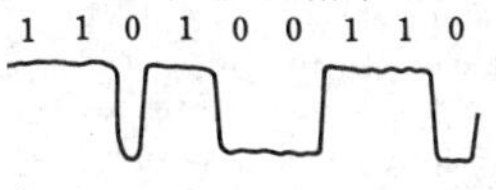

NRZI 비 제로 복귀 반전(非－復歸反轉) non-return to zero, inverted의 약어. 디지털 신호의 자기 기록 방식에서 1 신호에서는 반드시 상태 변화가 생기지만 0 신호에서는 그 직전의 상태를 그대로 지속시키도록 한다. NRZ의 경우는 0에서는 0 레벨, 1에서는 1 레벨을 취한다. 0이 지속되거나, 1이 지속되거나 했을 때는 그대로의 상태를 지속한다. 또한 NRZI에서의 자화 상태 변화는 비트 기간의 한 가운데에서 이루어지지만, NRZ의 경우는 변화는 비트의 경계에서 이루어진다.

NTC thermistor NTC 서미스터 NTC는 negative temperature coefficient(부온도 계수)의 약어. 통상의 서미스터는 이것이며, 온도가 상승하면 저항값이 크게 감소하는 부품이다. 금속 산화물의 환합 소결체로 만든다.

NT-cut NT 판(－板) 수정에서 수정판을 잘라낼 때의 절단 방위에 의한 수정판의 명칭. 수정의 결정축에 대하여 그림과 같은 방위로 잘라낸 것. 가늘고 긴 판 모양으로 사용하는 것이 많으며, 수 kHz 부터 수 10kHz의 비교적 낮은 주파수의 고유 진동수를 가지고 있다. 주파수의 온도 특성은 2차 곡선이 되며, 20℃ 부근에서 온도 계수는 0이 된다.

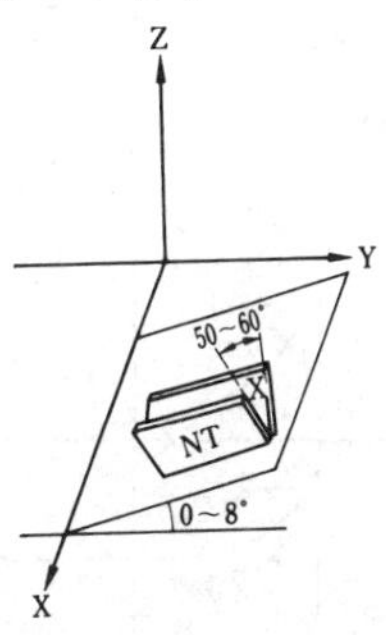

NTSC system NTSC 방식(－方式) 컬러 텔레비전 방식의 하나로, NTSC는 미국의 전국 텔레비전 방식 위원회(National Television System Committee)의 머리글자를 딴 것이다. 이 방식은 흑백 텔레비전 방송과 주파수 대역이나 수상기와의 관계에 있어서 양립성을 가진 것으로, 화면의 명암을 나타내는 휘도 신호 외에 색을 나타내는 2개의 색도 신호인 I 신호, Q 신호를, 3.58MHz의 부반송파를 써서 전송하는 것으로, 이 전파를 흑백 수상기로 수신했을 때는 흑백의 영상을 볼 수 있다. 이 방식은 교묘하게 인간의 시각 특성을 이용한 것으로 뛰어난 컬러 텔레비전의 방식으로서 미국이나 우리 나라, 일본 등 많은 나라에서 채용되고 있다.

n-type channel n 형 채널(－形－) 캐리어가 전자인 채널.

n-type inversion layer n 형 반전층(－形反轉層) p 형 반도체 표면 가까이에 유기된 n 형의 도전층(導電層). p 형 반도체의 표면 부근에 양전하층이 있으면 반도체 표면 부근의 에너지대가 아래쪽으로 끌려 내려가서 굽어지기 때문에 전도대가 페르미 준위 E_F에 접근하여 반도체 내부에 자유 전자가 유기되기 때문이다. p 형 반전

층의 경우는 위와 반대로 n형 반도체 표면 부근의 음전하층 때문에 반도체 표면 바로 밑에 유기된 p형 도전층(반전층)이며, 에너지 준위가 위의 경우와 반대 방향으로 표면층으로 굽어져서 가전자대가 페르미 준위에 접근한다.

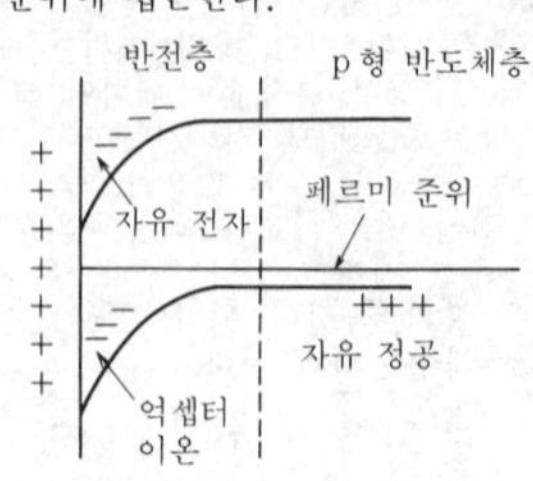

(a) n형 반전층

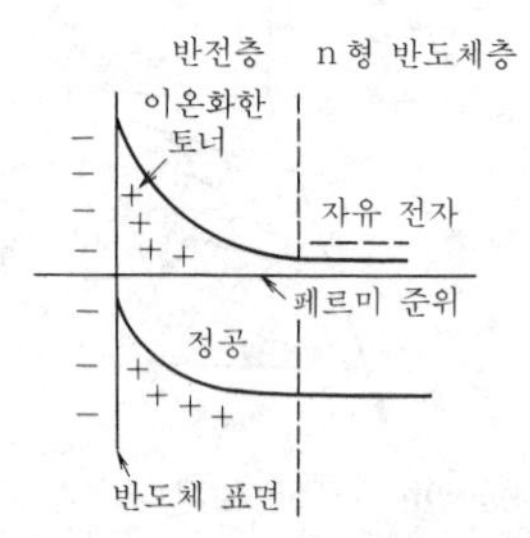

(b) p형 반전층

n-type semiconductor n형 반도체(一形半導體) 과잉 전자에 의해 전기 전도를 하는 불순물 반도체. 순수한 규소나 게르마늄의 결정 중에 미량의 5가 원자(예를 들면, 비소 등)를 혼입하면 결정 격자점의 규소나 게르마늄을 대신해서 그들의 원자가 들어가는데, 4개의 전자가 공유 결합을 만드는 데 쓰인 후 1개의 전자가 과잉 전자가 된다. 이 과잉 전자의 에너지 준위를 도너 준위, 불순물로서 넣은 5가의 원자를 도너라 한다.

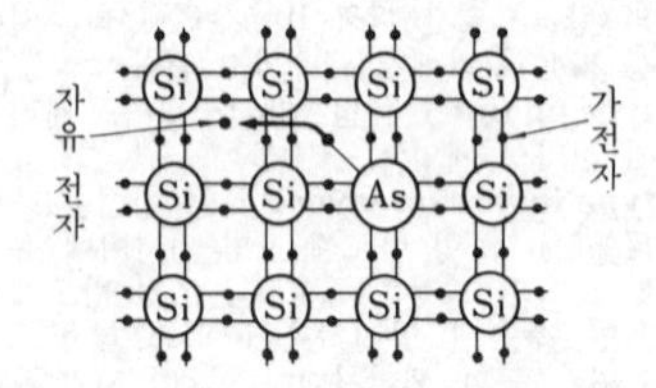

nuclear battery 원자력 전지(原子力電池) 방사성 물질의 에너지가 태양 전지 기타의 에너지 변환기에 의해 전기 에너지로 변환되는 1차 전지.

nuclear fuel 핵연료(核燃料) 원자로 내에서 핵분열 반응에 의한 에너지를 방출시키기 위한 물질. 천연 우라늄 중에 존재하는 우라늄 235가 일반적으로 사용되나 우라늄 238이 중성자를 흡수하여 생기는 플루토늄 239도 사용할 수 있다.

nuclear magnetic resonance 핵 자기 공명(核磁氣共鳴) =NMR

null 널 ① 무시할 수 있는 값. ② 지시값 또는 강도가 최소(또는 제로)가 되는 위치. 예를 들면 안테나 방사 패턴의 인접한 로브(lobe)의 중간 위치 등. ③ 데이터 전송에서 정보 내용에 변경을 가하는 일 없이 데이터의 흐름 속에 가한다든지, 혹은 흐름에서 제거한다든지 할 수 있는 부호. 아이들(idle)이라고도 한다.

null cycle 널 사이클 컴퓨터에서 새로운 데이터를 도입하는 일 없이 전 프로그램을 통해서 사이클하는 데 요하는 시간.

null gate 널 게이트 주어진 계(系)에서 연속한 0기호를 출력하는 디바이스. 또한 연속한 1기호를 출력하는 디바이스를 제너레이터 게이트라 한다.

null impedance 제로 임피던스 홀 소자에 있어서, 바이어스 전류가 존재하지 않을 때 피측정 자계의 변화에 의해서 출력단에 나타나는 오차 전압 $A\,db/dt$로, A를 제로 임피던스라 한다. 또 직류 자계가 존재하지 않을 때 바이어스 전류에 의해 출력단에 나타나는 전압 R_0I를 제로 전압(또는 오프셋 전압)이라 한다. 바이어스 전류는 보통, 직류가 아니고 일정한 교류 전류를 사용한다. 따라서 피측정 자계가 직류라도 출력단에는 바이어스 전류와 같은 주파수의 교류 전압이 나온다. 피측정 자계가 교류이면 출력단에는 교류 바이어스 전류로 변조된 전압이 나타난다. 이것을 동기 복조하여 교류 자계를 구할 수 있다.

null method 영위법(零位法) 피측정량을 동종(同種)의 표준량과 비교하여 양자가 평형하도록 표준량을 가감한다. 평형 위치에서의 표준량의 판독값이 피측정량이다. 휘트스톤 브리지, 직류 전위차계 등은 영위법을 사용한 계측 장치이다.

null modem 널 모뎀 모뎀을 사용하지 않고 2대의 컴퓨터가 통신할 수 있도록 하기 위한 케이블. 널 모뎀 케이블에서는 송신선과 수신선을 교차시켜서 한쪽 장치가 송신에 사용하고 있는 선을 다른쪽 장치가 수신용으로 사용하도록 되어 있다.

null modem adapter 널 모뎀 어댑터 표준의 직렬 인터페이스 RS-232C로 접속되는 두 단말이(호스트 컴퓨터 등을 통하는 일 없이) 직접 접속되는 경우에, 데이터의 송신과 수신의 신호선을 역접속하기 위한 어댑터. 한쪽 단말의 송신용 핀이 다른쪽 단말의 수신용 핀에 접속되도록 핀을 역전시키기 위한 어댑터이다.

null point 널 포인트 수퍼턴스타일 안테나와 같이 안테나 소자를 다수 겹쳐 쌓은 송신 안테나를 산 정상 등에 설치했을 때 안테나의 기슭에서 전계 강도가 매우 약한 지점이 생긴다. 이와 같은 지점을 널 포인트라 하며, 안테나의 수직면 내 지향성에서 부각(俯角)이 다음의 값으로 되는 지점에 나타난다. ////

$\psi=\sin^{-1}(n\lambda/Ns)$ ////

여기서, ψ : 부각, n : 정수(整數), λ : 파장, N : 겹쳐쌓는 단수, s : 소자의 간격.

number group 넘버 그룹 =NG

numbering plan 번호 계획(番號計劃) 번호란 통신망에서 사용되는, 가입자의 어드레스를 주는 코드를 말한다. 망운영을 위해 가입자에 부여하는 번호 체계와 그 부여법을 번호 계획이라 한다. 전화, 데이터 통신, ISDN 등의 각 망에서 각각 다른 번호 계획에 의해 운영된다.

number intelligibility 숫자 양해도(數字諒解度) 통화 품질을 나타내는 척도의 하나로, 어느 전송계를 통해서 보내진 숫자 중 올바르게 수신 기록된 것의 비율.

number of flux interlinkage 자속 쇄교수(磁束鎖交數) 코일과 거기에 존재하는 자속이 엉겨 있는 정도를 나타내는 값으로, 코일의 권수와 자속의 곱으로 나타낸다. 이것은 전자 유도에서의 기전력의 크기를 정하는 중요한 양이다.

number of positions 포지션의 수(-數) 스위치 회로에서 전환 가능한 위치의 수.

number of rectifier phases 정류기 상수(整流器相數) 정류기가 위상 제어하지 않고 동작하고 있을 때 각 사이클에서 계속하여 행하여지는 전류(轉流)의 횟수. 이것은 직류 전압 파형의 기본 고조파의 차수(次數)이기도 하다. 단순한 단향(單向) 정류 회로에서는 정류 요소의 수는 정류기 상수와 같다.

numeral 숫자(數字) 수의 표현. →binary numeral

numeration system 수 체계(數體系) 수의 표현 체계. 예를 들면, 10 진수계, 로망수계, 2 진수계가 있다.

numerical action 수치 동작(數値動作) 적어도 대상으로 하는 수의 일부분에 입각하는 동작.

numerical analysis 수치 해석(數値解析) 수학적으로 나타내어진 문제에 대하여 정량적인 해를 얻는 연구의 방법으로, 이와 같은 해를 얻을 때의 오차 및 그 한계의 연구도 포함된다.

numerical aperture 개구수(開口數) 광섬유의 끝에서 빛을 입사하는 경우 중심축에서 어떤 각도 이하의 위치를 취하지 않으면 빛은 코어에서 밖으로 반사하고 만다. 이 수광(受光)할 수 있는 최대 각도의 정현을 개구수라 하고 NA 로 나타낸다. 석영 섬유의 예에서는 최대 각도 약 11.5°에서 NA=0.2 정도이다.

numerical control 수치 제어(數値制御) 공작 기계나 어떤 종류의 생산 프로세스를 제어하는 데 공구나 제어 요소의 원하는 위치에 상당하는 수치를 카드나 테이프에 기록하고, 이것을 사용하여 자동 조작하는 것. 예를 들면, 선반의 각종 동작은 테이프 구멍의 패턴에 따라서 제어된다. 이와 같은 동작은 컴퓨터에 프로그램으로서 주어져서 제어되는데, 그 프로그램은 일정한 형식에 의해서 만들어진다. APT(automatic programmed tool) 등은 그와 같은 프로그램이다. =NC → APT

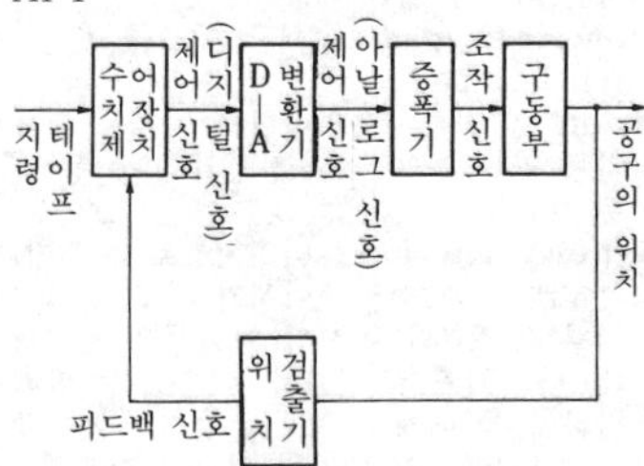

numerical control language 수치 제어용 언어(數値制御用言語) 공작 기계의 수치 제어를 위한 프로그램 언어.

numerical control system 수치 제어계(數値制御系) 어떤 점에서 직접 수치 데이터를 삽입함으로써 동작이 제어되는 시스템. 이와 같은 시스템은 적어도 얼마간의 이들 데이터를 자동적으로 해석하지 않으면 안 된다.

numerical control tape 수치 제어 테이프(數値制御-), NC 테이프 수치 제어 공작 기계를 제어하기 위하여 수치 제어 장치에 입력으로서 가해지는 정보를 포함한 천공 테이프.

numerical data 수치 데이터(數値-) 이산적인 값 또는 구성이라는 것을 전제로 하여 숫자 또는 문자의 집합에 의해 정보를 표현한 데이터.

numerical display 수치 표시(數値表示) 전기적 조작에 의한 숫자의 표시. 텅스텐 필라멘트, 기체 방전, 발광 다이오드, 액정, 영사된 숫자, 전식(電飾)된 숫자 및 다른 동작 원리의 것 등이 쓰인다.

numerical distance 수치 거리(數値距離) 지표파의 전파에 관한 수량적 취급에서 실제의 거리에 대하여 대지 도전율의 영향 등을 고려하여 보정을 더한 거리.

numerical machine tool NC 공작 기계(-工作器械) 수치 제어 장치를 결합한 자동화 공작 기계. →numerical control

numerical positioning control 위치 결정 수치 제어(位置決定數値制御) 수치 제어의 한 방법으로, 1 점마다의 위치 결정의 제어를 하는 것. 드릴링 머신의 구멍뚫기 작업 등에 적합하다. 제어부의 구성은 제어 장치, 구동 기구, 검출 기구로 이루어져 있다. 검출 방법으로는 전기 광학식과 전자 유도식이 사용되고 있다.

numerical reliability 수치적 신뢰도(數値的信賴度) 정해진 조건하에서 정해진 기간에 어떤 항목이 요구된 기능을 실행하는 확률. →function

numeric keypad 수치 키패드(數値-) = ten-key pad

Nylon 나일론 폴리아미드 수지를 원료로 하여 만든 플라스틱. 전선의 피복 등에 사용한다.

Nyquist criterion 나이키스트 판정법(-判定法) 피드백 제어계의 과도 응답이나 궤환 증폭기의 동작의 안정성을 판정하는데 나이키스트 선도를 이용하는 방법을 말한다. 제어계의 경우는 일순(一巡) 주파수 전달 함수의 궤적이 점(-1, $j0$)을, 증폭기의 경우는 루프 이득(회로를 일순하는 동안의 이득)의 궤적이 점(1, $j0$)을 감쌌을 때에는 불안정, 그 밖일 때는 안정하다고 판정한다. 그림은 궤환 증폭기에서의 안정과 불안정인 경우의 궤적을 나타낸 것이다.

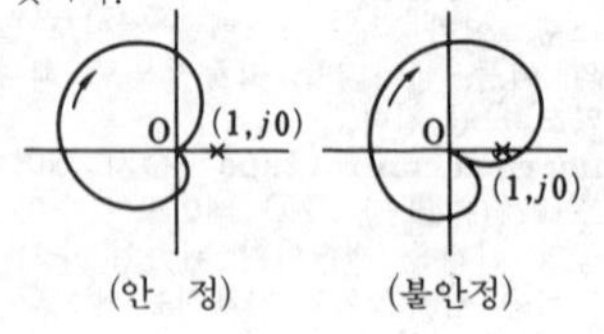

Nyquist diagram 나이키스트 선도(-線圖) 피드백 자동 제어계의 일순(一巡) 전달 함수의 주파수 응답을 벡터 궤적으로 나타낸 그림. 자동 제어계를 임의의 점에서 열고, 일순하여 얻어지는 주파수 전달 함수의 특성을 나타내는 이 그림은 신호가 피드백함으로써 증대해 가는지 어떤지를 나타내고 있다. 나이키스트의 안정 판별법으로서 피드백 자동 제어계의 안정도를 판별할 때 쓰인다. →frequency response, Nyquist criterion

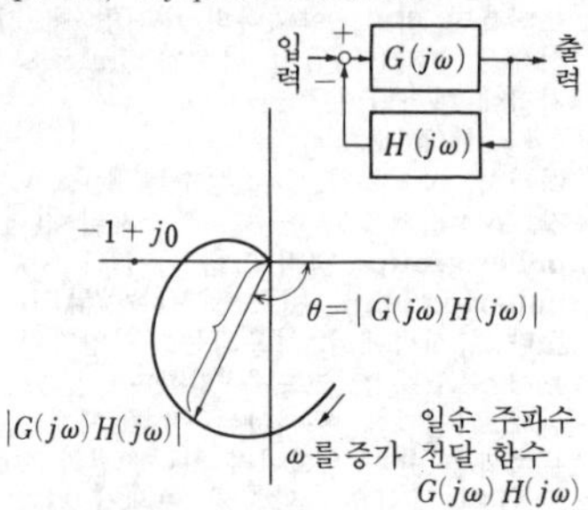

Nyquist flank 나이키스트 외측대(-外側帶) 잔류 측파대 전송 방식을 사용하는 텔레비전 신호의 스펙트럼 포락선의 일부 영역으로서, 화상 반송파를 사이에 두고 그 양쪽의(양측파대 전송이 행하여지는) 대역이며, 일그러짐을 허용 한도 내에 억제하는 목적을 가지고 있다.

Nyquist rate 나이키스트 속도(-速度) 나이키스트의 이론에 의하면 전송로 특성의 차단 주파수가 f[Hz]의 이상 여파 특성이면 $2f$ 보(Baud)의 속도의 2 진 데이터를 부호간 간섭의 영향없이 전송할 수 있다. 이 $2f$ 보를 나이키스트 속도라 하며, $1/2f$ 초를 나이키스트 간격(Nyquist interval), f[Hz]를 나이키스트 대역(Nyquist bandwidth)이라 한다.

Nyquist theorem 나이키스트의 정리(-定理) W[Hz]의 대역폭을 가진 통신 채널 상을 전송할 수 있는 신호 속도는 매초 $2W$ 심벌이라는 내용의 정리. 신호 속도는 매초 전송할 수 있는 심벌(신호 요소)의 수이며, 따라서 보 속도와 같다. 나이키스트의 정리에 의하면 2,400Hz 의 대역폭을 갖는 채널 상을 전송할 수 있는 신호 속도는 매초 4,800 심벌이라는 내용의 정리.

OA 사무 자동화(事務自動化) office automation 의 약어. 각종 컴퓨터나 워드 프로세서 등의 기기를 사무실에 도입함으로써 사무실 내의 정보 처리 활동을 효율적으로 하여 사무 코스트를 줄이려는 것이다. 그를 위해 특별한 기능을 갖지 않더라도 간단히 조작할 수 있는 장치를 사용하고, 데이터 문의 등의 조작은 대화 처리로 이루어진다. 또, 컴퓨터는 단독으로 사용할 뿐만 아니라 범용 컴퓨터나 보다 대규모의 오피스 컴퓨터와 접속하여 지능 단말로서도 사용할 수 있다. 개인용 컴퓨터는 그 기능을 살려서 대화 방식으로 문서 작성이나 작도 혹은 작표 처리에 이용한다.

OBD 광 2 안정 소자(光二安定素子) optical bistable device 의 약어. 광학계, 광학 장치로의 하나의 입력광에 대하여 두 안정한 출력광 중의 어느 한쪽이 출력하는 현상을 광 2 안정성(optical bistability)라 하고, 2 안정성을 나타내는 소자를 2 안정 소자라 한다. 이것은 광증폭계와 그 출력의 일부를 궤환함으로써 소자의 투과율(혹은 반사율)을 변화시켜 안정한 출력을 지속시키는 디바이스이다. 전기 회로에서의 2 안정 소자의 광학적 아날로지이며, 광논리 회로에서의 스위치, 기억 소자 등을 주는 것이다. 2 안정 소자에는 궤환 증폭계를 전부 광학적으로 실현한 진성(순광학적) OBD 와, 궤환로에 전기적 증폭기 등을 포함한 이른바 하이브리드형이 있다. 순방향로(順方向路)는 패브리 · 페로(Fabry-Perot) 공진기 또는 링형 공진기 중에 비직선 매질을 수용하고 출력광의 일부를 빔 스플리터(beam splitter)로 입력측에 궤환하고 있다.

object code 목적 코드(目的－) 컴파일러나 어셈블러에 의해 만들어진 코드로, 컴퓨터가 그것을 실현할 수 있는 것. 목적 언어라고도 한다.

object language 목적 언어(目的言語) 컴퓨터 용어. 번역 처리의 출력으로서 약속된 언어. 번역 루틴에 의해서 번역된 곳의 목적 언어의 뜻으로, 그 자신의 실행 가능한 기계 코드로 되어 있거나, 또는 실행 가능한 기계 코드를 만들어내는 데 적합한 모양으로 되어 있는 것.

object module 목적 모듈(目的－) 어셈블러 또는 컴파일러의 1 회의 실행에 의해 얻어진 출력으로, 연결 에디터로의 입력이 되는 중간 단계의 프로그램 모듈을 말한다.

object oriented 목적 중심(目的中心), 객체 중심(客體中心) 컴퓨터로 컴파일할 때 생기는 목적 파일을 말하는 것이 아니고 컴퓨터 과학의 방법론의 하나이다. 여기서 말하는 목적이란 일반적으로 말하는 물건을 말한다. 물건은 단순한 데이터가 아니고 그 데이터의 조작 방법에 대한 정보도 포함하고 있으며, 그것을 대상으로서 다루는 수법이 목적 지향 또는 객체 중심이다.

object program 목적 프로그램(目的－) 원시 언어에서 목적 언어로 번역된 컴퓨터 프로그램. 이용자가 작성한 프로그램은 원시 프로그램이며, 그것을 언어 프로세서에 의해서 처리하여 출력으로서 얻어진 프로그램은 목적 프로그램이다.

소 스 프로그램	→	언 어 프로세서	→	목 적 프로그램

oblique incidence 사입사(斜入射), 경사 입사(傾斜入射) 전리층 관측시의 수직 입사에 대하여 전리층 반사를 이용하는 단파의 전파(傳播) 등에서 전파가 전리층에 대하여 어느 각도를 가지고 입사하는 것.

oblique incidence transmission 사입사 송신(斜入射送信), 경사 입사 송신(傾斜入射送信) 전파를 일정한 경사각으로 전리층을 향해 방사하고, 그것이 전리층에서 반사하여 되돌아 오는 것을 이용한 송신법. 원거리 통신에서 쓰인다.

oblique projection drawing 사투영도(斜投影圖), 경사 투영도(傾斜投影圖) 측면 변의 투영을 수평선에 대하여 일정한 각도 α만큼 기울여서 작도한 그림.

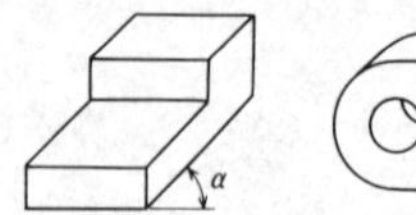

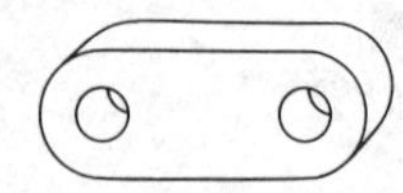

observed position 실측 위치(實測位置) 어떤 관측, 측정에 따라서 얻어지는 위치.

observer 오브저버 로봇의 제어 등에 적용되는 현대 제어 이론에서의 용어이다. 실제의 제어 대상과 그의 모델로서는 같은 입력을 넣어도 같은 출력이 나온다고는 할 수 없다. 그것은 실제의 제어 대상의 내부 상태가 올바르게 파악되지 않기 때문이다. 이 내부 상태를 추정할 수 있는 시스템을 오브저버(관측기)라 한다.

obstacle gain 회절 이득(回折利得) 지구 표면을 전파(傳播)하는 지상파가 도중의 산악 등에서 회절하여 전파하는 경우, 표면에 의한 회절 손실을 받지 않고 오히려 수신 전계가 강해지는 현상. 산악 이득과 같은 뜻이다.

occupied bandwidth 점유 주파수 대역폭(占有周波數帶域幅) 전파에 포함되어 있는 주파수 성분의 폭. 그림과 같이 주파수 성분이 분포하고 있는 것으로 하고, 일반적으로 전력이 각각 0.5%만큼의 상하 범위를 잘라낸 중앙의 99% 범위의 f_L부터 f_H까지를 말한다. 이것은 전파법으로 정해져 있는 조건인데, 동 법에는 송신기로부터 발사할 때의 이 폭의 허용값도 정해지고 있으며, 예를 들면 AM 방송 전파인 경우는 15kHz 로 되어 있다. 따라서 보낼 수 있는 신호파는 7.5kHz 이하가 된다.

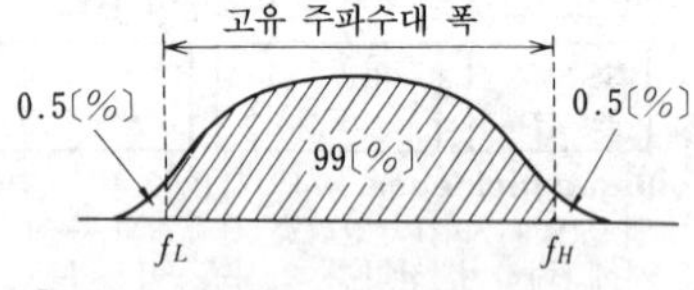

OC-gate 개방 컬렉터 게이트(開放－) ＝open collector gate

OCR 광학식 문자 인식(光學式文字認識)[1], 광학식 문자 판독기(光學式文字判讀機)[2] (1) ＝optical character recognition (2) ＝optical character reader

OCR hand scanner OCR 핸드 스캐너 광학식 문자 판독 장치(OCR)에서 문자의 패턴을 판독하기 위한 광학식 주사부가, 한 쪽 손으로 들고 수동으로 문자 위를 주사할 수 있게 만들어진 장치.

OCS 오퍼레이션 컨트롤 시스템 operation control system 의 약어. 생산 회사에서 컴퓨터를 사용하여 공장에서의 오퍼레이션을 종합하여 일원적으로 제어하기 위한 공장 관리 시스템.

octal notation 8진법(八進法) 8을 기수로 하여 수를 나타내는 표현법. 숫자의 각 위치(자리)가 8의 거듭 제곱의 크기를 나타낸다.

octal number 8진수(八進數) 8을 기수(基數)로 한 수의 표시법. 2진법은 자릿수가 많아져서 읽기가 불편하므로 8진수로 변환하여 처리한다. 2진수를 간단화하는 데 쓰이며, 또, 8단위 부호로서도 쓰인다.

10진수	2진수	8진수	16진수
0	0	0	0
1	1	1	1
2	10	2	2
3	11	3	3
4	100	4	4
5	101	5	5
6	110	6	6
7	111	7	7
8	1000	10	8
9	1001	11	9
10	1010	12	A(S)
11	1011	13	B(T)
12	1100	14	C(U)
13	1101	15	D(V)
14	1110	16	E(W)
15	1111	17	F(X)
16	10000	20	10

octal system 8진법(八進法) ＝octal notation

octantal error 8분원 오차(八分圓誤差) 360도를 4주기로 하는 방위 오차.

octave-band pressure level 옥타브 대역 음압 레벨(－帶域音壓－) 특정한 옥타브 주파수 대역의 대역 압력 레벨. 그 위치는 옥타브의 상하한 주파수의 기하 평균으로 지정된다.

octave filter 옥타브 필터 차단 주파수가 하부 차단 주파수의 2배인 대역 통과 필터.

octet 옥텟 데이터 통신의 통신량 단위. 1옥텟은 8비트이다.

octet multiplex 옥텟 다중(－多重) 아날로그 신호를 일정 주기로 샘플하여 PAM 신호로 하고, 각 펄스를 8비트(옥텟)의

PCM 코드로 변환하여 이것을 단위로 하여 각 채널을 다중화하는 방식.

odd-even check 홀수·짝수 검사(－數－數檢査), 홀짝 검사(－檢査) ＝parity check

odd harmonics 홀수 조파(－數調波), 기수 조파(奇數調波) 비정현파 교류(왜파 교류)를 형성하고 있는 몇 개의 정현파 교류 중에서 기본파의 홀수배인 주파수를 갖는 정현파. →even harmonics

odd line interlacing 홀수 비월·주사(－數飛越走査) →interlaced scanning

ODR 옴니레인지 omnidirectional radio range 의 약어. 그 서비스 구역 내의 모든 방위에 있어서 항행 차량에 대하여 방위 정보를 제공하는 라디오 레인지(무선표지).

ODR/DME navigation ODR/DME 항법(－航法) ＝rho-theta navigation

OEIC 광전자 집적 회로(光電子集積回路) optoelectronic integrated circuit 의 약어. 반도체 레이저와 전자 소자를 조합시켜서 빛의 전파를 전자 회로로 제어시키는 구조의 집적 회로.

O-electron O 전자(－電子) ＝electron shell

OEM 상대방 상표 제조 회사(相對方商標製造會社), 주문자 상표 부착 생산자(注文者商標附着生産者) original equipment manufacturing 의 약어. 다른 회사의 상품명을 붙이는 제품을 생산, 공급하는 방식. 예를 들면, A 사가 생산한 제품을 B 사의 상품명으로 판매하는 것. 소비자는 A 사에서 만들어진 것을 모른다. 완성품을 공급하는 경우와 부품을 공급하는 경우가 있다. 일종의 하청 생산이라고 할 수 있으나 발주측은 우수한 기술을 이용할 수 있고, 수주측은 생산 계획을 세우기 쉽다는 것이 이점이며, 컴퓨터나 음향 기기, 가전 제품 분야에서 널리 행하여지고 있다. 또, 어떤 기업이 다른 기업에 대하여 OEM 에 의한 제품을 제공하는 것을 OEM 공급이라 한다.

oersted 에르스텟 CGS 전자 단위계에서의 자계 세기의 단위. 기호 Oe.

1Oe＝79.58AT/m

off 오프 전기 신호가 도통 상태로 되어 있지 않은 경우를 말한다. →on

off-center PPI display 편심 PPI(偏心－) PPI 표시에서 시간 베이스의 0 위치가 표시 장치의 중앙으로부터 어느쪽인가의 방향으로 벗어나 있는 것. 따라서 특정한 방향으로 레이더 표시의 유효 범위를 확대할 수 있다. 오프셋 PPI 라고도 한다.

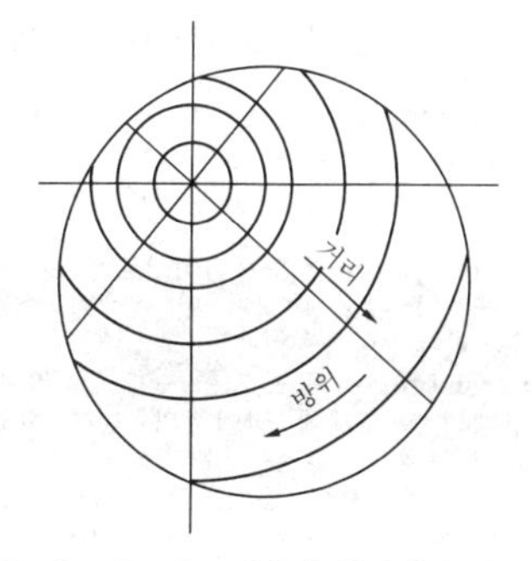

off-hook 오프훅 데이터 통신에서 변복조 장치가 자동적으로 교환 시스템에 응답할 수 있는 상태에 있는 것. →on-hook

office automation 사무 자동화(事務自動化) ＝OA

office computer 오피스 컴퓨터, 사무용 컴퓨터(事務用－) 사무 처리를 주업무로 하는 컴퓨터. 미국에서는 SBC(small business computer)라 부른다. 중소의 사무실에서 다루는 문서(전표나 원장 등)의 처리나 작표를 다루는 것으로, 네트워크를 이용하여 범용 컴퓨터 시스템과 접속하는 것이 늘어나고 있다. 전임 조작원을 필요로 하지 않고 일반 사무기와 마찬가지로 다룰 수 있다. 사무용 컴퓨터의 보급에 따라 오피스 정보 체제의 표준을 정할 필요가 생겨서 OIA(office information architecture)가 정해졌다. 이것은 데이터, 문서, 도형, 화상, 음성 등의 표현 규약과 교환 규약을 정한 것이다.

office information system 사무 정보 시스템(事務情報－) ＝OIS

off-line 오프라인 계산기의 비직접 제어화에서의 기능 단위의 조작에 관한 용어. ① 정보의 전송 과정에서 사람 손을 필요로 하는 상태. ② 중앙 처리 장치의 제어로부터 격리하여 독립적으로 사용하는 상태의 방식. ③ 데이터 통신 시스템에서 각 시스템이 전송 회선으로 결합되어 있지 않은 상태의 방식. 이 때에 단말 시스템에서 최초의 기록으로부터 최종적인 데이터 처리까지 사람의 손으로 조작을 한다.

off-line computer 오프라인 컴퓨터 시스템의 제어에 사용하는 컴퓨터 중 온라인 컴퓨터로서 사용하지 않는 것을 말한다. 따라서, 데이터를 주고 받는 사람 손에 의해서 이루어진다.

off-line operation 비직결 동작(非直結動作) 컴퓨터에서 본체와 입력 장치나 출력 장치를 시간적으로 독립하여 동작시키는 것. 그러기 위해서는 입력이나 출력을 일시 기억시키는 매체가 필요하다.

off-line storage 오프라인 기억 장치(－記憶裝置) 중앙 처리 장치(CPU)의 제어하에 있지 않는 기억 장치. 예를 들면 외부 디스크.

off-microphone 오프마이크로폰 음원에 접근하지 않고 비교적 먼 곳에서 소리를 수록하는 것.

off resistance 오프 저항(－抵抗) 역저지 상태의 반도체에 있어서의 인가 전압과 그에 의해서 흐르는 전류의 비.

offset 잔류 편차(殘留偏差), 정상 편차(定常偏差) 비례 동작에 의한 제어에서 급격한 목표값의 변화나 외란(外亂)이 있는 경우 제어계가 정상 상태로 된 다음에도 제어량이 목표값과 벗어난 채로 남는 편차를 말한다.

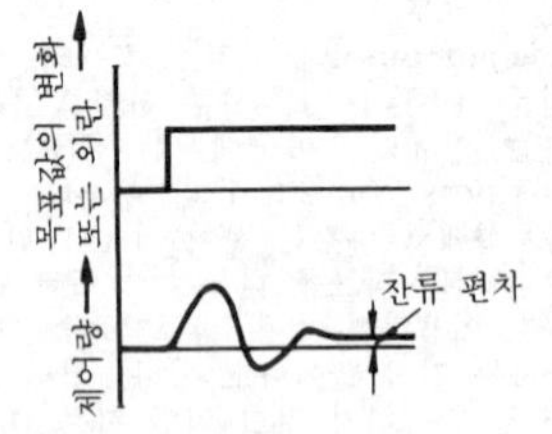

offset carrier system 오프셋 캐리어 방식(－方式) 근접한 지역에 같은 채널로 운용되고 있는 텔레비전 방송국이 있는 경우, 이 2국의 전파에 의해 텔레비전 화면의 흑백 무늬 방해가 발생한다. 이 혼신 방해를 경감하기 위해서 생각된 방법이 오프셋 캐리어 방식이다. 이 방식으로 동일 채널 2국의 반송 주파수차를 수평 주사 주파수의 1/2, 즉 우리 나라의 경우는 15,750×1/2=7,875Hz 또는 그 홀수 배가 되도록 선택함으로써 혼신 방해를 적게 하고 있다.

offset current 오프셋 전류(－電流) 입력 회로의 신호가 제로임에도 불구하고 출력이 발생하는 경우, 이것을 조정하여 출력을 제로로 하기 위해 입력 단자에 흘리는 전류.

offset-feed antenna 오프셋 궤전 안테나(－饋電－) 부반사기 등을 안테나 정면에서 벗어난 위치에 두고, 궤전부나 부반사기 등이 전파의 통로를 방해하지 않게 한 안테나. 보통의 카세그레인 안테나와 같이 파라볼라 정면에 부반사기를 두지 않아도 되기 때문에 사이드 로브 특성이 좋아져서 위성 통신에서의 고성능 지구국 등에서 사용된다. 주반사기만을 사용하는 오프셋 파라볼라 안테나 외에 부반사기를 사용한 오프셋 그레고리언(혹은 오프셋 카세그레인) 안테나 등이 있다.

offset-feed parabolic antenna 오프셋 궤전 파라볼라 안테나(－饋電－) 궤전부가 안테나 반사경의 축방향에서 벗어난 방향으로 궤전하고 있는 안테나 장치.

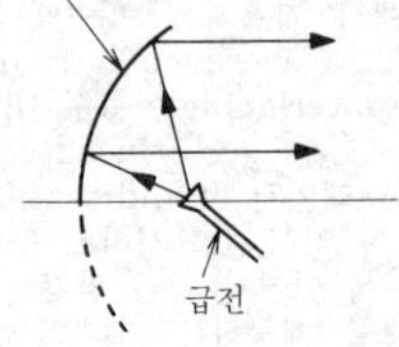

offset relay 오프셋 계전기(－繼電器) 거리 계전기의 동작을 규정하는 R-X 선도상의 위치로부터의 동작 특성을 선도상에서 평행 이동시킨 것과 같은 특성을 갖는 계전기.

offset voltage 오프셋 전압(－電壓) 입력 회로의 신호가 제로임에도 불구하고 출력이 발생하는 경우, 이것을 조정하여 출력을 제로로 하기 위해 입력 단자에 가하는 전압.

off-the-shelf 표준 재고(標準在庫) 특주(特注)가 아니고 표준의 양산 제품을 말한다. 메이커 또는 판매점에서 바로 입수할 수 있는 재고품.

OFT 광섬유관(光纖維管) =optical fiber tube

ohm 옴 전기 저항의 실용 단위로, 기호에는 Ω을 사용한다. 1옴이란 1암페어의 전류가 흐르고 있는 도체의 2점간 전압이 1볼트일 때 그 2점간의 저항 크기를 말한다. 옴의 법칙을 발견한 옴(Georg Simon Ohm, 독일)의 공적을 길이기 위해 1881년부터 전기 저항의 단위로서 채용되었다.

ohm antenna 옴 안테나 주파수 변조파 수신 안테나의 일종으로, 방사기를 원형으로 한 것. 모양이 Ω자 모양과 비슷하므로 이 명칭이 붙여졌다. 안테나를 소형으로 하기 위해 고안된 것이다.

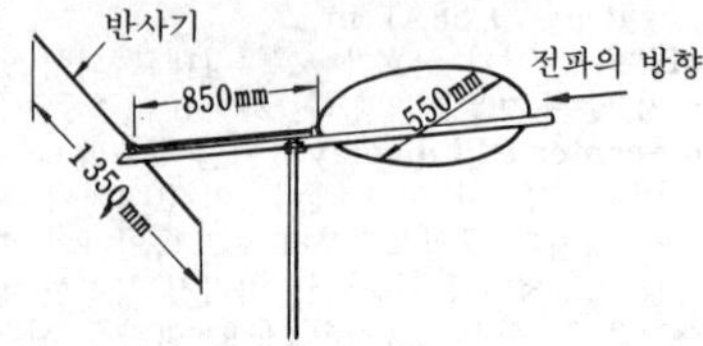

ohmic contact 옴 접촉(－接觸), 저항 접

촉(抵抗接觸) 접촉점을 지나는 전류와 그에 의한 전압 강하가 비례하는(옴의 법칙에 따라) 상태를 말한다. 반도체 장치에서의 리드선 부착 등에서는 이 조건이 요구된다.

ohmmeter 옴계(-計) 중 정도의 저항값을 간단하고 신속하게 직독할 수 있도록 한 측정기로, 정확도는 그다지 문제로 하지 않는다. 구조는 일종의 가동 코일 비율계형 계기로, 한쪽 코일에 표준 저항이 접속되어 있고, 다른 한쪽 코일에 미지 저항을 접속하도록 되어 있다. 지침은 미지 저항의 크기에 따라서 지시하므로 저항값을 직독할 수 있다.

ohm per volt 옴 퍼 볼트, 옴 매 볼트(-每-) 전기 계측기의 감도를 주는 척도. 계측기의 측정 회로(계기의 내부 저항, 분압기 저항을 포함한)의 전저항을 계기의 최대 눈금 전압으로 나눈 것. 옴 매 볼트〔Ω/V〕의 역수는 최대 눈금에서 지시 계기(전류계)를 흐르는 전류를 준다. 이 전류가 작을수록, 따라서 Ω/V 가 클수록 측정기는 고감도이다. 다중 측정 범위를 갖는 계기에서 측정 범위를 전환해도 Ω/V의 값은 달라지지 않는다(배율기 저항은 측정 범위가 달라지면 비례해서 전환된다). 보통 회로계(테스터) 등의 Ω/V는 1,000~20,000이다.

ohm relay 옴 계전기(-繼電器) 거리 계전기의 일종. 계전기의 입력 전압·전류에서 얻어지는 임피던스와 위상각에 의해 거리를 판단한다. 동작 조건은

$$Z\cos(\theta-\alpha)=K$$

로 주어진다. 여기서, K, α : 상수, θ : 전압과 전류 사이의 위상각. 그림은 옴 계전기의 동작 특성을 나타낸 것이다.

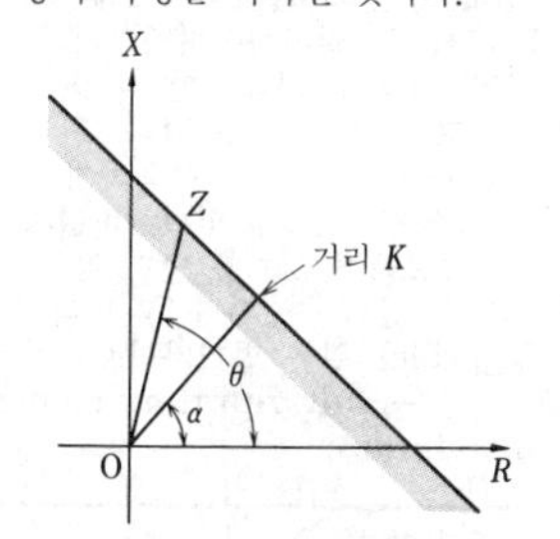

Ohm's law 옴의 법칙(-法則) 옴(Georg Simon Ohm, 독일)에 의해 1827 년에 발견된 법칙으로, 도체를 흐르는 전류는 그 도체의 양단에 가해진 전압에 비례하는 것을 말한다. 즉 다음 식으로 나타내어진다.

$$I=R/V$$

여기서, I : 전류〔A〕, V : 전압〔V〕, R : 저항〔Ω〕.

oil condenser 오일 콘덴서 플라스틱 콘덴서에서 필름을 겹쳐 감은 틈이 절연 내력 저하의 원인이 되지 않도록 절연유를 함침시킨 것.

OIS 사무 정보 시스템(事務情報-) office information system 의 약어. 개개의 OA 기기에 의한 효율화나 속도 향상이 아니고 오피스 개념을 구성하는 정보 시스템 전체의 종합적인 효율화, 최적화를 도모하는 사고 방식.

OLTS 온라인 테스트 시스템 on-line test system 의 약어. 텔레커뮤니케이션 또는 텔레프로세싱 시스템에서 이용자가 입출력(I/O) 장치의 테스트를 프로그램의 실행과 동시 병행적(단말 장치가 CPU 에 접속된 상태에서)으로 할 수 있도록 되어 있는 것. 테스트는 I/O 오류 동작의 진단, 수리나 장치 변경의 확인, 정기 점검 등을 목적으로 하여 수행된다. 온라인 테스트를 하여 조작원과의 교신 수단을 제공하기 위한 프로그램을 온라인 테스트 감시 프로그램(on-line test executive program)이라 한다.

Omega 오메가 선박 등에서 사용되고 있는 원거리 무선 항행 원조 장치로, 원리는 로란이나 데카와 같은 쌍곡선 항법의 하나이다. 10~14kHz 의 VLF 전파를 사용하고 있으므로 전파의 전파 특성이 좋고, 1 만 km 떨어져도 수신할 수 있다. 따라서 8 국으로 지구 전역을 커버할 수 있다.

omnibeary-distance facility 전방향 거리 측정 장치(全方向距離測定裝置) 전방위 라디오 레인지와 거리 측정 장치의 조합이며, 따라서 방위와 거리의 양쪽 정보가 얻어진다. TACAN 이나 VHF옴니레인지와 거리 측정 장치의 조합(VOR/DME)은 이와 같은 것이다. ρ-θ 항행 장치라고도 한다.

omnidirectional antenna 전방향성 안테나(全方向性-), 무방향성 안테나(無方向性-) 앙각에 대해서는 지향성을 가지고 있으나 방위에 대해서는 본질적으로 무지향성인 안테나.

omnidirectional beacon 전방향성 비컨(全方向性-) 모든 방향으로 골고루 무선 신호를 방사하는 비컨. 송신파의 지향 특성을 회전하면서 회전각에 관한 적당한 모양의 정보를 송신한다. 수신국은 이것을 받아 송신국의 방위를 결정할 수 있다. 선박용 비컨, VOR 등이 그 예이다.

omnidirectional microphone 전방향 마

이크로폰(全方向性－) 수음(收音) 특성이 모든 방향에서 거의 같은 마이크로폰.

omnidirectional radio range 옴니레인지 무지향성의 무선 항로 표지. 그 서비스 구역 내에서는 모든 항공기나 선박이 방위를 판별할 수 있는 것을 말한다. ＝ODR →non-directional radio beacon

OMR 광학식 마크 판독 장치(光學式－判讀裝置), 광학 마크 판독 장치(光學－判讀裝置) ＝optical mark reader

OMS 오보닉 메모리 스위치 ＝Ovonic memory switch

on-board computer 내장 컴퓨터(內藏－) 다른 디바이스 내에 존재하는 컴퓨터.

on-board regulator 온보드 레귤레이터 인쇄 배선판(간단히 보드 또는 카드라 한다)이 각각의 전압 조정기를 가지고 있는 컴퓨터 시스템.

on delay 한시 동작(限時動作) 입력 신호를 가하고부터 일정 시간 경과한 다음에 출력 신호가 발생하는 동작. 입력 신호를 끊은 후 일정 시간 경과 후에 출력 접점이 복귀하는 한시 복귀식에 대하여 일정 시간 후에 동작한다. 시퀀스 제어 회로 중의 시간 지연을 필요로 하는 곳이나 타이머, 카운터의 회로에 사용된다.

one address system 1주소 방식(一住所方式) 컴퓨터의 명령 워드는 연산부와 주소부로 구성되어 있는데 이 주소부에서 하나만 주소를 지정하는 방식. 1주소 방식 외에 2주소 방식, 3주소 방식 등도 있다. 그림은 명령 워드의 구성 예이다.

연산부					주소부										
1	1	0	1	0	0	0	0	0	1	1	0	0	1	0	1
15	14	13	12	11	10	9	8	7	6	5	4	3	2	1	0

one board computer 단일 기판 컴퓨터(單一基板－) 1매의 프린트 기판으로 구성되는 마이크로컴퓨터 또는 미니컴퓨터를 말한다. 원칩 CPU에 메모리를 부가한 것으로, 이것에 다시 콘솔 패널을 붙여 상자에 넣어 전원을 부가한 것이 마이크로컴퓨터이다.

one-chip 원칩, 단일 칩(單一－) 수 mm 각 정도의 실리콘 박편 1매의 표면 또는 내부에 트랜지스터, 다이오드, 저항, 콘덴서 등을 집어 넣은 것. 싱글 칩이라고도 한다.

one-chip computer 단일 칩 컴퓨터(單一－) 컴퓨터로서의 기능을 하나의 LSI 칩 상에 집적한 부품.

one-chip microcomputer 단일 칩 마이크로컴퓨터(單一－－) 1개의 실리콘 칩 상에 중앙 처리 기구나 내부 기억 장치, 클록 기구, 입출력 제어 기구를 포함하는 회로를 구성한 마이크로컴퓨터. 내부 기억 장치나 입출력 제어 기구를 다른 칩 상에서 구성한 마이크로프로세서와 구별할 때 쓰이는 용어.

one-dimensional coding 1차원 부호화(一次元符號化) 화상이나 문자 원고 등을 주사(走査)하는 주방향에서의 정보의 중복성을 이용하여 부호화를 하는 방법. 런랭스 부호화 등은 그 예이다. 주주사 방향뿐만 아니라 부주사 방향에 대해서도 그 중복성을 고려하여 부호화하는 경우를 2차원 부호화라 한다.

one-fourth squared type multiplier 1/4 제곱 방식 승산기(－方式乘算器) 아날로그 컴퓨터의 승산기 방식으로, 2수 x, y의 곱을

$$x \cdot y = 1/4\{(x+y)^2-(x-y)^2\}$$

에 의해 구하는 장치.

one hop distance 1홉 거리(－－距離) 단파 통신에서 전리층에서의 1회 반사로 도달하는 거리.

one-line diagram 단선 결선도(單線結線圖) 단일의 선과 도형 심벌을 써서 전기 회로 또는 회로계, 그 중에서 사용되는 디바이스나 부분 등의 루트를 나타내는 선도.

one-point stereo microphone 원포인트 스테레오 마이크로폰 스테레오 녹음이 될 수 있도록 단일 지향성 마이크로폰을 2개, 또는 복지향성, 단일 지향성의 마이크로폰을 내장하고, 부속 회로에 의해 스테레오 녹음을 할 수 있게 한 마이크로폰.

one shot multivibrator 원숏 멀티바이브레이터, 1안정 멀티바이브레이터(一安定－), 단안정 멀티바이브레이터(單安定－) 트리거 신호가 가해지면 비안정 상태로 이행하고, 정해진 시간 경과 후 안정 상태로 복귀한다. 이것을 이용하여 일정폭의 펄스 출력을 얻을 수 있다. 비안정 상태에 있을 때 트리거 신호를 받지 않는 것과 받는 것이 있다. 후자를 리트리거블(retriggerble) 원숏 멀티바이브레이터라 한다. →multivibrator, monostable multivibrator

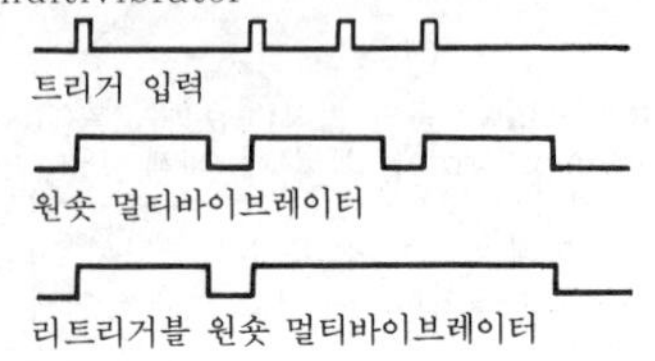

one shot pulse 일발 펄스(一發-) 디지털 회로에서 임의의 시간에 어느 일정폭의 펄스를 하나만 발생하는 것. 이것은 타이밍 펄스로서 일정 시간폭을 이용한 펄스의 지연에 사용한다든지, 응답 펄스로서 사용한다든지 한다.

one third octave filter 1/3 옥타브 필터 통과 대역 1/3 옥타브(상하단의 주파수비가 $2^{1/3}$)인 필터. 중심 주파수가 1kHz 이면 870Hz 부터 1,130Hz 까지가 통과 대역이 된다.

one(two)-signal selectivity 1(2)신호 선택도(一(二)信號選擇度) 하나의 신호원에 있어서의 다른 신호(2 개의 다른 신호원으로부터의 신호)에 대한 신호 선택도.

one-way 단방향(單方向), 일방향(一方向) 미리 정해진 한 쪽 방향으로만 전송하는 방식. 정보의 전송 방향이 한 방향으로 고정되며 간단한 데이터 수집, 데이터 분배에 이용되고 있다.

one-way communication 단방향 통신(單方向通信) 상하 양방향 중 미리 정해진 한 방향으로만 정보가 전송되는 방식.

one-way reversible circuit 단방향의 가역 회로(單方向-可逆回路) 동일 회로에서 어느 시점에서는 단방향으로만 통신하기 위해 브레이크 특성을 갖게 한 것. 즉, 상대국에 신호를 보내기 위해 상대국에서 보내오는 신호가 차단되는 회로.

on-hook 온훅 일반적으로는 전화기가 사용되고 있지 않은 상태를 나타내며, 데이터 통신에서 변복조 장치가 자동적으로 교환 시스템에 응답할 수 있는 상태의 경우를 말한다. →off-hook

on-line 온라인 멀리 떨어진 장소에 있는 데이터 입출력용 기기와 중앙에 두어진 컴퓨터를 연결하여 정보 처리를 하는 형태. 은행 등 금융 기관을 비롯하여 여러 가지 정보 처리에 쓰인다. 온라인 이전까지의 데이터를 자동차나 기차로 보내는 방식에 비해 데이터 교환에 소비되는 시간이 대폭 단축되고, 또 안전하고 정확하게 정보 교환을 할 수 있다.

on-line banking system 온라인 뱅킹 시스템 은행이 각 지역에 있는 지점에 단말기를 두고, 중앙 본점 등에 있는 주 또는 중앙 컴퓨터에 직결하여 소위 온라인 업무를 하는 시스템. 중앙 컴퓨터에 전점(全店) 창구에서 취급하는 데이터 마스터 파일을 갖추고 각 점포에서 발생하는 정보를 즉시 투입하여 마스터의 추가 갱신을 하며, 데이터 집계 변동을 즉시 정확하게 파악할 수 있음과 동시에 동일 은행의 어느 점포에서도 서비스를 받을 수 있는 것.

on-line communication 온라인 통신(-通信) 원격지에 있는 단말 장치를 통신 회선으로 중앙의 컴퓨터에 연결하여 데이터를 집중 처리하고, 필요에 따라 입력 데이터를 전송한 단말 장치에 결과를 전송하거나 다른 적당한 단말 장치에 출력 데이터를 전송하는 방식을 말한다. 이와 같은 데이터 통신을 하는 시스템의 형태에는 데이터 수집형(data collection), 조회형(inquiry), 메시지 교환형(message switching), 데이터 분배형(data distribution) 등이 있다.

on-line computer 온라인 컴퓨터 시스템의 제어에서 정보 처리의 조직 중에 내장하여 사용하는 컴퓨터. 예를 들면, 프로세스 제어에서는 미리 정해진 법칙에 따라서 주어진 데이터를 입력하여 운전의 최적 조건을 계산하고, 그것을 실현하기 위한 조절계의 설정 등을 자동적으로 하는데 사용한다.

on-line operation 온라인 처리(-處理), 직결 동작(直結動作) 컴퓨터 시스템의 중앙 처리 장치(CPU) 제어에 의해 외부 기기를 직결하여 동작시키는 것.

on-line real-time 온라인 리얼타임, 온라인 실시간(-實時間) 온라인 방식의 컴퓨터 시스템에서 데이터가 발생하면 바로 단말기에 데이터를 입력하고, 처리할 수 있는 방식. 인간과 컴퓨터가 대화하는 형식으로 처리를 진행시킬 수 있다. →on-line

on-line shopping 온라인 쇼핑 BBS 가 통신 판매 회사나 백화점 등과 제휴하여 이용자가 온라인으로 쇼핑할 수 있도록 한 서비스 시스템.

on-line storage 온라인 기억 장치(-記憶裝置) 중앙 처리 장치(CPU)의 직접 제어하에 두어지는, (따라서 직접 CPU 에 접근할 수 있는) 기억 장치. 카드 판독 장치의 입력 호퍼에 있는 카드 데크는 온라인이지만, 파일 캐비닛에 수용되어 있는 카드 등은 오프라인 기억 장치이다.

on-line system 온라인 시스템 온라인 처리가 행하여지는 컴퓨터 시스템.

on-line test system 온라인 테스트 시스템 =OLTS

on-off action 온오프 동작(-動作) 편차

의 음양(陰陽)에 따라서 조작량을 온 혹은 오프로 하는 동작이다. 2 위치 동작, 뱅뱅 동작이라고도 한다.

on-off control 온오프 제어(-制御) 대표적인 비직선 제어로, 제어계에서의 오차 e(기준 입력에서 출력을 뺀 값)의 양, 음에 따라서 제어 장치가

$u=(e/|e|)u_{max}$

로 주어지는 최대의 제어력 u를 주도록 되어 있는 것. 서모스탯에 의한 온도 제어 등이 그 예이다.

on-off keying 온오프 키잉 바이너리형의 진폭 변조에서, 피변조파의 한쪽 상태는 키잉 기간에 에너지가 없는 상태이다. 키잉 기간에서의 에너지가 있고 없고는 각각 마크, 스페이스라는 말로 표현되는 경우가 많다.

on-the-fly printer 접촉식 인자 장치(接觸式印字裝置) 인자 중에도 활자가 움직임을 정지하지 않는 충격 인자 장치.

OP amp. 연산 증폭기(演算增幅器) =operational amplifier

opaque camera 오패크 카메라 텔레비전에서 사진이나 수서(手書) 패턴 등의 송상(送像)에 사용하는 카메라로, 비디콘이 사용된다.

OPC 유기 광도전체(有機光導電體) organic photoconductive cell 의 약어. 빛을 대면 전기적 성질(특히 도전율)이 변화하는 것을 이용하여 프린터나 팩시밀리에 응용할 수 있다.

open batch processing 개방 일괄 처리(開放一括處理) 작업의 입력 및 작업 결과의 출력을 일반 이용자가 필요에 따라서 직접 하는(개방 입력 및 디맨드 출력이라 한다) 처리 형태. 작업 처리의 턴어라운드(요구부터 완료까지의) 시간을 단축하는 동시에 계산 센터 운용의 인력 절감을 도모하는 것이다.

open circuit 개로(開路) 전류의 통로가 끊겨 있는 상태.

open-circuit impedance 개방 임피던스(開放-) 4 단자 회로망의 출력 단자를 개방하고 입력단에서 4 단자망을 보았을 때의 임피던스. 4 단자망을 임피던스 파라

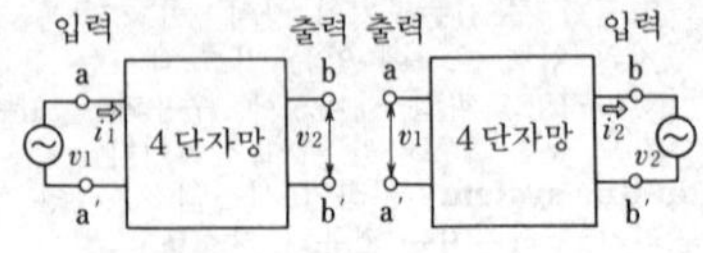

개방 임피던스

$$\left(\frac{v_2}{i_1}\right)_{i_2=0} \text{ 또는 } \left(\frac{v_1}{i_2}\right)_{i_1=0}$$

미터로 나타낼 때 사용한다.

open-circuit transfer impedance 개방 전달 임피던스(開放傳達-) 4 단자 회로망의 출력 단자를 개방했을 때의 출력 전압과 입력 전류의 비. 4 단자망을 임피던스 파라미터로 나타낼 때 사용한다(open-circuit impedance 의 그림 참조).

open collector gate 개방 컬렉터 게이트(開放-) 컬렉터 인상 저항을 갖지 않은(즉, 출력 트랜지스터의 컬렉터 단자가 저항을 통해서 전원 단자에 접속되어 있지 않은) 논리 게이트. 같은 종류의 게이트와 함께 공통의 외부 저항에 의해 전원에 접속하여, 와이어 접속 동작을 시키는 데 편리한 게이트이다.

open-end construction 오픈엔드 구조(-構造) 증설 가능한 상태로 되어 있는 구조 또는 프로세스.

open loop 개방 루프(開放-) 자동 제어의 시스템에서 컨트롤 루프가 미완성이고, 피드백이 안 되는 루프.

open-loop automatic control system 개회로 자동 제어계(開回路自動制御系) 제어량을 검출해도 그 값을 제어 장치의 입력측에 피드백함으로써 정정 동작은 이루어지지 않는 제어계.

open-loop control 개방 루프 제어(開放-制御) 제어계에서 출력 변수가 직접 입력 변수에 의해 제어되는 제어법. 피드백 루프는 갖지 않는다.

open-loop transfer function 일순 전달 함수(一巡傳達函數) 피드백 루프를 일순한 경우, 각 블록의 전달 함수의 모든 곱.

open system 개방형 시스템(開放形-) 당사자 이외의 제 3 의 기업에 의해서 증설 혹은 기능 향상을 할 수 있는(혹은 그것을 허용하는) 하드웨어 또는 소프트웨어 설계를 말한다. 제 3 의 기억에 의해 기능 확장을 할 수 없는 폐쇄형 시스템과 대비된다.

open system interconnection 개방형 시스템 상호 접속(開放形-相互接續) =OSI

open system interface 개방형 시스템의 인터페이스(開放形-) =open system interconnection

operable time 동작 가능 시간(動作可能時間) 기능 단위를 동작시키면 올바른 결과를 내는 시간. 이용자 입장에서 보아 기능 단위가 사용할 수 있는 사용 가능 시간은 이 시간에서 정기 보수 시간을 뺀 것.

operand 오퍼랜드, 연산수(演算數) 오퍼레이션(컴퓨터의 동작)의 대상이 되는 주소나 수치. 예를 들면, 컴퓨터가 덧셈을 하는 경우, 덧셈되는 수치나 그 결과를 넣

는 기억 장치나 레지스터의 주소.

operating amplifier 연산 증폭기(演算增幅器) 부궤환의 방법에 따라서 덧셈이나 적분 등의 연산 기능을 갖게 할 수 있는 고이득의 직류 증폭기. OP 앰프라고도 한다. 그림은 연산 증폭기의 그림 기호이다. 입력 임피던스는 매우 크고, 출력 임피던스는 작다. 증폭도는 매우 크다. +－ 두 직류 전원을 필요로 한다.

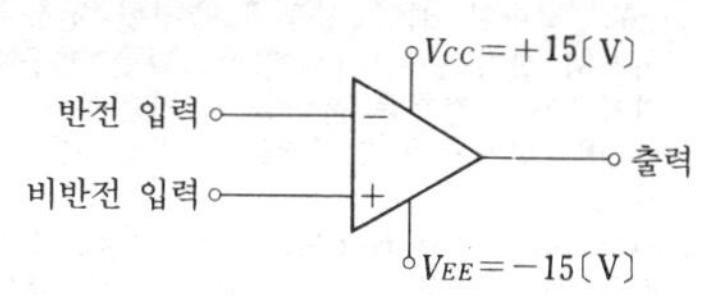

operating characteristic curve OC 곡선(一曲線) 발취 검사에서 발취 방법을 평가하기 위해 사용하는 그림과 같은 곡선. α는 합격되어야 할 로트(lot)를 불합격이라고 판정하는 확률(생산자 위험)이고, β는 불합격이 되어야 할 로트를 합격이라고 판정하는 확률(소비자 위험)이다. α, β의 값은 p_0, p_1의 결정법이나 발취 개수에 따라 달라지므로 이것이 발취 조건의 결정에 이용된다.

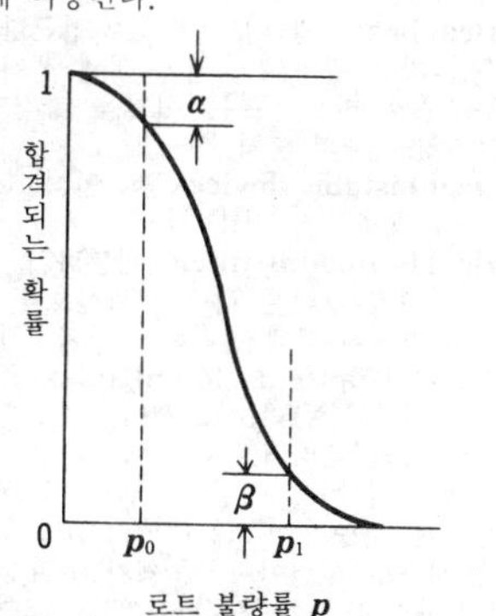

operating noise temperature 동작 잡음 온도(動作雜音溫度)

$T_o=N_o/kG$

로 주어지는 온도. 여기서, T_o : 동작 상태에서 트랜스듀서 출력 회로에 나타나는 지정된 주파수의 단위 대역폭당의 잡음 전력, k : 볼츠만 상수, G : 트랜스듀서 이득(지정된 주파수에서의). 입력단 잡음원(보통 저항)의 잡음 온도를 T_i로 했을 때 $T_o-T_i=T_e$는 트랜스듀서에 의한 잡음 증가분을, 입력 잡음원에서의 잡음 온도의 상승으로서 등가적으로 평가한 것으로, 이것을 실효 입력 잡음 온도라 한다.

operating office 통신소(通信所) 중앙 집중 방식의 통신 회로에서 중앙국이라고 하는 것으로, 일반적으로 도심에 두어지고, 외국과의 직접 통화의 접수나 상사, 통신사 등의 전용 회선과의 접속을 한다든지, 떨어진 장소에 설치된 송신소, 수신소의 원격 조작 등을 하고 있다.

oprating point 동작점(動作點) →quiescent point

operating point stability factor 동작점 안정 계수(動作點安定係數) →stability factor

operating system 운영 체제(運營體制) 컴퓨터 시스템을 사용하기 쉽게 하기 위해 유효하게 이용할 수 있도록 준비되어 있는 소프트웨어. 프로그램의 실행을 제어하고, 컴파일, 디버그, 입출력 제어, 기억 영역의 할당, 데이터의 관리 등 각종 서비스가 제공된다. 좁은 뜻으로는 모니터 프로그램 등의 제어 프로그램을 가리키는 경우도 있다. =OS

operating temperature 작동 온도(作動溫度) 소자나 장치가 동작할 수 있는 주위 온도.

operational amplifier OP 앰프, 연산 증폭기(演算增幅器) 아날로그 컴퓨터에서 연산기의 일부를 이루는 직류 증폭기.

operational reliability 운용 신뢰도(運用信賴度), 동작 신뢰도(動作信賴度) 사용 상태 혹은 운용 상태에서의 기능 단위의 신뢰도. R_1을 고유 신뢰도라고 하면 운용 신뢰도 R_0은 다음 식으로 나타낸다.

$R_0=R_1\times k$

여기서 k는 사용 조건이나 보수 조건으로 달라지는 계수로, 통상 $k<1$이다.

operational trigger 오퍼레이셔널 트리거 연산 증폭기에 정궤환 전압을 가하여 슈미트 트리거와 같은 성질을 갖게 한 것. 입력이 매우 작은 변화에 의해 출력값이 다른 두 전압 레벨의 어느 한쪽을 취하도록 변화한다. 입력이 증가하는 경우와 감소하는 경우에 트리거점이 임계 전압값 V_{Th}의 전후에서 약간 벗어나 히스테리시스를 나타낸다.

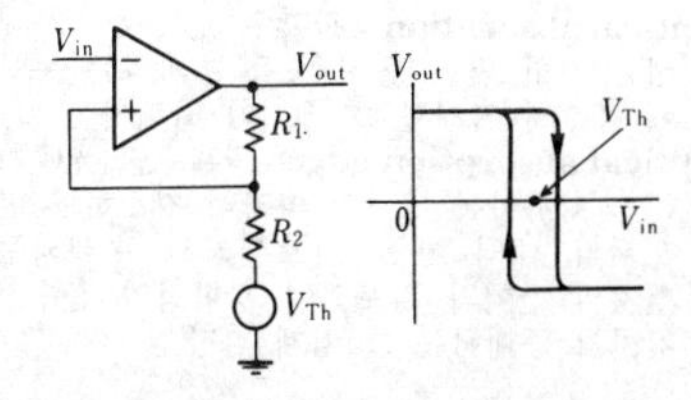

O

operation control system 오퍼레이션 컨트롤 시스템 =OCS

operation influence 동작 영향(動作影響) 기준 동작 조건에서 지정된 동작점에 있어서 지정된 시간 동안, 연속적으로 동작시켰을 때 계측기의 지시값이 그 최초의 지시값에 대하여 변화한 최대의 변화분을 눈금판의 최대 눈금값의 백분율로서 나타낸 것.

operations research 오퍼레이션 리서치 수학적인 해석에 의해 매니지먼트에 있어서의, 보다 논리적인 예측과 결정을 가능케 하는 수법의 총칭. 구체적으로는 선형(비선형) 계획법, PERT 법, 정보론, 대기론, 몬테 카를로법, 시스템 공학 등에 공통한 과학적 수법이 이용된다. 이에 의해서 문제에 대한 최적인 대응이나 매니지먼트가 달성된다. =OR

operation time 연산 시간(演算時間) 컴퓨터에 어느 명령을 입력으로서 가한 경우, 그것을 실행하기 위한 각 단계에서 소비되는 시간의 평균에 명령을 추출하는 단계의 시간의 평균을 더한 것.

operator 연산기(演算器) 아날로그 컴퓨터에서 함수 연산을 시키는 부분으로, 배율 계산과 덧셈 및 적분 계산 등을 조합시켜서 하는 것이다. 이를 위한 회로는 저항이나 콘덴서와 연산 증폭기라고 불리는 직류 증폭기에 의해 구성된다.

opinion test 어피니언 테스트 피시험 전화계를 써서 통화를 한 통화자의 통화에 대한 만족도를 평가시키고, 이러한 테스트의 평균 결과를 가지고 시스템의 통화 품질을 판단하는 방법. 통화에 대한 인간의 심리 반응을 어떤 척도로 정량화하는가가 문제이다.

OP magnet OP 자석(-磁石) 산화물 분말을 소결한 재료에 의해서 만든 영구 자석. 성분은 아철산 코발트($CoFe_2O_4$) 75%, 43 산화철(Fe_3O_4) 25%로, 성형 소결한 다음 자계 중에서 냉각한 것이다. 잔류 자기는 그다지 크지는 않지만 보자력이 매우 크므로 치수가 짧은 자석에 적합하다.

OPT 출력 트랜스(出力-), 출력 변성기(出力變成器) =output transformer

optical absorption 광흡수(光吸收) 물체에 입사한 빛이 물체 중을 통과하는 동안에 흡수에 의해서 그 세기가 약해지는 것.

optical absorption edge 광흡수단(光吸收端) 입사하는 방사의 파장이 감소하면 반도체의 대역 갭을 가로질러서 수행되는 전자의 천이와 결부하여 광학적인 흡수가 갑자기 증대하는 그 임계 파장.

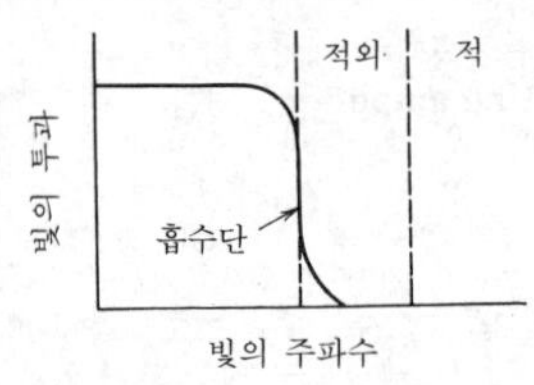

optical ammeter 광학 전류계(光學電流計) 적당한 백열 전구에 측정할 전류를 흘려서 생기는 조도(照度)를, 같은 전구에 기지(旣知) 전류를 흘렸을 때 생기는 조도와 비교함으로써 광학적으로 전류 측정을 하도록 한 것.

optical bar code reader 광학식 바 코드 판독 장치(光學式-判讀裝置) 시트 모양의 용지에 막대 모양의 마크를 찍어서 부호로 만든 정보를 광학적으로 판독하는 장치.

optical-beam waveguide 광 빔 도파로(光-導波路) 렌즈, 반사 거울 등을 써서 광 빔의 회절에 의한 발산을 보상하면서 전송하는 광도파로. 장거리에 걸쳐서 빔을 안정하게 유지하기는 곤란하지만, 이미지 전송을 비교적 쉽게 할 수 있는 이점이 있다.

optical beat 광 비트(光-) 접근한 주파수를 갖는 광파의 중첩에 의해 생기는 차 주파수의 비트, 또는 이것을 광검파기로 검파했을 때의 출력.

optical bistable device 광 2 안정 소자(光二安定素子) =OBD

optical branching filter 광분파기(光分波器) 파장이 다른 다수의 광신호를 그 주파수 영역에 의해 분리하는 장치. 광 디멀티플렉서(optical demultiplexer, optical DMUX)라고도 한다. 광합파기(光合波器)의 대비어. 분파기는 파장 선택형의 광분파 회로가 널리 쓰이는데, 이것은 유전체 다층막(dielectric multi-layer)을 사용한 필터이다. 두께가 반파장 또는 1/4 파장의 굴절률이 다른 막을 교대로 겹쳐 쌓은 것으로, 경계면에서의 반사광의 간섭을 이용하여 파장 선택을 하는 것이다. 이 밖에 각분산(angular dispersion), 즉 프리즘이나 회절 격자를 써서 파장의 변화에 따라 빛의 진행 방향이 달라지는 원리를 사용한 것도 있다.

optical cable 광 케이블(光-) 광통신용 신호를 전송하기 위하여 사용하는 케이블로, 가는 광섬유를 다수 묶은 것.

optical card 광학 카드(光學-) 정보를 광학적으로 기록 · 재생시키는 카드.

optical card reader 광 카드 판독 장치

(光－判讀裝置) →card reader

optical character reader 광학 문자 판독 장치(光學文字判讀裝置), 광전식 문자 판독 장치(光電式文字判讀裝置) 컴퓨터의 입력 장치로서 이용되는 것으로, 타자기 또는 수서(手書) 문자를 기계에 의해서 직접 판독하는 장치. 문자 판독 장치를 사용하면 펀처의 인원도 줄일 수 있고, 더욱이 문자는 정보 밀도가 높으므로 시스템의 효율을 높일 수 있다. 또 컴퓨터뿐만 아니라 우편 번호 판독 구분기 등도 이 원리를 응용한 것으로, 이 밖에도 넓은 응용 범위를 가지고 있다. 이것은 종이 이송 기구부, 광전 변환부, 인식 논리부, 출력 인터페이스부로 이루어져 있다. 문자를 판독하려면 문자의 표면을 광원으로 주사하고, 흑백의 변화를 광전 변환 장치에 의해서 전기 신호로 바꾸어 전기 신호를 패턴 인식의 수법에 의해서 해석하는 것이다. ＝OCR

optical character recognition 광학식 문자 인식(光學式文字認識) 도형 문자를 식별하기 위해 광학적 수단을 사용하는 문자 인식. ＝OCR

optical circuit element 광회로 소자(光回路素子) →optical integrated circuit

optical communication 광통신(光通信) 레이저광을 사용한 통신 방식. 광 전송 방식에는 공간 전파, 광 케이블에 의한 전송이 있다. 레이저광은 코히어런트(위상이 같은)한 파로, 기체 레이저(CO_2 레이저 등), 고체 레이저(YAG 레이저 등), 반도체 레이저(GaAs 등)를 광원으로 하고 있다.

optical computer 광 컴퓨터(光－) 현재의 컴퓨터는 전기 신호를 써서 동작시키고 있으나 광 접직 회로를 사용하여 파장이 짧은 광신호로 동작시키면 매우 고속이고 대용량의 컴퓨터를 만들 수 있다. 이것을 광 컴퓨터라 한다.

optical connector 광 커넥터(光－) 광섬유의 접속에 사용되는 전용 기구. 광섬유와 커넥터, 혹은 광섬유 상호간을 접속하기 위해 광섬유를 쿼드하는 기구나, 광섬유를 녹여서 구 중심선이 정확하게 일치하도록 하여 접속하는 융착 접속기 등이 필요하다.

optical coupler 광 커플러(光－), 광결합기(光結合器) 한 줄의 광섬유에서 온 광신호를 복수의 광섬유로 나눈다든지, 반대로 복수의 광섬유로부터의 광신호를 한 줄의 광섬유로 모은다든지 하기 위한 광부품.

optical coupling 광결합(光結合) 전기 신호를 전선에 의해 전하는 대신 광섬유에 의해 전하는 것. →photocoupler

optical cut-off frequency 광차단 주파수(光遮斷周波數) 수광 장치에 일정 진폭의 단색광을 입사했을 때 장치의 출력 진폭이 장파장인 경우에 비해서 3dB 만큼 저하하게 된다. 그 주파수(광속도를 파장으로 나눈 값)를 말한다.

optical deflector 광편향기(光偏向器) 광빔을 일정 순서로 움직인다든지 혹은 임의의 위치에 랜덤하게 편향시키기 위한 장치. 다면 거울을 고속으로 회전시킨다든지, 반사 거울을 진동시킨다든지 하는 기계적인 것은 편광 주파수가 낮으나 편향점(광 스폿)의 수는 수천으로도 할 수 있다. 초음파의 음향 광학 효과를 사용한 편향기는 편향점수도 많고, 접근 시간(목적의 위치로 편향시키기 위한 소요 시간)도 마이크로초 이하이다. 전기 광학 편향기, 즉 전기 광학 결정(結晶)을 사용한 프리즘을 전계 제어하여 굴절률을 바꾸는 원리의 것은 편향점수는 수 10 개이지만 고속 편향이 가능하다.

optical demultiplexer 광 디멀티플렉서(光－) ＝optical branching filter

optical detecting part 광 검출부(光檢出部) 빛의 유무, 강약 등을 검출하는 부분을 말한다.

optical digital transmission system 광 디지털 전송 방식(光－傳送方式) 광을 반송파로 하여 디지털 정보를 전송하는 전송 방식이다. 전송 링크는 단일 모드의 광섬유, 혹은 다중 모드의 그레이디드 인덱스(GI)형 광섬유가 사용된다. 광 디바이스는 송신단에서 레이저 다이오드(LD) 또는 발광 다이오드(LED)가, 또 수신단에서는 애벌란시 포토다이오드(APD)나 PIN 다이오드가 사용된다. 광다중 전송을 하기 위해서는 빛의 합파기, 분파기가 필요하며, 장거리 회선에서는 중계기(광증폭기)도 필요하다. 빛의 변조는 FSK, PSK, DPSK 등의 방식을 사용하고, 전송 속도는 10Mbps 부터 100Mbps 이상이다. 수신측에서 헤테로다인 또는 호모다인 검파에 의해서 수 GHz 부터 수 10 GHz 의 중간 주파 신호로 변환하여 이것을 전기적으로 복조한다. 광 디지털 통신을 실용화하기 위해서는 발진 파장이 매우 안정한, 스펙트럼의 확산이 좁은 광원을 필요로 한다. 현재의 반도체 레이저에서는 그 점이 아직 충분한 성능을 갖추지 못하고 있다(그림 참조). 또 전송 매체로서의 섬유의 빛에 대한 안정성에도 문제가 있으며, 현재 개선에 노력 중이다.

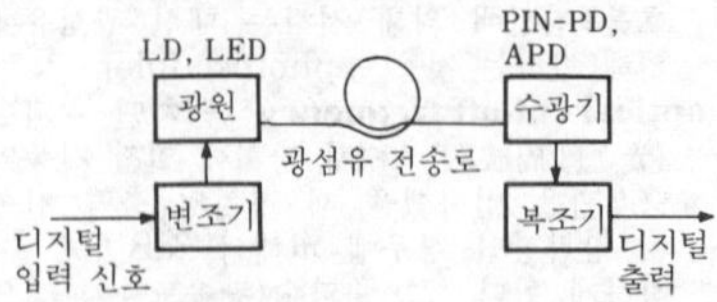

optical direct amplifier 광 직접 증폭기(光直接增幅器) 광신호를 전기 신호로 변환하는 일없이 광신인 채로 증폭하는 장치. EDF 광증폭기 등이 있으며, 이것을 사용함으로써 간접 증폭기에 비해 전송거리를 여러 배로 증대시킬 수 있다.

optical directional coupler 광 방향성 결합기(光方向性結合器) 광섬유 내에 전송되고 있는 복수의 광신호를 따로 따로 추출한다든지, 반대로 한 줄의 광섬유 내에 합성하여 전송한다든지 하는 광 부품.

optical disk 광 디스크(光－) 플라스틱제의 원판상에 금속 박막을 부착시켜서 만든 대용량 기억 장치. 입력 정보에 따른 위치에 레이저광으로 $1\mu m$ 이하의 구멍(피트)을 뚫고 재생시는 그 피트의 유무를 조사(照射) 레이저광의 반사(투과)의 강약에 의해서 검출한다. 당초는 화상 정보(비디오 신호)나 음성 신호의 기록에 이용되어 왔으나 현재에는 컴퓨터 분야에도 사용되어 문서 등의 대량 정보를 관리하거나 보존하는 데 쓰이고 있다.

optical disk unit 광 디스크 장치(光－裝置) 광 디스크에 데이터를 기록하거나, 광 디스크 데이터를 판독하기 위한 장치를 가리킨다. 재생 전용의 광 디스크에서는 판독만, 추기형 광 디스크에서는 판독과 기록을 한다.

optical distance 가시 거리(可視距離) 지구 표면을 완전 구면으로 했을 때 송신점과 수신점을 직접 볼 수 있는 거리.

$$d_0 = 3.55\ (\sqrt{h_1} + \sqrt{h_2})\ [\text{km}]$$

실제로는 전파가 조금 만곡하므로 가시거리는 다음 식으로 계산된다.

$$d_0 = 4.12\ (\sqrt{h_1} + \sqrt{h_2})\ [\text{km}]$$

송신점 수신점
h_1 h_2
가시 거리
d_0
높이 h_1 높이 h_2
지 구

optical DMUX 광 디멀티플렉서(光－) ＝ optical branching filter

optical electrical integrated circuit 광전자 집적 회로(光電子集積回路) 반도체 기판상에 광반도체 소자, 증폭 회로 소자, 구동 회로 소자 등을 집적한 것. ＝ OEIC

optical electronics 광전자 공학(光電子工學) ＝optoelectronics

optical fiber 광섬유(光纖維) 유리나 합성수지의 가는 투명 수지를 단일의 소선(素線)으로 하고, 또는 다수 묶은 케이블로 하여 정보 신호나 광상(光像), 혹은 광 파워 등을 전송하는 데 사용된다. 소선의 굵기는 유리에서는 3～60㎛, 플라스틱에서는 100㎛～10㎜ 정도이며, 구조는 고굴절률의 코어(심선)에 저굴절률의 클래드를 씌우고, 이들을 광흡수성 재킷에 수용한 스텝 인덱스형과 중심에서 외주를 향해 굴절률을 서서히 낮게 한 그레이디드 인덱스(분포 굴절률)형이 있다. 빛은 섬유의 치수나 굴절률 분포에 관계한 각종 모드에서 코어 내를 전반사 또는 사행(蛇行)을 반복하면서 저손실로 전송된다(그림 참조). 스텝 인덱스형의 코어 직경을 작게 하여 최저차 모드만 전파(傳播)하는 것을 단일 모드 섬유라 하며, 모드 분산이 없고 전송 대역을 넓게 잡을 수 있다는 점 등의 특색이 있다. 광섬유는 광전송을 수반하는 각 분야에서 이용되며, 특히 통신로로서 사용하는 경우, 경량이고 저손실로 중

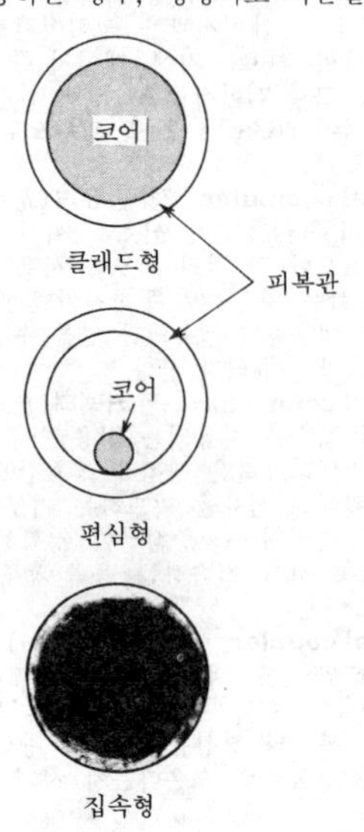

계 간격을 길게 할 수 있다. 누화나 유도 장애의 염려도 없고 수 Mbps 부터 Gbps 의 전송 속도가 가능하게 된다.

optical fiber cable 광섬유 케이블(光纖維−) 역사적으로는 위(胃) 카메라 등에서 화상을 직접 전송하는 수천 가닥의 섬유를 묶은 것이 최초로 실용되었다. 이것을 밴들 파이버라고 하는데, 최근에는 광섬유를 수백 가닥 이상 묶어 광통신 등에 사용한다.

optical fiber communication 광섬유 통신(光纖維通信) 통신 기술은 일반적으로 전기, 전파를 사용하고 있으나 빛을 매체로 하여 통신하는 것을 광통신이라 한다. 전기 통신일 때의 회선에 해당하는 것이 광통신의 경우에는 광섬유이다. 0.1∼0.15mm 구경의 섬유(fiber) 내에 빛을 통해서 그 굴절을 이용하여 송신한다(스텝형 광섬유라고 한다). 전기 통신 회선에 비해 1 케이블당 신호 통신 용량이 1,000배 정도 크기 때문에 정보 통신의 기반으로서 보급되고 있다.

optical fiber loop network 광섬유 루프 네트워크(光纖維−) LAN(근거리 통신망) 구성법의 하나로, 광섬유를 써서 링(ring)형 네트워크를 전송로로서 설정하고, 루프 상에 데이터 전송용 토큰을 전송하면서 데이터 전송을 한다.

optical fiber sensor 광섬유 센서(光纖維−) 광섬유를 사용한 센서. 섬유 자체가 센서가 되는 것과 센서로부터의 신호로(信號路)로서 섬유를 사용할 때가 있다.

optical fiber switch 광섬유 스위치(光纖維−) 전기 회로의 스위치와 같이 광섬유의 전환을 하는 부품을 말한다. 동작하는 방식에 따라 기계식, 전기 광학식, 음향 광학식 등이 있다. 기계식에는 섬유를 전자석이고 기계적으로 이동시키는 것이나, 광 빔을 거울이나 굴절판으로 반사시키는 방식이 있다. 그러나, 삽입 손실이나 소광비(消光比)가 크다. 전기 광학 효과를 이용한 방식으로는 전자 제어 스위치나 방향성 결합기를 사용한 것 등이 있다.

optical fiber tube 광섬유관(光纖維管) 브라운관의 발광면 빛의 산란을 방지하기 위하여 발광면에 광섬유를 매입한 것. 전자 사진식 프린터의 광원으로 사용된다. =OFT

optical fiber with square-law distributed index 자승 분포형 광섬유(自乘分布形光纖維) 섬유 단면의 굴절률 분포가 2차 곡선에 따라서 변화하는 집속형(graded index)의 광섬유.

optical filter 광 필터(光−) 백색광 또는 여러 가지 파장의 빛이 섞인 것 중에서 특정한 파장을 갖는 성분을 꺼내는(혹은 제거한는) 광학 소자. 파장에 관계없이 일정한 투과율로 투과시키는 필터(중성 회색 필터)나 특정한 파장 영역에 광강도를 조절하는 보정 필터, 광대비 필터 등도 있다. 필터는 보통 사용 주파수 영역에 따라서 적외 영역용 필터, 가시 영역·자외 영역용 필터, 진공 자외 영역 필터 등으로 분류된다. 각각의 영역에서의 필터는 사용 재료, 구조 등 다양하다.

optical Fourier analyzer 광학적 푸리에 해석기(光學的−解析器) 푸리에 해석을 하는 장치. 보통, 화상의 푸리에 스펙트럼을 구하는 장치를 의미하며, 코히어런트 광에 의한 프라운호퍼 회절(회절식은 푸리에 변환과 그 모양이 같다)을 쓰는 방법, 간섭 무늬나 무아레 무늬에 의한 정현파 격자(격자홈 단면의 형상이 정현파형인 것)와 화상의 곱을 취하는 방법, 화상의 주사 장치와 컴퓨터에 의한 푸리에 스펙트럼의 산출법 등 여러 가지 해석법이 있다.

optical gyrator 광 자이레이터(光−) 입력광과 출력광 사이에 가역성이 없는 광수동 소자. 패러데이 효과에 의한 비상반적인 평광면의 회전을 이용하여 만들어진다.

optical head 광학 헤드(光學−) 광 디스크 상에서 데이터의 판독, 기록 등의 기능을 수행할 수 있는 기구.

optical heterodyne detection 광 헤테로다인 검파(光−檢波) →optical heterodyning

optical heterodyning 광 헤테로다이닝(光−) 입사한 레이저 빔 신호를 국부 여진(勵振) 레이저 빔과 헤테로다인하여 이것을 검출 장치의 수광부에 투사하는 변환 과정을 말한다. 검출 장치는 위의 두 빔의 주파수의 차 주파수를 가진 전류를 발생하고, 이것을 보통의 증폭기로 증폭한다.

optical homodyne detection 광 호모다인 검파(光−檢波) 빛의 검파에서 광신호의 반송 주파수와 광국부 발진기의 주파수가 같은 경우의 검파법. 양자가 다른 경우를 헤테로다인 검파라 한다.

optical information processing 광정보처리(光情報處理) 정보를 빛 및 이에 관계한 기술이나 장치를 이용하여 처리하는 학문 분야. 광학적 정보 처리라고도 한다. 정보를 이미지(화상)로서 받아들이고, 이미지의 형성, 변환, 전송, 표시, 연산 처리 등 그 내용은 여러 분야에 걸치고 있으며, 이들에 대하여 응용 광학, 사진·인쇄 기술, 전자 기술 및 컴퓨터, 통신 공학 등 많은 학문 기술이 관여하고 있다.

optical integrated circuit 광 집적 회로(光集積回路) 광 회로를 구성하는 각 부품과 그 전송로를 하나의 기판상에 형성한 것으로, 전기 신호를 다루는 집적 회로에 대하여 이렇게 부른다. 현재는 개발 도상에 있다.

optical isolation 광절연(光絶緣) 한쪽 전기 회로의 발광 소자로부터의 출력을 포토다이오드, 포토트랜지스터 등에 의해 전기 출력으로 변환하고, 이것으로 제 2의 전기 회로를 구동하는 것. 두 회로는 광학적으로 결합하고 있으나, 전기적으로는 절연되어 있다.

optical isolator 옵티컬 아이솔레이터, 옵토아이솔레이터 전기 신호를 전송하는 데 도중에서 광신호를 개재시킴으로써 입출력을 전기적으로 절연하기 위해 사용하는 부품. 발광 다이오드와 포토트랜지스터로 구성된다. →photocoupler

optical log 광학 측정기(光學測程器) 해면의 움직임을 광학적으로 관측하여 선박의 속도를 측정하는 장치.

optical magnetic disk 광 자기 디스크(光磁氣－) 컴퓨터용 데이터 기억 장치로, 자기 테이프나 보통의 자기 디스크에 비해 수 10 배의 고밀도로 정보를 기억할 수 있으며, 데이터의 재기록이 불가능한 종래의 광 디스크와는 달리 몇 번이라도 정보를 소거, 재기록할 수 있다. 기억의 원리는 수직 자화(磁化)에 의한 고밀도 자기 방식을 채용하며, 데이터의 기록, 판독, 소거에 레이저 광선을 사용하고 있다.

optical magnetic memory 광자기 기억 장치(光磁氣記憶裝置) 자화에 의해서 편향면의 회전이 달라지는 자기 광학 효과를 이용하여 자구(磁區)의 판독을 하는 기억 장치로, 기록은 레이저광에 의한 국부 가열에 의해 수행된다. MnBi 막, YIG, GdCo 막 등이 개발되고 있다.

optical mark reader 광학식 마크 판독 장치(光學式－判讀裝置), 광학 표시 판독기(光學表示判讀機) 일정한 형식으로 갖추어진 용지(카드)상의 난에 연필 또는 펜 등으로 표시를 함으로써 정보를 표현한 것을 광학식으로 판독하기 위한 입력 장치. 이것을 쓰면 원시 입력에 타건(打鍵) 작업을 생략할 수 있는 이점이 있다. ＝OMR

optical memory 광 기억 장치(光記憶裝置) →storage element

optical memory device 광 기억 소자(光記憶素子) 광학 현상을 이용하여 만든 기억 소자. 재기록 가능한 것과 판독 전용의 두 종류가 있다. 기록 방법으로서는 홀로그램(홀로그래피에 의해 생기는 상)의 모양으로 하는 것과 기하학적 형상을 사진 기술에 의해 직접 영상으로 하는 것이 있다. 홀로그램의 모양으로 하는 것으로는 할로겐 화은 재료계와 소성 변형 재료계가 있다. 사진 기술에 의한 것으로는 각종의 마이크로 화상 기록 재료가 사용된다.

optical memory element 광 기억 부품(光記憶部品) 광 신호로 주어진 정보를 전기 신호로 변환하는 일 없이 기억시키기 위한 부품. 기록과 판독은 홀로그램(파장이 다른 레이저광의 간섭에 의해 만들어진 도형)의 모양으로 이루어지며, 기록에는 사진 재료를 감광시키는 방법이나 소성 재료를 변형시키는 방법이 쓰인다.

optical mixing 광혼합(光混合) 비직선 특성을 갖는 소자에 다른 주파수 f_1, f_2의 파를 가하면, 그들 주파수의 정수배의 합인 고조파를 발생하는 것. 빛이라고 해도 그 주파수는 적외 영역부터 자외 영역에 걸쳐 있으며, 그 발생 기구도 전자파에 의해 물질 내의 속박 전자에 유기되는 분극의 비직선성, 격자나 분자의 진동, 전도 전자 등의 비직선성이 관여한다. 광혼합은 한정된 종류의 레이저광에서 다른 파장의 강력한 코히어런트광을 만들어낸다든지, 적외선을 가시 영역으로 시프트시킨다든지 하는 데 사용된다. →optical heterodyning

optical mode 광학 모드(光學－) →longitudinal mode

optical modem 광 모뎀(光－) 전기 신호와 광 신호를 서로 변환하는 장치. 광섬유 통신에 사용되며, 컴퓨터에서 나온 전기 신호를 레이저 광선의 강약으로 변환하여 광섬유에 보내거나, 광섬유로 보내온 레이저 광선의 강약을 전기 신호로 변환하거나 한다.

optical modulation device 광 변조 소자(光變調素子) 전기 신호의 ON/OFF 에 의해 광신호의 ON/OFF 를 하여 휘도 변조를 하는 소자.

optical modulator 광 변조기(光變調器) 전기적 제어 신호에 의해 입사광을 ON/OFF 시킴으로써 광로(光路) 경로를 선택시키는 기기.

optical multiplexer 광 합파기(光合波器) →optical branching filter

optical neurocomputer 광 뉴러컴퓨터(光－) 뉴러컴퓨터를 구성하는 하드웨어는 현재의 VLSI(초대규모 집적 회로)를 사용한 노이만형 컴퓨터로는 충분한 처리 능력을 기대할 수 없으므로 광신호에 의해서 동작시키는 형태를 취하지 않으면 안 된다. 이것을 광 뉴러컴퓨터라 한다.

optical parametric amplifier 광 파라메트릭 증폭기(光－增幅器) 광학 결정 등의 비직선 효과를 이용하여 입사광을 증폭하는 장치.

optical path length 광통로 길이(光通路－), 광학 통로(光學通路) 굴절률 *n* 의 매질 중을 빛이 거리 *l* 만큼 통과할 때 *nl* 을 광통로 길이 혹은 광학 통로라 한다. 이것은 같은 시간 내에 빛이 진공 중을 통과하는 거리와 같다.

optical phonon 광학적 포논(光學的－) 결정(結晶)의 광학적 진동과 결부된 포논. 음향적 포논에 비해서 진동의 주파수가 높다.

optical photon 광학 광자(光學光子) 파장 200～1,500nm 에 해당하는 에너지를 가진 광자.

optical printer 광 프린터(光－) 빛을 이용하고, 사진 원리를 이용해서 인자하는 방식의 프린터. 특수한 용지를 어두운 곳에서 현상하는 화학식과, 광도전체면에 문자나 도형 형태를 노출해서 정전적인 상을 만들어 잉크 입자를 부착, 정착시키는 전자식의 2종류가 있다. 후자의 대표가 레이저 프린터이며 소리가 작고, 고속, 인자가 선명하다는 특징을 갖는다.

optical pulse-wave communication 광 펄스 통신(光－通信) 광 펄스열을 사용하는 통신에서는 전송 매질로서의 섬유의 성질이 큰 영향을 준다. 전계의 세기에 따라서 굴절률(즉 유전율)이 변화하는 비선형 광섬유 속을 전송되는 광 펄스는 그 전반부에서 파장이 길어지고 후반부에서는 반대로 짧아지기 때문에 군속도(群速度)가 제로 분산 파장을 경계로 하여 그보다 장파장측에서 속도가 늦어지고, 반대로 단파장측에서는 빨라지며, 펄스는 전체로서 그 폭이 좁아지는 경향을 나타낸다. 빛의 분산 효과와 위의 비선형 효과가 제대로 상쇄하면 펄스는 일그러짐없이 전송된다. 이것은 광 펄스 통신에 있어서 아주 편리한 것이며, 높은 비트 레이트의 통신의 가능성에 대한 기대를 갖게 한다.

optical pumping 광 펌핑(光－) 물질 중의 전자를 빛에 의해 여기(勵起)하여 높은 에너지 준위의 상태로 이동시키는 것. 레이저에 이용된다.

optical pyrometer 광 고온계(光高溫計) 고온 물체로부터의 특정 파장의 방사에 의한 휘도가 그 물체의 온도와 일정한 관계에 있다는 것을 이용하여 물체의 온도를 측정하는 계기이다. 대물 렌즈로 측정 대상의 상을 맺고, 상의 위치에 두어진 필라멘트의 전류를 가감하여 양자의 휘도를 비교한다. 그것이 같으면 필라멘트는 보이지 않게 되므로 그 때의 필라멘트 전류계의 눈금에서 온도를 직독할 수 있다. 직접 고온에 닿지 않고 측정할 수 있으므로 불꽃이나 노(爐) 등의 온도 측정에 사용되는데, 시각에 의한 오차가 생기기 쉽다. 측정 범위는 700～4,000℃이다.

optical reader 광학적 판독 장치(光學的判讀裝置) ① 광학적인 방법으로 판독하는 장치의 총칭. ② 광학적 문자 판독 장치 또는 광학적 마크 판독 장치의 약어.

optical reader wand 광학 판독 원드(光學判讀－) 바 코드를 판독하여 그 정보를 컴퓨터에 입력하는 디바이스.

optical recognition 광학식 인식(光學式認識) →optical character recognition

optical recording 광학 녹음(光學錄音) 음성 전류를 빛의 밝기로 바꾸어서 사진 필름에 기록하는 방법. 재생에는 일정한 빛을 댔을 때의 투과광을 광전관이나 포토트랜지스터에 의해서 전류로 되돌린다. 현재에는 거의 자기 녹음으로 대치되어 영화 이외에는 사용되지 않게 되었다.

optical repeater 광 중계기(光中繼器) 광 전송로에서 감쇠, 열화한 광신호를 원신호 파형에 가까운 상태로 복원하여 광 전송로에 송출하는 장치.

optical resonator 광 공진기(光共振器) 레이저광을 증폭하여 발진시키기 위해 다음과 같은 각종 발진기가 있다. ① 패브리·페로(Fabry-Perot) 공진기 : 이것은 마주 보게 둔 반사 거울 사이에 빛을 왕복시켜 증폭·발진시키는 것이다. 공진기의 측면은 열려 있어 개방 공진기(open resonator)라 한다. ② 도파로 공진기 : 측면에 반사면을 가진 것으로, 예를 들면 활성층이 두께 0.1～0.3μm, 폭 2～10μm 의 구형 단면(결정의 벽개면)을 가진 길이 300μm 정도의 스트라이프 구조를 하고 있으며, 스트라이프를 따라서 결 모양의 면에 의해 빛을 선택 반사시키는 분포 반사형(distributed Bragg reflection, DBR) 또는 분포 궤환형(distributed feedback, DFB)의 구조를 하고 있다. ③ 진행파형 공진기 : 반사면 하나로 빛을 한 방향으로 진행시키기만 함으로써 코히어런트광을 얻도록 한 고이득 레이저로, ASE(amplified spontaneous emission)형이라 한다. ④ 파장

선택 공진기 : 패브리·페로 공진기의 한 쪽 반사 거울 대신 파장 선택용의 광소자, 즉 프리즘이나 회절 격자를 사용한 것.

optical scanner 광학식 스캐너(光學式－), 광학식 주사기(光學式走査器) 패턴을 살피기 위해 광학적 조작을 사용하는 주사기.

optical sensor 광 센서(光－) 물질에 빛을 대면 물질이 빛의 에너지를 흡수하여 자유 전자를 방출하는 광전 효과를 이용하여 광 에너지를 전기적 에너지로 변환하는 소자. ① 광전관, 광전자 증배관 등의 외부 광전 효과(광전자가 외부로 튀어나오는)를 이용한 소자. ② 광전도 셀, 포토다이오드 등의 내부 광전 효과(전기 전도도를 변화시키는)를 이용한 소자. ③ 태양 전지 등의 광기전력 효과(고체 접촉면에 기전력을 발생시키는)를 이용한 소자 등이 있다.

optical signal processing 광신호 처리(光信號處理) 빛을 물리적 매체로서 사용하는 신호 처리. 광신호 처리는 전기 신호 처리와 비교하여 광대역성, 고속성, 공간적 병렬성 등에 관해서 뛰어나다. 광신호 처리는 주로 시계열 아날로그 처리, 시계열 디지털 처리, 병렬 아날로그 처리, 병렬 디지털 처리로 대별된다.

optical storage 광 기억 장치(光記憶裝置) 광 기술을 이용하여 디지털 정보 혹은 아날로그 정보를 기억하는 장치. 사진, 자기 광학 효과 등 각종 기술이 응용되고, 또 홀로그램을 사용하는 예도 있다. 현재 연구 단계에 있으나 광 디스크, 홀로그래픽 기억 장치 등 일부 분야에서 실용화가 시작되고 있다.

optical switch 광 스위치(光－) 전기(자기) 광학 효과를 이용하여 외부에서 인가한 전계에 의해 광 빔을 온·오프하는 장치, 혹은 액정 물질의 광학적 성질이 외부에서 주어지는 전계나 압력 등에 의해 변화하는 현상을 이용한 스위치 등이 있다. 이들은 이른바 기계 스위치가 아니지만 광섬유 전송로를 사용하는 경우 등에서는 광 빔을 온·오프하기 위해 섬유 자체를 전자석 등으로 기계적으로 전환하도록 한 기계 구동형도 있다. 또 레이저 발진 등에서 볼 수 있는 공진 장치의 Q값을 갑자기 변화시켜서 광 펄스를 발생시키는 Q스위치는 다른 타입의 광 스위치라고 할 수 있다. →Q switching

optical transducer 광 변환 소자(光變換素子) 인가 전압이나 자계, 압력 등의 주위 조건이 달라짐으로써 빛이 발생한다든지 편향한다든지 하는 현상을 이용하여 빛의 상태를 변화시키는 부품. 전압이 가해짐으로써 편광하는 액정, 전류를 흘림으로써 투과율이 변화하는 반도체막, 전압을 가하면 빛의 편파면이 회전하는(전기적 자이레이션 효과) 수정 등이 있다.

optical transfer function 광학적 전달 함수(光學的傳達函數) 광학계의 점상(點像) 강도 분포(점확산 함수), 즉 광학계의 임펄스 응답 함수의 푸리에 변환으로, 전기 신호 전송계의 전달 함수와 그 의미는 같다. 단, 광학계에서는 2차원 영역에서 생각되는 일이 많다. 광학계의 결상(結像) 성능의 척도가 된다. ＝OTF

optical transmission line 광 전송로(光傳送路) 광신호를 전파(傳播)할 수 있는 전송로. 예를 들면 광섬유 케이블이 있다.

optical transmission system 광통신(光通信) 정보를 광신호의 모양으로 보내는 전송 방식. 빛을 에너지로 하여 사용하는 강도 변조 (통신) 방식(광파 통신 방식)과 빛을 파(波)로서 사용하는 코히어런트 통신 방식이 있다. 저손실, 광대역, 무유도의 광섬유 케이블 또는 공간을 매체로서 사용한다.

optical video-disk 광학식 비디오 디스크(光學式－) 빛에 의해서 화상 정보를 읽어내는 디스크. 디스크 상에 기록된 미세한 구멍(pit)에 레이저광을 대서, 그 반사광에 의해 신호를 재생한다. 기록 내용을 커패시터 변화의 모양으로 읽는 방식(정전 용량식이라 한다)과 대비된다. 피트폭은 1μm 정도, 깊이는 $1/4\lambda$ 정도이므로 디스크 기록 밀도는 매우 높게 할 수 있다. →video disk

optical waveguide 광도파관(光導波管) 광신호를 효율적으로 전송하는 것을 광도파관이라 한다. 그 대표적인 것은 석영으로 만든 광섬유로, 손실은 1dB/km 이하이다. 광섬유는 유전체 선로로, 직경이 1μm 정도의 매우 가는 선이며, 같은 치수의 금속제 선로에 비해 기계적 강도도 강하고 경량이다. 광전자 빛 부분의 접속부로서 금속을 대신해서 사용되고 있는데, 굴절률 Δn이 수 % 정도에서도 주파수 f_0의 빛에서는 $2\pi f_0 \Delta n$의 벽으로 보이므로 빛의 굴절률이 높은 영역에 유효하게 가두어 넣을 수 있다.

optical waveguide lens 광도파로 렌즈(光導波路－) 평면형 도파로의 일부에 두어진 렌즈로, 도파광을 집속(集束) 또는 발산시키기 위한 것이다.

optical wedge 광학 쐐기(光學－) 빛의 세기를 연속적으로 변화시키는 흡수 필터. 광학 농도가 장소에 따라서 연속적으로 변화하는 물질, 혹은 흡수성은 일정하고 두께가 쐐기 모양으로 달라지는 소자가 있다.

optimal control 최적 제어(最適制御) 제어 대상의 상태를 필요한 최적 상태로 하려는 제어. 제어 상태 또는 제어 결과를 주어진 기준에 따라 평가하고, 그 평가 결과를 가장 좋게 유지하면서 제어 목적을 달성하는 제어 방식이다.

optimal regulator 최적 레귤레이터(最適−) 피드백 제어계를 설계하는 경우에 어떤 제어(조작) 기구를 설계하면 가장 제어 성능이 좋은 제어를 실현할 수 있느냐 하는 문제에 대해서 제어 성능의 양부(良否)를 하나의 평가 함수로서 나타내고, 이 평가 함수의 최적해를 수식적으로 풀어, 그 해에 따라서 제어 조작을 하는 조작 기구를 최적 레귤레이터라 한다. 실용적으로는 일반적으로 선형의 피드백계가 아니면 해석이 곤란하며, 계(系)의 특성은 미분 방정식으로 나타내어지고, 평가 함수는 제어 상태의 오차(목표값−실제 제어 결과)의 제곱의 항과 제어 조작량의 제곱 항의 합의 시간 적분으로 대표된다. 이 평가 함수가 최소일 때 제어 상태가 가장 좋아지는 최소의 조작량을 결정하게 되는데, 평가 함수 중의 가중 계수를 어떻게 선택하는가가 중요한 문제이다.

optimum bunching 최적 집군(最適集群) 마이크로파관의 출력 갭에, 원하는 주파수에서 최대의 출력을 발생할 수 있는 집군 조건.

optimum filter 최적 필터(最適−) 실제의 시스템은 어떤 교란에 의해 그 동작이 영향을 받는데, 교란의 영향이 최소가 되도록 만든 것을 최적계라 한다. 최적이라는 용어는 보통 다음 두 가지 의미로 사용된다. ① 확정 신호를 다루는 계에서, 어떤 지정된 시점에서의 출력 신호 전력과 잡음 전력과의 비, 즉 *SN*비를 최대로 하는 계. ② 랜덤 신호를 다루는 선형계에서는 계의 실제 전출력과 실제의 계 입력 신호 사이의 차이의 제곱 평균값이 최소가 되는 계. 어느 경우에도 계는 선형이며, 또 인과율을 범하지 않는다는 제약 조건이 붙어 있다.

optimum filtering theory 최적 필터링 이론(最適−理論) 신호 및 잡음의 통계적 성질을 이용하여 잡음에 파묻힌 신호를 되도록 정확하게 추출하기 위한 이론.

optimum heterodyne voltage 최적 헤테로다인 전압(最適−電壓) 수퍼헤테로다인 수신기의 주파수 변환 회로에서 변환 콘덕턴스가 최대로 되는 국부 발진기의 전압. 변환 콘덕턴스는 중간 주파수의 전류 I_i와 입력 신호 전압 E_r과의 비(比)이며 다음 식으로 나타낸다.

변환 콘덕턴스 $g_c = I_i/E_r$

optimum load resistance 최적 부하 저항(最適負荷抵抗) 증폭기에서 무왜(無歪) 최대 출력을 꺼내는 데 적합한 부하 저항. 최대 출력을 꺼내기만 하는 것이라면 최대 전력 공급의 법칙에 따라서 $R_L=\rho$(ρ는 출력 단자에서 측정한 증폭기의 내부 저항)로 충분하지만 이 경우는 일그러짐이 크다. 그래서 일반적으로 왜율이 5% 정도가 되도록 실험적으로 다시 정한다. 또한, 실제의 부하 R'는 이 값과 일치하지 않는 경우가 많으므로 권수비 n이

$n=\sqrt{R_L . R'}$

의 정합 변성기를 써서 정합시키는 것이 보통이다.

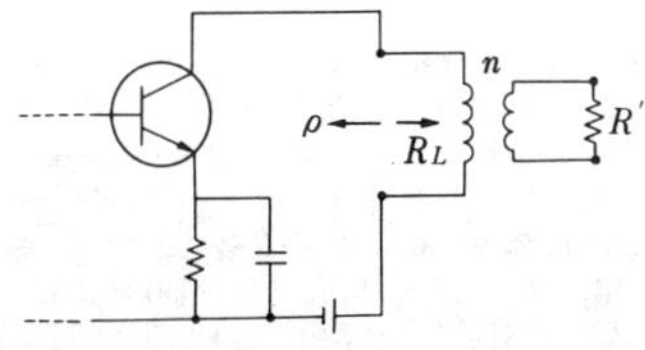

optimum network synthesis 네트워크의 최적 구성(−最適構成) 어떤 목적을 실현하는 네트워크 중에서 최적의 것을 구성하는 것을 말한다. 전형적인 예로서 통신망을 나타내는 네트워크의 최적 구성 문제가 있다.

optimum value method 함수 극치법(函數極値法) 목적 함수를 극대 또는 극소로 하는 변수를 구하여 시스템의 최적화를 도모하는 고전적 수법의 하나.

optimum working frequency 최적 사용 주파수(最適使用周波數) 전리층에 의한 반사를 이용하여 적당한 2지점간에 통신이 가장 효과적으로 이루어진다고 기대되는 주파수. F_2층을 사용하는 경우에는 월간(月間)을 통한 사용 가능 최대 주파수의 15% 감소한 주파수가 최적 사용 주파수로 선정되는 경우가 많다. =OWF

opto-computer 광 컴퓨터(光−) 광소자를 광섬유로 결합한 광회로를 사용하여 기억, 연산, 제어 등을 할 수 있는 미래의 컴퓨터. 전선 대신 광섬유를 써서 레이저광을 사용한 전송 방법을 적용하면 상당히 원거리까지 빛의 신호를 전달할 수 있다는 것은 이미 실증되고, 실용화되고 있다. 더욱이 광섬유는 전선보다도 훨씬 가늘고, 가볍고, 전기 통신보다도 훨씬 많은 다중 통신을 할 수 있다는 이점이 있다.

한편, 광신호를 써서 데이터의 기억이나 연산을 하는 것에 대해서도 일찍부터 활발하게 연구되고 있으며, 광신호로 작동하는 논리 소자의 시작(試作)도 성공하고 있다. 따라서, 이 양자를 잘 결합한 광 컴퓨터를 만드는 것도 불가능하지 않다. 다만, 이것이 실용화되는 것은 좀더 시간이 걸릴 것으로 보인다.

optoelectronic integrated circuit 광전자 집적 회로(光電子集積回路) 광섬유를 사용하여 데이터 통신을 하는 경우의 중계기 등에서는 광신호의 증폭이나 변복조를 전자 회로로 하기 위하여 광신호를 다루는 회로와 전기 신호를 다루는 회로의 양쪽이 필요하다. 이것을 한 몸의 집적 회로(IC)로 구성한 것이 광전자 집적 회로이다. 장래에 광신호의 증폭 등을 빛 그대로 처리할 수 있도록 되었을 때는 광집적 회로만으로 충분하다. =OEIC

optoelectronics 광전자 공학(光電子工學) 광학과 전자 공학을 조합시켜서 정보의 전달이나 처리를 하기 위한 기술을 말한다. 빛을 사용하면 주파수가 매우 높기 때문에 정보 처리의 속도를 크게 할 수 있고, 또 회로의 입출력을 전기적으로 절연할 수 있다는 이점이 있다. 장치에는 광도전체, 발광 다이오드나 광섬유 등이 사용되며, 화상 처리나 광 컴퓨터를 비롯하여 응용 분야는 넓다.

optoelectrostatic printer 광정전형 프린터(光靜電形－) 광섬유 관면에 기록 전극을 부착하고 정전 기록지를 사이에 두어 대 전극과의 사이에 직류 전압을 인가하면 관면상의 기록지 위에 정전 잠상이 형성되는 원리를 이용한 프린터. 기록 프로세스가 간편하고 기록이 고속이며, 고해상성을 갖는다.

optoisolator 광 아이솔레이터(光－), 광 분리기(光分離器) 시스템을 전기적으로 절연하기 위하여 데이터를 광 빔으로 변조하는 것.

optomagnetic device 광자기 소자(光磁氣素子) 자성체에 레이저 등의 빛을 댈 때 그 열에 의해서 자화 상태가 변화하는 것을 이용하는 요소 부품. 기억 장치 등을 만드는 데 사용한다.

optomagnetic memory 광자기 기억 장치(光磁氣記憶裝置) 자기 디스크 기억 장치에서 자기 헤드 대신 레이저광을 사용하여 그 열에 의해서 기록이나 판독을 할 수 있게 한 것. 매우 고밀도(10^7bit/cm^2 정도)의 기억을 시킬 수 있다.

optomagnetic parts 광자기 부품(光磁氣部品) 자성체의 자화 상태가 레이저광을 대면 변화하는 것을 이용하여 기억 동작을 시키는 부품.

optomechanical mouse 광·기계식 마우스(光·機械式－) 광학적 및 기계적 수단을 통해서 운동을 방향 신호로 변환하는 마우스의 한 형식. 광학적 부분에는 발광 다이오드(LED)와 대응 센서의 쌍이 있으며, 기계적 부분은 슬릿이 있는 회전 휠로 이루어져 있다. 마우스를 이동하면 그들의 휠이 회전하여 LED로부터의 빛이 슬릿을 통과하여 광 센서에 닿든가 혹은 휠의 판 부분에 차단된다. 이들 "광접촉"의 변화는 센서의 쌍에 의해서 검지되고 이동이 있었던 증거로서 번역된다. 각 센서는 위상이 서로 약간 벗어나 있기 때문에 이동 방향은 어느 쪽 센서가 먼저 광 접촉을 회복했는가에 따라서 판별된다. 광·기계식 마우스에서는 기계적 부품 대신 광학적 기구를 사용하고 있으므로 순수하게 기계적인 마우스에 필요한 마모에 관계하는 수리 및 보수의 필요성은 없다. 한편, 기계적 마우스에서는 광학적 마우스에 필요한 특별한 패드를 필요로 하지 않는다. →mouse

optosemiconductor device 광 반도체 소자(光半導體素子) 빛을 전기로 변환하는, 또는 전기를 빛으로 변환하는 기능을 갖는 반도체 소자. 포토다이오드, 포토트랜지스터, 발광 다이오드 등이 있다.

optronics 옵트로닉스, 광전자 공학(光電子工學) =optoelectronics

OR 오퍼레이션스 리서치[1], 발신 레지스터(發信－)[2] (1) =operations research (2) =originating register

OR circuit OR 회로(－回路) 둘 이상의 입력 단자와 하나의 출력 단자를 가지며, 입력이 하나라도 "1"이면 출력이 "1"이 되는 회로.

입력 출력

A, B → X

그림 기호

논리식

$X = A + B$

진 리 표

입력		출력
A	B	X
0	0	0
0	1	1
1	0	1
1	1	1

order wire 호선(呼線), 호출선(呼出線) =call wire

ordinary wave 정상파(正常波) 전리층으로 진입한 전파의 자계 방향 또는 전파 방향으로 지구 자계가 작용하면, 전자는 좌회전과 우회전의 회전력을 받으므로 전파는 2개의 타원 편파로 되어서 지구상으로 되돌아 오는데, 그 중의 좌회전하는 성분파.

OR element OR 소자(-素子) 둘 이상의 입력 단자 중 적어도 하나의 단자에 입력 신호 "1"이 주어졌을 때 출력 신호 "1"이 나타나는 소자. 스위치, 계전기 접점, 다이오드, 트랜지스터 등을 써서 구성할 수 있다. 자동 제어 장치나 컴퓨터 등에 게이트 회로로서 널리 이용되고 있다.

A, B, C : 입력 단자

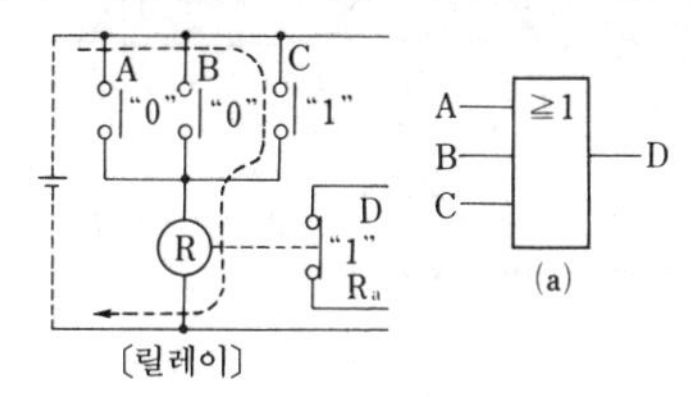

A
B
C
≧1
D
(a)

D : 출력 단자

"1" A
"0" B
C
"0"
5〔V1〕
"1"
D
5〔V〕
〔다이오드〕

A
B
C
(b)

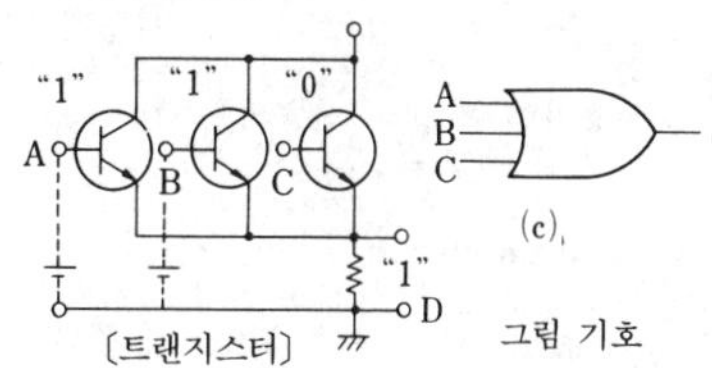

A
B
C
(c)

그림 기호

organic glass 유기 유리(有機-) 유리와 같이 단단하고 투명한 플라스틱. 메타크릴산 폴리에스테르 등으로 만들어진다.

organic photoconductive cell 유기 광도전체(有機光導電體) =OPC

organic plastic film 유기 필름(有機-) 폴리에틸렌, 폴리에틸렌테레프탈레이트 등의 필름 모양의 재료. 절연 재료, 콘덴서 재료로서 사용된다.

organic semiconductor 유기 반도체(有機半導體) 유기 도전체라고도 하는데, 도전성을 나타낼 뿐이고 반도체 특유의 성질은 가지고 있지 않다. 합성 수지 중에 금속 입자를 혼입한 것과는 달리, 본질적인 도전 기구를 갖는 것을 말한다. 현재는 개발 도상에 있다.

organometallic compound CVD 유기 금속 CVD 법(有機金屬-法) 유기 금속(금속이나 반금속의 원자와 탄소 원자 또는 유기 원자단이 링크한 것)의 원료 가스를 GaAs 기판상에 흘려서 GaAlAs 나 GaAs 의 에피택시얼층을 기상(氣相) 성장시키는 기법. 원료의 순도에 문제가 있어서 분자선 에피택시법(MBE) 등에 비해 개발이 늦어졌으나 기술의 진보와 더불어 MBE 와 마찬가지로 초격자나 고전자 이동도 트랜지스터(HEMT)의 제조 등에도 사용되게 되었다.

OR gate 논리합 게이트(論理合-) 논리합의 불 연산을 하는 논리 소자.

orientation polarization 배향 분극(配向分極) 쌍극자 분극을 말한다. 분자가 비대칭의 구조로 되어 있는 절연물에 전계가 가해지면 분자 중에서 마주보고 있는 양전하와 음전하(쌍극자)가 모두 같은 방향으로 배열한다. 이러한 상태를 배향 분극이라 하며, 유전율이 증가하는 원인의 하나이다. →dipolar polarization

oriented silicon steel strip 방향성 규소 강판(方向性珪素鋼板) 철에 수 %의 규소를 가한 것을 규소강이라 하는데 이것을 냉간 압연한 다음 1,000℃ 이상으로 어닐링한 것. 일반의 규소 강판에 비해 자화 특성이 매우 좋으나 이것은 압연 방향에 대해서이다. 자력선이 언제나 압연 방향이 되도록 권철심 등으로 사용한다.

권철심형 변압기

orifice 오리피스 착압식(着壓式) 유량계에 사용하는 변환기. 흐름의 도중에 두어 흐름을 죄기 위한 둑으로, 그 전후에 생기는 압력차에서 유량을 알 수 있다.

original drawing 원도(原圖) 최초로 연필로 그려서 만든 제작도.

original equipment manufacturer 상대방 상표 제조 회사(相對方商標製造會社), 주문자 상표 부착 생산자(注文者商標附着生産者) =OEM

originate/answer 발신/응답(發信/應答) 메시지를 발신하고, 또 응답하는 기능을 가진 모뎀. 대부분의 텔레컴퓨팅 서비스는 보통 응답 모드만이므로 이용자가 발신 모드이어야 한다.

originating register 발신 레지스터(發信-) 가입자로부터의 다이얼 임펄스를 수신하고 계수·축적하여 마커로 그 숫자 정보를 전송(轉送)하는 장치. 다이얼 수신 준비가 갖추어졌을 때 가입자에 통지하는 발신음을 송출한다.

O ring fiber O 링 섬유(-纖維) 광섬유의 일종으로, 굴절률이 큰 부분(코어)을 그림과 같이 동심원 모양으로 매입한 것.

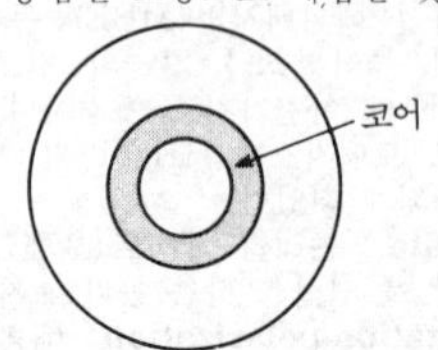

orthicon 오시콘 감광성 모자이크가 빛에 의해 광전자를 방출하여 양전하상을 축적하는 촬상관으로, 저속 전자 빔으로 이것을 주사 방전함으로써 화상 신호를 얻도록 한 것. 아이코노스코프보다도 고감도이다.

orthoferrite 오소페라이트 $RFeO_3$의 구조식(R 은 희토류 원소)으로 나타내어지는 물질의 총칭. 사방정계(斜方晶系)의 화합물이지만, 박막으로 하면 막면과 수직 방향으로 자기의 자발 분극(自發分極)을 발생하여 보자력이 큼에도 불구하고 작은 자계에서 자벽(磁壁)이 이동하므로 자기 버블을 이용하는 소자를 만드는 데 사용된다.

orthographic projection 정투영(正投影) 화면에 직교하는 광선을 물체에 대서 그 형상을 비쳐내는 투영법. 정투영에 의해서 그린 그림을 정투영도라 한다. 제 1 각법과 제 3 각법이 있다.

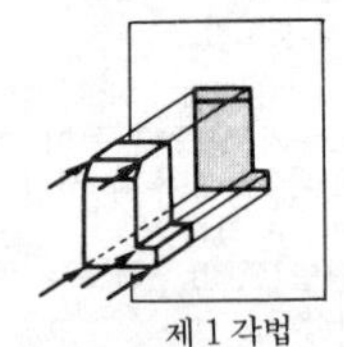

제 1 각법

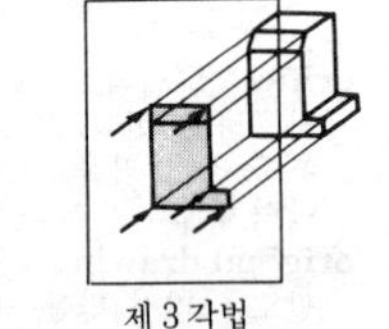

제 3 각법

orthoscope 오소스코프 결정판을 평행 광선속으로 조사(照射)하여 관측하는 장치.

OS 운영 체제(運營體制) =operating system

OS/2 오 에스/2 operating system/2 의 약어. 미국 IBM 사와 마이크로소프트사가 1987 년에 발표한 운영 체제로, 16 비트의 마이크로프로세서를 사용한 개인용 컴퓨터에 사용할 수 있도록 공동 개발한 것. 종래의 MS-DOS 가 싱글 태스크인데 대하여 OS/2 는 멀티태스크이며, 또 기억 장치의 보호 기능을 갖는 등 많은 특징이 있다.

OSCAR satellite series 오스카 위성 시리즈(-衛星-) OSCAR 란 orbiting satellites carrying amateur radio 의 약어. 위성 통신은 텔레비전의 세계 중계나 국제 전화 중계로 널리 이용되고 있는데, 아마추어 업무(햄)의 분야에서 통신 위성을 이용하여 세계 각국의 햄과 교신하려는 것이 이 오스카 위성 시리즈이다. 1961 년 12 월에 쏘아올린 오스카 1 호 이후 여러 가지 연구가 이루어져 페이스 III-A 형에서는 고도가 35,800km 로 정지형에 가깝기 때문에 통신 가능 시간이 9 시간 이상으로 이용 가치가 높다. 오스카 위성을 이용해 통신을 하려면 우주 무선 통신의 업무로서 허가를 필요로 한다.

oscillating condition 발진 조건(發振條件) 기본적으로는 위상 조건과 이득 조건의 두 가지가 있다. 통상의 발진기는 증폭부와 궤환부로 이루어지는데, 증폭부의 증폭률을 A, 궤환부(위상 조건은 정궤환일 것)의 궤환율을 β로 할 때 발진이 일어나기 위한 이득 조건은

$A\beta \geq 1$

이 되지 않으면 안 된다. 이것을 발진 조건이라 한다.

oscillation 진동(振動) 일반적으로는 임의의 주기적 변동 또는 교번 변동. 흔들이의 흔들림은 음차(소리굽쇠)의 공진과 마찬가지로 진동이다. 일렉트로닉스에서는 진동이란 전기적 신호의 주기적 변화를 말한다. 예컨대, 우리 나라의 가정용 전원의 진동(교번) 주파수는 60Hz 이다.

oscillation circuit 발진 회로(發振回路) 외부에서 입력 신호가 없어도 출력 신호가 나오는 회로. 증폭 회로에서 출력의 일부를 입력측에 정궤환시킴으로써 발진이 발생한다. 궤환을 거는 방법에 따라 컬렉터 동조, 베이스 동조, 콜피츠, 하틀레이, CR 형 등의 발진 회로가 있다.

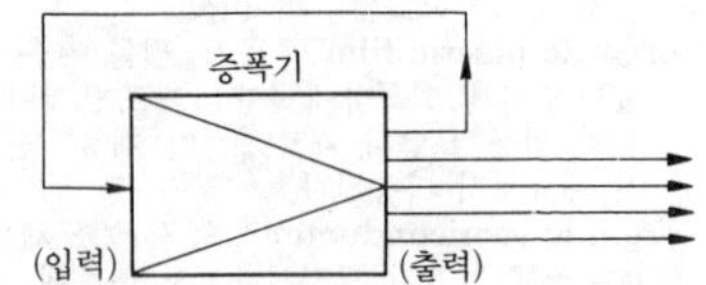

oscillator 발진기(發振器) 전기적인 지속 진동을 발생하는 장치로, 발진을 일으키는 형식에 따라 자려 발진기나 수정 발진기, 또 발진 출력 파형에 따라 정현파 발진기, 구형파 발진기, 펄스 발진기 등, 발진 주파수에 따라 저주파 발진기, 고주파

발진기로 분류된다.

oscillograph 오실로그래프 전압, 전류의 시간 변화를 측정하기 위한 기록 장치. 가동부에 부착된 펜 또는 반사경의 빛에 의해서 기록지 또는 인화지 등에 직접 기록되며, 수 100Hz 또는 수 kHz 까지 기록 가능하다. 심전계, 뇌파계 등의 의용 전자관계 외에 공업 계측에 널리 사용된다. →Braun-tube oscilloscope

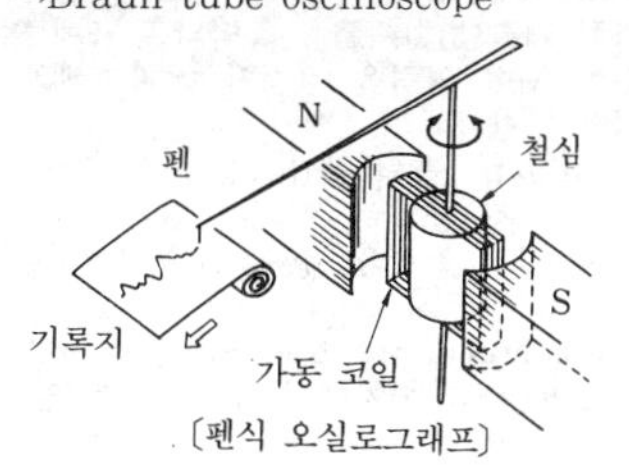

〔펜식 오실로그래프〕

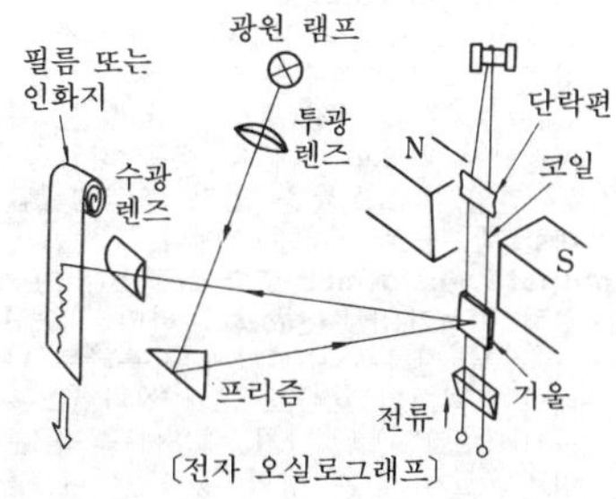

〔전자 오실로그래프〕

oscilloscope 오실로스코프 진동 현상을 눈으로 볼 수 있도록 기록 또는 표시하는 장치로, 브라운관 오실로스코프를 말한다. 수직축 단자에 입력한 측정 전압의 정수배 주기의 정지 파형을 표시할 수 있다. 수 10MHz 에 이르는 어떤 진동 현상이라도 적당한 방법으로서 전압 신호로 변환함으로써 관측이 가능하다.

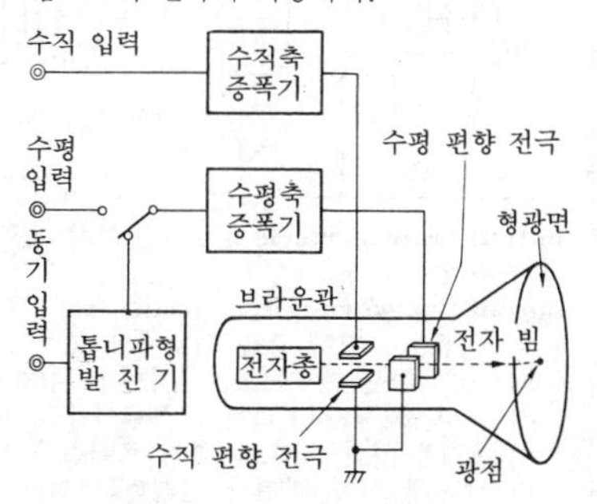

OSI 개방형 시스템 상호 접속(開放形-相互接續) open system interconnection 의 약어. ISO 가 권장하고 있는 네트워크의 아키텍처 표준화를 위한 국제 규격.

OSI protocol OSI 프로토콜 OSI 는 open system interconnection 의 약어. 정보 시스템에서 메이커가 다른 단말 장치 상호간을 접속하는 OSI 를 위한 국제 표준 통신 규약.

OSPER 오스퍼 ocean space explorer 의 약어. 해양 계측을 위한 작업 로봇. 무인의 로봇에 의해 해양 개발, 해양 오염 방지 등을 위해 해양 공간의 상황 및 그 시간적 변화의 관측이나 해양 광물 자원의 조사 등 다수의 조사 항목을 동시 관측하려는 시스템. 종래부터 해양 관측에 사용되고 있는 조사선, 잠수선, 관측 부이 등에 비해 효과적이고 경제적이다.

Ostwald' s dilution 오스왈드의 희석 법칙(-稀釋法則) 「약전해질(弱電解質) 수용액에서는 농도가 희박할수록 분자는 잘 전리(電離)하고 있고, 농도가 증가할수록 전리도는 저하한다」는 법칙.

OT 출력 트렁크(出力-) =output trunk

OTF 광학적 전달 함수(光學的傳達函數) =optical transfer function

OTL 무변성기 출력(無變成器出力) output transformerless 의 약어. 단일의 불평형 부하에 대하여 푸시풀 동작에 의해서 출력을 얻는 회로인데, 출력 트랜스는 사용하지 않는 것. 특징은 ① 트랜스가 없기 때문에 일그러짐, 주파수 특성의 저하는 없다. ② 전원에 대하여 2 개의 트랜지스터가 직렬이며, 전압 스트레스가 적다. ③ 부하 임피던스도 제약되지 않는다는 등이다. 상보형 트랜지스터를 사용하고 입력 트랜스를 생략한 것도 있다.

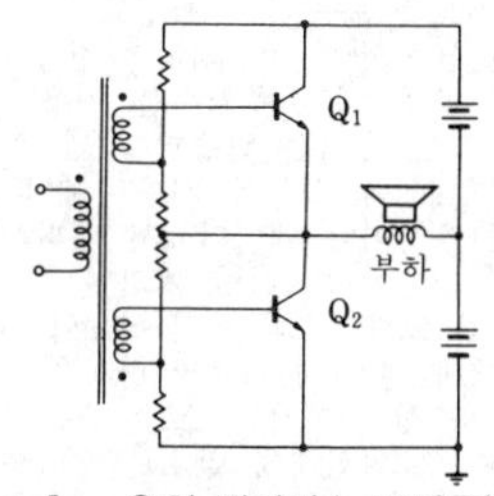

O-type tube O 형 전자관(-形電子管) 전자 빔, 회로, 집속 전계, 자계가 모두 공통의 축 주위에 대칭적으로 배치된 전자관. 전자 빔과 회로 사이의 상호 작용은 속도 변조에 의한 것으로, 적당히 집속된

빔이 회로의 한 끝에서 전자총으로부터 방출되고, 다른 끝의 집전극(集電極)에서 수집된다. 이 전자류의 운동 에너지가 RF 출력 전력으로 변환된다. 클라이스트론이나 진행파관은 이 형의 전자관이다.

out-band signalling system 대역외 주파 신호 방식(帶域外周波信號方式) 신호가 보통 메시지 전송에 사용되고 있는 주파수대 외에서 송신되는 신호 방식. 그러나 같은 전송 채널 중에서 혹은 그것과 결부된 채널에 의해서 송신된다.

outer marker 외측 마커(外側－) 항공기의 계기 착륙 방식에 있어서, 활주로의 착륙단에서 대체로 7km 떨어진 장소에 위치하는 마커. 로컬라이저 코스를 따라서 고도, 거리 혹은 체크 신호를 항공기에 주는 것을 목적으로 하고 있다.

outer (shell) electron 외각 전자(外殼電子) =valence electron

out-gate 출력 게이트(出力－) 정보를 다른 장치 등에 전송할 때 쓰는 출력 게이트를 말한다.

out-of-band component 대역외 성분(帶域外成分) 메시지 신호에서 미주(迷走) 신호로서 발생하여 메시지 신호 전송용 대역외 대역의 채널에 의해서 전송되는 성분. 메시지에 간섭한다는 것은 아니고, 이것이 전송 관리·보수 신호의 주파수에서 이들에 영향을 주는 경우는 해롭다.

out-of-band emission 대역외 발사(帶域外發射) 변조 과정에 있어서, 필요 주파수 대역 외에서 그 대역에 접근한 주파수의 전파를 발사하는 것.

out-of-band signaling 대역외 주파 신호 방식(帶域外周波信號方式) ① 메시지가 사용하는 주파수대보다 낮은, 또는 높은 주파수를 사용함으로써 메시지가 전송되는 통신로와 같은 통신로를 사용하여 제어 신호를 송수하는 아날로그 신호를 사용한 신호 방식. ② 데이터 전송에서 채널간의 보호 대역 주파수를 이용하는 신호 방식. 이 용어는 반송파 채널 등 매체의 채널 대역폭 일부를 사용하여 필터에 의해서 음성이나 데이터에서 분리하는 경우에도 사용한다. 이렇게 하여 링 다운 신호, 즉 교환기로의 회선 신호나 관리 신호 및 댁내(宅內) 기기로의 링깅을 위한 신호를 전송한다(역사적으로는 본 신호는 가입자가 교환원에게 발호(發呼) 또는 절단을 요구하기 위해 송출하던 20Hz 전후의 낮은 주파수였다).

out-of-order signal 고장 신호(故障信號) 피호출 가입자의 단말 장치가 고장임을 알리기 위해 역방향 채널을 통해서 보내지는 신호.

output 출력(出力) ① 회로 또는 장치에서 신호나 출력이 나가는 장소. ② 회로나 장치의 출구에서 주어지는 정보 또는 에너지. ③ 디바이스의 상태 또는 처리 결과가 주어지는 채널단. ④ 컴퓨터에서 데이터를 내부 기억 장치에서 외부의 기억 장치로 주고 받는 동작.

output feedback 출력 피드백(出力－), 출력 궤환(出力饋還) 출력의 관측에 입각하여 제어 입력을 결정하는 피드백의 형식을 말한다.

output gap 출력 갭(出力－) 진행파관에서의 작용 갭으로, 여기서 전자류에서 유효한 신호 전력을 추출하도록 되어 있는 장소.

output impedance 출력 임피던스(出力－) 회로의 출력 단자에서 잰 회로측 임피던스.

output ripple voltage 출력 맥동 전압(出力脈動電壓) 입력 전압에 의해서 생기며, 입력 전압의 주파수와 조파(調波) 관계에 있는 주파수를 가진 출력 전압 성분. 특히 지정하지 않으면 백분율 맥동 전압은 맥동 전압의 실효값을 전전압의 평균값에 대한 백분율로 나타낸 것이다.

output transformer 출력 트랜스(出力－), 출력 변성기(出力變成器) 라디오 수신기나 무선 전화용 수신기에 사용되는 다이내믹 스피커의 보이스 코일 임피던스는 4~16Ω으로 매우 낮기 때문에 최적 부하 임피던스가 높은 전력 증폭관이나 출력 트랜지스터를 그대로 접속하면 임피던스의 부정합에 의해 에너지의 손실이 있고 더욱이 일그러짐도 커지므로 1차측과 2차측의 임피던스를 정합시키기 위해 사용한다. =OPT

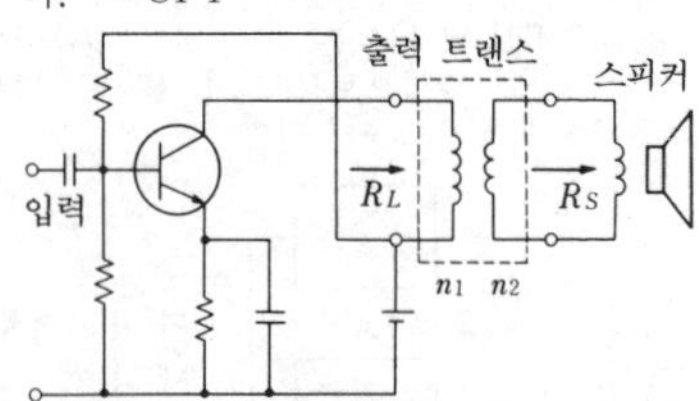

output transformerless 무변성기 출력(無變成器出力) =OTL

output transformerless circuit OTL 회로(－回路) 전력 증폭 회로에서 출력 트랜스(OPT)를 생략하고, 부하인 스피커와 전력 증폭기를 직결하든가 콘덴서를 통해서 출력을 가하는 회로. 출력 트랜스가 없기 때문에 이에 의해서 발생하는 일그러짐이나 주파수 특성의 열화, 손실을 방지할 수 있는데다 무게가 가벼워지고 가격도 싸게 먹힌다. 그러나 출력 임피던스를 낮게 하기 위해 SEPP 증폭기로서 사용하거나 달링턴 접속에 의해 OTL 회로를 구성한다.

output trunk 출력 트렁크(出力－) 통신 회선의 감시, 보수, 신호의 중단 등과 같은 기능을 가지며 출력 회선의 출구에 배치되어 있는 장치. ＝OT

output unit 출력 장치(出力裝置) 컴퓨터에서 계산 결과나 프로그램을 출력하는 기능을 갖는 장치. 계산 결과를 고속 인자하는 라인 프린터, CRT 표시로 문자를 표시하는 캐릭터 디스플레이, 도형을 표시하는 그래픽 디스플레이, 종이 카드나 종이에 펀치하는 방법이 있다.

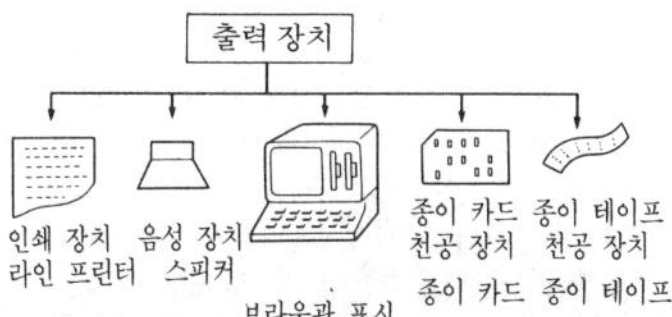

outside character 외자(外字) 시스템 또는 한자 입출력 장치에 등록되어 있는 문자. 이에 대해 등록되어 있는 문자를 내자(內字)라 한다. 외자에는 다음과 같은 종류가 있다. ① 시스템 외자 : 시스템 내에 등록되어 있지 않은 문자. ② CG 외자 : 한자 입출력 장치의 문자 발생 기구에 등록되어 있지 않고 입출력 불가능한 문자. ③ 반면(盤面) 외자 : 한자 입출력 장치의 반면상에 등록되어 있지 않은 문자.

overbunching 과집군(過集群) →bunching

overcharge 과충전(過充電) 축전지에서 충전 종료 후도 계속 충전을 계속하는 것. 이것을 하면 축전지의 수명을 단축시키는 원인이 되는데, 연축전지 등에서 방전 상태인 채 오래 방치하여 황산화가 일어났을 때에는 소전류로 과충전을 함으로써 회복시킬 수도 있다.

overcurrent 과전류(過電流) 규정값을 초과하는 이상 전류.

overcurrent relay 과전류 계전기(過電流繼電器) 동작 기간 중에 계전기를 흐르는 전류가 설정값과 같든가, 그것을 넘었을 때 동작하는 계전기.

over damping 과제동(過制動) 계기 지시의 과도 특성에서 최종 지시값으로 되기까지의 상승이 나쁜 제동. 계기의 지침은 최종 지시값 아래쪽부터 서서히 최종값으로 접근하는데 정지하기까지의 시간이 길어져서 지시의 속응성은 나빠진다. 직동식(直動式) 기록계의 펜 제동 장치 등에 사용된다. →under damping

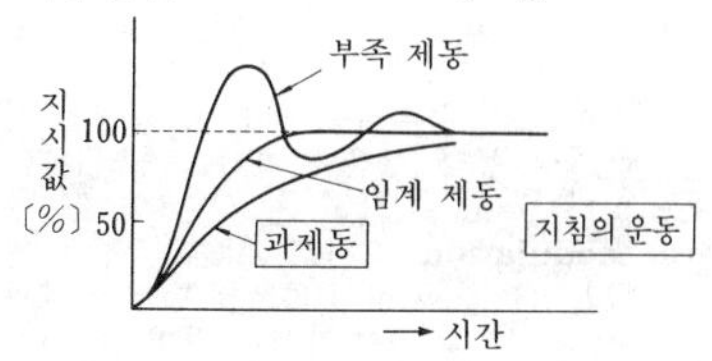

overflow 오버플로 컴퓨터 용어로, 4 칙 연산의 결과가 레지스터 또는 컴퓨터가 다룰 수 있는 수의 범위에서 삐어져 나오는 상태. 또는, 그 결과 최상위의 자리에서 생긴 자리올림의 수를 말한다. 컴퓨터 내부의 연산은 모두 2 진법에 의해 수행된다. 그림과 같이 3+2 를 계산하면 자리올림이 생긴다.

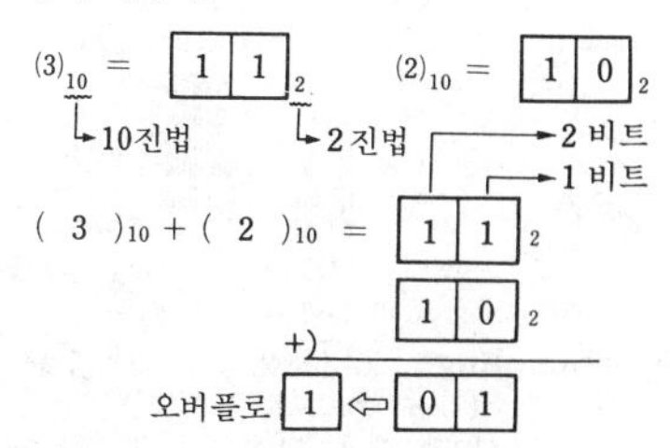

overhang 오버행 →undershoot

overlay 오버레이 프로그램이 너무 길어서 중앙 처리 장치(CPU) 내의 주기억 장치에 다 넣을 수 없을 때 프로그램을 외부 기억 장치에 넣어 두고 필요한 부분만을 순차 주기억 장치로 옮겨서 사용하는 것.

overlay transistor 오버레이 트랜지스터 1963 년 RCA 사가 발표한 고주파 고출력 트랜지스터의 일종으로, 보통의 작은 고주파용 트랜지스터를 수 10～수 100 개 병렬로 접속한 구조로 되어 있다. 이 때문에 컬렉터 용량이 작고, 큰 이미터 주변 길이가 얻어지며, 베이스 저항도 작으므로 500MHz 에서 20W, 1,000MHz 에서 2W 이상의 것이 제품화되고 있다. 텔레비전 방송용 전력 증폭기나 중계 방송국, ST 링크, VHF-TV 방송기 등에 이용된다.

over load 과부하(過負荷) 기기, 장치가 다룰 수 있는 정상적인 값을 넘은 부하. 과부하가 되면 신호 처리 회로의 신호는 일그러짐을 발생하고, 전력 처리 회로에서는 구성 부품의 과열 등이 생긴다. 보통의 기기·장치는 그 정격 부하 용량을 넘어도 이상을 발생하는 일 없이 운전할 수 있는 약간의 과부하 용량을 가지고 있는 경우가 많다.

over load relay 과부하 계전기(過負荷繼電器) 미리 설정된 과부하(전류, 전력, 온도 등)에서 동작하는 계전기. 부하의 성질에 따라 동작 시간 지연이 도입되는 일도 있다.

over modulation 과변조(過變調) 진폭 변조에서 변조율 m이 100%를 넘었을 때의 상태. 피변조파의 포락선(그림의 점선)이 신호파에 대해서 크게 변형하기 때문에 복조하여 재현한 신호파가 크게 일그러지므로 실용에 적합하지 않게 된다.

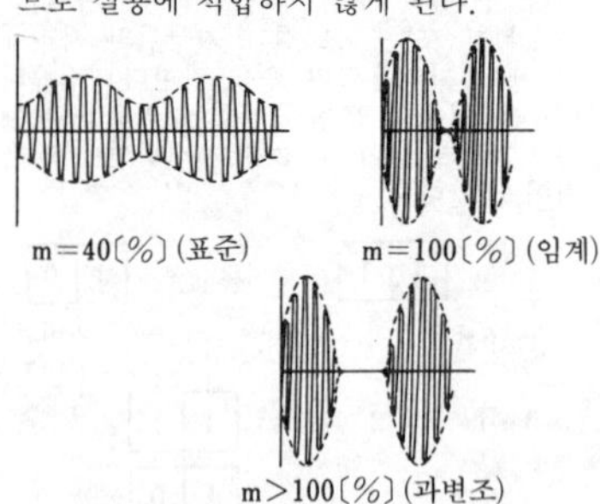

oversampling 오버샘플링[1], 과 샘플링(過－)[2] (1) 아날로그량을 디지털량으로 변환하기 위한 제 1 단계로서 적당한 시간 주기로 샘플링을 하는데, 아날로그 신호의 대역폭이 ω_0〔Hz〕일 때에는 신호를 완전히 재생하기 위한 샘플링 주파수는 $2\omega_0$〔Hz〕를 밑도는 것은 허용되지 않는다. 샘플링 주파수를 위의 주파수를 약간 웃도는 주파수로 잡으면 재생시에 베이스밴드 신호만을 꺼내기 위해 사용하는 저역 필터에 대해서 날카로운 차단 특성이 요구되기 때문에 이러한 필터의 사용에 의해 생기는 신호의 일그러짐이 문제가 된다. 그래서 보통은 샘플링 주파수를 $2\omega_0$보다 필요 이상으로 높게 하여 샘플링에 의해서 생기는 베이스밴드 이외의 고스트 스펙트럼(측파대 성분)을 베이스밴드에서 멀리 떨어진 고주파 영역으로 멀리 하도록 한다. 이것이 오버샘플링이다. 이렇게 하면 베이스밴드와 고스트 사이에 넓은 빈 대역이 생기므로 저역 필터의 설계도 용이해지고 아날로그 신호의 일그러짐도 적어진다.

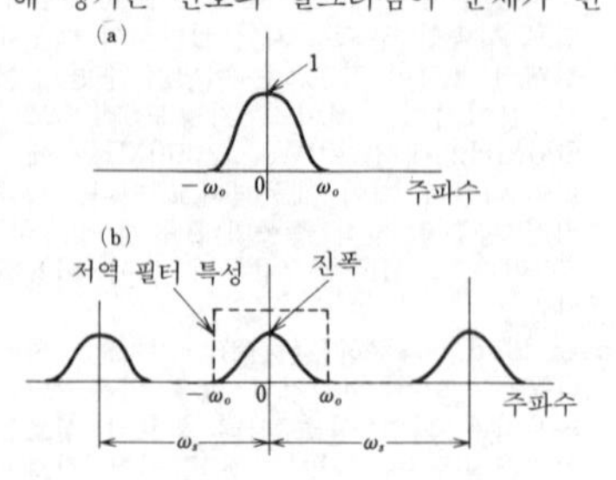

(2) 검지기의 순시 시야에 상당하는 것보다 수가 많은 화소를 검출기 출력으로서 디지털화함으로써 고의로 센서에서의 화소의 부분적인 중복을 일으키는 것. 이것은 주사 방향을 따른 센서의 주파수 응답 특성을 개선할 목적으로 널리 쓰인다.

overscanning 과주사(過走査) 주사 장치의 유효 범위를 넘어서 목표 대상을 주사하는 것. 이 범위를 넘어서 주사한 부분에서는 아무런 정보도 얻어지지 않지만, 단지 이 기간은 주사의 동기 동작을 확실하게 할 여유 시간을 주는 효과가 있다. 반대로 부족 주사에서서는 주사 장치의 유효 범위를 충분히 활용할 수 없다.

overshoot 오버슈트 ① 펄스 파형을 나타낼 때 사용하는 말로, 어느 회로의 입력으로서 구형파를 가한 경우에 과도 특성에 의해서 출력 파형의 상승부가 그림과 같이 볼록형으로 될 때 이것을 오버슈트라 한다. 보통, 파형의 평탄부 높이 h_1과 돌출한 값 a의 비율 a/h_1의 퍼센트에 의해 오버슈트 몇 %라고 나타낸다. ② 제어계의 특성을 나타내는 양으로, 단위 계단형 입력에 대하여 제어량이 목표값을 초과한 후 최초로 취하는 과도 편차의 극치(極値)이다. 이것은 최종값의 25% 이내로 억제하는 것이 보통이다.

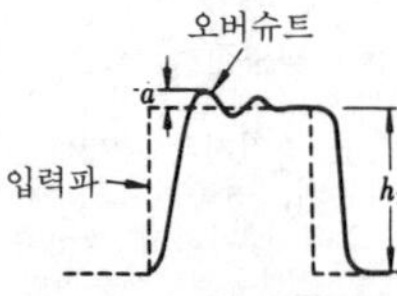

over the horizon communication 가시외 통신(可視外通信) 시정(視程) 거리를 넘어서 먼 곳에 전파를 보내기 위해 큰 송신 안테나에서 대전력을 대기권을 향해 방사하고, 대기권에서 산란되는 전파를 같은 대형 수신 안테나에 의해 수신하는 것. 전리층에서의 산란은 낮은 E층에서 생기는 것이 주체이나, 이 이외에 대류권으로부터의 산란, 별똥별의 꼬리에 의한 산란 등도 생각된다.

over the horizon radar OTH 레이더, 가시외 레이더(可視外-) 장거리 레이더의 일종. 송신 빔이나 반사 빔이 전리층에서 반사하여 가시선(송신 안테나의 빔 방향의 직선)을 넘는 원거리까지 도달하는 것을 이용한 것.

overtone oscillation 오버톤 발진(-發振) 수정 발진기에서 수정편 고유 진동수(기본파)의 홀수 배 고조파 발진을 시키는 것. 수정 공진자의 고유 진동수는 두께 진동의 경우 두께에 비례하기 때문에 발진 주파수에 한도가 있으나 오버톤 발진을 이용하면 수 10MHz 의 발진 주파수도 얻어진다. 그러나 실용적으로는 제 5 고조파까지가 한도이다.

overvoltage 과전압(過電壓) 전기 분해에서 수소나 산소를 발생하는 데 백금흑 등의 전극을 사용할 때 평형 전위보다 어느 전압만큼 높게 하면 가스가 발생한다. 이 전압을 과전압이라 한다. 과전압으로서 가해지는 전기 에너지는 열손실로 되므로 기체를 제조하는 경우에는 과전압을 낮추는 극판을 선택할 필요가 있다. →electrolysis

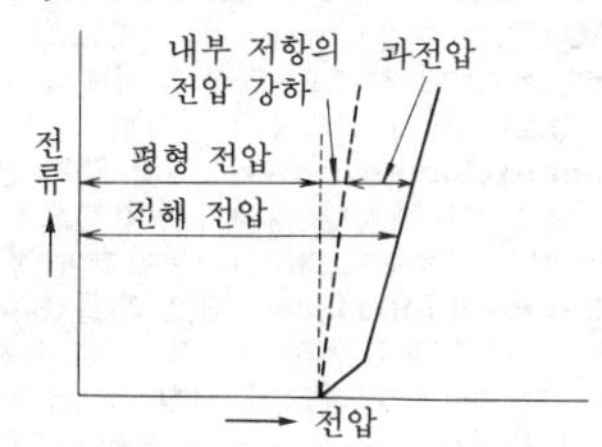

overvoltage relay 과전압 계전기(過電壓繼電器) 계전기에 주어지는 전압이 그 설정값과 같든가, 그보다 커지면 동작하는 계전기.

overwrite 오버라이트 표시 장치나 기억장치에 정보를 기록하는 경우에 어느 장소에 기록되어 있던 정보에 겹쳐서 기록함으로써 원래의 정보가 지워지는(파괴되는) 기록 방법. 이미 기록된 정보를 순차 이송한 다음 새로운 정보를 기록하는(따라서 기존 정보는 지워지지 않는다) 인서트(삽입)와 구별된다.

Ovonic switch 오보닉 스위치 비정질(非晶質) 반도체의 전압 특성이 불연속성을 나타내는 것을 이용하여 스위치 동작을 시키는 부품. =OMS →amorphous switch

Owen bridge 오웬 브리지 4개의 암을 가진 교류 브리지로, 미지(未知) 인덕터를 포함하는 암과 인접한 암은 콘덴서와 저항의 직렬로 된 것으로 구성되고, 미지 인덕터의 대향변(對向邊)은 제 2의 콘덴서이며, 남은 제 4의 암은 저항이다. 자기 인덕턴스를 커패시턴스와 저항에 의해서 측정할 수 있다.

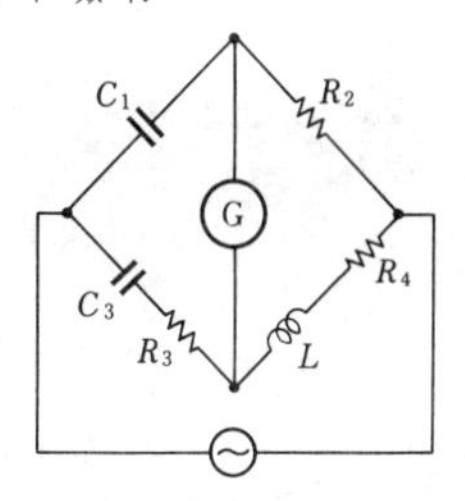

OWF 최적 사용 주파수(最適使用周波數) =optimum working frequency

oxidation 산화(酸化) 어느 물질이 산소와 화합하는 것 또는 물질에 전자를 주는 것.

oxide cathode 산화물 음극(酸化物陰極) 금속 위에 알칼리 토금속의 산화물을 씌워서 활성화한 음극.

oxide ceramics 산화물 세라믹스(酸化物-) 보통의 세라믹스를 말한다. 질화물이나 탄화물로 만든 고급의 세라믹스에 대하여 구별할 때의 호칭이다.

oxide core 옥사이드 코어 페라이트로 만든 자심(磁心). 구리-아연계의 것($Cu_x Zn_{1-x}O \cdot Fe_2O_3$)이 많고, 중간 주파 트랜스 등에 사용된다.

oxide film 산화 피막(酸化被膜) 금속 표면이 산화하여 산화물로 덮인 것. 계전기의 접점 등에서는 접촉 저항을 증대시키는 원인이 되나 알루미늄과 같이 내부의 부식을 보호하는 구실을 하는 것도 있다. 또 전해 콘덴서와 같이 일부러 산화 피막을 만들게 하여 이용하기도 한다.

oxide film resistor 산화 피막 저항기(酸化被膜抵抗器) 금속 산화물의 피막을 통전 부분으로서 사용하는 저항기. 자기 기판에 산화 주석(SnO_2) 등의 피막을 열분해법으로 부착시켜서 만든다.

oxide semiconductor 산화물 반도체(酸化物半導體) 반도체 중에서 금속 산화물로 만들어진 것. 금속의 종류에 따라 서미스터나 광도전체 등 각종 용도의 것이 만들어진다.

oxidizing agent 산화제(酸化劑) 산화를 일으키는(자신은 환원되는) 물질, 즉 전자 억셉터를 말한다.

P

PABX 구내 자동 교환기(構內自動交換機) =private automatic exchange

pace-maker 페이스메이커 심장의 기능이 정지했을 때 인공적으로 자극 펄스를 주기 위해 사용하는 전자 장치. 발진기와 심장에 심어 넣기 위한 바늘 전극으로 이루어져 있다.

pack 팩 기억 매체 가운데의 몇 가지 데이터 항목을 개개의 항목이 뒤에 복원될 수 있는 방법으로 압축하는 것.

package 패키지 집적 회로의 구성 부분을 배치, 접속, 보호하기 위한, 외부 도선을 갖는 용기.

package card 패키지 카드 프린트 배선 기판상에 어떤 기본 단위의 논리 회로를 실장하여 플러그인 등의 방법으로 쉽게 교환할 수 있게 한 것.

packaged magnetron 패키지 마그네트론 마그네트론과 그 자기 회로 및 그 출력 정합 소자로 구성된 복합 구조.

package software 패키지 소프트웨어 이미 만들어진 응용 소프트웨어. 기성 제품으로서 완성된 형태로 제공된다. 범용기의 패키지 소프트웨어는 메이커나 벤더가 직접 판매한다. 개인용 컴퓨터 패키지 소프트웨어는 컴퓨터 전문점 등에서 판매되고 있으며, 통상 소프트웨어 또는 애플리케이션이라고 하면 이것을 가리키는 경우가 많다. 같은 응용 소프트웨어의 오더메이드 소프트웨어와 대비해서 말할 때에 특별히 이 용어가 사용된다.

packaging density 실장 밀도(實裝密度), 패키지 밀도(-密度) 단위 체적 중에 실장되는 부품 혹은 소자의 개수.

packed decimal 팩형 10 진수(-形十進數) 4비트로 부호화한 10 진수를 2개 1바이트 레지스터에 넣은 표현법. 하위 4비트로부터의 자리올림이 생겼을 경우는 이 자리 올림을 반자리 올림(half-car-ry)이라 한다.

packed format 팩 형식(-形式) 1 바이트에 10 진수 두 자리를 저장하는 형식.

packet 패킷 특정 형식으로 배열되어 전송의 처리 과정에 의해 결정되는 하나의 정리로서 전송(轉送)되는 데이터 및 제어 비트열. 컴퓨터 네트워크 내에서는 긴 메시지는 교통 체증을 일으킬 염려가 있으므로 메시지를 1,000~2,000 비트 정도로 구분하여 각각의 수신 부호를 붙여서 송출한다. 이것을 패킷으로 받아낸 컴퓨터는 재조립하여 사용한다. =PKT

packet assembly-disassembly facility PAD기능(-機能) 비동기 패킷 모드 단말과 동기 패킷 모드 단말 사이에서 교신할 있도록 패킷 교환국에 설치된 시설.

packet exchange center 패킷 교환 센터(-交換-) 패킷망 내에서 공간적으로 분산하여 존재하는 교환점(네트워크의 절).

packet-level interface 패킷 레벨 인터페이스 패킷 교환망과 데이터 단말 장치간의 가상의 논리 채널에 관한 경계 부분. 이 부분에서는 논리 채널의 설정과 해방, 즉 발호(發呼), 착호(着呼), 복구, 절단의 여러 절차와 패킷 형식, 패킷 송수의 제어 절차가 정해져 있다.

packet level protocol 패킷 레벨 프로토콜 패킷망에서의 정보 패킷을 처리하기 위한 지령(명령), 응답, 정보 비트 패턴 등의 형식 규칙과 절차. 패킷의 오류 제어와 흐름 제어는 프레임 레벨과 패캣 레벨에 계층화하여 수행된다.

packet mode 패킷 (교환) 형태(-(交換)形態) 패킷 교환에 의해서 데이터망을 이용하는 방법.

packet mode communication 패킷 통신(-通信) 정보를 패킷의 형식으로 하여 수행하는 통신 형태.

packet mode data terminal equipment 패킷 단말(-端末) 패킷의 형식으로 데이터를 주고 받는 데이터 단말 장치의 총칭. 패킷 형식을 취하지 않는 간단한 데이터 단말 장치는 비 패킷 단말 혹은 일반 단말이라 한다. 공중 패킷 교환망에서는 패킷 단말이 망에 접근하기 위한(접속하고, 데이터를 주고 받기 위한) 통신 규약(프로토콜)을 CCITT 권고 X.25 로 규정하고 있으며, X.25 단말이라고도 한다.

packet mode terminal 패킷 형태 단말기(－形態端末機) 패킷 교환망의 규정된 절차에 따라서 패킷의 송수신을 할 수 있는 단말로, 데이터를 패킷화하여 패킷의 형식으로 망에 접근하는 단말이다. 패킷 형태 단말은 단말 자신에 패킷의 조립·분해의 기능(PAD : packet assembly and disassembly)을 필요로 하지만, 한 줄의 가입자선으로 동시에 복수의 단말과 통신이 가능한 패킷 다중 통신을 할 수 있다. ＝PT

packet multiplexing 패킷 다중화(－多重化) 패킷망의 발신 단말에서 수신 단말에 이르는 경로는 여러 가지 있으며, 따라서 어느 경로에 착안하면 다른 발신원에서 다른 수신처로의 메시지 패킷이 망의 PAD(패킷 조립/분해) 기능을 거쳐서 다중화되어 운반된다. 그러나 송신단·수신단에서는 이들은 일정한 순서를 가지고 있으므로 PAD 에는 필연적으로 순서 제어 기능도 수반하게 된다. 또 축적 교환 방식을 쓰고 있으므로 각 교환점에서의 패킷 축적 능력에 걸맞는 패킷의 흐름 제어 기능도 요구된다. 축적 능력을 초과한 흐름은 패킷 손실을 일으키게 된다.

packet sequencing 패킷 순서 제어(－順序制御) 패킷이 송신측의 데이터 스테이션으로부터 데이터망에 수신된 차례대로 수신측의 데이터 스테이션에 전달되는 것을 보증하는 처리.

packet switched data network 패킷 교환망(－交換網) 패킷 교환(방식)에 의한 데이터망을 말한다. 특히 통신 사업자가 CCITT 의 권고에 준거하여 구축하는 것을 패킷 교환 공중 데이터망(PSPDN : packet switched public data network) 혹은 단지 공중 패킷 교환망이라 한다. 신뢰성이 높고 효율이 좋은 데이터 전송을 보증하고, 또 정보 처리와의 친화성이 풍부하다는 등의 특징을 가지고 있기 때문에 현재 세계 주요국에서 급속히 발전하고 있다.

packet switched data transmission service 패킷 교환 서비스(－交換－), 패킷 교환 데이터 전송 서비스(－交換－傳送－) 패킷을 사용하여 데이터 전송의 편익을 제공하는 것. 필요에 따라서 데이터를 패킷 형식으로 편성한다든지 패킷을 분해하는 기능도 갖추고 있다.

packet switching 패킷 교환(－交換) 주소(address)를 부가한 패킷을 사용함으로써 패킷이 전송되는 동안만 회선을 점유시키는 데이터 전송의 과정.

packet switching exchange 패킷 교환 노드(－交換－) 패킷 교환망에서의 노드(교환점)로, 패킷 교환에 관계한 모든 기능을 가지고 있으며, 전송 선로의 관리, 패킷의 어셈블리 및 디스어셈블리 기능, 그리고 호(呼)의 설정·해제 등의 기능을 가지고 있다. ＝PSE

packet switching system 패킷 교환 방식(－交換方式) 데이터 통신에 사용되는 축적 교환 방식의 하나로, 입선(入線)으로부터의 수신처 부호와 정보를 일단 교환기 내에 축적한 다음 수신처 부호에 따라서 모든 정보를 일정한 길이의 데이터(패킷이라 한다)로 분할하여 상대측 교환기로 전송하는 방식이다. 도중의 회선에서는 다른 패킷도 함께 실리는데, 수신처에서 구별하므로 혼신은 없다. 데이터의 최대 길이는 1,024, 2048, 4096 비트 등의 종류가 있다.

packet transmission 패킷 통신(－通信) 데이터의 통신 단위로서 패킷을 사용하는 통 신.

packing 패킹 데이터를 팩(pack)하는 조작.

packing density 기록 밀도(記錄密度) ① 기록 매체의 단위 치수당 축적 가능한 디지털 부호의 수. ② 단위 길이당의 유효한 기록 셀의 수. 예를 들면 자기 테이프나 자기 드럼의 트랙 상에서의 1 인치당 기록되어 있는 비트의 수.

PAD 문제 분석도(問題分析圖) ＝problem analysis diagram

pad 패드 ① 집적 회로(IC), 트랜지스터 등의 반도체 소자의 칩 상에 외부로부터의 배선을 위해 두어져 있는 영역. ② 신호의 전력 레벨을 거의 일그러짐없이 감쇠시키는 무조정의 수동(受動) 회로. 패드는 임피던스 정합에도 이용된다.

pad control 패드 제어(－制御) 시외 전화 회선의 교환 접속에서 그 회선의 길이나 특성에 따라 적당한 감쇠량을 가진 패드를 접속하여 회선의 통화 레벨을 적정 상태로 유지하고, 명음(鳴音) 안정도 등을 높이는 것.

padder 패더 수퍼헤테로다인 수신기의 국부 발진기 동조 회로에 직렬로 삽입한 트리머용 콘덴서. 동조 범위의 저주파측에서의 설정을 가감하기 위한 것.

padding condenser 패딩 콘덴서 수퍼헤테로다인 수신기에서 3 점 조정을 할 때 국부 발진측 바리콘에 직렬로 삽입하는 반고정 콘덴서. 이로써 연결 바리콘을 사용한 경우라도 바리콘의 용량비를 동조측의 것보다 작게 할 수 있으므로 3점 조정이 가능하게 된다. 보통은 반고정식 마이카 콘덴서가 흔히 쓰이나 고정 콘덴서를 사용하는 경우도 있다.

paddle 패들 손으로 조작하는 입력 장치로, 컴퓨터 표시 장치의 커서를 패들의 다이얼 조작으로 자유롭게 상하 좌우로 움직일 수 있다. 패들은 케이블에 의해 컴퓨터에 접속되어 있다. 컴퓨터 그래픽스나 비디오 게임 등에서 널리 쓰이고 있다.

pad electrode 패드 전극(—電極) 유도 가열을 위해 부하를 그 사이에 두는 한 쌍의 전극판 중 하나.

PAD-PT interface PAD-PT 인터페이스 패킷 교환망을 사용하여 일반 단말과 패킷 형태 단말(PT)이 통신하는 경우 중간에 패킷 조립/분해(PAD)의 기능이 개재한다. 이 PAD와 PT 사이의 인터페이스.

page 페이지 컴퓨터 용어로, 주기억 장치를 어느 일정한 기억 영역(보통은 2K 또는 4K 바이트)마다 분할한 경우의 단위.

page address system 페이지 주소 방식(—住所方式) 컴퓨터의 기억 장치를 다중 구성으로 하여 프로그램의 부담을 가볍게 하기 위한 한 방법. 기억 영역을 페이지라고 하는 블록으로 분할하고, 각 페이지 마다 필요에 따라서 호출하도록 한 주소.

page mode RAM 페이지 모드 RAM 시퀀셜한 메모리 접근의 사이클 타임 단축을 지원하는, 특수하게 설계된 다이내믹 RAM(DRAM). 화면 이미지를 생성하기 위해 각 기억 위치에 오름차순 접근되는 비디오 RAM에 특히 효과적이다. 코드는 기억 장치의 하위 위치에서 순차 실행되는 경향이 있으므로 페이지 모드 RAM은 코드 실행 속도의 향상에도 기여하고 있다.

page printer 페이지 프린터 1페이지분을 단위로 하여 인자하는 장치. COM 인자 장치, 전자 사진식 인자 장치 등이 있다. COM 인자 장치는 CRT에 표시된 컴퓨터 출력을 마이크로필름에 촬영한 것이다. 마이크로필름을 절단하여 시트 모양으로 한 것을 마이크로피시라 한다.

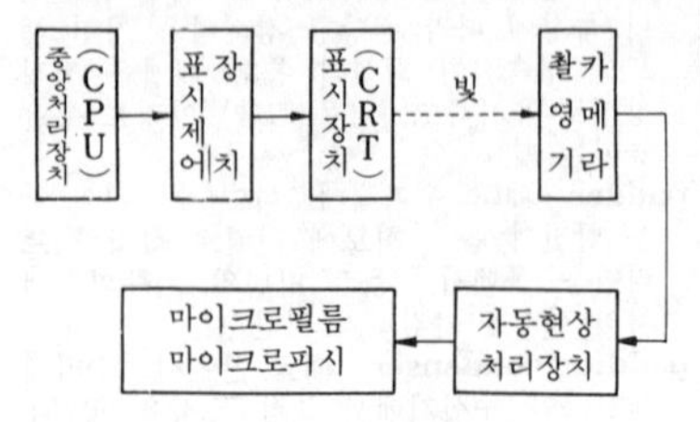

page reader 페이지 판독 장치(—判讀裝置) 한 장의 문서(시트 또는 페이지)상의 복수 행 정보를 판독하는 광학식 문자 판독 장치.

paging 페이징 주기억 장치와 보조 기억 장치 사이에서 정보를 페이지 단위로 전송하는 처리. 특히 주기억 장치의 확장으로서 보조 기억 장치를 사용하는 시스템에서 이용된다.

paging system 페이징 시스템 컴퓨터를 시분할 시스템으로 사용하는 경우, 주기억 장치와 보조 기억 장치 사이에서 프로그램의 전송을 할 때 그 효율을 높이기 위해 수백자 정도로 묶은 것(페이지라 한다)을 단위로 하여 교환하는 방식.

painting 페인팅 ① 표시 장치 스크린 상에서 도형 입력이 움직이는 궤적을 표시하는 것. ② 스크린 상의 어느 영역을 색 혹은 일정한 무늬로 칠하는 것. ③ VDU 스크린 상에 도형 데이터를 표시하는 프로세스.

pair 짝, 쌍(雙), 페어 2개의 도체가 서로 절연되어 하나 이상의 통신 회로를 형성하도록 조립된 것.

pair creation 전자쌍 생성(電子雙生成) 광자가 원자핵, 전자 등 근처의 강전계 속을 가로지를 때 그 영향을 받아서 전자와 양전자로 변환하는 것. 전자쌍 생성 프로세스에서 감마선 기타 광자의 흡수가 이루어지는 것을 전자쌍 생성 흡수라 한다. =pair production

paired cable 페어 케이블 동선을 폴리에틸렌 등으로 절연하여 두 줄 꼬은 심선을 다수 묶어 만든 케이블. 꼬임의 피치는 직경의 100배 이상으로 한다. 페어 케이블은 성형(星形)의 케이블에 비해 누화나 감쇠가 크므로 근거리의 시내선이나 가입자선에 사용된다.

pair exchange effect 페어 교환 효과(—交換效果) 같은 전송 방향에 대하여 유도 회선과 피유도 회선을 그 역할을 교환했을 때 원단(遠端) 누화값이 달라지는 현상. 누화 경로가 각각 다르기 때문이라고 생각된다.

pair-gain system 페어게인 방식(—方式) =subscriber loop (access line) multiplex system

pairing 페어링 텔레비전 화상의 주사에서 한쪽 필드의 주사선이 다른쪽 필드의 주사선 중간 위치에 오지 않고 두 필드의 주사선이 겹친 한 쌍의 선과 같이 되어 수직 방향의 분해능이 나빠지는 것. 라인 스플릿이라고도 한다. 인터레이스 불량이다. →interlaced scanning

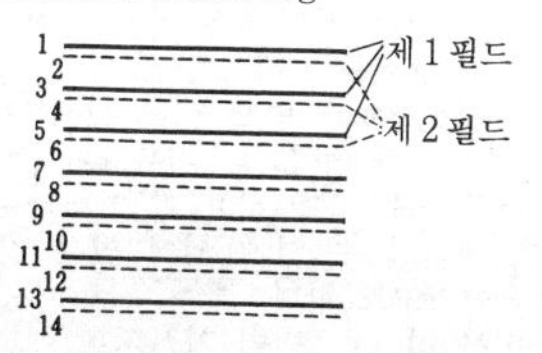

pair production 전자쌍 생성(電子雙生成) =pair creation

palmtop computer 팜탑 컴퓨터 「손바닥에 올려놓는 컴퓨터」라는 뜻으로 크기는 A5 사이즈 정도이고, 무게는 1kg 정도의 개인용 컴퓨터.

PAL system PAL 방식(一方式) phase alternating by line system 의 약어. 텔레푼켄사(독일)가 개발한 컬러 텔레비전 방식의 일종. NTSC 방식과 마찬가지로 동시 방식이며, 양립성(compatibility)을 가지나, NTSC 방식과 다른 점은 두 색도 신호 중 I 신호의 부반송파의 위상을 주사선마다 반전하여 전송한다는 것이다. 이 방식에 의하면 위상 일그러짐의 영향이 2 주사선간에서 상쇄되므로 색상 일그러짐이 없고 채도(彩度)에 약간의 일그러짐이 생기는 데 지나지 않는다. 유럽 여러 나라에서 채용하고 있다.

PAM 펄스 진폭 변조(一振幅變調) =pulse amplitude modulation

panel 패널 ① 금속 또는 비금속의 판으로, 그 위에 수신기나 송신기 기타 전자 장치의 조정 장치가 부착되어 있는 것. ② 기구(器具)나 계측기 등을 부착하는 판.

panoramic receiver 파노라마식 수신기(一式受信機) 어떤 주파수대 중의 미리 선정한 몇 개의 주파수를 수신할 수 있는 자동 동조 기능을 가진 라디오 수신기. 선국(選局) 스위프 주기는 자유롭게 설정할 수 있다. 이러한 수신기는, 예를 들면 조난 신호를 청수(聽守)하는 경우 등과 같이 일정한 주파수 범위를 정기적으로 모니터할 수 있다. 레이더 스코프에서 다른 주파수의 수신 에코를 스코프 상에 동시에 표시하는 것도 마노라마식(panoramic radar indicator)이라 한다.

paper capacitor 페이퍼 콘덴서 =paper condenser

paper card 종이 카드 컴퓨터 프로그램의 스테이트먼트나 데이터를 천공하는 카드. 가로 방향으로 80 개, 세로 방향으로 12 개의 천공 위치를 갖는다. 이밖에 천공 위치를 연필로 표시하는 마크 카드도 있다.

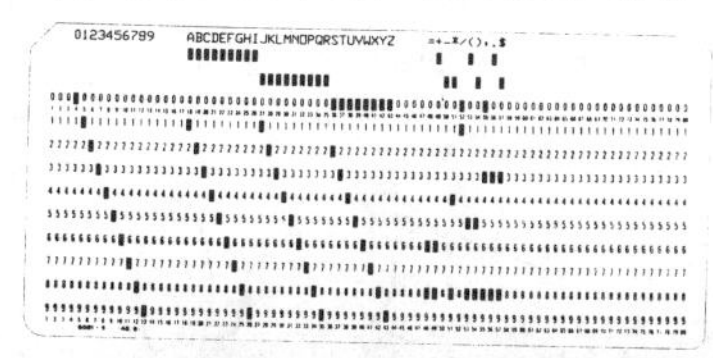

paper card output unit 종이 카드 출력 기기(一出力器機) 컴퓨터의 지령에 의해 종이 카드에 정보를 천공하기 위한 기기. 주요 기구는 천공 기구와 카드를 간헐적으로 보내는 구동 기구, 그리고 천공 결과를 확인하기 위한 천공 검사 기구 등이다.

paper condenser 페이퍼 콘덴서, 종이 콘덴서 띠 모양을 한 절연용 콘덴서 종이와 전해용 금속박을 겹쳐서 감은 것이다. 오래 전부터 사용되고 있었으나 최근에는 플라스틱 콘덴서로 대치되었다.

paper tape 종이 테이프 종이 카드와 마찬가지로 컴퓨터 프로그램의 스테이트먼트나 데이터를 천공하는 테이프. 종이 카드에서는 1 스테이트먼트를 한 장의 카드에 천공하지만 종이 테이프인 경우는 순차적으로 입력할 수 있다. 종이 카드에 비해 콤팩트하다. 컴퓨터의 입출력 매체로서 사용된다.

공
0123456789백ABCDEFGHIJKLMNOPQRSTUVWXY

paper tape input output unit 종이 테이프 입출력 기기(一入出力器機) 컴퓨터의 지령하에 종이 테이프로부터의 정보의 판독 또는 종이 테이프에의 정보의 천공을 하기 위한 기기. 테이프 판독기, 테이프 천공기 등을 말한다.

paper tape reader 종이 테이프 판독기(一判讀機) 종이 테이프 상에 기록되어 있는 정보를 판독하여 내보내는 장치. 컴퓨터에 종이 테이프가 사용되었던 시대에 사용되었다.

PAR 지상 관제 진입 장치(地上管制進入裝置) =precision approach radar

parabolic antenna 파라볼라 안테나 반사기로서 포물면을 사용하는 안테나의 일종으로, 마이크로파용 안테나로서 가장 널리 사용되고 있다. 포물면 반사기에는 그림과 같이 여러 가지 모양의 것이 있다. 포물면 초점에 1 차 방사기를 두고 전파를 방사하면, 포물면에서 전파가 반사되어서 개구면의 방향으로 거의 평면파가 방사되므로 단방향성의 매우 날카로운 지향성과 높은 이득이 얻어진다. 지향성은 파라볼라의 개구 면적과 초점 거리에 의해 정해진다.

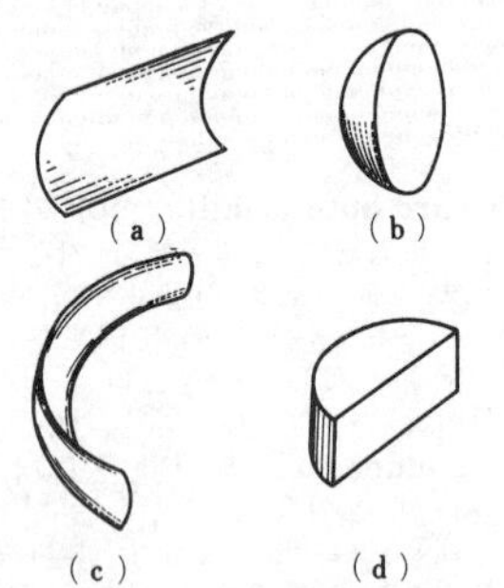

(a) (b) (c) (d)

parabolic reflector 포물면 반사 장치(抛物面反射裝置) 회전 포물면을 반사면으로 하는 마이크로파 반사 장치. 반사면의 초점 위치에 다이폴, 혼(horn) 기타의 방사 장치를 두고, 그 곳에서 방사된 마이크로파를 반사면에서 반사시켜 평행 빔으로 바꾸어 송출한다. 수신인 경우는 반대이며, 초점 위치에 두어진 수신 장치에 전파를 집속시킨다. 반사 장치는 금속 그물로 만드는 경우가 많다.

paraboloidal reflector 파라볼라 반사기(－反射器) 회전 포물면의 일부인 축 대칭인 반사경. 이 용어는 광의로 해석하면 회전 포물면의 일부분을 사용하는 어떠한 반사경에 대해서도 적용 가능하다. 예를 들면 회전 포물면의 일부분이긴 하지만 정점을 포함하지 않는 반사경일 경우는 오프셋 파라볼라 반사경이라고 불리는 경우가 많다.

parafin 파라핀 광물성의 파라핀계 원유에서 만들어지는 납(蠟) 형태의 물질. 비중 약 0.9, 융점 45~65℃, 저항률 $10^{13}\Omega\cdot$m 이상, 절연 파괴의 세기 10~20kV/mm 이다. C_nH_{2n+2}의 조성으로 메탄계 탄화 수소의 혼합물이다. 상온에서 액상(液狀)의 파라핀유와 고형상(固形狀)의 파라핀 납이 있다. 방습용으로서 종이, 목재, 전선 피복, 종이 콘덴서 등에 함침하고, 또 절연 혼합물의 성분으로서 사용한다.

parallax reading error 시 오차(視誤差) 지시 전기 계기에서 눈으로 읽은 지침의 위치와 실제의 지침 위치의 차이. 시 오차를 없애기 위해 높은 정밀도의 계기에서는 눈금판을 따라서 거울을 붙여 지침과 그 상이 일치하는 위치에 눈을 두고 측정하도록 되어 있다.

parallel 병렬(竝列) 컴퓨터 용어로, 단어의 각 자리를 자릿수만큼의 회로로 동시에 처리하는 것. 혹은 복수 개의 장치가 동시에 정보를 처리하는 것.

parallel access 병렬 접근(竝列接近) 기억 장치로의 데이터의 기록, 판독에서, 데이터의 모든 요소(비트)가 일제히 전송(轉送) 처리될 수 있게 되어 있는 것. 동시 접근이라고도 한다.

parallel adder 병렬 가산기(竝列加算器), 병렬 덧셈기(竝列－器) 단일 비트의 전가산기를 필요한 비트수만큼 종속 접속하여 만든 가산기. 이 경우, 자리올림은 우단의 가산기부터 왼쪽으로 순차 파급해 가기 때문에 약간 파급 시간을 필요로 하며, 이것이 전체로서의 계산 시간을 제약한다.

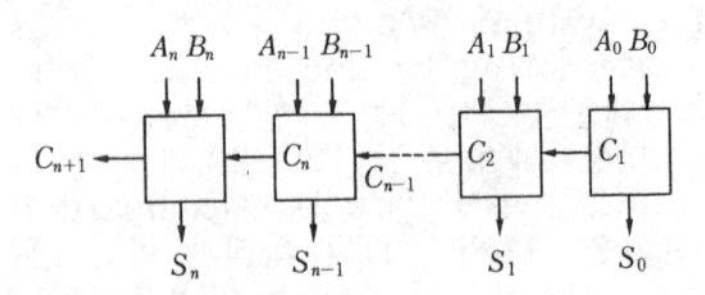

parallel addition 병렬 가산 방식(竝列加算方式), 병렬 덧셈 방식(竝列－方式) 병렬로 덧셈하는 방식. 덧셈 등의 연산이 이루어지는 대상이 되는 것을 오퍼랜드 또는 연산수라 하고, 오퍼랜드의 모든 숫자 위치의 숫자에 대해서 동시에 행하여지는 덧셈. 병렬 덧셈을 하는 회로를 병렬 덧셈 회로라 한다. 직렬 덧셈에 비해 연산 속도를 빠르게 할 수 있다.

직렬 가산	데이터 내의 1비트를 취하고, 순차 가산한다
병렬 가산	데이터의 전 비트를 일시에 가산한다

parallel branch 병렬 분기(竝列分岐) 도파관 분기에 있어서의 H분기. 주회로에 대하여 분기 회로가 병렬로 접속된다.

parallel circuit 병렬 회로(竝列回路) 한 쌍의 도선 또는 한 쌍의 단자간에 복수의 소자 또는 회로 분기, 장치 등을 접속한 회로.

parallel computer 병렬 컴퓨터(竝列－) 다수의 마이크로프로세서를 사용하여 병렬 처리에 의해서 초고속으로 추론을 수행시키는 컴퓨터를 말하며, 차세대의 컴퓨터로서 개발이 추진되고 있다.

parallel connection 병렬 접속(竝列接續) 둘 이상의 회로 소자(R, L, C 또는 전원)의 두 단자를 모두 공통으로 접속하는

방법. →series connection

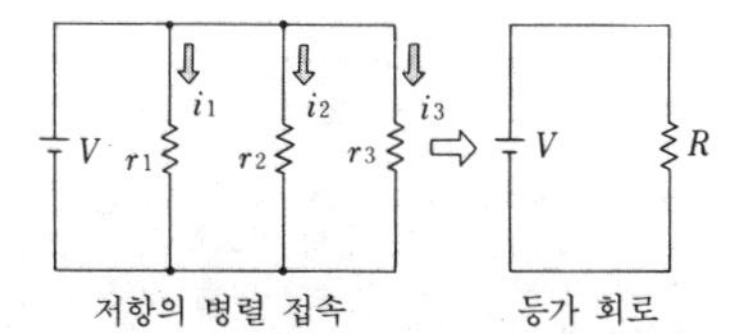

합성 저항 $R=\dfrac{1}{\dfrac{1}{r_1}+\dfrac{1}{r_2}+\dfrac{1}{r_3}}$

parallel control circuit 병렬 제어 회로(竝列制御回路) 계전기의 권선과 접점 회로를 병렬로 접속함으로써 이 동작을 제어하는 회로.

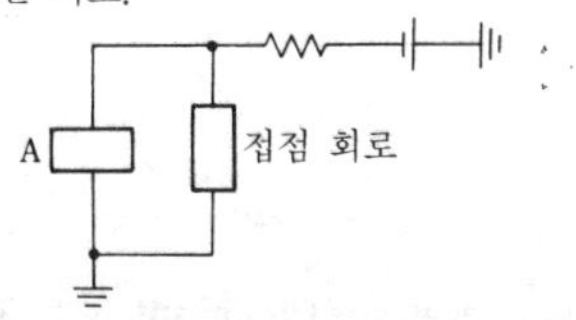

parallel conversion 병행 변환(竝行變換) 원래의 데이터 처리 장치에서 새로운 데이터 처리 장치로 전환하는 과정에서, 신구 양 장치가 동시에 평행 동작하고 있는 기간을 수반하는 전환 방법.

parallel feed 병렬 궤전(竝列饋電) ① 능동 소자의 전극에 직류 전압을 공급하는 경우에, 신호 회로와는 별도의 병렬 분기의 저지 코일(신호 전류를 저지하는)을 통해서 이것을 공급하는 방법. ② 수직 안테나에서, 그 하단을 접지하고, 그 위쪽의 적당한 점에서 궤전하는 것.

parallel feed antenna 병렬 궤전 안테나(竝列饋電−), 병렬 급전 안테나(竝列給電−) 단파 안테나에 사용되는 빔 안테나 궤전 방식의 일종. 그림과 같이 안테나 소자를 병렬로 접속하여 궤전하는 것을 말한다. 도선상에 공간 파장과 거의 같은 파장의 정재파가 생기도록 고려되어 있으며, 적당한 지향성을 얻기 위해서는 여러 열, 여러 단에 걸쳐 소자를 배열함으로써 실현된다.

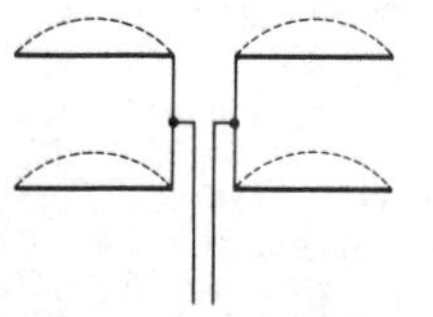

parallel feedback 병렬 궤환(竝列饋還) →voltage feedback

parallel feed system 병렬 궤전 방식(竝列饋電方式), 병렬 급전 방식(竝列給電方式) AM 무선 송신기의 종단 전력 증폭부에서 플레이트 직류 전압($+E_B$)을 공진 회로에 대하여 병렬로 가하는 방식. 공진 회로와 직렬로 $+E_B$를 궤전하는 방식.

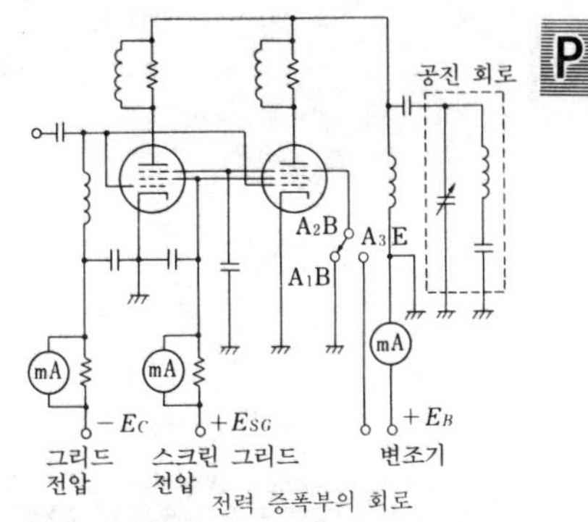

전력 증폭부의 회로

parallel interface 병렬 인터페이스(竝列−) 장치 경계로, 그 곳을 통해서 정보가 복수의 경로에 의해 동시에 전송되도록 되어 있는 것.

parallel operation 병렬 조작(竝列操作) 복수의 전원이 함께 접속되고 각각의 출력 전류가 공통의 부하에 공급되도록 되어 있는 것. 마스터 · 슬레이브 접속, 병렬 패딩 등, 여러 가지 병렬 접속법이 있다.

parallel polarization 평행 편파(平行偏波) 전계 벡터가 입사면과 평행하게 되어 있는 전송파의 상태.

parallel printer 병렬 프린터(竝列−) 병렬 인터페이스를 거쳐서 컴퓨터에 접속되는 프린터.

parallel processing 병렬 처리(竝列處理) 정보가 다수의 연산 소자로 분할하여 주어지고, 그 처리가 동시에 수행되는 형태를 말한다. 인간의 정보 처리 기구에 가까운 방식으로서 주목되고 있다.

parallel processing computer 병렬 처리 컴퓨터(竝列處理−) →parallel computer

parallel programming 병렬 프로그래밍(竝列−) 복수 개의 프로그램을 준비하고, 하나의 프로그램이 입출력 대기 상태에 있을 때 컴퓨터의 제어를 다른 프로그램으로 전환하여 처리함으로써 컴퓨터를 효율적으로 사용하는 것.

parallel rectifier 병렬 정류기(竝列整流器) 둘 또는 그 이상의 단순한 정류 회로가 병렬 접속되어 이루어지는 정류 회로로, 그들의 직류 전류는 가산되고, 각각의 회로에서의 전류(轉流)가 일치하여 동시에 행하여지는 것.

parallel resistance bridge 병렬 저항 브리지(竝列抵抗－) 교류 브리지의 일종으로, 정전 용량의 측정에 사용된다. 평형시에는 다음 식의 관계가 성립한다.

$$\frac{C_x}{C_s}=\frac{R_2}{R_1}=\frac{R_3}{R_4}$$

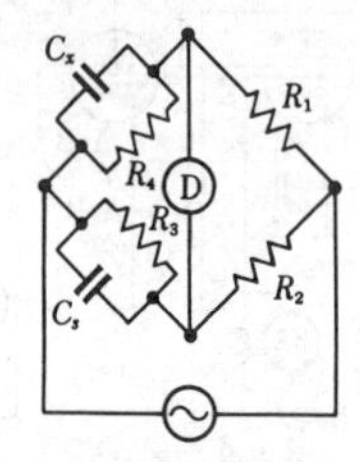

parallel resonance 병렬 공진(竝列共振) 인덕턴스와 정전 용량이 병렬로 포함되는 회로에서는 어느 주파수일 때 임피던스가 최대로 된다. 이 상태를 병렬 공진이라 하고, 인덕턴스에 직렬인 저항 성분이 없는 경우에는 다음의 관계가 있다.

$$f_r=\frac{1}{2\pi\sqrt{LC}}$$

여기서, f_r : 공진 주파수〔Hz〕, L : 인덕턴스〔H〕, C : 정전 용량〔F〕.

parallel signal 병렬 신호(竝列信號) 다치(多値) 신호를 2진 신호의 조합으로 표현하고 그 2진 신호의 각각을 동시에 별개의 회선으로 보낼 수 있는 신호. 병렬 신호는 정보 전달 시간이 적어도 되지만 회선수가 많이 필요하게 된다.

parallel storage 병렬 기억 장치(竝列記憶裝置) 캐릭터, 워드 등에서 구성 디짓이 동시에(일제히) 처리되는 기억 장치.

parallel substitution method 병렬 치환법(竝列置換法) 유전체의 시험에 쓰이는 방법으로, 그림과 같은 구성에 의해 측정한다. 시료(試料)를 사이에 둔 콘덴서의 용량 C_x와 등가 실효 저항 R_x는 전환 스위치를 Ⅰ측, Ⅱ측으로 전환하여 시료를 사이에 두었을 때와 꺼냈을 때, 각각 공진시켜서 얻은 가변 콘덴서 C_s 및 차동 콘덴서의 값으로 구해진다.

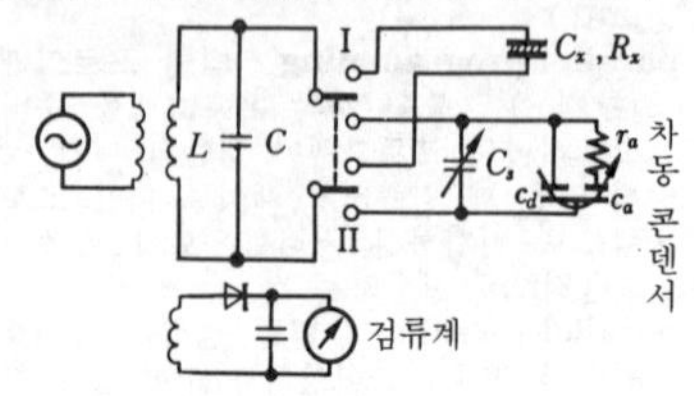

parallel system 병렬계(竝列系), 병렬 방식(竝列方式) 시스템의 신뢰성 향상을 위하여 같은 기능을 갖춘 기기를 복수 개 준비한 시스템 구성. 다중화된 기기는 상시 사용되며 서로의 동작 상태를 비교하면서 고장을 발견하고 고장이 발견된 경우에는 그 기기를 시스템에서 분리한다.

parallel-T network 병렬 T형 회로망(竝列－形回路網) 별개의 T형 회로망을 병렬 접속한 것.

parallel transmission 병렬 전송(竝列傳送) 문자나 기타 데이터를 구성하는 비트군의 동시 전송. 문자 신호 또는 블록 등을 둘 이상으로 분할하여 복수 개의 회로에서 동시에 전송하는 것, 예를 들면 코드 전송과 같이 코드 엘리먼트를 몇 개의 비트로 분할하여 동시에 복수 비트의 전송을 하는 것.

parallel T-type *CR* circuit 병렬 T형 *CR* 회로(竝列－形－回路) 주파수 브리지의 일종으로, 가청 주파수의 측정에 쓰인다. 그림은 그 회로도이며, 평형했을 때의 주파수 f는 다음 식과 같이 된다.

$$f=\frac{\sqrt{n}}{2\pi CR}$$

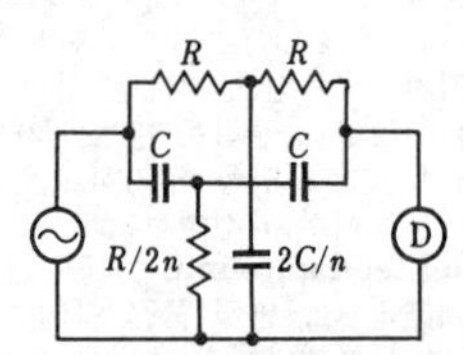

parallel two-terminal pair networks 병렬 2단자쌍 회로망(竝列 2 端子雙回路網) 2단자쌍 회로망의 각각의 입력 단자, 출력 단자가 병렬일 때, 그들의 회로망은 입력 또는 출력 단자에서 병렬 접속되어 있다고 한다.

parallel-type inverter 병렬형 인버터(竝列形－) 인버터 출력의 성질이 변환 장치 자신에 의해서 규제되어 있는 자립형 장치에 있어서, 전류(轉流) 에너지를 장치가 갖는 커패시터에서 얻고 있는 경우에, 이 커패시터가 부하와 실질적으로 병렬로 접속되어 있는 것을 병렬형, 부하와 직렬로 접속되어 있는 것을 직렬형이라 한다. 직렬형에서는 회로 조건을 적당히 선택함으로써 전류(轉流)는 자연히 행하여지지만, 사이리스터의 개폐를 주회로의 공진 주파수와 다른 주파수로 하는 경우도 있다. 이 경우는 외부 구동형이 된다.

paramagnetic material 상자성체(常磁性體) 외부 자계에 의해서 매우 약한 자성을 나타내는 자성체로, 진공 중보다 약간 큰 투자율을 갖는 물질. 산화 알루미늄 등과 같이 밖에서 가해진 자계에 대해 거의 영향을 주지 않는다. 이에 대해서 철, 니켈, 코발트와 같이 투자율이 가해진 자계의 세기에 따라 변화하는 것을 강자성체라 한다. →magnetic material

paramagnetic substance 상자성체(常磁性體) =paramagnetic material

parameter modulation 파라미터 변조(-變調) 변조의 한 분류로, 반송파의 진폭이나 위상, 주파수 등의 파라미터를 변조 신호에 따라서 변화시키는 것을 말한다. 즉, 파라미터 변조는 아날로그성의 변조로, 이에 대하여 부호 변조와 같은 것은 디지털성의 변조이다. 파라미터 변조에는 단일 정현파를 반송파로 하는 연속파 파라미터 변조와 펄스열을 사용하는 펄스 파라미터 변조가 있다.

parametric amplifier 파라메트릭 증폭기(-增幅器) 전자관이나 트랜지스터를 사용하지 않고 마이크로파의 증폭을 하는 장치로, 가변 리액턴스 소자에 여진(勵振) 고주파 f_p를 가하고, 여기에 주파수 f_1의 신호파를 가하면 mf_p+nf_1(m, n은 + 또는 -의 정수)의 무수한 측파가 발생하고, 각 측파간에서 에너지를 주고 받아 증폭이 이루어지는 것이다. 잡음 지수가 낮으므로 저잡음 증폭기로서 우주 통신 등에 사용되는데, 주위 온도의 변화나 여진 주파수의 변화를 적게 하기 위하여 항온조에 넣어서 사용한다. 가변 리액턴스 소자로서는 가변 용량 다이오드가 널리 사용된다. 이 밖에 전자 빔의 비직선성을 이용한 것도 있다

parametric converter 파라메트릭 변환기(-變換器) 어떤 주파수의 입력 신호를 별개 주파수의 출력 신호로 변환시키기 위한 역상 파라메트릭 장치. 또는 정상(正相) 파라메트릭 소자.

parametric device 파라메트릭 소자(-素子) 일반적으로 리액턴스라 불리고 있다. 특성 파라미터의 시간에 의한 변화에 그 동작을 의존하는 소자.

parametric diode 파라메트릭 다이오드 버랙터의 응용으로, 장벽 용량의 비직선성을 이용하여 파라메트릭 증폭기에 사용하는 다이오드. 마이크로파대에 이르기까지 저잡음으로 사용할 수 있는 이점이 있다.

parametric down-converter 파라메트릭 다운 컨버터 입력 신호를 보다 저주파의 출력 신호로 변환시키기 위한 파라메트릭 변환기.

parametric up-converter 파라메트릭 업 컨버터 입력 신호를 보다 고주파인 출력 신호로 변환시키기 위한 파라메트릭 변환기를 말한다.

parametron 파라메트론 컴퓨터의 논리 소자의 일종. 그림과 같이 2개의 페라이트 자심에 2조의 코일을 감고, 1차측에서 주파수 수 100kHz의 여진 전류를 흘리면, 2차측에서는 여진 전류의 1/2 주파수의 공진 전류가 흐르고, 이 전류의 위상이 0이나 π로 되는 공진 회로의 파라미터 여진 현상을 이용하여 기억이나 논리 연산의 기능을 시키는 것이다. 이 논리 소자는 다른 것에 비해 연산 속도가 느리다.

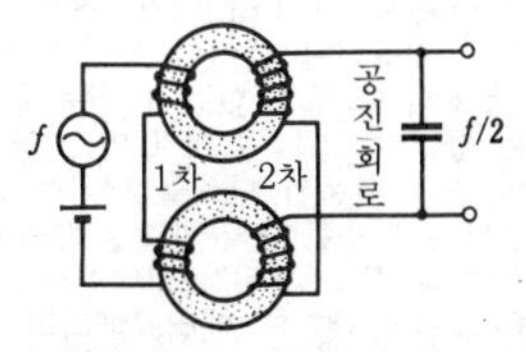

parasitic antenna 무궤전 안테나(無饋電-) 안테나에 직접 결합하지 않는 방사 소자이며, 안테나의 방사 패턴 또는 임피던스에 영향을 주는 것. 수동(受動) 소자라고도 한다.

parasitic element 기생 소자(寄生素子) ① 부품을 집적하여 회로를 구성하는 경우 사용하는 소자의 크기, 길이 및 배치 등에 따라 그 부품이 가지고 있는 기능 이외에 부가된 작용을 하는 인덕턴스 혹은 정전 용량을 말한다. ② 안테나의 급전선에 직접 결합하고 있는 것은 아니지만 실질적으로 안테나의 방사 패턴 또는 임피던스에 영향을 미치는 방사 소자.

parasitic oscillation 기생 진동(寄生振動) 주진동 회로 이외의 다른 부분에서, 발진 조건이 만족되어서 목적으로 하는 주파수와 관계없는 발진을 일으키는 것을 말한다. 이것이 발생하면 다른 통신에 방해를 준다든지 회로에 이상 전압이 발생하여 회로 부품이 파손되는 일이 있다. 발진의 원인이 되는 것은 고주파 초크 코일의 부유(표유) 용량에 의한 것, 트랜지스터의 리드선이나 궤환 용량에 의한 것 등이며, 단파 이상의 높은 주파수에서 흔히 발생한다.

parasitic suppressor 기생 진동 억압기

(寄生振動抑壓器) 발진 회로에서 기생 진동을 방지하기 위해 베이스나 컬렉터 가까이에 코일과 저항의 병렬 회로를 접속한다. 이러한 목적으로 두어지는 회로를 기생 진동 억압기 또는 기생 진동 방지기라 한다.

parasitic thyristor 기생 사이리스터(寄生－) →parasitic transistor

P

parasitic transistor 기생 트랜지스터(寄生－) 고밀도 집적 회로(IC)에서 목적으로 하는 트랜지스터나 사이리스터 등과는 별도로 인근 소자의 어느 부분 상호간에서 트랜지스터(또는 사이리스터)와 같은 작용을 하는 장소가 생기는 것이다. 이것을 기생 트랜지스터(또는 기생 사이리스터)라 하며, 회로의 오동작 원인이 된다.

parity bit 패리티 비트 비트열에 부가되는 비트로, 비트열의 각 비트의 합이 항상 홀수 또는 짝수가 되도록 세트된다.

parity check 패리티 체크, 홀짝 검사(－檢査) 컴퓨터나 데이터 통신에서 사용하는 부호의 오류가 없는지 있는지를 확인하는 방법의 일종. 1과 0의 조합으로 된 부호 중에 여분의 단위를 더하여 그 속에 포함되는 1 또는 0의 개수를 홀수나 짝수로 정리해 두고 자동적으로 검사를 한다.

parity error 패리티 에러, 패리티 오류(－誤謬) 패리티 체크에 의해 발견된 오류. 홀수 패리티 체크에서 홀수 개의 비트가 성립되어 있지 않으면 안 될 때에 짝수로 되어 있는 것을 패리티 오류라 한다. → parity check

part explosion 부품 전개(部品展開) ① 하나의 제품을 만들 때, 그 제품에 필요한 부품을 찾아내는 것. ② 앞으로 만들려는 제품명 등을 컴퓨터에 입력하면 미리 준비해서 투입되어 있는 전 부품을 필요한 조합 구성으로 전개하여 소요량의 계산까지 하는 것.

partial automatic control 부분 자동 제어(部分自動制御) 수동과 자동을 조합한 제어.

partial directivity 편파 지향성(偏波指向性) 주어진 지향 방향에서, 주어진 편파에 해당되는 방사 전계 강도를 전 방사 방향에 걸쳐 평균화한 방사 전계 강도로 나누어 얻어지는 지향 특성. 안테나의 전 지향 특성은 각각의 지향 방향에서 2개의 직교하는 편파에 대한 편파 지향성을 합성함으로써 얻어진다.

partial discharge 부분 방전(部分放電) 절연물의 표면에서의 고전계에 의한 부분적인 표면 방전, 또는 절연물 내부에 존재하는 틈이나 기포에 생기는 내부 방전 등의 부분 방전으로, 이 곳에서 전압 스트레스에 의한 절연물의 열화가 진전한다.

partial floating 부분 부동(部分浮動) 축전지군 중 일부분만을 발전기나 정류 전원 장치와 부동 동작시키는 것. 전부를 부동 동작시킬 때는 전부동이다.

partial full duplex 부분 전 2 중(部分全二重) 데이터 통신용 단말과 결합한 통신회선에서, 정보는 전 2 중 방식에 의해 전송된다. 그러나, 하나의 채널로 데이터를 전송하고 있는 동안은 다른 채널에서는 채널 간 조정에 필요한 데이터에 한해서 동시 전송할 수 있다는 제약이 붙어 있는 것.

partial projection drawing 국부 투영도(局部投影圖) 필요한 부분만을 그린 그림. 부분 투영도라고도 한다.

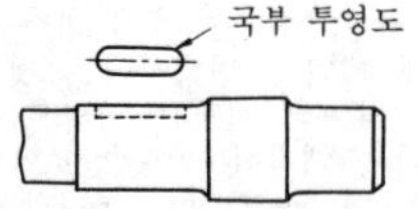

partial tone 부분음(部分音) 단일의 톤으로서 구별할 수 있는 음향 감각의 성분으로, 귀로는 그 이상 분해할 수 없으나 이러한 음이 모여서 복잡한 음의 음색에 기여하고 있다. 부분음의 주파수는 기본 주파수보다 높은 경우나 낮은 경우가 있다. 기본 주파수의 정수 배, 또는 정수분의 1이 아닌 경우에는 그러한 부분음은 기본 주파음에 대한 불협화음이다.

particle accelerator 입자 가속기(粒子加速器) 이온이나 전자와 같은 전하를 가진 입자를 가속하기 위한 장치로, 밴 더 그래프 가속기, 콕크로프트 월턴 가속기, 리니액, 사이클로트론, 베타트론 등 많은 종류가 있다. 처음에는 원자핵 물리학의 연구에 사용되었으나 현재는 방사선을 이용한 화학이나 계측을 위한 α선원(線源) 혹은 β선원으로서 공업적으로도 널리 사용되고 있다.

partitioned organization data 구분 편성 데이터 세트(區分編成－) 직접 접근 기억 장치상에 작성하는 데이터 세트로, 멤버라고 불리는 일종의 순차 데이터 세트의 집합으로 구성된다. 이 데이터 세트의 선두에는 디렉토리가 두어지고 있으며, 그 중에 전 멤버의 이름이나 저장 장소가 기억되어 있으므로 이것을 실마리로 멤버를 탐색할 수 있다. 멤버는 필요에 따라 추가, 삭제, 변경할 수 있다.

partition noise 분배 잡음(分配雜音) 여러 개의 극(極)을 갖는 소자 중의 전류가 각각의 극으로 나뉠 때(예를 들면 트랜지스터의 이미터 전류가 베이스와 컬렉터로 나뉠 때) 그 비율이 변동함으로써 생기는 잡음. 기기가 다루는 주파수가 높아질수록 증가한다.

part number 부품 번호(部品番號) 부품 개개에 붙여진 관리상 구별하기 위한 번호를 말한다.

part program 파트 프로그램 주어진 부품의 가공을 하기 위해 수치 제어 공작 기계의 작업을 계획하고, 이것을 실현하기 위한 프로그램. 프로그램 언어로 작성되는 것과 테이프 포맷에 따라서 작성되는 것이 있다.

party line 공동선(共同線), 공동 회선(共同回線) 단일의 선로에 다수의 장치가 접속되어 있고, 그 선로의 드라이버에 대하여 시분할적으로 동작하게 되어 있는 것.

party-line arrangement 공동선 구성(共同線構成) 디지털 신호 전송계에서, 여러 개의 전송로가 동일 공통 선로를 이용하여 시분할 동작하는 것. 선로는 특성 임피던스로 양단이 종단되고, 높은 전원 임피던스를 가진 정전류 신호원과 높은 입력 임피던스를 가진 수신 장치가 선로상의 임의의 장소에 혹업된다.

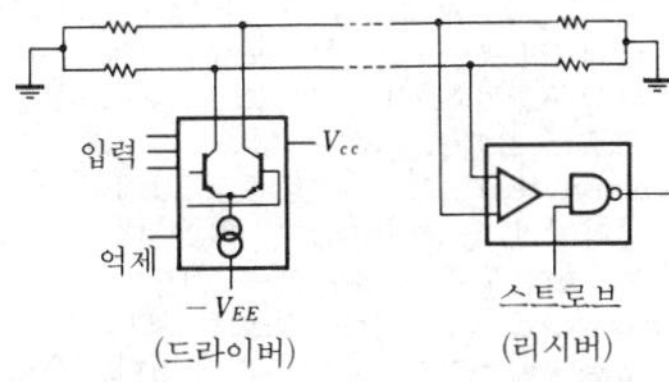

party-line carrier system 공동 반송 전화(共同搬送電話) 단일 주파수의 반송 전화 방식으로, 반송파 에너지가 동일 채널의 다른 모든 단말에 직접 전송되는 방식.

party-line telephone 공동 전화(共同電話) 가입 전화의 일종으로, 한 쌍의 국선을 2개의 전화기로 공동 사용하는 방식으로, 한쪽이 사용 중일 때는 다른쪽은 사용할 수 없다. 비화식(秘話式)에서는 한 선과 지기(地氣)로 개별 호출할 수 있고, 가입자 번호나 도수계도 독립이므로 단독 가입과 변함이 없다.

Pascal 파스칼 ① 압력이나 응력의 단위로, SI 에 정해진 것. 기호는 Pa. $1Pa = 1N/m^2 \fallingdotseq 10^{-7}kg/mm^2$이다. ② 컴퓨터의 컴파일러 언어의 하나. 산법 언어라고도 하는 ALGOL 을 발전시킨 언어로, 산법으로 프로그램을 기술하는 데 적합하다. 또, 구조화 프로그래밍을 할 수 있도록 설계되어 있어서 GOTO 문을 쓰지 않고 프로그램을 작성할 수 있다.

Paschen's law 파셴의 법칙(－法則) 기체의 불꽃 전압이 기체의 압력 p와 전극간 거리 d와의 곱 pd의 관계로서 정해지는 것을 나타내는 법칙.

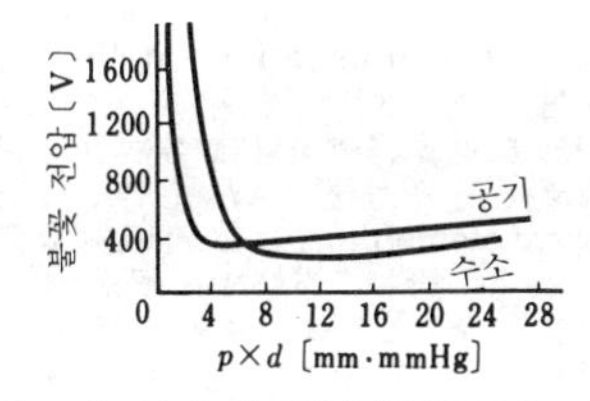

passband 통과 대역폭(通過帶域幅) 수퍼헤테로다인 수신기 등의 중간 주파 증폭부에서 신호를 통과시키는 주파수 대폭.

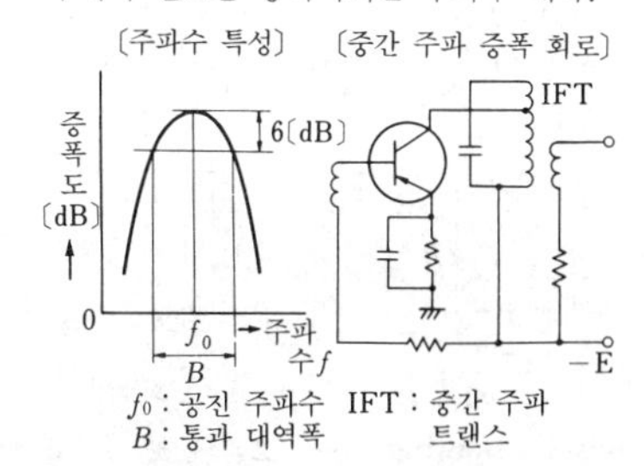

f_0 : 공진 주파수 IFT : 중간 주파 트랜스
B : 통과 대역폭

passband tuning circuit 통과 대역 동조 회로(通過帶域同調回路) →intermediate frequency shift circuit

pass element 직렬 요소(直列要素) 직류 조정 전원과 직렬로 넣은 가변 저항 소자(전자관 또는 트랜지스터)로, 그 제어극(制御極)에 주는 전압, 전류에 의해서 요소의 저항을 제어할 수 있게 한 것.

passivation 패시베이션 반도체 디바이스의 표면이나 접합부에 적당한 처리를 하고, 유해한 환경을 차단하여 디바이스 특성의 안정화를 꾀하는 것. 예를 들면 SiO_2 막에 Na^+와 같은 알칼리 이온이 부착하면, 이것이 쉽게 내부에 확산하여 Si/SiO_2 계면 상황을 변화시켜서 반전층을 만들기 때문에 접합부 누설 전류의 증가, 전류 증폭률의 변동, MOS 임계값 전압 변화, 잡음의 증가 등을 초래하게 된다. 이러한 유해 이온의 흡수나 이동 저지는 패시베이션의 기본이며, 구체적인 여러 방법이 생각되고 있다. Si_3N_4 막에 의한 알칼리 이온이나 금속의 블로킹, 인 유리층에 의한 게터링 등이 그 예이다.

passive antenna 비여진 안테나(非勵振－), 수동 안테나(受動－) 안테나의 궤전

선에 직접 결합하지 않는 방사 소자로, 방사 패턴이나 임피던스에 영향을 주는 것. =parasitic antenna

passive circuit 수동 회로(受動回路) 수동 부품만으로 이루어진 회로로, 전기 에너지의 공급이나 발생이 없는 회로.

passive communication satellite 수동 통신 위성(受動通信衛星) 송수신국간의 통신을 반사 중계하기만 하는 인공 위성. 에코 통신 위성 등은 그 예이다.

passive element 수동 소자(受動素子) 회로 부품 중에서 저항기나 콘덴서와 같이 그들의 조합만으로는 증폭이나 발진 등의 작용을 할 수 없는 것을 말하는데, 능동 소자를 사용하기 위한 부속품으로서 필요한 것이다.

passive four-terminal network 수동 4 단자망(受動四端子網) 4 단자망의 일종. 회로 내에 전원을 포함하지 않는 것. 저항 감쇠기, 필터, 등화기 등이 그것이다.

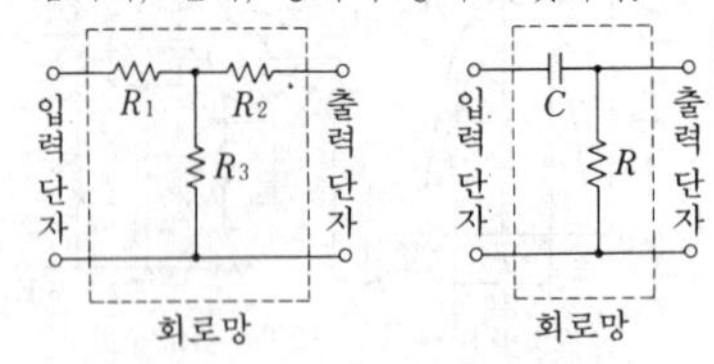

passive homing 수동 호밍(受動−) 표적에서 자연히 발생하는 에너지에만 의존하여 행하는 호밍 동작. 예를 들면 적외선, 빛, 음향, 전자 방사, 배출 가스에 의한 공기의 이온화 작용 등을 이용한다.

passive imagery 수동 화상 처리(受動畵像處理) →active imagery

passive meter 패시브 미터 텔레비전의 시청률 측정기의 일종. 화상 처리 기술을 써서 시청자의 얼굴을 자동 식별하여 기억시키고, 시청 상태를 검지하는 장치. 푸시버튼 방식에 의한 오차를 해소하기 위한 방법으로서 개발이 추진되고 있다.

passive mode locking 수동 모드 동기(受動−同期) 레이저 공진기 중에 포화성 흡수체를 삽입함으로써 모드 동기를 취하여 고출력 펄스를 발진하도록 하는 것. 포화성 흡수체란 입사광 강도가 커지면 흡수 광량에 포화가 생기는 물질이다.

passive network 수동 회로망(受動回路網) 전원을 갖지 않은 전기 회로망.

passive parts 수동 부품(受動部品) 회로를 구성하는 부품 중에서 전기 에너지의 발생이나 공급을 하지 않는 것. 저항기나 콘덴서 등이 이것이다.

passive pull-up 수동 풀업(受動−) 회로의 어느 점을 적당한 소자를 경유하여 전원과 결합하는 경우에 결합 소자로서 저항과 같은 수동 요소를 써서 한 것.

passive radar 수동 레이더(受動−) 임의의 물체가 절대 0도 이상의 온도에 있을 때 방사하는 마이크로파 전자(電磁) 에너지를 픽업함으로써 먼 곳의 물체를 검지하는 레이더 장치. 물체와 그 주위 사이에 온도차가 있을 필요가 있다.

passive relay system 무궤전 중계 방식(無饋電中繼方式), 무급전 중계 방식(無給電中繼方式), 수동 중계 방식(受動中繼方式) 중계기나 송수신기 등의 기기를 사용하지 않고 반사판이나 파라볼라 안테나 등의 수동 소자만을 사용하는 중계 방식. 이것은 마이크로파 통신 방식에서 도중에 장애물이 있거나, 가시 거리 외의 지점간에서 중계를 할 때 등 전파의 경로를 굽히는 경우에 쓰인다. 위성 통신에서는 풍선 위성(수동 위성)에 의해 실험되었으나 실용화되지 않고 있다.

passive repeating system 수동 중계 방식(受動中繼方式) =passive relay system

passive satellite 수동 위성(受動衛星) 위성에는 중계기를 탑재하지 않고 지구로부터의 전파를 반사함으로써 중계를 하는 위성. 풍선 위성 등이 그 예이며, 실용적으로는 그다지 가치는 없다.

passive test 수동 시험(受動試驗) 장치에 에너지가 공급되고 있지 않을 때 장치 또는 그 일부에 대해서 하는 시험.

password 패스워드 보호된 코드 또는 신호로, 이용자를 식별하는 것이다. 은행의 예금 카드 등에 사용되며, 본인이라는 것을 컴퓨터에게 인증시키기 위한 비밀 번호라는 뜻이다.

paste 페이스트 습식 전해 콘덴서에서 전해액을 직접 쓰지 않고 전분 등으로 이겨서 끈적끈적한 풀 모양으로 한 것.

pasted plate 페이스트 극판(−極板) 납축전지의 극판 구조의 일종. 납 또는 납·안티몬 합금의 격자에 산화납 또는 납 등의 가루로 만든 페이스트를 넣어서 화성한 것이다. 이 방식은 무게가 가벼우므로 대용량의 것을 제조하는 데 적합하며 이동용 축전지에 널리 쓰이고 있다.

patch bay 패치 베이 아날로그 컴퓨터 등에서 계산 요소, 배율기, 기준 요소 등의 입출력 및 접지 사이를 접속하기 위한 편의를 제공하는 패널. 여기서 접속점을 집중하여 간단히 접속이나 그 변경을 할 수 있도록 한 것.

patch board 배선반(配線盤), 접속반(接

續盤) 기계의 기능에 융통성을 갖게 하기 위하여 기계의 배선 일부분을 많은 전기 접점으로 이루어지는 반에 결선하고, 그 반(盤)상에서 짧은 접속선을 사용하여 배선할 수 있게 되어 있는 것이다. 초기의 컴퓨터에서는 인자기의 인자 양식을 지정한다든지, 데이터 처리의 프로그램을 지정한다든지 하는 데 사용되었다. 아날로그 컴퓨터에서는 연산 회로를 구성하는 데 사용된다. 보통, 이 반은 본체에서 분리할 수 있고, 배선이 된 다른 반과 간단히 교환할 수 있도록 되어 있다.

patch cord 패치 코드 양단에 플러그를 가진 코드로, 패치 베이 상에서 임의의 두 접속점(잭)을 접속하는 데 사용한다.

path clearance 패스 클리어런스 마이크로파 전파로에서 전파 통로와 장해물 사이의 빈 공간을 말한다.

path difference 노정차(路程差) 가시 거리 내의 전파 전파에 있어서 송신점과 수신점간의 직접파와, 대지로부터의 반사 등에 의해 수신점에 이르는 파 사이의 전파 경로의 차.

path-length antenna 패스렝스 안테나, 경로 길이 안테나(經路－) 전파 렌즈의 일종으로, 자계에 평행하게 두어진 금속 판군을 전파의 진행 방향에 대하여 θ만큼 기울여서 둔 것이다. 전파는 어느 통로를 통과해도 거의 같은 거리가 되므로 출력측 전파의 파면을 가지런히 할 수 있어 평면파가 얻어진다. 마이크로파의 방사기로서 사용된다.

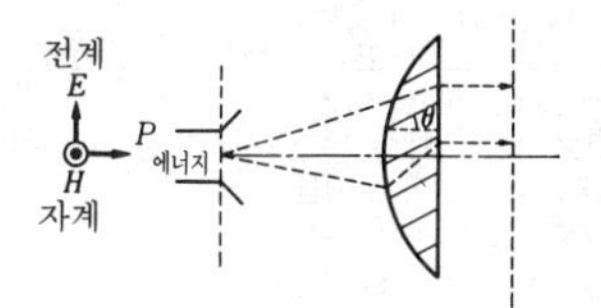

path sensitize 경로 부활법(經路賦活法) 논리 회로에서의 고장점 표정법(標定法). 어느 경로를 설정하고, 그 입력단에 준 신호가 단 한 줄의 경로를 통해서 출력단에 나타나도록 경로 도중에 이어지는 게이트를 조건부로 하는 것. 즉 AND, NAND는 체크할 하나의 입력단을 제외한 나머지 단자는 전부 1 입력을 주고, 또 OR, NOR 게이트는 체크할 하나의 입력단을 제외한 나머지 단자는 전부 0 입력을 줌으로써 경로는 하나가 된다.

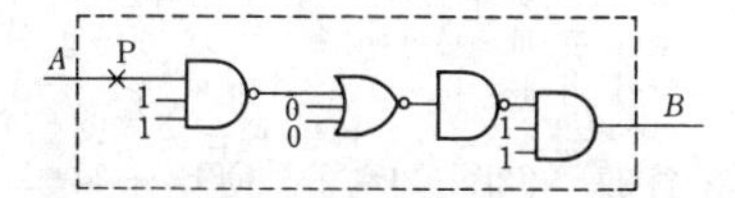

PATTERN 패턴 planning assistance through technical evaluation of relevance number 의 약어. 시스템의 평가나 최적화의 수법으로서 미국의 허니웰사에 의하여 개발된 관련 트리법의 일종으로, 아폴로 계획의 일부에 채용되었다. 아폴로 계획에서는 레벨 0부터 레벨 10까지의 하이어러키로 구성되어 있다.

pattern 패턴 ① 공간 또는 시간 영역에서 식별(관측)할 수 있는 사상(事象). 특히 문자나 화상의 패턴을 관측하고, 전송하고, 주사하여, 그 중에서 목적의 정보를 추출하기 위한 수법이 널리 생각되고 있다. ② 비트 스트림으로서 시간 경과 중에서 혹은 디짓이나 구멍의 배치로서 공간적으로 표현된 정보. 이들을 어떻게 인식하고 해석하는가에 대한 법칙이나 프로토콜이 미리 정해져 있다.

pattern display 패턴 표시(－表示) 목적으로 하는 도형을 형성하기 위해 각종 패턴을 조합하여 표시하는 것.

pattern generator 패턴 제너레이터, 패턴 발생기(－發生器) 웨이퍼 처리 기술의 하나인 포토리소그래피에서 사용되는 마스크의 원판을 제작하는 장치. 광학적 묘화법에 의한 장치와 전자 빔 묘화법에 의한 장치가 있다.

pattern recognition 패턴 인식(－認識) 자동적인 수단에 의해 모양, 윤곽 등을 인식하는 것. 예를 들면 문자 인식을 하는 OCR(광학 문자 판독 장치)에서는 그림과 같이 광전 변환 장치에 의해 신호를 검출하여 얻은 아날로그량을 디지털량으로 변환하고, 노이즈를 제거, 문자의 위치 결정, 샘플링·특징 추출 등을 하여 문자에 따른 출력을 꺼낸다. →sampling

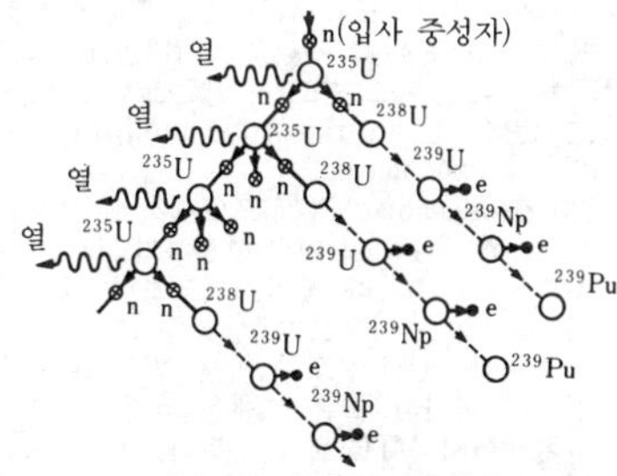

^{235}U의 핵분열 연쇄 반응과 핵연료 재생

pattern-sensitive fault 패턴 의존 장해(－依存障害) 컴퓨터 등이 특정한 데이터

패턴(데이터 세트)에 대해서만 장해를 발생하는 현상.

Pauli' s principle 파울리의 원리(-原理) 원자 내에서의 전자의 배치에서 4개의 양자수의 조합에 의해 정해지는 각각의 상태에는 단 1개씩의 전자 밖에는 존재할 수 없다는 법칙.

pay station 공중 전화 박스(公衆電話-) 거리 등에 설치되며, 경화를 투입하여 사용하는 공중용의 전화 박스. =public telephone booth

pay television 페이 텔레비전 CATV와 같이 그 제공하는 정보나 프로그램을 유료로 한 텔레비전 방식. 요금은 월정제와 시청 도수제가 있으며, 전자는 스크램블 해제 키에 의해서, 또 후자는 경화나 티켓을 투입함으로써 서비스를 받도록 되어 있다.

PBX 구내 교환(構內交換) =private branch-exchange

PC 개인용 컴퓨터(個人用-) =personal computer

PCB 프린트 배선 회로용 기판(-配線回路用基板)[1], 프로세스 제어 블록(-制御-)[2] (1) printed circuit board의 약어. 종이 에폭시 또는 유리 에폭시계의 판 위에 동박(銅箔)을 입혀서 필요한 회로를 인쇄하고 그 이외의 부분은 제거한다. 이 회로에 IC 기타의 부품을 부착하여 납땜을 한다. 일반적으로 한쪽 면을 사용하나 복잡한 것에는 양쪽 면을 사용한다.
(2) =process control block

p-channel metal oxide semiconductor p형 금속 산화막 반도체(-形金屬酸化膜半導體) =p-channel MOS

p-channel MOS p형 MOS(-形-) = PMOS

***p* chart** p관리도(-管理圖) 제조 공정을 불량률 p에 의해 관리하기 위한 관리도.

PCM 펄스 부호 변조(-符號變調)[1], 피에조세람[2] (1) =pulse code modulation (2) =piezoceram

PCM processor PCM 프로세서 가정용 VTR을 PCM 기록에 사용하기 위해 사용되는 AD 처리 장치. 레코드나 튜너에서 들어오는 아날로그 신호를 PCM 변조하고, 이 PCM 신호가 의사 영상 신호(텔레비전 화상과 같은 포맷을 가진 신호)로 변환되어서 VTR에 기록된다. 재생 프로세스는 위와 반대로 영상 신호를 디지털화하여 D/A 변환한 다음 출력한다. = digital audio processor

PCM recording system PCM 녹음(-錄音) 디지털 녹음 방식의 하나. PCM(펄스 부호 변조)을 녹음에 응용한 것으로, 종래의 녹음 방식은 아날로그 녹음 방식이다. 이 방식에서는 음성 신호의 파형을 펄스의 유무로 나타내어진 부호로 바꾸어 테이프에 기록하고, 이 테이프를 재생할 때는 펄스 신호를 원래의 음성 신호로 되돌리게 된다. 이 방식을 쓰면 테이프 녹음기의 와우·플러터나 노이즈의 영향을 받는 일이 없고 D레인지도 넓게 잡을 수 있으므로 고품질의 녹음을 할 수 있기 때문에 이 방식으로 녹음된 레코드가 널리 판매되고 있다. 이 방식은 테이프 녹음시에 비디오 테이프 리코더(VTR)를 이용하므로, 다(多) 채널의 녹음도 가능하고, 민생용 PCM 녹음기나 재생기도 시판되고 있어 고충실도의 녹음 재생 기기로서 오디오 기기의 주류가 되었다. 또한 1983년에 CD(compact disk)가 시판되어 종래의 레코드에 비해 성능이 크게 향상되었으나 DAT(digital audio taperecorder)도 통일 규격으로 상품화되어 보급되고 있다.

PCM sound PCM 음성(-音聲) 음성 신호를 펄스 부호 변조(PCM)하여 디지털 신호로 고친 것. 이에 의해서 통신하면 잡음이나 일그러짐의 증가를 없앨 수 있는 외에 부호의 변환을 함으로써 비밀 통신을 할 수도 있다. ISDN에서는 디지털 회선을 사용하므로 전화도 PCM 음성이 쓰인다.

PCS 천공 카드 시스템(穿孔-) =punch card system

PD 플라스마 표시 장치(-表示裝置) = plasma display

PDM 펄스 지속 변조(-持續變調) =pulse duration modulation

PDN 공중 데이터망(公衆-網) =public data network

PDP 플라스마 디스플레이 패널 =plasma display panel →plasma display

peak anode current 첨두 양극 전류(尖頭陽極電流) 양극 전류의 최대 순시값.

peak cathode current 첨두 음극 전류(尖頭陰極電流) 주기적으로 순환하는 음극 전류의 최대 순시값.

peak clipper circuit 피크 클리퍼 회로(-回路) 파형 조작 회로의 일종으로, 입력 파형의 상부를 어느 레벨에서 잘라내는 회로. 입력파 v_i가 +의 반 사이클에서 V보다 클 때에만 다이오드 D에 순방향 전압이 가해져 ON으로 되기 때문에 $v_o=V$가 된다. 또, $v_i<V$일 때는 다이오드에 역방향 전압이 가해져서 OFF로 되므로

$v_o = v_i$ 가 된다.

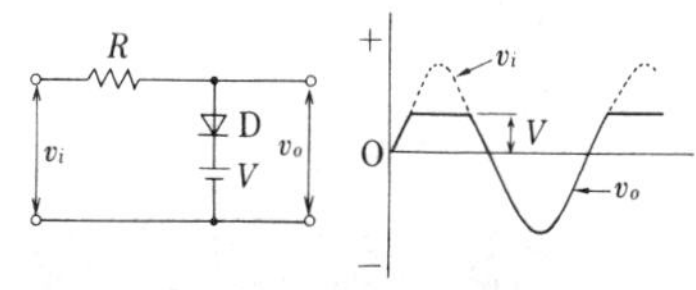

peak detector 피크 검출기(－檢出器) 신호의 시간적 피크값을 검출하는 회로.

peak electrode current 첨두 전극 전류(尖頭電極電流) 전자관의 전극을 흐르는 최대 순시 전류.

peak envelope power 첨두 포락선 전력(尖頭包絡線電力) 변조 포락선의 최고 첨두 위치에서의 무선 주파수의 1사이클 기간 중에 송신기에서 안테나계로 공급되는 평균 전력(dB 또는 와트로 나타낸다).

peaker 피커 ① 입력에 가한 정현파에 대하여 출력측에 뾰족한 파형을 주는 회로. 미분 회로라고도 한다. ② 작은 고정 혹은 조정 가능 인덕턴스이며, 광대역 증폭기에서 부유 혹은 분포 커패시턴스와 공진하여 고주파 영역에서의 이득을 증대시키도록 동작하는 것.

peak factor 파고율(波高率) 교류 파형의 최대값을 실효값으로 나눈 값으로, 각종 파형의 날카로움의 정도를 나타내기 위한 것. 이 값은 정현파에서는 1.414이다.

peak flux density 피크 자속 밀도(－磁束密度) 주기적으로 자화된 상태에 놓여진 자성체의 최대 자속 밀도.

peak forward anode voltage 피크 양극 순전압(－陽極順電壓) 전자관이 전류를 흘릴 수 있도록 설계되어 있는 방향으로 가해진 양극 전압의 최대 순시값.

peak forward current rating 최대 순방향 전류 정격(最大順方向電流定格) 제조자에 의해 규정된 조건하에서 허용되는 최대 반복 순시 순방향 전류.

peak induction 피크 자속 밀도(－磁束密度) 지정된 피크 인가 자화력에 대응하는 자속 밀도. 일반적으로 그것은 포화 자속 밀도보다 약간 작다.

peaking 피킹 증폭기의 증폭도가 주파수가 높은 범위에서 저하해 가는 것을 보상하는 것. 고역 보상이라고도 한다. 높은 주파수에서 증폭도가 저하하게 되는 원인은 C_1, C_2의 부유(표유) 용량이 영향하기 때문이므로 이들과 공진시킴으로써 저하분을 보상하도록 피킹 코일 L_p, L_s를 삽입한다. 이 방법을 직병렬 피킹이라 하고, L_p만인 경우를 병렬 피킹, L_s만의 경우를 직렬 피킹이라 한다. 텔레비전의 영상 신호 증폭 회로 등에 응용된다.

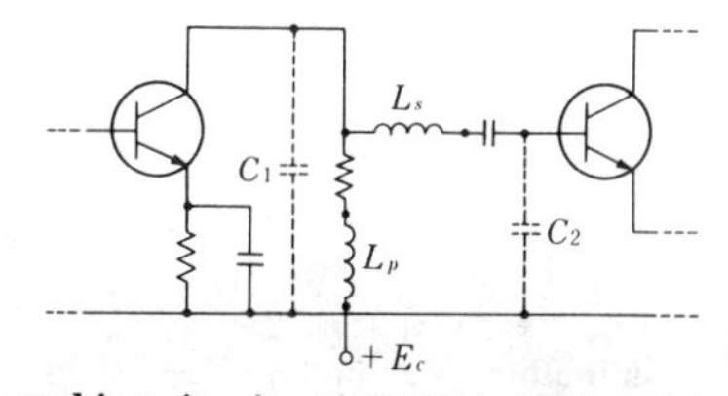

peaking circuit 피킹 회로(－回路) 피킹 코일을 사용하여 고역 보상을 하는 회로. 저항 결합 증폭기로 텔레비전의 영상 신호를 증폭하기 때문에 부유(표유) 용량이나 병렬 용량을 코일과 공진시켜서 주파수 대역의 고역을 연장시키도록 한 것. 직렬 피킹과 병렬 피킹, 직병렬 피킹의 종류가 있다.

peaking coil 피킹 코일 고역 보상을 하기 위해 증폭기에 삽입하는 코일. 텔레비전 수상기에서는 분포 용량을 적게 하기 위해 허니컴 감이(지그재그 모양으로 감은 것)가 사용되고 있다.

peaking network 피킹 회로망(－回路網) 어떤 종류의 중간 결합 회로망에서 주파수 범위의 고역부(高域部)에서의 증폭도를 증가시키기 위해 인덕턴스가 기생 용량과(실질적으로) 직렬로(직렬 피킹 회로망), 또는 병렬로(병렬 피킹 회로망) 넣어져 있는 것.

peaking transformer 피킹 변압기(－變壓器) 1차 권선의 암페어 턴 수가 크고, 철심 내에 정규 자속 밀도보다 여러 배의 밀도를 가진 자속을 발생하도록 만들어진 변압기. 자속은 높은 포화값에서 다른 포화값으로, 그 곳에서 또 최초의 포화값으로 급속히 변화하는 과정에서 2차 권선에 높은 피크 전압을 발생한다. 방전관 점호용 펄스의 발생기 등에 쓰인다.

peak inverse anode voltage 피크 양극 역전압(－陽極逆電壓) 전자관이 전류를 흘릴 수 있도록 설계되어 있는 방향과는 반대 방향으로 가해진 양극 전압의 최대 순시값.

peak inverse voltage 피크 역전압(－逆電壓) ① 동작 중인 회로에서 다이오드에 실제로 인가되는 역방향의 최대 순시 양극-음극간의 전압. ② 역전압 기간에서의 애노드와 캐소드 간의 최대 순시 전압. ＝PIV

peak level meter 피크 레벨 미터 피크 프로그램 미터라고도 한다. 종래의 VU계에서는 타악기나 피아노 등의 충격성 음의 피크값에는 추정할 수 없어 녹음시에 입력이 과대해져서 일그러짐이 발생한다. 이것을 피하기 위해 사용되는 것이 이 피크 레벨 미터이며, 카세트 데크에 널리 쓰이고 있다. 이 미터는 dB 눈금으로 되어 있고 DIN 이 쓰이며, −50∼+50dB 범위의 눈금이 매겨져 있다. 최근에는 이 미터의 지시를 지침이 아니고 바 그래프나 액정, 발광 다이오드 등을 써서 디지털 표시시키는 것이 많이 눈에 띄게 되었다.

peak limiter 피크 리미터 증폭도를 바꿈으로써 미리 설정된 최대값 이하로 신호의 진폭을 자동적으로 제한하는 장치.

peak load 피크 부하(—負荷) 지정된 시간 내에 어느 유닛 또는 유닛의 그룹에 의해 소비 또는 생산되는 최대 부하(최대 순시 부하 또는 어느 길이의 시간에 관한 최대 평균 부하).

peak mesial magnitude 피크 반값(—半—) 기준 레벨에서 잰 펄스 피크 진폭과 펄스 베이스 진폭의 평균값.

peak program meter 피크 프로그램 미터 =peak level meter

peak pulse control 첨두파 제어(尖頭波制御) 수은 정류기의 점호 제어법의 하나. 정현파 제어에 대해서 붙여진 명칭. 제어 그리드에는 그대로는 점호(點弧)하지 않을 만큼 충분한 마이너스의 바이어스 전압을 가해 두고 점호를 위해서는 펄스형의 전압을 가한다. 정류기의 점호 특성 변동에 의해 제어각이 움직이지 않으므로 동작이 안정하다.

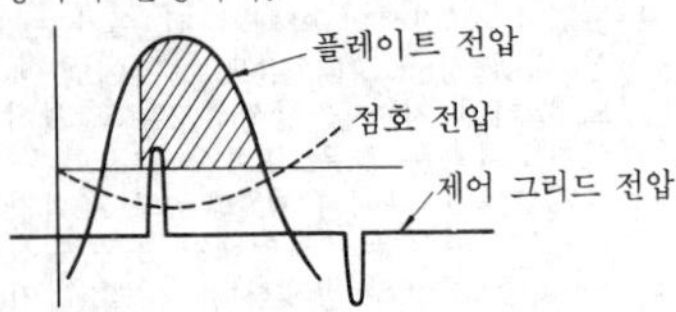

peak pulse power 피크 펄스 전력(—電力) 반송파를 변조한 신호를 보내는 전송계에서의 피크 펄스 전력은 반송 주파수의 주기에 걸쳐서 얻어진 전력의 펄스 최대값이다. 단, 스파이크는 제외한다.

peak repetitive on-state current 피크 반복 온 전류(—反復—電流) 사이리스터에서 모든 반복 과도 전류를 포함하는 온 전류에서의 피크값.

peak reverse voltage 피크 역전압(—逆電壓) 반도체 정류기 셀, 다이오드, 혹은 정류기 스택에서 그 양단에 나타나는 역전압의 순시값의 최대값. =peak inverse voltage

peak-to-peak value 피크피크값 교류량에서 +의 피크값부터 −의 피크값에 이르는 진폭을 말한다. 정현파인 경우에는 어느 한쪽 방향에서의 피크 진폭의 2배가 피크피크값이다.

peak value 파고값(波高—) ① 지정된 기간 내에 생기는 시간 함수의 최대 순시값. ② 교류 전압의 최대값으로, 부분 방전 등에 의해 생기는 작은 고주파 진동 등은 제외한다. ③ 임펄스의 최대값으로, 만일 파정부(波頂部)에 작은 진동이 겹쳐 있을 때는 그것도 포함한 최대값. 시험용 임펄스 전압 등에서는 시험 회로 상수의 조정 불량 등에 의해 임펄스에 오버슈트나 작은 진동이 중첩될 때는 이들을 제외한 가상적인(공칭의) 임펄스 전압을 가리킨다.

peak value AGC 피크값 AGC 텔레비전 수상기의 AGC 방식의 일종으로, 영상 신호의 피크값을 이용하여 AGC 전압을 얻도록 한 것. 첨두값 AGC 라고도 한다. →mean value AGC

pedestal 페디스털 →blanking level

pedestal clamp 페디스털 클램프 텔레비전 송신기의 영상 변조기에서 직류분을 재생하여 페디스털 레벨을 일정하게 유지하기 위한 것.

pedestal delay time 페디스털 지연 시간(—遲延時間) 전자 커맨드 신호를 전자 드라이버에 가하고부터 회절광의 세기가 10%에 이르기까지의 시간.

pedestal generator 페디스털 발생 회로(—發生回路) 로란 항법 등에서 주국(主局) 신호와 종국(從局) 신호와의 시간차를 측정하기 위한 회로. 그림은 로란 수신기의 구성을 나타낸 것이다.

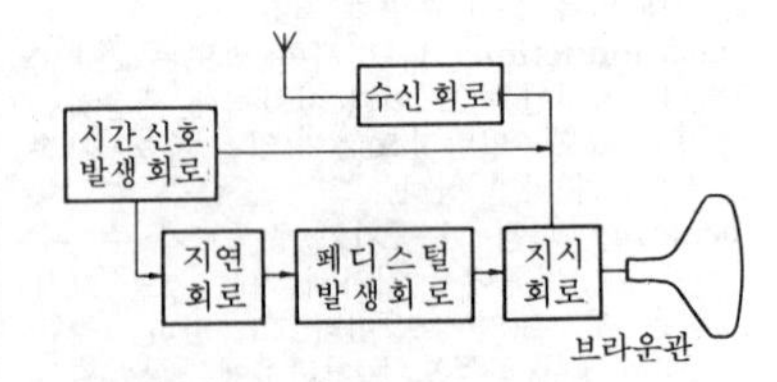

pedestal level 페디스털 레벨 텔레비전에서 영상 신호와 귀선 소거 신호, 동기 신호를 혼합하여 합성 영상 신호를 만들 때 기준이 되는 직류 전압 레벨. 귀선 소거 신호는 이 레벨에 맞추어서 가해지고, 동기 신호는 이보다 흑(黑) 쪽(진폭이 큰

쪽)에, 영상 신호는 이보다 백(白)쪽(진폭이 작은 쪽)에 가해진다. 이 레벨은 영상 신호 반송파의 최대 진폭에 대하여 그림과 같은 관계에 있으며, 흑 레벨보다 조금 진폭이 큰 쪽에 있기 때문에 그 차는 세트업 레벨이라 한다.

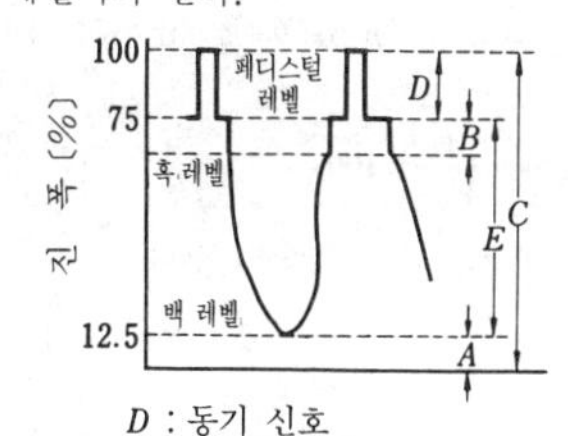

D : 동기 신호
B : 세트업 레벨 (0.075±0.025) E
E : 영상 신호의 최대 진폭
A : (0.125±0.025) C

pedestal method 페디스털법(—法) 단결정 성장법의 일종. 실리콘의 페디스털 위에서 실리콘 원재료를 용융하고, 여기에 작은 종자를 침투시켜 회전하면서 끌어올림으로써 결정을 성장시키는 것.

peel (strength) test 인장 시험(引張試驗) 기판상에 붙인 막과 기판 사이의 부착 강도를 측정하는 시험. 막을 벗기기 위해 필요로 하는 힘을 측정으로써 시험한다.

pel 화소(畵素) =pixel, picture element

pellet 펠릿 반도체 부품을 만드는 모재가 되는 단결정의 작은 조각. 막대 모양의 잉곳을 잘라내서 원판(웨이퍼)을 만들고, 그것을 작게 절단한 것이다.

Peltier effect 펠티에 효과(—效果) 두 종류의 다른 금속을 접합하여 전류를 흘렸을 경우 접합부에서 줄 열 이외의 전류에 비례한 열의 발생 혹은 흡수가 일어난다. 이 열 효과는 가역적이며, 전류의 방향을 반대로 하면 열의 발생, 흡수도 반대가 된다. 이 현상을 말한다. 열전능(熱電能)이 큰 재료가 개발되어 전자 냉동 등에 실용화되고 있다.

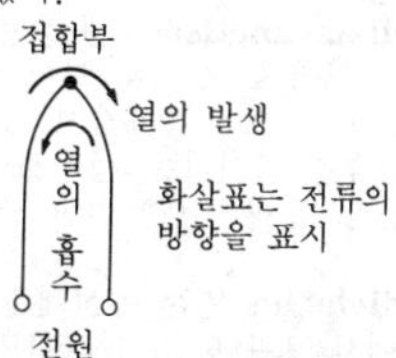

Peltier heat 펠티에열(— 熱) 펠티에 효과의 결과, 흡수 또는 방출되는 열 에너지.

pencil beam 펜슬 빔 레이더 용어. ① 방사 패턴의 등고선이 근사적으로 원이 되는 좁은 주 로브(lobe)를 가진 안테나 패턴. ② 등고선이 근사적으로 원형이 되는 좁은 주 로브를 가진 단일 지향성 안테나.

pencil-beam antenna 펜슬 빔 안테나 전력 반치폭이 좁은 주 로브와 상대적으로 레벨이 낮은 사이드 로브를 가진 안테나.

pencil writing system 펜슬 라이팅 시스템 컴퓨터용 고속 인자 장치의 일종. 브라운관을 사용하여 문자 발생 회로에 의해서 형광면에 문자를 그리고, 그를 전자사진의 감광지상에 투영하여 약 100μs/자의 속도를 얻는 것.

penetration frequency 관통 주파수(貫通周波數) →critical frequency

Penning effect 페닝 효과(—效果) 네온에 아르곤을 혼합하면 네온이 전리(電離)하기 쉽게 된다. 이러한 현상을 페닝 효과라 하며, 형광등에서는 수은과 아르곤의 혼합 기체를 써서 수은을 전리하기 쉽게 하고 있다.

pen-oscillograph 펜오실로그래프 교류의 전압, 전류에 따라서 진동하고, 그 변화를 파형으로서 펜으로 기록할 수 있는 장치. 기록 방법으로서 잉크로 그려내는 외에 화학 변화나 열작용을 이용한 것 등이 있다. 직접 기록 직독식으로, 현상 기록에 매우 간편하고, 100Hz 정도까지 기록이 가능하다. 증폭기와 조합시킴으로써 뇌파, 심전도의 측정, 지진파, 기계적 진동의 측정 등 응용면이 넓다.

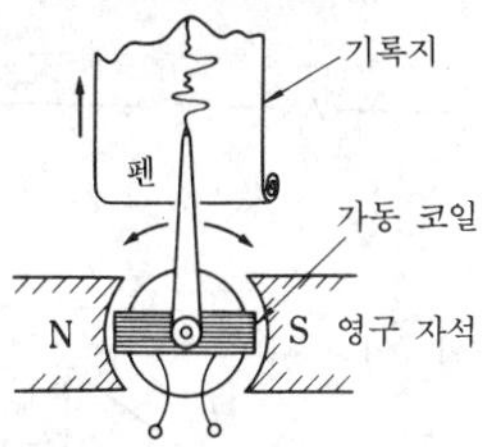

pen recorder 펜 리코더 파동 신호의 진폭을 이용하는 장치로, 펜을 이용해서 종이에 기록하는 것. 펜의 움직임은 가로 방향뿐이고, 종이가 자동적으로 이송됨으로써 진폭의 시간 변화를 기록하는 점이 X-Y 플로터와 다르다.

pentode 5극관(五極管) 3 극관의 플레이트와 제어 그리드 사이에 2개의 그리드를 삽입한 진공관. 3 극관보다 증폭도가 크고, 고주파 증폭도 할 수 있다. →triode

per-call unit 퍼콜 장치(—裝置) 특정한 호출이 진행 중에 그와 관련하고 있는 일종의 제어 장치. 즉 호출 응답 신호를 감시하고 있는 장치.

percentage electric conductivity 퍼센트 도전율(一導電率) 저항률의 역수를 도전율이라 하고, 만국 표준 연동(軟銅)의 도전율에 대한 각종 도체의 도전율을 백분율로 나타낸 것. 예를 들면 경 알루미늄 61%, 경동 97% 등.

percentage impedance 퍼센트 임피던스 변압기를 포함한 회로에서 기준이 되는 전압과 전류를 정하고, 각각의 임피던스를 기준 임피던스의 백분율로 나타낸 것. 기준 전압, 기준 전류가 V〔V〕, I〔A〕일 때 Z〔Ω〕의 퍼센트 임피던스는 다음과 같이 된다.

$$Z(\%)=\frac{Z}{V/I}\times 100=\frac{VI}{V^2}\times Z\times 100$$

$$=\frac{(\text{기준 용량})\times Z〔\Omega〕}{(\text{기준 전압})^2}\times 100〔\%〕$$

percentage impedance drop 백분율 임피던스 강하(百分率一降下) 변압기의 임피던스 전압과 정격 전압의 비를 백분율로 표시한 값. 2차 단락 전류 I_{2s}가 2차 정격 전류 I_{2n}과 같을 때의 공급 전압을 임피던스 전압 V_{2s}라 하고

$$V_{2s}=\sqrt{(r_{21}I_{2n})^2+(x_{21}I_{2n})^2}$$

이 된다. 백분율 임피던스 강하 Z는

$$Z=\frac{V_{2s}}{V_{2n}}\times 100=\sqrt{\left(\frac{r_{21}I_{2n}}{V_{2n}}\right)^2+\left(\frac{x_{21}I_{2n}}{V_{2n}}\right)^2}\times 100[\%]$$

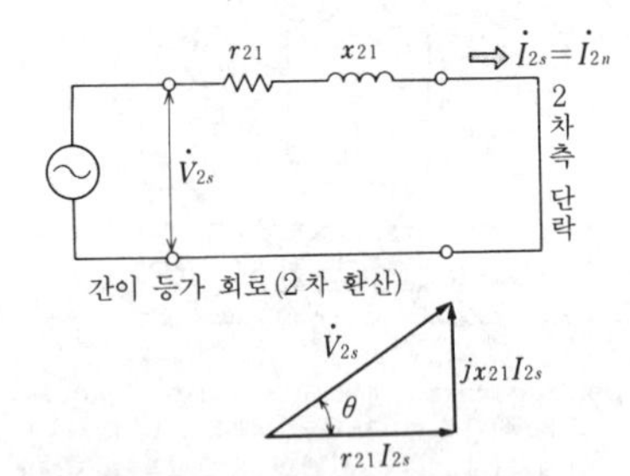

간이 등가 회로(2차 환산)

percentage reactance drop 백분율 리액턴스 강하(百分率一降下) 변압기의 정격 전류에서의 누설 리액턴스에 의한 리액턴스 강하의, 정격 전압에 대한 비율을 백분율로 나타낸 값. →percentage resistance drop

percentage resistance drop 백분율 저항 강하(百分率抵抗降下) 변압기의 정격 전류에서의 전압 강하의, 정격 전압에 대한 비율을 백분율로 나타낸 값. 변압기의 전압 변동률은 다음 식으로 주어진다.

$$\varepsilon=\frac{V_{20}-V_{2n}}{V_{2n}}\times 100[\%]$$

$$=\frac{r_{21}I_{2n}\cos\theta}{V_{2n}}\times 100+\frac{x_{21}I_{2n}\sin\theta}{V_{2n}}\times 100[\%]$$

위 식을 $\varepsilon=p\cos\theta+q\sin\theta$로 나타냈을 때

$$p=\frac{r_{21}I_{2n}}{V_{2n}}\times 100$$

을 백분율 저항 강하라 한다.

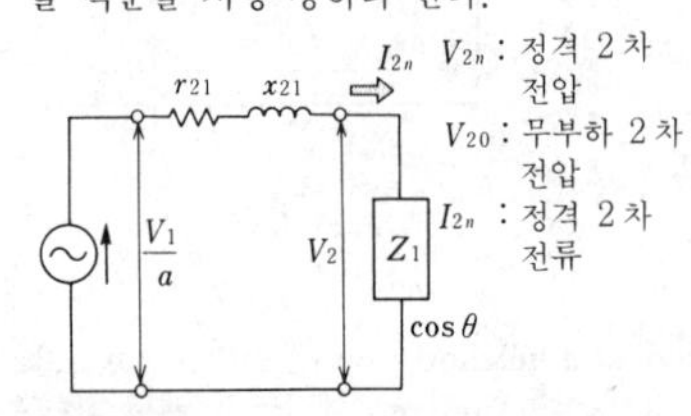

percent impairment of hearing 청취 감손율(聽取減損率) 인간이 올바르게 청취할 수 있는 능력의 평가로, 순음 오디오그램 표현과 관계하고 있다. 오디오그램(청취 손실 또는 청취 능력을 주파수의 함수로서 부여하는 그래프)에서 어떤 법칙으로 청취 감손율을 구하는가는 경우에 따라서 다르다.

percent pulse waveform distortion 펄스 파형 왜율(一波形歪率) 펄스 파형의 일그러짐을 나타내는 양으로, 기준 펄스 파형의 펄스 진폭과의 비를, 특히 지정한지 않는 한 100 분율로 표현한다.

percent pulse waveform feature distortion 펄스 파형 특징 왜율(一波形特徵歪率) 펄스 파형 특징 일그러짐을 나타내는 양으로, 기준 펄스 파형의 펄스 진폭과의 비를, 특히 지정되지 않는 한 백분율로 나타낸다.

percent ripple 리플 백분율(一百分率) 전전압(전류)의 평균값에 대한 리플 전압(전류)의 실효값의 비를 백분율로 나타낸 것.

perfect diamagnetism 완전 반자성(完全反磁性) 초전도 상태에 있어서는 표면에만 자계와 전류가 존재하고 내부에서 완전히 자속은 쫓겨나는 성질을 갖는데 이것을 완전 반자성 또는 마이스너 효과라 한다.

perfect dieletric 완전 유전체(完全誘電體) 유전체에서 내부에 전계를 확립하기 위해 필요한 모든 에너지가 전계를 제거했을 때 전부 회수할 수 있는 유전체. 따라서 이러한 유전체는 도체성을 갖지 않고, 흡

수 현상도 없다. 진공 이외에 이러한 조건을 만족하는 것은 없다.

perfect diffusing surface 완전 확산면(完全擴散面) 반사면이 거칠면 난반사하여 빛이 확산한다. 이 확산 반사 중 면의 휘도가 어느 방향에서 보더라도 같은 표면을 완전 확산면이라 한다. 백색의 탄산 마그네슘 분말을 칠한 면은 완전 확산면에 가깝다.

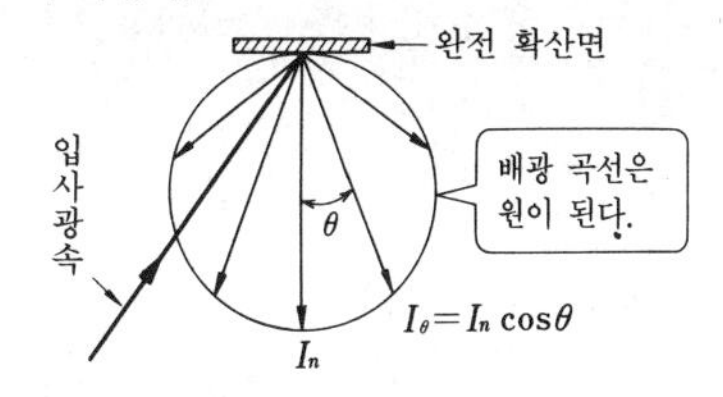

perfect radiator 완전 방사체(完全放射體) =full radiator

perforator 천공기(穿孔機) 테이프 송신기에 걸기 위해 종이 테이프에 부호를 천공하는 장치. 입력 신호에 의해 자동적으로 제어되는 천공 장치는 수신 천공기라 한다. 카드인 경우는 perforator 라고는 하지 않는다. 카드, 테이프를 포함해서 말할 때는 puncher 라 한다.

performance characteristic 동작 특성(動作特性) 트랜지스터를 비롯하여 능동 부품에서는 부하를 접속했을 때의 특성(제어 전류와 출력 전압의 관계 등)은 부하를 접속하지 않을 때의 특성과 다른 상태를 나타낸다. 그래서 전자인 경우를 동작 특성이라 한다.

performance chart 퍼포먼스 차트 자전관(磁電管) 동작 특성을 나타내는 도표의 일종. 일정한 부하에 대하여 자계나 출력 등을 매개 변수로 하여 양극 전류와 양극 전압의 관계를 직교 좌표로 그린 것이다.

performance index 목적 함수(目的函數) 시스템의 목적(이익, 시간, 무게 등을 최대 또는 최소로 하는 것 등)을 모든 조건을 고려하여 정량적으로 설정한 것. 시스템의 최적화 문제나 목적 달성 상황의 정량적인 평가에 있어 중요한 기준이다.

performance monitor 성능 감시(性能監視) 장치가 규정의 한계 내에서 동작하고 있는지 어떤지를 결정하기 위해 연속적 또는 정기적으로 선택된 몇 가지 시험점을 주사하는 장치. 장치는 외부 신호 삽입용 설비를 갖는 것이 있다.

performance requirement 성능 요구(性能要求), 성능 필요 조건(性能必要條件) 시스템 또는 시스템의 컴포넌트가 지녀야 할 성능상의 특성(예를 들면, 속도, 정확도, 주파수)을 지정하는 요구.

performance specification 성능 명세(性能明細) ① 시스템 또는 시스템 컴포넌트에 대한 성능 요구를 설명하는 명세. ② 기능상의 명세서.

period 주기(周期) 어느 현상이 시간적으로 어느 일정한 간격으로 반복되는 경우의 시간 간격. 그림의 경우 주기는 1/3 초 또는 0.33 초이다.

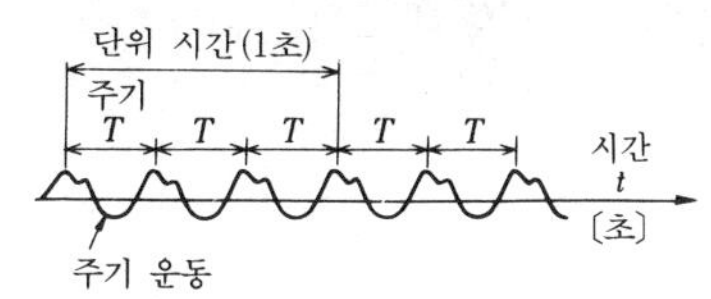

periodic frequency modulation 주기적 주파수 변조(周期的周波數變調) 기본 주파수에 대해 출력 주파수가 주기적으로 편이하는 것.

periodic function 주기 함수(周期函數) 모든 x 또는 모든 정수(整數) n 에 대해 $f(x) = f(x+nk)$를 만족하는 함수(k 는 상수). 예를 들면

$\sin(x+a) = \sin(x+a+2n\pi)$

periodic line 주기성 선로(周期性線路) 같은 구간이 연속하여 이어진 선로. 각 구간의 전기적 특성은 선로를 통해서 고르다. 주기성은 장소에 대해서이고, 시간에 대한 것은 아니다. 일정 간격마다 장하 코일을 삽입한 선로 등은 그 예이다.

periodic maintenance 정기 보수(定期保守), 정기 보전(定期保全) 설정한 시간 간격으로 실시하는 예방 보수.

periodic ordering method 정기 발주 방식(定期發注方式) 발주 간격을 먼저 결정해 두고 발주량을 그 때마다 현재 재고, 수요량 등에 따라 결정하는 재고 관리 방식을 말한다. 발주량은 발주 시점의 현재 재고와 재고 수준과의 양이 된다.

periodic pulse train 주기 펄스열(周期－列) 같은 그룹의 펄스로 이루어지는 펄스열로, 그 그룹이 일정한 간격으로 반복되는 것.

periodic slow-wave circuit 주기성 지파 회로(周期性遲波回路) 마이크로파관에서 그 구조가 빔 전파(傳播) 방향으로 주기적으로 반복되는 지파 회로.

periodic wave 주기파(周期波) 매질의 각 점에서의 편위(偏位)가 시간의 함수로 되어 있는 파를 말한다. 주기파는 일반의 주기적인 양과 동일하게 분류된다.

periodic waveguide 주기 도파관(周期導

波管) 주기적으로 배치된 불연속 또는 물질 경계면의 주기적인 변조에 의해 전파(傳播)가 얻어지는 도파관.

peripheral 주변 장치(周邊裝置) =peripheral equipment

peripheral equipment 주변 장치(周邊裝置) 컴퓨터에서의 입력 장치, 출력 장치, 보조 기억 장치를 가리키며, 중앙 처리 장치(CPU)의 제어하에서 동작하는 장치.

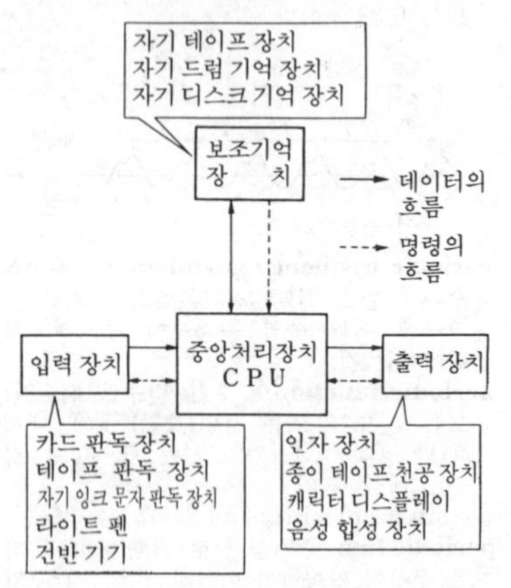

peripheral interface adapter 주변 기기 인터페이스 접합기(周邊器機－接合器) 컴퓨터의 중앙 처리 장치(CPU)와 입출력 장치 등의 사이에서 데이터를 워드 단위로 병렬 처리를 하는 경우 그들 장치의 동작을 용이하게 하고, 또 간단한 논리 회로로 구성할 수 있도록 한 인터페이스 소자를 말한다. =PIA

peripheral slot 주변 슬롯(周邊－) 컴퓨터 하우징 속에 만들어진 빈 슬롯으로, 프린트 회로 카드를 여기에 꽂음으로써 하드웨어를 변경하는 일 없이 컴퓨터의 능력을 증강할 수 있다. 혹은 컴퓨터 머더 보드에 설치된 소켓으로, 여기에 회로 보드를 플러그인할 수 있도록 되어 있다.

Permalloy 퍼멀로이 넓은 뜻으로는 철과 니켈의 합금으로, 투자율이 큰 자심 재료로서 사용하는 것의 총칭이나, 좁은 뜻으로는 특히 니켈 78.5%의 것을 말한다. 가열 서냉(徐冷) 후 600℃ 부근에서 공기 중에서 급랭하면 최대 비투자율 100,000 이상의 것이 얻어진다. 단, 저항률이 작기 때문에 고주파용으로는 성분에 소량의 모리브덴이나 크롬, 구리 등을 혼입한 3원 퍼멀로이가 사용된다.

permanent current 영구 전류(永久電流) 원형으로 한 초전도 금속의 도선을 자속으로 끊으면 유도 전류가 흐른다. 이 때 저항이 0이므로 전류는 영구히 계속 흐른다. 이것을 영구 전류라 한다.

permanent fault 고정 고장(固定故障) 고장을, 그것이 계속되는 시간의 길이에 따라서 구분하는 경우, 발생 후 일정한 상태로 멈추어 있는 고장을 말한다. 간헐 고장과 대립되는 개념이다. 고장이 일정 상태로 멈추어 있기 때문에 오프라인 시험으로 검출할 수 있다. 신뢰성을 높이기 위해 시스템 운용 전에 이것을 적극 검출, 제거해 두는 외에 시스템 운용 중에도 예방 보전에 의해 이것을 제거하는 것이 행하여진다.

permanent magnet 영구 자석(永久磁石) 자화된 쇳조각의 잔류 자기를 사용하는 것을 목적으로 한 자석. B-H 곡선에서 명백한 바와 같이 강자성체를 자화한 다음 자계를 0으로 되돌렸을 때 잔류 자기 B_r이 남아 있다. 따라서 잔류 자기가 큰 물질을 사용하면 강한 영구 자석이 얻어지게 된다. 영구 자석으로서 중요한 것은 자기 감자(自己減磁)가 적어야 하므로 보자력(保磁力 : 그림의 H_c)이 커야 한다.

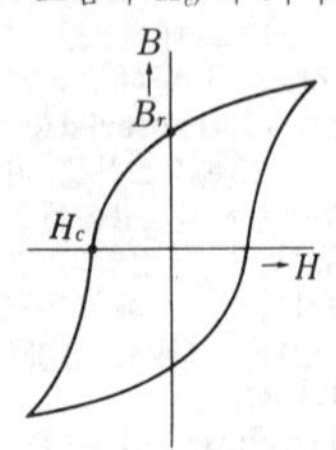

permanent-magnet moving-coil instrument 영구 자석 가동 코일형 계기(永久磁石可動－形計器) 가동 코일에 흐르는 전류와 고정된 영구 자석의 자계 사이의 반발로 동작되는 계기.

permanent magnet moving-iron instrument 영구 자석 가동 철편형 계기(永久磁石 可動鐵片形計器) 고정 영구 자석과 고정 코일 내의 전류가 발생하는 자계 내에 가동 철편이 위치하도록 구성된 계기.

permanent memory 고정 기억 장치(固定記憶裝置) 컴퓨터에 사용되는 기억 장치 중 제어 장치의 명령에 의한 기록을 할 수 없는 것으로, 판독 전용에 사용된다. 주로 마스크형 ROM에 함수, 상수, 상용 루틴 등을 넣어서 사용한다.

permanent set 영구 일그러짐(永久－), 영구 변형(永久變形) 재료에 하중을 가하여 생긴 변형 중 하중을 제거해도 원상으로 되돌아가지 않고 남는 변형.

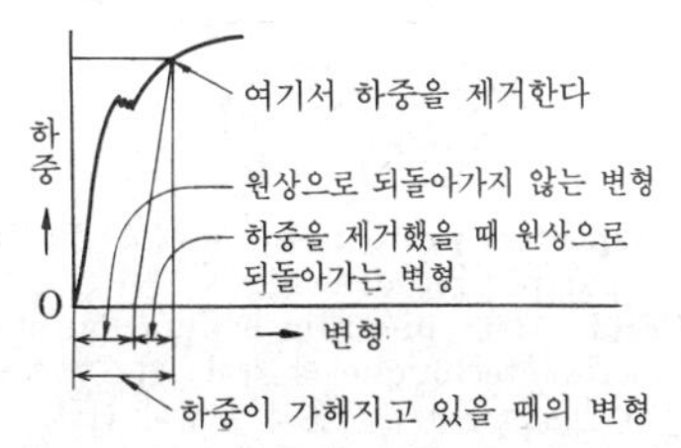

permanent signal 퍼머넌트 신호(-信號) 교환 시스템의 외부에서 발생되는 보류된 오프 훅 상태를 감지하기 위한 신호.

permanent-signal alarm 퍼머넌트 신호 경보(-信號警報) 퍼머넌트 신호의 동시 발생수가 일정값을 초과했다는 것을 알리는 경보.

permanent-signal tone 퍼머넌트 신호음(-信號音) 교환원에 대해 회선이 퍼머넌트 신호 상태에 있다는 것을 통지하는 음.

permanent virtual circuit 고정 가성 회선(固定假想回線) 2 개의 단말이 상시 가상 회선을 확보하고 있으며, 따라서 상대의 호출이나 회선의 복구에 대하여 그 때마다 소정의 절차를 밟을 필요가 없는, 일종의 전용 회선.

permanent virtual circuit connection 상대 고정 접속(相對固定接續) →permanent virtual circuit

permeability 투자율(透磁率) 어느 코일에 전류를 흘렸을 때 생기는 자계의 세기를 H로 하고, 그 때의 자속을 Φ로 하면 자속은 자로(磁路)가 되는 철심의 단면적에 비례하고, 길이에 반비례한다. 따라서 $\Phi=\mu ANI/l$로 나타낼 수 있다. 이 비례상수 μ를 투자율이라 하고, 단위는 H/m (헨리 매 미터)이다.

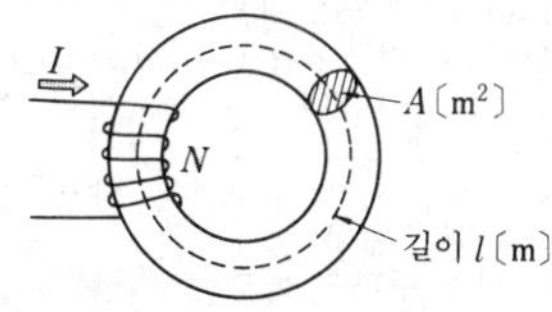

permeability tuner 투자율 튜너(透磁率-) 동조 회로 코일의 페라이트 자심을 움직여서 실효 투자율을 변화시켜 동조를 취하는 것. =mu-tuning

permeameter 투자율계(透磁率計) 강자성 물질의 자기 특성, 특히 그 투자율을 측정하는 계측기.

permeance 퍼미언스 자기 저항의 역수로, 자속이 통하기 쉬움을 나타내는 양을 말하며, 단위는 Wb/A 또는 H(헨리)가 쓰인다.

Permendur 퍼멘듀르 코발트 49%, 철 49%, 바나듐 2%의 합금. 매우 큰 비투자율을 갖는 자심 재료.

Perminvar 퍼민바 니켈 45%, 코발트 25%, 철 30%의 합금, 자화력의 넓은 범위에 걸쳐서 투자율이 일정하며, 장하(裝荷) 코일이나 수화기의 자심 재료로서 사용된다.

permissible error 허용 오차(許容誤差) 계기나 측정기에서 측정값이 그 경우의 참값에 대하여 생기는 오차 중 어느 정도까지 허용되는가 하는 범위를 말한다. 백분율로 나타내는 경우가 많다.

permissive 허용(許容) 장치, 혹은 그 동작 성능에 나쁜 영향을 주는 일 없이 허용되는 양, 수치, 혹은 기준값으로부터의 차이, 여유.

permitted operating hours 운용 허용 시간(運用許容時間) 무선국의 면허에 지정되는 사항으로, 국을 운용할 수 있는 하루의 시간수를 말하며, 이 시간의 범위를 초과하여 운용해서는 안 된다. 단, 조난 통신, 긴급 통신, 안전 통신, 비상 통신, 방송의 수신, 기타 체신부령으로 정하는 경우는 이 범위를 넘어서는 것이 허용된다.

permittivity 유전율(誘電率) 하나의 콘덴서에서 유전체를 넣었을 때의 정전 용량을 C, 유전체를 제거한 진공 중에서의 정전 용량을 C_0로 했을 때의 비 $\varepsilon=C/C_0$를 유전율이라 한다.

perpendicular magnetization 수직 자화(垂直磁化) 기록 매체의 주사선에 수직으로, 또 최소 횡단면에 평행하게 자화하는 자기 기록 방식. 이러한 형식의 자기 기록 방식으로서는 1조 혹은 2조의 자극편(磁極片)의 자기 헤드가 쓰인다.

persistence 잔광(殘光), 지속성(持續性) 입력 신호가 감소하거나 제거된 다음의 CRT 형광 스크린 상의 감쇠 광도.

persistence characteristic 지속 특성(持續特性)[1], 잔광 특성(殘光特性)[2] (1) 휘도(또는 발생하고 있는 방사 파워)와 여기(勵起) 작용이 제거된 후의 시간과의 관계로, 보통은 그래프로 표시된다.
(2) 조사광(照射光)에 대한 촬상관의 시간적 스텝 응답.

persistence of vision 잔상성(殘像性) 영상(影像)이 소멸한 다음 잠시 동안 그 인상이 지속되는 눈의 능력. 이에 의해 텔레비전이나 영화에서의 일련의 각 패턴(토막) 간의 끊김을 메워서 화면이 연속적으로 움직이고 있는 것과 같은 감각을 준다.

persistent current 지속 전류(持續電流) 초전도 상태에서는 전기 저항이 완전히 0으로 되므로 예를 들면, 고리 모양의 납에 전류를 흘리면 납이 초전도 상태에 있는 한 전류는 영구히 납 고리 속을 흐른다. 이러한 전류를 지속 전류라 한다. 이것을 이용한 기억 소자가 IBM 사에 의해 제안되었다.

persistent-image device 지속 영상 소자(持續影像素子) 방사선 영상을 그 소자의 특성으로 정해지는 시간만큼 유지할 수 있는 옵토일렉트로닉 증폭기.

persistent-image panel 지속 영상반(持續影像盤) 평면이고 박형인 많은 셀을 갖는 지속 영상 소자.

persistor 퍼시스터 바이메탈의 프린트 회로 구조를 한 디바이스. 초전도에 의한 저항의 급격한 변화를 이용한 저온 기억 소자 또는 스위치로서 사용된다.

personal call 지명 통화(指名通話) 특정한 상대를 지정하여 교환원에게 신청하는 통화. 상대가 전화에 나온 시점에서 과금(課金)이 개시된다. =person-to-person call

personal computer 개인용 컴퓨터(個人用－) 개인의, 자기의 컴퓨터라는 뜻. 개인용으로서의 시스템의 요건은 ① 값싸고, 소형이며, 탁상식일 것, ② 입출력 장치가 일단 갖추어져 있을 것, ③ 모니터 및 언어 처리 프로그램이 메이커에서 공급될 것, ④ 필요에 따라 확장할 수 있는 시스템일 것 등이다. =PC

personal computer communication PC 통신(－通信) 개인용 컴퓨터에 통신 기능을 갖추고 전화망 등의 네트워크와의 접속을 가능케 함으로써 통신용 단말로서도 사용하는 것. 개인용 컴퓨터 간의 통신 뿐 아니라 대형 컴퓨터와 접속하여 데이터베이스의 정보 검색을 할 수도 있어 개인용 컴퓨터의 이용 효과가 대폭 향상한다.

personal computer network 퍼스널 컴퓨터망(－網) 퍼스널 컴퓨터를 온라인으로 유기적으로 결합한 것. 개별적으로 도입된 퍼스널 컴퓨터를 하드웨어, 소프트웨어, 데이터 등의 자원을 공용하기 위하여, 예를 들면 LAN 으로 결합한다.

person-to-person call 지명 통화(指名通話) 통화 상대를 지명해서 하는 통화. =personal call

perspective drawing 투시도(透視圖) 물건 등을 눈으로 보는 경우와 똑같은 원근감이 나타나도록 그린 투영도. 그림 (a)의 1점 소점법과 그림 (b)의 2점 소점법이 있다. =perspective projection

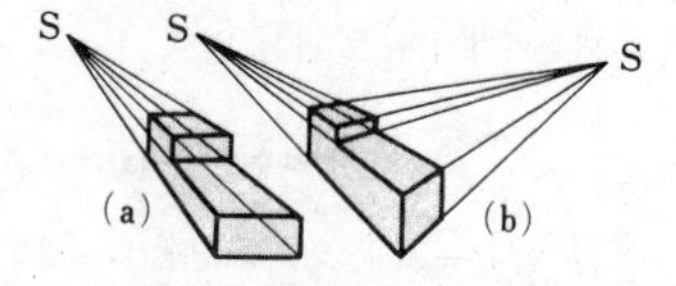

perspective projection 투시도(透視圖) =perspective drawing

PERT 퍼트 program evaluation and review technique 의 약어. 시스템 개발의 프로그래밍이나 분석 수법의 하나. 시스템 건설의 작업 내용과 진행 순서, 일정 등을 가장 효과적으로 조합시켜 프로젝트 전체의 진행 상태를 관리하는 데 유효한 방법이다. 작업 내용, 작업 순서, 작업 일수 등을 화살표로 조합시켜서 공정 전체를 도표화한 것을 PERT 네트워크라 한다. 그림의 PERT 네트워크에서 화살표로 나타낸 설계나 공사의 작업을 액티비티, ①, ②, … 등으로 나타낸 결합점을 이벤트라 한다.

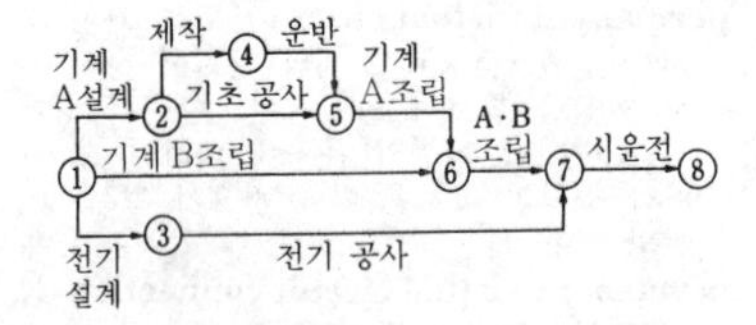

perveance 퍼비언스 2극관의 공간 전하 제한 영역에서는 양극 전압 V_p일 때의 양극 전류 I_p는

$$I_p = GV_p^{3/2}$$

이 되며, 이 비례 상수 G를 퍼비언스라 한다. 이 값은 전극 구조에 따라 정해지므로 음극의 유효 면적에 비례하고, 양극과 음극간의 거리의 제곱(평면 전극인 경우)에 반비례한다.

Petri nets 페트리 네트 동시성(concurrency)와 병행성(parallelism)을 가진 시스템을 표현하는 경우에 널리 쓰이는 유용한 모델.

pF 피코패럿 pico farad 의 약자. 용량의 단위로 10^{-12} 패럿.

PFM 펄스 주파수 변조(－周波數變調) = pulse frequency modulation

p-gate thyristor p 게이트 사이리스터 그 속에서 음극 단자가 접속되는 영역에 인접하는 p 영역에 게이트 단자가 접속되어 있는 사이리스터로, 통상 게이트와 음극 단자간에 +의 신호를 가함으로써 on 상태로 전환된다.

phantom circuit 중신 회선(重信回線) 별개의 두 통신 회로를 써서 구성되는 통신 회로, 혹은 하나의 통신 회로와 대지간에 서 구성되는 통신 회로.

phantom loading 중신 장하(重信裝荷) 중신 회선에서 측회선에 원하는 인덕턴스를 도입(진폭 일그러짐을 줄이기 위해)하고, 그 중신 회선의 인덕턴스를 최소로 하는 장하 코일(load coil)을 부가하는 것.

phantom target 의사 목표물(疑似目標物) ① 레이더 표시기에 특수한 블립(blip)을 발생시키는 에코 박스 또는 다른 반사 장치. ② 레이더계의 작동 대상인 목표물에 의한 블립과 유사한 블립을 레이더 표시기상에 발생시키는 어떤 종류의 상태, 조정 불량 또는 (온도 역전과 같은) 현상.

phase 위상(位相) 전기적 또는 기계적인 회전에서 어느 임의의 기점에 대한 상대적인 위치.

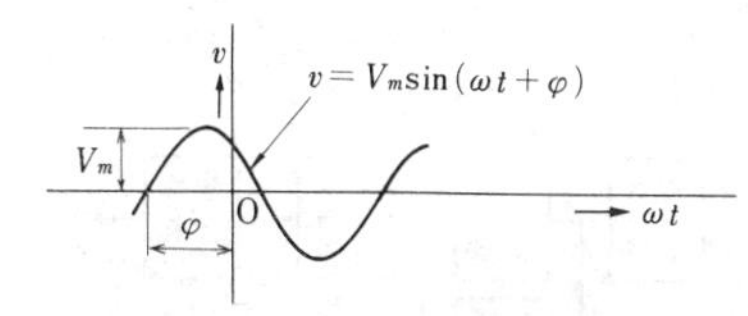

phase alternation by line system PAL 방식(－方式) 서독 및 영국에서 개발된 컬러 텔레비전 방송 방식. 주사선수 625, 필드 주파수 50Hz, 선 주파수 15,625 Hz 이다. 컬러 정보는 주사선마다 역위상으로 하여 송신하고, 수상기에서 올바른 위상으로 되돌려 수신함으로써 전송 일그러짐을 방지하고 있다.

phase angle 위상각(位相角) 정현파의 시간적 변화를 나타내는 데 그림과 같이 시간의 기점을 정했을 때 φ로 나타내어지는 각도를 말한다. 이 때 정현파는 다음 식으로 나타내어진다.

$v = V_m \sin(\omega t + \varphi)$

φ의 단위는 rad 또는 도(度)이다.

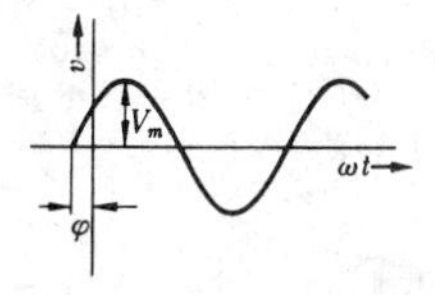

phase center 위상 중심(位相中心) 안테나에서 방사된 전파의 방사 구면(球面)상에서의 전자계 성분의 위상이 기본적으로 일정해지는 구면의 중심을 안테나의 위상 중심이라 한다. 이 구면으로서는 적어도 전파의 방사 전자계의 강한 부분을 취한다. 안테나 중 명확한 위상 중심을 갖지 않는 안테나도 있다.

phase-change recording 위상 변화 기록(位相變化記錄) 금속 결정의 미세 부분에 레이저 빔의 초점을 맞추고, 그 구조의 반사성을 변화시켜 결과의 구조가 레이저광을 반사하는가 흡수하는가에 따라서 변화가 0이나 1의 비트로서 판독되도록 하는 광학적 매체 이용의 기록 기술.

phase characteristic curve 위상 특성 곡선(位相特性曲線) 제어계의 전달 요소가 어떤 위상 특성을 가지고 있는가를 나타내는 곡선. 가로축에 입력 신호의 각주파수를 대수 눈금으로 취하고, 세로축에 입력 신호에 대한 위상의 벗어남을 등간격 눈금으로 취하여 나타낸 것. 일반적으로 이득 특성 곡선과 동시에 그리며, 안정 판별 등을 하는 데 이용된다.

phase characteristics 위상 특성(位相特性) 여파기의 입출력 단자간에서의 위상 추이나 주파수와 위상의 관계 등을 총칭하는 것.

phase comparator 위상 비교기(位相比較器) 동일 주파수를 가진 두 파의 위상차를 검출하는 장치. 예를 들면 두 파의 곱셈을 하여 적당한 필터로 고주파(반송파)를 제거함으로써 위상차에 비례한 출력을 얻을 수 있다. 입력이 정현파이면 출력은 $\sin(\theta_1 - \theta_2)$에 비례하지만 입력이 구형파이면 출력은 $(\theta_1 - \theta_2)$에 비례한다.

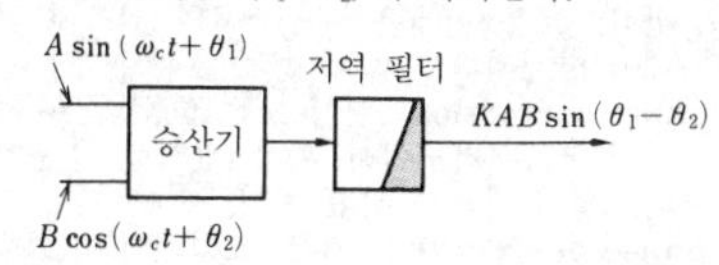

phase compensation 위상 보상(位相補償) 자동 제어계 혹은 부궤환 증폭기에서 그 개(開) 루프 이득이 0dB 가 되는 주파수에서의 위상 지연이 180°가까이 되면 계(系)의 안정도가 저하하여 동작이 불안정하게 되므로 진상(進相) 회로, 지상(遲相) 회로 기타의 회로를 써서 계의 위상의 주파수 특성 일부분 또는 전체를 수정하여 바람직한 위상 여유를 줄 필요가 있다. 그 때문에 사용되는 주파수 선택성을 가진 회로(필터 혹은 등화기)를 보상 회로라 한다. 위상 보상은 비교적 간단하고 염가로 계를 안정화시킬 수 있는 방법으로서 널리 쓰이고 있다.

phase constant 위상 상수(位相常數) 분포 상수 회로를 전파하는 전압이나 전류는 전파 방향을 따라서 크기의 감소와 위상의 지연을 일으킨다. 후자에 대해서 선로의 단위 길이당의 위상차를 나타내는 것이 위상 상수이며, 단위는 라디안 매 미터(기호 rad/m)를 사용한다. 또, 위상 상수 β는 파장 λ에 대하여

$\lambda = 2\pi/\beta$ 〔m〕

의 관계가 있으므로 파장 상수라 하는 경우도 있다.

phase control 위상 제어(位相制御) 위상을 바꿈으로써 전압, 전류 혹은 에너지의 양을 제어하는 것. 부하에 직렬로 SCR을 접속하여 교류 전압을 가했을 때 SCR의 게이트에 전류를 흘려서 턴온하는 위상을 교류 전압에 관계하여 벗어나게 하면 부하 양단 전압의 크기를 제어할 수 있다.

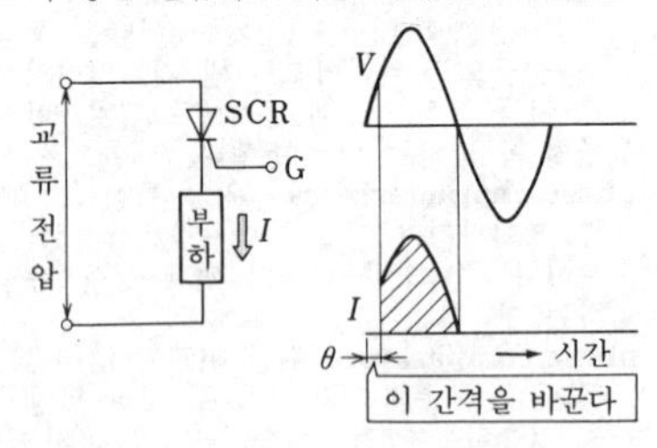

phase-control angle 제어각(制御角) → firing angle

phase-corrected horn 위상 보정 혼(位相補正―) 본질적으로 개구면에서 전자 파면이 평면파가 되도록 설계된 혼을 말한다. 보통 이것은 개구에서의 렌즈에 의해서 달성된다.

phase correction 위상 보정(位相補正) 동기식 전신 기구에서 위상 관계를 충분히 바르게 유지하기 위한 처리.

phase corrector 위상 조정기(位相調整器) 상(相)의 일그러짐을 보정하기 위해 설계된 회로.

phase crossover frequency 위상 교점 주파수(位相交點周波數) →Bode diagram

phase current 상전류(相電流) 3 상 교류에서 전원에서는 발전기나 변압기의 권선을 흐르는 전류를 말하고, 부하에서는 그 부하 중을 흐르는 전류를 말한다.

phase curve 위상 곡선(位相曲線) 가로축에 주파수의 상용 대수를 취하고, 세로축에 그 주파수에서의 위상각을 플롯한 곡선. 제어계 등의 특성을 살피기 위해 위상 곡선과 게인 곡선을 1조로 하여 표시한 것을 보드 선도(Bode diagram)라 한다. 또 복소 평면상에 위상 특성과 게인 특성을 나타낸 것을 벡터 궤적이라 한다.

phased array antenna 페이즈드 어레이 안테나 어레이 안테나의 각 소자에 궤전(급전)하는 위상을 전자적으로 변화시켜서 방사 빔의 주사를 시키는 안테나.

phased array antenna radar 페이즈드 어레이 안테나 레이더 항법 무선용 레이더의 일종으로, 기계적으로 안테나를 회전시키지 않고 고정한 다수의 안테나에 전파의 위상을 전자적으로 변화시켜서 궤전하여 방사 빔을 주사하는 형식의 것. 전자 회로는 마이크로파 집적 회로에 의해서 구성된다. 이 방식은 주사를 컴퓨터에 직결할 수 있을 것, 안테나 소자의 몇 개가 고장나도 치명적인 영향을 받지 않는 등 이점이 많다.

phase demodulation 위상 복조(位相復調) 위상 변조를 받은 파에서 신호를 꺼내는 것. 변조된 위상 변조파(PM 파)를 판별기로 검파하여 신호파를 꺼낼 수 있다. 이동 무선에는 반송 주파수의 안정을 유지하기 위해 위상 변조(등가 FM)가 이용된다. 복조는 FM의 복조 회로가 쓰인다. 그림은 FM 수신기의 구성도이다.

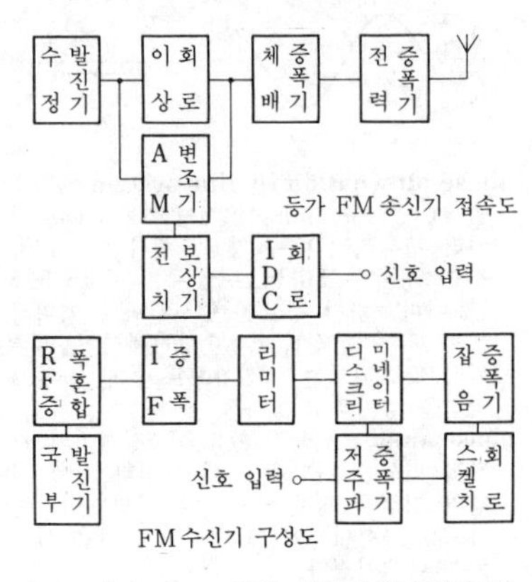

등가 FM 송신기 접속도

FM 수신기 구성도

phase detector 위상 검출기(位相檢出器) 상대적인 위상 혹은 신호간의 시간차를 나타내는 출력 신호를 꺼내는 회로.

phase deviation 위상 편이(位相偏移) ① 변조파의 순시 각도와 반송파의 각도 차의 피크 값. 정현파상 변조의 경우에는 위상 편이(라디안)는 변조 지수와 같다. ② 전송 대역 내에서의 위상 시프트의 주파수 비례값으로부터의 편이. 또는 이와 같은 편이가 전송 신호에 미치는 영향.

phase difference 위상차(位相差) 같은 주파수의 두 정현파에서의 위상각의 차를 말한다. 예를 들면

$v_1 = V_{m1} \sin(\omega t + \varphi_1)$ 와 $v_2 \sin(\omega t + \varphi_2)$

의 위상차는 $\varphi = \varphi_1 - \varphi_2$

이다. 이 때 $\varphi_1 > \varphi_2$이면 v_1은 v_2보다 φ만큼

앞서고, $\varphi_1<\varphi_2$이면 v_1은 v_2보다 φ만큼 늦는다고 한다. 위상차는 각도이므로 그 단위는 rad 또는 도(度)로 나타내어진다.

phase discrimination 위상 판별(位相判別) 위상 변조에 있어서, 수신측에서 기준 위상으로부터의 벗어남을 검출하여 송신 신호를 재생하는 것.

phase discriminator 위상 판별기(位相判別器) 어느 위상을 기준으로 하여 다른 위상의 변화량을 검출하는 회로. 위상 검파기라고도 한다. 동작은 비검파 회로와 비슷하나 기준 반송파 f와 입력 f_p는 90°의 위상차가 필요하다. 이 때의 출력은 0이 된다. 컬러 텔레비전의 색동기 회로 내에서 색부반송파를 얻을 때 쓰인다. → color synchronizing circuit

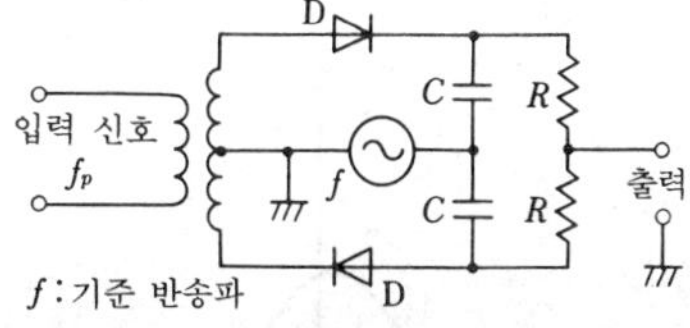

phase discriminator type power factor meter 위상 판별식 역률계(位相判別式力率計) 전압 단자에서 공급된 전압과 전류 단자에 접속된 변류기(變流器)의 2차측 전류와 각각 다이오드를 통하여 위상 판별기에 가하고, 그 직류 출력을 가동 코일형 계기로 지시케 하는 역률계이다. 단상 및 3상 양용으로서, 또 사용 전압 및 전류의 범위를 넓게 할 수 있다.

phase distortion 위상 일그러짐(位相－) 어느 신호를 증폭하는 경우 증폭기의 주파수 특성이 고르지 않기 때문에 신호 중에 포함되는 각 주파수의 성분마다 다른 시간적인 벗어남이 생긴다. 이 때문에 출력의 파형은 입력 신호의 파형과 같게는 되지 않는다. 이렇게 하여 생기는 일그러짐을 위상 일그러짐이라 하고, 시간적 지연이 일정하지 않음으로써 생기는 일그러짐이므로 지연 일그러짐이라고도 한다.

phase equalization 위상 등화(位相等化) 회선에서 일어나는 주파수의 지연값이 일정하지 않을 때 생기는 변형을 수정하는 것.

phase equalizer 위상 등화기(位相等化器) 특정한 주파수 범위에 걸쳐서 위상 일그러짐을 보상하도록 설계된 회로망.

phase focusing 위상 맞춤(位相－) 다공동형 마그네트론에서 전자를 회전 전계와 위상을 맞추도록 자동적으로 작용하는 것. 늦는 전자는 갭 전계의 반경 방향 성분에서 에너지가 공급되어 위상 지연을 줄이고, 반대로 앞선 전자는 에너지를 방출하여 위상을 늦춘다.

phase-frequency distortion 위상 일그러짐(位相－) 일반의 전송로에서는 위상량 β는 주파수에 비례하지 않는다. 따라서 d$\beta/d\omega$로 나타내어지는 각 주파수 성분의 지연 시간은 주파수에 따라 다른 값을 갖게 된다. 그 결과 각 주파수 성분의 도착 시간이 다르게 되어 파형 일그러짐이 발생한다. 이것을 위상 일그러짐이라 한다. 음성 전송에서는 그다지 문제가 되지 않지만 데이터 전송과 같은 파형 전송에서는 큰 장애가 되어 위상 등가기에 의한 보정이 필요하게 된다.

phase front 동위상 파면(同位相波面) 파원(波源)에서 방사되는 파의 위상이 같은 점을 포함하는 면.

phase hit 위상 도약(位相跳躍) 짧은 시간에 신호의 위상이 급격히 변화하는 것을 말한다. 이것은 전송로를 구성하는 전송로 전환 장치의 전환 등으로 발생하며, 위상 변조를 쓰고 있는 데이터 전송인 경우는 오류의 발생 원인이 된다.

phase inversion system 위상 반전 방식(位相反轉方式) 위상 변조 방식 중 신호 위상으로서 0상, π상의 둘만을 사용한 것을 말한다. 이것은 반송파 억압 진폭 변조 방식과 같은 것이다.

phase-inverted cabinet 위상 반전 캐비닛(位相反轉－) 스피커의 콘(cone)지 배면에서 나오는 음파와 위상을 맞추어서 전면에 음을 방사하도록 한 캐비닛. 구조는 스피커 부착판의 일부에 구멍을 뚫고, 거기에 덕트를 부착하여 캐비닛과 공명기를 형성하여 밀폐형 캐비닛보다 낮은 주파수까지 평탄한 특성을 얻을 수 있다. 공명 주파수는 개구부(開口部)의 면적과 깊이에 의해서 바꿀 수 있으므로 저음 증강용 캐비닛으로서 이용되고 있다.

phase inverter 위상 반전 회로(位相反轉回路) 푸시풀 증폭기에서는 2개의 트랜지스터를 사용하는데, 입력 전압은 그 크기가 같고 위상이 반대이어야 한다. 이러한 서로 역위상의 전압은 입력 트랜스를 사용하면 쉽게 얻어지지만 주파수 특성이 나빠지므로 CR 결합 증폭 회로를 사용하여 얻고 있다. 이것을 위상 반전 회로라 하고, 부하 분할형이나 자기 평형형 등이 있다.

phase jitter 위상 지터(位相－) 반송파 발생시에 침입하는 잡음 등에 의해 발생하는 데이터 신호의 위상 변동으로서 전송된 반송파 신호의 피크에서 위상 사이의 편차가 과도한 것. 일반적으로 반송파 시스템의 주파수 분할 멀티플렉서에서 발생한다.

phase-lag of video signal 비디오 신호의 위상 지연(－信號－位相遲延) 텔레비전 신호 등에서의 주파수 특성, 특히 대역폭은 출력 화상에서의 해상도에 크게 관계하는데, 위상 지연도 그 주파수 영역에 의해 여러 가지 영향이 생긴다. 저역에서의 위상 지연은 스트리킹(화상의 가장자리가 꼬리를 끄는 현상)을 발생하고, 고역에서의 위상 지연은 역시 화상 가장자리가 번진다.

phase localizer 위성 비교 로컬라이저(位相比較－) 온 코스선은 두 방사 신호의 등위상대(等位相帶) 중앙에 있고, 이 존(zone)으로부터의 좌우의 치우침이 두 신호 중 한쪽 위상의 반전으로서 검출될 수 있도록 되어 있는 로컬라이저.

phase-locked 위상 동기(位相同期) 전자 장치 등의 제어 기능에 의해 각각의 위상이 상대적으로 일정하게 유지되고 있는 두 신호간의 관계를 나타내는 용어.

phase-locked loop 위상 동기 루프(位相同期－) 외부로부터의 신호에 의해 임의의 주파수를 발생시키는 소자. 위상 비교기, 저역 필터, 오차 증폭기 및 전압 제어 발진기로 이루어지는 일종의 주파수 궤환형 회로를 말한다. ＝PLL

phase locked loop system PLL 방식(－方式) 그림과 같이 위상 비교기, 저역 필터, 증폭기, 전압 제어 발진기로 이루어지는 궤환 폐회로이다. 입력 신호의 주파수 및 위상과 전압 제어 발진기의 발진 주파수 및 위상이 위상 비교기에 의해 비교되어서 그 오차에 비례한 직류 전압이 발생한다. 이 오차 전압은 저역 필터를 통하여 증폭되고, 전압 제어 발진기에 가해져서 입력 신호와 전압 제어 발진기의 발진 주파수 및 위상차를 저감시키는 방향으로 전압 제어 발진기의 주파수를 변화시키도록 되어 있다. PLL은 서보모터의 제어 회로나 FM 튜너 등에 이용되는 외에 가변 주파수 발진기에 이 방식을 도입하여 주파수 안정도가 좋은 국부 발진기를 만드는 데에도 응용되고 있다. ＝PLL system

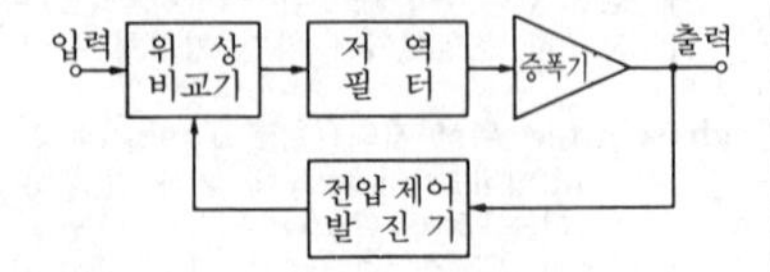

phase locking 위상 동기(位相同期) 기준 신호원에 관해서 일정한 위상각으로 동작하도록 발진기 또는 주기적 신호 발생기를 제어하는 것.

phase margin 위상 여유(位相餘裕) 자동 제어계의 안정도를 알기 위해 이득 여유와 아울러 사용하는 값. 이득이 1로 되었을 때 계가 불안정하게 되는 위상의 한계(－180°)까지, 또 얼마만큼의 위상의 여유가 있는가를 나타내는 것. 원점 O를 중심으로 하여 반경이 1인 원(단위원)과 주파수 응답의 벡터 궤적과의 만난점을 Q로 하면 직선 OQ와 －의 실축이 이루는 각이 위상 여유이다. 보드 선도에서는 이득이 0dB일 때의 주파수에서 위상이 －180°까지 앞으로 얼마가 되는가를 구하면 된다.

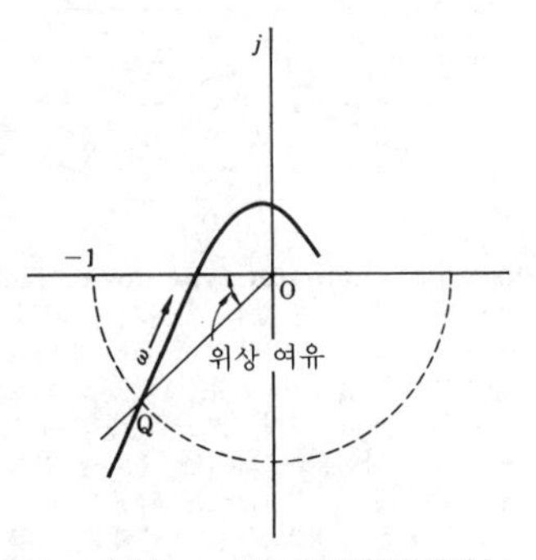

phase matching 위상 정합(位相整合) →optical parametric amplifier

phase meter 위상계(位相計) 역률 cos φ는 위상각 φ의 함수이므로 역률계의 눈금을 위상각으로 매기면 그대로의 구조로 위상계가 된다. 눈금은 중앙이 0이고 왼쪽이 지상(遲相), 오른쪽이 진상(進相)으로 되어 있다. 전류력계형, 가동 철편형 등은 모두 주파수의 변화에 따라서 지시에 오차가 생기므로 규정 주파수 이외에서는 사용할 수 없다. 그 밖에는 위상 판별기를 사용하여 가동 코일형 계기로 지시시키는 것도 있다.

phase-modulated transmitter 위상 변조 송신기(位相變調送信機) 위상 변조된 파를 송신하는 송신기.

phase modulated wave 위상 변조파(位相變調波), PM 파(－波) →phase modulation

phase modulation 위상 변조(位相變調) 신호파의 순시값에 따라서 반송파의 위상을 바꾸는 방식의 변조. 반송파, 신호파를 그림과 같은 정현 파형으로 했을 때 피변조파 i는 $i=I_c \sin(\omega_c t+\theta \cos \omega_s t)$가 되며, 그림과 같은 조밀한 파형이 된다. $\Delta\theta$는 I_s에 따른 최대 위상 편이로, 변조 지수라고 하는 양이다. 위상 변조파(PM 파)는 주파수 변조파(FM 파)와 비슷하므로 주파수 변조를 할 때 간접적으로 이 위상 변조가 이용된다. =PM

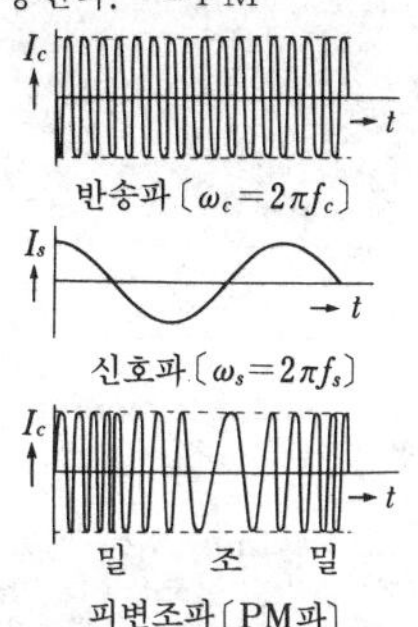

phase modulation circuit 위상 변조 회로(位相變調回路) 위상 변조를 하는 회로. 벡터 합성에 의한 위상 변조 회로를 예로 들면 그림과 같이 B′~B~B″의 범위에서 크기가 변화하는 진폭 변조파와 90° 위상이 앞선 반송파를 합성하면 $+\Delta\varphi'$~$-\Delta\varphi''$의 위상 변화를 가진 위상 변조파 C′~C~C″를 만들 수 있다. 또한, 동시에 진폭 변화도 생기는데 진폭 제한기를 통해서 일정 진폭으로 다듬는다. 이 회로 외에 가변 용량 다이오드를 사용한 리액턴스 위상 변조라는 방식의 회로도 사용된다. →phase modulation

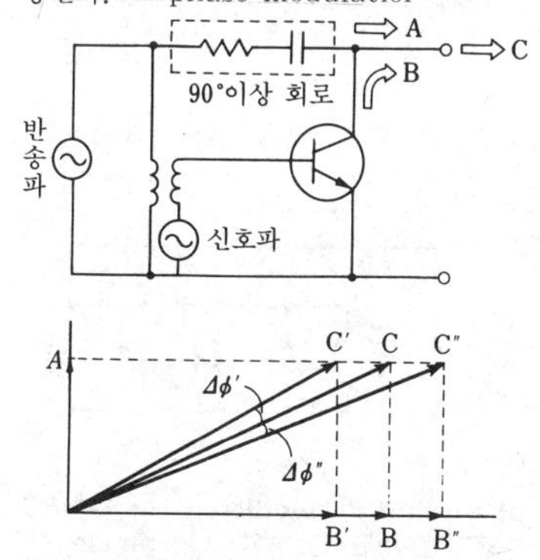

phase modulation detection 위상 변조 검파(位相變調檢波) 위상 변조파를 복조하여 송단(送端) 신호를 회복하는 프로세스로, 이것에는 다음의 두 가지 방법이 있다. ① 고정 기준 검파(fixed-reference detection), ② 차동 검파(differential detection). 전자는 송단 신호의 위상을 주기 위한 기준 위상을 수단(受端)에서 어떤 방법으로 이용할 수 있도록 한 것이고, 계속해서 수신한 신호 사이에서의 위상 변화를 검출하여 이에 의해 복조하는 것이다.

phase modulation telemetering 원격 조작 위상 변조(遠隔操作位相變調) 송신되는 전압과 기준 전압의 위상차가 측정되는 양의 크기의 함수로서 변화하는 원격 조작의 한 가지 타입.

phase modulator 위상 변조기(位相變調器) 위상 변조(PM)를 하는 회로. 단, 위상 피변조파를 그대로 사용하기보다도 간접 주파수 변조 방식으로서 신호파를 적분 회로를 통해 위상 변조기에 걸어 FM 피변조파를 얻는 데 사용된다. 위상 변조기에는 벡터 합성법, 이상형, 세라소이드(serrasoid) 변조 회로 등이 있다.

phase of a circularly polarized field vector 원편파 전계 벡터의 위상(圓偏波電界―位相) 편파면 내에서 전계 벡터와 기준의 방향이 이루는 각. 여기서 각도의 방향이 편파의 회전 방향과 같은 경우에는 정(正), 역의 경우에는 부(負)가 된다.

phase path 위상로(位相路) 어떤 매질 내의 2점간을 전파(傳播)하는 시간 조화항(調和項)을 갖는 전자파에 대해서 진공 중의 빛의 속도와 등위상면이 2점간을 이동하는 데 요하는 시간과의 곱.

phase pattern 위상 패턴(位相―) 안테나에 의해 여기(勵起)된 전자계 벡터의 상대 위상의 공간적 분포. ① 위상은 임의의 기준과의 상대값으로서 주어진다. ② 어떤 경로, 면, 방사 패턴의 단면에 걸친 위상 분포도 마찬가지로 위상 패턴이라 한다.

phase quantization 위상 양자화 작용(位相量子化作用) 발진의 위상이 처음에는 여진(勵振) 입력의 위상과 다소 달라도 일치한 값으로 되어 안정하는 현상으로, 위상 인입 작용이라고도 한다. 예를 들면, 파라메트론의 여진 입력의 위상이 정확하게 0상 또는 π상이 아니라도 최종적으로 안정하는 발진의 위상은 정확하게 180° 다른 두 상태의 어느 것엔가로 정해지는 것도 이 작용 때문이다.

phase recovery time 위상 회복 시간(位相回復時間) 마이크로파관에 전송되고 있는 저 레벨의 무선 주파수 신호에 어떤 정해진 이상(移相)이 생길 정도까지, 동작하고 있는 마이크로파관이 소(消) 이온화되는 데 요하는 시간.

phase resolution 위상 분해능(位相分解能) 어느 시스템에 의해 판별할 수 있는 위상의 최소 변화.

phase-reversal modulation 위상 반전 변조(位相反轉變調) 신호 위상의 반전에 의해 2진 정보의 0과 1을 나타내는 변조법.

phase-sensing monopulse radar 위상 검출 모노펄스 레이더(位相檢出－) 수신 안테나가 둘 또는 그 이상의 개구부(開口部)를 가지고 있고, 이들이 수파장분 이상 떨어져서 설치되어 각각 별개로 동작하고 있다. 이들 개구부는 같은 패턴을 발생하는데, 에코 신호의 위상 비교에 의해 구하는 방향 정보를 보다 높은 정밀도로 결정할 수 있다.

phase-sensitive amplifier 위상 판별 증폭기(位相判別增幅器) 서보 증폭기로, 그 출력 신호의 극성 또는 위상이 입력 전압과 기준 전압 사이의 위상 관계에 의해서 정해지는 것.

phase-sensitive detector 위상 검파기(位相檢波器), 동기 검파기(同期檢波器) 반송파 억압 AM 파를 검파할 때 사용되며, 원래의 반송파와 동기한 반송파를 가함으로써 신호파를 재생하는 것이다. 검파 출력이 위상차에 비례하므로 위상차의 검출에 사용되나, 단측파대 복조 회로로서도 사용된다.

phase shift 위상 변이(位相變移), 위상 전이(位相轉移) ① 입력 신호의 양에 대하여 반송파의 위상을 변화시키는 위상 변조 방식에서 입력 신호의 양에 비례하여 변화된 반송파의 위상량. ② 전달로에 위상 일그러짐이 있을 때 이것에 의하여 받은 반송파 위상 차이의 양. ③ 입출력 신호 사이의 시간차나 제어 장치 또는 시스템이나 회로에서 동기된 신호 사이의 시간차.

phase shift circuit 이상 회로(移相回路) 회로망 출력단의 전압 또는 전류가 입력단의 전압이나 전류보다 어느 위상만큼 달라지도록 한 회로를 이상 회로라 한다. 이상형 발진기에 사용하는 이상 회로는 저항과 콘덴서를 사용하여 180°의 위상차를 만든다.

phase shift detector 이상형 검파기(移相形檢波器) 그림과 같이 주파수 변조파를 공진 회로와 같은 포락선 지연이 큰 이상기를 통해서 이것과 입력파와 위상 비교를 하여 복조하는 주파수 판별기. 위상 비교는 두 입력 신호의 곱셈에 의해서 할 수 있으므로 승산형(乘算形) 판별기라고도 한다.

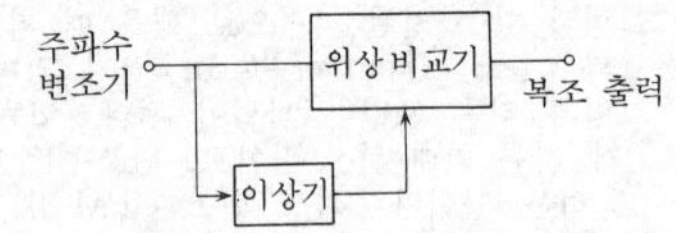

phase shifter 이상기(移相器) 출력 파형이 입력 파형에 대해서 상이한 위상인 것. 또 그 회로. 50Hz 부터 마이크로파까지 각종의 것이 있다. 그림은 *CR* 을 이용한 이상기의 일례를 나타낸 것이다.

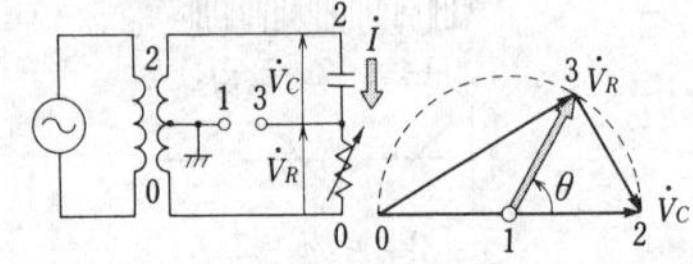

phase shift feedback oscillator 이상 궤환형 발진기(移相饋還形發振器) →Wien bridge oscillator

phase shift keying 위상 편이 방식(位相偏移方式) 위상 변조(PM) 방식 중 변조 신호가 디지털 신호인 것. 1,200~4,800 b/s 의 모뎀에 이 방식이 쓰이고 있다. 위상 편이 방식 모뎀의 규격은 CCITT 의 V.22, V.26, V.27 등이 있다. ＝PSK →FSK

phase shift oscillator 이상형 발진기(移相形發振器) *CR* 발진기의 일종으로, 저항과 콘덴서를 조합시킨 이상 회로에 의해서 출력 전압을 동상(同相)으로 입력측에 궤환시켜서 발진을 시키는 것. 그림은 트랜지스터를 사용한 회로의 예로, 발진 주파수는 *C* 와 *R* 의 값으로 정해지며, 이 회로의 발진 주파수 f_0는 다음 식에 의해서 구해진다.

$$f_0 = \frac{1}{2\pi\sqrt{6}CR}$$

그 때의 전류 증폭도의 크기 A_i 는

$A_i \geqq 29$

가 된다.

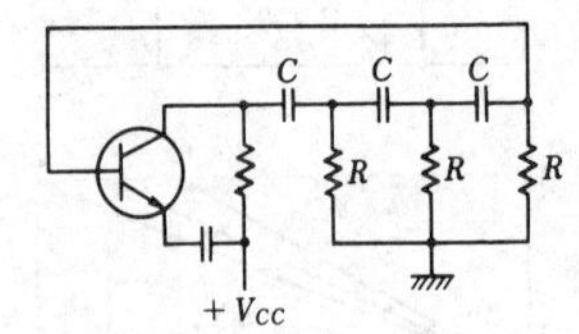

phase shift *RC* oscillator 이상형 *RC* 발진기(移相形－發振器) →phase shift oscillator

phase space 위상 공간(位相空間) ① 독립된 시간 변수에 의해 확장된 상태 공간.

② 상태 공간의 동의어로서 사용되며, 통상, 상태 변수가 서로 순차 시간 미분한 것이 된다.

phase splitter 위상 분할기(位相分割器) 단일 입력파로부터 둘 또는 그 이상의 상호 위상이 다른 출력파를 발생하는 장치.

phase splitting amplifier 분상 증폭기(分相增幅器) 분상기(分相器)에 의해 단일의 입력 신호에서 지정된 위상차를 갖는 두 출력을 발생하여 이에 의해서 푸시풀 동작시키도록 한 증폭기.

phase-tuned tube 위상 동조관(位相同調管) 일정한 범위 내에서 통과 및 반사 위상각을 제어할 수 있는 고정 동조형 광대역 송수신관.

phase velocity 위상 속도(位相速度) 도파관 내에서 전자계의 등위상면(패턴)이 축방향으로 진행하는 속도를 말한다. 전자파는 그림과 같이 도파관벽에서 반사하면서 진행하므로 관내 파장을 λ_g, 주파수를 f로 하면 위상 속도 v_p는

$$v_p = \lambda_g \cdot f = \frac{v}{\sin\theta}$$

가 되어 자유 공간을 전하는 전자파의 속도(=광속)보다 커지나 에너지가 전해지는 속도는 아니다.

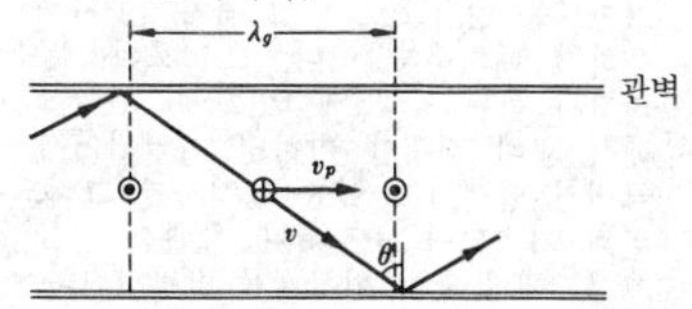

phase voltage 상전압(相電壓) 3 상 교류에서, 전원에 있어서는 발전기나 변압기의 한 권선 양 끝의 전압을 말하고, 부하에 있어서는 하나의 부하에 걸리는 전압을 말한다.

phasing 위상 정합(位相整合) 주사선을 따라 화상의 위치를 조정하는 것.

phasing signal 위상 신호(位相信號) 주사선을 따라서 화상의 위치를 조정하기 위해 사용되는 신호.

phasing time 위상 정합 시간(位相整合時間) 팩시밀리에서의 세분화(細分化)를 확실한 것으로 하기 위해 주사 동작과 기록 동작의 개시 위치를 일치시키는 데 필요한 시간.

phenol resin 페놀 수지(-樹脂) 통칭 베이클라이트라 한다. 페놀과 포름알데히드를 원료로 하는 노볼락 수지, 알칼리성 촉매에서는 레졸 수지라고 불리는 종류의 것을 만들 수 있다. 전자는 와니스 등에 사용되나 일반적으로 성형품이나 적층품으로서 쓰이는 것은 후자이다.

Philips screw 필립스 나사 나사 머리에 十자형의 홈을 가진 나사. 플러스 나사라고도 한다.

phi polarization 파이 편파(-偏波) 전계 벡터가 주어진 기준 구좌표(球座標)의 위도선에 대하여 접선 방향(φ방향)을 향한 전파. 안테나는 좌표계의 중심에 두어진 수평 루프이다.

phlogopite 금운모(金雲母) 화성암, 변성암 등에서 천연으로 산출되는 무색 또는 담색의 결정. 호박 마이카, 마그네시아 마이카라고도 한다. 내열 절연물로서 사용된다.

pH meter pH 계(-計) 용액 중의 수소 이온 농도의 역수의 대수를 pH 라 하고, 순수의 경우는 7 로 정하며, 이것을 기준으로 하여 산, 알칼리를 0~14 의 수치로 나타낸다. pH 계는 용액의 산, 알칼리 농도의 pH 를 측정하는 장치이다. Ph 가(價)가 다른 2 종의 용액을 유리 박막을 사이에 두고 떨어져 있을 때 pH 가의 차에 비례하는 기전력을 발생하므로 측정액 중에 표준 pH 가의 액을 넣은 유리 전극과 측정액의 전위를 꺼내는 비교 전극을 세우고, 양 전극간의 전위차를 측정함으로써 pH 가를 구할 수 있다.

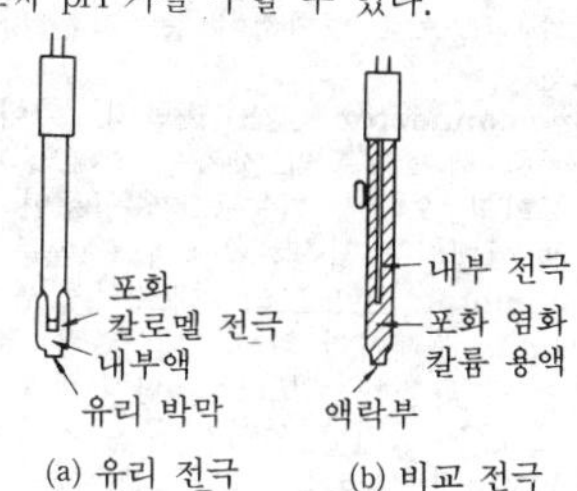

(a) 유리 전극 (b) 비교 전극

phoenix gate 페닉스 게이트 →totem-pole output

phon 폰 소리 크기의 레벨. 소음의 레벨 단위. 1kHz 의 소리에 대해서 음압 레벨의 값과 같아지도록 정한다. 예를 들면, 청각의 범위는 3~120 폰이다.

phone 단음(單音) 조음 기관(調音器官)이 일정한 위치를 잡고 있든가 또는 일정한 운동을 되풀이하고 있는 순간에 생기는 음. 단음을 나타내는 데 사용하는 기호를 음성 기호라고 하는데, 국제 음성 학회(International Phonetic Association: IPA)가 정한 기호를 사용하는 것이 보통이다. 단음을 나타내는 데 보통 〔 〕로 감싼다.

phone connector 폰 커넥터 전화선을 모뎀 등의 장치에 접속하기 위한 부속품. 보통 RJ-11 커넥터가 이것이다.

phone plug and jack 폰 플러그·잭 헤드세트나 인터폰을 라디오 수신기나 텔레비전의 음성 회로에 접속하기 위해 사용하는 1/4~1/8 인치 정도의 작은 접속 부품. 플러그를 꽂음으로써 회로가 닫히는 것과 반대로 열리는 것이 있다. 전화용의 것은 통화 및 제어를 위해 3 단자로 되어 있다.

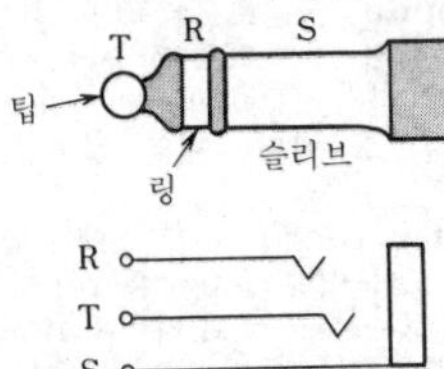

phono-cardiograph 심음계(心音計) 심장의 활동에 의해서 발하는 소리를 흉벽(胸壁)의 마이크로폰으로 꺼내서 기록하여 심장 질환의 진단에 이용하는 것. 그 기록 도형을 심음도라 하고, 심음을 3~4 개의 주파수 성분으로 나누어서 진단한다. 심음의 검출에는 전자(電磁) 마이크로폰이나 압전 소자를 써서 흉벽의 진동을 직접 전기 현상으로 변환하여 증폭하는 방법이 쓰인다.

phono connector 포노 커넥터 마이크로폰이나 헤드폰 등의 장치를 오디오 기기, 컴퓨터의 오디오 기능을 갖춘 주변 장치 혹은 어댑터에 접속하기 위한 부속품.

phonomotor 포노모터 레코드 재생 장치(레코드 플레이어)의 턴 테이블을 구동하기 위해 사용하는 모터로, 단상 유도 전동기나 단상 동기 전동기가 주로 사용된다. 포노모터의 성능으로서 중요한 것은 회전수가 정확할 것, 회전 불균일(와우·플러터)이 적을 것, 진동이 없을 것 등이다.

phonon 포논, 음자(音子) 음파 에너지의 미소 단위라고 생각되는 것으로, 초음파가 결정 중을 전하는 경우에 물질과의 사이에 상호 작용을 일으킨다.

phonosheet 포노시트 소노시트라고도 하며, 염화 비닐 등의 얇은 시트에 레코드와 같은 음구(音溝)를 새긴 것. 레코드판과 마찬가지로 픽업으로 재생할 수 있다. 최근에는 사용되지 않는다.

phosphor 형광체(螢光體) 전자선이나 X 선 등이 닿았을 때 발광하는 물질. 아연이나 카드뮴의 황화물이나 산화물이 대표적이며, 모두 구리, 망간 등을 활성체로서 첨가한다. 발광 기구는 여기(勵起)된 전자가 원래의 궤도로 되돌아갈 때 외부에서 얻은 에너지를 빛으로서 방출하는 루미네선스이다. 전자선에 의한 발광은 브라운관 등에, 자외선이나 X 선 등에 의한 발광은 방전관용 형광 도료 등에 이용된다.

phosphor bronze 인청동(燐青銅) 구리에 10% 이하의 주석과 미량의 인을 가한 합금으로, 계기의 나선형 스프링과 같이 탄력성이 요구되는 도전 부분에 쓰인다.

phosphor decay 형광 감쇠 특성(螢光減衰特性) 발광 에너지의 시간 의존성으로 표시한 형광의 특성 곡선.

phosphor dots 형광점(螢光點) 영상을 만들어내기 위해 사용되는 CRT 화면에서의 작은 형광 입자.

phosphorescence 인광(燐光) 전자, 자외선 또는 X 선과 같은 파장이 짧은 방사선에 의해 여기(勵起)된 다음 10^{-8} 초 이상, 광방출이 지속되는 루미네선스의 한 형태. 애프터 글로라고도 한다. 여기되고 있는 동안만 빛을 방출하는 경우는 형광(fluorescence)이라 한다.

phosphor indicator tube 형광 표시관(螢光表示管) 형광체의 발광 작용을 이용하여 문자, 숫자 등을 표시하는 데 사용하는 진공관으로, 형광체를 칠한 발광 세그먼트를 양극으로 하여 문자, 숫자에 대응하여 배치하고 있다. 그리드와 발광시키고자 하는 양극 세그먼트에, 음극에 대해서 +의 전위를 가하면 가열되어서 음극에서 발생되고 있는 열전자가 그리드에 의해 가속되어 +전위가 가해진 양극 세그먼트에만 닿아 형광체를 발광시킨다.

phosphor screen 형광면(螢光面) 유리에 형광체를 칠하고, 전자선이 닿으면 발광하도록 한 면. 브라운관에 사용된다.

phosphor using rare earth elements 희토류 형광체(稀土類螢光體) 형광체에 각종 희토류 원소를 활성제로서 가함으로써 성능을 좋게 한 것. 특히 이트륨 화합물(Y_2O_2S)에 유로피움(Eu)을 첨가한 것은 고휘도의 적색 형광체로서, 컬러 텔레비전의 수상관에 사용된다.

Photentiomatic 포텐쇼매틱 광전식 변위 검출 장치의 일종으로, 상품명이다. 그림과 같이 금속 피막 저항기와 광도전체를

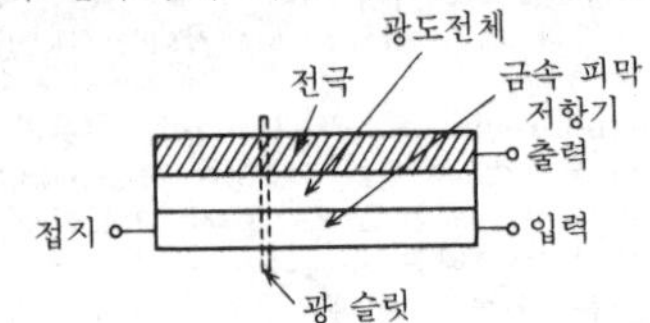

결합한 것으로 슬릿 모양의 입사광 위치나 폭에 따라서 출력 전압이 변화한다.

photo 포토, 사진(寫眞) 「광」, 「사진」을 나타내는 접두어. 사진(photograph), 사진의(photographic), 사진술(pho-togra-phy)의 약어로 흔히 쓰인다.

photo-acoustic effect 광음향 효과(光音響效果) 물질이 빛을 흡수하여 국부적으로 온도가 상승하고, 이것이 압력으로서 물질 중을 전파(傳播)하는 현상. 미소한 빛의 흡수를 고감도로 측정할 수 있기 때문에 분광법에 이용된다.

photocathode 광전 음극(光電陰極) 빛의 조사(照射)를 받으면 광전자를 방출하는 현상을 이용한 전극.

photocathode response 광전 음극 응답(光電陰極應答) 광전 음극의 감도는 특정한 분광 특성을 갖는 입력 방사 파워에 대해서 진공 중에 방출되는 전류로 정의된다. 단위는 암페어/와트로 표시된다.

photocathode spectral quantum efficiency 광전 음극 분광 양자 효율(光電陰極分光量子效率) 광전 음극면에 입사하는 광자수에 대한 평균 방출 전자수의 비를 광자 에너지(또는 주파수, 파장)의 함수로 표시한 것.

photocathode transit time 광전 음극 주행 시간(光電陰極走行時間) 광전자 증배관의 주행 시간의 일부분으로, 광전자가 광전 음극에서 제 1 의 다이노드까지 주행하는 시간.

photocathode transit-time difference 광전 음극 주행 시간차(光電陰極走行時間差) 광전 음극의 중심에서 방출된 전자의 주행 시간과 지정된 직경상의 점에서 방출된 전자 주행 시간의 차.

photocell 광전지(光電池) p 형과 n 형 반도체의 접합면이나 금속과 반도체의 접촉면에 빛을 댈 때 생기는 전위차를 이용하는 전지. 그림과 같은 구조의 셀렌 광전지는 사람의 눈과 거의 일치한 파장 감도를 가지므로 측정 등에 널리 쓰인다. 또 규소를 재료로 하는 태양 전지와 같이 전원으로서 사용하는 것도 있다.

조명빛에 의해 전압이 유도된다.
반투명 전극 (Au 또는 CdS)
빛
초전 전극
Se 층
옴 접촉
금 속 판

photochemical cell 광화학 전지(光化學電池) 어떤 종류의 용액에 있어서 빛의 조사(照射)를 받은 부분과 받지 않는 부분 사이에 생기는 기전력을 이용한 전지로, 빛의 에너지 측정 등에 쓰인다.

photochemical radiation 광화학 방사(光化學放射) 물질 내에 화학 변화를 일으키는 자외선, 가시선 혹은 적외 영역의 방사 에너지. 사진, 광화학 합성 등은 그 예이다.

photochemical vapor deposition 광 CVD(光−) CVD 에 의해 박막을 형성하는 경우에, 원료 가스 분자를 레이저광이나 저압 수은등의 빛 등을 조사(照射)함으로써 박막을 만드는 방법. 플라스마 CVD법과 같이 큰 에너지에 의해 가속된 입자가 막면에 충돌하여 이것을 손상시킬 염려는 없다. 빛의 파장을 바꾸어서 선택적으로 필요한 라디칼을 생성할 수 있다든가, 저온 반응이라는 것 등의 이점에서 반도체의 제조뿐만 아니라 표면 가공, 세라믹스 가공 등에도 응용되고 있다.

photochromic material 포토크로믹 재료(−材料) 어느 파장의 빛을 댐으로써 그 색이 (가역적으로) 변화하는 물질. 유기, 무기, 유리 등 여러 가지 재료가 있으며, 또 응용면에서는 여러 가지가 생각되고 있다.

photoconductive camera tube 광도전형 촬상관(光導電形撮像管) 광도전 효과를 이용하여 광전 변환을 하는 촬상관. 광학상은 타깃 내에서 전하상으로 변환되어 기억된다. 그 타깃을 전자 빔으로 주사하여 광학상에 대응하는 전기 신호가 얻어진다. 비디콘, 플럼비콘, 새티콘 등은 이 형의 촬상관이다.

photoconductive cell 광도전관(光導電管), 광도전 셀(光導電−) 광도전 효과를 이용한, 소형의 광도전 물질의 총칭. 소형이고 구조가 간단하나, 광전 감도가 좋고, 저전압으로 작동한다. 고출력 · 장수명이다. 종류로는 CdS 셀(단결정 셀 · 다결정 광면적 셀), PbS 셀이 있다. 그림은 Se 광전지를 나타내 것이다.

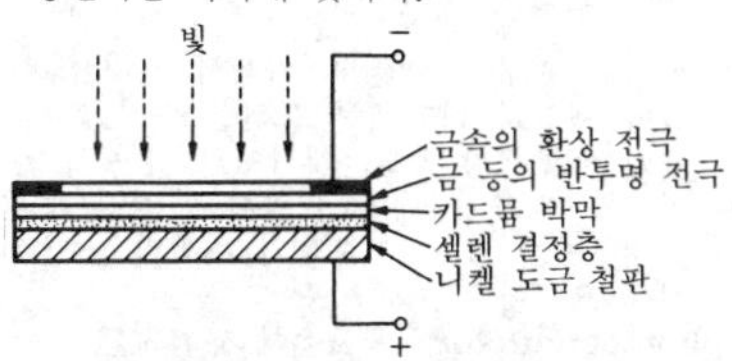

photoconductive drum 감광 드럼(感光−) 레이저 프린터 등의 전자 사진식 프린터에 사용되는 인쇄 정보 패턴을 기록하는 매체.

photoconductive effect 광도전 효과(光導電效果) 반도체에 빛을 조사(照射)하면 반도체 중의 캐리어 밀도가 증가하여 도전율이 증가하는 현상. 외부로부터의 빛의 에너지에 의해 가전자대의 전자가 전도대에 여기(勵起)되어 그 결과 도전성을 나타내게 된다.

photoconductive film 광도전막(光導電膜) 빛이 닿으면 표리간의 전기 저항이 감소하는 성질을 가진 막. 비디콘이나 플럼비콘 등의 촬상관에서 광학상을 전기 신호로 변환하는 부분에 사용되고 있다.

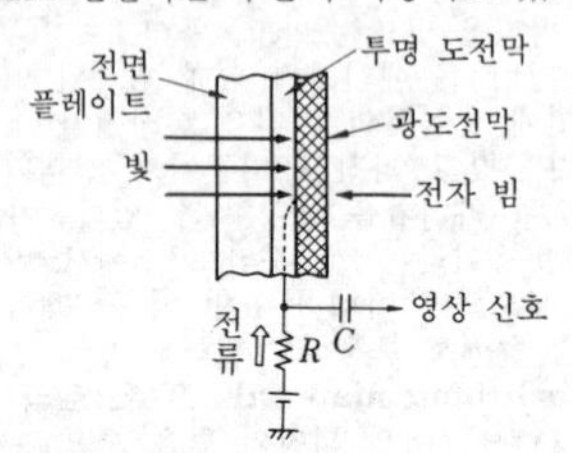

photoconductive storage tube 광도전형 축적관(光導電形蓄積管) 광조사(光照射) 또는 전자의 충격을 받아서 그 도전율이 변화하는 물질의 성질을 이용한 축적관. 배면(背面) 전극상에 광도전 물질을 칠한 타깃이 있고, 이것을 광 이미지에 노출하거나, 휘도 변조한 광 빔이나 전자 빔으로 주사하거나 하여 정보를 그 위에 축적한다. 이 정보는 판독 빔을 써서 주사함으로써 꺼낼 수 있다. 배면 전극에 도달하는 전자의 수, 즉 출력 신호의 세기는 각 축적 요소의 전도도로 정해진다. 그리고 배면 전극에 접속된 부하 저항에 흐르는 전류의 모양으로 출력이 얻어진다. 광도전형 축적관은 정전하형(靜電荷形) 축적관과 함께 널리 쓰인다. 이 밖에 광방출 효과, 루미네선스, 포토크로믹 효과 등을 이용한 축적관도 있다.

photoconductivity 광전도성(光傳導性), 광전도도(光傳導度) 광자(光子) 에너지가 전자 천이에 의해서 흡수되는 경우에 생성되는 자유 캐리어에 의해서 생기는 비금속 재료가 나타내는 도전율 증가. 자유 캐리어의 생성 속도, 캐리어의 이동도, 캐리어가 전도 상태를 지속하는 시간(캐리어의 수명) 등이 전도율의 변화량을 결정하는 요인이다.

photoconductor 광도전체(光導電體) 어두운 곳에서는 절연체에 가깝고, 빛이 닿았을 때만 도전성을 갖는 물질로, 빛의 검출기나 계전기 등으로서 계측, 제어에 쓰인다. 대표적인 것은 황화 카드뮴(CdS)으로, 박막 또는 작은 단결정으로서 사용하여 파장에 대하여 시감도(視感度)와 거의 같은 특성이 얻어진다. 황화납(PbS)은 적외선에 대한 감도가 좋다. 다른 용도로는 전자 사진에 셀레늄(Se)이나 산화아연(ZnO)이, 비디콘에 3황화 안티몬(Sb_2S_3) 등이 사용된다.

photoconductor drum 감광 드럼(感光-) =photoconductive drum

photocoupler 포토커플러 광신호를 거쳐 전기 신호의 전송을 하기 위한 부품. 전기 신호를 발광 다이오드에 의해 광신호로 변환하여 송신하고, 수신한 광신호는 포토트랜지스터에 의해 전기 신호로 복원하는 것으로, 입출력간을 전기적으로 절연할 수 있다.

photocromic glass 포토크로믹 유리 포토크로미즘을 나타내는 유리. 예를 들면, 붕규산 유리 중에 수%의 할로겐 화은을 석출시킨 것은 그것이 감광제의 작용을 함으로써 이 성질이 얻어진다. 유리 자체에는 포토크로미즘은 없다.

photocromism 포토크로미즘 빛의 투과체가 조사 광량(照射光量)에 따라서 가시 파장 영역에서 그 흡수량을 증가하는 현상을 말하며, 빛의 조사를 멈추면 가역적으로 회복한다. 이러한 현상을 볼 수 있는 유리를 포토크로믹 유리라 한다.

photocurrent 광전류(光電流) 방사속(放射束)을 받은 결과로서 광전 소자(포토다이오드 등)에 흐르는 전류.

photodetector 광검출기(光檢出器) 빛을 검출하여 그 강도를 전기 신호로 변환하는 트랜스듀서를 말한다. 광전지(실리콘, 셀렌), 광도전 소자(황화 가드뮴, 셀렌화 카드뮴), 포토다이오드, 포토트랜지스터, 광전자 증배관, 광전관(진공, 가스 봉입) 등이 있다.

photodiode 포토다이오드 규소의 pn 접합 또는 npn 접합에서의 통전이 빛의 입사에 의해 발생하도록 한 부품.

photodiode array 포토다이오드 어레이 다수의 포토다이오드를 규칙적으로 배치하여 생성한 것으로, 이미지 센서 등에 사용한다.

photodisintegration 광괴변(光壞變) 광핵반응 후, 특히 중양자(重陽子)가 중성자와 양자로 분해하는 현상. 광 핵반응과 같은 뜻으로 쓰이기도 한다.

photodissociation 광해리(光解離) 전자(電磁) 에너지 또는 광자 에너지 양자를 흡수하여 분자가 하나 또는 그 이상의 원자를 잃는 것.

photodissociation laser 광해리 레이저

(光解離－) 광해리에 의해서 생긴 원자, 분자 혹은 이들이 다른 분자와 충돌하여 화학 반응을 일으켜서 생긴 생성물을 이용하는 레이저.

photodoping 광 도핑(光－) →laser doping

photoelastic effect 광탄성 효과(光彈性效果) 유전 물질이 기계적 일그러짐을 받아서 그 광학적 성질이 변화하는 것.

photoelasticity 광탄성(光彈性) 탄성체를 변형시키면 복굴절을 일으키는 현상. 결정판의 간섭과 마찬가지로 복굴절광에 의해 간섭 무늬에 의해서 내부 변형의 상태를 볼 수 있다. 시험편(試驗片) 표면에 광탄성 재료의 얇은 막을 붙이고, 단색광의 원편광(圓偏光) 등을 써서 시험편으로 반사시키고, 스크린 상에서 일그러짐을 본다. 복잡한 형상을 한 부품의 응력 분포나 집중의 상태를 알 수 있다.

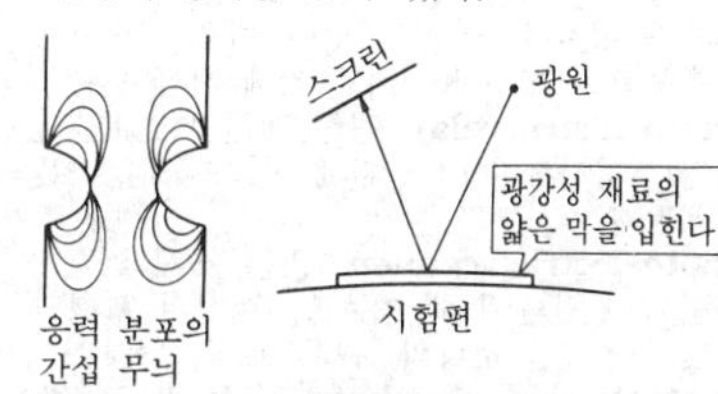

photoelectric beam-type smoke detector 광전 빔형 연기 검출기(光電—形煙氣檢出器) 방호(防護)되어야 할 구획을 횡단하여 수광 셀에 빛을 투사하는 광원을 포함하는 소자. 광원과 수광 셀 간에 연기가 존재하면 셀에 도달하는 광량이 감소하여 검출기가 동작한다.

photoelectric cell 광전지(光電池) 반도체의 광기전력 효과를 응용한 것으로, 빛이 조사되면 기전력이 발생하는 반도체 소자. 셀렌 광전지, 실리콘 태양 전지 등이 있다. 그림은 실리콘 태양 전지의 구조 예이다. 셀렌 광전지는 조도계 등에, 실리콘 태양 전지는 무인 중계국, 무인 등대, 인공 위성, 우주 로켓의 각 전원으로 사용된다.

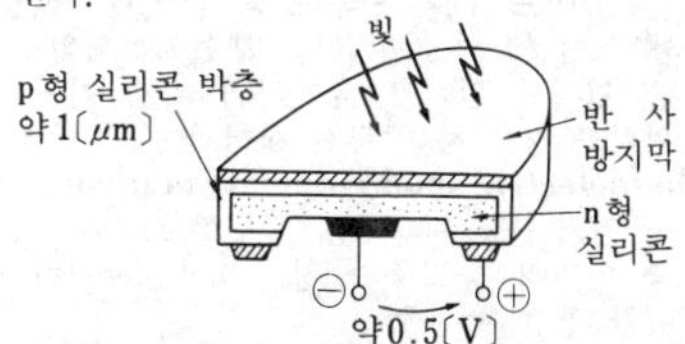

photoelectric control 광전 제어(光電制御) 입사광의 변화가 제어 기능에 효과를 주는 제어.

photoelectric conversion 광전 변환(光電變換) 일반적으로는 광 에너지를 전기 에너지로 변환하는 것을 말하며, 태양 전지 등이 이에 해당되는데, 빛의 신호에 의해서 전기 에너지를 변조하면 정보의 전송에 이용할 수 있다. 이 예로서는 텔레비전의 촬상관이나 팩시밀리의 명암 검출에 사용되는 광전관이나 포토트랜지스터 등이 있다. 그림은 팩시밀리에서의 광전 변환을 나타낸 것이다.

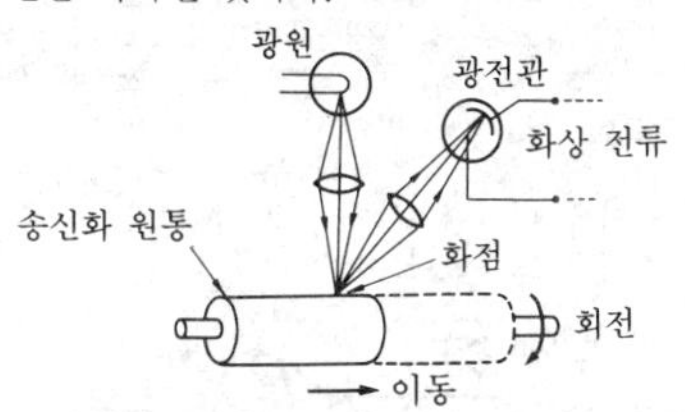

photoelectric conversion element 광전 변환 소자(光電變換素子) 광 에너지를 전기 에너지로 변환하는 소자. 포토다이오드, 애벌란시 포토다이오드, 포토트랜지스터, 광전관, 광증배관 등이 있다. → photoelectric conversion

photoelectric counter 광전 카운터(光電－) 물체에 의해 광로가 차단된 횟수를 기록하기 위해 사용되는 광전 소자.

photoelectric current 광전류(光電流) 광전 효과에 의한 전류.

photoelectric devices 광전 소자(光電素子) 빛을 전기로 변환하는 기능을 갖는 소자. 포토다이오드, 포토트랜지스터 등.

photoelectric directional counter 광전 방위 계수기(光電方位計數器) 지정된 방향으로 움직이는 물체에 의해 빛이 차단되는 횟수를 기록하기 위한 광전식 장치.

photoelectric door opener 광전식 도어 개폐기(光電式—開閉器) 동력으로 작동하는 도어 개폐에 사용되는 광전식 제어 시스템.

photoelectric effect 광전 효과(光電效果) 물체가 빛의 조사를 받으면 빛의 에너지를 흡수하여 전기적 변화를 일으키는 것을 말한다. 이것에는 전자를 방출하는 광전자 방출 효과(외부 광전 효과라고도 한다), 기전력을 발생하는 광기전 효과, 저항값의 변화를 발생하는 광도전 효과(내부 광전 효과라고도 한다)가 있다. 광전관, 텔레비전의 촬상관 등은 이들의 원리를 응용한 것이다.

photoelectric emission 광전자 방출(光電子放出) 전자파를 조사(照射)함으로써

고체 또는 액체로부터 전자가 방출되는 현상.

photoelectric flame detector 광전 불꽃 검출기(光電-檢出器) 방사 에너지에 노출되었을 때 도전율이 변화하거나 또는 전위를 발생하는 광전 셀이 감지 요소가 되어 있는 장치.

photoelectric function generator 광전 함수 발생기(光電函數發生器) 아날로그 컴퓨터에 사용하는 비직선 연산 소자의 일종. 그림과 같이 $y=f(x)$를 나타내는 곡선 모양으로 잘라낸 차광판을 브라운관의 형광면상에 씌우고 휘점(輝點)으로부터의 빛을 광전관에 받아서 휘점이 언제나 곡선상에 오도록 조정해 두면 x에 비례하는 입력에 대하여 $y=f(x)$에 비례하는 출력이 얻어지는 것이다.

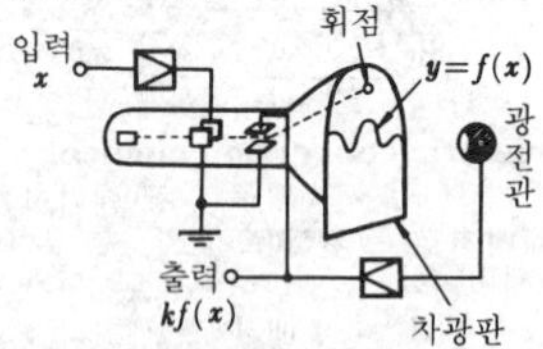

photoelectric integrated circuit 광전 집적 회로(光電集積回路) 반도체에 금제대(禁制帶) 폭 이상의 광 에너지를 조사(照射)하면 전자-정공쌍이 발생한다. 이 물리 현상을 응용하여 만든 광전 변환 소자를 집적화한 것을 광전 집적 회로라 한다. 응용 분야로서는 고체 촬상 디바이스가 주이며, MOS 소자형과 CCD(전하 결합 소자)형이 있다.

photoelectric lighting controller 광전 조명 조정기(光電照明調整器) 조명의 변화에 따라 동작하는 광전 계전기로, 어느 영역 또는 어느 점의 조명을 제어하기 위한 것.

photoelectric loop control 광전적 루프 제어(光電的-制御) 띠 모양의 물건을 가공하는 라인에서 두 섹션 간에 있는 루프의 위치를 유지하기 위해 한 섹션의 평균 직선 속도가 인접하는 섹션 속도와 균형이 잡히도록 조정하는 광전 제어계.

photoelectric parts 광전 부품(光電部品) 광전 변환의 기능을 가진 부품의 총칭인데, 일반적으로 반도체를 사용한 소자에 대해서 말한다. 광전 효과를 이용한 것으로는 광도전체나 광전지가 있고, 발광 현상을 이용한 것으로는 발광 다이오드가 있다.

photoelectric photometer 광전 광도계(光電光度計) 광전 효과를 이용하여 측광(測光)하는 장치로, 광전지나 광전관 등을 사용한다. 측정자의 시각에 의한 개인 오차가 없고, 응답이 빠른 특징이 있다. 사용에 있어서는 광전 소자의 분광 감도, 직선성, 온도 특성 등에 주의해야 한다.

photoelectric pinhole detector 광전 핀홀 검출기(光電-檢出器) 불투명한 물질에서의 미세한 구멍의 존재를 검출하는 광전 제어계.

photoelectric pyrometer 광전 고온계(光電高溫計) 고온 물체로부터의 방사를 광전관에 투사했을 때 그 출력 전류는 물체의 온도와 일정한 관계가 있다는 것을 이용하여 고온을 측정하는 장치. 고온 물체와 기준 전구로부터의 빛을 각각 광전관으로 받아 그들 출력의 불평형을 고치도록 기준 전구의 전류를 전자관 회로를 써서 자동적으로 조정하도록 되어 있으며, 평형시의 기준 전구 전류로 물체의 온도를 측정한다. 지시 지연이 매우 적으므로 운동하는 고온 물체의 측정에 적합하다.

photoelectric relay 광전 계전기(光電繼電器) 입사광이 어느 값에 이르면 작동하는 계전기.

photoelectric scanner 광전 스캐너(光電-) 광원과 1개 또는 그 이상의 광전관 및 광학계를 하나의 유닛으로 묶은 것.

photoelectric sensitivity 광전 감도(光電感度) 광전 방출 전류와, 그 원인인 입사(入射) 에너지의 비. 광전 수량(收量)이라고도 한다. 광전 변환 효율이지만 다음과 같이 여러 가지 정의가 쓰인다. ① 방사 감도 : 방사속 입력〔W〕에 대한 출력 전류〔A〕의 비. ② 양자 효율(광자 1개당의 반사 수율). ③ 루멘 감도 : 규정의 백색광을 써서 입력을 광속(루멘)으로 나타낸 감도. ④ 양극 효율(감도) : 광전자 증배관의 양극 감도로, 광전 음극의 광전 감도와 전자 증배부의 이득과의 곱. 위의 여러 감도의 표시에 있어서 입력 방사(또는 입력광)는 그 파장을 특정하든가, 혹은 스펙트럼 특성으로서 표시된다.

photoelectric side-register controller 광전 사이드 레지스터 조정기(光電-調整器) 이동물의 가장 자리 또는 그 위의 선을 일정한 위치로 유지하기 위해 가로의 위치 조정을 하는 광전 제어계.

photoelectric smoke-density control 광전 연기 농도 제어(光電煙氣濃度制御) 굴뚝 연기의 농도를 측정, 표시, 제어하기 위한 광전 제어계.

photoelectric smoke detector 광전 연기 검출기(光電煙氣檢出器) 공기 중에 미리 정한 양 이상의 연기가 있는가의 여부를 검출하는 장치로, 광전 계전기와 광원으로 구성되어 있다.

photoelectric spot type smoke detector 광전 스폿형 연기 검출기(光電—形煙氣檢出器) 외부로부터의 빛을 넣지 않고 연기만 들어가도록 겹치거나 또는 구멍을 뚫은 커버가 있는 체임버를 포함하는 장치로, 이 체임버 내에는 광원과 특별한 수광셀이 있다. 수광기는 체임버 내에 광로(光路)가 다른 각도로 어두운 부분에 두거나 혹은 광원과 셀 간에는 차광판이 장치된다. 연기의 입자가 들어오면 빛이 입자에 닿아 산란 및 반사되어 수광기에 들어간다. 이 때문에 수광 회로가 동작하여 체임버 내에 연기의 입자가 존재하는 것이 검출된다.

photoelectric system 광전 시스템(光電—) 가시 영역 외의 광선을 광전 셀에 투사하여 이것이 차단되었을 때 보호 회로에 경보를 내는 장치의 집합.

photoelectric tachometer 광학식 회전계(光學式回轉計) 회전축에 구멍이 뚫린 원판을 부착하든가, 또는 회전 부분의 표면에 흑색의 표지를 붙이는 등 광원으로부터의 통과광 또는 반사광을 단속시키고, 이것을 포토트랜지스터 등으로 받아서 전류 펄스로 고쳐, 카운터로 계수하든가 또는 아날로그량으로 고쳐서 지시 계기로 판독하는 것. 이렇게 하면 회전체에 접촉하지 않고 정밀하게 측정을 할 수 있다.

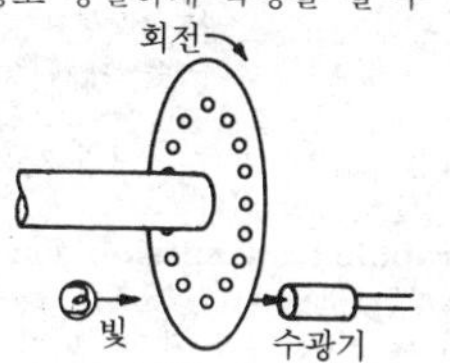

photoelectric threshold 광전 한계(光電限界), 광전 임계값(光電臨界—) 주어진 표면에서 광전 효과에 의해 전자를 해방하는 데 필요한 최소의 에너지(투사광 파장의 최대값). 대부분의 고체에서는 진공 자외 영역의 파장에서 전자를 방출하지만, Na, K, Cs 등에서는 가시광 혹은 근자외광에서도 방출한다.

photoelectric threshold wave length 광전 한계 파장(光電限界波長) 광전자 방출 현상에서 어느 금속부터 전자가 방출될 때의 빛의 최대 파장. 이것을 초과하면 그 금속으로부터는 방출되지 않게 된다. →photoelectric emission

photoelectric tube 광전관(光電管) 광전면을 음극으로 한 2극관이다. 광전면은 세슘을 주로 하는 복합 물질을 관의 안쪽 벽에 증착한 것으로 하고, 양극은 입사 광선의 방해가 되지 않도록 금속선으로 만들어져 있다. 진공 광전관과 관내에 아르곤 등의 불활성 가스를 미량 봉입한 가스 봉입 광전관이 있다. 진공 광전관은 주파수 특성이 좋고, 가스 봉입 광전관은 감도가 높은 것이 특징이다.

photoelectron 광전자(光電子) 광전자 방출 효과에 의해 생성된 전자. →photoelectric emission

photoelectron emission 광전자 방출(光電子放出) 가시 광선, 자외선 등을 금속에 대면 표면에서 전자가 튀어나오는 현상. 튀어나온 전자를 특히 광전자라 한다. 빛이 전자에 주는 에너지가 일의 함수를 웃돌면 전자가 방출된다. 빛의 에너지는 파장에 반비례하므로 파장이 길어지면 어느 파장(한계 파장)에서 방출이 멈추는데 그 한계는 물질에 따라 다르다. 가시 광선의 범위까지 방출 가능한 금속은 칼륨, 나트륨, 세슘 등의 알칼리 금속이다. 광전관 등에 응용된다.

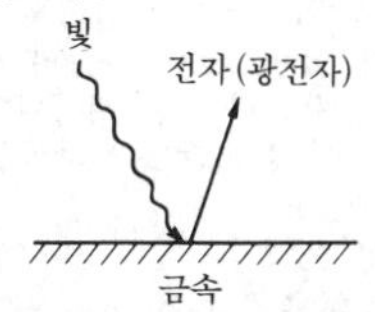

photoelectron irradiation dark current increase 광전자 조사 암전류 증가(光電子照射暗電流增加) 광전자에 의한 전하 축적 타깃으로의 충격에 의해서 생기는 비가역 암전류 증가.

photoelectron irradiation deterioration 광전자 충격 열화(光電子衝擊劣化) 다이오드형 촬상관에서 광전자의 충격에 의해 전하 축적 타깃의 암전류가 비가역적으로 증가하는 현상.

photoelectron spectroscopy 광전 분광법(光電分光法) 단일 파장의 자외선 또는 X 선을 고체 혹은 기체 시료(試料)에 조사(照射)하여 그 결과 방출되는 광전자 에너지를 분석기에 걸어 그 스펙트럼 분포에서 고체나 분자의 성질을 연구하는 방법. X 선을 사용하는 방법을 XPS, 자외선을 사용하는 방법을 UPS 라 한다. ＝PS

photoemission spectrum 광전자 방출 스펙트럼(光電子放出—) 단위 파장당 방출하는 광학적 광자(光子)의 상대수를 파장 구간의 함수로 나타낸 것. 방출 스펙트럼은 파수(波數), 광자 에너지, 주파수 등 다른 단위계로 나타내는 경우도 있다. 광학적 광자란 파장이 2,000 에서 15,000 Å에 상당하는 에너지를 갖는 광자를 말한다.

photoemissive effect 광전자 방출 효과(光電子放出效果) 금속이나 금속 산화물 등에 빛이 닿았을 때 일의 함수보다도 큰 에너지를 얻은 전자가 표면에서 튀어나오는 효과를 말하며, 그 효과를 이용하는 수광면을 광전면이라 한다.

photoemissive surface 광전면(光電面) 광전 효과에 의해서 광전자 방출을 하는 표면을 말하며, Ag-O-Cs 면은 광전관에 오래 전부터 이용되고, Sb-Cs 면은 광전자 증배관에, Bi-O-AgCs 면은 이미지 오시콘에 이용되고 있다.

photoetching 포토에칭 집적 회로의 제작과 같은 편면상의 섬세한 선택 가공을 하기 위해 사용하는 기술. 평판형의 동박이나 산화 피막의 전면에 감광 수지를 칠한 다음 네거티브 도형의 마스크를 통해서 자외선을 조사(照射)하여 감광하지 않은 부분의 수지를 약품으로 제거한다. 거기서 구멍이 뚫린 부분의 바탕을 다른 약품으로 녹여 없앰으로써 동박의 선택 제거(배선을 남긴다)나 산화 피막의 선택 제거(그 구멍에서 불순물을 확산시키는)를 할 수 있다.

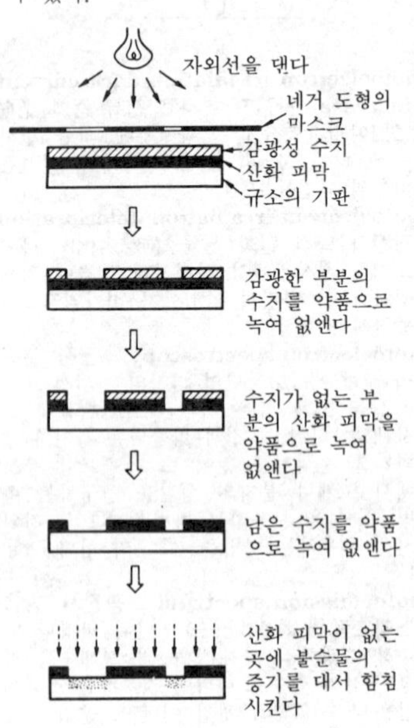

자외선을 댄다
네거 도형의 마스크
감광성 수지
산화 피막
규소의 기판
감광한 부분의 수지를 약품으로 녹여 없앤다
수지가 없는 부분의 산화 피막을 약품으로 녹여 없앤다
남은 수지를 약품으로 녹여 없앤다
산화 피막이 없는 곳에 불순물의 증기를 대서 합침시킨다

photo-excited semiconductor 광여기 반도체(光勵起半導體) 원료 가스 혹은 반도체 표면에 빛을 조사(照射)하여 이것을 활성화하고, 에칭이나 막의 퇴적(deposition)을 하여 만들어진 반도체를 말한다. 예를 들면 Si_2H_6(disilane) 가스에 200 nm 이하의 원자외광을 조사하면 가스가 여기되어 분해해서 아머퍼스 실리콘의 박막을 퇴적할 수 있다. 염소 가스를 여기하여 실리콘 표면에 에칭할 수도 있다. 반도체 표면에 빛을 선택적으로 조사하고, 조사된 영역만을 에칭 또는 박막을 디포짓할 수도 있다.

photo-former 포토포머 →photoelectric function generator

photogalvanic cell 광전지(光電池) = photoelectric cell

photogalvanic effect 감광 기전 효과(感光起電效果) 어떤 종류의 반도체에 빛을 조사(照射)하면 조사된 부분과 조사되지 않는 부분 사이에 전위차가 생긴다. 이 전위차를 감광 기전력이라 하고, 이 현상을 감광 기전 효과라 한다.

photographic sound recorder 사진식 녹음기(寫眞式錄音機) 변조한 광 빔을 만드는 수단과 그 빔에 대해 음성 신호 기록을 위한 감광성의 매체를 움직이는 수단을 가진 장치.

photographic sound reproducer 사진식 녹음 재생기(寫眞式錄音再生機) 광원, 광학계, 광전지 또는 광도전 셀과 같은 감광소자, 그리고 광학 녹음 매체(통상은 필름)를 움직이는 기계계(機械系)를 조합한 것. 이것에 의해 기록은 거의 같은 형태의 전기 신호로 교환된다.

photographic transmission density 사진 전달 밀도(寫眞傳達密度) 불투명도(투과율의 역수)의 상용 대수. 따라서 100% 빛이 투과하는 막은 밀도 0이고, 10% 투과하는 것은 밀도 1이다. 밀도는 확산 반사, 정반사 또는 그들의 중간 상태에 의한다. 조건은 명기되어야 한다.

photointerrupter 포토인터럽터 포토커플러의 일종으로, 광로(光路)를 차단함으로써 물체의 검출, 위치의 검출, 계수 등을 할 수 있도록 한 장치.

photoionization 광 이온화(光-化) 가시광 또는 자외선의 광자를 흡수함으로써 원자 또는 분자에서 얼마간의 전자가 방출되는 것. 원자 광전 효과(atomic photoelectric effect)라고도 한다.

photo-isolator 광절연(光絶緣) =optical isolation

photoklystron 포토클라이스트론 클라이스트론을 사용한 광검출 장치. 변조된 광빔이 클라이스트론의 광전 음극을 조사(照射)하여 이것에 비례하는 변조 전자류를 발생한다. 양극은 이들 전자류를 변조 주파수에 공진하고 있는 공동으로 유도하여, 클라이스트론의 출력 루프에 원하는 전기 신호를 꺼낸다.

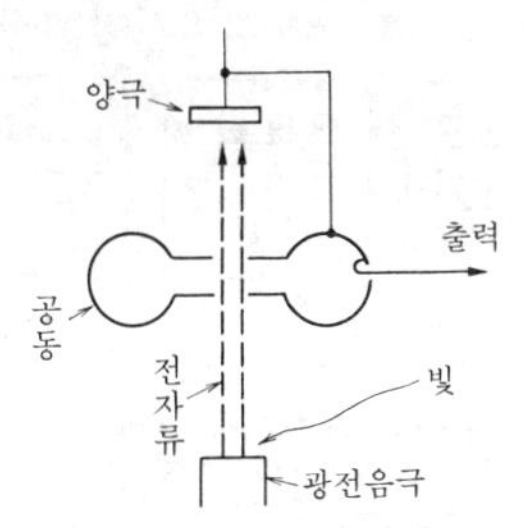

photolithography 포토리소그래피 반도체의 표면에 사진 인쇄 기술을 써서 집적 회로, 부품, 박막 회로, 프린트 배선 패턴 등을 만들어 넣는 기법이다. 실리콘 기판의 깨끗한 표면에 포토레지스트 액을 스핀코팅(spincoating), 스프레이, 또는 담금으로써 고르게 도포한다. 건조 후 마스크를 통해서 빛(되도록 자외광)을 선택적으로 조사(照射)한다. 레지스트의 비중합(depolymerized) 부분은 적당한 용제(溶劑)로 제거한다. 중합화 부분이 식각(蝕刻) 프로세스에 있어서의 장벽으로서, 또는 디포짓 프로세스(deposit process)에 있어서의 마스크로서 작용한다. 마스크에 대한 양화(陽畵)를 만드는 경우와 음화(陰畵)를 만드는 경우에 사용하는 레지스트도 각각 포지티브, 네거티브의 레지스트를 쓴다. 플레이너형 집적 회로를 만드는 경우 등에서는 포토리소그래피 기술은 불가결하며, 복잡한 회로 패턴은 마스크를 제조하는 데 사용하는 방사의 파장에 따라서 좌우된다. 따라서, 정밀한 가공은 자외선보다도 X선, 또 전자선을 사용한 전자 빔 리소그래피가 필요하게 된다. 포토리소그래피는 레지스트 도포, 패턴 현상, 소부 등 일련의 공정을 의미하는 용어(본래는 평판 인쇄 기법에서 유래한 용어)로, 「노광 기술 또는 노출 기술」이라든가 「레지스트 처리 기술」이라고 번역되고 있으나, 그것은 일부의 프로세스를 말하는 것이며 적절하지 않다. →electorn-beam lithography, step-and-repeat process, photoresist

photoluminescence 포토루미네선스 반도체 등에서 빛의 자극으로 생기는 발광(형광) 현상. 빛을 흡수한 물질 내의 전자가 여기(勵起) 상태로 된 다음 원래 상태로 되돌아갈 때 발광한다.

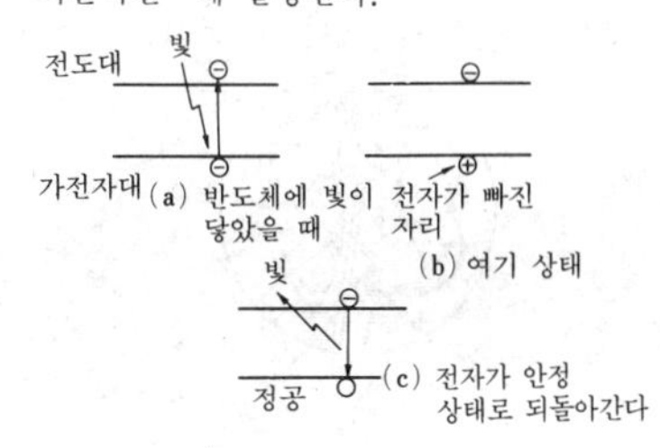

photolysis 광분해(光分解) 물질이 빛에 닿아서 분해, 혹은 복수의 물질이 반응하는 것. 파장 200nm 부터 800nm 사이의 빛이 적당한 것으로 알려져 있다.

photomagnetic effect 광자기 효과(光磁氣效果) 어떤 물질의 자화율이 빛에 의해 직접 영향을 받는 현상. →magneto-optic effect

photomagnetoelectric effect 광전자 효과(光電磁效果) 반도체를 자계 중에 두고, 자계와 직각 방향에서 빛을 조사(照射)하면 자계, 빛의 어느 입사 방향이라도 그와 직각 방향으로 기전력을 발생하는 현상.

photomask 포토마스크 집적 회로의 제조에 사용되는 회로 패턴의 네거 사진 이미지. →photolithograpy

photometer 광도계(光度計), 측광기(測光器) 광원이 갖는 빛의 세기를 측정하는 기구. 광색(光色)이 같은 광원을 비교하는 동색(同色) 측광에는 거리의 역제곱에 의한 방법이 있다. 이것을 측광기 머리 부분을 좌우로 움직여서 같은 조도(照度)를 찾아내면 구하는 광도 I는 $(r/r_s)^2 I_s$로서 구할 수 있다. 또, 같은 전구라도 와트수가 다르다든지, 한쪽이 수은등일 때는 광색이 다르므로 이색(異色) 측광의 하나인 교조(交照) 광도계를 사용한다.

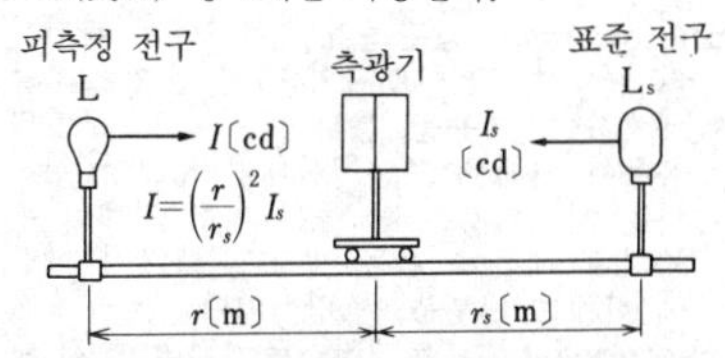

photomultiplier 광전자 증배관(光電子增倍管) 광전관의 감도를 향상시키기 위해 광전면과 2차 전자 증배관을 조합시킨 것. 그림과 같이 음극에서 방출된 광전자

가 1, 2, 3, …의 2차 전자 증배관에 충돌하면서 순차 전자수가 증가하여 양극에는 큰 전류가 얻어진다. 약한 빛의 검출 장치로서 이용 범위가 넓다. =PM

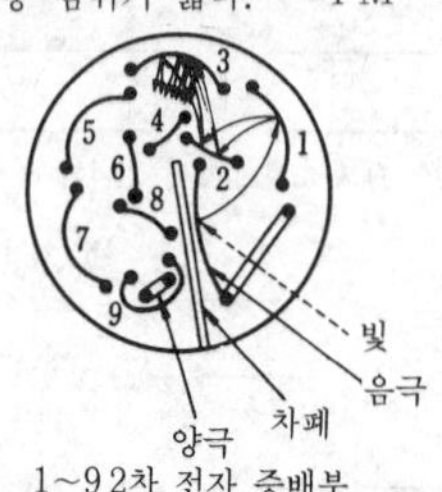

1~9 2차 전자 증배부

photomultiplier transit time 광전자 증배관 주행 시간(光電子增倍管走行時間) 광전자 증배관의 광전 음극에 입사한 델타 함수적인 광 펄스와 출력 펄스 리딩 에지의 반진폭점과의 시간차.

photon 광자(光子) 전자(電磁) 방사의 양자(量子)이며, 플랭크 상수에 주파수를 곱한 것과 같다. 전자 방사는 빛, X 선, 감마선 등이다. 광자는 소립자의 하나이며, 정지 질량, 전하는 갖지 않는 에너지 양자이다. 광양자라고도 한다.

photon echo 광자 에코(光子－) 시간 간격 t를 갖는 두 전자파 펄스에 의해 물질을 여기(勵起)했을 때 제 2 펄스에서 t만큼 경과한 다음 물질에서 에코 신호가 나타나는 현상.

photon emitting diode 광자 방출 다이오드(光子放出－) 그 속에서 인가 전압에 의해 전류가 흐를 때 방사속(放射束)이 비가열적으로 만들어지는 반도체 접합을 포함하는 반도체 소자.

photon noise 광자 잡음(光子雜音) = quantum noise

photo-plotter 포토플로터 프린트 배선판이나 IC 마스크를 만들기 위한 고정밀도의 마스터(원판)를 광학적 수법에 의해 작성하는 출력 장치.

photoreader 광판독기(光判讀器) 광전식의 판독기. 광원 램프와 광전 검출 소자를 배치하여 그곳을 통과하는 펀치 구멍의 유무에 의해서 빛, 이를테면 정보를 검지하는 것. 이것은 핀 등에 의한 기계식 판독기에 대하여 판독 속도가 빠르기 때문에 현재는 대부분 이 방식이다.

photoresist 포토레지스트, 감광 수지(感光樹脂) 빛에 노출함으로써 약품에 대한 내성(耐性)이 변화하는 고분자 재료. 빛에 노출함으로써 약품에 대하여 불용성(不溶性)이 되는 네거티브형과, 반대로 가용성이 되는 포지티브형이 있다. 사진 제판이나 반도체의 표면에 선택 에칭 처리를 하는 경우 등에 쓰인다(그림 참조).

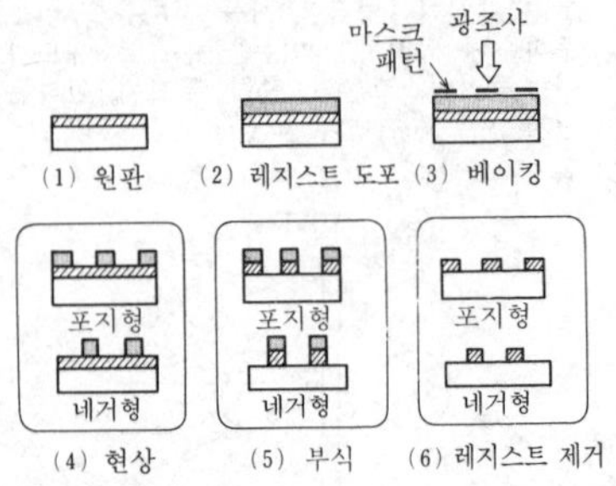

photoresistor 포토레지스터 포토 에칭에 있어서 반도체 표면에 칠하는 감광성의 저항 물질.

photosensing marker 광전 검출 마커(光電檢出－), 광전 검지 표지(光電檢知標識) 자기 테이프 상의 시단과 종단으로부터 약 5m 의 위치에 기록 가능한 위치를 나타내는 데 마커를 붙이는 몇 가지 방법이 있다. 그 중에서 테이프의 자성 피막을 벗기고 투명하게 하여 광전식으로 마크를 검출하는 방법. 보통은 알루미늄박을 많이 사용.

photosensitive recording 광전 기록(光電記錄) 팩시밀리 신호에 의해 제어되는 광 빔 또는 스폿에 맞추어 감광(感光) 표면을 감광하여 기록하는 것.

photosensor 포토센서 →photoelectric device

phototelegraphy 사진 전송(寫眞電送) 사진, 그림 등을 전기 신호로 바꾸어 보내고, 수신측에서 사진, 그림의 모양으로 재현하는 방법. 송신측에서는 사진, 그림 등의 화면을 화소로 나누어 그 흑백 농담을 전기 신호로 바꾸어 보내고, 수신측에서는 그 전기 신호를 받아 화소를 조립하여 송신 화면을 사진의 모양으로 재현한다. 송신측에서의 화소 분해는 원화를 주사함으로써 행하고, 수신측에서의 화소 조립을 위한 주사는 원화의 주사와 동기를 취하여 한다. 사진, 그림 등을 원격지에 전송하기 위해 사용된다.

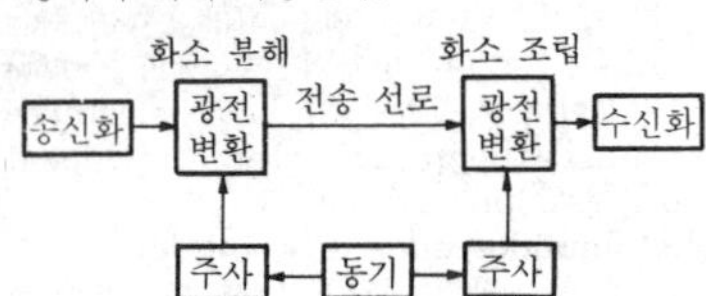

photo-thermoplastic recording 광 서모플라스틱 기록(光－記錄) 광도전성을 갖는 투명한 열연화성(熱軟化性) 필름을 대전(帶電)시킨 것을 노출하여 정전 잠상을 만들고, 이것을 가열하면 전기력 때문에 변형하므로 냉각 고화하여 정착시킴으로써 기록하는 방법. 기록은 재가열에 의해서 소멸하므로 반복 사용할 수 있다.

photothyristor 포토사이리스터 pnpn의 4층 디바이스 양단에 전압을 가하여, 바깥쪽의 두 접합부를 순방향으로 바이어스한다. 중앙의 역방향으로 바이어스된 접합부에 빛을 조사(照射)하면 전자·정공쌍이 생성되어, 이것이 전계에서 가속되어서 광전류를 발생하고, 이 광전류에 의해 디바이스가 턴온(turn-on)되는 동작을 하는 것.

phototransistor 포토트랜지스터 트랜지스터의 일종으로, 렌즈가 있고 빛이 반도체에 닿아서 발생한 전류를 증폭하는 트랜지스터. 광 선서 등으로서 이용된다.

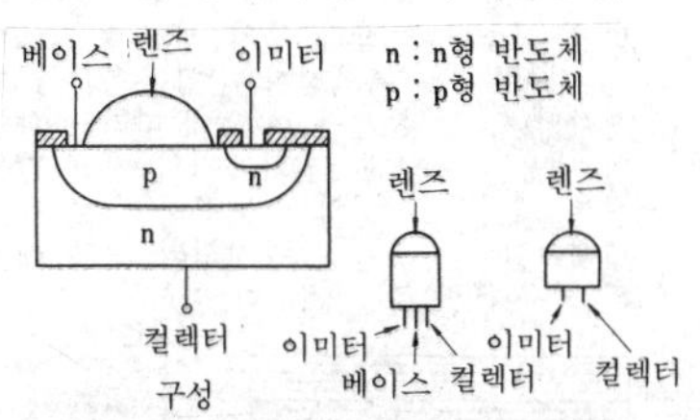

phototube 광전관(光電管) 광전자 방출을 이용하여 빛의 변화를 전류의 변화로 바꾸는 전자관. 음극의 광전면에 광전자를 방출하기 쉬운 산화은 세슘이나 안티몬 세슘 등을 부착시켜 음극으로 한다. 창으로부터 빛을 조사(照射)하면 빛의 세기에 비례한 광전자가 음극에서 방출되어 +의 전압이 가해지고 있는 양극에 모아져서 전류가 흐른다. 이것에는 진공형과 가스 봉입형이 있다. 조도계, 영사기에 사용된다.

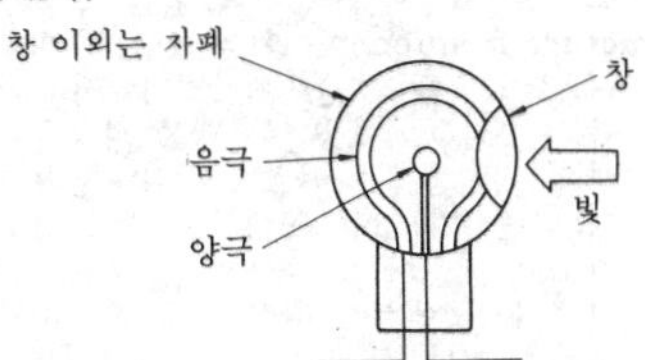

phototube gain 광전관 이득(光電管利得) 출력 신호 전류와 광전 음극으로부터의 광전자 신호 전류의 비.

phototube pyrometer 광전관 고온계(光電管高溫計) 광고온계를 자동화하여 측정 대상 표면의 밝기(방사)와 평형하도록 램프의 전류를 자동적으로 조정하고, 피측정 물체의 온도를 전류로 바꾸어서 판독하는 방사 온도계의 일종. 측정 대상의 휘도가 증가하면 세슘 광전관 V_1의 내부 저항이 저하하고 V_2의 전압이 증가하여 증폭한 전류 I는 측정 대상의 온도를 지시하고, V_2로의 램프광도 증가한다. → optical pyrometer

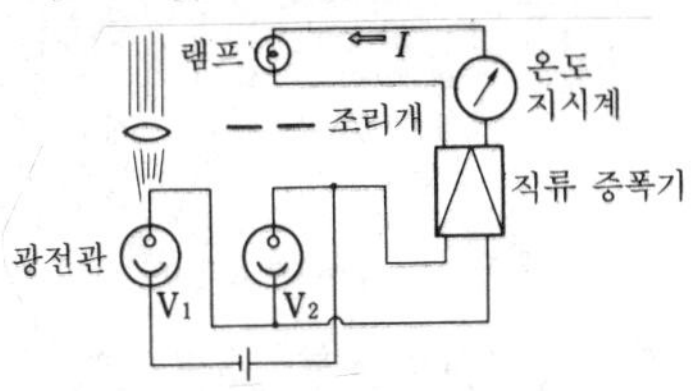

phototype printer 전자 사진식 프린터(電子寫眞式－) 건식 전자 사진 방식의 인쇄 프로세스를 이용한 프린터의 총칭. 광원의 종류 혹은 잠상을 얻는 수단에 따라 레이저식, LED 식, 액정식 등이 있다.

phototypesetter 사진 식자기(寫眞植字機) 텍스트를 고급 품질의 활자판으로 변환하는 컴퓨터 제어의 식자기.

photovaristor 포토배리스터 전류·전압 특성이 조도(照度)에 따라 변화하는 배리스터. 예를 들면 황화 카드뮴, 텔루르화 납 등이 그 예이다.

photovoltaic cell 광전지(光電池) ① 전류·전압 특성이 입사하는 방사의 함수로서 변화하는 현상을 이용한 고체의 광감응 소자. ② 광기전력 효과, 광도전 효과를 갖는 소자. 광도전 셀, 포토트랜지스터, 광전지 등이다. voltaic 이란 기전력을 발생하는 디바이스에 붙이는 용어.

photovoltaic effect 광기전 효과(光起電效果) 광전 효과의 일종으로, 반도체의 pn 접합이나 반도체와 금속의 접합면에 빛이 입사했을 때 기전력이 발생하는 현상. 광전지로서 실용되고 있다.

photovoltaic power generation 태양광 발전(太陽光發電) 태양 전지에 의해 태양광을 직접 전력(직류)으로 변환하는 발전 방식. 따라서, 연료는 불필요하며, 에너지원은 무진장이나, 에너지 밀도가 낮고 기후에 좌우되는 결점이 있다.

physical cell 물리 전지(物理電池) 물질의 물리적 변화에 의해서 발생하는 에너지를 직접 전기 에너지로 변환하는 전지. 이 전지는 종류에 따라 발전의 원리가 각각 다른데, 태양 전지, 원자력 전지, 열전기 발전형 전지, 열전자 발전형 전지 등이 있다.

physical circuit 물리적 회선(物理的回線) 중신 회선에는 사용하지 않는 2 선식 메탈릭 회선.

physical photometer 물리 측광기(物理測光器) 물리 수광기, 필터 등을 사용하여 측광량을 직접 읽도록 교정된 계측기.

physical photometry 물리 측광(物理測光) 휘도나 조도(照度)의 판정에 육안을 이용하지 않는 측정법. 특히 측정기가 비시감도 곡선에 일치하도록 보정하고 있는 것을 물리안(物理眼)이라 한다. 시감 측광에 비해 정밀도가 높다. 물리 측광용 수광기로서 광전지, 광전관, 광전자 증배관 등이 사용된다. →spectral luminous efficiency

physical receptor 물리 수광기(物理受光器) 방사가 입사했을 때 그에 의해서 측정 가능한 물리 효과를 일으키는 소자 또는 측정 용구. 분광 감도가 파장에 의하지 않고 일정하며, 안정한 것이 바람직하다. 서모파일을 사용한 열형(熱形) 수광기, 실리콘 포토다이오드를 사용한 광전형 수광기 등이 널리 쓰인다.

physical vapor deposition 물리 기상 성장법(物理氣相成長法) →vapor growth

PIA 주변 기기 인터페이스 접합기(周邊器機－接合器) =peripheral interface adapter

picel 화소(畵素) =pixel picture element

picking 피킹 라이트 펜이 CRT 스크린 상에서 펜이 두어진 장소에 빛을 넣으면 그에 의해서 표시 장치에 인터럽트를 걸어, 그 픽업 시점에서의 표시 내용이나 빔의 좌표 위치 등에 대하여 여러 가지 지령을 주도록 되어 있다. 이와 같이 라이트 펜으로 지시를 주는 것을 피킹 또는 포인팅이라 한다.

pickup 픽업 레코드 음구(音溝)의 변화를 전기 신호로 변환하기 위한 장치로, 톤암과 카트리지로 구성되어 있다. 카트리지는 레코드의 음구를 따라 진동하는 바늘의 기계적인 진동을 전기 신호로 변환하는 발전 기구를 가지며, 모노럴의 것과 스테레오용이 있다. 발전 기구에 따라서 전자형(電磁形), 가동 코일형, 가동 자석형, 크리스털형 등으로 분류되고, 레코드의 음구를 손상시키지 않도록 충실하게 재생하는 것이어야 한다.

pickup factor 픽업 계수(－係數) 방향 탐지용 안테나계에서의 성능 지수이며, 탐지기의 입력단에서 측정한 전압을 안테나계가 두어진 장소의 전계 강도로 나눈 값. 전파의 도래 방향과 그 편파면은 안테나계에 최대의 응답을 발생하는 방향으로 한다.

pico 피코 p라고 약기한다. 1조분의 1 (10^{-12})을 의미하는 접두사. 영국의 수 체계에서는 100 만×100 만분의 1.

picosecond 피코초(－秒) 시간의 단위로 1조분의 1초(10^{-12}초). ps 라 약기한다.

picture carrier 영상 반송파(映像搬送波) 텔레비전 방송에서 영상 신호를 전달하기 위한 전파.

picture compression 화상의 압축(畵像－壓縮) →compression

picture-dot interlacing 화점 비월 주사(畵點飛越走査) →interlace, interlaced scanning

picture element 화소(畵素) 텔레비전의 화면을 구성하고 있는 미소한 면적의 명암을 수반한 점을 말한다. 텔레비전의 화면은 신문이나 잡지 등의 사진의 그물판과 같이 작은 흑백점이 집합한 것이라고 생각되며, 점의 농담(濃淡)에 따라서 화면의 내용이 나타내어진다. 점의 수가 많을수록 화면은 확실하고 깨끗하게 보인다. 텔레비전의 화소수는 주사선의 수와 매초의 상수(像數)로 정해진다.

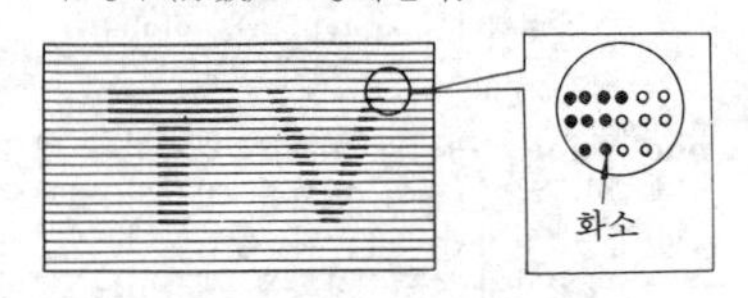

picture file equipment 화상 파일 장치(畵像－裝置) 정지 화상이나 동화상을 축적하고, 요구에 따라서 이것을 컴퓨터에 입력하여 표시 장치에 표시하도록 한 것. 정지 화상은 플로피 디스크, 마이크로 필름 등, 또 동화상은 비디오 디스크, 비디오 테이프 등이 사용된다.

picture frequency 화상 신호 주파수(畵像信號周波數) ① 팩시밀리에서, 카피, 즉 전송되고, 재생되는 대상 화상을 주사함으로써 생기는 신호의 주파수. 화면 밝기의 변화가 없는 곳에서는 화상 신호 주파수는 제로이고, 흑백이 교대로 변화하고 있는 곳에서는 화상 신호 주파수의 최대값은 $\pi DdN/120$ 이다. 여기서 D, N은 송신 원통의 직경〔mm〕과 원통 회전수〔rpm〕이고, d는 주사선 밀도(1mm 당의 주사선수)이며, 따라서 $1/d$는 정방형 화소의 1변의 길이〔mm〕이다. ② 텔레비전에서, 프레임(토막)이 완전히 주사되는 매초의 횟수. 즉 프레임 주파수를 말한다. 미국이나 우리 나라에서는 매초 30 프레임, 영국에서는 매초 25 프레임이다.

picturephone 텔레비전 전화(—電話) 공업용 텔레비전과 같은 장치로, 상대방의 모습을 보면서 통화할 수 있는 전화. 영상 신호는 전화 회선을 이용하여 전송한다. 영상 신호의 주파수 대역은 500kHz 부터 1MHz 이다.

picture processing 화상 처리(畵像處理) 화상 중에 포함되어 있는 정보를 컴퓨터를 사용하여 처리하는 것.

picture recording 녹화(錄畵) 텔레비전의 영상을 필름이나 자기 테이프에 기록하는 것. 이로써 방송국에서는 방송 시간에 속박되지 않고 프로를 제작할 수 있고, 중계 설비가 없는 타국이나 국제간의 프로 교환도 할 수 있다. 또, 공업용 텔레비전에서는 자료의 작성이나 보존을 할 수 있다. 필름 녹화는 현상 처리 등에 시간이 걸리므로 현재는 거의 쓰이지 않고 있다. 자기 녹화는 비디오 테이프 녹화기에 의해서 녹화, 재생을 하는 것으로, 컬러와 흑백을 함께 다룰 수 있다는 것 등 많은 이점을 가지고 있으므로 녹화 방법의 중심적 존재가 되고 있다.

picture search 픽처 서치 VTR 의 테이프를 표준의 속도보다 매우 빠른 속도로 주행시켜 화상을 재생함으로써 필요한 화면을 재빨리 찾아내는 방법.

picture signal polarity 화상 신호의 극성(畵像信號—極性) 텔레비전에서 화상의 검은 부분을 주는 신호 전압의, 흰 부분을 주는 신호 전압에 대한 전압의 극성. 검은 부분에 대한 신호 전압이 흰 부분에 대한 그것보다도 저전위인 경우를 블랙 네거티브라 하고, 반대인 경우를 블랙 포지티브라 한다.

picture tube 수상관(受像管) 텔레비전의 수상에 사용하는 브라운관. 전자총에서 발사된 전자 빔이 화상 신호에 의해 제어되면서 브라운관의 형광 스크린 상을 좌에서 우로, 그리고 위에서 아래로 래스터를 주사함으로써 스크린 상에 송신 화상이 재생된다.

PID action PID 동작(—動作) 피드백 제어에서 제어 동작이 P 동작(편차에 비례한 신호를 내는 비례 동작)과 I 동작(잔류 편차를 제거하기 위한 신호를 내는 적분 동작) 및 D 동작(응답을 신속히 하기 위한 미분 동작)을 동시에 하는 것을 말한다. 각 동작의 비율은 조절계의 설정 조건에 따라서 바꿀 수 있으며, 매우 양호한 제어를 할 수 있으므로 일반적으로는 이 방식이 쓰인다.

PID control PID 제어(—制御) P(비례), I(적분), D(미분)의 3항 동작을 조합시켜서 사용하는 제어 방식. 프로세스 제어에서는 오래 전부터 사용되고 있으며, 범용 제어기로서 시판되고 있다. 실장(實裝)하는 경우는 비례 이득, 적분 시간, 미분 시간의 세 매개 변수를 현장 조정에 의해서 정하지 않으면 안 된다.

Pierce BC circuit 피어스 BC 회로(—回路) 수정 발진기 기본 회로의 일종으로, 수정 공진자를 베이스와 컬렉터 간에 넣은 그림과 같은 회로이다. 컬렉터측의 동조 회로가 용량성일 때 발진한다.

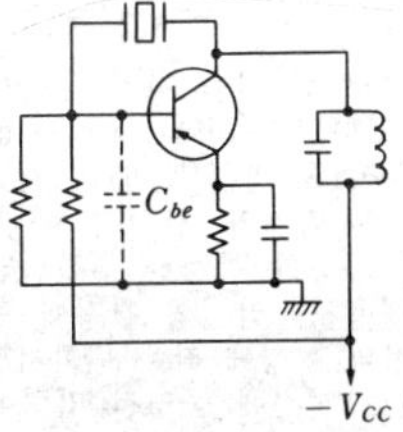

Pierce BE circuit 피어스 BE 회로(—回路) 수정 발진기 기본 회로의 일종으로, 수정 공진자를 베이스와 이미터 간에 넣은 그림과 같은 회로이다. 수정 공진자의 진동은 트랜지스터로 증폭되고 그 일부는 컬렉터와 베이스 간의 정전 용량에 의하여 정궤환되어서 지속 진동을 일으킨다. 컬렉터측의 동조 회로가 유도성일 때 발진한다.

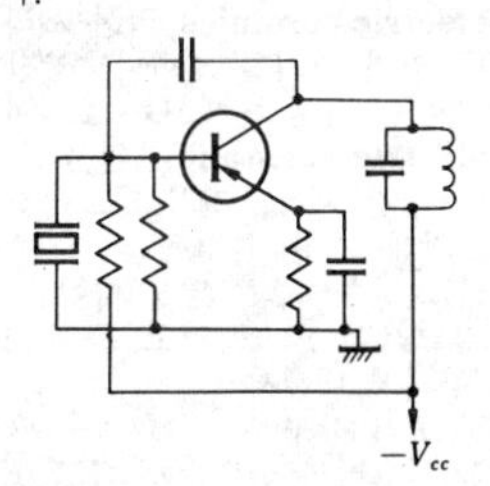

Pierce circuit 피어스 회로(—回路) 수정 발진기의 대표적인 회로. →crystal oscillator

Pierce oscillator 피어스 발진기(—發振器) 이미터 접지형 트랜지스터의 컬렉터와 베이스 간에 압전 결정(크리스털)을 접속한 발진기. 베이스-이미터, 컬렉터-이미터 간의 정전 용량에 의해서 주어지는 분압 전압에 의해 피드백이 주어진 콜피츠 발진기이다.

pier service telephone 안벽 전화(岸壁電話) 항구에 입항한 선박에서 안벽에 계류한 것에 접속하는 임시 전화.

Piezoceram 피에조세람 압전 자기의 일종으로, 티탄산 납, 지르콘산 납, 마그네슘·니오브산 납의 혼합 소결체. PZT 보다 뛰어난 성질을 가지고 있다. =PCM

piezoceram element PCM 소자(-素子) 티탄산 납과 지르콘산 납 및 마그네슘 니오브 산연의 3성분계로 이루어지는 자기의 상품명. 압전 소자로서 PZT 보다도 뛰어난 성능을 가지며, 초음파 진동자나 고압 발생용 소자로서의 응용에 적합하다.

piezo effect 피에조 효과(-效果) 압전기 효과를 말한다. 결정에 압력을 가할 때 전기 분극에 의해서 전압이 발생하는 현상으로, 티탄산 바륨 자기 등에서 현저하게 볼 수 있다. →piezo-electric effect

piezo-electric 압전(壓電), 압전기(壓電氣) 기계적 에너지와 전기적 에너지 사이의 변환이 가능한 특정한 결정(結晶)에 사용되는 형용사. 압전성 결정에 전위가 걸리면 결정의 형상에 작은 변화가 생긴다. 마찬가지로 결정에 물리적 압력이 가해지면 결정의 양면간에 전위차가 생긴다. 압전성 결정은 음파의 기계적 에너지를 전기 신호로 변환하는 일부의 마이크로폰이나 수정의 기계적 특성을 발진 주파수 제어에 도움을 주는 수정 발진기에 사용된다.

piezo-electric accelerometer 압전 가속도계(壓電加速度計) 압전 재료를 주 구속기 및 픽업으로서 사용하는 소자. 일반적으로 진동 센서로서 사용된다.

peizo-electric ceramics 압전 세라믹스(壓電-) 압전 자기를 말한다. 압전기 효과를 이용하는 부품을 만드는 소재이다.

piezo-electric constant 압전 상수(壓電常數) 압전 재료, 전기 일그러짐 재료의 전기·기계 변환 특성을 나타내는 계수. 전계 E, 전속(電束) 밀도(다이폴 모멘트) D, 일그러짐 S, 그리고 응력 T 사이의 변환 관계에 대해서

압전 응력 상수 $\partial D/\partial S$, $\partial T/\partial D$

압전 일그러짐 상수 $\partial S/\partial E$, $\partial E/\partial T$

등을 정의하고 있다.

piezo-electric converse effect 압전기 역효과(壓電氣逆效果) 수정, 로셸염 등 유전체의 결정에 외부에서 전계를 가할 때 그 내부에 일그러짐(신장 또는 수축)을 발생하는 현상.

piezo-electric crystal 압전 결정(壓電結晶) 압전 효과를 나타내는 결정. 수정, 로셸염, 티탄산 바륨 등이 그 예이다. 모든 강유전 결정, 어떤 종류의 비강유전 결정, 그리고 약간의 세라믹은 압전 효과를 나타낸다.

piezo-electric crystal element 압전 변환 소자(壓電變換素子) 압전성 물질로, 특정한 기하 형상 및 그 결정축에 대해서 특정 방향으로 절단, 다듬질된 작은 조각.

piezo-electric crystal unit 압전 결정자(壓電結晶子) 원하는 주파수로 조정된 압전 변환 소자를 수용, 전기 회로에의 접속 단자도 구비한 완전한 집합체. 이와 같은 소자는 보통 주파수 제어, 주파수 측정, 필터 또는 헤르츠파와 탄성파의 상호 변환 등에 사용된다. 압전 결정자가 그 안에 복수의 압전 결정판이 있는 경우가 있는데, 이러한 집합체를 복합 결정자라 한다.

piezo-electric direct effect 압전기 직접효과(壓電氣直接效果) →piezo-electric effect

piezo-electric effect 압전기 효과(壓電氣效果) 수정, 로셸염, 티탄산 바륨 등의 결정에 압력을 가할 때 유전 분극을 발생하여 압력에 비례한 전하가 나타나는 현상을 말하며, 전하가 생기는 방향에 따라 세로 효과와 가로 효과가 있다. 수정 공진자나 압전 마이크로폰 등에 응용된다.

piezo-electric element 압전 소자(壓電素子) 압전 효과가 큰 로셸염, 티탄산 바륨 등을 사용하여 압력-전기 변환을 직접 하는 소자. 가스 기구의 점화, 압전 마이크로폰, 레코드 재생의 픽업, 수화기, 스피커, 초음파 발생기 등에 사용된다.

piezoelectricity 압전기(壓電氣) 수정편이나 로셸염 등의 결정체에 힘을 가함으로써 발생하는 전기. 기계적 진동을 가하면 전기적 진동으로 변환되고, 또 이 반대도 성립된다. →piezo-electric effect

piezo-electric loudspeaker 압전 스피커(壓電-), 크리스털 스피커 압전 결정 유닛이 저주파 신호 전압을 받아서 일그러짐을 발생하고, 그에 의해서 진동판이 진동하여 음향을 발행하도록 만들어진 전기·음향 변환 장치.

piezo-electric materials 압전 물질(壓電物質) 압전 효과를 나타내는 유전(및 비유전) 결정. 예를 들면 수정, 로셸염, 티탄산 바륨 등. 또 어떤 종류의 세라믹스 등에도 압전성을 나타내는 것이 있다. 초음파 진동자, 기계 필터, 착화 소자, 압력·전기 트랜스듀서로서 각종 계측기 등에 이용된다.

piezo-electric microphone 압전 마이크로폰(壓電-) 압전기 효과를 이용한 마이크로폰. →crystal microphone

piezo-electric modulus 압전율(壓電率) 압전 물질에서의 전기 분극과 그에 의해 생기는 압력 사이의 비례 관계를 주는 계수를 말한다.

piezo-electric oscillator 압전 발진기(壓電發振器) 그 발진 주파수가 압전 결정이 갖는 성질에 의해 결정되고, 매우 안정하게 동작하는 발진기. 적당히 절단된 압전 결정을 콘덴서의 두 전극 사이에 기계적 부담이 되도록 적어지도록 마운트한 것을 사용한다. 발진 회로에서 사용되는 경우에 다음의 두 형이 있다. ① 크리스털(수정) 발진기, ② 크리스털 제어 발진기. 전자는 위의 크리스털을 공진 탱크의 커패시턴스로서 사용하는 것이고, 후자는 크리스털을 크리스털의 고유 진동수에 대체로 동조한 공진 회로에 결합하여, 여기에 미치는 스프링 효과에 의해 발진 주파수의 드리프트를 방지하도록 한 것이다.

piezo-electric parts 압전기 부품(壓電氣部品) 압전 효과를 이용한 부품의 총칭. 교류 전계를 가하여 진동시키는 것(초음파 발진기)과 진동을 받아서 교류 전계를 발생시키는 것(압전 마이크로폰 등)이 있다. 티탄산 바륨계의 자기(PZT 등)가 일반적으로 쓰인다.

piezo-electric pickup 압전형 픽업(壓電形-) =crystal pickup

piezo-electric porcelain 압전 자기(壓電瓷器) 압전 효과가 커서, 전기 음향 부품 등에 쓰이는 소재. 티탄산 바륨계의 것이 널리 쓰이며, PZT(티탄 지르콘산 납)가 유명하다.

piezo-electric resonator 압전 진동자(壓電振動子) 어떤 종류의 결정체를 전계 중에 두면 일그러짐이 생기고, 혹은 일그러짐을 가하면 압전기를 발생한다. 이 현상을 이용하여 진동자, 공진자로서 사용하는 것. 수정, 로셸염, 티탄산 바륨 등이 대표적이다. 반도체의 CdS · ZnO 등에도 같은 효과를 볼 수 있다. 특히 수정에서는 정밀도가 높은 진동수가 얻어진다.

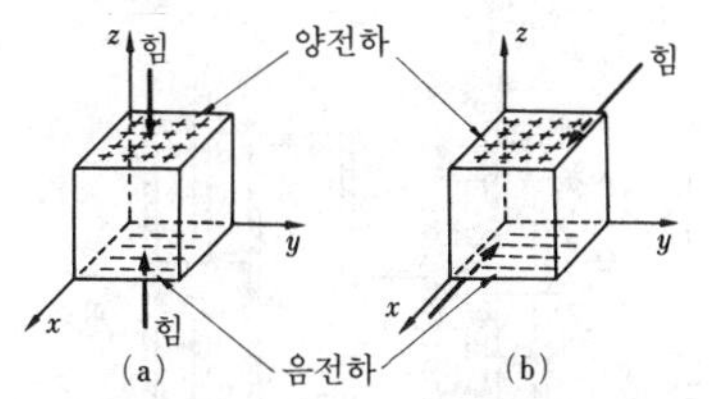

(a) (b)

piezo-electric transducer 압전 변환기(壓電變換器) 그 동작이 전하와 압전 특성을 갖는 어떤 종류의 물질 변형과의 상호 작용에 의존하고 있는 변환기.

piezo-electric tuning-fork 압전 소리굽쇠(壓電-) 소리굽쇠의 공진을 이용한 필터로, Q값이 매우 크다는 특징을 가지고 있다. 소리굽쇠에 압전 소자를 접착한 것으로, 입력 주파수는 이에 의해서 기계 진동으로 변환되고, 이것이 소리굽쇠에 의해 주파수 선택된다. 출력측에서 다시 압전 소자에 의해 전기 신호로 재생된다. 전체로서 특정 주파수의 입력 신호가 선택적으로 출력측에 전달된다.

piezo-electric vibrator 압전 공진자(壓電共振子), 압전 진동자(壓電振動子) 초음파의 발생에 이용하는 압전 소자. 전기 일그러짐 진동자와 같다. 재료는 PZT 계의 자기가 주로 사용되며, 그림과 같은 구조의 것이 많다. 자기 일그러짐 공진자보다 높은 주파수(30~10,000kHz 정도)에 사용된다.

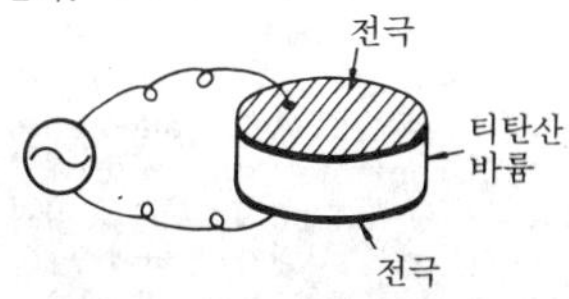

piezoresistance effect 피에조 저항 효과(-抵抗效果) 반도체 결정에 압력을 가하면 전기 저항이 변화하는 현상. 이것에는 압력에 의해 금제대(禁制帶)의 폭이 변화하여 그에 따라서 캐리어 농도가 변화하는 등방적인 것, 및 결정의 등(等) 에너지면이 복잡한 형상을 가지고 있고, 전도 전자의 이동도에 방향성이 있으며, 적당한 방향으로 압력을 가하면 전자의 분포가 변화하는 이방적(異方的)인 것이 있다.

piezoresistive element 압전 저항 소자(壓電抵抗素子) 반도체 박막에 압력을 가하면 그 부분의 저항이 변화하는 것을 이용한 소자.

piezoresistive parts 압전 저항 부품(壓電抵抗部品) 압력을 가하면 저항이 변화하는 성질의 물질을 이용한 부품. 반도체의 박막을 사용한 왜율계 등이 있다.

piezoresonator 압전 공진자(壓電共振子) 압전 물질에서 절단한 진동자로, 보통 판, 막대, 또는 고리 모양을 하고 있다. 적당한 대향면(對向面)에 전극을 두고, 진동자의 공진 주파수의 하나를 여진(勵振)하도록 한 것.

pile-up 파일업 ① 최초 펄스의 영향이 사라지지 않은 가운데 다음 펄스가 생겼을 때, 두 펄스(신호)는 파일업했다고 표현한다. ② 접점 스프링의 어셈블리이며, 한 장의 판 스프링 위에 절연물을 거쳐서 다른 접점 스프링을 겹치듯이 하여 복수 개의 접점 스프링을 조합시킨 것.

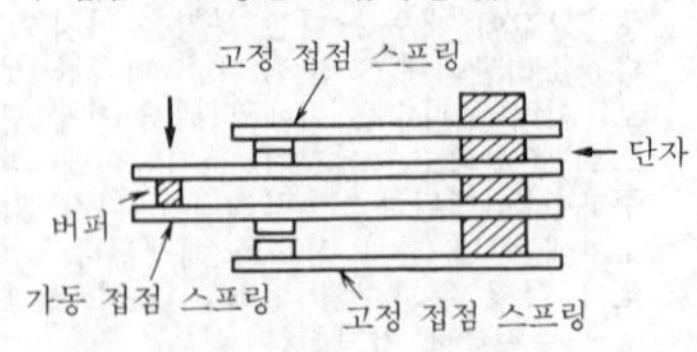

pill-box antenna 필박스 안테나 얇고 둥근 환약 용기(pill-box)를 둘로 쪼갠 것과 같은 개구(開口) 안테나. 용기 측면이 반사기로 되어 있으며, 그 초점에서 궤전된 마이크로파가 소정의 모드로 개구부에서 방사된다.

pilot 파일럿 어떤 시스템의 특성을 나타내든가 또는 제어를 하기 위해 그 시스템 전체를 통해 전송되는 실효파. 보통, 단일 주파수이다.

pilot AGC 파일럿 AGC pilot automatic gain control의 약어. 전송 대역에 배치된 파일럿 전류(감시 전류)를 감시국 또는 수신국에서 협대역 필터에 의해 추출하고, 이에 의해서 전송로의 레벨 변동을 검지하여 증폭기 이득을 조정하는 것.

pilot channel 파일럿 채널, 감시 채널(監視—) 어떤 기기(예를 들면 경보기 등)를 동작시키거나 제어하거나 하기 위한, 단일 주파수의 신호를 전송하는 좁은 주파수 대역의 신호로.

pilot circuit 감시 회로(監視回路) 제어 장치 또는 제어계에서 주 개폐기로부터 제어기에 제어 신호를 전하는 부분.

pilot current 감시 전류(監視電流), 파일럿 전류(—電流) 반송 회선에서 레벨 변동을 감시하여 AGC(자동 이득 조정)를 작동시키기 위해 회선에 보내지는 특정한 주파수(파일럿 주파수)의 전류.

pilot-device 파일럿 장치(—裝置) 푸시버튼, 마스터 스위치 등에서 전자(電磁) 접촉기 기타의 제어기에 제어 신호를 주도록 만들어진 제어 장치 또는 부분.

pilot frequency 파일럿 주파수(—周波數), 감시 주파수(監視周波數) 주파수 변동이나 레벨 변동을 감시하고 제어할 목적으로, 전송계에서 상시 송출해 두는 일정 주파수.

pilot lamp 파일럿 램프 접속되어 있는 회로의 상태를 나타내는 램프. 교환기에서는 그 가운데의 하나가 점등되는 라인 램프의 그룹을 나타내는 스위치 보드 램프.

pilot signal generator 파일럿 신호 발생기(—信號發生器) CATV 의 송출 설비의 하나. 입력 신호의 변동이나 각 채널의 이득차 등에 대하여 전송 신호를 안정화하기 위해 자동 레벨 제어나 자동 슬로프 제어에 사용하는 기준 반송파 신호를 발생한다.

pilot streamer 파일럿 스트리머 방전 현상에서 전압 경도(傾度)가 공기의 파괴 전압을 초과했을 때 시동하는 초기 저전류 방전을 말한다.

pilot subcarrier 파일럿 부반송파(—副搬送波) FM 스테레오 방송을 수신하기 위한 제어 신호로서 사용되는 부반송파.

pilot tone system 파일럿 톤 방식(—方式) FM 스테레오 방송의 한 방식으로, 합차 방식 또는 반송파 억압 AM-FM 방식이라고도 한다. 이 방식은 모노포닉 방송과 스테레오 방송과의 양립성이 있는 것으로, 하나의 전파 중에는 좌측과 우측의 합신호(L+R)와 차신호(L−R)가 포함되어 있다. 차신호는 38kHz 의 부반송파를 억압 진폭 변조한 것이다. 주파수 스펙트럼은 그림과 같이 되며, 19kHz 의 파일럿 신호가 사용되고 있다.

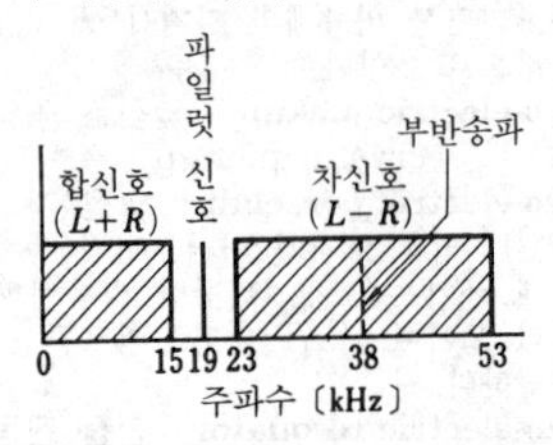

pilot valve 파일럿 밸브 피스톤 밸브, 파일럿 밸브라고도 하며, 유압식 서보 기구의 증폭 작용을 하는 밸브. 매우 작은 조작을 스풀에 가하면 유압과 안내 밸브의 작용으로 조작 피스톤에 큰 힘이 작용하여 부하를 움직인다. 응답이 빠르고, 큰 출력이 얻어진다. 유압 서보 모터에 기계식의 피드백을 하여 유압 서보 기구로서 널리 쓰인다.

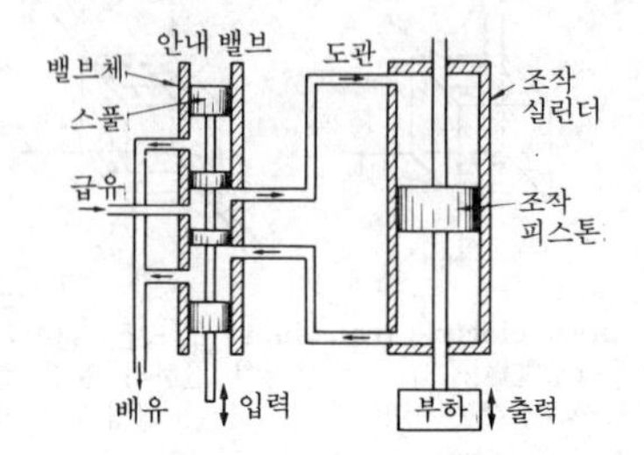

pilot valve servomoter 파일럿 밸브 서보 모터 복동식 조작 실린더와 파일럿 밸브를 조합시킨 장치. 이것이 다루는 파워는 큰 것이 보통이다.

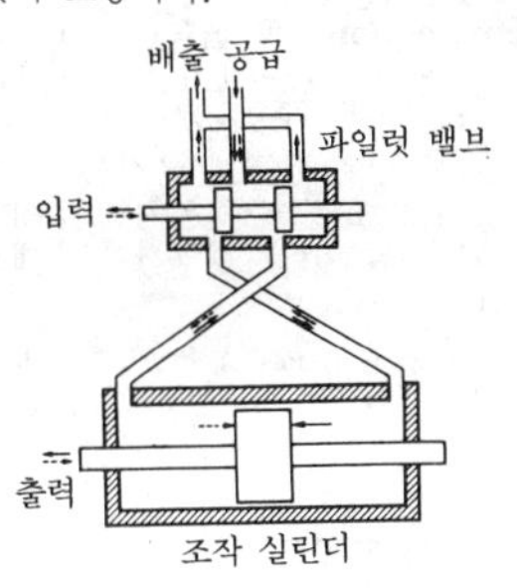

pilot valve' s servomechanism 안내 밸브식 서보 기구(案内－式－機構) 안내 밸브를 사용한 서보 기구. 포트(구형의 구멍)가 스풀의 움직임에 비례하여 열리고, 유압이 조작 피스톤에 가해져서 큰 출력과 빠른 응답이 얻어진다. 공작 기계의 모방 장치, 자동 조종, 원격 조작 등의 기계적 위치의 변위를 피드백 제어하는 곳에 쓰인다.

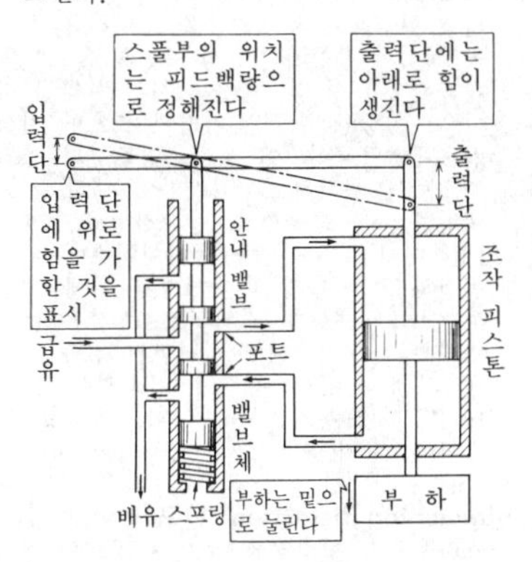

pilot wave 파일럿파(－波) 무선 수신 설비의 동작을 감시 · 제어하기 위해 보내는 저 레벨의 신호파.

pilot wire 감시선(監視線) 원격 계측 장치의 접속, 또는 원격 기기의 동작을 위한 도선.

pin-bar 핀바 납땜 접속을 하지 않는 한 방법. 소정의 형상과 치수로 만들어진 핀과 바를 다음 그림과 같이 사용함으로써 작업이 빠르고 신뢰도가 높은 접속을 할 수 있다.

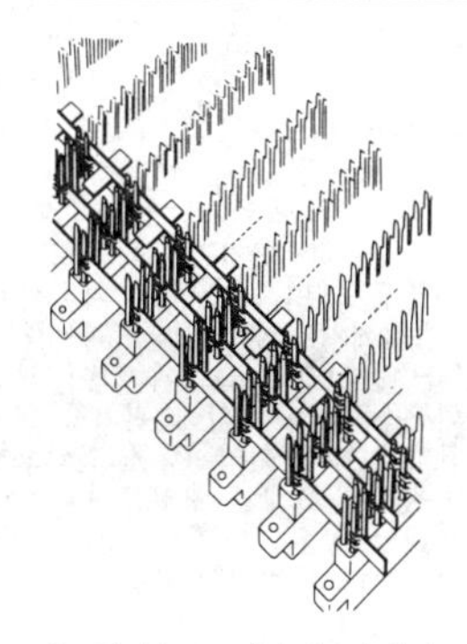

pin board 핀 보드 필요에 따라서 접속을 자유롭게 바꿀 수 있도록 격자 모양으로 배선용 핀을 꽂기 위한 구멍이 뚫린 판. 소정의 구멍에 플러그를 꽂으면 핀 내에 장비된 다이오드를 거쳐서 가로의 선과 세로의 선이 접속되어 공정의 순서나 내용이 설정된다. 시퀀스 제어 장치 등에 사용한다.

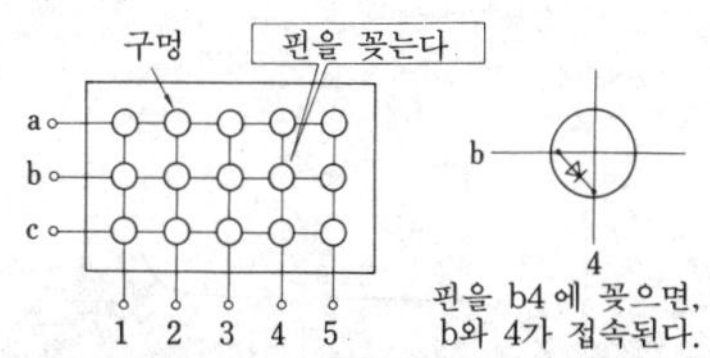

pinch effect 핀치 효과(－效果) ① 기체중을 흐르는 전류는 동일 방향의 평행 전류간에 작용하는 흡인력에 의해 중심을 향해서 수축하려는 성질이 있다. 이것을 핀치 효과라 하고, 고온의 플라스마를 용기에 봉해 넣는다든지 하는 데 이용한다. ② 용융한 막대 모양의 금속에 대전류가 흐르고 있을 때 어떤 원인으로 단면이 작은 곳이 생기면 거기서 강력한 전류력에 의해 수축되어 절단되는 현상.

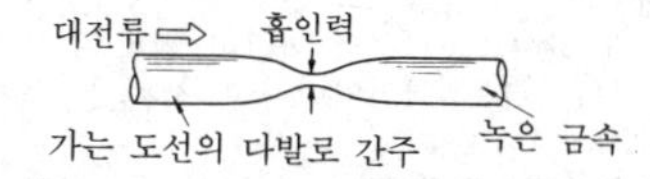

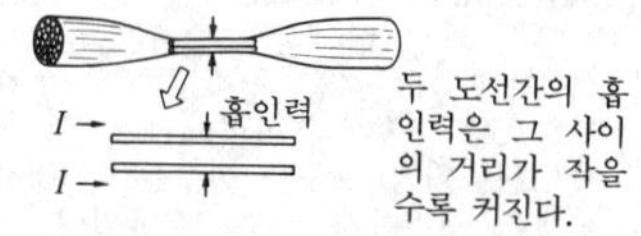

pinch-off 핀치오프 n 채널의 전계 효과 트랜지스터(접합형)를 생각해 보자. 이 디바이스의 게이트는 고농도의 p 형 반도체

가 확산되어 있으며, p^+-n 접합부에는 공핍층이 생기지만 게이트가 고농도로 확산되어 있기 때문에 공핍층은 주로 n 채널측으로 튀어 나와 있다. 공핍층의 두께는 게이트 전압 V_G에 의해 변화하고, 따라서 n 채널의 평균 단면적, 즉 소스·드레인간 저항은 게이트 전압에 의해서 제어된다. 그림에 JFET(소스 공통형)의 특성곡선을 나타냈다. 그림과 같이 채널이 튀어 나온 공핍층에 의해 핀치오프(폐색)되는 점의 드레인 전압 V_D를 핀치오프 전압 V_P라 한다. 드레인 전압은 더 증대해 가도 드레인 공핍 영역은 확산되지만, 채널 형상은 그다지 변화하지 않고, 드레인 전류도 그림과 같이 거의 일정값으로 추이한다. 절연 게이트형 FET의 경우에도 마찬가지로 핀치오프는 생각된다.

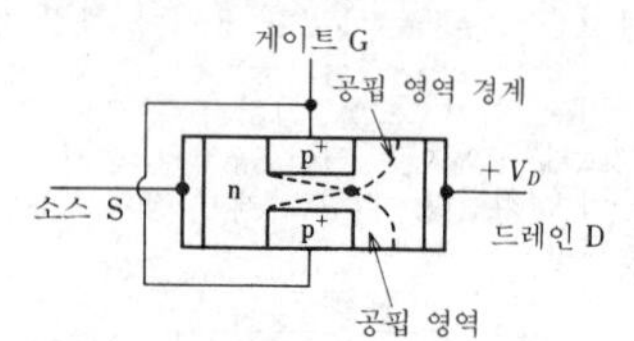

(a) 핀치오프점에서의 공핍층의 접촉

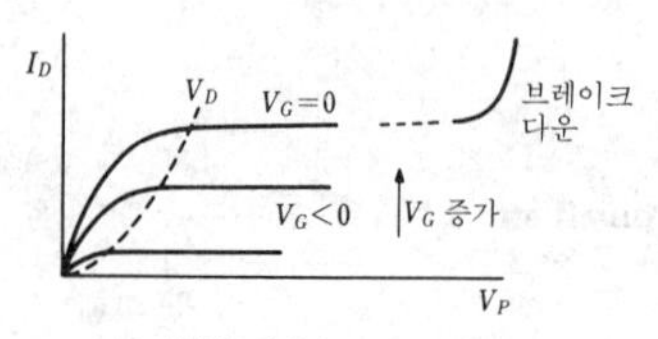

(b) JFET 에서의 I_D-V_D 특성

pinch-off voltage 핀치오프 전압(－電壓) 접합형 전계 효과 트랜지스터에서 드레인 전압을 점차 상승시킨 경우 드레인 전류가 포화 상태가 될 때의 드레인 전압과 게이트 전압의 합은 게이트 전압의 크기와 관계없이 일정하다. 이 값을 핀치오프 전압이라 하고, 공핍층의 확산이 채널을 거의 닫아버리는 역전압이라고 생각할 수 있다.

pinch roller 핀치 롤러 테이프 녹음기에서 캡스턴에 테이프를 밀어붙여 그 마찰에 의해 테이프를 정속도로 주행시키는 것. 보통 금속제의 아버(arbor)에 내유성이 있는 합성 고무를 끼우는데, 테이프의 주행을 원활하게 하고, 불균일이 없도록 표면은 연마된다. 또, 핀치 롤러의 폭은 테이프의 폭보다 크게 잡아 테이프의 구동력을 얻도록 하고 있다.

pin compatible 핀 호환(－互換) 2 개 이상의 소자에 대해서 그 기능이 비슷하고 핀 배열이 같은 것. 단, 모든 파라미터의 호환성이 있다고는 할 수 없다.

pin connection 핀 접속(－接續) 반도체 패키지에 있어서, 패키지에서 나온 외부 핀이 디바이스 내부에서 어떻게 접속되어 있는가를 번호에 의해 표시한 것. 패키지에는 핀 번호의 기준 위치를 표시하는 인덱스가 붙어 있어, 설명서와의 대조가 용이하다.

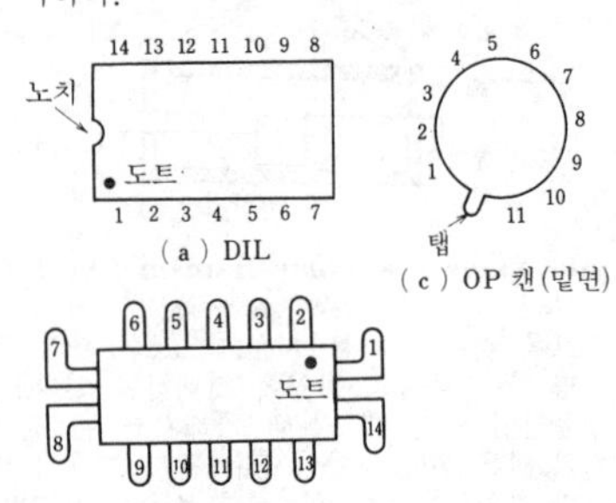

PIN diode PIN 다이오드 거의 등량(等量)의 p 형 및 n 형 불순물을 포함하는 실리콘 웨이퍼 한쪽에서 p 형 불순물을, 또 반대측에서 n 형 불순물을 확산시켜 만든 다이오드. 중앙 부분을 가볍게 도프한 진성 반도체이며, 이것이 p, n 양층간의 공핍층으로서 동작하고, 역방향에 대하여 고내압을, 또 순방향에는 저저항을 준다. PIN 다이오드는 순방향 바이어스에 의해 통전하고, 역방향 바이어스에 의해 개방하는 마이크로파 스위치로서 사용된다. 또 적당한 신호 레벨 입력파의 진폭 변화에 의해 순방향 저항이 변화하는 IMPATT 모드 동작에 적합하며, 공핍층 포토다이오드가 되기도 한다. →photodiode

pincushion distortion 핀쿠션 일그러짐 브라운관의 형광면에 생기는 래스터 일그러짐. 편향각이 광각화할수록 그림과 같은 실패 모양의 일그러짐이 강하게 발생하므로 편향 코일에 흐르는 톱니파 전류를 핀쿠션 일그러짐 보정 트랜스를 사용하여 보정한다.

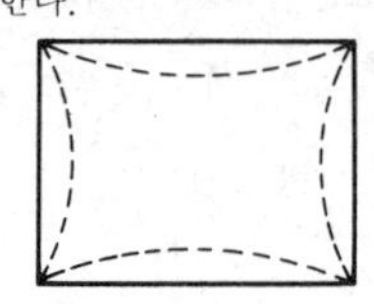

pin detector pin 검출기(— 檢出器) 반도체의 p층과 n층 사이에 존재하는 진성 또는 거의 진성의 영역을 갖는 검출기.

ping-pong 핑퐁 통신에서 송신측이 수신측에 혹은 그 반대가 되도록 전송 방향을 전환하는 전송 방식.

pin hole lens 핀 홀 렌즈, 바늘구멍 렌즈 전자 렌즈로 완전한 결상(結像)을 얻기 위해서는 전위 분포를 광축에 대하여 회전 대칭으로 하는데, 바늘구멍 렌즈는 그러한 전계를 만들기 위한 것이다.

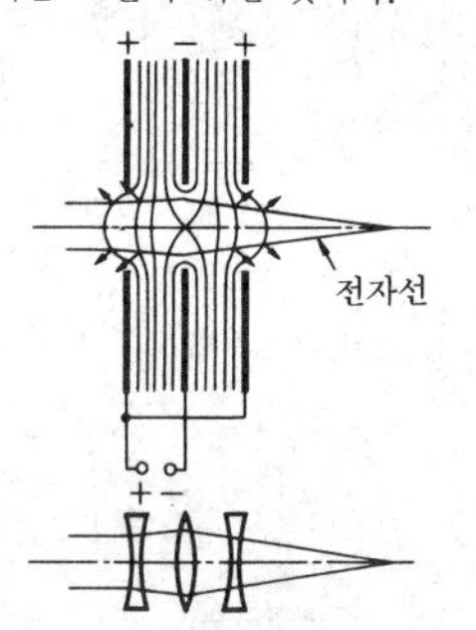

pinout 핀 배치도(—配置圖) 칩 혹은 커넥터 각 핀의 도식 표현.

PIN-PD PIN 포토다이오드 =PIN photodiode

PIN photodiode PIN 포토다이오드 p^+와 n^-층 사이에 저농도의 p^-층(I 층이라 한다)을 둔 구조의 포토다이오드. 공핍층이 넓기 때문에 양자(量子) 효율(빛과 전류의 변환 효율)이 높고, 또 공핍층 커패시턴스도 적으므로 응답 속도가 빠르다. 콤팩트 디스크(CD), 광결합기 등에 널리 사용되고 있다. 소자의 광입사창은 반사 방지막으로 덮혀 있으며, 또 표면 리크를 줄이기 위해 주변부에 채널 스토퍼를 두고 있다. =PIN-PD

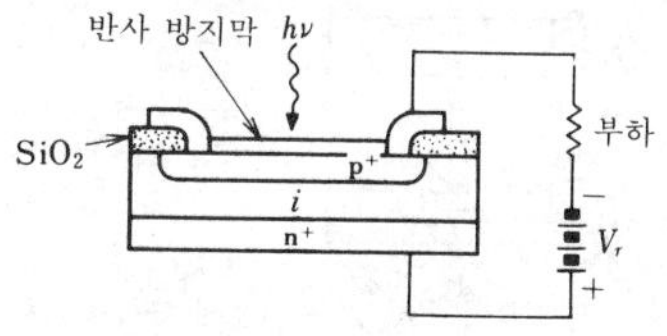

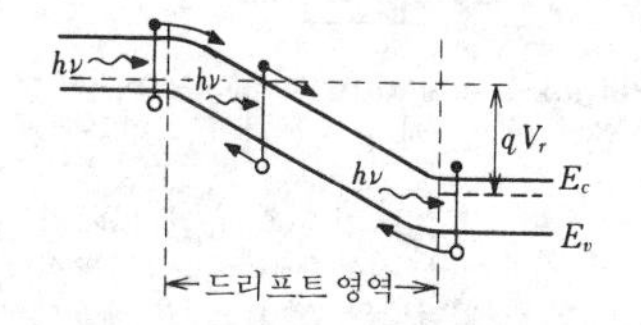

빛을 흡수하여 전자·정공쌍을 생성하고, 이것이 드리프트 영역을 주행하여 외부 회로에 전류가 꺼내진다.

PIP 경로 자유 프로토콜(經路自由—) = path independent protocol

pip 핍 레이더의 브라운관상에서 밝게 빛나는 곳.

pipe 파이프 UNIX 에의 명령의 실행 방법으로, 두 명령을 기호 "|"로 이음으로써 앞의 명령의 출력을 뒤의 명령의 입력으로 할 수 있다. 이 입출력 기구를 파이프라 한다.

pip junction pip 접합(—接合) 양쪽이 p형 반도체이고, 그 중간에 불순물을 포함하지 않은 진성 반도체인 i 영역을 가진 접합.

Pirani gage 피라니 진공계(—眞空計) 볼로미터형의 진공계로, 존재하는 가스의 열전도도에서 진공도를 측정하는 것으로, 그를 위해 필라멘트에 전류를 흘려서 가열하고, 필라멘트 저항을 측정함으로써 그 온도, 따라서 주위 가스의 열전도도, 그리고 최종적으로는 진공도를 측정하려는 것. 측정 범위는 10^{-1}~10^{3})pa, 정밀도는 10~수 10%이다. 그리고 지시값은 가스의 종류에 의존한다.

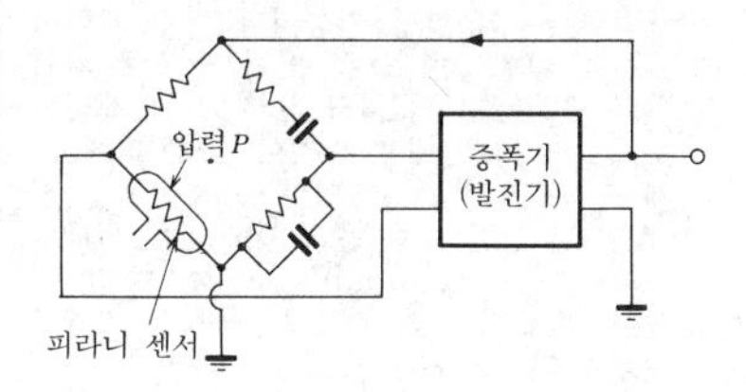

piston attenuator 피스톤 감쇠기(—減衰器) 도파관 내에 삽입된 피스톤형의 감쇠기로, 감쇠량은 피스톤을 관내에서 슬라이드시킴으로써 조정할 수 있도록 되어 있다.

pitch 피치 ① 음향 감각의 하나의 속성으로, 주로 음향 자극의 주파수에 관계하나, 음압이나 파형도 다소 관계한다. 피치는 음악에서의 음의 위치를 결정하는 것으로, A 톤의 표준 피치는 440Hz, 중간 C 톤은 261.6Hz 이다. ② 코일에서 선과 선 사이.

PIV 피크 역전압(—逆電壓) =peak inverse voltage

pivot bearing method 피벗 베어링 방식

(−方式) 지시 전기 계기 가동부 축의 피벗과 그 베어링 돌로 이루어지는 지지 방식. 축 끝에 강철제의 원뿔 모양 피벗을 부착하고, 베어링에는 루비, 사파이어 등의 인조 보석을 사용한다. 마찰을 작게 하여 오차를 적게 하려면 끝의 곡률 반경을 작게 하면 되는데 가동부의 무게에 의해 제한을 받게 된다.

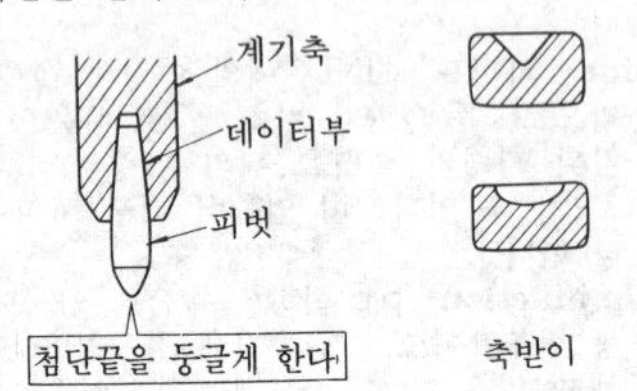
계기축
데이터부
피벗
첨단끝을 둥글게 한다
축받이

pixel 화소(畵素) =picrue element, picel, pel

PKT 패킷 =packet

PL/I 피 엘/1 Programming Language/One 의 약어. 수치 계산, 논리 연산 및 사무 데이터 처리를 하기 위한 범용 프로그램 언어의 하나. 1966 년에 IBM 사와 GUIDE 및 SHARE 의 이용자 단체가 공동으로 개발한 언어로, ALGOL 의 블록 구조, FORTRAN 의 구문 기술, COBOL 의 데이터 구조의 개념을 도입하고, 다수의 내장 함수를 갖춘 외에 기억 영역의 동작 할당 기능이나 병행 처리의 기능을 갖춘, 매우 큰 언어 명세로 되어 있다. 1976 년 미국 규격 PL/I 이 제정되고, 그와 같은 내용의 것이 1979 년에 국제 규격으로서 제정되었다.

PLA 프로그램 가능 논리 어레이(−可能論理−) programmable logic array 의 약어. 표준의 논리 회로로, 특정한 기능을 수행할 수 있도록 프로그램(회로를 그에 맞추어서 구성한다)할 수 있고, 따라서 ROM 과 같이 동작시킬 수 있는 것이다. PLA는 MOS 혹은 바이폴러 회로로서 만들 수 있다. 프로그램하는 접속점을 LSI 의 제조 단계에서 마스크에 의해 결정하는 방법이나, 모든 접속점을 퓨즈 등으로 구성해 두고 개개의 사용법에 따라 이용자가 선택적으로 접속 개소를 용단(鎔斷)하여 목적의 함수를 정의하는 방법이 쓰인다.

placer 플레이서 캐리어 테이프에 일정 간격으로 고정한 반도체 칩을 자동 공급하여 기판에 장착하기 위해 사용하는 장치.

planar 플레이너 반도체 재료의 제조에서는 실리콘 베이스의 트랜지스터를 만들기 위한 처리 방식을 말한다. 플레이너 처리에서는 전류 제어용의 화학 원소가 실리콘 웨이퍼 표면(및 표면 밑)에 확산되는데, 표면(그들의 원소가 확산 때문에 투과하는 평면) 그 자체는 처리의 전후를 통해서 평탄하게 유지된다. 플레이너 처리는 1950 년대 후반에 개발되었으며, 이 개발이 반도체 재료의 기초로서 그 후 실리콘의 광범위 이용을 가져오게 되었다.

planar array 평면 어레이(平面−) →linear antenna array

planar process 플레이너 공정(−工程) 반도체 디바이스 제조 공정 중에서 pn 접합을 만들기 위한 방법.

planar technique 평면 기술(平面技術) 선택 확산, 이온 주입, 포토 에칭 등의 기술을 써서 그 표면이 평탄해지도록 기판 결정의 동일 평면상에 소자를 형성하는 반도체 디바이스 제조 기술.

planar transistor 플레이너 트랜지스터 트랜지스터의 일종. n 형(또는 p 형)의 규소를 기판으로 하여, 그 위에 다른 종류의 불순물을 그림과 같이 순차 확산해서 만든 트랜지스터로, 접합면이 외기에 닿아서 더러워지는 일이 없으므로 수명이 길다. 또한 작은 전류에서 큰 전류 증폭률이 얻어지는 것도 특징이다.

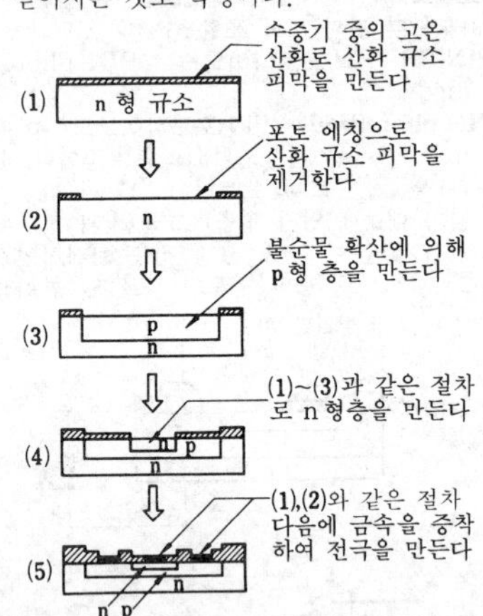
수증기 중의 고온 산화로 산화 규소 피막을 만든다
(1) n 형 규소
포토 에칭으로 산화 규소 피막을 제거한다
(2) n
불순물 확산에 의해 p 형 층을 만든다
(3) p n
(1)~(3)과 같은 절차로 n 형층을 만든다
(4) n p n
(1),(2)와 같은 절차 다음에 금속을 증착하여 전극을 만든다
(5) n n p

Planck's constant 플랑크의 상수(−常數) 양자론에서 기본적인 의미를 갖는 상수. 기호 h 로 표시된다. 플랑크의 가설에 의하면 전자나 원자핵 등의 입자가 결합된 상태에서 갖는 에너지는 연속적이 아니고, 띄엄띄엄의 값이다. 그 때문에 빛의 흡수나 방사는 어느 일정한 에너지의 크기일 때만 이루어지고, 그 크기는 방사의 진동수에 비례한다. 이 때의 비례 상수의

크기가 플랑크의 상수이며, 그 값은 6.625×10^{-34}Js 이다.

plane-earth factor 평면 대지 계수(平面大地係數) 불완전 도전성 대지상을 전파(傳播)하는 전파 강도와 완전 도전성 평면상을 전파하는 전파 강도의 비.

plane of polarization 편파면(偏波面) 평면 편파의 전계 벡터와 전파(傳播) 방향을 포함하는 평면. 편파면이 수평인 전파를 수평 편파라 한다.

plane-polarized wave 평면 편파(平面偏波) 균일한 등방성 매질 내에서 그 전계가 언제나 절파(傳播) 방향을 포함하는 일정 평면 내에 있는 전자파.

planer circuit 플레이너 회로(一回路) 평면상에서 분기가 교차하는 일 없이 그릴 수 있는 회로망.

plane wave 평면파(平面波) 전계 또는 자계의 벡터가 임의의 순간에 있어서 동일 위상을 갖는 면을 등상면(等相面)이라 하고, 전자파가 한 무리의 평행 등상면에 수직인 평행 직선의 방향으로 진행하는 경우를 평면파 또는 TEM 파라 한다.

planned maintenance 계획 보전(計劃保全) 예방 보전을 위해서 어떤 일정한 기간을 정해서 정기적으로 기계의 보수, 보전 작업을 실시하는 것.

plan position indication system PPI 표시 방식(一表示方式) 레이더의 영상 지시 방식의 일종으로, 목표물로부터의 반사 휘점 위치가 극좌표로 표시되고, 거리는 반경 방향으로, 반사의 강도는 휘점의 밝기로 표시되는 것을 말한다. 이 방식은 목표물의 위치와 브라운관의 휘점 위치의 대응이 실제의 상태에 가깝고 보기 쉬우므로 레이더의 표시 방식으로서 가장 널리 사용되고 있다.

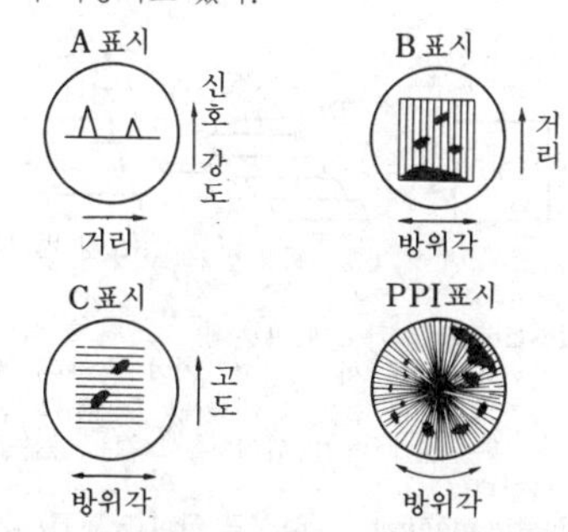

Plante type plate 플란테형 극판(一形極板) 납 축전지 양극판의 일종으로, 극판 표면에 많은 요철(凹凸)을 갖게 하여 표면적을 넓게 한 것. 이 형식의 양극판을 사용하는 것은 작용 물질의 탈락이 적고, 수명은 길지만 무게가 무거우므로 주로 거치용(据置用)으로 사용된다.

plasma 플라스마 물질이 전리(電離)하여 이온과 전자가 같은 밀도로 공간 중에 존재하는 상태로 된 것. 고체, 액체, 기체에 이은 물질의 제 4의 형태라 일컬어지고 있다. 글로 방전의 양광주(陽光柱)는 저온에서의 플라스마이며, MHD 발전에 사용하는 유체는 고온에서의 플라스마이다. 이 상태에서는 전기 전도성이 높고, 거의 전위차는 없으며, 공간 전하는 존재하지 않는다.

plasma anodic oxidation 플라스마 양극 산화(一陽極酸化) 화합물 반도체로의 절연 피막 형성법의 일종으로, 플라스마 중에서 생성되는 산소 이온을 직류 전계에 의해서 반도체 표면에 유도하여 산화 반응을 일으키게 하는 방법.

plasma ball 플라스마 볼 높은 압력하에서 묽은 가스가 전극간에서 전리(電離)한, 매우 강한 광도의 광원.

plasma chemical vapor deposition 플라스마 CVD 법(一法) 가스 모양의 물질을 고주파 방전 등에 의해 플라스마 상태로 하여, 기판상에 얇은 막을 형성시키는 방법이다. 박막 IC 등은 이 방법으로 만들어진다.

plasma diagnostics 플라스마 진단(一診斷) 플라스마 내의 전자 밀도, 전자나 이온의 온도, 속도의 분포, 전계·자계의 분포 등을 살피는 것.

plasma display 플라스마 표시 장치(一表示裝置) 글로 방전을 이용하여 발광점을 X, Y 방향으로 배열한 전극선에 의해 매트릭스 모양으로 배열하고, 각 발광점에 대한 전압 인가의 유무를 디지털 신호를 제어함으로써 문자나 도형을 표시케 하는 장치. 보통은 네온 가스를 사용하므로 발광은 적등색이다. 전극을 절연막으로 감싸서 기억 작용을 갖게 할 수도 있어 컴퓨터의 단말 장치 등에 사용된다. 평판형으로 만들기 때문에 PDP(plasma display panel)라고도 한다. =PD

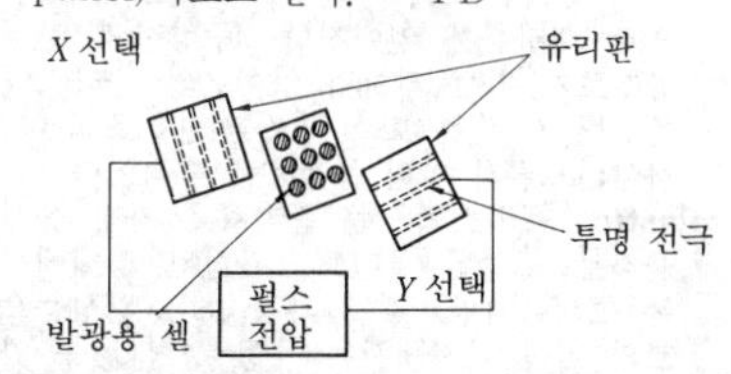

plasma display panel 플라스마 표시반

(－表示盤) 표시 장치의 일종. 평평한 가스 봉입 패널 내부에 전극을 격자 모양으로 배열한 것. 격자의 임의점을 골라 전극 전류를 시동시킴으로써 가스를 이온화, 발광시킨다. =PDP →plasma display

plasma display unit 플라스마 표시 장치 (－表示裝置) 표시 부분으로서 플라스마 패널을 사용한 표시 장치.

plasma-jet 플라스마제트 아크에 의해 전리(電離)된 기체(플라스마)를 만들어 고속도로 분출시키는 것. 수만 도 정도의 고온이 얻어지며, 고융점 물질의 용융 절단 등에 이용된다.

plasma-jet machining 플라스마 제트 가공(－加工) 아크 방전에 의해 전리(電離)한 고온 가스를 사용한 용해법. 전극을 음극, 가공물을 양극으로 하여 직류 아크를 발생시킨다. 플라스마가 될 아르곤 가스를 강하게 뿜고, 바깥쪽을 냉각하면 핀치 효과에 의해 아크의 직경은 작아지고 더욱이 초고온의 플라스마가 얻어진다. 2×10^4K 이상의 고온이 얻어지며 기타 헬륨, 질소, 수소 등 각종 가스가 쓰이고, 산화 작용이 없으며 용단·주조·천공·표면 처리 등의 가공을 할 수 있다.

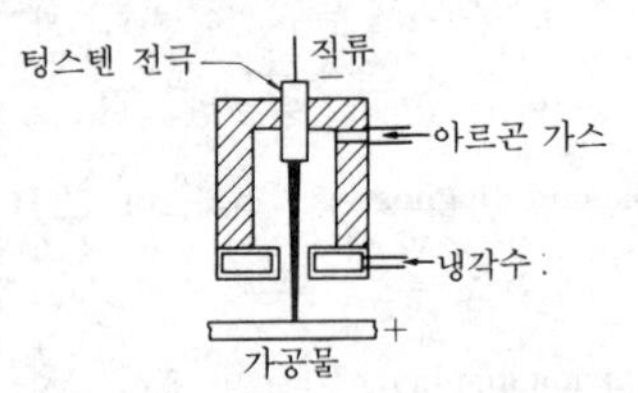

plasma radiation 플라스마 방사(－放射) 플라스마에서 방사되는 전자(電磁) 방사. 주로 자유 전자의 다른 자유 상태로의 천이, 또는 원자·이온의 속박 상태로의 천이에 의한 것이지만 속박 전자가 다른 속박 상태로 천이할 때 생기는 것도 있다.

plasma sheath 플라스마 시스 플라스마 내의 물체 주위에 축적하는 동일 부호의 하전 입자층.

plasmatron 플라스마트론 열음극을 가진 가스 봉입관으로, 수 V의 낮은 양극 전압으로 대전류가 얻어진다. 주방전에 앞서 방전로가 되는 전자와 양이온의 플라스마를 만들기 위한 보조 회로를 필요로 한다. 사이러트론과 달리 통전은 연속적이다.

plastic 플라스틱 큰 분자량을 가진 유기물질로 구성된 물질로, 완성된 상태에서는 고체이지만, 제조 과정 또는 완성품으로의 가공 과정에서는 유동 성형할 수 있는 것.

plastic alloy 플라스틱 합금(－合金) 2종류 이상의 단량체를 조합해서 만든 중합체(공중합체)를 금속인 경우의 합금에 비유해서 이렇게 부른다. 한 종류의 단양체로 이루어진 것에 없는 성질의 고분자를 만들 수 있다. ABS수지 등은 그 예이다.

plastic battery 플라스틱 축전지(－蓄電池) 도전성 플라스틱(폴리아세틸렌의 필름 등)을 전극으로 사용한 전지. 출력이 크고, 형상을 자유롭게 할 수 있는 등 이점이 많다. 현재 개발 중이다.

plastic capacitor 플라스틱 콘덴서 = plastic condenser

plastic condenser 플라스틱 콘덴서 유전체로서 플라스틱 필름을 사용한 콘덴서. 폴리스티롤(고주파 특성이 좋다), 마일러나 테플론(사용 온도가 높다), 폴리에틸렌, 폴리카보네이트 등이 사용되고 있다. 또한 전극은 증착한 것을 사용한다.

plastic deformation 소성 변형(塑性變形) 탄성 변형과는 달리 재료에 일그러짐을 주고부터 그대로 장시간 방치해도 원형으로 되돌아가지 않는 변형. 금속의 압연 등은 이것을 이용한 것이며, 또 고분자 재료에서의 플라스틱이라는 말도 여기서 나온 것이다.

plastic form 플라스틱 폼 플라스틱재에 발포제를 섞어서 성형 가공함으로써 작은 기포가 균일하게 분포한 가공품이 만들어진다. 폴리우레탄, 폴리스티렌, 폴리 염화 비닐 등의 폼이 있다. 단열재, 방음재, 완충재, 포장재 등에 쓰인다.

plasticity 소성(塑性) 재료에 하중을 가하면 변형이 생기는데 하중을 제거했을 때 완전히 변형 전의 상태로 되돌아가지 않고 변형이 남는 성질. 이 변형을 소성 변형이라 하며, 영구 변형이라고도 한다.

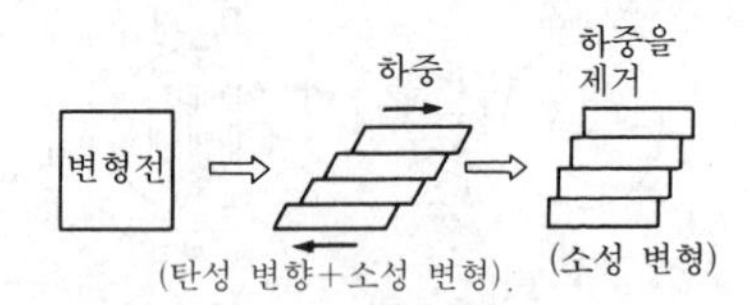

plasticizer 가소제(可塑劑) 가열에 의한 연화(軟化)를 써서 성형하기가 곤란한 플라스틱, 예를 들면 염화 비닐 등에서 가공을 용이하게 하기 위해 혼입하는 성분을 말한다.

plastic magnet 플라스틱 자석(－磁石) 플라스틱에 페라이트의 분말을 혼합 성형하여 만든 자석. 복잡한 형상의 것을 정밀하고 자유롭게 만들 수 있다는 이점이 있다.

냉장공, 도어 패킹 등에 활용되고 있다.

plastic optical fiber 플라스틱 광섬유(－光纖維) 현재 실용되고 있는 광섬유의 소재는 석영 유리인데, 그것을 플라스틱으로 만든 것. 코어 부분은 폴리메틸메타크리레이트(아크릴 수지의 일종)를 사용한다. 유리 섬유에 비해서 성능은 크게 떨어지나 단거리이면 충분히 사용할 수 있고 취급상의 이점도 많다.

plastic package 플라스틱 패키지 주로 에폭시계의 수지에 의해 수지 봉함한 패키지를 말한다. 다이 본딩이나 와이어 본딩에 의해서 리드 프레임에 탑재한 반도체 칩을 금형에 세트하고, 예비 가열되어 유동성이 커진 수지를 금형 내에 압축 주입·성형하여 얻어진다.

plastics 플라스틱 합성 수지를 원료로 하는 것으로, 충전재나 색소 등을 섞은 것을 형에 넣어 가열하면서 가압 성형하여 만드는 성형품 외에 적층품이나 필름 등 각종 사용법이 있다. 원료의 합성 수지의 종류에 따라서 성질은 다양하나, 절연 재료로서 사용할 때는 절연 저항은 크고, 비유전율은 콘덴서용 이외는 작으며, 유전 탄젠트도 작은 것을 선택하지 않으면 안 된다. 목적에 따라서 예를 들면 다음과 같은 재료를 사용한다.

종별	제품의 예	사용 재료의 일례
피 복	전 선	염화 비닐, 폴리에틸렌
성 형 품	소 켓	베이클라이트
주 형 품	몰 드	폴리에스테르
적 층 품	인쇄배전판	베이클라이트, 에폭시
필 름	콘 덴 서	마일러

plastic scintillator 플라스틱 신틸레이터 타페닐 등의 형광 물질을 폴리스틸렌 중의 플라스틱에 가한 것으로, 방사선이 닿았을 때 발광하므로 방사선을 검출하기 위한 재료로서 사용된다.

plastomer 플라스토머 고분자 재료 중 합성 수지와 같이 가소성이 큰 것.

plate 플레이트, 양극(陽極) ① 전지나 직류 발전기를 전원으로 하여 전기 회로를 만들었을 때 전류가 전기 회로로 나가는 쪽을 말한다. ② 전자관의 경우 ＋전위가 주어지고 음극으로부터의 전자류를 받는 역할을 한다. 재료로는 니켈, 철, 구리, 몰리브덴, 탄탈, 흑연 등이 사용된다. ② 정류기나 사이리스터 등에서 ＋전압을 가한 경우에 순방향이 되는 쪽을 말한다.

plateau 플래토 GM 계수관은 일정한 방사선원하에서 전압을 바꾸어도 계수가 거의 변화하지 않는 특성의 부분이 있다. 이 수평 영역을 플래토라 하며, GM 계수관은 이 전압 범위 내에서 사용한다.

plated wire 플레이티드 와이어 자성선(磁性線)을 말한다. →wire memory

plate efficiency 플레이트 효율(－效率), 양극 효율(陽極效率) ＝anode efficiency

plate loss 플레이트 손실(－損失), 양극 손실(陽極損失) 진공관에서 플레이트에 돌입한 전자가 가지고 있던 운동 에너지는 열로 변환되어서 플레이트를 가열하도록 작용한다. 이 열손실을 플레이트 손실 또는 양극 손실이라 한다. 따라서 플레이트는 이러한 온도 상승에 견디고, 더욱이 열방산이 양호한 재료나 구조로 할 필요가 있다. 플레이트 손실은 다음 식으로 구해진다.

$$P_l=V_pI_p-v_pi_p$$

여기서, P_l : 플레이트 손실〔W〕, V_p : 플레이트 직류 전압〔V〕, I_p : 플레이트 직류 전류〔A〕, v_p : 플레이트 교류 전압(실효값)〔V〕, i_p : 플레이트 교류 전류(실효값)〔A〕.

platen 플래턴 인쇄 수신기 등에서 수신지 뒤쪽에 있으며, 인자할 때 바에 대하여 적당한 인자 압력을 주는 동시에 수신지를 밀어 내기도 하는 것. 플래턴 표면은 보통 합성 고무 등으로 만들어진다.

plating 도금(鍍金) 부재(部材) 표면에 방식(防蝕) 등의 목적으로 금속을 피복하는 것. 기재(基材)가 금속인 경우는 전기 분해를 이용하는 것이 일반적이지만 무전해 도금(화학적으로 이온을 석출시키는 방법)도 쓰인다. 기재가 비금속인 경우는 표면에 흑연 가루 등을 칠한 다음 전해 도금을 하는 방법도 있으나 일반적으로 무전해 도금이 널리 쓰인다.

platinotron 플라티노트론 마이크로파용 전자관의 일종으로, 마그네트론의 양극 회로를 한 곳에서 분리하고, 입력과 출력 회로를 붙인 것을 말한다. 증폭용으로 사용하는 것은 앰플리트론, 발진에 사용하는 것은 스타빌로트론이라고도 한다. 대출력의 것을 제작할 수 있으며, 3GHz 에서 3MW(펄스 출력)의 것도 있다. 레이더의 송신관으로서 사용된다.

platinum black 백금흑(白金黑) 표면에 금속 백금을 증착시켜서 만든 가는 가루 모양의 흑색 피복. 전해 장치나 전지에 사용되는 전극 표면을 감싸서 표면적을 넓게 하는 효과가 있다.

platinum cobalt 백금 코발트(白金－) 백금과 코발트와의 금속간 화합물. 자석 재료로서 매우 뛰어난 성질을 가지나, 고가이기 때문에 희토류 자석으로 대치되어 거의 쓰이지 않게 되었다.

play-back 재생(再生) 기록된 신호를 그 매체(테이프, 디스크 등)에서 꺼내는 것.

play-back characteristic 플레이백 특성(一特性) →reproducing characteristic

play-back cue signal PQ 신호(一信號) 테이프를 재생할 때의 큐업(cue-up) 신호를 말한다. 테이프의 소정 위치에 이 신호를 기록해 두고 PQ 버튼에 의해 자동적으로 스타트 위치가 세트된다.

play-back robot 플레이백 로봇 미리 인간이 매니퓰레이터를 움직여서 교시(敎示)함으로써 그 작업의 순서, 위치 및 기타의 정보를 기억시켜 그것을 필요에 따라 읽어냄으로써 그 작업을 할 수 있게 한 로봇.

play-back system 플레이백 시스템 공업용 로봇의 제어 방식의 하나. 처음에 인간이 로봇을 조작하여 복잡한 작업을 시키는 동시에 그 동작 내용을 테이프 등에 기록해 두고 이 테이프를 재생함으로써 로봇은 이 작업 내용을 몇 번이라도 반복하여 동작을 한다.

plethysmograph 뇌파계(腦波計) 심장의 고동에 의한 혈관의 맥동 현상을 검출하는 장치. 빛의 투과도, 반사율, 전기 저항의 변화 등을 이용하여 측정한다. 심박수의 측정이나 모세 혈관의 혈류 상태 관찰에 사용된다.

pliers 플라이어 전선을 지지하거나, 끊거나, 굽히거나, 정형하거나, 기타의 목적으로 사용되는 공구.

PLL 위상 동기 루프(位相同期一) =phase-locked loop

PLL system PLL 방식(一方式) =phase locked loop system

PLM 펄스 길이 변조(一變調) =pulse length modulation →PWM

plotter 플로터 작도 장치를 말한다. 계측장치나 컴퓨터의 출력 데이터를 도형이나 문자로서 출력한다.

PLTZ ceramics PLTZ 세라믹스 압전 재료인 티탄·지르콘 산연 PTZ($PbTiO_3$-$PbZrO_3$)에 La_2O_3을 첨가하고, 납이온 Pb^{2+}의 일부를 란탄 이온 La^{3+}로 치환한 것으로, 빛의 산란이나 흡수가 매우 적은 투광성 압전 세라믹스로서 옵토일렉트로닉스 분야에서 광기억 장치, 광 셔터, 표시 요소 등 광제어 소자로서의 응용면이 넓다. →PTZ

plug 플러그 코드와 배선의 접속 기구. 코드 끝에 부착하여 소켓이나 잭에 꽂도록 되어 있다. 플러그에는 회로 접속용, 회로와 어스 접속 병용이 있으며, 사용 목적, 전선수에 따라서 다종 다양한 것이 있다. 배선용으로는 삽입식, 나사식, 세퍼러블 등이 있고, 접촉 저항이 작은 것을 이용한 가변 저항기의 저항 조정용 플러그, 조작이 간단한 전화 교환기 중계선 플러그 등도 있다.

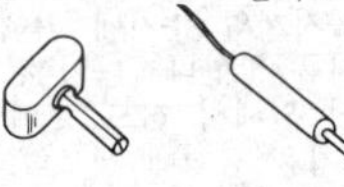

plugboard 배선반(配線盤), 배전반(配電盤) 장치의 동작을 제어하기 위해서 플러그나 핀을 꽂을 수 있는 구멍이 있는 반. 기계의 기능에 융통성을 주기 위해 기계의 배선 일부분을 많은 전기 접점을 갖춘 반(보드)에 결선하고, 그 반 위의 접점 간을 짧은 접속 코드를 사용하여 배선한다. 접속 코드는 간단히 접속 교체를 할 수 있으며, 기계 기능의 활용에 융통성이 있어서 편리하다. 이 접속 작업은 일종의 프로그래밍이다. 이 배선반은 장치, 기계에서 착탈, 교환이 가능한 것이 있다. =pinboard

plugboard chart 배선반도(配線盤圖) 어떤 작업에서 플러그를 배선반의 어느 위치에 삽입해야 하는가를 나타낸 그림을 말한다.

plug-in system 플러그인 방식(一方式) 기기 또는 장치의 일부분만을 다른 구성의 것과 교환하는 경우에 그 부분만이 별도로 조립되어 있고 그것을 교환함으로써 회로에 손을 대지 않고 필요한 접속이 이루어지도록 미리 준비된 방식.

plug-in unit 플러그인 장치(一裝置) 커넥터의 결합으로 기능이 완전히 발휘되도록 설계되어 있는 장치.

plumber 연공(鉛工) 납 피복의 통신 케이블을 도중 또는 단말에서 접속할 때 연피(鉛皮) 부분을 잇는 작업을 말한다. 이것이 잘 되어 있지 않으면 틈이나 균열을 발생하여 습기 등이 침입해서 절연 불량 때문에 통화 고장을 일으키는 원인이 된다. 또한, 플라스틱 피복의 케이블에서는 그 나름대로의 공법을 사용하는데, 이 경우도 습관상 역시 염공이라고 부르는 경우가 있다.

plumbicon 플럼비콘 촬상관의 일종. 광전면에 일산화 납을 사용한 것으로, 비디콘과 같은 광도전 효과의 원리에 의해 광전 변환을 하는 것인데, 비디콘 보다 *SN*비가 좋고, 광전 변환 특성이 직선적이며, 잔상도 적고, 해상도도 좋은 특징이 있다. 이것을 사용한 컬러 카메라는 소형 경량이며, 조정도 용이한데다 화질이 뛰어나므로 스튜디오용으로서 널리 쓰이고 있다.

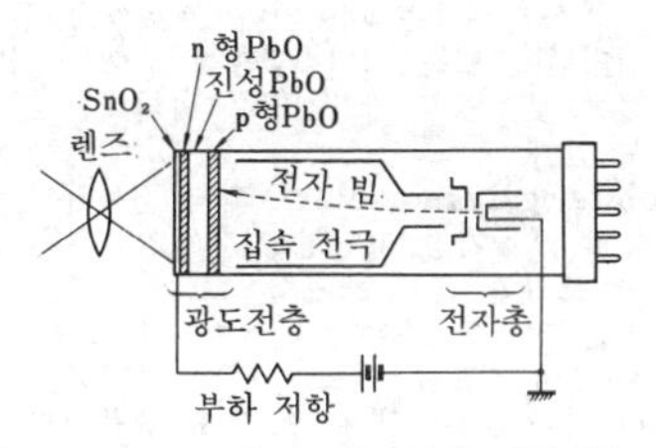

plunger-type relay 플런저형 계전기(一形繼電器) 코일의 중앙부를 솔레노이드 작용에 의해 플런저가 운동하도록 되어 있는 계전기. 접점은 플런저의 한 끝, 또는 양단에 두어져 있다.

plutinum wire 백금선(白金線) 금속 원소의 백금으로 만든 선. ① 백금-백금 로듐 열전쌍으로서 쓰인다. 비교적 고온에 견디고, 경년 변화도 적으나 열기전력이 작고, 직선성도 그다지 좋지 않다. ② 저항 온도계의 측온(測溫) 저항체로서 쓰인다. 금속의 저항은 온도 상승에 따라 증가하므로 온도를 측정하려는 장소에 측온 저항체를 두고, 그 저항을 측정하면 온도를 알 수 있다.

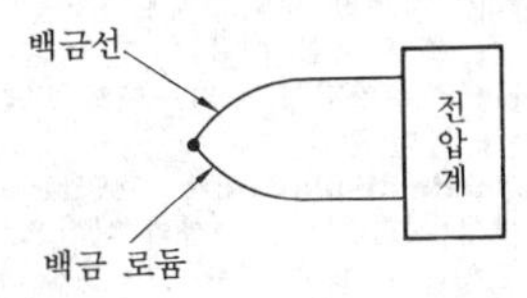

PM 예방 보수(豫防保守)[1], 위상 변조(位相變調)[2], 광전자 증배관(光電子增倍管)[3]
(1) =preventive maintenance
(2) =phase modulation
(3) =photo multiplier

P-MOS P 채널 MOS P-channel metal oxide semicondutor 의 약어. 가장 오랜 LSI 기술. 부품 집적도는 높지만 N-MOS 보다 속도가 느리다.

***pn* chart** *pn*관리도(一管理圖) 제조 공정을 불량 개수 *pn*에 의해서 관리하기 위한 관리도. 불량 개수를 살피는 샘플의 크기가 같은 경우에 사용한다.

PN code 의사 잡음 부호(擬似雜音符號) =pseudo-noise code, →code division multiple access, CDMA

pn diode pn 다이오드 반도체의 pn 접합을 이용하여 만든 다이오드.

pn hook transistor pn 훅 트랜지스터 전류 이득을 증가시키기 위해 여분의 pn 접합을 사용한 접합형 트랜지스터. 예를 들면, pnp 트랜지스터의 컬렉터에 n 층을 추가하여 pnpn 으로 하고, 컬렉터의 p 층을 띄운 것이다. 이것은 pnp 트랜지스터와 npn 트랜지스터를 그 np 접합부를 공통으로 훅업한 것과 등가이며, 전압·전류 이득이 증가한다. pnpn 의 이미터와 컬렉터 간에서는 위상 반전은 없다.

pn junction pn 접합(一接合) 반도체 내부에서의 불순물의 종류와 비율을 장소에 따라 바꾸어 주면 p 형과 n 형 양쪽의 결정 영역을 가진 반도체를 만들 수 있다. 그 경계면을 pn 접합이라 하며 정류 작용이 있다. 다이오드는 pn 접합을 이용한 것이며, 트랜지스터나 사이리스터는 여러 개의 pn 접합을 조합시킨 것이다.

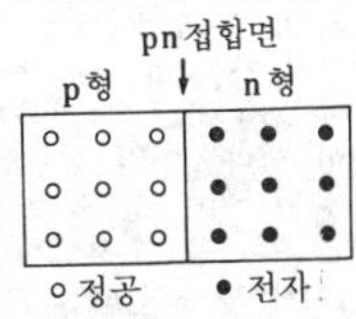

PNM 펄스수 변조(一數變調), 펄스 밀도 변조(一密度變調) =pulse number modulation

pnpn switch pnpn 스위치 반도체 내부에서 p 형 부분과 n 형 부분이 4 층으로 되어 있어 스위치로서의 작용을 할 수 있는 소자의 총칭. 항복 전압 이상의 전압을 가하여 도통을 개시시키는 것 외에 게이트 신호를 사용하는 SCR 이나 GCS, 광 신호를 사용하는 LAS 나 LASCR 등도 있다.

pnp type transistor pnp 형 트랜지스터(一形一) 불순물 농도가 작고, 폭이 좁은 n 형 영역의 양측에 p 형 영역을 접합한 반도체의 조합. 중앙 영역을 베이스(B)라 한다. 또, 베이스를 중심으로 하여 바깥쪽에 있는 순방향의 영역을 이미터(E), 역방향의 영역을 컬렉터(C)라 하고, 그 접합을 이미터 접합, 컬렉터 접합이라 한다.

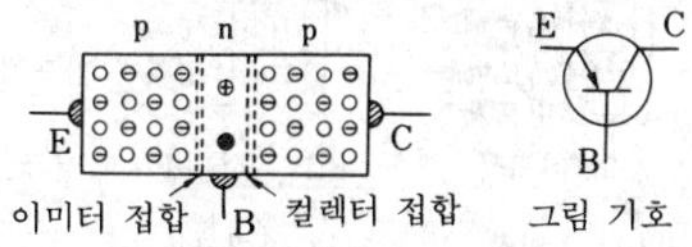

PO box PO 상자(一箱子) 휘트스톤 브리지의 일종으로, 저항의 측정에 사용된다. 비

례변 및 저항변이 마개형 저항으로 구성된 브리지로, 피측정용 단자, 직류 전원 단자 및 검류계 단자가 있다.

Pockels effect 포켈 효과(—效果) 투명한 결정체에서 거기에 가해지는 전계의 세기에 비례하여 빛의 굴절률이 변화하는 현상. 광신호의 변조기를 만드는 경우 등에 쓰인다.

pocket-bell service 무선 호출(無線呼出) 소형 휴대 무선 수신기(pager, bleeper, pocket bell)를 휴대하고, 발신자로부터 호출을 받아 가까운 전화기로 통화한다든지 하여 응답 연락을 취하는 방식.

pocket calculator 포켓 계산기(—計算器) 상용 전원 없이 작동하는 계산기로, 손바닥 위에 얹어서 조작한다든지 포켓에 넣고 운반할 수 있는 가볍고 작은 것.

pocket chamber 포켓 선량계(—線量計) 방사선 장해에 대한 건강 관리를 위해 사용하는 개인용 피폭 선량 검출 기구. 전리(電離) 상자 내에 충전용 전극과 그와 마주보고 수정의 가는 실이 쳐져 있으며, 수정실의 진동을 렌즈로 확대하여 읽을 수 있도록 되어 있다. 먼저 전극을 충전하여 수정실을 진동시켜두고, 이것을 착용하여 방사선을 다룬 다음 수정실의 진동을 살피면 그 사이에 받은 선량을 알 수 있다.

pocket computer 포켓 컴퓨터 탁상용 계산기를 고급화한 것으로, 수 행 정도를 표시하는 액정 표시 장치를 갖는다. BASIC을 쓸 수 있으며, 주로 전자 수첩으로서 이용되고 있다. 호스트 컴퓨터와 접속할 수 있는 것도 있다.

pocket telephone 휴대 전화기(携帶電話機) =portable telephone

point-contact diode 점접촉 다이오드(點接觸—) 반도체 표면의 한 점에 금속의 탐침(探針)을 접촉시킨 구조의 다이오드. 탐침과 반도체 사이에 정류 작용이 생긴다. 이 구조의 다이오드는 저잡음이고 주파수 특성은 좋으나 기계적으로 약한 결점이 있다. 10^4MHz 정도까지의 고주파 정류에 사용된다.

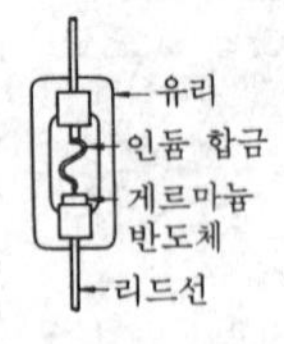

(a) 일반용

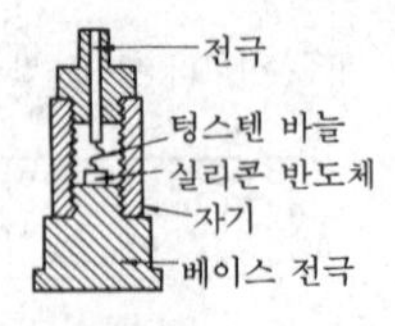

(b) 마이크로파용

point-contact transistor 점접촉 트랜지스터(點接觸—) 반도체의 작은 조각을 베이스로 하고 그 표면에 금속 바늘을 세워 이미터와 컬렉터를 만든 트랜지스터. 트랜지스터가 발명된 당초의 형태이며, 현재는 전혀 쓰이지 않고 있다.

pointer 포인터 컴퓨터의 프로그램 용어로, 처리하려는 데이터나 프로그램 등이 기억되어 있는 기억 장치의 주소를 지정하는 것. 단지 레지스터를 나타내는 경우도 있다.

pointer galvanometer 지침 검류계(指針檢流計) 가동 코일형 검류계의 일종. 가동 코일이 짧은 스트립으로 인장되어 가벼운 지침이 부착되어 있다. 감도는 10^{-7} A/mm 정도로 반조 검류계에 비해 낮으나 취급이 용이하다. 또 직류 증폭기가 내장된 것도 있으며, 이의 감도는 10^{-5}V/mm, 입력 저항 10kΩ 정도이다. 어느 것이나 미소 전압이나 전류의 측정에 쓰인다.

pointer type frequency meter 지침형 주파수계(指針形周波數計) 지침에 의해 주파수를 직독하는 계기로, 상용 주파수의 측정에 사용한다. 유도형, 가동 철편형, 전류력계형 등이 있다. 어느 것이나 2개의 구동부에 대하여 공통의 가동부를 가지며, 서로 반대 방향의 토크가 발생하도록 되어 있다. 동시에 2개의 구동부 임피던스는 주파수의 변화에 따라서 차가 생기도록 되어 있으므로 회전력에 차가 생겨서 가동부는 왼쪽 또는 오른쪽으로 지시한다. 진동편 주파수계보다도 정밀도는 좋으나 측정 범위가 좁은 것이 결점이다. 또한 *CR* 충방전형 주파수계도 지침형 주파수계의 일종이다.

point mode display unit 포인트 모드 표시 장치(—表示裝置) 점의 집합으로 글자나 도형을 나타내는 방식의 표시 장치로, 벡터 모드 표시 장치(vector mode display unit)와 대비된다.

point-of-sale 판매 시점 정보 관리 시스템(販賣時點情報管理—) 상품의 판매와 동시에 그 데이터를 바 코드 리더 등의 단말기로부터 주 컴퓨터에 입력하여 매상이나 재고 관리를 하도록 한 시스템의 뜻. =POS

point-of-sales system POS 시스템 판매점에서 매상이 발생한 시점에서 기계가 판독할 수 있는 형식으로 표현된 상품명이나 가격 등에 관한 데이터를 기계에 판독시켜 데이터 처리를 수행하는 시스템. 보통, 상품에 붙은 레이블의 판독 기구와 금전 등록기가 한 몸으로 된 장치를 사용하여, 판독한 트랜잭션을 다른 데이터 매체상에 기록하든가 데이터 링크를 거쳐서 중앙측의 컴퓨터 시스템에 전송하여 처리하는 방식을 취한다. 또, 상품의 유통 과정에서 정가표 부착 작업을 생력화하기 위해 상품의 외장 자신에 바 코드(bar code)나 OCR 문자를 써서 데이터를 사전에 인쇄하는 경우가 많고, 여러 종류의 바 코드 체계가 제안되어 실용되고 있다. =POS system

point-of-sales terminal POS 단말 장치(-端末裝置) 점포 판매 시점에서 상품 정보나 고객 정보를 수집, 기억, 전송하는 장치. 바 코드 판독 기구, 광학식 문자 판독 기구(OCR), 자기 카드 판독 기구, 자동 계량기 등과의 접속이 가능하며, 매장에 걸맞는 시스템 구성을 가능케 하는 것이 많다. =POS terminal

point-to-point 2지점간 방식(二地點間方式) 회선 양단에 각각 하나의 단말 장치 등이 접속되고 그 사이에 다른 단말 장치 등이 접속되는 일이 없는 방식.

point-to-point circuit 2지점간 회선(二地點間回線) 양단에만 데이터 단말 장치(DTE) 등이 접속되어 있는 회선으로, 교환 회선 이외의 회선.

point-to-point configuration 2지점간 구성(二地點間構成) 2국간의 직결 통신 링크를 말한다.

point-to-point connection 2지점간 접속(二地點間接續) 2개의 데이터 스테이션 간에만 확립되는 접속. 이 접속은 교환 장치를 포함하고 있을 때가 있다.

point-to-point control 위치 결정 제어(位置決定制御), 지점간 제어(地點間制御) →positioning control

point-to-point data link 2지점간 데이터 링크(二地點間-) 단일의 원격국과 접속하는 데이터 링크. 통신 회선으로 접속된 두 국 사이에만 데이터 전송이 이루어진다. 이에 대하여 복수의 국과 접속하는 데이터 링크를 분기라 한다. 2지점간 데이터 링크를 구성하는 것은 두 국을 잇는 통신 시설이다. 전용 회선을 사용하는 경우 언제나 두 국 사이에서만 전송할 수 있다. 교환 회선을 사용하는 경우는 두 국 사이에서의 전송이 끝나면 데이터 링크는 분리되므로 다른 국과 새로운 데이터 링크를 이룰 수 있다.

point-to-point line 2지점간 접속 회선(二地點間接續回線) 2지점 간의 접속 회선.

point-to-point link 2지점간 링크(二地點間-) 일반적으로 서로 통신하는 컴퓨터나 단말 등의 장치간에 1대 1의 관계가 성립하는 통신로의 접속 형태를 말한다.

point-to-point system 2지점간 시스템(二地點間-), 2지점간 방식(二地點間方式) 회선 접속의 한 형식. 회선의 양단에 각각 하나의 국(단말 장치, 컴퓨터)이 접속되어 그 사이에 다른 국이 분기 접속되는 일이 없는 방식. 통신 구간이 고정하여 통신량이 많은 경우에 적합하다. 직결 방식이라고도 한다. =off-line system

poise 포아즈 점도(粘度)의 단위로 기호는 P. $10^{-1}Ns/m^2$에 해당한다.

Poisson distribution 프와송 분포(-分布) 변수가 모두 자연수일 때 그 값이 k가 되는 확률이

$$\frac{e^{-\lambda}\lambda^k}{k!} \quad (단,\ \lambda>0)$$

으로 표시되는 분포로, 평균값은 λ, 표준편차는 $\sqrt{\lambda}$이다. 이 분포는 기계의 고장 발생이나 불규칙한 대기(待機) 등인 경우에 볼 수 있다.

polar coordinates 극좌표(極座標) 평면상의 점을 원점으로부터의 거리 r과 시작선과의 이루는 각 θ로 나타내는 방법.

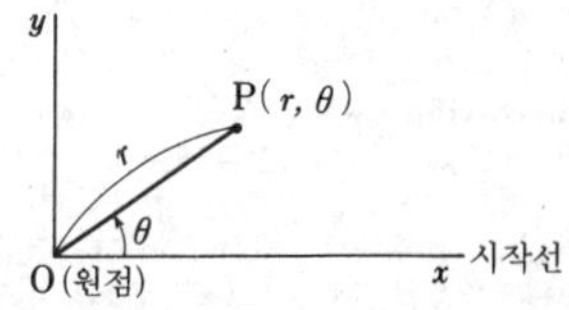

polar coordinate type AC potentiometer 극좌표식 교류 전위차계(極座標式交流電位差計) 그림과 같은 구성의 교류 전위차계로, 피측정 교류 전압의 절대값은 직류 전위차계와 같은 방법으로 측정하고, 위상은 이상기(移相器)에 의해 측정한다. 이상기의 교류 입력 주파수는 피측정 교류 전압의 주파수와 같을 필요가 있다.

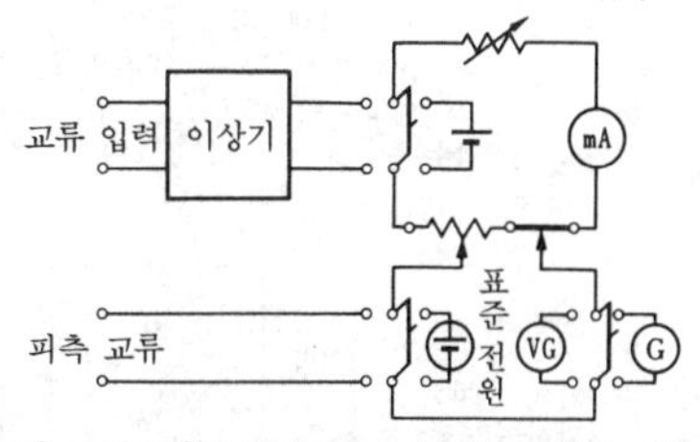

polar coordinate type potentiometer 극좌표식 전위차계(極座標式電位差計) 측정할 교류 전압의 크기는 직류 전위차계와 같은 방법으로 측정하고, 또 위상각은 이상기(移相器)를 써서 측정하도록 한 것.

polariton 폴라리톤 빛과 전자의 두 성질

을 가진 입자의 명칭. 결정에 빛을 대면 빛에서 에너지를 받아 이탈한 전자와 그 후의 홀이 재결합하여 빛을 방사하고, 이 빛이 또 전자와 홀을 만드는 현상이 공명함으로써 출현하는 것으로, 전기적으로는 중성이다. 이것을 이용한 논리 소자를 사용하면 현재의 수퍼컴퓨터보다 연산 속도가 빠른 것이 얻어진다고 하며, 연구가 시작되고 있다.

polarity 극성(極性) ① +, -로서 주어지는 전지의 극성. ② 텔레비전에서 어두운 경치를 나타내는 신호 부분의 전위가 밝은 경치를 나타내는 신호 부분의 전위에 대해서 갖는 전압의 극성.

polarity indicator 극성 표시자(極性表示子) →level indicator system

polarizability 분극률(分極率) 유전체에 전계가 가해졌을 때 유전체가 없는 경우보다도 전속(電束) 밀도가 어느만큼 증가하였는가를 나타내는 것으로, 유전율과의 사이에 다음과 같은 관계가 있다.

$D=\varepsilon E=\varepsilon_0 E+\varkappa E \quad \therefore \varepsilon=\varepsilon_0+\varkappa$

여기서, D : 전속 밀도[C/m^2], E : 전계의 세기[V/m], ε : 유전율[F/m], ε_0 : 진공의 유전율[F/m], $\varkappa$: 분극률[F/m].

polarization 분극 작용(分極作用), 성극 작용(成極作用)[1], 편파(偏波)[2] (1) 볼타의 전지 양극에 부하를 접속하여 전류를 꺼내면 음극(동판)에서 발생한 수소 가스가 거품으로 되어서 표면에 붙기 때문에 동판과 용액과의 접촉 면적이 감소하여 전지의 내부 저항이 증가하게 된다. 그리고 수소 가스가 수소 이온 H^+로 되돌아가려고 하여 역기전력을 발생하므로 전지의 기전력은 저하한다. 이러한 현상을 분극 작용 또는 성극 작용이라 한다. 이것을 방지하려면 전극상의 수소를 제거하기 위해 감극제를 사용하면 된다. 또, 전기 분해를 하고 있는 전해조 내에는 생성물이 액 속에서 일종의 전지를 만들어 외부에서 가하고 있는 전압과 역방향으로 기전력을 발생하여 전류를 잘 흐르지 못하도록 한다. 이것도 분극 작용이라 한다.

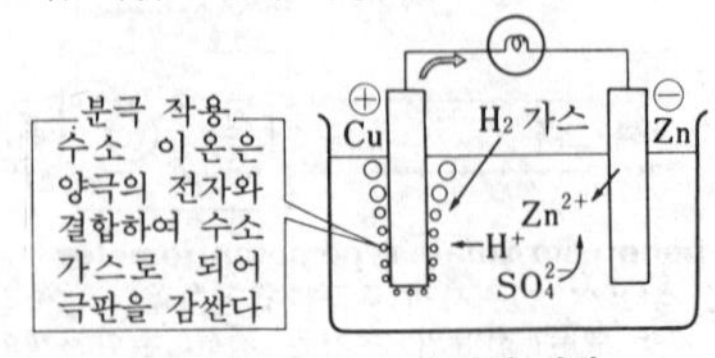

볼타의 전지

(2) ① 방사된 전자파의 전계 벡터가 전파(傳播) 방향과 직각의 평면 내에서 (그 선단이) 그리는 궤적. 전파 방향에 대해서 우회전, 혹은 좌회전의 타원을 그리는 것이 보통이나, 원 또는 직선이 되는 경우도 있으며 각각 원편파, 직선 편파라 한다. 또한 빛인 경우에는 편파라 하지 않고 편광이라 한다. ② 안테나에서 방사되는 전자파의 전계 방향으로, 보통 수평 또는 수직의 직선 편파인 경우가 많다.

polarization diversity 편파 다이버시티(偏波-) 중거리 이상의 단파 무선 통신에서의 페이딩 대책의 한 방식으로, 수직 편파나 수평 편파 등의 편파면이 다른 전파를 발사하고 수신측에서 이것을 합성하여 페이딩을 경감하는 방법이다. 그다지 실용되고 있지 않지만 VHF 대나 UHF대에서는 효과가 기대된다.

polarization effect 분극 작용(分極作用) =polarization

polarization error 편파 오차(偏波誤差) 전파 방향 탐지기에서 대기권의 상태 변화 등으로 수신 전파의 편파면이 변화함으로써 생기는 오차. 이것은 보통 야간에서 최대가 되므로 야간 효과라고도 한다.

polarization fading 편파성 페이딩(偏波性-) 전파가 원편파(빛에서의 원편광과 같은)인 경우는 안테나 유기 전압에 변화는 없지만 타원 편파인 경우는 페이딩이 일어난다. 원편파는 전리층에서 반사하여 지상으로 되돌아올 때 지자기에 의해 타원 편파가 된다. 이 타원 편파가 회전할 때 그 장축(長軸)과 안테나 도체의 방향이 일치하면 안테나 유기 전압은 최대가 되고, 안테나 도체와 직각이 되면 최소가 된다.

polarization receiving factor 편파 수신율(偏波受信率) 임의의 편파면을 가진 평면파를 안테나로 수신해서 얻어지는 전력과, 같은 안테나로 같은 전력 밀도의 같은 방향의 평면파를, 그 편파면을 최대 수신 전력이 되도록 조정하여 수신했을 때의 수신 전력과의 비.

polarization switch 편광 스위치(偏光-) 편광면을 90° 전환할 수 있는 광 스위치. 전기 광학 효과를 사용한 광 변조기에서 직교하는 두 직선 편광 사이의 광학 위상차가 π라디안만큼 변화하는 전압(반파장 전압이라 한다)을 가함으로써 변조기계(變調器系)의 직선 편광의 편광면은 입력 직선 편광의 그에 대하여 90° 변화시킬 수 있다.

polarized 유극(有極) ① 유전체막이 한쪽 전극 금속 표면에만 생성하고, 그리고 어느 방향으로 흐르는 전류에 대해서 보다도 반대 방향으로 흐르는 전류에 대한 임피던스가 큰 전해 콘덴서. ② 접극자의 운동 방향이 여자(勵磁) 코일에 흐른 전류의 방향에 의해 달라지는 계전기. ③ 제로 중심 눈금을 계기에서, 지침은 측정할 전압, 전류의 극성에 따라서 왼쪽이나 오른쪽으로 움직이는 것.

polarized component 유극 부품(有極部品) 회로의 극성에 관해서 리드를 특정한 방향으로 하여 접속하지 않으면 안 되는 회로 부품. 다이오드, 정류기 및 일부의 콘덴서는 유극 부품의 예이다. 무극 부품의 예로서는 저항, 대부분의 콘덴서 및 코일을 들 수 있다.

polaized light 편광(偏光) 빛의 진동 벡터의 방향 분포가 고르지 않는 빛. 편광에는 직선 편광, 원편광, 타원 편광의 셋이 있으며, 빛의 진행 방향으로 수직이고, 그 진동 방향이 동일 평면 내에 한정되어 있는 것을 직선 편광이라 하며, 원진동, 타원 진동을 하는 것을 각각 원편광, 타원 편광이라 한다.

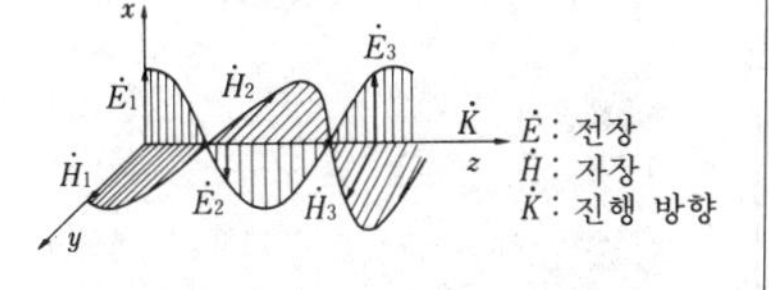

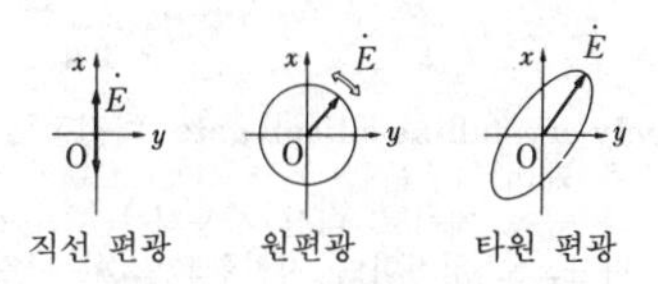

polarized light device 편광자(偏光子) 편광(특정한 방향으로 강하게 파동하고 있는 광파)을 얻기 위한 기기.

polarized plug 유극 플러그(有極－) 교류 회로의 접지측 또는 직류 회로의 양극측이 언제나 같은 위치에 접속되도록 그 구조가 설계된 플러그로, 극성을 틀리게 하면 접속되지 않도록 꽂는 부분의 형상이 만들어져 있는 것.

polarized relay 유극 계전기(有極繼電器) 감도가 매우 높은 직류 계전기로, 영구 자석과 코일, 가동 철편으로 구성되며, 코일을 흐르는 여자 전류의 방향에 따라서 동작 방향이 달라진다. 가동부의 기계적 관성이 작고, 수명이 길기 때문에 무접점화 이전의 자동 전화 교환기나 가입 전신, 데이터 전송 등의 장치에 널리 사용되었다.

polarized return-to-zero recording 유극 RZ 기록(有極－記錄) 디지털 기록에 있어서, 비트 0은 어느 방향의 자화에 의해 표현되고, 1은 역방향의 자화에 의해 표현되는 제로 복귀형의 기록법. ＝RZP →return to zero recording

polarized wave 편파(偏波) 자유 공간에 방사되는 전자파는 파의 진행 방향과 직각인 면내에 진동하는 전계와 자계를 가진 횡파(橫波)이며, 전계와 자계는 그 면 내에서 세기가 변화한다. 이것을 편파라 한다. 편파면은 전계의 진동하는 면만을 나타내고, 이 편파면의 형상이나 방향에 따라 직선 편파, 수직 편파, 수평 편파, 원편파 등으로 나뉜다.

polarizer 분극제(分極劑)[1], 편광자(偏光子)[2], 편파기(偏波器)[3] (1) 전해질에 첨가하여 분극 작용을 증가시키는 물질.
(2) 자연광을 직선 편광으로 바꾸는 광학 소자. 광학 프리즘이나 폴라로이드와 같은 편광판이 있다. 또한, 직선 편광자와 4분의 1파장판을 조합시키면 원편광이 얻어진다. 또, 타원 편광을 얻는 소자도 있으며, 이들을 묶어서 넓은 뜻의 편광자라고 하는 경우가 있다.
(3) 전자파를 편파시키는 장치.

polarizing angle 편광각(偏光角) ＝ Brewster angle

polarizing filter 편광 필터(偏光－) 그것을 통과하는 빛을 편광시키는(특정한 진동 방향의 광파만을 통과시키는) 투명한 유리 또는 플라스틱이며, 보통은 암회색 또는 암갈색이다. 편광 필터는 모니터 화면의 반사를 억제하기 위하여 흔히 사용된다.

polar keying 유극 키잉(有極－) →neutral keying

polar molecule 유극성 분자(有極性分子) 분자 내의 양전하의 평균 중심과 음전하의 평균 중심이 일치하고 있지 않고 영구 전기 쌍극자 모멘트를 갖는 분자. 전장(電場) 중에서는 그 쌍극자 모멘트가 전장의 방향으로 향하는 경향이 있다. 물이나 암모니아 등이 유극성 분자이다.

polarograph 폴라로그래프 수은 적하 전극(水銀滴下電極)과 수은류 전극(水銀溜電極)을 시료(試料) 용액에 담그고, 직류 전압을 가하여 용액을 전해할 때의 전압-전류 특성 곡선은 용액의 종류와 농도에 관계하여 정해진다. 이 원리를 이용하여 미량 성분의 정량 정성 분석을 하는 장치를 폴라로그래프라 하고, 금속이나 광석 기타 각종 무기 분석에 이용되고 있다.

polar operation 극조작(極操作), 극성 작동(極性作動) 데이터 전송에서 마크, 스페이스 간의 천이를 전류 반전에 의해 나타내는 회선 조작.

polar semiconductor 극성 반도체(極性半導體) Ⅲ-Ⅴ족 화합물 반도체와 같이 이온 결합적인 결정(結晶)이 부분적으로 포함되어 있는 반도체.

polar transmission 복류식 전송(複流式傳送) 텔레타이프라이터의 신호를 전송하는 방식으로, 마크 신호는 한 방향으로 직류의 흐름에 따라 나타내어지고 스페이스 신호는 반대 방향으로 흐르는 직류에 의해 나타내어진다. 음성 신호 방식에서의 복류식 전송은 세 종류의 서로 다른 상태를 이용하여 전송을 실행하는데, 그 중에서 2개의 상태는 각각 마크와 스페이스를 나타내고 나머지 하나는 신호가 없다는 것을 나타낸다.

polascene 폴라신 텔레비전 방송에서의 편광을 이용한 특수 효과 기법. 렌즈 앞에서 편광판을 회전시키거나, 투과형 모자이크 편광판의 뒤에서 회전 편광판을 통하는 빛을 대거나 하는 방법이 쓰인다.

pole 극(極) ① 자석에서, 자속이 집중하고 있다고 생각되는 2개의 대극점(對極點). 자극. ② 회로 계산에서 쓰이는 회로 함수에서의 특성점. ③ 개폐기의 단자부. 2극 스위치에서는 단자부가 2개이다.

polling 폴링 컴퓨터 시스템에서의 센터와 단말간 데이터 교환의 타이밍을 잡는 방법의 하나. 센터쪽에서 많은 단말에 대해 순차 데이터 교환의 요구가 있는지 어떤지를 문의해 가서 요구가 있었을 때 일정한 시간 동안만 그 단말이 센터에 접속된다. 이 방식의 단말은 I/O 프로세서가 탑재된 인텔리전트 단말이 아니면 안 된다.

polling system 폴링 시스템 통신 회선의 접속을 제어하는 한 방식. 한 줄의 회선에 다수의 단말이 접속되어 있는 경우, 각 단말이 일제히 송수신하려고 하면 회선의 쟁탈이 일어난다. 그것을 피하기 위해 지휘자가 되는 제어국(모국)이 일정한 순서에 따라서 종속국(자국)에 「송신 요구가 있는가」하고 묻고, 종속국은 송신 데이터가 있으면 제어국에 송신한다. 데이터가 없으면 「부정 응답」을 제어국에 되보낸다. 이것을 폴링 방식이라 한다. 이에 대해서 제어국이 종속국에 「데이터 수신 가능한가」하고 묻고 데이터를 송신하는 동작을 실렉팅(selecting)이라 한다. 일반적으로 폴링과 실렉팅은 함께 사용된다.

polyacetal resin 폴리아세탈 수지(-樹脂) 고분자의 일종. 내열성 및 전기적 성질이 뛰어나 기구 부품의 부재(部材) 등으로 사용된다.

polyamide resin 폴리아미드 수지(-樹脂) 나일론에 의해 대표되는 고분자. 내열성은 좋지 않으나 마모에 강하므로 전선의 피복이나 에나멜선용 와니스 등에 사용된다.

polycarbonate resin 폴리카보네이트 수지(-樹脂) 고분자의 일종. 내열성과 절연성이 뛰어나 플라스틱 콘덴서에 쓰인다.

polychloroprene 폴리클로로프렌 합성 고무의 일종. 각종 내구성을 갖추고, 전선의 피복을 비롯하여 많은 용도가 있다. 네오프렌은 이 물질의 상품명이다.

polycide 폴리사이드 실리콘 집적 회로의 게이트 전극에 사용하는 금속 규화물(금속 실리사이드)과 다결정 실리콘(폴리실리콘)막으로 이루어지는 2층 구조물을 말한다.

polycrystal 다결정(多結晶) 반도체나 자기의 소재에서 미소한 부분에 대해서는 단결정으로 되어 있으나 전체로서는 그것이 불규칙하게 집합한 그림(왼쪽)과 같은 상태로 되어 있는 것을 다결정이라 한다. 비결정(아모퍼스)과는 다르다.

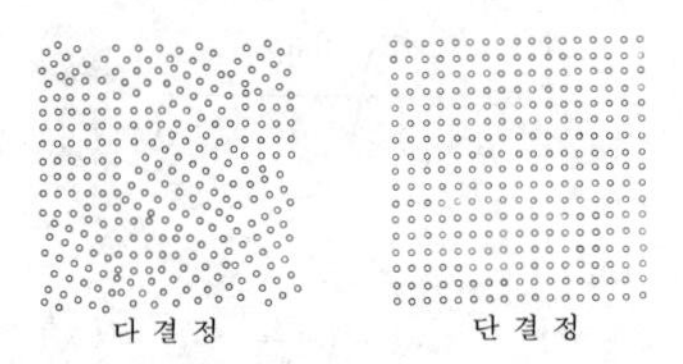

poly-crystalline silicon gate 다결정 실리콘 게이트(多結晶-) MOS 트랜지스터의 금속 게이트 대신 사용되는 불순물을 다량으로 첨가하여 저저항으로 한 다결정 실리콘의 게이트.

polycrystal silicon 다결정 규소(多結晶珪素) 단결정 규소와 달리, 여러 방향을 가진 작은 규소 결정의 입자가 모인 것. 화학적인 기상(氣相) 성장법에 의해 저온에서 형성할 수 있고, 더욱이 고온 열처리에도 견딘다.

polyester resin 폴리에스테르 수지(-樹脂) 불포화 알코올과 다염기산, 또는 불포화산과 다가 알코올의 에스테르를 축중합시켜서 만든 인공 수지의 총칭. 절연 테이프, 콘덴서 등 외에 유리 섬유와 병용한 강화 플라스틱으로서 레이더 돔, 안테나 커버 등에도 사용된다.

polyester terephthalate 테레프탈산 폴리에스테르(-酸-) 에틸렌글리콜과 테레프탈산의 축합체로, 주로 박막으로 하여 콘덴서의 유전체 등에 사용된다. 마일러라는 상품명으로 불리는 경우가 많다.

polyethylene 폴리에틸렌 에틸렌의 중합체. 화학적으로 안정하고, 산, 알칼리에 강하며, 유전손도 고주파의 영역까지 적으나 열에 약하다. 동축 케이블 등, 고주파용 케이블의 절연물, 피복 재료 등으로 사용된다.

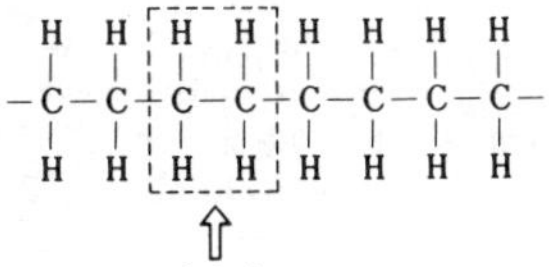

```
 H   H ┆ H   H ┆ H   H   H   H
 |   | ┆ |   | ┆ |   |   |   |
-C - C ┼ C - C ┼ C - C - C - C-
 |   | ┆ |   | ┆ |   |   |   |
 H   H ┆ H   H ┆ H   H   H   H
            ⇧
          에틸렌
```

polyethylene terephthalate 테레프탈산 폴리에틸렌(－酸－) 테레프탈산 폴리에스테르와 같은 것으로, 마일러라고 부르는 경우가 많다. 플라스틱 콘덴서의 유전체로서 사용된다.

polyimide resin 폴리이미드 수지(－樹脂) 고분자의 일종으로, 그 속에 환상(環狀) 결합을 포함하기 때문에 내열성이 높다. 공기 중 연속 250℃에서 사용할 수 있다. 와니스, 필름, 성형품 등으로서 쓰인다.

polymer 폴리머, 중합체(重合體) 간단한 구조의 원자 집단으로 이루어지는 단량체(單量體)가 열이나 빛 혹은 촉매의 작용으로 서로 화학 반응을 일으켜 선상(線狀) 또는 망상(網狀)으로 다수 연결하여(중합이라 한다) 이루어진 고분자를 말한다.

polymer alloy 폴리머 앨로이 다성분계 고분자의 총칭. 각종 수지를 혼합하여 새로운 성질을 갖게 한 것이다. 엔지니어링 플라스틱에 많다.

polymerization 중합(重合) 유기 화합물에서 기본 구조의 분자가 서로 결합하여 고분자 화합물로 되는 현상.

polymer variable condenser 폴리바리콘 가변 콘덴서(바리콘)의 일종으로, 그 치수를 작게 하기(전극간의 유전율을 크게 하기) 위해 고정 날개를 폴리에틸렌 등의 필름으로 피복한 것이다.

polyphase modulation 다위상 변조(多位相變調) 디지털 전송에 널리 쓰이는 변조로, 신호 위상으로서 n개를 할당하는 방식. n으로서는 4, 8, 16 등이 생각되고 있다. 이 방식에 의하면 1신호 타임 슬롯으로 $\log_2 n$비트의 전송이 가능하게 되어 정보 전송 속도가 빨라지나 통신로의 특성은 보다 질이 좋은 것이 요구된다.

polypropylene 폴리프로필렌 석유의 분해 가스에서 만든 고분자 물질이다. 연화점(軟化點)은 폴리에틸렌보다도 높고, 화학적으로도 안정하다. 필름은 절연 재료로서 쓰인다.

polyrod antenna 유전체 안테나(誘電體－) 도파관의 개구에 선단을 점차 가늘게 한 유전체를 부착한 안테나. 이 유전체의 한 끝에서 여진(勵振)하면 유전체 내부를 통하는 전파의 진행 속도가 늦어지기 때문에 전체로서 평면파가 방사된다. 유전체가 축방향으로 길어질수록 지향성이 날카롭다. 유전체에는 폴리스티롤이나 페라이트 등이 쓰인다. 유전체의 형상은 원형 단면의 것과 방형 단면의 것이 있다.

polysilicon 폴리실리콘 실리콘(규소)이 다결정 상태(미세한 단결정의 불규칙한 집합)로 되어 있는 것.

polystyrene 폴리스티렌 열가소성의 합성수지로, 폴리스티롤이라고도 한다. 에틸렌의 수소 1개를 페닐기로 치환한 것을 스티렌이라 하며, 그 중합체를 말한다. 투명하고 흡수성이 적으며, 고주파에서의 유전 손실이 적으므로 필름 모양으로 하여 콘덴서에 사용한다든지, 용제에 녹여서 표면 처리용 와니스로서 사용한다든지 한다.

polystyrol 폴리스티롤 ＝polystyrene

polystyrol condenser 폴리스티롤 콘덴서 플라스틱 콘덴서의 일종으로, 유전체로서 폴리스티롤 필름을 사용한 것. 전극과 함께 감아서 만든다. 고주파 특성이 좋다.

polyvinyl alcohol 폴리비닐 알코올 그림과 같은 구조의 합성 수지. 열가소성이며 내유성(耐油性)이 있다. 절연 필름이나 접착제 등의 재료로서 쓰인다.

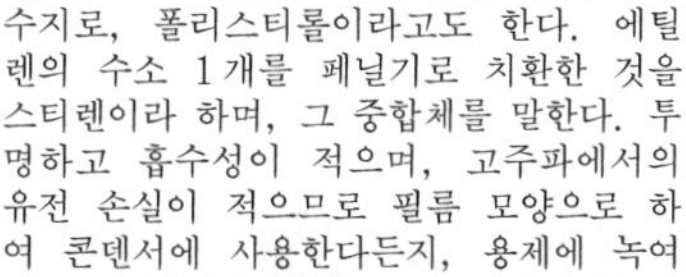

```
  H    H  ┆ H    H ┆ H    H    H    H
  |    |  ┆ |    | ┆ |    |    |    |
 —C —  C —┼ C —  C ┼ C —  C —  C —  C—
  |    |  ┆ |    | ┆ |    |    |    |
  H   OH  ┆ H   OH ┆ H   OH    H   OH
               ⇧
           비닐 알코올
```

polyvinyl chloride 염화 비닐(鹽化－), 폴리 염화 비닐(鹽化－) 백색의 분말이나 착색제를 사용하는 경우가 많다. 가소제를 가해서 가열하면 연화(軟化)하는 것을 이용하여 각종 성형품을 만들 수 있고, 경질의 것은 전화기의 함체 등에 사용된다. 또, 비닐 전선이나 비닐 코드는 연속 압출기에 의해 도체 위에 염화 비닐을 피복한 것이다.

pool-cathode mercury-arc rectifier 풀 음극 수은 정류관(－陰極水銀整流管) 보통 수은의 풀 음극을 가진 정류관.

popcorn noise 팝콘 잡음(－雜音) 플레이너 확산형 트랜지스터 등에서 볼 수 있는 일종의 버스트성 잡음으로, 스피커로 들으면 팝콘이 튀는 소리가 난다. 발생 원인은 알려져 있지 않다.

populate 실장하다(實裝－) 회로 기판의 소켓에 부품을 실장하는 것.

populated board 장착 보드(裝着－) 모든 부품이 장착된 회로 보드. 부품이 장착되어 있지 않고 구입자가 스스로 장착하는(조달하는) unpopulated board와 대비된다.

population inversion 반전 분포(反轉分布) 높은 에너지 준위를 갖는 입자수가 낮은 에너지 준위를 갖는 입자수보다도 많은 상태를 말한다. 이 상태는 펌핑에 의해서 인위적으로 만들어지고, 그것이 정상 상태로 되돌아올 때 유도 방출을 한다.

porcelain 자기(瓷器, 磁器) 광물 원료(대부분의 경우 금속 산화물)를 분쇄한 것을 가압 성형하고, 고온도로 소결한 제품. 미세한 결정의 집합체로, 단단하고 내열성이 강하다. 전자 부품에 사용하는 것은 원료와 제법이 엄중하게 관리되고, 제품은 세라믹스라고 불리는 경우가 많다.

porosity 다공률(多孔率), 유공률(有孔率) 소결체나 압분체(壓粉體)와 같은 다공 물질에서의 구멍의 용적을 물체 용적의 백분율로 나타낸 것.

port 포트 ① 시스템 또는 회로망으로의 정보나 에너지의 출입구를 말한다. ② 데이터 처리 장치에서, 외부의 하나 또는 복수의 원격 장치와의 사이에서 데이터를 주고 받는 단일의 채널을 위해 주로 쓰이는 부분. ③ 소프트웨어 시스템을 새로운 환경으로 옮기는 것.

portable computer 휴대용 컴퓨터(携帶用－) 간단히 이동할 수 있도록 설계된 임의의 컴퓨터.

portable data medium 포터블 데이터 미디엄 ＝data carrier

portable remote terminal 휴대용 단말기(携帶用端末機) 휴대용 타자기나 디스플레이로 되어 있으며, 음향 커플러를 사용하여 일반 전화기에도 연결하여 사용할 수 있는 단말기.

portable telephone 휴대용 전화기(携帶用電話機) →tranceiver, land mobile radiotelephone, cordless telephone

port radar 항만 레이더(港灣－) 항만 부근의 적당한 고지에 설치된 레이더. 항만 전역을 감시하고, 선박의 출입이나 항해를 안전하게 하기 위한 정보를 각 선박에 무선 전화로 연락한다.

port-sharing device 포트 공용 장치(－共用裝置) 여러 직통 회선을 단일의 멀티포인트 회선과 같이 다루는 디바이스. 전단(前端) 처리 장치의 포트 용량이 한정되어 있을 때 그것에 용량 이상의 회선을 접속하여 이것을 공용한다(단, 동일 시각에는 1개의 단말 장치가 이용될 뿐이다). 브리지라고도 한다.

POS 판매 시점 정보 관리 시스템(販賣時點情報管理－) ＝point-of-sale

Posistor 포지스터 정특성(正特性) 서미스터의 일종이며 상품명.

positional servomechanism 위치 서보계(位置－系) 자동 제어계 중 전기적인 서보 기구의 하나. 주로 직류 서보 모터의 속도 제어 시스템에 쓰인다. 입력 신호에 비례하여 기계축의 회전각이 제어된다.

position control system 위치 제어계(位置制御系) 각도나 길이 등의 위치적 요소를 제어 대상으로 하는 제어계. 종래의 서보 기구는 이의 전형이다. 이에 대하여 최근의 로봇과 같이 힘 그 자체를 제어 대상으로 하는 역(力) 제어계도 있다.

positioning 위치 결정(位置決定) 가공, 조립, 반송 등을 제어할 때의 목표. 위치 결정에는 테이블의 원점에서 본 목표 위치와 공구 등의 현재 위치의 차를 0으로 하는 절대 좌표 방식과 공구의 현재 위치에서 목표 위치까지의 기억시킨 거리와 실제로 이동시킨 거리를 제로로 하는 증분 방식 등이 있다.

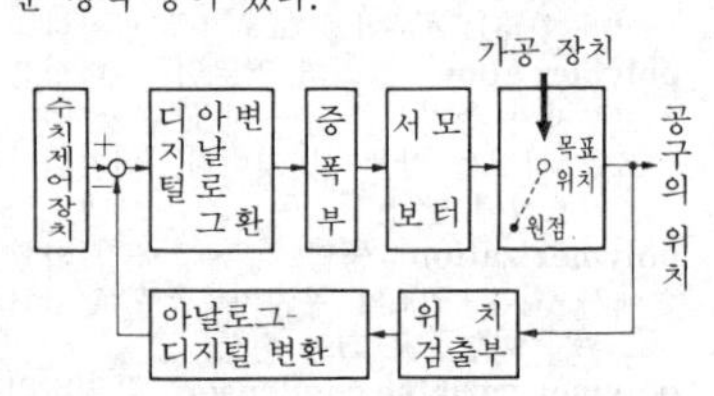

positioning control 위치 결정 제어(位置決定制御) 수치 제어에서 기계 가공하는 경우 가공 장소에 드릴이나 날을 이동시킬 때 행하여지는 제어. 위치 정보를 포함하는 가공 정보를 테이프 판독기 등으로 기억시켜 두고, 공구와 피가공물의 위치 관계를 비교 검토하여 적절한 위치로 제

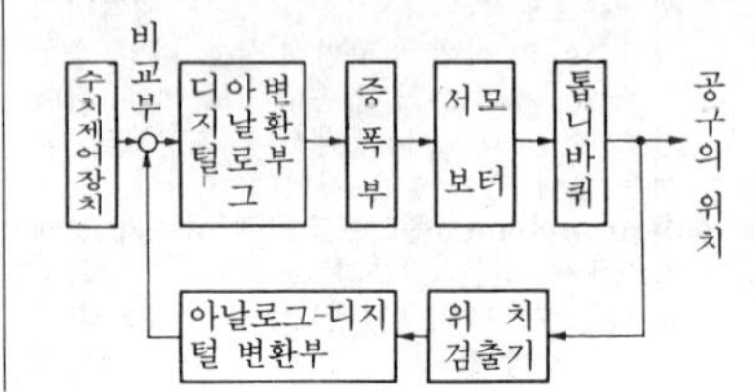

어한다. 위치 결정에는 절대 좌표 방식과 증분 방식이 있다. 기계 가공, 조립, 반송 등에 사용된다. →point-to-point control

position system 브리지식 위치 평형법(-式位置平衡法) 원격 측정의 한 방법으로, 떨어진 곳에 있는 피측정 위치를 브리지 방식에 의해 수신측에서 측정하는 방식. 변압기 중의 A가 변위했을 때 발생하는 불평형 전압을 증폭하여 서보모터에 의해서 평형 상태까지 B를 움직여 그 위치에서 A의 위치를 측정한다.

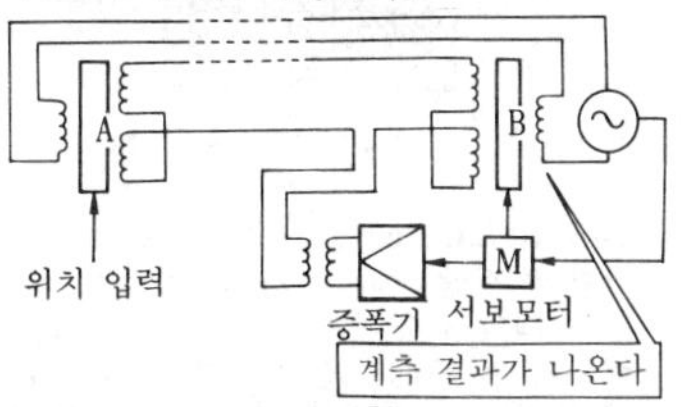

positive characteristic thermistor 양특성 서미스터(陽特性-), 정특성 서미스터(正特性-) 통상의 서미스터와는 반대로 저항의 온도 계수가 양(+)의 값을 갖는 서미스터. 티탄산 바륨이 주성분이며, 소량의 바나듐 등을 가해서 만든다. 계측기나 회로의 온도 보상 등에 사용한다.

positive clamping circuit 정 클램프 회로(正-回路), 양 클램프 회로(陽-回路) 입력 파형의 저부(底部)를 0V로 고정하는 회로로, 부(負 : 陰) 클램프 회로와 함께 파형 정형 회로의 일종으로서 진폭 선택 조작을 하는 것으로, 펄스 회로에 널리 쓰인다.

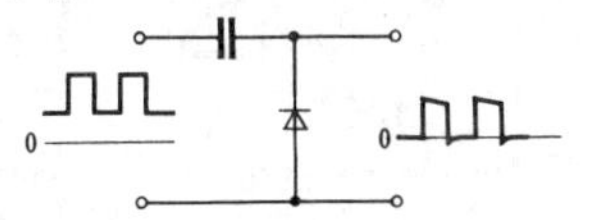

positive column 양광주(陽光柱) 가이슬러 방전관의 글로 방전에서, 패러데이 암부에서 확산하여 흘러온 전자는 다시 가속되어 전자에 의한 기체의 충돌 전리(電離)가 일어나 발광한다. 이것을 양광주라 한다. 거의 중성 플라스마로 유지되며, 전자와 이온은 극성에 따라서 역방향으로 흐르고 있다. 방전관의 길이가 변화했을 때는 이 양광주의 길이가 변화한다. →glow discharge

positive creep effect 정 크리프 효과(正-效果) 반도체 정류기 셀에 직류 역방향 전압을 가했을 때 생기는 역방향 전류가 시간의 경과와 함께 서서히 증가하는 것.

positive electrode 양극(陽極) →anode

positive electron 양전자(陽電子) 소립자의 하나로, 양의 하전수 1, 질량은 전자의 그것과 같다. 불안정하며, 전자 결합하여 소멸하고, 감마선을 발생한다. 기호 e^+. =positron

positive feedback 정궤환(正饋還) 증폭 회로의 출력의 일부를 출력을 조장하도록 입력측으로 되돌리는 것으로, 증폭 회로의 이득은 궤환을 걸지 않을 때 보다도 커진다. 재생 궤환이라고도 하며, 재생 검파기 등에 응용된다. 궤환율이 너무 크면 발진을 일으켜 증폭의 기능을 잃게 되지만, 발진기는 이 원리에 의해 발진을 지속한다. =PFB

〔발진기의 구성〕

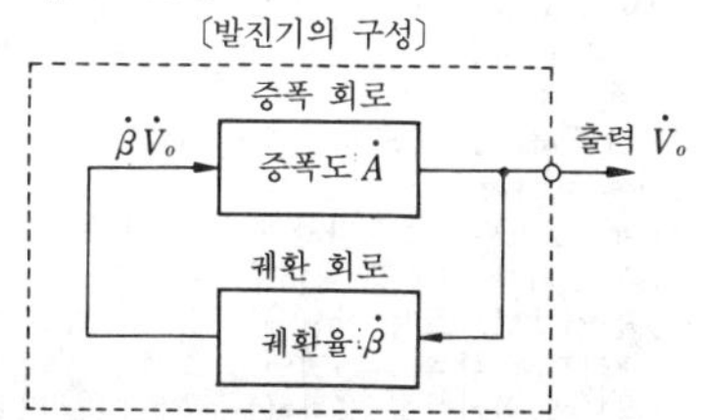

positive logic 정논리(正論理) 컴퓨터에서는 "1"과 "0"을 전압의 고(H) 레벨, 저(L) 레벨에 대응시켜서 나타낸다. 이러한 두 전위를 논리 레벨이라 하고, "1"을 나타내는 데 고전위 레벨, "0"을 나타내는 데 저전위 레벨을 쓰는 방법. 정논리로 나타낸 AND 회로는 부논리에서는 OR 회로가 되고, 정논리에서의 OR 회로는 부논리에서 AND 회로가 된다.

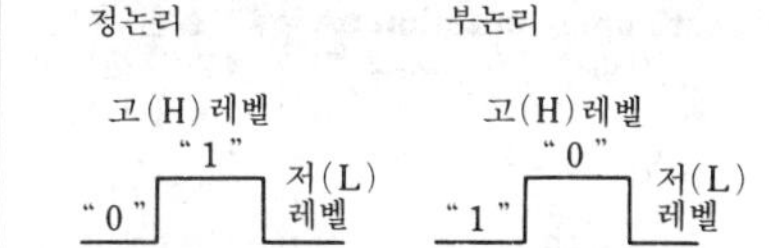

positive logic convention 정논리 규정(正論理規定) 하이(H) 레벨을 "1"상태, 로(L) 레벨을 "0"상태로 대응시키는 표현법을 말한다.

positive modulation 정변조(正變調), 양변조(陽變調) 텔레비전의 영상 신호를 진폭 변조(AM)하는 경우에 영상이 밝을수록 진폭이 커지도록 변조하는 방식. 잡음이 화면에 희게 들어오는 결점은 있지만 방해에 대하여 동기가 잘 벗어나지 않는 이점이 있다. 프랑스나 영국에서는 이 방식을 쓰고 있으나 우리 나라에서는 부(負) 변조 방식을 채용하고 있다.

positive print 백사진(白寫眞) 양화(陽畵) 감광지에 복사한 도면.

positive receiving 양화 수신(陽畵受信) 팩시밀리 등에서, 직접 양화로서 수신하는 수신 방식.

positive resist 포지형 레지스트(–形–) 일반의 포토레지스트(감광 수지)와는 반대로 전자 빔 등의 조사(照射)에 의해 분해하는 것.

positive response 긍정 응답(肯定應答) 송신측에 대하여 수신측에서 긍정적인 응답을 하는 것.

positron 양전자(陽電子) 전자와 같은 크기의 질량과 양의 전하를 갖는 입자. 안정한 자연의 상태에서는 존재하지 않는다.

POS scanner POS 스캐너 POS 시스템용으로서 상품에 인쇄된 바 코드를 판독하는 스캐너.

POS system POS 시스템 =point-of-sales system

post 포스트 ① 도파관의 가로 방향 면 내에 설치한 원통형 막대로, 본질적으로 병렬 서셉턴스로서 작용하는 것. ② 반도체 패키지의 금속 패키지에서 스템에 부착된 리드에 와이어를 용착하는 부분. ③ 단위의 정보를 레코드 속에 넣는 것.

postamble 포스트앰블 자기 테이프에 위상 변조 방식에 의해서 정보를 기록할 때 각 블록의 데이터열 다음에 기록되는 동기용의 부호. →preamble

post deflection focus 후단 집속(後段集束) 크로마트론의 경우와 같이 전자 빔을 편향시킨 다음 렌즈에 의해 집속하는 것.

POS terminal POS 단말 장치(–端末裝置) =point-of-sales terminal

post implementation review 실현 후 심사(實現後審査), 사후 구현 검토(事後具現檢討) 시스템 개발의 최종 단계에서 행하여지는 일련의 활동. 검수 시험이 끝난 새로운 시스템에 관해서 시스템 목표의 달성도, 운용시 비용 및 부차적인 효과 등을 고찰한다.

post office bridge PO 브리지 저항을 측정하는 휘트스톤 브리지의 일종으로, 플러그를 빼거나 넣거나 하여 저항을 바꾸어서 브리지의 평형을 취하는 것.

Post Script 포스트 스크립트 Adobe Systems 에 의해서 개발된 페이지 기술 언어로, 마이크로컴퓨터 시스템에 의해서 문서의 페이지 레이아웃을 설계하기 위한 것이다.

pot 퍼텐쇼미터, 전위차계(電位差計) =potentiometer

pot core 포트 코어 그림과 같은 모양의 자심으로, 트로이덜형 코어보다 높은 주파수까지 사용할 수 있다. 자심은 분할해서 만들고, 조립할 때 결합한다. 인덕턴스는 조절 자심을 이동시켜 연속적으로 변화할 수 있다.

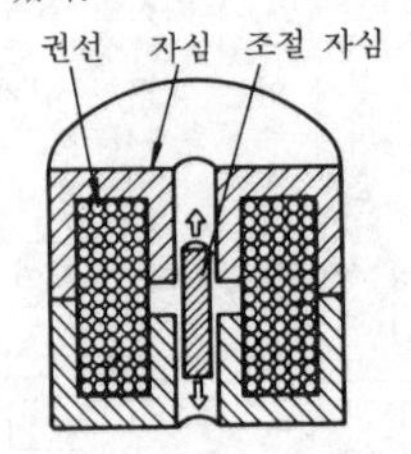

potential 전위(電位) →electromotive force

potential barrier 전위 장벽(電位障壁) pn 접합의 접합부에서는 p형 영역의 정공과 n형 영역의 전자가 재결합하여 소멸하기 때문에 p측에는 정공을 잃은 음 이온의 열이 남고, n측에는 전자를 잃은 양 이온의 열이 남아서 p측이 –, n측이 +의 전하를 가진 전위의 경사면이 생긴다. 이것을 전위 장벽이라 하고, 혹은 전기 2중층, 천이(遷移) 영역이라고도 한다. 이 장벽은 정공과 전자가 그 이상 서로 반대측으로 흘러나가는 것을 방해하는 구실을 한다.

potential difference 전위차(電位差) 두 점의 전위의 차. 전위차가 있는 2점을 도선으로 접속하면 전위가 높은 쪽부터 낮은 쪽으로 전류가 흐르며, 도선의 저항을 무시하면 그 2점의 전위차는 0이 된다.

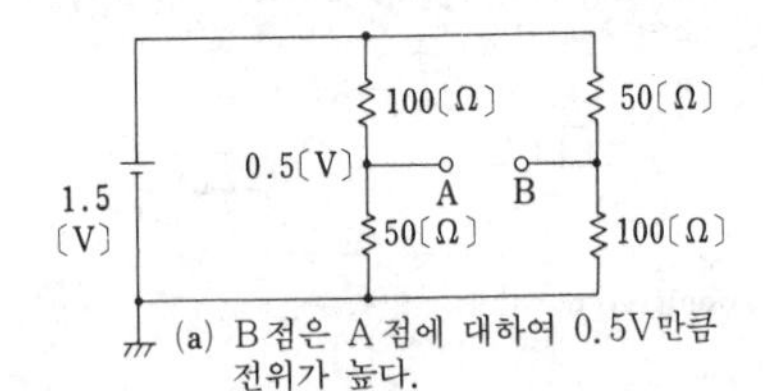

(a) B점은 A점에 대하여 0.5V만큼 전위가 높다.

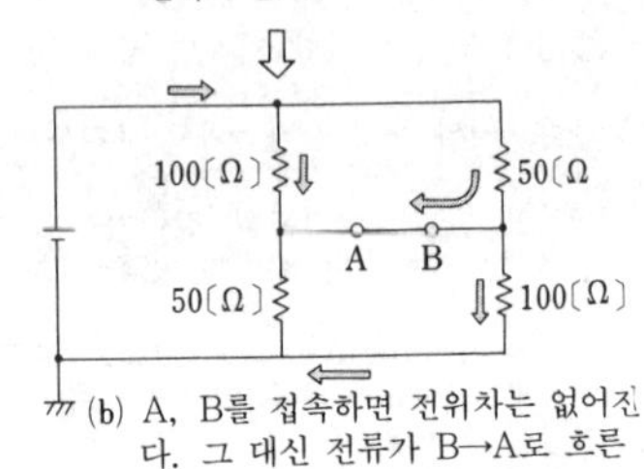

(b) A, B를 접속하면 전위차는 없어진다. 그 대신 전류가 B→A로 흐른다.

potential divider 분압기(分壓器) 어느 전압과 일정한 관계에 있으며, 그보다 낮은 전압을 얻는 장치. 저항 도중에서 1개 이상의 중간 탭을 내고, 한 끝과 중간 탭 사이에 생기는 전압을 꺼내면 탭의 위치에 따라서 분압된 전압이 얻어진다. 미끄럼 저항을 써서 퍼텐쇼미터식으로 임의의 전압을 꺼낼 수 있도록 한 것도 있다. 이들을 저항 분압기라 한고, 저항 대신 콘덴서를 사용한 것은 용량 분압기라 한다.

potential energy 위치 에너지(位置－) 물체가 위치를 바꿈으로써 외부에 대하여 일을 할 수 있을 때 물체가 그 위치에서 갖는 에너지. 그림과 같이 기준면에서 h 〔m〕의 높이에 있는 질량 m〔kg〕의 물체는 기준면까지 하강하는 사이에 mgh〔J〕의 일을 할 수 있다. →kinetic energy

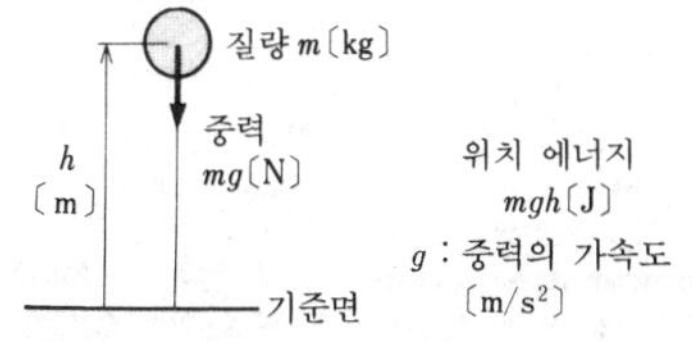

potential gradient 전위의 기울기(電位－) 단위 거리당의 전위차를 말하며, 전계의 세기와 일치한다. 미소 거리 Δr〔m〕 떨어진 2점간의 전위차를 ΔV〔V〕로 하면 그 장소의 전위의 기울기는

$$G=\frac{\Delta V}{\Delta R}\,[\mathrm{V/m}]$$

로 나타내어진다.

potential transformer 계기용 변압기(計器用變壓器) 교류 전압계의 측정 범위를 확대하고, 또는 고압 회로와 계기와의 절연을 위해 사용하는 변압기로, 배율은 권선비와 같다. 상용 주파수로 사용하는 계기용 변압기의 정격 2차 전압은 110V이다. 사용함에 있어 2차측을 단락하지 않도록 주의해야 한다. ＝PT

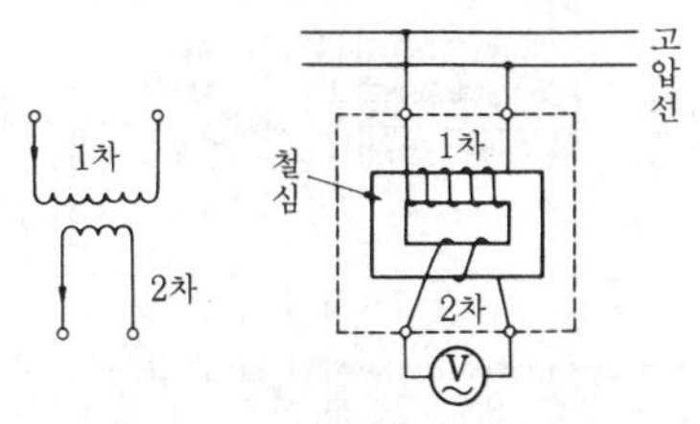

potentiometer 전위차계(電位差計)[1], 퍼텐쇼미터[2] (1) 전압을 영위법에 의해 측정하는 것으로, 정도(精度)가 높고, 전압계나 전류계의 눈금 교정 등에도 사용된다. 그림에서 ab 간의 전압을 일정하게 하고, c점을 이동하여 검류계의 지시가 0으로 되도록 했을 때 미지 전압은 다음 식에 의해 구해지며, 이 값을 미리 저항선 ab 상에 눈금 매겨 두면 직독할 수도 있다.

$E_x=E_s\cdot r_{ac}/r_{ab}$

여기서, E_x : 미지 전압, E_s : 표준 전압, r_{ac}, r_{ab} : ac, ab 간의 저항.

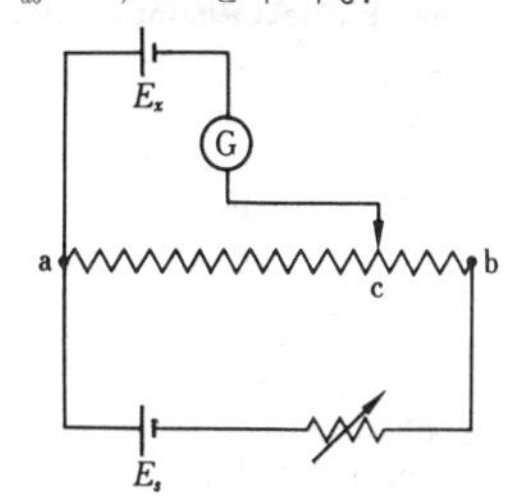

(2) 회전각에 비례한 저항값을 나타내는 가변 저항기. 저항부는 정밀한 권선형 외에 도전성 플라스틱 등도 사용된다. 퍼텐쇼미터 2개를 그림과 같이 사용하면 출력으로서 접동자의 각도 차에 비례한 전압을 꺼낼 수 있어 제어계의 검출기나 비교기로서 사용된다.

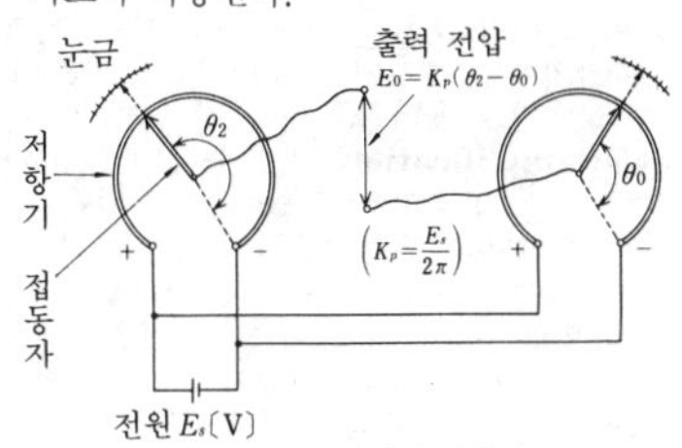

퍼텐쇼미터의 사용법

potentiometer type automatic balancing meter 전위차계식 자동 평형 계기(電位差計式自動平衡計器) 측정 회로에 전위차계를 사용한 자동 평형 방식의 측정기로, 직류 전압의 지시 또는 기록에 사용한다. 직류 전위차계의 불평형 전압을 직류 변환기에 의해 교류로 변환하고, 이것을 증폭하여 교류의 서보모터에 가하여 서보모터의 동작에 의해서 불평형 전압을 없애는 방향으로 전위차계의 접동(摺動) 접점을 이동시킨다. 접동 접점에는 지침이나 펜이 부착되어 있으므로 이것으로 입력 전압을 지시, 기록할 수 있다(다음 면 그림 참조).

potentioresistor 퍼텐쇼 저항기(－抵抗器)

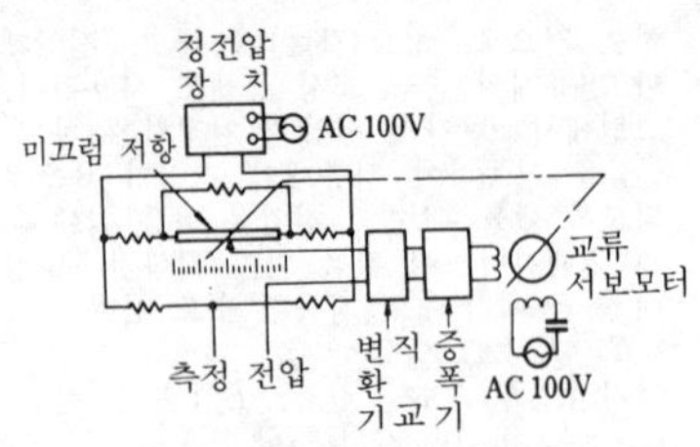

potentiometer type automatic balancing

퍼텐쇼미터라고도 한다. 고정밀도의 권선형 가변 저항기를 사용하고, 전체에 가한 전압 중의 일부분을 그 크기를 바꾸어서 꺼낼 수 있는 부품이다.

potting 포팅 반도체 디바이스에 플라스틱 수지를 씌워서 패키지하는 수법의 하나. 디바이스를 넣은 케이스 내에 액상(液狀) 수지를 주입한다든지, 혹은 점성 수지를 직접 디바이스에 떨어뜨려 굳힌다. 작업이 간단하고, 수지의 선택에도 융통성이 있다.

powdered metallurgy 분말 야금(粉末冶金) 소결(燒結)에 의한 합금의 제법. 성분 금속을 분말로 하여 배합한 다음 가열 융착시키는 방법으로, 융점이 높은 성분이나 현저하게 융점이 다른 성분을 포함하는 경우에 적합하다.

power 전력(電力) 단위 시간 내에 기기나 장치에 발생하거나 소비되는, 혹은 수송되는 전기 에너지.

power amplification 전력 증폭(電力增幅) 증폭기로 신호의 전력을 증가시키는 동작. 송신기나 수신기에서 부하로서의 안테나나 스피커에 큰 전력을 보내는 것을 목적으로 하여 회로 구성의 최종단에서 행하여진다. 다루는 전력이 크므로 직류 입력도 커서 효율이 문제가 되나, 신호가 고주파이면 공진 회로를 사용할 수 있으므로 효율이 좋은 B급, C급으로 사용하면 좋다. 저주파의 경우는 일그러짐이 적은 A급이 기본이 되지만 푸시풀 회로를 쓰면 AB급을 쓸 수 있어 효율을 높일 수 있다. 출력 부분에서는 부하와의 임피던스 정합을 하기 위해 각종 정합 회로가 사용된다.

power amplification degree 전력 증폭도(電力增幅度) 증폭기에서 입력 전력과 출력 전력과의 비를 전력 증폭도라 한다. 보통, 데시벨(기호 dB)의 단위로 나타내는 경우가 많으며, 다음 식으로 구해진다.

$$G_p = 10 \log_{10} \frac{P_o}{P_i}$$

여기서, G_p : 전력 증폭도〔dB〕, P_o : 출력 전력〔W〕, P_i : 입력 전력〔W〕.

power amplifier 전력 증폭기(電力增幅器) 증폭기의 일종으로, 부하에 전력을 공급하는 것을 목적으로 한 것을 말하며, 보통 증폭 회로의 최종단에 두므로 종단 증폭기라 하기도 한다. 취급 주파수에 따라서 저주파 전력 증폭기와 고주파 전력 증폭기로 나뉜다. 전력 증폭기는 일그러짐이 적고, 효율적으로 전력을 부하에 공급할 수 있는 것이 중요하다. 이 때문에 트랜지스터 증폭기에서는 전력용 트랜지스터(파워 트랜지스터)가 사용된다.

power delay product 전력 지연곱(電力遲延－), 전력 지연 시간곱(電力遲延時間－) 스위칭 소자의 상세한 가늠이 되는 양으로, 스위치에 요하는 전력과 스위치에 요하는 시간과의 곱. 이것이 작을수록 좋다고 한다.

power diode 파워 다이오드 다이오드에서 소비시킬 수 있는 전력이 큰 것. 교류를 직류로 고친다든지 주파수 체배용, 정전압용, 스위칭용 등으로 사용된다.

power dissipation 소비 전력(消費電力) 단위 시간(초)에 전기 회로에서 소비되는 전력.

power driven system 파워 드리븐 방식(－方式) 전화 교환에서의 공통 제어 방식의 일종. 주통화로에 와이퍼와 접점 뱅크를 사용하여 와이퍼를 전동기로 상시 구동하고 있는 것. 고속이고 대용량의 선택 접속을 할 수 있기 때문에 대도시의 교환 방식으로서 사용된다.

power dump 파워 덤프 컴퓨터에서, 사고에 의해 혹은 의도적으로 전원이 끊어지는(또는 끊는) 것.

power efficiency 전력 효율(電力效率) 에너지 효율이라고도 하며, 전기 분해 등을 할 때에 이론적으로 필요로 하는 전력과 실제로 사용한 에너지의 비율.

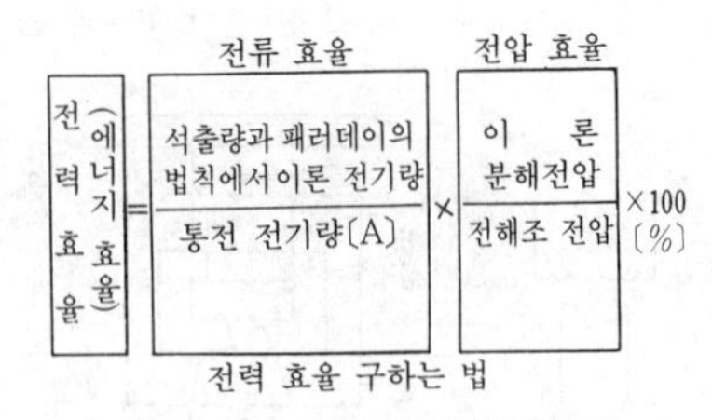

전력 효율 구하는 법

power electronics 파워 일렉트로닉스 고체 중의 전자 현상을 이용하여 전력용의 기기나 장치를 제작, 사용하는 기술을 말하며, 대전력용의 정류기나 사이리스터가 그 대표적인 것이다.

power failure 전원 장애(電源障碍) 전원이 어떤 이상을 일으키거나, 정지되거나 하는 것을 총칭하는 것.

power gain 전력 이득(電力利得) ① 부하에 주어지는 신호 전력과, 입력 회로에 의해서 흡수되는 신호 전력과의 비로, 보통 데시벨로 나타낸다. 입력, 출력에 복수의 성분이 포함되어 있을 때에는 어느 성분인가를 명시할 것. ② 안테네에서, 여기에 접속된 송신기로부터 안테나에 주어진 정미(正味) 전력에 대한, 지정된 방향으로의 방사 강도의 4π배의 비. 만일 방향이 기술(記述)되지 않을 때에는 전력 이득은 최대 방사 방향의 그것이다. 지향성 안테나의 전력 이득을 말할 때에는 기준 안테나로서는 등방성(等方性) 안테나 또는 반파장 더블릿 안테나가 사용되며, 동일 총방사 전력 P로 동작하고 있는 것으로 하여, 주어진 지향성 안테나의 최대 방사 방향의 단위 입체각 내에 방사하는 전력 밀도를 같은 방향의 기준 안테나의 방사 전력 밀도와 비교한다. 기준 안테나가 완전한 등방성을 갖는다면, 기준 전력 밀도는 $P/4\pi$이다.

power integrated circuit 파워 IC, 파워 집적 회로(-集積回路) 파워 회로에 사용되는 트랜지스터는 컬렉터에서 열을 방사시키고 있으나 집적화하면 컬렉터는 패키지와 같은 전위로 할 수 없으므로 플라스틱, 알루미나, 벨리리아 등의 절연층을 써서 전기적으로 절연한 히트 싱크를 붙인다. 또, 파워 IC는 외부 방열판에 열을 전하기 위해 보통 밑부분은 평탄한 금속으로 되어 있다.

power inverter 역변환 장치(逆變換裝置) 직류를 교류로 변환하기 위하여 사용하는 장치로, SCR을 사용한 정지형이 일반적으로 사용되고 있다.

power level 전력 레벨(電力-) 1밀리와트 및 1와트 기준의 데시벨(dBm, dBw)에 의해 표시되며 전송 시스템 내의 1점의 전력과 기준의 전력과의 비. →decibel

power-line carrier 전력선 반송(電力線搬送) 송전선을 반송 전화나 원격 제어, 원격 측정 등의 통신선으로서 이용하는 방법으로, 전력 회사의 전용 통신 회선이나 전기 통신 사업자의 공중 회선으로서 쓰인다. 송전선은 본래 전력 수송에 사용하는 것을 목적으로 한 것이지만 안정한 반송파의 전송로로서도 사용할 수 있다. 그러나 반송파를 고압의 송전선에 결합하려면 특별 결합 회로(결합 콘덴서, 결합 필터, 피더 및 블로킹 코일로 이루어진다)를 필요로 한다.

power-line carrier communication 전력선 반송 통신(電力線搬送通信) 반송 통신 장치를 전력선에 결합하여 발·변전소나 각 영업소 등과 사이에서 급전, 보수, 업무 등에 관한 연락을 하도록 한 것.

power-line carrier relaying 전력선 반송 계전 방식(電力線搬送繼電方式) 보호 계전 방식에서 전력선 반송 통신을 사용하는 것.

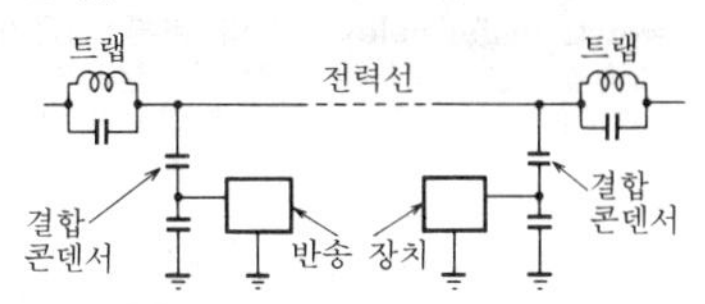

power outage 전원 이상(電源異常), 전력 사고(電力事故) 수요점에서의 전력의 완전한 결여.

power relay 전력 계전기(電力繼電器) 전기 회로의 전압과 전류의 곱에 응답하는 계전기.

power source for satellite 위성용 전원(衛星用電源) 통신 위성의 전원을 말하며, 이 목적으로 사용되는 전원으로서 요구되는 조건은 소형 경량, 고능률, 고신뢰도이며, 장시간 출력이 지속될 수 있어야 한다는 것이다. 현재 사용되고 있는 전원에는 화학 전지나 원자력 전지 등 인공 에너지원에 의하는 것과 태양 전지가 있으며, 보통은 태양 전지를 1차 전지로 하여 사용하고, 일몰 기간에 화학 전지를 2차 전원으로서 사용하는 방법을 쓰고 있다. 태양 전지의 단체(單體)는 1cm×2cm의 장방형 또는 2cm×2cm의 정방형의 실리콘 p on n 형이 널리 쓰이며, 이 단체를 전압, 전류의 규격에 맞도록 직병렬로 접속하여 태양 전지를 구성하고 있다. 2차 전원의 화학 전지에는 니켈 카드뮴 전지가 가장 널리 사용되고 있다. 이 전지는 우주 공간에서의 고진공에 견디고, 밀폐형으로 해도 가스의 방출이 거의 없으며, 액이 알칼리성으로 부식성이 없는 등 뛰어난 특성을 가지고 있다.

power supply 전원(電源) ① 장치, 시스템 등에 전력을 공급하는 장치. 발전기, 전지 기타를 의미하지만 부하의 요구하는 전력의 형태(직류냐 교류냐, 또 그 주파수), 전압, 전류, 전력 레벨, 안정도 등에 적합하도록 하기 위한 여러 장치(정류기, 인버터, 안정 전원 장치, 각종 보호 장치 등)도 포함한 것을 의미하는 경우가 많다. ② 전력의 자원.

power supply unit 전원 장치(電源裝置) 전자 기기를 동작시키기 위해 필요한 전압과 전류를 공급하는 장치.

power supply voltage 전원 전압(電源電壓) 전원 단자의 전압.

power surge 전원 서지(電源－) →surge

power thermistor 파워 서미스터 서미스터 중 콘덴서나 히터 등의 부하에 전압을 인가했을 때 생기는 돌입 전류를 억제하기 위해 사용하는 것.

power transfer relay 전력 변환 계전기(電力變換繼電器), 전원 전환 계전기(電源轉換繼電器) 정규의 전원에 접속된 계전기로, 그 전원이 고장났을 때 부하를 다른 전원으로 전환하는 계전기.

power transformer 전원 트랜스(電源－), 전원 변압기(電源變壓器) 엘리미네이터 방식의 전자 기기에서 트랜지스터에 필요한 직류 전원을 상용 전원에서 공급하기 위해 사용하는 변압기. 직류 전압이나 전류의 크기 등에 맞추어서 그 용량이 정해지고, 성능으로서 전압 변동률이 작은 것이 필요하다.

power transistor 파워 트랜지스터 전력용으로서 사용되는 대출력 트랜지스터를 말하며, 일반의 트랜지스터와 원리적으로는 다르지 않으나 최대 컬렉터 손실 및 최대 컬렉터 전압과 전류를 크게 하여 포화 저항이 작아지도록 할 필요가 있으며, 사용 온도가 높은 실리콘을 사용하고, 또 열저항을 작게 하여 온도 상승을 낮게 하기 위하여 방열판을 사용하는 등 구조상의 배려가 되어 있다. 용량으로 50~2,500 W, 내압 100~1,500V 정도의 것이 만들어지며, 안정화 전원 회로 등에 쓰인다.

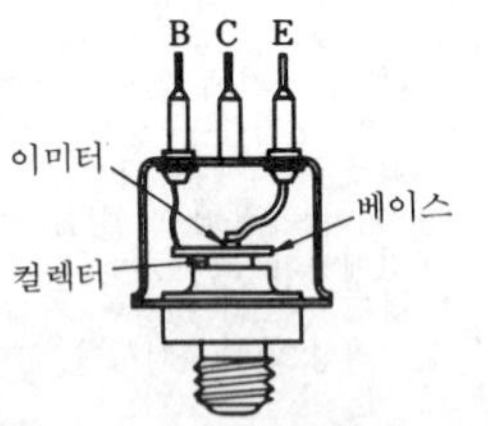

power type coated wire wound resistor 전력형 피복 권선 저항기(電力形被覆捲線抵抗器) 일반적으로 법랑 저항기라고 부르고 있다. 자기를 권심(捲芯)으로 한 금속 권선 저항기에 법랑〔유리상(狀) 물질을 구어붙인 것〕을 씌워서 보호한 구조의 저항기이다. 내열성이 높고, 부하 전력이 큰 경우에 사용한다.

power type coated wire wound variable resistor 전력형 피복 권선 저항기(電力形捲線可變抵抗器) 법랑 저항기를 권선형 가변 저항기와 같은 모양으로 하고 접동판(摺動板)을 회전시켜서 가변 저항을 얻도록 한 것이다. 내열성이 높고, 부하 전력이 큰 경우에 사용한다.

Poynting vector 포인팅 벡터 매질 중을 전해가는 전자파의 상태를 나타내는 것으로 전자파 중의 전계와 자계의 벡터를 각각 E〔V/m〕, H〔A/m〕로 할 때 포인팅 벡터 P는 다음과 같이 된다.

$$P=E\cdot H \ [\mathrm{H/m^2}]$$

그 크기는 전파 방향으로 직각인 단위 면적을 통해서 단위 시간에 유동하는 전자에너지의 양이며, 그 방향은 E와 H는 모두 직각이다.

PPM 펄스 위상 변조(－位相變調) =pulse phase modulation

PPM-AM system PPM-AM 방식(－方式) 마이크로파 무선 통신 방식에서 시분할 다중 방식의 하나. PPM 된 펄스로 마이크로파의 반송파를 진폭 변조하여 송신한다. 초다중 전화 신호, 텔레비전 신호 등. →PPM

pps 펄스/초(－秒) pulse per second 의 약어. 전화기의 다이얼 속도 단위로, 매초의 펄스수를 나타낸다. 전자 교환기의 전화기에서는 20pps 이다. =bit per second

preamble 프리앰블 ① 자기 테이프에 위상 변조에 의해서 정보를 기록할 때 각 블록의 데이터열(버스트) 앞에 두는 특별한 열(버스트)을 말한다. ② 각 프레임에 앞서 송신국에서 채널에 송출하는 비트열로, 타국과의 동기를 취한다든지 그 밖에 통신에 필요한 정보를 포함한 것. 프레임의 후부에 두는 포스트앰블과 함께 장치의 동기화에 사용하는 것은 동기화 버스트라고도 한다.

preamp 프리앰프 =pre-amplifier

pre-amplifier 프리앰프, 전치 증폭기(前置增幅器) 메인 앰프 즉 주 증폭기 앞단에 설치하여 마이크로폰이나 픽업, 텔레비전의 촬상관 등의 미소 출력 신호를 어느 정도 증폭하여 메인 앰프에 가하고, 잡음의 혼입이나 SN비의 저하를 방지하기 위해 사용하는 것이다. 프리앰프에 사용하는 트랜지스터는 특히 저잡음용의 것을 선정하고, 주파수 특성 보상 회로 등을 두는 경우가 많다. 스테레오용 프리앰프에서는 MC 형(가동 코일형) 카트리지의 헤드 앰프를 내장하고, MM 형(가동 자석형)의 부하 저항 전환이나 이퀄라이저(등화기) 앰프도 겸하고, 음질 조절 회로를 갖는 것이 널리 사용되고 있다.

precipitation hardening 석출 경화(析出硬化) A 의 금속 중에 B의 성분이 녹아드는 비율의 한계는 온도가 높을수록 크다. 고온에서 B가 최대 한도 녹아들고 있는 A합금을 급랭하여 고화하면 B가 유리할 틈이 없으므로 B가 한도 이상으로 녹아든 채의 상태로 유지된다. 이것을 다시 가열하면 여분의 B가 유리하여 결정의 배열을 문란시켜 그 합금은 경화한다. 이것을 석출 경화라 한다. 경화 자석이나 코손 합금(Corson alloy : 도전 스프링 재료) 등은 이 방법으로 만들어진 합금이다.

precipitation scattering 강수 산란(降水散亂) 위성 통신에서, 전파의 전파(傳播) 통로에 강수가 있을 때 그로 인해 전파가 산란 감쇠하는 것.

precipitation static 강수 공전(降水空電) 항공기가 비행할 때 기체나 날개 표면에 빗방울, 눈, 서리, 모래 등이 충돌 부착하여 정전기가 축적, 전위가 상승한다. 그리고 주위 공간에 코로나 방전이 발생하여 HF, VHF 대에 잡음이 발생하여 기상 무선 시설에 방해를 준다. 이러한 잡음을 강수 공전이라 한다. 이것을 방지하기 위해 날개끝에 둔 다수의 막대 모양 방전기에 의해서 축적 전하를 방전하여 무선 장치의 전파와 간섭하지 않도록 한다.

precision 정밀도(精密度) 수많은 측정을 했을 때 불균일이 적은 측정을 정밀도가 좋은 측정이라 한다. 일반적으로 정밀도의 의미 중에 정확성도 포함되기도 하지만 계통 오차가 있는 경우에는 정밀도는 좋아도 정확성은 좋지 않은 경우도 있다. →accuracy

precision approach radar 정측 진입 레이더(精測進入－) =PAR →ground controlled approach

precision resistor 정밀 저항기(精密抵抗器) 저항값이 정확하고 온도 계수도 작은 저항기. 망가닌선이나 탄탈 박막으로 만든다.

precision sheet coil 정밀 시트 코일(精密－) 집적 회로를 만드는 기법을 응용하여 만든 코일로, 초소형 전동기의 제작에 사용된다.

predicted mean life 예측 평균 수명(豫測平均壽命) 장치가 목적으로 하는 용도에 대하여 예측되는 평균 수명으로, 장치의 설계 방법이나 사용 부품의 신뢰성 등으로 계산하여 구한다. 위와 같은 방법으로 계산된 신뢰성을 예측 신뢰성(predicted reliability)이라 한다.

predicted propagation correction 예측 전파 보정(豫測傳播補正) 오메가에서는 두 국으로부터의 송신 전파의 전파 시간차에서 위치선을 구하고 있는데, 실제의 전파 전파 속도가 장소, 일시 등에 따라 변화하므로 실측값에 대해 오메가국이 제공하는 보정표에 의한 보정을 하고 있다.

predictive coding 예측 부호화(豫測符號化) 과거의 표본값에서 다음 표분값을 예측하여 예측값과 현실의 표본값의 차(예측 오차)만을 양자화, 부호화하는 것. 팩시밀리, 영상 등과 같이 표본값 상호간에 상관이 강한 신호를 효율적으로 부호화하는 경우에 쓰인다.

pre-distorter 전치 보정 회로(前置補正回路) 간접 주파수 변조 방식에서 위상 변조(PM) 회로를 사용하여 주파수 변조파를 만들어내기 위해 사용하는 보정 회로. 위상 변조파를 주파수 변조파로 변환하려면 저주파 신호를 위상 변조 회로에 가하기 전에 주파수에 반비례하여 출력이 감소하는 적분 회로를 통하면 된다. 이 적분 회로가 전치 보정 회로이다.

pre-emphasis 프리엠퍼시스 주파수 변조 방식의 통신에서는 변조 신호의 주파수가 높은 곳에서 *SN*비가 나빠지므로 이것을 개선하기 위하여 송신측에서 미리 높은 주파수에 대하여 변조가 강하게 걸리도록 한다. 이것을 프리엠퍼시스라 한다. 프리엠퍼시스는 그림과 같은 미분 회로에 의해서 주어지고, 그 시상수는 FM 방송에서 50μs, 텔레비전의 음성에서 75μs가 쓰이고 있다. 수신측에서는 이것과 반대의 특성을 가진 디엠퍼시스가 행하여진다.

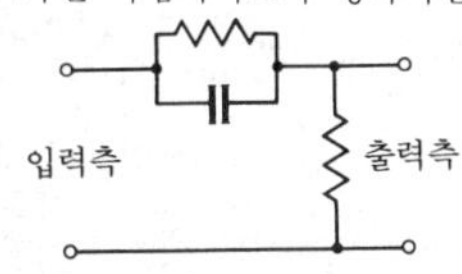

pre-emphasis circuit 프리엠퍼시스 회로(－回路) FM 무선 전화나 테이프 녹음기 등에서 송신시에 저주파 신호가 높은 주파수 부분을 강조하는 회로.

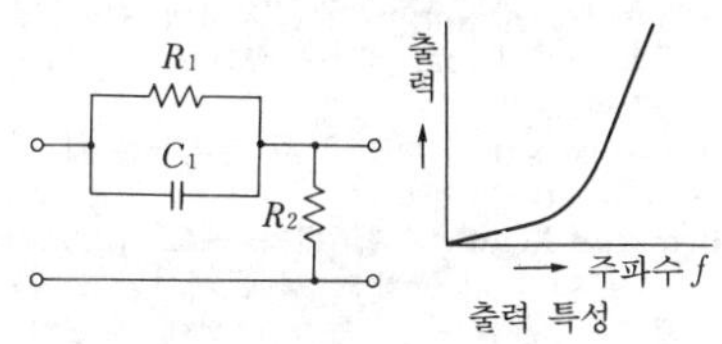

출력 특성

pre-emphasis network 프리엠퍼시스 회로망(－回路網) 고주파 성분의 저주파 성분에 대한 상대 진폭은 일반적으로 작기 때문에 신호 전송에 앞서 고주파 성분의 에너지 레벨을 높이고, *SN*비를 모든 주파수 대역에 걸쳐서 개선하여 일그러짐을 경감하도록 하기 위해 쓰이는 회로. 고주파 영역의 이득을 높이기 위한 *RC* 보상 회로망이다.

$$G=\frac{V_o}{V_i}=\frac{a(1+Ts)}{1+aTs}$$

$a=R_1/(R_1+R)$, $T=CR$

preference circuit 우선 선택 회선(優先選擇回線) →preselector

preference device 선택 장치(選擇裝置) ① 전력선 통신 계통에서, 채널을 통해 감시 제어 신호가 전송되고 있을 때 그 이외의 신호 전송을 방지하기 위해 배치된 장치의 집합. ② 보호 계전 동작을 하고 있는 ①과 같은 계통에서, 계전 신호 이외의 신호가 채널을 전송하지 못하도록 방지하기 위한 장치의 집합.

preferred number 표준수(標準數) 공업 표준화·설계 등에서 수치를 정하는 경우에 선정의 기준으로서 사용하는 수치.

pregroup 전군(前群) →basic group

pre-main amplifier 프리메인 앰프, 프리메인 증폭기(－增幅器) 프리앰프와 메인 앰프를 하나의 케이스에 꾸민 앰프. 스테레오 장치의 컴포넌트로서 프리앰프의 기능, 즉 포노 입력 단자 2.5mV(MM), 0.3mV(MC), 150mV(튜너, AUX, 테이프)를 가지며, 톤 컨트롤(음질 조절기), 볼륨(음량 조절기)과 밸런스 볼륨, 파워미터 등도 갖춘 것이 많다. 실효 출력이 100W-100W 이상의 것까지 시판되고 있다.

pre-patch board 프리패치판(－板) 아날로그 컴퓨터의 배선에 사용하는 배선반 중 따로 미리 배선해 두고 필요에 따라서 컴퓨터에 삽입하여 계산을 하게 하는 방식의 배선반으로, 배선을 보존할 수 있는 특징이 있다.

preprocessor 전처리 장치(前處理裝置) = front-end processor

pre-read head 선행 판독 헤드(先行判讀－) 어떤 판독 헤드 곁에 배치되고, 그 헤드가 데이터를 판독하기 전에 같은 데이터를 미리 판독하기 위해 사용되는 헤드.

pre-scaler 프리스케일러 계수형 주파수계 등에서 최고 측정 주파수 이상의 주파수를 측정하는 경우, 1/4, 1/5, 1/10 등의 주파수로 분주(分周)하기 위한 회로나 IC. 이와 같은 IC 에는 CML(ECL) 등의 고속용 분주기가 사용된다.

preselector 프리실렉터 ① 주파수 변환기 혹은 기타의 기기 앞에 두어지며, 원하는 주파수의 신호만을 통과시키고, 그 이외는 감쇠시키는 기능을 갖는 장치. 예를 들면, 수퍼헤테로다인 수신기에서 입력 신호를 혼합기에 보내기 전에 사용되는 동조 증폭기이며, 감도와 선택성을 향상시키기 위한 것. ② 전화 교환에서 비어 있는 출(出) 중계선을 포착하기 전의 선택 동작을 하는 장치. 우선 선택 회선(preference circuit)이라 한다.

presence 임장감(臨場感) 스테레오 장치 등에 의해서 음악을 재생한 경우 마치 그 회장에 있는듯하게 느껴질 때 임장감이 있다고 한다. 연주 장소 등에서도 공간적인 확산이나 깊이, 객석에서 소리를 들었을 때의 천장이나 벽으로부터의 반사음에 의해서 임장감이 얻어진다. 이러한 임장감은 스테레오 재생에 의해서 가능하게 되며, 4 채널 스테레오 재생에 의해서 더욱 증가한다.

presentation control 표현 제어(表現制御) 개방형 시스템의 약속에 따라서 설계된 시스템 요소로, 엔드 유저에 의해 요구되는 데이터 포맷과 이에 관계한 변환을 다루는 것.

preset 프리셋 초기 조건 혹은 시동 조건을 확립하여 올바른 상태에서 출발할 수 있도록 준비하는 것.

preset counter 프리셋 카운터 디지털 회로에서 미리 일정한 수를 정해 두고, 그 수까지 계수하면 카운트 종료의 신호를 발생하고, 또 새로운 카운트를 시작하는 카운터(계수기)를 말한다.

preshoot 프리슈트 펄스의 일그러짐의 일종. 그림과 같이 주요한 천이(遷移) 직전에서 그것과 역방향으로 움직이는 모양의 일그러짐.

pressed recording 감압 기록(感壓記錄) 전기 신호로서 주어진 정보에 따라서 필요한 자형을 고르고, 가압에 의해서 발색하는 종이를 두드리는 등의 방법으로 기계적으로 기록하는 것. 가장 오래전부터 사용되어 오고 있는 기록 방식으로, 고속 기록에는 부적당하나 장치가 간단하다는 것이 이점이다.

pressure 압력(壓力) 단위 면적당의, 면을 수직으로 미는 힘. 단위 기호 Pa(파스칼).

$1Pa = 1N/m^2$

pressure gauge 압력계(壓力計) 압력을 측정하는 장치로, 각종 원리에 의한 것이 있다. 압력을 기계적 수압 장치로 받아서 직시하는 것으로는 U자관의 고압측에 띄운 부자(浮子)의 변위로 변환하는 U자관식 압력계, 환상(環狀) 원관 내의 액체를 차압으로 이동시켜서 원관 자신을 회전시켜 추로 평형시키는 링 평형식 압력계, 벨로스(bellows), 다이어프램, 불돈관 등으로 변위로 변환하는 탄성체식 압력계 등이 있다. 압력을 변위-전기량 변환기나 힘 평형식 변환기를 사용하여 전기 신호로 바꾸는 것으로는 차동 변압기나 압전기 효과를 이용하는 압전 소자, 저항이 압력에 의한 일그러짐으로 변화하는 저항선 왜율계, 빌라리 효과(Villari effect)를 이용하는 자기 왜율 게이지, 홀 효과를 이용하는 홀 소자 등이 있다.

pressure sensitive diode 감압 다이오드(感壓-) 다이오드의 pn 접합부에 국부 응력을 가하면 pn 접합부의 금지대폭(禁止帶幅) 및 재결합 생성 전류가 변화하여 전류-전압 특성이 달라진다. 이 성질을 이용하여 압력 변화를 전기 신호로 변환하는 소자로서 이용하는 것이 감압 다이오드이다.

pressure sensitive keyboard 감압 키보드(感壓-) 도전(導電) 잉크로 코팅하여 만든 회로를 가진 두 장의 얇은 플라스틱 판으로 구성된 키보드. 저가격 마이크로컴퓨터에서 사용되는 경제적인 평판 키보드이다.

pressure sensitive transistor 감압 트랜지스터(感壓-) 트랜지스터의 이미터와 베이스 간의 접합 부분에 압력을 가하면 그 크기에 따라서 컬렉터 전류가 변화하는 성질을 이용하여 압력의 센서로서 이용하는 것. 측정기, 무접점 스위치 등에 사용된다.

pressure sensitivity 음압 감도(音壓感度) 마이크로폰의 전기 출력(보통 기전력)과 입력음에 느끼는 부분에 실제로 작용하고 있는 음압과의 비. 음압 리스폰스라고도 한다.

pressure transducer 압력 변환기(壓力變換器) 물리량인 압력을 전기 신호로 변환하는 것. 압력으로 변환할 수 있는 모든 물리량의 지시, 기록, 원격 측정에 쓰인다. 전기 저항 변화형, 정전 용량형, 자기 발전형 등, 혹은 이들을 회로의 일부에 내장시킨 것 등이 있다. 그림은 일그러짐 게이지를 사용한 압력 변환기의 예를 나타낸 것이다.

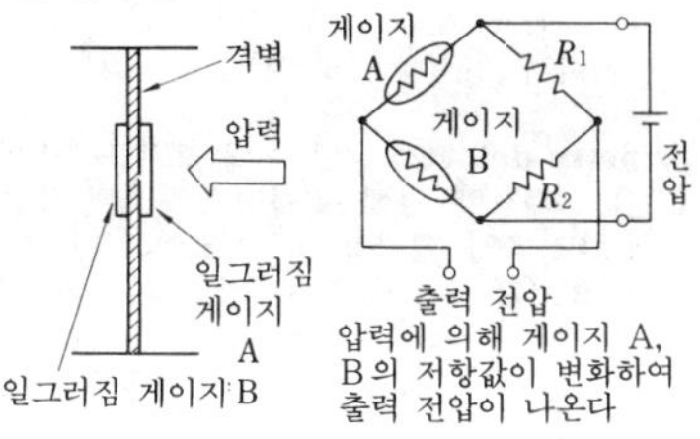

압력에 의해 게이지 A, B의 저항값이 변화하여 출력 전압이 나온다

pretransmit-receive tube 전치 TR 관(前置-管) 무선 주파수의 전환관으로, TR 관이 과부하가 되는 것을 방지하고, 기본파 이외의 주파수가 레이더 수신기에 들어가지 않도록 하기 위해 두어지는 가스 봉입 방전관.

preventive maintenance 예방 보수(豫防保守) 사용 중인 기기나 장치에 생기는 고장을 사전에 방지하는 것으로, 이를 위해서는 정기적인 검사를 하고, 고장이 야기될 염려가 있는 곳을 미리 발견하여 손질을 하는 등의 방법을 취한다. 규모가 큰 시스템이나 장치에서는 그것이 고장났을 경우에는 광범위한 혼란과 다액의 손해를 입게 되므로 특히 예방 보수가 중시되고 있다. =PM

preventive maintenance time 예방 보전 시간(豫防保全時間) 소위 정기 점검 시간의 뜻으로, 소요의 계획 보전 계획에 입각하여 할당한 필요 시간 및 실시 시간. 예방 보전 중 발견된 불비(不備)나 사고 직전, 또는 고장 부분에 대한 조정, 수복, 교환 시간은 이것에 포함되지 않는다.

price-performance 성능 가격비(性能價格比) 어떤 기준의 가격에 대한 성능 비율.

primary battery 1차 전지(一次電池) = primary cell

primary block 프라이머리 블록 =digroup

primary cell 1차 전지(一次電池) 방전해 버리면 외부에서 에너지를 공급해도 원상태로 회복하는 충전 조작을 할 수 없는 전지. 망간 전지 등의 건전지와 다니엘 전지 등의 습전지가 있다.

primary channel 1차 채널(一次-) 모뎀 등 통신 장치의 데이터 전송 채널.

primary constant 1차 상수(一次常數) 분포 상수 회로에서의 단위 길이당의 저항, 인덕턴스, 컨덕턴스, 정전 용량을 말하며, 보통, R, L, G, C로 나타낸다.

primary detecting element 검출부(檢出部) 자동 제어계의 한 요소로, 제어량을 기준 입력과 비교하기 위해 그것과 같은 종류의 물리량으로 변환하여 꺼내는 부분을 말한다. 예를 들면, 노(爐)의 온도 제어에서의 열전쌍 온도계 등이 이에 해당한다.

primary detector 1차 검출기(一次檢出器) 측정할 양에 정량적으로 반응하고, 최초의 측정 행위를 하는 요소(또는 그러한 요소의 집합). 1차 검출기는 피측정 에너지의 최초의 변환과 제어를 하는데, 변압기, 증폭기, 분압기, 분류기 등은 검출기에는 포함하지 않는다.

primary electron 1차 전자(一次電子) 열전자, 광전자 등과 같이 다른 전자의 충격에 의해서 발생하는 전자가 아니고, 2차 전자 방출을 하기 위한 에너지를 공급하는 운동 전자를 말한다.

primary emission 1차 방출(一次放出) 면의 온도, 면이 받는 방사 혹은 면에 주어진 전계에 의한 전자의 방출 현상을 말한다. 1차 방출에서의 방출 전자를 1차 전자라 한다.

primary failure 1차 고장(一次故障) 어떤 기능 단위의 고장으로 다른 기능 단위의 고장에 의해서 발생되지 않는 것.

primary load current 1차 부하 전류(一次負荷電流) 변압기에서 2차 부하 전류에 의한 기자력을 상쇄하기 위해 1차 권선에 흐르는 전류. 변압기의 1차 권선에 가하는 전압과 주자속에 의해서 발생하는 1차 유도 기전력은 언제나 평형 상태에 있으며, 2차 부하 전류가 흐르면 이에 의한 기자력이 주자속을 감소시키려고 한다. 이 기자력과 같은 기자력을 주기 위해 1차 권선에 1차 부하 전류가 흐른다. 그림은 변압기가 부하일 때 나타낸 것이다.

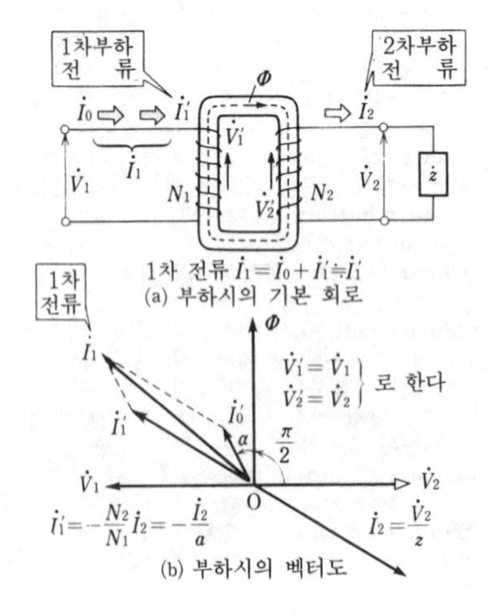

(a) 부하시의 기본 회로

(b) 부하시의 벡터도

primary means 변환부(變換部) 피드백 제어계에서 제어량을 목표값과 비교하기 위해 목표값과 같은 종류의 물리량으로 변환하는 부분.

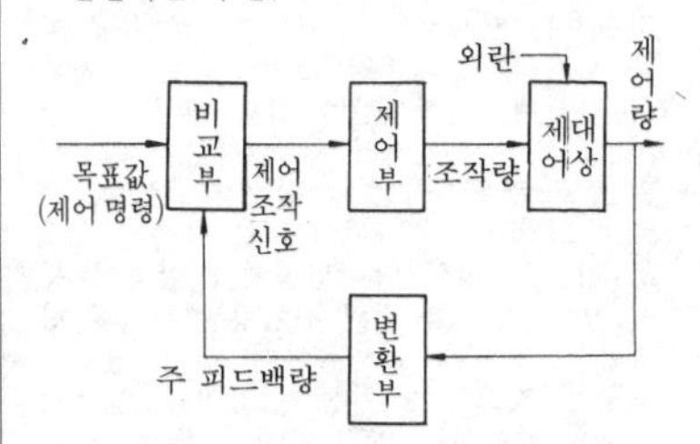

primary memory 1차 기억(一次記憶) 상시 사용하는 데이터나 프로그램을 언제라도 바로 호출할 수 있는 기억 장치. 기억 용량은 작지만 접근 시간은 매우 짧다. 컴퓨터의 주기억 장치나 다중 구성 기억 장치로서 사용한다.

primary radar 1차 레이더(一次-) 레이더 중 반사파만을 이용하는 것으로, 보통, 선박용 등에 쓰인다. 이에 대해 목표물이 발사한 전파를 수신하여 동일 또는 다른 주파수의 전파를 재발사하고, 이를 수신하여 이용하는 것을 2차 레이더라 한다.

primary radiator 1차 방사기(一次放射器) 안테나계에서 송신기에 의해 직접 혹은 궤전선에 의해 여진(勵振)되는 부분.

primary service area 1차 서비스 에어리어(一次-) 라디오 또는 텔레비전 방송에서의 서비스 에어리어. 장해물에 의해서 방해되거나, 페이딩에 의해 수신 장해가 발생하지 않는 수신 범위이다. 적합한 조건하에서만 만족한 수신을 할 수 있는 범위를 2차 서비스 에어리어라 한다. 1차 영역이 주로 지상파를 수신하는 데 대해, 2차 영역에서는 상공파(간접파)가 그 주체가 된다. 또, 페이딩이나 일그러짐 때문에 수신이 곤란한 영역을 수신 불량 영역이라 한다.

primary winding 1차 권선(一次捲線) 변압기의 2조의 권선 중 입력측 즉 전원측에 접속되는 권선. 부하에 접속되는 것을 2차 권선이라 한다. 변압기나 솔레노이드 등의 1차 권선과 2차 권선의 권수비에 따라서 입력 전압에 대한 출력 전압이 정

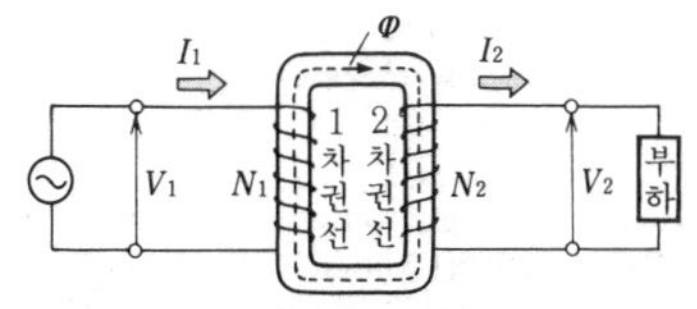

해진다.

priming 프라이밍 정보 축적 장치의 축적 면을 데이터 공급에 적합한 전압으로 충전(또는 방전)하는 것. 이것은 일종의 정보 소거 동작이며 플러드 건(flood gun)을 써서 하는 경우가 많다. prime 이라는 동사는 주입한다는 의미이다.

priming rate 프라이밍률(－率) 전하 축적관에서, 축적면의 면소(面素), 선, 또는 일부 영역을 어느 특정한 레벨에서 다른 레벨로 프라임하기 위한 시간율. 이것은 프라이밍 속도, 즉 프라임하기 위해 축적면을 가로질러서 빔을 주사하는 주사 속도(단위 시간당의 주사선수)와는 다르다.

principle of superposition 중합의 정리(重合－定理) 회로망 중에 많은 기전력이 포함되어 있는 경우에 각 부분의 전류를 구하는 데 도움이 되는 정리이다. 그 방법은 각각의 기전력이 단독으로 존재하는 회로로 나누고, 구하는 장소의 전류를 계산하여 그 대수합을 취하면 된다. 예를 들면 그림 (a)와 같은 회로는 (b)와 (c)로 분할하여 생각함으로써 $I_1=I_1'+I''$ 등으로서 구할 수 있다.

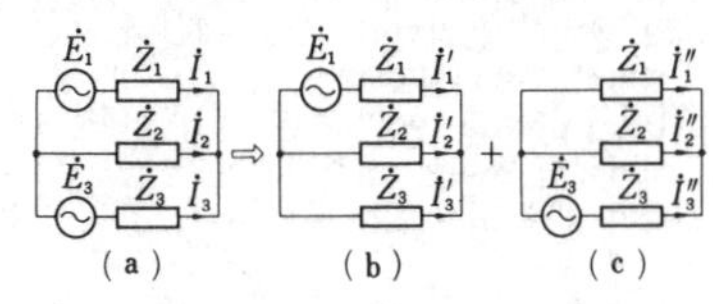

principle quantum number 주 양자수(主量子數) 원자 내에서의 전자의 존재 상태를 나타내는 양자수의 하나. 이것을 n으로 하면 $n=1, 2, 3, \cdots$에 따라서 원자핵에 가까운 쪽부터 K, L, M, …각(殼)이라는 궤도가 정해지고, 각각에서의 전자는 $nh/(2\pi)$ (h : 플랑크의 상수)의 각운동량(角運動量)을 가지고 있다.

print-circuit board 프린트 기판(－基板) =PCB, printed circuit board

print contrast signal 인쇄 선명도 신호(印刷鮮明度信號) OCR 용어로, 인자 도형의 공학적 특성을 측정하기 위해 정의된 양이며, 인자 도형과 용지의 상대적인 진하기의 정도를 나타낸다.

printed board 프린트 기판(－基板) 프린트 배선을 하는 기판. →printed circuit board

printed board assembly 프린트판 조립품(－板組立品) =printed circuit assembly

printed cermet resistor 인쇄 서멧 저항(印刷－抵抗) 후막(厚膜) 회로 소자의 일종으로, 세라믹의 절연 기판상에 은이나 파라듐 등의 금속과 유리 분말의 혼합체를 인쇄하여 소성(燒成)한 후막 저항. 막 두께는 1～30μm 정도이다.

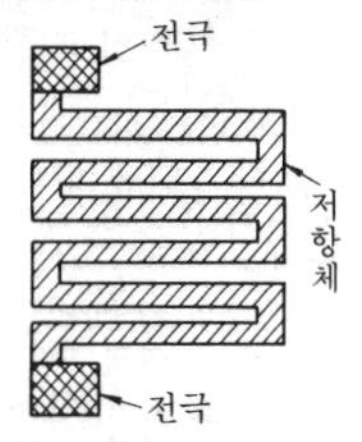

printed circuit 인쇄 배선(印刷配線) 배선용의 도체 도형을 인쇄에 의하여 만드는 방법으로, 전자 기기의 소형화와 양산화에 크게 도움이 된다. 인쇄 방법에는 많은 종류가 있으나, 가장 대표적인 방법은 동판 적층판 위에 내산성 잉크로 도형을 인쇄한 다음, 나머지 부분을 산성 수용액으로 부식시켜서 회로를 남기는 방법이다. 그림은 그 제품의 일례이다. 여기서 흰 부분은 구리이며, 그 중에 검게 보이는 구멍에 리드선을 꽂아서 부품을 부착한다. 이것은 자동적으로 하는 경우가 많다. 그 다음 한꺼번에 납땜하여 조립이 완성한다. 인쇄 배선은 평면 교차를 할 수 없으므로 새시 배선과 다른 부품 배치를 연구하지 않으면 안 된다.

printed circuit assembly 프린트판 유닛(－板－), 인쇄 배선 회로 어셈블리(印刷配線回路－) 프린트 배선판에 필요한 부품(전자 부품, 기계 부품, 기타 프린트 배선판 등)을 탑재하고 모든 제조 공정, 예를 들면 납땜, 코팅 등을 완료한 것.

printed circuit board 인쇄 배선 회로 기판(印刷配線回路基板) 일반적으로는 PCB 라고 쓴다. 금속 박막이 입혀진 기판에 설계된 회로 패턴을 사진 소부하고 에칭하여 LSI 등의 부품을 납땜하거나 래핑함으로써 부착시킬 수 있도록 고안된 회로판이다. →printed circuit

printed circuit package 프린트판 패키지(－板－) →printed circuit assembly

printed component 인쇄 부품(印刷部品) 절연 기판상에 도체 부분을 인쇄하여 회로 소자를 형성한 것으로, 수동 소자 밖에는 만들 수 없지만, 인쇄 배선에 조립해서 사용한다. 저항기는 저항률이 높은 도전 페인트를 사용하여 인쇄하고, 페인트의 종류와 도형의 치수로 저항의 값을 정한다. 코일은 저항률이 낮은 페인트로 소용돌이 모양의 전극을 인쇄하고, 그 감는 수로 인덕턴스의 값을 정한다. 콘덴서는 절연판 양면에 전극을 인쇄하고, 그 면적으로 정전 용량의 값을 정한다.

printed motor 프린터 모터 직류 전동기 전기자의 도체를 절연 원판상에 인쇄하여 만든 것. 도체에 직접 브러시가 접촉하므로 정류자는 없다. 이 모터에서는 코일을 홈에 매입하여 서로 접속하는 등의 가공이 불필요하고, 또 도체를 절연물로 감쌀 필요도 없으므로 점적률(占積率)이 좋고, 또 냉각 효과도 좋으므로 소형으로 만들 수 있는 등의 이점이 있다. 시동, 정지의 즉응성이 좋고, 빈번한 반복에 견디므로 서보모터 등의 용도에 적합하다.

printed resistor 인쇄 저항기(印刷抵抗器) 금속 분말을 합성 수지에 혼입하여 풀과 같이 끈적끈적하게 한 것을 자기 표면에 인쇄하여 구어붙여서 만든 저항기. 양산이 용이하고, 각종 저항값의 것을 만들 수 있다.

printed wiring 프린트 배선(－配線), 인쇄 배선(印刷配線) 회로 설계에 따라서 부품간을 접속하기 위해 도체 패턴을 절연 기판의 표면 또는 표면과 그 내부에 프린트에 의해 형성하는 배선 또는 그 기술. 프린트 부품의 형성 기술은 포함하지 않는다.

printed wiring board 프린트 배선판(－配線板), 프린트 기판(－基板) ① 프린트 배선을 형성한 판. ② 회로 설계에 따라 부품간을 접속하기 위해 도체 패턴을 절연 기판의 표면에 인쇄에 의해 형성하고 소정의 가공을 한 부품 탑재 전의 판.

printer 프린터 미리 정한 문자 집합에 속하는 이산적인 도형 문자의 열의 양식으로, 영속성있는 데이터의 기록을 만드는 출력 장치. 그 종류는 많으며, 다음과 같이 분류할 수 있다. ① 인자 단위에 따라서 시리얼 프린터, 라인 프린터, 페이지 프린터 등, ② 인자 방식에 따라서 충격식 프린터, 비충격식 프린터 등, ③ 문자 발생 방식에 따라서 자모 방식, 도트 방식(도트 프린터) 등.

printer by electrolytic recording 전해 기록식 프린터(電解記錄式－) 기록 전극과 전해 기록지를 접촉시켜서 직류를 흘리고 전극이 기록지에 함침시킨 전해질과 화학 반응하여 발색하든가, 또는 전해질이 분해하여 그 생성물이 발색하는 원리에 의한 프린터. 기록 속도 약 6cm/s. 백색 기록지에 흑갈색 기록이 얻어진다.

printer by electrostatic transfer process 정전 전사 프린터(靜電轉寫形－) 유전체를 칠한 드럼 표면을 고르게 대전(帶電)시키고 핀의 집합으로 이루어지는 전극에 이것과 역극성의 펄스 전압을 인가하여 방전시켜 그 곳만 이미 대전된 전하를 제거시켜서 잠상을 만들고 그 부분에 토너를 부착시킨다. 이것을 다시 드럼과 등속도로 이동하는 기록지와 접촉시켜서 전사(轉寫)한다. 보통 용지를 쓸 수 있다는 것, 고속 기록에 적합하다는 것 등의 특징이 있으나 해상도는 10 줄/mm 정도로 약간 떨어진다.

printer engine 프린터 엔진 레이저 프린터 등 페이지 프린터의 실제로 인쇄를 하는 부분. 대부분의 프린터 엔진은 독립한 카트리지 구조이며, 쉽게 교환 가능하다. 이 엔진은 프린터의 정보 처리 하드웨어를 모두 포함하고 있는 프린터 제어기에서 완전히 분리되어 있다. 캐논제 프린터 엔진이 유명하다.

printer phone 프린터 폰 전용 자영 교환 회선에서 쓰이는 전화기에 음향적으로 결합된 인쇄 전신 방식을 말한다. 인쇄 전신기에 의하여 보내지는 부호는 중심 주파수 1,550Hz 로 주파수 변조되어 음향 진동으로서 송화기에 보내진다. 수신측에서는 수화기에 얻어지는 음향 진동을 판별 회로에 가하여 마크·스페이스의 판정을 한다.

printer tube 프린터관(－管) 브라운관의 특수한 것으로, 페이스면에 가는 금속침을 일면에 박아넣고, 전자를 관밖에 꺼내서 여기에 접해 둔 기록지상에 전하상을 만들도록 한 것.

print head 인자 헤드(印字－), 프린트 헤드 프린터에서 출력 데이터의 신호를 매체상에 눈에 보이는 형태로 변환하기 위한 부품, 또는 부품의 집합.

printing telegraph 인쇄 전신(印刷電信) 문자나 기호와 부호를 자동적으로 상호 변환하여 행하는 통신. 송신측에서는 문자나 기호 등을 자동적으로 인쇄 전신 부호로 바꾸어 보내고, 수신측에서는 그 반대의 과정을 자동적으로 하여 인자한다. 인쇄 전신 부호에는 전류 부호나 광 부호가 있으며, 전송로에는 동축 케이블, 광섬유 케이블, 무선 등이 쓰인다.

printing telegraphy 인쇄 전신(印刷電信) →printing telegraph

print server 프린트 서버 근거리 통신망(LAN)에서 각종 접속 기기마다 고가의 프린터를 갖게 하는 것은 비경제적이다. 이 때문에 몇 개의 네트워크 접속 기기에 공유의 프린터로서 사용할 수 있도록 한 것을 프린터 서버라 한다.

print wheel 인자 휠(印字-) 원판 주위에 활자를 배열한 것. 문자 방향이 원판의 두께 방향인 것과 원주 방향인 것이 있다. 전자의 경우 한 장의 활자 휠을 행의 문자 배열 방향으로 회전시켜서 프린터의 기구를 구성한다. 후자인 경우는 다수의 활자 휠을 동축으로 이어서 활자 드럼으로서 사용된다.

priority 우선 순위(優先順位) 컴퓨터 시스템에서는 하나의 처리에 전념하는 경우는 드물고, 둘 이상의 처리 요구를 받는 경우가 많다. 그러나 동시에는 하나의 처리 밖에는 할 수 없으므로 이들의 처리에 우선 순위를 두고 우선 순위가 높은 것부터 처리하도록 하고 있다.

privacy telephone set 비화 장치(秘話裝置) 공동 전화에서 한쪽이 통화중일 때 다른 쪽 가입자가 수화기를 들어도 통화가 들리지 않도록 하는 장치. 이것에는 계전기 회로에 의해 한쪽이 통화중 다른 쪽의 전화기를 단락하는 것과, 통화 전류를 변조함으로써 비화하는 것 등이 있다. 또 무선 전화에서는 방수(傍受)되어도 내용을 알 수 없도록 그림과 같이 음성 주파를 반전하거나 편이(偏移)하거나, 분할 치환하는 등의 방법을 쓰고 있다.

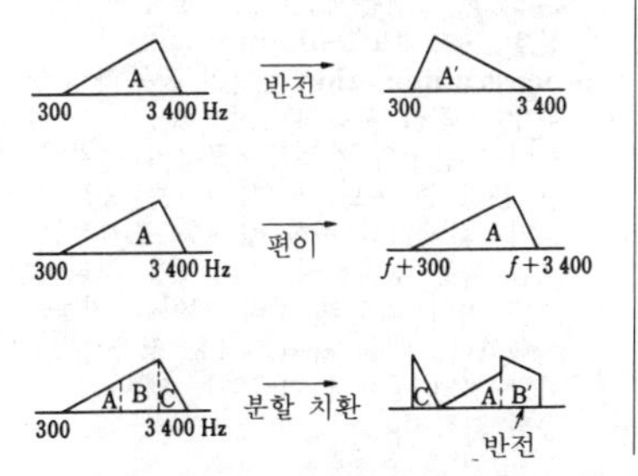

private automatic branch exchange 구내 자동 교환기(構內自動交換機) 자동적으로 공중망과의 접속을 하는 구내 교환기. =PABX

private branch-exchange 구내 교환(構內交換) 전기 통신 사업자가 다루는 공중 통신 설비에 대하여 하나의 회사, 공장, 건물 등의 내부에서 행하는 자영(自營)의 전화 교환을 말한다. 일반적으로 자동식 교환기를 사용하여 내선에서 외선으로의 접속은 0번 다이얼을 사용하여 자동으로 할 수도 있으나 외선으로부터 내선으로의 접속은 모두 수동으로 하기 때문에 교환원이 필요하다. 동일 구내에 있는 내선 전화기 상호간의 접속은 전기 통신법의 제약을 받지 않으나 외선과 접속하는 장치는 체신부령에 의한 기술 기준의 적합 인정을 받은 것을 사용해야 한다. =PBX

private circuit 전용 회선(專用回線) 1사용자 또는 사용자의 1그룹이 독점적으로 사용하는 것이 가능한 공중 통신망의 회선. =private line

private communication line 사설 통신 회선(私設通信回線) 설치자가 통신 회선을 단독으로 설치하여 자기의 통신에만 이용하는 통신 회선. 대표적인 사설 통신 회선으로서 국방, 경찰, 소방, 철도, 전력 등의 공공 업무용의 회선이 있다.

private line 전용 회선(專用回線) 사용자 전용으로 준비되어 있는 통신 회선 및 그 장치와 설비. 지역간의 교환 설비는 포함되지 않는다.

private time sharing system 전용 시분할 시스템(專用時分割-) 생산 과정에 있어서의 프로세스 제어나 사무용 정보 시스템 등과 같은 특정 분야에서 이용하는 시분할 시스템.

private videotex system 전용 비디오텍스(專用-) ① 기업 내의 스태프 간 정보 교환을 목적으로 하여 공중 전화망의 일부를 빌려서 구축한, 그 기업의 전용 비디오텍스 시스템. 기업의 하청이나 대리점, 혹은 특정한 거래처 사이의 비디오텍스 통신도 포함하는 경우도 있다. ② 정보 제공자(IP) 혹은 정보 서비스 회사가 특정한 지구나 구내의 이용자를 대상으로 하여 구축하고, 종량 요금제로 제공하는 비디오텍스 서비스.

probability of loss 호손율(呼損率) 전화의 통화를 위한 호출에 대하여 출선(出線)이 언제나 비어 있는 것이 이상적이지만 경제적인 설비에서는 최번시(最繁時)에 출선이 전부 막힐 가능성이 있다. 그 때문에 전부의 호출에 대하여 접속 불능이 되는 호의 비율을 호손율이라 한다. 호손율은 가입자에의 서비스와 경제성의 양면에서 고려하여 적당한 값으로 정해져 있다.

probable error 확률 오차(確率誤差) ① 싱이한 조(組)의 측정의 정확성을 비교하기 위해 쓰이는 것으로, 보통은 오차 곡선(좌우 대칭)의 오른쪽 또는 왼쪽 절반의 면적을 2등분하는 위치에 상당하는 오차를 쓴다. ② 정규 분포를 하는 변량에서, 기대값에서 양쪽으로 같은 폭을 취했을 때 그 구간 내에 변량이 들어오는 확률이 1/2 이 되는 그 폭의 값.

probe 프로브, 탐촉자(探觸子) ① 초음파 탐상기를 사용할 때 피검사물에 접촉시켜서 초음파의 송수를 하는 것. 대부분은 수정 공진자의 X컷을 쓰고, 배면은 은을 구어붙인 전극으로, 여기에 고주파 전압을 인가한다. 바깥 면은 무전극으로 노출시킨 채 탐상되는 금속면을 한쪽 접지 전극으로 한다. 초음파가 프로브에서 피검사물로 침입할 때 그 사이에 공기층이 있으면 대부분이 반사하므로 접촉면에는 물, 기름, 수은 등을 칠하여 밀착시켜서 사용한다. ② 오실로스코프나 전자 전압계 등의 입력 단자에 접속하여 피측정점에 접촉시키는 데 사용하는 것. 고 임피던스로 하여 측정 파형에 영향을 주지 않도록 하고 있다. 검파부 등 측정기의 주요 부분이 수납되어 있으며, 본체와 떨어져서 사용한다.

probe loading 프로브 로딩 프로브가 측정할 회로에 주는 로딩(에너지 흡수 효과). 예를 들면 슬롯 선로에서는 로딩은 병렬 어더미턴스 또는 반사 계수에 의해 표현되는 불연속의 모양으로 주어진다.

probe microphone 탐사 마이크로폰(探査—) 음장(音場) 내 임의 장소의 음압을 측정하기 위해 그 점을 중심으로 한 근처의 음장 상태를 관측할 수 있도록 설계된 소형 마이크로폰.

problem analysis diagram 문제 분석도(問題分析圖) 프로그램의 논리가 본질적으로 트리 구조로 기술할 수 있는 것에 주목하여 트리를 볼 수 있는 모양으로 표현한 논리도. 처리, 반복, 선택을 표현하는 3개의 기호만을 써서 처리의 정리나, 실행 순서는 위에서 아래로, 반복이나 판정의 깊이는 왼쪽에서 오른쪽으로 기술한다. 이 때문에 프로그램의 논리를 2차원의 트리 구조로 시각적으로 표현할 수 있어 이해하기가 쉽다. 또한, 여기서 사용하는 기호는 다음과 같다. =PAD

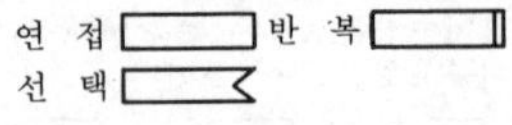

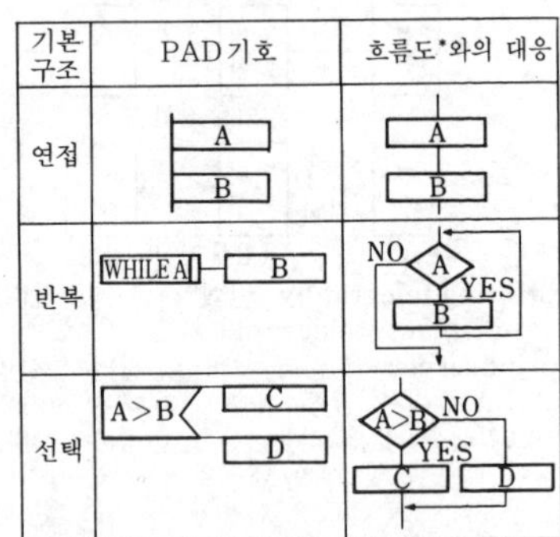

problem-oriented language 문제 중심 언어(問題中心言語) 어떤 종류의 문제에 대해서 특히 적합한 프로그램 언어를 말한다. ALGOL, FORTRAN 과 같은 절차 중심 언어, GPSS, SIMSCRIPT 와 같은 시뮬레이션 언어, LISP IPL-V 와 같은 리스트 처리용 언어, 정보 검색용 언어 등이 있다.

procedural language 절차 언어(節次言語) 문제를 푸는 데 필요한 일련의 수단을 절차라 하고, 문제 해결의 절차를 간단히 할 수 있도록 설계된 프로그램 언어가 절차 언어이다. 알기 쉬운 영숫자나 기호에 의해 만들어져 있어 다루기 쉬운 모양으로 되어 있다. 프로그램 작성용 언어로서 응용된다.

proceed-to-send signal 송신 승인 신호(送信承認信號) 발신측으로부터의 시동 신호에 의해 착신측의 장치가 시동하여 선택 신호를 받아들일 준비가 되어 있다는 것을 발신측에 알리는 표시 신호(승인 신호). =start-dialling signal

process automation 처리 자동화(處理自動化), 공정 자동화(工程自動化) 공정의 제어나 운전의 자동화. 공정의 설비나 생산 공정 중 온도, 압력, 유량, 농도 등의 물리·화학적인 변화 상태를 표시하는 정보를 자동 검출하여 그 정보를 처리하고, 그에 따라 최적의 처리 제어를 자동으로 수행한다. 예를 들면, 석유 정유(精油)나 화학 공업 등에서 취급하는 액체 및 기체 등의 화학적 처리를 자동화하는 것.

process capability 공정 능력(工程能力) 공정이 갖는 품질에 관한 능력. 평균 품질의 전후에서의 편차로 주어지기도 하고, 히스토그램이나 관리도와 같은 선도로 표현하는 경우도 있다.

process computer system 처리 컴퓨터 시스템(處理－) 프로세스를 감시 또는 제어하는 프로세스 인터페이스 시스템을 갖춘 컴퓨터 시스템.

process control 프로세스 제어(－制御) 자동 제어를 그 사용 분야로 나눈 경우의 한 분야. 장치를 사용하여 온도나 압력 등의 상태량을 처리하는 과정을 프로세스라 하고, 그들의 양을 제어량으로 하는 제어 방식이 프로세스 제어이다. 프로세스 제어는 주로 화학 공업에서 사용되며, 원료나 제품의 유량 등에 대한 입출력 제어, 최종 제품의 질을 측정하여 원료나 중간 생성물 등의 질을 제어하는 종점 제어 등으로 분류된다.

process control computer 처리 제어 컴퓨터(處理制御－), 공정 제어 컴퓨터(工程制御－) 프로세스 제어에 적합하도록 만들어진 컴퓨터로, 외계의 사상(事象) 변화에 즉응할 수 있게 처리 속도가 빠르고 일반적으로는 생산 현장에 설치되는 경우가 많으므로 나쁜 환경 조건에 견딜 것, 연속 운전이 가능하며 신뢰도가 높아야 한다는 것이 요구된다. 단순한 컴퓨터로서의 기능으로 충분하므로 디지털 컴퓨터 뿐 아니라 아날로그 컴퓨터, 하이브리드 컴퓨터 등도 이용된다.

process controller 프로세스 제어 장치(－制御裝置) 프로세스의 변수를 측정하여 프로세스 컴퓨터 시스템으로부터의 제어 신호에 따라서 프로세스를 제어하고, 또한 적당한 신호 변환을 하는 장치. 예를 들면, 센서, 변환기, 액추에이터 등.

process design 프로세스 설계(－設計) 기본 설계의 시스템 흐름도와 출력 설계·입력 설계·파일 설계를 대조하면서 정보의 처리 공정을 설계하는 것.

process variable 프로세스 변량(－變量) 프로세스 제어에서는 화학 반응 등을 진행시키기 위한 환경 조건의 정비가 제품의 품질에 영향을 준다. 환경 조건을 정하는 것을 프로세스 변량이라 하고, 가장 널리 제어량으로서 다루어지는 것은 온도이며, 이어서 압력, 유량, 액면이다. 그 밖에 습도, 비중, pH, 농도, 점도, 밀도, 속도 등이 있으나 이들은 서로 어떤 관계를 가지고 있고, 그 중의 몇 가지를 결정하면 환경 조건을 정할 수 있다.

product demodulator 곱하기 복조기(－復調器), 승적 복조기(乘積復調器) 그 출력이 진폭 변조 반송파 입력 전압과 반송주파수의 국부 발진기 출력 전압과의 곱인 복조기. 적당한 필터를 통합으로써 출력은 최초의 변조파 신호에 비례한 것이 된다.

production control 공정 관리(工程管理), 생산 관리(生産管理) 기업 등의 생산 활동을 조직적, 전체적으로 관리하기 위한 기준을 시간에 따라 하는 관리 방식이다. 사전에는 일정 계획과 순서 계획이, 통제에는 계획 또는 진도 관리가 중요하게 된다. 순서 계획은 각 부품의 생산, 조립에 필요한 절대 시간을 명백하게 하고 일정 계획인 이 시간을 현실에 맞게 각각의 직장이나 기계 작업자에 할당하여 일시에 맞춘 시간을 결정하는 것이다.

production control system 생산 관리 시스템(生産管理－), 공정 관리 시스템(工程管理－) 생산 절차의 계획, 원재료 수배 준비 계획, 일정·주간 계획 등을 세워서 제조 공정이 그 계획에 따라서 진행할 수 있도록 진도 관리(진척 관리라고도 한다)를 하는 시스템으로, 종합적인 생산 관리 시스템 중의 일부이다.

production process 제조 공정(製造工程) 기계, 재료, 작업 표준, 작업원의 기량 등, 제조의 과정 중에서 제품의 품질에 영향을 미치는 조건의 전체를 말한다.

productive time 생산적 시간(生産的時間), 가용 시간(可用時間) 고장이나 오류가 발생하지 않고 작업을 처리하는 데 걸리는 시간.

productivity 가동성(稼動性) ① 생산성, 물건을 효율적으로 만들어 낼 수 있는 정도. ② 컴퓨터 시스템에 의해 실행되는 일의 양. 시스템의 가용성과 성능(일정 시간당 처리량, 동작 속도 등)에 의해서 정해진다.

product modulator 곱하기 변조기(－變調器), 승적 변조기(乘積變調器) 변조된 출력이 변조파 신호와 반송파와의 곱인 변조기. 반송파는 그 다음에 보통 억압된다. 변조파의 각 성분 사이의 상호 변조가 생기지 않는 변조기를 의미하고 있다.

profile chart 프로파일도(－圖) 두 국 사이의 마이크로파 통로에서의 수직 단면으로, 지세, 장해물, 필요한 안테나 높이 등을 주는 것.

program 프로그램 동작을 지정하는 계획표. 컴퓨터에 의한 실행에 적합한 형식으로 나타내어진 프로그램. 프로그램을 설계하고, 기술하고, 또한 시험하는 것을 프로그램한다고 한다. 또 프로그램의 설계,

기술, 시험 등을 프로그래밍이라 한다.

program control 프로그램 제어(-制御) 목표값이 미리 정해진 시간적 변화를 하는 경우, 제어량을 그것에 추종시키기 위한 제어. 예를 들면, 전기로나 중유로의 온도를 원하는 조건에 따라서 시간과 함께 상승 또는 하강시키는 제어이다.

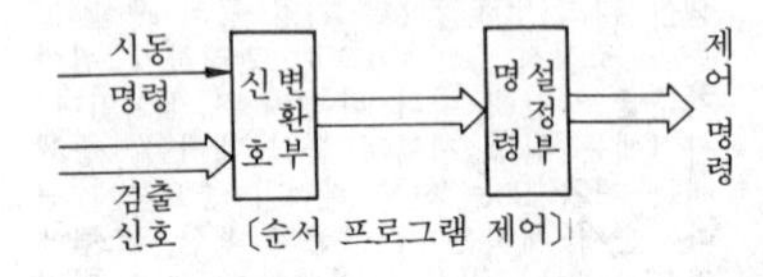

〔순서 프로그램 제어〕

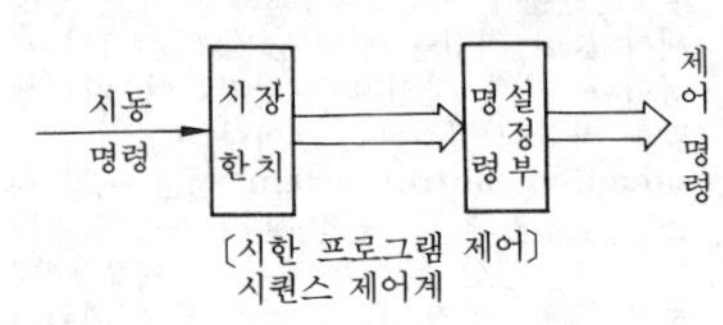

〔시한 프로그램 제어〕
시퀀스 제어계

program counter 프로그램 카운터 컴퓨터에서의 제어 장치의 일부로, 컴퓨터가 다음에 실행할 명령의 로케이션이 기억되어 있는 레지스터. 현재의 명령이 실행될 때마다 그 레지스터의 내용에 1이 자동적으로 덧셈되고, 다음에 꺼낼 명령의 로케이션을 지시하도록 되어 있다. =control counter

program evaluation and review technique 퍼트 =PERT

program generator 프로그램 제너레이터 어느 프로그램을 컴퓨터에 의해 자동적으로 만들어 내기 위한 프로그램.

program interruption 프로그램 인터럽트 처리 프로그램의 오류 등에 의해서 일어나는 인터럽트를 말한다. 예를 들면, 0으로 나눗셈 한다든지, 팩 형식이 아닌 10진 데이터를 연산에 사용한다든지, 다른 프로그램 영역을 파괴하려고 한다든지 하는 경우 등에 일어난다.

program library 프로그램 라이브러리 컴퓨터를 만족하게 사용하기 위해서는 기계 자체(하드웨어)의 성능뿐 아니라 그것을 동작시키기 위해 필요한 프로그램이 충분히 준비되어 있는 것이 중요한 조건이다. 이 목적을 위해 각종 프로그램을 모아 정비한 것을 프로그램 라이브러리라 한다.

programmable attenuator 프로그래머블 감쇠기(-減衰器) 저항 감쇠기로, 그 감쇠량을 자유롭게 바꿀 수 있는 것. 저항의 전환에는 수은 릴레이가 사용된다.

programmable interface circuit 프로그램 가능 인터페이스 회로(-可能-回路) 컴퓨터에 사용되는 프로그램에 의해서 그 동작이 각종 입출력 장치에 일치하는 기능을 갖도록 한 인터페이스 회로나 장치.

programmable read only memory 프로그래머블 ROM, 프로그램 가능 판독 전용 기억 장치(-可能判讀專用記憶裝置) 보통의 ROM이 기억 내용을 마스크 패턴으로 지정하는 데 대하여 IC를 제작한 다음 퓨즈나 다이오드, 트랜지스터 등을 선택적으로 파괴하여 사용자가 임의의 정보를 기록할 수 있게 한 기억 장치. =PROM

programmable ROM 프로그램 가능 판독 전용 기억 장치(-可能判讀專用記憶裝置), 프로그래머블 ROM =programmable read only memory, PROM

programmable unijunction transistor 프로그래머블 유니정크션 트랜지스터 =PUT

programmed check 프로그램에 의한 검사(-檢査) 프로그램, 혹은 그 일부에 의해서 수행되는 컴퓨터 검사로, 수학적 혹은 논리적인 관계를 이용해서 수행한다. 이것은 프로그래머에 의해 프로그램의 일부로서 내장되어 있는 것이다. 따라서 계산 장치를 일부 중복화하거나, 오류 검출 회로를 내장하거나 하는 방법과는 다르다. 루틴 체크라고도 한다.

programming 프로그래밍 컴퓨터에 의해 계산을 한다든지, 정보의 처리를 하기 위한 프로그램을 만드는 것. 그 절차로서는 문제를 해석하고, 계산의 방식을 정하여 흐름도를 만들고, 그에 따라서 코딩하고, 기계에 의한 점검을 하는 등의 작업이 필요하다.

rogramming in logic 프롤로그 =Prolog

programming language 프로그램 언어(-言語) 인간과 컴퓨터가 대화하기 위해 고안된 언어로, 많은 종류의 언어가 만들

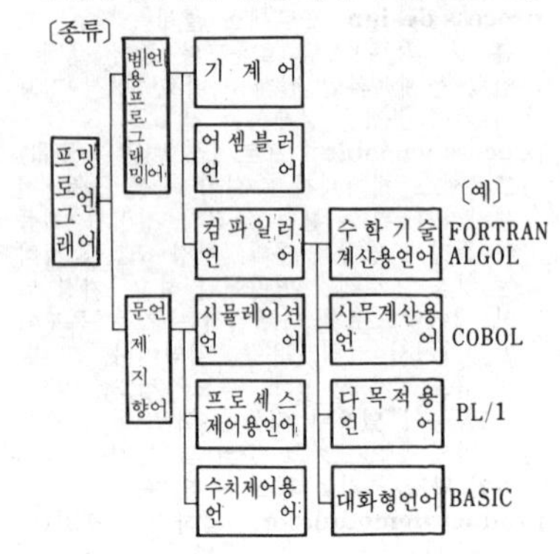

어져 있다.

program language/microcomputer PL/M 마이크로컴퓨터용의 프로그래밍 언어. 범용 프로그래밍 언어 PL/1 의 서브세트에 가까운 것으로, Intel 사에 의해 8 비트용으로서 최초에 만들어졌다. 다른 마이크로컴퓨터 메이커에 의해 설계된 것도 있으나 사용 언어는 각사 호환성이 없다.

programming language one PL/1 과학기술용 언어와 사무 처리용 언어의 양자의 특징을 도입한 프로그램 언어의 일종. 자유로운 형식으로 프로그램을 작성할 수 있고, 많은 다른 종류의 데이터 취급이 가능하다. 또 어떤 업종의 프로그램에도 이용할 수 있다. 60 자 집합, 48 자 집합이 쓰인다.

program relocation 프로그램 재배치(－再配置) 주기억 장치를 효율적으로 사용하기 위해 목적 프로그램을 그 실행시에 기억 장치 내에서 장소를 이동하는 것. 이것은 운영 체제에 의해서 수행되며, 목적 프로그램은 관여하지 않는다.

program stop 프로그램 정지(－停止) 컴퓨터 프로그램 내에 내장된 정지 명령으로, 어느 상태가 되었을 때, 또는 처리가 종료했을 때 자동적으로 컴퓨터를 정지시킨다.

progressive grading 정계단 결선(正階段結線) 전화 교환에서 각 출(出) 트렁크에 접속되어 있는 입선군(入線群 : 실렉터군)의 수가 후순위 선택의 출구에 갈수록 많아지고 있는 것. 인접한 그레이딩(grading)군(복수의 실렉터)의 같은 번호의 것(접점)만을 접속함으로써 형성되는 정계단 결선을 오델(Óell) 그레이딩이라 한다. 역 그레이딩은 출선(出線)을 복식 접속(복수의 실렉터에 병렬 접속)하는 경우에 많은 호를 운반하는 출선을 많은 실렉터에 복식 접속하는 방법이다.

progressive scanning 순차 주사(順次走査) 어느 주사선 중심부터 다른 주사선 중심까지의 거리가 주사선의 공칭 폭과 같은 직선적 주사법. 비월(飛越) 주사에 대비되는 용어. =sequential scanning

progressive wave 진행파(進行波) = travelling wave

projected light method 광 투사법(光投射法) 시각 센서를 사용한 거리 계측의 한 수법. 위치, 방향을 이미 알고 있는 광원으로부터 물체 표면에 빛을 투사하고, 그 상을 카메라로 촬영함으로써 물체 표면까지의 3 차원 거리를 재는 방법.

projection cathode-ray tube 투사 수상관(投寫受像管) 광학계와 조합시켜서 투영상(投影像)을 발생하도록 설계된 특수한 고휘도 수상관. 수상관의 스크린 상에는 매우 밝지만 비교적 작은 상이 만들어지고, 이것이 광학 장치로 확대되어 큰 스크린 상에 투사된다.

projection display 투사 디스플레이(投射－) 광원으로부터의 광선속(光線束)을 화상 신호에 의해 제어하여 광학계를 통해서 스크린 상에 화상으로서 투사 표시하는 것, 혹은 그러한 장치. 램프를 사용하는 것, CRT 를 사용하는 것 등이 있다. 광원으로는 레이저광을 사용하는 것도 있다. 필름 영사기, 슬라이드 영사기 등도 포함되는 경우가 있다.

projection drawing 투영도(投影圖) 공간에 있는 물체의 위치나 모양을 평면상에 올바르게 나타내기 위해 그려진 그림.

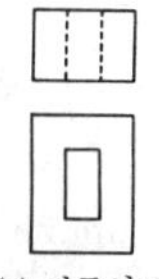

(a) 정투영도

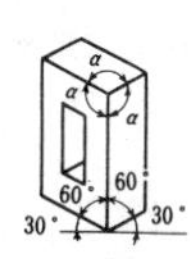

(b) 등각도

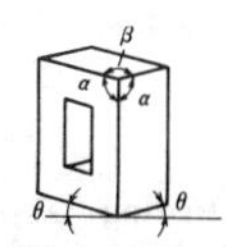

(c) 2 등각도

projection microscope 투사형 현미경(投寫形顯微鏡) 상(像)을 스크린상에 투사하도록 한 현미경. 전자 현미경에서는 전자선은 직접 육안으로는 보이지 않으므로 투사형으로 하여 스크린의 위치에 형광판을 두고 가시상을 보든가 건판을 두고 사진을 찍든가 한다.

projection television receiver 투사형 수상기(投寫形受像機) 텔레비전의 영상을 스크린에 확대하여 보기 위한 수상기. 고휘도이고 해상도가 뛰어난 브라운관을 사용한다.

projection type display unit 투사형 디스플레이 장치(投寫形－裝置) CRT 에 표시한 화면을 광학 렌즈를 통해서 스크린상에 확대 투사하는 방식의 표시 장치를 말한다. CRT 대신 액정(液晶) 패널에 표시한 화상을 배면(背面)에서 빛으로 조사(照射)하여 스크린상에 확대 투사하는 방식도 있다.

projective display 투사식 표시(投寫式表示) ① 투과형의 필름, 또는 액정 패널의 영상을 배면으로부터의 빛으로 조사(照射)함으로써 스크린상에 투사하는 방식의 표시 방법. ② 브라운관에 표시한 영상을 광학 렌즈를 통해서 스크린상에 투사하여 표시하는 방법.

project lens 투사 렌즈(投射－) 전자 현미경의 사상(寫像) 렌즈계의 하나로, 대물 렌즈 또는 대물 렌즈와 중간 렌즈에 의해 맺어진 상(像)을 다시 확대하는 데 쓰인다. 광학 현미경의 접안 렌즈에 해당한다.

projector 투사형 디스플레이 장치(投寫形-裝置) =projection type display unit

project planning 프로젝트 계획(-計劃) 어느 목적을 달성하기 위한 시스템을 실현 가능한 것 같이 만들어내기 위한 계획. 프로젝트 계획은 다음과 같은 일련의 작업을 포함하고 있다. 대상으로 하는 시스템과 그 환경을 정하는 모든 요소를 추출하여 정량화하고 그들의 관련성을 찾아내어 필요로 하는 목적의 설정을 한다. 다음에 설정된 목적을 만족시킬 수 있는 시스템을 여러 종류의 방식에 의하여 계획하고 그 특성을 해석하여 최상의 프로젝트를 선택한다.

project schedule 프로젝트 스케줄 각 작업과 활동에 대한 시작에서부터 끝까지의 시간을 상술하는 프로젝트 관리 주기의 한 국면.

Prolog 프롤로그 programming in logic 의 약어. 인공 지능(AI)의 분야에서 쓰이며, 논리에 기초를 둔 고급 언어이다. 수치 계산 등을 하는 것이 아니고 지식을 처리하도록 설계되어 있으며, 영어로 사실, 관계, 패턴 등을 논리적으로, 그리고 간결하게 기술하고 있다.

PROM 피롬, 프로그램 가능 판독 전용 기억 장치(-可能判讀專用記憶裝置) =programmable read only memory

prompting 프롬프트 ① 시분할 시스템에서 단말 이용자에 대하여 처리를 속행하는 데 필요한 오퍼랜드를 제공하도록 촉구함으로써 이용자를 지원하는 기능. ② 단말 장치를 통해서 이용자와 대화하면서 처리를 진행시키는 대화형 도형 처리 방식 등에서, 컴퓨터가 이용자에 대하여 입력 대기라는 것을 알리기 위해 필요한 메시지를 인자하든가, 단말 표시 장치상에 > 등의 마크를 표시하는 것.

propagation 전파(傳播) 발생한 예외가 프로그램의 어느 틀 속에서 처리되지 않고, 그 바깥쪽 틀에서 다시 발생하는 현상을 말한다.

propagation constant 전파 상수(傳播常數) x축 방향으로 전파하는 물리량의 파동이 $A=A_0e^{-\alpha x}\times\sin(\omega t-\beta x+\theta_0)$으로 나타내어질 때 $\gamma=\alpha+j\beta$를 전파 상수라 하고, α를 감쇠 상수, β를 위상 상수 또는 파장 상수라 한다. 또, 위상의 지연이 2π가 되는 거리를 1파장이라 하고, 이것을 λ라 하면 $f\lambda=\omega/\beta$라는 관계가 있다. 단, ω는

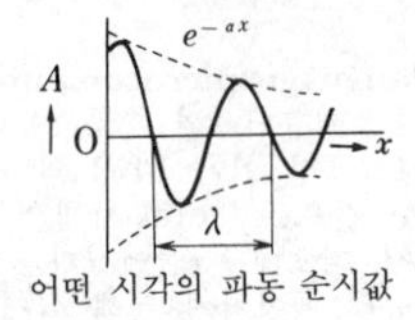

어떤 시각의 파동 순시값

각주파수이다.

propagation delay 부동작 시간(不動作時間), 전파 지연(傳播遲延) ① 입력 신호의 변화가 출력 신호의 변화에 영향을 미치기까지 경과한 시간. ② 펄스가 어떤 장치를 지나는 데 소요되는 시간. ③ 한 단계에서 다른 단계로 전파해 가는 데 소요되는 시간.

propagation delay time 전파 지연 시간(傳播遲延時間) 회로나 전송로를 신호가 통과하는 데 요하는 전파 시간.

propagation distortion 전파 일그러짐(傳播-) 전파의 전파로에 페이딩이 발생했을 때 이에 의해 진폭 변조 신호파에 직선 일그러짐이 생긴다. PCM 파에 대하여 이 일그러짐에 의한 부호 오류 등을 발생한다. 또 전파로의 주파수, 위상 특성의 비직선성에 의해서 주파수 변조파에 비직선 일그러짐이 도입된다. 다중 통신에서는 채널 간에서 누화가 생기는 일이 있다. 이들 일그러짐을 일반적으로 전파 일그러짐이라 한다.

propagation factor 전파 계수(傳播係數) 어느 점에서 다른 점으로 전자파가 진행해 가는 경우에, 제 2의 점에서의 복소 전계 강도와 전파(傳播)가 진공 중에서 이루어진 것으로 하여 그 제 2의 점에 있어서 생기는 복소 전계 강도와의 비.

propagation loss 전파 손실(傳播損失) 방사 전력의 표면 밀도가 전파(傳播)의 경과에 있어서 감소하는 것. 파동의 경로에서의 전파 손실은 그 경로의 확산에 의한 확산 손실과 감쇠에 의한 손실과의 합이다.

propagation ratio 전파비(傳播比) 파동이 어느 장소에서 다른 장소로 전파하는 경우에 있어서의 제 2 장소의 복소 전계 강도와의 비. 전계 강도는 벡터이며, 전파비는 1보다 작다. 감쇠비(attenuation ratio)고도 한다.

propagation vector 전파 벡터(傳播-) 평면 공간 파동을 주는 다음의 표현

$$\boldsymbol{E}=\boldsymbol{E}_0\exp j(\omega t-\boldsymbol{k}\cdot\boldsymbol{r})$$

에 있어서의 벡터 $\boldsymbol{k}$를 말한다. $\boldsymbol{r}$은 좌표 원점에서 고찰점으로의 지름 벡터이다. $\boldsymbol{k}$는 흡수성 매체 내에서는 $\boldsymbol{k}=\boldsymbol{k}'-j\boldsymbol{k}''$로 주어진다.

proportional action P 동작(-動作) 자동

제어계에서 제어 편차 신호의 값에 비례하도록 제어 대상을 제어하는 동작. 수위의 편차에 비례하여 밸브의 개도(開度)를 변화시킨다. 연속적으로 외란(外亂)이 더해진다든지 목표값에 변화가 있으면 P 동작이 끝나서 평형 상태에 이른 후에도 잔류 편차(offset)를 일으키는 결점이 있다. →disturbance, offset

proportional amplifier 비례 증폭기(比例增幅器) 증폭기 출력이 그 동작 범위에 걸쳐서 단치(單値), 그리고 입력량에 거의 비례하는 값을 갖는 증폭기.

proportional band 비례대(比例帶) 제어 장치에서의 조작부의 전 조작 범위에 대한 제어량의 변화 범위를 말하며, 조절계의 전 눈금 범위의 퍼센트로 나타낸다.

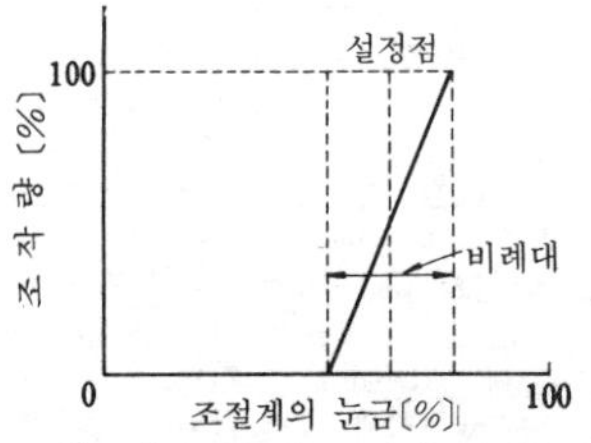

proportional control 비례 제어(比例制御) 자동 제어계에서 계(系)의 수정 동작량이 계의 오차의 값에 비례하는 것과 같은 제어법.

proportional control element 비례 요소(比例要素) 제어계에서 출력 신호가 입력 신호에 비례하는 전달 요소.

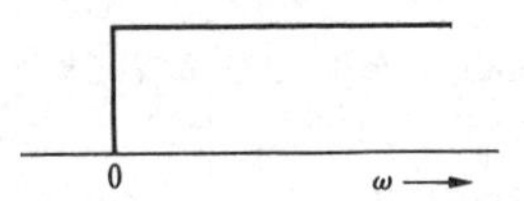

proportional counter tube 비례 계수관(比例計數管) 방사선 검출기의 일종. 적당한 가스를 넣은 용기 내에 원통형의 음극과 그 축에 친 텅스텐선의 양극이 있다. 양극은 매우 가는 선으로 되어 있기 때문에 그 표면 부근에 강한 전계가 생기고, 방사선에 의한 전리(電離)로 생긴 이온이 강하게 가속되어서 가스 증폭 작용에 의해 큰 전리 전류가 얻어진다. 이 전리 전류의 크기는 양극 전압이 일정하면 입사 펄스의 크기에 비례하므로 비례 계수관이라 한다.

proportional derivative action PD 동작(−動作) 자동 제어계에서 제어 편차의 양과 그 시간 변화량을 일정한 율로 가한 제어 동작. 일정한 밸브 개도(開度)를 얻으려면 P 동작만이라면 t_2의 시간을 요하지만 PD 동작이면 t_1의 시간만으로 충분하며, 신속하게 제어할 수 있다.

proportional gain 비례 게인(比例−) 자동 제어계에서 P 동작이나 PD 동작으로 제어 동작 신호를 0부터 단위량(1)만큼 변화시켰을 때 P 동작에 입각하는 조작량의 변화분 K_P. =proportional sensitivity

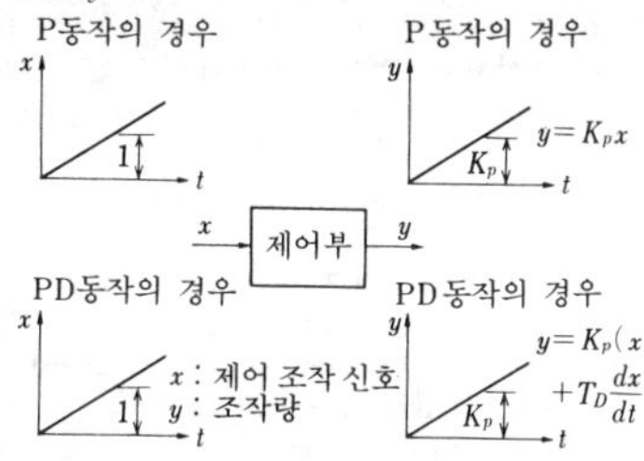

proportional plus integral action PI 동작(−動作) 비례+적분 동작을 말하며, 제어 동작이 비례 동작과 적분 동작으로 이루어진다. 편차에 비례하여 조작량이 변화하는 비례 동작에 더해서 편차의 적분값에 비례하여 변화하는 양을 가해 조작량으로 하는 제어 동작이다. 잔류 편차를 0으로 하는 계에 사용하면 좋으나 급변하는 입력에는 적합하지 않다.

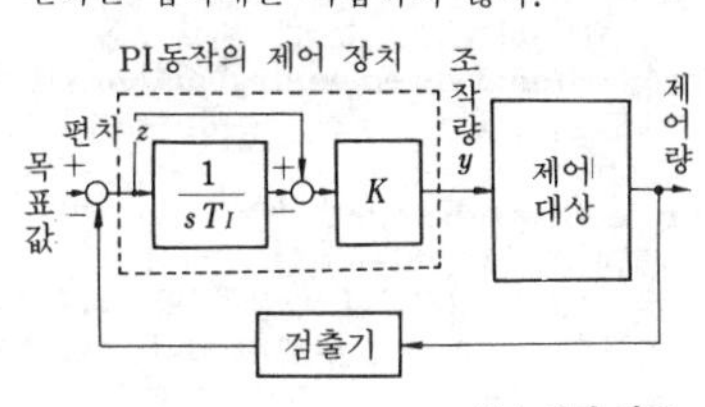

K : 비례 감도
T_I : 적분 시간

proportional plus integral plus derivative action PID 동작(−動作) 비례+적분+미분 동작을 말하며, 제어 동작이 P, I, D의 각 동작을 하도록 조합된 것. PI

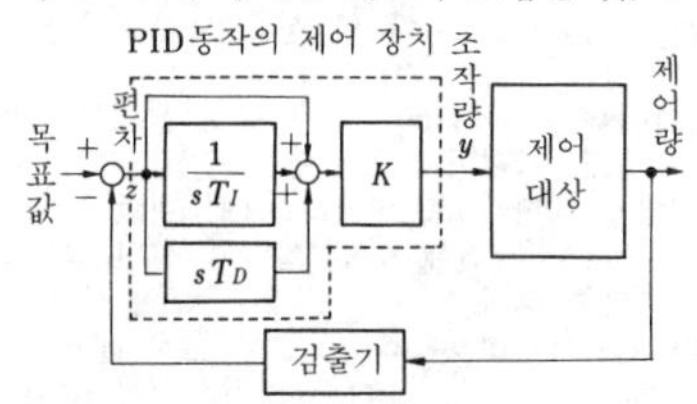

K : 비례 감도, T_I : 적분 시간, T_D : 미분 시간

동작을 써서 오프셋을 없애도 안정도가 부족하는 경우 여기에 D 동작을 더하여 PID 동작으로 하여 안정화를 도모한다. →offset

proportional position action 비례 동작(比例動作), P 동작(-動作) 자동 제어에서 조작부를 편차에 따라 움직이는 작용. 이 동작에 의하면 잔류 편차가 남으므로 이것을 적게 하기 위해서는 비례 감도를 높이면 되지만, 너무 크게 하면 제어계 중에 포함되는 포화나 히스테리시스와 같은 비선형 특성의 영향을 받아 헌팅을 발생한다.

proportional position action integral action 비례 적분 동작(比例積分動作), PI 동작(-動作) 비례 동작에서의 잔류 편차를 제거하기 위해 적분 동작을 더한 것.

proportional position action integral action derivative action 비례 적분 미분 동작(比例積分微分動作) →PID action

proportional region 비례 영역(比例領域) 1 카운트당 수집되는 전하량이 최초의 이온화를 발생시키는 입사 방사에 의해서 해방된 전하량에 비례하는, 방사 계수관의 인가 전압 범위. =region of limited proportionality

proportional sensitivity 비례 감도(比例感度) 비례 게인이라고도 하며, 제어 장치의 출력인 조작량의, 입력인 동작 신호에 대한 비율.

proportional speed control action 비례 속도 동작(比例速度動作) →integral action

protecting tube 보호관(保護管) 열전쌍(熱電雙)이나 측온(測溫) 저항체를 사용하는 경우에 침식이나 열화를 방지하고 전기적으로 절연하기 위해 수납하는 용기를 말한다. 유리관, 석영관, 흑연관, 황동관, 강관 등 여러 가지 재질의 것이 있으며, 사용 조건에 따라서 내열성, 내식성, 기밀성, 내진성 등의 적당한 것을 사용한다.

protection ratio from interference 혼신 보호비(混信保護比) 양호한 통신이 이루어지기 위해 원하는 신호가 방해 신호에 대해서 가져야 할 신호의 강도비를 데시벨로 나타낸 것.

protective device 회선 보호 장치(回線保護裝置) 데이터 통신에서 통신 회선의 방해에 대한 보호 및 보수자에 대한 위험의 방지 등을 위해 단말 설비와 회선간에 설치하는 장치.

protective ground 보안용 접지(保安用接地) 누전, 발생 정전 처리, 기타 전기적 원인에 의한 사고 방지 방법으로서의 보안용 접지 또는 접지선.

protector 보안기(保安器) 옥외의 전화선이 배전선과 혼촉(混觸)한다든지 고압선으로부터의 유도나 낙뢰 등의 사고에 의해 이상 전압이나 전류가 흘러드는 것을 방지하여 사용자나 전화기를 보호하기 위해 설치하는 것으로, 퓨즈, 피뢰기 및 열코일로 구성되어 있다. 보통, 옥외선과 옥내선의 접속점에 설치되며, 방수, 방식을 위해 커버가 사용되고, 옥내선, 옥외선, 지기선의 각 단자를 가지고 있다. 그림은 그 내부 결선을 나타낸 것이다.

퓨즈 피뢰기 열 코일
외선 내선

protocol 프로토콜 정보 전송의 네트워크를 유효하게 기능시키기 위해 데이터의 양식이나 통신 제어의 절차를 정하는 규약. 그 레벨에 따라서 기능 프로토콜, 호스트-호스트 프로토콜, 네트워크 프로토콜 등으로 나뉜다.

proton 양자(陽子) 원자핵을 구성하는 소립자의 일종. 단독으로는 수소의 원자핵이 된다. 양전하를 가지며, 그 절대값은 전자의 음전하와 같다. 또, 질량수는 1이며, 질량은 전자의 약 1,836 배이다.

proton synchrotron 양자 싱크로트론(陽子-) 싱크로트론의 일종으로, 양자를 가속하는 것. 코스모트론(cosmotron)이나 베바트론(bevatron)은 이것에 속한다.

PROWAY 프로웨이 데이터 하이웨이 전반에 대해서 표준화한 것으로, IEC 규격에서의 며칭.

proximity effect 근접 효과(近接效果) 전력 케이블과 같은 복수 도체에서 전류력 때문에 도체 단면의 전류 밀도가 불균일하게 되는 현상. 상용 주파수에서 도체 단

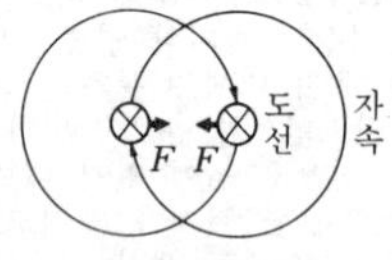

같은 방향 2도선의 전류력

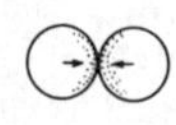
2도선이 고정된 경우, 전류가 서로 끌어당겨진다.

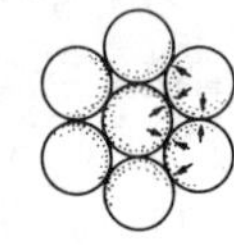
각 선이 접하고 있는 면에 전류가 몰려서 전류 밀도가 불균일하게 된다.

면적이 250mm² 이하의 경우는 이에 의한 실효 저항의 증가는 그다지 영향받지 않는다. 또 고주파가 될수록 근접 효과는 크다.

proximity switch 근접 스위치(近接－) 물체가 접근함으로써 동작하는 스위치. 근접 스위치에는 고주파 발진을 응용한 고주파 발진형, 자력을 이용한 자기형·전자 유도형 등이 있다. 도어 스위치 등 시퀀스 제어 회로에 널리 쓰인다.

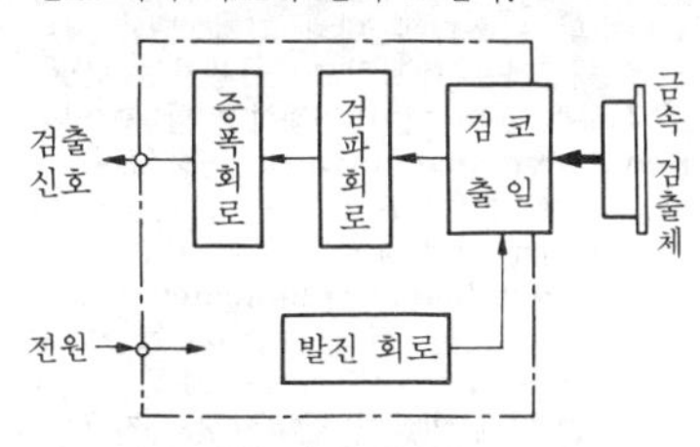

PRR 펄스 반복률(－反復率) pulse repetition rate 의 약어. 매초 전송되는 펄스의 수. 예를 들면, 레이더의 경우는 400~3,000PRR 이다. 펄스 반복 주파수라고도 한다.

PS 광전 분광법(光電分光法) =photoelectron spectroscopy

PSE 패킷 교환 노드(－交換－) =packet switching exchange

psec 피코초(－秒) =picosecond

pseudo earthing 가상 접지(假想接地) = virtual ground

pseudo-noise code PN 부호(－符號), 의사 잡음 부호(擬似雜音符號) =PN code

pseudo-range 의사 거리(擬似距離) 전파원(電波源)으로부터의 신호를 수신하여 거리를 측정하는 경우에, 송·수신점의 시각 맞춤이 정확하지 않으면 측정에 오차가 생긴다. 이러한 측정 거리를 의사 거리라 한다. 마찬가지로 도플러 주파수에서 거리의 시간 변화율을 측정하는 레인지 레이트 측정도, 전파원의 주파수를 정확하게 알지 않으면 레인지 레이트 오차가 생긴다. 이러한 레인지 레이트를 의사 레인지 레이트(pseueo range-rate)라 한다.

pseudo range-rate 의사 레인지 레이트(擬似－) →pseudo-range

pseudostatic RAM 의사 스태틱 RAM(擬似－) 반도체 메모리의 일종. 다이내믹 RAM 셀을 메모리 셀로 갖지만, 겉보기로는 스태틱 RAM 과 같은 사용법으로 사용할 수 있는 RAM.

pseudo surface wave 의사 표면파(擬似表面波) 전파(傳播) 과정에서 파(波)의 에너지가 일부분 탄성체 내에 누설되는 탄성 표면파.

PSK 위상 편이 방식(位相偏移方式) = phase shift keying

psophometric voltage 평가 잡음 전압(評價雜音電壓) 회선 잡음에 의해 통화에 주는 방해의 척도이다. 같은 방해를 주는 800Hz 톤의 전압으로서 주어진다. 선로의 측정점을 600Ω의 무유도 저항으로 브리지하고, 그 양단에서 측정한 평가 잡음 전압의 2배를 평가 잡음 기전력(psophometer EMF)이라 한다. 송단(送端)은 이 경우 영상 임피던스로 성단(成端)해 둔다. (평가 잡음 전압)²/600 을 평가 잡음 전력이라 한다.

PSTN 공중 회선 교환 전화망(公衆回線交換電話網) =public switched telephone network

psychological attributes of color sensation 색의 3요소(色－三要素) 색의 감각에 대한 중요한 성질로, 색상, 채도(彩度), 명도(明度)의 셋을 말한다. 색상은 색의 종별을 말하며, 빛의 파장에 따라 정해진다. 채도는 색의 선명성 정도를 나타내고 포화도라고도 하며, 하나의 색에 대하여 백색이 어느 정도 섞여 있는가로 정해진다. 명도는 밝기의 정도를 나타낸다.

PT 패킷 형태 단말기(－形態端末機), 패킷 방식 단말(－方式端末) =packet mode terminal

PTC thermistor PTC 서미스터 일반의 서미스터는 온도가 상승하면 현저하게 저항값이 감소하는데 대하여 온도 상승에 대대 저항값이 증가하는 서미스터(정특성 서미스터)를 말한다. →positive characteristic thermisor

PTM 펄스 시간 변조(－時間變調) =pulse time modulation

p-type channel MOS p 채널 MOS MOS에서 채널을 형성하는 캐리어가 정공일 때를 말한다. 일반적으로 p 채널 트랜지스터는 n형 채널 트랜지스터보다 제작이 용이하므로 저가격의 IC가 만들어진다.

p-type inversion layer p형 반전층(－形反轉層) →n-type inversion layer

p-type oscillation B형 진동(－形振動) 자전관(磁電管)에 의한 발진 상태의 하나인데, 자전관에서는 이 B형 진동만이 사용되고 있다. 양극을 여러 개로 분할하고, 각각에 진동 회로가 접속되어 있는 자전관에 차단값보다 큰 자계를 가하면 강한 발진이 일어난다. 이것이 B형 진동이다. B형 진동의 효율은 A형 진동에 비해 훨

씬 커서 70% 정도이다. 발진 주파수는 진동 회로의 공진 주파수로 거의 결정된다. 인접 양극간의 위상차가 π가 되는 π모드가 사용된다.

p-type semiconductor p형 반도체(－形半導體) 정공에 의해서 전기 전도를 하는 불순물 반도체. 순수한 규소나 게르마늄의 결정 중에 미량의 3가 원자(예를 들면 갈륨, 인듐 등)를 혼입하면 결정 격자점의 규소나 게르마늄을 대신해서 그들의 원자가 들어오는데, 4개의 전자가 공유 결합을 만드는 데 사용되기 때문에 1개의 전자가 부족하게 되어 정공이 생긴다. 이 정공의 에너지 준위를 억셉터 준위, 불순물로서 넣은 3가의 원자를 억셉터라 한다.

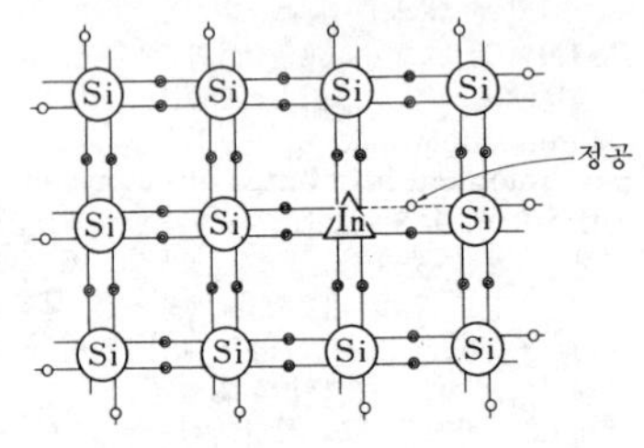

public address amplifier PA용 앰프(－用－) 옥외나 극장, 홀 등에서 사용하는 확성 장치용 증폭기로, 마이크로폰 단자는 3계통 정도, 그 밖에는 플레이어 단자를 가지며, 믹싱이 가능하게 되어 있다. 출력은 직접 스피커에 접속할 수 있는 4~8Ω의 저 임피던스의 단자와 1kΩ의 고 임피던스 단자를 가진 것이 많다. 라디오가 부속된 것도 있으나 보통은 모노포닉(모노)이며, 라인을 길게 쓰는 경우가 많으므로 안정도가 높아야 할 필요가 있다. 차재용(車載用)의 것은 자동차 축전지의 전원으로 사용할 수 있게 되어 있다.

public communication network 공중 통신망(公衆通信網) 일반 가입자의 전화 서비스, 텔렉스(가입 전신) 서비스 등을 위해 구성한 통신 회선.

public data network 공중 데이터망(公衆－網) 정부 또는 공인된 민간 기관에 의해서 설립, 운영되는 통신망으로, 특히 공공 데이터 전송의 편익을 제공하는 것을 목적으로 한 것. ＝PDN

public facsimile 팩시밀리 통신 방식(－通信方式) 임의의 문자나 도형을 그대로 전송할 수 있는 화상 통신 방식. 송신측에서 원화를 주사하여 전기 신호로 변환하여 전송하고, 수신측에서 이것과 동기하여 주사를 해서 기록화를 출력한다.

public line 공중 회선(公衆回線) 일반 전화를 연결하고 있는 통신 회선. 불특정 다수인을 대상으로 하여, 교환기에 의해 상대와 접속된다. 개인용 컴퓨터(PC) 통신 등 컴퓨터의 데이터 통신에서도 사용하는 경우가 많은데, 신뢰성은 낮다.

public line backup 공중 회선 백업(公衆回線－) 특정 통신 회선이 다운되었을 때 공중 통신 회선으로 백업하는 것.

public network 공중망(公衆網) 불특정 다수의 이용자에 대해 전기 통신 서비스를 제공하는 네트워크. 이용자는 단말 장치 등을 통해 데이터 통신을 할 수 있다.

public switched network 공중 교환 회선망(公衆交換回線網) 불특정 다수의 사용자에 대해 회선 교환을 하는 교환 회선망.

public switched telephone network 공중 회선 교환 전화망(公衆回線交換電話網) 국제 전신 전화 자문 위원회(CCITT)에 의해서 권고된 불특정 다수의 사용자에 대하여 전화 서비스를 하는 네트워크. ＝PSTN

public telephone booth 공중 전화 박스(公衆電話－) ＝pay station

pull-down 풀다운 회로에서, 어느 소자를 경유하여 그라운드 또는 (－)전원에 접속하는 것. 소자에 특히 액티브한 것을 사용한 경우를 액티브 풀다운이라 한다.

pull-down resistor 풀다운 저항(－抵抗) 회로의 입출력 단자와 낮은 전위의 단자 사이에 접속되어 있는 저항.

pulling 풀링 발진기의 주파수를 원하는 값에서 변화시키도록 하는 효과. 발진기의 부하 임피던스가 변화하거나, 다른 바람직하지 않은 주파수의 전원에 결합하는 것이 그 원인이다.

pulling effect 인입 효과(引入效果) ① 발진기와 동조 회로가 밀접하게 결합하고 있을 때 발진기 주파수가 동조 회로의 공진 주파수에 가까워지면, 발진 주파수가 동조 회로에 끌려 들어가서 다른 주파수로 되는 것. ② 레이저의 발진 주파수는 스펙트럼 곡선(이득 곡선)의 중심 주파수 f_m, 및 공진기의 공진 주파수 f_c는 일치하지 않고 f_c에서 f_m의 방향으로 약간 벗어난다. 발진 주파수 f_{osc}는 다음과 같은 식으로 근사된다.

$$f_{osc} \cong f_c + (f_m - f_c)\frac{\delta f_c}{\delta f_m}$$

pulling method 인상법(引上法) 단결정을 만들기 위해 일반적으로 사용되는 방법. 도가니 속에서 재료를 녹이고, 일정 온도의 상태에서 거기에 담근 단결정의 종자를 조용히 회전하면서 매우 느린 속도로 끌어 올리면 그 아래에 단결정이 성장하여 붙어온다. 이것은 불활성 가스 속에서 하고, 재료의 용융은 고주파 유도 가열에 의한다. 초크랄스키법(Czochralski method)이라고도 한다.

pull-up 풀업 →active pull-down

pull-up resistor 풀업 저항(-抵抗) 회로의 입출력 단자와 고전위 사이에 접속되어 있는 저항.

pulsating current 맥동 전류(脈動電流) 직류에 교류가 겹쳐져서 맥이 뛰는 듯이 시간과 더불어 크게 혹은 작게 흐르는 전류. 예를 들면, 정류기에서 정류된 교류 전류.

pulse 펄스, 충격파(衝擊波) 직류를 단속한 경우에 생기는 전압, 전류가 매우 짧은 시간 동안만 존재하는 파형. 주기적으로 반복하는 것과, 1 회 고립해서 발생하는 것이 있으며, 후자는 임펄스라고 해서 구별하기도 한다. 넓은 의미로는 구형파와 같은 비정현 파형을 모두 펄스라 하기도 한다. 텔레비전이나 레이더, 컴퓨터 및 다중 통신 등에 널리 사용되고 있다.

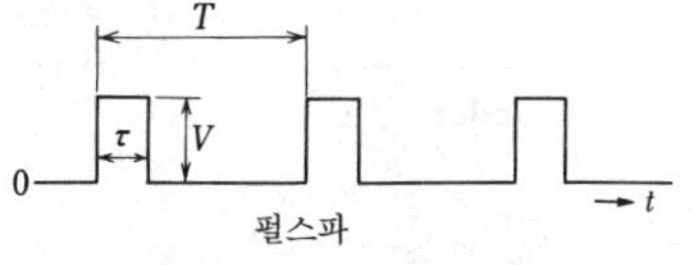

pulse advance 펄스 진행(-進行), 펄스의 앞섬 어떤 펄스 파형이 다른 어떤 펄스 파형보다 앞에 발생하는 것.

pulse amplifier 펄스 증폭기(-增幅器) 매우 낮은 주파수부터 고주파까지 광대역의 증폭을 할 수 있고, 위상 특성이 좋은 증폭 회로로, 일반적으로 영상 증폭 회로에 사용된다. 텔레비전, 레이더, 펄스 통신, 기억 장치 등에 사용된다. →linear amplifier

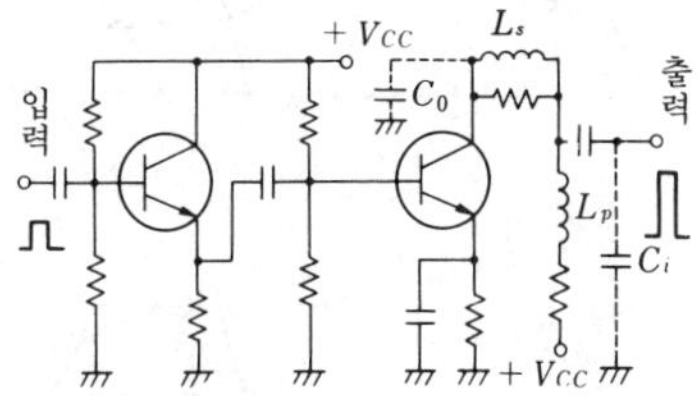

pulse amplitude 펄스 진폭(-振幅) 펄스의 순간적인 최대값.

pulse amplitude demodulation circuit 펄스 진폭 복조 회로(-振幅復調回路) 펄스 진폭 변조파를 원래의 신호파로 되돌리는 회로.

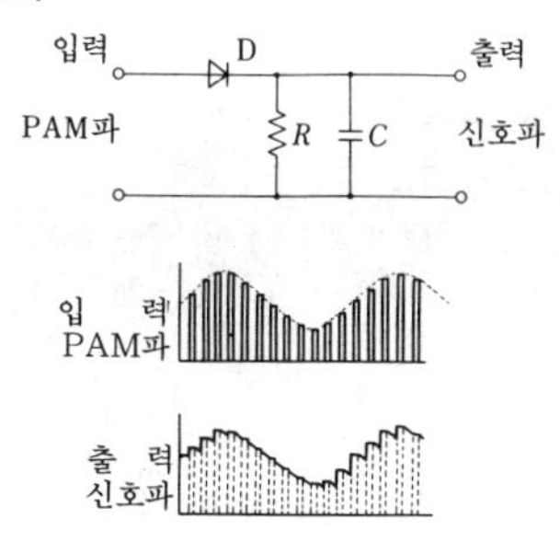

pulse amplitude modulation 펄스 진폭 변조(-振幅變調) 펄스 변조의 하나로, 펄스의 진폭 변화에 신호를 대응시키는 방식. =PAM

pulse amplitude modulation circuit 펄스 진폭 변조 회로(-振幅變調回路), PAM 회로(-回路) 신호파의 진폭에 따라서 펄스파의 진폭을 변화시키는 회로. 다중화하기 쉬우나 잡음에 약하므로 실용 통신에는 거의 사용되지 않는다. =PAM

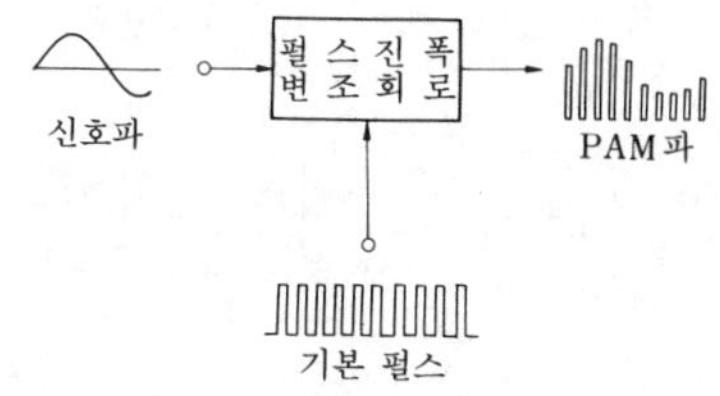

pulse-and-bar signal 펄스 바 신호(-信號) 텔레비전 장치나 전송 링크를 테스트하기 위해 사용하는 시험 신호. 테스트할 텔레비전의 선주파수로 반복하는(그를 위한 동기화 펄스를 가지고 있는) 펄스파와 바 파형(폭넓은 펄스)을 가지고 있다.

pulse bandwidth 펄스 대역폭(-帶域幅) 어느 주파수 구간이며, 그 바깥쪽에서는 스펙트럼의 진폭은 지정된 주파수(보통 스펙트럼의 진폭이 최대인 주파수)에서의 진폭의 어느 정해진 비율(예를 들면 10 %)을 넘지 않는 것.

pulse carrier 펄스 반송파(-搬送波) 일련의 펄스로 구성되는 반송파. 보통 펄스 반송파는 부반송파로서 사용된다.

pulse chamber 펄스 전리 상자(-電離箱子) 기체 중에 생긴 이온쌍의 이동에 의해 전극에 유기되는 전압을 펄스로서 꺼내 이용하는 전리 상자.

pulse circuit 펄스 회로(－回路) 연속 신호를 다루는 회로에 대하여 펄스 신호를 다루는 회로.

pulse code 펄스 부호(－符號) 펄스로 만들어지는 부호의 총칭.

pulse code demodulation circuit 펄스 부호 복조 회로(－符號復調回路) PCM파에서 원래의 신호파를 얻는 회로. 일반적으로 PAM 파로 변환한 다음 PAM 복조를 하여 신호파를 재현하고 있다.

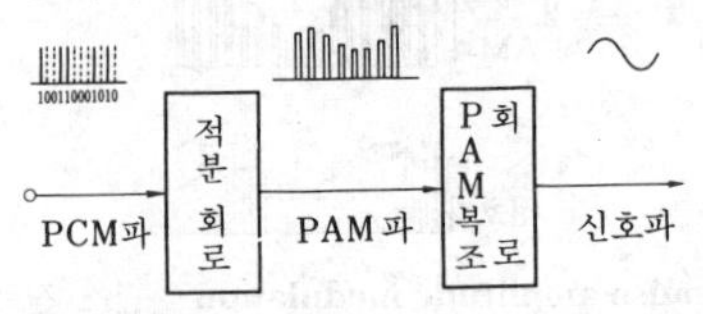

pulse code modulation 펄스 부호 변조(－符號變調) ＝PCM

pulse code modulation circuit 펄스 부호 변조 회로(－符號變調回路), PCM 회로(－回路) 신호파의 진폭을 2진수로 변환하고, 그 2진수를 펄스열로 나타내는 회로. 전송로에서는 펄스의 유무("1"이나 "0")만을 보내기 때문에 잡음에는 매우 강하고, 패리티 비트를 부가시킴으로써 오류의 정정도 할 수 있어 고신뢰도 통신을 할 수 있다. ＝PCM

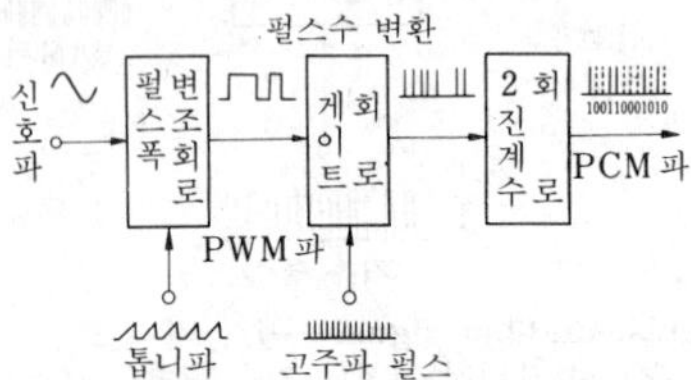

pulse compression 펄스 압축(－壓縮) 펄스 레이더에서는 짧은 펄스에 큰 피크 전력을 집중시키지 않으면 안 되는데, 이것은 매우 곤란하므로 펄스를 길게 하여 전력을 평균화하는 동시에 그에 의해서 분해능이 저하하지 않도록 수신시에 펄스를 압축하는 방식이 쓰인다. 송신 펄스에 f_1에서 f_2까지 주파수가 변화하는 주파수 변조를 걸고, 이것을 주파수에 의해 지연 시간이 변화하는 지연선을 통함으로써 펄스의 길이를 비변조시의 T_1에서 T_2로 늘린다. 수신시는 반대 방법으로 펄스를 최초의 폭으로 줄인다. T_2/T_1을 펄스의 압축비라 한다. 압축비는 또 T_2B로 줄 수도 있다. B는 변조폭(f_2-f_1)이다. T_2B는 수백 정도가 적당하다고 한다.

pulse-count detector 펄스 계수 검파기(－計數檢波器) 주파수 판별기의 일종. FM 피변조파는 소밀파이므로 이것을 진폭 제한기에 의해 폭이 일정한 구형파로 고치고, 미분 회로를 통하면 소밀파에 따른 펄스가 얻어진다. 이 펄스를 원숏 멀티바이브레이터에 의해 펄스폭이 일정한 펄스로 변환하여 이 펄스를 적분 회로를 통해서 가청 주파 신호로 복조하는 방식이다. 이 방식은 조정 부분이 없고, 동작이 안정하며 일그러짐이 적은 이점은 있으나 복조 감도가 낮고, 중간 주파수가 높은 경우에는 펄스로 변환하기가 어렵다는 결점이 있다.

pulse counter 펄스 계수기(－計數器) 회전수, 주파수, 전압, 시간 등을 전기 신호의 펄스로 바꾸어 이 신호를 계수하는 것을 말한다. 실제로 펄스를 계수하려면 온·오프의 신호를 2진수로 하여 계수하고, 다시 10진 계수 회로를 구성하여 표시한다. 계수 회로는 플립플롭 회로를 기본으로 한 AND, OR, NOT의 기본 회로로 이루어져 있다.

pulse decay time 펄스 감쇠 시간(－減衰時間) 신호가 어느 최대 설정값에서 최소 설정값까지 변화하는 데 요하는 시간. 보통, 펄스 최대값이 90%에서 10%로 감소하는 데 걸리는 시간. →pulse fall time

pulse demoder 펄스 디모더 특정한 펄스 스페이스(그에 대하여 장치가 조정된)를 갖는 펄스 신호에 대해서만 응답하는 회로(장치). 펄스 판별기의 일종이다. 펄스 모더와 한 쌍을 이루어 사용된다.

pulse discriminator 펄스 판별기(－判別器) 펄스폭, 펄스 진폭, 펄스 스페이스 등 특정한 성질의 펄스에 대해서만 동작(응답)하는 장치.

pulse distortion 펄스 일그러짐 펄스에서 그 기준 파형으로부터의 바람직하지 않은 일그러짐.

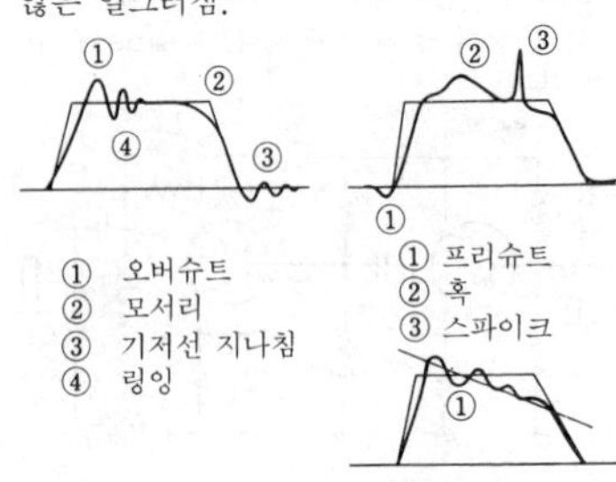

pulsed laser 펄스 레이저 출력광이 펄스인 레이저. 이것은 펄스로 여기(勵起)하는

경우나 Q 스위칭, 모드 동기 등을 한 경우에 얻어진다. 연속파 레이저(CW 레이저)의 대비어.

pulse duration 펄스폭(－幅), 펄스 기간(－期間) 펄스의 계속 시간. 보통, 펄스의 50% 상승부터 50% 하강까지의 시간. ＝pulse length

pulse duration modulation 펄스 지속 변조(－持續變調) 디지털 신호를 전송하는 경우, 부호의 "1", "0"을 펄스의 장단으로 변환하는 변조 방식. 부호의 변환점을 이용하여 클록 펄스를 만들기 쉽다는 것, 그리고 파형 일그러짐에 대하여 강하다는 것 등의 특징이 있다. ＝PDM

pulse duration telemetering 펄스폭 원격 측정(－幅遠隔測定) 원격 측정법에서 전송된 각 펄스의 지속 시간이 피측량의 크기의 함수로서 변화하는 것.

pulse duty factor 펄스 시간율(－時間率), 펄스 점유율(－占有率) 펄스 휴지(休止) 시간의 평균과 펄스의 발생 시간의 평균 비율. 이 값은 펄스 발생 시간의 평균과 펄스 반복률의 곱과 등가이다.

pulse fall time 펄스 하강 시간(－下降時間) 순간값이 소정의 상·하한값 즉 피크 펄스값의 10% 및 90%에 도달하는 순간 사이의 간격.

pulse forming line 펄스 형성 회로(－形成回路) 레이더 변조기에서 변조 펄스에 대하여 지정된 모양을 주도록 파라미터를 조정한 선로 또는 사다리꼴 회로망을 말한다.

pulse frequency modulation 펄스 주파수 변조(－周波數變調) 펄스 변조 방식의 일종으로, 변조 신호의 크기에 따라서 펄스의 반복 주파수를 바꾸어 변조하는 방식이다. 일반적으로 신호가 클 때는 반복 주파수는 높아지고, 신호가 작을 때는 반복 주파수는 낮아진다. 단, 펄스의 폭이나 진폭은 달라지지 않는다. ＝PFM

pulse generator 펄스 발생기(－發生器) 원하는 파형의 전압 또는 전류 펄스를 발생하는 장치 또는 회로. 레이더 등에서 마이크로파 반송파를 펄스 변조하는 장치는 마이크로파 펄서라 한다. 콘덴서 등에 충전한 에너지를 가포화 리액터나 하드한 전자관을 통해서 방전하는 것, 혹은 펄스 형성 선로를 전원에서 공진 충전하고, 이것을 방전관 스위치, 펄스 변압기를 거쳐 출력하는 것 등이 있다.

pulse height analyzer 파고 분석기(波高分析器) 방사선 펄스의 파고 분포를 비교적 간단하게 구하기 위해 만들어진 장치. 펄스 파고가 인접하는 두 값 사이의 크기일 때만 출력이 얻어지는 회로를 여러 개 배열해 두고 통과하는 펄스의 수를 각각 계수하도록 되어 있다.

pulse height resolution 펄스 파고 분해능(－波高分解能) 광전 음극에서 방출되는 어느 수의 전자에 의해 만들어지는 단일 펄스에서, 전자의 수가 얼마만큼 달라지면 펄스의 파고에 대하여 판별 가능한 최소 변화를 일으키는가 하는 그 분해능을 말한다. 1 펄스 중에 포함되는 전자의 수 n과, 이에 의해서 생기는 펄스 파고의 관계를 나타내는 분포 곡선(대체로 정규 분포)의 표준 편차 σ/A로 주어진다. A는 파고값의 최대값이다. 분해능의 척도로서 W/A를 사용하는 경우도 있다. W는 $A/2$를 발생하는 두 전자수 n_1, n_2의 차이다.

pulse height resolution constant 펄스 파고 분해능 상수(－波高分解能常數) 광증배관에서, 펄스 파고 분해능 W/A의 제곱과, 광전 음극에서 방출된 1 펄스당의 평균 전자수와의 곱.

pulse initiater 펄스 이니시에이터 측정기와 조합시킨(기계적 혹은 전기적인) 펄스 발생 장치로, 발생 펄스의 수는 측정할 측정량에 비례하도록 되어 있는 것. 예를 들면 전력량계와 조합시켜서 측정할 전력량에 비례하는 펄스수를 발생하는 장치 등.

pulse interleaving 펄스 인터리브 둘 또는 그 이상의 펄스원으로부터의 일련의 펄스가 시분할 다중적으로 조합되어서 공통의 전송로를 전송하는 통신법.

pulse jitter 펄스 지터 펄스열에서의 펄스 상승의 시점, 또는 폭의 비교적 작은 변화를 말한다. 지터는 랜덤할 때도 있고 계통적일 때도 있다.

pulse laser 펄스 레이저 통상의 레이저는 펄스 모양의 출력이 얻어지지만 특히 CW 레이저(연속파)에 대비해서 말할 때 쓰인다.

pulse length 펄스 길이 펄스의 상승과 하강 곡선에서 절반 크기가 되는 곳에서의 표준 펄스 지속 시간.

pulse length modulation 펄스 길이 변조(－變調) ＝PLM →PWM

pulse mode 펄스 모드 ① 통신 채널을 선택하고, 아이솔레이트하기 위해 사용되는, 미리 정해진 배열 패턴을 가진 유한개의 펄스의 시퀀스. ② 미리 정해진 배치를 가진 펄스 패턴.

pulse mode multiplexer 펄스 모드 멀티플렉서 펄스 모드에 의해 채널을 선택하기 위한 장치 또는 프로세스. 펄스 모드를 만들어 내는 장치(모더)와, 특정한 펄스 모드에 대해서만 응답하는 판별기(디모더)에 의해 제어함으로써 둘 이상의 채널을 같은 반송 주파수로 사용할 수 있다.

pulse modulation 펄스 변조(－變調) ① 주기적인 펄스를 음성 신호와 같은 신호파에 의해서 변조하는 것을 말하는데, 펄스의 진폭이나 폭, 위치 등이 연속적으로 변화하는 연속 레벨 변조(아날로그 펄스 변조)와 신호파의 진폭에 따라서 단위 펄스의 수나 위치가 변화하는 불연속 레벨 변조(디지털 펄스 변조)가 있다. 전자에는 펄스폭 변조, 펄스 진폭 변조, 펄스 위상 변조, 펄스 주파수 변조가 있고, 후자에는 펄스 밀도 변조, 펄스 부호 변조가 있다.

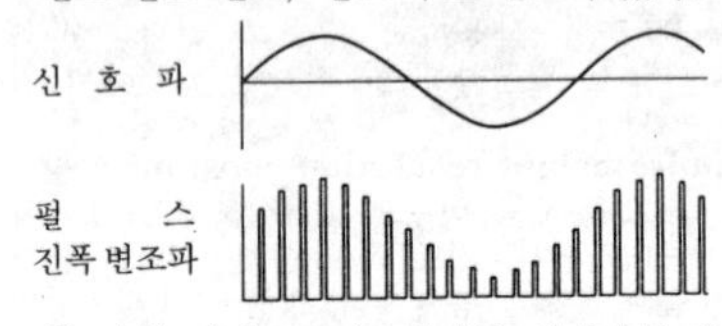

② 파워 일렉트로닉스에서의 인버터의 응용 회로 등에서 파형 변환을 하는 뜻으로 사용된다.

pulse modulator 펄스 변조기(－變調器) (레이더용) 레이더 전파의 펄스폭(0.1～1μs)만큼 지속하는 고전압을 발생하여 마그네트론 발진관을 동작시키는 회로. 사이러트론은 동기 펄스가 들어왔을 때만 방전한다. PFN 내의 *C*는 직류 고압으로 충전되고 사이러트론과 동시에 방전한다. 그 때 펄스 트랜스에서 펄스 고전압이 발생하여 마그네트론에 공급된다.

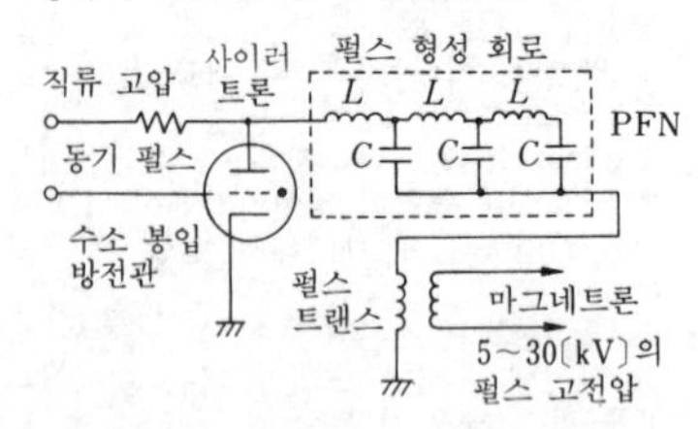

pulse motor 펄스 모터 펄스 모양의 직류 전압을 가하면 일정 각도 회전하는 모터. 스테핑 모터 혹은 스텝 모터라고도 한다. →stepping motor

pulse-nopulse method 펄스·노펄스법(－法) 제로 복귀 방법의 일종으로, 2 진 부호 1, 0 에 펄스의 유무를 각각 대응시키는 방법.

pulse number 펄스수(－數) 출력 전압 파형에서 볼 수 있는 전원 주파수의 정수 배로 반복되는 진폭 변화 사이클수.

pulse number modulation 펄스수 변조(－數變調), 펄스 밀도 변조(－密度變調) 펄스 변조 방식의 일종으로, 변조 신호의 크기에 따라서 진폭이나 폭이 일정한 단위 펄스를 일정 시간 내에 그 수를 변화시켜서 변조하는 방식이다. 이것은 펄스 주파수 변조(PFM)에 비해 펄스 상호간의 위치가 변화하지 않는 점이 다르다. ＝PNM

pulse packet 펄스 패킷 단일 펄스에 의해 점유되는 공간 용적. 이 용적의 크기는 빔 폭의 각도, 펄스의 지속 시간 및 안테나로부터의 거리로 주어진다.

pulse per second 펄스/초(－秒) ＝pps

pulse phase modulation 펄스 위상 변조(－位相變調) 펄스 변조 방식의 일종으로, 변조 신호의 크기에 따라 펄스의 위치를 바꾸어 변조하는 방식이다. 그림과 같이 신호가 클 때는 펄스의 위치는 무변조시보다 왼쪽으로 벗어나고, 신호가 작을 때는 오른쪽으로 벗어난다. 단, 펄스의 진폭이나 폭은 변하지 않는다. ＝PPM

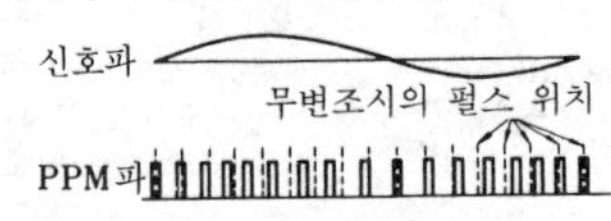

pulse position modulation 펄스 위치 변조(－位置變調) ＝PPM

pulse position modulation circuit 펄스 위치 변조 회로(－位置變調回路), PPM 회로(－回路) 신호파의 진폭에 따라서 펄스의 위치를 변화시키는 회로. 펄스 위상 변조 회로라고도 한다. 펄스의 위치만으로 정보의 전달을 할 수 있기 때문에 잡음의 영향은 거의 받지 않고 초기의 펄스 통신에 널리 사용되었었다. →pulse phase modulation

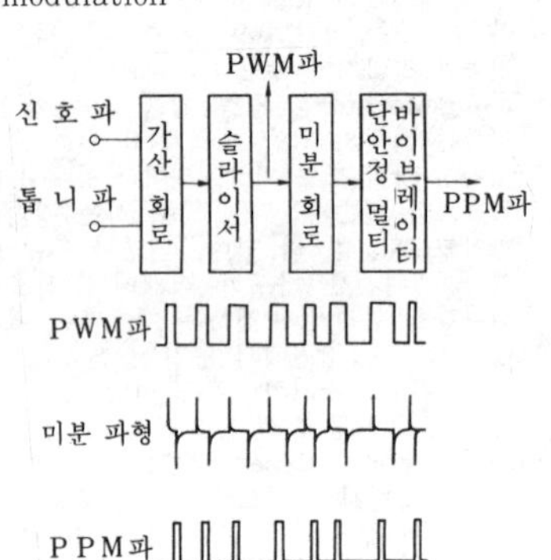

pulse radar 펄스 레이더 펄스폭에 비해 그 간격쪽이 충분이 넓은 펄스를 사용하는 레이더.

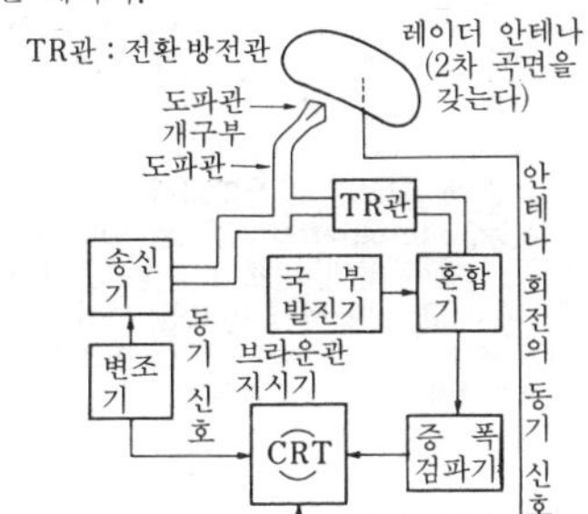

pulse rate 펄스 레이트 ① 펄스의 반복 주파수. ② 전력량계에서 펄스 장치가 정격 상태에 있을 때의, 1 디맨드 기간당의 펄스수.

pulse recurrence rate 펄스 반복수(－反復數) 펄스 통신에서 일정 시간 내에 반복하여 송출하는 펄스수를 말한다. 특히 1초간에 송출하는 펄스수를 bps(bit/s)로 나타낸다.

pulse regeneration 펄스 재생(－再生) ① 데이터 전송에서 연결된 펄스를 본래의 타이밍, 모양, 크기로 복귀시키는 것. ② 변형이나 잡음 등의 혼합된 펄스에서 본래의 펄스 파형을 만들어내는 것.

pulse repeater 펄스 중계기(－中繼器) 어느 회로(장치)에서 펄스를 수신하고, 이것에 대응하는(응답하는) 펄스를 다른 회로(장치)에 송신하기 위한 장치. 수신과 송신에서 펄스의 주파수, 파형 등을 바꾸어서 하는 경우가 있으며, 기타의 기능을 갖게 할 수도 있다.

pulse repetition 펄스 반복(－反復), 펄스 반복 주파수(－反復周波數) 주기 펄스 계열의 단위 시간 중의 펄스의 수, 혹은 펄스 주기의 역수. 이 술어는 주기가 불규칙한 비주기적 펄스 계열에 대한 단위 시간 중의 평균 펄스수도 포함한다. →pulse

pulse repetition frequency 펄스 반복 주파수(－反復周波數) 단위 시간당 펄스의 수. ＝PRF

pulse repetition period 펄스 반복 주기(－反復週期) 주기성을 갖는 펄스열에서의 펄스의 반복 주기.

pulse repetition rate 펄스 반복률(－反復率) ＝PRR

pulse rise time 펄스 상승 시간(－上昇時間) 진폭의 순시값이 규정된 하한과 상한에 최초에 도달하는 시점간의 시간 간격. 하한, 상한은 따로 지정되지 않는 한 피크 펄스 진폭의 10%와 90%이다.

pulse scaler 펄스 스케일러 소정의 펄스수를 수신할 때마다 1개의 출력 신호를 발생하는 장치.

pulse separation 펄스 분리(－分離) ① 지정한 두 펄스 간의 정한 방법으로 정의한 시간 간격.

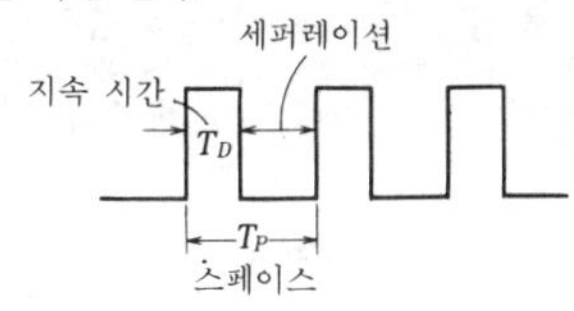

② 어떤 펄스 하강 반치점(半値點)과 다음에 이어지는 펄스의 상승 반치점간의 간격.

pulse shape 펄스 파형(－波形) 펄스의 진폭과 폭, 반복 주기, 지연 시간, 상승 시간, 하강 시간 등으로 전해지는 펄스의 파형.

pulse shaping 펄스 정형(－整形) 펄스의 파형을 고의로 변경하는 것. ＝pulse regeneration

pulse spacing 펄스 스페이스 주기적인 펄스열에서, 두 연속한 펄스의, 대응하는 펄스 시점 사이의 시간 간격.

pulse spacing modulation 펄스 스페이스 변조(－變調) 펄스 시간 변조의 일종으로, 펄스 스페이스를 변화시키는 것.

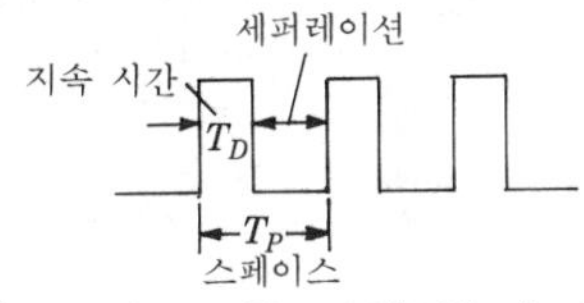

pulse spectrum 펄스 스펙트럼 펄스의 정현파 성분의 상대 진폭과 상대 위상의, 주파수에 대한 분포 특성을 나타낸 것.

pulse stretcher 펄스 신장 회로(－伸張回路) 펄스의 지속 시간을 신장하는 일종의 펄스 정형 회로. 진폭은 입력 펄스의 파고값에 비례한 크기를 가지고 있다.

pulse string 펄스열(－列) 같은 특성을 갖는 일련의 펄스. ＝pulse train

pulse stuffing 펄스 스터핑 전송할 여러 종류의 신호가 각각 다른 대역폭을 가지고 있기 때문에 다른 표본화 주기로 샘플을 채취(나이키스트의 표본화 정리)하는 경우에는 동기 다중화 전송 방식을 쓸 수가 없다. 그래서 각 신호를 일정 시간 표본화한 다음 일단 축적하고, 그런 다음 같은 시간 레이트로 시분할 동기 다중 전송한다. 다만 각 축적 장치에 축적되는 샘플 수가 다르기 때문에 이들을 양자화하여 보내는 비트 흐름에서 같은 타임 슬롯 내에 비트가 전부 찬 것과 빈 스페이스가 생기는 것이 있을 수 있다. 그대로는 빈 스페이스에 나타나는 잡음을 신호라고 오인할 염려가 있으므로 이 부분을 비트 1의 연속한 것으로 메움으로써(수신측에서는 신호로 해석하지 않는다) 잡음에 의한 방해를 방지할 수 있다. 이러한 수법을 펄스 스터핑이라 한다.

pulse tilt 펄스 틸트 =tilt

pulse time modulation 펄스 시간 변조(-時間變調) 펄스 변조 방식의 일종. 변조 신호의 크기에 따라 펄스의 위치 즉 시각을 이동하여 변조하는 방식이다. 펄스 위상 변조(PPM), 펄스 주파수 변조(PFM) 및 한 쌍의 펄스의 간격을 변조 신호에 따라서 변화시키는 펄스 대칭 위치 변조(PSPM) 등의 종류가 있다. =PTM

pulse timing 펄스 타이밍 펄스의 발생 혹은 펄스의 지정된 일부분의 발생 시점을 특정한 시점에 정하는 것.

pulse train 펄스열(-列) 같은 특성을 갖는 일련의 펄스. 정상 레벨로부터의 진폭의 변화가 시간적으로 반복을 일으킬 수 있는 파형. 한 가지 이상의 고립 펄스를 시간적으로 겹친 것. =pulse string

pulse transfer function 펄스 전달 함수(-傳達函數) 어떤 계에 대하여 입력이 펄스이고 출력도 펄스인 것과 같을 때 그 계의 출력의 Z 변환과 입력의 Z 변환과의 비율을 말한다.

pulse transformer 펄스 트랜스, 펄스 변성기(-變成器) 레이더, 측정기 등을 비롯하여 펄스를 다루는 회로에서 사용하는 트랜스로, 통상의 변압기에 비해 소형이면서 고전압 및 고첨두(高尖頭) 전력을 다루지 않으면 안 된다. 이 때문에 절연 구조에는 신중한 주의가 필요하며, 재료는 유전율이 작은 마일러나 테플론이 사용된다. 또, 자심은 컷 코어로 하고, 각형의 히스테리시스 루프를 갖는 방향성 규소 강대(鋼帶)나 델타맥스(Deltamax) 등이 사용된다.

pulse trio system 펄스 트리오 방식(-方式) 디지털 전송계에서의 중계기 고장 판정을 하기 위해 감시국에서 특정한 펄스 패턴을 송출하고, 각 중계기 감시 장치에서 얻어지는 저주파 성분을 감시국으로 반송한다. 감시국은 그 레벨을 측정하여 장해 위치의 판정을 한다. 테스트 펄스 신호는 (+)-(−)-(+) 1조의 펄스 트리오의 시퀀스를 감시 주파수로 극성을 교대로 반전한 것이 사용된다.

pulse turn-off time 펄스 턴오프 시간(-時間) 지정된 진폭 및 지속 시간의 펄스 전류를 흘렸을 때의 디바이스의 턴오프 시간. 사이리스터를 고주파 스위치로서 사용할 때 필요한 특성값이다.

pulse type telemeter 펄스형 텔레미터(-形-) 단속 전기 신호의 특성(단, 주파수는 제외)을 이용하여 정보를 전하도록 한 원격 측정 장치. 예를 들면, 펄스수를 일정 시간마다 계수하거나, ON 시간(또는 OFF 시간)을 측정하는 등, 최종적인 지시를 얻는 데 편리한 모양으로 펄스를 변조한다.

pulse type tachometer 펄스식 회전계(-式回轉計) 회전수에 비례한 수 만큼 펄스를 발생하여 그것을 전자식 카운터로 계수하든가 펄스수에 비례한 직류 전압으로 바꾸어서 계기로 지시하는 회전계이다. 측정 대상에서 에너지를 흡수하는 일이 거의 없으므로 미소 토크의 회전체 측정에 적합하고, 정밀도가 높다. 유도자의 회전에 의해 영구 자석의 자속을 변화하여 자석에 감은 코일에 펄스를 발생시키는 유도자형 발전기식 회전계나 투광기와 광전관을 이용하여 회전체에 부착한 슬롯이 있는 원판의 구멍에 의해서 펄스를 발생하는 광전식 회전계 등이 있다.

pulse type torque meter 펄스식 토크계(-式-計) 동력 전달축의 비틀림에서 토크를 측정하는 비틀림 토크계의 일종. 전달축상의 2점에서의 회전을 펄스식 회전계로 검출하고, 그 출력 펄스 간의 위상차에서 축의 비틀림을 구함으로써 토크를 측정한다.

pulse width 펄스폭(-幅) 펄스의 상승 시간과 하강 시간에서 진폭이 1/2이 되는 시각의 간격.

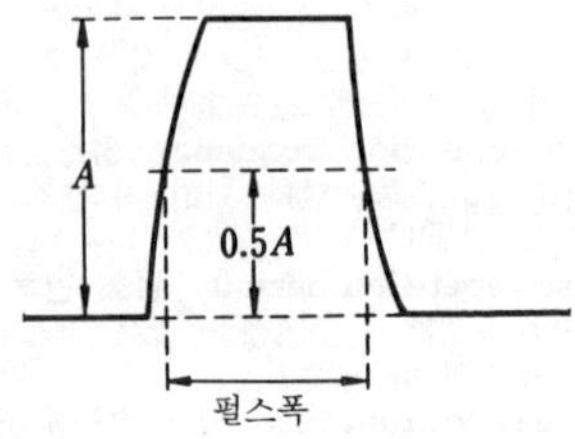

pulse width AFC 펄스폭 AFC(-幅-) 텔레비전 수상기의 수평 발진 주파수를 제어하는 회로의 일종. 발진 주파수가 높아지면 펄스폭이 좁아져서 AFC 전압이 저

하하여 발진 주파수를 낮추도록 동작한다.

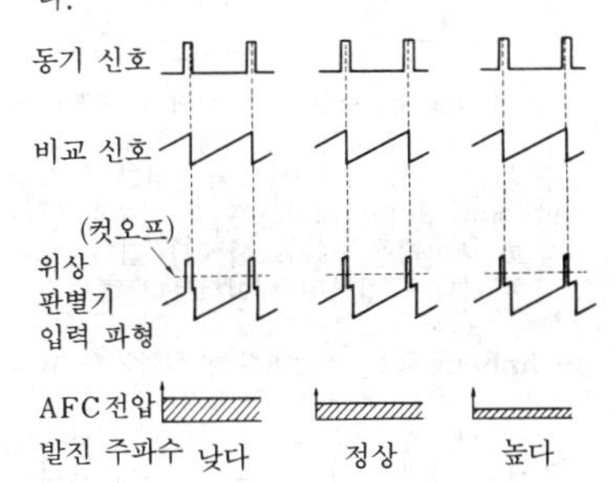

pulse width modulation 펄스폭 변조(−幅變調) 신호파의 진폭에 따라서 펄스폭을 변화시키는 것. =PWM, pulse duration modulation

pulse width modulation circuit 펄스폭 변조 회로(−幅變調回路), PWM 회로(−回路) 신호파의 진폭에 따라서 펄스폭을 변화시키는 회로를 말한다. 잡음에 대해서는 크게 개선되나 통신으로서는 PPM 쪽이 뛰어나기 때문에 거의 쓰이지 않는다. =PWM

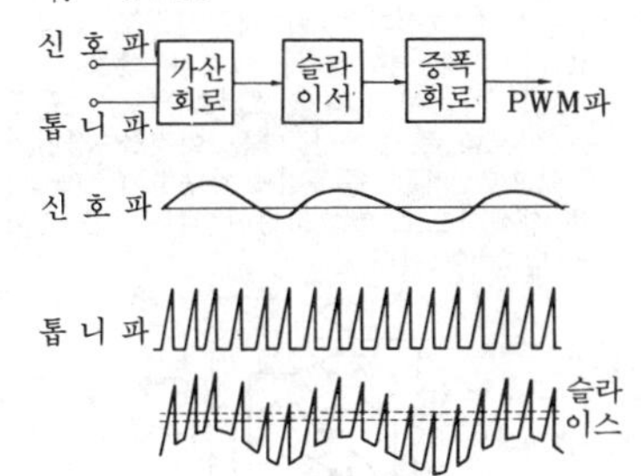

pumping 펌핑 메이저나 레이저를 동작시키기 위해 원자에 에너지를 주어서 기저 준위(基底準位)부터 위의 준위에 여기(勵起)하여 준위간의 원자수 분포를 반전시키는 조작. 방전에 의한 방법이나 광 조사(光照射)에 의한 방법 등이 쓰인다.

pumping band 펌핑 밴드, 펌핑 대역(−帶域) 레이저 물질에서, 펌핑 방사가 주어지면 기저(基底) 상태에 있는 이온이 최초로 여기(勵起)되는 한 무리의 에너지 상태를 말한다. 이 펌핑 대역은 보통 전환이 이루어지는 에너지 준위에 비해 에너지가 높다.

punch card 펀치 카드, 천공 카드(穿孔−) 일정 형식의 종이 카드에 구멍을 뚫어 문자, 숫자 또는 기호를 나타내는 것. 세로의 배열을 자리, 가로의 배열을 단(段)이라 한다. 단수는 0~12 단까지, 자릿수는 80 이나 90 의 것도 있다. 숫자는 0~9 까지의 단으로 표현하고, 문자, 기호는 11, 12 단을 쓴다. 문자, 숫자 또는 기호는 하나의 자리로 표현한다.

punch card system 펀치 카드 시스템, 천공 카드 시스템(穿孔−) 데이터를 종이 카드에 천공하고, 기계에 의해 그 내용을 판독하여 통계 계산 등의 처리를 하는 통계 회계기의 시스템을 말한다. 사무 기계화의 한 수단으로 도입된 이 방식은 처리 장치가 기계적인 것이기 때문에 처리 속도에 한계가 있어 대량의 데이터에는 대처하기가 어렵기 때문에 컴퓨터를 주체로 한 전자식 데이터 처리 시스템(EDPS)으로 대치되었다. =PCS

punch tape 펀치 테이프, 천공 테이프(穿孔−) 컴퓨터에 필요한 정보를 입력한다든지, 중앙 처리 장치에서 처리된 문자나 기호를 기록한다든지 하기 위한 종이 테이프. 종이 테이프는 보통 6 단위, 8 단위의 것이 쓰이며, 스프로켓 구멍으로 송출하고, 연속적으로 진행 방향(정보 트랙)으로 천공된다. 천공된 폭 방향의 일렬이 하나의 문자나 숫자를 나타낸다.

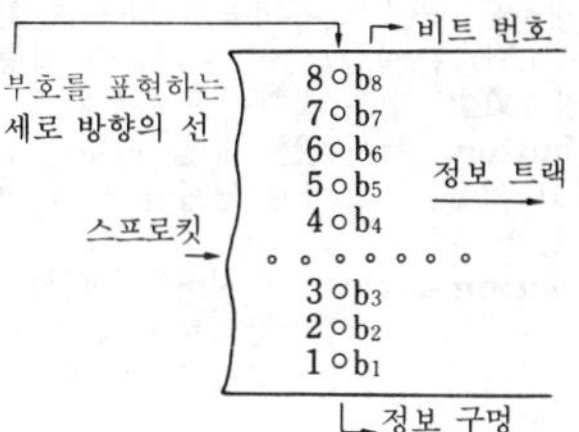

(8 단위 종이 테이프)

punch-through effect 펀치스루 효과(−效果) 트랜지스터에서 컬렉터 전압이 높아지면 베이스폭이 점차 좁아져서 어느 컬렉터 전압에서 베이스폭이 0 으로 된다. 이 때 이미터와 컬렉터 간은 단락 상태가 되어 증폭 작용이 일시 정지한다. 이 현상을 펀치스루 효과라 하고, 그것이 일어나는 전압을 펀치스루 전압이라 한다.

punch-through voltage 펀치스루 전압(−電壓) →punch-through effect

pure metal wire 단금속선(單金屬線) 한 종류의 금속만으로 만들어진 도선. 동선, 알루미늄선, 철선 등이 있다. 전기 도선으로는 저항이 작은 동선, 알루미늄선이 쓰인다. 또, IC 의 내부에서는 금선(金線)도 사용되고 있다.

pure tone 순음(純音) ① 음압의 순시값이 시간과 더불어 정현파 모양으로 변화하는 음파. ② 단일 피치(음의 높이)를 가진 음의 감각. 청취자가 음조를 단순하다고 느끼는가, 복합음으로 느끼는가는 청취자의 능력, 경험, 청취 태도(주관)에 크게 관계한다.

pure water 순수(純水) 불순물을 되도록 제거한 물. 반도체 제조 공정에서 세척을 위해 사용되는 물은 초순수라고 하는 것으로, 물 $1cm^3$ 중에 미립자가 수 10 개 이하인 것을 말하며, IC 의 집적 밀도가 높을수록 미립자의 수를 줄이지 않으면 안 된다.

purity magnet 색순화 자석(色純化磁石) 섀도 마스크형 수상관에 장착하는 색순화용 자석. S, N 으로 착자(着磁)된 두 장의 고리 모양의 판 자석을 겹친 것이다. 보통의 컬러 브라운관 네크의 음극 또는 제 3 그리드 부근에 배치하여 사용되며, 두 장의 판 자석의 상대 위치를 바꿈으로써 3 개의 전자 빔을 고르게 편향하여 소정의 형광체에 전자 빔을 대서 색순도를 조정하고 있다.

purple plague 퍼플 플레이그 반도체 디바이스의 전극과 전극 인출선에, 한쪽에 금, 다른쪽에 알루미늄을 사용했을 때 본딩 개소에 금과 알루미늄의 금속간 화합물 $AuAl_2$가 형성되어 그 때문에 접촉부가 열화되고, 접촉 저항이 증가한다.

push-button 푸시버튼, 누름 단추 전자 장치의 일부로, 조작에 영향을 주기 위해 누르는 버튼.

push-button device 푸시버튼 장치(-裝置) 푸시버튼을 설정함으로써 정보를 입력하는 장치의 총칭. 간단한 정보의 입력에는 적합하다.

push-button dial 푸시버튼 다이얼 상이한 펄스를 발생하는 버튼이 있는 자동 교환에 쓰이는 호출 장치의 호칭.

push-button dialing pad 푸시버튼식 다이얼 패드(-式-) 각기 다른 펄스 신호를 발생시키는 12 개의 키가 붙은 장치로, 보통, 전자식 전화기에 사용된다.

push-button switch 푸시버튼 스위치, 누름 버튼 스위치 버튼을 누름으로써 접점을 개폐하는 스위치의 총칭. 버튼을 누르면 접점이 닫히는 것(a 접점), 이것과는 반대로 접점이 열리는 것(b 접점), 또 1회 누름으로써 접점을 기계적으로 유지하고 다시 한번 누름으로써 원상태로 복귀하는 것 등이 있다. 그림은 도면상의 기호를 나타낸 것이다.

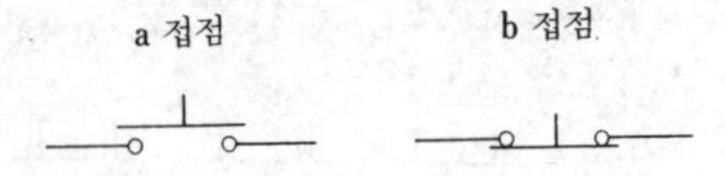

push-down register 푸시다운 레지스터 컴퓨터에 사용되는 복수 개의 레지스터로 구성되는 것으로, 새로 데이터가 입력되면 먼저 입력된 데이터는 속 깊숙히 밀려들고 데이터를 레지스터에서 꺼낼 때는 맨 마지막에 입력된 데이터부터 출력되는 레지스터이다.

pushphone set 푸시버튼식 전화기(-式電話機), 누름 버튼식 전화기(-式電話機) 회전 다이얼식 전화기가 직류의 단속에 의해서 선택 신호를 송출하는 데 대하여 이것은 저주파 발진기를 내장하고 있어 푸시버튼 스위치에 의해 저주파 선택 신호를 송출하는 전화기로, 선택 신호의 송출이 빠르고, 단축 다이얼 등의 서비스가 가능하다.

push-pull 푸시풀 쌍방의 성질이 반대인 한 쌍의 것. 예를 들면, 한쪽이 누르면 다른쪽이 당기는 성질. →push-pull amplifier

push-pull amplifier 푸시풀 증폭기(-增幅器) 특성이 같은 2 개의 트랜지스터를 조합시켜 그림과 같이 대칭적으로 접속하고, 각각에 역위상의, 크기가 같은 입력 신호를 가하여 입력 신호파의 +, - 부분을 따로따로 증폭한 다음 이것을 겹쳐서 출력으로 하는 증폭기. 짝수차의 고조파가 상쇄되므로 일그러짐이 적은, 큰 출력을 얻을 수 있다.

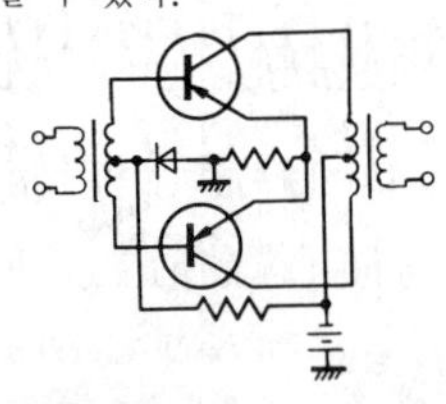

push-pull microphone 푸시풀 마이크로폰 2 개의 같은 마이크로폰을 사용하여 같은 음파를 180° 위상을 벗어나게 하여 동작시키도록 한 것. 동작은 더블 버튼의 카본 마이크로폰과 같다.

push-pull operation 푸시풀 동작(-動作) ① 평형 2선로의 임의의 장소에서 한쪽 도체에 어떤 파형의 전류가 흐르고, 다른쪽 도체에는 같은 전류가 같은 방향으로 흐르고 있는 것. 각 도체의 그 장소의 대지(對地) 전압은 동극성이다. 이러한 동작을 완전 불평형 동작이라 한다. ② 2

개의 평형된 증폭 디바이스를 그들이 역위상으로 동작하도록 한 증폭기로, 각 디바이스의 출력은 공통의 부하에 대하여 병렬로 주어지도록 한 것. 보통 짝수 조파(調波)를 대상으로 한 주파수 증배기로서 사용된다.

push-pull oscillator 푸시풀 발진기(−發振器) 특성이 같은 두 능동 소자(트랜지스터 등)를 푸시풀 접속하여 일그러짐이 적은 출력을 꺼내는 발진기.

push-to-talk circuit 푸시 토크 회로(−回路) 통화 채널을 통해서 동시에는 단방향으로만 통화가 이루어지는 통화 방식. 통화자는 상대가 이야기하고 있는 동안, 스위치를 동작 상태로 유지해 두도록 한다. 같은 동작을 하는 전신 방식인 경우를 push-to-type-operation 이라 한다.

push-to-type operation 푸시식 조작(−式操作), 푸시식 작동(−式作動) 국(局)에서 송신하기 위하여 조작자가 스위치 조작하는 것으로, 한 방향 가역 회로에 사용하는 전신 조작 방식. 일반적으로 송신과 수신에 동일 주파수를 사용하는 무선 전송에서 사용된다.

PUT 프로그래머블 유니정크션 트랜지스터 programmable unijunction transistor 의 약어. 2 개의 트랜지스터를 집적 회로적으로 만드는 방법으로, 고감도의 3 단자 n 게이트형의 SCR 기능을 갖도록 한 것이다. 외부에 부가하는 저항 R_1, R_2 에 의해 개방 전압비, 베이스간 저항, 피크점 전류, 곡점(谷點) 전류를 자유롭게 프로그램할 수 있다. 트리거 소자로서 더블 베이스 다이오드 대신 사용될 뿐만 아니라 장시간 타이머 등에도 널리 쓰인다.

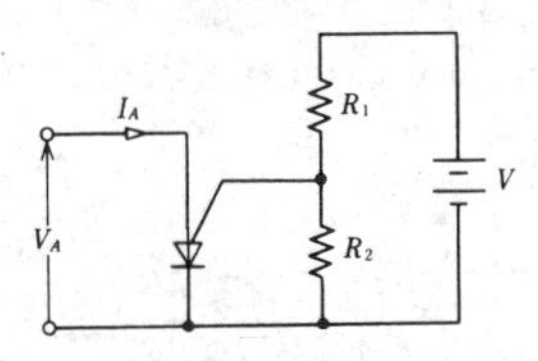

PVC 염화 비닐(鹽化−) =polyvinyl chloride

PVD 물리 기상 성장법(物理氣相成長法) =physical vapor deposition

PWM 펄스폭 변조(−幅變調) =pulse width modulation

pyramidal horn antenna 피라밋형 혼 안테나(−形−) 혼의 측면이 피라밋과 같은 원뿔형을 이룬 혼 안테나.

Pyrex 파이렉스 붕규산 유리의 일종으로 상품명. 고주파 절연물 등에 사용된다.

pyroceram 파이로세람 결정화 유리. 유리는 원래 비정질이나 미리 결정핵이 되는 물질을 넣어 두고 적당한 온도로 장시간 가열함으로써 미결정을 고르게 석출시킬 수 있다. 이것은 기계적 강도, 내열성 등의 자기와 같은 성질을 가지고 있어 집적 회로의 기판 등에 사용된다.

pyroconductivity 고온 도전성(高溫導電性) 온도가 높아지는 동시에 생기는 전기 전도성으로, 상온에서는 비도전성의 고체가 용해함으로써 전도성이 되는 것.

pyroelectric effect 파이로 전기 효과(−電氣效果), 초전기 효과(焦電氣效果) 국부적으로 가열 또는 냉각함으로써 어떤 종류의 결정에서 전하가 유기하는 현상. 전기석, 타르타르산 등 결정의 자발 분극(自發分極)에 의한 전하의 평형이 가열이나 냉각에 의해 상실되어서 전하가 나타나기 때문이다.

pyroelectricity 파이로 전기(−電氣), 초전기(焦電氣) 전기석, 주석산, 자당(蔗糖) 등의 결정체 일부를 가열하면 그 표면에 유전 분극에 의해서 전하가 나타나는 현상. 이것은 외부 전계가 없는 경우의 자발 분극에 의한 전하의 평형이 갑작스런 온도 상승에 의해 무너져 전하가 나타나는 것이다.

pyrolysis method 열분해법(熱分解法) 금속 또는 반도체 등의 화합물을 가열 분해함으로써 목적으로 하는 재료를 만드는 방법.

pyrometer 고온계(高溫計) 높은 온도를 측정하기 위한 온도계. 예를 들면 적열(赤熱) 상태의 전자관 필라멘트의 온도를 측정하려면 필라멘트의 휘도를 표준 램프의 휘도와 비교하는데, 거기에 사용하는 고온계를 광고온계라 한다. 또 시험하려는 물체로부터의 열방사 에너지를 측정하여 그 물체의 온도를 측정하는 것으로서 방사 고온계가 있다. 기타, 백금 저항 온도계나 열전쌍을 사용한 고온계 등 각종이 있다.

Q 큐 =quality factor

QAM 직교 진폭 변조(直交振幅變調) = quadrature amplitude modulation

Q-antenna Q 안테나 다이폴과 1/4 파장 길이의 왕복선을 조합시킨 것으로, 궤전선의 임피던스를 안테나의 그것과 정합시키기 위한 것이다.

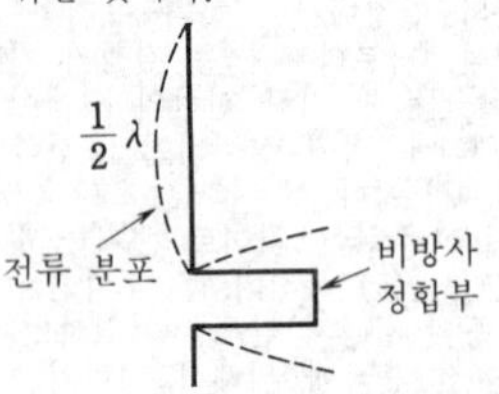

Q band Q 대역(―帶域) 36GHz(파장 0.834cm)부터 46GHz(파장 0.652cm)에 이르는 무선 주파수대로, 이 대역은 다시 Q_a부터 Q_e의 다섯의 부대역(副帶域)으로 나뉘어진다.

Q-bar Q 바 선로 임피던스와 안테나 임피던스를 접합시키기 위해 양자간에 삽입하는 1/4 파장의 정합 구간. 선로 임피던스가 600Ω, 안테나 임피던스가 72Ω이면 λ/4 구간의 특성 임피던스는 그 기하 평균으로 208Ω이 한다.

QC 품질 관리(品質管理) quality control 의 약어. 대량 생산에 있어서 미리 계획한 품질에서 그다지 벗어나지 않는 균일성있는 제품을 되도록 낭비없이 만들어내기 위해 생산 활동의 모든 분야에 걸쳐 통계 이론과 통계 기술을 응용하는 방법. 전자 공업에서도 텔레비전과 같은 기기부터 저항기와 같은 부품에 이르기까지 어느 공장에서도 품질 관리를 하는 것이 상식으로 되어 있으며, 이것은 또 생산의 자동화와 더불어 가격의 저감에 도움이 되고 있다.

Q-code Q 부호(―符號) Q 의 글자를 머리글자로 하고 뒤의 2 자로 여러 가지 의미를 갖게 하는 전신 약호를 말하며, 아마추어 무선 등에서 널리 사용되고, 세계적으로 공통인 부호. 예를 들면, QRA : 당신의 국명은 무엇입니까?, QRL : 그쪽은 통신중입니까?, QRM : 그쪽은 혼신을 받고 있습니까?, QRN : 그쪽은 공전 방해를 받고 있습니까?, QRT : 이쪽은 송신을 중지할까요? 등이 있다.

***Q* damping circuit** *Q* 댐프 회로(―回路) 동조 회로의 공진 곡선은 동조 회로의 *Q* 가 클수록 날카로워지고, 대역폭은 반대로 좁아진다. 따라서, 동조 증폭의 이득 대역폭적은 일정한 값이 되므로 광대역폭을 필요로 할 때는 이득을 희생하지 않으면 안 된다. 이것에는 동조 회로에 병렬로 저항(댐핑 저항)을 넣어서 *Q* 를 낮추어 대역폭을 넓히는 방법이 쓰인다. 이 방법을 *Q* 댐프 회로라 한다.

Q demodulator Q 복조기(―復調器) 색신호와 컬러 버스트 발진기로부터의 신호가 합쳐진 것이 복조되어서 컬러 텔레비전 수상기에서의 Q 신호를 재생하도록 한 복조기.

QED 양자 전자기학(量子電磁氣學) quantum electrodynamics 의 약어. 전자, 뮤온, 광자의 운동과 상호 작용(즉 전자 상호 작용)에 관한 상대성 양자 역학.

Q-matching *Q* 정합(―整合) 특성이 다른 두 도파관 또는 궤전선(급전선)과 안테나의 임피던스를 정합시키는 것.

Q meter Q 미터 직렬 공진시에서의 *L* 또는 *C* 의 단자 전압이 고주파 전원 전압 E_0 의 *Q* 배가 되는 것을 이용하여 코일이나 콘덴서의 *Q* 를 측정하는 장치로, 그 밖에 고주파 저항이나 유전율, 손실각 등의 측정도 할 수 있다. 그 구성을 그림에 나타낸다. 공진시의 동조 콘덴서 *C* 의 단자 전압 *E* 는 $E=QE_0$ 가 되므로 E_0 를 일정하게 해 두면 *Q* 의 값을 직접 전자 전압계에 눈금매길 수 있다. 그렇게 하기 위해서는 열전형 전류계 A 에 흐르는 전류를

일정하게 해 두면 된고, 이 전류를 바꿈으로써 Q 미터의 배율을 변화시킬 수 있다.

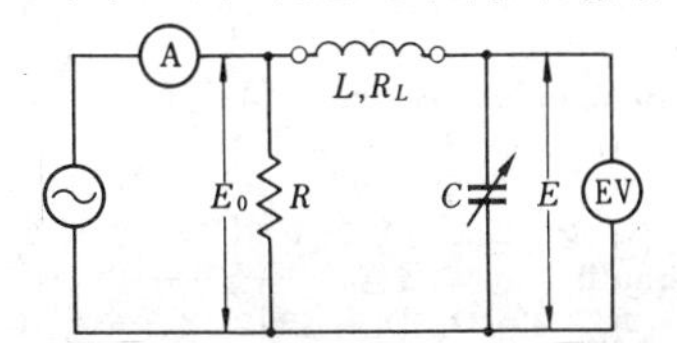

Q-multiplier Q 멀티플라이어 수퍼헤테로다인 수신기의 선택도는 중간 주파 트랜스(IFT)의 성능에 따라 정해지고, 선태도를 높이려면 IFT 코일의 Q를 높이지 않으면 안 되는데, 보통은 100~150 정도가 한도이다. 이 이상의 Q를 얻어려면 코일의 실효 저항을 보상하기 위해 외부에 부성 저항을 가진 회로를 부가할 필요가 있다. 이 목적으로 사용되는 회로가 Q 멀티플라이어이며, 주파수 변환부에 가까운 중간 주파 트랜스에 병렬로 접속하여 사용한다. 고선택도가 요구되는 통신형 수신기에 사용된다.

Q of a resonant antenna 공진 안테나의 Q(共振—) 안테나에 의해 여진(勵振)된 계(界)에 축적된 에너지의 2π배 값과 사이클당 방사되고 소비된 에너지의 비. 전기적으로 작은 안테나에서는 이 값은 임피던스의 증분(增分)과 공진점에서의 주파수 증분의 비를 안테나 저항과 공진 주파수의 비로 나눈 값의 1/2 과 같다.

Q signal Q 신호(—信號) NTSC 방식 컬러 텔레비전에서의 색차 신호의 하나로, 컬러 버스트에 대하여 147°의 위상각을 가진 색신호이다. 색도도(色度圖)상에서는 Q축, 즉 황록(黃綠)-적자(赤紫)의 방향이 되고, 색차 시력은 낮기 때문에 너무 작은 화면의 부분에서는 색을 알 수 없게 되므로 Q신호는 0~0.5MHz 정도의 주파수가 비교적 좁은 대역에서 전송할 수 있다. 3 색 신호 E_R, E_G, E_B를 매트릭스 회로에서 다음 비율로 혼합하여 얻어진다. 즉 E_Q는

$$E_Q=0.21E_R-0.52E_G+0.31E_B$$

가 된다.

QSL card QSL 카드 아마추어 업무에서는 상대국과의 교신 내용 그 자체보다 교신할 수 있었는지 어떤지가 중요하므로 처음 교신한 상대국 끼리 서로 교신한 것을 기념하고, 교신의 증명서로서 카드를 교환하는 습관이 있다. 이것을 QSL 카드라 하고, 다음과 같은 사항을 기재한다. ① 자기의 호출 부호, ② 자국의 소재지, ③ 자기의 성명, ④ 교신시 상황 기록 등.

Q switch Q 스위치 레이저 공기기의 Q를 순간적으로 변화시켜 비발진 상태에서 갑자기 발진 상태로 이행시킴으로써 피크 출력이 큰 펄스상의 레이저광을 얻는 방법. 커 효과(Kerr effect)를 이용한 광셔터 등을 그림과 같이 배치하여 행한다.

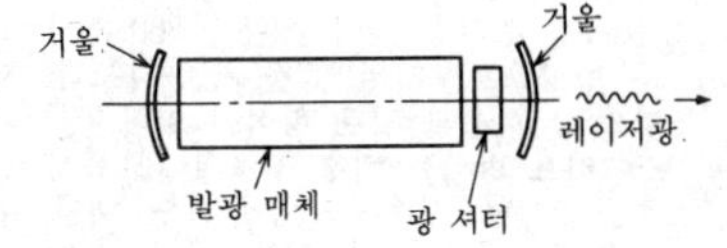

Q-switched laser Q 스위치 레이저 Q 스위치를 이용한 짧고(30ns), 고출력의 펄스를 발광하는 레이저.

quad 쿼드 유선 통신용 케이블 심선의 한 단위를 말하며, 성형 쿼드와 DM 쿼드의 두 종류가 있다. 어느 것이나 네 줄로 대칭형으로 배치하고, 두 줄씩 두 조의 회선을 형성하고 있다. 이 2조의 회선간에는 전자 유도 및 정전 유도에 의한 누화는 발생하지 않지만, 쿼드 간의 누화는 존재하며 전자 유도가 많다.

quadded cable 쿼드 케이블 적어도 몇 가닥의 심선이 쿼드 형태로 배치된 케이블.

quadded component 4중 구성 요소(四重構成要素) 고장을 발생시키는 일없이 논리 회로를 정상으로 동작시켜, 회로 중에서 단일 부품이 개방 또는 단락을 일으켜도 회로 전체의 고장이 되지 않도록 하나의 논리 회로에서 개개의 부품을 4중으로 사용하는 것.

quadded logic 4중 논리(四重論理) 중복 설계법의 하나로, 논리 회로 중의 개개의 논리 소자를 각각 4중으로 구성하고, 각 소자를 상호 접속하여 다수결 논리를 구성한 것. 회로 중의 소자가 고장나도 출력 오류는 발생하지 않고 단일 오류를 정정할 수 있게 되어 있다.

quad-density 4배 밀도(四倍密度) 양면 배밀도의 자기 디스크. 단면 단밀도의 디스크에 대하여 그 4배의 정보가 기록되어 있다.

quad-density disk 4배 밀도 디스크(四倍密度—) 디스크 시스템에서의 데이터 기억 밀도를 말하는 용어. 이것은 단밀도 디스크의 4배의 데이터를 기억하는 것, 즉 양면-배밀도 디스크를 말한다.

quadrantal error 4분원 오차(四分圓誤差) 무선 방위 측정에서 선체나 기체의 영향으로 나타나는 오차. 이 원인은 선체에 전파가 닿으면 여기에 와전류가 발생하여 이에 의한 자계가 도래 전파에 영향을 주어 방위 측정에 오차를 발생하는 것

Q

이다. 오차는 선수, 선미 및 양현(兩舷) 방향으로부터의 전파에 대하여 최소가 되고, 그 중간에서 최대가 되는데 본질적으로 피할 수 없는 것이므로 방위 측정에서는 오차 수정 곡선에 의해서 보정을 한다.

quadra-phonic broadcasting 4채널 방송(四－放送) 종래의 모노럴 스테레오보다 음장 효과를 높이기 위해 360도의 모든 방향으로부터의 음을 전송하도록 한 것으로, 다음과 같은 방식이 있다. ① 디스크리트 방식은 전후 좌우의 네 음성 신호를 2채널 스테레오의 주파수 대역 내 제2 부반송파를 직교 변조하여 4채널로 전송하는 것이다. ② 매트릭스 방식은 네 음성 신호를 매트릭스 회로를 써서 2채널로 하여 전송하는 것으로, 수신기에서 디코더를 사용하여 4채널로 복조하는 것으로, 4-2-4 방식이라고도 한다. 이 방식은 원래의 음성 신호로는 되지 않지만 청각으로는 만족할 수 있다.

quadraphony 4채널 스테레오 방식(四－方式) 스테레오포닉 녹음 방식의 연장으로서, 4개의 지향성 마이크로폰으로부터의 출력에 의해 4개의 별도 스피커를 구동하도록 한 것. 녹음은 신호의 다중화나 매트릭스 부호화의 방법으로 4채널로부터의 출력을 스테레오의 두 서브채널로 묶어서 송신하는 방식이 쓰인다.

quadrature amplitude modulation 직교 진폭 변조(直交振幅變調) 서로 직교 관계에 있는 반송파(예를 들면 cos ωt와 sinωt)를 각각 독립으로 진폭 변조하고, 이것을 합성하여 전송하는 방식. ＝QAM

quadrature modulation 직교 변조(直交變調), 직각 변조(直角變調) 90도의 위상차를 갖는 두 반송파 성분을 상이한 변조 함수에 의해 변조하는 방식. ＝QM

quadrature transmission system 직각 위상 전송 방식(直角位相傳送方式) 컬러 방송 전파를 6MHz의 대역 내에서 보내기 위해 두 색도 신호(NTSC 방식에서는 I신호와 Q신호)를 서로 90° 위상을 벗어나게 하여 3.58MHz의 색부반송파로 진폭 변조하고, 이 둘을 합성하여 반송 색신호로서 전송하는 방식으로, 그림과 같이 구성한다.

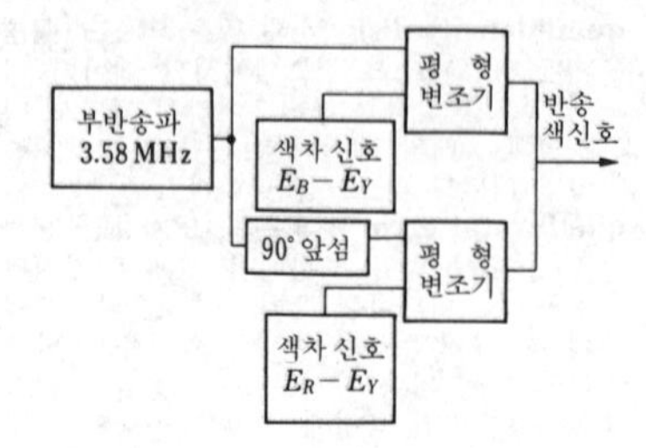

quadruplex system 4중 전신 방식(四重電信方式) 단일 회로를 사용하여 두 메시지를 서로 관계없이, 그리고 동시에 임의의 방향으로 전송할 수 있는 전신 방식.

quality 음색(音色)[1], 품질(品質)[2] (1) 음파의 진폭(세기)과 소리의 진동수가 같아도 악기에 따라서 그 구별이 있는 것은 음색이 다르기 때문이다. 이것은 음파의 고조파 성분의 분포가 다르기 때문이며, 음색은 기본 주파수에 대한 고조파의 분포 즉 음성 스펙트럼에 따라서 정해진다.
(2) 제품이나 서비스가 사용 목적 혹은 사용자의 요구를 만족시키고 있는지 어떤지를 결정하는 경우에 평가의 대상이 되는 고유의 성질 및 성능의 총칭.

quality assurance 품질 보증(品質保證) 소비자가 요구하는 품질이 충분히 만족되는 것을 보증하기 위해 생산자가 실시하는 체계적인 활동.

quality control 폼질 관리(品質管理) ＝QC

quality factor Q 동조 회로의 공진의 날카로움을 나타내는 양으로, 인덕턴스 L 혹은 정전 용량 C의 양단에서의 전압(직렬 공진인 경우) 또는 그곳을 흐르는 전류(병렬 공진인 경우)의 전체의 전압 또는 전류에 대한 배수로 나타낸다. 공진시의 주파수를 f_0으로 하고 $\omega_0=2\pi f_0$로 하면 Q는 다음 식으로 주어진다.

직렬 공진일 때

$$Q=\frac{\omega_0 L}{R}=\frac{1}{\omega_0 CR}$$

병렬 공진일 때

$$Q=\frac{R}{\omega_0 L}=\omega_0 CR$$

따라서 위 식에 의해 계산한 Q의 값은 코일이나 콘덴서의 부품으로서의 성능의 좋기를 나타내는 가늠으로서도 쓰인다.

quality factor meter Q미터 공진 회로나 회로 소자의 Q를 측정하기 위해 설계된 계측 장치.

quality of communication service 통신 서비스의 품질(通信－品質) 통신 시스템은 되도록 적은 비용으로 이용자의 요구를 만족하도록 만들지 않으면 안 된다. 서비스 품질은 전송 품질, 접속 품질, 신뢰성 등 여러 가지 점에서 정해지고, 적절한 평가 척도도 정해져 있다. 전송 품질은 전송 신호의 오율, 접속 품질은 부당한 지연을 수반하는 일 없이 망에 접근할 수 있는 정도를 주는 척도로서 호(呼)가 손실이 되는 확률, 혹은 접속 지연 시간 등. 또 신뢰성은 망 각부에 대한 연간의 고장률 등에 의해 그 목표값이 확률적으로 설정되어 있다.

quanta 양자(量子) =quantum

quantity of heat 열량(熱量) 물질을 구성하고 있는 원자, 분자가 가지고 있는 운동 에너지 등을 내부 에너지라 하는데 이 내부 에너지가 물체간 또는 물체 내에서 주고 받을 때 그것이 열의 이동으로서 관측되는 양.

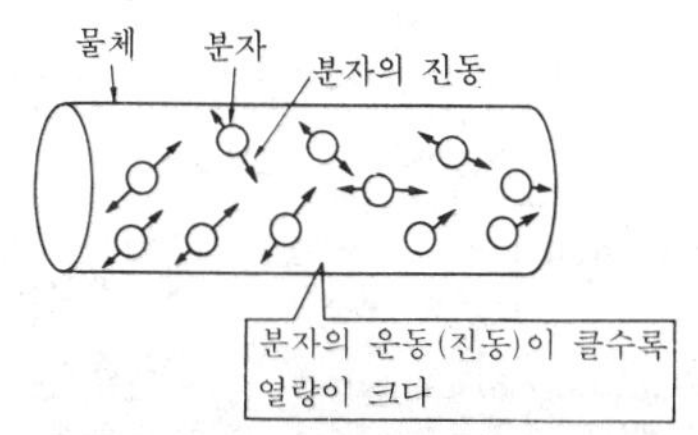

quantity of light 광량(光量) 광속과 그 광속이 유지되고 있는 시간의 곱, 즉 광속의 시간 적분값. 단위는 lm · s.

quantization 양자화(量子化) 연속적인 양을 불연속인 수치로 나타내는 것. 일정 구간 T의 값은 일정한 대표값($t_1 \sim t_4$)으로 치환한다. PCM 의 기초 기술로서 쓰이며 A-D변환을 할 때에도 필요하다. →PCM

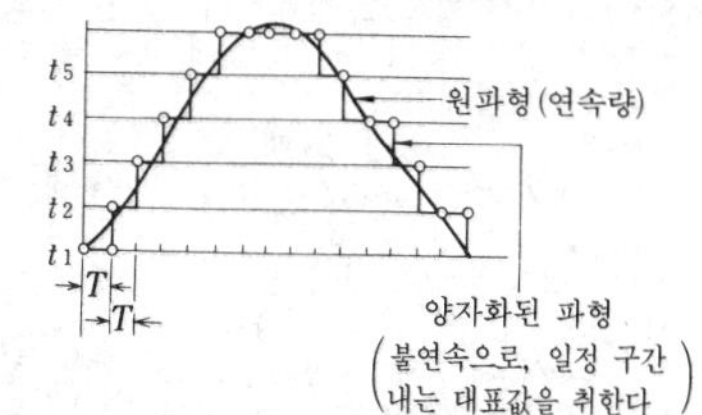

일정 구간 T의 값은 일정한 대표값($t_1 \sim t_5$)으로 대치한다.

quantization distortion 양자화 일그러짐(量子化—) 양자화의 과정에서 일어나는 본질적인 일그러짐.

quantization error 양자화 오차(量子化誤差) 연속적인 양의 크기를 몇 개로 구분하고, 각 구분 내를 같은 값으로 간주하는 것을 양자화라 한다. 요는 양의 최소 단위를 정하고 연속적인 양이라도 그 최소 단위의 정수배로 나타내는 것이 양자화이다. 그리고 양자화를 할 때 생기는 오차가 양자화 오차이다. 아날로그량을 디지털량으로 변환할 때에는 보통은 양자화 오차가 생긴다. 디지털량은 그 최소 자리(계산기 처리에서는 1비트에 대응)까지 밖에 분해능이 없으므로 그에 상당하는 아날로그량 δ만큼의 양자화 오차를 수반한다.

quantization level 양자화 레벨(量子化—) 입력의 부분 범위를 나타내는 출력의 이산값.

quantization noise 양자화 잡음(量子化雜音) 아날로그 신호를 양자화하여 계단형의 양자화 파형에 근사했을 때 생기는 양자화 오차는 원파형에 부가된 잡음이라고 생각된다. 이것을 양자화 잡음이라 한다. 양자 (역학) 잡음과 혼돈하지 말 것. 양자화 잡음의 최대값은 양자화 스텝의 폭 Δ의 절반이며, 잡음 주파수는 양자화 빈도, 즉 입력 신호의 시간적인 변화율로 변화한다.

quantized pulse modulation 양자화 펄스 변조(量子化—變調) 양자화를 수반하는 펄스 변조.

quantized system 양자화 시스템(量子化—) 최소한 하나의 양자화 조작이 있는 시스템.

quantizing 양자화(量子化) =quantization

quantizing hall effect 양자 홀 효과(量子—效果) 홀 효과가 양자화된 상태에서 나타나는 현상.

quantizing loss 양자화 손실(量子化損失) ① 페이즈드 어레이(phased array)에서 빔이 디지털 제어 이상기에 의해 위상 제어될 때, 여러 가지 회로 소자에 가해지는 이상량(移相量)의 양자화 오차에 기인해서 발생하는 손실. ② 신호 처리에 있어서 복합 신호(예를 들면, 펄스열의 펄스의 복소 진폭)가 복합회되기 전에 양자화(디지털화)될 때 일어나는 손실.

quantizing noise 양자화 잡음(量子化雜音) 연속한 신호파를 양자화할 때 원래의 신호에 대하여 오차를 갖게 되어 이 오차 성분을 양자화 잡음이라 한다. 양자화 잡음은 그 특질상 입력 신호가 가해졌을 때만 발생하고, 최대값이 양자화 스텝의 ±1/2 로 일정하기 때문에 양자화 잡음의 *SN*비는 입력 신호의 크기에 따라서 변화한다. 양자화 잡음을 작게 하려면 양자화 스텝폭을 작게 하면 되며, 부호기 등에서는 입력에 따라서 스텝폭을 변화시켜 양자화 잡음을 일정하게 유지하는 방법이 쓰인다.

quantizing operation 양자화 연산(量子化演算) 어떤 신호를 유한 개의 미리 정

해진 크기의 값을 갖는 다른 신호로 변환하는 것.

quantorecorder 퀀토리코더 발광 분석법에 의해 물질의 성분과 그 농도를 측정 기록하는 장치. 발광 장치, 분광기, 측광 장치로 구성되어 있다. 시료(試料)를 불꽃 또는 아크로 발광시키면 시료의 성분 특유의 스펙트럼을 갖는 빛을 발한다. 그 스펙트럼의 파장과 세기에서 물질의 성분과 농도를 측정할 수 있다. 이들을 측정하기 위해서는 발광한 빛을 회절 격자에 대고 거기서 반사된 빛을 분산 배치한 광전관으로 받아 그 출력 전압을 측정한다.

quantum 양자(量子) 어떤 양이 모두 단위량의 정수배로서 나타내어질 때의 단위량. 빛의 에너지는 연속적인 값이 아니고 광양자의 에너지의 정수배 밖에는 안 된다. 원자의 에너지도 연속적이 아닌 값을 가지며, 이것을 정상 상태라 하고, 에너지 준위가 있다. 또, 전자의 존재는 확률적이다. 양자는 양자 조건에 따른 양자수가 존재한다. →energy level

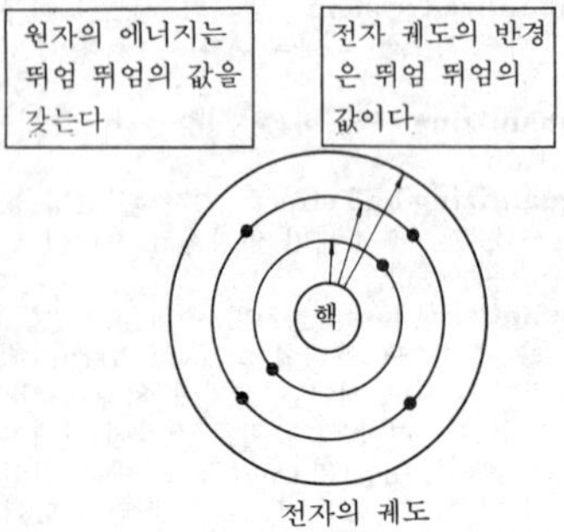

원자의 에너지는 뛰엄 뛰엄의 값을 갖는다

전자 궤도의 반경은 뛰엄 뛰엄의 값이다

핵

전자의 궤도

quantum efficiency 양자 효율(量子效率) ① 주어진 파장의 입사 광자 1개에 대해 광전 음극에서 광전자적으로 발광된 전자의 평균 갯수. 양자 효율은 파장, 입사각, 입사 방사의 편광에 의해 바뀐다. ② 매초 흐르는 전자수에 대해 매초 방출되는 방사 에너지의 양자(광자)수의 비율. 즉, 전자 1개당의 광자수. ③ 흡수된 입자수에 대해, 어떤 특정한 천이에 의해 물질에서 방출되는 광자 또는 전자수의 비. ④ 광원 또는 광 검출기 내의, 입사된 양자에 대해 발생한 양자의 비. 입사·발생 양자는 양쪽 모두 광자일 필요는 없다.

quantum electrodynamics 양자 전자기학(量子電磁氣學) =QED

quantum electronics 양자 일렉트로닉스(量子−), 양자 전자 공학(量子電子工學) 전자의 운동을 매체로 하는 일 없이 원자나 분자의 상태를 양자 역학적으로 포착하고, 그것과 전자파와의 상호 작용을 직접 이용하여 통신, 제어 또는 계측 등의 목적에 이용하기 위한 기술. 메이저나 레이저를 중심으로 하여 발전하고 현재 급속히 진보하고 있다.

quantum mechanics 양자 역학(量子力學) 원자나 소립자와 같은 미시적(微視的)인 세계에서의 현상은 통상의 물리 법칙(뉴턴 역학)으로는 설명할 수 없다. 이러한 경우도 포함하여 보다 일반적으로 적용할 수 있도록 만들어진 물리 법칙이 양자 역학이다. 여기서는, 에너지는 본질적으로 불연속량이며, 최소 단위(플랭크의 상수)가 존재한다고 하는 입장에서 관측 대상의 입자성과 파동성이 통일하여 기술되어 있다. 이것은 반도체에 관한 이론 등의 기초로서 중요한 것이다.

quantum noise 양자 잡음(量子雜音) 빛의 이산적 또는 입자적 성질에 기인하는 잡음.

quantum-noise-limited 양자 잡음 한계 동작(量子雜音限界動作) 양자 잡음에 의해 최소 검출 가능 신호가 제한되고 있는 동작.

quantum numbers 양자수(量子數) 원자 내에서의 전자를 1개씩 특정한 조건에 따르는 상태로 존재하는 것으로, 그 이외의 상태가 될 수는 없다. 이 조건을 나타내는 것이 양자수이며, 주 양자수 n, 방위 양자수 l, 자기 양자수 m_e, 스핀 양자수 m_s의 4개의 조합으로 정해진다. n은 양의 정수이고, l, m_e는 n의 값에 따라서 다음과 같이 정해진다. ////

$l=0, 1, 2, \cdots, n-1$ (n개) ////

$m_e=-l, -l+1, \cdots, l-1, l$ ($2l-1$개)

또, m_s는 언제나 1/2, −1.2의 두 가지이다. 모형적으로 말하면 n의 값에 의해서 전자 궤도의 반경이 정해지고, l의 값에 따라서 궤도가 장원화(長圓化)하는 정도가 정해진다. 또, m_e에 의해서 자전축의 방향이, m_s에 의해서 자전의 방향이 정해진다.

quantum of action 작용 양자(作用量子) →Plank's constant

quantum optics 양자 광학(量子光學) 광신호는 일반의 전기 신호보다도 높은 주파수를 가지며, 그 때문에 양자성을 고려하지 않으면 안 되는 경우가 많은데, 이러한 양자성을 고려에 넣은 광학을 말한다.

quantum signal detection 양자 신호 검출(量子信號檢出) 양자 역학에 의해서 지배되는 신호(예를 들면 빛)를 위한 신호 검출을 말한다.

quntum-well laser 양자 우물 레이저(量子－) 초박막 반도체나 그것을 적층한 다층 헤테로 주기 구조, 즉 반도체 초격자(超格子)에 있어서는 캐리어의 허용 에너지값이 양자화되어, 벌크 반도체와는 다른 광학적, 전자적 작용을 나타내게 된다. GaAs 의 우물과 AlGaAs 의 장벽이 z 방향으로 교대로 반복되고, x, y 방향으로는 개방하고 있는 것과 같은 1차원의 초격자를 예로 들어서 생각하면, 이것은 우물층을 활성층으로 하고, 그 양쪽에 장벽을 가진 1개의, 혹은 복수의 양자 우물 레이저를 실현할 수 있다.

quantum yield 양자 효율(量子效率) ＝ quantum efficiency

quarter-wave antenna 1/4 파장 안테나(四分－一波長－) 장중파대에서, 그 파장의 1/4 이 되는 도선을 대지에 접지하여 세우면 대지하에 생기는 그 전기 영상(影像) 때문에 전장 1/2 파장의 안테나와 등가로 되어 그 파장에서 공진하게 된다. 또 VHF대에서도 파장에 비해 충분히 큰 도체상에 1/4 파장의 발사체를 두면, 같은 이유로 등가 1/2 파장 안테나를 형성하게 된다. 이와 같이 설계된 안테나를 1/4 파장 안테나라 한다. 전자의 예가 1/4 파장 수직 안테나, 후자의 예가 브라운 안테나 등이다.

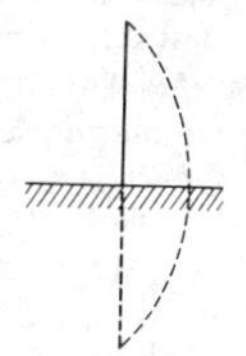

quarter-wave section 4분의 1파장 구간(四分－一波長區間) 마이크로파 회로 등에서 1/4 파장의 길이를 갖는 선로 구간으로, 임피던스 변환기 혹은 임피던스 정합기로서 사용된다.

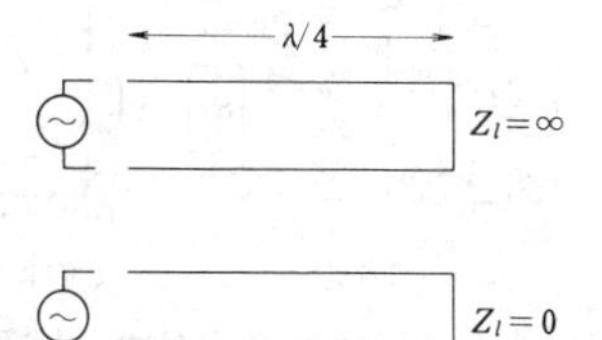

quartz 수정 진동자(水晶振動子) 압전기 현상을 갖는 특수한 절단법에 의해 절단한 판 모양의 수정편. 수정 진동자에 교류 전압을 가하면 수정편은 기계적 진동을 하는 동시에 수정편 표면에 전하가 나타난다. 따라서, 수정 진동자의 고유 진동수와 같은 주파수의 교류 전압을 가하면 회로에 큰 전류가 흐른다.

quartz crystal 수정(水晶) 석영(SiO_2)의 단결정으로, 결정축 및 결정면의 호칭은 그림과 같다. 결정에는 두 종류가 있으며, 그림에 나타낸 것이 우수정, 이것과 경상(鏡像) 관계에 있는 것이 좌수정이다. 수정을 평판형으로 잘라낸 것은 큰 압전기 효과가 있으며, 그 온도 계수는 매우 작으므로 수정 공진자로서 사용된다.

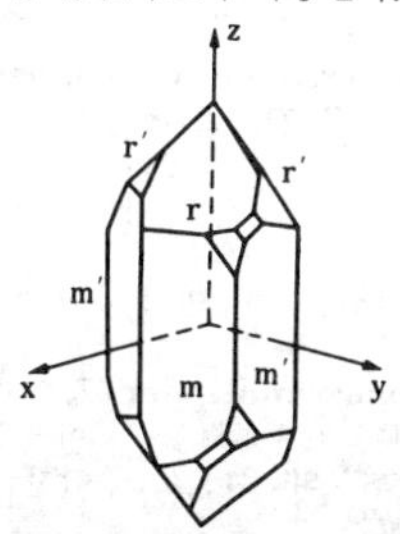

quartz crystal oscillator 수정 발진기(水晶發振器) 수정편의 기계적 공진과 압전 현상을 이용한 발진기.

quartz filter 수정 필터(水晶－) 1개 이상의 수정을 사용한 선택성이 좋은 동조 회로. 통신용 수신기의 중간 주파 증폭기 등에 쓰인다.

quartz glass 석영 유리(石英－) 석영(SiO_2)을 용융 응고하여 얻어진 유리. 기계적으로나 전기적으로나 다른 유리에 비해 뛰어나다. 예를 들면 저항률은 $\rho=10^{18}\sim10^{19}\Omega\cdot cm$, 절연 내력은 25～40kV/mm 이다. 그러나 융점이 높고(1800℃), 공정이 어려운 난점이 있으며 값이 비싸다. 내열성을 이용하여 열전쌍 보호관이나 전기 집진용의 절연물에 쓰이며, 자외선을 잘 통하기 때문에 태양등의 외관(外管)으로도 사용된다. 또 탄성체로서 좋은 성질이 있으므로 가는 섬유로 하여 계기에 사용한다. 그 밖에 고주파의 절연물로서도 적합하다.

quasi-analog signal 준 아날로그 신호(準－信號) 디지털 신호를 아날로그 회선을 통해 전송하는 데 적합한 형식으로 변환한 것. 아날로그 회선에는 주파수 영역, 대역폭, 신호 대 잡음(SN)비, 군(群) 지연 일그러짐 등의 특성이 있다. 전화 회선을 통해 통신을 하기 위해 이 형식의 신호를 사용할 때는 흔히 음성 데이터라 한다.

quasi-impulsive noise 준 임펄스 잡음(準一雜音) 임펄스 잡음과 연속성 잡음이 겹쳐진 잡음.

quasi-peak detector 준 첨두값 검파기(準尖頭一檢波器) ① 소정의 시상수를 갖는 검출기로, 일정한 반복 주파수, 일정한 진폭의 펄스를 입력했을 때 펄스의 피크값에 대한 출력 전압의 비율이 1 이하이고, 그 비율은 펄스 반복 주파수가 증가함에 따라서 1 에 가까와지는 검출기.

quasi-peak voltmeter 준 첨두값 전압계(準尖頭一電壓計) 소정의 기계적 시상수를 갖는 지시기가 내장된 준 첨두값 검파기를 말한다.

quasitransversal electromagnetic mode method 준 TEM 법(準一法) 인쇄 배선이나 대규모 집적 회로의 특성을 분포 상수 회로로서 해석하는 방법. 단면의 형상이 고르다고 간주되는 구간마다 선로 상수를 구하고, 길이 방향의 회로 방정식을 풀어 전파(傳播) 파형을 구할 수 있다.

quater square multiplier 자승차 방식 승산기(自乘差方式乘算器) 아날로그 컴퓨터 연산 회로의 하나로, 주어진 전압의 곱을 출력하는 것.

quenched spark gap converter 소호형 불꽃 갭 변환기(消弧形一變換器) 무선 주파수 전력원으로서 유도자와 불꽃 갭을 통해 콘덴서의 진동 방전을 이용한 불꽃 갭 발전기 또는 전원. 불꽃 갭은 직렬로 조작되는 하나 이상의 좁은 간격의 갭 무리로 구성되어 있다.

quenching 퀜칭 ① 금속을 고온으로 가열한 다음 기름이나 물 속에 넣어서 급속히 냉각하는 처리로, 주로 금속의 경도를 증가시키는 것이 목적이다. 담금이라 한다. ② 초재생 검파에서, 재생 검파기를 발진 상태로 해 두고, 그 플레이트 또는 그리드에 저주파수의 전압을 중첩하여 주기적으로 발진의 성장을 억제하는 것. 억제하기 위한 주파수를 퀜칭 주파수라 한다. ③ 가이거·뮬러 계수관 내의 방전을 소멸시키는 것. 관 전압을 줄임으로써 퀜칭을 할수 있다.

quenching circuit 퀜칭 회로(一回路) 이온화 현상 발생 후의 가이거·뮬러관의 인가 전압을 저하시키는 회로. 이 전압 저하에 의해 계속 발생하는 방전을 방지한다. 보통, 초기 전압 레벨은 가이거-뮬러관의 자연 회복 시간보다 늦게 회복한다.

query 질문(質問) 데이터 통신에서 주국(主局)이 종국(從局)에 대해, 종국 ID의 확인이나 종국 상태의 통지를 요구하는 조작.

queue 큐 중앙 처리 장치(CPU)의 버스 사이클의 공백 시간을 이용하여 기억 장치에서 명령 코드를 선독(先讀)하여 저장해 두는 버퍼 레지스터.

queuing theory 대기 이론(待機理論) 서비스를 받는 사람과 서비스를 제공하는 설비 사이의 상호 관계를 이론적으로 해명한, OR 의 한 수법으로, 1908 년 얼랑(Erlang, 스웨덴)에 의해서 연구된 것이다. 예를 들면, 입장권 매장에서 창구가 적으면 표를 사는 사람이 모여서 행렬이 생기고 창구가 많으면 행렬은 생기지 않는 대신 낭비가 생긴다. 이 경우 창구의 수를 어떻게 하면 합리적인가 하는 문제는 대기 시간, 서비스의 분포 등을 수학적으로 표현하면 계산해서 구할 수 있다. 대기 이론은 이러한 창구 문제 외에 공장의 생산 계획, 재고 관리, 전화 회선의 구성 등에 적용하여 합리적인 서비스의 방법이나 관리의 방법을 해명하는 데 쓰인다.

quick charge 급속 충전(急速充電) 단시간 사이에 충전을 하는 것으로, 축전지가 다 소모되었을 때 등 30 분에서 1 시간 정도로 통상의 충전 전류(10 시간율) 이상의 큰 충전 전류를 흘려 충전을 하는 방법을 말한다. 이 경우는 온도 상승에 주의하면서 할 필요가 있으며, 또 급속 충전을 한 다음은 수개월에 1 회는 보충 충전을 하는 것이 바람직하다. 너무 자주 급속 충전을 하는 것은 축전지의 수명을 크게 단축시키게 되므로 주의해야 한다.

quick-response magnetic amplifier 속응성 자기 증폭기(速應性磁氣增幅器) 자기 증폭기에서 제어 전압을 갑자기 바꾸었을 때 빠른 응답으로 출력 전류가 최종값에 이르도록 한 것. 통상의 자기 증폭기에서는 최종값에 이르기까지 전원 주기의 수 사이클을 필요로 하지만 속응성 자기 증폭기에서는 1/2~1 사이클로 달성할 수 있다. 그림은 반파형 속응성 회로의 예를 나타낸 것이다.

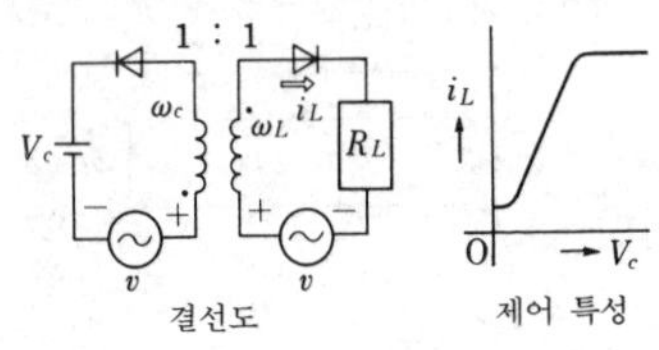

결선도 제어 특성

quiescent-carrier modulation 반송파 억압 변조(搬送波抑壓變調) 변조를 걸지 않는 기간 중은 반송파가 억압되는 변조 방식을 말한다.

quiescent current 영 입력 전류(零入力電

流) 전극 바이어스 전압에 해당하는 전극 전류.

quiescent operating point 영 입력 동작점(零入力動作點) 신호가 시간적으로 변화하지 않고 0일 때 어떤 특정한 외부 상태에도 관계없이 얻어지는 출력.

quiescent point 정지점(靜止點) 그 특성에서 신호 입력이 0일 때의 상태에 해당하는 점. 특성이 선형이고 더욱이 신호가 직류 성분을 포함하고 있지 않는 경우 이외는 일반적으로 파라미터의 정지값은 신호가 존재할 때의 평균값과 같지 않다.

quiesent value 베이스 진폭(—振幅) 펄스 간에 존재하는 파형의 최대값.

quiet automatic volume control 침묵형 AVC(沈默形—) =QAVC →squelch circuit

quieting sensitivity 무입력시 감도(無入力時感度), 휴지성 감도(休止性感度) 지정된 조건에서 출력의 *SN*비가 지정된 한도를 넘지 않는 최소의 (변조되지 않은) 신호 입력.

quiet tuning 정지성 동조(靜止性同調) 수신기가 도래 반송파에 대하여 정확하게 동조하고 있을 때를 제외하고 수신기 출력을 정지시키는 회로 구조.

quinhydrone half-cell 퀸히드론 반전지(—半電池) 불활성 금속(예를 들면 백금이나 금)의 전극이 퀸히드론의 포화액과 접촉하고 있는 반전지. 전극 전위는 수소 이온 농드에만 관계하기 때문에 pH의 측정에만 사용된다. 퀸히드론은 퀴논과 하이드로퀴논의 등(等) 몰 화합물이다.

Quintrix Braun tube 퀸트릭스 브라운관(—管) 컬러 텔레비전용 브라운관의 일종. 일본 마츠시타사의 상품명이다. 보통의 브라운관에 비해 대구경의 전자 렌즈를 사용하여 해상도를 높여 화상을 선명하게 한 것이다. 또 형광면은 외광 반사의 영향을 잘 받지 않게 하기 위해 형광체에 필터 효과를 갖게 하였다.

***Q* video signal** *Q* 비디오 신호(—信號), *Q* 영상 신호(—映像信號) NTSC 방식에서 크로미넌스를 제어하는 둘 이상의 영상 신호(E_I와 E_Q) 중의 하나. 감마 보정된 원색 신호 E_R, E_G 및 E_B의 선형의 조합이며, 다음과 같이 표시된다.

$$E_Q = 0.41(E_B - E_Y) + 0.48(E_R - E_Y) = 0.21E_R - 0.52E_G + 0.31E_B$$

rabbit-ear antenna 래빗이어 안테나 텔레비전용 실내 안테나의 일종으로, 모양이 토끼의 귀와 비슷하므로 이 명칭이 붙었다. 그림과 같은 V 자형 구조를 하고 있으며, V 자형 두 줄의 안테나 소자를 열어 두고 각각의 길이를 바꾼다든지 함으로써 각 채널에 동조시킬 수 있다. 이득은 일반적으로 낮아 1∼-1dB 정도이며, 지향성은 반파장 더블릿 안테나와 거의 같다.

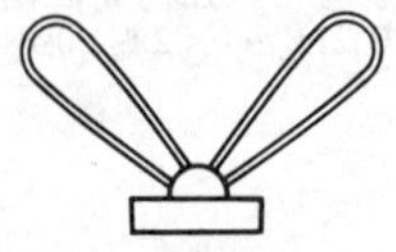

race 경합(競合) 순서 회로에서 피드백 신호가 2 개 이상 존재하는 상태. 이 신호는 순서 회로의 내부 상태를 일의적으로 나타내고, 입력의 변화에 대응하여 변화하므로 피드백 신호의 변화하는 순서가 회로의 최종 상태에 영향을 미치는 경우에는 이 경합 상태에 주의해야 한다.

racing 레이싱 시퀀스 회로에서 입력 변수가 변화함으로써 회로의 둘 이상의 내부 상태가 변화하여 그 변화의 빠르고 느림에 따라 다른 방향으로 시퀀스가 진행하여 동작이 불확정하게 되는 현상. 경합이라고도 한다. 단, 변화의 느리고 바른 것과는 관계없이 짧은 과도 기간을 경과하여 결국 일정한 내부 상태로 안정되는 경우를 무해 레이싱(non-critical racing)이라 한다.

racon 레이컨 측거(測距) 및 방위각과 같이 비컨의 식별 신호를 부호화 신호로 되돌리는 레이더 비컨. =radar beacon

rad 래드 흡수기의 100erg/g 에 해당하는 흡수 방사의 단위.

RADA 라다 random access discrete address 의 약어. 다중 통신 방식의 새로운 형식으로, 모든 무선기가 고유의 주소를 가지며, 수시로 임의의 무선기와 통신할 수 있는 방식을 말한다. 이 방식에 사용하는 주소는 시간 슬롯과 주파수 슬롯을 조합시킨 것을 사용하고, 상대방의 무선기 이외의 수신기로는 간단히 방수(傍受)할 수 없는 특징이 있으며, 방해에 대해서도 강하다. 미국 육군 통신대에서 고안한 것인데, 주파수의 사용 효율을 높이는 수단으로서 이용할 수 있다.

radar 레이더 마이크로파를 사용하여 발사한 전파가 직진하여 목표로 하는 물체에 닿아서 반사 귀환하는 것을 이용하여 물체의 방향, 거리를 측정하는 장치. 발사 전파는 마이크로파의 펄스파로, 스캐너의 날카로운 지향성에서 반사 물체의 방향을 판정하여 전류의 왕복 시간으로 거리를 측정할 수 있다. 선박용 레이더를 비롯하여 대공 레이더, 기상 레이더, 추미 레이더 등이 있다.

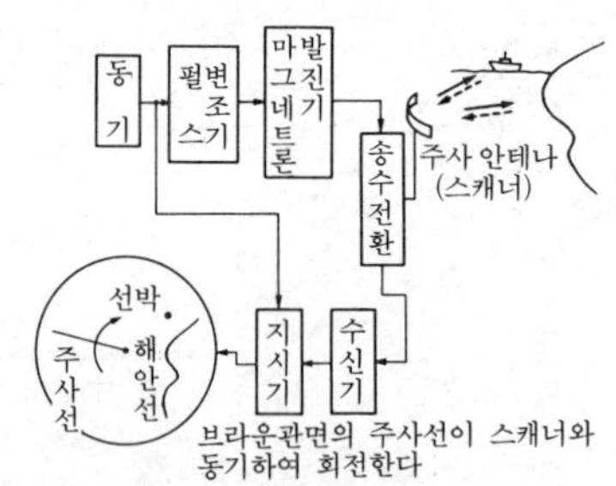

브라운관면의 주사선이 스캐너와 동기하여 회전한다

radar altimeter 레이더 고도계(-高度計) 전파의 왕복 시간을 측정하여 높이를 측정하는 계측기. 항공기에 탑재했을 때에는 그 지표면으로부터의 고도를, 또, 인공위상에 탑재했을 때는 해면이나 지표면의 요철(凹凸)을 측정한다.

radar ambiguity function 레이더 애매함수(-曖昧函數) 레이더 신호의 종합적 평가 함수. 지연 및 위상 추이를 받은 신호를 최적 수신한 경우의 거리 및 속도 분해능을 나타내는 함수.

radar astronomy 레이더 천문학(—天文學) 인공적으로 발생시킨 전파를 지구외의 물체에 발사하고, 산란 또는 반사된 전파를 살펴 연구하는 천문학.

radar band 레이더 대역(—帶域) 레이더 장치에 사용되는 주파수 범위의 하나로, 파장 1cm~1m 정도의 것(표 참조).

부호	주파수 〔MHz〕	파장 〔cm〕
P	225~390	133.3~76.9
L	390~1 550	76.9~19.37
S	1 550~5 200	19.37~5.77
C	3 900~6 200	7.69~4.84
X	5 200~10 900	5.77~2.75
K	10 900~36 000	2.75~0.834
Q	36 000~46 000	0.834~0.652
V	46 000~56 000	0.652~0.536
W	56 000~100 000	0.536~0.300

radar beacon 레이더 비컨 레이더로부터의 질문에 대해 응답하기 위해 사용되는 응답기.

radar buoy 레이더 부이 트랜스폰더를 내장한 라디오 부이.

radar camouflage 레이더 은폐(—隱蔽) 레이더 방향으로의 전파의 반사 에너지를 크게 감소시키는 피복 또는 외면 물질을 이용하여 레이더 검출에 대해서 물체의 본성이 존재하는 것을 은폐하는 기술, 수단, 또는 그 결과.

radar command guidance 레이더 지령 유도(—指令誘導) 미사일 발사 기지에서의 레이더 장치가 목표물과 미사일 양쪽의 위치를 연속적으로 결정하여 필요한 미사일 진로의 수정량을 구하고, 이것을 지령으로 하여 미사일에 무선으로 송신하도록 한 것.

radar cross-section 레이더 단면적(—斷面積) 레이더로 탐지되는 목표물의 실효 단면적(목표 단면적과 반사 이득의 곱). 후방 산란 단면적이라고도 하는데, 이 경우는 적당하지 않다.

radar display 레이더 표시(—表示) 레이더의 출력 데이터를 표시하는 표시 장치는 대부분 VDU이며, 스크린 상에 타깃의 거리, 방위각, 앙각 등의 매개 변수값을 표시하도록 한 것이다. 거리와 신호 강도의 관계를 직각 좌표로 나타내는 표시를 A형이라 한다. A형에서 거리 좌표가 스크린 상의 원으로 표시되는 것을 J형이라 한다. P형(PPI)은 거리를 중심에서 지름 방향으로 잡고, 원주를 따라서 방위각을 주도록 하고 있다. 이 밖에 M형, G형, B형 등의 표시도 있으며, 용도에 따라 적당한 것이 선택된다.

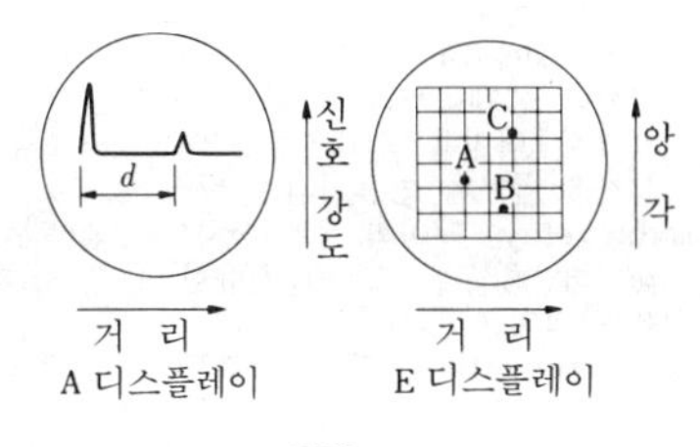

A 디스플레이 E 디스플레이

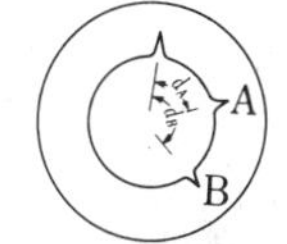

거리가 다른 두 목표(A, B))
J 디스플레이

radar dome 레이더 돔 =radom

radar equation 레이더 방정식(—方程式) 1차 레이더에 관해서 레이더의 송신 전력, 안테나 이득, 파장, 목표물의 유효 반사 면적, 목표물까지의 거리, 수신기 입력 전력 등의 파라미터를 관련짓는 수식(數式)이 방정식의 기본형이다. 기본 방정식은 레이돔(레이더 돔)에 의한 감쇠, 대기의 손실 또는 강우에 의한 감쇠, 다른 각종 손실과 전파(傳播) 효과를 고려하여 변형된다.

radar homing 레이더 호밍 ① 레이더 빔에 실려서 호밍하는 것. ② 미사일에 적재한 레이더가 타깃을 향해 미사일을 유도하는 것.

radar horizon 레이더 수평선(—水平線) 레이더의 유효한 수평면 발견 거리. 사용하는 전파의 준광학적 특성에 의해 이 거리가 제한된다.

radar performance figure 레이더 성능 지수(—性能指數), 레이더 성능값(—性能—) 레이더 송신기의 펄스 전력과 수신기의 검지 가능한 최소 신호 전력과의 비.

radar plotting 레이더 플로팅 레이더 표시기의 영상을 이용하여 목표물의 검출, 추미 매개 변수의 계산 및 정보의 표시를 하는 모든 과정.

radar range 레이더 레인지 레이더 방식에서 타깃을 검지할 수 있는 최대 거리. 송신 펄스의 적어도 절반이, 지정된 타깃을 식별할 수 있는 거리로서 정의된다.

radar range marker 레이더 레인지 마커 검출된 물체로의 거리를 지정하기 위해 레이더 스코프의 스크린 상에 그려진, 혹은 만들어진 마크 또는 선. 레인지 마크라고도 한다.

radar reflector 레이더 반사기(－反射器) 레이더 응답을 강하게 하기 위해 입사 전자파 에너지를 원래 방향으로 반사하는 성질을 갖도록 만들어진 장치.

radar relay 레이더 중계 장치(－中繼裝置) 레이더 영상과 그것에 특유한 동기 신호를 원격지에 중계하는 장치.

radar repeater 레이더 부지시기(－副指示器) 원격의 장소에서 레이더 표시의 가시상(可視像)을 재생하는 음극선 지시기.

radar scanning 레이더 주사(－走査) 목표로 하고 있는 물체의 위치를 구하기 위해 일정한 수색 패턴에 의해 레이더 빔을 움직여서 주사하는 것.

radar shadow 레이더 암부(－暗部) 반사 물체나 흡수 물체가 중간에서 방해를 함으로써 레이더 조사(照射)가 수행되지 않는 것. 표시기상에서는 암부 영역에 목표물의 블립이 나타나지 않고, 레이더 암부의 존재가 명확해진다.

radar sonde 레이더 존데 ① 고공의 기상 상태를 자동적으로 측정하여 지상으로 송신하는 장치. 풍선, 로켓, 연 등에서(레이더 신호에 의해 트리거되어) 펄스 변조한 신호를 지상으로 보낸다. ② 레이더 기술을 써서 라디오 존데에 의해 상공으로 쏘아올린 목표물의 거리, 방위, 고도를 결정하는 장치.

radar surveying 레이더 측량(－測量) 항공기에 적재한 레이더에 의해 두 지상 무선 표지까지의 거리 R_1, R_2를 측정하여 이에 의해 측량에 필요한 데이터를 구하는 것. R_1과 R_2의 합이 최소로 될 때 항공기는 두 표지(標識)를 잇는 직선상에 있다.

radar transmitter 레이더 송신기(－送信機) 레이더계의 송신기 부분.

radar-wind 레이윈 ① 라디오 존데 또는 레이더 반사기를 적재한 풍선과 함께 레이더 또는 방향 탐지기(DF)를 써서 풍향, 풍속을 결정하는 것. ② 특별한 장비를 갖춘 풍선과 라디오 추적 장치 또는 방향 탐지기에 의해 수집된 바람에 대한 정보. ＝RAWIN

radial convergence 레이디얼 컨버전스 컬러 수상관에서의 컨버전스의 한 방법. 델타형은 적, 녹, 청의 3전자 빔을 방사상 방향으로 이동하여 조정하고, 인라인형은 청, 적을 상하 좌우 방향으로 이동하여 조정할 수 있다.

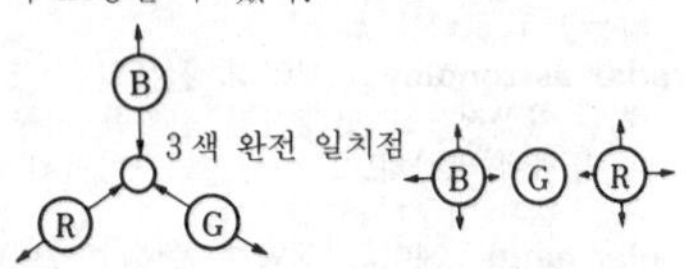

radian 라디안 호도법(弧度法)에 의한 각도의 단위로, 기호는 rad. 어느 각의 정점을 중심으로 하는 반경 r의 원을 그릴 때 그 각 중에 절취되는 원호의 길이가 s라면 그 각의 크기는 $\theta = s/r$〔rad〕이라 정한다. 이에 의하면 $360° = 2\pi$〔rad〕이며, 1 rad≒57.3°가 된다.

radiance temperature 방사 휘도 온도(放射輝度溫度) 특정한 파장에서 생각되고 있는 열방사체의 분광 방사 휘도와 같은 분광 방사 휘도를 갖는 완전 방사체(흑체)의 온도. 광고온계에 의한 온도의 시감 측정에서는 일반적으로 파장 655nm를 하용한다.

radian frequency 각주파수(角周波數) 단위 시간당의 각도(라디안). 시간의 단위는 일반적으로 초이고, 따라서 각주파수 ω는 $2\pi f$가 된다. 여기서 f는 주파수(Hz)이다.

radiant density 방사 밀도(放射密度) 단위 체적당의 방사 에너지. 단위는 J/m^3.

radiant efficiency of a source of radiant flux 방사속의 광원 방사 효율(放射束－光源放射效率) 순방향 전력 소비(램프에 입력된 전전력)에 대한 전방사속의 비.

radiant energy 방사 에너지(放射－) 전파, 열파(熱波), 광파 등 전자파의 모양으로 방사되는 에너지.

radiant excitance 방사 발산도(放射發散度) 방사의 발산면상의 한 점을 포함하는 미소면 요소를 생각하고, 그 면 요소에서 발산하는 방사속〔W〕을 단위 면적당으로 환산한 값. 기호 M_e. 단위 W/m^2.

radiant flux 방사속(放射束) 단위 시간에 공간을 전파(傳播)해 가는 방사 에너지. 기호 Φ_e. 단위 W.

radiant gain 방사 이득(放射利得) 지정된 출구에서 방사되는 방사속(放射束)과 지정된 입구에 대하여 입사되는 방사속과의 비.

radiant intensity 방사 강도(放射强度) 단위 시간에 점방사원에서 모든 방향으로 방사되는 방사 에너지를 그 방향을 포함하는 단위 입체각당의 방사속으로 환산한 값. 기호 I_e. 단위 W/sr.

radiant luminescence 방사 루미네선스(放射－) 빛, 자외선, X선 등의 방사를

댔을 때 생기는 방사. 자극을 주고 있을 때만 발광하는 것을 형광, 자극을 제거한 다음에도 계속해서 발광하는 것을 인광(燐光)이라 한다.

radiant power 방사속(放射束) 방사 에너지 흐름의 시간적인 비율.

radiant sensitivity 방사 감도(放射感度) 지정된 조사(照射) 조건하에서 주어진 파장의 입사(入射) 방사속에 의한 신호 출력 전류의 비율. 방사 감도는 직각 입사하는 평행 방사 빔을 써서 측정한다.

radiated interference 방사 방해(放射妨害) 방사 잡음 또는 희망하지 않는 신호에서 생기는 전파 방해.

radiated noise 방사 잡음(放射雜音) 방사 성분과 유도 성분의 양쪽을 가진 전자계 형태에서의 전파 잡음 에너지.

radiated power output 방사 출력 전력(放射出力電力) 송신기의 안테나 단자에서 이용할 수 있는 평균의 출력 전력에서 안테나 손실을 뺀 것으로, 송신 신호의 가장 긴 변조 주기에 걸쳐서 평균한 값.

radiated radio noise 방사 전파 잡음(放射電波雜音) 방사 성분과 유도 성분의 양쪽을 포함한 전자계 형태에서의 전파 접음 에너지.

radiate out phosphor 휘진성 형광체(輝盡性螢光體) 바륨플로로클로라이드 등의 단결정에 방사선을 대면 결정 내부에 에너지가 축적된다. 거기에 적외선을 대면 푸른 빛으로 되어서 에너지가 방출된다. 이러한 물질을 휘진성 형광체라 하고, X선 촬영의 화상 처리나 열선량계 등에 이용된다. 이것을 사용함으로써 피폭량을 종래의 1/2~1/80 으로 감소시킬 수 있다고 한다.

radiating 방사 원방계 영역(放射遠方界領域) 3 파장 혹은 3 파장 이상의 거리(3 파장이 1m 에 미치지 못할 경우는 1m 이상)의 영역.

radiating element 방사 소자(放射素子) 그 자체가 전파를 방사 또는 수신할 수 있는 안테나의 기본이 되는 부분. 방사 소자의 대표적인 예는 슬롯, 혼, 다이폴 안테나이다.

radiation 방사선(放射線) 전리능(電離能 : 물질과 반응하여 전리를 일으키는 것)을 가진 입자 또는 전자파. α선, β선, γ선, X 선, 중성자선 등이 있으며 방사성 물질의 핵변환에 의해서 발생한다. 방사선의 세기는 단위 시간에 생기는 핵변환의 수로 나타내어지며, 단위는 베크렐(becquerel : 기호 Bq)이다.

radiation efficiency 방사 효율(放射效率) 안테나로부터의 전방사 전력과, 안테나가 송신기에서 받아들이는 전력과의 비. 안테나 효율이라고도 한다.

radiation electric field 방사 전계(放射電界) 도선에 흐르는 고주파 전류에 의해 공간에 파동의 모양으로 방출되는 전계. 자계와 직각 방향을 갖는 전자파의 한 성분. 일반적으로 진행 방향에 대하여 직각 방향의 벡터를 갖는 횡파(橫波)가 된다. 거리에 반비례하여 감소하나, 동일 거리에서는 도선과 직각 방향에서 최대가 되고, 도선 방향에서 0 이 된다. 공간에서의 전파 속도는 광속과 같다.

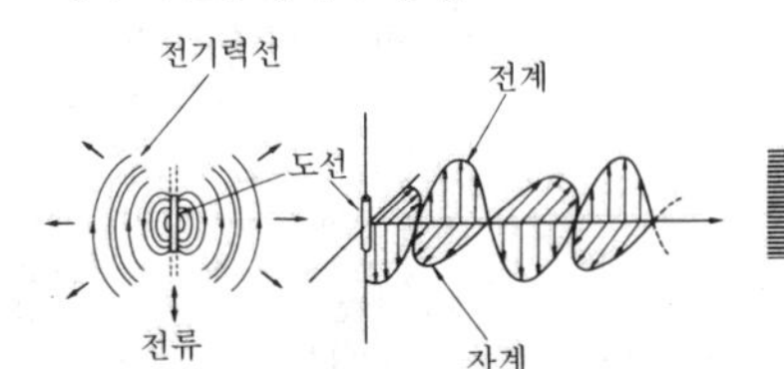

radiation field 방사 전자계(放射電磁界), 방사 전계(放射電界) 안테나 가까이에서는 정전계, 유도 전계 및 방사 전계가 있으며, 그 중의 뒤 2 자에 수반하여 유도 자계 및 방사 자계가 존재한다. 그러나 수 파장 이상의 거리가 되면 방사 전계 및 방사 자계만이 방사의 주성분이 된다. 이 전계 및 자계는 서로 관련하여 존재하므로 일괄하여 방사 전자계라 한다.

radiation hydrometer 방사선 비중계(放射線比重計) 방사선을 써서 유체의 비중(밀도)을 측정하는 장치, 투과 물질의 두께가 일정할 때 투과 방사선 강도의 대수(對數)는 물질의 밀도에 반비례하는 것을 이용한 것이다.

radiation impedance 방사 임피던스(放射－) 안테나가 전파를 방사하고 있을 때 그 때문에 생겼다고 생각되는 등가 임피던스. 그림의 반파장 다이폴 안테나에서는 $Z_r = R_r + jX_r = 73.13 + j42.55$ [Ω]이며, 방사 저항 R_r에 소비되는 전력이 실제 전파의 전력(방사 전력)이 된다. 또한 방사 리액턴스 X_r에 의한 무효 전류를 제거하기 위해 안테나의 길이를 적당히 단축하

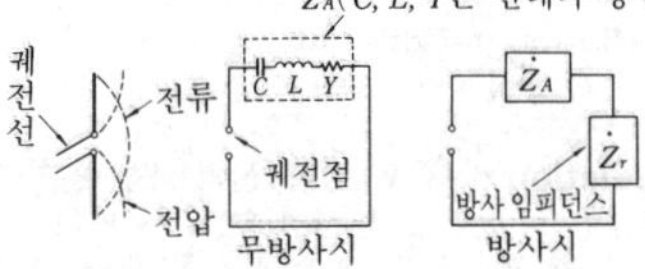

〔실제의 안테나〕 〔등가 회로〕

는 것이 보통이다.

radiation inspection 방사선 탐상(放射線探傷) 방사선을 물체에 주어 그 투과 후의 세기에서 물체 내부의 흠이나 균열 등을 탐사하는 것. 방사선에는 베타선이나 감마선을 사용한다.

radiation inspector 방사선 탐상기(放射線探傷器) 비파괴 검사법의 일종으로, 방사선이 물체를 투과한 다음의 세기는 물체의 두께나 형상에 따라 다르다는 것을 이용하여 시료(試料) 내부를 탐상하는 장치. 두꺼운 것을 검사할 때는 γ선, 얇은 것을 검사할 때는 β선이 사용된다.

radiation level gauge 방사선 액면계(放射線液面計) 물체에 의한 방사선의 감쇠를 이용하여 액면위(液面位)의 측정을 하는 장치. 그림은 선원(線源)의 위치를 언제나 액면에 일치시키는 방식의 것이다. 선원으로서는 보통 γ선을 사용한다. 이 방법은 고온 고압의 경우나 밀폐기 속의 액면위를 측정하는 데 적합하다.

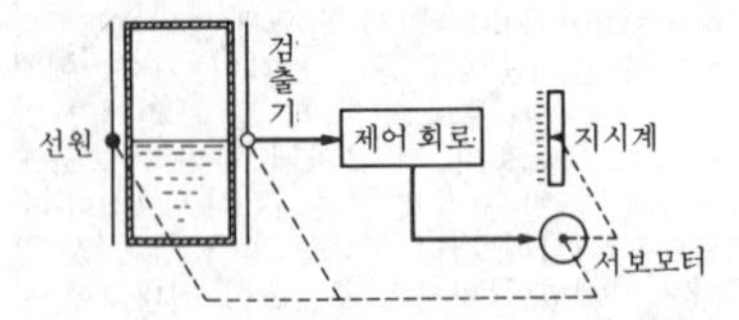

radiation lobe 방사 로브(放射—) 비교적 약한 방사 레벨의 영역에 한정된 방사 패턴의 일부.

radiation loss 방사 손실(放射損失) 전송 선로에서, 고주파 전력의 방사에 의해 생기는 전송 순실분.

radiation magnetic field 방사 자계(放射磁界) →induction magnetic field

radiation mode 방사 모드(放射—) 광도파로(光導波路)에 여진(勵振)되는 모드 내에서 단면 내의 전자계 분포가 중심축에서 충분히 떨어진 위치에서도 진동적인 작용을 나타내고, 축방향으로 전파함에 따라 감쇠하는 모드.

radiation pattern 방사 패턴(放射—) 안테나로부터의 방사 전력을 방향의 함수로서(보통 그림을 써서) 표현한 것. 전계(電界) 패턴 또는 지향성도라고도 한다.

radiation pattern cut 방사 패턴 절단(放射—切斷) 방사 패턴이 얻어지는 어떤 표면상의 궤적.

radiation power 방사 전력(放射電力) 안테나가 전파를 방사하고 있을 때의 공간에 방출된 전력 안테나를 감싸는 임의의 구면(球面)에서 단위 면적당의 전계, 자계의 세기의 곱 EI를 전 구면에 대해서 적분한다. 예를 들면, 반파장 다이폴 안테나에서는 $3.13I^2$[W](단, I는 궤전점(급전점)의 전류)가 된다.

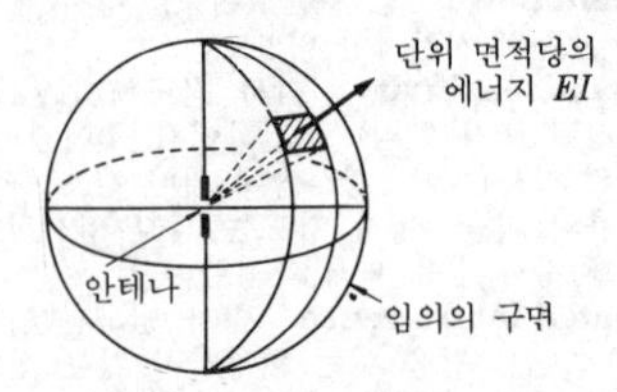

radiation pressure 방사압(放射壓) ① 전자(電磁) 방사가 존재하는 표면상에 가해지는 압력으로, 그 크기는 생각하고 있는 면의 어느 공간에서의 방사 에너지 밀도에 비례한다. ② 음장(音場) 내에서 위의 전자 방사에 해당하는 음압력(매질의 흐름에 의한 압력은 제외).

radiation pyrometer 방사 고온계(放射高溫計) 고온의 물체에서 나오고 있는 방사 에너지를 수열판(受熱板)으로 받아 그 열 상승에서 물체의 온도를 재는 온도계. 열전(熱電) 온도계에 의한 측온을 간접적으로 이용한 것이다. 열전쌍(熱電雙)의 구조는 한 쌍이 아니고 여러 개가 직렬로 접속되며, 열기전력은 밀리볼트계로 잰다.

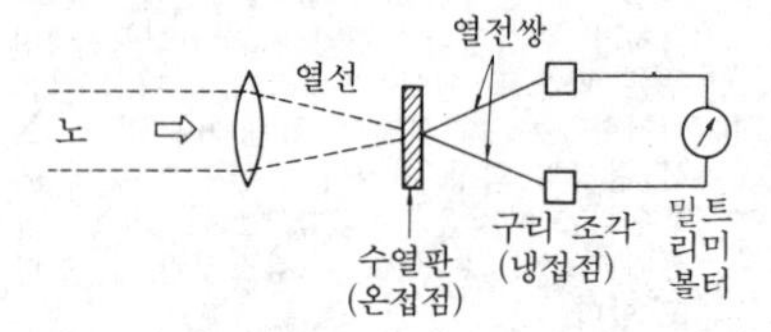

radiation recombination 방사 재결합(放射再結合) 반도체 등에서 전자와 정공이 재결합할 때 방사를 수반하는 경우에 대한 용어. 비방사 재결합인 경우에는 전자가 가지고 있던 에너지는 열로 되어서 소산한다.

radiation recombination center 방사 재결합 중심(放射再結合中心) pn접합의 주입 캐리어나 광여기(光勵起)된 전자 · 정공쌍이 재결합할 때 격자 결함이나 불순물에 의한 에너지 준위를 거쳐 간접적으로 재결합이 이루어지는 경우에 재결합에 관여하는 격자 결함이나 불순물을 재결합 중심이라 하고, 에너지 구조에서의 금제대(禁制帶) 내에 깊은 준위를 형성한다. 구리나 쇠 등이 재결합 중심을 만든다.

radiation resistance 방사 저항(放射抵抗) 방사 임피던스의 저항분. →radiation impedance

radiation thermometer 방사 온도계(放射溫度計) 물체로부터 나오는 방사 에너지를 이용하는 온도계. 고온 물체로부터의 방사 에너지를 열전쌍열(熱電雙列)로 받아 기전력으로 변환한다든지, 볼로미터의 저항 변화로 변환하여 측정하는 것, 방사 에너지를 광전 소자, 적외선 소자로 받아 전구에 의한 광량과 비교 측정하는 것 등이 있다.

radiation thickness gauge 방사선 두께 측정기(放射線-測定器) 방사선이 물질을 투과할 때의 감쇠량이 두께와 일정한 관계가 있는 것을 이용하여 물질의 두께를 측정하는 장치. 얇은 판의 경우는 β선, γ선, X 선, 중성자선 등이 있으며, 방사성 물질의 핵 변환에 의해 발생한다. 방사선의 세기는 단위 시간에 생기는 핵 변환의 수로 표시되며, 단위는 베크렐(becquerel : 기호 Bq)이다.

radiator 방사체(放射體), 방사기(放射器) ① 방사 에너지를 발사하는 것. ② 안테나 또는 전송 선로에서 전자파를 직접 공간으로, 혹은 집속, 방향 설정 등의 목적으로 반사기를 향해서 방사하는 부분.

radio 라디오 ① 흔히 라디오 방송 수신기를 가리키며, radio set 라고 하는 것이 정확하다. ②「무선」또는「전파」를 나타내는 말.

radio absorber 전파 흡수체(電波吸收體) 전파의 에너지를 흡수하여 반사를 억제하는 물질로, 페라이트나 철, 황동 등을 혼입한 복합재 등이 실용되고 있다. 적의 레이더에 비치지 않는 스텔스(사람 눈을 피한다는 뜻)기의 개발로 일약 유명해진 물질인데, 전파 장해의 방지 등에 유용하다.

radioactive element 방사성 원소(放射性元素) 원자핵이 자연히 붕괴하여 α선, β선, γ선과 같은 방사선을 방사하는 성질을 방사능이라 하고, 방사능을 갖는 원소를 방사성 원소라 한다. 라듐과 같이 천연으로 존재하는 것 외에 현재에는 인공적으로 각종의 것이 만들어져 이용되고 있다.

radioactive isotope 방사성 동위 원소(放射性同位元素) 동위 원소 중에서 특히 방사성 원소인 것.

radioactivity 방사능(放射能) 우라늄, 라듐, 토륨과 같은 원소는 자연 붕괴하여 α선, β선, γ선과 같은 방사선을 방출하는 성질을 가지고 있다. 이 성질을 방사능이라 한다. 방사능을 갖는 원소를 방사성 원소라 한다.

radio altimeter 전파 고도계(電波高度計) 항공기의 고도를 전파를 써서 아는 계기. 펄스형과 FM 형이 있다. 펄스형은 펄스 전파를 발사하여 지표면에서 되돌아오기까지의 시간과 전파의 속도(광속)로 고도를 안다. FM 형은 FM 변조파를 발사하여 지표면에서 되돌아온 전파와 혼합하여 비트(beat)를 만들어서 아는 방법이다.

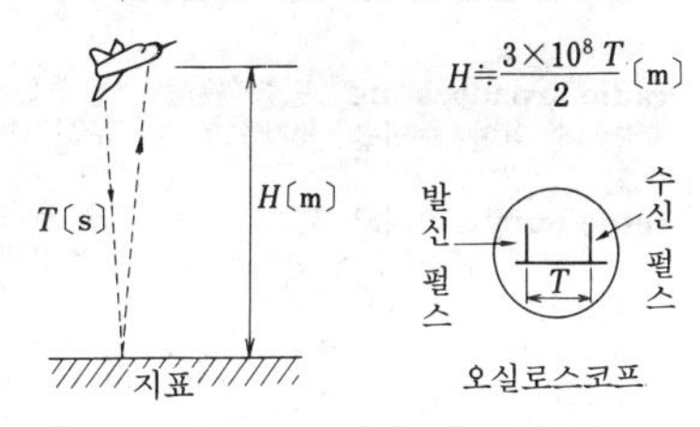

radio astronomy 전파 천무학(電波天文學) 천체에서 방사되는 전파에 대해서 해석 연구하는 학문.

radio-autopilot coupler 무선 자동 조정 결합기(無線自動操縱結合器) 항법 수신기에서의 전기 신호를 이용해서, 이동체의 자동 조종 장치를 제어할 때, 그 중개를 하는 장치.

radio beacon 무선 표지(無線標識), 라디오 비컨 ① 선박이나 항공기가 방위 측정을 하는 데 필요한 전파를 발사하는 것. 항공기용(AN 식 레인지 비컨), 선박용(회전 비컨) 등이 있다. ② 어느 일정한 지점(비행장 등)에서 특정한 방향으로 전파를 발사하고, 항공기, 선박 등에서 그것을 수신하여 그 지점에 대한 방위를 알기 위한 장치. 등대와 같이 회전 지향성 안테나에서 일정 시간에 방향에 따라 강약이 있는 전파를 회전 방사하는 방식과 조금 다른 두 방향으로 부호가 다른 변조를 받은 전파를 발사하여 그 경계를 따라서 항공기 등을 유도하는 방식이 있다. 별명 무

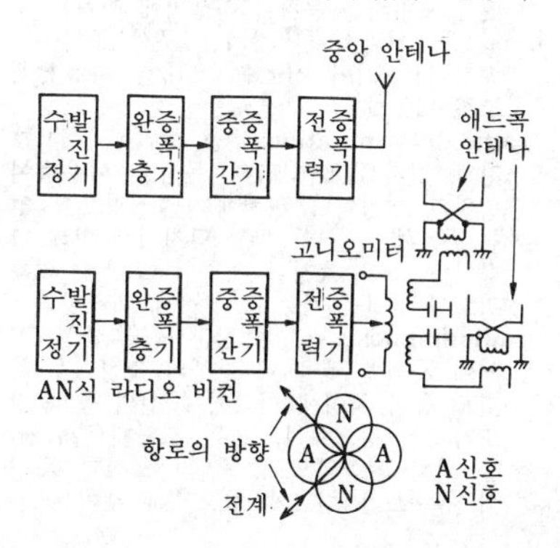

선 등대 혹은 무선 표지라고도 한다. 단파 또는 초단파가 사용된다.

radio beacon station 무선 표지국(無線標識局) 항공기국과 같은 이동하는 무선국에 대하여 전파를 발사하고, 그 전파 발사의 위치로 방향 또는 방위를, 그 이동국이 결정할 수 있게 하는 무선 항행 업무를 하는 무선국.

radio broadcasting 방송(放送) 공중(公衆)에 의한 수신을 목적으로 한 무선 송신.

radio buoy 라디오 부이 부표(浮標)로서 사용하기 위한 무선 설비로, 무선 측위에 사용한다. 여기에 사용하는 전파의 형식 및 주파수는 A1 또는 A2 로 1,605~2,850kHz 까지, 안테나 전력은 3W 이하로 되어 있다.

radio channel 무선 채널(無線—) 무선 통신에 필요하고 충분한 대역을 갖는 주파수 대역. 채널의 대역폭은 통신 방식 및 송신 주파수에 있어서 허용도에 의해 결정된다.

radio-channel multiplexing 라디오 채널 다중화(－多重化) →duplex

radio circuit 무선 회선(無線回線) 두 지점 사이에서 단방향 또는 양방향의 무선 통신을 행하기 위한 수단.

radio communication 무선 통신(無線通信) 전파를 사용하여 수행하는 모든 종류의 기호, 신호, 문언(文言), 영상, 음향 또는 정보의 송신, 발사 또는 수신.

radio compass 라디오 컴퍼스 항법 목적에 사용되는 방향 탐지기.

radio compass indicator 라디오 컴퍼스 지시기(—指示器) 자기 방위(磁氣方位), 무선 방위, 항공기의 기수 방위와의 관계를 원격 표시하는 장치.

radio control 라디콘, 무선 조종(無線操縱) 모형의 자동차나 비행기에 적재된 무선 수신기와 조타 장치를 무선 주파수의 송신기로 제어 신호를 보내서 자유롭게 조종하는 것.

radio determination 무선 측위(無線測位) 전파 전파(電波傳播)의 특성을 이용하여 위치의 결정이나 위치에 관한 정보를 얻는 것. 예를 들면, 방향 탐지기에 의해 방향이나 위치 측정을 하거나 로란에 의해 위치의 결정을 하는 등이 이에 해당한다.

radiodiagnosis X선 진단(－線診斷) 신체에 X선을 댔을 때 각부의 조성, 두께, 밀도 등의 차이에 따라서 X선의 투과 강도가 달라짐으로써, 또는 조형제(造形劑)를 써서 인공적으로 주위의 조직과 X선의 흡수도를 다르게 함으로써 생기는 음영(陰影) 등을 형광상으로 나타내어 병소(病巢)의 발견, 또는 질병의 진단을 하는 것을 말한다. 이것에는 육안으로 관찰하는 X선 투시와 필름에 촬영하는 X선 촬영이 있다. =X-ray diagnosis

radio direction finder 무선 방향 탐지기(無線方向探知機), 무선 방위 측정기(無線方位測定機) 회전하는 루프 안테나 또는 이와 비슷한, 고도로 지향성을 가진 무선 항행 원조 장치로, 이에 의해서 도래하는 무선 신호의 방향을 결정하도록 한 것. =RDF

radio direction finding 무선 방위 측정(無線方位測定) 도래 전파의 방위를 측정하는 것. 이 장치를 무선 방위 측정기 또는 방향 탐지기라 한다. 8자형 전계를 갖는 2개의 안테나를 동시에 회전시켜 전파의 수신 전력이 같은 2점에서 전파의 도래 방향을 안다. 또, 도플러 효과를 이용하는 것도 있다. 안테나로서는 루프 안테나, 애드콕 안테나, 고니오미터 등을 사용한다. 육상용, 공항용, 선박용, 항공기용, 특수(기상 등)용 등이 있다.

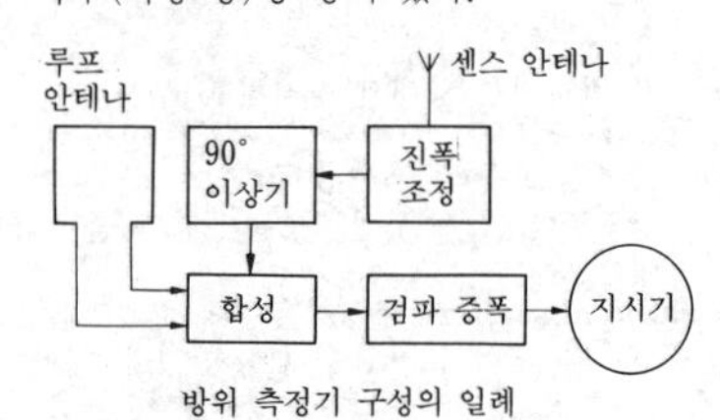

방위 측정기 구성의 일례

radio distress signal 무선 조난 신호(無線遭難信號) 무선 전신의 조난 신호는 모스 부호의 SOS 로 구성되고, 정해진 주파수로 송신한다. 무선 전화의 조난 신호는 May Day 라는 말로 나타낸다. 국제적으로 협정에 의해 조난 신호가 송신되었을 때는 조난 호출 등에 혼신을 줄 우려가 있는 전체의 무선 통신을 정지한다.

radio disturbance warning 전파 경보(電波警報) 델린저 현상이나 자기람(磁氣嵐) 등 태양의 폭발에 의해 발생하는 전파 장해의 발생을 예지(豫知)하여 경고를 발하는 것. 이들 장해는 단파 통신에 큰 영향을 주므로 이러한 예지는 통신 업무의 운용상 매우 유리하므로 계속적으로 태양면을 관측하여 국제적인 협력하에 세계 연락망이 만들어지고 있다. 이 업무를 전파 경보 업무라 한다.

radio Doppler 무선 도플러(無線—) 속도를 갖는 물체로부터의 전파의 주파수는 변화해서 측정되므로 물체와 관측자와의 상대 속도를 결정할 수 있다.

radio duct 라디오 덕트 마이크로파는 전리층에서 반사되지 않아 가시 거리 외에는 도달하지 않는 것이 보통이다. 그런데 대류권의 일부에서 상층부가 하층부보다 고온도 또는 저온도가 되면 굴절률이 역전하여 마이크로파라도 지상과 그 계면(界面)과의 사이에서 반사를 반복하면서 먼 곳까지 전해지는 일이 있다. 이러한 대기층을 라디오 덕트라 하고, 지표면 가까이에서 일어나는 경우(해면상이 많다)를 접지형 덕트, 고층부의 경우를 고소(高所) 덕트 또는 S형 덕트라 한다.

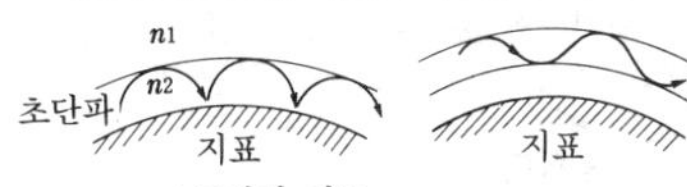

접지형 덕트 이지형 덕트

radio echo 전파 에코(電波－), 전파 반향(電波反響) →echo

Radio Electronics and Television Manufacturer' s Association 라디오, 일렉트로닉스, 텔레비전 제조 업자 연맹(－製造業者聯盟) 미국의 단체로, 현재는 EIA (Electronic Industries Association)로 개칭되었다. ＝RETMA

radio equipment 무선 설비(無線設備) 무선 전신이나 무선 전화, 기타 전파를 보내고 또는 받기 위한 전기적 설비를 무선 설비라 한다. 이것에는 무선 전신, 무선 전화, 라디오 방송의 설비 외에 팩시밀리, 텔레비전, 레이더 및 항공, 기상을 위한 것도 있으며, 무선 조종(라디콘)이나 간이 트랜시버 및 전파를 수신하기 위한 전기적 설비도 모두 무선 설비에 포함된다.

radio fadeout 라디오 페이드아웃 낮은 전리층에서 돌발적이고 이상한 전리 현상이 증가하는 것으로, 그 때문에 이 영역을 통과하는 전파가 강하게 흡수된다. 그리고 수신파가 소멸(페이드아웃)해 버린다. 이러한 현상은 흔히 발생하며, 1 시간 정도 계속한다. 3～10MHz 범위의 전파가 영향을 받는다. 10kHz 이하의 주파수에서는 통신 상태는 오히려 개선된다.

radio-field strength 전계 강도(電界强度) 전자파의 통로에서의 임의점(任意點)의 전계의 세기로, 단위는 μV/m 또는 mV/m로 나타내는 경우가 많다. 100MHz를 넘는 정도가 되는 전자파의 원방계(遠方界 : Fraunhofer region)에서의 전계 강도 E는

$$E=\sqrt{pZ_0}\quad[\mathrm{V/m}]$$

로 주어진다. 여기서, p는 방사 전력속의 밀도[W/m²], Z_0은 자유 공간의 임피던스(377Ω)이다.

radio fix 무선 위치 결정(無線位置決定) ① 무선 신호의 발신원을 구하는 것. ② 비컨에 의해 비행 중인 항공기의 위치를 구하는 것.

radio frequency 무선 주파수(無線周波數), 고주파(高周波) 10kHz에서 3000GHz까지의 주파수 범위를 갖는 전자 스펙트럼의 영역. 이 주파수대는 30km에서 1mm의 파장 범위에 대응한다. ＝RF →high frequency

radio-frequency alternator 무선 주파 교류 발전기(無線周波交流發電機) 무선 주파 전력을 발생하는 회전형 발전기.

radio-frequency attenuator 무선 주파 감쇠기(無線周波減衰器) 입력의 무선 주파 전력과 비교해서 출력의 무선 주파 전력을 거의 감쇠하지만, 거의 또는 전혀 전력의 손실없이 저역 주파수의 신호를 통과시키는 저역 필터(로패스 필터).

radio-frequency pulse 무선 주파수 펄스(無線周波數－) 펄스에 의해 진폭 변조된 무선 주파수 반송파. 변조된 반송파의 진폭은 펄스의 전후에서 0이 된다.

radio-frequency switching relay 무선 주파 전환 계전기(無線周波轉換繼電器) 상용 전력 주파수보다도 높은 주파수로 저손실의 전환을 하도록 설계된 계전기.

radio-frequency transformer 고주파 트랜스(高周波－) 고주파 회로에 사용하는 트랜스. 방송 수신기에 사용되는 고주파 트랜스는 보통, 비교적 넓은 주파수 범위에 동조 가능한 병렬 공진 회로이다.

radio gain 무선 이득(無線利得) 무선계(無線系)에 있어서의, 시스템 손실의 역수.

radiogoniometer 라디오고니오미터 무선 방향 탐지기로서의 각도 측정기. 베리니토시 방식에서는 2개의 루프 안테나를 직각으로 배치하고, 고니노미터의 2개의 계자 코일에 각각 접속한다. 계자 코일에 유도 결합한 탐색 코일을 회전하여 방위 정보를 얻는다.

radiography 라디오그래피 방사선을 이용하는 비파괴 검사의 한 방법. 피검사물에 X선 또는 중성자선 등을 조사(照射)하여 내부의 상태에 따른 투과도의 차이를 사진으로 촬영하여 결함의 발견이나 형상의 식별 등에 이용하는 것.

radio heating 고주파 가열(高周波加熱) 고주파 에너지를 써서 행하는 유도 가열

R

또는 유전 가열.

radio horizon 라디오 수평선(−水平線) 송신기로부터의 직접 방사가 지표에 접하는 점의 궤적. 수평선까지의 거리는 대기 중의 전파의 굴절에 의해 영향된다.

radio-influence field 무선 유도계(無線誘導界) 무선 유도계는 장치나 회로에서 방사하는 무선 잡음 전자계로, 지정된 방법으로 무선 잡음계를 사용해서 측정된다. =RIF

radio-influence tests 무선 유도 시험(無線誘導試驗) 피시험 소자에 전압을 인가하고, 그 때 피시험 소자에서 발생하는 무선 유도 전압을 측정하는 시험.

radio interference 수신 장해(受信障害)[1], 전파 장해(電波障害)[2] (1) 라디오나 텔레비전에서 수신시에 받는 방해를 말하며, 특히 라디오 방송의 전파는 그 성질상 원거리까지 도달하므로 방해를 받는 일이 많다. 수신 장해의 주요한 것은 외국 전파의 방해에 의한 것과 전기 설비에 의한 인공 잡음 방해이며, 전자는 국제적인 문제로 곤란한 일이 많지만 후자에 대해서는 잡음 방지기 등을 사용함으로써 어느 정도의 경감이 가능하다.
(2) 방송이나 무선 통신의 수신이 전파 잡음, 전기 잡음, 자연 현상 등의 원인으로 저해되는 것. 방송 수신에서는 VHF, UHF 의 전파는 직접 공간을 전파(傳播)해 가는 직접파이기 때문에 송신 안테나와 수신 안테나 사이에 산이나 건물 등이 있으면 전계가 차단되기 때문에 크게 감쇠한다. 또, 직진, 반사, 회절 등의 전파가 간섭하여 도착 시간의 차에 의한 영향 등 때문에 텔레비전 등에 고스트(ghost)나 혼신이 발생한다.

radio-isotope 라디오아이소토프 방사성 동위 원소 즉 방사능을 가진 원자 번호가 같고 원자량이 다른 원소. 여러 가지 원자핵 반응을 인공적으로 시킴으로써 모든 원소에 대하여 방사성 동위 원소가 얻어진다. 이들 아이소토프는 각종 계측용, 공업용, 농업용 혹은 의료용 등 광범위한 분야에서 방사선원으로서 이용되고 있다.

radioknife 전기 메스(電氣−) 날 모양의 전극에 고주파 전류(1~10MHz)를 흘려 생체에 접근시키면 고주파 유도 가열이 이루어져서 전극 바로 밑 부분이 절개되므로 이것을 이동하여 메스로서 이용하는 것. 수술에 사용하면 절개부의 단백질이 열 때문에 응고하여 출혈을 방지하는 작용을 하는 것이 특징이다.

radio link 라디오 링크 무선 송신기 및 수신기간에 설정된 통신로. 2 방향(FDX) 채널인 경우에는 각 방향에서 다른 주파수를 사용한다. 위성 통신의 경우에는 지상국에서 위성으로의 채널을 업 링크, 역방향으로의 채널을 다운 링크라 한다.

radio location 전파 탐지법(電波探知法) 항법 목적에 한정되지 않고 무선 원조 시스템을 사용해서 위치를 결정하는 것.

radioluninescence 라디오루미네선스 X선, 알파 입자 또는 전자와 같은 방사 에너지에 의해 생기는 루미네선스.

radio-magnetic indicator 무선 자기 방위계(無線磁氣方位計) 전방위 지시를 하나의 표시로 변환하는, 자동 방향 탐지기의 지시기와 유사한 결합 지시기. 그 지시침은 전방위국의 방향을 가리킨다. 전방위국 방위, 이동체의 기수 방위, 상대 방위를 종합적으로 표시한다. =RMI

radio marker beacon 무선 위치 표지(無線位置標識) 비행 중인 항공기가 소정 지점의 상공을 통과 중임을 알기 위해 지상에서 상공으로 발사되는 지향성의 비컨으로 대역 마커(zone marker)와 부채꼴 마커(fan marker)가 있다. 전자는 지향성 무선 표지(range beacon)와 병설되어 레인지국 상공임을 알린다. 후자는 ILS 용의 3 종의 마커 등이 그 예이다.

radiometeorograph 라디오존데 =radiosonde

radio meteorology 전파 기상(電波氣象) →weather radar

radiometric sextant 무선 6 분의(無線−分儀) 천체의 가시외 자연 방사를 검출하여 추적함으로써 그 천체의 방향을 측정하는 기기. 자연 방사에는 전파, 적외선, 자외선이 포함된다.

radio microphone 무선 마이크로폰(無線−) 초소형 송신기(중파의 AM 또는 FM, 혹은 초단파의 FM 을 쓴 것)와 한 몸으로 내장한 마이크로폰. 자유롭게 이동하면서 사용할 수 있는 이점이 있다. =wireless microphone

radio navigation 항법 무선(航法無線) 선박이나 항공기의 항행을 안전 확실하게 하기 위하여 무선 설비를 사용하는 것. 이와 같은 목적에 사용하는 기기는 항법 무선 기기 또는 항법 전자 기기라 한다. 전파의 전파 특성을 이용하여 위치나 방위를 결정한다든지, 위치나 방위에 관한 정보를 얻어서 선박이나 항공기를 목적지로 유도하는 데 무선을 이용하는 것으로, 주파수는 장파, 중파, VHF 나 UHF 대까지 사용된다.

radio navigation satellite 항행 위성(航行衛星) 선박이나 항공기의 위치 측정 등

에 사용되는 위성. 선박은 위성으로부터 발사되는 전파를 수신하여 자기 위치를 결정하므로 항해 위성이라고도 한다. 최초에 발사된 항행 위성은 미국의 TRANSIT 이다.

radio noise 전파 잡음(電波雜音) 공간에 방사된 불규칙하고, 예측할 수 없는 전파를 말하며, 자연 잡음과 인공 잡음으로 나뉜다. 자연 잡음에는 태양 잡음, 우주 잡음 등이 있고, 인공 잡음으로는 전기 기기 등에서 발생하는 것 등이 있다. 또 전파 잡음을 AM 수신기에 의해 수신한 경우 그 출력 파형의 불규칙성에 따라 불규칙 잡음과 주기성 잡음으로 분류된다.

radio operator 무선 종사자(無線從事者) 무선 설비의 조작을 하는 자로, 체신부 장관의 면허를 받은 자.

radio packet communication 무선 패킷 통신(無線－通信) 단말에서 컴퓨터 등에 접근할 때 지상 무선을 써서 패킷을 전송 단위로 하는 통신.

radio paging 라디오 페이징, 무선 호출(無線呼出) 외출자가 사무실 등과 연락을 할 수 있도록 휴대하는 소형 무선 수신 장치. 사무실로부터의 호출 신호에 의해 라디오 페이징이 동작했을 때는 수신자는 가까운 전화기를 사용하여 사무실과 연락한다. 전파는 150MHz 및 250MHz 대를 사용한다. 무선 호출이라고도 한다. 흔히 포켓벨 또는 삐삐라고 하는 것.

radiophare 무선 표지(無線標識) 국제적인 전문어로서 자주 이용되는 술어로, 전파 비컨을 의미한다.

radio pill 라디오 필 작은 발진기와 측정기를 내장한 캡슐로, 이것을 삼켜서 소화기관을 통해 체외로 회수되는 동안에 필요한 정보를 송신하고, 체외에서 이것을 수신하도록 한 것. 에코 캡슐(echo capsule)이라고도 한다.

radio range 라디오 레인지 레이디얼 위치선을 제공하는 무선 시설. 송출되는 신호가 방위 정보로 변환 가능한 특성을 가지며, 항공기의 횡방향 유도에 유효하다.

radio range finder 무선 측거의(無線測距儀) 전파를 이용하여 거리를 측정하는 장치를 말한다.

radio range finding 무선 거리 측정(無線距離測定) 전파를 사용한 대상물로부터의 거리의 결정.

radio receiver 무선 수신기(無線受信機) 고주파 전력을 지각할 수 있는 신호로 변환하는 장치.

radio relay station 무선 중계소(無線中繼所) 1 차 송신기로부터의 신호를 수신하고, 목적국으로 재송신하기 위한 중간 무선국.

radio relay system 무선 중계 시스템(無線中繼－) 하나 또는 그 이상의 중간 무선국에 의해 신호의 수신 · 재송신이 행해지는 2 지점간의 무선 전송 시스템.

radio shielding 무선 차폐(無線遮蔽) 항공기의 전자 기기로부터의 혼신을 제거하기 위해, 항공기의 전기적인 부속 기기 · 부품 · 배선에 맞추어 관(管) 모양 또는 전기적으로 연속된 외피의 형상을 한 금속 덮개.

radio shielding room 전파 암실(電波暗室) 전파 무반사실이라고도 하며, 측정실 주위의 벽을 전파의 흡수체로 만들어 반사파가 없도록 한 방. 전파 흡수체에는 발포 폴리에틸렌의 시트 속에 탄소를 함침시키고, 탄소의 함유율이 다른 것을 여러 층 겹쳐서 사용한다. 안테나의 측정 등에 사용된다.

radiosonde 라디오존데 고층의 기상 요소를 전파에 의해 전송하는 것으로, 소형 송신기와 기상계를 조합시킨 장치. 라디오존데를 기구에 장치하여 상공으로 올려 보내고 지상에서 그 전파를 수신한다. 기온, 기압, 습도의 관측이 주요한 목적이지만 오존, 방사, 노점 온도 등에 사용하는 특수한 것도 있다. =radiometeorograph

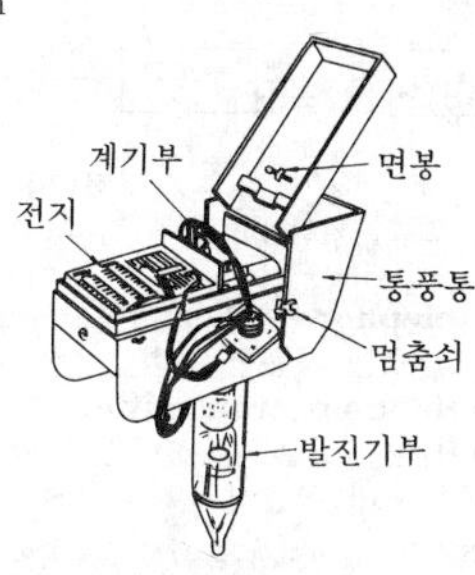

radio spectrum 무선 주파수대(無線周波數帶) 전자파의 주파수대 가운데, 무선 주파수의 영역. 주파수 범위에 따라 아래와 같이 분류된다. ULF : 3Hz 미만, ELF : 3Hz～3kHz, VLF(초장파) : 3～30kHz, LF(장파) : 30～300kHz, MF(중파) : 300kHz～3MHz, HF (단파) : 3～30MHz, VHF(초단파) : 30～300 MHz, UHF(극초단파) : 300MHz～3 GHz, SHF : 3～30GHz, EHF : 30～300GHz.

radio station 무선국(無線局) 무선 통신

을 하는 데 필요한 설비(무선 송신기, 무선 수신기, 안테나계 회로)를 갖추고 통신 업무에 종사하는 인원이 배치되어 있는 시설. 통신 방식으로서는 ① 단신식→브리크인 릴레이, ② 2중 통신식(송수신을 동시에 하는 국), ③ 중앙 집중식(송신소와 수신소를 분리하고, 중앙국에서 통신의 조작을 하는 국, 국제 통신 등의 대규모 국).

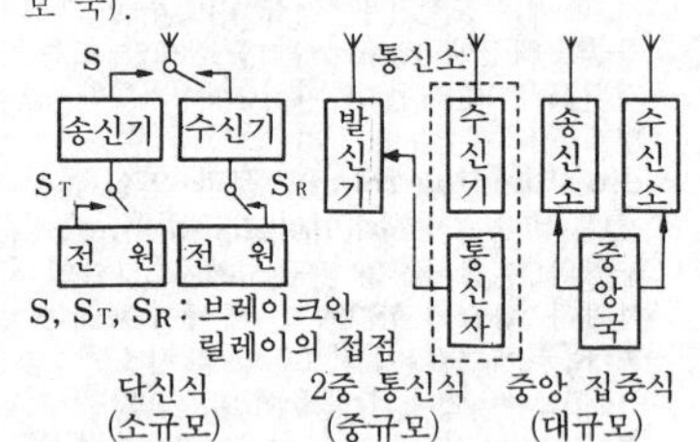

radio telegraphy 무선 전신(無線電信) 통신의 목적으로 라디오 채널을 사용한 것. 고주파 반송파를 단속(斷續)한다든지, 다주파 신호나 단속 저주파 톤에 의해 고주파 반송파를 변조한 것을 사용하는 통신을 말한다.

radiotelegraphy transmitter 무선 전신 송신기(無線電信送信機) 전파에 전신 부호를 실어서 보내는 송신기.

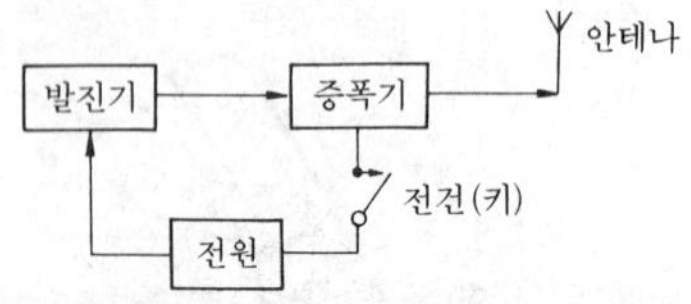

radio telephone 무선 전화(無線電話) 라디오 링크를 사용한 전화.

radiotelephony transmitter 무선 전화 송신기(無線電話送信機) 전파에 음성을 실어서 보내는 송신기.

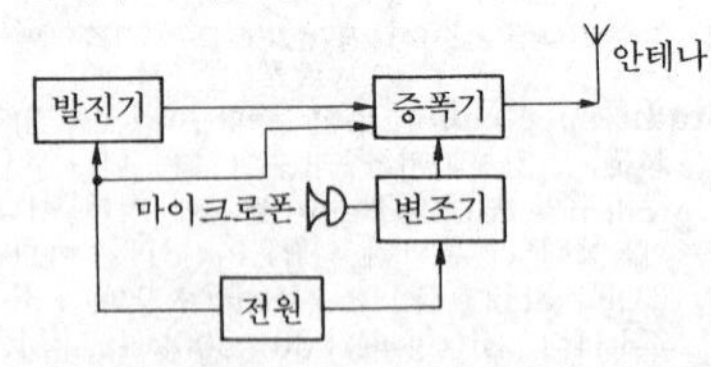

radio telescope 전파 망원경(電波望遠鏡) 우주 공간으로부터 오는 전파를 수신 관측하는 망원경. 단일 구경형과 간섭계형이 있다. 단일 구경항은 파라볼라 안테나를 경위(經緯) 설치대에 설치한 것이 많다. 직경이 100m 나 되는 것도 있다. 간섭계는 비교적 작은 지름의 안테나를 복수 개 사용하고, 안테나의 간격을 크게 하여 분해능을 향상시키고 있다.

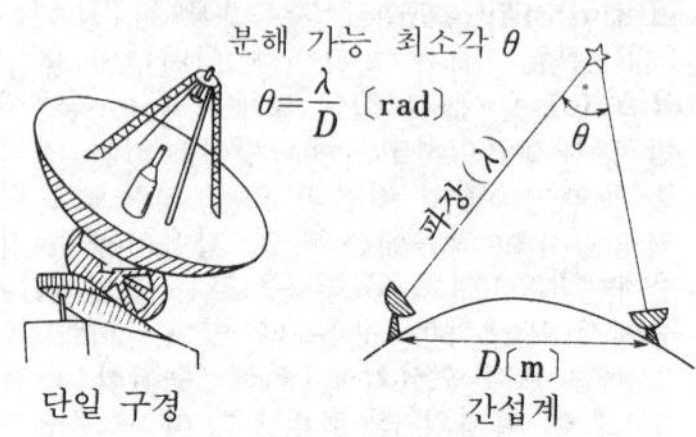

radio teletype 무선 텔레타이프(無線－) =RTTY

radio transmission 무선 전송(無線傳送) 빛이나 적외선 이외의 전자파 방사에 의한 신호 전송.

radio transmitter 무선 송신기(無線送信機) 음이나 빛 등에 의한 정보 신호를 포착하고, 이것을 무선 주파수의 전자파로서 송신하는 데 적합한 모양으로 변조하여 송출하는 장치.

radio visible distance 전파 가시 거리(電波可視距離) 지구를 완전구(完全球)라 생각한 경우 반경 R의 지구상에 높이 h의 안테나를 세웠을 때는 안테나에서 기하학적 수평선까지의 거리는 $\sqrt{2Rh}$ 이다. 그러나 지표의 대기 굴절에 의해서 전파 통로가 굽어져서, 전파 도달 거리는 기하학적 거리보다도 길어진다. 이 때문에 지구의 반경을 4/3 배한 구(반경 8,500km)의 기하학적 거리가 전파 도달 거리와 거의 같게 된다. 이를 전파 가시 거리라 한다.

radio wave 전파(電波) 전자파의 일종으로, 무선 통신에 사용된다. 전계와 자계가 반복하여 변화하면서 공간을 전파(傳播)하는 일종의 파동이다. 전파 관리법에서는 10kHz 부터 300 만 MHz(3000GHz)까지의 전자파를 말한다. 장파, 중파, 중단파, 단파, 초단파, 극초단파(마이크로파), 밀리파 등이 있으며, 원거리부터 가시 거리까지 각종 무선 통신에 이용된다.

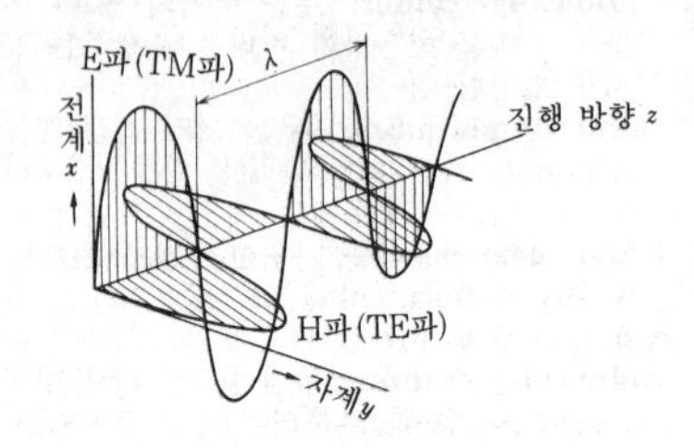

radio-wind 레이윈 =RAWIN

radio window 라디오 윈도 대체로 50 GHz 부터 15MHz(파장으로 6mm 부터 20m) 사이에 걸친 주파수대로, 이 범위의 전파는 지구 외의 우주로부터 지구상으로, 혹은 그 반대로 전리층에서 반사되거나 감쇠되는 일 없이 자유롭게 통과할 수 있다. 10GHz 이상에서는 강한 비 등은 전파 전파에 큰 영향을 미친다. 일부 텔레비전 채널이나 전파 천문학에서 사용하는 주파수는 위의 창대역(窓帶域)에 있으므로, 예를 들면 장거리에 텔레비전 방송을 중계하는 경우 등에는 위성을 필요로 한다.

radius curvature 곡률 반경(曲率半徑) 곡선의 굽은 정도를 나타내는 값을 곡률, 곡률의 역수를 곡률 반경이라 한다. 곡률 반경을 r로 하면 곡류은 $1/r$이다.

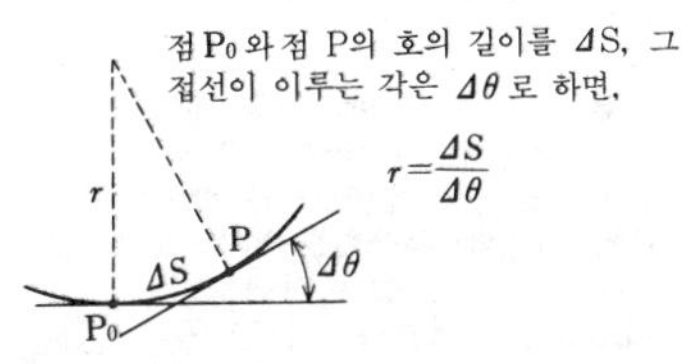

radix 기수(基數) 예를 들면, 10 진법의 305 라는 수는

$$3\times10^2+0\times10^1+5\times10^0$$

이라는 모양으로 표현되는데, 이것은 선두의 3은 100 의 자리, 다음의 0은 10의 자리, 말미의 5는 1의 자리라는 가중을 약속하고 305 라 열기한 것이다. 2 진법의 수도 이것과 같으며, 예를 들면 1010 이라는 수는

$$1\times2^3+0\times2^2+1\times2^1+0\times2^0=10$$

으로 나타내어지며, 선두부터 8, 4, 2, 1의 가중을 약속하고 열기(列記)한 것에 지나지 않는다. 이 10, 또는 2에 해당하는 수를 일반적으로 기수라 한다.

radome 레이돔 radar dome 의 약어. 그림과 같이 레이더용 안테나가 풍우에 견딜 수 있도록 보호하기 위한 하우징. ERP 등으로 만든다(사진 참조).

rainbow generator 레인보 발생기(-發生器) →color-bar test pattern

rainbow hologram 무지개 홀로그램 보통의 방법으로 만든 제 1 의 홀로그램에 수평 방향의 슬릿을 겹치고, 기록할 때와 반대 방향으로 진행하는 참조파로 실상(實像)을 재생하여 이것을 신호파로서 만든 홀로그램. 참조파와 반대 방향으로 진행하는 백색광으로 재생하면 파장에 따라 다른 위치에 슬릿의 상이 만들어진다. 슬릿의 상 위치에서 보면 하나의 색의 수평 시차(視差)만이 있는 재생상이 관측된다.

radome

rain clutter 강우 산란(降雨散亂) 목표물로부터의 반사파를 감소시키거나 감추는, 비로부터의 반사파.

rainfall attenuation 강우 감쇠(降雨減衰) 강우에 의한 전파의 감쇠(dB/km)로, 저주파 영역에서는 그다지 문제가 되지 않지만 마이크로파대 이상에서는 문제가 된다. 감쇠는 강우의 세기에 비례하며, 100 GHz 정도에서 최대가 되고, 그 이상에서는 대체로 일정하게 된다. 강우 간쇠량의 추정값에서 그에 대한 마진을 정하여 선로를 설계한다.

rainguage telemeter 무선 로봇 우량계(無線-雨量計) 무인의 산지(山地)에 방치하여 우량의 기록을 얻는 것을 목적으로 한 장치. 비의 데이터를 초단파로 평지의 측후소에 보낸다. 이 우량계는 산지에 수수부(受水部), 자동 무선 발신부를 두고, 평지에 수신부를 둔다. 강우는 전도 그릇에 의해서 계측하고(우량 마다), 전도마다 숫자 부호 발생용 원통을 회전시켜 접촉자에 의해서 전기 신호화된 부호를 송신한다. 이 밖에 1 시간마다 송신하는 시스템으로 되어 있다. 그림은 전도 그릇을 나타낸 것이다.

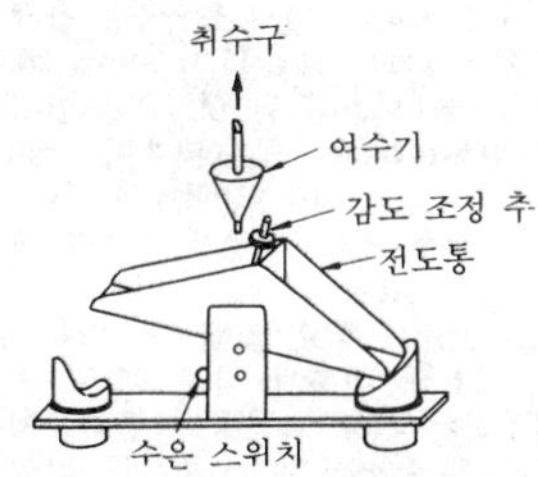

RAM 램, 임의 접근 기억 장치(任意接近記憶裝置), 등속 호출 기억 장치(等速呼出

記憶裝置) =random access memory

Raman laser 라만 레이저 통상의 레이저와는 발진 원리가 다르고, 파라메트릭 증폭기에서의 증폭 작용과 비슷한 과정으로 발진하는 것. 이 레이저는 발진 파장의 가변 동조를 할 수 있고, 단파장으로의 주파수 변환을 할 수 있다는 등의 특징이 있다.

Raman-Nath diffraction 라만·나스 회절(－回折) 초음파에 의한 빛의 회절 현상에서 초음파가 광학적으로 완전한 위상 격자(굴절률이나 격자 두께가 격자면상에서 주기 변화를 가지고 있는 격자)라고 생각할 수 있는 경우이다. 디바이·시어스 효과(Debye-Sears effect)라고도 한다.

Raman scattering 라만 산란(－散亂) 투명한 가스, 액체 및 고체의 분자에 의한 빛의 산란으로, 빛이 분자와 간섭하여 주파수가 변화함으로써 생긴다. 물질의 분자 구조를 살피는 데 이용된다.

ramark 래마크 레이더 주파수로 계속 신호를 발사하여, 레이더 표시기상에 방위 지시를 내는 고정 시설.

ramark beacon 래마크 비컨 선박의 레이더 스코프 상에 송신국의 방위가 휘선(輝線)으로 나타나도록 한 전파 등대.

RAM card RAM 카드 RAM 기억 장치 및 기억 장치 주소의 변환에 필요한 인터페이스 논리를 가진 애드인(add-in) 회로 기판.

RAM chip RAM 칩 반도체 기억 디바이스. RAM 칩에는 다이내믹, 스태틱의 두 가지 형의 기억 장치가 있다.

RAM disk RAM 디스크 기록 매체로서 주기억 장치의 RAM을 사용하여 초고속 접근을 가능케 한 기억 장치로, 통상의 자기 디스크 장치와 같은 사용법을 할 수 있으므로 RAM 디스크라 부르고 있다. 고속 접근이 가능한 반면에 전원을 끊으면 모든 기억이 지워지는 결점이 있다.

ramp 램프 ① 사이리스터에서, 출력에 있어서의 제어된 변화로, 어떤 값에서 다른 값으로 미리 정해진 기울기를 가지고 직선적으로 변화한다. ② 어떤 일정한 비율로 변화하는 전압 또는 전류. 예를 들면, 오실로스코프의 시간축으로서 사용되는 시간 선형 소인 발생기의 출력 파형의 일부를 들 수 있다.

ramp input 램프 입력(－入力) 일반적으로 시간에 대하여 직선적으로 증가 또는 감소하는 신호 파형을 말한다. 자동 제어 이론 등에 쓰인다.

ramp voltage type 램프 전압형(－電壓形) 아날로그·디지털 변환법의 한 타입으로, 램프 전압이 0 전압을 크로스하는 시점에서 입력 전압 V_{in}과 같게 되기까지의 사이 클록 펄스를 계수하는 방법. 그림의 왼쪽 부분은 이러한 계수를 일정한 주기로 반복하기 위한 표본화 회로이며, 카운터의 표시를 읽는 동시에 적당한 시간 경과 후에 표시를 클리어하고, 다음 램프 전압을 시동시킨다.

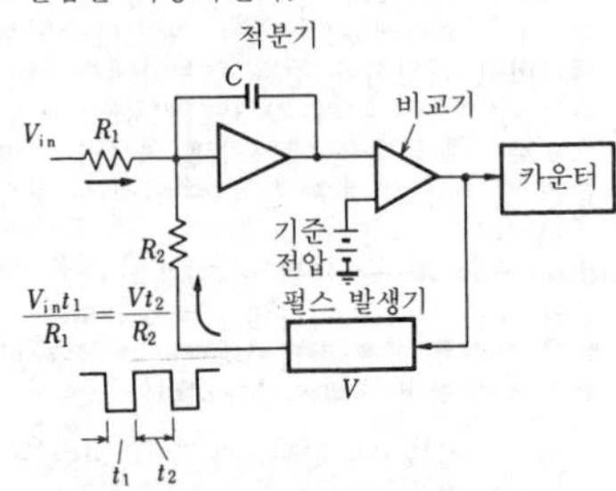

random 랜덤, 임의(任意) ① 시간적, 또는 주파수적으로 국부화되어 있지 않은 상태. ② 어떤 시점에서의 변수의 값을 정확히 예측할 수 없고, 확률 분포 함수로밖에 예측할 수 없는 상태.

random access 임의 접근(任意接近) 기억 장치 등에서 판독, 기록에 요하는 시간이 주소와 관계 없이 일정하다는 것.

random access discrete address 라다 =RADA

random access memory 임의 접근 기억 장치(任意接近記憶裝置), 등속 호출 기억 장치(等速呼出記憶裝置) 임의의 위치에 정보를 기록, 판독할 수 있는 기억 장치. 램(RAM)이라고도 한다. 다이내믹 RAM과 스태틱 RAM이 있다. =RAM

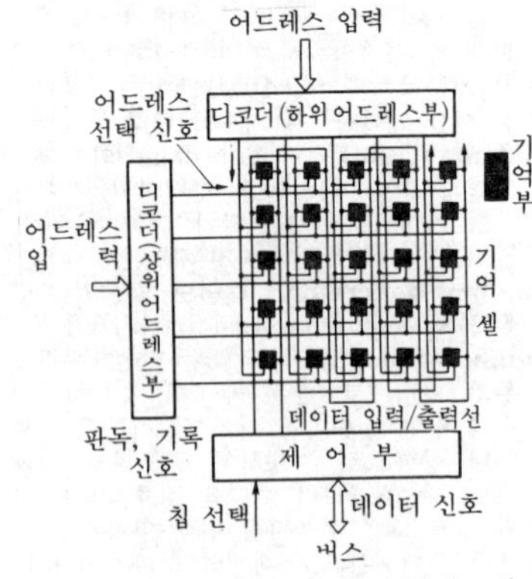

random error 임의 오류(任意誤謬) 데이

터 전송 등에서 오류 비트의 발생 간격이나 연속하고 있는 오류 비트수가 일정하지 않고, 임의로 발생하는 오류. 버스트 오류에 대해서 쓰이는 용어.

random file 임의 파일(任意－) 컴퓨터의 데이터 파일에서 특정한 순서를 붙이지 않고 기록해 두는 파일. 임의 접근을 할 수 있는 자기 디스크, 자기 드럼 등에 저장된다.

random noise 랜덤 잡음(－雜音), 무작위 잡음(無作爲雜音) 통신 회선 등에서 다수의 전기적 방해에 의해 생기는 임의로 발생하는 잡음.

random number 난수(亂數) 어느 유한개의 수로 조립된 수의 계열로, 거기에는 주기성이 없고, 각각의 수치값은 그 이전에 출현한 수의 배열에 관계 없이 독립으로 정해진다는 성질이 있는 것. 이것에는 이론적인 분포에 따르는 난수(일양 난수, 지수 난수, 프와송 난수, 정규 난수 등)나 경험적으로 구한 난수가 있다. 난수는 시뮬레이션의 경우 등에 큰 역할을 하는 것이며, 난수를 사용하는 경우에 도움이 되도록 미리 준비한 수표를 난수표라 한다.

random number generator 난수 발생기(亂數發生器) 특정한 크기의 난수를 발생시키기 위해 설계된 하드웨어 또는 프로그램.

random-scan display 랜덤 주사 표시(－走査表示) ＝ramdom stroke display →raster-scan display

random signal 불규칙 신호(不規則信號) 시간과 더불어 불규칙하게 변화하는 과정을 총칭하여 불규칙 신호, 랜덤 신호, 랜덤 과정 혹은 시계열이라고 한다.

random-stroke display 랜덤 주사 표시(－走査表示) ＝radom-scan display

range 레인지 레인지란 폭, 한계를 나타내는 말. 레이더·항공기 관계, 통신 관계, 단지 스위치의 전환폭 등 각종의 경우에 쓰인다.

range and elevation guidance for approach and landign 리갈 지상의 항행 방식. 로컬라이저와 조합시켜서 계기 진입 및 착륙 과정의 적정한 글라이드 슬로프와 플레어 아웃(flare out)을 실현하기 위한 수직면 내의 유도값을 계산한다. 그리고 디지털로 부호화한 수직 주사 팬 빔에 의해 앙각 및 거리 정보를 주도록 한다. ＝REGAL

range gate 레인지 게이트 레이더에서, 좁은 거리 범위 내의 에코를 선택하기 위해 사용되는 게이트 회로.

range marker 거리 마커(距離－) 목표물의 거리(레이더로부터의 거리) 측정의 보조를 하기 위해 표시기상에서 사용되는 교정용 마커.

range resolution 거리 분해능(距離分解能) 레이더에서 동일 방향에 있는 두 물표의 간격이 얼마만큼 접근해도 2개로 구별할 수 있는지 어떤지의 능력의 한계를 나타내는 것이다. 보통은 송신 펄스폭을 τ 〔μs〕라 하면, 거리 분해능 D는

$D=150\tau$ 〔m〕

가 된다. 이것은 수신기의 주파수 대역폭이나 브라운관의 휘점(輝點) 치수 등의 영향을 받아 대역폭이 좁으면 분해능은 나빠진다.

range ring 레인지 링 PPI 상에서 목표물의 거리를 재기 위한 동심원상의 고정 휘선(fixed range ring).

range selector 거리 전환기(距離轉換器) →range tracking

range tracking 레인지 트래킹 이동 목표 추미 장치에서, TR 스위치(transimit-receive switch)를 자동적으로 조절하여 되돌아오는 에코를 수신하는 순간에 수신 모드로 장치를 전환하도록 한다. 즉 계(系)에서 타깃까지의 거리의 변화를 고려에 넣고 레인지 게이트(range gate)를 조절하도록 하는 것이다.

RAP 원격 접근점(遠隔接近點) remote access point 의 약어. 완전한 네트워크 기능을 갖는 노드(node)에 의해서 직접 커버되어 있지 않는 지역에서 네트워크로 접근할 수 있게 하기 위해 두어진 다중 장치 혹은 집선 장치를 말한다. RAP 는 다중화된 트래픽을 주된 네트워크에 전송(轉送)할 수 있도록 고속 채널에 의해 망에 접속되어 있다.

rapid start fluorescent light 래피드 스타트형 형광등(－形螢光燈) 래피드 스타트형이라는 시동 방식을 가진 형광등. 자기 누설 변압기에 의해 전압을 높이고, 변압기 양단에서 필라멘트에 저전압을 공급한다. 램프에 시동 전압과 전극 예열 전압을 동시에 가하여 점등을 촉진한다. 램프 전극에 일정 전압을 가하여 예열해 두고 램프 전류를 제어하여 조광(調光)하는 회로에 응용된다.

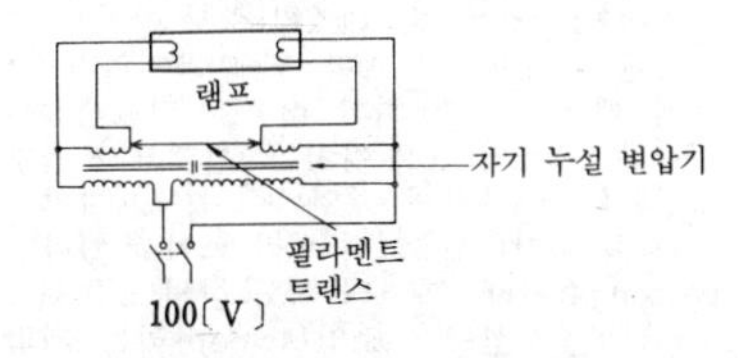

rare earth 희토류(稀土類) →rare earth elements

rare earth elements 희토류 원소(稀土類元素) 주기율표의 제Ⅲ족 a에 상당하는 원소 중 스칸듐(Sc), 이트륨(Y) 및 란탄족(La, Nd, Sm, Eu, Gd, Lu 등 15종류)의 총칭으로, 전자가 배치되는 가장 바깥쪽 궤도의 내부에 미충족 궤도가 존재하는 것이 특징이다. 어느 것이나 산출량이 적으므로 대량의 용도에는 부적당하나, 그 소량을 가함으로써 자석 재료나 형광체 등의 성능을 현저하게 향상시킬 수 있는 것이 많고, 전자 재료로서 중요하다.

rare earth iron garnet ferrite 희토류 철 가닛 페라이트(稀土類鐵－) 가닛과 같은 결정 구조의 페라이트로 $R_3Fe_5O_{12}$(R은 Y 또는 희토류 금속)의 일반식으로 표시된다. 마이크로파 소자 재료로서 쓰인다.

R

rare earth magnet 희토류 자석(稀土類磁石) 희토류 원소를 성분에 포함하는 자석 재료를 말하며, 일반적으로 코발트와의 금속간 화합물(RCo_5 또는 R_2Co_{17})이 사용되며, 보자력이 매우 큰 것이 얻어진다.

rare metal 레어 메탈 산출량이 적고 고가인 금속 원소를 총괄해서 말한다. 바륨, 베릴륨, 갈륨, 니오뮴 등 고성능의 전자 부품을 만들기 위한 중요한 조성 원료가 되는 것이 많다.

RAS technology RAS 기술(－技術) 컴퓨터의 광범위한 사용이 사회적으로 큰 영향을 주게 된 현대에 있어서는 신뢰도(reliability)를 높이는 것만으로는 불충분하며, 가용성(availability) 및 보수성(serviceability)도 동시에 향상시킬 필요가 있으며, 그것을 지향하기 위한 기술을 말한다.

raster 래스터 텔레비전 수상관의 형광면에 주사선으로 그려진 그림. 정상으로 동작하고 있는 수상기에서는 무신호시에도 래스터만은 보인다.

raster display 래스터 표시(－表示) 래스터 주사를 사용하는 표시 장치에 의해서 생성되는 표시 화상.

raster graphics 래스터 도형 처리(－圖形處理) 데이터를 축적하고, 이것을 표시 장치상에 고른 화소의 수평행의 이어짐으로서 표시하는 것. 래스터 주사 장치는 명료한 이미지를 스크린 상에 유지하기 위해 매초 30~60 회의 비율로 리프레시를 한다. 래스터 표시 장치는 벡터 묘사 전자관보다 일반적으로 염가이며, 그래픽스(도형 처리) 분야에서 널리 쓰이고 있다.

raster plotter 래스터 작도 장치(－作圖裝置) 주사선마다 소인(sweep)하는 기법을 써서 표시면상에 표시 화상을 생성하는 작도 장치.

raster scan 래스터 주사(－走査) 표시 화상의 요소를 전표시(全表示) 영역에 걸쳐 한 줄씩 소인함으로써 생성 또는 기록하는 기법. 래스터 주사가 프로그램으로 이루어질 때가 있으나 이것은 방향성 빔 주사라고도 할 수 있다. CRT 디스플레이 상에 주사선으로 상을 만들어내는 방법.

raster-scan display 래스터 표시 장치(－表示裝置) 래스터 주사 방식으로 화상을 주사하여 출력 표시하는 표시 장치.

raster unit 래스터 단위(－單位) 인접하는 화소간의 거리와 같은 길이. 이 용어는 이전에는 증분량을 나타내는 데 쓰이고 있었으나 현재는 그런 뜻으로는 쓰이지 않는다.

ratchet relay 래칫 계전기(－繼電器) 접극자에 의해서 구동되는 래칫에 의해 동작하는 스텝 동작의 계전기.

rate control action 미분 제어 동작(微分制御動作) 제어기의 출력이 입력 신호나 입력 신호에 의한 최초의 제어 동작과 비례하고 있는 동작. 미분 시간과의 미분 동작이 비례 제어 동작의 효과가 되기까지일 때를 말한다.

rated power 규격 전력(規格電力) 무선 송신기의 종단 전력 증폭관의 사용 상태에서의 출력 규격의 값. 실험국 송신 설비의 안테나 전력 등은 규격 전력으로 표시하는 규정이다.

rated voltage 정격 전압(定格電壓) 정격 주위 온도에서 연속하여 가할 수 있는 직류 전압 또는 교류 전압의 최대값. 기타 정격 전압은 ① 콘덴서에 연속하여 가할 수 있는 첨두 전압의 최대값, ② 퓨즈의 최대 사용 전압을 가리키는 경우도 있다.

rate generator 레이트 발전기(－發電機) 전기식 회전계에 사용하는 속도 발전기를 말하며, 속도가 회전 각도의 시간적 변화 비율이기 때문에 타코제너레이터라고도 부른다.

rate-grown transistor 레이트 성장형 트랜지스터(－成長形－) 예를 들면 안티몬과 갈륨의 두 종류의 불순물을 녹여 두고, 온도를 갑자기 높여서(혹은 낮추어서) 만든 트랜지스터. 접합부의 양 불순물의 용융 상태로부터의 성장률의 차이에 따라 도핑 프로파일이 제어된다.

rate of change protection 변화율 보호(變化率保護) 저압, 전류, 전력, 주파수, 압력 등의 변화의 정도에 따라서 그것이 이상한 레이트로 변화할 때 대상 기기 또는 장치를 분리하여 그들의 영향으로부터 보호하도록 한 것.

rate of decay 감쇠율(減衰率) 음압 레벨(또는 다른 특성량)이 일정한 장소 및 시간에 있어서 감쇠하는 시간율. 감쇠율은 때로는 1초당의 데시벨 값으로 표시된다.

rate of information transmission 정보 전송 속도(情報傳送速度) 단위 시간 중에 전송로를 통해서 보내지는 정보량.

rate of rise fire alarm 레이트형 경보기(—形警報器) 온도 상승률이 정해진 일정한 한도를 초과했을 때 서모스탯이 동작하도록 설계된 화재 경보기.

rate of rise limiters 상승률 제한기(上昇率制限器) 반도체 장치에 공급되는 전류, 전압, 또는 양쪽의 상승률을 제어하기 위한 장치. 전류 상승률 제한기에는 선형 또는 비선형 장치가 있다.

rate time 미분 시간(微分時間) 미분 동작의 세기를 나타내는 것. 그림에서 편차가 일정한 비율로 변화할 때 D가 미분 동작에 의해 얻어지는 조작량, P가 비례 동작에 의해서 얻어지는 조작량이라고 하면, 양자가 같게 되는 시간을 미분 시간이라 한다.

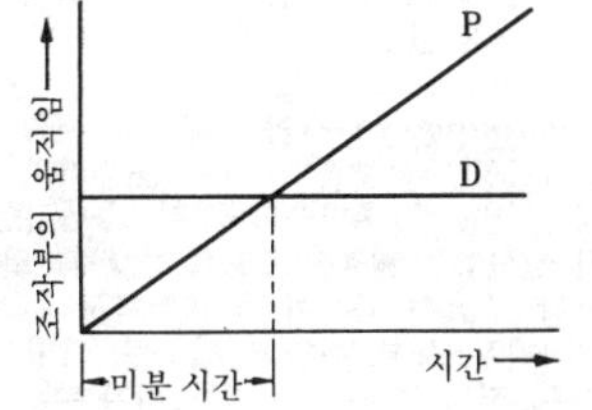

rating 정격(定格) 전기 기기에 대해 지정된 조건하에서 제조자가 보증하는 사용상의 한계. 보통 출력이나 용량으로 나타내고, 지정 조건으로서는 전압, 속도, 주파수 등이 있으며, 이들은 명판에 표시된다.

rating plate 명판(銘板) 기기의 정격이나 사용 조건 등을 표시하기 위한 표시판으로, 기기 외부의 잘 보이는 곳에 붙인다.

ratio arm 비례변(比例邊) 휘트스톤 브리지의 인접한 두 분기로, 그 비는 보통 10^n(n은 음, 양의 정수)이 되도록 선택된다.

ratio control 비율 제어(比率制御) 입력이 변화해도 그것과 언제나 일정한 비율 관계를 유지하도록 제어량을 추종시키기 위한 제어. 예를 들면, 암모니아 합성 장치에서 수소와 질소의 혼합 비율을 일정하게 하는 제어이다.

ratio detector 레이시오 검파기(—檢波器), 비검파기(比檢波器) FM 파 복조기의 일종. 포스터-실리형 판별 회로의 개량형. 출력측에 들어온 대용량 콘덴서 C의 작용으로 진폭성의 잡음이 흡수되므로 보통 전단에 두는 진폭 제한 회로를 생략할 수 있다.

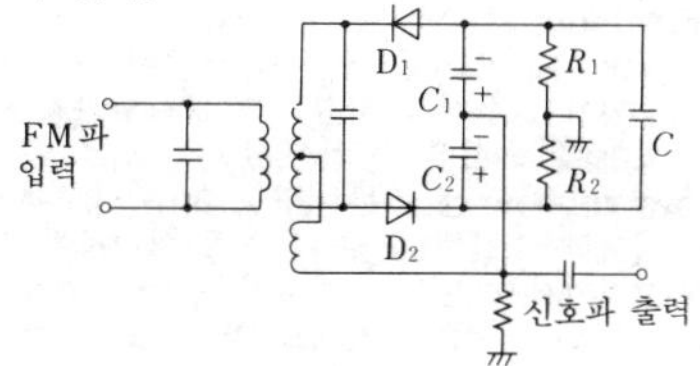

ratio differential relay 비율 차동 계전기(比率差動繼電器) 차동형 계전기에서 고장에 의해 생긴 두 전류의 차가 두 전류의 합의 어느 비율 이상으로 되었을 때 동작하도록 한 계전기.

ratio image 비율 이미지(比率—) 디지털 다중 스펙트럼 데이터를 처리함으로써 얻어지는 이미지. 각 화소에 대해서 어느 주파수대의 값을, 다른 주파수대에서의 대응하는 화소의 값으로 나눈다. 그렇게 해서 얻어지는 디지털값의 세트에 의해 이미지를 구성한다.

ratio meter 비율계(比率計) 교차한 두 가동 코일을 자계 중에 두고, 양쪽 코일에 의한 구동 토크가 역방향으로 작용하도록 하면, 전류의 비에 따른 지시를 나타낸다. 이러한 계기를 교차 코일 비율계 또는 단지 비율계라 하고, 메거(megger)나 역률계 등에 쓰인다.

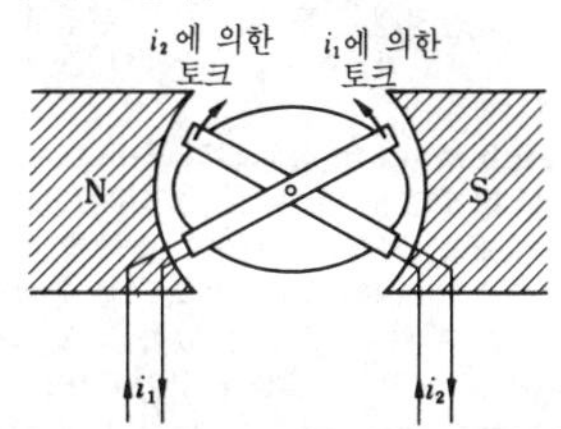

ratio meter type instrument 비율계형 계기(比率計形計器) 두 구동 토크로 평형한 점을 가리키는 형의 계기. 일반 계기가 하나의 토크와 제어 스프링의 평형점에서 멈추기 때문에 입력이 0일 때의 위치는 일정하지만 이 형은 입력이 0일 때는 무정위(無定位)이며, 어디에서나 멈출 가능성이 있다. 주파수계, 역률계 등이 있다.

ratio type telemeter 비율형 텔레미터(比率形—) 둘 또는 그 이상의 전기량의 위상 관계 또는 진폭의 관계를 중계하는 수단으로서 사용하는 텔레미터.

RAWIN 레이윈 radar wind 의 약어. 라디오존데 또는 레이더 반사기를 적재한 풍선에 의해 바람에 관한 측정 정보를 얻는 것.

raw material 원재료(原材料), 원료(原料) 재고 자산의 일종으로, 제조 공정 중에 가공되어서 물리적 변화, 크기는 달라지나, 그 성질을 바꿀 수 없는 소재.

raw rubber 생 고무(生−) 고무 나무에서 채취한 수액(樹液)을 산으로 처리하여 응고시켜서 만든 것. 자외선을 받아 변질하기 쉽고, 각종 용제에도 녹기 쉽다. 이대로는 사용할 수 없으므로 가황하여 연질 고무로 한다든지, 또는 많은 유황을 넣어서 에보나이트로 한다든지 한다. 또, 도전성 고무도 만들어지는 등 각종 재료의 원료로서 사용된다.

Rayleigh scattering 레일리 산란(−散亂) 공기 중에 먼지와 같은 미세한 부유 물질이 있으면 빛은 산란된다. 그들 미립자의 지름이 빛의 파장보다도 작을 때는 레일리 산란이라 하며, 푸른 빛이나 빨간 빛으로서 보인다. 한편, 그들의 지름이 클 때는 미 산란(Mie scattering)이라 하며, 백색으로 보인다. 광섬유의 산란은 주로 레일리 산란이며, 이것은 광섬유의 굴절률 요동에 의해 생긴다.

Rayleigh-Taylor instability 레일리·테일러 불안정성(−不安定性) 가속도계(加速度系)에서 가속도에 의한 중력이 질량 밀도가 큰 쪽에서 작은 방향으로 작용하고 있는 경우, 그 경계면에서 생기는 표면파의 불안정성. 불안정성의 성장률은 가속도와 표면파의 파수(波數)의 곱의 평방근이다.

Rayleigh wave 레일리파(−波) 고체의 표면 경계면을 전파(傳播)하는 표면파의 일종. 표면 입자의 진동이 표면에 수직 방향을 장축(長軸)으로 하고, 그 중심이 파가 없을 때의 표면상에 있는 터원으로 기술되는 것. 입자 변위가 산이 되는 점에서는 입자의 운동 방향은 파의 전파 방향과 반대가 된다. 레일리파의 전파 속도는 고체 중의 미끄럼파의 그것보다 약간 느리다. 또 레일리파의 진폭은 깊이와 함께 지수 함수적으로 감소한다.

RCA 아르 시 에이 Radio Corporation of America 의 약어. 미국에서의 대표적인 전자 기기 제조 기업으로, 아울러 무선 통신 업무도 경영하고 있다.

RCA connector RCA 커넥터 스테레오 장치나 복합 비디오 모니터 등의 오디오 및 비디오 기기를 컴퓨터의 비디오 어댑터에 접속하기 위한 커넥터.

RCA connector pin RCA 커넥터 핀 접속기의 일종으로, AV 기기의 동축 케이블 접속 등에 널리 사용되고 있다.

***RC*-bridge oscillator** *RC* 브리지 발진기(−發振器) *RC* 브리지를 사용한 브리지형 발진기. 발진 주파수나 궤환양이 브리지의 *RC* 에 의해서 정해진다. 그림에 대표적인 윈 브리지 발진기의 원리적 구성을 나타냈다.

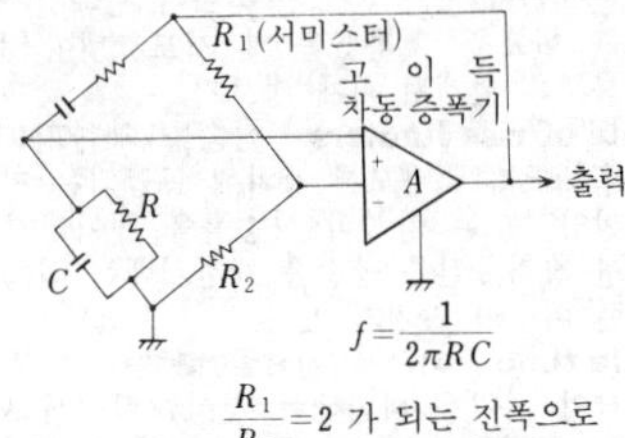

RCC 항공 교통 관제 센터(航空交通管制−) =rescue coordination center

***RC* coupled amplifier** 저항 용량 결합 증폭기(抵抗容量結合增幅器), *RC* 결합 증폭기(−結合增幅器) =resistance-capacity coupled amplifier

***RC* coupling** *RC* 결합(−結合), 저항 용량 결합(抵抗容量結合) 다단 증폭기의 내부에서 전단과 후단을 저항과 콘덴서를 써서 결합하는 방식. 트랜스(변성기) 결합에 비해 주파수 특성이 좋고, 회로가 소형, 염가라는 등의 이점이 있으나 저항 *R* 에 직류 전압 강하, 전력 소비가 생긴다는 것, 임피던스 정합을 잡기가 어렵다는 등의 결점이 있다. 또한 *C* 를 결합(커플링) 콘덴서라 하는데 직류를 저지한다는 뜻에서 직류 저지(스토핑) 콘덴서라고도 한다.

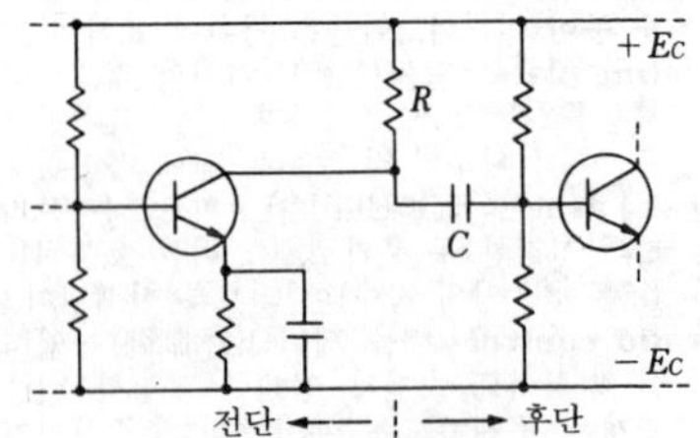

***RC* coupling amplification circuit** *RC* 결합 증폭 회로(−結合增幅回路) =resistance coupled amplifier

***R* chart** *R* 관리도(−管理圖) 제조 공정의 불균일을 범위 *R* 에 의해 관리하기 위한 관리도.

***RC* phase-shift modulator** *RC* 이상형 변조기(－移相形變調器) *RC* 이상 회로의 회로 매개 변수를 바꿈으로써 이상 특성을 변화시켜 변조하는 위상 변조기.

***RC* ladder network** *RC* 사다리꼴망(－網) 저항과 콘덴서를 사다리꼴로 접속하여 회로망을 구성한 것.

***RC* oscillator** *RC* 발진기(－發振器) ＝*CR* oscillator

RCTL 저항·콘덴서·트랜지스터 논리 회로(抵抗－論理回路) resistor-condenser-transistor logic 의 약어. 초소형 디지털 회로 방식의 일종으로, 저항과 콘덴서와 트랜지스터를 사용한 논리 회로. 이것은 회로의 동작 속도를 빠르게 하기 위해서 트랜지스터에의 직렬 저항에 대하여 병렬로 스피트업 콘덴서를 넣은 것으로, 잡음 속도가 큰 것이 이점이지만, 일면 소자의 수가 많기 때문에 비싼 것이 결점이다.

R-cut R판(－板) 수정에서 수정판을 끊어낼 때의 절단 방위에 의한 수정판 명칭의 하나로, 수정의 결정축에 대하여 그림과 같은 방위로 끊어낸 것을 말한다. R_1컷(AT판)와 R_2컷(BT판)이 있으며, 모두 진동 주파수의 온도에 의한 변화가 극히 작다. 상온에서는 주파수 온도 계수가 0이라고 생각되므로 수정 공진자로서 발진기나 필터 등에 사용된다.

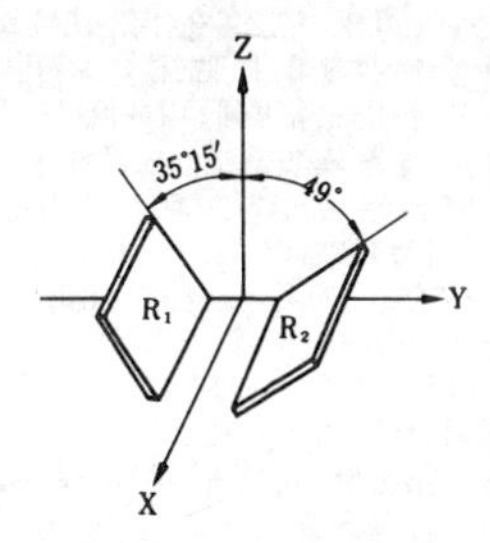

RDF 무선 방위 측정기(無線方位測定機) ＝radio direction finder

R-display R표시기(—表示器) 보다 정밀하게 거리 측정과 펄스 형상의 관찰을 하기 위해 블립 부근의 시간축 부분을 확대한 A표시기.

reactance 리액턴스 전기 회로에서 직류 전류를 방해하는 것은 저항 뿐이지만 교류 전류는 방향 및 양이 시시 각각으로 변화하기 때문에 저항 이외에 전류를 방해하는 저항 성분이 있다. 이 저항 성분을 리액턴스라 한다. 유도 작용에 의한 유도 리액턴스와 축전 작용에 의한 용량 리액턴스의 두 종류가 있으며, 어느 것이나 단위는 옴(Ω)으로 나타낸다. 또 저항과 리액턴스를 합성한 것을 임피던스라 한다.

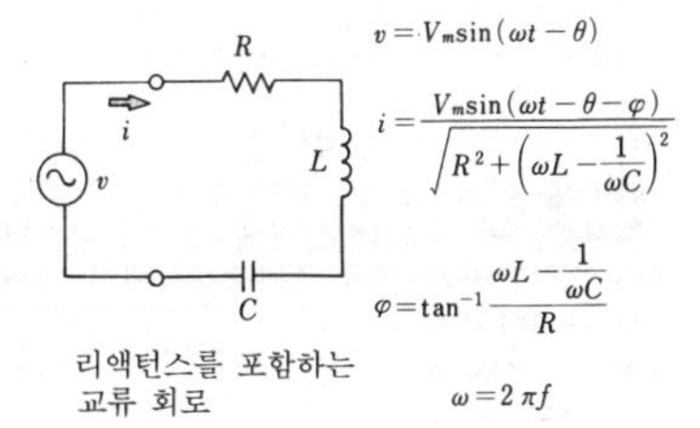

R
i
L
v
C
$v = V_m \sin(\omega t - \theta)$
$i = \dfrac{V_m \sin(\omega t - \theta - \varphi)}{\sqrt{R^2 + \left(\omega L - \dfrac{1}{\omega C}\right)^2}}$
$\varphi = \tan^{-1} \dfrac{\omega L - \dfrac{1}{\omega C}}{R}$
$\omega = 2\pi f$

리액턴스를 포함하는 교류 회로

reactance attenuator 리액턴스 감쇠기(－減衰器) 감쇠기의 일종으로, 코일과 콘덴스를 조합시킨 회로. 단파용으로 쓰인다.

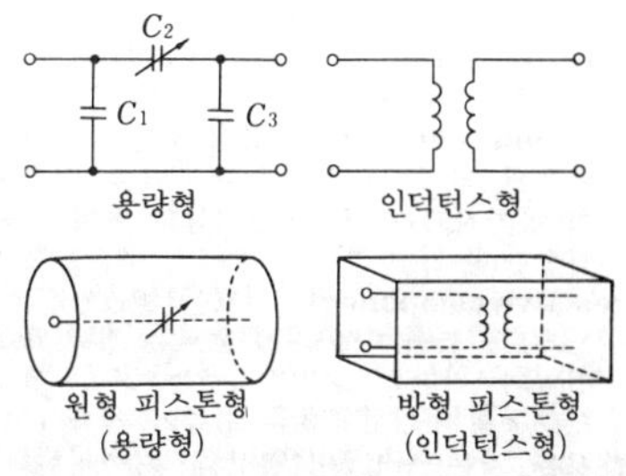

reactance change method 리액턴스 변화법(－變化法) 고주파에서의 코일의 저항이나 Q 또는 유전체의 유전 탄젠트나 유전율을 측정하는 데 사용되는 측정법. 전자의 경우는 코일에 표준 가변 콘덴서와 열전형 전류계를 직렬로 접속하여 공진 회로를 형성하고, 코일을 고주파 발진기 출력과 소결합시킴으로써 콘덴서를 동조점 부근에서 변화시켜 콘덴서의 변화에 대한 전류 공진 곡선을 만들고, 이 곡선에서 저항 및 Q를 산출한다. 후자의 경우는 시료(試料)를 평행판 전극 사이에 넣고 표준 가변 콘덴서에 병렬로 접속하여 측정하는데 측정 요령은 전자의 경우와 같다.

reactance frequency divider 리액턴스 주파수 분배기(—周波數分配器) 비선형 리액터에 의한 분수 조파(調波) 발생 작용을 이용한 주파수 체강 장치. 고조파를 이용한 것은 주파수 체배기가 된다.

reactance frequency multiplier 리액턴스 주파수 체배기(—周波數遞倍器) →reactance frequency divider

reactance modulator 리액턴스 변조기(－變調器) 리액턴스가 변조를 하기 위해 인가된 기전력의 순간 진폭에 따라 변화하는 변조기. 보통, 전자관 회로이며, 위상 변조 혹은 주파수 변조에 공통적으로 사용된다.

reactance theorem 리액턴스 정리(−定理) 다음과 같은 조건을 만족하는 시스템 함수는 무손실 *LC* 회로망의 구동점 임피던스(또는 어드미턴스)로서 실현할 수 있는 것을 기술한 정리. ① 시스템 함수가 *s*의 유리 함수이며, 모든 0점과 극이 단순하고, 또 허축(虛軸)상에 쌍으로 나타난다. ② 0점과 극이 주파수축상에서 교대로 나타나고 있다.

reaction cavity 반작용 공동(反作用空洞) 도파관의 측면 또는 끝에 둔 공동으로, 주파수 제어나 주파수 측정의 목적으로 사용되는 것. 공동 내부에 둔 플런저의 위치를, 마이크로미터의 세밀 조정에 의해 동조를 하도록 되어 있다.

reaction curve 반응 곡선(反應曲線) 시간 응답을 그린 것.

reaction solder 반응 납땜(反應−) 화학 반응에 의해 금속을 용융 상태로 석출하여 용착시키는 것. 알루미늄의 용접 등에 사용한다.

reactive component 무효분(無效分) 어느 교류 전압 *V*에 의해 흐르는 전류 *I* 중 전압과 직각의 위상을 갖는 전류 성분 $I\sin\varphi$를 말한다. 또는 전류와 직각의 위상을 갖는 전압 성분 $V\sin\varphi$를 말한다. 단, φ는 *V*와 *I*와의 위상차각이다.

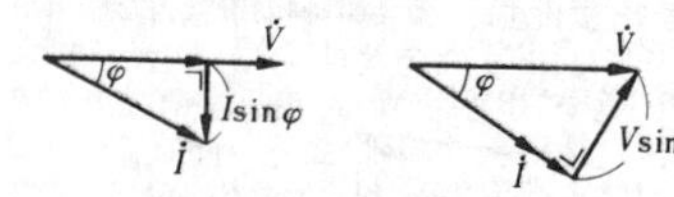

reactive factor 무효율(無效率) 교류의 부하에서의 전압과 전류의 위상차각을 φ로 했을 때 $\sin\varphi$를 무효율이라 한다.

reactive factor meter 무효율계(無效率計) 무효율 $\sin\varphi$를 지시하는 계기. 위상계나 역률계와 같은 원리로 동작하는 것으로, 단지 눈금을 매기는 방법이 다를 뿐이다.

reactive field 리액티브계(−界) 안테나 주변의 전자계로, 전자 에너지를 방사하기 보다는 축적하고 있다.

reactive near-field region 무효성 근방계(無效性能近傍界) →near field region

reactive plasma etching 반응성 플라스마 에칭(反應性−) 플라스마 반응에 의한 화학적 에칭과 스퍼터링 효과에 의한 물리적 에칭을 병용한 드라이 에칭법.

reactive power 무효 전력(無效電力) 리액턴스분을 포함하는 부하에 교류 전압을 가했을 경우 어떤 일을 하지 않는 전기 에너지가 전원과 부하 사이를 끊임없이 왕복한다. 그의 크기를 나타내는 것이 무효전력이며, 다음 식으로 주어지고, 단위에는 바(기호 var)나 킬로바(기호 kvar)를 쓴다.

단상 교류인 경우 $Q=VI\sin\varphi$

3상 교류인 경우 $Q=\sqrt{3}\,VI\sin\varphi$

여기서, Q : 무효 전력〔var〕, V : 전압〔V〕, I : 전류〔A〕, $\sin\varphi$: 무효율. 또한 3상인 경우의 *V*, *I*는 선간 전압 및 선전류(線電流)이다.

reactive power meter 무효 전력계(無效電力計) 무효 전력을 측정하는 계기로, 부하 전류 *I*를 흘리는 고정 코일(전류 코일)과 부하의 단자 전압 *V*를 가하는 가동 코일(전압 코일)로 구성되며, 가동 코일에 직렬로 리액턴스를 접속하여 역률 1일 때 전류 코일의 전류 *I*와 전압 코일의 전류 I_p 사이의 위상차가 $\pi/2$가 되게 하고 있다. 따라서 부하의 역률이 $\cos\varphi$일 때는 양 코일의 전류 위상차는 $\pi/2-\varphi$가 되고, 가동 코일의 구동 토크는 $I_pI\cos(\pi/2-\varphi)$, 즉 $VI\cos\varphi$에 비례하고 무효 전력을 지시케 할 수 있다.

reactive sputtering 반응 스퍼터링(反應−) 활성 가스 분위기 속에서 소재, 예를 들면 금속을 스퍼터하여 막(膜) 모양의 생성물을 만드는 것.

reactor 리액터 교류 회로에서 큰 유도 리액턴스에 의해 무효 전력을 흡수하기 위해 사용하는 것이나, 교류와 직류가 겹쳐진 회로에서 교류분에 대해서만 리액턴스를 주는 것을 목적으로한 기기를 말한다. 구조적으로는 공심형, 폐로 철심형, 공극형의 3종류가 있다.

READ 리드 =relative element address designate

read 판독(判讀) 컴퓨터에서 기억 장치 또는 기억 소자 등으로부터 정보를 꺼내는 것. 필요한 시각에 판독 명령을 써서 한다.

readability 판독률(判讀率) 측정 장치가 그 지시량을 얼마만큼 뜻있는 숫자로 변환할 수 있는가, 그 능력을 주는 척도.

readability signal strength tone code RST 부호(−符號) =RST code

read cycle time 판독 사이클 시간(判讀−時間) 기억 장치에서 판독 동작이 개시되고부터 다음 메모리 사이클이 개시되기까지의 시간. 기억 장치의 종류, 구성에 따라 다르나 보통 접근 시간, 판독 회복 시간의 합으로 주어진다.

Read diode 리드 다이오드 규소의 N^+PP^{++} 접합이 애벌란시 파괴를 발생할 때 나타나는 부성 저항을 이용하여 마이크로파의 발진을 얻기 위한 부품.

read head 판독 헤드(判讀—) 펀치 테이프, 자기 테이프나 자기 드럼 등에 축적된 정보를 전기 신호로 바꾸는 센서.

reading 판독(判讀) 기억 장치나 데이터 매체 등에서 데이터를 취득하는 것. 데이터 매체에는 카드, 종이 테이프, 자기 테이프, 자기 디스크 등이 있으며, 판독 방법은 매체에 따라 다양하다. 예를 들면, 자기 테이프인 경우에는 그림과 같은 자기 헤드가 사용된다. 컴퓨터의 내부에서는 8비트 즉 1바이트를 단위로 하여 처리하는 경우가 많으므로 판독은 바이트 단위로 하는 경우가 많다.

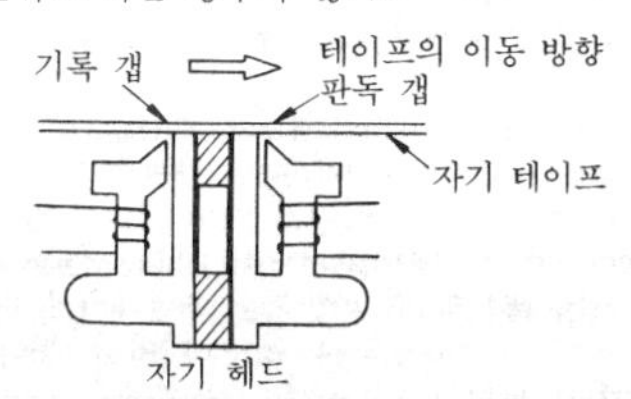

reading wand 판독 장치(判讀裝置) 마크나 코드를 광학적으로 판독하는 장치. POS 단말에서 상품의 가격표를 판독하는 장치 등.

read-mostly devices 판독 전용 소자(判讀專用素子) 금속 질화물 산화물 반도체(MNOS) 메모리 트랜지스터로, 일정한 판독 조건하의 유지 기간이 1년 이상인 것. 이 성질 때문에 전기적으로 재기록이 가능한 EAROM에 응용 가능하다. 일반적인 기록 펄스폭은 1ms 이다.

read only memory 판독 전용 기억 장치(判讀專用記憶裝置), 고정 기억 장치(固定記憶裝置) 특정한 이용자에 의한 경우 또는 특정한 조건하에서 동작하는 경우를 제외하고는 내부를 변경할 수 없는 기억 장치. 그림과 같이 반도체 셀을 종횡으로 배열한 모양으로 만든다. 그림에서 B의 부분은 단선, A의 부분은 접속되어 있고, 각각 0과 1이 기억되어 있게 된다 =ROM

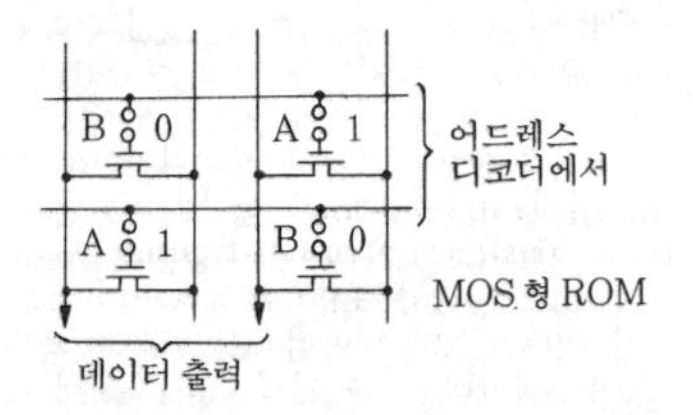

ready for receiving 수신가(受信可), 수신 가능(受信可能), 수신 준비(受信準備) 데이터 전송 단말 장치가 데이터를 확실하게 수신할 수 있는 상태에 있는 것을 신호 변환 장치에 나타내는 제어 신호 또는 그 상태.

ready for sending 송신가(送信可), 송신 가능(送信可能), 송신 준비(送信準備) 신호 변환 장치가 송신 요구를 받고 적절한 일정 시간이 경과한 다음에 데이터 전송 단말 장치에 보내지는 신호 변환 장치의 준비 완료를 나타내는 제어 신호 또는 그 상태.

ready-for-send signal 송신 준비 완료 신호(送信準備完了信號) →request-to-send signal

ready-to-receive signal 양해 수신 신호(諒解受信信號) 팩시밀리 수신기의 수신 준비가 완료된 것을 알리기 위해 송신기에 반송되는 신호.

real address 실주소(實住所) 가상 기억 방식의 컴퓨터에서, 프로세서가 판독·기록을 하기 위해 사용하는 실제의 기억 장치 주소로, 주소 변환 장치로의 입력으로서의 가상 기억 장치 주소(가상 주소)와 구별되는 것.

real address space 실주소 공간(實住所空間) 가상 기억을 사용하는 컴퓨터계에서의 내부 기억 장치의 주소 공간(이용자가 사용할 수 있는 주소 범위).

real storage 실기억 영역(實記憶領域) 컴퓨터에서의 실제의 기억 영역으로, 사고(思考)상의 확대 기억 영역(가상 기억 영역)과 구별되는 것.

real-time 실시간(實時間) 컴퓨터 외부의 다른 처리와 관계를 가지면서 외부의 처리에 의해 정해지는 시간 요건에 따라 컴퓨터가 하는 데이터의 처리에 관한 용어. 이 용어는 대화형으로 동작하는 시스템 및 그 진행 중에 인간의 개입으로 영향을 미칠 수 있는 처리를 설명하는 데도 사용된다. 즉시 또는 실시간으로 의역 또는 직역되며, 다음과 같이 정의되고 있다. ① 물리적 처리가 생기고 있는 그 순간을 뜻한다. ② 물리적 처리와 동시에 그 정보나 데이터의 처리를 하여 그 결과에 의해서 그 물리적 처리의 경향이나 상태를 변경 또는 영향을 줄 수 있는 시간 또는 타이밍을 말한다. ③ 데이터의 발생과 동시에 그것을 처리하여 상태나 결과를 파악하는 것.

real-time control facility 실시간 처리 기능(實時間處理機能) 계측·제어 기기 등의 입출력 장치에서 발생한 데이터를 일

정 시간 내에 처리하기 위한 제어 기능. =RTCF

real-time control system 실시간 제어 방식(實時間制御方式) 댐, 전력, 발전 기타 화학 플랜트 등에 있어서 각 사상, 상태 반응 등에 대한 조정, 제어, 운행, 통제에 대하여 필요로 하는 즉응성과 그것을 뒷받침하는 계산, 판단, 처리를 실시간 방식으로 하는 것.

real-time input-output 실시간 입출력(實時間入出力) 데이터를 감지기에서 인식했을 때 받아들여 처리하고, 그 결과에 의해 데이터가 발생한 장치나 다른 장치의 동작에 즉시 영향을 미칠 수 있는 입출력 시스템.

real time mode 실시간 모드(實時間-) 트랜잭션이 발생했을 때 그 처리에 의해 얻어진 데이터 또는 처리 결과가 그 후의 처리에 도움이 되거나, 혹은 영향을 미칠 수 있는 정도로 신속하게 처리되도록 설계된 시스템은 실시간 모드로 동작하고 있다고 한다.

real time processing 실시간 처리(實時間處理) 컴퓨터에 처리를 실행시키는 데이터를 입력하고부터 거의 동시에 실행할 수 있는 처리 방식. 입출력 장치가 중앙 처리 장치(CPU)에 직접 제어되고 있는 경우는 온라인, 직접 제어되지 않는 경우는 오프라인이라 한다.

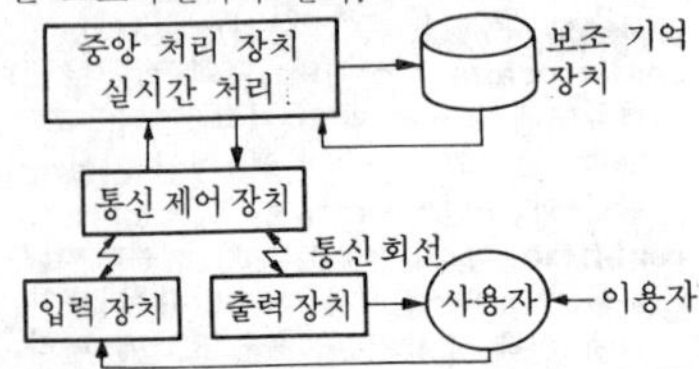

real time system 실시간 방식(實時間方式) 컴퓨터를 이용함에 있어서 먼저 문제를 주어서 얻은 답을 별개로 이용하는 것이 아니고, 미리 프로그램을 준비해 두고 업무상 필요할 때마다 즉시 그 답을 구하여 이용하는 방식. 컴퓨터가 고속 대용량화되고, 정보 전송의 조직이 발달했기 때문에 가능하게 된 것으로, 교통 기관의 좌석 예약이나 DDC(컴퓨터에 의한 직접 제어) 등에 쓰인다.

rear-feed 리어피드 파라볼라 안테나의 1차 방사기로의 궤전선이 반사기(파라볼라)를 관통하여 그 뒤쪽에서 궤전되고 있는 것. 파라볼라의 표면(반사면)을 향해서 궤전하는 것을 프론트 피드(front feed)라 한다.

recall factor 재현율(再現率) 정보 검색에서 어느 질문에 의해 검색될 전체의 기사에 대하여 실제로 올바르게 검색된 건수의 비율.

recall ratio 재현율(再現率) =recall factor

receive 수신(受信) 통신 회선을 거쳐 전송된 데이터를 수신하는 것. 출력 데이터는 통신 제어 장치에서 데이터 링크로 이동한다. 데이터 링크에서는 변복조 장치가 그 데이터를 변환하여 통신 회선을 거쳐 단말의 설치 장소로 전송한다. 단말의 설치 장소에서는 다른 변복조 장치가 그 데이터를 수신하고 원형으로 복원한다. 그 다음 단말이 그 데이터를 받는다.

received power 수신 전력(受信電力) 무지향성인 기준 안테나에 대해 완전히 정합(整合)했을 때 공급되는 무선 주파수(RF) 대 전력의 2제곱 평균 제곱근(rms) 값. 기준 안테나로서는 반파장 다이폴이 가장 널리 사용된다.

receive-only equipment 수신 전용 장치(受信專用裝置) 신호를 수신하기만 하고, 송신에는 사용하지 않는 데이터 통신 장치를 말한다.

receiver 수화기(受話器)[1], 수신기(受信機)[2] (1) 음성 전류에 의해서 음성을 발생하는 기구. 습기나 먼지의 침입을 방지하는 밀폐 구조로 되어 있다. 코일에 흐르는 음성 전류에 따라서 생기는 자속과 영구 자석에 의한 자속의 작용으로 진동판이 진동하여 음을 재생한다.

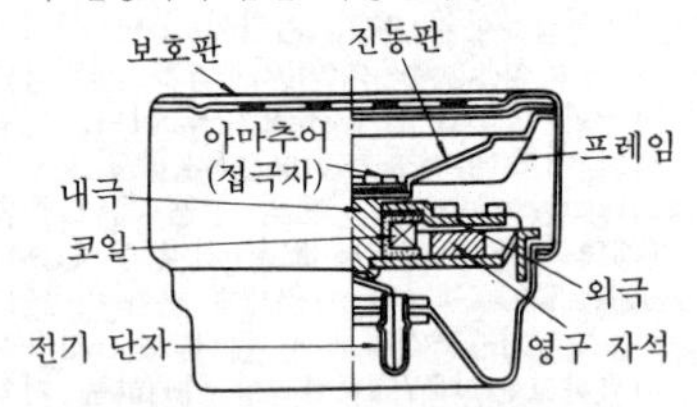

(2) 무선 통신의 수신기.

receiver incremental tunign circuit RIT 회로(-回路) 트랜시버 등에서 송신 주파수를 바꾸지 않고 수신 주파수만을 VFO(가변 주파수 발진기)를 써서 0~±2 kHz 만큼 움직이는 회로로, 상대국의 송신 주파수가 벗어나도 바로 추종할 수 있어서 수신이 용이하게 된다. 단측파대 통신 방식에서는 스피치 클러리파이어(speech clarifier)라고도 한다.

receiver signal element timing 수신 신호 요소 타이밍(受信信號要素-) 신호 변환 장치로부터 데이터 전송 단말 장치로, 또는 데이터 전송 단말 장치로부터 신호 변환 장치로 수신 타이밍 정보를 주기 위한 타이밍 신호.

receiving antenna 수신 안테나(受信－) 수신 안테나는 방사 전자계에서 전력을 꺼내 재방사나 옴 손에 의한 손실 전력을 뺀 나머지 전력을 수신기에 도입하는 것이다. 수신 안테나의 수신 개방 전압의 지향성은 그것을 송신 안테나로서 사용한 경우의 지향성과 아주 비슷하다. 즉, 안테나 특성에는 가역성이 있다. 또, 안테나 임피던스도 수신용과 송신용은 같은 값이다.

receiving frequency band 수신 주파수대(受信周波數帶) 방송 전파를 수신하는 수신기의 주파수대로, 다음과 같이 분류되어 있다.

A 530～1,700kHz
B 3～8MHz
C 6～20MHz
D 20～60MHz

receiving margin 수신 마진(受信－), 수신 여백(受信餘白) 스타트-스톱식 동기의 경우에 단말 장치의 수신 능력을 나타내기 위해 쓰이는 지표의 하나로, 단말 장치의 수신 회로가 올바르게 동작하기 위해 필요한 스타트-스톱 일그러짐의 한계값을 말한다.

receiving polarization 수신 편파(受信偏波) 어떤 방향으로부터 어떤 강도로 입사하는 평면파의 안테나 수신단에서 최대 유효 전력이 되는 편파.

reception of satellite broadcasting 위성 방송의 수신(衛星放送－受信) 위성 방송의 수신 시스템에는 개별 수신과 공동 수신의 두 방식이 있다. 전자는 지상국에서 위성으로 프로그램을 송출하고, 위성으로부터 방송한 것을 각 가정이 개별로 수신하는 것으로, 직접 방송 방식이라고도 한다. 이에 대하여 후자는 지상에서 큰 안테나와 고성능 수신 장치로 수신한 것을 지역에서 공동 시청하든가, 혹은 수신국에서 그 담당 구역에 중계 방송하는 것이다. 위의 두 방식을 병용하는 하이브리드 수신 방식도 있다.

reciprocal ferrite switch 가역 페라이트 스위치(可逆－) 도파관 내에 삽입하여 입력 신호를 두 출력 도파관의 어느 한쪽으로 전환하기 위한 스위치. 외부 자계에 의한 페라이트의 패러데이 회전 효과를 이용한 것.

reciprocal impedance 가역 임피던스(可逆－) 두 임피던스 Z_1, Z_2가

$Z_1Z_2=R^2$

라는 관계를 만족할 때 R에 관해서 서로 가역적이라 한다. 단, R은 순저항값이다.

reciprocity calibration 상호 교정(相互較正) 전기·음향 교환기에서의 상반 정리를 응용한 변환기의 절대 교정. 스피커의 전기 입력에서 이것과 음향적으로 결합한 마이크로폰의 전기 출력까지의 감쇠량을 측정하는데, 이러한 측정을 변환기의 필요한 조합에 대해서 하고, 그들의 결과에서 각 변환기의 절대 감도를 계산에 의해 구할 수 있다.

reciprocity theorem 상반의 정리(相反－定理) 임의의 회로에서 j번째의 망로(網路)에 V_j의 전압을 가했을 때 k번째의 망로에 I_k의 전류가 흐르고, 같은 회로에서 k번째의 망로에 V_k의 전압을 가했을 때 j번째의 망로에 I_j의 전류가 흐른 경우 $V_jI_j=V_kI_k$가 성립할 때 이것을 상반의 정리라 한다. 또한 $V_j=V_k$이면 $I_j=I_k$가 된다. 그림은 상반의 정리가 성립하는 T형 회로를 나타낸 것이다.

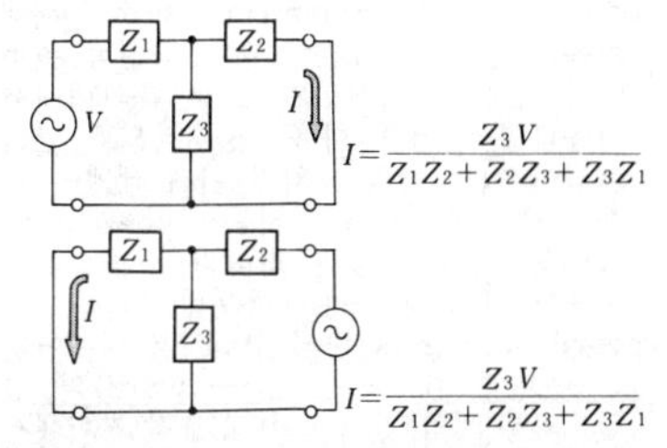

recognition time 디지털 검출 지연 시간(－檢出遲延時間) 디지털 입력 신호의 값의 변화가 디지털 입력 장치에 의해 검출되기까지의 시간.

recombination 재결합(再結合) 여기(勵起)된 전자가 원래의 궤도로 되돌아가는 것. 또는 전리(電離)한 전자나 음 이온이 양 이온과 다시 결합하는 것. 반도체에서는 자유 전자와 정공이 결합하는 것. 재결합할 때 여분의 에너지가 생겨 광선, X선, 자외선, 열선 등으로 되어서 방사된다. 방전관, 발광 다이오드에서는 재결합에 의한 발광 현상이 이용되고, 전리층에서는 야간 재결합이 증가한 E층은 거의 소멸한다.

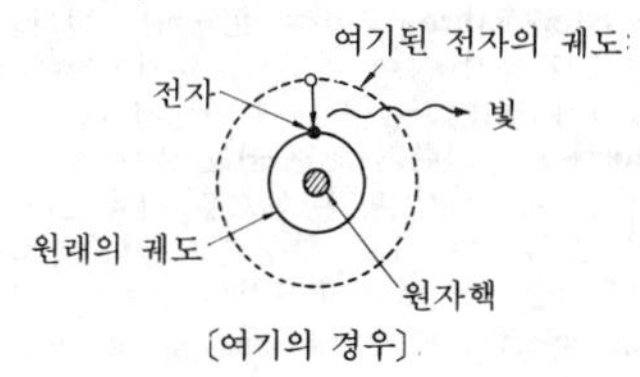

〔여기의 경우〕

recombination center 재결합 중심(再結合中心) 반도체의 금제대(禁制帶) 내에 존재하는 에너지 준위로, 전도체의 전자 또는 가전자대의 정공이 이 준위를 거쳐서 간접 재결합(포획 재결합)을 한다. 재결합 중심을 거치지 않는 재결합을 직접 재결합이라 한다.

recombination radiation 재결합 방사(再結合放射) 반도체에서 전도대의 전자와 가전자대의 정공이 재결합하여 방출되는 방사. 가전자대와 전도대 사이에서, 혹은 이들 두 에너지대에 접근한 억셉터 준위와 도너 준위 사이에서 실제의 반전 분포가 생기면, 유도 방출과 레이저 증폭(또는 발진)이 이루어진다.

recombination velocity 재결합 속도(再結合速度) 반도체 표면 상의 자유 전자(정공) 전류 밀도의 표준 성분을, 그 표면 상의 과잉 자유 전자(정공) 전하 밀도로 나눈 값.

reconditioned carrier reception 재생 반송파 수신(再生搬送波受信) 진폭 변동이나 잡음을 제거하기 위해 측파대에서 전송파를 분리한 다음, 상대적으로 일그러짐이 없는 출력을 얻기 위해 레벨이 높은 곳에서 측파대에 가하는 수신 방법. 이 방법은 저감 반송파 단측파대 송신기를 사용할 때 등에 널리 사용된다.

record 레코드 하나의 단위로서 다루어지는 관련한 데이터 또는 어(word)의 집합. 외부 기억 장치 혹은 입출력 장치에서 컴퓨터 내부로의 정보 수수는 워드(어) 단위가 아니고 수 워드를 묶은 레코드라는 단위로 한다. 1 매의 카드에는 수 워드의 정보가 포함되어 있어 동시에 컴퓨터에 입력된다. 카드 상의 전체 정보는 1 레코드라고 생각된다. 레코드의 길이는 레코드를 형성하는 어 또는 문자의 개수이다.

record cleaner 레코드 클리너 레코드면에 먼지가 부착해 있으면 픽업으로 재생했을 때 잡음을 발생한다든지 바늘이 홈을 뛰어넘는다든지 하므로 연주 전에 깨끗하게 닦아 둘 필요가 있다. 그를 위한 청소 도구가 레코드 클리너이며 우단이나 기타 털이 긴 천으로 만들어진 브러시 모양의 것이나 롤러 모양으로 한 것이 있다.

recorded value 기록치(記錄値) 필기 장치로 기록지 상에 기록되고, 기록지에 표시되어 있는 눈금에 의해 판독된 값.

recorder 기록기(記錄器)[1], 기록계(記錄計)[2] (1) 전기 화상 신호를 기록 매체상의 목적으로 하는 화상으로 최종적으로 변환하는 팩시밀리 수신기의 일부분.
(2) 그래프나 변화하는 신호를 영구히 기록하는 장치.

Record Industrial Association of America 미국 레코드 공업 협회(美國－工業協會) ＝RIAA

recording 기록(記錄) 전기 신호를 기록 매체상의 화상으로 변환하는 조작.

recording channel 녹음 채널(錄音－) 이 표현은 녹음 시스템 중의 복수의 독립된 녹음기 중 1 대를 가리키거나 또는 하나의 기록 매체 속의 독립한 트랙을 가리킨다. 전송 대역 내의 다른 대역을 담당하기 위해서나 다(多)채널 녹음을 위해 또는 제어용으로, 하나 이상의 채널을 동시에 사용하는 경우도 있다.

recording-completing trunk 기록 완료 트렁크(記錄完了－) 교환원이 장거리 전화의 호출에 대해서 기록, 대응 및 자동 완료를 하기 위한 단방향 트렁크.

recording density 기록 밀도(記錄密度), 기억 밀도(記憶密度) 기록 매체의 단위 길이, 단위 면적 또는 단위 체적당에 기록(또는 기억)되는 데이터와 정보의 양. 일반적으로 단위당의 비트수로 나타낸다.

recording head 녹음 헤드(錄音－) 테이프 리코더에서 자기 테이프를 음성 전류에 따라 자화하기 위해 사용하는 부분. 구조는 그림과 같이 고투자율의 퍼멀로이 박판을 녹음 트랙 폭에 맞춘 두께까지 겹쳐 쌓아 자심으로 하고, 여기에 코일을 감아서 자기 테이프에 접하는 부분은 헬륨동 또는 인청동을 사이에 두고 10~30μm의 공극(gap)을 두고 있다. 자기 테이프는 일정 속도로 이 공극에 접하면서 이동해 가면 음성 전류의 변화에 따라서 자화되어 녹음된다.

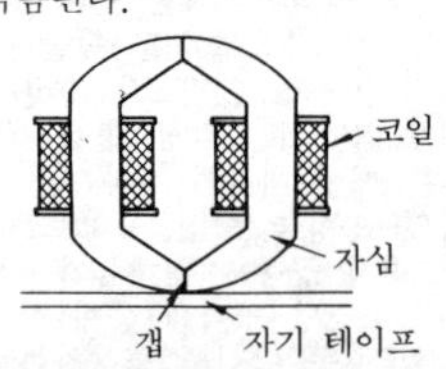

recording instrument 기록계(記錄計) 하나 이상의 양의 값을 다른 변수, 일반적으로 시간의 함수로서 도표적으로 기록하는 계기.

recording loss 기록 손실(記錄損失) 기록 매체 내의 파형의 진폭이 레코드 바늘에 의해 생긴 진폭과 상이한 경우의 기록 레벨의 손실.

recording media 기록 매체(記錄媒體) 데이터를 모아 기록하고 있는 것. 자기 테이프, 자기 디스크, 자기 드럼, 카드, 종이 테이프 등이 기록 매체. 미디어는 미디엄의 복수형이므로 recording medium 이라고 하는 경우도 있다. 그리고 데이터를 모아 기록하는 일종의 기억이다. 그래서 기록 매체를 storage media, storage medium 이라고도 한다. 데이터를 기억, 기록하고 있으므로 데이터 매체(data media, data medium)라고 하는 경우도 있다. 주기억 장치를 구성하고 있는 집적 회로도 기록 매체이다.

recording meter 기록 계기(記錄計器) 지정량을 지시하는 동시에 시간적 변화를 펜이나 타점(打點)에 의해 기록지나 테이프에 기록하는 계기. 직동식 기록계, 간헐식 기록계, 자동 평형식 기록계 등이 있고, 그 밖에 측정 방식, 기록 점수, 사용 목적 등에 따른 분류도 있다. 지시 기구, 기록지 이송 기구, 기록 기구로 구성된다.

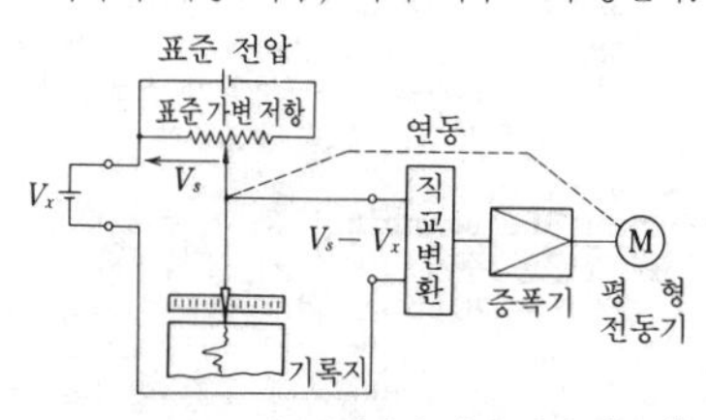

〔전위차계식 자동 평형 기록계〕

recording spot 기록 스폿(記錄—) 팩시밀리 기록기에 의해 인식되는 기록 매체 상의 화상 영역.

recording storage tube 기록 축적관(記錄蓄積管) 가는 메시 스크린 S의 한쪽 면에 증착한 절연막 T를 축적면으로 하고, 그 배후에 금속판 P를 둔 축적관. 단일의 전자총으로 기록, 판독을 한다. 기록은 고속 빔에 의한 2차 전자 방출 대전(帶電)에 의해서 한다. 판독은 같은 전자총에서 방출되는 저속 빔이 메시 스크린 상의 축적 전하 패턴에 의해서 제어되어, 배후의 플레이트 P에 도달하고, 이것이 출력으로 된다. 소거하는 경우에는 전 축

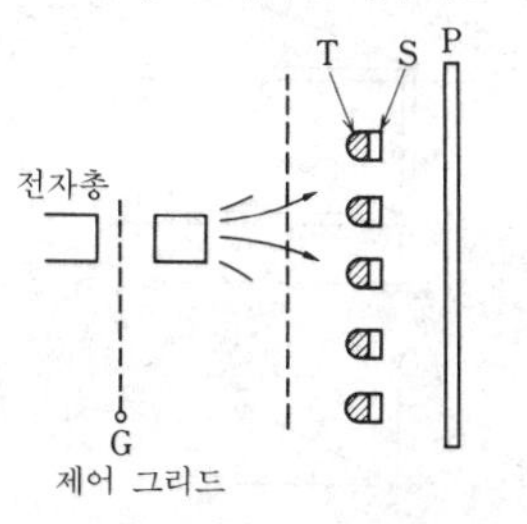

적면을 컬렉터 C의 전위에, 혹은 전자총의 음극 전위에 기록해 주어 스크린을 고른 전하 패턴으로 하면 된다. C, P, S의 전위를 적당히 선택하여 비파괴 판독을 할 수도 있다.

recording stylus 녹음 바늘(錄音針) 녹음 매체에 홈을 새기는 바늘.

recording trunk 기록 트렁크(記錄—) 시외 교환원 상호간이 통화 전용으로 사용되는 시내 교환국 또는 구내 교환기에서 시외국으로 연장한 트렁크. 시외 통화용에는 사용되지 않는다.

record medium 기록 매체(記錄媒體) 물리적인 매체로, 팩시밀리 기록기가 목적하는 화상을 그 위에 기록한다.

recovery current 회복 전류(回復電流) →reverse dirction

recovery time 회복 시간(回復時間) ① 가스 봉입 방전관에서, 양극 전류가 차단되고부터 제어 전극이 그 제어 기능을 회복하기까지의 시간. ② 점호(點弧)한 TR 관, 또는 전치(前置) TR 관이 관을 통해서 전달된 낮은 레벨의 RF 신호가 지정된 값으로 감쇠하기까지 소(消) 이온 작용이 진행하는 데 요하는 시간. ③ 가이거 계수관에서 계수 펄스가 시동하고부터 다음 입사 방사선에 의한 펄스가 그 최대 진폭의 일정 비율로 상승할 수 있기까지의 소요 시간. ④ 시스템 또는 장치에서, 그 입력 신호의 진폭이 갑자기 감소하고부터 이에 의한 증폭도(또는 감쇠량)가 그 최종 변화량인 일정 비율(보통 63%)에 도달하기까지의 시간. ⑤ 레이더 수신기에서 송신 펄스가 끝난 다음 수신기가 감도의 절반을 회복하여 반사 에코를 수신할 수 있기까지의 시간. ⑥ 부하 또는 전원 전압이 스텝 변화를 일으켰을 때 출력 전압(또는 출력 전류)가 레귤레이션 한계 내의 어느 값으로 되돌아오기까지의 시간.

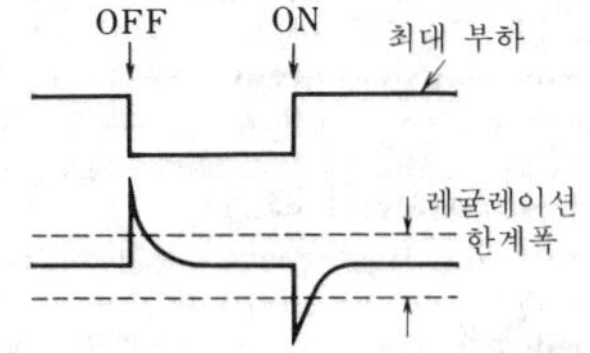

recovery voltage 회복 전압(回復電壓) 회로 차단 장치에서 전류 차단시에 극의 양단에 나타나는 전압.

rectangular cavity resonator 방형 공동 공진기(方形空洞共振器) 공동 공진기의 일종으로, 방형 도파관을 두 장의 도체판으로 다음 식의 간격 L로 칸막이한 것을

말한다.

$L=n \cdot \lambda_g/2$

여기서, n : 정수(整數), λ_g : 관 내 파장. 그 공진 파장 λ는 다음 식으로 구해진다.

$$\frac{1}{\lambda^2}=\frac{1}{\lambda_c{}^2}+\frac{1}{\lambda_g{}^2}$$

여기서, λ_c : 사용한 모드에 대한 도파관의 차단 파장, λ_g : 관내 파장.

rectangular coordinate type AC potentiometer 직각 좌표식 교류 전위차계(直角座標式交流電位差計) 그림과 같은 구성의 교류 전위차계로, 피측정 교류 전압을 직각 방향의 2성분으로 나누어서 측정하는 것이다. R_h에 의해 i를 규정하고, r의 크기와 M을 조절하여 교류 검류계 VG에 의해 $\dot{E}_a$와 $\dot{E}_b$의 벡터합이 $\dot{E}_x$와 같게 되는 점을 구한다. 이로써 전압의 절대값 $|\dot{E}_x|$와 위상 ϕ는 다음 식으로 구해진다.

$$|\dot{E}_x|=\sqrt{|\dot{E}_a|^2+|\dot{E}_b|^2}=i\sqrt{r^2+(\omega M)^2}$$

$$\varphi=\tan^{-1}\frac{|\dot{E}_a|}{|\dot{E}_b|}=\tan^{-1}\frac{(\omega M)}{r}$$

rectangular coordinate type potentiometer 직각 좌표 전위차계(直角座標電位差計) 교류 전위차계로, 피측정 전압을 전위차계의 저항 및 인덕턴스 분기의 양단에 만들어낸 전압과 평형시켜, 이들 두 전압의 값에서 피측정 전압의 절대값과 위상각을 구하도록 한 것.

rectangular grid array 구형 그리드 어레이(矩形—) 인접하는 소자의 중심점을 연결하는 선이 구형 그룹이 되도록 평면에 배치된 어레이 안테나.

rectangular hysteresis 각형 히스테리시스(角形—) 히스테리시스 루프가 그림과 같이 장방형에 가까운 모양을 나타내는 성질을 말한다. 이러한 특성을 갖는 자기 재료나 기억 소자를 비롯하여 펄스 트랜스, 스위칭 소자 등의 자심으로서 용도가 넓다.

rectangular hysteresis core 장방형 히스테리시스 자심(長方形—磁心), 각형 히스테리시스 자심(角形—磁心) 히스테리

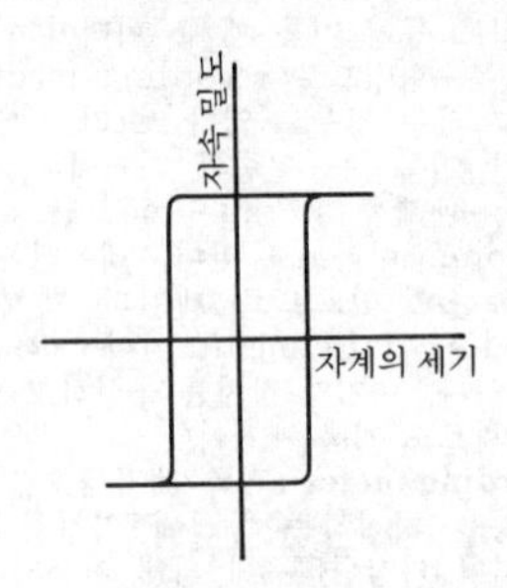

rectangular hysteresis

시스 루프가 장방형에 가까운 모양이 되는 특성을 갖는 재료로 만든 자심으로, 스위치 동작을 시키는 부품 등에 사용한다.

rectangularity ratio 각형비(角形比) 강자성 물질의 자화 곡선에서 포화 자속값을 B_s, 잔류 자속 밀도(자화력 $H=0$에서의 자속 밀도)를 B_r로 했을 때 B_r/B_s의 비.

rectangular scanning 직각 주사(直角走査), 구형 주사(矩形走査) 2차원의 선형(扇形) 주사로, 어느 면 내에서의 저속 선형 주사와, 그것과 직각인 면 내에서의 고속 선형 주사를 병용하여 구형 영역을 주사하는 것.

rectangular waveguide 방형 도파관(方形導波管) 그림과 같이 XY의 단면이 장방형으로 되는 도파관으로, 원형의 것에 비해 해석과 제작이 용이하기 때문에 널리 사용되고 있다. Y 방향의 폭을 a로 하면 Z축 방향으로 전파되는 파장 λ의 전자(電磁) 에너지의 속도(군속도) v_g는

$$v_g=c\sqrt{1-\left(\frac{\lambda}{2a}\right)^2}$$

로 되어 광속 c보다 느리다. 또 $2a$보다 긴 파장의 전자파는 전파하지 않는다. $a=\lambda_c$를 차단 파장이라 한다. 일반적으로 $a=2b$의 도파관이 많다.

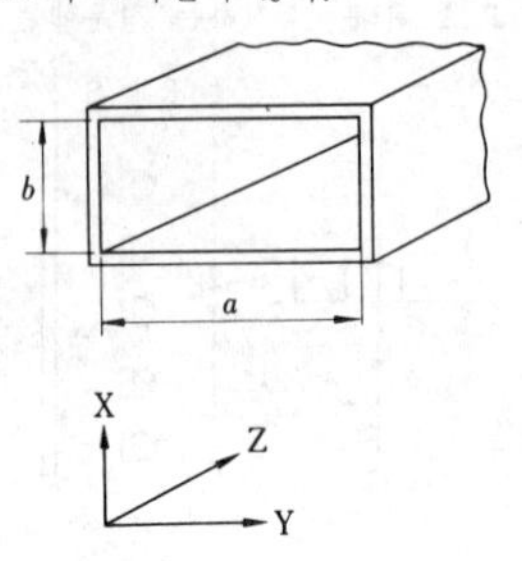

rectification 정류(整流) 교류를 직류로 변환하는 것을 말하며, 정류기를 사용해서 한다.

rectifier 정류기(整流器) 교류를 직류로 변환하는 장치. 일반적으로 실리콘 정류가 사용된다.

rectifier circuit 정류 회로(整流回路) 교류를 직류로 변환하는 구실을 하는 회로로, 보통 정류기와 평활 회로로 구성되어 있다. 정류기의 정류 소자로서는 실리콘 정류기가 일반적으로 쓰이며, 평활 회로는 정류 출력을 매끄럽게 하는 구실을 한다. 정류 회로에는 교류의 1 사이클 전부를 정류하는 양파(전파) 정류 회로와 반 사이클만을 정류하는 반파 정류 회로가 있다.

rectifier contact 정류 접촉(整流接觸) 이종(異種) 도체(또는 반도체)의 접촉 부분의 저항이 통전의 방향에 따라 다른 값이 되는 접촉 상태.

rectifier element 정류 소자(整流素子) 정류 특성을 갖는 고체 디바이스. 반도체의 pn 접합을 사용한 실리콘 또는 게르마늄의 다이오드나 금속과 반도체의 접촉면을 사용한 셀렌 정류기, 산화동 정류기가 있다. 현재 사용되고 있는 것은 실리콘 다이오드이며, 이것에는 사이리스터와 같이 출력 전압을 제어할 수 있는 것도 있다.

rectifier instrument 정류형 계기(整流形計器) 직류에 응동하는 계기와 정류 장치의 조합으로, 이에 의해서 교류 전압, 전류의 평균값을 측정할 수 있다.

rectifier junction 정류 접합(整流接合) 반도체 정류기 셀에서의 접합부로, 비대칭 도전성을 나타내는 부분.

rectifier parts 정류 부품(整流部品) 정류 작용을 시키는 부품으로, 일반적으로 다이오드를 사용하지만, 제어가 필요한 경우는 사이리스터를 사용한다.

rectifier stack 정류 스택(整流－) 정류 다이오드를 복수 개 조합시킨 것에 전압 평형용 저항, 냉각 장치, 잡음 흡수 장치 등을 부착하여 한 몸으로 조립한 구조를 말한다.

rectifier transformer 정류기 변압기(整流器變壓器) 교류 계통의 기본 주파수로 동작하는 변압기로, 정류기의 주전극에 도전적(導電的)으로 접속되어 있는 출력 권선(직류 권선)을 가지고 있는 것.

rectifier type instrument 정류형 계기(整流形計器) 교류를 반도체 정류기로 정류하고, 가동 코일형 계기로 지시케 하는 계기. 교류용 계기 중에서는 최고 감도이며 눈금은 교류의 실효값으로 매겨져 있다. 교류용 계기로 20kHz 의 음성 주파수까지 측정 가능하다.

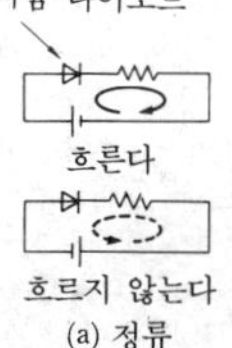

(a) 정류

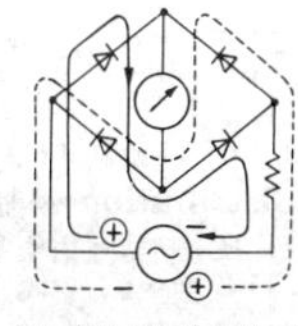
(b) 정류형 계기의 원리

rectifier type meter 정류형 계기(整流形計器) =rectifier type instrument

rectifier with choke-input filter 초크 입력형 평활 회로(－入力形平滑回路) 정류 회로 바로 다음에 초크 코일을 직렬로 접속한 평활 회로. 콘덴서 입력형에 비해 출력 전압이 낮아지지만 어느 전류 이상의 부하에 대해서는 출력 전압은 거의 일정하게 유지할 수 있다.

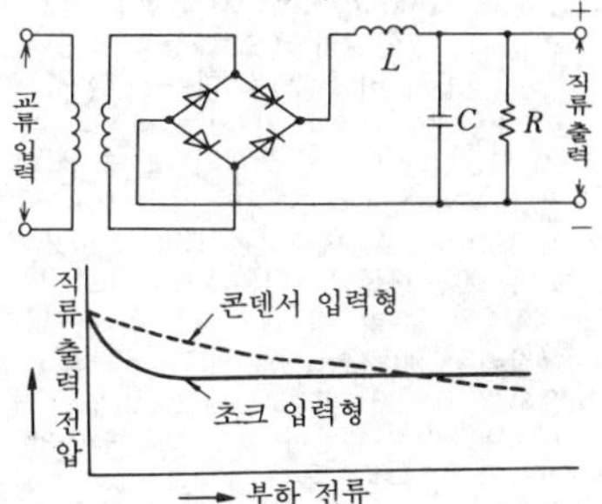

rectifying contact 정류성 접촉(整流性接觸) 두 물질의 접촉 영역에서 인가 전압의 극성에 의해 전류의 크기가 변화하는 (즉 정류성을 나타내는) 접촉.

rectilinear 직선적(直線的) 화상 처리 분야에서 화상면의 X, Y 방향 스케일이 적정하게 유지되고, 기하학적 일그러짐이 없는 상에 대해 말하는 용어. 광학 용어에서는 왜곡 수차가 없는(직선이 직선으로 결상하도록 교정된) 상에 대해서 쓰인다.

rectilinear scanning 직선 주사(直線走査) 어느 영역을 가늘고 곧은 선에 의해서 정해진 순서로 주사하는 것.

recurrent sweep 순환 소인(循環掃引) 규칙적으로 반복해서 행해지는 소인. 프리러닝 또는 다른 신호에 동기해서 행해진다.

recursive digital filter 재귀 디지털 필터(再歸－) →digital filter

recursive filter 재귀형 핀터(再歸形－) →digital filter

recursive program 재귀적 프로그램(再歸的－) 컴퓨터 프로그램의 서브루틴 중에서 자기 자신의 서브프로그램을 사용하는 프로그램.

redial 리다이얼 상대 번호 자동 재송이라고도 한다. 다이얼한 상대 번호를 기억해 두고, 이를 간단한 방법으로 재송하는 것.

redistribution 재분포(再分布) 전하 축적관 또는 텔레비전의 촬상관에서 축적면의 어느 영역의 전하가 표면으로부터의 2차 전자 때문에 그 분포가 변화하는 것.

redox battery 레독스형 전지(－形電池) 철 이온이나 크롬 이온과 같이 원자가를 바꾸는 성질을 가진 이온의 산화·환원 반응(레독스 반응)에 의해 동작하는 전지. 충방전 효율이 높고, 수명이 길다.

red shift 레드 시프트, 적측 편이(赤側偏移) 예를 들면, 발광체의 스펙트럼선 파장이 도플러 효과 등으로 본래의 파장보다 장파장측으로 벗어나는 것.

reduced capacity tap 저감 용량 탭(低減容量－) 변압기의 탭으로 정격 용량에 대해서 전압의 비(比)만큼 낮은 정격 출력으로 사용하지 않으면 안 되는 탭. 그림에서 90, 100, 110V 의 3개의 탭 중 90V 는 저감 용량 탭이라고 하면 정격 10kVA 일 때 100, 110V 탭에서는 10kVA 사용해도 되나 90V 탭에서는 10kVA×(90/100)=9kVA 의 용량 밖에는 사용할 수 없다. 그림에서 90V 의 탭을 정격 용량으로 사용하면 0~90V의 코일에는 정격 전류의 100/90 의 전류만이 흐르므로 동손이 증가하여 위험하게 된다.

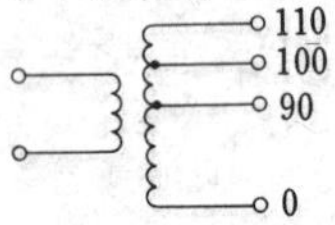

reduced carrier 저역 반송파(低域搬送波) 신호를 진폭 변조하면 그 반송파는 신호를 전하는 성분을 포함하고 있지 않고, 더욱이 전력 에너지의 대부분을 점유하고 있으므로 반송파를 대역 필터로 제거하여 신호 성분을 포함한 상측 또는 하측대파의 전파를 전송한다. 송신측 설비는 소규모이고, 그 동일 통신계에서도 혼신이 없다. →single sideband system

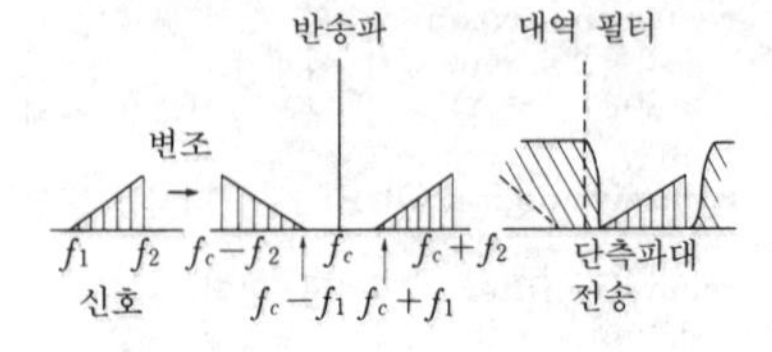

reduced-carrier SSB system 저감 반송파 SSB 방식(低減搬送波－方式) 단측파대 통신 방식(SSB)의 일종으로, 반송파의 전력을 어느 일정 레벨까지 저감하여 송출하고, 수신측에서는 이 반송파를 파일럿파로서 국부 발진기의 주파수 제어 등에 이용하는 방식으로, 현재의 상용 무선 전화 회선에 널리 쓰이고 있다. 전파 형식의 기호는 A3A 이다.

reduced-carrier transmission 저감 반송파 전송(低減搬送波傳送) 진폭 변조 방식에서 반송파 레벨을 저감하여 전송하는 것.

reduced system 기약 시스템(旣約－) 최소 시스템(최소 차원 상태 공간을 갖는 시스템) 혹은 완전 가제어(可制御)이고 완전 가관측(可觀測)한 시스템.

reduction 환원(還元) 산소의 화합물에서 산소를 빼앗는 것, 또는 밖에서 전자를 얻는 반응. 동선은 공기 중에서 산화된 검은 상태가 되지만 가열한 산화동에 수소를 접촉시키면 표면은 붉은 색을 띤 구리로 되돌아간다. 이것이 환원이다. 그림의 전기 분해에서는 음극면에서는 환원 반응, 양극면에서는 산화 반응이 이루어진다.

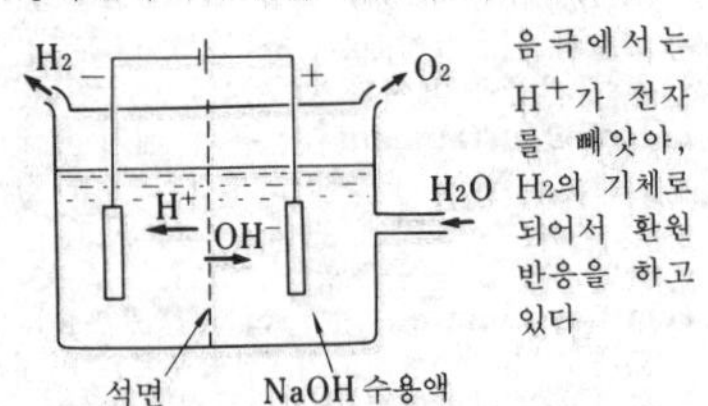

redundant failure 중복 장해(重複障害), 중복 고장(重複故障) 어떤 시스템 중에서 발생하더라도 그 시스템을 정지시키는 일 없이 요구된 기능을 수행할 수 있는 장해 또는 고장.

Redwood second 레드우드초(－秒) 유체의 동점도(動粘度)를 나타내는 단위의 일종. 모세관 속을 유체가 중력으로 흐르는 시간을 측정하는 레드우드 점도계에 의해서 구한 값을 나타내는 데 쓰인다.

reed contact 리드 접점(－接點) 전부 또는 부분이 자성재(磁性材)로 구성되고, 자력에 의하여 직접 구동되는 리드 모양의 접점.

reed relay 리드 계전기(－繼電器) 작은 유리관 속에 봉입된 접점부를 자기적으로 개폐하는 계전기. 어떤 것은 수은에 접점부를 담근 것도 있다.

reed switch 리드 스위치 그림과 같은 구조이며, 금속 자성체편을 유리관 속에 봉해 넣고 코일의 전류에 의해 접점을 개폐하는 스위치이다. 소형이고 신뢰도가 높은 것이 얻어진다.

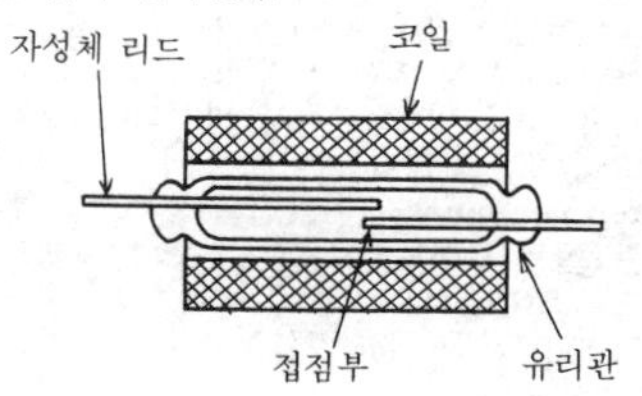

reel 릴 테이프 또는 필름 등의 녹음 매체를 감는 틀. 보통 플랜지(flange)가 붙어 있다. 스풀(spool)이라고도 한다.

reentrant beam 순환 빔(循環-) 끝없이 순환하는 빔. 순환형의 지파(遲波) 회로를 가진 진행파관 등에서 사용된다.

reentrant cavity 오목형 공동(-形空洞) 공동 내의 일부에 집중 커패시턴스가 형성되도록 오목하게 한 공동. 이 부분의 커패시턴스와 다른 부분의 인덕턴스에 의해서 공진 회로가 구성된다.

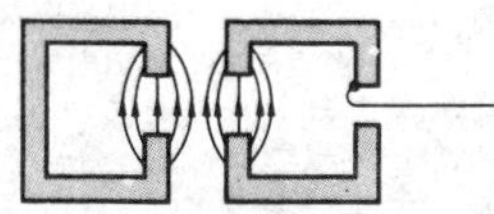

reentrant cavity oscillator 오목형 공동 발진기(-形空洞發振器) 오목형 공동을 사용한 발진기. 클라이스트론 발진기는 그 예이다.

reentrant cylindirical cavity 반동축 공동(半同軸空洞) 공동 내의 일부에 집중 용량이 형성되는 동축 공동의 변형이라고 볼 수 있는 공동. 오목형 공동의 일종.

re-entry communication 재돌입 통신(再突入通信) 우주선이 대기권에 재돌입하는 동안의 통신. 통상은 이온화 때문에 통화의 두절을 극복하는 특별한 변조 시스템을 필요로 한다.

reference audio noise power output 기준 음성 주파 잡음 전력 출력(基準音聲周波雜音電力出力) 스퀠치 기구가 없는 수신기에서 음성 주파 이득을 기준 음성 주파 전력 출력으로 조정한 상태에서 무선 주파 신호 입력이 없는 경우에 출력측에 나타나는 음성 주파 평균 잡음 전력.

reference audio power output 기준 음성 주파 전력 출력(基準音聲周波電力出力) -80dBw 레벨의 표준 시험 변조 무선 주파 입력 신호에 대해 적정하게 종단된 수신기의 출력에서 얻어지는, 제조자가 규정한 음성 주파 전력.

reference black level 기준 흑 레벨(基準黑-) 텔레비전에서 흑 피크에 대하여 지정된 최대 흑색 한도에 대응하는 화상 신호 레벨.

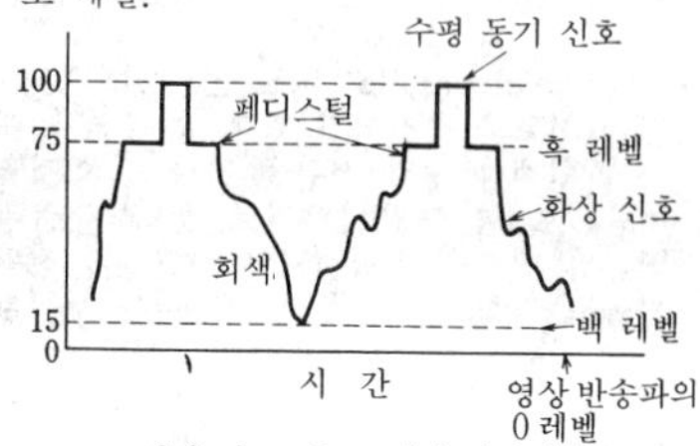

컬러 버스트는 그리지 않았다

reference boresight 기준 조준(基準照準) 안테나 조정시에 기준이 되는 방향. 그 방향은 광학적으로나 전기적으로, 또는 기계적으로 설정된다.

reference burst 기준 버스트(基準-) TDMA 방식을 채용하는 통신 위성 링크에서 사용되는 신호 프레임의 최초 버스트. 이것은 각 지구국을 감시·제어하기 위해 기준국에서 보내진다.

reference conditions 기준 상태(基準狀態) 계기의 지시에 영향을 주는 여러 가지 양에 대해서 규정한 수치로, 그들의 양이 그 값 또는 그 범위 내의 값이면 계기는 정해진 지시 오차 내에서 동작한다.

reference diode 전압 표준 다이오드(電壓標準-), 정전압 다이오드(定電壓-) 항복 현상에서의 정전압 특성을 이용한 다이오드. 제너 다이오드라고도 한다. 이

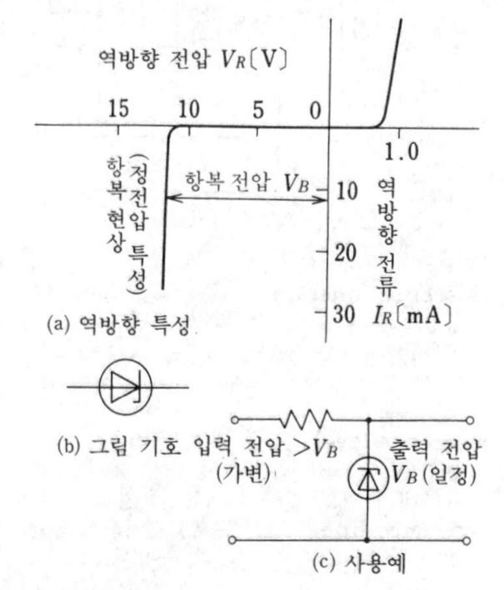

(a) 역방향 특성

(b) 그림 기호

(c) 사용예

이오드는 pn접합의 역방향 특성을 이용하고 있다. 항복 현상은 제너 효과와 전자 사태(애벌란시)에 의해서 일어난다. 직류 안정화 전원의 기준 전압, 각종 전자 회로의 정전압원이나 전압 안정 회로에 사용한다.

reference electrode 비교 전극(比較電極) 전극 전위를 측정하기 위해 그 용액에 대하여 언제나 일정 전위를 가지며, 이것을 기준으로 할 수 있는 전극. 비교 전극과 임의의 전극을 조합시켜서 양자간의 전위차를 측정함으로써 목적으로 하는 전극의 전극 전위를 측정할 수 있다. 비교 전극으로서는 표준 수소 전극, 칼로멜 전극(calomel electrode) 등이 쓰인다.

reference equivalent 통화 당량(通話當量) 통화 품질을 정하는 한 방법. 목적으로 하는 회로를 통해서 보낸 통화와, 어느 표준 회로를 통해서 보낸 통화를 비교한 경우, 그것이 똑같은 상태가 되도록 표준 회로의 손실을 조절했을 때 그 손실을 통화 당량이라 한다. =RE

reference frequency 기준 주파수(基準周波數) 신호의 위상 또는 진폭 표현의 기준이 되고 있는 주파수.

reference input 기준 입력(基準入力) 제어계를 동작시키는 기준으로서 직접 그 폐(閉) 루프에 가해지는 입력 신호로, 목표값에 대하여 정해진 관계를 갖는다. 목표값이 기준 입력 요소를 통해서 기준 입력으로 되고, 이 기준 입력이 주 피드백 신호와 비교되어 양 신호의 차가 동작 신호가 된다.

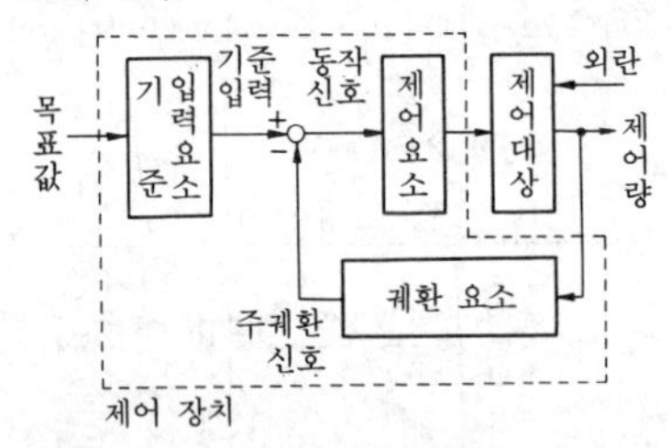

reference junction 기준 접점(基準接點) 열전쌍과 도선, 또는 보상 도선과 도선과의 접합점을 일정한 기준 온도(예를 들면 빙점)로 유지하도록 한 것. 냉접점이라고도 한다.

reference level 기준 레벨(基準−), 기준 수준(基準水準) 전압 등의 상호 관계를 나타내기 위한 기준이 되는 레벨.

reference line 기선(基線), 기준선(基準線) ① 각도 혹은 거리의 측정이 그 곳을 기준으로 하여 행하여지는 선. ② 방향 지시기상에 표시되는 기준선. 기수(선수) 방향과 일치하는 시도(示度)를 가리킨다.

reference line extension 기선 연장선(基線延長線) 로란 항법 용어. 주국(主局)과 종국(從局)을 잇는 선의 연장선. 이 선상에서 주국 및 종국에서 발신되는 신호의 도달 시간 간격이 최대가 된다.

reference noise 참조 잡음(參照雜音), 기준 잡음(基準雜音) 회선 중에 발생하는 노이즈(잡음)의 기준이 되는 크기의 뜻. 1,000Hz 중 10$\mu\mu$W(10×10^{-12})를 기준으로 한다.

reference power supply 기준 전원(基準電源) 기준 전압을 공급하는 평활화 전원.

reference synchronizing signal 기준 동기 신호(基準同期信號) 컬러 텔레비전에서는 흑백 텔레비전과 마찬가지로 복합 동기 신호(수평 동기, 수직 동기, 등화), 버스트 플래그, 색부반송파 신호, 그리고 카메라의 주사를 제어하는 수평, 수직의 구동 신호 등 여러 가지 동기 신호가 쓰이는데, 이들의 기준이 되는 주파수로서 NTSC방식에서는 부반송파 주파수 f_{sc}의 4배에 해당하는 14.31818MHz가 쓰이고, 이에 의해 분주 회로(디지털 카운터)에 의해 부반송파 주파수 f_c(=3.579545 MHz), 수평 펄스용 주파수 f_H(=15.734 MHz), 수직 펄스용 주파수 f_V(=59.94 Hz)가 만들어진다. 흑백 텔레비전인 경우는 기준 주파수로서 $2f_H$에 해당하는 31.5 kHz가 쓰이고, 따라서 f_H=15.75kHz, f_V=15.75/262.5=60Hz이다. 부반송파 주파수는 227.5f_H=3.583125MHz가 된다. 이와 같이 컬러 텔레비전과 흑백 텔레비전에서는 기준 주파수가 다르며, 따라서 f_{sc}, f_H, f_V가 약간 벗어나지만 그 차는 아주 적으며, 현재는 컬러용의 주파수로 통일되어 있다.

reference system for telephone transmission 통화 표준계(通話標準系_ → reference equivalent

reference temperature 기준 온도(基準溫度) 물질의 특성 등을 측정하기 위해 기준으로 하는 주위 온도.

reference test field 기준 시험 필드(基準試驗−) 방향 탐지기의 감도와 수치적으로 동등한 전계 강도로서 μV/m로 표시한 것.

reference voltage 기준 전압(基準電壓) 아날로그 컴퓨터에서 연산시에 기준으로 하는 전압으로, 보통은 최대 연산 전압과 일치한다.

reference wave 참조파(參照波) ① 기준

반송파(reference carrier)라고도 한다. 메시지 신호를 검출할 때 사용하는 신호로, 수신단에서의 복조기에 의해 송신 메시지를 복원하기 위해 반송파를 재생하지 않으면 안 된다. 이 반송파는 수단(受端)에서 국부적으로 발생하든가 송단에서 기준 반송파로서 송신된다. ② 물체파와 간섭시켜서 홀로그램을 작성하기 위해 사용하는 기준파. 홀로그램을 재생할 때는 이 참조파에 의해 조명하도록 한다.

reference waveguide 기준 도파관(基準導波管) 이미턴스의 기준으로서 사용되는 내경이 고정밀도로 제작되어 있는 균일한 도파관.

reference white level 기준 백 레벨(基準白−) 백 피크값에 대해 지정된 최대 한계 백색값에 해당하는 화상 신호 레벨. reference black level 의 그림 참조.

reflectance 반사율(反射率) 물체에서 반사된 광속 F_r과 물체에 입사한 광속 F_i와의 비(比) F_r/F_i.

reflectance ink 반사 잉크(反射−) 광학 주사에서의 잉크의 성질로, 특수한 광학적 문자 판독 장치에서 허용할 수 있는 용지의 반사율 레벨과 거의 같은 반사율 레벨을 갖는 잉크를 말한다.

reflected binary code 교번 2진 부호(交番二進符號) 수를 표현하기 위한 2진 표기법의 하나로, 연속하는 두 수의 수표시가 하나의 숫자 위치에서만 다른 것. 예를 들면, 수 0으로부터 7의 수표시 000, 001, 011, 010, 110, 111, 101, 100은 하나의 교번 2진 부호를 나타내고 있다. 2진 표시의 부호로서 인접한 수의 표시를 반드시 2진수의 1자리만이 다르도록 변환하여 놓는 부호. 이것은 일시에 1자리만이 변화하는 결과가 되므로 커다란 실수를 방지하게 된다. 그러나 컴퓨터에서는 그대로의 모양으로 연산에 사용하는 것은 곤란하며, 그것을 위해서 부호를 순 2진 부호로 변환할 필요가 있다.

reflected harmonics 반사 고조파(反射高調波) 변환 장치의 동작에 의해 1차(전원)측 회로에 발생하는 고조파. 이것은 비정현 파형의 부하 전류에 의한 임피던스 강하나, 변환 장치의 개폐 동작 혹은 전류(轉流) 작용이 1차측으로 반사되어서 생기는 것이다.

reflected wave 반사파(反射波) 표면, 불연속부, 혹은 2개의 다른 매질의 경계에서 반사하는 파동. 예를 들면, 무선에서의 공간파, 레이더의 에코, 혹은 부정합 선로의 부하단에서 전원을 향해 반사하여 되돌아오는 파동 등이다.

reflecting galvanometer 반조 검류계(半照檢流計) 가동 코일형 검류계의 일종. 가동 코일에 작은 거울을 붙이고, 여기에 빛을 대서 스케일 상에 초점을 맺게 하여 전류를 측정한다. 고감도이지만, 진동 주기가 길고 외부 진동의 영향을 받기 쉽다.

reflection 반사(反射) 빛, 음 혹은 전자파 등이 불연속면에, 또는 어느 매체에서 다른 매체를 향해서 진입했을 때 그 곳에서 일부(또는 전부) 반사하여 원래 방향 혹은 다른 방향으로 진로를 변경하는 것. 반사면이 평활하고, 입사광이 이것과 같은 평면 내에서 반사할 때의 반사를 정반사 혹은 거울면 반사라 한다. 반사면이 거친 면이고, 입사광이 모든 방향으로 여현(餘弦) 법칙에 따라서 반사할 때에는 이것을 확산 반사라 한다. 전압, 전류의 반사는 전송 선로에서의 부정합 개소에서 생기고, 무손실 선로에서는 입사파와 반사파가 간섭하여 정재파가 생긴다.

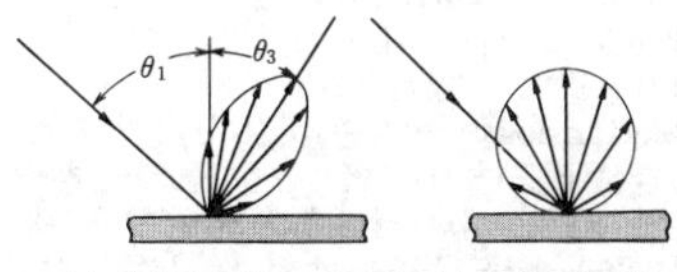

(a) 반불투명면으로부터의 확산 반사　(b) 완전 불투명으로부터의 확산 반사

reflection coefficient 반사 계수(反射係數) 전송 선로에서 부하가 특성 임피던스와 같지 않으면 반사파가 생긴다. 이 때의 전원으로부터의 입사파와 부하로부터의 반사파의 비. 전압 반사 계수와 전류 반사 계수가 있다.

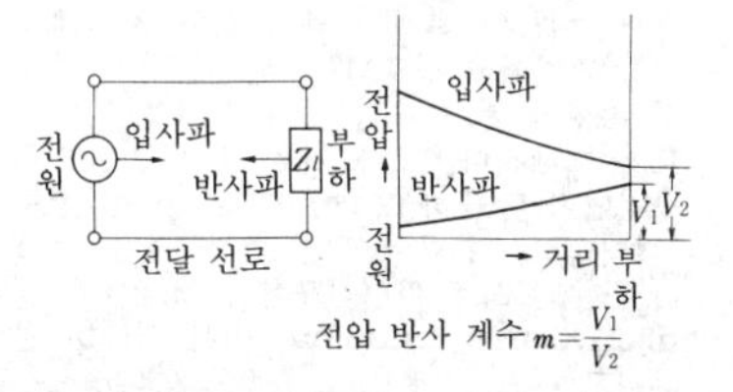

전압 반사 계수 $m=\frac{V_1}{V_2}$

reflection color tube 반사 컬러관(反射−管) 표시 면적 영역에서 전자의 반사를 이용하여 상(像)을 생성하는 컬러 수상관.

reflection error 반사 오차(反射誤差) 모든 수신 신호가 직접 경로에서 도래하는 것이 아니고 수신 신호의 일부가 반사 경로를 거쳐 도래하기 때문에 생기는 오차.

reflection factor 반사율(反射率) ① 어느 면에 의해서 반사하는 전체의 광속과 입사 광속과의 비. ② 반사형 클라이스트론에서, 리플렉터 영역에 들어오는 전자에 대하여 그 곳에서 반사하는 전자의 비율.

reflectionless termination 무반사 종단(無反射終端) 도파관 회로의 단부(端部)에 사용하는 부품으로, 입사 에너지를 흡수하여 반사파를 발생하지 않도록 하는 것이다. 그림과 같은 구조이며, 저항판은 절연 기판에 카본블랙 등을 입힌 것이다.

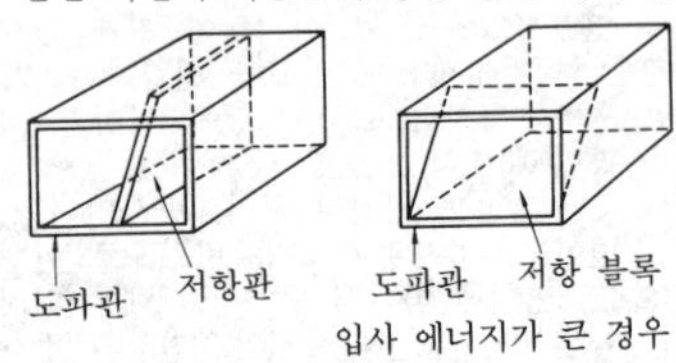

입사 에너지가 큰 경우

reflectionless transmission line 무반사 전송선(無反射傳送線) 어디에 있어서나 반사파가 존재하지 않는 전송선.

reflectionless waveguide 무반사 도파관(無反射導波管) 어떤 횡단면에 있어서도 반사파를 갖지 않는 도파관.

reflection loss 반사손(反射損), 반사 손실(反射損失) ① 전송 손실 중 불연속부에서 생기는 반사 전력에 의한 손실분. ② 불연속부에 도달하는 전력과, 도달 전력과 반사 전력의 차와의 비를 데시벨로 나타낸 것.

reflection mode photocathode 반사 모드 광음극(反射—光陰極) 광자가 입사한 표면과 같은 표면에서 광전자가 방출되는 광음극.

reflection modulation 반사 변조(反射變調) 전하 축적관에서, 반사된 판독 빔이 축적면에서의 축적 전하에 의한 정전계의 영향을 받아서 변조되는 것. 이 반사 빔에서 적당한 전자 수집 장치를 사용하여 정보가 꺼내진다. 보통 판독 빔은 저속으로 축적면에 접근하고, 이곳에서 집전 장치(컬렉터)를 향해(타깃의 전하 패턴에 따라) 선택적으로 반사하도록 되어 있다.

reflective array antenna 반사 어레이 안테나(反射—) 궤전 소자 및 개개의 소자로부터의 반사파가 원하는 2차 패턴을 합성하도록 어느 면상에 배치·조정된 반사 소자 어레이로 이루어지는 안테나.

reflectometer 반사계(反射計) 어떤 전송계에 있어서 입사파와 반사파의 비를 측정하기 위한 장치. 대개 이 장치는 이 비(比)의 절대값만을 측정·표시한다.

reflector 반사기(反射器) 전파를 반사시켜 한 방향으로만 전파를 방사하기 위하여 사용하는 금속 막대나 금속판을 말한다. 반사기를 사용함으로써 안테나의 지향 특성을 개선할 수 있다. 야기 안테나에서는 1개의 도체를 방사기에서 0.1~ 0.25 파장 떼어서 두고, 코너 리플렉터 안테나에서는 발 모양 또는 병풍 모양의 금속판이 사용되며, 파라볼라 안테나에서는 포물면을 가진 반사기가 사용되고 있다. 마이크로파 발진관으로서 사용된다.

reflector antenna 반사형 안테나(反射形—) 하나 내지는 복수의 반사면, 및 방사(수신) 궤전계로 구성되는 안테나. 특징이 있는 안테나는 그것을 상징하는 부분을 가지고 안테나의 명칭으로 하고 있다. 예를 들면 파라볼라 안테나.

reflector element 반사기 소자(反射器素子) 진행 방향으로의 지향성 이득을 높일 목적으로 궤전 소자의 진행 방향과 반대측에 두어지는 무궤전 소자.

reflector space 리플렉터 영역(—領域) 반사형 클라이스트론의 번처 영역부터 리플렉터까지의 부분.

reflex baffle 위상 반전 배플(位相反轉—) 진동판 배면으로부터의 방사의 일부를 위상이나 기타의 변위를 조정하여 밖으로 전파(傳播)하는 스피커 상자. 그 목적은 어떤 주파수의 방사를 증강하는 것이다.

reflex bunching 반사 집군(反射集群) 드리프트 공간에 있어서 전자류의 진행 방향이 역전되었을 때에 일어나는 집군.

reflex horn 리플렉스 혼 ① 혼의 차단 주파수가 충분히 낮은 경우에는 혼의 길이가 상당히 길어져서 다루기 어렵기 때문에 꺾은 구조로 한 것. 폴디드 혼(folded horn)이라고도 한다. ② 혼 안테나로부터의 1차 방사 에너지를, 파라볼라 반사 장치에 의해 구면파(球面波)에서 평면파로 변환하여 방사하도록 한 것.

reflex klystron 반사형 클라이스트론(反射形—) 주로 마이크로파의 발진에 사용되는 속도 변조관. 전자가 G_1-G_2를 통할 때 속도 변조되어 반사 전극의 −전압으로 감속되고, 방향을 바꾸어 G_1-G_2로 되돌아온다. 이 때 전자 밀도가 조밀하게 되

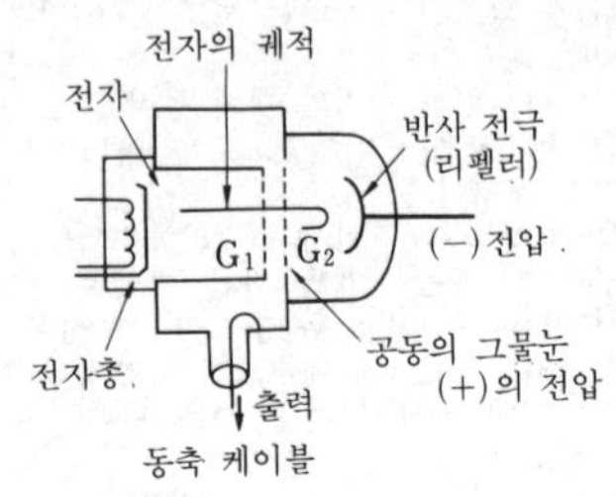

고 그 에너지가 공동에 주어져서 발진한다. 발진 주사수 : 4~15GHz, 출력 : 10~100mW.

reflex reflector 후부 반사기(後部反射器) 입사 각도와 간계없이, 입사 방향과 같은 방향으로 빛을 반사하도록 설계된 반사 장치. =retro-reflector

reflow soldering 리플로 솔더링 전착(電着) 또는 다른 방식에 의한 코팅을 녹여서 다시 굳히는 것.

reforming 재생(再生) 반도체 정류기에서 정류 작용을 잃은 접합부의 효과를 전기적, 열적 또는 그 양쪽의 처리를 가함으로써 회복시키는 것.

refracted wave 굴절파(屈折波) ① 어느 매체로부터 두번째 매체로 진입하는 입사파의 부분. 이것은 투과파라고도 한다. ② 입사파 중 제1의 매질로부터 제2의 매질로 진입하는 성분.

refraction 굴절(屈折) 2개의 다른 매질 속을 빛 등이 어느 매질에서 다른 매질로 입사할 때 그 경계면에서 방향이 달라지는 현상.

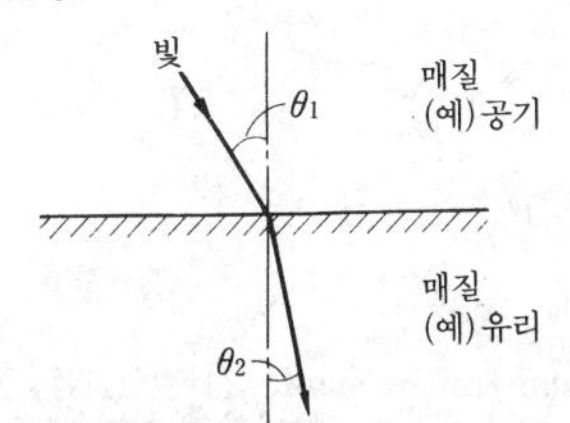

θ_1을 입사각, θ_2를 굴절각으로 하면,
$\sin\theta_1 = n\sin\theta_2$
가 성립한다. n을 매질의 공기에 대한 굴절율이라 한다.
(예) 유리 약1.5, 물 약1.3

refraction error 굴절 오차(屈折誤差) 하나 또는 그 이상의 전파(傳播) 경로가 전파 매체에 의해 굴절됨으로써 발생하는 오차.

refraction loss 굴절 손실(屈折損失) 불균일 매질에 의해 생기는 굴절로 인한 전송 손실의 부분.

refraction wave 굴절파(屈折波) 방사된 전자파가 굴절하여 대지로 되돌아오는 것을 말하며, 대류권 굴절파와 전리층 굴절파가 있다. 전파가 대류권을 전파할 때 대기의 온도, 압력, 습도가 높이에 따라 변화하기 때문에 굴절하여 대지로 되돌아오는 것이 있다. 이것이 대류권 굴절파이다. 또, 전리층에서는 장파는 하단의 E층에서 반사하지만, 중파나 단파는 E층을 꿰뚫고 F층 내에서 굴절하여 대지로 되돌아온다. 이것이 전리층 굴절파이다.

refractive index 굴절률(屈折率) 자유 공간에서의 파(波)의 위상 속도와, 주어진 매질 공간에서의 파의 위상 속도와의 비.

refractive index contrast 비굴절률차(比屈折率差) 파이버의 코어와 클래드 굴절률의 상대적인 차이의 척도. Δ로 표현되며, $\Delta=(n_1^2-n_2^2)/2n_1^2$로 주어진다. 여기서 n_1, n_2는 각각 코어 굴절률의 최대값과 균일한 클래드의 굴절률이다.

refractive index profile 굴절률 프로파일(屈折率－) 섬유(fiber) 단면의 직경을 따라서 굴절률을 플롯한 것.

refractivity 굴절률(屈折率) =refractive index

refresh 리프레시 →dynamic type RAM

refresh circuitry 리프레시 회로(－回路) ① VDU(visual display unit)의 스크린 상에 표시되는 정보를 회복하기 위한 회로. ② 끊임없이 전하를 소실하는 다이내믹 RAM에 기억된 데이터를 회복하기 위한 회로.

refresh rate 리프레시 속도(－速度) 음극선관(CRT)과 같은 비영속적인 표시 장치에 표시되는 정보가 매초마다 재기록 또는 재활성화되는 횟수.

REGAL 리갈 =range and elevation guidance for approach and landing

regenerate 재생(再生) ① 펄스 파형이 전송 중 받는 감쇠나 일그러짐을 그 당초의 형상으로 회복하는 신호 처리. ② 축적관에서 판독에 의한 전하의 감소도 포함하여 감쇠 효과를 극복하기 위해 전하의 회복을 하는 처리. ③ 파괴 판독에서 판독한 데이터를 기억 장치에 재기록하는 것. ④ 정궤환 효과를 말한다.

regeneration 재생(再生) 텔레비전에서, 열화된 신호의 진폭, 파형 및 타이밍을 복원하기 위해 행해지는 처리.

regenerative amplifier 재생 증폭기(再生增幅器) 증폭 정형 회로라고도 한다. 컴퓨터에서 처리가 반복되는 동안에 점차 감쇠 변형한 신호를 원래의 올바른 모양으로 고쳐주는 회로이다. 파형의 정형에는 클록 펄스를 이용한다.

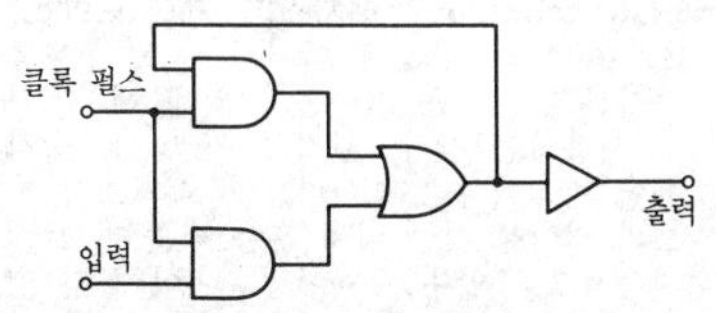

regenerative detection receiver 재생 검

파식 수신기(再生檢波式受信機) 재생 검파기를 사용한 스트레이트 수신기로, 이 회로에 의해서 보통으로 사용되는 컬렉터 검파기보다 매우 감도를 높게 할 수 있다. 그러나 재생 회로(재생 바리콘)의 조정은 매우 미묘하여 조금이라도 조정이 벗어나면 발진을 일으키고, 근접한 수신기에도 방해를 주므로 현재는 쓰이고 있지 않다.

regenerative detector 재생 검파기(再生檢波器) 검파기의 일종. 재생 코일을 통해서 출력 중에 포함되는 고주파 전류를 입력측으로 정궤환하여 검파 감도를 높이도록 한 것.

regenerative divider 재생 분할기(再生分割器) 변조, 증폭 및 선택적인 궤환을 이용해 출력파를 발생시키는 주파수 분할기이다.

regenerative relay system 재생 중계 방식(再生中繼方式) 중계소에서 수신한 신호의 파형이 일그러짐, 잡음에 오염되어 있을 때 펄스의 유무를 판단하여 이것을 재생한 다음 송출하는 방식. 전신 부호나 PCM 부호의 재생 중계에 쓰인다.

regenerative repeater 재생 중계기(再生中繼器) ① 펄스 재생하는 중계기. 재송 신호는 실용상 일그러짐형의 영향을 받지 않는다. ② 디지털 전송용으로 설계된 중계기.

register 레지스터 비트, 바이트, 기계어와 같은 지정된 기억 용량을 가지며, 통상 특정한 목적에 쓰이는 기억 장치. 1 개의 플립플롭은 0이냐 1이냐 하는 1비트의 기억 용량을 갖는다. 8 개 사용하면 8비트, 16 개 사용하면 16비트의 기억 용량을 갖는 레지스터를 만들 수 있다. 하나의 레지스터의 기억 용량을 레지스터 길이라 한다. 자리 보내기를 할 수 있는 레지스터를 시프트 레지스터, 주소를 지정할 수 있는 레지스터이며 누승기, 지표 레지스터 등의 목적으로 사용할 수 있는 것을 범용 레지스터라 한다.

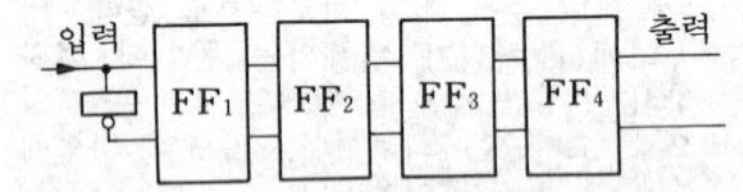

register control 레지스터 제어(−制御) ① 호(呼)의 설정에 있어서 주소 정보를 수신하고 이것을 기억하기 위해 레지스터를 사용하는 방식. 간접 제어 방식, 축적 제어 방식이라고도 한다. ② 레지스터 마크의 위치를 기준 위치(혹은 기준 마크)에 자동적으로 맞추는 제어법. 종이 롤의 정척(定尺) 절단 등은 그 예이다.

register length 레지스터 길이 컴퓨터에서, 레지스터에 수용할 수 있는 캐릭터수.

register mark 레지스터 마크 재료상에 인쇄 기타의 방법으로 매긴 표시 또는 선이며, 재료의 위치를 올바르게 맞추기 위한 기준으로서 사용하는 것.

regular distortion 규칙 일그러짐(規則−) 전신 또는 데이터 통신 부호의 변환점(유의 순간)이 규칙적으로 늘어나거나 줄어들거나 하는 현상. 이 현상은 전송로의 일정한 레벨 변화, 위상 변동, 주파수 이득 변화 혹은 변복조 방식, 전송 대역 등 많은 직선 일그러짐으로 일어난다. 바이어스 일그러짐, 특성 일그러짐 등은 규칙 일그러짐이며, 후자는 반드시 직선적이 아니고, 전송계, 변복조 방식에 따라서는 비직선적인 일그러짐이 된다.

regular reflection 정반사(正反射) 빛이 거울면에 입사하면 반사되는데 이 때 ① 입사각과 반사각과는 같다. ② 입사 방향과 반사 방향과는 동일 평면 내에 있다 는 법칙에 따르는 반사. 정반사의 경우는 반사면은 보이지 않고, 반사면의 향하는 측에 광원의 상이 보인다.

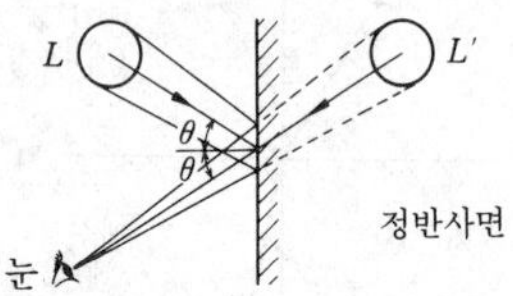

regular transmission 정투과(正透過) 입사 빔에 대하여 한 방향의 방사(또는 빛)만이 투과해 가는 투과 프로세스. 확산 투과와 대비된다.

regulated power supply 안정화 전원(安定化電源) 전력 공급 계통의 전압, 출력 부하, 주위 온도의 변화 또는 시간 변화에 대해서 일정한 출력 전압(또는 전류)을 유지하는 전원.

regulated power supply efficiency 안정화 전원 효율(安定化電源效率) 입력 전력에 대한 안정화 출력 전력의 비.

regulator 조정기(調整器) 원하는 값을 미리 정해진 값으로 유지하는, 혹은 미리 정해진 계획에 따라서 변화해 가도록 하는 장치.

reinserter 직류 재생 장치(直流再生裝置) =direct-current restorer, clamper, restorer

Reiss microphone 라이스 마이크로폰 라이스(Reiss, 독일)가 발명한 탄소 마이크로폰의 일종. 구조는 그림과 같이 대리석에 홈을 파서 거기에 탄소 알갱이를 넣고,

마이카 등으로 만든 진동판으로 누르고 있다. 진동판이 음압으로 진동하면 탄소 알갱이의 접촉 저항이 변화하여 이에 따라서 전극간 전류가 변화하게 된다. 이 마이크로폰은 진동판에 전류가 흐르지 않으므로 주파수 특성 및 감도는 좋지만 잡음이 많고, 습기를 빨아들이기 쉬우며, 동작이 불안정하므로 현재는 사용되지 않고 있다.

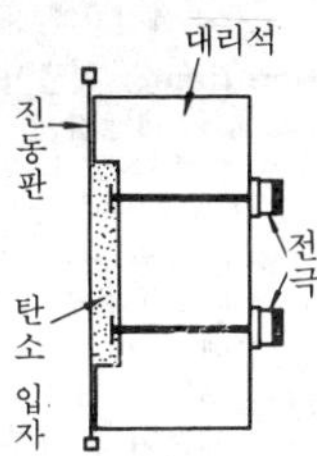
대리석
진동판
전극
탄소 입자

rejection filter 제거 필터(除去－) 주어진 상, 하의 차단 주파수 사이의 교류 성분을 감쇠시키고, 그 이외의 모든 성분을 통과시키는 필터.

rejector 제파기(除波器) →trap

relative address 상대 주소(相對住所) 컴퓨터의 주소 참조 명령으로, 그 명령어가 저장되어 있는 주소에서 상대값으로 주소를 지정하는 방식.

relative amplification degree 상대 증폭도(相對增幅度) 증폭기의 증폭도를 기준의 증폭도와 비교하여 나타내는 방법. 보통은 중역(中域)의 증폭도를 기준으로 하고, 이에 대하여 고역과 저역 증폭도의 비율을 데시벨로 나타내는 일이 많다.

relative damping 상대 감쇠(相對減衰) 계측기 회전 부분의 어느 주어진 각속도에서의 감쇠 토크와, 같은 각속도에서 임계 감쇠를 발생하는 경우의 감쇠 토크와의 비.

relative element address designate 리드 팩시밀리의 전송 시간을 단축하기 위해 2차원의 부호화를 하는 방식의 호칭. 압축률이 높은 것이 특징이며, 일본에서 개발되고 CCITT 에 의해 국제화되었다. ＝READ

relative error 상대 오차(相對誤差) 어느 양에 대하여 비(比)로 나타내어진 오차. 백분률 오차라고도 한다. 측정값을 M, 참값을 T로 하면 상대 오차 ε은

$$\varepsilon = \frac{M - T}{T} \times 100\,[\%]$$

relative gain 상대 이득(相對利得) 일반적으로는 안테나의 이득을 생각하는 경우에 반파 안테나(반파 다이폴 안테나)를 기준으로 하여 나타낸 것을 말한다. 지금 주어진 안테나에 P라는 전력을 가하고, 기준의 반파 다이폴 안테나에 P_0이라는 전력을 가했을 때 각각의 최대 방사 방향에서 등거리 지점의 전계 강도가 같게 되었다고 하면 상대 이득 G는 다음 식으로 나타내어진다.

$$G = 10\log\frac{P_0}{P}\ [\text{dB}]$$

relative humidity 상대 습도(相對濕度) 공기 속의 수증기 압력이 현재 기압의 포화 증기압의 몇 %에 해당하는가를 나타내는 수치. 보통 말하는 습도는 이것을 가리킨다. 공기 속의 수증기 압력을 P, 그 온도에서의 포화 증기압을 P_0으로 하면 상대 습도는

상대 습도$=(P/P_o)\times 100$ 〔%〕

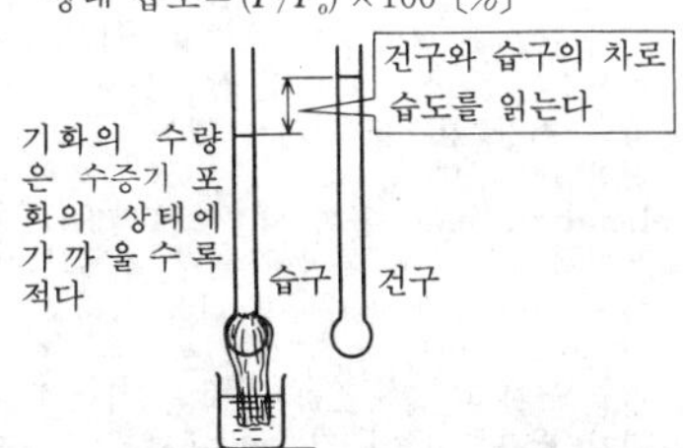
건구와 습구의 차로 습도를 읽는다
기화의 수량은 수증기 포화의 상태에 가까울수록 적다
습구
건구

relative level 상대 수준(相對水準), 상대 레벨(相對－) 전송 시스템의 어느 점에서의 신호 전력을 시스템의 기준점 신호 전력과 비교하여 데시벨 표시한 것. 기준점으로서는 보통은 시외 교환대를 쓴다.

relative measurement 비교 측정(比較測定) 측정되는 양과 동종의 양에 대해서 표준을 정하고, 이것과 비교함으로써 미지량을 구하는 측정법.

relative motion display 상대 운동 표시(相對運動表示) PPI 표시 장치에서 목표물의 움직임이 자선(自船)의 운동에 대하여 상대적으로 표시되어 있는 것.

relative permeability 비투자율(比透磁率) 물질의 투자율 μ와 진공의 투자율 μ_0와의 비 $\mu_s=\mu/\mu_0$를 말한다. 강자성체에서는 $\mu_s \gg 1$, 상자성체에서는 $\mu_s \fallingdotseq 1\,(\mu_s>1)$, 반자성체에서는 $\mu_s \fallingdotseq (\mu_s<1)$이다.

relative response 상대 리스폰스(相對－) 어느 특정한 상태에서의 응답과 표준 상태에서의 응답과의 비를 데시벨로 나타낸 것. 채용된 표준 조건은 명시할 필요가 있다.

relative spectral distribution curve 상

대 분광 분포 곡선(相對分光分布曲線) 단위 파장폭당의 방사속, 즉 분광 방사속의 적당한 기준값에 대한 상대값을 파장의 함수로서 그린 분포 곡선.

relative spectrum sensitivity 상대 분광 감도(相對分光感度) 임의 파장의 방사선에 대한 감도를, 기준으로서 정한 파장의 방사선에 대한 감도에 대하여 상대적으로 나타낸 것.

relaxation oscillation 이완 발진(弛緩發振) 하나의 정상 상태에서 다른 정상 상태로 옮길 때의 과도 현상이 주기적으로 반복됨으로써 발생하는 진동. 이 진동을 이용한 발진 회로를 이완 발진 회로라 하며, 멀티바이브레이터나 블로킹 발진기가 이에 해당한다.

relaxation phenomenon 완화 현상(緩和現象) 외부 스트레스에 의해 불평형 상태로 된 계(예를 들면 전압 스트레스를 받아서 분극을 일으킨 유전체)가 스트레스의 제거에 의해 자발적으로 평형 상태로 되돌아오는 현상. 완화 현상이 $\exp(-t/\tau)$라는 시간 경과를 거치는 경우 τ를 완화 시간이라 한다.

relaxation time 완화 시간(緩和時間) ① 유전체에서 유전 분극이 외부 전계의 변화에 따라 원래 상태에서 다음 상태로 옮기는데 그 변화분의 $1/e$(e는 자연 상수) 만큼 변화하는 데 요하는 시간. 이로써 주기가 짧은 고주파 전계에 대해서는 유전 분극의 변화가 추종할 수 없으므로 유전율이 저하한다. ② 고체 중을 이동하는 전자가 다른 입자와 충돌하기까지의 평균 시간을 말한다. 물질에 따라 다르나 상온에서의 진성 반도체에서는 10^{-11}s 부근의 값이다.

relay 릴레이, 계전기(繼電器) 전압, 전류, 전력, 주파수 등의 전기 신호를 비롯하여 온도, 빛 등 여러 가지 입력 신호에 따라서 전기 회로를 열거나 닫거나 하는 구실를 하는 기기. 많은 종류가 있으며, 입력 신호를 회로의 개폐로 변환하는 경우에 이용하는 물리 현상에 따라서 전자(電磁) 계전기와 같은 접점 계전기와, 반도체 계전기(트랜지스터 릴레이, SCR 릴레이)와 같은 무접점 계전기로 대별되며, 또 기능이나 구조에 따라서 원형 계전기, 평형 계전기, 리드 스위치, 와이어 스프링 릴레이 등으로 분류된다. 계전기는 전화 교환기나 일반 제어용을 미롯하여 넓은 용도를 가지고 있으므로 고신뢰도, 장수명, 고감도 등의 조건을 만족할 필요가 있으며, 사용 기기를 소형화하기 위한 경량 소형화도 추진되고 있다.

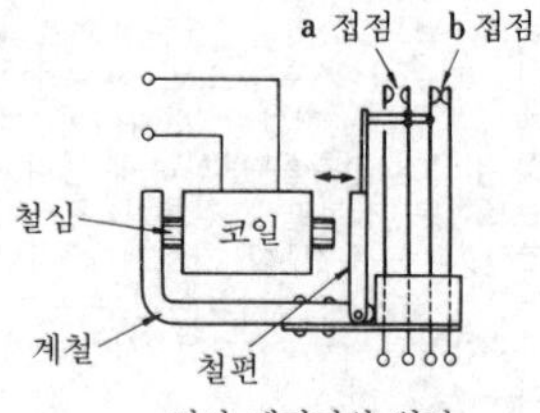

전자 계전기의 원리

relay actuation time 계전기 동작 시간(繼電器動作時間) 계전기에서 설정된 접점이 동작하는 시간으로, 다음과 같이 정의된다. ① 초기 동작 시간 : 열려 있던(닫혀 있던) 접점이 처음으로 닫히기까지(열리기까지)의 시간. ② 최종 동작 시간 : 위 ①의 동작 시간에 이어서 생기는 접점의 움직임이 끝나기까지의 전체 동작 시간.

relay actuator 계전기의 액추에이터(繼電器—) 계전기에서 전기 에너지를 기계적 일로 변환하는 부분.

relay adjustment 계전기 조정(繼電器調整) 계전기의 특성을 수정하기 위해 접극자의 갭이나 복귀 스프링, 접점 갭 등과 같은 계전기의 어느 부분의 형이나 위치를 고치는 것.

relay air gap 계전기의 갭(繼電器—) 계전기의 가동 접극자와 극편 간의 틈새. 이 틈새 사이는 어떤 종류의 계전기에서는 자기(磁氣) 회로를 끊기 위한 비자성 격리판 대신 사용한다.

relay amplifier 계전기 증폭기(繼電器增幅器) 전기적으로 받아들여 기계적 동작을 하는 계전기에 의해 구동되는 증폭기.

relay armature 계전기의 접극자(繼電器—接極子) 계전기가 설계된 응답을 하기 위한 역할을 하는 가동 부분으로, 그 가동부에는 보통 계전기의 접촉 기구의 일부가 부속되어 있다.

relay armature contact 계전기의 접극자 접점(繼電器—接極子接點) ① 작용 코일에 직접 부착한 접점. ② 계전기의 가동 접점 그 자체를 지칭하기도 한다.

relay armature gap 계전기의 접극자 갭(繼電器—接極子—) 계전기의 작용 코일과 극편간의 거리.

relay armature stud 계전기의 접극자 스터드(繼電器—接極子—) 접극자의 움직임을 인접하는 접극자에 전하는 절연물로 만든 구성 부품.

relay back contacts 계전기의 후측 접점(繼電器—後側接點) 평상시에는 닫혀 있는 계전기 접점.

relay chatter time 계전기의 채터링 시간

(繼電器—時間) 계전기의 최초 움직임으로부터 그 움직임이 끝날 때까지의 시간.

relay coil 계전기 코일(繼電器—) 공통의 형을 한 하나 또는 둘 이상의 권선.

relay-coil dissipation 계전기 코일의 소비 전력(繼電器—消費電力) 계전기 권선에 소비되는 전력의 크기. 대부분의 경우 이 값은 권선의 전류를 I, 저항을 R로 하여 I^2R손실에 가깝다.

relay-coil resistance 계전기 코일의 저항(繼電器—抵抗) 지정한 온도에 있어서의 코일의 단자에서 단자까지의 저항.

relay contact actuation time 계전기 접점 구동 시간(繼電器接點驅動時間) 다음 구간의 움직임에 따라 계전기의 임의의 지정 접점이 기능을 수행하는 데 요하는 시간. 특별히 지시가 없을 때는 접점 구동 시간이란 그 계전기의 최초 구동 시간을 말한다. 그 계전기의 사용 목적에 따라서는 구동 시간은 최종의 구동 소요 시간 또는 유효 구동 시간을 말한다.

relay contact chatter 계전기의 접점 채터링(繼電器—接點—) 열려 있어야 할 접점이 불규칙하게 닫히거나 또는 닫혀 있어야 할 접점이 불규칙하게 열리는 등 모두 바람직하지 않은 상태. 이 상태는 계전기가 동작 중 또는 비동작 중에도 일어나며, 또한 외적인 충격 또는 진동에 의해서도 일어난다.

relay contact separation 계전기의 접점 간격(繼電器—接點間隔) 접점이 열릴 때 상대하는 접점과의 간격.

relay driving spring 계전기의 구동 스프링(繼電器—驅動—) 스탭 계전기의 와이퍼를 구동하는 스프링.

relay frame 계전기 프레임(繼電器—) 계전기의 주요 지지 부분. 자성 구조 부분도 포함시키는 경우가 있다.

relay freezing magnetic 계전기의 자기 동결(繼電器—磁氣凍結) 잔류 자기 때문에 계전기의 액추에이터가 철심에 고착하는 것.

relay hinge 계전기 힌지(繼電器—) 계전기의 고정 부분에 대하여 접극자가 움직일 수 있도록 한 접속 부분.

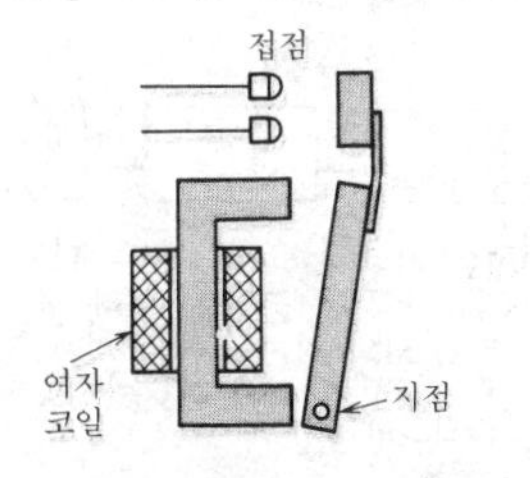

relay hold 계전기 유지값(繼電器維持—) 계전기에서의 지정된 동작값. 명세에 적합한 계전기라면 이 값으로 해방되는 일은 없다.

relay hum 계전기 험(繼電器—) 계전기의 코일이 교류 전류 또는 필터를 통하지 않는 정류 전류로 여자(勵磁)될 때 계전기가 발하는 소리.

relay magnetic bias 계전기의 자기적 바이어스(繼電器—磁氣的—) 계전기의 자기 회로에 가해 두는 일정한 자계.

relay magnetic gap 계전기의 자기 갭(繼電器—磁氣—) 자기 회로의 비자성체 부분.

relay rating 계전기의 정격(繼電器—定格) 계전기가 정상으로 동작하는 조건의 총칭.

relay release time 계전기 해방 시간(繼電器解放時間) →relay actuation time

relay restoring spring 계전기의 복구 스프링(繼電器—復舊—) 계전기를 무여자로 했을 때 접극자를 정위치로 되돌리고 그 위치를 유지시키기 위한 스프링.

relay satellite 릴레이 위성(—衛星), 중계위성(中繼衛星) 위성 통신에 사용하는 저고도 위성의 일종.

relay saturation 계전기의 포화(繼電器—飽和) 여자의 강도를 크게 하더라도 자속 밀도가 더 이상 증가하지 않을 때의 자성 재료의 상태.

relay sleeve 계전기 슬리브(繼電器—) 계전기 철심의 전장(全長)에 걸쳐서 설치된 도전성의 통으로, 단락 권선으로서 자로(磁路)에서의 자속의 확립 또는 감소를 모두 저지하고 지연시키는 효과를 갖는다. =slug

relay station 중계국(中繼局) 다른 무선국으로부터의 신호를 수신·재송신하는 무선 중계국.

release 릴리스 ① 호출국과 상대국과의 사이의 접속을 끊는 것. 해방이라고 한다. ② 컴퓨터에서, 기억 영역 등 확보하고 있던 자원의 포기 혹은 보호 기능의 해제. ③ 현재 구입할 수 있는 프로그램의 버전. 릴리스 버전이라 한다.

release signal 복구 신호(復舊信號) 착신측 가입자가 이미 절단되었다는 것을 나타내기 위해 회선 또는 트렁크의 한쪽에서 송출되는 신호.

release time 복구 시간(復舊時間) 계전기 코일의 전류가 감소하기 시작하고부터 메이크 접점이 열리기(혹은 브레이크 접점이 닫히기)까지의 소요 시간.

relevance factor 적합률(適合率) 정보 검색 시스템에서 어느 문의에 대하여 검색된 데이터 중 이용자의 필요에 대해서 적절하게 검색된 데이터의 비율. 검색 능력의 척도.

relevance ratio 일치도(一致度) =relevance factor

relevance tree method 관련 수목법(關聯樹木法) 시스템의 사전 평가 수법의 하나. 그림과 같이 시스템의 목적 A를 달성하기 위해서는 B, C라는 수단이 필요하며, B, C를 실현하기 위해서는 D, E, F, G, H라는 항목을 준비한다는 식으로 목적 달성을 위한 준비 항목을 계층적으로 수목형으로 배열하고, 같은 계급 각 항목의 중요도 합계가 1.0으로 되도록 예측 평가한다. 이와 같이 분석해 가면 목적 달성을 위해서는 현재 어떤 분야의, 어떤 기술을 개발, 연구해야 할 것인가가 명확하게 되어 효과적으로 시스템의 구성을 추진할 수 있다.

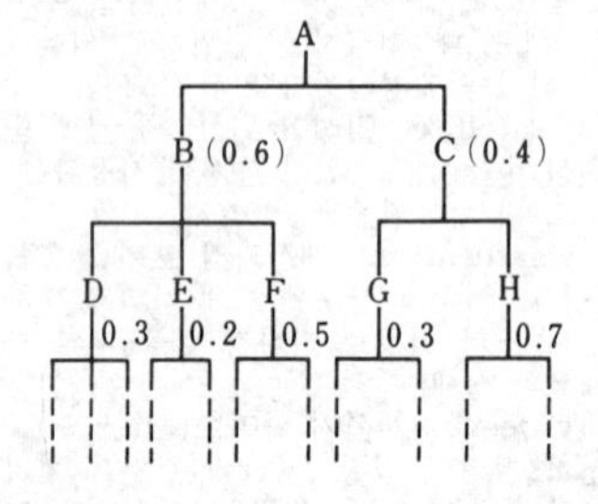

reliability 신뢰성(信賴性) 특정한 조건 하에서 특정한 기간 내에 그것이 올바르게 기능을 발휘하는 확률.

reliability control 신뢰성 관리(信賴性管理) 허용된 비용과 시간을 고려하면서 사용자의 요구를 만족시키고, 유효성이 높은 제품을 제조하고, 제품 개발부터 사용까지의 전 사이클에 걸쳐서 신뢰성을 높이고 유지하는 종합 활동을 말한다.

reliability engineering 신뢰성 공학(信賴性工學) 기능 단위로 신뢰성을 부여하는 것을 목적으로 하는 응용 과학 및 기술의 분야.

reliable level 신뢰 수준(信賴水準) 어느 부품의 로트(lot)에서의 고장률이 주어진 고장률의 값 이하인 확률을 백분율로 나타낸 값.

reliability test 신뢰도 시험(信賴度試驗) 계(系), 기기, 부품 등의 신뢰도를 평가, 해석하기 위한 시험.

reluctance 자기 저항(磁氣抵抗) 자기 회로에서의 자속이 통하기 어려운 정도를 말하며, 다음 식의 관계가 있다.

$\Phi = F/R_m$

여기서, Φ : 자속〔Wb〕, F : 기자력〔A〕, R_m : 자기 저항〔A/Wb〕. 자기 저항은 자로(磁路)의 재질과 치수에 의해 다음 식으로 구해진다.

$R_m = l(\mu S)$

여기서, l : 자로의 길이〔m〕, S : 단면적〔m^2〕, μ : 투자율〔H/m〕.

reluctivity 자기 저항률(磁氣抵抗率) 어느 영역에서의 자계의 세기와, 같은 영역에서의 자속 밀도와의 비. 투자율의 역수.

remanence 잔류 자기(殘留磁氣) 자성체에 자계를 가하여 자화한 다음, 자계를 제거했을 때 남은 자기. 이것은 사이클릭 자화에서의 잔류 자속 밀도와는 다르다.

remanence ratio 리머넌스비(-比) 강자성 물질의 자화 특성 곡선에서 포화 자속 밀도를 B_m, 자화력 $H=0$에 있어서의 잔류 자속 밀도를 B_r로 했을 때 B_r/B_m이라는 비율.

remanent reed relay 잔류 자기 리드 릴레이(殘留磁氣-) 리드 릴레이의 리드 조각에 반경질 자성 재료를 사용하여 자기적인 유지성을 갖게 한 것. →reed relay

remote access point 원격 접근점(遠隔接近點) =RAP

remote adapter 원격 어댑터(遠隔-) 단말 제어 장치와 입출력 장치간에 설치되며, 데이터의 송수신을 하는 원격 전송 제어 장치.

remote batch processing 원격 일괄 처리(遠隔一括處理) 컴퓨터 프로그램이나 데이터가 중앙 처리 장치로 전송되기 위해 원격 단말기에서 일괄 입력되는 처리 방법. 이렇게 입력되어 중앙 처리 장치에 모여진 작업들은 일괄 처리되며, 처리 결과는 원래 입력 지점으로 전송될 수 있다.

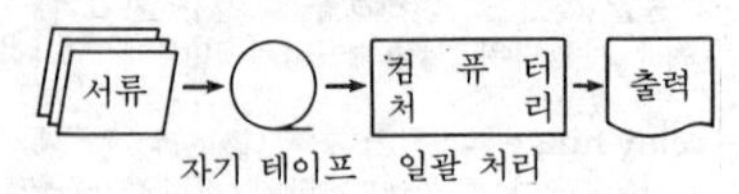

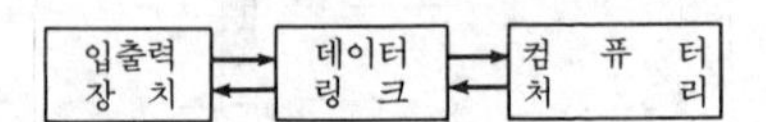

remote batch system 원격 일괄 처리 방식(遠隔一括處理方式) 멀리 떨어진 장소에 있는 단말 장치를 중앙 일괄 처리 시스템에 통신선에 의해 온라인으로 결합하여 처리하는 방식.

remote communications 원격 통신(遠隔通信) 원격 컴퓨터와의 전화 접속 혹은 기타의 통신로를 거친 통신.

remote concentration 원격 집선 장치(遠隔集線裝置) 소수의 회선으로 센터와 연결하여 원격측에서 다수의 회선에 집선하는 통신 장치. 이로써 센터와 원격 지역간의 회선 이용률을 높일 수 있다.

remote concentrator 원격 집중기(遠隔集中器), 원격 집선 장치(遠隔集線裝置) 소수의 회선으로 센터와 연결되어 원격지에서 다수의 회선을 집약하는 장치. 센터와 원격 지역간의 회선 이용률을 높이는 것이 주요 목적이다.

remote control 원격 제어(遠隔制御), 원격 조작(遠隔操作) 일반적으로 기기가 두어진 장소로부터 떨어진 위치에서 기기를 조작하는 것. 텔레컨트롤이라고도 한다. 예를 들면, 컴퓨터를 시분할 시스템으로 이용하는 경우는 이용자가 전용의 콘솔(제어용 테이블)에서 계산 센터에 있는 컴퓨터를 조작하는 것을 말한다.

remote data-logging equipment 원격 데이터 수집 장치(遠隔－收集裝置) 선택한 텔레미터량을 타이프라이터, 텔레타이프 또는 기타의 장치로, 기록지, 종이 테이프, 혹은 자기 테이프 상에 수치 기록하기 위한 장치.

remote diagnosis 원격 진단(遠隔診斷) 원격지에서 통신 회선을 거쳐 컴퓨터의 장해 위치를 지적하는 것. →medical telemetering

remote error sensing 원격 오차 검출(遠隔誤差檢出) 전압 조정 회로가 부하에 있어서 직접 전압을 검출하도록 하는 것. 접속 도선에서의 전압 강하를 보상하기 위해 이러한 접속법을 사용한다.

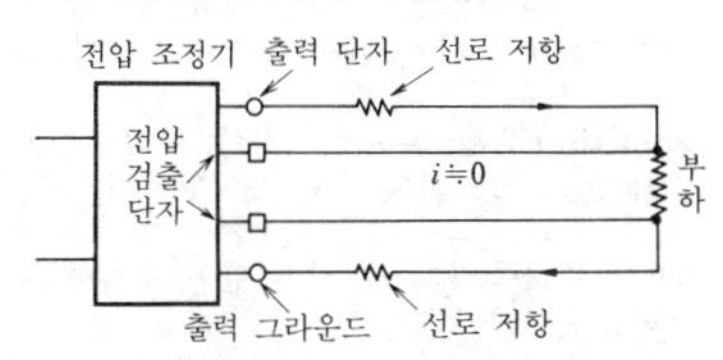

remote job entry 원단 작업 입력(遠端作業入力) ＝RJE

remote maintenance 원격 보수(遠隔保守) 설치 현장과 보수 센터를 통신 회선을 거쳐서 연결하고, 보수 센터에서 설치 현장에 있는 보수 담당자의 지원을 한다. 또는, 보수 센터에서 설치 현장에 있는 정보 처리 시스템의 보수를 하는 실시 형태.

remote measuring 원격 측정(遠隔測定) ＝telemetering

remote metering 원격 측정(遠隔測定) 피측정량을 원격 지점에서 측정하는 방법. 이것을 하려면 피측정량인 물리량이나 화학량을 전송에 적합한 신호로 변환하는 송량기(送量器)와 이것을 받아서 지시 또는 기록하는 수량기(受量器) 및 그들을 연결하는 전송 선로의 세 가지 요소가 필요하다. 피측정량을 전압, 전류, 임피던스, 변위 등의 아날로그량으로 변환하는 아날로그 텔레미터와 펄스와 같은 디지털량으로 변환하는 디지털 텔레미터로 대별된다.

remote pickup 국외 중계(局外中繼) 라디오나 텔레비전의 프로그램국으로부터 멀리 떨어진 장소에서 픽업하여, 이것을 유선 혹은 단파나 마이크로파의 링크를 써서 스튜디오 또는 송신 장치에 전송하는 것을 말한다.

remote sensing 리모트 센싱 원격 측정을 하기 위해 피측정량을 그것이 존재하는 장소로부터 떨어진 위치에서 전기량으로서 검출하는 것. 피측정 물체에 의해 생기는 열방사나 전계 또는 자계 등을 검출의 수단으로서 사용한다.

remote sensor 리모트 센서 주로 지구 관측을 목적으로 하는 인공 위성에 탑재하는 기기로, 그 동작 원리상 능동형과 수동형, 또 사용하는 파장 영역에 따라서 RF파, 가시광, 적외선용으로 나뉜다. ① 능동형 센서 : 마이크로파 레이더와 같으며, 관측 대상에 투사하여 이에 의해서 반사해 오는 파에 의해 대상을 맵(mapping)한다. 펄스 고도계, 합성 개구 레이더, 레이더 산란계나 가시 영역 · 적외 영역에서 동작하는 레이저 레이더 등이 사용된다. ② 수동형 센서 : 각종 방사계나 비디콘, MSS(다중 스펙트럼 스캐너) 등이 사용된다.

remote site 원격지측(遠隔地側) 통신계를 포함하는 데이터 통신 시스템에서 단말 기기를 설치한 단말기측. 단지 리모트라고 부르는 경우가 많다.

remote station 원격 단말 장치(遠隔端末裝置), 원격국(遠隔局) 데이터 처리 시스템에서 시간적, 공간적으로 먼 장소로부터 데이터 통신을 하는 독립한 착발신국 모양의 데이터 단말 장치.

remote supervisory equipment 원격 감시 제어 장치(遠隔監視制御裝置) 다중 통신이나 마이크로파 통신의 무인 중계소나 방속국의 무인 송신소의 기기나 회선의 상황을 감시하는 동시에 기기의 동작, 예를 들면 스위치의 개폐나 자가 발전기의 시동·정지 등을 전환국(제어국)에서 하기 위한 장치. 보통 장단의 펄스 신호를 조합시켜서 여러 가지 항목의 감시를 하고, 이상이 있으면 경보 장치가 동작하도록 되어 있다.

remote switching entity 원격 교환 장치(遠隔交換裝置) 서비스를 제공하고 있는 시스템 제어 장치에서 지리적으로 떨어진 장소에 설치되는 분배 기능을 갖는 교환 장치.

remote terminal 원격 단말 장치(遠隔端末裝置), 원격 단말기(遠隔端末機) 전송 제어 장치를 통해서 시스템에 접속되는 입출력 제어 장치와 1대 이상의 입출력 장치를 말한다.

removal media 착탈 가능 매체(着脫可能媒體) R/W(판독/기록) 장치에 자유롭게 착탈하여 데이터를 판독하거나, 혹은 기록하거나 할 수 있는 기록 매체. 예를 들면 디스크, 테이프 카세트, 하드 디스크 카트리지 등.

rendering 렌더링 대상이 되는 사물의 기하학적 모델을 컴퓨터로 처리하여, 이것을 스크린 상에 표시하는 경우에 그것을 어떻게 리얼하게 표현하는가 그 해석·표현을 렌더링(연출, 묘사 등의 의미)이라 한다.

repairable system 수리계(修理系) 운용 개시 후 보수에 의해서 고장의 수복이 가능하고, 계속적으로 사용하는 기능 단위의 총칭. 고장이 일어나도 수리하지 않든가 또는 수리 불가능한 기능 단위를 비수리계라 하고, 특히 1회밖에 사용할 수 없는 것을 원 숏(one shot)계라 한다.

repair delay time 수리 지연 시간(修理遲延時間) 검사 도구나 여분 부품이나 검사자가 부족하기 때문에 장치, 기기의 고장 수리가 불가능하므로 처리가 지연되어 있는 시간.

repair time 수리 시간(修理時間) 고장수리, 회복에 필요한 시간.

repeatability 반복(反復), 반복성(反復性), 재현성(再現性) 동일 조건하에서 같은 방법에 의하여 위치 결정을 했을 때의 위치의 일치 정도. 공작기의 위치 결정에 있어서 동일 조건하에서 어떤 점에 반복 위치를 결정하였을 때의 예상되는 불균형의 뜻.

repeater 중계기(中繼器) 장거리 전화 회선에서 전송 선로 도중에 삽입하여 신호 레벨을 증폭하기 위해 사용하는 증폭기. 종류로는 2선식 중계기, 4선식 중계기, 단(端) 중계기 등이 있다.

repeater servomechanism 리피터 서보 송신 트랜스듀서 ST로부터의 입력 신호가 서보 기구에 기계적으로 결합되어 있는 수신 트랜스듀서 RT로부터의 피드백 신호와 비교되어 RT의 운동 또는 그 위치(따라서 직접 결합된 서보 기구의 움직임)가 ST의 기계축의 운동 또는 위치와 비례 관계를 유지하도록 추종 제어되는 위치 서보계.

repeating amplifier 중계 증폭기(中繼增幅器) 반송 전화 회선의 중계에서 사용되는 증폭기로, 자동 이득 조정기(AGC)를 붙이고, 감쇠 등화기와 함께 사용된다. AGC는 장거리 회선의 레벨 변동을 일으키지 않도록 레벨을 일정하게 유지하는 장치이다. 선로의 감쇠는 주파수에 따라 다르므로 선로의 주파수 특성의 반대 특성을 갖는 회로(감쇠 증화기)를 통해서 평탄한 특성의 증폭기로 증폭한다.

선로의 주파수 특성
감쇠량 〔dB〕
총합 특성
감쇠 등화기의 주파수 특성
주파수

repeating coil 중계 코일(中繼－) 임피던스의 정합을 위해 전화 회선에 사용하는 트랜스. 주파수의 변화에 따라서 임피던스비가 다른 중계 코일을 필요로 하는 경우도 있다.

repeat transmission system 반복 전송 방식(反復傳送方式) 오자 정정 방식의 하나로, 송신측에서 동일 정보를 여러 번 반복해서 보내고 수신측에서 비교하여 오류를 발견하는 방식.

repeller 리펠러, 반사 전극(反射電極) 클라이스트론 등에서 전자 빔의 흐르는 방향을 반대로 하기 위해 (－)전위가 가해지는 전극.

repetition frequency 반복 주파수(反復周波數) 펄스파의 주파수를 말하며, 반복 주기 T의 역수. 다음 파형까지의 시간 즉 반복 주기를 T〔s〕라 하면 반복 주파수 f는 $f=1/T$〔Hz〕가 된다.

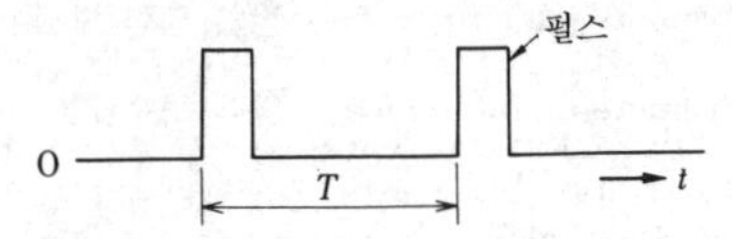

repetition rate 반복도(反復度) 반복도는 넓은 의미로 단위 시간당의 반복 횟수를 나타낸다. 특히 통화시의 전송 품질 평가

에서의 반복도는 통화자에 의해 요구된 단위 시간당의 반복 횟수이다.

repetitively pulsed laser 반복 펄스 레이저(反復—) 연속적으로 다중 펄스의 방사 에너지를 발생하는 레이저.

repetitive peak off-state voltage 피크 반복 오프 전압(—反復—電壓) 사이리스터의 단자간에 생기는, 오프 상태에서의 최대의 순시 전압. 모든 반복 과도 진동은 포함하나, 비반복 과도 현상은 제외한다. 다이오드, 정류기 셀 등에서 생기는 역방향 전압에 대해서도 위와 마찬가지로 피크 반복 역전압을 정의할 수 있다.

repetitive peak reverse voltage 반복 최대 역전압(反復最大逆電壓) 모든 비반복 과도 전압을 제외하는 모든 반복 과도 전압을 포함한 사이리스터 단자간에 발생하는 역전압의 최대 순시값.

reply efficiency 응답률(應答率) 질문수에 대한 응답기로부터의 응답수의 비율.

report program generator 보고서 프로그램 작성기(報告書—作成器), 보고서 작성 프로그램(報告書作成—) =RPG

reproduce 재생(再生) 데이터 처리에서 축적된 데이터의 복사를 만드는 것. 예를 들면, 다른 인쇄 페이지나 다른 천공 카드를 복제하는 것.

reproducer 재생 장치(再生裝置) 천공 카드에서 판독한 데이터를 그대로의 모양으로, 혹은 일부 또는 전부 다시 만들어서 다른 카드에 천공하여 만들어 내는 장치.

reproducing characteristic 재생 특성(再生特性) 녹음 매체의 상태 또는 형상의 변화량에 대한 재생 장치의 출력 신호 특성. 보통 주파수 특성을 의미하는 경우가 많다. =playback characteristic

reproducing head 재생 헤드(再生—) 테이프 리코더에서 녹화나 녹음의 내용을 전기 신호로 변환하여 꺼내기 위해 사용하는, 자심이 들어 있는 코일. 자심으로는 페라이트를 사용한다.

reproducing loss 재생 손실(再生損失) 기록·재생 장치에 의해 기록한 신호를 재생하는 과정에서 생기는 여러 가지 손실. 예를 들면 자기 테이프에서의 방위(方位) 손실(azimuth loss), 갭 손실, 격리 손실(separation loss) 등. 레코드판 등의 경우는 플레이백 손실이라 한다.

reproducing stylus 재생 바늘(再生—) 레코드의 음구(音溝)에서 기계적 진동을 꺼내 음으로서 재생하기 위해 사용하는 바늘. 재료로서는 마모에 강한 다이아몬드 또는 사파이어가 주로 사용되고, 오스뮴 등을 사용한 특수 합금의 것도 일부 사용되고 있다. 바늘끝은 그림과 같이 음구에 맞추어서 깎아지며, 끝은 구면(球面)으로 되어 있다.

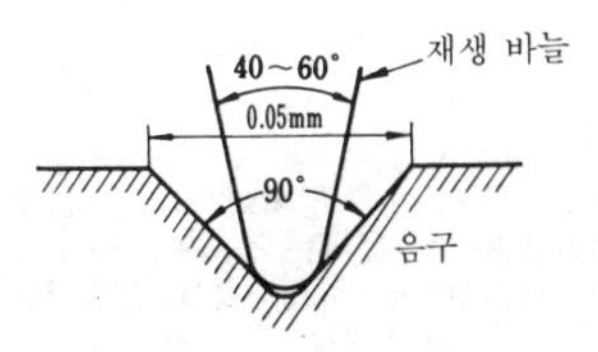

request repeat system 재송 정정 방식(再送訂正方式) 데이터 전송에서의 오류 정정 제어 방식에 있어서, 오류를 검출했을 때 그 데이터를 재송함으로써 오류를 정정하는 방식.

request-response unit 요구·응답 요소(要求·應答要素) 패킷망에서 이용자 상호간이 주고 받는 애플리케이션 정보. 이용자 상호간이 주고 받는 트랜잭션은 적당한 패킷으로 나뉘어, 각각 헤더(수신처 주소)를 붙여서 교신된다. 요구 요소, 응답 요소로 나누어서 말하는 경우도 있다.

request to send 송신 요구(送信要求) 데이터 전송 단말 장치로부터 신호 변환 장치에 보내져 송신 캐리어를 제어하는 제어 신호 또는 그 상태. =RTS

request-to-send signal 송신 요구 신호(送信要求信號) 데이터 단말 장치(DTE)에서 데이터 회선 단말 장치(DCE)에 보내지는 교환 신호로, 정보를 선로에 보내주도록 DCE 에 요청하기 위한 것.

rerecording system 재녹음 시스템(再錄音—) 최종적인 음성 기록을 제작하기 위해 녹음된 각종 소리를 조합하거나 변경시킬 수 있는 재생 장치, 믹서, 증폭기와 녹음기의 조합. 예를 들면 음성, 음악, 효과음을 이와 같이 해서 조합한다.

rering signal 재호출 신호(再呼出信號) 발신측 교환원이 착신측 교환원 또는 발신·착신 가입자를 재호출하기 위해 송출하는 신호.

rerun point 재개시점(再開始點), 재실행점(再實行點), 재실행 개시점(再實行開始點), 재운전점(再運轉點) 데이터 처리의 작업은 조작의 오류나 데이터의 불비 때문에 작업을 다시 해야 하는 경우가 가끔 발생한다. 이 경우 작업을 처음부터 다시 하지 않고 적당한 중간점에서의 재작업으로 목적이 달성되는 것이 바람직하다. 이 재작업을 위해 미리 시스템의 설계 단계에서 준비된 처리 절차 중에서의 재개 가능한 포인트를 말한다.

rerun routine 재실행 루틴(再實行—) 재

실행 또는 재시동을 위해 이용되는 루틴.

resampling 리샘플링 오리지널의 샘플링 이미지에서 장소를 바꾼 샘플점의 값을 구하고, 이에 의해서 원화상의 축소 혹은 확대된 이미지를 재구축하는 것.

reset 리셋 ① 컴퓨터에서 기억 장치의 임의 장소에 있는 정보를 지우는 것. 예를 들면, 자기 기억 장치에서는 기억 소자의 자화(磁化)를 없애는 등으로 수행된다. ② 마이크로컴퓨터 시스템에서 중앙 처리 장치를 비롯하여 시스템 전체를 초기 상태로 세트하는 것.

reset action 리셋 동작(－動作) 제어계가 비례 동작을 할 때 제어량이 목표값에 일치하지 않고 잔류 편차를 발생하는 것을 방지하기 위해 적분 동작을 가하여 이것을 상쇄하도록 한다. 이 목적으로 사용되는 적분 동작을 리셋 동작이라 한다.

reset control action 리셋 제어 동작(－制御動作) 제어기의 출력이 입력 신호 및 그 시간 적분값에 비례하는 제어 동작. 입력량이 일정할 때 비례 부분에 의해 얻어지는 제어 동작과, 적분에 의해서 얻어지는 제어 동작이 같게 되는 시간을 적분 시간(reset time)이라 한다.

reset pulse 리셋 펄스, 재고정 펄스(再固定－) 리셋을 하기 위한 펄스.

reset rate 리셋률(－率) 비례 적분 동작에서 1분간에 있어서의 적분 동작만으로 이루어지는 조작량의 변화가 비례 동작에 의한 경우의 몇 배가 되는가를 의미하는 것으로, 적분 시간의 역수로 나타내고, 단위로서 회/분을 쓴다.

reset-rate control action 3항 동작(三項動作) →PID action

reset-set toggle flip-flop RST플립플롭 회로(－回路) RS플립플롭과 T플립플롭의 논리 기능을 아울러 가지고 있는 논리 회로. 클록 펄스가 T에 들어갔을 때만 RS플립플롭과 같은 동작을 한다.

진리표

S	R	T	$Q\ \overline{Q}$
0	0	1	불변
0	1	1	0 1
1	0	1	1 0
1	1	1	부정

resettability 리셋성(－性) ① 기기의 공급량 또는 출력량의 설정에서, 같은 조건으로 비교적 짧은 시간에 반복하여 같은 설정값을 준 경우, 개개의 공급량(출력량)이 일치하는 정도. ② 여러 입력 조건을 일정하게 유지해 두고, 발진기를 같은 동작 주파수에 재동조시키는 경우의 발진기 동조부의 능력.

reset time 적분 시간(積分時間) 적분 동작의 세기를 나타내는 것. 그림에서 편차가 일정할 때 I가 적분 동작에 의해 얻어지는 조작량, P가 비례 동작에 의해 얻어지는 조작량이라 하면, 양자가 같게 되는 시간을 적분 시간이라 한다.

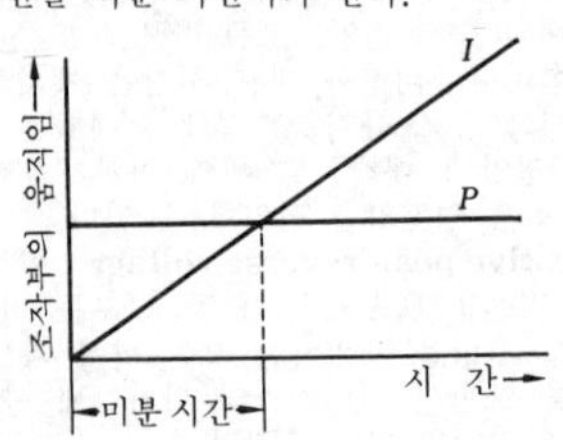

resident 상주(常駐) 시스템이나 기억 장치 중에 언제나 있는 것. 특히 프로그램이 시동할 때 주기억 장치에 읽어 넣어져서 그대로 상주하며, 언제라도 호출할 수 있는 상태를 말한다.

residual 잔차(殘差) 어느 추정된 수학 모델에 입각하는 예측값과 실측값과의 차이를 말한다.

residual amplitude modulation 잔류 진폭 변조도(殘留振幅變調度) 신호 발생기의 무변조시에서의, 출력 신호의 바람직하지 않은 진폭 변조의 변조도.

residual-current state 잔류 전류 상태(殘留電流狀態) 전자관 동작 상태의 하나. 2극관 또는 등가 2극관에서 플레이트로부터의 가속 전압이 없는 상태. 이 때 방출된 전자의 속도가 0이 아니기 때문에 캐소드 전류가 흐른다.

residual error-rate 잔류 오율(殘留誤率) 잘못 수신된 오류 제어 장치에 의해서도 검출 혹은 정정되지 않는 데이터의 수(신호 엘리먼트, 비트, 문자, 블록 등을 단위로 한 수로 셈하는)와 송신된 전체의 데이터 수와의 비.

residual flux density 잔류 자속 밀도(殘留磁束密度) 물질이 대칭이고 주기적으로 자화된 상태에 있을 때 자화력이 0으로 되는 자속 밀도.

residual frequency-modulation 잔류 주파수 변조(殘留周波數變調) 스펙트럼 애널라이저에서 사용되는 국부 발진기에 단기간 나타나는 주파수 불안정성 또는 지터. 피크·피크의 주파수 편차, Hz로 표시한다.

residual frequency modulation deviation 잔류 주파수 변조 편이(殘留周波數

變調偏移) 신호 발생기의 무변조시에서의 출력 신호의 바람직하지 않은 주파수 변조에 의한 주파수 편이량.

residual inductance 잔류 인덕턴스(殘留-) 콘덴서에서 불필요한 인덕턴스가 조금이라도 존재하는 것. 리드선의 부분 등에서 발생하고, 고주파 특성을 악화시키는 원인이 된다.

residual magnetism 잔류 자기(殘留磁氣) 강자성체를 자기 포화 상태에서 자장(磁場)을 0으로 되돌렸을 때 강자성체가 갖는 자기는 0으로 되지 않고 남는다. 이 자기를 잔류 자기라 한다.

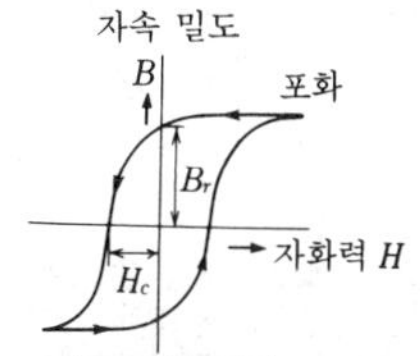

자화력 H를 크게 한 다음 0으로 되돌리면 이력 현상(히스테리시스) 때문에 자속 밀도는 B_r만 남는다

히스테리시스 루프

residual modulation 잔류 변조(殘留變調) =carrier noise level

residual resistance 잔류 저항값(殘留抵抗-) 도전체(導電體)의 고유 저항으로, 온도 변화와 관계가 없는 것. 물질의 분자 구조의 불규칙성이 관계한 값이다.

residual standing-wave ratio 잔류 정재파비(殘留定在波比) 슬롯 선로가 무반사의 신호원에서 궤전되고, 완전히 무반사의 장치로 종단되어 있을 때의 정재파비(SWR)의 측정값. 이 측정값 중에는 비사이클릭한 잔류 프로브 픽업이나 선로 감쇠는 포함되지 않는다.

residue check 잉여 검사(剩餘檢査) 컴퓨터에서, 각 연산수를 n으로 나눔으로써 생기는 잉여값을 체크 디짓으로서 사용하는 검사법.

resilience 장해 허용력(障害許容力) 하드웨어나 소프트웨어의 고장이 발생해도 시스템이 설계 대로의 기능을 할 수 있는 능력에 대한 용어. 만일 고장 발생시에 시스템이 그 기능을 할 수 있더라도, 작업을 완성하는 데 필요한 시간, 혹은 작업이 필요로 하는 기억 용량에 대한 설계 명세를 만족하지 않는 경우에는 시스템은 부분적으로 장해 허용력을 가지고 있다고 한다. =fault tolerance

resin 수지(樹脂) 원래는 식물이 자연스럽게 만드는 수지를 말하지만, 현재는 합성 고분자 물질(플라스틱)의 의미로 쓰인다.

resist 레지스트 포토에칭의 공정에 사용하는 감광 수지(포토레지스트).

resistance 저항(抵抗) 도체가 전류가 흐르는 것을 방해하는 작용을 말하며, 단위는 옴(기호 Ω)이다. 1Ω이란 1A의 전류가 흐르는 도체의 2점간 전압이 1V일 때 그 2점간의 저항을 말한다. 저항의 값은 도체의 재질이나 치수에 의해 정해지는 외에 온도에 의해서도 변화한다.

resistance attenuator 저항 감쇠기(抵抗減衰器) 넓은 주파수 범위에 걸쳐서 고른 감쇠량을 주는 장치로, 회로는 무유도 저항만으로 구성되어 있으며, 각종 방식이 있다. 회로 형식에 따라 편선(片線) 접지 방식의 불평형형과 중점 접지 방식의 평형형이 있으며, 입출력 특성 임피던스의 결정법에 따라 입출력측의 특성 임피던스가 같은 대칭형과 같지 않은 비대칭형이 있다. 소자의 배열에 따라 T형, π형, H형, O형 등으로 나뉜다. 감쇠량은 데시벨로 나타내고, 감쇠량과 영상 임피던스로 특성을 규정한다. 증폭기, 필터, 전송 회로 등의 이득이나 손실의 측정, 신호 레벨의 조정 등에 사용된다.

resistance box 저항 상자(抵抗箱子) 많은 정밀 저항을 수용한 상자. 표면 패널의 단자에서 플러그를 넣거나 빼거나 함으로써 저항값을 변경할 수 있도록 되어 있는 것. 다접점을 가진 다이얼을 조정하는 형도 있다. 개개의 저항값이 10진법적으로 변화하는 것을 디케이드 박스(decade box)라 한다.

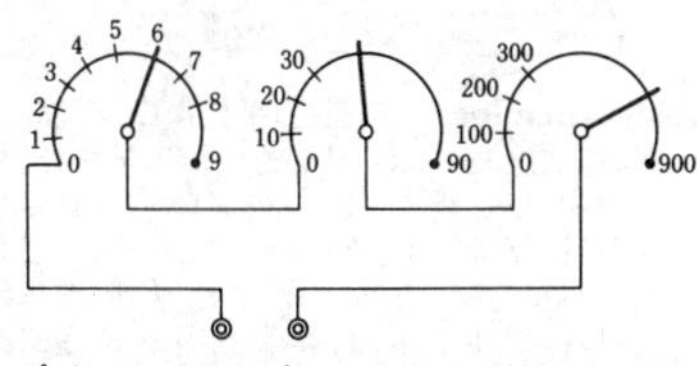

resistance-capacitance coupled amplifier 저항 용량 결합 증폭기(抵抗容量結合增幅器) =resistance coupled amplifier, *RC* coupled amplifier

resistance coupled amplifier 저항 결합 증폭기(抵抗結合增幅器) 저항 용량 결합 증폭기를 말한다. 증폭 회로를 2단 이상 종속하여 사용하는 다단 증폭기에서 전단의 출력을 결합 콘덴서에 의해 다음 단 입력측에 가하도록 하고, 부하에 저항을 사용한 증폭기로, *RC* 결합 또는 *CR* 결합 증폭기라고도 한다. 그림은 트랜지스터의 저항 결합 증폭기를 나타낸 것으로, 결합 콘덴서의 리액턴스가 중역(中域)의 주파

수에서는 생략하여 생각할 수 있기 때문에 주파수 특성은 평탄해지므로 회로 구성도 간단하기 때문에 전압 증폭기 등에 널리 사용된다.

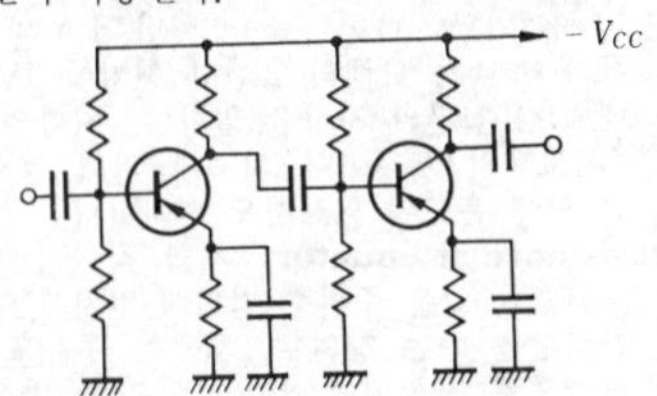

resistance-coupling 저항 결합(抵抗結合) 결합된 회로의 입력 및 출력 임피던스 저항을 사용한 회로 결합법. 이들 저항 사이는 보통 콘덴서를 사용하여 신호의 수수가 이루어진다. 저항 용량 결합이라고도 한다.

resistance heating 저항 가열(抵抗加熱) 저항선에 전류가 흘렀을 때 발생하는 줄(joule) 열로 피열물(被熱物)을 가열하는 가열법. 가정용 전열기, 저항로, 저항 용접 등에 응용된다. 종류로는 피열물에 직접 전류를 통해서 그 내부에 줄 열을 발생시키는 직접 저항 가열과 그림과 같은 간접 저항 가열이 있다.

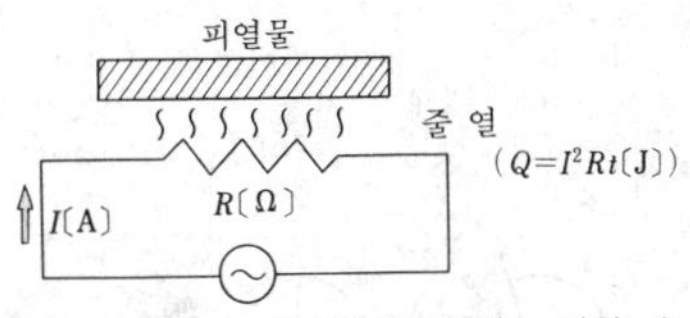

resistance loss 저항손(抵抗損), 저항 손실(抵抗損失) ① 저항을 가진 도체를 흐르는 전류에 의한 전력 손실(동손)이나 브러시의 접촉 저항을 통해서 흐르는 전류에 의한 전력 손실. ② 송전 중에 선로의 저항과 부하 전류에 의해 생기는 손실.

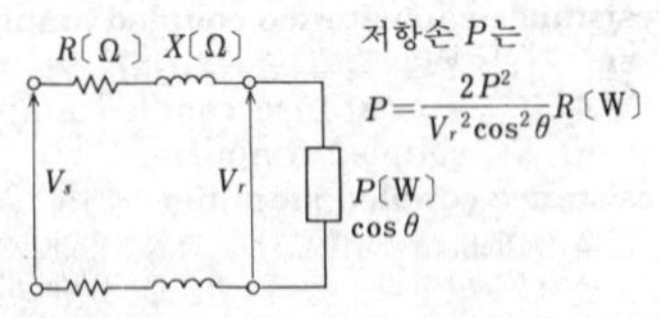

resistance manometer 저항 진공계(抵抗眞空計) =hot-wire manometer

resistance meter 저항계(抵抗計) 회로 저항을 측정하는 측정기. 직렬형과 병렬형이 있으며, 전자는 전원(보통 전지)과 가동 코일형 전류계가 직렬로, 또 후자는 이들이 병렬로 접속된 것이다. 단독의 저항계로서 만들어지는 경우도 있으나, 전류, 전압 측정 회로와 함께 저항 측정 회로도 하나의 세트 속에 조립되어 만능형으로 제공되는 것도 많다. VOM 미터라든가 멀티미터라고 하는 것이 그것이다. 또한, 절연 저항과 같이 특히 고저항을 측정하는(따라서 전원도 수동 발전기 등을 사용하는) 저항계는 절연 저항계, 메거 등이라 한다.

resistance pyrometer 저항 고도계(抵抗高度計) 감열(感熱) 요소로서 긴 저항선을 사용하고, 이 저항이 온도에 의해서 변화하는 것을 이용한 고도계.

resistance standard 저항 표준(抵抗標準) 전기 자기량 측정의 기준을 주기 위한 실용상의 기본적인 표준으로서 전압 표준과 함께 사용된다. 그 실현에는 종래 사용된 크로스 커패시터를 대신해서 현재는 양자 홀 효과가 이용되고 있다.

resistance thermometer 저항 온도계(抵抗溫度計) 측온(測溫) 저항체의 온도에 의한 저항값의 변화를 검출하여 브리지식의 가동 코일형 계기 또는 브리지식의 자동 평형 계기로 지시 혹은 기록시키는 온도 측정용 계기이다. 정밀도가 높고 감도도 좋다.

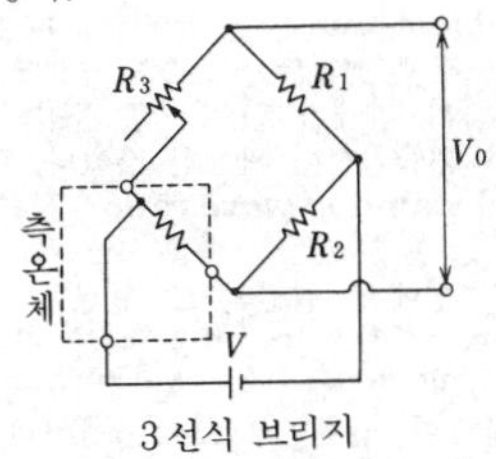

3선식 브리지

금 속 명	측정 범위[℃]	온도 계수[1/℃]
백 금	−200~500	0.0038
니 켈	−50~300	0.0064
구 리	0~120	0.0043
서미스터	−100~300	−0.045*

$$\text{온도 계수}=\frac{R_{100}-R_0}{100R_0}$$

R_{100} : 100[℃]에서의 저항값
R_0 : 0[℃]에서의 저항값
* 성분에 따라 다르다

resistance vacuum gauge 저항 진공계(抵抗眞空計) 전류를 통한 열선을 가스 속에 둘 때 가스의 압력에 따라 냉각 효과가 다르기 때문에 열선의 저항이 변화하는 것을 이용한 진공계이다. 저항값은 이 열선을 1변으로 하는 브리지 회로를 사용하여 측정하고, 검류계의 지시로 진공도를 직독한다. 열선 재료로서는 백금이나 니켈선이 쓰이며 10^{-1}~10^{-3}mmHg 정도의 진공 측정을 할 수 있다.

resistance variation method 저항 변화법(抵抗變化法) 고주파에서의 코일의 저항이나 안테나의 실효 저항을 측정하는 측정법의 일종. 직렬 공진 회로에 직렬로 기지(既知) 저항을 넣었을 때와 넣지 않았을 때의 동조 전류를 구하여 미지 저항을 산출하든가, 혹은 기지 저항 R_s를 순차 변화하여 그 때마다 1차 및 2차 코일의 전류 I_1, I_2를 재고, R_s와 I_1/I_2의 그래프를 만들어 이 그래프에서 미지 저항을 구한다.

resistance wire strain gauge 저항선 왜율계(抵抗線歪率計) 니켈 합금의 저항선을 절연지에 합성 수지계의 풀로 지그재그식으로 붙인 것을 압력이나 응력에 따라서 일그러짐을 일으키는 부분에 접착제로 붙임으로써 저항선이 일그러짐을 받아 저항값이 변화하는 현상을 이용하여 압력이나 응력의 측정을 하는 계기.

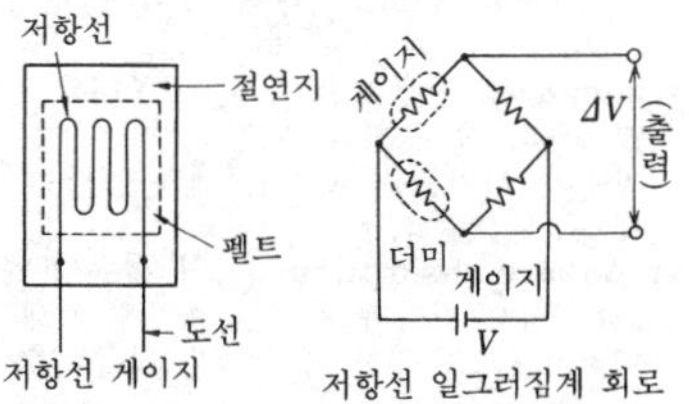

resistive material 저항 재료(抵抗材料) 금속과 비금속의 양쪽이 쓰인다. 금속은 합금으로 하여 저항률을 높게 한다. 저항의 온도 계수는 양(陽)인데, 망가닌은 매우 작다. 니크롬(Ni-Cr 합금)은 저항값의 안정성도 좋고, 선재 외에 박막으로서도 사용된다. 비금속은 탄소가 주이며, 입자의 집합체로서 그 접촉 저항을 이용한다. 저항의 온도 계수는 음(陰)이며, 저항값이 높은 것도 만들 수 있으나 온도나 습도에 의해서 저항값이 불안정하게 되기 쉬운 난점이 있다.

resistive transducer 저항형 변환기(抵抗形變換器) 측정량의 변화에 따라서 전기 저항이 변화하는 현상을 이용하여 물리량이나 화학량을 저항값으로 변환하는 장치. 미끄럼 저항기의 미끄럼판에 변위를 전하여, 그 저항값 변화를 이용하는 미끄럼 저항형 변환기, 백금선이나 서미스터 등의 온도에 의한 저항 변화를 이용하는 측온(測溫) 저항체, 니켈선 등의 일그러짐에 의한 저항 변화를 이용한 저항선 왜율계용 게이지 등 각종 방식의 것이 있다.

resistivity 저항률(抵抗率) 길이 1m, 단면적 $1m^2$당의 저항값을 말하며, 재질에 따른 저항의 차이를 비교하는 데 사용한다. 이것을 사용하면 고른 단면적의 도체 저항은 다음 식으로 나타내어진다.

$R=\rho l/S$

여기서, R : 저한〔Ω〕, ρ : 저항률〔Ωm〕, l : 길이〔m〕, S : 단면적〔m^2〕.

resistor 저항기(抵抗器) 저항을 얻기 위해 사용하는 부품으로, 전자 회로를 구성하는 중요한 소자이다. 고정 저항기와 가변 저항기가 있으며, 재료와 구조에 따라 많은 종류가 있다. 사용하는 저항기를 정하려면 저항의 크기 외에 사용 전압에서의 소비 전력, 따라서 온도 상승을 고려할 필요가 있다.

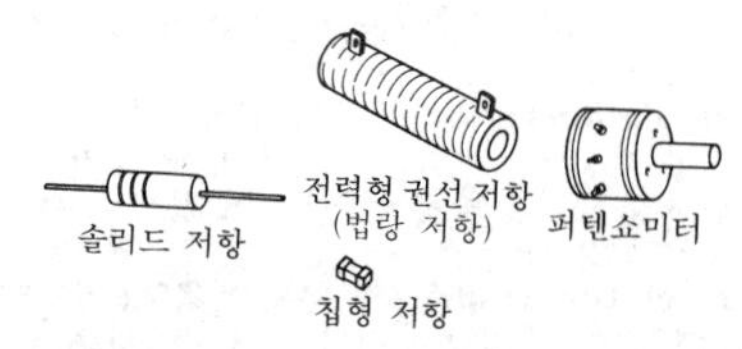

resistor-condenser-transistor logic 저항·콘덴서·트랜지스터 논리 회로(抵抗－論理回路) ＝RCTL

resistor overlap 저항 중합(抵抗重合) 막저항(膜抵抗)과 도체막이 접속할 때 그 양자가 겹쳐진 영역.

resistor transistor logic 저항 트랜지스터 논리 회로(抵抗－論理回路) ＝RTL

resol resin 레졸 수지(－樹脂) 페놀 수지의 일종으로, 알칼리성 촉매를 사용한 것. 처음에는 상온에서 황색의 고체이나 가열하면 레지톨을 거쳐 열경화성의 레지트로 변화한다. 일반적으로 페놀 수지라 하면 이것을 경화시킨 것을 말하며, 형조품(形造品)이나 적층품을 만드는 데 사용한다.

resoluting power 해상력(解像力) 텔레비전 수상기로 재현할 수 있는 화면의 정세(精細)함을 해상력 또는 해상도라 한다.

resolution 해상도(解像度), 분해능(分解能) ① 텔레비전이나 사진에서 피사체를 어느 정도까지 정밀하게 재현할 수 있는가의 정도를 나타내는 것으로, 수평 해상도와 수직 해상도로 나눌 수 있다. 보통, 흑, 백의 일정 간격의 무늬 모양을 그리고, 이것을 판별할 수 있는 무늬의 개수에 의해 해상도를 나타낸다. 해상력이라고도 한다. 화소의 수가 많을수록 좋아지지만 영상 주파수나 전자 빔의 스폿 크기 등에 따라 제한된다. ② 물체, 광경, 음향 등에 대한 지각에서 그 개개의 세부(요소)를 식별할 수 있는, 혹은 거의 같은 양 사이의 차이를 구별할 수 있는 능력의 척도. ③ 재생된 공간적 패턴에서의 재생의 섬세함의 정도. 예를 들면 축적관에 기록 혹은 판독할 수 있는 최소 정보의 비트수, 스폿수, 선의 수 등.

resolution element 분해능 영역(分解能領域) 레이더에서, 안테나 또는 수신기의 작용에 의해 인접한 영역에서 그것과는 다른 영역으로서 식별할 수 있는(상이한 에코 에너지를 주는) 공간의 영역(정지, 이동 어느 경우나). 송신 펄스의 폭, 안테나, 송수신기의 대역폭 등에 의해서 정해진다.

resolution error 분해능 오차(分解能誤差) 트랜스듀서에서, 주어진 변화량보다 작은 변수 변화를 명확하게 식별할 수 없는 것이 원인으로 생기는 오차.

resolution ratio 해상도비(解像度比) 수평 해상도와 수직 해상도의 비율. 우리 나라의 TV 표준 방식에서는 이 값은 1보다 약간 작다.

resolution response 분해능 응답(分解能應答) ① 지정된 선의 수에 대응하는 같은 폭의 흑, 백 교대로 달라지는 세로 막대로 만들어지는, 무늬 모양의 테스트 패턴에 의해서 주어지는 p-p 출력 신호 진폭과, 테스트 패턴에서의 흑, 백의 막대와 같은 휘도의 폭넓은 흑, 백의 세로 막대에 의해서 주어지는 p-p 출력 신호 진폭과의 비. 주사는 수평으로 행하여진다. ② 그 반주기가 지정된 선의 굵기에 상당하는 구형파 테스트 신호에 의해서 생기는 p-p 출력 휘도와의 비. 표시 장치에서의 분해능 응답(비교적 선의 수가 많은 경우의)을 세부 대조(細部對照 : detail contrast)라 한다.

resolution target 분해능 타깃(分解能-) 이미지 또는 사진의 분행능 평가에 쓰이는 타깃으로, 명암 교대로 규칙적으로 배열된 막대로 구성된 것.

resolution time 분해능 시간(分解能時間) 계수관 또는 계수 장치에서, 2개의 다른 사상(事象)이 구별되어서 계수되는 최소의 발생 간격. 간격이 이보다 작아지면, 계속해서 발생하는 사상을 다른 사상으로서 식별할 수 없다.

resolver 리졸버 ① 서보 기구에서 회전각을 검출하는 데 사용하는 일종의 회전 전기(電機). 그림과 같이 각각 공간적으로 직교하는 2개씩의 권선을 가진 고정자와 회전자가 있고, 고정자에 입력 전압 e_1, e_2를 가하면 회전자의 출력 단자에 각도 위치에 따른 전압이 나타난다.

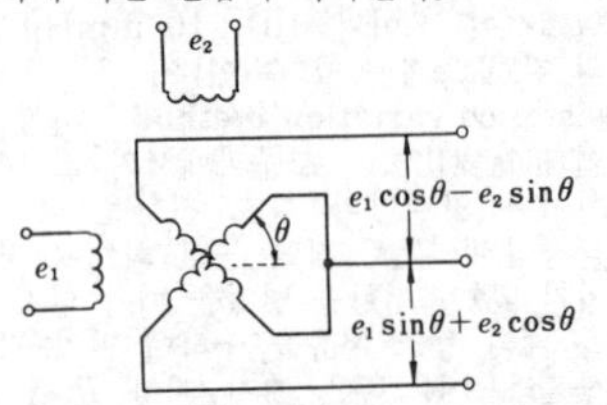

② 아날로그 컴퓨터에서 극좌표와 직교좌표간의 함수 변환을 하는 장치. 함수 저항과 추미용의 퍼텐쇼미터를 동축에 부착한 장치를 이용하는 것도 있다.

resolving power 분해능(分解能) 접근한 2점을 식별할 수 있는 최단 거리. 광학 현미경에서는 200nm 정도, 통상의 전자 현미경에서는 0.3nm 정도이다.

resolving principle 분해 원리(分解原理) 대규모 시스템의 경우 이것을 부분적으로 분해하여 상호 관련을 고려하면서 각 부분 시스템의 최적화를 구하고, 전 시스템의 최적화를 도모하려는 생각에 입각한 이론.

resonance 공진(共振) 외부로부터의 강제 진동력의 주파수가 그 진동계의 고유 주파수와 일치했을 때 진동계의 진폭이 최대가 되는 현상.

resonance absorption 공명 흡수(共鳴吸收) 입사 전자파가 공진 소자에 의해 선택적으로 그 공진 주파수의 에너지가 흡수되는 현상.

resonance antenna 공진 안테나(共振-) 안테나에 반파장의 정수배 정재파를 싣고, 이에 의해 전자파를 방사하는 것을 말하며, 단파대 이하의 파장에 쓰인다. 예를 들면, 반파장 또는 전파장의 길이를 갖는 더블릿 안테나, 폴디드 다이폴 안테나, 롬빅 안테나 등이 있다. 공진 안테나는 공진에 의해서 안테나 임피던스 중 리액턴스분이 0으로 되고 저항분만이 된다.

resonance bridge 공진 브리지(共振-) 가청 주파수의 측정에 사용되는 주파수 브리지의 일종. 그림은 그 회로도이며, 평형했을 때의 주파수는

$$f = \frac{1}{2\pi\sqrt{LC}}$$

이 된다.

resonance characteristic 공진 특성(共振特性) 콘덴서와 코일로 이루어지는 공진 회로나 공동 공진기 등의 공진 주파수를

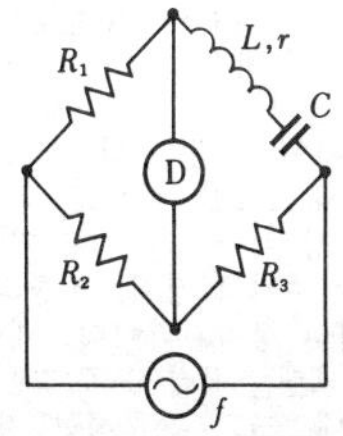

resonance bridge

중심으로 하여 그 부근의 주파수 대역에서의 전압, 전류, 전력의 주파수 특성.

resonance circuit 공진 회로(共振回路) 코일과 콘덴서를 포함하고, 어느 주파수에서 공진 현상을 일으키는 회로. L 또는 C를 변화시킴으로써 특정한 주파수에 공진(동조)시킬 수 있다. 특히 병렬 공진 회로는 텔레비전, 라디오 등의 각종 통신이나 전자 기기의 동조 회로로서 사용되고 있다. →tuning circuit

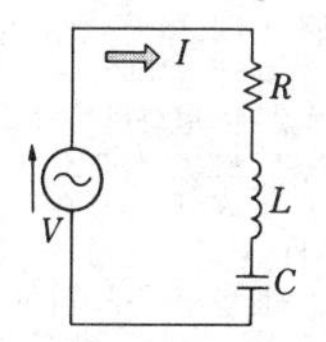

직렬 공진 회로

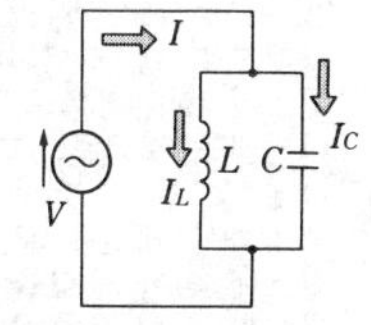

병렬 공진 회로

resonance current 공진 전류(共振電流) 직렬 공진일 때 회로에 흐르는 전류는 최대가 되는데, 이것을 공진 전류라 한다. 이 경우에는 유도성 리액턴스와 용량성 리액턴스는 상쇄되므로 공진 전류 I_0는 전원 전압을 V, 회로 저항을 R로 하면 $I_0=V/R$가 된다.

resonance curve 공진 곡선(共振曲線) LC 교류 회로의 공진점 부근에서의 주파수와 전류의 변화를 나타내는 곡선. 직렬 공진 회로에서는 공진시에 회로의 전류는 최대가 되고, 병렬 공진 회로에서는 최소(거의 0)가 된다.

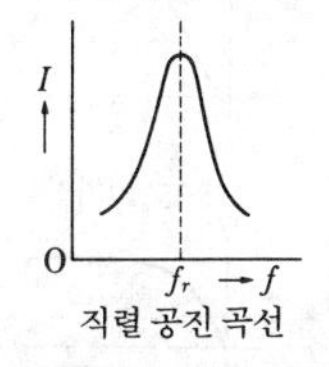

직렬 공진 곡선

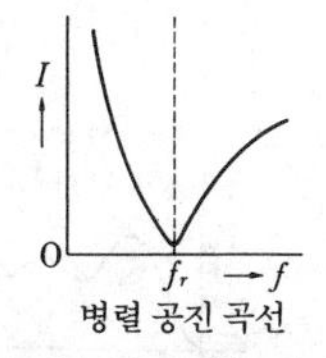

병렬 공진 곡선

resonance error 공진 오차(共振誤差) 전압, 전류, 임피던스 등의 계측을 하는 경우 측정용 리드선에는 인덕턴스나 부유(표유) 용량이 포함되어 있으므로 이것이 계측기의 입력 용량과 결합하여 공진 회로를 형성함으로써 발생하는 측정 오차. 주파수가 높을수록 발생하기 쉽게 된다.

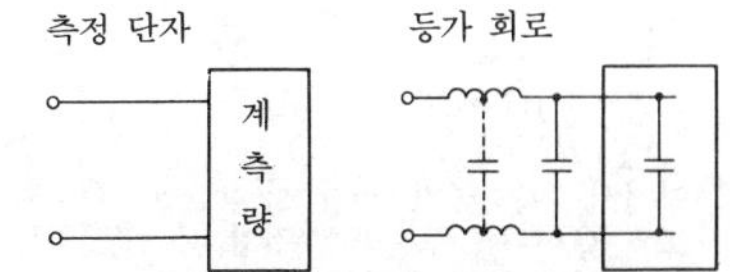

resonance frequency 공진 주파수(共振周波數) 회로에 포함되는 L과 C에 의해서 정해지는 고유 주파수와 전원의 주파수가 일치하면 공진 현상을 일으켜 전류 또는 전압이 최대가 된다. 이 주파수를 공진 주파수라 하고, R, L, C의 직렬 회로에서 일어나는 직렬 공진과 R, L, C의 병렬 회로에서 일어나는 병렬 공진에서 공진 주파수 f_0는 다음 식으로 구해진다.

$$f_0=\frac{1}{2\pi\sqrt{LC}}$$

resonance sharpness 공진 첨예도(共振尖銳度) 회로의 공진 상태를 나타내는 진폭·주파수 특성 곡선에서 공진 주파수를 f_r, 전류의 진폭이 공진점에서의 값의 $1/\sqrt{2}$이 되는(공진점을 사이에 두고 그 전후의) 2 점간의 주파수 폭을 Δf로 하면, 회로의 실효적인 Q는

$$Q_e=f_r/\Delta f$$

로 주어진다. Q의 크기, 즉 공진 곡선의 폭이 좁기를 공진의 첨예도라 한다.

resonance transformer accelerator 공진 변압기형 가속기(共振變壓器形加速器), 공진 트랜스형 가속기(共振－形加速器) 진공 중에 원통형의 가속 전극을 직선상으로 배치하고 교류의 고전압을 직접 가속기에 가하여 전자를 가속하는 장치로, 공업용 X 선원 또는 전자선원(電子線源)으로서 사용된다. 공진 트랜스는 2 차 코일의 인덕턴스와 가속 전극간 용량을 포함하는 분포 용량이 전원 주파수에 공진하도록 한 것으로, 그 1 차 코일에 전류가 흐르면, 필라멘트가 점화하고, 가속관에는 교류의 고전압이 가해진다. 필라멘트로부터의 열전자는 가속 전압이 +의 반주기일 때만 가속되고, 타깃이 있으면 거기에 충돌하여 X 선을 발생한다. 이 장치의 특징은 정류 회로를 사용하지 않으므로 구조가 간단하고, 큰 전류를 얻을 수 있는 데 비해 비교적 값이 싸다는 것인데, 교류의 반주기에서 가속이 행하여지기 때문에 가속 입자의 에너지 스펙트럼이 넓

어진다.

resonance voltage 공진 전압(共振電壓) 직렬 공진시에 있어서의 인덕턴스 코일 및 용량의 단자 전압을 각각 V_L, V_C로 하고, 저항의 단자 전압을 V_R로 하면

$V_L=j\omega LI_0=j(\omega L/R)V=jQV$

$V_C=-j(1/\omega CR)V=-jQV$

$V_R=RI_0=V$

여기서, I_0 : 공진 전류, V : 전원, Q : 회로의 Q이다. 즉, 공진 전압 V_L 및 V_C는 전원 전압 V의 Q배가 된다.

resonant feeder 공진 궤전선(共振饋電線), 공진 급전선(共振給電線) 궤전선(급전선)상에 정재파가 실린 것. 동조 궤전선이라고도 한다.

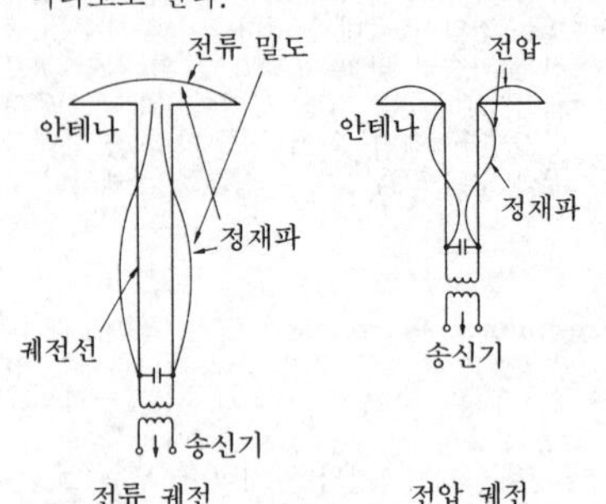

resonant gap 공진 간격(共振間隔) 가스 봉입 마이크로파관의 내부의 공진에 있어서의 전계가 집중하는 좁은 영역.

resonant line 공진 선로(共振線路) 코일과 콘덴서의 집중 상수 회로를 사용한 공진 회로는 100MHz 이상의 고주파가 되면 실효 저항이 증가하기 때문에 Q가 극단적으로 저하한다. 그래서 초고주파용 공진 선로에서는 분포 상수 회로의 사고방식에 의해 전송 선로의 길이를 적당히 선택하여 선로의 종단을 개방 또는 단락함으로써 Q가 높은 공진 상태를 만든다. 이것을 공진 선로라 하고, 공진 조건은 다음 식에 의해 나타내어진다.

종단 개방일 때 $l=(2n+1)\lambda/4$

종단 단락일 때 $l=2n\lambda/4$

여기서, l : 선로 길이, λ : 파장, n : 양의 정수(整數).

resonant line type frequency meter 공진 선로형 주파수계(共振線路形周波數計) 레헤르선 파장계의 원리를 사용한 주파수계로, 동축형이나 공동형이 있다. 마이크로파 이상의 높은 주파수대에 사용한다.

resonator 공진기(共振器) 공진(공명)기나 공동 공진기와 같은 특정한 주파수에 있어서 공진을 발생하는 장치를 말한다. 공진을 이용하여 방사의 증강, 흡수, 주파수 분석 등을 한다.

resource 자원(資源) 컴퓨터로 실행되는 작업이나 태스크가 필요로 하는 컴퓨터 시스템, 운영 체제의 기구나 기능의 총칭. 예를 들면, 주기억 장치, 입출력 장치, 중앙 연산 처리 장치, 타이머, 데이터 세트, 제어 프로그램, 처리 프로그램 등. 또한 작업이나 태스크가 요구하는 자원을 실행 전에 미리 할당하는 것을 자원 할당(resource allocation)이라 하고, 할당을 하는 제어 기능의 관리를 자원 관리(resource management)라 한다.

responder 응답기(應答機) →transponder

response 속응성(速應性)[1], 응답(應答)[2]
(1) 기기가 어느 정상 상태에서 다음의 정상 상태로 옮길 때 그 중간 상태에 있는 시간(과도 시간)의 장단을 나타내는 말로, 시간이 짧을수록 속응성이 크다고 한다.
(2) 어느 요소 또는 계(系)에 입력 신호가 가해졌을 때 입력의 변화에 대하여 출력 신호가 시간적으로 어떻게 변화하는가를 나타내는 것으로, 그래프 또는 식으로 나타낼 수 있다. 요소 또는 계의 특성을 알고, 특성 개선에 도움이 된다. 스텝 입력 신호에 의한 응답을 스텝 응답이라 하고, 정현파 입력 신호에 의한 응답을 주파수 응답이라 한다.

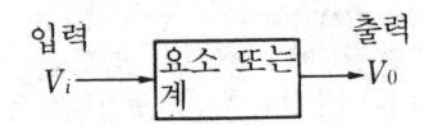

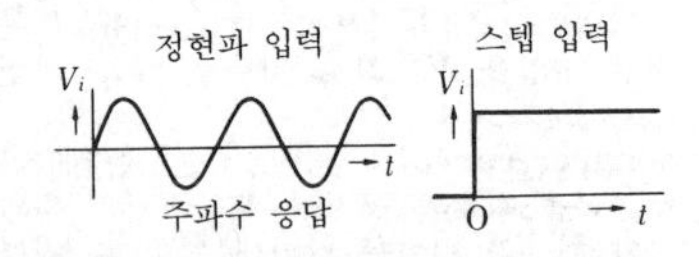

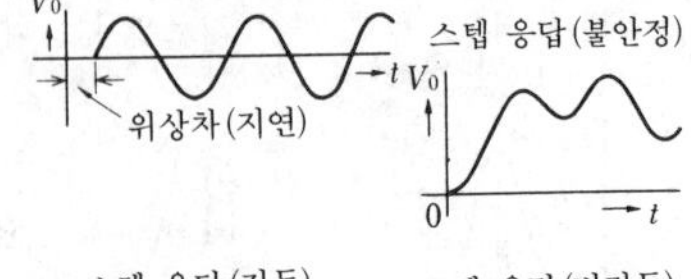

response header 리스폰스 헤더 패킷망에서 전송 제어, 및 데이터 링크 제어 절

차를 위해 패킷에 붙여서 보내지는 데이터 유닛.

response pulse 응답 펄스(應答－) 디지털 회로에서 게이트 회로의 조합으로 제어 회로를 구성하고, 그 회로에 각 입력을 가한 경우 목적의 동작을 완료했을 때 혹은 그 과정마다 발생되는 한 발 펄스를 말한다.

response time 응답 시간(應答時間) 스텝 응답 파형에서 오버슈트가 발생하기까지의 시간. 피드백 제어계에서 응답 시간이 작고 오버슈트도 작아 빨리 목표값에 이르도록 계를 조정하는 것이 바람직하다. 그러나 일반적으로 응답 시간을 너무 작게 하면 오버슈트도 커져서 진동이 계속되는 결점이 있다.

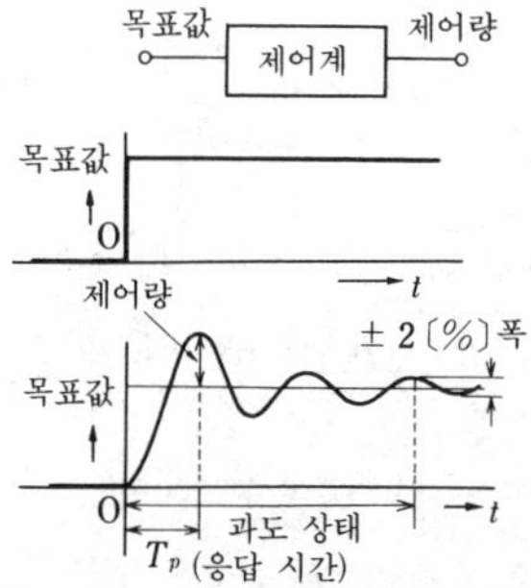

responsivity 응답도(應答度) 트랜스듀서에서, 출력량과 이에 대응하는 입력량과의 비. 이들 입출력량은 트랜스듀서의 종류에 따라 다르며, 반드시 같은 종류의 물리량은 아니다. 측정 척도도 파고값, 실효값, 평균값 등 각종이 쓰인다.

responsor 질문기 수신부(質問機受信部) →interrogator-responsor

rest mass 정지 질량(靜止質量) 상대성 이론에 의하면 속도 v로 운동하고 있는 물체의 질량은

$$m=\frac{m_0}{\sqrt{1-(v/c)^2}} \qquad (c: \text{빛의 세기})$$

으로 나타내이지며, $v=0$으로 하면 $m=m_0$이 된다. 이 m_0을 물질의 정지 질량이라 한다.

restorer 직류 재생 장치(直流再生裝置) ＝direct-current restorer, clamper, reinserter

restoring mechanism 복원 기구(復元機構) 제어계에서 어느 신호로 동작한 조절기기에 동작량을 피드백시켜 제어계의 발산, 진동을 방지하는 기구.

restoring relay 억제 계전기(抑制繼電器) 계전기에서, 그 동작이 어느 하나의 입력량의, 제 2의 입력량(동작을 억제하는)에 대한 비율에 의해서 정해지도록 만들어진 계전기.

restricted area system 지역 한정 방식(地域限定方式) 복수의 서비스 에어리어를 갖는 이동 통신에서, 이동기(移動機)가 지정한 서비스 구역에 있는 경우에 한해서 통화할 수 있는 방식. 어느 서비스 에어리어에서도 통화가 가능한 지역 비한정 방식(non-restricted area system)과 대비된다.

rest time 적분 시간(積分時間) ＝integrated action time →reset control action

retaining circuit 유지 회로(維持回路) ＝stick circuit →self-hold circuit

retarding torque 제동 토크(制動－) 지시 계기의 응답을 양호하게 하고 판독하기 쉽도록 하기 위해 필요한 힘. 공기 제동은 가동 코일형 이외의 지시 계기에 널리 사용되고, 액체 제동은 정전형과 같은 대형용으로만 사용되며, 전자(電磁) 제동은 가동 코일형에 널리 사용된다. 또 와전류 제동은 주로 적산 계기의 유도형에 사용된다.

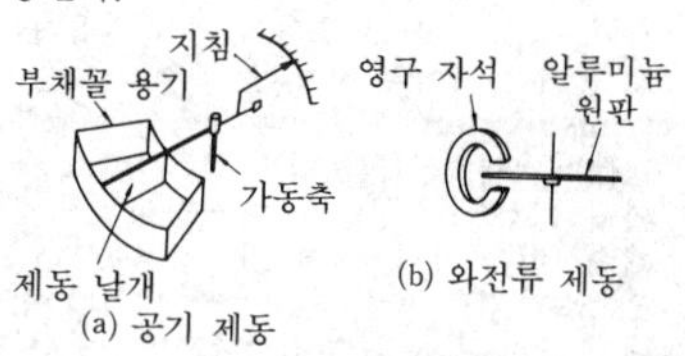

(a) 공기 제동 (b) 와전류 제동

retentivity 잔자성(殘磁性) 자성 재료의 성질의 하나로, 그 재료의 포화 자속 밀도와, 자화력을 제거한 다음에 측정되는 잔류 자속 밀도에서 구해진다.

reticle 레티클 ① 망원경 또는 기타 광학 측정기의 대물 렌지의 초점에 두어진 가는 선, 와이어 등의 구조. 십자선이라고도 한다. ② 집적 회로를 제조하는 공정에서 쓰이는 그물 모양의 마스크 패턴.

RETMA 라디오·일렉트로닉스·텔레비전 제조 업자 연맹(－製造業者聯盟) ＝Radio Electronics and Television Manufacturer's Association

retrace 귀선(歸線) 래스터 스캔 모니터에서 전자 빔이 화면 우단에서 좌단으로, 혹은 하단에서 상단으로 되돌아갈 때의 전자 빔이 더듬는 경로. 귀선에 의해 전자 빔은 다음 면의 좌우 혹은 상하 주사 개시점에 위치하게 된다. 귀선이 화면상에 그

려지면 보기가 흉하므로 이 짧은 시간동안 빔은 없어진다. 귀선은 1초간에 몇 번이라도 발생하나, 그 때마다 정확한 동기 신호를 사용하여 확실하게 전자 빔의 ON, OFF 가 되풀이된다.

retrace blanking 귀선 소거(歸線消去) 음극선관(CRT)이나 텔레비전의 촬상관, 수상관 등에서, 귀선 기간 중에 그리드 또는 음극에 구형 펄스 전압을 가하여 전자 빔을 차단하는 것. 따라서 스크린 상에 귀선은 나타나지 않는다. 반대의 동작을 게이팅 또는 언블랭킹(비소거)이라 한다. 그림은 텔레비전 화면에서의 주사선과 수평·수직 귀선 기간을 나타낸 것이다.

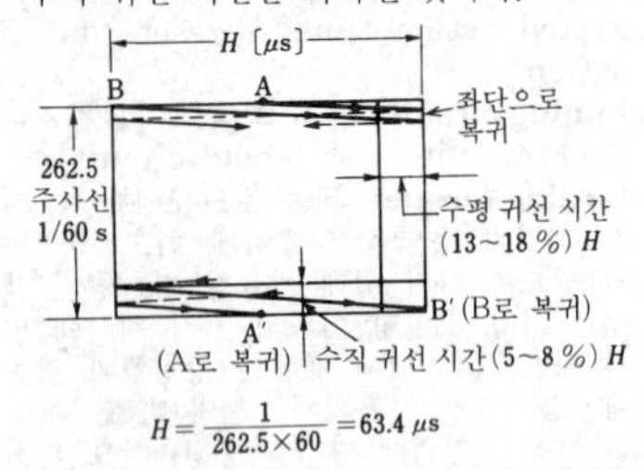

$$H=\frac{1}{262.5\times 60}=63.4\ \mu s$$

retrace line 귀선(歸線) 음극선관에서, 어느 주사선의 끝에서 다음 행으로 옮기는 사이, 또는 어느 필드의 끝에서 다음 필드로 옮기는 사이의 전자 빔 궤적.

retransmission 구역 외 재송신(區域外再送信)[1], 재송신(再送信)[2] (1) 서비스 구역 외에서 CATV 방송을 수신하고, 이것을 재송신하여 가입자에게 서비스하는 것.
(2) 오류 검출 방식을 사용한 데이터 전송에서 오류 블록을 발견하였으면, 수신 장치는 송신 장치에 대하여 NAK 신호를 보내어 블록의 재송을 요청한다. 송신 장치는 NAK 을 수신하든가, 혹은 일정 시간 경과해도 승인 신호(ACK)가 보내져 오지 않는 경우는 자동적으로 블록을 재송신한다.

retrodirective antenna 역지향성 안테나(逆指向性—) 후방 산란 단면적이 도래파(到來波)의 최대 지향성 이득과, 도래파 방향으로 투영된 면적과의 비와 거의 같고, 도래파 방향에 의존하지 않는 안테나. 송신 신호를 강하게 하기 위해 능동 소자가 사용된다. 이 경우에는 능동이라는 용어를 붙여서 표현한다. 예를 들면, 능동 역지향성 안테나.

retroreflection 재귀 반사(再歸反射) 입사 방향의 넓은 범위에 걸쳐서 방사가 입사 방향으로 반사해서 되돌아가는 반사 현상. 이러한 특성을 갖는 반사면, 혹은 기구를 재귀 반사기(retro-reflector)라 한다. 도로 표지 등에 쓰인다.

retro-reflector 재귀 반사기(再歸反射器) =reflex reflector

return 리턴, 복귀(復歸) ① 컴퓨터에서 실행하여 처리한 결과가 프로그램 미스나 조작 미스에 의해 바르지 않을 때 그들의 미스를 정정하여 다시 실행하는 것. ② 서브루틴 내에서 그 서브루틴을 호출할 컴퓨터 프로그램 중의 하나의 변수를 설정하는 것. ③ 서브루틴에서 그 실행에 옮기는 것.

return code 복귀 코드(復歸—) 프로그램의 실행을 종료할 때 프로그램의 종료 상태를 응답하기 위해 각 종료 상태에 대응하여 프로그램 중에서 세트하는 코드를 말한다. 서브프로그램의 복귀 코드값은 서브프로그램 종료 후, 호출원의 프로그램으로 참조할 수 있다. 또, 작업 단계 종료시의 복귀 코드값은 작업 제어문을 써서 살필 수 있으며, 이렇게 함으로써 이후 작업 단계의 실행을 제어할 수 있다.

return loss 반사 감쇠량(反射減衰量) ① 전송계에서 불연속부에 진입하는 전력과 그 곳에서 반사하는 전력과의 차. ② 위의 진입 전력과 반사 전력과의 비를 데시벨로 표현한 것.

return to reference recording 기준 복귀 기록(基準復歸記錄) 0 및 1을 나타내는 자화 패턴이 기억 셀의 일부만을 차지하고, 나머지 부분은 기준 상태로 자화되도록 한 2진 문자의 자기 기록.

return-to-zero method 제로 복귀 방법(—復歸方法), 제로화 방법(—化方法), 제로 복귀 기록 방식(—復歸記錄方式) 디지털 자기 기록법의 일종으로, "1"의 비트에 대해서는 자기 특성의 한쪽 극성의 포화 자화를, "0"의 비트에 대해서는 다른 쪽 극성의 포화 자화를, 그리고 비트 간의 무신호 부분에 대해서는 자기적 중성점을 대응시키는 방식. 때로는 바이어스 복귀와 같은 의미로 쓰이기도 한다.

return-to-zero recording RZ 기록(—記錄) 디지털 자기 기록·재생에 있어서의 한 방법으로, 신호 1인 경우는 중성 상태에서 한쪽의 포화 자화값까지 변화하고, 다시 중성 상태로 되돌아 온다(신호 0에서는 변화없음). 위의 중성 자기 상태가 아니고 일정한 바이어스 자화 상태로 되돌아 오는 경우는 RB(return to bias) 기록이라 한다.

return transfer function 복귀 전달 함수(復歸傳達函數) 피드백 제어계에서 루프의 복귀 신호 B를 이것에 대응하는 루프

입력 신호 R에 관련시키는 전달 함수. 루프 일순 전달 함수를 $KG(s)$로 할 때

$$B/R = KG(s)/(1+KG(s))$$

이다.

reverberation chamber 잔향실(殘響室) 긴 잔향 시간을 가지며, 가급적 확산 음장이 되도록 특별히 설계된 방.

reverberation meter 잔향계(殘響計) 음원을 멈추고부터의 음의 감쇠 상태를 측정하는 것으로, 음향적인 실내 설계 등에 쓰인다. 잔향 시간을 계기로 직독하거나, 잔향의 상태를 브라운관을 써서 직시하거나, 고속도 리코더를 써서 잔향 파형을 그리거나 하는 장치이다.

reverberation time 잔향 시간(殘響時間) 음원을 멈춘 후 음의 에너지는 대수적(對數的)으로 감소하는데 일정한 장소에서의 실내음의 에너지가 처음의 100 만분의 1, 음압으로 1,000 분의 1로, 즉 60dB 감쇠하기까지의 시간을 말한다. 잔향 시간은 실내의 넓이, 형상, 벽 등의 흡음률에 따라 달라진다.

reverberation-time meter 잔향 시간계(殘響時間計) 방의 잔향 시간을 측정하는 장치.

reverberation unit 리버브 유닛, 잔향 부가 장치(殘響附加裝置) 기록된 음성 신호에 전기적으로 잔향을 부가하는 장치. 에코 룸(잔향실) 등에 의해서도 마찬가지로 잔향을 부가할 수는 있지만 장치가 대규모화되므로 최근에는 철판의 진동이나 코일 스프링의 진동을 이용하는 것이 주로 쓰인다. 그림은 코일 스프링을 이용한 장치의 예인데, 코일 스프링을 구동하는 코일과 이 진동을 전기 신호로 바꾸는 수동(受動) 코일의 부분으로 이루어지며, 여기서 얻어진 신호를 원래 신호와 적당한 레벨로 조정하여 혼합하는 것이다. 이 장치는 경제적이며, 잔향 시간의 조절도 간단하므로 레코드의 녹음이나 음악의 음색 가공 등에 널리 이용되고 있다.

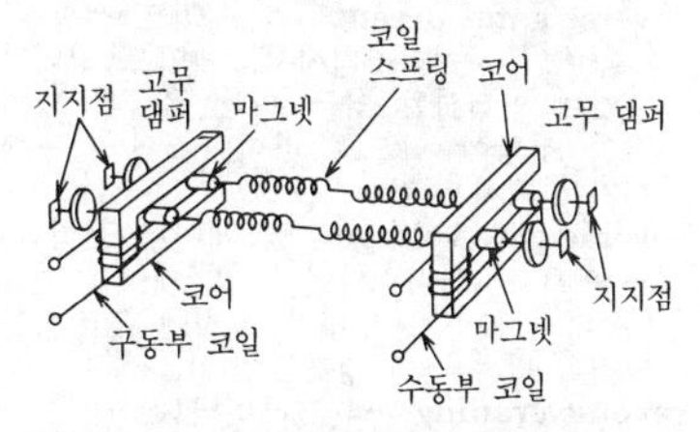

reversal 역전압(逆電壓) 축전지 또는 전지의 정상 극성이 변화하는 것.

reverse 리버스, 반전(反轉) CRT 화면의 일부를 지정하여 그의 색을 반전시키는 것을 말한다.

reverse AGC 역방향 AGC(逆方向−) 텔레비전 수상기에서 입력 신호의 강약의 변화가 일어나도 언제나 영상 출력을 일정하게 유지하는 회로. 입력 신호가 크면 전류의 적은 방향으로 동작점이 이동하여 그림과 같이 감소하는 이득을 궤환시켜 콘트라스트를 조정한다. 그러나 일그러짐이 증가하여 혼변조의 원인이 되는 결점이 있다.

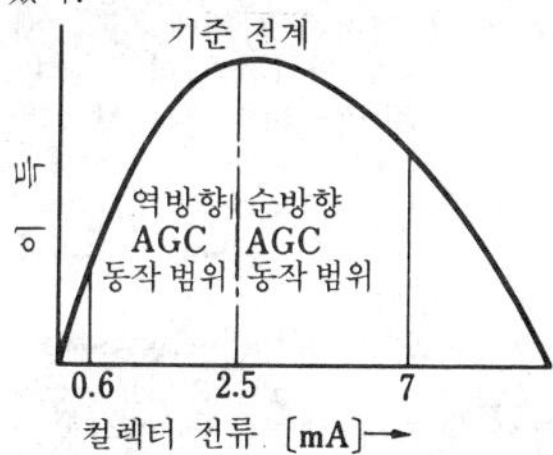

reverse battery 역전지(逆電池) 전조(電槽) 내에 스테인리스 강판 또는 니켈판의 전극을 평행하게 설치하고, 전해액으로서 수산화 칼륨 수용액을 주입한 것으로, 일종의 액체 저항기이다. 전압·전류 특성이 그림과 같은 비직선적인 것으로 되며, 1.8V 이하에서 통과 전류는 극히 적지만 1.8V 이상의 전압에서는 급격히 통과 전류가 증가하는 성질을 가지고 있다.

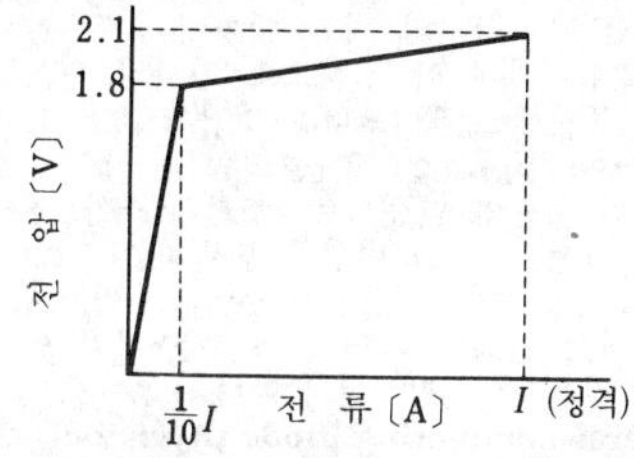

reverse-battery signaling 역전지 신호 방식(逆電池信號方式) 루프 내의 전류 방향을 반전함으로써 온훅 신호 및 오프훅 신호를 전달하는 루프 신호 방식.

reverse-battery supervision 역전지 감시(逆電池監視) 역전지 신호 방식을 사용하는 감시 방법.

reverse bias 역방향 바이어스(逆方向−) 다이오드에서 전류가 거의 흐르지 않는 방향으로 주어진 외부 전압. pn 접합의 n 반도체에 (+), p 반도체에 (−)의 전압을 가함으로써 전자와 정공이 각각 단자 측으로 끌려서 공핍층이 확산되어 전류는

거의 흐르지 않는다.

reverse-blocking current 역저지 전류(逆沮止電流) 사이리스터가 역저지 상태에 있을 때의 역전류.

reverse-blocking diode-thyristor 역저지 다이오드 사이리스터(逆沮止—) (+)의 양극·음극간 전압의 스위칭만을 하고, (−)의 양극·음극간 전압에 대해서는 역저지 상태가 되는 2단자 사이리스터.

reverse-blocking impedance 역저지 임피던스(逆沮止—) 사이리스터가 정해진 동작점에서 역저지 상태에 있을 때 주전류가 흐르는 두 단자간의 미분 임피던스.

reverse blocking state 역저지 상태(逆沮止狀態) 양극·음극, 전압·전류 특성의 역방향 파괴 전류 보다도 작은 역방향 전류에 대한 부분에 대응하는 역저지 사이리스터의 상태.

reverse-blocking triode-thyristor 역저지 3단자 사이리스터(逆齟止—三端子—) 양극이 음극에 대하여 양전위일 때에만 스위치 온하고, 반대로 양극이 음극에 대하여 음전위에 있을 때에는 역저지 상태를 나타내는 3단자 사이리스터.

reverse-breakdown current 역항복 전류(逆降伏電流) 역저지 다이리스터에 있어서, 역항복 전압에서의 주전류.

reverse breakdown voltage 역방향 브레이크다운 전압(逆方向—電壓), 역방향 항복 전압(逆方向降伏電壓) 역저지 사이리스터에서의 (−)의 양극 전압으로, 여기서 양극과 음극간의 미분 저항이 높은 값에서 현저하게 작은 값으로 갑자기 변화하는 동시에 브레이크다운 전류가 흐른다.

reverse clipping 역 클리핑(逆—) 도형 처리 기능의 일종으로, 도형의 어느 영역을 설정하고, 그 바깥쪽 부분을 지워 없애는 것을 클리핑이라고 하는데, 이것과는 반대로 감싸인 영역의 내부를 지워 없애는 것을 역 클리핑이라 한다.

reverse-conducting diode-thyristor 역도통 다이오드 사이리스터(逆導通—) (+)의 양극·음극간 전압에 대해서만 스위칭을 하고, 온 전압의 양에 필적하는 (−)의 양극·음극간 전압에 있어서 대량의 전류를 도통하는 2단자 사이리스터.

reverse-conducting thyristor 역도통 사이리스터(逆導通—) 사이리스터와 다이오드의 역병렬 접속을 실리콘 기판 내에 한 몸으로 만들어 넣은 디바이스이다. 턴오프 시간이 매우 짧고, 고속의 전력용 스위칭 소자로서 사용된다.

reverse-conducting triode-thyristor 역도통 3단자 사이리스터(逆導通—三端子—) (+)의 양극·음극간 전압에 대해서만 스위칭을 하고, ON 전압의 양에 필적하는 (−)의 양극·음극간 전압에서 대량의 전류를 도통하는 3단자 사이리스터.

reverse contact 반위 접점(反位接點) 동작 장치가 반위치에 있을 때 닫혀지는 접점.

reverse current 역방향 전류(逆方向電流) 정류 특성을 가진 소자 등에서 역방향 전압을 가했을 때 그에 의해서 흐르는 전류를 말한다. 보통은 매우 작다.

reverse current metering 역류 등산(逆流登算) 가입자 도수계를 동작시키는 방법의 하나로, 착신 가입자의 응답에 의해 계전기로 전류 방향을 역전시켜, 응답 감시 계전기를 동작시켜서 도수계를 동작시키는 것. 다른 방법으로서 도수계에 주는 전압, 전류를 증가시켜서 등산하는 증압(증류) 등산법이 있다.

reversed echo 역회전 반향(逆回轉反響) →echo

reverse direction 역방향(逆方向) 정류 소자에서의 전류가 잘 흐르지 않는 방향. 그림은 pn 접합 다이오드의 경우를 나타낸 것이다.

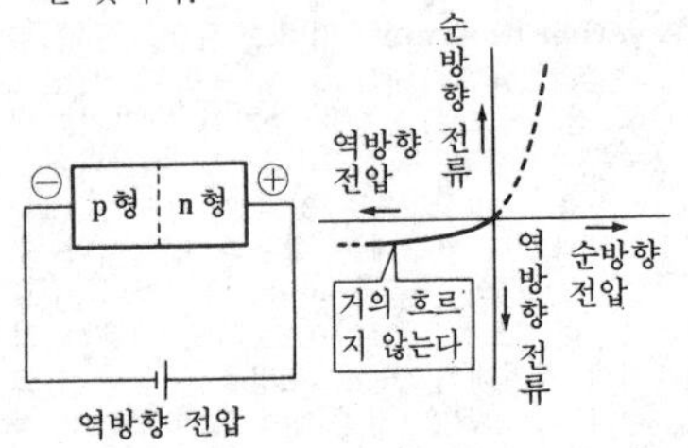

reverse emission 역방향(逆放出) 진공관의 플레이트가 캐소드에 대해 (−)의 전위를 갖는 경우의 동작 사이클 부분으로, 플레이트에서 역방향으로 전류가 흐르는 것을 말한다.

reverse gate current 역 게이트 전류(逆—電流) 사이리스터에서, 게이트 영역과 그것에 인접하는 양극 또는 음극의 영역간의 접합이 역으로 바이어스된 경우에 생기는 게이트 전류.

reverse gate voltage 역 게이트 전압(逆—電壓) 사이리스터에서, 역 게이트 전류에 의해 게이트 단자와 그것에 인접하는 영역의 단자 간에 생기는 전압.

reverse grading 역 그레이딩(逆—) → progressive grading

reverse mechanism 리버스 기구(—機構), 자동 반전 기구(自動反轉機構) 테이

프 리코더에서 테이프의 주행이 한 방향으로 진행하여 끝까지 간 곳에서 보통은 테이프를 바꾸어 끼우든가, 카세트 테이프인 경우는 반전하여 다시 주행시키는데, 테이프는 그대로이고 주행이 역방향으로 되는 기구를 갖춘 것이다. 이러한 자동 반전은 센싱 테이프를 사용하든가, 특정한 신호를 기록해 두고 이 신호를 검출해서 하는데, 왕복 주행시키기 위한 듀얼 캡스턴 테이프 데크도 시판되고 있다.

reverse or OFF-state voltage dividers 역전압 또는 오프 전압 분할기(逆電壓－電壓分割器) 과도 상태 또는 정상 상태, 또는 그 양쪽 상태하에서 직렬로 연결한 반도체 소자간에 걸리는 역전압 또는 오프 상태 전압을 확실하게 분할하기 위해 사용하는 소자.

reverse power dissipation 역전력 손실(逆電力損失) 반도체에서, 역방향 전류에 의해 생기는 전력 손실.

reverse power loss 역전력 손실(逆電力損失) 반도체 정류기에서, 역방향 전류의 흐름에 의해 생기는 전력 손실.

reverse recovery interval 역회복 시간(逆回復時間) 반도체에 흐르는 주 이온 전류가 0을 통과하는 순간으로부터 역전류가 피크 역전류값의 10%로 감쇠하는 순간까지의 시간.

reverse recovery time 역회복 시간(逆回復時間) pn 접합 다이오드에서 순방향으로 전류를 흘려 두고, 갑자기 전압을 역방향으로 전환해도 소수 캐리어의 축적 전하 때문에 전류는 즉시 0으로 되지 않고 역방향으로 전류가 흐른 다음 점차 0에 접근한다. 이 지연 시간을 역회복 시간이라 한다.

reverse video 반전 비디오(反轉－) →inverse video

reverse voltage 역방향 전압(逆方向電壓) pn 접합에서 p 측이 －, n 측이 ＋가 되는 방향의 전압으로, 역전압이라고도 한다. 이것을 가한 상태에서는 전류는 거의 흐르지 않지만 역방향 전압의 크기가 어느 값보다 커지면 pn 접합이 제너 효과를 일으켜 큰 전류를 흘리게 된다.

reverse voltage divider 역전압 분압기(逆電壓分壓器) 직렬 접속된 반도체 정류기 장치에서, 역전압을 적정하게 배분하기 위해 사용되는 장치. 변압기, 블리더 저항, 콘덴서 또는 그들의 조합이 쓰인다.

reversible booster 가역 부스터(可逆－) 단자 전압을 ＋·－의 방향으로 바꿀 수 있는 승압기.

reversible capacitance 가역 커패시턴스(可逆－) 비선형 콘덴서에서, 정현파 전압과 일정한 바이어스 전압을 중첩했을 때 인가 전압의 진폭에 대한 콘덴서 전하의 동상 기본 주파수 성분의 진폭과의 비로, 인가 정현파 전압이 제로에 접근한 극한의 값. 가역 커패시턴스와 바이어스 전압 사이의 관계를 주는 특성를 가역 커패시턴스 특성이라 한다.

reversible cell 가역 전지(可逆電池) 충방전 가능한 전지. 2차 전지라고도 한다.

reversible counter 가역 계수기(可逆計數器), 가역 카운터(可逆－), 양방향 카운터(兩方向－) 유한 개의 상태를 가지고 각각의 상태가 수를 나타내는 기구로, 적당한 신호를 받게 되면 그 수가 1이나 주어진 정수만 증가 또는 감소하는 것. 이 기구는 보통 한꺼번에 표시하고 있는 수를 지정한 값, 예를 들면 제로로 할 수 있다.

reversible dark current increase 가역적인 암전류 증가(可逆的－暗電流增加) 촬상관의 전하 축적 타깃을 전자 빔이 주사할 때 전자 충격에 의해 타깃 암전류가 증가하는 현상. 이것은 암전류의 증가로서 측정되는 가역적인 현상이다.

reversible deposition 반전 현상(反轉現象) 촬영한 필름을 특별한 화학 처리에 의해 그대로 포지티브로 반전시키는 현상법. 그러기 위해서는 반전 현상용 필름을 사용한다.

reversible electrode 가역 전극(可逆電極) 전해질 용액과 전극 사이에 평형 전위가 존재하고 있고, 전극 전위를 높게 하면 산화 반응, 낮게 하면 환원 반응이 일어날 수 있는 전극.

reversible permeability 가역 투자율(可逆透磁率) 자화력의 증분(增分)을 0에 근접시켰을 때의 투자력 증분의 극한값. 이방성을 갖는 물질에서는 가역 투자율은 역수가 된다.

reversible power converter 가역 전력 변환 장치(可逆電力變換裝置) 사이리스터 변환 장치를 포함하는 전력 변환 장치로, 교류측에서 직류측으로, 및 그 반대 방향으로 전력을 공급할 수 있도록 접속된 것. 직류 회로의 전류는 반전하는 경우와 반전하지 않는(그 대신 전압의 극성이 반대가 된다) 경우가 있다.

reversible shift register 가역 시프트 레지스터(可逆－) 우 시프트 펄스가 가해질 때마다 기억 내용이 오른쪽으로 이동하고, 좌 시프트 펄스가 가해질 때마다 기억 내용이 왼쪽으로 이동하는 양쪽 기능을 아울러 갖는 시프트 레지스터

reversible target dark current increase

가역적인 타깃 암전류 증가(可逆的—暗電流增加) 촬상관에서, 암전류의 증가 또는 암전류의 불균일성의 증가로서 모니터 상에서 관찰되는 현상으로 영속적이 아닌 것. 이것은 타깃을 특수한 조건으로 동작시키거나 또는 휴지(休止) 시간을 설치함으로써 제거할 수 있다.

revolver 리볼버 자기 드럼, 자기 디스크형의 기억 장치에서, 드럼 또는 디스크의 완전한 1회전에 의해서 주어지기 보다도 빠르게 판독하는 부분. 예를 들면 동일 트랙 상에 판독, 기록 양 헤드를 근소한 거리만큼 떼어서 배치해 두면 이들 사이에서 일정한 길이의 데이터를 순환하는 루프가 구성된다. 데이터는 단순한 게이트 작용으로 변경할 수 있다. 리볼버는 지연선로와 마찬가지로 주로 명령이나 상수 등의 기억에 쓰인다. 혹은 고속의 반도체 기억 장치 등을 사용하지 않는 스크래치 패드(비망록)로서의 용도에 이용된다. 고속 루프라고도 한다.

revolving magnetic field 회전 자계(回轉磁界) 1조의 자극을 마주보게 하여 회전시키는 것과 같은 동작을 하는 자계로, 실제는 교류에 의한 자계를 적당히 조합시켜서 만든다. 120°씩 떨어져서 배치한 3개의 코일에 대칭 3상 교류를 흘려서 만드는 방법과 직각으로 배치한 2개의 코일에 대칭 2상 교류를 흘려서 만드는 방법이 있다. 유도 전동기는 이것을 응용한 것이다.

RF 무선 주파수(無線周波數) =radio frequency

RF converter RF 변환기(—變換器), 무선 주파 변환기(無線周波變換器) VHF변환기라고도 한다. 영상 신호와 음성 신호를 VHF TV 의 주파수대에 실어서(변조) 시판 텔레비전으로 시청할 수 있도록 하기 위한 것이다. ITV 카메라로 촬영 중에 영상과 음성을 모니터한다든지, VTR의 재생을 할 때 필요하다. 가정용 VTR에는 내장되어 있으나 휴대용 VTR 등에서는 조금이라도 가볍게 하기 위해 착탈 방식으로 되어 있는 경우도 있다.

RF shielding 무선 주파 차폐(無線周波遮蔽), 고주파 차폐(高周波遮蔽) 무선 주파수의 전자파(RF) 통과 저지를 목적으로 하는 재료. 일반적으로 금속 혹은 금속박. RF 차폐는 장치 내외로부터의 RF 방사를 억제하는 것을 목적으로 한다. 올바른 RF 차폐를 하지 않으면 RF 방사를 사용한다든지 발생한다든지 하는 장치간에서는 간섭을 일으킬 가능성이 있다. 예를 들면, 전기 믹서를 동작시키면 텔레비전에 간섭을 일으키는 경우가 있다. 개인용 컴퓨터는 RF 방사를 발생하므로 규격에 적합시키기 위해서는 올바르게 차폐하여 이 RF 방사가 외부로 누설하는 것을 방지하지 않으면 안 된다. PC의 금속 케이스로 대부분의 필요한 RF 차폐가 실현된다.

RGB monitor RGB 모니터 →color monitor

RGB terminal RGB 단자(—端子) 컴퓨터나 그래픽스 시스템 등에서 표시 장치(VDU)로서 사용할 수 있도록 보통의 컬러 텔레비전 수상기에 특히 마련한 어댑터의 신호 입력용의 R(적), G(녹), B(청)의 3개의 단자. 실제에는 수평, 수직 편향 회로를 위한 H, V 입력 및 접지 단자도 포함한 8핀 접속 기구 등이 사용된다.

rheostat 가변 저항기(可變抵抗器) 그 값을 조정 손잡이 기타의 기구에 의해 쉽게 변화할 수 있는 저항 장치. 하나의 고정 단자와 또 하나의 가동 단자를 가지고 있으며, 가동 단자는 저항 위를 미끄럼 운동 또는 전환에 의해 움직이며, 이에 의해 단자간의 저항값이 달라지도록 되어 있다.

rheotaxial growth 레오택시얼 성장(—成長) 높은 표면 이동도를 갖는 유체층 위에 실리콘 다이오드나 트랜지스터를 만들기 위해 사용되는 화학적인 증착 기술. 결정은 유동층 위 실리콘의 최초 결정의 방향을 그대로 연장한 모양으로 성장한다. 보통 세라믹 기판상에 유리막을 두고, 이것을 가열하여 유동상(流動狀)으로 하고, 이 위에 $SiCl_4$를 수소 환원함으로써 실리콘 결정을 성장시킨다.

rhombic antenna 롬빅 안테나, 능형 안테나(菱形—) 능형으로 배치된 도선에 의한 안테나. 진행파 안테나의 일종이다. 단방향성으로 이득이 크고, 광대역성을 갖는다. 일반적으로 $l=4\lambda$, $\theta=130°$를 쓴다. 단파대의 무선 통신에 사용된다.

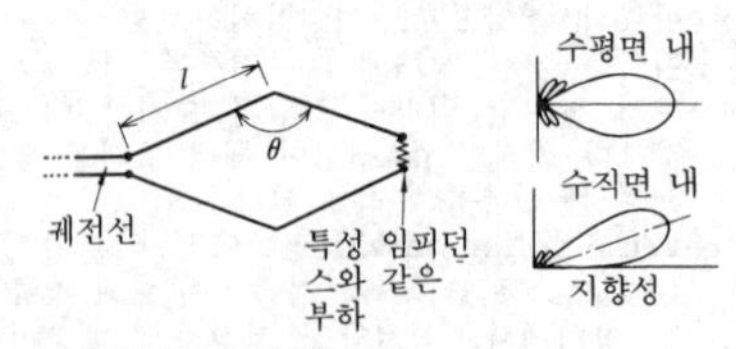

구성(수평면 내)

rho-theta navigation 로 세타 항법(—航法) ODR/DME 국(옴니레인지 방위·거리국), 즉 옴니레인지와 DME 응답기를 기준점으로 하는 극좌표(ρ, θ)에 입각하는 항법.

RIAA 미국 레코드 공업 협회(美國一工業協會) =Record Industrial Association of America

RIAA characteristic RIAA 특성(一特性) RIAA(Record Industry Association of America)에서 제정한 레코드의 녹음 특성으로, 커터 바늘의 진동이 저주파 영역에서는 옆의 홈으로 삐어져 나가는 일이 없도록 녹음 장치의 출력을 낮추고, 또 고주파 영역에서는 신호가 바늘 잡음에 매몰되는 일이 없도록 출력을 높여서 녹음하는, 그 이득 주파수 특성을 말한다. 이러한 레코드를 재생할 때에는 위와 반대 특성을 가진 등화기(보상 장치)를 써서 전체의 주파수 특성를 평탄하게 해 줄 필요가 있다.

RIAA curve RIAA 곡선(一曲線) RIAA가 정한 레코드의 특성. 녹음 특성과 재생 특성이 있다. RIAA 녹음 특성은 500Hz 이하를 정진폭(定振幅) 녹음, 500~2,120Hz 를 정속도 녹음, 2,120Hz 이상은 *SN*비를 개선하기 위해 프리엠퍼시스를 하고 있다.

ribbon cable 리본 케이블 전선들을 서로 나란히 붙여서 만들어진 케이블. 전선이 하나씩 수평으로 붙어 있고, 여러 색으로 구별되어 있기 때문에 각각의 전선을 구별하기가 용이하다. PCB 간 연결, 주변 장치의 접속에 사용된다.

ribbon microphone 리본 마이크로폰 마이크로폰의 일종. 동작 원리는 가동 코일형과 같으나 진동판이 금속의 리본 모양으로 감도가 좋다. 감도는 −75dB. 양지향성이며 옆으로부터의 음압에는 반응하지 않는다. 방송용으로서 사용된다.

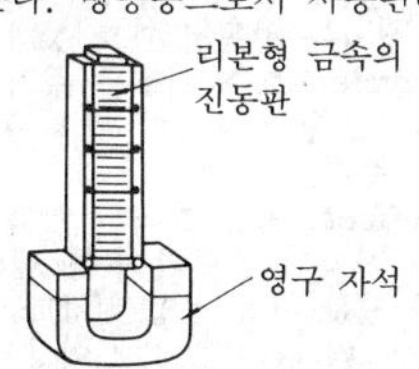

ribbon tweeter 리본형 트위터(一形一) 고음 전용 스피커(트위터)의 일종으로, 구조적으로는 다이내믹 스피커에 속한다. 도체를 겸한 리본형 금속판을 진동판으로 하고, 이 금속판 자체가 진동하여 소리를 낸다. 따라서 공진 등이 없고, 평탄한 특성을 나타내지만 진동판의 폭에 상당하는 자기 회로의 공극을 잡기 때문에 능률이 저하되는 결점이 있다. 그러나 최근의 제품에서는 알니코 자석을 사용하여 높은 자속 밀도를 얻고, 더욱이 진동판 자체가 9mg 이라는 가벼운 것이기 때문에 능률도 96.5dB 까지 높아지고, 재생 대역이 120kHz 라는 초고역까지 평탄하게 재생할 수 있는 것도 있다. 이러한 높은 주파수는 귀로는 들을 수 없지만 악기의 배음(倍音)을 재생하기 때문에 음악 그 자체를 가공할 수 있으며, 음악 재생에는 이러한 고역의 재생을 할 수 있는 트위터도 사용될 수 있게 되었다.

ribbon wire 리본 전선(一電線) →tape wire

Richardson-Dushmann equation 리처드슨·더시만의 식(一式) 열전자 방출을 하고 있는 금속 음극의 포화 전류는 다음 식으로 주어진다는 것.

$$J=A_0(1-r)T^2\exp(-b/T)$$

여기서, J : 포화 전류 밀도〔A/cm^2〕, T : 절대 온도〔K〕, b : 일의 함수에 등가인 절대 온도〔K〕, r : 표면의 불규칙성을 고려한 반사 계수, A_0 : 상수(=120A(K²·cm²)).

ridged horn 리지 혼 도파관의 단면이 봉우리 모양으로 되어 있는 혼 안테나.

ridge waveguide 리지 도파관(一導波管) 방형 도파관의 긴 변(邊) 한쪽 또는 양쪽에 방형의 돌출부를 둔 것으로, 보통의 도파관에 비해 차단 파장이 길어지고, 또 특성 임피던스가 낮아지는 특징이 있다. 그러나 구조가 복잡해지는 것이 결점이다.

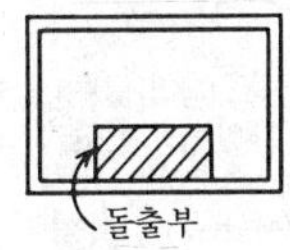

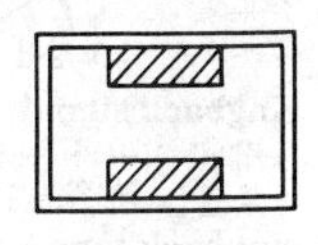

Rieke diagram 리케 선도(一線圖) 자전관(磁電管)의 동작 특성을 나타내는 도표의 일종. 자속 밀도와 양극 전류가 일정할 때의, 부하 임피던스에 대한 출력 및 주파수의 변화를 스미스 차트 상에 그린 것.

RIF 무선 유도계(無線誘導界) =radio influence field

rig 리그 아마추어 무선 용어로, 무선 장비나 무선 기기를 가리킨다.

right-handed polarized wave 우선 편파(右旋偏波) 타원으로 편파하고 있는 전자파로, 전자파의 진행 방향을 향해서 정지한 관측자가 보았을 때 전계 벡터의 회전 방향이 시간적으로 시계 방향으로 회전하고 있는 것을 말한다. 관측자가 수신측에서 파원측(波源側)을 보았을 때는 회전 방향은 반대가 된다. →left-handed polarized wave

right(left)-hand rule 오른손(왼손)의 법

칙(-法則) →Fleming's rule

right quartz 우수정(右水晶) →quartz crystal

right-shift register 우 시프트 레지스터(右-), 오른쪽 자리 이동 레지스터(-移動-) 1개의 시프트 펄스가 올 때마다 오른쪽 옆의 플립플롭에 정보가 전송되는 시프트 레지스터.

rim drive 림 드라이브, 림 구동(-驅動) 턴 테이블 등을 그 가장자리에서 회전시키는 것.

ring antenna 링 안테나 FM 방송용 송신 안테나의 일종으로, 둘레가 1/2 파장인 고리로 된 소자를 여러 단 겹쳐 쌓아서 사용하여 원하는 전력 이득을 얻도록 하고 있다. 실제로는 소형화하기 위해 그림과 같은 구조로 하여 링 중앙에 용량판을 부착하여 불평형 궤전(급전)을 한다. 이 안테나는 부착 방법에 따라 수평면 내에서 지향성이 얻어진다.

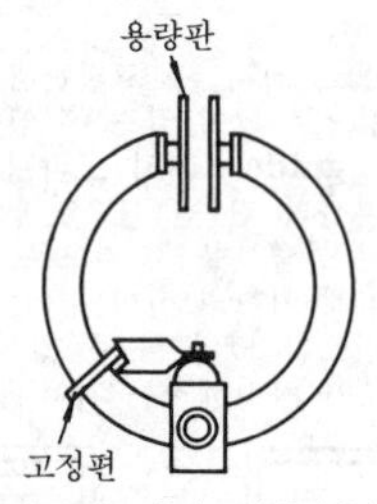

ringback signal 호출 신호(呼出信號) 확립된 접속의 착신측 교환원이, 발신측 교환원을 재호출하기 위해 송출하는 신호.

ringback tone 호출음(呼出音) 착신측에 호출 신호가 송출되어 있는 것을 발신자에게 통지하는 신호음.

ring coil 링 코일 고리 모양의 자심에 권선을 감은 코일. 코일의 링을 통한 도선에 전류를 흘리면 코일의 출력 단자에 전압을 유기한다. 링 트랜슬레이터에 쓰인다.

ring counter 링 계수기(-計數器) 컴퓨터에 사용되는 계수기의 일종으로, 두 상태를 선택하는 논리 소자가 여러 개 고리 모양으로 이어진 것. 보통 그 중의 1개 소자만이 다른 것과 다른 상태로 되어 있어 신호가 들어올 때마다 그 상태를 취하는 소자의 위치가 하나씩 이 옆으로 이행하도록 되어 있다.

ring demodulation circuit 링 복조 회로(-復調回路) 링 변조기와 거의 같은 회로로, 변조기 입력단에 단측파의 신호를 가하고, 링 정류 회로에 반송 주파수를 넣으면 신호가 출력단에 나타나는 회로. →balanced modulator

ring demodulator 링 복조기(-復調器) 링 변조기와 똑같은 회로이며, 피변조파 입력에 기준 반송파를 가하여 다이오드의 양파 정류 작용에 의해 신호파 출력을 얻도록 한 평형형 복조 회로이다.

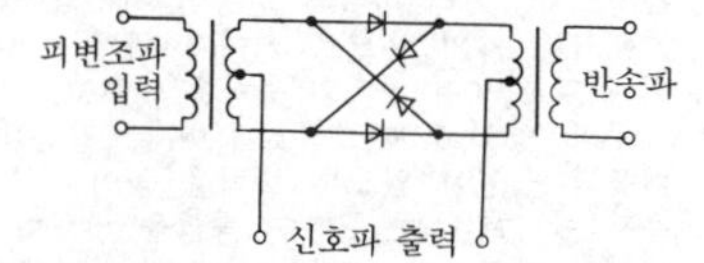

ring down 링 다운 가입자 혹은 교환원에게 20Hz, 1,000Hz 와 같은 비교적 낮은 주파수의 교류를 단속하여 흘림으로써 신호하는 것.

ringdown signaling 링다운 신호 방식(-信號方式) 상태 표시(통상적으로 시각 신호)를 행하는 장치·회로를 동작시키기 위한 호출 신호가 회선에 송출되고 있는 것을 교환원에게 통지하는 신호 방식.

ring gate 링 게이트, 환상 게이트(環狀-) 사이리스터의 음극 주위를 둘러 싸고 있는 환상(고리 모양)의 게이트 전극. 매우 큰 게이트 트리거 전류를 필요로 하고, 턴온이 링의 각부에서 일제히 행하여지지 않으므로 센터 게이트형보다도 트리거 특성이 떨어진다.

ring head 링 헤드 자기 헤드로, 자성 재료가 하나 또는 복수이 갭을 가지고 고리 모양을 이루고 있다. 자기 기록 매체는 이들 갭의 하나를 브리지하고, 한쪽에서만 자극편에 접촉 또는 근접하고 있다.

ringing 링잉, 울림 입력의 급변에 의해 출력에 생기는 진동적 과도 상태.

ringing cycle 호출 신호음 주기(呼出信號音周期) 호출 신호음의 반복 동작, 또는 그 반복 주기.

ringing effect 링잉 효과(-效果) 레이더의 에코 상자의 출력이 규정 레벨 이상으로 남아 있는 기간(링잉 시간).

ring laser 링 레이저 3매 이상의 반사 거울을 써서 다각형의 광로(光路)를 형성하고, 그 경로에 증폭 매질을 배치한 구조의 레이저. 예를 들면 우회전과 좌회전 레이저광의 주파수 차로 회전 속도를 측정할 수 있다.

ring modulator 링 변조기(-變調器) 다이오드를 고리 모양으로 접속하고, 그 스위치 작용을 이용한 그림과 같은 평형형 변조기로, 전원을 필요로 하지 않기 때문에 소형으로 만들 수 있지만 출력이 작은 결점이 있다.

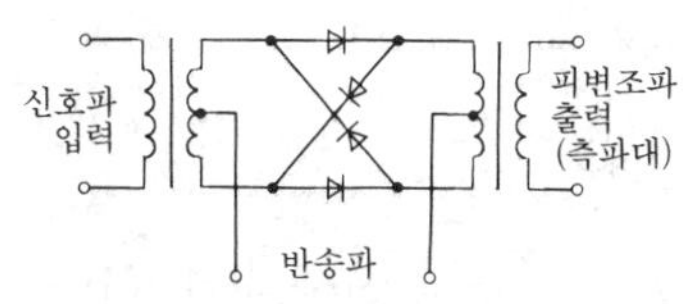

ring modulator

ring network 링 네트워크, 환상 네트워크(環狀－) 모든 노드가 반드시 2개의 브랜치(가지)를 가지며, 임의의 두 노드 간에 반드시 2개의 패스가 있는 네트워크. 노드는 모두 닫힌 선상에 있다.

ring protect 링 보호(－保護) 컴퓨터에서의 자기 테이프 기억 장치에서 잘못 기록하여 필요한 데이터를 잃는 일이 없도록 파일을 보호하는 방법의 하나. 테이프 릴에 링을 탈착할 수 있도록 되어 있으며, 이 릴을 삽입해야만 기록할 수 있게 되어 있어 하드웨어적으로 보호할 수 있다.

ring resonator 링 공진기(－共振器) → optical resonator

ring solenoid 링 솔레노이드 그림과 같은 모양의 코일로, 자기 인덕턴스의 크기는 다음 식으로 구해진다.

$$L = \frac{\mu S N^2}{l}$$

여기서, L : 자기 인덕턴스〔H〕, μ : 자심의 투자율〔H/m〕, S : 단면적〔m²〕, N : 코일의 권수, l : 길이〔m〕.

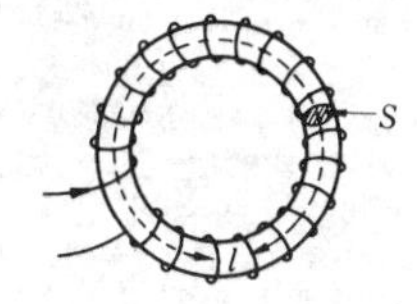

ring type vibrator 환상 공진자(環狀共振子) 자기 일그러짐 공진자 중에서 고리 모양의 자심을 사용한 것.

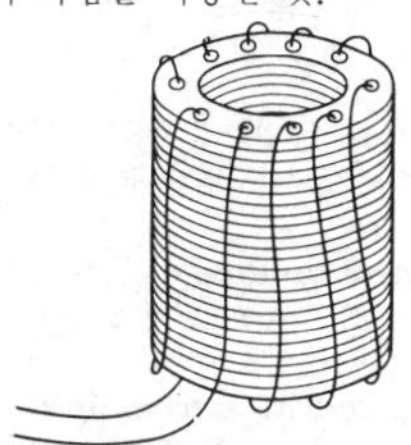

ring vibrator 링 공진자(－共振子) 자기 일그러짐 진동을 발생시키는 데 사용하는 부품으로, 자심이 중공(中空) 원통형으로 되어 있고, 거기에 코일을 고리 모양으로 감은 것.

riometer 리오미터 우주 전파 잡음이 전리층을 통과함으로써 받는 전리층 흡수를 측정하는 무선 주파 수신 측정기.

ripple 리플 정류 회로에서 교류를 정류한 경우 직류 출력에 남는 교류분.

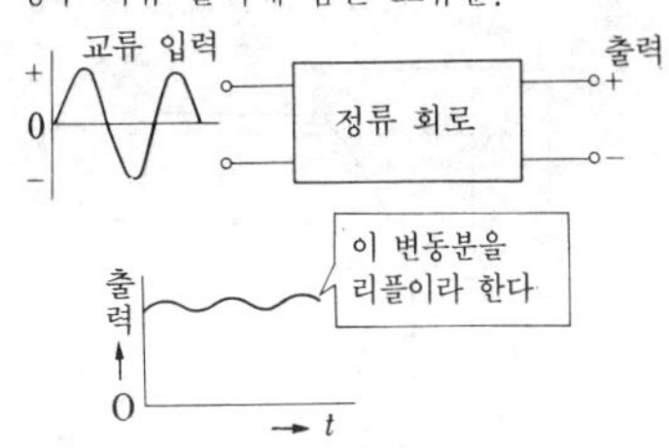

ripple amplitude 맥동 진폭(脈動振幅) 임피던스 함수 또는 전달 함수의 주파수에 대한 곡선상의 미세한 변동을 맥동이라 한다. 맥동 진폭은 그 함수의 최대값과 최소값의 차이다.

ripple attenuation factor 리플 감쇠율(－減衰率) 정류기의 출력은 리플이 많이 포함된 맥류이기 때문에 그대로는 사용할 수 없고, 평활 회로를 통해서 매끄러운 직류로 한 다음에 사용한다. 이 평활 회로에서 리플 전압이 얼마만큼 감쇠했는가를 나타내는 것이 리플 감쇠율이다.

ripple counter 리플 계수기(－計數器) T 플립플롭을 필요한 단수만큼 단순하게 접속하고, 앞 단의 출력을 다음 단의 클록 펄스로서 사용하도록 구성한 계수기. 구조가 간단하고, 비동기이기 때문에 분주기로서 널리 쓰인다.

ripple factor 맥동률(脈動率) 교류분을 포함한 직류에서 그 평균값에 대한 교류분의 실효값의 비.

ripple filter 리플 필터 정류기 또는 발전기로부터의 맥동 전류를 억제하고, 직류 전류가 자유롭게 통하도록 설계된 저역 필터.

ripple tank method 리플 탱크법(－法) 실내의 음파 분포를 알기 위한 실험적인 방법으로, 방의 형상과 비슷한 물 탱크에 물을 채우고, 표면의 한 점에서 물결을 만들어 내서 파급해 가는 모양으로 음파의 분포를 추측하는 것.

ripple voltage 리플 전압(－電壓) 정류 출력 파형 속에 포함되는 리플의 크기. 교류분의 실효값으로 나타내는 경우도 있으나 일반적으로 교류분의 피크부터 피크까지의 전압으로 나타낸다. 직류 전압 V, 리플 전압을 $\Delta V_{P\text{-}P}$로 하면 리플 백분율 r

은 다음 식으로 나타내어진다.

$r=\Delta V_{P\text{-}P}/V\times 100$ 〔%〕

rise time 상승 시간(上昇時間) 펄스파가 최소값에서 최대값까지 증대해 가는 기간 중 최대값의 10%에서 90%가 되는 사이의 시간을 상승 시간이라 한다. 펄스의 성질을 살피는 경우에 사용하는 특성의 하나이다.

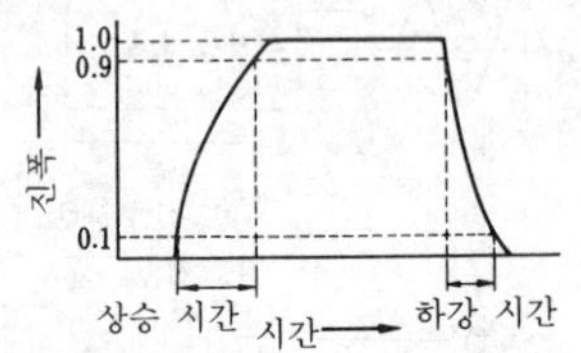

rising-sun magnetron 라이징 선형 마그네트론(—形—) 다공진기형 마그네트론의 일종으로, 모드 분리를 위해 2개의 다른 공진 주파수를 가진 공진기를 엇갈리게 배치한 것.

RJE 원단 작업 입력(遠端作業入力) remote job entry의 약어. 데이터 통신 시설을 통해서 컴퓨터에 접근하는 단말 입력 장치에 의해 컴퓨터에 작업을 제공하는 것. RJE 스테이션은 거의 언제나 버퍼되어 있으며, 가끔 프로그래밍 능력을 가지고 있다. 미니컴퓨터 기능을 갖는 것도 있다.

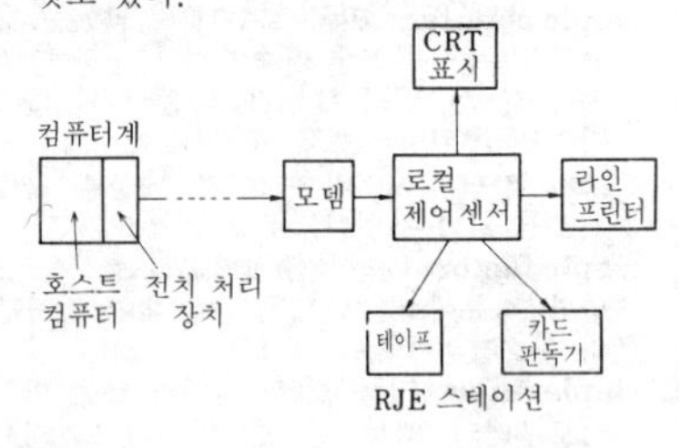

***RL* parallel circuit** *RL* 병렬 회로(—竝列回路) 저항 R〔Ω〕과 자기 인덕턴스 L〔H〕를 병렬로 접속한 회로. 저항에 흐르는 전류 I_R은 전원 전압과 동상, 인덕턴스에 흐르는 전류 I_L은 이보다 90° 늦는다.

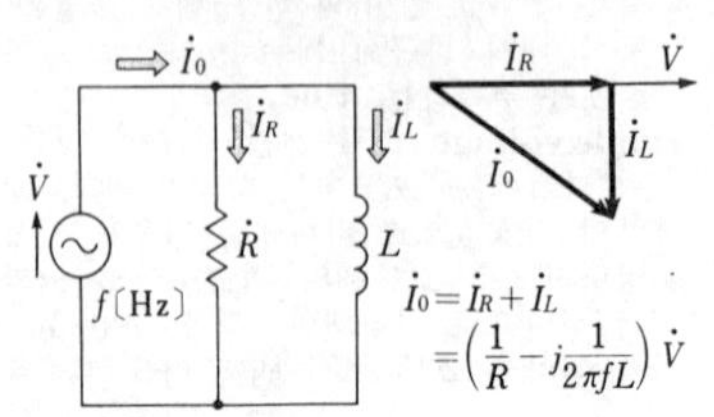

***RLC* series circuit** *RLC* 직렬 회로(—直列回路) 저항 R〔Ω〕, 자기 인덕턴스 L〔H〕, 정전 용량 C〔F〕를 직렬로 접속한 회로. 합성 임피던스 Z_0는

$$Z_0=\sqrt{R^2+\left(2\pi fL-\frac{1}{2\pi fC}\right)^2}\ [\Omega]$$

이며, 리액턴스부가 +일 때 유도성, −일 때 용량성이라 한다. 리액턴스부를 0으로 하는 주파수 $f_0=1/2\pi\sqrt{LC}$ 〔Hz〕를 공진 주파수라 하고, 이 때 회로 전류가 최대가 된다.

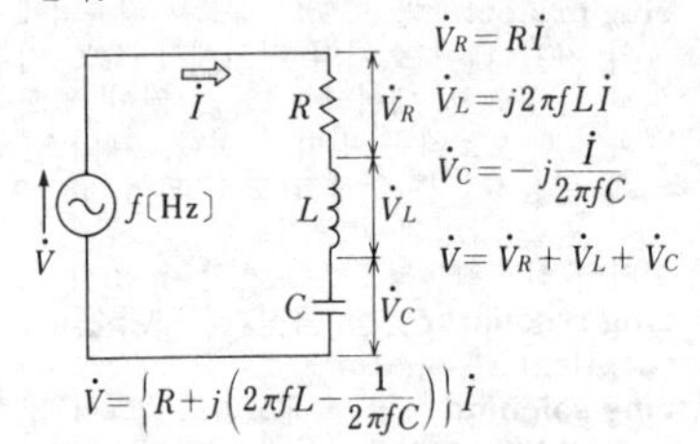

RMI 무선 자기 방위 지시 장치(無線磁氣方位指示裝置) =radio magnetic indicator

RMS value 실효값(實效—) =root-mean-square value

roam 롬 표시 윈도를 스크린 상에서 이곳 저곳으로 움직이는 것.

robot 로봇 일반적인 명칭으로서는 유한개의 논리 소자를 조합시켜 만든 자동 기계에 정보의 입출력 장치를 부가한 것. 그 중에서 현재 실용되고 있는 것은 공업용 로봇이나 조종 로봇 등이 있다.

robot actuator 로봇 액추에이터 로봇을 구동하여 기계적 변위 혹은 힘을 발생시키기 위한 전기 에너지나 유체 에너지 등을 기계 에너지로 변환하는 기기. 전자식(電磁式), 유체식 및 특수형이 있다.

robot arm 로봇 암 로봇 시스템의 구성 요소로, 선단에 부착하는 로봇 핸드 등 각종 효과기를 공간 내에서 이동시켜 임의의 위치나 자세를 취하게 하는 다자유도의 능동 기구.

robot control language 로봇 제어 언어(—制御言語) 로봇을 제어하기 위해 설계된 프로그램 언어.

robot engaged in extremely dangerous environment 극한 작업 로봇(極限作業—) 매우 위험한 장소 또는 인간이 견딜 수 없는 나쁜 환경, 예를 들면 원자력 발전소, 심해, 우주 등에서 작업을 하도록 만들어진 로봇.

robot hand 로봇 핸드 복수의 손가락에 의해서 물체를 구속 또는 이동시키는 기계의 손. 특히 신체 장애자용의 기계의 손을 의수(義手)라 하고, 일반 산업용 로봇 핸드와 구별하고 있다. 로봇 암이 넓은 작업 영역 내에서의 대체적인 위치 결정을 하는 데 대해 로봇 핸드는 한정된 영역 내에서의 미세한 조작이나 물체의 파악을 한다.

robotics 로봇 공학(-工學) 로봇의 구조, 행동, 관리 및 유지를 연구하는 공학의 분야. 컴퓨터 과학과의 관련에 있어서는 로봇이 갖는 지능의 면에 착안하여 종래 인공 지능의 분야에서 행하여져 왔던 시각, 청각 및 패턴 인식, 자연 언어 처리, 지식 표현, 문제 해결을 결부시켜 연구되고 있다.

robot language 로봇 언어(-言語) 로봇에 동작을 지시하기 위한 프로그램 언어. 니모닉 코드에 의한 것이 많다.

robot rain guage 로봇 우량계(-雨量計) 우량의 자동 연속 측정 장치를 말한다. 우량을 나타내는 용기 내의 플로트 위치를 A-D 변환기에 의해 디지털 신호로 변환하고, 데이터 통신에 의해 그 관측값을 송신한다. 수시측에서는 그것을 표시, 기록하고, 또는 컴퓨터의 입력으로 할 수도 있으므로 홍수 조절이나 수자원의 관리 등에 이용된다.

robot system 로봇 시스템 공장 등의 생산 시스템에서 정교한 자동 기계(로봇)를 사용하여 자동화나 인력 절감화를 도모하기 위한 시스템. 물체를 기계적으로 조작하는 운동 기구부와 지시된 동작 명령에 따라서 기구부를 제어하는 운동 제어부를 기본적 구성 요소로 한다.

robust control 로버스트 제어(-制御) 프로세스 제어에서 제어 대상의 실제 특성이 제어계 설계시에 상정하여 꾸며넣은 프로세스 모델 또는 제어 모델과 다소 차이가 있어도 현실적으로 실행했을 때 제어성을 그다지 잃지 않는 제어를 로버스트 제어라 한다. 로버스트 제어를 한 마디로 말하면, 「모델의 부정확성을 허용하는 제어」라고 할 수 있다. 따라서, 로버스트 제어가 가능하면 제어 시스템의 설계에 있어서 프로세스 모델이나 제어 모델을 엄밀히 정확하게 작성하는 작업의 부담을 덜 수 있다.

Rochelle salt 로셸염(-鹽) 압전 소자로서 사용하는 재료의 일종. 수용액에서 결정을 석출시켜 만든다. 압력 변화에 대한 감도는 좋지만 열에 약하고, 습기를 빨아들이기 쉬우므로 일반적으로는 사용되지 않는다.

rock wool 암면(岩綿) 현무암이나 용암 등을 가공하여 짧은 섬유상으로 한 것. 절연 재료로서는 부적당하나 단열재, 방음재 등으로 이용한다.

roll-back 롤백 ① 테이프를 사용하여 시퀀스적으로 동작하는 컴퓨터에서, 테이프에 기억된 데이터를 앞으로 되돌아가서 꺼내는 것. =rerun. ② 시스템 고장 다음에 주행 프로그램을 재개하는 것. 데이터의 스냅숏 및 프로그램이 주기적인 간격으로 기억되어 있고, 시스템은 고장 직전의 스냅숏으로 되돌아가서 그 곳부터 재개된다.

roll call polling 점호식 폴링(點呼式-) 미리 지정된 리스트에 의해서(단말 장치의 물리적 배치와 관계없이) 일정한 순서로 행하여지는 폴링으로, 리스트가 완료하면 폴링은 재개된다. 점호식은 특정한 단말 장치, 예를 들면 데이터량이 많은 라인 프린터에 대하여 우선성을 줄 수 있는 점이 순차식 폴링보다 우수하다.

rolled condenser 롤형 콘덴서(-形-) 필름 모양의 유전체에 전극(박형의 것이나 증착한 것)을 조합시켜서 띠 모양으로 하여 감은 모양으로 만든 콘덴서. 플라스틱 콘덴서나 MP 콘덴서는 이 형식이다.

rolled core transformer 권철심 변압기(捲鐵心變壓器) 연속 리본형으로 압연한 방향성 규소 강대(鋼帶)를 소용돌이 모양으로 감아서 만든 철심을 사용하는 변압기로, 철심을 이은 곳이 없으므로 자기 특성이 매우 좋고, 무부하 전류가 적으므로 효율이 높다. 그러나 권선의 공작이 곤란하기 때문에 대용량의 것에는 불리하다. 이 때는 컷 코어를 사용하면 권철심형과 거의 같은 특성의 것을 얻을 수 있다.

rolled magnet 압연 자석(壓延磁石) 강랭간 압연을 한 자성 합금에 적절한 열처리를 하여 만든 자석. 높은 각형비(角形比)와 큰 보자력을 가지므로 리드 스위치 등에 사용된다.

roll-in 롤인 컴퓨터의 주기억 장치 일부를 다중 사용할 때 보조 기억 장치의 세그먼트에서 필요한 프로그램 등을 주기억 장치에 꺼내는 것.

roll-off 롤오프 시스템 또는 부품의 진폭·주파수 특성에서 그 평탄부를 넘어서 주파수가 높은 쪽으로(혹은 낮은 쪽으로) 변화했을 때 진폭이 서서히 작게 감쇠해 가는 것. $1/[1+j(\omega/\omega_n)]$이라는 1차 지연 회로는 코너 주파수 ω_n을 넘어서 주파수가 높아지면 거의 20dB/디케이드(혹은 1

옥타브당 6dB)의 경사로, 그 진폭 이득이 롤오프한다.

roll-off frequency 롤오프 주파수(－周波數) →turnover frequency

roll-out 롤아웃 컴퓨터 주기억 장치의 일부를 다중 사용할 때 주기억 장치에 롤인된 부분을 원래의 보조 기억 장치의 세그먼트로 되돌리는 것.

ROM 롬, 판독 전용 기억 장치(判讀專用記憶裝置) ＝read only memory

ROM card ROM 카드 프린터 자형, 프로그램, 게임 혹은 기타의 정보를 기억하고 있는 ROM을 탑재한 플러그인 모듈. 대표적인 ROM 카드는 크기가 거의 크레디트 카드와 같고, 두께가 그의 약 3배이며, 집적 회로 기판상에 직접 정보를 기억하고 있다.

root-mean-square(effective) burst magnitude 실효(유효) 버스트값(實效(有效)—値) 버스트 지속 시간을 통해 얻어지는 전압 또는 전류 순시값의 2제곱 평균 평방근.

root-mean-square(effective) pulse amplitude 실효 펄스 진폭(實效—振幅) 진폭의 순간값의 2 제곱을 펄스 지속 시간 전체에서 평균을 내고, 그 값의 평방근을 계산한 것.

root-mean-square reverse-voltage rating 실효 역전압 정격(實效逆電壓定格) 정해진 조건하에서 제조자에 의해 허용된 최대의 정현파 실효 역전압.

root-mean-square ripple 평균 제곱 리플(平均—) 진동하고 있는 단방향성 파의 순간값과 평균값의 차를 1사이클에 걸쳐서 적분한 실효값. 평균 제곱 리플은 백분율 또는 파의 평균값을 1로 한 비로 나타낸다.

root-mean-square value 실효값(實效—) 임의 주기파의 순시값의, 1주기에 걸치는 평균값의 평방근. 정현파인 경우에는 그 최대 진폭의 0.707배가 된다. 교류의 실효값과 그 크기가 같은 직류 전류는 동일 저항에 흘렀을 때 그 교류 전류와 같은 열량을 발생한다. 비 주기파에서는 실효값은 생각되지 않는다. 우리 나라에서는 실효값이라고 부르는 것이 보통이나, 외국에서는 보다 명확한 RMS value를 쓰고 있으며, effective라고는 하지 않는다. ＝RMS value

rotanode X ray tube 회전 양극 X선관(回轉陽極—線管) 긴 시간에 걸쳐 연속적으로 강한 음극선을 작은 초점에 모아도 대음극(對陰極)을 손상하지 않도록 양극이 관내에서 회전할 수 있는 구조로 한 X선관. 관외에 계자를 두어 대음극에 전자가 충돌하는 부분을 이동시키도록 되어 있다. 이것을 사용하면 크기 0.3×0.3~2×2mm²의 초점에 5mA 연속, 500mA 0.1s의 전류를 집중할 수 있다.

rotary attenuator 로터리 감쇠기(—減衰器) 원형 도파관 내부의 세로 단면에 흡수판을 고정한 가변 감쇠기. 감쇠는 흡수판을 공동축 주위에 회전함으로써 바꿀 수 있다.

rotary beacon 회전 비컨(回轉—) 무선 방위 측정기를 갖지 않은 소형 선박이 방송 수신기 정도의 수신기로 방위 측정할 수 있도록 한 비컨. 비컨국은 진북(眞北)에서 개시 부호 A신호를 발신하고, 회전하면서 일정한 각도마다 단점 부호를 발신한다. 선박은 이것을 수신하여 비컨국으로부터의 각도를 알 수 있다. 또, 비컨국 2국을 수신하면 선박의 위치를 정할 수도 있다.

8자 회전 특성 발생
수발진정기
버증폭퍼기
중간증폭전력기
전증폭력기
고미니오터
오키토어
변조기
이상기
전증폭력기
회전 개시 부호 등의 마커 신호를 보낸다

rotary joint 로터리 조인트 2개의 도파관 사이 또는 전송 선로 사이를 전자(電磁) 에너지를 효율적으로 전달시키기 위해, 기계적으로 무제한 회전할 수 있는 구조로 설계된 결합기.

rotary phase changer 로터리 위상 변환기(—位相變換器) 도파관부가 구성하고 있는 일부분의 회전에 비례해서 전송파의 위상을 바꿀 수 있는 위상 전환기.

rotary switch 로터리 스위치 원주 모양으로 배치된 접점상에 와이퍼를 회전시킴으로써 원하는 접점(거기에 접속된 회로)을 선택하기 위한 전환 스위치.

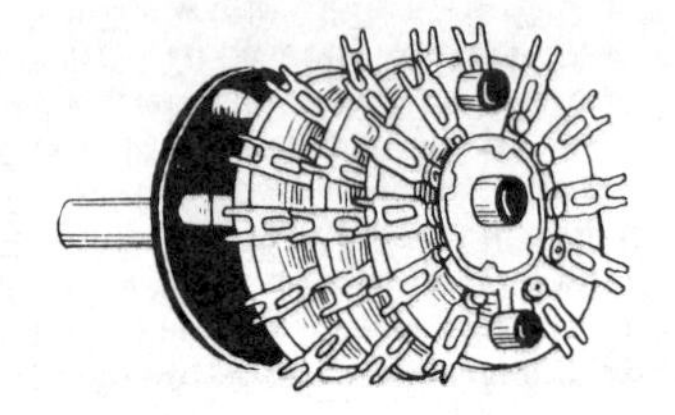

rotary tuner 로터리 튜너 텔레비전 튜너의 일종으로, 채널을 선택하기 위한 전환에 로터리 스위치를 사용한 형식의 것.

rotating head 회전 헤드(回轉−) VTR은 그 기록하는 영상 신호의 최고 주파수가 약 4MHz 에 이르며, 음성 등의 최고 주파수 약 20kHz 에 비하면 약 200 배에 이르고, 또 그 합성 영상 신호는 FM 변조되어 헤드에 가해지기 때문에 대역폭도 넓으며, 매우 고속으로 테이프를 주행시키지 않으면 안 된다. 이 때문에 방송용 VTR 에서는 테이프의 주행과 직각 방향으로 헤드를 회전시키고, 또 가정용 VTR 에서는 테이프에 대하여 기울어지게 회전시켜 각각 테이프 대 헤드의 상대 속도를 크게 하고 있다.

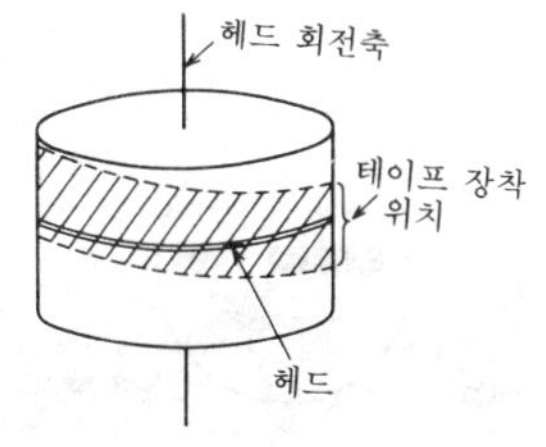

rotational delay 회전 지연 시간(回轉遲延時間) 자기 디스크와 같은 회전형 기억 장치의 섹터의 하나에 포함되어 있는 레코드에 대하여 이것이 R/W(기록/판독) 헤드 바로 밑에 회전해 오기까지의 소요 시간.

rotational irradiation 회전 조사법(回轉照射法) X 선 치료의 한 방법. 환자 또는 X 선관의 어느 한쪽, 혹은 양자를 회전시켜 조사 피부면을 넓게 하고 환부만은 언제나 조사함으로써 환부 선량을 피부 선량에 비해 현저하게 증대시키는 것이다.

rotatography 회전 촬영법(回轉撮影法) X 선 촬영의 한 방법. 인체의 신장에 직각인 단면을 관찰하는 데 쓰인다. 촬영은 인체와 필름을 같은 각속도로 회전시키면서 X 선을 조사(照射)해서 한다.

rotator 로테이터 지향성이 있는 안테나의 방향을 실내에서 원격 조작할 수 있도록 한 것. 소형 전동기에 의해서 회전하는 동시에 회전 각도는 서보모터나 펄스 카운터에 의해 실내에 전하도록 되어 있다.

rotatory polarization 선광성(旋光性) 물질 속을 직선 편광이 통과할 때 편광면이 회전하는 현상을 말하며, 우선광과 좌선광이 있다. 자계의 작용으로 선광하는 현상은 패러데이 효과라 한다.

rounding 라운딩 펄스가 일그러지는 형태의 하나로, 펄스의 모서리가 둥글게 잘리는 것.

rounding error 라운딩 오류(−誤謬) 라운딩을 한 결과의 오차.

round-the-world echo 지구 회주 에코(地球回周−) 전파가 지구상을 3×10^8m/s의 속도로 반복 회주하고 있을 때 1/7 초마다 생기는 신호.

route-code basis 경로 부호 방식(經路符號方式) 전화 교환망의 접속 방식의 하나로, 각 교환점에서 회선속(回線束)에 미리 부여한 번호(경로 부호)에 따라서 출회선(出回線)을 선택하여 접속해 가는 방법. 다이얼로 직접 구동하는 방식은 당연히 이 방식이 되지만, 축적 교환을 하는 방식에서는 이 경로 부호 방식은 우회 중계로의 선택에 부적합하며, 그다지 유리한 방식은 아니다. 다만, 엔드 투 엔드 방식으로 발·착신 양국간에서 필요한 정보를 직접 교환하는 경우에는 이 방식이 편리하다.

route diversity 경로 다이버시티(經路−) 무선 통신에서 생기는 페이딩이 수신 안테나의 설치 장소에 따라서 다르다는 성질을 이용하여 통신을 하고 있는 2 지점간에 중계소나 무급전(無給電) 중계기를 두어 다른 전파로(傳播路)를 설정하고, 각각의 루트에 의해서 수신한 출력을 합성하여 페이딩의 영향을 작게 하는 것.

router 루터 네트워크층의 중계 기능을 써서 복수의 통신망을 상호 접속하는 장치.

routine 루틴 ① 컴퓨터의 코드 또는 그것과 1 대 1 의 관계에 있는 다른 코드로 작성된 프로그램을 말하며, 주 루틴과 서브루틴으로 구성되어 있다. ② 자동 전화 교환기의 정기 시험을 말하며, 교환기를 최량의 상태로 유지하기 위해 각 부분에 대해서 정해진 기간마다 각각의 기능이 시험된다.

routine maintenance 루틴 보수(−保守) ① 루틴을 관리, 정리하는 것. 삭제, 추가, 내용의 변경 등. ② 정형적인 보수 또는 그 보수 작업.

routine maintenance time 루틴 보수 시간(−保修時間) 정형적인 보수 작업을 하기 위해 필요한 시간, 또는 작업을 하고 있는 시간.

routine test 정기 시험(定期試驗) 제조자가 제품 또는 그 대표 샘플에 대해서 품질 관리를 위해 실시하는 정기 시험. 제품이 설계 명세에 적합하다는 것을 증명하기 위해 제조 단계에서 부품이나 재료에 대해서 하는 경우도 있다.

routing 루팅 → dynami routing

routing code 경로 선택 부호(經路選擇符號) 데이터망에서, 착신국으로의 경로를 지시하기 위한 부호 정보(숫자 또는 숫자열).

routing control 경로 제어(經路制御) 데이터망에서의 그물눈 모양으로 이루어진 망 중 어느 경로로 통신을 하는가를 제어하는 것.

routing plan 경로 선택 계획(經路選擇計劃) 교환 실체의 조합된 구성에 대해서 호출의 운반 방법을 지정하는 계획.

routing rules 루팅 규칙(-規則) 트래픽량이 많을 때 루팅(경로 선택)을 어떻게 하는가를 정하는 법칙.

***r* parameter** *r* 파라미터 → T parameter

RPG 보고서 작성 프로그램(報告書作成-) reprot program generator의 약어. 컴퓨터 프로그램 언어의 하나. 보고서 작성용으로, 입출력 파일의 형식, 실행하는 계산 처리의 절차 등을 지정된 양식으로 써넣으면 되고, 사용이 간편한 언어다.

R-R type wattmeter R-R형 전력계(-形電力計) 고주파 전력계의 일종. 특성이 같은 2개의 절연형 열전쌍과 직류 mV계 및 무유도 피막 저항기로 구성되어 있다. 그림에 그 접속을 나타낸다. 계기의 지시는 부하에 소비되는 고주파 전력에 비례하여 직독 눈금이 매겨져 있다. 사용 주파수 범위는 직류~1MHz이다.

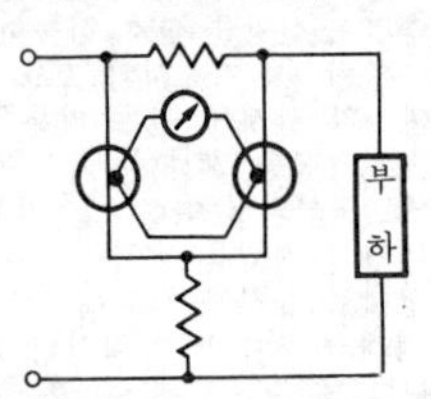

RS-232C 아르 에스 232 시 EIA(미국 전자 공업회)의 규격의 하나로, 시스템 간 통신을 위한 직렬 버스 규격이다. 일반적으로 데이터 단말과 모뎀 간의 인터페이스로서 사용되고 있으나, 각종 장치간을 간단히 접속하기 위한 인터페이스로서도 사용되고 있다. RS-232C는 대 잡음 성능이 나쁘고, 장거리 전송에는 적합하지 않지만 개인용 컴퓨터 등의 통신 송수신의 표준 인터페이스로서 널리 보급되고 있다. →RS-422

RS-422 아르 에스 422 EIA(미국 전자 공업회)의 규격의 하나로, 데이터의 직렬 전송에서의 표준 인터페이스이다. RS-232C에 비해 신호 전압을 높게 하고, 장거리 전송을 가능케 한 것으로, 전화의 전송 등에 널리 사용되고 있다.

RS bistable element RS 쌍안정 소자(-雙安定素子) 두 입력, R(리셋) 입력과 S(세트) 입력을 갖는 쌍안정 회로 소자. 두 입력 상태가 다른 경우 상태 1에 있는 입력에 대응하는 출력은 상태 1이 되고, 다른 출력은 상태 0이 된다. 그 후 양 입력이 상태 0으로 되어도 출력은 그대로의 상태를 유지한다. 양 입력이 모두 상태 1로 된 후 모두 상태 0으로 되돌아 갔을 경우 동작이 불확정하게 된다.

R-scope R 스코프 레이더의 브라운관상에 영상을 표시하는 방식의 하나. 거리를 X축(가로 방향), 세기를 Y축(세로 방향)으로 표시하고, 그림과 같이 거리 측정용 시표(示標)를 더해서 목표 부분을 확대 표시하는 방식.

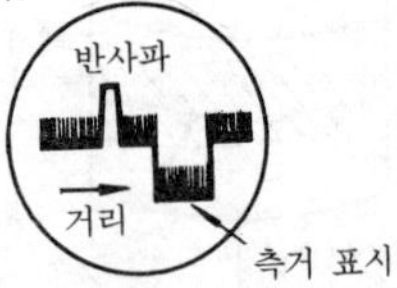

RS flip-flop RS 플립플롭 플립플롭 회로의 기본적인 것으로, 그림과 같이 두 입력 단자 S(세트 입력)와 R(리셋 입력), 2개의 단자 Q와 $\overline{Q}$를 가지고 있으며, 컴퓨터나 디지털 기기의 일시 기억용 회로 등에 사용된다. S, R의 입력에 대한 출력은 진리값에 나타내는 것과 같다.

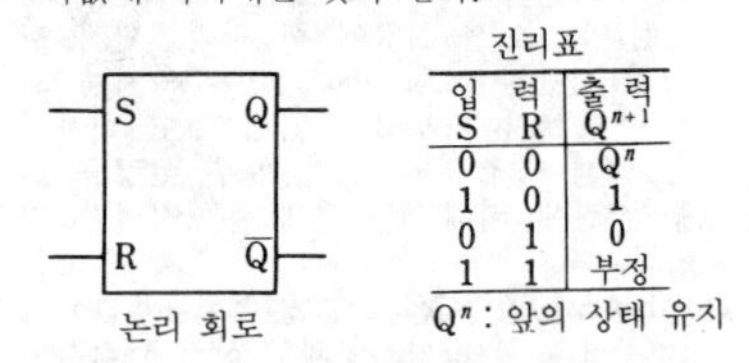

논리 회로

진리표

입력		출력
S	R	Q^{n+1}
0	0	Q^n
1	0	1
0	1	0
1	1	부정

Q^n : 앞의 상태 유지

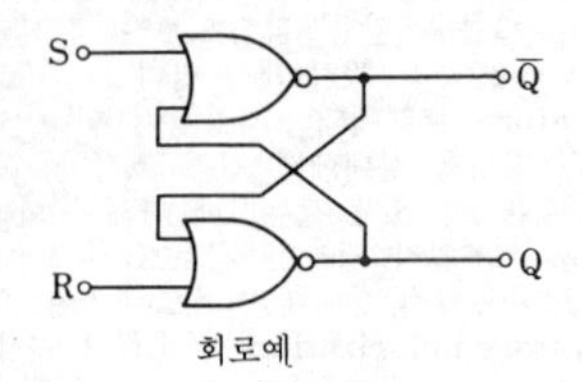

회로예

RST code RST 부호(-符號) readability signal strength tone code의 약어. 아마추어 업무에서 수신 상태를 교환할

때 서로 교환하는 관습으로서 사용되는 부호로, R은 양해도, S는 신호 강도, T는 음조(音調)를 각각 나타내는 단계로 나누어서 숫자로 표시하고 있다. 거기에 다시 변조의 정도 M을 더해서 RSMT 부호를 사용하기도 한다.

RST 부호

R (양해도)	
1. 읽을 수 없다 2. 겨우 읽을 수 있다 3. 어느 정도 곤란하나 읽을 수 있다	4. 실용상 곤란없이 읽을 수 있다 5. 완전히 읽을 수 있다
S (신호 강도)	
1. 미약하여 겨우 수신할 수 있는 신호 2. 매우 약한 신호 3. 약한 신호 4. 약하지만 수신 용이	5. 어느 정도 적당한 세기의 신호 6. 적당한 세기의 신호 7. 어느정도 강한 신호 8. 강한 신호 9. 매우 강한 신호
T (음조)	
1. 매우 거친 음 2. 매우 거친 교류음이고 악음의 느낌은 조금도 없는 음조 3. 거칠고 낮은 교류음이며 얼마간 악음에 가까운 음조 4. 얼마간 거친 교류음이며 어느 정도 악음성에 가까운 음 5. 음악적으로 변조된 음색	6. 변조된 음, 조금 "삑"하는 소리를 수반한다 7. 직류에 가까운 음으로, 리플이 조금 남아있다 8. 좋은 직류 음색이나, 약간의 리플이 느껴진다 9. 완전한 직류음

RST flip-flop RST 플립플롭 플립플롭 회로의 일종으로, RS 플립플롭에 클록 펄스에 동기하는 입력 단자를 두고, 이로써 출력 상태가 진리표와 같이 변화하는 것. 이 플립플롭에서는 입력 금지 상태, 즉 출력이 일정하지 않게 되는 입력 조건이 있다.

RTCF 실시간 처리 기능(實時間處理機能) =real-time control facility

RTL 저항 트랜지스터 논리 회로(抵抗-論理回路) resistor transistor logic 의 약어. 논리 회로의 일종으로, 그림과 같이 각 입력 단자의 베이스에 저항을 넣고, DCTL의 결점을 커버한 것이다. TTL 이나 DTL 에 비해 회로가 간단하여 이전에는 널리 사용되었으나 잡음에 약하고 동작 속도도 느리며, 소비 전력도 비교적 크다는 등의 이유로 최근에는 사용되지 않게 되었다.

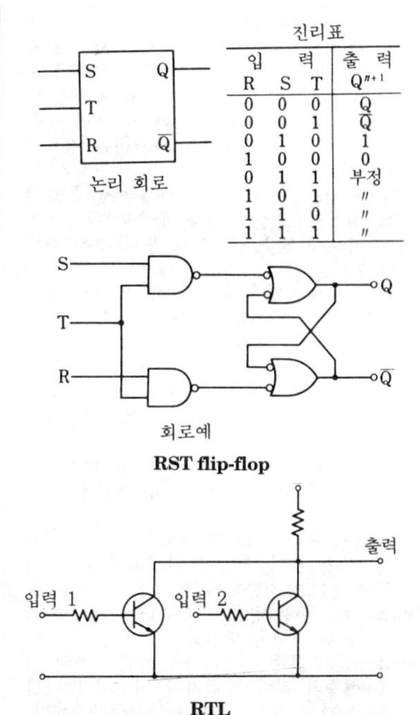

입력 R	입력 S	입력 T	출력 Q^{n+1}
0	0	0	Q
0	0	1	$\overline{Q}$
0	1	0	1
1	0	0	0
0	1	1	부정
1	0	1	〃
1	1	0	〃
1	1	1	〃

RST flip-flop

RTL

RTS 송신 요구(送信要求) =request to send

RTTY 무선 텔레타이프(無線-) 무선에 의한 텔레타이프(인쇄 전신기)를 말하며, 단파대에서 FS 통신 방식에 의해 운용되고 있다.

rubber 고무 일종의 고분자로, 분자는 나선형으로 되어 있다. 여기에 유황을 가하여 가열하면(가황이라 한다) 분자가 망상화(網狀化)하여 탄력성을 갖게 된다. 천연 고무와 합성 고무가 있으며, 전자는 산지가 한정되는 동시에 노화되기 쉽다는 등의 결점도 있기 때문에 후자가 널리 사용되고 있다. 전선 피복이나 테이프 등의 절연 재료로 하는 외에 통신 기기의 방진이나 방음에도 사용된다.

rubber banding 러버 밴딩, 고무 밴드 도형 요소를 표시 스크린 상에서 전자 펜 또는 마우스에 의해 목적의 장소로 이동시키고, 동시에 도형의 연속성을 유지하기 위해 모든 관련한 접속선을 유지하기 위해 모든 관련된 접속선을 이동에 따라서 신축이 가능하도록 하는 CAD 기능.

rubidium magnetometer 루비듐 자력계(-磁力計) 원자를 기체 레이저와 같은

원리로 여기(勵起)하고, 이것이 하나 아래의 에너지 준위로 떨어질 때 발하는 전자파의 주파수가 그 장소의 자계 세기에 거의 비례하는 일정한 관계에 있는〔라머 주파수(Larmor frequency)라 한다〕 것을 이용하여 자계의 세기를 측정하는 장치이다. 이런 종류의 자력계는 매우 감도가 높고, 또 연속 측정이 가능하기 때문에 로켓에 실어서 고층 자장을 관측한다든지 또는 지하 자원을 탐사하는 등의 넓은 용도가 있다.

ruby 루비 알루미나(Al_2O_3)의 단결정으로, 천연품과 합성품이 있다. 공업용으로는 가격 및 순도의 점에서 후자가 쓰인다.

ruby laser 루비 레이저 고체 레이저의 일종으로, 발광체로서 루비 결정을 사용한 것. 적색광이고 가늘게 수속(收束)된 강력한 방사광이 얻어진다.

ruby maser 루비 메이저 고체 메이저의 일종으로, 방사체로서 루비 결정을 사용한 것.

rumble 럼블 디스크 레코딩에서 턴 테이블의 다이내믹 평형이 완전하지 않기 때문에 생기는 저주파의 잡음.

run 런, 주행(走行) 컴퓨터에서, 1 회의 프로그램 실행을 의미하는 용어.

runaway 폭주(暴走) 물리계에서 계의 매개 변수의 하나가 갑자기 바람직하지 않은, 그리고 자주 큰 파괴적인 증가를 하는 것. 예를 들면 반도체 소자는 온도가 상승하면 저항이 적어져서 전류가 증가하여 온도가 상승한다는 악순환에 의해서 폭주하는 경우가 있다.

running cost 러닝 코스트 어느 장치나 시스템을 운전하기 위해 요하는 비용 전체를 말한다. 예를 들면, 컴퓨터 시스템에 대해서는 전기 요금 외에 프린터의 용지와 잉크, 리본, 토너, 자기 테이프나 플로피 디스크 등의 소모품 비용이 있고, 조작 요원이나 보수 요원 등의 인건비도 포함된다.

runway electron 런웨이 전자(-電子) 이온화 가스 속의 전자로, 전계가 주어졌을 때 이 전계에 의해 다른 입자와 충돌하여 잃는 에너지 이상으로, 전계에서 에너지를 받아 가속되는 것.

runway localizing beacon 활주로 로컬라이저 비컨(滑走路-) 공항의 활주로를 따라서 항공기의 정확한 방향 유도를 주기 위한 소형의 라디오 레인지.

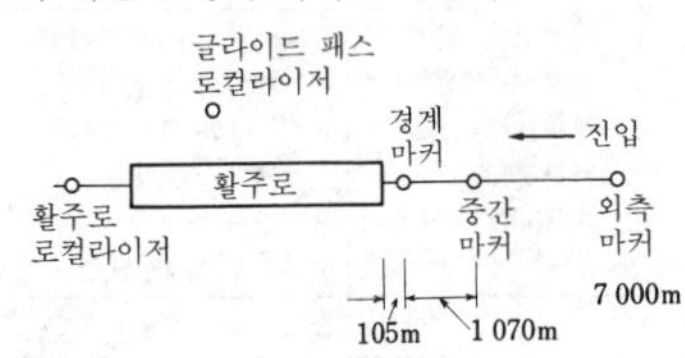

rural distribution wire RD 와이어 통신선로에 사용하는 간이 케이블. 비닐을 피복한 아연 도금 강선을 지지선으로 하여 중심에 두고, 그 주위에 폴리에틸렌과 비닐로 피복한 심선을 배치한 것으로, 외피는 없다. 작은 쌍(小對)의 가공 케이블로서 사용된다. 공사가 간단하고 가격도 싸다는 이점이 있으나 외상(外傷)을 받기 쉽다는 결점이 있다.

R-Y signal R-Y 신호(-信號) →color-difference signal

SA 상점 자동화(商店自動化) =store automation

Sabaroff circuit 사바로프 회로(-回路) 수정 발진기의 일종으로, 그림과 같이 컬렉터측이 무조정형이며, 수정 공진자의 한 끝을 접지할 수 있는 특색이 있다. 조정이 간단하고 비교적 안정도가 좋으나 출력이 작다. 송신기의 발진기에 널리 쓰이고 있다.

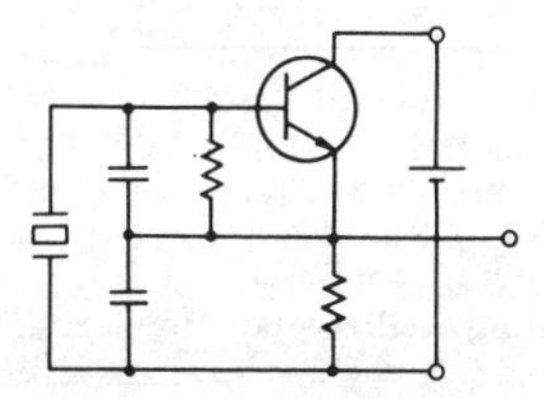

safety factor 안전 계수(安全係數) 재료, 제품의 특성의 불균일, 하중(부하) 추정 및 응력(스트레스) 해석의 불확실성에 대비하여 운용 중에 기대되는 최대 하중(부하)에 대하여 과거의 경험을 바탕을 해서 설계시에 여유를 갖기 위한 하중(부하)의 배수.

safety signal 안전 신호(安全信號) 안전 통신에 전치하는 신호. 무선 전신 통신에서는 「TTT」, 무선 전화 통신에서는 「경보」, 「SECURITE」 또는 「시큐리티」.

safety traffic 안전 통신(安全通信) 선박이나 항공기의 항행에 대한 중대한 위험을 예방하기 위해 안전 신호 「TTT」를 전치하여 행하는 무선 통신. 해안국 또는 선박국이 이 안전 신호를 수신한 경우는 조난 통신이나 긴급 통신을 하는 경우 외는 이것에 혼신을 주는 일체의 통신을 중지하여 안전 통신을 수신하고, 필요에 따라서 그 요지를 국의 책임자에게 통지해야 한다.

sag 새그 펄스파의 상승부 최대값과 하강부 최대값이 그림과 같이 같지 않을 때 그 기울기의 정도를 다음 식으로 나타낸 것.

새그$=(a-b)/(a+b)\times 100$〔%〕

이 값은 펄스폭과 회로의 시상수와의 비로 정해지며, 증폭기의 저역 특성이 나쁘면 커진다.

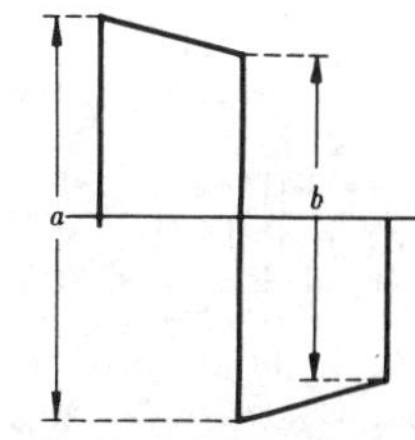

Sagnac interferometer 사냑 간섭계(-干涉計) 동일한 광로(光路)를 서로 역방향으로 진행하는 두 광선이 간섭하도록 만들어진 간섭계. 반사 거울과 하프미러를 조합시킨 광학계에 의해 실현할 수 있다.

salt spray test 염수 분무 시험(鹽水噴霧試驗) 소금물을 분무함으로써 전자 부품이나 반도체 디바이스 등의 내식성을 시험하는 것.

samarium 사마륨 희토류 원소의 일종으로, 원소 기호는 Sm. 고성능 자석 합금의 성분으로서 쓰인다.

samarium cobalt 사마륨 코발트 강자성체로, 사마륨과 코발트의 금속간 화합물($SmCo_5$). 보자력이 페라이트의 여러 배나 되므로 소형이고 강력한 자석을 만들

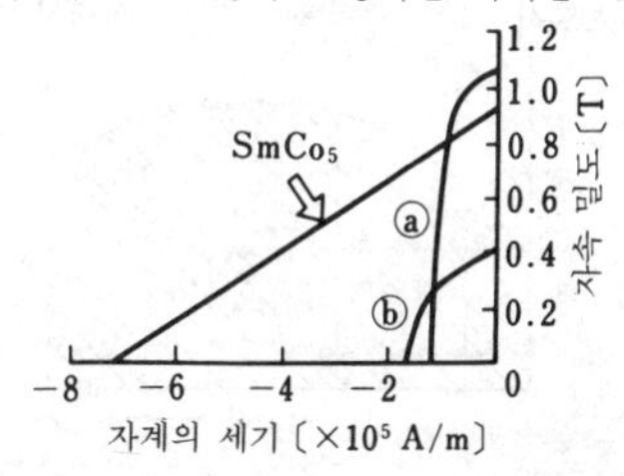

수 있다.

sample 샘플, 표본(標本) ① 전체의 모집단에서 추출한 그 요소의 하나. ② 변화량의 값 또는 변수를 일정한 주기로, 또는 랜덤한 시간 간격으로 채취한 것.

sample-and-hold circuit 샘플홀드 회로(一回路) 아날로그-디지털 변환기(A-D 변환기)를 사용하여 신호를 양자화하는 경우, 변환 시간이 충분히 짧지 않을 때는 광대역의 신호 변환은 불가능하기 때문에 처리에 필요한 시간까지 신호를 연장할 필요가 있다. 그래서 연속 파형을 불연속 파형으로 변환시키는 조작, 즉 표본화(샘플링)와 그것을 어느 정도의 시간 만큼 유지(홀드)하는 회로를 함께 내장한 것을 샘플홀드 회로라 한다.

sampled-data control system 샘플값 제어계(一制御系) 시간에 대해서 뛰엄뛰엄의 불연속한 시점에서 제공된, 혹은 관측된 데이터(아날로그, 디지털 어느 형의 것도 있을 수 있다)에 의해서 동작하는 제어계.

sampling 표본화(標本化) 그림 (a)와 같이 연속한 파형을 근사적인 계단 파형으로 고쳐(양자화라고 한다) 그 중의 일부를 등간격으로 빼내어서 (b)와 같은 신호로 하는 것. PNM, PCM 등에서 이 조작이 이용된다.

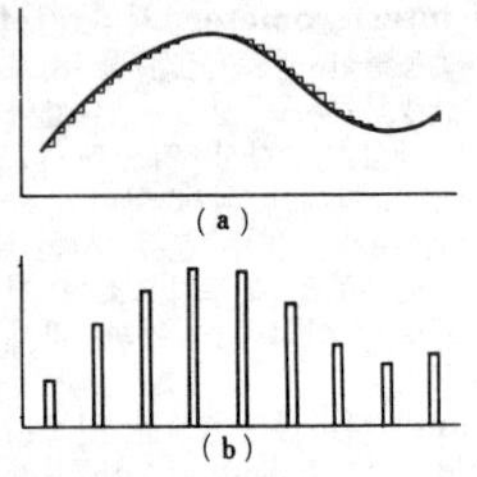

sampling action 샘플링 동작(一動作) → intermittent (control) action

sampling control 샘플링값 제어(一制御) 그림과 같이 적당한 시간 간격 T(샘플링 주기라 한다)로 샘플링한 제어량을 입력 신호로서 조작 출력을 결정하는 제어 방식. 이 방식은 통상의 PID 제어에서는 낭비 시간이 너무 커서 제어가 곤란한 프로세스, 예를 들면 열교환기의 온도 제어와 같은 경우에 쓰인다.

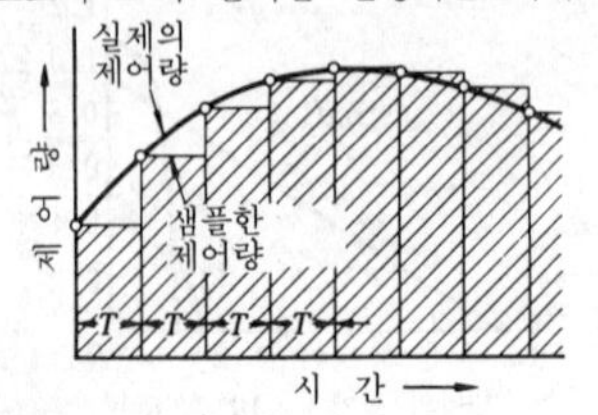

sampling frequency 표본화 주파수(標本化周波數) 아날로그 데이터를 디지털 데이터로 변환하기 위해 아날로그 데이터를 시간적으로 같은 간격으로 꺼내는 경우, 그것이 매초당 반복되는 횟수를 말한다. 표본화 주기의 역수이다.

sampling inspection 발취 검사(拔取檢査) 로트(lot)에서 시료(試料)를 발취하여 이것을 시험해서 그 결과를 판정 기준과 비교하여 로트의 합격 여부를 판정하는 검사 방법.

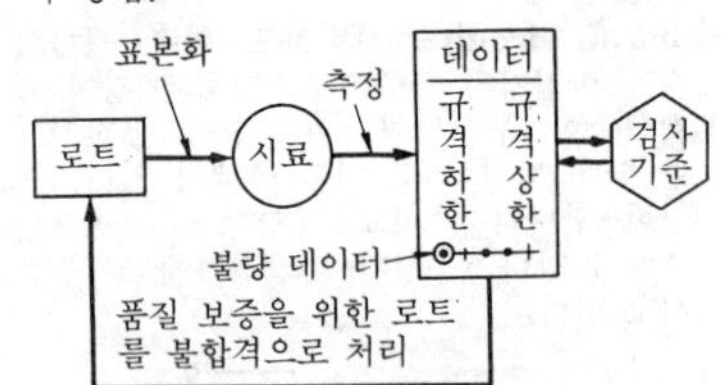

sampling interval 표본화 간격(標本化間隔) 표본화에서 하나의 표본과 다음 표본과의 시간 간격. 간격이 일정한 경우에는 이것을 표본화 주기라고도 한다. 그 역수는 표본화 주파수이다.

sampling oscilloscope 샘플링 오실로스코프 보통의 오실로스코프는 수백 MHz 이상이 되면 정확한 측정을 할 수 없게 된다. 그래서 그림과 같이 각 사이클의 파(波)가 있는 부분을 1사이클마다 등간격으로 위상을 벗어나게 해서 꺼내 그것을 연결시킴으로써 원래 파형과 같은 모양으로 주기만 길어진 파형을 얻도록 한 것을 샘플링 오실로스코프라 한다. 이것은 수천 MHz 까지의 사용이 가능하지만 반복 현상이 아닌 것은 원리적으로 측정할 수 없다.

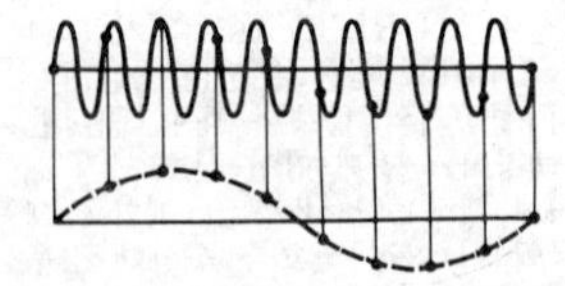

sampling pulse leakage 표본화 펄스 누설(標本化一漏泄) 값비싼 부호기를 유효하게 이용하기 위해 복수 채널의 샘플된 아날로그 펄스를 시분할 다중화하고, 단일의 부호기로 부호화하도록 한 경우에 부호화의 과도 지연 등에 의해 생기는 인

접 채널로의 누설 잡음 방해를 말한다. 각 채널에 전용의 부호기를 사용하면 문제는 해소된다. 현재는 LSI 기술의 진보로 그것이 가능하다.

sampling test 발취 검사(拔取檢査) 대량 생산된 제품을 전량 검사하는 것은 어려우므로 일부만을 무작위로 추출하여 검사하고, 그 결과에서 전체의 양부(良否)를 판단하는 방법으로, 품질 관리의 일환으로서 행하여진다.

sampling theorem 표본화 정리(標本化定理) ① 제로부터 W〔Hz〕까지의 주파수 대역 내에 그 전체의 에너지가 포함되어 있는 정보를 T〔s〕간의 간격으로 반복 표본화하는 경우에, 표본된 함수에서 당초의 정보를 완전히 회복할 수 있으려면 표본화 주파수 $1/T$는 적어도 $2W$〔Hz〕는 되어야 한다. ② 대역폭이 W〔Hz〕 이하이며, 지속 시간이 T〔s〕간에 걸치는 정보 함수가 있었다고 하면, 이 함수는 D개 ($=2WT$)의 표본에 의해 완전히 기술할 수 있다. D는 이 정보를 완전히 표현하기 위해 사용하는 벡터 공간의 차원수(자유도)이다.

sampling time 표본화 시간(標本化時間) 아날로그·디지털 변환 회로에서 회로가 입력 신호 전압을 감지하고 있는 시간.

Sapphicon 사피콘 합성 사파이어의 일종으로, SOS(사파이어 기판의 집적 회로)의 기판으로 사용한다. 원하는 결정축 방향의 것을 만들 수 있다.

sapphire 사파이어 알루미나(Al_2O_3)의 단결정으로, 내열성 부품의 절연 기판 등에 사용한다. 일반적으로 합성품이 쓰인다.

sapphire substrate 사파이어 기판(-基板) 절연 기판으로서, 그 위에 실리콘을 성장시키고, 에칭에 의해 실리콘을 선택적으로 제거아혀 반도체 디바이스를 만들 수 있다. 실리콘 온 사파이어(SOS)형의 MOS IC 등은 그 예이다.

SAR satellite 수색·구조 위성(搜索·救助衛星) SAR은 search and rescue의 약어. 선박이나 항공기가 발하는 조난 신호를 지상국에 중계하기 위한 위성. 조난 위치의 측정을 하는 경우도 있다.

satellite 위성(衛星) ① 텔레비전국이 그 담당 구역 중 어느 부분의 신호 강도를 개선하기 위해서 설치하는 부스터 혹은 트랜슬레이터. 위성국이라 한다. ② 지구, 달 기타 천체의 일정한 궤도상을 회주하는 인공의 비행 물체로, 과학 관측, 기상, 통신, 방송, 측지 등 각종의 위성이 있다.

satellite-broadcast receiver 위성 방송용 수신기(衛星放送用受信機) 위성 방송을 수신하기 위한 수신기로, 직경 1m 전후의 파라볼라 안테나를 사용한다. 수신한 전파는 초단의 변환기 및 튜너로 1GHz로 변환하고, 다시 제 2 중간 주파수로 변환한 다음 영상과 음성을 복조하고 분리하여 통상의 텔레비전 수상기에 접속한다.

satellite communication 위성 통신(衛星通信) 통신 위성을 중계국으로 하여 지구국 상호간의 통신을 하는 방법을 말하며, 원거리 통신 방식으로서는 경제성이나 안정성 등이 종래의 단파 무선 통신 방식보다 뛰어나다. 따라서, 통신 위성의 수나 지구국의 설비 등이 충분히 갖추어지면 통신 위성에 의한 전세계 통신망이 실현 가능하게 된다. 방송에 통신 위성을 이용하는 것이 위성 방송이다.

satellite communication subsystem 위성 통신 서브시스템(衛星通信-) 위성 회선을 디지털화하기 위해 지구국에 디지털 통신 서브시스템을 구축한다. 이것은 그림과 같이 멀티플렉서, 채널 인코더, 채널 디코더, 디멀티플렉서 등으로 구성되어

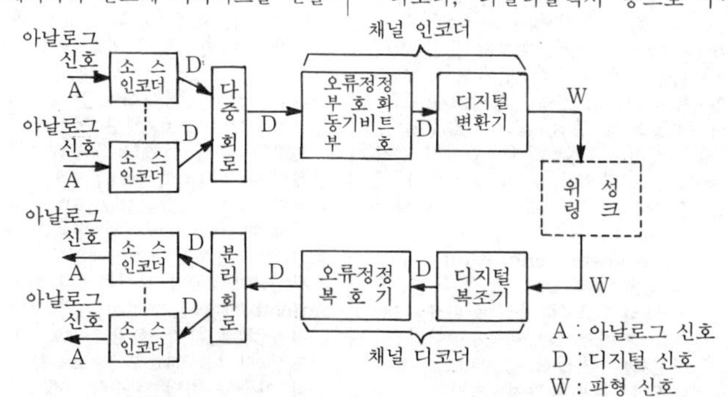

satellite communication subsystem

S

있다. 입력이 음성 신호 등 아날로그 신호인 경우에는 이것을 디지털화하는 소스 인코더(source encoder)는 64kbps 또는 56kbps 의 PCM 인코더이지만, 보다 부호화 속도를 느리게 하고, 그 대신 차분 펄스 부호 변조(DPCM) 등에 의해 음성 품질을 저하시키지 않는 부호화법도 쓰이고 있다. 오류 정정에도 여러 가지 방법이 있으며, 전송 코드가 블록 코드냐 콘벌루션 코드(convolution code)냐에 따라서 오류 정정법도 달라지는데, 위성 통신인 경우 등에서는 콘벌루션 코드/비터비 복호(Viterbi decoding)의 조합이 널리 사용되고 있다. 디지털 신호를 파형 신호(waveform signal)로 변환하여 링크에 내보내는 변조기에서는 4 상 위상 변조(QPSK)가 널리 쓰이는데, 8 상 PSK 나 16 치 직각 진폭 변조(quadrature amplitude modulation, QAM) 등도 고려되고 있다. →Viterbi decoding

satellite exchange 종국(從局) 가입 구역 내에 둘 이상의 교환국이 있고, 각자 그 수용 구역을 가지고 있으나, 국 용량 기타의 관계로 어느 국에 종속하고 있다고 간주되는 국. 종속국에서는 자기 수용 구역 외와의 발착신 호의 전부 또는 일부가 그 가입 구역 내의 다른 교환국을 통해서 중계 접속된다.

satellite navigation 위성 항법(衛星航法) 위성에서 발사되는 전파를 관측하거나 위성을 중계국으로 하여 이용하거나 함으로써 자기 위치를 확인하고, 또는 유도됨으로써 진로를 결정하는 항법. 항공기, 선박, 자동차 등에 이용된다.

satellite news gathering 위성 취재(衛星取材) 통신 기재를 적재한 차량(이동 무선국)을 사건 현장에 보내어 취재한 정보를 통신 위성을 경유하여 본사 등의 기지국에 보내는 이동 통신 방식. =SNG

satellite power system 위성용 전원(衛星用電源) 통신 위성 등의 전원으로, 사용 환경의 특이성에서 소형, 경량, 고효율, 장수명, 고신뢰성 등이 강력히 요구된다. 현재 태양 전지와 화학 전지, 원자력 전지 등이 사용되고 있으며, 2 차 전지에 니켈 카드뮴 전지와 같은 알칼리 전지가 널리 사용되고 있다. =SPS

satellite solar-power generation 위성 태양 발전(衛星太陽發電) 정지 위성상에 설치된 태양 전지 등의 발전 설비에 의한 발생 전력을 마이크로파 혹은 레이저 전력으로 변환하여 지상으로 보내고, 실용적인 전력으로 재변환하여 초전도 코일 등에 축적하여, 소비점에 배전하려는 일련의 에너지 공급 계획. =SSPG

satellite station 위성국(衛星局) 텔레비전 방송에서 모국(母局)의 전파를 수신하여 자동적으로 재방송하는 보조적인 중계 방송국. 우리 나라의 지세는 산악부가 많기 때문에 방송국에 비교적 가까운 지역이라도 불감 지대 즉 시청 곤란한 지역이 생기기 쉽다. 이것을 개선하기 위해 미소 전력의 소규모 중계 방송국이 설치되고 있다. 모국의 전파를 받아 일단 모국과는 다른 주파수로 변환하여 재방송하는 것을 위성국, 모국과 같은 주파수로 재방송하는 것을 부스트국이라 한다. 위성국은 모국과 다른 주파수를 쓰기 때문에 일반적으로 혼신의 문제는 없고, 출력도 100W 정도의 것이 많다.

satellite studio 위성 스튜디오(衛星－) 방송국 스튜디오에서 떨어져 번화가 등에 설치하고 내부가 보이도록 한 작은 스튜디오. 상업 텔레비전 방송 등이 비교적 소규모로 할 수 있는 인기 프로 등을 이 위성 스튜디오에서 공개하면서 생방송하는 예가 있다.

satellite switched TDMA 새틀라이트 스위치드 TDMA TDMA 이란 time-division multiplexing access 의 약어로, 시분할 다중 접근 방식을 말한다. 위성 통신에서의 다중화를 위성 본체 내에서 스위칭할 수 있도록 한 것.

satellite switching system 위성 내 전환 방식(衛星內轉換裝置) 다중 빔 통신 위성에서는 동일 주파수의 복수 빔을 설정하고, 어느 빔 내의 지구국이 위성을 경유하여 동일 빔 또는 다른 빔 내의 지구국에 대하여 많은 통신로를 형성할 수 있도록 위성 내의 트랜스폰더(중계기)에서 통신로의 전환을 하도록 한다. 그렇게 하여 다수의 지구국끼리 빔 대역 내의 주파수를 나누어서, 혹은 송출 프레임 내의 버스트 기간을 나눔으로써 빔을 유효하게 사용하여 동시 통신할 수 있다. 주파수 분할의 다원 접속인 경우에는 반고정의 고속 스위치 매트릭스로 채널 전환을 하는데, 시분할의 다원 접속인 경우에는 TDMA 프레임과 동기하여 소정의 패턴으로 프레임마다 고속 스위치(dynamic switch)에 의해 프레임 내에서의 전환이 행하여지고 이것이 반복된다. 프레임 패턴의 변경은 감시·제어국의 제어하에서 이루어진다.

saticon 새티콘 셀렌을 주 재료로 한 비정질(非晶質)의 복합층으로 이루어진 광도전 타깃을 사용한 광도전형 촬상관. 동작 기구는 비디콘과 같으나, 가시 영역에서 균일한 분광 감도 특성을 가지고 있다.

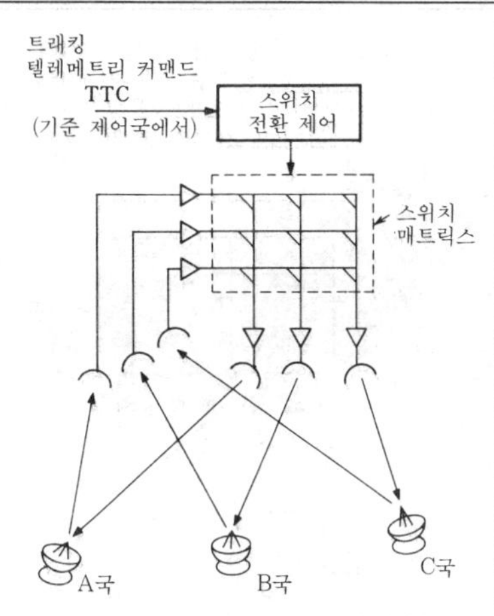

(a) 위성 내 트랜스폰더에서의 전환

	송신 버스트		수신 버스트	
A국	B로	C로	C에서	B에서
B국	C로	A로	A에서	C에서
C국	A로	B로	B에서	A에서

(b) 각국이 프레임마다 할당된 타임 슬롯 내에서 송신한 버스트(그림의 왼쪽)는 위성 내에서 나뉘어 그림 오른쪽과 같은 수신 버스트가 된다.

satellite switching system

새티콘의 타깃은 주 재료인 Se 외에 As, Te가 참가되어 투명한 네사막상에 증착되어 있다. 새티콘의 이름은 위 재료의 머리글자 SAT에 "상(像)"을 의미하는 이콘(icon)을 붙인 것이다.

saturable reactor 가포화 리액터(可飽和—) 미소한 기자력으로 포화하는 권철심에 2개의 코일(제어 권선)이 개방되어 있으면 다른 쪽 코일(부하 권선)의 임피던스는 매우 크나, 제어 권선에 미소한 직류 전류가 흐르면 철심은 포화하여 부하 권선의 임피던스는 매우 작아진다. 이러한 철심의 포화에 의해 임피던스가 크게 달라지는 리액터를 가포화 리액터라 하며, 정류기와 조합시켜서 자기 증폭기를 만들 수 있다.

saturated standard cell 포화 표준 전지(飽和標準電池) 전지의 1차 표준으로서 사용되는 전지. 수은 전극, 카드뮴 아말감 전극, 그리고 황산 카드뮴의 포화 전해액으로 구성되며, 20℃에서 1.01858V 의 전압을 유지한다. 이 전지는 재현성이 뛰어나고, 안정하며 드리프트가 적으나 온도 1℃당 −40μV 의 변화를 나타내므로 실온으로 유지한 유조(油槽) 속에 넣어서 사용한다.

saturated velocity 포화 속도(飽和速度) 반도체에서의 캐리어의 드리프트 속도는 고전계하에서는 전계에 비례하지 않고, 일정한 포화값에 접근한다. 이 포화 속도는 전자와 정공에서 약간 다르나, 대체로 $10^6 \sim 10^7$cm/s 이다. 산란(散亂) 제어 속도라고도 한다.

saturating reactor 포화 리액터(飽和—) 독립된 제어 수단을 강구하지 않고 포화 영역에서 동작하고 있는 자심 리액터.

saturating signal 포화 신호(飽和信號) 회로의 다이내믹 레인지가 적응할 수 있는 이상의 진폭을 갖는 신호.

saturation 채도(彩度) 색의 3 요소의 하나로, 포화도 또는 색순도(色純度)라고도 한다. 색의 선명성을 말하며, 하나의 색에 대하여 흰 빛의 색이 어느 정도 섞여 있는가를 나타내고 있다. 즉, 백색의 혼합이 많을수록 같은 색이라도 희게 되어 채도는 낮아진다. 채도 1일 때는 순수한 색을 나타내고, 채도 0일 때는 흑이 된다. 컬러 텔레비전에서는 어떤 방법으로 이 채도(彩度) 신호를 전파에 싣고 수상기에서 재생하지 않으면 컬러를 표현할 수 없다.

saturation current 포화 전류(飽和電流) ① 전리 상자의 집전 전극간의 전압이 충분히 높고, 모든 이온이 수집되는 상태에서의 이온 전류. ② 반도체 다이오드에서 접합부에 인접한 영역 내에서 열적으로 발생한 소수 캐리어가 접합부를 통해서 이동함으로써 생기는 정상 역전류. ③ 트랜지스터의 베이스와 컬렉터 사이(이미터 접속은 개방)에 흐르는 정상 역전류 I_{CEO}, 또는 이미터와 컬렉터 사이(베이스 접속은 개방)에 흐르는 정상 역전류 I_{CEO}.

saturation induction 포화 자기 유도(飽和磁氣誘導) 자성 재료 내부에서 가능한 최대의 고유 자속 밀도. 자속 밀도라고 애매하게 말하는 경우가 있는데, 정확하게는 재료 내의 전체 자속 밀도에서 공간의 자속 밀도 $\mu_0 H$를 뺀, 나머지 재료 고유의 포화 자속 밀도를 말한다.

saturation level 포화 레벨(飽和—) 축적관에서, 이 이상 아무리 기록하더라도 출력이 증가하지 않는 출력 레벨(기록 포화라 한다), 또는 판독하려고 해도 변화가 없는 출력 레벨(판독 포화라 한다).

saturation region 포화 영역(飽和領域) ① 동작 성분을 증가해도 그 이상 출력이 증가하지 않는 동작 영역. ② 바이폴러 트랜지스터에서, 베이스·이미터 접합, 컬렉터·베이스 접합의 어느 방향으로 바이어스 된 상태. 이러한 동작 영역에서는 베이스 영역에 소수 캐리어가 축적되어 트랜지스터의 턴오프 신간이 길어진다.

saturation state 포화 상태(飽和狀態) 전자관의 전류가 음극해서 방출되는 전자류에 의해 제한되는 동작 상태.

saturation type circuit 포화형 회로(飽和形回路) 트랜지스터 스위치를 사용하는 회로에 있어서, 온 상태에서 트랜지스터를 포화 영역에 오도록 한 것. 온 상태는 안정하지만, 오프로 전환할 때 축적 전하 때문에 오프 시간이 길어진다.

SAW 탄성 표면파(彈性表面波) =surface acoustic wave

SAW filter 탄성 표면파 필터(彈性表面波-) SAW은 surface acoustic wave(표면 탄성파)의 약어이다. 압전 물질로 만든 평판의 한 끝에 전극을 붙이고 신호 전압을 가할 때 그에 의한 압전 진동이 전파(傳播)하여 다른 끝에 붙인 전극에 기전력을 유도하는데, 그 주파수 통과 대역의 경계가 선명한 것을 이용하여 만든 필터를 말한다. →surface acoustic wave

sawtooth AFC 톱니파 AFC(-波-) 텔레비전 수상기의 수평 발진 주파수를 제어하는 회로의 일종으로, 발진 주파수에 의해 AFC 전압은 +에서 -까지 변화하고, 동작이 안정하며, 잡음의 영향을 받지 않는다.

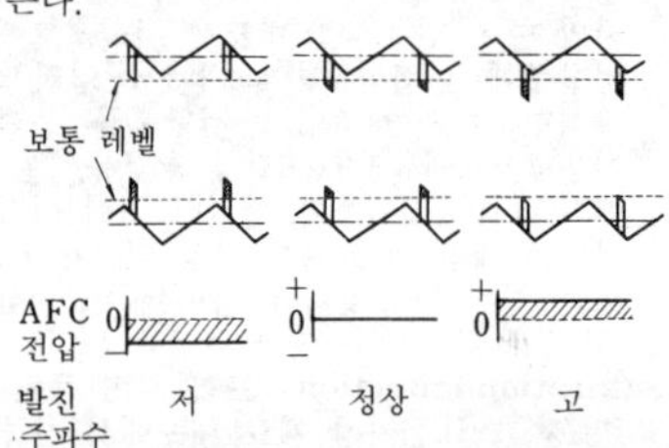

sawtooth oscillator circuit 톱니파 발생 회로(-波發生回路) 시간에 비례하여 전압이 높아지고, 어느 전압에 이르면 갑자기 최저 전압으로 내려가는 변화를 일정 주기로 반복하는 발진 회로. 그림에서 먼저 스위치 S_1, S_2를 열어 둔다. 다음에 S_1을 닫으면 v_o는 거의 직선적으로 커진다. 그 후 S_2를 닫으면 v_o는 0V가 된다. 다시 S_2를 열면 v_o는 다시 직선적으로 커진다. 이러한 조작을 반복하면 주기 T[s]의 톱니파가 발생한다. 실제 회로에서는 S_1, S_2는 기계 스위치가 아니고 전자 회로로 실현한다. 텔레비전이나 측정기 브라운관의 시간축 소인에 널리 사용되고 있다.

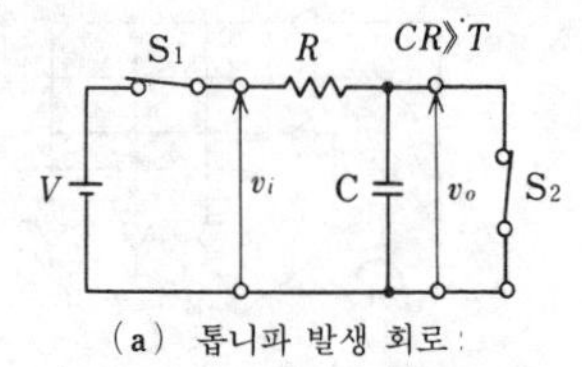

(a) 톱니파 발생 회로

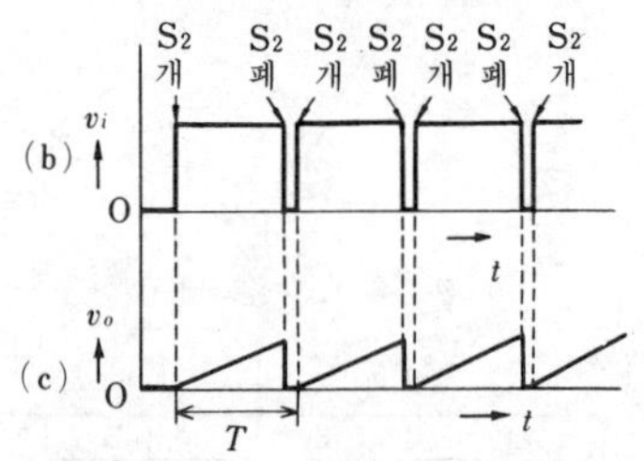

sawtooth sweep 톱니파 소인(-波掃引) 톱니파의 경사 전압에 의해 만들어지는 소인 동작. CRT나 텔레비전 수상관 등에서 전자 빔이나 스크린의 좌단에서 우단으로 일정 속도로 움직이게 하기 위해 행하여진다.

sawtooth wave 톱니파(-波) 그림과 같은 파형으로, 소인 발진기를 써서 만들며, 텔레비전에서의 주사나 오실로스코프의 소인(掃引)에 이용된다.

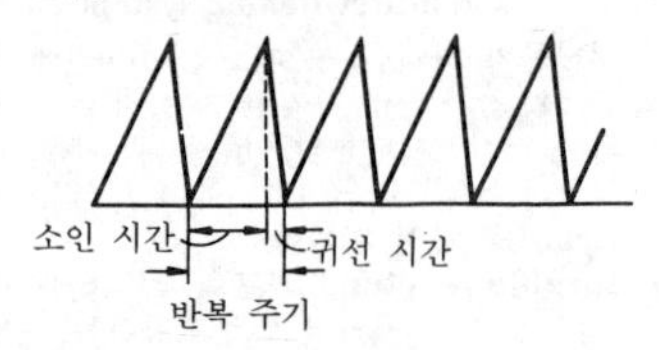

S-band S 밴드, S 대역(-帶域) 3GHz에서 4GHz 간의 레이더 주파수대. ITU에서 지정한 2.3GHz 부터 2.5GHz 또는 2.7GHz 부터 3.7GHz 밴드 내의 하나.

SBC 소형 비즈니스 컴퓨터(小形-)[1], 대역 분할 부호화(帶域分割符號化)[2] (1) = small business couputer
(2) =sub-band coding

SCA SCA 업무(-業務) subsidiary communicator's authorizations 의 약어. FM 방송국이 부 채널을 이용하여 특정한 수신자를 대상으로 하는 보조 업무.

scalar 스칼라 하나의 수치만으로 완전히 지정되는 양.

scalar field 스칼라장(－場) 공간 좌표 x, y, z의 스칼라 함수 $S(x, y, z)$에 의해 나타내어진다. 소정의 영역 내 스칼라의 전체를 말한다.

scalar function 스칼라 함수(－函數) 어느 함수적 관계에 있고, 결과가 스칼라로 되는 것.

scalar product 스칼라곱 두 벡터의 크기끼리의 곱에 이들 벡터가 이루는 각의 여현을 곱함으로써 얻어지는 스칼라.

scalar quantity 스칼라량(－量) 크기만을 가지고 있고 방향이 없는 양을 말하며, 방향을 가진 벡터와 구별한다. 질량, 온도, 시간, 저항 등이 이에 해당한다.

scale 스케일 ① 어떤 선을 따라 양의 크기를 나타내기 위해 표시된 선 또는 점의 집합으로, 그 중 몇 개에 필요에 따라서 숫자 또는 부호를 붙인 것. 눈금이라 한다. ② 기준화를 하는 것. →scaling. ③ 음조(音調)를 낮은 음에서 높은 음으로, 어떤 정해진 구분 방법에 따라서 배치한 것. 음계라 한다. ④ 보일러관 속 등에 생기는 때.

scale division 스케일의 눈금폭(－幅) 인접한 두 눈금점의 간격.

scale factor 환산 계수(換算係數) 두 변수가 비례 관계에 있을 때 한쪽을 다른 쪽으로 변환하기 위해 곱하는 계수이나, 아날로그 컴퓨터에서 환산 계수라 할 때는 문제에 주어진 변수를 그것에 비례한 전압 또는 전류로 변환할 때의 비례 정수를 말한다.

scale length 스케일 길이 지시 계기에서의 지시 장치 또는 지침의 선단이 눈금의 한쪽 끝에서 다른 쪽 끝까지 이동하는 거리이며, 눈금을 따라서 측정한다. 지침이 눈금판을 초과하여 돌출하고 있을 때는 눈금을 매긴 호(弧) 또는 선의 곳에서 지침이 끝난 것으로 하고 그곳을 잰다. 다중 범위의 계측기에서는 가장 큰 눈금 범위의 것을 사용한다. 계단 눈금에서 이것에 상승 경사선이 붙어 있는 것에서는, 눈금의 길이는 지침 선단에 인접한 눈금 구분의 끝에서 잰다. 기록지의 경우는 양단의 눈금선 사이의 최단 거리.

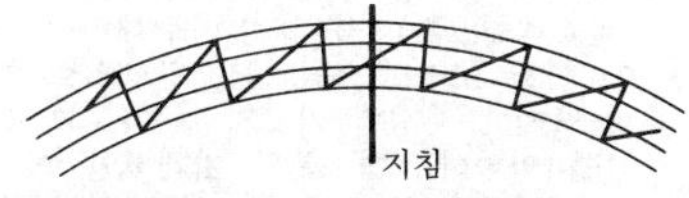

scale-of-*n* counter n진 카운터(－進－) ＝scaler

scaler 스케일러 일정한 수의 펄스를 줌으로써 1개의 펄스를 발생하도록 되어 있는 계수 회로. 2개의 입력 펄스마다 1개의 출력 펄스를 발생하는 것을 2진 스케일러라 한다. 마찬가지로 8진 스케일러, 10진 스케일러 등이 있다. n진 카운터(scale-of-n counter)라고도 한다.

scale spacing 스케일폭(－幅) ＝scal division

scale span 눈금 스팬 계기의 스케일상 양단에 상당하는 실제의 전기량간의 차.

scaling 스케일링 ① 기준화. 값의 범위를 미리 정한 한계 내에 들게 하기 위하여 정수(배율)를 곱해서 그 값을 바꾸는 것. ② 연산 증폭기의 복수 개 입력 신호단의 각각에서 회로 계수(가중값)를 문제에 따라 조정하는 것. ③ 보일러 내부에서 물에 녹지 않는 때가 그 내면에 생성하는 것. ④ 고온에서 금속 표면에 두꺼운 부식층이 생기는 것.

scaling rule 스케일링 규칙(－規則) 어떤 것의 치수(척도)를 변경하여 그것이 일정한 한계 내에 들도록 하는 경우의 변경 규칙. ①(아날로그 시뮬레이터) 아날로그 시뮬레이터는 물리 현상을 주는 방정식을 OP 앰프를 사용한 가산기, 적분기, 인버터, 그리고 계수기(퍼텐쇼미터) 등에 의해 회로적으로 시뮬레이트하여 방정식의 해를 전압-시간 함수로서 표시 장치상에 표현한다. 시뮬레이트할 변수를 전압으로, 또 실시간을 시뮬레이터 내에서의 시간에 스케일 변경하지 않으면 안 된다. 이 경우의 변경 규칙에 따라서, 예를 들면 적분기로의 입력의 시간 척도를 n배하면 적분기 이득을 $1/n$로 하는 조정을 필요로 한다. ②(도파관) 도파관 치수를 n배 하고 관내 전자계 분포를 불변으로 유지하려면 관 내 매체의 $\omega\mu$, $(\sigma+j\omega\varepsilon)$, q/ε 등도 n배로 하지 않으면 맥스웰의 방정식이 불변으로 되지 않는다. 특히 $\sigma=q=0$의 경우에는 $n\omega$가 일정, 즉 관 치수를 n배로 하면 전자파의 주파수를 $1/n$로 해야 하는 것이 요구된다. ③(IC) 소자 치수를 $1/n$로 하면 전압, 전류, 배선 전류 밀도, 저항, 전파 시간 지연, 전력 등이 어떤 척도로 변경되는가를 주는 규칙. 축소화 설계를 하는 경우의 하나의 지침이 된다.

scalloping 스캘러핑 항행 시스템 용어. 장애물 또는 지세로부터 원하지 않는 반사에 의해 생기는, 지상 시설의 전계 패턴의 불규칙성. 비행시에 방위 오차의 주기적 변동으로 나타난다. 또 코스 스캘로핑이라고도 한다.

scalloping distortion 스캘러핑 일그러짐

VTR 에서 기록시와 재생시에 테이프 가이드 기구의 위치가 상하로 벗어났을 때 생기는 재생 화상의 기하학적 주기 일그러짐으로, 4 헤드 VTR 특유의 현상이다. AFC 가 있는 모니터로 볼 때 스캘럽 모양의 무늬가 보인다.

scan 주사(走査) ① 대상물의 전체를 그 일부분씩 순차 확인해 보는 동작. 경치나 영상(影像)을 전기 신호로 변환한다든지, 레이더에 의해 목표의 발견, 항행, 혹은 트래픽량의 제어 등을 할 목적으로 일정한 공간 영역을 감시하는 경우 등에 행하여진다. ② 레이더 빔, 빛 기타를 써서 주어진 면적 또는 공간 영역을 원형으로, 혹은 위에서 아래로, 때로는 좌에서 우로 일부분씩 순차 확인해 가는 과정. ③ 스캐너를 조작하여 신티그램(scintigram)을 만드는 것. ④ 파일 내의 각각의 참조 항목, 기술 항목(엔트리)을 정해진 절차에 따라서 검색하는 것. 대조와 같은 뜻으로 사용하는 경우도 있다. ⑤ 계측에서, 여러 가지 관측점의 상태를 자동적으로 샘플 혹은 체크하여 얻어진 정보에 의해 적당한 행동을 일으키는 것.

scanner 스캐너 ① 레이더에서 목표를 추적하고 있을 때 그 중심 위치의 전후에, 그리고 임의의 앙각을 취하면서 위치를 바꿀 수 있는 장치로, 안테나와 반사 장치 기타로 구성되어 있다. 주사 장치라고도 한다. ② 팩시밀리의 송신 장치에서 원화 단위의 화소 농담을 그에 비례하는 전기 신호로 변환하는 부분. ③ 프로세스 제어에서 여러 가지 양이나 상태를 순차 자동적으로 샘플하고 측정하며, 체크하기 위한 장치. ④ 체내에 존재하는 아이소토프의 분포 상태를 몸체 밖에서 검출하여 묘화하는 장치. CT 스캐너라고도 한다. ⑤ 컴퓨터 용어. ㉠ 공간적인 패턴의 구성 부분을 순차적으로 살펴가서 그 패턴에 대응하는 아날로그 신호 또는 디지털 신호를 생성하는 기구. 마크 판독, 패턴 인식, 문자 인식에서 널리 쓰인다. ㉡ 주사 프로그램이라 하며, 리스트상의 전 항목이나 문자열을 순차적으로 살피는 프로그램. 언어 프로세서의 자구 해석(lexical analysis)의 부분 프로그램을 가리키는 경우도 있다.

scanner channel 스캐너 채널 개개의 채널에 대하여 송신할 데이터가 준비되어 있는지 어떤지를 순차 폴링하기 위한 장치. 스캐닝(scanning)은 복수의 아이템에 대하여 그들이 어떤 조건을 만족하고 있는지 어떤지, 혹은 어떤 상황에 있는지를 차례로 시험해 가는 것. 스캐닝의 순서나 방법은 경우에 따라서 다르다.

scanning 주사(走査) 텔레비전 등에서 화상을 보내는 경우, 화소(畵素)로 분해하여 왼쪽 위 구석의 화소부터 오른쪽으로 순차 보내는 것.

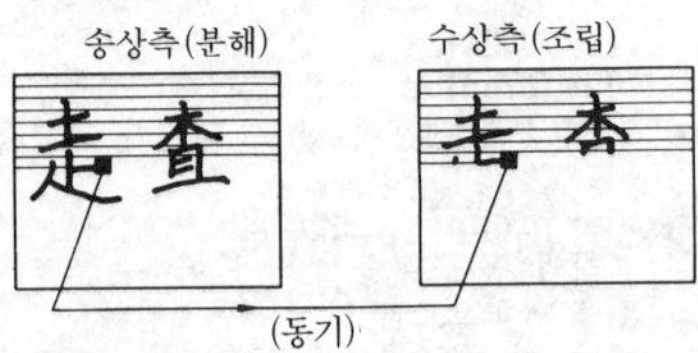

scanning aperture 주사 개구(走査開口) 텔레비전에서, 텔레바이즈(televise)된 피사체가 주사되어 전기 신호로 변환되었을 때 피사체를 화소로 세분하는, 그 화소의 치수(직경 혹은 구형의 변). 유효한 개구에 의해 초래되는 일그러짐 때문에 화면의 정세도(精細度)를 잃게 된다.

scanning electron microscope 주사형 전자 현미경(走査形電子顯微鏡) =SEM

scanning frequency 주사 주파수(走査周波數) 정보를 포함한 타깃 영역을 주사하는 경우의 매초 주사 횟수. 텔레비전의 경우는 이미지 영역을 좌에서 우로 직선적으로 주사하는 동시에 주사선을 위에서 아래로 조금씩 벗어나게 하여 전역을 커버하는 래스터 주사 방식을 쓰고 있다. 이 경우 전자의 매초 주사 수평선의 수를 선주파수(線周波數)라 하고, 주사선을 위에서 아래로 벗어나게 하여 이미지 전 영역을 커버하는 수직 주사의 매초 횟수를 필드 주파수라 한다. NTSC 방식의 텔레비전에서는 선주파수는 15,734Hz 이고, 후자의 필드 주파수는 59.94Hz 이다. 이 경우 이미지 전역(토막 혹은 프레임이라 한다)은 비월(飛越) 주사법을 써서 주사선을 상하로 약간 벗어나게 하여 2개의 필드로 주사되고 있으며, 매초의 토막수 즉 프레임 주파수는 약 30 이 된다.

scanning line 주사선(走査線) 텔레비전이나 팩시밀리에서 전자 빔이 화면을 주사했을 때 생기는 선. 한 장의 화면을 주사하는 데 필요한 주사선의 수를 주사 선수라 하고 우리 나라 표준 방식에서는 525 줄이다.

scanning line frequency 주사선 주파수(走査線周波數) 주사 방향에 대하여 직각인 어느 고정선상을 일정 방향으로 매초 몇 줄의 주사선이 가로지르는가, 그 선의 수를 말한다. 대부분의 기계적인 팩시밀리 장치에서는 이것은 드럼의 회전 속도(rpm)와 같다. 스트로크(stroke) 속도라고도 한다.

scanning line period 주사선 주기(走査線周期) 텔레비전의 래스터를 그리기 위한 소요 시간. 수평 주사와 그에 따른 플라이백의 기간으로, CCIR 의 표준값은 64μs 이지만, 나라에 따라 약간 달라서 매초의 주사선수는 유럽에서는 625선(25 토막)이므로 1 주사선 주기는 1/625×25(=64μs)이다. 미국(한국)에서는 525 선(30 토막)이며 1주사선 주기는 1/525×30(=63.5μs)이다.

scanning loss 주사 손실(走査損失) 레이더 목표를 가로질러서 주사하고 있을 때의 감도가 레이더 빔이 목표에 끊임없이 향해지고 있을 때의 감도에 비해 감소하는, 그 손실을 말한다. 이것은 안테나에서 목표를 향해 빔이 발사되고, 그것이 되돌아 오는 동안에 안테나 수신 장치가 변화하기 때문이다.

scanning speed 주사 속도(走査速度) 주사 스폿의 길이를 l로 하면, 주사 방향에 대하여 직각인 어느 고정 직선을 가로질러서 한 방향으로 매초 통과하는 주사선의 수는

$n=v/l$

이며, 이것을 주사선 주파수라 한다. 팩시밀리 장치에서는 이것은 드럼의 회전 속도(rps)와 같다. 이 경우 l은 πx(드럼 직경)이다. →scanning frequency

scanning spot 주사 스폿(走査－) 팩시밀리 스캐너 또는 텔레비전 카메라의 픽업 장치에 의해 각 시점에서 포착되는(볼 수 있는) 작은 면적. 스폿은 주사선의 방향으로 측정한 스폿의 치수(X 치수)와, 그것과 직각인 방향으로 측정한 스폿법(Y 치수)의 곱으로 주어진다.

scanning-transmission electron microscope 주사 투과형 전자 현미경(走査透過形電子顯微鏡) 투과형이 갖는 고분해능과, 주사형에 의한 입체적 이미지를 조합시킨 전자 현미경. 전자 빔은 전계 방출에 의해서 만들어지고, 시료(試料)를 주사하기 위해 점상(點狀)으로 조여진다. 시료로부터의 탄성 및 비탄성 산란 전자에 의해 두 출력이 얻어지는데, 이것을 CRT에 보낸다. CRT 빔은 시료를 주사하는 빔과 동기하여 소인(掃引)함으로써 시료 표면의 미세한 변화를 식별할 수 있는 이미지를 만들어 낼 수 있다. 0.3nm 정도의 해상도가 얻어진다고 한다. =STEM

scanning tunneling microscope 주사형 터널 현미경(走査形－顯微鏡) 3 차원적으로 변형하는 압전 소자에 고정한 탐침의 끝을 시료(試料) 표면에 1nm 정도로 접근시킴으로써 양자의 틈을 넘어서 터널 효과에 의해 흐르는 전류가 시료 표면의 요철(凹凸) 상태에서 변화하는 것을 이용하여 그 변화를 확대 표시하여 관측하는 장치이다. 반도체 결정 표면 등의 관찰을 비롯하여 생체 관계 시료의 연구에 이르기까지 넓은 용도가 있다. =STM

scanning yoke 주사 요크(走査－) CRT 관의 목 부분에 편향, 집속 양 코일을 한 몸으로 조합시켜서 장착한 것.

scatter-band 산란 대역(散亂帶域) 질문기에서 수신한 여러 가지 신호에 의해 점유되는 전체의 대역폭. 단, 반송파는 일정한 무선 주파수로 한다. 산란은 공칭 반송 주파수로부터의 각각 신호의 편이(偏移)에 의해 생긴다.

scatter communication 산란파 통신(散亂波通信) 전파가 대류권 또는 낮은 전리층에서 굴절했을 때 생기는 산란 효과를 이용한 통신. 굴절률의 랜덤한 변동에 의한 산란에 의해 VHF 신호의 도달 거리를 수평 전파인 경우에 대하여 넓힐 수 있다. 25～60MHz 의 전파에 의해서 1,300km 정도의 도달 거리가 얻어진다. 저주파수를 사용하는 통신에 비해 대역폭이 넓어지고, 대기 또는 전리층의 교란의 영향을 그다지 받지 않는다. 산란은 대류권에서의 공기의 덩어리 혹은 소용돌이를 송신, 수신 양 안테나의 빔에 공통인 조사 영역으로 하고, 이 영역에서 생기는 빔의 전방 산란을 이용하여 통신로를 구성하고 있다. 그러므로 전파의 파장 λ가 소용돌이 영역에 비해 클 때는 산란은 전방향적이며, 때로는 약간의 후방 산란도 있다. 통신에는 대전력을 필요로 하고, 다이버시티 수신을 할 필요도 있다. 전리층(E 층)에 있어서의 산란을 사용하는 통신법도 마찬가지이며, 통신 가능 영역은 2,000 km 나 된다. 산란 통신, 특히 대류권 통신의 필요성은 위성 통신의 발달에 따라서 점차 감소해 가는 것이 현상이다.

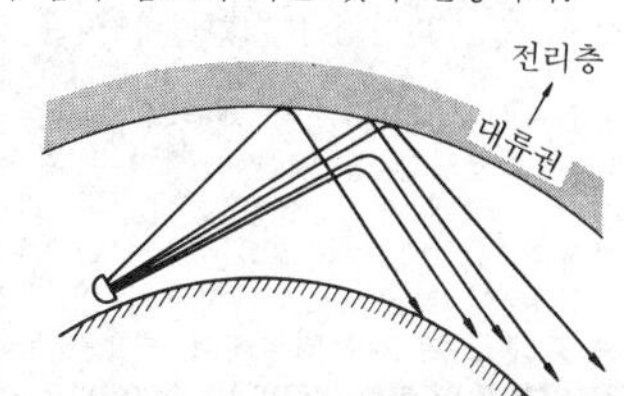

scattered propagation 스캐터 전파(－傳播) 산란파 전파의 일종으로, 전리층 스캐터와 대류권 스캐터가 있다. 전리층 스캐터는 E 층의 불규칙성에 의한 산란파

로, 1,000km 이상의 거리에 이른다. 대류권 스캐터는 대기 중 공기의 흩어짐으로 일어나는 것으로 생각되며, 100MHz 이상의 주파수에서 500km 전후의 거리에 이른다. 이 스캐터 전파에 의해 가시 거리 내 통신밖에는 할 수 없었던 SHF(마이크로파) 이하의 짧은 파장의 전파가 가시 거리 외의 통신에 사용되게 되었다.

scattered wave 산란파(散亂波) 전파가 대류권이나 전리층에 입사했을 때 난반사한 것을 산란파라 한다. 산란된 전파의 에너지는 미약한 것이지만, 고감도 수신기를 사용하면 원거리 통신에 이용할 수 있다. →scattered wave communication system

scattered wave communication system 산란파 통신 방식(散亂波通信方式) 산란파를 이용하는 통신 방식. 이 산란파는 매우 미약한 것이지만 고감도 수신기를 사용함으로써 수 100km 의 원거리 통신을 할 수 있다. 이 경우 전파의 산란이 대류권에서 행하여지므로 대류권 산란파 통신 방식이라고도 한다. 수 100~수 1,000 MHz 의 전파가 사용된다.

S

scattering 산란(散亂) ① 입자나 광자가 다른 입자 또는 물체와 충돌하여 그 방향을 바꾸는 것. ② 전파(傳播) 경로에서의 매질의 불균일성 때문에 음파가 흩어지는 것. ③ 전파가 상공의 전리층에 의해서 흩어지는 것.

scattering amplitude 산란 진폭(散亂振幅) 충돌에 의해 산란되는 입자의 파동 함수를 주는 양. 보통 에너지 및 산란각에 의존하고, 그 절대값의 제곱이 소정의 방향으로 산란되는 입자수에 비례한 값을 준다.

scattering angle 산란각(散亂角) 산란의 과정에서 입자의 입사 방향과 산란 후의 방향 사이의 각도.

scattering loss 산란 손실(散亂損失) ① 전자파의 전파에 있어서, 매질 중에서의 산란 혹은 반사면의 거칠기에 의한 산란 때문에 생기는 전송 손실. ② 광섬유에서, 섬유 내의 이물, 섬유 재료의 밀도, 굴절률의 불균일성 등 때문에 생기는 광 에너지의 산란에 의한 전송 손실. 이 손실은 파장의 4승에 역비례하는 레일리 산란에 의한 것이 많으므로, 가시광의 청색 부분보다 짧은 파장의 영역에서 문제가 된다.

scattering of electrons by acoustic phonon 음향 포논에 의한 전자 산란(音響-電子散亂) 반도체의 전자 전도도는 전자 산란에 대한 완화 시간이 관계한다. Si 나 Ge 와 같은 호모폴러 반도체의 전자 산란은 음향 포논과 이온화 불순물에 의한 산란이 주요한 원인이다. 또, 화합물 반도체에서는 극성 광학 포논과 이온화 불순물에 의한 산란이 관계한다. 음향 포논에 의한 산란은 포논에 의해서 생긴 국소적인 체적의 수축·팽창에 의해 일어나는 전하의 재배치에 의한 전자 산란이다. 또, 이온화 불순물이 있으면 전자는 그 쿨롬의 힘에 의해 산란된다. GaAs 와 같은 극성 반도체에서는 광학 진동의 종파(縱波) 성분이 전기 다이폴을 발생하므로 이것이 원인으로 전자 산란이 일어난다. 이 경우의 완화 시간에는 광학 포논 에너지나 질량이 관계한다.

scattering propagation 산란 전파(散亂傳播) 시정(視程) 거리를 넘어서 전파를 전하기 위해 상공을 향해서 전파를 발사하고, 대류권 또는 전리층으로부터의 산란파를 수신하도록 한 통신 방법.

scene 신 사진 또는 디지털 이미지에 의해 커버되는 실제의 대상 영역.

schedule 스케줄 ① 재무 제표 부속 명세표 등의 총칭으로, 기업 회계 원칙, 재무 제표 규칙 등의 재무 제표 체계를 도입하여 대차 대조표, 손익 계산서 등의 중요 항목에 대해서 그 명세를 기재하는 표. ② 디스패치되어야 할 작업(job) 또는 태스크를 선택하는 것. 일부 운영 체제에서는 위 이외에 입출력 조작과 같은 작업의 단위도 스케줄이라 할 수 있다.

scheduled maintenance 계획 보수(計劃保守) 신뢰성을 유지하기 위해 컴퓨터 시스템을 설정된 계획에 따라서 보수하는 것. 정기 점검 보수 등도 포함된다.

scheduler 스케줄러 ① 컴퓨터의 사용 계획을 만드는 사람. ② 독립으로 실행할 수 있는 컴퓨터 프로그램에 대하여 컴퓨터 시간을 할당하는 루틴. ③ 컴퓨터에 투입되는 작업의 대기 행렬을 살펴 그 중에서 처리해야 할 다음 작업을(우선도나 자원 등을 감안하여) 골라내는 제어 프로그램. 시스템의 정상적인 제어 기능에 우선하여 조작원에게 특정한 행동을 개시시키거나, 혹은 요구하고 있는 정보를 넘기도록 제어 프로그램에 지시하는 주 스케줄러를 마스터 스케줄러라 한다.

scheduling 스케줄링 ① 다중 프로그래밍 계산 센터에서 많은 프로그램의 처리 순서를 어떻게 하는가를 결정하는 태스크를 말한다. ② 공용할 수 없는 자원, 예를 들면 중앙 처리 장치(CPU)의 처리 시간이나 I/O 디바이스를 어떤 기간에 걸쳐 어떻게 특정 태스크에 할당하는가를 정하는 작업.

scheduling problems 절차 문제(節次問題) 서비스를 제공하는 시설이 고정되어 있을 때 서비스를 받는 고객의 도착, 대기 및 서비스의 순서 등을 관리하는 시스템의·문제. 예를 들면, 버스가 일련의 정류장을 일순하는 데 최적인 순로(시간, 경비 등이 최소)를 구하는 문제나, 일정 대수의 기계에서 여러 종류의 작업을 하는 경우, 전체의 작업을 최단 시간에 처리하는 문제 등이 있다.

schema 스키마 데이터 베이스 전체의 논리적 구조와 물리적 구조를 기술(記述)한 것을 말한다.

schematic diagram 구성도(構成圖) 도형 기호를 써서 특정한 회로 배치의 전기 접속과 전기적인 기능을 명백히 하는 것을 목적으로 하는 도면. 실제 장치의 치수, 형상, 부품이나 디바이스의 배치 장소 등에 관계없이 회로로서의 기능을 알 목적으로 도면으로서 그려진다. 개략도라고도 한다.

Schering bridge 셰링 브리지 저항과 콘덴서의 직렬 회로와 병렬 회로를 대변(對邊)에 갖는 교류(고주파)용 브리지. 브리지를 구성하고 있는 소자는 C와 R이며, 소자나 배선의 부유(표유) 인덕턴스, 부유 용량, 표피 효과 등이 거의 없도록 배려되어 있다. 콘덴서의 용량이나 $\tan\delta$를 정밀하게 측정할 수 있다.

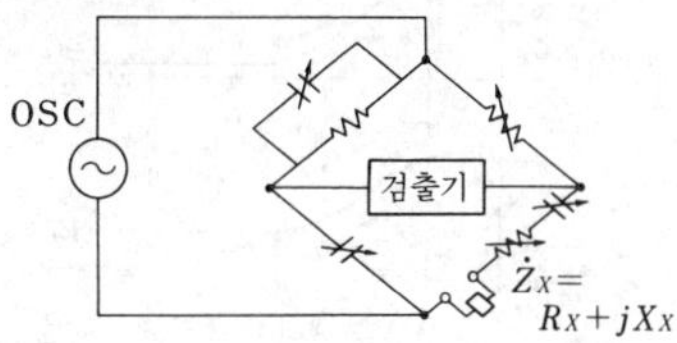

Schlieren 슐리렌법(法—) 음파에 의한 밀도의 변화에 의해서 굴절한 빛에 의해 음장(音場)의 가시(可視) 패턴을 만들어 내는 기법.

Schmidt optical system 슈미트 광학계(—光學系) 볼록면 거울을 이용한 광학 렌즈계에서 매우 얇은 특별한 비구면(非球面)의 보정 렌즈를 조합시켜 구면 수차를 제거하도록 한 것. 원래는 천체 관측용으로 생각되었던 것이지만 그 특성을 이용하여 투사형 수상기에 사용되고 있다. 그림과 같이 초점의 위치에 브라운관을 두면 초점 거리에 비해서 멀리 떨어진 곳에 둔 투사막(스크린)에 영상을 확대하여 비칠 수 있다.

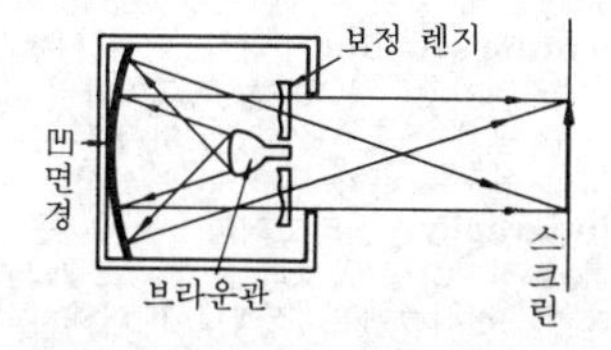

Schmidt trigger circuit 슈미트 트리거 회로(—回路) 쌍안정 멀티바이브레이터의 일종으로, 슈미트 회로라고도 하며, 히스테리시스 특성을 가지고 있어 어떤 입력 파형이라도 깨끗한 구형파로 만들어 낼 수 있는 회로. 파형 정형, 비교기, 펄스 증폭, 펄스폭 변조 등에 쓰인다.

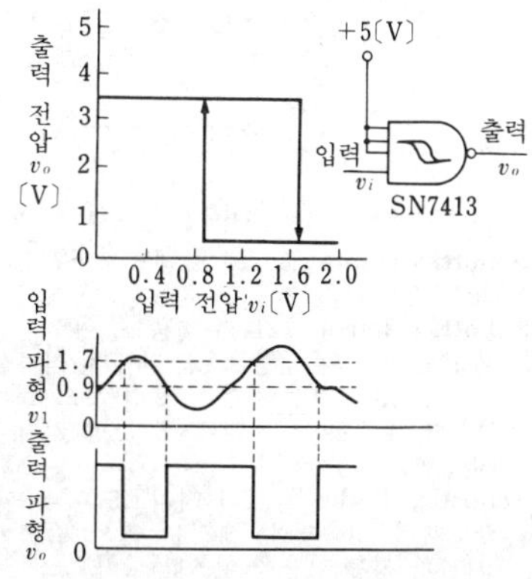

Schottky barrier 쇼트키 장벽(—障壁) 금속과 반도체의 접촉부에서 생기는 전위의 장벽이다. n 형 반도체의 경우를 생각해 보자. 금속의 일의 함수 Φ_m이 반도체의 전자 친화력 χ보다 크면 계면에 $\Phi_B=\Phi_m-\chi$라는 전위 장벽이 생겨 금속에서 반도체로의 전자의 흐름이 저지된다. 장벽 자체의 높이 Φ_B는 금속과 반도체간에 가한 외부 전압 V_B에 의해 달라지는 일은 없지만 반도체측에서 본 벽의 높이는 E_{FS} 레벨에서 $|V_B|$만큼 상하한다. 장벽의 높이가 $\Phi_B-|V_B|$인 경우에는 전자는 반도체에서 금속으로 유입하기 쉽게 되고, 반대로 $\Phi_B+|V_B|$와 외부 전압의 극성이 바뀌면 장벽이 높아져서 전자는 금속에 유입하기 어렵게 된다(정류성). 반도체가 p 형인 경우에는 $\Phi_m-\chi<E_g$(대역 갭)인 경우에 장벽이 생긴다. 그리고 장벽을 넘어서 이동하는 캐리어는 이 경우는 정공이다. 반도체가 n 형이건 p 형이건 장벽을 넘어서 흐르는 캐리어는 어느 경우나 다수 캐리어이다. 소수 캐리어는 관여하지 않으므로 소수 캐리어의 축적 등은 없다.

쇼트키 다이오드가 고속 동작에 적합한 것은 그 때문이다.

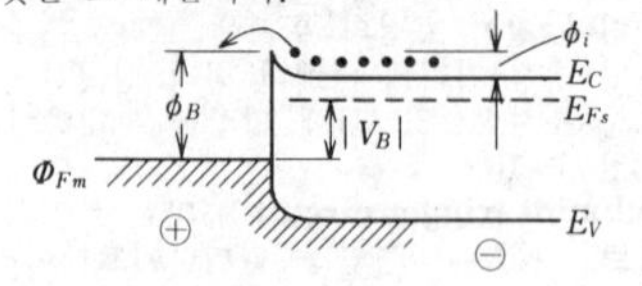

(a) 반도체 측에 ⊖전압을 건 경우

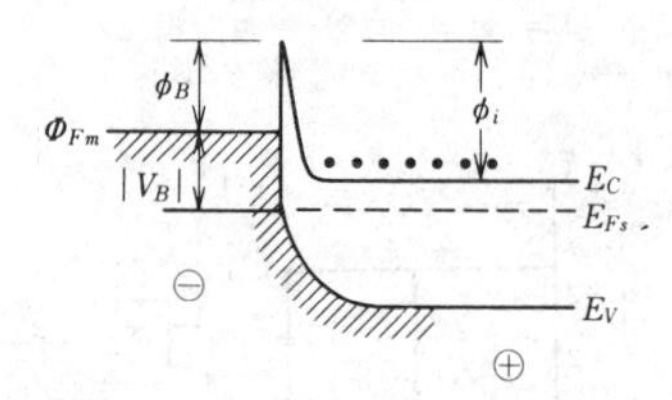

(b) 반도체 측에 ⊕전압을 건 경우

Schottky clamp 쇼트키 클램프 →Schottky TTL

Schottky defect 쇼트키 결함(－缺陷) 점결함(點缺陷)의 일종으로, 정규의 격자점에 있는 원자 또는 이온이 표면 등으로 옮겨졌기 때문에 그 자리에 생긴 빈 격자점(格子點).

Schottky diode 쇼트키 다이오드 금속과 반도체의 접촉면에 생기는 장벽(쇼트키 장벽)의 정류 작용을 이용한 다이오드. 일반 다이오드에 비해 마이크로파에서의 특성이 좋다.

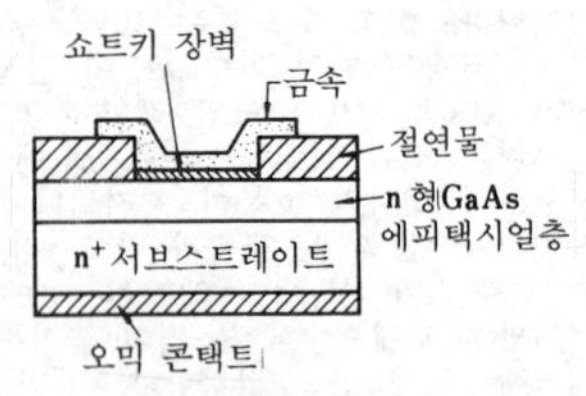

Schottky effect 쇼티크 효과(－效果) 열전자 방출에서의 전자류가 온도 제한 영역에서도 양극 전위의 상승에 따라 더욱 증가하는 현상. 이것은 양극 전위의 상승으로 전계가 강해져서 일의 함수가 실질적으로 저하하기 때문에 생기므로 전계가 더욱 강해지면 상온에서 냉음극 방출이 행하여지게 된다.

Schottky emission 쇼트키 방출(―放出) 전자관의 음극 표면으로부터의 열전자 방출이 전계에 의해 증가하는 현상.

Schottky junction 쇼트키 접합(―接合) 비선형 임피던스를 나타내는 금속·반도체 접합. 이 소자는 순 바이어스시에 반도체에서 금속으로의 다수 캐리어의 주입에 의해 전류가 흐른다. pn 접합과 달리 쇼트키 결합은 소수 캐리어를 축적하지 않으므로 역 바이어스시의 회복 시간이 짧다.

Schottky noise 쇼트키 잡음(－雜音) → shot noise

Schottky photodiode 쇼트키 포토다이오드 그림과 같이 n층(또는 n⁺층 위에 n층)과 금속막을 접합시킨 다이오드. 금속막은 매우 얇게 하여 빛의 흡수를 적게 하고 있다. 또 빛의 반사를 방지하기 위한 막도 입혀져 있다. 가시 영역부터 자외 영역에 이르는 영역에서 효율이 좋은 포토다이오드가 얻어진다.

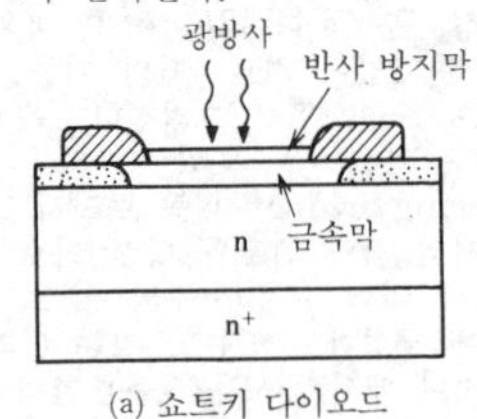

(a) 쇼트키 다이오드

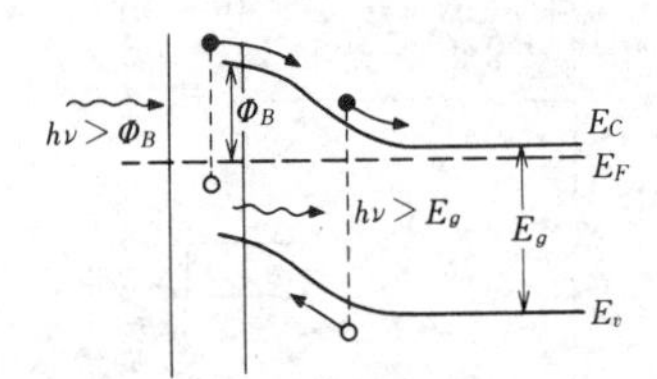

(b) 간단한 에너지 준위도

Schottky transistor transistor logic 쇼트키 TTL ＝STTL

Schottky TTL 쇼트키 TTL 고속도의 TTL 로, 텍서스 인스트루먼트사의 54S/74S 계열로서 만들어졌다. 트랜지스터의 베이스에서 컬렉터로 쇼트키 다이오드를 클램프하여 접속한 것을 사용하고, 트랜지스터의 축적 시간의 감소를 도모하고 있다. 평균의 전달 지연은 3ns 이며, 평균의 소비 전력은 게이트당 20nW 이다.

scientific satellite 과학 위성(科學衛星) 지구 외기권이나 태양, 달 기타의 유성, 우주 공간 등을 대상으로 하여 우주 과학적인 연구를 하기 위한 인공 위성.

scintigraphy 신티그래피 스캐너를 조작하여 신티그램을 그리는 것. 스캐닝과 같으며, 신티그램은 스캐닝에 의해서 얻어진 기록으로, 체내의 아이소토프 분포를 준다.

scintillation 신틸레이션 ① 수신 전파의 세기가 그 평균값 전후로 변동하는 것. 이것은 별의 깜박임을 나타내는 천문 용어에서 딴 것으로, 같은 의미로 사용된다. ② 레이더에서, 복잡한 타깃에서 반사되는 빔이 타깃의 양상 변화에 따라 변화하는 것. 변화가 잡음성을 띠기 때문에 타깃 잡음, 글린트(glint), 원더(wander) 등으로 불린다. ③ 신틸레이터에 전리성(電離性) 방사가 입사함으로써 방출되는 광학적 광자. ④ α입자와 같은 고 에너지 입자의 충돌로, 10^{-6}s 이하의 짧은 지속 시간의 루미네선스를 폭발적으로 발생하는 현상.

scintillation camera 신틸레이션 카메라 신틸레이터를 정지해 두고 물체 중의 반사성 물질의 분포를 방사선의 발광 작용에 의해서 사진 기록하는 장치.

scintillation counter 신틸레이션 계수관(一計數管) 방사선의 세기를 측정하는 고감도의 계수관. 방사선이 신틸레이터(형광 물질)에 닿을 때의 발광 세기가 입사 방사선의 세기에 비례하는 현상을 이용하여, 이 빛을 광전자 증배관에 의해서 전류로 변환하여 방사선의 세기를 측정한다.

scintillation decay time 신틸레이션 감쇠 시간(一減衰時間) 신틸레이션의 광자가 발생하는 비율이 최고값의 90%에서 10%로 감소하기까지의 필요 시간. 이 기준으로서의 광자는 2,000 에서 15,000Å인 파장에 상당하는 에너지를 갖는 광자이다.

scintillation detector 신틸레이션 검출기(一檢出器) 신틸레이터와 광전자 증배관을 조합시킨 방사선 검출기. 신틸레이션 카운터 헤드라고도 한다.

scintillation duration 신틸레이션 지속 시간(一持續時間) 신틸레이션의 최초 광자가 발사되기 시작해서 신틸레이션 광자의 90%가 발사되기까지의 시간 인터벌. 광자는 2,000 에서 15,000Å까지의 파장에 상당하는 에너지를 가진 광자이다.

scintillation error 신틸레이션 오차(一誤差) 순차 측정 기술을 사용한 경우, 사용 주파수와 신틸레이션 스펙트럼의 상호 작용에 기인하는 레이더로 도출한 목표물의 위치 또는 도플러 주파수의 오차.

scintillation fading 신틸레이셔 페이딩 대기 상태의 변동에 의해 공간에 유전율이 다른 장소가 생길 때 거기서 산란한 전파 때문에 생기는 페이딩. 전계의 변동은 그다지 크지 않다.

scintillation rise time 신틸레이션 상승 시간(一上昇時間) 신틸레이션에서 발하는 광자의 비율이 최고값의 10%에서 90%로 증가하는 데 요하는 시간. 광자는 2,000 에서 15,000Å까지의 파장에 상당하는 에너지를 가진 광자이다.

scintillation spectrometer 신틸레이션 스펙트로미터 신틸레이션 검출기를 사용하여 방사선의 에너지 스펙트럼을 측정하는 장치.

scintillator 신틸레이터 방사선이 닿았을 때 발광하는 물질로, 고감도의 광전관과 조합시켜서 방사선 측정에 이용한다. 표는 그 예이다.

선 종	신틸레이터	첨 가 제
α 선	ZnS	Ag 또는 Cu
γ 선	NaI	Tl
중성자	LiI	Sn

scintillator conversion efficiency 신틸레이터 변환 효율(一變換效率) 신틸레이터에서 방출되는 광학 광자의 에너지와 입사하는 입자 또는 전리성(電離性) 방사의 에너지와의 비.

scissoring 시저링 표시 장치 스크린 상 설계도의, 이용자가 지정한 경계를 벗어난 모든 부분을 자동적으로 소거하는 것. 스크린의 지정된 윈도 영역을 벗어난 부분에 있는 표시 화상 부분을 휘도를 낮추어 소거하는 경우가 많다.

SCL transistor SCL 트랜지스터 SCL 이란 space charge limited 의 약어. 규소의 단결정을 기판으로 하여 확산 영역을 2중으로 만들고, 표면의 확산 영역은 전극으로서 동작 전압을 주기 위해 사용하며, 아래쪽 확산 영역에서 만들어지는 전계에 의해 트랜지스터 작용이 수행되도록 한 것이다.

scope 스코프 ① 음극선 오실로스코프나 레이더 스코프 등을 줄여서 말하는 경우의 용어. ② 유효 범위, 적용 범위라고도 한다. 프로그래밍 언어에서 선언에 의해 도입된 이름과 그것이 나타내는 대상과의 대응이 유효한 원시 프로그램 중의 부분을 말한다. 예를 들면, ALGOL 언어 등의 블록 구조를 가진 언어에서는 어느 이름의 유효 범위는 그 이름이 선언된 블록 혹은 절차 내에 한정되고, 그 블록 내에 같은 이름에 대한 선언을 가진 블록이 포함되는 경우에는 안쪽 블록을 제외한 부분이 된다.

scope rule 스코프 규칙(一規則) 프로그램 언어에서 이름(변수나 함수의)의 가시성을 결정하는 한 조의 규칙. →visibility, scope

scoring system 스코어링 시스템 영화에 동기하여 재생하는 음악을 녹음하는 시스템.

scotophor 스코토퍼 보통의 형광 물질(phosphor)과 달리 전자 빔을 받아서 스크린 상에 어두운 점 혹은 트레이스를 발생하는 물질. 예를 들면 염화 알칼리와 같은 물질. 주광(晝光) 하에서 볼 수 있고 트레이스의 지속성도 좋다.

Scott connection 스코트 결선(一結線) 3상 전원에서 2상 전원 부하를 얻는 경우에 변압기 2개를 사용하여 3상 전원에 대해 불평형 부하가 되지 않는 결선 방법.

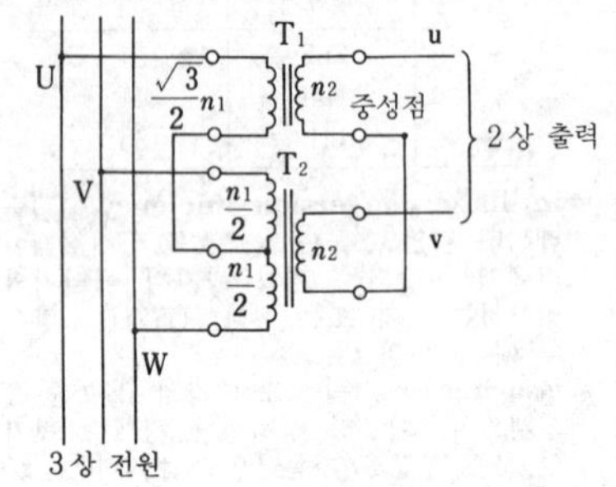

n_1 : 1차 권선수
n_2 : 2차 권선수
T_1 : T좌 변압기
T_2 : 주좌 변압기

SCR 실리콘 제어 정류기(一制御整流器) silicon controlled rectifier 의 약어. 규소의 단결정을 써서 p형과 n형의 부분을 엇갈리게 4층으로 접합하여 그림 (a)와 같이 전극을 붙인 것이다. 이것은 p게이트형이라고 불리며, 일반적으로 그림 (b)와 같은 기호로 표시하는데, n 게이트형도 있다. 양자는 가하는 전압의 극성이 반대로 되어 있을 뿐, 어느 것이나 게이트에 직류 전류를 흘리면 (c)와 같은 정류 특성이 얻어지며, 게이트 전류의 크기에 따라 도통 상태가 시작되는 전압이 달라지며, 또 일단 전류가 통하면 다음에 양극 전압이 0으로 되기까지 도통 상태가 계속되므로 게이트 전류를 바꿈으로써 평균값으로서의 출력 전압을 조정할 수 있다. 이것은 조광(調光) 장치나 전동기의 속도 제어 등 각 방면에 널리 사용된다.

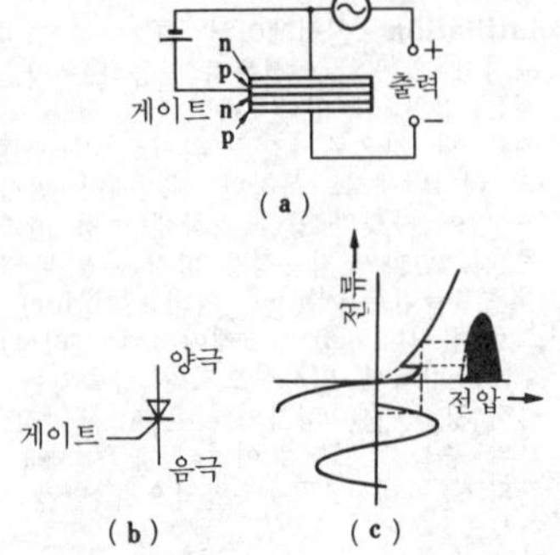

scramble 스크램블 신호를 적당한 방법으로 부호화 혹은 암호화하여 일반의 수신자에게는 이해되지 않도록 하는 것. 유료 TV의 경우에는 계약자의 수상기에는 전파를 스크램블되기 이전의 상태로 되돌리는 장치(decoder, descrambler)를 부착하고 있다. 위성 방송의 경우도 유료 방식을 하는 경우 역시 방송 전파를 스크램블할 필요가 있다.

scratch 스크래치 ① 기억 장치에서 데이터를 지우는 것. ② 메모하는 것.

scratch file 스크래치 파일 파일 처리를 하고 있을 때 데이터 세트의 일부 또는 전부를 보조 기억 장치에 일시적으로 복사함으로써 만들어지는 잠정 파일.

scratch noise 스크래치 잡음(一雜音) 레코드에 묻은 먼지 혹은 레코드의 흠 등에 의해 생기는 재생 잡음.

scratch pad memory 작업 기억 장치(作業記憶裝置) 부분적인 또는 중간적인 결과를 기억하기 위해 사용되는 기억 장치. 여러 가지 부분 계산 등에서 사용되며, 주기억 장치에 대한 보조로서 쓰이는 것.

scratch-pad register 스크래치패드 레지스터 컴퓨터에서 중앙 처리 장치(CPU)가 명령을 실행할 때 사용하는 작업용 레지스터.

scratch paper 스크래치 페이퍼 메모 용지를 말한다.

screen 스크린 CRT에 있어서의 관 표면(전면)에서, 거기에 화상의 가시(可視) 패턴이 비쳐지는 곳.

screen dump 스크린 덤프 표시 장치의 스크린 상에 현재 표시되고 있는 정보를 프린터 혹은 기타의 하드 카피 장치로 옮기는 것.

screen editor 스크린 에디터, 화면 편집(畵面編輯) 문장이나 프로그램을 디스플레이 화면상에서 자유롭게 편집하는 에디터. 단지 에디터라고 하면 보통은 스크린 에디터를 가리키며, 라인 에디터와 대비될 때 특히 이 용어가 쓰인다. 삭제, 삽입, 이동 등의 편집 작업을 커서(cursor) 이동에 의해 임의의 위치에서, 더욱이 화면상에서 직접 할 수 있는 것이 특징이다.

screen factor 차폐율(遮蔽率) 전자관의 그리드를 포함하는 표면 전체의 면적에 대한 실제 그리드 구조 부분의 면적비.

screen group 스크린 그룹 1개의 물리적 입출력 장치, 키보드/스크린을 공유하는 복수 개의 프로세스 그룹. OS/2 에서는 하나의 키보드 입력과 하나의 스크린 출력을 써서 복수의 프로세스가 대화 형식으로 프로그램을 진행시킬 수 있다. 스크린 그룹에 속하는 각 프로세스는 각자의 논리 스크린(즉 버퍼)에 그 출력을 써넣고, 이것이 프로그램 실렉터에 의해(보통 순차적으로) 전환되어 물리 스크린에 맵(map : 즉 카피)되어서 표시된다. 물리 스크린을 써서 이용자와 대화하면서 처리를 하고 있는 상태를 전경 모드(foreground mode)라 하고, 이용자와 대화하지 않게 된 상태를 백그라운드 모드라 한다. 표시 서비스를 하기 위한 인터페이스로서 OS/2 는 프레젠테이션 매니저(PM)라고 하는 스크린 관리 서브시스템을 제공하고 있다. 또 VIO 라 하는 문자 중심형 관리 패키지도 제공하고 있다.

screening 스크리닝 ① 부품, 기기 또는 그들의 시스템에서 신뢰성을 높이기 위해 품질 수준이 떨어지는 것, 혹은 고장 발생 초기에 있는 것에 스트레스를 가함으로써 검출 제거하는 것. 비파괴 수단에 의한 전수(全數) 시험이 쓰인다. 선별이라고 한다. ② 전화 교환기에서 교환 방식에 의하여 정해진 조건에 맞지 않는 호출은 접속하지 않는 동시에 통화중음 또는 음성에 의한 오류 경고를 송출하는 것. ③ 원자핵 주위의 전계가 핵을 둘러싸는 전자의 공간 전하에 의해 약화되는 것.

screening test 스크리닝 시험(-試驗) 불만족한 아이템 혹은 초기 고장을 나타낼 염려가 있는 것을 제거할 목적으로 행하여지는 시험 또는 시험의 조합. →reliability

screen print 스크린 인쇄(-印刷) 스테인리스 등으로 만든 소정 패턴의 스크린을 통해서 후막 페이스트를 기판상에 칠하여 후막 패턴을 만드는 것. 공정은 자동화가 가능하며, 양산에 적합하다.

screen process 스크린 프로세스 텔레비전 스튜디오에서 슬라이드 혹은 영화 필름을 스크린에 투사하여 필요한 배경을 얻는 방법. 그 전에 배치한 인물이나 세트와 함께 카메라로 촬상함으로써 옥외 장면 등을 리얼하게 재현할 수 있다.

screw core 나사 코어 둥근 막대형의 페라이트에 나사를 내서 자심으로 한 것. 이것을 사용하면 코일의 인덕턴스를 조정하기 쉽게 된다.

scribe 스크라이브 웨이퍼를 다수의 칩으로 잘라내기 위해 다이아몬드 커터 등으로 웨이퍼 표면에 가로·세로로 홈을 내는 것. 스크라이브한 웨이퍼는 롤러로 가볍게 롤함으로써 칩으로 분리할 수 있다.

scriber 스크라이버 다수의 집적 회로를 형성한 웨이퍼를 분리하여 칩(chip)으로 하기 위해 사용하는 공구.

script 스크립트 셸 커맨드 혹은 에디터 커맨드와 같이 복수의 커맨드를 포함한 텍스트 파일. 텍스트 파일이란 ASCII 문자만의 복수 개의 행으로 구성되는 파일이다.

scrolling 화면 이동(畵面移動), 시야 이동(視野移動) 표시 영역 중에서 낡은 데이터가 지워지는 동시에 새로운 데이터가 나타나도록 창(窓)을 상하 방향 또는 좌우 방향으로 이동시키는 것.

SCS 실리콘 제어 스위치(-制御-) =silicon controlled switch

SCSI 소형 컴퓨터 시스템 인터페이스(小形-) small computer system interface 의 약어. 개인용 컴퓨터와 디스크, 키보드 등의 주변 장치를 접속하기 위한 인터페이스 규격(ANSI, 1986). 수거트(Shugart)사(미국)의 자기 디스크용 규격(SASI)을 바탕으로 하여 ANSI 가 일반 주변 기기까지 확장 규격화한 것.

sculling error 스컬링 오차(-誤差) 1 축을 따르는 선형 진동과 그에 수직인 축 주위의 동일 주파수에서의 각도 진동의 결합에 의해 생기는 시스템 오차. 컴퓨터 처리에서는 이들 2 축에 수직인 축을 따라서 명백한 수정 가속도가 생긴다.

SDM 공간 분할 다중화(空間分割多重化) space division multiplexing 의 약어. 날카로운 지향성을 가진 안테나에 의해 다른 지역을 조사(照射)하고, 동일 주파수, 동일 시간대에서 복수의 독립한 통신 채널을 확보하는 방식. 위성 중계 방식 등에서 쓰인다. 주파수 분할, 시분할에 대하여 다중화의 또 하나의 형태라고 할 수도 있다.

SDMA 공간 분할 다원 접속(空間分割多元接續) =space division multiple access →DSM

SE 시스템 공학(—工學) system engineering 의 약어. 복잡한 대규모 시스템의 설계, 개선, 운용 등을 위한 학문. 오퍼레이션 리서치, 시스템 해석, 제어 공학, 경영 공학, 인간 공학, 전자·정보 공학 등이 관계하며, 시스템 공학의 영역도 통신, 전력, 교통, 도시, 기업 등 매우 광범하다.

sea clutter 해면 반사(海面反射) →clutter

seal 실 ① 도파관 내에 둔 기밀 또는 수밀(水密)의 막이나 커버. 이것은 전자파의 관 내 전파(傳播)를 방해하지 않는 것이다. ② 유리끼리, 금속끼리, 혹은 유리와 금속 사이의 접착을 말한다. 전자관에서 관 내에 도입선을 끌어 들이는 경우의 접착은 기밀적이어야 한다. ③ 프린트 회로에서 절연성 재료를 칠하고, 또는 이러한 것으로 감싸는 것으로, 먼지나 기계적인 손상에서 회로를 보호하기 위한 것.

seal-in relay 실인 계전기(—繼電器) 자기 유지성을 가진 계전기.

search and rescue satellite 수색·구조 위성(搜索·救助衛星) =SAR satellite

search coil 탐색 코일(探索—) 자속계에 접속하여 사용하는 것으로, 권수와 유효 면적을 알고 있는 코일이다. 자속계는 탐색 코일을 통과하는 자속과 코일의 권수의 곱에 상당하는 값을 지시하므로 이것을 급속히 이동함으로써 코일을 둔 장소의 자속 밀도를 측정할 수 있다.

search radar 수색 레이더(搜索—) 대상으로 하는 특정한 공역(空域) 내의 목표를 검지하는 것을 주로 하는 레이더.

sea return 해면 반사(海面反射) 바다의 표면으로부터의 레이더 반사.

seasonal variabtion 계절 변화(季節變化) 수신 지점의 전계 강도 등이 계절에 따라 변화하는 것. 단파에서는 계절에 따라 전리층의 전자 밀도가 달라지기 때문에 임계 주파수가 달라지므로, 이 현상이 일어난다. D 층이나 E 층의 임계 주파수는 각 계절의 태양의 천정각(天頂角)과 어느 일정한 관계가 성립하지만, F 층은 여름철의 주간은 F1 층과 F2 층으로 분리하고, E1 층의 임계 주파수는 D 층이나 E 층과 마찬가지로 규칙적인 변화를 하지만, F2 층은 불규칙하다. F2 층의 임계 주라수는 주간은 여름과 가을철이 가장 높고, 겨울철이 그 다음이며, 여름철은 가장 낮다. 야간의 임계 주파수는 여름철은 가장 낮다. 야간의 임계 주파수는 여름철, 봄·가을철, 겨울철의 순서가 된다.

SEC 2 차 전자 도전 작용(二次電子導電作用) =secondary-electron conduction

SECAM system SECAM 방식(—方式) séquentiel couleur à mémoire 의 약어. 컬러 텔레비전의 한 방식으로, 프랑스에서 발명되었다. 같은 시각에는 한 종류의 색신호를 보내고, 그 사이는 다른 두 색신호를 수상기 내의 지연 장치에 의해 공급한다. NTSC 방식에 비해 위상 일그러짐 등을 적게 하고, 안정한 수상(受像)을 할 수 있는 장점과 장치가 복잡하게 되어 흑백 텔레비전과의 양립성이 약간 떨어지는 결점이 있다.

secondary battery 2 차 전지(二次電池) 방전을 끝낸 전지에 외부에서 전력을 공급하여 충전을 함으로써 다시 방전할 수 있도록 되어 있는 전지를 말하며, 납 축전지(연축전지)와 알칼리 축전지가 이에 속한다. 이에 대하여 충전할 수 없는 것은 1 차 전지라 한다.

secondary breakdown 2 차 항복 현상(二次降伏現象) 트랜지스터가 파괴되는 원인의 하나로, 파워 트랜지스터 등과 같이 전류가 비교적 큰 것에서는 최대 정격 내에서도 컬렉터 전류 I_C 와 컬렉터·이미터간 전압 V_{CE} 가 어느 한계를 넘으면 출력 임피던스가 갑자기 −의 값으로 되고, 다음에 +의 작은 값으로 된다. 이러한 현상을 2 차 항복 현상이라 한다. 이 현상이 일어나면 트랜지스터는 열폭주를 일으키기 이전에 파괴되어 버리고 만다. 이 원인은 접합부를 흐르는 전류가 균일하지 않고, 국부적으로 집중하기 때문에 일어나는 것이다. 따라서, 이것은 전압이 가해지는 시간에 관계하며, 시간이 짧은 펄스에서는 I_C 나 V_{CE} 는 크게 잡을 수 있다. 안전 동작 영역은 이것을 고려하여 정해진다.

secondary cell 2 차 전지(二次電池) = storage battery

secondary channel 2 차 채널(二次—) 예를 들면 모뎀과 같은 디바이스에 부착된 채널로, 1 차 채널, 즉 데이터 전송의 본래 목적에 쓰이는 채널의 동작을 중단시키는 일 없이 모뎀의 동작에 관한 진단이나 관리를 위한 정보가 얻어지도록 되어 있는 것.

secondary color 2 차색(二次色) 감법 혼색법(減法混色法)의 3 원색(옐로, 시안, 마젠타) 중 2 색을 혼합해서 얻어지는 색.

secondary constant 2 차 상수(二次常數) 분포 상수 회로에서의 전파 상수와 특성 임피던스를 말하며, 보통 γ, Z_0으로 나타낸다.

secondary current 2 차 전류(二次電流) 2 차 권선에 흐르는 전류.

secondary electron 2차 전자(二次電子) 고체의 표면에 전자 또는 이온이 어느 속도로 충돌한 경우, 그 에너지에 의해 표면에서 전자가 2차적으로 방출된다. 이 현상을 2차 전자 방출이라 하고, 이 결과 방출된 전자가 2차 전자이다.

secondary-electron conduction 2차 전자 도전 작용(二次電子導電作用) 외부에서 주어진 전계의 작용하에 저밀도 구조인 물질의 입자간 공간을 통해서 자유 2차 전자에 의해 고체 중의 전도 작용과는 다른 형태로 전하가 운반되는 것. 예를 들면 전하의 증폭과 기억을 담당하는 위와 같은 2차 전자 도전층(SEC 층)과, 배면 전극판으로 구성되는 타깃을 사용한 촬상관에서는 광전 음극에 생긴 전자 영상이 위의 타깃 상에 결상(結像)하여 신호 전류로 변환된다. =SEC

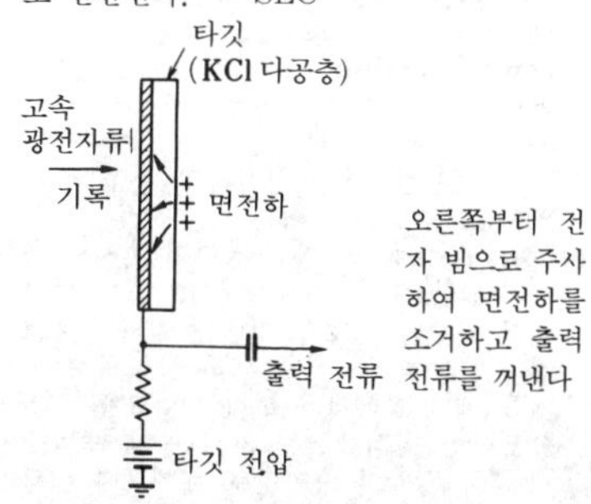

secondary-electron conduction camera tube SEC 관(一管), 2차 전자 도전 촬상관(二次電子導電撮像管) 광전 음극, SEC 타깃, 전자 빔 주사 장치 등으로 구성되는 촬상관. 광전면상의 광학상에 따라 생긴 광전자류를 고전압으로 가속하여 SEC 타깃에 결상(結像)시킨다. SEC 타깃은 고속 전자를 투과하는 도전막과 다공질(多孔質)의 절연막으로 이루어져 있으며, 가속된 광전자류는 다공질 절연막 속에서 다수의 2차 전자를 방출하면서 에너지를 잃고, 타깃의 주사측에 증배된 양전하가 축적된다. 이것을 저속 전자 빔으로 주사하여 출력을 얻도록 하고 있다. 1940 년대에 일시 사용되었으나 최근에는 SIT 관으로 대치되었다. SIT 관은 입사 1차 전자를 가속하여 높은 에너지를 주고, 물질 내에 다수의 전자·정공을 만들어 내는 전자 충격 도전성을 이용한 타깃을 가진 촬상관이다. SIT 카메라는 SIT 관의 초고감도를 이용한 카메라이며, 어두운 광학상을 촬상하는 데 쓰인다.

secondary-electron multiplier 2차 전자 증배관(二次電子增倍管) 2차 전자가 방출되기 쉬운 금속의 양극(다이노드)을 여러 개 배치하고, 2차 전자 방출을 반복시켜 전자류를 증대시키는 전자관. 1차 전자가 광전자인 경우는 광전자 증배관, 열전자인 경우는 열전자 증배관이라 한다. 텔레비전 촬상관의 일종인 이미지 오시콘에 2차 전자 증배부가 내장되어 있다.

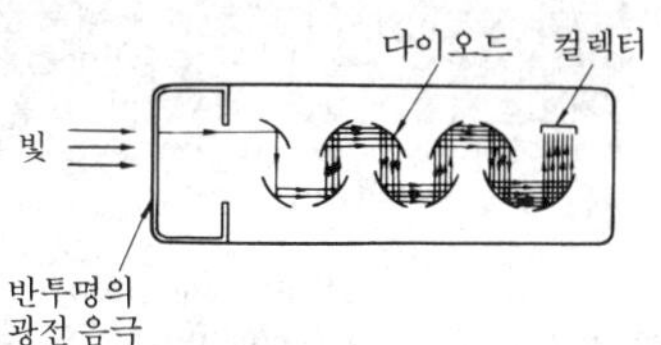

secondary emission 2차 전자 방출(二次電子放出) 높은 에너지를 갖는 전자(방출되는 전자에 대하여 1차 전자라 한다)가 금속 표면에 충돌하면 그 에너지를 얻어서 금속으로부터 전자가 방출되는 것. 이 전자를 2차 전자라 하고, 이러한 현상을 2차 전자 방출이라 한다. 연못 속에 돌을 던지면 비말(飛沫)이 생기는데 돌을 1차 전자, 비말을 2차 전자로 비유할 수 있다. 강하게 돌을 던질수록 많은 높은 비말이 생기는데 2차 전자 방출의 경우도 마찬가지이다.

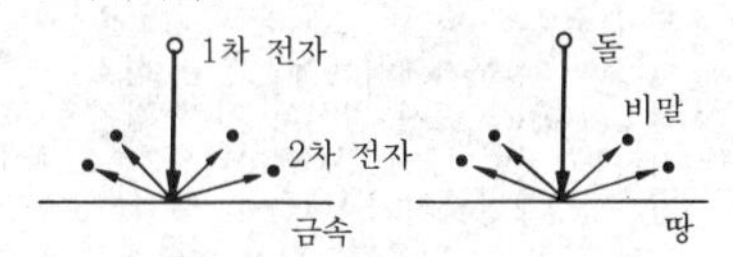

secondary emission characteristic 2차 전자 방출 특성(二次電子放出特性) 형광면으로부터의 2차 전자 방출비와 형관면에 주어지는 전압의 관계를 그림으로 표현한 것.

secondary emission crossover voltage 2차 방출 크로스오버 전압(二次放出一電壓) 2차 전자 방출면의 음극에 대한 전압으로, 2차 방출비가 거기서 1이 되는 전압. 전압의 값에 따라서 음극에 가까운 쪽부터 제 1, 제 2의 구별이 있다.

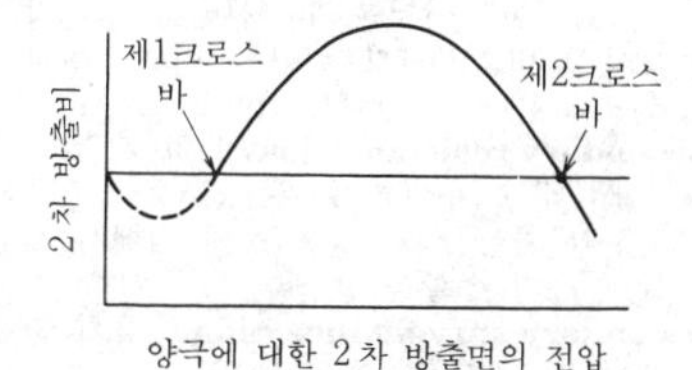

양극에 대한 2차 방출면의 전압

secondary emission ratio 2차 전자 방출비(二次電子放出比) 2차 전자 방출면의 성질을 나타내는 값으로, 2차 전자 밀도와 1차 전자 밀도의 비율을 말한다. 보통 δ로 나타낸다. 순금속에서는 δ= 0.5~1.5 정도이나, 복합 광전면인 Ag-Cs_2O-Cs 에서는 δ=5.8~9.5 정도나 된다. δ는 1차 전자의 속도가 어느 값일 때 최고가 되고, 이보다 낮을 때나 너무 높을 때는 저하한다. 또, 1차 전자가 방출면에 수직으로 닿을 때보다 기울지게 닿을 때가 δ는 커진다. 2차 전자 방출면의 온도와는 직접 관계가 없다.

secondary memory 보조 기억 장치(補助記憶裝置) =auxiliary memory

secondary piezoelectric effect 2차 압전 효과(二次壓電效果) 압전 물질에 전계를 줌으로써 일그러짐을 발생하는 현상. 역압전 효과라고도 한다. →piezoelectric effect

secondary radar 2차 레이더(二次-) 보통의 레이더 즉 1차 레이더와 달리, 질문기(interrogator)와 응답기(transponder)가 한 몸으로 되어서 동작하도록 한 것을 2차 레이더 또는 2차 감시 레이더라 한다. 질문기는 지상에 설치되고, 주로 항공기에 탑재되어 있는 응답기에 전파를 발사하고, 응답기는 이 전파를 수신하여 동일 또는 상이한 주파수의 전파를 재발사하며, 질문기에서는 이 응답 신호를 수신하여 PPI 표시 방식의 지시 장치로 표시하는 것이다. 1차 레이더와 비교해서 전파를 재발사하기 때문에 반사 전파를 강하게 할 수 있으며, 반사 전파에 특징을 갖게 할 수 있으므로 이용 범위를 확대할 수 있다.

secondary radiation 2차 방사(二次放射) 물질에 입사하는 1차 방사의 작용에 의해 생기는 입자 또는 광자. 예를 들면 콤프턴의 반도(反跳) 전자, 델타선, 2차 우주선, 2차 전자 등.

secondary radiator 2차 방사기(二次放射器) 궤전선(급전선)에 의해 송신기에 접속되지 않는 안테나 부분으로, 송신시에는 다른 방사기(1차 방사기)에 의해 여진(勵振)되고, 이것을 반사시키는 것. 방사특성을 변화시키기 위한 것이다. 반사기라고도 한다. →reflector element

secondary resistance loss 2차 저항손(二次抵抗損) 변압기나 유도기 등에서 2차 권선의 저항 r_2와 전류 I_2에 의해서 생기는 $I_2^2 r_2$의 손실을 말한다.

secondary surveillance radar 2차 감시 레이더(二次監視-) =SSR

secondary winding 2차 권선(二次捲線) 변압기에서 교류 전력이 공급되는 1차 권선에서 전자 유도 작용에 의해 전력이 전달되는 권선. 1차 권선과 2차 권선의 권수를 각각 n_1, n_2, 1차 권선과 2차 권선의 전압을 각각 v_1, v_2라 하면

$(n_1/n_2)/(v_1 1/v_2)$

가 된다.

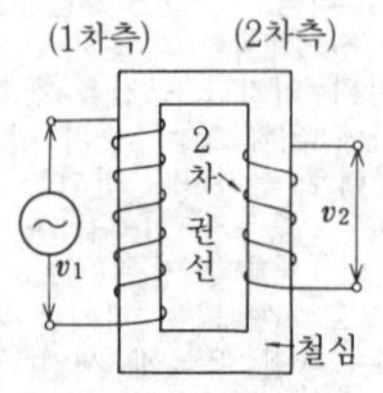

secondary X rays 2차 X선(二次-線) → fluorescent X-rays

second detection 제2검파(第二檢波) 수퍼헤테로다인 수신 방식에서 제1검파, 즉 입력 신호 주파수를 중간 주파수의 신호로 변환한 것을 검파하여 음성 주파수의 신호 출력을 꺼내는 것.

second detector 제2검파기(第二檢波器) 수퍼헤테로다인 수신기에서, 중간 주파수에서 저주파 신호를 꺼내는 검파기를 제2검파기라 한다. 이에 대하여 주파수 변환기를 제1검파기라 한다. 또 2중 수퍼헤테로다인 방식에서는 제1중간 주파수와 제2국부 발진 주파수로 헤테로다인 검파를 하여 더 낮은 제2중간 주파수를 만들어내는 제2주파수 변환기를 제2검파기라 하는 경우도 있다.

second-order lag element 2차 지연 요소(二次遲延要素) 전달 함수의 분모가 $s(d/dt)$에 대한 2차식으로 되는 전달 요소를 말하며, 그 조건에 따라서 1지연 요소가 2단으로 결합한 것이라고 생각되는 것과 같은 특성을 나타내는 경우가 있는가 하면 진동 현상을 나타내는 경우도 있다. 2지연 요소의 예로서는 그림과 같이 A, B 두 부분으로 이루어지는 물 탱크에서 A로의 유입량 변화에 대한 B의 수위의 응답이 있다. 이 경우 B의 단면적이 클 때는 수위가 완만하게 상승하지만, B

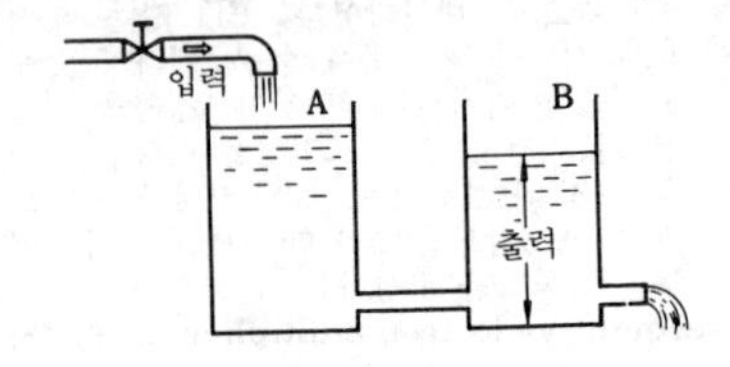

의 단면적이 작을 때는 수위가 진동하면서 최종 상태에 이르게 된다.

second source 2차 공급자(二次供給者) 다른 메이커의 제품과 교환성 있는 제품을 제조하고 있는 메이커.

second-time-around echo 주기 외 에코(周期外-) 레이더에서 펄스 반복 기간을 초과하는 기간을 두고 수신한 에코.

sectionalized linear antenna 분할 직선형 안테나(分割直線形—) 안테나의 길이 방향에 한 곳 내지 여러 곳에 리액턴스가 삽입되어 있는 직선형의 안테나.

sector 섹터 부채꼴을 말한다. 자기 디스크 기억 장치에서는 디스크의 중심에서 원주를 향해 방사상으로 구절되는 부분. 자기 디스크, 자기 드럼에 데이터를 판독, 기록시키려면 1섹터를 최소 단위로 하여 이루어지며, 제○○ 트랙의 제○○ 섹터라는 식으로 트랙 번호와 섹터 번호를 지정함으로써 위치가 확실해진다.

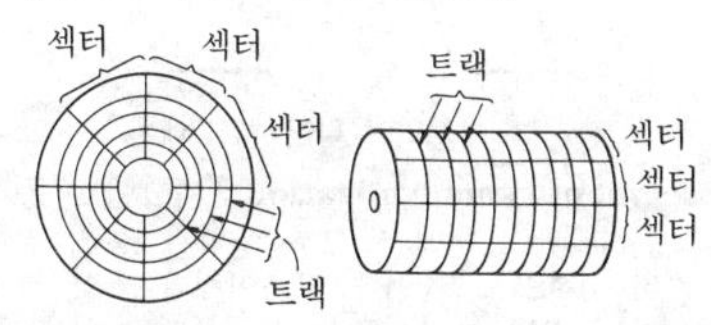
섹터
섹터
섹터
트랙
트랙
섹터
섹터
섹터
0
자기 디스크
자기 드럼

sectoral antenna 부채꼴 안테나 =fan antenna

sectoral horn antenna 선형 혼 안테나(扇形—) 혼의 마주보는 2변이 평행이고 다른 2변이 확산되는 혼 안테나.

sector display 선형 표시 장치(扇形表示裝置) ① 레이더계의 전체 서비스 에리어 중, 한정된 일부분만의 표시기. 보통, 표시되는 섹터는 선택 가능하다. ② 연속 회전하는 안테나계를 갖는 레이더 설비에 사용되는 거리·진폭 표시 장치. 대상물을 중심으로 한 좁은 섹터 내에 안테나 빔이 들어갔을 때만 긴 잔광성(殘光性)을 가진 표시면이 여기(勵起)된다.

sector horn 부채꼴 혼, 선형 혼(扇形-) 2개의 대향변(對向邊)이 평행하고 있고, 다른 두 변은 벌어진 모양을 하고 있는 혼.

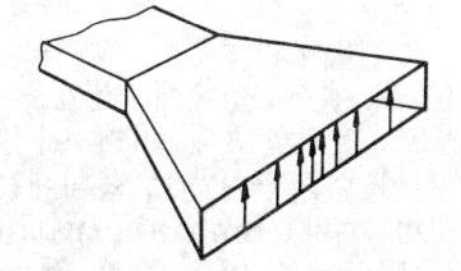

sector scan indicator 부채꼴 주사 지시기(-走査指示器) 레이더의 부채꼴 주사 영역을 표시하는 표시 장치. =SSI

sector scanning 선형 주사(扇形走査) 원형 주사의 한 변형. 주사에 있어서 안테나 빔의 방향은 원뿔 또는 평면의 일부분을 형성한다.

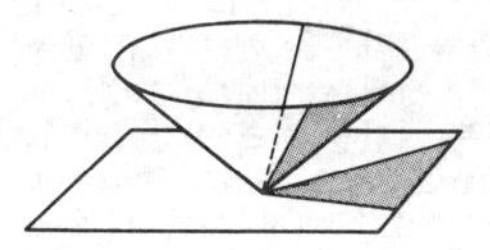

secular change 경년 변화(經年變化) 측정기, 표준기 등의 오차 등이 세월의 경과와 더불어 서서히 변화하는 것. 재료의 조직이나 일그러짐의 상태 등의 변화, 마모, 노화 등에 의한다. 그림은 계기 스프링의 탄성 피로에 의한 0점 오차를 나타낸 것이다.

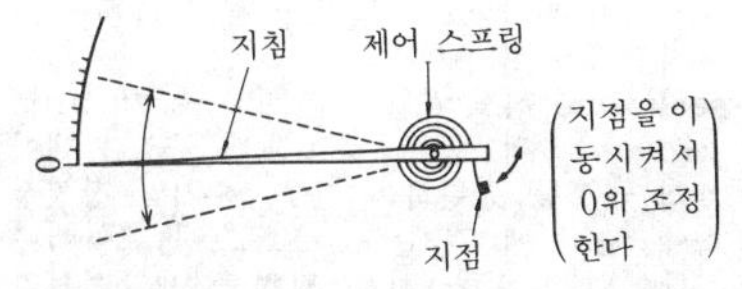
지침
제어 스프링
지점을 이동시켜서 0위 조정한다
0
지점

Seebeck coefficient 제벡 계수(-係數) 제벡 기전력을 접합점에서의 온도차로 나눈 값의, 온도차가 0에 접근한 극한의 값.

Seebeck effect 제벡 효과(-效果) 상이한 금속을 접합하여 전기 회로를 구성하고, 양쪽 접속점에 온도차가 있으면 회로에 열기전력이 발생하는 현상.

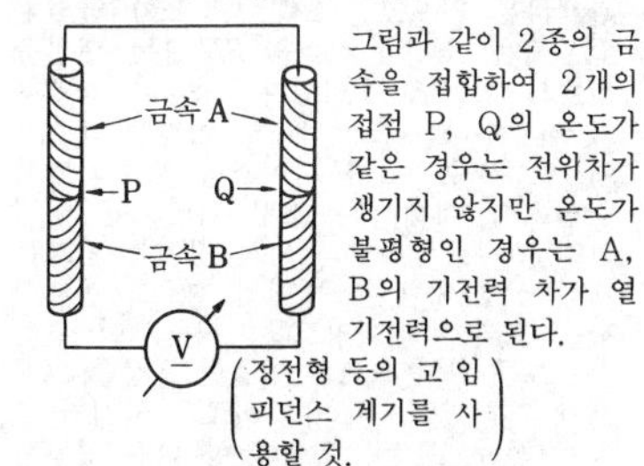
금속 A
P
Q
금속 B
V
정전형 등의 고 임피던스 계기를 사용할 것.
그림과 같이 2종의 금속을 접합하여 2개의 접점 P, Q의 온도가 같은 경우는 전위차가 생기지 않지만 온도가 불평형인 경우는 A, B의 기전력 차가 열기전력으로 된다.

seed 시드 융액(融液)에서 결정을 성장시킬 때 그 핵이 되는 작은 단결정 조각. 반도체의 큰 단결정을 만드는 경우 등에 행하여진다.

seed crystal 시드 결정(-結晶) 융액(融液)에서 결정을 성장시킬 때 핵이 되는 결정 조각.

seeding 시딩 MHD 발전의 효율을 높이기 위해서는 가스의 전리도(電離度)를 높일 필요가 있다. 그러나 온도를 높이는 방법은 장치의 재료에 의한 한계가 있으므로 이온화하기 쉬운 세슘 등을 가스에 첨가하는 방법이 사용된다. 이것을 시딩이라 한다.

seek 시크 자기 디스크 장치에서 데이터의 판독, 기록을 하기 위한 판독, 기록 헤드를 지정된 위치에 두는 것. 시크 동작에 요하는 시간을 시크 시간이라 한다.

seek area 시크 영역(−領域) 다중 판독/기록 헤드를 가진 자기 디스크 장치에서 사용되는 용어. 판독/기록 헤드 밑에 있는 모든 데이터 트랙은 헤드를 움직이지 않아도 접근할 수 있다. 각 디스크판이 각각 하나의 헤드를 가지고 있는 경우에는 그들 밑에 있는 각 트랙은 하나의 실린더를 구성한다고 생각할 수 있다. 이러한 장치에서 접근 기구를 목적의 데이터에 위치시키기 위한 소요 시간(접근 시간)을 시크 시간이라 한다.

seek time 시크 시간(−時間) →seek area

segment 세그먼트 프로그램 구조나 데이터 구조를 표현하는 경우, 주기억 장치상에 한 번에 적재되는 프로그램 모듈이나 데이터 매핑을 하는 단위를 세그먼트라 한다.

segmentation 구분화(區分化) 화상 처리의 한 분야로, 원화상을 분석하고, 화상이 갖는 성질이나 특징을 추출·기술하는 것을 목적으로 한 것이다.

segmented companding 절선 압신(折線壓伸) 아날로그 신호를 양자화할 때의 양자화 잡음(오차)은 양자화 스텝 사이즈에 관계하는 것으로, 스텝 사이즈가 균일한 경우에는 소진폭 신호의 *SN*비는 대진폭 신호의 그것에 못미친다. 양자화 레벨수가 일정하다는 조건하에서 이것을 해결하기 위해서는 스텝 사이즈를 변화시켜서 소신호에 대해서는 스텝 사이즈를 작게 하면 된다. 그러한 양자화 장치를 만드는 대신 신호 자체를 비직선 회로를 통해서 같은 효과가 얻어지도록 하는 편이 편하다. 그를 위한 회로의 입출력 특성을 그림으로 나타냈다. 이러한 회로를 압신기(壓伸器)라 하고, 이 곳을 통한 다음 양자화를 하고, 수신측에서 신장기(伸張器)에 의해 오리지널의 신호로 복원하면 된다. 그림의 특성은 몇 개의 절선으로 근사함으로써 구체화가 용이해진다. 그리고 그를 위한 μ법칙, A 법칙과 같은 압신 법칙이 제안되고 있다. 이러한 비직선 양자화를 한 코드 워드도 단순한 처리로 직선화할 수 있는 이점이 있다.

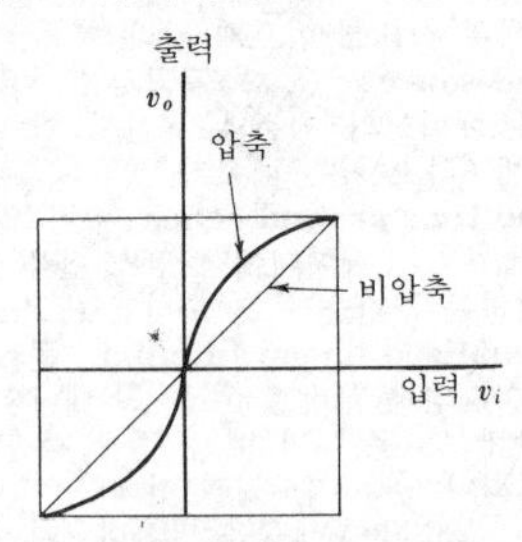

segment method 세그먼트 방식(−方式) 7개 또는 8개의 발광 소자(발광 다이오드 등)를 그림과 같이 조합시켜서 표시 장치를 구성하는 방식.

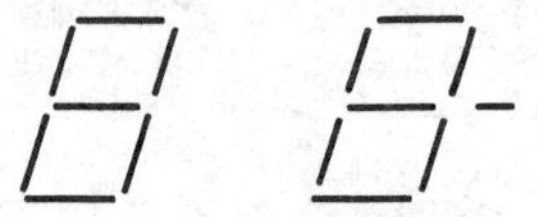

세그먼트 방식의 칩 배치

segment synchronization 세그먼트 동기(−同期) 오메가 신호 포맷과 같은 형식의 신호를 만들어 내고, 이것을 수신 오메가 신호와 동기시키는 것. 오메가 신호 포맷은 10초간을 8개의 부분으로 시분할되어 있으며, 이 각각을 세그먼트라 한다. 오메가는 지구 전역을 8국으로 커버하는 원거리용 위치 결정 방식인데, 위치 결정을 위한 레인수가 많으므로 상술한 바와 같이 각국에서 주파수가 다른 세그먼트를 정해진 순서로 송신하여, 레인의 식별을 하고 있다. 각국(各局)은 동기하여 전파를 송출하기 위해 정확한 주파수 표준기를 갖추고, 동기 모니터에 의해 위상 유지를 하고 있다.

segregation 편석 현상(偏析現象) 불순물을 포함한 반도체나 금속이 녹아 있는 부분의 불순물 농도가 증가하는 동시에 고화(固化)한 부분의 불순물 농도가 주는 현상. 또한 불순물의 분배가 반대가 되는 경우도 있다. 전자를 이용한 것이 존 정제법(zone purification)이다.

Seidel' s five aberrations 자이델의 5수차(−五收差) 하나의 축상에 중심이 있는 구면에서 반사, 굴절이 생기는 광학계의 결상(結像)에서는 축에 가까운 영역에서 주변부로 벗어날수록 여러 가지 수차(불완전성)가 나타난다. 그 형태에는 구면 수차, 코마 수차(coma aberration), 비점 수차(非點收差), 만곡 수차(彎曲收差), 왜상 수차(歪像收差)의 5종류가 있으며, 이들을 자이델의 5수차라 한다. 이러한 수차가 있는 불완전한 렌즈를 사용하여 상(像)을 확대하면 배율이 커질수록 상이 불선명하게 된다든지 일그러진다든지 하여 물체의 원형을 명료하게 판별하기가 곤란해진다.

seizing signal 포착 신호(捕捉信號) = connect signal

SELCAL 셀콜, 선택 호출 방식(選擇呼出方式) =selective calling system

selectance 셀렉턴스 ① 공진 장치의 응답에서, 공진점으로부터 떨어짐에 따라 응답도가 저하하는 정도를 말하는 용어. 공진점에서의 응답 진폭과 공진점에서 일정량만큼 벗어난 주파수에서의 응답 진폭과의 비로 주어진다. ② 라디오 수신기에서 특정한 채널에 동조했을 때의 감도와 그 채널에 대하여 지정된 채널수만큼 떨어진 다른 채널에서의 감도와의 비의 역수. 특히 지적이 없을 때는 전압비 또는 전계 강도비로 주어진다. 셀렉턴스는 흔히 인접 채널 감쇠 또는 제 2 채널 감쇠라 한다.

selected area diffraction 제한 시야 회절(制限視野回折) 전자 현미경에서 시야를 제한한 전자 회석상(電子回析像)을 얻는 것으로, 그림과 같은 방법을 쓴다. 시야는 중간 렌즈의 세기에 따라 바꿀 수 있다.

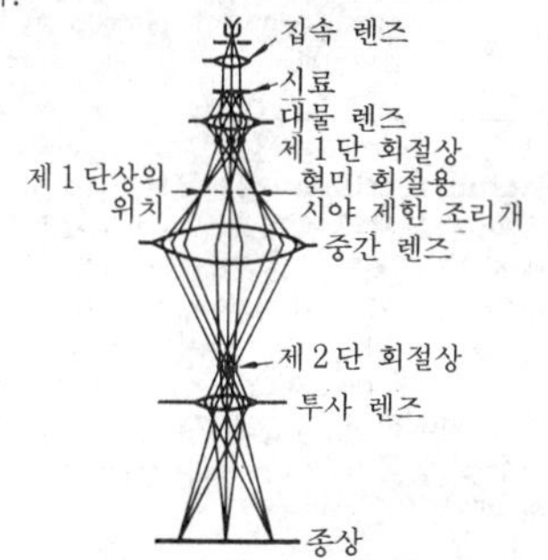

selected diffusion 선택 확산(選擇擴散) 반도체 표면에 불순물을 확산시켜서 pn접합을 만드는 경우 확산을 시키지 않는 곳은 절연 피막으로 마스크해 두고 필요한 곳만 구멍을 뚫어 두어 불순물의 주입이 이루어지도록 하는 방법.

selecting addressing 선택 주소 지정(選擇住所指定) 특정한 하나 이상의 단말 장치에 대하여 문의를 하고, 데이터의 수신을 요청하는 것.

selection network 선택 회로(選擇回路) 조합 신호를 택일 신호로 변환하는 회로. *A*, *B*, *C*는 각각 별개 조건으로 동작하므로 서로 여러 가지 조합이 얻어진다. 그 각각의 조합에 따라 *X*, *Y*, *Z*의 어느 하나의 사상(事象)이 발생하도록 되어 있다.

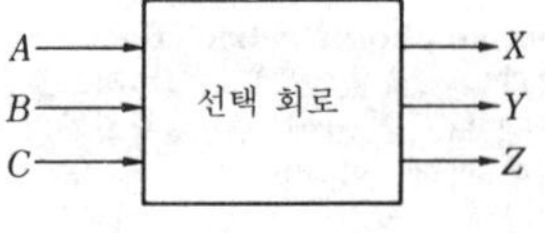

selection signal 선택 신호(選擇信號) 통신 시스템을 이용할 때 사용하는 일련의 문자열로, 호출에 필요한 어드레스(주소)를 주는 것.

selective absorption 선택 흡수(選擇吸收) 방사가 주파수의 어느 함수로서 흡수되는 것.

selective calling system 선택 호출 방식(選擇呼出方式) 이동 무선에서 주파수의 유효한 이용법의 하나로서 고안된 방식. 동일 주파수의 국이 많은 경우에 기지국에서 자기의 이동국을 호출할 때 일정한 음성 주파 또는 그 조합으로 이루어지는 호출 부호를 송출하고, 이동국측에서는 그에 따른 필터에 의해 자기의 기지국으로부터의 호출 전파만을 선택하여 동작하도록 한 것이다. 이 방식은 택시 무선 등에 이용된다.

selective diffusion 선택 확산(選擇擴散) 반도체 디바이스를 실리콘 웨이퍼 내에 만들어 넣기 위한 불순물 확산 공정에서 웨이퍼 표면의 원하는 영역을 골라 이 곳에서 확산을 하는 것. 사진 프로세스 등에 의해 확산할 영역과 확산을 저지할 영역을 절연막에 의해 정밀하게 분리한다.

selective emission 선택 방출(選擇放出) 어느 특정한 주파수 범위의 방사에 대하여 강하게 전자를 방출하는 현상.

selective fading 선택성 페이딩(選擇性－) 피변조파에서의 반송파와 측파대가 다른 비율로 전리층의 영향을 받은 경우에 발생하는 페이딩. 이러한 페이딩을 받으면 무선 전화 등은 크게 일그러짐을 발생하여 음질이 악화된다. 이에 대해 반송파도 측파대도 같은 비율로 영향을 받는 페이딩을 동기성 페이딩이라 한다.

selective growth 선택 성장(選擇成長) 결정 기판상에 선택적으로 결정을 성장시키는 것으로, 성장을 저지하는 영역에는 실리콘의 산화막 또는 질화막 등을 형성시켜 둔다.

selective heating 선택 가열(選擇加熱) 복합 유전체에 특정 주파수의 고주파 전계가 가해졌을 때 그에 따른 어느 물질 또는 층만이 발열하는 현상.

selective interference 선택적 혼신(選擇的混信) 비교적 좁은 주파수 채널에 집중하는 혼신 방해.

selective photoelectric effect 선택 광전 효과(選擇光電效果) 일반적으로 금속은 광양자(光量子)에 대한 광전자의 비율이 매우 작다. 이 비율을 크게 하기 위해 광전면에는 알칼리 금속 산화물의 얇은 막 등이 쓰인다. 이 막의 두께와 흡수되는 빛의 파장은 어떤 관계가 있으며, 폭이 좁은 파장의 범위에서 선택적으로 광전자를 방출한다. 이것을 선택 광전 효과라 한다.

selective radiation 선택 방사(選擇放射) 방사선의 스펙트럼 분포가 파장에 대하여 고르지 않은 것. 즉, 어느 파장에서는 강하고, 어느 파장에서는 약한 것. 현실의 것은 거의 모두 이것이다.

selective repeat ARQ 선택 재송형 ARQ (選擇再送形－) →ARQ

selectivity 선택도(選擇度) L, R, C의 공진 곡선에서 전류가 최대(I_m)일 때의 주파수를 f_0으로 하고, 전류가 $I_m/\sqrt{2}$일 때의 주파수를 f_1로 하면 선택도 S는 다음 식으로 나타내어지며, S가 클수록 공진은 날카로워진다.

$$S=f_0/(f_0-f_1)$$

그림은 공진 곡선을 나타낸 것이다.

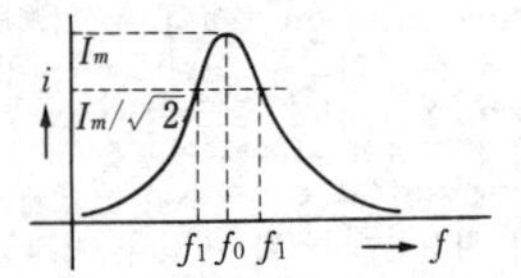

selector 실렉터 ① 하나의 입구와 복수의 출구(또는 반대로 복수의 입구와 하나의 출구)를 가진 스위치로, 선택 신호에 의해 복수의 출구(또는 입구)의 하나를 골라내는 기능을 가진 것. 후자를 파인더라 하여 구별하기도 한다. ② 상황을 질문하고, 그 응답에 따라서 복수의 가능한 동작 중 하나를 골라 이것을 개시하는 장치. ③ 회로나 장치에서 진폭, 위상, 시점 등 특정한 성질을 골라내는 장치.

selector channel 실렉터 채널 어떤 컴퓨터 시스템에 있어서, 한 시점에서 단 1개의 입출력 장치와의 사이에 데이터를 주고 받을 수 있는 입출력 채널(선택 채널). 멀티플렉서 채널과 대비된다. 후자에서는 다수의 저속 디바이스가 하나의 채널에 다중화된다.

selector circuit 선출 회로(選出回路) 순신기에서, 특정한 국을 선출하는 회로. 동조 회로나 대역 선택 회로로 구성한다.

selector switch 선택 스위치(選擇－) ① 어느 도체를 여러 다른 도체의 하나에 접속하도록 배치한 스위치. ② 호출 번호의 일부에 의해 정해지는 트렁크의 한 무리를 골라내어, 그 무리 속의 빈 트렁크에 접속하기 위한 원격 조작 스위치. ③ 상이한 제어 회로를 선택하기 위한 많은 위치의 수동 조작 스위치.

selenium 셀렌 기호 Se. 6가의 원소로 원자 번호 34. 금속상(金屬狀), 적색 결정, 적색 무정형의 3종의 동소체(同素體)가 있다. 광전 효과를 이용하는 재료로서 쓰이는 것은 금속상 셀렌이다.

selenium cell 셀렌 광전지(－光電池) 반도체의 광전 효과에 의해 입사광이 닿으면 기전력이 발생하고, 그 광전류에 의해 마이크로암페어계를 작동시켜 조도(照度)를 측정하는 전지. 박막 전극의 면에 광속이 조사(照射)되면 셀렌과 알루미늄 기판과의 경계면에 기전력이 발생하여 마이크로암페어계에 광전류가 흐르는 것으로, 건전지 등의 전원은 필요로 하지 않는다.

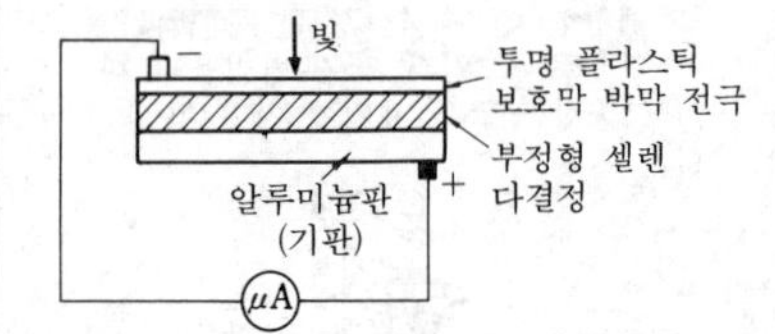

selenium rectifier 셀렌 정류기(－整流器) 금속 반도체의 일종으로, 반도체로서 셀렌을 사용한 것. 알루미늄의 한쪽 면에 셀렌의 얇은 층을 용착하고, 그 위에 고전도성 금속을 입힌 것. 전류는 셀렌에서 금속측으로, 반대측보다도 흐르기 쉬우므로 정류 작용이 나타난다. 보통, 역내(逆耐) 전압을 높이기 위해 여러 장 이상을 직렬로 해서 사용한다.

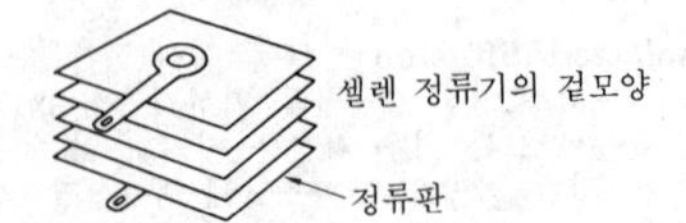

self-actuated control 자력 제어(自力制御) 조작부를 움직이기 위해 필요한 에너지가 제어 대상에서 검출부를 통해 직접 얻어지는 제어. 예를 들면 그림과 같은 액면의 자동 제어에서는 액면이 저하하면

플로트(float)도 내려가므로 밸브도 내려가서 유량을 줄인다. 따라서 다시 액면은 상승을 시작한다. 이 경우 제어 대상인 액면이 검출부인 플로트를 움직이고 그에 의해 밸브도 움직이게 된다.

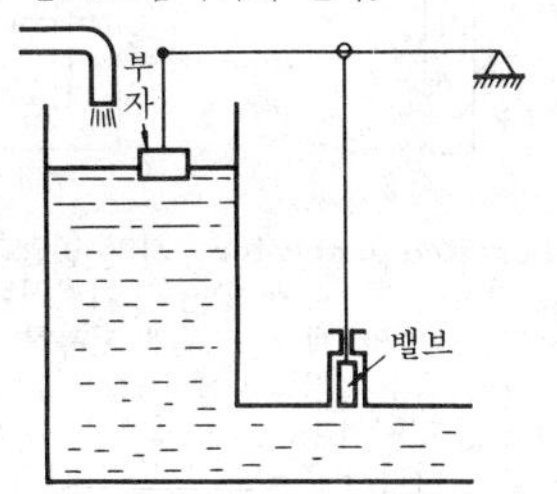

self-aligned gate structure 셀프 얼라인 게이트 구조(-構造) MOS IC 의 게이트 구조로서 게르미늄 게이트형과 폴리실리콘 게이트형의 두 종류가 있다. 전자에서는 실리콘 기판의 두꺼운 SiO_2층으로 덮은 소재를 선택 에칭, 소스 · 드레인 확산, 게이트 절연 산화막 형성, 알루미늄 전극 형성과 같은 공정을 거듭하여 IC 를 만들어 가는데, 각 공정에서의 상호 위치 정렬을 정밀하게 하기가 곤란하다. 이에 대하여 후자인 경우는 기상(氣相) 반응에 의해 폴리실리콘의 막을 형성하고, 이것을 에칭 처리하여 게이트(접속용 영역이 필요하다면 그것도)를 먼저 형성하고, 소스와 드레인의 확산은 그 다음에 하는데, 그 때 이들의 확산 영역의 끝이 먼저 에칭 처리한 폴리실리콘의 게이트 영역을 기준으로 하여 정해지므로 고도한 위치 맞춤 정밀도를 달성할 수 있다. 폴리실리콘(다결정 실리콘)은 MOS IC 나 CCD 에서의 게이트 전극을 형성하는 데 널리 쓰인다. 실리콘은 고농도로 불순물을 도프함으로써 축퇴(縮退)하여 금속과 같은 성질이 주어지며, 전극 물질로서 동작한다.

self-balance type recorder 자동 평형 기록계(自動平衡記錄計) 서보 기구에 의해 기록을 자동화한 평형 측정법(영위법)의 기록계로, 서보형 기록계라고도 한다. 이 방식의 계기는 지시 토크가 크므로 경보 장치나 조절기와의 조합이 쉽게 된다. 또 정밀도가 높고, 신뢰성은 있지만 가격이 조금 비싸다.

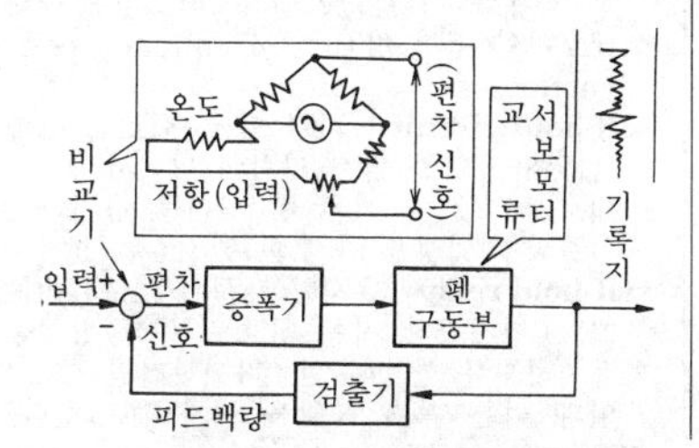

self-bias 자기 바이어스(自己-) 바이어스를 전용 전원에서 직접 공급하지 않고 회로 자신의 동작 중에서 꺼내는 형의 바이어스. 전용 전원을 쓰지 않으므로 경제적이다. 출력 신호의 전압 또는 전류의 변화에 따라서 바이어스값이 변동하여 부궤환 동작이 일어난다. 그 이유로 그림의 (a)를 전압 궤환 바이어스, (b)를 전류 궤환 바이어스라고도 한다. 또 (a)의 회로는 동작이 불안정하므로 더 복잡한 안정화 바이어스법을 쓰는 것이 보통이다.

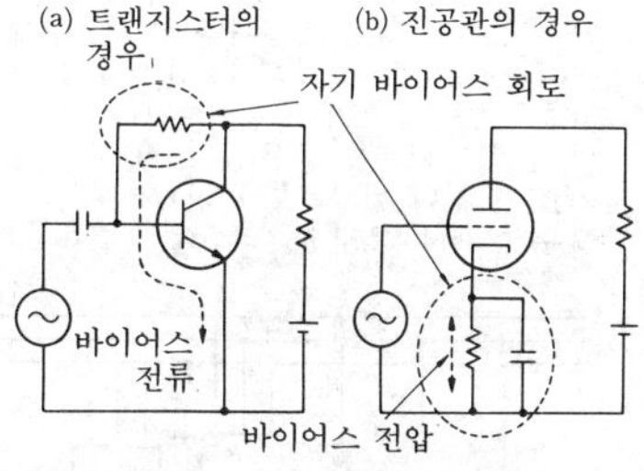

self-bonding enameled wire 자기 융착 에나멜선(自己融着-線) 코일 부품에 사용하는 에나멜선의 일종. 권선한 것을 가열하면 피막의 에나멜이 융착하도록 한 것. 이것을 사용하면 갭이 없어지므로 마무리를 위한 니스 처리가 필요없게 된다.

self-capacitance 자기 용량(自己容量) 단권 변압기에서 저압측을 1차로 한 경우에 변압기 작용에 의해 승압된 출력분. 단권 변압기의 크기를 결정하는 요소이다. → auto-transformer

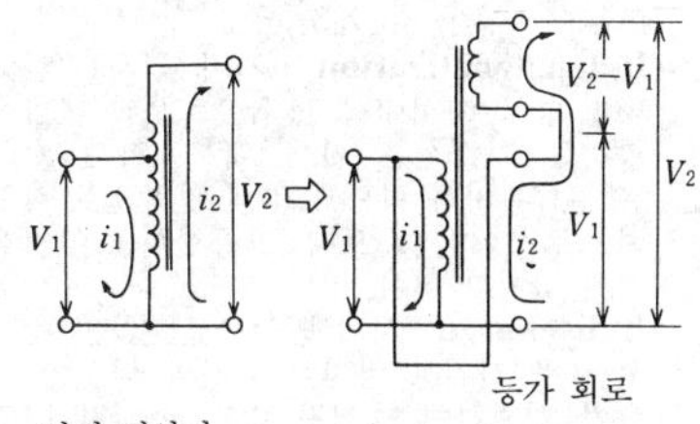

단권 변압기

자기 용량 $= i_2(V_2 - V_1)$

선로 출력 $= i_1 V_1 = i_2 V_2$

self-commutated inverter 자기 전류형 역변환 장치(自己轉流形逆變換裝置) 장치

자체가 내장하는 전류(轉流) 장치에 의해 전류하는 정지형 인버터.

self-contained instrument 자장 계기(自藏計器) 케이스 내에 모든 필요한 장비를 내장해 놓은 계기.

self-contained navigation 자립 항법(自立航法), 자장 항법(自藏航法) 외부로부터의 원조를 받지 않고 자신이 갖는 항법 장치만으로 항행하는 것.

self-contained navigation aid 자립 항법 원조 장치(自立航法援助裝置) 이동체 자신에 의해 운반되는 시설만으로 성립되는 항행 원조 장치.

self-converter 자려식 주파수 변환기(自勵式周波數變換器) 국부 발진기를 가진 주파수 변환기. 그림은 그 회로이며, 동조 회로의 콘덴서 C_1과 발진기의 콘덴서 C_4는 연동하여 함께 조정된다. C_2를 통해서 주어지는 입력 신호와 발진기에 의해서 만들어지는 신호가 혼합되어서 입력 신호의 주파수가 예를 들면 590, 950, 1,130 kHz 와 같이 변화해도 변환기로부터의 출력은 언제나 455kHz 의 중간 주파 신호이다.

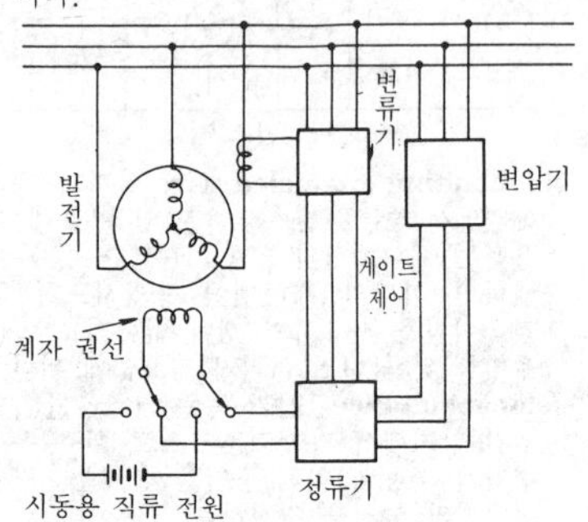

self-defocusing 자기 초점 이탈(自己焦點離脫) →self-focusing

self-demagnetization 자기 감자(自己減磁) 영구 자석에서 N극으로부터 S극을 향하는 자력선은 자석 내부에서는 자구(磁區)의 자화 방향과 반대 방향으로 작용하므로 감자력으로서 작용한다. 이것을 자기 감자라 한다.

self-discharge 자기 방전(自己放電) 충전한 2차 전지도 방치한 시간과 더불어 용량이 감소하여 축적된 전기 에너지가 전지 내에서 소모해 버리는 것. Zn 보다도 단극 전위가 높고, 수소 과전압이 낮은 불순물 Cu 등이 존재하면 국부 전지가 형성되어 그림의 화살표의 순환 전류가 흘러 Zn 이 소모해서 생긴 H_2가 양극으로 이동하고, 양극 활성 물질과 반응하여 활성 물질의 무효한 손실이 된다.

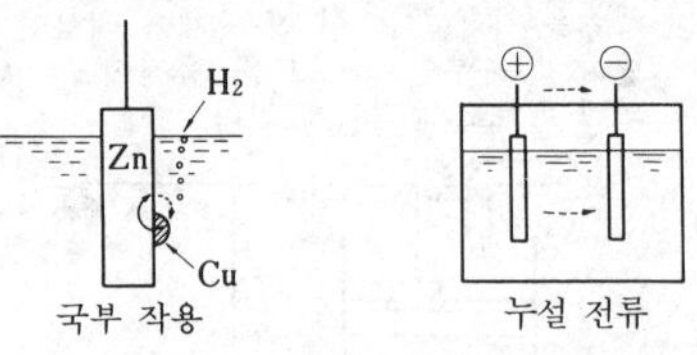

self-excited generator 자려 발전기(自勵發電機) 전기자에 발생한 기전력에 의해 자기(自己)의 계자 코일에 전류를 흘려서 계자 자속을 얻는 방식의 발전기. 직류기에서는 전기자 코일과 계자 코일의 접속 방법에 따라서 분권, 직권, 복권의 3종류로 나뉜다. 보통의 발전기에서는 자려식이 널리 쓰인다.

self-excited oscillator 자려 발진기(自勵發振器) 회로에 전력을 가함으로써 발진하고, 정상 출력값을 반생하는 발진기. 회로가 갖는 정궤환 작용으로 발진을 하며, 발진시키기 위해 어떤 출력 주파수의 입력은 필요로 하지 않는다.

self-focusing 자기 집속(自己集束) 빛의 전자계 강도에 의존한 물질의 비선형 굴절률의 변화에 의한 렌즈 효과 때문에 광빔이 집속하는 현상. 어떤 임계값 이상의 강도를 갖는 빛은 가는 필라멘트 모양의 광속으로 되어서 전파(傳播)하게 되며, 이것을 셀프 트래핑(self-trapping)이라 한다. 또, 빛의 강도가 클수록 굴절류이 작아지는 물질에 대해서는 광속이 확산하게 되어 자기 초점 이탈(自己焦點離脫 : self-defocusing)이 일어난다.

self-healing capacitor 자기 회복 콘덴서(自己回復－) 과대 전압에 의해 절연 파괴를 일으켜도 자기 회복하는 성질을 가진 콘덴서. 공기 콘덴서, 어떤 종류의 전해 콘덴서, 금속화지(金屬化紙) 콘덴서 등은 이러한 자기 회복성을 가지고 있다.

self-heterodyne system 자려 헤테로다인 방식(自勵－方式) 발진 작용과 주파수 변환 작용을 하나의 트랜지스터로 하는 헤테로다인 검파 방식. →frequency converter

self-hold circuit 자기 유지 회로(自己維持回路) 단일 펄스 입력에 의해서 온 상태로 되고, 그 이후 온 상태를 유지하는 일종의 기억성을 가진 회로.

self-hold relay 유지형 계전기(維持形繼電器) 단시간의 시동 신호로 동작 상태를 유지하도록 한 계전기. 복귀하려면 주 코일과 다른 복귀 코일을 여자(勵磁)한다.

일반 계전기와 비교해서 통전 시간을 극단적으로 짧게 할 수 있으므로 코일을 소형으로 할 수 있다. 또 절전형이기도 하다. 코일이 하나이며, 통전마다 접점이 전환되는 래칭 계전기라고 하는 것이 있다. 또, 동작과 복귀는 코일의 전류 방향을 바꾸어서 하는 것도 있다.

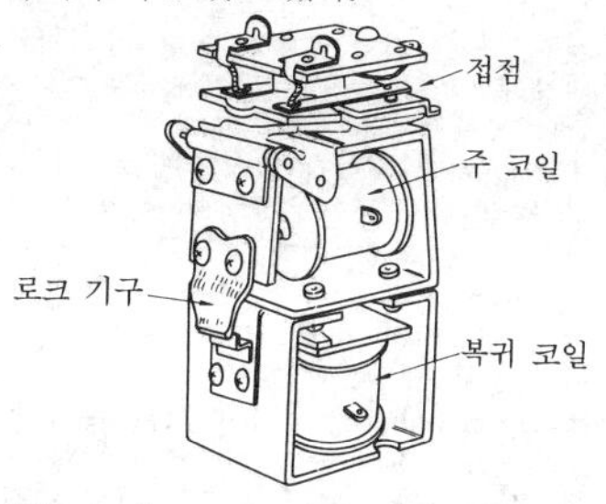

self-impedance 자기 임피던스(自己－) ① 회로망에서 수동적인 그물눈 또는 루프의 임피던스로, 회로의 다른 모든 그물눈은 개방되어 있고, 전기적인 결합이 없는 것으로 한다. ② 회로망의 한 쌍의 단자에 있어서의 전압과 그 단자에서 흘러드는 전류와의 비. 다른 단자쌍은 개방해 둔다. ③ 안테나 소자이 임피던스로, 다른 소자는 전부 개방해 두는 것으로 한다.

self-inductance 자기 인덕턴스(自己－) 코일의 상수로, 유도 전압의 비례 상수. 기호는 L, 단위는 헨리(H). 1H 는 1초간에 1A 의 전류 변화에 대하여 1V 의 전압 발생을 하는 코일의 자기 인덕턴스.

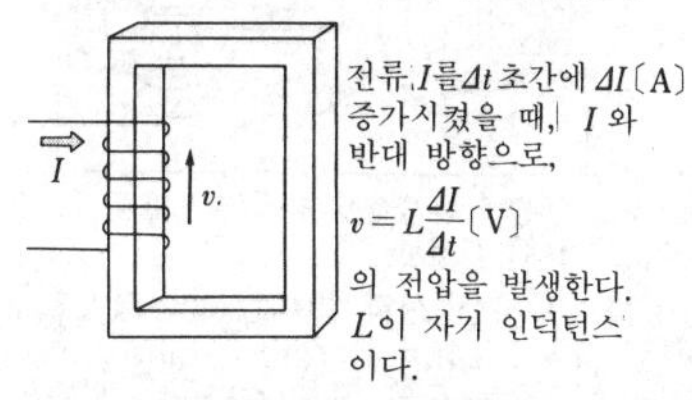

전류 I를 Δt초간에 ΔI〔A〕 증가시켰을 때, I와 반대 방향으로,

$$v=L\frac{\Delta I}{\Delta t}〔V〕$$

의 전압을 발생한다. L이 자기 인덕턴스이다.

self-induction 자기 유도(自己誘導) 코일을 흐르는 전류가 변화하면 코일 중의 자속이 변화하여 코일에 유도 전압을 발생하는 현상.

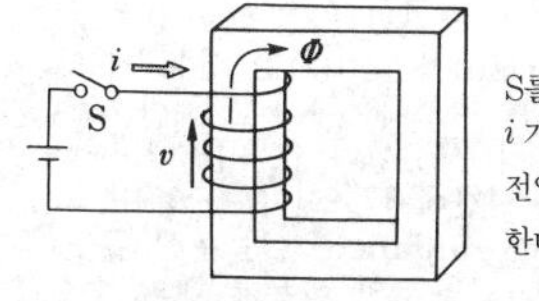

S를 닫아 전류 i가 증가하면 전압 v가 발생한다.

self-maintaining discharge 자속 방전(自續放電) 불꽃 방전에서, 전극간에 전압을 가한 상태에서 방전이 자속하는 것. 이 때 가해지는 전압을 불꽃 전압이라 한다.

self-mode locking 자기 모드 동기(自己－同期) →mode locking

selfoc fiber 셀폭 파이버 광섬유의 일종으로, 집속형의 것. 재질은 붕규산 유리.

self-oscillator 자려 발진기(自勵發振器) 트랜지스터를 사용한 발진기는 보통 전원 스위치를 넣기만 하면 지속 진동을 일으킨다. 이것은 출력의 일부를 입력측으로 궤환하여 끊임없이 발진의 원인을 주고, 트랜지스터의 증폭 작용과 진폭 제한 작용에 의해 일정한 진폭을 유지하고 있기 때문이다. 이러한 발진기를 자려 발진기라 하고, 궤환 회로를 가진 것은 궤환 발진기 또는 반결합 발진기, 부성 저항 소자를 이용한 것은 부성 저항 발진기라 한다.

self-phasing array antenna system 자기 조상 어레이 안테나 방식(自己調相—方式) 수신파의 도래 방향을 알 수 없는 경우, 수신 신호를 최대가 되도록 어레이 소자의 위상 분포를 제어하는 수신 안테나 시스템.

self-pulse modulation 자기 펄스 변조(自己—變調) 내부에서 발생하는 펄스에 의한 변조.

self-quenching oscillator 자기 퀜칭 발진기(自己－發振器) 발진 출력에 의해 발진기 회로의 상태가 변화함으로써 출력 진폭이 주기적으로 첨두값에 이르고, 그런 다음 제로가 된다. 레이더에서의 펄스 발진에 쓰인다. 단속 발진기(squegging oscillator, squegger)라고도 한다. 블로킹 발진기도 일종의 단속 발진기이다.

self-regulation 자기 평형성(自己平衡性) 어떤 일정한 크기의 입력 신호를 주었을 때 그 출력 신호의 크기가 어떤 시간 경과한 후에는 어떤 일정한 값으로 안정하는 성질.

self-relative address 자기 상대 주소(自己相對住所) 일종의 상대 주소로, 이것을 포함하는 명령의 주소를 기저(基底) 주소로 하여 절대 주소를 구하도록 하는 것. 명령의 주소부가 자기 상대 주소를 포함하는 주소 지정법을 자기 상대 주소 지정(self-relative addressing)이라 한다.

self-relocating routine 자기 재배치형 루틴(自己再配置形－) 주기억 장치 내의 어디에서나 기록할 수 있는 프로그램으로, 그 장소에서 실행할 수 있도록 그 주소 상수를 조정하기 위한 초기화 루틴을 포함하고 있는 것.

self-reset relay 자기 리셋 계전기(自己—

繼電器) 입력 신호가 없어진 후, 리셋 위치로 복귀하도록 구성된 계전기.

self-restoring fire detector 자동 복구식 화재 감지기(自動復舊式火災感知器) 복구 가능한 화재 감지기로, 감지 소자가 자동적으로 정상 위치로 복귀한다.

self-saturation type magnetic amplifier 자기 궤환형 자기 증폭기(自己饋還形磁氣增幅器) 가포화 리액터가 증폭기로서 동작하기 위해서는 높은 증폭도를 가질 필요가 있으며, 그를 위해 직류 출력 전류를 정류하여 정궤환하고, 제어 암페어 횟수를 조장하는 형의 증폭기를 궤환형이라 하며, 철심에 궤환 권선을 두는 일 없이 궤환 작용을 할 수 있는 형식의 것을 자기 궤환형 자기 증폭기라 한다. 그림은 자기 궤환형 자기 증폭기의 접속 예를 나타낸 것이다.

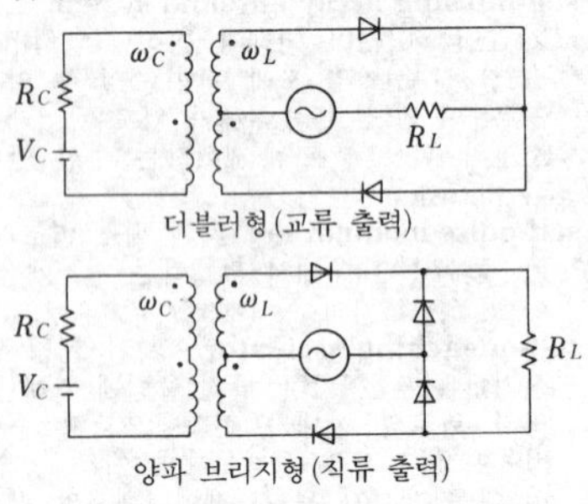

자기 궤환형 자기 증폭기의 접속 예

self-supporting cable SS 케이블, 자기 지지형 가공 케이블(自己支持形架空-) PE(폴리에틸렌) 등으로 절연한 케이블에 지지용의 메신저 와이어를 합체한 것이다. 지지선은 PE 절연을 하여 심선과 평행 혹은 꼬은 것으로, 케이블의 단면이 오뚜기 모양을 한 오뚜기형 SS 케이블이나 꼬은 케이블, 지지선과 심선을 바인드선으로 거칠게 결합한 평 바인드형 SS 케이블 등이 있다. =SS cable

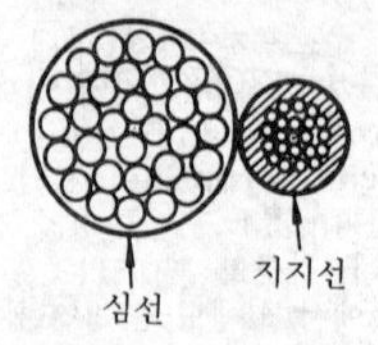

self-supporting rural distribution wire SD 와이어 통신 선로에 사용하는 간이 케이블. 비닐 피복의 아연 도금 강선을 지지선으로 하여 중심에 두고, 그 둘레에 폴리에틸렌 피복의 심선을 배치하고, 다시 비닐의 공통 피복을 한 것으로, 시스는 없다. 가입자가 저밀도인 지역에 사용한다.

self-support supply system 자립 전원 방식(自立電源方式) 필요한 직류, 교류(전압, 주파수)의 전력을 공급하기 위한 전원 장치이지만, 그를 위한 에너지원을 내장하고 있고, 상용 전원에서는 얻지 않는 것.

self-test 자기 시험(自己試驗) 장치가 설계 범위 내에서 동작하는지의 여부가 장치 자신에 의해서 수행되는 시험, 또는 일련의 시험. 이것은 동작 상태 및 준비를 살피는 컴퓨터의 시험 프로그램과 자동 시험 장치로 이루어져 있다.

self-test capability 자기 시험 능력(自己試驗能力) 장치가 자신의 회로 및 동작을 체크하는 능력. 자기 시험의 정도는 결함 검출과 분리의 능력에 의존한다.

self-timing system 자기 타이밍 방식(自己-方式) →external timing system

self-trapping 셀프 트래핑 →self-focusing

selsyn device 셀신 장치(-裝置) 기계적으로 연동시키기 어려운 둘 이상의 축을 전기적으로 결합하여 동일 또는 일정한 속도비를 가지고 동기 운전시키는 장치.

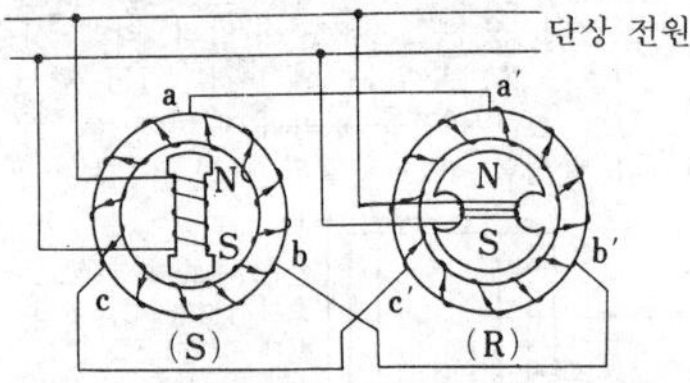

S를 회전시키면 같은 각도만큼 R이 회전한다

SEM 주사형 전자 현미경(走査形電子顯微鏡) scanning electron microscope 의 약어. 진공 중의 시료(試料)를 가늘게 집속한 전자 빔으로 주사하여 그 2차 전자상(電子像)을 CRT로 관측하는 전자 현미경.

semaphore 세마포르 프로세스 간 통신의 수단 중 가장 간단한 형으로, 0 또는 1의 플래그(flag)를 넘기기만 하는 기능을 말한다. 세마포르에는 RAM 세마포르(슬레드 간에서 사용된다)와 시스템 세마포르(프로세스 간에서 쓰인다)가 있다.

semiactive guidance 반능동적 유도(半能動的誘導) 유도된 이동체 내의 수신기가 목표물로부터의 산란 전파 신호에서 유도 정보를 도출해 내는 바이스태틱 레이더 호밍 시스템. 또한 목표물을 조사(照射)하는 신호는 이동체 이외의 장소에서 송신된다.

semianalytic inertial navigation equipment 반해석 관성 항법 장치(半解析慣性航法裝置) 수평 측정축이 얼라인먼트에 있어서 지리적 방향으로 유지되고 있지 않는 것을 제외하고는 지리적 관성 항법 장치와 같다. 방위각 방향의 정위(定位)는 자동적으로 계산된다.

semiautomatic 반자동(半自動) 자동 기구로 하여금 동작을 개시시키기 위해 수동 동작을 필요로 하도록 양자를 결합시키는 것.

semiautomatic player 반자동 플레이어(半自動－) 전자동 플레이어에 대하여 레코드의 연주를 시작할 때 픽업의 바늘끝을 레코드판 위에 얹는 조작만을 수동으로 하고, 연주가 끝난 다음 톤 암을 암 레스트의 위치까지 복귀시키는 조작을 자동적으로 하는 플레이어. 연주 도중에서의 톤 암의 복귀(reject) 기능을 갖추고 있는 것이 많다.

semiautomatic telephone systems 반자동 전화 방식(半自動電話方式) 발신자로부터의 접속 요구를 교환원치 구두로 접수하고 실제의 접속은 자동화된 장치에 의해 실행되는 전화 교환 방식.

semiconductor 반도체(半導體) 금속과 절연체 중간의 전기 저항을 가지며, 그 전하의 캐리어 밀도가 어느 온도 범위에서 온도와 더불어 증가하는 전자 혹은 이온 전도성의 고체를 말한다. 규소, 게르마늄은 대표적인 반도체이다.

semiconductor condenser 반도체 콘덴서(半導體－) 반도체 표면에 만든 절연층을 유전체로서 이용하는 콘덴서의 총칭. 예를 들면 경계층 자기 콘덴서와 같은 것.

semiconductor controlled rectifier 반도체 제어 정류기(半導體制御整流器) 역처지 3단자 사이리스터의 별명. =SCR

semiconductor device 반도체 디바이스(半導體－) 반도체 내에서 전자 및 정공에 의해 운반되는 전하의 양을 제어할 수 있는 전자 장치로, 적당한 단자에서 주어진 전압, 전류에 대하여 특정한 동작 기능을 가지고 있다. 예를 들면, 다이오드, 트랜지스터, 사이리스터, 논리 디바이스, 광전자 디바이스 등이다. 전하 캐리어가 한 종류만으로 동작하는 유니폴러 디바이스와 전자·정공의 양자에 의해 동작하는 바이폴러 디바이스가 있다.

semiconductor device circuit breaker 반도체 소자 회로 차단기(半導體素子回路遮斷器) 과전류에서 반도체 소자를 분리시키거나 혹은 보호하기 위해 사용되는 특별한 특성을 가진 회로 차단기.

semiconductor device fuse 반도체 소자 퓨즈(半導體素子—) 반도체를 분리시키거나 또는 보호하기 위해 1개 또는 복수 개의 반도체 소자와 직렬로 연결되는 특별한 특성을 갖는 퓨즈.

semiconductor diode 반도체 다이오드(半導體—) ① 2개의 단자를 갖추고 비선형의 전압·전류 특성을 갖는 반도체 소자. ② 다른 방향에 비해 어느 한 쪽의 방향으로 보다 많은 전류를 흘리는 비선형의 특성을 가지며, 반도체의 접합으로 이루어지는 2단자 소자.

semiconductor-diode parametric amplifier 반도체 다이오드 파라메트릭 증폭기(半導體—增幅器) 1개 또는 그 이상의 버랙터를 사용하는 파라메트릭 증폭기.

semiconductor frequency changer 반도체 주파수 변환기(半導體周波數變換器) 어떤 교류 주파수에서 다른 주파수로 변환시키기 위한 변환기로, 반도체 소자를 사용하여 구성된 장치.

semiconductor integrated circuit 반도체 집적 회로(半導體集積回路) 집적 회로(IC)의 한 형태로, 1개의 반도체 재료편

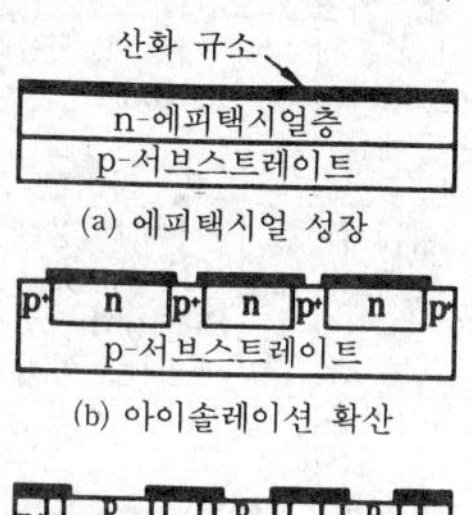

(a) 에피택시얼 성장

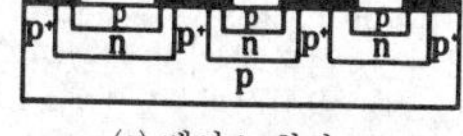

(b) 아이솔레이션 확산

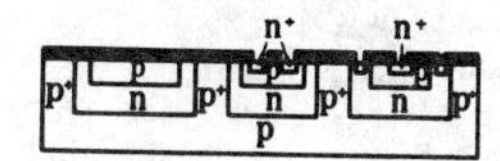
(c) 베이스 확산

(d) 이미터 확산

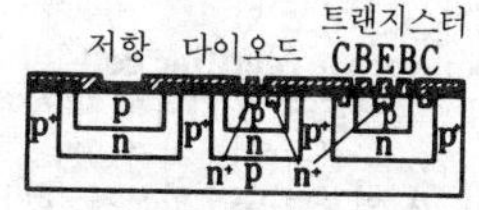

(e) 알루미메탈라이제이션

중에 완전히 실현된 회로 소자와 상호 접속으로 이루어지는 것이다. 그 제법은 플레이너형 트랜지스터에서 발전한 것으로, 규소의 단결정 박판 중에 불순물을 선택 확산시키는 기술을 쓴다. 그림은 그 예이며, DTL 회로(다이오드 트랜지스터 로직)를 제작하는 순서를 나타낸다.

semiconductor junction 반도체 접합(半導體接合) 성질이 다른 전기 특성을 가진 2개의 반도체 영역 사이의 천이 영역.

semiconductor laser 반도체 레이저(半導體－) 레이저 중에서 발광체로서 반도체를 사용하는 것을 말하며, 소형이고 동작 효율이 높다. 반도체로서는 비소화 갈륨 등을 사용한다.

semiconductor logical device 반도체 논리 장치(半導體論理裝置) 트랜지스터, 전계 효과 트랜지스터(FET), 다이오드 등의 반도체 소자를 바탕으로 하여 구성한 IC(집적 회로)나 LSI(대규모 집적 회로)의 논리 회로.

semiconductor memory 반도체 기억 장치(半導體記憶裝置) 데이터를 보존하기 위하여 트랜지스터, FET(전계 효과 트랜지스터) 등을 사용한 플립플롭 회로로 구성한 기억 소자나 접합부 용량을 이용한 기억 소자로, IC 나 LSI(대규모 집적 회로)로서 제조된다. 그 종류로서는 RAM, PROM, 마스크 ROM 등이 있으며 저가격이기 때문에 널리 사용되고 있다.

semiconductor on insulator 절연 기판상의 반도체(絶縁基板上－半導體) 절연 기판상에 구성된 반도체. 이러한 구조는 기판의 커패시턴스가 작기 때문에 동작 속도가 빠르고, 기판상의 각 소자를 완전히 절연할 수 있다. SOS(silicon-on-sapphire) 구조는 그 예인데, 이러한 구조는 에피택시얼층의 성장이 어렵고 가격도 비싸다. =SOI

semiconductor radiation detector 반도체 방사선 검출기(半導體放射線檢出器) 입사(入射) 방사선의 검출과 측정용으로 과잉 자유 전자 캐리어의 생성과 운동을 이용하는 반도체 소자.

semiconductor rectifier 반도체 정류기(半導體整流器) 반도체의 pn 접합이 한 방향으로만 전류를 통하기 쉬운 성질을 이용한 정류기. 일반적으로는 실리콘 정류기가 사용되고 있다.

semiconductor rectifier cell 반도체 정류 셀(半導體整流－) 하나의 음극과 하나의 양극 및 그 사이에 끼워져 있는 하나의 접합면으로 이루어지는 반도체 디바이스.

semiconductor rectifier diode 반도체 정류 다이오드(半導體整流－) 비대칭 전압·전류 특성을 갖는 반도체 다이오드로, 정류의 목적에 사용된다. 탑재 부품이나 냉각 부품을 갖는 경우에는 그들을 포함하여 반도체 정류 다이오드라 한다.

semiconductor rectifier stack 반도체 정류 스택(半導體整流－) 정류 특성을 가진 하나 또는 복수 개의 다이오드에 설치구나 냉각 장치 등을 일체화하여 단자 접속을 붙인 것. 이것은 정류기의 서브어셈블리이며, 정류기 그 자체는 아니다.

semiconductor strain gauge 반도체 왜율계(半導體歪率計) 규소나 게르마늄계의 반도체를 사용하여 저항선 왜율계와 마찬가지로 일그러짐을 측정하는 센서이다. 소형이고 감도가 높으며, 높은 출력 전압이 얻어진다. p 형 반도체에서는 인장(引張)에 대하여 일그러짐 감도가 양, 즉 저항값이 증가하고 n 형에서는 음이다.

semiconductor substrate 반도체 기판(半導體基板) 반도체의 단결정 막대를 얇게 절단하고, 그 표면을 연마하여 거울 모양으로 마무리한 것으로, 웨이퍼(wafer)라고도 한다. 보통 원형이고 그 외경 치수에는 SEMI 규격이 있으며, 인치 단위로 정해져 있다. 기판 내의 결정 방위를 명확하게 하기 위해 원의 일부가 직선적으로 잘려져 있다(orientation flat). 기판은 그 표면 및 그 내부에 기능층을 만들기 위해 혹은 기판상에 에피택시얼층을 성장시켜서 이것을 이용하는 사용법이 있다. 후장의 경우는 예를 들면 GaAs상에 동종의 GaAlAs 나 GaAsP 등을 성장시키고 있다. 최근, 기상(氣相) 성장법이나 광성장법 등의 진보로 이종(異種) 재료의 성장도 가능하게 되었다.

semicustomer integrated circuit 세미커스터머 IC 커스터머(수요자)의 희망에 맞추어서 전면적으로 설계 제작하는 IC 를 커스터머 IC 라 하는 데 대해 부분적으로는 메이커가 가지고 있는 셀이나 마스크를 써서 그 조합을 커스터머의 명세에 합치하도록 설계하는 IC 가 세미커스터머 IC 이다.

semi-duplex operation 반복신(半複信) 한쪽 단국(端局)이 단신(單信), 다른쪽 단국이 복신 방식으로 동작하는 통신 회로의 방식. 이동 무선 방식으로 사용할 때는 기지국이 복신, 이동국은 단신 동작이다.

semi-electronic switching system 반전자식 교환기(半電子式交換機) 제어부만을 전자화하고, 통화로는 전자(電磁) 기계식의 장치를 사용한 교환기 방식.

semifixed-length record 반고정 길이 레

코드(半固定-) 고정 길이의 레코드이나, 그 길이는 프로그래머의 판단에 따라 바꿀 수 있는 것. 보통 몇 개의 정해진 길이 중의 하나를 고르도록 한다. 이에 대하여 레코드를 구성하고 있는 블록, 워드, 캐릭터 등의 수가 전혀 일정하지 않는 경우는 가변 길이 레코드라 한다.

semifixed resistor 반고정 저항기(半固定抵抗器) 전자 회로에서 설계값과 실제가 얼마간 다른 경우에 한 번 조정한 다음 고정되는 저항기. 탄소 피막 저항기와 서멧 저항기가 있다.

semimetal 반금속(半金屬) 전자의 에너지 띠 구조에서, 가전자띠의 상단부가 전도띠의 하단부와 일부 겹쳐져 있으며(대역 갭이 마이너스라고 한다), 얼마간의 전자와 그와 같은 수의 정공이 생기고, 그 이동도가 비교적 크기 때문에 금속과 반도체의 중간적인 성질을 나타내는 물질. 단, 반도체와 달리 전자나 정공의 수는 온도에 따라 변화하는 일은 없다. Sb, As, Bi, 흑연 등, 혹은 HgSe 와 같은 화합물이 그 예이다.

semi-private circuit 준전용 회선(準專用回線) 전화 교환망의 일부를 이용하여 가입자가 다이얼 통화를 할 수 있는 지역의 특정한 가입자에 대하여 (전화 통화 이외에) 데이터 통신 등을 전환함으로써 할 수 있는 회선. 전용 회선과의 차이는 일반 공중용 전화 회선을 사용하고 있는 점이다.

semi-random access 세미랜덤 액세스 기억 장치 내의 데이터를 탐색하는 경우에 직접 접근을 하는데, 그에 이어서 어느 정도의 순차 탐색도 하는 접근법. 예를 들면 자기 디스크는 다수의 동심원 트랙을 가지고 있으며, 이들 트랙으로의 접근은 임의 접근이지만, 특정한 트랙이 탐색된 다음 원하는 데이터를 찾아내려면 그 트랙을 순차 주사할 필요가 있다. 임의 순차 접근(random sequential access)이라고도 한다.

semiremote control 반원격 제어(半遠隔制御) 무선 송신기를 사용한 원격 제어의 한 방법으로, 제어 기능은 송신기에 내장되어 있지 않고 송신기에 접속된 외부의 제어 장치가 발휘하는 것.

semitransparent photo cathode 반도체 광전 음극(半導體光電陰極) 한쪽 음극에 방사광이 입사했을 때 반대측 면에서 광전자 방출을 일으키는 구조의 광전 음극.

sender 센더 자동 교환 방식에서, 다른 장소에서 수신한 신호를 일단 레지스터에 기억한 다음, 필요한 교환 조작을 하여 새로운 선택 신호로서 송출하는 장치.

sending-end impedance 송단 임피던스(送端-) 선로에 있어서, 어느 점에서 주어진 전압과 그에 의해 흐르는 전류와의 비. 송단에서의 구동점 임피던스와 동의어. 고른 무한 길이 선로에서는 송단 임피던스는 선로의 특성 임피던스와 같다. 또, 무한 길이의 주기성 선로에서는 송단 임피던스와 선로의 반복 임피던스는 같다.

Sendust 센더스트 철, 규소(9.6%), 알루미늄(5.4%)의 합금. 최대 비투자율이 크다($\mu_{sm} \fallingdotseq 160 \times 10^3$). 또 $\rho \fallingdotseq 80\mu\Omega \cdot \text{cm}$로 히스테리시스 손실이 적지만 기계적으로는 약하다. 압분 철심으로서 사용한다. 와전류손도 작아져서 고주파 철심에 적합하다.

sensation level 감각 레벨(感覺-) 귀로 느끼는 소리의 세기를 나타내는 것으로, 어떤 주파수의 음압을 P, 기준의 음압으로서 인간의 귀의 최저 가청값 P_0에 $0.0002\mu\text{bar}$ ($\fallingdotseq 10^{-2}\text{W/m}^2$)를 취했을 때

$$\alpha = 20\log_{10}\frac{P}{P_0}\ [\text{dB}]$$

으로 나타내는 α를 감각 레벨이라 한다.

sense amplifier 센스 증폭기(-增幅器) 컴퓨터 기억 장치에 있어서의 판독 신호를 논리 레벨로 증폭하고, 논리 신호로 변환하기 위해 쓰이는 고이득, 광대역의 증폭기. 판독 증폭기라고도 한다. 기억 장치에서 미약한 출력 신호를 증폭할 수 있는 이득 대역폭적을 가지며, 또 기록 사이클에서 침입하는 잡음에 대한 양호한 잡음 배제성과 과부하 내력, 나아가서는 급속한 성능 회복 능력이 요구된다. 또한 입력 레벨의 판정을 하는 안정한 임계값 검출기와 올바른 파형을 올바른 시점에서 송출하기 위한 스트로브 게이트를 가지고 있다. 기록 사이클에서 센스 증폭기에 나타나는 잡음 전압은 거의 동상분(同相分) 전압이므로, 동상분 배제비가 큰 차동 증폭기가 쓰인다.

sense antenna 센스 안테나 무선 방향 탐지기에 붙인 수직 안테나 소자로, 이 수신 출력을 8자형 지향 특성을 갖는 루프 안테나의 출력과 합성하여 카디오이드형 지향 특성을 갖게 해서 전파의 도래 방향을 결정한다.

sense determination 단일 방향의 결정(單一方向-決定), 센스의 결정(-決定) 8자 특성을 가진 안테나는 최소 감도점이 2개소 있어서 전파가 도래하는 한 방향을 찾아내기가 어렵다. 이 경우 수직 안테나를 보조 안테나로서 사용하여 이 기전력의 위상을 90° 변화시켜 8자 특성의 기

전력과 같아지도록 진폭을 조정하여 가하면 그림과 같은 카디오이드 특성이 얻어지므로 이것으로 단일 방향을 찾아낼 수 있다.

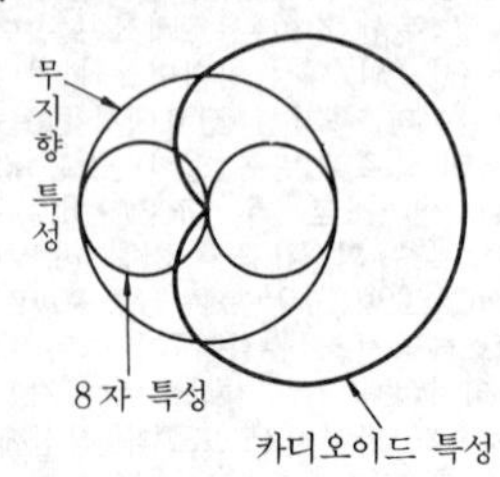

sense finder 센스 파인더 방향 탐지기에서, 방위에 대한 180°의 애매성을 없애고, 올바른 방향을 결정할 수 있도록 한 장치 부분.

senser 센서 →sensor

sense switch 센스 스위치, 변경 스위치(變更－) 컴퓨터 콘솔에 있어서의 스위치의 하나로, 조작자가 프로그램 주행 중에 이 스위치에 의해서 프로그램을 변경할 수 있도록 되어 있다. 큰 복잡한 프로그램을 디버그하고 싶은 경우 등 이 스위치는 편리하게 사용된다.

sensibility 감도(感度) =sensitivity

sensing tape 센싱 테이프 자기 테이프에 붙이는 도전성 테이프. 알루미늄박에 접착제를 붙이고, 자기 테이프의 베이스면이나 자성면에 적당한 크기로 자른 것을 붙여서 사용한다. 도전성이 있으므로 이 테이프와 접촉하는 전극이 두어지고, 테이프의 끝에 자동 정지나 반전, 일정 구간의 반복(auto-repeat) 등의 조작을 시키는 데 사용된다.

sensitive relay 감도 계전기(感度繼電器) 일반적으로 100mW 또는 그 이하로 한정된 비교적 낮은 입력으로 동작하는 계전기를 말한다.

sensitivity 감도(感度) ① 수신기의 성능을 나타내는 하나의 성질로, 어느 정도의 세기의 전파를 수신할 수 있는가의 능력을 나타내는 것이다. 그러나 감도가 아무리 높아도 잡음이 크면 의미가 없으므로 잡음을 어느 한도 이하로 억제하여 일정한 저주파 출력(라디오 수신기에서는 50 mW)을 얻는데 필요한 안테나 입력 단자의 전압에 의해서 나타내고 있다. 따라서, 감도가 높은 것일수록 안테나 입력 전압은 작다. ② 측정기가 감지할 수 있는 최소의 측정량, 또는 측정량의 변화에 대한 지시량의 변화의 비율.

sensitivity analysis 감도 분석(感度分析) 선형 계획법에서의 시스템 분석 수법의 하나. 시스템을 표현하는 조건식의 하나가 변화한 경우, 또는 목적 함수에 포함되는 정수가 변화한 경우, 목적 함수가 어떻게 변화하는가를 미리 분석해 두면 다른 유사한 문제가 생겼을 때 이것을 쓰면 새로운 시스템의 최적해가 쉽게 구해진다.

sensitivity level 감도 레벨(感度－) 진폭 감도 S의 기준 진폭 감도 S_0에 대한 비의 상용 대수의 20배. $(S/S_0)^2$는 파워비 P/P_0에 비례하는 것으로 한다. 또, $20\log(S/S_0)$는 데시벨로 주어진다. 감도의 종류는 명시할 필요가 있다. 마이크폰의 경우는 진폭 감도 S로서 자유 음장의 음압에 대한 마이크로폰의 개방 출력 전압의 비가 쓰이며, 이 경우의 기준 진폭 감도 S_0은 1V/Pa가 쓰인다.

sensitivity time control circuit STC 회로(－回路), 해면 반사 제어 회로(海面反射制御回路) 레이더에서 원거리에 있는 목표물로부터의 반사에 대하여 충분히 감도를 높게 해 두면 가까이의 부유물이나 파랑에서 반사해 오는 전파 때문에 근거리 목표물의 식별이 곤란해진다. 이것을 피하기 위해 목표물까지의 거리의 원근에 따라 증폭도를 변화시켜 언제나 일정한 출력이 되도록 감도를 억제하는 회로를 해면 반사 제어 회로 또는 STC 회로라고 한다.

sensitization 증감(增感) 반응 물질에 첨가된 다른 물질(광증감제)이 먼저 빛을 흡수하여 여기(勵起)되고, 다음에 이 여기 에너지를 반응 물질로 옮겨서 반응을 일으키게 하는 것. 증감제는 반응을 촉진하지만 스스로는 소비되는 일이 없다.

sensitized fluorescence 증감 형광(增感螢光) 두 종류의 원자(혹은 분자)의 혼합 기체 또는 혼합 용액에서 그 한쪽 D(donor)에만 흡수되는 빛을 조사(照射)함으로써 다른 한쪽의 A(acceptor)가 발하는 형광을 증감 형광이라 한다. D의 흡수선에 해당하는 파장의 빛을 조사하면 여기(勵起) 전자 상태의 D*가 생성하고, 이것이 기저 전자 상태의 A와 충돌하여 에너지가 D에서 A로 이행하고, 그 결과 생긴 A*에서 형광을 발하는 것이다. A만으로는 조사에 의한 형광을 발생하지 않지만 D를 첨가함으로써 증감하여 형광을 발한다는 의미이다. Hg(D), Tl(A)의 혼합 기체에 수은 공명 조사(253.7nm)를 주면 Tl의 여러 준위에서 형광을 발한다.

sensitizing 증감 작용(增感作用) 정전 사진(靜電寫眞)에서, 절연 매체 위에 고른 밀도의 표면 정전하를 확립하는 작용.

sensor 센서 물리량을 신호로서 다루기 쉬운 형태(보통은 전기 신호)로 변환하기 위한 부품이다. 각종 물리 현상이 이용되는데 전압의 크기나 저항값으로 변환되는 것이 많다.

sentinel 센티넬 컴퓨터에서의 정보 요소의 시작 또는 끝을 마크하는 기호.

separate excitation frequency conversion circuit 타려식 주파수 변환 회로(他勵式周波數變換回路) 수퍼헤테로다인 방식의 수신기에서 주파수 변환 회로와 국부 발진 회로가 따로 되어 있는 회로. 일반적으로 쓰이는 회로는 1개의 진공관 또는 트랜지스터에 국부 발진 회로를 내장한 주파수 변환 회로이며, 자려식이라 한다. →local oscillator, frequency conversion circuit

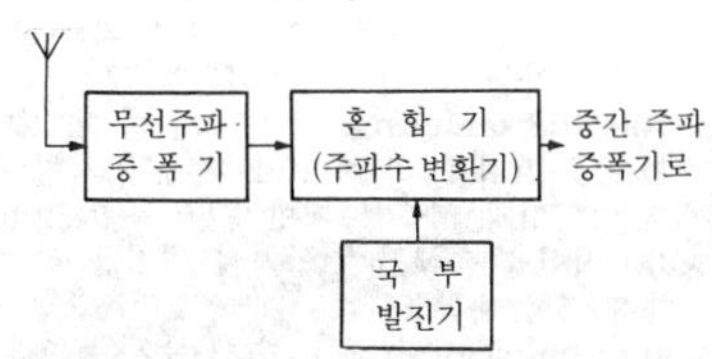

separate excited heterodyne system 타려 헤테로다인 방식(他勵-方式) 주파수 변환기에서 자려 헤테로다인 방식과는 달리 국부 발진용과 혼합용으로 별개의 트랜지스터를 사용하는 방식. 발진 전압은 적당한 결합 회로에 의해 혼합기에 가해지므로 발진부와 혼합부를 각각 독립으로 조정할 수 있기 때문에 비교적 넓은 주파수 범위에서 안정하게 동작하는 이점이 있다. 따라서 업무용 수신기 등의 고성능을 필요로 하는 것에서는 거의 이 방식을 사용하고 있다.

separate group two-wire system 군별 2선식(群別二線式) 시외 케이블의 무장하 심선을 사용하는 2선식 반송 운신법(運信法). 한 쌍의 케이블로 상행·하행의 양 신호를 보내기 위해 이들을 고·저 두 주파수의 채널로 나누어 전송한다. 이들 채널은 여러 개 모여서 저군(低群) 및 고군이라고 하는 전송 대역을 형성한다. 60~108kHz(12 채널)의 기초군으로 120kHz 반송파를 변조하여 하부 측파대를 취하면 저군이 얻어진다. 저군에서 132kHz의 반송파를 변조하고, 그 하부 측파대를 취하면 고군이 얻어진다.

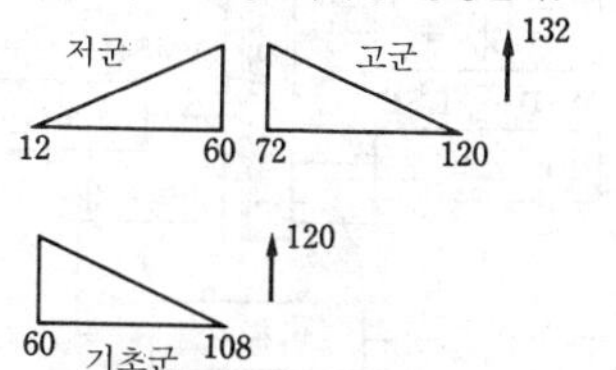

separate luminance system 휘도 분리 방식(輝度分離方式), 분리 휘도 방식(分離輝度方式) 컬러 텔레비전에서는 종래의 흑백 텔레비전과의 양립성을 고려하여, 휘도 신호 E_Y를 3개의 촬상관에 의한 E_R, E_G, E_B 색신호에서

$E_Y=0.30E_R+0.59E_G+0.11E_B$

라는 혼색에 의해 만들어내는 동시에 이것을 두 색차 신호와 함께 송신한다. 그러나 이렇게 해서 만들어진 휘도 신호는 여러 가지 점에서 흑백 텔레비전의 신호에 비해서 떨어지고 있으며, 흑백 수상기로 수신했을 때 문제가 생기기 쉽다. 그래서 휘도 전용의 촬상관을 별개로 추가하여 사용하도록 한 방식이 이 방식이다.

separation loss 격리 손실(隔離損失) 녹음 또는 재생 헤드의 면과 테이프의 도막면(塗膜面)이 완전히 접촉하지 않기 때문에 생기는 출력 손실을 말한다. 테이프 안내법의 부적절, 테이프의 결함, 헤드에서의 이물의 퇴적 등이 원인이나, 손실의 크기에는 기록에 사용하는 전류의 크기, 교류 바이어스 등 기록 방법도 관계한다. 또, 재생 헤드에서의 손실은 격리 d와 테이프 방향의 신호 파장 λ의 비가 관계한다. 재생 헤드의 유한의 갭 길이 G에 원인하는 출력 손실을 갭 손실(gap loss)이라 하며, G/λ의 함수이다.

separator 분기기(分岐器) 텔레비전의 공동 시청 방식에서의 분배기의 일종으로, 간선에서 신호의 일부를 나눌 때 사용하는 장치. 분기 손실은 10~20dB 정도.

SEPP 싱글엔드 푸시풀 증폭기(-增幅器) =single-ended push-pull amplifier

sequence controller 시퀀스 제어기(-制御器) 입력 신호의 프로그램에 의해서 복수의 출력선 중 특정한 하나를 선택 구동하도록 한 선택 스위치 회로망으로, 회전 드럼형, 크로스바형 선택 스위치(또는 핀보드 방식), 카드 판독 방식, 테이프 판독 방식이 있다.

sequence program control 순서 프로그램 제어(順序-制御) 프로그램 제어에서 명령 처리부에 제어의 내용과 순서만이 기억되어 있는 제어.

sequencer 시퀀서 ① 정보 처리에서는 소터(sorter)와 같은 뜻이며, 데이터를 특정한 순서로 재배열하는 기계를 가리킨다. ② 시퀀스 제어에서 프로그래머블 컨트롤러(프로그램을 임의로 재작성할 수 있는 제어기).

sequential 순차식(順次式) 통신에 있어서, 신호 요소가 채널을 시간적으로 순차 전송되는 경우의 전송 형식. 신호 요소가 다수의 채널을 동시에 전송되는 경우를 동시식이라 한다.

sequential access 순차 접근(順次接近) 자기 테이프 기억 장치 등에서는 일단 기록한 데이터나 프로그램 등의 편성 파일은 차례로 판독하지 않으면 안 된다. 이와 같이 데이터나 프로그램을 직렬적으로 기록하거나 판독하거나 하는 방법을 순차 접근이라 한다. 주기억 장치에는 임의 접근 방식을 쓰고, 이 방법은 쓰이지 않는다.

sequential circuit 순서 회로(順序回路) 플립플롭 회로와 같이 출력값은 현재의 입력값만으로 정해지지 않고 이전에 기억하고 있는 값과의 관련으로 정해지는 회로. 그림은 RS 플립플롭의 예이다. →flip-flop

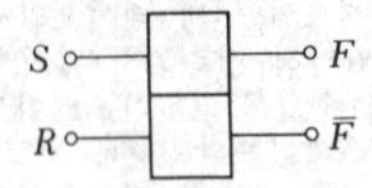

(1) $F=1$, $\overline{F}=0$ 일 때
S에 펄스를 가하면,
$F=1$, $\overline{F}=0$ 로 변화하지 않는다.
(2) $F=0$, $\overline{F}=1$ 일 때
S에 펄스를 가하면,
$F=1$, $\overline{F}=0$ 로 변화한다.

sequential color television 순차식 컬러 텔레비전(順次式－) 대상으로 하는 상(像)에서 만들어내는 적, 녹, 청의 3원색 광성분이 동시식과 같이 시간적으로 동시가 아니고, 일정 시간 끊어서 순차 전기 신호로 변환되어 송신되고, 수신되는 것이 반복되는 방식. 시간을 끊는 단위로서는 점 순차식, 선 순차식, 필드 순차식의 세 방식이 있다. 각각 선소(線素 : dot), 선, 면을 1색씩 전환해 가는 방식이다.

sequential control 시퀀셜 제어(－制御), 순차 제어(順次制御) ① 제어 동작의 완료를 확인하고, 그 결과에 따라 다음 동작을 선정하는 등 미리 정해진 순서에 따라 제어의 각 단계를 순차 진행해 가는 제어 방식으로, 제어 대상의 조작을 자동화한 것이다. ② 디지털 컴퓨터의 동작의 하나로, 문제의 해가 나오기까지 컴퓨터에 대한 지시가 차례로 시계열적으로 출력되는 동작.

sequential control counter 순차 제어 계수기(順次制御計數器) →control counter

sequential couleur à mémoire 세캄 = SECAM

sequential counting circuit 순차형 계수 회로(順次形計數回路) n개의 안정 상태를 가지며, 입력 펄스가 들어오면 차례로 그들의 안정점이 전이해 가서 n개의 펄스가 들어감으로써 원래의 상태로 복귀하는 계수 회로. 주로 플립플롭 회로에서 n진 카운터를 구성하고, 1개의 IC로서 각종 제조되고 있다.

sequential data set 순차 편성 데이터 세트(順次編成－) 레코드가 어느 정해진 매체에 기록되어 있는 데이터 세트.

sequential lobing 시퀀셜 로빙 →lobe switching

sequential processing 순차 처리(順次處理), 순차 접근 처리(順次接近處理) 번호순으로 혹은 알파벳순으로 키에 의해 배열된 파일을 그 순으로 처리하는 것.

sequential sampling 순차 발취법(順次拔取法) 발취를 하여 그에 대해서 시험하고, 그 결과 접수할 것인가, 거부할 것인가, 시험을 속행할 것인가의 결정을 하는 발취 시험 계획.

sequential scanning 순차 주사(順次走査) =progressive scanning

sequential search 순차 탐색(順次探索) 리스트 중의 각 아이템을 목적으로 하는 것이 발견되든가 또는 리스트의 끝에 도달하기까지 하나씩 탐색하는 방법. 탐색은 리스트의 최초에서 시작하고, 리스트 전체를 통하여 FIFO적으로 처리된다.

serial 직렬(直列) 시간 또는 거리의 진행 방향으로 전후 관계가 있는 것. 컴퓨터 용어로는 단어의 각 자리를 하나의 회로에 의해 차례로 처리하는 것.

serial addition 직렬 가산 방식(直列加算方式), 직렬 덧셈 방식(直列－方式) 두 수의 하위 자리부터 1클록마다 1비트씩을 가산기에 도입하여 덧셈하는 방식. 자리올림(캐리)은 1비트 지연시키고, 다음 자리 즉 상위 자리에 보낸다. 1어의 덧셈에 요하는 시간은 1어 시간이다. 예를 들면,

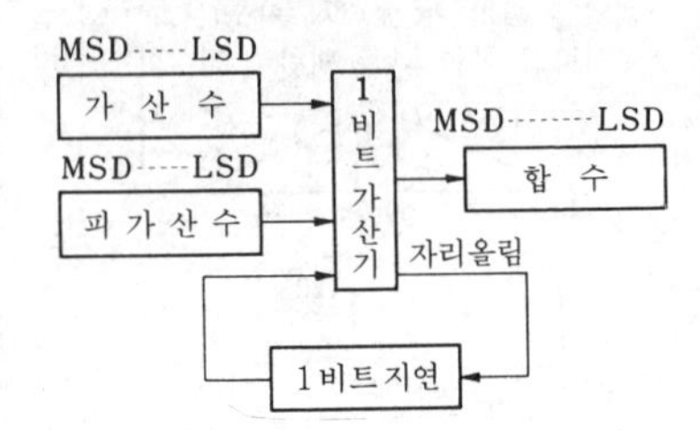

1어가 32 비트 구성일 때는 32 비트 시간 걸린다.

serial arithmetic 직렬 연산(直列演算) 수의 각 디짓이 일시에 1디짓씩 순차 연산되는 것. 덧셈인 경우에는 최하위 자리(LSB)의 디짓이 덧셈되어 합과 자리올림을 구하고, 그것이 끝나면 그 위의 자리에 연산을 진행한다. 따라서, 연산은 덧셈되는 수의 자릿수만큼 되풀이된다. 필요한 하드웨어의 수는 적어도 되지만, 병렬 계산보다 시간이 걸린다.

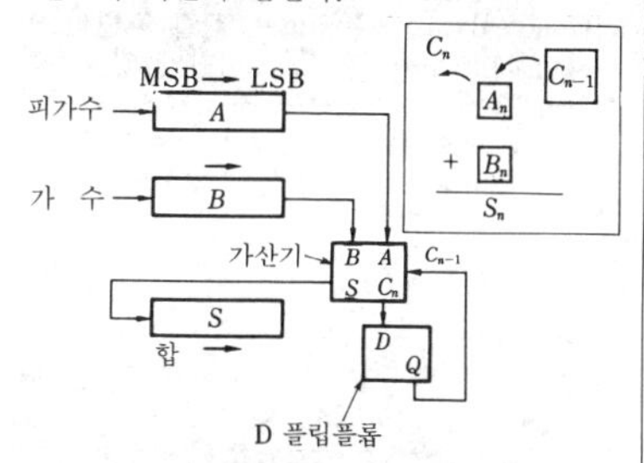

serial by bit 비트 직렬식(-直列式) → serial transmission

serial bus 직렬 버스(直列-) 데이터의 직렬 전송을 하는 버스.

serial connection 직렬 접속(直列接續) 저항 등의 소자를 나란히 접속하는 방식.

serial feed 직렬 궤전(直列饋電), 직렬 급전(直列給電) 능동 소자의 전극에 직류 바이어스를 공급하는 경우에, 신호 회로의 일부를 통해서 직렬로 주어지는 것. 그림은 하틀리 발진기에서 직렬 궤전을 한 경우를 나타내고 있다.

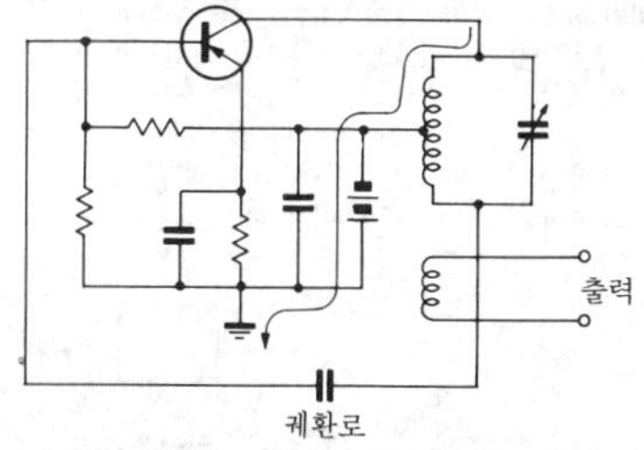

serial interface 직렬 인터페이스(直列-) 데이터 통신에서 직렬 전송(복수 비트로 구성되어 있는 데이터를 비트열로 치환하여 한 줄의 데이터선으로 직렬로 송수신하는 방법)을 하기 위한 인터페이스. 대표 예로서 RS-232C 가 있다.

serial-parallel conversion 직병렬 변환(直竝列變換) 데이터 통신에서 단말 장치 등에서는 병렬 부호가 널리 사용되고 있지만 전송로에는 직렬 부호가 사용된다. 그 때문에 부호의 변환이 필요하게 되어 이 변환을 하는 것을 말한다.

serial port 직렬 포트(直列-) 데이터가 비트 직렬적으로 주고 받는 입출력 포트. 예를 들면 RS-232C 인터페이스 포트 등을 말한다.

serial printer 직렬 프린터(直列-), 순차 인자 장치(順次印字裝置) 인자 단위가 1 문자씩인 프린터. 인자 기구 부분이 좌우로 왕복하는 형식의 것은 셔틀 프린터라고도 불린다.

serial T connection 직렬 T접속(直列-接續) →T junction

serial-to-parallel converter 직병렬 변환기(直竝列變換器) =deserializer, staticizer

serial transmission 직렬 전송(直列傳送) 데이터 통신에서 복수 비트(보통 8비트)로 구성되어 있는 데이터를 직렬의 비트열로 바꾸어 송수신하는 방법. 직렬의 비트열에서 데이터를 재현하기 위해서는 비트열의 구절을 식별할 필요가 있으며, 그 방법에 따라서 비동기 통신(조보 동기)과 동기 통신이 있다. 후자 쪽이 전송 효율이 높다.

series 직렬(直列) ① 회로 부품을 그 한 끝을 다른 회로 부품의 한 끝에 접속하여, 전류에 대해 단 하나의 통로를 주도록 하는 것. ② 전지에서 몇 개의 셀을 접속하는 방법의 하나로, 한 셀의 (+)단자를 다음 셀의 (-)단자에 접속하여, 각 셀의 기전력이 모두 가산되도록 하는 것.

series connection 직렬 접속(直列接續) 전기 소자(저항, 코일, 콘덴서 등)나 전원 등을 일렬로 사슬 모양으로 접속하는 것으로, 전지 등에서는 높은 전압을 필요로 할 때 이 접속을 사용한다.

series-fed vertical antenna 직렬 궤전 수직 안테나(直列饋電垂直-), 직렬 급전 수직 안테나(直列給電垂直-) 대지에서 절연된 수직 안테나로, 그 밑 부분에서 여진(勵振)되고 있는 것.

series feedback 직렬 궤환(直列饋還) → current feedback

series feedback amplifier 직렬 궤환 증폭기(直列饋還增幅器) →feedback amplifier

series mode rejection ratio 직렬 모드 제거비(直列-除去比) 기기가 직렬 모드 방해 전압을 제거할 수 있는 능력을 나타내는 값으로, 방해 전압과 그에 의해서 기기 출력단에 생기는 전압과의 비로 주어진다. 전압값은 실효값 또는 첨두값으로 나타낸다. 또, 제거비는 데시벨로 나타내는 경우가 많다.

series mode voltage 직렬 모드 전압(直列－電壓) 신호 전압에 중첩하여 직렬로 가해지는 바람직하지 않은 입력 방해 전압. 예를 들면, 측정용 리드선의 접속부에 생기는 열기전력, 신호 회로에 전자(電磁) 결합에 의해 유기되는 방해 전압 등은 본래의 신호 전압에 직렬로 동작하는 직렬 모드 방해 전압이다. 정규 모드 전압이라고도 한다.

series-parallel connection 직병렬 접속(直竝列接續) 여러 개의 전지, 저항, 전동기 등의 접속을 직렬 접속과 병렬 접속을 조합시켜서 하는 접속.

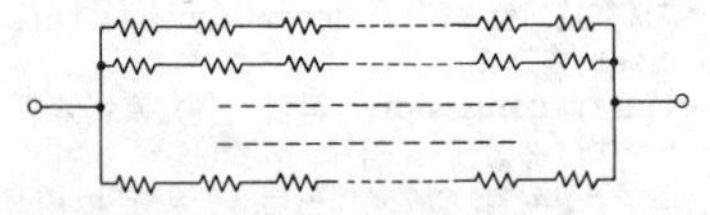

series peaking 직렬 피킹(直列－) 영상 증폭기와 같은 광대역 증폭기를 사용하는 경우의 고역 보상법의 하나. 그림과 같이 베이스측에 코일 L을 삽입하여 트랜지스터의 입력 용량과 직렬 공진을 일으키고, 고역에서 증폭도가 저하하는 것을 보상하여 대역폭을 넓게 하는 것으로, Q의 값을 적당히 선택함으로써 높은 주파수까지 고르게 증폭할 수 있다.

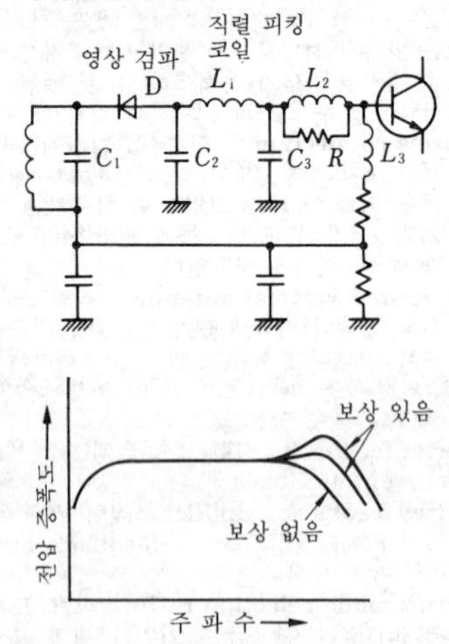

series rectifier circuit 직렬 정류 회로(直列整流回路) 둘 또는 그 이상의 단순한 정류 회로가 그 직류 출력 전압이 합쳐지도록 접속되고, 그들의 전류(轉流)는 동시에 이루어지는 정류 회로. 캐스케이드 정류기의 경우에는 전류(轉流) 위상은 일치하지 않는다.

series regulator 직렬 레귤레이터(直列－) 직류 정전압 전원 회로의 일종으로, 제어 소자를 출력에 직렬로 넣은 것. 제어 소자(예를 들면, 트랜지스터)는 스위칭 동작이 아니고 불포화 영역에서 사용되기 때문에 손실과 발열이 많아 효율이 나쁘지만 노이즈(잡음)는 작다.

series resistance bridge 직렬 저항 브리지(直列抵抗－) 교류 브리지의 일종. 콘덴서의 정전 용량이나 유전체의 손실각 측정에 사용된다. 그림에서 다음 식의 조건이 성립할 때 브리지는 평형한다.

$$C_x = \frac{R_2}{R_1} C_s$$

$$r_x = \frac{R_1(R_s + r_x)}{R_2} - R_0$$

series resonance 직렬 공진(直列共振) 코일과 콘덴서가 직렬로 접속되어 공진 주파수에서 합성 임피던스의 허수부가 0으로 되는 현상. 단지 공진이라고도 한다.

series two-terminal pair network 직렬 4단자망(直列四端子網) 2개의 4단자망의 입력·출력 단자가 직렬 접속된 것. 그림의 회로에서 각 4단자망의 임피던스 매트릭스가 $[Z']$, $[Z'']$일 때 직렬 4단자망의 임피던스 매트릭스는 $[Z]=[Z']+[Z'']$이다.

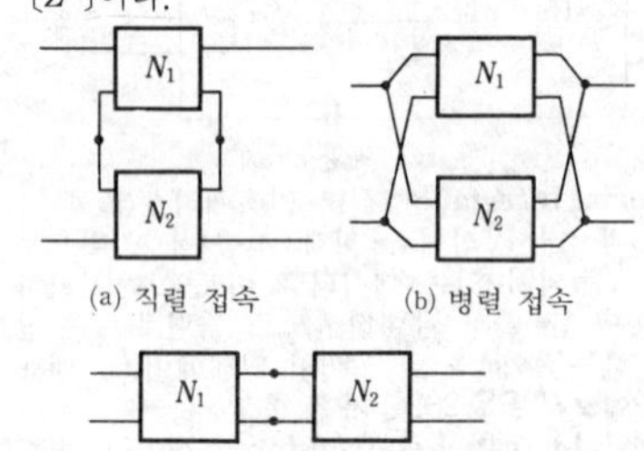

(a) 직렬 접속 (b) 병렬 접속

(c) 종속 접속

series-type inverter 직렬형 인버터(直列形－) →parallel-type inverter

series winding 직렬 권선(直列捲線) 변압기 등의 권선으로, 단독으로 감겨 있는 권선을 말한다.

serpentine cut 지그재그 컷 박막 저항기 등의 실효적인 길이를 늘려서 저항값을 증대시키기 위해 막면에 지그재그로 홈을 파는 것. 그 결과 사행상(蛇行狀)의 전류 통로가 만들어지기 때문에 저항값이 변화한다.

serrasoid modulation 세라소이드 변조(－變調) 펄스 기술에 의한 주파수 변조 방식. 톱니파에 변조파를 겹친 후 일정 바이어스로 클립한 펄스를 미분하면 변조파의 진폭에 대응하여 위상이 변화하는 위상 변조파가 얻어진다. 신호파를 전치 보상기를 통하면 주파수 변조가 얻어진다. 세라소이드란 톱니파를 말한다. 또, 신호파를 그대로 사용하면 위상 변조가 된다.

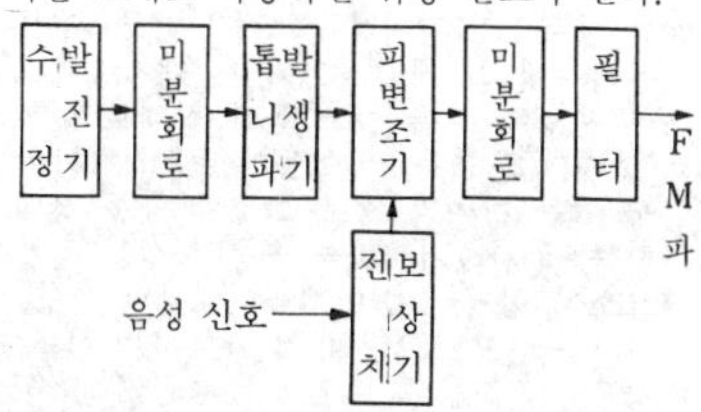

service area 서비스 에어리어 라디오나 텔레비전의 방송 전파가 실용되는 정도의 세기로 수신할 수 있는 범위. 방송국의 사용 주파수나 송신 안테나의 높이, 지형 등에 따라 다르며, 주간과 야간에도 다르다.

service band 업무별 주파수대(業務別周波數帶) 일정한 무선 업무의 종별에 할당된 주파수대.

service bits 서비스 비트 체크 비트, 정보 비트 이외의 비트.

service capacity 유효 용량(有效容量) 셀(cell) 또는 전지에서 그 동작 전압이 지정된 차단값으로 저하하기까지의 전 전기 출력. A·h, W·h 등으로 표현된다.

service life 유효 수명(有效壽命) ① 건전지에서 그 동작 전압이 지정된 차단 전압으로 저하하기까지의 유효한 서비스 기간. ② 축전지에서 그 암페어시 용량이 일정한 조건하에서 정격 용량의 어떤 일정 비율로 저하하기까지의 유효한 서비스 기간. 서비스 용량이라고도 한다.

service program 서비스 프로그램 컴퓨터의 프로그램 중 데이터의 기록이나 표준적인 방정식의 해법과 같이 일반성이 있어 자주 나오는 프로그램으로, 미리 준비되어 있는 것. 전체의 프로그램을 작성할 때는 필요에 따라 이것을 조합시킴으로써 작업을 능률적으로 할 수 있다.

service quality 서비스 품질(－品質) 통신망이 제공하는 통신 서비스 품질은 ① 이용성(availability of service), ② 정확성(accuracy of service), ③ 신뢰성(reliability of service) 등에 의해 평가된다. 이 이외에 기밀 유지성, 조작의 용이성 등도 평가 대상이 될 수 있다. ①은 이용자 단말이 합리성이 결여된 정체 등을 받는 일 없이 망에 얼마나 빨리 접근하여 목적을 달성할 수 있는가 하는 것이며, 전화인 경우 접속 지연 시간이나 호손율(呼損率) 등으로 측정된다. ②는 정보가 얼마나 정확하게 상대에게 전해지는가 하는 것으로, 이것은 여러 점에서 평가되며, 아날로그 전송과 디지털 전송에 따라 당연히 평가법도 달라진다. ③의 신뢰성은 단말 장치나 전송 시설에 대한 신뢰성으로, 이들 장치의 각부에 대한 일정 기간 중에서의 고장률에 의해 표현된다. 전화망인 경우 연간 고장률이 단말 기기에서 0.1, 가입자 회선에서 0.075, 시내국 시설에서 0.01 이라는 값으로 주어진다.

service time slot patter 서비스 타임 슬롯 패턴 디지털 PCM 신호 방식에서 개별선 신호용 TS(time slot) 중 F비트, 알람(alarm) 비트를 제외하는 신호용 타임 슬롯을 말하며, 하우스 키핑 정보용에 사용한다.

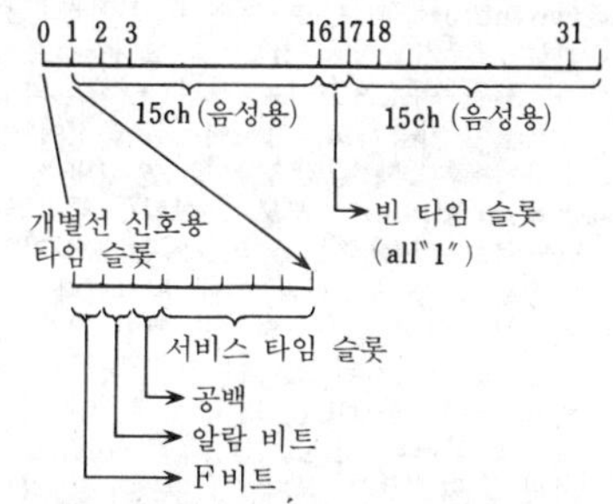

servo-actuated control 타력 제어(他力制御) 제어 동작을 하는 데 필요한 동력을 다른 보조 장치에서 받는 제어 방식을 말하며, 보조 동력으로서는 전기, 공기압, 유압 또는 그 조합 등이 쓰인다.

servo amplifier 서보 증폭기(－增幅器) 서보 기구에서 정밀도를 높이려면 목표값과 제어량의 미소한 차로 제어 대상을 움직이도록 증폭하지 않으면 안 된다. 이를 위해 일반적으로는 신호 증폭부와 전력 증폭부로 이루어져 있다. 서보모터의 종류에 따라 직류 증폭기와 교류 증폭기가 있는데, 증폭도를 크게 하면 직류 증폭기에서는 드리프트가 증가하므로 초퍼를 써서 도중의 단계를 교류로 하기도 한다.

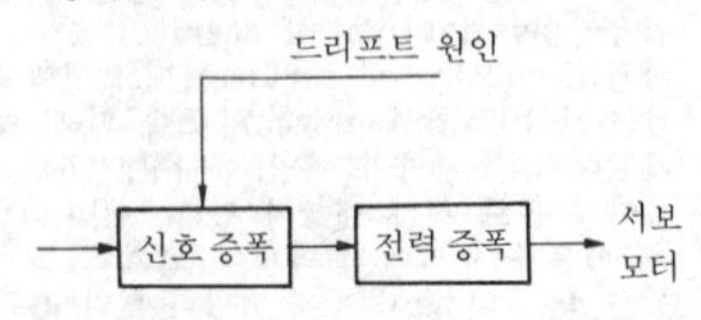

servo-balancing type 추종 비교형(追從比較形) 아날로그·디지털 변환기의 일종으로, 숫자 표시기가 결합되어 있는 궤환 전압 발생기(D-A 변환기)의 출력 전압을 서보 기구에 의해 입력 전압과 상시 평형시키도록 한 변환 형식.

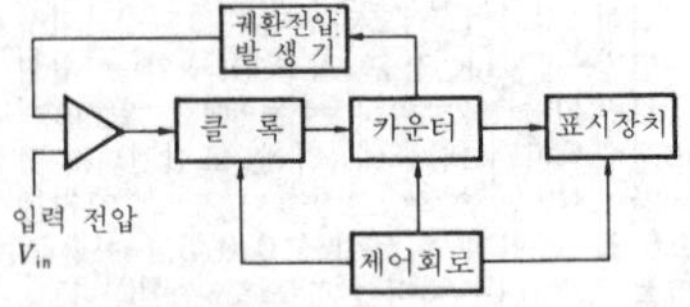

servomechanism 서보 기구(-機構) 제어량이 기계적 위치에 있도록 하는 자동 제어계. 즉, 물체의 위치, 방위, 자세 등 목표값의 임의 변화에 추종하도록 구성된 피드백 제어계이며, 기계를 명령대로 움직이는 장치이다.

servo motor 서보 모터 서보 기구에 사용되는 전동기. 직류 전동기와 교류 전동기가 있다. 특징으로서는 정전(正轉), 역전(逆轉)이 가능하고, 저속에서의 운전이 원활하며 급가속, 급감속을 할 수 있다.

servo multiplier 서보 승산기(-乘算器) 아날로그 컴퓨터에 쓰이고 있는 승산기의 일종으로, 저속도형의 것에 적합하다. 가변 이득 방식 승산기의 대표적인 것으로, 자동 평형 계기의 원리에 의해 하나의 퍼텐쇼미터의 분압비를 변수 x에 비례시키고, 또 하나의 퍼텐쇼미터에 입력 y를 가하면 출력으로서 곱 xy를 얻을 수 있는 것이다. 서보 기구를 사용하고 있는 관계로 안정성은 좋고, 정밀도는 0.2~0.3% 정도가 얻어지나 주파수 특성이 나쁘다는 결점을 가지고 있다.

servo valve 서보 밸브 신호 전송, 보상 등은 전기적으로 하고 동력의 발생을 유압으로 하는 전기-유압식 서보 기구에서 서보 증폭기의 구실을 하는 것. 기름의 유량이 출력이며, 그것을 제어하는 입력은 전기량이다. 전기량을 기계적 동작으로 변환하는 데는 토크 모터가 널리 쓰인다.

session 세션 ① 대화 처리로 이용자가 단말을 사용하기 시작하고부터 사용이 끝나기까지를 말한다. 또, 대화 모니터 시동시, LOGON 명령을 입력하고부터 LOGOFF 명령을 입력하기까지의 사이를 말한다. ② 가상 통신 접근법으로, 이용자 프로그램과 단말기 사이에서 데이터 전송을 하기 위한 논리적인 패스를 말한다. 동적인 결합, 분리를 할 수 있다. ③ 요구 분석을 할 때의 실시 형식을 세션이라 하고, 리더(세션 리더)를 중심으로 브레인스토밍법으로 요구나 대책을 검토하는 형식을 말한다.

session control layer 세션 제어층(-制御層) 계층 구조를 갖도록 설계된 계(系)에서는 세션 제어층은 엔드 유저 간의 데이터 수수를 위한 논리 접속을 확립하고, 유지하고, 그리고 이것을 해방(종결)하는 역할을 하고 있다.

set 세트 ① 장치를 그 조정 기구(다이얼, 지레, 탭, 스케줄, 스위치, 레지스터 등)의 조정에 의해 어느 동작 상태로 설정하는 것. ② 능동, 비능동의 두 상태를 취할 수 있는 장치의 경우 그것을 능동 상태로 하는 것. ③ 집합 즉 공통의 성질을 갖는 요소의 집합. ④ 어셈블러에서의 할당 의사 명령. 프로그램의 최초에 하는 할당 명령은

name EQU expression

의 형으로 식의 값에 이름을 부여하는데, 프로그램의 진행에서 재할당을 할 때는 EQU 대신 SET를 쓴다.

set point 설정값(設定-) 서보계에서 제어량이 그 값을 취하도록 목표로서 외부로부터 가해지는 값. 목표값이 일정한 경우를 특히 설정값이라 하는 경우가 많다.

set port 세트 단자(-端子) 2치 소자는 "0" 또는 "1"의 상태를 유지할 수 있고, 이 소자를 "1"로 하는 것을 세트한다고 한다. 이와 같이 세트를 하기 위한 입력 단자를 세트 단자라 한다. 세트, 리셋 단자에 가해진 펄스는 다이오드와 콘덴서에 의해 트리거 펄스가 만들어지고, 이에 의해 2치 소자가 동작한다.

setting 설정(設定) ① 장치가 바람직한 동작 성능을 나타내도록 조정하는 것으로, 주어진 입력량에 대하여 그 동작 위치를 설정하는 것. 그 수법은 측정기의 교정에 있어서의 수법과 같으나, 그러나 설정의 경우에는 조정 장치에서의 특정한 한 점을 찾아내는 것이 목적이며, 교정과 같이 조정 장치의 유효 범위의 모든 설정점에 대해서 하는 것은 아니다. ② 기기를

소정의 장소 혹은 기초 위에 그 기능을 만족하게 발휘할 수 있도로 설치하는 것.

setting error 설정 오차(設定誤差) 조정 오차에 의해, 또는 시험, 측정`기술의 제약 등으로 생기는 실제의 동작 성능과 이상적인 성능 사이의 벗어남. 설정된 장치의 동작 성능과 이상적인 동작 성능의 벗어남을 설정 한계(setting limitation)라 한다. 이것은 조정 장치의 성능 한계를 준다.

setting time 정정 시간(整定時間) 과도 응답 특성에서 최종값 즉 정상 상태가 되려면 무한대의 시간을 요하게 되므로 최종값으로 허용 범위를 두고, 그 값에 도달하여 그 값에서 벗어나지 않게 되기까지의 시간.

set-up 세트업 ① 어떤 사태에 앞서 그에 필요한 준비(대비)를 하는 것. ② 컴퓨터에서 특정한 문제를 풀기 위해 데이터나 디바이스를 (그에 대비해서) 준비하는 것. ③ 텔레비전에서, 귀선 소거 레벨에서 측정한 기준 흑 레벨과 기준 백 레벨 사이의 비. =set-up ratio

set-up level 세트업 레벨 복합 비디오 신호에서의 흑 레벨의 설정값(규격값). 실제의 비디오 신호에 있어서의 흑 레벨의 최대값(이것을 페디스털이라 한다)은 귀선 소거 레벨이며, 여기서 영상 신호와 동기 신호가 분리된다. 페디스털은 보통 영상의 흑 부근의 세부가 클립되지 않도록 세트업 레벨보다 약간 위쪽(초흑 방향)으로 설정된다. 컬러 텔레비전의 적, 녹, 청 각 채널에서 페디스털은 별개로 조정되어 전체로서 흑 밸런스를 잡고 있으나(무채색의 흑이 얻어지도록 조정한다), 또 상황에 따라서 전 페디스털을 잠정적으로 일체히 움직일 수도 있다. 페디스털 레벨과 세트업 레벨과의 차를 세트업이라 하는 경우가 많다.

set-up scale instrument 세트업 스케일 계기(－計器) →suppressed scale instrument

set value 설정값(設定－) 다이얼, 스위치, 저항기 등에 의해 기기에 설정한 값으로, 기기의 동작을 그에 의해 정하는 것.

seven-segment display 7 세그먼트 표시 장치(七－表示裝置) 7 개의 조명 조각을 그림과 같이 배치하고, 그 몇 개를 골라서 빛을 냄으로써 0 부터 9 까지의 10 진 디짓을 표시할 수 있도록 한 표시 장치. 4 비트의 BCD 입력에 의해서 이 표시 장치를 동작시키는 복호(復號) 드라이버(decoder driver)가 만들어져 시판되고 있다.

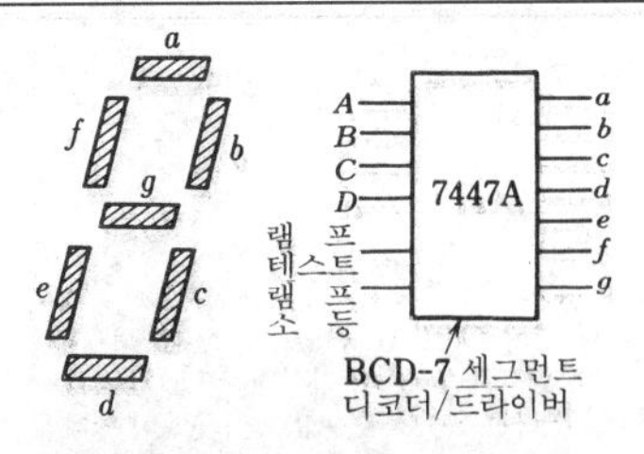

sexadecimal number system 16 진수계(十六進數系) 16을 기수(基數)로 하는 수계(數系). 기수의 각 디짓은 0, 1, 2, 3, 4, 5, 6, 7, 8, 9, A, B, C, D, E, F이다.

shading 셰이딩 비디콘 등의 촬상관에서 일어나는 현상으로, 텔레비전의 화면 부분에 따라서 밝기가 달라지는 경우를 말한다. 이것은 타깃의 불균일이나 타깃으로부터의 2 차 전자가 타깃에 재분포하여 일어나는 것으로 보정 전자 렌즈를 두어 방지하고, 화질을 향상시키고 있다.

shading coil 셰이딩 코일 철심의 공극에 대한 단면의 일부분에만 감은 단락 코일. 이동 자계를 만드는 데 사용된다.

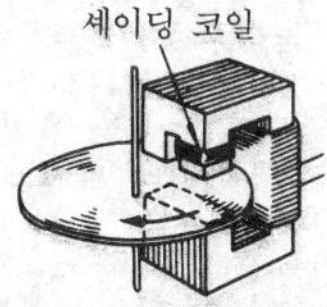

shading generator 셰이딩 발생기(－發生器) 텔레비전 송신기에서 촬상관에 의해 생기는 바람직하지 않은 셰이딩 신호에 대하여 역상의 파형을 발생하는 신호 발생기. 조작자가 모니터의 화면을 보면서 이 발생기를 조정하여 고른 밝기의 화면을 얻도록 하고 있다.

shadow factor 음영률(陰影率) 다른 조건은 모두 같다고 하고, 전파가 구면(球面)상을 전파(傳播)한 경우의 전계 강도와 구면 대신 평면상을 전파했을 때의 전계 강도와의 비.

shadow loss 음영손(陰影損) 전파로(傳播路) 도중에 있는 장해물에 의해 그 배후로 돌아온 회절파의 전계 강도와, 장해물이 없는 경우의 같은 장소에서의 전계 강도의 비를 데시벨로 나타낸 것. 음영률과 혼동하기 쉬우므로 주의한다.

shadow mask 섀도 마스크 컬러 수상관의 형광면에서 약 10mm 앞에 부착된 금속제의 다공판(多孔板). 적, 녹, 청 3개의 전자총에서 발사된 전자 빔은 섀도 마스크 구멍에 집중되고, 각각의 빔에 대응한 형광체를 발광시킨다.

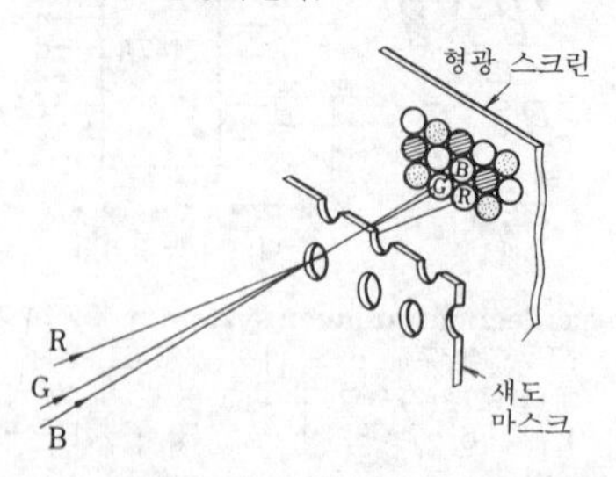

shadow mask type color picture tube 섀도 마스크형 컬러 수상관(－形－受像管) 미국 RCA에서 개발한 3원색 수상관. 구조는 그림과 같으며, 적, 녹, 청의 3색 형광체를 수평으로 배열한 인라인형과 도트 모양으로 하여 정3각형으로 규칙적으로 배열한 델타형이 있으며, 모두 그 내면 약 10mm 의 곳에 두어진 섀도 마스크 및 3개의 3색 전자총으로 이루어져 있다. 3개의 전자총에서 나온 3색의 전자 빔은 섀도 마스크에 뚫린 구멍의 곳에서 교차하여 이 구멍을 통과한 전자 빔만이 3색 형광체에 닿아서 각각 적, 녹, 청의 3원색을 발광하여 컬러를 재현하는 것이다. 컬러 수상관 섀도 마스크의 투과율은 20% 정도이다.

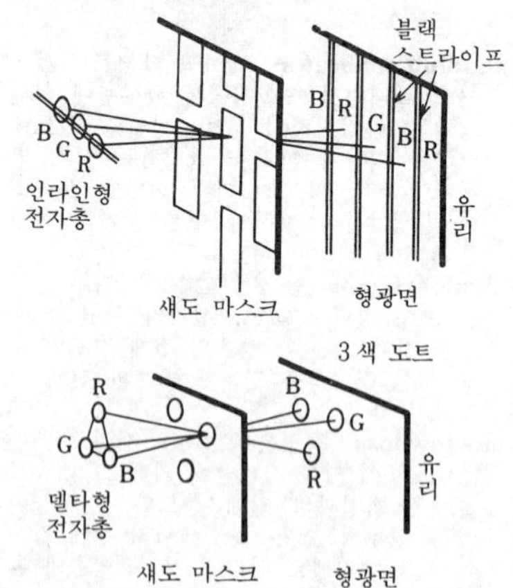

shadow price 섀도 프라이스 선형 계획법에서의 시스템 분석 수법의 하나. 시스템에서 어느 제약 조건을 변화했다고 가정할 때 다른 제약 조건을 만족하면서 어디까지 비용을 절감할 수 있는가를 분석하고, 이러한 분석을 진행시켜 각 조건을 만족하는 최저 비용을 찾아내는 방법.

shaft encoder 샤프트 인코더 회전체의 회전축에 부착하여 그 회전축 위치를 주는 변환 장치. 유리 원판상에 투명·불투명 세그먼트의 조합 패턴을 그리고, 이에 의해서 축위치를 2진 부호로서 광학적으로 판독할 수 있게 한 것은 직접형 A/D 변환기의 많지 않는 예이다. 이 밖에 퍼텐쇼미터, 리졸버, 싱크로 등도 아날로그형의 인코더이며, 이들 변환기로부터의 출력 전압은 전압·디지털형 변환기에 의해 디지털 출력으로 변환할 수 있다.

shanon 샤논 2진법에서의 정보량 단위. 송신 확률이 같은 2^N개의 심벌을 갖는 정보원(情報源)에 있어서 각 심벌이 갖는 정보량은 송신 확률의(2를 밑으로 하는) 대수의 마이너스값을 취하여 N 샤논이라고 한다.

Shannon limit 샤논의 한계(－限界) 샤논의 정리가 나타내듯이 신호 전송 채널의 채널 용량 C는 신호/잡음(S/N)과 채널 대역폭 B로 정해진다. $S/N=\infty$ 즉 무잡음 선로에서는 $C=\infty$가 된다. 그러나 B가 넓어져도 그에 따라서 잡음(백색 잡음)이 증대하기 때문에 C에는 일정한 한계가 있다. 그 한계값은 $1.44S/\eta$로 주어진다고 한다. 이것이 샤논 한계이다. 이 경우, 신호 전력 스펙트럼은 반송 주파수의 전후에서 가우스 분포를 하고 있다고 가정하고 있고, 또 η는 N/B 즉 잡음의 스펙트럼 밀도이다.

Shannon's theorem 샤논의 정리(－定理) 채널을 전송하는 정보에 대한 다음과 같은 정리. 송신 확률이 같은 M개($M\gg 1$)의 메시지를 갖는 송신원으로, 이것이 정보율 R로 송신하고 있다고 하자. 채널 용량을 C[b/s]라 하고, $R\leq C$이면 정보원에서 송출되는 정보가 임의의 작은 수신 오류 확률로 채널을 전송하는 부호화법이 존재한다. 만일 $R>C$이면 M이 많을 때에는 수신 오류 확률은 1에 가까워진다(거의 잘못되어서 수신된다). 2진 부호를 다루는, 잡음을 포함하는 회선에서 채널 용량 C는

$$C = B\log_2\left(1+\frac{S}{N}\right) \text{ [b / x]}$$

로 주어진다. 여기사, S/N : 신호 대 잡음비, B : 채널의 대역폭.

shape memory alloy 형상 기억 합금(形狀記憶合金) 어떤 종류의 합금에 대해서는 일정한 모양으로 가공한 것을 고온도로 열처리한(오스테나이트상으로 한) 후

서서히 냉각하여 결정 구조를 변화시킴으로써(마르텐사이트 변태를 일으킴으로써) 외형을 소성 변형한 다음 다시 가열하면 온도가 변태점 이상이 되면(오스테나이트상으로 되돌아간다) 최초의 외형으로 되돌아가는 성질이 있다. 이것을 형상 기억 합금이라 하며, 처음에 미국에서 발견된 것은 니켈과 티타늄의 합금이다. 위성 기술이나 의학 분야를 비롯하여 이용 범위가 넓다.

shape memory ferro-alloy 철계 형상 기억 합금(鐵系形狀記憶合金) 보통의 형상 기억 합금은 니켈·티탄계의 것이 주류이나, 이것은 철을 주성분으로 하여 망간, 크롬 등을 포함하는 것이다. 가격이 보통의 것과 비교해서 약 10분의 1 정도이며, 그 밖에 강도나 형상 변화의 온도 등에서도 이점이 있다.

shape memory resin 형상 기억 수지(形狀記憶樹脂) 형상 기억 합금과 마찬가지로 소성 변형해도 어느 일정 온도 이상으로 가열하면 원래의 모양으로 되돌아가는 합성 수지를 말한다. 합성 수지는 일정 온도(융점)를 초과하면 결정 구조에서 비결정 구조로 된다. 이 성질을 이용한 것이며, 금후의 실용화가 기대된다.

shaping circuit 정형 회로(整形回路) 파형 수정 회로의 총칭. 전송 신호가 전송로의 L, C 등의 영향을 받았기 때문에 파형의 일그러짐이 생긴 경우에 원 파형으로 수복하는 회로, 혹은 신호 처리를 하는 데 적합한 파형으로 변환하는 회로 등.

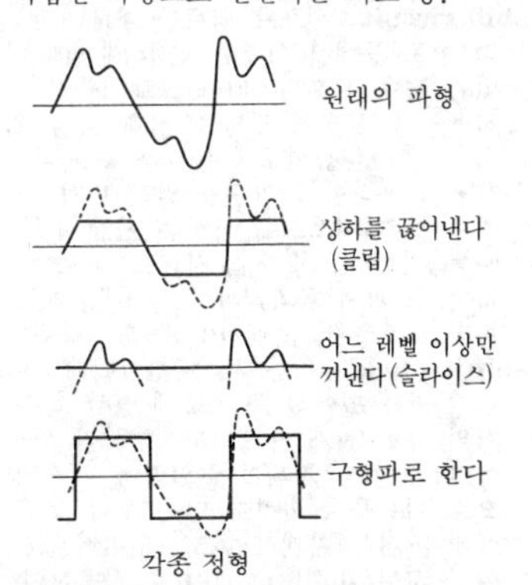

각종 정형

shared file 공용 파일(共用-) 둘 이상의 처리 장치에 의해 공통으로 접근되는 파일을 말한다.

shareware 셰어웨어 무료로 사용하거나 복제하거나 할 수 있는 소프트웨어. 단, 판권은 저작자가 소유하고 있으며, 이 소프트웨어를 정기적으로 계속 사용하는 이용자에 대해서는 응분의 사용료를 요구할 수 있다.

sharp bend 벤드 도파관에서 관축이 방향을 변화하는 부분.

sharpness 첨예도(尖銳度) 사진이나 텔레비전 등의 화상에서 날카롭게 보이는 정도를 화상의 선명도라 하고, 물리량으로서 나타낼 때를 첨예도라 한다. 그 정의에는 여러 가지 논의가 있다.

sheared tenant service 셰어드 테넌트 서비스 건물 내부에 디지털 PBX, 컴퓨터, 데이터 하이웨이 등의 정보 통신 설비를 갖추고 임차자(賃借者)가 그것을 공용할 수 있도록 제공하는 서비스.

shear wave 전단파(剪斷波) 탄성 매질 내에서의 음파로, 매질 요소는 파에 따라 변형하지만 그 용적은 달라지지 않는다. 수학적으로는 전단파는 그 속도 벡터의 발산이 0인 파이다. 등방성(等方性) 매질 내의 전단 평면파는 횡파(橫波)이다.

sheath 시스 ① 케이블을 외상(外傷)이나 부식으로부터 보호하기 위한 외장 피복. 납, 알루미늄 등의 금속이나 네오프렌, 폴리에틸렌 등의 고분자 재료를 사용한다. ② 방전관 등에서 전극 둘레에 이온이 모여서 전극을 감싼 것. 전계를 형성하여 전극의 작용을 없앤다.

sheet resistance 시트 저항(-抵抗) 매우 얇은 막의 저항으로, 단면적 $t \times w$이고 길이 l인 박막의 저항 R은 재료의 저항률을 ρ로 하면 $R=\rho l/(t \cdot w)$로 주어지는데, 두께 t가 얇을 때는 위 식을 $R=R_s(l/w)$로 고쳐 쓴다. $R_s=\rho/t$를 시트 저항이라 하고, 단위는 옴이다. 또 l/w은 길이와 폭의 비로 스퀘어수(number of squares)라 한다. R_s는 R을 스퀘어수로 나눈 것이므로 R_s를 옴 퍼 스퀘어〔Ω/□〕라는 단위로 호칭하는 경우가 있다. IC 등의 설계에서 실리콘 박막의 도전성(導電性)을 말할 때의 용어이다.

sheet resistivity 면적 저항률(面積抵抗率) 면적 A의 박판 양단에 주어지는 전압을 V, 박판을 관통하여 흐르는 전류를 I로 할 때 $V=\rho_s I/A$의 관계가 성립하는 것으로 하고, ρ_s를 박판의 면적 저항률이라 한다. ρ_s의 단위는 Ω/m^2이다.

shelf life 저장 수명(貯藏壽命) ① 사용하지 않는 전지 기타의 디바이스가 경시 열화 때문에 동작 불능이 되기까지의 경과 시간, 보관 수명이라고도 한다. ② 어떤 아이템이 정상적인 비축 조건하에서 비축되고, 이것을 정격 조건하에서 사용했을 때, 요구되는 동작을 하기 위한 최장의 저장 시간을 말한다. 대부분의 전자 부품에서는 저장 수명은 동작 수명과 같든가, 경우에 따라서는 동작 수명쪽이(동작에 의해 습기를 방출한다든지 하여) 저장 수명보다 긴 것도 있다.

shell 셸 UNIX 시스템과 이용자 사이의 인터페이스를 취하는 커맨드 애널라이저를 셸이라 한다. 이용자는 셸을 통해서 UNIX 하에서 움직이는 여러 가지 도구를 파이프라인 등으로 조합시켜 소프트웨어 개발을 효율적으로 진행시킬 수 있다. 또, 파일에 대해서도 표준 파일이라는 개념이 있으며, 입력이 키보드, 출력이 화면인데, 다른 입출력 장치로의 전환은 논리명만 지정하면 구체적인 장치와의 결합을 셸 사이에서 가교노릇을 해 주는 기능을 가지고 있다.

shellac 셸락 벌레의 분비물로 된 천연 수지의 일종. 광유에는 녹지 않지만 아세톤, 알코올류에는 잘 녹으며, 접착성이나 절연성도 좋다. 알코올에 녹여서 셸락 니스로서 절연물의 마무리 칠에 널리 사용되고 있다.

shell electron 외각 전자(外殼電子) 원자에서 가장 바깥쪽 궤도에 존재하는 전자. 화합이나 전리(電離) 등 많은 물성적인 성질은 이의 개수나 배치 등에 의해 정해진다.

shell type 외철형(外鐵形) 변압기 구조의 일종. 외철형이란 권선이 철심 안쪽에 감싸여 있는 듯이 보이는 것. E-E 나 E-I형 철심을 사용하는데, 제작이 용이하여 소형의 단상 변압기, 통신용에 널리 쓰인다.

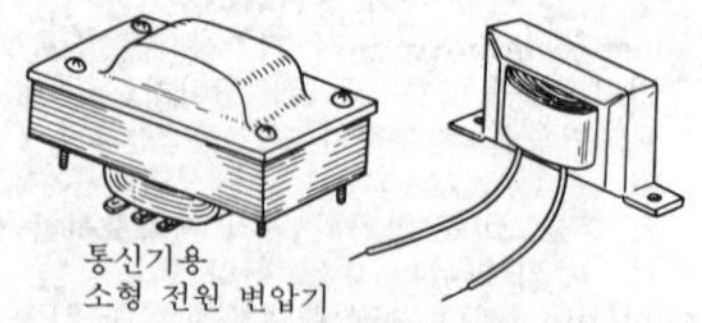

shell-type transformer 외철형 변압기(外鐵形變壓器) →shell type

SHF 센티파(-波) =centimeter wave

shielding 실드 전자(電磁) 에너지가 일정 공간 내에 들어가지 않게 한다든지 또는 반대로 외부로 누설하지 않도록 차폐하는 것. 전자 실드, 전기 실드, 정전 실드의 3종이 있다.

shielding case 실드 케이스 코일 부품 등에서 외부 전자계의 영향으로부터 차폐할 필요가 있는 것을 감싸기 위한 금속제의 그릇. 일반적으로 알루미늄판으로 만들어진다.

shielding coil 차폐 코일(遮蔽-) 분리형 변성기(트랜스)의 일종. 전기 철도나 고압 송전선 등에서 통신 선로에 유도되는 방해 전압을 경감하는 변성비 1:1인 일종의 트랜스.

shielding room 실드 룸, 차폐실(遮蔽室) 외부의 전계나 자계의 영향을 차폐한 방. 쇠그물이나 금속판에 의해서 6면을 완전히 감쌈으로써 이 목적을 달성할 수 있는데, 쇠그물이나 금속판은 2중, 3중으로 하고, 이은 곳도 완전히 전기적으로 접속하도록 하지 않으면 충분한 효과는 기대할 수 없다.

shielding wire 실드선(-線) 부품의 배선 등을 외부 전자계로부터 차폐할 필요가 있는 곳에 사용하는 전선. 외피가 금속제의 그물이며, 이것을 접지한다.

shift 자리보내기, 자리 이동(-移動) 일렬로 배열되어 있는 문자를 오른쪽 혹은 왼쪽으로 이동시키는 것. 문자가 P를 기수로 하는 수의 자리일 때에는 n자리 우(右) 또는 좌로 자리 이동하는 것은 통상 그 수에 P^n 또는 P^{-n}을 곱하는 것과 등가이다.

shift circuit 시프트 회로(-回路) ① 논리 회로 등에서 다루는 신호 레벨에 차가 있는 경우 트랜지스터나 포토커플러 등을 사용하여 신호의 전달을 쉽게 하기 위한 회로. ② 발진 회로에서 가변 용량 다이오드를 사용하여 주파수를 약간 변화시키는 경우 이 다이오드에 가하는 전압 변화 회로를 말한다. 주파수 시프트 회로라고도 하며, 스피치 클라리파이어, RIT 회로 등이라고 부르며, 트랜시버 등에 사용된다.

shifting field 이동 자계(移動磁界) 어느 간격 만큼 떨어진 두 장소에 각각 같은 파형의 교번 자계가 생기고, 양자의 위상만이 다를 때는 자계가 끊임없이 한쪽 방향으로 이동을 계속하고 있는 듯이 보인다. 이것을 이동 자계라 하고, 일반적으로 셰이딩 코일(shading coil)을 사용하여 만든다. 유도형 계기의 대부분은 이동 자계를 이용한 것이다.

shift pulse 시프트 펄스 컴퓨터 내에서 레지스터의 내용을 오른쪽 또는 왼쪽 방향으로 같은 정보 내용을 유지한 채 이동시키기 위한 제어 신호.

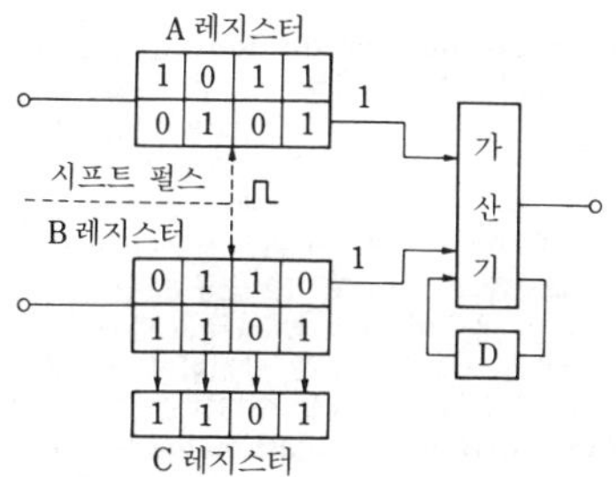

B 레지스터의 데이터를 시프트 펄스 하나 보냄으로써 C 레지스터로 전송한다(병렬 전송).

시프트 레지스터에 의해 A, B 레지스터의 데이터를 1비트씩 가산기에 보낸다(직렬 전송).

shift register 시프트 레지스터 레지스터에 세트된 내용을 시프트 펄스에 의해 오른쪽 또는 왼쪽으로 자리보내기를 하는 레지스터.

ship earth station 선박 지구국(船舶地球局) →standard ship earth station

shock excitation 쇼크 여진(-勵振) 공진 회로 등에 전기 에너지를 임펄스(혹은 단시간 쇼크)의 모양으로 도입함으로써 자유 진동을 발생시키는 것. 임펄스 여진이라고도 한다.

Shockley diode 쇼클리 다이오드 pnpn 4층 사이리스터이며, 단방향의 다이오드 스위치로서 동작하는 것. 전압·전류 특성의 제 1 상한에서 브레이크오버에 의해 오프 상태에서 온 상태로 이행한다. 제 3 상한은 역저지 특성을 나타낸다.

shock wave 충격파(衝擊波) ① 파고값이 크고, 지속 시간이 매우 짧은 전압, 혹은 전류의 파. 임펄스라고도 한다. ② 고속의 압축성 유체가 장해물에 의해서 생기는 유체의 압축과 이어서 생기는 희박화에 따라서 발생하는 음파. 충격음. 초음속기 등에서는 이 충격파에 의해 sonic boom이라는 폭발음을 발생한다.

shop test 공장 시험(工場試驗) 공장에서 완성한 제품에 대하여 출하 전에 하는 시험.

shore effect 해안 효과(海岸效果) 해안선 가까이의 해상을 비행하고 있을 때 전파가 해상에서는 육지에서 보다 약간 빠른 속도를 갖기 때문에 해안선측으로 굽는 현상. 이것은 무선에 의한 방향 탐지기 지시에 오차를 도입하는 원인이 된다.

shore radar station 해안 레이더국(海岸-局) 레이더에 의해서 야간 혹은 안개 속에서 선박의 방향과 거리(국으로부터의)를 결정하는, 혹은 선박과 통신하거나 하는 해안국.

short 단락(短絡) 0 또는 0에 가까운 저항의 도선으로 접속하는 것.

short channel effect 쇼트 채널 효과(-效果) MOS FET 등에서 게이트의 길이(소스, 드레인 간의 거리)가 짧안 경우의 영향이다. 드레인 전압 V_D를 일정하게 하고 채널 길이를 짧게 하면 드레인과 소스로부터의 공핍층이 게이트 밑의 기판 영역으로 삐어져 나오기 때문에 채널 부분의 전위 장벽이 저하하여 드레인 전압의 약간의 증가에 의해 드레인 전류 I_D가 급증하고, 이것이 진행하면 공핍층의 접촉에 의한 펀치스루(punch-through)가 생긴다. 이것을 방지하기 위헤 드레인의 채널측에 n^-층을 두고 공핍층의 전계를 저하시켜, 열전자의 발생을 억제하여 I_D의 급증을 방지하도록 한다. 이와 같이 n^-를 만들어 넣은 구조를 가볍게 도프한 드레인 구조(LDD)라 한다.

short circuit 단락(短絡) 회로에서 전위가 다른 두 점 사이가 의도적이건 우연이건 매우 낮은 저항의 도체에 의해 접속되는 것. 단락점을 통해서 흐르는 전류를 단락 전류라 한다.

short circuit admittance 단락 어드미턴스(短絡-) 4 단자망 회로의 출력측을 단락했을 때의 입력 전류와 입력 전압의 비. 4 단자망을 어드미턴스 파라미터로 나타낼 때 사용한다.

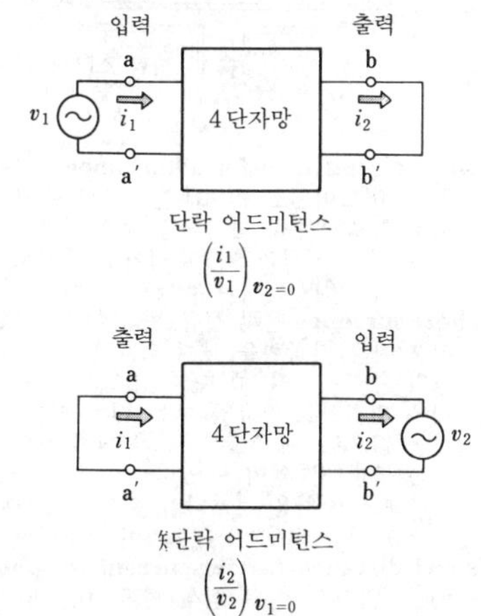

단락 어드미턴스 $\left(\frac{i_1}{v_1}\right)_{v_2=0}$

단락 어드미턴스 $\left(\frac{i_2}{v_2}\right)_{v_1=0}$

short-circuit current sensibility 단락 전류 감도(短絡電流感度) 수광 소자에서 출력단을 단락했을 때 여기에 흐르는 단락 전류와 소자에 입사(入射)하는 방사속과의 비.

short-circuit impedance 단락 임피던스(短絡－) ① 회로망에서 지정된 한 쌍 또는 그 이상의 단자간을 단락하고, 다른 어떤 한 쌍의 단자간에서 측정한 임피던스. ② 4 단자망에서 원단(遠端)을 단락하여 측정한 구동점 임피던스.

short-circuit ring 단락 링(短絡－), 쇼트 링 교번 자속이 철심에서 갭(gap)으로 나올 때 그 일부분의 위상을 늦추어 이동자계를 만들기 위해 갭에 면한 철심의 일부분에 끼우는 고리 모양의 도체.

short circuit stub 단락 스터브(短絡－) 안테나로의 궤전(급전) 선로에서 동조 선로와 비동조 선로와의 접속점에 접속하는 임피던스 정합용 단락 회로. 스터브는 트랩이라고도 한다.

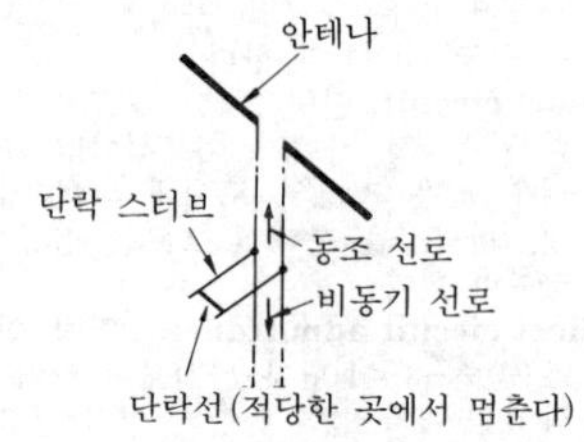

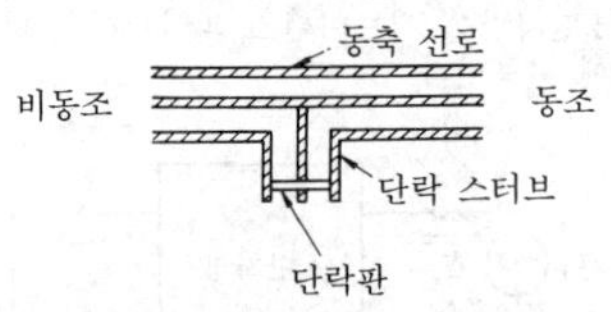

short circuit transfer admittance 단락 전달 어드미턴스(短絡傳達－) 4 단자망 회로의 출력측을 단락했을 때의 출력 전류와 입력 전압의 비. 4 단자망을 어드미턴스 파라미터로 나타낼 때 사용한다.

short current 단락 전류(短絡電流) 전원의 단자를 단락했을 때 흐르는 전류로, 그 크기는 무부하일 때 단자 전압을 전원의 내부 임피던스(직류일 때는 내부 저항)로 나눈 값으로, 매우 큰 전류가 되어 전원이 소손(燒損)될 염려가 있다. 그래서 만일 단락해도 전원을 보호하기 위해 차단기나 퓨즈를 전원 회로에 넣는 것이 보통이다.

short distance carrier-current telephony 단거리 반송 방식(短距離搬送方式) 반송 전화 회선에서 대도시와 그 주변국, 연계 도시국 상호간 등 100km 이내에서 행하여지는 반송 통신.

short distance irradiation 근접 조사(近接照射) X 선 치료에서 선원(線源)을 환부에 충분히 근접하여 조사(照射)하는 방법으로, X 선의 감쇠가 적어지고 치료의 효과를 올릴 수 있다. 예를 들면 구강이나 직장(直腸) 등의 치료에 사용하는 체강관(體腔管)은 가늘고 긴 중공관(中空管) 끝에 쌍 음극이 있으며, 양극을 접지하고 있으므로 전기적으로는 안전하여 X선을 체강 내에 직접 조사할 수 있다.

short distance navigational aids 단거리 항행 원조 시설(短距離航行援助施設) 전파 항행 원조 시설 중 비교적 짧은 서비스 거리의 것으로, 데카, 로란 A 등이 그 예이다. 오메가나 위성을 사용하는 전 지구 항법과 같은 이른바 장거리 방식에 대비된다. 로란 A 에 대하여 로란 C 는 장거리형으로 분류된다. 장단 양 방식간에 명확한 한계가 있는 것은 아니다.

short-haul carrier system 단거리 반송 방식(短距離搬送方式) 100km 이하의 단거리 시외 전화 회선에 사용되는 반송 통신 방식. 이 방식은 한 줄의 시외 케이블을 사용한 군별(群別) 2 선식 반송 방식으로, 5~15km 마다 설치된 무인 중계소에는 IC 를 사용한 중계기가 두어지고, 8 또는 12 통화로에서 사용된다. 이 방식의 장치는 경제성에 주안이 두어지고 있으므로 장거리 회선용의 것과는 통일되어 있지 않다.

short wave 단파(短波) 주파수대로 3~30 MHz(파장 100~10m) 범위의 전파. 전리층에서 반사하기 때문에 원거리 통신에 사용된다.

short wave antenna 단파 안테나(短波－) 단파대의 전파를 송수신하기 위한 안테나. 단파는 파장이 100~10m 로 짧기 때문에 반파장 안테나를 구성하기 쉽고, 이것을 기본으로 하여 여러 가지 조합 안테나가 사용된다. 주요한 것으로서 정재파 V 형 안테나, 롬빅 안테나, 빔 안테나가 있다.

short wave communication 단파 통신(短波通信) 단파대를 이용한 무선 통신.

short wave laser 단파장 레이저(短波長－) →excimer laser

shot noise 산탄 잡음(散彈雜音) 어느 전극을 동시에 출발한 전자가 진행 방향이나 속도가 고르지 않기 때문에 목적 전극에 도착할 때 산탄과 같이 불균일하여 전류에 미묘한 변동을 준다. 이에 의해 생기는 잡음. 기기가 다루는 전 주파수 대역에

걸쳐서 고르게 발생한다. 따라서 대역폭이 넓을수록 많아진다. →noise

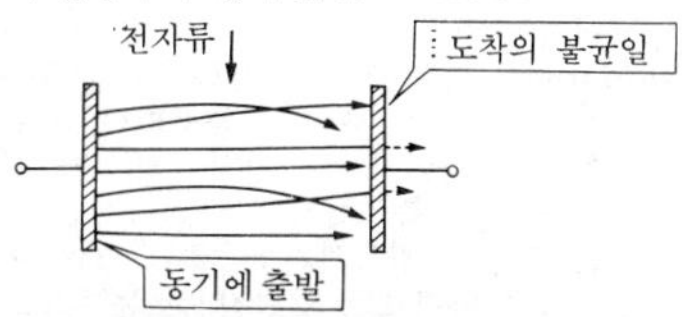

shuffling 셔플링 자기 테이프의 디지털 기록에서의 버스트 오류를 정정하기 쉽게 하기 위해 데이터의 기록 순서를 시간축 방향으로 전후에 바꾸어 넣어서 기록하는 것. 이렇게 한 것에 버스터 오류가 생겨도 기록 순서를 원상으로 되돌림으로써 오류가 분산되므로 정정이 용이해진다.

shunt 분류기(分流器) 어느 전로(電路)의 전류를 측정하려는 경우에 전로의 전류가 전류계의 정격보다 큰 경우에는 전류계와 병렬로 다른 전로를 만들고, 전류를 분류하여 측정한다. 이와 같이 전류를 분류하는 전로(저항기)를 분류기라 한다. 그림은 분류기를 사용한 전류 측정의 예를 나타낸 것이다.

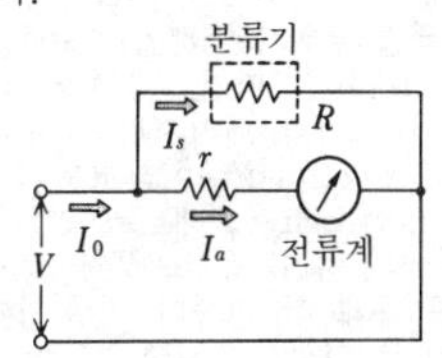

$$I_0=\left(1+\frac{r}{R}\right)I_a$$

$$\begin{pmatrix} I_0=I_a+I_s \\ V=I_a r=I_s R \end{pmatrix}$$

I_0 : 측정하는 전로의 전류
I_a : 전류계의 지시
r : 전류계의 내부 저항
R : 분류기의 내부 저항

$1+\dfrac{r}{R}$ 을 배율이라 한다

shunted monochrome 모노크롬 분로 회로(－分路回路) 휘도 신호가 색변조기 및 복조기를 피해서 분로되는 회로 구성법.

shunt feed 병렬 급전(竝列給電), 병렬 궤전(竝列饋電) ① 능동 소자의 전극에 직류 전압을 공급하는 경우에 신호 회로와는 다른 병렬 브랜치의 저지 코일(신호 전류를 저지하는)을 통해서 이것을 공급하는 방법. ② 수직 안테나에서 그 하단을 접지하고, 그 위쪽의 적당한 점에서 궤전하는 것.

shunt for galvanometer 검류계용 분류기(檢流計用分流器) 검류계에 흐르는 전류를 제한하기 위해 병렬로 접속하는 저항기. 검류계의 감도를 낮게(측정 레인지를 확대) 한다든지 검류계에 과대한 전류가 흘러서 소손(燒損)하는 것을 방지하기 위해 사용된다. 병렬 분류기, 만능 분류기, 보상형 분류기 등이 있다. →galvanometer

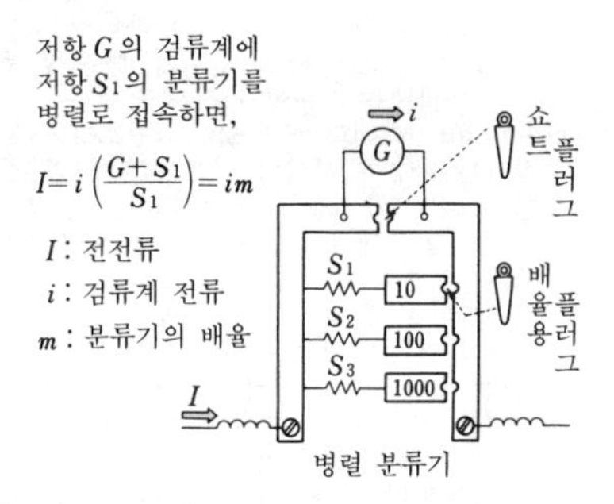

shunt peaking 병렬 피킹(竝列－) 피킹 회로의 일종. 증폭기의 고역 특성을 개선하기 위해 부하 저항에 직렬로 인덕턴스가 작은 코일을 접속하고, 트랜지스터의 부유(표유) 용량과 병렬 공진을 일으켜 고역에서의 증폭도 저하를 보상하여 대역폭을 넓히는 것.

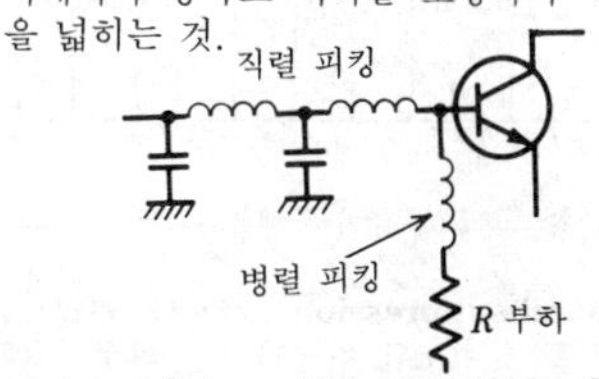

shunt regulator 션트 레귤레이터 출력에 병렬로 접속되고, 직렬 저항을 통하는 전류를 제어하여 전류 출력의 단전압(端電壓)을 일정하게 유지하도록 동작하는 레귤레이터.

shunt resistor 분류기(分流器) 전류계의 최대 눈금값을 넘는 전류를 측정하기 위해 피측정 전류의 일정 비율만을 전류계에 흘리기 위해 계기와 병렬로 사용하는 분로 저항. 이 저항은 계기에 내장하는 경우와 외부에 부가하는 경우가 있다. 분류기는 보통 4단자 구조를 하고 있으며, 그 중 3 둘은 전류 단자이고, 나머지 둘이 전압 단자이다. 단자를 이와 같이 나누는 것은 접촉 저항, 열기전력 등에 의한 오차의 도입을 방지하기 위해서이다.

shunt T junction 병렬 T 접속(竝列－接續) →T junction

shunt trap 병렬 트랩(竝列－) 방해파를 제거하기 위해 주회로와 병렬로 접속되는 필터(직렬 공진 회로).

SI 국제 단위계(國際單位系) Système International d' Unités의 약어. 1960 년의 국제 도량형 총회에서 결의된 단위계로 우리 나라의 계량법도 이 단위계를 채용하고 있다. 기본 단위로서 미터, 킬로그램, 초, 암페어, 켈빈, 칸델라의 6개를 쓰고, 보조 단위, 유도 단위와 배수 및 분수를 나타내는 접두어가 정해져 있다.

sideband 측대파(側帶波) 피변조파에 포함되는 반송파 이외의 성분파(측파)의 집합. 그림은 주파수 f_0의 반송파를 f_{s1}, f_{s2}, …, f_{s5}의 5개의 신호파로 진폭 변조했을 때의 피변조파의 주파수 스펙트럼인데, 반송파의 상하에 신호의 진폭과 변조도에 비례한 크기를 갖는 각각 한 쌍의 측파(側波)를 발생하고 그들의 집합으로 상하 측파대가 구성된다. 주파수 변조에서는 측파 그 자체가 많이 발생하고 그들의 크기는 신호파의 주파수에도 관계하여 바뀌기 때문에 주파수 대폭이 매우 넓은 복잡한 스펙트럼이 된다.

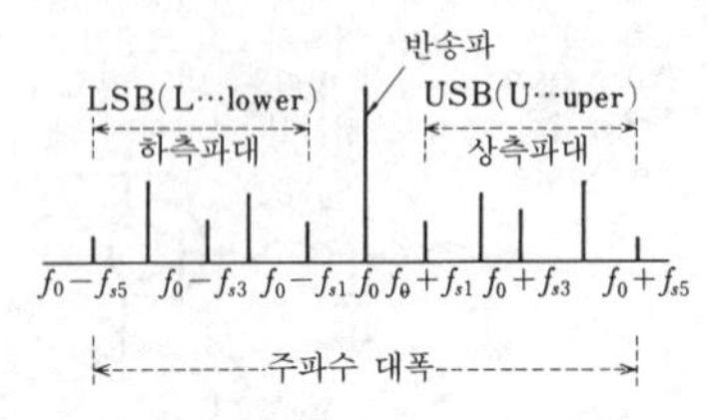

sideband suppression 측파대 억압(側波帶抑壓) 변조된 반송파의 주파수 스펙트럼 중에서 한쪽 측파대를 필터에 의해 제거하는 것.

sideband transmission system 대역 전송 방식(帶域傳送方式) 정보를 담은 신호로 반송 주파수를 변조하여 얻어지는 측파대를 전송하는 전송 방식. 반송 방식이라고도 한다. 베이스밴드 전송 방식 및 PCM방식과 대비된다.

side lobe 사이드 로브 안테나 등의 지향 특성에서 최대가 되는 주(主) 로브 이외의 다른 방향의 방사 로브.

side-lobe level 사이드로브 레벨 안테나의 최대 지향성 이득에 대해, 가장 높은 사이드로브의 최대 상대 지향성 이득.

side-lobe suppression 사이드로브 억압(—抑壓) 사이드로브의 레벨을 줄이거나, 사이드로브의 존재에 따른 원하는 안테나 특성이 열화하는 것을 억제하는 동작 또는 조정.

side lock 사이드 로크 자동 주파수 동기계에서 의도한 성분 이외의 신호 성분 주파수에 의해 불필요한 주파수 동기화가 이루어지는 것.

side tone 측음(側音) 전화기로 통화하는 경우 통화하는 사람의 목소리나 소음이 송화기에 들어가 그 전화기의 수화기에 들리는 것을 측음이라 한다. 측음은 통화하는 경우에 필요하지만 너무 크면 통화 품질이 나빠지므로 일반적으로는 어느 정도의 측음을 남기고, 나머지는 측음 방지 회로로 억압하고 있다.

side tone attennuation 측음 간쇠량(側音減衰量) 전화기의 측음량을 송화 레벨과 비교하여 나타낸 통화 감쇠량. 송화할 때 송화기 임피던스와 같은 임피던스에 공급되는 피상 전력 P_T와, 통신 회선을 거쳐 선로에 접속했을 때 (송화자의) 수화기 임피던스에 받는 측음 피상 전력 P_R과의 비를 데시벨로 나타낸 것으로, 측음 감쇠량을 b_s로 하면

$$b_s=10\log_{10}(P_T/P_R) \quad \text{〔dB〕}$$

로 주어진다.

siemens 지멘스 컨덕턴스, 서셉턴스, 어드미턴스의 단위로, 기호는 S.

SIG 특별 부회(特別部會) special interest group 의 약어. 특정한 테마를 가진 사람이 모여서 메시지의 교환을 하는 회의실. 포럼(forum)이라고도 한다.

sigma network Σ네트워크 광섬유 전송로를 사용하여 광섬유상의 링크 장치(노드)를 통해 각 컴퓨터, OA 기기 등을 유기적으로 결합하기 위한 LAN 이다. Σ네트워크는 광섬유를 사용하여 루프 모양으로 데이터계와 음성계를 통합한 다원 정보망이며, 회선 교환(시분할 다중) 방식에 의해 명료한 통신을 할 수 있다.

signal 신호(信號) 정보를 표현하거나 전달하기 위해 사용하는 상태나 양. 전압, 전류, 빛 등에 의해 정보를 표현한다. 전달 도중에 매체나 상태의 변화가 있어도 정보 표현의 의미 즉 정보 전달의 구실은 틀림없다. 신호에는 연속량의 아날로그 신호, 이산적 양의 디지털 신호가 있다.

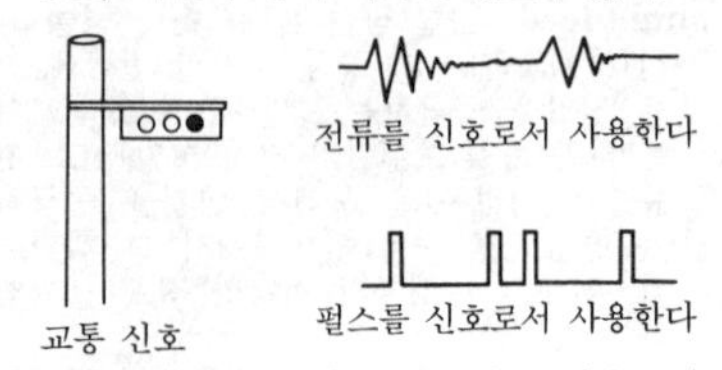

signal contrast 신호 콘트라스트(信號—) 팩시밀리에서, 백을 나타내는 신호와 흑을 나타내는 신호 간의 데시빌 비.

signal converter 신호 변환기(信號變換器) 신호를 어떤 형태나 값에서 다른 형태나 값으로 변화시키는 디바이스.

signal duration 신호 계속 시간(信號繼續時間) 신호가 있는 상태가 연속해서 존재하는 시간 길이.

signal frequency 신호 주파수(信號周波數) 체배기, 증폭기, 주파수 변환기 등의 장치에서 목적으로 하는 입력의 주파수.

signal frequency shift 신호 주파수 편이(信號周波數偏移) 시스템 내 임의의 포인트에서 백신호와 흑신호의 각각에 대응하는 주파수의(수치적인) 차.

signal generator 신호 발생기(信號發生器) 측정에 사용하는 발진기 중 주파수, 출력 레벨, 변조도 등의 특성을 정확히 알고 있고, 각각 가변으로 할 수 있는 것을 말한다. 발진할 수 있는 주파수 범위는 저주파에서 마이크로파에 이르는 각종의 것이 있으며, 일정한 범위의 주파수만을 발생하는 것과 단일의 주파수만을 발생하는 것이 있다. 변조 방식에도 AM 이나 FM 등의 종류가 있다. 보통 신호 발생기가 발생하는 파형은 고조파분이 극히 적은 순정현파의 것이 많으나, 펄스파나 텔레비전의 복합 신호 등을 발생하는 것도 있다.

signal ground 신호 접지(信號接地) 전자 회로에서 모든 신호 전압이 기준으로 하는 단자, 또는 회로상의 한 점의 전위. 보통 시스템 내 최저 레벨의 신호의 복귀 도체를 이용한다. 시스템 내에는 이 밖에 섀시(프레임) 접지, 전원 접지 등이 두어지는데, 신호 접지는 이들의 영향을 받지 않도록 설치할 필요가 있다.

signal identifier 신호 식별기(信號識別器) 스퓨리어스 응답이 존재할 가능성이 있을 때 입력 신호의 주파수를 식별하기 위한 수단. 스퓨리어스 응답이 존재할 때 입력 신호의 주파수를 식별하기 위해 사용되는 전면 패널의 조작.

signaling 신호 방식(信號方式) 가입자 단말과 중앙국간, 그리고 (중계)교환국 간에서의 어드레스 신호나 교환 동작에 필요한 정보의 전달 방식.

signaling common battery 공전식 신호(共電式信號) 전화선의 원격단에서 직류 회로를 닫음으로써 전송 신호 또는 감시 신호를 발생시키는 방법.

signaling in band 대역내 주파 신호(帶域內周波信號) ① 통화로 중의 음성 또는 정보의 주파수대를 사용하는 신호. ② 아날로그적으로 발생되는 신호이며, 메시지와 동일한 패스를 쓰고, 또한 그 패스 중에서 보내지는 메시지와 동일한 주파수 대역을 사용하여 전송된다.

signaling out of band 대역외 주파 신호(帶域外周波信號) 통화로간의 가드 주파수대를 사용하는 신호. 이 용어는 반송파 채널과 같은 매체에 의해서 주어지나, 필터에 의해 음성 또는 정보 패스를 방해하지 않는 채널 대역폭의 일부를 사용하는 것도 나타낸다. 이 결과 효율적으로 사용할 수 있는 대역폭의 감소가 된다.

signaling speed 통신 속도(通信速度) 전신 회선에서 1분간에 보낼 수 있는 문자수 또는 어수(語數). 단위는 보(Baud). 다음 식으로 나타내어진다.

$B=1/\tau$

여기서, τ : 전신 부호를 구성하는 단위의 시간.

$l=(B\times 60)/n$ 〔자/분〕

n : 1자당의 평균 단위수.

signaling system 신호 방식(信號方式) 전화 교환기 상호간 혹은 전화기와 교환기 사이를 연결하여 서로 관련있는 기기를 동작시키기 위한 방식. 교환기 상호간의 신호 방식은 시내선 신호 방식, 시외선 신호 방식, 국제선 신호 방식으로 구분된다. 이 방식은 신호를 전달하는 전송 방식과 밀접한 관련이 있으며, 교환기의 방식, 전송로의 방식, 회선의 용도 등에 따라 최적의 방법이 정해진다.

signal injection 신호 삽입법(信號挿入法) 진단하려는 회로 또는 계(系)의 전원을 끊고, 대신 시험용 신호를 적당한 장소에서 삽입하여 그에 의해서 생기는 각부의 신호 파형을 오실로스코프나 스피커 등으로 검사하는 고장 진단법. 입력 신호는 장소를 바꾸어서 삽입하는데, 삽입 장소에 따라서 신호의 레벨이나 주파수는 변화시키지 않으면 되는 경우가 많다.

signal interval 신호의 단위 길이(信號－單位－) 이산적인 하나의 신호 상태(유의 상태, 심벌)가 차지하는 시간 단위. 최소 유의 간격과 동의어. 최소 유의 간격의 역수는 변조 속도이다.

signalling method 신호법(信號法) 전신, 전화, 데이터망 등의 전송망에서 호(呼)가 개시되고, 통화, 그리고 종료에 이르는 절차에 대한 신호법을 말한다. 전화인 경우는 직류 혹은 적당한 주파수(톤)의 교류 신호가 사용된다. 신호 주파수는 통화 대역 내에 있는 경우와 대역 외에 있는 경우가 있으며, 후자는 통화 채널 간의 900Hz 대역 갭을 사용하는 것이다. 신호가 실제의 통화 채널, 또는 이것에 결부된 보조 채널 상을 운반되는 경우는 이것을 회선 개별 신호법(channel associated signalling method) 또 비집중형 신호법(decentralized signalling method)이라 한다. 최근 디지털 기술의 진보와 더불어 특정한 신호 채널을 쓰는 다수의 통화 채널을 공통 제어하는 공통선 신호법(common channel signalling) 또는 집중 제어형 신호법(centralized control signalling)이 쓰이게 되었다. 신호는 일련의 비트 배열로 이루어지며, 이것으로 채널의 식별, 신호의 의미, 오류 정정 등의 정보가 주어진다.

signal multiplexing of optical fiber 광섬유에서의 신호의 다중화(光纖維－信號－多重化) 광섬유에서의 다중화에는 공간 분할, 주파수 분할, 시분할, 파장 분할의 각 다중화법이 있다. 공간 분할은 한 줄의 케이블에 다수의 광섬유 심선을 수용하고, 회선수를 공간적으로 많이 얻을 수 있도록 한 것이다. 주파수 분할, 시분할은 광신호를 전기 신호로 변환하고, 이것을 전기적 수법에 의해 다중화하는 것이다. 파장 분할은 광신호를 그대로 광 합파기, 광 분파기를 써서 다중 전송하는 것이다. 이에 대해서는 별항을 참조할 것. → wave-length division multiplex

signal-processing antenna system 신호 처리 안테나 방식(信號處理—方式) 방사 소자와 회로 소자를 조합해서 입력 신호의 곱셈, 축적, 상관, 시간 변조 등의 기능을 시키는 안테나 시스템.

signal repeater 리피터 자동 교환 접속에서 국내측의 3선(통화선 2선, 제어선 1선)을 국외측 2선(통화선)으로 변환하고, 국간의 임펄스 신호 등을 중계하기 위해 국간 중계선의 출측(出側)에 설치되는 계전기 장치(트렁크)를 말한다.

signal-shaping amplifier 신호 정형 증폭기(信號整形增幅器) 해저 케이블의 수신 종단측 회로에 삽입되는 전자 부품으로 구성된 증폭기를 말하며, 신호의 증폭과 파형 정형을 한다.

signal-shaping network 신호 정형 회로망(信號整形回路網) 수신 신호의 파형을 향상시키기 위해 전신 회로에 삽입된 전기 회로망.

signal strength meter S미터, 신호 강도계(信號强度計) 수신점에서의 신호 강도를 수신기의 검파 전류의 대소에 따라서 지시하는 것. 검파 회로의 부하 저항에 직렬로 직류 전류계를 넣고, 눈금은 S1 에서 S9 까지 5~6 dB 간격으로 매겨져 있으며, S1 에서 대체로 1~3μV 정도의 출력을 나타내는데 각 단계는 RST 부호의 표현에 의해 사용하고 있다. 또한 S미터의 지시에 따라 동조점을 찾아낼 수도 있으므로 동조 지시 회로의 역할도 겸하고 있다.

signal-to-clutter ration 신호 대 클러터비(信號對－比) 레이더 이동 목표 표시 장치(MTI)에서, 목표로부터의 평균의 에코 전력과, 동일 장치 내에 존재하는 클러터 소스로부터의 평균 수신 전력과의 비.

signal-to-interference ratio 신호 대 방해비(信號對妨害比) 신호와 방해 신호 또는 잡음 신호의 비. 첨두값 또는 실효값의 비로서 표시되고, 또 데시벨로 표현되는 일이 많다. 이 비는 시스템의 대역폭 함수로 되는 경우가 많다.

signal-to-noise ratio *SN*비(－比), 신호 대 잡음비(信號對雜音比) 회로의 어느 부분에서의 신호 전력과 잡음 전력의 크기의 비율로, *S/N*이라고도 한다. 증폭기 등의 입력 단자에서의 *SN*비에는 어느 한계가 있으며, 이보다 작은 값이 되면 신호가 잡음에 방해되어서 증폭이나 신호의 재생이 불가능하게 되는 일이 있다. 보통 *SN*비는 데시벨(dB)로 나타내고 있다.

signal tracing 신호 추적법(信號追跡法) 신호 전송 회로를 그 동작 상태에서, 몇 군데 적당한 시험점을 골라 그 곳에서 신호를 꺼내어 오실로스코프, 스피커, 멀티미터 기타 적당한 시험 장치를 써서 검사함으로써 회로이 고장을 진단하는 방법.

signal-transfer point 신호 중계국(信號中繼局) 공통선 신호가 교환되는 교환국.

signal unit 신호 유닛(信號－) 신호 시스템에서의 정보 유닛으로, 정해진 수의 비트로 구성되어 메시지의 수수를 제어하는 여러 가지 내용의 것이 있다. 이들 유닛이 복수 개 이어져서 블록을 구성하고 있는 것도 있다.

signal wave 신호파(信號波) 그 파형이 지적(知的)인 정보, 메시지 또는 어떤 의미를 가진 것을 운반하는 파동.

sign bit 부호 비트(符號－) 컴퓨터에서 다루어지는 2진수에서 그 음양을 구별하기 위해 사용되는 비트.

significant digit 유효 숫자(有效數字) 수 표시에서 주어진 목적에 대하여 필요로 하는 숫자. 특히 주어진 정확도나 정도(精度)를 유지하기 위해 필요한 숫자.

significant figures 유효 숫자(有效數字) =significant digit

sign-on 사인온 ① 방송의 개시를 알리는 (아나운스나 음악으로) 것. ② 이용자와 컴퓨터간의 인터페이스를 확립하는 것.

silane 실란 규소를 기체(基體)로 한 유기 화합물로, 분자식은 SinH2n+2. 기체 또는 액체로 존재한다. 규소의 정제 과정에서 사용되는 3 염화 실란은 실란(SiH4)의 염소 치환체이다.

silence period 침묵 시간(沈默時間) 해안국이나 선박국은 조난 통신의 송수를 하기 쉽게 하기 위해 중앙 표준시로 매시 15 분 및 45 분 이후부터 3 분간 455~515kHz 의 전파 발사를 정지하고 침묵하지 않으면 안 된다. 이것을 제 1 침묵 시간이라 한다. 또, 209kHz 및 2,170~2,192kHz 의 전파는 매시 0 분 이후부터 3 분 후까지 발사를 정지하는데 이것을 제 2 침묵 시간이라 한다.

silent discharge 무음 방전(無音放電) 코로나 방전과 같이 소리의 발생을 수반하지 않는 방전. 산소에서 오존을 만드는 경우 등에 이런 종류의 방전을 이용한다.

Silfa 실파 클래드형 광섬유의 일종. 소재는 석영(SiO_2)이며, 전송 손실이 작다.

silica gel 실리카 겔 규산이 겔(기체가 분산한 고체)로 된 것으로, 가는 입자로 한 것은 습기 등의 흡착력이 매우 강하다. 부품을 건조 용기에 밀봉하는 경우 등에 사용한다.

silica optical fiber 석영 광섬유(石英光纖維) 석영 유리를 주성분으로 한 광섬유. 코어나 클래드의 굴절률은 도판트의 첨가에 의해 제어할 수 있다. 다성분 유리 광섬유와 대비된다.

silicon 실리콘, 규소(珪素) 기호 Si. 4가의 원소로 원자 번호 14. 원료는 모래 속에 SiO_2로서 얼마든지 있다. 규소의 단결정은 트랜지스터나 다이오드, 사이리스터 등의 반도체 소자나 IC 를 만들기 위한, 전자 공학에서의 기본적 재료이다. 매우 고순도의 것이 요구되므로 화학적으로 정제한 것을 다시 물리적으로 정제하여(플로팅 존 정제법) 만든다. 규소는 이 밖에 자심 재료인 규소 강판의 성분으로서 사용하고, 또 뛰어난 절연 재료인 규소 수지의 주성분이기도 하다.

silicon carbide 탄화 규소(炭化珪素) 기호는 SiC. 흑색 또는 청색의 결정을 하고 있다. 배리스터의 원료로서 사용되는 것은 전자이다. SiC 의 단결정은 규소보다도 고온에 강하며, 최근에는 레이저 발광 등도 관측되어 새로운 반도체 재료로서 주목되고 있다.

silicon carbide whisker 탄화 규소 위스커(炭化珪素-) 탄화 규소를 고온으로 구어서 만든 위스커. 내열성 및 강도가 뛰어난 신소재로, 복합 재료의 강화재로서 이용된다.

silicon cell 실리콘 전지(-電池) 규소의 pn 접합에 빛을 댔을 때 발생하는 기전력을 전원으로서 사용하는 것. 휴대용 소형 전자 기기의 전원 부품으로서 사용하는 것은 태양 광선이 아니고 실내 조명광만 이라도 충분히 동작한다.

silicon compiler 실리콘 컴파일러 명세를 줌으로써 LSI 의 패턴 설계를 자동적으로 하는 컴퓨터 응용 기술로, 논리 회로 설계, 패턴 설계, 레티클(reticle) 설계 등 일련의 설계/마스크 공정을 포함하고 있다.

silicon controlled rectifier 실리콘 제어 정류기(-制御整流器) 실리콘 정류기에 게이트를 두고, 순방향 전류의 도통을 제어할 수 있도록 한 부품. 도통 상태로 된 다음은 전원이 차단되기까지 통전이 계속된다. =SCR

silicon controlled switch 실리콘 제어 스위치(-制御-) 역저지 단방향성 사이리스터. 구성은 pnpn 의 4 층 접합으로, SCR 과 같은 정류 특성을 나타내지만, 게이트가 없고, 턴온(turn-on)은 브레이크오버 전압을 가함으로써 이루어진다. =SCS

silicon diode 실리콘 다이오드 규소의 pn 접합이 정류 작용을 하는 것을 이용하는 부품. 단지 다이오드라고 할 때는 이것을 가리킨다.

silicone 실리콘 실리콘(규소)을 주성분으로 하는 고분자 물질을 말할 때 쓰는 호칭으로, 실리콘유(규소유), 실리콘 수지(규소 수지) 등이라 한다.

silicone oil 실리콘유(-油) 규소 수지 중 기름 형태의 것. 내열성 · 내한성(耐寒性)이 뛰어나고, 화학적으로 매우 안정하다는 등 장점이 많으나 가격이 비싸기 때문에 진공 펌프나 실험 장치의 절연 부분 등 특별한 용도에만 쓰인다.

silicone resin 규소 수지(珪素樹脂), 실리콘 수지(-樹脂) 열경화성 수지의 일종으로, 내열성이 높은 절연재이다. 내열성 · 전기적 특성 · 내(耐) 아크성이 뛰어나지만 기계적 강도, 내용제성(耐溶劑性)의 면에서 약간 떨어진다. 절연 재료, 가요성(可撓性)의 실리콘 주형(注型) 수지(고무 탄성체)로서 사용된다.

silicone rubber 규소 고무(珪素-) 규소 수지의 일종으로, 고무와 같은 탄성을 갖는 것. 내열성의 패킹 등에 사용한다.

silicon gate MOS 실리콘 게이트 MOS 알루미늄 게이트 디바이스와 달리, 실리콘 게이트 디바이스에서는 공정의 초기 단계에서 게이트 산화막을 형성한다. 이 위에 폴리실리콘층을 CVD 법으로 형성시켜,

게이트 전극과 내부 배선 패턴을 남기고, 기타 부분은 에칭해 버린다. 이와 같이 게이트 산화막은 공정 초기에 형성되고, 이후 폴리실리콘막으로 피복되어 있기 때문에 다음 공정에서 오염될 염려는 없다. 다음에 소스 및 드레인 영역의 확산이 행하여지는데, 그들의 위치 맞춤은 먼저 만들어진 게이트를 기준으로 하여 자동적으로 이루어진다(self-align method). 그런 다음 CVD 에 의한 산화막을 씌우고, 콘택트 홀을 비워 그 위에서 알루미늄 증착을 하여 트랜지스터 전극과 배선 패턴을 형성한다. 기판에서 접속이 필요하다면 그것을 위한 특별한 확산을 기판 내에서 한다.

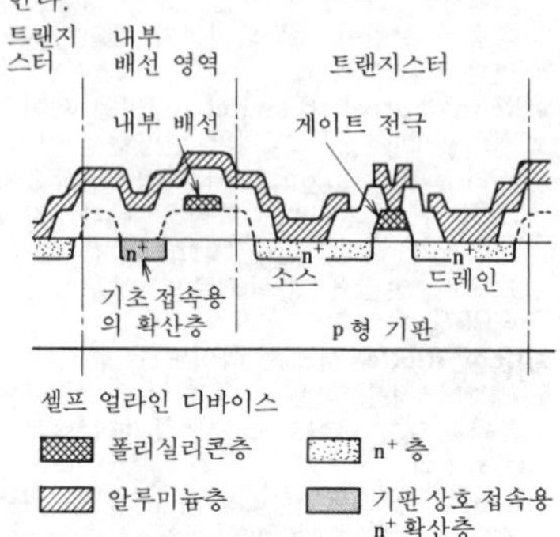

silicon intensifier target tube SIT 관(一管) 광전면에서 방출된 광전자를 가속·집속한 다음 타깃에 결상(結像)시킨다(그림 참조). 타깃은 실리콘 기판상에 다수의 pn 다이오드 소자가 격자 모양으로 배열되어 있으며, 여기에 역 바이어스 전압이 주어지고 있다. 타깃에 입사한 광전자에 의해 다수의 전자·정공쌍이 생겨 큰 증배 이득이 얻어진다. 저조도용(低照度用) 텔레비전 카메라로서 사용된다. =SIT

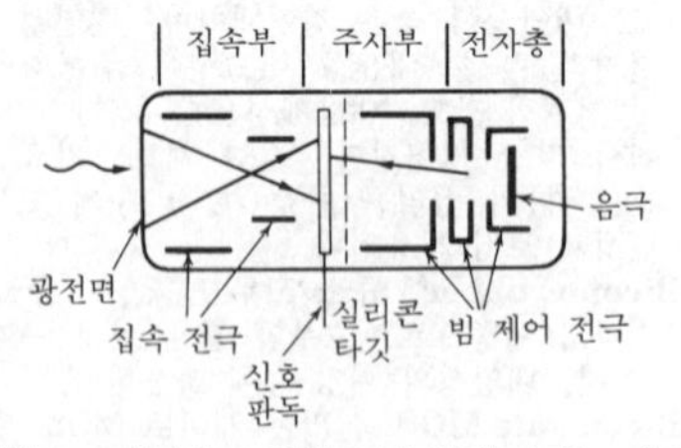

silicon nitride 질화 규소(窒化珪素) 기호는 Si_3N_4. 파인 세라믹스의 소재로서, 뛰어난 내열·내충격·내약품성을 갖는다. 엔진의 부품이나 고온 절연 재료 등에 사용된다.

silicon on sapphire 사파이어상 실리콘(一上一) =SOS

silicon photo-cell 실리콘 광전지(一光電池) 실리콘에, 예를 들면 비소를 첨가하여 n형 반도체층을 형성하고, 그 위에서 붕소를 도프하여 p형 반도체를 만든다. 이렇게 하여 형성된 pn 접합층에 빛을 투사하면, 광자가 이 부분을 여기(勵起)하여 전자와 정공의 흐름을 일으킨다.

silicon rectifier 실리콘 정류기(一整流器) 실리콘의 pn 접합 다이오드로, 정류용의 것. 역내 전압이 높고, 전류 용량이 큰 것까지 만들어지므로 소형부터 대형까지의 정류기로서 널리 쓰이고 있다.

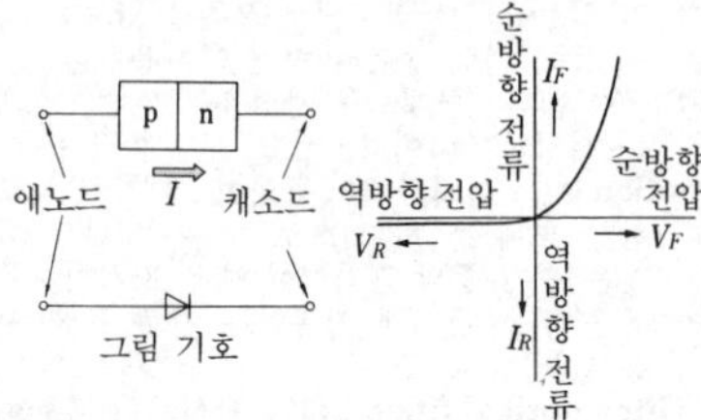

silicon resin 실리콘 수지(一樹脂), 규소 수지(珪素樹脂) 열경화성 수지의 일종, 내열성이 높은 절연재이다. 내열성, 전기적 특성, 내 아크성이 좋으나 기계적 강도, 내용제성의 면에서 약간 떨어진다. 절연 재료, 가요성(可撓性)의 실리콘 주형(注型) 수지(고무 탄성체)로서 사용된다.

silicon steel plate 규소 강판(珪素鋼板) 철(Fe)에 5% 이내의 규소(Si)를 가한 것을 압연하여 만든다. 자기적 특성이 좋고 저항률도 높으므로 전력 기기 뿐만 아니라 전자 기기용으로도 전원 변압기, 계전기 등의 저주파용 자심으로서 널리 사용된다. 두께 0.35mm 의 것이 많으며, 그림과 같은 모양으로 따내서 겹쳐 쌓는데, 판 사이의 접촉 저항을 크게 하기 위해 표면을 인산염 등의 피막이나 열건조 니스 등

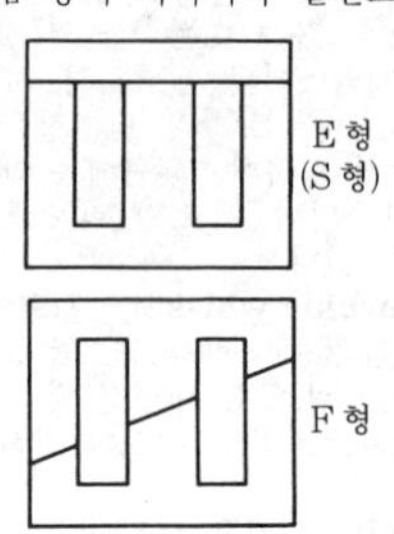

으로 절연하고 있다. 규소 강판보다 더 자기적 특성이 뛰어난 것이 요구될 때는 방향성 규소 강대(鋼帶)를 사용한다.

silicon symmetrical switch 실리콘 대칭형 스위치(-對稱形-), 사이덕 그림과 같이 5층의 pn 접합을 갖는 양방향 사이리스터. T1, T2 양단은 브레이크오버 전압이 가해지면 도통한 상태가 된다. 이 스위치에 가하는 전원 출력에 브레이크오버 전압의 펄스를 중첩시켜 턴온(turn-on) 시키는 방법이 보통 쓰인다. =SSS

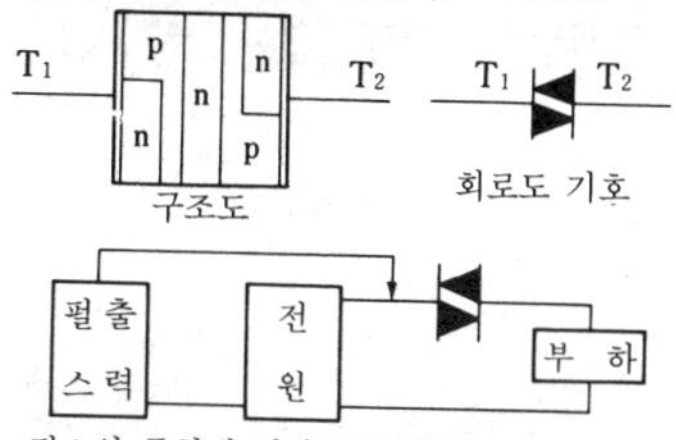

펄스의 중첩에 의한 SSS의 turn ON

silicon transistor 실리콘 트랜지스터 트랜지스터를 만드는 기체(基體)로서 규소를 사용한 것. 단지 트랜지스터라고 할 때는 이것을 가리킨다.

Silistor 실리스터 탄화 규소의 소결체로 만든 배리스터의 일종. 전압에 대한 저항값의 비직선성이 현저하다.

silverbond diode 실버본드 다이오드 게르마늄의 점접촉 다이오드에서 리드선에 은선을 용착하여 사용한 것. 고주파 특성이 뛰어나다.

silver cadmium-oxide alloy 은산화 카드뮴 합금(銀酸化-合金) 은과 산화 카드뮴(CdO)의 분말을 혼합 소결해서 만든 합금. 접점 재료로서 뛰어난 성질을 가지므로 유접점 부품에 널리 쓰인다.

silver cell 은전지(銀電池) 양극에 과산화은(AgO), 음극에 아연(Zn), 전해액에 가성 칼리(KOH)를 사용한 산화은 전지와 음극에 은(Ag) 및 염화은(AgCl), 음극에 마그네슘(Mg)을 사용한 염화 은전지가 있다. 전자는 제작에 곤란한 점이 많으므로 그다지 사용되지 않는다. 후자는 전류의 출력이 크고 전압이 일정하며, 무게도 가볍고 보존 수명이 길며, −54~94℃의 온도 범위에서 사용할 수 있는 등의 뛰어난 성능을 가지며, 기상 관측용이나 의료용 측정기 등 특수한 용도에 사용되나 고가이다.

silvered mica capacitor 실버드 마이카 콘덴서 =silvered mica condenser

silvered mica condenser 실버드 마이카 콘덴서 마이카(운모)를 유전체로 사용한 콘덴서로, 마이카 양면에 금속을 증착하여 전극으로 한 구조의 것. 보통, 마이카 콘덴서는 이것이다.

silver oxide cell 산화은 전지(酸化銀電池) →silver cell

silver paint 실버 페인트 은의 미분말과 유리의 미분말을 도료에 분산하여 도전성을 갖게 한 것. 기판에 칠하여 소결함으로써 저항 피막이나 도전 단자를 만들 수 있다.

silver solder 은납(銀鑞) 은, 구리, 아연을 포함하는 합금. 융점은 은보다 낮으나 주석납 땜납의 그것보다는 높다.

silver storage battery 은축전지(銀蓄電池) 양극의 활성 물질에 산화은, 음극의 활성 물질에 아연을 포함하는 알칼리 축전지.

simple buffering 단일 완충 동작(單一緩衝動作) 컴퓨터 프로그램의 실행 중 완충기억 장치를 할당해 두는 기법의 하나. 또는 어떤 데이터 제어용의 블록에 완충 영역을 할당하고, 그 블록이 폐쇄하기까지 그대로 두는 완충 영역 제어 방법.

simple energy transient phenomena 단일 에너지 과도 현상(單一-過渡現象) 단일의 에너지 축적 요소만을 갖는 계(系)에 생기는 과도 현상. 과도 현상은 일정한 시상수를 가지고 지수 함수적으로 감쇠한다.

simple NCU 간이형 망 제어 장치(簡易形網制御裝置) 망 제어 장치 중 전화 회선 1회선을 전화기와 데이터 단말 기기로 전환하여 사용하기 위한 장치.

simple parallel circuit 간단한 병렬 회로(簡單-並列回路) 저항, 인덕턴스 및 용량을 병렬로 갖는 선형 회로.

simple radio service 간이 무선 업무(簡易無線業務) 간이한 무선 방식에 의한 통신 업무로, 아마추어 업무를 제외. 이 업무를 하는 무선국을 간이 무선국이라 한다. 미국의 시민 라디오를 모방한 것으로, 널리 일반에게 전파 이용의 기회를 줄 목적으로 제도화되었다. 사용 주파수대는 27MHz, 150MHz, 900MHz, 400MHz, 50GHz가 할당되어 있다.

simple series circuit 간단한 직렬 회로(簡單-直列回路) 저항, 인덕턴스 및 용량을 직렬로 접속한 것.

simple tone 순음(純音) =pure tone

simplex channel 심플렉스 채널 2국간 통신에서, 때로는 단방향 통신만을 하는 방법. 이것은 통상의 송수신 조작, 프레스토크 동작, 음성 독작이나 다른 방법 등,

송수신에 대한 수동 또는 자동 스위칭을 포함한다.

simplex communication system 단신 방식(單信方式) 상대국과의 사이에서 송신과 수신을 교대로 하는 통신 방식으로, 상대국과 동일한 주파수를 사용하고, 자국이 송신하고 있을 때는 수신기의 동작을 정지하고, 수신 중은 송신기를 멈춘다. 이것은 송화기에 부속되어 있는 프레스토크 스위치(푸시버튼 스위치)에 의해 브레이크인 릴레이를 동작시켜 자동적으로 송수신의 전환을 하는 것이 많다. 소형 무선국이나 이동국에서 널리 사용된다.

simplex method 심플렉스법(－法) 선형 계획법의 문제를 풀기 위한 일종의 대수(代數) 수법.

simplex operation 단향 동작(單向動作), 단신 동작(單信動作) 회선상을 미리 정해진 한 방향으로만 전송할 수 있는 방식. 그러나 CCITT 의 정의에 의하면 simplex 는 반 2 중 방식(half-duplex)을 가리킨다. 회선의 끝에 있는 국은 송신 혹은 수신국으로 고정되어 있는 것이 아니고, 어느 시점에서는 송신국, 다른 시점에서는 수신국으로서 동작한다.

simplex signaling 심플렉스 신호 방식(—信號方式) 1 조의 도체에 같은 방향의 전류를 발생시킴으로써 그 도체간에서 신호를 송수신하는 방식.

simplex supervision 심플렉스 감시 방식(—監視方式) 심플렉스 신호 방식을 채용한 감시 방식.

symplex system 단일 시스템(單一－) 입력 장치, 중앙 처리 장치, 출력 장치와 직렬로 결합되어 있는 시스템. 사고가 발생했을 경우 시스템이 다운해 버리므로 대책으로서 하드웨어, 소프트웨어의 양면에서 신뢰성에 대한 고려가 충분히 이루어져 있지 않으면 안 된다. →duplex system

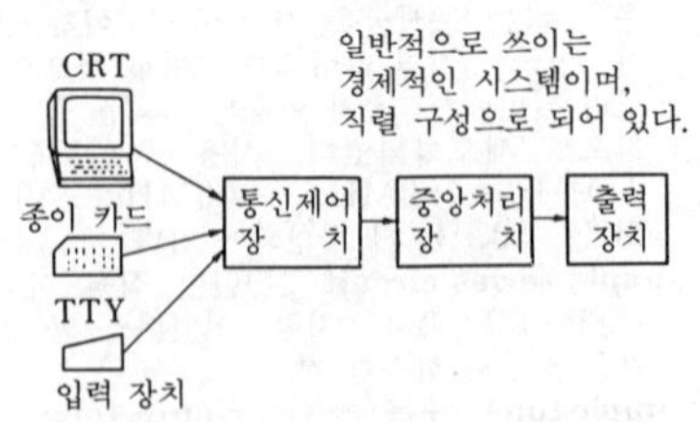

simplified equivalent circuit 간이 등가 회로(簡易等價回路) 변압기, 유도 전동기 등에서 그 성질을 바꾸지 않고 회로 계산을 쉽게 하기 위한 간이화한 등가 회로.

Simpson's law 심프슨의 법칙(－法則) 수치 적분에서 함수를 2 차 보간식(포물선)으로 근사하여 계산하는 구적법(求積法).

SIMSCRIPT 심스크립트 simulation scriptor 의 약어. 이산 시스템 시뮬레이터의 하나로 FORTRAN 을 확장한 것. 1961 년 M. Markowitz 에 의해 개발되었다. 융통성은 높지만 사용이 매우 어렵다. 항공 관제 시스템과 같이 공간적인 문제의 시뮬레이션에 대해서는 GPSS 보다 뛰어나다.

simulation 시뮬레이션 시스템이나 현상을 모식화하여 컴퓨터 등을 써서 실제 상황을 모의하는 것. 실물을 사용한 실험이나 시행을 하지 않아도 책상에서 이론적인 해명을 할 수 있다.

simulation for corporate 경영 계획 시뮬레이션(經營計劃－) 기업의 일부 혹은 전체를 개념적인 의미로 모델화하고, 모델에 입력되는 외부 환경 데이터에 의해 모델로 규정된 변수가 어떻게 되는가를 모의적으로 실험하는 것. 예측하려는 변수의 인과 관계를 어떤 추정 방법에 의해 구하지 않으면 안 되는 경우에 모델은 계량 경제 모델이라 한다. 또 한편, 변수간의 인과 관계가 기업의 기준을 기술하는 경우에는 단지 시뮬레이션 모델이라 한다.

simulation language 시뮬레이션 언어(－言語) 시뮬레이션을 하기 위한 전용의 프로그래밍 언어. 컴퓨터에서 시뮬레이션을 하는 경우, FORTRAN 등 범용의 프로그래밍 언어를 써도 가능하지만 매우 복잡해지므로 전용의 시뮬레이터 언어가 개발되었다. 단지 시뮬레이터 또는 시스템 시뮬레이터라고 하는 경우가 많다. 예로서 DYNAMO, SIMSCRIPT, CSMP, GPSS 등이 있다.

simulation scriptor 심스크립트 =SIMSCRIPT

simulator 시뮬레이터 시뮬레이션을 하는 장치 또는 프로그램.

simultaneous color television system 동시식 컬러 텔레비전 방식(同時式－方式) 3 원색에서의 형광 물질이 동시에 전자 빔에 의해 여기(勵起)되는 컬러 텔레비전 방식. 섀도 마스크 컬러 수상관은 동시식의 표시를 한다.

simultaneous lobing 동시 로빙(同時－) 목표로부터 수신한 두 신호의 상대적인 위상 또는 상대적인 파워의 합과 차를 꺼내어 등위상(또는 등전력) 방향으로부터의 목표의 벗어남을 측정할 수 있도록 한 방향 측정 장치. 단일의 송신 펄스를 사용하고, 수신 안테나는 일부분 겹친 두 로브로부터의 두 신호를 동시 수신한다. 로브 전환법과 대비되는 용어.

simultaneous multilayer photographing method 동시 다층 촬영법(同時多層撮影法) X 선 촬영에서 많은 단면의 사상(寫像)을 1회로 동시에 얻는 방법. 피사체의 각 단면에 대응하는 필름을 다수 겹쳐 두고, 피사체를 지점(支點)으로 X선관과 필름층을 역방향으로 평행하게 이동하여 촬영한다. 이 방법에서는 X선이 여러 층의 필름을 투과하는 동안에 흡수되므로 필름의 흑화도(黑化度)를 같게 하기 위해 특수한 증감지(增感紙)를 조합시켜서 사용할 필요가 있다.

SINAD 시나드 signal plus noise plus distortion to noise plus distortion ratio 의 약어. 데시벨로 표시한다. signal plus noise plus distortion 은 피변조 무선 반송파에서 복조된 음향 전력이고, noise plus distortion 은 앞의 음향 전력에서 신호 성분을 제거한 나머지 음향 전력이다. 이 비는 피시험 수신기의 음향 출력 레벨에 관한 음향 출력의 신호 품질을 나타내는 하나의 척도다.

sinad ratio 시나드비(—比) 변조 신호를 수신기에 입력하고 그 출력에 대하여 (신호+잡음+일그러짐)과 (잡음+일그러짐)의 비를 데시벨로 표시한 것.

sinad sensitivity 시나드 감도(—感度) 수신기 출력에 있어서, 결정된 SINAD 비가 되기 위한 표준 변조 반송파 신호의 최소 입력.

sine-cosine potentiometer 사인·코사인 퍼텐쇼미터 회전축에 가동 접점을 부착한 함수 퍼텐쇼미터로, 접점에 나타나는 전압은 축의 기준 위치로부터의 회전각의 사인 및 코사인값에 비례하도록 되어 있는 것.

sine wave 사인파(—波), 정현파(正弦波) 시간 혹은 공간의(또는 그 양쪽의) 선형 함수의 정현 함수로서 나타내어지는 파를 말한다. A sin $(\omega t-\beta x)$ 와 같은 식으로 표현되는 파는 진행파라 하고, 선로를 따라서 정현파 모양으로 분포한 파가 선로 좌표 x의 순방으로 ω/β라는 위상 속도로 진행해 간다. $\beta(=2\pi/\lambda)$를 위상 상수라 한다. λ는 진행파의 파장이다.

sine wave alternating current 정현파 교류(正弦波交流) $v=V_m \sin 2\pi ft$ 와 같이 시간 t의 경과와 함께 정현 함수에 따라서 그 값이 변화하는 교번 전압 또는 교번 전류를 말한다.

sine wave control 정현파 제어(正弦波制御) 수은 정류기의 점호(點弧) 제어를 제어 그리드에 정현파의 교류 전압을 가해서 하는 것. 그림 (a)의 점호 특성을 갖는 정류기의 양극에 e, 그리드에 정현파 교류를 가했을 때의 점호는 그림 (b)와 같이 되며, e_g의 위상을 e 에 대하여 변화시키면 점호각을 알 수 있다. 또 그림 (c)와 같이 직류 바이어스 E_g를 중첩하여 이 값을 바꾸어도 된다.

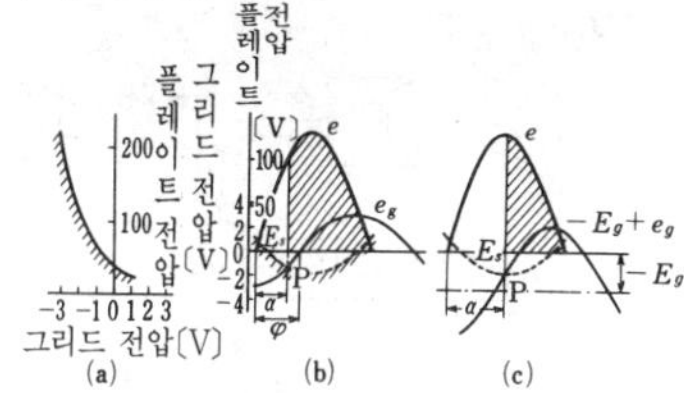

sine wave inverter 정현파 인버터(正弦波—) 인버터의 용도로서 정현파를 선택하는 것은 많지만 사이리스터를 스위치로서 사용하는 인버터는 구형파로 함으로써 고효율을 얻고 있다. 사이리스터 인버터에서 정현파 출력을 얻는 방법은 다음과 같다. ① 직렬형 인버터를 사용하여 부하를 포함한 회로를 공진 상태로 동작시킨다. ② 구형파 인버터에 의한 출력 전압의 전환에 의한 합성법. ③ 다중 인버터의 상대 위상 제어. ④ 사이클로인버터. ⑤ LC형 필터에 의한 고조파 제거.

singing 명음(鳴音) 2 선식 중계기에서 회로의 평형이 잡혀 있을 때는 그림의 A 에서 보내온 통화 전류는 증폭기 G_1로 증폭되고, 하이브리드 코일과 평형 결선망을 통해서 B로 보내진다. 그런데 선로의 임피던스가 불평형이거나 분포 용량의 영향으로 평형이 무너지면 통화 전류는 N_2를 통해서 증폭기 G_2로 들어가게 된다. 이러한 순환 전류가 흐르면 증폭기의 이득이 어느 정도 이상으로 되면 발진 상태로 되어서 통화를 할 수 없게 된다. 이러한 현상을 명음이라 한다.

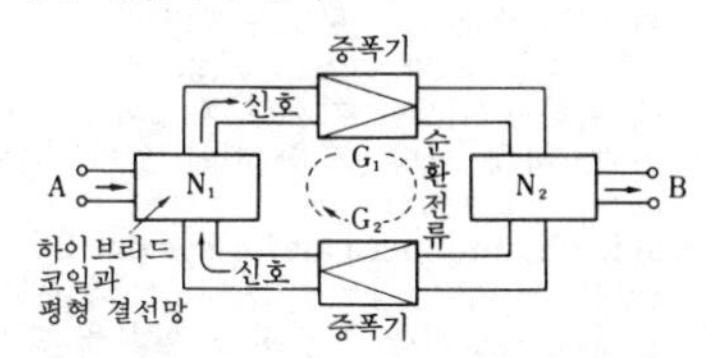

singing margin 명음 여유(鳴音餘裕) 임의의 주파수에서 명음을 발생하는 가능성이 있는 회로를 일순한 다음의 이득에 대한 손실의 과잉분. 혹은 어느 주파수 범위에 있어서의 위 과잉분의 최소값을 말한

다. 보통 데시벨로 나타낸다. 명음 안정도라고도 한다. 이득이 증가하여 회로가 진동 상태로 되는(명음을 발생하는) 임계점을 명음점(singing point)이라 한다.

singing phenomenon 명음 현상(鳴音現象) 반송 전화 회선에서 하이브리드 코일의 불평형이나 중계기의 누화 등으로 통화 전화가 순환을 일으키는 일종의 발진 현상.

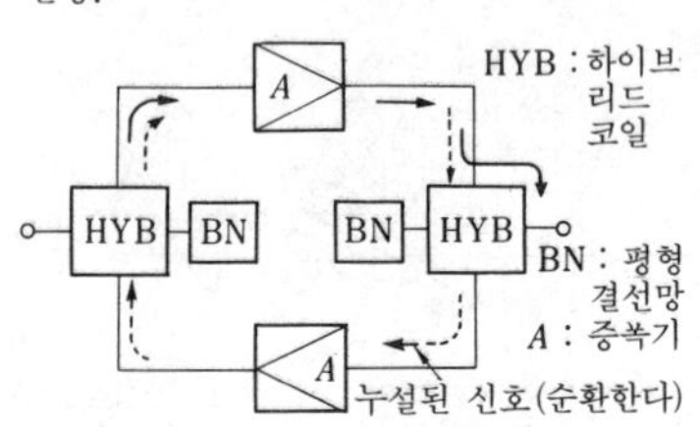

singing point 명음점(鳴音點) 이득이 충분해져서 회로가 발진을 시작하는 점. → singing margin

singing stability 명음 안정도(鳴音安定度) =singing margin

singing suppressor 명음 저지 장치(鳴音沮止裝置) 4 선식 회선에 삽입하여 음성 신호에 의해 제어되는 장치로, 명음의 발생을 저지하기 위해 왕·복로에서 음성 신호가 존재하지 않는 회선에는 손실을 주도록 한 것(음성의 발생과 함께 그 회선의 손실은 제거된다).

single address code 단일 주소 코드(單一住所－) 컴퓨터에 입력하는 명령 코드 중에서 주소의 부분이 하나밖에 없는 것. 이것을 쓰면 주소 부분이 여러 개의 제어 장치가 간단해지고, 기억 용량이 큰 것을 필요로 하지 않는 등의 이점이 있다.

single-channel-per-carrier PCM multiple-access demand assignment equipment 스페이드 방식(－方式) 인텔새트 위성의 통신 용량을 효과적으로 이용하기 위해 COMSAT 연구소가 개발한 주파수 분할 다중화 방식으로, 지상국의 디맨드에 따라서 위성을 거쳐 왕복 2 채널이 다이내믹하게 할당되도록 되어 있다. = SPADE system

single channel per carrier system SCPC 방식(－方式) 정보 신호의 각 채널마다 별개의 반송파를 할당하는 방식을 말한다. 변조 방식의 차이에 따라 FM-SCPC 방식, PCM/PSK-SCPC 방식 등이 있다. 이 방식은 통신 용량이 작은 다수의 지구국을 포함하는 위성 통신에 쓰인다. 위성 중계기에서는 각 채널이 주파수 대역을 나누어서 다수 배열된 FDMA 다원 접속 방식이다. 디지털 신호를 사용하는 SCPC 에서는 디지털화 음성 신호, 다중화된 데이터 신호 등을 하나의 반송파로 디지털 전송하는 다중 채널 방식을 쓰는 경우가 많다.

single contact 단접점(單接點) 1 조의 접점 스프링에 각각 1 개의 접점을 부착하여 마주보게 한 전기 기기의 접점.

single crystal 단결정(單結晶) 결정 배치가 모든 영역에 걸쳐서 일정한 결정으로, 대부분은 인공적으로 만들어진다.

single current system 단류식(單流式) 전신 부호의 마크, 스페이스 모두 동일 극성의 전류를 쓰는 전신 방식. 개전식(開電式)과 폐전식(閉電式)이 있다. 개전식은 동작하지 않을 때는 회로에 전류를 흘리지 않는 방식이고, 폐전식은 반대로 무통신 상태에서 회로에 전류를 흘리는 방식이다. 단류식은 양극성의 전류를 사용하는 복류식의 대비어.

single domain 단자구(單磁區) 전체가 하나의 자구로 된 것.

single electrode potential 단극 전위(單極電位) 금속을 전해액 속에 담근 경우, 금속에 접촉하는 전해 용액상(溶液相)에 대하여 금속이 갖는 내부 전위를 말한다. 예를 들면, 동판과 아연판을 묽은 황산 속에 담그면 동판은 액보다 약 0.34V 높은 전위로 되고, 아연판은 액보다 약 0.76V 낮은 전위가 된다. 이들 전위를 단극 전위라 하고, 전지의 기전력은 양쪽 전극에 발생하는 단극 전위의 대수차이다.

single-ended 싱글엔드형(－形) 전기 회로 또는 장치의 단자쌍 한쪽에서만 입력이 주어지고, 혹은 출력되는 구조에 대해서 말하는 용어이다. 또 한쪽 단자는 보통 접지되지만, 경우에 따라서는 대지에 대하여 일정한 바이어스 전압을 갖는(driven-off ground) 경우, 혹은 부동(浮動)하고 있는 경우도 있다. 이에 대하여 양 단자 모두 액티브한 구조를 더블엔드형이라 한다. 양쪽 단자의 신호는 차동적으로 작용하는 경우가 많다. 이러한 경우에는 양쪽 단자에 공통으로 들어오는 신호는 회로(또는 장치)에 대하여 방해를 준다.

single-ended amplifier 싱글엔드 증폭기(－增幅器) 입력, 출력이 모두 그 단자쌍의 한쪽이 접지되어 있는 증폭기.

single-ended push-pull amplifier SEPP 증폭기(－增幅器), 싱글 엔디드 푸시풀 증폭기(－增幅器) OTL 회로의 일종. 그림과 같이 2 개의 트랜지스터를 부하에 대하여 병렬로, 전원에 대하여 직렬로 되도록 접속한 것으로, 상보 대칭 접속(相補對稱接續)을 이용하면 입력 트랜스가 불필요하게 된다. 부하의 한 끝이 접지될 수 있는 특색이 있으며, 부하 저항이 보통 푸시풀 증폭기의 1/4 로 되기 때문에 출력 트랜스를 사용하지 않고 스피커에 접속할 수도 있다.

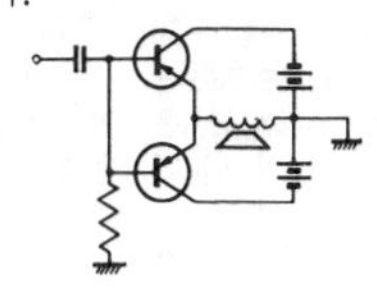

single energy transient 단 에너지 과도 현상(單－過渡現象) 콘덴서(정전 에너지) 혹은 코일(자기 에너지)을 단 하나만 포함하는 회로의 과도 현상. 이에 대하여 양자를 포함하는 회로의 과도 현상을 복 에너지 과도 현상, 거기에 기계적 에너지를 포함하는 과도 현상을 3 에너지 과도 현상이라 한다.

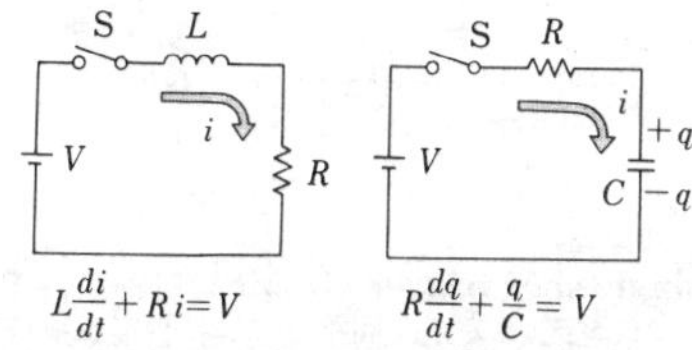

$L\frac{di}{dt}+Ri=V$　　$R\frac{dq}{dt}+\frac{q}{C}=V$

single-fluid cell 단액 전지(單液電池) 단일 전해액형의 전지. 2 액 전지의 대비어.

single gun color Braun tube 단전자총형 컬러 브라운관(單電子銃形－管) 전자총을 하나만 갖춘 컬러 수상관의 일종. 하나의 전자총에서 나오는 하나의 전자 빔을 적, 녹, 청 3 색의 형광체에 순차 조사(照射)하여 컬러 화상을 재현하는 방식의 것. 애플관이나 단전자총의 크로마트론관, 컬러 네트론, 트리니트론 등이 있다.

single hetero-junction laser 싱글 헤테로 접합 레이저(－接合－) p, n 두 형의 서로 다른 종류의 반도체의 단일 접합을 사용하여 동작하는 레이저. →double hetero-junction laser

single heterostructure 싱글 헤테로 구조(－構造) 단 하나의 헤테로 접합을 갖는 결정 구조.

single humped characteristic 단봉 특성(單峰特性) 1 차 · 2 차 공진 회로에서 1 차측과 2 차측의 결합도가 임계 결합 또는 소결합 상태일 때 2 차 전류의 주파수 특성이 그림과 같이 피크를 하나밖에 갖지 않은 것. 복동조 증폭기에서도 결합도가 임계 결합 또는 소결합이면 주파수 증폭도 특성이 단봉 특성이 된다. 비교적 좁은 대역폭을 필요로 하는 동조 증폭기에서 사용된다.

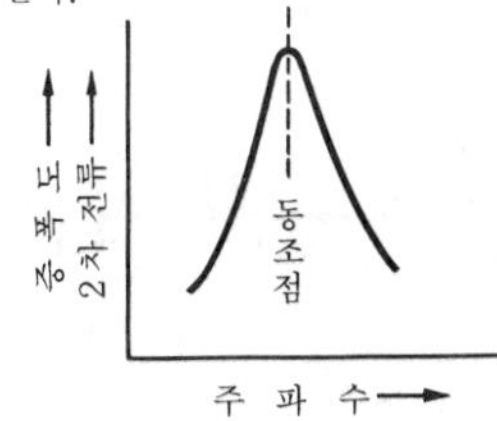

single in-line package 싱글 인라인 패키지 =SIP

single mode fiber 단일 모드 광섬유(單一－光纖維) 광섬유 케이블의 일종으로, SM 형이라고 불리는 것. 멀티모드 광섬유에 비해 코어 지름이 극단적으로 가늘기 때문에 빛의 전파 모드는 하나가 되고, 출력 파장이 보다 정확해진다. 현재 실용화되고 있는 케이블 중에서는 최고 품종의 것이다.

single mode type optical fiber cable SM 형 광섬유 케이블(－形光纖維－) →single mode fiber

single phase full-wave rectifier 단상 양파 정류 회로(單相兩波整流回路) 단상 반파 정류 회로에서는 교류 입력 파형의 절반밖에 직류 출력에 이용할 수 없었으나 다이오드를 2 개 사용하여 양파 모두 이용할 수 있도록 만들어진 정류 회로. 반파 정류 회로보다 리플 백분율이나 정류 효율이 뛰어나기 때문에 일반적으로는 이 방식이 널리 사용되고 있다. →single phase half-wave rectifier

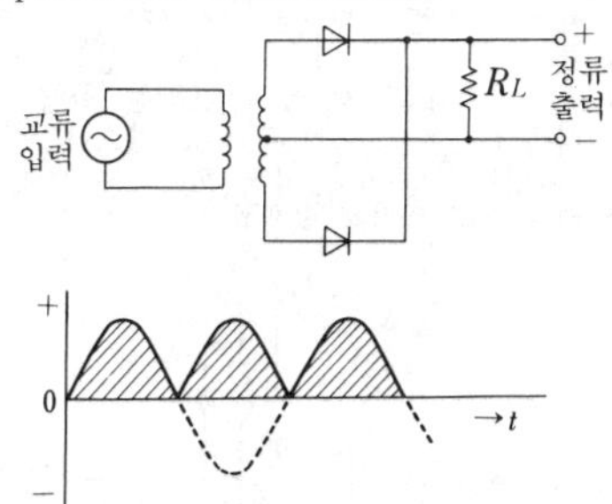

single phase half-wave rectifier 단상 반파 정류 회로(單相半波整流回路) 다이오드에 의해서 교류의 + 반 사이클만 전류를 흘리는 회로. 회로는 간단하나 리플

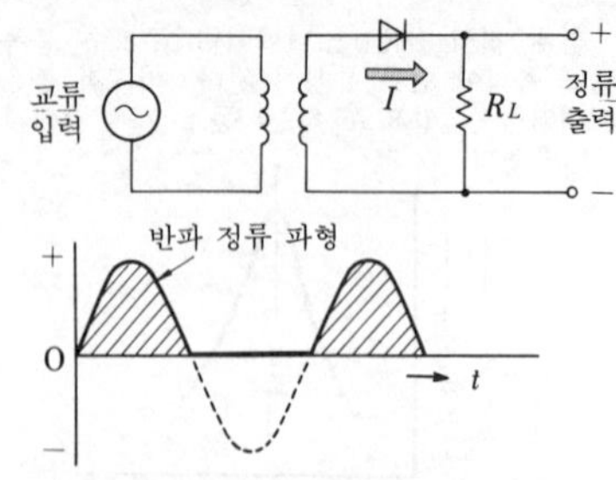

백분율이 크다.

single polarization fiber 단편파면 파이버(單偏波面－), 단편파면 섬유(單偏波面纖維) 단일 모드 섬유의 일종으로, 코어 단면이 타원형이거나 혹은 빛의 굴절률에 이방성을 갖게 함으로써 코어 내를 전파(傳播)하는 빛이 편파면에 일정한 방향을 주도록 한 것.

single-pole circuit 단극 회로(單極回路) 2 단자 또는 3 단자를 갖는 개폐 회로. 전자는 2 단자간에서 회로가 개폐되는 것이고, 후자는 한 단자를 다른 2 개의 단자 중 어느 한쪽에 접속(따라서 다른쪽은 개방된다)하도록 되어 있다.

single processor 싱글 프로세서 중앙 처리 장치(CPU)가 1 대만으로 구성되는 컴퓨터 시스템. 멀티프로세서(CPU 가 복수)인 경우에 비해서 일반적으로 경비가 싸고 프로그래밍도 간단하지만, 고장의 발생시나 보수 작업을 하는 경우는 완전히 시스템이 멈추고 마는 결점이 있다. 일반의 일괄 처리 방식에 의한 시스템이나 중소규모의 온라인 시스템에서는 이 방식의 것이 많다.

single-shot blocking oscillator 단안정 블로킹 발진기(單安定－發振器) 단안정 트리거 회로로서 동작하도록 구성된 간헐 발진기. 그림에서 트랜지스터는 안정 상태에서는 차단(cut-off)하고 있으나 트리거 입력을 주면 통전을 개시하여 컬렉터에 구형파 출력을 발생한다.

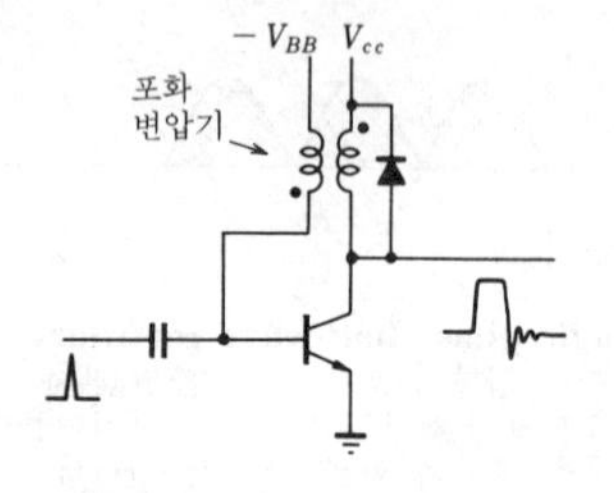

single-shot multivibrator 단안정 멀티바이브레이터(單安定－) 단안정 트리거 회로로서 동작하도록 만들어진 멀티바이브레이터. 그림의 컬렉터 결합형 단안정 멀티바이브레이터의 동작은 다음과 같다. ① 정상 상태에서는 Q_1 이 통전, Q_2 가 오프로 되어 있다. C 는 그림의 극성으로 충전되어 있다. ② 트리거 입력이 주어지면 Q_1 의 베이스 전위가 낮아지고 그 결과 Q_1 은 오프, Q_2 는 온으로 된다. ③ 그러나 C 의 전하가 Q_2 를 통해서 방전함으로써, 또 Q_1 은 온으로 되어 정상 상태로 되돌아 간다. 출력 펄스 지속 시간은 R_1C로 정해진다. ＝monostable multivibrator

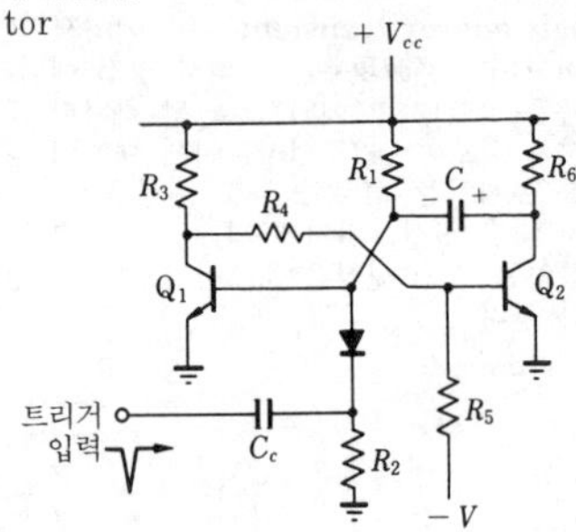

single-shot trigger circuit 단안정 트리거 회로(單安定－回路) 트리거 펄스에 의해 1 회의 동작 사이클을 개시하고, 그것이 완료한 시점에서 안정한 상태로 복귀하도록 구성된 회로.

single sideband amplitude modulated transmitter 단측파대 송신기(單側波帶送信機) 단측파대 전송의 방식을 사용하는 진폭 변조 송신기.

single sideband amplitude modulation SSB-AM 방식(－方式), 단측파대 진폭 변조 방식(單側波帶振幅變調方式) 반송파를 AM 변조하면 반송파의 위와 아래에 측파대가 생기는데 그 중 어느 한쪽의 측파대만을 전송하는 방식이다. 이 방식은 점유 주파수 대역폭(占有周波數帶域幅)이 AM 에 비하여 1/2로 되고, 송신 전력도 적으며, 페이딩의 영향도 잘 받지 않는 이점이 있다. 그러나 수신측에서 반송 주파수의 신호를 만들고 동기 검파를 할 필요가 있다.

single sideband and frequency modulation system SSB-FM 방식(－方式) 마이크로파 통신의 하나로, 단측파대 다중 신호를 주파수 변조하여 송수신하는 방식이다.

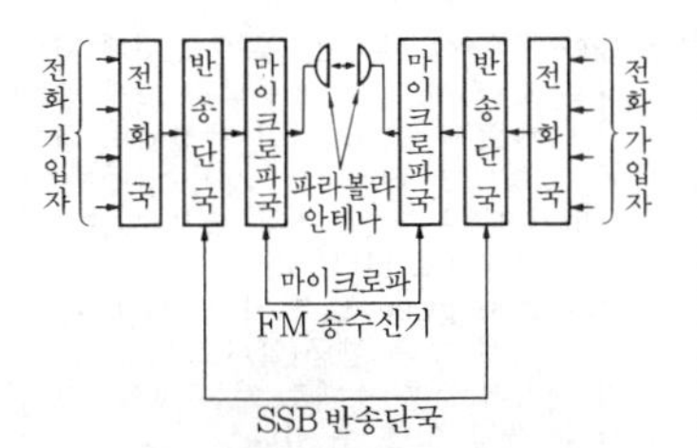

single sideband and frequency modulation system

single sideband communication system 단측파대 통신 방식(單側波帶通信方式) 반송파를 신호파로 진폭 변조했을 때 발생하는 측파대 중 상하 어느 한쪽의 측파대만을 전송함으로써 행하는 통신 방식으로, SSB 방식이라고도 한다. 이 방식을 쓰면 반송파로 소비되는 전력이 절약될 뿐 아니라 대역폭이 절반이 되므로 전파의 유효 이용과 혼신의 방지 등에 유리하다. 반송파를 완전히 없애든가 어느 정도 남김으로써 억압 반송파 SSB 방식, 저감 반송파 SSB 방식 및 전반송파 SSB 방식으로 나뉜다. 이 방식은 28MHz 이하의 무선 전화나 반송 전화에 사용되고 있다.

single sideband full carrier system 전반송파 SSB 방식(全搬送波－方式) 단측파대 통신 방식의 일종으로, 반송파를 하나의 측파대와 함께 충분한 세기로 내보내는 것이다. 이 방식에 의한 SSB 신호는 보통의 양측파대 통신 방식의 수신기로도 수신할 수 있다. 전파 형식은 A3H 로 나타내고, 첨가 반송파 SSB 방식이라고도 한다.

single sideband modulation SSB 변조(－變調), 단측파대 변조(單側波帶變調) 진폭 변조파에서 그 한쪽 측파대의 모든 성분을 제거하여 얻어지는 변조.

single sideband receiver SSB 수신기(－受信機) SSB 통신 방식의 수신기.

single sideband system SSB 방식(－方式), 단측파대 방식(單側波帶方式) 단측파대를 써서 송수신하는 통신 방식. SSB 통신 방식에는 평형 변조의 방식과 링 변조의 방식이 있다. 이들의 회로는 대역 필터와 조합시켜서 단측파대의 어느 한쪽을 꺼낸다. ① 점유 주파수 대폭이 DSB 의 절반이 된다, ② 송신 전력이 적다, ③ 페이딩의 영향이 적다, ④ *SN* 비가 개선된다, ⑤ 소형 경량으로 할 수 있다는 것이 특징이다. →single sideband communication system

single sideband transmission 단측파대 전송(單側波帶傳送) 진폭 변조에 의해 생기는 두 측파대 중의 한쪽만이 전송되고, 다른 한쪽은 억압되는 것. 반송파는 전송될 때도 있고, 전송되지 않을 때도 있다. 그러나 수신측에서 복조하기 위해서는 반송파가 공급되지 않을 때는 수신측에서 만들어 내지 않으면 안 된다.

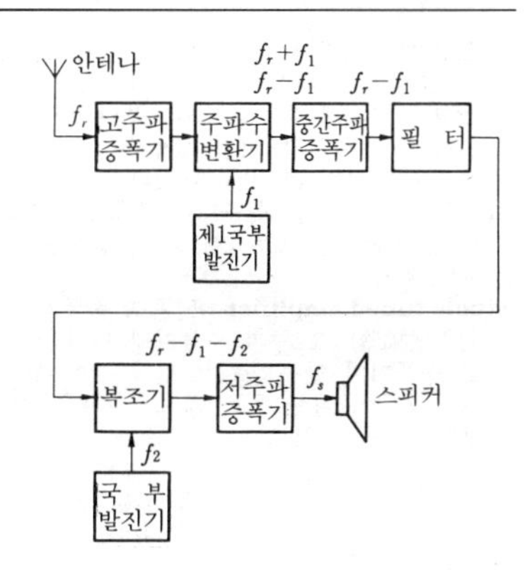

single sideband receiver

single sideband transmitter SSB 송신기(－送信機) SSB 통신 방식의 송신기.

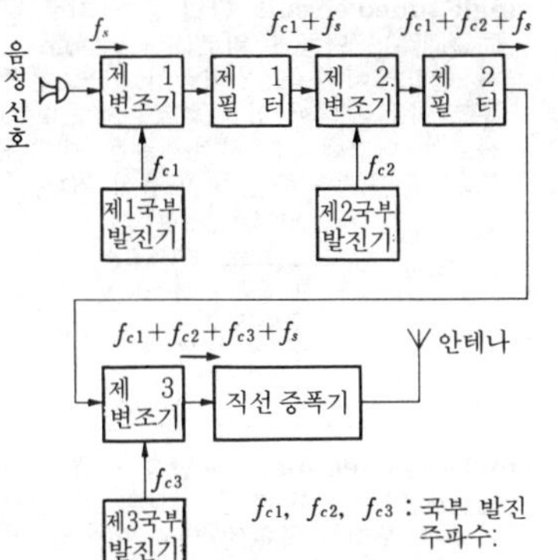

single-sided disk 단면 디스크(單面－) 정보의 판독 기록에 그 단면만을 사용한 자기 디스크. 양면 디스크와 대비된다.

single speed floating action 단속도 동작(單速度動作) 자동 제어계에서 동작 신호의 음양에 따라 조작량의 변화 속도를 음양 어느 한쪽의 일정값으로 하여 조작량을 증감하도록 한 제어 동작.

single-sweep mode 단소인 모드(單掃引－) 트리거 소인형 오실로스코프에서 각 소인마다 그것이 리셋되는 소인 방식. 1 회 소인되면 다음에 또 트리거되기까지 소인은 저지된다. 리셋되고부터 다음에 트리거되기까지의 기간 동안은 오실로스코프는 대기(armed)하고 있다.

single task 싱글 태스크 1 개의 프로그램(애플리케이션 프로그램)을 실행하는 컴퓨터 환경.

single tuned amplifier 단동조 증폭기(單同調增幅器) 고주파 증폭기에 널리 쓰이는 증폭기의 일종으로, 그림과 같이 부하로서 LC 에 의한 동조 회로를 하나만 사용한다. 동조 회로의 공진 주파수를 신호파의 기본파 성분에 맞추어 두면 비교적 좁은 범위의 고주파 성분을 얻을 수 있다. 선택 특성을 좋게 하기 위해서는 복동조 증폭기를 사용한다.

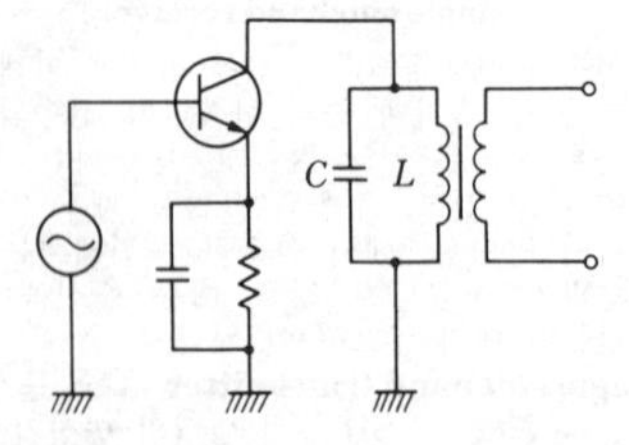

single tuned circuit 단일 동조 회로(單一同調回路), 단동조 회로(單同調回路) 전자 결합의 1 차측, 2 차측의 어느 한쪽이 동조 회로로 되어 있는 회로. 고주파 증폭 회로의 단간에 사용하며, 좁은 대역폭으로 큰 증폭도를 주는 데 도움이 된다.

(1 차 동조형)

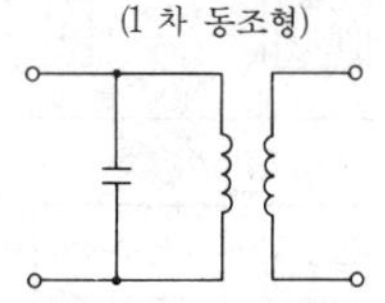

single-way rectifier 단방향 정류기(單方向整流器) 교류 전압 회로의 각 단자와 이들에 도전적(導電的)으로 이어진 정류기 회로 사이의 접속로를 전류가 한쪽 방향으로만 흐르는 경우를 말한다.

sink 싱크 ① 소스(에너지 발생원)로부터의 에너지를 흡수하는(받는) 장치 또는 장소. ② 전계 효과 트랜지스터에서, 소스 전극에서 공급되는 전자 또는 정공을 받아 들이는 전극. 드레인 전극이라 하고 보통 D라는 기호로 표현한다.

sintered electrolytic condenser 소결형 전해 콘덴서(燒結形電解－) 전해 콘덴서를 만드는 데 양극 금속을 박판형(알루미늄의 경우)이 아니고, 분말 소결체(탄탈을 사용)로 하여 실효 표면적을 크게 증가한 것. 그 표면을 산화하여 유전체로 함으로써 소형이고 대용량의 것이 만들어진다. 일반적으로는 전해액을 쓰지 않고 건식 전해 콘덴서로 한다.

sintered magnet 소결 자석(燒結磁石) 소결에 의해 만든 합금(알니코 등) 또는 자기(페라이트)를 소재로 하는 자석. 보자력이 큰 것을 얻을 수 있다.

sintering 소결(燒結) 금속이나 금속 산화물 등을 분말로 하여 혼합하고, 가압 성형한 것을 고온도로 구으면 입자의 경계면이 융착하여 일체화한 제품이 만들어진다. 이러한 방법을 소결이라 하고, 융점이 높은 성분이나 융점이 현저하게 다른 성분 끼리 합금을 만드는 경우에 사용한다. 자기(瓷器)도 소결 제품이다.

sinusoidal alternating current 정현파 교류(正弦波交流) 시간에 대하여 정현파형으로 변화하는 교류. 임의의 시간 t 에서의 교류의 값 v 는 다음 식으로 표시된다.

$v=V_m \sin(\omega t+\theta_0$

$\omega=2\pi f=2\pi/T$

여기서, ω : 각속도, f : 주파수〔Hz〕, V_m : 최대 전압〔V〕, T : 주기〔s〕.

SIP 싱글 인라인 패키지 single in-line package 의 약어. IC 칩이나 복합 부품의 단자를 그림과 같이 일렬로 배치하여 꺼낸 것.

마공
크통
10kΩ
핀 1 2 3 4 5 6 7 8 9

SIT SIT 관(－管)[1], 정전 유도형 트랜지스터(靜電誘導形－)[2] (1) =silicon intensifier target tube
(2) =static induction transistor

SITA 국제 항공 통신 공동체(國際航空通信共同體) Société Internationale Télécommunications Aéronautiques 의 약어. 세계 전역의 정기 항공 노선의 예약을 전화로 할 수 있는 시스템을 말한다. 위성을 사용한 56kb/s 의 고속 디지털 회선을 기간으로 하여 다른 여러 도시를 중속 회선으로 연결한 네트워크로 구성되어 있다.

site diversity system 사이트 다이버시티 방식(－方式) 두 지점에서 수신함으로써 어느 지점에서의 강우 감쇠 등의 영향을 제거하여 필요한 G/T(이득 대 잡음 온도비)를 확보하는 통신 방식. 인텔새트 표준 C 지구국 등에서 쓰이고 있다.

SI units 국제 단위계(國際單位系) System International d' Unites 의 약어. 1960 년의 국제 도량형 총회에서 결의된 단위계로, 우리 나라의 계량법도 이 단위계를 채용하고 있다. 기본 단위로서 미터·킬로그램·초·암페어·켈빈·칸델라의 6 개를 사용하고, 보조 단위, 유도 단위와 배수 및 분수를 나타내는 접두어가 정해져 있다.

sketch pad 스케치 패드 가시 표시 장치 (VDU : visual display unit)의 스크린 상에 표시되는 화상이나 텍스트 정보를 기억하고 있는 일종의 작업용 기억 장치. 조작자는 이곳을 작업 영역으로 하여 정보를 변경하거나 추가, 삭제하거나 하여 스크린 상의 스케치를 쉽게 변경, 가제(加除)할 수 있도록 되어 있다. 스크린 표시를 고정적인 기억 장치에 써넣기 전의 잠정 작업에 쓰인다.

skew 스큐 ① 판독부와 기록부의 비동기성에 의해 수신 프레임이 구형에서 벗어나는 것. 스큐는 이 벗어남의 정점각에 의해 숫자적으로 나타내어진다. →recording. ② 개개의 인쇄된 문자, 일련의 문자열, 기타 데이터의 의도된 혹은 이상적인 위치로부터의 변위의 각도.

skew antenna 스큐 안테나 네모진 철탑의 네 코너 등에 반사판이 달린 다이폴을 배치한 안테나 구조. 수퍼게인 안테나 등과 같은 철탑을 공용할 수 있다.

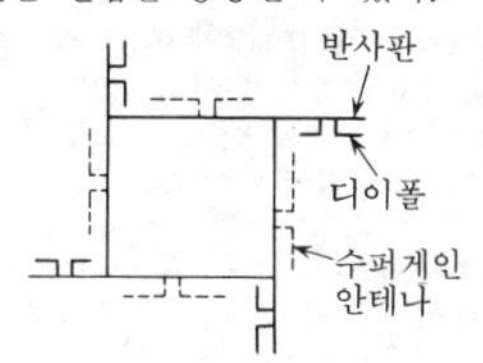

skiatron 스카이어트론, 암소인관(暗掃引管) 레이더 용어. 밝은 면을 가진 축적관으로, 여기에 신호가 어두운 선 또는 점으로서 표시되도록 되어 있다. 이것은 염화칼리의 스크린을 전자 빔으로 충격함으로써 얻어진다. 스크린 화면은 외부 광원에 의해서 확대하여 다른 투영면에 투영할 수 있다.

skin depth 표피의 깊이(表皮－) 도체 표면에 작용하는 전자계에 의해 그 부분에 흐르는 높은 주파수의 전류는 표면에서 내부로 들어감에 따라 감쇠한다. 표면의 전류 밀도에 대하여 1 neper 만큼 밀도가 감소하기까지의 깊이를 표피의 깊이라 하고, 다음 식으로 주어진다.

$$\delta = 1/\sqrt{\pi f \mu \sigma}$$

여기서 f : 주파수, μ : 투자율, σ : 도전율.

skin effect 표피 효과(表皮效果) 교류가 흐르고 있는 도선의 단면을 생각하면 전류는 고르게 흐르지 않고 중심부일수록 자속 쇄교수가 크기 때문에 전류 밀도가 작고, 전류는 주변부에 많이 흐른다. 이와 같은 현상을 표피 효과라 한다. 이 때문에 실효 저항은 증대하고, 더욱이 주파수가 높아질수록 커진다. 이것을 방지하려면 가는 선을 서로 절연하여 다발로 한 리츠선이 사용된다. 철심 중의 자속에 대해서도 같은 현상이 있으며, 실질적으로 자기 저항이 증가한다.

skip 스킵 ① 컴퓨터 용어. 자기 테이프를 기록하지 않고 약간 거리를 진행시키는 것. 그것은 테이프에 흠이나 변형이 있어서 정보가 탈락할 염려가 있을 때 그곳을 피하기 위해서이다. ② 컴퓨터 프로그램을 실행해 갈 때 명령에 의해 하나 점프하여 그 다음의 명령으로 진행시키는 것. ③ 전화 교환 용어. 그레이딩(grading) 접속에서 같은 선택 순위의, 인접하지 않은 그레이딩군을 함께 접속하는 것.

skip distance 도약 거리(跳躍距離) 전파가 지상으로부터 상공을 향해서 방사되고, 전리층에서 반사되어 다시 지상으로 되돌아오기까지의 양 지점간 거리는 전파의 주파수와 방사 앙각에 의해 정해진다. 앙각이 너무 커지면 전파는 전리층을 관통하여 되돌아오지 않게 되므로 어느 구간에는 반사파가 존재하지 않게 되는데 이 거리를 도약 거리라 한다. 단파의 지상파는 수 10km 이내에서만 전파하므로 도약 거리의 구간 내는 지상파도 상공파도 도래하지 않는 불감 지대가 생기게 되는데 실제로는 전파의 산란 현상에 의한 산란파가 얼마간 도래한다.

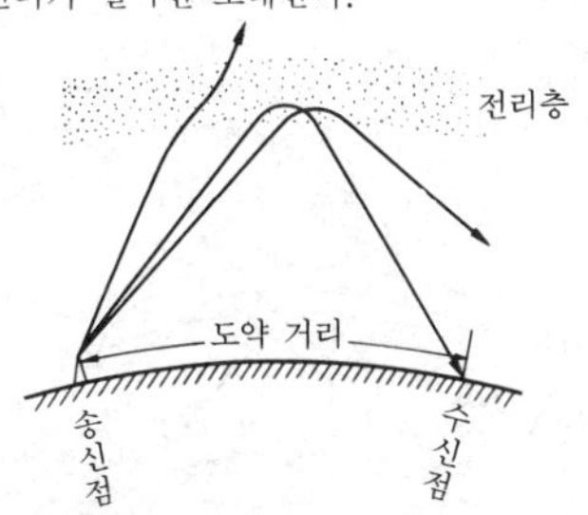

skip fading 도약 페이딩(跳躍－) 전리층의 변동에 따라 도약 거리가 변화함으로써 생기는 수신 전파의 페이딩.

skip phenomena 도약 현상(跳躍現象) 단파의 전파(傳播)에는 지표파에 의한 전파와 전리층으로부터의 반사파에 의한 전파가 있는데, 전파(電波)의 전리층으로의 입사 각도가 어느 값보다 커지면 전파는 전리층을 관통하여 반사하지 않게 된다. 이 때문에 지표파가 도달하기에는 멀고, 반사파가 존재하지 않는 수신 불능 구역이 발생한다. 이 현상을 도약 현상이라 한다.

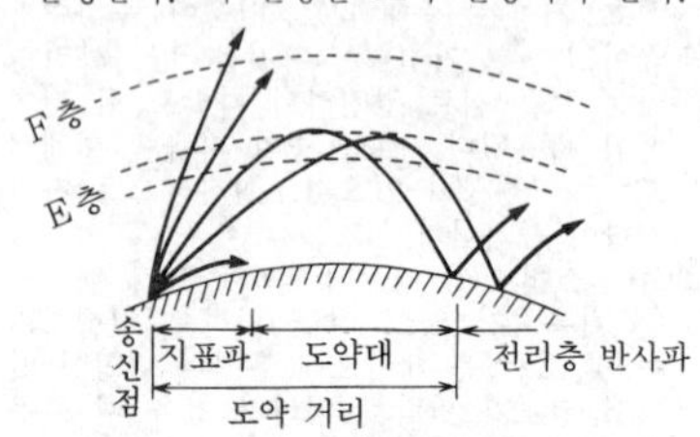

skip zone 도약대(跳躍帶), 불감 지대(不感地帶) →skip distance

skirt dipole antenna 스커트 다이폴 안테나 그랜드 플레인 안테나의 원형 금속판을 변형하여 원뿔형으로 한 안테나.

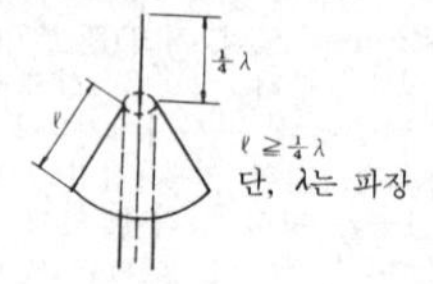

sky wave 상공파(上空波) 전리층에서 반사된 전파. 분류상으로는 정규의 전리층 반사파와 불규칙한 전리층 산란파로 나뉜다. 주파수가 낮은 장파, 중파는 주로 E층에서 반사되어 오지만, 주파수가 높은 단파는 그 위의 F층에서 반사되어 온다. 전리층의 전자 밀도에 따라 감쇠되나, 계절에 따라서, 또 주야에 따라서 그 정도가 달라진다. 일반적으로 이용되는 상공파는 단파가 주이지만 야간에 한해 장파, 중파도 이용할 수 있다. →ionized layer

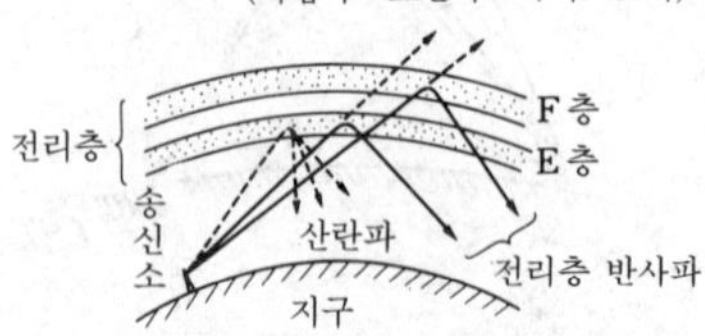

sky-wave correction 상공파 보정(上空波補正) 측정된 위치 데이터에 대해 상공파의 전파(傳播) 오차에 대한 보정을 하는 그 보정량. 이것은 위치와 전리층 높이를 적당히 정하고 이에 입각해서 결정된 것.

sky-wave range 상공파 이용 범위(上空波利用範圍) 지상파를 이용할 수 없고, 상공파를 이용할 수 있는 거리 범위.

sky-wave station error 상공파 동기화 오차(上空波同期化誤差) 어느 국에서 다른 국으로의 동기화 신호의 전달에서, 전리층의 변동이 전파(傳播) 시간에 주는 영향에 의한 국간의 동기화 오차.

slab laser 슬래브 레이저 슬래브란 두꺼운 판을 의미하며, 여기서는 두껍게 자른 결정체를 말한다. 고체 레이저의 일종으로, 발광 소자에 유리나 YAG 등의 결정체를 사용한 것. 보통의 고체 레이저는 막대 모양이지만 이것은 판 모양이기 때문에 레이저광이 판 상면과 하면을 반사하면서 진행함으로써 질이 좋은 빛이 얻어지고, 또 대출력에 적합하다. 최근에는 GGG(가돌리늄 갈륨 가닛)를 써서 수 100W 의 것이 개발되고 있다.

slab line 슬래브선(-線) 도파관 용어. 2개의 판 모양의 평면 도체 사이에 두어진 원형 도체로 구성된 균일한 전송 선로. 전송파는 본질적으로 두 판의 평면 도체간에 가두어진다.

slacks variable 슬랙스 변수(-變數) 선형 계획법에서 제약 조건을 나타내는 1차식이 부등식인 경우 이것을 등식으로 변환하기 위해 도입한 음(陰)이 아닌 보조변수.

slant range 직거리(直距離) 레이더 사이트에서 목표물까지의 거리.

slave station 종국(從局) 로란의 송신국을 구성하고 있는 국으로, 보통 주국(主局) 1 에 대하여 종국은 2국 있으며, 이것으로 1블록이 된다. 주국이 전파를 내고 종국이 이것을 수신하고부터 t초 후에 주국과 같은 펄스를 발사하여 도달 시간차의 궤적에 의해서 위치를 확인하는 것이며, 주국과 종국간의 전파 발사 시간은 완전히 동기를 잡기 위해 시간 제어를 할 필요가 있다.

sleeve 슬리브 ① 폰 플러그 끝에서 가장 먼 부분에 있는 원통형의 접점(그림). 잭에 삽입되어 T와 R은 통화 회선을 구성하고, 슬리브 S는 통화 제어선으로서 접속, 유지, 복구 등의 제어를 한다.

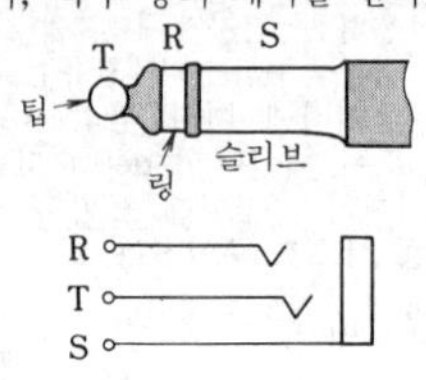

② 전선 또는 부품을 씌우는 절연용 튜브. ③ 방열형 산화물 음극의 기대(基臺) 금속으로, 보통 니켈로 만들어지고, 단면은 원, 타원, 구성 등 여러 가지이다. 활성 물질을 포함한 것을 활성 슬리브라 한다.

sleeve antenna 슬리브 안테나 동축 케이블의 바깥쪽 도체를 반대로 접어서 슈페르토프(sperrtopf)를 두고, 궤전선(급전선) 외부로 전파가 누설하는 것을 방지하도록 한 동축형 안테나이다. 자동차 등의 이동체에 사용되는 휩 안테나나 로드 안테나도 이의 일종이다.

sleeve-dipole antenna 슬리브다이폴 안테나 중앙부를 동축상의 슬리브에 의해 감싼 다이폴 안테나.

sleeve-monopole antenna 슬리브모노폴 안테나 지판(地板)에서 튀어나온 슬리브 다이폴 안테나의 절반으로 구성되어 있는 안테나. =sleeve-stub antenna

slew 슬루 프린터에서 종이를 이동시키는 것을 말한다.

slewing rate 슬루 레이트 제어 입력 신호의 스텝 변화에 대하여 출력의 단위 시간당의 상승 변화량. 사이리스터에서는 온(on) 전류 상승률에 해당한다.

slice 슬라이스 반도체 기판으로서 사용하는 실리콘 등 단결정의 얇은 조각.

slice level 슬라이스 레벨 펄스 파형 전송에 있어서, 수신측에서 파형 진폭을 고저 두 레벨로 나누기 위해 기준으로서 쓰이는 레벨. 슬라이스 레벨을 둘 설정하고, 이들 두 레벨의 중간 레벨의 입력파만을 전송하는 경우도 있다. 이 경우 송신측에 두는 장치를 슬라이서라 한다.

slicer 슬라이서 =slicing circuit

slicing circuit 슬라이서, 슬라이스 회로(-回路) 리미터 회로 중 특히 클립 레벨의 차를 작게 하여 얇은 파형을 잘라내는 회로.

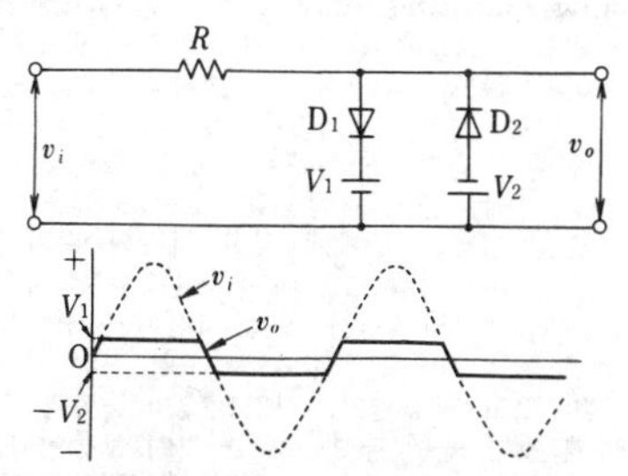

slide rheostat 슬라이드 저항기(-抵抗器), 미끄럼 저항기(-抵抗器) 보빈에 금속 저항선을 감고, 접촉자를 미끄러지게 하면서 저항값을 가변하는 저항기. 회로를 차단하지 않고 전압이나 전류를 연속하여 가감할 수 있다. 보빈이 1개인 것을 단심형(單心形 : 그림 (a)), 2개인 것을 쌍심형(그림 (b))이라 한다.

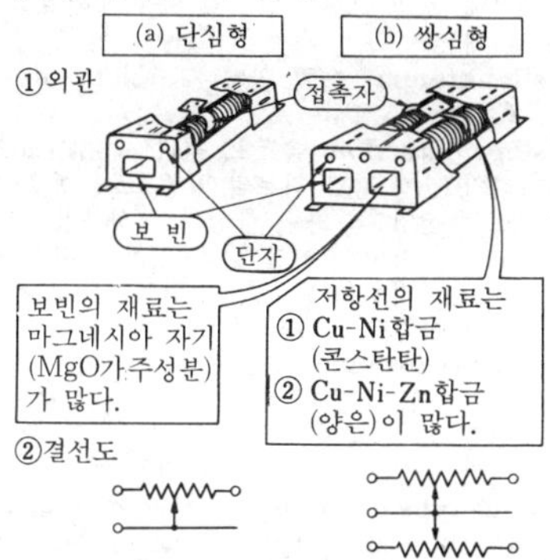

slide-screw tuner 슬라이드스크루 튜너 ① 슬롯이 있는 도파관 또는 동축 선로와 도파관 또는 동축 선로 중에 넣어지고, 슬롯의 축을 따라서 이동 가능한 조정용의 나사 또는 기둥으로 이루어지는 임피던스 변환기 또는 정합기. →waveguide. ② 도파관의 긴쪽의 축을 따라서 장소의 조절을 할 수 있고, 또 꽂힌 길이의 조절이 가능한 기둥을 갖는 도파관 또는 전송 선로 튜너.

slide wire bridge 미끄럼선 브리지(-線-) 미끄럼선을 비례변으로 하는 휘트스톤 브리지의 일종. 미끄럼선 가까이에 비례변의 비(比)가 눈금 매겨져 있고, 기지(旣知) 저항으로서 0.01, 0.1, 1, 10, 100Ω 등의 마개형 저항기를 사용하고 있다. 또 평형의 검출에는 지침 검류계를 사용하든가 버저를 전원으로 하는 경우에는 수화기를 사용하고 있다. 구조가 간단하며 취급이 용이하다.

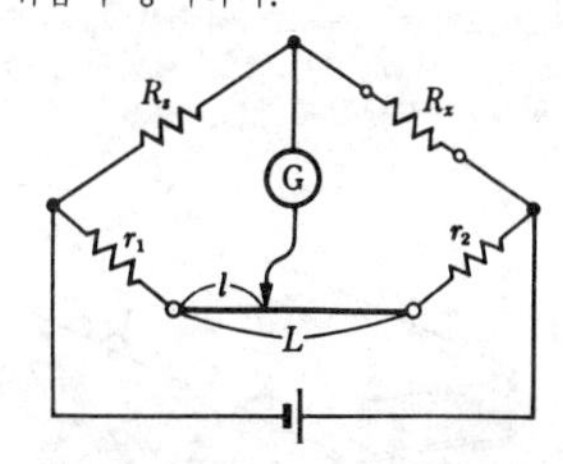

slide wire resistance 미끄럼선 저항(-線抵抗) 길이 방향을 따라서 어디에서나 임의의 위치에서 접촉할 수 있는 미끄럼

접촉자를 가진 고른 저항선.

slit 슬릿 가늘고 긴 개구(開口)로, 이 곳을 통해서 방사가 회절 장치 기타의 광학 장치에 주어진다. 혹은 선 모양의 방사원을 형성하거나, 둘 또는 그 이상의 슬릿에 의해 빔을 평행 빔으로 콜리메이트하기 위해 쓰인다.

slit antenna 슬릿 안테나 →slot antenna

slope detection 슬로프 검파(－檢波) FM파의 간이 검파 회로의 일종으로, 동조 회로의 전압·주파수 특성의 경사부를 이용하여 주파수 편이를 진폭 변화로 바꾼 다음 복조하도록 한 것. 간단하기는 하지만 검파 성능은 그다지 좋지 않다.

slope resistance 슬로프 저항(－抵抗) 전압·전류 특성 곡선의 경사에서 정해지는 저항으로, 특성 곡선상의 어느 동작점에서의 소신호에 대한 교류 저항이다.

slope type detection 경사형 검파(傾斜形檢波) →slope type detection

slot antenna 슬롯 안테나 방형 도파관의 한 끝을 도체판으로 단락하고, 이 도체판에 전계와 직각 방향으로 가는 홈(슬롯)을 뚫은 것. 홈의 길이를 전파 파장의 절반으로 하면 반파장 안테나와 마찬가지로 공진하고, 홈 중앙이 전계 최대 즉 전압의 파복(波腹)이 되어 전파의 방사 효율이 최대가 된다. 주로 파라볼라 안테나의 1차 방사기로서 사용된다.

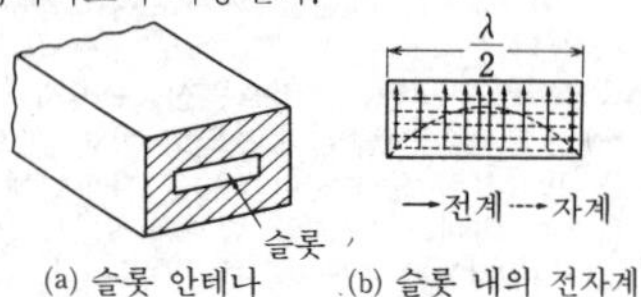

(a) 슬롯 안테나 (b) 슬롯 내의 전자계

slot array 슬롯 어레이 복수의 슬롯 방사 소자에 의해 이루어지는 안테나 어레이. →antenna

slot coupling 슬롯 결합(－結合) 동축 케이블, 도파관 등을 그 접축부에 둔 슬롯에 의해 전자적(電磁的)으로 결합하는 것. 관은 반드시 평행하고 있을 필요는 없고, 교차하고 있어도 좋다.

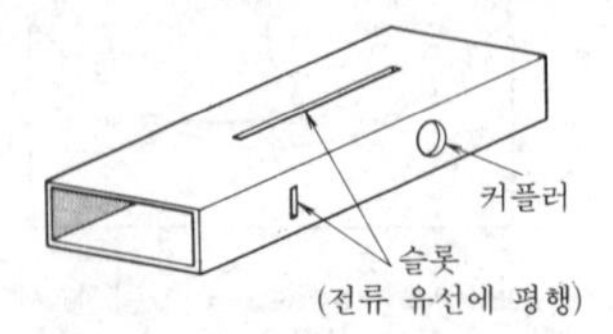

slot coupling factor 슬롯 결합 계수(－結合係數)(슬롯 안테나 어레이) 필요한 슬롯 전류와 유효 슬롯 전류의 비로 나타내어진다. 도파관 내부에 삽입한 프루프의 깊이에 따라 변화한다. →navigation

slot current ratio 슬롯 전류비(－電流比) 도파관 벽면에 두어진 복수의 슬롯에 흐르는 상대적인 슬롯 전류로, 최대값은 1이 된다. 이 비율은 슬롯 공간 계수 및 슬롯 결합 계수에 의해 변화한다. →navigation

slot spacing factor 슬롯 공간 계수(－空間係數) 슬롯의 위치와 내부 정재파의 널(null)점이 이루는 각도에 비례하는 값이며, 이 계수는 주파수에 의존한다.

slotted section 슬롯 구간(－區間) 정재파를 살피기 위해 대좌(臺座)와 가동 탐침을 사용할 수 있도록 도파관 또는 실드 전송 선로의 실드부에 홈이 패인 부분.

slotted waveguide phase-shifter 슬롯 도파관 이상기(－導波管移相器) 슬롯이 있는 도파관에서 슬롯에 삽입한 저항판의 삽입 면적을 바꾸어 관내파(管內波)의 위상을 바꾸도록 한 것.

slot-type antenna 슬롯 안테나 항공기의 정상적인 유선형의 금속 표면 내에 두어진 슬롯으로, 기체 내부에 두어진 기구에 의해 전자적으로 여진(勵振)된다. 따라서, 기체의 공기 역학적 특성을 흩어지게 하는 돌기물을 두는 일 없이 전자 방사를 할 수 있다. 슬롯으로부터의 방사는 본질적으로 지향성을 갖는다.

slow-motion video tape recorder 슬로모션 VTR 텔레비전의 화면에서 순간적인 장면을 정지상으로 볼 때나 사물의 움직임을 자세히 보기 위해 사용하는 VTR.

slow-operating and releasing relay 완동 완복 계전기(緩動緩復繼電器) 완동 계전기의 지완(遲緩) 동작 특성과 완복 계전기의 지완 복구 특성을 겸비한 계전기.

slow-operating relay 완동 계전기(緩動繼電器) 코일에 전입이 가해져도 즉시 동작하지 않고 어떤 시간을 경과하고부터 동작하는 계전기. 이것은 철심의 접극자측에 동관(銅管)을 끼우든가 단락 코일을 감고, 또는 양쪽을 병용함으로써 코일을 흐르는 전류의 증가에 의한 자속의 변화가 동관이나 단락 코일에 미치는 유도 작용 때문에 완만해져서 동작 시간이 지연되는 것. 일반적으로 100ms 정도의 시간 지연의 것이 사용되며, 지완(遲緩) 동작과 함께 지완 복구 특성을 갖는 것이 보통이다.

slow-releasing relay 완복 계전기(緩復繼電器) 코일의 여자 전류를 차단해도 바로 복구하지 않고, 어떤 시간을 경과한 다음 복구하는 계전기. 이것은 철심의 접극자와 반대측에 동관(銅管)을 끼우든가 단락 코일을 감아서 자속의 급속한 변화를 방해하여 그 때문에 복구 시간이 지연하는 것이다. 일반적으로 100~600ms 정도의 시간 지연의 것이 쓰이며, 지완 복구와 함께 지완 동작 특성을 갖는 것이 보통이다.

slow scanning television 저속 주사 텔레비전(低速走査-) =SSTM

slow state 느린 준위(-準位) 공유 결합 반도체 표면의 원자는 결합을 완성시키기 위해 전자를 끌어 당기는 작용이 있으며, 금제대(禁制帶)에 억셉터 불순물과 비슷한 에너지 준위를 만든다. 이것을 표면 준위라 하고, 이러한 준위는 표면 산화막 등에 의해서도 형성된다. 진성 준위와 달리 시상수가 길기 때문에 느린 준위라 한다.

slow-wave circuit 지파 회로(遲波回路) 빛의 속도보다도 느린 위상 속도를 가진 파가 존재하는 회로. 나선 회로 구조, 리지 도파관(ridge waveguide)이나 도파 코일을 가진 마이크로파 진행파관 등에서는 파의 속도는 매우 느리다. 저속파 회로라고도 한다.

SLSI 초 LSI(超-), 초대규모 집적 회로(超大規模集積回路) 칩당 백만 혹은 그 이상의 부품을 내장한 고밀도 집적 회로.

slug 슬러그 ① 계전기 철심의 외주에 둔 고도전성(高導電性)의 슬리브로, 자로(磁路) 내의 자속의 상승이나 감쇠를 슬러그 내의 유도 전류에 의해 지연시키기 위한 것. ② 코일에 대한 가동 철심. ③ 도파관에서 동조 또는 임피던스 정합의 목적으로 관 내에 삽입하는 가동 금속 조각(또는 유전체 조각)을 말한다. 슬러그 동조기라고 한다.

slug matching 슬러그 정합(-整合) → slug③

slug tuner 슬러그 동조기(-同調器) 길이 방향으로 조정할 수 있는 금속편 또는 유전체편을 하나 이상 갖는 도파관 또는 전송 선로의 동조기. →waveguide

slug tuning 슬러그 동조(-同調) 전계(電界) 또는 자계 또는 양자의 부분에 덩어리 모양의 물질을 삽입하여 공진 회로의 주파수를 바꾸는 것. →network analysis, radio transmission

slumping 슬럼핑 반도체의 열확산 공정에서 불순물의 공급원을 끊고, 정량의 불순물을 고온하에서 반도체 내부에 슬럼프시키는 것.

small business computer 소형 사무용 컴퓨터(小形事務用-) 사무실 내에서 전임 조작원에 의하지 않고 문제 발생측의 담당자가 사무 데이터 처리를 위해 사용하는 소형 컴퓨터. 일반적으로 전표 발행을 중심으로 한 회계 업무의 인라인 처리를 할 수 있는 기기 구성을 가지며, 키보드와 문자 표시 장치가 한 몸으로 이루어진 복수 대의 워크스테이션을 접속할 수 있다. 보통, 문제 프로그램은 간이형 언어를 써서 기술하지만, COBOL, RPG 등 사무 데이터 처리용의 고수준 언어도 준비되어 있다. =SBS

small computer system interface 소형 컴퓨터 시스템 인터페이스(小形-) = SCSI

small diameter coaxial cable 세심 동축 케이블(細心同軸-) 치수는 내부 도체의 지름이 1.2mm, 외부 동축의 안지름이 5.7mm 로, 표준 동축 케이블에 비해 가늘다. 내외 도체간에는 PEF를 충전하고 있다. 손실은 표준 동축 케이블보다 크지만 가격이 싸서 유리하므로 단거리 반송 방식에 널리 사용된다.

small scale integrated circuit 소규모 집적 회로(小規模集積回路) =small scale integration

small scale integration 소규모 집적 회로(小規模集積回路) 집적 회로 중에서 부품수가 100 소자 미만의 것을 말할 때의 호칭. =SSI

small-signal amplifier 소신호 증폭 회로(小信號增幅回路) 트랜지스터, 진공관 등을 사용한 증폭 회로는 본질적으로 비직선적이어서 대신호 입력에 대한 해석은 곤란하나, 어느 동작 기점을 정하여 그 곳을 중심으로 해서 가한 소진폭의 신호 입력에 대한 회로 출력은 입력, 출력 양 포트를 결부하는 선형 회로망을 생각함으로써 얻을 수 있다. 이 회로망의 소신호 매개 변수로서는 z, y, h 등의 각 매개 변수가 널리 쓰인다.

small-signal analysis 소신호 해석(小信號解析) 회로의 무입력시 동작 기점을 중심으로 하여 선형 동작을 가정할 수 있는 소진폭의 전압·전류 변화를 시키는 회로를 살피는 것. 전자관, 트랜지스터, 철심이 있는 코일 등을 포함하는 비직선 회로의 해석에서 널리 쓰이는 수법이다.

small-signal parameter 소신호 파라미터(小信號-), 소신호 매개 변수(小信號媒介變數) 소신호 해석에서 사용되는 회로 매개 변수.

smart interactive terminal 스마트한 대화 단말(-對話端末) 처리 동작의 일부가 단말 장치 자신이 갖는 소형 컴퓨터 또는 프로세서에 의해 행하여지는 대화형(시분할형)의 단말. 지능 단말이라고도 한다. 이용자는 그 자신의 작업 일부를 실행하기 위해 프로그램을 작성하고, 컴퓨터를 써서 단말 또는 중앙 컴퓨터 및 데이터 베이스와 실시간으로 대화(정보의 수수)를 한다. 대화를 하기 위해 단말에는 키보드, 라이트 펜 등의 입력 장치를 비롯하여, 프린터, CRT와 같은 출력 장치를 갖추는 것이 보통이다.

smear 스미어 텔레비전의 수상 화면에서 화상의 윤곽이 뚜렷하지 않고, 화면 전체가 흐려서 불선명하게 되며, 해상도도 저하하는 현상. 이 현상은 이미지 오시콘 카메라를 사용하고 있을 때 입사 광량이 부족한 경우, 영상 송신기에 파형 일그러짐이 있는 경우, 또는 수상기의 영상 중간 주파 증폭 회로의 주파수 대역이 좁을 때나, 영상 증폭기의 과도 특성이 나빠 상승 시간이 길어졌을 때 등에 발생한다.

Smith admittance chart 스미스 어드미턴스 선도(一線圖) 궤전선에서 수단(受端) 임피던스와 선로의 길이를 알고, 송단(送端) 임피던스를 구하는 원선도표.

Smith chart 스미스 도표(一圖表) 전송 선로의 임피던스를 도표로 구할 때 사용되는 것으로, 극좌표상에 복소 반사 계수를 취하고 그 위에 정규화 임피던스 또는 정규화 어드미턴스를 파라미터 표시한 것. 이 도표에 의해 특성 임피던스와 선로의 길이에서 부하를 알고 있을 때의 송단(送端) 임피던스 등을 간단히 구할 수 있다.

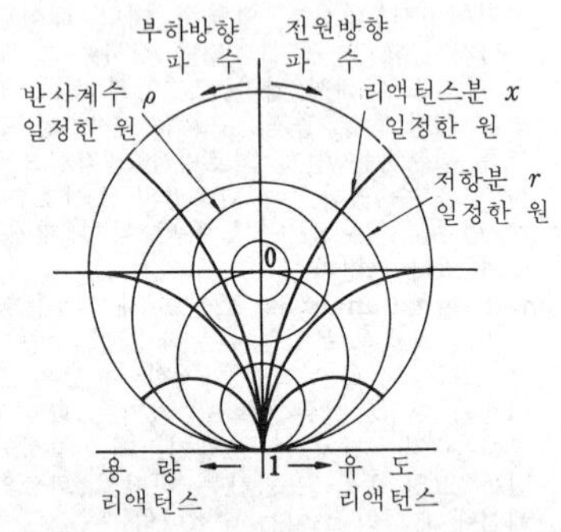

Smith impedance chart 스미스 임피던스 선도(一線圖) 전원 주파수나 선의 길이 혹은 부하 임피던스를 변화했을 때 입력 임피던스를 구하는 경우 등에 쓰이는 원선도표.

smoke detector 연기 감지기(煙氣感知器) 연기 혹은 연소 가스를 검출하는 장치. 광전관과 광원 사이의 연기의 농담(濃淡)에 따라서 광전관을 동작시키는 광전식, 연소 가스에 의해서 공기의 저항 변화를 이용한 이온식 등이 있다. 화재 경보기 등에 사용한다.

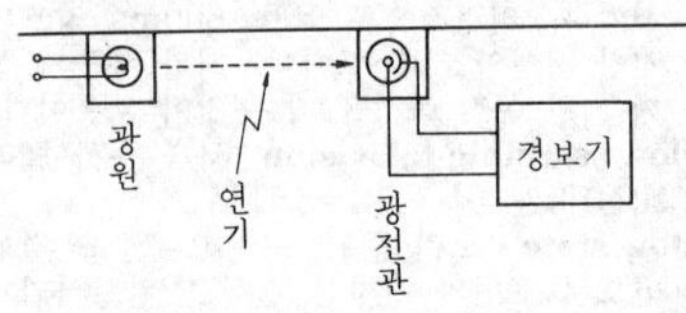

smoke senser 감연 소자(感煙素子) 대기 중에 부유하는 액체의 극미립자의 존재를 검출하여 전기적인 특성값으로 변환하는 부품. 산화 아연(ZnO) 등의 반도체로 일정 치수의 피막을 만들고, 그것을 대기에 접촉시키면 연기의 성분이 흡착하여 그 농도에 따라서 저항값이 변화하는 성질을 이용하는 것이 많다. 화재 검지기 등에 사용된다.

smoothing 평활화(平滑化) ① 어느 양의 급격한 변화를 억압하고, 혹은 제거하는 수법. 예를 들면 전원 필터 회로에서 회로의 맥동파 성분을 병렬 콘덴서, 직렬 인덕터 등에 의해 제거하는 것. ② 레이더에서 타깃까지의 거리 함수의 랜덤한 변동을 제거하여 거리 함수를 평활화하는 것(관성이 큰 타깃에서는 거리 함수의 급격한 변동은 생각할 수 없다).

smoothing circuit 평활 회로(平滑回路) 교류를 다이오드로 정류하기만 해서는 큰 맥동분을 포함하게 되어 직류 전원으로서 사용할 수 없다. 그래서 이 맥동분을 감소시켜서 매끄러운 직류로 하기 위한 회로가 평활 회로이다. 콘덴서 입력형과 초크 입력형이 있다.

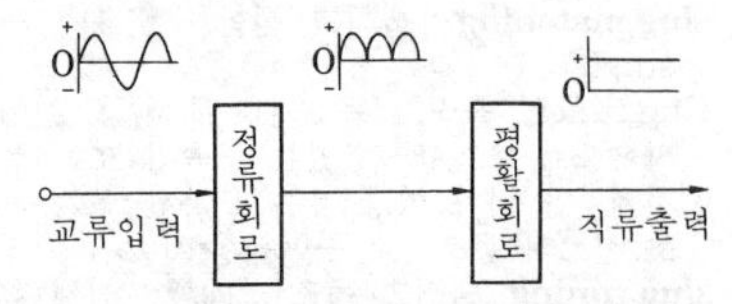

smoothing coil 평활 코일(平滑一) 평활 회로(전원의 리플을 제거하기 위한 회로)를 조립하기 위해 사용하는 코일 부품으로, 인덕턴스가 큰 철심이 있는 코일을 사용한다.

smoothing condenser 평활 콘덴서(平滑一) 평활 회로(전원의 리플을 제거하기 위한 회로)를 조립하기 위해 사용하는 콘덴서. 대용량의 전해 콘덴서를 사용한다.

smoothing reactor 여파용 리액터(濾波用一) 교류를 정류하여 직류로 변환할 때 맥동 전압을 작게 하기 위해 정전 용량과 적당히 조합시켜서 삽입하는 리액터.

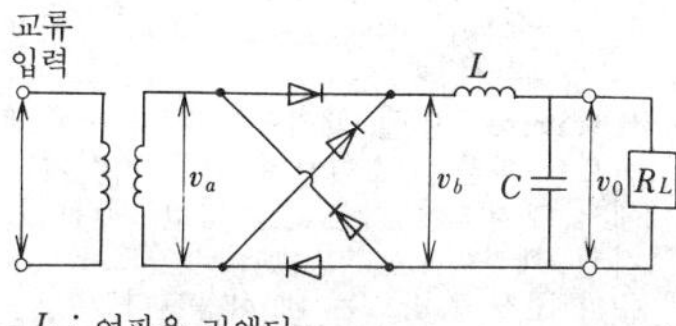

L : 여파용 리액터
C : 여파용 콘덴서
R_L: 부 하

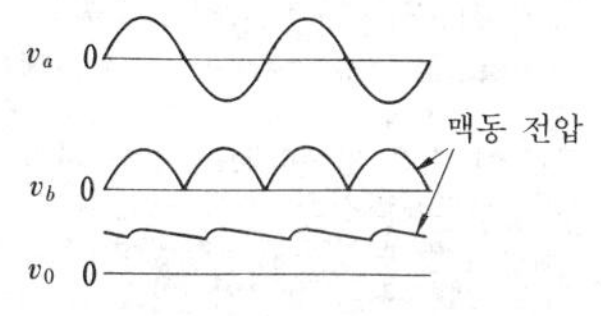

SM type optical fiber cable SM 형 광섬유 케이블(-形光纖維-) →single mode fiber

snap-off diode 스냅오프 다이오드, 전하 축적 다이오드(電荷蓄積-) 플레이너 에피택시얼 다이오드로, 다이오드가 통전하고 있을 때는 전하가 접합부에 가까운 장소에 축적되도록 처리되어 있다. 역전압을 가하면 축적 전하에 의해서 다이오드는 스냅 동작적으로 저지 상태가 된다. 펄스파나 고조파 발생의 목적으로 사용한다. 축적 시간이 극단적으로 짧은 쇼트키 다이오드(다수 캐리어 디바이스)나 직접 갭형의 다이오드(GaAs 다이오드 등)와 대비된다. 소수 캐리어의 수명은 0.5~5 μs로 비교적 길며, 이것이 다이오드의 역바이어스시에 접합부의 전류를 급속히 차단하는 데 기여한다. 따라서, 역회복 전압의 상승이 급준하며, 이것이 디바이스의 고조파 함유율을 높이고 있다. 후자 즉 캐리어 축적이 극히 적은 디바이스는 순방향에서 역방향으로의 전환이 0.1ns 정도의 고속으로 행하여지며(실리콘 다이오드의 수 10 분의 1 이다), 고속 회복 다이오드라 불린다.

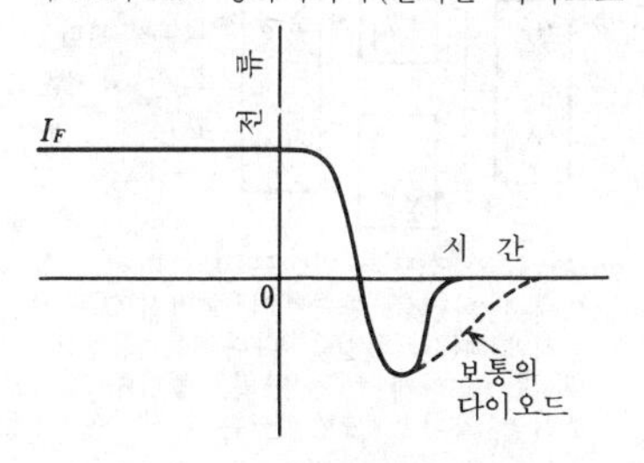

snap switch 스냅 스위치 조작 버튼 또는 지레의 극히 작은 움직임에 의해 접점을 어느 위치에서 다른 위치로 순간적으로 변화시키도록 만들어진 스위치. 마이크로 스위치(상품명)라고도 한다.

sneak current 스니크 전류(-電流), 미주 전류(迷走電流) 어떤 회로에서 여기에 들어오는 바람직하지 않은 전류. 들어오는 경로를 잠입로라고 하는데, 대부분의 경우 이것은 특정할 수 없다.

sneak in 스니크 인 라디오 또는 텔레비전 방송에서 음성이나 화면의 조도(照度)가 서서히 증가해 가는 것. 페이드 인보다 더 그 속도는 완만하다. 또, 완만하게 감소해 가는 것을 스니크 아웃이라 한다.

sneak out 스니크 아웃 →sneak in

Snell' s law 스넬의 법칙(-法則) 빛 및 전파의 굴절에 관한 법칙으로, 전파인 경우는 그림과 같은 조건일 때 굴절률 n 이 다음 식으로 표시된다.

$$n=\frac{\sin\theta_1}{\sin\theta_2}=\frac{\sqrt{\varepsilon_2}}{\sqrt{\varepsilon_1}}$$

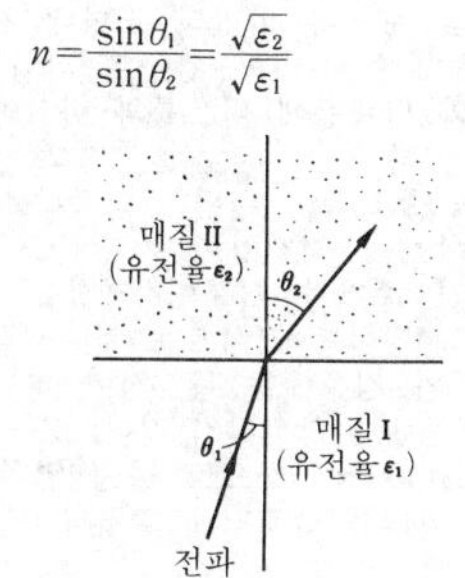

SNG 위성 취재(衛星取材) =satellite news gathering

snow noise 스노 노이즈 텔레비전 수상기의 입력이 약하면 브라운관 화면에 눈이 내리는 듯이 작은 흰 반점이 보인다. 이것이 스노 노이즈이며, 초단 증폭기에서 발생한 잡음이 화면에 나타난 것이다. 스노 노이즈가 발생하는 원인은 텔레비전 전파가 약하든가 고주파 증폭 회로의 불량이나 안테나 회로의 불량인 경우 등이다.

S/Nq 신호 대 양자화 잡음비(信號對量子化雜音比) 정현파를 테스트 신호로 하는 신호 대 양자화 잡음비. 디지털망에 아날로그 전화기를 사용하는 경우의 부호화 일그러짐에 의한 영향을 표시하기 위하여 사용한다.

SNq ratio 신호 대 양자화 잡음비(信號對量子化雜音比) =S/Nq

snubber 스너버 반도체 정류 소자 등에서 소자에 주어지는 서지 전압이나 링잉 전압을 흡수하기 위해 소자에 병렬로 접속된 *RC* 직렬 분기. 다이오드 기타의 비직선 소자를 사용하는 것도 있다. 또, 소자에 흐르는 전류의 급격한 변화를 방지하기 위해 직렬로 사용하는 작은 인덕턴스도 스너버로서 포함하는 경우도 있다. 스너버란 충격 방지쇠를 말하는 것이다.

socket 소켓 전구, 형광 램프 등을 전선이나 코드에 접속하기 위한 기구.

soda glass 소다 유리 보통의 유리를 말하며, 알칼리 성분을 많이 포함하고 있기 때문에 가격은 싸지만 절연 재료로서는 부적당하다. 전구용 등으로 사용된다.

SODAR 소다 =sound detecting and ranging

sodium vapor lamp 나트륨 등(一燈) 나트륨 증기의 방전을 이용하는 방전등으로, 파장이 약 589nm 의 거의 단색에 가까운 황색 광선을 낸다. 효율이 매우 좋아 100~150 lm/W 이며, 안개 등을 잘 투과하므로 도로나 항만의 조명에 사용된다. 보통, 2 중 유리의 관구로 되어 있으며, 안쪽의 발광등에 나트륨과 아르곤이 봉입되어 있다.

soft breakdown 완만한 항복(緩慢一降伏) 디바이스에 역전압이 가해졌을 때 인가 전압의 증가와 더불어 역전류가 서서히 증가하여 항복에 이르는 것. 제너 다이오드 등의 경우에는 항복점이 명확하지 않기 때문에 바람직하지 않다.

soft clip area 소프트 클립 영역(一領域) 그 데이터를 플로터에 출력할 수 있는 기억 영역.

soft commutation 소프트한 전류(一轉流) 사이리스터의 전류에 있어서 리액터나 기타의 보조 수단을 써서 전류 변화율 *dt/di* 를 작게 하는 동시에 전류에 수반하는 손실을 적게 하도록 한 전류법.

soft copy 소프트 카피 데이터 처리 장치에서의 처리 결과를 영구 기록의 모양이 아니고 표시 장치에 표시한다든지, 음성으로 알리는 출력 형식.

softening voltage 연화 전압(軟化電壓) 닫힌 접점의 접촉 부분의 금속이 줄열에 의해 연화하기 시작하는 접점 전압. 접점 전압이란 접점간에 걸려 있는 전압을 말한다.

soft error 소프트 에러 IC 회로의 알루미늄 배선이나 패키지 재료 등에 포함되는 미량의 방사성 동위 원소에서 방출되는 α 선이 실리콘 결정 내에 진입하여 다수의 전자 · 정공쌍을 만들어낸다. 이들 캐리어가 동적 동작을 하는 메모리나 논리 회로의 전하에 혼입하여 그 상태를 반전시키는 것이 소프트 에러이다. 방사성 동위 원소에 함량이 적은 고순도 재료를 사용할 수 밖에 없다.

soft ferrite 연질 페라이트(軟質一) 페라이트(산화물을 소결하여 만든 자성체) 중에서 보자력이 작은 것. 망간 페라이트나 니켈 페라이트는 연질 페라이트이며, 고주파 자심을 만드는 데 사용된다.

soft gate drive 소프트 게이트 제어(一制御) 사이리스터의 게이트에 전류의 최대값, 상승률과 함께 비교적 작은 전류를 흘려서 사이리스터를 턴온하는 것.

soft magnetic material 연자성체(軟磁性體) 감자(減磁)하기 쉽고, 히스테리시스 손실이 적은 자성 재료. 잔류 자속값은 작고, 히스테리시스 곡선은 매우 가늘고 길며, 그 면적은 작다. 가공성이 좋고 기계적으로도 무른 재료가 많으나, 규소분이 많은 규소강과 같이 단단한 것도 있으며, 연자성 재료가 모두 기계적으로 무른 것은 아니다.

soft oscillation 연발진(軟發振) C 급 동작의 발진기는 동작 효율은 좋으나, 단지 바이어스를 C 급으로서의 동작점에 고정해 두면 작은 입력 신호 레벨에서는 발진하지 않는 경우가 있다. 그래서 발진이 어느 정도 확립되기까지는 A 급 동작을 시키고 발진이 확립된 다음에 C 급으로 이행시키도록 함으로써 A 급과 같은 연발진 조건을 실현할 수 있다.

soft sector 소프트 섹터 자기 디스크 상에 기록된 정보를 써서 디스크 상의 섹터를 마크하는 방법. 소프트 섹터화된 디스크가 서식화되면 컴퓨터는 디스크의 각 섹터의 경계를 마크하기 위한 자기 패턴을 기록한다. 하드 섹터와 대비된다.

software 소프트웨어 컴퓨터를 이용하는 기술. 좁은 뜻으로는 프로그램 그 자체를 가리키는 경우가 많다. →hardware

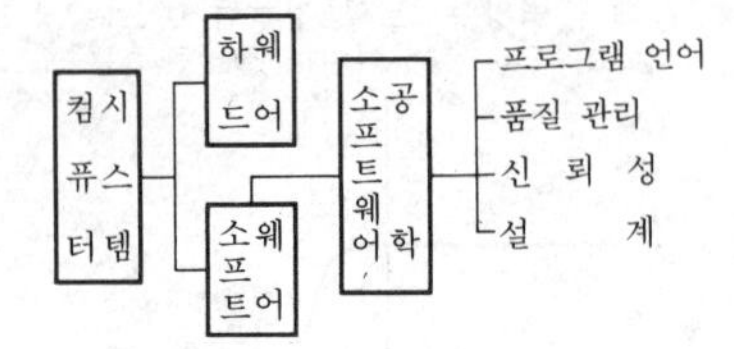

soft wipe 소프트 와이프 텔레비전 스튜디오에서 화면을 한쪽부터 슬며시 지워가는 동시에 다른 화면을 나타내는 경우에 경계선을 흐리게 하는 방법. 몽타주 장치로부터의 와이프 도형에서는 환상, 무드 등

의 표현이 부족하므로 게이트 신호를 사다리꼴파, 톱니파, 3 각파 등으로 하여 연하게 하는 기법이 쓰인다.

영상 화면 영상 파형 게이트 신호
A B

soft X rays 연 X 선(軟−線) X 선 중에서 투과하는 능력(투과도)가 비교적 작은 것을 말한다. 파장은 10^{-9}m 정도이다. X 선 리소그래피 등에 사용된다.

SOG 스핀 온 글라스 =spin on glass

SOI 절연 기판상의 반도체(絶緣基板上−半導體) =semiconductor on insulator

solar battery 태양 전지(太陽電池) 광전지의 일종으로, 태양 광선을 받아서 사용하는 것. 현재 쓰이고 있는 것은 n 형 규소의 표면에 p 형 규소로 감싸고 그 접합층에서 기전력을 꺼내는 것으로, p 형쪽이 양극이 된다. 태양 광선의 에너지는 쾌청시에 약 1kW/m^2이며, 그 중 10% 정도가 전력으로 변환된다. 소용량의 것은 전자 탁상 계산기나 시계 등의 전원으로서 내장되는 외에 벽지나 위성 등에서의 통신이나 계측을 위한 전원으로서도 사용하는데, 연속 사용하기 위해서는 알칼리 축전지 등과 조합시킬 필요가 있다.

solar burst 태양 폭발(太陽爆發) 태양에서 방사되는 무선 주파 에너지가 급증하는 것.

solar cell 태양 전지(太陽電池) =solar battery

solar generation 태양 발전(太陽發電) 태양 에너지를 전기 에너지로 변환하는 것을 말하며, 다음의 방법이 있다. ① 태양광을 전기로 변환한다. 보통, 태양 전지가 사용된다. ② 태양열을 전기로 변환한다. 제벡 효과를 이용하는 장치(인공 위성 등에서 사용되고 있다)나 대규모로 열을 모아서 고온의 수증기를 만들어 터빈을 돌리는 장치가 있다.

solar-light power generation 태양광 발전(太陽光發電) =photovoltaic power generation

solar liquid absorber 태양광 흡수 액체(太陽光吸收液體) 이 액체는 태양의 빛(이 경우는 적외선 및 가시 광선)을 열의 모양으로 흡수하여 축적해 둘 수 있으며, 촉매(이 경우는 산)에 닿으면 열을 꺼낼 수 있다. 이 사이클은 여러번 되풀이 된다.

solar noise 태양 잡음(太陽雜音) 전파 잡음 중 자연 잡음의 일종으로, 태양에서 방사되는 방해 전파를 말한다. 이들은 흑체 방사 성분, 완만한 변화 성분 및 버스트로 이루어진다. 흑체 방사 성분은 열교란 잡음에 의한 것으로, 거의 전 파장대에 걸쳐 연간을 통하여 일정한 세기로 관측된다. 완만한 변화분은 주로 태양 흑점 등에 관계하므로 센티파(SHF 대)의 방사가 수주간에서 수개월 계속된다. 버스트는 태양 흑점이나 태양 활동이 심할 때 발생하는 것으로, 수초에서 수시간에 걸치는 것이 있으며, 자기람(磁氣嵐)을 수반하는 아웃버스트나 VHF 대의 방사가 수 10 배에 이르러 심하게 변동하는 태양 전파람(noise storm) 등이 있다.

solder 땜납 전선이나 금속의 일부분 끼리를 접속하기 위해 사용하는 주석과 납의 합금. 용융 개시 온도는 182℃, 용융 완료 온도는 182~252℃이다.

solder ball 솔더 볼 부품의 부착을 자동적으로 하는 경우에 사용하는 납 알갱이(직경 1mm 이하).

solder gobbler 땜납 흡인기(−吸引器) 프린트 회로판에서 고장 부품 등을 제거하는 경우 등에 사용하는 공구로, 부품을 고정하고 있는 땜납을 녹이는 동시에 녹은 땜납을 스포이트 등으로 흡인하여 제거함으로써 주위의 건전 부품이 땜납 등으로 단락 사고가 발생하지 않도록 한다.

solderless connection 무납땜 접속(無−接續) 납땜에 의하지 않고 부품의 접속을 하는 방법. 리드선의 단부(端部)를 압착한다든지 감아서 죈다든지 하는 방법이 있으나, 전용의 공구를 사용함으로써 납땜보다도 높은 접속 신뢰도를 얻을 수 있다.

solderless terminal 압착 단자(壓着端子) 납땜을 사용하지 않고 기계적으로 접속하는 단자로, 그림의 (a)와 같은 모양의 것을, 전용의 공구를 써서 (b)와 같이 하여 압착한다. 이 방법은 양산에 적합하고 확실하며 균일한 작업을 할 수 있으므로 기기의 성능을 높이고 가격을 저하시키는데 도움이 된다.

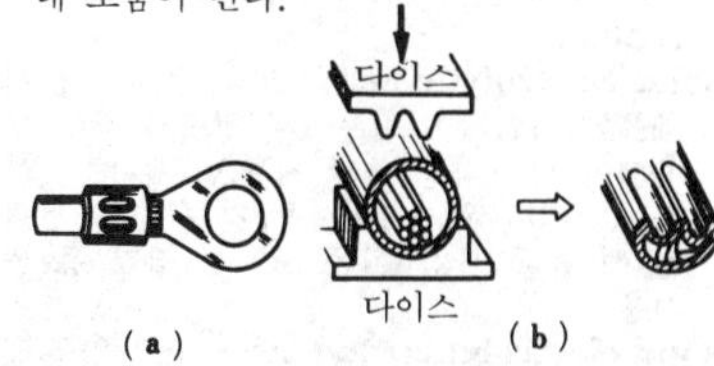

solder-resist 솔더레지스트 납이 먹지 않는 성질을 갖는 도료. 부품의 자동 부착을 하는 경우 기판상에서 납이 붙어서는 안되는 곳에 미리 칠해 두는 것.

sole 솔 =emitting sole

solenoid 솔레노이드 긴 통(단면의 모양은 무시하고) 위에 도체를 고르게, 그리고 밀접하게 감은 코일.

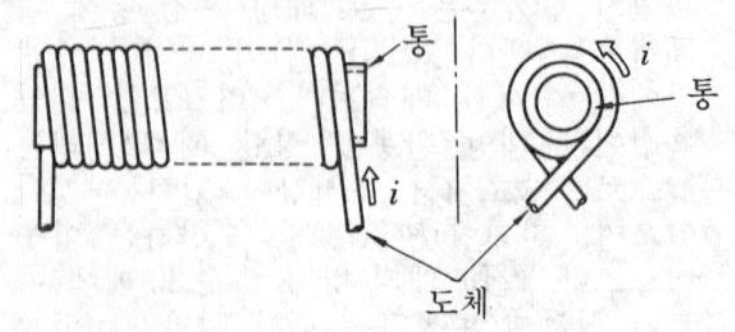

solid angle 입체각(立體角) 1 점에서 본 어느 면적에 대한 공간의 확산. 단위는 스테라디안(sr)

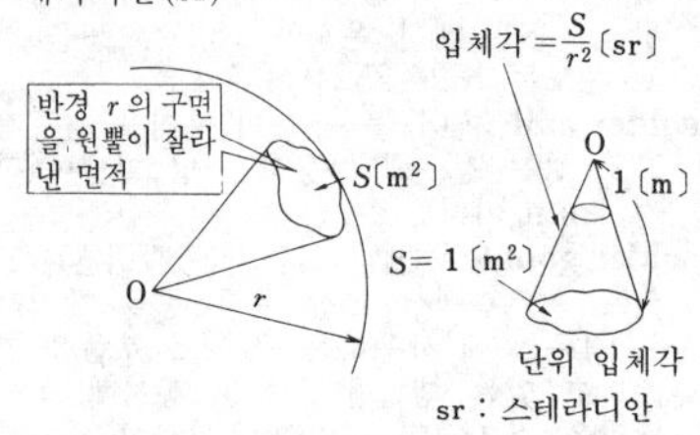

solid-borne sound 고체 전송음(固體傳送音) 진동이 고체 매질을 직접 전해서 퍼지는 음. 예를 들면, 벽이나 바닥을 두드려서 소리를 낸 경우라든가, 회전기를 방진(防振)이 불완전한 설치대 위에서 운전했을 때 그들의 진동을 받는 매체가 진동하여 그에 의해서 생기는 소리가 매체 중을 퍼지는 것 등이다. 공기 전송음에 대한 용어.

solid circuit 고체 회로(固體回路) →semiconductor integrated circuit

solid contact 솔리드 접점(－接點) 고유의 탄성이 비교적 적은 접점으로, 그 접촉 압력은 다른 기구에 의해서 주어지는 것.

solid electrolytic capacitor 고체 전해 콘덴서(固體電解－) =solid electrolytic condenser

solid electrolytic cell 고체 전해질 전지(固體電解質電池) 보통의 전지와 같이 수용액이나 이것을 녹말 등으로 페이스트화하는 대신 이온 도전성을 갖는 고체 전해질(예를 들면 은 이온 도전성 결정 등)을 사용한 전지.

solid electrolytic condenser 고체 전해 콘덴서(固體電解－) 전해 콘덴서의 일종으로, 건식 전해 콘덴서라고도 한다. 기체(基體) 금속의 산화 피막(유전체)에 양극을 밀착시키는 방법으로서 전해액을 사용하지 않고 표면에 구어붙인 반도체층을 사용한 것이다.

solid laser 고체 레이저(固體－) 결정 또는 유리 물질 중에 희토류나 천이 금속 이온을 도프한 것을 활성 매질로서 사용하는 광여기형(光勵起形) 레이저이다. 루비 레이저, 유리 레이저, YAG 레이저 등은 그 예이다. 고체 레이저는 보통 펄스 레이저로서 사용되며, 광증폭기와 조합시켜서 대출력 레이저로서 이용되고 있다.

solid phase bond 고상 접착(固相接着) 2개의 고체를(액상을 경유하지 않고) 그대로 접합하는 것. 확산 접착(diffusion bond)이라고도 한다.

solid phase epitaxy 고상 성장법(固相成長法) 기판상에 박막상 결정을 그 결정축을 가지런히 하여 성장시키는 방법의 일종. 성장시킬 재료를 비정질(非晶質)의 상태로 퇴적시키고, 열처리를 가하여 결정화시키는 것. =SPE

solid relay 솔리드 릴레이 트랜지스터나 SCR 등의 고체 소자로 구성된 계전기. →static relay

solid resistor 체 저항기(體抵抗器), 솔리드 저항기(－抵抗器) 흑연의 분말이나 카본 블랙을 베이클라이트 등의 합성 수지에 섞어서 성형한 것으로, 정식 명칭은 체 저항기라고 한다. 탄소의 종류나 수지와의 혼합 비율을 바꾸어서 원하는 저항값이 되도록 만든다. 습기를 흡수하면 특성이 나빠지므로 수지로 외장한다. 성능은 피막 저항기보다 약각 떨어지나 자동 기계로 대량 생산할 수 있으므로 값이 싸다.

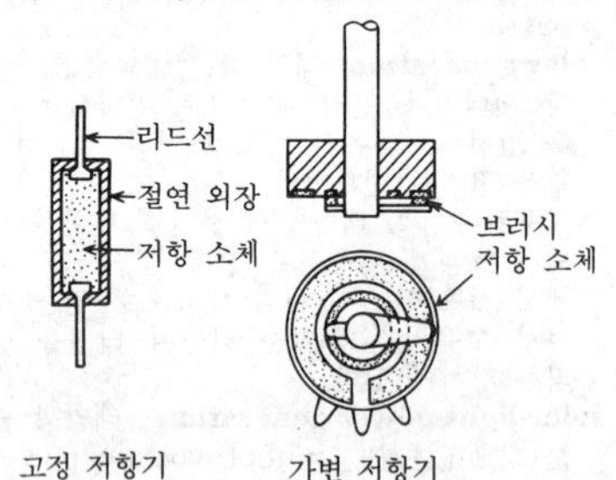

solid solution 고용체(固溶體) 합금의 한 형태로, 성분 금속의 원자가 혼합된 것. 금속 현미경으로 보아도 성분마다의 결정은 관찰되지 않는다. 이러한 합금의 성질은 일반적으로 성분의 비율로 생각되는 중간적인 값과는 다른 상황을 나타낸다.

solid state 고체(固體) 통신 기기나 계측기 등에서 이전에는 진공관 회로로 조립하던 것을 트랜지스터 등의 고체 소자로 만든 상태를 말한다. 동시에 소형화, 고신뢰성을 강조하는 뜻이 담겨 있다.

solid state AC power supply system 정지형 교류 공급 방식(靜止形交流供給方式) 정전 등 상용 전원의 사고에 대비하여 축전지를 써서 무정전의 직류를 얻어 정지형 변환 장치에 의해 교류 출력을 얻는 방식. 대용량 교류 전원의 공급 방식으로, 필요로 하는 데이터 통신용에서는 사이리스터를 변환 소자로 하는 다중형 인버터의 병행 운전을 하고 있으나, 소용량의 전원에서는 변조형 인버터에 의한 방식이 쓰인다.

solid-state camera 고체 카메라(固體-) 감광성 타깃면이 CCD 어레이에 의해 만들어지는 텔레비전 카메라. 투사한 빛의 세기에 따라서 발생한 전자·정공쌍 중 소수 캐리어가 CCD 의 전극 전위의 우물 속에 축적된다. 이 축적 전하는 CCD 의 비감광성 부분에 전송(轉送)되고, 출력 장치로 옮겨져서 비디오 신호로 변환된다. 전송은 수평 및 수직의 귀선 기간과 동기하여 이루어지도록 제어된다.

solid state laser 고체 레이저(固體-) 레이저 중에서 발광체로서 고체를 사용하는 것을 말하며, 기체 레이저에 비해 큰 출력을(단시간이기는 하지만) 얻을 수 있다. 고체로서는 루비 등을 사용한다.

solid state maser 고체 메이저(固體-) 메이저 중 전파의 방사체로서 고체를 사용하는 것을 말하며 기체 메이저에 비해 증폭 대역폭이 넓은 것이 특징이다. 고체로서는 루비와 같은 상자성체를 사용한다.

solid-state memory 반도체 기억 장치(半導體記憶裝置) 반도체 칩 속에 집적 회로로서 만들어 넣은 기억 장치. 컴퓨터에 있어서의 내부 기억 장치 등에 사용되며, 비교적 저잔압으로 동작하고, 구조적으로도 견고하다. 기억 밀도, 동작 속도가 현저하게 향상을 계속하고 있다. 고속의 직접 접근 기억 장치(RAM) 또는 고정 기억 장치(ROM)나, 저속의 직렬 접근형의 전하 전송(電荷轉送) 디바이스(CCD) 기억 장치 등이 있다. →RAM, ROM, CCD

solid-state physics 고체 물리학(固體物理學) 고체의 구조와 성질, 그리고 그들에 관련한 현상을 규명하는 물리학의 한 분야. 고체의 성질이나 현상이란 구체적으로는 반도체, 초전도체, 광도체 등과 그들과 관련한 열이나 전기의 전도체, 초전도 효과, 광전 효과, 열효과, 자기 효과, 전계 방출 효과 등이다.

solid state pick-up device 고체 촬상 소자(固體撮像素子) 텔레비전의 방송에서 수상에 이르기까지 모두 고체화(트랜지스터, IC 등의 사용)되어 있는 가운데, 카메라의 촬상관과 수상관의 브라운관만은 오랫동안 전자관 방식에서 탈피하지 못했으나 그 중 촬상 소자에 대해 고체화를 실현한 것이다. 이 장치는 그림과 같은 구조로, 격자 모양으로 배치된 빛에 감응하는 소자(광전 검출기)가 각 화소가 되고, 그 출력은 수직·수평 주사 회로에 의해서 순차 판독되어 영상 출력이 되는 것이다.

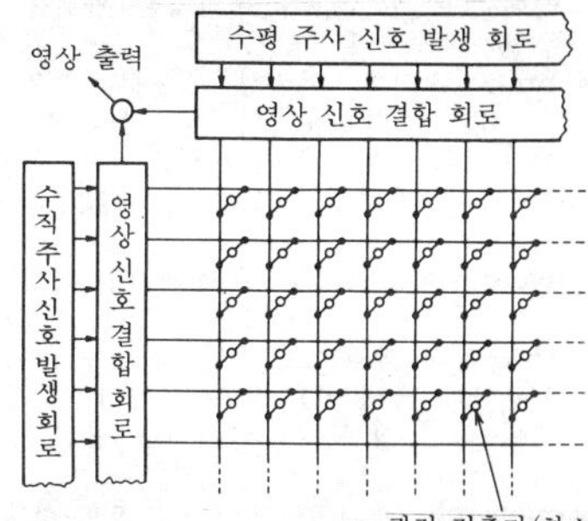

solid state relay 솔리드 스테이트 계전기(-繼電器) 전자(電磁) 릴레이와 마찬가지로 입력측과 출력측이 절연되어 입력과 출력의 ON-OFF 가 일치하는 기능을 무접점으로 시키도록 한 반도체 부품.

solid-state scanning 고체 주사(固體走査) 주사 처리의 일부 또는 전부가 고체 감광 소자의 다수 배열한 것을 전자 전류(轉流)함으로써 행하여지는 것. MOS 트랜지스터의 소스·기판간의 pn 접합을 포토다이오드로 하고, 게이트 전극에 주사 펄스를 보내서 포토다이오드의 커패시턴스를 충전하는데, 이 충전 전하는 빛의 조사(照

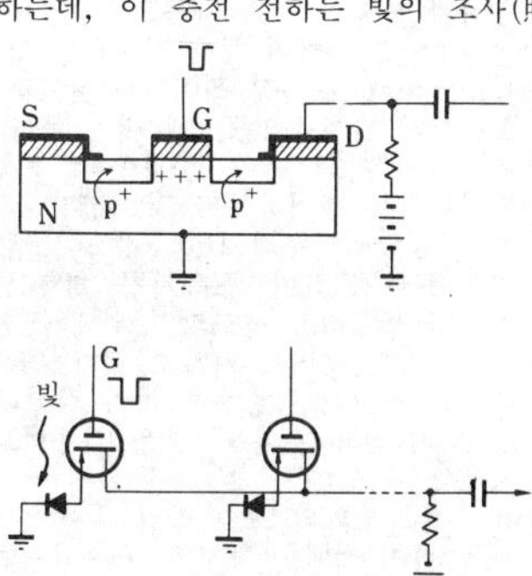

射)에 의해 일부 방전한다. 다음의 주사에서 이 방전분이 재충전되고, 이 충전 전류가 화상 신호로서 꺼내진다. 이러한 소자를 다수 배열하여 고체 주사 장치가 만들어진다. 주사 펄스는 시프트 레지스터를 사용하여 일정 주기로 각 소자에 순차 가해진다.

solion 솔리온 전기 화학 현상을 이용한 유량 변환기. 요소 이온을 포함하는 전해액 중에 직류 전압을 가한 대향(對向) 전극에 흐르는 전류가 변화하는 관계를 이용한 것이다.

soliton 솔리톤 비선형 회로에서 분포 상수 회로의 상태에서의 전압이나 전류를 계산으로 구했을 때 얻어지는 파형으로, 일정값에 점차 접근하여 수속(收束)하는 것의 명칭.

solventless varnish 무용제 니스(無溶劑-) 주형(注型) 수지를 말한다. 부품을 방습 등의 목적으로 매입(埋入)하기 위해 사용한다. 처음에는 액체 모양이며, 경화제에 의해 상온에서 굳어지는 합성 수지이다.

sonagraph 소나그래프 음성 신호 스펙트럼의 시간 변화를 기록지상에 농담 변화로서 기록하기 위한 음성 분석기. 음성 신호를 몇 개의 대역으로 분할하고, 각 주파수 대역의 출력 진폭을 시간을 가로축으로 하여 나타낸 기록은 소나그램(sonagram)이라 한다.

sonar 소나 →echo sounder

sonar autofocus camera 초음파 자동 초점 카메라(超音波自動焦點-) 카메라에서 초음파를 발사하여 피사체로부터 반사되어 되돌아오는 시간을 내장한 전자 회로로 검출하여 렌즈를 회전시켜 자동적으로 초점(핀트)을 맞추는 기능을 갖는 카메라. 동시에 노출 기구도 자동으로 되어 있다. 폴라로이드 카메라 등에 장비되어 있다.

sonar fisher 초음파 집어기(超音波集魚器) 물고기가 미끼를 먹을 때 내는 유영 포식음이라는 음과 같은 주파수의 초음파를 발신시켜서 집어하는 장치. 전장 14cm, 직경 3.5cm, 무게 100g 정도의 캡슐로, 전지를 사용하여 초음파를 발진시키는 것. 반경 150m 정도의 범위에 초음파를 도달시키는 능력을 가지고 있다. 발진 주파수는 물고기의 종류에 따라 다르다. 보통 낚시 채비의 추와 같은 사용법으로도 사용할 수 있다.

sone 손 소리의 크기 단위. 1 손은 40 폰(phon)의 레벨을 가지며, n손의 음은 그 n배의 크기로 들린다.

sono loop antenna 소노 루프 안테나 주파수 변조파의 수신 안테나의 일종으로, 하이브리드 회로를 사용하여 2개의 소자를 90°의 위상차로 여진(勵振)하고, 단일 지향성을 얻도록 하고 있다. 소자 끝에 정상부 부하(top loading)를 부착하여 소자의 길이를 지금까지의 것의 1/2 정도가 되도록 하고 있다.

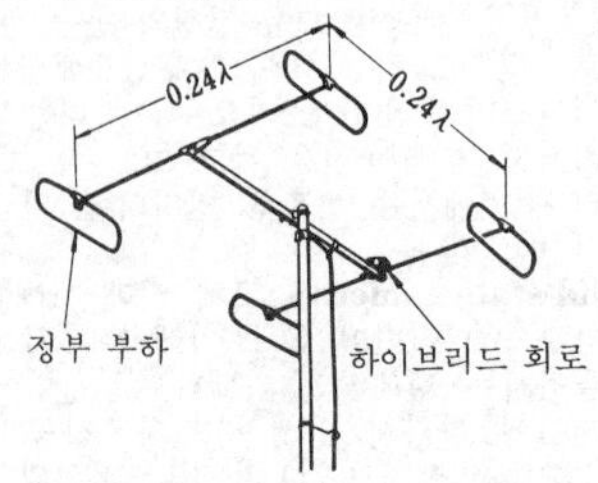

SOR 싱크로트론 궤도 복사(-軌道輻射) synchrotorn orbital radiation 의 약어. 광속에 가까운 값으로 가속된 전자가 자계에 의해 굽혀질 때 접선 방향으로 빛이 방사되는 현상. SOR 광 속에 포함되는 연(軟) X 선을 광원으로 사용한 리소그래피는 SOR 리소그래피라 하며, VLSI 의 제조에 사용된다.

sort 소트 많은 데이터를 필요한 순서(예를 들면 큰 순서 : 내림차순, 작은 순서 : 오름차순)로 재배열하는 것. 분류라고도 한다. 하나의 기록이 복수개의 항목으로 이루어져 있을 때 어느 항목을 소트의 대상으로 하는가를 지정할 필요가 있다. 이 항목을 키(key)라 한다.

SOS 사파이어상 실리콘(-上-)[1], 무선 조난 신호(無線遭難信號)[2] (1) silicon on sapphire의 약어. 사파이어를 기판으로 하고, 그 위에 증착에 의해 규소의 단결정을 성장시키는 방법. MOS IC 의 제조에 사용된다.
(2) →distress traffic

sound 음(音), 음향(音響), 소리 인간의 귀가 들을 수 있는 주파수 범위(약 20~20,000Hz)의 공기 진동.

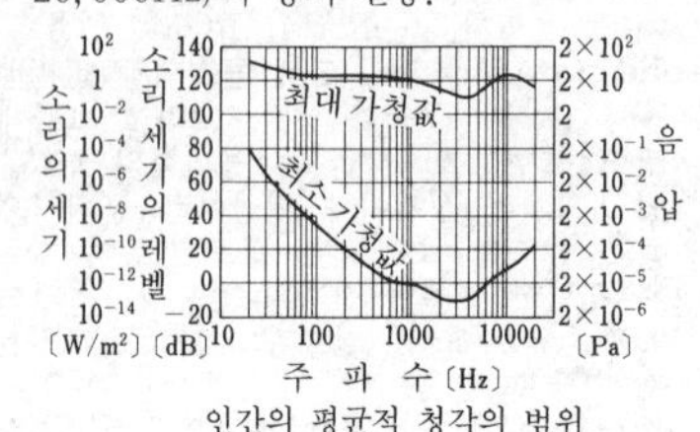

인간의 평균적 청각의 범위

sound-absorption coefficient 음파 흡수

계수(音波吸收係數) 어떤 면에 입사한 음향 에너지 중 흡수된, 혹은 확산한, 따라서 표면에서 반사되지 않은 음향 에너지의 비율.

sound analyzer 음향 애널라이저(音響－) 여러 가지 주파수에서의 음향의 대역 음압 레벨 또는 음압 스펙트럼 레벨을 측정하는 장치. 마이크로폰, 증폭기, 파형 분석기를 써서 복잡한 음파의 성분 주파수와 진폭을 측정한다. 특정한 주파수 대역의 음의 대역 음압 레벨은 대역 내에 포함되는 음향 에너지의 음압 레벨의 실효값이다.

sound answer device 음성 응답 장치(音聲應答裝置) =sound composition device

sound articulation 단음 명료도(單音明瞭度) 전화 통화의 양부를 나타내는 정도의 하나로, 송화자가 "아"라든가 "이"라는 단음을 보내고, 수화자가 올바르게 청취한 단음의 수를 송화한 단음의 수의 백분율로 나타낸 것. 예를 들면, 100 단음을 보내서 80 단음이 올바르게 들렸다고 하면 단음 명료도는 80%라 한다.

sound carrier 음상 반송파(音聲搬送波) 텔레비전 방송에서 음성 신호를 실어 보내기 위한 반송파를 음성 반송파라 한다. 우리 나라의 TV 표준 방식에서는 각 채널도 그림과 같이 영상 반송파보다 4.5 MHz 높은 주파수를 음성 반송파로 하고 있다.

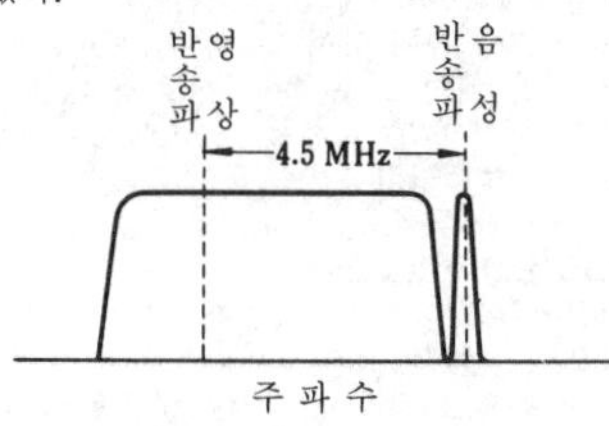

sound collecting microphone 집음 마이크로폰(集音－) 먼 곳의 소리를 집음하기 위해 포물면형이나 혼형의 반사판과 마이크로폰을 조합시킨 것. 마이크로폰은 단일 지향성의 카디오이드 특성이나 하이퍼카디오이드 특성의 것을 사용하기 때문에 날카로운 지향성이 얻어진다. 단일 지향성을 얻으려면 무지향성과 양지향성의 마이크로폰을 조합시키는데, 단일의 유닛으로 카디오이드 특성에 가까운 지향성이 얻어지는 것도 있다.

sound collector 집음기(集音器) 방송의 국외 중계 등에서 마이크로폰을 발음체(發音體) 가까이에 두고 집음할 수 없을 때나 먼 곳의 소리를 집음할 때 사용되는 장치. 파라볼라형, 관형(管形), 혼(horn)형 등이 있다. 이들 중에서 현재 가장 널리 쓰이고 있는 것이 파라볼라형이며, 이것은 포물면의 초점에 마이크로폰을 두고 집음하도록 되어 있으며, 직경 약 1m 정도의 것이 널리 사용되고 있다. 이 형식의 것은 500Hz 이상의 소리에 대하여 지향성이 날카롭게 되며, 약 1km 정도 떨어진 곳의 집음도 실용적으로 가능하다. 수영이나 경마 기타 옥외 스포츠의 중계나 들새의 지저귀는 소리 등을 집음하는 데 사용되고 있다.

sound composition device 음성 합성 장치(音聲合成裝置) 컴퓨터에서 주어지는 디지털 데이터에 의한 정보를 음성으로 변환하는 장치로, 음성 응답 장치라고도 한다. 현재 쓰이고 있는 대표적인 방법은 녹음 편집형이며, PCM 녹음 방식으로 기억 장치에 축적되어 있는 음성의 파형을 지정된 순으로 파일에서 꺼내 접속하여 출력하도록 되어 있다.

sound coupler 음향 커플러(音響－) 컴퓨터의 단말과 중앙 처리 장치(CPU)간 또는 컴퓨터 상호간을 ISDN 화되어 있지 않은 전화 회선을 써서 결합하는 경우 전기 신호를 일단 음향 신호로 변환하여 송신하고, 그것을 수신한 다음 전기 신호로 되돌리는 방법이 쓰이고 있다. 그를 위해 사용하는 변환기가 음향 커플러이다. 이 방법에서는 전송 속도 및 신뢰도가 낮아지므로 PC 통신 등에는 사용되지만 중요 시스템에는 부적당하다. →modem

sound detecting and ranging 소다 음파를 직접 투사하고, 그 반향을 분석함으로써 국지 기상 데이터를 얻도록 한 장치. =SODAR

sound detector 음성 검파(音聲檢波) 텔레비전 수상기에서 주파수 변환 회로(튜너부)를 제 1 검파 또는 수퍼헤테로다인 검파라 하고, 영상 검파를 제 2 검파라 하는 데 대하여 주파수 변조되어 있는 음성만을 꺼내는 검파를 음성 검파라 한다.

sound energy density 음향 에너지 밀도(音響－密度) 단위 체적당의 음향 에너지. 음향 에너지는 매체의 어느 장소에서의 일정 영역 내 전 에너지에서 그 장소에 음파가 없을 때에 존재하는 에너지를 뺀 값이다.

sound energy flux 음향 에너지속(音響－束) 어떤 면을 통해서 흐르는, 1 주기간의 음향 에너지 평균 흐름의 비율로, 단위는 W. 음향 에너지속을 J로 하면

$$J = \frac{1}{T}\int_0^T pSv_a dt$$

여기서, T : 주기의 정수배(또는 주기에 비해 충분히 긴 시간), p : 면 S에 주어지는 음압 순시값, v_a : 면 S에 직각인 방향의 입자 속도 성분.

sound field calibration 음장 교정(音場較正) 마이크로폰의 감도를 구하기 위해 음압 입력을 필요로 하는데, 마이크로폰을 두기 전과 둔 다음에는 지정 장소의 음압이 달라진다. 마이크로폰을 두기 전의 음압을 입력으로 하여 감도를 교정하는 것.

sound frequency telegraphy equipment 음성 주파 다중 전신 장치(音聲周波多重電信裝置) 가청 주파수를 사용한 전신 신호를 다수 집합시켜, 단일 전송 회선으로 정보를 다량으로 전송시키는 장치. → audio frequency

sound IF detector 음성 IF 회로(音聲－回路) 텔레비전의 영상 검파 회로 출력(또는 이것을 증폭한 것)에서 4.5MHz 의 음성 IF 신호를 꺼내어, 이것을 증폭하는 회로. 회로는 위의 4.5MHz 에 동조하고 있으며, 50 내지 60kHz 의 대역폭을 가지고 있다. 출력은 비검파기 등으로 복조하여 저주파(AF) 신호를 꺼낸다. 그리고 AF 증폭한 다음 스피커를 구동한다.

sound image fixing 음상 정위(音像定位) 재생음의 음장에서의 음원의 방향이나 거리 등을 포착하는 것. 스테레오 장치의 경우에는 좌우 스피커의 음량의 차, 위상의 벗어남, 시간차 등에 의해 양 스피커의 중간의 어디엔가 음원이 있는 것 같이 지각된다. =sound image localization

sound image localization 음상 정위(音像定位) =sound image fixing

sounding 사운딩 ① 과학적인 목적을 위해 수중 혹은 대기 중에서 탐측(探測)을 하는 것. ② 초음파 등을 써서 물의 깊이를 측정(측심)하는 것.

sound intensity 음의 세기(音－) 어느 점에서의 어느 방향으로의 음의 세기는 그 점에서 생각하고 있는 방향으로 직각인 단위의 면을 통해서 전달되는 음향 에너지의 평균의 비율이다. 단위는 S/m^2. 음장 내의 지정된 방향 a에 있어서의 음의 세기는 그 방향으로 직각인 단위의 면을 통과하는 음향 에너지속이며

$$I_a = \frac{1}{T}\int_0^T pv_a dt$$

로 주어진다. 여기서, T : 주기의 정수배 또는 주기에 비해 충분히 긴 시간, p : 음압의 순시값, v_a : a 방향으로의 입자 속도.

sound intermdiate frequency 음성 중간 주파수(音聲中間周波數) 텔레비전 방송의 전파는 영상 신호와 음성 신호를 각각 영상 반송파와 음성 반송파에 실어서 보내오므로 텔레비전 수상기에서 주파수 변환하면 각각 영상 중간 주파수와 음성 중간 주파수가 만들어진다. 인터캐리어 방식에서는 이 두 신호를 영상 중간 주파 증폭기로 증폭하고, 영상 검파기로 검파하여 영상 중간 주파수와 음성 중간 주파수의 차인 4.5MHz 의 비트 주파수(인터캐리어 신호)를 꺼내고 있다. 이것을 제 2 음성 중간 주파수라고도 한다.

sound level 소음 레벨(騷音－) =noise level

sound level meter 소음계(騷音計) 소음 크기의 레벨을 근사적으로 측정하는 것으로, 보통은 계기로 직접 지시케 하는 지시 소음계가 널리 쓰이고 있다. 소리의 크기는 감각량이므로 소음계로 측정된 값은 소음 레벨이라 하며, 단위로서는 폰(기호 phon)을 쓰고 있는데, 소리의 크기 레벨의 폰과는 다른 것이다. 소음계의 구성은 마이크로폰, 증폭기, 청감 보정 회로, 지시 계기 및 교정 장치로 이루어져 있고, 동작은 안정하며 휴대에 편리한 구조이어야 한다.

sound multiplex 음성 다중(音聲多重) 텔레비전 전파에서는 음성 반송파와 다음 채널까지의 사이에 0.25MHz 의 틈이 있다. 이것을 이용하여 또 하나의 신호를 얹어 동일 채널로 두 음성 신호를 내보냄으로써 텔레비전 음성을 스테레오로 듣거나, 뉴스나 영화를 2 개국어로 들을 수 있다. →FM stereophonic broadcasting

sound multiplex facsimile 음성 다중 팩시밀리(音聲多重－) 홈 팩시밀리의 한 방식으로, 텔레비전과 한 몸으로 되어서 수신 전용으로 사용하는 것. 새로운 전파를 쓰지 않고 음성 다중 방식 텔레비전 전파의 음성 주 채널을 종래의 음성에, 부 채널을 팩시밀리에 이용하는 방식이다.

sound pitch 음의 높이(音－) →pitch

sound pressure 음압(音壓) 공기 등의 소리를 전하는 매질 중을 음파가 전할 때 매질 내에 진동적인 압력 변화가 생긴다. 이 압력의 변화를 음압이라 하고, N/m^2의 단위로 나타낸다.

sound pressure calibration 음압 교정(音壓較正) 실제로 마이크로폰의 진동판 표면에 가해지는 음압을 입력으로 하여, 마이크로폰의 감도(단위의 음압에 대한 마이크로폰의 개방단 출력 전압)를 교정

하는 것. 실제의 입력 음압은 마이크로폰을 제거했을 때 그 장소에 생기는 음압과는 일반적으로 다른 값을 갖는다. 따라서 이에 대한 보정을 할 필요가 있다.

sound pressure gradient microphone 음압 경도 마이크로폰(音壓傾度－) 그 전기 출력이 음압의 공간적인 경도에 비례하는 특성의 마이크로폰.

sound pressure level 음압 레벨(音壓－) 음압(음이 전할 때의 매질 내의 압력 변화)의 크기를 나타내는 방법으로, 기준 음압에 대한 비율을 데시벨로 나타낸 값. 기준 음압에는 공기 중에서는 2×10^{-5}Pa(파스칼)을, 수중에서는 0.1Pa를 쓴다.

sound pressure meter 음압계(音壓計) 음의 진동적인 압력 변화인 음압을 측정하는 장치로, 마이크로폰, 증폭기, 정류형 전류계로 구성되어 있다. 마이크로폰을 음장(音場)에 두었을 때의 음압과 두기 전의 음압과는 다르므로 미리 교정하여 사용한다. 지시는 dB로 표시하고 있다.

sound pressure microphone 음압 마이크로폰(音壓－) 전기 출력이 본질적으로 마이크로폰에 주어진 음파의 압력 순시값에 비례하는 마이크로폰. 파장에 대하여 마이크로폰의 치수가 작을 때는 마이크로폰 특성은 무지향성이다.

sound pressure spectrum level 음압 스펙트럼 레벨(音壓－) 연속 스펙트럼을 가진 음의, 특정 주파수를 중심으로 한 1Hz 폭을 가진 주파수 대역 내의 음향 에너지의 음압 레벨을 말한다.

sound probe 음향 프로브(音響－) 음파의 속성(음압, 입자 속도 등)에 반응하는 소형 마이크로폰, 혹은 이에 적당한 형상의 용기를 씌운 것. 음장 내에서 음장 분포를 흩어지지 않게 하여 이들의 속성을 측정할 수 있다.

sound program transmission system 음성 방송 중계 방식(音聲放送中繼方式) 각지의 방송국 상호간에서 음성 방송 프로그램 신호를 전송하는 방식. 근거리에서는 음성 주파를 그대로 프로그램 신호를 전송하지만, 장거리에서는 프로그램 신호를 변조하여 전송한다든지, 부호화한 다음 디지털 신호로 전송하는 방식 등이 쓰인다.

sound recognition device 음성 인식 장치(音聲認識裝置) 음성에 의한 정보를 컴퓨터 처리가 가능한 디지털 데이터로 변환하는 장치. 특정한 대화자를 대상으로 하는 것과 불특정 대화자를 대상으로 하는 것이 있다. 전자는 대화자의 소리를 미리 등록해 두는 것으로, 99% 이상의 인식률이 얻어진다. 후자는 개인차에 의한 변동을 표준 음성으로 등록되어 있는 사전과 대조하여 판정하는 것으로, 현상으로는 수백어 정도까지 가능하다. 그 장치는 뉴럴 네트워크를 응용하여 구성하고, 그림과 같은 절차로 동작한다.

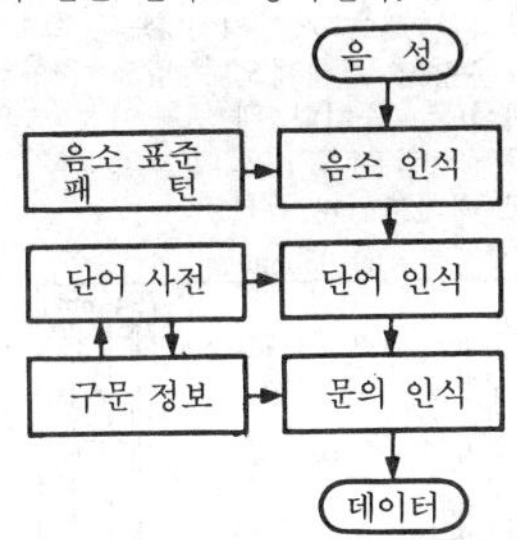

sound recording system 녹음 장치(錄音裝置) 음을 재생할 수 있는 형태로 기록하는 장치로, 전기 기계식, 감광 기록(녹음 필름) 방식, 자기 방식, 레이저 방식 등이 있다. 전기 기계식은 음을 전기 신호로 변환하고, 이것으로 커터를 구동하여 왁스 또는 셀룰로오스 원판에 음구(音溝)를 만들어 마스터판을 만들고, 이후 몇 가지 공정을 거쳐 양산 레코드를 프레스하는 것이다. 감광 기록(녹음 필름) 방식은 영화 필름 등에서 대표되듯이 필름 때 가장자리를 따라서 농담(濃淡) 또는 면적 변화의 형태로 사운드 트랙을 형성시키는 것이다. 자기 방식은 현재 가장 보급되고 있는 것으로, 자성 박막을 표면에 입힌 테이프, 드럼, 디스크 등에 소리를 자기 상태의 변화 형태로 기록하는 것이다. 끝으로 레이저 방식이 있는데, 최근에는 소리뿐만 아니라 화상 등도 함께 고밀도로 기록하는 이른바 비디오 테이프, 비디오 디스크 등이 개발되고 있다. 그 때문에 특히 레이저광을 사용한 광 디스크, 광 자기 디스크 등이 유망시되고 있으며, 기록 신호도 아날로그형에서 디지털형으로의 이행이 두드러지다. 기록된 신호는 당연이 이것을 재생하는 재생 장치를 필요로 하는데 이것에도 레이저광을 사용한 것이 많다. 레이저광에 의해서 사진 인쇄의 기법을 써서 피트 구멍의 연결 형태로 녹음한 원판을 만드는 공정을 마스터링(종래의 용어를 써서 커팅)이라 한다. 이것으로부터 머더, 스탠바이, 프레스, 보호막 도포 등의 공정을 거쳐 양산 디스크를 만드는 것은 종래의 레코드의 경우와 비슷하다.

sound takeoff 사운드 테이크오프 텔레비전 수상기에서 음성 신호가 영상 신호에서 분리 추출되는 장소로, 중간 주파 증폭, 복조 및 저주파 증폭을 화상 신호와 별개로 하기 위한 것이다.

sound track 사운드 트랙 영화 필름의 양옆에 있는, 소리를 기록한 띠 모양의 부분. 소리를 기록하는 방법으로서 면적식, 농담식(濃淡式), 자기 기록식 등이 있다. 또, 음향이 스테레오나 입체 음향일 때는 트랙이 두 줄이나 네 줄, 여섯 줄의 것도 있다. 그림은 70mm 필름의 자기 사운드 트랙 배치도이다.

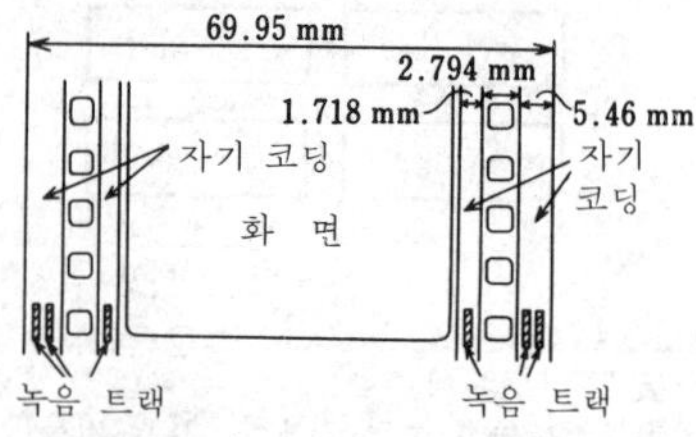

sound trap 음성 제파 회로(音聲除波回路), 음성 트랩 회로(音聲－回路) 음성 신호를 제거(또는 감쇠)시키는 회로. 텔레비전 수상기에서 영상 신호 중에 음성 신호를 혼입하면 비트가 화면에 나와서 보기 거북하게 된다. 그래서 *LC* 직렬 공진의 특성을 이용하여 영상 신호의 피크 레벨보다 약 40~60dB 음성 신호를 감쇠시킬 목적으로 음성 신호를 분리할 때 영상 중간 주파 증폭 회로의 전단부에 삽입하는 것이 일반적이다. →sound trap circuit

sound trap circuit 음성 트랩 회로(音聲－回路) 인터캐리어 방식의 텔레비전 수상기에서 음성 신호가 영상 신호 중에 혼입하여 방해가 되는 것을 방지하기 위한 회로. 음성 신호가 영상 신호 중에 혼입하면 영상에 무늬 모양이 나타나므로 영상 중간 주파 증폭기에서는 음성 신호의 레벨을 낮게 억제하기 위해 음성 반송파에 동조한 음성 트랩 회로를 사용한다. 또, 영상 증폭기의 출력측이나 브라운관의 입력측에도 4.5MHz 의 제 2 음성 중간 주파에 동조한 음성 트랩 회로가 사용되고 있다.

sound volume 음량(音量) ① 음의 세기를 막연하게 말하는 속어. 볼륨이라고도 한다. ② 표준의 음량계로, 음에 관련한 오디오 주파 전류를 측정하여 얻어진 값. 단위는 VU. →sound volume indicator

sound volume indicator 음량계(音量計) 지정된 전기 특성 및 기계 특성을 가지며, 음성이나 음악에 대응하는 복잡한 전기 파형의 볼륨을 지시하기 위해 특별히 정해진 눈금을 가진 계측기. 눈금은 기준의 볼륨에 대한 데시벨값으로 주어진다. 기준 볼륨은 계측기를 600Ω 의 저항에 접속하여 1,000Hz 에서 1mW 의 전력 소비를 하고 있을 때 0dB 를 지시하도록 조정된다.

sound volume velocity 음의 체적 속도(音－體積速度) 음파에 의해서 특정한 면적을 통해 운반되는 매질 흐름의 비율. 음압의 경우와 마찬가지로 순시값, 실효값, 최대값 등이 쓰인다. 단위는 m^3/s.

sound wave 음파(音波) ＝acoustic wave

source 소스 FET(전계 효과 트랜지스터)의 전극의 하나로, 캐리어를 공급하는 구실을 한다.

source-computer 소스/컴퓨터 원시 프로그램을 목적 프로그램으로 번역하는 컴퓨터를 말한다.

source follower circuit 소스 폴로어 회로(－回路) 드레인 접지 회로라고도 한다. FET(전계 효과 트랜지스터)의 드레인을 접지하고, 소스로부터 출력을 꺼내는 회로로, 통상의 이미터 폴로어 회로에 해당한다. 입력 임피던스가 매우 높고, 전압 이득은 1 이하이지만 동작이 안정하고 일그러짐도 적다. 임피던스 변환 회로로서 사용된다.

source language 원시 언어(原始言語) 원시 프로그램을 작성하는 데 쓰이는 언어.

source level 음원의 레벨(音源－) 음원으로부터의 단위 거리 떨어진 점에서의 음의 세기로, 기준 레벨을 초과하는 값을 데시벨로 측정한 것. 음원의 레벨을 *S* 로 하여

$$S=10\log_{10}(I_o/I_r)\quad [\mathrm{dB}]$$

로 주어진다. 여기서, I_o : 음원에서 단위 거리 떨어진 점의 음의 세기, I_r : 기준 세기. I_r 로서는 보통 1,000Hz 의 최저 가청 음압 2×10^{-5}Pa 에 대한 파워 밀도 10^{-12} W/m^2 가 쓰인다.

source program 원시 프로그램(原始－) 컴퓨터를 사용하기 위한 프로그램으로, 인간을 대신해서 알기 쉬운 언어(원시 언어)로 기술된 것. 이것을 컴파일하여 목적 프로그램을 얻는다.

space 스페이스 ① 데이터를 축적하기 위해 미리 확보된 장소. 예를 들면 인쇄를 위한 페이지나 기억 매체상의 영역. ② 면적의 기본 단위. 통상, 1 문자가 차지하는 크기. ③ 1 문자 혹은 그 이상의 문자분의 공백. ④ 정해진 포맷에 따라서 판독 개소, 혹은 표시 개소를 진행시키는 것. 예

를 들면, 인쇄 장소 혹은 표시 개소를 수평으로 오른쪽, 수직으로 밑을 향해 진행시킨다든지 하는 것.

space charge 공간 전하(空間電荷) 공간에 분포하여 존재하는 전하. 양전하와 음전하와 양쪽인 경우가 있으며, 방전관이나 진공관 내부 등에 생긴 전계의 상황을 변화시킨다.

space charge controlled tube 공간 전하 제어관(空間電荷制御管) 마이크로파용 전자관의 일종으로, 제어 그리드에 가한 신호 전압에 의해서 음극을 나온 전자류를 제어하는 것. 마이크로파 영역에서는 전자 주행 시간이나 도입선의 인덕턴스의 영향이 크기 때문에 동작이 곤란해진다. 따라서 주파수가 높아질수록 소형으로 할 필요가 있으며, 그 때문에 재료의 선택이나 구조에 주의가 필요하게 된다. 등대관이 이에 속한다.

space charge effect 공간 전하 효과(空間電荷效果) 진공관 내부의 공간에서 전자나 이온이 어느 밀도로 분포할 때 그 전하가 전계의 상태를 변화시키기 때문에 전자의 운동 등이 영향을 받는 것.

space charge limited range 공간 전하 제어 영역(空間電荷制限領域) 진공관의 양극 전류는 그리드 전압이 일정할 때는 양극 전압 및 음극의 온도에 따라서 정해진다. 그러나 양극 전압이 낮을 때는 음극 부근에 공간 전하가 생겨, 그 때문에 음극의 전자 방출이 제한되므로 양극 전류는 양극 전압만으로 정해진다. 이 상태를 나타내는 범위가 공간 전하 제한 영역이며, 진공관은 통상 이 영역에서 동작시킨다. 2극관에서는 이 때 양극 전류 I_p와 양극 전압 V_P 사이에는 $I_p=KV_P^{3/2}$(K : 상수)이 되는 관계가 성립한다.

space charge limited transistor SCL 트랜지스터, 공간 전하 제한 트랜지스터(空間電荷制限-) 규소의 단결정을 기판으로 하여 확산 영역을 2중으로 만들고, 표면의 확산 영역은 전극으로서 동작 전압을 가하기 위해 사용하며, 아래쪽의 확산 영역으로 만들어지는 전계에 의해 트랜지스터 작용이 이루어지도록 한 것.

space communication 우주 통신(宇宙通信) 인공 위성, 로켓, 달 등의 우주 비행체를 상대로 행하는 통신. 다음 세 가지로 분류할 수 있다. ① 지구국과 우주국간의 통신, ② 우주국 상호간의 통신, ③ 우주국에서 중계하는 지구국 상호간의 통신. ③의 방식은 위성 통신이라고도 하며, 우주 통신의 범위에 넣지 않는 경우도 있다.

space diversity receiving system 공간 다이버시티 수신 방식(空間-受信方式) 장거리 단파 무선 통신은 페이딩의 영향으로 수신점의 전계 강도가 시간적으로 불규칙한 변동을 받아 안정한 통신을 할 수 없다. 이것을 방지하는 방법으로서 둘 이상의 안테나를, 위치를 바꾸어서 설치하고, 그 수신 신호를 합성하여 하나의 수신기에 공급하여 안정한 출력을 얻도록 한 것.

space diversity system 공간 다이버시티 방식(空間-方式) →space diversity receiving system

space division multiple access 공간 분할 다원 접속(空間分割多元接續) =SDMA

space division multiplexing 공간 분할 다중화(空間分割多重化) =SDM

space division switching system 공간 분할 방식(空間分割方式) 전화 교환기의 통화로 방식의 하나로, 동시에 둘 이상의 통화로를 구성하기 위해 각각의 통화로에 대하여 타와 분리한 독립의 통화를 갖는 방식. 구체적으로는 계전기나 크로스바 스위치 등의 금속 접점 또는 방전관이나 반도체 소자 등의 전자 접점에 의해 구성된다.

space electronics 스페이스 일렉트로닉스 로켓이나 위성 등의 우주 관계 비상체(飛翔體)용 일렉트로닉스와 그에 교섭을 갖는 지상용 전자 장치를 포함한 것을 말하며, 과학적 관측 장치, 텔레미터 송수신기, 레이더 송수신기, 각종 자동 제어 또는 추미(追尾) 장치 등이 있다. 이들 전자 장치는 어느 것이나 신뢰도가 매우 높고, 더욱이 비상체에 싣는 것은 소형 경량이어야 하는 것도 요구되므로 집적 회로를 비롯하여 최고의 기술이 쓰인다.

space factor 점적률(占積率) 이용할 수 있는 공간 중 실제로 쓰이고 있는 부분의 백분율. 변압기의 철심에 사용되고 있는 규소 강판은 절연 피막으로 감싸여 있으므로 이것을 겹쳐 쌓아서 철심을 만들면 자로(磁路)로서 유효한 부분은 철심의 단면적의 96% 정도가 된다.

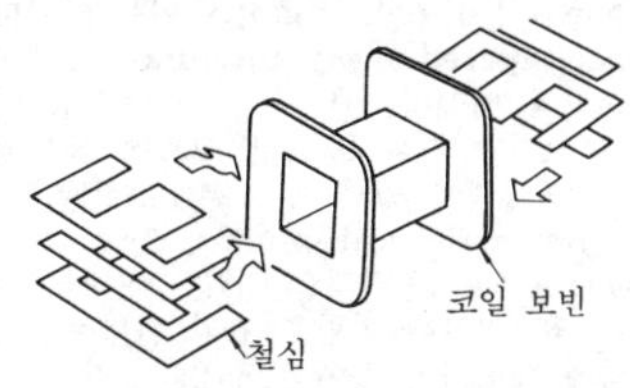

space permeability 진공의 투자율(眞空-透磁率) 투자율의 값은 공간의 상태에

따라 다른데, 거기에 아무 물질이 없는 경우(진공)의 값을 진공의 투자율이라 하고, 현재 쓰이고 있는 단위계(SI)에 의하면 $4\pi\times10^{-7}$H/m 이다. 또한 근사적으로는 공기 중에서의 경우도 이 값을 쓴다.

space permittivity 진공의 유전율(眞空-誘電率) 유전율의 값은 공간의 상태에 따라 다르나 거기에 아무 물질도 없는 경우(진공)의 값을 진공의 유전율이라 하고, 현재 쓰이고 있는 단위계(SI)에 의하면 8.855×10^{-12}F/m 이다. 또한 근사적으로는 공기 중에서의 경우도 이 값을 쓴다.

space-referenced navigation data 스페이스 기준 항행 데이터(-基準航行-) 관성 공간을 기준으로 한 좌표계로 나타낸 데이터. →navigation

space repeater system 우주 중계 방식(宇宙中繼方式) 텔레비전이나 무선 전화 등의 중계국으로서 통신 위성을 이용하는 중계 방식.

space station 우주국(宇宙局) 지국 대기권의 주요 부분 밖에 있는 물체(그 주요 부분 외에 나오는 것을 목적으로 하는 것, 또는 그 주요 부분의 밖에서 들어오는 것도 포함), 예를 들면 통신 위성에 개설하는 무선국을 말한다. 대기권의 주요 부분의 밖이란 고도 10km 의 성층권 이상의 고도를 가리키므로 대기권 내의 비행기에 개설하는 무선국은 우주국이라고 하지 않는다.

space-switching system 공간 스위칭 방식(空間-方式) 채널 다중화가 시분할 방식이 아니고, 주파수 분할에 의해서 행하여지는 시스템에서의 회선 교환에 대해서 말할 때의 용어. 입선(入線)에서 출선(出線)으로의 물리적 접속은 어느 방식에 있어서나 다르지 않지만, 단지 시분할 방식인 경우에는 입선과 출선에서 타임 슬롯의 동기화를 할 필요가 있는 데 대하여 주파수 분할인 경우에는 그럴 필요는 없고, 단지 공간적인 스위칭만으로 충분하다는 데서 공간 스위칭이라고 하는 것이다. 위성 통신 등에서의 공간 분할 다중화 등과 혼동되기 쉬우며, 적절한 용어는 아니다.

space-tapered array antenna 스페이스 테이퍼 어레이 안테나 등진폭으로 여진한 소자 안테나의 배열 밀도에 테이퍼를 붙인 어레이 안테나. =density, tapered array antenna

space wave 공간파(空間波) 전파의 전파(傳播) 경로에 의한 분류의 하나로, 지상파에 대비하여 붙여진 명칭. 공간파는 전리층파라고도 부르며, 주로 단파대 이상의 주파수대의 것이 이용되고, 그 중 주파수가 높은 순으로 전리층을 ① 통과, ② F층 반사, ③ E층 반사 등의 경로를 거친다. 지대지(地對地), 지대공, 위성 등의 장거리 무선 통신에 이용된다.

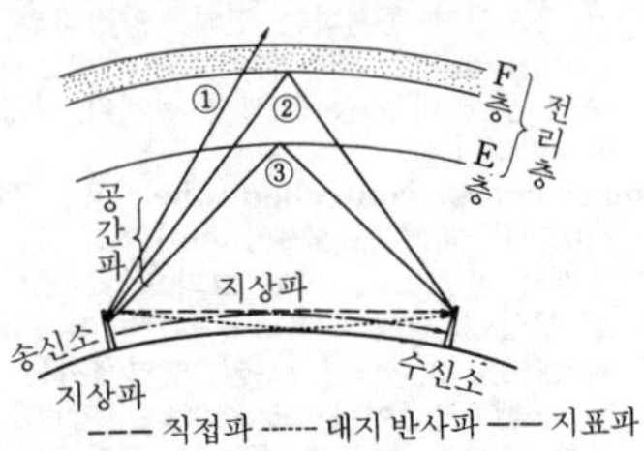

spacial filter 공간 필터(空間-) ① 레이저 빔의 초점을 볼록 렌즈에 의해 스크린 상에 맞추도록 하면 빔의 초점 주위에 렌즈의 주변 수차에 의한 연효과(緣效果)로 선명한 초점이 만들어지지 않는다. 이 수차를 제거하기 위한 필터를 공간 필터 또는 핀홀 필터라 한다. 이것은 중앙에 정밀한 구멍을 뚫은 금속 시트이며, 구멍의 크기는 렌즈 배율에 역비례하며, 5~50μm 이다. ② 화상 처리에서, 입력 화상에 대하여 특정한 공간 주파수 성분을 꺼내는 장치. 화상의 윤곽 강조, 평활화, 미분 처리 등을 한다.

spacing loss 간격 손실(間隔損失) 자기 녹음에서 녹음된 매체를 재생할 때 매체 및 헤드의 접촉면이 울퉁불퉁하거나, 매끄럽지 않아서 양자간에 실효적인 간격이 생기기 때문에 단파장(短波長)에서 발생하는 손실을 말한다.

spacistor 스페이시스터 마이크로파 증폭용 반도체 부품의 일종. pn 접합면에서의 공핍층(캐리어가 존재하지 않는 영역)에 이미터 전극과 변조용 전극을 두고 고전계(高電界)를 만들어 높은 차단 주파수를 얻도록 한 것이다.

SPADE system 스페이드 방식(-方式) =single-channel-per-carrier PCM multiple-access demand assignment equipment

span 스팬 ① 측정 장치에서 측정 범위의 상하 한계값의 차. −50 부터 150 까지이면 스팬은 200 이다. 다중 레인지인 경우에는 측정기가 세트된 특정한 레인지에 대해서 말한다. ② 가공 도체 구조에 있어서, 도체의 두 인접한 지지 개소 사이의 수평 거리. 경간(徑間)이라고도 한다.

span-band type 스팬밴드식(-式), 장선형(張線形) 지시 전기 계기의 가동부를 지지하는 한 방법. 그림과 같이 판형 스프링의 장력을 이용하여 비교적 짧은 백금 니켈 합금제 등의 금속 밴드 즉 스팬밴드를 인장하여 가동부를 지지하는 방식이다. 마찰부가 없고 내진동성이 있으며 감도가 뛰어나므로 널리 쓰이고 있다.

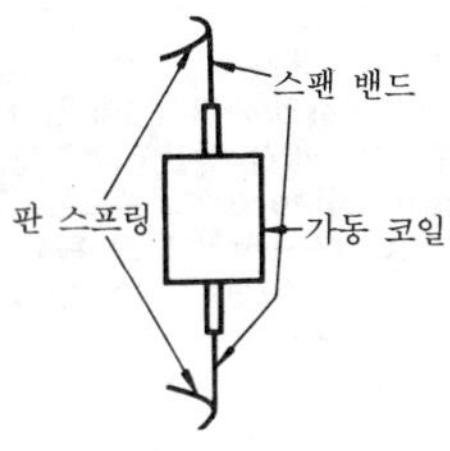

***S* parameter** *S* 파라미터, *S* 매개 변수(−媒介變數) 도파관이나 마이크로파 영역의 트랜지스터의 동작을 주는 4 단자 회로망 모델에서의 매개 변수로,

$E_{1r}=S_{11}E_{1i}+S_{12}E_{2i}$

$E_{2r}=S_{21}E_{1i}+S_{22}E_{2i}$

에서의 S_{jk}를 말한다. *S*는 scattering 의 머리글자. 여기서 E_{1i}, E_{1r} : 입력 단자에서의 입사파와 반사파, E_{2i}, E_{2r} : 출력 단자에서의 입사파와 반사파. S_{11}은 입력단 반사 계수, S_{21}은 순방향 전달 계수, S_{22}는 출력단 반사 계수, S_{12}는 역방향 전달 계수이다.

spark capacitor 불꽃 소거 콘덴서(−消去−) 한 쌍의 접점간, 혹은 인덕턴스 양단에 접속하는 콘덴서로, 이들 접점간에 생기는 불꽃을 소거하기 위한 것.

spark discharge 불꽃 방전(−放電) 기체 중의 방전에서 전극간의 전압이 어느 값 이상이 되면 전자나 이온의 충돌에 의한 전리(電離) 작용 등이 심해져서 매우 큰 전류가 갑자기 흐르고, 동시에 강한 음과 빛을 발한다. 이것을 불꽃 방전이라 하고, 낙뢰는 그 대규모한 것이라 할 수 있다.

spark gap 불꽃 갭 전기적으로 절연한 두 도체, 또는 멀리 떨어진 전기적으로 접속된 전기 부분이 서로 접근한 곳의 간격.

spatial frequency 공간 주파수(空間周波數) 어떤 양 또는 상태가 공간적으로 일정한 주기로 반복되는 경우에 그 공간 주기 함수의 푸리에 급수 표시에 있어서의 기본파 및 그 고조파가 갖는 주파수. 화상 처리에 있어서의 화상의 농담 정보 등의 경우에는 공간 주파수는 연속 스펙트럼으로 되어 이산적인 주파수는 갖지 않으나, 계산 처리의 편의 등을 고려하여 화상에 공간 주기성을 가정하고, 이산적인 공간 주파수를 주는 경우가 많다.

SPE 고상 성장법(固相成長法) =solid phase epitaxy

speaker 스피커, 확성기(擴聲器) =loudspeaker

speaker cord 스피커 코드 메인 앰프와 스피커 시스템을 접속하는 전선. 스피커 시스템은 입력 임피던스가 4Ω이라든가 6Ω으로 낮기 때문에 스피커 코드의 저항이 영향하여 3m 이상의 길이인 경우는 음질이 변화하는 것이 확인되고 있다. 스피커 코드를 사용할 때의 원칙은 가능한 한 짧게, 더욱이 굵은 것을 사용해야 한다. 단위 길이당의 정전 용량이 큰 구조를 가진 전선을 피하는 편이 좋다고 한다.

speak monitor 스피크 모니터 자동차의 음성 경고 장치를 말하며, 카 일렉트로닉스의 새로운 기구이다. 이것은 인공적으로 합성된 여성 목소리로, 경고를 운전자에게 전하는 장치. 그림은 그 계통도이다.

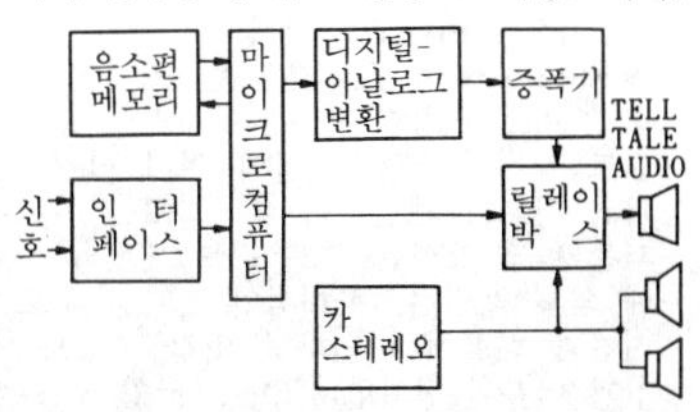

special effect device 특수 효과 장치(特殊效果裝置) →video special effect device

special interest group 특별 부회(特別部會) =SIG

specific acoustic impedance 비음향 임피던스(比音響−) 매질 중의 어느 점에서의 단위 면적당 임피던스로, 그 점에서의 음압을 입자 속도로 나눈 것. 일반적으로 복소량이며, 그 실수부, 허수부를 각각 비음향 저항, 비음향 리액턴스라 한다.

specification 명세(明細), 시방(示方) 요구하는 구조, 재료, 특성, 시험법 등에 대한 내용을 문서로 하여 명확화한 것. 제조자는 이 명세(시방)에 따라 그 기재 내용에 적합한 제품을 공급할 필요가 있다.

specific charge 비전하(比電荷) 전자, 양자 등 하전 입자의 전기량과 질량의 비. 전자의 비전하는 1.7588×10^{11}C/kg 이며, 1897 년 톰슨(Thomson, 영국)에 의해 처음으로 측정되었다.

specific contact resistance 비접촉 저항(比接觸抵抗) 단위 면적당의 접촉 저항. 접촉 저항은 접촉 면적에 거의 반비례하여 변화하므로 이 값에 의해 접촉면의 상태를 비교한다.

specific cymomotive force 비전파 기전

력(比電波起電力) 안테나에 공급되는 전력이 1kW 일 때 주어진 방향으로의 전파기전력을 말한다. →cymomotive force

specific inductive capacity 비유전율(比誘電率) 물질의 유전율 ε과 진공의 유전율 ε_0과의 비 $\varepsilon_s = \varepsilon / \varepsilon_0$. 공기는 $\varepsilon_s \fallingdotseq 1$ 이다.

specific resistance 고유 저항(固有抵抗) →resistivity

speckle 스페클 미소한 요철(凹凸)이 있는 표면에 레이저광과 같은 코히어런트한 빛을 대면 산란된 빛이 간섭하여 반점성(斑點性)의 모양이 나타나는 현상. 모양의 형상으로 표면의 거칠기를 측정한다든지, 모양의 변화에서 물체의 변위나 일그러짐을 구한다든지 할 수 있다.

speckle noise 스페클 잡음(-雜音) 다 모드 광섬유에서 모드 간의 간섭 상태가 변화함으로써 생기는 잡음. 모드 잡음(modal noise)이라고도 한다.

speckle pattern 스페클 패턴 시간적 공간적인 미소 변동이 있는, 부분적인 코히어런트 광선의 상호 간섭에 의해 발생하는 파워 강도의 패턴. 다(多) 모드 파이버에서는 반점 모양은 모드 필드 패턴의 종합에 의해 생긴다. 상대적인 모드군 속도가 시간과 더불어 바뀐다면 반점 모양도 시간과 더불어 변화한다. 또 불균일 모드 감쇠가 일어나면 모드 잡음이 생긴다.

spectra 스펙트럼 =spectrum

spectral bandwidth 스펙트럼 대역폭(-帶域幅) λ_{BW}로 나타낸다. 발광 다이오드에서, 최대 발광 강도의 50%간(만일 특히 지정이 없으면)의 파장차.

spectral characteristics 분광 특성(分光特性) 파장과 기타의 여러 가지 변수 사이의 관계를 주는 것으로, 대부분은 특성도로서 표현된다. 예를 들면, 음극선관의 형광면에서 방사되는 단위 파장폭당의 방사 파워와 파장과의 관계 등.

spectral composition 분광 조성(分光組成) 방사량, 예를 들면 방사속의 각 파장에 있어서의 단위 파장폭당 방사속의 절대값과 파장과의 관계. 기호 $\Phi_e(\lambda)$로 표현된다.

spectral-conversion luminous gain 스펙트럼 변환 광 이득(-變換光利得) 입사(入射)와 발광 광속의 지정된 파장 간격에 대한 발광 이득.

spectral-conversion radiant gain 스펙트럼 변환 방사 이득(-變換放射利得) 입사(入射)와 발광 광속의 지정된 파장 간격에 대한 방사 이득.

spectral distribution 분광 분포(分光分布) 파장의 함수로서의 방사량의 분광 분포 밀도. 보통 상대 분광 분포인 경우를 의미한다.

spectral emissivity 분광 방사율(分光放射率) 다음의 ①과 ②의 비. ① 어떤 온도로 유지된 방사면으로부터의 어느 파장을 중심으로 하는 단위의 파장폭당 방사속 밀도, 즉 분광 방사 발산도. ② ①과 같은 온도에서의 흑체면(黑體面)으로부터의 같은 분광 방사 발산도.

spectral irradiance 스펙트럼 조도(-照度) 어느 파장에서의 단위 파장 간격당의 방사 조도. 와트/단위 면적/단위 파장 간격으로 나타내어진다.

spectral line 스펙트럼선(-線) 방출 또는 흡수된 파장의 좁은 범위.

spectral line half-width 분광 반치폭(分光半值幅) 분광 분포에서 그 밀도가 최대값의 양쪽에서 그 절반으로 감소하는 두 점 사이의 파장 범위.

spectral (line) width 스펙트럼(선의) 폭(-(線-)幅) 광원 디바이스에서 방사되는 빛(전자 방사)의 파장 범위로, 보통 진폭 반치폭(최대 진폭점을 사이에 두고 그 전후에서 진폭이 반감하는 두 점 사이의 파장폭)으로 주어진다. 850nm 의 최대 진폭 파장으로 동작하고 있는 GaAlAs 레이저의 스펙트럼폭은 2nm 이지만, 발광 다이오드에서는 이것이 20 에서 40nm 나 된다. =line-width

spectral luminous efficiency 비시감도(比視感度) 인간의 눈의, 파장에 대한 감도를 곡선으로 나타낸 것. 눈은 방사에 의해서 빛으로서 밝기를 느끼는데, 눈의 감도는 파장에 따라 다르다. 380~760nm 의 파장에 대한 눈의 감도를 시감도라 하고, 그것을 곡선으로 나타낸 것이 비시감도 곡선이다.

spectral luminous flux 스펙트럼 비시속(-比視束) $\varphi\nu\lambda$로 나타낸다. 파장 λ에서의 파장 1주기당의 비시속, 즉 1nm 당의 루멘스.

spectral luminous gain 분광 광속 이득(分光光束利得) 광전(光電) 디바이스에서 특정한 파장 범위에서의 광속 이득.

spectral luminous intensity 스펙트럼 비시 휘도(-比視輝度) $I_{\nu\lambda}$로 나타낸다. (파장 λ에 있어서의) 파장 1단위당의 비시 휘도, 즉 1 nm 당의 칸델라수.

spectral-noise density 스펙트럼 잡음 밀도(-雜音密度) 지정된 주파수 간격에서의 잡음 출력과 그 주파수 간격의 비의 주파수 간격을 0에 접근시켜간 극한값. 이 값은 근사적으로 좁은 주파수 대역 내의 전 잡음을 헤르츠로 나타낸 그 대역폭으로 제한 값이다.

spectral power density 스펙트럼 전력 밀도(-電力密度) 단위 대역폭당의 전력 밀도. =spectral power flux density

spectral power flux density 스펙트럼 전력속 밀도(-電力束密度) →spectral power density

spectral quantum yield 분광 양자 수량(分光量子收量) 주어진 파장의 입사 광자당, 광전 음극에서 방출되는 전자의 평균수. 이 값은 입사하는 방사의 입사 각도 및 편파의 방향에 따라 변화한다.

spectral radiance 스펙트럼 휘도(-輝度) ① 어느 파장에서의 단위 파장 간격당의 방사. 와트/스테라디안/단위 면적/단위 파장 간격으로 나타내어진다. →radiance, radiometry. ② 단위 주파수(혹은 파장) 간격, 단위 입체각, 주어진 방향으로 수직인 단위 면적당의 방사 전력($W \cdot nm^{-1} \cdot sr^{-1} \cdot m^{-2}$).

spectral radiant energy 스펙트럼 방사에너지(-放射-) 파장 λ에 있어서의 파장 1주기당의 방사 에너지. 즉 1 nm 당의 줄수.

spectral radiant flux 스펙트럼 방사속(-放射束) 파장 λ에 있어서의 파장 1주기당의 방사속. 즉, 1 nm 당의 와트수.

spectral radiant gain 스펙트럼 방사 이득(-放射利得) 입사(入射), 발광 방사속 어느 쪽의 지정된 파장 간격에 대한 방사 이득.

spectral radiant intensity 분광 방사 강도(分光放射强度) 파장 1주기당의 방사 휘도, 예를 들면 스테라디안 나노 미터 1 단위당의 와트수.

spectral range 스펙트럼 레인지 다이내믹 투과가 어느 지정된 최소값보다 큰 파장 영역.

spectral sensitivity characteristic 분광 감도 특성(分光感度特性) 광전 디바이스에서 특정한 파장 범위에 있어서의 광속 이득을 말한다.

spectral transmittance 분광 투과율(分光透過率) 특정한 파장 λ에 있어서의, 혹은 λ와 $\lambda+\Delta\lambda$ 사이의 좁은 파장폭에 있어서의 입사속에 대한 투과속의 비로, 투과의 형태는 반구(半球) 투과, 확산 투과, 정투과 어느 경우에도 적용된다.

spectral tristimulus values 스펙트럼 3자극값(-三刺戟-) 단위 파장당, 단위 분광 방사속당의(3 자극값의) 의 값. 스펙트럼 3자극값은 국제 조명 위원회(CIE)에 의해 채용되고 있다. 이들 값은 전 스펙트럼에 걸쳐 파장의 함수로서 수표화되어 있으며, 방사 에너지의 빛으로서의 평가의 기초가 되고 있다.

spectral width 스펙트럼폭(-幅) 스펙트럼의 파장 범위의 척도. ① 스펙트럼 선폭을 지정하는 하나의 방법은 방치 전폭(FWHM)에서 최대값의 절반으로 크기가 떨어지는 파장간의 차이다. 이 방법은 선의 모양이 복잡할 때에는 적용하기가 어렵다. ② 스펙트럼폭을 지정하는 다른 방법은 실효 편차의 특별한 경우로, 독립 변수를 파장 λ로 하고, $f(\lambda)$를 적당한 방사량으로 한다. →root-mean square deviation. ③ 비(比) 스펙트럼폭($\Delta\lambda/\lambda$)이 널리 쓰이며, λ는 ①, ②에 의해 얻어진다.

spectral window 스펙트럼창(-窓) 저투과율의 부분에 감싸인 비교적 고투과율의 파장 범위.

spectro-colorimetric method 분광 측색법(分光測色法) 시료(試料) 광원의 분광 분포, 반사 물체의 분광 반사율을 분광 측광기나 분광 광도계로 파장의 함수로서 구하고, 이것에서 광원의 색의 3자극값 및 색도 좌표값을 산출, 혹은 반사 물체의 색의 3자극값 및 색도 좌표값을 산출하는 방법.

spectrometer 스펙트로미터 스펙트럼을 써서 화학 분석을 하는 기기의 총칭. 질량 분석기, 분광 광도계 등 종류가 많다.

spectrophotometer 분광 광도계(分光光度計) 흡광 분석법에 의해 용액의 농도를 측정하는 장치. 일반적으로 물질을 빛이 투과할 때 그 물질 특유의 파장을 갖는 빛만이 흡수된다. 분광 광도계는 이 성질을 이용한 것으로 광원부, 분광 광학계부, 수광부로 구성되어 있다. 광원으로부터의 빛을 광학계부에 의해 분광하고, 순차 파장이 다른 빛을 시료(試料)에 조사(照射)하여 투과광의 세기를 측정하면 흡수가 큰 파장으로 용액의 성분을 알 수 있고, 흡수의 정도로 그 농도를 구할 수 있다.

spectrum 스펙트럼 ① 복잡한 파형을 한 파의 성분의 진폭(경우에 따라서는 위상)을 주파수의 함수로서 구한 것. ② 빛 등이 매질 속에서 주파수의 함수로서 분산하여 생긴 결과. ③ 특정한 상황하에서 어느 물질에서 방사되는, 또는 물질이 흡수하는 전자(電磁) 방사의 주파수 특성. 방사(또는 흡수)되는 전자 방사의 주파수 분포, 세기 등에 따라서 그 물질을 특정할 수 있다. ④ 어느 입자 빔이 갖는 에너지 분포, 속도 분포, 질량 분포 등.

spectrum analyzer 분광 분석(分光分析) →multichannel analyzer

spectrum efficiency 주파수 이용률(周波數利用率) 무선 통신에 있어서의 전파는 어느 공간 영역을 점유하는 성질이 있으며, 이 영역에서는 같은 종류의 다른 무선 통신의 사용을 배제하게 된다. 이 공간은 사용 주파수 대역폭 B, 물리적인 점용 면적 S, 가동 시간 t에 관계하는 것이며, 이들의 곱 BSt로써 나타낸다. 이 공간을 이용하여 운반된 트래픽량을 A로 할 때

$$\eta = \frac{A}{BSt}$$

로 주어지는 η를 주파수 이용률이라 한다. 이동 통신 등에서는 통신 존(zone)이 시간적으로 변화하기 때문에 위의 S는 이것을 고려한 넓은 지역을 점유하게 된다.

spectrum intensity 스펙트럼 강도(－强度) 스펙트럼 강도는 주어진 주파수 범위에 포함되는 전력과 주파수 범위가 0에 접근할 때의 주파수 범위와의 비. 그것은 와트초 또는 줄의 차원을 가지며, 보통은 1Hz 당의 와트수로 양적으로 나타낸다.

spectrum level 스펙트럼 레벨 특정한 주파수를 중심으로 하는 대역폭 1 Hz 중의 신호의 부분 레벨. 보통은 고려되고 있는 주파수 범위 내에서 성분이 연속적으로 분포하고 있는 신호만을 의미한다. 스펙트럼 레벨이라는 용어는 단독으로는 쓰이지 않고, 전치 수식구, 예를 들면 압력, 속도, 전압과 조합시켜서 나타낸다.

spectrum locus 스펙트럼 궤적(－軌跡) 스펙트럼적으로 순수한 자극의 색도점을 이어서 얻어지는 궤적. 380~780nm 의 각 색상에 대한 말굽형의 궤적이다.

specular angle 반사각(反射角) ＝angle of reflection

specular reflectance 정반사율(正反射率) 입사속(入射束)에 대하여 매질 경계면에서의 정반사에 의해 경계면에서 떠나는 반사속의 비율. 매질 경계면에 대한 법선에 대하여 입사속과 반사속이 같은 각도로 반대측에 있는 반사를 정반사라 한다. 또 입사속이 매체를 산란이 생기지 않고 투과해 가는 것을 정투과라 한다.

specular transmission 정투과(正透過) ＝regular transmission

speech clarifier 스피치 클라이파이어 단측파대 통신 방식에서는 송신측과 수신측의 주파수가 일치하지 않으면 복조했을 때 일그러짐이 생긴다. 무선 전화의 경우는 특히 주파수의 벗어남이 수 10Hz 이상이 되면 명료도가 매우 나빠져서 수신 불능이 되는 일이 있다. 이 때문에 수신측에서 국부 발진기에 소용량의 바리콘을 병렬로 넣어 발진 주파수를 조금 변화시켜서 음성의 명료도를 좋게 하도록 조절한다. 이 소용량 바리콘을 스피치 클라이파이어 또는 단지 클라리파이어라 한다.

speech clipping 음성 클리핑(音聲－) ＝speech chopping

speech chopping 음성 초핑(音聲－) 명음(鳴音) 저지 장치, 반향 저지 장치 기타의 음성 동작 장치의 동작에 의해서 워드 또는 음절의 최초 부분을 잃는 것.

speech circuit 음성 회선(音聲回線) 음성을 아날로그형으로, 혹은 부호화하여 보내는 데 적합한 회선. 이러한 회선은 데이터 전송이나 음성 주파 전신의 전송에도 이용할 수 있다.

speech digit signalling 비트 스틸 ＝bit stealing

speech frequency 음성 주파수(音聲周波數) 상용의 품질의 음성을 정송하기 위한 주파수 범위. 대체로 300~3,400Hz 에 이르는 주파수이다.

speech inversion system 음성 반전 방식(音聲反轉方式) 비화(秘話) 통신의 일종으로, 예를 들면 0.3~3.4kHz 의 음성 신호로 적당한 반송파를 변조하고, 반송파와 상부 측대파를 제거하여 하부 측대파를 얻으면, 음성 신호는 3.4kHz~0.3 kHz 로 반전 분포하게 된다. 그러나 고도의 비화성은 기대할 수 없다.

speech of response 속응도(速應度) 자동 제어계에서의 응답의 속도 정도를 나타내는 값으로, 그 가늠으로서는 과속 시간, 정정(整定) 시간, 상승 시간, 시상수, 지연 시간 등이 쓰인다.

speech path 통화로(通話路) 아날로그 음성 신호를 전송하는 대역폭 4kHz 의 채널을 말한다.

speech processor 스피치 프로세서 음성의 평균 레벨을 상승시키는 회로. 인간의 음성 진폭의 최대값과 평균값과의 차는 15~20dB 나 되며, SSB(단측파대 통신 방식)에서는 그 차가 그대로 송신 출력에 나타나 송신기의 평균 출력은 첨두 전력의 1~3% 정도로 되어서 매우 효율이 나빠진다. 그래서 음성을 그 평균 레벨이 상승하도록 처리함으로써 송신기의 평균 전력을 증가시키면 결과적으로는 송신 출력을 크게 한 것이 되어 양해도도 향상하게 된다.

speech quality 통화 품질(通話品質) 전화의 통화시에 잘 들리는 정도를 수량적으로 나타내기 위한 용어. 이것에는 통화의 양해성, 문장 양해도, 숫자 양해도, 단음 명료도, 음질 명료도 등이 있다.

speech recognition 음성 인식(音聲認識) 입력 음성에 포함되는 언어의 정보를 기계적으로 추출하여 그 의미 내용을 인식하는 것. 원리적으로 분류하면 음성에 포함되는 언어적 특징에 관한 표준 패턴을 미리 기억시켜 두고 이것과 음성 입력을 비교하여 유사성에 따라서 인식 판정을 하는 형식과, 표준 패턴은 쓰지 않고, 음향 분석 결과에 따라서 음소(音素) 기호의 2자 택일적인 판정을 반복 실시하여 최종적으로 언어로서의 인식 판정을 하는 형식이 있다.

speech synthesis 음성 합성(音聲合成) 음성(파형)을 인간의 직접적인 발성 또는 이것을 녹음한 것을 직접 재생하지 않고 만들어 내는 것을 말한다. 원리적으로 분류하면 단어를 단위로 하여 미리 녹음되어 있는 음성 파형을 이어 맞추는 녹음 편집 방식, 단음절·단음 또는 1피치 단위의 음성 소편(素片) 파형을 연결하는 소편 편집 합성 방식, 발생된 음성 파형을 일단 분석하여 정보 요소의 형태로 변환·기록하고, 그것을 원래의 음성으로 복원하는 분석 합성 방식, 및 분석 합성의 처리를 다시 고도하게 보편화한 순수 합성 방식이 있다.

speech synthesizer 스피치 신시사이저 수치 부호를 인식 가능한 언어로 변환하고, 라우드 스피커에 입력해서 음성 스피치로서 송출하는 장치. 바꾸어 말하면 출력 신호를 인공의 인간 목소리로서 발음하는 주변 장치를 말한다.

speedmeter 속도계(速度計) 속도란 물체가 단위 시간에 이동하는 거리이므로 일정 시간 내에 이동하는 거리를 재든가, 일정 거리를 이동하는 데 요하는 시간을 재면 된다. 차바퀴의 회전수를 회전계로 측정하여 속도를 구하는 속도계는 전자에 속하고, 광전관 등을 이용하여 게이트 회로를 개폐하여 게이트 개방 시간 내의 통과 펄스수를 계수하여 속도를 구하는 계수식 속도계는 후자에 속하는 것이다. 그 밖에 도플러 효과를 이용하는 속도계도 있다.

speed-power product 속도·전력곱(速度·電力－) 반도체 디바이스, 특히 논리 게이트의 성능을 측정하는 척도로, 게이트의 전파(傳播) 지연 시간〔ns〕과 소비 전력〔mW〕과의 곱이다. 따라서 단위는 에너지〔pJ〕이다. 전파 속도와 소비 전력은 서로 다른 쪽의 성능을 희생함으로써 향상할 수 있으므로 단독으로 디바이스의 고유 성능으로 사용할 수는 없다. 바이폴러 TTL 에서는 30～150pJ, ECL 에서 30pJ, MOS에서는 50～0.002pJ, I^2L에서는 10^{-5}pJ 정도이다.

speed-up capacitor 가속 콘덴서(加速－) 스위칭 동작을 하는 트랜지스터에서, 그 베이스 회로에 저항과 병렬로 접속한 콘덴서. 턴온할 때에는 콘덴서의 전하를 베이스로 방류하여 베이스 전류를 증강하여 컬렉터 전류의 상승을 빠르게 하고, 턴오프시는 트랜지스터 베이스의 전하를 흡수하여 턴온을 날카롭게 하는 효과가 있다.

sperrtoph 슈페르토프 동축 케이블과 같은 불평형 궤전선에서 더블릿 안테나와 같은 평형 부하에 궤전하면 동축 케이블의 외부 도체에 연결한 안테나에는 케이블의 바깥쪽에서 전류가 흘러, 원하지 않는 방사가 이루어진다. 그래서 안테나끝에 1/4 파장 길이의 금속 슬리브를 씌우고, 그 끝을 케이블의 외부 도체에 연결하면, 이것이 일종의 초크로서 작용하여 이보다 아래의 동축 케이블에 전류가 흐르는 것을 방지할 수 있다. 이러한 평형-불평형 변환용 저지관을 슈페르토프라고 한다.

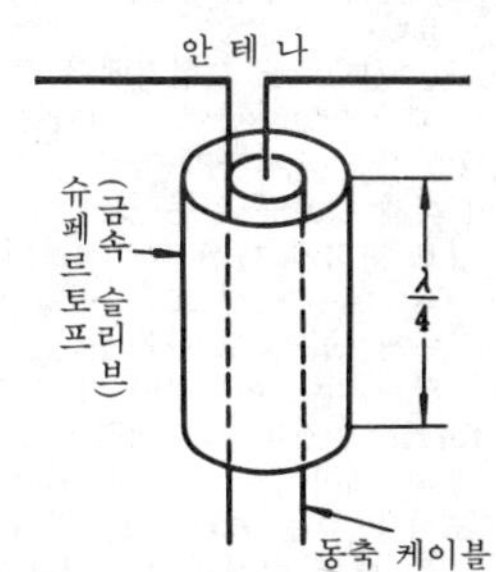

spherical aberration 구면 수차(球面收差) 렌즈의 중심부와 주변부의 굴절률이 다르기 때문에 생기는 수차로, 그 때문에 상(像)은 그림과 같이 된다.

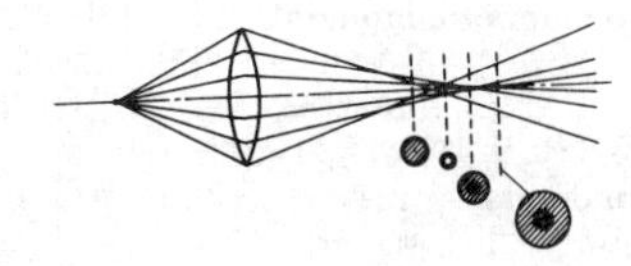

spherical wave 구면파(球面波) 점방사원에서 방사되는 전파나 음파는 등위상면이 동일 구면상에 있으므로 구면파라 한다. 주위에 전파나 음파의 반사 조건이 없을 때 전파 거리에 비해 방사원의 치수가 미소하면 이것을 점방사원으로서 생각할 수 있다.

spider bonding 스파이더 본딩 작은 칩에

서 꺼내지는 다수의 리드선을 소정의 방향과 위치가 되도록 성형한 프레임을 만들어 두고, 칩 상의 전극과 이 프레임의 대응 부분을 겹쳐서 적당한 방법으로 본드함으로써 다수의 리드선을 한 번에 접속한다. 이것은 금속박을 포토에칭 또는 기계 가공으로 소정의 형상으로 만든 것으로, 칩과 외부 단자를 전기 접속하는 구실을 한다.

spike 스파이크 펄스 파형의 일부분에서의 순시 과도 현상으로, 펄스의 평균 진폭을 훨씬 넘는 돌출한(혹은 쑥 들어간) 부분을 말한다.

spike antenna 스파이크 안테나 =monopole antenna

spike leakage energy 스파이크 누설 에너지(−漏泄−) 레이더용 전환(방전)관에서는 송신 펄스의 수신기측으로의 차단 작용은 완전한 것이 아니고 수신기측으로 누설이 생긴다. 그 파형은 선단 부분에 스파이크를 가지며, 그 다음에 평탄부가 계속되는 모양이 된다. 이 스파이크 부분에서 누설하는 에너지를 말한다. 수신기 보호상 중요하다.

spill 스필 ① 로란 수신기에서 동기가 무너졌을 때 스코프 상에 나타나는 화상의 일종. ② 전하 축적관의 축적 요소에서 재배치에 의해 정보를 잃는 것. 즉, 어느 장소의 정보 전하가 다른 장소로부터의 2차 전자때문에 일부 손실 또는 변형이 생겨, 결국에는 정보를 잃고 마는 현상. ③ 방송 전파 등의 서비스 에어리어 외 스필 오버.

spinel ferrite 스피넬계 페라이트(−系−) 넓은 뜻의 페라이트 중에서 $MO \cdot Fe_2O_3$의 구조식을 갖는 페라이트. 단지 페라이트라고 할 때는 이것을 가리킨다. 자심용의 것(M이 Cu, Zn, Ni 등)과 자석용의 것(M이 Ba, Co 등)이 있다.

spin fading 스핀 페이딩 →despun antenna

spin magnetic moment 스핀 자기 모멘트(−磁氣−) 전자의 스핀(자전 운동)에 의해서 발생하는 자기 모멘트. 물질이 갖는 자기적 성질의 바탕이 된다.

spin on glass 스핀 온 글라스 웨이퍼 표면에 유기 용제로 녹인 유리를 회전 도포(spin coart)하고, 열처리하여 SiO_2 절연막을 형성하는 프로세스.

spin quantum number 스핀 양자수(−量子數) 원자 내에서의 전자의 존재 상태를 나타내는 양자수의 하나. 1/2과 −1.2의 둘이며, 자전의 방향으로 나타내고, 어느 것이나 자전에 의한 고유의 각운동량 $h/(2\pi)$ (h : 플랭크의 상수)를 갖는다.

spiral antenna 스파이럴 안테나 그림과 같이 원뿔형으로 도선을 두고, 원뿔의 정점에서 궤전(급전)하는 안테나. 지향성은 z축 방향이며, 주파수에는 관계가 없게 된다. 스파이럴 안테나를 $\lambda/2$ (λ : 파장)만큼 떨어져서 2개 배치하면 수직 편파로 수평면 내에 8자형 지향 특성이 얻어진다.

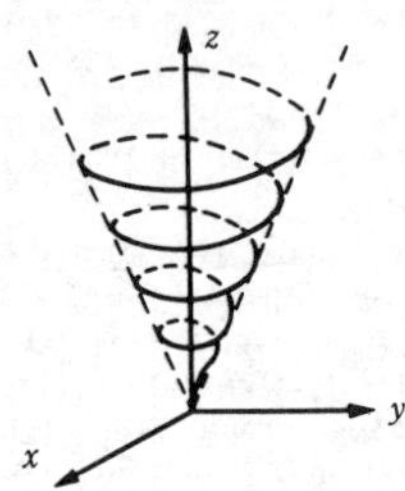

spiral scanning 소용돌이 주사(−走査) 최대 방사의 방향이 나선의 일부를 그리는 주사 방법. 나선의 감기는 방향은 언제나 동일한 방향이며, 이러한 주사 사이클이 반복된다.

spiral spring 스파이럴 스프링 회전력을 편위(偏位)로 변환하기 위한 부품으로, 인청동 등의 탄력성이 강한 합금으로 만든다. 전류의 통로를 겸하는 경우도 있다.

splicing tape 스플라이싱 테이프 자기 테이프를 절단했을 때나 편집하여 접속할 때 사용하는 접착 테이프. 접착력이 강하고, 점착력(粘着力)도 강하며, 테이프와 헤드의 밀착이 나빠지는 경화 현상을 일으키지 않고, 온도나 습도의 영향이 적은 것이 좋다. 따라서 사무용의 셀로판 테이프 등으로 대용하는 것은 바람직하지 않다. 또, 테이프는 자성층 쪽에 붙이지 않고 베이스측에 붙이도록 해야 한다. 비디오 테이프에서는 도전성 알루미늄박의 스플라이싱 테이프를 사용한다.

split 스플릿 모스 부호를 수신할 단점 또는 장점의 인쇄시에 일어나는 바람직하지 않은 스페이스.

split-anode magnetron 분할 양극 마그네트론(分割陽極−) 양극이 축에 평행한 홈에 의해 둘 이상으로 분할되어 있는 구조의 마그네트론.

split carrier system 스플릿 캐리어 방식(−方式) 텔레비전 수상기에서 음성 다중 방송의 수신을 할 때 일반적으로 인터캐리어 방식을 사용하지만 버즈 방해가 일어나는 결점이 있다. 스플릿 캐리어 방식은 이것을 피한 것으로, FM 튜너와 마찬가지로 국부 발진 회로를 만들어 주파수 변환하여 음성 신호를 꺼내는 방식이다.

국부 발진 주파수가 조금 변동해도 음성이 수신 불능으로 되므로 자동 주파수 제어 회로에 의해서 보정하고 있다.

split-half method 2분법(二分法) 정보 처리 회로의 고장 진단법의 일종으로, 신호의 흐름을 따르는 일련의 기능 블록을 그 중앙에서 분할하고, 분할점에 있어서의 신호를 점검하여, 만일 그것이 정상이면 고장은 분할점부터 수신단까지의 후반부이고, 반대로 분할점의 신호가 이상 또는 무신호이면 고장은 송신단에 가까운 쪽이라는 것을 알 수 있다. 이렇게 하여 고장 구간을 반으로, 또 반으로 순차 좁혀가서 결국에 고장점을 찾아내는 방법.

splitter 스플리터 케이블 등으로 전송된 신호를 둘 또는 그 이상의 수신 장치로 동시에 분배하기 위한 수동(受動) 장치. 케이블 텔레비전(CATV) 등에서 사용된다.

spoiler resistor 스포일러 저항(-抵抗) 안정화 전원의 부하 조정 기능을 로크하여 병렬 운전을 가능하게 하기 위하여 쓰이는 저항.

spontaneous magnetism 자발 자화(自發磁化) 결정(結晶) 내부에서 자기 쌍극자(N 극과 S 극이 어느 거리를 떨어져서 마주보고 있는 것)가 자연히 존재하고, 그 방향이 일정한 구역(磁區라 한다) 내에서는 병행으로 배열하여 미소한 자석으로 작용하는 것. 이의 존재하는 것이 자성체인데, 외부 자계가 없으면 자구 끼리의 방향은 고르지 않으므로 전체로서의 자기는 나타나지 않는다.

spontaneous polarization 자발 분극(自發分極) 결정(結晶) 내부에서 전기 쌍극자(음양의 등량 전하가 어느 거리를 떨어져서 마주보고 있는 것)가 자연히 존재하고 그 방향이 일정한 분역(分域) 내에서는 병행하게 배열하여 분극하고 있는 것. 이의 존재하는 것이 강유전체인데, 외부 전계가 없으면 분역 끼리의 방향은 고르지 않으므로 전체로서의 전하는 나타나지 않는다.

spool 스풀 작업의 스케줄링을 효율적으로 하기 위해 입력한 작업을 일단 자기 디스크 상의 데이터 세트에 저장하고, 그 후 스케줄하여 실행한다. 또, 출력 결과도 일단 자기 디스크 상의 데이터 세트에 저장하고, 그 후 인쇄를 한다. 이러한 작업의 제어 방법을 스풀 제어라 한다. 이렇게 하여 중앙 처리 장치의 이용 효율을 높이는 것을 스풀 혹은 스풀링이라 하고, 그를 위한 프로그램 및 장치를 스풀러(spooler)라 한다.

sporadic E layer Es 층(-層), 스포라딕 E층(-層) 전리층 중에서 E층과 같은 정도의 높이에 부분적, 돌발적으로 생기는 전자 밀도가 높은 층. 발생은 일반적으로 여름철에 많으나, 시간적으로는 불규칙하며, 계속 시간은 수분에서 수시간에 걸친다. 보통 관통해 버리는 단파, 초단파의 전파가 이상 반사하여 정규의 통신을 혼란시키는 일이 있다.

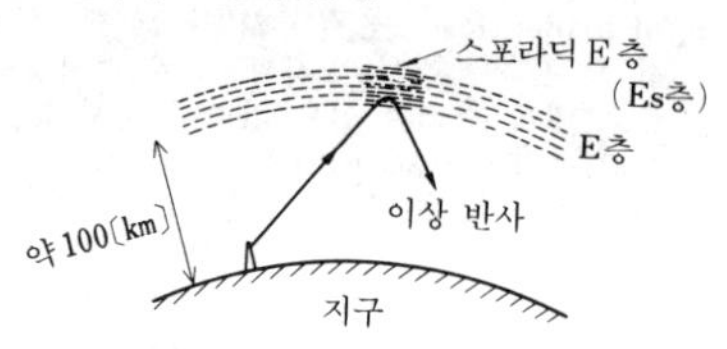

spot 스폿 1차 전자 빔이 음극선관의 형광 스크린을 두드림으로써 생기는 밝은 영역. 스크린 상의 미소 영역을 충격하는 효과는 거의 순간적으로 일어난다. → cathode-ray tube, oscillograph

spot killer circuit 스폿 킬러 회로(-回路) 브라운관의 형광면에 전자 빔이 닿아서 생기는 작은 잔광 현상을 소거하기 위한, 그림과 같은 회로. 전원 스위치를 끊으면 수직, 수평의 편향 전류가 흐르지 않게 되어 전자 빔이 형광면 중앙에 집중하여 형광막을 열화시키므로 휘도 조정 회로의 방전 시상수를 작게 하여 브라운관의 도전막에 충전되어 있는 전하를 단시간에 다량으로 방출하도록 하고 있다.

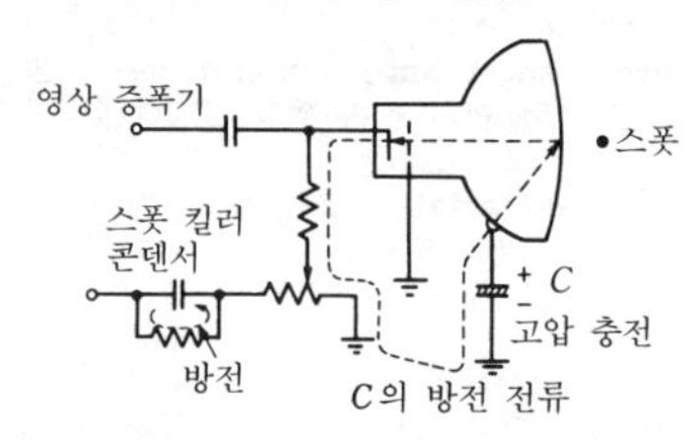

spot noise figure 스폿 잡음 지수(-雜音指數) 4단자망의 입력단에 있는 잡음원이 입력단 저항에 의한 것이고, 4단자망 자신은 무잡음이라 할 때 4단자망 출력단의 최대 잡음 전력 밀도 S'는

$$S' = \frac{1}{2}kTG(f)$$

로 주어진다. 여기서, T : 평형 상태에서의 온도〔K〕, k : 볼츠만 상수, G : 4단자망의 전력 이득. 실제에는 4단자망이 잡음을 발생하기 때문에 앞의 S'는 그보다 큰 S가 된다. S/S'는 1보다 큰 값이며,

이것을 4단자망의 잡음 지수라 한다. 보통, T=290K의 경우를 취한다. 이 잡음 지수를 특정한 주파수 f를 사이에 둔 좁은 대역 Δf에 대해서 생각한 것을 주파수 f에 있어서의 스폿 잡음 지수라 한다. 스폿 잡음 지수를 특정한 주파수 영역 $f_1 \sim f_2$에 걸쳐 평균화한 값을 평균 잡음 지수라 한다.

spot projection 스폿 투사(-投射) 주사점 또는 기록점이 반사광 또는 송신광의 통로 내에 정해져 있는 광학적 주사법 또는 기록법. →scanning, recording

spot speed 스폿 속도(-速度) 유효행(有效行) 내에서 주사하거나 기록하거나 하는 스폿의 속도. 이 속도는 복사 용지 혹은 기록 용지에 의해서 계측된다. →recording, scanning

spotting 스포팅, 위치 결정(位置決定) 레이더에서 스폿에 의해 타깃의 위치를 결정하는 것.

spot wobble 스폿 동요(-動搖) 주사 스폿을 주사선을 가로지르는 방향으로 주기적으로 움직이고, 그 주파수를 화상 신호의 스펙트럼보다도 높게 잡는 프로세스.

spread spectrum code 스펙트럼 확산 부호(-擴散符號) →code division multiple access

spread spectrum multiple access 확산 스펙트럼 다원 접속(擴散-多元接續), 스펙트럼 확산 다원 접속(-擴散多元接續) =SSMA →code division multiple access

spread spectrum random access 확산 스펙트럼 임의 접속(擴散-任意接續) =SSRA

spring material 스프링 재료(-材料) 계전기나 계기에서 구동력이 없어졌을 때 가동 부분을 원위치로 복귀시키는 역할을 하는 스프링 등에 사용하는 재료. 온도의 변화는 세월의 경과에 따라서 성질이 변화하지 않는 것이 중요한 조건이다. 전류를 통하지 않는 부분에는 피아노선이, 전류를 통하는 부분에는 인청동이 널리 사용된다.

SPS 위성용 전원(衛星用電源) =satellite power system

spurious 스퓨리어스 송신기가 발사하는 전파 중에서 규정의 주파수 대역 이외의 주파수 성분을 스퓨리어스라 한다. 이것은 반송파의 고조파나 저조파의 성분, 변조파의 측파대의 고차 성분 및 기생 진동으로 발생하는 불요 성분 등에 의한 것으로, 다른 통신에 방해를 준다. 스퓨리어스의 함유량은 전파 관리법에 규정된 값(정해진 전파의 전력보다 40~80dB 낮은) 이하이어야 한다.

spurious emission 스퓨리어스 발사(-發射) 필요 주파수 대폭 외에 생기는 것으로 정보의 전송에 영향을 미치는 일 없이 저감할 수 있는 레벨의 1 또는 2 이상의 주파수에서의 전파의 발사. 스퓨리어스 발사에는 고조파 또는 저조파의 발사, 기생 발사, 상호 변조곱 및 주파수 변환곱을 포함하며, 대역외 발사를 포함하지 않는다.

spurious output 스퓨리어스 출력(-出力) 신호 발생기 출력 중에 포함되는 일정한 진폭과 주파수를 가진 신호로, 기본 주파수에 대하여 조파(調波) 관계를 갖지 않는 것. 이 정의에는 변조에 의한 측파대 성분(의도적인 것, 혹은 잔류 변조, 즉 반송파 잡음 등)은 제외되고, 험, 리플 등도 포함하지 않는다.

spurious radiation 스퓨리어스 방사(-放射) 목적의 주파수(대) 이외에서의 주파수의 방사. 증폭기, 주파수 체배기, 주파수 혼합기 등에서 발생하는 고조파, 저조파, 기생 진동 및 그들의 상호 변조된 것 등이 있으며, 이들이 방사되면 다른 통신의 방해가 될 수 있는데, 전혀 없앨 수는 없기 때문에 송신기에서 방사되는 스퓨리어스 강도의 허용값은 전파 관리법으로 정해져 있다.

spurious response 스퓨리어스 응답(-應答) ① 트랜스듀서 또는 디바이스에 있어서의 원하는 응답 이외의 임의의 응답. ② 수신기가 동조하고 있는 주파수 이외의 주파수 신호를 수신함으로써 생기는 출력. 수신기의 스퓨리어스 응답과 정규 주파수 신호에 의한 출력과의 비를 스퓨리어스 응답비(spurious response ratio)라 한다. 영상비(影像比)나 중간 주파 응답비도 일종의 스퓨리어스 응답비이다.

spurious response ratio 스퓨리어스 응답비(-應答比) →spurious response

sputtering 스퍼터링 방전을 이용하여 음극으로 사용한 금속을 비산시키고, 지지대를 양극으로 하여 그 위에 둔 기판에 금속을 부착시켜서 박막을 만드는 방법. 고융점 금속이나 특수한 화합물의 경우에 쓰인다.

square-law demodulator 제곱 법칙 복조기(-法則復調器), 제곱 복조기(-復調器) 반송파를 가진 양측파대의 신호는 이것을 비선형 회로망을 통함으로써 복조할 수 있다. 이러한 비직선 복조법은 선형 동기 복조법에 비해 국부 반송파를 만드는 회로를 가질 필요가 없기 때문에 그 점은 동기 복조기보다 유리하다. 특히 출력 신호(전압 또는 전류) y가 입력 신호(전압 또는 전류) x에 대해서

$y=kx^2$ (k는 상수)

이라는 함수를 갖는 비선형 복조기를 제곱 법칙 복조기라 한다. 입력 신호가 강하면 동기 복조기나 제곱 법칙 복조기는 잘 동작하지만, 후자는 변조 신호가 너무 강하면 베이스밴드 신호에 일그러짐이 발생한다. 약한 신호인 경우에는 제곱 법칙 복조기는 출력 SN비가 입력의 그것에 비해 급속히 악화하는 임계값이 있다(동기 복조기에서는 그것이 없다).

square-law detection 제곱 검파(-檢波), 자승 검파(自乘檢波), 2승 검파(二乘檢波) 검파 출력 전압이 입력 피변조파 전압의 제곱에 비례하는 검파 방식으로, 다이오드의 특성 곡선의 굽은 곳을 이용하여 검파하는 것이다. 검파 감도는 높으나 일그러짐이 큰 결점이 있다.

square-law modulation 제곱 변조(-變調), 자승 변조(自乘變調), 2승 변조(二乘變調) 진폭 변조 회로의 일종으로, 변조 출력이 입력의 제곱에 비례하는 것이다. 베이스 변조에 있어서 동작점을 특성 곡선의 굽은 곳에 주어 변조를 한다. 변조를 간단히 할 수 있으나 변조 효율은 낮고 일그러짐이 많기 때문에 큰 변조도는 얻을 수 없다. 반송 전화 등 출력이 비교적 작은 것에 사용되나 무선 통신에서는 사용되지 않는다.

square-law scale 제곱 눈금, 2승 눈금(二乘-) 지시 계기의 구동 토크가 측정할 입력량의 제곱에 비례하는(제어 토크는 지침 위치와 관계없이 일정) 경우의 계기 눈금으로, 눈금판 왼쪽(입력량이 작은 영역)에서 눈금판 눈금선이 좁혀져 있다.

squareness ratio 방형비(方形比), 구형비(矩形比), 각형비(角形比) 자성 재료를 대칭적으로 반복하여 자화하고 있는 상태에서, 자화력이 제로일 때의 자속 밀도와 최대 자속 밀도와의 비. 혹은 자화력을 절반만 음의 방향으로 변화시켰을 때의 자속 밀도와 최대 자속 밀도의 비. 이들의 비는 모두 최대 자속값에 의해 변화한다.

square-wave 방형파(方形波), 구형파(矩形波) 펄스파의 일종으로, 파형이 장방형인 것.

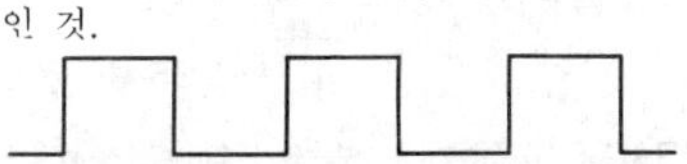

square-wave generator 방형파 발생기(方形波發生器), 구형파 발생기(矩形波發生器) 방형파(구형파)를 발생하는 발진기를 말하며, 멀티바이브레이터나 톱니파 발생회로에 미분 회로를 접속한 것이 사용된다. 보통, 회로의 시상수를 바꾸어 반복 주파수를 가변으로 한 것이 많다.

square-wave inverter 방형파 인버터(方形波-), 구형파 인버터(矩形波-) ① 전압 전류형(轉流形)의 인버터에서는 직류 전원은 콘덴서가 병렬 접속되어 인피던스가 매우 작은 정전압원으로서 동작한다. 출력 전류는 부하에 따라서 크기나 위상이 변화하지만, 출력 전압은 부하에는 거의 관계없이 크기가 일정한 구형파이다. ② 전류 전류형(轉流形)의 인버터에서는 직류 전원은 큰 직렬 리액터에 의해 임피던스가 매우 큰 정전류원으로 동작한다. 교류 출력 전류는 구형파이며, 전압은 부하의 역기전력, 또는 인버터가 접속된 교류 계통의 전압이다.

square-wave response 방형파 응답(方形波應答), 구형파 응답(矩形波應答) 촬상관에서, 폭이 같은 흑, 백 교대의 막대로 이루어지는 테스트 패턴에 의해서 주어지는 출력 신호의 피크-피크값과, 테스터 패턴에서의 흑 및 백에서 얻어지는 신호의 차의 출력과의 비. 막대가 수평 주사 방향에 대해 직각으로(세로로) 배열되어 있을 때는 수평 방향의 구형파 응답이 관측되고, 또 막대가 수평 주사 방향과 평행하게 가로 놓여져서 상하로 겹쳐 있을 때에는 주사에 의해 수직 방향의 구형파 응답이 관측된다.

squawker 스쿼커 3웨이 스피커 방식에서 약 500~5,000Hz 의 중음역을 담당하는 스피커. 미드 레인지(스피커)라고도 한다.

squeeze track 스퀴즈 트랙 기록용 광 빔을 가변 마스킹하는 동시에 광변조기로의 전기 신호 업력을 증가시키고, 트랙의 폭을 변화시켜서 보다 큰 신호 대 잡음비를 얻고자 하는 가변 농담식 사운드 트랙.

squegger 스퀘거, 단속 발진기(斷續發振器) 과도한 궤환을 써서 지속 시간이 짧은 펄스를 발생하는 이장형 발진기(弛張形發振器). 블로킹 오실레이터와 같은 뜻이나, 간헐성이 보다 강한 경우에 쓰인다. 스퀘그(squeg)란 Squeeze와 peg 를 줄인 조어(造語)이다.

squegging oscillator 단속 발진기(斷續發振器) =squegger

squelch 스퀠치 잡음 전력이 미리 설정된 레벨을 넘으면 수신기 음성 출력을 억압하는 회로 기능.

squelch circuit 스퀠치 회로(-回路) FM 수신기에서 신호 입력이 없을 때는 잡음이 증폭되어 스피커에서 큰 잡음이 나온

다. 이 잡음을 억제하는 회로가 스퀠치 회로이다. 잡음을 정류하여 저주파 증폭기의 바이어스를 변화시켜 증폭도를 낮추어서 잡음이 스피커에서 나오지 않도록 하고 있다.

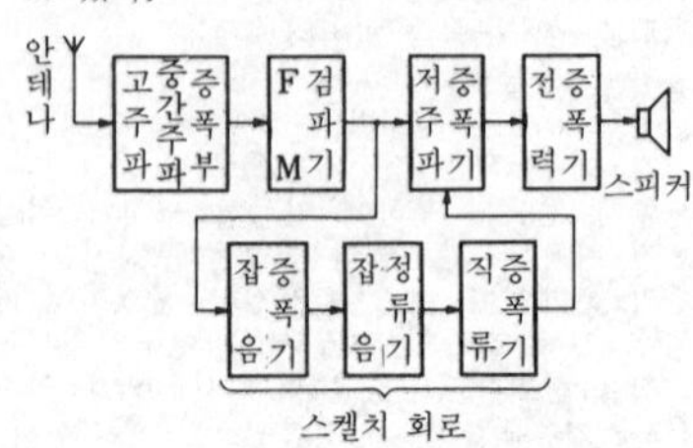

squelch clamping 스퀠치 클램프 동작(一動作) 정상적인 레벨의 신호를 수신 중이라도 어떤 종류의 변조 상태가 되면 스퀠치 회로가 작동하여 음성 출력을 억압하는 현상.

squelch selectivity 스퀠치 선택도(一選擇度) 수신기 입력에 동조 주파수가 다른 무선 주파 신호가 존재할 때 수신기를 음성 출력 억압 상태인 채로 유지해 두는 특성을 말한다.

squelch sensitivity 스퀠치 감도(一感度) ① 스퀠치 회로가 정보 신호와 잡음 신호를 판별할 수 있는 능력을 주는 척도. ② 기준의 임계값 스퀠치 조정 상태에서의 음성 출력을 기준의 음성 출력 전력의 6 dB 이내로 증대시키는 데 요하는 표준 시험 변조 상태에 설정된 무선 주파 입력 신호 레벨의 최소값.

SQUID 스퀴드 super conducting quantum interference device의 약어. 자속의 양자 간섭 효과에 의해 약한 자계 변화에 응답할 수 있는 소자. 고감도의 자속계나 생체용 센서에 사용한다.

squint 스퀸트 ① 최대 지향성의 방향 또는 지향성 널(null)과 같은 안테나의 특정한 축과 지정의 기준축으로부터의 사소한 벗어남. ㉠ 스퀸트는 안테나의 결함에 의해 생기는 것이다. 그러나 어느 경우에는 동작 요구를 만족하기 위해 의도적으로 설계된다. ㉡ 기준축은 안테나의 기계적인 축, 예를 들면 파라볼라 반사기의 축이 선정된다. ② ㉠ 로브(lobe) 전환 또는 동시 로빙 안테나에서 각각의 주 로브의 축과 중앙 축과의 사이의 각도. ㉡ 안테나의 방사축과 선택된 기하학상의 축, 예를 들면 반사기의 축, 방사축의 운동에 의해 형성되는 원뿔의 중심 방향, 또는 운동하는 이동체의 가로 방향과의 사이의 각도.

squint angle 스퀸트각(一角) 최대 지향성의 방향 또는 지향성 널(null)과 같은 안테나의 특정한 축과 그들에 대응한 기준축이 이루는 각도.

squitter 스퀴터 질문 펄스에 기인하지 않고 주위 잡음 또는 의도적인 랜덤 트리거계에 의해 발생되는, 트랜스폰더의 랜덤 출력 펄스.

SRAM 스태틱형 RAM(一形一) =static RAM

SRE 감시 레이더 엘리먼트(監視一), 수색 레이더 엘리먼트(搜索一) 지상 관제 진입 장치를 구성하는 수색 레이더를 말하며, 비행장을 중심으로 하여 30~50km 이내의 항공기를 포착하고 이것을 10km 정도의 지점까지 유도하여 착륙 태세로 이끌기 위해 사용하는 레이더. 보통의 레이더와 기본적으로는 다름이 없지만 이동하는 항공기를 식별하기 쉽도록 특별히 배려(MTI)되어 있으며, 전파의 방사는 수직면 내에서 cosec 의 제곱형이 되는 안테나를 사용하고 있다.

SS cable SS 케이블, 자기 지지형 가공 케이블(自己支持形架空一) =self-supporting cable

SSCS Braun tube SSCS 브라운관(一管), 더블 수퍼 크로마스트라이프 브라운관(一管) 컬러 TV 브라운관의 일종. 착색 형광체를 써서 그림과 같이 반사광을 방지하고, 또 대형이라도 충분한 화상이 얻어지도록 6극 4렌즈식의 크로스 슬릿 건을 쓰고, 전자 빔의 스폿 직경을 작게 하여 화면 전체의 일그러짐을 없애서 해상도를 좋게 한 것. 아치형 섀도 마스크의 구멍 및 형광체의 지름은 중앙부는 좁고 주변부일수록 크게 하여 열변형에 의한 색의 벗어남이나 색 얼룩을 방지하고 있으므로 전자 빔이 정확하게 형광체에 닿아 콘트라스트가 좋은 화상이 얻어진다.

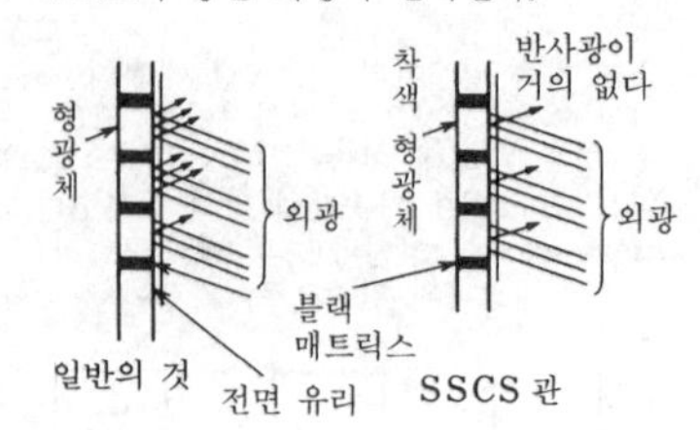

SSG 표준 신호 발생기(標準信號發生器) standard signal generator 의 약어. 단지 신호 발생기라고도 한다. →signal generator

SSI 소규모 집적 회로(小規模集積回路)[1], 부채꼴 주사 지시기(－走査指示器), 선형 주사 지시기(扇形走査指示器)[2] (1) ＝small scale integration
(2) ＝sector scan indicator

SSMA 확산 스펙트럼 다원 접속(擴散－多元接續) ＝spread spectrum multiple access

SSPG 위성 태양 발전(衛星太陽發電) ＝satellite solar-power generation

SSR 2차 감시 레이더(二次監視－) secondary surveillance radar 의 약어. SSR 은 질문기라고 불리는 지상기(地上機)로부터의 1,030MHz 의 전파로 질문 펄스를 송출하는 장치와 이 질문 펄스를 수신하여 미리 세트되어 있는 응답을 1,090MHz 의 전파로 지상으로 되보내는 기상(機上) 응답 장치가 한 쌍으로 되어서 동작한다. 기상 응답 장치는 ATC 트랜스폰더(air traffic control transponder)라 한다. SSR 은 종래부터의 모드 A/C 형과 함께 모드 S형도 생각되고 있다. 모드 S는 항공기마다 주어진 어드레스에 의해 각 항공기에서 개별로 응답을 얻도록 한 롤콜 방식(roll-call system)이다. 다만, 종래의 모드 A/C 기에서도 응답할 수 있는 질문도 함으로써 종래 방식과의 양립성을 유지하도록 하고 있다.

SSRA 확산 스펙트럼 임의 접속(擴散－任意接續) spread spectrum random access 의 약어. 스펙트럼 확산 부호를 사용한 복수의 국이 수시로(비동기로) 상대국을 호출하여 통신하는 통신 방식. →code division multiple access

SSS 실리콘 대칭 스위치(－對稱－) silicon symmetrical switch 의 약어. 원리는 그림과 같은 p형과 n형 반도체의 5층 접합이다. 전압에 대한 특성이 대칭적이기 때문에 1개의 소자로 교류 회로의 제어를 시킬 수 있다. 단, 동작시에 큰 입력을 필요로 하는 결점이 있으며, 이것을 개량하기 위해 제어극을 붙은 것을 트라이액이라 한다.

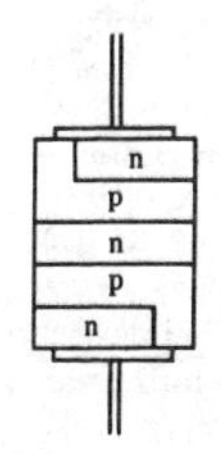

SS/TDMA 새틀라이트 스위치드 TDMA ＝satellite switched TDMA

SSTV 저속 주사 텔레비전(低速走査－) HF 대 또는 VHF 대에서 4MHz 폭의 대역이 얻어지지 못할 때에는 영상을 저속도로 주사함으로써 전송의 목적이 달성된다. 그러나 전송에 요하는 시간이 길어지고, 실황을 전송할 수 없는 결점이 있다.

stability 안정도(安定度) 기기가 얼마만큼의 시간, 안정하게 동작을 계속할 수 있는가를 나타내는 것으로, 안정도는 전원 전압, 온도, 습도 등의 변동이나 기계적인 진동 등에 따라서 저하한다. 또, 부품의 경년 변화에 의해 오랜 세월을 거치는 동안 안정도가 나빠지는 일이 있다.

stability coefficient 안정 지수(安定指數) 트랜지스터 회로에서 컬렉터 차단 전류 I_{CO}가 변화할 때 컬렉터 전류 I_C가 얼마만큼 변화하는가의 정도를 나타내는 양 S는

$$S' = \frac{1}{2}kTG'f)$$

로 나타내어진다. 이 S를 안정 지수라 하고, 안정 계수, 안정도 지수라고도 한다. S의 값이 작을수록 동작점의 변화가 작고, S의 값은 10 이하가 적당하다고 한다.

stability criterion 안정 판별법(安定判別法) 자동 제어계의 설계 단계에서 그 계가 안정한가, 불안정한가를 판별하는 방법을 안정 판별법이라 한다. 이것에는 나이키스트 선도를 사용하는 방법과 보드 선도를 사용하는 방법이 있다. →Nyquist diagram, Bode diagram

stability factor 안정 계수(安定係數) 컬렉터 차단 전류 I_{co}의 변화에 대한 컬렉터 전류의 변화 비율.

$S=dI_c/dI_{co}$

S는 회로 구성에 따라서 변화한다. 이미터 공통 회로로 말하면, 고정 바이어스인 경우는 α값만으로 정해지지만, 이미터 회로나 베이스 회로에 자기 바이어스를 주도록 하면 S는 훨씬 작아진다(온도에 대한 트랜지스터 동작이 안정화한다).

stabilized DC power supply 직류 안정화 전원(直流安定化電源) 입력 전압이나 부하 전류의 어느 범위 내에서의 변화에 관계없이 부하 전압을 일정하게 유지하는 조정 기구를 가진 직류 전원. 부하와 직렬 또는 병렬로 접속된 가변 저항 요소(예를 들면 트랜지스터)에 의해서 제어하는 경우가 많다. 각각 직렬 및 병렬형의 조정 장치(레귤레이터)라 한다. 장치의 전압 기준으로서는 제너 다이오드나 수은 전지

등이 널리 쓰인다.

stabilized power supply 안정화 전원(安定化電源) 부하가 변화해도 전압의 변동을 방지하도록 배려된 전원. 그림과 같은 구성의 안정화 회로를 도중에 삽입한다.

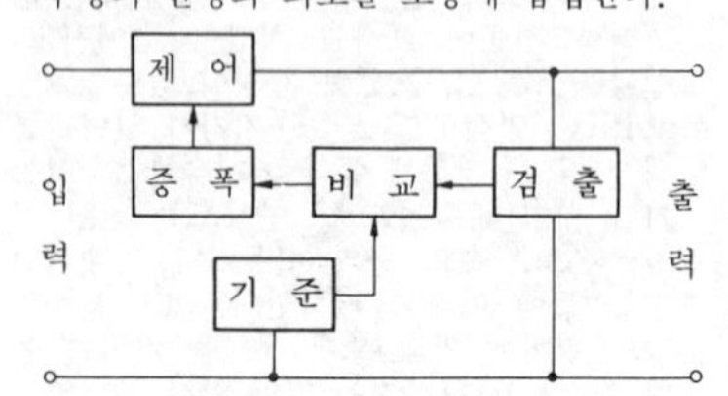

아래 그림은 제어부, 증폭부, 비교부에 트랜지스터를, 또 기준부에 정전압 다이오드를 사용한 직류 안정화 회로의 예이다.

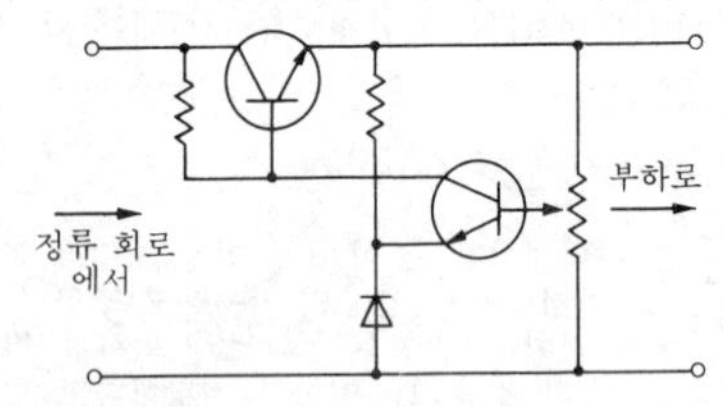

또한 직류만이 아니고 교류 전원에도 자동 전압 조정기를 붙여서 안정화 전원으로 하는 경우가 있다.

stabilizing amplifier 안정화 증폭기(安定化增幅器) 텔레비전의 송신측 주조정부에서 안정한 영상 신호를 내보내기 위해 사용하는 증폭기. 주조정부란 각 스튜디오, 중계 회선, VTR 등에서 보내오는 복수의 영상 신호를 적당히 전환하여 조정해서 내보내는 곳인데, 여기에 보내오기까지의 전송계에서 혼입한 잡음을 제거한다든지, 주파수 특성의 열화를 보상한다든지 하기 위해 안정화 증폭기가 여기에 설치되어 있다. →amplification circuit

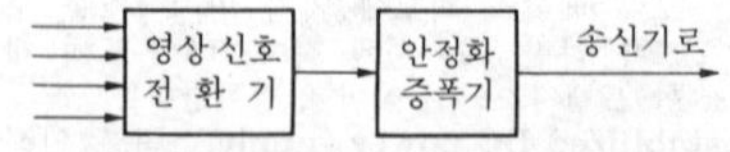

stabilizing supply 안정화 전원(安定化電源) 전자 기기 동작의 안정도와 신뢰성을 높이기 위해 안정화한 전원. 이것에는 교류 전원 안정화법과 직류 전원 안정화법의 두 종류가 있으며, 전자는 입력 전원측에서 정전압 회로를 사용하는 것으로, 사이리스터 등을 사용한다. 후자는 기기의 내부에서 정류한 직류 전원의 안정화를 하는 것으로, 트랜지스터나 제너 다이오드를 사용한 것이 널리 사용되고 있다.

stable local oscillator 안정 국부 발진기(安定局部發振器) =STALO

stable system 안정한 계(安定-系) 입력이나 외난(外亂)을 가하고부터 시간을 충분히 가지면 일정값으로 안정되는 계. 안정한 동작을 하는 계는 그림의 ③과 같이 응답이 진동적으로 된다든지 ④와 같이 발산해 버리는 일은 없다. 기계적인 조절에서 위치나 각도를 목표의 값으로 제어하는 계나, 온도나 압력 등을 다루는 프로세스 제어계는 안정한 계이어야 한다.

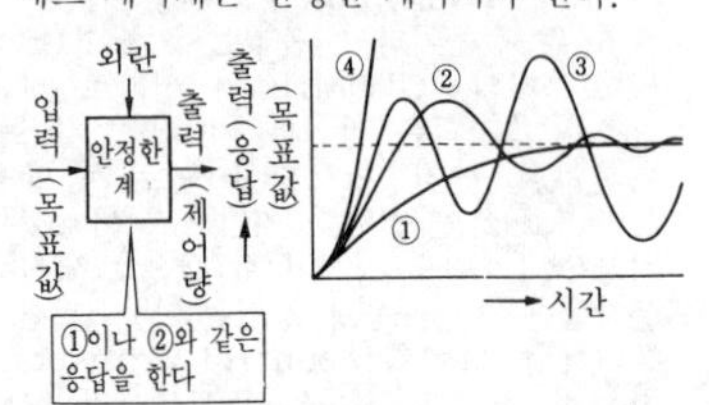

stack 스택 ① →rectifier stack. ② 개폐기 혹은 계전기에서의 가동 및 고정 접점의 한 그룹으로, 협동 동작하도록 만들어져 있다. ③ 공항에서 착륙 대기 중인 항공기에 대하여 선회를 위해 여러 가지 다른 고도를 무선에 의해 할당하는 것. ④ 선박의 음향 장치실에서의 여러 가지 소나 장치의 집합. ⑤ 컴퓨터에서 가장 마지막에 입력된 것이 가장 먼저 출력되는 순서로 접근되는 리스트. →queue

stacked antenna 스택 안테나, 적층 안테나(積層-) 야기 안테나나 코니컬 안테나 등에서 소자수를 늘려 이득을 증가시키는 데에는 한도가 있다. 이 경우, 동일 안테나를 수직 방향으로 2단 또는 4단 겹쳐 쌓아서 사용하면 이득은 2단으로 약 3 dB, 4단으로 약 6 dB 증가한다. 이러한 안테나를 말한다. 수평 방향의 지향은 거의 변화하지 않으나 수직면 내의 지향성이 날카롭게 된다. 이 때 상하의 간격에 따라서 수직면 내의 지향성이 변화하는데, $\lambda/2$(λ : 파장) 정도의 곳이 가장 좋다. 상이한 주파수용 안테나를 겹쳐쌓은 조합 안테나도 스택 안테나라고 부르는 경우가 있으나 다소 사용 목적이 다르다.

stacked-beam radar 스택 빔 레이더 같은 방위면에서 상이한 앙각을 갖는 둘 이상의 동시 빔을 형성하는 레이더. 빔은 보통, 인접하든가 일부가 겹쳐진다. 스택된 빔은 각각 독립한 수신기에 급전된다.

stacked loop antenna 쌍 루프 안테나(雙-) 4 다이폴(쌍극자) 안테나의 임피던스 특성을 개량하고, 더욱이 궤전(급전) 방법을 간이화한 것. 4 다이폴에 비해 구조가 간단하고, 광대역인 안테나이며, 또 궤전점이 적게 되어 있다. 그림 (a), (b)는 쌍루프 안테나의 기본형과 등가 회로, (c)는 응용형이다. 스택의 수에 따라 4L형(4 루프), 6 L 형 등이 있다.

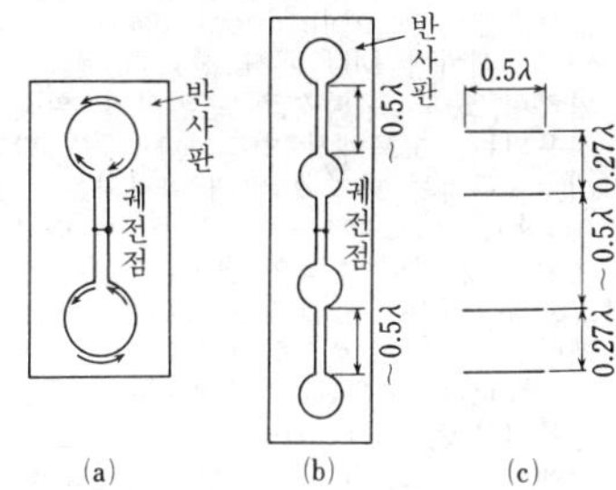

(a) (b) (c)

stacked mica condenser 스택형 마이카 콘덴서(－形－) 마이카(운모)를 유전체로 하여 그 표면에 금속 전극을 증착시킨 것을 겹쳐 쌓은 구조의 콘덴서.

stack frame 스택 프레임 어떤 절차(또는 함수)의 호출에 따라서 그와 관계되는 모든 데이터를 저장해 두는 스택 영역. 호출된 프로그램의 프레임은 스택 상에 순차 겹쳐 쌓여지고, 나중에 또 그 순서로 꺼내진다.

stack machine 스택 머신 후입 선출(後入先出 : LIFO) 기구의 기억 장치(푸시다운 스택)를 극단적으로 사용하는 컴퓨터. ① 역 폴란드 기법을 사용한 산식(算式)의 연산 처리. ② 컴퓨터 제어를 서브루틴에 넘기고, 이것을 처리한 다음 제어를 다시 주루틴으로 되돌릴 때 리턴 어드레스나 서브루틴의 가 매개 변수, 로컬 변수, 작업 기억 영역 등을 순서적으로 스택에 푸시하고, LIFO 순으로 팝(pop)함으로써 서브루틴 처리를 원활하게 할 수 있다. ③ 구문 해석이나 프로그램의 컴파일링 등에 언어 처리 컴퓨터로서 사용할 수 있다는 등 스택 머신은 많은 용도에 편리하게 쓰인다.

stack pointer 스택 포인터 후입 선출(後入先出 : LIFO) 기억 장치에서 가장 새롭게 기억된 데이터의 항목을 유지하고 있는 기억 장소의 주소(address).

Stacktron 스택트론 →ceramic tube

stage 스테이지 ① 다단의 과정 중의 1단, 혹은 각 단에 사용되고 있는 장치를 가리킨다. 보통, 증폭기 분야에서 사용된다. →amplifier. ② 열전쌍(熱電雙) 또는 열적으로 병렬 결합하는 동시에 전기적으로 접속을 한 2개 이상의 열전쌍의 조(組).

→thermoelectric device

stagger 스태거 기록 행을 따라서 기록된 점의 주기적인 위치 오류.

stagger amplification 스태거 증폭(－增幅) 스태거 방식을 사용한 대역폭이 넓은 신호의 증폭.

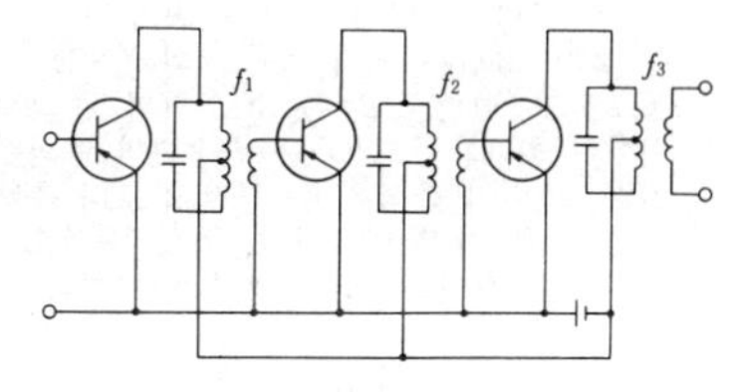

그림과 같이 동조 회로를 복수단 종속 접속하고 각 단의 동조 주파수를 조금씩 벗어나게 함으로써 광대역의 종합 특성을 갖게 하는 방식이다. 텔레비전의 중간 주파 증폭 회로에 응용되고 있다.

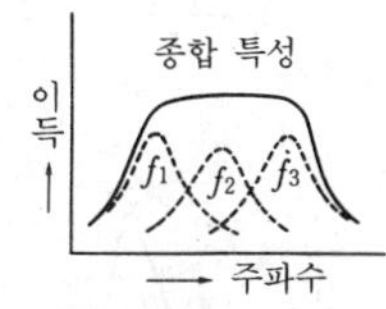

stagger circuit 스태거 회로(－回路) → stagger amplification

staggered-repetition-interval moving-target indicator 스태거형 이동 물표 표시기(－形移動物標表示器), 스태거형 이동 목표물 표시기(－形移動目標物表示器) 펄스 간의 시간 간격을 많이 갖는 이동 목표물 표시 장치. 시간 간격은 펄스마다 또는 주사(走査)마다 바꿀 수 있다.

staggering 스태거링 원단 누화가 있는 전송 선로에서 유도 회로의 방해파 스펙트럼에 대하여 피유도회로 수화 특성의 주파수 대역을 벗어나게 함으로써 누화를 감소시키는 것. 유도 회선의 주파수 스펙트럼을 반전(고·저 양 특성을 바꾸어 넣는다)함으로써 목적을 달성할 수 있는 경우도 있다. 이것을 반전(inversion)이라 한다.

staggering advantage 스태거 이득(－利得) 캐리어를 엇갈리게 배치함으로써 채널 간의 간섭을 억압하는 효과. 데시벨값으로 나타낸다.

stagger tuned amplifier 스태거 동조 증폭기(－同調增幅器) 좁은 입력 주파수 범위에서만 동작하도록 설계된 공진형 증폭기에서, 예를 들면 두 증폭단이 약간 다른 주파수 f_1, f_2에 공진하도록 함으로써 통과

대역에 걸쳐 거의 평탄한 응답 특성을 갖게 한 것.

stagger tuned frequency discriminator 스태거 동조(2 동조형) 주파수 판별기(－同調(二同調形)周波數判別器) 그림 (a)는 FM 입력을 이것에 대응하는 진폭 변조파로 변환하는 판별 회로인데, 변압기 T의 두 2차 권선은 각각 $f_c + \Delta f$와 $f_c - \Delta f$에 동조하고 있다. Δf는 FM 파의 주파수 편이의 최대값이고, f_c는 반송파의 주파수이다. 판별기 출력은 두 공진 회로의 출력 전압 차에 거의 비례하고, f_c를 중심으로 하여 직선적인 판별 특성이 얻어진다(그림 (b)참조).

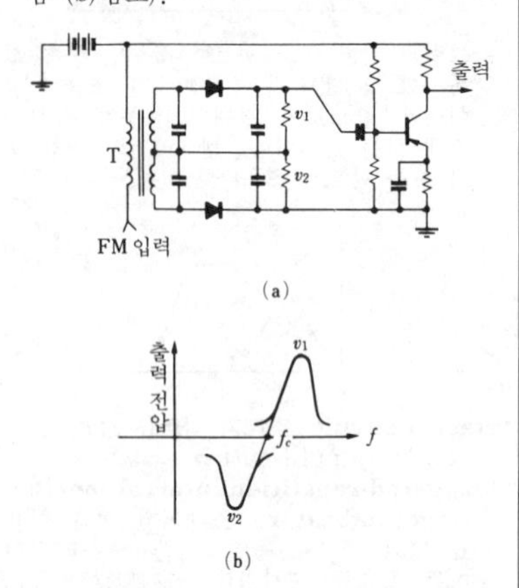

stagger tuning circuit 스태거 동조 회로(－同調回路) 비디오 중간 주파 증폭기와 같이 광대역의 진폭·주파수 응답 특성을 얻기 위해 각기 다른 두 주파수에 동조하여 동작하는 두 동조 회로를 나란히 배치하고, 전체로서의 응답 특성을 넓히는 것. 즉, 단일 동조 직결 증폭기를 복수 개 사용하여 그 중심 주파수를 약간 벗어나게 하여 광대역을 얻고 있다.

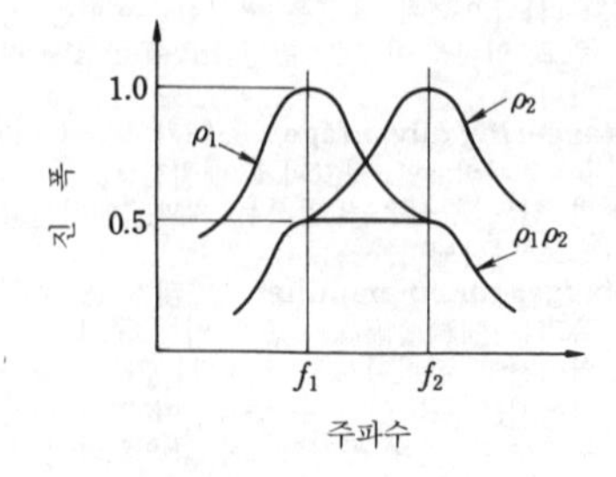

stairstep sweep 계단상 소인(階段狀掃引) 오실로스코프에서 같은 스텝으로 계단상의 전압을 주어 소인하는 것. 스크린 상의 휘점은 시간에 대해서 불연속적으로 왼쪽에서 오른쪽으로 장소를 이동한다.

STALO 스탈로, 안정 국부 발진기(安定局部發振器) stable local oscillator의 약어. 레이더 MIT에서 신호를 헤테로다인하여 중간 주파수로 변환하기 위해서 사용되는, 고도하게 안정화한 국부 발진기. 이동하는 타깃에 의해 반사되는 신호와 혼합하여 주파수가 미소하게 변화한 에코(반향)만이 출력으로서 발생한다.

stalpeth cable 스탈페스 케이블 통신용 케이블의 일종으로, 심선이 0.4mm 이상의 시내선에 사용한다. 구조는 심선 밖에 주름이 있는 알루미늄 테이프를 감고, 그 위에 주석 도금한 구리 테이프를 감아 폴리에틸렌(PE)을 외피로 한 것이다. 알루미늄의 테이프는 외부로부터의 유도를 방지하는 구실을 하고, 구리 테이프는 형의 보존과 흡습을 방지하는 구실을 한다.

stamper 스탬퍼 CD-ROM이나 CD 레코드를 만드는 도중에 CD의 금형이 되는 것을 스탬퍼라 한다. CD는 아르곤 레이저 등으로 유리판상의 감광 수지에 기록시키고, 은도금하여 머더반을 만든다. 머더에서 복수 매의 스탬퍼를 만들고, 디스크의 재료인 폴리카보네이트 수지를 고압력으로 스탬퍼에 대서 디스크를 만들고 알루미늄을 진공 증착해서 완성한다.

stand-alone inverter 자립형 인버터(自立形－) 인버터 분류에 있어서의 하나의 타입으로, 인버터의 교류측 전압 및 그 주파수가 인버터 자체의 구조나 회로 파라미터로 결정되는 것이며, 부하 기타에 의해 구속되지 않는 것. 교류 계통 종속형에 대비된다.

stand-alone mode 스탠드 알론 방식(－方式) 단말 장치가 중앙측과 연결되어 동작하는 방식에 대해서 단독 동작하는 방식을 스탠드 알론이라 한다. 단말 장치가 독립하여 1대에 모든 보조 장치가 접속되는 방식이다.

standard broadcasting 표준 방송(標準放送) 일반 공중에 의해 직접 수신되는 것을 목적으로 한, 주파수 525~1,609kHz의 라디오 방송. 보통 1방송당 10kHz의 주파수 대역폭이 할당되고 있다.

standard broadcasting channel 표준 방송 채널(標準放送－) 라디오 혹은 텔레비전 방송 등에서 사용되고 있는 표준의 채널로, 라디오인 경우는 AM 방송에서 MF 대역, 또 FM 방송에서는 VHF 대역 내에서, 또 텔레비전 방송에서는 VHF, UHF 및 SHF의 각 대역 내에 수 10 개의 채널이 할당되어 있다. 각 채널의 대역폭이나 인접 채널 간의 간격 등은 나라에 따라서 약간 다르다.

standard capacitor 표준 콘덴서(標準－) =standard condenser

standard cell 표준 전지(標準電池) 전위차계 등에서 전압의 표준에 사용되는 전지로, 웨스톤 표준 전지 또는 카드뮴 표준 전지라고도 한다. 그림과 같은 구조로 기전력은 20℃에서 01866V, 기전력의 온도계수는 4×10^{-5} 정도이다. 옆으로 뉘거나 진동은 금물이며, 직사 일광도 피하지 않으면 안 된다. 또, 꺼낼 수 있는 전류는 수 μA 정도이며, 단시간에 한정하지 않으면 안 된다.

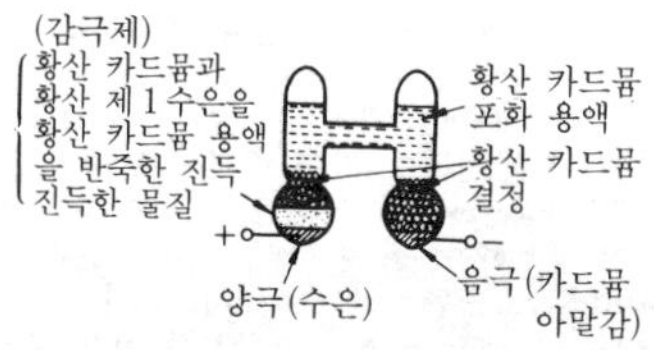

standard cell system 표준 셀 방식(標準－方式) 대규모 집적 회로를 설계·제작하는 경우에 어느 규모의 표준화된 논리 회로 블록(셀)이 이미 컴퓨터 라이브러리에 보존되어 있으며, 현재의 설계 목적에 맞는 것을 이 중에서 꺼내어 이것을 칩 상에 복수 개의 셀열로서 배치하고, 셀과 셀 사이의 채널(배선 공간)에 배선 길이가 가장 짧아지는 최적 배선을 하여 전체의 회로를 만들어 나가는 방식. 라이브러리에 보존되어 있는 셀의 종류가 풍부할수록 설계에 융통성이 생기고, 그만큼 칩의 최적 설계의 가능성도 커진다. 각 셀의 크기가 표준화되어 있지 않고 크기가 다른 것(혹은 작은 셀을 여러 개 조합시켜서 큰 블록으로 한 것)을 칩 상에 배치하고, 이들 사이를 컴퓨터 제어에 의해 최적 배선하는 빌딩 블록 방식도 있다.

standard coil for inductance 표준 유도기(標準誘導器) 자기 또는 상호 인덕턴스 측정의 표준으로서 사용되는 코일. 표준 인덕턴스라고도 한다. 고정형과 가변형이 있다.

standard condenser 표준 콘덴서(標準－) 측정 등에 사용하기 위해 유전손이 적고, 정전 용량의 값이 전압의 크기나 주파수에 의해 변화하지 않으며, 높은 내압을 갖도록 만든 콘덴서. 공기 콘덴서나 마이카 콘덴서가 사용된다. 용량을 다이얼형 스위치로 전환하는 가변형도 있다.

standard deviation 표준 편차(標準偏差) 같은 종류의 것이 다수 있고, 개개의 특성값의 불균일이 정규 분포에 따르는 경우에 불균일의 정도를 나타내는 값.

standard earth station 표준 지구국(標準地球局) 인텔새트가 정한 표준의 지구국으로, 위성과 지구국의 트래픽 용량이나 지역성, 시스템 전체의 경제성을 고려하여 제원을 정한 A, B, C, D, E, F, Z 등의 각 표준 지구국이 있다.

standard electrode 표준 전극(標準電極) 표준의 기전력을 발생하는 전극. 전극 전위는 보통, 수소 전극을 기준으로 하여 이에 대한 전압으로 주어진다. 그러나 실제는 더 간단한 칼로멜(calomel) 전극을 표준 전극으로서 사용하는 경우가 많다.

standard electrode potential 표준 전극 전위(標準電極電位) 전해질과 접촉하고 있는 전극의 전위로, 전극 전위를 측정하는 경우에 그 기준 전위를 제공하는 전극이 갖는 평형 전위이다.

standard frequency and time signal transmissions 표준 전파(標準電波) 주파수의 표준으로서 일반적으로 이용할 수 있도록 매우 정확한 반송 주파수(오차는 $\pm5\times10^{-9}$ 이내)로 발사되고 있는 전파. 보통 여기에 시각과 시간을 나타내는 시보(時報) 신호를 겹치거나, 또는 표준 음성 신호 주파수의 변조를 한다든지, 전파 경보를 싣는다든지 하기도 한다.

standard-frequency time 표준 주파수 신호(標準周波數信號) 주파수 표준을 주기 위해 표준 유지 기관에 의해 방사되는 정확하고 안정한 주파수의 신호 전파. 미국에서는 표준국(NBS)의 WWV 국에 의해서 각시(刻時) 신호와 함께 시간을 정하여 2.5, 5, 10, 15, 20, 25, 30 및 35 MHz 의 신호가 발사되고 있다. 무선 기기의 교정이나 시험에 이용된다. 일본에서는 전파 연구소의 JJY 가 40kHz, 2.5, 5, 10, 15MHz 의 전파를 발사하고 있다.

standard inductance 표준 인덕턴스(標準－) 측정 등에 사용하기 위해 인덕턴스가 전류의 크기나 주파수에 관계없이 일정하게 되도록 만든 코일. 가변형으로 할 때는

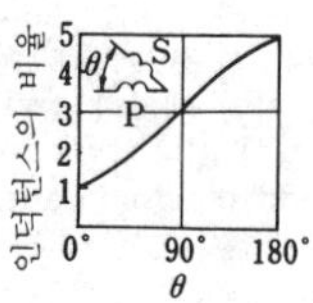

그림과 같은 브룩스형이 일반적이다.

standard microphone 표준 마이크로폰(標準－) 마이크로폰이나 스피커의 특성 측정에 기준으로서 사용되는 마이크로폰으로, 특별히 설계한 콘덴서 마이크로폰을 사용한다. 진동판, 전극, 함체는 티탄을 사용하고, 절연물에는 광학 유리를 사용하고 있으며, 온도 변화나 경년 변화가 적고 주파수 특성이 매우 양호하다.

standard noise temperature 표준 잡음 온도(標準雜音溫度) 잡음 지수를 구하기 위해 신호 전송 회로에 대하여 행하는 계산 중에서 쓰이는 온도로 290K 를 쓴다.

standard number 표준수(標準數) 기기를 설계하는 경우에 부품의 규격값을 표준화할 목적으로 선정된 것으로, R 표준수와 E 표준수의 두 가지가 있다.

standard propagation 표준 전파(標準傳播) 표준 대기 내에서 고른 전기 상수를 갖는 평활 구면(平滑球面) 대지상의 전파.

standard receiving antenna 표준 수신 안테나(標準受信－) 수신기의 성능을 시험하기 위해 사용하는 안테나. 중파 표준 방송용의 것은 지상 높이 8m, 수평부의 길이 12m 의 역 L 형으로 정해지고, 이것과 같은 전기 상수를 가진 회로가 의사 안테나이며, 이 경우는 $L_a=14\mu H$, $R_a=50\ \Omega$, $C_a=150pF$ 이다. 전파(全波) 수신기용의 것은 그림과 같다.

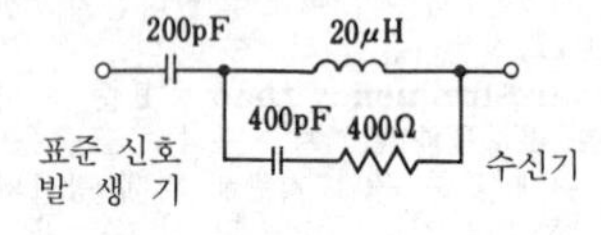

standard resistor 표준 저항기(標準抵抗器) 측정 등에 저항값의 표준으로서 사용하는 저항기로, 저항값이 안정하고 저항의 온도 계수가 작으며, 구리에 대한 열기전력이 작은 것이 요구되며, 보통 망간선이 사용된다. 저항을 다이얼형 스위치로 전환하는 가변형도 있다.

standard ship earth station 표준 선박 지구국(標準船舶地球局) 해사용 위성과 통신하는 선박에서 사용되는 지구국으로, 선박 내 설비와 레이돔(radome)에 보호된 선상 설비로 이루어진다. 선박이라는 특수 환경이기 때문에 지구국에 비해 여러 가지 제약이 있다. A, B, C 등의 표준형이 있다.

standard signal generator 표준 신호 발생기(標準信號發生器) ＝SSG →signal generator

standard test block 표준 시험편(標準試驗片) 초음파 탐상기의 감도를 표준화하여 브라운관의 거리 눈금 교정에 사용하는 시험편. 알루미늄이나 연강(軟鐵) 등의 금속을 필요한 치수의 원기둥 모양 또는 장방형으로 정밀 마무리하고, 반사 목표의 가는 구멍을 규정의 거리로 뚫려 있다.

standard voltage generator 표준 전압 발생기(標準電壓發生器) 계기의 교정용 전원으로서 매우 정확한 전압을 4~6 자리의 10 진 다이얼로 자유롭게 선택 출력시킬 수 있는 것. 전압의 기준에는 제너 다이오드를 사용하고, 분압기에는 저항 분압 방식, D-A 변환기 방식, 펄스폭 변조 방식 등이 쓰인다. 그 중에서 펄스폭 변조 방식은 매우 정확 안정한 출력 전압이 얻어진다.

standard wave 표준 전파(標準電波) 정확한 주파수 및 시간의 표준을 알리기 위한 전파. 표준 전파는 무선기의 교정용으로서 매우 정밀한 반송 주파수로 정확한 시간 간격(초 신호) 및 표준 시각을 일반에게 통보하는 것.

standby 스탠바이 ① 예비, 비축, 대역의 뜻. ② 어느 장치가 고장으로 사용 불능으로 되었을 때 대신 사용되는 예비의 장치.

standby time 대기 시간(待機時間) ① 장치가 사용 가능 상태로 세트업되고부터 그것이 실제로 사용되기까지의 시간. ② 어느 장치가 사용 가능 상태로 대기하고 있는 기간.

standing wave 정재파(定在波), 정상파(定常波) 반사가 있는 선로상에서의 전압, 전류는 입사파와 반사파의 합성한 파가 된다. 이 입사파와 반사파의 위상이 적당한 경우 선로상의 일정한 장소에 전압, 전류의 극대값, 극소값이 나타난다. 이것을 정재파라 하고, 극대값을 복(腹), 극소값을 절(節)이라 한다. 복과 절은 반사단으로부터의 거리가 λ/4 변화할 때마다 교대로 나타난다. 선로의 종단을 개방한 채로 두면 전압의 파복(波腹)이 되는 시간의 경과와 함께 진동 파형은 1→2→3→4→5 의 파형이 된다. b, d 점은 파절(波節)로 전압은 나타나지 않는다.

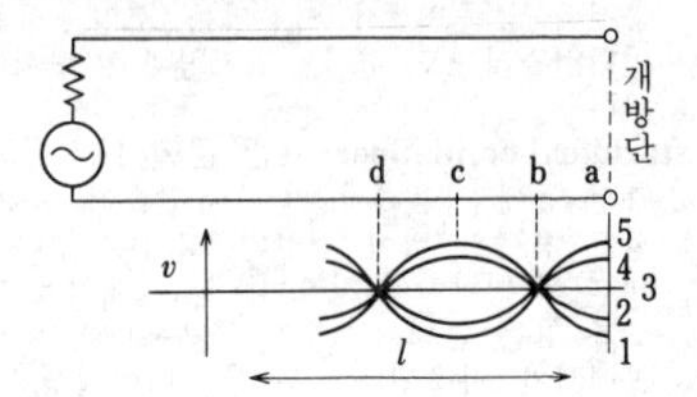

standing wave antenna 정재파 안테나(定在波－) 개방단(開放端)이 있는 송신 안테나에서는 송신기로부터 온 전류는 정재파가 된다. 이것은 개방단에서 반사한 반사파와 진행파가 합성되기 때문이다. 또, 전류는 안테나 입력단에서 최대, 개방단에서 0으로 된다. 정재파 안테나의 지향성은 양방향성으로 많은 루프가 생긴다. 정재파 안테나는 고조파 안테나라고도 한다. 이와 대조적인 것이 진행파 안테나이다.

standing wave detector 정재파 측정기(定在波測定器) 도파관 내에서의 전자파의 정재파를 측정하는 장치. 보통, 방형 도파관에서의 전자파의 모드는 H_{01}파를 사용하므로 정재파를 측정하려면 도파관 상면의 관벽에 광축을 따라서 가는 슬릿을 뚫고, 탐침, 동축 공진 회로, 검파기를 부착한 지지대를 씌워서 탐침을 슬릿에서 꽂아 넣고, 슬릿을 따라 이동시켜 그 때마다 검파기 출력을 읽어서 전계의 분포 상태를 살펴 정재파의 존재나 정재파비를 측정하는 것이다.

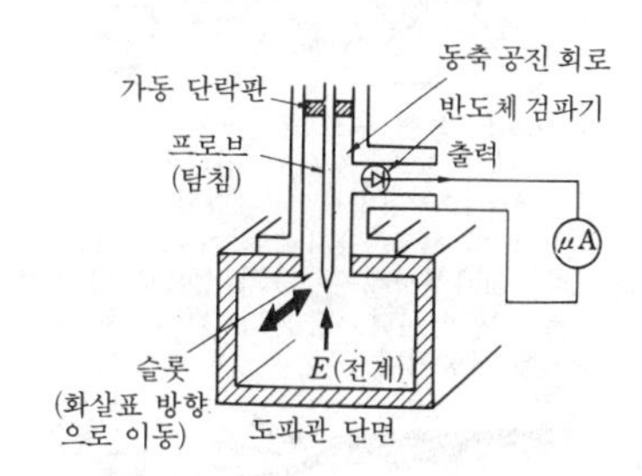

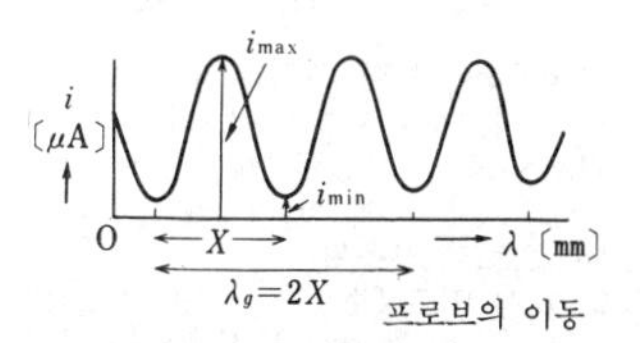

i_{max} : 전류계의 최대 지시값
i_{min} : 최소 지시값

$$정재파\ 비\ \rho=\frac{V_{max}}{V_{min}}=\sqrt{\frac{i_{max}}{i_{min}}}$$

(검파기가 자승 특성일 때)

전류 최소점에서 다음의 최소점까지의 2배가 관 내 파장 λ_g

standing wave loss factor 정재파 손실 계수(定在波損失係數) 정합되고 있지 않은 도파관에서의 전송 손실과 도파관이 정합하고 있는 경우의 전송 손실과의 비.

standing wave measuring instrument 정재파 측정기(定在波測定器) 전송 선로 또는 도파관 내의 정재파 측정과 정재파비의 계산을 위해 사용되는 전기적 측정 장치. 검출 소자는 볼로미터, 열전쌍 등을 사용하고, 이것을 선로를 따라서 이동하면서 미터의 지시를 보고, 그 최대값, 최소값을 주는 위치가 정재파의 파복(波腹)과 파절(波節)을 줌으로써 정재파비의 계산을 할 수 있다. 그림은 방향성 결합기에 의한 정재파의 측정법을 나타낸 것이다.

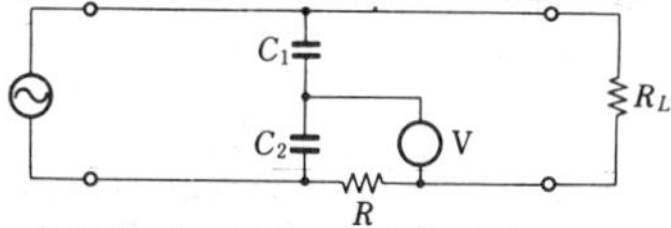

그림에서 C_1, C_2는 콘덴서 분압기, R은 측정용 직렬 저항으로

$$\frac{C_1}{C_2}=\frac{R}{Z_C},\quad C_1 \ll C_2$$

를 만족하도록 파라미터를 선정한다. 전압계 V의 읽기는 반사파 E_r에 비례한 값을 준다는 것을 알 수 있다. 다음에 R을 그림과 반대로 전원에 가까운 쪽에 두고 측정하면 입사파 E_i에 비례한 값이 얻어진다. 이들 두 측정값에서 정재파비가 계산된다.

standing wave ratio 정재파비(定在波比) 전송 선로상에 발생하고 있는 정재파의 크기를 나타내는 것으로, 정재파의 최대값과 최소값의 비로 구한다. 전압 정재파비와 전류 정재파비가 있으며, 각각 약해서 VSWR, CSWR이라 한다. 전압 정재파비를 S_v, 전류 정재파비를 S_c로 하면 반사 계수가 $\dot{m}$일 때

$$S_v=S_c=\frac{1+|\dot{m}|}{1-|\dot{m}|}$$

으로 되어 S_v, S_c는 1～∞의 범위의 값이 되지만 1에 가까울수록 정합 상태가 좋다. ＝SWR

standing wave ratio meter 정재파비계(定在波比計) 정재파비를 측정하는 측정기. 동축 케이블의 마이크로파 전력의 측정에 쓰이는 C-M 형 전력계나, 방향성 결합기를 사용한 도파관의 전력 측정 장치는 모두 2개의 지시계를 사용하는데, 하나는 입사파 전력을, 또 다른 하나는 반사파 전력을 지시한다. 따라서, 이들을 조

합시켜서 정재파비를 눈금 매겨 두면 정재파비계로서 사용할 수 있다.

stand-off 스탠드오프 패키지를 기판에 꾸며 넣을 때 기판과 패키지 밑면이 일정한 간격으로 유지되도록 패키지 밑 부분 근본을 폭넓게 한 것을 사용하는 격리 구조.

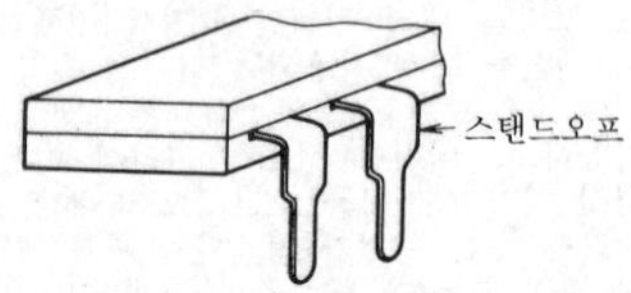

stand-off ratio 개방 전압비(開放電壓比) 더블 베이스 다이오드에서 베이스 B_1-B_2 간의 베이스 저항 및 B_1-B_2 간에 가해진 전압이 이미터에 의해 양측에 분할되는 분압비를 개방 전압비라 하고, 더블 베이스 다이오드의 특성을 나타낸다.

star-configuration message switching system 성형 메시지 교환 방식(星形－交換方式) 단일의 중앙 스위칭 컴퓨터(스위치 기능을 하는 컴퓨터)를 사용한 메시지 교환 방식. 모든 단말 장치가 중앙의 컴퓨터에서 방사상(放射狀)으로 접속되어 있다. 가장 보편적으로 쓰이는 방식이지만, 중앙의 컴퓨터는 통신망에 있어서의 링크로서는 신뢰성이 적으며, 컴퓨터의 고장은 통신망 전체의 고장과 연결되는 외에 광범한 지역에 걸쳐서 산재하는 이용자에 대해 중앙의 스위칭 컴퓨터의 존재는 통신로를 쓸 데 없이 길게 하는 등의 결점도 있다.

star connection 성형 결선(星形結線), Y결선(－結線) 크기가 같고, 위상차가 120°씩 다른 세 전원을 그림 (a)와 같이 결선하여 3상 전원을 만들고, 또는 같은 세 임피던스를 그림 (b)와 같이 결선하여 3상 부하로 하는 방법으로, O의 중성점을 말한다. 어느 경우나 다음의 관계가 성립한다.

$$V_l=\sqrt{3}V_p,\ I_l=I_p$$

여기서, V_l : 선간 전압, V_p : 상전압(相電壓), I_l : 선전류, I_p : 상전류. 불평형인 경우는 이 식은 쓸 수 없다.

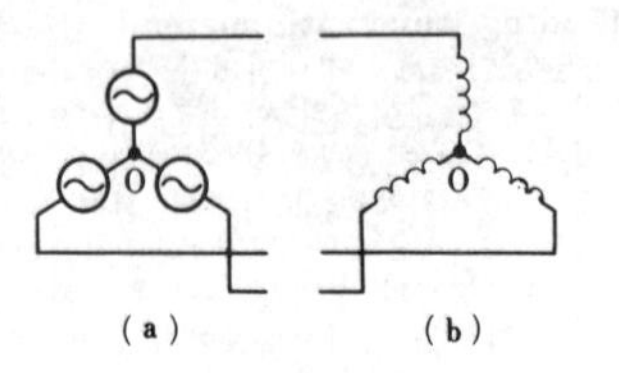

star coupler 스타 커플러 광섬유의 한 줄 또는 여러 줄의 입력 도파로로부터의 전력을 다수의 출력 도파로에 분배하는 수동 소자. 특히 3개의 포트를 접속하는 수동 결합 소자를 티커플러(tee-coupler)라 한다.

star-delta transformation Y-Δ 변환(－變換) 그림과 같이 성형 결선(Y 결선)을 이것을 등가인 3각 결선(Δ결선)으로 변환하는 방법으로, 다음 식의 관계가 있다.

$$\dot{Z}_{ab}=\frac{\dot{Z}_a\dot{Z}_b+\dot{Z}_b\dot{Z}_c+\dot{Z}_c\dot{Z}_a}{\dot{Z}_c}$$

$$\dot{Z}_{bc}=\frac{\dot{Z}_a\dot{Z}_b+\dot{Z}_b\dot{Z}_c+\dot{Z}_c\dot{Z}_a}{\dot{Z}_a}$$

$$\dot{Z}_{ca}=\frac{\dot{Z}_a\dot{Z}_b+\dot{Z}_b\dot{Z}_c+\dot{Z}_c\dot{Z}_a}{\dot{Z}_b}$$

$\dot{Z}_a=\dot{Z}_b=\dot{Z}_c=Z$ 이면

$$\dot{Z}_{ab}=\dot{Z}_{bc}=\dot{Z}_{ca}=3Z$$

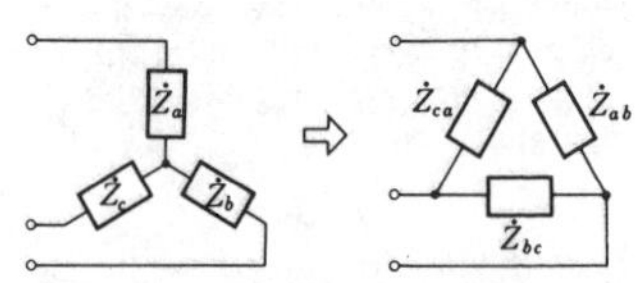

star quad 성형 쿼드(星形－) 네 줄의 선을 묶어서 꼬은 것으로 임의의 단면에서 심선이 거의 정방형의 정점에 있도록 한다. 이 네 줄을 단위로 하여 성형 쿼드라 한다. 대각선상의 두 줄의 선으로 각각 통화로를 형성한다. 누화가 적으므로 반송 통신에 사용된다.

star quad cable 성형 케이블(星形－) 성형 쿼드를 여러 개 수용한 케이블. 이 방식은 DM쿼드를 사용한 케이블에 비해 케이블 단면적을 작게 할 수 있으므로 반송 통신용으로서 사용된다.

start bit 개시 비트(開始－), 시동 비트(始動－) 비동기 전송 방식을 사용하는 회선에 있어서 직렬로 송신되는 캐릭터의 최초에 붙이는 비트이며, 캐릭터 송신의 개시를 (수단에게) 알리는 것.

start-dialling signal 송신 승인 신호(送信承認信號) =proceed-to-send signal

start element 스타트 엘리먼트, 스타트 비트 시작-정지 전송 시스템에서 수신 장치를 문자 정보의 수신 상태로 하기 위해 보내는, 각 문자 정보의 선두 요소. 스타트 비트는 각 문자 정보 사이에 전송되는 신

호이다.

starter 시동기(始動器) 전동기를 시동시킬 때 전원 전압을 갑자기 가하면 큰 시동 전류가 흘러서 전동기를 손상시키거나 전원에 악영향을 주거나 한다. 이것을 방지하기 위해 시동시에 저항을 넣고, 그 값을 전류에 따라서 조정하는 장치가 시동기이며, 무전압 계전기, 과부하 계전기 등을 조합시킨 것도 있다.

starter gap 스타터 갭 냉음극 가스 봉입 방전관에서의 시동 전극과 다른 전극 사이의 전류 통로. 시동 전압이 주어짐으로써 이 곳이 먼저 통전한다. 시동 완료 후는 이 갭에서의 전압 강하는 작아진다.

starting compensator 시동 보상기(始動補償器) 대용량의 농형 유도 전동기나 동기 전동기를 시동시키는 경우에 사용하는 단권 변압기. 전동기에 정격 전압을 갑자기 가하지 않고 정격 전압의 50~60% 정도의 낮은 전압을 가하여 시동시키고, 점차 전압을 높여서 정격 전압을 가하도록 하는 것이다.

starting electrode 시동 전극(始動電極) ① 가스 봉입 방전관에서, 통전을 개시하기 위해 사용되는 보조 전극. ② 냉음극 방전관에서, 음극점을 만들기 위해 사용되는 점호극(點弧極). 보통 시동 코일에 의해 전극을 수은에 접촉시키고, 통전하면서 분리함으로써 음극점을 만든다.

start signal 스타트 신호(-信號) ① 수신 장치를 문자 정보의 수신 상태, 또는 기능의 제어 가능 상태로 하기 위해 보내는 신호. ② 팩시밀리 장치를 대기 상태에서 동작 상태로 천이시키는 제어 신호. →facsimile signal. ③ 주파수를 조합시킨 푸시버튼 신호, 다이얼 펄스 신호 방식에서 번호를 나타내는 모든 자리가 송출된 것을 나타내기 위해 사용되는 신호.

start-stop distortion 조보 일그러짐(調步-) 조보식 인쇄 전신에서 시동 부호에 선행하는 유의(有意) 순간을 원점으로 하여 그에 이어지는 각 유의 순간까지의 시간 길이와 각각의 이론적 시간 길이와의 차이 중 최대의 것을 단위 시간 길이의 백분율로 나타낸 것.

start-stop synchronism 조보 동기(調步同期) →synchronous communication

start-stop system 조보식(調步式) 데이터 전송에서 캐릭터(문자)에 상당하는 각 부호 요소군을 보내기에 앞서 캐릭터를 수신, 기록할 수신 장치를 준비하기 위한 시동 부호를 먼저 송신하고, 송신이 끝나면 그에 이어 정지 부호를 보내서 수신 기구를 휴지 상태로 되돌리고 다음의 수신에 대비하도록 한 방식.

state assignment 상태 할당(狀態割當) 시퀀스 회로가 갖는 몇 가지 안정 상태에 대해서 실제 장치의 기억 요소의 상태(논리값 0.1 의 조합으로 표현된 것)를 할당하는 것.

state equation 상태 방정식(狀態方程式) 어느 계의 상태량에 관한 방정식을 말한다. 현대 제어 이론이나 정보 이론 등에서 쓰인다. 예를 들면, 서비스를 받는 측과 서비스를 제공하는 설비와의 상호간의 상태는 서비스를 받는 측의 도착의 시간적 분포나, 서비스측의 처리 시간 등에 따라 변화한다. 이들의 관계를 정량화한 대기 이론인 얼랑의 방정식은 그 대표적인 것이다.

state feedback 상태 피드백(狀態) 현대 제어 이론에서 옵저버를 포함한 피드백계를 말한다.

statement 스테이트먼트, 문(文), 문장(文章) 컴퓨터 프로그램을 구성하는 개개의 일반화한 명령 혹은 의미가 있는 표현을 말한다. ① Pascal 에서는 ;으로 끊은 몇 개의 문이 begin 과 end 사이에서 프로그램의 액션부를 형성하고 있다. 액션부 앞에 선언부를 붙인 것을 블록이라 하며, 프로그램은 하나 또는 복수 개의 블록으로 만들어진다. →block, declaration. ② C 스테이트먼트는 일련의 명령을 실행하기 위해 함수의 본체 부분에 두어진다. 계산과 논리 연산은 식 중에서 행하여지나, 이와 같은 식은 스테이트먼트로서, 혹은 반복문이나 조건문에서의 조건식으로서 쓰인다. 복합문은 몇 개의 단순한 문이 하나로 된 것으로 { }으로 감싸여서 하나의 유닛으로서 다루어진다. 선언문을 포함하는 경우도 있다. 조건문, 반복문, switch 문, break 문(루프로부터의 exit), return 문(서브루틴으로부터의 exit), continue 문(다음 루프 반복을 개시), goto 문, null 문(아무 일도 하지 않는다) 등이 있다. →function

statement-oriented language 문장 중심 언어(文章中心言語) 문장(명령문)을 프로그램의 구성 요소로 하는 언어. 예를 들면 FORTRAN, COBOL, Pascal, Ada 등이며, 명령 언어라고도 한다. LISP 와 같은 함수 중심 언어, Smalltalk 와 같은 목적 중심 언어와 구별된다. =imperative language

state transition diagram 상태 천이도(狀態遷移圖) 논리 회로나 시퀀스 제어 회로에서 입력의 변화에 따라 출력이 어느 상태에서 다음 상태로 변화해 가는 상황을 그림으로 나타낸 것. 표로 표시했을 때는 상태 천이표라 한다.

static calibration 정고정(靜較正) 측정 장치를 주어진 실내 조건에 있어서 가속도, 진동, 충격 등을 가하지 않은 상태에서 실시한 교정.

static characteristic 정특성(靜特性) 트랜지스터에 부하를 접속하지 않고 직접 직류, 전압을 가했을 때의 각 전극의 전압, 전류 사이의 관계를 말하며, 이것을 도형으로 나타낸 정특성 곡선이 널리 쓰인다. 트랜지스터에서는 컬렉터-이미터간 전압 V_{CE}, 베이스-이미터간 전압 V_{BE}, 컬렉터 전류 I_C, 베이스 전류 I_B 상호의 관계에 따라 I_B-I_C특성, V_{CE}-I_C특성, V_{BE}-I_B특성 등이 널리 쓰인다.

static control 정적 제어(靜的制御) 플립플롭의 제어법의 하나로, 입력단에서의 논리 입력 레벨에 의해서 출력이 정해지는 제어법. 정적 제어 입력만을 갖는 플립플롭으로서 직접 R-S플립플롭이 있다.

static convergence 스태틱 컨버전스, 정컨버전스(靜-) 컬러 텔레비전에서 3개의 전자총에서 나온 전자 빔을 섀도 마스크의 같은 구멍에 집중시켜 인접한 3색의 형광체에 닿도록 하는 것. 이 조정은 청(靑) 전자총에 붙인 자극(磁極)의 세기를 외부의 자계로 바꾸어서 빔의 방향을 적과 녹이 일치하고 있는 곳으로 옮기는 방법으로 수행된다.

static converter 정지형 변환 장치(靜止形變換裝置) 회전기를 쓰지 않고 전원의 종별을 변환하는 장치라는 뜻으로, 일반적으로 실리콘 정류기나 사이리스터를 사용한다. 통상의 정류 장치(AC→DC) 외에 역변환 장치(DC→AC)나 주파수 변환기, DC-DC컨버터 등이 있다. 최근의 변환 장치는 특히 정지형이라고 지적하지 않더라도 이 방식을 가리킨다.

static coupling 정전 결합(靜電結合) 정전 용량 결합에 의해 외부 고전압이 생각하고 있는 회로에 유기되는 것. 대부분의 경우 이것은 방해 전압이다.

static data structure 스태틱 데이터 구조(-構造), 정적 데이터 구조(靜的-構造) 배열이라든가 레코드와 같은 데이터 구조로, 컴파일링할 때 선언문에 의해 기억 영역이 할당된 것. 동적 데이터 구조의 반대어.

static dump 스태틱 덤프, 정적 덤프(靜的-) 컴퓨터의 런(run)에 관하여 시간적으로 어떤 정해진 시점에서 행하여지는 기억 장치 내용의 덤프 작용(인쇄 출력 동작)을 말한다. 보통 런이 종료한 시점에서 이루어진다. 다이내믹 덤프의 반대어.

static electricity 정전기(靜電氣) 부도체상에 두어진 전하와 같이 거의 이동하지 않는 전하. 대전(帶電)하지 않은 도체가 전계 중에 두어지면 도체 표면에서 전하의 분리가 이루어져, 음·양이 같은 양의 전하가 유기된다(유도 대전). 부도체가 전계 중에 두어지면 내부에 전기 다이폴이 유기된다(유도 분극). 또, 정전기는 마찰에 의하거나 정전 유도에 의하거나, 혹은 적당한 기전 장치를 써서 발생시킬 수 있다. 사포의 제조, 전기 식모(植毛), 전기 집진, 정전 도장(塗裝) 등은 정전기의 응용 분야의 일례이다.

static frequency changer 정지 주파수 변환 장치(靜止周波數變換裝置) 사이리스터, 트랜지스터 등의 고체 소자나 전자관 등을 써서 주파수를 변환하는 장치. 사이클로컨버터나, 정류기 인버터 세트 등이 그 예이다.

static induction 정전 유도(靜電誘導) 대전체(帶電體) 가까이에 도체 또는 유전체를 두면, 이 두 물체간의 정전 용량을 통해서 도체나 유전체 표면에 전하가 생긴다. 이와 같이 어느 물체의 전하가 다른 물체에 대해서 유도속(誘導束)을 일으키는 현상. 이 때 대전체에 가까운 도체 표면에는 대전체의 전하와 반대의 전하가 나타나고, 먼쪽에는 같은 종류의 전하가 나타난다.

static induction transistor 정전 유도형 트랜지스터(靜電誘導形-) 드레인과 소스간에 생기는 산 모양의 전위 장벽을 게이트 전계로 제어하도록 한 트랜지스터. 고속 전력용 디바이스로서 적합하다. = SIT

staticize 정지화(靜止化), 고정화(固定化) ① 시간적으로 직렬인 상태로 표현되고 있는 데이터를 이것에 대응하는 공간적으로 동시에 존재하는 상태로 표현하도록 변환하는 것. ② 엄밀하지는 않지만 컴퓨터 명령의 실행에 앞서 기억 장치에서 명령과 그 오퍼랜드를 꺼내는 의미로 쓰이기도 한다.

staticizer 스태티사이저, 정지화 기구(靜止化機構) 시간적으로 직렬의 정보를 정적 병렬 정보로 변환하는 기억 디바이스.

static load line 직류 부하선(直流負荷線) =DC load line

static logic 스태틱 로직 MOS게이트에서 보통의 바이폴러 IC 게이트와 같은 정적인 동작을 할 수 있는 경우를 뜻하는 용어. 그림은 인버터인데, 풀 업 저항으로 동작하고 있는 Q_2의 온 저항은 Q_1의 그것의 20 배 정도나 되며, 온 시간이 길면 Q_2의 손실이 크다. 또, 출력의 부유 용량을 충전하기 때문에 동작 속도가 길어진다. MOS 는 교류 동작에서 성능을 발휘한다.

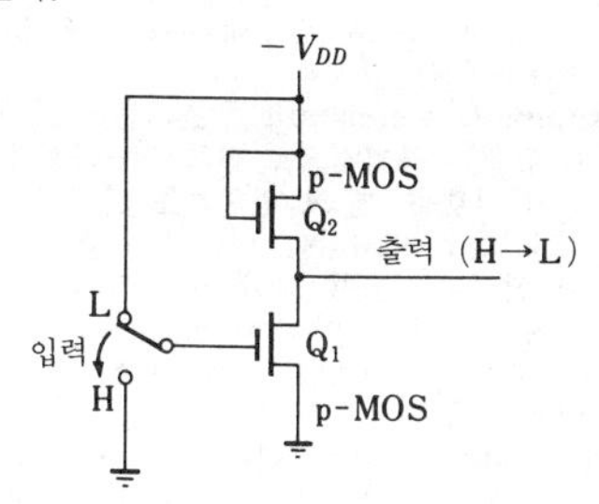

static memory 정적 기억 장치(靜的記憶裝置) ① 기계적인 가동 부분을 갖지 않은, 혹은 공간적으로 고정되어 있고 언제라도 그곳에 접근할 수 있는 기억 장치. ② 고정 정보를 가지고 있으며, 시간적으로 내용이 변화하지 않는 기억 장치. =static storage →dynamic memory

static RAM 스태틱 RAM 컴퓨터에 사용되는 RAM 의 일종으로, 기록된 데이터는 플립플롭 회로에 의해 전원이 공급되어 있는 한 외부로부터 아무런 조작을 하지 않더라도 유지하고 있는 것. 전원의 공급이 정지되면 기억되어 있는 데이터는 소실된다. =SRAM

static random access memory 스태틱 RAM =static RAM

static refresh 정적 리프레시(靜的－) 중앙의 처리 컴퓨터 내에서가 아니고, 원격의 인텔리전트 단말에 잠정적으로 축적된 데이터를 거기서 처리하는 방법. 데이터는 원격 단말과 중앙 컴퓨터 사이에서 주고 받을 필요가 없기 때문에 데이터의 편집을 신속하게 할 수 있다.

static register 정지 레지스터(靜止－) 컴퓨터에서의 레지스터의 일종으로, 정보가 공간적으로 고정되어 있고, 비트마다 병렬로 추출되는 방식의 것을 말한다.

static regulation 정적 변동률(靜的變動率) 어느 정상 상태에서 다른 정상 상태로의 변화를 최종 정상 상태에 대한 백분율로서 나타낸 것.

static relay 무접점 계전기(無接點繼電器) 계전기의 신호 전류에 의해 제어되는 주회로의 단속 조작을 접점의 개폐에 의하지 않는 방법으로 수행시키는 것. 일반적으로 트랜지스터의 ON-OFF 전환을 쓰는 것이 많다.

static satellite 정지 위성(靜止衛星) 인공위성을 적도상 35,800km 의 고도로 쏘아올리면 주기가 지구의 자전 주기와 같게 되므로 지구상으로부터는 정지하고 있는 듯이 보인다. 이것을 정지 위성 또는 고고도 위성이라 하고, 적도상에 등간격으로 3 개 쏘아올리면 거의 전 세계의 위성 통신에 이용할 수 있으므로 통신 위성으로서는 가장 경제적인 방법이다. 현재 인텔새트나 인마새트 등이 운용되고 있다.

static storage 정적 기억 장치(靜的記憶裝置) =static memory

static switch 정지 스위치(靜止－) 반도체, 자성체 등의 성질에 그 개폐 기능을 의존하는 스위치로, 가동 접점은 갖지 않는 것.

station 스테이션 일정한 기능을 갖는 장치나, 사람이 배치되는 특정한 위치나 건물 등.

stationary battery 거치 축전지(据置蓄電池) 영구히 이동시키지 않고 사용하는 것을 고려하여 설계된 축전지. →battery

statistical (dynamic) multiplexing 통계적 다중화(統計的多重化) 동기 다중 방식(STDM)에 있어서는 공유 채널 상에서의 주파수 대역 또는 시간 프레임은 미리 정해진 수의 입력 채널에 대하여(트래픽과는 관계없이) 일정한 방법으로 항상적으로 할당된다. 이에 대하여 통계적 다중화에서는 공유 채널은 입력 그룹 중 몇 개의 채널에 대해서만 그 디맨드에 따라서 다이내믹하게 할당된다. 따라서 다중화와 함께 집선(集線) 개념도 가미하여 공유선 상의 트래픽의 평활화를 의도하고 있다. 입력 채널이 공유 채널에 접근할 수 있는 확률은 그 디맨드와 함께 다이내믹하게 변화한다.

status 스테이터스 중앙 처리 장치(CPU)나 주변 장치의 동작 상태를 말한다. 보통 CPU 나 주변 장치에는 스테이터스를 나타내기 위한 비트나 레지스터가 있으며, 프로그램에 의해 이용할 수 있다.

STDM 동기 시분할 다중 방식(同期時分割多重方式) synchronous time-division multiplexing system 의 약어. 입회선(入回線)을 사이클릭하게 주사함으로써 동일한 동기 통신 회선을 시분할적으로 사용하는 통신 방식으로, 몇 개의 비트(또는 캐릭터)를 데이터 블록에서 분리하여 이것을 단일의 고 데이터 흐름의 프레임 속에 넣어 전송한다. 보통 STDM 은 음성급의 회선상을 4,800, 7,200의 속도로 동작(주파수 분할 다중식의 2,000bps 속도보다 빠르다)하는데, 다만 STDM 에서는 포맷이 고정된 데이터 프레임에서의 타임 슬롯이(보내야 할 데이터가 없기 때문에) 사용되는 일 없이 낭비되고 마는 경우가 많아 회선의 사용 효율이 매우 낮다. 데이터 프레임 내의 타임 슬롯을 현재 사용 중인 이용자에 대해서만 기동적으로 할당함으로써 위와 같이 낭비해 버리는 타임 슬롯의 비율을 적게 하여 회선의 사용 효율을 높여 처리율을 높일 수 있다. 이것이 비동기 시분할 다중 방식(ATDM)이다.

steady state 정상 상태(定常狀態) 어떤 계(系)나 회로 또는 그 구성 요소로의 입력이 어느 일정값을 취했을 때 그에 대하여 계나 회로, 또는 요소가 궁극적으로 취하는 정상적인 상태를 말한다.

steady-state characteristic 정상 특성(定常特性) 입력 신호에 대한 출력 신호가 과도 상태를 거친 다음 정상 상태로 되었을 때의 특성.

steady-state deviation 정상 편차(定常偏差) 피드백 제어계에서, 정상 상태에서의 오차. 즉 입력을 일정값으로 하고, 충분히 시간이 경과한 다음 출력의 이상적 상태로부터의 벗어남. 피드백 제어계의 평가에 사용한다.

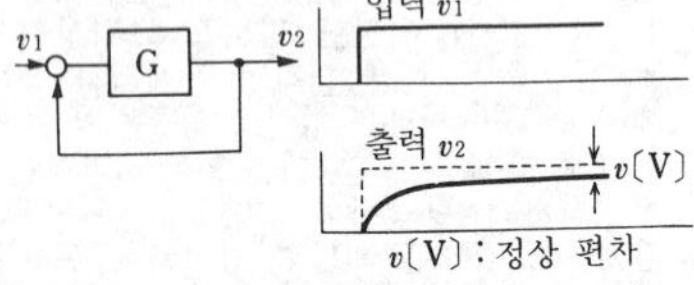

steady-state mode distribution 정상 모드 분포(定常-分布) 긴 다(多) 모드 광섬유에 있어서 빛의 입사 여진시의 모드 분포가 아니고, 정상 전파 상태에서의 모드 손실과 모드 간 결합에 의해 정해지는 모드 분포.

steatite porcelain 스테어타이트 자기(-瓷器) 산화 마그네슘(MgO)을 주성분으로 하는 자기로, 활석을 원료로 하기 때문에 활석 자기라고도 한다. 제품은 치수 정도(精度)가 좋고, 고주파에서의 유전손이 작다는 등의 특징이 있어 전자관이나 동축 케이블의 절연 부분 등에 쓰인다.

steel guitar 스틸 기타 →electric guitar

steepest ascent or descent method 최대 경사법(最大傾斜法) 시스템의 최적화를 구하는 수법의 하나. 등산법에서는 다변수를 구하므로 손이 많이 가서 비효율적이지만 이 방법은 목적 함수 증가의 경사가 최대가 되도록 각 변수를 동시에 변화시키고, 효율적으로 극대값을 구해서 최적화를 꾀하는 것이다.

Stefan-Boltzmman' s law 스테판-볼츠만의 법칙(-法則) 「온도 T〔K〕의 흑체 단위 면적으로부터의 전 방사 발산도 M_e〔W/m^2〕는 흑체 절대 온도의 4제곱에 비례한다」는 법칙.

Steinmetz' s constant 스타인메츠 상수(-常數) 주기적으로 변화하는 자계를 재료에 가했을 때 그 변화하는 자계의 1주기에 열로 변환되는 에너지는 재료의 단위 체적에 대하여 최대 자속 밀도의 1.6승에 비례한다. 이 때의 비례 상수는 재료에 따라서 결정된다. 이 비례 상수를 스타인메츠 상수라 한다.

stellarator 스텔라레이터 stellar generator 의 축합어. 제어되는 열핵 반응을 살피기 위한 계측 장치로, 자기 코일로 감싸인 유리관 내의 전리(電離) 가스가 플라스마 핀치 효과에 의해 수백만도의 스텔라 온도(별의 온도)로 높여진다.

stem 스템 전구나 전자관 밸브의 리드선을 통하고 있는 부분으로, 일반적으로 전극의 지지 구조로 되어 있다. 스템은 얇은 원판 모양을 하고 있을 때는 이것을 버튼 스템이라 한다.

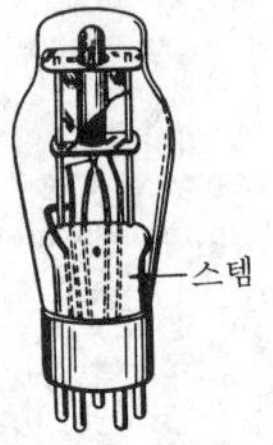

stencil 스텐실 얇은 금속의 판, 종이, 가죽 등에 도려낸 인쇄용의 형. 문자나 모양 등을 인쇄하기 위한 것.

stencil screen method 스텐실 스크린법(-法) 전극, 도체, 유전체, 저항, 보호피막 등의 패턴 인쇄에 쓰이는 기법. 판틀에 스크린을 고정하고, 스크린 면에 인쇄할 부분을 오려낸 막을 붙인 다음, 스크린 상에 페이스트를 얹고, 그것을 스키지라고 하는 판 모양의 고무 주걱(또는 롤러)으로 눌러서 인쇄하는 것이다.

step 스텝 ① 관측자의 기준 좌표계에서 보아 헤비사이드 함수(heaviside function : 단위 스텝 함수)에 근사할 수 있는 파형. →unit-step signal, pulse. ② ㉠ 컴퓨터의 루틴 중 한 조작. ㉡ 컴퓨터에 하나의 처리를 실행시키는 것. →single step. ③ 천이 시간이 그 파형 전체의 시간이나 인접하고 있는 제 1, 제 2의 공칭 상태의 지속 시간에 비해 무시할 수 있는 천이 파형.

step-and-repeat process 스텝앤드리피트법(一法) IC 표면에 사용하는 마스크를 만드는 데 두 가지 방법이 있다. 하나는 설계되어 테이프 등에 기억된 패턴을 사용하여 감광판에 빛을 투사하고, 광학적 레티클(reticle)이라고 하는 원판을 작성한다(이것은 칩에 만들어 넣는 패턴의 약 10 배의 크기의 것이다) (그림 참조). 하나의 웨이퍼 상에 되도록 많은 칩을 만들어 넣고, 행정(行程) 종료 후에 이들을 잘라

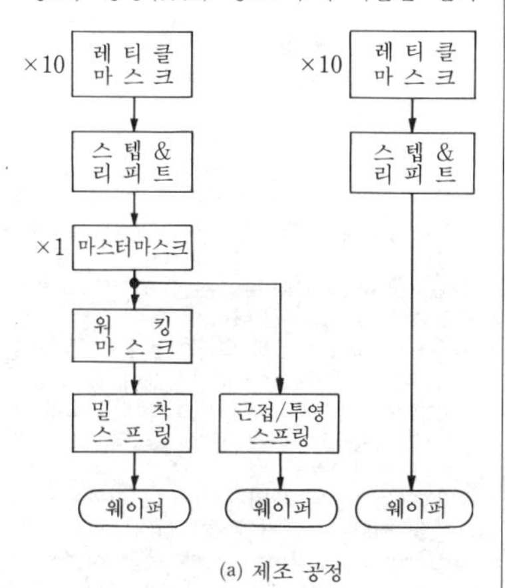

(a) 제조 공정

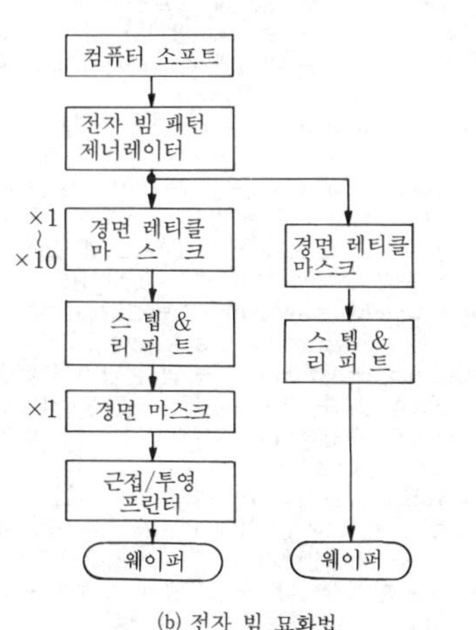

(b) 전자 빔 묘화법

내서 사용함으로써 생산비를 절감시킬 수 있기 때문에 위의 레티클과 스텝앤드리피트법(주 : 여기에 사용하는 노광 장치를 step-and-repeat camera 또는 photorepeater 라 한다. 얼라이먼트 기구도 부속되어 있다)이라고 하는 광학적 프로세스를 반복하여 사용해서 레티클의 이미지를 마스터 마스크라고 불리는 감광판상에 축소 전사한다(주 : 스텝앤드리피트법에서 1 칩씩 웨이퍼 상에 반복하여 구어붙여 가는 것이다). 마스터 마스크에서 몇 개의 부 마스터를 작성하고, 다시 부 마스터를 써서 행정으로 사용하는 작업 마스크를 만든다. 필요로 하는 여러 장의 각 마스킹층마다 작업 마스크를 웨이퍼 상에 위치 맞춤하여 도전(導電) 패턴을 만들어 넣는 행정을 반복하여 최종 칩이 만들어진다. 마스터 마스크를 만드는 다른 방법은 전자 빔을 써서 웨이퍼 상에 직접 선택 노출하는 방법으로, 이것은 레티클이나 스템앤드리피트법을 필요로 하지 않기 때문에 행정수가 적어 결함이 끼어들 염려가 적다.

step-and-step compensation 스텝 보상(一補償) 미리 정해진 동작 조건에 도달했을 때 다른 기능에 일정한 스텝 변화가 생기는 제어 효과, 또는 그와 같은 동작을 하는 디바이스.

step compensation 스텝 보상(一補償) 미리 정해진 동작 조건에 도달했을 때 다른 기능에 일정한 스텝 변화를 일으키는 제어 효과, 또는 그러한 동작을 하는 디바이스.

step coverage 스텝 커버리지, 단차 피복(段差被覆) 알루미늄 배선의 단차 부분 피복. 요철(凹凸)이 심한 표면에서는 알루미늄 배선은 균일하게 하기가 곤란하며, 부분적으로 얇은 곳에 전류가 집중하여 용단하거나 단선하거나, 마이그레이션을 생기게 하거나 한다. 단차를 없애거나, 매끄럽게 하는 동시에 단차부의 피복법에 여러 가지 손질을 할 필요가 있다.

step-down transformer 강압 변압기(降壓變壓器) 1 차 권선에 가한 전압을 적당한 비율로 강압하여 2 차 권선에 주는 변압기.

step-forced response 스텝 강제 응답(一强制應答) 입력을 어느 하나의 일정 레벨에서 다른 일정 레벨로 갑자기 바꿈으로써 생기는 전 시간 응답(과도 상태와 정상 상태와의 합).

step form wave 계단파(階段波) 그림과 같은 파형으로, 소자나 회로의 특성을 자동 측정하는 데 사용된다.

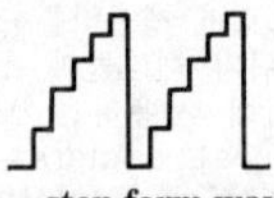
step form wave

step index fiber SI 형 파이버(－形－), SI 형 섬유(－形纖維) 멀티모드 광섬유(빛의 전파에 복수의 모드가 혼재하는)의 일종으로, 코어(중심부)와 클래드(피복부)의 굴절률 차이가 매우 큰 것. 출력 파형의 변화가 크므로 장거리에는 부적당하다. →multimode fiber

step-index optical fiber 스텝형 광섬유(－形光纖維) →optical fiber

step index optical waveguide 스텝 인덱스 광도파로(－光導波路) 스텝 인덱스형 분포를 갖는 광도파로. →step index profile

step index profile 스텝 인덱스형 분포(－形分布) 코어 내에서 균일하게 코어와 클래드(clad)의 경계에서 날카롭게 감소함으로써 특징지워지는 굴절률 분포. 이것은 거듭 제곱 법칙 프로파일로, 프로파일 파라미터 g를 무한대한 것에 대응한다.

step junction 계단 접합(階段接合) 반도체 접합부에 있어서 p 층의 불순물 농도와 n 층의 불순물 농도가 계단상(불연속적)으로 변화하는 구조.

step motor 스텝 모터 ＝stepper motor

stepped-ramp system 계단상 램프 방식(階段狀－方式) 아날로그·디지털 변환 방식의 일종. 단위 스텝의 크기가 정해진 계단상 램프 전압이 기준 전압 레벨을 가로지르는 순간부터 입력 아날로그 전압과 같아지는 순간까지의 기간의 스텝수를 계수함으로써 디지털화하는 방식. 계수는 위와 반대로 입력 전압과 같은 레벨을 가진 시점에서 기준 레벨로 강하하기까지의 스텝수를 계수하는 것도 있다.

stepper motor 스텝 모터 펄스 모양의 전압에 의해 일정 각도 회전하는 전동기. 회전 각도는 입력 펄스 신호의 수에 비례하고, 회전 속도는 입력 펄스 신호의 주파수에 비례하는 것이 특징이다. 그림은 1상 여자(勵磁)의 3상 방식 전동기인데, 이 밖에 다상 방식의 것이 있다.

stepping 스테핑 ＝zoning

stepping projection aligner 스텝식 투영 노광 장치(－式投影露光裝置) 레티클 패턴(reticle pattern)의 투영상에 대하여 웨이퍼를 반복하여 스텝 이송해서 노광하는 투영 노광 장치. ＝stepper →stpe-and-repeat process

stepping relay 스텝 릴레이, 스텝 계전기(－繼電器) ① 다위치형의 계전기로, 움직이는 접점이 일련의 고정 접점상을 순차 스텝 모양으로 건너감으로써 여러 가지 회로를 전환해 가도록 한 것. ② 많은 회전 위치를 가진 계전기로, 래칫으로 동작하며, 접점 위치를 차례로 전환해 가는 것.

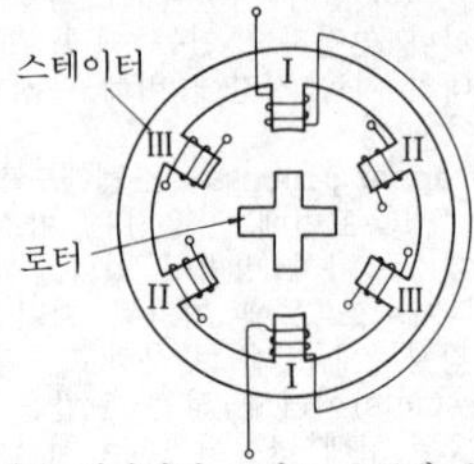

I 상을 여자하면 로터는 I 극에 대향한 위치에서 정지한다. 따라서 I, Ⅱ, Ⅲ으로 여자하면 우회전, I, Ⅲ, Ⅱ로 여자하면 좌회전한다.

stepper motor

step recovery diode 스텝 리커버리 다이오드 ＝snap-off diode

step response 스텝 응답(－應答) 계측 장치, 제어 장치 등에서 입력값이 어느 값에서 다른 값으로 그 레벨을 계단형으로 변화했을 때 출력측에 생기는 응답. 스텝 변화가 생기고부터 계(系) 출력이 최종 정상값(또는 그 일정 비율)에 이르기까지의 시간을 스텝 응답 시간이라 한다.

step-response time 스텝 응답 시간(－應答時間) 측정 신호에 새로운 정수값으로의 갑작스러운 변화가 일어난 다음 단말 장치가 새로운 위치에 정지하기까지의 필요한 시간.

step-stress test 스텝스트레스 시험(－試驗) 하나의 샘플에 같은 시간 간격으로 여러 스트레스 수준을 순차 인가해 가는 시험. 각 시간 중 규정의 스트레스 수준이 인가되고, 스트레스 수준은 스텝 모양으로 순차 증가해 간다. →reliability

step tracking system 스텝 트랙 방식(－方式) →antenna tracking

step-up transformer 승압 변압기(昇壓變壓器) 1차 권선에 가한 전압을 적당한 비율로 승압하여 2차 권선에 주는 변압기. 부스터라고도 한다.

steradian 스테라디안 입체각의 단위로 기호는 sr. 1 sr 은 반경 r인 구(球) 중심에서 구 표면상에서 r_2라는 면적으로 차지하는 입체각이다. 구 전체의 입체각은 4π〔sr〕이다. 스테라디안은 SI 단위계에서 보조 단위로서 쓰이고 있다.

stereo adapter 스테레오 어댑터 모노포닉(단일) FM 수신기에 부가하여 스테레오 방송을 수신하는 부가 장치. FM 검파기의 출력인 스테레오 복합 신호에서 L신호(좌측 신호)와 R신호(우측 신호)를 각각 독립으로 꺼내서 각각의 증폭계를 통해 좌우 스피커에서 음성을 재생하는 것. 복합 신호에서 L, R 신호를 분리하는 방법으로는 스위칭 검파 방식과 매트릭스 방식이 있다. 그림은 매트릭스 방식의 계통을 나타낸 것이다.

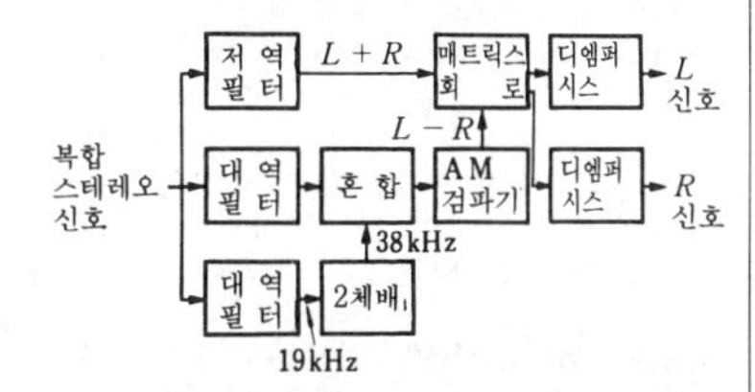

stereo broadcasting 스테레오 방송 방식(－放送方式) 두 음성 채널에 의해 송신하고 이것을 스테레오 음향 장치에 의해 수신하도록 한 방송 방식이며, 모노럴 방송과의 양립성을 유지하도록 배려되어 있다. 두 채널 중 주 채널은 좌측 신호와 우측 신호의 합신호를 전송하고, 부 채널은 우측 신호와 좌측 신호의 차신호를 전송한다. 부 채널의 신호는 위의 차신호이며, 스테레오용 부반송파(38kHz)를 반송파 억압 진폭 변조하여 만든 양측파대이다.

stereo channel separation 스테레오 분리도(－分離度), 채널 세퍼레이터 스테레오용 앰프나 픽업, FM 튜너 등으로 좌우 채널간 신호가 누설하고 있는 상황을 나타내는 데 사용되는 용어이다. 보통은 스테레오 세퍼레이션 40dB 라는 식으로 하나의 채널 신호가 다른 채널에 누설하는 비율을 데시벨로 표시하고 있다.

stereo indicator 스테레오 표시기(－表示器) FM 방송을 수신 중에 그것이 스테레오 방송이라는 것을 표시하기 위한 램프를 점등시키는 회로. FM 방송은 뉴스 등 일부 방송은 모노 방송이지만 대부분은 스테레오 방송이므로 스테레오 방송일 때는 19kHz 의 파일럿 신호를 검지하여 적색 램프를 점등시키는 동시에 FM 복조 회로도 FM 스테레오 복조 회로로서 동작시켜 L, R 신호를 꺼내고 있다.

stereophonic 스테레오 스테레오란 영어로 입체적이라는 뜻이며, 일반적으로 스테레오는 입체 음향 효과 혹은 입체 음향 장치를 의미한다. 종래의 녹음 재생 방식, 즉 모노럴 시스템에서는 공간적 확산이 있는 음원을 한 곳에 둔 마이크로 녹음한 것이다. 이에 대해서 스테레오에서는 좌우 두 곳에서 독립적으로 녹음하고, 독립적으로 재생하는 것이다.

stereophonic broadcasting 스테레오 방송 방식(－放送方式) =stereo broadcasting

stereophonic composite signal 스테레오 복합 신호(－複合信號) FM 의 스테레오 방송에서 주반송파를 변조하기 전의 변조 주파수 성분을 말하며, 이것에는 스테레오용 주 채널 신호, 스테레오용 부 채널 신호, 파일럿 신호가 포함되어 있다. 이 복합 신호의 주파수 성분은 그림과 같이 되어 있으며, 주 채널은 L신호(좌측 신호)와 R신호(우측 신호)의 합인 L+R신호이고, 부 채널은 38kHz 의 부반송파를 L−R신호(차신호)로 반송파 억압 진폭 변조한 것이다. 19kHz 의 파일럿 신호는 복조할 때 필요한 신호파 성분이다.

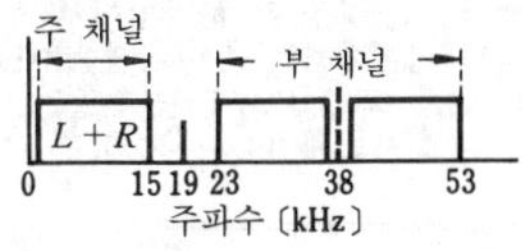

stereophonic effect 스테레오 효과(－效果) 듣는 사람에게 임장감이나 입체감을 주는 음향상의 효과.

stereophonic sound 스테레오포닉 사운드, 입체음(立體音) 청각에 3차원적인 음원의 확산, 즉 입체감을 주는 음향. 이것은 둘 이상의 채널음 재생계를 써서 음에 방향감과 원근감을 주도록 함으로써 입체 효과를 낼 수 있다. 스테레오 레코드나 스테레오 테이프, 스테레오 방송 등은 두 채널로 입체감을 내고 있는데, 보다 효과적으로 입체감을 내려면 3채널 이상의 재생계를 필요로 한다.

stereophony 스테레오 입체적인 음의 감각을 주는 것을 목적으로 한 복수의 전송로와 복수의 신호에 의한 음의 재생. 4 전송로의 경우를 4채널 스테레오라 한다.

stereo record 스테레오 레코드 하나의 음구(音溝)에 좌우의 신호를 별개로 독립하여 녹음한 방식의 레코드를 말하며, 원판(디스크) 녹음은 이 방식에 의해 스테레오 녹음이 되어 있다. 음구의 변조 방향은 그림과 같이 레코드의 면에 대하여 각각 45° 기울어져 있어 음구 외벽측에 우(R) 신호가, 내벽측에 좌(L) 신호가 녹음되어 있다. 이것을 45-45 방식이라 한다. 이 레코드를 재생하려면 2개의 엘리먼트를 가진 스테레오용 픽업과 스테레오 앰프, 2계통의 스피커가 필요하다. 레코드의 외경은 17, 25, 30cm 의 3종이 있고, 회전수는 45 및 $33\frac{1}{3}$ rpm 이 사용된다.

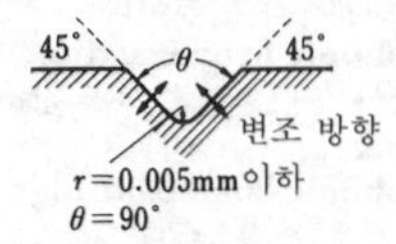

stereo recording 스테레오 녹음(-錄音) 스테레오 음향을 녹음하는 것으로, 원판 녹음과 테이프 녹음이 주로 사용된다. 원판 녹음은 스테레오 레코드와 같은 45-45 방식에 의해서 한 줄의 음구(音溝)에 좌우의 신호를 녹음하는 것이다. 테이프 녹음에서는 그림과 같이 한 줄의 자기 테이프에 좌우 신호를 1트랙씩 녹음해 가는 2트랙식과 4줄의 트랙에 두 줄씩 왕복 녹음해 가는 4트랙식이 있다. 트랙은 그림과 같이 오픈 릴 테이프인 경우와 카세트 테이프인 경우 각각 방법이 다르며, 오픈 릴 테이프에서는 A면에서는 제1 트랙에 L채널, 제3 트랙에 R채널을, B면에서는 제4 트랙에 L채널, 제2 트랙에 R 채널이 되지만, 카세트 테이프에서는 A면에서는 제3 트랙이 R채널, 제4 트랙이 L채널이 되고, B면에서는 제1 트랙이 L채널, 제2 트랙이 R채널이 된다.

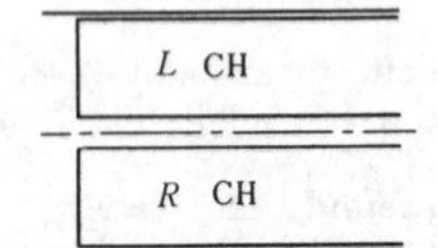

테이프 주행 방향 자성면에서 본 그림
DIN 45 511 B 1
업무용 테이프 리코더 스테레오 녹음

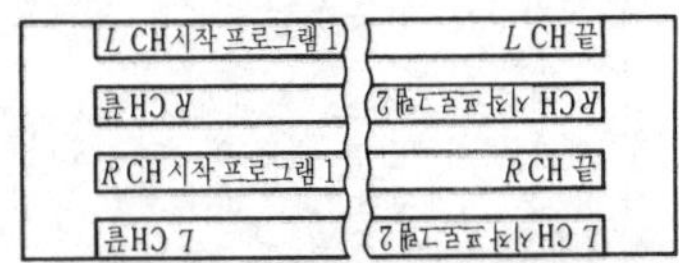

테이프 주행 방향 자성면에서 본 그림

DIN 45 511 B 5 가정용 테이프 리코더에서
(a) 오픈 릴의 스테레오 녹음 트랙

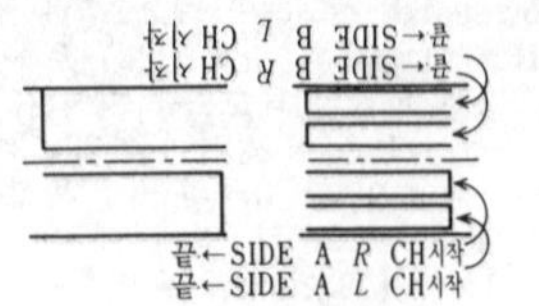

테이프 주행 방향 자성면에서 본 그림
(b) 카세트 테이프의 스테레오 녹음 트랙

stereo repeating line 스테레오 중계 회선(-中繼回線) FM 방송 프로 중의 스테레오 방송을 전국에 중계하기 위해 설치된 전송로. 이 회선은 PCM 전송에 의한 고품질의 전송 회선으로, 일그러짐의 발생은 아주 작고, 주파수 특성도 40Hz ~1.5kHz 로 통상의 회선보다 넓으며, L, R 채널 간 누화 감쇠량도 50dB 이상 있어 스테레오를 그대로 전송할 수 있다.

stereoscopic television 입체 텔레비전(立體-) 적당한 디스패리티(disparity)를 주는 화상을 2개의 채널에 의해서 전송하고, 수상기에서 적당한 광학 장치를 써서 눈에 대하여 깊이 있는 느낌(depth cue)을 주는 입체감을 주도록 한 텔레비전.

stereo subcarrier 스테레오 부반송파(-副搬送波) FM 스테레오 방송에 사용되는 부반송파. 파일럿 부반송파의 2배 주파수인 38kHz 가 사용되며, 부 채널 신호에 의하여 진폭 변조된다. →stereo broadcasting

stereo subchannel 스테레오 부 채널(-副-) 스테레오 부반송파와 좌우의 측파대를 포함하는 23~53kHz 까지의 주파수대. →stereo broadcasting

stick circuit 유지 회로(維持回路) =retaining circuit →self-hold circuit

sticking 스티킹 이미지 오시콘에서 촬영 화면을 바꾸어도 화상이 흑백 반전하여 수분에서 수 10분에 걸쳐 남아 있는 현상. 이미지 오시콘을 장시간 사용했을 때나 타깃의 온도가 부적당할 때 일어나며, 타깃 유리의 화학 변화에 의해 일어나는 것으로 알려지고 있는데, 이미지 오시콘의 수명을 결정하는 요소의 하나가 된다.

sticking voltage 고착 전압(固着電壓) 음극선관에서 형광 스크린이 비도전성이라 하고, 스크린이 음극에 대해서 갖는 최고의 전위를 말한다. 이 전위에서 2차 전자의 탈출비는 1이며, 이 전위보다 높아지려고 하면 스크린에 도달하는 빔 전자에 대하여 스크린에서 탈출하는 2차 전자의 수가 줄어서 스크린에는 음전하가 쌓이기 때문에 전압이 내려가서 스크린 전위는 일정값에 고착된다.

stiffness 스티프니스, 강성도(剛性度) 재료의 강성을 나타내는 값으로, 탄성 변형했을 때의 변위에 대한 복원력의 크기를 말한다. 음향 기기 진동 부분의 특성을 이론적으로 다루는 경우에 쓰인다.

still 스틸 정지한다고 하는 어원이 있으며, 보통의 사진을 스틸 사진이라 표현한다든지, 영화 등에서는 필름 보내기를 멈추고 화면을 정지시키는 것을 말한다. 가정용 VTR 의 경우는 테이프 주행을 멈추어 정지 화면을 비쳐내는 것을 말하며, 회전 헤드는 그 사이 테이프의 같은 장소를 계속 주사하기 때문에 장시간의 스틸은 그 부분의 테이프를 손상시킬 염려가 있다. 테이프가 주행하면서 기록된 장소(트랙)와 스틸일 때의 헤드의 통과하는 장소는 약간 다르기 때문에 화면은 약간 불안정하게 된다.

still image 정지화(靜止畵) =still picture

still picture 정지화(靜止畵) 움직의 표현을 수반하지 않는 문서, 회화(繪畵), 사진 등, 시간 요소를 갖지 않은 화상. 애니메이션과 같은 간헐적인 움직임, 혹은 문자·도형의 부분적인 단계 표시와 같은 경우라도 그것을 구성하는 화상은 정지화로서 다루는 경우가 많다. =still image

still picture broadcast 정지화 방송(靜止畵放送) 문자나 사진 등의 정지 화면만으로 프로를 구성하는 방송을 말하며, 정지화 전송 방식으로서는 다음 두 방식이 있다. ① 텔레비전의 1 채널분의 대역을 사용하여 컬러 정지 화상과 디지털화된 음성으로 구성한 다수의 프로를 시분할 다중 통신으로 동시 전송하는 광대역 전송 방식. ② 카메라에서 매초 30 토막으로 출력되는 화상 신호 중에서 꺼낸 화상을 프레임 메모리, 라인 메모리에 축적하고, 다중화, 부호화, 속도 변환을 하여 1~2 분의 시간에 걸쳐서 협대역(3kHz)의 화상 신호를 송신하는 협대역 전송 방식.

stimulated absorption of radiation 유도 흡수(誘導吸收) 물질에 전자계를 가할 때 그 자극에 의해 내부에서 낮은 에너지 준위에 있는 전자가 에너지를 흡수하여 높은 에너지 준위로 옮기는 것.

stimulated Brillouin scattering 유도 브리유앵 산란(誘導－散亂) 유도 산란이라는 것은 입사광과 산란광이 모두 강한 코히어런트광인 경우에는 산란광은 입사광과 비선형 전기 감수율에 의해서 결합하고 파라메트릭 증폭되는 것을 말한다. 브리유앵 산란에서는 산란된 빛의 주파수가 물질의 음향 포논의 에너지에 대응한 것 만큼 벗어난 것이 된다. 레이저광과 같은 강한 코히어런트광에서 유도 산란을 일으키는 경우에 입사광과 조금 다른 주파수의 약한 산란광이 생기고, 주파수의 벗어남이 물질에 특유한 값을 나타내는 경우를 유도 라만 산란이라 한다.

stimulated emission of radiation 유도 방출(誘導放出) 물질에 전자계를 가할 때 그 자극에 의해 내부에서 높은 에너지 준위에 있는 전자가 낮은 에너지 준위로 옮김으로써 외부에 에너지를 방출하는 것.

stimulated Raman scattering 유도 라만 산란(誘導－散亂) →stimulated Brillouin scattering

stimulated scattering 유도 산란(誘導散亂) 광산란에 있어서 코히어런트 입사광에 대하여 특정한 산란광이 3 차의 비선형 전기 감수율을 통해서 결합되고, 파라메트릭 효과에 의해 증폭된 산란광이 강한 코히어런트광으로 되는 현상. 유도 라만 산란, 유도 레일리 산란, 유도 브리유앵 산란 등이 있다.

stitch bonding 스티치 본딩 금이나 알루미늄의 가는 선을 열압착하는 방법의 하나로, 세관(細管)에서 나온 선을 관 끝 측면에서 압착한다. 네일 헤드 본딩(nail head bonding)의 다음 본딩 공정으로서 집적 회로의 접속선 부착 공정에서 쓰인다. 연속 본딩도 가능하다.

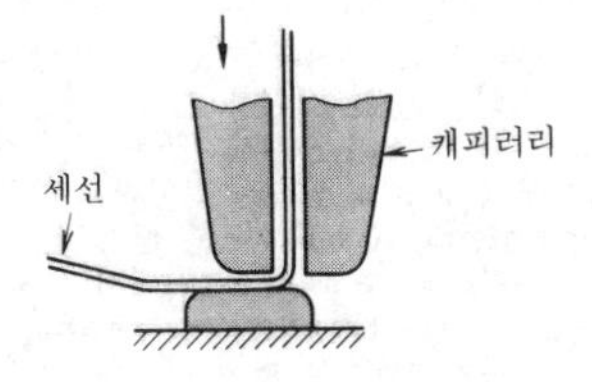

STL ST 링크 =studio-transmitter link

STM 실장형 패키지(實裝形－)[1], 주사형 터널 현미경(走査察形－顯微鏡)[2] (1) =surface trend mounting
(2) =scanning tunneling microscope

stochastic model 확률적 모델(確率的－) 확정적 모델에 대하여 시스템으로의 입력이 확률적인 요소를 포함하고 있다든지 시스템 내의 대응이 확률적인 요소를 포함하는 시스템을 모델화한 것을 말한다. 대규모의 시스템은 대개 확률적 요소를 포함하고 있다. 확률적 모델의 시뮬레이션으로서는 몬테카를로 법이 있다.

stokes 스토크스 동점도(動粘度)의 구단위로 기호는 St. 절대 점도를 그 액체의 밀도로 제한 값. $1St=10^{-4}m^2/s$ 이다.

Stokes' law 스토크스의 법칙(－法則) 광루미네선스의 발광 파장은 그것을 여기(勵起)하는 여기 방사의 파장보다도 길든가, 혹은 그것과 같다는 법칙. 따라서 형광 물질에 자외선을 조사(照射)하면 가시광이 나온다. 그리고 가시광의 색은 형광 물질에 특유한 색상을 가지고 있다. 또한 여기광의 에너지와 발광 에너지와의 차를 스토크스 편이(Stokes' shift)라 한다.

Stokes' line 스토크스선(-線) 형광, 유도 산란 등에서 방사광 중 입사광보다 파장이 긴 빛.

stop band 스톱 밴드 필터를 통과하는 데(통과 영역과 같은 다른 주파수 영역에 비해) 많은 손실을 수반하는 주파수 영역.

stop-band ripple 스톱밴드 리플 필터의 스톱 밴드에서의 손실의 최대값과 최소값의 차.

stop-go pulse 스톱고 펄스 여러 단계에서 생기는 펄스화의 조작에 관하여 펄스화를 제어하는 방법의 하나. 펄스 송신원(送信元)은 펄스화 정지 신호를 수신하기까지는 연속적으로 숫자를 펄스화하여 송신하게 되어 있다. 펄스화 정지 신호를 수신했을 때는 송신원이 펄스화 개시 신호를 수신하기까지 나머지 숫자의 펄스화 및 송신은 하지 않는다.

stop joint 스톱 접속(-接續) 케이블 등의 기름 누설, 혹은 가스 누설이 생겼을 때 영향이 선로 전체에 파급되지 않도록 하기 위해 쓰이는 케이블 접속. 예를 들면, 급유 구간을 한정하여 급유하는 경우는 그 구간의 양단 접속을 말한다.

stop-pulsing signal 스톱 펄스 신호(-信號) 펄스의 수신측 트렁크에서 송신측 트렁크로 전해지는 신호. 수신측의 신호 수신이 불가능하다는 것을 나타내고 있다.

stop signal 스톱 신호(-信號), 정지 신호(停止信號) ① 수신 장치를 다음 전신 신호의 수신을 위한 휴지(休止) 상태로 하는 데 사용되는 신호. ② 팩시밀리 장치를 동작 상태에서 대기 상태로 천이시키는 제어 신호.

storage 기억(記憶)[1], 기억 장치(記憶裝置)[2] (1) ① 데이터를 기억 장치에 저장하는 동작. ② 기억 장치에 데이터를 유지하고 있는 상태.
(2) 데이터를 저장하고, 유지하며 꺼낼 수 있는 기능 단위. 데이터나 컴퓨터 명령을 유지하고 있는 컴퓨터의 일부분으로, 데이터나 명령은 정보를 꺼낸다든지 저장한다든지 할 때 중앙 처리 장치가 사용하는 고유의 기억 장소에 해당한다. =memory, store

storage battery 축전지(蓄電池) 2 차 전지라고도 하며, 방전해도 충전하여 반복 사용할 수 있는 전지. 그림은 대표적인 납축전지(기전력 약 2V)의 원리도이다. 그림 (a)는 방전하고 있는 상태이며, 양 전극이 황산납으로 되어서 기전력이 없어진다. 그림 (b)는 충전의 상태를 나타내며, 전극이 그림 (a)의 상태로 되돌아가면 충전 완료가 되어 전지로서 다시 사용 가능하게 된다. →secondary battery

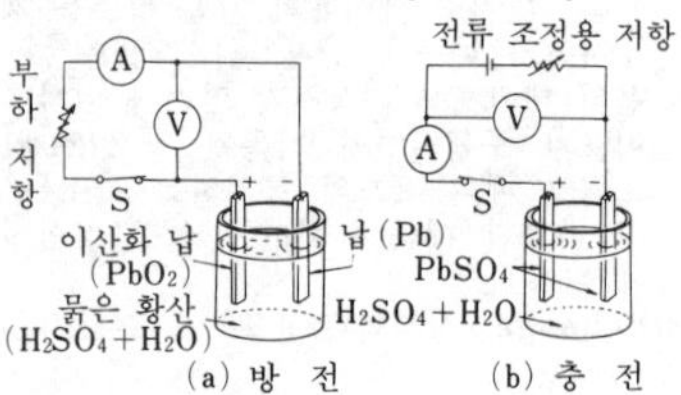

(a) 방 전 (b) 충 전

storage camera tube 축적형 촬상관(蓄積形撮像管) 입력이 광학상이고, 출력이 전기 신호인 것과 같은 전하 축적관.

storage capacitance 축적 커패시턴스(蓄積-) 포화 영역에서 동작하는 바이폴러 트랜지스터에 있어서, 이미터에서 주입된 전하 중 베이스 영역에 축적하는 전하를 이미터·베이스 간 전압 V_{BE}로 나눈 값. 이것은 이미터 축적 커패시턴스이다. 마찬가지로 컬렉터에서 주입된 전하 중 베이스에 축적된 전하를 컬렉터·베이스 간 전압 V_{CB}로 나눈 값을 컬렉터 축적 커패시턴스라 한다. 축적 커패시턴스가 큰 트랜지스터는 스위칭 동작이 느리다.

storage capacity 기억 용량(記憶容量) 기억 장치에 수용할 수 있는 데이터량을 말한다. 단위는 비트, 캐릭터 또는 워드 등으로 주어진다. 비트로 나타낸 기억 용량은 기억 장치가 축적할 수 있는 비트수(바이너리 기억 요소의 수)이며, 3 비트의 장치이면 장치의 축적할 수 있는 부호의 종류는 2^3 즉 8 종류이다.

storage control unit 기억 제어 장치(記憶制御裝置) 주기억 장치와 입출력 처리 장치 등 사이에서 데이터의 전송이나 구성의 제어를 하는 장치. 주기억 장치로의 접근에 따르는 기억 보호 등의 제어도 이 장치가 한다.

storage counting circuit 축적형 계수 회로(蓄積形計數回路) 콘덴서나 코일에 축적되는 에너지를 이용한 계수 회로로, 최근에는 거의 사용되지 않는다.

storage device 기억 장치(記憶裝置) 데이터를 저장하고 유지하며 꺼낼 수 있는 장치를 말한다.

storage dump 기억 덤프(記憶-) 기억 장치의 내용의 일부 또는 전부를 프린트해 내는 것. 디버그를 할 때에 하게 된다.

storage element 기억 소자(記憶素子) 정보를 어떤 물리적 상태로서 보존하기 위한 소재. 현재는 플립플롭 회로나, 자성체의 자화 방향 구별을 이용하는 것이 주로 사용되고, 이들을 다수 모아 컴퓨터의 기억 장치를 구성한다.

storage image 기억 이미지(記憶-) 주기억 장치 내에 있는 컴퓨터 프로그램이나 관련 데이터를 그대로 다른 매체로 옮긴 것.

storage location 기억 장소(記憶場所) 기억 장치 내에서 주소에 의해 지정할 수 있는 장소로, 거기에 예를 들면, 바이트, 워드(word) 등의 일정 단위로 데이터를 수용할 수 있는 것.

storage oscilloscope 축적형 오실로스코프(蓄積形-) 축적관이라고 불리는 특수한 음극선관을 써서 인광성(燐光性) 잔광과는 다른 원리로 형광면상의 상을 장시간 유지할 수 있도록 만들어진 오실로스코프.

storage principle 축적 원리(蓄積原理) 대상물에 의해 타깃면에 축적되는 전하 패턴을 일정 주기로 전자 빔에 의해 주사하여 판독하는 촬상관. 예을 들면 이미지 오시콘 등에서 사용되는 전하 축적 원리.

storage register 기억 레지스터(記憶-) 기억 장치에서의 일종의 완충 레지스터로, 기억 장치와 컴퓨터의 다른 장치, 예를 들면 연산 장치, 제어 장치, 입출력 장치와의 사이에서 데이터를 주고 받을 때 한 때 그것을 수용하기 위해 쓰인다.

storagescope 스트리지스코프 →memory synchroscope

storage target 축적 타깃(蓄積-) 절연물 또는 반도체의 축적관에서 이 면(面)상에 정보가 전하 패턴으로서 기록되고, 또 그것이 전기 신호로서 판독되도록 되어 있는 것.

storage tube 축적관(蓄積管) 빛이나 전기 등의 입력 신호를 관내의 절연물상에 전하의 형태로 축적 기록해 두고, 뒤에 이것을 다시 신호로서 꺼내도록 한 전자관. 축적관의 기본 동작은 기록, 재생 및 소거이며, 이들의 동작은 순차 또는 일부 동시에 행하여지고, 축적 시간은 긴 것은 여러 날 되는 것도 있다. 입력 신호와 출력 신호의 변환 형태에 따라 다음과 같은 종류가 있다. 즉, 광입력을 전기적 출력으로 꺼내는 것으로는 촬상형 축적관이 있으며, 넓은 뜻으로는 텔레비전 촬상관도 이 범주에 들지만 보통은 보다 축적 시간이 긴 것을 말한다. 전기적 입력을 전기적 출력으로 꺼내는 신호 변환형으로는 라데콘, 테니콘 등의 제품이 있으며, 텔레비전의 주사 방식의 변환 등에 응용되고 있다. 전기적 입력을 광출력으로서 꺼내는 직시형 축적관으로는 메모트론(memotron), 토노트론(tonotron) 등이 있으며, 메모리스코프 등에 사용되고 았다.

store 기억 장치(記憶裝置) =memory, storage

store-and-forward switching 저장 전달 스위치(貯藏傳達-) 데이터 통신에서 메시지가 그 자신의 주소(address)에 따라 직접 혹은 기억 장치를 거쳐 전송(轉送)되는 스위칭 방법. →packet switching

store-and-forward system 축적 재송 방식(蓄積再送方式) 메시지가 데이터 전송망의 중간점에서 수신되고, 축적되도록 되어 있는 통신망으로, 이들의 데이터는 다음 점을 향해, 혹은 최종의 수신처를 향해 송신된다. 데이터 교환망의 두 가지 형으로서 회선 교환 방식과 축적 재송 방식이 있다. 전자는 교환기가 발신자와 수신자를 직접 연결하여 양자간에서 실시간의 메시지 전송이 행하여지는 것이다.

store automation 상점 자동화(商店自動化), 점포 자동화(店鋪自動化) 소매 점포에서의 자동화. 본점이나 주요 기점에서의 컴퓨터와 소매점, 납입 업자, 창고 등의 단말 장치를 LAN 으로 접속하고, 상품의 사입, 재고 관리, 점포에서의 상품의 준비나 보급, 인원 배치, 판매 정보의 수집이나 통계표의 작성 등을 일원적으로 제어하는 자동화 방식. = SA →POS

stored program computer 프로그램 기억식 컴퓨터(-記憶式-) 컴퓨터 자신이 가지고 있는 내부 기억 장치에 프로그램을 기억시켜 두고 이 프로그램에 의해서 제어되는 방식의 컴퓨터. 현용의 컴퓨터는 모두 이 방식으로 되어 있으며, 프로그램의 변경이나 반복 등을 자유롭게 할 수 있고, 프로그램을 신속히 부여하는 등의 이점을 가지고 있다.

store-program control 프로그램 내장 제어(-內藏制御) 교환 접속에 필요한 기본의 동작 절차가 프로그램으로서 기억 회로에 기록되어 있고, 이 프로그램에 따라서 교환 접속을 하도록 한 것. 입력 정보와 기억 장치에서 판독한 절차 명령에 의해서 출력 정보와 다음에 판독할 절차의 주소를 결정하는 논리 구조로 되어 있다.

stored programming device 프로그래밍 기억 장치(-記憶裝置) 계산에 필요한 데이터 뿐 아니라 계산 절차인 프로그램까지 기억시켜서 계산 처리를 하는 장치. 프로그램의 진행을 자동화하고 있으므로 대량의 데이터를 정확하게 고속도로 처리할 수 있다.

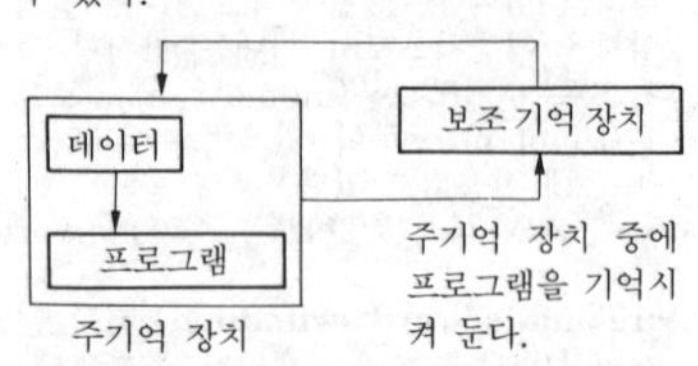

storong electrolyte 강전해질(强電解質) 황산, 가성 소다, 식염 등과 같이 수용액 중에서는 거의 분자가 전리(電離)하는 것. 즉 전리도가 큰 전해질.

straight receiver 스트레이트 수신기(一受信機) 수신기 구성의 일종으로, 수신한 전파의 주파수는 바꾸지 않고 그대로 고주파 증폭하든가, 즉시 검파기에 넣어서 원래의 신호파를 꺼내는 방식의 수신기. 수퍼헤테로다인 수신기에 비하면 감도, 인접 주파수 선택도가 나쁘지만 구성이 간단하고 조정도 편하다. 그림은 그 구성 예이다.

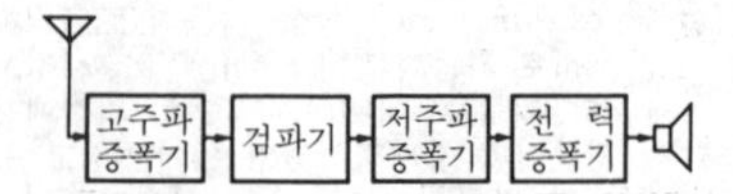

strain gauge 스트레인 게이지 금속 등 재질의 신축량을 전기 저항 등으로 변환하도록 한 미소 변위 검출 센서. 재질은 응력에 따라서 변형하는데, 이 일그러짐은 일반적으로 미소하다. 이것을 스트레인 앰프와의 조합에 의해 원래 길이의 100만분의 1까지 검출할 수 있는 것이 특징이다. 피측정재 표면에 접착하여 임프와 접속하여 사용한다.

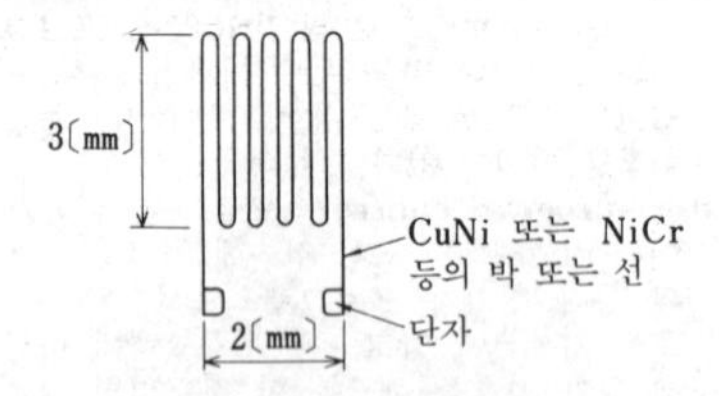

strand 소선(素線) 꼬은선을 구성하는 한 줄 한 줄의 단선. →stranded cable

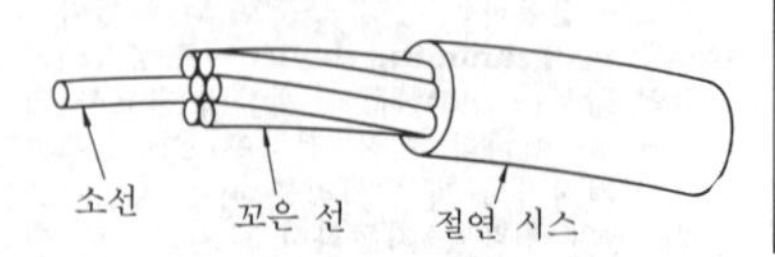

stranded cable 연선(撚線) 단선(單線)을 여러 줄 꼬은 것으로, 한 줄의 소선(素線)을 중심으로 하여 그 주위에 다른 소선을 여러 층 꼬은 동심 연선으로 한다.

동심 꼬은선

strap 스트랩 마그네트론의 공진 세그먼트를 접속하는 데 사용하는 도전성의 접속선. 균압 결선(均壓結線)이라고도 한다.

strapdown 스트랩다운 관성 센서를 직접 〔진벌(gimbal)을 쓰지 않고〕 이동체에 부착한 상태를 가리키는 용어로, 관성 센서는 이동체의 직선 운동 및 회전 운동을 검지(檢知)한다.

strapped-down system inertial navigation 스트랩다운식 관성 항법 장치(一式慣性航法裝置) 기계적인 안정 플랫폼을 사용하지 않고 가속도계와 링 레이저 자이로를 직접 기체에 부착한 관성 항법 장치. 종래의 기계적 안정 플랫폼을 사용하여 국지 수평을 얻는 방식과는 달리, 컴퓨터에 의해 국지 수평을 계산하는 방식이며, 신뢰성이 높고 소형 경량이고 보수도 용이하다.

strapping 스트래핑 다공동형(多空洞形) 마그네트론에서 같은 극성을 가진 공진기 세그먼트를 스트랩(접속선)에 의해 함께 연결하는 것. 바람직하지 않은 진동 모드의 발생을 방지하는 효과가 있다.

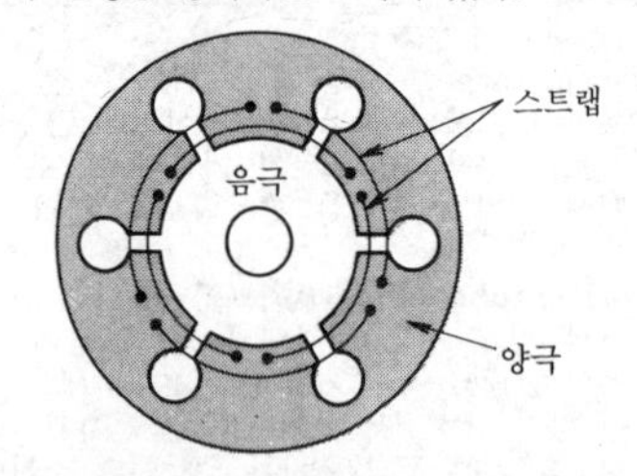

stratosphere 성층권(成層圈) 대류권의 상층으로 지상 약 20km 부터 80km 에 이르는 범위이다. 성층권에서는 온도는 거의 일정하다.

stratovision 스트라토비전 성층권 텔레비전 방송이라고도 하며, 항공기를 써서 하는 중계 방식. 원격지에서 텔레비전 중계를 하는 경우, 대형 비행기에 중계 설비를 탑재하고, 상공을 선회시켜 중계국의 역할을 시키는 것이다. 위성 중계 이전의 시대에 사용되었다.

stray capacity 부유 용량(浮遊容量), 표유 용량(漂遊容量) 배선용 전선이 다른 금속 부분에 접근해 있다든지, 코일과 같이 전선이 다수 평행하게 존재할 때 등 그들 사이에 가지고 있는 정전 용량을 말한다. 이의 영향은 고주파가 되면 무시할 수 없게 된다.

stray current 미주 전류(迷走電流), 표유 전류(漂遊電流), 부유 전류(浮遊電流) 의도된 회로 이외의 루트를 통해서 흐르는 전류. 대부분의 경우 바람직하지 않은 전류이다.

stray load loss 표유 부하손(漂遊負荷損), 부유 부하손(浮遊負荷損) 와전류에 의해서 도체 중에 생기는 손실, 및 부하 전류에 의한 자속의 일그러짐에 의해 생기는 철심 내의 부가적인 손실. 단, 저항 강하와 관련된 철손분은 포함되지 않는다.

strays 스트레이 무선 수신을 할 때, 송신 시스템에서 발생하는 전자파 이외의 전자 방해. →radio transmitter

streak camera 스트리크 카메라 광 펄스의 시간적 강도 분포를 공간적인 강도 분포로 변환함으로써 피코초(10^{-12}초) 이하 영역의 순간 현상을 초고속 측광하도록 한 광 검출기이다. 적당한 슬릿을 통과한 피측정 광이 광전면에 슬릿 상(像)을 만든다. 여기서 전자상(電子像)으로 변환되고, 가속된 다음, 편향 전극에 의해 고속으로 소인(掃引)된다. 이것이 마이크로채널 플레이트에 의해 증배(增倍)되어 형광면상에 스트리크(순간 변화)상을 형성한다. 이 상을 사진 또는 고감도의 촬상관으로 촬영하면 해석에 사용하는 상이 얻어진다.

streaking 스트리킹 텔레비전의 화면에서 극단적으로 밝은 부분이나 수평 방향으로 긴 띠 모양의 부분이 있는 경우에, 그것이 수평 방향으로 흑 또는 백으로 꼬리를 끄는 현상을 말하며, 극단적인 경우는 수평 주사 기간 전체에 걸쳐 계속되기도 한다. 그늘 부분의 원래 화상에 대해서 반대의 밝기가 되는 경우는 음(陰)의 스트리킹, 원래 화상과 같은 밝기의 그늘이 되는 경우는 양(陽)의 스트리킹이라 한다. 이들은 영상 증폭기의 중역(中域) 또는 저역의 특성 열화가 원인으로 일어난다.

stream 스트림, 흐름 데이터 세트 간에서 데이터의 전송이 실행되고 있는 것으로, 문자 형식의 데이터 항목이 연속한 열로 되어 있는 것.

streamer 스트리머 별개의 데이터 블록을 시동·정지하는 소요 시간에 비해 꽤 빠른 속도로 연속하여 동작하는 자기 테이프 장치. 위와 같은 스트림 테이프 드라이브는 주로 하드 디스크 드라이브의 백업용으로서 사용된다.

stress 응력(應力) 물체에 외력을 가했을 때 물체 내부에 생기는 저항력. 외력이 인장 하중일 때 인장 응력, 압축 하중일 때 압축 응력으로 되며, 이들은 단면에 수직인 수직 응력이다. 또, 단면에 평행한 응력을 전단(剪斷) 응력이라 한다.

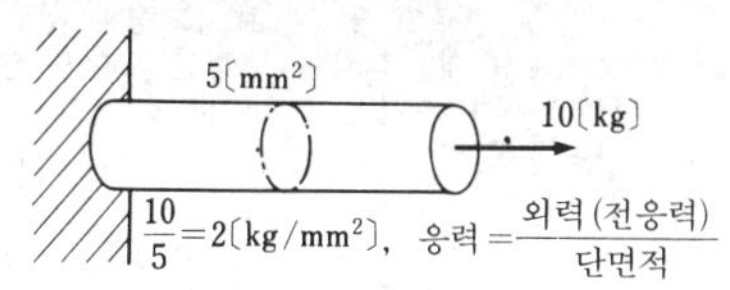

stretch effect 스트레치 효과(-效果) 전선이 그림 (a)와 같이 접혀서 평행하게 되어 있을 때 큰 전류가 갑자기 흐르면 반발력에 의해 전선이 (b)와 같이 되는 현상.

striation 스트리에이션 결정(結晶)의 반지름 방향 및 성장 방향에 볼 수 있는 불순물 농도의 불균일. 결정 성장면의 요철(凹凸), 성장 속도의 불균일 등 때문에 불순물 농도의 치우침이 생기는 것이 원인.

strike 스트라이크 ① 특별한 작업 조건 또는 욕조성(浴組成)을 써서 단시간 도금을 하는 것. 밀착성을 좋게 하거나, 피복력을 향상시킬 목적으로 행하는 일종의 전처리. ② 두 전극을 잠시 접촉시켰다가 뗌으로써 아크를 발생시키는 것. 방전관에서 주방전로(主放電路)에 통전을 개시시키기 위해 시동 갭에 시동 전류(striking current)를 흘리기 위하여 행하여진다.

striker 스트라이커 퓨즈가 동작할 때 소정의 기계적 동작을 하는 퓨즈 링크 부분. 그 동작에 의해 다른 기기를 개폐하여 퓨즈가 설치된 회로의 개폐를 하거나, 경보 신호 회로를 움직이거나, 혹은 표시기로서 동작하는 경우도 있다.

string 스트링 ① 문자 또는 물리적 요소와 같은 것의 1차원적 배열. 기호만으로 이루어지는 열을 기호열, 2진 숫자만으로 이루어지는 열을 비트열 혹은 2진 숫자열이라 한다. ② 내부 정렬법에 의해 만들어지는 정렬이 된 항목의 부분 집합.

string processing language 스트링 처리 언어(-處理言語) 문자 스트링의 처리를 목적으로 하여 설계된 언어로, LISP, PROLOG, SNOBOL 등이 그 예이다.

stringy floppy 스트링 플로피 웨이퍼라고 하는 자기 테이프를 유지하고 있는 컴퓨터 기억 장치. 내장된 웨이퍼 테이프는 보통의 카세트 테이프보다도 얇고, 가늘며, 그리고 고속 동작한다.

stripe geometry 스트라이프 구조(-構造) 접합 레이저에서 전류의 횡 방향으로 확산을 제한하기 위한 구조. 스트라이프형 전극을 사용한 것, 전극부와 그 주위를 pn 접합에 의해 분리한 접합 스트라이프 등이 있다. →semiconductor laser

strip line 스트립 선로(-線路) 마이크로파용 전송 선로의 일종으로, 그림과 같은 구조를 가진 것. 감쇠는 동축선과 같은 정도이며, 방사 손실은 거의 없고, 허용 전송 전력은 동축 선로보다 크며, 전송 모드는 TEM 파가 된다.

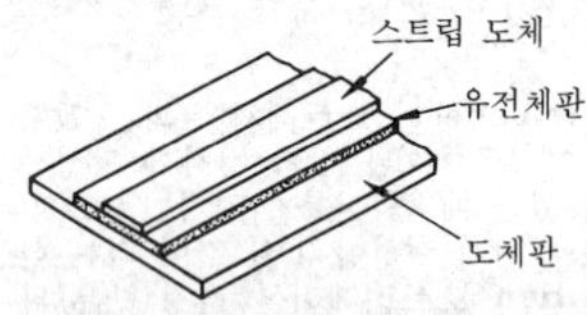

strip-type transmission line 스트립 전송로(-傳送路) 넓은 도전성 평면 위 또는 두 면의 중간에 배치한 띠 모양의 도체로 만들어진 마이크로파 전송 선로. 마이크로파 스트립이라고도 한다. 스트립 도체는 상대 도체 또는 어스와의 사이를 저손실의 유전체로 격리하고 있다. 스트립 도체는 보통 프린트 배선 기술에 의해 유전체상에 인쇄된다.

strobe 스트로브 상대적으로 짧은 지속 시간을 갖는 첫번째 펄스가 비교적 긴 지속 시간을 갖는 두번째 펄스 또는 사상(事象)에 작용하여, 첫번째 펄스가 지속하고 있는 동안의 두번째 펄스의 크기를 나타내는(대부분은 비례한다) 신호를 얻는 과정.

strobe pulse 스트로브 펄스 디지털 회로에서 플립플롭 회로나 각종 게이트 회로에 입력되는 데이터와 래치되는 데이터와의 타이밍을 잡기 위한 펄스.

stroboscope 스트로보스코프 주파수나 회전수를 빛의 점멸을 이용하여 측정하는 장치. n 조의 흑백 무늬를 그린 그림과 같은 원판을 회전수 N[rpm]의 회전체에 부착하고, 이것을 비치는 스트로보 방전관의 전원 주파수를 조절하여 주파수가 m[Hz]일 때 도형이 멈추어 보인다고 하면 $N=120m/n$의 관계가 성립하므로 N 또는 m의 한쪽을 알면 다른 쪽을 측정할 수 있다.

stroboscopic tachometer 스트로보 회전 속도계(-回轉速度計) 스트로보 방전관을 점멸시켜 회전 물체의 정지상에서 회전 속도를 구하도록 한 장치. 특징 : 스트로보 방전관은 아크 방전을 이용한 냉음극 방전관의 일종이다. 원판을 m등분한 스트로보스코프판을 매초 N회전시키고, 매초 f회 점멸하는 방전관으로 조사(照射)하면 $2f=Nm/n$일 때 정지상(靜止像)이 나타난다(n은 정수 또는 정수분의 1).

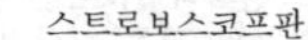

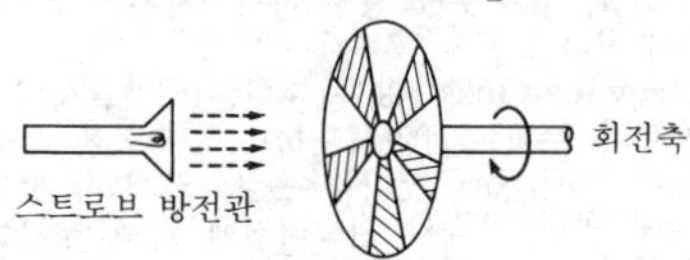

stroboscopic tube 스트로보관(-管) 짧은 섬광을 주기적으로 발생하도록 설계된 가스 봉입 방전관.

strobotron 스트로보 방전관(-放電管) 네온이나 크세논 등의 가스를 봉해 넣은 4극 방전관으로, 양극, 음극 외에 2개의 그리드를 가지고 있다. 음극은 세슘 화합물을 주체로 해서 만들어진 냉음극으로, 한 순간에 수 100A 의 아크 전류를 흘릴 수 있으며, 그 때 가스는 강한 빛을 낸다. 본래 스트로보스코프에 사용하여 고속도 회전체의 회전수를 측정하는 데 사용하지만 냉음극이기 때문에 외부 가열 전력이 불필요하며, 수~수 100μA 의 미소 입력 전류에 의해서 수 100A 의 대전류를 제어할 수 있으므로 계전기 회로 등에도 사용된다.

stroke 스트로크 ① 키보드 상에서 키를 누르는 동작을 말한다. ② 도형을 직선, 원호, 점 등으로 기억하는 텍스트 데이터로, ASCII 의 문자 기호가 아닌 것. ③ 예를 들면, 문자 O의 원, 문자 D의 선과 원호, i, j 등의 머리 부분의 점 등의 필적을 식별하는 것. ④ 피스톤 등의 왕복 운동(거리), 동정(動程), 공정(工程).

stroke speed 스트로크 속도(-速度) 주사 방향으로 수직인 고정된 직선을 주사점 혹은 기록점이 특히 지정이 없는 경우에는 1초간에 1방향으로 가로지르는 횟수. 가장 전형적인 기계적 장치에서는 드럼 속도와 등가, 화상 신호를 양방향으로 주사하는 장치에서는 스트로크 속도는 그 2배이다.

stroke writer 스트로크 라이터 벡터 그래픽스 단말로, 대상물을 표시 스크린 상에 하나의 연결된 선(벡터)으로서 표현하는 것. 전자 빔을 움직이게 하여 대상물을 그리는 것을 스트로크라 한다.

strontium ferrite 스트론튬 페라이트 경질 페라이트의 일종으로, 조성은 SrO·$6Fe_2O_3$이다. 습식의 자장(磁場) 성형에 의해 만들어지며, 보자력이 크고 안정성도 좋다. 고급 자석의 소재로서 사용된다.

structural return loss 구조적 반사 감쇠량(構造的反射減衰量) 전송 회로에 있어서의 각종 부정합에 입각한 반사 감쇠량 중에서 선로 자체의 구조가 길이의 방향으로 균일하지 않기 때문에 일어나는 반사 감쇠량.

structure dispersion 구조 분산(構造分散) →waveguide dispersion

structured programming 구조화 프로그래밍 기법(構造化－技法) 프로그램을 보기 쉽고, 수정하기 쉬우며, 신뢰성을 높이기 위해 기술상의 제약을 가한 프로그램 작성 기법의 하나를 말하며, 프로그램을 하나 하나의 블록을 조합한 것이라 생각하고, GOTO 문을 쓰지 않는 프로그램 작성 기법이다.

STTL 쇼트키 트랜지스터 트랜지스터 논리(－論理) Shottky transitor transistor logic 의 약어. TTL 은 그 회로 구성상 축적 전하 때문에 동작 속도는 빠르게 할 수는 없고, CML 은 고속도이기는 하지만 소비 전력이 커서 양자의 결점을 피하기 위해 쇼트키 다이오드나 쇼트키 트랜지스터로 논리 회로를 구성하여 고속도로 저전력화한 것이 STTL 이다. 또한 이보다 더 저전력화한 LSTTL 도 사용되고 있다.

stub 스터브 ① 전송 선로에 병렬로 접속되는 짧은 분기 선로이며, 그 원단(遠端)은 개방 또는 단락함으로써 주선로의 임피던스를 안테나 혹은 송신기의 임피던스에 정합시키는 작용을 한다. ② 도파관 또는 공동 공진기(空洞共振器)에서 1/4 파장의 길이로 돌출한 금속 막대이며, 절연 지지 막대로서 동작하는 것. 1/4 파장의 스터브는 무한대의 리액턴스로서 동작한다. 스터브란 본래 나무의 그루터기, 이의 뿌리 등 굵고 짧은 부분을 말한다.

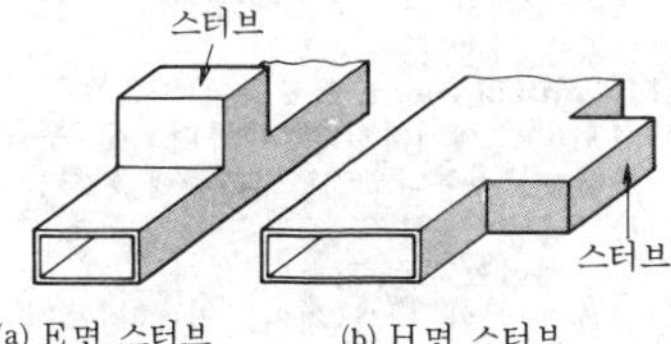

(a) E면 스터브 (b) H면 스터브

stub antenna 스터브 안테나 짧고 두꺼운 모노폴.

stub arm 스터브 암 →stub

stub feeder 스터브 피더, 스터브 궤전선(－饋電線) 부하를 그 전원에만 접속하는 궤전선.

stub matching 스터브 정합(－整合) 스터브를 써서 전송 선로를 안테나 또는 부하에 정합시키는 것. 정합 조건은 스터브의 두 도선의 간격, 단락 도선의 위치, 전송 선로와 스터브를 잇는 부착 장소 등에 따라 변화한다. 스터브를 정합하여 전송 선로가 최대의 전력을 전송할 수 있는 상태로 한 것을 스터브 동조기라 한다.

stub tuner 스터브 튜너 →stub matching

stuck fault 고착 고장(固着故障) 논리 회로의 기능을 시험할 때 생각되는 고장의 형태로, 게이트의 입력 단자가 논리값 0 또는 1에 고착해 버려서 게이트 기능을 잃어버리는 고장. AND, NAND 게이트에 있어서의 입력 다이오드의 개방, 입력 리드선의 단선은 논리적으로는 그 입력선이 논리값 1에 고착해 버린 것과 등가이며, 같은 고장은 OR, NOR 게이트의 입력선에서 그 입력선이 논리값 0에 고착해 버리는 것과 등가이다. 이러한 고장을 테스트하기 위해 고장 진단표를 사용하거나 패스 센시타이즈(path sensitize)법을 시도한다. →path sensitize

studio 스튜디오, 연주실(演奏室) 라디오나 텔레비전의 프로를 제작하기 위해 집음(集音)이나 촬영을 할 목적으로 만들어진 특별한 구조를 가진 방. 음향 효과를 좋게 하기 위해 잔향 시간이나 음의 확산, 차음(遮音)과 방진(防振) 등에 대해서는 특별히 배려되어 있어 특수한 건축 구조를 하고 있다. 스튜디오 내에는 마이크로폰이나 텔레비전 카메라, 조명용 라이트 등의 기기가 배치되어 있고, 인접한 부조정실에서는 유리창 넘어로 스튜디오 안이 잘 보이도록 되어 있으며, 내부의 기기 조정을 이곳에서 할 수 있도록 되어 있는 것이 보통이다.

studio-transmitter link ST 링크 라디오, 텔레비전 방송국에서 스튜디오와 송신소가 떨어져서 설치되어 있을 때 이 양자간에 프로를 보내기 위해 사용하는 초단파 중계 회선. 방식은 900MHz 대 및 3.5GHz 대에서의 주파수 변조가 사용되고 있다.

stud type 스터드형(－形) 반도체 디바이스의 외형의 일종으로, 나사가 있는 스터드에 의해 방열 장치 등에 부착할 수 있게 된 것이다. 주로, 전력용 디바이스 등에서 사용된다.

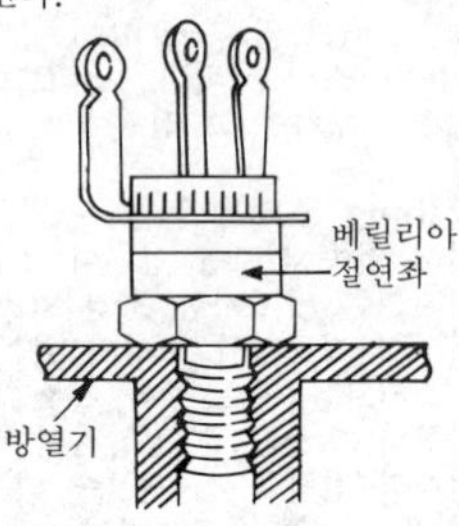

stuff multiplexing 스터프 다중화(－多重化) →pulse stuffing

stylus 스타일러스 ① 레코드판의 음구(音溝)에서 기록된 신호를 픽업하기 위한 픽업 바늘. 재생 바늘이라고도 한다. ② 어떤 종류의 입력 장치에 사용하는 펜 모양의 부분. 예를 들면, 그래픽스 태블릿에서 사용되는 펜 모양의 장치로, 도형 데이터를 컴퓨터 기억 장치에 입력할 수 있는 데이터로 변환하는(즉 2진 입력으로 변환하는) 장치에서 쓰인다. VDU(visual display unit)에서 사용되는 라이트 펜 등도 스타일러스라 한다.

stylus drag 스타일러스 드래그 녹음 매체의 표면과 재생 바늘 사이의 마찰로 생기는 힘으로 나타내는 데 쓰이는 표현.

stylus force gauge 침압계(針壓計) 픽업의 바늘끝이 레코드면을 누르는 압력(침압)을 측정하는 기구. 바늘끝이 음구(音溝)를 충실하고 안정하게 트레이스하기 위해서는 적당한 침압을 주는 것이 중요하다. 침압계에는 천칭형(天秤形), 스프링형의 것 등이 있다. 천칭형은 분동(分銅)을 써서 천칭이 평형한 곳에서 침압을 아는 것이며, 스프링형은 스파이럴 스프링을 이용하여 지침으로 침압을 읽는 것이다. 어느 것이나 침압은 g(그램) 단위로 나타내어지며, 픽업의 구조에 따라 다소는 다르지만 보통은 1~2g 정도이다.

styrene resin 스티렌 수지(－樹脂) 스티렌을 중합하여 만든 열가소성의 수지로, 무색 투명하다. 유전체로서, 또 전기 절연물로서 매우 양호한 특성을 가지고 있다. 폴리스티렌이라고도 한다. 동축 케이블의 중심 도체의 지지물, 광학 렌즈 등에 사용된다.

sub-audio (audible) frequency 가청하 주파수(可聽下周波數) 가청 주파수 이하의(보통은 20Hz 이하의) 주파수.

sub-band coding 대역 분할 부호화(帶域分割符號化) 음성 신호 등은 4kHz 의 대역폭 중에서 파워 스펙트럼의 대부분이 집중한 대역이 있다. 여기서 이러한 대역에는 다른 대역보다도 보다 많은 비트수를 써서 양자화함으로써 효율적인 부호화를 할 수 있다. 이와 같이 전송 대역을 파워 스펙트럼에 따라서 여러 개로 분할하고, 각 대역을 별개의 양자화 레이트로 부호화하여 다중 전송하는 방식이 대역 분할 부호화라는 방식이다. ＝SBC

subcarrier 부반송파(副搬送波) 다중 통신에서 하나의 신호를 미리 변조해 둔 다음 다시 한 번 주반송파를 몇 개 신호의 합성된 복합 신호로 변조한다. 이 최초의 변조에 사용하는 반송파를 부반송파라 한다. NTSC 방식 컬러 TV 나 FM 스테레오 방송의 파일럿 톤 방식 등에 사용된다.

subcarrier band 부반송파대(副搬送波帶) 주어진 부반송파와 결부된 대역으로, 부반송파의 최대 주파수 편이에 의해서 주어진다.

subcarrier discriminator 부반송파 판별기(副搬送波判別器) 원격 측정에서 사용되는 부반송파 주파수를 복조하기 위해 사용되는 판별기.

subcarrier leak 부반송파 누설(副搬送波漏泄) 텔레비전 카메라가 순수하게 흑이나 백만인 물체를 촬상하고 있을 때 얻어지는 신호는 휘도 신호뿐이며, 색정보를 지닌 부반송파 신호는 존재하지 않는다. 그러나 카메라의 흑 밸런스(또는 백 밸런스)가 잡혀 있지 않을 때에는 부반송파 성분이 신호 속에 잔존하고 있어 영상에 색이 붙게 된다. 이것을 부반송파의 누설이라 한다. 누설을 최소한으로 억제하기 위한 조정 조치가 백 밸런스이며, 이것은 조명원(태양이라든가 텔레비전 라이트 등)의 종류가 달라져도 흰 물체를 백으로서 지각하는 능력(인간이 가지고 있는 색의 항상성에 관한 능력)을 카메라가 가지고 있지 않는 데 있다. 그래서 광원의 종류에 따라서 적당한 필터를 사용하여 RGB 비율을 조정한다(대부분은 자동적으로 행하여진다).

subchannel signal 부 채널 신호(副－信號) 텔레비전의 음성 다중 방송에서 부반송파를 사용하는 신호.

sub-control room 부조정실(副調整室) 라디오 및 텔레비전의 스튜디오에 부속한 조정실. 스튜디오 프로의 운행 지휘를 하고, 영상, 음성 및 조명의 조정을 하기 위한, 마이크로폰 전환 장치나 믹싱 장치, 녹음 장치와 재생 장치, 카메라 조정 장치, 조광 장치, 모니터 등이 두어지고, 여기서 만들어진 프로그램이 주조정실에 보내진다. 따라서 보통은 방음 장치를 한 창을 통해서 스튜디오가 잘 보이는 장소에 배치되어 있다.

sub-directory 서브디렉토리 이용자 파일 디렉토리에서 체인되어 이용자 파일을 관리하기 위해 쓰이는 디렉토리이다. 이 디렉토리는 이용자 파일 디렉토리 하의 파일을 다시 세분화하여 관리하기 위해 작성된다.

subharmonic 저조파(低調波), 분수 조파(分數調波) 주기 변화량의 기본 주파수의 정수분의 1인 주파수를 가진 정현파(사인파) 성분.

subharmonic oscillator 분수 조파 발진기(分數調波發振器) 공진자 고유 주파수의 분수조파를 발생하는 발진기.

subject copy 원화(原畵) 화상 전송 장치에서 전송할 원시 화상.

sublobe 서브로브 안테나에서 방사되는 전파의 로브 중 주(主) 로브가 아닌 것으로 사이드 로브라고도 한다.

submarine cable 해저 케이블(海底-) 해저, 하천, 운하 등의 수저(水底)에 포설할 때 사용하는 전력용 또는 통신용 케이블. 연피(鉛被)가 내부와 외부의 두 곳에 있고, 또 기계적 강도를 늘리기 위해 바깥 둘레에 튼튼한 아연 도금 철선이 씌워져 있다.

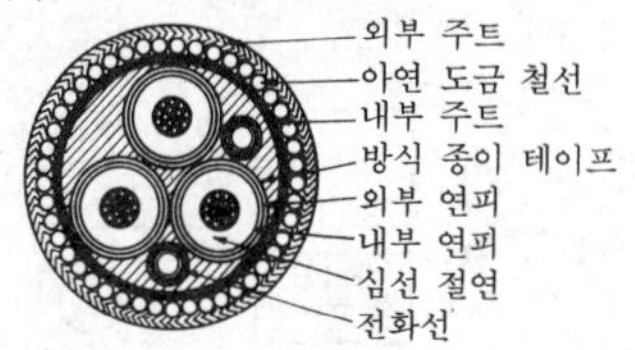

submarine repeater 해저 중계기(海底中繼器) 해저 케이블 반송 방식에서 케이블과 함께 해저에 설치되는 중계기. 대양 횡단 해저 케이블은 장거리를 위해 적당한 구간마다 중계기를 사용할 필요가 있으며, 현재 사용되고 있는 장거리 해저 중계 방식으로는 37 또는 44km 마다 해저 중계기를 사용하고 있다. 그림은 중계기의 회로 예이며, 동축 케이블의 중심 도체와 해양에 의해 일정 전류가 공급되고 있다.

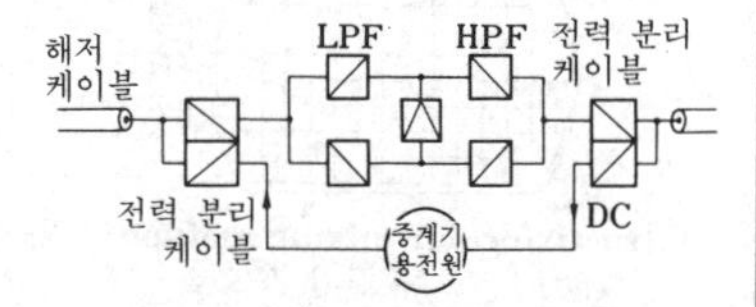

submersible television 수중 텔레비전(水中-) 비디콘 등을 사용한 소형 텔레비전 카메라 장치를 특수한 용기나 잠수기에 수용하고 잠수 카메라 맨이 촬영하든가, 원격 장치에 의해 물 위의 카메라 제어 장치로 촬영하여 수상기로 영상을 보도록 한 것. 수중 카메라 장치는 내수, 내식성을 가지며, 렌즈를 보호하고, 수중에서의 위치 규정을 할 수 있도록 배려되어 있으며, 조리개 등을 원격 조작할 수 있는 구조로 되어 있다. 수중 텔레비전은 수중 생물의 생태 관찰이나 해저 지질의 연구 등 광범위한 용도로 사용된다.

submersible ultrasonic telephone 수중 초음파 전화(水中超音波電話) 수중에서 사용할 수 있는 무선 통화 장치. 사용시에는 송화자의 목에 붙인 슬로트 마이크로폰으로 음성 신호를 꺼내고, 이것을 진폭변조하여 50kHz 의 초음파 반송 주파수에 실어 수중에 송신한다. 수신자는 이 송신파를 받아 검파하고, 수중 헤드폰으로 듣는 것으로, 200~800m 의 통화 범위가 있으므로 다이버용의 트랜시버 등으로서 이용된다.

sub-millimeter wave 서브밀리미터파(-波) 밀리파(파장 10~1mm)보다도 파장이 짧은 전파로, 파장은 1~0.1mm, 주파수 범위 300~3,000GHz 의 것을 말한다. 파장이 빛에 가까우므로 성질은 한층 빛과 비슷하다.

subnet 서브네트 =communication subnetwork

subroutine 서브루틴 하나의 프로그램 중에서 몇 번이라도 사용되는 처리 절차나 여러 가지 프로그램으로 공통하여 사용되는 처리 절차를 미리 따로 정의해 두고 프로그램의 필요한 장소에서 공통으로 사용하도록 한 프로그램.

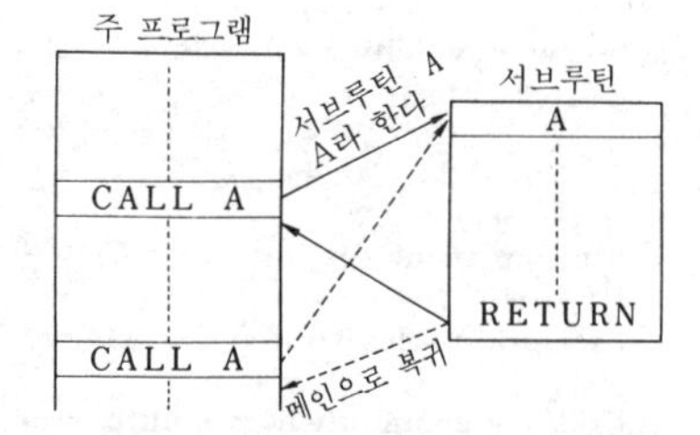

subscanning density 부주사선 밀도(副走査線密度) 원통 주사 방식의 팩시밀리에서 광학계를 축방향으로 이동시키는 주사선의 밀도〔선/mm〕. 원통의 직경〔mm〕과 이 값의 비율(협동 계수)은 송신 원화

와 수신 화면에 대해서 같아야 한다.

subscriber carrier system 가입자 반송 방식(加入者搬送方式) 단일의 황복선에 의해 둘 또는 그 이상의 가입자를 로컬 교환국에 접속하기 위해 둘 또는 그 이상의 변조 반송파를 사용한 페어게인 방식을 말한다. 예를 들면 A가입자는 보통의 음성 주파수에 의해, 또 B가입자는 왕·복 각각의 선로에 2개의 다른 AM 반송파를 쓰고 있다. 디지털 방식인 경우에는 보다 대규모의 것이 있다.

subscriber loop (access line) multiple system 가입자선 다중화 방식(加入者線多重化方式) 교환망에서 집선 기술과 시분할 다중화 전송 방식을 조합시켜서 가입자와 로컬국 사이에 있는 로컬 네트워크의 용량 이상으로 다수의 가입자를 접속할 수 있도록 한 방식. 주파수 분할 다중화 방식을 사용한 것도 있다. =pair-gain system

subscriber loop carrier 가입자 반송 방식(加入者搬送方式) =subscriber carrier system

subscriber' s line 가입자선(加入者線) = access line, subscriber' s loop

subscriber' s line noise 가입자선 잡음(加入者線雜音) 가입자선 구간에서 받는 잡음. 상용 주파수를 기본파로 하는 유도 잡음, 통화 또는 다이얼 신호의 누설에 의한 다중 누화 잡음이 주된 것이다.

subscriber' s loop 가입자선(加入者線) = access line, subscriber' s line

subscriber' s station 가입 전화(加入電話) 전화기를 임의로 원하는 상대의 전화기에 접속하기 위해서는 교환을 다루는 한국통신 등의 조직에 가입하지 않으면 안 된다. 이 조직에 가입한 전화를 가입 전화라 하고, 단독 가입과 공동 가입의 두 종류가 있다. =telephone station

subscriber switching subsystem 가입자 교환 서브시스템(加入者交換－) 저이용 가입자 회선으로부터의 트래픽을 로컬국에 모아 이것을 고이용 공동 회선에 실어서 전송하는 시스템.

subscriber trunk dialing 자동 즉시 방식(自動卽時方式) =STD, DDD

subscription television 계약 텔레비전(契約－) →pay television

subsidiary communicator' s authorizations SCA 업무(－業務) =SCA

subsidiary quantum number 부양자수(副量子數) →azimuthal quantum number

subsonic filter 서브소닉 필터 저역 차단 필터라고도 하며, 저역 필터를 말한다. 레코드 플레이의 소음이나 레코드에서 발생하는 저음용 스피커의 불필요한 진동을 제거하는 데 효과가 있다. 보통 20Hz 이하의 주파수를 차단하도록 *CR*형 필터로 구성되는데, 스위치로 ON-OFF 할 수 있도록 되어 있다.

substitutional error 치환 오차(置換誤差) 볼로미터 측정의 과정에서 발생하는 오차. 측정할 RF 전력이 직류 또는 AF전력으로 치환되었을 때 전류 분포의 차이 때문에 다른 온도 분포가 생겨, 같은 전력량에 대해서 볼로미터 요소가 다른 저항값을 준다. 이 오차는 볼로미터 장치의 변환 효율(이론값)을 η,, 실효 변환 효율을 η_e로 하여 $(\eta_e-\eta)/\eta$로 주어진다.

substitutional power 치환 전력(置換戰力) 볼로미터에서 측정할 RF 전력을 주기 전과, 준 다음에 저항값을 같게 유지하기 위해 필요한 바이어스 전력의 차.

substitution method 치환법(置換法) 미지의 값을 측정하는 방법의 하나로, 측정 대상물과 표준기를 바꾸어 넣어 그 차 또는 비율을 측정하여 미지의 값을 구하는 방법. 그림은 치환법에 의한 필터 특성의 측정 예인데, S를 필터측에 넣었을 때의 VV의 지시값과 ATT측에 넣었을 때의 VV의 지시값이 일치하도록 ATT를 조정한다. 그 때의 ATT 값이 필터의 감쇠량이다.

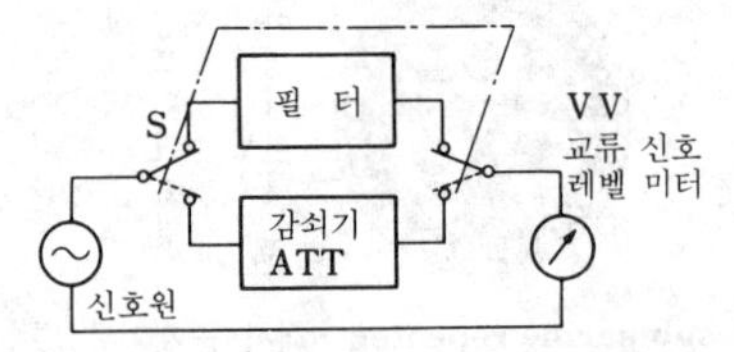

substrate 기판(基板) ① IC를 만들기 위한 실리콘의 박판. ② 유리천이나 종이 기재(基材) 에폭시 수지 적층판 등에 동박을 입히고, 동박의 불필요한 부분을 에칭하여 전자 회로를 만들기 위한 적층판. 그림은 실리콘 기판의 예이다.

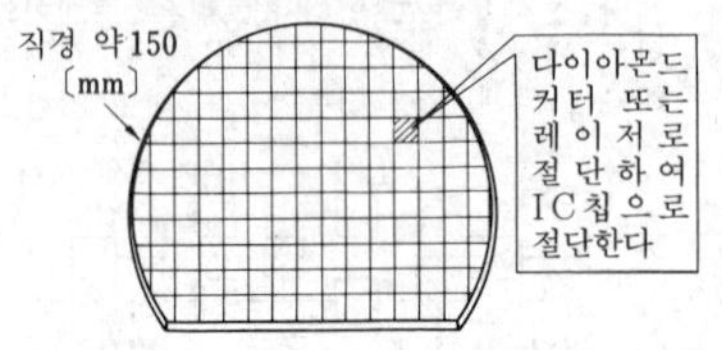

subtractive color mixing method 감색법(減色法) 그림 물감 등으로 색을 혼합

하여 다른 색을 만드는 방법. 예를 들면 황색과 시안의 그림물감을 혼합하면 황색 및 시안에 상당하는 파장의 광선을 반사 또는 투과하고, 기타의 광선은 흡수해 버리기 때문에 녹색으로 보인다.

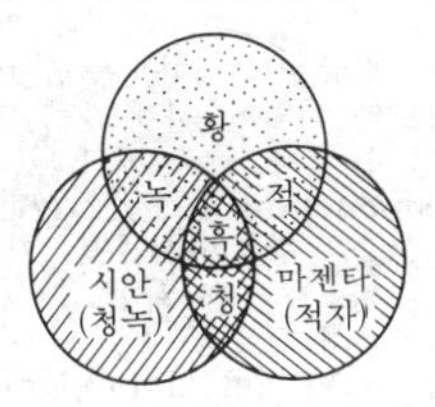

subtractive color process 감법 혼색법(減法混色法) →additive color process

subtractive mixture 감색 혼합(減色混合), 감법 혼합(減法混合) 색채를 재현하는 방법의 하나로, 시안(청록), 마젠타(적자 : 赤紫) 및 황색을 3원색(그림물감의 3원색이라 한다)으로 하고, 이들 3원색의 색을 적당히 조합시켜서 모든 색을 재현하는 방법을 말한다. 예를 들면, 빨간 유리판을 통해서 흰 빛을 보면 빨갛게 보이는 것은 그 유리판이 빨간색의 빛을 잘 통하고 다른 빛을 흡수하기(이것을 선택 흡수라 한다) 때문이며, 이 원리에 의해서 적과 황색의 그림물감을 섞어서 칠한 종이를 흰 빛으로 보면 오렌지색으로 보이는 것과 같은 방법이다. 컬러 사진이나 컬러 영화는 이 원리를 응용한 것이다. → additive mixture

suite 스위트 밀접하게 관련한 프로그램의 그룹(혹은 세트). 스위트는 본래 짝, 한 벌을 뜻한다. 호텔의 스위트 룸(거실, 침실이 함께 갖추어진 방) 등을 의미한다.

sulfation 황산화(黃酸化) 납 축전지의 극판이 백색을 한 황산납으로 변질하고, 단자 전압이 낮으며 전해액의 비중도 작아져서 충전을 해도 회복하지 않는 현상을 말한다. 이 현상의 원인으로는 과방전이나 전해액으로의 불순물의 혼입, 불충분한 충전의 반복 등이 있다. 가벼운 것은 균등 충전을 오래 함으로써 회복시킬 수도 있지만 심한 것은 극판을 교환하는 이외에 방법이 없다.

sulfur nexafluoride 6불화 유황(六弗化硫黄) 분자식 SF_6. 무색의 기체로 불연성이고 안정하며, 절연 파괴의 세기는 3~5기압에서 사용하면 절연유 이상의 값이 얻어진다. 차단기의 소호(消弧) 매체나 케이블의 절연물로서 사용되고 있다.

sum-and difference circuit 가감산 회로(加減算回路) 컴퓨터 연산 회로에서 보수기(補數器)를 동작시키느냐 아니냐로 가산 또는 감산을 할 수 있도록 한 회로.

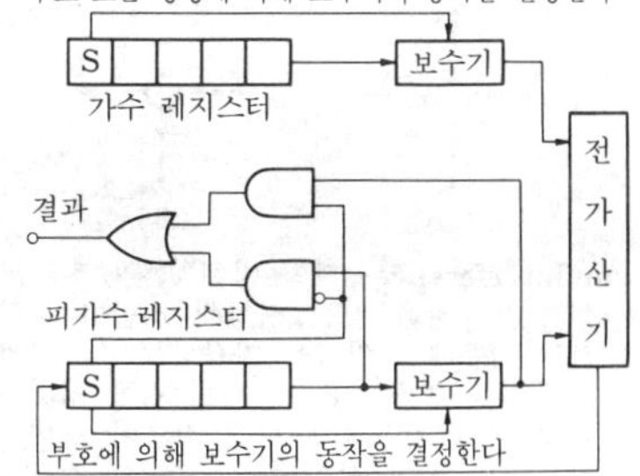

summing amplifier 가산 계수기(加算計數器) →summing operational unit

summing integrator 가산 적분기(加算積分器) 아날로그 컴퓨터에서의 연산기의 일종으로, 적분기에 복수의 입력 단자를 둠으로써 각각의 입력을 적분하여 가산한 값을 출력으로서 얻는 것이다.

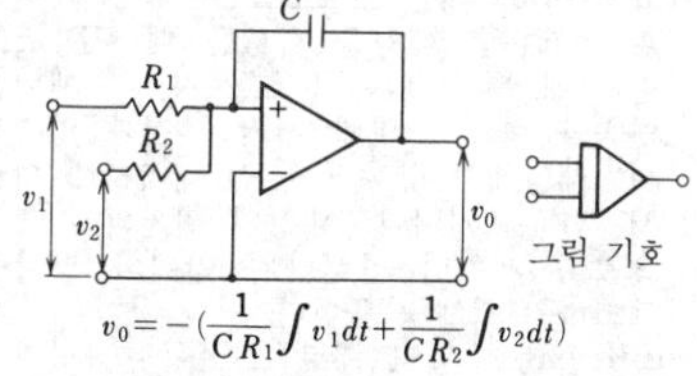

$$v_0=-\left(\frac{1}{CR_1}\int v_1dt+\frac{1}{CR_2}\int v_2dt\right)$$

summing operational unit 가산 연산기(加算演算器) 아날로그 컴퓨터에 사용하는 연산 증폭기의 일종으로, 입력 단자를 둘이상 갖는 것을 말하며, 가산 계수기나 가산 적분기 등이 있다. 그림은 전자의 예이며, 이 회로에서는 $1/\mu \fallingdotseq 0$ 으로 하면 다음의 관계가 얻어진다.

$$e_0=-R_f\left(\frac{e_1}{R_{i1}}+\frac{e_2}{R_{i2}}+\cdots\cdots+\frac{e_n}{R_{in}}\right)$$

summing point 가합점(加合點) 신호의 전달 경로를 나타내는 블록 선도에서 두 신호의 합 또는 차를 구하는 부분으로, 그림 (a) 또는 (b)와 같이 나타낸다. 후자는 차인점(差引點)이라고도 한다.

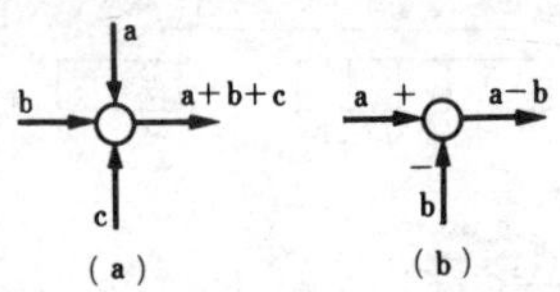

sun interference 태양 방해(太陽妨害) 위성과 지구국을 잇는 선상에 태양이 위치하는 경우에는 위성을 지향하는 지구국의 안테나는 태양 잡음을 그 빔 속에 침입시키게 되어 지구국의 수신 잡음이 증대한다. 정지 위성에서는 춘분, 추분을 전후로 하여 이러한 현상이 매일 수분씩 수일간에 걸쳐서 일어난다.

sun spots 태양 흑점(太陽黑點) 태양 표면에 볼 수 있는 검은 반점으로, 냉각된 가스 영역이다. 이들의 존재는 태양 자계의 국부 변동과 연관되어 있으며, 대체로 11년 주기로 나타나는 것으로 알려져 있다.

sun strobe 태양 스트로브(太陽－) 레이더의 안테나를 태양을 향했을 때 PPI스크린 상에 볼 수 있는 신호 표시. 그 패턴은 연속파 방해에 의해 생기는 것과 비슷하며, 태양에서 방사되는 RF에너지에 의해서 생기는 것이다. 태양의 위치와 비교함으로써 레이더 안테나의 방위와 앙각을 체크하기 위해 사용된다.

sunlit path 일조 통로(日照通路) 단파의 원거리 전파로에 있어서, 태양의 조사(照射)를 받는 부분.

superaudio-telegraphy 초가청 전신(超可聽電信) =ultraaudible frequency telegraphy

super bell paging 수퍼 벨, 수퍼 벨 페이징 포켓 벨(페이징) 휴대자가 호출되어 가까운 전화에서 응답하면, 교환국에 기억되어 있는 발신자 번호에 자동적으로 접속되는 호출 서비스.

supercommutation 수퍼커뮤테이션 전송하는 정보의 대역폭을 넓히기 위해 1프레임 내의 복수의 채널 슬롯에 정보를 등간격으로 할당함으로써 표본화 속도를 빨리 할 수 있다. 커뮤테이션이란 다중 채널을 순차 전환하는 동작이다. 그를 위한 전환 스위치를 커뮤테이터 스위치(표본화 스위치, 주사 스위치)라 한다.

supercomputer 수퍼컴퓨터 방대한 데이터를 처리하는 과학 기술 계산을 하기 위해 고속 연산 장치나 확장된 벡터 연산 기구를 가지며, 대형 범용 컴퓨터의 몇 배나 되는 고속 연산을 가능케 한 컴퓨터.

superconducting quantum interference device 초전도 양자 간섭 소자(超電導量子干涉素子) 절연물을 초전도체 사이에 끼운 조셉슨 접합을 초전도 링의 일부에 삽입하고, 픽업 코일에 의해 외부 자계에 비례한 전압을 측정하도록 한 장치. 10^{-14} T 정도의 미약한 자계(생체 자기 등)를 측정할 수 있다. =SQUID

superconduction 초전도(超電導), 초전도(超傳導) 수은이나 주석, 기타 많은 금속이나 합금, 금속 화합물, 특수한 자기 물질 등에서 온도를 매우 낮게 하여 절대 0도로 접근시키면 전기 저항이 0으로 되는 동시에 비투자율이 0, 즉 완전한 반자성체가 되는 현상을 말한다. 초전도 상태가 되려면 그 물질에 특유한 자계나 온도의 한계가 존재하고, 또 이 상태에 있는 물질에 밖으로부터 자계를 가하여 정상적인 전도 상태로 할 수도 있다.

superconductive element 초전도 원소(超電導元素), 초전도 원소(超傳導元素) 극저온에서 초전도 상태가 되는 원소의 총칭. 니오브나 바나듐 등 20종류 가량 있으나 고전도율의 구리나 강자성체인 철 등은 포함되지 않는다.

superconductive magnet 초전도 자석(超電導磁石), 초전도 자석(超傳導磁石) 코일에 초전도체를 사용한 공심 전자석으로, 극저온에서 운전된다. 이것은 가는 권선에 큰 전류를 흘릴 수 있으므로 강력한 자계를 경제적으로 발생시키는 데 적합하여 MHD발전이나 부상식 철도 등에 쓰인다.

superconductive transition 초전도 전이(超電導轉移), 초전도 전이(超傳導轉移) 초전도체를 상온에서 점차 냉각해 가면 어느 온도에서 갑자기 초전도 상태가 되는 것. 그 온도는 물질에 따라 다르나 현용의 합금에서는 10수K 이하이다. 또, 자계가 가해진 상태에서는 그보다도 더 낮아진다.

superconductivity 초전도(超電導) → superconduction

superconductor 초전도체(超電導體) 초전도를 나타내는 물질로, 현재까지 Hg, Pb, Nb 등 25종의 금속 원소와 수백 종의 합금, 화합물이 알려져 있다.

superdirectivity 초지향성(超指向性) 안테나의 치수 및 그 최대 강도의 방사 방향으로의 집중적 여진 조건에서 얻어지는 예기 이상으로 강한 지향성을 가진 방사 특성. 평균의 축적 에너지에 대하여 1Hz 당의 방사 전력이 매우 큰 상태이다.

super gain antenna 수퍼 게인 안테나 철탑 주위에 4조의 반사기가 붙은 반파 안테나를 두고, 각 안테나에 안테나를 1주하는 방향으로 같은 진폭의 전류를 흘리도록 한 안테나. 수평면 내는 무지향성이고, 이득을 크게 하기 위하여 여러 단 겹쳐서 사용한다. 텔레비전 방송용으로 사용되고 있다. →half-wave antenna

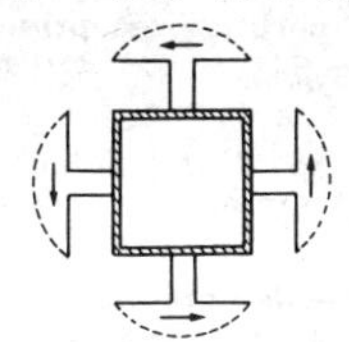

super-group 초군(超群) 반송 다중 변조에서 60 채널의 통화로를 가진 240kHz의 대역폭을 가진 다중 신호. 다중화의 과정에서 이들 초군은 기초 초군으로서, 상이한 주파수의 초군 반송파를 변조하여 기초 주군을 작성하게 된다.

super-group modulation 초군 변조(超群變調) 312~552kHz 의 주파수 대역을 가진 16 조의 기초 초군에 의해 15 파의 초군 반송파를 변조하여 60~4,028kHz 까지의 대역 내에 배열하는 변조를 말한다. 제 2 초군만은 그림과 같이 기초 초군인 채로 배치된다.

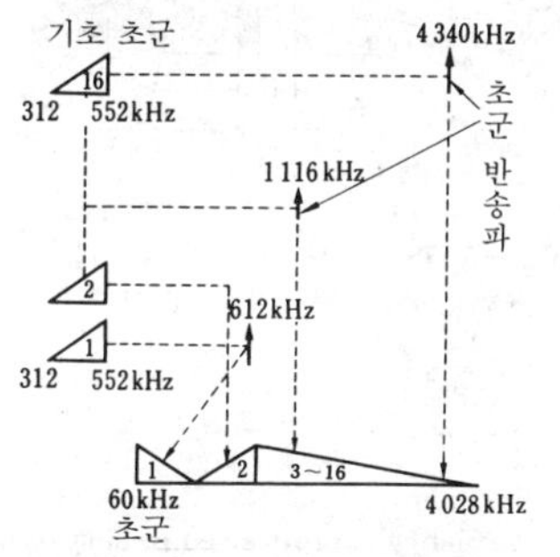

super-group pilot 초군 파일럿(超群-) 기초 초군 구간의 레벨 변동을 감시하기 위한 파일럿(주파수 411.92kHz).

superheterodyne receiver 수퍼헤테로다인 수신기(-受信機) 무선 수신기의 일종으로, 수신 주파수를 이보다 낮은 중간 주파수로 변환하고, 증폭, 검파하여 수신하는 장치.

super-high frequency 초고주파(超高周波) 무선 주파수 스펙트럼에 있어서 3~30GHz 의 주파수대. =SHF

super impose 수퍼 임포즈 텔레비전국의 연주 설비에는 영상에 여러 가지 효과를 갖게 하기 위한 장치가 많이 있으며, 간단한 내용의 프로그램이라도 카메라, 테롭(telop), VTR, 16 밀리 필름 등 각종 기기를 써서 그 출력을 적당히 혼합하여 송출한다. 수퍼 임포즈는 그 중의 한 기법으로, 화면 속을 도려내고 다른 화면(문자 등을 포함)을 넣는 방법이며, 이 밖에도 여러 가지 믹싱을 영상 전환 콘솔에서 할 수 있다.

super insulating resistance meter 초절연 저항계(超絶緣抵抗計) 메거(megger)의 수동 발전기 대신 트랜지스터 발진기와 승압용 변압기를 내장한 메거의 일종으로, 10^7MΩ 정도까지의 절연 저항을 측정할 수 있다.

super large scale integration 초대규모 집적 회로(超大規模集積回路) 대규모 집적 회로보다 집적도가 높고 가공 기술도 광학 방식과는 질적으로 다른 전자 빔 방식을 사용한 초미세 가공 기술이 기본으로 되어 있다. 초대규모 집적 회로의 패턴 미세화의 한계는 열방산에 의한 한계, MOSFET(전계 효과 트랜지스터)의 기본적 동작 원리에 의한 한계, 바이폴러 트랜지스터의 기본적 동작 원리에 의한 한계, 메탈 마이그레이션(금속의 전이)에 의한 한계가 고려된다. =SLSI

superlattice element 초격자 소자(超格子素子) 결정 격자의 원자 위치 다른 원자에 불규칙하게 점유되고, 또 겹친 것과 같은 구조로 되어 있는 상태를 초격자라 한다. 이것은 크기가 통상의 격자보다도 커진다. 이러한 상태의 재료는 분자의 종류가 다른 매우 얇은 결정층(두께 10^{-8}m 정도)을 교대로 성장시키서 만들어지고, 전류를 흘릴 때 매우 높은 주파수의 발진을 하는 등 특징있는 성질을 나타낸다. 고속 컴퓨터로의 이용 등이 기대되고 있다.

superlattice parts 초격자 부품(超格子部品) 결정(結晶)의 구조가 1 원자 또는 수 원자 간격마다 다른 것을 겹쳐 쌓은 것과 같이 되어 있는 것을 초격자라 하고, 통상의 결정에서는 볼 수 없는 특이한 성질이 있다. 기상(氣相) 성장에 의해 인공적으로 만들어지는 것으로, 이것을 소자로서 이용하는 것이 초격자 부품인데, 현재는 연구 단계이다.

supermagnetostrictive material 초자왜 재료(超磁歪材料) 자기 일그러짐 재료 중 자계를 걸었을 때의 신축의 비율이 통상의 것보다 1,000 배 정도 큰 재료를 말한다. 철에 테르븀, 디스프로슘 등의 회토류 원소를 혼합해서 만든다. 리니어 모터나 자동차의 엔진, 항공기의 제어 부품 등의 폭넓은 용도가 있다.

Supermalloy 수퍼멀로이 퍼멀로이의 뛰어난 자기 특성을 고주파에 사용하기 위해 소량의 몰리브덴이나 망간 등을 가해서 저항률이 높아지도록 개량한 고투자율 합금으로, 소형 트랜스의 자심 등에 사용된다.

supermaster group 초주군(超主群) → basic group

super minicomputer 수퍼 미니컴퓨터 미니컴퓨터를 기능적으로나 용량적으로나 대폭 강화한 머신. 주기억 용량이 1M 바이트 이상, 워드 길이가 32 비트의 것이 많다. 대형화되어도 각종 입출력 기기의 접속을 이용자가 다루기 쉽도록 인터페이스를 지원하고 있는 등 미니컴퓨터의 특징을 이어받고 있다.

Superminvar 수퍼민바 철 68%, 코발트 23%, 니켈 9%의 합금. 퍼민바보다 투자율이 더욱 넓은 범위에 걸쳐 일정하다.

superplastic alloy 초소성 합금(超塑性合金) 통상의 금속에서는 볼 수 없는 현저한 소성 변형을 나타내는 합금. 아연, 알루미늄, 구리의 3 원 합금을 서서히 구부린 결과, 둘로 꺾임으로써 발견되었다. 매우 무른 합금이라도 공정(共晶) 합금을 분말 야금하여 가압 변형시킴으로써 종래의 2 배에서 30 배 이상이나 변형하는 복잡한 모양의 제품을 만들 수 있다.

superposed circuit 중첩 회로(重疊回路) 다른 몇 개의 채널을 위해 준비된 회로 또는 복수의 회로를 써서 얻어지는 또 하나의 추가 채널로, 모든 채널은 서로 방해를 주는 일 없이 동시 사용할 수 있도록 되어 있는 것. 두 측회선(側回線)을 이용하여 만들어지는 중신(重信) 회선 등은 그 예이다.

superposition theorem 겹쳐 맞춤의 정리(-定理), 중첩의 정리(重疊-定理) 선형 방정식에서 기술되는 회로망 또는 계에서 $f_{i1}(t)$라는 입력에 대한 응답이 $f_{o1}(t)$이고, 또 $f_{i2}(t)$에 대한 응답이 f_{o2}라고 하면, 이들 입역이 동시에 주어졌을 때의 응답은 $f_{o1}(t)+f_{o2}(t)$로 주어진다는 정리.

superrefraction 초굴절(超屈折) 지구의 대기권에 의해 레이더파가 아래쪽으로 굴절하는 것. 특히 해상에서 바닷물의 온도가 대기 온도보다 적어도 3℃ 찬 경우에 볼 수 있으며, 대기의 덕트와 비슷한 효과가 있다. 이러한 조건에서 레이더의 도달 범위는 크게 연장된다.

superregeneration 초재생(超再生) 재생 회로에서 재생 작용이 최대 유효량을 초과하는 것을 방지하기 위해 과궤환(過饋還)의 이른바 스퀘그 발진기(squegging oscillator)를 써서 인간의 귀의 가청 한계를 약간 초과하는 주파수에서 발진이 정지하도록 한 것. UHF 수신기용 검파 회로인데, 잡음이 많고 선택성도 나빠서 그다지 이용되지 않는다.

superregenerative reception 초재생 수신(超再生受信) 재생 수신에 있어서, 정궤환을 강하게 함으로써 싱기는 발진을 가청 주파수 이상의 교류에 의해서 주기적으로 억압하여 높은 수신 감도를 얻는 방식.

superturnstile antenna 수퍼턴스타일 안테나 텔레비전 방송용으로 널리 사용되는 송신용 안테나의 일종으로, 그림과 같은 배트윙 안테나(batwing antenna) 소자를 직교시켜서 여러 단 겹쳐 쌓은 구조이다. 수평면 내는 무지향성이고 광대역 특성을 가지며, 10 단 정도 겹쳐 쌓으므로 이득도 크다. 더블릿 안테나를 반파장의 간격으로 둘 배열한 것과 등가적이다. → batwing antenna

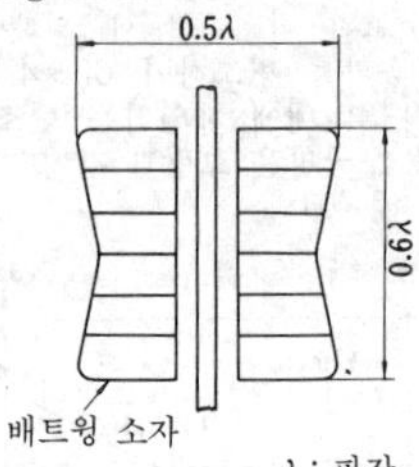

λ : 파장

super-VHS 수퍼 VHS =S-VHS

supervisor 수퍼바이저, 감시 프로그램(監視-) 제어 프로그램의 핵심을 이루는 프로그램으로, 시스템 구역에 상주하여 시스템 전체의 운용 효율을 향상시키기 위해 시스템 자원을 통합적으로 제어하는 것.

supervisory computer control system 감시 컴퓨터 제어 시스템(監視-制御-), SCC 시스템 피드백 제어에서 개개의 제어계 제어는 아날로그 제어 장치로 하지만, 그 각 제어 장치의 목표값이나 시스템 상수 등의 변경은 모두 하나의 컴퓨터로 계산하고, 오프라인이기는 하지만 다수의 제어계를 동시에 감시 제어하는 방식.

supervisory remote control 원격 감시 제어(遠隔監視制御) 중앙의 제어소와 원격의 많은 피제어소 사이에 소수의 전송 회선을 통해서 감시, 계측 및 제어를 하는 것, 및 그를 위한 장치.

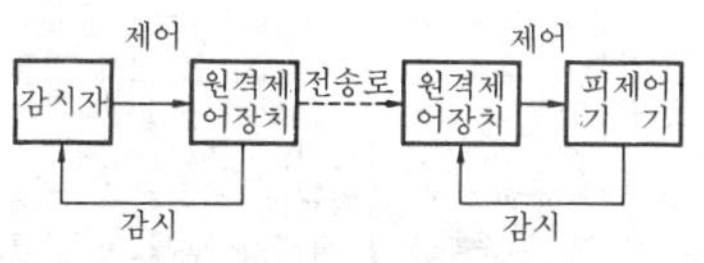

supply voltage rejection ratio 전원 전압 제거비(電源電壓除去比) 연산 증폭기에서, 전원 전압의 변화에 의해 증폭기 출력단에 생기는 오프셋 전압의 입력 환산값(증폭기 본체의 전압 이득으로 나눈 값)과 전원 전압 변화와의 비.

support program 지원 프로그램(支援－), 보조 프로그램(補助－) 컴퓨터의 프로그램 중 적재기(loader), 유틸리티 프로그램, 소트, 연계 편집 프로그램 등 시스템의 운용이나 이용자 프로그램의 실행을 돕는 범용 프로그램.

suppressed carrier amplitude modulation 반송파 억압 진폭 변조(搬送波抑壓振幅變調) 진폭 변조파의 반송파를 제거하고, 측파대만으로 하여 송신하는 방식. 반송파는 일정하며, 변조 신호만이 변동하고 있으므로 수신측에서 다시 반송파를 가하면 된다. FM스테레오 방송의 부반송파는 이 방식이며, 전력이 적어도 되는 이점이 있다.

suppressed carrier modulation 억압 반송파 변조(抑壓搬送波變調) 반송파가 억압되는 변조 방식.

suppressed carrier single sideband system 억압 반송파 SSB 방식(抑壓搬送波－方式) SSB 무선 전화에서 한쪽 측파대만을 쓰고, 반송파를 송신하지 않는 방식.

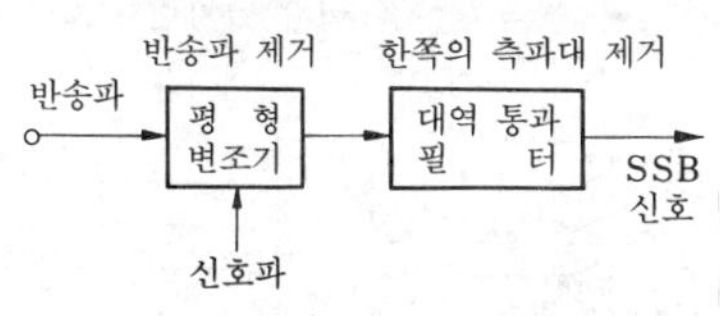

송신기의 구성

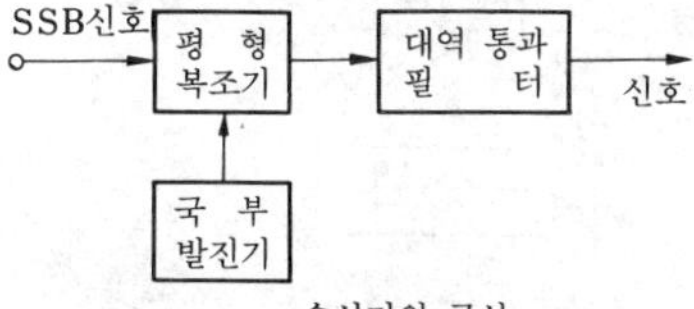

수신기의 구성

suppressed carrier transmission 억압 반송파 전송(抑壓搬送波傳送) 무선 송신에 있어서, 송신 전력을 절약하기 위해 반송파를 측파대 전력보다도 30∼40dB 억압하여 송신하고, 수신측에서 반송 주파수를 가한 다음 복조하는 것. 컬러 텔레비전에서의 색부반송파는 억압되어서 송신된다(전파 형식은 A5J).

suppressed dial service 단축 다이얼 서비스(短縮－) 종래의 회전 다이얼식 전화기에서는 시외 국번을 포함하여 7자리에서 10자리의 전화 번호를 갖는 상대 가입자를 호출하려면 그 자리수 만큼 다이얼 조작이 필요하며, 특히 빈번히 거는 상대일 때는 매우 번거롭다. 그러나 푸시버튼식 전화기나 전자 교환기가 보급되고부터 다이얼을 1자리나 2자리로 생략하여 접속할 수 있게 되었다. 이러한 방식을 단축 다이얼 서비스라 하고, 미리 국측의 기억장치에 상대방 전화 번호와 2자리의 기호와의 대응을 기억시켜 두고 그 상대를 호출할 때는 2자리의 기호를 다이얼하면 상대방에 접속할 수 있게 되어 있다.

suppressed scale 압축 눈금(壓縮－) 어느 범위를 상세하게 읽기 위해 다른 범위의 눈금을 압축한 것. 보통 제로 부근 또는 최대 눈금 부근을 압축한 것이 많다.

suppressed scale instrument 압축 눈금 계기(壓縮－計器) 지시 계기 또는 기록 계기에서 제로 위치가 스케일 끝을 벗어나 낮은 위치에 있는 것. 따라서 눈금판의 눈금은 예를 들면 20∼100이라는 식으로 제로 눈금이 표시되어 있지 않다.

suppressed-zero instrument 제로 억제 계기(－抑制計器) 지시 계기 또는 기록 계기에서 제로 위치가 눈금판 밖으로 밀려나고, 따라서 눈금판은, 예를 들면 20∼100이라는 식으로 제로 눈금이 표시되지 않은 것.

suppression ratio 압축비(壓縮比) 눈금판에서의 낮은 레인지값과 스팬(눈금폭)과의 비를 말한다. 예를 들면 20∼100 범위인 경우의 압축비는 20/(100−20), 즉 0.25이다.

surface acoustic wave 탄성 표면파(彈性表面波) 수정 등의 압전 물질 표면을 전파하는 진동. 표면에 2조의 빗 모양 전극을 붙이고, 한쪽에 전압을 가하면 탄성 표면파를 발생하여 이 파를 받은 다른 쪽 전극에 기전력을 유도하므로 전극의 형상을 적당히 설계함으로써 통과 대역의 경계가 선명한 탄성 표면파 필터를 만들 수 있다. ＝SAW

surface acoustic wave device 표면 탄성파 소자(表面彈性波素) 탄성 표면파를 이용하는 회로 소자. →surface acoustic wave

surface acoustic wave filter 탄성 표면파 필터(彈性表面波－) 탄성 표면파란 압전 물질의 표면을 전하는 진동을 말한다. 이것을 이용하여 수정판 양단에 그림과 같은 전극을 붙이고, 특정한 주파수 성분만을 통과시키도록 한 부품이 탄성 표면파 필터이다.

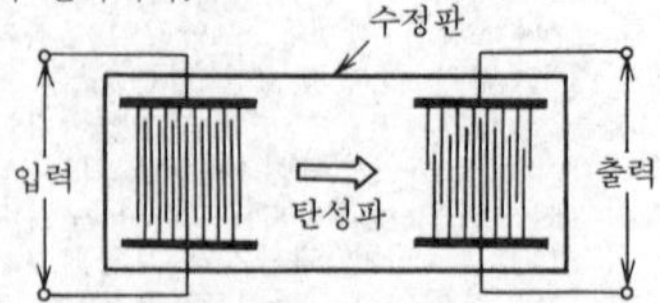

surface active agent 계면 활성제(界面活性劑) 이물질이 면접촉하고 있을 때 그 경계면에 작용하여 성질을 변화시키는 물질을 말한다. 예를 들면, 비누는 물 등에 의해 녹이면 표면 장력이 작아지고, 물과 기름의 경계에 모이면 그 성질을 변화시킨다. 보통, 1 분자 중에 친유성과 친수성의 성질을 갖는 부분이 떨어져서 존재하는 물질은 계면 활성이라고 할 수 있다. 그 전기적 성질에서 음 이온질, 양 이온질, 비 이온질의 것으로 나뉜다.

surface barrier 표면 장벽(表面障壁) 반도체 표면에서, 캐리어의 포획에 의해 형성되는 표면의 전위 장벽. 장벽의 실효 면적은 점접촉형 트랜지스터에 있어서의 장벽에 비해 매우 크다. 기호 V_s. 표면 전위를 φ_s, 벌크(bulk) 전위를 φ_B로 하면 양자의 차가 표면 장벽 전위 V_s이고, φ_B와 역극성을 가지고 있다.

surface barrier transistor 표면 장벽형 트랜지스터(表面障壁形－) n 형 게르마늄의 결정편을 사용하여 표면을 에칭해서 베이스 부분이 매우 얇아지도록 만든 트랜지스터. 캐리어의 통과 시간이 매우 짧기 때문에 고주파용에 적합하다.

surface conduction 표면 전도(表面傳導) MOS 디바이스에서 볼 수 있듯이 게이트 전극 아래의 반도체층에 유기된 전하에 의한 전도 작용.

surface discharge 연면 방전(沿面放電) 두 전극간에 고전압을 가함으로써 전극 사이의 절연물 표면을 따라서 방전이 일어나는 현상.

surface frictional wire 서페이스 프릭셔널 와이어 절연층을 2 중으로 구어붙여서 표면 마찰을 크게 한 에나멜선. 다층 코일의 제작에 사용한다.

surface hardening 표피 담금질(表皮－) 고주파 유도 가열에서 유기되는 와전류를 표피 부분에 집중하여 급속히 가열하고, 급랭하여 표피의 담금질을 하는 방법. 이것은 되도록 높은 주파수, 큰 전류 밀도로 하는 것이 좋으나, 전원의 효율은 주파수가 높을수록 나빠지며, 표피 담금질의 깊이는 주파수의 평방근에 반비례하기 때문에 최적 주파수가 정해진다. 표피 담금질은 크랭크축, 핀, 캠, 기어 등 표면의 마모가 심한 부품에 사용하면 효과가 크다.

surface inversion layer 표면 반전층(表面反轉層) →MOS diode

surface level 표면 준위(表面準位) 고체의 표면 가까이에 국부적으로 존재하는 전자 상태(표면 상태). 보통 고체와 진공의 계면에 생기는 것을 말하지만, 이종 고체의 접촉면이나 이종 원자(분자)를 흡착한 표면을 말하는 경우도 있다.

surface noise 표면 잡음(表面雜音) → frying noise

surface passivation 표면 안정화(表面安定化) →passivation

surface potential 표면 퍼텐셜(表面－) 그림에 절연 게이트형 MOS 실리콘 표면 가까이의 전자 에너지의 에너지띠 구조를 나타냈다. 실리콘 벌크는 p 형이다. 전자 에너지 $\varphi(x)$는 보통 전도띠 하단의 에너지 $E_c(x)$와 페르미 준위 E_F와의 차 $E_F-E_c(x)$로 주어지는데, 기준 레벨을 바꾸어서

$$\varphi(x)=E_F-E_i(x)$$

로 나타낼 수도 있다. $E_i(x)$는 고유 페르미 준위이며, 갭 전압을 E_g로 하여 $E_i(x)=E_c-0.5E_g$로 주어진다. 페르미 준의 E_F와 달라서 E_i는 물질 내의 장소에 따라서 그 값이 변화한다. 그림은 절연 게이트에 주는 전압을 여러 가지로 바꾸었을

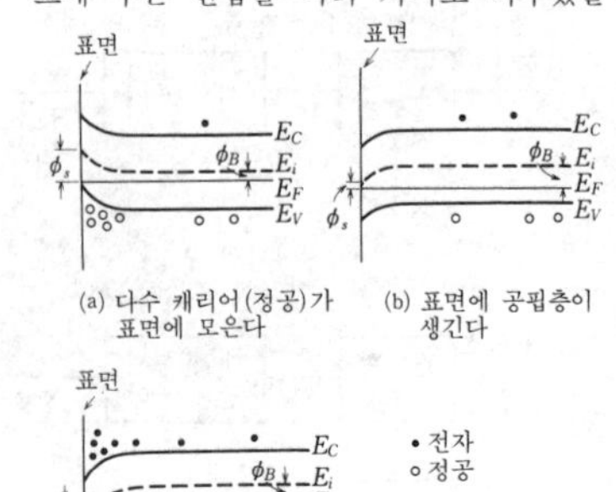

때의 실리콘 표면의 전위(표면 퍼텐셜) φ_s의 변화를 나타내고 있다. $\varphi_s=0$이면 에너지띠는 일그러짐을 일으키지 않지만 (flatband), 그렇지 않을 때는 띠 구조는 표면 가까이에서 위쪽 또는 아래쪽으로 일그러지고, 경우에 따라서는 표면에 반전층을 만든다.

surface recombination 표면 재결합(表面再結合) 반도체 표면에서는 격자 구조가 불연속으로 되어 댕링 본드(dangling bond) 때문에 다수의 국소 준위나 생성·재결합 중심이 존재한다. 이들 에너지 준위 때문에 표면 재결합이 가속되는 것이다. 표면에서 단위 면적당, 단위시간에 재결합하는 캐리어의 수는 표면의 소수 캐리어 밀도와 열평형 상태에 있어서의 소수 캐리어 밀도와의 차로 표면 재결합 속도 S_r을 곱한 것으로 주어진다. S_r은 표면 생성 속도 S_g보다도 크다. 예를 들면 실리콘의 경우에는 $S_r=80$cm/s, $S_g=0.1$cm/s이다.

surface recombination velocity 표면 재결합 속도(表面再結合速度) 반도체의 전자와 정공은 반도체 내부보다도 표면에서 보다 빨리 재결합한다. 캐리어가 표면을 향해서 이동하고, 거기서 재결합하는 속도를 실측된 재결합률과 일치하도록 정할 때 이것을 표면 재결합 속도라 한다.

surface resistivity 표면 저항률(表面抵抗率) 절연물 표면을 전해서 흐르는 누설 전류에서 구한, 단위 면적당의 저항.

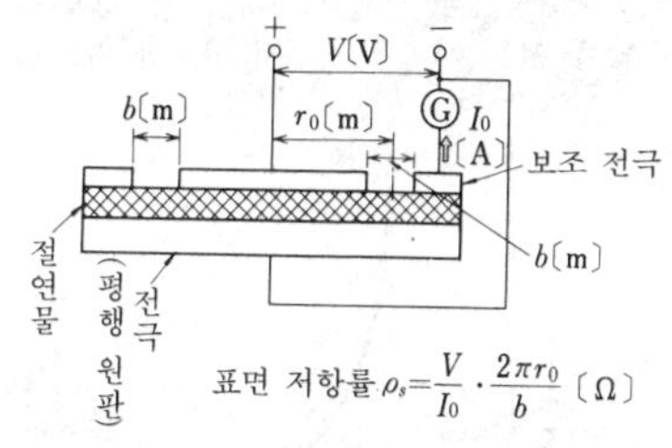

표면 저항률 $\rho_s=\dfrac{V}{I_0}\cdot\dfrac{2\pi r_0}{b}$ 〔Ω〕

surface thermometer 표면 온도계(表面溫度計) 금속을 비롯하여 각종 물체의 표면 온도를 측정하는 온도계로, 측온부에는 얇은 띠 모양의 열전쌍을, 지시계에는 가동 코일형 계기를 사용한 것이다.

surface trend mounting 실장형 패키지(實裝形−) →flat type package

surface wave 지표파(地表波) 전파(傳播) 경로별로 분류했을 때의 전파의 일종으로, 지표면을 따라서 전하고, 지면의 영향을 받는 것. 분류상으로는 공간파와 함께 지상파에 속한다. 지면에 흐르는 유도 전류에 의한 열손실에 의해 파장이 짧을수록 감쇠가 심하므로 이용은 주로 장파, 중파가 된다. 전파(傳播)는 해상이 가장 좋고, 시가지가 가장 나쁘다. 또, 지표면의 만곡을 따라 회절하면서 진행하므로 평면상을 진행하는 경우에 비해서 약해지기 쉽다.

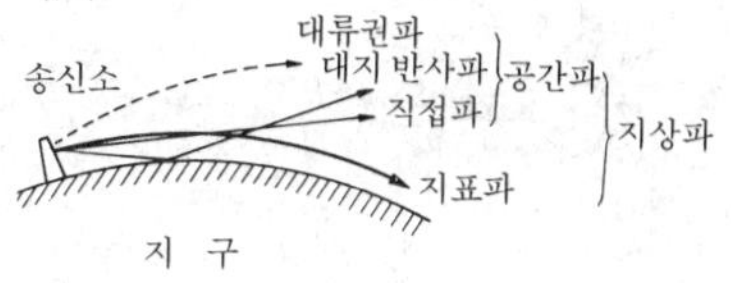

surface wave line 표면파 전송 선로(表面波傳送線路) →G-line

surface-wave transmission 표면파 전송(表面波傳送) 전송 선로에서 TEM파 이외 모드의 전자파가 도파 구조체 바깥 표면에 구속되어서 전송되는 것.

surface-wave transmission line 표면파 전송 선로(表面波傳送線路) =G-line

surge 서지 어느 시간만 급격히 가해지고 그 다음은 자연히 감쇠하는 전압이나 전류.

surge absorber 서지 흡수기(−吸收器) 낙뢰 때문에 발생한 순간적인 전압파를 흡수하기 위해 콘덴서를 피뢰기에 조합시켜서 사용하는 일이 있다. 이것을 말한다.

surge-crest ammeter 서지 파고 전류계(−波高電流計) 과도 전류의 첨두값을 측정하기 위한 일종의 자력계로, 자화할 수 있는 철편이 서지 전류에 의해서 얻은 잔류 자기에서 전류를 알 수 있는 원리의 것이다.

surge generator 서지 발생기(−發生器), 서지 전압 발생기(−電壓發生器) 서지 전압을 발생하는 장치로, 보통 변압기, 정류기, 콘덴서 등을 조합하여 콘덴서의 한 무리를 병렬로 충전하고, 이것을 직렬 회로로 전환하여 방전하도록 한 것이 많다.

surge impedance 파동 임피던스(波動−) 안테나 등 평행 2선식 선로를 대칭 4단자 회로라고 생각한 선로의 임피던스. 그림은 평행 2선식 선로의 등가 회로를 나타낸 것이다. 여기서 선로에 분포하는 저항을 R〔Ω/m〕, 인덕턴스를 L〔H/m〕, 정전용량을 C〔F/m〕, 누설 컨덕턴스를 G〔S/m〕, 파동 임피던스를 $\dot{Z}_0$〔Ω/m〕이라 하면

$$\dot{Z}_0=\sqrt{\frac{R+j\omega L}{G+j\omega C}}$$

$$\omega=2\pi f$$

선로상의 진행파, 반사파를 생각할 때 이용한다. →characteristic impedance

surge resistance 파동 저항(波動抵抗) 전송 선로의 성질을 분포 정수 회로로서 나타낼 때의 파동 임피던스 Z_0는 매우 주파수가 낮은 경우에는 다음과 같이 근사적으로 실수(實數)가 된다. 이것을 파동 저항이라 한다.

$$\dot{Z}=\sqrt{\frac{R+j\omega L}{G+j\omega C}}=\sqrt{\frac{R}{G}}$$

여기서 R, L, G, C : 1차 상수.

surge voltage 서지 전압(-電壓) 낙뢰 등에 의한 충격성이 높은 이상 전압.

surround sound 서라운드 사운드 녹음용 디스크의 두 줄의 트랙에 전방의 좌우와 후방의 좌우의 4방향으로부터의 음원을 함께 하여 기록해 둔다. 재생에 있어서 프로세서에 의해 네 음원을 분리하여 전후 좌우 4개의 스피커를 따로 드라이브함으로써 청취자의 사방에서 박력있는 서라운드 음향 효과가 얻어진다. 비디오 디스크(VD)에 있어서도 이 서라운드를 수록한 것이 많다.

surveillance camera 방범 카메라(防犯-) 주로 은행 등의 금융 기관에 설치되고, 비상용 버튼을 조작함으로써 자동적으로 한정된 장소를 촬영하는 카메라. 사용 필름, 촬영 범위, 연속 촬영 시간(또는 토막수) 등은 방식에 따라 여러 가지로 선택할 수 있다. 보통은 매초 2토막 정도가 널리 쓰이고, 무선 원격 제어나 경찰에의 통보 버튼으로 시동시킬 수 있다.

surveillance radar 수색 레이더(搜索-) →SRE

surveillance radar element 감시 레이더 엘리먼트(監視-), 수색 레이더 엘리먼트(搜索-) =SRE

survey meter 서베이 미터 방사선 장해의 방지를 위해 사용하는 간이식 방사선 측정기로, 가반형(可搬形)으로 되어 있다. 전리(電離) 상자식, GM계수관식, 비례계수관식, 신틸레이션 계수 장치 등 동작 원리가 다른 것이 있으며, γ선용, X선용, β선용, 중성자용 등 각종 용도의 것이 있다.

survival rate 잔존율(殘存率) 양산된 부품에 대해 어느 일정 기간 경과 후에 고장이 발생하지 않고 정상 상태로 계속 사용할 수 있는 확률. 고장률+잔존률=1.

susceptance 서셉턴스 임피던스 벡터 Z의 역수인 어드미턴스 벡터 Y가 복소수 표시로 $Y=G+jB$로 나타내어질 때 B를 서셉턴스라 한다. 단위는 지멘스(S)이다. →impedance, admittance

susceptibility 자화율(磁化率) 자계에 두어진 물체가 자화하는 정도를 나타내며, 자화의 세기를 J, 자계의 세기를 H로 하면 $J=\kappa H$라는 관계식이 성립되고, κ를 자화율이라 한다. 자화율 κ와 투자율 μ 사이에는 $\mu=\mu_0+\mu_0\kappa$의 관계식이 성립된다. 단, μ_0은 진공의 투자율이다.

sustained-operation influence 장시간 동작 영향(長時間動作影響) 계측기를 장시간 동작시킨 다음에 눈금의 영점의 벗어남을 포함하는 지시값(또는 기록값)의 변화. 계측기를 15분 동작시킨 다음에 얻어진 지시와 비교하여 장시간 동작시킴으로써 생기는 변화분이다. 이 변화분은 최대 눈금에 대한 백분율로 나타낸다.

S-VHS 수퍼 VHS super-VHS의 약어. VHS 방식 VTR의 고화질화를 도모하기 위하여 고안된 방식의 호칭. FM변조된 휘도 신호의 백 피크 캐리어를 종래의 4.4MHz에서 7.0MHz로 시프트함으로써 휘도 신호의 대역폭을 약 5MHz로 넓히고 있다. 이 때문에 수평 해상도는 400줄 이상으로 개선된다. S-VHS방식의 VTR에서는 텔레비전으로의 영상 신호 출력은 색도 신호와 휘도 신호를 별도로 출력하는 S단자를 사용하는데, 종래의 텔레비전과의 접속을 위해 색도 신호와 휘도 신호를 한 줄의 동축 케이블로 출력하는 단자도 갖추고 있다.

sustaining voltage 지속 전압(持續電壓) 트랜지스터의 컬렉터-이미터 간 항복 전압을 전류값의 큰 곳에서 규정한 값으로, 그림에 나타낸 LV_{CE}를 말한다.

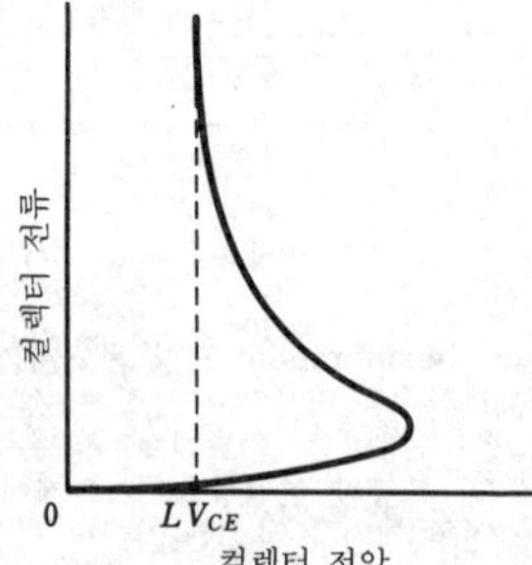

swamping resistor 스왐프 저항(-抵抗) ① 트랜지스터 회로의 이미터 리드선에 접속하여 이미터·베이스 간 접합 저항의 온도에 의한 영향을 최소로 하기 위한 저항. ② 계측기에 있어서의 가동 코일과 직렬로 접속한 망간 저항으로, 측정 회로의

온도에 의한 영향을 흡수해 버리기 위한 것. 스왐프란 어떤 효과를 매몰시키거나, 흡수해 버린다는 의미이다.

swapping 스와핑, 교환(交換) 가상 기억 방식에서, 주기억 장치와 보조 기억 장치 사이에서 데이터를 주고 받는 방식의 하나. 페이지 단위의 페이징 방식과 프로그램 단위의 스와핑 방식이 있다. 스와핑 방식의 이점은 시분할(TSS) 처리와 같이 단말과 주고 받는 동안은 그 프로그램은 필요없기 때문에 프로그램 단위로 보조 기억 장치에 내는 편이 페이지 단위로 보조 기억 장치에 내기보다 효율이 좋다. 프로그램 단위로 보조 기억 장치에 내는 것을 스왑 아웃, 프로그램 단위로 실기억 장치에 넣는 것을 스왑 인이라 한다.

sweep 소인(掃引) 전기 현상을 시간적으로 어느 정해진 관계에 따라서 변화시키는 것을 말하며, 주기적인 반복을 하는 반복 소인, 1회만 하는 단소인(單掃引), 입력 신호가 들어왔을 때만 하는 트리거 소인 등의 종류가 있다. 오실로스코프 등에서는 소인하는 데 톱니파가 쓰이며, 소인 발진기에서는 스위프 모터를 사용한다.

sweep circuit 소인 회로(掃引回路) 브라운관 오실로스코프에서 전자선을 형광면상에서 수평 방향으로 진동시키기 위한 전압을 발생시키는 회로. 통상은 톱니파를 만들기 위해 멀티바이브레이터나 블로킹 발진기 등이 사용된다.

sweep duty factor 소인 시간율(掃引時間率) 반복 소인에 있어서, 소인 기간과 하나의 소인 동작이 시동하고부터 다음 소인 동작이 시동하기까지의 기간과의 비. 후자에는 소인 기간에 더해서 귀선 기간, 휴지(休止) 시간 등이 포함된다.→sweep holdoff

sweep expander 소인 확대 장치(掃引擴大裝置) 소인 표시의 일부를 확대하기 위한 회로. =sweep magnifier

sweep frequency 소인 주파수(掃引周波數) 톱니파를 써서 소인을 하는 경우의 반복 주파수를 말하며, 그림에서의 소인 시간과 귀선 시간과의 합의 역수이다.

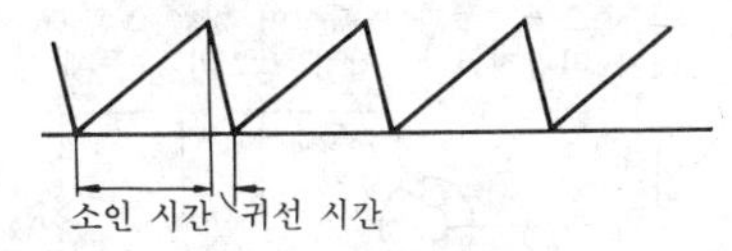

sweep gate 소인 게이트(掃引-) 소인 기간을 제어하기 위해 사용하는 구형파의 제어 전압. 보통 소인 기간 중 CRT의 빔을 살리기 위해서도 사용된다.

sweep generator 소인 발진기(掃引發振器) 그 주파수가 주어진 주파수 범위(f_1~f_2) 사이를 어떤 일정한 시간율로 반복하여 변화하는 고주파 전압을 발생하도록 설계된 시험용 발진기. 오실로스코프 상에서 주파수 응답을 관측하려는 기기나 부품에 대하여 그 입력 신호를 주기 위해 사용된다.

sweep holdoff 소인 휴지 시간(掃引休止時間) 소인과 다음 소인 사이의 휴지 기간으로, 그 사이 소인 회로, 트리거 회로는 동작을 정지한다. 소인 회복 시간이라고도 한다. =sweep recovery time

sweep magnifier 소인 확대 장치(掃引擴大裝置) =sweep expander

sweep oscillator 소인 발진기(掃引發振器) CRT의 빔을 움직이게 하기 위한, 톱니파 전압을 발생하기 위한 발진기. 타임 베이스, 시간축 발생기 등이라고도 한다. →sweep generator

sweep recovery time 소인 회복 시간(掃引回復時間) =sweep holdoff

sweep time 소인 시간(掃引時間) 톱니파를 써서 소인을 하는 경우, 진폭이 최소값에서 최대값까지 증가하는 기간을 말하며 소인 기간이라고도 한다.

SWIFT 스위프트 Society for World-wide Interbank Financial Telecommunication의 약어. 1973년 5월에 벨지움의 브륫셀에 본부를 두고 설립된 국제 금융 데이터 통신에 관한 법인 조직. 주로 서구 제국, 미국, 캐나다 등의 수백의 은행을 회원으로 하며, 통신 위성을 포함하는 EFT(electronic fund transer : 전자식 자금환)망에 의해서 각 은행간의 EFT업무 외에 금융 정보 전달 업무를 하고 있다.

swim 스윔 비디오 스크린 상의 이미지가 바람직하지 않은 움직임을 하는 것. 예를 들면 리프레시 레이트가 너무 낮은 것 등이 원인이다.

swinging choke 자재 초크(自在-) 그 임피던스가 그것을 통하는 전류의 크기에 따라서 변화하는 평활용(여파) 초크.

swirl 스월 반도체 소자의 제조 중 에칭했을 때 드물게 생기는 피트(작은 구멍)의 집합. 단결정 제작 과정에 문제가 있으며, 제품의 특성을 악화시키는 원인이 된다.

switch 스위치, 개폐기(開閉器) ① 전기 회로의 폐로, 복구, 전환 등을 하는 접촉 부품. 스위치는 사람에 의한 수동, 기계, 수력, 열, 기업, 중력 등의 방법 내지는 계전기의 정의에 저촉하지 않는 범위의 전자적(電磁的) 방법으로 구동된다. ② 프로그래밍에서 프로그램이 하나 또는 그 이상의 상이한 프로그램문으로 분기하는 점으로, 그 점에서의 지정된 매개 변수의 조건에 따라 그것이 정해진다. ③ 하나 이상의 전기 회로를 닫거나, 개방하거나 또는 그 양쪽을 하도록 설계된 장치. ④ 전기 회로의 개폐 혹은 접속의 전환을 하는 장치. 스위치는 다른 방법이 있는 경우를 제외하고는 일반적으로는 수동 조작으로 되어 있다.

switch array 스위치 어레이 다수의 크로스 포인트의 집합체.

switched capacitor filter 스위치드 커패시터 필터 *RC*필터 대신 스위치, 커패시터(콘덴서), OP앰프 등으로 구성되는 필터를 말한다.

switching amplifier 스위칭 증폭기(-增幅器) 지정한 입력이 있는지 어떤지에 따라 출력이 두 특정 상태의 어느 쪽으로 유지되도록 설계된 증폭기. →feedback control system

switching circuit 스위칭 회로(-回路) 교환국을 통하는 가입자 또는 다른 교환국에서 보내오는 트래픽을 다루는 수단으로, 그에 의해 발호국(發呼局)과 피호국(被呼局) 사이의 부가적인 전기 접속을 만들어내는 것에 붙여진 용어이다.

switching current 스위칭 전류(-電流) 회로 보호기의 전력 회로 차단 소자가 미리 정해진 시험 조건하의 최대 정격 전압과 정격 주파수로 차단하는 암페어로 표현된 실효 대칭 전류값.

switching detection 스위칭 검파(-檢波) FM 스테레오 방송 수신기의 검파기의 일종. 부반송파를 사용한 전자 스위치로 우측(R) 신호와 좌측(L) 신호를 분리하여 꺼내는 것으로, 기본 구성은 그림과 같이 되어 있다. 매트릭스 회로의 방식에 비해 경제적인 이유와 안정도 등의 점에서 이 방식이 널리 사용된다.

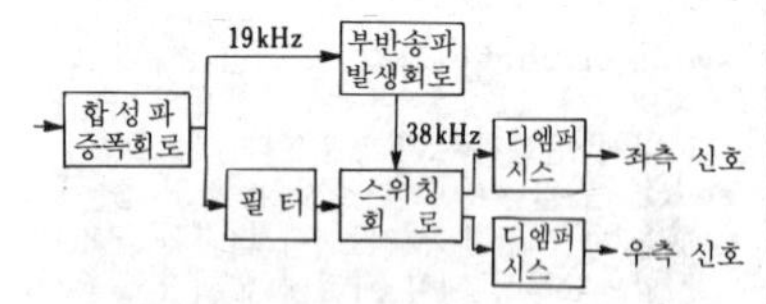

switching diode 스위칭 다이오드 다이오드의 정류 작용을 이용하여 회로의 개폐 조작을 하는 부품. 동작 속도가 빠르다.

switching discharge tube 전환 방전관(轉換放電管) 레이더에서는 안테나(스캐너)를 송신과 수신에 공유하기 위해 송신시에는 수신기를 분리하고, 반대로 수신시에는 송신기를 분리할 필요가 있다. 이 조작을 시키기 위해 사용하는 방전관을 말하며, TR관과 ATR관의 두 종류가 사용된다.

switching element 스위칭 소자(-素子) 접점을 쓰지 않고 회로의 개폐 기능을 갖는 부품의 총칭. 원리적으로는 여러 종류가 있으나 실용되고 있는 것은 트랜지스터나 사이리스터 등의 반도체 제품이다.

switching entity 스위치 본질(-本質) 회로망과 그 제어.

switching function 스위칭 함수(-函數) 유한 개의 가능한 값만을 취하는 함수. 그 함수의 독립 변수도 유한 개의 가능한 값만을 취한다.

switching noise 스위칭 잡음(-雜音) 회로의 스위칭 동작의 과도 상태에서 발생하는 노이즈(잡음) 성분.

switching regulator 스위칭 레귤레이터 스위칭 소자에 의해서 직류를 단속(斷續)하여 그 단속 주기를, 혹은 1주기 내의 ON-OFF의 시간 비율을 바꿈으로써 부하에 공급하는 평균 전류를 조정하도록 한 직류 전원 장치.

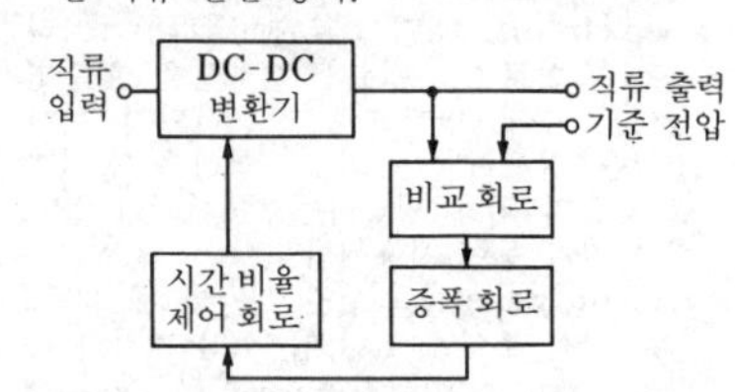

switching stage 스위치군(-群) 전화 교환기 등에서 어떤 하나의 입측(入側)과 정해진 출측(出側)을 선택·접속하는 스위치 매트릭스.

switching time 스위칭 시간(-時間) 스위칭 레귤레이터 등에 사용되는 트랜지스터의 도통 상태와 저지 상태가 전환하기 위한 소요 시간.

switching transistor 스위칭 트랜지스터 증폭용이 아니고, 스위칭 소자로서 설계된 트랜지스터. 접합 용량이 작고, 베이폭이 좁으며, 주파수 특성이 좋은 트랜지스터가 바람직하다. 입력 펄스의 유무에 따

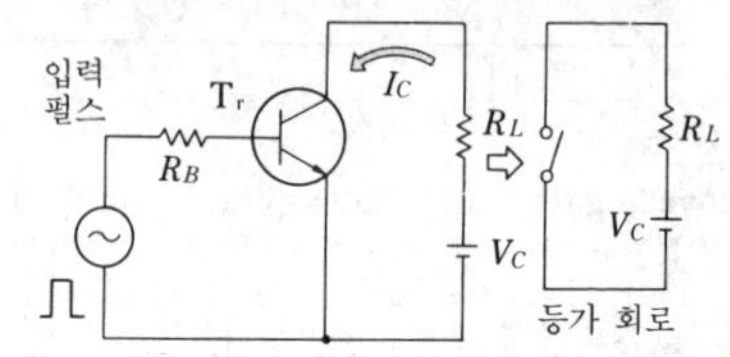

라서 컬렉터 전류 I_C를 ON-OFF할 수 있다. 트랜지스터에 의한 스위치 회로는 소형의 무접점 스위치이며, 기계적 스위치에 비해 내구성이 있고 고속도의 스위칭을 할 수 있다.

switching tube 전환관(轉換管) →duplexer

switch-type function generator 스위치형 함수 발생기(－形函數發生器) 입력에 따라서 회전하는 다단 스위치를 사용한 함수 발생기. 그 스위치는 적당한 전압원과 접속되어 있다. →electronic analog computer

SWR 정재파비(定在波比) ＝standing wave ratio

syllabic companding 음절 압신(音節壓伸) 이득 변화가 스피치의 음절 변화의 비율과 같은 비율로 생기도록 한 압축 신장 과정. 단, AF신호파의 개개의 사이클에는 응답하지 않는다.

syllable 음절(音節) 단어를 구성하는 음의 단위. 하나의 음성으로 발음된다.

syllable articulation 음절 명료도(音節明瞭度) 전화 등의 통화 품질을 정량적으로 나타내기 위해 사용하는 용어로, 의미가 없는 음절을 전송하여 올바르게 수신된 음절의 수의 백분율로 나타낸다.

symbolic logic 기호 논리(記號論理) →logical algebra

symbolic method 기호법(記號法) 정현파 교류의 전압, 전류, 임피던스 등의 벡터량을 복소수로 나타내는 방법. 복소수는 가감 승제의 계산을 할 수 있으므로 교류 회로 계산을 복소수를 써서 대수적으로 계산할 수 있어 편리하다.

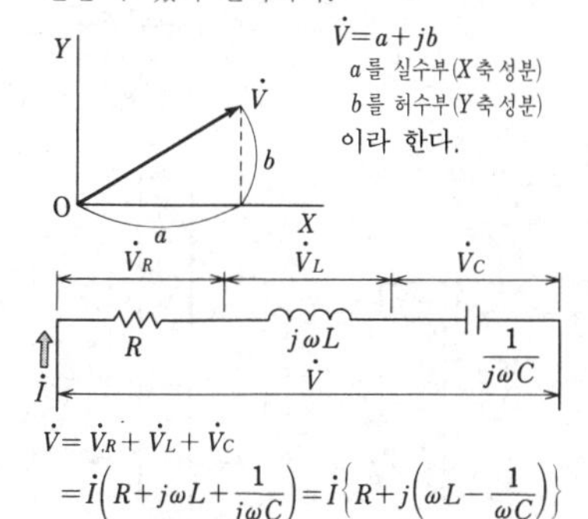

$$\dot{V}=\dot{V}_R+\dot{V}_L+\dot{V}_C$$
$$=\dot{I}\left(R+j\omega L+\frac{1}{j\omega C}\right)=\dot{I}\left\{R+j\left(\omega L-\frac{1}{\omega C}\right)\right\}$$

symbol rate 심벌 레이트 디지털 통신에 있어서 전송되는 매초의 심벌수. 변조 속도와 같은 뜻이다. ＝modulation rate

symmetrical deflection 대칭 편향(對稱偏向) 브라운관 등의 대향향(對向形) 편향 전극의 전위 변화가 대지(大地) 전위에 대하여 대칭적인 경우의 편향. 마주 보고 있는 편향 전극의 중성점이 접지되어 있는 경우가 이에 해당한다.

symmetrical input 대칭 입력(對稱入力) 측정기의 두 입력 단자의 각각과 공통 단자 사이의 임피던스 공칭값이 같은 3단자 입력 회로 방식. 이 입력 회로 방식은 공통점에 관해서 본래 서로 역위상이고 같은 진폭을 갖는 신호를 받아 들이기 위한 것이다. 평형 입력이라고도 한다.

symmetrical network 대칭 회로망(對稱回路網) 종속 행렬의 A요소와 D요소가 같은 가역(可逆) 회로망. 특히 기하학적으로 대칭인 구조를 가질 때 기하학적 대칭 회로망이라 한다.

symmetrical neutralization 대칭 중화법(對稱中和法) 고주파 증폭 회로에서는 증폭용 트랜지스터의 내부 용량 때문에 출력의 일부가 정궤환되어서 발진을 일으키는 일이 있다. 이것을 방지하는 방법이 중화법이며, 그 중 정궤환분을 상쇄하기 위해 이것과 똑같은 대칭인 회로를 두고, 정궤환분과 역위상의 궤환을 가하려는 것이 대칭 중화법이다.

symmetrical T-type circuit 대칭 T형 회로(對稱－形回路) →T-type circuit

symmetrical wave 대칭파(對稱波) 주기 T를 갖는 왜파(歪波) 교류 $y(t)$에서 어느 임의의 시간에서의 값 $y(t)$와 $T/2$ 벗어난 시간에서의 값 $y(t+T/2)$가 부호가 다르고 같은 값이 되는 파형. ////

$$y(t)=-y(t+T/2)$$

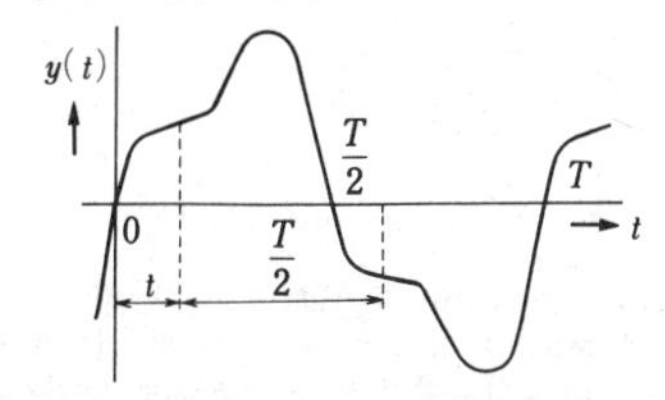

symmetric type band pass filter 대칭형 대역 필터(對稱形帶域－) 상승 평균이 중심 주파수와 같아지는 모든 두 주파수에 있어서의 감쇠량이 같은 대역 필터.

synapse 시냅스 신경 세포(뉴런)는 세포체에서 나오고 있는 여러 가지 돌기에 의해 다른 신경 세포에 접합하고 있다. 이 접합을 시냅스라 하고, 그 정보 전달의 기구가 회로망 모델에 의해 연구되고 있다.

synchro 싱크로 송신기측의 회전각 변화를 수신기측에 교류 전압의 크기와 위상으로서 전하는 검출기. 3상의 동기 발전기나 전동기와 같이 구조를 갖는 소형 회전기이다. 고정자는 성형 결선, 회전자는 단상 권선으로 되고, 슬립 링에서 외부로 접속된다. 목표값과 제어량이 존재하는 장소가 떨어져 있을 때 등의 검출기로서 사용한다.

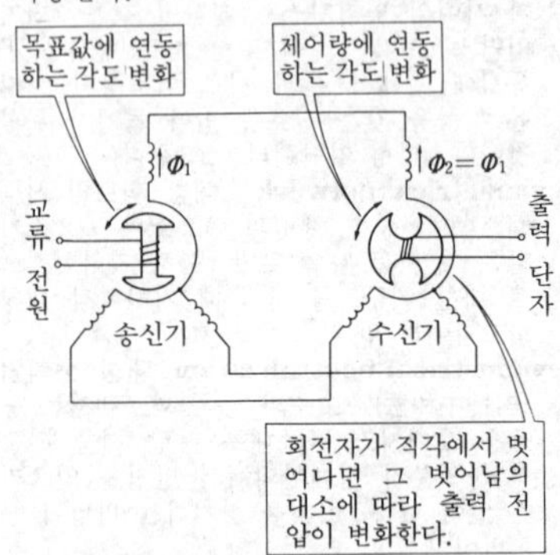

synchro cyclotron 싱크로 사이클로트론 고주파의 주파수를 입자의 회전 주기와 동기하여 변환시키도록 한 사이클로트론. 보통의 사이클로트론에서는 가속 속도에 한계가 있기 때문에 높은 에너지가 얻어지지 못한다. 그것은 회전 주기가 커지면 가속 전계와의 사이에 위상의 벗어남이 생기기 때문이다. 이 결점을 극복하고 높은 에너지가 얻어지도록 배려되어 있다. →cyclotron

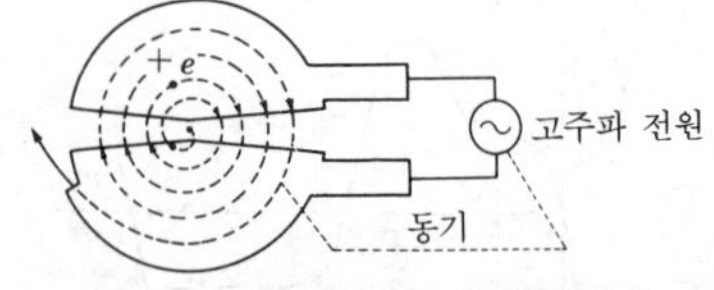

synchronization 인입 현상(引入現象) 자려(自勵) 발진기에 다른 고주파 전원의 출력이 결합한다든지 하면 자려 발진기의 주파수가 영향을 받아서 외부 전원의 주파수에 접근하여 자려 발진기의 발진 주파수를 변화시키려고 해도 변화되지 않게 되는 상태. 이것을 인입 현상 또는 동기화라 한다. 이 현상은 결합이 밀접할수록 크게 나타난다.

synchronized sweep 동기 소인(同期掃引) 오실로스코프에서, 입력 신호가 없을 때는 자주(自走) 모드이고, 입력 신호가 들어오면 그에 의해서 트리거 신호를 얻어 동기화되는 소인법.

synchronizing circuit 동기 회로(同期回路) 텔레비전의 수신측에서 수직 편향과 수평 편향을 송신측과 동기하여 행하기 위해 영상 신호와 함께 보내오는 동기 신호를 꺼내기 위한 회로. 동기 분리 회로, 동기 증폭 회로, 주파수 분리 회로로 구성되어 있다. 기타 팩시밀리나 PCM의 전송에서도 수신측에서는 신호를 올바르게 받기 위해서는 동기시킬 필요가 있으며, 텔레비전과는 다르지만 수신기에는 동기 회로가 포함되어 있다.

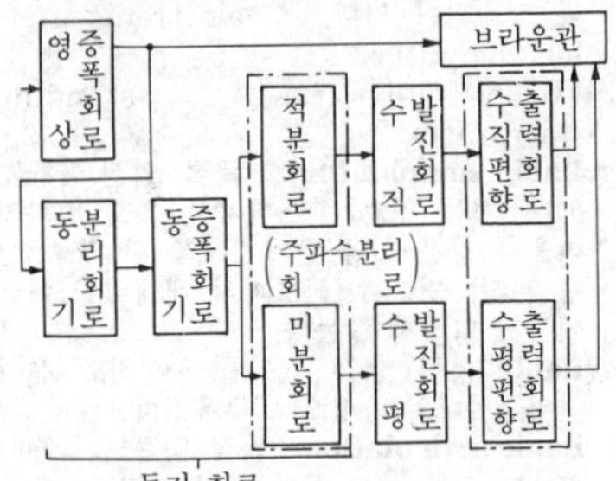

synchronizing frequency 동기 주파수(同期周波數) 동기용 전류 또는 전압의 주파수. 주로 사진이나 모사 전송의 동기를 유지하기 위해 동기 전동기에 공급하는 전류의 주파수. 독립 동기인 경우는 각각의 동기 주파수의 안정도는 $\pm 5 \times 10^{-6}$으로 하고 있다.

synchronizing pulse 동기 펄스(同期－) 동기를 유지시키기 위해 사용하는 펄스.

synchronizing separator 동기 분리(同期分離) 텔레비전 수상기에서, 합성 영상 신호에서 진폭의 차를 이용하여 동기 신호를 분리하고, 주파수의 차를 이용하여 수평 동기 신호와 수직 동기 신호를 분리하는 것.

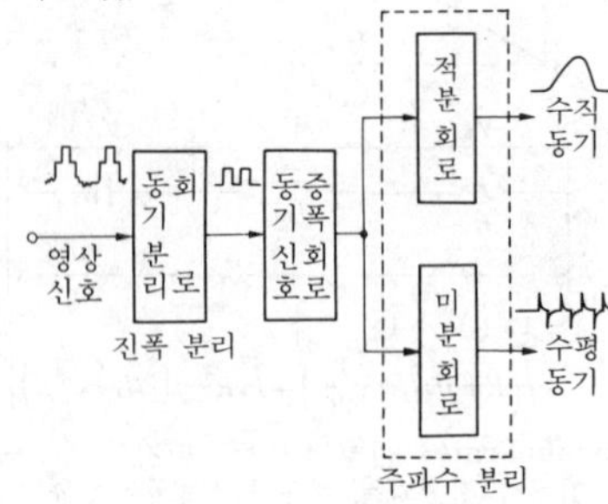

synchronizing signal 동기 신호(同期信號) 텔레비전에서 화상을 보낼 때 송상측

에서 상을 분해하여 보내고, 이것을 수상측에서 올바르게 재현하기 위해 부가한 신호. 수평 방향을 올바르게 재현하기 위한 신호가 수평 동기 신호이고, 수직 방향에는 수직 동기 신호가 있다. 텔레비전 외에도 PCM, 팩시밀리 등 동기를 필요로 하는 신호의 전송에는 각각 동기 신호를 넣어서 보내고 있다.

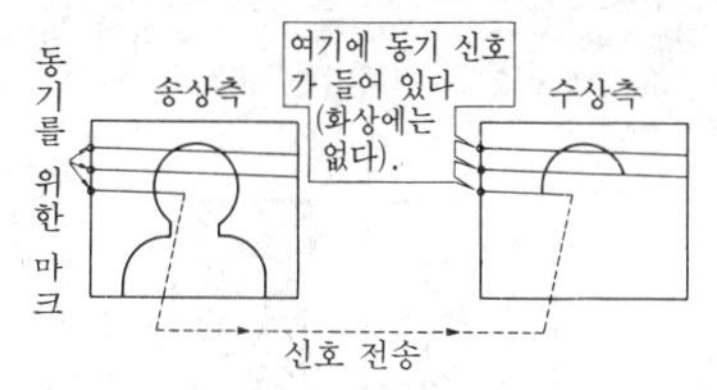

synchronizing signal compression 동기 신호 압축(同期信號壓縮) 텔레비전의 동기화 신호에서, 그 진폭 범위의 어느 부분에서 이득의 감소를 가져오는 것. 동기화 펄스의 피크에 있어서의 이득을, 펄스의 베이스부에 있어서의 이득에 대하여 감소시킨다든지, 혹은 동기화 신호 전체를 화상 신호 영역의 이득에 비해 이득을 감소시키는 것 등.

synchronous communication 동기 통신(同期通信) 데이터 통신에서 직렬 전송을 하기 위해 일정한 클록 펄스에 동기시켜 데이터의 송수신을 하는 방식. 동기를 확립시키는 방법으로는 비트 동기, 캐릭터 동기, 프레임 동기 등이 있다. 비동기 통신에 비해 전송 효율은 높다.

synchronous computer 동기식 컴퓨터(同期式-) 통상의 컴퓨터에 사용되고 있는 형식으로서 클록 펄스를 갖는 컴퓨터. 각 부분의 동작은 펄스열에 보조를 맞추어서 진행한다. 순차 회로의 논리 동작은 반드시 시간적인 요소를 생각하지 않으면 안 되지만, 이 시간은 구분을 외부에서 펄스에 의해 주고, 여기에 동기시키면서 전체를 동작시키는 것이다.

synchronous data transmission 동기 데이터 전송(同期-傳送) 고속 디지털 데이터 전송에서 쓰이는 방식으로, 수단(受端)에서는 송신 단말의 클록에 타이밍을 맞춤으로써 양자의 동기가 유지되고 있으며, 2진 부호가 이 타이밍에서 연속적으로 송신된다. 이러한 동기 상태는 통신에 필요한 기간에 걸쳐서 유지되고 있으며, 만일 데이터 흐름 속에서 데이터의 틈이 생겼을 때는 송신 단말은 그것을 메우기 위해 유휴 비트(idle bits)를 삽입하여 연속성을 유지하도록 한다. 통신의 동기 유지는 통신 개시에 앞서 제어 문자 SYNC를 보내서 송수 양 단말의 클록 맞춤을 함으로써 실행된다.

synchronous demodulation 동기 복조(同期復調) 2진 신호를 써서 변조함으로써 $A\cos(\omega_c \pm \theta)t$라는 파형을 만들어 내는 FSK에서, 각도는 신호 비트가 1이냐 0이냐에 따라서 $\omega_c+\theta$ 혹은 $\omega_c-\theta$가 된다(ω_c는 반송 주파수). 이것을 복조하는 데 각각의 각도에 동조한 두 협대역 필터를 사용하는 방법도 있으나, 동기 복조법에서는 $\omega_c+\theta$라는 두 동기 국부 반송파를 만들어서 이들을 입력 신호와 곱셈한 다음 차동 증폭기의 두 입력으로서 가함으로써 입력 신호의 1, 0에 따라 출력측의 저역 필터에서 +, − 어느 한쪽 극성의 직류 출력이 얻어진다(단, 비트 주기를 적당히 길게 하여 출력에 교류분이 나오지 않도록 한다). 이 복조법은 잡음 배제성이 좋은 동작을 가능하게 해 준다.

synchronous detection 동기 검파(同期檢波) 코히어런트 검파(복조)라고도 한다. 변조파의 반송파 성분이 전송되지 않고 측대파의 한쪽 또는 양쪽이 전송되는 반송파 억압 전송 방식에서, 수단(受端)에서 복조하기 위해 국부 발진기에 의하여 송단에 있어서의 기준 반송파를 재생하여 이것을 송신 신호와 혼합하도록 한 방식. 기준 반송파를 필요로 하지 않는 검파(복조)법을 비동기 검파(복조)라 한다.

synchronous fading 동기성 페이딩(同期性-) 페이딩의 일종으로, 전파(傳播)해 온 전파의 전 주파수대에 걸쳐서 고르게 강도가 변화하는 것을 말한다. 비교적 완만한 주기로 변동이 생기므로 자동 이득 조절(AGC)을 걸기 쉬우며, 감쇠성 페이딩이라고도 한다. 전리층 전파에서는 도약이나 흡수, 가시 거리 내 전파에서는 대기 굴절률의 이상 분포가 원인으로 일어나는 것이다.

synchronous gate 동기 게이트(同期-) 출력 기간과 입력 신호가 동기하고 있는 시간 게이트.

synchronous modem 동기 모뎀(同期-) 데이터의 전송이 모뎀에 내장된 클록에 의해 동기화되어 있는 것으로, 캐릭터는 연속한 데이터 흐름으로서 송신된다. 비트, 캐릭터, 메시지의 세 레벨에서의 동기가 필요하다. 송신 속도는 일정하며, 시동, 정지를 나타내는 비트 등은 불필요하다. 비동기 모뎀에서는 캐릭터는 시동, 정지의 각 신호를 그 전후에 붙여서 수시로 전송된다. 전송 속도는 디지털 신호에 관계하므로 가변이다.

synchronous motor 동기 전동기(同期電動機) 교류 전동기의 일종으로, 동기 발전기와 같은 구조의 것을 전동기로서 사용할 때 이것을 동기 전동기라 한다. 단, 난조 방지와 시동을 위해 계자에 제동 권선을 가지고 있다. 이것을 운전하려면 보조 전동기를 사용하든가, 자기 시동법에 의해 시동하여 동기 속도까지 가속할 필요가 있는데, 정상 운전 상태에서는 동기 속도로 회전한다. 동기 전동기는 여자(勵磁)의 변화에 의해 역률을 조정할 수 있고, 부하가 변화해도 동기 속도로 회전을 계속하고, 효율이 좋으므로 대용량 전동기로서 사용된다.

synchronous network 동기망(同期網) 디지털 통신망에서, 송수신 장치 혹은 중계장치간에서 타이밍의 동기를 취한 통신망을 말하며, 각 교환점에서는 비트 레이트 및 위상(프레임 동기)을 합치시킬 필요가 있다. 이 동기를 취하는 방식에는 종속 동기·상호 동기·독립 동기 등이 있다. 이에 대하여 동기를 취하지 않는 통신망을 비동기망이라 한다.

synchronous time-division multiplexing system 동기 시분할 다중 방식(同期時分割多重方式) =STDM

synchronous transfer mode 비동기 전송 모드(非同期轉送−) =ATM

synchronous transmission 동기 전송(同期傳送) 전송할 부호의 변환점 간격이 언제나 단위 부호 길이의 정수배인 부호 형식에 의한 전송.

synchronous voltage 동기 전압(同期電壓) 진행파관에서, 전자류가 없을 때 전자를 정지 상태에서 파의 위상 속도와 같은 속도로 가속하는 데 필요한 전압값.

synchroscope 싱크로스코프 브라운관 오실로스코프의 일종으로, 트리거 오실로스코프 또는 펄스용 오실로스코프라고도 한다. 입력 신호는 브라운관의 수직축에 가해지는 동시에 트리거 회로에 가해져서 트리거 펄스를 발생하고, 톱니파 발생 회로가 시동하는 계기를 만든다. 이것을 트리거 소인(掃引)이라 하는데, 그 때문에 시간축은 언제나 피측정 파형과 동기한다. 순간 현상이나 불규칙 주기의 파형, 과도 현상의 측정이 용이하다. 또, 파형의 일부 확대가 가능하다든가, 전압, 주파수의 정량 측정이 가능하다는 등의 특징이 있다. 주파수 특성이 양호하며, DC~수100MHz의 주파수 대역의 것이 있으며, 일그러짐이 적은 측정이나 관측을 할 수 있다.

synchrotron 싱크로트론 하전(荷電) 입자의 자계 중에서의 원운동을 이용한 가속 장치. 그림과 같은 구조이며, 가속관의 일부에 1/4 파장 회로의 가속 전극을 배치하고, 전극에 전자의 회전 주기와 같은 주기의 마이크로파 전압을 가해서 가속한다. 먼저 전자총에서 나온 전자는 가속관 속을 원형 궤도를 그리면서 가속되고, 그 에너지가 수MeV로 되어 회전 주기도 거의 일정하게 되었을 때 가속 전극에 마이크로파 전압을 인가, 더욱 가속하여 400MeV에 이르는 에너지를 얻을 수 있다.

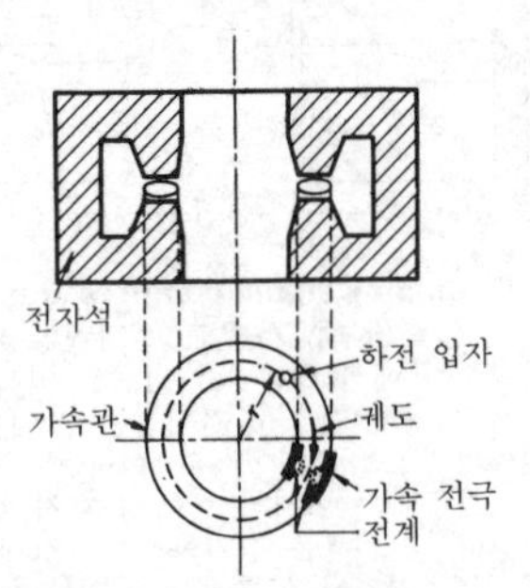

synchrotron orbital radiation 싱크로트론 궤도 복사(−軌道輻射) =SOR

synchrotron radiation 싱크로트론 방사(−放射) 싱크로트론에 의해서 가속된 전자가 제동되어서 생기는 제동 방사(X선 빔)로, 빔 평행성이 좋으므로 X선 노출(노광) 등에 사용된다. =SOR

Syncom satellite 신콤 위성(−衛星) →stationary satellite

sync-pulse separator 싱크펄스 세퍼레이터 텔레비전 수상기의 비디오 증폭에 이어지는 단(stage)에서 화상을 지니고 있는 신호파로부터 싱크펄스를 분리하는 단. 선동기(線同期) 및 프레임 동기 신호를 미분 또는 적분 회로를 써서 분리된다.

syntax 신택스 컴퓨터에서의 원시 프로그램의 구문 규칙.

synthesizer 신시사이저 ① 매우 안정한 수정 발진기를 써서 주파수 합성에 의해 정밀한 가변 주파수를 얻도록 한 장치. ② →music synthesizer

synthetic aperture method 합성 개구법(合成開口法) 개구(구경이라고도 한다)가 작은 결상계(結像系)를 복수 개 조합시켜서 개구가 큰 결상계와 같은 분해능을 얻도록 하는 방법. 소개구의 각 상 사이의 위상 관계를 유지하면서 합성하는 코히어런트 합성법과 세기만을 합성하는 비 코히어런트법이 있다. 전파 망원경에서는 다수의 파라볼라 안테나를 일직선이고 등간격으로 배열하여 개구 합성을 하는 경우가 많다. 안테나는 T, Y 등의 형태로 2차원 배열하는 경우도 있다(미국 국립 전파 천문대의 VLA(very large array) 등).

synthetic aperture radar 합성 개구 레이더(合成開口－) 직선 비행하는 항공기에서 일정 간격마다 발사한 레이더파가 지상 물체에서 반사하여 되돌아오는 에코(반향)의 합을 취한 다음 데이터 처리하여 실효적으로 긴 안테나를 사용한 경우와 등가한 상이 얻어져서 고해상도의 지도를 만들 수 있다. 인공 위성에서 지표를 관측하는 레이더인 경우도 위의 항공기의 경우와 같다.

synthetic mica 합성 운모(合成雲母) 천연의 것과 거의 같은 조성이나 결정수(結晶水)를 포함하고 있지 않으므로 내열성이 좋다. 전기적 성질도 같으나 가격의 관례로 그다지 널리는 사용되고 있지 않다.

synthetic quartz 합성 수정(合成水晶), 인공 수정(人工水晶) 천연 수정의 찌꺼기를 원료로 하여 고온 고압의 용기 속에서 묽은 알칼리 용액을 써서 재결정시켜 만든다. 천연품보다도 결정 구조의 흠이 적고, 큰 단결정이 얻어진다.

synthetic resin 합성 수지(合成樹脂) 일반적으로 플라스틱이라고 불리고 있는데, 올바르게는 플라스틱 성형품을 만드는 원료가 되는 고분자를 말한다. 폴리에틸렌이나 폴리 염화 비닐 등은 분자가 사슬 모양으로 되어 있기 때문에 가열하면 부드러워지고, 식히면 굳어지므로 열가소성 수지라 한다. 페놀 수지나 폴리에스테르 수지 등은 가열하면 사슬 모양 분자 상호간에 결합이 생겨서 분자가 망 모양으로 바뀌고 그 후는 다시 가열해도 부드러워지지 않으므로 열경화성 수지라 한다.

synthetic rubber 합성 고무(협城－) 처음에는 천연 고무의 대용품으로서 출발하였으나 현재는 내유성이나 내열성 등 천연 고무보다 성능이 뛰어난 것이 여러 종류 만들어지고 있다. 대표적인 것으로서 부틸 고무, 네오플렌 등이 있다.

syringe hydrometer 흡입 비중계(吸入比重計) 축전지 등의 전해액 비중을 측정하기 위한 스포이드형 비중계로, 스포이드에 의해 액을 빨아들여 측정한다.

SYSOP 시숍 system operator의 약어. 작은 네트워크에서의 운영의 전 책임자를 의미한 약어.

system 시스템 컴퓨터를 구성하는 기기(하드웨어)와 이용하는 기술(소프트웨어)을 결부한 구성 상태. 일반적으로는 각 장치의 구성을 시스템이라 한다. →hardware, software

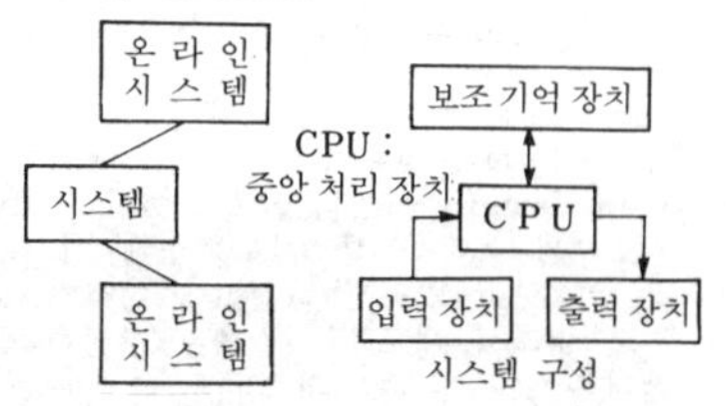

시스템 구성

system administration 시스템 관리(－管理) 일반적으로는 개발된 시스템을 관리하는 것을 말한다. 기업 또는 조직체에서 정보 시스템 전체를 계획, 관리, 통제하는 기능을 가리킨다. 공유 시스템 자원의 설계, 관리를 총괄하여 수행하는 것도 가리킨다.

system analysis 시스템 분석(－分析) 시스템의 목적에 대하여 무엇이 참된 목적인가를 밝히고, 그것을 달성하기 위한 대체안을 세워 기본적인 목적 달성의 방향을 제시하는 것이다. 시스템 분석 단계에서는 다음 작업이 실시된다. ① 제기된 문제 · 요구를 분석하여 중점 과제와 대상 범위를 명확히 한다. ② 현행 시스템의 조사와 시스템의 모델화를 한다. ③ 중점 과제를 실현하기 위한 구체안을 전개하여 개선안을 세운다. ④ 현행 시스템의 조사 결과와 개선안에서 새로운 시스템 구상을 책정한다.

systematic error 계통 오차(系統誤差) 발생 원인을 알고 있는 오차. 이론 오차, 계기 오차, 개인 오차가 있다. 이론 오차는 이론적으로 보정할 수 있는 오차로, 열팽창, 실온 등에 의한 오차가 있다. 계기 오차는 사용하는 계기에 원인이 있어서 생기는 오차, 개인 오차는 측정의 버릇에 의해서 생기는 오차이다.

system auditing 시스템 감사(－監査) 감사 대상에서 독립한 제3자인 감사인이 정보 시스템을 종합적으로 점검 · 평가하고, 관계자에 조언 · 권고하는 업무를 말한다. 이것은 보안 대책의 실효성과 정보 시스템의 품질을 보장하고, 또한 경영의 관점에서 보아 충분히 효율적인가를 평가하는 기능도 갖는 것이다.

system board 시스템 보드 =motherboard

system component 시스템 컴포넌트 스테레오 장치의 제조 메이커나 판매 회사가 스테레오의 단체(單體)를 몇 개 조합시켜 하나의 랙 속에 수납하든가, 특정한 케이스에 꾸며 넣은 것. 컴포넌트 스테레오와 같이 단체(單體)를 여러 가지 선택하여 조합시킨다는 묘미는 없지만 같은 메이커의 제품으로 구성하면 치수적, 디자인적으로도 체재상 보기 좋으므로 컴포넌트 스테레오나 세퍼레이트 스테레오도 이 형태를 채택하는 것이 많다.

system design 시스템 설계(－設計) 대상 시스템의 목적을 설정하고, 현행 시스템을 분석하여 밝혀진 해결의 기본적인 방향을 따라서 새로운 시스템의 상세를 결정하는 것. 컴퓨터 시스템의 설계에서는 계획 단계에서 설정된 기본 명세에 따라 다음과 같이 상세 명세를 결정한다. ① 새로운 업무 처리의 상세 절차를 결정한다. ② 컴퓨터 입력 정보, 출력 정보에 대하여 상세 요건을 결정한다. ③ 컴퓨터 처리를 프로그램 단위까지 세분화하고, 프로그램 사이의 관련을 결정한다. ④ 프로그램의 처리 내용을 명백히 하고, 그 명세를 결정한다.

system down 시스템 다운 시스템을 구성하는 기기의 고장 또는 기기 상호를 접속하는 회로의 이상으로 시스템 전체가 그 기능을 정지하는 것. 시스템이 대규모일수록 영향은 심각해지므로 그러한 사태의 발생을 예방하기 위한 보수는 매우 중요하다.

system engineering 시스템 공학(－工學) ＝SE

system evaluation 시스템 평가(－評價) 시스템의 가치, 즉 시스템의 속성이나 동작 성능 등이 소기의 목적에 어느 정도 적합하는가를 명확하게 하는 것.

Système International d' Unités 국제 단위계(國際單位系) ＝SI

system of units 단위계(單位系) 기본 단위를 이론적으로 조립해서 만든 단위의 계열을 단위계라 한다. 국제적으로나 국내적으로나 SI 가 기본적으로 채용되고 있으나, 그 이전에 사용되었던 MKS 단위계와 그다지 크게 다르지 않다. 또, cgs 전자 단위계 및 cgs 정전 단위계 등은 옛날에 사용되었던 것이다.

system operator 시솝 ＝SYSOP

systems engineering 시스템 공학(－工學) 최근의 산업 발달은 전력, 철도 기타 각종의 거대한 시스템을 개발하는 동시에 그들의 기능을 어떻게 효과적으로, 또 경제적으로 설계하고, 운용하는가 하는 것을 연구하는 학문이 필요하게 되었다. 이것이 시스템 공학이며, 통계학이나 게임 이론, 사이버네틱스, 시뮬레이션, 정보 이론이나 자동 제어 이론, 인간 공학 등의 광범한 기법을 써서 조립되는 것이다.

T 테라 =tera

TAB 테이프 자동화 접착(－自動化接着) tape automated bonding 의 약어. 플라스틱 필름 상에 형성된 테이프 모양 리드 단자의 소정 위치에 칩의 전극 부분을 납땜 등으로 융착한다. 칩 자신은 수지로 보호하기도 한다. 플라스틱 필름에서 리드 단자도 포함한 칩을 잘라 내어 이것을 유닛으로서 사용한다.

table of random numbers 난수표(亂數表) 0 부터 9까지의 수가 같은 확률로 나타나도록 숫자를 배열한 표.

난 수 표 의 일 부

94	13	62	65	43	76	64	64	87	95	09	17	33
18	62	55	60	01	85	32	12	08	73	64	36	42
68	77	27	49	86	29	39	30	35	75	17	70	40
		⋮					⋮				⋮	

tablet 태블릿 도형 처리 장치의 하나. 좌표 데이터를 주기 위해 사용하는 특수한 평면상의 기구. 좌표 데이터를 부여하기 위해서 사용되는 특수한 평면형의 기구.

tabulator 도표 작성 장치(圖表作成裝置) 천공 카드나 천공 테이프와 같은 데이터 매체로부터 데이터를 판독하여 리스트, 표 또는 합계를 만들어내는 장치.

tacan 타칸 tactical air navigational system 의 약어. 지상국으로부터의 방위와 거리의 두 정보를 항공기상에서 직독할 수 있는 항공용 항행 원조 장치를 말한다. 이 장치는 지상의 기준점에 설치하는 지상 장치와 항공기에 탑재하는 기상 장치로 이루어져 있다. 지상 장치에는 항공기에 방위 정보를 전달하기 위해 특수한 안테나 장치와 이것에 접속되는 UHF 의 송수신기가 있으며, 기상 장치는 지상 장치에 대한 질문 장치와 방위 거리 정보를 수신하는 송수신 장치로 구성되어 있다.

tachometer 회전계(回轉計) 회전체의 회전 속도를 측정하는 장치. 직류 또는 교류 발전기의 발생 전압이 회전 속도에 비례하는 것을 이용하는 발전기형 회전계, 그 변형인 유도자형 회전계, 회전에 따른 펄스를 발생시켜서 계수하는 디지털 회전계, 회전에 따른 교류 신호를 발생시켜 기준의 주파수와 비교하는 스트로보스코프 등이 있다. 발전기형이나 유도자형은 연속적으로 회전수를 표시할 수 있으나 측정 정확도에 한계가 있고, 에너지를 필요로 하므로 미소 토크의 회전체인 경우에는 부적당하다. 디지털형이나 스트로보스코프에서는 에너지를 흡수하지 않으므로 측정 대상에 영향을 주지 않고 측정 정확도가 높다.

tachometer generator 속도계용 발전기(速度計用發電機) 회전 속도와 발생 전압이 비례하는 발전기로, 직류용과 교류용이 있다. 회전 속도의 검출에 사용하거나, 서보모터에 직결하여 그 발생 전압을 증폭기로 궤환해서 전기식 서보계의 동작을 안정시키는 데 사용한다.

tactile keyboard 접촉식 키보드(接觸式－) 휴대용 컴퓨터를 위한 키보드. 3층의 플라스틱으로 이루어져 있으며 작은 압력에도 민감하게 반응한다.

takedown time 제거 시간(除去時間) 장비의 일부를 제거하는 데 요하는 시간.

talc porcelain 활석 자기(滑石瓷器) → steatite porcelain

talking beacon 토킹 비컨 마이크로파를 이용한 무선 표지(無線標識)로, 회전하는 비컨의 각 방위에 대응한 정보를 음성으로 보내고 있다. 기상(機上)에서 간단한 수신기에 의해 이것을 수신하면 방위 정보를 얻을 수 있다.

talking path setting 통화로 설정(通話路設定) 가입자와 트렁크, 트렁크 상호간의 접속을 하기 위해 빈 통화로를 선택하여 통화로를 설정하는 것. 다단 링크 구성인 경우에는 하나의 입선(入線)과 하나의 출선을 잇는 복수이 링크(접속로) 중 비어 있는 것을 선택하는 것을 링크 정합이라 한다. 또 빈 통화로를 선택할 수 없어 선택을 다시 하는 것을 재정합(retry)이라 한다.

tally 방송 표시(放送表示) 카메라나 VTR 등에 현재 그 기재가 방송 중(on air)임을 표시하여 조작자나 출연자에게 그것을 알리기 위한 표시(램프)로, 영상 스위쳐에 의해 신호가 주어진다.

tan δ 탄젠트 델타 유전 탄젠트(정접)의 대명사로서 쓰이며, 절연물의 성질을 알기 위한 중요한 값이다.

tandem computer 탠덤 컴퓨터 함께 접속되어 같은 문제를 동시점에서 처리하도록 만들어진 2대의 컴퓨터. 고장에 의한 사무 처리 정체를 허용하지 않는 업무 분야에서 2대가 상시 가동하고, 1대가 고장이 발생해도 다른 1대가 전처리를 속행하는 논스톱 구조로 되어 있다(단순한 종속 접속의 의미에서의 탠덤이 아니다. 부하 가변 분담의 병렬 동작에 가깝다).

tandem construction 탠덤 구조(-構造) ① 하나의 4단자망의 두 출력 단자를 다른 4단자망의 2개의 입력 단자와 직접 접속하여 만들어지는 회로망. 캐스케이드 접속 구조라고도 한다. ② 컴퓨터 시스템의 기능을 2대의 컴퓨터가 종속적으로 분담하는 방식. 주 컴퓨터와 프론트 엔드 컴퓨터가 그 기능을 분담하고 있는 경우 등을 말한다. 프론트 엔드 컴퓨터가 고장나면 모든 작업은 주 컴퓨터에 걸리게 된다.

tandem data circuit 직렬 데이터 회선(直列-回線) 연속한 셋 이상의 데이터 회선 종단 장치를 포함하는 데이터 회선.

tandem exchange 탠덤 교환국(-交換局) 복수의 로컬국을 접속한 것. 기간 회선이나 상위 교환국을 경유하는 일 없이 트래픽은 로컬국간을 운반한다. 이 방법은 트래픽 용량이 크고, 가입자 밀도도 높은 시내 구역에서 쓰인다. 탠덤국이라고도 한다.

tandem office 중계국(中繼局) 복국지에서 그 한 국은 다른 지역에서 착신하는 통화를 모아, 이 곳에서 각 분국으로 분배함으로써 중계선을 공통으로 효과적으로 사용하도록 한 중계국.

tandem selection 중계 선택(中繼選擇) 자동 교환망에 있어서, 어느 국에서 도중의 국까지는 한 무리의 회선으로 접속하고, 그 곳에서 목적의 국으로 나누어 접속하는 중계 방식.

tandem system 탠덤 시스템 전신이나 전화의 통신 서비스를 하는 경우 그 통신망의 구성을 경제적으로, 더욱이 유효한 방법으로 할 필요가 있으므로 어느 구역의 중심에 회선을 모으고 거기에 중계·교환을 하도록 하고 있다. 이러한 방법을 탠덤 방식이라 한다.

tank circuit 탱크 회로(-回路) 인덕턴스 L과 콘덴서 C의 병렬 동조 회로를 말한다. C급 증폭기의 부하에 이 탱크 회로를 사용하면 공진 주파수에 동조한 경우, L과 C에 축적되는 에너지가 교대로 수수되어서 출력으로서 정현파가 얻어지므로 매우 효율이 좋으며, 따라서 무선 송신기의 고주파 증폭기에 널리 사용된다.

tantalum 탄탈, 탄탈룸 기호 Ta. 5가의 원자 번호 73의 금속. Ta는 도체이나 그 산화물 Ta_2O_5는 뛰어난 절연체이므로 전해 콘덴서나 박막 회로의 제작에 널리 이용된다.

tantalum electrolytic condenser 탄탈 콘덴서 양극 금속으로서 탄탈을 사용한 전해 콘덴서. 일반적으로 소결형의 것이 사용된다. →electrolytic condenser

tap 탭 권선 저항기나 코일 부품 등에서 권선 도중에서 단자를 꺼낸 것.

tape 테이프 자성 재료로 피막된 가늘고 긴 매체로, 데이터의 입력, 기억, 출력에 쓰인다.

tape automated bonding 테이프 자동화 접착(-自動化接着) =TAB

tape carrier bonding 테이프 캐리어 접착(-接着) 캐리어 테이프에 반도체 칩이 일정 간격으로 고정되어 있는 것. 테이프가 일정 속도로 보내지고, 정해진 기판 위치에서 칩과 기판상의 도전(導電) 패턴이 접착된다.

tape cartridge 테이프 카트리지 어느 길이의 자기 테이프를 수용한 카트리지(용기)로, 이것을 테이프 리코더에 꽂으면 테이프를 장착할 필요없이 재생할 수 있도록 되어 있다.

tape deck 테이프 덱, 테이프 구동 기구(-驅動機構) 자기 테이프를 구동하여 그 움직임을 제어하는 기구.

tape drive 테이프 구동 장치(-驅動裝置) 자기 테이프의 판독, 기록 헤드 위를 지나서 구동 릴에 감으면서 그 테이프에 대하여 부호화된 정보를 기록하거나 이미 기록되어 있는 정보를 판독하거나 하는 장치를 말한다.

tape format 테이프 포멧 헤드 주사에 의해 만들어지는 테이프 상의 자화 패턴. 다음 세 가지 기본형이 있다. ① 장척(長尺) 방향 주사 : 헤드는 고정하고, 테이프는 왕복식, 엔드리스식, 멀티트랙식 등으로 테이프의 장척 방향으로 기록한다. ② 헬

리컬 주사 : 회전 헤드 실린더에 테이프를 비스듬하게 감아서 기록한다. 헤드의 수, 테이프 감는 법, 한 줄의 트랙에 수용하는 정보량 등 여러 가지 타입이 있다(그림 참조). ③ 폭방향 주사 : 주위에 보통 4개의 헤드를 둔 회전 헤드 드럼에 접촉한 테이프에 그 폭방향으로 기록하는 것.

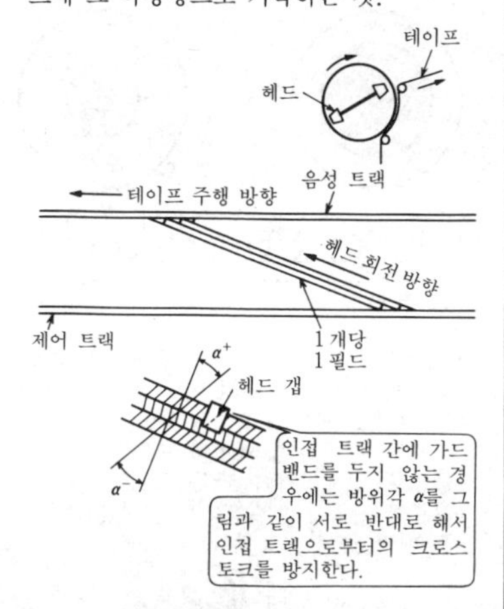

tape guide 테이프 가이드 자기 테이프 장치의 테이프 통로에서 테이프의 진행 방향을 바꾸거나 테이프의 횡진동을 방지하는 등의 목적을 갖는 롤러나 핀.

tape hiss 테이프 히스, 히스 노이즈 녹음 테이프의 재생시에 발생하는 테이프 특유의 「씨」 또는 「싸」하는 잡음. 이것은 녹음 정보와 관계없이 녹음 장치 고유의 것으로 일정 레벨의 세기를 가지고 있다. 따라서 녹음 레벨이 작으면 귀에 거슬린다.

tape label 테이프 레이블 자기 테이프 릴의 최초의 레코드로, 테이프에 기록된 데이터, 레코드명이나 레코드 식별 번호, 테이프에 기록된 레코드의 총수 등 필요한 정보를 포함하고 있는 것.

tape librarian 테이프 라이브러리언 모든 컴퓨터 파일을 보수하는 책임자. 파일이란 프로그램, 데이터 파일 등을 기록한 테이프, 디스크, 마이크로필름 등 일체를 말한다.

tape library 테이프 라이브러리 자기 테이프의 파일을 양호한 환경에서 보존하고, 또 테이프 정보의 기밀 보호가 이루어지는 특별한 방. 이러한 라이브러리의 관리 책임자를 테이프 라이브러리언이라 한다. →tape librarian

tape punch 테이프 천공기(－穿孔機) 컴퓨터 등으로부터의 지령에 의해 종이 테이프에 정보에 따른 구멍을 뚫는 장치. 컴퓨터에 종이 테이프가 사용되었던 시대에 사용되었다.

taper 테이퍼 퍼텐쇼미터 또는 저항기의 저항 요소 전체를 통해서 저항값이 분포하고 있는 모양을 의미하는 용어. 요소 전체를 통해서 저항값이 길이와 함께 직선 비례적으로 변화하는 경우를 직선 테이퍼라 하고, 그렇지 않은 경우를 비직선 테이퍼라 한다.

tape reader 테이프 판독기(－判讀機) 종이 테이프에 천공되어 있는 정보를 판독하기 위한 장치. 기계식과 광전식이 있다. 기계식에서는 가벼운 스프링이 붙은 핀에 의해 테이프를 밀어 올리고 그 위치에 구멍이 있으면 핀이 관통하여 올라가고, 구멍이 없으면 종이에 눌려서 핀이 올라가지 않음으로써 구멍의 유무를 판단한다. 판독 속도는 매초 8~12 자이며, 수동의 조작을 수반하는 것이나 저속의 타이프라이터를 동작시킬 때 등과 같이 고속을 요하지 않는 경우에 이용된다. 광전식에 대해서는 광전식 테이프 판독기에 의해 판독한다.

tape read head 테이프 리드 헤드 자기 테이프, 종이 테이프를 판독하기 위한 헤드.

tape read mechanism 테이프 판독기(－判讀機) 인쇄 전신의 자동 송신기에서 천공된 테이프에서 부호 전류를 내보내는 기구.

tape recorder 테이프 리코더, 테이프 녹음기(－錄音機) 자기 녹음기의 일종으로, 녹음체로서 자기 테이프를 사용하는 것을 말하며, 자기 녹음기로서는 가장 널리 쓰이고 있는 것이다. 일정 속도로 주행하고 있는 자기 테이프 상에 녹음 헤드의 코일에 흐르는 음성 전류에 따른 잔류 자기가 발생하여 녹음되고, 녹음한 테이프 상의 잔류 자기를 재생 헤드에 의해 기전력으로서 꺼내어 이것을 증폭해서 재생하는 것이다. 녹음, 재생, 소거를 매우 단순한 조작으로 할 수 있으므로 널리 보급되고 있으며, 가정용부터 방송국 등에서 사용하는 프로용까지 각종의 것이 있다. 녹음 형식은 모노럴의 것과 스테레오용의 것이 있으며, 용도에 따라서 1, 2, 4, 8 트랙이 사용된다. 테이프 리코더의 기구는 테이프를 구동하는 기계적인 구동 장치와 녹음·재생을 하기 위한 전기적인 장치로 나뉜다. 테이프 속도는 4.75, 9.5, 19cm/초의 3 종류가 있고, 용도에 따라 적당한 테이프 속도를 선택할 필요가 있으며, 1 대의 테이프 리코더로 두 종류의 속도 전환을 할 수 있는 것도 있다. 녹음 방식은 현재 교류 바이어스 녹음 장식이 주로 사용되고 있다.

tape reel 테이프 릴 특히 자기 테이프의 릴을 가리키는 경우가 많다.

tape relay 테이프 중계(－中繼) 송신국에서 수신국으로 메시지를 중계하는 방법의 하나. 중간 기억의 매체로서 천공 종이 테이프를 사용한다.

tape relay system 테이프 중계 방식(－中繼方式) 데이터 전송에서는 엄밀한 의미에서의 동시성이 요구되는 경우는 드물기 때문에 일시적으로 데이터를 기억하여 트래픽 능률의 향상이나 우선 처리 등을 하는 축적 교환 방식이 있다. 이 때 기억 매체로서 종이 테이프를 사용하여 오프라인 방식에 의해 교환을 하는 방식을 테이프 중계 교환 방식이라 하며, 널리 이용되고 있다.

tape reproducer 테이프 복제 장치(－複製裝置) 어떤 테이프에서 읽어낸 데이터의 전부 또는 일부를 복사하여 다른 테이프를 만드는 장치.

tape speed 테이프 속도(－速度) 녹음 또는 재생시에 자기 녹음 테이프가 주행하는 속도. 테이프 속도는 38.1, 19.05, 9.53m/s, 이하 차례로 그 1/2 의 속도 계열로 하는 것이 국제적으로 통일되어 있다.

tape splicer 테이프 스플라이서 자기 테이프의 절단이나 접착에 사용하는 도구. 테이프의 편집은 가위를 써도 되지만 이러한 도구를 사용하면 테이프의 절단각이 일치하고, 스플라이싱 테이프의 폭 등도 가지런해지므로 편리하다.

tape squeal 테이프 울림 테이프 리코더에서 녹음 또는 재생시에 테이프에서 발생하는 불쾌한 소리를 말한다. 이러한 소리는 테이프가 테이프 가이드나 자기 헤드, 캡스턴, 핀치 롤러 등의 면에 접하면서 주행할 때 테이프 자신이 마찰에 의해 진동을 일으켜 발생하는 것이다. 이 소리는 테이프의 종류나 테이프의 사용 정도, 온도, 습도 등의 영향을 받아서 일어나는 경우가 있으며, 그 조건은 일정하지 않다. 헤드 패드를 사용하고 있을 때는 패드의 압력과 먼지 등의 마찰에 의해 일어나는 경우도 있다.

tape storage 테이프 기억 장치(－記憶裝置) 사용시에 이동하는 테이프의 표면에 자기 기록함으로써 데이터를 기억하는 자기 기억 장치.

tape transport 테이프 송출(－送出) 테이프 리코더의 데크에 두어진 송출 장치로, 테이프 릴을 유지하고 테이프를 녹음 헤드 밑을 통해서 구동하여 여러 가지 동작 모드를 제어하는 기구를 갖추고 있다. 테이프 드라이브라고도 한다.

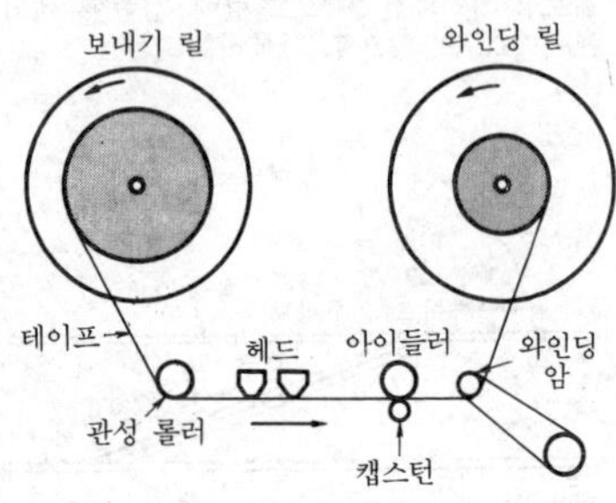

tape wire 테이프 전선(－電線) 플라스틱 테이프 사이에 다수의 가는 둥근 도체 또는 평각 도체를 필요 개수 만큼 일정한 간격으로 평행하게 매입하고, 샌드위치 모양으로 일체화하여 만든 그림과 같은 전선. 점유 공간이 작으므로 전자 기기의 내부 배선 등에 사용한다.

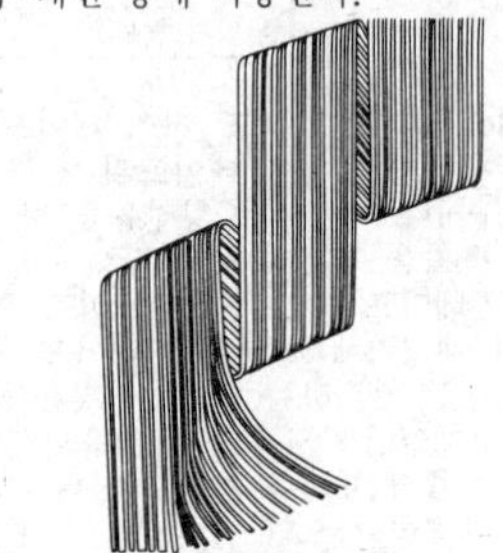

tapoff 탭오프 CATV 망에서 가입자댁으로의 신호를 분배하기 위한 결합 장치. 양방양인 경우는 단순한 수신인 경우보다도 당연히 장치는 복잡한 기능이 요구된다. 지선(支線) 피더(spur feeder)에서 가입자댁으로의 인입점에 부착된다. 가입자탭(subscribers tap)이라고도 한다.

tapped delay-line filter 지연선 필터(遲延線－) →digital filter

tap switch 탭 스위치 다접점형의 스위치로, 어느 회로의 접속 도선을 탭이 있는 저항기나 코일의 탭에 적속하기 위한 것.

target 타깃 원뜻은 표적을 뜻한다. ① 텔레비전용 촬상관에서 광전 변환을 하는 전극을 타깃이라 한다. 즉, 이미지 오시콘에서는 두께 5μm 정도의 타깃 유리와 타깃 메시(target mesh)에 의해 광전면의 상(像)에 대응하는 전하를 축적하고 그것을 전자 빔의 주사에 의해 신호 전류로 변환한다. 비디콘에서는 유리면상에 투명도전막(네사)과 광도전막으로 구성된 타깃에 의해 영상을 신호 전류로 변환한다. ② 동조 지시관(매직 아이)에서 개구부가 큰 사발 모양을 한 전극을 말하며, 이 내면에 형광 물질이 칠해져 있으므로 전자류가 닿으면 녹색의 형광을 발한다.

target capacitance 타깃 커패시턴스 촬상관에서 타깃의 주사면과 배면 전극(백플레이트) 사이의 커패신턴스.

target cut-off voltage 타깃 차단 전압(−遮斷電壓) →target voltage

target mesh 타깃 메시 이미지 오시콘의 타깃에서 방출된 2차 전자를 흡수하여 타깃에 광학상에 따른 양전하상을 맺게 하기 위한 것. 그림은 이미지 오시콘의 구조를 나타낸 것이다.

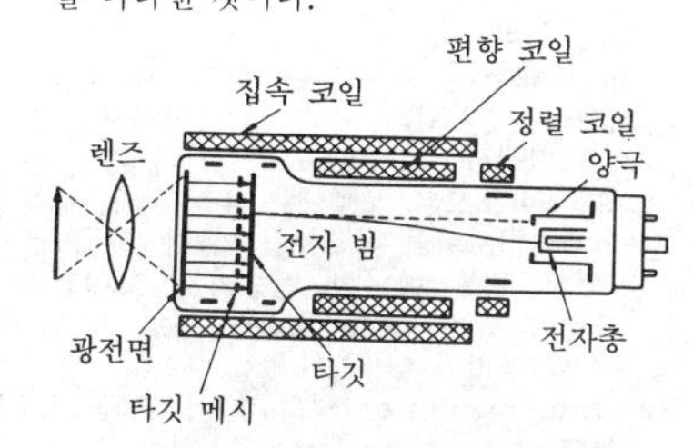

target voltage 타깃 전압(−電壓) 저속 주사법을 쓰고 있는 텔레비전 촬상관의 열음극과 배면 전극 사이의 전압. 식별 가능한 영상 출력을 내기 위해 필요한 최소 전압을 타깃 차단 전압(target cut-off voltage)이라 한다.

tariff 요금(料金), 요금표(料金表) 데이터 통신 분야에서 공중 통신 회선이나 전용 회선 등의 사용료를 말한다. 공중 통신 회선의 사용료가 사용 시간에 대하여 과해지는 데 반해서 전용 회선은 정액성이기 때문에 회선 사용 시간이 길수록 공중 통신 회선에 비하여 경제적이다. 또, 통신 용량이 클수록 단위 용량당의 요금이 싸지고 통신 대상의 데이터량이 고밀도일수록 경제적 효과가 크다.

task 태스크 다중 프로그래밍 또는 다중 프로세싱의 환경에서 컴퓨터에 의해 실시될 일의 요소로서 제어 프로그램에 의해 다루어지는 명령의 하나 이상의 열. →job

task dispatcher 태스크 지명 프로그램(−指名−) 태스크 대기 행렬 또는 리스트에서 처리할 다음 태스크를 선택하고, 거기에 중앙 프로세서의 제어를 맡기는 제어 루틴 또는 기능.

task management 태스크 관리(−管理) 관계하는 태스크의 집합을 태스크 그룹이라 하고, 이들 태스크 그룹을 관리하는 제어 프로그램을 태스크 관리라 한다. 컴퓨터에서 하나의 작업을 처리시킬 때 프로그램의 실행을 태스크라는 작업의 구성 단위로 관리한다. 복수의 처리를 동시에 각 태스크 그룹에 대응시켜 그룹 내에서는 서로 시스템의 자원을 자유롭게 공용할 수 있다.

TB 테라바이트 terabyte의 약어. 1,099,511,627,776바이트, 즉 2^{40}바이트를 말한다. 개략적으로 1,000기가바이트(GB), 혹은 100만 메가바이트(MB), 10억 킬로바이트(kB), 그리고 1조 바이트이다. 광 디스크의 기억 용량 등을 말할 때 쓰인다.

TBC 시간축 교정 장치(時間軸較正裝置) time-base correction의 약어. VTR에서의 정보의 기록과 재생의 품질은 테이프와 헤드의 상대적인 속도 변동에 의한 속도 오차의 영향을 받는다. 그래서 VTR의 재생 영상 신호를 일단 A/D변환하여 디지털 정보로서 RAM에 기록하여 기억한다(동시에 분리한 동기 신호는 영상의 표본화 및 RAM의 기록에 이용된다). RAM에 기록된 정보는 외부에서 주어지는 기준의 동기 신호에 의해 정확한 클록 레이트로 유출된다. 이 때 드롭아웃의 정정도 이루어진다. 앞단에서 흩어진 보조나 신호의 결손을 회복하기 위해 RAM에 의해서 시간의 흐름을 잠시 정지하여 태세를 정돈한 다음 정확한 보조로 다시 신호를 내보낸다. 동작에 있어서 비슷하기는 하지만 링크의 개통 대기를 목적으로 한 축적 재송 방식과는 그 의도가 전혀 다르다.

TC 전송 제어(傳送制御)[1], 단말 제어 장치(端末制御裝置)[2] (1) transmission control의 약어. 전기 통신망에 의한 정보 전송을 제어하고, 혹은 용이하게 하기 위한 기능 문자의 총칭.
(2) =terminal controller

T circulator T 서큘레이터 3개의 같은 구형(방형) 도파관이 T형이 되도록 비대칭 접속된 도파관 서큘레이터. 그 중심부에 페라이트의 포스트 또는 쐐기가 두어지고 있다. 각 포트는 각각 별개로 정합되어 있으며, 임의의 포트에서 들어온 전력은 인접한 하나의 포트에서만 나오도록 되어 있다.

TCM 시분할 방향 제어 전송 방식(時分割方向制御傳送方式)[1], 트렐리스코드화 변

조(一化變調)[2] (1) =time compression multiplexing
(2) =trellis-coded modulation

TCNQ 테트라시아노키노디메탄 tetra-cyano-quino-dimethane 의 약어. 유기 도전체의 일종으로서 관심을 갖는 물질로, 그림과 같은 분자 구조를 가지며, 많은 분자 화합물이나 이온기 염을 만든다. 그 중에는 도전성의 것이 많고, 저항률이 10 Ω m 정도의 것도 있다.

T-constant-current equivalent circuit T형 정전류 등가 회로(一形定電流等價回路) T 파라미터와 정전류원에 의해 나타내어지는 트랜지스터의 등가 회로. 컬렉터 저항에 병렬로 정전류원을 갖는 것으로 간주한 등가 회로이다. re, rc, r_b, α를 T 파라미터라 한다.

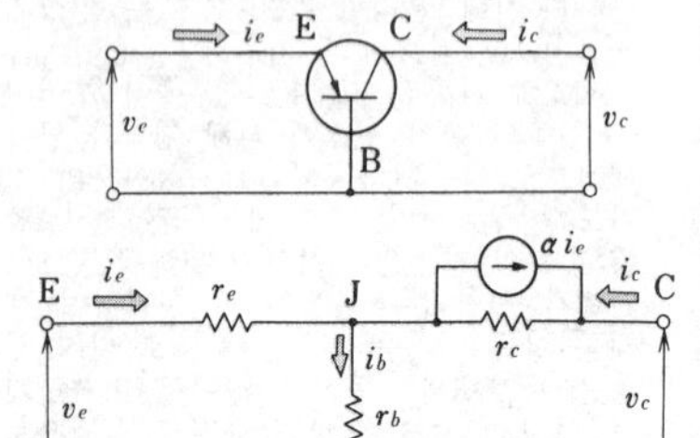

베이스 접지와 등가 회로

T-constant-voltage equivalent circuit T형 정전압 등가 회로(一形定電壓等價回路) T 파라미터와 정전압원에 의해 나타내는 트랜지스터의 등가 회로. 컬렉터 저항에 직렬로 정전압원을 가하는 것으로 간주한 등가 회로이다. r_m은 상호 저항이라 하며, $r_m = \alpha r_c$ [Ω]의 관계가 된다.

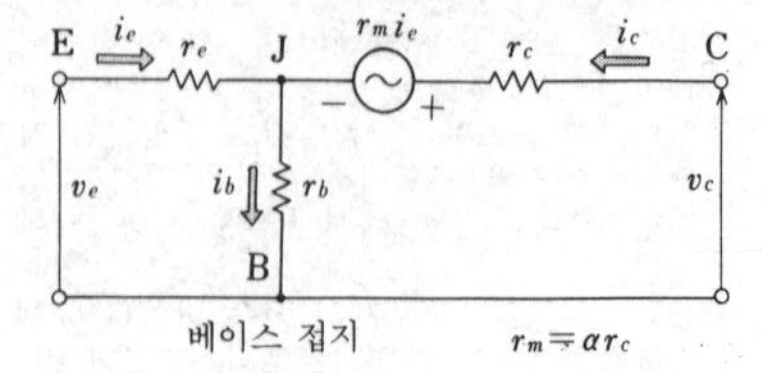

베이스 접지 $r_m = \alpha r_c$

TCU 전송 제어 장치(傳送制御裝置) = transmission control unit

TD 자동 송신기(自動送信機) transmitter distributor 의 약어. 텔레타이프라이터 단말의 일종으로, 일정한 시간 간격을 두고 회선의 개폐를 하는 것. 현재는 종이 테이프 송신기라고 할 때도 있다.

TDM 시분할 다중 방식(時分割多重方式) =time division multiplex

TDMA 시분할 다원 접속(時分割多元接續) =time division multiple access

TDM for a communication satellite 통신 위성의 시분할 다원 방식(通信衛星－時分割多元方式) 시분할 방식에서는 각 지상국은 버스트 형태의 비트 흐름의 송신이 허용된다. 버스트 기간 중은 송신국은 트랜스폰더의 전 주파수 대역을 사용할 수 있다. 음성 신호인 경우는 64kbps 정도의 비트 흐름이지만, 음악, 화상, 컬러 텔레비전 등에서는 각각 400kps, 6Mbps, 92Mbps 정도이다. 따라서 버스트의 길이나 할당 빈도도 각각의 경우 다르다. 버스트의 모뎀에는 4상 PSK 방식이 쓰인다. 이들 버스트는 업/다운 링크를 거쳐서 보통 하나의 반송파로 보내진다(복수의 반송파를 사용하면 상호 변조가 일어날 염려가 있다).

teaching machine 티칭 머신, 교육 기기(教育器機) 넓은 뜻에서는 학습의 보조 수단으로서 사용되는 시청각 기구를 포함하는 경우도 있으나 학습자에 문제를 제시하고, 학습자에 반응을 요구하여 그 반응에 따라서 문제를 선택하거나 강화 등의 기능을 행하는 것. 개인용과 집단용이 있으며, 학습 프로그램을 티칭 머신에 넣음으로써 교사를 대신해서 교육을 시키는 것이다.

teaching playback robot 학습 재현 로봇(學習再現－) 인간이 로봇에 일을 가르침으로써 그 움직이 로봇 내부에 기억되고, 필요에 따라서 기억 정보를 읽어 냄으로써 움직임을 재현할 수 있도록 만들어진 로봇. 용접이나 도장(塗裝)을 하는 로봇에는 이러한 방법으로 그 동작을 가르치고 있다.

teach-in playback system 티치인 플레이백 방식(一方式) 공업용 로봇의 동작 형태 중에서 현장에서 미리 작업의 내용을 가르쳐 두면 가르쳐 둔 대로 충실하게 실행하는 방식.

tearing 티어링 텔레비전 화상에서 수평 동기가 적정하지 않기 때문에 수평선의 어느 그룹이 불규칙하게 벗어나는 일종의 화상 결함 현상.

technical illustration 테크니컬 일러스트레이션 공업 제품 등의 정투영도를 참고로 하여 제품의 구조나 기능을 알기 쉽게 그려 나타낸 입체도. 제품을 입체적인 그림으로서 표현하므로 그 형태, 기능을 이해하기 쉬워, 팜플릿 등의 설명도에 널리 사용된다.

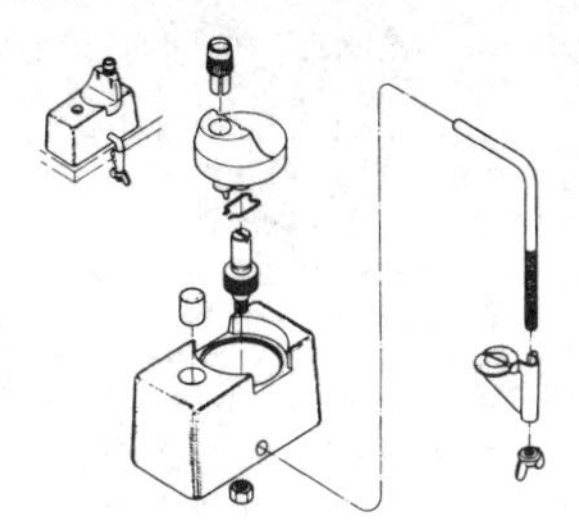

technical innovation 기술 혁신(技術革新) 단순한 신발명이나 혁신적인 연구면에서의 새로운 지식이라는 단계를 말하는 것이 아니고 종합적인 기술 중에 도입되어 새로운 상품, 새로운 프로세스, 새로운 시공법으로 다듬어져서 종래의 것에 비해 혁신을 일으키는 기술상의 사실화된 것. 이로써 새로운 생산 방법이나 기술의 개발, 신자원의 획득, 신제품의 개발이 활발해져서 그것이 생산성의 향상, 신산업의 발달 등을 통해 경제의 발전을 이룩할 수 있게 된다.

technical test satellite 기술 시험 위성(技術試驗衛星) 실제로 사용하는 통신 위성이나 방송 위성 등의 각종 기기 시험을 하기 위해 예비적으로 쏘아 올리는 위성.

technology 기술(技術) 인간의 생활을 향상·개선하기 위하여, 또는 적어도 인간의 어느 면의 효율성을 향상시키기 위하여 기계나 절차의 개발에 과학이나 공학을 응용하는 것.

technology assessment 기술 평가(技術評價) 이 경우 평가 뿐 아니라 기술이나 시스템이 그에 의해 목적 외에 생기는 환경오염이라든가 정신적 불안 등의 마이너스 면의 영향을 고려하는 것을 포함한다.

TED 트랜스퍼 전자 디바이스(-電子-) transfer electron device 의 약어. 건 다이오드와 같이 반도체 벌크에 있어서의 저 에너지 고이동도의 골에서 고 에너지 저 이동도의 골로의 전자 천이 효과를 이용하여 동작하는 마이크로파 디바이스. 아래의 골에서는 전자는 높은 이동도와 작은 유효 질량을 가지고, 또 위의 다른 골에서는 전자는 큰 유효 질량(저이동도)을 갖는다. 두 골의 에너지차는 반도체의 대역 갭 E_g 보다도 작다. 전자가 천이하는 과정에서 부성 미분 저항(negative differential resistance, NDR) 영역이 존재하고, 이것이 발진에 이용된다. 1~100GHz 대에서 국부 발진기나 증폭기로서 널리 이용되고 있다.

tee-coupler 티 커플러 →star coupler

Teflon 테플론 불소 수지의 일종으로, 폴리 4 불화 에틸렌의 상품명.

TEL 종단점 식별자(終端點識別子) terminal endpoint identifier 의 약어. I 인터페이스 계층 2 의 제어 기능은 단말 기기와 ISDN 망(가입자 교환기)을 잇는 D 채널을 제어 신호만이 아니고 패킷 정보도 전송하므로 동일 채널 상에 계층 2 의 기능을 갖는 복수의 링크를 확립하여 각각의 링크 정보 전송을 위한 제어를 독립적으로 한다. 이른바 다중 LAP(multiple link access procedure)를 써서 LAPD 의 프레임 중에 계층 3 이상으로 제공하는 정보 전송(轉送) 서비스의 종류를 식별하기 위한 SAPI(service access point identifier)와, 동일 인터페이스에 접속한 복수의 단말을 식별하기 위한 종단점 식별자를 두고, 이에 의해 서비스와 그에 관련한 단말 기기를 식별하고 있다.

teleautograph 텔레오토그래프, 서화 전송기(書畵傳送機) 전신 장치의 일종으로, 송신측의 펜이 움직이면 그 움직임에 대응하여 두 회로 중의 전류가 변화하여 멀리 있는 수신 장치의 펜에 같은 움직임을 하게 하는 시스템. 텔레라이터라고도 한다. =telewriter

telecinema equipment 텔레시네 장치(-裝置), 텔레시네마 장치(-裝置) 텔레비전 방송국에서 필름 송상, 슬라이드 영사. 텔롭(telop) 촬영 등을 하는 장치. 이것에는 필름 영사기, 슬라이드 영사기, 오페크 영사기, 자막 영사기, 멀티플렉서, 비디콘 카메라, 플라잉 스폿 장치 등이 설치되어 있다. 텔레비전 프로그램 중의 영화 프로그램이나 커머셜, 타이틀 등의 영상을 부조정실이나 주조정실에 내보내는 구실을 하고 있다.

telecommunication 전기 통신(電氣通信), 원격 통신(遠隔通信) 유선, 무선 기타의 전자적(電磁的) 방식에 의해 부호, 음향 또는 영상을 보내고 받는 것. 전기 통신은 정보를 전달하는 수단의 차이에 따라 유선 전기 통신, 무선 전기 통신, 기타의 통신으로 구분된다. 유선 통신은 전선 기타의 도체를 이용하는 것, 무선 통신은 전파

(300 만 MHz 이하의 주파수의 전자파)를 이용하는 것, 기타는 광선 기타의 전파 이외의 전자파를 이용하는 것이다.

telecommunication cable 통신 케이블(通信－) 직경 0.32mm 의 연동선을 심선으로 하고, 이것을 두 줄 평등하게 꼬아서 쌍을 만들어 소요 쌍수 만큼 묶어서 외장한 케이블. 파이프형 케이블, 유닛 케이블, 동축 케이블 등이 있다. 절연에는 폴리에틸렌을 사용하여 고주파 특성을 높이고 있다. 누화가 발생하지 않도록 심선의 배열을 배려하고 있다.

telecommunication line 통신 회선(通信回線) 데이터 통신을 하기 위한 회선.

telecommunication network 전기 통신망(電氣通信網), 통신망(通信網) 전기 통신을 하기 위한 설비의 유기적인 집합. 전화망, 전신망 등의 단위망을 총칭하기도 한다.

telecommunication system 통신 시스템(通信－) 정보를 어떤 지점에서 특정 지점으로 전기적 또는 광학적 방법으로 전달하는 전기 통신을 실현하기 위한 집합체(시스템).

teleconference 텔레비전 회의(－會議) 멀리 떨어진 2 지점간 이상을 통신 회선으로 연결하고, 텔레비전 화면을 통해서 화상, 음성을 주고 받음으로써 각지에 있으면서 회의를 할 수 있는 것. 이로써 사람의 이동에 따르는 시간, 교통비의 낭비를 없애고, 시간의 유효 이용, 의사 결정의 신속화를 도모할 수 있다. 텔레비전 회의 시스템의 종류로서는 동화(動畵)로 하는 것과 정지화(靜止畵)로 하는 것이 있고, 또 동시에 상대방이 나타나는 전자 보드나 팩시밀리 등을 조합시켜서 사용하는 경우도 있다.

tele-controlled communication network 텔레컨트롤 통신망(－通信網) 원격 감시, 원격 제어 등의 방식을 도입한 대규모 전용 통신망을 말하며, 통신 내용은 피감시 시스템과 피제어 시스템의 특질에 따라 다르나, 전송로로서는 50 보(baud)의 통신 회선 또는 전화 회선을 사용하고 있다. 시분할 방식 또는 주파수 분할 방식에 의해 다수의 감시 항목이나 제어 항목을 집중 감시·제어하고 있다. 열차 집중 제어 장치(CTC)나 가스, 전력 등의 공급, 감시 등에 이용되고 있다.

telecopying 팩스, 원격 복사(遠隔複寫) 텍스트나 도형을 디지털화하여 전화선을 거쳐서 전송하는 것. 종래의 팩스는 원래의 문장을 주사하여 그 문서의 이미지를 비트 맵으로서 전송하고, 프린터에 그 이미지를 재생한다. 팩스 이미지의 프린트 해상도는 1 평방인치당 약 100×200 도트에서 약 400×400 도트까지의 범위이다. 해상도와 부호화는 CCITT 그룹 1-4 권고에서 표준화되어 있다. 팩스의 이미지는 팩스용의 하드웨어와 소프트웨어를 갖는 마이크로컴퓨터로 송신과 수신을 할 수 있다. ＝fax

telefault 텔레폴트 케이블의 장해 위치를 발견하기 위해 사용하는 일종의 유도 코일. 심선에 전류를 흘린 케이블의 연피 바깥쪽에서 코일을 이동하여 유도음을 들으면서 장해 위치를 찾아내도록 한 것.

tele-focus gun 원초점 거리 전자총(遠焦點距離電子銃) 전자 현미경용의 전자총으로, 격자의 모양을 적당히 설계하여 초점 거리를 길게 해서 집속 렌즈없이 사용할 수 있게 한 것. 일단 밝은 상이 얻어지므로 보급형 현미경에 사용된다.

telegraph circuit 전신 회로(電信回路), 전신 회선(電信回線) 양방향의 전신 전송 채널을 가지고 구성되는 회선의 총칭.

telegraph code 전신 부호(電信符號) 문자나 숫자, 기호 등을 전신에 의해 전송하기 위하여 사용하는 부호. 대표적인 것으로 모스 부호와 6 단위 부호가 있다.

telegraph distortion 전신 왜곡(電信歪曲), 전신 일그러짐(電信－) 전신 신호를 송단(送端)에서 수단(受端)으로 전송하는 과정에서 그 유의(有意) 간격이 이론적 계속 시간과 일치하지 않을 때 그 신호는 전신 일그러짐을 갖는다고 한다. 전신 일그러짐은 그 발생하는 원인이나 성질에 따라서 불규칙 일그러짐과 규칙 일그러짐으로 분류된다.

telegraph distortion coefficient 전신 왜율(電信歪率) 전신 부호의 전송 일그러짐의 표시법으로, 송신측에서 보내지는 전신 부호가 모두 같은 시간 만큼 늦어지

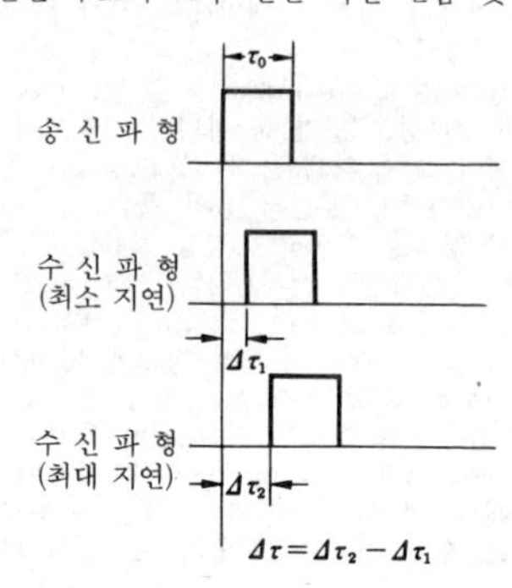

는 경우는 일그러짐이 없다고 생각된다. 송신 파형의 각 임펄스마다 지연 시간이 다를 때 그 최대의 지연 시간과 최소의 지연 시간의 차를 앙삐에뜨망(empietément)이라 하고 이것을 $\Delta\tau$로 나타내면 전신 부호의 단위 시간 τ_0에 대한 비율에서 왜율이 구해진다.

telegraph switching system 전신 중계 교환 방식(電信中繼交換方式) 전신 중계의 교환 방식. 회선 교환과 축적 교환으로 나뉜다. 전자는 선택 신호에 의해 상대국에 회선의 접속을 하는 방식이며, 상대국이 통신 중인 경우에는 통신중 신호를 발신국에 보낸다. 후자는 정보를 일단 축적하여 상대국이 통신 중일 때는 그 통신 종료를 기다려서 정보를 보낸다.

telegraph-type data network 전신형 데이터 회선망(電信形－回線網) 가입 전신망을 사용하는 데이터 전송 회선. 50비트/초 이하의 직류 부호를 전송할 수 있다. 전화형 데이터 회선망이 교류 신호로 단말에 변복조 장치(modem)를 필요로 하는 것에 대하여, 전신형 데이터 회선망에서는 단말에 모뎀이 필요없고, 전신을 반송 회선 또는 고속 디지털 회선에 싣기 위한 모뎀을 전화 중계소 등에 집중하는 것이 가능하다.

telegraphy 전신(電信) 멀리 떨어진 곳에 있는 문자, 숫자, 기호나 그림, 도면 등을 전신 부호로 변환하여 전송하고, 기록으로서 재생하는 전기 통신의 한 부문. 팩시밀리가 그 대표적인 용도이다.

tele-mail 텔레메일, 원격 묘화 장치(遠隔描畵裝置) 손으로 문자나 도형 등을 쓰거나 그리면 떨어진 곳에 두어진 수신기에 같은 문자나 도형이 그려지는 장치.

telematics 텔레마틱 =telematique

telematique 텔레마띠끄 프랑스에서 1978년 대통령에게 제출된 보고서「사회의 정보화」중에서 처음으로 사용된 프랑스어의 telecommunications(전기 통신)과 informatique(정보 처리)와의 합성어이다. 또, 1979년 9월 제네바에서 개최된 제3회 세계 전기 통신 포럼에서 프랑스는「텔레마띠끄의 충격」이라는 발표를 하여 텔레마띠끄가 가져오는 효과나 환경이 종래의 기술 혁신과 비교할 수 없을 정도라는 점에 착안해야 하며, 고용 문제, 고도 정보화에 있어서의 행정, 미국의 위협에 대항하는 국산 기업 육성, 특정국에 예속하지 않는 국제간 네트워크, 정부 기구의 개혁 등에 대해서 제언하고 있다. telematics 라고도 한다.

telemedicine 원격 의료(遠隔醫療) 텔레커뮤니케이션, 특히 텔레비전에 의해 환자의 상태나 X선 사진 혹은 의학적 데이터 등을 원격지에 있는 의사나 전문가에게 보내서 의료 상담을 하는 것. 전화 상담도 포함된다.

telemeter 텔레미터 물리량을 측정하여 멀리 떨어진 곳에 지시, 기록시키는 것. 앉아서 원격의 상황을 파악할 수 있기 때문에 위험지에서의 안전 방지나 인건비의 절약, 관리의 능률화를 도모할 수 있다. 산간 전력량의 원격 측정, 로켓이나 인공위성에 의한 데이터 탐사, 공장에서의 원재료의 양이나 가공 상황의 집중 관리 등에 이용된다.

telemetering 텔레미터, 원격 측정(遠隔測定) 피측정량을 전기량으로 변환하고, 근거리의 경우는 변환한 신호 그대로를 직송하지만 원격지로는 반송화하여 보낸다. 전기 변환의 방법에는 전압이나 주파수의 변화, 펄스 크기의 변화 등이 있다. 공장, 사업장 등에서 생산 과정에서의 각종 양을 원격 조작으로 조절하기 위한 경우 등에 쓰인다.

telemode 텔레모드 어떤 양을 원격지에 전송하도록 나타내는 방식.

telemonitoring service 원격 감시 서비스(遠隔監視－) 가정의 안전 및 보호를 목적으로 많이 이용되고 있는 서비스로, 도난 및 화재 경보, 의료 경보와 가정의 에너지 사용을 제어 및 규제하는 에너지 관리 서비스 등이 포함된다.

Telenet 텔레넷 1975년 미국의 Telenet Communications 사가 패킷 교환 방식을 써서 서비스를 개시한 상용의 부가 가치 통신망 서비스. 현재는 GTE Telenet Communications 사에 의해서 운영되고 있다. →VAN

telephone 전화(電話) 전기 통신 설비의 일종으로, 음성 주파수대의 아날로그 신호를 써서 전송 변환하는 것.

telephone area 전화 가입 구역(電話加入區域) 공중 전화망에 대해서 운영상 정해진 단위의 구역으로, 이 구역 내에서 발착하는 전화 통화를 시내 통화라 한다. 어느 가입 구역에서 다른 가입 구역으로의 통화는 시외 통화이며, 시외 국번에 의해서 지정한다.

telephone circuit 전화 회선(電話回線) 양방향 전화 전송 채널로 구성되는 회선.

telepnone exchange 전화 교환(電話交換) →exchange

telephone influence factor 전화 영향률(電話影響率) 전력 공급 회로의 전압 또는 전류 파형에 대해서 모든 정현파(사인

T

파) 성분(기본파 및 그 고조파)의 실효값에 가중값을 곱한 것을 제곱하여 합친 것의 평방근과, 가중값을 곱하지 않은 경우의 실효값과의 비. =TIF

telephone line 가입 전화 회선(加入電話回線)[1], 전화 회선(電話回線)[2] (1) 전기 통신 사업자(한국 통신 등)의 공중 전화망 가입자 회선. 본래는 전화용의 통신 회선이지만 컴퓨터 등에 의한 정보 기기도 접속할 수 있다.
(2) 전화 교환을 취급하는 국(局)과 계약 청약자가 지정하는 장소와의 사이에 설치되고, 음성 대역의 통신이 가능한 회선.

telephone modem 전화 모뎀(電話－) 하나 또는 복수의 별개 전화 회선을 변조하고, 그리고 복조하기 위한 장치. 다중 채널인 경우에는 다중화 장치, 분배 장치, 개개 채널의 증폭기, 반송파 전원 등을 포함하고 있다. →modem

telephone network system 전화 시스템(電話－) 전화기 등의 단말 기기, 교환기 및 전송로로 구성된 통신망.

telephone pickup 전화 픽업(電話－) 전화의 통화 내용을 녹음할 때 사용하는 전자(電磁) 픽업. 이것은 전화선에 직접 접속하지 않고 전화기의 케이스에 흡착반(吸着盤)으로 흡착시켜 전화기 내의 하이브리드 코일로부터의 누설 자속에 의해 통화 내용을 집음(集音)하는 것이다. 내부는 자심에 많은 코일을 감은 솔레노이드형의 구조로 되어 있으며, 테이프 리코더의 마이크 입력 단자에 접속하여 사용한다. 부재 전화도 같은 방식으로 수록하고 있다.

telephone program equipment 전화 방송 장치(電話放送裝置) 전화의 통화 내용을 직접 방송에 사용하기 위한 장치. 계통은 그림과 같이 하이브리드 코일을 사용한 것이 쓰이며, 수화음에 대하여 송화음의 누화가 충분히 낮을 필요가 있다.

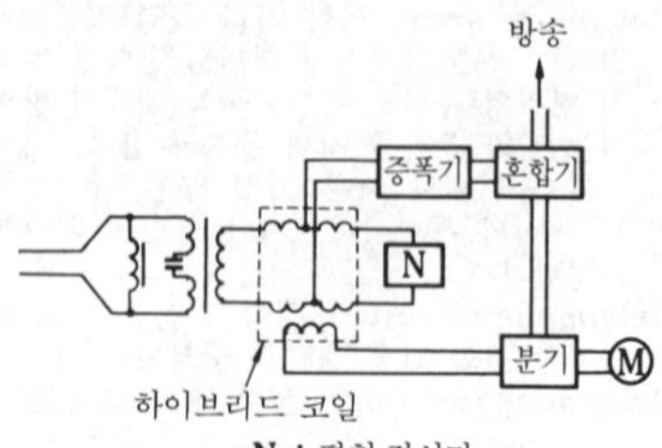

telephone set 전화기(電話機) 송화기, 수화기 등 송수신에 필요한 여러 가지 부품으로 구성된 전화 통신을 목적으로 하는 장치.

telephone station 가입 전화(加入電話) =subscriber's station

telephone switching system 전화 교환 시스템(電話交換－) 전화기 상호의 통신 경로를 설정하는 망 기능에 있어서 교환기가 주요한 역할을 수행하는 시스템.

telephone technology 전화 기술(電話技術) =telephony

telephone-type data network 전화형 데이터 회선망(電話形－回線網) 전화형 데이터 회선은 데이터 전송을 위한 전송로로서 전화 회선을 그대로 이용하므로 이용자 댁내에 변복조 장치(modem)를 설치하고, 데이터 신호를 전화 회선에 전송 가능한 교류 신호로 변환하여 전송한다.

telephony 전화 기술(電話技術) 음성을 전기 신호로 변환하여 다른 장소로 전송하고, 음성으로 재변환하는 것을 가리키며, 선의 접속 유무는 묻지 않는다.

telephoto 사진 전송(寫眞電送) 팩시밀리의 일종으로, 사진이나 화상을 주사하여 그 흑백의 변화를 전류의 변화로 변환하여 송신하고, 수신측에서 이 전류를 빛의 강약으로 변환하여 감광지나 필름에 옮겨 원화를 재생하는 방식. =phototelegraphy

teleport 텔레포트, 정보항(情報港) 통신 위성을 이용한 정보 통신 센터로, 송수신용의 파라볼릭 안테나 등을 구비한 지상국, 정보 처리를 위한 컴퓨터 설비, 정보 관리 기업의 건물로 구성되며, 정보를 이용하는 각 기업 등과는 광섬유 케이블로 연결한다.

teleprinter 인쇄 전신기(印刷電信機) 인쇄 전신에 사용되는 전신기를 말하며, 텔레타이프라고도 한다. 송신측에 사용되는 것으로서는 건반 송신기, 건반 천공기, 선로 송신기가 있다. 또, 수신측의 것으로서는 인쇄 수신기, 수신 천공기, 국내 수신 천공기, 국내 천공기 등이 있다.

teleprocessing 텔레프로세싱 전기 통신 시설에 의해 상호 접속된 컴퓨터와 단말 장치를 조합시켜서 데이터 처리를 하는 것. 본래는 IBM 사가 등록한 용어이나, 최근에는 이 의미가 서서히 변화해 가서 원격 접근 데이터 처리와 같은 뜻으로 쓰이기도 한다.

teleprocessing system 원격 처리 시스템(遠隔處理－), 전신 처리 시스템(電信處理－) 일반적으로 원·근거리의 송신 전용의 시스템이나 오프라인, 온라인의 송수신 공유 시스템 및 기타의 통신을 포함한 데이터 처리 시스템을 일반적으로 이렇게 부른다. 본래는 IBM 사가 사용하고 있는 전신 전화 회선, 마이크로파 등을 사용한 데이터 전송 시스템의 상표명이다.

teleran 텔레런 television radar air navigation 의 약어. 착륙 원조 장치로서 텔레비전을 이용하는 것. GCA(지상 관제 진입 장치)가 지상으로부터의 전화 연락만으로 착륙을 하는 방식이므로 파일럿에게 다소의 심리적인 불안을 주고, 연락에도 시간이 걸리는 것을 텔레비전을 이용하여 착륙 태세를 지시하여 이들의 결점을 제거하도록 한 것이다.

telescanning system 텔레스캔 방식(－方式) 문자 방송의 한 방식으로, 문자 정보를 다중 방송하고, 수신측에서는 그 중에서 원하는 정보를 꺼내서 기억 장치에 기록하여 재생한다. 뉴스 프레시 등의 문장이 적당한 속도로 좌에서 우로 옆으로 흐르도록 텔레비전 화면에 표시할 수 있다.

teleshopping 텔레쇼핑 텔레비전 수상기 등에 표시되는 상품 정보에 따라서 가정에 있으면서 전기 통신 수단에 의하여 상품의 주문, 대금의 결제를 하는 정보 처리 시스템. →videotex

Teletel 텔레텔 프랑스의 비디오텍스 서비스명. 프랑스 텔레컴이 운용하며, 1982년부터 서비스가 제공되고 있다. 방식은 CEPT(알파 모자이크) 방식이 채용되고 있다.

teleterminal 텔레터미널 설치 장소를 이동하여 사용할 수 있도록 한 컴퓨터 시스템의 단말 장치. 보통 무선 통신 회선에서 중앙 처리 장치(CPU)와 접속한다.

teletex 텔레텍스 텔렉스의 일종으로, 통신 속도나 서식 제어를 개량한 것. 현재는 팩시밀리로 대치되었다.

teletext 텔레텍스트 텔레비전 수상기의 스크린 상에 정보를 텍스트의 페이지 및 화상으로서 표시하도록 한 정보 서비스.

teletypewriter 텔레타이프, 전신 타자기(電信打字機) →teleprinter

teletypewriter exchange 전신 타자기 교환 방식(電信打字機交換方式) 미국 AT&T 에서 실시되고 있는 자동 즉시 전화망에 의한 다이얼식 전신 타자기 교환 방식이다. =TWX

teletypewriter system 텔레타이프 방식(－方式) 데이터 통신에 있어서의 한 방식. 국제 알파벳 No. 2 부호를 사용하여 텔레타이프라이터에서 송신된 메시지가 데이터 회선을 전송하여 수신단의 프린터를 작동시켜 두 가입자간에서 텔레타이프에 의한 통신이 이루어진다. 동작 속도는 50 보(bps)부터 300 보 정도이다.

television 텔레비전 전파 또는 전기 신호를 이용하여 이동하고 있는 사물이나 정지하고 있는 사물의 순간적인 영상을 멀리 떨어진 장소로 시간적인 지연없이 전송하는 통신 설비. 멀리 떨어진 장소로 영상을 전송하려면 화면의 명암을 촬상관에 의해 전기 신호로 변환하여 무선 또는 유선의 전송로에 의해 전송하고, 브라운관으로 전기 신호를 화상으로서 재현한다. 영상이 천연색의 것(컬러 텔레비전)이 많다. 방송 이외에 이용되고 있는 것은 공업용 텔레비전이라고 하는데 텔레비전 전화에도 응용되고 있다. =TV

television baseband transmission 텔레비전 베이스밴드 전송(－傳送) 텔레비전 신호를 베이스밴드(기저 대역) 그대로 전송하는 것. 전송 선로는 동축 케이블 또는 평형쌍 케이블을 사용한다.

television camera 텔레비전 카메라 텔레비전의 촬상에 사용되는 카메라. 촬상된 화상을 전기 신호로서 꺼내는 부분이다. 카메라의 주요한 부분은 촬상관, 전치 증폭기, 뷰 파인더 등이며, 텔레비전 카메라의 용도에 따라서 촬상관의 종류도 달라지나 플럼비콘(plumbicon) 등이 사용되고 있다. 텔레비전 카메라로서는 감도가 좋고, 해상도가 뛰어나며, 보수나 운전이 용이한 것이어야 할 필요가 있다.

television channel 텔레비전 채널 54~216MHz 의 VHF 대 및 470~806MHz (14~69 채널)의 UHF 대의 주파수가 할당되어 있다.

television character multiplex broadcast 텔레비전 문자 다중 방송(－文字多重放送) 텔레비전의 뉴스 속보나 일기 예보 등의 문자·도형 정보를 화상 송신의 텔레비전 전파 틈 사이에 삽입하여 텔레비전에 비쳐내는 것. 시청자는 키 패드를 사용하여 원할 때 원하는 채널에서 정보를 얻을 수 있다. 또 그 정보를 동시에 복사할 수 있어 미래의 전자 신문으로 발전할 가능성이 있다.

television conference 텔레비전 회의(－會議) =teleconference

television game 텔레비 게임, 텔레비전 게임 텔레비전 화면에 게임을 떠올려서 컨트롤러로부터의 지시에 의해 게임을 진행하여 플레이하는 장치.

television interference 텔레비전 방해(－妨害) =TVI

television radio wave 텔레비전 전파(－電波) 하나의 채널 내에 영상(진폭 변조), 컬러(평형 변조), 음성(주파수 변조)

의 각 신호를 서로 간섭하지 않도록 하여 VHF 대 또는 UHF 대에 할당되어 있다. 양 측파대 한쪽 측파대를 어느 정도 남긴 잔류 측파대(VSB)를 사용한다.

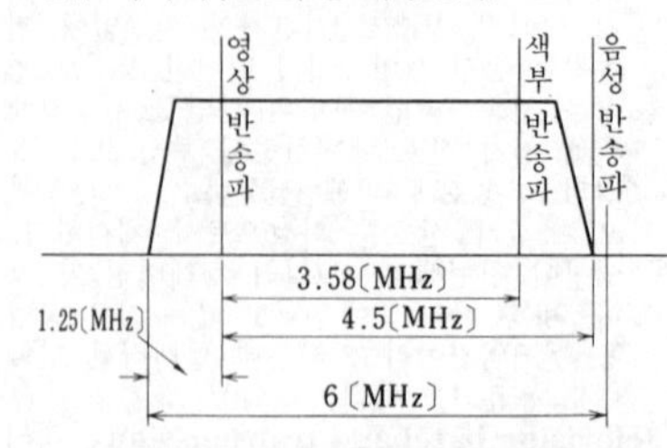

television signals 텔레비전 신호(－信號) 흑백 텔레비전 방송에서는 영상 신호가 4.2MHz 의 주파수 대역을 차지하고 있으며, 이것은 VHF 또는 UHF 의 반송파를 진폭 변조함으로써 송신된다. 그러나 반송파의 상하 측파대를 양쪽 모두 전송하는 것이 아니고 잔류 측파대 전송법에 의해 하부 측파대는 일부만 남기고 나머지는 제거하고 있다. 컬러 텔레비전의 경우는 위의 흑백 텔레비전과의 양립성을 고려하여 영상 신호 중에서 컬러 정보를 분리하여 영상 반송파와는 다른 색부반송파를 써서 이것을 컬러 정보로 변조하여 휘도 정보와 함께 송신하고 있다. 컬러 정보에 대해서는 인간의 색에 대한 식별 감각을 고려하여 오렌지·시안 정보를 갖는 I 신호와 녹·마젠타 정보를 갖는 Q 신호로 나누고, 인간의 식별 능력이 큰 I 신호에 대해서는 대역폭 1.5MHz 를, 또 식별 능력이 떨어지는 Q 신호에 대해서는 0.5 MHz 를 할당하고 있다. 이들 I 신호, Q 신호는 90° 위상이 다른 색부반송파를 각각 평형 변조하고, 이들을 휘도 신호와 복합하여 송신한다. 음성은 음성 반송파를 주파수 변조하여 영상 신호와 동일 안테나로 송신한다. 텔레비전 신호에는 송상(送像)·음성 이외에 수평, 수직 동기 신호, 컬러 버스트 신호 등 동기 신호도 영상 신호에 삽입하여 송신된다. 또한, 이들 신호를 전하는 채널의 대역폭은 NTSC 방

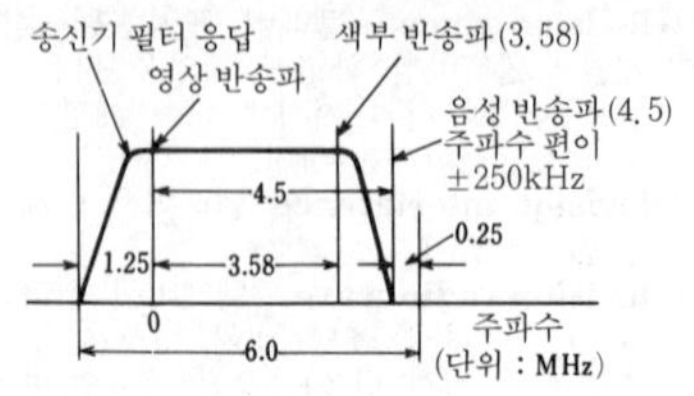

식에서는 6MHz 이며, 이 중에서 영상 반송파, 색부반송파, 음성 반송파는 그림과 같은 위치에 있다.

television sound multiplex broadcasting 텔레비전 음성 다중 방송(－音聲多重放送) 텔레비전 방송의 음성에 또 하나의 음성을 더해서 스테레오 방송이나 2 개 국어 방송을 할 수 있도록 한 음성 다중 방식. 보통 주파수 변조된 부반송파를 다중 변조하는 부반송파 방식이 사용되고 있다.

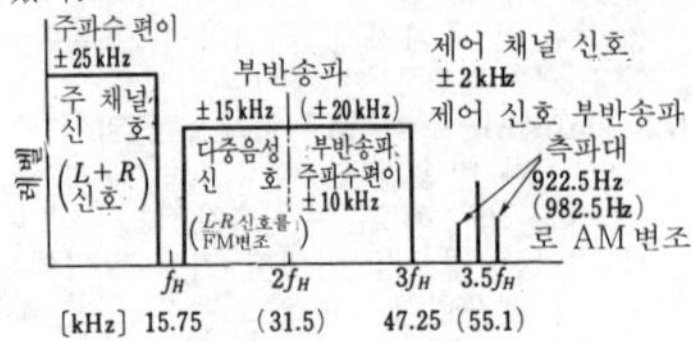

television standard 텔레비전 표준 방식(－標準方式) 텔레비전에서의 주사선수, 매초 상수, 필드 주파수, 종횡비, 주사 방식, 변조 방식, 동기 신호 등 텔레비전의 송신, 수신측에서 상을 분해하고 조립하는 데 필요한 기준을 말한다. 우리 나라 텔레비전 방송의 표준 방식에서는 주사선수 525 개, 매초 상수 30 매, 홀수 비월주사, 영상 부변조 AM 방식, 음성 FM방식, 전원 비동기 방식으로 정해져 있다. 이 때문에 표준 방식이 다른 나라(예를 들면 유럽 제국)와의 텔레비전 중계는 특수한 방식 변환 장치가 필요하게 된다.

television transmitter 텔레비전 송신기(－送信機) 영상 신호계와 음성 신호계에 각각 송신기를 가지며, 양 출력을 서로 간섭하는 일이 없도록 다이플렉서로 혼합되어 텔레비전 방송용 안테나에 공급된다. 측파대 필터는 전류 측파대 방식을 얻기 위해 쓰이고 있다. →diplexer

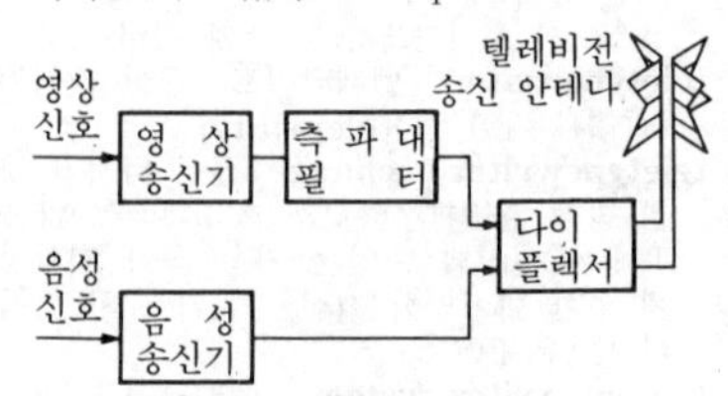

telewriter 텔레라이터 ＝teleautograph

telewriting 텔레라이팅 전기 통신 회선을 써서 수서(手書) 정보의 전달을 가능하게 하는 통신 기술이며, 수서 문서, 묘화, 등이 대상이 된다. 텔레라이팅에 대해서는 팩시밀리와 달리 상호 통신성을 확보

하는 표준 방식이 이제까지 제정되어 있지 않아 통신 기기 시장에서의 보급은 발전 도상의 단계에 있었다. CCITT 의 제8 연구부회(SGⅧ)에서의 검토 결과에 따라서 아날로그 전화망을 이용한 텔레라이팅 단말의 기본적 조건이 1988 년에 권고화되어 금후는 음성, 팩시밀리 등 다른 통신 미디어와의 복합화를 포함해서 응용 분야가 확대해 갈 것으로 생각된다.

telewriting communication 묘화 통신(描畵通信) 송신측에서 온라인 수서 입력된 문자나 도형 등의 묘화상 정보를 입력펜의 위치 좌표 정보로 변환하고, 부호화, 전송하여 수신측에서 실시간으로 재생 표시하는 화상 통신. →telewriting

telex 텔렉스, 가입 전신(加入電信) 전신 교환기에 의해 가입자 상호간에서 전문을 송수신하는 것. 현재는 팩시밀리로 대치되고 있다.

telex line 가입 전신 회선(加入電信回線) 전기 통신 사업자(전기 통신 공사)의 공중 텔렉스망 가입자 회선. 컴퓨터 등을 접속하여 텔레프린터와의 사이에서 집배신이나 메시지 교환 등의 업무가 수행된다.

telex service 가입 전신 방식(加入電信方式) 가입자 상호간에 직접, 임의의 시간에 비동기식 인쇄 전신기를 써서 전신 회선망에 의해 교신할 수 있는 전신 서비스.

telex system 가입 전신 방식(加入電信方式) 가입 전신망을 이용하여 가입자 상호간의 인쇄 전신을 하는 시스템. 가입자는 다이얼에 의해 임의 시간에 임의의 가입자에 대하여 접속, 통신할 수 있다.

TELIDON 텔리돈 캐나다에서의 비디오텍스. NAPLPS 방식을 써서 알파지오메트릭(alphageometric)한 도형 표시를 하고 있다. →videotex

teller's machine 현금 출납기(現金出納機) 은행의 창구 등에 설치되고 금전 출납계가 사용하는 현금 출납의 관리를 위한 기계를 말한다.

teller terminal 은행용 단말 장치(銀行用端末裝置) 은행의 금전 출납 창구에 사용하고 있는 전용 단말 장치. 예금, 지불, 환 교환 등을 하기 위한 특수 기호, 영숫자가 준비되고, 인자 기능이 있는 단말 장치로, 중앙의 처리 장치에 온라인으로 연결되어 있다.

telluric current 지전류(地電流) =earth current

TELNET 텔네트 미국 최초의 공중 패킷망.

TELPAK 텔팍 미국에서의 전용 통신로 서비스로, 벨 시스템이 개발한 광대역 전송방식이다.

Telstar satellite 텔스타 위성(－衛星) 미국에서 1962 년에 쏘아올린 저고도 위성의 하나로, 미국 ATT 사에 소속하는 통신 위성. 최초로 위성 통신의 실험에 사용되었다.

TE$_{m,n}$ mode TE$_{m,n}$ 모드 도파관에서 특정한 전기적 횡파(橫波)가 전파하는 모드. 영국에서는 $H_{m,n}$ 모드라 한다. 원형 도파관에서의 TE$_{0,1}$ 파는 최저의 차단 주파수를 갖는 원형 전계이다. 또, TE$_{1,1}$ 파는 주파(主波)이며, 도파관의 직경에 거의 평행한 전계 분포를 나타낸다. →waveguide transmission mode

TE$_{m,n}$ wave TE$_{m,n}$ 파(－波) ① 원형 도파관에서의 전기적 횡파(橫波), 즉 전기 벡터의 관축 방향 성분이 제로인 파. 첨자 m은 전기 벡터의 법선 성분이 거기서 소멸하는 수직 절단(관축을 포함하는)의 평면수이고, 첨자 n은 전기 벡터의 접선 성분이 거기서 소멸하는 동축 원통(도파관 내벽을 포함)의 수이다. ② 구형 도파관에서의 전기적 횡파. 첨자 m은 도파관 단면의 긴 변을 따라서 반주기 전계가 반복되는 수, 첨자 n은 짧은쪽 변을 따라서 전계 반주기가 반복되는 수이다. TE$_{1,0}$ 파를 주파(主波)라 한다.

temperature coefficient 온도 계수(溫度係數) 저항기는 주위 온도가 변화하면 저항값이 변화한다. 이 변화분을 온도차로 나눈 것.

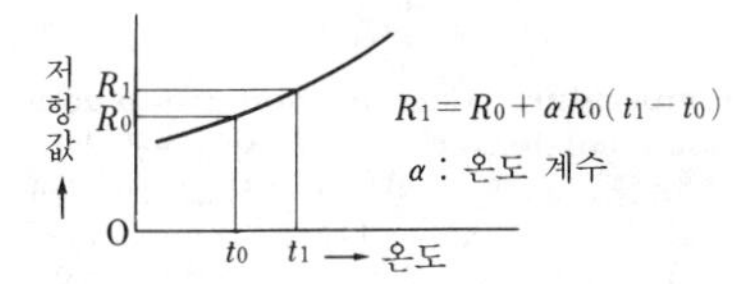

temperature coefficient of resistance 저항의 온도 계수(抵抗－溫度係數) 저항값이 온도에 따라 변화하는 비율을 나타내는 것으로, 금속에서는 일반적으로 양(+), 전해액이나 반도체에서는 일반적으로 음(−)이다. 금속인 경우의 저항값은 다음 식으로 나타내어지나, 정확하게는 저항의 온도 계수도 온도에 의해 약간씩 변화한다.

$$R_T = R_t\{1 + \alpha_t(T - t)\}$$

여기서, R_T : T[℃]에서의 저항값, R_t : t[℃]에서의 저항값, α_t : t[℃]에서의 저항의 온도 계수.

temperature compensated VR diode 온도 보상형 정전압 다이오드(溫度補償形定電壓－) 저전압의 전압 기준 다이오드 항

복 전압의 온도 계수 K_T의 마이너스값을 가지고 있고, 또 고전압의 것은 플러스의 온도 계수를 가지고 있다. 온도에 의한 항복 전압의 변화를 감소시키기 위해 다음의 대책을 강구한다. ① 다이오드를 항온조(恒溫槽) 속에서 동작시킨다. ② 온도 계수 K_T가 +, −인 디바이스를 조합시켜 전체로서 $K_T \fallingdotseq 0$가 되도록 한다. ③ 기준 장치의 제조 단계에서 온도 보상 수단을 내장해 둔다.

temperature compensating capacitor 온도 보상용 콘덴서(溫度補償用−) 정전 용량의 온도에 의한 변화가 직선적이고 재현성이 있으며, 그 변화에 의해서 전자 회로 중의 온도에 의한 역방향의 변화를 보상할 수 있는 콘덴서.

temperature compensation 온도 보상(溫度補償) 가동 코일형 계기의 온도 변화에 의한 측정 오차를 망간선을 사용하여 경감하는 방법. 가동 코일에 직렬로 망간선을 넣고, 합성 저항 온도 계수를 보상하는 가장 간단한 방법이다.

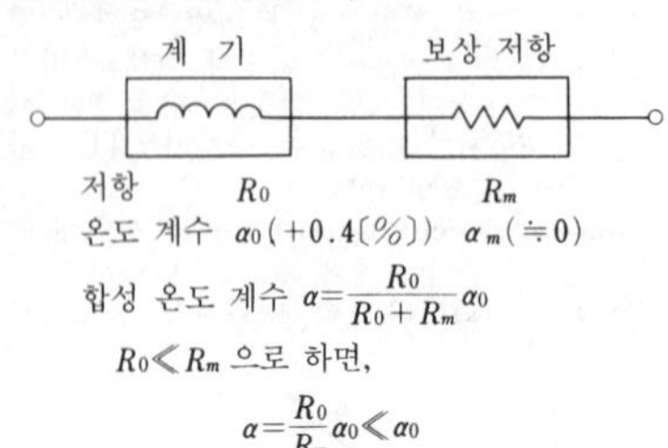

temperature compensation group ceramic condenser TC계 자기 콘덴서(−系瓷器−) 전자 회로의 온도 보상에 사용할 목적으로 만든 자기 콘덴서. 주성분은 산화 티탄으로, 첨가물의 조성을 바꿈으로써 정전 용량의 온도 계수가 음양의 각종 값을 갖는 것을 만들 수 있다.

temperature cycle test 냉열 시험(冷熱試驗) 시험할 물건을 고온 및 저온의 상태로 반복하여 변화시키면서 그 온도 변화에 대한 디바이스의 내성을 시험하는 것.

temperature limited region 온도 제한 범위(溫度制限範圍) 진공관의 특성에서 양극(플레이트) 전류의 값이 음극(캐소드)의 온도에 의해 제한을 받는 범위. 히터의 필라멘트 전류를 I_{f1}, I_{f2}, I_{f3}으로 유지할 때의 음극 온도를 T_1, T_2, T_3 ($T_1 < T_2 < T_3$)으로 하면 양극 전압이 어느 값을 넘으면 양극 전류는 각각의 온도에 대응하는 전방출 열전자량에 해당하는 I_{s1}, I_{s2}, I_{s3}이 각각 일정값으로 되고, 특성은 포화 곡선이 된다. 또한 통상은 이 범위는 사용하지 않고 그림의 공간 전하 제한 범위에서 동작시킨다.

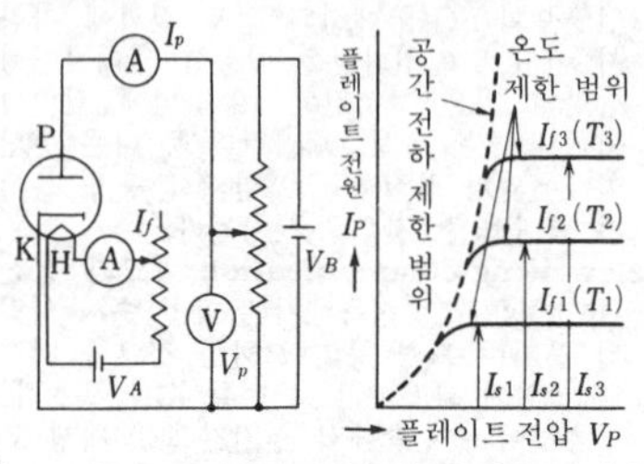

temperature-measuring junction 측온 접점(測溫接點) →thermojunction

temperature radiation 열방사(熱放射) 열 에너지가 전자파로서 전하는 현상. 방사 열량은 발열체 절대 온도의 4승에 비례하고, 방사열을 수수하는 양자의 절대 온도 T_1, T_2〔K〕, 방열체 표면적을 S〔m²〕로 하면 그 방사 열량 Q는 다음 식이 된다(스테판-볼츠만의 법칙).

$Q = \varphi\sigma(T_1^4 - T_2^4)S$ 〔W〕

$\sigma = 5.669 \times 10^{-8}$ 〔W/m² · K⁴〕

φ : 열방산율.

temperature radiator 열방사체(熱放射體) 그 방사속 밀도(방사 발산도)가 그 온도와 물질, 그리고 표면의 특성에 의해서 정해지고, 과거의 경력에는 관계하지 않는 방사체.

temperature rise 온도 상승(溫度上昇) 전기 장치의 도체 부분 또는 절연 부분의 온도가 통전에 의해 상승하는 것.

temperature-rise test 온도 상승 시험(溫度上昇試驗) 지정된 동작 조건하에서의 기계 또는 장치의 하나, 또는 그 이상의 개소의 주위 온도에 대한 온도 상승을 결정하기 위한 시험. 지정된 조건이란 전압, 전류값, 기타이다.

temperature stability factor 온도 안정도(溫度安定度) 트랜지스터 회로는 온도의 변화에 의한 바이어스점의 이동에 의해 정상으로 동작하지 않게 된다든지, 트랜지스터가 열폭주를 일으켜서 파괴된다든지 하는 것을 방지하기 위해 바이어스 회로를 개량하여 동작점을 안정하게 할 필요가 있다. 그 지표로서 사용하는 것이 온도 안정도이며, 트랜지스터의 바이어스로서 컬렉터 전류 I_C를 생각하고, 컬렉터 차단 전류 I_{CBO}에 대한 안정도는 $S_1 = \partial I_C / \partial I_{CBO}$, 베이스 전압 V_{BE}에 대한 안정도는 $S_2 = \partial I_C / \partial V_{BE}$, 전류 증폭률 h_{FE}에 대한 안정도는 $S_3 = \partial I_C / \partial h_{FE}$로 나타내어진다.

temperature transducer 감온 소자(感溫素子) 온도를 전기량으로 변환하는 트랜스듀서로, 저항 온도계, 서미스터, 열전쌍, 실리콘 트랜스듀서, 액정 등이 있다.

template 템플릿 시스템 흐름도나 프로그램 흐름도를 그릴 때 사용하는 자 또는 형판(型板).

ten key 텐 키 숫자를 입력하기 위한 키보드로, 보통의 형식에서는 1부터 9까지의 숫자가 3×3으로 배열되어 있고 0만이 큰 치수의 키로 되어 있다. 키 펀치 머신, 탁상 계산기, 푸시버튼 전화기 등의 키는 이 방식이다.

tension arm 텐션 암 테이프 리코더에서 테이프의 장력을 조정하기 위한 것으로, 암의 회전 범위 내에서 테이프에 주는 장력이 달라지지 않도록 하고 있다.

T equivalent circuit T형 등가 회로(-形等價回路) 트랜지스터 등 디바이스의 전기 특성을 T형 회로망으로 등가적으로 표현한 것. 베이스 접지형의 경우에 편리하다. 이미터 전압, 전류를 v_e, i_e, 또 컬렉터 전압, 전류를 v_c, i_c로 하여

$$\begin{bmatrix} v_e \\ v_c \end{bmatrix} = \begin{bmatrix} z_{11} & z_{12} \\ z_{21} & z_{22} \end{bmatrix} \begin{bmatrix} i_e \\ i_c \end{bmatrix}$$

로 할 때, $r_e = z_{11} - z_{12}$ (20~50Ω), $r_b = z_{12}$ (100~500Ω), $r_c = z_{22} - z_{12}$ (1~5MΩ)이고, $r_m = z_{21} - z_{12} = 0.95$~$4.95$MΩ이다.

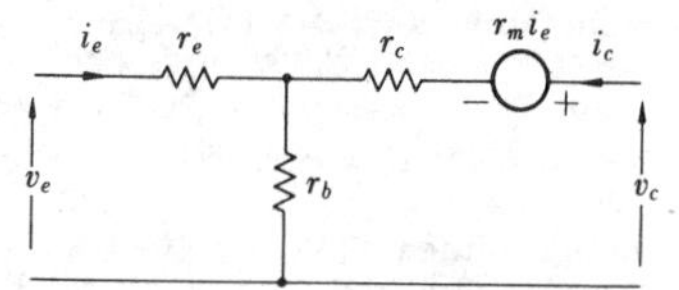

tera 테라 10^{12}(조)를 의미하는 접두어. 미국의 수 체계에서는 trillion, 영국에서는 billion과 같다. =T

terabyte 테라바이트 =TB

Terex 테렉스 붕규산 유리의 일종. 상품명이다. 고주파 절연물 등에 사용한다.

Terman type oscillation circuit 터만형 발진 회로(-形發振回路) *CR* 발진 회로의 일종. 윈 브리지형 발진 회로라고도 한다. 트랜지스트 2단의 증폭으로 입력의 위상과 동상으로 된 출력의 일부가 그대로의 위상으로 되돌아가 정궤환이 성립하는 어느 주파수 f에서 발진한다.

$$f = \frac{1}{2\pi\sqrt{C_1 C_2 R_1 R_2}} \text{ [Hz]}$$

로 되어 C_1, 과 C_2를 연동시킴으로써 f를 광범위하게 변화시킬 수 있다. →CR oscillation circuit

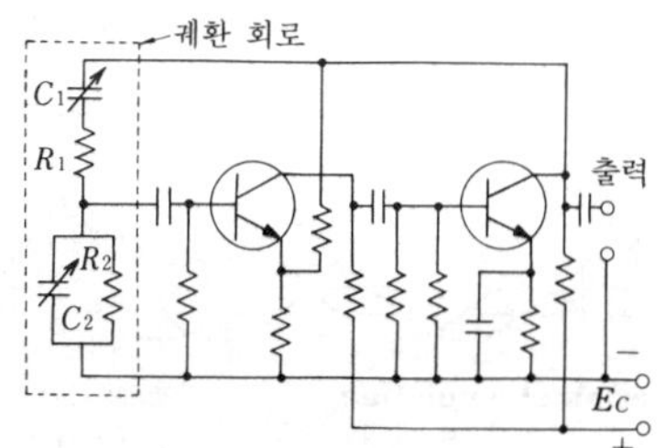

terminal 터미널, 단말(端末), 단말기(端末機), 단말 장치(端末裝置) 이용자가 컴퓨터 시스템과 교신하기 위한 입출력 장치 혹은 그와 같은 기기가 설치되어 있는 장소. =terminal unit

terminal adapter 단말 장치 어댑터(端末裝置-) 종합 정보 통신망(ISDN) 인터페이스에 대응할 수 없는 기기(전화기, 컴퓨터 등)를 ISDN 망에 접속시키기 위한 어댑터. RS232C 인터페이스 등을 ISDN에 적합한 인터페이스로 변환한다.

terminal analog model 터미널 아날로그 모드 음성 합성 방법의 하나. 음성 합성기의 출력 주파수 스펙트럼이 인간이 발성하는 음성에 가까우면 좋다는 사고 방식에 따른 모델.

terminal block 단자판(端子板), 단자대(端子臺) 케이블 등 도선의 상호 접속을 용이하게 하기 위해 복수 개의 단자를 절연 재료의 판에 집중 고정한 배선 부품. 전기 기기, 통신 기기 등에서 기기 상호간 또는 기기와 외부 회로간의 배선 접속, 배선 접속 정리 등의 목적에 사용한다.

terminal control 단말 제어(端末制御) 단말 장치를 제어하는 것. 제어 방법에는 크게 나누어 폴링(polling) 방식과 컨텐션(contention) 방식이 있다.

terminal controller 단말 제어 장치(端末制御裝置) =TC

terminal desk 단말 데스크(端末-) 표시 장치, 키보드 등을 사용할 때 조작할 수 있도록 고려된 데스크.

terminal device 단말 장치(端末裝置) 온라인 시스템에 있어서 원격지로부터 직접 중앙의 컴퓨터에 정보를 주고받기 위해서 설치된 입출력 장치. 단말 장치의 기본형으로서 본래는 타이프라이터이지만 현재는 전용 목적으로 만든 단말 장치가 많다. →terminal unit

terminal disconnection line 종단 개방 선로(終端開放線路) 전송 선로에서 부하

측(수전단)이 개방되어 있는 회로. 높은 Q가 얻어지므로 초고주파 선로에 널리 이용된다.

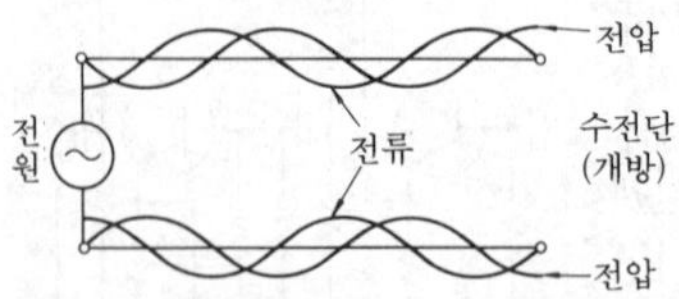

terminal emulation 단말 에뮬레이션(端末-) 어떤 단말을 다른 전용 단말과 같이 보이면서 사용하는 것. 에뮬레이터라는 단말 에뮬레이션용 프로그램을 써서 실현한다.

terminal emulator 단말 에뮬레이터(端末-) →terminal emulation

terminal endpoint identifier 종단점 식별자(終端點識別子) =TEI

terminal equipment 단말 장치(端末裝置) IDP(집중 데이터 처리) 방식에서 중앙에 있는 컴퓨터와 정보의 출입을 하기 위해 각 사용 장소에 설치하는 입력 장치. I/O 프로세서가 내장되어 중앙 처리 장치와 분산 처리를 할 수 있는 것(intelligent terminal)도 있다.

terminal lug 터미널 러그 단자판 또는 전선끝에 둔 러그로, 전선의 접속이나 납땜을 쉽게 하기 위한 것.

terminal management 단말 관리(端末管理) 통신 회선을 거쳐 중앙 처리 장치와 연결되어 있는 단말 기기를 제어하는 것. 단말 관리는 보통의 입출력 기기와 달라서 상시 컴퓨터와 연결하고 있지 않으므로 그 연결과 분리의 문제, 또 한 줄의 통신 회선에 다수의 단말이 연결되어 있을 때 하나하나를 식별하여 다루는 문제, 단말과의 응답 문제, 오류 처리의 문제 등을 다룬다.

terminal/modem interface 단말/모뎀 인터페이스(端末-) 단말 장치와 그 모뎀 사이에서의 인터페이스로, 데이터 링크와 모뎀을 제어하기 위한 신호에 의해서 양자를 인터페이스한다. 예를 들면 반 2중 방식의 링크에서 회선이 턴 어라운드하면 송신 모뎀과 수신 모뎀은 그 역할이 바뀌지 않으면 안 된다. 모뎀을 수신 상태에서 송신 상태로 전환하기 위해 예를 들면 EIA 의 RS-232 표준에서는 제어 회로의 request to send 선을 ON 한다. 이에 대하여 모뎀에서 clear to send 상태가 응답되면 컴퓨터 또는 단말 장치에 대하여 모뎀이 데이터 링크를 통해서 데이터 전송 준비가 갖추어졌다는 것을 나타내고 있다는 것이다.

terminal pad 터미널 패드 전기 장치에서 보통 평탄한 도전(導電) 부분으로, 거기에 단자가 고정되도록 되어 있다.

terminal port 단말 포트(端末-) 통신망의 노드 기능 단위로, 이것을 경유하여 데이터를 통신망에 입력 또는 통신망에서 출력하는 것. 단지 포트라고 부르기도 한다. =port

terminal session 단말 세션(端末-) 단말을 액티브 상태로 사용하고 있는 시간.

terminal short circuit 종단 단락 선로(終端短絡線路) 전송 선로에서 부하측(수전단)이 단락되어 있는 회로.

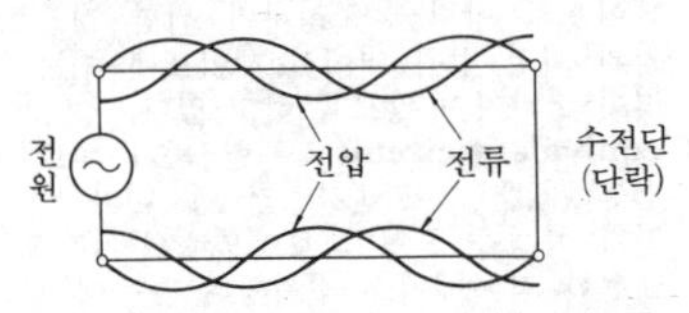

terminal strip 단자대(端子臺), 단자판(端子板) 하나 이상의 전기 커넥터를 넣고 있는, 보통은 가늘고 긴 부품. 보통, 나선을 감은 다음 죄는 방식의 나사로 구성되어 있다. 예를 들면, 가전의 스테레오 리시버/앰프는 스피커 선을 유닛에 접속하는 데 배면 패널에 단자의 세트가 내장되어 있다.

terminal unit 단말 장치(端末裝置) 통신 회선의 단말에서 정보의 입출력을 하는 장치의 총칭. 온라인의 컴퓨터 시스템에서는 원격지의 소형 주변 장치도 단말 장치라고 부른다.

terminal voltage 단자 전압(端子電壓) 전원의 출력 단자 전압. 단자에 부하를 접속하여 전류를 흘리면 전원의 내부 저항(교류일 때는 내부 임피던스)에 의해 전압 강하를 일으키며 단자 전압은 전원의 기전력보다 전압 강하 만큼 낮아진다. 부하를 접속하지 않으면 단자 전압은 기전력과 같다.

terminal VOR 터미널 VOR 공항에 설치되어 전방위 서비스를 하는 VHF 전방위 라디오 레인지로, 착륙 원조 장치로서 널리 쓰인다. =TVOR

terminal writer 터미널 라이터 은행 등의 창구에 두어지며, 데이터의 입력 및 통장, 전표로의 인자를 하는 장치.

terminating call 착신 호출(着信呼出) → terminating connection

terminating connection 착신 접속(着信接續) 자동 교환기에 수용하고 있는 가입자로의 착신에 관한 접속. 이 경우의 가입자 호출을 착신 호출(terminating call)이라 한다.

terminator 종단기(終端器) 마이크로파 회로 부품의 일종으로, 도파관의 종단에서 반사를 방지하기 위해 부가하는 장치.

ternary 터너리 ① 3개의 가능성을 갖는 것 중에서 하나를 선택하는 경우에 관한 용어. 3원의, 3중의, 3조의, 라는 의미의 형용사. ② 기수(基數)가 3인 계수계.

ternary code 3요소 부호(三要素符號) 3개의 다른 요소를 써서 구성되는 부호. 예를 들면 0, 1, 2의 세 심벌을 써서 구성되는 부호.

ternary permalloy 3원 퍼멀로이(三元-) →permalloy

terrestial service 지상 업무(地上業務) 국제 조약으로 정해져 있는 무선 통신 업무 중 우주 업무, 전파 천문 업무 이외의 주로 대기권 내에서 하는 무선 통신 업무.

terrian effect error 지세 오차(地勢誤差) 전파로(傳播路)상의 지세에 의해 전파가 교란되어 생기는 전파 오차(傳播誤差).

tesla 테슬라 자속 밀도의 단위로, 기호는 T이다.

Tesla coil 테슬라 코일 고주파 고전압의 진동 전류를 발생하는 데 쓰이는 유도 코일. 진공계 내에서 테슬라 코일에 의해 생기는 글로 방전에 의해서 가스의 침입을 검지할 수 있다.

test 시험(試驗) LSI나 프린트 기판 나아가서는 컴퓨터 등의 장치로서 제조된 논리 회로가 명세대로의 기능, 성능을 가지고 있는지 어떤지를 확인하는 것.

test call 테스트 콜 메시지의 송신 이상이 생겼을 경우 특정한 메시지를 일정 시간마다 일정 횟수 재송출을 시도하는 기능.

test call message 테스트 콜 메시지 테스트 콜에 사용되는 메시지. 송신 이상이 생긴 메시지나 이용자에 의해서 정해진 메시지.

test data 시험 자료(試驗資料) 시스템이나 프로그램이 요구된 기능을 틀림없이 수행하는지 어떤지를 검정하기 위한 자료. →testing technique

testing 시험(試驗), 검사(檢査) 제품을 어떤 특정한 전기적, 기계적 조건으로 가동시키든가 혹은 그 상태로 하여 통상 최악값의 작동 상태로 시뮬레이트하여 명세서에 합치하고 있는지 어떤지를 측정한다든지, 의도한 기능을 만족하고 있는지 어떤지를 판정하는 것.

testing system 검사 시스템(檢査-) 일반적으로 대상물이 소정의 상태에 있는지 어떤지를 검사하는 시스템. 생산 시스템에서는 특히 소재나 중간 제품, 최종 제품 등의 검사를 가리킨다.

testing technique 시험 기법(試驗技法) 개발된 시스템이 요구된 명세에 합치하는지 어떤지를 검증하는 방법으로, 대표적인 것으로서 다음과 같은 종류가 있다. ① 코스 이펙트 그래프 기법 : 원인과 결과의 관계를 그래프화하고, 시험 항목을 훑어내는 방법. ② 전 스테이트먼트 기법 : 모든 처리가 실행되는 테스트 데이터의 조를 작성하는 방법. ③ 올 패스 체크 기법 : 흐름도를 지워가면서 모든 처리의 통과를 검사하는 방법. ④ 톱 다운 시험 기법 : 복수 모듈로 구성되는 프로그램의 최상위 모듈에서 시험하고, 순차 하위 모듈을 하나씩 결합하여 시험하는 방법. ⑤ 보텀 업 테스트 기법 : 복수 모듈로 구성되는 프로그램을 각 모듈 단위로 테스트하고, 그 후 전체를 결합하여 시험하는 방법을 말한다.

testing transformer 시험용 변압기(試驗用變壓器) 전기 기기의 절연 내력이나 절연 재료의 절연 파괴 등의 시험을 하기 위해 사용하는 변압기로, 전압은 높지만 전류는 작다. 또, 한 끝을 접지하여 사용하는 경우가 많으므로 권선 구조나 절연 방법, 권선의 배치에 특별히 배려되어 있다. 500kV 이상일 때는 2개 이상을 종속 접속하여 사용하는 일이 많다.

test of ground resistance 접지 저항 시험(接地抵抗試驗) 접지 저항계를 사용하여 접지 저항을 측정하는 시험. 피측정 접지체에서 약 10m의 간격으로 거의 일직선상이 되도록 보조 전극 P 및 C를 매입하고 그림과 같이 접속하여 다이얼을 조정해서 검류계의 지시가 0이 되도록 한다. 이 때의 지시값이 이 경우의 접지 저항값이다. 전지식, 수동 발전기식, 콜라우시 브리지식 등이 있다. 그림은 전지식 접지 저항계를 나타낸 것이다.

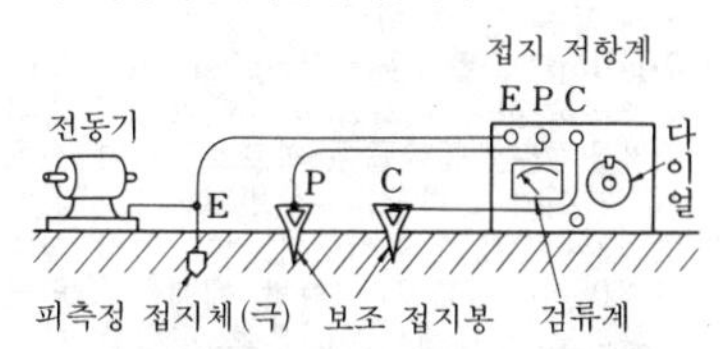

test oscillator 시험 발진기(試驗發振器) 무선 통신 기기의 시험 등을 하는 경우, 필요한 고주파 전원을 간단히 얻기 위한 발진기.

test pattern 테스트 패턴 텔레비전 송수신기의 조정을 위해 사용하는 시험 도형.

보통, 화상에 의해서 종횡비, 편향 일그러짐, 해상도, 콘트라스트 등의 양부 판정을 할 수 있는, 어느 특정한 원이나 선으로 이루어지는 도형을 조합시킨 것으로, 시청자를 대상으로 하는 것은 비교적 간단한 것을 방송 개시 전 등에 내보내고 있다. 특히 상세하게 각종 특성을 살필 때는 복잡한 특정 패턴을 사용하기도 한다.

test pattern generator 테스트 패턴 발생기(－發生器) 텔레비전 송수신기의 조정을 위해 사용하는 시험 도형을 생성하는 장치.

tetracyano-quino-dimethane 테트라시아노키노디메탄 ＝TCNQ

tetrathiofulbalenium 테트라티오풀발렌 유기 도전체의 일종으로, 이런 종류의 것 중에서는 매우 큰 도전율을 가지며, 이것과 TCNQ 를 결합한 것은 상온에서 구리의 1/100 정도의 도전율이 있다. ＝TTF

tetrode 4 극관(四極管) 3 극관에 또 하나의 그리드를 넣은 진공관. 2 개의 그리드 배치와 사용법에 따라서 공간 전하 그리드 4 극관과 차폐 그리드 4 극관의 두 종류가 있다. 전자는 음극과 제어 그리드 간에 또 하나의 그리드를 두고, ＋의 전압을 가하여 공간 전하를 중화시키는 것이고, 후자는 제어 그리드와 플레이트(양극) 간에 차폐 그리드를 두어 플레이트와 제어 그리드 간의 정전 용량을 작게 한 것이다.

text 텍스트 ① 이용자 정보를 전송하는 신호 중 링크 제어나 경로 지정 등을 하는 제어 신호 이외의 이른바 본문을 말한다. ② 문자나 숫자의 열로서 전해지는 정보. 그래픽스(형, 선, 기호)와 대비된다.

text editor 편집 프로그램(編輯－) 이용자가 대화형 처리에 의해 소스 모듈을 컴퓨터에 입력할 때 쓰이는 프로그램으로, 직접 키보드에서 이 프로그램을 써서 컴퓨터에 입력하는 동시에 적당한 커맨드에 의해서 소스 모듈에 필요한 추가, 변경, 삭제 등을 할 수 있다.

T flip-flop T 플립플롭 trigger flip-flop 의 약어. 하나의 입력 단자와 2 개의 출력 단자를 갖는 플립플롭 회로로, 입력 신호가 "1"이면 출력 상태가 반전하고, "0"이면 앞의 상태를 유지한다. 즉, 입력 신호가 "0"에서 "1"로 변화할 때에는 출력도 변화하고, "1"에서 "0"으로 변화할 때는 변화하지 않는다. 이것은 바이너리(2 진)라고도 한다.

TFT 박막 트랜지스터(薄膜－) ＝thin film transistor

TFT color liquid crystal display 박막 트랜지스터 컬러 액정 표시 장치(薄膜－液晶表示裝置), TFT 컬러 액정 표시 장치(－液晶表示裝置) TFT는 thin film transistor 의 약어. 최근에 개발된 액정 디스플레이의 하나로, 액정의 각 도트를 구성하는 셀(cell)의 전극마다 트랜지스터를 겹쳐 쌓은 것. 액정 표시 장치 특유의 박형으로, 저소비 전력에 더해서 CRT 표시 장치와 동등한 화질을 얻을 수 있으나 매우 고도한 반도체 기술이 필요하기 때문에 제품화가 곤란했었다.

TGC 황산 트리글리신(黄酸－) triglycine sulfate 의 약어. 구조식은 $(CH_2NH_2COOH)_3 \cdot H_2SO_4$. 강유전체인 동시에 압전기 효과가 크고, 파이로 전기(pyroelectricity)를 발생하기 쉽다는 등 많은 특징이 있다.

TGN 트렁크 군 번호(－群番號) ＝trunk group number

The International Telegraph and Telephone Consultative Committee 국제 전신 전화 자문 위원회(國際電信電話諮問委員會) ＝CCITT

theory of communication 통신 이론(通信理論) 정보의 전송이나 정보의 처리를 이론적으로 다루는 학문을 말하며, 정보 이론과 명확하게 구별할 수는 없다.

theory of optimism 최적성의 원리(最適性－原理) 리차드 벨만이 제창한 것으로, 「최적 방안은 시스템의 최초 상태와 최초 결정이 어떤 것이건 그 결정에 의해 생긴 상태에 관해서 그 후의 결정도 또한 최적 방안으로 되어 있지 않으면 안 된다」라는 원리. 동적 계획법의 기본 원리가 되는 것이다.

thermal agitation 열교란(熱攪亂) 도체 내에서의 자유 전자의 랜덤한 움직임으로 잡음 발생의 원인이 되는 것. 고이득 증폭기 입력에 이것이 생기면 *SN* 비가 나빠진다. →thermal noise

thermal agitation noise 열교란 잡음(熱攪亂雜音) 도체가 구성하고 있는 물질 중에서의 자유 전자가 열에 의해 불규칙한 운동을 하여 이 때문에 발생하는 잡음을 열교란 잡음 또는 단지 열잡음이라 한다. 열 에너지에 의해 발생하는 것이기 때문에 온도가 높을수록 잡음 전압은 커지며, 주파수 분포는 넓은 범위에 걸치고 있다. 저항기 속에서 많이 발생하며, 기기의 내부 잡음의 주요한 요인이 되고 있다.

thermal battery 열전기(熱電池) ① 열을 가함으로써 화학적으로 기전력을 발생시키는 것으로, 용융 전해질 전지나 열활성화 전지라고도 불린다.

thermal capacity 열용량(熱容量) 물체에

Q〔J〕의 열량을 가했을 때 온도가 t_1〔℃〕가 되었다고 하자. 이 때

$$C = \frac{Q}{t_2 - t_1} \ [\mathrm{J/K}]$$

를 그 물체의 열용량이라 한다.

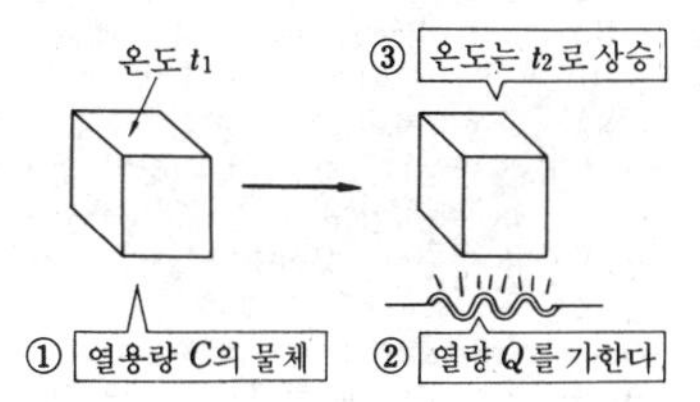

thermal cell 열전지(熱電池) ① 바이메탈 접합을 불꽃에 댐으로써 기전력을 발생하도록 한 것. ② 열을 가함으로써 고체 전해 물질이 녹아서 활성화되는 보존 전지.

thermal conductivity 열전도율(熱傳導率) =heat conductivity

thermal converter method 서멀 컨버터 방식(－方式) 열전쌍(熱電雙)을 피측(被測) 전류로 가열하고, 발생한 열기전력을 전송하여 전류계로 받아 피측 전류값을 아는 방법. 구조는 비교적 간단하나, 전송로에 제한을 받는 결점이 있다. 직송식 원격 측정법으로서 전류, 전력의 측정에 사용된다.

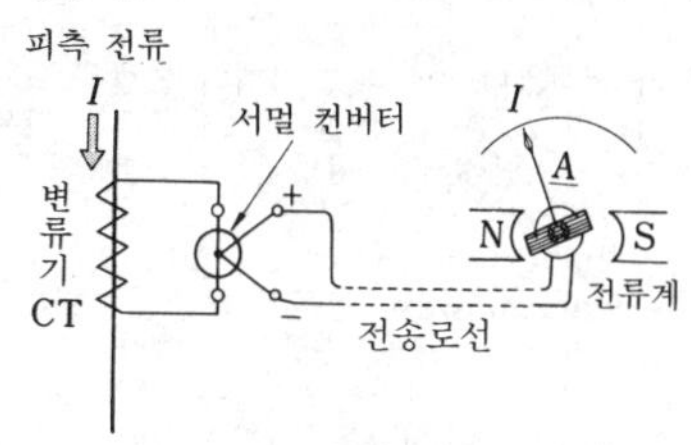

thermal current rating 열적 전류 정격(熱的電流定格) 중성점 접지 장치에 있어서, 표준 상태로 정해진 시간, 표준의 제한 온도를 초과하는 일 없이 통전할 수 있는 중성점 전류의 실효값.

thermal decomposition 열분해(熱分解) 화합물의 온도가 높아졌을 때 원자간의 결합 에너지보다 큰 열 에너지를 얻어 화합물이 원자 또는 원자단으로 분해하는 현상. 탄소 피막 저항기의 제작이나 반도체의 기상(氣相) 성장에 응용되고 있다.

thermal design 열설계(熱設計) 전자 기기가 설치된 환경하에서 정상으로 동작하여 필요한 신뢰성을 확보할 수 있도록 열적으로 최적인 실장 방식과 냉각 방식을 결정하는 것.

thermal fatigue 열피로(熱疲勞) 열에 의한 팽창, 수축의 반복에 의해 재료가 반복하여 내부 스트레스를 받아서 열화하고, 결국에는 파괴에 이르는 현상.

thermal fixing 열정착(熱定着) 열융착성이 있는 토너, 잉크 등을 종이에 전사한 다음 열을 가하여 이들을 종이에 정착시키는 처리. 디아조 등의 감광재를 노출 후 열을 가하여 안정화시키는 것도 정착이라고 한다.

thermal fuse 온도 퓨즈(溫度－) 퓨즈의 일종. 전류에 의해 용단하는 것이 아니고 규정값 이상의 주위 온도에 의해 용단한다. 100～130℃의 범위의 것이 많다.

thermal generation current 열여기 전류(熱勵起電流) 반도체 pn 접합에 역방향 바이어스 전압을 가하면 접합부의 강한 전계에 의해서 소수 캐리어가 열평형인 경우의 그것보다 농도가 감소하며, 이것을 보상하기 위해 소수 캐리어가 열여기되어서 그 결과 생기는 전류를 말한다.

thermal head 서멀 헤드 서멀 프린터에 쓰이는 전기 에너지를 열 에너지로 변환하는 소자를 갖춘 인자 헤드.

thermal imaging 열사진법(熱寫眞法) 대상의 상을, 그것이 방사하는 적외선에 의해 만들어내는 사진법. 적당한 렌즈계를 가진 촬상관, 예를 들면 적외 이미지 변환관 등에 의해서 촬상할 수 있으며, 야간의 촬영 등에 사용된다. 또 체내의 이상 온도 부위를 발견하는 진단 도구로서도 이용된다. 온도의 연속 기록을 만드는 장치를 온도 기로계(thermography)라 한다.

thermal imprint recording method 열전사 기록 방식(熱轉寫記錄方式) 서멀 헤드를 발열 제어하여 문자나 도형을 전사(轉寫)하는 방식.

thermal instrument 열형 계기(熱形計器), 열전형 계기(熱電形計器) 전류가 도체를 흐름으로써 생기는 발열 현상을 이용한 계측기.

thermal IR 열적외선(熱赤外線) 열방사에 해당하는, 대체로 3μm 에서 14μm 까지의 중적외선 영역을 말한다. 이 영역이 지구로부터의 방사의 피크 파워 영역이며, 위성에 의해서 이러한 전자(電磁) 방사를 주사하여 구한 이미지를 열적외 이미지라 한다.

thermalloy 서멀로이 니켈, 구리, 철의 합금. 온도 변화에 의해 투자율이 크게 변화한다. 자기 션트 재료로서 이용된다.

thermally generated emf 열기전력(熱起電力) →thermoelectric effect

thermally stimulated current 열자극 전류(熱刺戟電流) 직류 전계가 가해진 절연체가 저온에서 수 100K 정도까지 온도 상승되었을 때 그 과정에서 미약한 전류(10^{-12}~10^{-10}A 정도)의 발생이 관측된다. 이것을 열 자극 전류라 하고, 이 크기나 온도 특성을 측정함으로써 고분자 물질의 도전 기구 등을 연구하는 데 도움이 된다. =TSC

thermal neutron 열중성자(熱中性子) 주위의 매체와 열평형에 있든가, 혹은 그에 가까운 상태에 있는 중성자. 상온에서의 에너지는 0.025eV, 평균 속도는 2.2×10^3m/s이다.

thermal noise 열잡음(熱雜音) 열교란 잡음을 말한다. 도체 중의 전자 운동이 열에너지(상온에서도) 때문에 동요가 생겨 기기의 잡음 원인으로서 작용하는 것. 저항기의 통전 부분에서 많이 발생하고 체 저항기가 가장 크며 탄소 피막 저항기, 금속 저항기 순으로 작아진다. →thermal agitation noise

thermal oxidation 열산화(熱酸化) 고온의 노(800℃~1,200℃) 속에서 실리콘 웨이퍼를 산화함으로써 SiO_2절연막을 형성하는 프로세스. 고순도의 산소를 흘려서 산화하는 경우를 드라이 산화라 한다.

thermal paper 감열지(感熱紙) 열에 반응하는 특수한 종이. 열을 가한 부분만이 검은색 등으로 변색된다. 감열식 프린터 용지나 팩시밀리 기록지로서 사용된다. 열전사식 프린터에서는 이 용지를 사용하면 고가이나 소모가 심한 잉크 리본을 사용하지 않더라도 인쇄가 가능하다.

thermal power converter 열형 전력 변환기(熱形電力變換器) 전압 및 전류 입력 단자를 가진 열형 변환기로, 변환기 출력단에 생기는 기전력이 입력단에 주어지는 전력의 척도를 주는 것.

thermal printer 감열식 프린터(感熱式-), 감열식 인자 장치(感熱式印字裝置) 열에 의해 발생하는 감열지에 도트(dot)식 발열 소자 등에 의해서 열을 주어 문자나 그림을 나타내는 인자 장치. 속도는 느리지만 소리가 없는 것이 특색이다. →dot printer

thermal printing 열전사 방식(熱轉寫方式) →thermal sensitive recording

thermal radiation 온도 방사(溫度放射) 물체가 가열되면 그 절대 온도 T〔K〕의 4승에 비례한 에너지를 방사한다. 이것을 온도 방사라 한다.

thermal radiator 열방사체(熱放射體) = temperature radiator

thermal recording 감열 기록 방식(感熱記錄方式) 매체에 서멀 헤드를 접촉시킨 상태에서 제어 전류를 서멀 헤드에 흘리고, 발열한 부분을 도트로서 매체에 감열시켜 문자나 도형을 기록하는 방식.

thermal relay 열동 계전기(熱動繼電器) 전류의 발열 작용을 이용한 시한(時限) 계전기. 가열 코일에 전류를 흘림으로써 바이메탈이 동작하여 통전 후의 일정 시간에 접점을 닫는다. 긴 동작 시간이 얻어지지만 일단 동작하면 원상태로 복귀하는 데 시간이 걸린다. 통신기나 전기 기기 등에 쓰인다.

thermal resistance 열저항(熱抵抗) 트랜지스터 온도 특성의 하나로, 온도 상승률이라고도 한다. 트랜지스터의 온도 상승은 접합부의 온도를 T_j〔℃〕, 주위의 온도를 T_a〔℃〕이라 하면

$$T_j-T_a=R_{th}\cdot P_c$$

로 나타내어진다. 이 식에서의 R_{th}가 열저항이며, 단위는 〔℃/W〕로 나타내고, P_c는 컬렉터 손실〔W〕이다. 이로써 트랜지스터의 온도 상승은 컬렉터 손실에 비례하는 것으로 생각된다. 최대 접합부 온도 $T_{j\max}$은 게르마늄에서 약 80℃, 실리콘에서 200℃ 정도이며, 이에 의해 최대 컬렉터 손실 $P_{c\max}$은

$$P_{c\max}=\frac{T_{j\max}-T_a}{R_{th}}$$

가 된다. 따라서 최대 컬렉터 손실을 크게 하려면 R_{th}를 작게 할 필요가 있다. 파워 트랜지스터에서는 절연판과 방열판의 열저항을 모두 합한 값을 R_{th}로 하여 최대 컬렉터 손실을 구할 필요가 있다.

thermal runaway 열폭주(熱暴走) 트랜지스터의 열에 의한 특성의 열화나 파괴를 말한다. 트랜지스터의 전류 증폭률이나 컬렉터 차단 전류는 일반적으로 온도가 상승하면 증대하는 성질이 있다. 따라서 동작 중의 트랜지스터에서 어떤 원인으로 컬렉터 접합부의 온도가 상승하면 컬렉터 전류가 증가하고, 이로써 더욱 접합부의 온도를 높이는 동작이 반복되므로 결국에는 접합부의 온도가 최대 허용값을 초과해서 특성이 열화한다든지 파괴된다든지 하여 사용 불능이 된다. 이러한 현상을 열폭주라 한다. 이것을 방지하기 위해서는 트랜지스터를 사용할 때 정격값보다 여유를 잡아서 실제의 사용 상황에 맞는 안전 동작 영역(ASO)에서 사용하는 것이 중요하다.

thermal senser 감온 소자(感溫素子) 온도를 전기적인 특성값으로 변환하여 검출

하기 위한 부품. 일반적으로는 저항값으로 변환되는 서미스터가 사용된다. 특정한 온도를 검출하는 목적일 때는 CTR 등이 있다.

thermal sensitive recording 감열 기록(感熱記錄) 감열지의 열발색(熱發色) 현상을 이용하여 문자 등을 기록하는 방식. 인자(印字)는 서멀 헤드(표면에는 서로 열 절연된 저항 발열체가 도트 모양으로 분포되어 있다)로 하고, 1 자분마다 이동하면 동시에 감열지에 접촉한다. 그 때 전기 신호로 보내온 데이터에 따라서 인자해야 할 문자나 기호에 상당하는 부분의 도트만이 선택 가열되므로 그 형상을 나타내는 발색이 얻어진다.

thermal sensitive reed switch 감온 리드 스위치(感溫－) 리드 스위치, 감온 페라이트, 페라이트 마그넷의 조합으로 만든 것. 감온 페라이트의 자기 특성이 온도에 따라서 변화함으로써 접점을 동작시킨다. 고정밀도, 장수명 등 장점이 많다.

thermal short-time current rating 열적 단시간 전류 정격(熱的短時間電流定格) 계기용 트랜스에서, 2 차 권선을 단락하고, 1 차 권선에 단시간(5 초 또는 그 이상) 흘릴 수 있는 대칭 1 차 전류의 실효값이며, 어느 권선도 지정된 최대 온도를 넘지 않는 크기의 것.

thermal simulated current 열자극 전류(熱刺戟電流) 반도체가 전자의 포획 중심을 가지고 있을 때 여기에 포착된 전자가 고온에서 전도대에 여기(勵起)되어 그 결과 흐르는 전류. 이 전류를 측정하여 포획 중심의 밀도나 레벨의 깊이, 포획 단면적 등을 추정할 수 있다.

thermal time constant 열시상수(熱時常數) 어느 온도 스텝을 가했을 때의 서미스터 온도의 대수 시간 변화를 지배하는 상수.

thermal transfer printer 열전사 프린터(熱轉寫－) 색이 있는 왁스를 열로 녹여서 종이 위에 부착시켜 화상을 작성하는 특수한 비충격식 프린터. 표준의 감열식 프린터와 마찬가지로 열을 가하는 데 핀을 사용한다. 그러나 코트 용지에 접촉하는 것이 아니고 핀은 각종 컬러 왁스를 침투시킨 폭넓은 리본에 접촉한다. 핀 아래에 왁스가 녹아서 용지에 접착하고 여기서 식은 다음 굳어진다.

thermal transfer recording 열전사 기록(熱轉寫記錄) 감열층, 기지(基紙) 및 솔리드 잉크의 3 층으로 이루어지는 감열지를 보통 용지와 겹치고 이것을 표면에서 가열하면, 감열지가 발색하는 동시에 솔리드 잉크도 융해하여 보통 용지에 전사된다. 이것을 이용하여 열전사 기록이 행하여진다.

thermal type 열형(熱形) 계측기의 동작 원리에서의 종별. 지시 계기에서는 열선형 및 열전형, 최대 수요 전력계에서는 바이메탈형이 있다. 교류·직류 양용으로 실효값을 표시한다.

thermal voltage 열전압(熱電壓) 반도체 분야에서 널리 쓰이는 상수로,

$V_T = kT/q$

로 주어진다. 여기서, T : 동작 온도〔K〕, k : 볼츠만 상수, q : 전자의 전하량. 상온에서는 V_T는 26mV 와 같다(또 $1/V_T$는 40 이다).

thermion 열전자(熱電子) 금속 또는 반도체를 고온으로 가열할 때 그 열 에너지에 의해 고체 내 가전자가 외부에 방출되는 것을 열전자라 하고, 그것을 방출하는 현상을 열전자 방출이라 한다. 일의 함수가 작은 것일수록 열전자를 방출하기 쉽다.

thermionic arc 열전자 아크(熱電子－) 열전자 방출 음극이 아크 전류로 가열되는 성질의 아크.

thermionic cathode 열음극(熱陰極) 열전자 방출을 주된 기능으로 하는 음극.

thermionic emission 열전자 방출(熱電子放出) 금속이나 그 산화물 중에는 열을 가함으로써 그 표면에서 전자를 방출하기 쉬운 것이 있다. 이와 같이 열 에너지를 얻어 방출되는 전자를 열전자라 하고, 이 현상을 열전자 방출이라 한다.

thermionic generation 열전자 발전(熱電子發電) 고체의 열전자 방출 현상을 이용하여 열 에너지를 전기 에너지로 변환하는 방법. 장치는 열음극 2 극 진공관에서 양극에 일의 함수가 높은 재료를, 음극에 일의 함수가 낮은 재료를 사용하고, 양극을 가까이 접근시켜서 마주보게 한 것이다. 열원(熱源)으로서 태양열, 원자로 등이 생각된다. 현재 시험적으로는 수 10W 정도의 것이 만들어지고 있다. 또한 이것은 열전기 발전이라고 불리는 것과는 전혀 다른 방식이다.

thermionic generator 열전자 발전기(熱電子發電器) 회로의 일부가 진공 또는 가스의 분위기이며, 그 양단의 온도차가 일정하게 유지되어 있는(따라서 전극간에 일정한 열류가 존재하는) 발전 장치. 가열된 음극에서 전자가 증발하여 진공 또는 가스체 중을 다른쪽 냉음극을 향해서 흘러, 부하를 통해 음극으로 되돌아온다.

thermistor 서미스터 망간, 니켈, 구리, 코발트, 크롬, 철 등의 산화물을 각종 조

합시켜 혼합 소결한 반도체 소자. 온도에 의한 전기 저항의 변화가 심하다. 특성은 부성 저항형(온도가 상승하면 저항값은 반대로 감소하는)이다. 각종 장치의 온도 센서나 전자 회로의 온도 보상용으로 쓰인다.

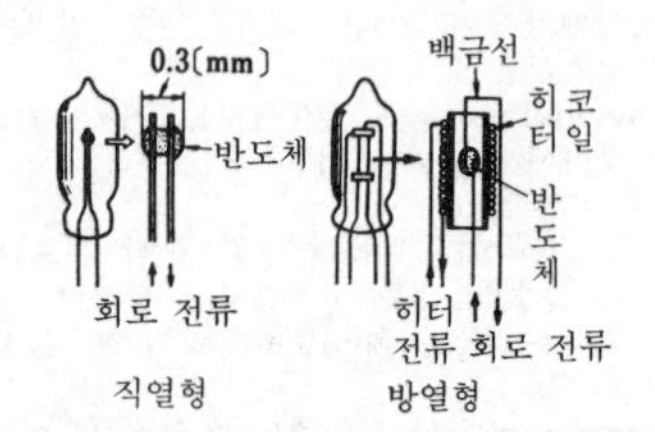

thermistor constant 서미스터 상수(-常數) 통상의 부특성 서미스터의 저항값 변화는 온도 T_0 및 T에서의 저항값을 R_0 및 R로 할 때 근사적으로 다음 식으로 나타내어진다.

$R = R_0 \varepsilon^{(B/T)-(B/T_0)}$

이 식에서 B를 서미스터 상수라 하고, 이것이 클수록 온도에 의한 변화가 심하다.

thermistor thermometer 서미스터 온도계(-溫度計) 서미스터는 온도에 따라서 현저하게 저항값이 변화하므로 이것을 측온(測溫) 저항체로 하고, 그 저항 변화를 브리지식 가동 코일형 계기 또는 자동 평형 계기로 지시 또는 기록한다. 서미스터 측온 저항체는 매우 소형으로 할 수 있으므로 국부적인 온도나 생체 내의 온도를 측정한다든지 할 수 있다. 측정 범위는 -100~300℃이다.

thermistor wattmeter 서미스터 전력계(-電力計) 서미스터가 마이크로파 전력을 흡수함으로써 온도가 상승하여 그에 의해서 저항값이 달라지는 것을 이용한 마이크로파의 전력 측정기이다. 서미스터를 서미스터 마운트에 넣어서 사용하고, 이것을 1변으로 하는 휘트스톤 브리지로 측정한다. 즉, 마이크로파를 가하여 브리지를 평형시켰을 때의 서미스터의 전력과 마이크로파를 가하지 않을 때의 서미스터의 전력을 따로 측정하여 양자의 차에서 마이크로파 전력을 구한다.

thermo-ammeter 열전 전류계(熱電電流計) 측정할 전류를 열전쌍에 의해서 전압으로 변환하고, 이 전압을 측정하도록 한 전류계. RF 전류를 측정하기 위한 것이다. 열전쌍 전류계라고도 한다.

thermocompression bonding 열압착(熱壓着) 반도체 부품의 제조에서 증착으로 만든 전극에 리드선을 압착에 의해 부착하는 방법. 펠릿(pellet)은 미리 가열해 두므로 열압착이라 한다. →wire bonding

thermocouple 열전쌍(熱電雙) 제벡 효과에 의한 열기전력을 이용하기 위한 장치로, 오래 전부터 열전 온도계로서 사용되고, 최근에는 열전기 발전으로의 이용도 연구되고 있다.

thermocouple instrument 열전쌍 계기(熱電雙計器) 1개 혹은 복수 개의 열전쌍을 측정할 전류에 의해서 가열하고, 열전쌍의 열기전력에 의해서 발생하는 전류를 직류 전류계에 의해서 측정하도록 한 열전형 전류계.

thermocouple vacuum gage 열전쌍형 진공계(熱電雙形眞空計) 진공도를 측정할 분위기 속에 열전쌍을 두고, 그 측정 접점을 정전류를 통하고 있는 히터에 의해 가열한다. 접점의 온도는 측정 접점 주위에 존재하는 가스의 열전도 작용(따라서 진공도)에 따라 변화하며, 따라서 열전쌍의 기전력은 진공압을 나타낸다. 10^{-1} ~10^{-3} mmHg의 압력을 측정할 수 있다.

thermoelectric cooling element 열전 냉각 소자(熱電冷却素子) 2개의 이종 금속 접합부를 통해서 전류를 흘렸을 때 열이 흡수된다는 페르티에 효과에 따라서 만들어진 전자 열 펌프. Bi_2Te_3, Sb_2Te_3와 같은 반도체와 금속의 접합부에서의 같은 효과를 이용한 것도 있다. 반도체를 사용한 것은 양전극 · n형 반도체 · 중간 전극 · p형 반도체 · 음전극이라는 구성에 의해 전극을 통해서 통전함으로써 음, 양의 양 전극측을 발열원, 중간 전극을 흡열원으로 하는 열 펌프가 이루어진다.

thermoelectric device 열전 장치(熱電裝置) 열전 효과를 이용한 열 펌프, 발전 장치 등에 대한 총칭으로, 열 펌프는 전류와 열류의 상호 작용에 의해 열 에너지를 어느 물체에서 다른 물체로 이송하는 장치. 발전 장치는 열류와 전기 회로의 전하 담체의 상호 작용에 의해 열 에너지를 전기 에너지로 변환하는 장치이다(그 때문에 전기 회로에는 온도차가 필요하다).

thermoelectric effect 열전 효과(熱電效果) 톰슨 효과, 제벡 효과, 펠티치에 효과 등과 같이 열과 전기와의 관계를 나타내는 효과의 총칭.

thermoelectric figure of merit 열전 성능 지수(熱電性能指數) 열전(발열, 흡열) 장치의 성능 척도로, 제백 계수를 α 〔V/K〕, 저항률을 ρ〔Ω · m〕, 열전도율을 λ〔W/m · K〕로 할 때

$Z = \alpha^2/\rho \cdot \lambda$ 〔1/K〕

로 주어진다.

thermoelectric generation 열전기 발전(熱電氣發電), 열전 발전(熱電發電) 제벡 효과에 의한 열기전력을 전원으로 하여 에너지 공급에 이용하는 방법. 열전 소자는 전자 냉각의 경우와 마찬가지로 비스무트와 테르르의 화합물이나 실리콘과 게르마늄의 화합물 등의 p 형과 n 형의 조합이 적당하고, 열원으로서는 연소열, 원자로, 태양열 등을 사용한다. 현재, 시험적으로는 출력 수 100W 정도의 것까지 만들어지고 있다. 또 이것은 열전자 발전이라고 불리는 것과는 전혀 다른 방식이다.

thermoelectric generator 열전 발전기(熱電發電機) 열류와 전기 회로에서의 전하 담체와의 직접 간섭에 의해서 열 에너지를 전기 에너지로 변환하는 장치(전기 회로에는 온도차가 존재할 필요가 있다).

thermoelectric heat-pump 열전 펌프(熱電―) 전류와 열류와의 직접 상호 작용에 의해 어느 물체에서 열 에너지를 다른 물체로 옮기는 장치.

thermoelectric instrument 열전형 계기(熱電形計器) 계기의 동작 원리에 의한 종별의 하나로, 그림 (a)와 같은 구성이다. 열선에 전류를 통했을 때 발생하는 열로, 열전쌍의 온접점(溫接點)을 가열하고, 발생하는 열기전력을 냉접점측에 삽입한 가동 코일형 계기로 읽는다. 교류, 직류 양용이나 특히 고주파 전류의 측정에 적합하며, 이 때는 열선과 열전쌍을 진공 용기 내에 봉해 넣은 진공 열전쌍을 사용한다. 그림 (b)는 열전형 계기라는 것을 나타내는 데 사용하는 그림 기호이다.

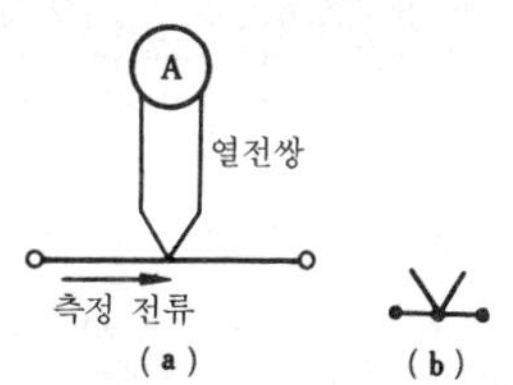

thermoelectric power 열전능(熱電能) 금속이나 반도체가 열전 효과를 일으키는 능력의 정도를 나타내는 값으로, 백금과 조합시켜서 열전쌍을 만들었을 때의 1K의 온도차에 대한 열기전력의 크기로 나타내며, 열기전력의 방향에 따라서 음양(+, −)의 부호를 붙인다. 백금을 쓰지 않는 열전쌍의 1K 당 열기전력은 사용한 물질의 열전능의 대수합으로서 구해진다.

thermoelectric printer 열전사식 프린터(熱轉寫式―) 잉크 리본에 열을 가해 문자를 인쇄하는 방식의 프린터. 감열식 프린터와 똑같이 열을 가하는 인쇄이기 때문에 소리가 조용한 것이 특징. 감열식 프린터와 달리 전용 용지가 아니고 보통 용지라도 사용할 수 있다.

thermoelectric pyrometer 열전 고온계(熱電高溫計) 열전쌍을 감온 소자로 하는 고온계.

thermoelectric refrigeration 전자 냉각(電子冷却) 펠티에 효과의 흡열(吸熱) 작용을 이용한 전자의 작용에 의한 냉각. n 형 반도체와 p 형 반도체에 동판을 그림과 같이 접속하고, 전류를 화살표 방향으로 흘리면 펠티에 효과에 의해 동판 A측에서 흡열(냉각) 작용, 동판 B측에서 발열 작용을 일으킨다. 동판 B측을 수냉(水冷) 또는 방열판에 의해 냉각하면 냉각 장치로서 이용할 수 있다. →Peltier effect

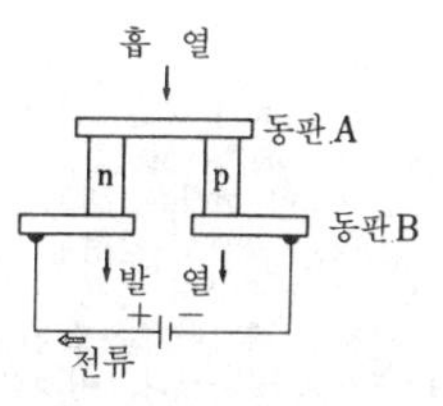

thermoelectric thermometer 열전 온도계(熱電溫度計) 제벡 효과를 이용하여 온도를 측정하는 계기로, 열전쌍과 냉접점 보상기 및 열전력 측정 장치로 구성되어 있다. 열전쌍으로서는 표와 같은 종류가 있으며, 석영 또는 특수강의 보호관에 넣어서 사용한다. 열전력 측정 장치로서는 밀리볼트계 또는 전위차계식 자동 평형 계기가 사용된다.

기호	명칭	최고 연속 사용 온도〔℃〕	용도
PR	백금-백금 로듐	1 400	고온, 정밀도도 좋다
CA	코로멜-알멜	1 000	PR 다음 가는 것
IC	철-콘스탄탄	600	환원성, 중성의 분위기
CC	동-콘스탄탄	200	저온

thermoelectric type instrument 열전형 계기(熱電形計器) 측정 전류를 열선에 흘려 그 온도 상승을 열전쌍으로 측정하여 회로 전류를 아는 계기. 열선의 발열량은

교류이건 직류이건 같기 때문에 교류, 직류 양용 계기이다. 열선은 짧기 때문에 인덕턴스가 작고, 고주파 전류계로수 뛰어난 주파수 특성을 가지고 있으나 온도 상승에 시간이 걸려 지시가 늦는다든지, 급격한 변동에 추종할 수 없는 결점을 가지고 있다. →thermocoupe

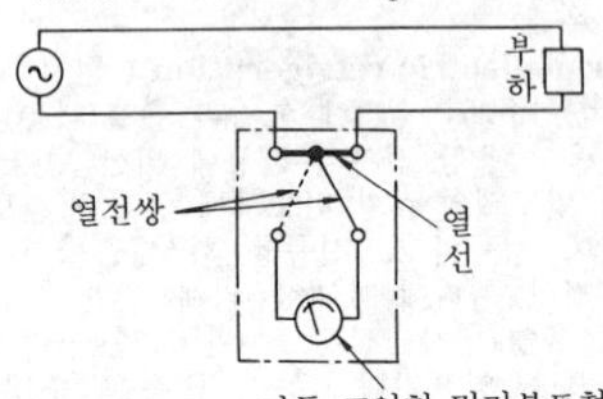

thermoelectromotive force 열기전력(熱起電力) 재질이 다른 두 금속선 양단을 접속하고 양 접속점의 온도를 다른 값으로 유지하면 회로에 기전력이 발생하여 일정 방향의 전류가 흐른다. 이 기전력을 열기전력이라 하고, 이러한 현상을 제벡 효과라 한다. 이 현상은 1821년 제벡(T. J. Seebeck, 독일)이 발견한 것으로, 회로를 흐르는 열전류의 방향은 양 도체의 종류에 의해 정해지며, 온도차에 의해 기전력의 크기도 달라진다. 이것은 주로 접속점의 접촉 전위차에 의해 생기는 것으로, 열기전력을 이용할 목적으로 만들어진 도체의 조합을 열전쌍이라 한다.

thermoelement 열전 소자(熱電素子) 펠티에 효과에 의한 흡열 또는 발열을 이용한 것으로, 특히 이것을 사용하는 냉각을 전자 냉각이라 한다. 비스무트와 테르르의 화합물(Bi_2Te_3) 등의 반도체로 만든 pn접합을 사용하고, 소자의 양부는 성능지수에 의해 비교한다. 큰 용적에 사용할 때는 그림과 같이 여러 개를 직렬로 하여 사용하고, 단열재로 열절연하는 동시에 발열측에서는 날개(fin)를 부착하여 방열한다.

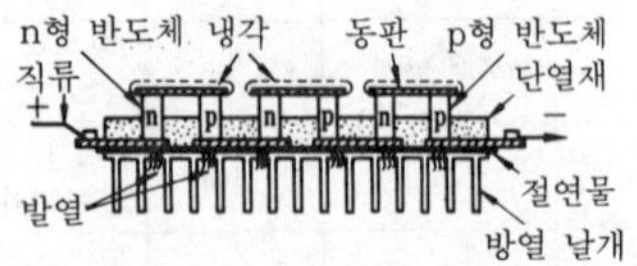

thermogalvanic corrosion 열전지 부식(熱電池腐蝕) 주로 온도 구배에 의해 생기는 화학 전지 작용에 의한 부식 작용.

thermograph 서모그래프 생체에서 방사되는 적외선(중심 파장은 약 10μm)을 적외선용 반도체 수광기를 사용하여 측정하여, 생체 표면 및 내부의 온도 분포를 구하도록 한 계측기.

thermography 서모그래피 일반적으로는 온도 분포를 화상 표시하는 것. 신체 측정의 장치에서는 체온에 의해 방사되는 적외선을 집광(集光)하여 서미스터 등을 써서 전기 신호로 변환하고, 신체 각부를 기계적으로 주사(走査)함으로써 그 패턴을 브라운관상에 농담(濃淡)이나 색의 변화로서 표시하도록 되어 있다. 이 패턴은 정상적인 건강체에서는 대체로 정해진 형상을 나타내므로 그 이상의 유무에 따라서 병의 진단을 하는 데 이용할 수 있다.

thermojunction 열전 접점(熱電接點) 열전쌍에서의 두 도체간 접점의 하나이다. 측정할 물체와 열적으로 접촉하고 있는 열전 접점을 측온 접점이라 하고, 다른쪽 열전 접점을 기준 접점이라 한다.

thermoluminescence 열 루미네선스(熱―) 어떤 물체를 가열했을 때 보통의 온도 방사보다도 매우 강하게 발생하는 방사. 규석, 다이어몬드 등을 약간 가열했을 때 발광하는 방사가 이에 속한다.

thermomagnetic effect 열자기 효과(熱磁氣效果) 도체나 반도체에 있어서의 전하 담체는 통전 작용과 더불어 열전도 작용에도 관계하고, 더욱이 저계가 존재하면 전류도 열류도 자계의 작용을 받아 네른스트 효과, 에칭하우젠 효과 등을 나타낸다.

thermometer 온도계(溫度計) 각종 물리현상을 이용하여 온도를 직독하는 장치. 저항의 온도에 의한 변화를 이용한 저항 온도계나 서미스터 온도계, 열전 효과를 이용한 열전 온도계, 고온 물체의 방사 스펙트럼의 온도에 의한 차이를 이용한 색 온도계, 고온 물체의 방사 에너지를 측정하는 방사 온도계나 광고온계(光高溫計) 등이 있다.

thermopaint 서모페인트, 시온 도료(示溫塗料) 온도에 의해 변색하는 도료. 부품의 표면 등에 칠해 두면 과부하에 의한 온도 상승을 검지하는 데 이용할 수 있다. 변색점이 다른 것이 각종 있으며, 또 온도가 복귀했을 때 변색이 원상으로 되돌아가는 것과 그렇지 않은 것이 있다.

thermophone 서모폰 음향 표준기의 일종. 열 효과를 이용하여 발생시킨 음압을 계산에 의해 표준으로 하는 것이다. 실용적으로는 거의 쓰이지 않는다.

thermopile 서모파일 열전 소자(thermoelement)의 효과를 높이기 위해 다수의 소자를 직렬로 접속한 것.

thermoplastic elastomer 열가소성 엘라

스토머(熱可塑性－) 고무의 탄성과 플라스틱의 가소성을 겸비한 고분자 재료로, 고온에서 가소성을 가지고 있으므로 성형가공이 용이하다는 이점을 가지고 있다. 폴리스티렌계, 폴리우레탄계, 폴리에스테르계, 염화 비닐계 등 여러 가지 엘라스토머가 있다. 자동차 부품, 가전 기구 기타 각종 기기, 부품의 재료로서 용도가 넓다.

thermoplasticity 열가소성(熱可塑性) 플라스틱의 성질 중 온도를 높이면 소성(변형해도 원래대로 되돌아오지 않는 성질)을 나타내고, 냉각하면 굳어지나, 다시 가열하면 또 부드러워지는 것을 말한다. 이 성질은 쇄상 고분자의 것에서 볼 수 있으며, 열에 의해 분자끼리의 위치가 벗어나기 쉽게 되기 때문에 생긴다.

thermoplastic plastics 열가소성 플라스틱(熱可塑性－) 원료 수지를 중합시켜서 성형한 제품이라도 가열하면 연화(軟化)하는 플라스틱. 염화 비닐이나 나일론 등의 고분자는 열가소성 플라스틱이다.

thermoplastic recording 서모플라스틱 리코딩 열가소성 플라스틱을 써서 그림과 같은 방법으로 신호를 기록하는 방법. 조작은 진공 중에서 행하여지며, 텔레비전의 녹화 등에 사용할 수 있다.

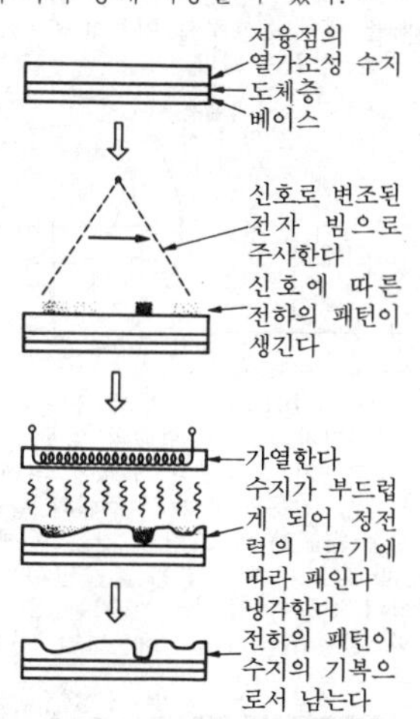
저융점의
열가소성 수지
도체층
베이스
신호로 변조된
전자 빔으로
주사한다
신호에 따른
전하의 패턴이
생긴다
가열한다
수지가 부드럽
게 되어 정전
력의 크기에
따라 패인다
냉각한다
전하의 패턴이
수지의 기복으
로서 남는다

thermoplastic resin 열가소성 수지(熱可塑性樹脂) 어느 온도 범위를 넘은 고온에서는 연화(軟化)하고, 그 범위 이하의 저온으로 냉각하면 또 원래 상태로 되돌아가는 수지.

thermoplastics 열경화성 플라스틱(熱硬化性－) 원료 수지를 중합 또는 축합시켜서 성형한 제품은 다시 가열해도 연화(軟化)하지 않는 플라스틱. 폴리에스테르 수지나 에폭시 수지 등의 망상(網狀) 고분자는 열경화성 플라스틱이다.

thermoresistance 측온 저항체(測溫抵抗體) 금속 또는 반도체의 전기 저항이 온도에 따라서 변화하는 것을 이용하여 그 저항값을 잼으로써 온도를 측정할 수 있다. 여기에 사용하는 저항체를 측온 저항체라 하고, 보통은 보호관에 넣어서 사용한다. 저항 소자로서는 백금, 구리, 니켈 등의 금속선이나 서미스터가 사용되고 있다. 측온 저항체를 검출 요소로 한 온도계는 저항 온도계라 한다.

thermosetting paint 열융착 도료(熱融着塗料) 열경화성 수지의 미분말을 주체로 하는 도료로, 그것을 칠한 표면을 가열하여 융착 경화시켜서 피막을 만드는 것이다. 복잡한 형상의 부품 전체를 절연하는 경우에 쓰인다.

thermosetting property 열경화성(熱硬化性) 플라스틱의 성질 중 처음에는 소성(변형해도 원상으로 되돌아가는 성질)을 나타내고 있어도 가열하면 굳어지고, 그 후는 다시 부드러워지지 않는 것을 말한다. 이 성질은 처음에 쇄상(鎖狀)이었던 분자가 열에 의해 측면으로도 결합을 일으켜 망상(網狀) 고분자가 되기 때문에 생긴다.

thermosetting resin 열경화성 수지(熱硬化性樹脂) 가열 혹은 화학적인 처리에 의해 불용해성의 제품으로 변화하는 수지.

thermosphere 열권(熱圈) 중간권의 상층에 있는 대기권. 이 곳은 질소 및 산소의 광해리(光解離) 및 광이온화의 결과로서 강하게 가열되어 온도가 높아진 영역. 고도는 대체로 80~600km 에 이르고 있다.

thermostat 서모스탯 항온조나 난방 기구 등에 사용하는, 일정한 온도를 유지시키기 위한 온도 조절 장치를 말한다. 온도 상승에 의해 변화하는 양을 이용하여 어느 일정 온도까지 올라가면 그에 의한 변화가 온도 상승을 정지시키도록 하고 있다. 수은의 팽창이나 바이메탈의 만곡 등을 이용한다.

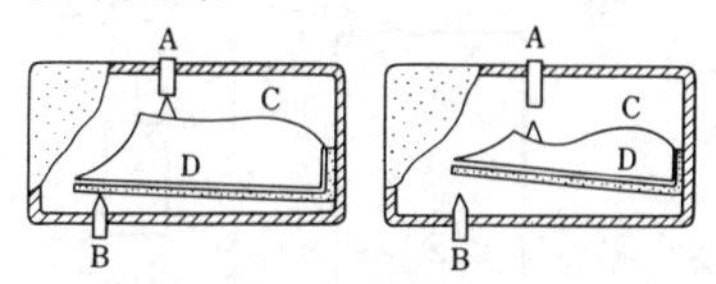
A
C
D
B
A
C
D
B

바이메탈 D의 작용으로 온도가 변화하면 A 및 B의 접점을 잇거나(왼쪽 그림), 떼거나(오른쪽 그림) 한다. C는 스프링

thermostatic chamber 항온실(恒溫室) 일정 온도를 유지하도록 온도 계전기와 가열 장치 등을 사용하여 자동적으로 조정하는 기구를 가진 방.

thermotropic liquid crystal 서모트로픽 액정(-液晶) 일정한 온도 범위에 한해 액정으로서의 성질을 나타내는 물질로, 공학적으로 통상 쓰이는 것. 단지 액정이라고만 호칭할 때가 많다.

thermovoltmeter 열전 전압계(熱電電壓計) 전압원으로부터의 전류가 저항기와 가는 진공 봉입 백금 히터선을 통하도록 되어 있는 전압계. 히터선 중간에 부착된 열전쌍의 발생 전압을 직류 밀리볼트계로 측정하도록 한 것.

thesaurus 시소러스, 용어 사전(用語辭典) 정보 검색에 관한 용어를, 그 동의어나 밀접한 유사어와 함께 모은 사전. 이것은 알파벳순으로 배열한다든지, 적용 개념에 관해서 계층 구조화하기도 한다. 용어는 편의를 위해 부호화하는 경우도 한다.

theta polarization 세타 편파(-偏波), θ 편파(-偏波) E 파가 주어진 기준 구좌표(球座標)의 경선(經線)과 접선적인 전자파의 자태. 안테나가 기준 좌표의 원점에 그 축을 $\theta=0$의 방향을 향해서 위치하고 있는 경우에는 θ편파를 방사하지만, 원점으로 수평 루프를 두면 파이(phi(φ)) 편파만 방사한다.

theta-theta navigation 세타 · 세타 항법(-航法), θ-θ항법(-航法) 둘 이상의 방위 측정에 의해서 위치를 결정하는 항법.

Thevenin's theorem 테브냉의 정리(-定理) 그림과 같은 전원을 포함하는 회로망 중의 2단자 a, b를 개방했을 때 여기에 나타나는 전압을 $\dot{V}_{ab}$로 하면, ab 간에 임피던스 $\dot{Z}$를 접속한 경우 이 임피던스에 흐르는 전류 $\dot{I}$는 ab에서 본 회로망의 임피던스를 $\dot{Z}_i$로 하면

$$\dot{I} = \frac{\dot{V}_{ab}}{\dot{Z}_i + \dot{Z}}$$

으로 구해진다. 이것을 테브냉의 정리라 한다.

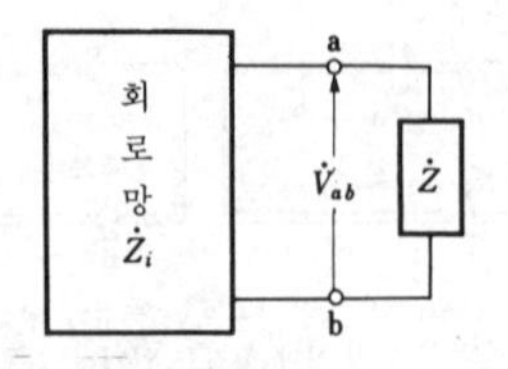

thick film 후막(厚膜) 도체, 절연물이나 수동 부품을 스크린법에 의해 기판상에 입힌 것.

thick film element 후막 소자(厚膜素子) 후막 제조법으로 만들어진 전기 회로 소자로, 저항, 콘덴서 등이 주체이다. 저항이면 은, 파라듐 등, 및 그들의 산화물 등을 주체로 하여 적당한 바인더로 페이스트화한 것을 기판상에 인쇄하여 소성함으로써 만든다.

thick film integrated circuit 후막 집적 회로(厚膜集積回路) 저항, 도체, 콘덴서 등 회로 구성의 주요 부분을 인쇄 기술을 중심으로 하여 제조하는 후막의 집적 회로. 현재로는 능동 소자로서 개별 부품을 사용하는 것이 많으므로 혼성 집적 회로에 포함되는 일이 많다.

thick film resistor 후막 저항기(厚膜抵抗器) 금속 분말을 수지에 섞은 페이스트를 세라믹 기판에 칠해서 소결해 만든 저항기. 단독으로 사용하는 일은 없고 인쇄 회로의 부품으로서 사용된다.

thickness gauge 두께 측정기(-測定器) 초음파, 방사선, 자기 등을 이용하여 시료(試料)의 두께를 측정하는 장치. 비접촉, 비파괴에 의한 측정을 할 수 있으며, 연속, 자동 측정이나 측정값의 자동 기록도 가능하다. 또, 자동 제어계 중에서는 그 출력을 제어 신호로서 이용할 수 있는 등 그 응용 범위는 넓다.

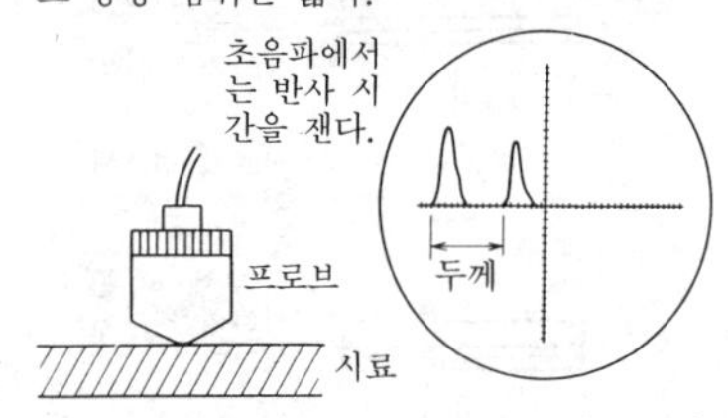

thickness vibration 두께 진동(-振動) 수정 공진자의 진동 형태의 일종으로, 진동 주파수가 수정판의 두께에 의해 정해지는 것. 진동의 방향은 두께의 방향만인 종진동(縱振動)과 그림과 같은 두께와 직각 방향의 미끄럼 진동을 수반하는 두께 미끄럼 진동이 있으며, 후자는 홀수차 고조파 진동(overtone)에 널리 사용되고 있다.

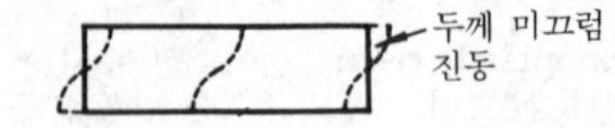

T-high-frequency equivalent circuit T형 고주파 등가 회로(-形高周波等價回路) 트랜지스터를 고주파 영역에서 사용하는 경우의 등가 회로.

thimble printer 심블 프린터, 골무형 프

린터(－形－) 심블 인자 요소를 사용하는 프린터. 이들 프린터는 타자기와 마찬가지로 완전히 형성된 문자를 사용하고, 타자기와 구별할 수 없는 품질의 문자를 출력한다.

thin film 박막(薄膜) 진공 증착이나 스패터링 등을 이용하여 절연된 유리, 세라믹 또는 반도체 등의 기판상에 형성된 아주 얇은 피막 또는 그 피막을 만드는 기술을 가리킨다. 이 박막 기술을 이용하여 자성 재료의 박막을 기억 엘리먼트의 집합체로서 사용하는 자성 박막 기억 장치를 만들거나 후막(厚膜)보다도 성능이 한층 높은 박막 저항을 만들 수 있다.

thin film capacitor 박막 콘덴서(薄膜－) ＝thin film condesner

thin film circuit 박막 회로(薄膜回路) 유리 또는 세라믹 기판에 박막 부품을 형성하는 동시에 금속 증착에 의해 배선을 하는 방식이다. 트랜지스터 등의 능동 소자만은 따로 부착하는 경우가 많다. MOS IC 를 만드는 데 사용된다.

thin film component 박막 부품(薄膜部品) 유라나 세라믹의 박막을 기판으로 하고, 그 위에 증착 또는 스퍼터링에 의해 만든 박막을 사용한 부품으로, 박막 회로에 사용하는 외에 일반 부품으로서도 이용된다. 저항은 니켈 크롬 합금 등으로 만들고, 코일 부품은 도체를 소용돌이 모양으로 하여 만든다. 콘덴서는 기판 자체를 사이에 두고 그 양면에 박막 전극을 붙이는 방법 외에 기판의 한쪽 면에 금속-산화규소(절연체)-금속의 순으로 증착하여 만드는 방법도 있다. 트랜지스터 등의 능동 소자는 MOS 소자가 사용된다.

thin film condenser 박막 콘덴서(薄膜－) 규소의 산화물(SiO_2)을 금속 표면에 증착한 것이나 탄탈을 증착한 다음 그 표면을 산화한 것(Ta_2O_5) 등을 유전체로 하고, 다시 금속 증착에 의해 상부 전극을 붙인 콘덴서를 말한다. 이 밖에 폴리스티롤 등의 플라스틱 박막을 사용한 것도 있다. 단독 부품으로서, 혹은 박막 회로에서 사용된다.

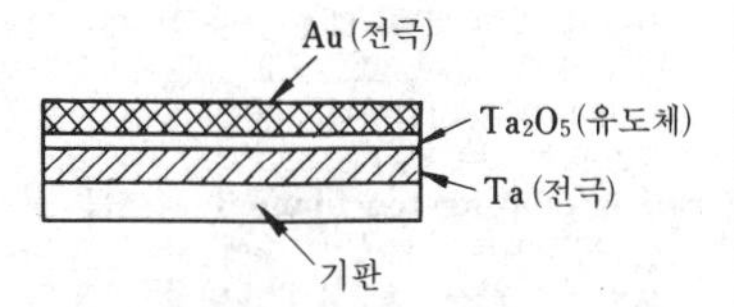

thin film element 박막 소자(薄膜素子) 절연성이 좋은 기판상에 증착, 스퍼터링 등의 방법으로 박막을 형성시켜서 만든 수동 소자. 혹은 기상(氣相) 성장 등에 의해 트랜지스터 등의 능동 소자를 만들기도 한다. 막 두께는 μm 이하이다.

thin film head 박막 헤드(薄膜－) 스퍼터(sputter)나 증착에 의해 도체층, 자성체층 등을 생성하여 기판상에 자기 회로를 구성한 자기 헤드.

thin film integrated circuit 박막 집적 회로(薄膜集積回路) 하이브리드 IC 의 일종으로, 유리나 세라믹 등의 얇은 절연물상에 회로 소자를 진공 증착 등에 의해 박막상으로 만들고, 트랜지스터나 다이오드 등을 부착한 IC. →hybrid IC, MOS integrated circuit

thin film memory 박막 기억 장치(薄膜記憶裝置) →magnetic thin film memory

thin film resistor 박막 저항기(薄膜抵抗器) 금속을 증착 등의 방법으로 박막으로 하고, 기판에 부착시켜서 만든 저항기. 재료로서는 니켈 크롬 합금이나 탄탈 등이 사용된다. 단독 부품으로서, 혹은 박막 회로에 사용된다.

thin-film storage 박막 기억 장치(薄膜記憶裝置) 자심(磁心) 대신 자성 박막을 사용한 기억 장치로, 와이어 주위에 퍼멀로이 등의 자성막을 전착(電着)한 것 위를, 도전성(導電性) 리번을 사이에 둔 와이어 메모리와 평면형의 자성 박막을 사용한 것이 있다.

thin film transistor 박막 트랜지스터(薄膜－) 박막상(薄膜狀)의 반도체에 흐르는 전류를 그것과 수직인 전계를 가해서 제어하는 것으로, 전계 효과 트랜지스터의 일종이다. 예를 들면 그림과 같은 구조이며, 반도체에는 황화 카드뮴(CdS) 등, 절연에는 산화 규소(SiO_2) 등, 전극 금속으로는 알루미늄이나 인듐 등을 모두 증착하여 만든다. 이 트랜지스터는 MOS IC 용의 능동 소자로서 유일한 것이다. ＝TFT

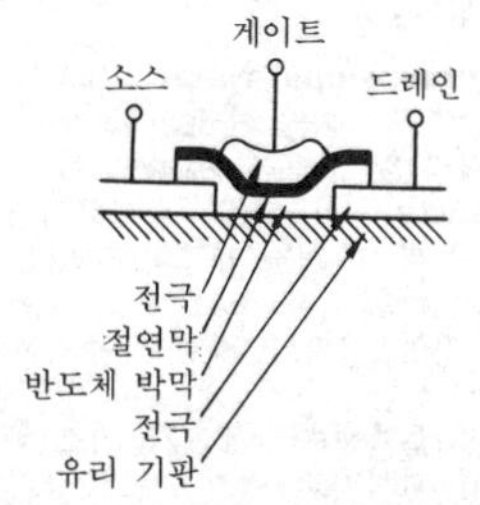

thin film transistor color liquid crystal display 박막 트랜지스터 컬러 액정 표시

장치(薄膜－液晶表示裝置), TFT 액정 표시 장치(－液晶表示裝置) ＝TFT color liquid crystal display

think tank 싱크 탱크, 두뇌 집단(頭腦集團), 두뇌 기관(頭腦機關) 상이한 영역의 전문가가 모여서 연구 개발하여 정부, 공공 기관, 단체, 기업의 의사 결정에 필요한 전략이나 전술이 될만한 정보나 시스템을 제공하는 기능 또는 기관을 총칭하여 말한다.

thinning 세선화(細線化) 본래 선분으로 구성되어 있는 것을 알고 있는 정보라도 화상으로서 표시하는 경우에는 반드시 굵기가 있는 선으로서 표현된다. 이 굵기를 가진 선도형(線圖形)에서 이상적인 선의 정보를 추출하기 위한 전처리로서 선도형의 굵기를 가늘게 하는 조작이 세선화이다. 마찬가지로 면도형(面圖形)의 에지(흑과 백의 경계)를 추출하는 조작을 에지 추출이라 한다. 또 이것과 비슷한 조작으로 면도형을 그 중심축의 정보만으로 표현하기 위한 골격화가 있다.

third angle projection 제3각법(第三角法) 투영법의 하나로, 물건을 제3각에 두고 투영면에 정투영한 제도 방식. 기계 제도에 널리 쓰인다. 정면도에 대해서 우측 도면은 오른쪽으로, 상면도는 위에 그려진다. →first angle projection

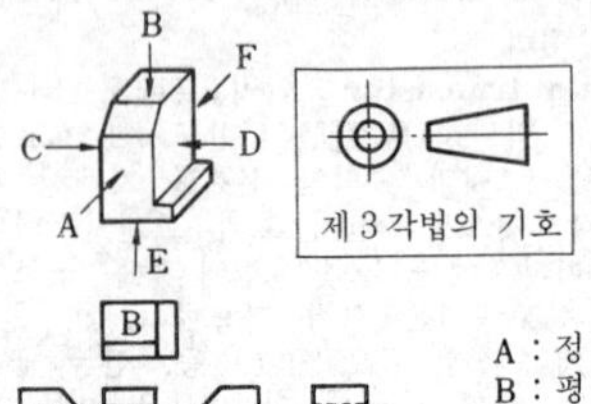

third dimensional radar 3차원 레이더(三次元－) 다수 목표의 3차원 위치(방위, 거리 및 고도) 정보를 얻는 레이더.

third party 서드 파티 하드웨어나 소프트웨어 등의 제품을 제조하고 있는 메이커나 그 계열 회사 또는 기술 제휴를 하고 있는 기업 이외의 기업을 총칭하여 서드 파티라 한다.

third party lease 제3자 리스(第三者－) 독립한 회사가 메이커로부터 장치나 시설을 구입하여 이것을 실사용자에게 임대하는 기업 형태.

third party maintenance 제3자 보수(第三者保守) 장치 제작자와 보수 계약을 체결하고 있는 것에 대신해서 보수를 전문으로 행하는 업자가 장치 보수를 실시하는 것.

Thomson effect 톰슨 효과(－效果) 고른 금속 중에서 2점간에 온도차가 있을 때 거기에 전류를 흘리면 전류 및 온도 구배에 비례한 열의 발생 또는 흡수가 일어나는 현상. 열전 현상에는 2개의 다른 금속을 접속하여 전류를 흘리면 접속점에서 열의 발생 혹은 흡수가 일어나는 펠티에 효과가 있다. 또 반대의 현상으로 제벡 효과가 있다.

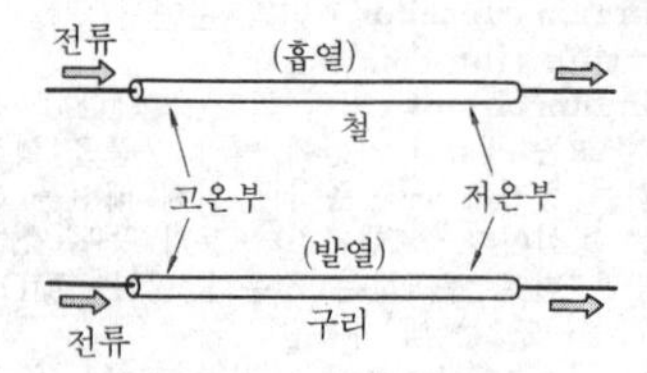

철은 톰슨 효과가 (－)로, 구리와 반대가 된다.

Thomson scattering 톰슨 산란(－散亂) 입사한 빛, X선 등의 전자파에 의해서 전자가 강제 진동을 일으키고, 이 전자가 원천이 되어서 2차적으로 전자파가 방출되는 현상. 플라스마에 의한 빛의 톰슨 산란은 전자 온도 등의 측정에 응용된다.

thoriated tungsten 토륨 텅스텐 텅스텐의 표면에 토륨의 얇은 층을 형성한 선재(線材). 열전자 방출용 재료로서 진공관의 음극(캐소드)에 사용된다. 소량의 토륨을 포함하는 텅스텐을 강하게 가열함으로써 토륨이 텅스텐의 표층으로 확산하여 피막을 형상한다.

thoriated-tungsten cathode 토륨 텅스텐 음극(－陰極) 텅스텐(W)에 1～2%의 토리아(ThO_2)를 넣어두고, 진공관의 배기 공정 중에 단시간 2,800K 정도의 고온으로 가열해 주면 텅스텐 위에 토륨의 단원자층(單原子層)이 얻어진다. 이것을 사용한 것이 토륨 텅스텐 음극이며, 일의 함수가 2.60V로 낮고, 동작 온도는 1,600～1,900K이며, 중형 송신관의 음극으로서 사용된다.

thoriated-tungsten filament 토륨 텅스텐 필라멘트 텅스텐 중에 약 1～2%의 토리어(2산화 토륨 : ThO_2)를 포함하는 열전자 방출용 필라멘트. 토륨의 단원자층을 만들고, 일의 함수가 작아져서 활성화하여 전자 방출 특성이 좋아진다.

thread 스레드 자기 테이프 장치에서 자기 테이프를 장치에 걸어 사용 가능한 상태로 하는 것.

three-address code 3주소 코드(三住所一) 컴퓨터를 동작시키기 위한 명령 코드의 일종으로, 주소를 3개 포함하는 것이다. 보통 이들 주소는 2개의 연산수의 출처와 결과의 행선을 지정하는 데 사용되며, 비월 명령의 경우는 다음 명령의 출처에 대해서도 지정한다. 비월 명령으로 지정되었을 때 이외는 다음 명령은 그 다음의 기억 장소에서 꺼내진다.

three-ammeter method 3전류계법(三電流計法) 3개의 전류계와 하나의 기지(旣知) 저항을 사용하여 단상 교류 부하 전력을 측정하는 방법.

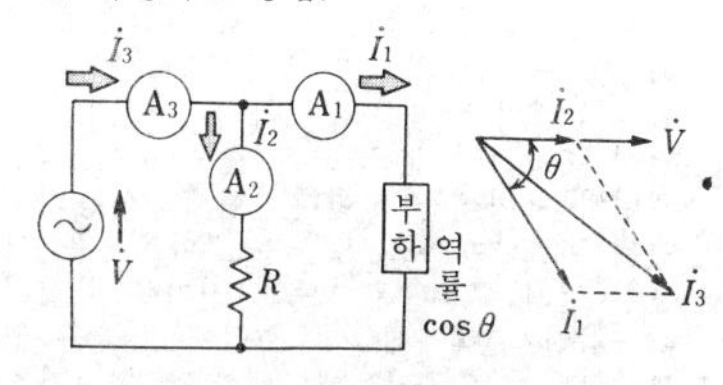

$$I_3^2 = I_1^2 + I_2^2 + 2\,I_1 I_2 \cos\theta$$

$$\text{전력 } P = VI_1 \cos\theta = I_2 R I_1 \cos\theta = \frac{R}{2}\,(I_3^2 - I_1^2 - I_2^2)$$

$$\text{역률 } \cos\theta = \frac{I_3^2 - I_1^2 - I_2^2}{2\,I_1 I_2}$$

three antenna method 3안테나법(三一法) 3개의 안테나를 교대로 송신과 수신에 가역적으로 사용함으로써 마이크로파대에서의 안테나 이득 측정을 하는 방법.

three attributes of color 색의 3속성(色一三屬性) 물체 색의 색상, 명도(明度), 채도(彩度)로서 인식되는 시지각(視知覺)의 세 속성. 색상은 색조, 명도는 밝기, 채도는 색의 선명성을 말한다.

three beam method 3빔법(三一法) CD 레코드 등의 디스크에 뚫려 있는 피트(구멍 : pit)를 레이저 스폿으로 추적하려면 피트의 중심에서 레이저 스폿의 벗어남을 끊임없이 검출할 필요가 있다. 그 때문에 중앙의 신호를 판독하는 빔 외에 2개의 부(副) 빔을 특수 유리로 만들어 합계 3빔으로 디스크의 피트 중심을 살피고 있다. 두 부 빔은 주(主) 빔에서 좌우 조금 벗어나게 하여 배치해 두고, 예를 들면 빔이 왼쪽으로 벗어나면 부 빔의 합이 출력되어 광 픽업을 오른쪽으로 움직이도록 트래킹 서보가 동작하는 방식이다.

three constant of vacuum tube 진공관의 3상수(眞空管一三常數) 진공관의 성능를 나타내는 μ, g_m(상호 컨덕턴스), r_p(내부 저항)의 세 상수.

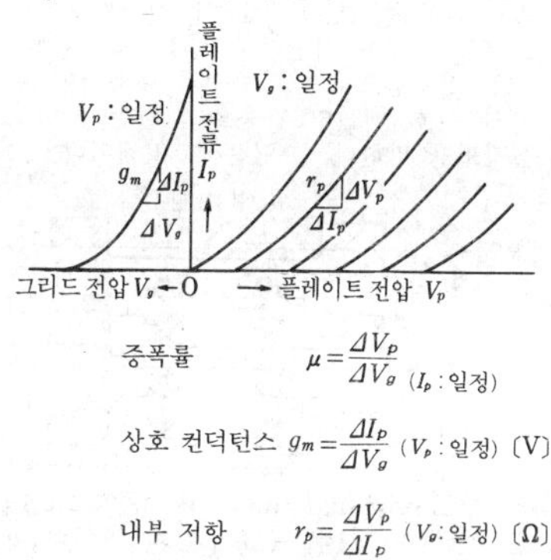

증폭률 $\mu = \dfrac{\Delta V_p}{\Delta V_g}$ (I_p : 일정)

상호 컨덕턴스 $g_m = \dfrac{\Delta I_p}{\Delta V_g}$ (V_p : 일정) 〔V〕

내부 저항 $r_p = \dfrac{\Delta V_p}{\Delta I_p}$ (V_g: 일정) 〔Ω〕

$\mu = g_m r_p$ 의 관계가 있다.

three dB bandwidth 3dB 대역폭(三一帶域幅) 필터, 증폭기 등의 진폭·주파수 특성이 3dB의 변화 범위에 드는 대역폭.

three-dimensional 3-D, 3차원(三次元) ① 자심 기억 장치를 사용한 구식 기억 장치의 3차원적 배열. ② 화상 모델의 각 점에 대하여 기억된 3개의 공간 디멘션(높이, 폭, 깊이). ③ 스테레오 재생 방식에서 좌우 채널의 저음을 혼합하여 이것을 중앙에 위치한 스피커로 재생하는 방식. 중·고음은 지향성이 강하지만 저음은 지향성이 약하므로 위와 같이 해도 입체감을 잃지 않는다. 중앙의 스피커는 저음 성능이 좋은 것을 사용한다.

three-dimensional display 3차원 표시 장치(三次元表示裝置) 홀로그래피에 의한 3차원 재생을 이용하여 입체 화상을 표시시키는 장치. 적, 녹, 청의 3색에 각각 대응하는 레이저광에 의해 3종류의 색 정보를 한 장의 홀로그램에 동시 기록해 두면 컬러 화상을 표시시킬 수 있다.

three-dimensional element 3차원 회로 부품(三次元回路部品) 1개의 반도체 칩 내부에서 회로를 입체적으로 집적한 부품. 복잡한 기상(氣相) 성장의 반복으로 만들어지며, 평면적인 집적 회로에 비해 집적 밀도가 현저하게 증대하는데, 현재 개발 과정에 있다.

three-dimensional integrated circuit 3차원 집적 회로(三次元集積回路) 반도체 기판상에 형성한 집적 회로상에 절연막을 형성하고, 다시 그 위에 반도체 단결정층을 형성하여 거기에도 집적 회로를 만들어서 하층의 집적 회로와 배선을 하여 입체적인 3차원 구조를 실현한 집적 회로.

three-dimensional loading 3차원 실장법(三次元實裝法) LSI의 실장법으로서 그것을 탑재한 기판간의 신호선을 입체적으로 접속함으로써 단자수의 대폭적인 증가와 신호 배선의 단축을 꾀하는 고밀도 실장법을 말한다. 그림은 그 일례이다.

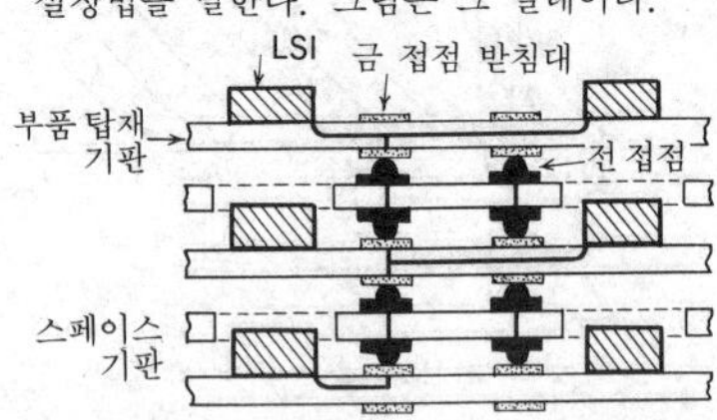

three-dimensional radar 3차원 레이더(三次元－) 다수 목표의 3차원 위치(방위, 거리 및 고도) 정보를 얻는 레이더. →volumetric radar

three electron gun color Braun tube 3전자총 컬러 브라운관(三電子銃－管) → three gun system

three elements of sound 음의 3요소(音－三要素) 음의 세기(loudness), 음의 상태(pitch), 음색(quality)의 세 가지. 음의 세기는 음파의 진폭에 의해 정해지며, 그 단위는 물리적인 양으로서 데시벨, 감각적인 양으로서 폰(phon)을 사용한다. 음의 상태는 음파의 매초 진동수에 의해 정해진다. 음색은 음의 고조파 성분의 비율에 의한 파형의 차이로 정해지며, 세기와 상태가 같더라도 피아노와 바이올린의 소리가 다른 것은 이 때문이다.

three-engine system 3엔진 시스템(三－) 순간적인 정전도 허용되지 않는 마이크로파 및 반송 전화 중계소 등에 쓰이는 교류 무정전 전원 장치로, 3엔진이란 유도 전동기, 교류 발전기 및 디젤 엔진이다. 평상시는 상용 전원으로 유도 전동기를 운전하고, 여기에 직결한 교류 발전기를 운전하고 있으며, 정전이 되면 자동적으로 입력 회로를 차단하여 디젤 엔진을 시동해서 규정의 속도에 이르면 마그넷 클러치에 의해 엔진과 발전기가 직결되어서 전력이 공급된다. 이 사이의 10 수초는 플라이휠로 회전수가 유지된다. 전원이 회복하면 반대의 조작으로 원상으로 회복된다.

three gun 3전자총(三電子銃) 컬러 수상관의 구조상 분류의 하나로, 3원색의 각 신호를 위해 3개의 전자총을 가지고 있는 것. 3개의 전자 빔은 섀도 마스크의 동일 구멍을 통과한 다음 형광면의 세 곳으로 나누어 닿으므로 그 위치에 적, 녹, 청의 발색을 하는 도료를 칠해 둔다.

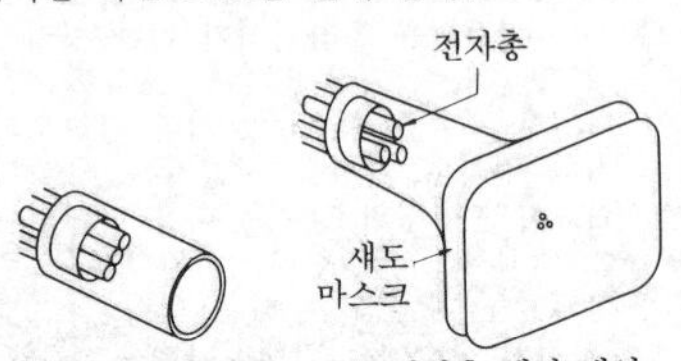

3전자총 인라인 배열 3전자총 델타 배열

three-gun system 3전자총 방식(三電子銃方式) 3원색 수상관에서 전자총을 3개 가지고, 적, 녹, 청의 3원색 형광 물질을 칠한 형광면에 3원색 각각의 색신호에 의해 변조된 독립의 전자 빔을 조사(照射)하여 3원색의 발광량을 변화시키고, 이들을 가색 혼합하여 눈으로 본 경우 모든 색을 재현하는 방식을 말한다. 현재, 실용되고 있는 섀도 마스크 혹은 크로마트론을 사용한 컬러 수상관은 모두 3전자총 방식이며, 3전자총의 제작과 조립에는 높은 정도(精度)가 요구되는데, 해상도, 콘트라스트, 색재현성 등이 단전자총 방식보다 뛰어나다.

three-gun tube 3전자총관(三電子銃管) 컬러 텔레비전의 수상관으로, 관 내에 둔 3개의 전자총에 의해 각각 3원색용의 전자 빔을 방출한다. 각 빔은 형광막상의 형광 도트를 두드려서 빔에 대응하는 원색을 발광한다. 각 전자총은 적당한 원색 신호에 의해 제어되며, 수상관에 나타나는 패턴도 그에 의해서 제어된다.

three-halves power law 2분의 3승 법칙(二分－三乘法則) 2극관의 공간 전하 제한 영역에서의 양극 전류 I_p를 정하는 다음 식의 관계.

$$I_p = GV_p^{3/2}$$

단, V_p는 양극 전압, G는 전극 구조에 따라 정해지는 상수로, 퍼비언스라 한다. 이 법칙은 또 랑뮤어·틸드의 법칙이라 하기도 한다(그림 참조).

three head cassette deck 3헤드 카세트 데크 녹음, 재생, 소거의 각 헤드를 별개로 갖는 카세트 테이프 데크. 카세트 데크에서는 스페이스가 좁으므로 3개의 헤드를 각각 다른 장소에 부착하는 것은 곤란하기 때문에 녹음 헤드와 재생 헤드는 콤비네이션 헤드로서 동일 장소에 부착하고, 소거 헤드만을 떼어서 부착하고 있는 경우가 많다. 그러나 각 헤드는 독립한 앰프를 가지고 있으므로 녹음 신호와 테이

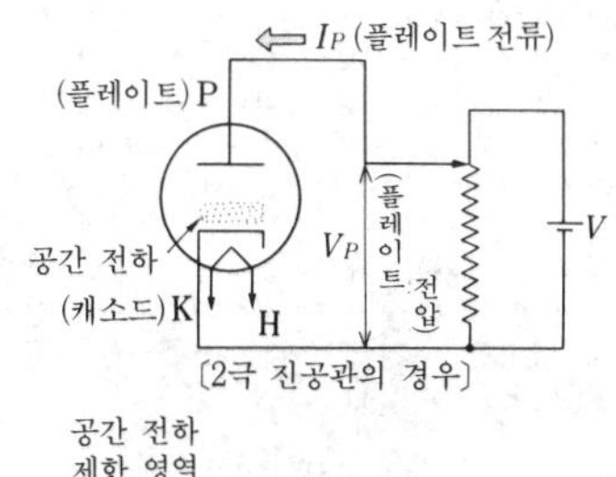

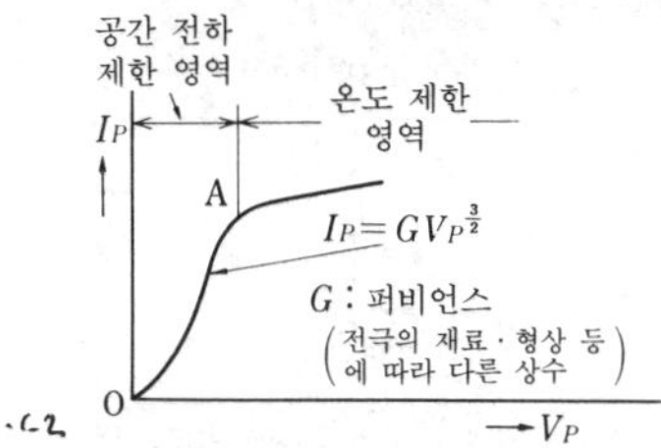

three-halves power law

프에 녹음된 신호를 재생하면서 녹음 상태를 모니터할 수 있다. 또, 각각의 헤드는 각 기능에 적합한 설계를 할 수 있으므로 고급 테이프 데크에 채용되는 경우가 많다.

three-input adder 전가산기(全加算器) 피가수 D, 가수 E, 다른 숫자 위치에 나오는 자리올림수 F의 세 입력 및 자리올림 없는 합 T와 새로운 자리올림수 R의 두 출력을 갖는 조합 회로. →full adder

three-phase alternating current 3상 교류(三相交流) 주파수가 같고 위상이 다른 3개의 기전력에 의해 흐르는 교류. 일반적으로는 대칭 3상 기전력에 의해 흐르는 교류를 말하며, 서로 위상이 120° 다르고, 진폭이 같은 3개의 정현파 교류가 동시에 흐르고 있는 교류이다.

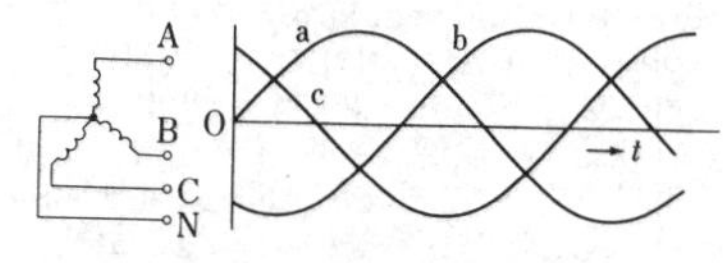

중성점 N을 기준으로 하여 A, B, C의 3상의 전압 변화를 도시하면 오른쪽 그림의 a, b, c 곡선이 된다.

three-phase bridge hybrid rectifier circuit 3상 혼합 브리지 정류 회로(三相混合－整流回路) 3상 브리지 정류 회로에서 6개의 사이리스터 중 3개(보통 양극 공통측)의 사이리스터를 다이오드로 치환한 회로.

three-phase bridge rectifier connection 3상 브리지 정류 접속(三相－整流接續) 3상 전원에 브리지 접속된 정류 회로.

three-phase circuit 3상 회로(三相回路) 위상이 120°씩 다른 세 교류 기전력에 의해 전력이 공급되는 회로. 회로는 세 줄 또는 네 줄의 도체로 구성되며, 전원, 부하 모두 원칙으로서 성형, 3각형의 결선법으로 접속된다.

three-phase connection 3상 결선(三相結線) 3상 교류 회로의 결선 방식.

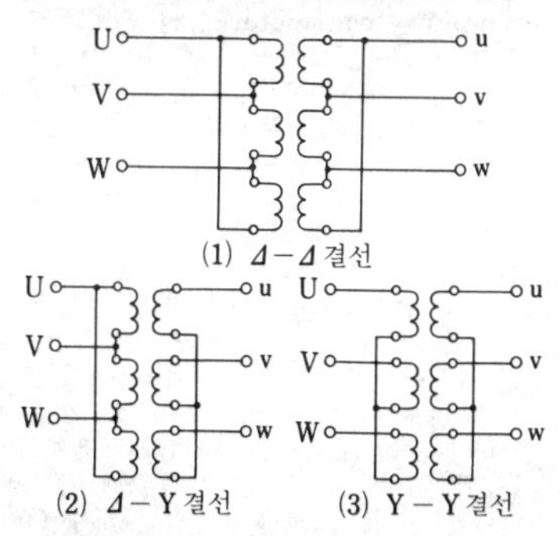

three-phase four-wire system 3상 4선식(三相四線式) 3상 교류를 네 줄의 전선으로 배전하는 방식. 변압기의 2차측을 성형(星形) 접속하고, 그 중성점에서 한 줄의 전선을 꺼내서 각 상 세 줄의 전선과 조합시킴으로써 얻어진다.

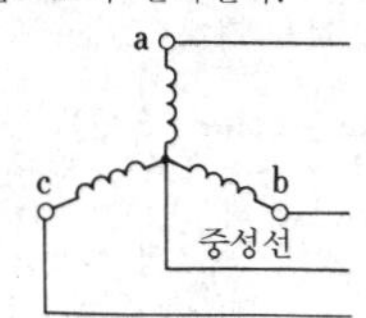

three-phase power 3상 전력(三相電力) 3상 교류에 의해 공급되고, 또는 소비되는 전력을 말하며, 3개의 선간 전압 및 선전류가 평형하고 있을 때는 다음 식으로 계산할 수 있다.

$$P = \sqrt{3}VI\cos\varphi$$

여기서, P : 전력〔W〕, V : 선간 전압〔V〕, I : 선전류〔A〕, $\cos\varphi$: 역률.

three-phase three-wire system 3상 3선식(三相三線式) 세 줄의 전선을 써서 3상 전력을 공급하는 방식. 이 방식은 수전 전력, 최대 선간 전압, 전력 손실을 일정하게 하여 전선의 무게를 다른 방식에 비교했을 때 가장 유리하기 때문에 통상의 송전 및 동력선의 배전에 사용되고 있다.

three-phase transformer 3상 변압기(三相變壓器) 3 개의 다리를 가진 한 철심의 가 다리에 각 상의 권선을 감은 변압기로, 철심의 형상에 따라 외철형과 내철형이 있다. 단상 변압기를 3대 사용하는 3상 결선 방식에 비해 철심 무게가 경감되어서 효율도 좋고, 바닥 면적이 작으며 가격도 싸다. 그러나 1대로서의 무게가 크고, 고장이 발생하면 전체를 교환할 필요가 있다. 대전력용 변압기로서 널리 쓰인다.

three-phase wattmeter 3상 전력계(三相電力計) 동일 케이스 속에 단상용 전력계의 소자 2개를 수납하고, 2 개 소자의 구동부를 동일축에 부착하여 구동 토크의 대수합으로 구동하도록 한 것이다. 회로 구성 및 동작 원리는 2전력계법의 경우와 똑같으나 저역률에서도 반대로 움직이는 일이 없고 3상 전력을 직독할 수 있다.

three point tracking 3점 조정(三點調整) 수퍼헤테로다인 수신기에서 연동 바리콘을 사용한 경우에 전 주파수대에 걸쳐 수신 주파수와 국부 발진 주파수의 차를 정확하게 중간 주파수(455kHz)로 유지하기는 어려우며, 중심에 맞추면 양단에서 벗어나게 된다. 그래서 3점의 주파수(600, 1,000, 1,400kHz)에 대해서만 정확하게 이 관계가 되도록 조정하는 것을 3점 조정 또는 단일 조정이라 하며, 이 3점을 트래킹 포인트라 한다.

three positions control action 3위치 동작(三位置動作) 자동 제어계에서 동작 신호가 어느 값을 경계로 하여 조작량이 세 값으로 단계적으로 변화하는 제어 동작.

three primary color 3원색(三原色) 둘 이상의 색의 혼합으로도 얻어지지 않는 독립한 세 가지 색(적, 녹, 청). 빛에서는 파장이 다른 적, 녹, 청의 빛을 적당한 세기로 혼합하여 백색을 얻을 수 있다. 이 3색의 적당한 혼합으로 여러 가지 색을 재현한다. 이것을 가색 혼합(加色混合)이라 한다.

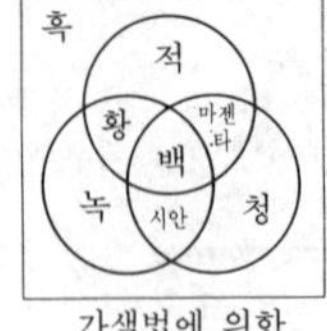

가색법에 의한 색의 재현

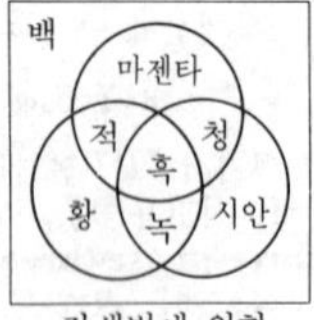

감색법에 의한 색의 재현 (그림물감의 3원색)

three-state logic 3스테이트 논리(三-論理) 두 진리값 0, 1 외에 또 하나의 상태를 가진 논리 게이트. 이 제3의 상태는 고 임피던스 상태이며, 게이트의 입력과 출력 사이가 고 임피던스에 의해 실질적으로 분리되는 상태이다. 3 스테이트 논리의 그룹이 공통의 모선에 접속되어 있을 때 임의의 송신 게이트와 임의의 수신 게이트 이외는 위의 제3의 상태로 억제되어 위의 두 게이트 사이의 데이터 전송에 영향을 주지 않는다. 상품명은 TRI-STATE. =TSL

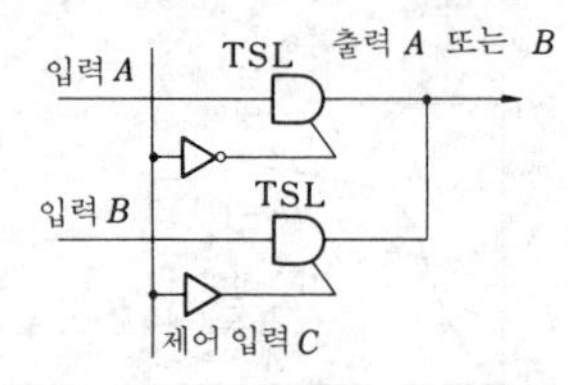

출력 상태		전 압·전 류
가능	0	0.4V에서 −16mA 이상
	1	2.4V에서 +5.2mA 이상
금지	Hi-Z	0.4～2.4V에서 40μA 이하

three status logic 3상태 논리 회로(三狀態論理回路) →tri-status logic

three-terminal element 3단자 소자(三端子素子) 단자를 3개 갖는 회로 소자. 트랜지스터, 사이리스터 등.

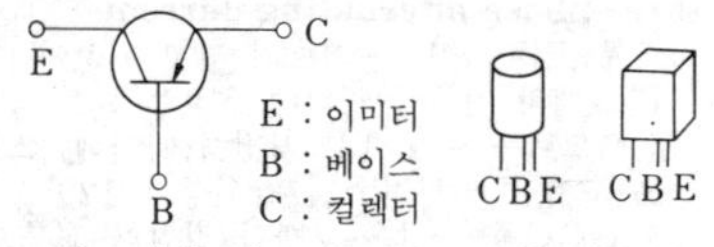

three terminal regulator 3단자 레귤레이터(三端子-) 시리즈 레귤레이터를 1칩으로 구성하고, 입출력 단자가 도합 3단자인 것. 전류 용량은 100mA～10A 정도까지이며, 형상은 전류 용량에 따라 다르다. 전압은 음양(+, −)용, 고정 전압용, 가변 전압용 등이 있다.

three-voltmeter method 3전압계법(三電壓計法) 3 개의 전압계와 하나의 기지(既知) 저항을 써서 단상 교류 부하 전력을 측정하는 방법(그림 참조).

three-way loudspeaker 3웨이 스피커 낮은 주파 영역에서 동작하는 우퍼, 중간 주파 영역에서 동작하는 스코커, 그리고 높은 주파 영역에서 동작하는 트위터의 3개로 구성되는 스피커 방식.

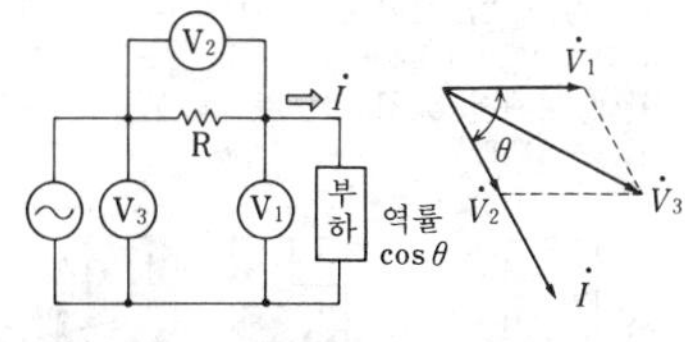

$$V_3^2 = V_1^2 + V_2^2 + 2\, V_1 V_2 \cos\theta$$

$$전력\ P = V_1 I \cos\theta = V_1 \frac{V_2}{R} \cos\theta$$

$$= \frac{1}{2R}\ (V_3^2 - V_1^2 - V_2^2)$$

$$역률\ \cos\theta = \frac{V_3^2 - V_1^2 - V_2^2}{2\, V_1 V_2}$$

three-voltmeter method

three-way receiver 3웨이 수신기(－受信機) 교류, 직류, 건전지의 세 전원 어느 것으로도 동작할 수 있는 수신기. 주로 중형 이상의 휴대용 라디오 수신기에서 사용되고 있으나, 직류 배전을 하고 있지 않는 우리 나라에서는 교류, 건전지 양용의 2웨이 수신기가 널리 사용된다.

three-winding transformer 3권선 트랜스(三捲線－), 3권선 변성기(三捲線變成器) 하이브리드 코일이라고도 한다. 같은 철심에 3조의 권선을 감은 저주파용 트랜스. 4선식 전송로와 2선식 전송로를 접속하는 경우에 필요한 부품이다.

threshold 임계값(臨界－) 재료의 특성이 인가 전압이나 온도 등의 조건이 어느 값을 넘을 때 불연속적으로 변화하는(예를 들면 절연성이 도전성으로 바뀌는) 경우 그 경계가 되는 값.

threshold amplifier 임계값 증폭기(臨界－增幅器) 예를 들면, 입력 전압이 어느 값 이상이 되면 증폭된 일정한 출력 전압이 발생하는 증폭기.

threshold element 임계값 소자(臨界－素子) 임계값 연산을 하는 논리 소자. 논리 상태 1의 입력수가 어느 주어진 수와 같이 되든가, 또는 그 이상으로 되었을 때에만 출력이 논리 상태 1이 되는 소자. 회로도에서는 $\geq m$으로 나타내어진다(m은 입력의 수보다 작다). =threshold gate

threshold frequency 한계 주파수(限界周波數) 광전 장치에서 광전자 방출 효과를 발생하는 최저 주파수의 입사 방사 에너지. 이 에너지를 p로 하면 주파수 ν는 $\nu=p/h$로 주어진다. h는 플랑크의 상수.

threshold level 한계 레벨(限界－) FM전파의 수신에서는 반송파와 잡음의 전력비 C/N이 어느 값 이상이 되면 복조했을 때의 SN비가 개선되어 매우 잡음이 적어지지만 이 한계 이하에서는 오히려 SN비 개선의 효과를 잃게 된다. 이 한계의 반송파 대 잡음비 C/N는 8~9dB 이지만, 수신기의 입력단에서 발생하는 잡음은 수신기에 따라 정해지므로 이보다 9dB 높은 레벨을 한계 레벨이라 한다.

threshold logical circuit 임계값 논리 회로(臨界－論理回路) 일정한 레벨을 정해 두고 이 이하의 신호를 "L", 이상의 신호를 "H"레벨로서 나타낸다. 이 어느 일정한 레벨을 임계값이라 하고, 이 논리를 쓴 회로를 임계값 논리 회로라 한다. 논리 회로의 출력 전압은 부품의 불균일이나 전원 전압의 변동에 의해 그림과 같은 특성이 되므로 임계값을 쓴다. 디지털 회로의 설계에 응용된다.

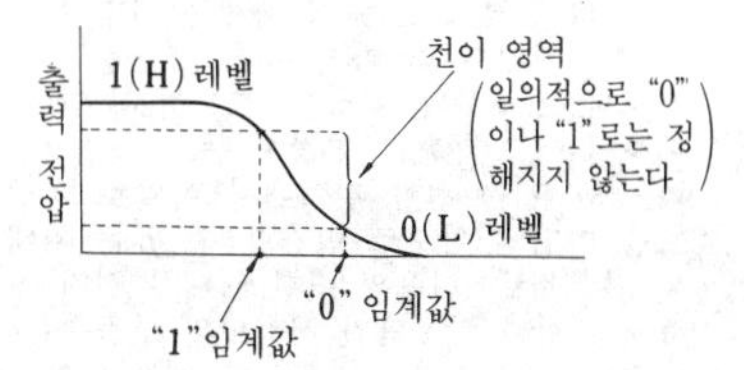

threshold sensitivity 한계 감도(限界感度) 자동 제어 장치의 비례 동작에서 비례대(比例帶)를 좁게 하면 감도가 증가하고, 오프셋이 작아져서 정확도 좋아진다. 그러나 너무 비례대를 좁게 하면 불안정하게 되어 헌팅을 일으키게 된다. 그 한도를 나타내는 것이 한계 감도이다.

threshold signal-to-interference ratio 임계 신호 대 방해 신호비(臨界信號對妨害信號比) 방해 전력에 대한 최소의 신호 전력의 비. 지정된 성능 레벨을 주기 위해 필요한 어느 정해진 방법으로 정의된 것. =TSI

threshold voltage 임계 전압(臨界電壓) ① 통상의 동작 범위에서의 순방향 전류 전압 특성의 직선 근사에서 전류가 0으로 되는 전압 절편. →semiconductor rectifier stack. ② 디바이스가 특정한 동작을 기능하기 시작하는 전압. 특히 IGFET 에서 도전(導電) 채널이 형성되기 시작하는 드레인 전압 V_T를 말한다. →cut-off region

threshold wavelength 한계 파장(限界波長) →cut-off wavelength

throat microphone 목 마이크로폰 음대에 가까운 목 부분에 접촉시켜서 사용하는 마이크로폰.

through connection 관통 접속(貫通接續) →interfacial connection

through-hole 스루홀 다층 프린트판에서 기판 양쪽의 도체층을 접속하기 위하여 접속 도선을 통할 목적으로 기판에 뚫은 구멍.

through-hole plating 스루홀 도금(－鍍金) 스루홀 배선판의 부품 부착 구멍에 하는 도금.

through-hole wiring board 스루홀 배선판(－配線板) 양면 인쇄 배선판에서 표면과 이면의 배선 접속을 확실하게 하고 부품의 부착을 용이하게 하기 위해 관통 구멍의 벽을 도금하여 도통을 갖게 한 것.

throughput 스루풋 ① 지정된 시간 내에 전송된, 혹은 처리된 전체의 유효한 정보량. 처리량이라고도 한다. ② 중앙 처리 장치가 단위 시간에 처리할 수 있는 데이터 처리 능력으로, 운영 체제는 처리 동작에 있어서의 여러 가지 유휴 시간을 줄임으로써 스루풋의 향상을 도모하고 있다. 매초의 어수(語數), 명령수 등으로 주어진다. ③ A-D 변환 장치에서 아날로그 신호를 디지털 워드로 변환할 수 있는 최대의 시간율로, 다음의 변환에 대한 시간 여유도 포함한 것. 단위 시간당의 샘플수(표본수)로 주어진다. ④ 반도체 제조에 있어서, 웨이퍼의 단위 시간당 처리 매수, 스테퍼 등의 양산 능력의 척도.

through the lens autocamera TTL 자동 카메라(－自動－) 자동 카메라(EE 카메라, AE 카메라)의 측광용 빛이 촬영용 렌즈를 통해 측정되는 방식의 것으로, 별도로 측광용 창을 둔 것보다 정확한 측정을 할 수 있기 때문에 정확한 노출이 얻어진다. 현재 대부분의 카메라는 이 방식으로 되어 있다.

thruster 스러스터 위성의 자세, 또는 궤도를 제어하기 위한 추력 발생 장치.

thump 섬프 오디오계 또는 트랜스듀서에 있어서의 저주파 과도 방해파. 전화 회로에 접속된 수화기의 경우는 잡음 외에 직류 전신 회로의 전건(電鍵) 조작에 의한 키 섬프, 키 클릭 등의 과도 전류가 방해파로서 주어진다.

thumwheel 섬휠, 지동륜(指動輪) 입력 커서를 위치 결정하는 장치. 1 축 방향에서의 커서의 움직임을 제어하는 회전 휠을 가지고 있다. 보통, 2 개가 쌍으로 되어 있으며, 하나는 수평 방향의, 다른 하나는 수직 방향의 움직임을 제어한다.

thumwheel switch 섬휠 스위치 레지스터나 카운터의 내용을 주어진 수로 프리세트하기 위해 이들 장치의 각 플립플롭의 SD, RD 입력에 8421 코드를 보내기 위한 지동륜(指動輪) 장치. 그림과 같이 휠에 의해서 8421 코드와 그 보수를 세트할 수 있다.

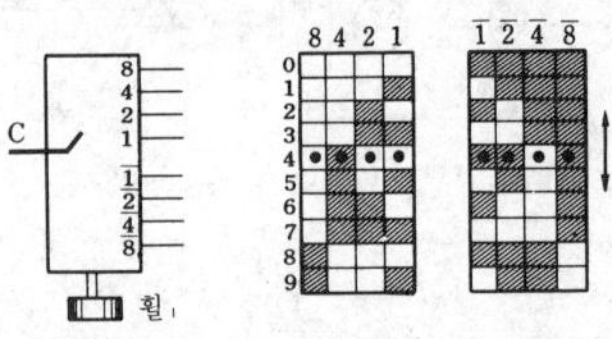

(a) 심벌 (C는 공통 단자) (b) 휠에 의해 10 진수를 세트(그림의 경우는 4)

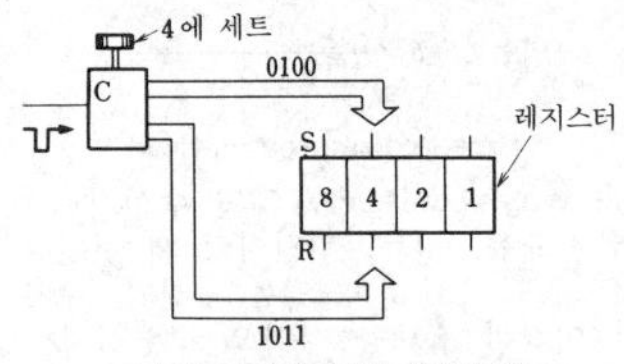

(c) 레지스터의 4 개의 플립플롭을 세트하는 경우의 사용법

thyratron 사이러트론 열음극 정류 방전관의 방전로 중에 그리드를 넣어 방전의 시동을 제어함으로써 미소한 입력으로 비교적 큰 전력을 제어하는 장치. 현재에는 사이리스터로 대치되었다.

thyristor 사이리스터 pnpn 접합의 4층 구조 반도체 소자의 총칭인데, 일반적으로는 SCR 이라고 불리는 역저지 3 단자 사이리스터를 가리키며, 실리콘 제어 정류 소자를 말한다. 애노드가 캐소드에 대하여 플러스인 경우, 게이트에 적당한 전류를 흘리면 도통하고, 일단 도통하면 애노드 전압을 0 으로 하지 않으면 OFF 로 되지 않는다. 소전력용부터 대전력용까지 각종 제어 정류 소자로서 널리 사용되고 있다.

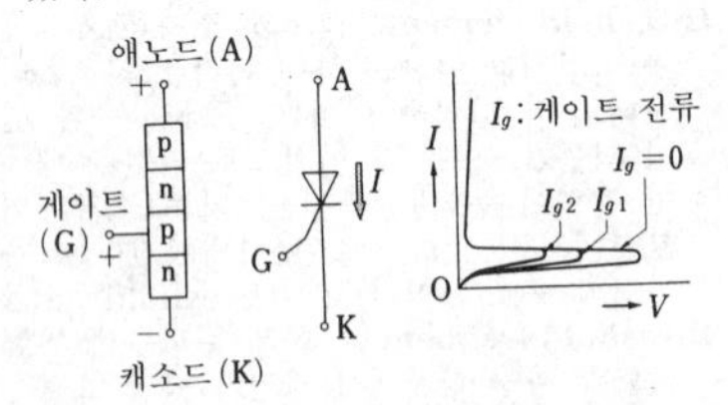

thyristor inverter 사이리스터 인버터 사이리스터를 사용하여 직류에서 교류로 전력을 변환하는 인버터(역변환 장치). 통상의 인버터는 모두 이 방식이며, 성능이나 용도도 대용량 고전압의 것을 포함해서

다기에 걸치고 있다. 인버터는 전류(轉流)의 방법에 따라 타려식(他勵式)과 자려식(自勵式)이 있다. 타려식은 부하 전류의 크기에 관계없이 전압이나 주파수를 일정하게 유지할 수 있는 강력한 전원이 교류 측에 병렬로 접속되어 있는 것이고, 자려식은 병렬 전원을 갖지 않기 때문에 주파수 및 출력 전압을 자유롭게 조정할 수 있는 것이다. 이 때문에 자려식 인버터는 응용 범위가 넓고, 컴퓨터용 정전압 정주파 전원이나 통신 및 방송용의 무정전 전원 장치를 비롯하여 전동기의 속도 제어나 고주파 전원 등에 쓰이고 있다. 그림은 사이리스터 인버터의 기본 회로이다.

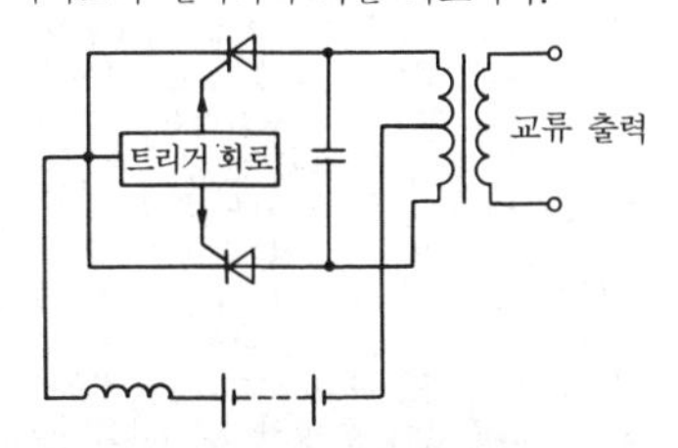

thyristor motor 사이리스터 모터 사이리스터를 위상 제어함으로써 직류 전동기의 정류자 작용을 시켜 직류 전원으로 동기 전동기를 운전하여 변속이나 역전 제어를 하도록 한 전동기. 교류 전원을 사용하는 것도 있다.

thyristor ratings 사이리스터 정격(－定格) 역저지 3단자 사이리스터의 전압·전류 특성 곡선과 약간의 전압, 전류 정격을 그림에 나타냈다. 사이리스터에 흘릴 수 있는 상용 주파수의 비반복 전류를 정격의 서지 온 전류라 하며, 정현 반파 1 사이클 통전시의 피크값으로 나타낸다(이 값은 단락 사고 등에서 사이리스터를 보호하기 위한 참고값으로서 사용한다). 반복 전류인 경우는 통전 사이클수와 전류의 허용 최대값의 관계를 주는 선도로서 나타낸다. 고주파 사용인 경우는 다른 정격을 정한다.

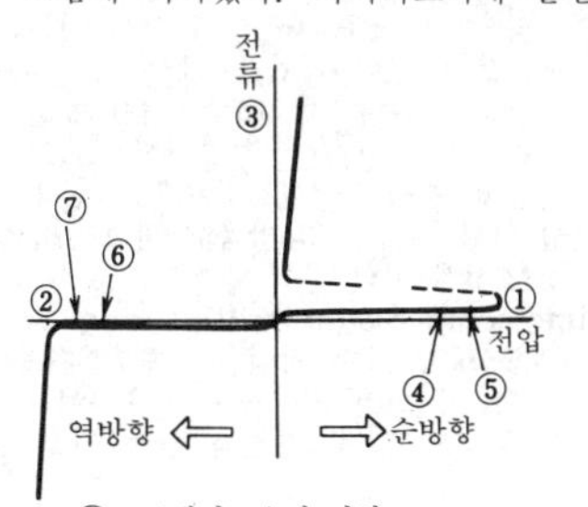

① 브레이크오버 전압
② 브레이크다운 전압
③ 온 전류
④ 피크 반복 오프 전압
⑤ 피크 비반복 오프 전압
⑥ 피크 반복 역전압
⑦ 피크 비반복 역전압

thyristor rectifier 사이리스터 정류기(－整流器) →thyristor

thyristor stack 사이리스터 스택 하나 또는 복수 개의 사이리스터를 전압 평형용의 저항, 서지 흡수용 콘덴서, 다이오드, 냉각 장치 등과 함께 한 몸으로 조립한 집합체.

Thyroptor 사이롭터 특수한 발광 다이오드로, S 자형의 전압-전류 특성을 가지며, 표시와 동시에 기억하는 기능이 있다.

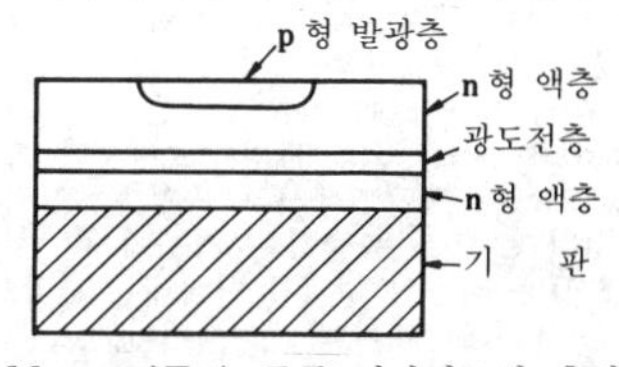

tickler 티클러 증폭 디바이스의 출력 회로에 접속된 작은 코일(재생 코일)로, 입력 회로에 유도 결합되어 피드백 효과를 주어서 재생 검파나 발진 작용을 시키기 위한 것.

tickler coil 재생 코일(再生－) 재생 검파기에서 출력 회로의 신호 중 고주파분을 입력측으로 궤환하기 위해 접속된 코일. 정궤환이 되도록 동조 코일과 전자적(電磁的)으로 결합한다.

tie line 연락 회선(連絡回線) 통신 회사에서 임대하는 전용 회선. 한 조직 내의 복수 포인트를 링크하는 데 사용하는 경우가 많다.

TIF 전화 영향률(電話影響率) ＝telephone influence factor

tight coupling 밀결합(密結合) 2개의 코일을 전자(電磁) 결합시키고, 양 코일을 접근하여 그 축방향을 일치시켜서 결합계수를 크게($k≒1$) 한 상태를 말한다. 이 경우의 주파수 특성은 쌍봉(雙峰) 특성이 된다.

tight-type coated optical fiber 타이트형 광섬유 심선(－形光纖維心線) →loose-type coated optical fiber

tilt 틸트 ① 지향성 안테나의 축이 수평면에 대하여 갖는 경사각. ② 펄스파에서의 일그러짐의 일종. 수평이어야 할 펄스 톱 혹은 펄스 베이스에 있어서의 평균 경사 일그러짐. ③ 지표를 따라서 전파하는 무선 전파의 파두(波頭)가 전방으로 경사하는 것. 경사각은 대지의 전기 상수와 관계한다.

tilt error 틸트 오차(-誤差) 항행에 있어서의 전리층 고도 오차의 성분으로, 전리층의 높이가 고르지 않기 때문에 전리층 반사를 이용하여 수신한 항행 정보에 오차가 생기는 것이 원인이다.

timbre 음색(音色) =tone color

time alignment method 시간 정규화 매칭법(時間正規化-法) 음성 인식에서 단어나 음절의 전체를 하나의 패턴으로서 표준 패턴과의 대조를 하는 방법의 하나.

time availability 평균 어베일러빌리티(平均-) 수리계(修理系)가 관측된 누적 시간에 대하여 요구된 기능을 수행할 수 있는 누적 시간의 비, 또는 발췌한 몇 개의 시점에서 같은 관측 대상 중 요구된 기능을 수행할 수 있는 비율의 평균.

time axis 시간축(時間軸) 브라운관 오실로스코프의 형광면에서의 수평축. 입력의 시간적 변화를 관측하는 경우에 이 소인(掃引)은 시간의 경과를 나타내는 전압(보통은 톱니파)에 의해 행하여진다.

time base 시간축(時間軸) CRT에서, 전자 빔에 정해진 전압을 가하고, 스크린 상의 휘점을 스크린 좌단에서 우단으로 일정한 속도로 소인(掃引)하여 그린 선. 시간 경과를 나타낸다.

time-base corrector 시간축 교정 장치(時間軸較正裝置) =TBC

time-base fluctuation 타임베이스 변동(-變動) VTR에서, 재생 신호에서의 시간축의 변동으로, 음성 테이프인 경우에는 와우 플러터가 발생하고, 비디오 테이프인 경우에는 화면의 요동이나 색변화 등이 발생한다. 이것은 비디오 헤드의 회전 불균일이나 테이프의 주행 속도 불균인 등이 원인이다. 드라이브 기구의 개량과 전기적인 보정법 등에 의해 변동을 제거할 수 있다.

time-base generator 시간축 발생 회로(時間軸發生回路) 시간의 기준이 되는 신호를 발생하는 회로. 오실로스코프에서는 휘점(輝點)을 규정된 속도로 이동시키기 위한 전압 또는 전류를 발생하는 회로. 그를 위해 필요한 톱니파 전압의 발생에는 콘덴서의 충방전 현상이 이용된다. 스위치 K의 구실을 하는 회로로서는 멀티바이브레이터나 블로킹 회로 등이 쓰인다. → multivibrator

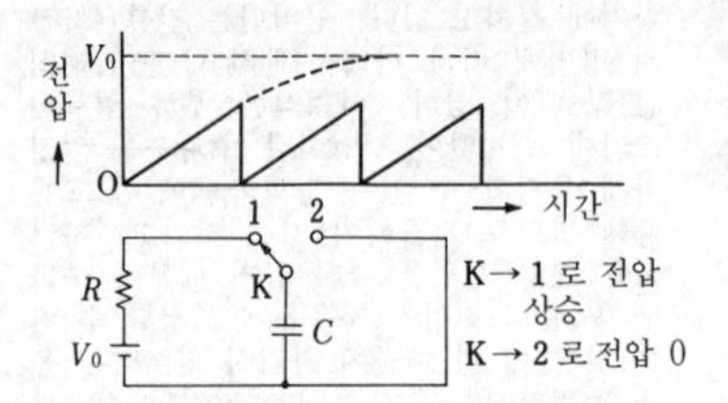

time chart 타임 차트 디지털 회로 등에서 현상이 시간적으로 변화하는 상태를 나타낸 도표.

time code 타임 코드 편집 작업을 하기 위해 VTR의 테이프 위치를 올바르게 알고, 정확한 제어를 하기 위한 타이밍 부호. 타이머 롤러를 사용한다든지 제어 트랙 신호를 사용한 제어 신호 카운트식 등이 있는데 이들은 롤마다 리셋되는 상대적인 위치 정보이다. 절대 위치 정보를 얻으려면 큐 트랙(cue track), 음성 트랙, 영상 블랭킹 시점에 프레임 단위로 시간 기록하면 된다. 타임 코드의 권장 규격으로서 1970년에 미국의 SMPTE 코드가 발표되고, 1974년에 IEC 규격으로서 채용되었다.

time-compressed multiplexing transmission 핑퐁 전송(-傳送) 디지털 데이터 전송에 있어서, 송신 부호열을 송단(送端)에서 일단 버퍼에 축적하고, 정해진 버스트 주기마다 기록 속도의 2배 이상의 속도로 버퍼에서 판독하여 버스트 전송한다. 수신측에서 일단 버퍼에 축적한 다음, 이것을 연속 부호열로 복원하도록 한 일종의 시간 압축 방식이다. 역방향 송신은 버스트의 공백 시간을 써서 위에 기술한 방법으로 한다. 마치 탁구에서 공을 주고받는 것과 비슷한 전송법이므로 이러한 이름이 붙었다. 실질적으로는 위에 기술한 바와 같이 시간 압축에 의한 양방향 통신(2선식)이다.

time compression multiplexing 시분할 방향 제어 전송 방식(時分割方向制御傳送方式) 2선의 케이블을 사용하여 디지털 데이터의 전 2중 통신을 하는 전송 방식. =TCM

time constant 시상수(時常數) 1차 지연 요소에서 입력 신호가 달라졌을 때 출력 신호가 정상 상태에 도달하기까지의 과도 기간에서의 현상의 상태를 아는 가늠이 되는 상수. 예를 들면 전기 회로에서의 일례로서 R과 L의 직렬 회로에 대해서는 직류 전압 V를 가한 직후부터 시간 t의 경과에 의한 전류 i의 변화는

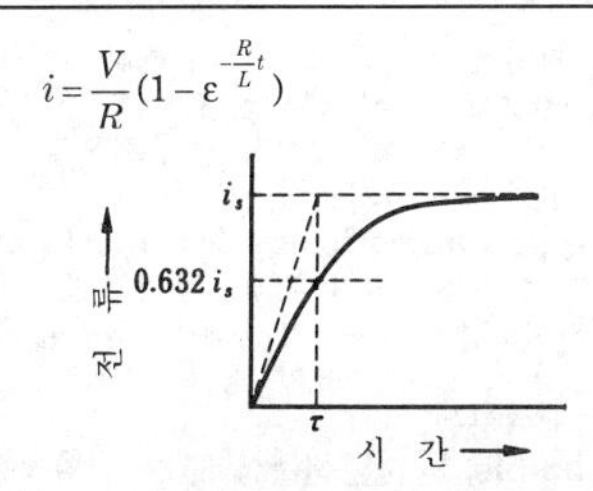

가 되어 그림과 같이 변화하는데, 이 때 전류가 정상값의 63.2%에 이르기까지의 시간 $\tau=L/R$〔s〕가 시상수이다. 일반적으로 시상수가 클수록 정상값에 이르기까지의 시간이 길어지고, 이 값은 제어계 또는 전기 회로의 조건에 따라서 결정된다.

time delay sweep 지연 소인(遲延掃引) 싱크로스코프의 트리거 소인에서 입력이 들어오고부터 어느 시간 경과 후에 트리거 펄스를 발생시켜 소인을 개시시키는 방법. 이 경우, 소인 시간을 빨리 함으로써 입력의 일부분만을 확대하여 관측할 수 있다.

time diversity 시간 다이버시티(時間－) 다이버시티 수신 방식의 일종으로, 수신 전계의 페이딩 상태가 시간에 따라 달라지는 것을 이용하는 것.

time-division exchanger 시분할형 교환기(時分割形交換機) 공통의 통화로를 시간적으로 분할하여 다중 사용하는 방식. 그림과 같이 디지털 변환된 음성 신호 출력의 간격에 다른 변환된 신호를 합성시켜 통신 선로에 내보낸다. 수신측에서는 목적으로 하는 상대방 디지털 신호의 주기에 맞추어서 샘플 펄스로 신호를 얻어 그것을 아날로그 변환하여 수신한다(그림 참조).

time division multiple access 시분할 다원 접속(時分割多元接續) 성형 디지털 PBX 나 링형 네트워크에 사용되는 근거리 통신망(LAN)의 접근 제어 방식의 하나. 많은 장치에서 순차 일정 시간 길이의 디지털 신호를 1개의 통신로에 송출하고, 시분할 스위치를 사용하여 송신 정보의 축적 교환을 한다. ＝TDMA

time division multiplex 시분할 다중 방식(時分割多重方式) 데이터 통신에서 시간을 소단위로 분할하고, 어떤 간격으로 개개의 미소 시간을 써서 데이터의 일부를 전송하는 기법. 하나의 물리적인 통신로에서 복수의 데이터 전송 조작을 시간축상에서 교대로 배치시킴으로써 복수의 개별 논리적 통신로(서브채널)가 설정되게 된다. 이것과 비슷한 예가 컴퓨터에서

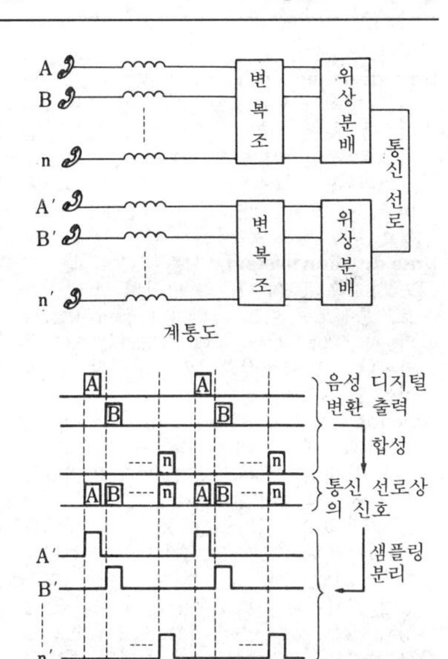

time-division exchange

의 시분할 방식이다. 또한 시간을 분할할 때 사전에 시간 간격을 정해 두는 방식과 요구에 따라서 자유롭게 정하는 방법이 있으며, 전자의 것을 동기식(STDM), 후자를 비동기식(ATDM)이라 한다. 메시지 교환은 시분할 다중 방식의 일종이다. ＝TDM

time division multiplex communication 시분할 다중 통신(時分割多重通信) 다중 통신 방식의 일종으로, 하나의 전송로를 다수의 통화로(채널)로 공용하는 경우에 통화로의 수 만큼 시간적으로 벗어난 펄스 신호를 나란히 전송하는 방법이다. 변조 방식에 따라 펄스 진폭 변조(PAM), 펄스폭 변조(PWM), 펄스 위치 변조(PPM), 펄스수 변조(PNM), 펄스 부호 변조(PCM) 등의 종류가 있다. 이 방식은 주파수 분할 다중 통신 방식과 비교해서 회로 상호간의 간섭이 적고, 필터는 간단해지지만 주파수 대역이 넓어진다.

time division multiplex switching system 시분할 교환 방식(時分割交換方式) 시간 위치를 벗어난 펄스열을 음성으로 변조하여 다중화하고, 공통의 접속로를 다수의 통화에 시분할 이용하도록 한 교환 방식. 변조 방법으로는 펄스 진폭 변조(PAM), 펄스 부호 변조(PCM) 등이 쓰

인다.

time division multiplex system 시분할 다중 방식(時分割多重方式) 펄스 변조된 신호를 다른 시간 위치에 배열하고 시간적으로 구별하여 다루는 다중 통신 방식. 펄스의 변조에는 펄스 진폭 변조, 펄스폭 변조, 펄스 위상 변조, 펄스 주파수 변조, 펄스 부호 변조 등 각종 방식이 있다.

time division system 시분할 방식(時分割方式) 통신로의 다중화 방식의 한 방식으로, 통신로를 어느 시간마다 끊어서 각각의 시간대를 각 단말에 할당하는 방법을 말한다. PAM방식과 PCM방식의 두 방식이 있다.

time lag 동작 지연(動作遲延) 일반적으로 전기 회로에서는 입력 신호가 도래한 시간에 대하여 출력 신호가 생기는 시간은 약간 지연을 수반한다. 이것은 물리 현상을 이용하고 있는 이상 불가결한 일이다(원리적으로는 결과는 원인보다 늦는다는 특수 상대성 이론에 의한다). 이 지연을 동작 지연이라 하며, 예를 들면 주파수 특성과 같은 것은 이에 의한 것이며, 그 이상 빠른 주파수에서는 그 소자가 동작을 추종하지 못함으로써 동작 지연의 원인이 된다.

time limit 시한(時限) 계전기에 고장 전류가 흐르기 시작하고부터 주접점이 닫히기까지의 시간.

time modulation 시간 변조(時間變調) → pulse time moudlation

time-optimal control 최단 시간 제어(最短時間制御) 입력의 크기가 제한되어 있는 경우에 그 제한하에서 시스템의 상태를 최단 시간으로 다른 상태로 옮기는 제어. 이 제어는 대상이 선형인 경우, 입력의 크기를 언제나 한계가까이까지 사용하면서 그 극성을 스위치시키는 뱅뱅 제어(bang-bang control)가 된다는 것이 알려져 있다.

time program control 시한 프로그램 제어(時限-制御) →sequence program control

timer 타이머 타임 스위치를 말한다. 가정용 전기 기구에도 사용되고 있으나 장치의 자동화 및 시퀀스 제어에서의 중요한 부속 부품이다. 미리 설정한 시간이 경과한 다음 회로 상태의 ON 또는 OFF를 변화시키는 동작을 한다. 동기 전동기나 직류 전동기를 사용한 전동식, 공기나 기름을 사용한 제동식, 태엽이나 스프링을 사용한 기계식, 지연 회로와 트랜지스터나 사이리스터를 사용한 전자식 등이 있으며, 설정 시간의 범위나 정밀도 등에 따라서 적당한 방식의 것을 사용한다.

time register 계시 레지스터(計時-) 시간을 재기 위하여 규칙적인 간격으로 내용이 변화하는 레지스터.

timer type automatic power control unit 타이머형 자동 전원 제어 장치(-形自動電源制御裝置) 전자 기기 등의 전원을 설정한 날짜, 시간, 요일 등에 자동적으로 투입 제어하는 장치.

time sample 시간 샘플(時間-) 일정한 신뢰 수준에서 로트(lot)의 신뢰도를 평가할 목적으로, 하나 혹은 그 이상의 유닛에 대하여 하는 신뢰도 시험의 총시간수(component hour 또는 unit hour라고도 한다. 각 유닛의 시험 시간의 총합).

time scale factor 시간 환산 계수(時間換算係數) 아날로그 컴퓨터의 연산 시간은 반복형(고속형)에서는 통상 0.01~0.1초 정도, 저속형에서는 수초 내지 수10초 정도이기 때문에 해석할 문제와 반드시 시간이 맞지 않는다. 그래서 주어진 문제의 실시간과 컴퓨터의 연산 시간을 매치시키기 위하여 비례 상수 α_t를 써서 $T=\alpha_t t$로 하여, t초간에 일어나는 현상을 T초간에 연산시킨다. 이 α_t를 시간 환산 계수라 한다.

time series 시계열(時系列) ① 경제 통계, 기상 통계 등 시간과 더불어 변화하는 통계 계열을 시계열이라 한다. ② 시간의 경과에 따라 변동하는 값을 관측값으로 하여 기록된 것. 구성에는 많은 요소가 포함되며 순환적 변동, 계절적 변동, 경향적 변동 등이 있다. →time series analysis

time series analysis 시계열 분석(時系列分析) 경제 통계, 기상 통계 등 시간과 더불어 추이하는 변량의 계열 구조를 분석하는 것. 시계열 분석에서는 경향 변동, 순환 변동, 계절 변동, 우연 변동으로 나누어서 분석하는 것이 보통이다. 이것에는 센서스국법, EPA법, 지수 평활법이라는 분석법이 있다.

time shared digital crosspoint 시분할 디지털 교환점(時分割-交換點) 디지털 교환에 있어서의 요소로, 도래하는 호출을 출선(出線)에 접속하는 경우, 접속을 시분할 다중식(TDM)으로 하는 것. 교환점에서는 채널의 물리적(공간적) 접속과 타임 슬롯의 동기화(시간적 스위칭 작용)의 두 가지가 수행된다. 교환은 음성 트래픽과 데이터 트래픽의 어느 경우에도 쓰인다.

time-sharing 시분할(時分割) 하나의 장치를 둘 이상의 목적을 위해 시간대를 나누어서 사용함으로써 겉보기로 동시에 동작하는 것 같이 하는 것. 예를 들면 같은 컴퓨터를 몇 개의 다른 프로그램에 대해서 시분할적으로 사용한다든지, 혹은 동일 전송 회선을 여러 통화를 위해 시분할 사용하는 것.

time-sharing inverter 시분할 인버터(時分割－) 복수 개의 역변환 장치를 시분할적으로 동작시키는 것으로, 각 장치의 사이리스터는 순차 트리거되기 때문에 매우 긴 휴지(休止) 시간을 가지고 있다. 따라서 순방향 전압을 인가하기 위한 시간 여유도 커지고, 동작성이 좋지 않은 사이리스터를 사용하여 고주파 인버터를 만들 수 있다. 순차형 인버터라고도 한다.

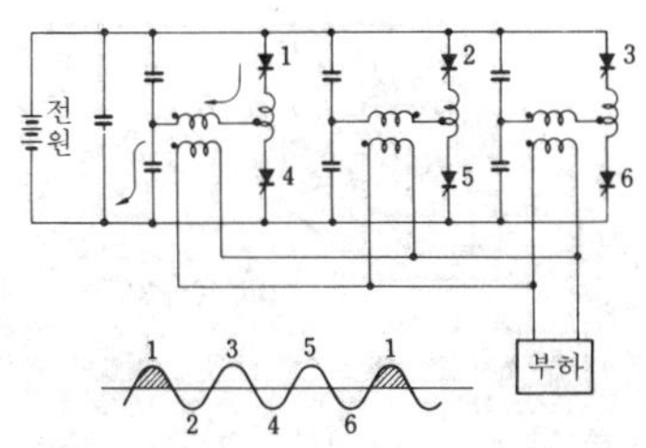

time-sharing system 시분할 시스템(時分割－) 컴퓨터 이용의 근대적인 형태로, 서로 떨어진 장소에서의 별개의 이용자가 동시에 하나의 컴퓨터를 이용하는 방식이다. 이것은 컴퓨터 연산 장치의 고속 대용량화에 비해 입출력 장치가 인간과 정보 교환을 하는 속도가 너무나 느리기 때문에 복수의 입출력 장치를 부가하여 하나의 연산 장치를 짧은 시간마다 분할하여 각 이용자가 돌아가면서 사용하도록 한 것이다. =TSS

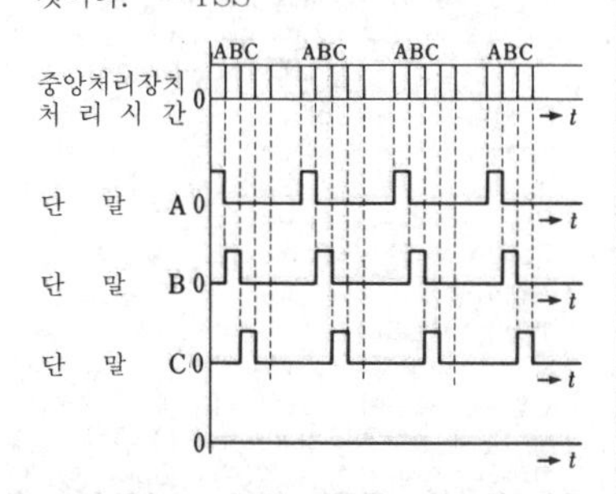

time shifting 타임 시프트 시분할 다중(TDM) 방식에서, 입력 채널의 데이터를 출력 채널의 소정의 타임 슬롯에 제대로 수용하도록 조정하는 것. 만일 타임 슬롯이 이미 동기화하고 있으면 시프트(시간 조정)의 필요는 없다. 동기가 잡혀 있지 않을 때는 보통 입력 채널의 데이터를 일단 버퍼에 축적해 두고, 출력 채널의 적당한 타임 슬롯을 기다린다. 디지털 교환에서는 이와 같이 시간 교환과 공간 교환을 조합시켜서 수행하고 있다. 후자의 경우는 교환점에서 입력·출력 각각의 타임 슬롯에 대하여 수μs의 시간에 이들을 교환 접속하도록 하고 있다.

time signal 시보 신호(時報信號) 정확한 시각을 알리기 위해 방사되는 무선 전신 부호. 일본에서는 전파 연구소의 JJY 국에서, 또 미국에서는 연방 표준국(NBS)의 WWV 국에서 여러 가지 주파수를 써서 방사되고 있다.

time slot 타임 슬롯 시분할(時分割) 등에서 처리하기 위해 시간을 분할한 단위.

time-slot interchange 타임슬롯 교환(－交換) =TSI →time shifting

time switch 타임 스위치 시계로 제어되는 스위치로, 어느 정해진 하나 또는 복수의 시점에서 회로를 열도록(또는 닫도록) 설정할 수 있다.

time switching 타임 스위칭 시분할 다중 방식에서 신호를 하나의 타임 슬롯에서 다른 타임 슬롯으로 옮기는 것. 음성 혹은 데이터 소스를 정보원으로 하는 디지털 트래픽망에서 사용되는 데이터 교환 방식이다.

time to impulse flashover 충격파 플래시오버 시간(衝擊波－時間) 충격 전압의 개시 시점에서 그 충격파가 플래시오버를 발생하여 파형이 급격히 저하하기까지의 시간. 플래시오버는 아크 또는 스파이크에 의한 파괴적인 방전으로, 아크인 경우는 아크 오버, 스파크인 경우는 스파이크 오버라 한다.

timing circuit 시한 회로(時限回路) 어느 시간 간격을 취하여 상태를 판단한다든지 다음 동작에 들어가는 경우에 이 시간 간격을 작성하는 회로이며, 특수 계전기에 의한 방법, 계전기와 콘덴서에 의한 방법, 펄스 계수에 의한 방법 등을 이용한 회로가 있다.

timing element 시한 소자(時限素子) 입력 신호의 변화시부터 소정의 시간 만큼 늦어서 출력 신호가 변화하는 소자.

timing pulse 타이밍 펄스 펄스 부호 변조 신호를 재생 중계하는 경우에 펄스의 유무를 가려내기 위한 타이밍을 정하는 데 사용하는 펄스.

timing signal 타이밍 신호(－信號) 송수신 양단에서의 비트 또는 문자의 동기를 유지하기 위해 인터페이스를 통해서 보내지는 신호.

timing simulator 타이밍 시뮬레이터, 대규모 회로 시뮬레이터(大規模回路－) 트랜지스터수가 1만 이상의 회로 규모를 다루는 회로 시뮬레이터. 주로 MOS 계의 회로 해석에 쓰이며, 논리 시뮬레이터로 충분히 표현할 수 없는 MOS 논리의 상세한 타이밍 해석 등에 쓰이기 때문에 이렇게 불린다.

timing verification 타이밍 검증(－檢證) 논리 설계 지원의 일종. 신호의 전파 지연이 지정된 명세를 만족하고 있는가, 및 신호간의 다이내믹한 타이밍 관계에 오류가 없는가 등에 착안하여 평가 확인하는 것. ＝delay verification

tin oxide 산화 주석(酸化朱錫) 분자식은 SnO_2. 연화 주석($SnCl_4$)의 열분해에 의해 기판에 부착시킨 SnO_2박막은 피막 저항기나 투명 전극 등에 사용한다.

tip 팁 ① 폰 플러그 끝의 접촉부. ② 전자관을 배기한 다음 밸브를 봉했을 때 생기는 작은 돌기부.

titanium alloy 티탄 합금(－合金) 티탄을 주성분으로 하는 합금. 알루미늄과 바나듐을 가한 것이 널리 쓰인다. 내열성이나 내식성이 뛰어나고 가볍다는 이점이 있으며, 가공은 어려우나 이용 범위는 넓다.

titanium condenser 티탄 콘덴서 자기 콘덴서의 일종으로, 산화 티탄을 원료로 하는 것의 속칭이다.

titanium oxide condenser 티탄 산화 콘덴서(－酸化－) 산화 티탄 자기를 유전체로 사용한 콘덴서. 내압 및 내열성은 좋으나 그다지 용량이 큰 것은 만들 수 없다.

titanium oxide porcelain 산화 티탄 자기(酸化－瓷器) 티탄 산화물의 하나로, 주로 2산화 티탄이 쓰인다. 2산화 티탄은 백색의 분말이며 이것을 물로 이겨서 성형하여 소결한 것이다. 유전율이 큰 것, 온도에 의한 영향이 적은 것이 만들어진다. 세라믹 콘덴서로서 전자 회로의 온도 보상이나 바이패스 콘덴서 및 소형 가변 콘덴서로서 쓰인다.

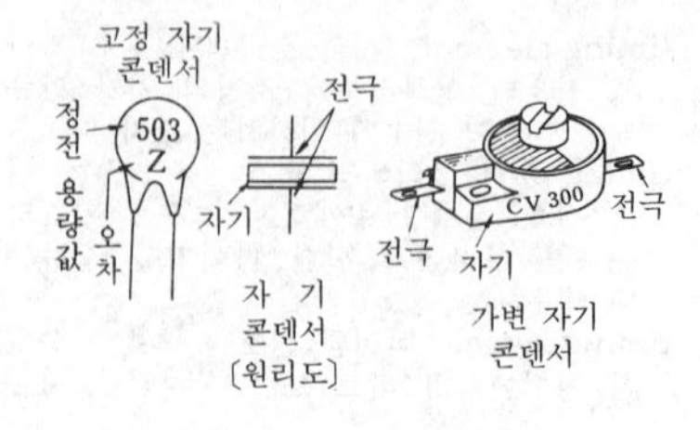

T junction T 접속(－接續), T 분기(－分岐) 관축이 T 자 모양으로 된 접속 개소. 주도파관과 분기관의 접속으로, E 형과 H 형이 있다. 전자는 전압이 두 부하에 직렬로 분압되고, 후자는 전류가 두 부하에 병렬로 분류된다.

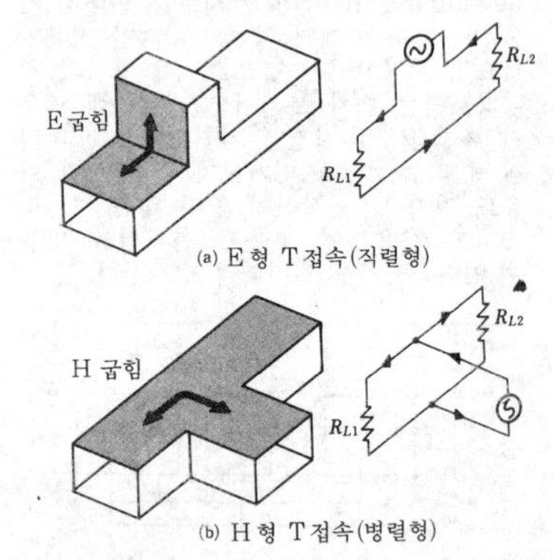

(a) E 형 T 접속(직렬형)

(b) H 형 T 접속(병렬형)

toggle switch 토글 스위치 스냅 스위치라고도 한다. 그림과 같은 스위치 부품으로, 개폐 조작을 하면 스프링이 그 동작을 가속시키는 구조로 되어 있다.

token bus network 토큰 버스 네트워크 회선의 통신량을 규제하는 방법으로서 토큰 패싱 방식을 사용하는, 버스 토폴로지형의(하나의 공용 데이터 하이웨이에 각 스테이션이 접속된 구성) LAN 에서는 송신권을 제어하는 토큰이 스테이션 간에서 패스되고, 각 스테이션은 단시간에 그 토큰을 유지하여 그 사이는 그 스테이션만이 정보를 송신할 수 있다. 토큰은 상류 스테이션에서 다음 하류 스테이션으로 우선권을 패스하며, 이는 버스 내에서 물리적으로 인접하는 스테이션이건 아니건 상관없다. 토큰이 버스의 최후에 지정된 스테이션에 이르면 처음으로 되돌아가서 재개한다. 일반적으로 토큰은 물리적 링 모양이라기 보다 논리적 링 모양을 하여 네트워크를 순환한다. 토큰 버스 네트워크는 IEEE 802.4 규격으로 정의되어 있다.

token passing 토큰 패싱 방식(－方式),

토큰 전달 방식(－傳達方式) 링(ring)형의 통신로를 사용하는 근거리 통신망(LAN)에서 사용하는 링크 사용권의 관리 절차를 가리킨다. 링형의 한쪽 방향 통신로에 다수의 국이 접속되고 송신 권리가 토큰으로서 링 중을 국에서 국으로 순차 돌려진다. 어떤 국이 토큰을 입수하면 송신할 메시지가 있을 때는 송신하고 송신할 메시지가 없거나 모두 송신했을 때는 곧 토큰을 다른 국에 돌린다. 메시지에는 수신국 주소부가 있고 각 국에서는 이를 감시한다. 송신국과 수신국 사이에 있는 국은 주소가 자기 앞이 아님을 검출하고 그 메시지를 중계한다. 수신국에서는 주소가 자국임을 검출하고 메시지를 수신한다. 통신로가 물리적으로 버스형이라도 국간에서 토큰을 수수하는 순서를 링형으로 정하면 가상적인 링형의 통신로가 설정되는 셈이며 이 절차를 원용할 수 있다.

token passing bus 토큰 패싱 버스 토큰 패싱 방식에 의해 제어되는 패스형의 전송로.

token passing ring 토큰 패싱 링 토큰 패싱 방식에 의해 제어되는 링형 전송로.

token ring 토큰 링 LAN(근거리 통신망)을 실현하는 회선 구성의 하나로, 단말이 접속되는 노드간을 링(ring) 모양으로 접속하여 상호 통신하는 회선. 한 줄의 회선으로 각 노드간의 정보를 전송하기 위하여 광 케이블이나 동축 케이블을 써서 고속 전송을 하는 방식이 주류이다.

token-ring method 토큰링 방식(－方式) 광섬유 케이블을 루프 모양으로 구성한 전송로를 갖는 LAN 에서 복수의 송신을 제어하기 위해 공백 시간에 토큰이라는 짧은 메시지를 순환시켜 그것을 획득한 자가 송신의 제어권을 얻도록 한 방식.

token ring network 토큰 링 네트워크 LAN(local area network)의 네트워크 형태의 하나로, 노드(접속 장치)를 물리적인 링으로 접속하여 토큰 패싱 접근 방식으로 상호 통신하는 네트워크 형태를 말한다. 송신 데이터는 전송로에 배치된 노드를 따라서 버킷 릴레이적으로 순서있게 수신 노드에 전송된다. 이 방식은 CSMA/CD 접근 방식과 달리 신호의 경합(충돌)이 발생하지 않기 때문에 전송 효율이 트래픽에 영향을 잘 주지 않는다는 이점이 있다. 반면에 노드의 고장이 네트워크 전체에 영향하기 때문에 링의 2중화 등의 대책이 필요하게 된다. 보급 상황은 현재 CSMA/CD 가 전성인데 대해 토큰 링은 이제부터라고 할 수 있다.

token sharing network 토큰 셰어링 네트워크 모든 스테이션이 하나의 공동 버스에 부착되고 1개 액세스 토큰이 한 스테이션에서 다른 스테이션으로 이동되는 시스템.

tolerance 허용차(許容差) 부품의 규격값(저항기의 저항값이나 콘덴서의 정전 용량 등)과 그에 대하여 허용되는 한계값과의 차. 백분율로 나타내는 경우가 많다.

toleris coding 톨레리스 코딩 고속의 모뎀에 적용되는 일종의 오류 정정 방식. 송신측에서 중복 비트(redundancy bit)를 부가하여 부호화한 정보를 전송하고, 수신측에서 오류가 있으면 재송없이 수복할 수 있도록 되어 있어 전송의 신뢰성을 높일 수 있다.

toll area 시외 구역(市外區域) 어느 시내 구역에서 보아 자기 구역 이외의 모든 구역을 시외 구역이라 한다.

toll cable 시외 케이블(市外－) 대도시의 교환국과 근접국과의 중계용, 또는 장거리 반송 케이블의 도중 분기용으로, 성형(星形) 쿼드를 사용한 것은 시내 케이블과 비슷한 구조이다.

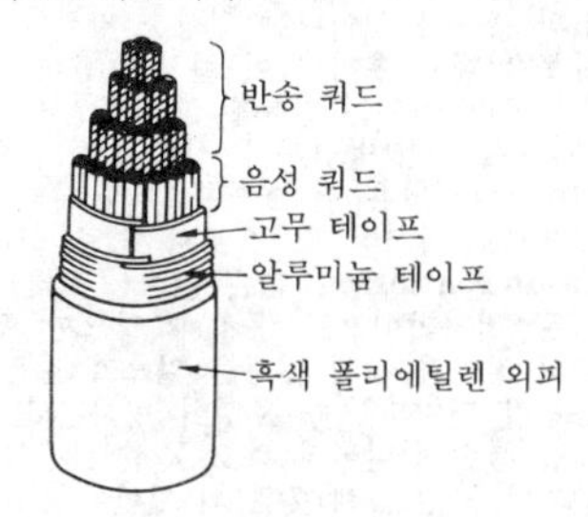

toll charge 시외 통화료(市外通話料) 시내 통화료가 적용되는 구역을 초과한 구역의 가입자와 통화할 때의 부과금.

toll dial system 시외 다이얼 방식(市外－方式) 전화 회선에서의 시외선 접속의 방식. 중거리에서는 유도 임펄스 방식, 원거

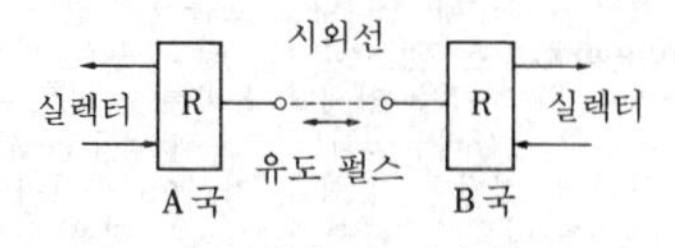

R : 유도 임펄스용 리피터

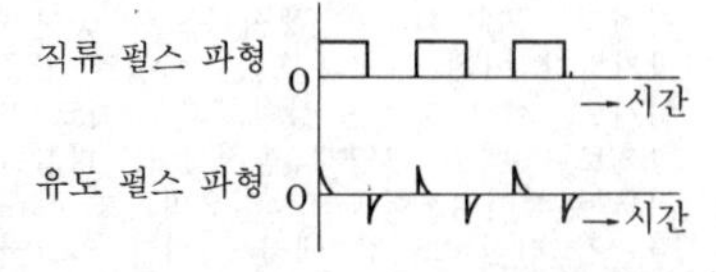

리에서는 단일 주파수 또는 2주파 다이얼 방식이나 마이크로파에 의한 중계 방식 등이 쓰인다.

toll network 톨 다이얼망(－網) 기업 내 전화 교환망에 있어서 구내 교환기 사이를 전용 회선으로 연결한 전화망.

toll number 시외 국번호(市外局番號) 전화에서 국내 자동 즉시 서비스를 위해 구역마다 주어지는 번호.

tomography 단층 촬영법(斷層撮影法) 피사체의 어느 단면을 X선이나 초음파로 촬영하는 방법. X선 투과나 초음파 에코에 의해 얻어지는 데이터에서 컴퓨터 처리에 의하여 단층상을 작성하는 장치가 개발되어 CT라고 불리고 있다. 또, 체내 원자의 핵자기 공명에 의한 전자 방사의 흡수 데이터를 이용한 핵자기 공명 컴퓨터 토모그래피(NMR-CT)도 고려되고 있다. →computer tomography

Tomson effect 톰슨 효과(－效果) 열전 효과의 일종으로, 동일 금속의 도선 각부 온도에 차가 있을 때 여기에 전류를 흘리면 줄열 이외에 열의 발생이 있거나, 또 열의 흡수가 일어나는 현상을 말한다. 전류를 반대로 흘리면 이 현상은 반대가 된다. 구리나 은은 전류를 고온부에서 저온부로 흘리면 발열하나 철에서는 흡수가 일어난다. 납은 이 효과를 거의 나타내지 않으므로 비교의 표준으로서 쓸 수 있다.

Tomson scattering 톰슨 산란(－散亂) X선은 전자파이므로 물질에 닿으면 원자 내의 전자가 강제 진동을 일으켜 같은 진동수의 전자파, 즉 X선이 방사된다. 이것을 톰슨 산란이라 하고 X선 사진이 흐리거나 X선 상해(傷害)의 원인이 된다.

tonal range 계조 범위(階調範圍) 사진 전송 또는 텔레비전에서 수상 화상의 흑, 백 중간인 회색의, 표현 가능한 계조(농담 단계)의 범위. 보통 계조는 11단계를 사용한다.

tone 톤, 음색(音色) 오디오에서의 톤은 특정 주파수의 소리나 신호를 가리킨다.

tone arm 톤 암 픽업의 팔 부분을 말하며, 카트리지를 언제나 올바른 자세로 유지하고, 그 바늘끝과 레코드의 음구(音溝) 사이에 적당한 압력을 가하여 원활하게 음구를 더듬어 갈 수 있게 하는 작용을 한다. 톤 암은 카트리지의 진동자와 하나의 기계적 공진 회로를 형성하므로 공진을 방지하기 이해 무게가 있는 재질로 만들어지고, 회전 부분은 상하, 좌우 어느 방향으로나 매우 가볍게 움직이고, 마찰이 되도록 적어지도록 하고 있으며, 또 트래킹 일그러짐(트래킹 에러에 의한 일그러짐)이 적을 필요가 있다.

tone burst 톤 버스트 보통 시험 목적으로 사용되는 조정 가능한 정현파(사인파) 버스트. 톤이란 20Hz 부터 20kHz 범위의 주파수에 의한 가청 신호음이다.

tone-burst generator 톤버스트 발생기(－發生器) 외부 발진기에 의해서 주어지는 입력 주파수의 버스트를 발생시키는 장치. 버스트에 있어서의 펄스의 반복수나 버스트와 버스트 사이의 간격을 조정하기 위한 손잡이가 붙어 있다(직접음과 반사음을 분리할 수 있다). 음향 기기나 음장(音場)의 시험을 위한 음원으로서 사용된다.

tone color 음색(音色) 음향 감각의 속성을 말한다. 이에 의해서 청취자는 같은 라우드니스, 같은 피치를 가지며, 같은 음으로서 제공된 두 음이 다르다는 것을 구별할 수 있다. 음색은 주로 자극의 스펙트럼에 관계하지만, 또 파형, 음압 등의 시간적인 변화에도 영향된다.

tone control circuit 음질 조절 회로(音質調節回路) 저주파 증폭 회로에서 스피커에서 나오는 음질을 목적에 맞추어서 변화시키기 위해 사용하는 회로. 그 방법에는 저음 감쇠, 고음 감쇠나 고음 증강 회로, 나아가서는 부궤환(NFB)을 응용한 것 등이 있으며, 그 조절은 연속적으로 변화시킬 수 있는 것과 전환 스위치에 의해 미리 설정된 회로로 전환하는 것이 있다.

tone idle 무통화시 송출(無通話時送出) 시외 다이얼 방식에서의 감시 신호를 회선이 비어 있을 때 회선에 송출해 두고, 회선이 사용될 때는 신호 전류를 정지하는 것. 이러한 송출 형식은 장치가 비교적 간단하고, 대역외 주파수의 신호 장치를 갖는 전송로에 대하여 사용되며, 다이얼 펄스나 다주파 부호를 쓰는 방식이 있다. = tone-on idle

tone keyer 톤 키어 전신 부호에 의해 발생한 직류의 단속 신호에 의해 게이트 회로를 제어하고, 가청 주파수를 송출한다든지 정지한다든지 하는 회로. A1, FS신호를 복조하면 마크로 "0", 스페이스로

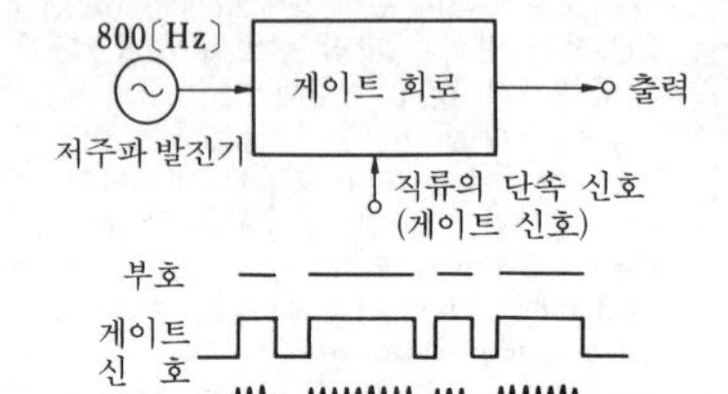

"1"이라는 식으로 직류 전압의 유무만의 출력 신호가 되므로 스피커를 울린다든지, 멀리 보내기가 어렵다. 그래서 직류의 단속에 대응한 가청 주파수로 변환한다.

tone-on idle 무통화시 송출(無通話時送出) =tone idle

toner 토너 전자 사진식 프린터, 제로그래피를 이용한 복사기 등에 사용되는 분말 잉크로, 전하상(電荷像)의 현상에 사용된다. 가열 또는 압력에 의하여 정착된다.

tone receiver 톤 수신기(-受信機) 특정한 음성 주파 반송 전신 신호를 수신하여 이것을 직류 신호로 변환하는 장치. 전력선 반송 방식 등에서 사용한다. 송신기쪽은 톤 송신기라 한다.

tone ringer 톤 링어 보통 전화기의 벨 대신 가청음을 발생하는 스피커를 사용한 호출 장치.

tone transmitter 톤 송신기(-送信機) → tone receiver

tone wedge 계조(階調) 텔레비전이나 팩시밀리에서 흑, 백 및 그 중간인 회색의 구분 단계. =gradiation

tonotron 토노트론 →viewing storage tube

top-down method 톱다운법(-法) 시스템 설계에서 전체로서의 구조를 먼저 기획하고, 다음에 개개의 세부 요소 설계로 진행해 가는 방법.

top hat 정관(頂冠) →top-loaded vertical antenna

top-loaded vertical antenna 정부 부하 안테나(頂部負荷-) 안테나에서 전류 분포를 바꿈으로써 수직면에서의 방사 패턴을 개선하기 위해 안테나 정상부에 용량 모자(top hat)를 부가한 것. 정관(頂冠)은 고리 모양의 금속일 경우도 있고, 우산과 같이 방사상으로 되어 있는 것도 있다.

topography 토포그래피 반도체나 박막 표면의 요철(凹凸)이나 일그러짐 등의 기하학적 상태의 고찰 기술.

topology 토폴로지 LAN(근거리 통신망)에서의 장치간 접속 형태.

topside sounder 톱사이드 사운더 보통 지상에서 전파를 발사하여 그 주파수를 일정 범위로 스위프시키고, 전리층으로부터 반사해 오는 전파를 수신하여 전리층을 관측 하고 있는데, 이것은 반대로 인공위성이 관측기를 탑재하여 전리층보다 상공에서 아래쪽으로 전파를 발사하여 역시 주파수를 스위프시켜 관측하는 방법이다.

torque 토크, 회전력(回轉力) 계측기에서 회전 부분에 작용하는 회전 모멘트로, 피측정량 또는 이것과 관련한 양에 의해서 회전 기구를 거쳐 발생한 것. 이것을 구동 토크라 하고, 회전부의 제어 토크와 평형하도록 작용한다. 제어 토크는 회전부를 정위치로 끌어 당기도록 작용하는 토크로, 스프링 등에 의해 주어진다.

torque characteristic curve 토크 특성 곡선(-特性曲線) 전동기에서의 부하 전류와 토크의 관계를 나타낸 곡선. 직류 전동기의 토크는 다음 식으로 구해진다.

$\tau = k\Phi I_a$

여기서, τ : 토크, k : 비례 상수, Φ : 계자 자속, I_a : 부하 전류. 이 특성은 직권, 분권, 복권의 종류에 따라서 그림과 같이 달라진다.

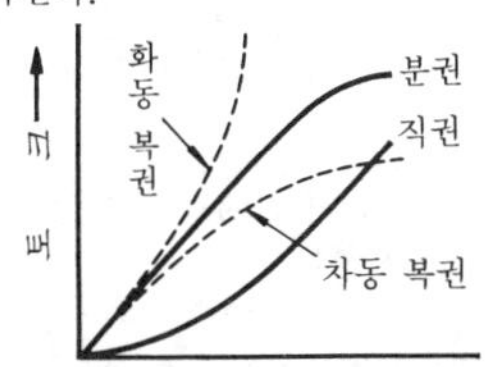

torque meter 토크계(-計) 회전력을 측정하는 장치로, 흡수식 토크계와 전달식 토크계로 대별할 수 있다. 흡수식 토크계에는 원동기가 발생하는 동력을 고체간의 마찰에 의해 흡수하는 마찰 동력계, 회전자로 물을 교반하여 흡수하는 물 동력계, 공기 중에서 날개를 회전하여 흡수하는 공기 동력계, 동력을 발전기나 기타의 부하에 소비시켜서 전기적으로 측정하는 전기 동력계 등이 있다. 전달식 토크계에는 동력을 부하로 전달하는 축이 토크에 비례하여 받는 비틀림을 측정하여 토크를 구하는 비틀림 동력계가 있으며, 비틀림의 측정법에 따라 저항선 왜율계식 동력계, 자기 디스토션 게이지식 동력계, 펄스식 토크계 등이 있다.

torsion dynamometer 비틀림 동력계(-動力計) 회전력을 측정하는 장치. 동력을 부하로 전달하는 축은 탄성체이기 때문에 회전력에 비례한 비틀림을 받으므로, 이것을 측정함으로써 회전력을 구하는 것이다. 이것에는 일그러짐에 의한 저항값의 변화를 이용한 저항선 왜율계형 동력계, 자기 일그러짐 현상을 이용한 자기 디스토션 게이지형 동력계, 전달축상의 2점에 부착한 픽업에 의해 축 속을 전하는 펄스의 위상차를 측정하여 비틀림을 구하는 펄스식 동력계 등이 있다.

total angular momentum quantum number 전 각운동량 양자수(全角運動量量子數) 전자가 궤도 운동함으로써 생기는 자

계와, 전자의 자전 운동에 의해서 생기는 자계와의 합성 자계와 관련된 전체의 각 운동량을 주는 양자수로, $j=l\pm1/2$로 주어진다. l은 궤도 양자수.

total bypass 토털 바이패스 시내 전화 링크나 원거리 전화 링크를 바이패스하는 데 위성 통신을 사용하는 통신망.

total check 토털 체크 데이터 체크 방식의 일종. 데이터의 각 자리의 합을 구해 두고, 이 데이터를 다룬 다음에 오류가 생기고 있는지 어떤지를 각 자리의 합이 일치하는지 어떤지로 체크하는 방법.

total conversion time 전 변환 시간(全變換時間) A-D변환에서, 1회의 측정 사이클이 완전히 이루어지는 데 필요한 시간. 이것은 멀티플렉서, 샘플 홀드 시간, A-D변환기의 각각의 동작 시간을 포함하며, 입력 신호가 주어지고부터 이에 상당하는 완전한 디지털 출력이 얻어지기까지의 전체 시간이다.

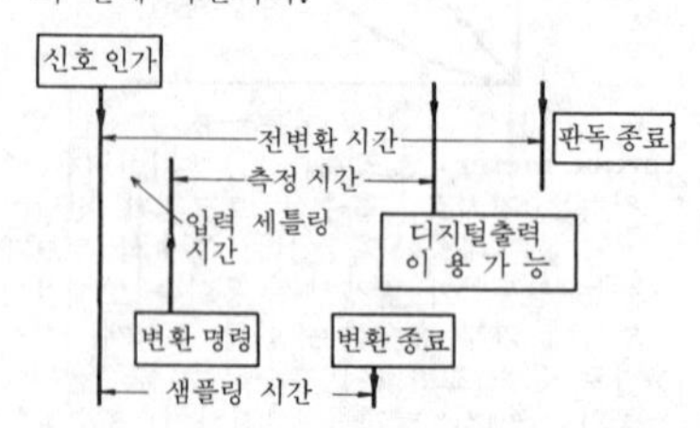

total distortion factor 전 왜율(全歪率) 기본파를 제외한 왜파(歪波)의 실효값과 원래 왜파의 실효값의 비. 보통의 왜율계는 이 전 왜율을 가리키도록 만들어졌다.

total operating time 총동작 시간(總動作時間) 계(系), 기기, 부품 등에 대하여 측정된 개개의 동작 시간의 총계값.

total reflection 전 반사(全反射) 굴절률의 n_1의 매질에서 굴절류 n_2($n_2<n_1$)의 매질에 빛이 입사할 때 입사각 θ가 그 임계각 θ_c보다 클 때에는 빛은 경면에서 전 반사되고, n_2의 매질에는 투과하지 않는다. 여기서, θ_c는 다음 식으로 주어진다.

$$\theta_c=\sin^{-1}(n_2/n_1)$$

total system 토털 시스템 기업의 모든 조건을 컴퓨터로 처리함으로써 경영 활동 전체를 하나의 시스템으로서 자동적으로 제어하는 형태를 말한다. 컴퓨터의 사용이 매우 고도로 발달한 단계에서 실현되는 것이다.

total telegraph distortion 전 전신 일그러짐(全電信-) 타이밍이 주어진 2진 신호에서 마크, 스페이스의 두 유의(有意) 상태의 전환점(유의 순간)의 정상 위치로부터의 벗어남의 누적값.

total testing time 총시험 시간(總試驗時間) 계(系), 기기, 부품 등에 대하여 측정된 개개의 시험 시간의 총계값.

totem pole type 토템 폴형(-形) 트랜지스터 회로의 형식명의 일종으로, 그림과 같이 트랜지스터 Tr_1상에 트랜지스터 Tr_2를 겹쳐 쌓은 것과 같은 형식을 말한다. TTL IC의 출력단에 흔히 사용되고 있는데 출력 임피던스가 낮고 팬아웃이 커진다.

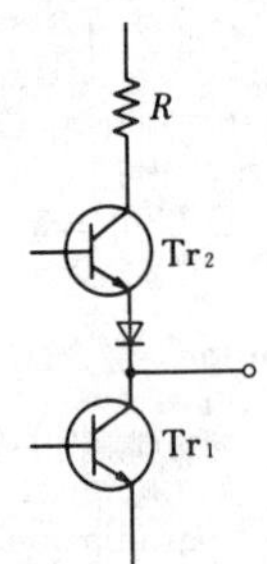

to translate 번역하다(飜譯-) 어느 언어를 다른 언어로 변형하는 것. 어느 프로그램 언어를 다른 프로그램 언어로 번역하는 컴퓨터 프로그램을 번역 프로그램이라 한다. 어셈블러 언어로 나타내어진 프로그램을 컴퓨터 언어로 번역하는 것을 어셈블이라 한다. 문제 중심 언어로 나타내어진 컴퓨터 프로그램을 컴퓨터 중심 언어로 번역하는 것을 컴파일이라 한다.

touchable electronic channel 터치식 전자 채널(-式電子-) 텔레비전 수상기의 선국에 있어서 원하는 채널의 전극에 가볍게 손을 댐으로써 인체를 통하여 흐르는 전류를 검지하여 선국 전압이 동조 튜너에 가해지도록 한 것이다. 그림에 그 구성을 나타냈다.

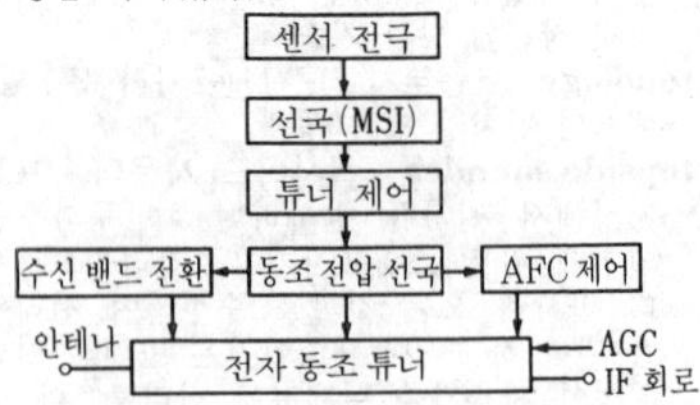

touch coder 터치 코더 키보드 상의 키에 대기만 하면 키의 문자에 상당하는 모스 부호를 발생하는 장치로, 장·단점 부호 발생회로나 매트릭스 회로 등으로 이루어져 있다.

touch screen 터치 스크린 화면 일부분에 손을 접촉함으로써 이용자가 데이터 처리 시스템과의 대화 처리를 할 수 있는 표시 장치.

touch-sensitive screen 촉감 스크린(觸感 —) =touch screen

touch-tone dialing 터치톤 다이얼링 다이얼 교환의 한 방식으로, 목적으로 하는 숫자의 푸시버튼을 누르면 주파수의 조합 신호가 발신되어 교환기가 접속을 하는 방식으로, 다이얼 시간이 단축된다.

touch-tone signal 터치톤 신호(—信號) 푸시버튼 다이얼 전화기에 쓰이고 있는 선택 신호. 각각의 푸시버튼에 대응하여 저군(低群), 고군(高群)의 조합에 의한 2 주파 혼합 신호가 할당되어 있다.

Touch-Tone telephone 터치톤 전화(—電話) 푸시버튼에 의한 전화 호출 방식으로, 버튼을 누르면(보통의 다이얼식의 직류 임펄스열 대신) 2 주파의 혼합한 톤이 전송되도록 되어 있다. 터치톤은 접속 완료 후는 원격의 컴퓨터나 타이프라이터 등에 디지털 데이터를 보낼 수 있는 고유의 기능을 가지고 있다. 후자의 경우는 터치 톤 부호를 ASCII 부호나 홀러리스 부호로 변환하기 위한 8 중 2선(選) 부호 변환기가 필요하게 된다.

	1 209 Hz	1 336 Hz	1 477 Hz	1633 Hz
697 Hz →	1	2	3	A
770 Hz →	4	5	6	B
852 Hz →	7	8	9	C
941 Hz →	*	0	#	D

tough-rubber sheath cable 캡타이어 케이블 고무 절연한 선심 1~여러 줄을 강인한 캡타이어 고무로 피복한 케이블. 거칠게 다루어지는 이동용 전기 기기에 사용하는 가요성 있는 전선. 시스에는 고무 대신 합성 고무나 염화 비닐 등을 사용한다. =cabtyre cable

Townsend coefficient 타운젠드 계수(—係數) 방사 카운터에 의해 주어진 전계 방향의 1cm 의 행정당 전자에 의해서 전리성(電離性) 충돌이 일어나는 횟수.

Townsend discharge 타운젠드 방전(—放電) 기체 방전의 극히 초기에 아직 글로 방전으로 발전하기 전에 일어나는 매우 약한 방전. 전류 밀도가 작고, 빛도 약하며, 양극 부근이 약간 빛을 낼 정도이다.

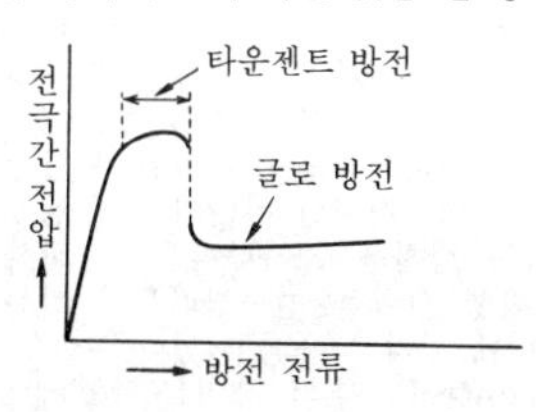

T-parameter T 파라미터 트랜지스터의 특성을 나타내기 위한 상수를 표시하는 방법의 하나로, 다음 값으로 이루어져 있다.

r_e : 이미터 저항, r_b : 베이스 저항,
r_c : 컬렉터 저항, r_m : 상호 저항,
α : 전류 증폭률

이 파라미터는 물리적 의미가 명백하고 이해하기 쉽지만 측정이 곤란하기 때문에 현재에는 h 파라미터가 일반적으로 쓰이고 있다.

T-parameter equivalent circuit T 파라미터 등가 회로(—等價回路) 트랜지스터 회로를 T 파라미터를 써서 나타낸 그림과 같은 등가 회로. 이 등가 회로는 접지 방식이 달라져도 파라미터 그 자체의 값은 변화하지 않고, 파라미터의 물리적 의미가 명백하다는 특색은 있지만 파라미터 그 자체의 측정이 곤란하므로 그다지 사용되지 않는다.

trace 트래이스 ① CRT 스크린 상에서의 휘점(輝點) 궤적. ② 매우 소량으로 존재하는 물질. 흔적이라고도 한다. ③ 컴퓨터에서의 진단 수법의 하나로, 실행한 명령을 출력 장치에 읽어내어 그것을 검토해 보는 것.

traceability 트레이서빌리티 측정의 정도(精度)를 점차 상급의 표준에 접근시켜 가는 룰의 완전성을 말한다. 각지의 현장에서 사용되고 있는 계기나 측정기는 상급의 표준에 따라서 정확하게 교정되고, 그것을 차례로 위로 거슬러 올라가면 국가 표준에 이어지는 곳까지 명확한 경로가 설정되어 있지 않으면 안 된다.

traced drawing 트레이스도(—圖) 원도 위에 트레이스지를 덮고 연필 또는 먹으로 베낀 도면.

trace interval 소인 기간(掃引期間) CRT에서 휘점의 소인에 의해 스크린 상에 원하는 패턴이 트레이스되기 위해 요하는 시간 간격.

trace packet 추적 패킷(追跡—) 패킷 교환 방식에서의 보통의 패킷이지만, 프로세스의 진행 과정에서 제어 센터에 보내

야 할 경과에 대한 보고를 만들어 내는 역할을 하고 있는 것.

tracer 트레이서 물질의 이동을 추적하는 표지물(標識物)로서 이용하는 방사성 동위 원소. 이것을 쓰면 검출 감도가 매우 높고, 또 비파괴적으로 추적할 수 있는 장점이 있으며, 강이나 바다의 유사(流砂)가 이동하는 상황을 조사한다든지, 화학 반응의 진행 상황을 연구한다든지 하는 등 각 방면에 널리 이용되고 있다.

tracer control 추적 제어(追跡制御), 모방 제어(模倣制御) 공작 기계의 자동 제어법의 일종. 공작하려는 형과 같은 형의 모델 또는 공작물을 센스함으로써 얻어지는 양을 기준 입력으로 하여 가공구가 그를 모방하여 이동하도록 한 서보 기구에 의해서 공작이 이루어진다.

tracing distortion 트레이싱 일그러짐 레코드의 원판을 제작할 때 사용하는 커터와 레코드를 재생할 때 사용하는 픽업의 바늘끝 형상이 다름으로써 발생하는 일그러짐. 음구(音溝)의 수평 방향으로 변조된 파형을 트레이스할 때 발생하는 일그러짐은 수평 트레이싱 일그러짐이라 하고, 수직 방향의 트레이스에 대한 것은 수직 트레이싱 일그러짐이라 한다. 재생 바늘의 바늘끝 곡류 반경이 크면 제 3 고조파를 포함한 파형으로 되고, 곡률 반경이 너무 작으면 음구의 밑에 도달할 염려가 있으므로 타원 바늘을 쓰면 좋다. 또, 미리 이 일그러짐을 상쇄하도록 음구쪽에 일그러짐을 주어 두는 녹음 방식을 채용한 레코드도 있다.

tracing routine 추적 루틴(追跡－) 컴퓨터를 동작시키기 위한 루틴이 정상으로 동작하고 있는지 어떤지를 살피기 위한 루틴.

track 트랙 자기 드럼이나 자기 디스크 상에서 데이터의 기록, 판독을 할 수 있는 띠 모양의 영역. →magnetic drum, magnetic disk

track homing 트랙 호밍 목적물이 통과하는 것을 알고 있는 위치선을 추적하는 것.

tracking 트래킹, 단일 조정(單一調整) 다이얼 눈금이 어느 위치에 있거나 중간 주파수가 일정하게 되도록 조정하는 것. 수퍼헤테로다인 수신기에서는 다이얼 눈금이 어느 위치에 있거나 $f_l=f_r+f_i$가 성립되지 않으면 안 된다. 이 때문에 보통 2련 바리콘에 패딩 콘덴서 C_p, 트리머 콘덴서 C_{t1}, C_{t2}를 넣어 이들을 조정함으로써 위의 관계가 근사적으로 성립되도록 하고 있다. →three point tracking

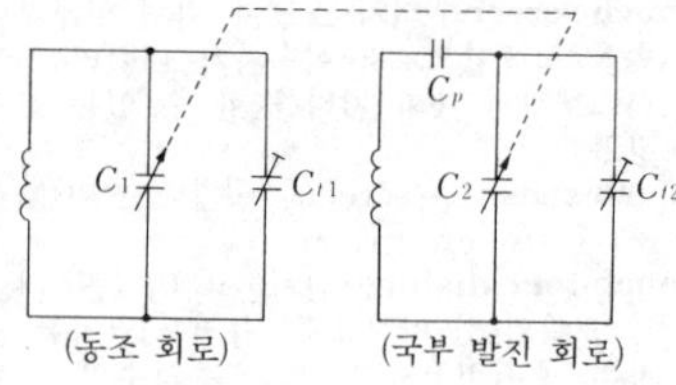

f_r : 동조 주파수 f_i : 중간 주파수
f_l : 국부 발진 주파수

tracking antenna 트래킹 안테나 위성 통신용의 파라볼라 안테나에서 주 안테나와는 별도로 주 안테나를 정확하게 위성의 방향을 향하기 위해 설치한 안테나. 이것은 위성을 정밀하게 추미하기 위한 파라볼라 안테나로, 주 안테나보다는 작다.

tracking control 추치 제어(追値制御) 기준 입력의 변동을 추종하는 것을 목적으로 한 제어. 예를 들면, 측정 전압의 변동에 따라서 펜 끝을 움직이는 펜 리코더, 목표물의 움직임에 따라 그것을 추적하는 자동 조준 장치 등이 추치 제어의 예이다.

tracking degradation 트래킹 열화(－劣化) 고전압에 의한 절연물 열화의 한 형태. 습한 표면이 누설 전류에 의한 줄 열에 의해 건조하여 국부 방전을 일으켜 탄화함으로써 도전성(導電性)의 경로가 형성되는 프로세스를 거치는 열화 현상.

tracking error 단일 조정 오차(單一調整誤差) 수퍼헤테로다인 수신기에서 단일 조정을 하면 600, 1,000, 1,400kHz 의 3점에서 수신 주파수 f_r과 국부 발진 주파수 f_0의 차가 언제나 중간 주파수 $f_i(f_0-f_r=f_i)$로 유지되지만, 다른 점에서는 그림과 같이 약간의 오차 $\pm f$가 발생한다. 이 오차 Δf를 단일 조정 오차라 하고, 이것이 너무 크면 수신기의 성능이 저하한다.

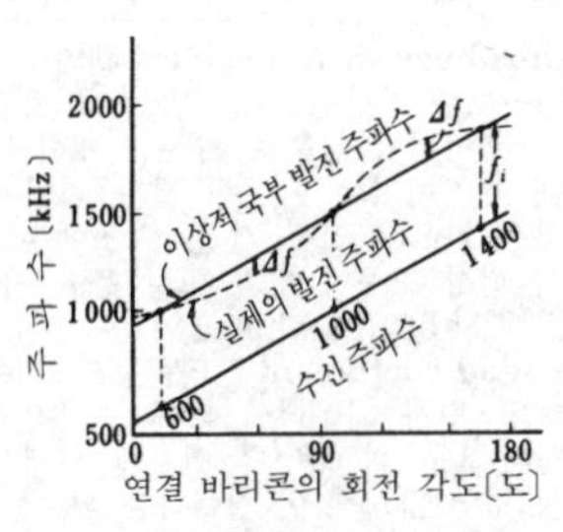

trackingless variable condenser 트래킹리스 바리콘 수퍼헤테로다인 수신기에 사용하는 연동 바리콘(수신 동조 회로와 국

부 발진 회로)에서 국부 발진측의 용량비를 소정의 것으로 함으로써 트래킹(3 점 조정)을 하지 않아도 되도록 한 콘덴서.

tracking-resistivity 내 트래킹성(耐－性) 유기질의 절연 재료가 접점의 개리(開離) 등에 의한 불꽃이나 아크 등에 닿으면 열 때문에 탄소를 유리하여 표면에 도전성의 통로가 생긴다. 이것을 트래킹이라 하며, 절연 파괴의 원인이 되는데, 그 생성의 곤란성의 정도를 나타내는 것이 내 트래킹성이다.

tracking radar 추적 레이더(追跡－) 타깃의 좌표를 시시각각으로 측정하여 그것이 어떻게 이동하고 있는가, 경로와 장래 위치를 추정할 수 있는 데이터를 제공하는 레이더. 단일 타깃을 연속적으로 추적하는 것과 하나 또는 복수의 타깃에 대한 이산적인 샘플 데이터를 제공하는 TWS (track-while-scan)식이 있다. 추적은 추적 오차 신호를 이용하여 안테나를 구동 조작하는 서보 기구를 사용하는데, 오차 신호를 발생하는 방법으로서 로브 전환, 원뿔 주사, 동시 로빙, 모노펄스 등의 각 방식이 있다. 추적 모드에 들어가기 전에 타깃을 수색하여 포착할 필요가 있는데, 이것은 추적 레이더와는 다른 포착 레이더(acquisition radar)로 하는 것도 있다. 컴퓨터를 써서 자동적으로 타깃을 포착하여 추적하는 것을 ADT(automatic detection and tracking)라 한다.

tracking symbol 추적 기호(追跡記號) 비디오 표시 스크린 상의 작은 기호로, 커서 위치를 나타내고 있는 것. 추적(트래킹)이라는 것은 라이트 펜, 전자 펜, 마우스, 트랙 볼 등에 의해서 스크린 상의 커서 또는 미리 정해진 기호를 이동시키는 것을 말한다.

track-while-scan radar 수색 추미 레이더(搜索追尾－) →tracking radar

traffic 트래픽, 통신량(通信量) 전화 등에서 송수신되는 통화 또는 그 양. 그림은 교환기가 이용 상황을 나타내는 그래프인데, 트래픽은 양적으로는 어느 시간 내에서의 통화수와 그 평균 보류 시간과의 곱으로 나타내어진다(빗금 부분의 면적과 같다). 단위로는 얼랑 또는 백초호(百秒呼)가 쓰인다. →ealang

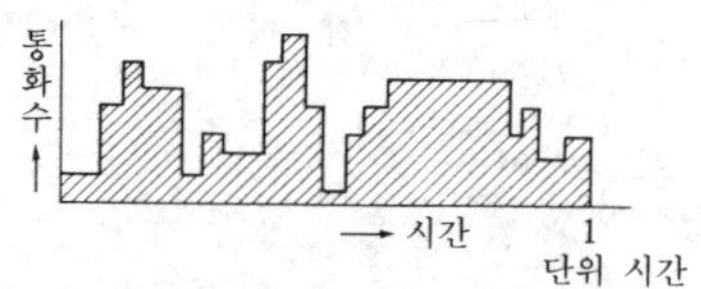

traffic congestion 이상 폭주(異常輻輳) 전화 등의 트래픽망에서 설계 기준 이상의 호(呼)가 발생하여 교환기나 회선의 사용이 증가하는 것. 이상 사태나 재해의 발생 등으로 호가 국소적으로 집중하는 경우 등이 이에 해당한다.

traffic control 트래픽 제어(－制御) 도로 교통 신호의 제어를 하는 것. 그 방식으로서는 제어 지점에 감응 제어 기능을 부여하여 자동 제어를 시키는 지점 감응 제어와 중앙에 컴퓨터를 두고 집중 제어를 하는 방식이 있다. 또, 독립으로 1 교차점만을 제어하는 점 제어, 신호 교차점이 선상에 1 차원적으로 배치되어서 각각 독립이 아닌 제어를 하는 선 제어, 교차점이 가로면상에 2 차원적으로 배치되어 있는 면 제어 방식이 있으며, 선 제어 및 면 제어인 경우에는 일반적으로는 컴퓨터를 중심으로 한 집중 제어 방식이 쓰이고 있다.

traffic control system 교통 관제 시스템(交通管制－) 교통량의 증가, 감소에 따라 신호등의 점멸 시간을 자동 제어하는 시스템. 3 개소의 유입 지점에서 압력 검출기에 의한 교통량의 측정과 같은 3 개소에서의 유출량 측정으로 진행 시간과 주기를 조정, 최적 상태를 유지하도록 제어하는 것.

traffic forecasting 트래픽 예측(－豫測) 통신망을 구성하는 각종 기기의 소요수를 산출하기 위하여 장래의 일정 시점에서의 호수(呼數), 호량(呼量) 또는 호율(呼率)을 예측하는 것.

traffic intensity 호량(呼量) →traffic volume

traffic measuring equipment 트래픽 측정 장치(－測定裝置) 트래픽량을 자동적으로 측정하는 장치.

traffic recorder 트래픽 기록기(－記錄機) 도로 교통 관제에서, 컴퓨터를 중심으로 하여 신호기군을 계통적으로 제어하는 시스템에서 교통 흐름의 검출, 기록을 하는 장치. 교통 흐름의 검출은 노면에 매입된 루프 코일의 인덕턴스 변화를 검출하는 것, 초음파 레이더에 의한 것 등 많은 방식이 있다.

traffic theory 트래픽 이론(－理論) 전화 회선에서의 통화량을 트래픽이라 하며, 또 통신망이나 회선상을 전송하는 정보량 등을 가리키기도 한다. 통신망 설비를 모든 이용자가 동시에 사용하는 경우는 드물기 때문에 언제라도 사용할 수 있게 대비해 두는 것은 비경제적이다. 그래서 통신 회선이나 교환기의 설비는 어느 정도 한정해도 된다. 이것은 통신의 빈도나 통신 시간에 대해 폭주가 발생하기 때문에 어느 확률로 접속되지 않거나 이용할 수 없는 것을 인정하고, 폭주의 처리를 수량적으로 생각하는 것으로, 이를 위한 이론을 트래픽 이론이라 한다. 이로써 경제적인 네트워크 설계를 할 수 있다.

traffic volume 호량(呼量) 전기 통신 시스템에서 주어진 기간에서의 통화 상황을 나타내는 양. T초간에 n개의 호가 발생하고, 각각의 호의 보류 시간(설비 사용 시간)이 h_1, h_2, $\cdots$, h_n이라 하면 시스템의 연 사용 시간은 Σh_i이다. 이는 트래픽량이다. 평균의 트래픽량(average traffic) E는

$E = \Sigma h_i T$

로 주어지며, 이것을 호량(呼量 : traffic intensity)이라고도 한다. 평균의 보류 시간 $h = (\Sigma h_i)/n$을 쓰면 위의 E는

$E = (n/T)h \equiv ah$

라 쓸 수 있다. a는 호의 평균 발생률.

trailing antenna 트레일링 안테나, 수하 안테나(垂下－) 항공 무선용 안테나로, 한 끝에 추가 붙어 있으며, 비행 중 항공기 밖에 끌어내어 사용하게 되어 있는 것.

train 열(列), 트레인 소수의 활자로 이루어지는 기구가 다수 타원형으로 배열된 것. 트레인식 프린터에 사용한다.

train printer 트레인식 프린터(－式－), 트레인 인쇄 장치(－印刷裝置) 트레인에 의해 인자를 하는 프린터.

train radio 열차 무선(列車無線) 열차의 승객과 일반 가입 전화간의 공중 전화와, 승무원과 지령소간 업무용 전화가 있다.

trajectory planning 궤도 계획(軌道計劃) 작업 계획의 하나로, 목표로 하는 작업을 달성하기 위해 로봇이 이동할 기하학적 궤도를 구하는 것.

transaction 트랜잭션 ① 처리되는 특정한 업무, 특정한 거래. 또 그 결과 얻어지는 데이터 기록. ② 망을 통해서 송·수 양단말 장치간에서 특정한 태스크를 수행하기 위해 대화가 교환되는 애플리케이션.

transadmittance 트랜스어드미턴스 회로망의 어느 한 쌍의 단자에서의 교류 전류의 복소 진폭과, 회로망의 다른 한 쌍의 단자 사이에서의 교류 전압의 복소 진폭과의 비.

transceiver 트랜시버 무선의 송신기와 수신기를 하나의 케이스에 수납한 것. 송수신에 안테나를 공용하고, 일반적으로 소형, 경량이며, 휴대용이다. 동일 주파수로 상대방과 송신, 수신을 하므로 전화와 같은 동시 통화는 할 수 없다.

transconductance 트랜스컨덕턴스 트랜스어드미턴스의 실수보로, FET 의 게이트 전극과 드레인 전극 사이의 트랜스컨덕턴스인 경우에는 게이트 전압 E_g, 드레인 전류 I_D 사이의 관계를 주는 곡선의 경사로서

$g_m = \partial I_D / \partial E_g$ (E_D는 일정)

로 주어진다. 상호 컨덕턴스라고도 한다.

transducer 트랜스듀서, 변환기(變換器) 측정하려는 물리적, 화학적인 양을 전송하거나 지시하거나 하기 쉬운 다른 양으로 바꾸는 조작을 변환이라 하고, 변환을 하는 장치를 변환기라 한다. 전기량으로 변환하는 방법으로서 전압 변환, 임피던스 변환, 시간 변환 등이 있다. 전압 변환은 열전 현상, 압전 현상, 자기 일그러짐 현상, 광전 현상, 전자 유도 등의 각종 현상을 이용하고 있고, 임피던스 변환은 저항, 인덕턴스, 정전 용량 등이 피측정량에 따라서 변화하는 현상을 이용하고 있다. 시간 변환은 피측정량을 주파수나 펄스수 등으로 변환하는 것이다.

tranducer gain 트랜스듀서 이득(－利得) 트랜스듀서가 지정된 동작 조건하에서 지정된 부하에 공급하는 파워와, 지정된 입력원에서 이용할 있는 입력 파와의 비. 파워란 단위 시간당의 일의 양, 즉 일의 율, 공률(工率), 방사속 등의 총칭으로 한다. 입출력이 몇 가지 다른 성분으로 구성되어 있는(예를 들면 주신호와 잡음) 경우에는 이들 성분의 어느 것을 대상으로 하는가를 명시하는 동시에 생각하고 있는 성분에 대하여 다른 성분이 주어지는 영향에 언급할 것.

transducer type wattmeter 트랜스듀서형 전력계(－形電力計) 전력계는 일반적으로 전류력계형 계기가 사용되는데, 패널용의 광각도 계기는 구조가 복잡해지고, 고장도 많다. 그래서 전자식의 승산기로 교류 전력을 직류 전류로 변환하고, 가동 코일형 계기로 지시시키도록 한 것이다. 승산기는 합과 차의 제곱차 방식이며, 다이오드를 써서 제곱 정류한다. 입력전압, 전류의 합과 차는 트랜스 2차측 직렬 접속시의 극성 ＋－에 의해 정한다.

transductor 트랜스덕터 가포화 리액터를 말한다. 동일 자심에 2개의 코일을 감고, 한쪽을 제어 권선, 다른쪽을 부하 권선으로 한다. 제어 코일에 전류를 흘려서 자심을 포화시키면 부하 권선의 리액턴스가 급격히 감소하는데 그 변화를 이용하기 위한 부품이 트랜스덕터이다.

transfer 전송(轉送)[1], 비월(飛越)[2] (1) 어느 기억 장소나 레지스트에 있는 데이터를 다른 기억 장소나 레지스터로 옮기는

것. 이 때 데이터가 정확하게 전송되었는지 어떤지를 확인하기 위해 에코 백이나 중복 비트 등에 의한 전송 체크가 이루어진다. 전송 속도의 단위에는 비트/초〔보(baud)라고도 한다〕나 바이트/초 등이 쓰인다.
(2) 컴퓨터를 동작시키는 명령을 통상의 순서로 정해지는 주소로부터가 아니고 별도로 지정한 주소에서 얻도록 요구하는 명령. =jump

transfer admittance 전달 어드미턴스(傳達-) ① 선형 수동망에서 출력 포트에 있어서의 전류 응답을, 입력 포트에 있어서의 전압 입력으로 나눈 값, 즉 $I_2(s)/E_1(s)$. ② n 단자 회로망에 있어서, 외부에서 단자에 흘러드는 복수 전류 성분을, (기준점에 대하여) j 단자가 갖는 복소 전압 성분으로 나눈 값을 양 단자간의 전달 어드미턴스라 한다. 단, 다른 단자는 적당한 외부 임피던스로 성단(成端)되어 있는 것으로 한다.

transfer constant 전달 상수(傳達常數) 4단자망의 특성을 나타내는 영상(影像) 전달 상수로, 다음 식으로 나타내어지는 것.

$$\dot{\theta} = \frac{1}{2}\log_e \frac{\dot{V}_1\dot{I}_1}{\dot{V}_2\dot{I}_2}$$

여기서, θ : 영상 전달 상수, $\dot{V}_1\dot{I}_1$: 입력측의 피상 전력, $\dot{V}_2\dot{I}_2$: 출력측의 피상 전력. 또 4 단자 회로망의 기본식이

$$\dot{V}_1 = \dot{A}\dot{V}_2 + \dot{B}\dot{I}_2$$
$$\dot{I}_1 = \dot{C}\dot{V}_2 + \dot{D}\dot{I}_2$$

로 나타내어질 때는 이 값은 다음 식으로 나타내어진다.

$$\dot{\theta} = \log_e(\sqrt{\dot{A}\dot{D}} + \sqrt{\dot{B}\dot{C}})$$

$\dot{Z}_1$ $\dot{I}_1$ $\dot{A}$ $\dot{B}$ $\dot{I}_2$ $\dot{E}$ $\dot{V}_1$ $\dot{V}_2$ $\dot{Z}_2$ $\dot{C}$ $\dot{D}$

transfer contact 전환 접점(轉換接點) 하나 또는 그 이상의 도체 접속을 어느 회로에서 다른 회로로 전환하는 작용을 하는 접점. c 접점이라고도 한다. 브레이크·메이크 접점(B-M 접점)과 같은 뜻.

transfer current ratio 전달 전류비(傳達電流比) 변수가 전류인 트랜스미턴스. 단지 전류비라고도 한다. 4 단방의 방정식

$$\begin{bmatrix} E_1 \\ I_2 \end{bmatrix} = \begin{bmatrix} h_{11} & h_{12} \\ h_{21} & h_{22} \end{bmatrix} \begin{bmatrix} I_1 \\ E_2 \end{bmatrix}$$

에 있어서의 $h_{21}(E_2=0)$이며, 이것을 단락 전류비라 한다. 4 단자망에는 광결합 아이솔레이터와 같은 것도 포함해도 된다. 이 경우 I_1은 발광 다이오드의 전류, I_2는 포토트랜지스터의 전류이다.

transfer efficient 전류 효율(轉流效率) 전하 전송 디바이스에 있어서 어느 전극에서 다른 전극으로 전하를 전송(轉送)할 때 유효하게 전송되는 전하의 비율. 이것은 디바이스의 표면 및 벌크의 트랩 준위에 의한 포획 단면적, 전극간 갭 등에 좌우된다.

transfer electron device 트랜스퍼 전자 디바이스(-電子-) =TED

transfer element 전달 요소(傳達要素) 자동 제어계에서는 각종 신호가 전달되어 감으로써 폐회로를 형성한다. 이 신호 전달을 하는 각 요소를 전달 요소라 한다. 전달 요소는 일반적으로 그 입력 신호를 출력 신호로 바꾸는 것이며, 출력 신호의 변화가 입력 신호에 영향을 주는 일은 없다. 전달 요소에는 집중 상수계의 것, 예를 들면 전기에서의 R-C 계나 간단한 열계(熱系), 물 탱크 등과 분포 상수의 것, 예를 들면, 전기계에서의 송전선, 열교환기에서의 관로 등이 있다. 신호 전달이 불연속인 것은 샘플링 요소, 스위칭 등이다. 편의상 연산에만 쓰고, 존재하지 않는 가공의 전달 요소도 있다.

transfer function 전달 함수(傳達函數) 각기 다른 두 양이 있고, 서로 관계하고 있을 때 최초의 양에서 다음의 다른 양으로 변환하기 위한 함수. 그림에서 i가 주어졌을 때 v가 $v=iR$로서 정해진다. 이 R은 전달 함수이다.

i R v

transfer gate 트랜스퍼 게이트 ① 신호의 온·오프 제어를 위해 사용되는 MOS트랜지스터로, 패스 트랜지스터(pass transistor)라고도 한다. 양방향 전송을 제어하기 위해서는 트랜지스터도 CMOS와 같은 양방향적인 것이 사용된다. ② CCD의 각 MOS 콘덴서 사이에 이들과 중첩하여 두어진 특별한 게이트 전극으로, 전하의 이송을 용이하게 하는 구실을 하는 것. 그림의 경우는 오버랩 게이트(축적 게이트)에 의해서 MOS 콘덴서는 비대칭형의 φ_s 분포로 되어 있으며, 소수 캐리어(그림의 경우는 전자)를 다음 게이트에 보내기 쉽게 된다. 그러나 이상(移相) 게이트를 독립의 MOS 콘덴서로서 별개의 클록 전원으로 동작시키는 것도 있다.

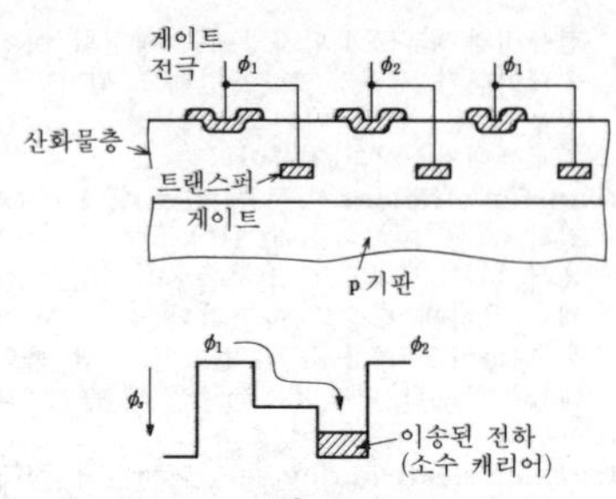

transfer gate

transfer impedance 전달 임피던스(傳達 －) 회로망의 어느 분기에 전압 E를 가한 경우에 다른 분기에 I라는 전류가 흘렀다고 하면 E/I라는 비를 일반적으로 전달 임피던스라 한다. 예를 들면, 4 단자 회로망의 입력 단자에 E라는 전압을 인가한 경우에 출력 단자에 흐르는 전류를 I라 하면 이 E/I를 말한다.

transfer interpreter 천공 번역기(穿孔飜譯機) 카드에 천공되어 있는 구멍 패턴에 대응하는 문자를 다른 카드 상에 프린트하는 장치.

transfer mold 트랜스퍼 몰드 플라스틱 패키지에서, 펠릿을 부착한 리드 프레임을 몰드 금형에 세트해 두고, 여기에 유동성 수지를 흘려 넣어 성형하는 것. 양산성이 좋으므로 널리 쓰인다.

transformation ratio 변성비(變成比) 변성기(트랜스)에서의 1 차 권선과 2 차 권선의 권수비. 변압기의 경우는 변압비, 변류기의 경우는 변류비라 한다.

transformer 변압기(變壓器) 하나의 회로에서 교류 전력을 받아 전자 유도 작용에 의해 다른 회로에 전력을 공급하는 정지기기. 1 차 전압 V_1, 2 차 전압 V_2, 1 차 전류 I_1, 2 차 전류 I_2와 각 권산간에 다음의 관계가 있다.

$$a=N_1/N_2=V_1/V_2=I_2/I_1$$

여기서, a를 권수비라 한다.

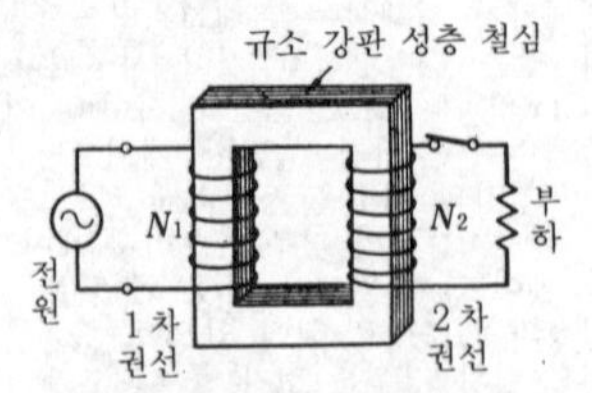

transformer bridge 트랜스 브리지, 변압기 브리지(變壓器－) 교류 브리지의 일종으로, 같은 종류의 임피던스를 비교하는 데 쓰인다. 그림에 그 회로를 나타낸다. 평형시에는 다음 식의 관계가 성립한다.

$$\frac{\dot{Z}_1}{\dot{Z}_2}=\frac{N_1}{N_2}$$

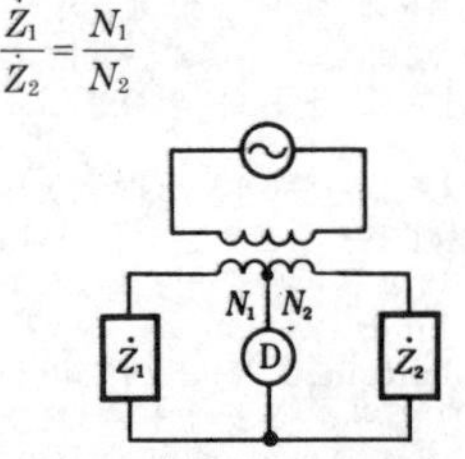

transformer coupled amplifier 트랜스 결합 증폭기(－結合增幅器), 변성기 결합 증폭기(變成器結合增幅器) 증폭기의 단간 결합에 트랜스를 사용한 것으로, 전압 증폭도는 트랜스의 변압비배가 된다. 고주파용과 저주파용으로 나뉘는데 저주파에서는 직류 전압 강하는 작고, 임피던스 부정합에 의한 손실도 적으나 주파수 특성이나 위상 특성이 나쁘고, 왜율(歪率)이 높아지는 결점이 있기 때문에 트랜지스터의 소진폭 증폭기 이외에는 그다지 사용되지 않는다. 고주파 회로에서는 중간 주파 증폭기나 고주파 증폭기에 널리 사용되고 있다.

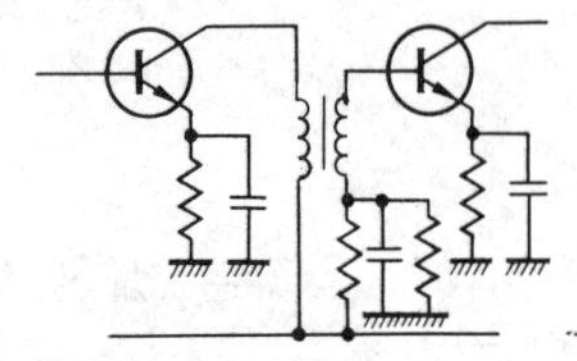

transformer coupling 트랜스 결합(－結合), 변성기 결합(變成器結合) 다단 증폭기 내부의 전단(前段)과 후단의 결합, 또는 부하와의 결합에 트랜스(변성기)를 사용한 방식. 다른 결합 방식인 RC 결합에 비해 주파수 특성이 나쁘고, 회로가 대형화하며, 비용이 더 드는 결점이 있으나 권수비를 가감함으로써 임피던스 정합을 취할 수 있는 것, 전력 소비가 적다는 것 등

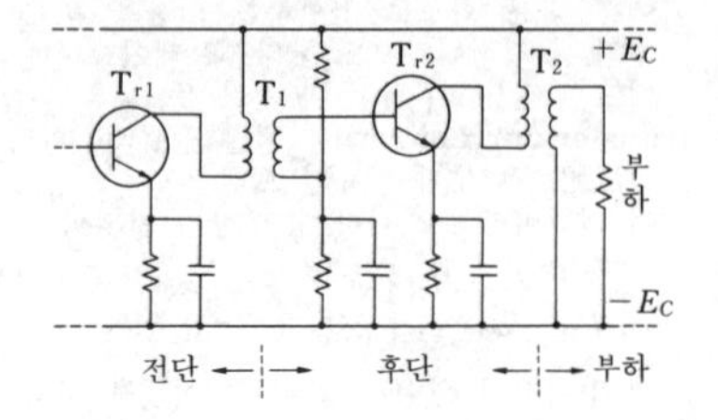

의 이점 때문에 흔히 사용된다. 또한, 그림과 같은 경우 Tr_2에 대하여 T_1, T_2를 각각 입력 트랜스(입력 변성기), 출력 트랜스(출력 변성기)라 한다. 그림은 트랜스 결합 트랜지스터 증폭 회로의 예를 나타낸 것이다.

transformer coupling amplification circuit 트랜스 결합 증폭 회로(–結合增幅回路), 변성기 결합 증폭 회로(變成器結合增幅回路) 트랜스(변성기) 결합을 사용한 증폭 회로. →transformer coupling

transformer electromotive force 변압기 기전력(變壓器起電力) 장치 또는 그 일부에 쇄교하는 자속의 시간 변화에 비례하여 유기되는 기전력.

transformerless type 트랜스리스식(–式) 라디오 수신기나 텔레비전 수상기에서 전원 트랜스를 사용하지 않는 방식의 것. 필요한 전원은 배전압 정류 회로에 의하든가, 100V 를 그대로 정류하여 사용한다. 전원 트랜스가 없기 때문에 소형 경량이고 값이 싸진다. 또, 텔레비전 수상기에서는 전원 트랜스로부터의 누설 자속에 의한 장해를 방지할 수 있다.

transformer modulation 트랜스 변조(–變調), 변성기 변조(變成器變調) 컬렉터 변조의 일종. 피변조파 트랜지스터의 컬렉터 회로에 변조용 트랜스의 2차측 코일을 직렬로 접속하고, 1차측에 신호파를 가하면 컬렉터 전압이 신호파에 따라 변화하므로 진폭 피변조파가 얻어진다. 변조에 요하는 전력은 크지만 임피던스 정합을 할 수 있고, 일그러짐은 적기 때문에 진폭 변조의 방식으로서는 가장 널리 사용되고 있다.

transient current 과도 전류(過渡電流) 전등, 전동기 혹은 용량성 부하가 있는 경우에는 전원 투입시에 큰 전류가 흐르고, 잠시 후에 소정의 부하 전류가 된다. 이러한 전원 투입시에 흐르는 과대 전류를 과도 전류라 한다. 그림은 RC 회로의 과도 전류를 나타낸 것이다.

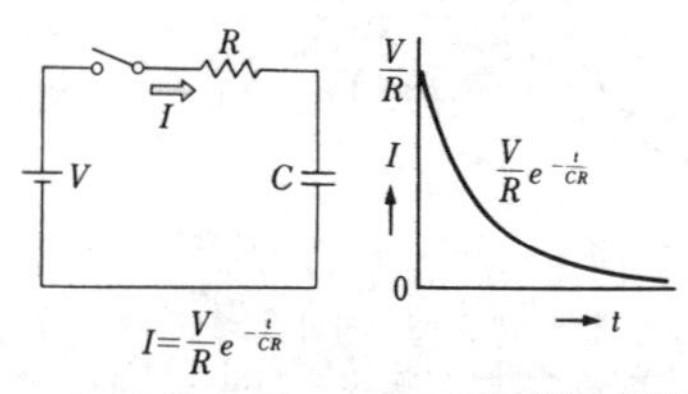

transient deviation 과도 편차(過渡偏差) 제어계가 평형 상태에 있을 때 목표값을 바꾼다든지, 또는 외란(外亂)이 주어진 후 다시 정상 상태로 안정되기까지의 과도 기간에 생기는 편차를 말하며, 시간에 대한 함수의 모양으로 나타내어진다.

transient period 과도 기간(過渡期間) 전압, 전류가 어느 정상 상태에서 다른 정상 상태로 옮기기까지의 시간.

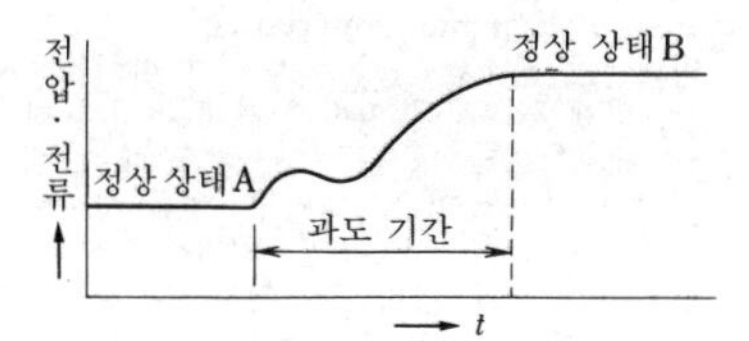

transient phenomena 과도 현상(過渡現象) 전기 회로나 기계적인 운동계에서 입력이 갑자기 변화했을 때 즉시 새로운 정상 상태로 안정되는 일없이 어떤 시간, 경과적인 변동을 나타내는 현상을 말한다. 수학적으로는 미분 방정식으로 표현되고, 정상 상태로 되기까지의 시간이나 진동 발생의 유무 등은 그 회로나 계(系)의 성질에 따라 정해진다.

transient recorder 트랜지언트 리코더 단발의 임펄스 파형을 기록 관측하는 장치. 전화 회선의 발착신 불능이나 통화중 절단 등 특이한 고장을 진단하는 경우에 사용한다.

transient response 과도 응답(過渡應答) 일반적으로 입력의 임의의 시간적 변화에 대하여 계(系)의 출력이 정상 상태에 이르기까지의 경과 상황을 말한다. 자동 제어 이론에서는 입력의 단위 계단상 변화에 대한 출력의 사간적 경과(스텝 응답 또는 인디셜 응답이라 한다)를 가지고 그 계의 과도 응답을 대표케 하는 경우가 많다. 이 경우 그 특성에 대하여 그림과 같이 정의한다.

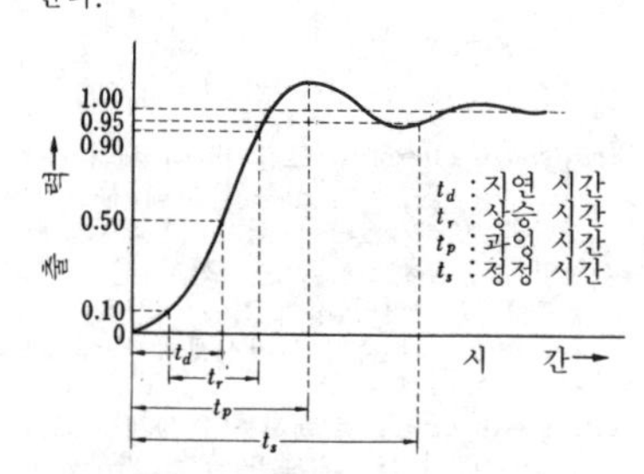

transient state characteristics 과도 특성(過渡特性) 응답이 입력 신호에 의해 정해지는 일정한 값으로 안정되기까지의 특성. 응답이 일정값으로 안정된 다음(정상

상태)의 특성인 정상 특성과는 구별되며, 변동하고 있을 때의 특성이다.

transient suppressor 과도 서프레서(過渡—) 스퓨리어스 신호나 바람직하지 않은 신호/전압을 삭감하거나 제거하거나 하는 회로.

transient thermal impedance 과도 열 임피던스(過渡熱—) 반도체 디바이스에서, 발생 열손실이 일정 기간에 걸쳐서 단위 함수적으로 변화를 일으켰을 때 그에 의해 디바이스의 두 지정된 장소 사이에 존재하는 온도차가 같은 기간에 생기는 변화분을 위의 단위 함수적 손실 변화로 나눈 값이다. 이것은 주어진 단위 함수의 계속 시간의 함수이다.

transinformation rate 정보 전달 속도(情報傳達速度) 단위 시간당의 평균 전달 정보량.

transistor 트랜지스터 실리콘 또는 게르마늄 반도체로 pnp 접합 혹은 npn 접합을 만들고 증폭 등을 시키는 반도체 소자. 베이스, 이미터, 컬렉터의 3개 전극을 갖는다. 소형, 장수명, 고성능, 고신뢰성의 전류 제어형 소자이다.

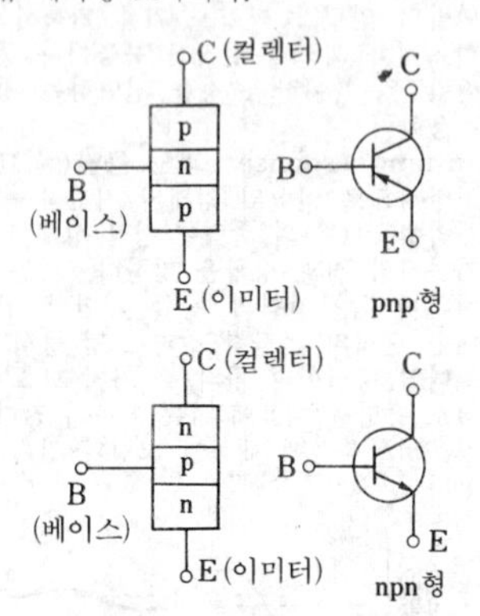

transistor checker 트랜지스터 체커 트랜지스터의 양부를 판정하기 위해 사용하는 간단한 트랜지스터 시험기. 보통 컬렉터 차단 전류(I_{CBO})와 이미터 접지 전류 증폭률(h_{fe}) 및 이미터 접지 직류(대신호) 저류 증폭률(h_{FE})의 측정이 지시계에 의해 간단히 할 수 있다.

transistor clock 트랜지스터 시계(—時計) 흔들이식 벽거리 시계의 구동 기구를 트랜지스터 회로로 대치한 것. 그림에서 흔들이가 왼쪽 방향으로 흔들리면 L_1 코일에 전압이 유기하므로 이것을 트랜지스터로 증폭하여 L_2 코일에 그 출력 전류를 흘리면 흔들이는 오른쪽으로 흡인되고, 그 때 L_1의 전압은 감소하므로 L_2의 전류도 작아져서 흔들이는 왼쪽 방향으로 되돌아가 진동을 지속한다. 또한 트랜지스터 회로는 IC로서 디지털 시계 등에 널리 사용되는데 이것은 트랜지스터 시계라고는 부르지 않는다.

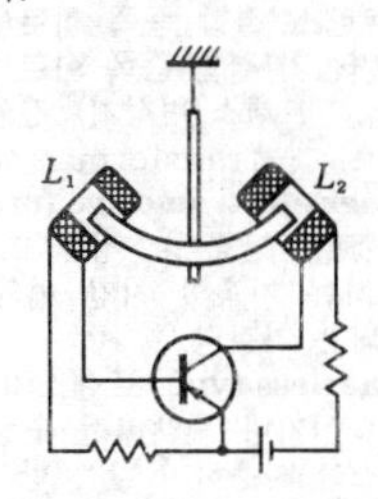

transistor motor 트랜지스터 모터 교류 전동기의 제어에서 동기 전동기를 인버터 방식으로 제어하는 경우, 사용되는 소자에 따라 이름이 달라진다. 하나는 사이리스터를 사용한 것으로 사이리스터 모터라 하고, 또 하나는 트랜지스터를 사용한 것으로 트랜지스터 모터라 한다. 이 모터는 VTR이나 컴퓨터의 FDD, 기타 AV(시청각) 기기에 널리 쓰인다.

transistor noise 트랜지스터 잡음(—雜音) 트랜지스터의 사용 중에 발생하는 전류의 요동이 신호 전류에 대해 잡음으로서 작용하는 것. 전자의 열진동에 의한 열교란 잡음, 전자 이동도의 불규칙한 변동에 의한 산탄 잡음, 접합부의 상태 변화에 의한 플리커 잡음 등의 성분이 혼재하고 있다. 트랜지스터의 종류에 따라 크기나 주파수 특성이 다르다.

transistor parameter 트랜지스터 파라미터, 트랜지스터 매개 변수(—媒介變數) 트랜지스터는 비직선 디바이스이지만, 동작점을 중심으로 한 소신호를 다루는 한 선형 등가 4단자망에 의해서 논할 수 있다. 그리고

$$\begin{bmatrix} I_1 \\ I_2 \end{bmatrix} = \begin{bmatrix} y_{11} & y_{12} \\ y_{21} & y_{22} \end{bmatrix} \begin{bmatrix} V_1 \\ V_2 \end{bmatrix} \quad (1)$$

또는

$$\begin{bmatrix} V_1 \\ I_2 \end{bmatrix} = \begin{bmatrix} h_{11} & h_{12} \\ h_{21} & h_{22} \end{bmatrix} \begin{bmatrix} I_1 \\ V_2 \end{bmatrix} \quad (2)$$

와 같은 행렬 방정식이 성립한다. (1)인 경우 y_{ij} 파라미터를 어드미턴스 파라미터라 하고, (2)의 h_{ij} 파라미터를 하이브리드 파라미터라 한다. 그림 1은 이미터 접지형 트랜지스터의 등가 회로인데, 여기서

$h_{11}=h_{ie}$, $h_{22}=h_{oe}$
는 각각 입력 임피던스와 출력 어드미턴스이다. 또 $h_{12}=h_{re}$는 역방향 전압 피드백비이고, $h_{21}=h_{fe}$는 순방향의 전류 전달비이다. y 파라미터를 사용한 등가 회로는 FET 를 포함하는 회로 등에서 널리 쓰인다(그림 2 참조). 또 고주파 영역에서 편리하게 쓰이는 등가 회로로서 하이브리드 π회로가 있다(그림 3). 그림에서 단자 부호 b, c 에 ′표를 붙인 것은 소자의 접합부에 가까운 고유 내부 단자이며, 이 단자가 트랜지스터 작용에 관여하고 있다고 생각된다. 여기서부터 실제(′를 붙이지 않은) 외부 단자와의 사이는, 예를 들면 확산 저항 $r_{bb'}$로 되어 있다. 마찬가지로 $C_{b'e}$는 내부 베이스와 이미터간의 내부(고유) 커패시턴스이다. 그림 3(a)에서 명백한 바와 같이

$$h_{fe}=\frac{I_2}{I_1}=\frac{g_m V_1}{I_1}\cong\frac{g_m r_{b'e}}{1+j\omega C_{b'e}r_{b'e}}$$

$\omega=\omega_c$ 에서
$\omega C_{b'e}r_{b'e}=1$
$\omega=\omega_T$ 에 있어서

$$h_{fe}=\frac{g_m}{\omega C_{b'e}}=1$$

이들 두 식에서 다음의 관계가 얻어진다.
$C_{b'e}r_{b'e}=1/\omega_c$, $C_{b'e}\cong g_m/\omega_T$

transistor transistor logic 트랜지스터 트랜지스터 논리(一論理) =TTL

Transit 트랜싯 저궤도를 주회(周回)하는 항행용 위성(트랜싯 위성)을 이용한 무선 항행 방식. 위성에서 VHF 및 UHF를 지구 전체를 커버하여 송신하고, 운동하는 위성에서 수신하는 연속 전파 신호의 도플러 시프트를 측정하여 항공기, 지상차, 잠수함 등의 위치를 정확하게 정할 수 있다.

transit angle 주행각(走行角) 전자가 주어진 거리를 통과하는 데 요한 시간 Δt와 각주파수 ω와의 곱, 즉 그 사이에서의 위상 변화. 주행 위상각이라고도 한다. 클라이스트론에서 번처와 캐처 사이의 거리를 h, 전자류의 발사 속도를 v_0로 하면 두 공진기 간의 주행각은 $\omega\Delta t=\omega h/v_0$이다. 그리고 주행각이 $2\pi[n+(3/4)]$의 값을 취할 때 전자류와 마이크로파간에서 최대의 파워 수수가 이루어진다. 위의 n은 양의 정수이며, 모드수(mode number)라 한다.

transit error 일과성 오류(一過性誤謬) 한 번만 발생하고 두 번 다시 되풀이하는 일이 없는 오류.

transit exchange 중계 교환국(中繼交換局) 교환망에서 특정한 호출에 대한 루트 내 중간의 교환국, 즉 루트의 최초 및 최후의 교환국 이외의 국.

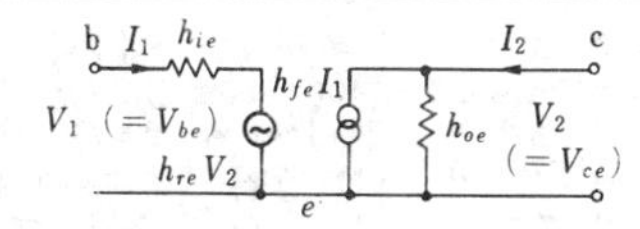

그림1 h 파라미터에 의한 등가 회로

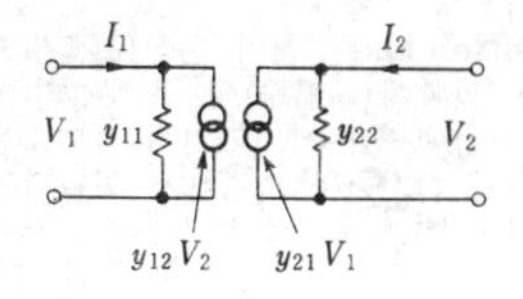

그림 2 y 파라미터에 의한 등가 회로

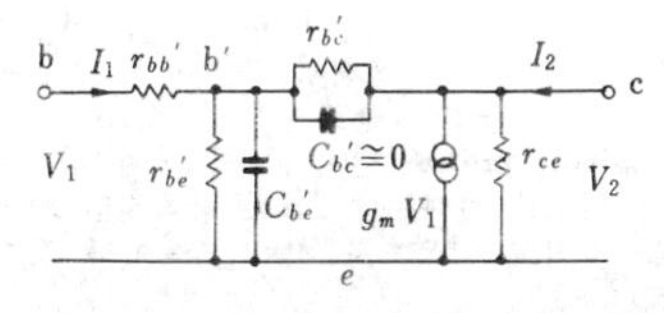

(a) 하이브리드 π-회로

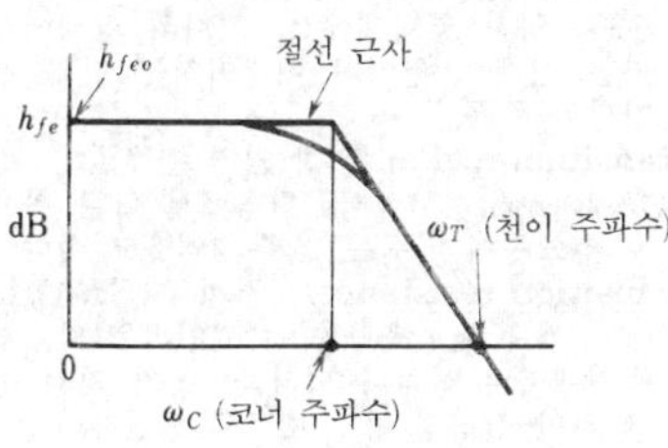

(b) h_{fe}의 전달 특성

그림 3
transistor parameter

transition 천이(遷移) 원자의 두 에너지 준위 사이의 에너지 상태의 갑작스러운 변화. 원자가 에너지를 흡수하거나 혹은 여기(勵起)한 상태에서 저 에너지 상태로 되돌아갈 때의 변화이며, 후자의 경우에는 광자 방출이 이루어진다.

transition element 천이 원소(遷移元素) 원소의 주기율표에서 그룹으로 한 장소를 차지하고 있는 원소. 최외각 궤도 안쪽에 전자의 빈 자리가 있는 원소이다.

transition frequency 트랜지션 주파수(一周波數) 바이폴러 트랜지스터를 이미터 접지했을 때 전류 이득이 1이 되는 주

파수. 고주파 성능의 하나를 나타낸다.

transition load 천이 부하(遷移負荷) 정류기 부하 특성에 있어서의 경부하 상태에서, 정류기가 어느 동작 모드에서 다른 동작 모드로 옮기는 점에서의 부하. 그리고 정류기 출력 전압(직류)의 변동률 곡선의 경사가 천이 부하를 경계로 하여 불연속적으로 변화한다.

transition loss 천이 손실(遷移損失) ① 파동 전파계(傳播系)의 두 매질의 천이(불연속)점에 있어서, 거기에 들어오는 파동 전력과 그 곳을 초과하여 전달되는 파동 전력의 차. 제 2 의 매질은 그 끝에서 정합 종단되어 있는 것으로 한다. ② ①인 경우의 입사 전력과 천이점을 초과하여 전달되는 전력의 비를 데시벨로 나타낸 것. ③ 전원에 접속된 부하에서, 실제로 이용할 수 있는 전력과, 전원에서 공급된 전력의 비를 데시벨로 나타낸 것.

transition metal 천이 금속(遷移金屬) 천이 원소를 말하는데, 모든 금속적인 성질을 가지고 있으므로 천이 금속이라 하기도 한다.

transition probability 천이 확률(遷移確率) 양자 역학계에서, 하나의 상태에서 다른 상태로 천이가 이루어지는 단위 시간당의 확률.

transition region 천이 영역(遷移領域) 반도체의 pn 접합에서, 한쪽에서 다른 쪽으로 전도형이 바뀌는 경계 영역을 말한다.

transition resistance 경계 저항(境界抵抗) 접촉 저항을 만드는 원인의 하나. 접촉면에서의 산화나 더러움, 흡착 기체 등에 의한 절연성 박막 때문에 생긴다.

transition state 천이 상태(遷移狀態) 어느 안정 상태에서 다른 안정 상태로 이행하는 도중에 자유 에너지가 극대값을 취하는 상태.

transition temperature 천이 온도(遷移溫度) 초전도 현상에 있어서 극저온(헬륨의 1 기압하에서의 액화 온도. 절대 온도로 4.2K) 부근에서 어느 물질(예를 들면, 탄탈, 니오브, 납 등)은 갑자기 완전히 그 온도 이하에서 전기 저항이 제로가 된다. 이 온도를 말한다.

transition-time diode 주행 시간 다이오드(走行時間－) 마이크로파 반도체 소자의 일종. 규소의 $N^{+}PP^{++}$접합을 역방향 전압에 의해 애벌란시 파괴를 발생시켰을 때의 캐리어(정공)의 주행이 전압에 대하여 시간적으로 늦는 것을 이용하여 마이크로파를 발진시키는 것.

transit network 트랜싯망(－網) 트래픽망에서, 그 소스(발신측 등)와 싱크(수신측)가 포함되어 있지 않은 망(단, 교환 노드는 포함된다)에 대한 일반 용어. 망의 두 집중국(CCITT 용어의 primary center) 사이를 5 이하의 중계선으로 접속하도록 만들어진 4 선식 트래픽망을 트렁크 트랜싯망이라 한다.

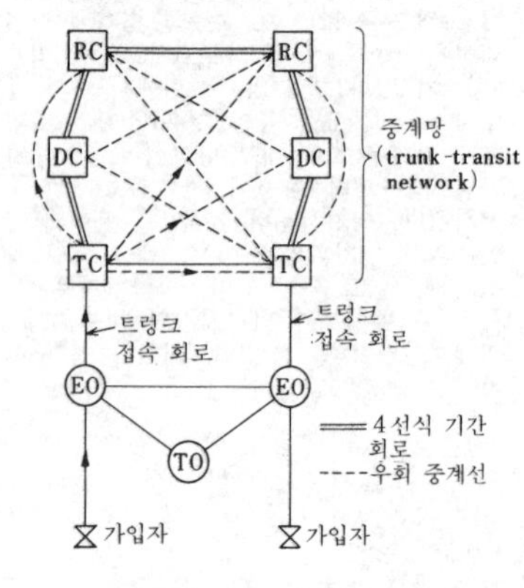

EO	단 국	DC	중심국
TO	탠 덤 국	RC	총괄국
TO	집 중 국		

transit satellite 트랜싯 위성(－衛星) → Transit

transit time 주행 시간(走行時間) 전자 디바이스에서 전하 캐리어가 어느 지시된 점, 또 영역에서 다른 지시된 점, 또는 영역까지, 주어진 조건하에서 직접 주행하기 위한 소요 시간. 이 시간은 디바이스의 기하 구조, 동작 조건, 그리고 반도체의 경우는 그 내부에 있어서의 캐리어의 드리프트 이동도(易動度) 등에 관계하고 있다. 캐리어 축적이 없는 경우는 주어진 디바이스가 동작하는 최고 주파수는 실질적으로 이 주행 시간에 의해 정해진다.

transit-time tube 주행 시간형 전자관(走行時間形電子管) →microwave tube

translator 번역 루틴(變域－) →compiler

translator station 트랜슬레이터국(－局) →satellite station

transmission 전송(傳送) ① 신호, 메시지 등의 정보를 어떤 장소에서 다른 장소로 전기적으로 전송하는 것. ② 검출기 또는 전송기 등으로부터 신호를 수신기에 전하는 것.

transmission bandwidth 전송 대역(傳送帶域) 정보를 전송하는 경우에 있어서의 주파수의 폭을 말하며, 정보 내용, 전송 속도 등에 따라 여러 가지이다.

transmission block 전송 블록(傳送－) 정보 메시지를 분할하여 처음과 끝에 적어도 1개의 전송 제어 문자를 포함하는 한 무리의 문자 시퀀스.

transmission capacity 전송 용량(傳送容量) 데이터 전송 시스템에서 그 데이터 전송로의 전송할 수 있는 정보량.

transmission channel 전송 채널(傳送－) →channel

transmission code 전송 코드(傳送－) 회선계에서 쓰이고 있는 내부 처리 코드.

transmission coefficient 투과 계수(透過係數) 두 전송 매체의 경계에 입사하는 파의 일부가 제 2 매체의 지정된 장소에 있어서의 파와 관련된 어느 양과 제 1 매체의 지정된 장소에 있어서의 입사파와 관련된 어느 양과의 비. 제 2 의 매체는 정합 종단되어 있는 것으로 한다.

transmission control 전송 제어(傳送制御) ＝TC

transmission control unit 전송 제어 장치(傳送制御裝置) 단말과 전송 회선의 접속 및 신호의 타이밍 유지, 오류 제어 등에 사용되는 장치. 이것과 변복조 장치를 합쳐서 데이터 전송 장치라 한다. ＝TCU

transmission cost 전송 비용(傳送費用) 전송을 하는 데 필요한 비용, 구체적으로는 전송을 하는 데 필요한 설비비와 그 설비의 운용, 보수를 위한 비용 및 전송 회선의 통신 요금 등의 유지비 등.

transmission efficiency 전송 효율(傳送效率) 데이터 전송로에서 단위 시간당 전송 가능한 최대의 비트수, 문자수, 블록수 등에 대하여 유효하게 전송된 것의 비율.

transmission errors 전송 오류(傳送誤謬) 전송 채널에서의 일그러짐이나 교란에 의해 생기는 메시지 신호의 오류. 특히 중요한 채널에서는 전달 채널에서의 오류를 검지하고, 오류를 정정하는 기능을 갖게 할 필요가 있다.

transmission factor 투과율(透過率) 투과광의 광속 F_t와 입사광의 광속 F의 비율.

transmission frequency bandwidth 전송 주파수 대역(傳送周波數帶域) 전송 회선에 의해 전송할 수 있는 주파수 범위. 전화 회선의 경우 국제 규격은 300～400 Hz 이다.

transmission level 전송 레벨(傳送－) 전송 선로의 어느 장소에 있어서의 전력과, 선로에서 기준으로서 선택한 장소에 있어서의 전력과의 비를 데시벨로 나타낸 것.

transmission line 전송 선로(傳送線路) 전기 신호를 전송하는 선로.

transmission line of information 정보로(情報路) 통신로라고도 한다. 정보원(情報源)에서 얻어진 통보가 적당한 신호로 변환되고, 이것이 송신기에서 수신기로 전해지는 경우의 매체가 되는 것이다. 예를 들면, 전선이나 전파, 음, 빛, 신경계 등이 이에 해당한다. 여기에는 잡음원으로부터 잡음이 들어와 일그러짐이나 혼신 등의 방해가 주어져 수신 신호에 오류가 발생하는 경우가 있다.

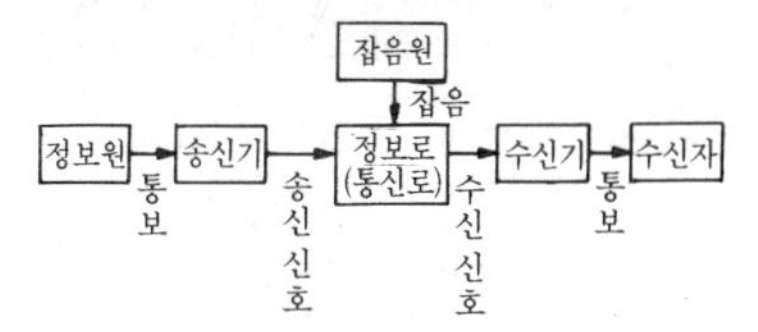

transmission loss 전송 손실(傳送損失) 어떤 곳에서 다른 곳으로 전송되는 신호 전력의 감쇠를 나타내는 것. 보통 전송 데시벨로 나타낸다.

transmission mode 전송 모드(傳送－) 온라인 시스템에서 입력 단말 장치가 센터에 데이터를 전송 또는 전송 가능한 상태.

transmission modulation 투과 변조(透過變調) 축적관에서의 저속 판독 빔이 축적면 내의 틈을 통과할 때 받는 진폭 변조. 변조도는 면(面)상의 축적 전하 패턴에 의해서 제어된다.

transmission of information 정보 전송 회로(情報傳送回路) 정보가 어떤 매체에 의해 전송되는 경우의 전송 회선.

transmission performance 전송 품질(傳送品質) 전화의 전송계에서 통화의 전송과 재현에 관한 품질을 나타내는 것으로, 각종 방법이 있으며, 그 주요한 것으로 명료도 등가 감쇠량이나 통화 당량이 있다.

transmission plan 전송 계획(傳送計劃) 감쇠, 잡음, 누화 등의 전송 매개 변수를 망의 각부로의 할당을 정하는 방식. 국제 트랜싯 교환국간의 회선에 대한 CCITT의 할당 계획은 그림과 같다.

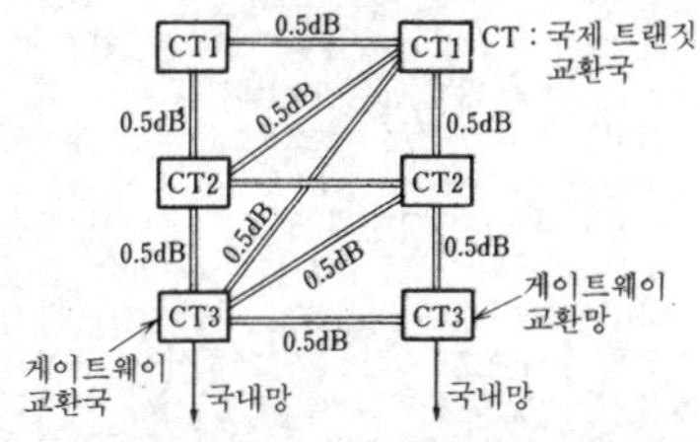

transmission primaries 전송 원색(傳送

原色) 컬러 텔레비전에서의 실재 또는 실재하지 않는 세 원색의 세트로, 컬러 화상 신호 중에 포함되는 독립한 세 신호의 하나에 대응하는 것. 전송 원색에는 두 종류가 있으며, 다음과 같은 것이다. ① 컬러 수상관에서의 세 가지 수상기 원색. ② 전송계에서의 휘도 원색 Y와 두 크로미넌스 원색(I, Q).

transmission quality 전송 품질(傳送品質) 송화자 및 수화자의 능력과는 관계없는 전송계 및 단말의 품질로, 통화 당량, 라우드니스 정격, 명료도 등가 감쇠량 등으로 주어진다.

transmission rate 전송 속도(傳送速度) 정보 이론에서는 통신로를 통하여 데이터를 보낼 때의 통신 속도를 말하며, 단위로서는 비트/초(bit/sec 또는 b/s)를 사용한다. 단, 정보원에서 생성되는 문자 계열을 기준으로 하는 경우에는 1문자당의 비트수를 단위로 하여 비트/문자(bit/letter)를 쓰기도 한다. 여기에 정보원으로부터의 문자 생성의 속도(letter/sec 또는 letter/s)를 곱하면 참의 전송 속도로 환산할 수 있다. 데이터 전송에서는 전송 속도라 하지 않고 데이터 전송(轉送) 속도 혹은 단순히 통신 속도라 부르고, 같은 단위(bit/sec)를 쓰든가 보(baud) 단위를 쓴다.

transmission speed 통신 속도(通信速度) 전신 통신 및 데이터 전송에서의 통신의 속도를 나타내는 것으로, 1분간에 보내지는 자수, 또는 어수에 의해 나타내어진다. 사용하는 전신 부호에 따라 1자의 길이나 단위수가 다르므로 보통은 보(baud)라는 단위를 사용한다. 이 경우, 다음과 같은 관계가 있다.

$l=(B\times 60)/n$

여기서, l : 실용상의 통신 속도〔자/분〕, B : 통신 속도〔보〕, n : 1자의 평균 단위수이다.

transmission system 전송 방식(傳送方式), 통신 방식(通信方式) 통신 시스템을 구성하는 한 요소로, 정보를 직접 또는 간접적으로 전기 또는 광신호로 변환하여 보내는 수단의 집합체를 말한다. 전송 방식은 전송되는 신호의 형태에 따라 연속적인 값을 취하는 아날로그 전송 방식과 불연속값을 취하는 디지털 전송 방식으로 분류된다. 또, 복수의 정보를 묶어서 전송하는 다중화의 방법에 따라 주파수 분할 다중 전송 방식과 시분할 다중 전송 방식으로 분류된다. 전송 매체로서는 유선계와 무선계로 분류되며, 모두 전송 매체의 전송 손실을 보상하는 중계기를 배치하여 장거리 전송을 한다.

transmission time 전송 시간(電送時間) 화상 신호의 전송에 요하는 시간. 보통은 화상 신호의 전송을 개시하기까지의 전송 제어 시간. 페이지 간 및 화상 신호 종료 후의 전송 제어에 요하는 시간은 포함하지 않는다. G3 팩시밀리, G4 팩시밀리와 같이 부호화 방식에 의해 화상 신호 압축을 하는 경우는 원고에 따라서는 전송 시간이 달라지므로 표준 원고(예를 들면, CCITT NO.1 테스트 차트)를 정하고, 그것이 전송되는 시간으로써 나타낸다.

transmit 전송(傳送), 송신(送信) 어떤 데이터를 한 장소로부터 다른 장소로 옮기는 것.

transmit flow control 송출 유량 제어(送出流量制御) 수신측이 데이터를 수신할 수 있는 속도에 맞추어서 송신측으로부터의 데이터 전송 속도를 제어하는 순서.

transmit-receive switch 송수신 스위치(送受信－) 송수 전환기에 사용되는 가스 봉입 방전관. TR스위치, TR관, TR상자 등이라고도 한다.

transmit-receive tube TR관(－管) 레이더에서의 송수 전환에 사용하는 전환 방전관의 일종. 레이더에서는 하나의 안테나로 전파의 발사와 수신을 하고 있는 경우가 많으므로 송신 전파가 발사되고 있을 때는 방전하여 수신기 회로를 단락하도록 동작하고, 송신 출력이 직접 수신 회로에 들어가는 것을 방지하여 수신기를 보호하기 위해 사용된다. 내부는 원뿔 모양의 전극을 마주보게 하여 방전 갭을 만들고, 방전 개시가 늦어지지 않도록 키프 얼라이브 전극을 넣어서 상시 방전시켜 두고, 봉입 기체는 수소 또는 아르곤에 수증기를 혼합한 것으로, 빨리 방전, 전환에 응할 수 있도록 되어 있다. 보통, ATR관과 동시에 사용하여 송수의 전환 조작이 행하여진다.

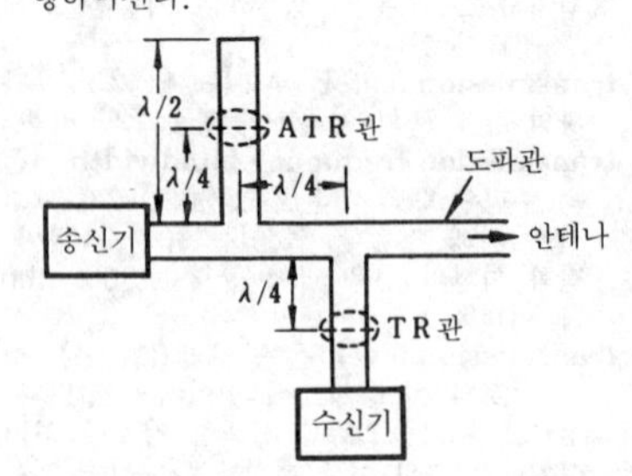

transmittance 투과율(透過率) 두 매질의 경계에 직각으로 입사한 방사에 대한, 경

계를 통해서 투과한 방사의 비. = transmittivity, transmission factor

transmitter 송신기(送信機)[1], 송화기(送話器)[2], 전송기(傳送器)[3] (1) 일반적으로 무선 송신기를 말하는데, 유선 통신의 팩시밀리, 전신 등에서는 부호 전류의 송출 장치도 송신기라 한다. 그림은 일반적인 무선 송신기의 구성을 나타낸 것이다.

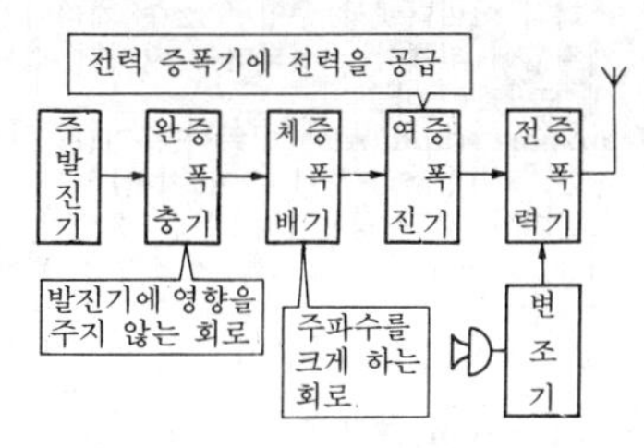

(2) 전화기를 구성하는 부품의 하나로, 음성을 음성 전류로 바꾸는 장치.

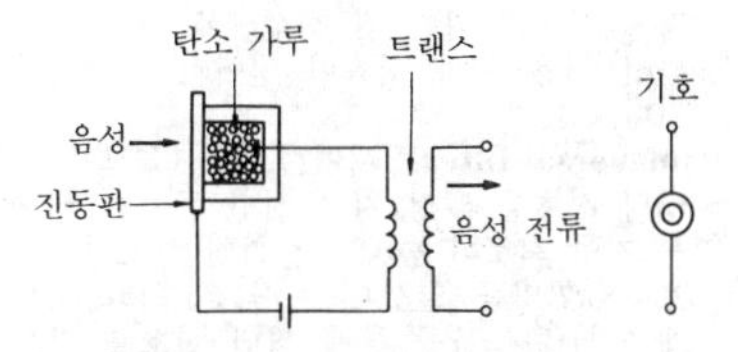

(3) 피드백 제어계에서 검출기로 얻은 신호를 증폭한다든지 다른 신호로 변환하여 전송하기 위한 것.

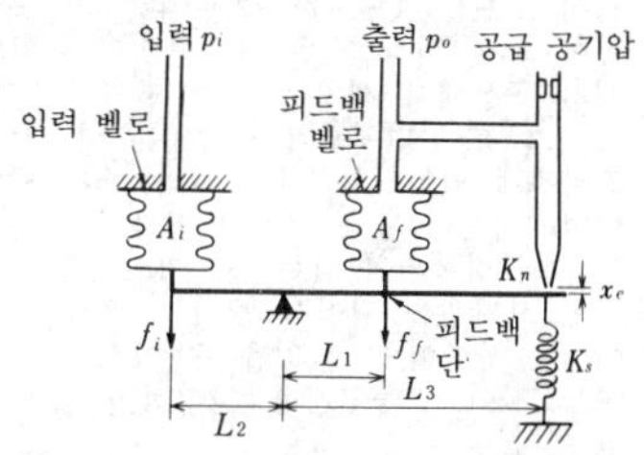

transmitter distortion 송신 일그러짐(送信－) 전신의 송신기에서의 일그러짐으로, 규칙 일그러짐과 불규칙 일그러짐을 합친 것. CCITT 에서는 5% 이하로 규정하고 있다.

transmitter distributor 자동 송신기(自動送信機) =TD

transmitting current response 전달 전류 응답(傳達電流應答) 음향 방사에 쓰이는 전기·음향 변환기에서, 변환기의 실효 음향 중심에서 지정된 방향의 1m 거리에서 생기는 음압과 전기 입력 단자에 흐르는 전류와의 비. 1m 거리에 있어서의 겉보기의 음압은 음장이 구형(球形)으로 발산하는 것으로 하고, 먼 곳의 점에서 측정된 음압에, 그 점의 실효 음향 중심으로부터의 거리를 곱함으로써 구해진다. 전기 입력으로서 입력 전력을 쓰기도 한다. 그 경우는 전달 전력 응답이라 한다.

transmitting efficiency 전송 효율(傳送效率) ① 전기·음향 변환기에서 전체의 음향 출력을 전기 입력으로 나눈 값. 전기 입력을 측정하는 경우에 바이어스를 위해 공급되는 전력(바이어스 전력)은 보통 제외한다. ② 전송 선로에서, 선로를 통해서 보내진 전체의 정보 중 유효한 정보의 비율을 보통 백분율로 표현한 것. 예를 들면 8비트 부호에서 제 8 비트를 홀짝 검사에 사용하고 있는 부호의 효율은 7/8 즉 0.875 이며, 1 에서 이 값을 뺀 나머지 0.125 를 부호의 여유도(redundancy)라 한다(백분율로 나타내기도 한다).

transmitting equipment 송신 설비(送信設備) 무선 통신에서 송신을 위한 고주파 에너지를 발생하는 장치 및 이에 부가하는 장치를 송신 장치라 한다. 이 송신 장치와 송신 안테나 및 이 안테나의 부속 설비를 포함한 전파를 보내기 위한 설비를 송신 설비라 한다.

transmitting loop loss 전송 루프 손실(傳送－損失) 가입자측에 있는 전화기 세트, 가입자 선로, 통화 전류 공급 회로에 대하여 부여되어야 할 반복 당량(기준 전화기로의 등가 삽입 손실).

transmitting power response 전달 전력 응답(傳達電力應答) →transmitting current response

transmitting signal element timing 송신 신호 엘리먼트 타이밍(送信信號－) 신호 변환 장치에서 데이터 전송 단말 장치로, 또는 데이터 전송 단말 장치에서 신호 변환 장치로 송신 타이밍 정보를 주기 위한 타이밍 신호.

transmitting signal equipment 송신 신호 변환 장치(送信信號變換裝置) 데이터 전송 송신 장치로부터 데이터 신호를 전송에 적합한 전기적 신호로 변환하는 장치로, 변조 장치를 포함하는 것.

transmitting station 송신소(送信所) 무선 전신, 전화 또는 라디오 방송, 텔레비전 방송의 전기 신호를 변조된 전파로서 발사하는 곳. 송신소에는 송신 안테나와 이에 부수한 궤전선(급전선)계나 송신 설비가 설치되어 있다.

tramsmitting tube 송신관(送信管) 송신

기의 출력단에 사용되는 출력이 큰 진공관. 플레이트(양극) 손실이 크므로 그 허용 손실을 크게 하기 위해 플레이트를 냉각하는 데 강제 공랭관과 강제 수냉관이 있다. 그 밖에 공랭관(空冷管), 증발 공랭관 등이 있다.

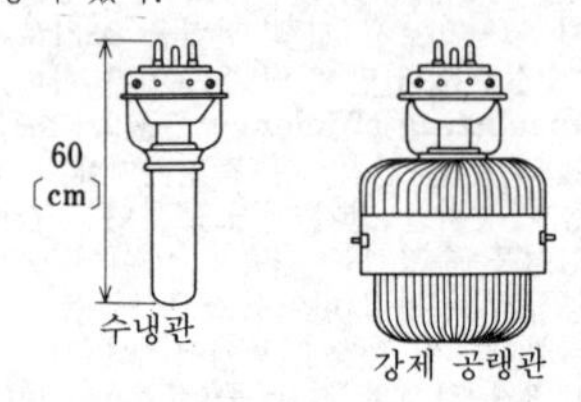

transmittivity 투과율(透過率) =transmittance

transmultiplexer 트랜스멀티플렉서 주파수 분할 다중된 아날로그 신호와 시분할 다중된 디지털 신호의 상호 변환을 하는 장치.

Transpac 트랜스팩 프랑스 체신부의 X.25 공중 패킷 교환망. 프랑스 전 국토를 서비스하고 있다.

transparent 투과적(透過), 투명(透明性) 정보 메시지로서 전송되는 부호가 회선의 종별, 전송 제어 절차 등으로 제한을 받지 않는 것.

transparent latch 트랜스페어런스 래치 통상의 래치는 스트로브 펄스에 의해 입력 데이터를 받아 출력하는데, 입력의 변화에 대하여 출력도 변화하는 기능을 부가한 것을 트랜스페어런트 래치라 한다. 그림의 CK 가 스트로브 펄스이다.

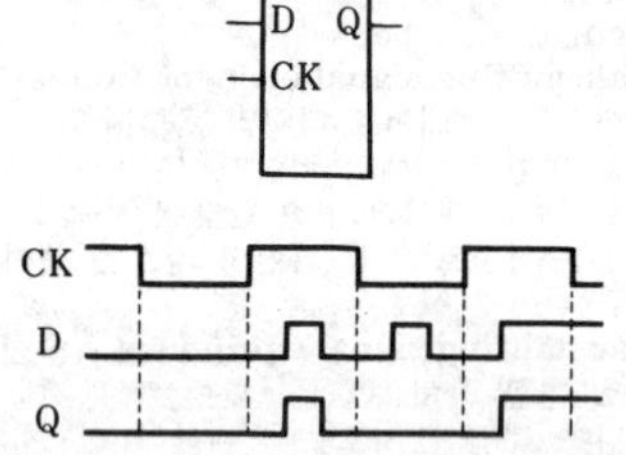

transponder 트랜스폰더 레이더의 전파를 수신하여 그것과 동일 혹은 다른 주파수의 전파를 재발사하는 장치. 선박용 레이더 주파수대의 부호 전파를 발사하는 트랜스폰더를 선박에 알려야 할 장소에 설치해 두면 선박에서는 특별한 장치를 필요로 하지 않고 그 신호를 받을 수 있다.

transponder reply efficiency 응답 효율(應答效率) 응답기가 정당하다고 판단한 몇 가지 질문에 대해 응답기가 응답한 수의 비율. 정당하다고 판단한 질문 중에는 우연히 그렇게 인정되는 부호의 조합 등도 포함된다.

transport 트랜스포트 어느 기억 장치의 기억 내용을 그대로 전체를 다른 기억 장치로 옮기는 것.

transport factor 도달률(到達率) 트랜지스터의 이미터에서 주입된 소수 캐리어가 재결합에 의해서 소실되면서 컬렉터 접합에 도달하는 비율.

transport standards 이동 표준기(移動標準器) 시험소(표준기 유지 기관)의 기본 표준기와 같은 공칭값을 가진 표준기로, 기본 표준기의 안정도를 체크하기 위해 각 시험소간의 비교 시험을 목적으로 이동되는 것. 기본 표준기와 정기 비교가 이루어진다.

transposition 교차(交叉) 교환 접속 링크의 회선군 사이의 접속 패턴에 대한 용어로, 접속의 실행 레벨은 교환점(스위치)의 각 회선군이 다른 각 회선군에 접속되고, 완전 이용 교차 접속이 얻어지도록 설정된다.

transversal filter 지연선 필터(遲延線-) 입력 신호를 일정 지연 시간 T마다 탭을 둔 지연 회로의 중앙에서 꺼낸 신호와, 그보다 kT만큼 앞선(또는 늦은) 탭점에서 계수기(係數器)를 통해 꺼낸 신호를 가선(덧셈)한 것을 출력으로 하는 디지털 필터. →digital filter

transverse-electric resonant mode TE 공진 모드(-共振-) 중공(中空)의 금속통이 축에 직각인 두 금속면으로 닫혀서 생긴 공동에서 생기는 공진 전자파의 모드. 그 통 단면에서의 전자계는 대응하는 도파관에 있어서의 $TE_{m,n}$ 파와 같은 패턴이며, 더욱이 관축 방향에 전자계 반주기가 p회 반복되어 있는 것. 기호 $TE_{m,n,p}$. 구형 도파관을 닫아서 생기는 공진 공동에서는 관축이 3개 있을 수 있으므로 그어느 것이 관축인가를 지정하지 않으면 안 된다.

transverse electric wave TE 파(-波) 동축 케이블이나 도파관 내에 생기는 전자파 모드의 일종으로, 그 전파 방향에는 자계 성분만을 가지며, 전계 분포를 갖지 않는 것으로, H 파 또는 전기적 횡파라 한다. 전자계의 분포에 따라서 여러 가지 모드가 존재하고 이들은 H_{01}모드라든가 H_{20} 모드라는 명칭으로 나타낸다.

transverse electromagnetic wave TEM 파(-波) 동축선이나 평행판선의 내부에 생기는 전자파 모드의 일종으로, 그 전파 방향에는 전계 성분도 자계 성분도 없고, 평면파가 되는 것을 말한다.

transversely excited atomospheric pressure laser TEA 레이저 대기압의 기체 레이저 물질을 써서 광축과 직각인 방향으로 방전하여 펌핑 작용을 하는 형식의 기체 펄스 레이저. 탄산 가스 레이저 등에서 사용되며 고출력이 얻어진다.

transverse magnetic resonant mode TM 공진 모드(－共振－) 중공(中空)의 금속 통이 축에 직각인 두 금속 평면으로 닫아서 생긴 공동에서 생기는 공진 전자계 모드로, 관축에 직각인 단면에서의 전자계는 대응하는 도파관에 있어서의 $TM_{m,n}$파와 같은 패턴이며, 그리고 관축 방향에 있어서 전자계의 반주기가 p회 반복되고 있는 것. 기호 $TM_{m,n,p}$. 구형 도파관을 닫아서 생기는 공동에서는 관축이 3개 있을 수 있으므로 그 어느 것이 관축인가를 지정할 것.

transverse magnetic wave TM 파(－波) 동축 케이블이나 도파관 내에 생기는 전자파 모드의 일종. 그 전파 방향으로는 전계 성분만을 가지며, 자계 성분을 갖지 않는 것으로, E 파 또는 자기적 횡파라고도 한다. 전자계의 분포에 따라 여러 가지 모드가 존재하고, 이들은 E_{11}모드라든가 E_{12} 모드라는 명칭으로 나타내고 있다.

transverse magnetization 횡방향 자화(橫方向磁化), 수평 자화(水平磁化) → vertical recording

transverse mode 횡 모드(橫－) →longitudinal mode

transverse wave 횡파(橫波) 일반적으로 파(波)의 전파 형태에는 횡파와 종파가 있다. 그 중에서 파의 진행 방향과 직각인 방향 성분이 변화하는 것을 횡파라 한다. 자유 공간의 전파는 횡파이며, 전파를 구성하는 전계와 자계의 강도 변화는 전파의 진행 방향과 직각 방향이다. 또 도파관을 진행하는 전파에서는 TE 파는 전기적 횡파, TM 파는 자기적 횡파이다. 동축선에서는 TEM 파이며, 전자기적 횡파이다.

transverter 트랜스버터 아마추어 무선 용어로, 가지고 있는 트랜시버를 주파수가 높은, 또는 낮은 다른 밴드로 운용할 수 있도록 하기 위해 그 트랜시버에 부가하는 송수신 모두 가능한 주파수 변환기. 높은 밴드로 운용하려는 장치를 업버터, 낮은 밴드로 운용하려는 장치를 다운버터라고도 한다.

trap 트랩 ① 반도체에서, 금제대에 있어서의 이산적인 에너지 준위로, 단결정의 결함에 기인하여 생기는 것. 자유 전자 또는 정공은 여기에 포획되어 빈도체 내를 운동할 수 없으며 재결합할 수도 없다. ② 프로그램 실행 중에 하드웨어의 상태 등에 의해 자동적으로 트리거되어 프로그램을 특정한 위치에 그 제어를 옮기는 것. ③ 수신 장치의 RF 단 또는 IF 단에서 바람직하지 않은 주파수를 배제하기 위해 사용하는 동조 회로. 텔레비전 수상기 영상 회로의 트랩은 음성 신호를 화상 신호 채널에서 배제하기 위한 것으로, 제파기(除波器)라고도 한다.

trapatt diode 트래패트 다이오드 trapped plasma avalanche and triggered transit 의 약어. 2 단자 마이크로파 증폭기. 증폭 작용은 임팩트 애벌란시 플라스마에 있어서의 전류 증배 작용과, 브레이크다운 플라스마 중에서 포획된 캐리어에 의한 지연 때문에 궤환 위상이 제어됨으로써 얻어진다.

trap circuit 트랩 회로(－回路) 텔레비전 수상기에서 영상 중간 주파 증폭 회로의 증폭 특성은 그림의 점선으로 나타낸 것과 같이 보통 좌우 대칭인 완만한 특성이 얻어진다. 그런데 음성 중간 주파수와 영상 중간 주파수와의 사이에는 4.5MHz 의 주파수차가 있어 이것이 비트(beat) 방해가 되어 영상이나 음성에 방해를 준다. 이와 같은 필요없는 음성 중간 주파수를 제거하는 회로를 트랩 회로라 한다.

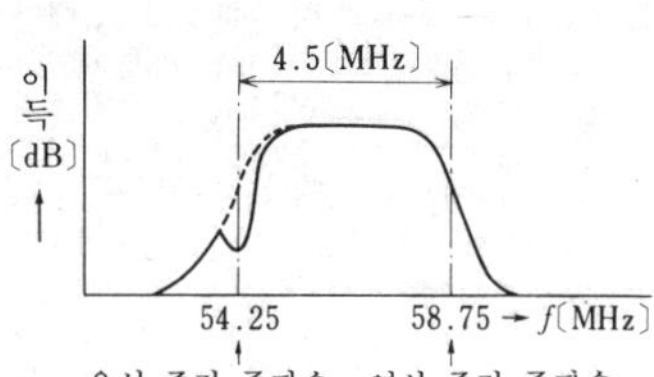

trapdoor 트랩도어 정보 처리 시스템 내에서 일부러 설치한 출입구로, 후에 정보를 수집하거나 변경하거나 파괴하거나 하기 위한 것.

trapezium distortion 사다리꼴 일그러짐, 대형 일그러짐(臺形－) ① 음극선관의 결함의 하나로, 하나의 축(세로축 또는 가로축)에 평행인 방향으로의 편향 감도가 다른 축에 평행인 방향의 편향에 대해서 변화하는 경우에 특유한 현상. 그 결과 본래 장방형이어야 할 상이 사다리꼴로 변형되어 버린다. ② 촬상관에서의 일그러짐. 수평 주사선의 길이가 수직 방향에서 비례적으로 변화하여 화면이 사다리꼴로 일그러지는 것. 촬상관의 전자 빔이 주사면을 일정한 예각 방향에서 주사했을 때 생기는 것으로, 구형 패턴이 사다리꼴로 된다. 그러나 이 일그러짐은 수평 편향용 톱니파를 수직 편향용 톱니파 전압으로 진폭 변조해 줌으로써 보정할 수 있다.

trapezoidal distortion 사다리꼴 일그러짐, 대형 일그러짐(臺形－) ＝trapezium distortion

trapping 트래핑 결정 내의 전자가 열교란에 의해 해방되기 전에 결정 내에서 불규칙한 상태로 구속되어 있는 것.

trapping center 포획 중심(捕獲中心) 반도체 결정에서 볼 수 있는 캐리어 트랩으로, 그 에너지 준위는 허용 에너지대의 끝과 분계 준위의 중간에 있으며, 포획된 전자가 허용 에너지대로 되돌아오는 열적천이 확률은 재결합 확률보다도 크다. 포획 준위는 에너지 갭의 거의 중앙에 있으며, 따라서 도너나 억셉터의 준위와는 명확하게 구별된다.

travelling wave 진행파(進行波) 분포 상수 회로에서의 전압이나 전류의 벡터는 전원 또는 부하로부터의 거리의 함수로서 나타내어지므로 이것을 진행파라 한다. 그 중 선로상을 전원에서 부하쪽으로 진행해 가는 것을 입사파, 그 반대로 진행하는 것을 반사파라 한다.

travelling-wave antenna 진행파 안테나(進行波－) SHF대, EHF대 등의 마이크로파대에서 사용하는 지향성 안테나의 일종으로, 표면 파형과 누설 파형이 있다. 표면 파형은 그림 (a)와 같이 유전체판이나 유전체 막대 등에 의해 표면파 전송로를 적당한 길이로 종단한 것이며, 전파는 그 축방향에 날카로운 빔 모양으로 방사된다. 그림 (a)와 같은 것은 유전체 막대 안테나라 하기도 한다. 누설 파형은 그림 (b)와 같이 자유 공간보다 빠른 위상 속도로 전파를 전송하는 도파관 같은 전송 선로에 조금씩 전파가 누설하는 틈을 연속적으로 두어 위상이 같은 어느 각도 θ의 방향으로 날카로운 빔 모양으로 전파를 방사하는 것이다.

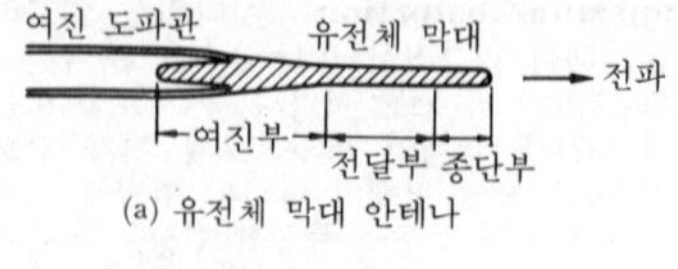

(a) 유전체 막대 안테나

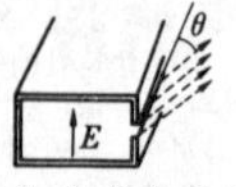

(b) 누설 파형 안테나

travelling-wave line 진행파 도선(進行波導線) 다른 끝을 반사파가 생기지 않도록 파동 저항으로 종단한 도선의 한 끝에서 여진(勵振)을 주면 도선상에 진행파 전류가 흐른다. 이와 같은 도선을 진행파 도선이라 하는데, 도선의 길이가 수 파장 이하이면 진행파 전류의 감쇠는 0으로 되어 그림과 같은 지향성을 갖게 된다. 이러한 도선을 조합시킨 안테나에 롬빅 안테나(능형 안테나)가 있다.

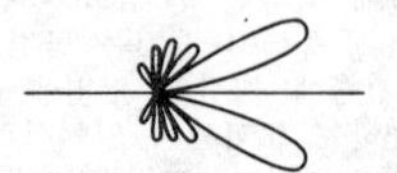

진행파 도선으로부터의 방사

travelling-wave tube 진행파관(進行波管) 마이크로파용 진공관의 하나로, 마이크로파의 증폭에 사용된다. 나선 그리드상을 입력 전파가 진행하여 관내에 전계를 만들고, 전자총으로부터의 전자류는 집속(集束) 코일로 중앙에 집속되어 전파의 전계에 의해 밀도 변조된다. 이 전자의 운동 에너지가 나선 그리드 상의 전파에 주어져서 증폭된다. 증폭 주파수 약 600MHz ~40GHz, 이득 25~41dB, 출력 약 1kW. ＝TWT

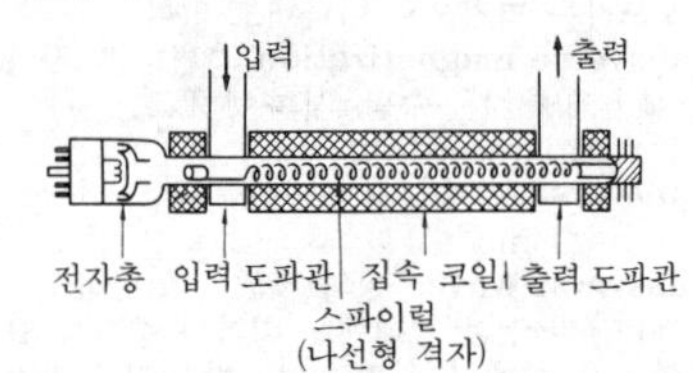

travelling-wave type maser 진행파형 메이저(進行波形－) 메이저 작용을 하는 물질을 도파관 내에 분포하여 장하(裝荷)한 것으로, 수 10MHz의 광대역을 갖게 할 수 있다.

travelling-wave type optical modulator 진행파형 광변조기(進行波形光變調器) 변조 신호 전자계가 진행파로서 전파할 수 있는 구조에서 피변조 광파와 동일한 위상 속도를 주고, 이들을 간섭시킴으로써 광파를 변조하도록 한 변조기. 변조 주파수는 변조기 광로 길이의 제약을 받지 않는다는 특징이 있으며, 집중 상수형 광변조기로 변조할 수 없는 변조파인 경우에 이 진행파형이 쓰인다.

traversal trunk 사회선(斜回線) ＝high-usage trunk

tray 트레이 ① 하나 또는 복수의 전지 셀

을 수용하는 용기. ② 정류기에서 정류 소자에 냉각 날개, 서지 흡수 소자, 트리거용 절연 변압기 등을 한 몸으로 조립한 것. 이러한 트레이를 여러 가지로 조합시켜서 정류기의 접속 방식이나 용량의 변경을 할 수 있다.

treble boost 고음 강조(高音强調) 트랜스듀서 또는 시스템의 진폭-주파수 응답 특성을 조정하여 가청 주파수대의 고음부를 강조하는 것. 저음 강조의 대비어이다.

treble cut-off frequency 고역 차단 주파수(高域遮斷周波數) →upper limited frequency

tree 트리 고체 절연물에 고전압을 가했을 때 내부에 존재하는 미소한 공극(보이드)에 생긴 방전이 절연물을 침식하여 그림과 같이 점차 방전로가 뻗는 것.

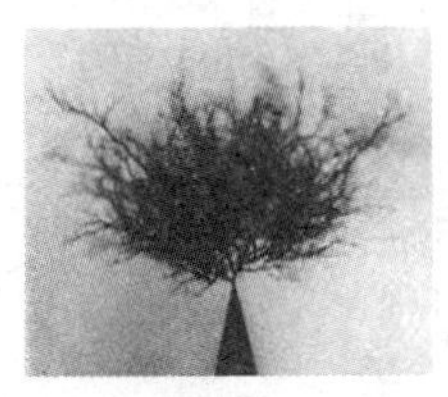

tree decoder 트리 디코더 다계층형 조합 논리 회로로, 제 n 레벨 디코더와 다음 제 $(n+1)$ 레벨 입력에 의해 제 $(n+1)$ 레벨의 디코더를 구성해 가는 트리형 디코더.

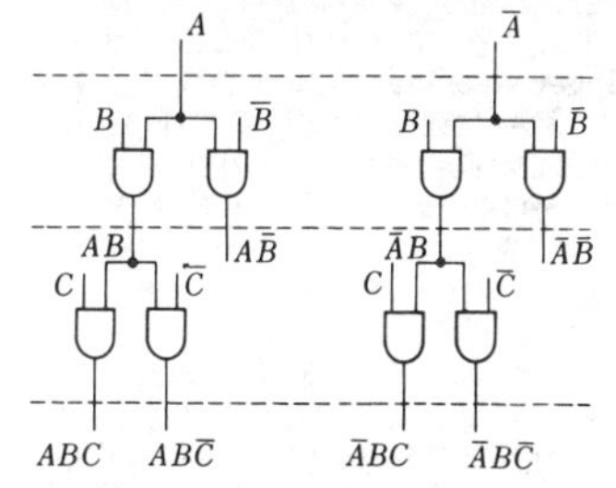

tree search 트리 탐색(-探索) ① 오셀로, 체스, 연주, 바둑 등에서 컴퓨터가 인간과 대전하는 프로그램을 만들 때와 같이 인간의 사고 방법을 바탕으로 미리 읽음으로써 최고의 수를 구하는 방법. 일반적으로 한 수의 변화는 매우 많으며, 컴퓨터가 한 수를 두는 데 많은 시간을 요하기 때문에 적절한 수법이라고는 할 수 없다. ② 트리 구조를 탐색하는 알고리즘.

tree structure 트리 구조(-構造) →data structure

trellis-coded modulation 트렐리스코드화 변조(-化變調) 통신 속도 9600 bps 이상의 모뎀에서 쓰이는 직교 진폭 변조의 고도한 방식. 횡축 진폭 변조와 마찬가지로 트렐리스코드화 변조는 반송파의 위상과 진폭의 양쪽 변화에 관련하는 정보를 일의적인 비트 집합으로서 부호화한다. 그러나 트렐리스코드화 변조는 신호 포인트의 콘스텔레이션(constellation : 그룹)을 사용하고 있다. 콘스텔레이션에서는 신호 포인터가 밀집하고 있어서 보다 많은 신호 포인트(데이터의 부호화에 필요)를 나타낸다. 신호 포인트를 많이 취할 수 있기 때문에 데이터를 나타내는 각 비트 집합에 여분의 오류 검사 비트를 가할 수 있다. 이들 오류 검사 비트에 일정한 비트 조합을 무효로 하는 코드 체계를 플러스함으로써 노이즈가 원인으로 일어나는 오류를 검출하는 수단을 수신/송신 장치에 내장할 수 있어 보다 확실한 오류 정정을 선택할 수 있게 된다. =TCM

trench capacitor 트렌치 콘덴서 대용량의 다이내믹 RAM 에서 사용되는 콘덴서 구조로, 디바이스의 고밀도화를 도모하기 위해 실리콘 기판 내에 깊은 홈을 파고, 그 양 측벽 사이의 커패시턴스를 이용하도록 한 것. 소자 위에 콘덴서 구조를 쌓아 올리는 스택 콘덴서(stacked capacitor)에 의해서도 같은 목적을 달성할 수 있다. 좁은 부지 내에 거주 공간을 확보하려면 고층화하든가 지하 이용을 도모하지 않으면 안 된다. 트렌치 콘덴서는 후자의 경우에 해당한다.

trend 트렌드 시계열에 있어서 나타나는 한 방향으로의 계통적인 경향 변동을 말한다. 순환 변동, 주기 변동 등과 대비된다. 트렌드의 존재는 이동 평균법 등으로 시계열 데이터에서 불규칙 변동을 제거함으로써 알 수 있다.

triac 트라이액 양방향성의 전류 제어가 행하여지는 반도체 제어 부품으로, 규소의 5층 pn 접합으로 구성된다. 2 개의 주전극과 1개의 게이트(제어 전극)가 있으며, 게이트 신호가 없으면 어느 방향으로도

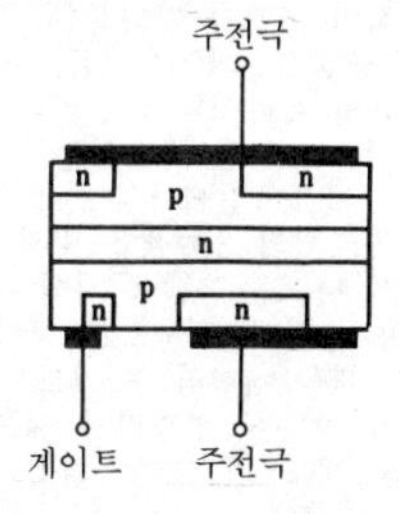

OFF 이지만 게이트 신호가 있으면 주전극의 극성에 관계없이 턴온(turn-on)할 수 있다.

triboelectricity 마찰 전기(摩擦電氣) 2개의 다른 물질, 예를 들면 에보나이트와 종이, 유리와 명주 등을 마찰함으로써 발생하는 전하. 두 물질에는 양이 같고 부호가 다른 전하가 발생한다.

triboelectric noise 마찰 전기 잡음(摩擦電氣雜音) →low-noise cable

triboelectrification 마찰 대전(摩擦帶電) 서로 다른 재료를 마찰함으로써 액체, 고체의 경계에서의 상호 간섭에 의해, 또는 액체, 가스체의 경계의 파괴 등에 의해 반대 부호의 전하가 기계적으로 나뉘는 것.

trichlorosilane 3염화 실란(三鹽化－) 분자식 $SiHCl_3$. 반도체 부품의 소재인 규소를 만들기 위한 중간 원료로, 이것을 환원한 것을 존 정제(zone purification)하여 사용한다.

trickle charge 트리클 충전(－充電) 비상용 전극으로서 축전지를 사용하는 경우 그것을 언제나 충전 상태로 유지하기 위해 자기 방전의 전류에 가까운 크기의 충전 전류를 끊임없이 흘려 두는 방법.

tri-color 3원색(三原色) 둘 이상의 색을 혼합해도 만들 수 없는, 독립한 세 가지 색을 3원색이라 하는데, 색의 혼합법으로서는 가색 혼압과 감색 혼합이 있다. 전자에서는 적, 녹, 청의 3색에 의해 모든 색을 나타낼 수 있으므로 이것을 빛의 3원색이라 하며, 컬러 텔레비전은 이 원리에 의해 색을 재현하고 있다. 이에 대하여 후자에서는 시안(청녹), 마젠타(적자), 황의 3색이 선정되고, 이것을 그림물감의 3원색이라 하며, 컬러 사진은 이 원리에 의해 색을 재현하고 있다.

tri-color phosphor 3색 형광체(三色螢光體) 3원색 수상관에서 적, 녹, 청의 3원색의 빛을 발광시키기 위해 사용하는 형광체이다. 3원색 수상관에서는 형광체의 양부는 직접 화상에 영향을 주므로 그 연구가 활발하다. 현재 쓰이고 있는 대표적인 것은 적이 희토류 산화물(Y_2O_3 : Eu), 녹이 황화물(ZnS : Cu, Al), 청이 역시 황화물(ZnS : Ag)이다.

tri-color tube 3원색 수상관(三原色受像管) 컬러 텔레비전에서의 수상용 브라운관. 적, 녹, 청의 3원색을 발광하는 3색 형광체에서 나오는 3색을 가색 혼합에 의해 적당히 혼합하여 눈으로 보았을 경우 여러 가지 색을 재현할 수 있도록 한 것이다. 3색의 장방형 형광막과 섀도 마스크를 사용한 섀도 마스크형 컬러 수상관과 선형(線形) 형광체와 선형 격자를 사용한 크로마트론관 등이 실용되고 있는데, 전자의 섀도 마스크형이 일반적으로 널리 사용되고 있다. 형광체의 발광 효율과 색조가 컬러의 재현에 직접 영향을 주므로 보다 좋은 3색 형광체를 쓰지 않으면 안 된다.

trigger 트리거 ① 다른 회로에 적당한 계기를 주어 필요한 동작을 일으키는 것. 보통 펄스를 보내서 트리거한다. ② 어느 특정한 동작을 개시하기 위한 계기를 주는 순시 입력. →trigger circuit

trigger circuit 트리거 회로(－回路) 트리거란 방아쇠라는 뜻이다. 전자 회로에서는 충격성의 펄스를 트리거 펄스라 하고, 블로킹 발진기로 발진을 개시시킨다든지, 원숏(one-shot) 멀티바이브레이터로 OFF 상태의 트랜지스터를 ON 시킨다든지 하는 펄스 회로이다. 그림은 +의 트리거 펄스 회로를 나타낸 것이다.

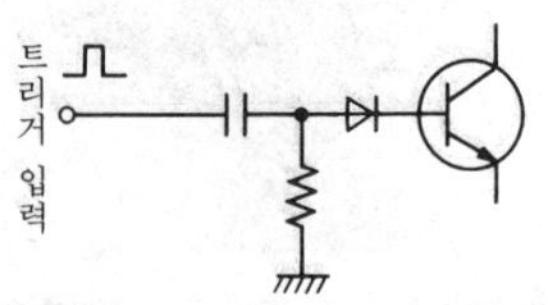

trigger pulse 트리거 펄스 작은 에너지의 제어 신호로 큰 에너지를 해방하는 데 사용하는 펄스. 예를 들면, 플립플롭 회로를 한쪽의 안정 상태에서 다른 쪽의 안정 상태로 바꾸려면 트리거 펄스를 가한다.

trigger steering 트리거 스티어링 다이오드 또는 트랜지스터를 통해서 트리거 신호를 보내는 경우에 몇 가지 결합한 회로의 하나를 골라 여기에 트리거 신호를 보내는 것.

trigger sweep 트리거 소인(－掃引) 입력 신호에 의해 펄스를 만들고(트리거 펄스라 한다), 이에 의해 소인 회로를 동작시키는 방법으로, 싱크로스코프에 사용된다. 이 방법은 소인 시간을 입력 신호의 주기와 관계없이 고를 수 있으므로 주기가 불규칙한 파형이나 1회 밖에는 생기지 않는 현상을 관찰할 수도 있다.

triglycine sulfate 황산 트리글리신(黃酸－) ＝TGC

trimmer condenser 트리머 콘덴서 정전 용량의 세밀한 조정을 하기 위해 사용하는 가변 콘덴서로, 주조정용 가변 콘덴서에 부속하여 사용되는 경우가 많다. 반고정식이며, 티탄 콘덴서나 마이카 콘덴서가 사용된다.

trimming 트리밍 미세한 조정을 하는 것.

탄소 피막 저항기의 저항값을 조정하기 위한 커팅이나, 동조 회로의 동조점을 고정하기 위한 트리머 콘덴서의 조정 등을 말한다.

trim pot 트림 포트 드라이버를 써서 그 값을 세밀 조정(트리밍)하도록 한 가변 저항기(POT).

trinescope 트리네스코프 컬러 텔레비전 수상관의 한 형식. NTSC 방식과 마찬가지로 얻어진 3원색에 해당하는 신호를 각각 따로 3개의 수상관으로 받고 이들을 다이크로익 미러에 의해 광학적으로 겹쳐서 컬러 화상을 얻는 것이다. 섀도 마스크 방식의 것에 비해 조정은 간단하지만 큰 화면의 것을 얻기가 어렵다.

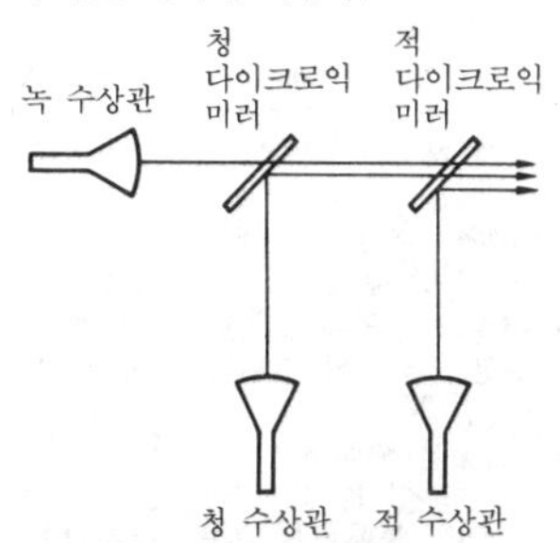

Trinitron 트리니트론 일본 소니사가 개발한 단전자총 컬러 수상관. 트리니트론은 1개의 전자총에서 3개의 수평으로 배열된 전자 빔을 동시에 발사하고, 1조의 대구경 전자 렌즈와 한 쌍의 전자 프리즘에 의해 전자 빔을 편향, 집속시키고, 다시 이것을 어퍼처 그릴이라는 색선별 기구에 의해 3색의 형광체를 발광시키는 것이다. 섀도 마스크형보다 구조가 간단하고, 어퍼처 그릴의 전자 빔 투과율이 섀도 마스크보다 높으므로 화상이 밝고, 소비 전력도 적어진다.

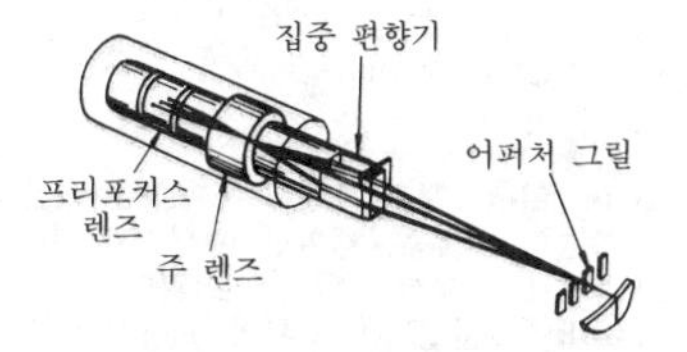

triode 3극관(三極管) 음극(캐소드)과 양극(플레이트) 사이에 제어 그리드를 넣은 진공관. 그리드에 (−)의 전압을 가하고, 이것을 입력 신호에 의해 변화시키면 양극(플레이트) 전류가 크게 변화하여 신호를 증폭할 수 있다.

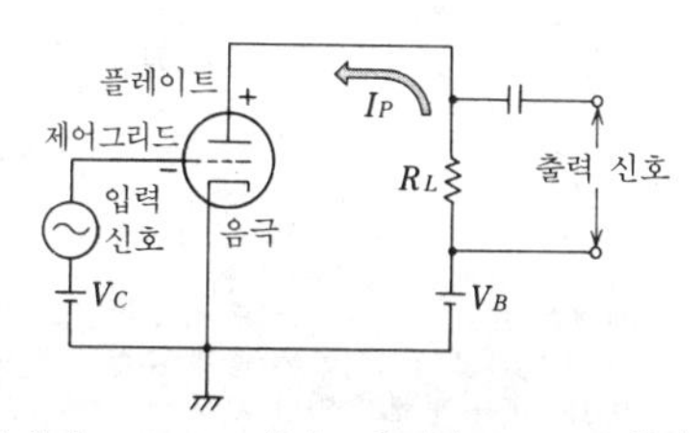

triode pnpn switch 3단자 pnpn 스위치(三端子−) SCR(실리콘 제어 정류기)의 별명. 그림과 같은 구조(n 게이트형인 경우)로 되어 있으므로 이 이름이 붙여졌다.

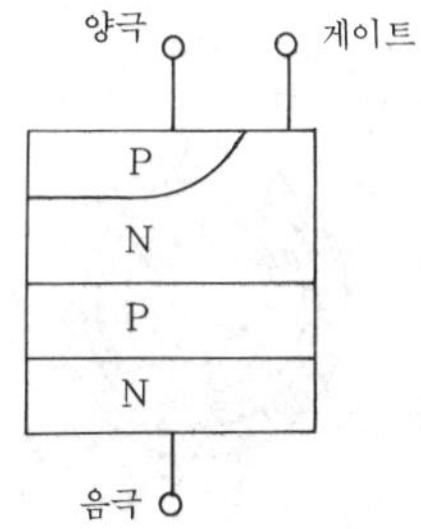

triple diffusion 3중 확산(三重擴散) 고저항의 결정 기재(結晶基材)에 컬렉터, 베이스, 이미터의 순으로 불순물 확산을 3층으로 반복하여 트랜지스터를 만드는 방법. 주파수 특성이 좋고, 고내압의 것이 얻어진다.

triple superheterodyne system 3중 수퍼헤테로다인 방식(三重−方式) 수퍼헤테로다인 수신기에서 주파수 변환을 세 번 하는 것을 말한다. 중간 주파수는 세 가지 다른 주파수를 사용하고, 제1 중간 주파수부터 차례로 낮은 값의 중간 주파수로 변환해 가는 것이 보통이다. 동일 중간 주파수로는 증폭도에 한도가 있고 고감도로 할 수 없지만 이렇게 하면 감도, 선택도를 모두 높일 수 있으므로 업무용 수신기에 널리 채용되고 있다.

trisistor 트리지스터 SCR(실리콘 제어 정류기)의 별칭으로, 이전에 사용된 일이 있는 호칭.

tri-status logic 트라이스테이트 논리 회로(−論理回路) 논리 회로에서 "1"과 "0", 참과 거짓, 혹은 H와 L 등과 같은 두 상태 외에 그 중간 상태의 「부정(不定)」이 존재하는 것을 말한다. 보통, 「부정」에서는 고 임피던스의 상태를 유지하고, 접속되는 다른 회로에 영향을 미치지 않는 반도체 이론 디바이스가 만들어지고 있다.

tri-stimulus values 3 자극값(三刺戟－) 어떤 색의 빛이라도 3 원색을 적당한 양만큼 혼합함으로써 시각적으로 원래의 색과 같게 할 수 있다. 이것을 등색(等色)시킨다고 하는데, 이 때의 3 원색의 양을 3 자극값이라 한다. 예를 들면, 백색광을 프리즘으로 분해한 경우에 얻어지는 스펙트럼색에 대해서 3 원색이 어떤 비율로 혼합되어 있는가의 3 자극값은 국제 조명 위원회(CIE)에서 정해져 있다.

trochotron 트로코트론 계수관의 일종으로, 별명 마그네트론형 계수관이라고도 한다. 음극에서 발생하는 전자류를 전계와 자계 중을 주행시키고 입력 펄스에 의해 그 위치를 제어하는 것이다. 전자 빔 전환관이 이에 속하며, 분해능이 매우 좋아 0.1μs 정도의 계수도 할 수 있다.

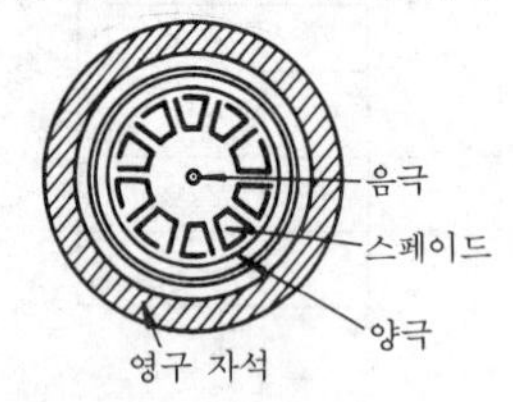

troidal coil 트로이덜 코일 트로이덜 코어(고리 모양의 자심)에 감긴 코일. 권선 작업은 곤란하지만 안정한 성능의 코일 부품이 얻어진다. 인덕턴스는 감는 횟수로 조절한다.

troidal core 트로이덜 코어 원형 솔레노이드를 만드는 데 사용하는 고리 모양의 자심.

trombone line 트롬본 선로(－線路) U자형을 한 도파관 또는 전송 선로 구간에서 그 길이를 조정할 수 있는 것.

troposcatter 대류권 산란(對流圈散亂) = pospheric scatter

troposphere 대류권(對流圈) 지상 약 10～16km 까지의 대기의 대류가 이루어지는 범위의 공간. 위도에 따라 다소 높이는 다르지만 비나 구름 등의 기상 현상이 있고, 이 중에서는 대기의 굴절률이 변화하기 때문에 전파도 산란 현상을 일으킨다든지 초단파 등에서는 반사하는 일이 있다. 이러한 전파의 전파(傳播)를 대류권 전파라 하고, 이러한 전파를 대류권파라 한다.

tropospheric communication system 대류권 통신 방식(對流圈通信方式) 지구를 둘러싸고 있는 10～16km 의 두께를 갖는 대류권 내를 전하는 전파를 이용하는 통신 방식. 이것에는 LF 대나 MF 대의 전파에 의한 지상파 전파에 의한 것이나, VHF 대 이상의 전파를 사용한 직접파에 의한 것, 대류권의 산란이나 산악 회절에 의한 가시외 통신 방식 등이 있다.

tropospheric propagation 대류권 전파(對流圈傳播) 대지와 대류권의 범위(지상 약 10km)에서 행하여지는 전파 전파로, 지상파, 대류권 산란, 초굴절 등에 의해서 이루어지는 것.

tropospheric scatter 대류권 산란(對流圈散亂) 전파가 대류권에서 산란함으로써 이루어지는 일종의 산란 전파(傳播) 현상. 이 현상은 전파의 주파수와 관계없으므로 1,000km 정도의 거리에서 RF스펙트럼의 전역에 걸쳐서 통신에 이용할 수 있다.

trouble shooting 장해 추구(障害追求), 고장 추구(故障追求) 시스템이나 장치 등에서 발생한 장해를 각종 수법을 써서(그 발생 개소나 발생 원인을) 추구하고, 찾아내는 것.

trough 트로프 지하 케이블 선로를 외압으로부터 보호하기 위해 두는 통.

TR tube TR 관(－管) 레이더에서는 송신, 수신을 하나의 안테나로 하고 있는데, 송신 출력과 수신 입력의 에너지차가 크므로 송신 출력으로 수신기를 소손(燒損)할 염려가 있다. TR 관은 송신 에너지가 수신기에 들어가는 것을 방지하는 구실을 하는 방전관이다. TR 상자, TR 스위치라고도 한다. 강한 송신 공진 전파에 대하여 TR 관은 방전하여 비공진으로 되고, 약한 수신 전파에 대해서 잘 공진한다.

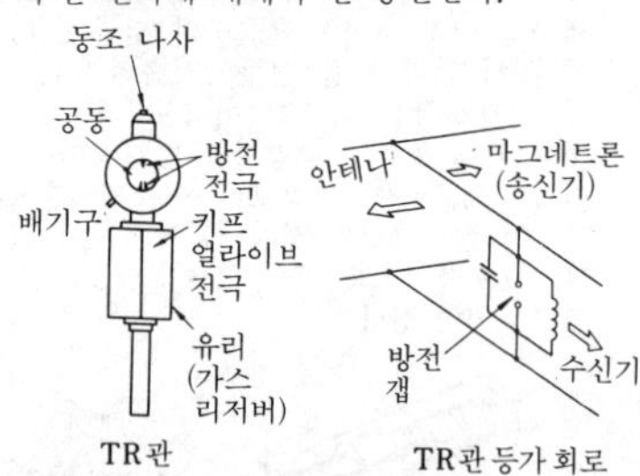

TR관　　TR관 등가 회로

true value 참값 측정되는 양의 올바른 값. 특별한 경우를 제외한 관념적인 값이며, 측정에 의해서 구하기는 어렵다.

trunk 트렁크 ① 교환기 프레임에 수용되는 장치로, 통화로의 일부를 구성하고, 그 감시나 제어를 하는 것. 예를 들면, 통화 전류의 공급, 신호의 송출, 과금(課金) 등의 기능을 하는 장치. ② 자동 교환기의 다른 스테이지를 접속하는 트래픽 간선. 링크와 같은 뜻으로 쓰이는데, 따로 조건

선택 접속에만 사용되는 것은 아니다.

trunk equipment 트렁크 장비(-裝備) 교환기의 스위치 프레임에 수용된 입출력 회선에 대해 설비된 회선의 감시 제어를 행하는 것. 또, 접속 회선의 의미로도 쓰일 때가 있다.

trunk exchange 중계선 교환(中繼線交換) 중계 교환에 이용되는 전화 교환기.

trunk group number 트렁크 군 번호(-群番號) 동일 선택 단위를 구성하는 출(出) 트렁크군 혹은 트렁크 클래스가 같은 입(入) 트렁크군에 대해서 부여되는 논리 번호. =TGN

trunk hunting 수선(搜線), 회선 찾기(回線-) 연속적으로 들어오는 호출을 접속하는 방법의 하나로, 최초의 피호출 번호가 사용 중이면 그 호출을 다음의 연속 번호로 바꾸는 것.

trunk line 시외 선로(市外線路)[1], 중계선(中繼線)[2] (1) 시외 교환국간을 연락하는 전화 전송로. 따라서 시내호(local call)를 운반하는 시내선(가입자선)이나 시내 교환국(단국) 등은 포함되지 않는다. 시외선은 보통 대량의 트래픽을 장거리에 걸쳐서 전송하므로 어떤 형태의 다중 방식을 쓰고 있다. 중계선이라고도 한다. 또한 시외 교환국은 국계위상에서는 집중국이라 한다.

(2) 두 교환국을 잇는 회선. 단국 상호간을 잇는 중계선, 단국과 집중국을 잇는 중계선, 집중국 상호간을 잇는 중계선 등 여러 가지이다.

truth table 진리표(眞理表) 논리 연산에 대한 연산표. 입력값의 모든 가능한 조합을 열거하고, 각각의 조합에 대하여 참의 출력값을 나타냄으로써 논리 함수를 기술한 표.

truth value 진리값(眞理-) 논리 회로의 상태를 나타내기 위해 쓰이는 값. 예를 들면 스위치가 ON 인 상태를 "1", OFF 인 상태를 "0"이라는 식으로 나타낼 수 있다. 이 "1" 또는 "0"을 진리값이라 한다.

TSC 열자극 전류(熱刺戟電流) =thermally stimulated current

TSI 임계 신호 대 방해 신호비(臨界信號對妨害信號比)[1], 타임슬롯 교환(-交換)[2] (1) =threshold signal-to-interference ratio
(2) =time-slot interchange

TSL 3스테이트 논리(三-論理) =three-state logic

TSS 시분할 방식(時分割方式) =time-sharing system

TTF 테트라티오풀발렌 =tetrathiofulbalenium

TTL 트랜지스터 트랜지스터 논리(-論理) transistor transistor logic 의 약어. 그림과 같은 멀티이미터 트랜지스터를 입력으로 한 논리 회로. 팬아웃(fan-out)이 많이 얻어지고, 출력 임피던스도 낮아 현재 가장 품종이 풍부하고 널리 사용되고 있으나 전력 소비의 점에서 LS-TTL 등으로 대치되고 있다.

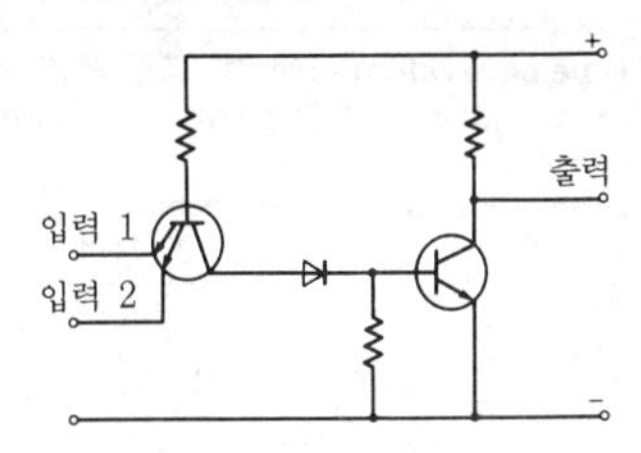

TTL compatible TTL 호환(-互換) 각종 기능 단위를 조합하여 하나의 기능 회로(VLSI, LSI 등)를 구성할 때 접속하는 논리 회로의 전기적 특성이 TTL 입력 허용 레벨과 출력 허용 레벨을 만족하는 상태 또는 소자.

TTY 텔레타이프라이터 teletypewriter의 약어. 인쇄 전신기의 의미하며, 원래 AT&T 사의 상품명이다. 이것을 멀리 떨어진 2대의 타이프라이터 중 한쪽을 누르면 전기 통신에 의해 다른 타이프라이터에 인자할 수 있게 되어 있는 장치이다. 구체적으로는 통신 시스템에 이용되는 테이프 천공기, 수신 테이프 천공기, 페이지 인쇄기 등이다.

T-type antenna T형 안테나(-形-) 수직 안테나의 끝에 수평부를 둔 T형의 접지 안테나로, 전류 분포는 그림과 같이 되며, 수평부는 정부(頂部) 부하로서 작용하고, 전파의 대부분은 수직부에서 방사된다. 수평 정부의 전류는 방향이 반대이기 때문에 상쇄하여 수평면 내는 거의 무지향성이 된다. 고유 파장은 전장의 4.5~7배, 실효 높이는 높이의 0.6~1 배이며, 장파나 중파에 널리 사용된다.

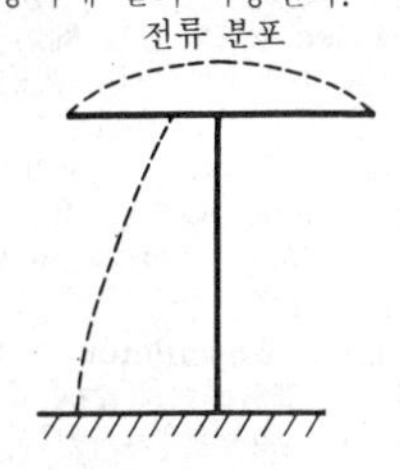

T-type circuit T형 회로(-形回路) 4단자망 회로에서 임피던스 Z_1, Z_2, Z_3이 그림과 같이 T자형으로 접속된 회로로, Z_1 $=Z_3$일 때 특히 대칭 T형 회로라 한다.

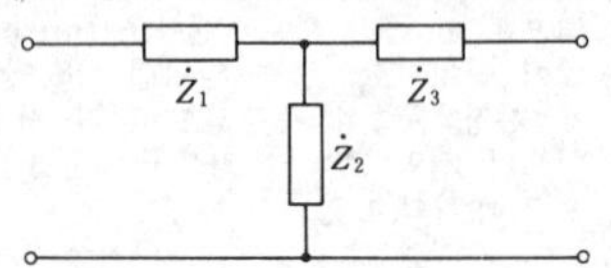

T-type equivalent circuit T형 등가 회로(-形等價回路) →T-parameter equivalent circuit

T-type resistance attenuator T형 저항 감쇠기(-形抵抗減衰器) 저항 소자의 T형 4단자 회로망으로 구성한 감쇠기. 제작상, 감쇠량을 가변으로 하기는 어려우므로 고정 감쇠기로서 널리 사용된다.

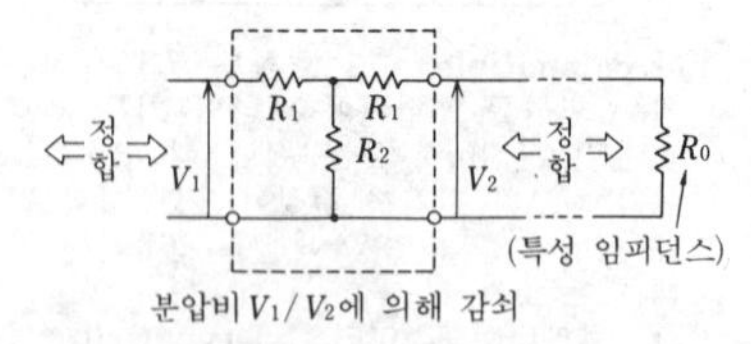

tube noise 진공관 잡음(眞空管雜音) 진공관 내부에서 발생하는 잡음을 말하며, 이것에는 산탄 잡음, 플리커 잡음, 마이크로포닉 잡음, 격자 유도 잡음 등이 있다.

tube of magnetic force 자력선관(磁力線管) 어떤 곡선을 생각한 경우, 그 선상 임의의 점에서의 접선이 자계 방향을 가리키는 선이 자력선인데, 닫힌 선의 각점을 통하는 자력선에 감싸이는 공간 부분을 자력선관이라 한다.

tubular condenser 튜뷸러 콘덴서 원통형 용기에 넣은 오일 콘덴서를 양단에서 축방향으로 리드선을 낸 구조로 한 콘덴서의 호칭.

Tudor plate 튜더 양극판(-陽極板) 납축전지의 양극판. 주조에 의해 만들어지고, 큰 면적을 갖게 하기 위해 표면에 주름을 많이 가지고 있다.

tunable laser 동조 가능 레이저(同調可能-), 가변 파장 레이저(可變波長-) 어느 범위에 걸쳐서 발진 주파수를 바꿀 수 있는 레이저. 파라메트릭 발진을 사용하는 레이저, 파라메트릭 발진을 사용하는 레이저, 색소(色素) 레이저, 반도체 레이저 등이 그 예이다.

tuned collector oscillator 컬렉터 동조 발진기(-同調發振器) 그림과 같은 출력 동조형 발진 회로를 가리킨다. 발진이 성장함에 따라서 이미터 전류도 증가하나, 저항 R_e에 의한 전압 강하가 증가하여 발진 진폭은 어느 값으로 안정된다. 발진 주파수는 다음 식으로 나타내어진다.

$$f=\frac{1}{2\pi\sqrt{L_1C_1}}$$

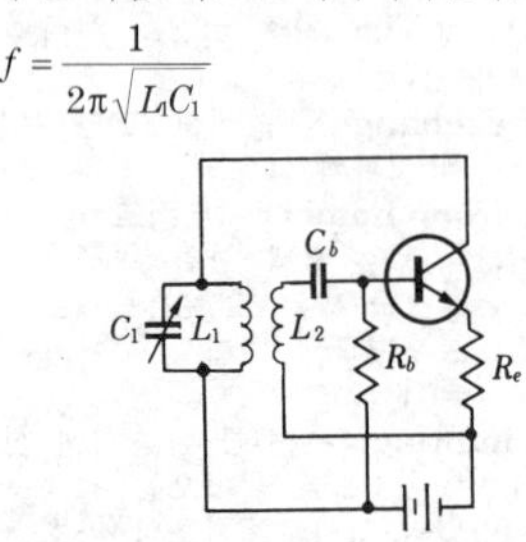

tuned emitter oscillator 이미터 동조 발진기(-同調發振器) 그림과 같은 회로로, 이미터 회로에 접속된 동조 회로의 진동에 의한 베이스 바이어스의 변화가 컬렉터 전류를 변화시키고, 이미터로 궤환되어서 발진하는 회로이다. 이 발진 주파수는 다음 식으로 나타내어진다.

$$f=\frac{1}{2\pi\sqrt{LC}}$$

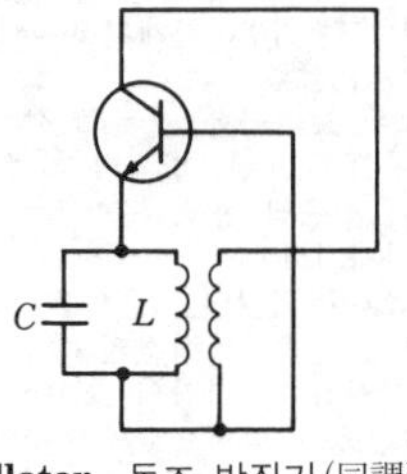

tuned oscillator 동조 발진기(同調發振器) 동조 회로에 증폭기를 정궤환 접속하든가 또는 부성 저항 소자를 접속하여 지속 진동의 에너지를 공급하는 형식의 발진기.

tuned transformer 공진 변압기(共振變壓器) 변압기에 있어서 부대(附帶)하는 회로 요소를 조정하여 전체로서 1차측에 공급된 교류 주파수로 공진하도록 하고, 그 결과 2차측에(다른 방법으로 얻어지는 값 이상의) 고전압 출력이 얻어지는 것.

tuner 튜너 일반적으로 수신기에서의 선국(選局)이나 동조 조작을 하는 부분을 말한다. 텔레비전 수상기에서는 고주파 증폭, 국부 발진, 주파수 변환 및 입력 회로, 선국 기구 등을 한 몸으로 하여 케이스에 넣고 있다. VHF용 텔레비전 수상기에서는 디텐트식과 회전 스위치 또는 푸시버튼식이 있고, UHF용에서는 전자

동조식이 사용되고 있다. FM 튜너에서는 검파 회로를 가지며, 검파 출력을 출력 단자에서 꺼낼 수 있게 한 것이 많다.

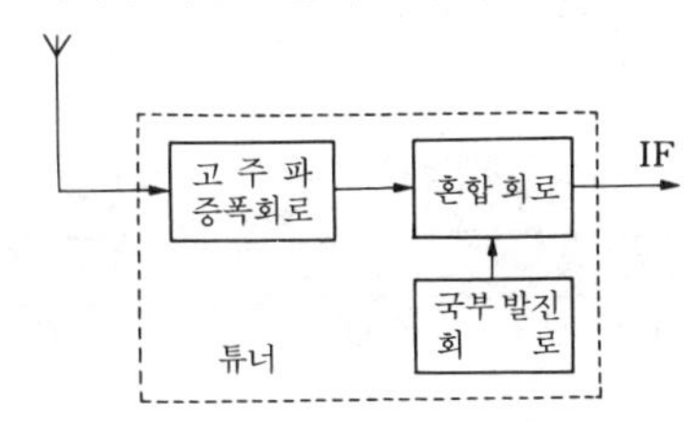

tungsten 텅스텐 단체(單體)의 금속으로서는 융점이 가장 높으므로 진공 중에서의 히터로서 쓰인다. 가장 흔히 볼 수 있는 것은 백열 전구의 필라멘트이다.

tungsten cathode 텅스텐 음극(-陰極) 텅스텐을 사용한 음극. 일의 함수는 4.52 eV로 크고, 융점이 높으며, 기계적 강도가 크고, 고온에 대하여 증기압이 높기 때문에 직열(直熱) 음극으로서 대출력 송신관, X선관, 고압 정류관 등에 사용된다. 동작 온도는 2,400~2,500K이다.

tungsten fuse 텅스텐 퓨즈 텅스텐의 가는 선을 필요한 치수로 정밀하게 만들어 소형의 유리관에 봉해 넣고, 그 양단에 도선을 붙인 것. 전자 기기와 같은 소전류이고 정밀한 제한을 요하는 곳에 사용한다.

tuning 동조(同調)[1], 조율(調律)[2] (1) 회로 또는 시스템을 그 주파수를 조정하여 공진 동작 상태로 하는 것.
(2) 악기의 음의 높이를 조정하는 것.

tuning amplifier 동조 증폭기(同調增幅器) →single tuned amplifier

tuning bar vibrator 음편 진동자(音片振動子) 음편이란 양단을 자유롭게 한 단면적이 고른 막대를 말한다. 소리굽쇠 진동자의 소리굽쇠 대신 음편을 사용한 것이 음편 진동자이며, 큰 Q를 얻을 수 있다.

tuning capacitor 동조 콘덴서(同調-) 사용할 때마다 정전 용량을 변화시키는 콘덴서. 바리콘이라고도 한다.

tuning circuit 동조 회로(同調回路) 어느 주파수에 동조하는 회로. 콘덴서와 코일을 조합시킨 회로로, 어느 한쪽을 바꿈으로써 원하는 주파수에 동조시킬 수 있다. 일반적으로 병렬 공진 회로가 사용되며, 라디오와 같이 넓은 범위의 주파수에 동조시키기 위해서는 바리콘이 사용되고, 중간 주파 증폭 회로와 같이 특정한 주파수에 동조시키는 것은 코일의 더스트 코어를 움직여서 L의 변화로 동조시킨다. 병렬 공진이기 때문에 동조점에서는 높은

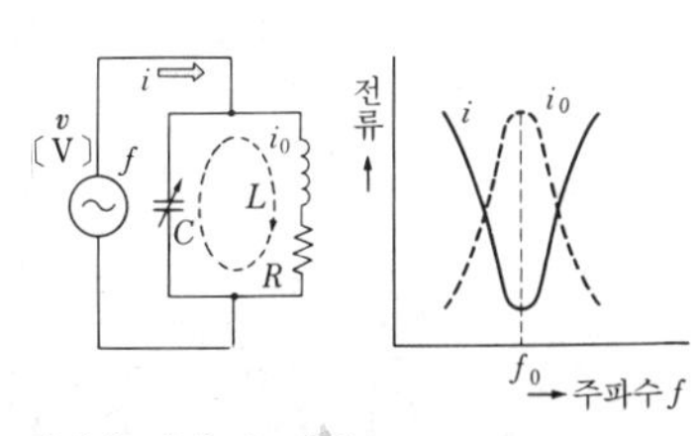

전압을 꺼낼 수 있다.

tuning coil 동조 코일(同調-) 특정 주파수만을 선택하는 회로에 사용하는 코일.

tuning comparison method 동조점 비교법(同調點比較法) 공진 현상을 이용하여 인덕턴스나 정전 용량을 측정하는 방법으로, 치환법, 직렬 접속법 및 병렬 접속법이 있다. 미지(未知) 인덕턴스 또는 미지 정전 용량을 직렬 공진 회로에 삽입했을 때와 하지 않았을 때의 동일 주파수에 대한 공진시의 가변 콘덴서 값을 판독하고 그 회로 특유의 관계식으로 산출한다.

tuning dial 동조 다이얼(同調-) 인덕턴스나 정전 용량을 부꾸어서 동조를 취할 때 이 가변량을 지시하도록 한 다이얼. 눈금에서 직접 동조 주파수를 읽을 수 있는 것과, 따로 표 또는 곡선을 갖추어서 읽는 것이 있다.

tuning fork oscillator 소리굽쇠 발진기(-發振器), 음차 발진기(音叉發振器) 소리굽쇠의 고유 진동수를 이용하여 트랜지스터 발진 회로와 조합시켜서 안정한 일정 주파수의 저주파 발진을 일으키는 것. 단, 기계적 진동을 바탕으로 한 것이므로 온도에 따라서 고유 진동수가 변동하는 결점이 있다.

tuning fork vibrator 소리굽쇠 진동자(-振動子), 음차 진동자(音叉振動子) 소리굽쇠에 의해 그 공진 주파수에 따른 진동을 발생시키는 것. 주파수는 치수에 의해 정해지며, 10^2~10^4Hz의 것이 얻어지기가 쉽다. 전기 회로와 결합하기 위해 전자 코일 또는 압전 소자 등을 변환기로서 조합시키고 있다.

tuning hysteresis 동조 히스테리시스(同調-) 튜너의 위치, 혹은 동조 요소로의 입력이 서로 반대 방향으로 접근했을 때 그 동조 특성이 같지 않은 것. 각각의 방향에서 접근했을 때의 특성의 벗어남을 히스테리시스라 한다.

tuning indicating circuit 동조 지시 회로(同調指示回路) 라디오, 텔레비전 등의 수신기에 사용되는 회로로, 정확하게 동조하고 있는지 어떤지를 표시하는 회로. FM 수신기 등에서 AGC 회로가 있는 것

에서는 다소 동조점이 벗어나도 음량은 달라지지 않지만 충실도가 떨어진다. 정확한 동조점을 표시하는 회로를 동조 지시 회로라 한다. 그림은 검파 전류(입력 전계에 비례)를 가동 코일형 전류계로 지시케 하는 회로 예이며, 정확한 동조가 되었을 때 S 미터의 지시가 최대로 된다.

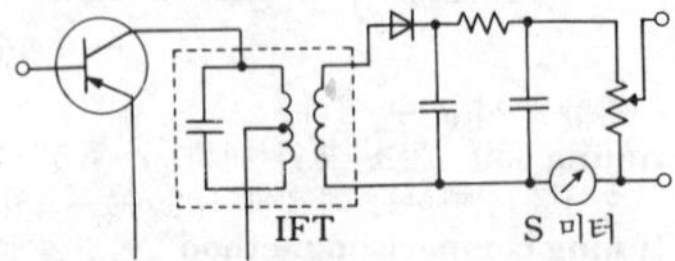

tuning indicator tube 동조 지시관(同調指示管) 수신기가 올바르게 수신 전파에 동조하고 있는지 어떤지를 지시하도록 만들어진 진공관으로, 매직 아이라 하고, 동조 지시 회로에 사용한다. 그림과 같이 3극관부와 지시부로 이루어지는 특수한 구조이며, 지시부의 타깃 내면에는 형광 물질이 칠해져 있다. 여기에 전자가 충돌하면 녹색으로 빛을 내는데, 레이 컨트롤(전자 제어) 전극의 배면에 음영이 생기고, 이것이 전극의 전압에 따라 변화하므로 음영의 크기에 따라 동조점을 찾아낼 수 있다.

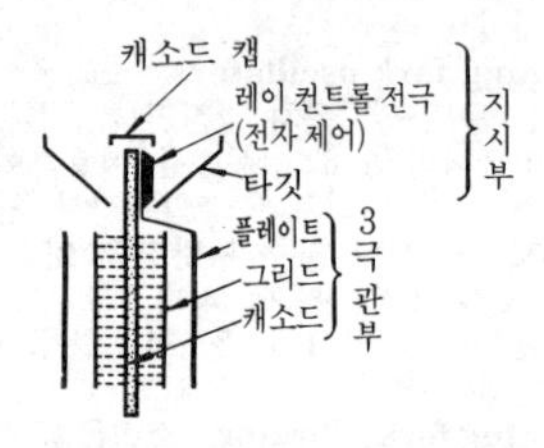

tunign sensitivity 동조 감도(同調感度) 발진기에 있어서, 주어진 동작점에서의 주파수의 제어 매개 변수(예를 들면 기계적인 튜너의 위치라든가 전기적인 동조 전압 등)에 의한 변화율.

tuning transformer 동조 변성기(同調變成器), 동조 트랜스(同調－) 콘덴서와 트랜스의 인덕턴스로 공진 회로를 형성하고, 단일 주파수를 저손실로 선택할 목적으로 사용하는 트랜스(변성기).

tunnel diode 터널 다이오드 에사키 다이오드의 별칭. 불순물이 많은 pn 접합에서의 터널 효과를 이용한 다이오드로, 마이크로파 회로에 사용된다.

tunnel diode amplifier 터널 다이오드 증폭기(－增幅器) 터널 다이오드의 부성 저항을 이용한 증폭기.

tunnel effect 터널 효과(－效果) 공핍층(空乏層)이 매우 좁고, 불순물 농도가 큰 pn 접합에 어떤 크기의 역방향 전압을 가했을 때 p 형 영역의 가전자가 공핍층을 관통하여 n 영역으로 흘러드는 현상.

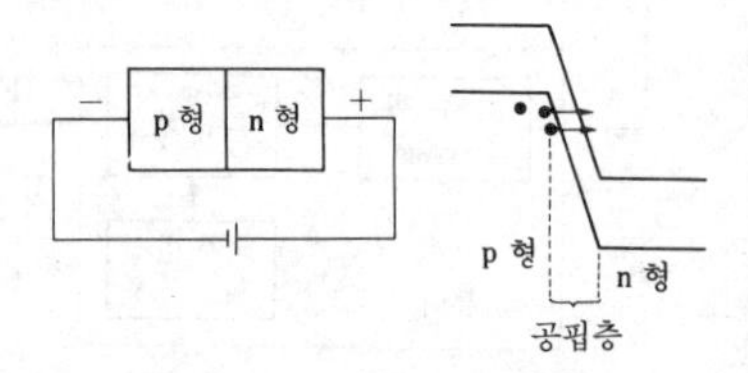

Turing machine 튜링 기계(－機械) 판독·기록이 가능한, 좌우 양방향으로 무한히 긴 테이프를 갖는 유한 상태 기계. 기계의 동작은 판독한 테이프 상의 기호(a_i)와 내부 상태(S_j)에 의해 결정되며, 테이프의 판독·기록 헤드의 좌우로의 이동(L 또는 R), 테이프로의 기호의 기록(a'_i), 및 다음 내부 상태(S'_j)로의 천이의 세 가지 동작이 이루어진다. 튜링 기계에 의해 수리되는 언어의 클래스는 구 구조(句構造) 언어의 클래스와 일치한다. 튜링 기계를 써서 계산 가능성이 정의된다.

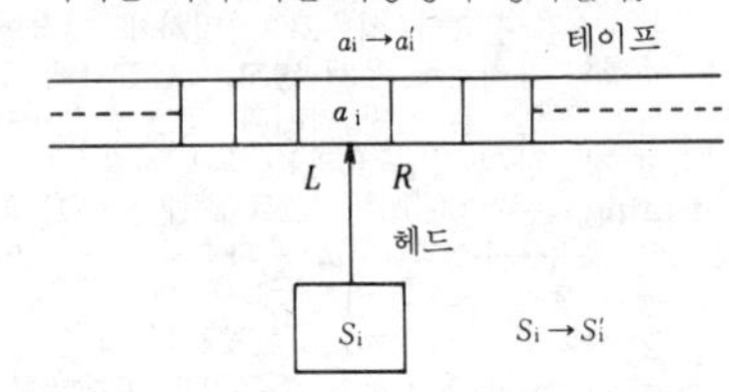

turnaround time 턴어라운드 타임 ① 반 2중 방식의 데이터 전송 회로에서 통신 방향을 송단(送端)에서 수단(受端)으로, 혹은 반대로 수단에서 송단으로 전환시키기 위한 전환 시간을 말한다. 모뎀 단말 등에서는 30～80ms, 또 음성급 채널에서 에코 서프레서를 사용한 것은 150～300 ms이다. 이 전환 시간을 단축하기 위해 4선식 반 2중 방식을 사용하기도 한다. ② 정보 검색계 등에서 이용자가 정보를 요구하고부터 그 정보를 입수하기까지의 소요 시간.

turn-key system 턴키 방식(－方式) 어느 시스템을 공급자가 발주자로부터 일괄하여 수주하고, 그 제조, 설치, 시험 등에 일관적으로 책임을 지며, 문자 그대로 키를 돌리기만 하면 운전 가동할 수 있도록 하여 인도하는 경우를 의미한다.

turn off 턴 오프 회로 소자를 능동 상태 또는 도전 상태에서 비능동 상태 또는 비도전 상태로 전환하는 것을 턴 오프라 하고, 반대 방향으로 상태를 전환하는 것을 턴 온이라 한다. 또 턴 오프(온)에 요하는 시간을 턴 오프(온) 시간이라 한다. 그러나 어느 시점에서 전환 동작이 개시되고 종료했는가의 정의 방법에 따라서 온·오프 시간은 변화한다.

turn-off time 턴오프 시간(-時間) ON상태에 있는 사이리스터의 양극과 음극간에 역방향의 전압을 가하고, ON 전류가 0으로 된 상태에서 어느 시간 후 다시 양극과 음극간에 순방향의 전압을 가해도 ON 상태로 되지 않는 최소의 시간.

turn on 턴 온 회로 소자가 능동 상태와 비능동 상태 또는 도통 상태와 비도통 상태를 취할 때 비능동 상태 또는 비도통 상태(오프 상태)에서 능동 상태 또는 도통 상태(온 상태)로 천이하는 것. →turn off

turn-on stabilizing time 턴온 안정 시간(-安定時間) 장치에 전압이 가해진 순간부터 명세대로의 동작이 가능하게 되기까지의 시간 간격.

turn-on time 턴온 시간(-時間) OFF상태에 있는 사이리스터에 게이트 전류를 입력하여 ON 상태로 하는 경우, 입력 신호가 주어지고부터 양극과 음극 사이의 전압이 처음 값의 90%에 이르기까지의 시간을 지연 시간 t_d라 하고, 다시 양극과 음극간의 전압이 90%에서 10%로 감소하는 시간을 상승 시간 t_r이라 한다. 이 지연 시간 t_d와 상승 시간 t_r의 합을 턴온 시간 t_{on}이라 한다.

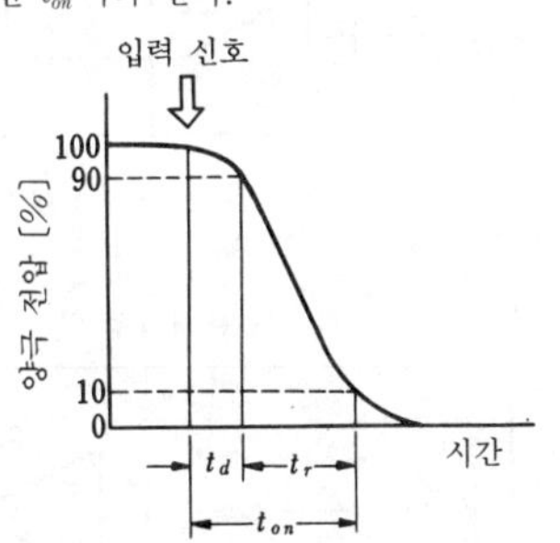

turnover frequency 턴오버 주파수(-周波數) 레코드 또는 원판 녹음에서 속도 진폭이 일정한 곳부터 1옥타브당 6dB의 비율로 저하하는 특성으로 전환하는 주파수를 말한다. LP 레코드에서는 이 주파수를 500Hz로 잡고, 500~6,000Hz 이상까지를 일정 속도 진폭으로 잡고 있다. 또한 6,000Hz 이상의 주파수에서의 저하는 높은 주파수에서의 SN비를 개선하기 위한 녹음 특성이다.

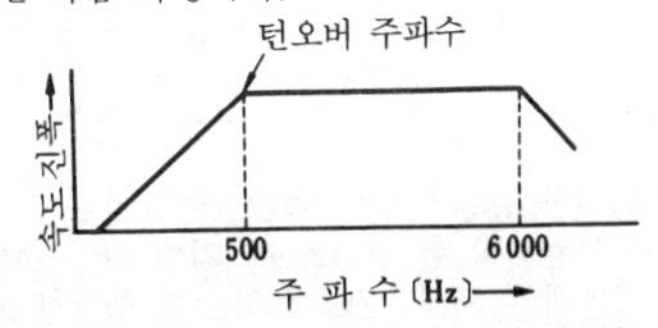

turnover voltage 반전 전압(反轉電壓) 역방향의 동저항(動抵抗)이 제로 또는 마이너스로 되는 전압.

turnpike effect 턴파이크 효과(-效果) 통신에서의 그리드 로크에 해당. 통신 시스템이나 네트워크에 있어서의 과중한 통신량이 원인으로 일어나는 병목 상황을 가리킨다.

turn-ratio 권수비(捲數比) 변압기의 1차 권선과 2차 권선의 권수의 비율. 단권 변압기의 경우는 분로 권선과 전체의 권선과의 권수비.

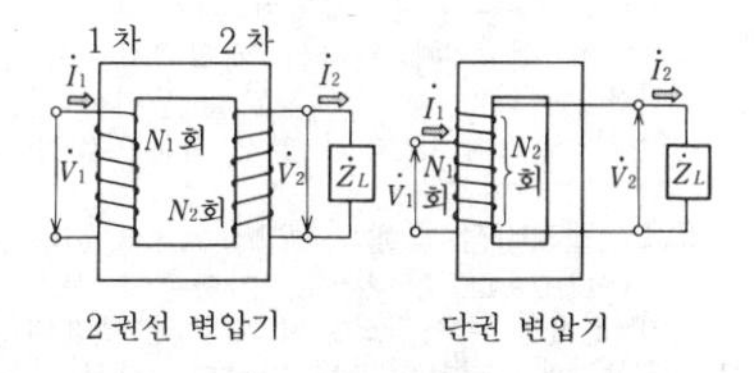

2권선 변압기 단권 변압기

2권선 변압기·단권 변압기인 경우, 권수비 a는 다음과 같이 된다.

$$a=\frac{N_1}{N_2}=\frac{V_1}{V_2}=\frac{I_2}{I_1}$$

N_1 : 1차 (분로) 권선의 권수

N_2 : 2차 (직렬) 권선의 권수

turnstile antenna 턴스타일 안테나 수평 위치에 2개의 반파 안테나를 직교시키고, 이들에 크기가 같고, 위상이 $\pi/2$ rad 다른 전류를 궤전(급전)하면 회전 전자계가 방사되어 수평면 내는 무지향성이 된다. 실제로는 $\lambda/2$의 간격으로 여러 단 겹쳐

기본형

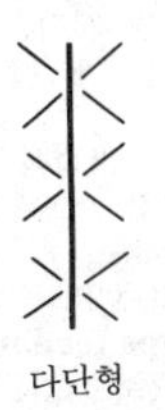
다단형

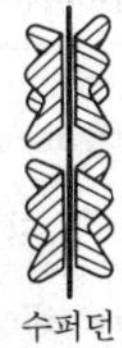
수퍼던스타일

쌓아서 방사 출력을 크게 하는 수퍼 턴스타일 안테나가 널리 사용되고 있다.

turret 터릿 텔레비전 튜너 등에서 축 둘레에 복수의 코일 세그먼트를 장착하여 축의 회전에 의해 세그먼트가 전환되어 목적의 채널을 선택할 수 있도록 되어 있는 것.

turret tuner 터릿 튜너 텔레비전 수상기의 튜너의 한 형식으로, 회전 원통 주변에 12 개의 채널 선택 코일군을 부착한 세그먼트를 배치하고 회전 원통을 회전시킴으로써 채널을 전환할 수 있도록 한 것. 채널마다 세그먼트가 독립되어 있으므로 조정을 채널마다 할 수 있으나 튜너가 대형으로 되어 선국에 큰 토크를 요하는 결점이 있다.

TV 텔레비전 =television

TV character multiplex broadcast 텔레비전 문자 다중 방송(-文字多重放送) 텔레비전의 뉴스 속보나 일기 예보 등 문자·도형 정보를 화상 송신의 텔레비전 전파 틈 사이에 삽입하여 텔레비전에 비쳐내는 방송 방식. 시청자는 키 패드를 사용하여 원할 때 원하는 채널에서 정보를 얻을 수 있다. 또 그 정보를 동시에 복사할 수 있으며, 미래의 전자 신문으로 발전할 가능성이 있다.

TVI 텔레비전 방해(-妨害) television interference 의 약어. 아마추어 무선국이 전파를 발사함으로써 인근의 텔레비전 수상기에 주는 방해를 말하며, 화상의 지워진다든지, 화상에 무늬가 나타난다든지, 또 교신하고 있는 통화의 음성이 스피커에서 나온다든지 하는 일이 일어난다. 만일 이러한 방해를 일으키고 있을 때는 즉시 전파의 발사를 정지하고 실드를 하거나 기생 진동이나 고조파가 발생하지 않헤 하여 해결하도록 법적으로도 규정되어 있다.

TVOR 터미널 VOR =terminal VOR

tweeter 트위터 고음 전용 스피커로, 보통 구경이 작은 콘 스피커, 또는 소형의 혼 스피커나 정전형, 압전형의 스피커가 사용되며 특히 뛰어난 것으로서 리본형 트위터가 있다.

twin cable 쌍 케이블(雙-) 두 줄의 절연 도선을 평행하게 배열하고, 전체를 피복한 것.

twin contact 쌍접점(雙接點) 접점을 구성하는 두 접점 스프링의 한쪽 또는 양쪽을 두 갈래로 하고, 거기에 두 접점을 둔 것. 단접점의 것에 비해 신뢰도가 높다.

twin-lead type feeder 평행 2선식 궤전선(平行二線式饋電線), 평행 2선식 급전선(平行二線式給電線) 두 줄의 도선을 평행하게 한 궤전선(급전선)으로, 구조가 간단하고 경비도 싸게 든다. 주로 송신용과 텔레비전의 수신용으로 사용되며, 그 특성 임피던스는 다음 식으로 주어지는데, 일반적으로 300~600 Ω 정도이다.

$$Z_0 = 277 \log_{10}(2D/d)$$

여기서, Z_0 : 특성 임피던스〔Ω〕, D : 평행 도선의 중심 거리〔mm〕, d : 평행 도선의 지름〔mm〕.

twinplex system 트윈플렉스 방식(-方式) 주파수 편위(偏位) 2 중 전신 방식의 일종으로, 두 통신로의 마크(M), 스페이스(S)의 조합에 대응하는 각각 다른 4 개의 주파수로 바꾸어서 송출하는 방식.

twin-T-type circuit 병렬 T 형 회로(竝列-形回路) 그림과 같이 저항과 콘덴서로 이루어지는 회로로, 연산 증폭기의 외부 회로로서 사용하면 필터, 발진기 등 각종 디바이스를 실현하는 데 편리하다.

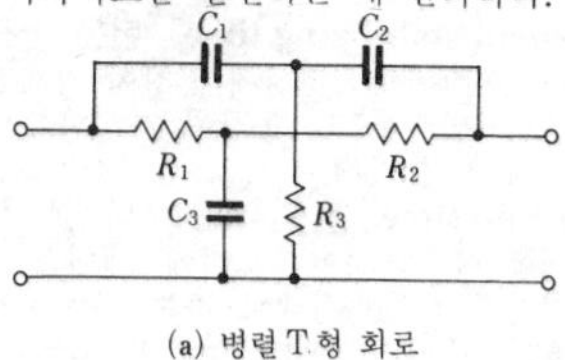

(a) 병렬 T 형 회로

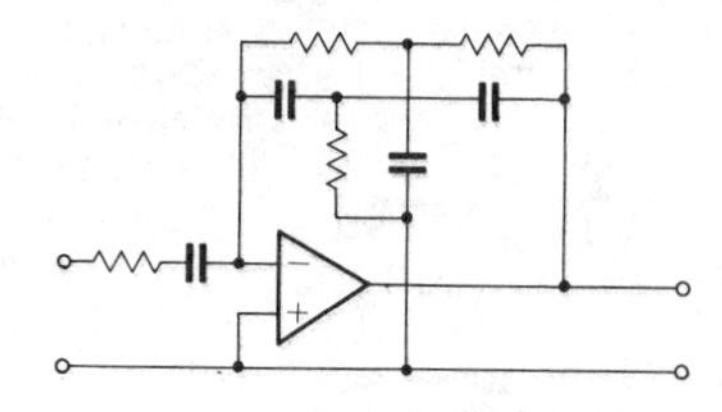

(c) 병렬 T 형 회로를 사용한 대역 필터

twin-T-type oscillator 병렬 T 형 발진기(竝列-形發振器) 브리지의 일부에 병렬 T 형 회로를 사용한 브리지형 발진기.

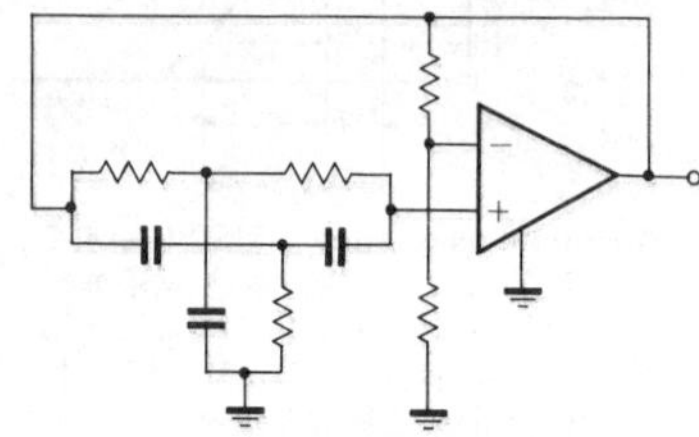

twist 전위(轉位) 변압기의 권선 작업에서 복수의 도체를 병렬로 사용하는 경우, 도

체의 누설 자속을 평균화하기 위해 각 도체의 원주 방향이나 축방향의 위치를 바꾸는 것.

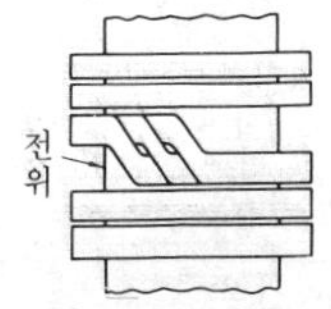

twisted pair cable 트위스트 페어 선(−線), 트위스트 페어 케이블 각기 절연한 두 줄의 선을 꼬아서 만들어진 케이블. 한 줄의 선이 감지 가능 신호를 운반하고, 또 한 줄이 접지되어 있다. 트위스트 페어 케이블은 근처 케이블 등의 강한 전파원에 의해서 일어나는 신호 간섭을 경감하는 데 쓰인다. 접지된 선은 혼신을 흡수하는 경향이 있으며, 이로써 또 한쪽 선으로 운반하고 있는 신호를 보호한다.

twisted pair line 페어선(−線) 노이즈 발생을 억제하는 것을 목적으로 하여 두 줄 이상의 선재(線材)를 꼰 배선 재료.

twister 트위스터 가는 동선에 수퍼멀로이의 얇은 테이프를 나선형으로 감은 것으로, 반고정식 기억 소자로서 사용된다.

twist joint 트위스트 접속(−接續) 전선 상호간 접속을 하는 경우, 전선끝 피복을 벗긴 다음 서로 상대측에 비틀어 감아붙이는 방법. 소손(素線)의 지름이 비교적 가늘 때 적용된다. 감아붙인 다음 납땜하여 비닐 테이프 등으로 절연 처리를 한다.

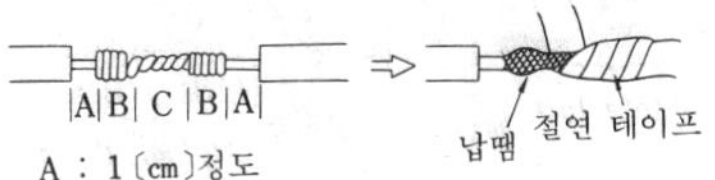

twist waveguide 트위스트 도파관(−導波管) 도파관에 비틀림을 갖게 하여 전파의 편극(偏極)을 일으키게 할 때 사용되는 것으로, 손실을 적게 하기 위해 비틀림 부분의 길이를 2파장 이상으로 한다. 광대역의 주파수 특성을 가지고 있다. 비틀림각은 90°의 것이 많다.

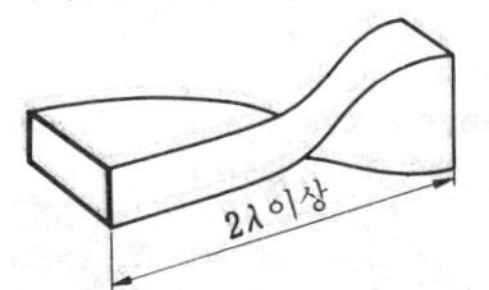

two-address code 2주소 코드(二住所−) 컴퓨터에서 사용하는 명령 코드의 일종으로, 주소를 2개 포함하는 것이다. 두 주소를 연산수의 출처 또는 결과의 행선 지정에 사용하는 것과 이 목적을 위해서는 하나의 주소만을 쓰고, 다른 주소를 다음 명령의 출처를 지정하는 데 사용하는 것의 두 종류로 대별할 수 있다. 후자를 전자와 구별할 때 1+1주소 코드라고 하는 경우가 있다.

two channel oscillograph 2현상 오실로그래프(二現象−) 통상의 브라운관을 사용하여 두 파형을 동시에 관측할 수 있도록 한 오실로그래프로, 다음의 두 방식이 있다. 올터네이트 방식은 1회의 소인마다 두 입력을 전환하는 방법으로, 주파수가 높은 경우에 적합하다. 초퍼 방식은 두 입력을 단시간마다 주기적으로 전환하여 그림과 같은 상을 얻는 방법으로, 이 전환 주파수를 관측하는 파형보다도 꽤 높게 해 두면 두 파형은 연속한 것으로서 볼 수 있다. 이 방식은 주파수가 낮은 경우에 적합하다.

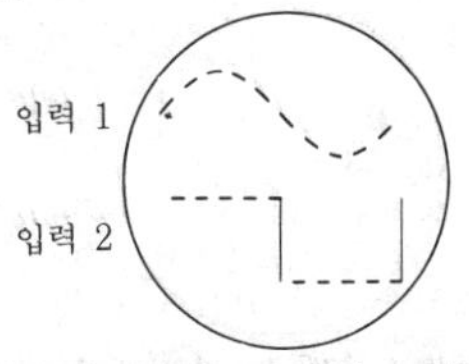

two-channel switch 2채널 스위치(二−) 두 접근 경로를 전환하는 스위치. 보통, 입출력 제어 장치가 2개의 채널에 대하여 갖는 접근 경로를 전환하는 스위치를 말한다.

two-course radio range 2코스 라디오 레인지(二−) 두 전계를 만들고, 한쪽을 150Hz, 다른쪽을 90Hz로 진폭 변조하여 이것을 기상(機上)에서 수신하면 코스 선상에서는 지침은 지시 장치의 중앙 위치를 지시한다. 또 항공기가 지상국에 대해서 어느 쪽 코스에 있는가를 식별하기 위해 위의 전계와 같은 종류의 것을 여기에 직각으로 겹쳐 맞추어 이것을 동일한 가청 주파수 1,020Hz로 진폭 변조하여 교대로 전환한다. 그렇게 하면 두 코스의 한쪽에서는 N부호의 신호가, 다른쪽에서는 A부호의 신호가 들리게 되어 있다.

two-dimensional circuit 2차원 회로(二次元回路) 세라믹 또는 유리 등의 절연 기판상에 증착이나 인쇄에 의한 박막 기술에 의해 저항, 콘덴서, 인덕터, 접속 배선 등을 형성한 평판형 회로. 보통 수동 부품만을 포함하나, 박막 트랜지스터와 같은 능동 소자도 형성할 수 있다.

two-dimensional coding 2차원 부호화(二次元符號化) 팩시밀리 원고나 화상 정보와 같이 중복성(redundancy)을 가진 정보를 부호화하는 경우에 주 주사 방향 및 부 주사 방향의 각각 중복성을 고려하여 효율적인 부호화를 하는 것. 복수의 주사선을 일괄하여 부호화하는 것, 혹은 직전의 주사선 정보를 가미하여 부호화하는 등 여러 가지 중복 억압화법이 있다.

two-dimensional digital filter 2차원 디지털 필터(二次元-) 2개의 변수에 의해서 나타내어지는 신호인 2차원 신호를 입력 및 출력으로 하는 디지털 필터. 2차원 디지털 필터의 신호 처리적 기능과 목적은 통상의 디지털 필터와 같으나, 그 처리 대상은 화상 등의 2차원 신호이다.

two-dimensional signal processing 2차원 신호 처리(二次元信號處理) 사진의 농담 레벨과 같은 평면적으로 확산된 2차원 신호를 대상으로 하는 신호 처리. 2차원 신호를 공간적으로 표본화하고, 그 값을 양자화함으로써 2차원 디지털 신호를 얻는다.

two-fluid cell 2액 전지(二液電池) = double-fluid cell

two-frequency duplex 2주파 복신(二周波複信) 두 중계소간에서 두 방향으로 다른 반송파를 사용하여 동시 통신을 하는 반송파 중계 방식.

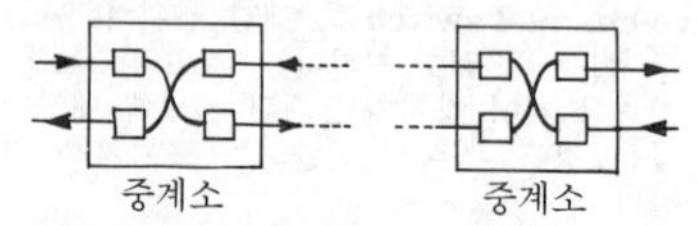

two-frequency recording 2주파 기록 방식(二周波記錄方式) =FM recording

two-frequency simplex operation 2주파 단신 방식(二周波單信方式) 두 무선 주파수 채널에 의해 각각 양방향으로 무선 통신하는 방식인데, 같은 시점에서는 정보는 어느 한 방향으로만 전송하게 되어 있는 것.

two independent sideband 2독립 측파대(二獨立側波帶) 반송 통신에서 하나의 반송파 상부 측파대와 하부 측파대를 별개의 정보 전송에 이용하는 방식.

two-input adder 반가산기(半加算器) = half adder

two motion switch 상승 회전 스위치(上昇回轉-) 전자석 조작의 래칫 등을 써서 상승·회전의 두 동작으로 선택을 하는 선택 스위치. =step-by-step switch

two out of five code 5 중 2부호(五中二符號) $_5C_2$부호, 5자 택2 부호 등이라고도 한다. 5개의 단위 부호(1이나 0이나)를 써서 10종류의 부호를 나타내는 것으로, 오류를 검출할 수 있도록 한 부호의 대표적인 것이다. 5단위의 부호 중 2개를 반드시 1로 하고, 나머지를 0으로 하든가, 또는 그 반대로 표와 같은 몇 가지 방법이 있다.

10진법	5중의 2 부호 No.1	5중의 2 부호 No.2	5중의 2 부호 No.3
0	11000	11000	00011
1	00011	01100	00101
2	00101	00110	00110
3	00110	00011	01001
4	01001	10001	01010
5	01010	10100	01100
6	01100	01010	10001
7	10001	00101	10010
8	10010	10010	10100
9	10100	01001	11000

two-phase servomotor 2상 서보모터(二相-) 서보용의 소형 2상 유도 전동기. 농형 회전자와 2상 권선으로 된 고정자로 구성되어 있다. 여자(勵磁) 권선에 흐르는 전류는 제어 권선에 흐르는 전류에 대해 90°의 위상차를 갖게 하고 있다. 제어 권선에 흐르는 전류의 위상을 반전하면 모터는 역회전한다. 전기식 서보 기구의 조작부 구동용으로 사용된다.

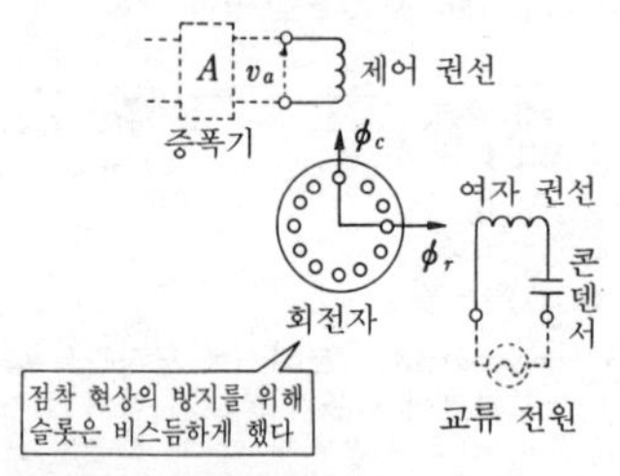

two-position action 2위치 동작(二位置動作) →on-off action

two-position control 2위치 제어(二位置制御) ON-OFF동작에 의해서 하는 제어를 말하며, ON-OFF제어 또는 뱅뱅 제어라고도 한다.

two-range decca 2거리 데카(二距離-) 데카 방식을 응용하여 수로를 측량하기 위한 것으로, 측량선에 주국(主局)과 수신기를 적재하고, 해안에 두 종국(從局)을 설치하여 선박의 위치를 정확하게 측량하도록 되어 있다. 위치선은 각 종국을 중심으로 하는 동심원군이다.

two-rate meter 2율 계기(二率計器) 두 기록기 다이얼 세트를 가진 계기로, 어느 양의 매일의 지정된 시간에 있어서의 적산값을 한쪽 다이얼 세트에, 나머지 시간의 적분값은 다른쪽 다이얼 세트에 기로되도록 되어 있는 것.

two-sided metalized condenser 양면 증착 콘덴서(兩面蒸着－) MP콘덴서의 일종으로, 전극용 금속을 필름의 양면에 증착하여 만든 것. 단면(單面) 증착의 것보다 성능이 좋다.

two-sided mosaic 양면 모자이크(兩面－) 아이코노스코프의 모자이크 소자를 양면에 배치하고, 주사선에 의해 생기는 광전자의 수집과, 2차 전자의 수집을 분리하여 동작 성능을 개선한 것.

two-signal selectivity 2신호 선택도(二信號選擇度) 수신기의 선능을 나타내는 선택도를 표시하는 방법의 하나로, 수신기를 하나의 원하는 전파에 동조시켰을 때 이 전파보다 멀리 떨어진 주파수에 강력한 방해 전파가 존재하는 경우, 원하는 전파를 식별하는 수신기의 성능을 말하며, 실효 선택도라 한다. 둘 또는 둘 이상의 입력 신호를 가함으로써 측정한다.

two-source frequency keying 2전원 주파수 키잉(二電源周波數－) 변조파가 출력 주파수를 미리 정해진 두 값 사이에 불연속적으로 시프트하는 키잉법으로, 그 출력 주파수는 독립의 다른 전원에 주어지는 것. 따라서 출력파는 코히어런트가 아니고, 일반적으로 그 위상은 연속하지 않는다.

two-terminal network 2단자망(二端子網) 2개의 접속 단자를 갖는 회선망으로 일반적으로 2단자 회로망이라 하고, 보통은 전원을 포함하지 않는 수동 회로망을 생각하는 경우가 많다. 임피던스나 어드미턴스는 2단자망의 일종이며, 4단자망의 성질을 생각할 때의 기본이 되는 것이다. 2단자망에서 인덕턴스나 정전 용량의 순리액턴스만으로 이루어진 것은 리액턴스 2단자망이라 한다.

two-tone detector 2톤 검파기(二－檢波器) 주파수 편이 전신 방식 등에서 마크파와 스페이스파에서 등진폭으로 반대 극성의 출력 전압을 얻는 검파기.

two-tone keying 2톤 키잉 0, 1의 두 상태에 대하여 각각 다른 두 단일 주파수를 써서 반송파를 변조하는 키잉(불연속 변조)법.

two wattmeter method 2전력계법(二電力計法) 3상 전력의 측정 방법으로, 2개의 단상 전력계를 그림과 같이 접속하면 3상 전력은 2개의 전력계의 대수합으로 구해진다. 즉, 3상 전력을 P, 2개의 전력계 지시를 W_1, W_2로 하면, $P=W_1+W_2$이다.

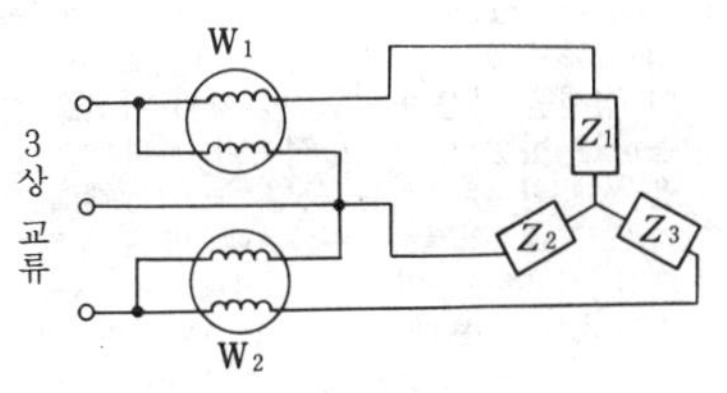

two-way alternative communication 양방향 교대 통신(兩方向交代通信) 데이터는 양방향으로 전송되지만 한 번에는 단방향으로 밖에는 전송되지 않는 데이터 통신.

two-way cable television 양방향 케이블 텔레비전(兩方向－) 센터로부터 가입자측으로의 송신 뿐만이 아니고 반대 방향으로도 신호를 보내는 기능을 가진 케이블 텔레비전(CATV). →CATV

two-way CATV 양방향 CATV(兩方向－) =two-way cable television

two-way channel 2웨이 채널 ① 2점간에서 어느 방향으로도 신호를 보낼 수 있는 2방향 채널. 예를 들면 CATV방식에서, 헤드 엔드를 향해서, 혹은 반대로 헤드 엔드에서 신호를 보낼 수 있게 되어 있는 경우 등. ② 상이한 두 채널로부터의 신호 출력이 하나로 되어서 합성 효과를 주도록 되어 있는 것.

two-way communication 양방향 통신(兩方向通信) 전화와 같이 쌍방간에서 서로 정보 교환을 할 수 있는 통신 시스템.

two-way community antenna television 양방향 CATV(兩方向 －) =two-way cable television

two-way receiver 2웨이 수신기(二－受信機) 전지와 상용 교류 전원의 어느 쪽으로도 사용할 수 있게 되어 있는 수신기.

two-way repeater 양방향 중계기(兩方向中繼器) 2선식 중계기의 일종으로, 상하 양방향의 증폭을 동시에 수행시키기 위한 중계기. 일반적으로 증폭기는 한 방향으로만 증폭 작용을 가지고 있지만 트랜지스터를 사용한 부성 임피던스 변환기와 하이브리드 코일을 써서 선로와의 임피던스 정합을 유지하면서 양방향으로 이득을 주는 것이다. 보통 2선식 중계기보다 염가이고, 전송 손실도 적게 할 수 있는 특징이 있으므로 시내국간 중계선이나 근거리 시외 회선에 사용되고 있다.

two-way simultaneous communication 양방향 동시 통신(兩方向同時通信) 동시에 양방향으로 정보를 전송하는 방식. 양방향 통신과 같은 뜻으로 쓰인다.

two-wire carrier system 2선식 반송 방식(二線式搬送方式) 왕복 전송로로서 동일 심선을 사용하든가, 한 쌍의 나선을 사용하는 반송 방식. 나선이나 시외 케이블을 사용한 것으로는 근단 누화(近端漏話)가 크므로 왕복의 통신로에 다른 주파수대를 사용하는 방법이 쓰이며, 이것은 군별(群別) 2선식이라 하고, 단거리 반송방식이나 나선 반송 방식에 쓰이고 있다.

two-wire channel 2선식 전송로(二線式傳送路) 서로 절연된 2개의 도체로 구성된 회선으로, 왕복 양방향이 동일한 통신로로 구성된다.

two-wire circuit 2선식 회선(二線式回線) 2개의 서로 절연된 도선에 의해 형성된 회선으로, 단방향, 반2중 또는 전2중의 전송 경로로 사용하는 것.

two-wire line 2선식 회선(二線式回線) 통신 전류의 왕·복 각 한 줄씩 합계 두 줄의 신호선에 의해 구성되는 통신로. 단방향, 반2중, 전2중의 통신에 쓰인다.

two-wire repeater 2선식 중계기(二線式中繼器) 장거리 통신에서 한 쌍의 선로로 송신, 수신을 하는 2선식 회선의 중계기.

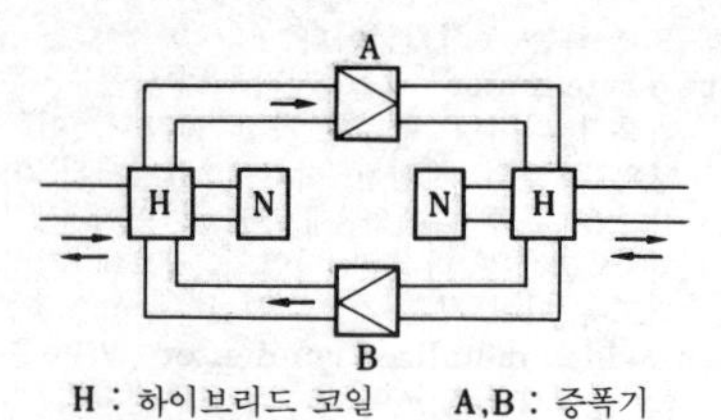

H : 하이브리드 코일 A,B : 증폭기
N : 평형 회로망

two-wire repeater

two wire system 2선식(二線式) 왕복 두 줄의 서로 절연된 도체로 만든 회선의 방식. 반2중 전송 회로, 또는 전2중 전송 회로로 사용할 수 있다.

TWT 진행파관(進行波管) =travelling-wave tube

TWX 전신 타자기 교환 방식(電信打字機交換方式), 텔레타이프 교환 서비스(－交換－) =teletypewriter exchange

TWX service 텔레타이프 교환 서비스(－交換－) teletypewriter exchange service의 약어. 텔레타이프라이터가 회선에 의해서 중앙국과 연결되어 다른 텔레타이프라이터를 호출할 수 있도록 한 AT&T 사의 공중 교환 텔레타이프라이터 서비스. 보드 코드, ANSCII 코드에 의한 기계도 사용하고 있다. 일정한 제약에 의해 자영 기기도 사용할 수 있다.

Tymnet 타임네트 미국에서의 타임 셰어링 회사인 Tymshare 사가 운영하는 상용의 부가 가치 통신망. 현재 북미 및 유럽 대륙의 각지에 이용자 단말이 두어지고, 축적 교환 방식으로 전송된다.

type test 형식 시험(型式試驗), 형식 검사(型式檢査) 설계된 각각의 형의 최초 기계 또는 장치에 대해서 행하여지는 각종 시험. 설계된 기종을 대표하는 여러 개의 샘플에 대하여 규격에 제시된 각 조항을 만족하고 있는지 어떤지 판정하는 것으로, 파괴 검사도 포함된다.

type of radio wave 전파 형식(電波型式) 전파의 변조법, 전송 형식, 보족 특성을 부호와 숫자에 의해 분류한 것.

UART 범용 비동기 송수신기(汎用非同期送受信機) universal asynchronous receiver transmitter 의 약어. 데이터 전송에 사용되는 직병렬 변환 및 병직렬 변환이 가능한 비동기 전송식의 송수신 장치를 말한다.

U-B conversion U-B 변환(-變換) PCM 방식에서는 일반적으로 단극성 펄스는 부호기나 복호기 내부에, 복극성 펄스는 직류분이 거의 없어 전송로에 유리하기 때문에 양 단국의 부호 변환기로 펄스의 단극 U, 복극 B의 극성 변환을 한다. 그 변환을 U-B 변환이라 한다. =unipolar-bipolar conversion

UHF 극초단파(極超短波) ultra high frequency 의 약어. 300~3,000MHz 의 주파수대. 파장으로 100~10cm 의 전파이며, 데시미터파라고도 한다. 단거리 통신이나 레이더, 텔레비전 방송의 중계나 다중 통신 등에 사용된다.

UHF converter UHF 컨버터 VHF텔레비전 수상기에서 UHF 방송을 수신하기 위한 주파수 변환기. 현재의 텔레비전은 대부분이 UHF 와 VHF 의 양쪽 튜너를 내장한 올 채널 수상기이므로 UHF 컨버터는 사용하지 않는다.

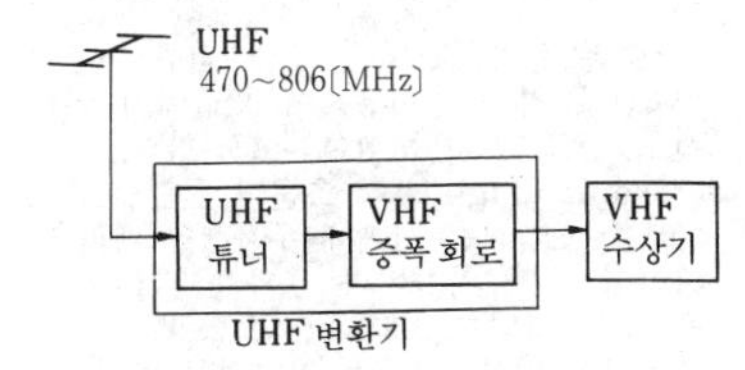

UHF television UHF 텔레비전, 극초단파 텔레비전(極超短波-) UHF 대 470~806 MHz 의 전파를 사용하는 텔레비전. VHF 대에 비해 채널수를 많이 얻을 수 있고, 인공 잡음의 방해를 받는 일이 적어서 양호한 화상이 얻어지는 등 유리한 점이 많으므로 널리 사용되고 있다. 또, 난시청 지역의 소전력 텔레비전 방송국은 거의가 UHF 텔레비전이다.

UHF tuner UHF 튜너 텔레비전 수상기의 튜너로, UHF 대의 방송을 수신하기 위한 채널 선택 회로.

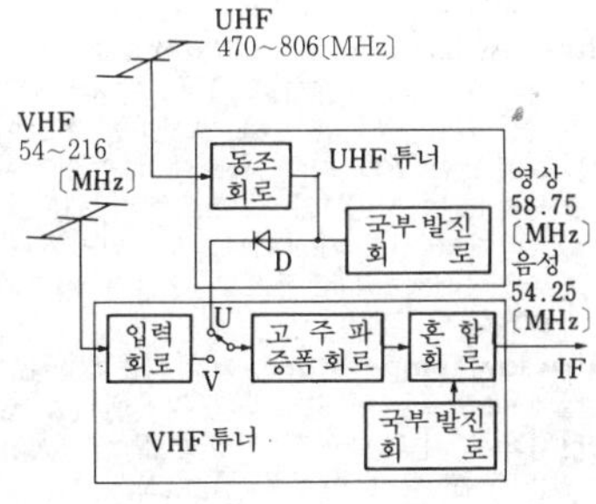

UJT 단접합 트랜지스터(單接合-) =unijunction transistor

ULSI 극초대규모 집적 회로(極超大規模集積回路) =ultra large scale integration

ultraaudible frequency 초가청 주파수(超可聽周波數) 사람의 귀에 소리로서 들리는 범위를 넘어선 주파수. 보통 20kHz 이상의 주파수를 말한다.

ultraaudible frequency telegraphy 초가청 전신(超可聽電信) 음성 주파수대보다 높은 주파수대를 사용하는 반송 전신으로, 반송 주파수는 음성 대역(300~3,400Hz)을 초과하여 전화 반송파에 이르는 중간인 약 9kHz 이상의 대역이 쓰인다. =superaudio-telegraphy

ultrafiche 울트라피시 화상을 1/100 또는 그 이상으로 축소하여 기록하는 마이크로피시. 마이크로피시는 10×15cm 정도의 마이크로필름 시트로, 컴퓨터 출력 이미지의 270 페이지분 정도를 1매의 시트에 기록할 수 있다.

ultra high frequency 극초단파(極超短波) =UHF

ultra-high-resistance 초고저항(超高抵抗) 전리(電離) 상자 등의 미소 전류 증폭용 등에 쓰이는 저항. 저항값은 10^{10}~10^{14} 〔Ω〕 정도이다.

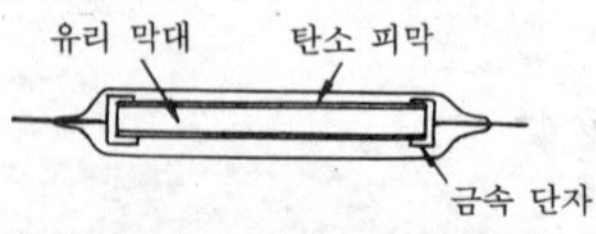

ultra large scale integration 극초대규모 집적 회로(極超大規模集積回路) 1개의 집적 회로상에 각종 부품(트랜지스터나 기타의 소자)이 집적되어 있는 밀도와, 그 부품간의 접속의 미세도에 대해서 말한다. 극초대규모 집적 회로(ULSI)는 정확하게는 정의되어 있지 않으나 일반적으로 100,000 개를 넘는 부품을 담은 집적 회로에 적용된다. =ULSI →IC

ultra low frequency oscillator 초저주파 발진기(超低周波發振器) 1Hz 이하의 3각파, 구형파, 정현파 등을 발생하는 회로이다. 보통의 *RC* 궤환 회로에서는 안정한 출력이 얻어지지 않으므로 플립플롭 회로, 리미터(진폭 제한기) 회로, 밀러 적분 회로, 비선형 회로 등으로 구성된 회로가 사용된다.

ultra low temperature 극저온(極低溫) 절대 온도로 수 K 정도의 저온에서는 물리적으로 각종 특이한 현상을 볼 수 있다. 그 연구는 훨씬 이전부터 이루어지고 있었으나 헬륨 액화기의 상품화에 따라 극저온이 손쉽게 얻어지게 되고부터 공업적 이용이 시작되었다. 그 현저한 것이 초전도체이며, 일렉트로닉스의 분야에서는 조셉슨 소자 등이 실용되어 가고 있다.

ultrashort wave 극초단파(極超短波) → microwave

ultrashort wave television 극초단파 텔레비전(極超短波－) →UHF television

ultrasonic amplification 초음파 증폭(超音波增幅) 압전 반도체에 의해 초음파를 전파(傳播)시킬 때 반도체 내에 생기는 캐리어의 드리프트 속도가 초음파의 전파 속도보다 크면, 캐리어가 초음파와 서로 작용하여 파가 증폭되는 것. 초음파는 전자파에 비해 속도가 매우 느리므로 전기 신호의 지연 소자 등에 이용되는데, 그 때에 생기는 신호의 감쇠를 이것으로 보상할 수 있다. 음파는 고체 내부를 전파하는 벌크파도 있고, 고체 표면을 전파하는 표면파, 이른바 레일리파도 있다. 후자인 경우의 증폭기는 표면파 증폭기라 한다.

ultrasonic bonding 초음파 본딩(超音波－) 적당한 압력과 초음파 진동을 가하여 두 금속 접촉면의 불순물이나 산화막 등을 제거하고, 이들 금속을 접합하는 것. 반도체 디바이스의 제조 공정에서 알루미늄선의 상온 접합 등에 쓰인다.

ultrasonic cleaner 초음파 세척기(超音波洗滌器) 초음파 발생용 진동자, 진동자 구동용 고주파 발진기, 피세척물을 담그는 그릇으로 구성된다. 발진 주파수는 28 kHz 또는 300~500kHz 이다. 사이리스터 발진기의 경우는 직렬 인버터가 사용되고, 주파수는 20kHz 정도이다.

ultrasonic cleaning 초음파 세척(超音波洗滌) 기름이나 먼지 등이 부착한 것을 액 속에 담그고, 액에 초음파를 가하면 액압이 충격적으로 변동하여 그 표면에 침식되어서 세척이 된다. 이 현상을 응용한 것이 초음파 세척이며, 복잡한 형상을 한 것의 내면이나 좁은 홈 등 종래의 방법으로는 불가능했던 부분의 세척을 간단히 할 수 있다.

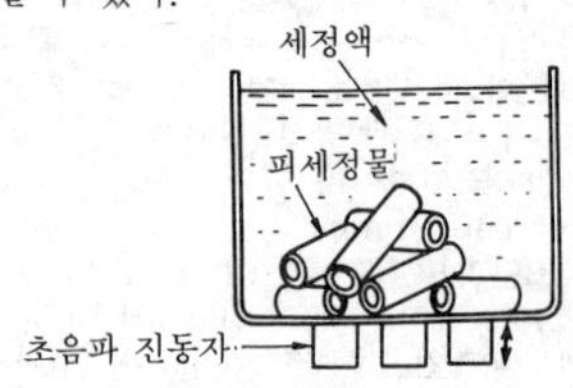

ultrasonic coagulation 초음파 응고(超音波凝固) 초음파의 작용으로 작은 입자가 집합하여 큰 덩어리가 되는 것.

ultrasonic cross grating 초음파 교차 격자(超音波交叉格子) 각기 다른 전파(傳播) 방향을 갖는 초음파 빔이 교차하여 생기는 공간 회절 격자.

ultrasonic delay line 초음파 지연선(超音波遲延線) 용해 석영, 타탄산 바륨 또는 수은 등의 매질 속을 전파하는 초음파의 전파 시간을 이용하여 만들어진 지연선로. 초음파 기억 셀이라고도 한다.

ultrasonic diagnosis 초음파 진단(超音波診斷) 초음파를 생체에 투사했을 때의 반사파의 귀착 시간이나 투과파의 감쇠 비율 등의 상태를 브라운관 오실로스코프로 측정하여 병상(病狀)을 진단하는 방법. 초음파는 1~10MHz 의 것을 써서 특정 방향으로만 투사하는 장치 외에 주사 기능을 갖게 하여 단면 도형을 관찰할 수 있도록 한 것도 있다.

ultrasonic flowmeter 초음파 유량계(超音波流量計) 음파가 유체 중을 흐르는 방

향으로 전해지는 속도는 반대 방향에 전하는 속도보다 빠르다. 초음파 유량계는 이 두 전파(傳播) 속도의 차를 비교해서 유체의 속도를 측정하는 장치이다. 예를 들면, 증폭기의 입출력 회로에 각각 초음파 공진자를 붙이고 입출력 회로를 음향적으로 결합한 초음파 발진기 2조를 준비하여 하나는 흐름을 따른 방향, 다른 하나는 반대 방향으로 음파가 전해지도록 공진자를 배치하면 양 발진기의 주파수의 차, 즉 비트(beat)를 측정하여 유속을 구할 수 있다.

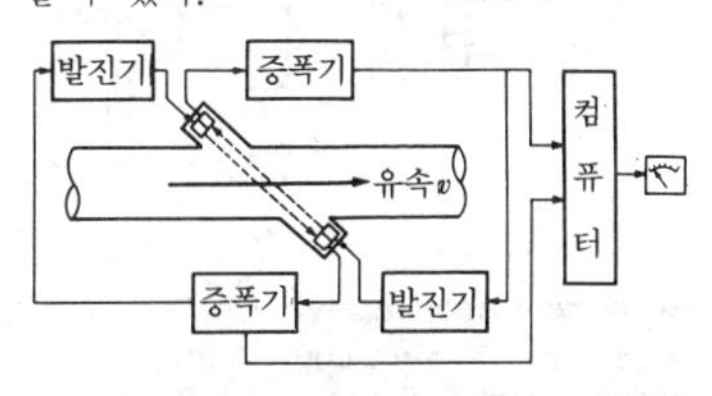

ultrasonic holography 초음파 홀로그래피(超音波－) 일정 주파수의 초음파를 써서 빛에 의한 홀로그래피와 같은 원리로, 초음파의 음장(音場)을 도형화하여 표시케 하는 방법. 재료의 내부 결함을 표시하거나 하는 데 응용할 수 있다.

ultrasonic inspection 초음파 탐상기(超音波探傷器) →ultrasonic inspection meter

ultrasonic inspection meter 초음파 탐상기(超音波探傷器) 방사선을 사용한 것과 마찬가지로 초음파에 의해 재료 내부에 있는 흠이나 결함을 검사하는 비파괴 검사 장치이다. 초음파 임펄스를 발사하여 내부로부터의 반사파에 의해 흠의 유무나 그 위치를 탐사한다(CRT상에 A스코프로서 표시한다). 수정이나 티탄산 지르콘납 등의 세라믹 진동자에 의해 1~5MHz의 초음파를 발생한다.

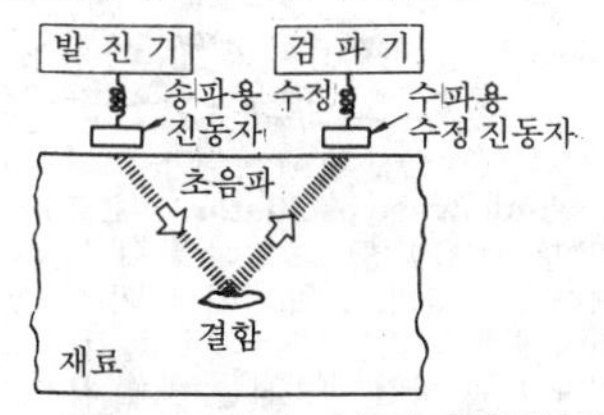

ultrasonic inspector 초음파 탐상기(超音波探傷器) =ultrasonic inspection meter

ultrasonic level guage 초음파 액면계(超音波液面計) 초음파의 전파 시간을 측정함으로써 액면위를 구하는 측정 장치. 초음파 진동자를 탱크 밑바닥에 부착하고, 초음파의 펄스를 상향으로 발사하면 액표면에서 반사되어 되돌아온다. 그 왕복에 요한 시간을 브라운관 오실로스코프를 써서 측정하여 액면의 위치를 안다.

ultrasonic light diffraction 초음파 광회절(超音波光回折) 광 빔이 초음파의 종파(縱波)의 장(場)을 통과할 때 생기는 광학적 회절 스펙트럼, 혹은 그러한 스펙트럼을 발생하는 프로세스. 회절은 초음파 음장 내에서 빛의 굴절 작용이 주기적으로 변화하기 때문에 일어난다.

ultrasonic light modulation 초음파 광변조기(超音波光變調器) →acousto-optic modulator

ultrasonic light valve 초음파 광 밸브(超音波光－) 4염화 탄소와 같은 투명액을 채운 용기 속에 둔 수정의 광 밸브(빛의 투과가 외부 신호에 의해서 변조되는 장치). 수정은 10MHz정도의 초음파 주파수로 여진(勵振)되고, 압축파를 발생하여 액체를 회절 격자로 한다. 그리고, 이 곳을 통하는 빛은 스크린 상에 가는 광선을 만든다. 수정을 영상 주파수로 변조하면 이들 광선은 명암의 화소로 분열하여 텔레비전의 재생 화상을 만든다.

ultrasonic machine 초음파 가공기(超音波加工機) 초음파의 진동을 이용하여 공구를 피가공물에 고속도로 반복하여 충돌시켜 아주 미세한 파괴를 계속함으로써 가공하는 기계이다. 그림에서 공구와 피가공물과의 사이에 숫돌 가루를 혼합한 가공액을 공급하면서 가공하면 공구의 단면과 같은 형상의 구멍을 뚫을 수 있다. 그 가공 정밀도는 매우 높고, 초경질 합금, 유리, 자기 등과 같이 단단하고 무른 것을 가공하는 데 적합하다.

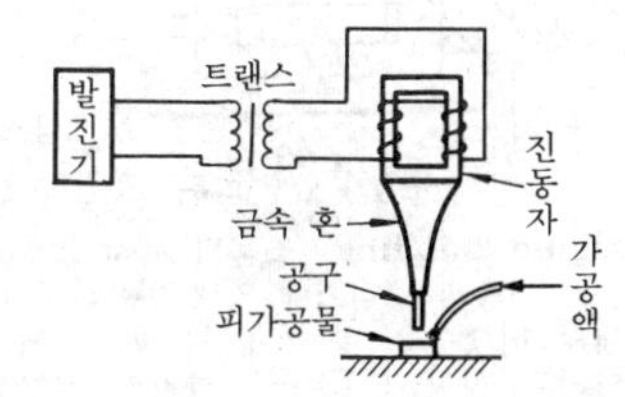

ultrasonic machining 초음파 가공(超音波加工) 공구와 공작물 사이에 숫돌 가루와 물 또는 기름을 혼합한 액체를 넣고, 공구에 초음파 진동을 주어 공작물의 구멍 뚫기, 연삭, 절단 등을 하는 가공법. →ultrasonic machine

ultrasonic medical instruments 초음파

의료기(超音波醫療器) 초음파를 응용하여 질병의 진단이나 치료를 하는 장치. 진단용으로는 초음파 펄스를 신체에 대고, 그 반사파의 모양에서 내부의 상태를 알고, 눈의 검사나 종양의 진단에 이용하는 것 등이 있다. 치료용으로는 초음파를 생체에 투사하여 그 기계적 진동 작용이나 온열 작용에 의해 생리 작용을 활발하게 하고, 신진 대사의 촉진에 이용하는 것 등이 있다.

ultrasonic memory 초음파 기억 장치(超音波記憶裝置) 지연 기억 장치의 일종으로, 초음파가 전파할 때의 시간의 지연을 이용하는 것. 초음파의 매체로서 니켈선, 수은, 용융 석영 등을 사용한다.

ultrasonic modulator 초음파 변조기(超音波變調器) =acousto-optic modulator

ultrasonic plating 초음파 도금(超音波鍍金) 전기 분해에 의해 도금을 하는 경우, 도금액을 통하여 음극면에 초음파를 투사하면서 하는 방법. 음극면에 발생하는 수소 가스를 교반 제거할 수 있으므로 전류 효율이 좋아져서 질이 좋은 제품이 얻어진다.

ultrasonics 초음파 공학(超音波工學) 가청 한계(20kHz) 이상의 주파수를 갖지만 음파의 성질을 갖는 압력파에 대해서 연구하는 학문.

ultrasonic soldering 초음파 납땜(超音波－) 납땜 인두를 자왜 진동자(磁歪振動子)로 구동하여 그 끝에 강력한 초음파 진동을 주어서 하는 납땜. 납땜을 하고자 하는 금속 표면의 산화물 피막이 제거되고, 페이스트나 용제를 쓰지 않고 납땜을 할 수 있다.

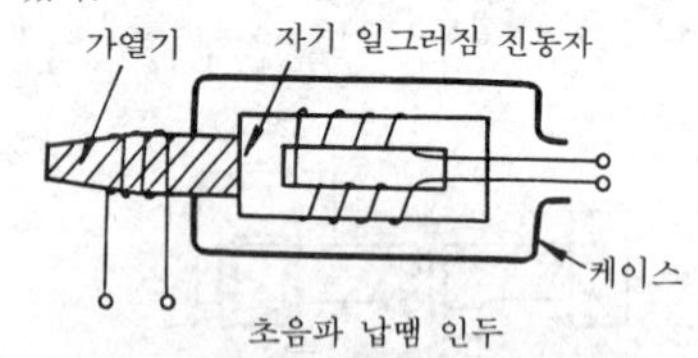

초음파 납땜 인두

ultrasonic sounding 초음파 측심(超音波測深) 초음파 측심기에 의해 초음파를 해면에서 바닷속을 향해 방사하고, 해저로부터의 반향이 되돌아오기까지의 시간으로 바다의 깊이를 측량하는 것.

ultrasonic storage 초음파 기억 장치(超音波記憶裝置) 초음파의 전파(傳播) 시간에 의한 지연을 이용하여 데이터를 기억시키는 기억 장치.

ultrasonic thickness guage 초음파 두께 측정기(超音波－測定器) 초음파의 지향성을 이용하여 물체의 두께를 측정하는 장치. 측정물의 두께를 한쪽에서만 측정할 수 있으므로 수력 발전소의 수압 철관 두께 측정이나 궤도의 탐상, 선체 외판의 부식 검사 등에도 사용되고 있다.

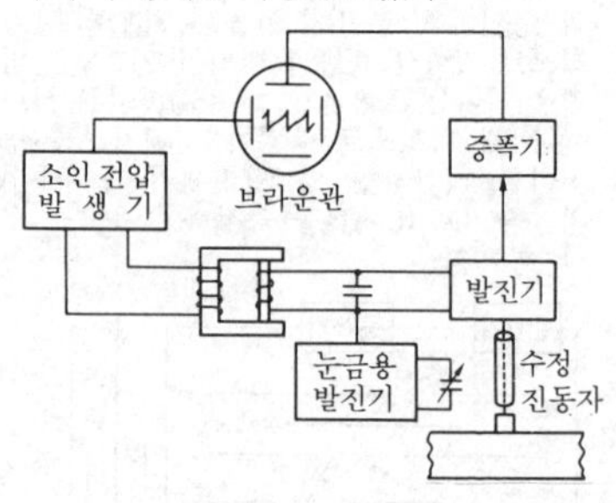

ultrasonic tomography 초음파 토모그래피(超音波－) →tomography

ultrasonic transducer 초음파 트랜스듀서(超音波－) 20kHz 이상의 교류 에너지를 같은 주파수의 기계적 진동으로 변환하는 트랜스듀서로, 압전 효과 또는 자왜(磁歪) 효과를 응용한 것이다.

ultrasonic wave 초음파(超音波) 가청 주파수(16～20,000Hz) 이상의 주파수의 음파를 말한다. 그 발생에는 자왜 공진자(磁歪共振子)나 압전 공진자가 사용되고, 공업적인 응용으로서는 큰 에너지의 것을 만들어서 가공, 세척 등에 사용하는 경우와 신호 전달의 수단으로서 탐상, 측심 등에 사용하는 경우가 있다.

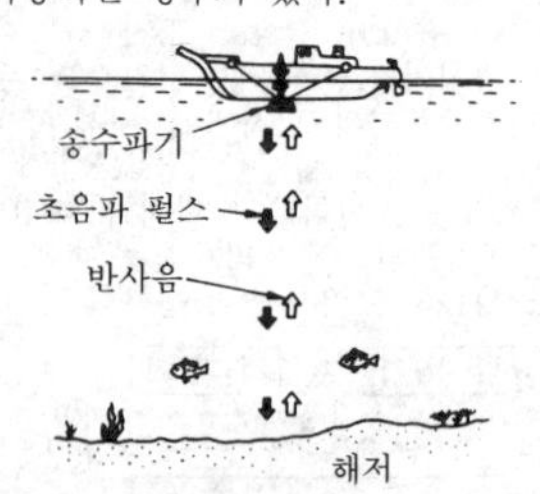

ultrasonic wave oscillator 초음파 발진기(超音波發振器) 초음파를 매질 속에 발생시키는 장치로, 발진기에 의해 고주파 전기 진동을 만들고, 이것을 자기 왜율 공진자 또는 압전 공진자를 써서 기계 진동으로 변환한 다음, 혼을 써서 기계적으로 증폭 또는 전달하도록 되어 있다. 고주파 발진기는 전력이 크므로 일반적으로 진공관을 사용하나, 파워 트랜지스터를 사용하는 것도 있다.

ultrasonic welding 초음파 용접(超音波鎔接) 용접하려는 두 장의 금속편을 받침 위에 둔 다음, 상부로부터 누르고 5~40 kHz 의 초음파 진동을 옆에서 강렬하게 가하여 두 장의 용접편간의 마찰열에 의해 접착시키는 방법. 초음파 용접이 가능한 것은 얇은 것에 한정되므로 이 방법으로는 접합부 표면의 변형이 적고, 용접면의 표면 처리에 주의할 필요가 없으므로 알루미늄이나 동박의 용접, 전기 접점의 제작 등에 이용된다.

ultrasonic whistle 초음파 휘슬(超音波-) 초음파를 순 기계적으로 발생시키는 장치. 기중용(氣中用)의 것은 공기의 소용돌이나 분사에 의해 공동(空洞)에 공진을 일으키는 방법이 쓰이며, 120kHz 정도까지 발생시킬 수 있다. 액중용(液中用)의 것은 액체의 분사에 의해 금속판에 굴곡 진동을 일으키는 방법이 쓰이며, 30kHz 정도까지 발생시킬 수 있다.

ultrasonic wire bonding 초음파 와이어 본딩(超音波-) 반도체 소자와 가는 리드선을 접속하는 방법으로, 초음파에 의해 압착시킨다.

ultraviolet absorption 자외선 흡수(紫外線吸收) 물질에 의한 특정 파장의 자외선 흡수. 분광 분석에서의 시료 용액에 의한 자외선 흡수 등. 전자가 자외선을 흡수하여 기저(基底) 상태에서 여기(勵起) 상태로 옮길 때의 흡수 스펙트럼의 상태를, 조사(照射)한 자외선 파장의 함수로서 분석한 것을 자외선 흡수 분광법(ultraviolet absorption spectrophotometry)이라 한다.

ultraviolet absorption spectrophotometry 자외선 흡수 분광법(紫外線吸收分光法) →ultraviolet absorption

ultraviolet altimeter 자외선 고도계(紫外線高度計) 유인(有人)의 대기권 및 우주 비행체 속에서 사용하는 고도계로, 지상 약 37km 상공까지의 정확한 고도를 자외선 스펙트럼을 이용하여 측정하는 것.

ultraviolet erasable PROM 자외선 소거 가능 PROM(紫外線消去可能-) 판독 전용 기억 장치(ROM)는 보통 그 기억 장치에 프로그램된 정보를 영구히 보존하며, 한 번 프로그램된 내용은 변경할 수 없지만 PROM 은 정보를 반영구적인 형태로 기억하여 지울 수도 있고 새로운 정보를 프로그램해 넣을 수도 있다. 지울 수 있는 PROM 중에는 짧은 파장의 자외선에 의해 지울 수 있는 것도 있는데 이것을 자외선 소거 가능 PROM 이라 한다.

ultraviolet laser 자외선 레이저(紫外線-) 레이저 중 근적외선(파장 약 1μm)을 경계로 하여 이보다 파장이 짧은 것을 단파장 레이저, 긴 것을 장파장 레이저라 한다. 자외선 레이저는 이 중 단파장 레이저에 속하고, 대표적인 것으로 엑시머 레이저가 있다. →excimer laser

ultraviolet light erasing 자외선 소거(紫外線消去) EPROM 칩에 기록된 내용을 강한 자외선을 이용하여 삭제하는 것.

ultraviolet radiation 자외 방사(紫外放射) 전자 방사 중에서 가시광의 상단(파장 380nm)부터 X선 영역(대체로 파장이 20nm 정도)에 이르는 파장 범위의 방사. 보통의 유리는 이 영역에서는 불투명하게 되므로 광학 분야에서는 투과 목적으로 석영이 쓰인다. 파장이 더 짧아지면 공기 중도 투과할 수 없다. 자외선 영역의 세분류에 대해서는 확정된 것은 없지만 파장이 긴 것부터 자외선(UV), 근자외선(NUV), 원자외선(FUV), 극자외선(EUV 또는 XUV) 등의 이름이 사용되고, 또 따로 진공 자외선(200nm~10 nm) 등의 명칭도 쓰이고 있다.

ultraviolet ray 자외선(紫外線) 파장 380 μm부터 10μm 의 범위의 전자파. 가시 광선 중에서 가장 파장이 짧은 보라(紫)보다

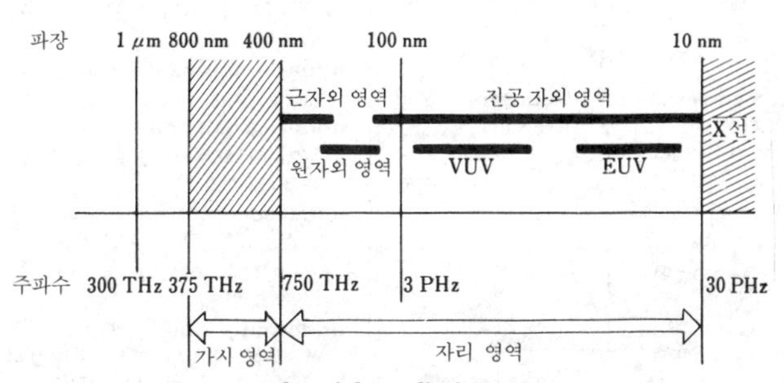

ultraviolet radiation

짧기 때문에 눈으로는 볼 수 없다. 화학 작용이 강하고 살균력이 있다.

umbrella antenna 우산형 안테나(雨傘形 —) 수직 안테나의 꼭지점 부분에 사향선(斜向線)을 방사상으로 친 것으로, 정부(頂部) 부하 안테나의 일종이다. 고유 파장은 기저(基底)부터 선단까지의 길이의 6~8 배, 실효 높이는 그림의 H, H'에 대해서 $1/3\ H+2/3H'$이다. 사향선은 지선을 겸할 수 있고, 이동 무선 등에도 편리하다.

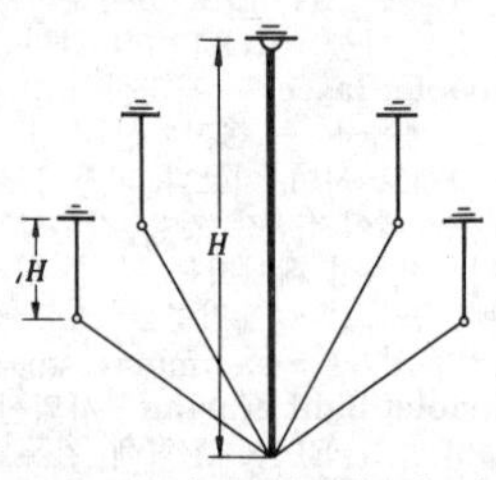

unbalanced circuit 불평형 회로(不平衡回路) 대지(大地)에 대하여 각기 다른 임피던스를 갖는 2점을 구성하는 회로.

unbalanced current 불평형 전류(不平衡電流) 전기적 평형계의 불평형시에 그 계의 전기 회로에 흐르는 전류.

unbalanced load 불평형 부하(不平衡負荷) 다상 회로의 각 상의 부하가 같지 않은 경우, 또 푸시풀 증폭기에서는 각 트랜지스터의 부하가 같지 않은 경우.

unbalanced modulator 불평형 변조기(不平衡變調器) 반송파의 반사이클마다 신호의 감쇠가 같지 않은 변조기.

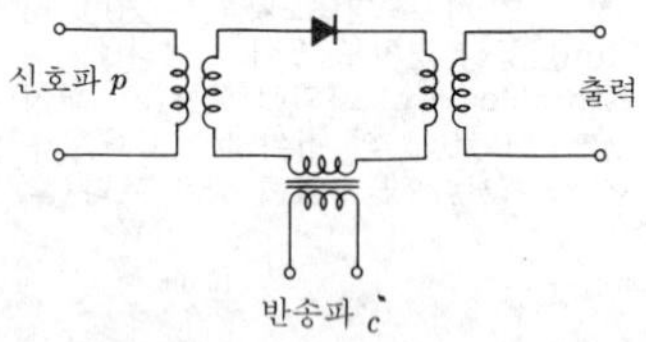

unbalanced resistance attenuator 불평형 저항 감쇠기(不平衡形抵抗減衰器) 저항 감쇠기에서 T 형과 같이 왕복 2선이 대칭으로 되어 있지 않은 것. 고주파 회로에 사용된다.

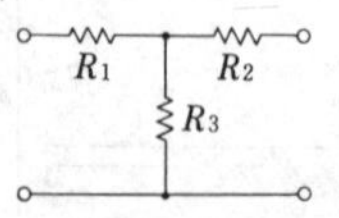

unbalanced feeder 불평형 궤전선(不平衡饋電線), 불평형 급전선(不平衡給電線) 궤전선(급전선)으로서 왕복 2선이 대칭이 아닌 것. 3선식 궤전선, 동축 케이블의 궤전선 등이 있다.

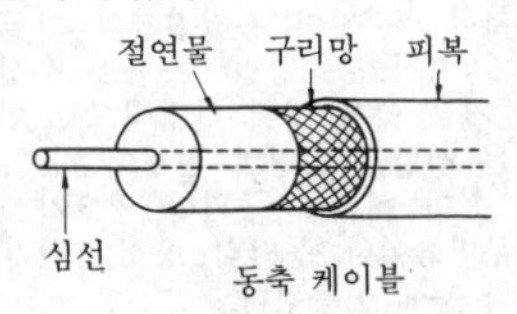

동축 케이블

unblanking 언블랭킹 CRT에서 그 빔을 소인(掃引) 기간 동안만 턴 온(살려서 밝게 하는)하는 것. 빔은 대기 중 및 소인의 복귀 기간에는 소거된다.

uncertainty 불확실성(不確實性), 불확정성(不確定性能) ① 어느 양에 대해서 관측한, 혹은 계산한 값이 그 양의 참값에서 벗어나 있다고 추정되는 벗어남의 값으로, 보통 평균의 편차, 확률 오차, 표준 편차 등으로 표현된다. ② 계통 오차와 측정 방법의 부적합에 기인하는 랜덤 오차를 함께 한 것에 대하여 주어져야 할 허용값을 말한다.

uncertainty principle 불확정성 원리(不確定性原理) 전자나 빛이 입자와 파동의 두 본질적으로 다른 성질을 갖는 것은 일견 모순하고 있는 듯이 생각되지만 이것은 물건의 존재에 대한 견해의 차이이며, 관측 방법의 선택법에 따라서 어떤 때는 입자로서, 어떤 때는 파동으로서 관측되고, 이 양쪽의 성질이 동시에 관측되는 일은 없다. 따라서, 전자의 위치와 운동량을 동시에 정확하게 측정할 수는 없다. 이것을 하이젠베르크의 불확정 원리라 한다.

unconditional transfer 무조건 비월(無條件飛越) 컴퓨터 용어로, 이 명령을 실행하면 반드시 소정의 주소로 점프를 하는 것. 프로그램의 루프를 만들 때 널리 쓰인다. 이에 대하여 조건이 만족했을 때만 점프가 행하여지는 조건부 점프 명령도 있다.

underbunching 부족 집군(不足集群) → bunching

under-carpet cable 언더카펫 케이블 플로어 카펫 밑에 부설하는 박형(薄形) 케이블을 말한다.

undercurrent relay 부족 전류 계전기(不足電流繼電器) 계전기를 통하는 전류가 그 설정값 이하인 경우에 동작하는 계전기를 말한다.

undercut 언더컷 프린트 회로의 도선 부분 등이 예정된 패턴 치수보다 갚게(폭넓게) 에칭되어 버리는 것.

under damping 부족 제동(不足制動) 계기 지시의 과도 특성에서 지침이 진동하는 것을 부족 제동이라 한다. 계기의 지침은 최종 지시값을 중심으로 진동하고, 진동은 서서히 감쇠하면서 최종값에 접근하는데, 정지하기까지의 시간이 길어져서 그 지시는 불안정하다.

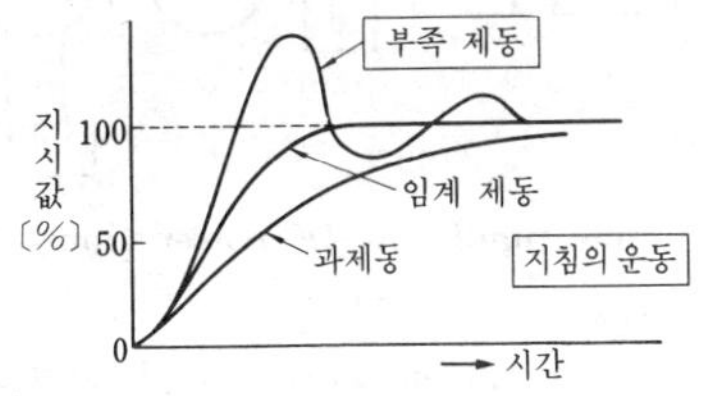

under flow 언더 플로 컴퓨터 용어로, 연산의 결과 생긴 수치가 그 처리 장치의 레지스터가 다룰 수 있는 최소값보다도 작을 때를 말한다.

underground line 지중 전선로(地中電線路) 폭풍우나 낙뢰(落雷), 염진(鹽塵) 등의 기상적 재해로부터 송전 선로를 지키기 위해 지하에 매설한 전선로. 지중 전선로는 도시의 미관을 해치는 일이 없고, 화재에 대해서도 안전하지만 지하에 매설하기 때문에 전선의 절연을 강화한다든지, 물리적·화학적으로 보호하는 등의 방법을 강구할 필요가 있기 때문에 전력 케이블 그 자체가 고가로 되는 동시에 공사비가 많이 든다. 또, 고장이 발생한 경우의 점검도 곤란하여 복구에 시간이 걸리는 등의 문제가 있다.

underscanning 부족 주사(不足走査) → overscanning

undershoot 언더슈트 펄스파의 하강부가 기선(基線)을 넘어서 오목한 부분을 발생하는 일이 있다. 이러한 현상 또는 그 부분을 언더슈트 또는 오버행(overhang)이라 한다. 그 정도는 펄스 정상부의 평탄값에 대한 오목 부분의 깊이의 비(比)로 나타낸다.

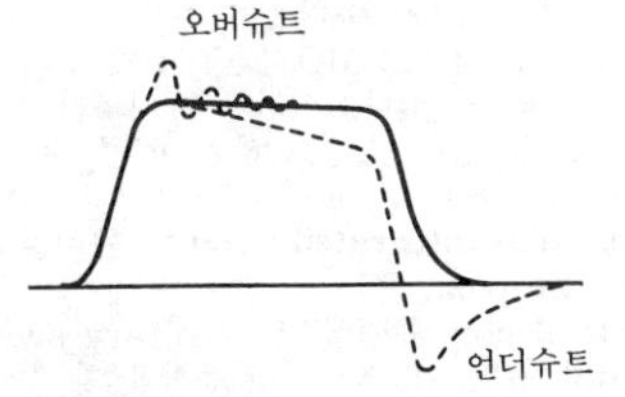

undervoltage relay 부족 전압 계전기(不足電壓繼電器) 전압이 설정값 혹은 그 이하로 저하하면 동작하는 계전기. 전압 코일의 구동력에 의해 알루미늄 원판이 회전하여 S는 개로(開路)한다. 전압 저하에 의해 원판이 되돌아오면 전류 회로 1, 2 사이가 도통하게 되어 있다. 전류 회로의 전류에 의해 전자(電磁) 개폐기의 조작, 경보의 방생이 행하여진다. 전압 저하가 생긴 경우 회로를 열어 보호한다.

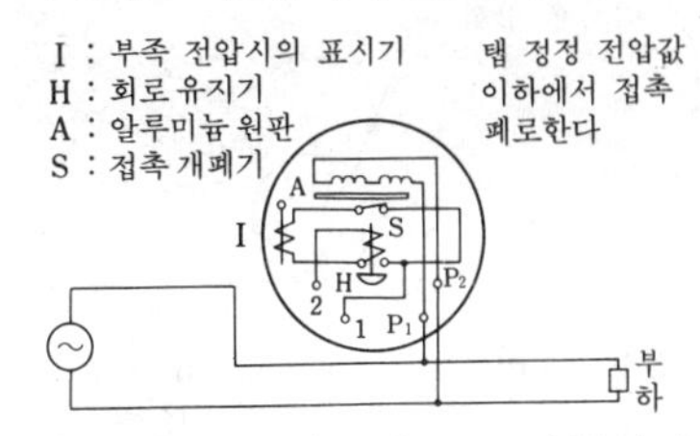

underwater sound projector 수중 송파기(水中送波器) 수중에 음파를 방사하기 위한 변환기.

undesirable output 부정 출력(不正出力) 일그러짐, 잡음 등 목적으로 하는 신호 이외의 불필요한 출력.

undesired sound 소음(騷音) 정보 기기의 동작에 수반하여 발생하는 바람직하지 않은 소리. 정보 기기의 소음은 냉각용 팬, 디스크 장치나 인쇄 장치에서 발생하는 것이 대부분을 차지한다.

undetected error rate 미검출 오류율(未檢出誤謬率) 데이터 전송에서 잘못해서 수신된 엘리먼트, 블록 중 검출 혹은 정정되지 않은 것의 비율.

undulator 언듈레이터 전자의 진행 방향을 따라서 주기적으로 변화하는 자계 분포를 가지며, 특정한 파장의 빛이 강하게 방사되는 것. 평면 내에서 자장이 주기적으로 방향을 바꾸는 평면형과 자장의 방향이 나선형으로 변화하는 입체형의 언듈레이터가 있다.

unibus 유니버스 컴퓨터의 중앙 처리 장치(CPU), 주기억 장치, 주변 장치 사이를 연락하는 고속 시스템 버스로, 데이터 라인, 어드레스 라인, 제어 및 홀짝 검사 라인으로 구성된다.

unidirectional antenna 단방향성 안테나(單方向性－) 한쪽 방향으로만 강하게 전파를 방사한다든지 받는 능력을 가진 지향성 안테나.

unidirectional communication system 단방향 통신 방식(單方向通信方式) 단일의 통신 상대방에 대하여 송신만을 하는 통신 방식.

unidirectional microphone 단방향성 마이크로폰(單方向性－) 주로 한쪽 반구(半

球) 영역에서 오는 음향에 응답하는 마이크로폰으로, 측면 또는 후방으로부터의 음을 픽업하지 않는 것.

uniform diffuse reflection 완전 확산 반사(完全擴散反射) 빛이 반사면에서 난반사하여 여러 방향으로 나가서 반사 방향의 광도가 모든 방향에서 보아 같은 확산 반사를 말한다.

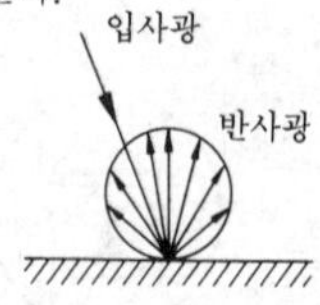

uniform diffuse transmission 완전 확산 투과(完全擴散透過) 빛이 매질을 투과한 다음 여러 방향으로 나가 모든 방향에서 본 광도가 같은 확산 투과를 말한다.

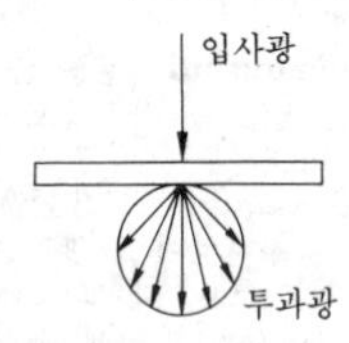

unijunction transistor 단접합 트랜지스터(單接合−) →double base diode

unilateralization 일방향화(一方向化), 단방향화(單方向化) 트랜지스터 회로에서 트랜지스터 자신의 내부 용량(접합 용량, 확산 용량)에 의해 출력의 일부가 입력측으로 궤환되기 때문에 특히 고주파에서는 동작이 불안정하게 되고 발진을 일으키는 경우도 있다. 그래서 이 영향을 없애기 위해 중화법을 써서 내부 용량을 상쇄하도록 하면 $h_{12}(h_r)=0$으로 되어서 신호는 입력측에서 출력측으로만 전달되게 된다. 이것을 일방향화 또는 단방향화라 한다.

unilateral recording track 단방향 녹음 트랙(單方向錄音−) →bilateral-area track

uninterruptible AC-AC power supply 교류 무정전 전원 장치(交流無停電電源裝置) 통신용 전원 설비의 일종으로, 공통대(共通臺) 위에 3상 유도 전동기, 단상 교류 발전기, 플라이휠, 전자 조인트 및 디젤 엔진을 설치한 것이다. 보통은 상용 전원에 의해 유도 전동기로 교류 발전기를 돌리고, 부하에 교류 전력을 공급하고 있으나 정전이나 상용 전원 이상시에는 예비 디젤 엔진에 의해서 교류 발전기를 회전시켜 부하에 전력을 공급하는 것이다. 디젤 엔진으로의 전환은 전자 조인트를 거쳐서 플라이휠의 관성 에너지를 이용하여 행하여진다.

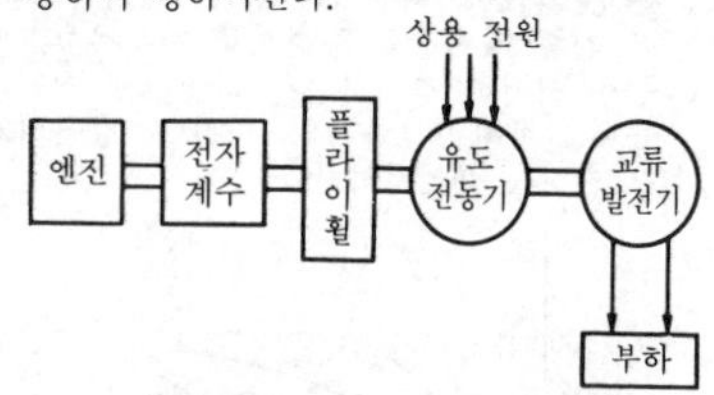

uninterruptible AC-DC power supply 교직류 무정전 전원 장치(交直流無停電電源裝置) →MGG system

uninterruptible power supply system 무정전 전원 설비(無停電電源設備) 평상시에 사용하고 있는 전원 설비에 고장 또는 정전이 되어도 전자 기기에 무정전으로 전원 공급을 계속할 수 있는 설비.

Union Radio-Scientifique Internationale 국제 전파 과학 연합(國際電波科學聯合) 국제적인 학술 기관의 하나로, 1920년에 설립된 것. 사무국은 벨기에의 브뤼셀에 있으며, 2년에 1회 회합이 열리고, 전파의 기초적인 측정이나 이론에 대해서 연구한다. =URSI

unipolar 유니폴러 ① 펄스 부호 전송 회로에서 사용되는 펄스 형식으로, +, − 어느 한쪽 극성의 펄스만을 쓰는 것. ② 논리 회로에서 논리의 참, 거짓 두 진리값에 대하여 같은 극성의(레벨이 다른) 전압 혹은 전류, 또는 한쪽 극성과 무극성의 두 전압 혹은 전류를 대응시키는 표현 형식. ③ FET와 같이 전자, 정공 두 종류의 캐리어 중 어느 한쪽 캐리어만으로 동작하는 반도체 디바이스.

unipolar-bipolar conversion U-B변환(−變換) =U-B conversion

unipolar IC 유니폴러IC 유니폴러란 단극성(單極性)의 뜻이 있다. 즉, 하나의 극성을 뜻하며, 전자와 정공 중 한쪽만이 캐리어가 된다. 유니폴러 트랜지스터의 대표적인 것으로 MOSFET(전계 효과 트랜지스터)가 있다. 이러한 유니폴러 트랜지스터를 능동 소자로 하는 IC를 유니폴러 IC라 한다.

unipolar integrated circuit 유니폴러 IC =unipolar IC

uniselector 유니실렉터 =rotary switch

unit 유닛 ① 독립적인 동작을 할 수 있는 디바이스 또는 어셈블리. ② 시스템에서 어느 일정한 동작을 하도록 만들어진 부분이다. 예를 들면, 컴퓨터에서의 연산부

(ALU), 제어부 등. ③ 물리량의 단위로서 설정된 일정량. 따로 주어진 표준량과 비교 교정함으로써 그 값을 정할 수 있다.

unit cable 유닛 케이블 시내 케이블은 200 쌍까지는 층상(層狀) 배치의 심선을 가지고 있으나 400 쌍 이상이 되면 접속시의 취급이 곤란해진다. 이 때문에 100 쌍씩 묶어서 한 줄의 심선 다발로 하고, 이것을 유닛이라 한다. 유닛에는 별도로 트레이서의 쌍을 둔다. 이것은 유닛을 식별하기 위해서이다. 이러한 유닛을 여러 조 묶어서 하나의 케이블로 한 것이 유닛 케이블이다. 시내 선로용의 유닛 케이블은 성형 쿼드가 수용되고 있다.

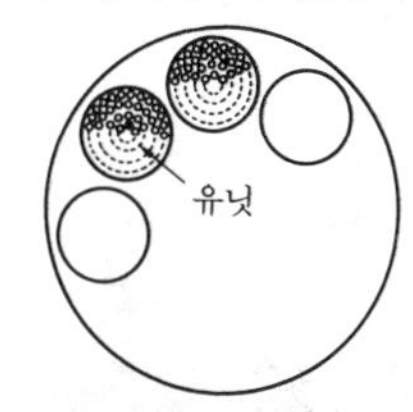

unit function 단위 함수(單位函數) $t<0$ 에서 0, $t \geq 0$ 에서 1 의 값을 취하는 함수로, 자동 제어계의 인디셜 응답을 구하는 경우의 입력으로서 사용한다.

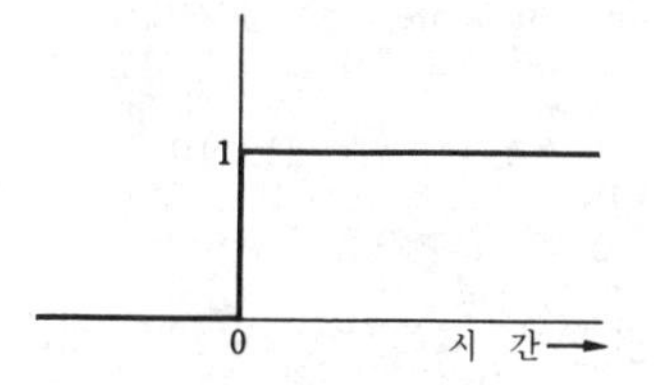

unit interval 신호의 단위 길이(信號-單位-) =signal interval

unit lattice 단위 격자(單位格子) 결정에서의 원자 배열의 규칙성은 어느 일정한 구조가 주기적으로 3 차원 방향으로 반복되는 것이다. 그 바탕이 되는 최소 단위를 단위 격자라 한다.

unit magnetic charge 단위 자하(單位磁荷) 서로 같은 두 자하(자극)를 진공 중에서 1cm 떼어 두고 1dyne 의 힘을 발생하는 자하.

universal asynchronous receiver transmitter 범용 비동기 송수신기(汎用非同期送受信機) =UART

universal coil 유니버설 코일 고주파용 코일로, 다층 감이로 하는 경우에 인접층의 커패시턴을 감소시키기 위해 허니컴 감이(honey-comb winding), 바이파일러 감이(bifilar winding) 등, 특수하게 감은 코일. 전자는 인접층의 권선이 어느 각도로 교류하도록 한 것이고 후자는 1차, 2 차의 도선을 병렬로 하여 감은 것이다.

universal counter 만능 카운터(萬能-) 단순한 계수 뿐만 아니라 주파수, 주기 등을 계수 표시할 수 있는 장치로, 정형 회로, 게이트 회로, 게이트 제어 회로, 시간 기준 회로(기준 주파수 발생 회로) 및 계수 회로로 구성되어 있다. 미지 주파수 f_x 를 측정하려면 시간 기준부에서 규정된 시간 T_s 만큼 게이트 제어 회로의 지령에 의해 게이트 회로를 열고, 한쪽 미지 신호를 정형 회로에서 계수에 적합하도록 좋은 파형으로 변환하여 게이트 회로를 통해서 계수 회로에 보낸다. 계수 결과를 N 으로 하면 $f_x=NT_s$ 에서 미지 주파수가 구해진다. 주기를 측정하려면 미지 입력 신호의 주기 T_x 만큼 게이트 회로를 열어 주파수 f_s 의 기준 신호가 통과한 파수(波數)를 계수하면 된다. 계수 결과를 N 으로 하면 $T_x=N/f_s$ 에서 주기를 구할 수 있다. 그 밖에 시간이나 속도 등의 측정에도 사용된다.

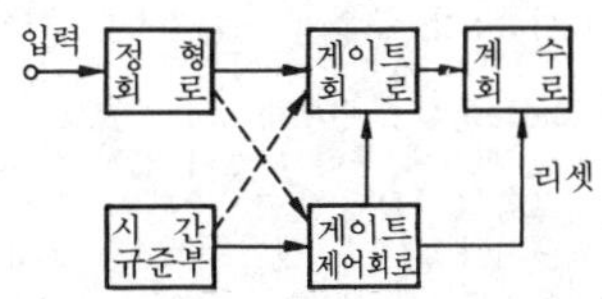

universal impedance bridge 만능 임피던스 브리지(萬能-) 브리지에 표준기 콘덴서와 발진기를 내장하고, 스위치에 의해 브리지 구성을 휘트스톤 브리지, 맥스웰 브리지, 헤이 브리지 등으로 전환하여 각각 저항 인덕턴스, 커패시턴스 등을 측정할 수 있도록 한 것.

universal product code 통일 상품 코드(統一商品-), 만국 상품 코드(萬國商品-) 컴퓨터에 판독시키는 10 자리의 코드로, 소매 상품의 레이블로서 쓰이는 것. 10 자리 중 5 자리는 제조자 번호, 너머지 5 자리는 상품의 코드 번호이다. =UPC

universal shunt 만능 분류기(萬能分流器) 검류계의 감도를 바꾸기 위해 사용하는 분류기로, 그 회로를 그림에 나타냈다. 전 저항의 $1/n$ 의 중간 탭을 사용했을 때

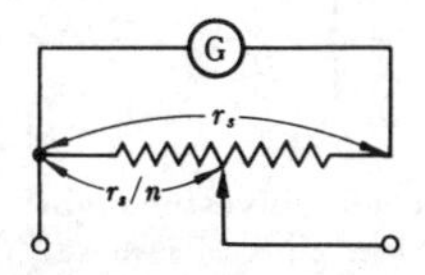

는 검류계의 전류는 그 내부 저항과는 관계없이 전 저항을 사용했을 때의 전류의 $1/n$이 되므로 중간 탭에 배율 n의 값을 기입해 둘 수 있다.

universal synchronous receiver/transmitter 범용 동기 송수신기(汎用同期送受信機) =USRT

universe 유니버스 어느 성질을 갖는 모든 것, 또는 사상(事象)의 완전한 그룹을 말한다. 유니버설 세트라고도 한다. 기호는 S로 나타낸다.

UNIX 유닉스 미국 AT&T 벨 연구소에 의해 1969 년에 미니컴퓨터용으로 개발된 TSS(시분할 방식)용 운영 체제(operating system : OS)의 명칭. 그 후 여러 버전이 생겨났으나, 현재는 AT&T 에 의해 상용화되었다. system 의 흐름과 미국 캘리포니아 대학의 버클리교에서 발전한 UCB 판의 흐름이 있다. UNIX 는 오랫동안 사용되어 온 소프트웨어 개발을 위한 도구(tool)가 있다는 것, 셸이라고 하는 커맨드 애널라이저에 의해 이용자의 조작성이 좋다는 것, UNIX 의 대부분이 C 언어로 작성되어 있기 때문에 이식성이 높다는 것 등으로 미니컴퓨터 이외에도 여러 가지 컴퓨터에 이식되어 있다.

unloaded *Q* 무부하시의 Q(無負荷時－) 공진 회로에 부하가 걸려 있지 않을 때의 회로의 Q. Q란 공진 주파수에서의 축적 에너지의 2π배를 사이클마다의 소비 에너지로 나눈 값이다.

unpacked format 언팩 형식(－形式) 1바이트에 1숫자씩 저장하는 형식을 말한다. =zoned format

unpopulated board 비장착 보드(非裝着－) 부품이 장착되어 있지 않은 회로 보드로, 구입자가 필요한 부품을 모아서 이들을 조립한다. 소정의 부품이 이미 장착되어 있는 장착 보드와 대비된다.

unsaturated bonding 불포화 결합(不飽和結合) 유기 화합물에서 탄소(C)는 4가이므로 그림 (a)와 같이 4개의 인접 원자를 갖는 것이 보통이지만, 그림 (b)와 같이 2중 결합으로 되어 있는 경우도 있다. 이것을 불포화 결합이라 하고, 화학 반응에 의해 (a)와 같이 바꿀 때 가교가 생긴다든지 한다.

—C—C—   —C═C—

(a)   (b)

unsaturated polyester resin 불포화 폴리에스테르 수지(不飽和－樹脂) 불포화 다염기성 산과 다가(多價) 알코올을 조합시켜서 만든 수지로, 경화제를 사용하면 상온 상압에서 고화한다. 주형 수지로서 이용되며, 인쇄 배선의 기판이나 FRT를 만드는 등 용도는 넓다.

unsaturated standard cell 불포화 표준 전지(不飽和標準電池) 상온에서 전해액이 불포화의 황화 카드뮴인 표준 전지. 온도 변화에 대한 안정성이 좋다. 2 차 및 상용 표준으로서 쓰이며, 10~40℃ 사이에서의 온도에 의한 전압 변화는 0.01% 이하이다.

unstable multivibrator 무안정 멀티바이브레이터(無安定－) 어느 일정 주기에서 두 트랜지스터가 ON-OFF 를 반복하여 구형파 펄스를 발생하는 회로로, 비안정 멀티바이브레이터 또는 자주(自走－) 멀티바이브레이터라고도 한다.

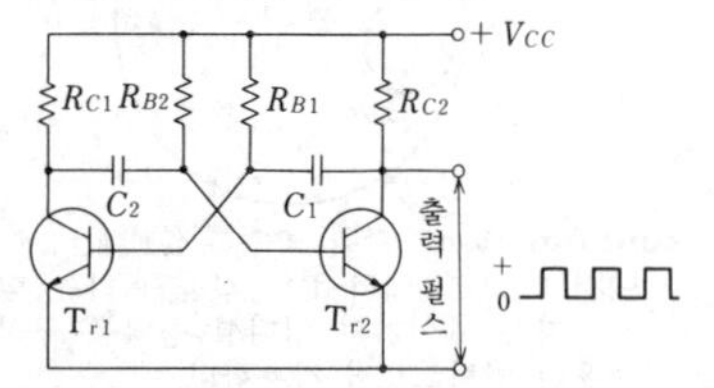

unstable state 불안정 상태(不安定狀態) 트리거 회로에서 펄스의 인가없이 안정 상태로 되돌아갈 때까지의 일정 기간 동안 회로가 멈추고 있는 상태.

UPC 통일 상품 코드(統一商品－), 만국 상품 코드(萬國商品－) =universal product code

update 갱신(更新)[1], 데이터 변경(－變更)[2] (1) ① 현재의 정보 또는 트랜잭션에 의해서 요구되는 변경을 마스터 매체에 대해서 하는 것. ② 명령을 실행할 때마다 그것이 포함하는 번지 번호를 일정 값만큼 증가하여 변경하는 것.
(2) 컴퓨터에서의 파일을 지정된 절차에 의해 데이터를 삽입, 삭제 또는 변경하는 것. 예를 드면 최신의 보고 정보에 따라서 마스터 파일을 바꾸어 기록하는 것.

up-doppler 업도플러 도플러 효과에서 파원(波源)과 관측자 사이의 거리가 좁혀지고 있기 때문에 관측파의 주파수가 높은 쪽으로 시프트하는 경우를 말한다. 반대인 경우를 다운도플러라 한다.

up-down counter 업다운 카운터 T 플립플롭이나 마스터 슬레이브 JK 플립플롭 회로를 여러 개 접속하여 클록 펄스의 입력에 의해 카운트가 올라가거나(up) 혹은 내려가거나(down) 하는 계수기(카운터).

upgrade 업그레이드, 이행(移行) 제품의 품질이나 성능 등이 좋아지는 것. 그레이드업과 같다. 또, 이행이라고 번역되는 일이 있는데 이것은 컴퓨터 본체나 시스템을 새로운 것으로 바꾸는 것을 나타낸다.

uplink 상공 연결(上空連結) 통신 위성을 통해서 데이터 통신을 하는 경우 지상의 지구국과 통신 위성간의 통신 회선.

upload 업로드 단말기인 컴퓨터의 파일에 작성한 데이터를 호스트 컴퓨터에 전송하여, 호스트 컴퓨터의 데이터 베이스에 엔트리한다든지, 이것을 갱신한다든지 하는 것을 말한다.

upper limited frequency 상한 주파수(上限周波數) 고역 차단 주파수라고도 한다. 증폭기의 증폭도가 주파수가 높아짐에 따라 저하하여 중역의 $1/\sqrt{2}=0.707$ 배가 된다. 즉 3dB 감소할 때의 주파수를 말하는 것이다. 이것은 증폭기의 고역에서의 주파수 특성을 살피는 가늠으로 할 수 있다.

upper sideband 상측파대(上側波帶) 수많은 주파수 성분을 갖는 신호파로 변조한 경우, 그들의 성분과 반송 주파수와의 합과 같은 주파수 즉 반송파보다도 높은 주파수의 한 무리의 파가 생긴다. 이와 같이 주파수를 가로축에 취하여 배열하면 반송파의 우측(상측)에 생기는 측파의 한 무리를 상측파대라 한다. →lower sideband

upper side heterodyne system 상측 헤테로다인 방식(上側－方式) 수퍼헤테로다인 수신기에서 국부 발진 주파수를 수신 주파수보다 중간 주파수 만큼 높게 하는 주파수 변환의 방식. 중파대의 라디오 수신기와 같이 주파수를 연속 가변으로 하는 것에서는 이 방식을 쓰지 않으면 연결 바리콘을 사용할 수 없다. 또, 주파수 고정의 수신기에서도 영상(影像) 주파수의 관계로 일반적으로 이 방식을 채용하는 일이 많다.

UPS 무정전 전원 장치(無停電電源裝置) ＝uninterruptible power supply

upset duplex system 전복 복신 방식(轉覆複信方式) 직류 전신계에서 임의의 두 복신 장치의 중간에 개재하는 국에 선로를 열거나, 닫거나 하는 기능을 부여함으로써 복신의 평형성을 전복하도록 한 것.

upside down 업사이드 다운 저저항 웨이퍼(기판)상에 만들어 넣은 능동층측을 방열판에 접촉시켜서 방열 효율을 좋게 한 방식. 기판 뒤쪽을 방열판에 접촉시키는 방식을 업사이드 업 방식이라 한다.

up time 업 타임 부품, 장치 또는 그들의 계(系)가 규정된 동작을 할 수 있는 상태에 있는 시간.

uranium collecting resin 우라늄 회수 수지(－回收樹脂) 바닷물 속에는 우라늄이 포함되어 있다. 이 우라늄을 흡착제로 분리하여 액제(液劑) 속에서 탈착시키고, 마지막으로 이온 교환 수지를 써서 회수한다. 이때 사용하는 것이 우라늄 수지이다.

urea plastics 요소 플라스틱(尿素－) 유전 특성과 기계적 강도가 뛰어난 열경화성의 플라스틱. 전자 기기의 캐비닛이나 계측기의 하우징에 사용된다.

urea resin 요소 수지(尿素樹脂) 요소와 포르말린의 축합 반응으로 만들어지는 수지. 착색이 용이하고, 아름다운 외관을 가지며, 열경화성이고, 난연성이다. 성형품은 스위치, 손잡이 등에 쓰인다.

urgency traffic 긴급 통신(緊急通信) 선박 또는 항공기가 중대하고 급박한 위험에 빠질 우려가 있을 때나 그 밖에 긴급의 사태가 발생한 경우에 긴급 신호「XXX」를 3회 송신한 다음 하는 무선 통신이다. 해안국 및 선박국은 조난 통신에 이은 우선 순위를 가지고 긴급 통신을 취급하지 않으면 안 된다.

URSI 국제 전파 과학 연합(國際電波科學聯合) ＝Union Radio-Scientifique Internationale

USART 범용 동기/비동기형 송수신기(汎用同期非同期形送受信機) 입출력 기기 혹은 데이터 회선과 처리 장치와의 사이에 있으며, 전2중 및 비트 직렬 방식으로 데이터 전송을 다루는 기능 단위. 보통 단일의 패키지로서 구성되는 LSI 회로이며, 타이프라이터와 같은 저속도의 입출력 기기에는 비동기식으로, CRT 단말과 같은 고속도의 입출력 기기에 대해서는 동기식으로 데이터의 송수신 제어나 그에 부수하는 기능을 수행한다.

useful life 유효 수명(有效壽命) 기구나 시설이 유효하고 충분하게 기능을 발휘하고, 안전하게 사용할 수 있는 시간. 내용연한이라고도 한다. 물리적, 경제적 양 측면에서 규정된다.

useful magnetic flux 유효 자속(有效磁束) 주자기 회로에 유효하게 작용하는 자속.

useful range 유효 측정 범위(有效測定範圍) ＝effective range

user interface 이용자 인터페이스(利用者－) 데이터 베이스가 이용자와 정보를 주고 받기 위한 화상 표시나 입력 등의 수단을 말한다.

user program 이용자 프로그램(利用者－) 제어 프로그램 하에서 가동하는 프로그램

중 업무를 처리하기 위한 프로그램이며, 이용자가 작성하는 것.

user reliability 사용 신뢰도(使用信賴度) 계(系), 기기 또는 부품을 사용할 때 사용자의 보전 및 조작 능력, 장비 환경, 수송 취급 보관 등의 사용 조건이 고유 신뢰도를 저감하는 확률.

USRT 범용 동기형 송수신기(汎用同期形送受信機) 고속의 입출력 기기 혹은 데이터 회선과 처리 장치 사이에 있으며, 전2중 및 비트 직렬 방식으로 데이터 전송을 다루는 기능 단위. 통상 단일의 패키지로서 구성되는 LSI 회로이며, 동기식에 의한 송수신 제어, 직병렬 혹은 병직렬 변환 등의 기능을 수행한다.

UT chart UT 차트 전리층의 여러 특성(각 층의 임계 주파수, 겉보기의 높이 및 최고 사용 주파수 등)을 세계 표준시(UT)에 의해 세계 지도상에 등치선(等値線)으로 나타낸 것.

utility 유틸리티 컴퓨터 이용에 도움이 되는 것을 뜻하며, 프로그램 작성에 유용한 각종 소프트웨어를 말한다. 특히 운영 체제에 포함되어 있는 에디터, 로더, 링커, 디버거 등을 가리키기도 한다.

utility program 유틸리티 프로그램 컴퓨터에 의한 처리를 일반적으로 지원하는 루틴 또는 프로그램. 사용 형식과 사용 빈도의 차이에 따라서 컴퓨터 프로그램과 루틴을 구별하는 일이 있다. 그림은 유틸리티 프로그램의 예이다.

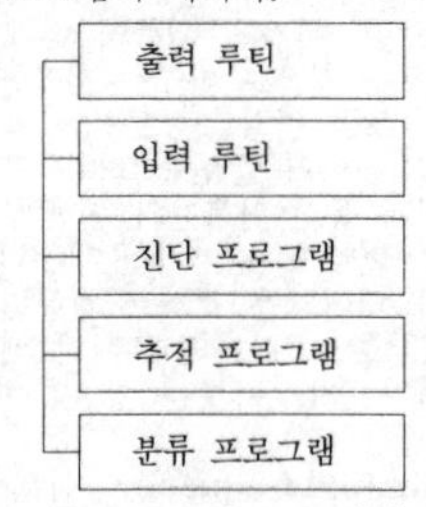

U-tube U자관(-字管) U 자형으로 굽힌 유리관. 이 속에 수은, 알코올, 물 기타를 넣고 액주(液柱) 높이의 차를 측정함으로써 양단에 작용하는 압력차를 구하기 위해 사용한다.

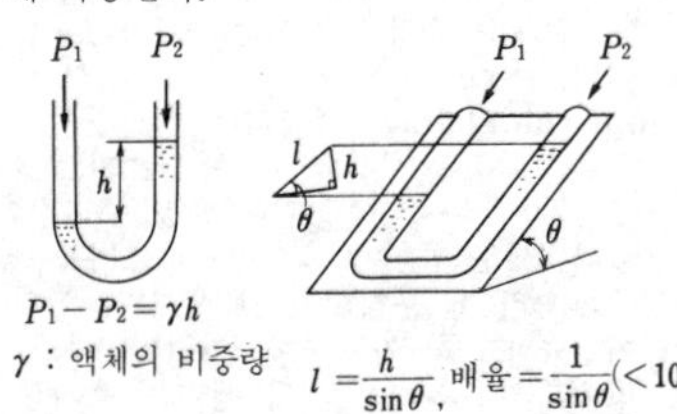

$P_1 - P_2 = \gamma h$

γ : 액체의 비중량

$l = \frac{h}{\sin\theta}$, 배율 $= \frac{1}{\sin\theta}$ (<10)

VAB 음성 응답(音聲應答) =voice answer back

VAC 교류 전압(交流電壓) =volts alternating current

vacuum evaporation 진공 증착(眞空蒸着) 진공 중에서 금속을 가열 증발시켜 제품 소재가 되는 기판 표면에 부착시켜서 박막 부품을 만드는 방법. 그림과 같은 장치를 사용한다.

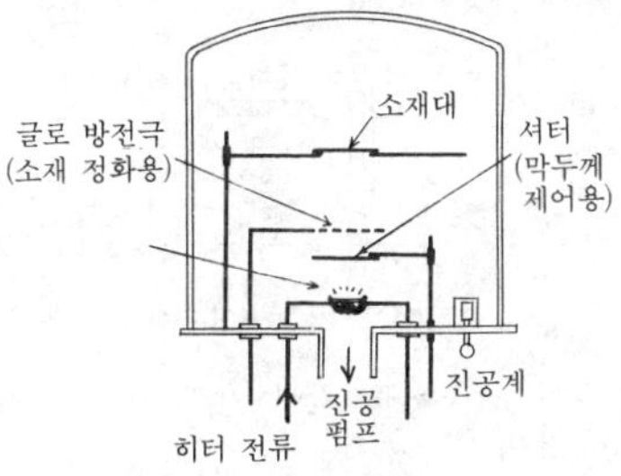

vacuum gauge 진공계(眞空計) 진공도를 전기적으로 측정하는 주요 방법으로서는 진공 방전법, 저항 진공계, 열전쌍 진공계가 있다. 진공 방전법은 방전의 세기나 색이 진공도에 의해 변화하는 성질을 이용한 것이다. 저항 진공계는 전열선의 온도, 따라서 저항이 진공도에 따라 변화하는 것을 이용한 것으로, 일반적으로 피라니(Prani) 진공계라고 불리는 것은 이 저항 변화를 브리지를 써서 측정하는 것이다. 열전쌍 진공계는 전열선의 온도 변화를 열전쌍으로 측정함으로써 진공도를 구하는 것이다.

vacuum junction 진공 열전쌍(眞空熱電雙) 열전형 계기의 일종. 측정 전류가 작을 때(1A 이하)는 온도 상승이 낮으므로 감도를 높이기 위해 진공 중에 봉입되어 있다.

vacuum phototube 진공 광전관(眞空光電管) 광전관 중에서 관내를 진공으로 한 것. 감도는 그다지 높지 않지만 광속(光束)과 양극 전류가 매우 잘 비례하므로 측정기 등에 쓰인다.

vacuum tube 진공관(眞空管) 진공 중에서의 전자의 흐름을 제어하여 정류·증폭 등 각종 작용을 시키는 것. 전극의 수에 따라 2극관, 3극관 등이라 부른다. 전극 중 둘은 음극(캐소드)과 양극(플레이트)이고, 나머지 모두는 양 전극간의 전계 상태를 제어하기 위한 그리드이다. 용기는 유리제가 보통이며, 금속을 사용하는 것, 자기를 사용하는 것도 있다. 내부의 진공도는 10^{-5}~10^{-6}mmHg 정도이다. 이전에는 전자 공학의 주역이었으나 현재는 대전력이나 고전압, 초고주파용 이외에는 사용되고 있지 않다.

vacuum tube voltmeter 진공관 전압계(眞空管電壓計) 진공관과 직류 전류계를 조합시킨 것으로, 진공관의 정류 및 증폭 특성을 이용하여 전압을 측정하도록 한 전자 계측 장치. 현재는 진공관을 FET 등으로 대치한 트랜지스터 전압계(TVM)가 보급되고 있다. =VTVM

vacuum ultraviolet ray 진공 자외선(眞空紫外線) 200nm 정도 이하의 단파장 자외선. 이러한 파장 영역에서는 공기는 빛을 흡수해 버리므로 이용할 때는 진공 분위기를 필요로 한다.

valence 원자가(原子價) 원자가 다른 원자와 직접 결합할 수 있는 능력을 주는 수로, 일반적으로 원자의 최외각 궤도를 차지하는 전자의 수와 관계가 있다.

valence band 가전자대(價電子帶) 띠 이론에서 가전자가 속하고 있는 에너지대를 말한다. 거기서는 일부의 전자가 위의 전도대로 여기(勵起)되지 않는 한 전기 전도는 이루어지지 않는다.

valence electron 가전자(價電子) 원자의 정상 상태에서의 전자 배치는 폐각(閉殼 : 전자가 가득 들어 있는 껍질)과 그보다도 밖에 있는 몇 개의 전자 궤도로 이루어져 있다. 이 경우 후자에서의 전자가 원자가를 결정하며, 화학적 성질을 정하므로 이를 원자 가전자 또는 가전자라 한다.

valency angle 원자가각(原子價角) 화학 결합하고 있는 두 원자의 원자 결합선이 이루는 각도. 그림은 물 분자(H_2O)의 원자가각의 예이다.

valency controlled semiconductor 원자가 제어형 반도체(原子價制御形半導體) 순수한 금속 산화물의 에너지 갭은 보통 크기 때문에 그 저항은 매우 크다. 그러나 이온화 에너지가 낮은 불순물을 도입할 수 있는 산화물에 있어서 정상적인 금속 원자를 가전자가 1개 많든가 혹은 1개 적은 금속 원자로 대치함으로써 산화물 반도체가 얻어진다. 리튬을 포함한 산화니켈 등은 그 예이며, 원자가 제어 반도체라고 한다.

valency length 원자 간격(原子間隔) 화학 결합하고 있는 두 원자의 원자핵간 거리.

validation 타당성 검사(妥當性檢査) 데이터나 계산 결과가 용인될 수 있는 범위에 있는지 어떤지, 적절한 규격이나 규칙, 규약 등에 따르고 있는지 어떤지를 검사하는 것.

validity check 타당성 검사(妥當性檢査) =validation

valuator 실수 입력 장치(實數入力裝置) 스칼라값을 주는 입력 장치. 퍼텐쇼미터, 섬휠(thumwheel) 등.

value 명도(明度)[1], 값[2] (1) 색의 밝기의 정도. 기호 V. 명도는 반사율에 관계하며, 반사율 0%의 것을 0, 100%의 것을 10으로 하여 11 단계로 하는데. 0%, 100%의 것은 없으므로 무채색은 1~9, 유채색은 2~8의 값을 취한다. 그림은 명도의 단계를 나타낸 것이다.

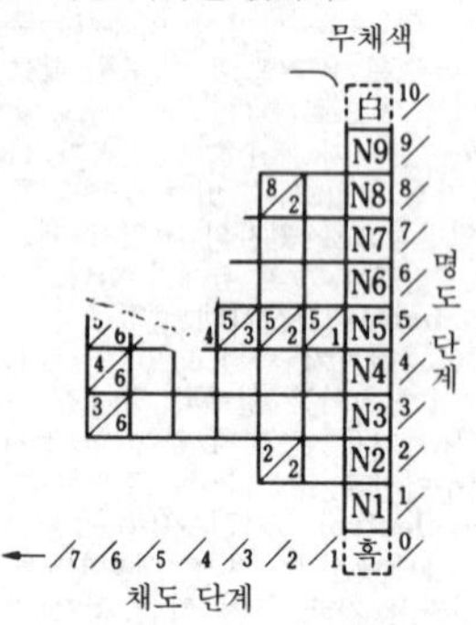

(2) 컴퓨터의 기억 장치 내에 저장되는 상수 또는 문자, 불 대수 진리값 등.

value-added carrier 부가 가치 통신 업자(附加價值通信業者) 통신 사업자로부터 회선을 빌려서 여기에 각종 서비스를 부가하여 제 3 자에게 제공하는 통신 업자. →VAN

value added network 부가 가치 통신망(附加價值通信網) =VAN

value-added reseller 부가 가치 재판 기업(附加價值再販企業) =VAR

value added service 부가 가치 서비스(附加價值−) 부가 가치 통신망(VAN)에서 전송이라는 기본적인 통신 서비스에 데이터 처리 등의 부가 가치가 있는 기능을 부여하는 서비스. =VAS →VAN

valve positioner 밸브 포지셔너 입력과 출력 사이에 비례 관계를 갖는 공기식 조작용 기기. 비례 조절기와 비슷한 구조인데, 설정부는 없고, 피드백 벨로를 다이어프램으로 대치한 기기이다. 밸브의 개폐에 의해 조절 신호에 비례한 에너지나 원료 등의 유량을 변화시키는 프로세스 제어에 사용한다.

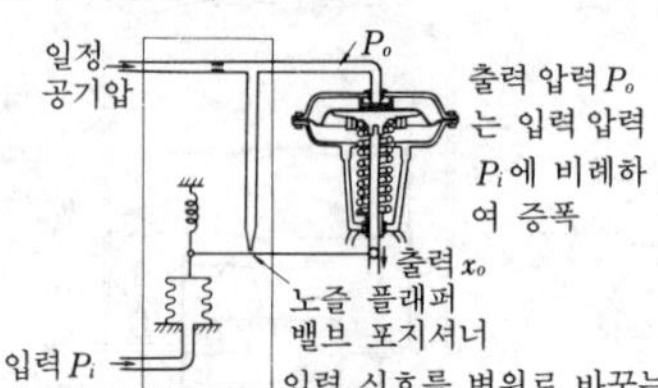

입력 신호를 변위로 바꾸는 파워 증폭부와 유량을 변화시키는 제어 밸브로 구성

valve voltmeter 밸볼 원래는 진공관을 사용한 전자 전압계(진공관 전압계)의 약칭이었으나 현재 트랜지스터식의 것에도 습관적으로 이 말이 쓰이는 경우가 있다.

VAN 부가 가치 통신망(附加價值通信網) value added network의 약어. 통신 사업자로부터 통신 회선을 임대하고, 여기에 컴퓨터와 접속하여 부가 가치(프로토콜 변환, 속도 변환, 코드 변환 등)를 붙여 이용자에게 통신 서비스를 제공하는 업무.

Van Allen belt 반 알렌 띠 지구의 주위를 감싸고 있는 방사능대. 1958 년 반 알렌(Van Allen, 미국)이 로켓에 의해 관측하여 발견하였으므로 이 이름이 붙었다. 고 에너지의 양자나 전자 등이 지구의 자계에 포착되어 층을 이루고 있는 것으로, 방사선의 강도는 적도상 약 4,000 km 및 16,000km 부근에서 최대가 되며, 마치 2중의 도너츠 모양으로 지구를 둘러싸고 있다. 1968 년에 쏘아올려진 미국의 우주선 아폴로 8 호는 처음으로 반 알렌 띠를 통과하여 측정을 했다.

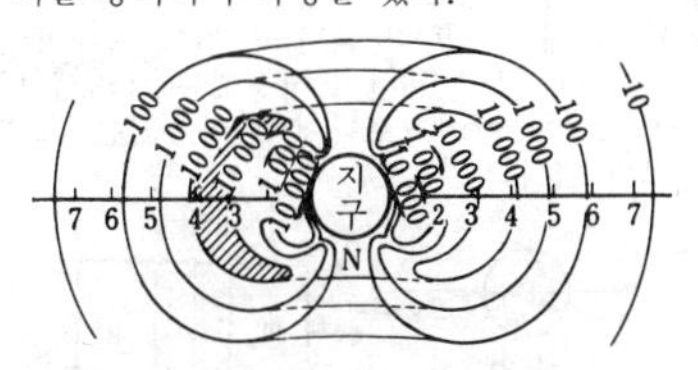

Van de Graff accelerator 반 데 그라프 가속기(一加速器) 특수한 벨트 기전기를 사용한 가속기. 그림과 같은 구조로, 고절연성 회전 벨트의 접지 가까운 측에 직류 5~50kV 를 가하여 코로나 방전으로 전하를 준다. 벨트는 표면에 전하가 부착한 채로 상승하고, 상부에서 코로나 포인트에 의해 방전하여 전하는 고전압 전극에 이른다. 이것이 계속해서 행하여짐으로써 고전압 전극에 전하가 쌓여 전위도 상승하나 어느 값 이상에 이르렀을 때 공중에 방전하는 것을 방지하기 위하여 장치 전체를 압력 탱크 속에 수납하고 5~10 기압의 기체를 봉입하고 있다. 따로 압력 탱크 내에는 고진공의 가속관이 있고 가속 전극이 배치되어 고전압을 인가해서 이온을 직선 가속한다. 이로써 얻어지는 에너지는 약 8MeV 에 이른다.

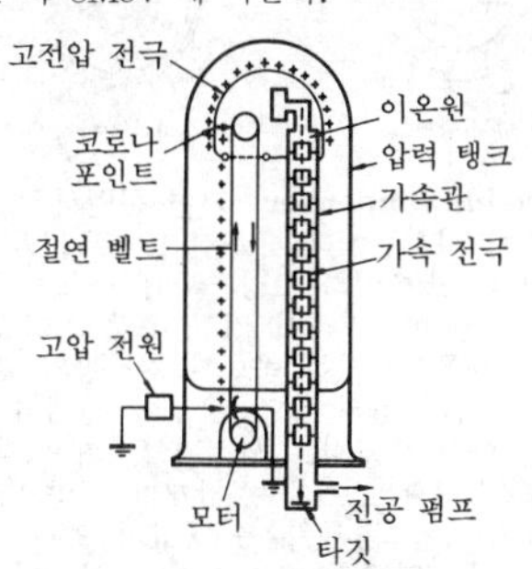

vane type attenuator 베인형 감쇠기(一形減衰器) 입체 회로 소자의 하나로, 도파관 내에 전계에 평행, 자계에 직각인 위치에 둔 저항판을 중앙부에서 측벽으로 이동하여 전송 전력을 감쇠시키는 감쇠기. 저항판이 중앙부에 있을 때 감쇠가 최대가 되고, 측벽에 접근함에 따라서 감쇠량이 적어진다. 저항판을 이동한 변위로 감쇠량을 교정 곡선에 의해 정밀하게 읽을 수 있다.

V antenna V 안테나 V 자형으로 배치한 도선에 의한 안테나로, 고조파형과 진행파형이 있다. →harmonic antenna, traveling-wave antenna

vapor cooling system 증발 냉각 방식(蒸發冷却方式) 대전력 증폭관은 플레이트 손실이 커서 그 때문에 플레이트가 고온도로 되어 가스를 방출한다든지 변형한다든지 하여 진공관을 파손하므로 냉각하지 않으면 안 된다. 증발 냉각 방식은 이 냉각 방법의 하나로, 냉각수가 플레이트에서 가열되어 증기로 될 때의 기화열을 이용하여 냉각하는 방식이다. 이 방법은 장치가 간단하고 냉각 효율도 좋으므로 널리 사용된다.

vapor etching 가스 에칭 반도체 기판상에 결정을 성장시키기 전의 처리 공정으로, 염화 수소 가스 등에 의해 실리콘 표면을 부식시켜서 깨끗한 면을 노출시키는 것을 말한다.

vapor growth 기상 성장(氣相成長) 반도체를 화합물 등의 증기 모양으로 한 다음 열분해 등의 방법에 의해 기판 상에 석출시키고, 단결정을 성장시키는 방법을 말한다. 이 경우 같은 종류의 단결정을 기판에 사용하면 그것과 같은 방향의 결정축을 가진(에피택시얼한) 것이 얻어진다.

vapor liquid solid method VLS 법(一法) 실리콘 기판상에 금속의 공정 합금 액상(共晶合金液相)을 만들고, 여기에 4 염화 실리콘이 가스를 흘려서 공정 액상에서 결정을 성장시키는 방법.

vapor phase axial deposition method VAD 법(一法) 광섬유의 모재를 만드는 방법의 하나. 진공 중에 유리 막대를 매달고, 주위에서 선단에 산소, 4 염화 규소 ($SiCl_4$) 가스를 가열하면서 뿜으면 축방향으로 기상 퇴적(氣相堆積)하여 석영 유리 막대가 만들어진다. 이것을 진공 중에서 가열 용융하여 코어 유리 막대로서 사용한다. 이 방법은 양산에 적합하므로 널리 쓰인다.

vapor plating 증기 도금(蒸氣鍍金) 고체 물질의 표면에 다른 물질의 증기를 보내서 증기로부터의 원자를 기체(基體) 물질의 표면에 응착시켜서 박막을 도금하는 방법.

VAR 바, 부가 가치 재판 기업(附加價值再販企業)[1], 가시 · 가청 라디오 레인지(可視 · 可聽一)[2] (1) value-added reseller 의 약어. 하드웨어와 소프트웨어를 완전 형식으로 입수하고, 공중에 재판매하여 이용자 지원, 이용자 서비스 등을 통해서 부가 가치를 실현하는 회사.

(2) visual-aural range 의 약어. 2 코스

라디오 레인지와 같다. 현재 타칸(tacan) 등으로 대치되고 있다.

var 바 압력의 단위. 기호 bar.

$1\text{bar}=10^6\text{dyn/cm}^2=10^5\text{Pa}$

현재 SI 단위인 Pa와 함께 bar도 단위로서 인정되고 있으나 점차 Pa로 이행하는 경향이다. 기상 분야에서는 종래의 밀리바〔mbar〕가 쓰이고 있었으나 이것도 등가의 헥토파스칼〔hPa〕로 전환되고 있다.

varactor 버랙터 가변 용량 다이오드의 일종. pn 접합에 역방향 전압을 가했을 때 생기는 정전 용량을 역방향 전압의 크기로 바꾸어서 제어하는 부품으로, 마이크로파 회로에 쓰인다. →variable capacitance diode

variable 변수(變數) ① 변화를 받는, 혹은 변화하는 양 또는 상태. ② 컴퓨터 프로그램 중의 기본적인 문법 단위.

variable air condenser 에어 바리콘, 가변 공기 콘덴서(可變空氣－) 정전 용량의 세밀 조정을 하기 위해 사용하는 트리머 콘덴서 중에서 에어 콘덴서(극판간이 공기)로 되어 있는 것. →air condenser

variable area track 면적식 녹음 트랙(面積式錄音－) 광학식 녹음에서 필름의 폭 방향으로 투명, 불투명의 부분으로 나뉘어진 사운드 트랙. 이들 두 영역의 경계선은 녹음된 신호의 파형을 나타낸다.

variable bandwidth IFT 가변 대역 중간주파 트랜스(可變帶域中間周波－) 중간주파 트랜스(IFT)의 일종으로, 보통의 것은 주파수 대역 특성이 고정되어 있으나 이 방식에서는 1차, 2차 코일 간의 결합도를 바꿈으로써 대역 특성이 변화하도록 되어 있으며, 연속적으로 변화할 수 있는 것과 제 3 코일의 사용으로 좁고, 넓은 2단으로 전환하는 것이 있다. 수신 목적에 따라서 대역폭을 좁게 하거나 넓게 하거나 할 수 있다.

variable bandwidth tuning circuit 가변 대역 필터 회로(可變帶域－回路) 단측파대 통신 방식이나 연속파 통신 방식에서의 수신에 사용되는 회로로, 제 1 중간주파의 필터와 제 2 중간 주파의 필터 특성을 전자적으로 교차시켜서 중간 주파의 통과 대역을 연속적으로 좁게 한 회로. 근접 주파수의 혼신을 제거한다든지 원하는 수신음으로 하는 데 도움이 된다.

variable capacitance diode 가변 용량 다이오드(可變容量－) pn 접합의 장벽 용량에 가하는 역방향 전압의 크기에 따라서 공핍층의 두께를 변화시켜 정전 용량의 값을 가감하는 것. 정전 용량값의 전압 의존성은 접합 부근의 불순물 농도 분포에 따라 결정된다. 불순물 농도 분포에는 계단형, 초계단형, 경사형이 있다. 가변 용량 다이오드에는 텔레비전의 UHF·VHF 대 및 FM·AM의 전자 동조용이나 AFC로서 튜너에 사용되는 배리캡 다이오드와 마이크로파대에 사용되는 배럭터가 있다.

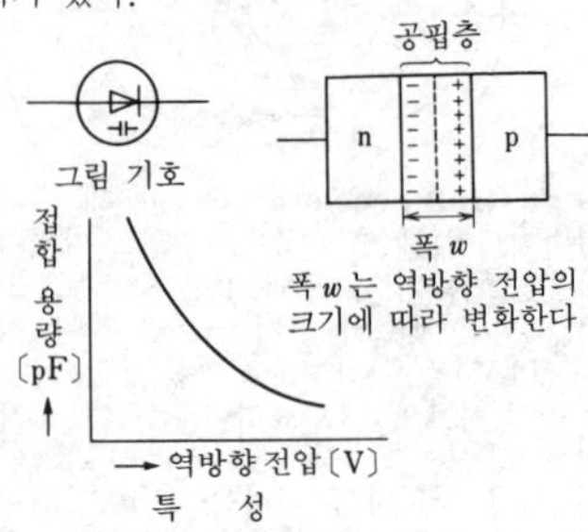

특 성

variable carbon resistor 탄소계 가변 저항기(炭素系可變抵抗器) 가변 저항기 중 저항 소자로서 탄소체 저항기 또는 탄소 피막 저항기를 사용한 것. 그림과 같은 구조이며 저항값을 가변할 수 있도록 되어 있다.

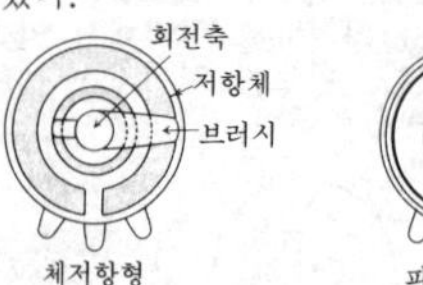

체저항형 피막 저항형

variable condenser 가변 콘덴서(可變－) 흔히 바리콘이라고 불린다. 로터(회전 날개)와 스테이터(고정 날개)의 대향(對向) 면적을 변화시켜서 정전 용량을 연속적으로 바꿀 수 있는 콘덴서. 한 쌍의 로터와 스테이터 간의 정전 용량이 날개의 매수에 따라서 병렬로 합성된다. 회전 각도와 용량 변화의 관계는 날개의 모양으로 정해지며, 그림과 같은 종류가 있다. 날개 사이는 일반적으로 공기로 하지만(공기 콘덴서), 소형으로 하기 위해 플라스틱을 넣은 것(폴리 바리콘)이라든가 자기를 넣은 것(세라믹 바리콘) 등도 있다.

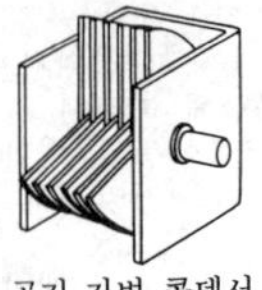
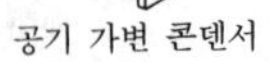
공기 가변 콘덴서

자기 가변 콘덴서

variable connector 가변 결합자(可變結合子) ① 흐름도에서 부분 시퀀스를 하나의 시퀀스에 접속하기 위한 결합 심벌인데, 이것은 고정하고 있지 않고 흐름의 절차 자신에 의해서 변경될 수 있는 것. ② 가능한 복수 경로의 하나를 골라서 결합하기 위한 컴퓨터 명령, 또는 그러한 명령을 프로그램 속에 삽입하는 장치.

variable density track 농담식 녹음 트랙(濃淡式錄音−) 일정폭의 사운드 트랙이며, 그 중에서 평균의 광투과가 트랙을 따라서 정보 신호에 비례하여 변화하고 있는 것.

variable-depth sonar 가변 심도 소나(可變深度−) 음원과 수신 장치를 수밀(水密) 용기에 수용하고, 수중의 목표에 대하여 온도 효과가 최소가 되는 위치까지 강하할 수 있는 소나 장치. =VDS

variable-frequentcy oscillator 가변 주파수 발진기(可變周波數發振器) 수정 발진기의 발진 주파수가 거의 고정되어 있는 데 대해 발진 주파수가 가변인 발진기를 말한다. 저주파용으로서는 *CR* 발진기, 고주파용으로서는 *LC* 발진기 등이 있다. *LC* 발진기를 송신기의 주발진기로서 사용할 때는 AFC(자동 주파수 제어) 회로를 두어 주파수의 안정도를 확보하고 있다. =VFO

variable-frequency telemetering 가변 주파수 텔레미터링(可變周波數−) 교류 전압 신호의 주파수가 측정된 양의 크기의 함수로서 변화하는 형식의 원격 측정 방식.

variable-mu tube 가변 μ 증폭관(可變−增幅管) 제어 그리드 전압을 변화시킴으로써 증폭 상수 μ 와 상호 콘덕턴스 g_m 이 광범위하게 변화하는 진공관. 그림은 가변 μ 증폭관의 전극 구조와 특성을 나타낸 것이다. 리모트 컷오프 특성을 가지며, 수신기의 AVC, AGC 에 사용된다.

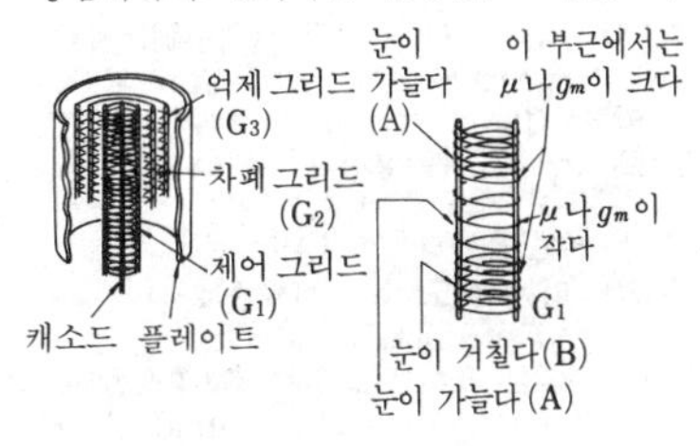

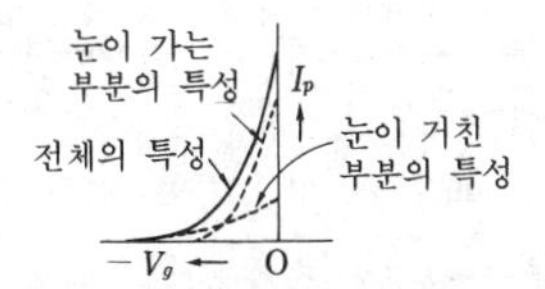

variable-reluctance transducer 가변 릴럭턴스형 트랜스듀서(可變−形−) 측정할, 또는 감시할 양에 결합한 자성 물질이 두 코일 간에서 회전 또는 이동함으로써 자로(磁路)의 릴럭턴스, 따라서 이것에 결합한 코일의 임피던스가 변화하도록 만들어진 트랜스듀서.

variable resistor 가변 저항기(可變抵抗器) 흔히 볼륨이라고 불리는 경우가 많다. 고리 모양을 한 저항체 위를 회전축에 붙인 브러시가 이동함으로써 전체 중의 어느 저항값만을 얻도록 되어 있다. 저항체는 절연물의 기판 표면에 탄소의 미분말을 칠한 피막형과 탄소를 합성 수지로 혼합하여 성형한 솔리드형이 있다. 회전 각도에 대한 저항값의 변화 특성은 일반적으로 그림과 같은 것이 사용된다. 이 중 A, C 는 저항값의 대수(對數)가 직선적으로 변화하도록 한 것이다.

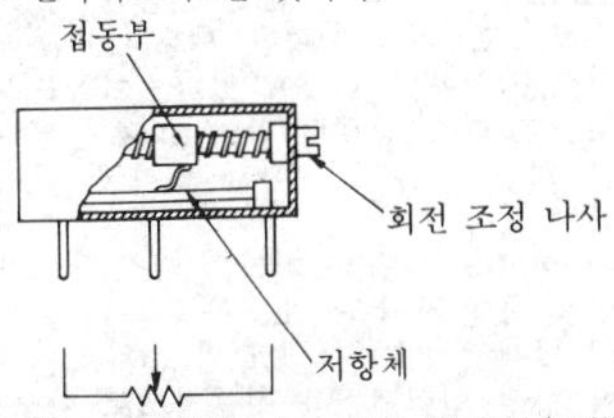

variable speed feed 가변 부주사(可變副走査) →variable speed scanning

variable speed projector 가변 속도 영사기(可變速度映寫機) 텔레비전의 필름 송상용 특수 영사기의 일종으로, 영사 속도를 매초 30 토막부터 정지상까지 단계적으로 바꿀 수 있는 것으로, 스포츠의 중계 등에 사용된다.

variable speed scanning 가변 속도 주사(可變速度走査) 촬상관의 주사 속도를 대상 화면 화소의 휘도에 따라서 변화시키는 주사법.

variable standard 가변 표준기(可變標準器) 표준기는 통상 고정값을 가지고 있으나, 시험 현장에서 사용하는 상용 표준기에는 사용상 편리를 위해 값을 바꿀 수 있게 한 것. 예를 들면 가변 상호 유도 표준기 등이 있다.

variable structure computer 가변 구조 컴퓨터(可變構造−) 범용 컴퓨터와 특수목적의 컴퓨터를 결합시키고, 둘을 병렬적으로 작동시켜 컴퓨터를 효율적으로 사용하려는 컴퓨터 시스템.

variable value control 추치 제어(追値制御) 목표값이 변화하는 경우, 그에 따라서 제어량을 추종시키기 위한 제어를 말하며, 추종 제어, 비율 제어, 프로그램 제어의 세 가지 형식이 있다.

variable voltage variable frequency inverter VVVF 인버터, 가변 전압 가변 주파수 인버터(可變電壓可變周波數－) 파워 일렉트로닉스 분야에서 사용되는 가변 전압, 가변 주파수 전원을 말한다. 교류 전동기의 제어에 쓰인다.

variable word length 가변 어 길이(可變語－) 기억 장치에서 어(word)의 길이가 요구에 따라서 가변인 기억 형식. 고정 어 길이와 대비된다.

variational method 변분법(變分法) 수학 분야에서의 극치(極値) 문제를 확장한 최적화의 고전적 수법의 하나. 어느 기간 중의 목적 함수를 극대 또는 극소로 하는 제어 변수를 결정함으로써 최적화 조건을 구한다.

variohm 바리옴 탄소계 가변 저항기의 속칭으로, 피막 저항을 사용하는 것과 체저항을 사용하는 것이 있다. 이들은 통전로를 고리 모양으로 하여 그 위를 브러시가 회전함으로써 저항값을 바꿀 수 있게 되어 있다.

variometer 배리오미터 대소 2개의 코일을 직렬로 접속하고, 한쪽을 다른 쪽 속에 넣어서 회전시킴으로써 결합도를 바꾸어 합성 인덕턴스를 연속적으로 바꾸도록 한 장치.

varistor 배리스터 전압-전류 특성이 비직선적인 저항 소자의 총칭. 전압에 따라 현저하게 저항값이 변화하는 성질이 있다. 특성으로 대칭, 비대칭 배리스터로 나뉘며, 좁은 뜻으로는 전자를 배리스터라 하고, SiC 배리스터가 있다. 피뢰기, 변압기나 코일 등의 과전압 보호, 스위치나 계전기의 접점 불꽃 소거법용 등에 사용된다.

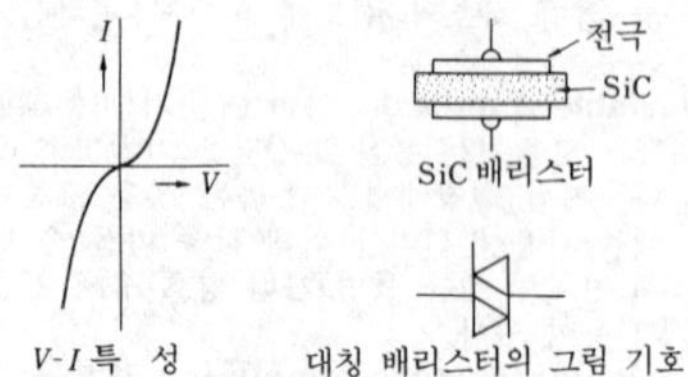

V-I 특 성 대칭 배리스터의 그림 기호

Varley loop method 발레이 루프법(－法) 그림과 같이 브리지를 꾸며서 전선로의 접지점을 구하는 방법으로, P, Q의 비를 1로 택하고, 브리지의 평형을 잡으면 접지점까지의 거리 l은 다음 식으로 구할 수 있다.

$$l = L - \frac{R}{2r}$$

단, r은 전선 단위 길이의 저항이다.

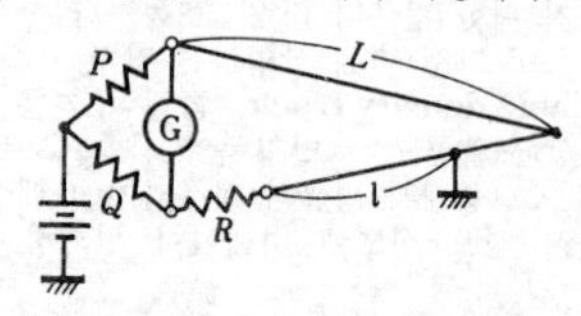

varnish 니스 도료의 일종으로, 합성 수지에 용제나 안료 등을 가한 것. 칠한 다음 건조 또는 가열에 의해 고화시켜 부품의 함침이나 권선의 피복 등에 사용한다.

VAS 부가 가치 서비스(附加價值－) ＝value added service

VASIS 가시 진입각 표시 방식(可視進入角表示裝置), 진입각 지시등(進入角指示燈) visual approach slope indicator system의 약어. ICAO(국제 민간 항공 기구)에 의해 표준으로서 채택된 진입각 표지등의 방식. 활주로 양단에 위치하는 등화의 두 막대로 이루어져 있으며, 백색, 적색 또는 그 조합(핑크)으로 글라이드 패스에 대한 위치를 조종사에게 알리도록 되어 있다.

V-beam V빔 수평으로 두어진 파라볼라 안테나에 의해서 얻어지는 수직 부채꼴 빔과 이에 대하여 45° 경사한 파라볼라 안테나에 의해 얻어지는 부채꼴 빔을 조합시켜서 얻어지는 V형의 빔으로, V 레이더에 쓰인다.

VCM 보이스 코일 모터 ＝voice coil motor

VCO 전압 제어 발진기(電壓制御發振器) voltage controlled oscillator의 약어. 입력 전압에 의해 발진 주파수를 가변으로 할 수 있는 발진기. 텔레비전 등의 전자 동조 시스템, 모터의 회전 제어 등 각종 용도가 있다. →PLL

VDS 가변 심도 소나(可變深度－) ＝variable-depth sonar

VDT 영상 표시 단말 장치(映像表示端末裝置) visual display terminal의 약어. 컴퓨터 조작원이 아닌 사용자가 키보드나 다른 수동식 입력 방법(라이트 펜, 커서 조정, 기능 선택 버튼 등)으로 입력하고, 출력 방법은 알파벳과 수치 및 그래픽 정보를 표시하는 영상 화면 기기로 구성된 단말기.

VDU 영상 표시 장치(映像表示裝置) visual display unit 의 약어. 영상이나 문자·도형 등의 출력을 표시하기 위한 표시 장치. 표시 부분이 발광하는 것(CRT, EL, LED 등)과 투과광을 이용하는 것(액정) 등이나 기체 방전을 이용하는 닉시관 등도 있다. 음극선관(CRT) 표시 장치가 범용으로서 현재 가장 보급되고 있다.

vector 벡터 크기와 방향을 갖는 양. → scalar

vector display 벡터 표시 장치(-表示裝置) X-Y 표시 장치라고도 한다. 전자 빔을 x 좌표 및 y 좌표 양 신호에 따라서 임의의 장소로 발사할 수 있는 CRT. 예를 들면, 벡터 표시 장치에 직선을 그리는 경우는 비디오 어댑터가 X 및 Y 양 요크(전자 빔의 2차원 방향을 제어하는 전자석)에 신호를 보내서 전자 빔을 그 직선 경로상을 이동시킨다. 즉, 배경에 주사선은 없고, 따라서 화면상에 그려지는 직선은 화소로는 구성되지 않는다. 벡터 표시 장치는 일반적으로 오실로스코프 및 DVST(direct view storage tube : 직시형 축적관) 표시 장치에 사용된다.

vector locus 벡터 궤적(-軌跡) 전압, 전류 등의 벡터량이 회로 관계식 중의 한 요소의 변화에 의해 변화하는 경우, 이들 벡터의 정점을 그리는 궤적. $A=a+jb$로 나타내어지는 벡터의 a가 일정하고, b가 $-\infty$에서 $+\infty$까지 변화했을 때의 벡터 궤적은 그림과 같이 된다.

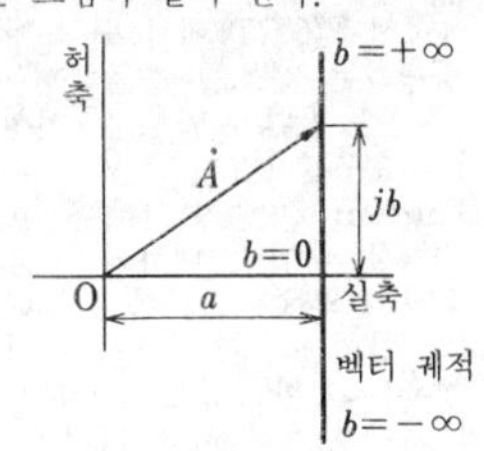

vector messor method 벡터 메서법(-法) →ferrometer

vector meter 벡터계(-計) 전압, 전류 및 위상각 등을 측정하는 측정기로, 동기 전동기를 써서 동기 정류를 하는 기계식과 트랜지스터를 사용한 전자식이 있다. 사용법에 따라서는 전압, 전류의 평균값, 순시값 등의 측정이나 철손의 측정도 할 수 있다.

vector quantity 벡터량(-量) 힘이나 속도 등과 같이 크기와 방향을 아울러 가지고 있는 양으로, 크기 밖에는 갖지 않는 스칼라량과 구별한다.

vector scanning 벡터 주사(-走査) 표시면상의 특정한 2점간을(중간점을 지정하는 일 없이) 이어서 빔에 의해 벡터 선분을 그리는 표시 모드.

vectorscope 벡터스코프 임피던스, 전압, 전류, 그리고 주파수 변조 신호, 위상 변조 신호, 텔레비전의 색도 신호 등의 벡터량을 브라운관상에 표시시키는 특수한 싱크로스코프.

vector-synthesized phase modulator 벡터 합성 위상 변조기(-合成位相變調器) 기준의 일정 진폭 반송파와 그것과 같은 주파수의 진폭 변조 신호파를 적당한 위상차를 갖게 하여 변조기에 가했을 때 신호파의 진폭 변화에 의해 생기는 신호파와 반송파의 합성 벡터의 위상 변화(반송파에 대한)를 이용하는 위상 변조기.

velocity level of a sound 음속 레벨(音速-) 음의 입자 속도와 기준 입자 속도와의 비의 상용 대수값을 20배 한 값. 단위는 dB(데시벨).

velocity microphone 벨로시티 마이크로폰, 속도형 마이크로폰(速度形-) 다이내믹 마이크로폰의 일종으로, 자계 중에 약 2.5μm 정도 두께의 주름이 있는 알루미늄 리본을 매달고, 리본이 음압의 기울기에 따라 구동하도록 한 마이크로폰. 리본의 전후, 좌우의 구조는 상대적으로 만들어져 있어 양지향 특성을 가지며, 주파수 특성도 좋아서 방송의 스튜디오용으로 널리 사용된다. 리본이 끊어지기 쉬우므로 옥외의 사용에는 적합하지 않다.

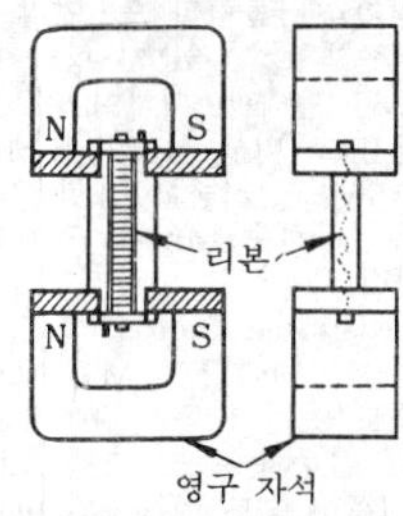

velocity-modulated oscillator 속도 변조 발진기(速度變調發振器) 속도 변조된 전자류가 캐처라고 하는 제2의 공동 공진기를 통과할 때 집군(集群)된 전자류 중에서 고 에너지 레벨의 출력이 꺼내진다. 그리고 출력 에너지의 일부를 속도 변조를 하는 제1의 공동 공진기 번처에 정궤환함으로써 진동이 지속되는 발진기.

velocity-modulated tube 속도 변조관(速度變調管) 마이크로파용 진공관의 일종으로, 클라이스트론이라고도 하며, 신호에 의해 전자 속도를 변화시켜서 그 운동 에너지를 공동(空洞)에 흡수하여 증폭, 발진을 시키는 것. 직진형과 반사형이 있다. 사용 가능 주파수는 약 1~100GHz 이다. 그림은 직진형 클라이스트론을 나타낸 것이다.

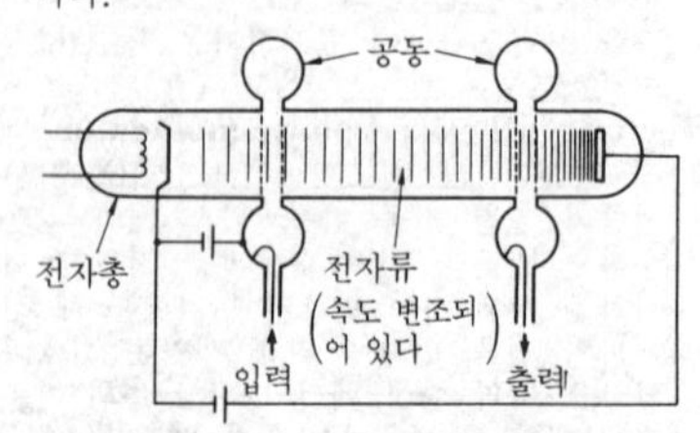

velocity modulation 속도 변조(速度變調) 전자군(電子群)의 속도가 신호 입력의 크기에 따라서 변화하는 것. 진행 중인 전자에 그와 같은 방향의 전계가 가해지면 전자는 가속되고, 역방향의 전계가 가해지면 전자는 감속되기 때문에 일어난다. 매우 높은 주파수의 입력에 적합하며, 클라이스트론의 원리로서 사용된다.

velocity of propagation 전파 속도(傳播速度) 매질 중을 전파하는 파동의 위상 속도 또는 군속도(群速度).

velocity of sound 음속(音速) 표준의 온도·기압(STP)에서, 건조한 공기 중의 음속은 331.4m/s 이다. 바닷물 속에서는 1,540m/s 이다. 매질에 따라서 종파(縱波), 횡파, 비틀림파 등 여러 가지 파동 형태가 존재할 수 있다. 항공기 등에서는 그 속도가 음속에 대하여 빠르냐 느리냐에 따라서 그 비행 성능이 크게 영향을 받으므로 음속을 기준으로 한 상대 속도를 나타내는 마하수(Mach number)가 널리 쓰인다.

velocity response factor 속도 응답률(速度應答率) 레이더의 MTI 에서, 특정한 타깃 속도(또는 도플러 주파수)에 있어서의 속도 이득과 속도 스펙트럼 전역에서 계산한 RMS 속도 이득과의 비.

Venn diagram 벤 도표(-圖表) 논리 대수에서의 부정, 논리합, 논리곱 등을 그림의 빗금 부분과 같이 나타내는 방법인데, 변수가 많으면 불편하다.

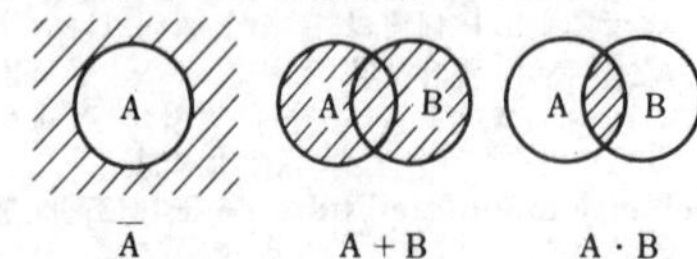

verifier 검공기(檢孔機) 컴퓨터의 입력으로서 사용하는 천공 카드 또는 천공 테이프의 오류 유무를 검사하는 기계. 보통 두 사람의 펀처가 천공한 것이 일치하는가 어떤가를 살피는 데 사용된다.

verify 베리파이 카드에 천공한 데이터나 플로피 디스크에 저장한 데이터에 대하여 재차 입력함으로써 입력한 데이터가 원래의 데이터와 일치하는지 어떤지에 따라 오류를 발견하는 것.

vernier control 버니어 제어(-制御) 분해능을 향상시키기 위한 방법. 버니어 제어량은 전체 동작 범위의 백분율로, 혹은 실제 범위에 대한 백분율로 표현된다. 예를 들면, 조정 다이얼의 경우 조정 손잡이의 1회전에 의해 주조정축을 약간의 각도만큼 회전시켜 이에 의해서 세밀하고 정확한 조정을 하도록 한 것이다.

version 버전 특정한 하드웨어 모델에 대한 소프트웨어 제품의 개정 계열상의 명칭. 예를 들면, MS/DOS Ver.3.3 과 같이 숫자로 표시되는 경우가 많은데, 이것은 마이크로소프트사의 DOS 의 제3판, 제3쇄라는 뜻으로, 개정 순서에 따라 번호가 늘어난다. 현재 구입할 수 있는 버전을 릴리스 버전(release version)이라고 하는 경우가 있다. 또 개정의 폭이 큰 경우에 version 을, 같은 버전 내에서의 소폭 개정을 release 라 하여 구별하는 것이 보통이다.

vertical amplifier 수직 증폭기(垂直增幅器) 음극선관(CRT)에서 수직 방향의 진동을 발생하는 신호를 증폭하기 위한 증폭기. 주파수 범위가 넓고, 직선성이 좋은 증폭기가 요구된다.

vertical antenna 수직 안테나(垂直-) 안테나 소자를 대지에 대하여 수직으로 세워서 수직 편파에 의해 복사(輻射), 또는 수신하는 안테나의 총칭. 단파 이하의 전파인 경우는 일반적으로 1/4 파장 안테나 소자의 기저부(基底部)를 접지한 것을 말하나, 초단파 이상의 잔파인 경우에는 1/4 파장 이상의 것도 있으며, 또 접지형에 한하지 않고 널리 수직형의 것을 말한다. 이동 업무의 무선국에 널리 쓰인다.

vertical antenna effect 수직 안테나 효과(垂直-效果) 루프 안테나가 그 높이에 해당하는 수직 안테나로서 동작함으로써 기전력의 발생이 대칭으로 되지 않고 최소 감도점이 90°, 270°의 방향에서 벗어남으로써 그 때문에 방향 측정에서의 오차의 원인이 된다.

vertical blanking 수직 귀선 소거(垂直歸線消去) 텔레비전에서 수직 귀선 기간 중에 전류를 끊고 빔(beam)이 수상기 화면상에 비쳐지지 않도록 하는 것. 텔레비전 신호의 각 필드 끝에서 구형파 펄스를 보내어 빔이 다음의 필드를 시동하기 위해 스크린의 최상부에 되돌아오는 기간만 수상관의 빔 전류를 끊는다.

vertical check 수직 검사(垂直檢査) 매체에 기록된 2진 코드의 검사 방식으로, 매체의 운동 방향에 대하여 직각 방향으로 배열된 비트에 대해서 짝수·홀수 검사 등을 하는 것. 매체의 운동 방향에 대하여 평행한 방향의 비트에 대해서 짝수·홀수 검사 등을 하는 방식을 수평 검사라 한다.

vertical definition 수직 정세도(垂直精細度) →vertical resolution

vertical deflection 수직 편향(垂直偏向) 촬상관이나 브라운관 등의 주사용 전자 빔을 세로 방향으로 편향하는 것. 그러기 위해서는 음극선관의 상하 한 쌍의 편향판 또는 편향 코일에 +, −의 적당한 전압 또는 전류를 가한다.

vertical deflection axis 수직 편향축(垂直偏向軸) 오실로스코프에서 수직 편향 신호는 있으나 수평 편향 신호가 없는 경우에 얻어지는 수직의 소인선(掃引線).

vertical deflection circuit 수직 편향 회로(垂直偏向回路) 텔레비전 수상관의 전자 빔을 상하 방향으로 주사시키기 위해 수직 동기 신호와 동기를 취하여 60Hz 의 톱니파 전류를 발생시켜 수직 편향 코일을 구동하는 회로.

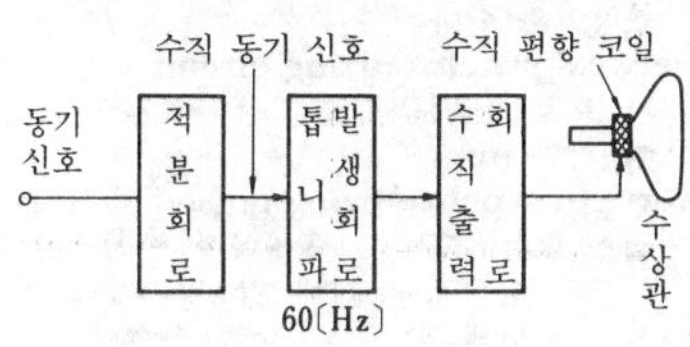

vertical dynamic convergence 수직 방향 동 집중(垂直方向動集中) 컬러 수상관에서 3개의 전자 빔이 수상관의 중앙 수직선을 가로질러 주사하고 있을 때 수직선을 따른 각 점의 섀도 마스크상에서의 동 집중을 말한다. →dynamic convergence

vertical FET 종형 FET(縱形−), 수직형 FET(垂直形−) 에피택시얼 성장 기판을 써서 칩 아래쪽 층에 드레인 전극, 위쪽 층에 소스 전극을 두고, 게이트 전극은 중간의 에피택시얼층 내에 매입한 구조이며, 따라서 수직인 채널을 도중의 게이트로 제어하여 동작한다. 열방산이 좋으므로 전력용 소자로서 쓰인다.

vertical gyro 수직 자이로(垂直−) 로터 회전축을 연직 위치로 유지하는 2자유도 자이로. 이 자이로에서는 서로 직교하는 수평 2축 주위의 짐벌(gimbal)각 편위가 2개의 출력이 된다.

vertical hold control 수직 동기 조절 손잡이(垂直同期調節−) 텔레비전에서 수직 편향 발진기의 자주(自走) 주파수를 조절하여 수직 방향으로 화상이 정지하도록 하기 위한 조절 손잡이.

vertical incidence 수직 입사(垂直入射) 이종(異種) 매질의 경계면에 입사하는 파동이 경계면에 대하여 수직으로 입사하는 것. 이 경우에는 제 2 매질로의 진입과 제 1 매질로의 반사는 경계면에 수직이다. →oblique incidence transmission

vertical input 수직축 입력(垂直軸入力) 브라운관 오실로스코프의 전압 신호 입력 단자. 임피던스는 수 10MΩ, 수 10pF이며, 수 mV 부터 수 100V 정도까지의 전압이 입력될 수 있도록 입력 감쇠기, 증폭기 등과 수직 신호계를 구성하여 입력 신호 파형의 관측을 한다.

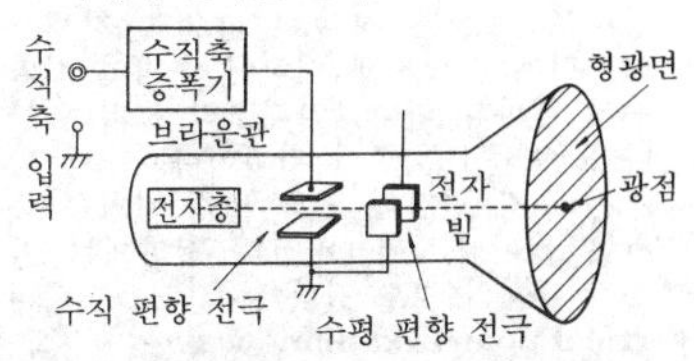

vertical linearlity 수직 선형성(垂直線形性) 표시가 눈금면상에서, 수직 방향 위치에서 주어지고 있을 때의 오실로스코프의 편향률의 변화.

vertical MOS V형 MOS(垂直形−) 단면도에서 볼 수 있듯이 게이트가 홈 구조로 되어 있다. 고전력의 트랜지스터를 만드는 데 적합하다. 드레인과 소스를 교대로 n기판을 공통의 소스로 하여 집적하도록 한 전도(轉倒座) 구조의 것도 있으며, 고속 ROM 등에 쓰인다. =VMOS

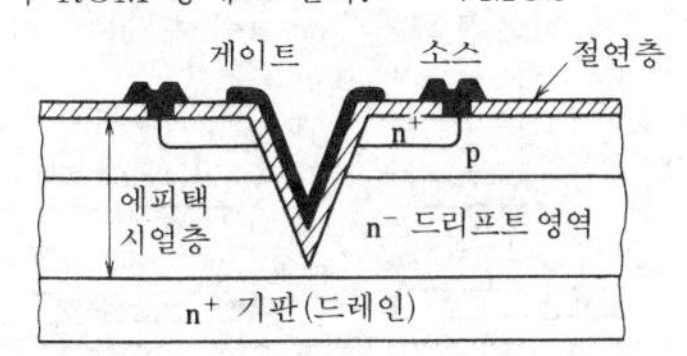

vertical oscillation circuit 수직 발진 회로(垂直發振回路) 텔레비전 수상기 브라운관의 수직 편향 회로에 공급하기 위해 59.94Hz 의 톱니파 전압을 발생하는 자려식 발진 회로. 블로킹 발진기와 멀티바

이브레이터가 대표적인 회로이며, 주파수 안정을 위해 출력단으로부터의 궤환과 주파수 조정을 그림과 같이 실시하고 있다.

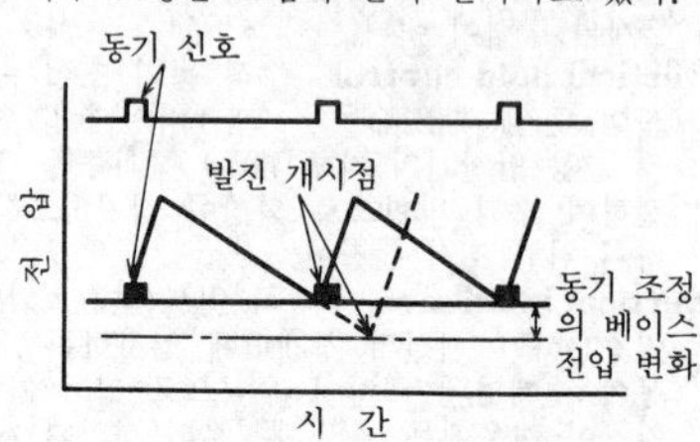

vertical output circuit 수직 출력 회로(垂直出力回路) 텔레비전 수상기 브라운관의 편향 코일이나 컨버전스 코일에 톱니파 전류를 공급하는 회로. B 급 푸시풀의 OTL 회로로, npn 과 npn 의 상보형 회로 또는 npn 의 동극성 회로가 널리 사용되고 있다.

vertical polarization 수직 편파(垂直偏波) 전파는 전계와 자계가 서로 직교하는 상태로 그들과 직각 방향으로 진행하는데, 전계가 대지에 대하여 수직인 전파를 수직 편파라 한다. 라디오의 전파는 안테나가 수직이고 수직 편파이다. 방향 탐지기는 수직 편파의 전파 도래 방향을 측정하는 것이다. 텔레비전의 전파에는 일부 수직 편파의 것도 있다.

vertical polarized plane wave 수직 편파(垂直偏波) 전자파의 전계가 반사 평면 또는 대지면에 대하여 수직인 직선 편파를 말한다. 자계는 대지면에 평행이 된다.

vertical recording 수직 기록(垂直記錄) 현재와 같이 정보 비트를 디스크면에 병행하게 배열하여 기록하는 것이 아니고, 비트의 N-S 축을 디스크면에 수직으로 하여 배열하는 방식. 인접 비트 간의 감자(減磁) 작용이 적어지고, 기록층의 두께나 재료의 보자력(保磁力)에 대한 요구를 엄격하게 하는 일 없이 고밀도 기록이 가능하게 되어 1 매의 디스크에 수 10 억 바이트의 정보를 기록할 수 있다.

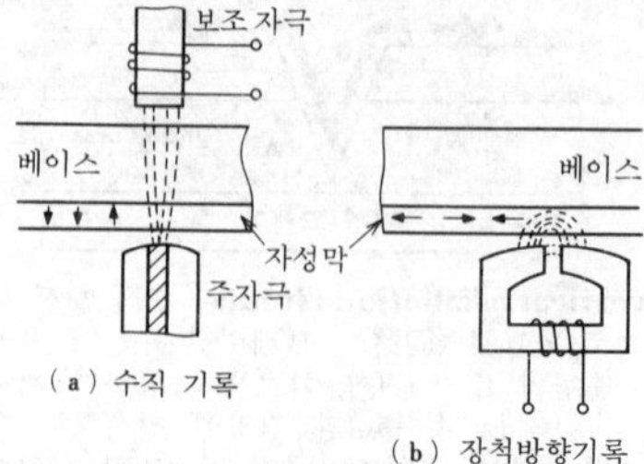

(a) 수직 기록 (b) 장척방향기록

vertical resolution 수직 해상도(垂直解像度) 텔레비전 또는 팩시밀리의 재생 화상(테스트 패턴)에 있어서, 식별할 수 있는 흑백 교대의 수평선 수를 말한다. 수직 해상도는 주로 주사에 사용하는 수평선의 수에 의해 정해진다. =vertical definition

vertical retrace 수직 귀선(垂直歸線) 래스터 주사형 표시 장치에서의, 1 화면분 전자 빔 소인(掃引)이 끝난 다음, 화면 오른쪽 구석에서 왼쪽 구석으로의 전자 빔의 이동을 말한다. 전자 빔의 이 이동에 요하는 시간은 화면 하단에서 상단으로 이동하는 동안 전자 빔이 끊어지므로 수직 귀선 소거 시간이라 한다.

vertical scanning 수직 주사(垂直走査) 텔레비전 등의 주사로, 주사선을 위에서 아래로 조금씩 낮추어 주기 위한 주사.

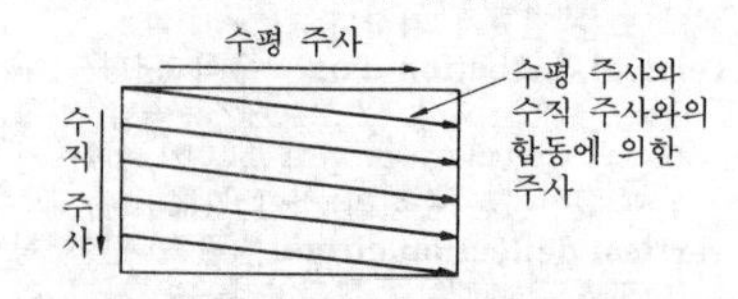

vertical scrolling 수직 스크롤링(垂直－) 비디오 스크린 상에 표시된 페이지나 데이터를 상하로 이동시킬 수 있는 표시 장치의 기능. 좌우의 스크롤링을 수평 스크롤링이라 한다.

vertical synchronizing circuit 수직 동기 회로(垂直同期回路) →synchronizing circuit

vertical synchronizing pulse 수직 동기 펄스(垂直同期－) 텔레비전 방식에서 수신기를 송신기에 대해 각 필드마다 동기시키기 위해 각 필드 끝에 송신되는 6개의 펄스(펄스폭 4.4μs)의 하나(다음 면 그림 참조). 이 6 개의 수직 동기 펄스를 사이에 두고 그 전후에 역시 6 개의 등화(等化) 펄스 기간(equalizing pulse interval)이 있다(펄스폭 2.5μs).

vertical synchronization signal 수직 동기 신호(垂直同期信號) 텔레비전 내의 편향부에 사용되는 신호로, 디스플레이되는 상(像)의 수직 위치를 결정한다. =V-SYNC

vertical transistor 종형 트랜지스터(縱形－), 수직형 트랜지스터(垂直形－) 컬렉터, 베이스, 이미터 영역이 평행층으로 되어 있고, 트랜지스터 동작이 웨이퍼면에 직각인 방향으로 이루어지는 구조의 것.

very high frequency 초단파(超短波) 파

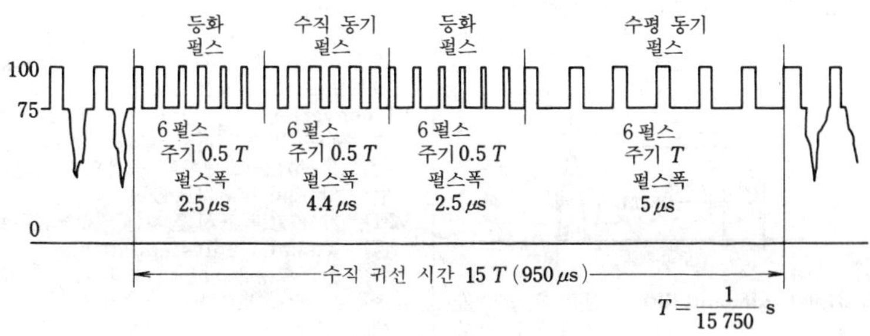

vertical synchronizing pulse

장 10m(주파수 약 30MHz) 이하의 무선 주파수 전파. 30cm(주파수 약 1GHz) 이하의 파장인 경우는 마이크로파라 한다. =VHF

very high speed integrated circuit 초고속 집적 회로(超高速集積回路) 연산, 보통은 논리 연산을 초고속으로 실행하는 집적 회로. 논리 회로의 속도가 빠르면 빠를수록 특정한 시간 내에 처리할 수 있는 정보량은 많아진다. =VHSIC

very-large base-line interferometer 초장 기선 간섭계(超長基線干涉計) 준성(quasar) 등의 천체로부터 발하는 전파를 이용하여 지구상의 수천 km나 떨어진 두 지점간의 거리를 수 cm 의 정확도로 측정하는 간섭계. 양 지점에 설치한 안테나로 수신한 전파를 일단 자기 테이프 등에 기록하고, 상관기에 의해 양자의 상관 관계를 구하고, 그로부터 거리를 계산한다. 두 수신기는 각각 안정한 원자 시계를 사용한 클록에 의해 동시성을 유지하고 있다. 전파 망원경(radio telescope)에서 위의 간섭계의 원리를 사용할 때는 두 수신기간의 거리가 기지(既知)이고, 파원(波源)인 천체의 위치를 정밀하게 측정한다. 안테나는 다수 사용하는 경우도 있다. =VLBI →synthetic aperture method, synthetic aperture radar

very large scale integrated circuit 초대규모 집적 회로(超大規模集積回路) =VLSI →super large scale integration

very low frequency 초저주파수(超低周波數) =VLF

very small aperture terminal 초소형 지구국(超小形地球局) 서국을 중심축으로 하여 그 주변에 다수의 소형 안테나(직경 2m 정도의 파라볼라)의 지구국을 설치함으로써 간편하게 낮은 비용의 위성 중계 통신 서비스(전화, 텔레비전, 팩시밀리, 전산망 등)를 이용할 수 있도록 한 양방향 성형 통신망을 구축할 수 있다. 기업간 통신, 뉴스 취재(보도 통신), POS, 금융 정보 교환 등에 지상망과 함께(혹은 그 보완용으로서) 이용된다. =VSAT

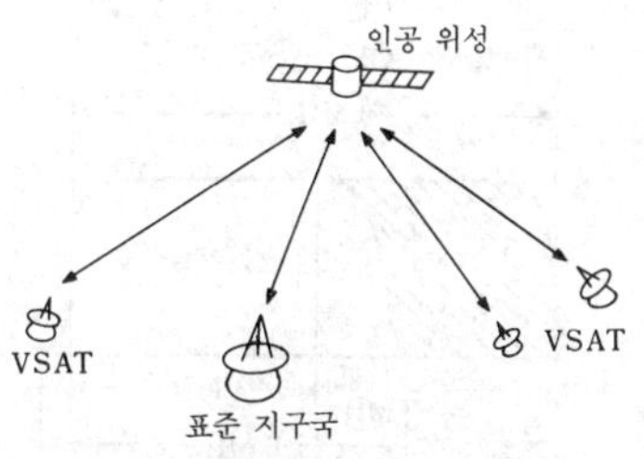

인텔세트는 INTELNET Ⅰ&Ⅱ에 의해 방향을 나눈 서비스를 제공하고 있다

vestigial sideband 잔류 측파대(殘留側波帶) =VSB

vestigial sideband AM-PM transmission AM-PM-VSB 전송(一傳送) 화상 신호의 흑, 백 비트의 반복을 n 비트씩 끊고, 각 비트열로 반송파를 AM 변조하는 동시에 변조 후의 포락선 패턴을 이에 대응하는 n 개의 다른 위상으로 위상 변조하는 AM-PM변조법에 잔류 측파대 전송을 조합시킨 전송 방식. 팩시밀리 표준 GⅡ에 있어서의 전송 방식이다.

vestigial sideband communication system 잔류 측파대 통신 방식(殘留側波帶通信方式) 진폭 변조 방식에서 발생하는 양측파대 중 한쪽 측파대의 대부분은 잘라내고, 나머지와 다른 쪽 측파대와 반송파만을 전송하는 통신 방식으로, 비대칭 측파대 방식 또는 VSB 방식이라 하기도 한다. 이 방식을 쓰면 양측파대 통신 방식에 비해 점유 주파수대를 좁게 할 수 있고, 수신은 단측파대 통신 방식보다 용이

하므로 텔레비전 방송의 영상 신호 변조 방식으로서 사용되고 있다. 그림은 텔레비전 전파의 주파수대를 나타낸 것이다.

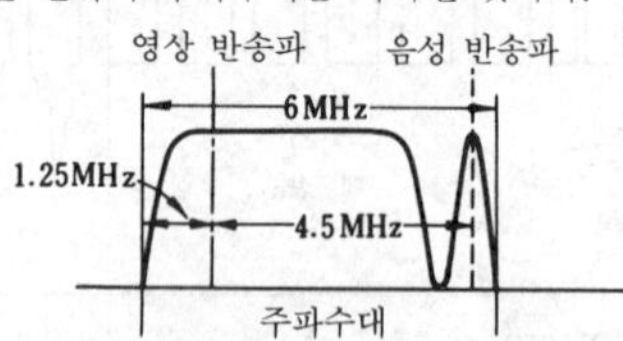

vestigial sideband filter 잔류 측파대 필터(殘留側波帶－) 잔류 측파대 통신 방식으로 텔레비전 방송의 영상 신호를 보내기 위한 고역 통과 필터. 반송파 f_c를 영상 신호 0~4MHz로 진폭 변조하면 f_c를 중심으로 8MHz의 대역폭을 점유하는데, 상측파와 하측파의 신호 내용은 같으므로 대역폭을 절약하기 위해 하측파의 1.25 MHz폭을 남기고 불요 대역을 제거한다. 그림과 같은 특성의 필터이다.

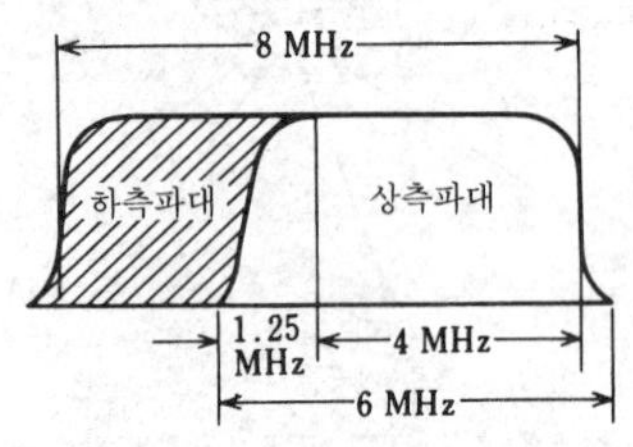

vestigial sideband modulation 잔류 측파대 변조(殘留側波帶變調) 데이터 전송의 변조 방식의 하나. 단측파대 변조로, 다른 측파대의 반송 주파수 부근의 성분을 다소 남기는 변조.

vestigial sideband system 잔류 측파대 방식(殘留側波帶方式), VSB 방식(－方式) →vestigial sideband communication system

vestigial sideband transmission system 잔류 측파대 전송 방식(殘留側波帶傳送方式) 완전히 단측파대 전송 방식으로 하는 것이 아니고, 측파대의 일부를 잔류시키는 전송 방식. 진폭 변조 방식에서는 반송

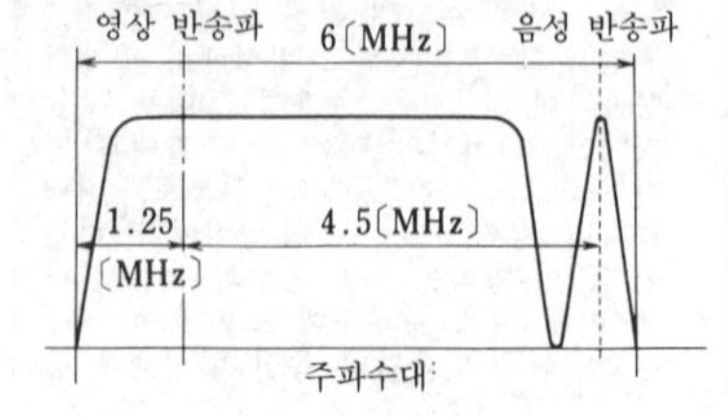

파를 중심으로 상하 두 측파대가 생긴다. 이 하측파의 대부분을 제거하고, 점유 주파수대를 좁게(텔레비전 전파의 경우 음성부를 포함, 전체를 6MHz) 하고 있다.

VF converter VF 변환기(－變換器), 전압-주파수 변환기(電壓-周波數變換器) 전압값을 주파수로 변환할 목적으로 사용되는 전압 제어 발진기(VCO).

VFD 가시 형광 표시 장치(可視螢光表示裝置) visual fluorescent display의 약어. 전계 발광을 이용한 형광 표시 장치. 유전체 내에 분산한 형광체의 발광 중심에 강전계로 가속한 전자를 대서 발광시키는 것으로, 전극을 매트릭스 모양으로 배치하여 2차원 화상의 표시를 할 수 있다. 전력 효율은 나쁘지만 대형의 평판형으로 만들 수 있다.

VFO 가변 주파수 발진기(可變周波數發振器) ＝variable frequency oscillator

V-groove splicing method V홈 접속법(－接續法) →fusion splicing of optical fibers

VHF 초단파(超短波) very high frequency의 약어. 주파수대가 30~300 MHz, 파장 10~1m의 전파로, 미터파라고도 한다. 단거리 통신이나 텔레비전 방송, FM 방송, 레이더 등에 사용된다.

VHF omnidirectional radio range 초단파 전방향성 무선 표지(超短波全方向性無線標識) ＝VOR

VHF omnirange VHF 옴니레인지 112~118MHz 사이의 주파수대로 동작하는 옴니레인지로, 항공기에 방위 정보를 제공한다. 레인지는 무방향성의 기준 변조파와 수평면 내에서 360° 회전함으로써 성질을 변화하는 신호를 송신하고 있다. 수신 장치는 이들 두 신호를 수신하여 이에 의해서 방위 정보를 얻을 수 있다. ＝VOR

VHS 비디오 홈 시스템 video home system의 약어. 가정용 VTR로서 양산되고 있는 경사 주사 방식의 일종. 비디오 신호의 기록 밀도는 종래의 것보다 한층 크고, 소형, 경량으로 만들어지며, 테이프는 카세트식으로 1권의 크기는 β방식보다 조금 크나, 연속하여 최고 6시간 사용할 수 있다.

VHSIC 초고속 집적 회로(超高速集積回路) ＝very high speed integrated circuit

vibrating reed frequency meter 진동편 주파계(振動片周波計) →vibrating type frequency meter

vibrating type frequency meter 진동편

형 주파수계(振動片形周波數計) 교류의 주파수를 측정하는 주파수계의 일종. 고유 진동수가 다른 진동편을 다수 배열하고, 그 가까이에 전자석을 두어 교류 전류를 흘려서 진동시켜 가장 크게 진동하는 진동편을 봄으로써 교류의 주파수를 측정한다.

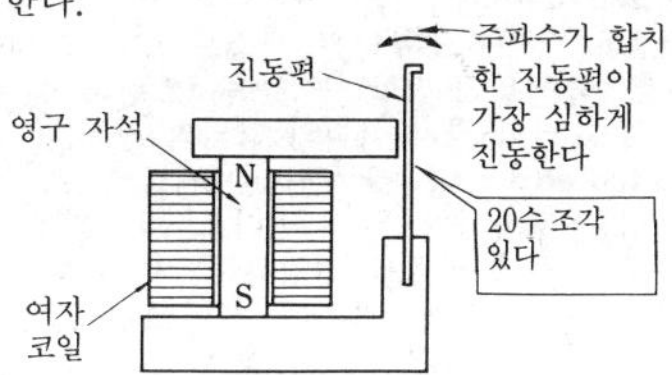

vibration bonding 진동 접착(振動接着) 반도체의 배선 접속 등의 공정에서, 가는 선을 내는 장치에 저주파의 횡진동을 가하면서 본딩을 하는 방법. 전극면을 문지르면서 접착하므로 산화막, 더러움 등에 의한 접착 불량이 적어진다.

vibration galvanometer 진동 검류계(振動檢流計) 가동 부분의 고유 진동수를 측정 전류의 주파수에 동조시켜서 감도를 높이도록 한 교류 검류계. 가동 코일형과 가동 자침형(可動磁針形)이 있다. 동조를 시키기 위해 전자에서는 인청동으로 된 선의 장력과 길이를 바꾸어서 하고, 후자에서는 제동 자계의 세기를 바꾸어서 한다. 검출 전류의 주파수 범위는 20~100 Hz이지만 주파수가 바뀌면 감도가 달라지는 결점이 있으며, 보통은 상용 주파수에서 사용되고 있다.

vibrator 바이브레이터 진동자를 사용하여 전지 등의 직류 저압 전원에서 교류 또는 직류의 100~150V의 전압을 얻기 위해 사용되는 장치. 이전에는 이동 전자 기기에 널리 사용되었으나 DC-DC컨버터로 대치되었다.

vibrometer 진동계(振動計) 측정물의 진동을 관성체의 변위로 변환하여 이 변위를 확대해서 기록하는 장치. 변위를 지레로 확대하여 펜 기록 등의 방법으로 기록하는 기계적 진동계, 변위를 광 지레로 확대하여 사진 기록하는 광학적 진동계 및 변위를 전기량으로 변환하여 증폭기로 확대하여 오실로그래프로 기록하는 전기적 진동계가 있다. 또, 전기적 진동계에는 자계 중의 코일에 진동을 전하여 전압으로 변환하는 가동 코일형 진동계, 코일 내의 철심에 진동을 전하여 임피던스의 변화로 변환하는 전자형(電磁形) 진동계, 저항선 왜율계에 진동을 주어 저항 변화로 변환하는 저항 진동계, 압전 소자에 진동을 전하여 기전력으로 변환하는 압전 진동계, 자기 일그러짐 게이지에 진동을 전하여 자화의 세기로 변환하는 자기 일그러짐 진동계, 가변 콘덴서에 진동을 전하여 용량 변화로 변환하는 용량 진동계 등 각종 방식의 것이 있다.

video 비디오, 영상(映像) 라틴어의 「보다」라는 동사를 어원으로 한다. 텔레비전 신호의 영상 성분을 말한다. 컴퓨터에서는 비디오는 표시 장치상의 텍스트 이미지 및 그래픽 이미지의 렌더링에 사용되는 기술을 말한다.

video adapter 비디오 어댑터, 영상 어댑터(映像－) 비디오 컨트롤러라고도 불린다. 케이블을 통해서 영상 표시 장치에 보내어지는 영상 신호의 발생에 필요한 전자 부품. 영상 어댑터는 보통, 컴퓨터의 메인 시스템 보드 상 혹은 확장 기판상에 있으나 단말 장치의 일부로 할 수도 있다.

video amplifier 영상 증폭기(映像增幅器) 텔레비전의 영상 신호를 증폭할 때에 사용하는 증폭기. 0~수 MHz의 광대역 주파수 특성을 가진 것. 텔레비전 수상기 등에서는 보통 저항 용량 결합 증폭기에 저역 보상과 고역 보상을 하여 약 4.5MHz 정도의 주파수 범위를 갖는 신호를 일그러짐없이 증폭하도록 설계되어 있다.

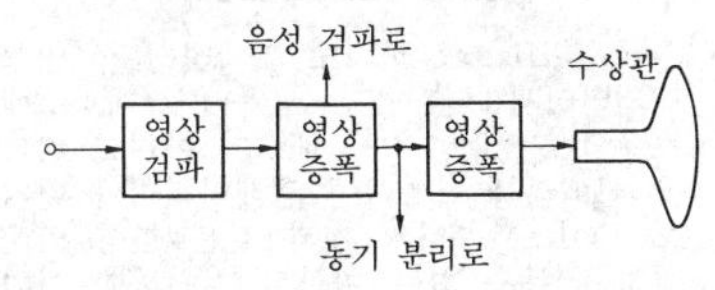

video carrier 영상 반송파(映像搬送波) 텔레비전의 영상 신호를 전송하기 위한 반송파. 우리 나라의 텔레비전 표준 방식은 －의 영상 신호에 의해 영상 반송파를 진폭 변조하고, 한쪽 측파대를 필터로 대부분을 잘라내는 잔류 측파대 방식을 쓰고 있으나, 영상 반송파는 음성 반송파보다 4.5MHz낮은 주파수를 택하고 있다.

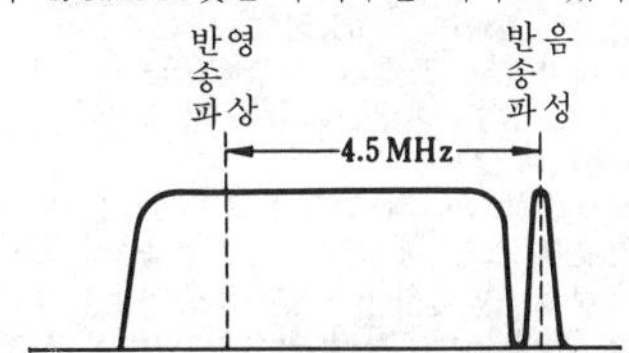

video conference 영상 회의(映像會議), 텔레비전 회의(－會議) 서로 떨어진 지점에 있는 회의실 상호간을 통신 회선으로

연결하고, 영상 신호 및 음성 신호를 교환함으로써 서로 상대를 보면서 회의할 수 있는 시스템.

video data terminal 영상 데이터 단말 장치(映像-端末裝置) 타이프라이터의 인자 대신 브라운관에 문자, 숫자, 기호를 표시하는 장치.

video detector 영상 검파기(映像檢波器) 텔레비전 수상기에서 영상 중간 주파 증폭기의 출력에서 영상 신호를 꺼내는 부분의 회로를 말하며, 그 출력을 영상 증폭기에 가한다. 또한, 통상 쓰이는 인터캐리어 방식에서는 동시에 음성 신호가 제 2 중간 주파 신호로서 얻어진다. 회로는 검파 다이오드의 접속으로 출력의 극성이 정극성과 부극성의 두 종류의 검파 방식이 있다.

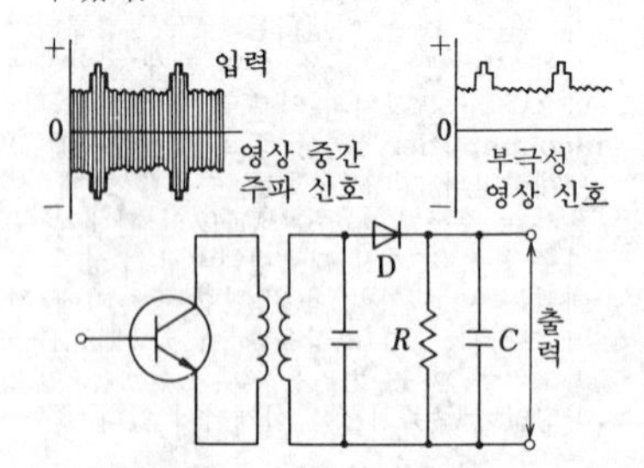

video digitizer 비디오 디지타이저, 영상 디지타이저(映像-) 컴퓨터 그래픽스에 사용되고 있는, 주사 헤드가 아니고 비디오 카메라를 사용하여 텔레비전이나 비디오 테이프로부터의 것과 같은 화상을 포착하여 특수 회로 기판의 지원하에 기억 장치에 기억하는 장치. 비디오 디지타이저의 기능은 디스플레이 어댑터의 기능을 거꾸로 한 것과 같은 것이다. 디스플레이 어댑터는 이미지를 기억 장치에서 표시 장치로 전송하고, 비디오 디지타이저는 표시된 이미지를 기록하고, 정보를 디지털(비트) 형식으로 기억 장치에 기억한다. 대부분의 비디오 디지타이저는 비디오 모니터의 표준 RGB 신호 또는 우리 나라 텔레비전의 표준인 NTSC 신호를 발생하는 임의의 영상 장치에 접속 가능하다. →digitize

video disk 비디오 디스크 레코드와 같은 원판(디스크)에 영상과 음성을 기록하고, 이것을 재생하여 비디오를 감상하려는 것. 당초는 몇 가지 방식이 있었으나 현재는 LD(laser disk)가 주류이다. 이것은 투명한 플라스틱제의 디스크에 레이저를 써서 고밀도의 신호를 기록한 것으로, 재생도 레이저광을 대서 반사광에서 신호를 검출한다. 디스크에는 홈이 없고, 재생하는 경우도 직접 디스크에 접촉하지 않고 이루어진다. 디스크는 LP 레코드와 거의 같으며 한쪽 면 30 분 또는 60 분으로 되어 있다.

video display 영상 표시 장치(映像表示裝置) 컴퓨터로부터의 텍스트 또는 그래픽스 출력을 표시할 수 있는 (프린터 등의) 하드 카피 장치 이외의 임의의 장치.

video edit 비디오 편집(-編輯) 프로그램을 제작하기 위해 비디오 테이프에 수록된 영상 신호를 편집하는 것. 나선형으로 비스듬하게 기록된 테이프인 경우는 이것을 절단 편집할 수 없으므로 다른 수록 테이프에 필요한 부분을 기록하여 편집 작업을 하는 이른바 전자 편집(electronic edit)이 쓰인다. 편집 위치를 정하고, 편집 데이터와 그에 대한 편집 커맨드를 주어 컴퓨터가 자동 편집하도록 한 장치(electronic edit control system, ECS)도 있다. 편집 데이터란 편집에 필요한 각종 정보, 예를 들면 프로그램명, 테이프 롤 번호, 편집 모드, 컷의 삽입 시점 등이다.

video game 비디오 게임 플레이어가 비디오 스크린 상에 나타난 이미지의 움직임을 보면서 이에 따라 조이 스틱이나 패들과 같은 입력 장치를 써서 어느 목표를 향해 적절한 조치나 전략을 구사하는(컴퓨터에 명령을 입력하는) 컴퓨터와의 대화 형식에 의한 게임.

video head 비디오 헤드 영상 테이프 녹화기에 사용되는 회전 헤드를 말하며, 음성용과 원리적으로는 같다. 그러나 테이프 주행과의 상대 속도가 6~38m/s 나 되고, 갭도 매우 작은(1μm 이하) 것이 요구되며, 테이프 상의 기록 밀도를 높게 하기 위해 헤드의 폭이 좁아지므로 내마모성도 중요한 요인이 된다. 헤드의 재료로서는 높은 주파수에서의 고투자율과 내마모성을 고려하여 페라이트가 사용된다.

video home system 비디오 홈 시스템 = VHS

video integration 비디오 인테그레이션 반복 영상 신호의 중복성을 이용하여 연속한 신호를 가산(덧셈)함으로써 *SN* 비를 개선하는 것. 즉, 팩시밀리, 레이더나 텔레비전에서 계속하여 도래하는 화상 신호를 겹쳐서 스크린 상에 비쳐냄으로써 누적상을 형성하여 *SN* 비를 개선하는 것.

video intermediate frequency amplifier 영상 중간 주파 증폭기(映像中間周波增幅器) 텔레비전 수상기는 대부분 수퍼헤테

로다인 수신기의 방식이며, 영상 신호의 이득, 선택도 및 대역폭을 얻는 것은 대부분 중간 주파 증폭기이다. 우리 나라에서는 영상 중간 주파수가 58.75MHz, 음성 중간 주파수가 54.25MHz이며, 영상 중간 주파 증폭기는 이 양자를 증폭한다. 이 증폭기는 대역폭은 4MHz 정도로 좁고, 필요한 증폭도를 얻기 위해 바이파일러 감이 코일의 중간 주파 트랜스를 사용한 단일 동조 회로의 3단 4회로의 스태거 회로를 사용하며, 또, 음성 중간 주파 신호를 영상 신호보다 20dB 이상 낮게 하기 위해 음성 트랩 회로를 사용하고 있다.

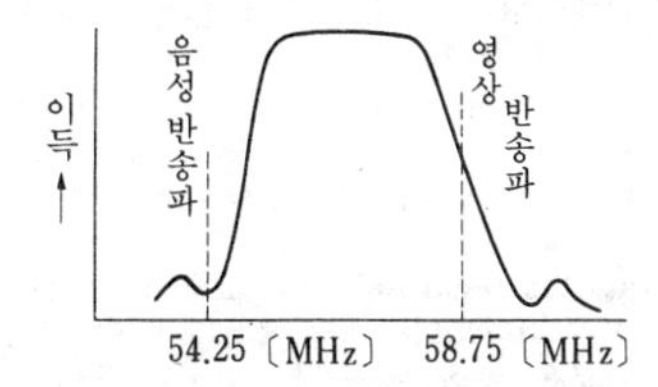

video modulator 영상 변조기(映像變調器) 텔레비전 방송국에서 영상 반송파를 영상 신호로 진폭 변조시키는 장치.

video package 비디오 패키지 시판의 컬러 텔레비전에 접속하면 간단히 재생할 수 있는 녹화된 프로그램. 그 내용은 교육, 스포츠, 오락, PR 등 광범위한 것이며, 주로 학교, 기업, 사회 교육 등에서 이용된다. 그 대표적인 것으로 EVR 시스템이나 영상 디스크 시스템이 있다.

video press 텔레비전 신문(−新聞) 가정용 텔레비전 수상기에 전용의 미니컴퓨터를 접속하고, 전화 회선을 통해서 신문 서비스를 텔레비전으로 수신하는 방식. 미국의 오하이오주에서 1980년에 개시되었다. 현재와 같은 신문 배달을 대신하는 것으로서 기대되고 있다.

video printer 비디오 프린터 텔레비전의 화면을 프린트하는 장치. 프레임 버퍼에 신호를 축적한 다음 출력한다.

video printing 비디오 인쇄(−印刷) 비디오 화상을 인쇄물로 변환하는 것. 화상을 직접 카메라 촬영한 필름을 써서 제판하는 것은 품질이 좋지 않으므로 1화면분의 비디오 신호를 일단 기억하고, 색조 보정이나 주사선의 보간 수정(주사선과 주사선 사이에 보간 데이터를 삽입하는 것)을 하여 좋은 품질의 필름을 작성하든가, 메모리 데이터를 컬러 스캐너에 입력하여 인쇄용의 분해판 필름을 작성하는 방법이 널리 쓰인다.

video projector 비디오 프로젝터 텔레비전 화상을 영화와 같이 대화면으로 감상하기 위해 개발된 투사형 텔레비전의 일종으로, 그림과 같이 적·청·녹 3개의 고휘도 브라운관에서 얻어진 빛을 대구경 렌즈로 전면에 두어진 거울에 반사시켜 특수 스크린에 투영하는 것이다. 1m 이상 크기의 화면으로 박력있는 영상을 즐길 수 있으나 최적 감상 범위가 일반 텔레비전보다 좁아 정면에서 약 40° 이상 좌우로 벗어난 위치에서는 극단적으로 영상이 어둡다.

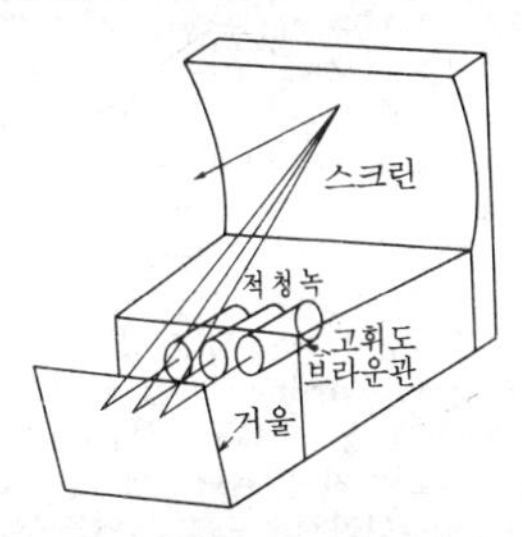

video RAM 비디오 RAM 화소(畵素) 데이터를 써넣기 위한 RAM과 표시 장치로 데이터를 출력하는 시리얼 접근 메모리를 가지며, 각 메모리 간에서 데이터를 주고받을 수 있게 한 화상 처리용 기억 장치.

video response system 화상 응답 시스템(畵像應答−) =VRS

video sheet magnetic recorder 비디오 자기 시트(−磁氣−) 비디오 기록 장치의 일종으로, 폴리에스테르 필름과 같은 유연성 있는 재료 표면에 자성층을 형성한 것. VTR(video tape recorder) 정도의 대용량을 필요로 하지 않는 경우의 기억 장치로서 정지화 방송이나 CATV 등의 수신 단말에 사용된다.

video signal 영상 신호(映像信號), 비디오 신호(−信號) 텔레비전에서는 화상을 주사하여 화상에 따른 전기 신호를 전송하고 있는데 이 전기 신호를 영상 신호라 한다. 또, 동기 신호나 귀선 소거 신호도 포함하여 영상 신호라 하는 경우도 있다.

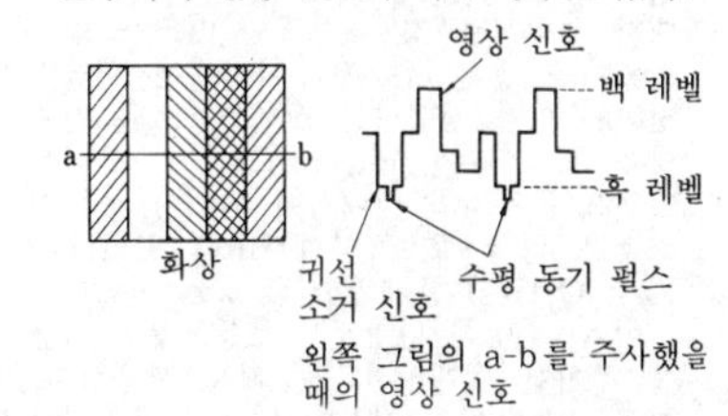

왼쪽 그림의 a-b를 주사했을 때의 영상 신호

video special effect device 영상 특수 효과 장치(映像特殊效果裝置) 텔레비전 방송에서 영상 효과를 높히기 위해 특수한 전자적 수법을 사용하여 화면 전환을 하는 장치를 말한다. 몽타주 장치, 소프트 와이프(soft wipe), 미라클 신(miracle scene), 크로마키(chromakey), 폴라신(polascene) 등 많은 장치를 써서 음성 효과와 함께 많은 성과를 올리고 있다.

video tape 비디오 테이프 화상 신호와 음성 신호를 테이프의 별개 트랙에 동시 기록할 수 있는 VTR 용 자기 테이프. 기록된 신호는 후에 전송계의 변조 회로에 직접 가하게 된다. 방송 프로그램은 생방송되지 않고 미리 비디오 테이프에 기록한 다음 재생되는 경우가 많다. 방송용 VTR 의 자기 테이프는 2 인치폭 혹은 1 인치폭, 3/4 인치의 것이 사용되고 가정용은 1.27mm 가 사용되고 있다.

video tape recorder 영상 테이프 녹화기(映像－錄畵機) 텔레비전의 영상 신호와 음성 신호를 자기 테이프에 기록·재생하는 장치. 원리적으로는 테이프 녹음기와 같으나 영상 신호의 주파수 대역은 음성 신호에 비해 넓어지므로 테이프와 헤드와의 상대 속도를 높일 필요가 있다. 이 때문에 4 개 또는 2 개의 헤드를 가진 헤드 드럼을 테이프의 주행 방향과 직각으로 매초 수 100 회 회전시켜 영상 신호를 기록하고 있다. 현재에는 방송용 외에 카세트식 영상 테이프 녹화기가 홈 비디오라는 명칭으로 널리 가정에서도 사용되고 있으며, 영상 디스크 시스템과 함께 보급 상품이 되고 있다. =VTR

video terminal 비디오 단말(－端末) 판독 장치로서 비디오 표시 장치를 가진 단말 장치. CRT 단말이라고도 한다. 표시에는 알파메릭한 것과 그래픽한 것이 있으며, 전자는 주로 비즈니스용 데이터 통신의 단말 장치로서, 또 후자는, 예를 들면 구조 설계 등에서 대화적 단말로서 사용된다.

videotex 비디오텍스 공중 전화망을 통하여 양방향 통신 방식에 의해 가정 내에서 대화 형식으로 정보 검색 서비스를 받는 시스템을 총칭하는 것. 이전에는 텔레비전 방송망을 경유하는 텔레텍스트와 전화망을 경우하는 viewdata 의 두 방식이 있었으나 후자가 지배적이 되었다. 이 시스템은 영국 우편 공사(BPO : British Post Office)가 개발한 Prestel 이 그 원천이며, 이용자 단말로서 보통, 통신 기능을 부가한 텔레비전 수상기를 사용한다. 최근, 이 분야의 화상 서비스가 본격화함에 따라 1980 년 11 월 CCITT(국제 전신 전화 자문 위원회)에서 「비디오텍스에 관한 기술 및 운용 기준」(권고 F.B 와 S.g)가 제시되었다. =VTX

videotex protocol 비디오텍스 프로토콜 전화망을 거쳐 이용자의 요구에 따라 문자·도형 등의 화상 정보를 제공하는 비디오텍스 서비스에 쓰이는 통신 규약으로, NAPLPS 방식, CEPT 방식, 캡틴 방식이 있다.

videotext 비디오텍스트 방송에 의한 텔레텍스트. 시스템과 전화 전달에 의한 뷰 데이터 시스템을 말한다. 텔레텍스트는 텔레비전 신호의 쓰이지 않는 부분을 사용하여 텔레비전에 의해 보내지는 정보를 말한다. 뷰 데이터는 전화 회선을 사용한 것으로, 이용자는 키패드를 써서 요구를 내고, 텔레비전 스크린에 출력된 정보를 사용한다.

videotex terminal 비디오텍스 단말(－端末) 비디오텍스 방식에서의 단말 장치로, 이것을 통해 이용자는 중앙의 데이터 베이스(컴퓨터)에서 필요한 정보를 검색하여 표시 장치에 표시하거나, 반대로 데이터 베이스에 정보를 입력할 수 있다. 비디오텍스에서는 표시 장치로서 일반 가정용 텔레비전 수상기가 사용되는데, 공중 전화 회선을 통해 데이터 베이스와 정보를 주고 받기 위해 필요한 기기, 즉 모뎀, 회선 아이솔레이터, 페이지 기억 장치, 키보드 등은 처음부터 수상기에 내장되든가, 혹은 어댑터로서 외부 부가되도록 되어 있다.

video transmitter 영상 송신기(映像送信機) 텔레비전 방송국에서 텔레비전 방송 전파 중의 영상 신호를 송신하는 데 사용되는 송신기. 텔레비전 방송 전파의 영상 신호는 잔류 측파대 방식의 진폭 변조파가 있으므로 VHF 또는 UHF 대의 진폭 변조 송신기와 측파대 필터를 조합시켜서 영상 전파를 만들고, 다이플렉서로 음성 전파와 합성하여 송신 안테나에서 송신된다. 영상 송신기가 일반 진폭 변조 송신기와 다른 점은 영상 신호가 수 MHz 의 광대역이고 직류분도 포함하고 있기 때문에 반송파 전력이 언제나 부동(浮動)하고 있다는 것이다. 따라서, 출력은 동기 신호의 첨두값에서의 실효 전력으로 표시된다.

video tuner 비디오 튜너 VHF 와 UHF 의 각각의 텔레비전 전파를 선택 수신하고, 녹화에 필요한 합성 영상 신호 및 음성 신호를 적당한 레벨로 추출하는 장치로, 일반 가정용 VTR 에는 내장되어 있다. 휴대용 VTR 에서는 카메라에 의한 촬영일 때는 필요로 하지 않으므로 소형, 경량화를 위해 내장하지 않고 부속품으로서 접속 사용할 수 있도록 되어 있다.

vidicon 비디콘 광도전 효과를 이용한 촬상관의 일종. 타깃에는 3 황화 안티몬(Sb_2S_3) 등의 광도전막이 사용되며, 투명한 도전막(네사)에 수 10V 의 전압을 가해 두고, 입사광이 있으면 광도전막의 저항이 감소하여 타깃 표면에 양전하가 얻어지므로 이것을 전자 빔으로 저속 주사함으로써 영상 신호를 발생하게 한 것이다. 소형이고 감도는 좋지만 해상도가 약간 낮다는 것과 잔상이 많은 결점이 있다. 주로 필름 송상이나 이동용 소형 카메라, 공업용 텔레비전 등에 사용된다.

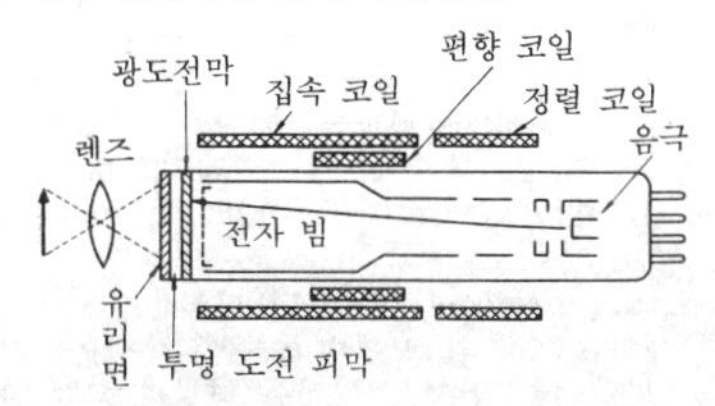

view 뷰, 시점(視點) 정보를 테이블(표)이라는 개념으로 관계지은 릴레이셔널(관계형) 데이터 베이스에서의 가상적인 테이블.

view coordinate 뷰 좌표(－座標) 컴퓨터에서 실제로 디스플레이 화면상에 표시하기 위해 쓰이는 좌표.

viewdata 뷰 데이터 비디오텍스의 일종으로, 네덜란드에서 개발된 방식의 명칭.

viewer 시청자(視聽者) 텔레비전 방송을 수상기에 의해 시청하는 사람을 말한다. 라디오 방송인 경우는 청취자(listener)라 한다.

view finder 뷰 파인더 →electronic view finder

viewing storage tube 직시형 축적관(直視形蓄積管) 축적관의 일종으로, 관면에 형광막을 두고, 전기적 입력 신호를 직접 관찰할 수 있는 출력상으로 변환하는 것으로, 보통 기록과 재생은 별개로 두어진 전자총에 의한 전자 빔으로 행하여진다. 그림은 타깃의 부분을 나타낸 것으로, 축적 타깃의 절연물면에 입력 신호로 변조된 전자 빔에 의해 전하상(電荷像)이 형상되고, 판독 전자 빔은 축적 타깃에서 그리드 제어되어서 형광면에 닿아 밝은 상을 얻는 것이다. 2 정전위(二定電位) 기록을 할 수 있는 것, 중간조 표시의 것 및 컬러 표시를 할 수 있는 것 등이 있으며, 레이더나 메모리 싱크로스코프 등에 쓰인다.

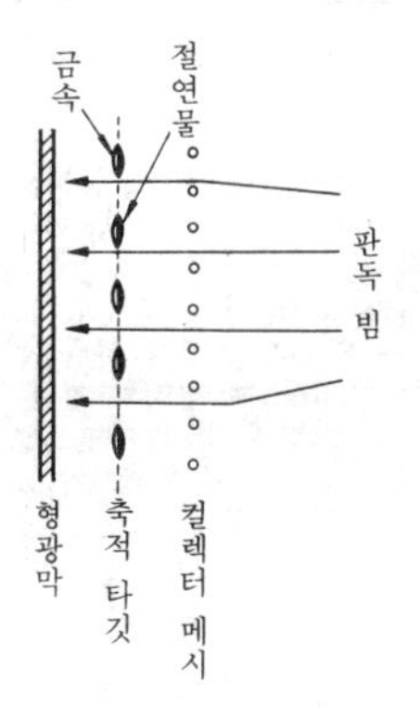

viewing storage tube

viewing time 가시 시간(可視時間) 축적관이 기억된 정보에 대응하는 가시 출력을 제공하고 있는 시간.

viewport 뷰포트 표시 장치상의 일부분에 그래픽 화면을 표시시키기 위해 설정하는 영역. 이 영역에는 그래픽 화면상에 윈도로서 설정한 부분이 표시된다. 하나의 표시 장치상에 그래픽 화면을 동시에 표시하고 싶을 때 등에 이 영역을 설정한다.

view switching system 영상 스위칭 시스템(映像－) 영상 조정 설비의 하나이며, 모니터, 특수 효과 장치 등과 연동하여 카메라, VTR 및 필름의 각 출력을 타이밍있게 동작시키는 장치. 영상의 고역 특성을 보상하는 등가 증폭기, 화면 전환 효과의 부자연스러움을 방지하는 영상 전환기, 동기 위상 맞춤의 영상 지연 유닛으로 구성되어 있다.

Villari effect 빌라리 효과(－效果) 자성체가 외력에 의해 변형될 때 그에 의해서 자화의 변화를 발생하는 현상.

virgin medium 처녀 매체(處女媒體) 한 번도 데이터를 기입한 일이 없는 데이터 매체(테이프, 디스크 등). 사용한 적은 있지만 마침 아무런 데이터가 기록되어 있지 않은 기록 매체, 즉 공백 매체(blank medium)와 대비된다.

virtual cathode 가상 음극(假想陰極) 공간 전하 전위가 최소값을 갖는 궤적으로, 여기에 접근하는 전자의 일부분만을 통과시키고, 나머지는 전자 방출 음극으로 되돌려 보내는 장소. 실제의 음극에서 어느 거리의 장소이며, 음극 전위보다 낮은 전위를 가진 가상의 음극이다.

virtual circuit (connection) 가상 회선(접속)(假想回線(接續)) 패킷 교환 방식을 사용하는 데이터망에서 데이터 스테이션 간의 데이터 전송을 위해 망에 의하여 제공되는 기능으로서 물리적 접속에 의한 기능을 모의하는 것.

virtual earth 가상 접지(假想接地) ① 전자 회로에서 실제로는 접지되지 않아도 접지와 같은 전위를 갖는 점을 말한다. ② 안테나의 접지 방식 중에서 모래 땅이나 암석 등 지면의 토질이 나빠 실제의 접지를 할 수 없을 때 접지와 같은 효과를 얻는 방식. 그림과 같이 지면으로부터 약간 띄워서 지선망(地線網)을 치고, 지면과의 사이에 정전 용량에 의해서 실제로 접지한 것과 같은 구실을 갖게 한다. 이것을 카운터포이즈(counterpoise)라 한다.

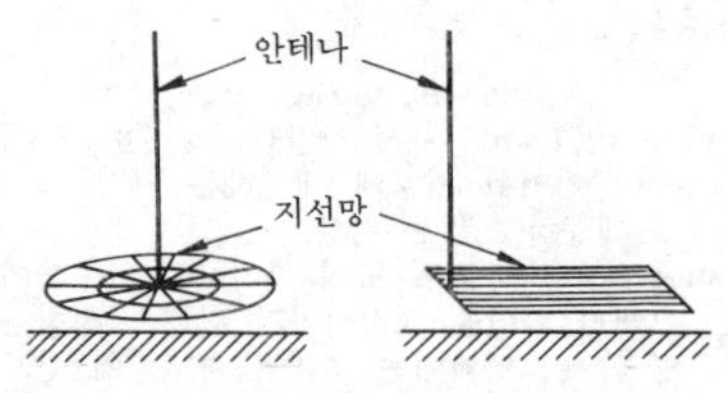

virtual ground 가상 접지(假想接地) = virtual earth

virtual height 겉보기 높이 전리층의 높이를 측정하기 위해 지상에서 전파를 수직으로 발사하고, 이것이 되돌아 오기까지의 시간으로 계산한다. 그러나 전파가 전리층에 돌입하고부터 반사하여 다시 전리층을 탈출하기까지의 속도는 자유 공간에서의 그것과 다르기 때문에 위의 계산값은 겉보기의 값이며, 실제의 높이는 이보다 약간 낮다.

virtual junction temperature 가상 접합 온도(假想接合溫度) 반도체 디바이스의 접합부에 가정한 온도로, 디바이스의 전기 특성은 이 온도를 기준으로 하여 주어진다. 실리콘 디바이스에서는 보통 접합부 온도를 T_j=175℃로 정하고, 접합부와 케이스 간의 열저항 θ_{jc}를 0.45℃/W로 가정하고 있다. 접합부의 소비 전력 P가 주어지면 케이스 온도는 $T_j-P\theta_{jc}$로 주어진다.

virtual space 가상 공간(假想空間) 장치에 의존하지 않는 형으로 표현되는 공간.

virtual storage 가상 기억(假想記憶) 컴퓨터 주기억 용량의 제한은 프로그램의 작성 효율이나 시스템의 운용 효율을 결정하는 요인의 하나이다. 가상 기억은 이들의 제약에 대한 해결책의 하나이며, 주기억 장치보다도 큰 가상 기억 장치를 실현하고, 동시에 주기억 장치의 사용 효율 향상을 지향하는 것이다. 처리 프로그램은 가상 기억 장치의 공간에 적재되어 실행된다. 이 공간은 실제로는 주기억 장치와 보조 기억 장치로 이루어지며, 프로그램 실행시에 필요없는 프로그램 부분은 보조 기억 장치상에 보내지고, 필요한 페이지가 주기억 장치상에 받아들여져서 처리된다.

virtual storage access method 가상 기억 접근법(假想記憶接近法) 보조 기억 장치와 가상 기억 장치 내의 프로그램과의 사이에서 데이터를 주고 받는 접근법. 처리 목적에 따른 각종 데이터 세트 편성이나 접근이 다음과 같이 준비되어 있다. ① 엔트리 순차 데이터 세트 : 레코드를 발생 순서로 저장하는 방법. ② 키 순차 데이터 세트 : 레코드는 키의 오름차순으로 저장되고, 키의 순번으로 레코드를 접근하는 방법. ③ 상대 레코드 데이터 세트 : 상대 레코드 번호를 키로 하여 레코드를 순차 접근하는 방법. =VSAM →virtual storage

virtual terminal 가상 단말(假想端末) 실재하는 단말의 모든 기능을 갖춘 논리적인 단말을 말한다. 이것은 단말의 속성 차이를 흡수하여 교환망과 단말간 프로토콜의 표준화를 도모하는 것을 목적으로 하고, 실재하는 단말에 대응하는 프로토콜은 교환망 내에서 가상 단말의 프로토콜로 변환된다.

virtual zero time 규약 원점(規約原點) 충격 전압(전류) 파형에서 다음의 두 점을 잇는 직선이 시간축과 만나는 점. ① 전압파에서는 파정(波頂)값의 30% 및 90%의 점. ② 전류파에서는 파정값의 10% 및 90%의 점. 이 정의는 전파(全波) 및 재단파의 어느 경우에도 적용된다.

viscometer 점도계(粘度計) 유체의 점성 정도를 측정하는 장치로, 각종 방식이 있다. 전기적인 측정기로서는 모세관 점도계나 진동 점도계가 있다. 모세관 점도계는 주관로(主管路)에서 일정 유량의 유체를 꺼내 일정 온도로 하고, 이것을 모세관에 흘렸을 때의 압력차를 차압 변환기로 꺼내서 점도를 지시, 기록시킨다. 진동 점도계는 판 또는 막대가 점성 유체 중에서 진동할 때 점도에 따라서 진동이 감쇠하는 성질이 있기 때문에 이 진동을 압전 소자를 사용하여 전기 신호로서 꺼내 증폭, 기록시킨다.

viscosity 점성(粘性) 유체가 흐르고 있을 때 유체 내의 각부 사이, 또는 유체와 용기 사이에서 분자간의 인력에 의해 이동을 방해하려는 힘이 작용한다. 이 성질을 점성이라 한다.

visibility 시감도(視感度) 어느 파장 λ 〔m〕의 방사속(放射束) φ_λ〔W〕를 눈으로 느낄 때 눈에 느끼는 양 즉 광속을 F_λ 〔lm〕이라고 하면 $F_\lambda/\varphi_\lambda$는 파장 λ의 에너지를 얼마만큼의 밝기로 느끼는가를 나타내는 것으로, 이것을 그 파장에 대한 시감도라 한다.

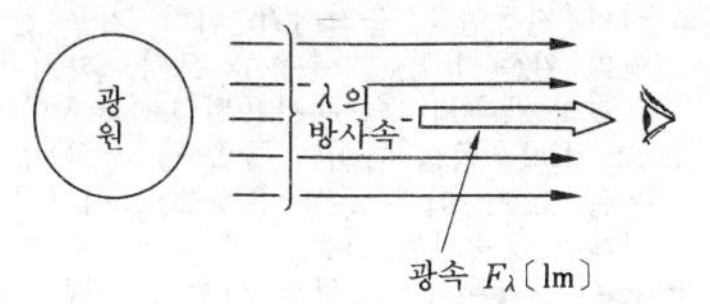

visibility factor 선명도(鮮明度) ① 펄스 레이더에서, 단일 펄스 에너지와 단위 주파수폭당의 잡음 에너지의 비로, 수신기의 최량 수신 대역과 시정(視程) 조건에 있어서 대역 중앙에서 측정하고, 표시 장치상에서 지정된 확률로 검출 표시(또는 오차 표시)를 일으키는지 어떤지 시험한다. ② 연속파 레이더에서, ①의 펄스파 대신 연속 신호파의 에너지로 대치한 경우의, 단위 주파수폭의 잡음 에너지와의 비. ③ 수신기 출력단에 접속한 이상적인 계측기에 의해 검출할 수 있는 최소의 수신기 입력 신호와, 같은 수신기 출력단에 표시 장치를 접속하고 이것을 육안으로 관측했을 때 검지할 수 있는 최소의 수신기 입력 신호와의 비.

visible radiation 가시 방사(可視放射) 육안으로 볼 수 있는 방사로, 파장 370~780nm 범위의 전자파.

vision 비전 ① 시각, 물체로부터의 빛이 눈을 자극하여 이 자극이 시신경에 의해 뇌에 전해져서 지각(시지각)으로서 인식되는 것. ② 시야, 광경, 장면(scene)과 같은 뜻으로 쓰인다.

visual acuity 시력(視力) 물체의 세부를 식별하는 능력의 척도. 겨우 식별되는 세부의 치수를 나타내는 각도(분)의 역수로 주어진다.

visual angle 시각(視角) 어느 두 점과 눈을 이은 직선이 이루는 각도.

visual approach slope indicator system 가시 진입각 표시 방식(可視進入角表示方式), 진입각 지시등(進入角指示燈) =VASIS

visual-aural range 가청·가시 라디오 레인지(可視·可聽−) =VAR

visual display 가시 표시 장치(可視表示裝置) 문자 표시 장치나 도형 장치 등에 볼 수 있는 것과 같은 직접 시각에 호소하는 출력 장치의 총칭.

visual display terminal 영상 표시 단말 장치(映像表示端末裝置) =VDT

visual display unit 영상 표시 장치(映像表示裝置) =VDU

visual editor 표시 에디터(表示−) 파일의 일부를 단말 장치의 스크린 상에 표시하고 있는 것과 같은 텍스트 에디터.

visual field 시야(視野) 머리와 눈을 움직이지 않고 볼 수 있는 물체 또는 점의 궤적. 이것은 한쪽 눈인 경우와 양눈인 경우 각각 다르다. 양눈으로는 좌우 눈의 시야가 겹쳐서 이른바 양안 시야(binocular field)가 된다. 또 눈을 움직이지 않는 경우는 정시야(靜視野)이고, 눈을 움직여서 볼 때의 시야는 동시야(動視野)이다.

visual fluorescent display 가시 형광 표시 장치(可視螢光表示裝置) =VFD

visual photometry 시감 측광(視感測光) 육안에 의한 측광으로, 표준·시험 각각의 광원에 의해 조사(照射)된 비교 시야의 광학계를 육안으로 확인하고, 비교 시야의 밝기가 같아지도록 거리 조정을 하여 피측광원의 측광량을 구하는 방법.

visual signal 시각 신호(視覺信號) 시각에 호소하여 지시나 정보를 전달하는 신호. 예를 들면 적, 황, 녹색에 의해 정지, 주의, 진행을 나타내는 교통 신호.

visual television 텔레비전 전화(−電話) 상대의 얼굴을 보면서 통화하는 것을 목적으로 한 전화로, 필요에 따라서 문서, 도면, 현물 등을 제시할 수 있는 영상 통신 방식. 미국에서는 1970 년부터 상용화되었다.

vital senser 바이털 센서 생체의 상태를 계측하기 위한 검출 장치. 질병의 예방이나 건강 관리 등에 사용되며, 체온계, 혈압계 등도 포함된다.

VLF 초저주파수(超低周波數) very low frequency 의 약어. 무선 주파수 스펙트럼에서, 3~30kHz 의 대역.

VLSI 초대규모 집적 회로(超大規模集積回路) =very large scale integration

VMOS V형 MOS V-type metal-oxide semiconductor 의 약어. 반도체 표면에 V자형의 홈을 만들고, 그 측면을 채널로 하는 MOS 소자. 실효 채널 길이를 짧게 하는 효과가 있다. =vertical MOS

vocal parameter 음성 매개 변수(音聲媒介變數), 음성 파라미터(音聲−) 음성을 디지털화하고, 여러 가지 방식으로 부호화하여 정보 압축한 것. 좁은 뜻으로는 음성 합성을 위한 매개 변수를 말한다.

vocoder 보코더 보더(voder)와 같은 원리이나, 합성기의 제어 신호를 기본 주파

수 분석기와 대역 필터군을 써서 자동적으로 분석하는 점이 보더와 다른 점이다. →voder

VODAS 보다스 voice operated device antisinging 의 약어. 유선 전화 회선과 무선 전화 회선을 접속할 때 반향이나 명음(鳴音)이 발생하지 않도록 평상시는 음성 전류를 정류하여 계전기를 동작시켜서 송화 회로를 끊어 수화 회로만을 동작시키도록 해 두고, 송화가 시작되면 송화 전류에 의해 수화 회로가 단락되어서 송화 회로만이 연결되도록 한 장치.

voder 보더 voice operation demonstrator 의 약어. 전기 회로에 의한 음성 합성기로 음성 기관의 동작을 시뮬레이트한 음성 생성 모델을 사용한다.

VOGAD 보가드, 음성 작동 이득 조절 장치(音聲作動利得調節裝置) =voice-operated gain adjusting device

voice 음성(音聲) 사람의 목소리 즉 음성은 모음과 자음으로 나눌 수 있다. 모음에는 그 주파수 대역 중에 강세한 부분이 있다. 이것을 포맨트(formant)라 하며, 1~수 개 존재한다. 모음은 복잡한 주기 진동 파형을 나타내고, 이것을 기본파와 고조파로 나눌 수 있다. 기본파는 남자가 120Hz, 여자가 250Hz 정도이다. 또 자음은 비주기 진동 파형이다. 음성 스펙트럼은 대체로 100~7,000Hz 의 범위이다.

voice answer back 음성 응답(音聲應答) 청각 응답 장치를 사용하여 컴퓨터 시스템을 전화망에 연결해서 전화 형태의 단말기로부터 조회에 음성 응답을 제공한다. 청각 응답은 미리 계수 코드화된 음성이나 디스크 기억 장치에 기록된 단어군으로부터 구성된다. =VAB

voice assembling speech synthesizer 녹음 편집형 음성 합성기(錄音編輯形音聲合成器) 가장 간단한 것은 미리 여러 가지 인간의 목소리를 녹음해 두고 필요에 따라 그 중에서 적당한 것을 골라서 잇는 방식을 가리킨다. 진보한 것으로서 음성 응답 장치가 있다.

voice calling back 음성 호출 방식(音聲呼出方式) 이동 무선에서, 동일 반송파의 무선 채널에 다수의 이동 무선국이 있을 때 그 중의 특정한 1국을 호출하기 위해 음성을 사용하는 방법. 각 이동국은 수신 출력을 상시 스피커에 흘려 두지 않으면 안 된다.

voice coil 보이스 코일, 음성 코일(音聲－) 다이내믹 스피커의 콘과 함께 진동하는 가동 코일. 여기에 음성 전류를 흘리면 영구 자석에 의한 자계에 의해 진동한다. 절연물의 감을틀에 가는 동선 또는 알루미늄선을 감은 것으로, 400Hz 에서의 임피던스는 3~16Ω 정도이다. 따라서 출력 임피던스가 높은 증폭기와 접속할 때는 출력 트랜스를 사용하여 임피던스의 정합을 할 필요가 있다.

voice coil motor 보이스 코일 모터 스피커의 진동판을 움직이기 위한 기구(플레밍의 왼손 법칙)를 응용한 모터. 자기 디스크의 액추에이터에 사용된다. =VCM

voice dial 음성 다이얼(音聲－) 전화 번호 혹은 소재, 이름 등을 음성으로 입력하여 상대를 호출하는 기능.

voice frequency 음성 주파수(音聲周波數) 사람의 음성 중에 포함되어 있는 범위의 주파수를 말한다. 대화 등을 전하기 위해 필요한 200Hz~3,500Hz 의 주파수를 말하는 경우도 있다. 또한, 널리 가청 주파수의 뜻으로 쓰이기도 한다.

voice-frequency carrier telegraphy 음성 주파 반송 전신(音聲周波搬送電信) 반송 전신 방식의 하나로, 반송 전류가 변조에 의해 음성 주파수 통신로를 통해 전송될 수 있는 주파수를 가지고 있는 것.

voice-frequency dialling system 음성 주파 신호 방식(音聲周波信號方式) =inband signalling system

voice-frequency multiplexed telegraph 음성 주파수 다중 전신(音聲周波數多重電信) 음성 주파수를 반송파로 하는 주파수 분할 다중 전신. 24 채널(주파수 간격 120Hz)과 18 채널(주파수 간격 170Hz)의 두 방식이 있다.

voice-frequency signalling 음성 주파수 신호 송출(音聲周波數信號送出) 전화 음성 대역 내 주파수의 교류를 써서 호(呼)의 세트업(준비), 제어 및 복구를 위한 신호 송출을 하는 것. 신호 송출 또는 수신할 때에는 교환국의 출구 또는 입구에서 회선을 잠시 절단하여 신호와 통화가 서로 간섭하지 않도록 한다.

voice-frequency telegraph system 음성 주파 전신 방식(音聲周波電信方式) 전신 방식의 하나. 주파수 다중 분할 방식에 의해 단일 회선에 최고 20 부터 24 줄의 통신로가 설치된다.

voice grade 음성 대역(音聲帶域), 음성 그레이드(音聲－) 음성의 주파수 범위.

voice grade channel 음성 대역 통신로(音聲帶域通信路) 300 에서 3,400Hz 의 주파수 대역에 있는 전파 통신로로, 일반적으로 음성, 모사(模寫), 디지털 데이터나 아날로그 데이터의 전송에 적합하다.

voice input 음성 입력(音聲入力) 컴퓨터

에 의해서 실행 가능한 명령으로 변환되는 음성에 의한 명령, 혹은 마이크로폰 및 음성 인식 기술을 사용하여 도큐먼트에 입력되는 음성 명령.

voice mail 음성 사서함(音聲私書函) 전자 사서함이 문서 정보를 전자적으로 송수신하는 데 반해 음성 정보를 전자적으로 송수신하는 것. 전화기 등에서의 음성은 보통 디지털 신호로 변환한 다음 자기 디스크 등의 축적 장치에 기억되고, 그 다음은 전자 사서함과 마찬가지로 처리된다.

voice mail system 음성 사서함 시스템(音聲私書函－), 음성 메일 시스템(音聲－) 음성 정보를 축적, 전송함으로써 메시지 교환을 하는 시스템.

voice multiplexed broadcasting 음성 다중 방송(音聲多重放送) 음성 주파수대에서의 빈 영역을 이용하여 주 프로그램의 음성과는 다른 음성도 아울러 방송하는 다중 방송 방식. 스테레오 방송, 2 개국어 방송 등은 그 예이다.

voice operated device 음성 작동 장치(音聲作動裝置) 전화 회선에서 사용되며, 통화 전류에 의해 제어되어서 동작하는, 예를 들면 에코 서프레서와 같은 장치. =VOX

voice operated device antisinging 보다스 =VODAS

voice-operated gain adjusting device 음성 작동 이득 조절 장치(音聲作動利得調節裝置) 무선 시스템에서 사용되며, 음성 입력의 변동을 제거하여 일정한 수준으로 송출하는 음성 통화 장치. 수신 단말측에서는 복원 장치를 필요로 하지 않는다. = VOGAD

voice operated transmitting 복스, 음성 작동 송신(音聲作動送信) =VOX

voice packet switching 음성 패킷 교환(音聲－交換) 음성 정보를 패킷 교환망을 이용하여 전송하는 것. 패킷망은 본래 디지털 데이터 전송을 목적으로 하고 있으나, 음성 정보도 경제적으로 전송할 수 있는 것을 알게 되었다. 음성 아날로그 신호를 먼저 PCM 기법에 의해 디지털 정보로 변환하고, 패킷화하여 보낸다. 20ms 정도의 패킷 전송 지연은 전화에 의한 보통의 대화에 거의 지장을 주지 않는다.

voice pattern recognition 음성 패턴 인식(音聲－認識) 인간이 이야기하는 말을 마이크로폰에 입력으로서 넣고, 그것을 부호화하여 타이프라이터로 인자하는 것을 말하지만, 이것에는 근본적인 곳에 곤란성이 있어 현재 미해결의 연구 분야이다. 그러나 일반의 도형은 2 차원의 다가(多價) 함수인 데 반해 음성 패턴은 시간에 관해서 1가 함수이므로 일반의 패턴 인식보다는 용이한 것으로 보고 있다.

voiceprint 성문(聲紋) 지문과 마찬가지로 각인 각양의 성색(聲色)이 존재한다는 것이 소너그램을 사용한 과학적 연구에 의해 1962 년 벨 연구소에서 발표되었다. 발성자를 식별할 수 있으며, 성문이라고 명명되었다.

voice program system 음성 방송 방식(音聲放送方式) 일반 대중이 직접 수신할 수 있는 것을 목적으로 하는 음성 전파의 송신으로, AM 방송 방식과 FM 방송 방식의 두 종류가 있다. AM(진폭 변조) 방송은 광범위한 지역 또는 산악 지대 등에 안정한 전파를 송신할 수 있으나 주파수가 낮기 때문에 자연 잡음이나 인공 잡음이 많은 결점이 있다. FM(주파수 변조) 방송은 전파의 도달 거리는 짧지만 잡음 혼신이 적어서 음질이 좋으므로 스테레오 방송이나 다중 방송 등에 사용된다.

voice PWM system 음성 펄스폭 변조 방식(音聲－幅變調方式) 중파의 AM 방송에 사용하는 변조 방식으로, 중소전력 방송기에 사용한다. 음성 신호와 부반송파의 레벨 변동을 진폭 제한기로 제거하여 펄스의 상승과 하강에서의 *SN* 비를 좋게 하고, 저역 필터를 통해서 반송파와 혼합하는 직렬 변조 방식이며, 고전압을 필요로 한다.

voice recognition 음성 인식(音聲認識) 음성 신호를 해석하여 패턴화되어 있는 데이터 베이스와 조합함으로써 문자열로 변환하는 것. 음성 인식(speech recognition) 이라고도 한다. 1 음의 표음 문자인 경우는, 1 문자 단위에서의 인식도 생각할 수 있지만, 문자철과 발음 관계가 다양한 경우에는 적어도 단어 단위에서의 인식이 필요하다. 대상으로 하는 말을 한정한 것에 대해서는 일찍부터 실용화되어 있지만, 일반 문장이나 대화를 대상으로 하는 것은 자연 언어가 가진 애매성, 다양성 때문에 상당히 어렵다. 예를 들면, 특정한 대화자가 표준적인 문법에 따라 이야기한다는 제약을 붙인 것은 실용화되어 있다.

voice recognition and response system 음성 인식 응답 시스템(音聲認識應答－) 인간의 음성에 의해 컴퓨터에 정보를 입력할 수 있고, 음성에 의해 컴퓨터로부터 정보가 출력되는 시스템.

voice recorder 음성 기록 장치(音聲記錄裝置) CVR(cockpit voice recorder)을 말하며, 항공기의 음성 기록 장치이다.

조종사와 관제관과의 무선 전화에 의한 교신 내용이나 조종사와 다른 승무원과의 대화 내용을 기록하는 일종의 테이프 녹음기. 엔드리스 테이프를 사용하여 30 분간의 음성을 기록하도록 되어 있다. 30 분을 초과하면 소거 헤드로 소거하면서 새로운 내용을 기록할 수 있는데, 4 채널의 내용을 동시에 기록할 수 있도록 되어 있다. 사고가 있었을 때는 그 녹음 내용이 조사되도록 테이프 녹음기의 주요 부분은 내열·내충격성을 갖게 하기 위해 강철제의 튼튼한 케이스에 수납되어 있다.

voice response 음성 응답(音聲應答) 기계적으로 만들어 나온 음성에 의해 인간에게 응답하는 것. 일반적으로 전화 회선을 이용하는 질문 응답 서비스 등에 사용된다.

voice response unit 음성 응답 장치(音聲應答裝置) 컴퓨터로부터의 조작 지시나 처리 결과의 응답 등을 음성으로 출력하는 장치. 전화기를 사용한 정보 안내나 데이터의 검색·예약·확인 등의 시스템에 쓰인다. =audio response unit

voice ROM 음성 ROM(音聲－) 음성 합성에 관한 규칙을 ROM 화한 것.

voice synthesis 음성 합성(音聲合成) 음성 신호를 1 음마다 또는 단어 단위로 음성 사전으로 기록, 등록해 두고 이것을 사용해서 문자열을 음성 신호로 바꾸는것. 음성 합성(speech synthesis)이라고도 한다. 문자철이 같더라도 음성은 반드시 같지 않으므로 단어 단위에서의 음성 사전이 필요하고, 문장 조립에 따라 말의 억양을 바꾸어야만 하는 문제도 있고, 전처리로서 구문 해석 기능이 필요한 경우도 있다. 사용되는 문장 패턴이 정해져 있고, 용어 범위가 한정되어 있는 경우에는 많은 실용 예가 있다. 이 기능을 가진 기기를 voice synthesizer 라든가 speech synthesizer 라 한다.

volatile memory 휘발성 기억 장치(揮發性記憶裝置) 기억 장치에서의 트랜지스터, IC, LSI 등의 기억 소자는 전원 등의 에너지원이 정지하면 그 속에 기억되어 있던 프로그램이나 데이터가 파괴되어 버린다. 아러한 기억 장치를 휘발성 기억 장치라 한다.

volt 볼트 두 대전체(帶電體)의 전위차 즉 전압의 실용 단위. 기호 V. 1V 는 1Ω의 저항을 통해서 1A 의 전류를 흘리는 데 필요한 전압이다.

voltage 전압(電壓) 전류를 흘리는 전기적인 압력. 기호는 V, 단위는 볼트(V)이다. 1A 의 일정 전류를 흘리고 있는 도체의 두 점 사이에서 소비되는 전력이 1W 일 때 이 두 점간의 전압을 1V 로 한다.

voltage amplification 전압 증폭도(電壓增幅度) =voltage amplification degree

voltage amplification degree 전압 증폭도(電壓增幅度) 전압 증폭기에서의 입력 전압과 출력 전압의 비율로, 입력 전압과 출력 전압과는 동위상이라고는 할 수 없으므로 일반적으로는 벡터량이 된다. 보통, 전압 증폭도는 다음 식으로 구한 데시벨(기호 dB)로 표시되는 경우가 많다.

$$G_v = 20\log_{10}\frac{V_o}{V_i}$$

여기서 G_v : 전압 증폭도〔dB〕, V_o : 출력 전압의 크기, V_i : 입력 전압의 크기. 또한 데시벨로 나타낸 전압 증폭도는 전압 이득이라고 하는 경우도 있다.

voltage amplifier 전압 증폭기(電壓增幅器) 신호로서의 전압의 변화를 증폭하는 것을 목적으로 하는 증폭기로, 전력의 공급은 목적으로 하지 않는다. 여러 단을 종속 접속으로 사용하는 경우가 많고, 전력 증폭기의 앞 단에 두어진다.

voltage balance system 전압 평형법(電壓平衡法) 원격 측정법의 하나로, 전송된 전압과 같은 전압을 수신측에서 발생시켜 평형시킨 상태에서 측정하는 방법.

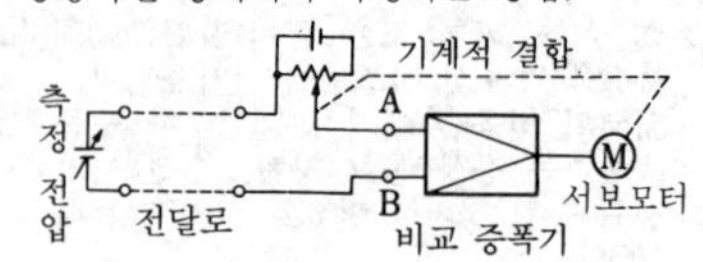

(A의 전압)=(B의 전압)이 되도록 서보 모터가 회전하여 퍼텐쇼미터를 가감한다

voltage-controlled negative resistance 전압 제어 부성 저항(電壓制御負性抵抗) →negative characteristic

voltage controlled oscillator 전압 제어 발진기(電壓制御發振器) =VCO

voltage divider 분압기(分壓器) 저항 또는 리액터의 전체에 전압을 가하고, 고정 또는 가변의 탭에 의해 가해진 전압보다도 낮은 임의의 전압을 꺼내는 장치. 저항 양단에 전압 V_1을 가하고, 그 도중에서 탭을 내어 공통선과 탭 사이의 전압 강하에 의해 전압 V_2를 얻는다. 사용하는 임피던스에 따라서 저항 분압기, 용량 분압기, 저항 용량 분압기, 리액터 분압기 등이 있다. 감쇠기, 고압의 측정 등에 사용된다.

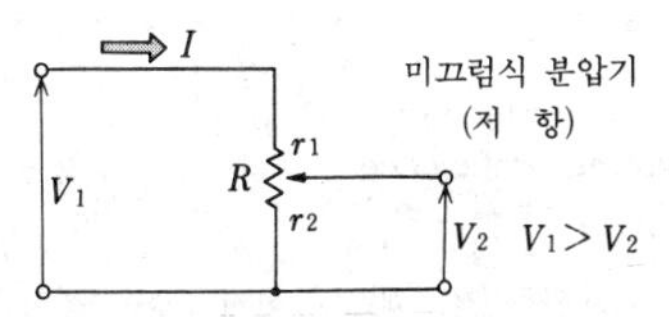

voltage divider

voltage doubler rectifier circuit 배전압 정류 회로(倍電壓整流回路) 입력 교류 전압 최대값의 거의 2배의 직류 출력 전압이 얻어지도록 배려된 정류 회로. 반파 배전압 정류 회로와 양파 배전압 정류 회로가 있다.

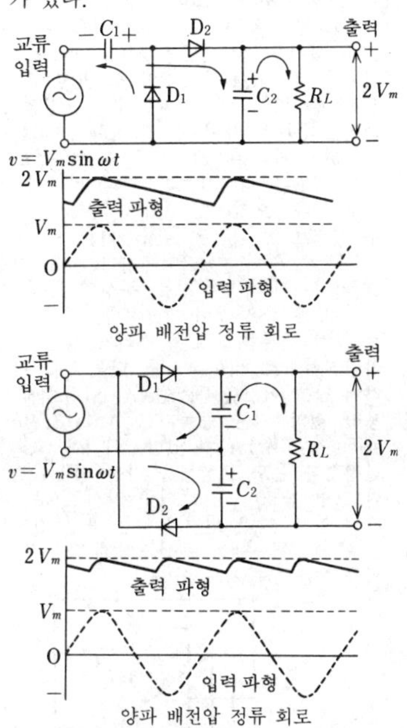

voltage drop 전압 강하(電壓降下) 전선에 전류 I를 흘리면 전선의 저항 R 때문에 RI의 전압이 강하한다. 이 때의 RI를 R에 의한 전압 강하라 한다.

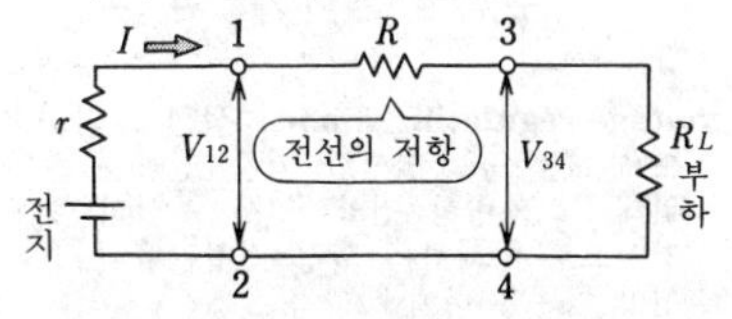

V_{34} 는 V_{12} 에 비해 RI 만큼 전압이 강하한다.

voltage feedback 전압 궤환(電壓饋還), 전압 귀환(電壓歸還) 증폭기에서 출력 전압에 비례한 전압 또는 전류를 입력측으로 궤환하는 방법으로, 그림과 같은 두 종류가 있다. 단, A는 증폭 회로, β는 궤환 회로이다. 어느 형식에서도 부궤환을 걸면 출력 임피던스는 작아지고, 주파수 특성이 개선되는 동시에 증폭기 내의 일그러짐이나 잡음의 경감에 도움이 되지만 전체로서의 증폭도는 저하한다.

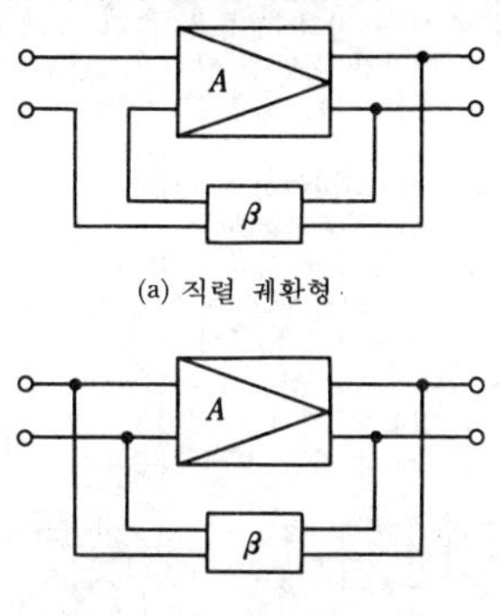

(a) 직렬 궤환형

(b) 병렬 궤환형

voltage feedback amplifier 전압 궤환 증폭기(電壓饋還增幅器) →feedback amplifier

voltage-feeding antenna 전압 궤전 안테나(電壓饋電-) 선조(線條) 안테나에 궤전선(피더)을 접속하는 경우 궤전점(급전점)이 전압의 진폭이 최대인 파복(波腹)이 되는 안테나를 말한다. 이 경우 전류는 궤전점 부근에서 최소가 된다.

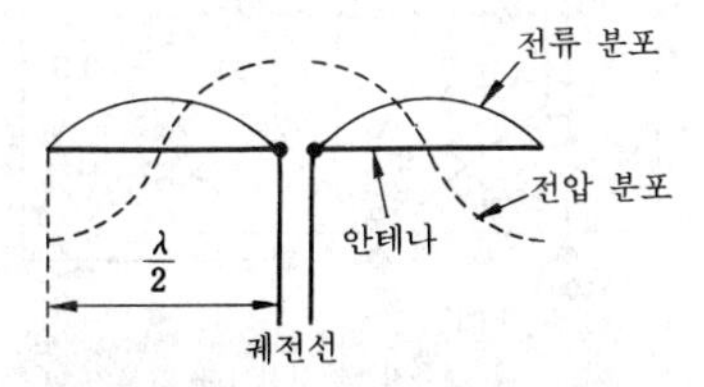

voltage follower 전압 폴로어(電壓-) 오픈 루프 이득 A를 갖는 직류 차동 증폭기에서, 출력 전압을 직접 증폭기 입력 (−)단자에 피드백 접속한 것으로, 출력 전압 V_o는 입력 (+)단자의 전압 V_2와 그 크기가 거의 같고, 극성도 반전하지 않는다. =noninverting buffer

voltage gain 전압 이득(電壓利得) →voltage amplification degree

voltage generator 전압원(電壓源) 2 단자 회로 요소에서 그 단자 전압은 그 요소를 흐르는 전류에 관계 없이 일정하게 유지되는 것. 이상적인 전압원은 내부 임피던스가 없는 발전기로서 표현된다. = voltage source

voltage loss 전압 손실(電壓損失) 전류 측정 장치에서, 정규의 최대 눈금 지시를 주는 전류를 흘렸을 때 측정기 단자간에 생기는 최대 전압. 다른 계기인 경우의 전압 손실은 정격 전류를 흘린 상태에서의 계기 단자간 전압을 말한다. 외부 분류기를 사용할 때는 분류기의 전압 단자의 전압이다.

voltage multiplying rectifier 배전압 정류 회로(倍電壓整流回路) 정류기와 콘덴서를 써서 입력 교류 전압의 배에 가까운 직류 출력 전압을 얻는 회로로, 그림과 같이 양파 배전압 정류와 반파 배전압 정류가 있다. 부하 전류가 어느 정도 증가하면 출력 전압이 갑자기 낮아지므로 부하 전류가 비교적 작은 곳에 사용된다.

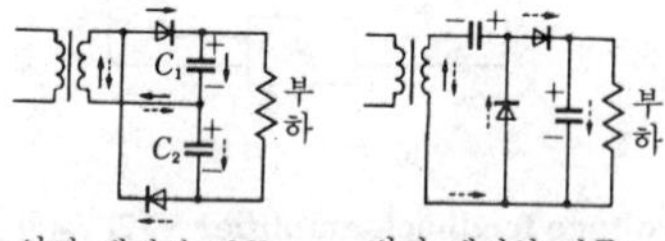

양파 배전압 정류 반파 배전압 정류

voltage range multiplier 배율기(倍率器) 정해진 측정 범위를 넘어서, 그 전압 범위를 확대하기 위해 사용하는 특수한 형의 직렬 저항, 또는 임피던스 장치.

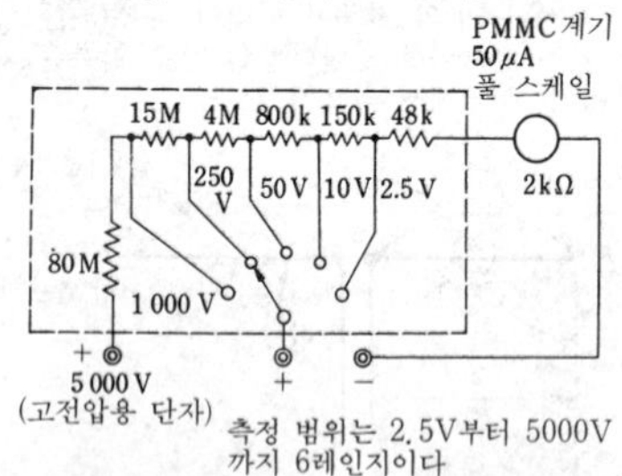

측정 범위는 2.5V부터 5000V까지 6레인지이다

voltage rating 전압 정격(電壓定格) 기기, 장치에 있어서 시방 범위 내에서 사용되는 전압값.

voltage ratio 변압비(變壓比) 변압기 1차 권선과 2차 권선의 유기 기전력의 비율을 말하며, 다음 식으로 나타내어진다.

$$\frac{E_1}{E_2}=\frac{n_1}{n_2}$$

여기서, E_1, E_2 : 1차, 2차 권선의 유기 기전력, n_1, n_2 : 1차, 2차 권선의 감은 수. 이것은 단자 전압의 비가 아니다.

voltage reference 전압 기준(電壓基準) 표준으로서 쓰이는 고도하게 조정된 전압원으로, 다른 장치의 전압이 이에 대하여 비교되는 것. 웨스턴 전지, 수은 전지 등의 전지를 사용하는 것, 정전압 방전관, 제너 다이오드를 사용하는 것 등이 있다. 이에 대하여 안정화 장치, 온도 보상 기능 등을 추가 내장한 것이 많다. 장기, 단기의 전압 변동, 드리프트, 잡음 등은 극력 제거하지 않으면 안 된다.

voltage reference diode 전압 기준 다이오드(電壓基準−) 기준 전압원을 주는 반도체 다이오드로, 보통 제너 다이오드의 역방향 브레이크다운 전압(6~20V)을 이용한 것이다. 기준 장치로서의 요건은 브레이크다운 전압이 온도 변화에 대하여 안정해야 한다는 것이며, 온도 계수 $K_T=\Delta V_Z/\Delta T$는 다이오드가 제너 항복과 애벌란시 항복으로 +, −의 다른 값을 취할 수 있으므로, 이들을 조합시켜서 $K_T\cong 0$으로 할 수 있다. 동작점에서의 실효 저항(디바이스의 전압·전류 특성의 기울기)도 되도록 작은 것이 필요하다. 기준 장치는 부하 전류를 되도록 흘리지 않는 것이 바람직하므로 다이오드를 단독으로 사용하지 않고 이것을 OP 앰프의 입력측에 사용한 전압 기준 증폭기(voltage reference amplifier)가 있다. 이것은 고도한 안정성과 온도 보상성을 가진 디바이스이다(그림 참조). 전압 기준 장치로서는 웨스턴 전지, 수은 전지와 같은 표준 전지도 있고, 또 최근에는 초전도체인 조셉슨 효과를 이용한 장치도 있다.

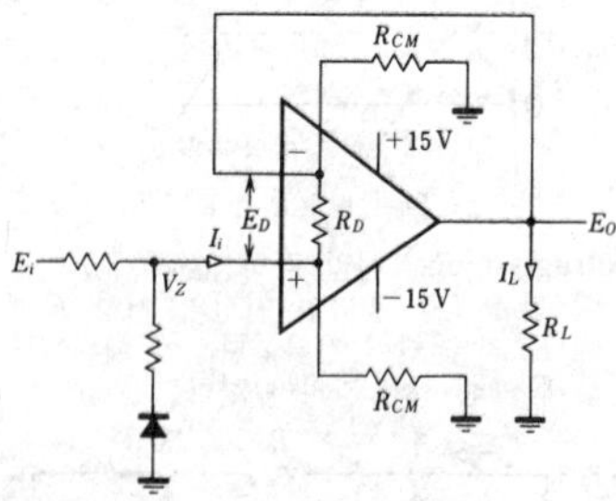

voltage regulating diode 정전압 다이오드(定電壓−) 일정한 기준 전압을 주기 위해 그 역방향 전압·전류 특성의 항복 영역으로 이행하는 일정 전압값을 이용한 전압 기준용 다이오드.

voltage regulating transformer 전압 조

정 변압기(電壓調整變壓器) 조정할 회로의 전압과 위상각을 단계적으로, 그리고 부하를 멈추는 일 없이 전환할 수 있는 탭을 가진 변압기.

voltage regulation 전압 변동률(電壓變動率) 변압기나 발전기 또는 정류 회로 등에서 부하를 연결함으로써 나타나는 단자 전압의 변화 정도를 나타내는 것. 예를 들면, 직류 발전기에서 정격 속도, 정격 부하 전류로 정격 전압 V_n[V]을 발생하고 있을 때 회전 속도를 바꾸지 않고 무부하 상태로 했을 때의 전압을 V_0[V]로 하면, 전압 변동률 δ는

$$\delta = \frac{V_0 - V_n}{V_n} \times 100[\%]$$

로 구해진다.

voltage regulator 전압 조정기(電壓調整器), 전압 레귤레이터(電壓-) 설정된 출력 전압을 유지하는 회로. 입력의 전압 변동이나 부하 변동의 영향을 작게 억제하고 있다.

voltage regulator diode 정전압 다이오드(定電壓-) =voltage regulating diode, Zener diode

voltage regulator tube 정전압 방전관(定電壓放電管) 글로 방전 혹은 타운젠트 방전에서 전류가 변화해도 관내 전압 강하가 거의 일정하게 되는 성질을 이용한 방전관의 일종으로, 전자에 의한 글로 정전압 방전관과, 후자에 의한 코로나 정전압 방전관이 있다. 글로 방전관은 중심에 양극을 두고, 그것을 니켈이나 몰리브덴 혹은 니켈 상에 바륨, 세슘 등을 피복한 음극으로 감싸고, 네온, 아르곤, 헬륨 등의 가스를 봉해 넣은 것으로 전압 65~200V의 것이 시판되고 있다. 코로나 방전관은 수소, 헬륨 등의 가스를 봉입하고 30kV 정도의 높은 전압의 것이 있다. 어느 것이나 부하 전류의 변화에 의한 전압의 변동을 방지하는 데 사용된다.

voltage relay 전압 계전기(電壓繼電器) 예정된 전압값으로 동작하는 계전기.

voltage resonance 전압 공진(電壓共振) →series resonance

voltage sensitivity 전압 감도(電壓感度) 검류계의 감도를 나타내는 한 방법. 광점(光點) 또는 지침을 1mm 지시시키는 데 필요한 전압의 크기.

voltage source equivalent circuit 전압원 등가 회로(電壓源等價回路) 전압원을 사용한 등가 회로.

voltage source 전압원(電壓源) =voltage generator

voltage stabilizer 전압 안정화 회로(電壓安定化回路) 정전압 회로라고도 하며, 입력이나 부하의 변동에 관계없이 자동적으로 출력 전압을 일정하게 유지할 목적으로 사용하는 회로. 교류 안정 전원 회로와 직류 안정 전원 회로로 나뉘며, 어느 것이나 안정화 전원으로서 사용된다.

voltage standard 전압 표준(電壓標準) 전기 자기량 측정의 기준을 주기 위한 실용상의 기본적인 표준으로서 저항 표준과 함께 쓰이며, 그 실현에는 조셉슨 효과가 이용된다.

voltage standing wave ratio 전압 정재파비(電壓定在波比) =VSWR →standing wave ratio

voltage-surge suppressor 서지 전압 억압기(-電壓抑壓器) 전기 기기에서, 내인적(內因的) 또는 외인적으로 발생하는 서지 전압을 감쇠하기 위해 사용되는 장치. 콘덴서, 저항, 비직선 저항이나 그들의 조합이 쓰인다.

voltage switching 전압 스위칭(電壓-) 스위치의 입력에 인가되는 전압을 바꿈으로써 출력 개폐를 하는 것.

voltage-to-frequency conversion type 전압·주파수 변환형(電壓·周波數變換形) A-D 변환기의 한 변환 형식으로, 입력 전압값에 직접 비례한 주파수를 발생하고, 일정 시간 중에 생기는 반복수를 계수하도록 한 것. 그림에서 입력 전압 V_{in}에 의해 적분기의 콘덴서 C에 충전한 전하를 펄스 발생 장치의 출력으로 방전하는데, 그 충방전 사이클, 따라서 카운터의 계수량은 입력 전압 V_{in}에 비례한다.

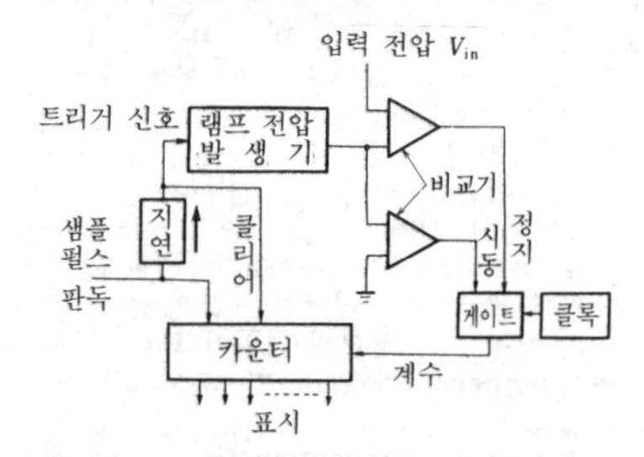

voltage-tunable magnetron 전압 동조 마그네트론(電壓同調-) 양극·음극간 전압의 변화에 의해 공동 발진이 직접 비례적으로 제어되는 마그네트론. 이미터에 의해 간섭 공간에 공급되는 전자가 양극 전계에 의해서 직접 제어되어 발진되며, 음극 자신이 전자를 방출하고 있지 않다.

이미터는 백 봄바드(back bombard) 기타 양극 전계로부터의 영향을 받지 않는 장소에 두어지며, 음극 영역을 향해서 전자를 공급하고 있다.

voltage unit meter VU 계(-計) 음성 회로의 전압 레벨 모니터에 사용되는 지시계기로, VU 단위로 눈금이 매겨진 양파 정류형 교류 전압계. 미터는 1kHz 로, +4dB · m(600 Ω)의 전력을 가했을 때의 전압 레벨(1.228V)이 0VU 가 되도록 조정되어 있으며, 눈금은 -20 부터 +3VU 의 대수 눈금과 0VU 를 100%로 하는 전압 눈금이 매겨져 있다.

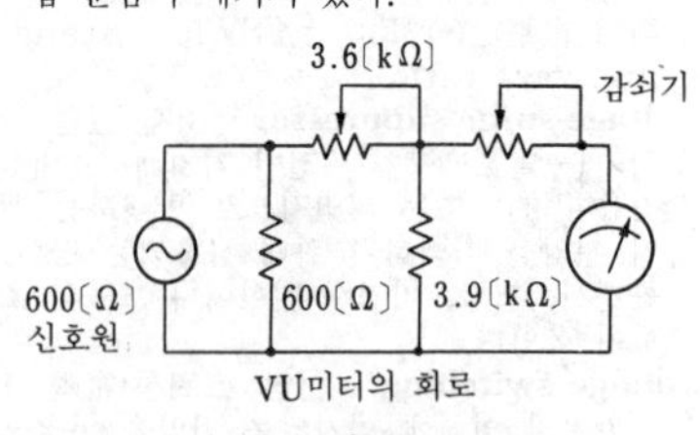

VU미터의 회로

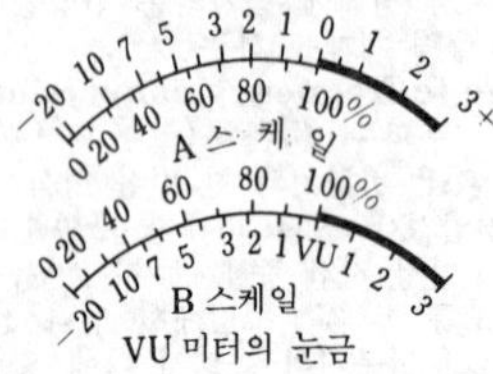

VU 미터의 눈금

Voltaic pile 볼타의 전지(-電池) 1799년경 볼타(A. Volta, 이탈리아)에 의해 발명되어 전지의 기원이라고 일컬어지고 있는 것. 묽은 황산 속에 동판과 아연판을 담그면 아연은 이온화 경향이 강하므로 Zn^{++}이온으로 되어서 묽은 황산 속에 녹고, 아연판은 음(-)으로 대전(帶電)한다. 묽은 황산은 전리(電離)하여 H^{+}이온과 SO_4^{--}이온을 발생하여 H^{+}이온이 동판에 부착해서 이것을 양(+)으로 대전시키므로 동판과 아연판 사이에 약 1V 의 기전력이 발생한다. 이러한 구조의 것이 볼타의 전지이며, 볼타의 파일이라고도 한다.

volt-ampere 볼트암페어 겉보기의 전력. 기호 VA.

volt-ampere characteristic 전압 전류 특성(電壓電流特性) 전압의 변화에 대한 전류 변화의 관계를 나타내는 특성. 전압과 전류의 관계가 직선적이 아닌 경우에는 이 특성은 중요한 것이다.

volt-ampere meter 볼트암페어계(-計) 교류 회로에서의 겉보기 전력을 측정하는 계기.

voltmeter 전압계(電壓計) 전압의 크기를 재기 위한 계기. 용도별로는 휴대하기 위한 가반형(可搬形)과 패널에 부착하여 사용하는 패널용으로 나뉘고, 형상으로는 광각(廣角) 눈금이 있다. 또 동작 원리상으로는 가동 코일형, 가동 철편형, 열전형, 정류형 등이 있다. 또 정밀도에 따른 급별로 분류된다.

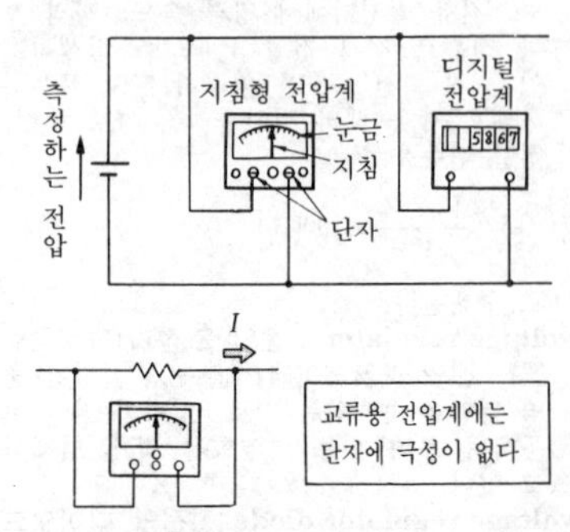

voltmeter-ammeter method 전압 전류계법(電壓電流計法) 저항에 전류를 흘리면 전압 강하가 생기는 것을 이용하여 저항값을 측정하는 방법. 전압계와 전류계의 접속 방법에 따라서 그림과 같이 두 가지 방법이 있다. (a)의 경우는 피측정 저항이 전압계의 내부 저항에 비해 작으면 작을수록 오차는 작아지고, (b)의 경우는 피측정 저항이 전류계의 내부 저항에 비해 크면 클수록 오차는 작아진다.

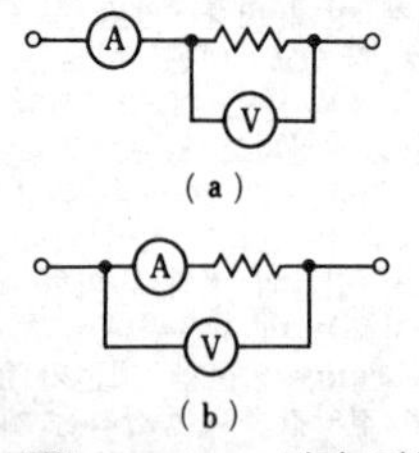

volt-ohm-milliammeter 전압 저항 전류계(電壓抵抗電流計) =VOM

volts alternating current 교류 전압(交流電壓) 전기 신호의 피크/피크 간 전압의 진폭 크기. 바로 그 성질 때문에 교류에는 직류와는 달라서 정전압(定電壓)이 아니다. +10~-10V 까지의 진폭을 갖는 신호의 교류 전압은 20VAC 가 된다. =VAC

volume 볼륨 가변 저항기의 속칭. 저항체(권선, 피막, 솔리드의 각종)를 고리 모양으로 형성하고, 그 위를 이동하는 브러시를 한쪽 단자로 하고, 다른 쪽 고정 단자와의 사이의 저항값을 가변으로 하여 이용하는 부품. 음량 조절에 사용한다고 해서 이 이름이 붙었다. 그림은 그 겉모양이다.

volume control circuit 음량 조절 회로(音量調節回路) 저주파 증폭기에서 스피커나 이어폰에서 나오는 음량을 조절하는 데 사용하는 회로. 일반적으로는 가변 저항기를 사용한 그림과 같은 회로가 널리 사용된다. 스테레오 앰프에서는 2중 볼륨을 사용하여 R과 L이 동시에 변화되도록 하고 있으나, 입력 회로에서는 2중 손잡이로 하여 R과 L의 음량을 단독으로 조절할 수 있게 하고 있다.

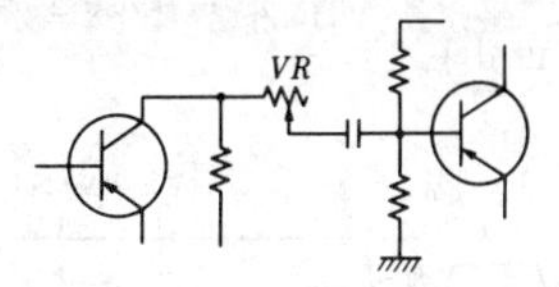

volume equivalent 통화 당량(通話當量) 전화계의 전송 품질로서의 라우드니스를 정량적으로 나타내 것으로, 기준 전화계와, 이 전화계의 송화기에 같은 음성 입력을 가해서 양 계의 수화 라우드니스가 같아지도록 기준계에 삽입한 감쇠량을 데시벨로 표시한 것. 당량이라는 용어는 적당하지 않으며, 전송계의 송수 양단간의 총전송 손실과 총전송 이득의 차, 즉 잔류 손실(net loss)을 쓰는 편이 좋다.

volume indicator 음량계(音量計) VU계라고도 한다. 음성 증폭기 등의 입출력 신호의 크기를 측정하는 일종의 정류형 전압계로, 방송이나 녹음을 할 때 음량의 측정이나 감시를 하는 데 사용한다. 내부 저항 3,900Ω의 정류형 전압계에 저항 감쇠를 접속하고, 또 3,600Ω의 외부 저항을 접속해서 사용한다. 1,000Hz, +4dB (1.288V)의 정현파 전압을 가했을 때 계기의 지시가 전 눈금의 70%가 되도록 하고, 이 점을 0 VU로 하며, 그 양측에 대수 눈금으로 +3VU부터 −20 VU까지 눈금이 매겨져 있다.

volume resistivity 체적 저항률(體積抵抗率) 도체의 저항 R은 길이에 비례하고 단면적에 반비례하므로 길이를 l, 단면적을 S로 하면

$$R = \rho \frac{l}{S}$$

로서 나타내어진다. 이 ρ를 그 물질의 체적 저항률이라 한다. 단위는 l을 〔m〕, S를 〔m^2〕로 하면 ρ는 〔Ω · m〕가 된다. 아래 표는 주요 물질의 체적 저항률($\times 10^{-8}$ Ω · m)을 나타낸 것이다.

은	동	금	알루미늄	철	백금
1.62	1.72	2.4	2.75	9.8	10.6

volumetric radar V 레이더 발사되는 빔이 V자형으로 교차되어 있는 레이더. 이로써 위상차, 즉 시간차가 얻어지고, 거리나 고도를 측정할 수 있다.

volume unit 음량 단위(音量單位) 전기 회로에서의 음량을 정량화하기 위해 사용되는 단위. 음의 크기는 기준의 음량과의 비를 데시벨로 나타낸 것이며, 표준의 음량계로 측정한 경우 이외는 VU라는 단위를 써서 그 결과를 표시해서는 안 되도록 되어 있다. =VU

volume-unit meter 음량계(音量計) = volume indicator

VOM 전압 저항 전류계(電壓抵抗電流計) =volt-ohm-milliammeter →circuit tester

von Neumann type computer 노이만형 컴퓨터(-形-) 1946년에 폰 노이만(J. von Neumann)이 제창한 컴퓨터의 기본적인 아키텍처를 바탕으로 하여 만들어진 컴퓨터의 총칭으로, 현재 이용되고 있는 컴퓨터의 대부분이 이 노이만형 컴퓨터이다. 노이만형의 특징은 ① 프로그램 내장 방식 : 프로그램을 외부에서 주어지는 것이 아니고 데이터와 함께 기억 장치에 기억한다. ② 순차 제어 방식 : 기억하고 있는 프로그램의 명령문을 하나씩 차례로 꺼내서 실행한다. ③ 2진수 처리 : 컴퓨터에 의한 처리는 계산을 기본으로 한다는 등이다.

VOR 초단파 전방향성 무선 표지(超短波全方向性無線標識) VHF omnidirectional radio range의 약어. 항공용 단거리

항행 원조 시설의 표준 방식으로, 112~118MHz 의 전파를 사용하는 초단파 전바향성 비컨을 말한다. 지상의 VOR 송신국으로부터는 방위에 관계없는 위상이 일정한 기준 위상 신호와, 방위에 따라서 위상이 변화하는 가변 위상 신호를 동시에 발사하고, 항공기상의 VOR 수신 설비에서는 수신한 양 신호의 위상을 비교하여 그 위상차로 방위를 아는 것으로, 비행기에 대하여 360° 전방향의 항로를 나타낼 수 있다.

VOX 복스, 음성 작동 송신(音聲作動送信) voice operated transmitting 의 약어. 무선 통신에서는 전파의 능률적 이용의 면에서 단신(單信) 방식이 널리 쓰이며, 송신시에는 스위치의 전환 조작이 필요한데 이것을 음성에 의해서 자동 송수 전환을 할 수 있도록 한 것이다. 마이크를 향해 이야기하면 자동적으로 계전기에 의해 송신측으로 전환되고, 2~3 초 음성이 끊어지면 수신측으로 되돌아 오도록 되어 있다.

V-radar V 레이더 V 빔을 사용한 레이더로, 지상에서 본 항공기의 높이, 방위 및 거리를 레이더의 변형 B 표시로서 나타내도록 한 것. 레이더로부터의 수직 부채꼴 빔은 지상에서 V 자형으로 만나고 있다. 그리고 왼쪽의 안테나가 타깃을 포착하고부터 이어서 오른쪽 안테나가 타깃을 포착하기까지의 시간차(안테나계의 회전 각도)에서 타깃의 거리와 고도를 구할 수 있다. V 레이더의 V 는 volumetric, 즉 타깃의 3 차원적 위치 정보를 나타내는 레이더라는 의미이다.

VRAM 비디오 RAM =video RAM

VRS 화상 응답 시스템(畵像應答-) video response system 의 약어. 일반 텔레비전 수상기와 전화 회선을 사용하여 이용자로부터의 리퀘스트에 의해 문자·도형·동화 등 각종 화상을 제공하는 시스템을 말한다.

VSAM 가상 기억 접근법(假想記憶接近法) =virtual storage access method

VSAT 초소형 지구국(超小形地球局) = very small aperture terminal

VSB 잔류 측파대(殘留側波帶) vestigial sideband 의 약어. 데이터 전송에서의 변조 방식의 하나. 진폭 변조할 수 있는 양측파대 중 변조 신호의 한쪽 측파대 전부와 반송파 및 또 다른 한쪽 측파대의 일부만이 전송되는 것.

V-series V 시리즈 CCITT(국제 전신 전화 자문 위원회)에서 아날로그에 의한 데이터 전송에 대해 제정한 표준의 총칭.

V-series interface V 시리즈 인터페이스 전화망을 이용한 데이터 통신용의 CCITT 권고는 그 정리 번호의 앞 머리에 "V"를 붙여서 구별하고 있는데, 이 V 시리즈 권고 중 데이터 단말 장치와 회선 종단 장치(주로 modem) 사이의 접속 조건을 정하는 일련의 규정에 따르는 인터페이스. 해당하는 권고에는 V.11, V.24, V.28, V.35 등이 있으며, 다른 공업 규격에도 많이 인용되고 있다.

VSWR 전압 정재파비(電壓定在波比) → standing wave ratio

VTR 비디오 테이프 리코더 =video tape recorder

VTR using 8mm tape 8 밀리 비디오 8mm(1/3 인치) 테이프를 사용한 가정용 비디오 테이프 리코더. 메탈 테이프, 증착 테이프 어느 것이나 사용할 수 있다. 화상 기록은 방위(azimuth) 방식, 음성 기록은 FM 또는 PCM, 녹화 시간은 1.5 시간이다. FM 음성은 반송 주파수 1.5 MHz, 주파수 편이 100kHz 이며, 영상 신호의 휘도 신호는 FM 변조(대역 4.2~5.4MHz), 컬러 신호는 반송파를 0.75 MHz 로 저역 이동하여 음성 신호와 트래킹 파일럿 신호 사이에 수용하고 있다(그림 참조). 컬러 복합 신호를 그대로 주파수 변조하고 있는 음성 FM 신호와 다중화하는 것도 있다. 세계 통일 규격의 작성은 1/2 인치 VTR 와 마찬가지로 곤란시 되고 있다.

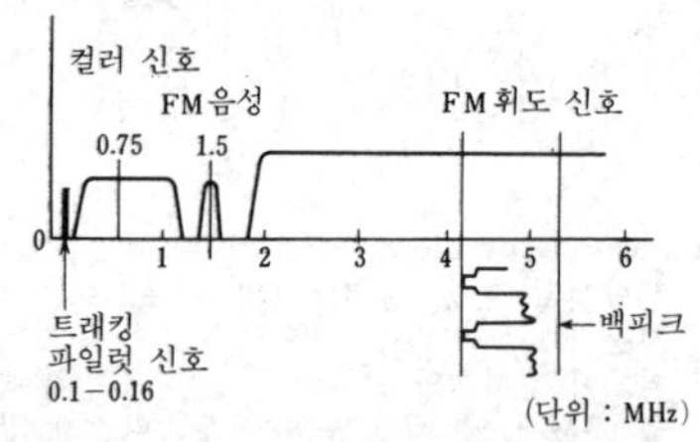

VTVM 진공관 전압계(眞空管電壓計) = vacuum tube voltmeter

VTX 비디오텍스 =videotex

V-type metal-oxide semiconductor V 형 MOS =VMOS

VU 음량 단위(音量單位) =volume unit

vulcunaized rubber 가황 고무(加黃-) 고무에 유황을 섞어서 가열하여 탄성을 증가시킨 고무. 가황하지 않은 고무는 여름철에는 녹아서 달라붙고, 겨울철에는 무르고, 단단해지나 유황의 첨가와 가온에 의해 장력이 증가하고, 온도 변화에도 영향을 잘 받지 않는 고무가 된다. 타이어, 튜브, 고무관이나 호스, 벨트류, 에보나이트류에 응용된다.

VU meter VU 계(-計) 방송이나 녹음을 하는 경우에 음량의 측정이나 감시를 하기 위한 계기. VU 는 volume unit 의 약어이며 음량 단위를 나타내고, 0 VU 는 +4dBm 에 해당한다. 양파 정류형 교류 전압계에 저항 감쇠기를 접속하여 사용하고, 1,000Hz, 1.228V 의 정현파 전압을 가했을 때 지침이 전 눈금의 70%를 가리키도록 하여 이 점을 0VU 로 한다. 그림과 같이 -20 부터 +3VU 까지를 눈금 매기고, 0VU 를 100%로 한 %눈금도 매겨져 있으므로 변조계로서 이용할 수도 있다.

W 와트 =watt

WADS 광역 데이터 서비스(廣域-) = wide area data service

wafer 웨이퍼 일반적으로 얇은 판을 뜻한다. 예를 들면 실리콘의 웨이퍼 등이라고 한다. →pellet

wafer scale integration 웨이퍼 스케일 집적 회로(-集積回路) 매우 다수의 부품을 갖는 IC를 제조하는 것. 구성 부품이 많기 때문에 1개의 웨이퍼에서 1개의 IC 밖에는 제조할 수 없다. 보통은, 1개의 반도체 소재의 웨이퍼 상에 복수의 IC를 형성하고, 후에 이것을 분리하는 형식을 쓴다. →wafer

Waffle iron 와플 자심(-磁心) 자심 기억 장치의 일종. 페라이트판에 직교하는 그물눈 모양의 홈을 파서 권선을 넣고, 퍼멀로이를 전착(電着)한 동판을 상부에 겹쳐 자기 회로를 만든 것.

Wagner earthing device 와그너 접지 장치(-接地裝置) 교류 브리지로 높은 임피던스를 측정할 때 사용되는 장치. 측정계에 존재하는 대지 등의 부유(표유) 용량이 문제가 될 때 사용된다. 스위치 S를 1측으로 하여 평형을 잡는다. 다음에 스위치 S를 2개로 하여 Z_5, Z_6을 조정하여 평형을 잡는다. 다시 스위치 S를 1측으로 하여 평형을 잡는다. 이것을 반복해서 하여 미지(未知)의 임피던스를 안다. 평형은 대지와도 잡혀 있으므로 회로와 대지와의 부유 용량은 영향이 없어져 정확한 임피던스를 측정할 수 있다.

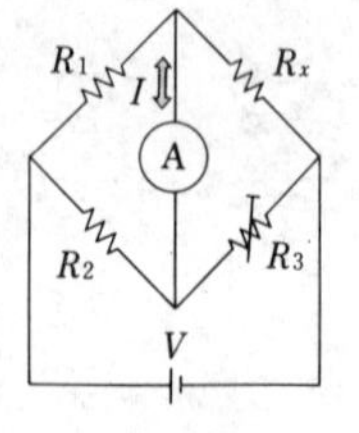

wait state 대기 상태(待機狀態) 컴퓨터의 중앙 처리 장치(CPU)가 기억 장치 등에 데이터를 전송할 때 생기는 대기 시간. 태스크 상태(컴퓨터의 명령 동작)의 하나로, 사상(事象 : 다음 명령)의 발생을 대기하고 있는 상태를 말하기도 한다.

walkie lookie 워키 루키 텔레비전의 초소형 이동용 촬상 중계 장치. 소형 비디콘 카메라를 사용하고, 카메라 제어 장치, 전원 및 VHF 또는 UHF의 중계용 송신기를 하나의 케이스에 수납하여 운반하면서 한 사람이 촬상한 영상과 음성 신호를 중계 기지까지 보낼 수 있게 한 것으로, 반경 1km 정도의 현장 중계에 사용된다.

walkie talkie 워키 토키 휴대용의 간이 무선 송수신기의 통칭.

walking 워킹 →talking path setting

WAN 광역망(廣域網), 광역 통신망(廣域通信網) 공중 회선 등을 이용한 광역의 정보망. LAN에 대한 말.

wand 원드 손으로 조작하는 광학 장치로, 부호화한 레이블이나 바 코드, 문자 등을 읽기 위한 막대 모양의 것. 광학적 판독 막대(optical wand)라고도 한다.

wander 원더 →low-frequency wander

warble tone generator 진동음 발생기(振動音發生器) 출력 주파수가 어느 범위에 걸쳐서 연속적인 변화를 반복하는 발진기. 동조 회로에 작은 콘덴서를 부가하고, 이 콘덴서의 커패시턴스값을 최대값과 최소값 사이에 연속적으로 반복 변화시켜 주면 된다. 진동음은, 예를 들면 잔향실에서 정재파를 포함하지 않는 고른 음장(音場)을 만들어 내기 위해 그 음원으로서 이용된다. 음원을 기계적으로 회전하면 더욱 좋다.

WARC 세계 무선 통신 주관청 회의(世界無線通信主管廳會議) Word Administrative Radio Conference의 약어. 주

파수의 국제적인 할당, 배분, 등록 등을 정하기 위한 조직. 국내에서의 주파수 할당이나 배분은 이 결과에 따라 정해진다.

Ward-Leonard system 레오나드법(－法) 직류 전동기 속도 제어법의 일종으로, 사이리스터를 써서 공급 전압을 조정하여 주전동기의 회전 속도 제어를 넓고 세밀하게 하는 방식. 대형 권상기나 엘리베이터 등에 널리 사용되고 있다.

washer type component 워셔형 부품(－形部品) 원판형으로 만든 서미스터, 배리스터, 다이오드 등에 그림과 같은 형상의 단자를 붙인 것.

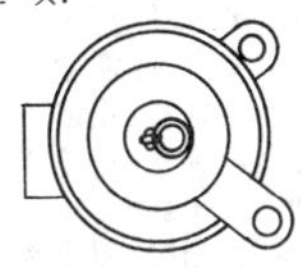

watch 청수(聽守) 무선국이 국제적으로 정해져 있는 조난 호출 주파수인 500, 2,091 및 2,182kHz 의 전파를 청취하는 것. 의무 선박국, 선박 무선 전신국, 해안국 및 의무 항공국, 항공기국은 상시 또는 운용 의무 시간 중, 청수하지 않으면 안 될 의무가 있으며, 무선국의 종류에 따라서 법규로 상세하게 규정되어 있다.

watchdog timer 워치도그 타이머 컴퓨터의 동작 단계를 모니터하여 시스템의 이상 동작을 검출하는 회로. 예를 들면, 정해진 시간 내에 처리를 끝내지 않으면 이상이라 판정하고 출력 신호를 내는 회로.

water activated cell 주액 전지(注液電池) 전해액을 가진 1차 전지인데, 사용에 앞서 물을 주입하든가, 혹은 수중에 담글 필요가 있는 것.

water-cooled tube 수냉관(水冷管) 송신관에서 전력 손실에 의한 발열을 피하기 위해 플레이트(양극)에 직접 물을 통해서 냉각하도록 한 것.

water load wattmeter 물 부하 전력계(－負荷電力計) 마이크로파 전력계의 일종. 도파관의 종단에 그림과 같은 테이퍼형 유전체 장벽을 부착하고, 그 속을 물을 통해서 마이크로파 에너지를 흡수시키면 수온이 상승한다. 유입, 유출구의 온도차와

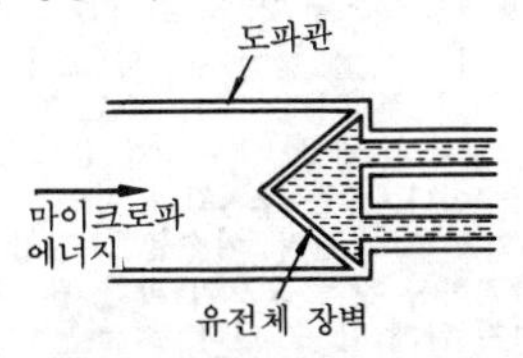

유속을 측정하여 열 에너지를 재면 마이크로파 에너지를 구할 수 있다.

water quality gauge 수질계(水質計) 물의 도전율을 측정하여 수질을 살피는 장치. 순수한 물의 도전율은 거의 0이고, 불순물이 많아질수록 도전율이 커진다. 그래서 수중에 두 줄의 금속 전극을 담그고, 그 사이의 저항을 온도 보상 회로를 둔 브리지로 측정하여 물의 도전율을 구해 그 순도를 알 수 있도록 되어 있다.

water tree 물 트리 내부에 물을 가득 채운 트리. 폴리에틸렌 등의 플라스틱에 전계가 가해진 경우 그 내부에 존재하는 액체상의 물이 고전계 부분에 집중하여 생긴다. 이것은 유전 가열되어서 기화할 때의 압력이나 부분 방전 등에 의해 진전하여 절연 파괴의 원인이 된다.

WATS 광역 전화 서비스(廣域電話－) wide area telephone service 의 약어. 미국 AT&T 에 의한 데이터 전송 서비스의 일종. 정액 요금의 장거리 통화를 위해 설치된 것으로, 사용 횟수에 따라 요금이 정해지지 않고 거리에 따라 정해지는 것.

watt 와트 1초간에 1줄의 에너지 소비에 상당하는 전력의 단위. 회로의 전력은 그 회로의 전위와 회로를 통하는 전류의 함수가 된다. E=전위, I=전류, R=저항, W=와트라고 하면, 와트로 나타낸 전력은 $W=(I)\times(E)$, $W=(I^2)\times(R)$, 또는 $W=E^2/R$이 된다. 소형의 회중 전등은 1~2 W, 카 라디오는 약 5W 의 출력, 토스터는 약 1,200W 를 사용한다. 저출력 회로에서는 마이크로와트(0.000001W)나 밀리와트(0.001W) 단위로 전력을 측정하는 경우가 많다. 고출력 회로에서는 킬로와트(1000W)나 메가 와트(1,000,000W) 단위를 사용하는 일이 많다. =W

watt-hour meter 적산 전력계(積算電力計), 전력량계(電力量計) 사용 전력량의 총량을 적산하는 계기. 주로 전력 요금의 산정을 위해 사용한다. 가장 널리 쓰이고 있는 것은 유도형이며, 이동 자계를 이용하여 전력에 비례한 속도로 알루미늄 원판을 회전시킨다. 이것은 교류 전용이다.

wattless power 무효 전력(無效電力) 리액턴스 성분(X)을 포함하는 교류 회로에서 전압의 실효값 V와 전류의 실효값 I의 곱에 그 위상각(φ)의 정현을 곱한 것(Q). 단위는 바(var).

$$Q=VI\sin\varphi$$

저항 성분을 R이라 하면 $\varphi=\tan^{-1}X/R$이다. 무효 전력은 실제로는 아무 일도 하지 않고 열소비를 하지 않는 전력이다.

wattmeter 전력계(電力計) 전류계 및 전

압계의 원리를 응용하여 전력을 직접 측정하는 계기. 전류력계형(교류, 직류용), 정전형(교류용), 열선형(교류, 직류용), 유도형(교류용) 등이 있다. 일반적으로는 전류력계형 전력계가 가장 널리 사용되고 있다. →electrodynamometer type wattmeter

wattmeter method 전력계법(電力計法) 전력계와 전압계를 써서 철손을 측정하는 방법. 시료(試料)의 철판을 고리 모양으로 겹쳐 쌓은 것에 1차, 2차 코일을 감고 그림과 같이 접속하여 측정하면, 철손은 다음 식으로 산출할 수 있다.

$P_i = PN_1/N_2 - V^2/R_2$

여기서, P_i : 철손〔W〕, P : 전력계의 지시값〔W〕, N_1, N_2 : 1차, 2차 코일의 권수, V : 전압계의 지시값〔V〕, R_2 : 2차측의 합성 저항〔Ω〕. 엡스타인 장치(Epstein apparatus)는 이 원리를 사용한 측정기이다.

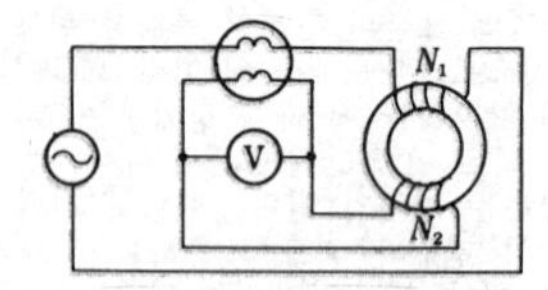

wave 파(波) 주기적으로 진동하는 성질을 갖는 변화를 말한다(예를 들면 광파나 음파). 일렉트로닉스에서는 파(또는 파형)는 시간의 경과로 전기 신호의 진폭이 변화하는 모양을 가리키는 데 쓴다.

wave analyzer 파형 분석기(波形分析器) 왜파(歪波)의 파형은 많은 정현파 교류의 합성으로 이루어진다고 생각되는데 그 성분의 분석을 하는 장치를 파형 분석기라고 한다.

wave antenna 웨이브 안테나 지상 수 m의 높이에 파장의 정수배 길이의 도선을 가설하고, 끝을 특성 임피던스로 접지한 안테나. 미국의 비버리지가 고안한 것으로, 비버리지 안테나라고도 한다. 끝을 특성 임피던스로 접지하고 있기 때문에 반대측으로부터의 전파는 수신되지 않는다. 날카로운 단일 지향성을 갖는 광대역 특성의 안테나이다. 수신 전용이며 송신에는 사용되지 않는다

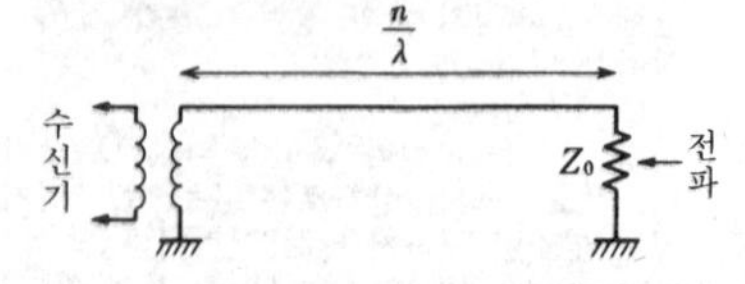

waveform 파형(波形) 파의 진폭이 시간의 경과와 더불어 변화하는 모양을 나타내는 데 사용하는 일반적인 용어. →period, phase, wavelength

waveform coding 파형 부호화(波形符號化) 파형 일그러짐을 되도록 작게 한다는 기준에 따라서 음성을 부호화하는 방법.

wave group 파군(波群) 같은 경로를 전파(傳播)하는, 상이한 주파수의 둘 또는 그 이상의 파의 그룹.

waveguide 도파관(導波管) 중공(中空)의 금속관으로 이루어진 마이크로파 전송로로, 단면은 방형의 것과 원형의 것이 있다. 마이크로파에서 도파관은 평행 2선이나 동축 케이블에 비해 손실(저항손, 방사손, 유전손)이 훨씬 적고, 같은 치수의 동축 케이블보다 훨씬 큰 전력을 보낼 수 있다. 도파관은 일종의 고역 필터로, 관내 모드는 일정한 차단 파장을 가지며, 그보다 긴 파장의 전파는 통과시키지 않는다. 또, 관내에서는 여진(勵振) 파장과는 다른 관내 파장으로 전파한다.

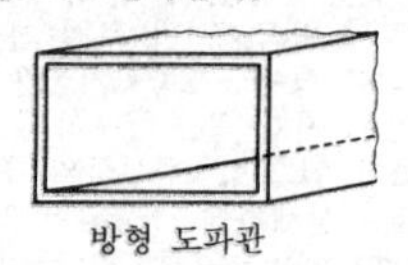

방형 도파관

waveguide attenuator 도파관 감쇠기(導波管減衰器) 도파관 내에 두어지고, 불요 전자파를 흡수하는 도전성 시트이다. 베인형 감쇠기(vane attenuator)라고도 한다.

waveguide constant 도파관 상수(導波管常數) 도파관의 구조 치수에 의해 정해지는 파라미터값. 관내 파장, 차단 주파수, 위상 속도, 특성 임피던스 등.

waveguide dispersion 도파로 분산(導波管分散) 도파로의 유전 재료 상수가 빛의 파장과 관계가 없더라도 군속도가 빛의 파장에 의해 변화하는 현상. 이것은 도파 구조에 기인하는 것으로 구조 분산이라고도 한다. 재료 분산과 대비되는 분산 형태이다.

waveguide filter 도파관 필터(導波管－) 도파관은 주어진 전송 모드에 대하여 관을 통해서 전송할 수 있는 최저 주파수(차단 주파수 f_c)를 갖는 일종의 고역 필터이다. 차단 주파수는 파의 복소 전파 상수 $\alpha+j\beta$에서의 위상 상수 β가 0으로 되는 주파수이다. f_c는 도파관의 치수와 관계하고 있으므로 관의 치수를 조정함으로써 바람직하지 않은 모드의 파가 관 내를 전파하지 않게 할 수 있다.

waveguide laser 도파로 레이저(導波管−) →optical resonator

waveguide plunger 도파관 플런저(導波管−) 도파관 안쪽 벽을 움직이는 단락용 피스톤으로, 그 표면에는 금속 판이 붙어 있다.

waveguide post 도파관 포스트(導波管−) 도파관 단면 내에 두어진 원통 모양의 금속 막대로, 전송로에서의 병렬 서셉턴스로서 동작하는 것. 단지 포스트라고도 한다.

waveguide power divider 도파관 전력 분할기(導波管電力分割器) 도파관 내를 전송되는 전력을 Y 또는 T 접합부에 의해서 분할하는 것.

waveguide switch 도파관 스위치(導波管−) 도파관에서, 고주파 에너지를 통과 혹은 저지하기 위해 사용하는 장치.

waveguide transmission mode 도파관 전송 모드(導波管傳送−) 전송 선로를 전파하는 파동의 모드로, TE, TM, TEM의 각 기본 모드의 어느 것인가로 표현된다. 기본 모드에 대한 고차(高次) 모드의 파동은 이것을 기술하는 수학적 직교 함수의 파라미터의 값(모드수라 하며 정수이다)으로 구별된다. 이 파라미터를 첨자로서 예를 들면 $TE_{m,n}$, $TM_{m,n}$과 같이 표시한다.

waveguide type optical modulator 도파로형 광변조기(導波路形光變調器) 광도파로에 광 빔을 가두어 넣고 전송하면서 변조하는 형의 광변조기. 변조기는 소형으로 만들 수 있고, 광대역이며 변조 전력이 적다는 이점이 있다.

waveguide wavelength 도파관 파장(導波管波長) 고른 도파관의 관축을 따라서 장(場)의 성분(또는 전압, 전류)이 그 위상에어 2π만큼 다른 2점간의 거리 λ_g. 이것은 관내 파동의 위상 속도 v_{ph}를 주파수로 나눈 것과 같다. 공기를 유전체로 하는 도파관인 경우의 파장은

$$\lambda_g = \lambda / \sqrt{1-(\lambda/\lambda_c)^2}$$

로 주어진다. 여기서 λ : 자유 공간에서의 파장, λ_c : 도파관의 차단 주파수에 해당하는 파장.

wave impedance 파동 임피던스(波動−) 전송 선로 또는 도파관에서, 지정된 면의 각 점에서의 전계의 가로 방향 성분을 자계의 가로 방향 성분으로 나눈 값이며, 입사파에 대한 것과 반사파에 대한 것이 생각된다.

wavelength 파장(波長) 전자파나 음파 등의 파의 진행 방향에 대하여 인접한 동일 위상의 2점간(예를 들면, 최대값에서 다음 최대값까지)의 거리를 말한다. 따라서 다음의 관계가 있다.

$\lambda = Tv$

여기서 λ : 파장〔m〕, T : 주기〔s〕, v : 파의 진행 속도〔m/s〕.

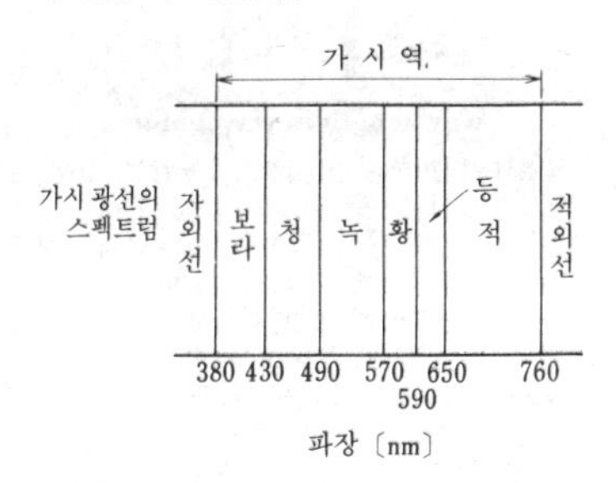

wavelength constant 파장 상수(波長常數) →phase constant

wavelength dispersion 파장 분산(波長分散) 일반적으로 광섬유에서의 분산은 모드 분산이 가장 크고, 재료 분산, 구조 분산의 순으로 작아진다. 따라서 다중 모드 섬유에서는 모드 분산이 지배적이지만, 단일 모드 섬유에서는 파장 분산이 전송 대역을 제약하는 원인이 된다. 그래서 재료 분산과 구조 분산을 상쇄하는 사용 파장(이것을 제로 분산 파장이라 한다)을 선택하는 것과, 섬유의 구조 설계에 배려할 필요가 있다.

wavelength division multiplexing 파장 분할 다중(波長分割多重) 하나의 전송로를 복수의 통신로로서 동시에 사용할 때 파장이 다른 복수의 발광 소자에서 발진하는 광신호를 광 합파기(光合波器)에 의해서 다중화하는 것. 다중화된 광신호는 분파기(分波器)에 의해 분리하여 꺼낸다. 한 줄의 광섬유로 복수의 전송계를 구성할 수 있다. =WDM

wavelength in waveguide 관내 파장(管內波長) 도파관 내의 전자파는 관벽에서 반사하면서 진행하는데, 관내 전자계의 분포도 즉 패턴은 관축 방향으로 진행한다. 이 패턴이 1주기 사이에 진행하는 거리 λ_g를 관내 파장이라 한다. 전자파의 자유 공간 파장 λ와의 사이에는

$$\lambda_g = \frac{\lambda}{\sin\theta}$$

의 관계가 있으며, $0<\sin\theta<1$이므로 관내 파장은 전자파의 파장보다 길다.

wavelength shifter 파장 시프터(波長−)

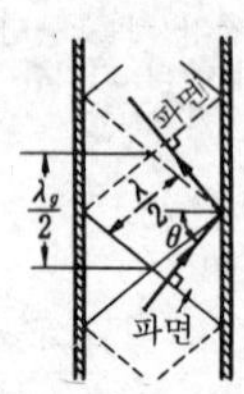

wavelength in waveguide

신틸레이션 물질과 함께 사용되는 형광 물질로, 광자를 흡수하고, 그에 의해 긴 파장을 가진 관련적 광자를 방출한다. 광전관이나 광전지에 의해서 광자를 보다 효과적으로 사용하기 위한 것이다. 신틸레이터(scintillator)라고도 한다.

wave memory 웨이브 메모리 디지털 메모리 스코프로 측정 파형을 기억하는 기억 장치.

wavemeter 파장계(波長計) 무선 전파의 파장을 측정하는 계측기로, 공동 공진기형의 것, 정재파형의 것 등이 있다. 후자는 레헤르선 파장계로 대표되는 것이다. 어느 것이나 공진점을 측정하는 것인데, 공진점에서 최대 응답을 나타내는 것과, 반대로 흡수형, 반작용형과 같이 공진점에서 최소의 응답을 나타내는 것이 있다.

wave node 파절(波節) 전송 선로에서 진행파와 반사파가 합성되어 겉보기로 진행하지 않는 정재파가 생긴다. 이 정재파의 진폭이 0인 점을 파절이라 한다. 정재파의 0인 점을 파절, 최대값인 점을 파복(波腹)이라 한다.

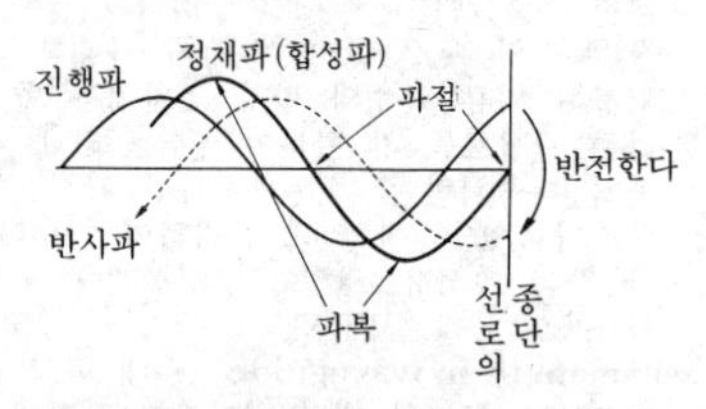

wave shaping circuit 파형 정형 회로(波形整形回路) 입력 펄스의 파형을 원하는 파형으로 변환하기 위한 회로로, 파의 산을 잘라내는 클리퍼나 리미터, 슬라이서, 일정 레벨로 고정하는 클램프 회로 등과 같이 진폭축상의 조작을 하는 것과, 게이트 회로와 같이 시간축상의 조작을 하는 것이 있다.

wave tilt 파의 기울기(波－) 무선 전파가 대지의 근접 효과의 영향을 받아서 전방으로 기우는 것.

wave trap 웨이브 트랩 →trap circuit

wave velocity 파의 속도(波－速度) ① 전자파의 전파 속도. 자유 공간에서는 거의 3×10^{-8}m/s 이다. ② 도파관 내에서의 에너지 전파 속도는 이른바 군속도 v_g이며, 이것은 자유 공간에서의 파의 속도 c보다는 느리다. 또 관 내를 전파하는 파의 위상 속도 v_{ph}는 자유 공간에서의 파의 속도 c보다 빠르다. 그리고 $v_g \cdot v_{ph}=c^2$라는 관계가 있다.

weak current line 약전류 전선(弱電流電線) 전신선, 전화선 등에 사용하는 전선이나 케이블. 인터폰, 확성기의 음성 회로, 라디오·텔레비전의 시청 회로 등의 전선도 포함된다.

weak-ferromagnetism 약강자성(弱强磁性) 반강자성 물질의 자기 모멘트 배열에 있어서, 이들이 완전히 역평행이 아니고 약간 기울어져 있음으로써 생기는 약한 강자성.

weakly guiding aproximation 약도파 근사(弱導波近似) →lineary polarized mode

wear-out failure 마모 고장(摩耗故障) 피로·마모·노화 현상 등으로 시간과 더불어 고장률이 커지는 고장.

weather radar 기상 레이더(氣象－) 빗방울에 의한 전파의 반사를 수신하여 강우 지역의 상황이나 세기 등을 알고, 또 태풍의 위치나 진로 등의 관측에도 사용되는 레이더.

weather satellite 기상 위성(氣象衛星) 상공에서 넓은 범위의 대기 상태를 관측하여 그 결과를 지상에 송신하여 기상 예보의 자료를 제공하는 것을 목적으로 하여 그를 위한 장치를 갖추어 운행되는 인공위성.

weber 웨버 자극(磁極)의 세기 및 자속의 단위로서 쓰이며, 세기 1Wb 의 자극에서 1Wb 의 자속이 나온다고 정하고 있다. 또한 진공 중에서 2개의 같은 세기의 점자극을 1m 떼어 놓았을 때 자극간에 작용하는 힘의 크기가 6.33×10^4N 이 되었을 때의 자극의 세기가 1Wb 이다.

Weber-Fechner's law 웨버-페히너의 법칙(－法則) 사람의 감각은 자극의 양의 대수에 비례한다는 법칙. 예를 들면, 어느 음의 세기를 E로 하고, 표준의 음의 세기를 E_0라 하면 음의 세기의 레벨 α는 다음과 같이 나타내어진다.

$$\alpha = 10\log_{10}\frac{E}{E_0}\ [\mathrm{dB}]$$

또 음의 세기는 음압의 제곱에 비례하므

로 음압을 P로 나타내면 음압의 레벨은 다음과 같이 된다.

$$\alpha = 20\log_{10}\frac{P}{P_0}\ [\mathrm{dB}]$$

wedge 웨지 ① 도파관에서, 관 내에 두어진 에너지 흡수 효과의 어떤 물질(예를 들면 탄소)로 만들어진 쐐기형의 종단 부품. ② 등간격으로 배열된 흑백의 선으로 만들어진, 한 곳에 모아지는 패턴. 텔레비전에서 해상도를 구하기 위한 테스트 패턴으로서 사용되는 것. ③ 그 투과도가 한 끝부터 다른 끝을 향해서 연속적으로 혹은 계단 모양으로 감소해 가는 특성을 가진 광학 필터.

wedge bonding 웨지 본딩 반도체 디바이스에서, 금이나 게르마늄의 접속용 세선(細線)을 전극 도체에 열압착하는 방법의 일종. 노즐에서 세선을 꺼내 웨지에 의해 위쪽에서 전극면으로 세선의 끝을 압착하는 방법. 압착면은 작게 할 수 있으나 압착에 방향성이 생기는 결점이 있다.

weekly check 주간 검사(週間檢査) 매주 1회 요일을 정해서 반나절 정도로 하는 예방 보수. 예비 점검(PM)을 뜻하는 것으로, 마멸이나 마모 등의 여지가 있는 작동 개소 등을 중심으로 부품 교환, 정밀도 조정 등에 의해 사고 발생 방지를 위해서 하는 것이며, 단지 일상 점검의 상세 실시만은 아니다.

Wehnelt cylinder 웨넬트 전극(－電極) 전자총에서 사용되고 있는 정전계가 걸린 전극으로, 애노드와 마주보고 침지(浸漬) 렌즈를 형성하여 렌즈 작용을 갖는 동시에 제어 바이어스에 의해 전자류를 제어하는 작용도 하고 있다. 침지 렌즈는 렌즈 양쪽의 자유 공간에서의 퍼텐셜이 같지 않은 정전 렌즈이다. 이에 의해 전자류를 가속(혹은 감속)할 수 있다. 양쪽 퍼텐셜이 같은 경우는 단일 퍼텐셜 렌즈이다.

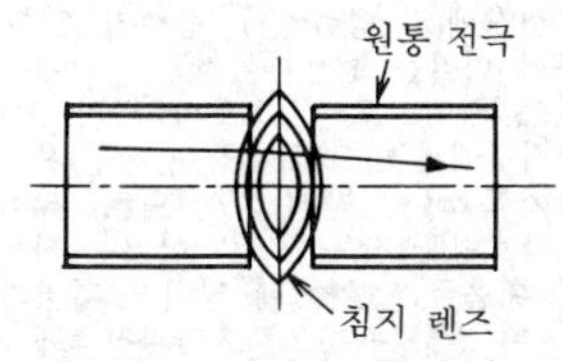

weighted code 가중 코드(加重－) 코드의 각 위치가 가중값을 가지고 있는 부호. 8-4-2-1 가중 코드인 경우는, 예를 들면 10 진수의 367 은 2 진화 10 진 코드로

0011 0110 0111

로 표현된다.

weighted value 가중값(加重－) 표현되는 수의 각 자리 숫자에 대하여 그 위치의 함수로서 주어지는 수치. 기수(基數) 표기법의 경우는 기수에 의해 가중된다.

welded tube 전봉관(電縫管) 폭 πd의 띠 강판을 연속적으로 굽힘 가공하면 직경 d의 파이프가 된다. 그 때 축방향에 생긴 맞대기 부분을 고주파 유도 가열로 용접하여 만든 관을 전봉관이라 하며, 재료의 두께가 고른 관의 제작이 용이하다. 특수 강관의 제조에는 주파수 수천 Hz 의 철심 유도자를 사용한 가열 용접법이 있으며, 알루미늄관이나 황동관의 제조에는 수백 Hz 의 주파수로 솔레노이드형 유도자에 의해 용접하는 방법이 있다.

Weston cell 웨스턴 전지(－電池) →standard cell

Weston standard cell 웨스턴 표준 전지(－標準電池) →standard cell

wet cell 습전지(濕電池) 액체상(液體狀)의 전해질을 가진 전지.

whale finder 경탐기(鯨探機) 초음파 펄스를 수평 방향으로 발사하여 그 방향이 고래의 이동과 일치하도록 추적하면서 반사파를 수신 증폭하여 기록지상에 그려 고래의 위치를 탐지하는 장치로, 어군 탐지기와 본질적인 차이점은 없다.

Wheatstone bridge 휘트스톤 브리지 미지(未知)의 저항을 측정하는 회로 또는 측정기. 그림의 R_x를 미지 저항으로 하고 가변 저항 R_3을 가감하여 검류계 A 의 지시를 0 으로 했을 때

$$R_x = \frac{R_1}{R_2}R_3$$

의 관계가 성립된다.

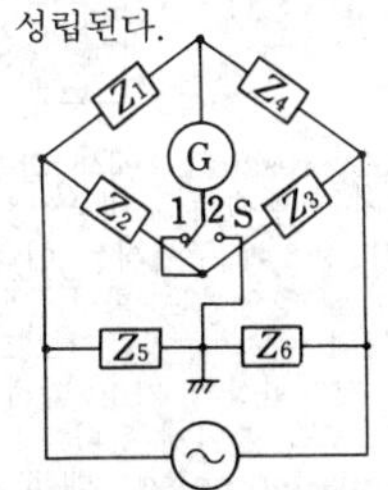

wheel printer 휠 프린터 인자 문자가 금속의 바퀴 위에 배치되어 있는 인자 기구를 가진 프린터.

where used 웨어 유스트 어떤 제품에 대하여 각각의 부품이 어디에 어느 정도 사용되고 있는가를 일람표로 만든 것. 이 부품표를 보고 하나의 생산 계획에서의 부품의 총 필요량을 구할 수 있다.

whip antenna 휩 안테나 초단파용 접지 안테나로, 반파 안테나의 변형이다. 가요성(可撓性)이 있는 길이 $\lambda/4$(λ : 파장)의 유연한 금속 막대로, 자동차 등의 이동 무선기에 사용된다.

whisker 위스커 ① 반도체 표면에 접촉시켜서 사용하는 가늘고 날카로운 바늘 모양의 전극(point contact)으로, 여기서 정류가 이루어진다. ② 돌기형으로 성장한 금속의 결정으로, 고양이의 수염과 비슷하다고 해서 이 이름이 붙여졌다. 콘덴서 내부 단락 사고의 원인으로서 발견된 것인데, 극히 변형이 어렵고 탄력성이 풍부하므로 재료의 강화 등에 사용한다.

white balance 백 밸런스(白-) 텔레비전 수상기의 흰 부분이 전체로서 붉은 색이 섞인다든지 청색이 섞인다든지 하지 않고 적정한 색온도로 유지되어 있는 동시에 화면의 밝은 부분과 어두운 부분에서 두드러진 차이가 생기지 않도록 조정되어 있는 것. 표준의 컬러 텔레비전 색온도는 6,740K 로 정해져 있으나, 이보다도 높게 설정하는 것이 보통이다.

white balance circuit 백 밸런스 회로(白-回路) 컬러 텔레비전에서는 적, 녹, 청의 형광체 발광 능률이 다르므로 올바른 색을 발광시키기 위해 각각의 전자총의 전자 빔을 조정하는 회로.

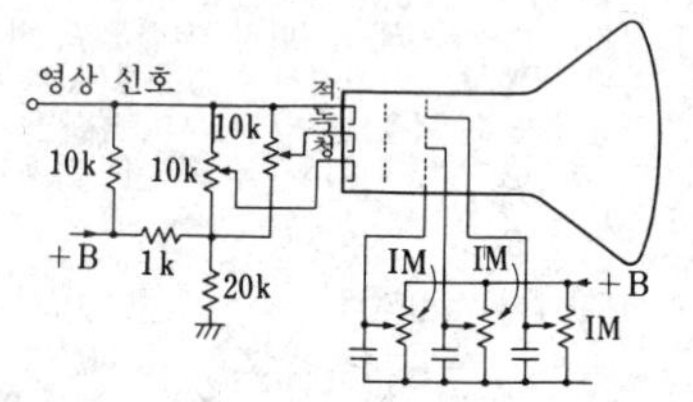

white compression 백색 압축(白色壓縮) 텔레비전 화면에서의 밝은 영역에 상당하는 화상 신호에 주어지는 이득이 중간 밝기의 빛에 상당하는 화상 신호로 주어지는 이득에 대하여 상대적으로 이득이 작아지는 것. 화상의 가장 밝은 부분에서의 콘트라스트를 줄이게 된다.

white Gaussian noise 백색 가우스 잡음(白色-雜音) →Gaussian noise

white halo 화이트 헤일로 이미지 오시콘을 사용한 텔레비전 카메라에서 화면 중에 매우 밝은 피사체가 큰 면적을 차지하면 이것을 감싸듯이 조금 떨어진 장소의 허연 테와 같은 영상이 나타나는 현상. 초속도가 큰 2차 전자의 재분포가 원인이 되어 발생하는 것으로, 화면의 구성을 조명의 조정에 의해 방지할 수 있다.

white level 백 레벨(白-) 텔레비전 전파의 화상 신호에 대해서 반송 전파가 전송되는 화면의 밝은 곳에서 끊어지는 일이 없도록 하기 위한 기준.

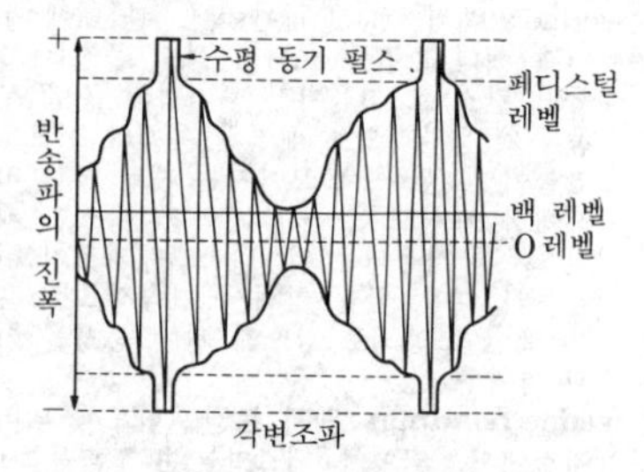

white noise 백색 잡음(白色雜音) 어떤 주파수 대역 내에서의 모든 주파수의 출력이 포함되어 있는 잡음으로, 주파수와 그 성분이 포함되는 비율의 관계가 정규분포에 따르기 때문에 가우스 잡음이라고도 한다. 이것은 가시 광선의 백색광이 모든 주파수의 가시 광선을 포함하고 있는 것과 비슷하기 때문에 이렇게 이름이 붙여졌다. 전기 회로의 저항에서 나오는 열잡음이나 트랜지스터의 산탄 잡음 등이 이에 속한다.

white recording 화이트 리코딩 ① 진폭 변조 팩시밀리에서 최대의 수신 전력이 기록 매체에 있어서의 최소의 농도로 대응하는 기록 방법. ② 주파수 변조 팩시밀리에서, 최저의 수신 주파수가 기록 매체에 있어서의 최소의 농도에 대응하는 기록법. 팩시밀리 외에 필름 녹음인 경우에도 적용된다.

white saturation 백색 압축(白色壓縮) =white compression

white shading 화이트 셰이딩 화면의 중앙부에서 화이트 밸런스가 잡혀 있어도 주변부에서 밸런스가 잡히지 않고 색이 붙어 버리는 현상. 이것은 입사광을 분해하는 다이크로익막으로의 빛의 입사각이 상하단에서 다르기 때문에 생긴다.

white X-rays 백색 X선(白色-線) 연속 스펙트럼을 갖는 X선. 이것은 가속 전자가 대음극(對陰極)에 닿아서 갑자기 저지될 때 발하는 것으로, 단파장측에 제한이 있고, 그보다 조금 장파장측에 강도의 최대값이 있으며, 이후 파장의 증가와 더불어 단조롭게 감소한다.

who are you? 당신은? 회선 접속이 확립되어 있는 국의 앤서 백(answer back) 기구를 운용하기 위해, 또는 국의 식별,

경우에 따라서는 사용 중인 기기의 형식 및 국의 상태 등을 포함하는 응답을 개시시키는 데 사용되는 전송 제어 문자. 상대 단말의 식별 코드 송신을 요구하는 코드이다. =WRU

wick 윅 불필요한 땜잡을 빨아들이기 위해 사용하는 흡인 도구로, 플럭스를 함침시킨 가열 편조선(編組線)의 침투 작용 혹은 모세관 현상으로 용융한 불필요한 땜납이 흐르는 것을 빨아들이는 것.

wide angle meter 광각도 계기(廣角度計器) 배전반용 계기로, 눈금폭을 크게 하여 먼 곳에서도 보기 쉽게 하기 위해 눈금 각도를 250~270°가 되도록 한 것. 구동 장치는 그림과 같은 모양의 영구 자석과 가동 코일에 의해 구성되며, 교류의 경우는 직류로 변환한 다음 측정한다.

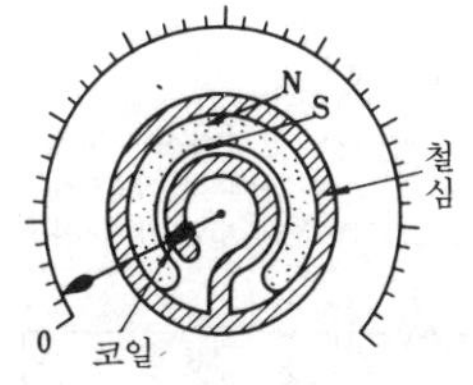

wide area data service 광역 데이터 서비스(廣域－) 광역 전화 서비스(WATS)와 같은 제도를 데이터 전송 서비스에 적용한 것이지만 FCC(미 연방 통신 위원회)로부터 최종적인 인가를 얻을 수가 없어서 AT&T 는 이것을 취소했다. 따라서 이 서비스는 현재 제공되고 있지 않다. =WADS

wide area network 광역망(廣域網), 광역 통신망(廣域通信網) =WAN

wide band 광대역(廣帶域) 통신에서 일반적인 음성 대역보다 더 넓은 전송 대역. 협대역과 대비된다.

wide-band amplifier 광대역 증폭기(廣帶域增幅器) 텔레비전의 영상 신호와 같은 매우 넓은 주파수 대역을 갖는 신호를 증폭하기 위한 증폭기. 저항 결합 증폭기에 특별한 보상 회로를 둔 것이나 스태거 회로를 이용하여 증폭기 그 자체가 넓은 대역폭을 갖도록 만들어진 것 등이 있다.

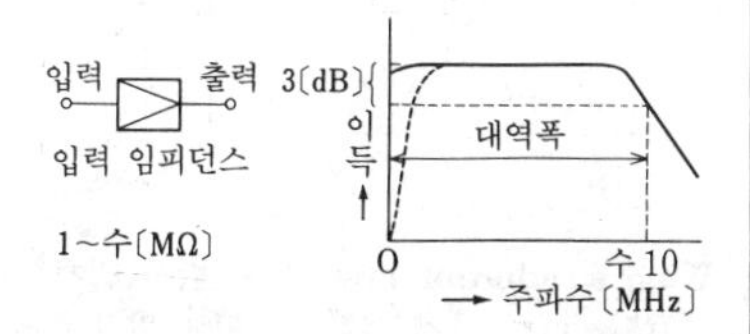

wide-band antenna 광대역 안테나(廣帶域－) 넓은 주파수 범위에 걸쳐서 높은 이득이 얻어지는 안테나를 말하며, 송신용과 수신용이 있다. 송신용으로서는 파라볼라 안테나나 혼 리플렉터 안테나, 수퍼턴 스타일 안테나가 있고, 수신용으로는 인라인 안테나나 코니컬 안테나 등이 있다.

wide-band circuit 광대역 회선(廣帶域回線), 광대역 통신망(廣帶域通信網) 64 kps 이상의 속도로 데이터를 전송할 수 있는 광대역폭의 통신 회선으로, 특히 정지 화상이나 움직이는 영상을 전송하는 대역으로서는 4MHz부터 100MHz 정도, 비트 레이트로 1.5Mbps부터 1Gbps 가 필요하며, 광섬유 등을 사용한 디지털 전송로가 적당하다.

wide-band data transmission circuit 광대역 데이터 전송 회로(廣帶域－傳送回路) 파일의 갱신이나 전송, 자기 테이프 전송 등의 고속도 데이터 전송에 사용되는 회선. 그 예로서 AT&T 사의 TEL-PAK 에서의 40.8 킬로비트/초의 전송을 하는 것을 들 수 있다.

wide-band exchange unit 광대역 교환기(廣帶域交換機) 광대역 교환 시스템에 사용되는 교환기로, 전신 교환기, 전화 교환기에 비해 교환기를 경유하는 신호의 대역이 넓다.

wide-band frequency modulation 광대역 주파수 변조(廣帶域周波數變調) 텔레비전이나 고속도 데이터 통신, 초다중 통화로 반송 전화와 같은 광대역의 변조파를 전송하는 데 적합한 FM 변조 방법. 예를 들면 AM-FM, PCM-FM 등의 방법이 있다.

wide-band improvement 광대역 개선도(廣帶域改善度) 문제로 하고 있는 전송계의 성능 지수 γ가 계의 종류에 따라 어느 정도 개선되는가, 그 정도를 말한다. γ는 계의 입력에서의 SN비로 출력에서의 SN비를 나눈 것이다. 단, 입력 잡음 전력은 생각하고 있는 베이스밴드 대역 f_M에서의 백색 잡음 전력 ηf_M으로 한다. FM 계와 AM 계를 비교할 때 γ_{FM}/γ_{AM}은 β값(주파수 편이 Δf를 f_M으로 나눈 값)의 제곱에 비례하여 증가한다(개선된다).

wide-band transformer 광대역 트랜스(廣帶域－) 사용할 수 있는 주파수 대역이 매우 넓은 값을 갖는 트랜스. 예를 들면 텔레비전 영상 신호에서는 수 10Hz~수 100MHz 의 대역을 포함한다. 펄스 전송에서는 직류부터 수 100MHz 까지를 포함한다.

Wiechert method 위헤르트법(－法) 접지 저항 측정법의 일종. 보조 접지판 R_1을 써서 그림과 같은 접속을 하고 K를 1 및 2에 닫았을 때의 평형점을 각각 c_1, c_2라고 하면 다음 식에 의해 접지 저항 R이 구해진다. 이 방법은 탐침의 접지 저항이 측정 결과에 관계가 없다는 것이 특징이다.

$$R = R_s \times \frac{a'}{b}$$

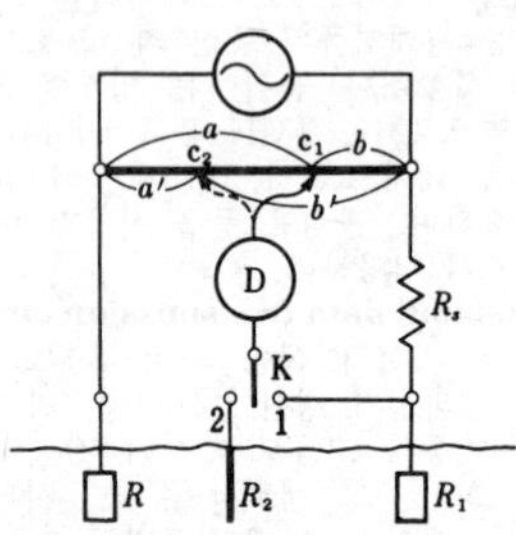

Wiedemann effect 위데만 효과(－效果) 강자성체를 자화한 상태에서 자화 방향으로 전류를 흘리면 그 방향을 축으로 한 비틀림의 힘을 발생하는 현상. 이 효과에는 역현상도 있으며, 자화 상태로 비틀림을 작용시키면 전위차를 발생한다.

Wiedemann-Franz's law 위데만 · 프란츠의 법칙(－法則) 모든 금속에서 열전도도와 전기 전도도의 비는 같은 온도에서는 거의 같다는 법칙. 열전도와 전기 전도는 모두 전자의 수송(輸送) 현상이기 때문에 이 법칙은 계산에 의해 도출할 수 있으며, 온도 T〔K〕에서의 열전도도를 λ〔W/m · K〕, 전기 전도도를 σ〔S/m〕로 하면 $\lambda = 2.45 \times 10^{-8} \sigma T$가 된다.

Wien bridge 윈 브리지 ① 가청 주파수의 측정에 사용하는 교류 브리지의 일종. 그림 (a)는 그 회로이다. 평형했을 때의 주파수는

$$f_x = \frac{1}{2\pi\sqrt{C_1 C_2 R_1 R_2}}$$

이 된다. ② 정전 용량의 측정에 사용하는 교류 브리지의 일종. 그림 (b)는 그 회로이다. 평형했을 때의 정전 용량은

$$C_x = C_s \frac{R_3}{R_4}$$

이 된다.

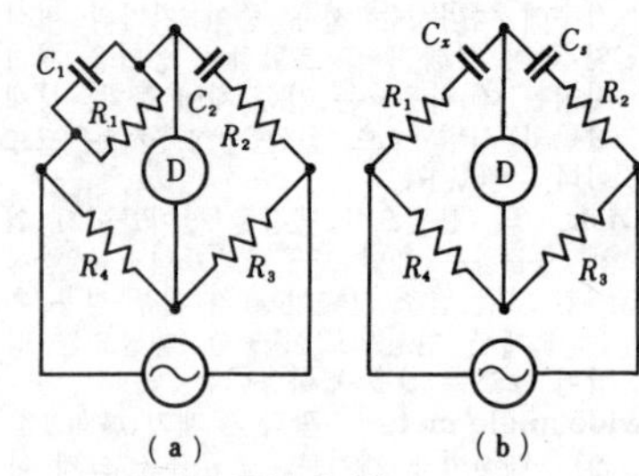

Wien bridge

Wien bridge type oscillator 윈 브리지형 발진기(－形發振器) C와 R을 사용한 그림과 같은 발진 회로. 2단 증폭 회로의 출력 일부를 초단의 트랜지스터에 정궤환시킨다. 발진 주파수는 C와 R에 의해 정해지며, 다음의 값이 된다.

$$f_x = \frac{1}{2\pi CR}$$

발진 주파수가 안정하고, 파형 일그러짐이 적으며 정현파에 가까운 발진 파형이 얻어지므로 저주파 발진기에 사용된다.

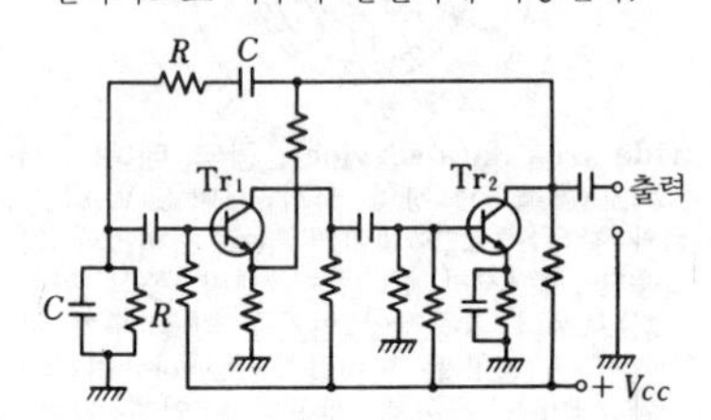

Wiener filter 위너 필터 신호와 잡음이 혼재하는 정상 입력에 대한 필터 출력과 평활 또는 예측된 희망 출력과의 평균 제곱 오차를 최소로 한다는 것을 바탕으로 하여 설계된 최적 필터.

Wien's displacement law 윈의 변위의 법칙(－變位－法則) 「흑체(黑體)의 온도 방사에서 최대 분광 방사속이 생기는 파장 λ_m는 절대 온도 T〔K〕에 반비례한다」는 법칙.

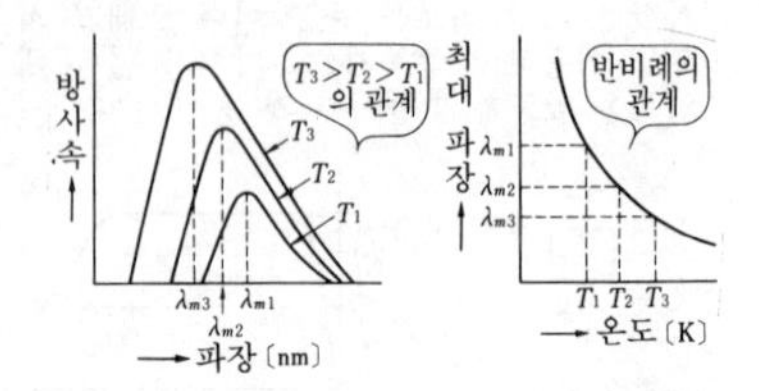

Wien's radiation law 윈의 방사 법칙(－放射法則) 흑체(黑體)의 분광 방사를 파

장과 온도의 함수로서 표현한 법칙. → Wien's displacement law

wiggler 위글러 전자 싱크로트론이나 전자 저장 링에 있어서, 전자 궤도의 일부에 요철(凹凸)부를 두고, 거기서의 자속 밀도를 높여 싱크로트론 방사를 발생시키도록 한 것. 싱크로트론 방사의 스펙트럼 분포는 방사광의 파장에 역비례하여 증대하는데, 자속 밀도를 크게 해 줌으로써 단파장측의 빛을 강하게 할 수 있다(따라서 위글러를 파장 변환기라고도 한다). 위글러는 궤도의 일부만 자속 밀도를 높여서 싱크로트론 방사를 강하게 하고 있다.

Winchester disk 윈체스터 디스크 데이터를 판독·기록하는 헤드와 디스크가 한 몸으로 되어 있는 것으로, IBM 이 채용하여 주목되고 있다. 소형이고 용량이 크다.

winding 권선(捲線) 전기 기기의 철심에 절연을 하여 감긴 구리 또는 알루미늄선의 코일. 유도 기전력이나 전자력을 발생시킨다.

window 윈도 ① 컴퓨터의 디스플레이 상에서 어느 부분을 추출하여 표시시킬 때 그 한정된 틀. ② 레이더를 방해하기 위해 사용되는 반사물.

window comparator 윈도 비교기(-比較器) 임계값이 다른 두 비교기의 입력을 접속하고, 입력에 가하는 전압이 두 임계값 내에 있는지 어떤지를 판별하는 비교기를 말한다.

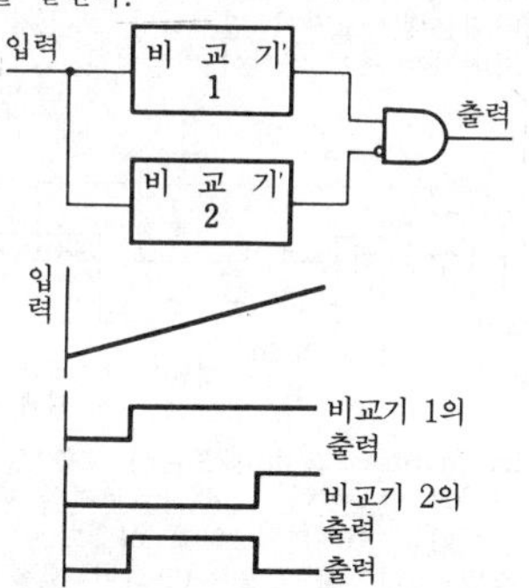

window control 윈도 제어(-制御) 패킷 교환에서 전문의 송신시에 복수의 패킷이 연속하여 전송(轉送)할 수 있도록 수신측에 복수의 버퍼를 확보하는 제어 방식.

window detector 윈도 검출기(-檢出器), 창 검출기(窓檢出器) 입력 신호가 미리 정해진 허용 변화 범위를 벗어날 때 거기서 출력값이 변화하는 전압 비교 회선. 그림에서, 비교기 A 의 출력은 $V_{in}<V_1+kV_2$에서 1이 되고, 또 비교기의 B 출력은 $V_{in}>V_1$에서 1이 된다. 따라서, V_{out}는 $V_1<V_{in}<V_1+kV_2$에서 1이며, 그 이외의 입력에서는 0이 된다.

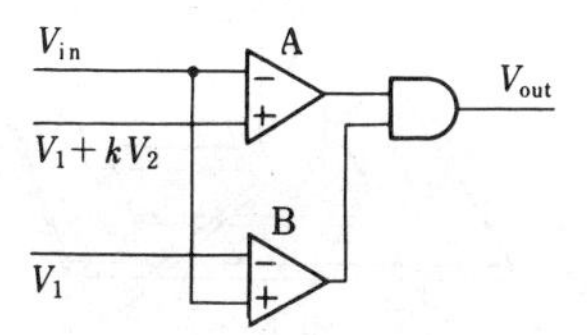

window machine 윈도 머신 뱅킹(은행) 시스템 등에서, 창구에서 사용하는 단말 장치의 총칭. 예를 들면, 은행 창구의 예금·지불용, 철도나 항공기의 좌석 예약용 장치 등에 널리 보급되어 있다.

window size 윈도 사이즈 ① 영상 표시 장치의 일부로, 어느 특정한 목적에 쓰이는 부분의 크기. 스크린 전체가 복수의 창 영역으로 분할되는 경우도 있고, 각 창 영역의 사이즈는 확대한다든지 축소한다든지 하는 경우도 있다. ② 패킷 교환에서 어느 송신 장치에서 어느 수신 장치에 대하여 수신측으로부터의 송신가(送信可) 패킷을 받는 일 없이 연속하여 보낼 수 있는 패킷수를 말한다.

wind shield wiper interference 윈드 와이퍼 방해(-妨害) 텔레비전의 이상 증상으로, 제 3 주파에 의한 혼변조 잡음 때문에 전계 강도가 강력한 지역에서 다른 채널의 동기 신호가 화면에 수평 또는 수직으로 무늬가 움직이는 와이퍼 방해를 발생하는 것. 방지법으로서는 안테나 피더 트랩이나 인접 혼신 방지 트랩을 넣는다.

wiping action 와이핑 작용(-作用) 마주보는 두 접점이 접촉한 후 미끄럼 동작을 하는 것. 이 동작에 의해 접점 표면상에 생성한 피막, 먼지의 영향을 제거하는 효과가 있다.

wire 전선(電線) 절연 전선과 권선으로 대별된다. 절연 전선 중 보호 외장을 한 것을 케이블이라 한다. 도체는 일부에 알루미늄이 사용되는 외는 순도가 높은 전기 동이다. 절연은 일반적으로 합성 수지, 고무, 종이 등이 용도에 따라 사용된다. 케이블의 외장은 알루미늄이나 폴리에틸렌을 사용하는 일이 많다. 권선은 코일 부품을 만들기 위한 것으로 포르말선이 일반적이다. 가는 것에는 폴리우레탄 에나멜선이 좋고, 자기 융착성 에나멜선을 사용하면 코일의 제작 공정을 간단하게 할 수 있다.

wire bonding 와이어 본딩 반도체 부품의 전극에 리드선 등을 붙이는 방법. 가열된 펠릿(pellet)에 리드선(가는 금선)을 얹고 순간적으로 가열 압착하는 방법이다.

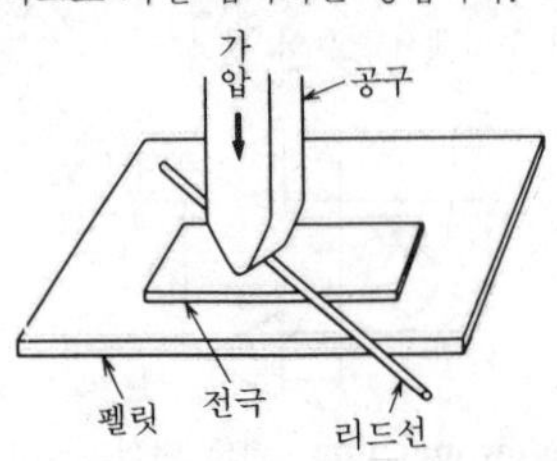

wire broadcast 유선 방송(有線放送) 방송 프로그램을 유선 회선에 의해 음성 주파수, 혹은 반송파를 변조한 것으로 전송하여, 많은 수신자에게 전하는 것.

wire-broadcasting television 유선 방송 텔레비전(有線放送−) →CATV

wire delay-time 배선 지연 시간(配線遲延時間) IC 회로에서의 배선이 갖는 저항값과 커패시턴스에 의해서 생기는 배선 내의 전파 지연 시간. IC 의 고밀도화와 함께 배선이 얇아져서 단면적이 줄어 저항값이 늘어난다. 또 배선과 배산 사이 혹은 근처 부품의 도전부와의 사이의 커패시턴스도 증가하여 결국 저항×커패시턴스, 즉 시상수의 증가에 의한 지연 시간이 길어지게 된다.

wired logic 포선 논리(布線論理) 제어 회로의 논리 동작을 소프트웨어에 의하지 않고 고정 배선에 의해 실현하는 방식을 말하며, 제어 방식의 변경은 회로를 변경하지 않으면 할 수 없다. 전자 교환기 등에 쓰인다.

wired logic control 포선 논리 제어 방식(布線論理制御方式) =wired logic

wired OR 와이어드 OR 게이트의 출력 끼리를 연결하여 논리합 회로를 구성하는 방법.

wire dot printer 와이어 도트 프린터 매우 가늘고 튼튼한 와이어를 전자석으로 이동시킴으로써 부속의 잉크 리본으로 용지에 인자시키는 프린터를 말하며, 라인 프린터에 비하면 인자 속도가 느리다는 결점이 있으나 값이 싸므로 퍼스널 및 비즈니스 양용으로 널리 쓰이고 있다.

wire impact printer 와이어 임팩트 프린터 도트로 구성된 문자나 이미지 정보를 출력하는 와이어 도트 방식의 임팩트 프린터.

wireless bonding 와이어리스 본딩 반도체 부품을 인쇄 배선판에 부착할 때 리드선을 쓰지 않고 전극 부분을 직접 용접하는 방법.

wireless microphone 와이어리스 마이크, 무선 마이크로폰(無線−) 마이크로폰과 증폭기를 코드로 연결하지 않고 무선으로 접속하여 사용하는 마이크로폰. 코드를 사용하지 않으므로 이동이 자유롭게 된다. 이것은 초소형의 FM 송신기와 마이크로폰을 하나의 케이스 속에 수납하든가, 송신기를 사용자의 포켓에 넣고 FM 전파로 마이크로폰 음성 신호를 보내고 수신기로 이것을 받아서 증폭하여 확성기를 울리도록 한 것이다. FM 전파로 수 10m 정도의 거리까지는 충분히 실용이 되며, 극장이나 강연회, 방송국 등에서 사용된다. FM 라디오가 보급된 현재 FM 라디오에 이 와이어리스 마이크를 부속품으로서 붙여 시판하고 있는 상품도 있다.

wire memory 와이어 메모리 자기 기억 장치에 사용하는 소자의 일종. 인청동선에 퍼멀로이 박막을 전착(電着) 도금한 자성선(磁性線)과 가는 절연 동선을 직교시켜서 천 모양으로 짠 것으로, 고속으로 동작하고, 고밀도로 부착할 수 있다.

wire-pilot protection system 표시선식 보호 방식(表示線式保護方式) 표시선이라고 하는 신호 회로를 써서 회선 양단에 설치된 계전기 사이의 연락을 유지하고, 고장을 판정하여 보호하는 방식(그림 참조). 파일럿 보호 방식이라고도 한다. 그림의 화살표는 평상시의 통전 방향을 나타내는데, 고장이 발생하면 오른쪽 계전기에서는 전류 방향이 반전한다.

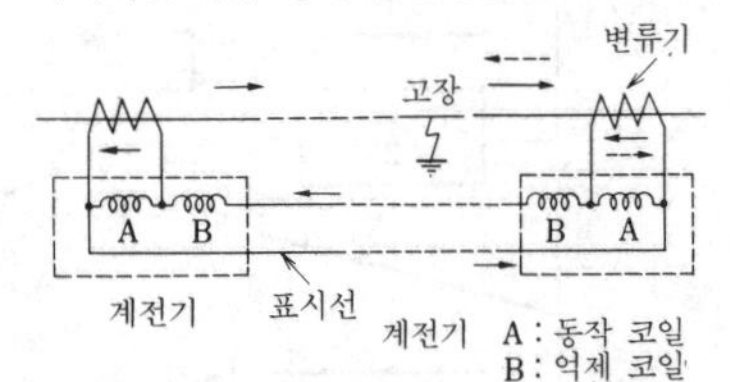

wire printer 와이어 프린터 고속 라인 프린터의 일종이며, 컴퓨터로부터의 대량의 데이터를 인쇄하기 위해 사용되는 장치. 스틸 와이어의 끝을 이용하여 점을 인자하고, 점의 조합에 의해 문자를 구성하는 것으로, 구조는 복잡해지지만 동작 부분의 질량이 작으므로 1분간 1,000 행 이상의 고속으로 인자할 수 있다. Eliott 사 방식과 IBM 사 방식이 있으며, 전자는 문자의 구성을 세로 방향의 종이 이동에 대한 와이어의 위치로 정하고, 가로 방향은 한 줄의 와이어를 1자분의 폭 만큼 고속도로 진동시켜서 시간적으로 선택하는 방

식이다. 후자는 여러 줄의 와이어를 준비하고, 그 중의 몇 개를 기계적으로 선택하는 것이다.

wire spring relay 와이어 스프링 계전기(−繼電器) 접점 스프링에 굵기 및 성능이 균일한 가는 와이어 스프링을 사용한 계전기의 일종으로, 고정 접점 스프링군(群)이나 가동 접점 스프링군은 한 몸으로 하여 몰드하고, 철심, 접극자, 스프링군 등의 조립에는 나사를 1개도 사용하지 않고 쇠붙이로 죄어서 만든다. 따라서 구조가 양산적이고, 가격도 싸며, 동작이 빠르고, 접촉이 확실하며, 소비 전력이 적은데다 장수명이라는 등 많은 특색을 가지고 있다. 일반의 제어 기기에 널리 쓰인다.

wire strain guage 저항선 스트레인 게이지(抵抗線−) 망가닌이나 어드번스, 콘스탄탄 등을 매우 가는 선으로 하여 대지상에 지그재그 모양으로 붙인 저항선 게이지로, 소용돌이형의 금속박을 붙인 소자도 있다. 저항선을 신축(伸縮)하면 그 저항값이 변화하는 성질을 이용하여 물체 표면에 게이지를 붙이고 이것을 브리지의 1변으로 하여 힘의 미소 변화를 브리지의 불평형 전압으로 변환해서 꺼내는 데 이용한다. 왜율계, 압력계, 하중계 등에 이용되고 있다.

wire television 유선 텔레비전(有線−) 전파를 쓰지 않고 신호를 전송하는 텔레비전 방식으로, 선로에는 동축 케이블이 사용된다. CATV 를 가리키는 경우도 있다. ITV(공업용 텔레비전)는 거의가 이 방식이다. 대도시에서 고층 건축물에 의한 전파 수신 장해가 늘어남에 따라 그 대책으로서 이 방식이 증가되었다. 또, 지역 사회에 밀착한 정보화 사회를 실현하기 위해서도 사용되며, 용도는 넓다.

wire wound resistor 권선 저항기(捲線抵抗器) Ni-Cr 계, Cu-Ni 계, Cu-Mn 계의 합금 세선(細線)을 자기(瓷器) 혹은 합성 수지에 감은 저항기. 다른 저항기에 비해 저잡음, 작은 온도 계수, 고정도(高精度)의 것이 얻어지는 장점이 있으나 고저항값이 제작 불가능하며, 고주파 회로의 용도로는 적합하지 않은 단점이 있다. 그림은 방열 날개에 붙은 저항기를 나타낸 것이다.

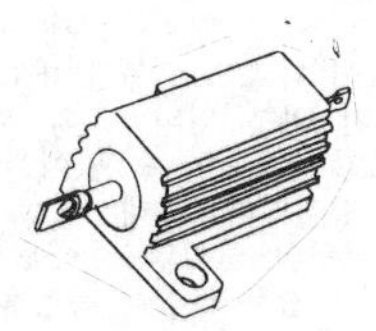

wire wound variable resistor 권선형 가변 저항기(捲線形可變抵抗器) 고리 모양의 절연물을 권심으로 하여 저항 합금선을 감은 저항기 표면에 미끄럼 접촉자를 붙여서 단자간의 저항값을 바꾸어 이용하도록 한 부품.

wire-wrapped circuits 와이어랩 회로(−回路) 프린트 회로판에서 사용하는 금속 트레이스 대신 와이어를 써서 구멍이 뚫린 기판 위에 구축된 회로. 절연선의 노출 끝 부분을 특수한 와이어랩 집적 회로 소켓의 긴 핀에 감는다. 와이어랩 회로는 일반적으로 전기 공학에서의 원형 만들기나 연구를 위해 핸드 메이드되는 따위의 장치이다. 그 장점은 와이어를 간단히 제거할 수 있고, 핀과 핀의 접속을 변경할 수 있기 때문에 회로의 설계자가 새로 프린터 회로판을 레이아웃하여 에칭하지 않아도 회로 설계를 실험할 수 있다는 것이다

wire wrapping 와이어 래핑 전선을 단자에 감아서 접속하는 방법. →wire wrap terminal

wire wrap terminal 와이어 랩 단자(−端子) 그림 (a)와 같이 납을 사용하지 않고 기계적으로 접속하는 방법으로, 전용의 공구를 써서 죈다. 이 방법은 양산에 적합하고, 안정하며 균일한 작업을 할 수 있다. 특히 그림 (b)와 같은 납땜이 곤란한 밀집한 단자에 적합하며, 자동 전화 교환기의 배선 등에 쓰인다.

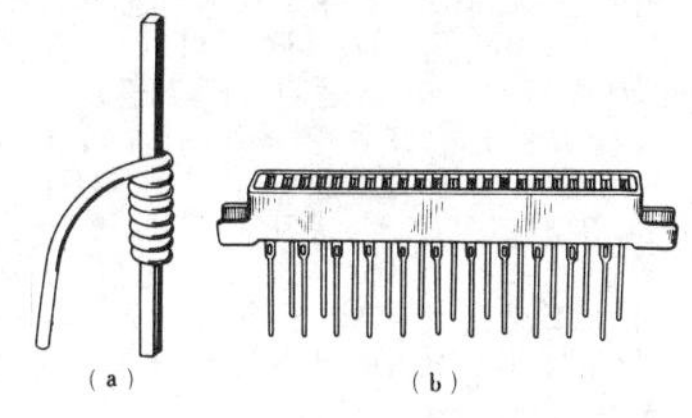

wiring 배선(配線) 전자 기기의 정상 기능을 실현하기 위해 반도체 부품 및 저항·콘덴서 등의 수동 부품을 전기적으로 접속하는 수단.

wiring board 배선판(配線板) 전자 기기의 주요 부품의 하나. 정상 기능을 실현하기 위해 IC 나 LSI 등의 반도체 부품 및 저항이나 콘덴서 등의 수동 부품을 탑재하는 판.

wiring diagram 배선도(配線圖) 기기나 회로의 동작과 기능을 그림 기호를 써서 표현한 접속도. 포선도, 개략도(schematic diagram)라고도 한다.

withstand voltage 내전압(耐電壓) 기기

나 부품의 절연 부분이 파괴될 염려 없이 사용할 수 있는 인가 전압 크기의 한도.

wollastonite porcelain 규회석 자기(珪灰石瓷器) 규회석($CaO \cdot SiO_2$)을 원료로 하여 만든 자기. 유전 탄젠트(정접)가 작으므로 고주파용의 절연물로서 적합하다.

woods alloy 우드 합금(−合金) Bi, Pb, Cd, Sn 을 각각 50 : 25 : 12.5 : 12.5 의 비율로 포함하는 합금.

woofer 우퍼 저음 전용 스피커. 주로 30 ~400Hz 정도의 저음역을 재생하기 위한 것으로, 10 인치 이상 구경의 콘형이 널리 사용된다. 복합 스피커 방식에서는 저음과 고음의 둘로 나누는 2 웨이식과 저음, 중음, 고음의 셋으로 나누는 3 웨이식이 있으며, 각 방식에 따라 각 스피커의 담당 주파수 대역은 다르고 주파수 대역의 분할에 네트워크(분파기)를 사용해서 한다.

word 어(語), 단어(單語) 컴퓨터 용어. 컴퓨터에서 한 번에 다루어지는 정보량을 말하며, 보통 8 또는 16 비트로 구성된다. 누산기의 길이나 각 기억 주소의 내용은 1 어분이다. 데이터어와 명령어의 2 종류가 있으며, 연산 중의 중간 결과도 포함하면 3 종류의 어가 존재한다. 어의 길이는 컴퓨터에 따라 각각 정해지는 것이 보통이다.

word articulation 단어 명료도(單語明瞭度) 통화 품질을 나타내는 하나의 방법으로, 전송 선로를 통하여 서로 관계가 없는 단어를 보내고, 올바르게 수신하여 기록된 것의 비율에 의해 나타낸다.

word driver 어 구동기(語驅動器) 기억 장치에서 판독 또는 기록을 위해 주소(번지) 선택 구동 전류를 공급하는 회로. 예를 들면 자심 기억 장치의 예에서는 구동 전류는 스위치 매트릭스로 전환되고, 자심 매트릭스 상에서 전류 일치를 취하도록 구성되며 동시에 1 어분을 구동하는 경우가 많다.

word line 워드선(−線) LSI 메모리에서 메모리 매트릭스의 행(row)을 제어하는 선. 각 워드선은 행 디코더에 주는 입력의 조합에 의해 선택할 수 있다. 선택된 워드에서의 각 비트의 선택은 비트선에 의해 행하여지는데 이 경우도 비트선의 선택은 열 디코더(column decoder)에서의 입력에서 행하여진다. →matrix decoder

word processor 워드 프로세서 문자를 키보드에서 입력하면 마이크로컴퓨터에 의해 즉시 그 문자를 인식하여 지정한 편집을 하고, 지정한 서식과 문자체로 인쇄할 수 있는 언어 처리 장치. =WP

word time 어 시간(語時間) 직렬식 컴퓨터에서 1 어가 어느 장치에서 다른 장치로 전송될 때 정보로를 차지하는 시간.

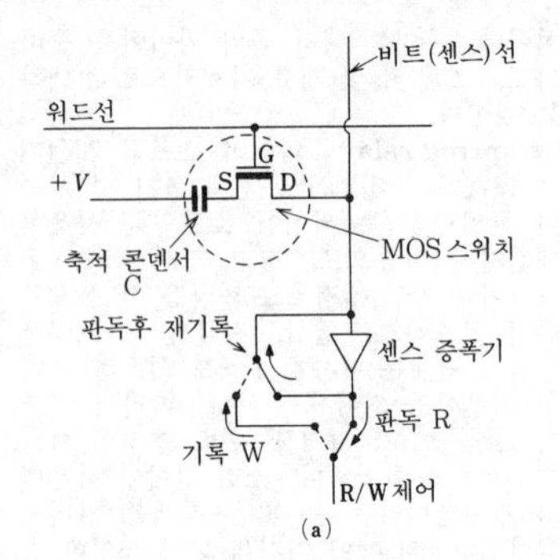

(a)

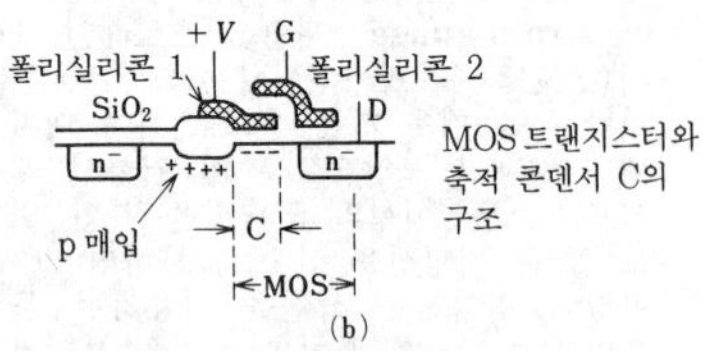

(b)

word line

work 일[1], 워크[2] (1) 물체에 힘이 작용하여 힘의 방향으로 변위가 생겼을 때의 그 힘과 변위와의 곱.
(2) 공업용 로봇 관계의 용어로서 사용할 때는 핸드(hand)로 쥐기 위한 대상 즉 가공물이나 공작물을 말한다.

work area 워크 에어리어 컴퓨터의 기억 장치 내부에서 판독, 기록용의 기억 영역(입출력 영역)과는 별도로 데이터 처리의 중간 결과를 저장해 두기 위해 준비한 작업용 기억 장치의 영역.

work function 일의 함수(−函數) 절대 온도 0〔K〕에서, 금속 표면에서 전자 1 개를 공간에 방출시키는 데 필요한 최소 에너지를 전자 볼트 단위로 나타낸 수치. 금속에 따라 다르다. 수치가 작은 재료일수록 전자를 방출하기 쉽다.

working attenuation 동작 감쇠량(動作減衰量) ① 필터의 감쇠 특성을 나타내는 방법의 하나. 그림 (a)와 같이 영상(影像) 파라미터를 써서 얻어진 영상 감쇠 특성은 필터의 영상 임피던스가 주파수에 따라 그 값이 다르므로 통과 대역의 전 주파수에 걸쳐 외부 임피던스와 필터의 입력 임피던스를 같게 할 수 없어 실제의 특성과 크게 달라진다. 그래서 그림 (b)와 같이 부하나 전원의 임피던스를 공칭 임피던스와 같게 한 경우의 감쇠 특성을 동작 감쇠

W

특성이라 한다. 이러한 동작 감쇠량에 의해 필터를 설계하는 이론은 카우어(W. Cauer)에 의해 제창되고, 현재 이 방법이 널리 쓰이고 있다.

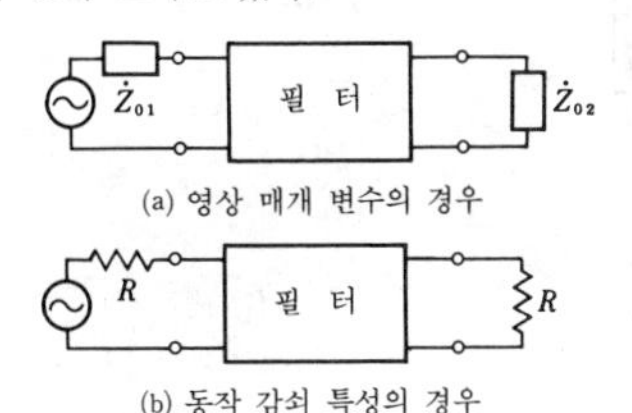

(a) 영상 매개 변수의 경우

(b) 동작 감쇠 특성의 경우

(2) 저주파 트랜스에서 전송 능률을 나타내는 데 쓰이는 양. 그림과 같이 내부 저항 r_1 의 전원과 부하 저항 R_L 을 트랜스를 통해서 접속했을 때의 공급 전력을, 이 트랜스를 이상 트랜스로 한 경우의 공급 전력에 대한 비(比)로 나타낸 감쇠량을 말하며, 다음 식으로 구해진다.

$$b_B = 20\log_{10}\frac{V_s}{2V_R} + 10\log_{10}\frac{R_L}{r_1}\ [\text{dB}]$$

working current 감동 전류(感動電流) 계전기의 코일에 전류를 흘려서 접점을 동작시키는 경우 조정 등에 의한 불균일이 있어도 반드시 동작한다고 보증된 전류의 하한.

workstation 워크스테이션 개인의 이용을 전제로 하여 각종 데이터 처리 기능을 갖는 분산형 컴퓨터. 사무실에서의 사무 환경, 용구(用具), 작업 절차를 전자화한 것으로, 이것을 이용함으로써 데이터의 축적, 검색, 전달 등의 정보 처리 업무를 손작업에 비해 훨씬 효율적으로 처리할 수 있는 이점이 있다.

World Administrative Radio Conference 세계 무선 통신 주관청 회의(世界無線通信主管廳會議) =WARC

wound core 권철심(捲鐵心) 자성 재료의 얇은 띠를 고리 모양으로 감아서 만든 철심을 말한다.

wow and flutter 와우 · 플러터 ① 포노모터 턴테이블의 회전 불균일을 말하며, 주파수 성분이 0.5~6Hz 정도까지의 것을 와우, 6~30Hz 정도까지의 것을 플러터라 한다. ② 테이프 리코더에서 테이프 속도의 변동으로 생기는 신호 주파수의 변동을 말하며, 그 변동 주기가 비교적 느린 것을 와우, 빠른 것을 플러터라 한다. 테이프 리코더에 의한 와우 · 플러터의 원인으로서는 캡스턴의 편심(偏心)이나 구동 장치 회전부의 편심, 공급 릴측의 테이프 장력의 불균일 등을 들 수 있다.

wow-flutter meter 와우 · 플러터계(-計) 레코드 플레이어나 테이프 리코더의 모터나 구동계의 회전 일그러짐(와우 · 플러터)을 재기 위한 측정기.

WP 워드 프로세서 =word processor

write 써넣기, 기록(記錄) 컴퓨터에서 기억 장치의 지정 장소에 정보를 넣는 것. 그 방법은 장치의 종류에 따라 다르나, 예를 들면 자기 디스크나 자기 테이프에서는 기록 매체인 자성체의 자화 상태를 신호 전류로 변화시킴으로써 행한다.

write enable ring 기록 허가 링(記錄許可-), 기록 가능 링(記錄可能-) 컴퓨터에 사용하는 자기 테이프 기억 장치의 자기 테이프에 붙여진 파일 보호 링. 자기 테이프에 데이터를 기록할 때 릴에 부착되는 링이다. 이것을 제거하면 기록을 할 수 없다. 즉, 잘못해서 기록하는 일이 없도록 파일을 보호하기 위한 것이다.

write protection 기록 보호(記錄保護) 기억 장치상에 기록된 데이터의 기록이나 갱신을 금지하는 것. 주기억 장치(가상 기억 장치를 포함), 보조 기억 장치의 파일 또는 데이터 세트가 대상이 된다.

write protector 기록 방지기(記錄防止器), 기록 보호기(記錄保護器) 보존 데이터가 들어 있는 플로피 디스크에 잘못 기록되는 것을 방지하는 수단의 하나로서 디스크에 프로텍트 노치를 뚫는 방법이 있다. 그를 위한 공구가 기록 방지기(기록 보호기)이며, 천공 펀치와 같은 구조이다.

WRU 당신은? =who are you?

x-axis X축(一軸) 가로 세로 두 차원을 갖는 모눈(方眼)이나 차트, 그래프에서의 가로 방향의 기준선.

X band X대역(一帶域) 5.2GHz(파장 5.77cm)부터 10.9GHz(파장 2.75cm)에 이르는 주파수 대역으로, 이것이 다시 X_a부터 X_k에 이르는 합계 12개의 부대역으로 나누어져 있다.

X-cut X판(一板) 수정에서 수정판을 잘라낼 때의 절단 방위에 의한 수정판 명칭의 하나로, 수정의 결정축 X에 대하여 직각으로 잘라낸 것. 주파수의 온도 특성은 2차 곡선으로 되어 비교적 낮은 고유 진동수를 가지고 있다.

xenon arc lamp 크세논 램프 고압의 크세논 가스를 사용한 방전등으로, 교류용과 직류용이 있다. 발광의 스펙트럼은 주광과 비슷하며, 휘도가 매우 높으므로 텔레비전 스튜디오의 조명, 재료 시험에서의 조사(照射), 스트로보스코프나 레이저용 광원 등 다양한 용도가 있다.

xerographic printer 전자 프린터(電子一), 정전 프린터(靜電一) 전자 사진법을 이용하여 문자를 인쇄하는 장치로, 고속이지만 값이 기계식에 비해 비싸다.

xerography 제로그래피 전자 사진의 일종으로, 셀렌 감광판에 정전 잠상(靜電潛像)을 만들고, 그곳에 착색 수지 분말을 뿌려서 인화지에 전사하는 방식이다.

XMT 송신(送信) transmit의 약어. 직렬(시리얼) 통신에 사용하는 신호.

X-ray CT X선 CT(一線一) →computer tomography

X-ray detector X선 검출기(一線檢出器) 고 에너지를 가진 양자(量子)인 X선은 그것을 흡수한 물질도 전리(電離)하는데, 이것은 전리 상자 등으로 직접 관측할 수 있고, 혹은 형광 효과나 사진에 의해서도 관찰할 수 있다.

X-ray diagnosis X선 진단(一線診斷) 신체에 X선을 조사(照射)했을 때 각부의 조성, 두께, 밀도 등의 차이에 따라서 X선이 투과하는 세기가 달라짐으로써, 또는 조형제를 써서 인공적으로 주위의 조직과 X선의 흡수도를 다르게 함으로써 생기는 음영 등을 형광상(螢光像)으로 나타내어 병소(病巢)의 발견, 또는 병의 진단을 하는 것을 말한다. 이것에는 육안으로 관찰하는 X선 투시와 필름에 촬영하는 X선 촬영이 있다.

X-ray lithography X선 리소그래피(一線一) 리소그래피에서 빛 대신 그보다 파장이 짧은 X선을 써서 하는 방법. →lithography

X-ray microscope X선 현미경(一線顯微鏡) X선원에 접근시켜 시료(試料)를 두고, 그것을 투과한 X선이 떨어져서 두어진 필름에 감광하도록 하여 확대된 X선상을 얻는 것. 이 경우 확실한 상을 얻을 목적으로 전자선을 조이기 위해 전자 렌지를 사용한다.

X rays X선(一線) 뢴트겐선이라고도 한다. 1895년 뢴트겐(Roentgen, 독일)에 의해서 발견되었다. 파장 10~0.001nm 범위의 전자파로, 물질을 잘 투과하고, 형광 작용, 전리(電離) 작용, 사진 작용이 있으며, 특히 생체에 여러 가지 영향을 준다. 재료의 비파괴 시험 장치 혹은 의학에 널리 쓰인다

X-ray spectroscopic analysis X선 분광분석(一線分光分析) 원자가 발하는 고유 X선은 각 원소에 고유의 파장을 가지므로 물질에서 나오게 한 X선의 파장을 측정함으로써 그 속에 포함하고 있는 원소의 정성 분석 및 정량 분석을 할 수 있다. 이 방법을 X선 분광 분석이라 하고, 조작이 빠르고, 감도가 일반의 화학 분석에 비해 높다는 것, 시료(試料)가 소량으로 족하다는 것 등 많은 특징이 있다.

X-ray television X선 텔레비전(一線一) X선에 느끼는 특수한 비디콘 또는 X선 형광 증배관과 촬상관을 조합시켜서 X선

상을 텔레비전 장치로 볼 수 있게 한 것으로, 공업용이나 의용(醫用)으로 사용된다. 의용의 것에서는 X선 장치와 수상기를 떨어진 곳에 설치하여 원격 진단하는 것도 있다.

X-ray therapy X선 치료(-線治療) X선을 인체에 조사(照射)하면 그 작용으로 세포의 일부가 파괴되어 조사량이 많으면 조직에 장해가 나타난다. X선의 영향을 받기 쉬운 것은 세포 분열일 때나 젊은 조직 등에서 병적 세포는 일반적으로 감수성이 높은 상태이므로 정상적인 세포를 보호하면서 병소(病巢)에 충분한 X선양을 주도록 하면 병적 조직을 효과적으로 파괴하여 치료의 목적을 달성할 수 있다. 피부 질환이나 암 치료에 이용된다.

X-ray thickness gauge X선 두께 측정기(-線-測定器) 물질에 의한 X선의 투과 흡수 작용을 이용하여 두께의 측정을 하는 장치. 시료(試料)에 X선을 조사(照射)했을 때 X선의 강도는 투과한 거리의 지수 함수로 감쇠한다. 따라서, 투과 X선 강도의 대수(對數)는 물질의 두께에 반비례하므로 투과 X선 강도를 측정하여 두께를 구할 수 있다.

X-ray tube X선관(-線管) X선을 발생시키기 위한 진공관. 음극은 텅스텐 필라멘트로, 전류에 의해 가열하여 열전자를 방출시킨다. 이에 대하여 양극에 수만 볼트 이상의 +고전압을 가하면 전자류는 고속으로 양극을 향해서 운동하고, 텅스텐, 몰리브덴 등으로 만든 대향극(對向極)에 충돌했을 때 그가 가지고 있는 에너지를 X선으로서 방출한다.

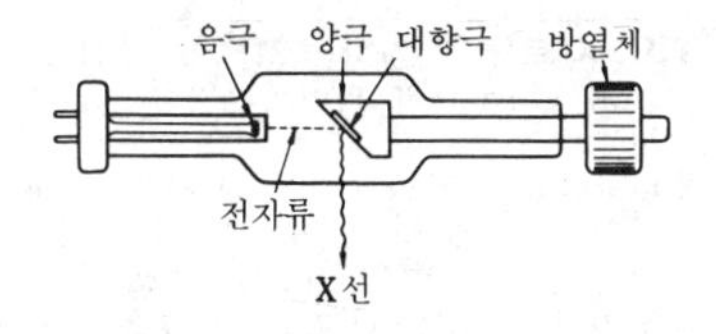

X series X시리즈 데이터 통신망에서 이용자의 데이터 단말 장치(DTE)와 망의 인터페이스 장치(모뎀)에 해당하는 데이터 회선 종단 장치(CDE)에 대하여 인터페이스를 확립하기 위해 CCITT에 의해 각국의 전기 통신 주관청(PTT)에 대하여 행하여지는 일련의 권고 문서. 디지털 단말 장치를 아날로그 공중망(전화망)에 인터페이스에 V시리즈가 있으나 X시리즈는 그 연장선상에

X-series interface X시리즈 인터페이스 데이터 통신망용의 CCITT 권고는 그 정리 번호의 머리에 "X"를 붙여서 구별되고 있는데 이 X시리즈 권고 중 데이터 단말 장치(DTE : 단, 컴퓨터도 포함)와 회선 종단 장치(DCE)와의 사이의 접속 조건을 정하는 일련의 규정에 따르는 인터페이스를 X시리즈 인터페이스라고 한다. 해당하는 권고에는 X.20, X.21, X.22, X.24, X.25, X.26, X.27. X.28, X.29 등이 있다.

XUV 극자외선(極紫外線) =extreme ultraviolet radiation →far ultraviolet ray

X-Y digitizer Z-Y 디지타이저 →digitizer

X-Y plotter X-Y 플로터 컴퓨터 시스템 출력 장치의 하나로, 중앙 처리 장치로부터의 출력 신호에 의해 지정되는 X-Y 좌표계의 값을 바탕으로 펜 등으로 직선이나 곡선을 그려 도형을 출력하는 장치.

X-Y recorder X-Y 기록계(-記錄計) 자동 평형 계기의 동작 원리를 이용하여 $y=f(x)$의 관계를 자동적으로 작도하는 장치. 2개의 자동 평형 계기 중의 한쪽에서 변수 x에 대응하여 펜을 X축 방향으로 이동시키고, 다른 쪽에서 함수 y에 대응하여 펜 또는 작도 용지를 Y축 방향으로 이동시킨다. B-H곡선, 히스테리시스 루프, 트랜지스터의 특성 곡선 등을 자동적으로 작성할 수 있다.

YAG 이트륨 알루미늄 가닛 yttrium aluminum garnet 의 약어. 분자식 $3Y_2O_3 \cdot 5Al_2O_3$.

Yagi antenna 야기 안테나 일본의 야기 씨가 고안한 지향성이 날카로운 안테나. 반파장 다이폴 안테나의 전방에 약간 짧은 도선(도파기), 후방에 약간 긴 도선(반사기)을 배열하여 단향성(單向性)의 날카로운 지향성을 갖게 하고 있다.

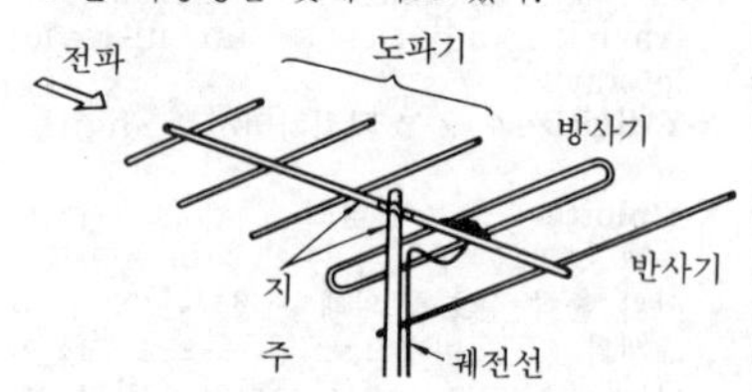

YAG laser 야그 레이저 YAG 결정을 사용한 레이저로, 고체 레이저 중에서 가장 널리 보급되고 있다. YAG결정을 적외선 램프 속에 두고 빛을 결정 속에서 여러 번 왕복시켜 레이저광을 꺼낸다. 파장은 1.06㎛이며, 광섬유 전송에 적합하다. 미세 가공 등에 위력을 발휘하며, 다방면에서 사용되고 있다. 1,000W 를 넘는 출력의 것도 있다.

yalo 얄로 알루민산 이트륨의 약칭으로, 분자식은 $YAlO_3$. 고체 레이저의 재료로서 쓰인다.

Y-amplifier Y 증폭기(-增幅器), 수직 증폭기(垂直增幅器) 오실로스코프에서의 신호 입력 회로(V 회로)에 있으며, 입력 신호를 증폭하는 광대역 증폭기.

y-axis Y 축(-軸) 가로 세로 두 차원을 갖는 모눈(方眼)이나 차트, 그래프에서의 세로 방향의 기준선.

Y-connection Y 결선(-結線) 3 상 교류 회로에서의 각 상(相) 접속법의 일종으로, 각 상의 종단을 한 곳에 묶은 결선 방법. 각 상의 전류는 선전류와 같고, 각 상의 전압은 선간 전압의 $1/\sqrt{3}$ 과 같다.

Y cut Y 판(-板) 수정의 Y 축에 직각으로 잘라낸 박판을 말한다. X 축과는 평행하게 된다.

YG beacon YG 비컨 VHF 대의 전파를 사용하여 지향성 안테나를 회전시켜 30° 마다 그림과 같은 12 문자의 방위 신호를 발사하는 항공용 비컨. 이 비컨은 장치가 소형이고 간단하므로 항공기에도 특별한 수신 장치를 필요로 하지 않는 이점은 있으나 측정 정밀도는 그다지 좋지 않다.

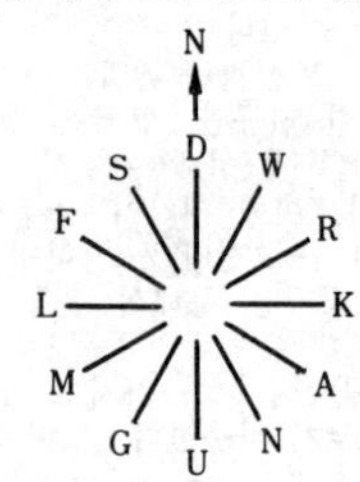

YIG 이트륨 철 가닛(-鐵-) yttrium iron garnet 의 약어. 분자식 $3Y_2O_3 \cdot 5Fe_2O_3$ 이다.

Y matching Y 정합(-整合) 비동조 궤전선(급전선)과 안테나를 임피던스 정합시키는 방식의 일종. 궤전선을 그림과 같이 Y 자형으로 접속하고, 길이 l 을 적당히 선택하여 정합을 도모한다.

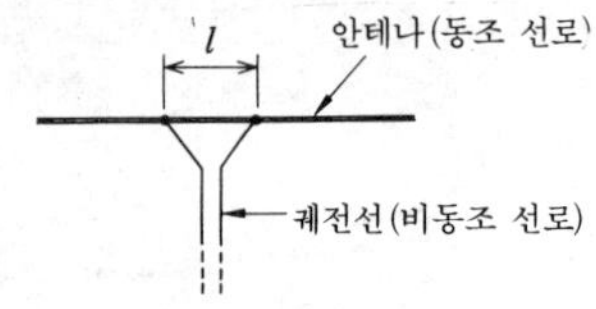

yoke 요크, 계철(繼鐵) 자극에 부착하여 자로를 구성하는 것으로, 자속의 통로가 될 뿐만 아니라 기기의 바깥틀을 겸하는 경우가 많다.

Y parameter Y 파라미터 4단자망을 $i_1=y_{11}v_1+y_{12}v_2$, $i_2=y_{21}v_1+y_{22}v_2$로 두었을 때

$$y_{11}=\left(\frac{i_1}{v_1}\right)_{v_2=0}$$ 을 입력 어드미턴스

$$y_{12}=\left(\frac{i_1}{v_2}\right)_{v_1=0}$$ 을 궤환 어드미턴스

$$y_{21}=\left(\frac{i_2}{v_1}\right)_{v_2=0}$$ 을 변환 어드미턴스

$$y_{22}=\left(\frac{i_2}{v_2}\right)_{v_1=0}$$ 을 출력 어드미턴스

라 하고, y_{11}, y_{12}, y_{21}, y_{22}를 총칭하여 Y파라미터라 한다. 이 파라미터는 트랜지스터의 고주파 회로를 다루는 데 적합하다.

Y rectifier circuit Y형 정류 회로(－形整流回路) 각각 120° 및 거기에 약간의 전류(轉流) 기간을 더한 기간 동안만 통전을 담당하는 셋 혹은 그 이상의 정류 분기를 가진 정류 회로.

Y signal Y신호(－信號), 휘도 신호(輝度信號) 컬러 텔레비전에서 화면의 휘도(밝기)를 나타내는 신호. 인간의 눈은 색에 대한 감도가 빛의 파장 즉 색에 따라 다르므로 3 이미지 오시콘 카메라로 촬상한 광경의 3원색 영상 신호에서 Y신호를 만들어내려면 눈의 색감도에 맞춘 비율로 3색 신호를 혼합할 필요가 있으며, 적, 녹, 청의 카메라 출력 전압을 각각 E_R, E_G, E_B로 하면 휘도 신호 E_Y는

$$E_Y=0.30E_R+0.59E_G+0.11E_B$$

가 된다. NTSC 방식에서는 흑백 텔레비전과의 양립성에서 이 Y신호를 흑백 수상기로 수상하면 흑백 화상을 재현할 수 있다. 또, 컬러 수상기로 흑백 방송의 전파를 수신하면 이 Y신호에 의해 흑백의 화면을 재현할 수 있다.

yttrium 이트륨 희토류 원소의 일종으로, 원소 기호는 Y. 그 산화물은 적색 형광체의 성분으로서 사용한다.

yttrium aluminum garnet 이트륨 알루미늄 가닛 ＝YAG

yttrium iron garnet 이트륨 철 가닛(－酸－) ＝YIG

yttrium oxide 이트륨 옥사이드 이트륨의 산화물(Y_2O_3)로, 적색 형광체의 주성분으로서 사용한다. 활성제로서 유로븀(Eu)을 더한 것은 휘도가 크다.

z-axis modulation z축 변조(一軸變調) 텔레비전 회로에서의 휘도 변조. →brightness modulation, intensity modulation

Zeeman effect 제만 효과(一效果) 빛이 자계 중을 통할 때 각 스펙트럼선이 다시 두 줄 또는 그 이상으로 나뉘는 현상을 말한다. 이의 관측에 의해 자기 양자수를 알 수 있다.

Zener breakdown 제너 항복(一降伏) pn 접합의 역방향 전류는 어느 일정한 값 이상의 역전압을 가하면 제너 효과에 의해서 급격히 증대하여 동작 저항이 거의 0으로 된다. 이 현상을 제너 항복이라 하고, 항복이 일어나는 전압을 제너 전압이라 한다.

Zener diode 제너 다이오드 제너 항복을 응용한 정전압 소자로, 정전압 다이오드와 전압 표준 다이오드의 두 종류가 있다. 전자는 정전압 동작을 목적으로 하며, 합금법 또는 확산법으로 만든 실리콘의 접합 다이오드로, 전압은 3~150V 이고 전력은 200mW~50W 의 범위에 사용된다. 후자는 정전압 다이오드의 제너 전압의 온도 변화율을 0.001~0.002%/K 정도로 매우 작게 한 것으로, 보통 2~3 개를 직렬 접속하여 카드뮴 표준 전지 대신 전압 표준으로서 사용된다.

Zener effect 제너 효과(一效果) 반도체에 강한 전계가 가해지면 가전자대에 있는 전자가 터널 효과에 의해 금재대(禁制帶)를 넘어서 전도대로 옮기기 쉽게 되기 때문에 전류가 크게 증대하는 현상.

zero beat 제로 비트 두 주파수 f_1과 f_2가 존재할 때 이것이 비직선 회로, 예를 들면 검파기 등을 통하면 $f_0=f_1 \pm f_2$의 새로운 주파수가 생긴다. 만일, $f_1=f_2$이면 $f_0=0$으로 된다. 이것이 제로 비트이다. 즉 임의의 주파수 f_x의 n배와 표준 주파수 f_s로 제로 비트를 얻을 때

$f_s=nf_x \qquad \therefore f_x=f_s/n$

로서 f_x를 구할 수 있다. n은 별도로 구한다.

zero-beat reception 제로 비트 수신(一受信) 국부 발진기에 의해서 발생한 반송 주파수의 전압을 써서 하는 수신 방식. 수신 회로는 입력 신호의 주파수 그 자체로 동작하고 있으며, 따라서 비트음이 생기지 않는다. 호모다인 수신이라고도 하며, 헤테로다인 수신에 대비되는 것이다.

zero-center scale 제로 센터 눈금 중앙 제로 위치 눈금이라고도 한다. 눈금의 제로 위치가 눈금판 중앙에 있으며, 지침은 그 입력의 성질에 따라서 제로 위치에서 오른쪽 또는 왼쪽으로 흔들린다.

zero compression 영압축(零壓縮) 컴퓨터에서 데이터 처리를 하고 있을 때 의미가 없는 선두의 제로를 기억 장치에서 제거하는 수법.

zerocrossing detection 제로 교차 검파(一交差檢波) 주파수 변조된 신호를 검파하는 방식의 하나이며, 주파수 변조파의 제로축을 자르는 횟수가 그 주파수에 따라 다른 것에 착안하여 이 횟수를 검출함으로써 복조 데이터 신호를 얻는 것.

zerocrossing detector 계수형 검파기(計數形檢波器) →zerocrossing detection

zero-cross switching 제로크로스 스위칭 교류 전원을 ON-OFF 동작할 때 교류 전압의 순시값이 0 부근에서 스위치를 개폐하여 돌입 전류나 과도 전압 등을 억제하는 방법. →zero-cross system

zero-cross system 제로크로스 시스템 교류 전원을 ON-OFF 하는 경우 전압의 순시값이 0으로 되는 부근에서 ON-OFF동작을 실행하는 방식. 대표적인 예로서 제로크로스형 SSR(solid state relay)가 있다. 0 부근에서 ON-OFF 동작을 함으로써 돌입 전류, 과도 전압 및 스위칭 노이즈를 억제하는 등의 효과가 있다.

zero-dispersion optical fiber 제로 분산 광섬유(一分散光纖維) →wavelength dispersion

zero method 영위법(零位法) 전압, 전류 등을 측정하는 경우에 기지(旣知)의 표준량을 준비하고, 이것과 평형을 잡음으로써 피측정량을 아는 방법. 계기의 바늘을 움직이는 방식에 비해 정밀도가 높은 계측을 할 수 있다.

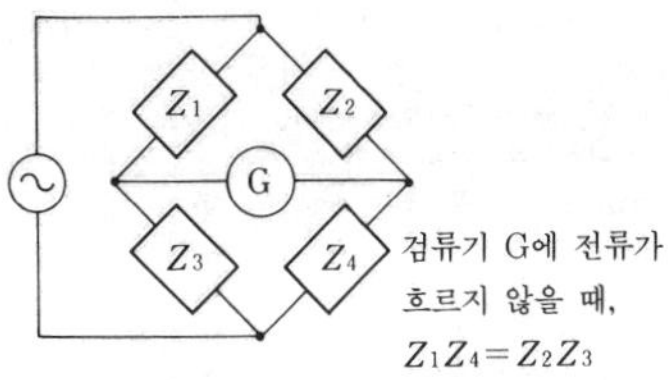

교류 브리지

zero-phase-sequence impedance 영상 임피던스(零相-) 3상 교류 회로의 각 상에 영상 전류가 흘렀을 때 생기는 각 상의 전압 강하의 영상 전류에 대한 비. 각 상의 영상 임피던스는 서로 같다.

zero potential 영전위(零電位) 전위가 없는 것을 말하는데, 보통 전위는 대지(지구)를 기준으로 하므로 대지와 같은 전위가 된다.

zero synchronization 제로 동조(—同調) 수동으로 각 축을 어떤 원하는 위치 근처에 이동시킨 다음, 자동적으로 그 정확한 위치에 결정할 수 있는 수치 제어 공작 기계의 기능. 어떤 원인으로 지령 신호와 공작기 위치의 동조가 무너진 경우의 복원에 쓰이는 것.

zero transmission level 제로 전송 기준(—傳送基準) 회선상에서 임의로 택한 한 점으로, 이것을 기준으로 하여 모든 상대적인 전송 기준이 정해진다.

Ziegler-Nichols method 지글러-니콜스법(—法) 프로세스 제어에서 자동 조절계의 실제적인 조정 방법의 하나. 매우 오래 전부터 실용화되고 있으며, 역사적으로 유명하다. 실제 프로세스의 계(系)의 특성을 살피면서 조정하는 방법으로, 근사 응답과 한계 감도법의 두 가지가 있다. 어느 것이나 PID 설정을 스텝 응답시의 출력 곡선이 비례 이득의 발진 한계 감도 등에서 최적값을 구해서 하도록 되어 있다.

Ziehen effect 치엔 현상(—現象), 인입 효과(引入效果) 발진기에 다른 공진 회로가 결합되어 있을 때 발진기의 발진 조건이 결합한 공진 회로의 영향을 받는 현상. 발진기와 공진 회로가 밀결합하게 되면 그림에서 C_1을 변화시켜 1차 공진 주파수 f_1을 변화시켰을 때 발진 주파수가 인입되어 히스테리시스 현상을 일으킨다.

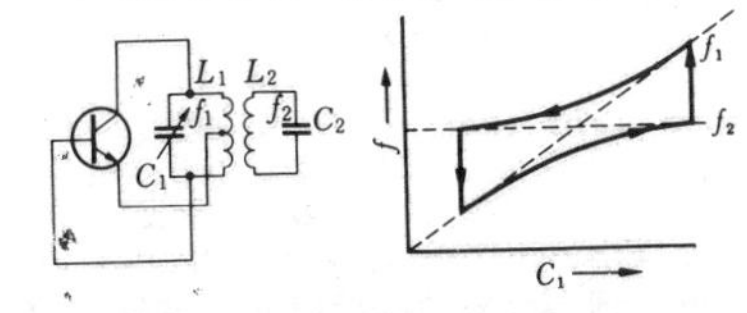

zirconia porcelain 지르코니아 자기(—瓷器) 산화 지르코늄(ZrO_2)을 원료로 하는 자기. 융점이 높으므로 내열성이 뛰어나고, 내 알칼리성 등 화학적으로도 안정하고 단단하므로 잘 깨지지 않는다는 등 장점이 많다. 노(爐)의 내화벽이나 차단기의 소호실에 사용되고, 또 산소 센서로도 사용되는 등 용도가 넓다.

Z marker Z 마커 항공기에 위치 정보를 주기 위해 역원뿔형의 지향성 전파를 수직으로 상공을 향해 발사하는 무선 표지 업무를 하는 설비. 이것은 주파수 75MHz의 VHF 대 전파를 사용하며, AN 식 레인지 비컨의 중심점을 지시하는 데 이용되고 있다.

zone 존 컴퓨터에 사용하는 데이터 카드에서 비트의 조합에 의해 문자, 숫자 또는 기호를 나타내는 경우, 숫자 이외의 문자나 기호를 나타내기 위해 사용하는 특정한 비트의 두어지는 위치를 존이라 한다. 예를 들면 80 자리의 카드에서는 그림과 같이 12 개의 천공 위치가 있으며, 숫자는 0 부터 9 까지의 천공 위치로 나타내어지나, 문자와 기호는 3 개의 천공 위치와 1 부터 9 까지의 숫자 천공 위치와의 조합으로 표시된다.

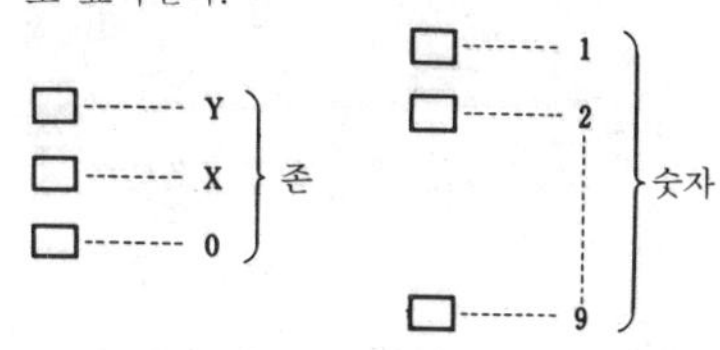

zone bit 존 비트 하나의 문자를 표현하는 1 바이트에서의 상위 4 비트.

zoned format 존 형식(—形式) 숫자 1문자를 1 바이트로 표현하는 데이터 표현 방법을 말한다.

zone leveling 존 레벨링 존 정제(zone refining)의 원리를 이용하여 용융 부분을 한 끝에서 다른 끝으로 통과시킴으로써 응고 후의 불순물 농도 분포를 고르게 하는 것.

zone melting 존 용융(—鎔融) 다결정 잉곳의 일부에 종자의 결정을 두고, 이 부분에서 존 용융법에 의해 용융 영역을 잉곳 길이 방향으로 이동시킴으로써 단결정을 성장시키는 방법.

zone purification 존 정제(－精製) 반도체 소자의 원료를 순화하는 방법으로, 그림과 같이 막대 모양의 원료를 어느 폭 만큼 용융하고, 그 부분을 서서히 이동시키면 후에 응고한 부분의 불순물 농도는 저하한다. 이것을 여러 번 반복하면 순도를 높일 수 있는데, 화합물(GaAs 와 같은)에는 이 방법은 쓰이지 않는다.

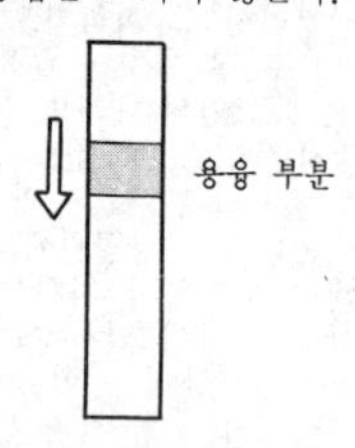

zone refining 대역 순화법(帶域純化法) 대역 용융 순화법 또는 줄여서 대역 용융법이라고도 한다. →zone purification

zone refining equipment 존 정제 장치(－精製裝置) 반도체의 정제에 사용하는 장치. 불순물을 포함한 반도체를 일단 융점 이상으로 가열한 다음 제냉(除冷)하고, 이것을 반복함으로써 재결정할 때 불순물이 감소하는(이것을 편석 현상이라 한다) 것을 이용하여 순도 99.9999%(식스 나인)의 것을 다시 진성 반도체에 가까운 곳까지 정제한다.

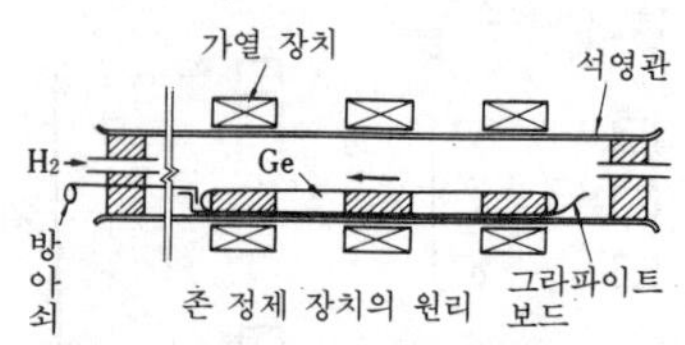

존 정제 장치의 원리

zoning 조닝 마이크로파의 렌즈 또는 반사기 표면의 여러 부분을 변화시켜(존 또는 스텝이라 한다) 마이크로파의 위상 머리 부분을 가지런히 하도록 제어하는 것. =stepping

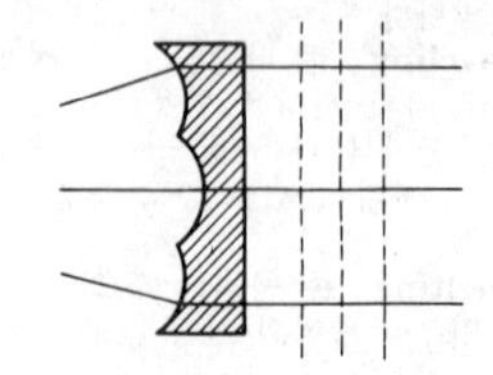

zoom in 줌 인 카메라의 가각(寫角)을 광각측에서 망원측으로 변화(화상을 확대)시키는 것. 반대로 사각을 광각측으로 바꾸어 화상을 축소시키는 것을 줌 아웃이라 한다. 광학계의 일부를 광축 방향으로 이동시켜서 초점 거리를 연속적으로 바꿀 수 있는 렌즈를 줌 렌즈라 하고, 최대 초점 거리(화상 확대)와 최소 초점 거리(화상 축소)의 비를 줌 비라 한다. 10 배 정도의 줌 비가 보통이다. 비디오 카메라 등에서는 표준 렌즈의 사각은 약 22°이다.

zoom lens 줌 렌즈 어떤 범위 내에서 초점 거리를 연속적으로 변화시킬 수 있는 렌즈. 렌즈의 밝기나 초점의 위치는 달라지지 않고 초점 거리만이 변화하므로, 카메라의 위치를 고정하여 가동 렌즈를 이동하기만 하면 여러 가지 숏 촬영을 할 수 있다. 많은 고정 렌즈와 가동 렌즈로 구성되어 있고, 초점 거리는 60～1,000mm까지 각종의 것이 있으며, 텔레비전 카메라나 영화용 카메라 등에 사용된다.

zooming 주밍 스크린 상의 이미지를 연속적으로 확대 혹은 축소하는 것. 현재 화면의 일부 영역을 스크린 가득히 확대한다든지, 반대로 스크린이 전경을 수용할 수 있기까지 화면을 축소하는 것.

z parameter z 파라미터, z 매개 변수(－媒介變數) 디바이스의 전기 특성을 등가 4 단자망으로 하여, 다음과 같이 표현할 때 쓰이는 z_{ik}마라미터로, 개방 임피던스라 한다.

$$\begin{bmatrix} v_1 \\ v_2 \end{bmatrix} = \begin{bmatrix} z_{11} & z_{12} \\ z_{21} & z_{22} \end{bmatrix} \cdot \begin{bmatrix} i_1 \\ i_2 \end{bmatrix}$$

예를 들면 z_{21}은 $z_{21} = [v_2/i_1]_{i_2=0}$이며 순방향 개방 임피던스이다.

Z transformation Z 변환(－變換) 시간에 대해서 불연속인 함수를 다룰 때 일반항이 f_n인 것과 같은 수열의 Z변환이란 일반항이 $f_n Z^{-n}$인 것과 같은 무한 수열의 합 $F(Z)$를 말한다. 단, Z는 복소수이다.

$$F(Z) = \sum_{n=0}^{\infty} f_n Z^{-n}$$

Zurich number 취리히수(－數) 태양의 활동성을 나타내는 평균의 흑점수. 스위스 취리히에서 세계로부터 수집한 관측값을 처리하여 얻은 값이다.

약 어

〔A〕

AAAI American Association for Artificial Intelligence 1
ABC automatic brightness control 1
ABC American Broadcasting Company 1
ABC Australian Broadcasting Commission 1
ABCC automatic brightness and contrast control 1
AC alternating current 5
ACAS airborne collision avoidance system 5
ACC automatic color control circuit 5
ACD automatic call distribution 8
ACE automatic calling equipment 8
ACIA asynchronous communication interface adapter 9
ACR approach control radar 11
ACU arithmetic and control unit 14
ACU automatic calling unit 14
AD automatic depository 14
ADC A-D converter 15
ADCCP advanced data communication control procedures 15
ADDRESS automatic dynamic range expansion system 16
ADF automatic direction finder 17
ADM adaptive delta modulation 18
ADP ammonium dihydrophosphate 19
ADP automatic data processing 19
ADPCM adaptive differential pulse code modulation 19
ADPS automatic data processing 19
AE acoustic emission 19
AEN articulation reference equivalent 19
AES Auger electron spectroscopy 20
AF audio frequency 20
AFC automatic frequency control 20
AFT automatic fine tuning 20
AGC automatic gain control 20
AGC automatic gauge control 20
AGC audiographic conference 20
AI artificial intelligence 21
ALGOL algorithmic language 23
ALU arithmetic and logic unit 28
AM amplitude modulation 29
AMI amplified MOS intelligent image 30
amp ampere 31
ANRS automatic noise reduction system 42
ANS answer mode 42
ANSCII American National Standard Code for Information Interchange 42
ANSI American National Standards Institute 43
APD avalanche photodiode 47
APF active pass filter 48
API application program interface 48
APL average picture level 48
APPC advanced program-to-program communication 48
APSS automatic program search system 49
APT automatically program tool 49
APWI airborne proximity warning indicator 49
ARC automatic resolution control 50
ARQ automatic request question 52
ARS automatic route selection 52
ARSR air-route surveillance radar 53
ARTCC air route traffic control center 53
ARTS automated radar terminal system 54
ARU audio response unit 54
ASCII American Standard Code for Information Interchange 54
ASDE airport surface detection equipment 55
ASF additional secondary phase factor 55
ASIC application-specific IC 55
ASK amplitude shift keying 55
ASO area of safe operation 55
ASR airport surveillance radar 55
ASR automatic send/receive set 55
ASTM American Society of Testing and Materials 56
AT&T American Telephone & Telegraph Company 58
ATC automatic train control 58
ATCT airport traffic control tower 58
ATDM asynchronous time division multiplex 58
ATM asynchronous transfer mode 58
ATM automatic teller machine 58

CNC computer numerical control 177
COAX coaxial cable 178
COBOL common business oriented language 179
COHO coherent oscillator 182
COM computer output microfilm 193
COMSAT Communications Satellite Corporation 210
cp candle-power 230
CPD charge priming device 230
CPU central processing unit 230
CRT cathode-ray tube 233
CRYOSAR cryogenic switching by avalanche recombination 234
CSMA common spectrum multiple access 237
CSMA carrier sense multiple detection 237
CSMA/CD carrier sense multiple access/collision detection 237
CSMP continuous system modeling program 237
CSO color separation overlay 237
CSWR current standing wave ratio 237
CT computer tomography 237
CTC centralized traffic control 237
CTD charge transfer device 237
CTL complementary transistor logic 237
CTR critical temperature resistor 237
CT/RT central terminal/remote terminal 237
CTS computer aided typesetting 237
CUG colsed users group 238
CVCF constant voltage constant frequency unit 241
CVD chemical vapor deposition method 241

〔D〕

DA disacomodation 244
DAC D-A converter 244
DAD digital audio disk 244
DASD direct access storage device 246
DAT digital-audio tape recorder 246
DB data base 252
dB decibel 252
dBa adjusted decibel 252
dBm decibels above 1 milliwatt 252
DBMS data base management system 252
dBmW decibel milliwatt 252
DC direct current 252
DC district center 252
DCE data circuit-terminating equipment 253
DCE data communication equipment 253
DCTL direct coupled transistor logic 254
DDA digital differential analyzer 255
DDC direct digital control 255
DDD direct distance dialing 255
DDM difference in depth of modulation 255
DF dumping factor 272
DF direction finder 272
DG differential gain 272
DG/DP differential gain/differential phase 272
DH double heterostructure 272
DIN Deutsches Institut fur Normung 288
DIP dual inline package 288
DLC data link control 303
DM delta modulation 303
DMA direct memory access 304
DME distance measurement equipment 304
DNC direct numerical control 304
DNR dynamic noise reduction 305
DOMSAT domestic communication satellite 305
DOS disk operating system 307
DOVAP Doppler velocity and position 311
DP differnential phase 312
DP dynamic programming 312
DPBX digital private branch exchange 312
DPCM differential pulse code modulation 312
DPE digital picture effect 312
DRAM dynamic RAM 313
DSI digital speech interpolation 316
DSU data service unit 316
DTE data terminal equipment 316
DTL diode transistor logic 316
DTP desktop publishing 316
DVM digital voltmeter 316
DX distance 316
DX duplex system 316
DYNAMO dynamic model 322

〔E〕

EAROM electrically alterable ROM 324
EBCDIC extended binary coded decimal interchange code 326
EBM electron-beam machining 326
EBR electron-beam recording 326
ECCS electronic concentrated engine control system 327

ECG electrocardiogram 327
ECL emitter coupled logic 328
ECR electronic cash register 329
ECR electron cyclotron resonance 329
ECTL emitter coupled transistor logic 329
EDI electronic data interchange 330
EDMOS enhancement driver depletion load MOS 331
EDP electronic data processing 331
EDPS electronic data processing system 331
EDTV extended definition television 331
EEPROM electrically erasable and programmable ROM 331
EEROM electrically erasable ROM 331
EFI electronic fuel injection 334
EFL emitter follower logic 334
EG envelope generator 334
EGI electronic gas injector 334
EHF extremely high frequency 334
EIA Electronic Industries Association 334
EIRP effective isotropically radiated power 335
EL electroluminescence 335
ELF extremely low frequency 363
EMC electromagnetic compatibility 364
EMF electromotive force 364
EMI electromagnetic interference 364
EOP electroposic 370
EOT end of tape marker 370
EP engineering plastic 370
EPBX electronic private branch exchange 370
EPID electrophoretic image display 370
EPIRB emergency position indicating radio beacon 370
EPROM erasable and programmable ROM 371
EPU execution processing unit 371
erl erlang 375
ERP effective radiation power 371
ESR electron spin resonance 376
eV electron volt 377
EVR electronic video recording 377
EWS engineering workstation 377

〔F〕

FA factory automation 383
FAMOS floating gate avalanche MOS 386
FCC Federal Communication Commission 388
FCI flux changes per inch 388
FD full duplex 388
FDD fiber distributed data interface 388
FET field effect transistor 394
FG frame ground 394
FGA floating-gate amplifier 394
FI fade in 394
FIT failure bit 401
FM frequency modulation 411
FMC flexible manufacturing cell 411
FMEA failure mode effect analysis 411
FMS flexible manufacturing system 412
FO fade out 413
FPP fixed path protocol 420
FPU field pickup 420
FRP fiber glass reinforced plastics 432
FSK frequency shift keying 433
FSS flying spot scanner 433
FTC fast time-constant circuit 433

〔G〕

G giga 438
Ga-As gallium arsenide 438
GB gigabyte 445
GCA ground control approach 445
GCR group coded recording 445
GCS gate controlled switch 445
GGG gadolinium gallium garnet 449
GHz gigaheltz 438
GPI ground-position indicator 453
GPIB general purpose interface bus 453
GPS global positioning system 453
GPSS general purpose system simulator 453
GPTE general purpose test equipment 453
GPWS ground proximity warning system 453
G/T gain over temperature 461
GTO gate turn-off thyristor 461

〔H〕

HA home automation 464
HBT heterobipolar transistor 471
HD hard disk 471
HDD hard disk drive 471
HDLC high level data link control 471
HDTV high definition television 471
HDX half-duplex 471
HEMT high electron mobility transistor 475
HF high frequency 477
HIC hybrid integrated circuit 478
Hi-Fi high fidelity 478

HIPO hierarchy plus input process output 484
HMI human-machine interface 484
HMI man-machine interface 484
HTL high level transistor logic 492
HUD headup display 492

〔I〕

IA isolation amplifier 499
IAGC instantaneous automatic gain control 499
IARU International Amateur Radio Union 499
IBM International Business Machines Corporation 499
ICAO International Civil Aviation Organization 499
ICT insulating core transformer 500
ICW interrupted continuous 500
IDD international distance dialing 500
IDDD international direct distance dialing 500
IDF intermediate distributing frame 500
IDP integrated data processing 501
IDTV improved definition television 501
IE industrial engineering 501
IEC International Electrotechnical Commission 501
IEEE Institute of Electrical and Electronic Engineers 501
IF intermediate frequency 501
IFF identification friend or foe 501
IFR instrument flight rules 501
IFRB International Frequency Registration Board 501
IFT intermediate frequency transformer 501
IGFET insulated gate FET 502
IHF Institute of High Fidelity Manufacturers 502
ILD injection laser diode 502
ILS instrument landing system 502
IM integration motor 502
INMARSAT International Marine Satellite Consortium 524
INS inertial navigation system 526
INTELSAT International Telecommunications Satellite Organization 532
IOCS input-output control system 546
IP integer programming 549
IP information provider 549
IPL initial program loader 549
IR infrared 549
IR interrogator-responsor 549
IRCC International Radio Consultative Committee 549
IRG inter record gap 549
IRS inertial reference system 550
ISAM indexed sequential access method 550
ISDB integrated services digital bradcasting 550
ISDN integrated service digital network 550
ISL instrument landing system 550
ISO International Organization for Standardization 550
ITDM intelligent time division multiplexing 550
ITU International Telecommunication Union 552
I²L integrated injection logic 552

〔J〕

JIS Japanese Industrial Standards 553

〔K〕

KB kilobytes 557
Kb kilobit 557
KBS Korean Broadcasting System 557
KDD Kokusai Denshin Denwa Co. 557
KDP kalium dihydrogen phosphate 558
KS Korean Standards 563
KSR keyboard send/receive set 563
KTA Korea Telecommunication Association 564
KTN kalium tantalum-niobate 564
kVA kilovolt ampere 564
kW kilowatt 564
kWh 564

〔L〕

LA laboratory automation 565
LAN local area network 566
LANER light activated negative emitter resistance 567
LAS light activated switch 568
LASCR light activated silicon controlled rectifier 568
LC line concentrator 573
LCD liquid crystal display 573
LCR least cost routine 573
LCU line control unit 574
LD laser diode 574

LD laser disk 574
LD line-time waveform distortion 574
LDV laser Doppler velocimeter 574
LED light emitting diode 577
LF low frequency 579
LID leadless inverted device 579
LIFO last in first out 580
LILO last in last out 583
LOCOS localized oxidation of silicon 599
LP linear programming 610
LSB least significant bit 610
LSD large scale integration 610
LSTTL low power Shottky transistor transistor logic 610
LUF lowest usable frequency 610
LV laser vision 612

〔M〕

MAC multiplied analog component 613
MADT microalloy diffused transistor 614
MADT mean actual down time 614
MAN medium area network 629
MAVAR mixer amplification by variable reactance 636
MBE molecular beam epitaxy 639
MDF main distribution frame 640
MDI magnetic direction indicator 640
MDS microcomputer development system 640
ME medical electronics 640
ME microelectronics 640
ME molecular electronics 640
MES-FET metal semiconductor field-effect transistor 646
MF medium frequency wave 650
MHS message handling system 650
MICR magnetic ink character reader 651
MIL Military Specifications 656
MIS management information system 659
MIS IC metal insulated semiconductor 569
MLS microwave landing system 661
MMIC monolithic microwave 661
MNOS metal nitride oxide semiconductor 661
MOCVD organometallic compound CVD 662
MOS metal-oxide semiconductor 669
MOS-FET metal-oxide semiconductor field effect transistor 669
MPU microprocessor unit 672
MSB most significant bit 672
MSC message switching concentration 672
MSD most significant digit 672
MS-DOS Microsoft Disk Operating System 673
MSI medium scale integration 673
MTBF mean time between failure 673
MTE mean time between error 673
MTI moving target indicator 673
MTTR mean time to repair 673
MUF maximum usable frequency 673
MUT mean up time 682
MUX multiplex 683

〔N〕

NAB National Association of Broadcasters 684
NARTB National Association of Radio and Television Broadcasters 685
NC numerical control 686
NC no connection 686
NCU network control unit 686
NDB non-directional radio beacon 686
NdPP neodymium pentaphosphate 686
NFB negative feedback 692
NFB no-fuse breaker 692
NG number group 692
NIS national information system 693
NMOS n-channel MOS 693
NMR nuclear magnetic resonance 693
NMS network management system 693
NRZ non-return to zero 707
NRZI non-return to zero 707

〔O〕

OA office automation 711
OBD optical bistable device 711
OCR optical character recognition 712
OCR optical character reader 712
OCS operation control system 712
ODR omnidirectional radio range 713
OEIC optoelectronic integrated circuit 713
OEM original equipment manufacturing 713
OFT optical fiber tube 714
OIS office information system 715
OLTS on-line test system 715
OMR optical mark reader 716
OMS Ovonic memory switch 716
OPC organic photoconductive cell 718
OPT output transformer 720
OR operations research 728
OR originating register 728

OS operating system 730
OS/2 operating system/2 730
OSI open system interconnection 731
OSPER ocean space explorer 731
OT output trunk 731
OTF optical transfer function 731
OTL output transformerless 731
OWF optimum working frequency 735

〔P〕

PABX private automatic exchange 736
PAD problem analysis diagram 737
PAM pulse amplitude modulation 739
PAR precision approach radar 739
PATTERN planning assistance through technical evaluation of relevance number 739
PBX private branch-exchange 748
PC personal computer 748
PCB printed circuit board 748
PCB process control block 748
PCM pulse code modulation 748
PCM piezoceram 748
PCS punch card system 748
PD plasma modulation 748
PDM pulse duration modulation 748
PDN public data network 748
PDP plasma display panel 748
PERT program evaluation and review technique 756
PFM pulse frequency modulation 756
PIA peripheral interface adapter 774
PIN-PD PIN photodiode 781
PIP path independent protocol 781
PIV peak inverse voltage 781
PKT packet 782
PL/I Programming Language/One 782
PLA programmable logic array 782
PLL phase-locked loop 786
PLM pulse locked loop system 786
PM preventive maintenance 787
PM phase modulation 787
PM photo multiplier 787
PNM pulse number modulation 787
POS point-of-sale 794
pot potentiometer 796
PPM pulse phase modulation 800
pps pulse per second 800
PROM programmable read only memory 812
PRR pulse repetition rate 815
PS photoelectron spectroscopy 815
PSE packet switching exchange 815
psec picosecond 815
PSK phase shift keying 815
PSTN public switched telephone network 815
PT packet mode terminal 815
PTM pulse time modulation 815
PUT programmable unjunction transistor 825
PVC polyvinyl chloride 825
PVD physical vapor deposition 825
PWM pulse width modulation 825

〔Q〕

Q quality factor 826
QAM quadrature amplitude modulation 826
QC quality control 826
QED quantum electrodynamics 826

〔R〕

RADA random access discrete address 834
RAM random access memory 846
RAP remote access point 847
RAWIN radar wind 850
RCA Radio Corporation of America 850
RCC rescue coordination center 850
RCTL resistor-condenser-transistor logic 851
RDF radio direction finder 851
READ relative element address designate 852
REGAL range and elevation guidance for approach and landing 865
RETMA Radio Electronics and Television Manufacturer's Association 881
RF radio frequency 886
RIAA Rocord Industrial Association of America 887
RIF radio influence field 887
RJE remote job entry 890
RMI radio magnetic indicator 890
ROM read only memory 892
RPG reprot program generator 894
RTCF real-time control facility 895
RTL resistor transistor logic 895
RTS request to send 895

〔S〕

SA store automation 897
SAW surface acoustic wave 902
SBC small business computer 902

SBC sub-band coding 902
SCA subsidiary communicator's authorizations 902
SCR silicon controlled rectifier 910
SCS silicon controlled switch 911
SCSI small computer system interface 911
SDM space division multiplexing 911
SDMA space division multiple access 911
SE system engineering 912
SEC secondary-electron conduction 912
SELCAL selective calling system 917
SEM scanning electron microscope 922
SEPP single-ended push-pull amplifier 927
SHF centimeter wave 936
SI Systèm International d'Unitès 940
SIG special interest group 940
SIMSCRIPT simulation scriptor 946
SINAD signal plus noise plus distortion to noise plus distortion ratio 947
SIP single in-line package 952
SIT silicon intensifier target tube 952
SIT static induction transistor 952
SITA Societe Internationale Telecommunications Aeronautiques 952
SNG satellite news gathering 959
SODAR sound detecting and ranging 960
SOG spin on glass 961
SOI semiconductor on insulator 961
SOR synchrotorn orbital radiation 964
SOS silicon on sapphire 964
SPE solid phase epitaxy 971
SPS satellite power system 978
SQUID super conducting quantum interference device 980
SRAM static RAM 980
SSG standard signal generator 980
SSI small scale integration 981
SSI sector scan indicator 981
SSMA spread spectrum multiple access 981
SSPG satellite solar-power generation 981
SSR secondary surveillance radar 981
SSRA spread spectrum random access 981
SSS silicon symmetrical 981
SS/TDMA satellite switched TDMA 981
STALO stable local oscillator 984
STDM synchronous time-division multiplexing 991
STL studio-transmitter link 997
STM surface trend mounting 997
STM scanning tunneling microscope 997
STTL Shottky transitor transistor logic 1003
S-VHS super-VHS 1014
SWR standing wave ratio 1017
SYSOP system operator 1021

〔T〕

TAB tape automated bonding 1023
TB terabyte 1027
TBC time-base correction 1027
TC transmission control 1027
TC terminal controller 1027
TCM time compression multiplexing 1028
TCM trellis-coded modulation 1028
TCNQ tetracyano-quino-dimethane 1028
TCU transmission control unit 1028
TD transmitter distributor 1028
TDM time division multiplex 1028
TDMA time division multiple access 1028
TED transfer electron device 1029
TEL terminal endpoint identifier 1029
TFT thin film transistor 1040
TGC triglycine sulfate 1040
TGN trunk group number 1040
TIF telephone influence factor 1057
TSC thermally stimulated current 1087
TSI threshold signal-to-interference ratio 1087
TSL three state logic 1087
TSS time sharing logic 1087
TIF tetrathiofubalenium 1087
TTL transistor transistor logic 1087
TTW teletypewriter 1087
TV television 1092
TVI television interference 1092
TVOR terminal VOR 1092

〔U〕

UART universal asynchronous receiver transmitter 1097
UHF ultra high frequency 1097
UJT unijunction transostor 1097
ULSI ultra large scale integration 1097
UPC universal product code 1106
UPS uninterruptible power supply 1107
URSI Union Radio-Scientifique Internationale 1107

VAB voice answer back 1109
VAC volts alternating current 1109
VAN value added network 1110

VAR value-added reseller 1110
VAR value-aural range 1110
VAS value added service 1114
VASIS visual approach slope indicator system 1114
VCM voice coil motor 1114
VCO voltage controlled oscillator 1114
VDS variable-depth sonar 1114
VDT visual display terminal 1114
VDU visual display unit 1114
VFD visual fluorescent display 1120
VFO variable frequency oscillator 1120
VHF very high frequency 1120
VHS video home system 1120
VHSIC very high speed integrated circuit 1120
VLF very low frequency 1127
VLSI very large scale integration 1127
VMOS V-type metal-oxide semiconductor 1127
VODAS voice operated device antisinging 1128
VOGAD voice-operated gain adjusting device 1128
VOM volt-ohm-milliammeter 1135
VOR VHF omnidirectional radio range 1135
VOX voice operated transmitting 1136
VRAM video RAM 1136
VRS video response system 1136
VSAM virtual storage access method 1136
VSAT very small aperture terminal 1136
VSB vestigial sideband 1136
VSWR standing wave ratio 1136
VTR video tape recorder 1136
VTVM vacuum tube voltmeter 1136
VU volume unit 1136

〔W〕

W watt 1138
WADS wide area data service 1138
WARC Word Administrative Radio Conference 1138
WATS wide area telephone service 1139
WP word processor 1151
WRU who are you? 1151

XMT transmit 1152
XUV extreme ultraviolet radiation 1153

YAG yttrium aluminum garnet 1154
YIG yttrium iron garnet 1154

한 글 색 인

〔ㄱ〕

summing operational unit 1007
가산 적분기
integrating amplifier 531
summing integrator 1007
가상 공간 virtual space 1126
가상 기억 virtual storage 1126
가상 기억 접근법
virtual storage access method 1126
VSAM 1136
가상 단말 virtual terminal 1126
가상 음극 virtual cathode 1125
가상 접지
pseudo earthing 815
virtual earth 1126
virtual ground 1126
가상 접합 온도
virtual junction temperature 1126
가상 회선(접속)
virtual circuit (connection) 1125
가색 과정 additive color process 16
가색법
additive color mixing method 16
가색 혼합 additive mixture 16
가색 혼합법 additive color process 16
가선 전류계 line current tester 588
가소제 plasticizer 784
가속 계수 acceleration factor 6
가속기 accelerator 6
가속도계 acceleration gauge 6
가속 수명 accelerated aging 5
가속 수명 시험 accelerated test 5
가속 시간 accelerating time 5
가속 시험 accelerated test 5
가속 영역 acceleration space 6
가속 전극 accelerating electrode 5
가속 전압 accelerating voltage 6
가속 콘덴서 speed-up capacitor 975
가수 argument 51
가스관형 서지 피뢰기
gas-tube surge arrester 443
가스 기구 자동 점화 장치
gas-heater automatic lighter 442
가스 다이내믹 레이저
gas dynamic laser 442
가스 다이오드 gas diode 442
가스 발생 gassing 443
가스 방전 표시 장치
gas-discharge display 442
가스 봉입 광전관
gas-filled phototube 442
가스 봉입 전자관 gas tube 443
가스 봉입 전자관 완화 발진기
gas-tube relaxation oscillator 443
가스 분석계 gas analyzer 441
가스 에칭 vapor etching 1111
가스 잡음 gas noise 443
가스 전지 gas cell 441
가스 증폭
gas amplification 441
gas multiplication 443
가스 증폭도
gas amplification factor 441
가스 증폭률
gas amplification factor 441
가스 집속 gas focusing 442
가스 충전 보호 장치
gas filled protectors 442
가스 케이블 gas-filled cable 442
가스 크로마토그래프
gas chromatograph 441
가스 패널 gas panel 443
가스 폴로 계수관
gas-flow counter tube 442
가스 폴로 오차 gas flow error 442
가스 플라스마 표시 장치
gas-plasma display 443
가시·가청 라디오 레인지 VAR 1111
가시 거리
line-of-sight distance 590
optical distance 722
가시 거리내 통신
line-of-sight communication 590
가시 및 근적외선 라디오미터 AVNIR 79
가시 방사 visible radiation 1127
가시 시간 viewing time 1125
가시외 통신 over the horizon communication 734
가시 진입각 표시 방식
VASIS 1114
visual approach slope indicator system 1127
가시 표시 장치 visual display 1127
가시 형광 표시 장치
VFD 1120
visual fluorescent display 1127
가역 계수기 reversible counter 885
가역 부스터 reversible booster 885
가역 시프트 레지스터
reversible shift register 885
가역 임피던스
reciprocal impedance 855
가역 전극 reversible electrode 885
가역 전력 변환 장치
reversible power converter 885
가역 전지 reversible cell 885
가역적인 암전류 증가
reversible dark current increase

감압 기록 pressed recording 802
감압 다이오드
pressure sensitive diode 803
감압 키보드
pressure sensitive keyboard 803
감압 트랜지스터
pressure sensitive transistor 803
감연 소자 smoke senser 958
감열 기록
thermal sensitive recording 1043
감열 기록 방식
thermal recording 1042
감열식 인자 장치
thermal printer 1042
감열식 프린터 thermal printer 1042
감열지 thermal paper 1042
감온 리드 스위치
thermal sensitive switch 1043
감온 소자
temperature transducer 1037
thermal senser 1042
감자 곡선
demagnetization curve 265
demagnetization factor 265
감자기 저항체
magnetosensitive resistor 626
감자력 demagnetizing force 265
감자율 demagnetization factor 265
강 구조 시스템
hard structure system 469
강도 경보 시스템
burglar-alarm system 131
강도 레벨 intensity level 533
강성도 stiffness 996
강수 공전 precipitation static 801
강수 산란
precipitation scattering 801
강압 변압기
step-down transformer 993
강우 감쇠 rainfall attenuation 845
강우 산란 rain clutter 845
강유전 물질
ferroelectric material 393
강유전성 RAM
ferroelectric RAM 393
강유전체 ferroelectric substance 393
강유전체 자기
ferrodielectric ceramics 393
강자성 공진
ferromagnetic resonance 393
강자성 박막
ferromagnetic thin film 393
강자성 반도체
ferromagnetic semiconductor 393
강자성체
ferromagnetic substance 393
강자성형 계기
ferrodynamic instrument 393
강전해질 storong electrolyte 1000
강제 공랭관
forced-air cooling tube 415
강제 동기 forced synchronization 415
강제 모드 동기
forced mode locking 415
강제 복구 forced release 415
강제 응답 forced response 415
강제 전류 forced commutation 415
강제 진동 forced oscillation 415
강하 시간 fall time 386
강화 플라스틱
fiberglass reinforced plastics 394
FRP 432
개구 aperture 47
개구 면적 aperture plane 48
개구 시간 aperture time 48
개구 안테나 aperture antenna 47
개구 어드미턴스
aperture admittance 47
개구 일그러짐 aperture distortion 47
개구 효율 aperture efficiency 47
개구부 일루미네이션
aperture illunination 47
개구수
NA 684
numerical aperture 709
개로 open circuit 718
개방 루프 open loop 718
개방 루프 제어 open-loop control 718
개방 스탠드오프비
intrinsic stand-off ratio 544
개방 일괄 처리
open batch processing 718
개방 임피던스
open-circuit impedance 718
개방 전달 임피던스
open-circuit transfer impedance 718
개방 전압비 stand-off ratio 988
개방 컬렉터 게이트
OC-gate 712
open collector gate 718
개방형 시스템 open system 718
개방형 시스템 상호 접속
open system interconnection 718
개방형 시스템 상호 접속 OSI 731
개방형 시스템의 인터페이스
open system interface 718
개별 부품 discrete part 298

개별 수신 individual reception 515
개별의 discrete 298
개별 제어 방식
individual control system 515
개별 집적 회로 discrete IC 298
개선 임계값
improvement threshold 510
개시 비트 start bit 988
개인용 컴퓨터
PC 748
personal computer 756
개인용 컴퓨터 통신
communication between personal computers 198
개입 intrusion 544
개재 심선 intervence core 543
개접점 break contact 122
개폐기 switch 1015
개폐 신호 gate signal 444
개회로 자동 제어계
open-loop automatic control system 718
객체 중심 object oriented 711
갭 gap 441
갭 손실 gap loss 441
갭 어드미턴스 gap admittance 441
갭 충전 레이더 gap filter radar 441
갭 콘덴서 gap condenser 441
갱신 update 1106
거리 마커
distance mark 300
range marker 847
거리 분해능
distance resolution 300
range resolution 847
거리 측정 장치
distance measurement equipment 300
DME 304
거울 검류계
mirror galvanometer 659
거짓 탐지 false contact 386
거치 deferred 259
거치 엔트리 (이그짓)
deferred entry 259
거치 처리 deferred processing 260
거치 축전지 stationary battery 991
거치 퇴거 deferred exit 259
거친 색신호
coarse chrominance primary 178
거품 자구 bubble domain 129
거품 플라스틱 foamed plastics 413
건 다이오드 Gunn diode 462
건 발진기 Gunn oscillator 462
건 효과 Gunn effect 462
건반 송수신 장치
keyboard send/receive set 559
KSR 563
건반 천공기 keyboard perforator 559
건식 기록 dry type recording 315
건식 변압기
dry type transformer 315
건식 전해 콘덴서
dry type electrolytic capacitor 315
dry type electrolytic condenser 315
건식 트랜스
dry type transformer 315
건전지 dry cell 315
건조한 회로 dry circuit 315
검공기 verifier 1116
검광자 analyser 38
검류계 galvanometer 440
검류계 분류기
galvanometer shunt 440
검류계 상수
galvanometer constant 440
검류계용 분류기
shunt for galvanometer 939
검류기 ground detector 457
검사
check 163
inspection 526
testing 1039
검사 숫자 check digit 163
검사 시스템 testing system 1039
검사 표시기 check indicator 164
검사 프로그램 check routine 164
검전기 electroscope 359
검출기 detector 271
검출률 detectability factor 269
검출 방법 detecting means 270
검출부
detecting element 270
primary detecting element 804
검출 확률 detection probability 270
검출후 재전송 방식
automatic repeat request 74
검파 detection 270
검파기 detector 271
검파 일그러짐
distortion of detection 301
검파 중계 방식
detecting and repeating system 270
detection repeating system 270
검파 회로 detection circuit 270
검파 효율 detection efficiency 270

고조파 성분
harmonic components 469
고조파 시리즈 harmonic series 470
고조파 안테나 harmonic antenna 469
고조파 일그러짐
harmonic distortion 470
고조파 저지 장치
harmonic suppressor 470
고주파
HF 477
high frequency 478
radio frequency 841
고주파 가열 radio heating 841
고주파 건조
high-frequency dryness 479
고주파 목재 건조
high-frequency wood drying 481
고주파 바이어스 방식
high-frequency bias method 479
고주파 반송 전신
high-frequency carrier telegraphy 479
고주파 발전기
high-frequency generator 480
high-frequency oscillator 480
고주파 브리지
high-frequency bridge 479
고주파 스퍼터링
high-frequency sputtering 480
고주파 안정화 아크 용접기
high-frequency stabilized arc welder 480
고주파 용접기
high-frequency welder 480
고주파 유도 가열
high-frequency induction heating 480
고주파 유도 가열기 또는 유도로
high-frequency induction heater or furnace 480
고주파 유전 가열
high-frequency dielectric heating 479
고주파 자심 high-frequency core 479
고주파 재봉기
high-frequency sewing machine 480
고주파 저항
high-frequency resistance 480
고주파 증폭
high-frequency amplification 479
고주파 증폭기
high-frequency amplifier 479
고주파 차폐 RF shielding 886
고주파 트랜스
radio-frequency transformer 841
고주파 트랜지스터
high-frequency transistor 480
고준위 주입 high-level injection 481
고차 전파 모드
higher-order transmission mode 478
고착 고장 stuck fault 1003
고착 전압 sticking voltage 996
고체 solid state 962
고체 레이저
solid laser 962
solid state laser 963
고체 메이저 solid state maser 963
고체 물리학 solid-state physics 963
고체 전송음 solid-borne sound 962
고체 전해질 전지
solid electrolytic cell 962
고체 전해 콘덴서
solid electrolytic capacitor 962
고체 전해 콘덴서
solid electrolytic condenser 962
고체 주사 solid-state sacanning 963
고체 촬상 소자
solid state pick-up device 963
고체 카메라 solid-state camera 963
고체 회로 solid circuit 962
고충실도
Hi-Fi 478
high fidelity 478
고충실도 VTR
high fidelity VTR 478
고충실도 증폭기
high fidelity audio amplifier 478
고충실 신호 high-fidelity signal 478
고투자율 재료
high permeable magnetic material 482
고품위 텔레비전
HDTV 471
high definition television 478
high quality television 482
high-level definition television 481
고해상도 텔레비전
high quality television 482
고화 maturing aging 636
곡률 반경 radius curvature 845
곡선 추적 장치 curve follower 240
골도 bone conduction 118
골드 본드 다이오드
gold bond diode 452
골무형 프린터 thimble printer 1048

기본 논리 회로
fundamental logic circuit 436
기본 단위
basic units 96
fundamental unit 436
기본량 fundamental quantity 436
기본 모드 fundamental mode 436
기본 부품 basic part 95
기본 성분
fundamental component 436
기본 입출력 시스템
basic input-output system 95
기본 전력 fundamental power 436
기본 주파수
fundamental frequency 436
기본 직접 접근 방식
base direct access method 95
기본 직접 접근 방식
BDAM 97
basic telecommunication access method 96
기본 통신 접근 방식 BTAM 128
기본파 fundamental wave 436
기본 펄스 basic pulse 95
기본형 basic mode 95
기본형 데이터 전송 제어 절차
basic mode data transmission control procedure 95
기본형 링크 제어
basic mode link control 95
기본 효율
fundamental efficiency 436
기상 MTI
airborne moving-target indicator 21
기상 레이더
airborne radar 21
weather radar 1142
기상 성장 vapor growth 1111
기상 원조 업무
meteorological aids service 649
기상 위성 weather satellite 1142
기상 접근 경보 지시기
airborne proximity warning indicator 21
APWI 49
기상 충돌 방지 장치
ACAS 5
airborne collision avoidance system 21
기생 변조 incidental modulation 512
기생 사이리스터
parasitic thyristor 744
기생 소자 parasitic element 743
기생 진동 parasitic oscillation 743
기생 진동 억압기
parasitic suppressor 743
기생 트랜지스터
parasitic transistor 744
기선 base line 94
기선 reference line 862
기선 연장선
reference line extension 862
기수 radix 845
기수 조파 odd harmonics 713
기술 technology 1029
기술 권리 know-how 562
기술 시험 위성
technical test satellite 1029
기술어 descriptor 269
기술자 descriptor 269
기술 지식 know-how 562
기술 평가
technology assessment 1029
기술 혁신 technical innovation 1029
기약 시스템 reduced system 860
기억 storage 998
기억 계층 memory hierarchy 644
기억 덤프 storage dump 998
기억 레지스터
memory register 644
storage register 999
기억 밀도 recording density 856
기억 셀 memory cell 643
기억 소자
memory element 644
storage element 999
기억 용량
memory capacity 643
storage capacity 998
기억 이미지 storage image 999
기억이 없는 채널
memoryless channel 644
기억 장소 storage location 999
기억 장치
memory 643
storage 998
storage device 998
store 999
기억 제어 장치
storage control unit 998
기업 정보 시스템
BIS 110
business information system 133
기자력 magnetomotive force 626
기저 변수 basic variable 96
기저 상태 메이저
ground-state maser 458

〔ㄴ〕

cold-cathode emission 183
냉접점 cold junction 184
냉접점 자동 보상기
cold junction automatic compensator 184
널 null 708
널 게이트 null gate 708
널 모뎀 null modem 708
널 모뎀 어댑터
null modem adapter 708
널 사이클 null cycle 708
널 포인트 null point 709
넘버 그룹
NG 692
number group 709
네거트론 negatron 689
네거티브 글로 negative glow 688
네거티브 클램프 회로
negative clamping circuit 688
네마틱 액정 nematic liquid 689
네사막 NESA coat 689
네사 글라스 Nesa glass 690
네오프렌 Neoprene 689
네온관등 neon tube lamp 689
네온 램프 neon lamp 689
네온 사인 neon sign 689
네임 플레이트 name plate 684
네크 섀도 neck shadow 687
네트워크 network 690
네트워크간 접속 inter-networking 542
네트워크 구성
network architecture 690
네트워크 아키텍처
network architecture 690
네트워크 오퍼레이터
network operator 690
네트워크의 최적 구성
optimum network synthesis 727
네퍼 neper 689
넥 neck 687
노드 node 694
노드 내 어드레싱
intranode addressing 543
노링잉 통신
no-ringing communication 704
노모그래프 nomograph 699
노볼락 수지 novolac resin 707
노스·슬레이브 좌표계
north-slaved coordinate system 705
노스업 표시 north-up display 705
노스퍼 NOSFER 706
노어 회로 NOR circuit 704
노이만의 정리 Neumann's law 690
노이만형 컴퓨터
Neumann type computer 690
von Neumann type computer 1135
노이즈 게이트 noise gate 695
노이즈 리듀서 noise reducer 696
노이즈 시뮬레이터
noise simulator 697
노이즈 필터 noise filter 695
노점계 dew point instrument 272
노정차 path difference 747
노치 필터 notch filter 706
노칭 notching 706
노튼의 정리 Norton's theorem 705
노트북 컴퓨터
notebook computer 706
노크 온 knock on 562
노트형 개인용 컴퓨터
notebook-sized personal computer 706
노하우 know-how 562
녹음 바늘 recording stylus 857
녹음 장치
sound recording system 967
녹음 채널 recording channel 856
녹음 편집형 음성 합성기
voice assembling speech synthesizer 1128
녹음 헤드 recording head 856
녹화 picture recording 775
논리 게이트 logic gate 601
논리 계전기 logic relay 601
논리곱
AND 38
logical product 600
논리곱 소자 AND element 39
논리곱 신호 gate singnal 444
논리곱 연산 AND operation 39
논리곱 회로 AND circuit 39
논리 기억 logic in memory 601
논리 기호 logical symbol 601
논리 대수 logical algebra 600
논리도 logic diagram 601
논리 레벨 logical level 600
논리 링크 logical link 600
논리 분석기
logic analyzer 600
logic analyzer 601
논리 소자
logic element 601
logical element 600
논리 시프트 logical shift 600
논리 LSI
large scale integrated logic circuit 567

논리 인터페이스 logical interface 600
논리 장치 번호
logical unit number 601
논리적 통신로 logical channel 600
논리 채널 logical channel 600
논리 카드 logic card 601
논리 파일 logical file 600
논리합 logical sum 601
논리합 게이트 OR gate 729
논리 회로
logic circuit 601
logical circuit 600
logical operation circuit 600
논리 회로도
logic circuit diagram 601
논임팩트 프린터
non-impact printer 700
논프레스 콘 non-press cone 702
논플레이너 회로망
non-planar network 702
농담식 녹음 트랙
variable density track 1113
농도계 densitometer 265
농도 슬라이싱 density slicing 266
농축 우라늄 enriched uranium 369
농형 안테나 cage antenna 136
뇌격 lightning stroke 581
뇌 서지 lightning surge 581
뇌전도 electro-encephalogram 342
뇌 전압 lightning voltage 582
뇌파 brain wave 121
뇌파계
electro-encephalograph 342
plethysmograph 786
누름 단추 push-button 824
누름 버튼 스위치
push-button switch 824
누름 버튼식 전화기
pushphone set 824
누산기 accumulator 8
누설 leakage 575
누설 동축 케이블
leaky coaxial cable 576
누설 리액턴스 leakage reactance 576
누설 방사 leakage radiation 576
누설 방해 leakage interference 576
누설 변압기 leakage transformer 576
누설 자속 leakage flux 576
누설 전력 leakage power 576
누설 전류 leakage current 576
누설파 안테나
leaky-wave antenna 576
누적 검파 확률
cumulative detection probability 238
누적 진폭 확률 분포
cumulative amplitude probability distribution 238
누전 화재 경보기 leakage alarm 575
누화 crosstalk 233
누화 결합 crosstalk coupling 233
누화 보상
crosstalk compensation 233
눈금 스팬 scale span 903
뉴 미디어 new media 692
뉴 세라믹스 new ceramics 692
뉴러컴퓨터 neurocomputer 691
뉴런 neuron 691
뉴런 모델 neuron model 691
뉴럴네트 neural network 691
뉴럴 네트워크 neural network 691
뉴리스터 neuristor 691
뉴턴 newton 692
뉴트로다인 neutrodyne 692
뉴트로돈 neutrodon 692
느린 준위 slow state 957
능동 active 12
능동 반사 감쇠량
active return loss 13
능동 부품 active parts 13
능동 부하 active load 13
능동 4 단자망
active four-terminal network 12
능동 선로 active line 12
능동 소자 active element 12
능동 시험 active testing 14
능동 위성 active satellite 14
능동 중계 active repeating 13
능동 트랜스듀서 active transducer 14
능동 필터
active filter 12
active pass filter 13
APF 48
능동 회로 active circuit 12
능동 회로망 active network 13
능형 안테나 rhombic antenna 886
니모닉 코드 mnemonic code 661
니블 nibble 692
니스 varnish 1114
니오맥스 Niomax 693
니오브산 리튬 lithium niobate 593
니켈 아연계 페라이트
nickel-zinc ferrite 693
니켈카드뮴 전지
NiCd cell 692
nickel-cadmium battery 693
니콜스 선도
Nichols chart 692

Nichols diagram 692
니크롬 Nichrome 693
니포인트 knee-point 562
닉시관 Nixie tube 693

〔ㄷ〕

다결정 polycrystal 792
다결정 규소 polycrystal silicon 792
다결정 실리콘 게이트
poly-crystalline silicon gate 792
다경로 오차 multipath error 676
다공률 porosity 794
다극관 multielectrode tube 674
다극형 커넥터 multi-connector 674
다니엘 전지 Daniel cell 245
다단 링크 접속
multiple link connection 677
다단 변조
multi-step modulation 680
multiple modulation 677
다단 증폭기 multistage amplifier 680
다대지 반송파
multi-destination carrier 674
다련 수신 barrage reception 92
다르송발 검류계
D' Arsonval galvanometer 246
다 모드 감쇠차
differential mode attenuation 279
다 모드 분산
intermodal dispersion 538
다 모드 지연차
differential mode delapy 279
다목적 전화기
multi-purpose telephone set 680
다목적 제어기
multiple-purpose controller 677
다상 위상 변조 방식
multiphase modulation system 676
다성분 유리 광섬유
compound glass optical fiber 206
다속도 동작
multispeed floating action 680
다수결 회로 majority circuit 629
다수 공동 접속
multi-party connection 676
다수 접근 컴퓨터
multiaccess computer 673
다수 캐리어 majority carrier 629
다수 캐리어 접점
majority carrier contact 629
다운도플러 down-Doppler 312
다운로드 download 312
다운 리드 down lead 312
다운 링크 down link 312
다운 시간 down time 312
다운 컨버터 down converter 312
다원 방송
multi-origination broadcast program 676
다원 접속 multiple access 676
다원 접속망
multiple-access network 677
다위상 변조
polyphase modulation 793
다위상 차분 변조 방식
differential polyphase modulation 280
다위치 동작
multiposition control action 679
다이 die 274
다이그룹 digroup 287
다이나모 dynamic model 321
다이나모 DYNAMO 322
다이내믹 dynamic 320
다이내믹 노이즈 저감법
DNR 305
dynamic noise reduction 321
다이내믹 램
DRAM 313
dynamic RAM 322
dynamic random access memory 322
다이내믹 레인지 dynamic range 322
다이내믹 레지스터
dynamic register 322
다이내믹 로직 dynamic logic 321
다이내믹 루팅 dynamic routing 322
다이내믹 마이크로폰
dynamic microphone 321
다이내믹 방식 dynamic system 322
다이내믹 브레이크 dynamic brake 320
다이내믹 스피커
dynamic loudspeaker 321
다이내믹 스피커 dynamic speaker 322
다이내믹 접속 dynamic focusing 321
다이내믹 제어 dynamic control 320
다이내믹 펄스 dynamic pulse 322
다이내믹 표시 dynamic display 321
다이내믹형 기억 장치
dynamic memory 321
다이내믹형 RAM 322
다이내믹형 톤 암
dynamic balance type tone arm 320
다이노드 dynode 322
다이노드 스폿 dynode spot 323
다이버시티 방식 diversity system 303

도너 donor 305
도너 준위 donor level 306
도넛 doughunt 311
도달률 transport factor 1080
도바프
Doppler velocity and position 307
DOVAP 311
도선 lead 574
도수계 call meter 138
도수 분포 곡선 frequency curve 424
도수 분포표
frequency distribution table 425
도스 DOS 307
도약 거리 skip distance 953
도약대 skip zone 954
도약 진동 Kippschwingung 561
도약 페이딩 skip fading 953
도약 현상 skip phenomena 953
도어노브형 변환
doorknob transition 306
도어폰 doorphone 306
도입선 lead-in wire 575
도전 결합 conductance coupling 211
도전도 conductance 211
도전 도료 conductive paint 212
도전 모자이크 conductive mosaic 212
도전 무선 잡음
conducted radio noise 211
도전성 고무 conductive rubber 212
도전성 수지 conductive resin 212
도전성 플라스틱
conductive plastics 212
도전 유리 conductive glass 212
도전율 conductivity 212
도전율 변조 트랜지스터
conductivity-modulation transistor 212
도전 재료 conductive material 212
도전 전류 conduction current 212
도체 conductor 212
도큐먼트 document 305
도통 시험 continuity test 218
도통 온도 사이클 시험
monitored thermal cycle test 667
도트 dot 307
도트 매트릭스 프린터
dot matrix printer 308
도트 문자 dot font 308
도트바 발생기 dot-bar generator 308
도트 임팩트 프린터
dot impact printer 308
도트 주파수 dot frequency 308
도트 패턴 dot pattern 308
도트 프린터 dot printer 308
도파관 waveguide 1140
도파관 감쇠기
waveguide attenuator 1140
도파관 상수 waveguide constant 1140
도파관 스위치 waveguide switch 1141
도파관 전력 분할기
waveguide power divider 1141
도파관 전송 모드
waveguide transmission mode 1141
도파관 파장
waveguide wavelength 1141
도파관 포스트 waveguide post 1141
도파관 플런저
waveguide plunger 1141
도파관 필터 waveguide filter 1140
도파기
director 295
director element 295
도파로 레이저 waveguide laser 1141
도파로 분산
waveguide dispersion 1140
도파로형 광변조기
waveguide type optical modulator 1141
도표 작성 장치 tabulator 1023
도플러 Doppler VOR 307
도플러 관성 항법 장치
Doppler-inertial navigation equipment 306
도플러 레이더 Doppler radar 307
도플러 로그 Doppler log 307
도플러 소나 Doppler sonar 307
도플러 시프트 Doppler shift 307
도플러폭 Doppler width 307
도플러 항법 장치
Doppler navigator 307
도플러 항행 방식
Doppler navigation system 307
도플러 효과 Doppler effect 306
도핑 doping 306
도핑 보상 doping compensation 306
도허티 증폭기 Doherty amplifier 305
도형 문자 graphic character 454
도형 자동 입력
automatic picture input 73
도형 처리 graphical processing 454
도형 파일 graphics file 454
도형 표시 단말기
graphics terminal 454
도형 표시 장치 graphic display 454
독립 동기
independent synchronization 513
독립 동기 방식
independent synchronization 513

DP 312
dynamic programming 321
동적 교정 dynamic calibration 320
동적 기억 장치
dynamic memory 321
dynamic type RAM 322
동적 램
dynamic RAM 322
dynamic random access memory 322
동적 레지스터 dynamic register 322
동적 링크 dynamic link 321
동적 장해 dynamic hazard 321
동적 통로 dynamic routing 322
동적 펄스 dynamic pulse 322
동적 표시 dynamic display 321
동적 플립플롭 회로
dynamic flip-flop circuit 321
동전기학 dynamic electricity 321
동전형 마이크로폰
dynamic microphone 321
동전형 스피커 dynamic speaker 322
동적 회로 dynamic circuit 320
동제어 dynamic control 320
동조 tuning 1089
동조 가능 레이저 tunable laser 1088
동조 감도 tuning sensitivity 1090
동조 다이얼 tuning dial 1089
동조 발진기 tuned oscillator 1088
동조 변성기 tuning transformer 1090
동조점 비교법
tuning comparison method 1089
동조 증폭기 tuning amplifier 1089
동조 지시 회로
tuning indicating circuit 1089
동조 지시관
magic eye 614
tuning indicator tube 1090
동조 코일 tuning coil 1089
동조 콘덴서 tuning capacitor 1089
동조 트랜스 tuning transformer 1090
동조 회로 tuning circuit 1089
동조 히스테리시스
tuning hysteresis 1089
동중 원소 isobar 550
동집중 dynamic convergence 320
동축 계전기 coaxial relay 179
동축 공동 coaxial cavity 178
동축관 coaxial tube 179
동축선 coaxial line 179
동축선 공진기 coaxial resonator 179
동축 스터브 coaxial stub 179
동축 안테나 coaxial antenna 178
동축 커넥터
connection for coaxial cable 214
동축 케이블
COAX 178
coaxial cable 178
동축 코드 coaxial cord 178
동축 파장계 coaxial wavemeter 179
동축 필터 coaxial filter 178
동특성 dynamic characteristic 320
동화상 dynamic picture image 321
되울림 echo back 327
두께 진동 thickness vibration 1048
두께 측정기 thickness gauge 1048
두뇌 기관 think tank 1050
두뇌 집단 think tank 1050
두라넥스 Duranex 320
두라콘 Duracon 320
뒤진각 angle of lag 40
뒷판 back panel 82
듀어드 테이프 duad tape 316
듀얼모드 혼 dual-mode horn 317
듀얼톤 다주파 신호
dual-tone multifrequency pulsing 318
듀티 사이클 duty cycle 320
듀티 주기 duty cycle 320
듀플렉서 duplexer 319
듀플렉스 duplex 319
듀플렉스 채널 duplex channel 319
듀플리케이터 duplicator 320
드라이버 driver circuit 313
드라이브 drive 313
드라이 산화 dry oxidation 315
드라이 에칭 dry etching 315
드라이 축전지
dry-charged battery 315
드라이 프로세스 dry process 315
드라이 회로 dry circuit 315
드래그 drag 312
드래깅 dragging 312
드럼 drum 313
드럼 스위치 drum switch 315
드럼식 프린터 drum printer 315
드럼 제어기 drum controller 313
드럼 플로터 drum plotter 313
드레인 drain 312
드레인 공통형 증폭기
common drain amplifier 196
드레인 접지 회로
grounded drain circuit 457
드레인 컨덕턴스
drain conductance 312
드레인 포화 전류
drain saturation current 313
드롭 drop 313

드롭아웃 drop-out 313
드롭인 drop-in 313
드리프트 drift 313
드리프트각 drift angle 313
드리프트 공간 drift space 313
드리프트 궤도 drift orbit 313
드리프트 보상 drift compensation 313
드리프트 속도 drift velocity 313
드리프트 오프셋 drift offset 313
드리프트 이동도 drift mobility 313
드리프트 자동 보상 회로
automatic balancing circuit 68
드리프트 터널 drift tunnel 313
드리프트 트랜지스터
drift transistor 313
드 모르강의 정리
De Morgan's theorem 265
드 브로이의 파장
de Broglie's wavelength 256
드웰 dwell 320
등가 감쇠량
articulation reference equivalent 53
등가 경로 equivalent path 374
등가 반사 평면
equivalent flat-plate area 373
등가 입력 임피던스
equivalent input impedance 374
등가 잡음 대역폭
equivalent noise bandwidth 374
등가 잡음 저항
equivalent noise resistance 374
등가 잡음 전류
equivalent noise current 374
등가 정현파
equivalent sine wave 374
등가 지구 반경
effective earth radius 332
등가 지구 반경 계수
equivalent earth radius factor 373
등가 철손 저항
equivalent core-loss resistance 373
등가 회로 equivalent circuit 373
등감도대 equisignal zone 373
등대관 lighthouse tube 581
등방향성 안테나 isotopic antenna 551
등산법 exploratory method 381
등색 color matching 189
등속 호출 기억 장치
RAM 845
random access memory 846
등시 방식 isochronous system 550
등시성 전송
isochronous transmission 551
등시 왜곡 isochronous distortion 550
등시 일그러짐
isochronous distortion 550
등신호대 equisignal zone 373
등 암페어턴의 법칙
law of equal ampere-turns 572
등 에너지 광원
equal-energy source 372
등 에너지 백색
equal-energy white 372
등 에너지 스펙트럼
equi-energy spectrum 372
등위상 영역 equiphase zone 372
등전위 equipotential 372
등전위면 equipotential surface 373
등치 검출기 equality detector 372
등화 equalization 372
등화기 equalizer 372
등화 증폭기 equalizing amplifier 372
등화 펄스 equalizing pulse 372
디글리치 회로 deglitch circuit 261
디램 DRAM 313
디레이팅 derating 267
디렉터 director 295
디렉터 교환 방식
director exchange 295
디렉터 방식 director system 295
디렉토리 directory 295
디멀티플렉서 demultiplexor 265
디 모스 D/MOS 304
디바이 거리 Debye length 256
디바이 길이 Debye length 256
디바이더 divider 303
디바이스 device 271
디바이스 드라이버 device driver 271
디바이스 턴오프 시간
device turn-off time 271
디바이 효과 Debye effect 256
디버거 debugger 256
디버그 debug 256
디버깅 패키지
debugging package 256
디번칭 debunching 256
디서 dither 302
디스어코머데이션
DA 244
disaccommodation 297
디스에이블 disable 296
디스켓 Diskette 298
디스콘 안테나 dis-cone antenna 298
디스크
disc 297
disk 298
디스크 드라이브 disk drive 298

〔ㄹ〕

리밋 스위치 limit switch 584
리버브 유닛 reverberation unit 883
리버스 reverse 883
리버스 기구 reverse mechanism 884
리본 마이크로폰
ribbon microphone 887
리본 전선 ribbon wire 887
리본 케이블 ribbon cable 887
리본형 트위터 ribbon tweeter 887
리볼버 revolver 886
리사주 도형 Lissajous figure 593
리샘플링 resampling 874
리셋 reset 874
리셋 동작 reset action 874
리셋률 reset rate 874
리셋성 resettability 874
리셋 제어 동작
reset control action 874
리셋 펄스 reset pulse 874
리소그래피 lithography 593
리스닝 룸 audio listening room 64
리스트 list 593
리스트 처리 list processing 593
리스폰스 헤더 response header 880
리액터 reactor 852
리액턴스 reactance 851
리액턴스 감쇠기
reactance attenuator 851
리액턴스 변조기
reactance modulator 851
리액턴스 변화법
reactance change method 851
리액턴스 정리
reactance theorem 852
리액턴스 주파수 분배기
reactance frequency divider 851
리액턴스 주파수 체배기
reactance frequency multiplier 851
리액티브계 reactive field 852
리어피드 rear-feed 854
리오미터 riometer 889
리오트로픽 액정
lyotropic liquid crystal 612
리졸버 resolver 878
리지 도파관 ridge waveguide 887
리지 혼 ridged horn 887
리처드슨·더시만의 식
Richardson-Dushmann equation 887
리츠선 Litz wire 594
리케 선도 Rieke diagram 887
리크 leakage 575
리터럴 literal 593
리턴 return 882
리튬 전지 lithium cell 593
리펠러 repeller 872
리프레시 refresh 865
리프레시 속도 refresh rate 865
리프레시 회로 refresh circuitry 865
리프만형 홀로그램
Lippman-type hologram 592
리플 ripple 889
리플 감쇠율
ripple attenuation factor 889
리플 계수기 ripple counter 889
리플렉스 혼 reflex horn 864
리플렉터 영역 reflector space 864
리플 백분율 percent ripple 752
리플 전압 ripple voltage 889
리플 탱크법 ripple tank method 889
리플 필터 ripple filter 889
리피터 signal repeater 942
리피터 서보
repeater servomechanism 872
리히텐베르크상
Lichtenberg's figure 579
린로그 수신기 lin-log receiver 592
린콤팩스 방식 lincompex system 584
릴 reel 861
릴레이 relay 868
릴레이 방전관
cold-cathode thyratron 184
릴레이 위성 relay satellite 869
릴리스 release 869
림 구동 rim drive 888
림 드라이브 rim drive 888
립 마이크로폰 lip microphone 592
링 게이트 ring gate 888
링 계수기 ring counter 888
링 공진기 ring resonator 889
링 공진자 ring vibrator 889
링 네트워크 ring network 889
링 다운 ring down 888
링다운 신호 방식
ringdown signaling 888
링 레이저 ring laser 888
링 변조기 ring modulator 888
링 보호 ring protect 889
링 복조기 ring demodulator 888
링 복조 회로
ring demodulation circuit 888
링 솔레노이드 ring solenoid 889
링 안테나 ring antenna 888
링잉 ringing 888
링잉 효과 ringing effect 888
링 코일 ring coil 888
링크 link 592

멀티탭 방식 multitip system 680
멀티패스 multipath 676
멀티패스 미터 multipath meter 676
멀티포인트 방식
multipoint system 679
멀티프로세서 multiprocessor 680
멀티 프로그래밍
multiprogramming 680
멀티플렉서 multiplexer 678
멀티플렉서 채널
multiplexer channel 679
멀티플 액세스 방식
multiple access communication 677
메거 megger 642
메그옴 감도 megohm sensitivity 642
메뉴 menu 644
메뉴 방식 menu system 644
메뉴 선택 menu selection 644
메니 발진기 Mesny oscillator 646
메모리 덤프 memory dump 643
메모리 모니터 memory monitor 644
메모리 셀 memory cell 643
메모리 싱크로스코프
memory synchroscope 644
메모리오드 memoriode 643
메모리 테스터 memory tester 644
메모트론 memotron 644
메사 에치 mesa etch 645
메사 트랜지스터 mesa transistor 645
메시 이미터 mesh emitter 646
메시지 message 646
메시지 교환 message switching 646
메시지 루팅 message routing 646
메시지 처리 시스템
message handling system 646
MHS 650
메이데이 mayday 639
메이바
MAVAR 636
mixer amplification by variable reactance 660
메이저
maser 632
microwave amplification by stimulated emission of radiation 654
메이크·브레이크 접점
make-before-break contact 629
메이크율 make factor 629
메이크 접점 make contact 629
메인 프레임 main frame 628
메일 박스 mail box 628
메커니컬 필터 mechanical filter 641
메커트로닉스 mechatronics 641
메탈 글레이즈 metal glaze 647
메탈리콘 metalized contact 647
메탈릭 케이블 metallic cable 648
메탈 백 metal back 646
메탈백 형광면
aluminized screen 29
metal-backed phosphor screen 647
metal-backed screen 647
메탈 테이프 metal tape 649
멜라민 수지 melamine resin 642
멜트백 트랜지스터
meltback transistor 643
멜트백 확산형 트랜지스터
meltback diffused transistor 642
멤버십 함수
membership function 643
면 발광 레이저
normal radiation laser 705
면적식 녹음 트랙
variable area track 1112
면적 유량계 area flowmeter 51
면적 저항률 sheet resistivity 935
면판 제어 장치
faceplate controller 383
명도
lightness 581
value 1110
명령
command 195
instruction 528
명령 레지스터
instruction register 528
명령 사이클 instruction cycle 528
명령어 주소 instruction address 528
명령어 주소 레지스터
instruction address register 528
명령 제어 시스템
command control system 195
명령 제어 유닛
instruction control unit 528
명령 추출 단계 fetch cycle 394
명령 카운터 instruction counter 528
명령 코드 instruction code 528
명령 형식 address format 17
명료도 articulation 53
명료도 등가 감쇠량
articulation equivalent 53
명멸 blinking 115
명세 specification 971
명음 singing 947
명음 안정도 singing stability 948
명음 여유 singing margin 947
명음 저지 장치
singing suppressor 948
명음점 singing point 948

명음 현상 singing phenomenon 948
명판
name plate 684
rating plate 849
모 mho 650
모노럴 monaural 667
모노머 monomer 668
모노스코프 monoscope 668
모노실란 monosilane 668
모노컬러 방식 monocolor system 668
모노크로미터 monochrometer 668
모노크롬 모니터
monochrome monitor 668
모노크롬 분로 회로
shunted monochrome 939
모노펄스 레이더 monopulse radar 668
모노포닉 monophonic 668
모노폴 안테나 monopole antenna 668
모놀리식 IC
monolithic integrated circuit 668
모놀리식 마이크로웨이브 IC MMIC 661
모놀리식 마이크로파 IC
monolithic microwave IC 668
모놀리식 마이크로파 집적 회로
MMIC 661
monolithic microwave IC 668
모놀리식 집적 회로
monolithic integrated circuit 668
모놀리식 회로 monolithic circuit 668
모니터 monitor 667
모니터 프로그램 monitor program 667
모니터 회선 monitor circuit 667
모닝 콜 morning call 669
모델링 modeling 663
모뎀 modem 663
모뎀 풀 modem pool 663
모듈 module 666
모듈러 잭 modular jack 664
모드 mode 662
모드 간섭 mode interference 663
모드 경합 mode competition 662
모드 내 일그러짐
intramodal distortion 543
모드 동기 mode locking 663
모드 변환 mode conversion 662
모드 변환손
mode conversion loss 662
모드 분리 mode separation 664
모드 분배 잡음
mode partition noise 663
모드 분산 mode dispersion 662
모드 선택 mode selection 663
모드수 mode number 663
모드 순도 mode purity 663
모드 여기 mode excitation 662
모드 잡음 modal noise 662
모드 풀링 mode pulling 663
모드 필터 mode filter 662
모드 호핑 mode hopping 662
모드 혼합 mode mixing 663
모멘트 moment 667
모방 제어 tracer control 1068
모사 전송 facsimile telegraphy 384
모선 bus 132
모세관 점도계
capillary tube viscometer 142
모셔널 임피던스
motional impedance 670
모스 램 MOS-RAM 670
모스 부호 Morse code 669
모스 통신 Morse communication 669
모자이크 mosaic 669
모자이크 그래픽 세트
mosaic graphics set 669
모터 motor 671
모터보팅 motorboating 671
목 마이크로폰
throat microphone 1055
목적 모듈 object module 711
목적 언어 object language 711
목적 중심 object oriented 711
목적 코드 object code 711
목적 프로그램 object program 711
목적 함수 performance index 753
목표값
command 195
desired value 269
목표치 desired value 269
몬테카를로법
Monte Carlo method 669
몰 moll 667
몰드 molding 666
몰드 트랜지스터
molded transistor 666
몰렉트로닉스 molectronics 666
몽타주 장치 montage equipment 669
묘화 통신
telewriting communication 1035
무궤전 안테나 parasitic antenna 743
무궤전 중계 방식
passive relay system 746
무극 계전기
neutral relay 692
non-polarized relay 702
무극성 분자 non-polar molecule 702
무극성 전해 콘덴서
non-polarized electrolytic capacitor
702

무선 표지국 radio beacon station 840
무선 호출
bellboy 101
bleeper 114
pocket-bell service 788
radio paging 843
무선 회선 radio circuit 840
무손실 선로 no-loss line 698
무아레 moire 666
무아레 토포그래피
Moire topography 666
무안정 멀티바이브레이터
unstable multivibrator 1106
무안정 블로킹 발진기
astable blocking oscillator 56
무왜 조건
distortionless condition 300
무왜 최대 출력
maximum undistorted power output 638
무왜 회로 distortionless circuit 300
무용제 니스 solventless varnish 964
무유도 구조
non-interactive structure 700
무유도 저항
non-inductive resistance 700
무유도 저항기
non-inductive resistor 700
무음 방전 silent discharge 943
무인 운전
automated system operation 67
무입력시 감도
quieting sensitivity 833
무작위 잡음 random noise 847
무잡음 등가 증폭기
noise-free equivalent amplifier 695
무장하 케이블 non-loaded cable 701
무장하 케이블 반송 방식
non-loaded cable carrier transmission 702
무전원 유지형 non-volatile 704
무전해 도금 chemical plating 164
무접속
NC 686
no connection 693
무접점 계전기
non-contact relay 699
static relay 991
무접점 스위치
constantless switch 217
non-contact switch 699
무정위
astatic 56
non-homing 700
무정위 검류계
astatic galvanometer 56
무정위 요소 non-homing element 700
무정의 don't care 306
무정전 전원 설비
uninterruptible power supply system 1104
무정전 전원 장치
no-brake power supply equipment 693
UPS 1107
무조건 비월
unconditional transfer 1102
무조정 회로
non-adjusting circuit 699
not adjusting circuit 706
무지개 홀로그램
rainbow hologram 845
무지향성 non-directivity 700
무지향성 무선 표지 NDB 686
무지향성 무선 표지
non-directional radio beacon 700
무지향성 비컨
non-directional beacon 700
무채색 안테나 achromatic antenna 8
무통화시 송출
tone idle 1064
tone-on idle 1065
무한 임펄스 응답 필터
IIR filter 502
infinite impulse response filter 519
무향실
anechoic chamber 39
anechoic enclosure 39
anechoic room 39
dead room 255
무효분 reactive component 852
무효성 근방계
reactive near-field region 852
무효율 reactive factor 852
무효율계 reactive factor meter 852
무효 전력
reactive power 852
wattless power 1139
무효 전력계
reactive power meter 852
문 statement 989
문자 character 160
문자 다이얼 방식
character dialing 160
문자 (다중) 방송
multiplexed text broadcasting 678
문자 발생기 character generator 160
문자 방송 character broadcast 160

differential permeability 279
미분 해석기 differential analyzer 277
미분 회로
differential 277
differential circuit 278
differentiation circuit 281
미사일 missile 659
미 산란 Mie scattering 656
미션 기기 mission equipment 660
미소 광학 회로
micro-optical circuit 653
미소 전류계 microammeter 651
미소 회로 microcircuit 652
미스 IC
metal insulated semiconductor IC 647
MIS IC 659
미주 전류
sneak current 959
stray current 1001
미터 meter 649
믹서 mixer 660
믹서 다이오드 mixer diode 660
믹스다운 mixdown 660
믹스트 하이스 mixed hights 660
믹싱 mixing 660
믹싱 콘솔 mixing console 660
밀결합
close coupling 175
tight coupling 1057
밀도계 density meter 266
밀도 변조 density modulation 266
밀도 변조관
density modulated tube 266
밀러 적분 회로 Miller integrator 657
밀러 효과 Miller effect 656
밀리파 millimeter wave 657
밀리파 발진기
millimeter wave oscillator 657
밀리파 통신
millimetric wave communication 657
밀만의 정리 Millman's theorem 657
밀착형 이미지 센서
contact image sensor 217
밀크 디스크 milk disk 656
밀폐 퓨즈 enclosed fuse 367

〔ㅂ〕

바
VAR 1111
var 1112
바나나관 banana tube 88
바나나 플러그 banana plug 87
바늘구멍 렌즈 pin hole lens 781
바늘 전극 cat-whisker 152
바륨 페라이트 barium ferrite 91
바르크하우젠 효과
Barkhausen effect 92
바리옴 variohm 1114
바 발생기 bar generator 91
바 안테나 bar antenna 91
바이너리 binary 106
바이너리 디바이스 binary device 107
바이너리 코드 binary code 107
바이니스터 binistor 108
바이레벨 동작 bilevel operation 105
바이메탈 bimetal 106
바이메탈 소자 bimetal element 106
바이메탈 온도계
bemetal thermometer 106
bimetallic thermometer 106
바이모르프 소자 bimorph element 106
바이모스 IC
BIMOS integrated circuit 106
바이브레이터 vibrator 1121
바이스태틱 레이더 bistatic radar 111
바이어스 bias 103
바이어스 안정 회로
bias stabilizing circuit 103
바이어스 오차 bias error 103
바이어스용 자석 bias magnet 103
바이어스 일그러짐 bias distortion 103
바이어스 저항 bias resistance 103
바이어스 전신 일그러짐
bias telegraph distortion 103
바이어스 전압 bias voltage 104
바이오닉스 bionics 109
바이오매스 biomass 109
바이오미메틱스 biomimetics 109
바이오세라믹스 bioceramics 108
바이오센서 biosensor 109
바이오 소자 bioelement 109
바이오스 BIOS 109
바이오칩 biochip 108
바이오컴퓨터 biocomputer 108
바이오테크놀로지 biotechnology 110
바이쿼드 필터 bi-quad filter 110
바이털 센서 vital senser 1127
바이트 byte 134
바이트 직렬 전송
byte-serial transmission 134
바이파일러 감기 bifilar winding 105
바이파일러 감이 코일 bifilar coil 104
바이파일러 변성기
bifilar transformer 105
바이파일러 저항 bifilar resistor 104

반전자식 교환기
semi-electronic switching system 924
반전 전압 turnover voltage 1091
반전 증폭기 inverted amplifier 545
반전지 half cell 464
반전층 inversion layer 545
반전 현상 reversible deposition 885
반전형 파라메트릭 장치
inverting parametric device 546
반전 효율 inversion efficiency 545
반조 검류계
mirror galvanometer 659
reflecting galvanometer 863
반치각 half power width 465
반치 빔폭
half-power beam width 465
반치폭 half power width 465
반치폭 방사 로브
half-power width radiation lobe 465
반파 다이폴 안테나
half-wave dipole antenna 466
반파 더블릿
half-wave length doublet 466
반파 안테나 half-wave antenna 466
반파 정류 회로
half-wave rectifier circuit 466
반편법 half-deflection method 464
반해석 관성 항법 장치 semianalytic inertial navigation equipment 923
반향 echo 327
반향비 echo ratio 328
반향 감쇠량 echo attenuation 327
반향 검사 echo check 328
반향 검사 방식
echo checking system 328
반향 발생기 echo machine 328
반향 소거 echo suppressor 328
반향 소거 장치 echo canceller 327
반향실 live room 594
반향 정합 echo machining 328
반향 제거 echo cancellation 327
발광 다이오드
LED 577
light emitting diode 580
발광 다이오드 프린터
LED printer 577
light emitting diode printer 580
발광 도료 luminous paint 611
발광 스펙트럼
emission spectrum 364
light emitting spectrum 580
발광 중심 luminescence center 611
발광판관
luminescent-screen tube 611
발라타 balata 87
발레이 루프법
Varley loop method 1114
발룬 balun 87
발신 레지스터
OR 728
originating register 729
발신음 dial tone 273
발신/응답 originate/answer 729
발열체 exothermic body 380
발전식 회전 속도계
generating tachometer 447
발전 자력계
generating magnetometer 447
발진 calling 138
발진기 oscillator 730
발진 조건 oscillating condition 730
발진 회로 oscillation circuit 730
발취 검사
sampling inspection 898
sampling test 899
발호 calling 138
밝기 brightness 126
방범 카메라
surveillance camera 1014
방사 감도
radiant sensitivity 837
radiant intensity 836
방사 고온계 radiation pyrometer 838
방사기 radiator 839
방사능 radioactivity 839
방사 로브 radiation lobe 838
방사 루미네선스
radiant luminescence 836
방사 모드 radiation mode 838
방사 밀도 radiant density 836
방사 발산도 radiant excitance 836
방사 방해 radiated interference 837
방사선 radiation 837
방사선 두께 측정기
radiation thickness gauge 839
방사선량 dose 307
방사선 비중계
radiation hydrometer 837
방사선 액면계
radiation level gauge 838
방사선 탐상 radiation inspection 838
방사선 탐상기
radiation inspector 838
방사성 동위 원소
radioactive isotope 839
방사성 원소 radioactive element 839

방해 허용도
interference susceptibility 535
방향성 결합기 directional coupler 293
방향성 규소 강판
oriented silicon steel strip 729
방향성 디스플레이 장치
calligraphic display unit 138
방향성 이상기
directional phase shifter 294
방향 탐지 안테나
direction-finder antenna 294
방향 탐지 안테나 시스템
direction finding antenna system 294
방향 탐지기
DF 272
direction finder 294
방향 탐지기 감도
direction-finder sensitivity 294
방향 탐지기 편이
direction-finder deviation 294
방향 필터 directional filter 293
방형 공동 공진기
rectangular cavity resonator 857
방형 도파관
rectangular waveguide 858
방형비 squareness ratio 979
방형파 square-wave 979
방형파 발생기
square-wave generator 979
방형파 응답
square-wave response 979
방형파 인버터
square-wave inverter 979
배경 반사 background returns 82
배경 방사 background radiation 82
배경 음악
background music 81
BGM 103
배경 잡음 background noise 82
배경 처리 background processing 82
배경 화상 background image 81
배러터 barretter 92
배러터 전력계
barretter wattmeter 92
배럴 일그러짐 barrel distortion 92
배럴형 안테나
barrel stave reflector 92
배리스터 varistr 1114
배리어 barrier 93
배리어 메탈 barrier metal 93
배리오미터 variometer 1114
배면 결합 감쇠량
back-to-back coupling 83
배면 결합 중계기
back-to-back repeater 83
배면 방사 back radiation 82
배면 전극 back plate 82
배블 babble 81
배선 wiring 1149
배선도 wiring diagram 1149
배선반
patch board 746
plugboard 786
배선반도 plugboard chart 786
배선용 차단기
circuit breaker 169
NFB 692
배선 지연 시간 wire delay-time 1148
배선판 wiring board 1149
배스 bass 96
배스리플렉스 캐비닛
bass-reflex cabinet 96
배스 전압 bath voltage 96
배스터브 곡선 bath-tub curve 96
배열 array 52
배열 안테나 array antenna 52
배율기
multiplier 679
voltage range multiplier 1132
배음 harmonic sound 470
배전반 plugboard 786
배전선 반송
distribution line carrier 302
배전압 정류 회로
voltage doubler rectifier circuit 1131
voltage multiplying rectifier 1132
배정밀도 double precision 310
배주기 frequency multiplier 428
배지 판독기 badge reader 84
배치 batch 96
배치 데이터 전송
batch data transmission 96
배타적 논리합
EX-OR 380
exclusive OR 379
배타적 논리합 연산
exclusive OR operation 379
배타적 논리합 회로
exclusive OR circuit 379
배타 제어
exclusive control for multiple access 379
배트윙 안테나 batwing antenna 96
배플 baffle 84
배플판 baffle board 84
배플 효과 baffle effect 84

parallel T-type *CR* circuit 742
병렬 T형 회로
twin-T-type circuit 1092
병렬 T형 회로망
parallel-T network 742
병렬 프로그래밍
parallel programming 741
병렬 프린터 parallel printer 741
병렬 피킹 shunt peaking 939
병렬형 인버터
parallel-type inverter 742
병렬 회로 parallel circuit 740
병합 merge 645
병행 변환 parallel conversion 741
보 baud 96
보가드 VOGAD 1128
보간 interpolation 542
보고서 작성 프로그램
report program generator 873
RPG 894
보고서 프로그램 작성기
report program generator 873
보다스
VODAS 1128
voice operated device antisinging 1129
보더 voder 1128
보도 코드 Baudot code 97
보드 선도 Bode diagram 117
보드 컴퓨터 board computer 116
보 레이트 baud rate 97
보로카본 저항기
borocarbon resistor 119
보류 시간 holding time 485
보상 building out 131
보상기 compensator 202
보상 도선
compensating lead wire 201
compensating wire 202
보상 반도체
compensated semiconductor 201
보상법 compensation method 202
보상비 compensation ratio 202
보상 접속선 compensatory leads 202
보상 정리 compensation theorem 202
보상 콘덴서
building-out capacitor 131
보상형 루프 방향 탐지기
compensated-loop direction finder 201
보상형 분류기
compensating shunt 201
보상 회로 building-out network 131
보상 회로망
compensating network 201
보수 complement 202
보수 maintenance 628
보수 플립플롭
complementing flip-flop 203
보수 회로 complementer 203
보 시간 baud time 97
보 시점 baud instant 97
보안기 protector 814
보안용 접지 protective ground 814
보어 반경 Bohr radius 117
보원 회로 dual circuit 316
보이스 코일 voice coil 1128
보이스 코일 모터
VCM 1114
voice coil motor 1128
보자력 coercive force 181
보자성 coercivity 182
보자 전압 coercive voltage 181
보전 maintenance 628
보전 회로 corrective network 226
보정 correction 226
보정률 correction factor 226
보조 기억 장치
auxiliary memory 77
auxiliary storage 77
secondary memory 914
보조 장치 ancillary equipment 38
보조 콘솔 auxiliary console 77
보조 투영도
auxiliary projection drawing 77
보조 프로그램 support program 1011
보청기 hearing aid 472
보코더 vocoder 1127
보터밍 bottoming 119
보파장
complementary wavelength 203
보호 guard 461
보호관 protecting tube 814
보호 복구 guarded release 461
보호 신호 guard signal 461
보호 주파수대 guard band 461
보호환 guard circle 461
복각 magnetic inclination 619
복경사형 dual slope type 317
복공동 클라이스트론
double cavity-klystron 309
복구 시간 release time 869
복구 신호 release signal 869
복국지 multioffic area 676
복굴절 double refraction 310
복귀 return 882
복귀 전달 함수
return transfer function 882

복귀 코드 return code 882
복동조 증폭기
double tuned amplifier 311
복동조 판별기
double-tuned detector 311
복동조 필터 double-tuned filter 311
복동조 회로 double tuned circuit 311
복류식 double current method 309
복류식 전송 polar transmission 792
복 버튼 마이크로폰
double-button microphone 308
복선 논리 회로 double rail logic 310
복소 유전율
complex permittivity 204
복소 주파수 complex frequency 204
복스
voice operated transmitting 1129
VOX 1136
복신 방식
duplex system 319
DX 320
복 에너지 과도 현상
double-energy transient 310
복 에너지 회로
double energy circuit 309
복원 기구 restoring mechanism 881
복자극편 자기 헤드
double pole-piece magnetic head 310
복조 demodulation 265
복조 감도
demodulation sensitivity 265
복조기 demodulator 265
복조 변조 중계 방식 demodulation and modulation repeating system 265
복조 장치 demodulator 265
복합관 multiunit tube 680
복합 광전면
composite type photocathode 205
복합국 combined station 194
복합 금속 clad metal 172
복합 레벨 composite level 205
복합 변조
hybrid multiplex modulation 494
복합 부품 composite component 205
복합 비디오 composite video 206
복합 비디오 표시 장치
composite video display 206
복합 사무 자동화 기기
combined OA instrument 194
복합 스피커
combination loudspeaker 193
compound loudspeaker 206
복합 신호 composite signal 205
복합 유전체 complex dielectrics 204
복합음 complex tone 204
복합 접속 트랜지스터
compound connected transistor 206
복합 케이블 composite cable 205
복합 태양 전지
composite solar battery 205
복합 펄스 composite pulse 205
복합 표시 장치 composite display 205
복합 필터 composite filter 205
복합형 직류 증폭기
compound type DC amplifier 206
본드 자석 bonded magnet 118
본드형 다이오드 bonded diode 118
본드형 실버드 마이카 콘덴서
bonded silvered mica capacitor 118
본드형 NR 다이오드
bonded NR diode 118
본딩 bonding 118
본딩 패드 bonding pad 118
본질적 고장 essential hazard 376
본질적 해저드 essential hazard 376
볼디스크 적분기
ball-disk integrator 87
볼로메트릭 검출기
bolometric detector 117
볼로메트릭 계기
bolometric instrument 117
볼로메트릭 기술
bolometric technique 117
볼로미터 bolometer 117
볼로미터 마운트 bolometer mount 117
볼로미터 브리지 bolometer bridge 117
볼로미터 소자 bolometer element 117
볼로미터 전력계
bolometer type wattmeter 117
bolometer-power meter 117
볼륨 volume 1134
볼 본딩 ball bonding 87
볼츠만 상수
Boltzmann's constant 118
볼타의 전지 Voltaic pile 1134
볼트 volt 1130
볼트암페어 volt-ampere 1134
볼트암페어계 volt-ampere meter 1134
볼 프린터 ball printer 87
봄바더 bombarder 118
부가 가치 서비스
value added service 1110
VAS 1114
부가 가치 재판 기업
value-added reseller 1110
VAR 1111
부가 가치 통신 업자

value-added carrier 1110
부가 가치 통신망
value added network 1110
VAN 1110
부가 2차 위상 계수
additional secondary phase factor 16
ASF 55
부가 질량 additional mass 16
부궤환
negative feedback 688
NFB 692
부궤환 제어
negative feedback control 688
부논리 negative logic 688
부도체
insulator 530
nonconductor 699
부동 게이트 PROM
floating-gate PROM 407
부동 게이트 증폭기
FGA 394
floating-gate amplifier 407
부동 그리드 floating grid 407
부동 반송파 변조
floating-carrier modulation 406
부동 소수점 데이터
floating-point data 407
부동 소수점수
floating-point number 407
부동 소수점 컴퓨터
floating-point computer 407
부동 소수점 표시
floating-point representation 407
부동작 시간 propagation delay 812
부동 전지 방식
AC floating storage-battery system 8
부동 접지 floating ground 407
부동 접합 floating junction 407
부동 증폭기 floating amplifier 406
부동 충전 floating charge 407
부동 충전 방식 축전지 시스템
alternating-current floating storage battery system 27
부동 헤드 floating head 407
부동 확산 증폭기
floating diffusion amplifier 407
부등방성 anisotropic 41
부 로브 minor lobe 659
부르동관 Bourdon tube 120
부반송파 subcarrier 1004
부반송파 누설 subcarrier leak 1004
부반송파대 subcarrier band 1004
부반송파 판별기
subcarrier discriminator 1004
부변조 negative modulation 688
부변조법
negative modulation method 688
부분 방전 partial discharge 744
부분 부동 partial floating 744
부분음 partial tone 744
부분 자동 제어
partial automatic control 744
부분 전2중 partial full duplex 744
부성 온도 특성
negative temperature characteristic 689
부성 이미턴스 변환기
negative immitance converter 688
부성 저항 negative resistance 689
부성 저항 발진기
negative-resistance oscillator 689
부성 저항 소자
negative-resistance device 689
부성 저항 중계기
negative-resistance repeater 689
부속 장치 attachment 61
부스터 booster 118
부스터국 booster station 118
부스터 회로 booster circuit 118
부양자수
subsidiary quantum number 1006
부유 부하손 stray load loss 1001
부유 용량 stray capacity 1001
부유 전류 stray current 1001
부 임피던스 negative impedance 688
부재 수신 automatic receiving 74
부재 전송 absent transfer 2
부재 전화 caretaker telephone 144
부재중 발호자 번호 표시
logging and indicating of incoming calls 600
부저항형 파라메트릭 증폭기
negative resistance parametric amplifier 689
부정
negate 687
NOT 706
부정 게이트 NOT gate 706
부정 논리곱 게이트 NAND gate 684
부정 논리곱 소자 NAND element 684
부정 논리곱 회로 NAND circuit 684
부정 논리합 게이트 NOR gate 704
부정 논리합 회로 NOR circuit 704
부정 소자 NOT element 706
부정 출력 undesirable output 1103
부정합

mismatch 659
mismatch factor 659
부정합률 mismatch factor 659
부정합 손실 mismatch loss 659
부정 회로 NOT circuit 706
부조정실 sub-control room 1004
부족 전류 계전기
undercurrent relay 1102
부족 전압 계전기
undervoltage relay 1103
부족 제동 under damping 1103
부족 주사 underscanning 1103
부족 집군 underbunching 1102
부주사선 밀도
subscanning density 1005
부채꼴 마커 비컨
fan marker beacon 387
부채꼴 빔 fan beam 386
부채꼴 안테나 sectoral antenna 915
부채꼴 주사 지시기
sector scan indicator 915
SSI 981
부채꼴 혼 sector horn 915
부 채널 신호 subchannel signal 1004
부 클램프 회로
negative clamping circuit 688
부트 boot 119
부트 블록 boot block 119
부트스트랩 bootstrap 119
부트스트랩 드라이버
bootstrap driver 119
부트스트랩 로더 bootstrap loader 119
부트 스트랩 톱니파 발생기
bootstrapped sawtooth generator 119
부트스트랩 회로 bootstrap circuit 119
부특성 negative characteristic 687
부틸 고무 butyl rubber 134
부품 기술 device technology 271
부품 밀도 component density 205
부품 번호 part number 745
부품 재생 보수 cannibalize 140
부품 전개 part explosion 744
부하 load 594
부하 곡선 load line 595
부하 손실 load loss 596
부하 용량 load capacity 594
부하 저항선 load resistance line 596
부하 정합 load matching 596
부하 특성 load characteristic 594
부하선 load line 595
부하시의 Q loaded Q 594
부하형 안테나 loading antenna 595
부호간 간섭
intersymbolic interference 543
부호기
coder 180
encoder 367
부호 반전 증폭기
inverting amplifier 546
부호법 method of confidence 649
부호 변환 code translation 181
부호 변환기 code converter 180
부호 분할 다원 접속
CDMA 155
code division multiple access 180
부호 비트 sign bit 942
부호 전송 code transmission 181
부호화
coding 181
encode 367
부호화 10 진법
coded decimal notation 180
부호화 변조 code modulation 180
부호화 수동 반사기
coded passive reflector 180
부호화 잡음 coded noise 180
북방위 고정 표시
north-upward presentation 705
북셀프형 스피커
bookshelf type speaker 118
분광 감도 특성
spectral sensitivity characteristic 973
분광 광도계 spectrophotometer 973
분광 광속 이득
spectral luminous gain 972
분광 반치폭
spectral line half-width 972
분광 방사 강도
spectral radiant intensity 973
분광 방사율 spectral emissivity 972
분광 분석 spectrum analyzer 973
분광 분포 온도
distribution temperature 302
분광 양자 수량
spectral quantum yield 973
분광 조성 spectral composition 972
분광 측색법
spectro-colorimetric method 973
분광 투과율
spectral transmittance 973
분광 특성
spectral characteristics 972
분국
local central office 597
local office 598
분국률 polarizability 790

분극 작용
polarization 790
polarization effect 790
분극제 polarizer 791
분기
bifurcation 105
branch 121
분기기 separator 927
분기 단말 장치
branch terminal equipment 121
분기 전류 branch current 121
분기 접속
multidrop 674
multipoint 679
분기 제어 장치 branch controller 121
분기 증폭기
BA 81
branch amplifier 121
bridging amplifier 125
분로 권선 common winding 197
분류 가감기 diverter 303
분류기
shunt 939
shunt resistor 939
분리 회로 기법
detached contact method 269
분리 휘도 방식
separate luminance system 927
분말 야금 powdered metallurgy 798
분무 현상 aerosol development 20
분배기 distributor 302
분배 잡음 partition noise 744
분배 증폭기
distributing amplifier 302
분산 dispersion 299
분산 대역폭
dispersive bandwidth 299
분산 매질 dispersive medium 299
분산 분석 analysis of variance 38
분산 시프트 파이버
dispersion-shift fiber 299
분산 전산망
decentralized computer network 257
분산 처리 시스템
distributed data processing 301
분산형 다중 처리
distributed multiprocessing 302
분산형 도트패턴 발생
dispersed dot-pattern generation 299
분산 확산 isolation diffusion 551
분상 dust figure 320
분상 증폭기
phase splitting amplifier 763
분석 analysis 38
분석 기술 analysis technics 38
분석법 analysis method 38
분석식 analysis method 38
분수 조파 subharmonic 1005
분수 조파 발진기
subharmonic oscillator 1005
분압기
potential divider 797
voltage divider 1130
분자 레이저 molecular laser 667
분자 발진기 molecular oscillator 667
분자 빔 주파수 표준
moecular beam frequency standard 666
분자선 molecular beam 666
분자선 메이저
molecular beam maser 666
분자선 에피택시
MBE 639
molecular beam epitaxy 666
분자 소자 molecular element 667
분자 일렉트로닉스
ME 640
molecular electronics 667
분자 자석설
molecular theory of magnetism 667
분자 제어 molecular control 666
분자 펌프 molecular pump 667
분주기
divider 303
frequency demultiplier 424
분주 작용 frequency divider 425
분파기
branching filter 121
dividing filter 303
분포 곡선 frequency curve 424
분포 궤환 레이저 DFB laser 272
분포 궤환형 레이저
distributed feedback laser 301
분포 방출 마그네트론 증폭기 distributed emission magnetron amplifier 301
분포 상수 distributed constant 301
분포 상수 회로
distributed constant circuit 301
distributed parameter circuit 302
분포 소자 distributed element 301
분포 용량 distributed capacity 301
분포 증폭기
distributed amplifier 301
분포 프레임 조정 신호
distributed frame alignment signal 301

비결정성 스위치 amorphous switch 30
비결정성 실리콘 amorphous silicon 30
비결정성 자성체
amorphous magnetic substance 30
비결정성 합금 amorphous alloy 30
비결정질 태양 전지
amorphous solar cell 30
비결정체
non-crystalline substance 699
비경면 방사
non-specular reflection 703
비공진 궤전선
non-resonant feeder 703
비공진 급전선
non-resonant feeder 703
비공진 변압기
non-resonating transformer 703
비교부 comparative element 201
비교 전극 reference electrode 862
비교 증폭기
comparison amplifier 201
비교 측정 relative measurement 867
비교 회로 comparator 201
비교환 회선 non-switched line 703
비굴절률차
refractive index contrast 865
비금속 base metal 94
비노이만형 컴퓨터
non-Neumann type computer 702
비대역폭 fractional band width 420
비대칭 복신
asymmetrical duplex transmission 57
비대칭 일그러짐
asymmetrical distortion 57
비대칭 입력 asymmetrical input 57
비대칭 측파대 전송 asymmetrical side-band transmission 57
비대칭 통신
asymmetrical transmission 57
비동기 데이터 전송
asynchronous data transmission 57
비동기 동작
asynchronous operation 57
비동기 시분할 다중
asynchronous time division multiplex 58
ATDM 58
비동기식 시스템
asynchronous system 57
비동기식 장치 asynchronous device 57
비동기식 전송
asynchronous transmission 58
비동기식 컴퓨터
asynchronous computer 57
비동기 전송
asynchronous transmission 58
비동기 전송 모드
asynchronous transfer mode 58
비동기 전송 모드
ATM 58
synchronous transfer mode 1020
비동기 전송 방식 교환 시스템
asynchronous trnasfer mode switching 58
비동기 제어 asynchronous control 57
비동기 통신
asynchronous communication 57
비동기형 통신용 인터페이스
ACIA 9
asynchronous communication interface adapter 57
비동기 회선 asynchronous circuit 57
비동조 궤전선 aperiodic feeder 47
비동조 증폭기 aperiodic amplifier 47
비드
bead 97
bid 104
비드 서미스터 bead thermistor 97
비등가 연산
exclusive OR operation 379
비등시성 전송
anisochronous transmission 41
비디오 video 1121
비디오 게임 video game 1122
비디오 단말 video terminal 1124
비디오 디스크 video disk 1122
비디오 디지타이저
video digitizer 1122
비디오 RAM
video RAM 1123
VRAM 1136
비디오 신호 video signal 1123
비디오 신호의 위상 지연
phase-lag of video signal 760
비디오 어댑터 video adapter 1121
비디오 인쇄 video printing 1123
비디오 인테그레이션
video integration 1122
비디오 자기 시트
video sheet magnetic recorder 1123
비디오 테이프 video tape 1124
비디오 테이프 리코더 VTR 1136
비디오텍스
videotex 1124
VTX 1136
비디오텍스 단말
videotex terminal 1124

비율 제어 ratio control 849
비율 차동 계전기
ratio differential relay 849
비율형 텔레미터
ratio type telemeter 849
비음향 임피던스
specific acoustic impedance 971
비자성 재료
non-magnetic material 702
비장착 보드 unpopulated board 1106
비재귀 디지털 필터
non-recursive digital filter 702
비 제로 복귀 기록
non-return to zero 703
비 제로 복귀 반전 NRZI 707
비전 vision 1127
비전파 기전력
specific cymomotive force 971
비전하 specific charge 971
비절연 증폭기
non-isolated amplifier 701
비점 수차 astigmatism 56
비점 주사 장치
flying spot scanner 411
FSS 433
비접지 계통 중성 시스템
isolated-neutral system 551
비접촉 저항
specific contact resistance 971
비정류성 접촉
non-rectifying contact 702
비정질
amorphous 30
non-crystalline 699
비정질 금속 amorphous metal 30
비정질 반도체
amorphous semiconductor 30
non-crystalline semiconductor 699
비정질 스위치 amorphous switch 30
비정질 실리콘 amorphous silicon 30
비정질 자성체
amorphous magnetic substance 30
비정질 태양 전지
amorphous solar cell 30
비정질 합금 amorphous alloy 30
비정현파 non-sinusoidal wave 703
비정현파 교류
non-sinusoidal alternating current 703
비주기 회로 aperiodic circuit 47
비중계 hydrometer 496
비즈니스 그래픽스
business graphics 133
비즈니스 소프트웨어
business software 133
비즈니스 트론
BTRON 129
business TRON 133
비지속 방전
non-self maintaining discharge 703
비직결 동작 off-line operation 713
비직선 누화 non-linear crosstalk 701
비직선 눈금 non-linear scale 701
비직선 부품 non-linear parts 701
비직선 소자 non-linear element 701
비직선 양자화
non-linear quantizing 701
비직선 일그러짐
non-linear distortion 701
비직선 저항기 non-linear resistor 701
비직선 회로 non-linear circuit 701
비진동 함수 aperiodic function 47
비집중형 제어
decentralized control 257
비충격식 인자 장치
non-impact printer 700
비충격식 프린터
non-impact printer 700
비컨 beacon 97
비 코히어런트 MIT
non-coherent MTI 699
비 코히어런트 방사
non-coherent radiation 699
비탄성 충돌
elastic collision 335
inelastic collision 518
비투자율 relative permeability 867
비트 bit 111
비트 다중
bit interleaved multiplexing 111
bit multiplex 112
비트 동기 bit synchronization 112
비트 맵 bit map 111
비트 맵 디스플레이
bit map display 111
비트 맵 에디터 bit map editor 111
비트 맵 편집 프로그램
bit map editor 111
비트 밀도 bit density 111
비트 방해 beat interference 101
비트 병렬 bit parallel 112
비트선 bit line 111
비트 속도 bit speed 112
비트 수신 beat reception 101
비트 스터핑 bit stuffing 112
비트 스트림 bit stream 112
비트 스틸
speech digit signalling 974

〔ㅅ〕

post implementation review 796
사후 보수
corrective maintenance 226
사후 보전
corrective maintenance 226
산란 scattering 906
산란각 scattering angle 906
산란 대역 scatter-band 905
산란 손실 scattering loss 906
산란 전파
scattering propagation 906
산란 진폭 scattering amplitude 906
산란파 scattered wave 906
산란파 통신
scatter communication 905
산란파 통신 방식
scattered wave communication system 906
산법 algorithm 23
산수 연산 arithmetic operations 51
산술 레지스터 arithmetic register 51
산술 자리 이동 arithmetic shift 51
산악 회절
diffraction caused by mountain ridges 282
산악 효과 mountainous effect 671
산업 공학
IE 501
industrial engineering 518
산탄 잡음 shot noise 938
산포량 dissemination 300
산화 oxidation 735
산화동 정류기
copper oxide rectifier 224
산화물 반도체
oxide semiconductor 735
산화물 세라믹스 oxide ceramics 735
산화물 음극 oxide cathode 735
산화 수은 전지
mercury oxide cell 645
산화 알루미늄 aluminium oxide 29
산화은 전지 silver oxide cell 945
산화제 oxidizing agent 735
산화 제2철 ferric oxide 392
산화 주석 tin oxide 1062
산화철 테이프 ferrous oxide tape 394
산화 콘스틴탄선
constantan oxide wire 215
산화 크롬 테이프
chromium oxide tape 169
산화 티탄 자기
titanium oxide porcelain 1062
산화 피막 oxide film 735
산화 피막 저항기
oxide film resistor 735
삽입 손실 insertion loss 526
삽입 손실 전송 계수
insertion loss transfer coefficient 526
삽입 이득 insertion gain 526
상가성 잡음 additive noise 16
상공 연결 uplink 1107
상공파 sky wave 954
상공파 동기화 오차
sky-wave station error 954
상공파 보정 sky-wave correction 954
상공파 이용 범위 sky-wave range 954
상관 검출기 correlation detector 226
상관기 correlator 226
상관 복조기
correlation demodulator 226
상관 색온도
correlated color temperature 226
상규 음극 강하
normal cathode fall 704
상규 투자율 normal premeability 705
상당 주파수
equivalent frequency 373
상대 감쇠 relative damping 867
상대 고정 접속 permanent virtual circuit connection 755
상대 레벨 relative level 867
상대 리스폰스 relative response 867
상대방 상표 제조 회사 OEM 713
상대방 상표 제조 회사
original equipment manufacturer 729
상대 분광 감도
relative spectrum sensitivity 868
상대 분광 분포 곡선
relative spectral distribution curve 867
상대 수준 relative level 867
상대 습도 relative humidity 867
상대 오차 relative error 867
상대 운동 표시
relative motion display 867
상대 이득 relative gain 867
상대 주소 relative address 867
상대 증폭도
relative amplification degree 867
상대 통지
calling and called line identification 138
상반의 정리 reciprocity theorem 855
상반 필터 antimetrical filter 46
상보 대칭 접속
complementary symmetrical connec-

line sequentialcolor TV system 590
선입 선출 방식
first in first out system 400
선 전류 line current 588
선 전압 line voltage 591
선 주파수 line frequency 589
선출 회로 selector circuit 918
선택 가열 selective heating 918
선택 광전 효과
selective photoelectric effect 918
선택도 selectivity 918
선택 방사 selective radiation 918
선택 방출 selective emission 917
선택 배선 discretionary wiring 298
선택 배선 방식
discretionary wiring approach 298
선택 배선법 discretional wiring 298
선택 성장 selective growth 917
선택성 페이딩 selective fading 917
선택 순위 choice 165
선택 스위치 selector switch 918
선택 신호 selection signal 917
선택 장치 preference device 802
선택 재송형 ARQ
continuous ARQ retransmission of individual block 218
selective repeat ARQ 918
선택적 혼신
selective interference 918
선택 주소 지정
selecting addressing 917
선택 호출 방식
SELCAL 917
selective calling system 917
선택 확산
selected diffusion 917
selective diffusion 917
선택 회로 selection network 917
선택 흡수 selective absorption 917
선행 판독 헤드 pre-read head 802
선행하는 lead 574
선형 linear 584
선형 가속기 linear accelarator 584
선형 계획법
linear programming 587
LP 610
선형 고분자 linear polymer 587
선형 소자 linear device 585
선형 안테나 fan antenna 386
선형 연산 요소
linear computing element 585
선형 예측 계수
linear prediction coefficient 587
선형 위상 필터
linear phase filter 587
선형 정류기 linear rectifier 587
선형 주사 sector scanning 915
선형 주사 지시기 SSI 981
선형 중합체 linear polymer 587
선형 파형 일그러짐
linear waveform distortion 588
선형 표시 장치 sector display 915
선형 혼 sector horn 915
선형 혼 안테나
sectoral horn antenna 915
선형 회로 linear circuit 585
선 흡수 계수
linear absorption coefficient 584
설비 facility 383
설정 setting 932
설정값
set point 932
set value 933
설정 오차 setting error 933
섬유 광학 fiber optics 394
섬프 thump 1056
섬휠 thumwheel 1056
섬휠 스위치 thumwheel switch 1056
섭씨 Celsius 156
성극 작용 polarization 790
성능 가격비 price-performance 803
성능 감시 performance monitor 753
성능 명세
performance specification 753
성능 요구
performance requirement 753
성능 저하 degradation 261
성능 지수 figure of merit 396
성능 필요 조건
performance requirement 753
성문 voiceprint 1129
성숙계 mature system 636
성장법 grown method 460
성장 접합 grown junction 460
성장 접합 다이오드
grown junction diode 460
성장 접합 트랜지스터
grown junction transistor 460
성장형 트랜지스터
grown type transistor 460
성장 확산법
grown diffusion method 460
성장 확산형 트랜지스터
grown diffusion type transistor 460
성층권 stratosphere 1000
성형 결선 star connection 988
성형 메시지 교환 방식
star-configuration message switch-

쇼트키 효과 Schottky effect 908
수 체계 numeration system 709
수광 소자
light receiving element 582
수냉관 water-cooled tube 1139
수동 manual 630
수동 교환대 manual switchboard 630
수동 데이터 입력
manual data input 630
수동 레이더 passive radar 746
수동 모드 동기
passive mode locking 746
수동 복귀형
hand reset 468
manual reset 630
수동 부품 passive parts 746
수동 4 단자망
passive four-terminal network 746
수동 소자 passive element 746
수동 시험 passive test 746
수동식 교환국
manual central office 630
수동식 이동 전화 방식
manual mobile telephone system 630
수동 안테나 passive antenna 745
수동 위성 passive satellite 746
수동 전화 교환 방식
manual telecommunication exchange 630
수동 중계 방식
passive relay system 746
passive repeating system 746
수동 통신 위성
passive communication satellite 746
수동 폐색 신호 방식
manual block-signal system 630
수동 풀업 passive pull-up 746
수동 호밍 passive homing 746
수동 화상 처리
non-interactive imagery 700
passive imagery 746
수동 화재 경보 시스템
manual fire-alarm system 630
수동 회로 passive circuit 746
수동 회로망 passive network 746
수락 기준 acceptance criteria 6
수리계 repairable system 872
수리 시간 repair time 872
수리 지연 시간 repair delay time 872
수명
life 579
life cycle 579
수반계 adjoint system 18
수분계 moisture meter 666
수상관 picture tube 775
수상관 회로 Braun-tube circuit 121
수색 · 구조 위성
SAR satellite 899
search and rescue satellite 912
수색 레이더
search radar 912
surveillance radar 1014
수색 레이더 엘리먼트
SRE 980
surveillance radar element 1014
수색 추미 레이더
track-while-scan radar 1069
수선 trunk hunting 1087
수소 hydrogen 496
수소 결합 hydrogen bond 496
수소 과전압
hydrogen overvoltage 496
수소 산소 연료 전지
hydrogen-oxygen fuel cell 496
수소 저장 합금
alloys for hydrogen accumulation 26
hydrogen storage alloy 496
수소 전지
hydrogen-oxygen fuel cell 496
수소 취성
hydrogen embrittlement 496
수소 환원법
hydrogen reduction method 496
수속 convergence 222
수속 조정
convergence alignment 222
수신 receive 854
수신가 ready for receiving 853
수신 가능 ready for receiving 853
수신기 reciever 854
수신 마진 recieving margin 855
수신 무효 부호 blind 114
수신/발신 모뎀
answer/originate modem 43
수신 불량 구역 mush area 682
수신 신호 요소 타이밍
reciever signal element timing 854
수신 안테나 recieving antenna 855
수신 여백 receiving margin 855
수신 장해 radio interference 842
수신 전력 received power 854
수신 전용 모뎀
answer-only modem 43
수신 전용 장치
receive-only equipment 854

수직형 FET vertical FET 1117
수직형 트랜지스터
vertical transistor 1118
수질계 water quality gauge 1139
수차 aberration 1
수치 거리 numerical distance 710
수치 계획법
mathematical programming 635
수치 데이터 numerical data 709
수치 동작 numerical action 709
수치적 신뢰도
numerical reliability 710
수치 제어
NC 686
numerical control 709
수치 제어계
numerical control system 709
수치 제어 공작 시스템
APT 49
automatic programmed tools 73
automatically programmed tools 68
수치 제어 시스템 NC system 686
수치 제어 테이프
numerical control tape 709
수치 제어용 언어 numerical control language 709
수치 키패드 numeric keypad 710
수치 표시 numerical display 710
수치 해석 numerical analysis 709
수침 계기용 변성기
liquid-immersed instrument transformer 592
수퍼 VHS
S-VHS 1014
super-VHS 1010
수퍼 게인 안테나
super gain antenna 1009
수퍼멀로이 Supermalloy 1010
수퍼민바 Superminvar 1010
수퍼 미니컴퓨터
super minicomputer 1010
수퍼바이저 supervisor 1010
수퍼 벨 super bell paging 1008
수퍼 벨 페이징
super bell paging 1008
수퍼 임포즈 super impose 1009
수퍼커뮤테이션
supercommutation 1008
수퍼컴퓨터 supercomputer 1008
수퍼턴스타일 안테나
superturnstile antenna 1010
수퍼헤테로다인 수신기
superheterodyne receiver 1009
수평 검사 horizontal check 488
수평 귀선 소거
horizontal blanking 488
수평 동기 AFC 회로 horizontal synchronous and automatic frequency control circuit 489
수평 동기 조절
horizontal hold control 489
수평 동기 펄스
horizontal synchronizing pulse 490
수평 동기 회로
horizontal synchronizing circuit 490
수평 발진 회로
horizontal oscillation circuit 489
수평 방향 동집중
horizontal dynamic convergence 488
수평 방향 방해
longitudinal interference 602
수평 방향 분포 lateral profile 571
수평 오차 leveling error 578
수평 자화
transverse magnetization 1081
수평 주사 horizontal scanning 489
수평 증폭기 horizontal amplifier 488
수평축 입력 horizontal input 489
수평축 증폭기
horizontal amplifier 488
수평 출력 변성기
horizontal output transformer 489
수평 출력 트랜스
horizontal output transformer 489
수평 출력 회로
horizontal output circuit 489
수평 편파
horizontal polarization 489
horizontally polarized wave 489
수평 편파 전계 벡터
horizontally polarized field vector 489
수평 편향축
horizontal deflection axis 488
수평 편향 회로
horizontal deflection circuit 488
수평 평형 lateral blance 571
수평 프로그래밍
horizontal programming 489
수평 플라이백 horizontal flyback 488
수평 해상력
horizontal resolution 489
수하 안테나 drag antenna 312
수하 특성
drooping characteristic 313
수학 기호 mathematical symbol 635

수학 시뮬레이션
mathematical simulation 635
수학적 검사 mathematical check 635
수학적 논리 mathematical logic 635
수학적 모델 mathemtical model 635
수학적 물리량
mathematical-physical quantity 635
수학적 양
mathematical quantity 635
수화 hydration 495
수화기
earphone 324
reciever 854
수화자 반향 listener echo 593
순간 차단 hit 484
순방향 forward direction 417
순방향 게이트 전류
forward gate current 417
순방향 게이트 전압
forward gate voltage 417
순방향 기간 forward period 417
순방향 바이어스 forward bias 417
순방향 브레이크오버
forward breakover 417
순방향 AGC forward AGC 416
순방향 오류 정정법
FEC 389
forward error correction 417
순방향 저지 영역
forward-brocking region 417
순방향 저항 forward resistance 417
순방향 전력 손실
forward power dissipation 417
forward power loss 417
순방향 전류 forward current 417
순방향 전압 forward voltage 418
순방향 전압 강하
forward voltage drop 418
순방향 지구 회주 에코
forward round-the-world echo 417
순방향 통신로 forward channel 417
순방향 트랜스 어드미턴스
forward transadmittance 417
순방향 회복 시간
forward recovery time 417
순서 제어 floopy control 408
순서 프로그램 제어
sequence program control 927
순서 회로 sequential circuit 928
순수 pure water 824
순시값 instantaneous value 527
순시 고장률
instantaneous failure rate 527
순시 압신
instantaneous companding 527
순시 자동 이득 조절
IAGC 499
instantaneous automatic gain control 527
순시 주파수
instantaneous frequency 527
순시 트래픽 instantaneous traffic 527
순시 편이 제어 회로
instantaneous deviation control circuit 527
순시 편이 회로
instantaneous deviation control 527
순음
pure tone 824
simple tone 945
순차 발취법 sequential sampling 928
순차식 sequential 928
순차식 컬러 텔레비전
sequential color television 928
순차 인자 장치 serial printer 929
순차 접근 sequential access 928
순차 제어 sequential control 928
순차 제어 계수기
sequential control counter 928
순차 주사
progressive scanning 811
sequential scanning 928
순차 탐색 sequential search 928
순차 편성 데이터 세트
sequential data set 928
순차형 계수 회로
sequential counting circuit 928
순항 시스템 navigation system 686
순환 기억 장치
circulating storage 171
순환 레지스터
circulating register 171
순환 빔 reentrant beam 861
순환 소인 recurrent sweep 859
순환 전류 circulating current 171
술통형 변형 barrel distortion 92
술통형 일그러짐 barrel distortion 92
숫자
digit 283
figure 396
numeral 709
숫자 바퀴 digit wheel 287
숫자 양해도
number intelligibility 709
숫자차 digit wheel 287
슈미트 광학계
Schemidt optical system 907

스크래치 scratch 910
스크래치 잡음 scratch noise 910
스크래치 파일 scratch file 910
스크래치패드 레지스터
scratch-pad register 910
스크래치 페이퍼 scratch paper 910
스크램블 scramble 910
스크리닝 screening 911
스크리닝 시험 screening test 911
스크린 screen 910
스크린 그룹 screen group 911
스크린 에디터 screen editor 910
스크린 인쇄 screen print 911
스크린 프로세스 screen process 911
스크립트 script 911
스키마 schema 907
스킵 skip 953
스타인메츠 상수
Steinmetz's constant 992
스타일러스 stylus 1004
스타일러스 드래그 stylus drag 1004
스타 커플러 star coupler 988
스타터 갭 starter gap 989
스타트 비트 start element 988
스타트 신호 start signal 989
스타트 엘리먼트 start element 988
스탈로 STALO 984
스탈페스 케이블 stalpeth cable 984
스태거 stagger 983
스태거 동조(2 동조형) 주파수 판별기
stagger tuned frequency discriminator 984
스태거 동조 증폭기
stagger tuned amplifier 983
스태거 동조 회로
stagger tuning circuit 984
스태거링 staggering 983
스태거 이득
staggering advantage 983
스태거 증폭
stagger amplification 983
스태거형 이동 목표물 표시기
staggered-repetition-interval moving-target indicator 983
스태거형 이동 물표 표시기
staggered-repetition-interval moving-target indicator 983
스태거 회로 stagger circuit 983
스태티사이저 staticizer 990
스태틱 덤프 static dump 990
스태틱 데이터 구조
static data structure 990
스태틱 RAM
static RAM 991
static random access memory 991
스태틱 로직 static logic 990
스태틱 컨버전스
static convergence 990
스태틱형 RAM SRAM 980
스택 stack 982
스택 머신 stack machine 983
스택 빔 레이더
stacked-beam radar 982
스택 안테나 stacked antenna 982
스택트론 Stacktron 983
스택 포인터 stack pointer 983
스택 프레임 stack frame 983
스택형 마이카 콘덴서
stacked mica condenser 983
스탠드 알론 방식
stand-alone mode 984
스탠드오프 stand-off 988
스탠바이 standby 986
스탬퍼 stamper 984
스터드형 stud type 1003
스터브 stub 1003
스터브 궤전선 stub feeder 1003
스터브 안테나 stub antenna 1003
스터브 암 stub arm 1003
스터브 정합 stub matching 1003
스터브 튜너 stub tuner 1003
스터브 피더 stub feeder 1003
스터프 다중화
stuff multiplexing 1004
스테라디안 steradian 994
스테레오
stereophonic 995
stereophony 995
스테레오 녹음 stereo recording 996
스테레오 레코드 stereo record 995
스테레오 방송 방식
stereo broadcasting 995
stereophonic broadcasting 995
스테레오 복합 신호
stereophonic composite signal 995
스테레오 부반송파
stereo subcarrier 996
스테레오 부 채널
stereo subchannel 996
스테레오 분리도
stereo channel separation 995
스테레오 어댑터 stereo adapter 995
스테레오 중계 회선
stereo repeating line 996
스테레오포닉 사운드
stereophonic sound 995
스테레오 표시기 stereo indicator 995
스테레오 효과 stereophonic effect 995

실리콘 대칭 스위치 SSS 981
실리콘 대칭형 스위치 silicon symmetrical switch 945
실리콘 수지
silicone resin 943
silicon resin 944
실리콘유 silicone oil 943
실리콘 전지 silicon cell 943
실리콘 정류기 silicon rectifier 944
실리콘 제어 스위치
SCS 911
silicon controlled switch 943
실리콘 제어 정류기
SCR 910
silicon controlled rectifier 943
실리콘 컴파일러 silicon compiler 943
실리콘 트랜지스터
silicon transistor 945
실린더 cylinder 242
실린더 펄스 cylinder pulse 242
실매개 변수 actual parameter 14
실버드 마이카 콘덴서
silvered mica condenser 945
silvered mica capacitor 945
실버본드 다이오드
silverbond diode 945
실버 페인트 silver paint 945
실수리 시간 active repair time 13
실수 입력 장치 valuator 1110
실시간 real-time 853
실시간 모드 real time mode 854
실시간 방식 real time system 854
실시간 입출력
real-time input-output 854
실시간 제어 방식
real-time control system 854
실시간 처리 real time processing 854
실시간 처리 기능
real-time control facility 853
RTCF 895
실영점 actual zero 14
실인 계전기 seal-in relay 912
실장 밀도
component density 205
packaging density 736
실장 설계 installation design 527
실장하다 populate 794
실장형 패키지
STM 997
surface trend mounting 1013
실주소 real address 853
실주소 공간 real address space 853
실측 위치 observed position 712
실측 효율
efficiency by input-output test 334
실파 Silfa 943
실 파라미터 actual parameter 14
실패 failure 385
실행 사이클 execution cycle 379
실행 순서 지정 컴퓨터
arbitrary sequence computer 50
실험 계획법
design of experiment 269
실험국 experimental station 380
실험실 자동화
LA 565
laboratory automation 565
실현 후 심사
post implementation review 796
실효 감쇠량
effective attenuation 331
실효값
effective value 334
RMS value 890
root-mean-square value 892
실효 거리 effective distance 332
실효 길이 effective length 333
실효 높이 effective height 332
실효 대역폭 effective bandwidth 331
실효 등방 방사 전력
effective isotropically radiated power 333
EIRP 335
실효 면적 effective area 331
실효 방사 전력
effective radiation power 333
ERP 375
실효 번칭각
effective bunching angle 331
실효 에코 면적
effective echoing area 332
실효 역전압 정격
root-mean-square reverse-voltage rating 892
실효(유효) 버스트값
root-mean-square(effective) burst amplitude 892
실효 인덕턴스
effective inductance 332
실효 임피던스
effective impedance 332
실효 입력 어드미턴스
effective input admittance 332
실효 입력 잡음 온도
effective input noise temperature 332
실효 저항 effective resistance 333

〔ㅇ〕

german silver 448
nickel silver 693
양이청 binaural hearing 108
양이 효과 binaural effect 108
양자
proton 814
quanta 829
quantum 830
양자 광학 quantum optics 830
양자수 quantum numbers 830
양자 신호 검출
quantum signal detection 830
양자 싱크로트론
proton synchrotron 814
양자 역학 quantum mechanics 830
양자 우물 레이저
quantum-well laser 831
양자 일렉트로닉스
quantum electronics 830
양자 잡음 quantum noise 830
양자 잡음 한계 동작
quantum-noise-limited 830
양자 전자 공학
quantum electronics 830
양자 전자기학
QED 826
quantum electrodynamics 830
양자 홀 효과
quantizing hall effect 829
양자화
quantization 829
quantizing 829
양자화 레벨 quantization level 829
양자화 손실 quantizing loss 829
양자화 시스템 quantized system 829
양자화 연산 quantizing operation 829
양자화 오차 quantization error 829
양자화 일그러짐
quantization distortion 829
양자화 잡음
quantization noise 829
quantizing noise 829
양자화 펄스 변조
quantized pulse modulation 829
양자 효율
quantum efficiency 830
quantum yield 831
양전자
positive electron 795
positron 796
양지향성 bidirectivity 104
양지향성 마이크로폰
bidirectional microphone 104
양측파대 변조
double sideband modulation 311
양측파대 전송
both sideband transmission 119
double sideband transmission 311
양측파대 통신 방식
double sideband communication system 310
양 클램프 회로
positive clamping circuit 795
양특성 서미스터
positive characteristic thermistor 795
양파 전류 회로
full-wave rectifier circuit 435
all wave rectifier 26
양해도 intelligibility 532
양해 수신 신호
ready-to-receive signal 853
양화 수신 positive receiving 796
어 word 1150
어골형 안테나 fish bone antenna 400
어 구동기 word driver 1150
어군 탐지기 fish finder 401
어 시간 word time 1150
어깨 전압 knee voltage 562
어댑터 adapter 14
어댑터 기구 adapter kit 14
어댑터 보드 adaptor board 15
어드레스 address 17
어드레스 방식 ADDRESS 16
어드레스 스트로브 신호
address strobe signal 17
어드미턴스 admittance 18
어드미턴스 매개 변수
admittance parameter 18
어드미턴스 벡터 admittance vector 18
어드미턴스 행렬 admittance matrix 18
어드밴스 Advance 19
어드밴스드 데이터 통신 제어 절차
ADCCP 15
advanced data communication control proedure 19
어드밴스드 프로그램간 통신 APPC 48
어디미턴스 파라미터
admittance parameter 18
어레이 array 52
어레이 소자 array element 52
어레이 승산기 array multiplier 52
어레이 안테나 array antenna 52
어레이 엘리먼트의 단독 임피던스
isolated impedance of an array element 551
어레이 제산기 array divider 52
어레이 팩터 array factor 52

어보트 시퀀스 abort sequence 2
어셈블 assemble 55
어셈블러 assembler 55
어셈블리 언어 assembly language 55
어셈블하다 assemble 55
어스 도체 ground conductor 456
어스 매트 earth mat 325
어스봉 ground bar 456
어큐뮬레이터 accumulator 8
어태치먼트 attachment 61
어태치먼트 유닛 인터페이스
attachment unit interface 61
AUI 65
어택 시간 attack time 61
어텐션 장치 attention device 61
어포지 모터 apogee motor 48
어피니언 테스트 opinion test 720
억셉터 acceptor 6
억셉터 준위 acceptor level 6
억압 반송파 변조
suppressed carrier modulation 1011
억압 반송파 SSB 방식
suppressed carrier single sideband system 1011
억압 반송파 전송
suppressed carrier transmission 1011
억제 계전기 restoring relay 881
억지 게이트 inhibit gate 522
억지 권선 inhibit line 522
억지선 inhibit line 522
언더슈트 undershoot 1103
억지 신호 inhibiting signal 522
억지 전류 inhibit current 522
억지 회로
inhibit circuit 522
inhibit gate 522
언더카펫 케이블
under-carpet cable 1102
언더컷 undercut 1102
언더 플로 under flow 1103
언듈레이터 undulator 1103
언블랭킹 unblanking 1102
언어 language 567
언어 구성 요소
language construct 567
언어 처리 프로그램
language processing program 567
언어 프로세서 language processor 567
언어 학습 linguistics learning 592
언티클러터 이득 제어
anticlutter gain control 45
언티클러터 회로 anticlutter circuit 45
언팩 형식 unpacked format 1106
얼라인 align 24
얼라인먼트 alignment 24
얼랑
erl 375
erlang 375
얼리의 등가 회로
Early's equivalent circuit 324
얼리 효과 Early effect 324
업그레이드 upgrade 1107
업다운 카운터 up-down counter 1106
업도플러 up-doppler 1106
업로드 upload 1107
업무별 주파수대 service band 931
업사이드 다운 upside down 1107
업 타임 up time 1107
에나멜선 enameled wire 367
에너지 energy 368
에너지 감도 energy sensitivity 369
에너지 갭 energy gap 368
에너지곱 곡선
energy product curve 368
에너지대 energy band 368
에너지 띠 energy band 368
에너지 보존의 법칙
law of conservation of energy 572
에너지 양자 energy quantum 369
에너지 장벽 energy barrier 368
에너지 준위 energy level 368
에너지 준위도
energy-level diagram 368
에너지 확산 energy spreading 369
에너지 효율 energy efficiency 368
에디슨 전지 Edison battery 330
에디슨 효과 Edison effect 330
에디터 editor 331
에러 스톱 error stop 375
에르그 erg 375
에르스텟 oersted 713
에뮬레이션 emulation 367
에보나이트 ebonite 326
에보나이트클래드식
ebonite-clad type 326
에비콘 Ebicon 326
에사키 다이오드 Esaki diode 376
에어 바리콘
variable air condenser 1112
에어 체크 air check 21
에어로졸 aerosol 20
에어로페어 aerophare 20
에어리어 센서 area sensor 51
에어트리머 airtrimmer 22
에오라이트 aeolight 19
에이디드 트래킹 aided tracking 21
에이직

이동 목표 표시기
moving target indicator 672
MTI 673
이동 무선 업무
mobile radio service 661
이동 업무 mobile service 661
이동 자계 shifting field 936
이동 촬상차 mobile camera car 661
이동 표준기 transport standards 1080
이동체 통신
mobile communication 661
이득 gain 438
이득 대역폭곱
gain-bandwidth product 438
이득 상수 gain constant 439
이득 안정도 gain stability 439
이득 여유 gain margin 439
이득을 갖는 폴로어
follower with gain 414
이득 자동 저감 gain turn-down 439
이득 초과 온도
G/T 461
gain over temperature 439
이득 크로스오버 주파수
gain-crossover frequency 439
이득 특성 곡선
gain characteristics curve 439
이 디 모스
EDMOS 331
enhancement driver depletion load MOS 369
이 디 티 브이 EDTV 331
이라센 Irrasen 550
이레이저 erasure 374
이레이저 삽입 erasure insertion 374
이뮤니티
immunity to interference 507
이미션 emission 364
이미지 image 503
이미지 가이드 image guide 504
이미지관
image converter 503
image tube 507
이미지 변환관 image converter 503
이미지 스캐너 image scanner 506
이미지 아이코노스코프
image iconoscope 504
이미지 압축 image compression 503
이미지 오시콘 image orthicon 505
이미지 정보 image information 504
이미지 촬상관 image camera tube 503
이미지 파이버 image fiber 504
이미지 홀로그램 image hologram 504
이미징 레이더 imaging radar 507
이미터 emitter 364
이미터 결합 논리 소자
emitter-coupled logic device 365
이미터 결합 논리 회로
ECL 328
emitter-coupled logic 365
이미터 결합 멀티바이브레이터
emitter-coupled multivibrator 365
이미터 결합 증폭기
emitter-coupled amplifier 364
이미터 결합 트랜지스터 논리 회로
emitter coupled transistor logic 365
이미터 동조 발진기
tuned emitter oscillator 1088
이미터 변조 emitter modulation 366
이미터 용량 emitter capacity 364
이미터 전류 emitter current 365
이미터 접지 common emitter 196
이미터 접지 전류 증폭률
common emitter current amplification factor 196
이미터 접지형
common emitter type 196
이미터 접합 emitter junction 366
이미터 주입 효율
emitter injection efficiency 366
이미터 증폭 회로
grounded emitter circuit 457
이미터 차단 전류
emitter cut-off current 365
이미터 트랜지스터 논리 회로 ECTL 329
이미터 폴로어 논리
EFL 334
emitter follower logic 365
이미터 폴로어 회로
emitter follower circuit 365
이미터 피킹 콘덴서
emitter peaking condenser 366
이미터 확산 emitter diffusion 365
이미터 효율 emitter efficiency 365
이미턴스 immittance 507
이미턴스 변환기
immittance converter 507
이미턴스 비교기
immittance comparator 507
이미턴스 행렬 immittance matrix 507
이방성 anisotropy 41
이방성 알니코 anisotropic Alnico 41
이버네센트 모드 evanescent mode 377
이버네센트(파) 결합
evanescent (wave) coupling 377
이벨류에이션 키트 evaluation kit 377
이산 discrete 298

이산 시간 신호
discrete time signal 298
이산 시간 제어
discrete time control 298
이산 시스템
discrete system simulator 298
이상 감쇠 abnormal decay 1
이상 검출 시스템
failure detection system 385
이상 궤환형 발진기
phase shift feedback oscillator 762
이상 글로 방전
abnormal glow discharge 1
anomalous glow discharge 42
이상기 phase shifter 762
이상 분산 anomalous dispersion 42
이상 E층 abnormal E layer 1
이상 전파
abnormalous propagation 1
non-standard propagation 703
이상 폭주 traffic congestion 1069
이상형 검파기
phase shift detector 762
이상형 발진기
phase shift oscillator 762
이상형 *RC* 발진기
phase shift *RC* oscillator 762
이상 회로 phase shift circuit 762
이상 흡수 anomalous absorption 42
이서네트 Ethernet 376
이 셀 E-cell 327
이소 ISO 550
이소 코드 ISO code 551
이소펌 Isoperm 551
이어폰 earphone 324
이어폰 커플러 earphone coupler 324
이오노그램 ionogram 548
이오노존네 ionosonde 548
이온 ion 546
이온 가열 음극
ion heated cathode 547
이온 가열 음극관
ionic-heated-cathode tube 547
이온 결정
ion crystal 546
ionic crystal 547
이온 결합
electrovalent bond 363
ionic bond 547
이온 교환 ion exchange 547
이온 교환법
ion exchange technique 547
이온 데포지션 프린터
inverted-deposition printer 547
이온 레이저 ion laser 548
이온 반도체 ion semiconductor 549
이온 반사 전극 ion repeller 549
이온 분극 ionic polarization 547
이온 빔 ion beam 546
이온 빔 가공
ion beam processing 546
이온 소상 ion burn 546
이온 스폿 ion spot 549
이온 시스 ion sheath 549
이온 에칭 ion etching 547
이온 전도 ionic conduction 547
이온 주입 ion implantation 547
이온 주입법 ion implantation 547
이온 트랩 ion trap 549
이온총 ion gun 547
이온화 경향 ionization tendency 547
이온화 시간 ionization time 548
이완 발진 relaxation oscillation 868
이용자 인터페이스 user interface 1107
이용자 프로그램 user program 1107
이조 스터브 detuning stub 271
이카오 ICAO 499
이클스 · 조르단 회로
Eccles-Jordan circuit 327
이트륨 yttrium 1155
이트륨 알루미늄 가닛
YAG 1154
yttrium aluminum garnet 1155
이트륨 옥사이드 yttrium oxide 1155
이트륨 철 가닛 YIG 1154
이펙터 effector 334
이행 upgrade 1107
익사이드 축전지 excide battery 378
익스팬더 expander 380
인간 공학
ergonomics 375
human engineering 492
인공 귀 artificial ear 53
인공 부하 artificial load 54
인공 선로 artificial line 54
인공 수정 synthetic quartz 1021
인공 안테나 artificial antenna 53
인공 위성 artificial satellite 54
인공 잡음 man-made noise 630
인공 지능
AI 21
artificial intelligence 53
인공 지능 머신
artificial intelligence machine 53
인공 지능 시스템
artificial intelligence system 53
인광 phosphorescence 764
인덕션 계수 induction factor 516

임계 제동 저항
critical damping resistance 230
임계 주파수 critical frequency 230
임계 파장 critical wavelength 231
임대 라인 leased line 576
임의 random 846
임의 순서 컴퓨터
arbitrary sequence computer 50
임의 오류 random error 846
임의 접근 random access 846
임의 접근 기억 장치
RAM 845
random access memory 846
임의 파일 random file 847
임장감 presence 802
임팩트 다이오드
impact avalanche and transit time diode 507
IMPACT diode 507
임팩트형 프린터
impact type printer 507
임펄스 impulse 510
임펄스 계수기 impulse counter 510
임펄스 계전기 impulse relay 511
임펄스 관성 impulse inertia 511
임펄스열 간격 inter-train pause 543
임펄스 응답 impulse response 511
임펄스 응답 함수
impulse response function 511
임펄스 잡음 impulse noise 511
임펄스 잡음 선택도
impulse-noise selectivity 511
임펄스 전류 impulse current 511
임펄스 전압 impulse voltage 511
임펄스 주파수식
impulse frequency system 511
임펄스 지속 시간식
impulse duration system 511
임펄스 플래시 오버 전압
impulse flashover voltage 511
임펄스형 원격 측정
impulse-type telemeter 511
임피던스 impedance 508
임피던스 결합 증폭기
impedance coupled amplifier 508
임피던스 계전기 impedance relay 509
임피던스 롤러 impedance roller 509
임피던스 반전기
impedance inverter 508
임피던스 벡터 impedance vector 509
임피던스 변환
impedance transducer 509
임피던스 부정합 계수
impedance mismatch factor 509
임피던스 불규칙성
impedance irregularity 508
임피던스 브리지
impedance bridge 508
임피던스비 impedance ratio 509
임피던스 와트 impedance watt 509
임피던스 전압 impedance voltage 509
임피던스 정합
impedance matching 508
임피던스 파라미터
impedance parameter 509
임피던스 행렬 impedance matrix 508
입력 갭 input gap 525
입력 공진기 번처
input resonator buncher 526
입력 구조 input configuration 525
입력 기구 input device 525
입력 바이어스 전류
input bias current 525
입력 보호 input protection 526
입력 어드미턴스 input admittance 524
입력 오프셋 전압
input offset voltage 525
입력 임피던스 input impedance 525
입력 잡음 온도
input noise temperature 525
입력 장치
input device 525
input unit 526
입력 채널 input channel 525
입력 트랜스 input transformer 526
입력 프로그램 loading program 595
입력 회로 input circuit 525
입사파 incident wave 512
입선 incoming line 512
입자 가속기 particle accelerator 744
입접속 호량 incoming traffic 512
입체각 solid angle 962
입체음 stereophonic sound 995
입체 텔레비전
stereoscopic television 996
입출력 버퍼 input-output buffer 525
입출력 인터페이스
I/O interface 546
input-output interface 525
입출력 장치 input-output device 525
입출력 제어 시스템
input-output control system 525
IOCS 546
입출력 처리 장치
input-output processor 526
입출력 포트
I/O port 549
input-output port 526

입출력 프로세서 I/O processor 549
입 트렁크 incoming trunk 512
잉곳 ingot 522
잉여 검사 residue check 875
잉크 분사식 프린터
ink jet printer 524
잉크 제트 기록 ink jet recording 524
잉크 제트식 인자 장치
ink jet printer 524
잉킹 inking 524

〔ㅈ〕

자 jar 553
자계 magnetic field 618
자계 간섭 magnetic field interference 618
자계 감응 계전기
magnetostrictive relay 627
자계 렌즈 electromagnetic lens 347
자계 편향 magnetic deflection 617
자구 magnetic domain 617
자극 magnetic pole 621
자기
magnetism 625
porcelain 794
자기 가변 콘덴서
ceramic variable condenser 158
자기 감자
self-demagnetization 920
자기 경화 magnetic hardening 618
자기 공명 magnetic resonance 622
자기 공명 반치폭
magnetic resonance half-linewidth 622
자기 공진자 ceramic resonator 157
자기 공진자 ceramic vibrator 158
자기 광학 magnetic-optic 620
자기 광학 효과
magneto-optic effect 626
자기 궤환형 자기 증폭기
self-saturation type magnetic amplifier 922
자기 기록 장치
magnetic recorder 621
자기 기억
magnetic storage 623
자기 냉동기
magnetic refrigerator 622
자기 녹음 매체
magnetic recording medium 621
자기 녹음 헤드
magnetic recording head 621
자기 녹화
magnetic video recording 624
자기 누설 변압기
leakage transformer 576
자기 다이폴 안테나
magnetic dipole antenna 617
자기 도포 테이프
coated magnetic tape 178
자기 드럼 magnetic drum 617
자기 디스크
magnetic disc 617
magnetic disk 617
자기 디스크 장치
magnetic disk unit 617
자기람 magnetic storm 623
자기 렌즈 magnetic lens 619
자기 리셋 계전기 self-reset relay 921
자기 마크 판독 장치
magnetic mark reader 620
자기 모드 동기 self-mode locking 921
자기 모멘트 magnetic moment 620
자기 바이어스
magnetic biasing 615
self-bias 919
자기 바이어스형 전자총
auto-bias gun 66
자기 박막 기억 장치
magnetic thin-film memory 624
magnetic thin-film storage 624
자기 방위 magnetic bearing 615
자기 방전 self-discharge 920
자기 방향 지시기
magnetic direction indicator 617
MDI 640
자기 밸브 magnet valve 628
자기 버블
bubble domain 129
magnetic bubble 615
자기 버블 기억 장치
magnetic bubble memory 616
MCA 639
자기 변환 소자
magneto-electric device 625
자기 분극
intensity of magnetization 533
자기 분로편 magnetic shunt 623
자기 분로편 재료
magnetic shunt material 623
자기 분리 magnetic separation 622
자기 분자설
molecular theory of magnetism 667
자기 산소계
magnetic oxygen analyzer 620
자기 상대 주소

SS cable 980
자기 집속 self-focusing 920
자기 차단기
magnetic blow-out circuit-breaker 615
자기 차폐
magnetic screen 622
magnetic shielding 623
자기 초점 이탈 self-defocusing 920
자기 충격성
magnetic shock sensitivity 623
자기 카드 magnetic card 616
자기 카드 판독기
magnetic card reader 616
자기 카세트 테이프 장치
cassette unit 150
자기 커 효과
magnetic Kerr effect 619
자기 컴퍼스 magnetic compass 616
자기 콘덴서 ceramic condenser 157
자기 켄칭 발진기
self-quenching oscillator 921
자기 타이밍 방식
self-timing system 922
자기 탄성 magneto-elasticity 625
자기 탐광 magnetic prospecting 621
자기 탐사 magnetic prospecting 621
자기 탐상기 magnetic inspector 619
자기 테이프 magnetic tape 623
자기 테이프 기억 장치
magnetic tape memory 624
자기 테이프 소자기
magnetic tape eraser 623
자기 테이프 이레이서
magnetic tape eraser 623
자기 테이프 장치
magnetic tape handler 624
magnetic tape unit 624
자기 테이프 카세트 장치
cassette unit 150
자기 테이프 카트리지
magnetic tape cartridge 623
자기 테이프 판독기
magnetic tpa reader 624
자기 패라데이 효과
magnetic Faraday effect 618
자기 퍼미언스
magnetic permeance 621
자기 펄스 변조
self-pulse modulation 921
자기 펌핑 magnetic pumping 621
자기 평형성 self-regulation 921
자기 포화 magnetic saturation 622
자기 프로브 magnetic probe 621
자기 합금 magnetic alloy 614
자기 헤드 magnetic head 619
자기 회로 magnetic circuit 616
자기 회복 콘덴서
self-healing capacitor 920
자기 회전 magnetic rotation 622
자기 회전비 gyromagnetic ratio 463
자기 흡인력
magnetic attractive force 615
자기 히스테리시스
magnetic hysteresis 619
자기 히스테리시스 손실
magnetic hysteresis loss 619
자동 automatic 68
자동 가속 automatic acceleration 68
자동 가속 기능
automatic acceleration 68
자동 간섭 제어식 통신 방식
automatic indirect-control telecommunications system 72
자동 감속 automatic deceleration 70
자동 감속 기능
automatic deceleration 70
자동 개찰
automatic tecket-examination 75
자동 거래 단말기
ATM 58
automatic teller machine 75
자동 검사
automatic check 69
built-in check 131
자동 검사 데이터 생성계
automated test case generator 68
automated test generator 68
자동 검증 시스템
automated verification system 68
자동 검증툴
automated verification tools 68
자동 검침
automatic meter-reading 72
자동 검침 시스템
automatic gauge examination system 71
자동 경로 선택
ARS 52
automatic route selection 74
자동 과금 automatic ticketing 75
자동 교류 전압계
auto-ranging AC voltmeter 76
자동 교통 제어
ATC 58
automatic traffic control 75
자동 교환
automatic exchange 71

automatic telecommunications exchange 75
자동 교환기
automatic switchboard 75
자동 교환 방식
automatic telecommunications system 75
자동 노출계
automatic exposure meter 71
자동 데이터 처리
ADP 19
automatic data processing 70
자동 데이터 처리 시스템
ADPS 19
automatic data processing system 70
자동 동조 auto-tuning 77
자동 레벨 회로
automatic level controller 72
자동 레인지 전압계
auto-ranging AC voltmeter 76
자동 레인지 전환 직류 전압계
auto-ranging DC voltmeter 77
자동 로딩 automatic loading 72
자동 미조정 AFT 20
자동 반송 시스템
automated transportation system 68
자동 반전 기구
reverse mechanism 884
자동 발주 시스템
automatic ordering system 72
자동 발착신 장치
automatic calling and automatic answering unit 69
자동 방위 측정기
ADF 17
automatic direction finder 70
자동 방향 탐지기
ADF 17
automatic direction finder 70
자동 번호 식별
automatic number identification 72
자동 복구식 화재 감지기
self-restoring fire detector 922
자동 분석 장치
automatic analyzer 68
자동 상세 기록
automatic message accounting 72
자동 선곡
automatic music selection 72
자동 설계 공학
automated design engineering 67
자동 설계 툴
automated design tool 67
자동 세밀 조정 AFT 20
자동 소자 회로
automatic degaussing circuit 70
자동 송수신 장치
ASR 55
automatic send/receive set 75
자동 송신기
automatic transmitter 76
TD 1028
transmitter distributor 1079
자동 송출 automatic threading 75
자동 시스템 automatic system 75
자동 시험 장치
automatic test equipment 75
자동식 전화기
automatic telephone set 75
자동 신호 machine ringing 613
자동 연기 경보 시스템
automatic smoke alarm system 75
자동 연송 방식
automatic repetition system 74
자동 열차 제어
ATC 58
automatic train control 75
자동 예금기
AD 14
auto depositor 66
automatic depository 70
자동 예금 지불기
ATM 58
automatic teller machine 75
자동 오자 정정 장치
ARQ 52
automatic request question 74
자동 외부 발신 식별
automatic-identified outward dialing 72
자동 위상 제어
automatic phase control 72
자동 위상 제어 회로 automatic phase control circuit 72
자동 위상 컬러 방식
automatic phase color system 72
자동 유지 automatic hold 72
자동 음량 제어
automatic volume control 76
자동 음량 조절 AVC 78
자동 음량 조절 회로
automatic volume control circuit 76
자동 음악 감지기
automatic music senser 72

재밍 jamming 553
재분포 redistribution 860
재생
play-back 786
reforming 865
regenerate 865
regeneration 865
reproduce 873
재생 검파기 regenerative detector 866
재생 검파식 수신기
regenerative detection receiver 865
재생 바늘 reproducing stylus 873
재생 반송파 수신
reconditioned carrier reception 856
재생 분할기 regenerative divider 866
재생 손실 reproducing loss 873
재생 장치
magnetic reproducer 622
reproducer 873
재생 중계기
regenerative repeater 866
재생 중계 방식
regenerative relay system 866
재생 증폭기
regenerative amplifier 865
재생 코일 tickler coil 1057
재생 특성
reproducing characteristic 873
재생 헤드 reproducing head 873
재송신 retransmission 882
재송 정정 방식
request repeat system 873
재실행 개시점 rerun point 873
재실행 루틴 rerun routine 873
재실행점 rerun point 873
재운전점 rerun point 873
재촬상 방식
image transfer system 506
재해적 고장 catastrophic failure 151
재현성 repeatability 872
재현율
recall factor 854
recall ratio 854
재호출 신호 rering signal 873
잭 jack 553
잭형 배선반 jack panel 553
잰스키 Jansky 553
저감 반송파 SSB 방식
reduced-carrier SSB system 860
저감 반송파 전송
reduced-carrier transmission 860
저감 용량 탭
reduced capacity tap 860
저군 low group 608
저더 judder 555
저 레벨 액티브 low level active 608
저속도 빔 주사 촬상관
low-velocity beam scanning camera tube 610
저속도 주사
low velocity scanning 610
저속 주사 텔레비전
slow scanning television 957
SSTV 981
저손실 광섬유
low-loss optical fiber 609
저압 low tension 610
저역 반송파 reduced carrier 860
저역 보상
low frequency compensation 607
저역 보상 회로
low frequency compensation circuit 607
저역 차단 주파수
bass cut-off frequency 96
저역 필터 low pass filter 609
저온 부하 cold load 184
저온 절삭
low temperature cutting 609
저온 증착
low temperature evaporation 610
저온 회화 cold burning 183
저온 흐름 cold flow 184
저음 강조 bass boost 96
저음 보상 bass compensation 96
저잡음 증폭기 low noise amplifier 609
저잡음 케이블 low-noise cable 609
저잡음 테이프 low noise tape 609
저잡음 프론트엔드
low noise front-end 609
저장 수명 shelf life 935
저장 전달 스위치
store-and-forward switching 999
저전력 TTL low power TTL 609
저전력 변조 방식
low power stage modulation system 609
저전력 쇼트키 트랜지스터 트랜지스터 논리
low power Shottky transistor transistor logic 609
LSTTL 610
저전압 계전기 low-voltage relay 610
저전위 금속 low-potential metal 609
저조파
fractional harmonic wave 420
subharmonic 1005
저주파 low frequency 607
저주파 건조 플래시오버 전압

전하 전송 소자
charge transfer device 163
CTD 237
전하 주입 디바이스
charge priming device 163
CPD 230
전하 축적 charge accumulation 162
전하 축적 다이오드
charge storage diode 163
snap-off diode 959
전해 electrolysis 343
전해 가공기 electrolytic machine 344
전해 기록 electrolytic recording 344
전해 기록식 프린터
electrolytic printer 344
printer by electrolytic recording 806
전해 발색 electrolytic coloring 343
전해 석출 electroseparating 359
전해 세척 electrolytic cleaning 343
전해 셀 electrolytic cell 343
전해 연마
electrolytic 343
electrolytic polishing 344
전해 정류기 electrolytic rectifier 344
전해질 electrolyte 343
전해 콘덴서
chemical condenser 164
electrolytic capacitor 343
electrolytic condenser 343
전해 환원 electrolytic reduction 344
전화 telephone 1031
전화 가입 구역 telephone area 1031
전화 교환 telephone exchange 1031
전화 교환 시스템
telephone switching system 1032
전화기 telephone set 1032
전화 기술
telephone technology 1032
telephony 1032
전화 모뎀 telephone modem 1032
전화 방송 장치
telephone program equipment 1032
전화 스위치 chance-over switch 159
전화 시스템
telephone network system 1032
전화 영향률
telephone influence factor 1031
TIF 1057
전화 팩시밀리
facsimile using public service telephone network 384
전화 픽업 telephone pickup 1032
전화형 데이터 회선망
telephone-type data network 1032
전화 회선
telephone circuit 1031
telephone line 1032
전환 chance over 159
전환관 switching tube 1017
전환 방전관
switching discharge tube 1016
전환 전자 conversion electron 223
전환 접점 transfer contact 1071
전후진 계수기
forward backward counter 417
절단 disconnect 298
절단 신호
clear-forward signal 174
disconnect signal 298
절대값 absolute value 3
절대값 요소 absolute-value device 3
절대값 회로 absolute-value circuit 3
절대 고도계 absolute altimeter 2
절대 과도 편차
absolute transient deviation 3
절대 굴절률
absolute index of refraction 2
절대 단위 absolute units 3
절대 로더 absolute loader 2
절대 불응 상태
absolute refractory state 3
절대 시스템 편차
absolute system deviation 3
절대 암페어 abampere 1
절대 압력 absolute pressure 3
절대 열전능
absolute thermoelectric power 3
절대 오차 absolute error 2
절대 온도 absolute temperature 3
절대 유전율
absolute capacitivity 2
absolute dielectric constant 2
absolute permittivity 2
절대 이득 absolute gain 2
절대 임계값 absolute threshold 3
절대 전위계 absolute electrometer 2
절대 정도 absolute accuracy 2
절대 정상 상태 편차
absolute steady-state deviation 3
절대 주소 absolute address 2
절대 지연 시간 absolute delay 2
절대 최대 정격
absolute maximum rating 2
절대 측정 absolute measurement 2
절대치 absolute value 3
절대치 회로 absolute-value circuit 3
절대 코드 absolute code 2

constant-current transformer 215
정전류원 constant current source 215
정전류 전원
constant-current regulated power supply 215
정전류 충전
constant-current charge 215
정전 사진법 electrostatography 362
정전 선별 electrostatic separation 361
정전식 electrostatic 359
정전 식모
electrostatic hair setting 360
정전식 프린터
electrostatic printer 361
정전압 다이오드
reference diode 861
voltage regulating diode 1132
voltage regulator diode 1133
정전압 등가 회로
constant-voltage equivalent circuit 217
정전압 방전관
voltage regulator tube 1133
정전압 변압기 constant-voltage transformer 217
정전압 장치 line stabilizer 591
정전압 전원
constant-voltage power supply 217
constant-voltage regulated power supply 217
정전압 정주파 인버터
constant-voltage constant-frequency inverter 216
정전압 정주파 전원
constant-voltage constant-frequency unit 216
CVCF 241
정전압 충전
constant-voltage charge 216
정전 에너지 electrostatic energy 360
정전 용량
capacitance 141
capacity 141
electrostatic capacity 359
정전 유도
electrostatic induction 360
static induction 990
정전 유도형 트랜지스터
SIT 952
static induction transistor 990
정전위 electrostatic potential 361
정전 작도 장치
electrostatic plotter 361
정전 전사 프린터
printer by electrostatic transfer process 806
정전 전압계
electrostatic voltmeter 362
정전 집속 electrostatic focusing 360
정전 차폐 electrostatic shielding 362
정전 편향 electrostatic deflection 360
정전 편향 감도
electrostatic deflection sensitivity 360
정전 프린터 xerographic printer 1152
정전하 electrostatic charge 359
정전형 계기
electrostatic type instrument 362
electrostatic type meter 362
정전형 마이크로폰
electrostatic microphone 361
정전형 스피커
electrostatic loudspeaker 361
정전 흡인력
electrostatic attractive force 359
정정 시간
set-up 933
setting time 933
정지 궤도 geostationary 448
정지 레지스터 static register 991
정지성 동조 quiet tuning 833
정지 스위치 static switch 991
정지 시간 down time 312
정지 신호 stop signal 998
정지연 디스크리미네이터
constant-delay discriminator 215
정지 위성
geostationary satellite 448
static satellite 991
정지점 quiescent point 833
정지 주파수 변환 장치
static frequency changer 990
정지 질량 rest mass 881
정지형 교류 공급 방식
solid state AC power supply system 963
정지형 변환 장치 static converter 990
정지화
staticize 990
still image 997
still picture 997
정지화 기구 staticizer 990
정지화 방송
still picture broadcast 997
정진폭 녹음
constant amplitude recording 214
정차 변조 delta modulation 264
정측 진입 레이더

amplitude reference level 34
진폭 변조
AM 29
amplitude modulation 33
진폭 변조도
amplitude modulation factor 34
진폭 변조 송신기
amplitude modulated transmitter 33
진폭 변조 억압성
amplitude-modulation rejection 34
진폭 변조 잡음
amplitude modulation noise 34
진폭 변조 잡음 레벨
amplitude modulation noise level 34
진폭 변조 회로
amplitude modulation circuit 34
진폭 분리 amplitude separation 35
진폭 분리기 amplitude separator 35
진폭 분리 회로
amplitude separation circuit 35
진폭비 magnitude ratio 628
진폭-비교 모노 펄스
amplitude-comparison monopulse 33
진폭 선별 amplitude selection 35
진폭 억제비
amplitude suppression ratio 35
진폭 왜율
amplitude distortion factor 33
진폭 위상 변조
amplitude-shift keying 35
ASK 55
진폭 응답 amplitude response 34
진폭 응답 변화
amplitude response modulation 34
진폭 응답 특성
amplitude response characteristic 34
진폭 일그러짐 amplitude distorsion 33
진폭 제한기
amplitude limiter 33
limiter 583
진폭 제한 신호 limited signal 583
진폭 제한 회로 limiter circuit 583
진폭-주파수 응답
amplitude-frequency response 33
진폭-주파수 일그러짐
amplitude-frequency distortion 33
진폭-주파수 특성
amplitude-frequency characteristic 33
진폭/진폭 일그러짐
amplitude/amplitude distortion 33
진폭 판별 장치
amplitude discriminator 33
진폭 편이 변조
amplitude-shift keying 35
ASK 55
진폭 평형 제어
amplitude balance control 33
진행파
progressive wave 811
travelling wave 1082
진행파관
travelling-wave tube 1082
TWT 1096
진행파 도선 travelling-wave line 1082
진행파 안테나
travelling-wave antenna 1082
진행파형 광변조기
travelling-wave type optical modulator 1082
진행파형 메이저
travelling-wave type maser 1082
질량 mass 633
질량 분석기 mass spectrograph 633
질량수 mass number 633
질량 흡수 계수
mass absorption coefficient 633
질문
challenge 159
interrogation 542
query 832
질문기 interrogator 542
질문기 수신부 responsor 881
질문 응답기
interrogator-responsor 542
IR 549
질화 규소 silicon nitride 944
집군각 bunching angle 131
집군 공간 buncher space 131
집군 작용 bunching action 131
집선 line concentration 588
집선 방식
line concentration system 588
집선 장치
LC 573
line concentrator 588
집속 렌즈 condenser lens 211
집속·스위치 그릴
focusing and switching grille 414
집속 이온 빔 노광
focused ion-beam lithography 413
집속 자석 focusing magnet 414
집속 작용 focusing 413

〔ㅊ〕

〔ㅋ〕

카드 판독 장치 card reader 144
카드 판독 천공기 card read punch 144
카디오이드 특성
cardioid directivity 143
cardioid pattern 143
카르노도 Karnaugh map 557
카맥
CAMAC 139
computer automated measurement and control 208
카메라 제어기
camera control unit 139
카본 블랙 carbon black 142
카본 압력 기록 팩시밀리
carbon-pressure recording facsimile 143
카세그레인 안테나
cassegrain antenna 149
cassegrain reflector antenna 150
카세그레인 피드
cassegrainian feed 150
카세트 테이프 cassette tape 150
카세트 테이프 녹음기
cassette tape recorder 150
카 스테레오 car stereo 148
카슨의 법칙 Carson's rule 148
카시노트론 carcinotron 143
카 오디오 car audio 142
카운터 counter 227
카운터포이즈 counterpoise 228
카운트 다운 count-down 227
카트리지 cartridge 149
카트리지 다이오드 cartridge diode 149
칸델라 candela 140
칸델라파워 cp 230
칼니콘 chalnicon 159
칼럼 column 192
칼럼 스피커 column speaker 193
칼럼 2진 column binary 192
칼럼 2진 코드
column binary code 193
칼로리미터법 calorimetric method 139
칼로멜 반전지 calomel half-cell 139
칼로멜 전극 calomel electrode 139
칼륨 탄탈륨-니오브 KTN 564
칼만의 산법 Kalman algorithm 557
칼코겐 유리 chalcogenide glass 159
칼코겐 크로마이트
chalcogenide chromite 159
캐드/캠 CAD/CAM 136
캐드/캠 시스템 CAD/CAM system 136
캐리어 carrier 144
캐리어 가스 carrier gas 146
캐리어 검출 다중 접근/충돌 검출 기능
carrier sense multiple access/collision detection 146
캐리어 그룹 carrier group 146
캐리어 드리프트형 트랜지스터
carrier drift transistor 145
캐리어 리피터 carrier repeater 146
캐리어 속도 carrier velocity 148
캐리어 시프트 carrier shift 146
캐리어 제어 어프로치 시스템
carrier-controlled approach system 145
캐리어 주입 carrier injection 146
캐리어 축적 효과
carrier storage effect 147
캐리어 확산 상수
charged carrier diffusion constant 163
캐리어 확산형 트랜지스터
carrier diffused transistor 145
캐리-포스터 브리지
Carey-Foster bridge 144
캐릭터 길이 character length 161
캐릭터 제너레이터
character generator 160
캐릭트론 charactron 162
캐비닛 cabinet 135
캐소드 cathode 151
캐소드 바이패스 콘덴서
cathode by-pass condenser 151
캐소드 폴로어 cathode follower 151
캐스케이드 접속
cascade connection 149
캐스케이드 정류기
cascade rectifier 149
캐스케이드 제어 cascade control 149
캐스코드 증폭 회로
cascode amplifier 149
캐시 cache 135
캐시 기억 장치 cache memory 135
캐시 메모리 cash memory 149
캐처 catcher 151
캐처 공간 catcher space 151
캐칭 다이오드 catching diode 151
캔 can 140
캔들파워 candle-power 140
캔들파워 분포 곡선
candle-power distribution curve 140
캔설러 canceler 140
캔틸레버 cantilever 141
캘리그래픽 표시 장치
calligraphic display unit 138
캠 동작 스위치
cam-operated switch 140

〔E〕

token sharing network 1063
토큰 패싱 링
token passing ring 1063
토큰 패싱 방식 token passing 1062
토큰 패싱 버스
token passing bus 1063
토킹 비컨 talking beacon 1023
토털 바이패스 total bypass 1066
토털 시스템 total system 1066
토털 체크 total check 1066
토템 폴형 totem pole type 1066
토포그래피 topography 1065
토폴로지 topology 1065
톤 tone 1064
톤 링어 tone ringer 1065
톤 버스트 tone burst 1064
톤버스트 발생기
tone-burst generator 1064
톤 송신기 tone transmitter 1065
톤 수신기 tone receiver 1065
톤 암 tone arm 1064
톤 키어 tone keyer 1064
톨 다이얼망 toll network 1064
톨레리스 코딩 toleris coding 1063
톰슨 산란
Thomson scattering 1050
Tomson scattering
톰슨 효과
Thomson effect 1050
Tomson effect 1064
톱니파 sawtooth wave 902
톱니파 발생 회로
sawtooth oscillator circuit 902
톱니파 소인 sawtooth sweep 902
톱니파 AFC sawtooth AFC 902
톱다운법 top-down method 1065
톱사이드 사운더 topside sounder 1065
통계적 다중화
statistical (dynamic) multiplexing 991
통과 대역 동조 회로
passband tuning circuit 745
통과 대역폭 passband 745
통과 코스 방향 course made good 229
통신 communication 198
통신 경로 communication path 199
통신 노드 communication node 199
통신 단말 장치
communication terminal equipment 200
통신량 traffic 1069
통신로 communication path 199
통신 링크 communication link 198
통신망 communication network 199
통신 방식
communication method 198
transmission system 1078
통신 사업자
communication common carrier 198
통신 서브 네트워크
communication subnetwork 199
통신 서비스의 품질
quality of communication service 828
통신소 operating office 719
통신 속도
communication speed 199
data rate 250
signaling speed 941
transmission speed 1078
통신 시스템
telecommunication system 1030
통신 암호 장치
communication line encryption device 198
통신 용량 channel capacity 160
통신용 어댑터
communication adapter 198
통신용 접지 common return 197
통신용 컨트롤러
communication controller 198
통신용 프로세서
communication processor 199
통신 위성
communication satellite 199
통신 위성 링크
communication satellite link using TDMA system 199
통신 위성의 시분할 다원 방식
TDM for a communication satellite 1028
통신 이론
communication theory 200
theory of communication 1040
통신 인터페이스 표준
communication interface standard 198
통신 장치 communication device 198
통신 제어 communication control 198
통신 조건
communication condition 198
통신 채널
communication channel 198
통신 처리
communication processing 199
통신 케이블
telecommunication cable 1030
통신 회선

communication line 198
telecommunication line 1030
통역 루틴 interpretive routine 542
통일 상품 코드
universal product code 1105
UPC 1106
통전 시간 conducting period 212
통제 전화 중계국
control telephone station 221
통합 디지털 방송
integrated service digital broadcasting 531
ISDB 550
통호
arc through 50
conduction through 212
통화 당량
reference equivalent 862
volume equivalent 1135
통화로 speech path 974
통화로 설정 talking path setting 1023
통화 전류 공급 회로
current supply circuit 240
통화중 busy 133
통화중음
busy signal 133
busy tone 133
통화중 해소에 의한 콜 백
call back when busy terminal becomes free 137
통화중 확인 busy verification 133
통화 표준계
reference system for telephone transmission 862
통화 품질 speech quality 974
퇴화 degeneracy 261
투과 계수
transmission coefficient 1077
투과 변조
transmission modulation 1077
투과율
transmission factor 1077
transmittance 1078
transmittivity 1080
투과적 transparent 1080
투명 transparent 1080
투명도 projection drawing 811
투명 자기 clear porcelain 174
투명 전극 clear electrode 174
투사 디스플레이
projection display 811
투사 렌즈 project lens 811
투사 수상관
projection cathode-ray tube 811
투사식 표시 projective display 811
투사형 디스플레이 장치
projection type display unit 811
projector 812
투사형 수상기
projection television receiver 811
투사형 현미경
projection microscope 811
투시도
perspective drawing 756
perspective projection 756
투시법 fluoroscopy 410
투자율
magnetic permeability 621
permeability 755
투자율계 permeameter 755
투자율 튜너 permeability tuner 755
튜너 tuner 1088
튜더 양극판 Tudor plate 1088
튜링 기계 Turing machine 1090
튜블러 콘덴서 tubular condenser 1088
트라이스테이트 논리 회로
tri-status logic 1085
트라이액 triac 1083
트레이스 trace 1067
트래킹 tracking 1068
트래킹리스 바리콘
trackingless variable condenser 1068
트래킹 안테나 tracking antenna 1068
트래킹 열화
tracking degradation 1068
트래패트 다이오드 trapatt diode 1081
트래픽 traffic 1069
트래픽 기록기 traffic recorder 1069
트래픽 예측 traffic forecasting 1069
트래픽 이론 traffic theory 1069
트래픽 제어 traffic control 1069
트래픽 측정 장치
traffic measuring equipment 1069
트래핑 trapping 1082
트랙 track 1068
트랙 호밍 track homing 1068
트랜스 결합
transformer coupling 1072
트랜스 결합 증폭기
transformer coupled amplifier 1072
트랜스 결합 증폭 회로
transformer coupling amplification circuit 1073
트랜스덕터 transductor 1070
트랜스듀서 transducer 1070
트랜스듀서 이득 tranducer gain 1070
트랜스듀서형 전력계

〔ㅍ〕

파이로 전기 효과
pyroelectric effect 825
파이로세람 pyroceram 825
파이버 fiber 394
파이버스코프 fiberscope 395
파이 편파 phi polarization 763
파이프 pipe 781
파인 세라믹 fine ceramics 398
파일 file 396
파일 관리 file management 397
파일럿 pilot 778
파일럿 램프 pilot lamp 778
파일럿 밸브 pilot valve 778
파일럿 밸브 서보모터
pilot valve servomoter 779
파일럿 부반송파 pilot subcarrier 778
파일럿 스트리머 pilot streamer 778
파일럿 신호 발생기
pilot signal generator 778
파일럿 AGC pilot AGC 778
파일럿 장치 pilot-device 778
파일럿 전류 pilot current 778
파일럿 주파수 pilot frequency 778
파일럿 채널 pilot channel 778
파일럿 톤 방식 pilot tone system 778
파일럿파 pilot wave 779
파일 메모리 file memory 397
파일 사용률 file activity ratio 396
파일 서버 file server 397
파일업 pile-up 777
파일의 재편성 file reorganization 397
파일 전송 file transmission 397
파일 제어 장치 file controller 396
파일 편성 file organization 397
파장 wavelength 1141
파장계 wavemeter 1142
파장 분산 wavelength dispersion 1141
파장 분할 다중
wavelength division multiplexing 1141
파장 상수 wavelength constant 1141
파장 시프터 wavelength shifter 1141
파절 wave node 1142
파트 프로그램 part program 745
파형 waveform 1140
파형률 form factor 416
파형 부호화 waveform coding 1140
파형 분석기 wave analyzer 1140
파형 일그러짐 harmonic distortion 470
파형 정형 회로
wave shaping circuit 1142
판단 반송 방식
decision feedback system 258
판단 트리 decision tree 258
판독
read 852
reading 853
판독률 readability 852
판독 사이클 시간 read cycle time 852
판독 장치 reading wand 853
판독 전용 기억 장치
read only memory 853
ROM 892
판독 전용 소자
read-mostly devices 853
판독 헤드 read head 853
판매 시점 정보 관리 시스템
point-of-sale 788
POS 794
판별기 discriminator 298
팜탑 컴퓨터 palmtop computer 739
팝콘 잡음 popcorn noise 793
패널 panel 739
패더 padder 737
패드 pad 737
패드 전극 pad electrode 738
패드 제어 pad control 737
패들 paddle 738
패딩 콘덴서 padding condenser 737
패러데이 faraday 387
패러데이관 Faraday tube 387
패러데이 암부
Faraday dark space 387
Faraday's space 387
패러데이의 법칙 Faraday's law 387
패러데이 회전 Faraday rotation 387
패러데이 효과 Faraday effect 387
패럿 farad 387
패리티 비트 parity bit 744
패리티 에러 parity error 744
패리티 오류 parity error 744
패리티 체크 parity check 744
패모스
FAMOS 386
floating-gate avalanche MOS 407
패모스 기억 장치
FAMOS memory 386
패스렝스 안테나
path-length antenna 747
패스워드 passward 746
패스 클리어런스 path clearance 747
패시베이션 passivation 745
패시브 미터 passive meter 746
패치 베이 patch bay 746
패치 코드 patch cord 747
패키지 pcakage 736
패키지 마그네트론
packaged magnetron 736

페어선 twisted pair line 1093
페어 케이블 paired cable 738
페이 텔레비전 pay television 748
페이더 fader 384
페이드 아웃
fade out 384
FO 413
페이드 영역 fade area 384
페이드 인
fade in 384
FI 394
페이딩 fading 384
페이딩 깊이 fading depth 384
페이딩 방지 안테나
antifading antenna 45
페이딩 여유 fading margin 384
페이스 다운 본딩
face down bonding 383
페이스메이커 pace-maker 736
페이스 업 본딩 face up bonding 383
페이스트 paste 746
페이스트 극판 pasted plate 746
페이스 플레이트 face plate 383
페이스플레이트형 저항기
faceplate rheostat 383
페이즈드 어레이 안테나
phased array antenna 758
페이즈드 어레이 안테나 레이더
phased array antenna radar 758
페이지 page 738
페이지 모드 RAM
page mode RAM 738
페이지 주소 방식
page address system 738
페이지 판독 장치 page reader 738
페이지 프린터 page printer 738
페이징 paging 738
페이징 시스템 paging system 738
페이퍼 콘덴서
paper capacitor 739
paper condenser 739
페인팅 painting 738
페일 세이프 fail safe 385
페일 세이프 논리 회로
fail safe logic circuit 385
페일 세이프 동작
fail safe operation 385
페일 세이프 설계 fail safe design 385
페일 세이프 순서 회로
fail safe sequential circuit 385
페트리 네트 Petri nets 756
펜 리코더 pen recorder 751
펜스 fence 392
펜슬 라이팅 시스템
pencil writing system 751
펜슬 빔 pencil beam 751
펜슬 빔 안테나
pencil-beam antenna 751
펜오실로그래프 pen-oscillograph 751
펠릿 pellet 751
펠티에열 Peltier heat 751
펠티에 효과 Peltier effect 751
편각 declination 258
편광 polaized light 791
편광각 polarizing angle 791
편광 스위치 polarization switch 790
편광자
polarized light device 791
polarizer 791
편광 필터 polarizing filter 791
편석 현상 segregation 916
편심 오차 concentricity error 210
편심 PPE
off-center PPI display 713
편위 감도 deviation sensitivity 271
편위법 deflection method 260
편이비 deviation ratio 271
편이 일그러짐 deviation distortion 271
편집 edit 330
편집 프로그램 text editor 1040
편차 deviation 271
편차 시스템 deviation system 271
편차율 deviation factor 271
편파
polarization 790
polarized wave 791
편파기 polarizer 791
편파 다이버시티
polarization diversity 790
편파면 plane of polarization 783
편파성 페이딩 polarization fading 790
편파 소광비
extinction ratio polarization 382
편파 수신율
polarization receiving factor 790
편파 오차 polarization error 790
편파 지향성 partial directivity 744
편향 감도 deflecting sensitivity 260
편향 계수 deflection coefficient 260
편향 극성 deflection polarity 260
편향기 deflector 261
편향률 deflection factor 260
편향면 deflection plane 260
편향 소거 deflection blanking 260
편향 요크 deflection yoke 261
편향 요크 후퇴 거리
deflection-yoke pull-back 261
편향 일그러짐

〔ㅎ〕

후방 산란 계수
backscatter coefficient 82
backscattering coefficient 83
후방 산란형 두께 측정기
backscattering thickness gauge 83
후방 코스 back course 81
후방 펄스 after pulse 20
후부 반사기 reflex reflector 865
후연 동기
after-edge synchronization 20
후입 선출
last in first out 570
LIFO 580
후입 후출
last in last out 570
LILO 583
후자 복구 last party release 570
후진 문자 backspace character 83
후진 채널 backward channel 83
후진파 backward wave 84
후진파관 backward wave tube 84
후진파 발진관
backward wave oscillator 84
BWO 134
후치 컴퓨터 back-end computer 81
후치 프로세서
back-end processor 81
BEP 102
후치형 데이터 베이스 머신
back-end data base machine 81
후코법 Foucault method 418
후퇴 문자
backspace character 83
BS 128
후퇴파 back wave 84
후트·큔 회로 Huth-Kuihn circuit 493
훅스위치 hook-switch 488
훅 온형 전류계
hook on type ammeter 488
훅 트랜지스터 hook transistor 488
휘도
brightness 126
brilliance 126
luminance 611
휘도 계수 luminance coefficient 611
휘도 대비 계수
contrast rendering factor 219
휘도 변조
brightness modulation 126
intensity modulation 533
휘도 분리 방식
separate luminance system 927
휘도 신호
brightness signal 126
luminance signal 611
Y signal 1155
휘도 조절 brightness control 126
휘도 증폭기 intensity amplifier 533
휘도 채널 luminance channel 611
휘도 채널 대역폭
luminance channel bandwidth 611
휘도 플리커 luminance flicker 611
휘발성 기억 장치
volatile memory 1130
휘선 파인더 beam finder 98
휘진성 형광체
radiate out phosphor 837
휘트스톤 브리지
Wheatstone bridge 1143
휠 프린터 wheel printer 1143
휨 도파관 bend waveguide 102
휩 안테나 whip antenna 1144
휴대용 단말기
portable remote terminal 794
휴대용 스캐너 hand held scanner 468
휴대용 전화 cellular phone 156
휴대용 전화기 portable telephone 794
휴대용 컴퓨터
hand held computer 467
portable computer 794
휴대 전화기 pocket telephone 788
휴먼 머신 인터페이스
human-machine interface 492
휴먼 인터페이스 human interface 492
휴지성 감도 quieting sensitivity 833
휴지 시간 idle time 500
휴지점 break point 124
흐름 납땜 작업 flow soldering 409
흐름도 flow chart 408
흐림 stream 1001
흑 기록 black recording 113
흑 레벨 black level 113
흑 레벨 고정 회로
black level clamping circuit 113
흑 신호 black signal 113
흑압축 black compression 113
흑연 graphite 454
흑연 섬유 graphite fiber 454
흑연화 graphitization 454
흑 전송 black transmission 113
흑체 black body 113
흑평형 black balance 112
흑 피크 black peak 113
흑화도 density 265
흡수 absorption 4
흡수 계수 absorption coefficient 4
흡수 단면적
absorption cross section 4

흡수 단층 absorption discontinuity 4
흡수 변조 absorption modulation 4
흡수선 absorption line 4
흡수 손실 absorption loss 4
흡수율
absorption factor 4
absorptance 4
흡수체 absorber 3
흡수 파장계 absorption wave meter 4
흡수형 주파수계
absorption frequency meter 4
absorption type frequency meter 4
흡수형 페이딩 absorption fading 4
흡수 회로 absorbing circuit 3
흡열점 decalescent point 256
흡음 계수 absorption coefficient 4
흡음률 absorption coefficient 4
흡음재 absorbing material 3
흡입 비중계 syringe hydrometer 1021
흡입형 attraction type 62
희토류 rare earth 848
희토류 원소 rare earth elements 848
희토류 자석 rare earth magnet 848
희토류 형광체
phosphor using rare earth elements 764
히스 hiss 484
히스 노이즈
hiss noise 484
tape hiss 1025
히스테리시스 hysteresis 497
히스테리시스 결합
hysteresis coupling 497
히스테리시스 계수
hysteresis coefficient 497
히스테리시스 루프 hysteresis loop 497
히스테리시스 모터
hysteresis motor 498
히스테리시스손 hysteresis loss 497
히스테리시스 특성
hysteresis characteristic 497
히싱 잡음 hissing noise 484
히터 heater 473
히터 전류 heater current 473
히터 전압 heater voltage 473
히트 hit 484
히트 싱크 heat sink 473
히트온더플라이 인자 장치
hit-on-the-fly printer 483
히프 heap 472
히프 변수 heap variable 472
힘 계수 force factor 415
힘 평형식 force balancing type 415

일 어 색 인

ア

II 管 image intensifier tube 505
アイアトロン Iatron 499
IEEE-488 バス IEEE-488 bus 501
IEC 規格 IEC publication 501
I-インタフェースの種類
classification of I-interface 501
IHF 感度 IHF sensitivity 502
IF シフト回路
intermediate frequency shift circuit 537
IF 増幅器 IF amplifier 501
IMPATTダイオード
impact avalanche and transit time diode 507
I/Oインタフエース
input-output interface 525
I/Oバウンド I/O bound 546
I/Oポート I/O port 549
アイコナール方程式 eikonal equation 335
アイコノスコープ iconoscope 500
アイコン icon 499
IC カード IC card 499
IC 製造工程 fabrication process of IC 383
IC メモリ IC memory 499
IC ライタ IC lighter 499
IC レギュレータ IC regulator 500
I 信号 I signal 500
I 相搬送波 I-phase carrier 549
アイソコンモード isocon mode 551
アイソトープ isotope 551
アイソトープ電池 isotope battery 551
アイソプレーナ isoplanar 551
アイソレーション増幅器
IA 499
isolation amplifier 551
アイソレータ isolator 551
アイソレートループ方式
isolate loop system 551
IDR 方式
intermediate data rate system 536
IDC 回路
instantaneous deviation control circuit 527
IT 積 IT product 552
相手固定接続
permanent virtual circuit connection 755
アイテム item 551
I 動作 integral control action 530
アイドラ波 idler 500
アイドリング電流 idlling current 500
アイドル idle 500
I^2R 損 I^2R loss 552
アイパターン eye patterns 382
I 復調器 I-demodulator 500
あいまい度 equivocation 374
あいまいな量 equivocation 374
アイランド island 550
アイレット eyelet 382
アインシュタイン係数
Einstein coefficients 335
アインシュタイン則 Einstein's law 335
アウトプットトランス
output transformer 732
アーカイブ属性 archive attribute 50
アカウンティングマシン
accounting machine 8
アカダック aquadag 49
空き線
disengaged line 298
idle line 500
アーキテクチャ architecture 50
アキュムレータ accumulator 8
アクアダッグ Aquadag 49
アーク陰極 arc cathode 50
アーク降下損 arc-drop loss 50
アクセス access 7
アクセスアーム access arm 7
アクセスコード access code 7
アクセス時間 access time 7
アクセスタイム access time 7
アクセプタ acceptor 6
アクセプタ準位 acceptor level 6
アクセント解除装置 deaccentuator 225
アクチベーション activation 11
アクチュエータ actuator 14
アクティブアンテナ active antenna 12
アクティブフィルタ active pass filter 13
アクティブプルダウン active pull-down 13
アーク放電 arc discharge 50
アクリル樹脂 acrylic resin 11
アコーデオン電線 accordion wire 7
アジマス azimuth 80
アジマス損失 azimuth loss 80
アース earth 324
アスキー ASCII 54

イ

ウ

宇宙背景放射
cosmic background radiation 226
ウッド合金 woods alloy 1150
うなり周波数 beat frequency 101
うなり周波発振器
beat frequency oscillator 101
ウーハ woofer 1150
埋込み形ヘテロ接合レーザ
buried heterostructure laser 131
埋込み層 buried layer 132
埋め込む bury 132
ウラン回収樹脂
uranium collecting resin 1107
ウルトラフィッシュ ultrafiche 1097
雲母 mica 650
運用許容時間
permitted operating hours 755

エ

エアチェック air check 21
エアトリマ airtrimmer 22
エアバリコン variable air condenser 1112
エアロゾル aerosol 20
エアロフェア aerophare 20
aa接点 aa-contact 1
AN式レンジビーコン
AN system range beacon 43
AMI符号
alternative mark inversion codes 28
AM-AM放送 AM-AM broadcasting 29
AM-PM-VSB伝送
vestigial sideband AM-PM transmission 1119
AlGaAs半導体レーザ
AlGaAs semiconductor laser 23
ALC方式 automatic level controller 72
A形振動 A type oscillation 62
永久磁石 permanent magnet 754
A級増幅 class A amplification 172
A級増幅器 class A amplifier 173
永久電流 permanent current 754
Aスコープ A-scope 54
衛星 satellite 899
衛星航行 satellite navigation 900
衛星航法 satellite navigation 900
衛星取材
satellite news gathering 900
SNG 959
衛星測位方式
global positioning system 451
GPS 453
衛星太陽発電
satellite solar-power generation 900
SSPG 981
衛星通信 satellite communication 899
衛星通信サブシステム
satellite communication subsystem 899
衛星内切換方式
satellite switching system 900
衛星放送 broadcasting via satellite 127
衛星放送受信機
satellite broadcast receiver 899
衛星放送の受信
reception of satellite broadcasting 855
衛星放送用受信機
satellite-broadcast receiver 899
衛星用電源 power source for satellite 799
a接点 a contact 9
影像アンテナ image antenna 503
影像位相定数 image phase constant 506
影像インピーダンス image impedance 504
影像化 image ratio 506
影像減衰定数
image attenuation constant 503
影像減衰量 image loss 505
影像周波数 image frequency 504
影像周波数選択度
image frequency selectivity 504
影像周波数妨害
image frequency interference 504
影像周波数妨害比
image frequency interference ratio 504
映像信号 video signal 1123
映像スイッチシステム
view switching system 1125
映像送信機 video transmitter 1124
影像増幅器 video detector 1122
映像増幅器 video amplifier 1121
影像蓄積管 image storage tube 506
映像中間周波増幅器
video intermediate frequency amplifier 1122
影像伝達定数 image transfer constant 506
映像特殊効果装置
video special effect device 1124
影像パラメータ image parameter 505
映像搬送波 video carrier 1121
ATR管 anti-TR tube 47
ATM交換
asynchronous transfer mode switching system 58
AT板 AT-cut 58
A-D変換器 A-D converter 15
ABS樹脂 ABS resin 5
AB増幅器 class AB amplifier 173
APC回路
automatic phase control circuit 72

オ

音声周波数信号送出
voice-frequency signalling 1128
音声周波数多重電信 voice-frequency multiplexed telegraph 1128
音声周波数電信
voice-frequency telegraph system 1128
音声除波回路 sound trap 968
音声送信機 aural transmitter 65
音声多重 sound multiplex 966
音声多重ファクシミリ
sound multiplex facsimile 966
音声多重方式 multivoice system 681
音声多重放送
voice multiplexed broadcasting 1129
音声中間周波数
sound intermediate frequency 966
音声中心周波数 aural center frequency 65
音声調整装置 audio adjusting device 63
音声トラップ回路 sound trap circuit 968
音声認識 speech recognition 975
音声認識装置 sound recognition device 967
音声パケット交換
voice packet switching 1129
音声搬送波 sound carrier 965
音声反転方式 speech inversion system 974
音声PWM方式 voice PWM system 1129
音声放送方式 voice program system 1129
音声メイル voice mail 1129
音節 syllable 1017
音節圧伸 syllabic companding 1017
音節明りょう度 syllable articulation 1017
音像定位
sound image fixing 966
sound image localization 966
音速 velocity of sound 1116
音速レベル velocity level of a sound 1115
音調 note 706
温度安定度
temperature stability factor 1036
温度計 thermometer 1046
温度係数 temperature coefficient 1035
温度上昇試験 temperature-rise test 1036
温度ヒューズ thermal fuse 1041
温度放射 temperature radiation 1036
温度補償形定電圧ダイオード
temperature compensated VR diode 1035
音波
acoustic wave 10
sound wave 968
音波吸収係数
sound-absorption coefficient 964
オンフック on-hook 717
音片振動子 tuning bar vibrator 1089
オンボードレギュレータ
on-board regulator 716
オンライン on-line 717
オンライン記憶装置 on-line storage 717
オンラインコンピュータ
on-line computer 717
オンラインシステム on-line system 717
オンラインショッピング
on-line shopping 717
オンライン処理 on-line operation 717
オンラインテストシステム
on-line test system 717
OLTS 715
音量 sound volume 968
音量計
sound volume indicator 968
volume indicator 1135
volume-unit meter 1135
音量子 phonon 764
音量単位
volume unit 1135
VU 1136
音量調整回路 volume control circuit 1135

カ

外因性半導体 extrinsic semiconductor 382
外因性光伝導
extrinsic photoconduction 382
開回路自動制御系
open-loop automatic control system 718
外殻電子 outer (shell) electron 732
ガイガーしきい値
Geiger-Müler threshold 446
ガイガー・ミューラ計数管
Geiger-Müller counter tube 446
ガイガー・ミュラー計数器
Geiger-Müller counter tube 446
海岸局 coast station 178
海岸効果 shore effect 937
海岸線効果 coastal effect 178
海岸地球局 coast earth station 478
海岸レーダ局 shore radar station 937
外気圏 exosphere 380
会計機 accounting machine 8
開口 aperture 47
開口アドミタンス aperture admittance 47
開口アンテナ aperture antenna 47
開口効果 aperture efficiency 47
開口効率 aperture efficiency 47
開口時間 aperture time 48
開口数 numerical aperture 709
開口ひずみ aperture distortion 47
開口部イルミネーション
aperture illumination 47

キ

ク

ケ

計算機　computer　207
計算器　calculator　136
計算機入力マイクロフィルム
computer input microfilm　209
CIM　169
計算機ホログラム　computer hologram　209
計算制御　computing control　210
傾斜形検波　slope type detection　956
傾斜機能材料
inclined functional material　512
傾斜接合　graded junction　453
傾斜接合トランジスタ
graded junction transistor　453
形状記憶合金　shape memory alloy　934
形状記憶樹脂　shape memory resin　935
計数形検波器　zerocrossing detector　1156
計数形周波数計
counter type frequency meter　228
計数管　counter tube　228
係数器　coefficient multiplier　181
計数器　counter　227
計数検波器　cycle counting detector　242
計数効率　counting efficiency　228
計数放電管　cold-cathode counter tube　183
係数ポテンショメータ
coefficient potentiometer　181
計数率計　counting rate meter　228
けい素　silicon　943
計装　instrumentation　528
計測器　instrument　528
計測用増幅器
amplifiers for measurement　32
計測用変調器　measuring modulator　641
けい素鋼板　silicon steel plate　944
けい素ゴム　silicone rubber　943
けい素樹脂　silicone resin　943
けい素油　silicone oil　943
携帯電話機
portable telephone　794
pocket telephone　788
鯨探機　whale finder　1143
継鉄　yoke　1154
継電器　relay　868
継電器解放時間　relay release time　869
継電器スリーブ　relay sleeve　869
継電器動作時間　relay actuation time　868
継電器ヒンジ　relay hinge　869
継電器保持値　relay hold　869
系統的誤差　systematic error　1021
経年変化　aging　20
契約テレビジョン
subscription television　1006
経路指示　routing　894
経路選択プログラム　router　893
経路ダイバーシティ　route diversity　893
経路符号方式　route-code basis　893
ゲイン　gain　438
ゲイン交点周波数
gain-crossover frequency　439
ゲイン定数　gain constant　439
ゲイン特性曲線
gain characteristics curve　439
ゲイン余裕　gain margin　439
ゲインを有するフォロア
follower with gain　414
KS鋼　KS steel　564
K形フェージング　K-style fading　564
ゲージ
gage　438
gauge　445
ゲージ率　gage factor　438
ケースシフト　case shift　149
ゲストID　guest ID　462
けた上げ　carry　148
けた送り　shift　936
血圧計　blood pressuremeter　116
結合音　combination tone　194
結合キャパシタ　coupling capacitor　228
結合係数　coupling coefficient　228
結合コンデンサ　coupling condenser　229
結合絞り　coupling iris　229
結合度　coupling coefficient　228
結合部開口　coupling aperture　228
結合変調　coupling modulation　229
結晶　crystal　235
結晶圧力計　crystal pressure gauge　236
結晶化ガラス　crystal glass　235
結晶格子　crystal lattice　235
結晶引上げ法　crystal pulling　236
結晶分光写真装置
crystal spectrograph　237
ゲッタ　getter　448
ゲッタポンプ　getter pump　449
ゲッタリング　gettering　448
決定理論　determinant theory　271
血流量計　blood flowmeter　116
ゲート　gate　443
ゲートアレイ　gate array　443
ゲートウェイ　gateway　444
ゲート回路　gate circuit　443
ゲート共通形増幅器
common-gate amplifier　196
ゲート信号　gating signal　445
ゲート制御ターンオン時間
gate-controlled turn-on time　444
ゲート増幅器　gate amplifier　443
ゲートターンオフサイリスタ
gate turn-off thyristor　444

コ

硬ろう　hard solder　469
港湾電話　harbour radiotelephone　468
港湾無線電話　harbour radiotelephone　468
港湾レーダ　harbour radar　468
光路長　optical path length　725
呼期間　call duration　137
五極管　pentode　751
黒鉛　graphite　454
黒鉛化　graphitization　454
黒鉛繊維　graphite fiber　454
黒化度　density　265
国際アマチュア無線連合
International Amateur Radio Union　540
IARU　499
国際原子時　international atomic time　540
国際交換　international exchange　540
国際識別番号
international dialling prefix　540
国際周波数登録委員会
International Frequency Registration Board　540
IFRB　501
国際単位　international unit　542
国際単位系
Systéme International d'Unités　1022
国際電気通信条約
International Telecommunication Convention Geneva　541
国際電気通信連合
International Telecommunication Union 541
ITU　552
国際電気標準会議
International Electrotechnical Commission 540
IEC　501
国際電信電話諮問委員会　CCITT　154
国際電波科学連合
Union Radio-Scientifique Internationale 1104
国際電報中継方式
international telegraph relay system　541
国際電話番号
international telephone number　542
国際番号　international number　541
国際標準化機構
International Organization for Standardization　541
ISO　550
国際標準7単位符号
international 7-unit-telegraph code　542
国際放送　international broadcasting　540
国際民間航空機関
International Civil Aviation Organization 540
ICAO　499
国際無線沈黙
international radio silence　541
国際無線通信諮問委員会
International Radio Consultative Committee　541
CCIR　154
国際無線電信局
international radio telegraph station　541
国際無線電話局
international radio telephone station　541
国際モールス符号
International Morse Code　541
極紫外レーザ
extreme ultra violet laser　382
刻時パルス　clock pulse　175
極超音速　hypersonic　497
極超音速風洞　hypersonic wind tunnel　497
極超短波　ultrashort wave　1098
極超短波テレビジョン
ultrashort wave television　1098
極低温　ultra low temperature　1098
国内通信衛星
domestic communication satellite　305
DOMSAT　305
国内無線電話局
domestic radio telephone station　305
極微小電力テレビジョン放送局
micropower television station　653
誤差　error　375
コサイン巻き　cosine winding　226
誤差修正曲線　error correcting curve　375
誤差信号　error signal　375
誤差率　relative error　867
語時間　word time　1150
故障許容形コンピュータ
fault-tolerant computer　388
故障信号　error signal　375
故障点標定装置　fault locator　388
故障率　hazard rate　471
故障率曲線　failure rate curve　385
故障率減少形　decreasing failure rate　259
コース　course　229
コーススキャロッピング
course scalloping　229
ゴースト　ghost　449
コースビーコン　course beacon　229
コースベンド　course bend　229
呼制御手順　call control procedure　137
固相成長法
solid phase epitaxy　962
SPE　971
固相接着　solid phase bond　962

サ

シ

ス

セ

静電形計器 electrostatic type meter 362
静電形スピーカ
electrostatic loudspeaker 361
静電形マイクロホン
electrostatic microphone 361
静電気 static electricity 990
静電気学 electrostatics 361
静電吸引力
electrostatic attractive force 359
正電極 positive electrode 795
静電記録 electrostatic recording 361
静電結合 electrostatic coupling 360
静電写真法 electrostatography 362
静電遮へい electrostatic shielding 362
静電集束 electrostatic focusing 360
静電植毛 electrostatic hair setting 360
静電電圧計 electrostatic voltmeter 362
静電塗装 electrostatic coating 360
静電フォーカス electrostatic focusing 360
静電複写機 electrostatic copier 360
静電偏向 eelctrostatic deflection 360
静電偏向感度
electrostatic deflection sensitivity 360
静電誘導 electrostatic induction 360
静電容量 electrostatic capacity 359
静電力 electrostatic force 360
静電レンズ field lens 396
精度 precision 801
制動インピーダンス
damped impedance 244
正透過
specular transmission 974
regular transmission 866
制動装置 damping device 245
制動抵抗 damping resistance 245
制動トルク retarding torque 881
静特性 static characteristic 990
正特性サーミスタ
positive characteristic thermistor 795
性能指数 figure of merit 396
性能量 performance characteristic 753
正反射
direct reflection 296
regular reflection 866
正反射率 specular reflectance 974
生物化学燃料電池
biochemical fuel cell 108
生物電子工学 bioelectronics 109
正変調 positive modulation 795
精密さ precision 801
精密シートコイル precision sheet coil 801
精密抵抗器 precision resistor 801
制約領域 limited region 583
整流 rectification 859
整流回路 rectifier circuit 859
整流形計器 rectifier type meter 859
整流器 rectifier 859
整流器変圧器 rectifier transformer 859
整流効率 efficiency of rectification 334
整流スタック rectifier stack 859
整流性接触 rectifying contact 859
整流接合 rectifier junction 859
整流接触 rectifier contact 859
整流素子 rectifier element 859
正論理 positive logic 795
世界無線通信主官庁会議
World Administrative Radio Conference 1151
WARC 1138
セカム方式 SECAM system 912
石英ガラス quartz glass 831
石英光ファイバ silica optical fiber 943
赤外イメージ変換管
infrared image converter 521
赤外線 infrared rays 521
赤外線加熱 infrared heating 521
赤外線干渉法 infrared interferometry 521
赤外線スペクトル infrared spectrum 521
赤外線通信
infreared-ray communication 521
赤外線テレビジョン
infrared-ray television 521
赤外線発光ダイオード
infrared emitting diode 521
赤外線レーダ infrared-ray radar 521
赤外ビジコン infrared vidicon 521
赤外放射 infrared radiation 521
積算電力計 watt-hour meter 1139
析出硬化 precipitation hardening 801
積層乾電池 layer-built dry cell 573
堰層コンデンサ
boundary layer capacitor 119
積層電池 layer-built cell 573
積層板 laminated plate 566
積分回路 integrating circuit 531
積分形継電器 integrating relay 534
積分器 integrator 534
積分器式磁束計
integrator type fluxmeter 531
積分時間 reset time 874
積分制御動作 integral control action 530
積分動作 integral action 530
積分変換形
integrating conversion type 531
積分要素 integral control element 530
石綿 asbestos 54
セクタ sector 915
セグメント segment 916

選択度　selectivity　918
選択配線　discretionary wiring　298
選択配線方式
discretionary wiring approach　298
選択放射　selective radiation　918
選択放出　selective emission　917
選択呼出し方式
selective calling system　917
SELCAL　917
センタゲート　center gate　156
センダスト　Sendust　925
センタリングマグネット
centering magnet　156
センチ　centi-　156
前置増幅器　pre-amplifier　800
前置TR管　pretransmit-receive tube　803
センチネル　sentinel　927
センチ波　centimeter wave　156
前置補正器　pre-distorter　801
前置補正回路　pre-distorter　801
全通過回路網　all pass network　26
全電信ひずみ
total telegraph distortion　1066
線電流　line current　588
せん頭値形AGC　peak value AGC　750
せん頭包絡線電力
peak evnelope power　749
セントレックス　Centrex　157
セントロニクスインタフェース
Centronics interface　157
全二重式
full duplex operation　434
FDX　389
全二重通信　full duplex　434
船舶地球局　ship earth station　937
船舶電話
marine mobile radiotelephone　631
船舶電話方式
maritime mobile telephone system　631
船舶用回転ビーコン
marine rotary beakon　631
全波受信機　all wave receiver　26
全波整流回路
full-wave rectifier circuit　435
全反射　total reflection　1066
全搬送波SSB方式
single sideband full carrier system　951
全ひずみ率　total distortion factor　1066
全負荷　full load　434
全浮動　full-floating　434
全変換時間　total conversion time　1066
全方向距離測定装置
omnibeary-distance facility　715
全方向性アンテナ
omnidirectional antenna　715
全方向性ビーコン
omnidirectional beacon　715
全方向マイクロホン
omnidirectional microphone　715
前方保護時間
forward alignment guard time　416
鮮明度　visibility factor　1127
占有周波数帯域　occupied bandwidth　712
占有周波数帯域幅
occupied bandwidth　712
専用（借きり）回線
private (leased) circuit　807
線量計　dosimeter　307
線量率計　doserate meter　307
線路定数　line constant　588

ソ

双安定マルチバイブレータ
bistable multivibrator　111
掃引　sweep　1015
掃引回路　sweep circuit　1015
掃引時間　sweep time　1015
掃引周波数　sweep frequency　1015
掃引発振器　sweep generator　1015
造影剤　contrast medium　219
双円すいアンテナ　biconical antenna　104
騒音　noise　694
騒音計　sound level meter　966
装荷空中線　loaded antenna　594
装荷ケーブル　loaded cable　594
装荷コイル　loading coil　595
増感紙　intensifying screen　533
双極子　dipole　289
双極子分極　dipolar polarization　289
双極子モーメント　dipole moment　289
双曲線航法　hyperbolic navigation　497
相互インダクタンス
mutual inductance　682
相互コンダクタンス
mutual conductance　682
相互変調　mutual modulation　683
相互誘導　mutual induction　683
走査　scanning　904
走査形トンネル顕微鏡
scanning tunneling microscope　905
捜査レーダ　surveillance radar　1014
走査線　scanning line　904
操作部　final control element　398
操作量　manipulated variable　630
相似形計算機　analog computer　35
送受器　handset　468
増殖炉　breeder　124

ダブルエンド形　double-ended　309
ダブルエンド制御
　double-ended control　309
ダブルエンド増幅器
　double-ended amplifier　309
ダブルクリック　double-click　309
ダブルコーンスピーカ
　double cone speaker　309
ダブルブリッジ　double bridge　308
ダブルベースダイオード
　double base diode　308
ダブルヘテロ接合
　double heterostructure　310
ダブルヘテロ接合レーザ
　double hetero-junction laser　310
　DH laser　272
ダブレットアンテナ　doublet antenna　311
多胞形ホーン　multicellular horn　674
ダミー　dummy　318
ダミーアンテナ　dummy antenna　318
ターミナルコントローラ
　terminal controller　1037
ターミナルパッド　terminal pad　1038
ターミナルVOR
　terminal VOR　1038
　TVOR　1092
ターミナルラグ　terminal lug　1038
ターミナルレーダ情報処理システム
　automated radar terminal system　67
　ARTS　54
ダミーファイバ法
　dummy fiber method　318
ダミープラグ　dummy plug　319
多目的コントローラ
　multiple-purpose controller　677
多目的電話
　multi-purpose telephone set　680
多モード　multi-mode　676
多モード遅延差
　differential mode delay　279
多モード分散　intermodal dispersion　538
タリー　tally　1024
他力制御　servo-actuated control　931
ダーリントン接続
　Darlington connection　246
ダーリントン増幅器
　Darlington amplifier　246
たる形アンテナ　barrel stave reflector　92
たる形ひずみ　barrel disortion　92
ダルソンバール検流計
　D'Arsonval galvanometer　246
多励ヘテロダイン方式
　separate excited heterodyne system　927
ターレット　turret　1092
ターレットチューナ　turret tuner　1092
多連受信　barrage reception　92
ターンアラウンドタイム
　turnaround time　1090
単安定トリガ回路
　single-shot trigger circuit　950
単安定ブロッキングオシレータ
　single-shot blocking oscillator　950
単安定マルチバイブレータ
　monostable multivibrator　669
単位関数　unit function　1105
単位系　system of units　1022
単位格子　unit lattice　1105
単一調整　tracking　1068
単一調整誤差　tracking error　1068
単一方向の決定　sense determination　925
単一モード光ファイバケーブル
　single mode type optical fiber cable　949
単一モードファイバ
　single mode fiber　949
単液電池　single-fluid cell　949
単エネルギー過度現象
　simple energy transient phenomena　945
ターンオーバ周波数
　turnover frequency　1091
ターンオフ　turn off　1090
ターンオフ時間　turn-off time　1091
ターンオン　turn on　1091
ターンオン時間　turn-on time　1091
単音明りょう度　sound articulation　965
炭化　carbonization　143
炭化けい素　silicon carbide　943
炭化けい素ウィスカ
　silicon carbide whisker　943
ターンキー方式　turn-key system　1090
端局
　end office　367
　dependent exchange　266
単極電位　single electrode potential　948
短距離航行援助施設
　short distance navigational aids　938
短距離搬送方式
　short-haul carrier system　938
タンク回路　tank circuit　1024
タングステン陰極　tungsten cathode　1089
タングステンヒューズ　tungsten fuse　1089
単結晶　monocrystal　668
端効果　end effect　367
単向管　isolator　551
単向整流器　single-way rectifier　952
単向通信方式
　unidirectional communication system　1103
単向動作　simplex operation　946
単語明りょう度　word articulation　1150

チ

電気ギター　electric guitar　338
電気凝固　electric coagulation　337
電気計器　electric meter　339
電気光学係数
electro-optical coefficient　358
電気光学結晶　electrooptical crystal　358
電気光学効果　electro-optical effect　358
電気光学変調器
electrooptic modulator　358
電気サセプティビリティ
electric susceptibility　340
電気雑音　electric noise　339
電気式温度計　electric hygrometer　338
電気湿度計　electric hygrometer　338
電気振動　electric oscillation　339
電気双極子　electric dipole　337
電気走査　electric scanning　340
電気ダイポール　electric dipole　337
電気通信　telecommunication　1029
電気抵抗　electric resistance　339
電気定数　electric constant　337
電気的インターフェース
electrical interface　337
電気的ジャイレーション効果
electrical gyration effect　337
電気的忠実度　electrical fidelity　336
電気銅　electrolytic copper　344
電気時計　electric clock　337
電気二重層　electric double layer　338
テンキー　ten key　1037
電気ひずみ　electrostriction　362
電気ひずみ共振子
piezo-electric vibrator　777
電気ひずみ効果　electrostrictive effect　363
電気ひずみ材料
electrostrictive material　363
電気ひずみ振動子
piezo-electric vibrator　777
電気フィルタ　electric filter　338
電気分解　electrolysis　343
電気変位　electric dispalcement　338
電気マイクロメータ
electric micrometer　339
電気メス　radioknife　842
電気めっき　electroplating　358
電気溶接　electric welding　340
電極　electrode　341
電極暗電流　electrode dark current　341
電極活物質　electrode active material　341
電極接触　electrode contact　341
電極電位　electrode potential　341
電気力線　electric line of force　338
電源　power supply　799
電けんクリック　key click　559
電けん操作回路　keying circuit　560
電源電圧除去比
supply voltage rejection ratio　1101
電源同期　line lock　589
電源非同期　asynchronous　57
電源変圧器　power transformer　800
点弧　firing　399
電光変換　electrophoretic conversion　358
点弧角　angle of ignition　40
電算写植　computer aided typesetting　208
電算写植システム　CTS　237
電磁厚さ計
electromagnetic thickness gauge　348
電子アドミタンス
electronic admittance　351
電子インピーダンス
electronic impedance　353
電子雲　electron cloud　351
電磁エネルギー
electromagnetic energy　346
電子オルガン　electronic organ　354
電子音楽　electronic music　354
電子温度　electron temperature　358
電磁界　electromagnetic field　346
電子会議　electronic conference　352
電子回折　electron diffraction　351
電磁界適合性
electromagnetic compatibility　345
電子回路　electronic circuit　352
電子回路計　electronic circuit tester　352
電子回路用変成器
electronic transformer　356
電子殻　electron shell　357
電子ガス　electron gas　351
電子楽器
electronic musical instruments　354
電子加熱　electronic heating　353
電子管　electron tube　358
電子ギャップアドミタンス
electronic gap admittance　353
電子キャビネット　electronic cabinet　352
電磁クラッチ　magnetic clutch　616
電子計算機　electronic computer　352
電子掲示板　electnonic bulletin board　351
電磁継電器
magnetic relay　622
electromagnetic relay　347
電子血圧計　electronic manometer　354
電磁結合　electromagnetic coupling　345
電子顕微鏡　electron microscope　356
電子検流計　electronic galvanometer　353
電子工学　electronics　355
電子光学　electron optics　357
電子交換機

ト

ナ

ニ

ヌ

ネ

ノ

脳波 brain wave 121
脳波計 electro-encephalograph 342
ノクトビジョン noctovision 694
のこぎり波 sawtooth wave 902
のこぎり波掃引 sawtooth sweep 902
ノース・スレーブ座標系
north-slaved coordinate system 705
ノックオン knock on 562
ノッチフィルタ notch filter 706
ノット回路 NOT circuit 706
ノード node 694
のど当てマイクロホン
throat microphone 1055
ノートブックコンピュータ
notebook computer 706
ノートンの定理 Norton's theorem 705
ノボラック樹脂 novolac resin 707
ノモグラフ nomograph 699
ノーリンギング通信
no-ringing communication 704
ノンインパクト形プリンタ
non-impact printer 700
ノンインパクトプリンタ
non-impact printer 700
ノンプレスコーン non-press cone 702
ノンプレーナ回路網
non-planar network 702

ハ

バーアンテナ bar antenna 91
バイアス bias 103
バイアス安定回路
bias stabilizing circuit 103
バイアス抵抗 bias resistance 103
バイアスひずみ bias distortion 103
ハイウェイ highway 483
ハイウェイ交換 highway switching 483
ハイインピーダンス状態
high impedance status 481
バイオエレクトロニクス
bioelectronics 109
バイオコンピュータ biocomputer 108
バイオス BIOS 109
バイオセラミックス bioceramics 108
バイオセンサ biosensor 109
バイオ素子 bioelement 109
バイオチップ biochip 108
バイオテクノロジー biotechnology 110
バイオニクス bionics 109
バイオマス biomass 109
倍音 harmonic sound 470
ハイキー high key 481
バイクワッドフィルタ bi-quad filter 110
背形画像 background image 81
背形反射 background return 82
背形放射 background radiation 82
倍周器 frequency multiplier 428
倍精度 double precision 310
配線 wiring 1149
配線図 wiring diagram 1149
配線遅延時間 wire delay-time 1148
配線盤 patch board 746
配線用遮断器 circuit breaker 169
配線論理制御 wired-logic control 1148
媒体
medium 642
media 641
排他制御
exclusive control for multiple access 379
排他的論理和 exclusive OR 379
排他的論理和回路
exclusive OR circuit 379
バイタルセンサ vital senser 1127
倍長演算 double precision 310
倍電圧整流回路
voltage multiplying rectifier 1132
配電線搬送 distribution line carrier 302
バイト byte 134
バイトシリアル伝送
byte-serial transmission 134
ハイトパターン hight pattern 483
ハイドープ high doping 478
バイナリ binary 106
バイナリコード binary code 107
バイナリサーチ binary search 108
バイナリ探索法
binary search 108
dichotomizing search 274
バイノーラルヒヤリング
binaural hearing 108
ハイパコンピュータ
high personal computer 482
バイパスコンデンサ
by-pass condenser 134
ハイパスフィルタ high-pass filter 482
バイパスダイオード by-pass diode 134
バイパスボンド by-pass bond 134
ハイパーメディア hiper media 484
ハイバンド記録 high-band recording 478
ハイビジョン highvision 483
パイプ pipe 781
ハイファイ high fidelity 478
ハイファイアンプ
high fidelity audio amplifier 478
ハイファイビデオ high fidelity VTR 478
バイファイラ抵抗 bifilar resistor 104
バイファイラ変成器

半値幅 half power width 465
半値幅放射ローブ
half-power width radiation lobe 465
バンチャ共振器 buncher resonator 131
ハンチング hunting 493
ハンチング防止回路 antihunt circuit 46
ハンディトーキー Handie-Talkie 468
バンデグラフ加速器
Van de Graff accelerator 1111
反転 inversion 545
反転形パラメトリック装置
inverting parametric device 546
反転現像 reversible deposition 885
半電子式交換機
semi-electronic switching system 924
反転層 inversion layer 545
反転増幅器 inverted amplifier 545
半電池 half cell 464
反転ビデオ inverse video 545
反転分布 population inversion 794
バンド band 88
反同時回路 anticoincidence circuit 45
半導体 semiconductor 923
半導体IC
semiconductor integrated circuit 923
半導体基板 semiconductor substrate 924
半導体コンデンサ
semiconductor condenser 923
半導体集積回路
semiconductor integrated circuit 923
半導体整流器 semiconductor rectifier 924
半導体整流器スタック
semiconductor rectifier stack 924
半導体デバイス semiconductor device 923
半導体ひずみ計
semiconductor strain gauge 924
半導体放射線検出器
semiconductor radiation detector 924
半導体メモリ semiconductor memory 924
半導体レーザ semiconductor laser 924
半導体論理デバイス
semiconductor logical device 924
判読率 readability 852
ハンドシェーク handshake 468
バンドスプレッド band spread 89
バンドスペクトル band spectrum 89
バンドル bundle 131
半二重通信 half duplex 464
半二重方式 half-duplex operation 465
万能インピーダンスブリッジ
universal impedance bridge 1105
万能カウンタ universal counter 1105
反応スパッタリング
reactive sputtering 852
反応性プラズマエッチング
reactive plasma etching 852
反応はんだ reaction solder 852
万能分流器 universal shunt 1105
半波空中線 half-wave antenna 466
半波整流回路
half-wave rectifier circuit 466
半波ダイポールアンテナ
half-wave dipole antenna 466
半波ダブレット
half-wave length doublet 466
半波長アンテナ half-wave antenna 466
半反射誘電板
half-reflection dielectric sheet 465
反復インピーダンス
interactive impedance 533
反復使用 duty cycle 320
半複信 semi-duplex operation 924
半ブリッジ half bridge 464
半偏法 half-deflection method 464
汎用コンピュータ
general purpose computer 446
汎用レジスタ general purpose register 447
反粒子 antiparticle 46

ヒ

Bi-FET OPアンプ
binary field effect transistor operational amplifier 107
PID動作 PID action 775
pip接合 pip junction 781
ピアース発振器 Pierce oscillator 775
ピアースBE回路 Pierce BE circuit 775
ピアースBC回路 Pierce BC circuit 775
非安定マフチバイブレータ
astable multivibrator 56
PA用アンプ public address amplifier 816
BS-IF方式
broadcasting satellite intermediate frequency 127
BS-アンテナ
broadcasting satellite antenna 127
BS-AM方式
broadcasting satellite amplitude modulation system 127
BSコンバータ BS converter 128
BSチューナ BS tuner 128
ピエゾ効果 piezo effect 776
ピエゾ抵抗効果 piezoresistance effect 777
B-H曲線 BH curve 103
pH計 pH meter 763
pn接合 pn junction 787
pnpnスイッチ pnpn switch 787

表面反転層　surface inversion layer　1012
表面ポテンシャル　surface potential　1012
漂遊負荷損　stray load loss　1001
漂遊容量　stray capacity　1001
避雷器　arrester　52
避雷器放電　arrester discharge　52
ピラニ真空計　Pirani gage　781
ピラミッド形ホーンアンテナ
pyramidal horn antenna　825
ビラリ効果　Villari effect　1125
比率イメージ　ratio image　849
比率形テレメータ　ratio type telemeter　849
比率計　ratio meter　849
比率差動継電器　ratio differential relay　849
比率制御　ratio control　849
微粒子磁石
elongated single domain magnet　364
ビリング　billing　105
ビルディングブロック方式
building block principle　131
ビルドアウト回路網
building-out network　131
ビルトインポテンシャル
built-in potential　131
ビルトシルムテキスト　Bildschilm text　105
ピルボックスアンテ
ナ　pill-box antenna　778
ビルボード空中線列　billboard array　105
比例位置動作
proportional position action　814
比例感度　proportional sensitivity　814
比例計数管　proportional counter tube　813
比例ゲイン　proportional gain　813
非励振アンテナ　passive antenna　745
比例制御　proportional control　813
比例積分動作
proportional position action integral action 814
比例積分微分動作
proportional position action integral action derivative action　814
比例増幅器　linear amplifier　584
比例速度動作
proportional speed control action　814
比例帯　proportional band　813
比例動作　proportional position action　814
比例辺　ratio arm　849
比例要素　proportional control element　813
比例領域　proportional region　814
Bレジスタ　B-register　124
ピーロム　PROM　812
秘話装置　privacy telephone set　807
ピンコンパチブル　pin compatible　780
品質管理　quality control　828
ピン接続　pin connection　780
ピンチオフ　pinch-off　779
ピンチオフ電圧　pinch-off voltage　780
ピンチ効果　pinch effect　779
ピンチローラ　pinch roller　780
頻度　frequency　423
頻度曲線　frequency curve　424
PINダイオード　PIN diode　780
PINホトダイオード
PIN photodiode　781
PIN-PD　781
ピンバー　pin-bar　779
ピンポン伝送
time-compressed multiplexing transmission 1058

フ

ファイバ　fiber　394
ファイバスコープ　fiberscope　395
ファイ偏波　phi polarization　763
ファイル　file　396
ファイル管理　file management　397
ファイルサーバ　file server　397
ファイル伝送　file transmission　397
ファイル編成　file organization　397
ファイルメモリ　file memory　397
ファインセラミックス　fine ceramics　398
ファクシミリ　facsimile　383
ファクシミリ通信網　facsimile network　384
ファクシミリ標準　facsimile standard　384
ファクシミリベースバンド
facsimile baseband　384
ファクシミリ放送装置
facsimile broadcasting equipment　384
ファクス　FAX　388
ファクトリオートメーション
factory automation　384
ファシリティ　facility　383
ファジー制御　fuzzy control　437
ファジー理論　fuzzy theory　437
ファジー論理　fuzzy logic　437
ファブリ・ペロー形レーザダイオード
Fabri-Perot type laser diode　383
ファームウェア　firmware　399
ファラデー　faraday　387
ファラデー暗部　Faraday dark space　387
ファラデー回転　Faraday rotation　387
ファラデー管　Faraday tube　387
ファラデー効果　Faraday effect　387
ファラデーの法則　Faraday's law　387
ファラド　farad　387
ファンアウト　fan-out　387
ファンアンテナ　fan antenna　386

ファンイン　fan-in　387
ファントップ放熱器　fan-top radiator　387
ファントム回路　phantom circuit　756
ファントムターゲット　phantom target 757
ファントムローディング
phantom loading　757
Vアンテナ　V antenna　1111
VAD法
vapor phase axial deposition method　1111
VSB方式　vestigial sideband system　1120
VHFオムニレンジ
VHF omnirange　1120
VOR　1135
VFコンバータ　VF converter　1120
VLS法　vapor liquid solid method　1111
負イオン　negative ion　688
Vシリーズ　V-series　1136
フィーダ　feeder　391
フィーダコード　feeder cord　391
フィックの法則　Fick's law　395
不一致回路　anticoincidence circuit　45
フィードスルー　feed-through　391
フィードバック　feedback　389
フィードバック制御　feedback control　390
フィードフォワード制御
feed forward control　391
Vビーム　V-beam　1114
VVVFインバータ
variable voltage variable frequency inverter　1114
V溝接続法　V-groove splicing method　1120
VU計　VU meter　1137
フィラメント　filament　396
フィリップスねじ　Philips screw　763
フィルタ　filter　397
フィルタインピーダンス補償器
filter impedance compensator　398
フィルタ増幅器　filter amplifier　398
フィルタプレクサ　filter-plexer　398
フィールド　field　395
フィールド周波数　field frequency　395
フィールド順次方式
field sequential color TV system　396
フィールド相関　field correlation　395
フィールドデータ　field data　395
フィールドトラック　field track　396
フィルムコンデンサ　film capacitor　397
フィルムスカナ　film scanner　397
フィルム送像　film transmission　397
フィルムバッジ　film badge　397
フィルム録画　film recording　397
Vレーダ　volumetric radar　1135
フィン　fin　398
負インピーダンス　negative impedance 688
フェイルセーフ　fail safe　385
フェージング　fading　384
フェージング深さ　fading depth　384
フェージング防止アンテナ
antifading antenna　45
フェージング余裕　fading margin　384
フェーズ　phase　757
フェースアップボンディング
face up bonding　383
フェースダウンボンディング
face down bonding　383
フェーズドアレーアンテナ
phase array antenna　758
フェーズドアレーアンテナレーダ
phased array antenna radar　758
フェースプレート　face plate　383
フェースプレート形抵抗器
faceplate rheostat　383
フェーズロック　phase-locked　760
フェーズロックループ
phase-locked loop　760
PLL　786
フェーダ　fader　384
フェードアウト　fade out　384
フェードイン　fade in　384
フェニックスゲート　phoenix gate　763
フェノール樹脂　phenol resin　763
フェライト　ferrite　392
フェライトアイソレータ
ferrite isolator　392
フェライト回転子　ferrite rotator　393
フェライトサーキュレータ
ferrite circulator　392
フェライトスイッチ　ferrite switch　393
フェリ磁性体　ferrimagnetic substance 392
フェリード継電器　ferreed relay　392
フェリ・ポータの法則
Ferry-Porter's law　394
フェルニコ　fernico　392
フェルマの原理　Fermat's principle　392
フェルミオン　fermion　392
フェルミ準位　Fermi level　392
フェルミ・ディラックの分布
Fermi-Dirac's distribution　392
フェルミ電位　Fermi potential　392
フェロクスジュール　ferroxdure　394
フェロクスプレーナ　ferroxplana　394
フェロメータ　ferrometer　393
フェンス　fence　392
フォスタ・シーリー形回路
Foster-Seeley's circuit　418
フォスタ・シーリー弁別器
Foster-Seeley discriminator　418
フォスタのリアクタンス定理

unsaturated polyester resin 1106
ブーム boom 118
ブームスタンド
boom microphone stand 118
浮遊 float 406
プライオリティ priority 807
フライ雑音 frying noise 433
フライ接点 fly-contact 411
フライトシミュレータ flight simulator 405
フライバック高圧電源
flyback high-voltage power source 410
フライバックトランス
flyback transformer 411
フライホイールダイオード
flywheel diode 411
プライミング priming 805
プライミング率 priming rate 805
フライングスポットスキャナ
flying spot scanner 411
フライングスポット装置
flying spot scanner 411
ブラウンアンテナ Brown antenna 128
ブラウン管 Braun tube 128
ブラウン管オシロスコープ
Braun-tube oscilloscope 122
ブラウン管テスタ Braun-tube tester 122
フラウンホーファ領域
Fraunhofer region 422
フラグ flag 402
プラグ plug 786
プラグイン方式 plug-in system 786
プラスチック plastics 785
プラスチックアロイ plastic alloy 784
プラスチック光ファイバ
plastic optical fiber 785
プラスチックコンデンサ
plastic condenser 784
プラスチックシンチレータ
plastic scintillator 785
プラスチック蓄電池 plastic battery 784
プラスチックフォーム plastic form 784
プラスチックマグネット
plastic magnet 784
ブラスチング blasting 114
プラストマ plastomer 785
プラズマ plasma 783
プラズマジェット plasma-jet 784
プラズマシース plasma sheath 784
プラズマディスプレイ plasma display 783
プラズマCVD法
plasma chemical vapor deposition 783
プラズマ診断 plasma diagnostics 783
プラズマトロン plasmatron 784
プラズマ表示パネル
plasma display panel 783
プラズマ放射 plasma radiation 784
プラズマボール plasma ball 783
プラズマ陽極酸化
plasma anodic oxidation 783
プラチノトロン platinotron 785
ブラックアウト black out 113
ブラッグ回折 Bragg diffraction 120
ブラッグ散乱 Bragg scattering 121
フラックス flux 410
ブラックネガティブ black negative 113
ブラッグの法則 Bragg's law 121
ブラックバランス black balance 112
ブラッグ法則 Bragg's law 121
ブラックボーダ black border 113
ブラックマトリックス black matrix 113
ブラックマトリックス管
black matrix color tube 113
フラッシュ蒸着 flash evaporation 403
フラッシュ電流 flash current 403
フラッシュバック flash back 403
フラッシュバック電圧
flashback voltage 403
フラッタ flatter 404
フラッタエコー flutter echo 410
フラッドガン flood gun 408
フラット形パッケージ
flat type package 404
フラットディスプレイ flat display 404
フラットパック flat pack 404
フラットバンド条件 flatband condition 403
フラットバンド電圧 flatband voltage 403
フラットベース形 flat-base type 403
フラッパコイル flapper coil 402
フラップ形可変抵抗減衰器
flap-type variable resistance attenuator 402
フラップ減衰器 flap-type attenuator 402
プラテン platen 785
プラトー plateau 785
ブランキング blanking 114
プランクの定数 Planck's constant 782
ブランケットエリア blanket area 114
ブランチ branch 121
フランツ・ケルディシュ効果
Franz-Keldysh effect 422
プランテ形極板 Plante type plate 783
プランビコン plumbicon 786
プリアンプ pre-amplifier 800
プリアンブル preamble 800
フーリエ級数 Fourier series 419
フーリエ数列 Fourier series 419
プリエンファシス pre-emphasis 801
ブリージング breathing 124

へ

ホ

マ

ミ

ミューティング回路　muting circuit　682
ミュー同調　mu-tuning　683
ミラクルシーン　miracle scene　659
ミラー効果　Miller effect　656
ミラー積分回路　Miller integrator　657
ミラー積分器　Miller integrator　657
ミリ波　millimeter wave　657
ミリ波通信
millimetric wave communication　657
ミリ波発振器
millimeter wave oscillator　657
ミルマンの定理　Millman's theorem　657

ム

無安定ブロッキングオシレータ
astable blocking oscillator　56
無安定マルチバイブレータ
astable multivibrator　56
無音放電　silent discharge　943
無給電アンテナ　parasitic antenna　743
無給電中継方式　passive relay system　746
無響室　anechoic room　39
無極キーイング　neutral keying　692
無極継電器
non-polarized relay　702
neutral relay　692
無極性電解キャパシタ
non-polarized electrolytic capacitor　702
無極伝送　neutral transmission　692
無交換回線　non-switched line　703
無効性近傍界
reactive near-field region　852
無効電力　reactive power　852
無効電力計　reactive power meter　852
無効分　reactive component　852
無効率　reactive factor　852
無効率計　reactive factor meter　852
無彩色アンテンア　achromatic antenna　8
無雑音等価増幅器
noise-free equivalent amplifier　695
無指向性　non-directivity　700
無指向性無線標識
non-directional radio beacon　650
無条件飛越し　unconditional transfer　1102
無接点スイッチ　contactless switch　217
無接点リレー　static relay　991
無線　radio　839
無線位置決め　radio fix　841
無線位置標識　radio marker beacon　842
無線局　radio station　843
無線航行　radio navigation　842
無線磁方位指示装置
radio-magnetic indicator　842
RMI　890
無線従事者　radio operator　843
無線周波数
radio frequency　841
RF　886
無線周波数パルス
radio-frequency pulse　841
無線制御　radio control　840
無線設備　radio equipment　841
無線送信機　radio transmitter　844
無線遭難信号
radio distress signal　840
SOS　364
無線測位　radio determination　840
無線中継所　radio relay station　843
無線通信　radio communication　840
無線電信　radio telegraphy　844
無線電話　radio telephone　844
無線標識　radiophare　843
無線標識局　radio beacon station　840
無線標定　radio location　842
無線方位測定　radio direction finding　840
無線方位測定機
radio direction finder　840
RDF　851
無線呼出し
radio paging　843
bellboy　101
pocket-bell service　788
無線六分儀　radiometric sextant　842
無装荷ケーブル　non-loaded cable　701
無損失線路　no-loss line　698
むだ時間要素　dead time element　256
むち形アンテナ　whip antenna　1144
無調整回路　non-adjusting circuit　699
無通話時送出
tone-on idle　1065
tone idle　1064
無定位
astatic　56
non-homing　700
無定位検流計　astatic galvanometer　56
無定位要素　non-homing element　700
無停電電源装置
no-brake power supply equipment　693
無電解めっき　chemical plating　164
無入力時感度　quieting sensitivity　833
無反射終端　reflectionless termination　864
無はんだ接続　solderless connection　961
無ひずみ回路　distortionless circuit　300
無ひずみ最大出力
maximum undistorted power output　638
無ひずみ条件　distortionless condition　300
ムービングコイル形カートリッジ

メ

ヤ

ユ

hydraulic servomotor 495
有意 significant 942
融解電解液電池 fused-electrolyte cell 436
有機ガラス organic glass 729
有機金属CVD法
organometallic compound CVD 729
有機導電体 organic semiconductor 729
有機半導体 organic semiconductor 729
有極 polarized 790
有極RZ記録
polarized return-to-zero recording 791
有極キーイング polar keying 791
有極継電器 polarized relay 791
有極伝送 polar transmission 792
有極プラグ polarized plug 791
有限オートマトン finite automaton 399
融合周波数 fusion frequency 437
有効寿命 service life 931
有効測定範囲
effective range 333
useful range 1107
有効電力 effective power 333
有効パワー応答
available power response 78
有効パワー利得 available power gain 78
有効範囲 scope 909
有向ビーム表示装置
calligraphic display unit 138
有効分 active component 12
有効容量 service capacity 931
有線テレビジョン wire television 1149
優先度 priority 807
有線放送 wire broadcast 1148
有線放送テレビジョン
wire-broadcasting television 1148
誘電加熱 dielectric heating 275
誘電緩和時間
dielectric relaxation time 276
誘電吸収 dielectric absorption 274
誘電束 dielectric flux 275
誘電束密度 dielectric flux density 275
誘電損 dielectric loss 276
誘電損インデックス
dielectric loss index 276
誘電損角 dielectric loss 276
誘電体 dielectric 274
誘電体アイソレーション
dielectric isolation 275
誘電体アンテナ polyrod antenna 793
誘電体消散率
dielectric dissipation factor 275
誘電体増幅器 dielectric amplifier 274
誘電体多層膜ミラー
dielectric multilayer reflecting mirror 276
誘電体伝搬定数
dielectric propagation constant 276
誘電体導波管 dielectric guide 275
誘電反射 dielectric reflection 276
誘電ヒステリシス dielectric hysteresis 275
誘電ひずみ dielectric strain 276
誘電分極 dielectric polarization 276
誘電分散 dielectric dispersion 275
誘電変位 dielectric displacement 275
誘電力率 dielectric power factor 276
誘電率 dielectric constant 274
誘電レンズ dielectric lens 276
誘導m形区間 derived m-type section 268
誘導m形フィルタ
derived m-type filter 268
誘導形計器 induction type instrument 517
誘導形計測器 induction instrument 516
誘導形スピーカ induction loudspeaker 516
誘導加熱 induction heating 516
誘導吸収
stimulated absorption of radiation 997
誘導雑音 induced noise 515
誘導散乱 stimulated scattering 997
誘導磁界 induction magnetic field 516
誘導子形回転計
inductor type tachometer 518
誘導性 inductive 517
誘導帯電 induced electrification 515
誘導単位 derived units 268
誘導中和 inductive neutralization 518
誘導電圧調整器 induction regulator 517
誘導電磁界 induction field 516
誘導電動機 induction motor 516
誘導電流 induced current 515
誘導ブリュアン散乱
stimulated Brillouin scattering 997
誘導妨害 inductive interference 517
誘導放出
stimulated emission of radiation 997
誘導ポテンショメータ
induction potentiometer 517
誘導無線電話
induction wireless telephone system 517
誘導無線方式 inductive radio system 518
誘導ラマン散乱
stimulated Raman scattering 997
誘導リアクタンス inductive reactance 518
UHFコンバータ UHF converter 1097
UHFチューナ UHF tuner 1097
UHFテレビジョン UHF television 1097
ゆがみ skew 953
行きすぎ量 overshoot 734
ユーティリティプログラム
utility program 1108

ヨ

ラ

ル

レ

ロ

ワ

부　　록

◇ 차　　례 ◇

1. 물 리 량 (1)

C.G.S 기본 단위

길 이 cm 국제 미터(m)의 1/100
질 량 g 국제 킬로그램(kg)의 1/1000
시 간 sec 평균 태양일의 1/(24×60×60). 평균 태양일은 평균 태양년의 1/365.2422

C.G.S 유도 단위

면 적 cm^2 1변 길이 1cm의 정방형 면적
부 피 cm^3 1변 길이 1cm의 입방체 부피
1리터(l)=$1000cm^2$=1000cc
각 1도(°)=1직각의 1/90. 1분(′)=1/600도. 1초(″)=1/60분.
1라디안(radian)=원의 반경과 같은 길이의 호에 대한
중심각=180°/π=57°, 17′44″.84
입 체 각 1스테라디안(steradian)=반경 1cm 구면상 $1cm^2$의 면적이 중심에 대하여 유지하는 입체각=360°/4π
진 동 수 Hz 1Hz(Herz)=1초간에 1회의 진동=1헤르츠(Hertz), 1kHz(킬로헤르츠)=1000Hz, 1메가헤르츠(MHz)=1000kHz
속 도 cm/sec 1초간에 진행하는 거리로 측정한다.
가 속 도 cm/sec $1cm/sec^2$=1초간에 속도가 1cm/sec만큼 달라질 때의 가속도
g=중력의 가속도=980,665cm/sec^2(국제 표준)
밀 도 g/cm^3 부피 $1cm^3$의 질량이 1g일 때의 밀도.
비중=물질의 질량과 그와 같은 부피의 물의 질량(3.945℃, 최대 밀도)과의 비.
농 도 용액 중 용질의 중량 백분율(wt%)=용질의 질량과 용액의 질량과의 비의 100배. 용액의 몰=어떤 온도(통상 25℃)의 용액 1l 중의 용질의 그램 분자수. 용액의 중량 몰=용매 1kg 중의 용질의 그램 분자수. 혼합물 중의 1물질의 분율=그 물질의 그램 분자수와 전 물질의 그램 분자수의 총합과의 비. 혼합 기체 중 1기체의 체적 백분율=그 기체의 표준 상태에서의 부피와, 모든·기체의 표준 상태에서의 부피의 총합과의 비의 100배.
힘 dyne 1다인(dyne)=1g의 질량에 작용하여 $1cm/sec^2$의 가속도를 일으키는 힘. 1g의 무게=1g의 질량에 작용하는 동력=g무게.
압 력 $dyne/cm^2$ $1dyne/cm^2$=$1cm^2$의 면적에 1dyne의 힘이 작용할 때의 압력. 1mmHg=중력의 가속도가 980,665cm/sec^2의 장소에서 밀도 13.5951g/cm^2의 수은의, 높이 1mm의 기둥이 생기는 압력=1333.22 $dyne/cm^2$. 1기압(표준 기압)=760mmHg=1013250$dyne/cm^2$. 1바(bar)=$10^6dyne/cm^2$=750.06mmHg=0.98693기압.
일 에너지 dyne·cm 힘의 크기와 그 방향으로 힘의 작용점이 움직인 거리와의 곱을 측정한다. 1dyne·cm=1dyne의 힘이 작용하여 1cm 움직였을 때의 일. 1에르그(erg)=1dyne·cm, 1줄(joule)=10^7erg
공 률 watt 단위 시간에 수행하는 일로 측정한다.
1watt=1초간에 1joule의 일을 하는 공률.
1마력(H.P)=746watt
1H.P.(영·미)=550피트·파운드/초=745.7watt
1H.P.(유럽)=75m·kg/초=735.5watt

물 리 량 (2)

온 도 ℃ 1기압에서 순수한 얼음이 융해하는 온도를 섭씨 0도(0℃)로 정하고, 마찬가지로 1기압에서 순수한 물이 비등하는 온도를 섭씨 100도(100℃)로 하여 양자의 간격을 열역학적으로 가역 기관의 일을 기준으로 하여 100등분하고, 그 하나에 해당하는 온도 간격을 섭씨 1℃의 온도차로 정의하며, 온도 0℃보다 n℃만큼 높은(혹은 낮은) 온도를 섭씨 n(혹은 $-n$)℃로 한다. 절대 온도=얼음이 녹는 온도를 절대 273.18도(273℃.18K)로 하고, 절대 1도의 간격은 섭씨인 경우와 마찬가지로 정의한다. 섭씨 온도 t와 절대 온도 T 사이의 관계는 $T=273.15+t$.

열 량 cal 1그램 칼로리(gram calorie 혹은 calorie)=물 1g을 온도 t℃부터 $(t+1)$℃까지 높이는 데 필요한 열량. 이것은 물의 온도에 따라 다소 차이가 있다. 1킬로그램 · 칼로리 또는 대 칼로리(kilogram calorie 또는 kcal 혹은 cal)=1000gram calorie(cal).

광 도 광원으로부터 단위 거리의 점에서 광선에 직각인 단위 면적에 투사하는 광량을 말한다.

국제촉=일정 조건하에서 표준 펜탄등의 수평 방향의 광도의 1/10, 독일의 헤프네르(Hefner) 단위는 국제촉의 0.9배에 해당된다.

광 속 lumen 광원의 광도와 그 발산하는 입체각과의 곱. 1루멘(lumen)=광도 1국제촉의 광원에서 고르게 1스테라디안의 입체각 중에 발산하는 빛의 흐름.

조 도 lux 단위 면적의 단위 시간에 받는 빛의 양으로 측정한다. 1룩스(lux)=$1m^2$의 면적에 1lumen의 광속이 고르게 분포되어 있을 때의 조도(照度).

1포트(phot)=$1cm^2$의 면적당 1lumen의 조도=10^4lux

전 기 량 e.s.u. 정전 단위(e.s.u)로 나타낸 전기량의 1정전 단위는 서로 같은 전기량이 진공 중 1cm의 거리에 있고, 그 사이에 작용하는 힘이 1dyne인 것과 같은 전기량으로 한다.

e.m.u. 전자 단위(e.m.u)로 나타낸 전기량의 1전자 단위는 그로부터 1cm 떨어진 점에 있어서 자장이 2gauss인 것과 같은 무한이 긴 직선 전류의 각 단면을 매초 흐르는 전기량으로 한다.

coulomb 전기량의 실용 단위는 쿨롬(coulomb)이다.

전 류 ampere 1초간에 철사의 각 단면을 통과하여 흐르는 전기량이 1쿨롬과 같은 전류를 실용 단위의 단위로서 암페어(ampere)라 한다.

전 위 차 / 기 전 력 volt 1쿨롬의 전기량을 1점에서 다른 점으로 옮기는 데 1줄의 일을 요할 때의 2점간의 전위차를 실용 단위의 단위로서 볼트(volt)라 한다.

전 기 용 량 farad 도체의 전위(또는 콘덴서 극판간의 전위차)를 1볼트만큼 높이는 데 1쿨롬의 전기량을 요할 때의 전기 용량을 실용 단위로서 1패럿(farad)이라 한다.

전 기 저 항 ohm 1볼트의 전위차에 대하여 1암페어의 전류가 흐를 때의 도체의 전기 저항을 실용 단위로서 1옴(ohm)이라 한다.

자기(상호) 감 응 계 수 henry 회로를 흐르는 전류가 매초 1암페어의 비율로 달라지는 경우, 자기(상호) 감응의 동전력이 1볼트일 때의 자기(상호) 감응 계수를 헨리(henry)라 한다.

자극의 세기 e.m.u. 서로 같은 세기의 자극이 진공 중 1cm의 거리에 있고, 그 사이에 작용하는 힘이 1dyne인 것과 같은 각 자극의 세기를 전자 단위(e.m.u.)로 나타낸 자극의 세기의 단위로 한다.

자장의 세기 gauss 1e.m.u.의 자극에 작용하는 힘이 1dyne일 때의 자장의 세기를 실용 단위로 하여, 이것을 1가우스(G)라 한다. 1(G)=10^{-4}Wb/m^2

2. SI 단위계와 그 정의

1960년의 제11회 국제 도량형 총회에서 결정된 국제적인 단위계. 기계량이나 전기량뿐만 아니라 열, 빛, 화학식에서의 여러 양도 포함한 통일적인 절대 단위계이며, 7개의 기본 단위, 2개의 보조 단위, 그리고 그들에 의해 조립된 조립 단위로 구성되고, 시간을 예외로 하는 10진계이다.

SI 기본 단위와 그 정의

물리량	명칭	기호	정의	비고
길이	미터	m	빛이 $1/c$초간에 진공 공간을 전하는 길이. c는 빛의 속도. .	SI 보조 단위로서 평면각도 라디안(rad)과 입체각 스테라디안(sr)을 정하고 있다. 반경 R의 원주는 2π〔rad〕× R, 또 반경 R인 구슬의 표면적은 4π〔sr〕× R^2이다.
질량	킬로그램	kg	국제 킬로그램 원기와 같은 질량.	
시간	초	s	질량수 133세슘 원자의 초미세 천이의 9,192,631,770주기의 시간	
전류	암페어	A	1m의 간격을 갖는 두 줄의 긴 평행선 전류 사이에 작용하는 1m길이당의 힘이 2×10^{-7}뉴턴인 선전류.	
열역학적 온도	켈빈	K	물의 3중점의 열역학적 온도의 1/273.16.	(주) 입자는 원자, 분자, 이온 등 그 화학종을 명시할 것.
물질의 양	몰	mol	아보가드로수의 입자(주)를 포함하는 물질의 양(수량).	
광도	칸델라	cd	540THz의 단색 방사의 어느 방향으로의 방사 강도가 1/683W/sr인 광원의 그 방향의 광도.	

고유의 명칭을 갖는 조립 단위

양	명칭	기호	구성
주파수	hertz	Hz	1Hz = 1〔1/s〕
힘	newton	N	1N = 1〔kg · m/s〕
반응 · 음력	pascal	Pa	1pa = 1〔N/m^2〕
에너지 일 · 열량	joule	J	1J = 1〔N · m〕
일의 율, 동력, 전력	watt	W	1W = 1〔J/s〕
전기량	coulomb	C	1C = 1〔A · s〕
단위 · 전압	volt	V	1V = 1〔J/C〕
커패시턴스	farad	F	1F = 1〔C/V〕
인덕턴스	henry	H	1H = 1〔Wb/A〕
저항	ohm	Ω	1Ω = 1〔V/A〕
컨덕턴스	siemens	S	1S = 1〔1/Ω〕
자속	weber	Wb	1Wb = 1〔V · s〕
자속밀도	tesla	T	1T = 1〔Wb/m^2〕
광속	lumen	lm	1lm = 1〔cd · sr〕
조도	lux	lx	1lx = 1〔lm/m^2〕
방사능	becquerel	Bq	1Bq = 1〔dose/s〕
조사선량	-	-	〔C/kg〕
흡수선량	gray	Gy	1Gy = 1〔J/kg〕
선량당량	sievert	Sv	1Sv = 1〔J/kg〕
세슘도	degree Celsius	℃	

SI단위계의 배수량 또는 분수량 표시를 위한 접두어

배 수	접 두 어	기 호	분 수	접 두 어	기 호
10^{18}	엑 사	E	10^{-18}	아 토	a
10^{15}	페 타	P	10^{-15}	펨 토	f
10^{12}	테 라	T	10^{-12}	피 코	p
10^{9}	기 가	G	10^{-9}	나 노	n
10^{6}	메 가	M	10^{-6}	마이크로	μ
10^{3}	킬 로	k	10^{-3}	밀 리	m
10^{2}	헥 토	h	10^{-2}	센 티	c
10^{1}	데 카	da	10^{-1}	데 시	d

예 : 주파수 10^9Hz = 10^6kHz = 10^3MHz = 1GHz
　　파수 1m = 10^2cm = 10^3mm = $10^6\mu$m = 10^9nm

3. MKS단위와 CGS단위와의 관계

양	MSK단위	CGS 전자 단위	CGS 정전 단위*
역학적 양			
길 이	1m	= 102cm	
질 량	1kg	= 103g	
시 간	1S	= 1s	
힘	1N (newton)	= 105dyne	
일	1J (joule)	= 107erg	
전 력	1W (watt)	= 107erg/s	
전기적 양			
기전력, 전위	1V (volt)	= 10^8 emu	= 1/(3 × 10^2) esu
전자계의 세기	1V/m	= 10^6 emu	= 1/(3 × 10^4) esu
전 류	1A (ampere)	= 10^{-1}Bi (biot)	= 3 × 10^9Fr/esu
전류밀도	1A/m^2	= 10^{-5}emu	= 3 × 10^5esu
저 항	1 Ω (ohm)	= 10^9 emu	= 1/(9 × 10^{11}) esu
저 항 률	1 Ω · m	= 10^{11} emu	= 1/(9 × 10^9) esu
컨덕턴스	1 Ω^{-1}	= 10^{-9}emu	= 9 × 10^{11}esu
전 기 량	1C (coulomb)	= 10^{-1}emu	= 3 × 10^9Fr (flanklin)
유 전 속	1C	= 4π/10emu	= 4π × 3 × 10^9esu
유전속 밀도	1C/m^2	= 4π/10^5emu	= 4π × 3 × 10^5esu
정전 용량	1F (farad)	= 10^{-9}emu	= 9 × 10^{11}esu
유 전 율	1F/m	= 4π/10^{11}emu	= 4π × 9 × 10^9esu
자기적 양			
기자력, 자위	1A	= 4π/10Gb (gilbert)	= 4π × 3 × 10^9esu
자계의 세기	1A/m	= 4π/10^3 (oersted)	= 4π × 3 × 10^7esu
자 속	1Wb (weber)	= 10^8Mx (maxwell)	= 1/(3 × 10^2) esu
자속 밀도	1T = 1Wh/㎡	= 10^4G (gauss)	= 1/(3 × 10^6) esu
자극의 세기	1Wb	= 10^8/4πemu	= 1/(4π × 3 × 10^2) esu
자화의 세기	1T	= 10^4/4πemu	= 1/(4π × 3 × 10^6) esu
인덕턴스	1H (henry)	= 10^9emu	= 1/(9 × 10^{11}) esu
자기 저항	1A/wb	= 4π/10^9emu	= 4π × 9 × 10^{11}esu
유자율	1H/m	= 10^7/4πemu	= 1/(4π × 9 × 10^{13}) esu
자화율	1H/m	= 10^7/$(4\pi)^2$emu	= 1/(16π^2 × 9 × 10^{13}) esu

* : 간단하게 하기 위해 C = 3 × 10^8m/s = 3 × 10^{10}cm/s로 한 값을 기재했다.

4. 전파의 분류

주 파 수 구 분	주파수 범위	파 장 구 분
VLF(Very Low Frequency)	30kHz 이하	밀리미터파
LF(Low Frequency)	30～300kHz	킬로미터파
MF(Midium Frequency)	300～3,000kHz(3MHz)	헥타미터파
HF(High Frequency)	3～30MHz	데카미터파
VHF(Very High Frequency)	30～300MHz	미터파
UHF(Ultra High Frequency)	300～3,000MHz(3GHz)	데시미터파
SHF(Super High Frequency)	3～30GHz	센티미터파
EHF(Extremely High Frequency)	30～300GHz	밀리미터파

5. 주파수와 파장

파장(m)	주파수(kHz)	파장(m)	주파수(kHz)	파장(m)	주파수(kHz)
0.1	3,000,000	300	1,000	720	416.7
1.0	300,000	310	968	740	405.4
10	30,000	320	937	760	394.8
20	15,000	330	909	780	384.6
30	10,000	340	882.3	800	375.0
40	7,500	350	857.1	820	365.9
50	6,000	360	833.3	840	357.4
60	5,000	370	810.8	860	348.8
70	4,286	380	789.4	880	340.9
80	3,750	390	769.2	900	333.3
90	3,334	400	750.0	910	329.7
100	3,000	410	731.7	920	326.1
110	2,727	420	714.3	930	322.6
120	2,500	430	697.7	940	319.1
130	2,308	440	681.8	950	315.8
140	2,143	450	666.7	960	312.5
150	2,000	460	652.2	970	309.3
160	1,875	470	638.3	980	306.1
170	1,765	480	625.0	990	303.0
180	1,667	490	642.2	1,000	300.0
190	1,579	500	600.0	3,000	100.0
200	1,500	520	576.9	5,000	60.0
210	1,428	540	555.6	6,000	50.0
220	1,364	560	535.7	7,000	42.9
230	1,304	580	517.2	8,000	37.5
240	1,250	600	500.0	9,000	33.3
250	1,200	620	483.9	10,000	30.0
260	1,154	640	466.8	50,000	6.0
270	1,111	660	454.6	100,000	3.0
280	1,071	680	441.2	500,000	0.6
290	1,034	700	428.6	1,000,000	0.3

6. 데 시 벨

전압비 $dB = 20\log_{10}\frac{E_1}{E_2}$　　　전류비 $dB = 20\log_{10}\frac{I_1}{I_2}$

전력비 $dB = 10\log_{10}\frac{P_1}{P_2}$

dB				dB			
전류비 혹은 전압비	전력비	증폭비	감쇠비	전류비 혹은 전압비	전력비	증폭비	감쇠비
1	0.5	1.122	0.891	51	25.5	355	0.00282
2	1.0	1.259	0.794	52	26.0	398	0.00251
3	1.5	1.413	0.708	53	26.5	447	0.00224
4	2.0	1.585	0.631	54	27.0	501	0.00201
5	2.5	1.778	0.562	55	27.5	562	0.00178
6	3.0	1.995	0.501	56	28.0	631	0.00158
7	3.5	2.24	0.447	57	28.5	708	0.00141
8	4.0	2.51	0.398	58	29.0	794	0.00126
9	4.5	2.82	0.355	59	29.5	891	0.00112
10	5.0	3.16	0.316	60	30.0	1000	0.00100
11	5.5	3.55	0.282	61	30.5	1120	0.000891
12	6.0	3.98	0.251	62	31.0	1260	0.000794
13	6.5	4.47	0.224	63	31.5	1410	0.000708
14	7.0	5.01	0.200	64	32.0	1580	0.000631
15	7.5	5.62	0.178	65	32.5	1780	0.000562
16	8.0	6.31	0.158	66	33.0	2000	0.000501
17	8.5	7.08	0.141	67	33.5	2240	0.000447
18	9.0	7.94	0.126	68	34.0	2510	0.000398
19	9.5	8.91	0.112	69	34.5	2820	0.000355
20	10.0	10.0	0.100	70	35.0	3160	0.000316
21	10.5	11.2	0.0891	71	35.5	3550	0.000282
22	11.0	12.6	0.0794	72	36.0	3980	0.000251
23	11.5	14.1	0.0708	73	36.5	4470	0.000224
24	12.0	15.8	0.0631	74	37.0	5010	0.000200
25	12.5	17.8	0.0562	75	37.5	5620	0.000178
26	13.0	20.0	0.0501	76	38.0	6310	0.000158
27	13.5	22.4	0.0447	77	38.5	7080	0.000141
28	14.0	25.1	0.0398	78	39.0	7940	0.000126
29	14.5	28.2	0.0355	79	39.5	8910	0.000112
30	15.0	31.6	0.0316	80	40.0	10000	0.000100
31	15.5	35.5	0.0282	81	40.5	11200	0.0000891
32	46.0	39.8	0.0251	82	41.0	12600	0.0000794
33	16.5	44.7	0.0224	83	41.5	14100	0.0000708
34	17.0	50.1	0.0200	84	42.0	15800	0.0000631
35	17.5	56.2	0.0178	85	42.5	17800	0.0000562
36	18.0	63.1	0.0158	86	43.0	20000	0.0000501
37	18.5	70.8	0.0141	87	43.5	22400	0.0000447
38	19.0	79.4	0.0126	88	44.0	25100	0.0000398
39	19.5	89.1	0.0112	89	44.5	28200	0.0000355
40	20.0	100	0.0100	90	45.0	31600	0.0000316
41	20.5	112	0.00891	91	45.5	35500	0.0000282
42	21.0	126	0.00794	92	46.0	39800	0.0000251
43	21.5	141	0.00708	93	46.5	44700	0.0000224
44	22.0	158	0.00631	94	47.0	50100	0.0000200
45	22.5	178	0.00562	95	47.5	56200	0.0000178
46	23.0	200	0.00501	96	48.0	63100	0.0000158
47	23.5	224	0.00447	97	48.5	70800	0.0000141
48	14.0	251	0.00398	98	49.0	79400	0.0000126
49	24.5	282	0.00335	99	49.5	89100	0.0000112
50	25.0	316	0.00316	100	50.0	100000	0.0000100

7. 데시벨 환산 도표

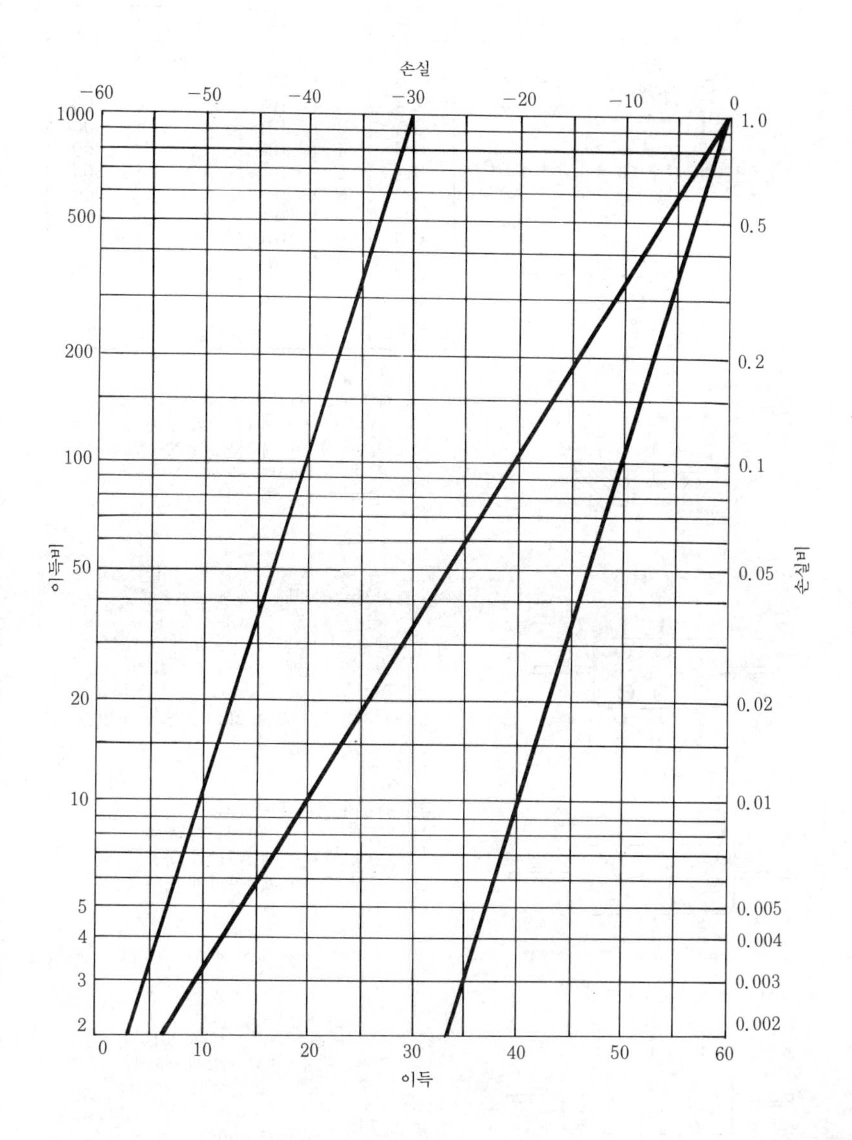
손실
−60
−50
−40
−30
−20
−10
0
1000
500
200
100
50
20
10
5
4
3
2
이득비
1.0
0.5
0.2
0.1
0.05
0.02
0.01
0.005
0.004
0.003
0.002
손실비
0
10
20
30
40
50
60
이득

8. 저항·콘덴서의 RMA 색표시

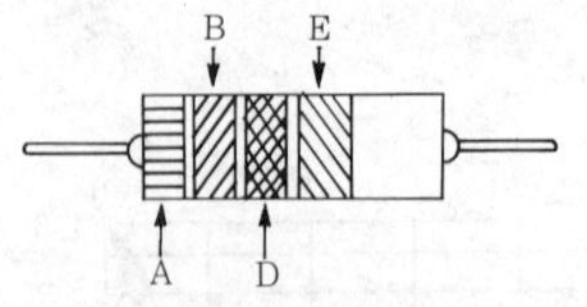

권선형 저항은 A밴드의 폭이 아래 그림과 같이 2배나 되므로 구별할 수 있다.

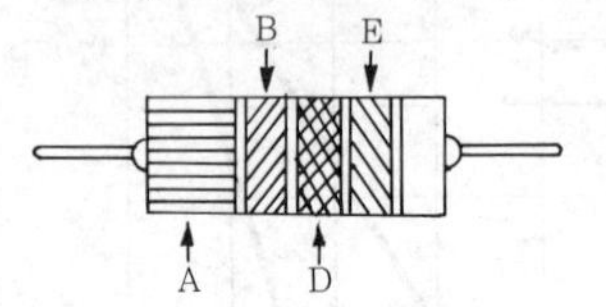

RMA 색표시 몰드 고정 저항

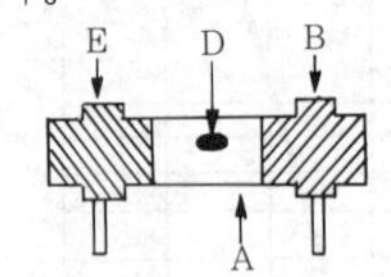

RMA 색표시 고정 저항

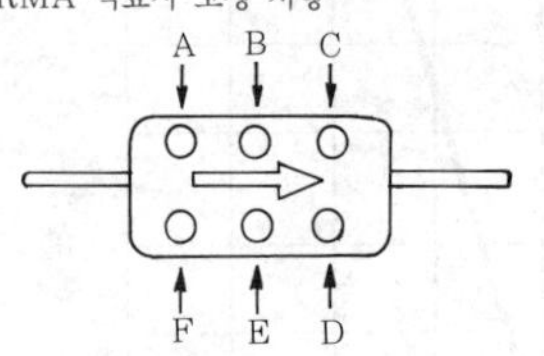

RMA 6점 표시 콘덴서

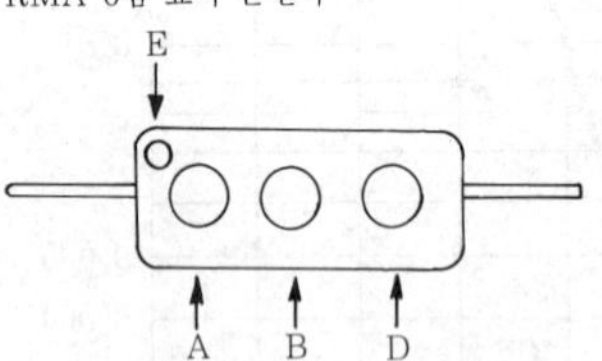

RMA 4점 표시 콘덴서

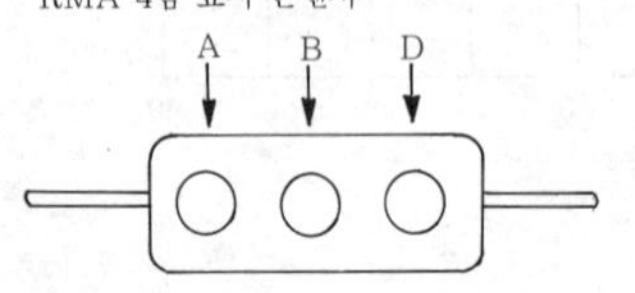

500W.V.오차 20%
RMA 3점 표시 콘덴서

색	수	배율	오차(%)	전압(V)
흑색	0	1	±20	-
갈색	1	10	-	100
적색	2	10^2	± 2	200
등색	3	10^3	-	300
황색	4	10^4	-	400
녹색	5	10^5	-	500
청색	6	10^6	-	600
보라색	7	10^7	-	700
회색	8	10^8	-	800
백색	9	10^9	-	900
금색	-	0.1	± 5	1000
은색	-	0.01	±10	2000
무색	-	-	±20	3000

RMA 색표시 고정 저항

A띠…………제1자리의 숫자
B띠…………제2자리의 숫자
D띠…………배　율
E띠…………오　차

〔예〕　A　　B　　D　　E
　　갈색　녹색　흑색　은색
　　1　　5　　×1　　±10%

위의 예에서는 저항값 15Ω, 오차 ±10%

　　황색　적색　녹색　없음
　　4　　2　　$\times 10^5$　±20%

위의 예에서는 저항값 4.2MΩ, 오차 ±20%

RMA 색표시 마이카 콘덴서

A점…………제1자리의 숫자
B점…………제2자리의 숫자
C점…………제3자리의 숫자
D점…………배　율
E점…………오　차
F점…………사용 전압

〔예〕　A　　B　　C　　D　　E　　F
　　등색　녹색　흑색　갈색　은색　회색
　　3　　5　　0　　×10　±10%　↓
　　　　　　　　　　　　　　800W.V

위의 예에서는 용량 3500pF, 오차 ±10%, 사용 전압 800W.V를 나타낸다.

9. 논 리 회 로

아날로그와 디지털에 대해서 시계의 시각 표시 방법을 예로 들면 바늘이 움직여서 그 시각을 나타내는 것이 아날로그이고, 숫자만으로 시각을 나타내는 것을 디지털이라 한다.

디지털 회로라고 하는 것은 어느 입력 신호가 있으면 출력은 어느 일정한 신호가 나오고 중간의 신호는 없다. 디지털의 집적 회로를 생각할 때 극단적인 표현을 하면 스위치의 ON과 OFF라고 생각하면 된다.

1. 수와 그 부호화

수를 나타내는 방법에는 일상적으로 널리 쓰이고 있는 10진수 외에 표 1에 나타내는 8진수, 5진수와 2진수 등이 생각된다. 이 ON, OFF의 두 종류가 동작하여 모든 숫자를 나타내려면 이 2진법을 사용한다.

2진법에서는 0과 1밖에 사용할 수 없으므로 2가 되면 하나 위의 자리로 올라가고 만다. 이렇게 해서 2진법으로 0~17까지의 숫자를 나타내면 표 1과 같이 된다.

이와 같은 2진법을 채용하는 이점은 어디에 있을까. ON일 때의 램프가 점화하면 "1", OFF일 때 램프가 꺼지면 "0"을 나타내는 것으로 하고 램프 수의 점멸에 의해서 어느 수만큼 나타낼 수 있는가를 생각해 보기로 하자.

표 1

10진수	8진수	5진수	2 진 수	
0	0	0	0	0
1	1	1	1	2^0
2	2	2	10	2^1
3	3	3	11	$2^1 + 2^0$
4	4	4	100	2^2
5	5	10	101	$2^2 + 2^0$
6	6	11	110	$2^2 + 2^1$
7	7	12	111	$2^2 + 2^1 + 2^0$
8	10	13	1000	2^3
9	11	14	1001	$2^3 + 2^0$
10	12	20	1010	$2^3 + 2^1$
11	13	21	1011	$2^3 + 2^1 + 2^0$
12	14	22	1100	$2^3 + 2^2$
13	15	23	1101	$2^3 + 2^2 + 2^0$
14	16	24	1110	$2^3 + 2^2 + 2^1$
15	17	30	1111	$2^3 + 2^2 + 2^1 + 2^0$
16	20	31	10000	2^4
17	21	32	10001	$2^4 + 2^0$

표 2

점화 램프의 수	표시할 수 있는 수
1	$2^1 = 2$
2	$2^2 = 4$
3	$2^3 = 8$
4	$2^4 = 16$
5	$2^5 = 32$
6	$2^6 = 64$
7	$2^7 = 128$
|	|
2^n	2^n

표 2에서 알 수 있듯이 램프가 4개 있으면 16까지 나타낼 수 있다. 여기에 램프가 하나 늘어나면 32를 나타낼 수 있다. 즉 표 2에 나타내듯이 램프의 수를 n개라 하면 2^n개의 표시를 할 수 있다. 이 램프를 점멸하는 스위치 대신 반도체 소자의 트랜지스터, 다이오드 등으로 대치한 것이 논리 집직 회로라고 생각하면 된다.

그림 1은 트랜지스터의 스위칭 회로로 (a)의 ON상태에서는 그림 2 A점에 동작점이 있다. 마찬가지로 (b)의 OFF상태에서는 베이스에 신호가 들어오지 않을 때이며 그림 3의 B점에 동작점이 있다.

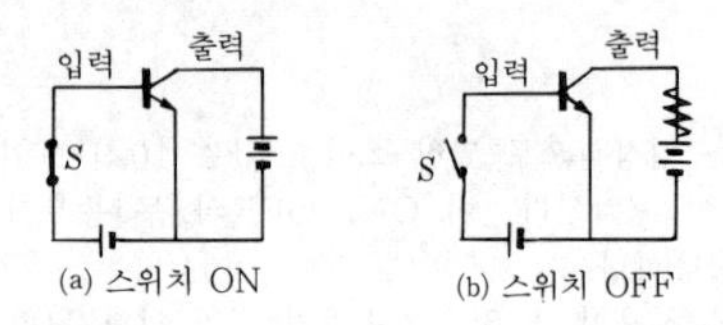

그림 1　트랜지스터의 스위칭 회로

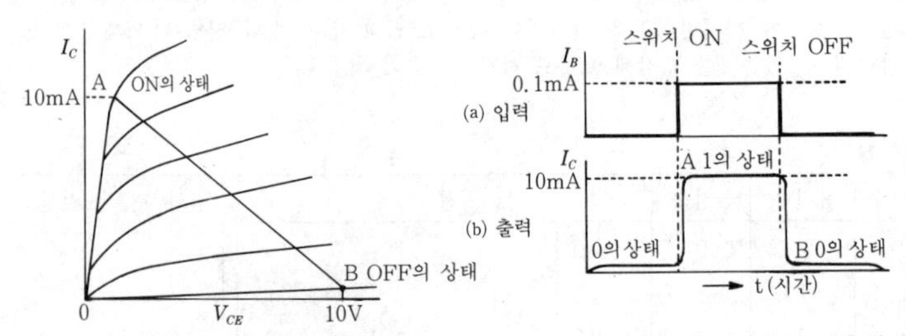

그림 2　트랜지스터 출력 특성　　　그림 3　디지털 회로의 기본, 입출력 특성

그림 2의 트랜지스터 출력 특성에서는 동작점은 A점이나 B점 외에는 없고, 입력 신호가 되는 베이스의 신호는 언제나 일정하며, 예를 들면 0.1mA라 하면 컬렉터의 출력에는 이 트랜지스터의 증폭률배된 신호, 즉 그림 2와 같이 10mA의 일정한 신호 전류가 나온다. 그림 3과 같이 (a)와 같은 입력 신호 "ON"이 들어가면 (b)의 출력 신호 "ON"이 얻어진다. (b)에서 B점에 해당하는 레벨이 "0"의 상태이고, A점에 상당하는 레벨이 "1"의 상태가 된다.

일반적으로 사용되고 있는 컴퓨터의 입력, 출력 신호에는 이와 같은 ON, OFF의 2진법이 쓰이고 있다.

덧셈	덧셈	덧셈	나눗셈
A＋B＝S	A－B＝D	A×B＝P	A÷B＝Q
(덧셈값)	(뺄셈값)	(곱셈값)	(나눗셈값)
0＋0＝0	0－0＝0	0×0＝0	0÷0＝?
0＋1＝1	0－1＝1	0×1＝0	0÷1＝0
1＋0＝1	에서 1을 빌	1×0＝0	1÷0＝?
1＋1＝0	린다	1×1＝1	1÷1＝11
에서 자리올	1－0＝1		
림이 된다	1－1＝0		

그림 4　2진법의 산술법

덧셈		뺄셈		곱셈	나눗셈
101101	101101	101101	101101	101101	1001
+1010	+1100	−1100	−10100	× 101	101) 101101
110111	111001	100001	11001	101101	101
				000000	0001
				101101	0000
				11100001	10
					00
					101
					101
					000

그림 5 2진법에 의한 산술의 예

2진법에 의해서 가감 승제를 하는 방법을 그림 4에 나타내고, 일례로서 가감 승제를 한 것을 그림 5에 나타냈다.

2. 기본 논리 회로

논리 회로의 기본은 세 가지로 나뉘며, AND, OR와 NOT가 있다.

a) AND 회로(논리곱 회로)

AND 논리 회로의 기본은 예를 들면 입력이 셋 있었다고 하면 이 모든 입력이 ON으로 되었을 때만 출력이 나오는 것이다.

3개의 입력이 있는 논리 소자가 있는 경우, 그림 6(a)와 같은 전기적 등가 회로를 생각했을 때 스위치가 3개 직렬로 들어간 것이 된다.

(a)의 등가 회로에서 스위치(입력)를 ON인 상태를 1, OFF인 상태를 0으로 한다. 또 출력의 램프가 점등하면 1, 꺼져 있을 때 0으로 한다.

그리고 각 스위치의 ON, OFF(1 또는 0) 조합을 모두 생각하고, 램프의 ON, OFF(1 또는 0)를 생각하면 (b)의 진리표와 같이 된다. 이러한 회로로 대치되는 것 즉 A 및(and) B 및 C가 1일 때만 출력 D가 1로 되는 회로를 AND회로라 하며, AND 논리 회로의 기호를 그림 6(c)와 같이 나타낸다.

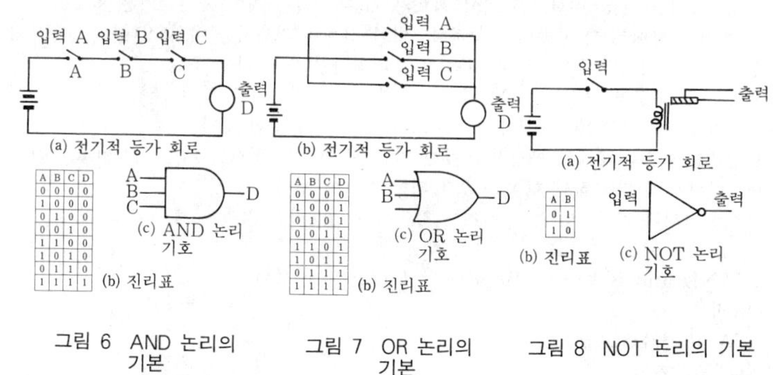

A	B	C	D
0	0	0	0
1	0	0	0
0	1	0	0
0	0	1	0
1	1	0	0
1	0	1	0
0	1	1	0
1	1	1	1

A	B	C	D
0	0	0	0
1	0	0	1
0	1	0	1
0	0	1	1
1	1	0	1
1	0	1	1
0	1	1	1
1	1	1	1

A	B
0	1
1	0

그림 6 AND 논리의 기본

그림 7 OR 논리의 기본

그림 8 NOT 논리의 기본

b) OR회로(논리합 회로)

OR 논리 회로의 기본은 그림 7(a)와 같이 입력(스위치)이 각각 병렬로 들어 있는 등가 회로로 나타낸다. 3개의 스위치가 1개라도 닫혀 있으면(1이 되면) 출력 D는 언제나 1이 된다.

이러한 등가 회로로 대치되는 것은 A 또는(or) B 또는 C 중 어느 하나라도 입력이 1이 되면 출력은 1이 되며, 이것을 OR 논리 회로라 한다. 기호는 그림 7(c)과 같이 나타낸다.

c) NOT 회로(부정 회로)

NOT 논리 회로는 그림 8(a)의 등가 회로로 나타내는 것과 같이 언제나 입력과 반대의 신호가 나오는 회로이다.

입력이 1일 때 출력은 0, 입력이 0일 때 출력이 1과 같이 언제나 반대가 된다. 즉 부정(not)하는 회로이다. NOT 논리 회로의 기호는 그림 8(c)와 같다.

d) NAND-NOR 회로

위에서 AND 회로와 OR 회로를 기술했는데 여기에 각각 NOT 회로를 조합한 회로도 있다. NAND 회로란 그림 9(a)와 같이 AND 회로의 부정인 NOT 회로를 조합시킨 것으로, 0과 1이 출력에서는 반대이며, 각각 1과 0으로 된다. 기호는 AND 회로 기호의 출력측에 ○표를 붙여서 부정(not)임을 나타낸다.

NOR 회로는 그림 9(b)와 같이 OR 회로를 부정하고 있는 것으로, OR 회로의 출력을 반대로 한 것이며, 기호는 OR 회로의 출력측에 ○표를 붙여서 나타낸다.

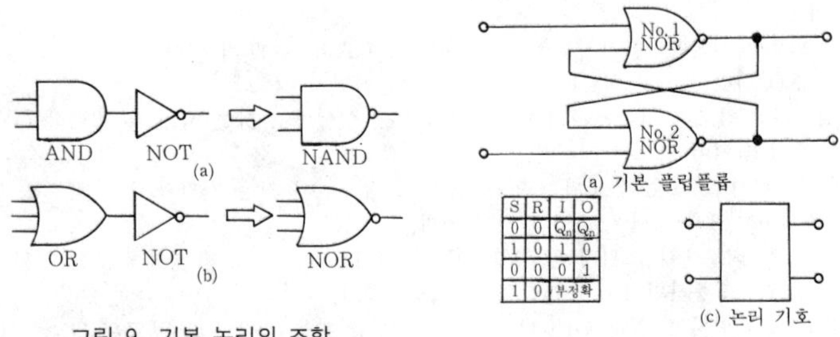

S	R	I	O
0	0	Q_n	$\bar{Q}_n$
1	0	1	0
0	0	0	1
1	0	부정확	

그림 9 기본 논리의 조합

그림 10 플립플롭의 기본

e) 기억 회로(플립플롭 회로)

플립플롭(flip-flop) 회로는 기억 회로의 기본이 되는 것이다. 이 기본 회로는 두 상태 즉 1과 0의 상태로 되는 것이 가능하다. 입력 신호에 의해서 하나의 상태에서 다른 상태로 변환함으로써 세트된 쪽의 상태는 독립으로 기억시킬 수 있다.

플립플롭 회로의 구성법은 2개의 NOR 회로를 그림 10과 같이 조합시킴으로써 얻어진다. 진리표는 그림 10(b)와 같이 되며, 그 기호는 (c)와 같이 된다.

플립플롭 회로는 2개의 안정점을 갖는 기억 회로이며, 입력이 하나 이상이고, 출력은 둘이며, 하나가 Q라고 하면 한쪽은 $\bar{Q}$가 되어 부정이 된다.

여기서 3개의 기본적인 논리 관계에 있어서의 작성하는 약속을 해 두기로 한다.

AND 회로

"AND and B"는 (A · B) 또는 단지 (AB)라고 쓴다.

OR 회로

"A of B"는 (A + B)라고 쓴다.

NOT 회로

"not A"는 $\bar{A}$라고 쓴다.

이 기술 방법이 기본이 된다. 이들의 연산을 앞에 기술한 기호에 맞추어서 생각해 보기로 하자.

그림 11에 나타낸 것과 같이 회로 구성을 하면 (a)와 (b)는 동일 연산 회로가 된다.

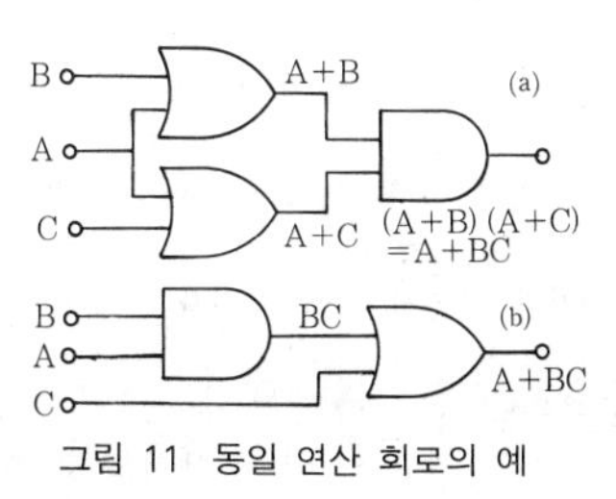

그림 11 동일 연산 회로의 예

3. 간단한 논리 회로

지금까지 논리 회로의 기본적인 원리와 그 기구를 나타냈는데, 이 논리 회로를 실제로 컴퓨터 등에 응용하려면 전기적 회로 구성을 생각하지 않으면 안 된다.

아래에 기본적 논리 회로를 구성하는 실제 만들어지는 전자 회로의 예를 들어 보기로 한다. 기본 AND 게이트 회로는 그림 12와 같은 회로이며 다이오드를 써서 "ON"과 "OFF"의 상태를 공급해 준다. 기본 OR 게이트 회로를 써서 "ON"과 "OFF"의 상태를 공급해 준다. 기본 OR 게이트 회를 그림 13과 같은 회로 구성이 된다.

NOT회로는 그림 14와 같이 트랜지스터 1개로 충분하며, 트랜지스터의 입력 펄스에 대하여 출력은 컬렉터에 역 펄스로 되어서 나타난다. 그림 15에 기본적인 NAND게이트 회로를 나타냈다. 이상의 기본 회로를 여러 가지 조합시킴으로써 논리 회로를 구성해 가는데, 실제로는 그림 15나 그림 16과 같이 직접 "NAND"나 "NOR"회로로서 하나의 단위로 되는 경우가 많다. 또한, 플립플롭의 기본 회로 구성은 그림 17과 같이 된다.

논리 회로라고 하면 매우 복잡하고 어딘가 낯선 느낌을 받는데, 실제로 분해하고 가장 기본이 되는 동작, 회로 구성을 보면 위에서 기술한 것이 되므로 알기 쉬운 것이다.

따라서 논리의 기본을 충분히 이해하게 되면 컴퓨터의 원리도 알게 될 것이고, 이들의 조합에 의한 로직 집적 회로(IC)의 내용을 이해할 수 있게 될 것이다.

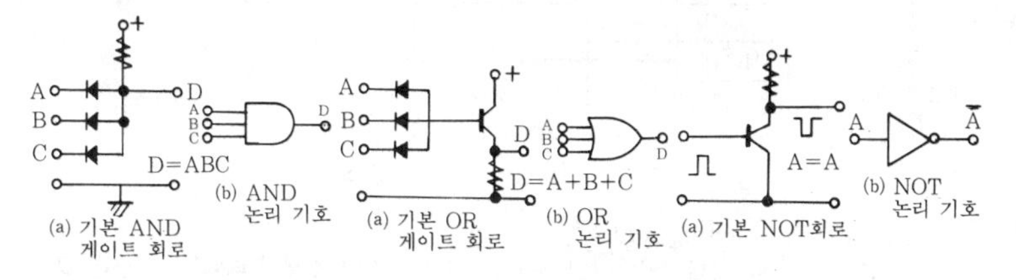

그림 12 AND 게이트　　그림 13 OR 게이트　　그림 14 NOT 동작

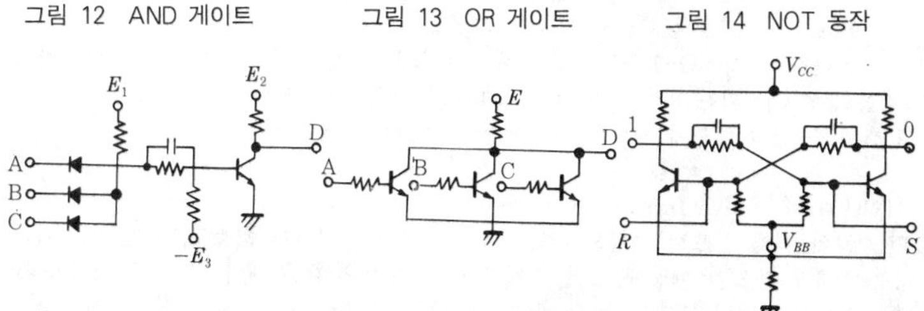

그림 15 기본 NAND 게이트　　그림 16 기본NOR 게이트　　그림 17 기본 플립플롭 회로

10. 디지털 반도체 집적 회로

디지털 회로는 컴퓨터에 광범위하게 사용되고 있으며, 그 요구 성능은 속도, 잡음 여유, 팬아웃(fan-out) 등 다기에 걸쳐 있다. 따라서 그들을 하나의 회로 형식으로 만족시키기란 불가능하기 때문에 몇 가지의 기본적 회로 형식을 갖는 특징을 골라 쓸 필요가 있다. 그 선택 기준으로서

(a) 동작 주파수, (b) 잡음 여유도, (c) 소비 전력

등이 있으며, 사용 주파수 범위 및 잡음 여유도에 대해서 성능을 비교하면 표 1, 표 2와 같이 된다.

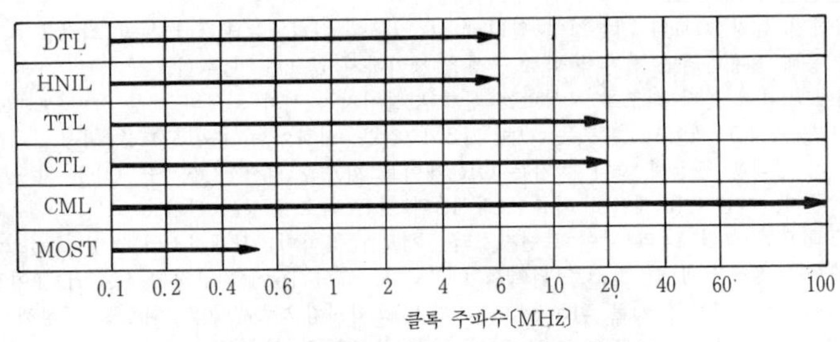

표 1 회로 형식과 사용 가능 클록 주파수

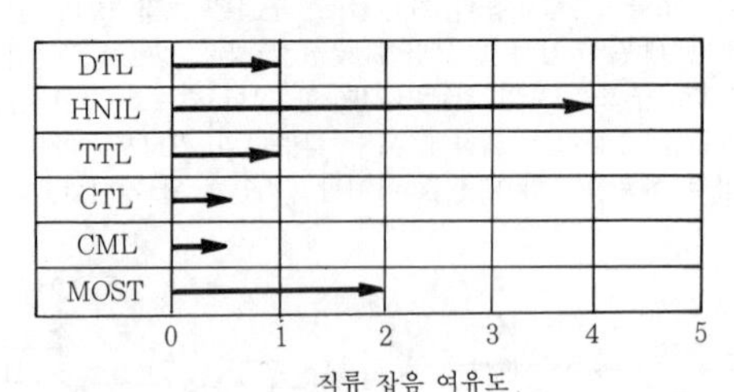

표 2 회로 형식과 잡음 여유도

1. DTL(Diode Transistor Logic)

기본 회로를 그림 1에 나타내었다. 이 회로는 회로 구성이 간단하고, 소비 전력이 낮은데 비해 비교적 고속성이 얻어지고(t_{pd}/gate : 18ns), 잡음 여유도도 1.0V나 되어 널리 사용되고 있다.

회로는 트랜지스터가 "OFF"로 되었을 때 "ON"상태에서 베이스 영역에 축적되었던 전하를 R_2를 통해 제거되는 외에 레벨 시프트 다이오드(D_4, D_5)의 축적 전하에 의한 역전류로서도 꺼낼 수 있기 때문에 속도를 빠르게 할 수 있다.

2. HNIL(High Noise Immunity Logic)

DTL회로의 레벨 시프트 다이오드에 제너 다이오드를 사용한 회로로, 전원 전압이 높고, 잡음 여유도가 크기 때문에 공작 기계의 수치 제어나 각종 제어 기기 등 내잡음성이 요구되는 분야에 최적이다.

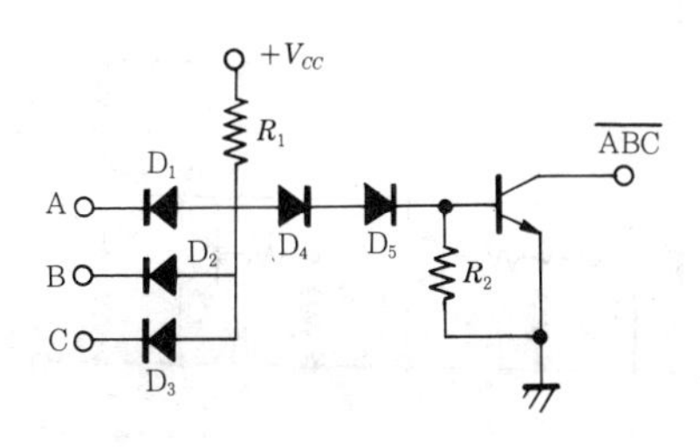

그림 1 DTL 의 기본 회로

3. TTL(Transistor Transistor Logic)

DTL에 비해서 보다 속도를 빠르게 한 것으로 TTL이 있다(t_{pd}/gate : 7ns). 기본 회로는 그림 2와 같다. 멀티이미터 트랜지스터를 입력 게이트에 사용하고 있으므로 입력 용량이 저감되고, 출력측은 이미터 폴로어에 의한 저 임피던스화로 스위칭 속도의 내용량 부하 특성이 향상되어 있다.

따라서 팬아웃(fan-out)은 DTL의 6에 대하여 12가 되고, 잡음 여유도는 DTL과 거의 같다. 또한 출력 상호간을 직접 결합하여 논리합을 얻을 수는(Wired-OR) 없다.

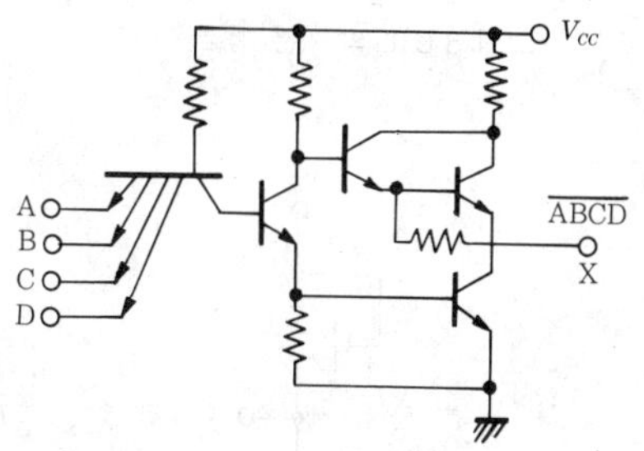

그림 2 TTL 의 기본 회로

4. CTL(Complementary Transistor Logic)

CTL은 pnp, npn트랜지스로 구성된 고속 논리 회로이며, 기본 회로는 그림 3과 같이 AND-OR게이트와 NOR-OR게이트의 두 종류가 있다.

5. MOS형 디지털 집적 회로

MOS형 집적 회로는 MOS(Metal Oxide Semiconductor)형 전계 효과 트랜지스터를 기본 소자로 한 집적 회로로, 그림 4에 기본 게이트 인버터 회로를 나타냈다. 앞에서 설명한 바이폴러형 IC에 비해 스위칭 속도에 있어서는 떨어지지만 기타의 성능, 양산성, 경제성이 뛰어나서 탁상 계산기, 카운터 등의 계측 기기에 최적이다. 현재의 MOS IC는 p채널 인핸스먼트형 MOS트랜지스터만으로 구성되어 있고, 또 독자적인 표면 안정화법과 보호 회로를 사용하여 과대 전압에 대한 게이트 파괴를 방지하고 있다.

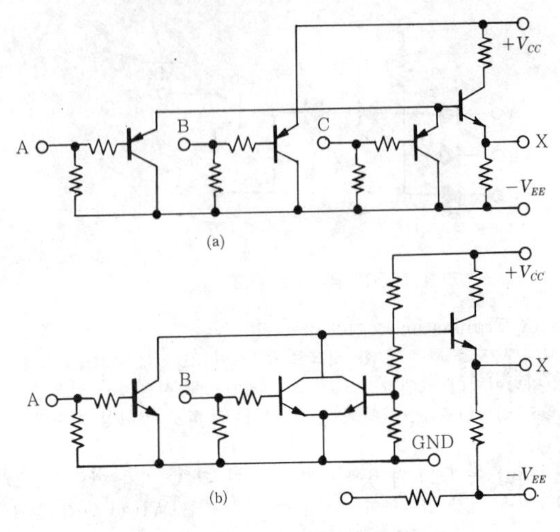

그림 3 CTL 의 기본 회로

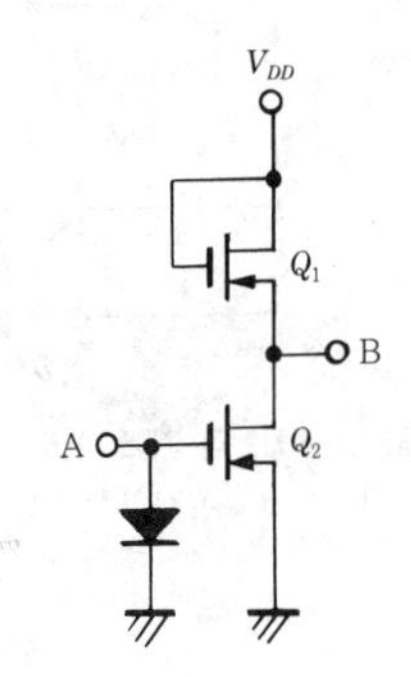

그림 4 MOS 인버터의 기본 회로

11. 아날로그 반도체 집적 회로

아날로그 반도체 집적 회로는 종래의 개별 부품에 의한 설계 기술 외에 집적 회로 고유의 성질을 살린 회로 설계가 이루어져 제품화되고 있다. 그 특징은

1) 소자의 절대 정확도는 나쁘지만 소자간의 열적, 전기적 평형도가 뛰어나다
2) 수동 소자보다 능동 소자쪽이 면적도 작고 제조하기 쉽다
3) 수동 소자는 저항값이 큰 것, 정밀도가 높은 것, 콘덴서, 코일은 만들기 어렵다

는 등이다.

1. 회로 설계의 기본

이상과 같은 제약하에서 종래 요구되었던 성능을 갖는 아날로그 집적 회로의 설계에는 많은 곤란이 따랐지만 현재에는 제너 다이오드에 의한 바이어스의 안정화, 정전류 회로의 이용, 더욱이 동일 실리콘 칩 상에 있어서의 전기적 파라미터의 밸런스가 좋다는 것 등을 활용한 수많은 제품을 제조하고 있다(그림 1, 그림 2, 그림 3).

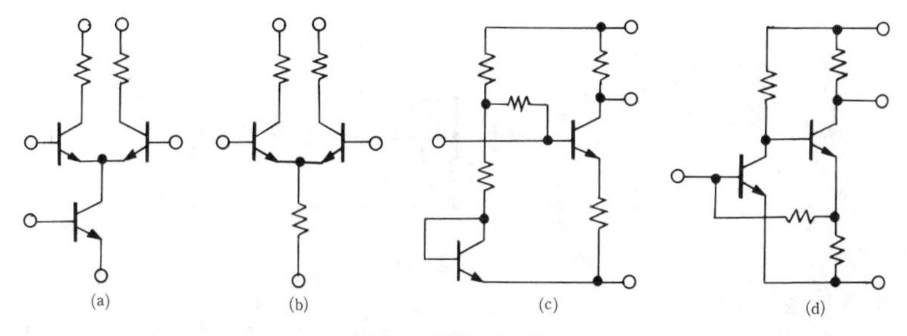

그림 1 각종 바이어스 방법

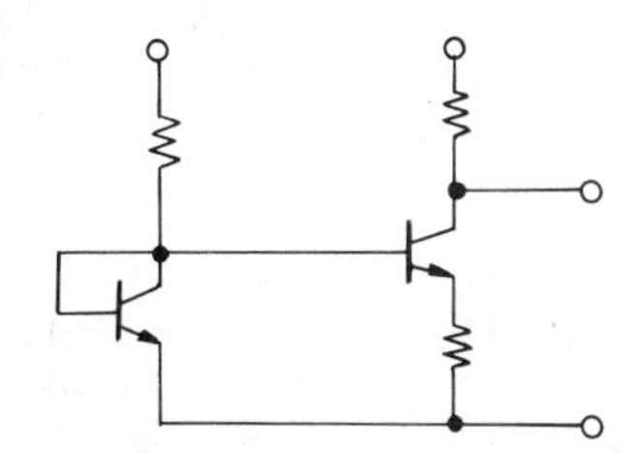

그림2 다이오드를 사용한 정전류 회로

2. 직결 궤환 증폭 회로

아날로그 집적 회로에서는 대용량의 콘덴서를 사용하지 않는 직결 회로가 저주파 증폭기에서 고주파 증폭기에 걸쳐 광범위한 용도를 갖는 집적 회로에 사용되고 있다. 전압 이득은 궤환 회로의 저항의 바율에 따라 정해지지 때문에 집적 회로화가 가능하고, 불균일이 적은 제품이 얻어진다.

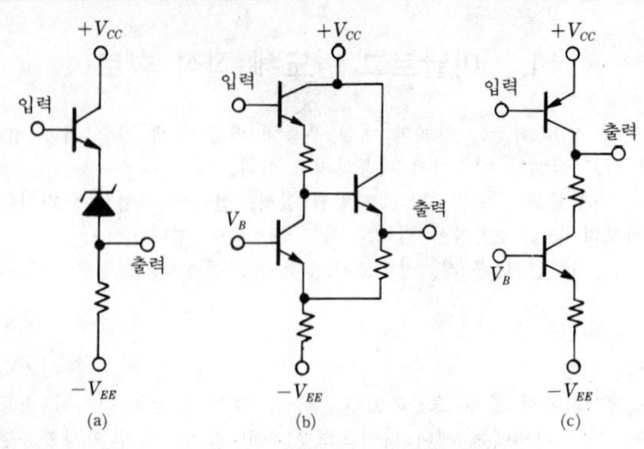

그림 3 레벨 시프트 회로 예

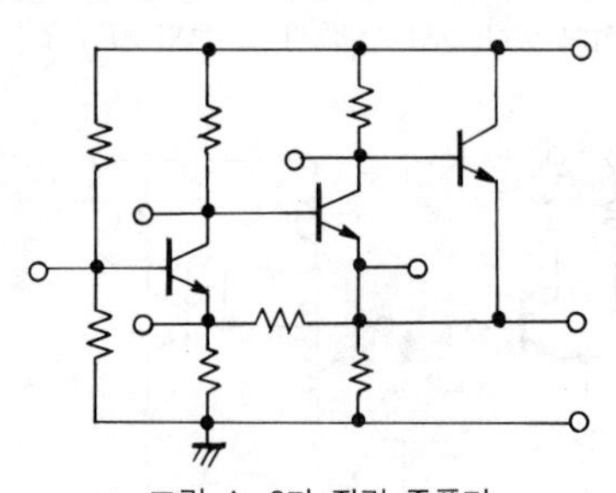

그림 4 3단 직결 증폭기

3. 차동 증폭 회로

회로 소자에 같은 특성, 같은 온도 조건을 필요로 하는 평형 차동형의 직류 증폭기는 단일 반도체 조각 위에 구성하여 온도 드리프트를 작게 할 수 있고, 더욱이 필요한 콘덴서의 수가 적으며, 큰 저항값을 필요로 하지 않고, 이득은 저항비에 따라 결정되는 등 반도체 집적 회로화가 용이한 회로이다. 따라서 직류 증폭 회로에 한하지 않고 저주파 및 고주파 증폭 회로, 주파수 변환 회로, 리미터 회로 등에 널리 사용되고 있다.

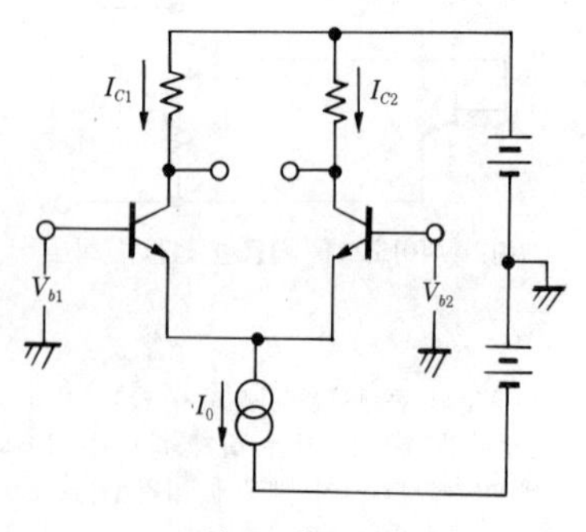

그림 5 차동 증폭기

그림 5에서 전달 컨덕턴스 gm은

$$g_m = \frac{dI_0}{d(V_{b1} - V_{b2})} = \frac{\alpha \dfrac{I_0}{h} \exp \dfrac{V_{b1} - V_{b2}}{h}}{\left(1 + \exp \dfrac{V_{b1} - V_{b2}}{h}\right)^2}$$

$$h = \frac{kT}{q}$$

여기서 k : 볼츠만 상수

q : 전자의 전하량

T : 절대 온도

동작점에서는

$$g_m = \frac{\alpha_q}{4kT} - I_0 = 10\, I_0 \quad (\mathrm{m\Omega}) \quad (I_0 = \mathrm{mA})$$

또 출력의 컬렉터 전류는 입력 전압과 전달 컨덕턴스 g_m의 곱으로 나타내어지며, g_m은 I_0에 비례하므로 이 회로는 주파수 변환, 주파수 체배, 변조, 검파에 사용할 수 있다.

4. 연산 증폭 회로

아날로그 컴퓨터에 사용되는 연산 증폭기는 아날로그 집적 회로의 중요한 회로 형식이다. 이상화된 연산 증폭기에서는 대부분의 전자 회로로 이루어지는 증폭기로 대치 가능하다. 이 때문에 용도는 매우 넓고, 또 IC화함으로써 직류 드리프트의 저감 등 개별 부품에서는 얻을 수 없는 성능 향상을 도모할 수 있다.

이상화된 연산 증폭기에서는 전압 이득은

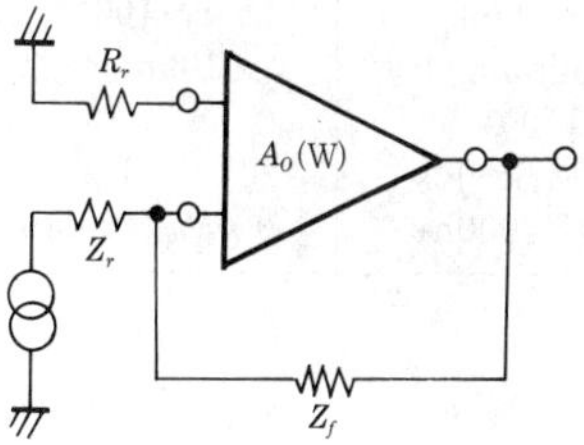

역전 궤환인 경우

$$\frac{V_{out}}{V_{in}} = \frac{Z_f}{Z_f + Z_r} \frac{-A_0(\omega)}{1 + \dfrac{A_0(\omega)}{1 + \dfrac{Z_f}{Z_r}}} = -\frac{Z_f}{Z_r}$$

비역전 궤환인 경우

$$\frac{Z_{out}}{Z_{in}} = \frac{A_0(\omega)}{1 + \dfrac{A_0(\omega)}{1 + \dfrac{Z_f}{Z_r}}} = 1 + \frac{Z_f}{Z_r}$$

가 되며 외부 상수를 선택하여 이득을 마음대고 바꿀 수 있다.

5. A-D 변환 회로

아날로그량의 디지털 표시에 불가결한 A-D 변환 회로는 소신호를 증폭하여 출력에 논리를 접속할 수 있는 레벨로 레벨 변환하는 회로이다. 특성의 평형이 좋고, 스위칭 시간이 빠르며, 출력 레벨 변동이 작다는 등의 특징을 가지며, 각종의 검출 회로, 이장 발진기로서도 사용할 수 있다.

6. 전원 회로

차동 회로와 전류 제한 회로로 이루어지는 전원 전용 집적 회로로서 정전압 전원의 오차 검출 회로가 제품화되어 있다.

7. 아날로그 스위치

영상 신호의 전환기용으로 설계된 다이오드 브리지 회로로 이루어지는 고주파 아날로그 스위치 및 연산 증폭기의 제어 회로에 가장 적합한 p채널 인핸스먼트형 MOS FET와 바이폴러형 트랜지스터를 같은 실리콘 칩 상에 구성한 아날로그 스위치가 제품화되어 있다.

12. 박막 집적 회로

박막 집적 회로는 반도체 집적 회로에서는 얻어지지 않는, 값이 크고, 고정밀도의 수동 소자가 얻어지기 때문에 반도체 능동 소자의 칩 등을 내장한 혼성 구조의 IC로서 제품화되어 있다.

사용되는 박막에는 질화 탄탈계 박막과 인쇄 서멧(후막)이 있으며, 저항체 소자로서의 성능을 아래 표에 나타내었다. 표준품은 주로 인쇄 서멧 후막을 사용하여 제품화하고 있으며, 디지털 회로로서 MC2600시리즈, 플리플롭, 아날로그 회로로서 저잡음을 특징으로 하는 증폭 회로 MC 4075, MC4080 등이 있다.

주요 박막 저항의 성능

재료명 \ 재료명	인쇄 서멧	니크롬계 박막	탄탈계 박막
저 항 값 범 위	10Ω ~20MΩ	수10Ω ~수100kΩ	10Ω ~250kΩ
정 확 도			
보 통	±10%	±10%	±1%
특 수	±1%	±5%	±0.01%
시 트 저 항	10Ω ~300kΩ/□	50Ω ~300Ω/□	10Ω ~100Ω/□
온 도 특 성	±300ppm/℃	±100ppm/℃	±100ppm/℃
사용 온도의 한계	250℃	150℃	250℃
주 파 수 특 성	100MHz	100MHz이상	수100MHz이상
경 년 변 화	0.5%/1000hr	0.1%/1000hr	0.05%/1000hr

13. IC관계 약호 일람표

BV_{DS}	Drain-source breakdown voltage	드레인-소스 브레이크 다운 전압
C	Capacitance	용량
C_{CS}	Isolation capacitance	분리 용량
C_{φ}	Clock input capacitance	클록 입력 용량
C_i	Input capacitance	입력 용량
C_{IS}	Input capacitance	입력 용량
C_L	Load capacitance	부하 용량
C_{MRR}	Common mode rejection ratio	동상 신호 제거법
C_o	Output capacitance	출력 용량
C_{ob}	Collector capacitance	컬렉터 용량
D	Drain	드레인
Δ	Standing for a differential coefficient	미분 계수 또는 차를 표시
f	Frequency	주파수
f_0	Cut-off frequency	차단 주파수
f_{φ}	Clock frequency	클록 주파수
$f_{\max}$	Maximum frequency of oscillation	최고 발진 주파수
G	Gate	게이트
g_m	Mutual Conductance	상호 컨덕턴스
G_p	Power gain	전력 이득
G_V	Voltage gain	전압 이득
G_{VO}	Open loop voltage gain	개방 전압 이득
h_{FE}	DC current gain	직류 전류 증폭률
h_{fe}	Small signal current gain (output short circuit)	폐로 소신호 전류 증폭률
h_{FE1}/h_{FE2}	DC current gain ratio	직류 전류 증폭률비
I^+	Current (positive)	양전류
I^-	Current (negative)	음전류
I_B	Base current	베이스 전류
I_{β}	Inverse-β current	역베타 전류
I_{bias}	Input bias current	입력 바이어스 전류
I_C	Collector current	컬렉터 전류
I_{CBO}	Collector cut-off current	컬렉터 차단 전류
I_{CC}	Circuit current	회로 전류
I_{CCH}	High level circuit current	고레벨 회로 전류
I_{CCL}	Low level circuit current	저레벨 회로 전류
I_D	Drain current	드레인 전류
I_{DD}	Circuit current (MOS)	회로 전류(모스형)
I_{DS}	Drain to source current	드레인-소스간 전류
I_{DSS}	Drain to source cut-off current	드레인-소스간 차단 전류
I_E	Emitter current	이미터 전류
I_{EBO}	Emitter cut-off current`	이미터 차단 전류
I_F	Forward current	순전류

I_{GS}	Gate to source current (FET)	게이트-소스간 전류
I_{GSS}	Gate leakage current	게이트 누설 전류
I_I	Input current	입력 전류
I_{IH}	High level input current	고레벨 입력 전류
I_{IL}	Low level input current	저레벨 입력 전류
I_{MAX}	Maximum current	최대 전류
I_O	Output current	출력 전류
I_{OFF}	Input offset current	입력 오프셋 전류
I_{OH}	High level output current	고레벨 출력 전류
I_{OL}	Low level output current	저레벨 출력 전류
I_{OS}	Output short circuit current	출력 단락 전류
I_R	Reverse current (diode)	역전류(다이오드)
I_S	Source current	소스 전류
K_F	Distortion factor	왜율
K_{Fn}	Nth harmonic distortion	n차 왜율
M	Fan-out	팬아웃
N	Fan-in	팬인
N_F	Noise figure	잡음 지수
N_L	Input noise level	입력 잡음 레벨
N_{IH}	High level noise immunity	고레벨 잡음 여유도
N_{IL}	Low level noise immunity	저레벨 잡음 여유도
P_C	Collector dissipation	컬렉터 손실
P_D	Drain loss	드레인 손실
P_d	Power consumption	소비 전력
P_I	Input power	입력 전력
P_O	Output power	출력 전력
P_{Omax}	Maximum output power	최대 출력 전력
P_T	Total dissipation	전손실
P_W	Pulse width	펄스폭
r_d	Dynamic resistance	동작 저항
R_{DS}	Drain-source resistance	드레인-소스간 저항
R_I	Input resistance	입력 저항
R_L	Load resistance	부하 저항
R_O	Output resistance	출력 저항
R_S	Source resistance	신호원 저항
S	Source	소스
T_a	Ambient temperature	주기 온도
t_f	fall time	입하의 시간
T_j	Junction temperature	정크션 온도
t_{off}	Turn-off time	턴오프 시간
t_{on}	Turn-on time	턴온 시간
T_{opt}	Operating temperature	동작 온도
t_{pd}	Propagation delay time	전달 지연 시간
t_r	rise time	상승 시간
T_{stg}	Storage temperature	보존 온도
t_{rr}	Reverse recovery time	역방향 회복 시간

V^+	Voltage(positive)	양전원
V^-	Voltage(negative)	음전원
V_{CB}	Collector voltage(collector to base)	컬렉터 전압 (컬렉터-베이스간)
V_{CBO}	Collector to base voltage	컬렉터-베이스간 전압
V_{CC}	Supply voltage	전원 전압(바이폴러형)
V_{CE}	Collector voltage(collector to emitter)	컬렉터 전압 (컬렉터-이미터간)
$V_{CE(sat)}$	Collector saturation voltage	컬렉터 포화 전압
V_{CS}	Isolation voltage	분리 전압
V_{DD}	Supply voltage(MOS)	전원 전압(모스형)
V_{DS}	Drain voltage(drain to source)	드레인 전압(드레인-소스간)
V_{EB}	Emitter voltage(emitter to base)	이미터 전압 (이미터-베이스간)
V_{EBO}	Emitter to base voltage	이미터-베이스간 전압
V_{EE}	Supply voltage(bipolar type)	전원 전압(바이폴러형)
V_F	Forward voltage	순전압
$V_{\varphi H}$	High level clock voltage	고레벨 클록 전압
V_{GS}	Gate voltage(gate to source)	게이트 전압(게이트-소스간)
V_I	Input voltage(DC)	입력 전압(직류)
V_i	Input voltage(AC)	입력 전압(교류)
V_{ID}	Differential input voltage(DC)	차동 입력 전압(직류)
V_{id}	Differential input voltage(AC)	차동 입력 전압(교류)
V_{IH}	High level input voltage	고레벨 입력 전압
V_{IL}	Low level input voltage	저레벨 입력 전압
V_O	Output voltage(DC)	출력 전압(직류)
V_o	Output voltage(AC)	출력 전압(교류)
V_{OFF}	input offset voltage	입력 오프셋 전압
V_{OH}	High level output voltage	고레벨 출력 전압
V_{OL}	Low level output voltage	저레벨 출력 전압
V_{omax}	Maximum output voltage swing	최대 출력 전압
V_R	Reverse voltage	역전압
V_{REF}	Reference voltage	기준 전압
V_T	input threshold voltage	천이 전압
V_{TH}	High level input threshold voltage	고레벨 천이 전압
V_{th}	Threshold voltage(MOS)	천이 전압(모스형)
V_{TL}	Low Level input threshold voltage	저레벨 천이 전압
Z_I	Input impedance	입력 임피던스
Z_O	Output impedance	출력 임피던스

E$^+$ 전자용어사전

정가 : 28,000원

검 인

1995. 3. 22　초판1쇄발행
2011. 1. 5　개정판5쇄발행

지은이 : 월간전자기술편집부
펴낸이 : 이 종 춘
펴낸곳 : BM 성안당

주　소 : 경기도 파주시 교하읍 문발리
출판문화정보산업단지 536-3
전　화 : (031)955-0511
팩　스 : (031)955-0510

등　록 : 1973.2.1 제13-12호

ISBN 89-315-3194-7

독자 상담 서비스 : 080-544-0511　　홈페이지 : **www.cyber.co.kr**